Hunnius

Pharmazeutisches
Wörterbuch

Hunnius
Pharmazeutisches Wörterbuch

9. neu bearbeitete
und erweiterte Auflage
herausgegeben von
Hermann P. T. Ammon

W DE G
Walter de Gruyter
Berlin · New York

Prof. Dr. Hermann P. T. Ammon (emer.)
Eberhard Karls Universität Tübingen
Fakultät für Chemie und Pharmazie
Pharmazeutisches Institut
Auf der Morgenstelle 8
72076 Tübingen

Bibliografische Information der Deutschen Bibliothek
Die Deutsche Bibliothek verzeichnet diese Publikation in der Deutschen Nationalbiografie; detaillierte bibliografische Daten sind im Internet über http://dnb.ddb.de abrufbar.

Die Kenntnisse über Arzneistoffe sind einem ständigen Wandel unterzogen. Davon zeugen Neuentwicklungen von Wirksubstanzen, neue Indikationsstellungen bereits bekannter Wirkstoffe aber auch die Rücknahme alter und neuer Arzneimittel aus dem Handel. Der Benutzer dieses Wörterbuchs wird daher darauf hingewiesen, dass er in eigener Verantwortung festzustellen hat, ob die im vorliegenden Werk genannten Angaben zu Arzneistoffen hinsichtlich Anwendung, Dosierung, Kontraindikationen, unerwünschter Wirkungen usw. dem aktuellen Wissensstand entsprechen. Im Allgemeinen sind die verlässlichsten Quellen die behördlich geprüften Beipackzettel der Arzneipackungen (Fach- bzw. Laieninformation).

Die Wiedergabe von Gebrauchsnamen, Handelsnamen, Warenbezeichnungen und dergleichen in diesem Buch berechtigt nicht zu der Annahme, dass solche Namen ohne weiteres von jedermann benutzt werden dürfen. Vielmehr handelt es sich häufig um gesetzlich geschützte, eingetragene Warenzeichen, auch wenn sie nicht eigens als solche gekennzeichnet sind.

Gedruckt auf UPM Satin M 60 g/qm. Mattgestrichenes, holzhaltiges Magazinpapier mit Frischfaseranteilen. Frischfaser aus überwiegend PEFC-zertifizierten Wäldern. Hergestellt in Augsburg, Deutschland.

Redaktion und Datenverwaltung über das crossmediale Redaktions- und Publikationssystem, Walter de Gruyter, Berlin
Internet www.deGruyter.de
E-Mail hunnius@degruyter.com

Entwicklung und Bereitstellung des crossmedialen Redaktions- und Publikationssystems, Datenkonvertierung / Datenhaltung und Satz (Satztemplate und Satz: D. Bischoff, O. Braun, A. Ziegelmayer), NIONEX GmbH, Gütersloh.

Strukturformeln Christel Speidel, Berlin
Typografisches Konzept
Farnschläder & Mahlstedt Typografie, Hamburg
Einbandgestaltung
+Malsy, Kommunikation und Gestaltung, Bremen
Druck und Bindung Parzeller, Fulda
Printed in Germany

ISBN 3-11-017475-8 geb.
ISBN 3-11-017487-1 brosch.

Vorwort

Mit der 9. Auflage des Pharmazeutischen Wörterbuches liegt erneut ein einzigartiges, kompaktes Nachschlagewerk für alle Bereiche der Pharmazie vor. Hierfür wurden über 30 000 Stichwörter überprüft und auf den neuesten Stand gebracht. Das Konzept der 8. Auflage wurde dabei im Wesentlichen beibehalten, jedoch durch rund 1600 neue Stichwörter aus den Gebieten der Pharmakognosie, Biopharmazie und Pharmakokinetik ergänzt. Die Klinische Pharmazie wurde neu eingeführt, rechtliche Entwicklungen im gesamten deutschsprachigen Raum wurden angepasst und konsequent die Situation in Österreich und der Schweiz berücksichtigt. Ergänzt wurden weiterhin Monographien sowie neue Arzneistoffe, die nach der letzten Ausgabe dieses Werkes 1997 auf den Markt gekommen sind.

Insofern stellt das Werk eine Synopsis aller modernen pharmazierelevanten Begriffe dar. Die komprimierte Darstellung ermöglicht einen schnellen Zugriff im pharmazeutischen Alltag, in der Apotheke und in der pharmazeutischen Ausbildung.

Um aktuellen Entwicklungen Eingang in das Werk zu verschaffen, waren auch Kürzungen nötig, dennoch wurden auch in der 9. Auflage ältere bzw. ungewöhnliche Begriffe der Pharmazie oder ihrer Randgebiete belassen. Der „Hunnius“ stellt somit nicht nur ein Nachschlagewerk für aktuelle Themen dar, sondern insbesondere auch für Begriffe, die einen gewissen historischen Wert haben. Dies gilt vor allem für eine große Anzahl von Drogenbezeichnungen, aber auch früher gängige chemische Arzneistoffe.

Natürlich kann und soll ein kompaktes Wörterbuch kein Lehrbuch ersetzen, so wurden bei den Angaben zu Anwendungen, unerwünschten Arzneimittelwirkungen, Wechselwirkungen und Dosierungen die wichtigsten Daten berücksichtigt. Der Begriff der Anwendung beinhaltet dabei nicht immer, dass hier eine Wirksamkeit belegt ist. Dies gilt für ältere Arzneistoffe, insbesondere aber auch für pflanzliche Arzneimittel. Bei letzteren wurde unterschieden zwischen medizinisch begründeten Anwendungen, wie sie in wissenschaftlichen Lehrbüchern und Aufbereitungsmonographien (Kommission E, ESCOP, WHO) zu finden sind und volkstümlichen Anwendungen, bei denen in der Regel wissenschaftliches Erkenntnismaterial fehlt und die sich ausschließlich auf Erfahrung und Überlieferung gründen.

Bedanken möchte ich mich bei allen Autoren und Mitarbeitern, insbesondere bei denen, die die umfangreichsten Kapitel, wie Chemie, Arzneistoffe und Arzneipflanzen, zu bearbeiten hatten.

Mein besonderer Dank gilt auch den Mitarbeitern des Verlags Walter de Gruyter, die ein Übermaß an redaktioneller Arbeit zu erledigen hatten und mit denen eine reibungslose und sehr erfreuliche Zusammenarbeit stattfand.

Tübingen im Juli 2004 — Hermann P. T. Ammon

Vorwort zur 8. Auflage

Das mit der 6. Auflage eingeschlagene Konzept zur Gestaltung dieses traditionellen pharmazeutischen Nachschlagewerkes wurde auch diesmal konsequent weiter verfolgt. Insgesamt gesehen spiegelt die 8. Auflage die wichtigsten Themen und Aufgaben der Sammelwissenschaft Pharmazie wider, ohne darauf zu verzichten, den interessierten Leser auch weiterhin nicht nur über die aktuellsten sondern auch über ältere bzw. ungewöhnliche Begriffe der Pharmazie oder ihrer Randgebiete kurz und ohne Aufwand zu informieren.

Für diese Auflage wurden 420 Stichworte aus der 7. Auflage gestrichen und 1572 neue Stichworte verfasst. Dieses einbändige Nachschlagewerk enthält somit nun über 30 000 Stichworte. Unter anderem wurden fast 200 neue Arzneistoffe, die seit dem Erscheinen der letzten Auflage zugelassen wurden, berücksichtigt. Daneben waren, entsprechend den Veräderungen und wissenschaftlichen Fortschritten seit dem Redaktionsschluss zur letzten Auflage, insbesondere die pharmazeutische Gesetztes- und Verwaltungskunde, Inhaltsstoffe von Arzneidrogen, Begriffe aus Biochemie und Molekularbiologie, Schwerpunkte der Aktualisierung. Außerdem wurden die Verordnungsangaben der 787 aufgenommenen homöopathischen Arzneimittel überprüft und ergänzt (s. dazu Vorwort zur 6. Auflage).

Auch in dieser Auflage wurden registrierte Handelsnamen von Arzneistoffen als Suchbegriffe vermehrt aufgenommen, um Ärzten, aber auch den an Arzneimitteln interessierten Laien den Zugang zu den Informationen dieses Nachschlagewerkes zu erleichtern. Allerdings musste aus Platzgründen eine gewisse Auswahl getroffen werden, was aber keineswegs eine Wertung bedeutet. Grundsätzlich wurden nur Monopräparate berücksichtigt.

83 Abbildungen wurden gestrichen oder zusammengefasst; insgesamt finden sich jetzt ca. 2170 Abbildungen mit Strukturformeln sowie 114 Tabellen in diesem Buch.

Dem Verlag Walter de Gruyter sei für die gute Zusammenarbeit gedankt. Ganz besonderer Dank gebührt wiederum den genannten Mitarbeitern*, die ihre Freizeit und ihr Wissen dieser Auflage zur Verfügung stellten, und ohne die das Werk, wie es heute vorliegt, kaum mehr zu bewerkstelligen wäre.

Innsbruck, 5. Juli 1997

Artur Burger
Helmut Wachter

* An der 8. Auflage nicht mehr beteiligte Mitarbeiter der 7. Auflage: Dr. O. Barwart, Dr. G. u. Dr. K. Dippel, Dr. M. Düring, Univ.-Prof. Dr. D. Fuchs, Univ.-Prof. Dr. A. Hausen, Ass.-Prof. Dr. Wilfried Helliger, Dr. A. Lettenbichler, Dr. W. Paterno, Dr. A. W. Ratz, Univ.-Prof. Dr. G. Reibnegger, Dr. S. Sturm, Univ.-Doz. Dr. E. R. Werner.

Mitarbeiter der 9. Auflage

Herausgeber

Prof. Dr. Hermann P. T. Ammon

Redaktion

Apothekerin Christiane Hefendehl
Dipl. Biol. Simone Brauer

Dr. med. Ulrike Arnold
Dr. rer. nat. Peter Düweke
Dr. rer. nat. Stefan Greifenberg
Dipl. Biol. Karen Kühl
Pharmazeut Sascha Strehmel
Tierärztin Martina Treusch
Dr. rer. nat. Julia Vettin

unter der Leitung von Dr. Martina Bach

E-Mail: hunnius@degruyter.com

Autoren

Mag. pharm. Dr. Renate Burger, Innsbruck
Dr. med. P. Klaus Connert, Köstendorf
Dieter Fröhlich, Tübingen
Prof. Mag. pharm. Dr. Ulrich Griesser, Innsbruck
Prof. Dr. Ernst Haslinger, Graz
Prof. Dr. Stefan Laufer, Tübingen
Dr. Nicolas Lembert, Tübingen
Dr. Hans-Peter Lipp, Tübingen
Prof. Dr. Hans-Jürgen Machulla, Tübingen
Dr. Herbert Niklas, Pfullingen
Mag. pharm. Dr. Elisabeth Nogler-Semenitz, Innsbruck
Dr. rer. nat. Elfriede Nusser-Rothermundt, Stuttgart
Dr. Klaus Raith, Halle/Saale
Prof. Dr. Jürgen Reichling, Heidelberg
Dr. sc. nat. Herbert Schatzmann, Basel
Prof. Mag. pharm. Dr. rer. nat. Wolfgang Schlocker, Innsbruck
Prof. Dr. Martin Schmid, Graz
Prof. Dr. Dieter Steinhilber, Frankfurt/Main
Dr. Katja Taxis, Groningen
Prof. Mag. pharm. Dr. Helmut Viernstein, Wien

unter Mitarbeit von

Apothekerin Christina Arnold, Frankfurt/Main
Mag. pharm. Heidemarie Brunner, Salzburg
Dr. Herbert Desel, Göttingen
Prof. Dr. Peter Dilg, Marburg
Apotheker Lutz Fischer, Frankfurt/Main
Dr. phil. II Tobias Gosdschan, Bern
Peter Guerra, Herisau, AR
Apothekerin Maren Möller, Heidelberg
Michael Noisternig, Innsbruck
Hans Jörg Rahm, Tübingen
Dr. Gerald Reischl, Tübingen
Apothekerin Kathrin Ruff, Tübingen
Apothekerin Claudia Schatzmann, Zürich
Dagmar Szellas, Frankfurt/Main
PD Dr. Oliver Werz, Frankfurt/Main
Apothekerin Antje Weseler, Heidelberg

Hinweise zur Benutzung

1. Alphabetische Ordnung

Die Reihenfolge der Stichwörter erfolgt alphabetisch. Die Umlaute ä, ö, ü werden eingeordnet wie ae, oe, ue, ß wie ss.

Zahlen, Leerzeichen, Kommata, Bindestriche und andere Sonderzeichen innerhalb des Stichwortes bleiben dabei unberücksichtigt, ebenso Indizes und Exponenten.

17-Ketosteroide unter K

Griechische Buchstaben werden in der Regel ausgeschrieben, wenn sie fester Bestandteil des Stichwortes sind.

Alphastrahlen unter A

Eine Ausnahme bilden Begriffe, für die eine festgelegte (z. B. chemische) Nomenklatur gilt.

α-Liponsäure unter L

Neu: Stichwörter, die aus einem Adjektiv und Substantiv bestehen, sind unter dem Substantiv zu finden.

Therapeutische Systeme unter S
intermolekulare Bindungskräfte unter B

Nur wenige feststehende Begriffe finden sich unter dem Adjektiv

Schweflige Säure

2. Schreibweise

Chemische Bezeichnungen
Chemische Substanzen werden in Anlehnung an die internationale Schreibweise (c/c-Schreibweise und Vermeidung von Umlauten), andere Fachbegriffe jedoch grundsätzlich eingedeutscht (z/k-Schreibweise) geschrieben.

Beispiele:
Acetat, Bismut (statt Wismut), Citronensäure (aber: Zitrone), Cyclohexan (aber: Zyklus), Estrogen, Ethanol, Ether, etherisch (wenn von einem Ether, wie dem Dietylether, abgeleitet, sonst: ätherisch, z. B. ätherisches Öl), Fructose, Glycerol, Glucose bzw. Glucosid (aber: Glykosid), Iod (statt Jod), Silicium. «Oxid» und andere Begriffe, die auf Sauerstoff als negativem Bestandteil Bezug nehmen, z. B. «oxidieren», werden mit «i» statt mit «y» geschrieben, nicht aber «Hydroxygruppe» und andere Begriffe, die unmittelbar auf Oxygen zurückzuführen sind.

Arzneibuchschreibweisen
Aufgrund der unterschiedlichen Schreibweisen der aktuellen deutschsprachigen Arzneibücher und der älteren, in diesem Buch berücksichtigten Pharmakopöen, sowie der Ergänzungsbücher (z. B. DAC) ergibt sich bei einigen Begriffen (wie Glyzerin/Glycerol), Drogen und Arzneistoffen, je nach Zusammenhang, auch eine wechselnde Schreibweise. Neben den sich unterscheidenden lateinischen Schreibweisen der deutschsprachigen Arzneibücher ist auch die unterschiedliche Groß-/Kleinschreibung, wechselnder Gebrauch von «j» und «i» (z. B. Fructus Juniperi bzw. Fructus iuniperi), der Gebrauch von „ß“ statt „ss“ und bei Drogenbezeichnungen die unterschiedliche Verwendung von Plural und Singular (z. B. Flos/Flores) möglich. Die lateinische Bezeichnung der Pflanzen folgt (mit wenigen Ausnahmen) dem «Internationalen Code der Botanischen Nomenklatur» (ICBN).

3. Fundorte

Arzneistoffe
Die erläuternden Texte zu Arzneistoffen finden sich grundsätzlich unter dem eingedeutschten internationalen Freinamen (INN) oder, wenn keiner bekannt ist, unter einer deutschen Bezeichnung. Die erläuternden Texte zu chemischen Substanzen stehen ebenfalls unter einem deutschen Namen. Diese deutschen Namen entsprechen (mit wenigen Ausnahmen) den Nomenklaturrichtlinien der IUPAC. Bei den Zubereitungen wurde die alte Nomenklatur weitgehend beibehalten.

Pflanzen und Galenika
Pflanzen und galenische Zubereitungen sind unter ihren lateinischen Bezeichnungen beschrieben.

Arnica montana
Tinctura Arnicae

Drogen sind im Allgemeinen unter den Bezeichnungen ihrer Stammpflanze verzeichnet.

Arnicae flos unter Arnica montana

Erläuternde Texte zu homöopathischen Zubereitungen sind bei den entsprechenden Arzneigrundstoffen (Pflanze, Tier, chemischer Stoff) unter dem Unterpunkt **Hom** verzeichnet.

Abkürzungen und Symbole

Stichwörter sind im erläuternden Text i. Allg. mit dem Anfangsbuchstaben abgekürzt.

Allgemeine Abkürzungen sind im Abkürzungsverzeichnis aufgeführt. Spezifisch pharmazeutische Abkürzungen sind in der entsprechenden Position im Alphabet verzeichnet.

ASS
DAC

Adjektive auf -isch und -lich werden in der Regel abgekürzt.

chem. für chemisch
lösl. für löslich

Abkürzungen auf Rezepten s. S. 1657 ff.

Physikalisch-chemische Einheiten

Å	Ångström(-Einheit), 1 Å = 10^{-10} m
$A_{1\%}^{1cm}$	Absorption, spezifische
$\alpha_D^{20°C}$	optische Drehung im 1-dm-Rohr bei 20 °C im Natriumlicht
$[\alpha]_D^{20°C}$	spezifische Drehung bei 20 °C im Natriumlicht
A_r	Atommasse, relative
atm	Atmosphäre
Bè	Baumè
Bq	Becquerel
C	Celsius
c	zenti (als Vorsatz von SI-Einheiten, 10^{-2})
c	Konzentration in % (m/V)
Ci	Curie (1 Ci = 37 GBq)
cL	Zentiliter
cm	Zentimeter
cSt	Centistokes
d_4^{20}	dezi (Vorsatz von SI-Einheiten, 10^{-1})
D.	Dichte (in g/mL bei 20 °C, wenn nicht anders angegeben)
d	relative Dichte bei 20 °C (bezogen auf die Dichte von Wasser bei 4 °C), dies, Tag
ε	Absorption, molare (früher Extinktion, molare)
G	Giga (Vorsatz von SI-Einheiten, 10^9)
g	Gramm
h	Stunde
J	Joule
K	Kelvin
k	Kilo (Vorsatz von SI-Einheiten, 10^3)
kPa	Kilopascal (10^3 Pascal)
L	Liter
λ	Wellenlänge
M	Mega (Vorsatz von SI-Einheiten, 10^6)
m	milli (Vorsatz von SI-Einheiten, 10^{-3})
µ	my, mikro (Vorsatz von SI-Einheiten, 10^{-6})
min	Minute
mL	Milliliter
mol	Mol
m/m	Masse in Masse (in Zusammenhang mit Prozent-Angaben)
M_r	molare Masse, relative
m/V	Masse in Volumen (in Zusammenhang mit Prozent-Angaben)
N	Newton
n	nano (Vorsatz von SI-Einheiten, 10^{-9})
$n_D^{20°C}$	Brechungsindex bei 20 °C im Na-Licht
P	Poise (entspricht 0.1 Pa · s)
p	pico (Vorsatz von SI-Einheiten, 10^{-12})
Pa	Pascal
ppm	parts per million ($1/10^6$)
s	Sekunde
St	Stokes
V/V	Volumen in Volumen (in Zusammenhang mit Prozent-Angaben)

Abkürzungen

Abb.	Abbildung
Abk.	Abkürzung
allg.	allgemein
Anw.	Anwendung
App.	Apparat
ausschl.	ausschließlich
Bakt.	Bakterium
bakt.	bakteriell
Bakteriol.	Bakteriologie, Bakteriologe
bakteriol.	bakteriologisch
BAnz	Bundesanzeiger
bd.	beide, beides
ber.	berechnet
bes.	besonders
Best.	Bestandteil(e)
betr.	betrifft, betreffen, betreffend
Bez.	Bezeichnung
BGBl.	Bundesgesetzblatt
biol.	biologisch
bot.	botanisch
bzgl.	bezüglich
bzw.	beziehungsweise
ca.	ungefähr
cP	Centipoise
Darst.	Darstellung
DC	Dünnschichtchromatographie
Def.	Definition
Dest.	Destillation
Dos.	Dosierung
E.	Einheit
Einw.	Einwirkung
EL	Esslöffel (ca. 15 mL)

entspr.	entsprechend/entspricht
entw.	entweder
Entw.	Entwicklung
europ.	europäisch
evtl.	eventuell
ext.	extern
Fam.	Familie
flüss.	flüssig
Flüss.	Flüssigkeit
franz.	französisch
geb.	geboren
geg.	gegen
Geh.	Gehalt
Gesch.	Geschichte, Geschichtliches
Gew.	Gewinnung
ggf.	gegebenenfalls
Ggs.	Gegensatz
glänz.	glänzend
Herst.	Herstellung
Hom.	Homöopathie
hom.	homöopathisch
i.a.	intraarteriell
i.Allg.	im Allgemeinen
i.d.R.	in der Regel
i.e.S.	im engeren Sinne
i.m.	intramuskulär
i.v.	intravenös
i.w.S.	im weiteren Sinn
immun.	immunologisch
Ind.	Indikation(en) (Heilanzeige)
inf.	infolge
Inhaltsst.	Inhaltsstoffe
inkomp.	inkompatibel, unverträglich
Inkomp.	Inkompatibilität(en), Unverträglichkeit(en) (mit)
insbes.	Insbesondere
int.	intern
KG	Körpergewicht
Kontraind.	Kontraindikation(en)
Konz.	Konzentration
konz.	konzentriert
krist.	kristallin
kult.	kultiviert
lat.	lateinisch
LD	letale (tödliche) Dosis
Lsg.	Lösung
lt.	laut
max.	maximal
med.	medizinisch
Min.	Minute
mind.	mindestens
Mio	Million
Mod.	Modifikation
Mrd.	Milliarde
Nachw.	Nachweis
nat.	natürlich
n.B.	nach Bedarf
od.	oder
Od.	Ordnung
Off., off.	offizinell; in einem (ev. auch nicht mehr geltenden) Arznei- oder Ergänzungsbuch beschrieben
org.	organisch
Pfl.	Pflanze
pharmakokin.	pharmakokinetisch
pharmakol.	pharmakologisch
pharmaz.	pharmazeutisch
physik.	physikalisch
physiol.	physiologisch
Plur.	Plural
p.o.	peroral
pur.	purus (a, um)
radiol.	radiologisch
s.	siehe
S.	Seite
s.a.	siehe auch
s.c.	subkutan
Sek.	Sekunde
sicc.	siccus, siccatus (getrocknet)
Sing.	Singular
s.o.	siehe oben
sog.	so genannt
Std.	Stunde(n)
Stpfl	Stammpflanze
s.u.	siehe unten
Syn.	Synonym
T.	Teil(e)
Tab.	Tabelle
Temp.	Temperatur
therap.	therapeutisch
Ther.	Therapie
TL	Teelöffel
toxikol.	toxikologisch
Toxikol.	Toxikologie
Tr.	Tropfen
u.a.	1. unter anderem; 2. und anderes
u.U.	unter Umständen
u.	und
ums.	umseitig
Urs.	Ursache
usw.	und so weiter
v.a.	vor allem
Verb.	Verbindung(en)
verd.	verdünnt
Verd.	Verdünnung
verord.	verordnet
versch.	verschieden
Verw.	Verwendung
vet.	veterinärmedizinisch
vgl.	vergleiche
VO	(behördliche) Verordnung
Vork.	Vorkommen
Wirk.	Wirkung
WW	Wechselwirkung(en)
z.B.	zum Beispiel
Zers.	Zersetzung
Zstzg.	Zusammensetzung
z.T.	zum Teil
Zuber.	Zubereitungen, pharmazeutische
zus.	zusammen
zw.	zwischen

Abkürzungen, die als Stichworte im Wörterbuch aufgelöst werden

aa	ana partes aequales (zu gleichen Teilen)
AMG	Arzneimittelgesetz
AZ	Alkoholzahl
BfArM	Bundesinstitut für Arzneimittel und Medizinprodukte

BMG	Bundesministerium für Gesundheit
CAS-Nr.	Chemical Abstracts Services (CAS) Registry Number
DAB(n)	Deutsches Arzneibuch (n. Ausgabe)
DAB96	Deutsches Arzneibuch, Ausgabe 1996
DAC	Deutscher Arzneimittelkodex (DAC86: Ausgabe 1986)
DRF	Deutsches Rezeptformularium
EB6	Ergänzungsband zum DAB6
ED	Einzeldosis
Ep.	Erstarrungspunkt
EZ	Esterzahl
FH	Formularium Helveticum
FpP.	Flammpunkt
HAB1	Homöopathisches Arzneibuch 1. Ausgabe (1979)
HAB1.n	Homöopathisches Arzneibuch, n. Nachtrag zur 1. Ausgabe (1979)
HWZ	Halbwertszeit
I.E.	Internationale Einheit(en)
INN	International Nonproprietary Name (Internationaler Freiname)
INNv	vorgeschlagener INN
IUPAC	International Union for Pure and Applied Chemistry
IZ	Iodzahl
m-	meta-
MAK	Maximale Arbeitsplatzkonzentration
MED	Maximal-Einzel-Dosis
MTD	Maximal-Tages-Dosis
NFA	Neues Formularium Austriacum
NRF	Neues Rezeptur-Formularium
o-	ortho-
ÖAB(n)	Österreichisches Arzneibuch (n. Ausgabe)
ÖAB94	Österreichisches Arzneibuch, Ausgabe 1994
OHZ	Hydroxylzahl
OZ	Ordnungszahl (Protonenzahl)
p-	para-
Ph. Eur.n	Pharmacopoea Europaea, Europäisches Arzneibuch, n. Ausgabe
Ph. Helv.7	Pharmacopoea Helvetica, Arzneibuch der Schweiz (7. Ausg.)
pKs	Säurekonstante
PM	Praescriptiones Magistrales
pp	pro parte
POZ	Peroxidzahl
QZ	Quellungszahl
Schmp.	Schmelzpunkt
Sdp.	Siedepunkt
ssp.	Subspecies (Unterart)
SZ	Säurezahl
TD	Tagesdosis
UA	Unverseifbare Anteile
UAW	unerwünschte Arzneimittelwirkung
USP	The United States Pharmacopeia, Arzneibuch der USA
var.	Varietas (Varietät)
Vit.	Vitamin
VZ	Verseifungszahl
ZNS	Zentralnervensystem

Offizielle Bezeichnungen

Aq.	Aqua, Wasser
Cort.	Cortex
dil.	dilutus (a, um) (verdünnt)
Extr.	Extractum
Flor.	Flores
Fol.	Folium, Folia
Fruct.	Fructus
gr.	griechisch
Hba.	Herba
Lign.	Lignum
Liq.	Liquor
Mixt.	Mixtura (Mischung)
Ol.	Oleum
Sem.	Semen
Sir.	Sirupus
Sol.	Solutio (Lösung)
Spec.	Species (Teegemisch)
Spir.	Spiritus
Stip.	Stipites
Tct.	Tinctura (Tinktur)
Ungt.	Unguentum (Salbe)

A

a: **1.** Vorsatzzeichen für Atto-*. **2.** Symbol für Jahr, (lat. annus).

α: gr. Buchstabe alpha, s. a. Alpha-...

α, β, γ . . . ω (gr. Buchstaben): dienen in der Chemie zur fortlaufenden Bez. der C-Atome, die funktionellen Gruppen* benachbart sind. Das unmittelbar benachbarte C-Atom erhält die Bez. α, das nächste β usw.; das am weitesten entfernte C-Atom wird auch mit ω (omega), dem letzten Buchstaben des gr. Alphabets, bezeichnet.

A: **1.** (chem.) Abk. für Adenosin. **2.** (physik.) Symbol für Absorptionsvermögen; s. Absorptionskoeffizient. **3.** (physik.) Einheitenzeichen für Ampere*.

Å: Einheitenzeichen für Ångström*.

aa: Abk. für **a**na partes **a**equales zu gleichen Teilen.

AAppO: Abk. für Approbationsordnung für Apotheker; s. Apotheker.

AAR: Abk. für **A**ntigen*-**A**ntikörper-**R**eaktion.

AAS: Abk. für **A**tom**a**bsorptions**s**pektroskopie, s. Spektroskopie.

Abacavir INN: (1*S*,4*R*)-4-[2-Amino-6-(cyclopropylamino)-9*H*-purin-9-yl]-2-cyclopenten-1-methanol; CAS-Nr. 136470-78-5; $C_{14}H_{18}N_6O$, M_r 286.3. logP ca. 0.7; pK_S 5.1 (ber.); schwer lösl. in Wasser. **Wirk.:** nucleosid. Reverse*-Transkriptase-Hemmer; **Anw.:** Behandlung der HIV-Infektion; **UAW:** Übelkeit, Erbrechen, Fieber, lebensbedrohl. Überempfindlichkeitsreaktionen mögl.; relativ langsame Resistenzentwicklung; **Dos.:** 2×300 mg/d p. o.; HWZ 1.5 h.

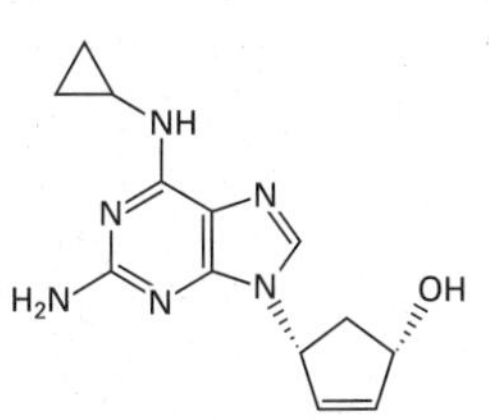

Abacavir

Abakafaser: s. Musa textilis.

Abasie: Unfähigkeit zu gehen.

Abbau: s. Katabolismus.

Abbaugranulate: s. Granulieren.

Abbe-Refraktometer (Ernst Abbe, deutscher Physiker, 1840–1905): Refraktometer (s. Refraktometrie), mit dem über den Grenzwinkel der Totalreflexion die Lichtbrechung (s. Brechungsindex) gemessen wird.

Abbrechverschluss: s. Aufbrechverschluss; vgl. Garantieverschluss.

ABC: Abk. für (engl.) *area between the curves (Fläche zw. den Kurven);* Fläche zw. der Harnausscheidungskurve* (od. z. B. Freisetzungskurve), deren Asymptote (entsprechend der max. ausgeschiedenen Arzneistoffmenge) u. der Ordinate.

Abciximab INN: CAS-Nr. 143653-53-6; M_r 47 456.0. Schmp. 208-210 °C; farblose Kristalle. Ein Fab-Fragment (s. Immunglobuline) des monoklonalen Antikörpers 7E3 mit humanen u. murinen Anteilen. **Wirk.:** bindet selektiv an den Glykoprotein-IIb/IIIa-Rezeptor menschl. Thrombozyten u. verhindert deren Aggregation; **Anw.:** Thrombozytenaggregationshemmer; **UAW:** Blutungen innerhalb von 36 h, Hypotonie, Erbrechen, Thrombozytopenie, Hämatom, anaphylakt. Reaktionen; **Kontraind.:** innere Blutungen, allg. größere Operationen der letzten 2 Monate, schwere Leber- u. Nierenfunktionseinschränkungen; **WW:** Heparin; **Dos.:** parenteral i. v. 0.25 mg/kg KG; HWZ 10 min (Initialphase) u. 30 min (sekundäre Phase).

ABC-Transporter: größte Protein-Superfamilie (human: 48 Proteine charakterisiert) mit dem gemeinsamen Motiv einer **A**TP- **B**indungs-**C**assette. Unter ATP-Verbrauch katalysieren diese Proteine den Transport versch. Substrate über Lipidmembranen. Humane ABC-Transporter sind u. a. Multi-Drug-Resistance-Proteine, Chloridkanal CFTR.

ABC-Trieb: s. Backpulver.

ABDA: Abk. für **A**rbeitsgemeinschaft der **B**erufsvertretungen **D**eutscher **A**potheker; mit Wirkung vom 1.1.1983 umbenannt in Bundesvereinigung Deutscher Apothekerverbände - ABDA. Die ABDA ist die oberste Spitze der Standesorganisation der deutschen Apotheker. Sie besteht im Wesentlichen aus der Bundesapothekerkammer* (vgl. Apothekerkammern) u. dem Deutschen Apotheker-Verein (s. Apothekervereine). Die ABDA ist ein nicht eingetragener, nicht rechtsfähiger Verein mit Präsidium, Vorstand, erweitertem Vorstand, Mitgliederversammlung u. Hauptversammlung der deutschen Apotheker mit Sitz in Eschborn im Deutschen Apothekerhaus. Sie vertritt die Interessen des Apothekerstandes auf Bundesebene, bes. bei Verhandlungen mit dem Bundesministerium für Gesundheit und Soziale Sicherung u. den gesetzgebenden Körperschaften des Bundes, sowie bei Tagungen im Ausland. Sie ist Trägerin mehrerer Einrichtungen, u. a. des Deutschen Arzneiprüfungsinstituts, des Arzneibüros* u. der Arzneimittelkommission* der Deutschen Apotheker. Au-

A

ßerdem unterhält sie Stiftungen, gibt den Deutschen* Arzneimittel-Codex sowie die Pharmazeutische* Stoffliste heraus u. veranstaltet die Deutschen* Apothekertage. Offizielles Organ: Pharmazeutische Zeitung (s. Fachzeitschriften, pharmazeutische).

Abdampfen: dient zum sukzessiven Lösen von sehr schwer lösl. Verbindungen. Die Substanz wird mit einer Flüss. behandelt, z. B. mit konz. Schwefelsäure, die anschließend wieder abgedampft wird.

Abdampfschale: flache Porzellanschale zum Abdampfen* von Lösungen.

ABDATA Pharma-Daten-Service: s. Arzneibüro.

AB-DDR: Arzneibuch der ehemaligen Deutschen Demokratischen Republik (DDR); s. Arzneibuch (Geschichte).

Abdichten von Glasschliffen: Dichtung an Glasschliffe (s. Schliffe) anbringen. **Verwendete Substanzen:** **1.** wasserfreie Vaseline; **2.** Zucker gelöst in Glycerol, bei fettlösl. Substanzen; **3.** Graphit, bei besonders hohen Temperaturen; **4.** Folien aus Polytetrafluorethylen*. **A. von Korkstopfen:** Bestreichen mit Chromgelatine, Wasserglas, Collodium, Acetonlack od. Paraffin.

Abdomen: Bauch, Unterleib. **abdominalis:** zum Bauch gehörig.

Abdunsten: Verdunsten eines Lösungsmittels, um die darin gelöste Substanz zur Kristallisation* zu bringen.

Abele: s. Populus-Arten.

Abelmoschus moschatus Medik.: Hibiscus abelmoschus L.; Fam. Malvaceae (heim. Ostindien, kult. in allen Tropengebieten). Stpfl. von **Semen Abelmoschi:** Semen Alceae moschata, Moschuskörner, Ambrettekörner, Bisamkörner. **Inhaltsst.:** 0.2-0.6 % äther. Öl, 7-15 % fettes Öl, Schleim, Harz. **Anw.** volkstüml.: z. B. bei Schlangenbissen, Krämpfen, Appetitlosigkeit; techn.: in der Parfümerie; **Oleum Abelmoschi seminis:** Moschuskörneröl; das äther. Öl aus den Samen. Gelbl. Öl od. feste Masse von moschusartigem Geruch, lösl. in Ethanol. **Best.:** Ambrettolid* (Träger des Moschusgeruchs), Farnesol, Ambretolsäure, Palmitinsäure; **Anw.:** in der Parfümerie.

Hom: *Abelmoschus:* getrocknete Samen.

Aberration: Abirrung; die ungenaue Wiedervereinigung der von einem Punkt ausgehenden Lichtstrahlen nach Brechung durch Linsen. **Sphärische A.** (Bildfeldkrümmung, Öffnungsfehler) beruht auf der Verschiedenheit der Vereinigungsweite der Achsenstrahlen (weiter Brennpunkt*) u. Randstrahlen (naher Brennpunkt). **Chromatische A.** (farbige Ränder) beruht auf der unterschiedl. Brechbarkeit der versch. Farbenstrahlen; s. Dispersion.

Abflammen: Abtöten von Mikroorganismen auf hitzestabilen Gegenständen durch Bestreichen mit offener Flamme. Arbeitsmethode in der Bakteriologie* od. beim asept. Arbeiten.

Abführmittel: s. Laxanzien.

Abführtee, krampflösender: s. Species laxantes cum Spasmolytico.

Abgabebeleg: nach der deutschen Betäubungsmittel-Binnenhandels-Verordnung zusammenfassend für Abgabemeldung, Empfangsbestätigung, Lieferschein u. Lieferscheindoppel. Der Abgebende (z. B. Großhändler) muss alle Teile ausfüllen. Der Erwerber (z. B. Apotheke) muss die ihm zugegangenen Teile (Empfangsbestätigung u. Lieferschein) prüfen u. die Empfangsbestätigung spätestens am folgenden Werktag dem Abgebenden unterschrieben zurücksenden. Die Belege müssen nach Erwerbsdaten geordnet 3 Jahre gesondert aufbewahrt werden. Der Verkehr mit Betäubungsmitteln zw. Hauptapotheken u. Filialapotheken* ist seit 1.1.2004 ebenfalls über dieses Abgabebelegverfahren möglich.

Abhängigkeit, pharmakologische: s. Sucht.

Abies alba Mill.: Abies pectinata (Lam.) DC., Pinus picea L., Edeltanne, Weißtanne; Fam. Pinaceae (Mitteleuropa). Stpfl. von **Oleum Abietis albae:** Oleum Pini piceae, Edeltannenöl, Weißtannenöl, Silbertannenöl; D. 0.867-0.886; das durch Dest. mit Wasserdampf aus den Nadeln u. Zweigspitzen gewonnene äther. Öl; farblos u. angenehm balsamisch riechend. **Best.:** L-α-Pinen, L-Limonen, 5-10 % L-Bornylacetat, Laurinaldehyd, Santen; **Anw.:** innerl. u. äußerlich bei katarrhal. Erkrankungen der Atemwege; äußerl. bei Erkrankungen des rheumat. Formenkreises, neuralg. Schmerzen, Verspannungen; volkstüml.: bei Verstauchungen, Zerrungen; in Franzbranntwein bei Quetschungen, Blutergüssen; techn.: u. a. Tannenduftessenzen, Badeessenzen; **Oleum Templini:** Templinöl, Edeltannenzapfenöl (fälschl. auch Ol. Pini silvestris); D. 0.851-0.870; das aus den Fruchtzapfen gewonnene äther. Öl. **Best.:** L-Limonen als Hauptbest. L-α-Limonen, ca. 5 % Borneol u. a.; **Anw.** techn.: Seifen- u. Parfümproduktion, Duftessenzen; von Abies alba stammt ferner Straßburger Terpentin (Terebinthina argentoratensis), s. Terebinthina.

Hom: *Abies alba spag. Zimpel (HAB1.5):* frische, junge, noch unverholzte Zweigspitzen mit Blättern u. unreifen Zapfen.

Abies balsamea: s. Balsamum canadense.

Abies canadensis: s. Tsuga canadensis.

Abies fraseri (Pursh) Poir.: Tannenart, die neben Abies balsamea (u. Tsuga canadensis) den Kanadabalsam, Balsamum* canadense, liefert.

Abies nigra: s. Picea mariana.

Abies pectinata: s. Abies alba.

Abies sibirica Ledeb.: Sibirische Tanne; Fam. Pinaceae (Nordostrussland, Zentralasien, Mongolei, Amurgebiet, Kamtschatka). Stpfl. von **Piceae aetheroleum:** Fichtennadelöl (s. Picea abies) bzw. von **Oleum Abietis sibiricum** (fälschl. als Oleum Pini sibiricum EB6, Sibirisches Fichtennadelöl bezeichnet) Sibirisches Edeltannenöl; das äther. Öl aus den Nadeln u. jungen Zweigspitzen; farblose bis schwach gelbl. grüne Flüss.; $\alpha_D^{20°C}$ –37 bis –45°; D. 0.894-0.924. **Off.:** DAB2003; **Best.:** nach DAB 5-35 % Bornylacetat, 1-5 % Borneol, 4-30 % Limonen, 1-15 % Car-3-en, 5-28 % Camphen, 10-25 % α-Pinen, 1-30 % β-Pinen; **Anw.:** vgl. Abies alba; techn.: in der Parfümerie; für Lacke, Desinfektionsmittel.

Abietinsäure: $C_{20}H_{30}O_2$, M_r 302.46; Schmp. 173-175 °C. Eine Diterpensäure, isomer mit Neoabietinsäure; gelbe Massen od. Blättchen; leicht lösl. in Ethanol, Aceton, Methanol, wenig lösl. in Petrolether, unlösl. in Wasser. Hauptbest. des Colophoniums u. anderer Terpenharze; s. Harze; auch im Bernstein sind A.-Derivate enthalten. **Anw.**: Lack-, Seifen- u. Kunststoffindustrie; Herst. von Estern; Milch- u. Buttersäure-Gärung, da A. das Wachstum dieser Bakterien fördert.

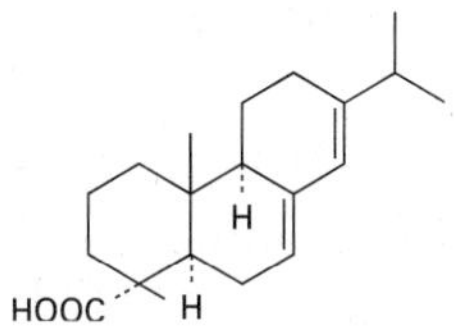

Abietinsäure

Abklatschverfahren: Methode zum Nachw. von Oberflächenkeimen, bes. in der Krankenhaushygiene.

Abklingquote: der pro Tag errechnete Wirkungsverlust z. B. eines Herzglykosids, nicht gleichzusetzen mit Elimination*; s. Glykoside, herzwirksame.

Abkochungen: Decocta; wässrige Drogenauszüge*. Die Extraktion der Droge mit vorgeschriebenem Zerkleinerungsgrad erfolgt in Wasser von über 90 °C während 30 min. Danach wird heiß koliert, der Drogenrückstand schwach ausgepresst u. nötigenfalls mit derjenigen Menge an siedendem Wasser nachgespült, die für das vorgeschriebene Gewicht der A. erforderlich ist.

ABLC: Abk. für **A**mphotericin-**B**-**L**ipid-**C**omplex; s. Lipid-Carrier des Amphotericin B.

Abmagerungsmittel: s. Appetitzügler.

Abnahmebesichtigung: syn. Eröffnungsrevision; Überprüfung bei bereits erteilter Betriebserlaubnis durch die zuständige Behörde vor der Eröffnung einer Apotheke. Es wird geprüft, ob die Apotheke den gesetzl. Vorschriften entspricht. Bei erfolgreicher Abnahme kann die Apotheke sofort eröffnet werden. Eine Abnahmebescheinigung wird ausgestellt. Wird die Abnahme versagt, ist dies durch die Behörde schriftl. zu begründen. Bei Arzneimittelherstellern, die einer Herstellungserlaubnis bedürfen, ist eine Abnahmebesichtigung vor der Erlaubniserteilung geübte Verwaltungspraxis.

ABNull-Blutgruppen: s. Blutgruppen.

Abomasus: Labmagen, vierter Kälbermagen, aus dem das Lab* gewonnen wird.

Abort (lat. abortus Fehlgeburt, Frühgeburt): vorzeitige Beendigung der Schwangerschaft durch spontanen od. künstl. herbeigeführten Verlust des Fetus mit einem Gewicht >500 g vor Eintritt seiner extrauterinen Lebensfähigkeit (vor Ende der 22.-24. SSW).

Abortiva: Abtreibemittel; Mittel zur Herbeiführung eines Schwangerschaftsabbruches. Zu den neueren, ungefährlicheren Abortiva zählen Prostaglandine* (Sulproston*, Dinoproston*, Dinoprost*), Mifepriston* u. Trichosanthin (s. Trichosanthes kirilowii). Stoffe, deren Anw. oft zu schweren gesundheitl. Schäden der Mutter od. deren Tod führen, sind z. B. Chinin*, Dihydroergotamin od. diverse Ätherisch-Öldrogen (vgl. Aetherolea, Tab. 1).

abpacken: im arzneimittelrechtl. Sinn das Verschließen eines Behältnisses u. das Einbringen in eine äußere Umhüllung; auch das Einlegen einer Gebrauchsinformation wird darunter verstanden.

Abrasivum: Schleifmittel, Poliermittel. **Anw.**: z. B. Calciumhydrogenphosphat* in Zahnpasten.

Abraumsalze: die über Steinsalzlagern (Staßfurt) lagernden Calcium-, Kalium-, Magnesiumsalze, die erst abgeräumt werden müssen, um an das Steinsalz zu gelangen. Früher als wertlos beseitigt, jetzt Hauptausgangsprodukte zur Gew. von Kaliumsalzen (Kalidünger), ferner zu Badesalzen (Staßfurter Badesalz).

Abricolin: Kokosaldehyd; 4-Hydroxynonansäurelacton, $C_9H_{16}O_2$, M_r 156.1. Gelbl. Flüss. D. 0.9703 (15 °C). **Anw.**: für Parfüms u. Essenzen (Aprikosen- und Kokosnoten).

Abrieb: Friabilität von nicht überzogenen Tablette Ph.Eur.4, Roll- u. Schüttelverschleiß; Größe zur mechan. Festigkeit von Tabletten. Zur Bestimmung des A. wird eine Anzahl entstaubter Tabletten gewogen u. eine bestimmte Zeit einer definierten Fall-, Roll-, Rutsch- u. Schüttelbelastung ausgesetzt. Nach dem Entstauben werden die Tabletten gewogen u. der Masseverlust in Prozent berechnet; ausreichend stabile Tabletten weisen einen A. unter 1 % auf. Die Bestimmung erfolgt entweder in einer Weis-Fogh-Trommel, einem Roche-Friabilator, einem Erweka Tablettenabriebprüf-Gerät, die alle nach demselben Prinzip arbeiten, od. mit der Turbula-Schüttelmaschine, die mit mehreren Tablettenröhrchen bestückt werden kann (s. Abb). Bei den aufgezählten Abriebprüfge-

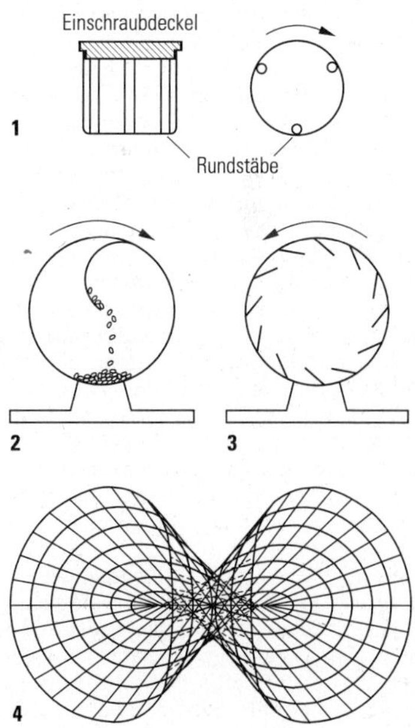

Abrieb: versch. Geräte zur Bestimmung der Friabilität; 1: Weis-Fogh-Trommel; 2: Roche-Friabilator, Ph.Eur., USP; 3: Erweka-Abriebprüfgerät; 4: Bewegungsablauf der Turbula-Schüttelmaschine

A

räten treten verschiedene Rollbewegungen u. Fallhöhen auf. Die Friabilitäten sind deshalb untereinander nicht vergleichbar. In der Ph.Eur. wird die Bestimmung der Friabilität von nicht überzogenen Tabletten mit einer dem Roche-Friabilator entsprechenden Apparatur durchgeführt (max. Masseverlust meist 1%). Bei Tablettendurchmessern von ≥13 mm kann für freie Fallbedingungen die Achse der Trommel um 10° gegen die Standfläche geneigt werden. Neben dem A. beschreiben die Druckfestigkeit (s. Bruchfestigkeit), die Biegefestigkeit (s. Biegung) u. die Härte die physik. Stabilität von Tabletten (s. Compressi).

Abrin: M_r 63000-67000; eines der bekanntesten u. giftigsten Lektine*; Stpfl. ist Abrus* precatorius. Eine Mischung aus 5 Glykoproteinen, die jeweils aus 2 über Disulfidbrücken verbundenen Peptidketten bestehen; vgl. Ricin.

Abrotanum: s. Artemisia abrotanum.

Abrotin: Alkaloid aus Artemisia* abrotanum.

Abrus precatorius L.: Paternostererbse; Fam. Fabaceae (Tropen). Stpfl. von **Semen Jequiritii:** die dekorativen schwarzen u. roten Samen werden zu nicht ungefährl., exotischen Halsketten verarbeitet. Verschlucken intakter Samen ist harmlos. **Inhaltsst.:** Abrin*.

ABS: **1.** Abk. für **A**lkyl**b**enzol**s**ulfonate. Synthet. Waschrohstoffe, prakt. in allen Vollwaschmitteln enthalten. Biol. abbaubar sind jene ABS, deren Alkylgruppe unverzweigt ist (z.B. Dodecylbenzolsulfonat). **2.** Abk. für Abscisinsäure*. **3.** Abk. für **A**crylnitril, **B**utadien, **S**tyrol; s. Polyacrylnitril.

Abschälmethode: (engl.) *peeling-off, feathering*; Residuen-Methode, graphisches Abschälen zusammengesetzter Exponentialfunktionen; Methode zur Bestimmung der Resorptionsgeschwindigkeitskonstanten aus der Blutspiegelkurve* nach extravasaler Applikation. Dazu verwendet man die halblogarithm. Blutspiegelkurve u. verlängert die absteigende Gerade, die die Elimination darstellt, im letzten Abschnitt bis zur Ordinate. Das Abschälen besteht darin, dass man für eine Anzahl von Zeitpunkten die Differenz zw. der extrapolierten Eliminationsgerade u. den gemessenen Werten der Blutspiegelkurve bildet. Trägt man die Differenzwerte auf, entsteht die Resorptionsgerade, aus deren Anstieg die Geschwindigkeitskonstante der Resorption ermittelt wird.

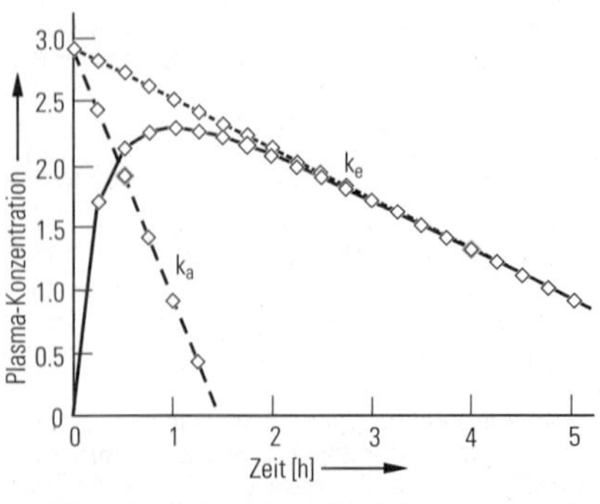

Abschälmethode: k: Geschwindigkeitskonstante der Elimination (k_e) u. Resorption (k_a)

Abschlussgewebe: neben Grundgewebe u. Leitgewebe der dritte Gewebetyp der Pflanzen, der bereits embryonal angelegt wird. **1.** Primäres A. ist die Epidermis* der oberird. Pflanzenteile u. die Rhizodermis* der Wurzel. Zum Stoffaustausch (Gase, Wasser) dienen Spaltöffnungen (Stomata) bzw. Wurzelhaare. **2.** Sekundäres A. besteht aus verkorkten Zellen od. Kork (Exodermis*, Metaderm* od. Periderm*). **3.** Das tertiäre A. der Bäume löst das sekundäre ab u. tritt als Borke* auf.

Abscisinsäure: Abk. ABS, Abscisin, Dormin; (*S*)-(+)-5-(1'-Hydroxy-4'-oxo-2,6,6'-trimethyl-2-cyclohexen-1-yl)-3-methyl-*cis*,*trans*-2,4-pentadiensäure; M_r 264.3; Schmp. 160-162 °C, polymorph. A. kommt als Phytohormon* in Pflanzen wahrscheinl. ubiquitär vor u. wirkt als Antagonist der Auxine*, Gibberelline* u. Zytokinine*. A. inhibiert Wachstum u. Samenkeimung, induziert die Samenruhe u. fördert den Blatt- u. Fruchtabfall. Dementsprechend finden sich relativ große Mengen in Früchten, ruhenden Samen, Knospen u. welkenden Blättern. **Gesch.:** A. wurde 1963 von Addicot u. Lyon aus Baumwollkapseln u. von Wareing aus Ahornblättern isoliert. Die Strukturaufklärung gelang 1965.

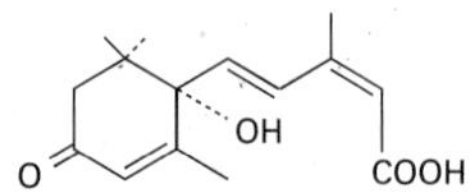

Abscisinsäure: (*S*)-(+)-Abscisinsäure

Absinkdauer: Maßzahl der Saugfähigkeit von Watte; s. Verbandmull.

Absinth: s. Artemisia absinthium.

Absinthin: $C_{30}H_{40}O_6$; M_r 496.62; Schmp. 179-180 °C (Ethanol abs.) od. 165 °C (Benzolsolvat, unter Zers.); Strukturformel s. Artabsin. Dimeres Sesquiterpenlacton, ein Proazulen, aus Artemisia* absinthium. Orange Nadeln von sehr bitterem Geschmack (s. Bitterwert), lösl. in Ethanol, Ether u. Benzol. **Anw.:** Tonika u. Amara; techn.: Aromatisierung alkohol. Getränke; **Dos.:** 0.1-0.25 g.

Absolues: s. Aetherolea.

absorbable dusting powder: Abk. ADP, (engl.) *sterilisable maize starch (USP, BP)*; nicht quellende, wasserdampfsterilisierbare u. resorbierbare Pudergrundlage (vgl. ANM-Pudergrundlage). **Herst.:** Veretherung u. Vernetzung von Maisstärke (vgl. Amylum) mit z.B. Epichlorhydrin*. Zur Verbesserung der Gleitfähigkeit Zusatz von max. 2% Magnesiumoxid zugelassen. Anw. auch gegen Verkleben u. für leichteres Überstreifen von med. und chirurg. Handschuhen.

Absorbentium: Absorbens; aufsaugendes Mittel; in seine Masse aufnehmender Stoff.

Absorption (lat. absorbere verschlingen): **1.** A. von Materie: Art der Sorption*; Aufnahme, d.h. Eindringen, eines Sorptivs* (Gas) in die gesamte Masse der absorbierenden Substanz (Flüss. od. fester Stoff); vgl. Henry-Gesetz. A. ist keine reine Oberflächenerscheinung wie bei der Adsorption*; vgl. Hydratation. **2.** (pharmakokin.) s. Resorption. **3.** A. von Strahlung: Schwächung elektromagnet.

Strahlung*, z. B. eines Lichtstrahls beim Durchgang durch einen absorbierenden Körper, nicht durch Streuung. Sie nimmt mit der Schichtdicke u. bei Lösungen auch mit der Konz. an Gelöstem zu. Die Lichtabsorption ist eine Stoffeigenschaft, die in enger Beziehung zum Molekülbau steht u. zu Identitäts- u. Reinheitsprüfungen dient; s. Absorptionskoeffizient, Absorption, spezifische; vgl. Spektroskopie.

Absorptionsgrundlagen: (engl.) *absorption bases*; Absorptionsbasen; lipophile, wasseraufnehmende Salben (s. Unguenta). A. dienen zur Herst. von haltbaren W/O-Salben, auf Basis von Gelsystemen (s. Gele, Kohlenwasserstoff-Gele, Lipogele od. Silicongele), die nichtionogene Emulgatoren* (Typ W/O) mit niedrigem HLB*-Wert enthalten. Diese Emulgatoren liegen entweder nat. vor (z. B. Wollwachsalkohole im Wollwachs*) od. werden bei der Herst. der A. eingearbeitet (isolierte od. angereicherte Wollwachsalkohole bzw. Sorbitanfettsäureester*, Monoglyceride, Fettalkohole, niedrig ethoxylierte Fettalkohole, s. Polyoxyethylenfettalkoholether). A. besitzen zwar ein hohes, aber begrenztes Wasseraufnahmevermögen; s. Wasserzahl. Therap. stehen die A. zw. den hydrophoben Kohlenwasserstoff- u. Triglyceridsalben u. den hydrophilen Zubereitungen (O/W-Cremes, Polyethylenglykol- u. Hydrogelsalben). A. besitzen einen Fettungs- u. einen gewissen Hautabdeckeffekt. Die Hautatmung wird geringer beeinflusst als durch hydrophobe Grundlagen. A. sind in Abhängigkeit von der Zusammensetzung gut spreitbar u. optisch ansprechend. Teilweise werden auch Mischungen aus lipophilen Massen, Fettalkoholen u. O/W-Mischemulgatoren (beinhalten Emulgatoren mit hohem HLB-Wert) als hydrophile Absorptionsbasen bzw. -grundlagen bezeichnet (nicht in der Ph.Eur. definiert). Ihr Wasseraufnahmevermögen ist nicht begrenzt. Ab einem bestimmten Wassergehalt entstehen O/W-Systeme; vgl. Unguentum emulsificans.

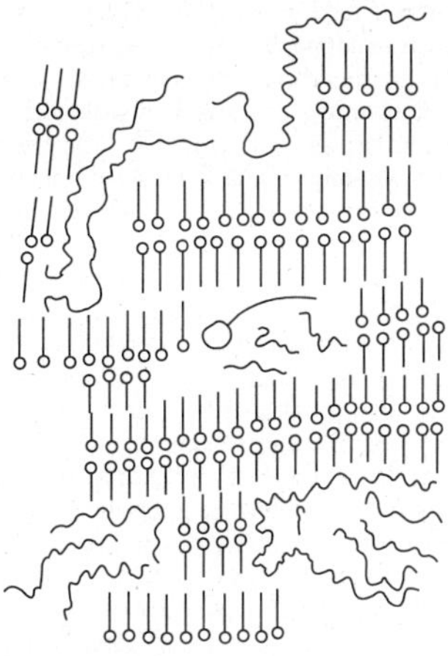

Absorptionsgrundlagen: schemat. Darst. einer aus Fettalkoholen u. Paraffinkohlenwasserstoffen aufgebauten Absorptionsbase

Absorptionskoeffizient: syn. Absorptionskonstante; Stoff- od. Molekülkonstante mit der Einheit cm^{-1}, deren Größe von der Eigenschaft eines Stoffs abhängt, einfallendes Licht in Abhängigkeit von der Frequenz zu absorbieren. Nach dem Absorptionsgesetz von Lambert u. Beer gilt:

$I = I_0 \cdot e^{-kl}$

bzw. bei Verw. des dekad. Logarithmus

$(a = k \cdot \mathit{ln}\, 10)$

gilt:

$\log (I_0/I) = \log (1/T) = -\log T = a \cdot l = A$

Die Proportionalitätskonstante a ist der A. (früher Extinktionskoeffizient); I_0 ist die Intensität des eingestrahlten Lichts u. I die Intensität dieses Lichts nach dem von ihm in einem bestimmten Medium zurückgelegten Weg l; der Quotient I/I_0 bezeichnet die Durchlässigkeit D od. Transmission* T (meist in Prozent ausgedrückt); log T ist das **Absorptionsvermögen** A (früher Extinktion, engl. absorbance). Änderung des A. mit der Frequenz des einfallenden Lichts; **Absorptionskoeffizient, spezifischer:** Symbol k_{sp}; Einheit $\frac{1}{\% \cdot cm}$; A. eines Stoffes bei einer bestimmten Wellenlänge; ermöglicht die quantitative Bestimmung eines gelösten Stoffs durch Photometrie* od. Kolorimetrie*; nach dem Lambert-Beer-Gesetz in der Form

$A = \varepsilon \cdot c \cdot d$

ist die Absorption A eines gelösten Stoffs proportional seiner Konzentration c. In dieser Gleichung ist ε der **molare Absorptionskoeffizient** mit der Einheit $\frac{1}{mol \cdot cm}$, wobei die vom Licht durchlaufene Schichtdicke d in cm u. die Konzentration c eines Stoffes in mol/L ausgedrückt wird. Ermittlung des molaren A. $(L \cdot mol^{-1} \cdot cm^{-1})$: Absorptionsmessungen von Lsg. bekannter Stoffkonzentrationen meist bei einem Absorptionsmaximum; der molare A. hängt ab von der Art der absorbierenden Verb., dem Lösungsmittel u. dem pH-Wert der Lsg.; vgl. Absorption, spezifische. **Bunsen-Absorptionskoeffizient:** das Gasvolumen in Liter (unter Normalbedingungen, 0 °C u. 101.3 kPa), das von einer Volumeneinheit eines Lösungsmittels bei einer definierten Temp. u. 101.3 kPa (760 mmHg) gelöst wird. **Ostwald-Absorptionskoeffizient:** syn. Löslichkeitskoeffizient; Verhältnis der Konz. eines Gases in der Flüss. zu der in der Gasphase.

Absorption, spezifische: Symbol $A_{1\%}^{1cm}$; opt. Absorption einer 1 %igen Lsg. (m/V) eines Stoffes bei einer besimmten. Wellenlänge u. einer Schichtdicke von 1 cm (Ph.Eur.3). Der Zusammenhang zum molaren Absorptionskoeffizienten* ε ergibt sich aus

$A_{1\%}^{1cm} = 10\ \varepsilon / M_r$

(In Übereinstimmung mit IUPAC, DIN u. SI-Einheiten sollten spez. Größen masse- u. nicht konzentrationsbezogen sein.) Die Bez. spez. Extinktion $E_{1\%}^{1cm}$ anstelle der spez. A. ist nicht mehr zulässig.

Absorptionssalben: s. Resorptionssalben.

Absorptionsspektroskopie: s. Spektroskopie.

Absorptionsvermögen: s. Absorptionskoeffizient.

Abstandsgesetz, quadratisches: s. Strahlenschutz.

A

Abstillmittel: Laktationshemmer, Laktafuga; Mittel, die die Milchproduktion u. Sekretion hemmen bzw. unterdrücken. Hemmen physiolog. postpartale Laktation u. patholog. Galaktorrhö; z.B. Estrogene, Estrogen-Androgen-, Estrogen-Androgen-Gestagenkombinationen u. Prolactinhemmer*. Die Anw. eines A. sollte wegen der Vorteile der Muttermilchernährung des Säuglings erst ab dem 3. Lebensmonat erfolgen, od. wenn Stillhindernisse (Flach- u. Hohlwarzen, Infektionen, Medikation der Mutter mit bestimmten Arzneistoffen u.a.) vorliegen. Vgl. Gynäkologika, Muttermilch.

Abstoßung, elektrostatische: Abstoßung gleichgeladener Teilchen. E. A. beeinflusst die Stabilität von Kolloiden u. gröber dispersen Systemen (Emulsionen, Suspensionen). Gleichsinnige elektr. Ladungen in ausreichender Zahl an der Grenzfläche der dispersen Phase bewirken, dass die Abstoßung überwiegt u. verhindern, dass es zu Agglomeration, Koaleszenz kommen kann (Peptisation). Gleichsinnige Ladungen an Grenzflächen (z.B. negative Ladung an Öltröpfchen in der Wasserphase) können sich durch Adsorption von Ionen u. durch Anw. von ionogenen Emulgatoren ausbilden, od. sie werden durch mechan. Beanspruchung bei der Herstellung (starkes Schütteln, Reibungselektrizität) erzeugt. Sie ziehen umgekehrt geladene Ionen an u. dies führt zu einer elektr. Doppelschicht an den dispersen Teilchen. Weitere Elektrolytzusätze verändern den Ladungszustand u. nehmen Einfluss auf die Stabilität.

Abszisse: (mathemat.) Bez. für die unabhängige Variable x u. die horizontale Koordinatenachse; vgl. Ordinate.

Abszission: (bot.) das Abwerfen von Blättern, Blüten, Früchten od. anderen Pflanzenteilen nach Ausbildung eines Trennungsgewebes*.

Abusus: Missbrauch.

Abwehrmechanismen: s. Immunsystem.

Abwehrstoffe: Stoffe, die der Abwehr von Krankheitserregern od. Fremdsubstanzen dienen u. von Zellen der spezifischen u. unspezif. Immunabwehr gebildet u. ausgeschüttet werden. Vgl. Antikörper.

Abwehrstoffe, pflanzliche: s. Phytoalexine.

Abzug: jede Apotheke muss nach der Apothekenbetriebsordnug mit einem Abzug (DIN 12924) od. mit einer Absaugeeinrichtung (DIN 12927) ausgestattet sein. Betriebsbereit ist der immer freizuhaltende Abzug, wenn alle Anschlüsse für Wasser u. Energie sofort benutzt werden können.

ac: Präfix in der org.-chem. Nomenklatur für anticlinal; früher auch Abk. für alicyclisch. In der anticlinalen Konformation stehen die beiden Substituenten benachbarter C-Atome in der Newmann-Projektion ekliptisch, im Winkel von 120° zueinander. Vgl. Konformation.

Ac: (chem.) Symbol für Actinium*.

Acacia catechu Willd.: Fam. Mimosaceae (Leguminosae) (Vorder- u. Hinterindien, Sri Lanka). Stpfl. von **Catechu:** Katechu, Pegu-Katechu; getrockneter Extrakt aus dem Kernholz der Bäume; dunkelbraune, bisweilen löcherige Stücke von muscheligem Bruch; geruchlos, von zusammenziehendem, bitterem, zuletzt süßl. Geschmack, lösl. in siedendem Wasser u. Ethanol. **Inhaltsst.:** Catechine (2-12%) u. Catechingerbstoffe (25-60%), ferner Quercetin, Quercitrin, Schleim. Pegu-Catechu enthält kein Fluorescin im Unterschied zu Gambir-Catechu (s. Uncaria gambir; grüne Färbung beim Schütteln mit Benzin od. Ether). **Zuber.:** Tct. Catechu; **Anw.** volkstüml.: z.B. als Adstringens bei Diarrhö, Blutungen; äußerl. in Mund- u. Gurgelwässern; techn.: zum Gerben u. Färben von Leder.

Acaciae Gummi: s. Gummi arabicum.

Acaciae Gummi dispersione desiccatum: s. Gummi arabicum.

Acacia farnesiana (L.) Willd.: Fam. Mimosaceae (Leguminosae) (Westindien). Stpfl. von **Flores Acaciae farnesianae:** Akazienblüten (fälschl. als Cassiablüten bezeichnet). **Inhaltsst.:** äther. Öl; **Anw.** volkstüml.: z.B. Spasmolytikum, Aphrodisiakum; **Oleum Acaciae farnesianae:** Akazienblütenöl, Cassiablütenöl; ein Extraktöl. **Best.:** ca. 11% Salicylsäuremethylester, *p*-Cresol, Benzaldehyd, Benzylalkohol u.a; **Anw.:** in der Parfümindustrie.

Acacia senegal (L.) Willd.: A. verek Guill. et Perrott, Gummiarabikumbaum; Fam. Mimosaceae; neben A. nilotica (L.) Del. u. A. karroo Hayne Stpfl. von Gummi* arabicum.

Acacia suma Kurz: Fam. Mimosaceae (Bengalen, östl. trop. Afrika). Stpfl. von **Catechu:** s. Acacia catechu.

Acajubaum: s. Anacardium occidentale.

Acalypha indica L.: Indisches Brennkraut; Fam. Euphorbiaceae (Ostindien, Sri Lanka, China, Abessinien). Stpfl. von **Herba Acalyphae indicae:** Indisches Brennkraut. **Inhaltsst.:** Acalyphin (Alkaloid), äther. Öl, Gerbsäure, Harz; **Anw.** volkstüml.: z.B. bei Verstopfung, Wurmbefall, Bronchitis, äußerl. bei Hautausschlägen.

Hom: *Acalypha indica (HAB1.4):* frisches, blühendes Kraut; verord. z.B. bei trockenem Krampfhusten, Hämoptysis (Bluthusten).

Acamprosat INN: 3-Acetamido-1-propansulfonsäure; CAS-Nr. 77337-76-9; $C_5H_{11}NO_4S$, M_r 181.21. **Wirk.:** Antagonist am *N*-Methyl-D-aspartat-Rezeptor (NMDA-Rezeptor) u. an GABA*-ergen Neuronen. Ethanol* wirkt ebenfalls antagonist. an NMDA-Rezeptoren, durch ständigen Ethanolkonsum vermehren sich die Rezeptoren kompensator. u. werden empfindl., dadurch führt ein Alkoholentzug zur Übererregbarkeit versch. Hirnregionen. A. senkt das Verlangen nach Ethanol u. senkt die Rückfallrate bei Entzug. **Anw.:** Alkoholentwöhnungsmittel (gebräuchl. ist A.-Calcium); **UAW:** Diarrhö, Erbrechen, gelegentl. veränderte Libido; **Kontraind.:** Nieren- u. Leberinsuffizienz, Schwangerschaft u. Stillzeit, Anw. bei Kinder, Erwachsene über 65 Jahren; **WW:** gleichzeitige Einahme von Nahrungsmitteln vermindert die Bioverfügbarkeit von A.; **Dos.:** p.o. >60 kg KG 3×0.666 g A.-Calcium/d, <60 kg KG 0.666 g morgens, 0.333 g mittags u. abends; jeweils zu einer Mahlzeit (Therapiedauer ein Jahr). **Acamprosat-Calcium:** Acamprosatum calcicum Ph.Eur.4; CAS-Nr. 77337-73-6; $C_{10}H_{20}CaN_2O_8S_2$, M_r 400.5; leicht lösl. in Wasser, fast unlösl. in Dichlormethan u. Ethanol.

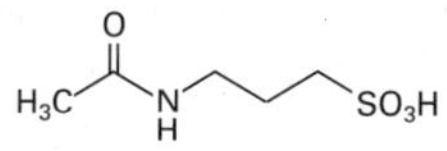

Acamprosat

Acanthopanax senticosus: s. Eleutherococcus senticosus.

Acanthus mollis L.: Acanthus; Fam. Acanthaceae (Südeuropa). Stpfl. von **Herba Acanthi:** Herba Brancae ursinae, Acanthusblätter, Bärenklau (vgl. Heracleum sphondylium). **Inhaltsst.:** Schleim; **Anw.:** Mucilaginosum.

Acarbose INN: Pseudotetrasaccharid aus Actinomycetes-Bakterienkulturen; CAS-Nr. 56180-94-0; $C_{25}H_{43}NO_{18}$, M_r 645.6. **Wirk.:** verhindert als α-Glucosidasehemmer (s. Glykosidasehemmer) die Spaltung von Disacchariden (Saccharose), Stärke u. Dextrin; führt somit zu einer verzögerten Resorption von Glucose* aus der Nahrung; **Anw.:** Antidiabetikum; **UAW:** Verdauungsstörungen, Durchfälle, Bauchschmerzen.

Accela-cota: Dragieranlage; s. Dragieren.

acceptable daily intake: s. ADI-Wert.

Accofil-Verfahren: Verfahren zum Füllen von Hartgelatinekapseln auf kontinuierlich arbeitenden Hochleistungsmaschinen, die an ein Vakuum-Druckluftsystem angeschlossen sind. Das pulverförmige Füllgut wird durch ein angelegtes Vakuum in ein Dosierröhrchen angesaugt, verdichtet u. mittels eines leichten Druckluftstoßes aus dem Dosierröhrchen in das Kapselunterteil ausgestoßen.

Accogel-Verfahren: Verfahren für die kontinuierl. Herst. u. Abfüllung von Weichgelatinekapseln (s. Capsulae). Ein Gelatineband wird auf rotierende Formwalzen gelegt u. durch Vakuum in Hohlformen mit perforierten Böden eingesogen; vgl. Upjohn-Verfahren. Die entstandenen Mulden werden mit flüssigem bis pulverförmigem Gut (vgl. Scherer-Verfahren) ausgefüllt u. darauf ein zweites Gelatineband zum Verschließen gelegt. Eine weitere Formwalze verschweißt beide Folien um das Füllgut u. stanzt die gefüllten Kapseln aus, die im Vergleich zu den Scherer-Kapseln keine äquatorial verlaufende Schweißnaht besitzen. Anschließend wird auf eine Restfeuchte der Hülle von 7-8 % getrocknet.

According-to-protocol Population: s. Studie, klinische (Tab. 2).

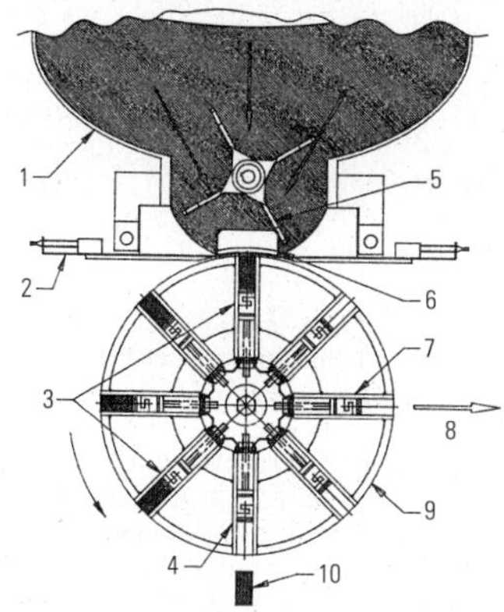

Accofil-Verfahren: 1: Pulverfülltrichter; 2:Abstreifvorrichtung; 3: Vakuum; 4: Pressluft; 5: Rührer, Dosierhilfe, Einstrichvorrichtung; 6: Füllrad; 7: Entstaubung; 8: Reinigung durch Ausblasen; 9: Dosierabdichtung; 10: ausgestoßener Pulverformling [29]

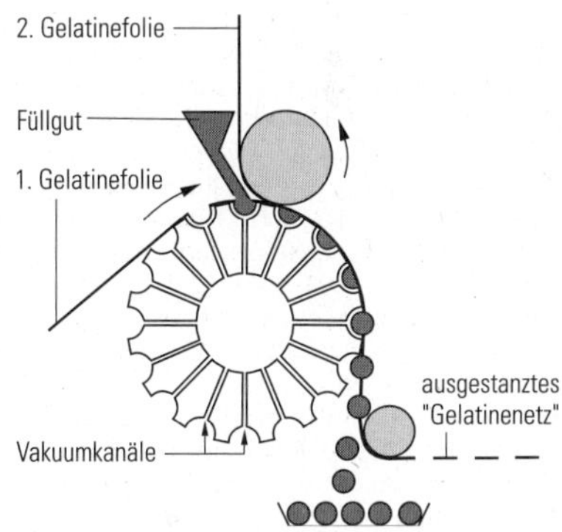

Accogel-Verfahren

ACD-Stabilisatorlösung: Stabilisator* für Blutkonserven mit Citronensäure (**A**cidum **c**itricum), Natrium**c**itrat u. **D**extrose als wässrig gelösten Bestandteilen. **Zstzg.:** (s. Tab.); pH 5.0; Mischungsverhältnis mit Blut ca. 1:4; **Anw.:** beim Blutersatz*, heute weitgehend ersetzt durch Stabilisatoren mit Purinbasenzusatz (z. B. SAGM*-Additivlösung, PAGGS*-M); vgl. CPD-Stabilisatorlösung.

ACE: **1.** Abk. für (engl.) *angiotensin converting enzyme;* s. Hormone (Gewebehormone der Niere). **2.** nicht

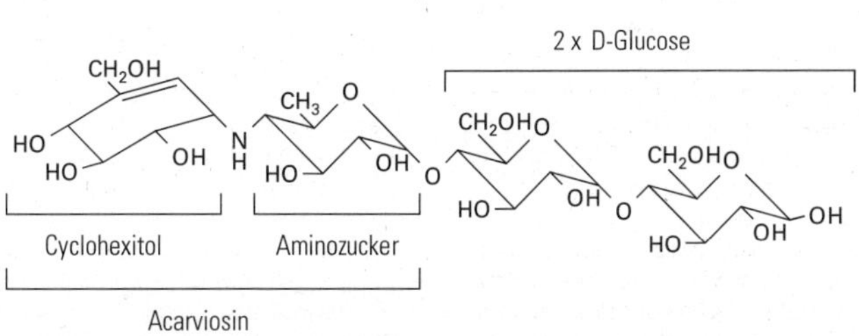

Acarbose

ACD-Stabilisatorlösungen

Zusammensetzung (Ph.Eur.4)	Stabilisatorlösung A	Stabilisatorlösung B
Natriumcitrat (Dihydrat)	22.0 g	13.2 g
Citronensäure-Monohydrat	8.0 g	4.8 g
oder wasserfreie Citronensäure	7.3 g	4.4 g
Glucose-Monohydrat	24.5 g	14.7 g
oder wasserfreie Glucose	22.3 g	13.4 g
Wasser für Injektionszwecke	zu 1000 mL	zu 1000 mL
verwendete Menge für voraussichtlich 100 mL Blut	15.0 mL	25.0 mL

mehr verwendetes Alkohol-Chloroform-Ether-Gemisch (im Verhältnis 1:2:3) zur Narkose.

Acebutolol INN: 3'-Acetyl-4'-(2-hydroxy-3-isopropylaminopropoxy)butyranilid; CAS-Nr. 37517-30-9; $C_{18}H_{28}N_2O_4$, M_r 336.43. Strukturformel s. Sympatholytika (Abb. 1). Schmp. 119-123 °C. **Anw.:** Betarezeptorenblocker, s. Sympatholytika (Betasympatholytika); besitzt eine hohe Kardioselektivität, bei gleichzeitig vorhandener intrinsischer, sympathomimet. Aktivität; **Dos.:** 2×0.2 g/d; parenteral i.v. 12.5 mg/d für Notfälle unter Blutdruckkontrolle; HWZ 3-4 h bzw. 8-13 h (Metaboliten). **Acebutololhydrochlorid:** Acebutololi hydrochloridum Ph.Eur.; $C_{18}H_{29}ClN_2O_4$, M_r 372.9. Schmp. 143 °C. Farblose, nicht hygroskop. Kristalle; leicht lösl. in Wasser u. Ethanol.

Acecarbromal INN: syn. Acetylcarbromal; 1-Acetyl-3-(2-brom-2-ethylbutyryl)carbamid; CAS-Nr. 77-66-7; $C_9H_{15}BrN_2O_3$, M_r 279.14. Schmp. 109 °C. Schwer lösl. in Wasser; leicht lösl. in Ethanol, Ethylacetat. **Anw.:** schwach wirksames Hypnotikum u. Sedativum aus der Gruppe der Bromharnstoffderivate, vgl. Schlafmittel; obsolet, da es bei längerer Anw. durch Abspaltung von Br^- (HWZ ca. 12 d) zu Symptomen eines Bromismus* kommen kann, ferner besteht die Gefahr der Gewöhnung u. Abhängigkeit.

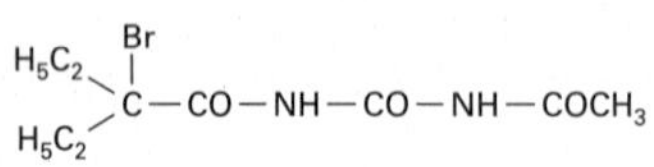

Acecarbromal

Aceclidin INN: 3-Chinuclidinylacetat; CAS-Nr. 827-61-2; $C_9H_{15}NO_2$, M_r 174.2. **Anw.:** Parasympathomimetikum*, lokal am Auge bei Glaukom; **UAW:** Reizung der Bindehaut, Augenbrennen, Kopfschmerzen.

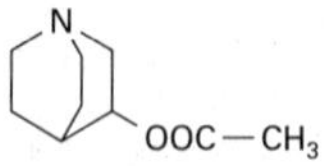

Aceclidin

Aceclofenac INN: Aceclofenacum Ph.Eur.4; *o*-(2,6-Dichloroanilino)phenylacetat; CAS-Nr. 89796-99-6; $C_{16}H_{13}Cl_2NO_4$, M_r 354.2. Schmp. 149 °C; logP 3.5; pK_S 2.6 (ber.); schwer lösl. in Wasser, leicht lösl. in Aceton u. Dimethylformamid, lösl. in Ethanol u. Methanol. **Wirk.:** antiphlogist., analget., ähnl. dem strukturverwandten Diclofenac*; **Anw.:** nichtsteroidales Antirheumatikum; s. Analgetika (schwache); **UAW:** ähnl. Diclofenac, jedoch bessere gastrointestinale Verträglichkeit; **Dos.:** 2×100 mg/d p.o., zu fast 100 % bioverfügbar; HWZ ca. 4 h.

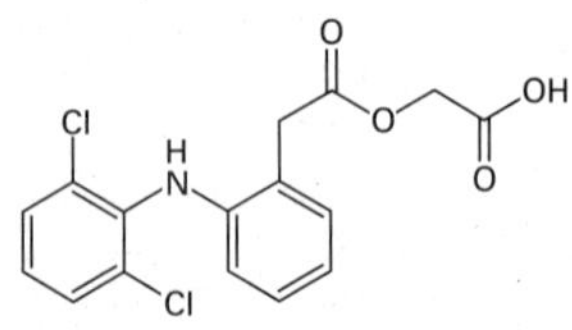

Aceclofenac

Acediasulfon INN: 4-Sulfanilylanilinoessigsäure; 4-(4-Aminophenylsulfonyl)-phenylaminoessigsäure; CAS-Nr. 80-03-5; $C_{14}H_{14}N_2O_4S$, M_r 306.4. Schmp. 194 °C. Lösl. in Methanol, Aceton u. Natronlauge. **Wirk.** u. **Anw.:** Chemotherapeutikum zur Anw. insbes. im Ohrenbereich. **Acediasulfon-Natrium:** CAS-Nr. 127-60-6; $C_{14}H_{13}N_2NaO_4S$, M_r 306.4.

Acedoben INN: 4-Acetamidobenzoesäure; CAS-Nr. 553-08-1; $C_9H_9NO_3$. **Anw.:** Virostatikum; s. Inosin Pranobex.

Acefyllin: 7-Theophyllinessigsäure; 1,2,3,6-Tetrahydro-1,3-dimethyl-2,6-dioxopurin-7-essigsäure; CAS-Nr. 652-37-9; $C_9H_{10}N_4O_4$, M_r 238.20. Schmp. 271 °C (kristallisiert aus Wasser). **Anw.:** Kardiakum, Broncholytikum*; Phosphodiesterasehemmer; vgl. Methylxanthine. Gebräuchl. sind auch Acefyllin-piperazin, Acefyllin-7-(2-dimethylaminoethoxy)-2-phenyl-4-chromenon, Acefyllin-(−)-3,4-dimethyl-5-phenyl-2-thiazolidinimin, Acefyllin-3-pyridylmethanol; hingewiesen sei auch auf Acefyllin-clofibrol.

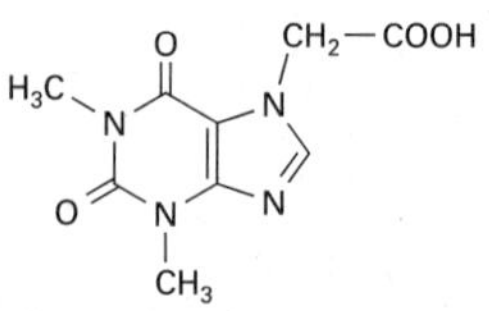

Acefyllin

ACE-Hemmer: Kurzbez. für kompetitive Hemmstoffe des **a**ngiotensin **c**onverting **e**nzyme (ACE), vgl. Hormone (Gewebehormone der Niere). **Anw.:**

essentielle Herzinsuffizienz*; Hypertonie. Cave: starker Blutdruckabfall (v.a. bei gleichzeitiger Ther. mit anderen Antihypertensiva*), reversible Einschränkung der Nierenfunktion (v.a. bei vorgeschädigter Niere, Nierenarterienstenose); **Wirkstoffe:** z.B. Captopril*, Lisinopril* (beide Prodrugs), Enalapril*, Ramipril*; **Wirk.**: Strukturanalogie zur C-terminalen Endkette des Angiotensin I. Hemmen die Umwandlung von Angiotensin I durch ACE in Angiotensin II, wodurch die nachfolgende Freisetzung von Aldosteron (Natrium- u. Wasserretention) verhindert wird. Die Folge ist eine Abnahme des system. Gefäßwiderstandes u. Blutdruckabfall. Die Wirkungsintensität ist proportional der vorbestehenden Aktivierung des Renin*-Angiotensin-Aldosteron-Systems; vgl. Hormone, Mineralocorticoide. **UAW:** Reizhusten, Geschmacksstörungen, Hautreaktionen (v.a. Exantheme), selten Granulozytopenie, cholestat. Ikterus; **Kontraind.**: Schwangerschaft, Stillzeit, Nierenfunktionsstörungen, Aortenklappenstenose, Hyperaldosteronismus; **WW:** Prostaglandinsynthesehemmer (z.B. Indometacin) schwächen die Wirk. ab.

Acemetacin INN: *O*-[1-(4-Chlorbenzoyl)-5-methoxy-2-methyl-3-indolylacetyl]glykolsäure; CAS-Nr. 53164-05-9; $C_{21}H_{18}ClNO_6$, M_r 415.83. Schmp. 150-153 °C (polymorph). Carboxymethylester von Indometacin*. **Anw.**: Antiphlogistikum*, Antirheumatikum; **UAW:** s. Indometacin; **Dos.**: p.o. 30-180 mg/d; HWZ 5 h.

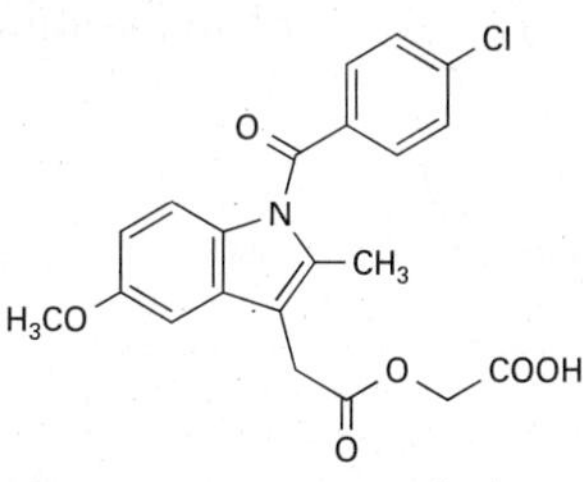

Acemetacin

Acemethadon: s. Acetylmethadol.

Acenaphthen: 1,8-Ethylennaphthalin, $C_{12}H_{10}$, M_r 154.2. Farblose Kristalle, unlösl. in Wasser, lösl. in heißem Ethanol, Chloroform od. Benzol. **Anw.**: Synthese von Insektiziden, Farb- u. Kunststoffen. **Tox.**: Mitosegift.

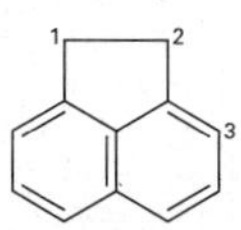

Acenaphthen

Acenocoumarol INN: Nicumalon; 3-[α-(4-Nitrophenyl)-β-acetylethyl]-4-hydroxycumarin; CAS-Nr. 152-72-7; $C_{19}H_{15}NO_6$, M_r 353.32. Strukturformel s. Warfarin (Abb.). Schmp. 196-199 °C. Fast unlösl. in Wasser u. org. Lösungsmitteln, lösl. in Alkalien; lösl. 1:400 in Ethanol, 1:200 in Chloroform, lösl. in Ethylacetat; pK$_S$ 4.7. **Anw.**: Antikoagulans, zur Prophylaxe u. Behandlung thromboembol. Erkrankungen; Vitamin-K-Antagonist; **UAW:** Hautnekrosen, Übelkeit, Erbrechen, Haarausfall, Blutungen; **Kontraind.**: Blutungsneigung, offene Wunden, Operationen, schwere Leber- u. Nierenerkrankungen, Bluthochdruck, Hirnschlag; **WW:** häufig; **Dos.**: 3-4×4 mg p.o. am 1. Tag, 1-2×4 mg ab 2. Tag; Überwachung des Patienten erforderl.; HWZ 8-9 h bzw. 24 h (Metaboliten).

Acepromazin INN: 1-[10-[3-(Dimethylamino)propyl]-10*H*-phenothiazin-2-yl]ethanon; CAS-Nr. 61-00-7; $C_{19}H_{22}N_2OS$, M_r 326.5. **Wirk.**: vgl. Chlorpromazin; **Anw.**: Neuroleptikum; **Dos.**: 3×2-3 mg/d peroral. **Acepromazinmaleat**: CAS-Nr. 3598-37-6; $C_{23}H_{26}N_2O_5S$. Schmp. 136 °C. Gelbes Pulver, lösl. in Wasser u. Ethanol, schwer lösl. in Ether; eine 1 %ige wässrige Lsg. hat einen pH-Wert von ca. 4-5. **Anw. vet.**: zus. mit Etorphinhydrochlorid zur Ruhigstellung großer Tiere; **Dos.**: 13.5 mg entsprechen 10 mg Acepromazin.

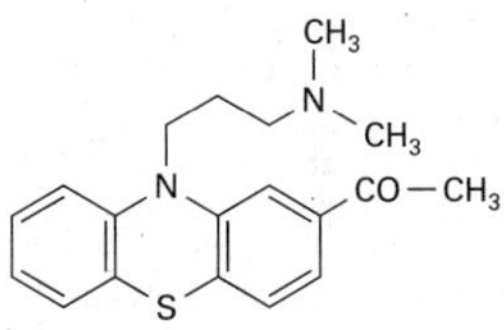

Acepromazin

Aceprometazin INN: 10-(2-Dimethylaminopropyl)phenothiazin-2-yl-methylketon; CAS-Nr. 13461-01-3; $C_{19}H_{22}N_2OS$, M_r 326.47. **Anw.**: obsolet; früher als Sedativum, Anxiolytikum* meist in Kombination mit anderen Tranquilizern wie Dikaliumclorazepat* od. Meprobamat*. Gebräuchl. war auch Aceprometazinmaleat.

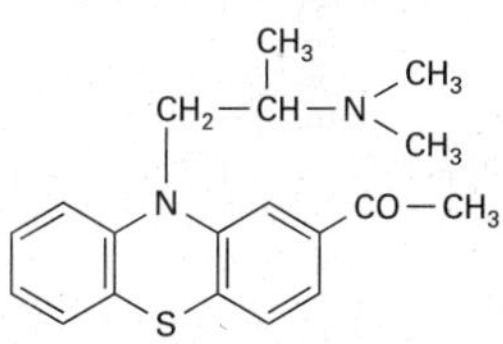

Aceprometazin

acer: scharf.

Acer negundo L.: Acer fraxinifolium, Acer aceroides, Eschenblättriger Ahorn; Fam. Aceraceae (atlant. Nordamerika); dort auch kult. zur Gew. von Ahornsaft u. Ahornzucker; s. Acer saccharum.
Hom: *Acer negundo:* frische Stamm- u. Zweigrinde.

Acerolakirsche: s. Malpighia punicifolia.

Acer saccharum Marsh.: Zuckerahorn; Fam. Aceraceae (Nordamerika). Neben anderen Ahorn-Arten (z.B. Acer* negundo) Hauptlieferant von Ahornzucker (maple sugar); vgl. Saccharose.

Acesulfam-K INN: Acesulfamum kalicum Ph.Eur.; 6-Methyl-1,2,3-oxa-thiazin-4(3*H*)-on-2,2-dioxid-Kaliumsalz, $C_4H_4KNO_4S$, M_r 201.2. Schmp. 250 °C. D. 1.83. Farblose Kristalle, lösl. in Wasser. **Anw.**: Süßstoff*.

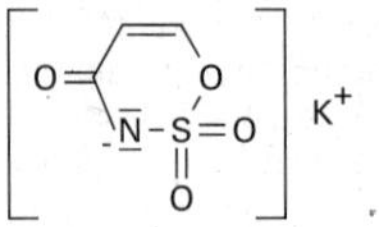

Acesulfam-K

Acetaldehyd: Ethylaldehyd; Ethanal, CH_3-CHO. D. 0.81. Schmp. −120 °C. Sdp. 22 °C. Farblose, brennbare Flüss. von stechendem, in kleinen Mengen angenehmem Geruch; leicht lösl. in Wasser, Ethanol, Benzol, Ether. Entsteht als Zwischenprodukt bei der alkohol. Gärung; polymerisiert leicht zu Paraldehyd* u. Metaldehyd*. **Darst.:** **1.** Oxidation von Ethanol mit Mangan(IV)-oxid od. Natriumdichromat u. Schwefelsäure; **2.** Dehydrierung von Ethanol über Silber od. Kupfer bei ca. 450 °C; **3.** Anlagerung von H_2O an Acetylen in Gegenwart von Quecksilbersulfat; **4.** nach dem Wacker-Verfahren aus Ethylen u. Luftsauerstoff mit Hilfe von Wasser, $PdCl_2$ u. $CuCl_2$. **Nachw.:** durch die übl. Aldehyd-Reaktionen (Reduktion von ammoniakal. Silbernitratlsg. u. von Fehling*-Reagens). **Anw.:** wichtiges Zwischenprodukt bei der techn. Synthese org.-chem. Verb., z. B. Essigsäure, 1-Butanol, Dioctylphthalat. **Gesch.:** entdeckt 1774 vom deutsch-schwed. Apotheker Carl Wilhelm Scheele (1742-1786).

Acetale: Bez. für geminale Diether (Dialkoxyalkane) der allg. Formel RR'C(OR'')(OR'''), vgl. Abbil-

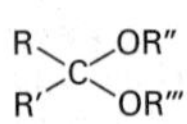

Acetale

dung. Durch Anlagerung von Alkoholen an die Carbonylgruppe von Aldehyden od. Ketonen entstehen Halbacetale bzw. Halbketale:

$RCHO + HOR' \rightarrow RCHOH(OR')$

Wird ein weiterer Alkohol angelagert, bilden sich Vollacetale bzw. Vollketale:

$RCHOH(OR') + HOR' \rightarrow RCH(OR')_2 + H_2O$.

Acetale u. Ketale werden in der präparativen Chemie als Schutzgruppen von Alkoholen u. Carbonylgruppen eingesetzt.

Acetalharze: s. Polyacetalharze.

Acetamid: Essigsäureamid; CH_3-CONH_2. Schmp. 81 °C. D. 1.16. Weiße Kristalle, leicht lösl. in Ethanol u. Wasser (Mäusegeruch). **Anw.:** Lösungsmittelzusatz, Vulkanisationsbeschleuniger u. Stabilisierungsmittel.

Acetamido-: s. Acetylamino-.

***p*-Acetamidobenzoesäure:** s. Acedoben.

Acetamino-: s. Acetylamino-.

Acetaminophen: s. Paracetamol.

Acetanhydrid: s. Essigsäureanhydrid.

Acetanilid: Antifebrin; *N*-Phenylacetamid; CAS-Nr. 103-84-4; $C_6H_5-NH-CO-CH_3$, M_r 135.17. Schmp. 113-115 °C. Geruchlose, farblose, glänz. Kristalle od. weißes, krist. Pulver; lösl. in 230 T. Wasser; in 22 T. siedendem Wasser; leicht lösl. in Ethanol, Chloroform, Ether. **Darst.:** Kochen von Anilin mit Essigsäure; **Anw.** med.: früher als Antipyretikum, Antineuralgikum; obsolet, wegen Schädigung der Erythrozyten (Methämoglobinbildung); techn.: Schmelzpunktkalibrierung in der Thermoanalyse*.

Acetarsol INN: Acetaminohydroxyphenyl-arsonsäure, Acidum acetylamino-oxyphenyl-arsonicum; 3-Acetamino-4-hydroxy-benzol-1-arsonsäure; CAS-Nr. 97-44-9; $C_8H_{10}AsNO_5$, M_r 275.1. Geh. an Arsen 27.0-27.5 %, ber. auf die getrocknete Substanz. Lockeres, weißes bis fast weißes Pulver von schwach bitterem Geschmack; sehr schwer lösl. in Wasser (ca. 1:1500), wenig lösl. in Ethanol 90 %, lösl. in verd. Alkalilaugen, Natriumhydrogencarbonat-Lösung. **Anw.:** Chemotherapeutikum* z. B. bei Trichomoniasis, Amoebenruhr, obsolet; MED 0.5 g, MTD 1.0 g.

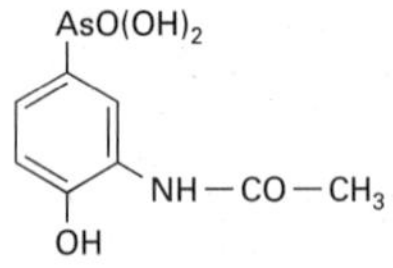

Acetarsol

Acetate: Salze der Essigsäure*.

Acetatfolie: Folie aus Celluloseacetat* (durchschnittl. Substitutionsgrad 2.8-3 Acetylgruppen pro Glucoseeinheit; entspricht 60-61.5 % Essigsäure) mit Zusatz von 10-30 % Weichmacher*. Glasklares, amorphes Material von besonderem Glanz, das unter Feuchtigkeitseinfluss leichte Quellung zeigt. A. ist beständig gegen wässrige u. verdünnte alkohol. Lösungen durch den geringen Geh. an freien Hydroxylgruppen sowie gegen Wärme u. Licht.

Acetat-Mevalonat-Weg: s. Terpene.

Acetatseide: acetylierte Cellulose; durchschnittl. Substitutionsgrad 2-2.5 Acetylgruppen pro Glucose-Einheit. **Herst.:** das in Aceton gelöste Celluloseacetat wird durch Spinndüsen gepresst, wobei das Aceton verdampft u. die entstandenen Strahlen zu seidenartig glänz. Fäden erstarren; anschließend unterschiedl. Verarbeitung, u. a. zu Textilien.

Acetazolamid INN: Acetazolamidum Ph.Eur.4; *N*-(5-Sulfamoyl-1,3,4-thiadiazol-2-yl)acetamid; CAS-Nr. 59-66-5; $C_4H_6N_4O_3S_2$, M_r 222.25. Schmp. 258-259 °C (unter Zers., polymorph; kristallisiert aus Wasser). Weißes, krist. Pulver; 1 T. lösl. in 1400 T. Wasser, in 400 T. Ethanol, in 100 T. Aceton, unlösl. in Tetrachlorkohlenstoff, Chloroform u. Ether, lösl. in Lsg. von Alkalihydroxiden; pK_S 7.2 (25 °C). **Wirk.:** Carboanhydrase-Inhibitor; **Anw.:** Glaukom, akute Pankreatitis; als Diuretikum* wegen begrenzter Wirksamkeit kaum noch verwendet; **UAW:** Hypokaliämie, Hyperurikämie, Verschlechterung bei Zuckererkrankungen; **Kontraind.:** Hypokaliämie (therapieresistent), Niereninsuffizienz mit Anurie; **WW:** Glucocorticoide (steigern Kaliumausscheidung), Herzglykoside (Wirk. steigt), blutzuckersenkende Wirk. von Antidiabetika vermindert (Gefahr von Hyperglykämie); **Dos.:** 3-4×250-500 mg/d p. o.; Glaukom: 500 mg initial, dann alle 6 h 250 mg; parenteral (Injektion i. v., i. m.) 500 mg, bei Pankreatitis bis

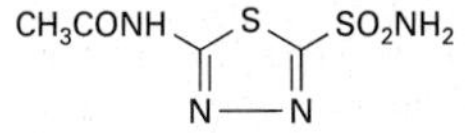

Acetazolamid

2.5 g/d; HWZ 2-6 h. Gebräuchl. ist auch Acetazolamid-Natrium.

Acetessigsäureethylester: Acetessigester, β-Ketobuttersäure-ethylester, Aether acetico-aceticus; $CH_3-CO-CH_2-COOC_2H_5$, M_r 130.14. Schmp. –44 °C. Sdp. 180-184 °C. D. 1.027. Ein Gemisch der Keto- u. Enolform (s. Tautomerie). Farblose, obstartig riechende Flüss., leicht lösl. in Wasser, mischbar mit Ether, Ethanol, Chloroform, Benzol. **Anw.:** Synthesen org. Verb., in der Chromatographie als Laufmittel.

Acetessigsäureethylester-Kondensation: Claisen*-Kondensation zweier Moleküle Essigsäureethylester* zu Acetessigsäureethylester.

Acetiamin INN: *O,S*-Diacetylthiamin; 3-Acetylthio-4-[N-(4-amino-2-methylpyrimidin-5-ylmethyl)formylamino]-4-methyl-3-butenylacetat; CAS-Nr. 299-89-8; $C_{16}H_{22}N_4O_4S$, M_r 366.45. Schmp. 123-124 °C (kristallisiert aus Wasser). Lösl. in Wasser, Methanol. **Anw.:** kaum mehr verwendetes, neurotropes Analgetikum; **Dos.:** p. o. 2-3×50 g/d; als Acetiaminhydrochlorid angewendet; vgl. Vitamine (Vitamin B_1).

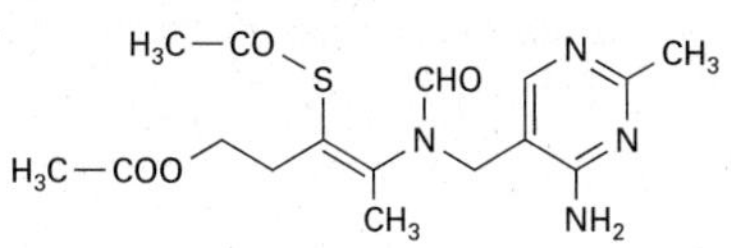

Acetiamin

Acetmethylanilid: s. Methylacetanilid.

Acetobacter: gramnegative, aerobe Stäbchenbakt. (s. Bakterien), die organ. Substanzen zu organ. Säuren oxidieren. Z. B. Acetobacter aceti (Essigbakt.), s. Essig.

Acetofenid: chem. Kurzbez. für Methylphenylmethylen.

Acetogenine: s. Polyketide.

Acetohexamid INN: 1-(*p*-Acetylphenyl)sulfonyl-3-cyclohexyl-urea; CAS-Nr. 968-81-0; $C_{15}H_{20}N_2O_4S$, M_r 324.42. Schmp. zw. 175 u. 191 °C (polymorph). Fast unlösl. in Wasser. **Anw.:** Antidiabetikum*, nur noch in wenigen Ländern zugelassen; **Dos.:** 250-500 mg/d.

Acetoin: 3-Hydroxy-2-butanon, $C_4H_8O_2$, M_r 88.1. D. 0.997. Schmp. 15 °C. Sdp. 148 °C. Angenehm riechende, farblose Flüss., mischbar mit Wasser u. Ethanol, wenig lösl. in Ether; reduziert Fehling*-Reagens. **Vork.:** wichtiger Aromastoff von Butter, auch in untergärigen Bieren.

Aceton: Dimethylketon, Essiggeist; Acetonum Ph.Eur.4; Propan-2-on, CAS-Nr. 67-64-1; $CH_3-CO-CH_3$; C_3H_6O, M_r 58.08. Schmp. –94.8 °C. Sdp. 55.5-56.5 °C. D. 0.790-0.793. $n_D^{20\,°C}$ 1.358-1.360. Klare farblose, aromat. riechende u. scharf schmeck., leicht entflammbare u. flüchtige Flüss., mischbar mit Wasser, Ethanol, Ether, Chloroform. **Vork.:** in Holzessig u. im Harn Zuckerkranker. **Darst.:** **1.** Dehydrierung von Isopropylalkohol; **2.** Überleiten von Acetylen u. Wasserdampf über ZnO bei 400 °C; **3.** früher durch trockene Dest. von Calciumacetat (Graukalk); **4.** frakt. Dest. aus Holzessig; **5.** bakterielle Zers. von Kohlenhydraten. **Anw.:** Lösungsmittel für Fette, Harze, Celluloid, Schießbaumwolle, Campher, Asphalt, Schellack, Acetatcellulose; zur Herst. von Chloroform, Iodoform, zur Synthese von Sulfonal, zur Entwässerung mikroskop. Präparate, zur Gelatinierung von Nitrocellulose (rauchloses Pulver), zur Herst. von Klebemitteln. **Tox.:** A. besitzt etwa gleiche narkotisierende Wirk. wie Ethanol. Einatmen u. Aufnahme durch die Haut können zu Übelkeit, Erbrechen, Kopfschmerz bzw. Reizung der Atemwege führen; tägl. Einatmen von ca. 15-20 g über mehrere Tage führt zu Schläfrigkeit ohne sonstige Symptome; MAK: 1000 ppm.

Acetonchloroform: s. Chlorobutanol.

Acetonid: chem. Kurzbez. für Dimethylmethylen.

Acetonitril: Methylcyanid; $H_3C-C\equiv N$, C_2H_3N, M_r 41.05. Schmp. –45 °C. Sdp. 81.6 °C (76 °C als azeotropes Gemisch mit 16 % Wasser). d_{20}^{20} ca. 0.78. $n_D^{20\,°C}$ 1.344. Dielektrizitätskonstante bei 20 °C 37.5 (höher als Methanol). Etherartig riechende, giftige Flüss., mischbar mit fast allen Lösungsmitteln, außer gesättigten u. einigen ungesättigten Kohlenwasserstoffen. **Anw.:** in der org. Synthese; als Lösungs- u. Extraktionsmittel, z. B. von freien Fettsäuren aus Fetten; als Laufmittel in der Chromatographie; Reagens Ph.Eur.4. **Tox.:** MAK 40 mL/m^3.

Acetonkörper: s. Ketonkörper.

Acetonurie: Auftreten von Aceton im Harn, z. B. bei Diabetes* mellitus, vgl. Ketonurie.

Acetophenon: Acetylbenzol, Methylphenylketon; C_8H_8O, M_r 120.2. D. 1.03, Schmp. 20 °C, Sdp. 202 °C. Farblose od. schwach gelbe, leicht hypnot. wirkende Flüss., unlösl. in Wasser, lösl. in Ethanol, Ether, Benzol. **Vork.:** in Steinkohlenteer. **Darst.:** aus Benzol u. Acetylchlorid in Gegenwart von Aluminiumchlorid. **Anw.:** als Lösungsmittel (Farben, Celluloseether, Harze), für Arzneimittelsynthesen u. Kunstharze.

Acetophenon-4-diazoniumchlorid-Lösung: s. 4-Aminoacetophenon.

Acetostearine: acetylierte Stearine. **Herst.:** Acetylierung von Stearinen mit Essigsäurenanhydrid. **Anw.:** Überziehen von Lebensmitteln, z. B. Fleisch, Wurst, Käse, Früchte, da sie einen essbaren, nichtfettenden, Geruch, Feuchtigkeit u. Schimmel fernhaltenden Überzug bilden.

Acetoxy-: Bez. für die funktionelle Gruppe* $-O-CO-CH_3$ in org. Verbindungen.

2-Acetoxybenzoesäure: s. Acetylsalicylsäure.

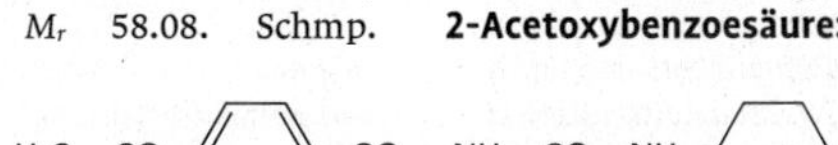

Acetohexamid

Acetphenetidin: s. Phenacetin.
Acetrizoesäure: Acidum acetrizoicum; 2,4,6-Triiod-3-acetylaminobenzoesäure. Gebräuchl. sind das Natriumsalz (Natrii acetrizoas), Methylglucaminsalz u. deren Mischung. **Anw.**: Röntgenkontrastmittel.
Acetum: s. Essig.
Acetum concentratum: s. Essigsäure.
Acetum plumbicum: s. Blei(II)-acetat.
Acetum pyrolignosum: s. Holzessig.
Acetum Sabadillae: Sabadillessig; Läuseessig DAB6 (obsolet).
Aceturat: Aceturas; chem. Kurzbez. für *N*-Acetylglycinat.
Acetyl-: Bez. für die funktionelle Gruppe* CH_3-CO- in org. Verbindungen.
Acetylaceton: 2,4-Pentandion, $CH_3-CO-CH_2-CO-CH_3$. Tautomere Keto- u. Enol-Form. Farblose, brennbare Flüss. D. 0.972-0.974, Schmp. −23 °C, Sdp. 138-139 °C. **Anw.**: in der Lack- u. Farbenindustrie, als Laufmittel in der Chromatographie u. als Lösungsmittel für Celluloseacetat.
Acetylamino-: Acetamido-, Acetamino-; die funktionelle Gruppe* $-NH-CO-CH_3$ in org. Verbindungen.
4-Acetylaminophenol: s. Paracetamol.
***p*-Acetylaminophenylsalicylat:** Acetaminosalol, Salophen; CAS-Nr. 118-57-0; $C_{15}H_{13}NO_4$; M_r 271.26; Schmp. 190 °C. Nicht mehr gebräuchl. Analgetikum.
Acetylandromedol: Andromedotoxin, Asebotoxin, Grayanotoxin I, Rhodotoxin; CAS-Nr. 4720-09-6; $C_{22}H_{36}O_7$; M_r 412.53; Schmp. 258-270 °C (abhängig von der Aufheizgeschwindigkeit). $[\alpha]_D^{25\,°C}$ −8.8° (c = 2.3 in Ethanol). A. ist wie andere Grayanotoxine* eine giftige diterpenoide Polyhydroxyverbindung. **Vork.**: in Arten der Ericaceen-Gattungen Kalmia, Rhododendron, Andromeda (nicht aber Andromeda polyfolia L.), Oxydendrum; bisweilen im Bienenhonig (Gifthonig, s. Rhododendron ponticum); **Wirk.**: Aconitin*-ähnl. (rauschartige Zustände, Krämpfe u. Herzlähmung); ferner positiv inotrop u. (anhaltend) blutdrucksenkend in niedriger Dosierung; **Anw.**: Antihypertensivum*; eine therap. Anw. ist wegen der damit verbundenen Risiken nicht vertretbar.

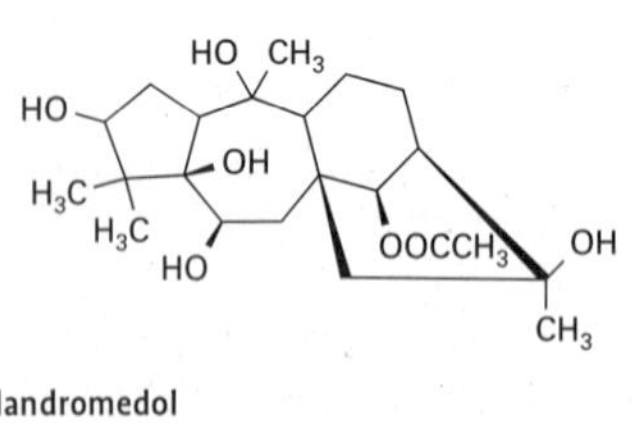

Acetylandromedol

Acetylcellulose: s. Celluloseacetat.
Acetylchlorid: Essigsäurechlorid, Ethanylchlorid, Acetylum chloratum; CH_3-COCl, M_r 78.50. Sdp. 51-52 °C; D. 1.13. Farblose Flüss. von stechendem Geruch, an feuchter Luft rauchend, mischbar mit Aceton, Chloroform, Ether, Eisessig, Petrolether, Schwefelkohlenstoff, Benzol, Toluol; zersetzt sich mit Wasser u. Alkoholen; feuergefährlich, reizt die Augen. **Anw.**: in der analyt. Chemie zur Bestimmung von Hydroxylgruppen in org. Verb. u. zur Unterscheidung tertiärer Amine* von primären u. sekundären Aminen; in der synthet. Chemie als Acetylierungs- u. Chlorierungsmittel.
Acetylcholin: Abk. ACh; M_r 163.2; biogenes Amin mit hoher biol. Aktivität, Neurotransmitter* an allen Nervenendigungen des parasympath. (cholinergen) u. an den präganglionären Synapsen des sympath. Nervensystems, an den neuromuskulären Synapsen (Verknüpfungsstellen zw. motor. Nervenfasern u. Skelettmuskelzellen) u. im ZNS. **Biosynthese:** erfolgt in der Nervenfaser aus Cholin* u. Acetat (von Acetyl*-Coenzym A) unter Katalyse der Cholin-Acetyl-Transferase (CAT). **Abbau:** innerhalb von 0.1 ms nach Abgabe aus dem Speichervesikel in den synapt. Spalt u. der Reaktion mit den Rezeptoren durch die Acetylcholinesterase (s. Cholinesterasen) wieder zu Cholin u. Acetat, die mit dem Blut abtransportiert od. wiederum in das präsynapt. Neuron aufgenommen werden. **Wirk.:** **1.** Muscarinrezeptoren: erregend an postganglionären parasympath. Rezeptoren an Auge, Herz, Bronchial- u. Darmmuskulatur. Auge: Pupillenverengung, Akkommodation auf die Nähe; Herz: negativ ino- u. chronotrop, Gefäßdilatation (nur bei Injektion, da die Gefäße selbst nicht parasympath. innerviert sind, aber Rezeptoren besitzen); Kontraktion der glatten Muskulatur von Bronchien u. Gastrointestinaltrakt, Erhöhung der Sekretion von Speichel, Schweiß, Magensaft u. Bronchialsekret; Antagonist: Atropin*. **2.** Nicotinrezeptoren, N_1-Rezeptoren: präganglionäre sympath. u. parasympath. Rezeptoren; Antagonisten: Ganglienblocker*. N_2-Rezeptoren: an der quergestreiften Muskulatur, Kontraktion der Muskeln; Antagonisten: stabilisierende Muskelrelaxanzien*; **3.** zentral: Muscarin- u. Nicotinrezeptoren; Steuerung der Acetylcholinfreisetzung über Stimulierung präsynapt. Muscarinrezeptoren durch negatives Feed-back. **Anw.:** zugunsten länger u. spezifischer wirkender Pharmaka selten (vgl. Acetylcholinchlorid, Parasympathomimetika).
Acetylcholinchlorid INN: Acetylcholini chloridum Ph.Eur.4; *β*-Acetoxy-ethyl-trimethylammoniumchlorid; CAS-Nr. 60-31-1; $C_7H_{16}ClNO_2$, M_r 181.67. Farblose Kristalle od. weißes, krist. Pulver von schwach säuerl. Geruch u. scharf salzigem Geschmack. A. ist stark hygroskop.; sehr leicht lösl. in Wasser, leicht lösl. in Ethanol, lösl. in Chloroform, wenig lösl. in Ether, schwer lösl. in Dichlormethan. **Wirk.**: erregt cholinerge Rezeptoren; aufgrund des raschen Abbaus nur kurze Wirkungsdauer; **Anw.**: Gefäßerweiterung, Zirkulationsstörungen; **Dos.**: 0.02-0.2 g (s. c. od. i. m.); p. o. ist es unwirksam; vgl. Acetylcholin, Cholin.

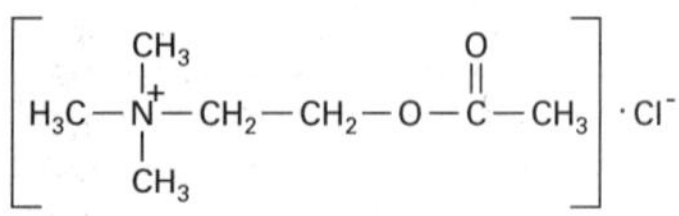

Acetylcholinchlorid

Acetylcholinesterase: s. Cholinesterasen.
Acetyl-CoA: s. Acetyl-Coenzym A.

Acetyl-CoA-Carboxylase: ein alloster. Enzym, das die Carboxylierung von Acetyl-CoA zu Malonyl-CoA katalysiert. A.-C.-C. enthält als prosthet. Gruppe das Vitamin Biotin, das kovalent durch Amidbindung an die ε-Aminogruppe eines spezif. Lysinrests im Enzym gebunden ist. Biotin dient zur Übertragung von CO_2 innerhalb eines zweistufigen Reaktionszyklus. A.-C.-C. katalysiert den geschwindigkeitsbestimmenden Schritt bei der Synthese von Fettsäuren.

Acetyl-Coenzym A: Abk. Acetyl-CoA, aktiviertes Acetat, aktivierte Essigsäure; $CH_3-CO{\sim}S-CoA$; M_r 809.6, ein Derivat der Essigsäure, bei dem der Essigsäurerest energiereich an die freie SH-Gruppe des Coenzym A* gebunden ist. Acetyl-CoA ist ein sehr reaktiver Thioester, der als universelles Zwischenprodukt bei zahlreichen Biosynthesen das C_2-Bruchstück (Acetylrest) liefert. Die frei werdende Energie (34.3 kJ/mol) hat als Energiespeicher keine Bedeutung. Bei den durch Acetyl-CoA vermittelten Übertragungsreaktionen kann sowohl die Carboxylgruppe (elektrophile Reaktion) als auch die Methylgruppe reagieren (nucleophile Reaktion). Die bedeutendsten Synthesewege von Acetyl-CoA sind: **1.** die oxidative Decarb-oxylierung von Pyruvat; **2.** der Abbau von Fettsäuren; **3.** der Abbau bestimmter Aminosäuren. Die Bildung von Acetyl-CoA erfolgt durch Übertragung eines Acetylrestes von einem geeigneten Donator, z. B. Pyruvat, unter gleichzeitiger Reduktion von NAD^+, od. durch Aktivierung des freien Acetats in einem ein- od. zweistufigen Prozess mit Hilfe von ATP u. freiem Coenzym A. Acetyl-CoA ist der Knotenpunkt des Kohlenhydratstoffwechsels* u. nimmt eine zentrale Stellung im gesamten Stoffwechsel ein. Produkte des Kohlenhydrat-, Fett- u. Proteinmetabolismus werden via Acetyl-CoA für den oxidativen Abbau in den Tricarbonsäurezyklus* eingeschleust. Der Acetylrest wird zur Synthese von Ester- u. Amidderivaten verwendet. Überdies ist Acetyl-CoA Ausgangspunkt für die Isoprenoidsynthese via Mevalonsäure u. für die Fettsäurebiosynthese.

Acetylcystein INN: Acetylcysteinum Ph.Eur.4, N-Acetyl-L-cystein; (*R*)-2-Acetamido-3-mercaptopropionsäure; CAS-Nr. 616-91-1; $C_5H_9NO_3S$, M_r 163.20. Schmp. ca. 105 °C. 1 T. lösl. in 5 T. Wasser od. 4 T. Ethanol, fast unlösl. in Chloroform u. Ether. **Wirk.:** Verminderung der Viskosität des Bronchialsekrets durch Spaltung von Disulfidbindungen in Mukoproteinen; **Anw.:** Expektorans*, Mukolytikum*; Antidot bei Vergiftungen mit Paracetamol*, Acrylnitril*, Methacrylnitril, Methylbromid*; oft in Aminosäurelsg. für die parenterale Ernährung enthalten; **Dos.:** 2-3 × 200 mg/d p. o.; parenteral i. m. 0.3 g; Kinder 0.15 g; Inhalation 10 % 4-6 × 4-10 mL; 20 %: 4-6 × 2-5 mL; Instillation 10-20 % 1-2 mL alle 1-4 h (bei Instillation u. Inhalation pH der Lsg. auf 7-9 einstellen); als Antidot i. v. 100-300 mg/kg KG; HWZ 1-2 h.

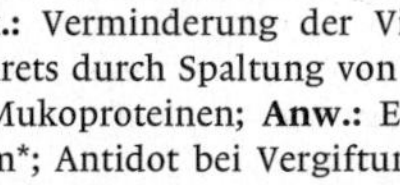

Acetylcystein

Acetylcysteinderivate: s. Glutathion.

α-Acetyldigoxin: syn. 3'''-Acetyldigoxin; CAS-Nr. 5511-98-8; $C_{43}H_{66}O_{15}$, M_r 822.4. Schmp. 225 °C (unter Zers., kristallisiert aus Methanol u. Chloroform). $[\alpha]_D^{20\,°C}$ +18.9° (Pyridin). Sehr wenig lösl. in Ethylacetat. Im Ggs. zu β-Acetyldigoxin* ist bei α-A. die in Digitoxin* endständige Digitoxose in 3-Stellung acetyliert. Die Verb. entsteht durch enzymat. Abspaltung eines Glucosemoleküls aus Lanatosid C. Durch die höhere Lipophilie wird die Resorption gegenüber Digoxin* verbessert. **Off.:** ÖAB90; **Anw.:** herzwirksames Glykosid*, bei Herzinsuffizienz; **Dos.:** individuell; Initialdos. 0.6-0.8 mg, ED 0.2-0.4 mg; HWZ ca. 36 h (Metaboliten).

β-Acetyldigoxin: syn. 4'''-Acetyldigoxin; 3β-[4-*O*-(4-*O*-Acetyl-β-D-digitoxopyranosyl)-4-*O*-β-D-digitoxopyranosyl-β-D-digitoxopyranosyloxy]-12β,14-dihydroxy-5β,14β-card-20(22)-enolid; CAS-Nr. 5355-48-6; $C_{43}H_{66}O_{15}$, M_r 822.4. Schmp. 240 °C (unter Zers., kristallisiert aus Ethanol/Chloroform). $[\alpha]_D^{20\,°C}$ +30.4° (c = 1.2 in Ethanol). $[\alpha]_D^{20\,°C}$ +30.5 bis +32.5° (c = 10 in Pyridin wasserfrei). Etwas besser lösl. in Essigester als α-Acetyldigoxin*; fast unlösl. in Wasser, wenig lösl. in Chloroform, lösl. in ca. 150 T. Ethanol, Methanol. Die Verb. entsteht durch Acetylierung von Digoxin* am C-4 der endständigen Digitoxose. **Off.:** DAC86; **Anw.:** herzwirksames Glykosid*, bei Herzinsuffizienz; **Dos.** u. **HWZ:** s. α-Acetyldigoxin.

Acetylen: Äthin; Ethin, HC≡CH, M_r 26.04. D. 0.906. Brennbar; giftig. **Darst.:** **1.** Zers. von Calciumcarbid mit Wasser; **2.** therm. Zers. von Kohlenwasserstoffen, bes. Methan.

Acetylene: s. Alkine.

Acetylierung: Einführung der Acetylgruppe $-CO-CH_3$ in org. Verbindungen mit OH-, SH- od. NH_2-Gruppen; auch zur Bestimmung der Hydroxylzahl* mit Hilfe eines Acetylierungsgemisches*. Nach der Acetylierung wird überschüssiges Acetanhydrid mit Natronlauge zurücktitriert.

Acetylierungsgemisch: Reagens Ph.Eur.4: 25 mL Acetanhydrid ad 100 mL wasserfreies Pyridin*. **Anw.:** Acetylierung*.

Acetylmethadol: Acemethadon, Methadylacetat; 6-Dimethylamino-4,4-diphenylheptan-3-ol-acetat. **Anw.:** früher als Analgetikum; vgl. Methadonhydrochlorid.

Acetylmethionin: N-Acetyl-DL-methionin, Methionamin; DL-α-Acetamino-γ-methylmercapto-butansäure; CAS-Nr. 1115-47-5; $C_7H_{13}NO_3S$, M_r 191.3. Weißes, lockeres, krist. Pulver von eigenartigem Geruch; lösl. in 6 T. Wasser, 2 T. Ethanol. **Off.:** ÖAB90; **Anw.:** Lebererkrankungen; **Dos.:** GED i. v. 0.3-1.0 g; vgl. Methionin.

Acetylmethylcholinchlorid: s. Methacholin (Methacholiniumchlorid).

***N*-Acetylneuraminsäure:** 5-Acetamido-3,5-didesoxy-α-D-glycero-D-galacto-2-nonulopyranosonsäure, $C_{11}H_{19}NO_9$, M_r 309. Schmp. ca. 186 °C (unter Zers.). Weiße, nadelförmige Kristalle; lösl. in Wasser u. Methanol, schwer lösl. in wasserfreiem Ethanol, prakt. unlösl. in Aceton, Chloroform u. Ether. **Anw.:** Reagens Ph.Eur.4; vgl. Acylneuraminsäure.

Acetylphenetidin: s. Phenacetin.

Acetylphthalylcellulosum: s. Celluloseacetatphthalat.

Acetylsalicylsäure: Abk. ASS, Acidum acetylosalicylicum Ph.Eur.4; 2-Acetoxy-benzoesäure; CAS-Nr. 50-78-2; $C_9H_8O_4$, M_r 180.2. Schmp. 141-144 °C (Sofortschmp. der reinen Substanz). Farblose Kristalle od. weißes, krist. Pulver von saurem Geschmack, geruchlos od. fast geruchlos; leicht lösl. in Ethanol 90 %, lösl. in Ether u. Chloroform, wenig lösl. in Wasser. **Darst.:** Einw. von Essigsäureanhydrid auf Salicylsäure*; **Wirk.:** hemmt die Cyclooxygenase* (COX-1 stärker als COX-2) u. damit die Synthese von Prostaglandinen*; hemmt die Thrombozytenaggregation; **Anw.:** Analgetikum* bei leichten Schmerzzuständen (z. B. Kopfschmerz, Zahnschmerz), Antirheumatikum, Thrombozytenaggregationshemmer; **UAW:** häufig Magen-Darm-Beschwerden, selten Magen-Darm-Blutungen; bei hohen Dosen Blutungsneigung, Ohrensausen, Hörstörungen, Schwindel u. Übelkeit, Auslösung von Bronchospasmen bei Asthmatikern; **Dos.:** 0.5-1.0 g mehrmals tägl., bis zu 3 g/d; als Antirheumatikum 3-5 g/d, jeweils in mehreren ED; als Thrombozytenaggregationshemmer zur Prophylaxe von Herzinfarkt, Schlaganfällen u. Thrombosen 100-300 mg/d, HWZ 0.25 h bzw. 3-22 h (Metaboliten, dosisabhängig); **Tox.:** LD_{50} 20-30 g; **Gesch.:** erste industrielle Synthese 1897 durch Felix Hoffmann. Gebräuchl. sind auch: Alumimiumacetylsalicylat (s. Aloxiprin), sowie Calciumacetylsalicylat u. dessen Molekülkomplex mit Harnstoff (s. Carbasalat-Calcium).

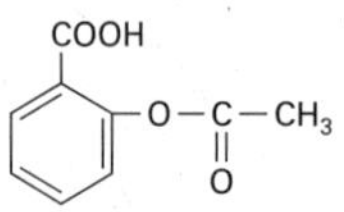

Acetylsalicylsäure

Acetylsalicylsäure, Lysinsalz: s. Lysinacetylsalicylat.

Acetylsalicylsäure-Tabletten: s. Compressi Acidi acetylosalicylici.

Acetyltributylcitrat: Acetyl Tributyl Citrate (INCI); $C_{20}H_{34}O_8$, CAS-Nr. 77-90-7, M_r 402.5, Sdp. 172-174 °C. Farblose, leicht ölige Flüss., fast geruchlos, lösl. in Ethanol, unlösl. in Wasser. **Anw.:** physiol. unbedenkl. Weichmacher, empfohlen insbes. für Körper- u. Haarpflegemittel.

Acetyltriethylcitrat: Acetyl Trietyl Citrat (INCI); $C_{14}H_{22}O_8$, M_r 318.3, CAS-Nr. 77-89-4, n^{D}_{25}25, 1.438, D. 1.135-1.139, Sdp. 132°, Schmp. –42.8°, Viskosität (25°) 53.7 cP, Fp. 188 °C, freie Säuren (ber. als Citronensäure) max. 0.10 %, Löslichkeit in Wasser (25°) 0.72 g/100 ml, in Fetten gut lösl., eine prakt. farb- u. geruchlose, ölige Flüssigkeit. **Anw.:** s. Acetyltributylcitrat.

DL-Acetyltryptophan: *N*-Acetyltryptophanum Ph.-Eur.4; (*RS*)-2-Acetylamino-3-(1*H*-indol-3-yl)propansäure; $C_{13}H_{14}N_2O_3$, M_r 246.3. Schmp. ca. 205 °C. Schwer lösl. in Wasser, lösl. in verd. Alkalihydroxidlösungen.

N-Acetyltyrosin: *N*-Acetyltyrosinum Ph.Eur.; (2*S*)-2-Acetylamino-3-(4-hydroxyphenyl)propansäure; $C_{11}H_{13}NO_4$, M_r 223.2. Schmp. 149 °C; weißes, krist. Pulver. Leicht lösl. in Wasser.

Acetylum chloratum: s. Acetylchlorid.

Acevaltrat: s. Valepotriate.

Achäne: (bot.) Frucht der Fam. Apiaceae u. der Od. Asterales (Kompositen); s. Fruchtformen.

AChE: s. Cholinesterasen.

Achelkraut: s. Arctostaphylos uva-ursi.

Achillea erba-rotta ssp. moschata (Wulf.) I.B.K. Rich.: A. moschata Wulf., Moschusschafgarbe, Bisamgarbe, Ivakraut; Fam. Asteraceae (Compositae) (Europa, Alpen). Stpfl. von **Herba Ivae moschatae:** Herba Genippi veri, Herba Achilleae moschatae, Moschusschafgarbenkraut, Ivakraut, Genippkraut, Bisamkraut. **Inhaltsst.:** 0.3-0.6 % äther. Öl (mit Cineol, Valeraldehyd, L-Campher), Achillin (Bitterstoff), Moschatin; **Anw.** volkstüml.: z. B. bei Appetitlosigkeit, Blähungen; äußerl. zur Wundbehandlung; **Oleum Ivae moschatae:** Ivaöl; äther. Öl aus dem Kraut. **Anw.:** Likörindustrie z. B. Ivalikör.

Achillea millefolium L.: Schafgarbe, Feldgarbe, Achillesgarbe, Grundheil; Fam. Asteraceae (Compositae) (fast ganz Europa). Von A. m. gibt es zahlreiche Kleinarten u. chem. Rassen, die möglicherweise mit dem Ploidiegrad* (di- bis octoploid) korrelieren; taxonom. Gliederung schwierig bis unsicher. Stpfl. von **Millefolii herba:** Herba Millefolii, Folia Millefolii, Schafgarbenkraut; die zur Blütezeit gesammelten Triebspitzen der Pflanze. **Off.:** Ph.Eur.4, ÖAB91; **Inhaltsst.:** 0.1 bis über 1 % äther. Öl (ÖAB91: mind. 0.2 % u. mind. 0.005 % Azulen, Ph.Eur.4: mind. 0.2 % u. mind. 0.02 % Proazulene), Sesquiterpenlactone als Bitterstoffe, Phenolcarbonsäuren (z. B. Kaffee- u. Salicylsäure), ca. 3 % Gerbstoffe, ca. 0.35 % Cumarine, Flavonoide wie Apigenin u. Luteolin u. deren 7-*O*-Glucoside, Betaine u. andere N-haltige Verb., Triterpene. Das äther. Öl ist (je nach Abstammung der Pfl.) sehr versch. zusammengesetzt. Nach Wasserdampfdest. tetraploider Pfl. ist bis zu 40 % Chamazulen enthalten. Im Ggs. zu früheren Angaben sollen als Proazulene kein Matricin u. keine Matricinderivate, sondern andere azulogene Guaianolide wie 8-Acetoxyartabsin (Achillicin) enthalten sein. Weiter sind vorhanden Sesquiterpenlactone wie z. B. Achillicin, Achillin, Leucodin, (Guajanolide), Achimillsäuremethylester A, B, C, Germacranolide (Millefin, Achillefolin) u. in geringer Menge Polyine. Chamazulenhaltiges Öl enthält als Hauptkomponenten ca. 24 % Azulene, α- u. β-Pinen sowie Caryophyllen. Chamazulenfreies Öl zeichnet sich v. a. durch Campher, Sabinen u. Cineol aus. **Wirk.:** ähnl. wie Kamille (s. Chamomilla recutita); antiödematös, antisept., antiphlogist., spasmolyt.; **Anw.:** innerl. bei Appetitlosigkeit u. dyspept. Beschwerden, bei leichten krampfartigen Magen-Darm-Galle-Störungen, Magenkatarrh; volkstüml.: äußerl. z. B. bei Wunden, Hämorrhoiden, Blutungen; **UAW:** Allergien vom verzögerten Typ (auch gegenüber anderen Asteraceen) möglich. Hauptverantwortl. Allergen: α-Peroxyachifolid u. ä. Verb.; nicht vorhanden in proazulenführenden Drogen; **Millefolii flos:** Flores Millefolii, Schafgarbenblüten, Schafgarbe. **Off.:** EB6; Ph.Helv.9; **Inhaltsst.:** ähnl. Millefolii

herba; äther. Öl (mind. 0.2 %), Gerbstoffe; **Anw.**: wie Millefolii herba.
Hom: *Achillea millefolium ferm 33d (HAB1.3)*, Achillea ex herba ferm 33d.
Hom: *Achillea millefolium (HAB1.2)*, Millefolium: frisches, blühendes Kraut; verord. z. B. bei diffusen Blutungen, Krampfadern.
Hom: *Achillea millefolium spag. Zimpel (HAB1.5)*, Millefolium spag. Zimpel: frische, blühende, ganze Pflanze.

Achillea moschata: s. Achillea erba-rotta ssp. moschata.

Achillea ptarmica L.: Wiesenbertram; Fam. Asteraceae (Compositae) (Europa). Stpfl. von **Herba Ptarmicae: Inhaltsst.**: äther. Öl u. Gerbstoffe; **Anw.** volkstüml.: Tonikum u. Adstringens; **Rhizoma Ptarmicae:** Inhaltsst. und Anw. wie Herba Ptarmica.

Achillesgarbe: s. Achillea millefolium.

Acholie: fehlende Sekretion von Gallenflüss. in den Darm.

Achotesaat: s. Bixa orellana.

achromatisch: ohne chromat. Aberration*; ein Linsensystem, das als a. bezeichnet wird ist nur für 2 Farben korrigiert, d. h. ohne Farbfehler bei diesen bd. Wellenlängen.

Achromobacter: gramnegative, farbstoffbildende Stäbchenbakterien.

Achroodextrine: s. Dextrine.

Achylie: Achylia gastrica; komplettes Fehlen des Magensaftes.

Achyrocline saturoides (Lamarck) DC.: Fam. Asteraceae (Brasilien). **Inhaltsst.**: äther. Öl, Isognaphalin (Flavon); **Anw.** volkstüml.: z. B. als Tonikum, Amarum, Umstimmungsmittel, Grippeprophylaxe; aus dem Kraut sind Polysaccharidfraktionen gewonnen worden, die immunstimulierend wirken sollen.

Aciclovir INN: Aciclovirum Ph.Eur.4, 9-(2-Hydroxyethoxy)methyl-guanin; 2-Amino-1,9-dihydro-9-(2-hydroxy-ethoxy)methyl-6*H*-purin-6-on; CAS-Nr. 59277-89-3; $C_8H_{11}N_5O_3$, M_r 225.21. Schwer lösl. in Wasser. **Wirk.** u. **Anw.**: A. ist ein Virostatikum (Nucleosid-Antimetabolit), das erst in Zellen wirksam wird, die mit Herpes-simplex- od. Varicella-zoster-Viren infiziert sind. Die Aktivierung erfolgt mit Hilfe der entspr. viralen Thymidinkinase; wirksam ist das sich bildende Triphosphat, welches die DNA-Synthese der Viren hemmt; **Ind.**: durch Herpes-Viren verursachte Erkrankungen der Haut, Schleimhaut, des Auges; **Dos.**: in Augensalben 3 %ig; p. o. 5 × 200-800 mg/d; HWZ 2-3 h. Gebräuchl. ist auch das Aciclovir-Natrium.

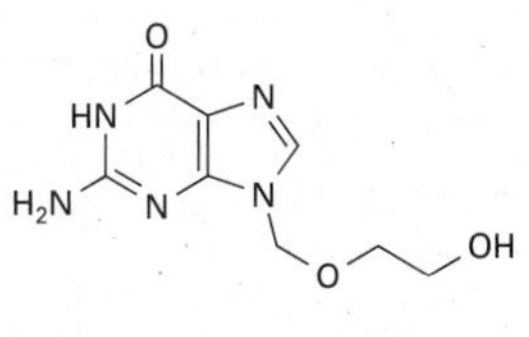

Aciclovir

Acida: allgemein: Säuren. **Anw.** (therapeut.): **1.** bei Sub- u. Anacidität des Magens (Citronensäure u. verd. Salzsäure). Die angewendeten Säuremengen reichen jedoch nicht aus, um die normale Acidität wiederherzustellen (Placebo*). Die Wirk. von mit A. kombinierten Pepsin ist ebenfalls zweifelhaft. Zur Steigerung der Magensäuresekretion können auch Coffein u. Amara* angewendet werden. **2.** allg. Säuerung des Organismus (Alkalosetherapie); **3.** Säuerung des Harns, um die Elimination einiger Arzneimittel zu beschleunigen, z. B. Ammoniumchlorid od. *L*-Argininhydrochlorid bei Überdosierung von Metamphetamin od. Pethidin.

Acidi ascorbici palmitas: s. Palmitoylascorbinsäure.

Acidi borici solutio: s. Borsäurelösung.

Acidi glutamici hydrochloridum: s. Glutaminsäurehydrochlorid.

Acidimetrie: s. Säure-Base-Titrationen.

Acidität: **1.** Fähigkeit einer Verb., Protonen an Wassermoleküle abzugeben. **2.** Säurestärke einer Lsg.; ihre Angabe kann durch die Konz. od. durch den pH*-Wert der Lsg. erfolgen.

Aciditätskonstante: s. Säurekonstante.

Acidose: Azidose; Störung im Säure-Basen-Haushalt mit Abfall des pH-Werts des Blutes unter 7.36. **1.** Metabol. A.: stoffwechselbedingte Übersäuerung durch z. B. unvollständigen Fettabbau bei Diabetes mellitus u. Hunger (Ketoazidose), anaeroben Abbau von Kohlenhydraten zu Milchsäure als Folge eines Sauerstoffmangels im Gewebe (Lactatacidose), Vergiftungen (Säuren), Bicarbonatverlust (z. B. Diarrhö) u. extrazellulären Kaliumüberschuss; **2.** Respirator. A.: Erhöhung des Kohlendioxidpartialdruckes im Blut durch z. B. zentrale Atemdepression, Lungenerkrankungen wie Tuberkulose.

Acidosetherapeutika: Stoffe zur Verminderung der erhöhten Wasserstoffionenkonz. im Blut. Z. B. Infusionslösungen von Natriumhydrogencarbonat, Natriumlactat, Trometamol*.

acid rebound: v. a. nach Gabe von calciumhaltigen Antacida auftretende, reaktive Verstärkung der Magensaftsekretion.

Acidum aceticum: s. Essigsäure.

Acidum aceticum anhydricum: s. Essigsäureanhydrid.

Acidum aceticum dilutum: verd. Essigsäure*. D. 1.037-1.038.

Acidum aceticum glaciale: Eisessig, s. Essigsäure.

Acidum acetrizoicum: s. Acetrizoesäure.

Acidum acetylamino-oxyphenyl-arsonicum: s. Acetarsol.

Acidum acetylosalicylicum: s. Acetylsalicylsäure.

Acidum aconiticum: s. Aconitsäure.

Acidum adipicum: s. Adipinsäure.

Acidum aethylmethylbutylbarbituricum: s. Pentobarbital.

Acidum agaricinicum: s. Agaricinsäure.

Acidum alginicum: s. Alginsäure.

Acidum aminoaceticum: s. Glycin.

Acidum aminobenzoicum: s. *p*-Aminobenzoesäure.

Acidum aminomethylbenzoicum: s. *p*-Aminomethylbenzoesäure.

Acidum para-aminosalicylicum: s. 4-Aminosalicylsäure.

Acidum amygdalicum: s. Mandelsäure.

A

Acidum anthranilicum: s. *o*-Aminobenzoesäure.
Acidum arsanilicum: s. Arsanilsäure.
Acidum arsenicicum: s. Arsensäure.
Acidum arsenicosum: s. Arsen(III)-oxid.
Acidum ascorbicum: s. Vitamine (Vitamin C).
Acidum asparaginicum: s. Asparaginsäure.
Acidum atropicum: s. Atropasäure.
Acidum barbituricum: s. Barbitursäure.
Acidum benzoicum: s. Benzoesäure.
Acidum benzoicum e resina:
Hom: chem. nicht reine Benzoesäure (HAB1), sublimiert aus Siam-Benzoe (s. Benzoe); verord. z. B. bei gichtig-rheumat. Erkrankungen, Entzündungen des Harntraktes.
Acidum boricum: s. Borsäure.
Acidum butyl-bromallyl-barbituricum: s. Butallylonal.
Acidum butyricum: s. Buttersäure.
Acidum camphoricum: s. Camphersäure.
Acidum carbolicum: s. Phenol.
Acidum chinicum: s. Chinasäure.
Acidum chloricum: s. Chlorsäure.
Acidum cholicum: s. Cholsäure.
Acidum chromicum: s. Chrom(VI)-oxid.
Acidum cinnamylicum: s. Zimtsäure.
Acidum citricum: s. Citronensäure.
Acidum cromoglicicum: s. Cromoglicinsäure.
Acidum cyclohexenylethylbarbituricum: s. Cyclobarbital.
Acidum diallylbarbituricum: s. Allobarbital.
Acidum diethylbarbituricum: s. Barbital.
Acidum etacrynicum: s. Etacrynsäure.
Acidum etidronicum: s. Etidronsäure.
Acidum folicum: s. Vitamine (Folsäure).
Acidum formicicum: s. Ameisensäure.
Acidum formicicum anhydricum: s. Ameisensäure (wasserfreie).
Acidum fumaricum: s. Fumarsäure.
Acidum fusidicum: s. Fusidinsäure.
Acidum gadopenteticum: s. Gadopentetsäure.
Acidum gallicum: s. Gallussäure.
Acidum gallotannicum: s. Tannin.
Acidum gluconicum: s. Gluconsäure.
Acidum glutamicum: s. Glutaminsäure.
Acidum glutaminicum: s. Glutaminsäure.
Acidum glycerinophosphoricum: s. Glycerolphosphorsäure.
Acidum hexachlorplatinicum: s. Platin(IV)-chlorid.
Acidum hippuricum: s. Hippursäure.
Acidum hydrobromicum: s. Bromwasserstoffsäure.
Acidum hydrochloricum: s. Salzsäure.
Acidum hydrocyanicum: s. Blausäure.
Acidum hydrofluoricum: s. Flusssäure; vgl. Fluorwasserstoff.
Acidum hydroiodicum: s. Iodwasserstoffsäure.
Acidum hydrosiliciofluoricum: s. Hexafluorokieselsäure.
Acidum hypophosphorosum: s. Phosphinsäure.
Acidum iodicum: s. Iodsäure.
Acidum iodoxamicum: s. Iodoxaminsäure.
Acidum iodoxychinolinsulfonicum: s. Iod-hydroxychinolin-sulfonsäure.
Acidum ioglicicum: s. Ioglicinsäure.
Acidum ioglycamicum: s. Ioglycaminsäure.
Acidum iopanoicum: s. Iopansäure.
Acidum iotalamicum: s. Iotalaminsäure.
Acidum iotroxicum: s. Iotroxinsäure.
Acidum ioxaglicum: s. Ioxaglinsäure.
Acidum ioxitalamicum: s. Ioxitalaminsäure.
Acidum 5-isonitrosobarbituricum: s. Violursäure.
Acidum isopropylaceticum: s. Isovaleriansäure.
Acidum isopropylbromallylbarbituricum: s. Propallylonal.
Acidum isovalerianicum: s. Isovaleriansäure.
Acidum kakodylicum: s. Kakodylsäure.
Acidum lacticum: s. Milchsäure.
Acidum maleicum: s. Maleinsäure.
Acidum maleinicum: s. Maleinsäure.
Acidum malicum: s. Äpfelsäure.
Acidum malonicum: s. Malonsäure.
Acidum mandelicum: s. Mandelsäure.
Acidum meconicum: s. Meconsäure.
Acidum metaphosphoricum: s. Phosphorsäuren.
Acidum methylcyclohexenylmethylbarbituricum: s. Hexobarbital.
Acidum methylphenylaethylbarbituricum: s. Methylphenobarbital.
Acidum monochloraceticum: s. Monochloressigsäure.
Acidum nalidixicum: s. Nalidixinsäure.
Acidum naphthalinsulfonicum: s. Naphthalinsulfonsäuren.
Acidum nicotinicum: s. Nicotinsäure.
Acidum nitricum: s. Salpetersäure.
Acidum nucleinicum: s. Nucleinsäure.
Acidum oleicum: s. Ölsäure.
Acidum oroticum: s. Orotsäure.
Acidum oxalicum: s. Oxalsäure.
Acidum pamidronicum: s. Pamidronsäure.
Acidum perchloricum: s. Perchlorsäure.
Acidum phenolicum: s. Phenol.
Acidum phenolsulfonicum: s. Sozolsäure.
Acidum phenylaethylbarbituricum: s. Phenobarbital.
Acidum phenylchinolincarbonicum: s. Cinchophen.
Acidum phosphoricum: s. Phosphorsäuren, Orthophosphorsäure.
Acidum phosphorosum: s. Phosphorige Säure.
Acidum phosphowolframicum: Wolframatophosphorsäure; vgl. Wolframsäure.
Acidum phthalicum: s. Phthalsäure.
Acidum picrinicum: s. Pikrinsäure.
Acidum picronitricum: s. Pikrinsäure.
Acidum pipemidicum: s. Pipemidsäure.
Acidum piromidicum: s. Piromidsäure.
Acidum polyacrylicum: s. Carbomere.
Acidum propionicum: s. Propionsäure.
Acidum pyrogallicum: s. Pyrogallol.
Acidum pyrophosphoricum: s. Phosphorsäuren, Diphosphorsäure.
Acidum pyrouvicum: s. Brenztraubensäure.
Acidum rosolicum: s. Rosolsäure.
Acidum salicylicum: s. Salicylsäure.
Acidum salicylicum cum Vaselino albo: s. Salicylsäure-Stammverreibung 50%.
Acidum salicylosum: s. Salicylaldehyd.
Acidum sarcolacticum: Fleischmilchsäure; s. Milchsäure.
Acidum silicicum praecipitatum: s. Siliciumdioxid, gefälltes.

Acidum sorbicum: s. Sorbinsäure.
Acidum sozoiodolicum: s. Sozoiodolsäure.
Acidum stearinicum: s. Stearinsäure.
Acidum succinicum: s. Bernsteinsäure.
Acidum sulfaloxicum: s. Sulfaloxinsäure.
Acidum sulfanilicum: s. Sulfanilsäure.
Acidum sulfosalicylicum: s. 5-Sulfosalicylsäure.
Acidum sulfuricum: s. Schwefelsäure.
Acidum sulfurosum: s. Schweflige Säure.
Acidum tannicum: s. Tannin.
Acidum tartaricum: s. Weinsäure.
Acidum taurocholicum: s. Taurocholsäure.
Acidum thioglycolicum: s. Thioglykolsäure.
Acidum thymicum: s. Thymol.
Acidum tiaprofenicum: s. Tiaprofensäure.
Acidum trichloraceticum: s. Trichloressigsäure.
Acidum undecylenicum: s. Undecylensäure.
Acidum uricum: s. Harnsäure.
Acidum uvicum: s. Weinsäure (DL-Weinsäure).
Acidum valerianicum: s. Valeriansäure.
Acidum valproicum: s. Valproinsäure.
Acidum violuricum: s. Violursäure.
Acidum wolframicum: s. Wolframsäure.

Acipenser huso L.: Hausen, Beluga; Art der Echten Störe, Fam. Acipenseridae (Schwarzes u. Kaspisches Meer). Lieferant von **Ichthyocolla:** Colla piscium EB6, Hausenblase, Fischleim; hornartige, weißl. durchscheinende, geruch- u. geschmacklose, blätterartige, stark irisierende Häute, die aus der inneren Schwimmblasenhaut gewonnen werden — neben dem Hausen auch aus Stör (A. sturio) u. Sterlet (A. ruthenus). Ichthyocolla quillt in kaltem Wasser u. löst sich fast völlig in heißem Wasser u. Ethanol. **Best.:** 70-80 % Kollagen; **Anw.** techn.: Klebemittel (Englisch Pflaster), Klären von Flüss. (früher).

Acipimox INN: 4-Methylpyrazincarboxylsäure-4-oxid; CAS-Nr. 51037-30-0; $C_6H_6N_2O_3$, M_r 154.12. **Wirk.:** hemmt die Lipolyse im Fettgewebe u. die VLDL-Synthese; **Anw.:** Senkung erhöhter Serum-Lipidspiegel (s. Lipidsenker); **UAW:** allerg. Reaktionen, Magen-Darm-Beschwerden; **Pharmakokinetik:** A. wird nicht metabolisiert, vollständige Ausscheidung durch die Nieren; **Dos.:** p. o. 2×0.25 g/d; HWZ ca. 2 h.

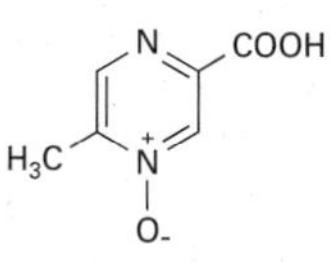

Acipimox

Acistrat: chem. Kurzbez. für 2'-Acetat (Ester) u. Stearat (Salz).

Acitretin INN: Acitretinum Ph.Eur., Etretin; (2*E*,4*E*,6*E*,8*E*)-9-(4-Methoxy-2,3,6-trimethylphenyl)-3,7-dimethylnona-2,4,6,8-tetraensäure; CAS-Nr. 55079-83-9; $C_{21}H_{26}O_3$, M_r 326.4. Schmp. 228-230 °C; aromat. Retinoid. **Wirk.:** Hauptmetabolit von Etretinat* mit günstigeren pharmakokinet. Eigenschaften; **Anw.:** Behandlung von Psoriasis* bzw. Hyperkeratosen; 1 Monat nach Therapieende im Plasma nicht mehr nachweisbar, deshalb verkürzter Kontrazeptionsschutz von 2 Monaten; **UAW:** teratogen, embryotox., Schleimhautaustrocknung, Hautschuppung.

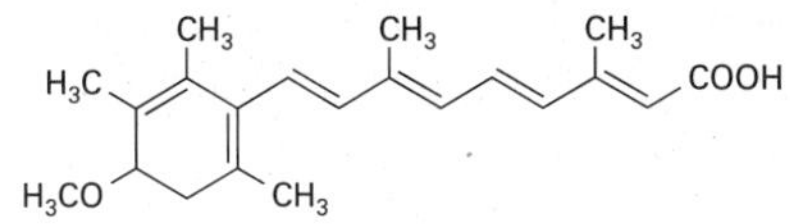

Acitretin

Ackergauchheil: s. Anagallis arvensis.
Ackerkraut: s. Agrimonia eupatoria.
Ackerleinkraut: s. Linaria vulgaris.
Ackerschachtelhalm: s. Equisetum arvense.
Ackerskabiose: s. Knautia arvensis.
Ackerwinde: s. Convolvulus arvensis.

Aclarubicin INN: Aclacinomycin A; CAS-Nr. 57576-44-0; $C_{42}H_{53}NO_{15}$, M_r 811.9. Antibiotikum aus Streptomyces galilaeus; gebräuchl. als Hydrochlorid. **Anw.:** Zytostatikum; Ind.: akute myeloische Leukämie*; **UAW:** Magen-Darm-Beschwerden, Haarausfall, Kardiomyopathie; **Kontraind.:** Schwangerschaft, Stillzeit, Herzerkrankungen.

Acne: s. Akne.
Acne vulgaris: s. Akne.

Acokantheraholz: Holz versch. Acokanthera-Arten, Fam. Apocynaceae. A. enthält bis zu 0.3 % g-Strophanthin* u. wird zu dessen Gew. genutzt.

Acokanthera oppositifolia (Lam.) Codd: Fam. Apocynaceae (südl. u. östl. Afrika). Stpfl. von **Semen Acokantherae:** Acokantherasamen. **Inhaltsst.:** herzwirksame Glykoside vom Cardenolidtyp: Oppovenosid, Acovenoside, Acofriosid, Ouabain; s. g-Strophanthin.

Acokanthera ouabaio: s. g-Strophanthin.

Aconin: Grundstruktur der Alkaloide aus den Knollen von Aconitum* napellus.

Aconitase: syn. Aconitat-Hydratase; Hydrolase des Tricarbonsäurezyklus*, die die reversible Umwandlung von Citrat zu Isocitrat katalysiert. Die Reaktion verläuft über das an ein Enzym gebundene Zwischenprodukt *cis*-Aconitat. Obwohl Citrat im Gleichgewicht vermehrt vorkommt, verläuft die Reaktion vom Citrat zum Isocitrat, da dieses weiter durch Isocitratdehydrogenase oxidiert u. so aus dem Gleichgewicht genommen wird. A. wird durch Fluorocitrat gehemmt; vgl. Tricarbonsäurezyklus.

Aconitin: Akonitin, Aconitinum ÖAB90; Acetylbenzoylaconin; $C_{34}H_{47}NO_{11}$; M_r 645.72; Schmp. 198 °C; $[\alpha]_D^{20\,°C}$ +14 bis +19 (c = 2, in Chloroform). Diterpenesteralkaloid, z. B. in Aconitum* napellus. Farblose Kristalle od. weißes, krist. Pulver, lösl. in ca. 40 T. Ethanol, in ca. 70 T. Ether, sehr schwer lösl. in Wasser, lösl. in ca. 5 T. Chloroform; in verd. Säuren unter Salzbildung. **Wirk.:** A. erhöht bei entspr. Membranen die Permeabilität für Natriumionen, verlängert deren Einstrom während des Aktionspotenzials u. verzögert die Repolarisation (Antagonist: Tetrodotoxin*). Somit erregt A. zuerst sensible Nervenendigungen u. lähmt sie dann. Die Wirk. auf der Haut äußert sich somit vorerst durch Kribbeln (Parästhesien) u. Wärmegefühl, ferner lokalanästhet. u. analget. (örtl. begrenzt). A. wirkt auch antipyret. u. verstärkt die

A

Sekretion von Schweißdrüsen (0.05 mg lösen Schweißausbruch aus). Höhere Dosen lähmen nach vorausgehender Erregung auch die motor. Nervenendigungen u. das ZNS. **Anw.**: obsolet; früher innerl. u. äußerl. als Antineuralgikum u. Diaphoretikum; **Tox.**: eines der stärksten pflanzl. Gifte; LD 1-5 mg. Bei p. o. Aufnahme treten die Vergiftungserscheinungen wie Hautkribbeln (auch im Mund), Schweißausbrüche, Gefühl des Pelzigseins u. der Eiseskälte (Eis im Blut) nach ca. 5-15 min auf; es folgt wühlende Peristaltik, das Herz wird zu unregelmäßiger Tätigkeit angeregt; Ähnlichkeit mit Vergiftung durch Herzglykoside (auch Gelb-Grün-Sehen), aber durch Aconitin kommt es zu diastol. Herzstillstand nach ca. 6 h. Antidot: Magenspülung, Analgetika.

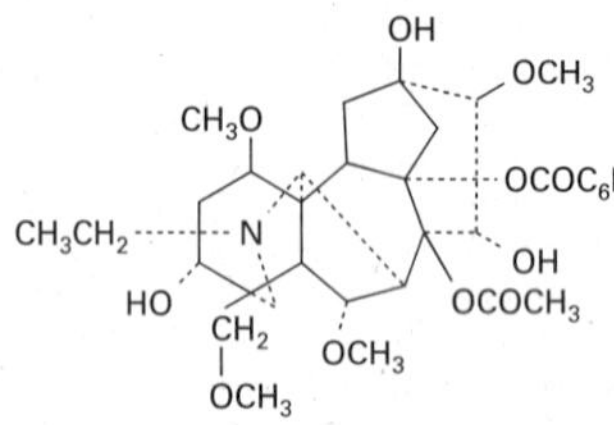

Aconitin

Aconitsäure: 1-Propen-(1,2,3)-tricarbonsäure; $C_6H_6O_6$; M_r 174.11. Gelbl. krist. Pulver. Leicht lösl. in Wasser, wenig lösl. in Ether; kommt hauptsächl. in der *cis*-Form vor (Schmp. 130 °C); die *trans*-Form (Schmp. 194-195 °C) tritt selten auf. Die *cis*-A. spielt beim Tricarbonsäurezyklus* (Isomerisierung von Citronensäure in *iso*-Citronensäure) eine Rolle. **Vork.**: nat. in versch. Pfl. (Aconitum-, Equisetum-, Achillea-Arten, Delphinium consolida, Beta vulgaris u. a.); A. entsteht beim Erhitzen von Citronensäure auf 175 °C.

Aconitum ferox: s. Aconitum napellus ssp. napellus.

Aconitum fischeri: s. Aconitum napellus ssp. napellus.

Aconitum napellus e radice: s. Aconitum napellus ssp. napellus.

Aconitum napellus L. **ssp. napellus:** Blauer Eisenhut, Sturmhut, Mönchskappe; Fam. Ranunculaceae (gemäßigtes Europa, Amerika u. Asien in Gebirgen). Stpfl. von **Aconiti tuber:** Tubera Aconiti, Radix Aconiti, Akonitknollen, Eisenhutknollen, Teufelswurzel. **Off.**: Ph.Helv.6; **Inhaltsst.**: 0.2-3 % leicht hydrolisierbare Esteralkaloide (C_{19}-Diterpenalkaloide, die sich vom Kauran, s. Diterpene, ableiten lassen), v. a. Aconitin* (Acetylbenzoylaconin) u. a. Aconitine (Mesaconitin, Hypaconitin) u. Neopellin, Aporphinalkaloide (z. B. Magnoflorin) als Nebenalkaloide, ferner Aconitsäure* u. a. Säuren sowie Kohlenhydrate (Mannitol, Stärke). Aconitine sind Pseudoalkaloide, die Ester von Aconin (diterpenoider Aminoalkohol) mit Essig-, Benzoe- od. Veratrumsäure sind; die Aminogruppe trägt meistens eine Ethylgruppe (Alkamine). **Zuber.**: Tct. Aconiti; **Anw.**: obsolet; füher: Neuralgien, Gicht, Rheuma, Angina, Laryngitis; äußerl.: Einreibungen u. Umschläge; **Herba Aconiti:** Folia Aconiti, Herba Napelli, Eisenhutkraut, Eisenhutblätter, Apollonienkraut; Inhaltsst. u. Anw. wie Aconiti tuber.
Andere Eisenhutarten enthalten auch entspr. verwandte Aconitine. Die Knollen (Tubera Aconiti japonici, Bishiknollen, Kusauzuknollen) von A. ferox (Wilder Sturmhut) (Himalaja), A. fischeri (A. japonicum) (Japan) haben einen höheren Alkaloidgeh. u. werden bes. zur Gew. der Alkaloide verwendet; desgleichen die Knollen von A. vulparia Rchb. (A. lycoctonum L.), Gelber Eisenhut od. Wolfseisenhut (Mitteleuropa, Nordrussland, Sibirien, China, Himalaja). Inhaltsst.: aconitinähnl. Alkaloide Lycaconitin u. Lycoctonin.
Hom: *Aconitum napellus (HAB1.4),* Aconitum: ganze, frische, wild wachsende Pflanze.
Hom: *Aconitum napellus Rh (HAB1.4),* Aconitum Rh: ganze, frische Pflanze.
Hom: *Aconitum napellus e radice:* frische Wurzelknollen mit anhängenden Wurzeln; Konstitutionsmittel; verord. z. B. bei Neuralgien, Fieber, Angstzuständen.

Aconitum vulparia: s. Aconitum napellus ssp. napellus.

Acoron: Bitterstoff aus Acorus* calamus; ein Sesquiterpen mit Spiranstruktur.

Acorus calamus L.: Calamus aromaticus, Kalmus, Deutscher Ingwer; Fam. Acoraceae (Araceae). A. c. tritt in versch. Chromosomenrassen auf. Ostasiat. Pflanzen sind tetraploid (var. angustatus Bess. u. var. versus L.), die europäische u. vorderasiat. triploid u. steril (var. vulgaris L.) u. die nordamerikan. diploid (var. americanus Wulff). Stpfl. von **Calami Rhizoma:** Rhizoma Calami, Rhizoma Acori, Radix Calami (aromatici), Kalmus; der getrocknete Wurzelstock (bestimmte Cytotypen nach Ph.Helv.9). **Off.**: DAC, ÖAB91, Ph.Helv.9. **Inhaltsst.**: (von der Rasse abhängig) ca. 2-6 % (9 %) äther. Öl (ÖAB90: mind. 2.0 %; Ph.Helv.8: mind. 2.0 %, für tierarzneil. Zwecke mind. 1.5 %, max. 0.5 % β-Asaron) in Ölzellen; Acorin (ein bitteres Glykosid), Cholin, Methylamine, Gerbstoff (entsteht erst beim Trocknen), ca. 25-40 % Stärke, Zucker, Schleimstoffe; **Zuber.**: Spec. amaricantes, Spec. carminativae, Tct. Calami, Extr. Calami, Tct. Absinthii composita; in vielen Arzneispezialitäten (Magen-Darmmittel); **Anw.** volkstüml.: z. B. bei Appetitlosigkeit, Verdauungsbeschwerden, Flatulenz; zu Bädern u. Umschlägen (hyperämisierend); zur Mundhygiene; **Anw.** vet.: Pulver, Tinktur, Infusion bei Fressunlust u. Verdauungsschwäche; **Calami aetheroleum:** Oleum Calami, Kalmusöl; das äther. Öl aus dem Rhizom; dickflüssig, gelb bis gelbbräunl., von würzig-bitterl. brennendem Geschmack. **Off.**: DAB6; **Best.**: β-Asaron*, bei diploiden Pfl. nicht vorhanden, bei triploiden bis zu 0.3 %, bei tetraploiden bis zu 8 %, bezogen auf die Droge (entspr. bis über 90 %, bezogen auf das äther. Öl), Isoeugenolmethylether, in triploiden Pfl. hoher Geh. an Sesquiterpenketonen (z. B. Shyobunon); ferner Acoron (ein flüchtiger Sesquiterpenbitterstoff mit Spiranstruktur) u. Isomere sowie zahlreiche andere Sesquiterpene wie Calamenol (Sesquiterpenalkohol) u. daraus gebildetetes Calamen (als Calamenon wird der kristallisierende Kalmuscampher bezeichnet), ferner Pinen, Camphen u. a.; D. 0.96-0.97, mit 90 %igem Ethanol in jedem Verhältnis mischbar. **Wirk.**: antimikrobiell, Verlängerung der Hexobarbital- u. Pentobarbitalschlafzeit der Maus, spasmolytisch, insektizid; **Anw.**: wie Calami Rhizoma sowie zu Likören; **UAW:** in vitro wurden mutagene, im Tierexperiment (schwach) kanzerogene Wirk. beschrieben.

Hom: *Acorus calamus (HAB1.3),* Calamus aromaticus: geschälter, getrockneter Wurzelstock; verord. z. B. bei Verdauungsstörungen.

Acoxil: chem. Kurzbez. für Acetoxymethyl.

Acridin: $C_{13}H_9N$, M_r 179.22. Schmp. 111 °C. Sdp. 346 °C. Farblose Kristallnadeln mit charakterist. Geruch; Lsg. fluoresziert blau. Das Anthracenderivat ist eine schwache Base, mit starken Mineralsäuren bildet es gelbe, gut kristallisierende Salze. **Darst.**: Erhitzen von Diphenylamin mit Ameisensäure u. Zinkchlorid. **Vork.**: in geringer Menge im Steinkohlenteer. **Anw.**: Grundstoff zahlreicher Farbstoffe, die z. T. auch in der Medizin als Chemotherapeutika verwendet wurden.

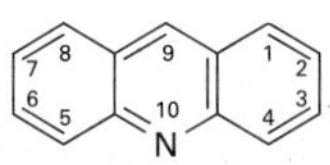

Acridin

3,6-Acridindiamin: Proflavin; gelber, interkalierender Farbstoff; s. Acriflaviniumchlorid, vgl. Interkalation.

Acridonalkaloide: gelb gefärbte Alkaloide (ca. 100 bekannt) mit Acridin* als Grundgerüst. Acridon ist 9,10-Dihydro-9-oxo-acridin. Die Biogenese erfolgt über Anthranilsäure u. ein Polyketid*. **Vork.**: auf ca. 20 Gattungen der Rutaceen beschränkt. Am bekanntesten ist das onkolog. wirkende Acronycin aus Ruta* graveolens.

Acriflaviniumchlorid INN: Acriflavinii monochloridum Ph.Eur.4, Acriflavin-Monochlorid; Gemisch aus etwa 2/3 3,6-Diamino-10-methyl-acridiniumchlorid ($C_{14}H_{14}ClN_3$) u. etwa 1/3 3,6-Diaminoacridin-hydrochlorid ($C_{13}H_{12}ClN_3$); CAS-Nr. 8048-52-0. Rötlich braunes, krist. Pulver; leicht lösl. in Wasser von 20 °C; sehr leicht lösl. in Wasser von 100 °C; lösl. in ca. 500 T. blutisoton. NaCl-Lsg.; schwer lösl. in Ethanol od. Glycerol; schwer lösl. in Isopropanol; fast unlösl. in Ether, Chloroform, Paraffinölen u. Petrolether; pH 5-7.5 (Wasser 2 %), pH 3.5 (Wasser 1 %). **Anw.**: Desinfiziens bei Infektionen der Mund- u. Rachenhöhle; **UAW:** Gelbfärbung von Haut u. Schleimhaut; **Kontraind.**: Gelbsucht; **Dos.**: Lutschtabletten 3 mg/h; topisch 0.1 %ige Wundspülung; 1.0-2.0 %ige Wundsalbe, 5.0 %iges Wundpulver. **Acriflaviniumdichlorid**: Acriflavinii dichloridum; Gemisch

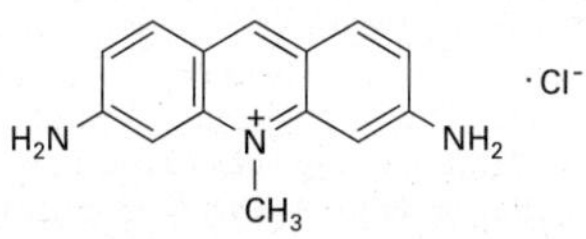

Acriflaviniumchlorid

aus 3,6-Diamino-10-methyl-acridiniumchlorid-hydrochlorid ($C_{14}H_{15}Cl_2N_3$) u. 3,6-Diaminoacridin-dihydrochlorid ($C_{13}H_{13}Cl_2N_3$). **Off.**: Ph.Helv.7.

Acrolein: s. Akrolein.

Acrosoxacin: s. Rosoxacin.

Acrylamid: Acrylsäureamid, Propenamid; $H_2C{=}CH{-}CONH_2$, C_3H_5NO, M_r 71.08. D. 1.122. Schmp. 84 °C. Farblose Kristalle, leicht lösl. in Wasser, Ethanol u. Aceton; wenig lösl. in Chloroform. **Anw.**: Herst. von Polyacrylamid (A. kann im festen Zustand durch ionisierende Strahlen polymerisiert werden; vgl. Polyacrylharze); für die Polyacrylamid-Gel-Elektrophorese (s. Elektrophorese); Reagens Ph.Eur.4. **Tox.**: A. zeigt lähmende Wirk. auf das ZNS; im Tierversuch krebserregend und erbgutverändernd.

Acrylate: häufig inkorrekt für Salze der Polyacrylsäure (s. Carbomere) verwendet.

Acrylglas: „organisches" Glas aus thermoplast. Polyacrylharz*, u. a. Plexiglas.

Acrylharze: s. Polyacrylharze.

Acrylnitril: Acrylsäurenitril, Vinylcyanid; C_3H_3N, M_r 53.06. D. 0.806. Schmp. −82 °C. Sdp. 77 °C. Stechend riechende Flüss., wenig lösl. in Wasser, mischbar mit fast allen anderen Lösungsmitteln. **Anw.**: Herst. von Polyacrylnitril*. **Tox.**: A. wirkt als Atemgift u. karzinogen*; es kann auch durch die Haut absorbiert werden.

Acrylsäure: Ethylencarbonsäure, Propensäure; $CH_2{=}CH{-}COOH$. D. 1.062. Schmp. 13 °C. Sdp. 141 °C. Stechend riechende, farblose Flüss., mit Wasser mischbar. **Herst.**: aus Ethylenchlorhydrin. A. polymerisiert sehr leicht u. wird zur Herst. von Kunststoffen verwendet; s. Polyacrylharze.

Actaea racemosa: s. Cimicifuga racemosa.

Actaea spicata L.: Christophskraut; Fam. Ranunculaceae (Mitteleuropa). Stpfl. von **Radix Actaeae:** Christophskrautwurzel. **Inhaltsst.**: *trans*-Aconitsäure.

Hom: *Actaea spicata (HAB1.5),* Actaea: die frischen, nach dem Austrieb der Sprosse, aber vor der Blüte gesammelten unterird. T. (Wurzelstock mit anhängenden Wurzeln); verord. z. B. bei Erkrankungen des rheumat. Formenkreises, Gicht der kleinen Gelenke.

Actaein: s. Cimicifuga racemosa.

ACTH: s. Corticotropin.

Actinide: veraltete Bez. für Actinoide*.

Actinidia chinensis Planch.: Chinesischer Strahlengriffel; Fam. Actinidiaceae, (Südchina, kult. v. a. in Neuseeland). Stpfl. von **Kiwifrucht: Inhaltsst.**: ca. 0.1 % Vitamin C sowie andere Vitamine u. eine Protease; vgl. Bromelaine, Ficin; **Anw.**: Obst; Bereitung eines Weines (Tarawein).

Actinidin: s. Valeriana officinalis.

Actinium: Symbol Ac; OZ 89; radioaktives, chem. dem Lanthan* ähnl. Metall. **Vork.**: in Uranerzen; das längstlebige Isotop ^{227}Ac ist ein Glied der Uran-Actinium-Zerfallsreihe mit dem Endglied ^{207}Pb.

Actinoide: Actinide (veraltet), Actiniumreihe; die Elemente 89 bis 103: Actinium,* Thorium*, Protactinium*, Uran*, Neptunium*, Plutonium*, Americium*, Curium*, Berkelium*, Californium*, Einsteinium*, Fermium*, Mendelevium*, Nobelium*, Lawrencium*.

A

Actinomyces: Gattung grampositiver, unbewegl. Bakt. der Fam. Actinomycetaceae*; obligat anaerob wachsend; wegen der Bildung verzweigter Fäden lange als Pilze angesehen. **Spezies:** A. bovis (Err. der Rinderaktinomykose), A. israelii (Erreger der Aktinomykose); A. naeslundii, A. viscosus u. A. odontolyticus werden häufig als Erreger milder Infektionen der Tränenkanälchen isoliert u. sind an der Entstehung von Karies* u. Parodontitis* beteiligt.

Actinomycetaceae: Fam. grampositiver, unbewegl., fakultativ anaerober, fadenbildender Bakt. der Od. Actinomycetales*. Med. relevante Gattungen: Actinomyces u. Bifidobacterium; fakultativ pathogene Schleimhautkommensalen der Mundhöhle (selten Verdauungs- u. Genitaltrakt) des gesunden Erwachsenen u. a. warmblütiger Wirtsorganismen.

Actinomycetales (gr. aktis Strahl; mykos Pilz): Aktinomyzeten; taxonom. Od. grampositiver, unbewegl., fadenförmiger Bakterien* mit echten Verzweigungen, umfasst 8 Familien. **Verbreitung:** Boden u. (seltener) Wasserkeime; einige Arten sind Schleimhautparasiten von Warmblütern; humanpathogene Spezies finden sich v. a. in den Fam. Actinomycetaceae*, Mycobacteriaceae*, Nocardiaceae, Streptomycetaceae, Dermatophilaceae u. Micromonosporaceae.

Actinomycin C: s. Cactinomycin.

Actinomycin D: s. Dactinomycin.

Actinoquinol INN: 8-Ethoxy-5-chinolinsulfonsäure; CAS-Nr. 15301-40-3; $C_{11}H_{11}NO_4S$, M_r 253.29. Schmp. 286-288 °C (unter Zers., kristallisiert aus Wasser). Lösl. in verd. Natriumhydrogencarbonat-Lösungen. **Anw.:** in Augentropfen gegen UV-Schäden. Gebräuchl. ist auch das Natriumsalz von Actinoquinol.

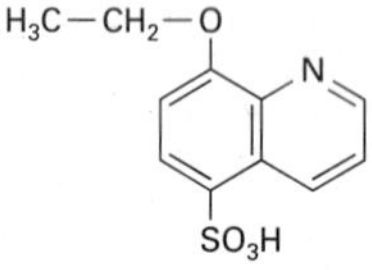

Actinoquinol

Actinospectacin: s. Spectinomycin.

ACV: Abk. für (engl.) *alternating current voltammetry*; s. Voltammetrie.

Acyl-: der nach (formaler) Abspaltung der OH-Gruppe einer Carbonsäure* verbleibende Säurerest* R–CO–.

acyl carrier protein: Abk. ACP; ein niedermolekulares, hitzestabiles, globuläres Protein*, Träger der Fettsäureketten während der Fettsäurebiosynthese*. ACP ist im Fettsäuresynthetase*-Komplex von Escherichia coli u. anderen Bakterien, in Hefe sowie in Pflanzen enthalten.

Acyl-CoA-Synthase: Fettsäure-Thiokinase, die die Aktivierung von Fettsäuren* beim oxidativen Fettsäureabbau* übernimmt, indem es unter Verbrauch von ATP (s. Adenosinphosphate) die Bildung einer Thioesterbindung zw. der Carboxylgruppe der Fettsäure u. der Sulfhydrylgruppe des Coenzyms A katalysiert. Man unterscheidet zytoplasmat. u. mitochondriale Acyl-CoA-Synthasen.

Acylneuraminsäure: Sialinsäure; acylierte Derivate der Neuraminsäure*, Bestandteile der Ganglioside (s. Glykolipide); vgl. *N*-Acetylneuraminsäure.

Acyloine: Gruppenbez. für α-Hydroxycarbonyl-Verbindungen.

Acyloxy-: Anion einer Carbonsäure, R–COO⁻; vgl. Acyl-.

ADA: s. Arbeitgeberverband Deutscher Apotheker.

Adamantan: Tricyclo[3.3.1.1^{3,7}]decan, $C_{10}H_{16}$, M_r 136.23. D. 1.07. Farblose, campherähnl. riechende Kristalle, die bei Raumtemp. sublimieren. Die Anordnung der C-Atome in A. ist der des Diamanten vergleichbar.

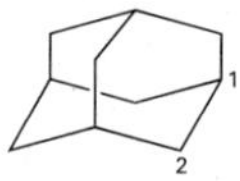

Adamantan

1-Adamantanamin: s. Amantadin.

Adamsit: 10-Chlor-5,10-dihydrophenarsazin, $C_{12}H_9AsClN$, M_r 277.57. D. 1.65, Schmp. 182 °C. Gelbe Kristalle, unlösl. in Wasser. **Tox.:** giftig, reizt Haut u. Atemwege, im 1. Weltkrieg als Kampfstoff verwendet.

Adamswurzel: s. Allium victorialis.

Adapalen INN: 6-[3-(1-Adamantyl)-4-methoxyphenyl]-2-naphthoesäure; CAS-Nr. 106685-40-9; $C_{28}H_{28}O_3$, M_r 412.53. **Wirk.:** A. lagert sich wie Tretinoin* an Zellkernrezeptoren an; **Anw.:** lokal bei Akne vulgaris mit Komedonen, Papeln u. Pusteln; **UAW:** Hautreizungen, Juckreiz; **Dos.:** topisch einmal tägl. dünn auftragen (vor dem Schlafengehen).

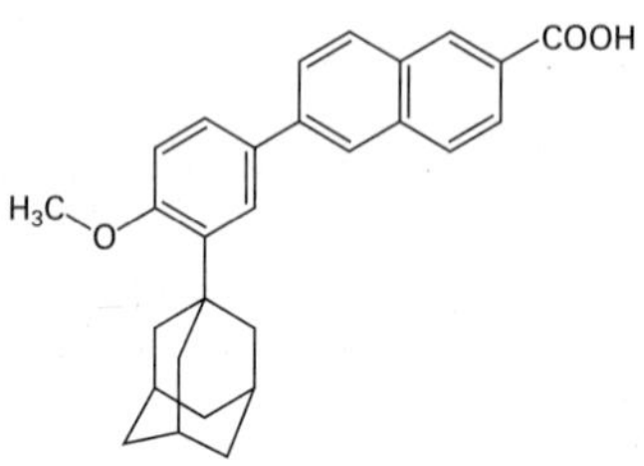

Adapalen

Adaptation: Adaption; **1.** (physiol.) Anpassung von Organen od. des Organismus an veränderte Bedingungen. **A. des Auges:** Anpassungsvermögen des Auges an die Reize der Lichteinwirkung durch Veränderung der Pupillen u. entspr. Reaktion des Sehpurpurs. **2.** (chirurg.) Annäherung von getrenntem Gewebe zur primären Wundheilung.

Adaptogen: unspezif. wirkendes Arzneimittel, das die Resistenz des Organismus gegenüber versch. Noxen aus der Umwelt (Hitze, Kälte, Lärm, Stress, Schadstoffe) erhöht, z. B. Panax* ginseng.

ADCC: Abk. für (engl.) *antibody-dependent cell-mediated cytotoxicity*; antikörperabhängige zellvermittelte Zytotoxizität; Fähigkeit nat. Killerzellen antikörperbeladene Zellen zu zerstören, nachdem sie mit Hilfe ihres Fc-Rezeptors den Fc-Teil eines spezif. Antikörpers auf der Zielzelle erkannt haben.

adde: (auf Rezepten): füge hinzu.

Addison-Krankheit: Bronzehaut-Krankheit; primäre (chron.) Insuffizienz der Nebennierenrinde (NNR). Verminderte od. fehlende Produktion aller NNR-Hormone (Mineralo- u. Glucocorticoide, Androgene) durch Zerstörung der NNR (zu mind. 9/10) inf. einer gegen NNR-Zellen gerichteten Autoimmunreaktion (ca. 75 % der Fälle), Tuberkulose od. anderer Urs., s. Hormone (Nebennierenhormone); **Ther.**: Substitution der fehlenden Corticoide u. Elektrolyte.

Addition, elektrophile: als elektrophile Reagenzien fungieren Gruppen od. Verb., die einen Elektronenmangel aufweisen, z. B. Protonen, Bortrifluorid, und sich an einen Elektronen liefernden Partner anlagern, z. B. die C=C-Doppelbindung eines Alkens.

Addition, nucleophile: Additionsreaktion elektronenreicher Reagenzien an eine elektronenarme funktionelle Gruppe, z. B. eine Carbonylgruppe; s. Nucleophil, Cram-Regel, vgl. Addition, elektrophile.

Additionsverbindungen: s. Molekülverbindungen.

Addukte: s. Molekülverbindungen.

Ademetionin INN: (*S*)-5'-(3-Amino-3-carboxylatopropyl)methylsulfonio-5'-desoxyadenosin; CAS-Nr. 29908-03-0; $C_{15}H_{22}N_6O_5S$, M_r 386. **Anw.**: Antirheumatikum* bei Gelenkerkrankungen; **UAW:** Übelkeit, Magenübersäuerung; HWZ 1.2-1.7 h. Verw. findet aus Stabilitätsgründen Ademetionintosilatdisulfat.

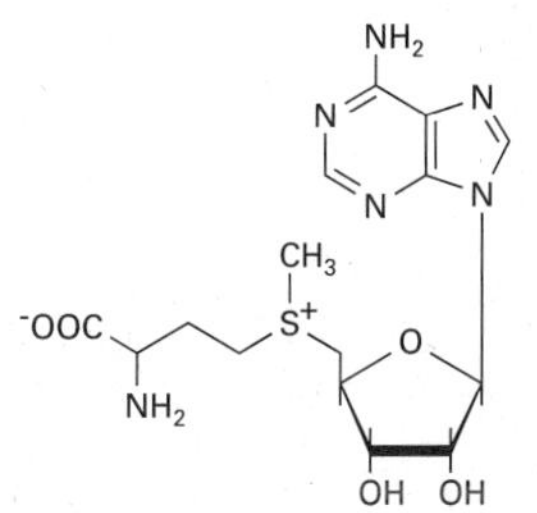

Ademetionin

Adenin: Abk. A, 6-Aminopurin, Adeninum Ph.Eur.4; CAS-Nr. 73-24-5, $C_5H_5N_5$, M_r 135.13; Schmp. 365 °C; sehr schwer lösl. in Wasser; ein Purinderivat, das als Baustein der Nucleinsäuren* in der Natur weit verbreitet ist. A. bildet Trihydrat u. ist Bestandteil der Adenosinphosphate* u. weiterer physiol. aktiver Substanzen. In freier Form wurde A. in versch. pflanzl. Organismen, bes. in Hefen, gefunden. **Anw.**: Hepatikum* (obsolet); **Gesch.**: 1885 von Albrecht Kossel entdeckt.

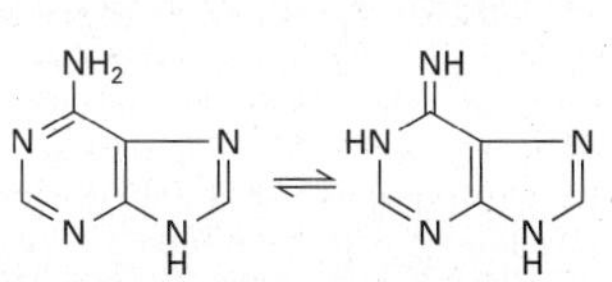

Adenin: Aminoform (links) u. Iminoform (rechts)

Adeninarabinosid: s. Vidarabin.

Adenitis: Drüsenentzündung.

Adenosin: Adenosinum Ph.Eur.4, Adenin-[D-ribofuranosid]-9; CAS-Nr. 58-61-7; 1-(6-Amino-9*H*-purin-9-yl)-1-desoxy-β-D-ribofuranose; $C_{10}H_{13}N_5O_4$, M_r 267.25; Schmp. ca. 234 °C; polymorphes weißes Pulver, leicht lösl. in heißem Wasser, unlösl. in Ethanol; Baustein der Nucleinsäuren*. **Wirk.** u. **Anw.**: Vasodilatator, Thrombozytenaggregationshemmer, Reagens Ph.Eur.4.

Adenosin-5'-diphosphat: Abk. ADP; s. Adenosinphosphate.

Adenosindiphosphatglucose: Abk. ADPG; , s. Nucleosiddiphosphatzucker.

Adenosindiphosphat-Rezeptorantagonisten: ADP-Hemmer; Substanzen, welche die Bindung von Adenosindiphosphat an seine Rezeptoren auf Thrombozyten hemmen. Dadurch wird die Aktivierung des (Glykoprotein-) GP-IIb/IIIa-Rezeptorkomplexes (s. GP-IIb/IIIa-Inhibitoren) verhindert u. es kommt zu einer Thrombozytenaggregationshemmung. Therapeut. werden Clopidogrel* u. Ticlopidin* eingesetzt. **Anw.**: Thrombozytenaggregationshemmer* zur Reduzierung thrombot. Ereignisse (Myokardinfarkt, Schlaganfall) u. nach Myokardinfarkten.

Adenosin-5'-monophosphat: s. Adenosinphosphate.

Adenosinmonophosphat-Dinatrium: Adenosini dinatrii monophosphas; Adenosin-5'-dihydrogenphosphat-Dinatriumsalz; $C_{10}H_{12}N_5Na_2O_7P \cdot n\, H_2O$, M_r 391.2 (wasserfrei). Leicht lösl. in Wasser, fast unlösl. in org. Lösungsmitteln. **Off.**: DAB10; **Anw.**: Vasodilatator, vgl. Adenosinphosphate (Adenosin-5'-monophosphat). Gebräuchl. ist auch Adenosinmonophosphat-Dinatrium-Hydrat (Adenosini dinatrii monophosphas hydricus).

Adenosinphosphate: Phosphorsäureester von Adenosin*, die zu den Nucleotiden* gehören. Biol. wichtig sind die am C-5 des Zuckerrests veresterten Verb., die im Metabolismus u. a. als Energieüberträger u. -speicher, als Bausteine der Nucleinsäuren* u. als Regulatoren (Glykolyse*, Tricarbonsäurezyklus*) Bedeutung haben. Man unterscheidet Adenosinmono-, di- u. -triphosphate: **Adenosin-5'-monophosphat** (Abk. AMP, 5'-Adenylsäure, Muskeladenylsäure): entsteht im Körper aus Adenosintriphosphat (ATP) durch Abspaltung von Diphosphat: ATP $\rightarrow$ AMP + PP **Anw.** med.: wegen ihrer stark gefäßerweiternden Wirk. als Kreislaufmittel. **Adenosin-5'-diphosphat** (Abk. ADP): z. B. Phosphatgruppenakzeptor bei Phosphorylierungsreaktionen u. wird dabei in ATP überführt. **Adenosin-5'-triphosphat** (Abk. ATP, s. Abb.): in allen lebenden Zellen als Energiespeicher u. -überträger von überragender Bedeutung; entsteht aus ADP u. Phosphat (P) unter Energieaufnahme: ADP + P $\rightarrow$ ATP. Bei der Spaltung wird Energie freigesetzt. Orthophosphatspaltung (mit Hilfe einer ATPase):

ATP $\rightarrow$ ADP + P, $\Delta G = 29.4$ kJ/mol;

Diphosphatspaltung:

ATP $\rightarrow$ AMP + PP, $\Delta G = 36.12$ kJ/mol

u.

PP $\rightarrow$ 2 P, $\Delta G = 28.14$ kJ/mol.

ATP wird für zahlreiche Stoffwechselprozesse

benötigt, wie Biosynthese u. Oxidation von Fettsäuren, Harnstoff-, Nucleotid- u. Phospholipidsynthese. **Cyclisches Adenosin-3',5'-monophosphat** (cAMP): entsteht aus ATP durch das Enzym Adenylatcyclase* u. wird durch eine spezif. Phosphodiesterase* abgebaut; es hat bei Tieren, Mikroorganismen u. vermutl. auch bei höheren Pflanzen eine wichtige Funktion als second* messenger bei der Übertragung von Hormonwirkungen auf Zellfunktionen.

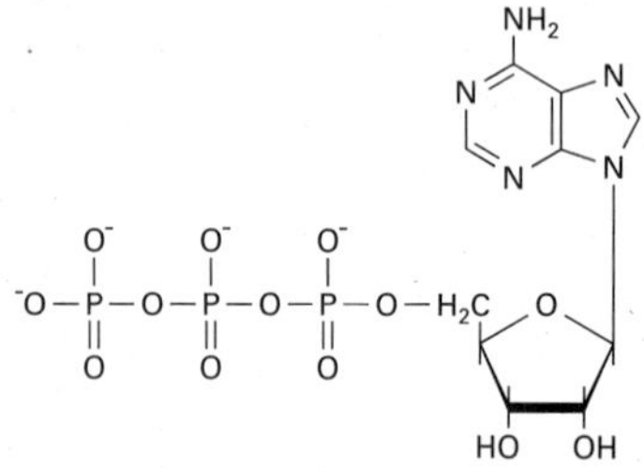

Adenosinphosphate: Adenosin-5'-triphosphat als Beispiel

Adenosin-5'-triphosphat: Abk. ATP; s. Adenosinphosphate.

Adenosintriphosphatase: Abk. ATPase; Enzym, welches die Hydrolyse von ATP in ADP u. P (Phosphat) (s. Adenosinphosphate) katalysiert, wobei chem. Energie freigesetzt wird. Diese ATP-Spaltung ist i. Allg. mit einem anderen Prozess verbunden, der endergonisch abläuft, z. B. mit der Kontraktion von Muskelfasern (elektromechan. Kopplung) od. mit dem Transport von Natrium- od. Kaliumionen durch Membranen geg. den Konzentrationsgradienten (s. Ionenpumpe), der durch herzwirksame Glykoside* gehemmt werden kann.

Adenosintriphosphat-Dinatrium: Adenosini dinatrii triphosphas; Adenosin-5'-tetrahydrogentriphosphat-Dinatriumsalz; CAS-Nr. 51963-61-2; $C_{10}H_{14}N_5Na_2O_{13}P_3$; M_r 551.1. Leicht lösl. in Wasser, fast unlösl. in org. Lösungsmitteln. **Off.:** DAB10; **Anw.:** Vasodilator; vgl. Adenosinphosphate (Adenosin-5'-triphosphat).

Adenosylmethionin: Abk. S-Ado-Met, SAM; *S*-(5'-Desoxyadenosin-5')-methionin, *S*-Adenosyl-L-methionin. Aktives Methionin; bei Raumtemperatur instabil. Wegen der Asymmetrie der Sulfoniumgruppe sind vier stereoisomere Formen möglich. A. entsteht aus ATP u. Methionin* (*S*-Methylcystein, Strukturformel s. Aminosäuren). Als reaktive Sulfoniumverb. ist A. einer der wichtigsten Methylgruppendonatoren (Methylierungsmittel) im Zellstoffwechsel. Es überträgt also $-CH_3$ auf nucleophile Partner (elektrophile Substitution) z. B. bei der Synthese von methylierten Zuckern, bei der Bildung von Methylestern; vgl. Pektin.

Adenoviridae: Fam. kub. DNA-Viren; Unterteilung in 2 Genera: Mastadenovirus u. Aviadenovirus. A. verursachen weltweit endem., epidem. u. sporad. akute Infektionen des Respirationstraktes.

Adenylatcyclase: Enzym, das nach Einw. versch. Hormone u. Neurotransmitter auf die Rezeptoren der Zellmembran ATP in cAMP überführt (s. Adenosinphosphate). Nach der Bindung des Hormons bzw. Neurotransmitters kommt es in der $G\alpha_s$-Untereinheit zum Austausch von GDP gegen GTP u. zur anschließenden Dissoziation der α-Untereinheit vom G-Protein-Rezeptorkomplex. Die aktivierte α-Untereinheit bindet an eine regulator. Bindungsstelle der Adenylylcyclase, welche in Folge mehr ATP in cAMP umwandelt, wodurch der intrazelluläre cAMP-Spiegel ansteigt (s. Abb). Die erhöhte intrazelluläre Konz. an cAMP führt einerseits zur Aktivierung der Proteinkinase A (PKA) u. zur Phosphorylierung entsprechender Substratproteine wie dem Transkriptionsfaktor CREB (cAMP Responsive Element Binding Protein). cAMP stimulierte Reaktionen sind z. B. Lipolyse, Glykolyse u. Relaxation der glatten Muskulatur.

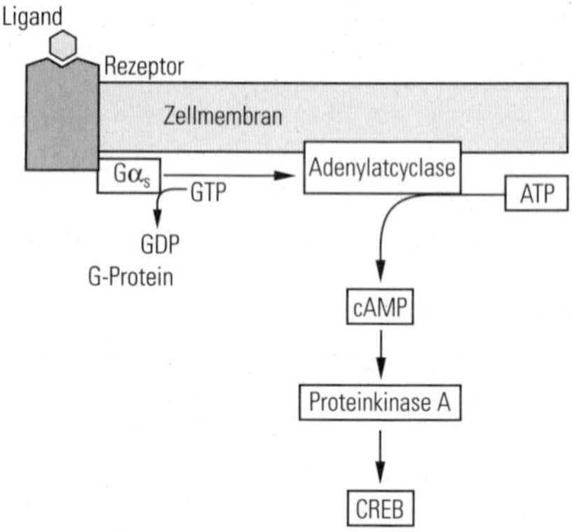

Adenylatcyclase: Signaltransduktion bei G_s-gekoppelten Rezeptoren

Adenylpyrophosphorsäure: s. Adenosinphosphate.

Adenylsäure: s. Adenosinphosphate.

Adeps: Fett.

Adeps benzoatus: Benzoeschmalz. **Herst.:** DAB6, Schmelzen (3 h, 60 °C) von 2 T. Benzoeharz u. 6 T. Natriumsulfat in 100 T. Adeps suillus, anschließend Filtration; s. Benzoe.

Adeps Lanae: s. Wollwachs.

Adeps Lanae anhydricus: s. Wollwachs.

Adeps Lanae cum Aqua: s. Wollwachs (wasserhaltiges Wollwachs).

Adeps Lanae hydrogenatus: s. Wollwachs (hydriertes Wollwachs).

Adeps Marmotae: s. Marmota marmota.

Adeps neutralis: s. Hartfett.

Adeps solidus: s. Hartfett.

Adeps suillus: s. Schweineschmalz.

Adermin: s. Vitamine (Vitamin B_6).

ADH: **1.** Abk. für **A**lkohol**d**e**h**ydrogenase*. **2.** Abk. für **a**nti**d**iuretisches **H**ormon; s. Vasopressin.

Adhäsine: Glykoproteine, die z. B. Oligosaccharid-Sequenzen auf der Oberfläche der Wirtszelle erkennen u. spezif. daran binden. Allg. werden Moleküle, die Zellen aufgrund von zuckervermittelten WW binden od. agglutinieren können, als Lektine* bezeichnet. A. repräsentieren exogene Lektine.

Adhäsion: Aneinanderhaften von 2 Körpern (Phasen) mit unterschiedl. chem. Zusammensetzung (ungleichartige Moleküle) aufgrund von Anziehungskräften (Adhäsionskräften). Handelt es sich um 2 Körper (Phasen) mit gleicher chem. Zusammensetzung (Kontakt gleichartiger Moleküle), spricht man von **Kohäsion.** Die Adhäsions- bzw. Kohäsionskräfte halten sich bei Annäherung der Körper (Moleküle) auf 0.3-0.4 nm mit abstoßenden Kräften die Waage (s. Abb.). Abstoßung von Molekülen tritt dann auf, wenn sich ihre Elektronenwolken gegenseitig durchdringen. A. u. Kohäsion kommen durch intermolekulare Bindungskräfte* (u. a. Van-der-Waals-Kräfte) zustande. Die Kenntnis dieser Kräfte ist auch bei Grenzflächenerscheinungen (Oberflächen*- u. Grenzflächenspannung*, Adsorption*) an flüssige u. feste Grenzflächen (s. Agglomeration; Adsorptionsmethode nach Brunauer, Emmet und Teller), bei der Ausflockung in Suspensionen, der Stabilisierung von Emulsionen, beim Kompaktieren von Pulvern in Kapseln sowie bei der Kompression von Granulaten zu Tabletten von bes. Bedeutung. A. von mikroskop. kleinen Partikeln in gasförmigem Medium an die Oberfläche eines Festkörpers hängt nicht nur von Van-der-Waals-Kräfte im engeren Sinne zw. den Feststoffen ab, auch Kapillarkräfte von kondensierten Flüssigkeitsfilmen, die elektr. Doppelschicht u. Coulomb-Haftkräfte in der Kontaktzone können eine Rolle spielen. Adhäsions- u. Kohäsionskräfte wirken sich auf den Dampfdruck von Lösungen aus (reale Lösungen).

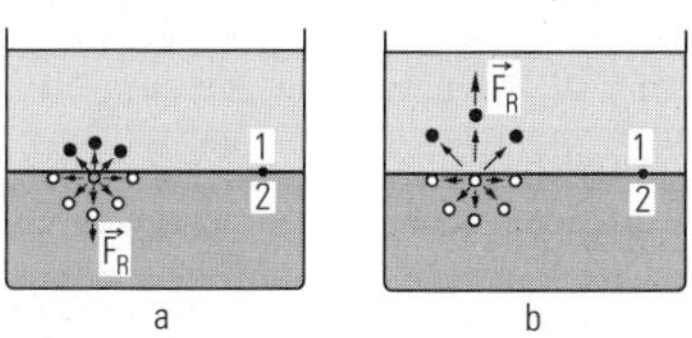

Adhäsion: a: Kohäsion überwiegt Adhäsion; b: Adhäsion überwiegt Kohäsion; $\vec{F}_R$: resultierende Kraft auf die Moleküle der Phasen 1 u. 2

Adhatoda vasica Nees: Justicia adhatoda L.; Fam. Acanthaceae (Ostindien, Pakistan). Stpfl. von **Folia Adhatodae:** Vasicablätter, (engl.) *Malabar nut leaves.* **Inhaltsst.:** ca. 0.2 % äther. Öl, ca. 2 % Chinazolinalkaloide, z. B. Vasicin*, ca. 10 % Mineralstoffe; **Anw.** volkstüml.: bei Katarrhen der oberen Luftwege, als auswurfförderndes Mittel; in der ayurvedischen Medizin z. B. bei Gonorrhö, Diarrhö, Schlangenbissen.

Hom: *Adhatoda vasica (HAB1.5),* Justicia adhatoda: frische Blätter; verord. z. B. bei Bronchitis.

ADH-Methode: Abk. für Alkoholdehydrogenase-Methode, zur Bestimmung von Ethanol (z. B. in Lebensmitteln od. im Blut) u. anderer primärer Alkohole mittels spezif. Enzymreaktionen. **1.** Ethanol + NAD^+ → Acetaldehyd + NADH + H^+ **2.** Acetaldehyd + NAD^+ + H_2O → Essigsäure + NADH + H^+. Durch alkal. Milieu u. Abfangen von Acetaldehyd wird das Gleichgewicht der Reaktion 1 nach rechts verschoben. Bei Anwesenheit von Aldehyddehydrogenase (Al-DH) wird Acetaldehyd vollständig in Essigsäure oxidiert; das dabei entstehende NADH wird photometr. bestimmt; s. NAD.

ADHS: Abk. für **A**ufmerksamkeits**d**efizit-**H**yperaktivitäts**s**törung; Komb. von Aufmerksamkeitsstörung mit überaktivem, impulsivem Verhalten, häufig auch mit Störung des Sozialverhaltens; Beginn vor dem 7. Lj.; 3-5 % der Schulkinder (v. a. Jungen) sind betroffen. Biol. u. konstitutionelle Faktoren sind für die Entstehung, psychosoziale Faktoren für die Aufrechterhaltung verantwortlich. **Ther.:** Verhaltenstherapie; evtl. pharmakol. Psychostimulation zur Steigerung der Aufmerksamkeit, Anw. finden z. B. Weckamine*.

Adhyperforin: s. Hyperforin.

Adiabate: s. Isenthalpe.

Adiantum aureum: s. Polytrichum commune.

Adiantum capillus-veneris L.: Venushaar, Frauenhaar, Frauenfarn; Fam. Pteridaceae (Südeuropa, Mittelmeergebiet), 10-40 cm hoher Farn mit zarten Blattwedeln. Stpfl. von **Herba Capilli veneris:** Folia Capilli, Folia Adianti, Venushaar. **Inhaltsst.:** Gerbstoffe, Bitterstoffe, Flavonoide, Triterpene, Hydroxyzimtsäureester, äther. Öl (Spuren); **Anw.** volkstüml.: z. B. bei Husten, Bronchitis.

Hom: *Adiantum capillus veneris:* frische Pflanze.

Adicol: Abk. für (engl.) ***ad****vanced* ***i****nsulin infusion with a* ***co****ntrol* ***l****oop;* Forschungsprojekt mit dem Ziel, eine Art künstl. Bauchspeicheldrüse zur Prototypreife zu bringen. Diabetikern soll damit die tägl. Insulinrationen automatisch u. entspr. ihren Bedürfnissen verabreicht werden.

Adiphenin INN: 2-Diethylaminoethyl-diphenylacetat; Diphenylessigsäure-β-diethylaminoethylester; CAS-Nr. 64-95-9; $C_{20}H_{25}NO_2$. **Wirk.:** A. besitzt neben der parasympatholyt. auch direkte myogene Wirk. auf die glatte Muskulatur sowie lokalanästhet. Wirk.; **Anw.:** Spasmolytikum*, Sedativum*; **UAW:** gering atropinähnl., vgl. Atropin (Tox.). **Adipheninhydrochlorid:** Adiphenini hydrochloridum; CAS-Nr. 50-42-0; $C_{20}H_{26}ClNO_2$, M_r 347.9. Weißes, hygroskop. Pulver; sehr leicht lösl. in Wasser, leicht lösl. in Ethanol. **Off.:** DAC86.

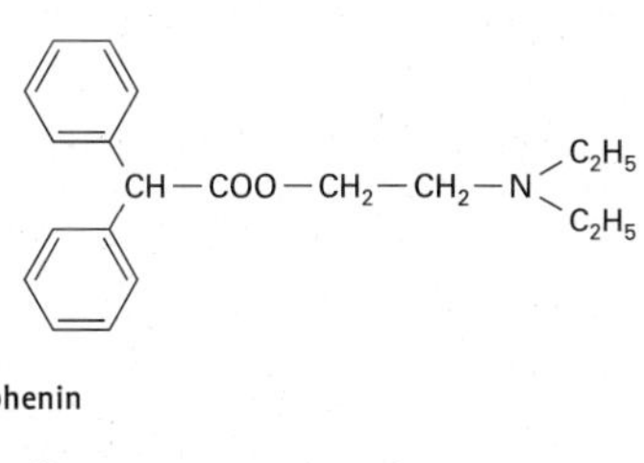

Adiphenin

Adipinsäure: Acidum adipicum Ph.Eur.4, Hexandisäure; Butan-1,4-dicarbonsäure, HOOC–$(CH_2)_4$–COOH, M_r 146.1. Schmp. 153 °C. D. 1.360. Weiße Kristalle, wenig lösl. in kaltem, leichter in heißem Wasser, lösl. in Aceton, leicht lösl. in Ethanol u. Methanol. **Vork.:** A. entsteht bei der Oxidation von Fetten (Adeps, Namensursprung). **Herst.:** Oxidation von Cyclohexanol od. Cyclohexanon. **Anw.** med.: z. B. zur Ansäuerung des Harns; techn.: als Ersatz von Weinsäure* in der Backpulver- u. Limonadenindustrie, v. a. aber zur

A

Herst. der Polyamide* (z. B. Polyamid-6/6-Faden, Nylon®, s. Filum polyamidicum-6/6 sterile); A.-Ester dienen als Gelatinierungsmittel u. a. in der Gerberei. **Dos.**: p. o. 3×0.25 g/d in Kombination mit je 0.2 g Ammoniumchlorid; Dos. erhöhbar auf 3×0.75 g/d (DAB Komm).

Adipinsäuredinitril: $C_6H_8N_2$, M_r 108.14. D. 0.95. Schmp. 2 °C. Sdp. 295 °C. Farbloses Öl, wenig lösl. in Wasser, lösl. in Ethanol. **Anw.**: Herst. von Hexamethylendiamin*.

Adipiodon INN: Bilignostum, Iodipamide, Adipinsäure-bis[2,4,6-triiod-3-carboxyanilid]; N,N-Adipoyl-bis(3-amino-2,4,6-triiodbenzoesäure); $C_{20}H_{14}I_6N_2O_6$; CAS-Nr. 606-17-7; M_r 1139.81; Schmp. 306-308 °C (unter Zers.); $n_D^{21.5\,°C}$ 1.3294 (c=0.445 in Methanol). Löslichkeit bei 20 °C: 0.8 % in Methanol, 0.3 % in Ethanol, 0.2 % in Aceton, 0.1 % in Ether; fast unlösl. in Wasser, Benzol. **Anw.**: früher als Röntgenkontrastmittel in Form von Salzen wie Adipiodonmeglumin [Di-(N-methylglucamin)-Salz], Adipiodonmeglumin [Di-(N-ethylglucamin)-Salz].

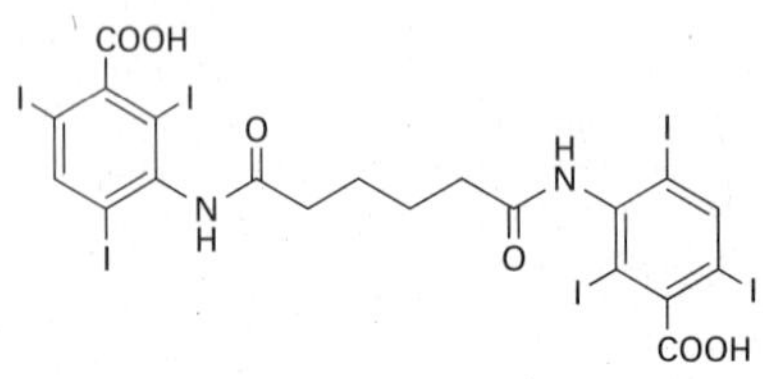

Adipiodon

Adipositas: Fettsucht, Obesitas; krankhaftes Übergewicht, das zu gesundheitl. Beeinträchtigungen führt. Risikofaktor für z. B. Diabetes* mellitus, Hypertonie*, Arteriosklerose*, Gicht*; charakterisiert durch erhöhten Körperfettanteil (normal ca. 15-18 % beim Mann, 20-25 % bei der Frau); näherungsweise bestimmt mit dem Body*-mass-Index (BMI); **Ther.**: Reduktion der Fettzufuhr, Erhöhung der körperl. Aktivität; vgl. Antiadiposita, Essstörungen, psychogene.

Adiuretin: s. Vasopressin; Hormone (Hypophysenhinterlappen).

Adiuretinanaloga: Substanzen, welche Vasopressin-Rezeptoren (V-Rezeptoren) aktivieren u. dadurch die Harnausscheidung fördern. **Anw.**: A. werden infolge ihres vasokonstriktor. Effekts sowohl als Diuretika* bei Diabetes* insipidus als auch bei Ösophagusvarizenblutungen eingesetzt. **Vertreter**: therap. Bedeutung besitzen z. B. Desmopressin* u. Terlipressin*.

ADI-Wert: Abk. für (engl.) *acceptable daily intake*; tägl. zulässige Dosis von Schadstoffen wie Schädlingsbekämpfungsmittel* in mg/kg KG. Er definiert eine tägl. Aufnahmemenge während der ganzen Lebenszeit, die nach dem verfügbaren Wissensstand kein erkennbares Risiko darstellt. ADI-Werte werden von der FAO-WHO erlassen. Wichtig für die Bewertung der Toxizität von Pflanzenschutzmitteln; s. Schädlingsbekämpfungsmittel.

Adjuvans (lat. adiuvare unterstützen, helfen): **1.** Substanz, die in Verbindung mit einem Immunogen verabreicht, die Immunität* verstärkt. **2.** unterstützender Bestandteil einer Arznei; vgl. Hilfsstoffe.

ADKA: Abk. für **A**rbeitsgemeinschaft* **D**eutscher **K**rankenhaus**a**potheker.

ad l.: Abk. für **ad l**ibitum nach Belieben.

Adlumia fungosa (Ait.) Greene ex B.S.P.: Fumaria fungosa Ait., Adlumia cirrhosa Raf. ex DC., Erdrauch; Fam. Papaveraceae (atlant. Nordamerika). **Inhaltsst.**: Alkaloide (D-Adlumin).

Hom: *Adlumia fungosa (HAB1.4)*, Adlumia: frisches, blühendes Kraut; verord. z. B. bei Leberleiden, erhöhtem Harnsäurespiegel.

ad m. m.: Abk. für **ad m**anus **m**edici zu Händen des Arztes.

adnatus (lat. angewachsen): Verwachsung ungleicher Teile, z. B. Staubblätter mit Kronblättern; vgl. connatus.

Adonidis pulvis normatus: s. Adonis vernalis.

Adonis aestivalis L.: Feuerröschen, Blutauge; Fam. Ranunculaceae (Süd- u. Mitteleuropa). Stpfl. von **Herba Adonidis aestivalis:** Feuerröschenkraut. **Inhaltsst.**: ähnl., aber viel weniger wirksame Glykoside als in A. vernalis; **Anw.** volkstüml.: Herzmittel u. Diuretikum.

Adoniskraut: s. Adonis vernalis (Adonidis herba).

Adonisröschen: s. Adonis vernalis.

Adonistinktur: s. Tinctura Adonidis.

Adonis vernalis L.: Frühlingsadoniskraut, Frühlingsteufelsauge, Frühlingsadonisröschen, Adonisröschen, Teufelsauge; Fam. Ranunculaceae (Südost- u. Mitteleuropa). Stpfl. von **Adonidis herba:** Herba Adonidis vernalis, Adoniskraut. **Off.**: DAB2003, ÖAB9; **Inhaltsst.**: die Cardenolide Adonidosid, Adonivernosid, Cymarin u. das Hauptglykosid Adonitoxin* (digitalisähnl. wirkende Glykoside, zus. ca. 0.2-0.8 %, vgl. Glykoside, herzwirksame); Flavone, (z. B. Adonivernith), Ribit* (Adonit); **Wirk.**: wie Digitalis folium; A. v. wirkt schneller, aber weniger nachhaltig, Kumulation tritt nicht ein; **Anw.**: bei leicht eingeschränkter Herzleistung, bes. bei nervöser Begleitsymptomatik; die Reindroge wird heute nicht mehr verwendet, Best. von Kombinationspräparaten; **Dos.**: GED 0.2-0.5 g; MED 1.0 g, MTD 3.0 g; **Adonidis pulvis normatus:** eingestelltes Adonispulver; DAB2001, Wirkwert entspricht einem Geh. von 0.2 % Cymarin.

Hom: *Adonis vernalis (HAB1.1)*, Adonis vernalis ferm. 33d (HAB1.3): frische, blühende, ganze Pflanze; verord. z. B. bei psychosomat. Herz- u. Kreislaufstörungen.

Adonit: s. Ribit.

Adonitoxin: $C_{29}H_{42}O_{10}$; M_r 550.63; Schmp. ab ca. 250 °C unter Zers.; herzwirksames Glykosid aus Adonis* vernalis. Das Aglykon Adonitoxigenin ist dem k-Strophanthin ähnl.; Strukturformel s. Glykoside, herzwirksame (Tab. 2).

ADP: s. Adenosinphosphate.

ADP-Hemmer: s. Adenosindiphosphat-Rezeptorantagonisten.

Adrenalin: Epinephrin INN, Levorenin, Suprarenin; L-1-(3',4'-Dihydroxy-phenyl)-2-methylaminoethan-1-ol; CAS-Nr. 51-43-4; $C_9H_{13}NO_3$, M_r 183.2. Schmp. ca. 212 °C. $[\alpha]_D^{20\,°C}$ −50 bis −53° (c=5 in Salzsäure 0.1 mol/L). Weißes bis schwach bräunl.

weißes, krist. Pulver von bitterem Geschmack, ohne Geruch; sehr schwer lösl. in Wasser, fast unlösl. in Ethanol, Ether, Chloroform u. Aceton, lösl. in verd. Säuren u. Alkalilaugen; wird leicht zu Adrenochrom* oxidiert (Stabilisierung z. B. mit Ascorbinsäure). **Vork.:** A. ist ein Hormon des Nebennierenmarks (s. Hormone) u. kommt dort mit Noradrenalin* im Verhältnis 4:1 vor; im ZNS als Neurotransmitter adrenerger Neuronen. (Biosynthese u. Abbau s. Catecholamine); **Wirk.:** Sympathomimetikum*; A. wirkt erregend sowohl auf die Alpha- als auch auf die Betarezeptoren; es steigert die Pulsfrequenz, das Herzminutenvolumen u. den systol. Blutdruck. Eine Vasokonstriktion u. diastol. Blutdrucksteigerung wird erst bei unphysiol. Dosen herbeigeführt. A. bewirkt eine Verminderung der Darmperistaltik, die Erschlaffung der Bronchialmuskulatur u. Erweiterung der Bronchien, eine Pupillenerweiterung u. Erektion der Haarmuskeln sowie eine Steigerung des Grundstoffwechsels durch Förderung des Sauerstoffverbrauchs. Es fördert ferner die Mobilisierung der Glykogenreserven in der Leber, den Abbau des Muskelglykogens, das für den Glykogenaufbau in der Leber verwendet wird (Insulinantagonismus), u. steigert die Lipolyse, wodurch die Konz. freier Fettsäuren im Blut erhöht wird. A. löst zentrale Unruhe u. Angstgefühl aus. Die Adrenalinausschüttung aus dem Nebennierenmark erfolgt z. B. bei emotionaler Erregung (Stress), Muskeltätigkeit, Sauerstoffmangel od. im Prämenstrum. Symptome erhöhter Adrenalinausschüttung sind Zittern, Schwäche, kalter Schweiß, Tachykardie u. Angst. **Off.:** DAC86; **Anw.:** **1.** bei akuten Anfällen von Asthma bronchiale s. c. od. Inhalation; **2.** bei anaphylakt. Schock u. akutem Herzstillstand (wenn nötig intrakardial); **3.** als Zusatz zu Lokalanästhetika*, um deren Resorption u. damit Toxizität herabzusetzen u. deren Wirk. zu verlängern; **4.** zur Blutstillung an Haut u. Schleimhaut. **UAW:** Angstgefühl, Schlaflosigkeit, Herzklopfen, Herzarrhythmien, Gefahr der Hirnblutung durch abrupten Blutdruckanstieg; **Kontraind.:** Hyperthyreose, Arteriosklerose, Koronarinsuffizienz, Herzmuskelschäden, schwere Hypertonie, Narkosen mit Inhalationsnarkotika wie Cyclopropan* u. Halothan*, Lokalanästhesie der Akren (Finger, Hände, Füße, Nase, Kinn, Zunge); HWZ 1-3 min; **Gesch.:** 1901 von Jokichi Takamine (1854-1922) isoliert, 1904 Adrenalinhydrogentartrat* synthet. dargestellt von Friedrich Stolz (1860-1936). Gebräuchl. ist auch Adrenalinhydrochlorid (Suprareninum hydrochloricum).

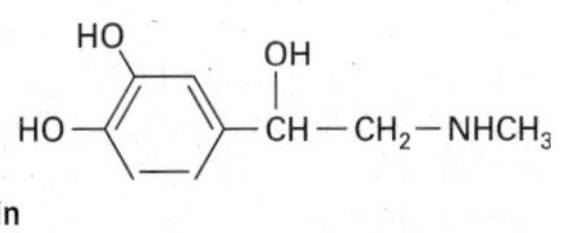

Adrenalin

Adrenalin-Augentropfen, neutrale: s. Augentropfen.

Adrenalinbitartratlösung: s. Adrenalinhydrogentartratlösung.

Adrenalinhydrogentartrat: Adrenalini tartras Ph.Eur., Adrenalinum bitartaricum, Suprareninum bitartaricum, Adrenalintartrat, Epinephrinhydrogentartrat; CAS-Nr. 51-42-3; $C_{13}H_{19}NO_9$, M_r 333.3. Schmp. ca. 150 °C (unter Zers.). Weißes od. schwach grauweißes, geruchloses, krist. Pulver; lösl. in 3 T. Wasser, schwer lösl. in Ethanol, fast unlösl. in Ether u. Chloroform. **Anw.:** s. Adrenalin. **Dos.:** p. o. wegen der schnellen Metabolisierung in der Leber nicht sinnvoll; bei Asthma bronchiale 0.2-0.5 mg s. c. od. als Inhalation; bei anaphylakt. Schock 0.1 mg i. v.; Zusatz zu lokalanästhet. Lsg.: bei Procain 0.05 mL Lsg. (1:1000) auf 10 mL, bei Lidocain die Hälfte.

Adrenalinhydrogentartratlösung: Solutio Adrenalini bitartarici, Adrenalinbitartratlösung; Zstzg.: ÖAB90, 0.18 g Adrenalinhydrogentartrat, 0.1 g Natriumdisulfit (Natriumpyrosulfit), 0.8 g Natriumchlorid, Wasser zur Injektion auf 100 mL; Geh. an Adrenalin 0.09-0.11 % (m/V). **Dos.:** s. c. 0.2-0.5 mL; MED 1 mL, MTD 3 mL; bei Zusatz zu lokalanästhesierenden Injektionslösungen 0.1-0.5 %.

Adrenalin-Injektionslösung 1 mg/mL: Adrenalini solutio iniectabilis 1 mg/mL, Epinephrin-Injektionslösung 1 mg/mL; Zstzg.: Ph.Helv.7, 0.182 g Adrenalinhydrogentartrat, 0.1 g Natriumdisulfit, 0.8 g Natriumchlorid, Aqua ad iniectabilia ad 100.0 mL. Durch Licht u. Luft kommt es zu einer Rotfärbung der Lsg., später entsteht ein schwarzer Niederschlag.

Adrenalini tartras: s. Adrenalinhydrogentartrat.

Adrenalin-Lösung: Solutio Adrenalini; 1:1000 Adrenalin-Lösung nach DAB7. $C_9H_{13}NO_3$ in 100 mL Lösung. Klare, farblose bis nahezu farblose Lsg., die sich am Licht u. an der Luft allmählich verfärbt. **Herst.:** 0.1000 g Adrenalin wird in 5.50 mL Salzsäure 0.1 mol/L gelöst. Die Lsg. wird auf 100.0 mL verdünnt. Der Zusatz von Stabilisatoren sowie von Stoffen zur Herst. blutisoton. Lösungen. ist gestattet. Geh.: 0.090-0.110 g; **Dos.:** MED 1.0 g; i.v. und i.m. 0.15 mL.

Adrenalintartrat: s. Adrenalinhydrogentartrat.

Adrenalinumkehr: Injektion von Adrenalin* erregt gleichzeitig die Alpha- u. Betarezeptoren im kardiovaskulären Bereich. Dabei überwiegt die Erregung der Alpharezeptoren (Vasokonstriktion), der Blutdruck steigt an. Werden die Alpharezeptoren der Gefäßmuskulatur blockiert, z. B. durch spezif. Alphasympatholytika, so sind die Alpharezeptoren ausgeschaltet u. Adrenalin kann nur noch auf die Betarezeptoren wirken: der Blutdruck wird gesenkt; s. Sympatholytika (Alphasympatholytika).

Adrenalon INN: 3',4'-Dihydroxy-2-methylaminoacetophenon, 4-Methylaminoacetyl-brenzkatechin; (3,4-Dihydroxyphenyl)-methylaminoethylketon; CAS-Nr. 99-45-6; $C_9H_{11}NO_3$, M_r 181.19. Schmp. 235-236 °C (unter Zers.). Wenig lösl. in Wasser, Ethanol, Ether. Adrenalinderivat mit sympathomimet. Wirkung. **Anw.:** topisch als Hämo-

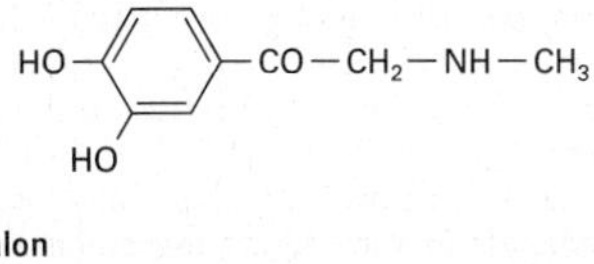

Adrenalon

A

statikum bei Blutung im Nasenraum; **Dos.**: intranasal 60 mg. Gebräuchl. ist auch Adrenalonhydrochlorid.

adrenerg: die Alpha-* u. Betaadrenozeptoren betreffend, s. Sympathomimetika.

Adrenergika: s. Sympathomimetika.

Adrenochrom: 3-Hydroxy-1-methylindolin-5,6-dion; $C_9H_9NO_3$; M_r 179.17, (s. Abb.). Rotes Oxidationsprodukt von Adrenalin*, das Halluzinationen u. schizophrenieähnl. Zustände auslösen kann. A. ist an der Bildung von Melaninen* beteiligt, auch eine Teilstruktur von Rubreserin*. Das Semicarbazon ist Carbazochrom*.

adrenocorticotropes Hormon: s. Corticotropin.

Adrenolytika: s. Sympatholytika.

Adrenomimetika: s. Sympathomimetika.

Adrenostatika: Pharmaka, die die Steroidsynthese der NNR hemmen. Gelegentl. zur Ther. von NNR-Hyperplasie od. -Karzinom verwendet; z. B. Metyrapon*.

adrenotropes Hormon: s. Corticotropin.

Adrenozeptoragonisten: s. Sympathomimetika (direkt wirkende S.).

Adrenozeptorenblocker: s. Sympatholytika.

Adriamycin: s. Doxorubicin.

ADS: Abk. für Aufmerksamkeits**d**efizit**s**yndrom; s. Aufmerksamkeitsdefizit-Hyperaktivitätsstörung.

Adsorbat: besteht aus Adsorbens* u. Adsorbendum*; z. B. Adsorbatimpfstoff, bei dem die Erreger od. Toxoide an ein geeignetes Adsorbens, wie z. B. Aluminiumsalze, gebunden sind.

Adsorbendum: Stoff, der adsorbiert wird, sich an der Grenzfläche zweier Phasen anlagert.

Adsorbens: Substanz, die Festkörper, Flüssigkeiten od. Gase an ihre Oberfläche zu binden vermag. Beispiele: Aktivkohle, Kieselgur, Kieselgel, Aluminiumverbindungen, Talk.

Adsorption: von selbst ablaufende, reversible Konzentrationsänderung zw. 2 benachbarten Phasen; Art der Sorption*. Ort der Anlagerung kann sowohl die Grenzfläche zw. einem festen Stoff u. einer Flüssigkeit od. einem Gas, die Trennfläche zw. 2 Flüssigkeiten od. die Grenzfläche zw. einer Flüssigkeit u. einem Gas sein. A. ist von der Konzentration des Adsorbendums*, der Oberfläche des Adsorbens* sowie von der Temp. abhängig; vgl. Physisorption , Chemisorption. **Positive A.**: Anreicherung an der Grenzfläche. **Negative A.**: Verdrängung; Substanzen haben versch. Affinität zu einem Adsorbens, deshalb kann ein Stoff einen anderen mit geringerer Affinität verdrängen (Adsorptionsverdrängung). **Biochemische A.**: Aktivierung von Enzymen durch oberflächenaktive Stoffe, welche Enzym u. Substrat binden u. dadurch näher aneinander bringen (vgl. Absorption).

Adsorptionschromatographie: s. Chromatographie.

Adsorptionsisotherme: Darstellung der adsorbierten Menge eines Gases, Dampfes od. gelösten Stoffes an ein festes Material in Abhängigkeit von Druck od. Konz. bei konstanter Temp., s. Sorptionsisotherme; vgl. BET-Gleichung.

Adsorptionskohle: s. Carbo activatus.

Adsorptionskraft von Pudern: wird durch Schütteln der Pudergrundlage mit einer Methylenblaulösung ermittelt. Innerhalb einer bestimmten Zeit muss die Methylenblaulösung entfärbt sein.

Adsorptionsmethode nach Brunauer, Emmet und Teller: BET-Methode; experimentelle Bestimmung der spezif. Oberfläche* von Pulvern. Eine Probe wird im Gefäß evakuiert u. ausgeheizt (Entfernen der adsorbierten Gasmoleküle). Nach Einleiten von Stickstoff od. eines Edelgases bei tiefer Temp. adsorbiert das Pulver bei entspr. Druck mit einer monomolekularen Gasschicht u. wird dadurch schwerer (gravimetr. BET-Bestimmung) od. der Druck im Gefäß ist geringer als in einem Vergleichsgefäß mit einem gleichvolumigen Testkörper mit kleiner Oberfläche (volumetr. BET-Bestimmung, Ph.Eur.). Die spez. Oberfläche ergibt sich aus der BET*-Gleichung. Bei einer wesentl. einfacheren Methode zur Bestimmung der spezif. Oberfläche werden Probe- u. Vergleichsgefäß mit Stickstoff gespült, bei Atmosphärendruck verschlossen u. auf die Temp. von flüss. Stickstoff abgekühlt. Der sich dabei einstellende Differenzdruck ist proportional der adsorbierten Stickstoffmenge. Die Methode 1 der Ph.Eur. arbeitet nach dem Trägergasverfahren im dynam. Gasstromgemisch. Stickstoff od. Krypton, mit Helium in bekannter Zusammensetzung verdünnt, durchströmt vor u. nach der Passage der Probe eine Wärmeleitfähigkeitszelle. Durch Adsorption von Stickstoff od. Krypton an die Probe ergibt sich eine unterschiedl. Wärmeleitfähigkeit. Helium im Gemisch lagert unter den gewählten Bedingungen nicht an. Druck- und Adsorbatmengenmessung sind indirekt.

Adsorptionsvermögen: Gleichgewichtsmenge des Adsorptivs pro Gramm des Adsorbenten. Mit steigender Temp. sinkt das A. aufgrund der stärkeren therm. Bewegung der Moleküle ab.

Adsorptionswärme: die bei der Adsorption* frei werdende Energie; nicht proportional zur Menge des adsorbierten Stoffes.

Adsorptiv: der bei der Adsorption gebundene Stoff.

Adstringens Ratanhia-Myrrhe: Ratanhia-Myrrhe-Adstringens NRF; Zstzg.: Ratanhiatinktur, Myrrhentinktur aa. **Anw.**: s. Adstringens Tormentill-Myrrhe.

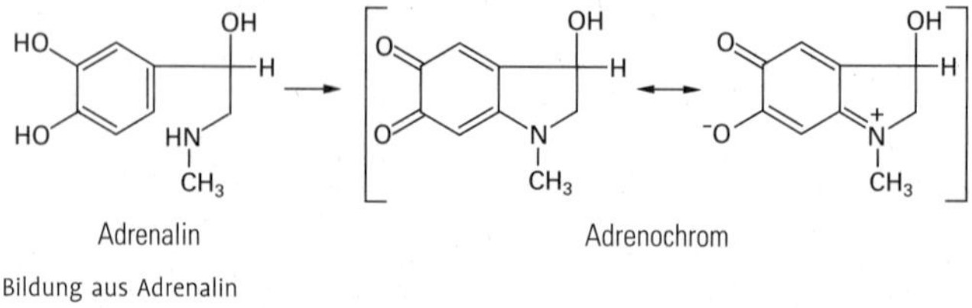

Adrenochrom: Bildung aus Adrenalin

Adstringens Tormentill-Myrrhe: Tormentill-Myrrhe-Adstringens NRF; Zstzg.: Tormentilltinktur, Myrrhentinktur aa. **Anw.:** leichte Entzündungen der Mund- u. Rachenschleimhaut; unverd. zum Einpinseln od. verd. zum Gurgeln.

Adstringenzien: zusammenziehende Mittel. Z. B. zur Blutstillung (Alaun, Eisenchlorid), gegen Durchfall (Gerbsäuren, Heidelbeeren), zur Entzündungshemmung (essigsaure Tonerde, Phenol, Bleisalze, Kalkwasser), bei Hämorrhoiden (Zinkoxid, Aluminiumsalze, Gerbstoffdrogenextrakte aus Hamamelis virginiana u. Quercus-Arten), zur Wundgranulation (Bismutsalze, obsolet). Die Wirk. beruht auf Koagulation der Eiweißstoffe der Zellen u. oberflächl. Gerbung z. B. der Darmschleimhaut.

Adulsion: alte Warenbezeichnung für Celluloseether; s. Carboxymethylcellulose u. Methylcellulose*.

ad usum proprium: zu eigenem Gebrauch (des Arztes).

Adventivknospen: (bot.) Knospen, die nicht in den Blattachseln, sondern an ungewöhnl. Stellen, z. B. an Blättern, Wurzeln, Sprossteilen entstehen, auch an abgeschnittenen Stammteilen, Blättern od. Wurzelstücken.

Adventivpflanzen: (bot.) nicht heim. Pflanzen, die sich durch Verschleppung v. a. in Hafenorten, an Eisenbahndämmen usw. ansiedeln.

Adventivwurzeln: (bot.) sprossbürtige Wurzeln; Wurzeln, die nicht aus Keimwurzeln entstehen.

adverse drug event: s. Arzneimittelereignis, unerwünschtes.

Adynamie: Schwäche, Kraftlosigkeit.

A.E.: Abk. für **A**ntitoxin**e**inheit*.

Aecidiospore: paarkernige, rostfarbene Spore des Rostpilzes.

Aecidium: becherförmiges Lager von Aecidiosporenketten an der Unterseite eines mit Rostpilz infizierten Blattes.

Aedes: Stechmückengattung; Überträger versch. Tropenkrankheiten, z. B. Gelbfieber*.

Aedes aegypti: Tigermücke; aus Afrika stammende Stechmücke mit gestreiften Beinen (alle trop. u. subtropische Regionen), überträgt das Dengue*-Virus sowie Gelbfieber*-Virus auf den Menschen.

A.E.E.: Abk. für **A**po**e**rythein-**E**inheit s. Intrinsic-Faktor.

Aegle marmelos (L.) Correa: Modjobaum; Fam. Rutaceae (heim. Himalaja, kult. in Ostindien, Sundainseln). Stpfl. von **Fructus Belae indicae:** Belafrüchte, Marmelosfrüchte (frisch: wohlschmeckendes Obst). **Inhaltsst.:** Imperatorin* (Marmelosin), Dictamnin (s. Dictamnus albus), Zucker, ca. 20 % Gerbstoff in der Schale, 9 % im Fruchtfleisch; **Anw.** volkstüml.: z. B. als Adstringens bei Diarrhö.

Aegopodium podagraria L.: Geißfuß, Giersch; Fam. Apiaceae (Umbelliferae) (fast ganz Europa, Kleinasien, Kaukasus, Sibirien). Stpfl. von **Herba Aegopodii podagrariae:** Herba Podagrariae, Geißfußkraut. **Inhaltsst.:** äther. Öl; Flavonoide, Phenolcarbonsäuren; **Anw.** volkstüml.: bei Gicht, Rheuma.

Hom: *Aegopodium podagraria:* die frische, blühende Pflanze.

Ähre: s. Blütenstand.

Äpfelsäure: Apfelsäure, Oxybernsteinsäure (veraltet), Acidum malicum; (*S*)-2-Hydroxybernsteinsäure, HOOC – CH_2 – CH(OH) – COOH, $C_4H_6O_5$, M_r 134.1, (L-(–)-Äpfelsäure): CAS-Nr. 97-67-6; Schmp. 101-103 °C. Weiße, zerfließl. Kristallnadeln von saurem, angenehmem Geschmack, leicht lösl. in Wasser u. Ethanol, lösl. in Ether. DL-2-Hydroxybernsteinsäure (*rac*-Äpfelsäure): CAS-Nr. 6915-15-7. Schmp. 131-133 °C; polymorph. Die Salze der Ä. heißen Malate. **Vork.:** L-(–)-Ä. in Äpfeln, Berberitzen, Quitten, Stachelbeeren als Zwischenprodukt im Tricarbonsäurezyklus* u. bei der Gluconeogenese*. **Off.:** DAB10. **Anw.:** zus. mit Aminosäuren in Infusionslsg.; früher in Form ihrer Eisensalze (Extr. Ferri pomati u. Tct. Ferri pomati, nicht mehr gebräuchl.).

äquatorial: s. Konformation.

äquifazial: gleichseitig.

äquimolekular: in gleichen Mengen. Z. B. enthalten ä. Lsg. die gleiche Anzahl Moleküle eines gelösten Stoffes.

Äquivalent: Äquivalentteilchen; der gedachte Bruchteil 1/z eines Teilchens X, wobei X ein Atom, Molekül, Ion od. eine Atomgruppe sein kann u. z eine ganze Zahl ist, die sich aus der Ionenladung od. aufgrund einer definierten Reaktion ergibt. Beispiele: 1/2 Ca^{2+}, 1/2 H_2SO_4, 1/6 $K_2Cr_2O_7$.

Äquivalentdosis: s. Dosimetrie.

Äquivalentdurchmesser: Partikeldurchmesser, der sich auf Durchmesser von Kreisen od. Kugeln mit gleicher messbarer physik. Eigenschaft wie das real geformte Teilchen bezieht. Dabei handelt es sich z. B. um die Äquivalenz des Verhaltens der Primärpartikel bzgl. ihrer Sieb- od. ihrer Sedimentationseigenschaften, in Abhängigkeit vom jeweiligen method. Vorgehen. So wird z. B. aus der gemessenen Teilchenprojektionsfläche der Ä. des projektionsflächengleichen Kreises bestimmt. Bei der Bestimmung der Teilchenmasse od. des Teilchenvolumens wird dagegen der Ä. der volumengleichen Kugel berechnet. Weitere Möglichkeiten: Ä. der Kugel gleicher Oberfläche, Ä. der Kugel mit gleicher Sinkgeschwindigkeit.

Äquivalentgewicht: veraltet, Verbindungsgewicht für Elemente, Radikale u. Moleküle, bezogen auf (einwertigen) Wasserstoff. Das Grammäquivalent war die dem Äquivalentgewicht numerisch entsprechende Grammenge (1 Val). 1 Val in 1 L gelöst ergab eine 1 n Lösung (Normallsg.). Der Begriff Äquivalentgewicht wird sinngemäß ersetzt durch die molare Masse von Äquivalenten* *M*(eq), SI-Einheit kg/mol, gebräuchl. Einheit g/mol. Beispiele: $M(1/2\,H_2SO_4)$; Redox-Ä.: $M(1/5\,KMnO_4$; vgl. Molekül.

Äquivalentkonzentration: Stoffmengenkonz. von Äquivalenten*, *c*(eq): Einheit mol/L. Beispiele: $c(1/2\,H_2SO_4)$, $c(1/5\,MnO_4^-)$, $c(1/3\,PO_4^{3-})$. Die Ä. wird anstelle der früher übl. Angabe Normalität verwendet.

Äquivalentleitfähigkeit: Symbol λ; bei mehrwertigen Elektrolyten wird die Leitfähigkeit der besseren Vergleichbarkeit wegen oft nicht auf die Konz. in Molen bezogen, sondern auf elektrochem. Äquivalente. Die molare Leitfähigkeit einer

Elektrolytlsg. ist durch die Zahl der Ladungen n eines Ions zu dividieren: $\lambda = \lambda(m)/n$; vgl. Leitfähigkeit, elektrische.

Äquivalenz, pharmazeutische: pharmaz. Äquivalenz weisen Arzneimittel dann auf, wenn sie den gleichen Arzneistoff in gleicher chem. Form u. gleicher Menge enthalten sowie in Arzneiform u. Applikationsweg identisch sind; die verwendeten Hilfsstoffe können sich unterscheiden. Äquivalente Arzneimittel unterliegen den gleichen Qualitätsanforderungen. Solchen Präparaten i.d.R. gleichgestellt sind pharmaz. alternative Arzneimittel, die sich in ihrer chem. Form (z.B. Salz, Ester, Komplex) sowie der Darreichungsform (z.B. Kapsel u. Tablette) unterscheiden können. Ph.Ä. bildet eine Voraussetzung der Bioäquivalenz*.

Äquivalenz, therapeutische: Gleichwertigkeit zweier Präparate mit gleichem Wirkstoff u. -prinzip in der klin. Anwendung bezgl. Wirksamkeit u. Unbedenklichkeit. In der Praxis schwer zu verifizieren, daher geht man von der Annahme aus, dass bei Bioäquivalenz* auch therap. Ä. gegeben ist.

Aerenchym: (bot.) Durchlüftungsgewebe; pflanzl. Gewebe mit bes. vielen, großen Interzellularen*. A. sind typ. für die Blätter u. Sprosse von Wasser- u. Sumpfpflanzen.

aerob: Sauerstoff zum Leben brauchend.

Aerobacter: Bakteriengattung; gramnegative kurze Stäbchen, teils kapselbildend, spalten Glucose u. Lactose unter Säure- u. Gasbildung. Vork.: ubiquitär, fakultative Krankheitserreger.

Aerobier: Bakterienarten, die ihren Energiebedarf nur in Gegenwart von Sauerstoff decken u. demnach nur aerob wachsen können. Sauerstoff dient als Elektronenakzeptor in der Atmungskette. Vgl. Anaerobier.

Aerodispersion: s. Aerosol.

Aeromonas: Gattung gramnegativer, fakultativ anaerober, gasbildender, monotrich begeißelter Stäbchenbakt. der Fam. Vibrionaceae (s. Bakterien). **Vork.:** in Oberflächenwasser; Krankheitserreger bei Fischen, Amphibien u. Reptilien; **Aeromonas hydrophila**: gefährl. Hospitalismuskeim u. opportunist. Erreger von Wundinfektionen, Aspirationspneumonien u. Durchfallerkrankungen; Ther.: Tetracycline, Aminoglykosid-Antibiotika, Cotrimoxazol.

Aerophilie: bevorzugte Anlagerung von Luft an die Oberfläche hochdisperser, hydrophober Stoffe. Die Benetzbarkeit* mit hydrophilen Flüssigkeiten wird verschlechtert u. durch eine scheinbar geringere Dichte kommt es zur Flotation* der Feststoffteilchen.

Aerosil®: s. Siliciumdioxid, hochdisperses.

Aerosole: **1.** Bez. für bestimmte synthet., oberflächenaktive Netzmittel, z.B. Naphthalinsulfonat- u. Sulfobernsteinderivate wie Natriumdioctylsulfosuccinat*. **2.** Ursprüngl. Bez. für den physikal. Zustand kolloidal dispergierter, kleinster, in einem gasförmigen Medium schwebender u. nur scheinbar gelöster Teilchen, vgl. Kolloide.

Je nach Art der Dispersion unterscheidet man **Staub-** od. **Puderaerosole** (fest/gasförmig) u. **Nebelaerosole** (flüssig/gasförmig). Die dispergierten Teilchen sind so klein, dass sie durch die Brown*-Molekularbewegung od. durch Konvektionsströmungen bewegt werden können, solange sie nicht koagulieren od. agglomerieren u. in der Folge sedimentieren. A. werden durch Versprühen von Flüssigkeiten od. Zerstäuben von feinsten Pulverteilchen od. durch Kondensation beim Abkühlen einer Gasphase erzeugt (vgl. Nebulisator, Inhalate). Heute verwendet man den Begriff A. für das gesamte Gebiet der Zerstäubung u. Verschäumung mit Treibgasen* aus Druckdosen (s. Druckgaspackungen). Bei Betätigung eines Ventils wird der Inhalt mit Hilfe eines Treibmittelgemisches aus dem Behälter gepresst, wobei die Wirkstoffsuspension od. die Wirkstofflösung in der Gasphase (Luft u. verdampftes Treibmittelgemisch) feinst verteilt wird. Als **Spray** (Nebulogenum) wird eine Darreichungsform bezeichnet, bei der der flüss. Inhalt einer Packung mit Hilfe von Treibmitteln od. komprimierter Luft versprüht wird. Speziell konstruierte Spraydosen (Dosiersprays) erzeugen auch ohne Treibmittel durch manuelles Pumpen (Pumpzerstäuber, Pumpspray, s. Abb. 1) einen groben Sprühnebel. Die meisten Aerosolpackungen u. Spraydosen erzeugen deshalb bei ihrer Anw. keine echten Aerosole. A. u. Sprays sind in ihrer Bedeutung nicht scharf voneinander zu trennen u. werden mitunter syn. verwendet. Neben der Verwendung von Treibgasen werden auch Düsen- u. Ultraschallvernebler eingesetzt.

Zubereitungen (Ph.Eur.4): Zubereitungen zur Inhalation (Inhalationsmittel*), flüssige Zubereitungen* zur kutanen Anwendung (Shampoos*, Schäume*), Pulver zur kutanen Anwendung (Pulveres* ad usum dermicum, Puderaerosole; vgl. Pulveres), Zubereitungen zur nasalen Anwendung (s. Nasalia), Zubereitungen zur Anwendung am Ohr (s. Auricularia). **A. zur Inhalation:** werden durch Inhalatoren mit Zerstäuber, Druckgas-Dosierinhalatoren od. auf trockenem Weg zerstäubende Pulverinhalatoren (dry powder inhaler) verabreicht. Für die Anwendung (Wirkungsort) der A. ist die Teilchengröße im Sprühstrahl u. die Teilchengeschwindigkeit von Bedeutung. Größere u. schnelle Teilchen werden eher durch Impaktion*, kleinere durch Sedimentation abgeschieden. Teilchen mit mehr als 30 µm Durchmesser werden im Mund- u. Rachenraum festgehalten. Bei 20-30 µm gelangen sie in die Luftröhre, bei 10-20 µm in die Bronchien u. zwischen 1-5 µm werden sie in den Alveolen abgelagert u. sind somit lungengängig. Teilchen unter 1 µm sind weniger wirksam, da sie großteils wieder ausgeatmet werden. Die Ph.Eur. lässt die Größe der zu inhalierenden Aerosolteilchen (aerodynam. Beurteilung), die Gleichförmigkeit der Dosis u. die Anzahl der Sprühstöße je Behältnis prüfen. Neben dem Twin-Impinger (Brit. Pharm.) findet in der Industrie der Kaskadenimpaktor (s. Impaktor) Anw., da hier in gewissem Rahmen die Physiologie der Lungenatmungswege simuliert wird.

Zubereitungen in Druckbehältnissen: Praeparationes pharmaceuticae in vasis cum pressu Ph.Eur.; bestehen aus einer Lösung, Emulsion od. Suspension u. dienen der lokalen Anw. auf Haut u. Schleimhäuten der versch. Körperöffnungen od.

der Inhalation. Als Hilfsstoffe werden verwendet u. a. Lösungsmittel, Lösungsvermittler*, Emulgatoren*, aber auch Schmiermittel zur Freihaltung des Ventils. **Echte Aerosole** dienen als Raumluftverbesserer, Raumdesinfektionsmittel. Zur Anw. in den unteren Luftwegen werden sie Inhalationsaerosole genannt. Sie wirken lokal od. systemisch u. sind z. B. zur Behandlung von Bronchialasthma (Bronchodilatatoren, Degranulationshemmer, Corticoide), Angina pectoris (Isosorbiddinitrat) od. Migräne (Ergotamintartrat) geeignet. Ein langsamer Wirkungseintritt od. eine mögliche Inaktivierung der Wirkstoffe (Bronchodilatatoren, Nitroglycerol) nach peroraler Gabe wird durch Applikation als A. vermieden. Es handelt sich vorwiegend um **Suspensionsaerosole**, bei denen der Wirkstoff in mikronisierter Form (kleiner als 10 µm) im flüss. Treibmittel suspendiert ist u. sich durch Schütteln im Treibgas leicht homogen verteilen lässt. Ein Dosierventil (s. Aerosolventil) mit einem Volumen von 25, 50 od. 63 µL (metered dose inhaler) u. ein Applikator sorgen für die richtige Dosierung u. Applikation (vgl. Dosierinhalator). Manchmal werden auch Lösungsaerosole in feinster Verteilung eingesetzt. Die Wirkstoffe sind im Treibgas gelöst, evtl. unter Zusatz von Lösungsmitteln u. Lösungsvermittlern. Im Moment der Applikation verdampft das Treibgas u. in Abhängigkeit vom Gasdruck u. der Konstruktion der Düse entsteht ein inhalierfähiges Aerosol. **Aerosole in Form von groben Nebeln** (Teilchengröße unter 50 µm) kommen für die oberen Luftwege, Nase, Mund, Rachen u. Auge zur Anwendung. Es handelt sich um Lösungs-A., jedoch mit gröberen Teilchen; z. B. Mundhöhlensprays entfalten entweder eine system. Wirk. inf. Resorption des Wirkstoffs durch die Mundschleimhaut od. dienen zur lokalen Behandlung von Mund- u. Rachenerkrankungen. Wässrige, alkohol. od. ölige Lsg. werden mittels Treibgasgemisch od. komprimierter Luft versprüht. Die Tröpfchengröße liegt zwischen 20 u. 50 µm. **Aerosole mit Teilchen größer als 50 µm** (grober Sprühstrahl) werden auch als „feuchte Sprays" bezeichnet u. werden auf der Haut, in der Scheide u. auf Gegenstände appliziert. Beispiele sind Anästhesie-, Adhäsivsprays (Aerosolverbände, s. Polyacrylharze), Desinfektions- u. Pudersprays. In einem breiten Sprühkegel werden Lösungen, Lotionen, Tinkturen, Emulsionen u. auch Öle versprüht. Die versprühten Teilchen können teilweise zusammenhängen (Schaumspray). Schaumerzeugende Druckgaspackungen enthalten i. Allg. eine mit einem geeigneten Emulgator hergestellte O/W-Emulsion, die sich bei der Entnahme durch die Expansion des in der Ölphase gelösten Treibgases aufbläht. Durch die Schaumbildung (starke Volumenzunahme) kommt es zu einer raschen, gleichmäßigen u. schonenden Verteilung der Wirkstoffe, geeignet für verletzte od. entzündete Haut; vorteilhaft besonders in Körperhöhlen. Besteht der Inhalt der Druckgaspackung aus einer Mischung aus Wirkstoff/Wirkstofflösung, verflüssigtes Treibmittel u. gasförmiges Treibmittel, liegt ein Zweiphasen-A. vor (s. Abb. 2). Ist die Wirkstofflösung mit dem verflüssigten Treibmittel nicht mischbar (Dreiphasenaerosol), ist kein echtes A. zu erreichen. Bei einer Zweikammerdruckgaspackung liegen zu versprühendes Produkt u. Treibmittel getrennt vor. Beide Kammern sind absolut voneinander getrennt. Zur Abfüllung eignen sich Produkte, die in Form von Cremes od. als Flüssigkeit appliziert werden sollen. Vorteil ist, dass das Treibmittel in der Dose verbleibt. Je nach Ventil, Sprühkopfkonstruktion u. Inhalt entsteht entweder ein grober Sprühnebel (durch den Sprühkopf u. nicht durch das Treibgas hervorgerufen), ein zusammenhängender Flüssigkeitsstrahl od. ein Salbenstrang. Mit Zweikammerdruckgaspackungen werden keine feinen Sprühteilchen erhalten. Sie eignen sich nicht für Puderaerosole u. Schäume. Vgl. Impaktion.

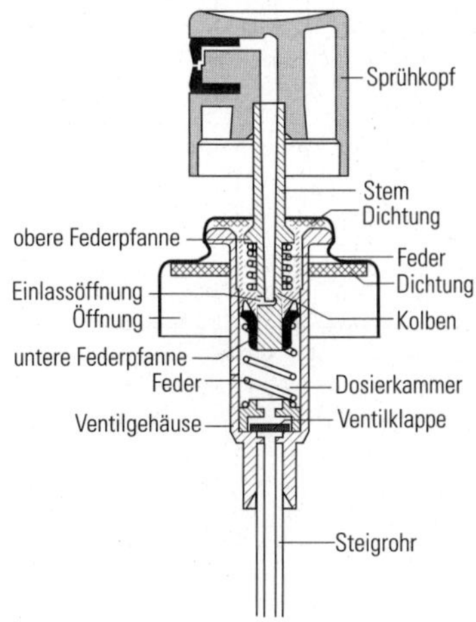

Aerosol Abb. 1: Pumpzerstäuber [19]

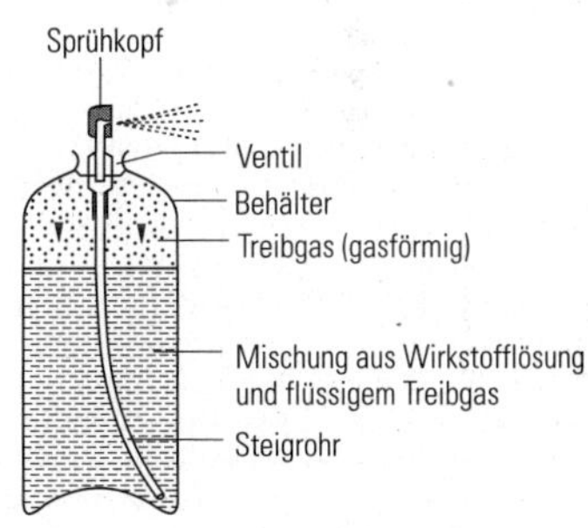

Aerosol Abb. 2: Aufbau einer Zweiphasen-Aerosol-Packung

Aerosoltherapie: Inhalation kleinster Medikamententeilchen (Größe ca. 0.5-5 µm) in Nebelform, s. Aerosole.

Aerosolventil: dient zur Abdichtung des Behältnisses u. regelt die Freisetzung des Inhalts. Die Eigenschaften der Zerstäubung hängen von der Sprüheinrichtung ab (Dimension, Zahl u. Lage der Öffnung). Ein A. besteht aus dem Ventilkörper (body), einer Dichtung (cup gasket), dem Ventil-

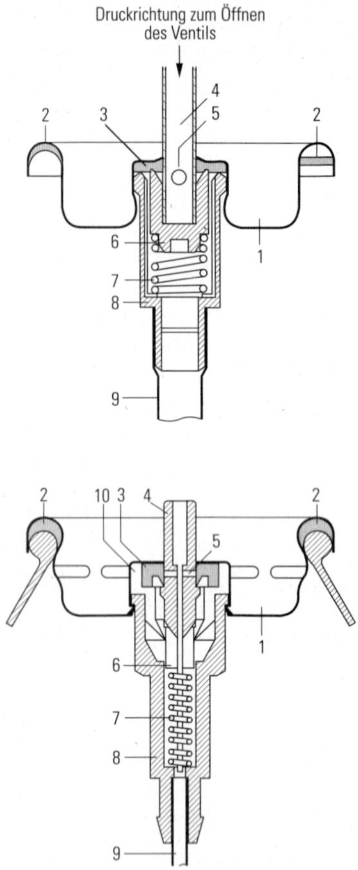

Aerosolventil: oben: einfaches Ventil (Lindal-Ventil GmbH); unten: Dosierventil (Deutsche Aerosol-Ventil GmbH); 1: Ventilteller mit Bördelrand zum Verbördeln mit dem Aerosolbehältnis; 2: Außendichtung mit Bördelrand zur Abdichtung zw. Ventilteller u. Aerosolbehältnis; 3: Innendichtung (eigentliche Ventildichtung); 4: Stem (Ventilschaft), Ventilsitz u. Federpfanne; 5: Einlassöffnung; 6: Federpfanne; 7: Feder; 8: Ventilgehäuse bzw. Ventilkörper; 9: Steigrohr; 10: Dosierkammer

stamm (stem), der Ventilfeder (spring) u. der Ventilinnendichtung (Durchlassdichtung, Diaphragma). Es ist mit seinem Körper in zusammengesetztem Zustand in einem Ventilträger (cup, ferrule) aus Weißblech od. Aluminium fest eingeklemmt (s. Abb. oben). Der **Ventilkörper** dient als Gehäuse zur Aufnahme der Einzelbestandteile. Die **Dichtung** in Ring- od. Scheibenform wird zw. Behältnis u. **Ventilträger** eingesetzt. Der **Ventilstamm** ist ein von außen sichtbares dünnes Rohr mit axialer Öffnung, im Inneren mit einer radialen Öffnung versehen. Während das Ventil betätigt wird, wird der Ventilstamm so weit in das Behälterinnere eingedrückt, bis die radiale Öffnung freiliegt u. die Verbindung nach außen hergestellt ist. Die **Ventilfeder** aus rostfreiem Stahl bewegt den Ventilstamm nach Betätigung in seine Ausgangsstellung zurück. Die **Ventilinnendichtung** schließt im nicht betätigten Zustand den Inhalt nach außen ab. Eine spezielle Konstruktion des A. stellt das **Dosierventil** (metering valve; s. Abb. unten) für Dosieraerosole dar, das zusätzl. eine bewegl. Abdichtung u. eine Dosierkammer aufweist. Die zusätzl. Abdichtung verschließt bei der Betätigung die Verbindung Behälterinhalt – Ventilinnenseite. Der in der Dosierkammer befindl., unter Druck stehende Inhalt wird nach außen freigegeben. Zu den funktionellen Bestandteilen der Druckgaspackungen* gehören neben dem A. das Steigrohr, der Sprühkopf u. die Schutzkappe.

Ärztemuster: von pharmaz. Unternehmern an Ärzte kostenlos abgegebene Arzneimittel, die den Aufdruck „Unverkäufliches Muster“ tragen müssen. **Deutschland:** Die Abgabe von Arzneimittelmustern ist in § 47 AMG geregelt. Sie sollen nicht der therap. Erprobung dienen, die der Phase IV der klinischen Prüfung* (nach erteilter Zulassung) vorbehalten ist, sondern vielmehr der Information des Arztes über u. a. Beschaffenheit, Verpackung, Arzneiform des Arzneimittels. Daher sind Ä. zusammen mit der entsprechenden Fachinformation* abzugeben. Die Zahl der Ärztemuster, die an Ärzte abgegeben werden dürfen, ist in vielen Ländern gesetzl. beschränkt. In Deutschland ist nach § 47 Abs. 3 AMG nach schriftl. Anforderung eine Abgabe von max. 2 Mustern der kleinsten Packungsgröße eines Medikamentes pro Jahr erlaubt. **Österreich:** AMG § 58; ähnl. Regelungen wie in Deutschland. Im ersten Jahr nach Einführung eines Medikaments, dürfen max. 30, in den darauffolgenden Jahren max. 5 Muster pro Arzt abgegeben werden (AMG 1983, in der Fassung 2003). **Schweiz:** vergleichbare Regelung im Rahmen der VO über die Arzneimittelwerbung (Arzneimittel-Werbeverordnung, AWV, SR 812.212.5). Sie enthält Bestimmungen zur Fachwerbung u. insbes. zur kostenlosen Abgabe von speziell gekennzeichneten Mustern als Promotionsmaterial durch Fachpersonen, die zur Verschreibung, Abgabe od. zur eigenverantwortlichen berufl. Anw. von Arzneimitteln berechtigt sind.

Aeschrion excelsa: s. Picrasma excelsa.

Aescin: Escin; CAS-Nr. 6805-41-0; $C_{54}H_{84}O_{23}$; M_r 1101. Aus etwa 30 Reinsubstanzen zusammengesetztes Gemisch von veresterten Triterpensaponinen aus dem Samen der Roßkastanie (Aesculus* hippocastanum); s. Tabelle. **Struktur:** Hauptaglykon ist Protoaescigenin ($HOCH_2$-Gruppe am C-24), ferner Barringtogenol C (CH_3-Gruppe am C-24) u. a. Triterpensapogenine (s. Saponine). Zuckerkomponenten: D-Glucuronsäure, 2-mal D-Glucose; die Glucosidbindung erfolgt über die 3-OH-Gruppe. Die 21- u. 22-OH-Gruppen sind mit C_5-Säuren bzw. Essigsäure verestert. A. verändert sich beim Erwärmen in wässriger Lösung. Ein Teil, hämolyt. wirksames β-Aescin, fällt quantitativ aus. Der andere, in Lsg. verbleibende Teil, wird als α-Aescin bezeichnet. Es besteht aus β-Aescin u. hämolyt. unwirksamem Kryptoaescin, einem Artefakt, das durch Wanderung des Acetylrestes von der C-22-O- an die C-28-O-Gruppe gebildet wird. **Off.:** DAC (β-Aescin); **Wirk.:** gering spasmolyt.,

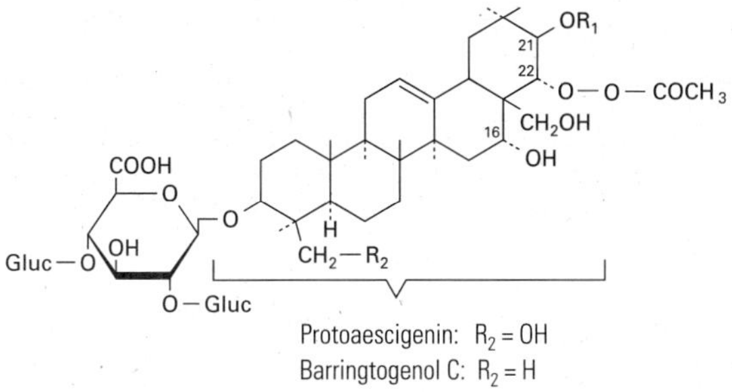

Aescin: R_1 = Tiglinsäure-, Angelicasäure-, Isobuttersäure-, α-Methylbuttersäure-Reste; R_2 = H bzw. OH

antiphlogist., ödemhemmend; A. erhöht die Kapillarpermeabilität u. wirkt diuret.; **Anw.**: Ödembehandlung, Schwellungszustände aller Art; analyt.: DC-Prüfung von Saponindrogen; **Dos.**: Initialdos. p.o. 3×40 mg, dann 2-3×20 mg/d; parenteral i.v. 5 mg; topisch 1%iges Gelee. Gebräuchl. ist auch Aescin-Natriumsalz, Natriumaescinat (zur Injektion), u. wasserlösl. Aescin, Escinum solubile: A. (bzw. β-Aescinsäure) in amorpher Form.

Aescin

Kennzahlen	α-Aescin	β-Aescin
Schmelzpunkt in °C	225-227	222-223
$[\alpha]_D^{25\,°C}$ (c = 5 in Methanol)	-13.5°	-23.7°
Löslichkeit in Wasser	sehr gut löslich	fast unlöslich
hämolytischer Index	20 000	40 000

Aescin-Gel: s. Mucilago Escini.

Aesculetin: Esculetin; 6,7-Dihydroxycumarin; $C_9H_6O_4$; M_r 178.14; Schmp. 268-270 °C. Strukturformel s. Cumarine. Aglykon von Aesculin*.

Aesculin: Aesculinum, Esculin; Aesculetin-6-glucosid; $C_{15}H_{16}O_9$; M_r 340.28; Schmp. 205 °C. Bildet ein Sesquihydrat. UV_{max} (Methanol) 334 nm, $A_{1\%}^{1cm}$ 350 (c= 2 mg/100 mL). Weiße, bitter schmeckende Kristallnadeln, lösl. in heißem Wasser u. heißem Ethanol; wässrige Lsg. fluoresziert blau. **Off.**: DAB2003; **Gew.**: aus der Rinde u. den Samen von Aesculus* hippocastanum; **Anw.**: Venenmittel (umstritten); Lichtschutz geg. UV-Strahlen, ferner als Nährbodenzusatz in der Bakteriologie zur Differenzierung von Kokken.
Hom: *Aesculinum (HAB1.4)*: Geh. mind. 97 %.

Aesculus hippocastanum L.: Roßkastanie; Fam. Hippocastanaceae (heim. Persien, Nordindien, Gebirge Nordgriechenlands, kult. in Europa als Zierbaum). Verwendet werden Rinde, Blüten, Samen, Blätter u. das fette Öl der Samen. Stpfl. von **Hippocastani semen:** Semen Hippocastani, Semen Castaneae equinae, Roßkastaniensamen. **Off.**: DAB2003; **Inhaltsst.**: 3-6 % Triterpensaponine (nach DAB2003 mind. 3 %, ber. als getrocknetes Aescin), Strukturformeln s. Abb.; ferner Stärke (30-60 %), Bitterstoff, fettes Öl (2.5-7 %), Eiweißstoffe (8-10 %) u. (v.a. in der Samenschale) ca. 2 % Catechingerbstoff, Flavonylglykoside, Farbstoffe; **Wirk.**: s. Aescin; **Zuber.**: Extr. Castaneae fluidum; in vielen Arzneispezialitäten; **Anw.**: Extrakte (Gesamtauszüge) u.a. bei Durchblutungstörungen, Veneninsuffizienz, Ödemen in den Beinen, Juckreiz, Schmerzen u. Schwere in den Beinen; techn.: zur Gew. von Stärke u. Saponin; die Verwertungsmöglichkeiten sind beträchtlich. Das Samenpulver ist ferner Best. des Schneeberger Schnupftabak. **Cortex Hippocastani:** Cortex Castaneae equinae, Roßkastanienrinde. **Inhaltsst.**: die Hydroxycumaringlykoside Aesculin* (3 %), Fraxin, Scopolin u. deren Aglykone Aesculetin, Fraxetin, Scopoletin; ferner Quercitrin (Flavonolglykosid) u. sein Aglykon Quercetin; Aescin, Allantoin, Catechingerbstoffe, Phytosterine, etwas fettes Öl; **Anw.** volkstüml.: z.B. bei Fieber, Adstringens, bei Hautleiden (Lupus); techn.: zur Darst. von Aesculin u. zu Gerbzwecken; **Flores Hippocastani:** Roßkastanienblüten. **Inhaltsst.**: Kämpferol, Isoquercitrin, Rutin, Aescin sowie die Aminopurine Adenin, Adenosin, Guanin, Harnsäure; **Anw.** volkstüml.: z.B. bei rheumat. Beschwerden; **Folia Hippocastani:** Roßkastanienblätter. **Inhaltsst.**: die Hydroxycumaringlykoside Aesculin, Fraxin, Scopolin (ohne Aglykone, s.o. Cortex Hippocastani), ferner Quercitrin, Kämpferol, Violaxanthin (Carotinoid), Aescin, Gerbstoff, Vitamin K_1, Phytosterine u. die Aminopurine Adenin, Adenosin, Guanin u. Harnsäure; **Anw.** volkstüml.: z.B. bei Schmerzen u. Schweregefühl in den Beinen, Venenentzündung, Hämorrhoiden; **Oleum Hippocastani:** Roßkastanienöl. **Inhaltsst.**: u.a. Triakontan, Spinasterol, Taraxerol; **Anw.** techn.: zur Seifenfabrikation; Fütterungszwecke, Speiseöl; **Hippocastani extractum siccum normatum** DAB2003: Eingestellter Roßkastanienextrakt; gelbl. bis gelbbraune, pulverförmige od. pulverisierbare Masse; schwach, aber charakterist. riechend. **Inhaltsst.**: mind. 16.0 u. höchstens 20.0 % Triterpenglykoside, ber. als getrocknetes Aescin.
Hom: *Aesculus hippocastanum (HAB1)*: frische, geschälte Samen.
Hom: *Aesculus hippocastanum e cortice*, ethan. Decoctum (HAB1.2): getrocknete Zweigrinde; verord. z.B. bei Venenerkrankungen, Hämorrhoiden, Schleimhautschwellungen.
Hom: *Aesculus hippocastanum e floribus:* frische Blüten.

A

Äth...: s. a. Eth...
Aethanolum ketonatum: s. Ethanol.
Äthansäure: s. Essigsäure.
Äthanylchlorid: s. Acetylchlorid.
Äthenol: Vinylalkohol, $CH_2=CHOH$.
Aether: s. Ether.
Aether acetico-aceticus: s. Acetessigsäureethylester.
Aether aceticus: s. Essigsäureethylester.
Aether aethylicus: s. Ether.
Aether anaestheticus: s. Ether.
Aether benzoicus: s. Benzoesäureethylester.
Aether bromatus: s. Ethylbromid.
Aether butyricus: s. Buttersäureethylester.
Aether chloratus: s. Ethylchlorid.
Aether formicicus: s. Ameisensäureethylester.
Aether iodatus: s. Ethyliodid.
Ätherischöl-Drogen: Drogen (s. Aetherolea), die primär wegen ihrer äther. Öle verwendet werden bzw. zu deren Gew. dienen.
Aether isoamylicus: s. Salpetrige Säure (Isoamylnitrit).
Aether isopropylicus: s. Isopropylether.
Äther-Narkose: s. Narkose.
Aether nitrosus: s. Salpetrige Säure.
Aetherolea: Olea aetherea, etherische Öle, ätherische Öle, Ätherischöle, Elaeoptene, (engl.) *essential oils*; sehr heterogene Stoffgemische flüssiger, leicht flüchtiger, lipophiler Pflanzeninhaltsst. mit charakterist. Geruch u. aromat., bitterem od. scharfem Geschmack. **Vork.**: von Pfl. in Blättern, Blüten, Früchten, Wurzeln, Rhizomen u. Hölzern, weniger häufig in Stängeln u. Rinden gebildet; sie werden in bes. Drüsenhaaren od. Drüsenschuppen der Epidermis, in endogenen Ölzellen od. endogenen, auf schizogenem, lysigenem od. schizolysigenem Wege entstandenen großen Exkretbehältern abgelagert (vgl. Exkretionsgewebe). Bes. reich an Aetherolea sind Pflanzenfamilien wie Pinaceen, Lauraceen, Rutaceen, Lamiaceen, Apiaceen, Myrtaceen, Zingiberaceen, Piperaceen, Brassicaceen. **Geh.**: Bei vielen **Ätherischöl-Drogen** liegt der Geh. im Bereich von 1-2 %, kann aber auch Werte bis über 20 % (z. B. Gewürznelken) erreichen. Der Mindestgeh. wird i. Allg. von den Arzneibüchern vorgeschrieben. Nach Ph.Eur.4 erfolgt die Gehaltsbestimmung durch Wasserdampfdest. u. direkte volumetr. Ablesung der überdestillierten Ölmenge mit Hilfe der Neo*-Clevenger-Apparatur. **Gew.**: **1.** Auspressverfahren od. andere mechan. Verfahren; hauptsächl. bei Agrumenfrüchten; spezielle Verfahren sind das Spunga- u. Ecuelle-Verfahren zur Gew. von Citrusölen in den Mittelmeerländern u. in Westindien. Nach der ersten Methode werden die Agrumenschalen von Hand gepresst, um die Ölbehälter aufzubrechen. Das austretende Öl wird von Schwämmen aufgenommen (reines äther. Öl. mit allen Inhaltsst., ohne Begleitstoffe). Nach der zweiten Methode werden die Ölbehälter aller Schalen in einem tassenförmigen, mit scharfen Metallnadeln versehenen Behälter maschinell angeritzt u. das Öl mit Wasser ausgespült (Fehlen der wasserlösl. Komponenten). **2.** Dest. mit Wasser od. Wasserdampf; Trennungsmöglichkeit aufgrund der unterschiedl. Dichte mittels der Florentiner* Flasche. Nachteile: bestimmte Inhaltsst. können durch die hohe Temp. hydrolysiert bzw. zerstört werden (z. B. Ester) u. weniger lipophile Komponenten im Wasser zurückbleiben (z. B. Phenylethylalkohole des Rosenöls); weiterhin enthalten wasserdampfdestillierte Öle häufig Verb., die die Geruchs- u. Geschmacksqualität beeinträchtigen (z. B. Terpenkohlenwasserstoffe). Sie werden daher für med. u. kosmet. Zwecke durch fraktionierte Dest. (Rektifizierung) gereinigt. **3.** Ölextraktionsverfahren (Enfleurage*); man unterscheidet Kaltextraktion (Enfleurage à froid), v. a. bei Pfl. mit sehr geringem Ölanteil (z. B. Rosenöl), u. die Extraktion mit heißem Fett bei 50-80 °C (Enfleurage à chaud). Der A.-Anteil wird durch Alkoholextraktion abgetrennt. **4.** Lösungsmittelextraktion; meist mit Petrolether od. Benzol. Solche A. bilden häufig wegen ihrer wachs- bzw. harzartigen Begleitstoffe nach dem Abdestillieren des Lösungsmittels eine salbenartige Masse (Essences concretes, Concretes), die in der Parfümindustrie direkt für Salben u. Pomaden verwendet wird. Nach Reinigung mit Ethanol erhält man die absoluten Öle (Essences absolues, Absolues). **Eigenschaften:** bei Raumtemperatur vorwiegend flüssig (Ausnahmen: Anis– u. Rosenöl erstarren teilweise), seltener von salbenartiger Konsistenz (Irisöl); im Ggs. zu den fetten Ölen verdunsten sie vollständig, ohne auf Papier einen Rückstand zu hinterlassen. Dichte meist unter 1 (Ausnahmen: A. mit hohem Gehalt an aromat. bzw. S-haltigen Verb., z. B. Zimt-, Nelken-, od. Senföl). Hohes Lichtbrechungsvermögen u. hohe opt. Aktivität. Gut lösl. in Petrolether, Chloroform, Benzol, Ether, absolutem Ethanol u. fetten Ölen, wenig in Wasser. Bei längerer Lagerung od. Licht- u. Sauerstoffeinfluss kommt es durch Oxidation zu Verharzungserscheinungen (Farb-, Konsistenz- u. Geruchsveränderung). Die Aufbewahrung soll daher in kleinen, möglichst vollständig gefüllten, vor Licht geschützten braunen, gut verschließbaren Flaschen erfolgen.
Chemie: A. sind Stoffgemische. Die Hauptmenge, ca. 90 %, setzt sich aus Terpenen*, v. a. Mono- u. Sesquiterpenen, zusammen. Weiteren Verb. sind Phenylpropanderivate* u. Heteroverb. wie Lauchöle* (mit Stickstoff) u. Senföle (Isothiocanate* mit Stickstoff u. Schwefel). Die Heteroverb. liegen in der Pfl. in einer wasserlösl., glykosid. Form vor u. werden erst durch Einw. von Enzymen (z. B. beim Zerkleinern der Droge) freigesetzt. Begleitstoffe u. zusätzl. Geruchsträger, wie z. B. Alkane (mit Sauerstofffunktion), Anthranilsäuremethylester, Salicylsäuremethylester, Benzoesäuremethylester, Vanillin u. Cumarine werden ebenfalls häufig zu den Bestandteilen der A. gerechnet. **Prüfungen nach Ph.Eur.4:** A. sind meistens sehr teuer u. werden daher nicht selten verfälscht u. mit Substanzen gestreckt, die ähnliche physikal. u. chem. Eigenschaften haben: **1.** Identität u. Reinheit werden durch die Bestimmung der Kennzahlen (Dichte, opt. Drehung, Brechungsindex, Siedepunkt) u. mit Hilfe der Dünnschichtchromatographie geprüft. Ferner wird auf Farbe, Geruch, Geschmack, Löslichkeit, Mischbarkeit, Verharzungsprodukte, Verunreinigungen (fremde Ester, Schwermetalle), nicht flüchtige Best. u. fette Öle geprüft. **2.** Che-

Aetherolea Tab. 1
Anwendung von ätherischen Ölen und Ätherischöl-Drogen

Verwendung	Droge
Irritantium, Rubefaziens, Vesicans, Antirheumatikum	Allylis isotiocyanas Arnicae flos und Radix Arnicae Camphora Lavandulae aetheroleum Oleum Gaultheriae Oleum Lauri Oleum Sabinae Oleum Therebinthinae Rosmarini aetheroleum Thymi aetheroleum
Emmenagogum[1]	Crocus Oleum Juniperi Oleum Lauri Oleum Petroselini Oleum Rutae Oleum Sabinae Rosmarini aetheroleum Semen Myristici
Diuretikum	Folia Bucco Fructus Petroselini Herba Levistici und Levistici radix Lignum und Cortex Sassafras Oleum Juniperi und Juniperi pseudofructus Ononidis radix Orthosiphonis folium Radix Asari Radix Carlinae
Antiseptikum, Desinfektionsmittel	Bulbus Allii sativi Caryophylli floris aetheroleum Eucalypti aetheroleum Herba Hyssopi Menthae piperitae aetheroleum Myrrha Radix Pimpinellae Salviae folium Senföle Thymi aetheroleum
Expektorans, Antitussivum	Anisi aetheroleum und fructus Eucalypti aetheroleum und fructus Foeniculi aetheroleum und fructus Oleum Serpylli und Serpylli herba Pini pumilionis aetheroleum Terebinthinae aetheroleum rectificatum Thymi aetheroleum, herba und folium
Spasmolytikum, Karminativum, Stomachikum, Choleretikum, Cholekinetikum	Anisi aetheroleum und fructus Carvi aetheroleum und fructus Caryophylli floris aetheroleum Curcumae xanthorrizae/longae rhizoma Foeniculi aetheroleum und fructus Herba Origani Matricariae flos Menthae piperitae folium Oleum Coriandri und Coriandri fructus
Cholekinetikum	Rosmarini folium Senföle Zingiberis rhizoma
Antiphlogistikum	Matricariae aetheroleum und flos Oleum Millefolii und Millefolii herba
Nervinum	Lavandulae flos Lupuli flos Melissae folium Oleum Valerianae und Valerianae radix

[1]Hohe Dosen wirken abortiv.

mische Methoden, wie Bestimmung der Acetylzahl, der Phenole, der Ketone u. Aldehyde u. der Verseifungszahl werden nur in bestimmten Fällen durchgeführt. Die Gaschromatographie ermöglicht die Gehalts-, Reinheits- u. Identitätsbestimmung äther. Öle in einem Arbeitsgang. Die Genuinität kann mittels IRMS (s. Spektroskopie) geprüft werden.

Anw.: entsprechend der Zstzg. sehr verschieden (s. Tab. 1); innerl. wirken sie z. T. appetitanregend u. verdauungsfördernd, spasmolyt. u. karminativ, expektorierend, diuret. u. antiseptisch. Es werden meist kleinste Dosen verwendet, bei großen Dosen kann es u. U. zu Vergiftungen kommen (Lähmungen, Krämpfe, Atemlähmung, Tod). Äußerl. dienen sie vielfach der Hautreizung. Hauptanwendungsgebiet ist die Parfümerie. Es werden nur Gemische von A. verwendet. Ferner finden sie Anw. als Gewürze (s. Tab. 2) u. teilweise in der Technik.

Aether petrolei: s. Petrolether.

Aether pro narcosi: s. Ether (zur Narkose).

A

Aetherolea Gewürzdrogen (Auswahl)	Tab. 2
Gewürz	Stammpflanze
Anis	Pimpinella* anisum
Basilikum	Ocimum* basilicum
Bohnenkraut	Satureja* hortensis
Cardamomen	Elettaria* cardamomum
Chili	Capsicum* frutescens
Dill	Anethum* graveolens
Estragon	Artemisia* dracunculus
Fenchel	Foeniculum* vulgare
Ingwer	Zingiber* officinale
Knoblauch	Allium* sativum
Koriander	Coriandrum* sativum
Kümmel	Carum* carvi
Liebstöckl	Levisticum* officinale
Lorbeer	Laurus* nobilis
Majoran	Origanum* vulgare
Muskatnuß	Myristica* fragrans
Nelken	Syzygium* aromaticum
Paprika	Capsicum* annuum
Petersilie	Petroselinum* crispum
Pfeffer	Piper* nigrum
Pfefferminze	Mentha* piperita
Rosmarin	Rosmarinus* officinalis
Safran	Crocus* sativus
Senf	Sinapis* alba
Thymian	Thymus* vulgaris
Wacholder	Juniperus* communis
Zimt	Cinnamomum* verum
Zwiebel	Allium* cepa var. cepa

Aether salicylicus: s. Salicylsäureethylester.
Aether spirituosus: s. Spiritus aethereus.
Aether sulfuricus: s. Schwefelether.
Ätherweingeist: s. Spiritus aethereus.
Aethinyloestradiolum: s. Ethinylestradiol.
Aethiops antimonialis: Spießglanzmohr; Gemenge von schwarzem Quecksilber(II)-sulfid (HgS), Antimon(III)-sulfid (Sb_2S_3), metall. Quecksilber u. Schwefel.
Hom: *Hydrargyrum stibiato-sulfuratum (HAB1.5):* Verreibung aus Hydrargyrum sulfuratum nigrum (s. Quecksilber(II)-sulfid, schwarzes) u. Stibium sulfuratum nigrum (s. Antimon(III)-sulfid); verord. z. B. bei Ekzemen, Darmentzündungen.
Aethiops mercurialis: s. Quecksilber(II)-sulfid, schwarzes.
Aethiops mineralis: s. Quecksilber(II)-sulfid, schwarzes.
Aethiops per se: s. Quecksilber.
Aethoform: s. Benzocain.
Aethusa cynapium L.: Aethusa cicuta Necker, Hundspetersilie, Gartenschierling; Fam. Apiaceae (Umbelliferae) (Europa). Stpfl. von **Herba Aethusae:** Hundspetersilienkraut. **Inhaltsst.:** Polyine wie Aethusin ($C_{13}H_{14}$), Aethusanol A u. B (giftig); **Anw.** volkstüml.: z. B. bei gastrointestinalen Beschwerden, Sommerdurchfall, Konvulsionen.
Hom: *Aethusa cynapium (HAB1.3),* Aethusa: die frische, blühende Pflanze mit unreifen Früchten; verord. z. B. bei Brechdurchfall (Kinder), Milchunverträglichkeit.
Äthylalkohol: s. Ethanol.
Aethylenum bromatum: s. Ethylenbromid.
Aethylenum chloratum: s. Ethylenchlorid.
Aethylenum trichloratum: s. Trichlorethylen.
Aethylis aminobenzoas: s. Benzocain.
Aethylium: s. Ethanol.
Aethylium acetico-aceticum: s. Acetessigsäureethylester.
Aethylium aceticum: s. Essigsäureethylester.
Aethylium bromatum: s. Ethylbromid.
Aethylium chloratum: s. Ethylchlorid.
Aethylium formicicum: s. Ameisensäureethylester.
Aethylium iodatum: s. Ethyliodid.
Aethylium nitrosum: s. Salpetrige Säure, Ethylnitrit.
Aethylium oleinicum: s. Ethyloleat.
Aethylium para-aminobenzoicum: s. Benzocain.
Aethylium p-oxybenzoicum: s. *p*-Hydroxybenzoesäureethylester.
Aethylium salicylicum: s. Salicylsäureethylester.
Aethylmorphini hydrochloridum: s. Ethylmorphinhydrochlorid.
Aethylum undecylenicum: s. Undecylensäureethylester.
Ätiologie: Lehre von den Krankheitsursachen.
Ätioporphyrin: s. Porphyrine.
ätiotrop: auf die Urs. einer Krankheit gerichtet; kausal, im Ggs. zur symptomat. Behandlung.
Aeto: mikrobizides Gasgemisch aus 12-15 % Ethylenoxid, 85-88 % CO_2. **Anw.:** Gassterilisation bei 4-7 bar; s. Sterilisationsverfahren (Sterilisation mit mikrobiziden Gasen).
Ätzalkalien: Hydroxide der Alkalimetalle, bes. von Kalium (KOH) u. Natrium (NaOH).
Ätzbaryt: s. Bariumoxid.
Ätzkali: s. Kaliumhydroxid.
Ätzkalk: s. Calciumoxid.
Ätzmittel: Caustica.
Ätznatron: s. Natriumhydroxid.
Ätzstifte: Styli caustici ÖAB90; zylindr., starre, meist an einem Ende verjüngte Stäbchen zur äußerl. Anw. auf Haut, Schleimhaut od. zum Abätzen von Wundrändern. Hergestellt durch Ausgießen von Kristallschmelzen, z. B. Silbernitrat (meist in Kombination mit Kaliumnitrat), od. durch Schleifen von großen Kristallen, z. B. Alaun.
afebril: fieberfrei.
Affennuß: s. Lecythis ollaria; Selen.
Afferenz: Nervenleitungsbahn, die an das ZNS Informationen aus der Umwelt, die von den höheren Sinnesorganen u. der Haut aufgenommen werden, sowie Signale, die von der Skelettmuskulatur, den Sehnen u. Gelenken ausgehen, übermittelt. So kann der Organismus auf Umweltveränderungen entspr. reagieren.
Affinität: **1.** (chem.) Triebkraft, mit der sich Elemente od. Verb. zu neuen Stoffen umsetzen. **2.** (thermodynam.) max. Nutzarbeit einer Reaktion. **3.** (biochem.) Fähigkeit zur Erkennung u. selektiven Bindung eines Partners, z. B. Enzym/Substrat, Antigen/Antikörper od. Hormon/Rezeptor. **4.** (pharmakol.) Fähigkeit eines Pharmakons, sich an einen Rezeptor durch Komplexbildung zu binden; je größer die A., desto stärker die Bindung. **5.** (histol.) Neigung zur Anfärbbarkeit von Geweben mit bestimmten Farbstoffen.

Affinitätschromatographie: s. Chromatographie.

Affodill: s. Asphodelus albus.

Aflatoxine: Gruppe strukturverwandter Mykotoxine, die von Schimmelpilzen (Aspergillus- u. Penicilliumarten) produziert werden u. als Furanocumarine aufgefasst werden können. Man kennt Aflatoxin B_1, B_2, G_1, G_2, M_1, M_2. **Aflatoxin B_1:** M_r 312; blau fluoreszierende Substanz, Schmp. 268-269 °C, UV-Absorption λ (Ethanol): 223, 265, 362 nm. Unlösl. in Wasser u. Petrolether, lösl. in Chloroform, Benzol, Ethanol. Extraktion aus org. Material mit Methanol od. Aceton-Hexan-Wasser 50:48:1.5. **Tox.:** A. sind hitzestabil bis 250 °C. Aus Nahrungsmitteln lassen sie sich daher durch Kochen, Autoklavieren, Bestrahlen od. Behandeln mit versch. Chemikalien nicht vollständig entfernen. Käsesorten, die durch Penicillium-Arten gereift wurden, enthalten keine Aflatoxine. Aflatoxin B_1 ist akut tox. u. zählt zudem zu den am stärksten krebserregenden Stoffen. Die LD für den Menschen wird auf 1-10 mg/kg KG geschätzt. Kinder sind bes. empfindlich. Bei der akuten Vergiftung wird in erster Linie die Leber geschädigt.

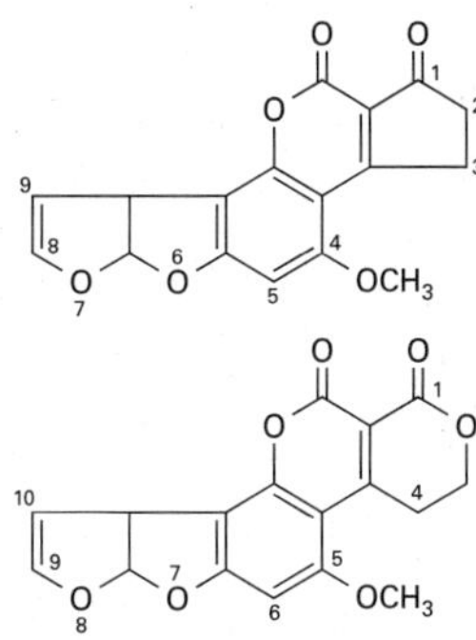

Aflatoxine: Aflatoxin B_1 (oben) und Aflatoxin G_1 (unten) als Beispiele

Aflatoxin-Verbotsverordung: VO über das Verbot der Verw. von mit Aflatoxinen* kontaminierten Stoffen bei der Herst. von Arzneimitteln, vom 19.07.2000, BGBl. I S. 1081, 1505. Die Verw. von Stoffen, Zuber. aus Stoffen od. Erzeugnissen, die zur Herst. von Arzneimitteln bestimmt sind, wird untersagt, wenn in dieser VO festgelegte Höchstmengen an Aflatoxinen M1, B1, B2, G1 od. G2 überschritten werden. Auch die Inverkehrgabe eines Arzneimittels bei Höchstmengenüberschreitung ist verboten. Die Höchstmengen entsprechen denen im Lebensmittelrecht.

Aframomum melegueta K. Schum.: Fam. Zingiberaceae (trop. Westafrika, Sri Lanka). Stpfl. von **Semen Paradisi:** Grana paradisi, Paradieskörner, Meleguetapfeffer. **Inhaltsst.:** 0.3-0.75 % äther. Öl, Paradol (Träger des scharfen Geschmacks); **Anw.:** Stimulans, Gewürz, zur Herst. scharfer Liköre, in der Parfümindustrie.

afterload: s. Nachlast.

Afterload-Reduktion: Abnahme des peripheren Widerstands u. der systol. Wandspannung durch Ester der Salpetersäure mit antianginöser Wirkung.

Ag: **1.** Abk. für **Antigen***. **2.** (chem.) Symbol für Silber*.

Agalsidasen INN: rekombinante Formen der α-Galactosidase (A. alfa, A. beta). **Gew.:** A. alfa wird aus transgenen menschl. Zelllinien gewonnen, A. beta in gentechn. veränderten Hamsterzellen produziert; **Anw.:** Enzymersatzther. bei Morbus Fabry (rezessiv vererbter α-Galactosidase-A-Mangel); **UAW:** Fieber, Schüttelfrost, allerg. Reaktionen; **Dos.:** 0.2 mg A. alfa/kg KG bzw. 1 mg A. beta/kg KG i. v. Infusion alle 2 Wochen; HWZ 28 h bis 2 Tage.

Agar: Agar-Agar Ph.Eur.4, Agartang, Japanischer Fischleim, Vegetabilischer Fischleim, Chinesische Gelatine, Japanische Gelatine, Japanische Hausenblase; mit siedendem Wasser extrahierte u. getrocknete Schleimsubstanz von Rotalgen* (sog. Agarophyten) versch. Herkunft (Japan, Sri Lanka, Makassar, Südafrika, Neuseeland, auch nordische Kulturen), z. B. Gelidium-, Pterocladia-, Gracilaria-, Ahnfeltia- u. a. Arten. Verw. findet v. a. das gelbl. Pulver; es ist geruch- u. geschmacklos, in siedendem Wasser lösl., in kaltem aufquellend. QZ des Pulvers mind. 15 (Ph.Eur.4). A. bildet ähnl. wie Gelatine* ein thermoreversibles Nebenvalenzgel (s. Hydrogele); ausgezeichnetes Geliervermögen, schon 1 %ige Aufkochungen ergeben feste, schneidbare Gallerten. Chem. Zstzg. auch von Stammpflanze abhängig. **Best.:** u. a. saure Polygalactane; die Hauptbest. sind ca. 70 % Agarose* u. ca. 30 % Agaropektin. Agarose ist ein gelierfähiges, lineares Galactan mit dem Baustein Agarobiose, einem Disaccharid, bestehend aus 1,3-β-verbundener D-Galactopyranose (die in geringem Ausmaß auch als 6-O-Sulfat vorliegen kann) u. 1,4-α-verbundener 3,6-Anhydro-L-galactopyranose. Agaropektin ist der nicht mit Ethylenglykol fällbare Anteil von Agar; nicht gelierend, sauer; als Kationenen fungieren Ca-, Mg-, K- od. Na-Ionen. Besteht aus Polygalactanen, die aus 1,3-verknüpfter D-Galactose, Galacturonsäure od. 3,6-Anhydro-L-galactose zusammengesetzt sind; die Galactose-Einheit liegt auch teilweise als 6-O-Sulfat, 6-Methylether od. als 4,6-Brenztraubensäureketal vor. **Anw.:** Laxans (Kotplastikum), Tablettenzerfallsförderer, Arzneistoffträger für Suppositorien, Globuli u. a., fettfreie Salbengrundlage; techn.: Bakteriennährböden (auch als Agar-Fertignährböden im Handel), Dickungsmittel, Ersatz für Gelatine in der

1

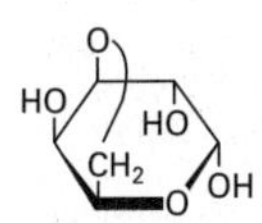

2

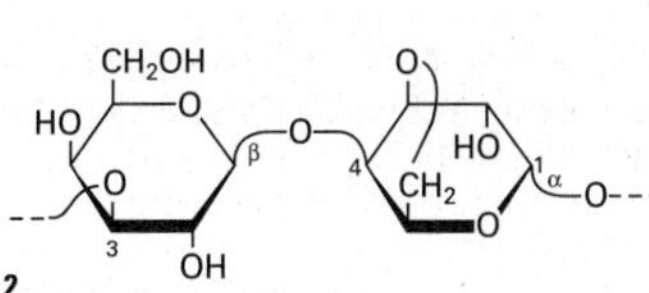

Agar: 1: 3,6-Anhydro-α-L-galactopyranose (im Agaropektin); 2: Agarose

A

Süßwarenindustrie u. Marmeladenfabrikation; Stoffdruckerei.

Agaricin: s. Agaricinsäure.

Agaricinsäure: Agaricin, Acidum agaricinicum, Acidum agaricinicum sesquihydricum; α-Cetylcitronensäure; $C_{22}H_{40}O_7 \cdot 1.5\,H_2O$; M_r 443.5; Schmp. ca. 140 °C. Weißes, krist. Pulver od. Blättchen. Lösl. in 180 T. Ethanol bzw. 10 T. siedendem Ethanol, quillt in heißem Wasser, leicht lösl. in Essigsäure u. heißem Terpentin. **Gew.:** aus dem Lärchenschwamm, Fomes* officinalis; **Off.:** DAC86, ÖAB81; **Anw.** med.: geg. den Schweiß der Phthisiker; **Dos.:** GED 0.005-0.01 g; MED 0.03 g, MTD 0.1 g (Dos. über 0.2 g wirken bereits lähmend, Tod durch Atemstillstand).

Agaricus: s. Amanita muscaria.

Agaricus albus: s. Fomes officinalis.

Agaricus campestris: Psalliota campestris; Feld-Champignon, essbar. Unterscheidung vom giftigen Knollenblätterpilz Amanita* phalloides: der Champignon hat blassrosa bis schokoladenbraune Lamellen u. an der Stielbasis keine Knolle; der Knollenblätterpilz hat weiße Lamellen u. an der Stielbasis eine Knolle.

Agaricus emeticus: s. Russula emetica.

Agaricus muscarius: s. Amanita muscaria.

Agaricus phalloides: s. Amanita phalloides.

Agarizinsäure: s. Agaricinsäure.

Agaropektin: s. Agar.

Agarose: gelierfähiges Polysaccharid; M_r ca. 120 000. **Gew.:** aus Agar* durch fraktionierte Fällung mit Ethylenglykol; **Anw.** techn.: Elektrophorese, Chromatographie, v. a. Gelfiltration*.

Agathis australis: s. Copal.

Agathis dammara: s. Copal.

Agave americana L.: Agave virginia, Agave, Hundertjährige Aloe; Fam. Agavaceae (trop. Mittel- u. Südamerika, im Mittelmeergebiet eingebürgert, in Mitteleuropa als Topfpflanze); Stpfl. von Folia Agavae. **Anw.** volkstüml.: In Mexiko wird der giftige, vergorene Saft (ca. 9 % Zucker) als berauschendes Nationalgetränk Pulque, Agavenwein u. Mescal sowie Tequila (Agavenschnaps) benutzt. Die frischen Blätter dienen als Nahrungsmittel u. liefern außerdem die Pitahanffasern. Die Wurzeln, die Saponine (z. B. Hecogenin, s. Agave sisalana) enthalten, dien(t)en dort als Ersatz für Sarsaparille (bei Lues; s. Smilax regelii).

Hom: *Agave americana:* frische Blätter; verord. z. B. bei Mundfäule.

Agave sisalana Perrine: Sisalagave; Fam. Agavaceae (Mexiko). Stpfl. von **Folia Agavae:** Agavenblätter, Sisalblätter. **Inhaltsst.:** Steroidsapogenine, wie Tigogenin, Hecogenin, Gitogenin; ca. 15 % Pektin, 5-6 % Wachs; **Anw.** techn.: Faser-Gew. (Sisal); Herst. von Sisalwachs (ähnl. wie Carnaubawachs verwendet, s. Wachse), Pulque, Mescal u. Tequila (s. Agave americana); Gew. von Hecogenin (Zwischenprodukt der Cortisondarstellung).

agent orange: s. TCDD.

Ageusie: Aufhebung der Geschmacksempfindung, vgl. Hypogeusie.

Agglomerate: feste Partikelverbände, die durch Oberflächenkräfte (Adhäsions-, Kapillar-, elektrostat. Kräfte) zusammengehalten werden, s. Adhäsion; vgl. Aggregate.

Agglomeration: Zusammenlagerung mehrerer Pulverpartikel zu Agglomeraten aufgrund starker Oberflächenhaftkräfte; s. Adhäsion.

Agglutination: Verklumpung von Zellen (z. B. Erythro-, Leuko-, Thrombozyten, Bakt.) od. antigentragenden Partikeln (z. B. Latex-, Polystyrolpartikel) durch spezif. od. unspezif. Agglutinine*. Konglutination: A. von Erythrozyten unter Beteiligung von Konglutininen; z. B. als komplementverbrauchende Konglutinationsreaktion.

Agglutinine: Bez. für Substanzen mit der Fähigkeit, korpuskuläre Antigene zu verklumpen (s. Agglutination). **1.** spezif. A.: v. a. agglutinierende Antikörper*; **2.** unspezif. A.: u. a. Lektine*; Immunglobuline*.

Agglutinogene: zellspezif. antigene Oberflächenstrukturen (u. a. Rezeptoren), z. B. auf Blutzellen od. Bakt., an die sich agglutinierende Antikörper od. Lektine binden u. dadurch eine Agglutination* auslösen können; vgl. Agglutinine.

Aggregate: feste Partikelverbände, die durch Zusammenschluss einzelner Pulverteilchen über Feststoffbrücken entstehen, z. B. durch Sintervorgängen, Kristallwachstum u. Kaltfließen. Vgl. Agglomerate.

Aggregatzustände der Stoffe: Einteilung der Erscheinungsform der Stoffe nach dem Ordnungsgrad der Atome od. Moleküle in fest, flüss., gasförmig. Diese sind im p-T-Zustandsdiagramm normalerweise durch scharfe Linien abgegrenzt (Übergänge sind durch Phasenumwandlung* möglich). Daneben gibt es Zwischenformen, die sich durch Nah- u. Fernordnung der Moleküle unterscheiden, z. B. Gläser* u. Flüssigkristalle*. Der Plasmazustand (hochionisiertes Gas aus Ionen u. Elektronen) wird oft als vierter A. betrachtet.

Aggressine: Virulenzfaktoren von Mikroorganismen. **1.** Exoenzyme, die die Interzellularsubstanz des Bindegewebes abbauen u. so das Eindringen von Mikroorganismen begünstigen (z. B. Hyaluronidase, Kollagenase, Neuraminidasen); **2.** Exotoxine; **3.** immunreaktionshemmende Oberflächenkomponenten (z. B. Kapselpolysaccharide).

AGI: Abk. für (engl.) *alkaloidal glykosidase inhibitor*; s. Castanospermum australe.

Agkistrodon rhodostoma Boie: Malayische Grubenotter; Fam. Crotalidae (malayische Gebiete). Giftschlange, deren Gift (s. Ancrod) thrombolyt. wirkt.

Aglykone: Aglyka; die Nichtzuckeranteile der Glykoside*.

Agnus castus: s. Vitex agnus-castus.

Agon: Coenzym; Wirkungsgruppe in einem Enzym.

Agonie: Sterbephase; Vorstadium des Exitus letalis mit reduzierten Lebensvorgängen.

Agonist: pharmakol. Mimetikum; Substanz (körpereigen od. körperfremd), die mit einem Rezeptor* in Wechselwirkung tritt u. dadurch eine bestimmte pharmakol. Wirk. hervorruft; vgl. Antagonist. Ein A. besitzt sowohl Affinität* als auch intrinsic* activity am Rezeptor. **Reine Agonisten** entfalten nach Angriff am Rezeptor die max. mögliche Wirk., ihre intrins. Aktivität α liegt bei 1. **Partielle Agonisten** besitzen sowohl agonist. als auch antagonist. Eigenschaften, können aber keinen max. Effekt nach Bindung an den Rezeptor erzielen; ihre intrins. Aktivität liegt zw. 0 u. 1.

Agranulozytose (lat. granulum Körnchen; gr. kytos Zelle): innerhalb von Stunden entwickelte od. allmählich einsetzende Verminderung der Granulozytenzahl mit schweren Krankheitssymptomen. **Urs.**: häufig durch bestimmte Medikamente (z. B. Analgetika, Sedativa, Antidiabetika, Diuretika, Goldpräparate, Antibiotika) verursachte Allergie vom zytotox. Typ od. dosisabhängige tox. Knochenmarkschädigung.Charakterist. sind frühzeitig auftretende Schleimhautnekrosen (Rachen, Tonsillen, Anal- u. Genitalbereich) mit lokalen Lymphknotenschwellungen.

Agrimonia eupatoria L.: (Kleiner) Odermennig; Fam. Rosaceae u. (seltener) Agrimonia procera Wallr. (A. repens L., A. odorata auct. non Mill.), Großer Odermennig, (Europa, Nordafrika, Asien). Stpfl. von **Agrimoniae herba:** Herba Agrimoniae, Herba Eupatoriae, Herba Lappulae hepaticae, Folia Agrimoniae, Odermennigkraut, Ackerkraut, Fünffingerkraut, Griechisches Leberkraut; die während der Blüte gesammelten Sprosse (oberirdischen Teile). **Off.**: ÖAB90, Ph.Eur.4; **Inhaltsst.**: 4–10 % Catechingerbstoffe (Ph.Eur.: mind. 2.0 % Gerbstoffe bezogen auf die getrocknete Droge, ber. als Pyrogallol), Flavonoide, Phenolcarbonsäuren u. Triterpene; **Wirk.**: adstringierend, antimikrobiell; **Anw.**: bei leichten unspezifischen, akuten Durchfallerkrankungen, Entzündungen der Mund- u. Rachenschleimhaut; äußerl. bei leichten oberflächl. Entzündungen der Haut; volkstüml.: z. B. bei Diarrhö, Nieren- u. Blasenentzündungen.

Agrimonia odorata: s. Agrimonia eupatoria.

Agrimonia procera: s. Agrimonia eupatoria.

Agrimonia repens: s. Agrimonia eupatoria.

Agropyron repens (L.) P. Beauv.: Triticum repens L., Quecke; Fam. Poaceae (Gramineae) (ganz Europa, Nordasien, Nordamerika). Stpfl. von **Graminis rhizoma:** Rhizoma Graminis, Queckenwurzelstock, Graswurzel. **Off.**: Ph.Eur.4; **Inhaltsst.**: Triticin (dem Inulin ähnl. Kohlenhydrat), Fructose, Saponin, äther. Öl (darin Agropyren), Kieselsäure, Vanillinglykosid. **Wirk.**: Agropyren besitzt antibiot. Wirk., bes. eine starke Hemmwirk. auf Hautpilze (Trichophyton u. Epidermophyton); **Anw.**: Durchspülung bei entzündl. Erkrankungen der ableitenden Harnwege u. Nierengrieß; volkstüml.: bei Gicht, rheumat. Beschwerden, chron. Hauterkrankungen.

Hom: *Agropyron repens (HAB1.5),* Triticum repens: frische unterird. T.; verord. z. B. bei Nieren- u. Harnwegentzündungen.

Agrostemma githago L.: Kornrade; Fam. Caryophyllaceae (Mittelmeergebiet; früher auf Getreidekulturland). Stpfl. von **Semen Agrostemmae:** Kornradesamen. **Inhaltsst.**: Triterpensaponine (im Samen bis zu 6 %), Githaginglucosid, Gypsogenin* als Aglykon (Githagenin); **Anw.** volkstüml.: z. B. bei Hautunreinheiten, Gastritis, Husten, Entwässerung; **Tox.**: die Samen sind stark giftig.

Hom: *Agrostemma githago:* reife Samen.

Agrumen: Citrusgewächse u. deren Früchte (Apfelsine, Pomeranze, Zitrone, Mandarine, Bergamotte); s. Citrus.

Agrypnie: s. Schlaflosigkeit.

Agtstein: s. Bernstein.

AHG: Abk. für **a**nti**h**ämophiles **G**lobulin, s. Blutgerinnungsfaktor VIII.

Ahlbeeren: s. Ribes nigrum.

Ahlkirsche: s. Prunus padus.

Ahnfeltia: s. Agar.

Ahorn, Eschenblättriger: s. Acer negundo.

Ahornsaft: s. Acer negundo; Acer saccharum.

AIDS: Abk. für (engl.) ***a**cquired **i**mmune **d**eficiency **s**yndrome* (erworbenes Immunmangelsyndrom) erstmals 1981 beschriebenes Krankheitsbild, das durch eine ausgeprägte zelluläre Immunschwäche mit rezidiv. Erkrankungen an opportunist. Erregern u. Parasiten sowie spezif. Malignome wie Kaposi-Sarkom u. Lymphome gekennzeichnet ist. Ausgelöst wird die zelluläre Immunschwäche durch die neuro- u. lymphotropen Viren HIV-1 u. HIV-2 (HIV*). AIDS entspricht definitorisch dem Stadium 3 der HIV-Erkrankung. **Diagn.**: klinisch bei HIV-Antikörper-positiven Personen; seit 1993 werden in den USA HIV-Antikörper-positive Personen mit einer Anzahl der Helferzellen unter 200/mL als an AIDS erkrankt klassifiziert. Diese Definition hat sich bisher in Europa nicht durchgesetzt. **Epidemiol., Ther. u. Progn.**: s. HIV-Erkrankung.

AIDS-Hilfe: Institution für Aufklärung u. Bereitstellung von Informationsmaterial über AIDS*. **Deutschland:** Deutsche AIDS-Hilfe, Dieffenbachstr. 33, 10967 Berlin, Tel. +49 (030) 6 900 870; Bundeszentrale für gesundheitliche Aufklärung, Ostmerheimer Str. 220, 51109 Köln, Tel. +49 (0221) 8920 32-35, sowie AIDS-Hilfen in jeder größeren Stadt; **Österreich:** AIDS Hilfe Haus, Mariahilfer Gürtel 4, A-1060 Wien, Tel.:+43 (1) 59937 sowie AIDS-Hilfestellen in den Bundesländern; **Schweiz:** AIDS-Hilfe Schweiz (AHS), Konradstr. 20, 8005 Zürich, Dachverband der 21 kantonalen u. regionalen Aids-Hilfen sowie weiterer 31 Organisationen.

Ailanthus altissima (Mill.) Swingle: A. glandulosa Desf., Chinesischer Sumach, Götterbaum; Fam. Simaroubaceae (China. Japan, Indien). Stpfl. von **Cortex Ailanthi:** Götterbaumrinde. **Inhaltsst.**: Quassinoide u. Simaroubolide, Bitterstoffe vom Quassintyp (Decanotriterpene), Indolalkaloide, Flavonoide u. Gerbstoff; **Anw.** volkstüml.: in der TCM* bei Diarrhö u. Ruhr, in der afrikanischen Volksmedizin u. a. bei Krämpfen, Diarrhö, Bandwürmern, Asthma.

Hom: *Ailanthus altissima (HAB1.5),* A. glandulosa: ca. 1 T. frische Stamm- u. Astrinde, ca. 2 T. frische blühende Triebe; verord. z. B. bei Tonsillitis, Infektionskrankheiten mit schwerem Verlauf.

AIO: Abk. für (engl.) *all in one;* s. TPN.

airborne particles: feine Partikeln in der Luft, die zur exogene Kontamination bei der Herst. von Injektions- u. Infusionslösungen führen.

Airless-System: Spraysystem, bei dem Flüssigkeiten unter hohem Druck (mit Druckluft) durch eine Einstoffdüse getrieben u. dabei in feine Tröpfchen zerrissen werden. Im Ggs. zur drucklosen Zweistoffverdüsung wird in den Sprühstrahl keine Luft eingebracht; vgl. Abbildung.

Airmix-Verfahren: Mischverfahren für pulverförmige Bestandteile. Das Mischgut wird in einem

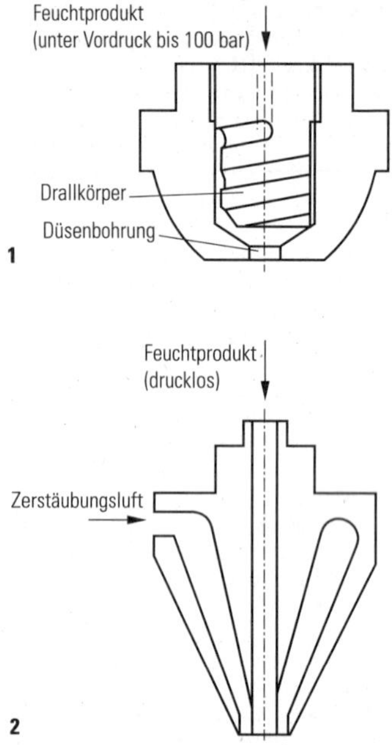

Airless-System: 1: A.-S.; 2: Zweistoffdüse

Zylinder durch Druckluft nach oben gerissen. Ein am Boden angebrachter Mischkopf bewirkt durch Unterdruck eine Abwärtsbewegung des Pulvergemisches, so dass das Mischgut ständig umläuft. Nach dem A. arbeiten versch. Wirbelschichtmischer.

Ajmalicin: s. Raubasin.

Ajmalin: Ajmalinum, Rauwolfin; CAS-Nr. 4360-12-7; $C_{20}H_{26}N_2O_2$, M_r 326.44; Strukturformel s. Rauvolfia serpentina (Abb.). Alkaloid aus Rauvolfia-Arten. Schmp. 160 °C. Weißes bis gelbl., feinkrist. Pulver ohne Geruch, von bitterem Geschmack; fast unlösl. in Wasser, leicht lösl. in Chloroform, Aceton, verd. Säuren, Ethanol, wenig lösl. in Ether u. Methanol. **Off.:** Ph.Eur.1, ÖAB90; **Anw.:** Antiarrhythmikum (Chinidin* ähnl. Herzwirkung); bei ventrikulären Extrasystolen; **UAW:** Kammerflimmern, AV-Überleitungsstörungen, Kopfschmerzen, Sehstörungen; **Kontraind.:** dekompensierte Herzinsuffizienz, Digitalisintoxikation, AV-Block; **WW:** Curare*-artig wirkende Substanzen werden in ihrer Wirk. verstärkt; **Dos.:** i. v. 1-3 × 50 mg, Erhaltungsdos. oral 3 × 50-100 mg; HWZ 0.2-0.4 h. Gebräuchl. sind auch Ajmalin-Monoethanol (Ajmalinum monoaethanolum Ph.Eur.1, ÖAB90) u. Ajmalin-Monohydrat (Ajmalinum monohydricum Ph.Eur.1, ÖAB90).

Ajoen: Wirkstoff in Knoblauch(präparaten); s. Allium sativum.

Ajowanfrüchte: s. Trachyspermum ammi.

Ajowanöl: s. Trachyspermum ammi.

Ajuga reptans L.: (Kriechender) Günsel; Fam. Lamiaceae (Labiatae) (Europa). Stpfl. von **Herba Ajugae:** Herba Bugulae, Günselkraut. **Inhaltsst.:** Gerbstoffe, Iridoidglucoside (z. B. Ajugol*), Anthocyane; **Anw.** volkstüml.: z. B. als Adstringens bei Mund- u. Kehlkopfentzündungen sowie bei Gallenbeschwerden; äußerl. zur Wundbehandlung.

Ajugol: Dihydrohydroxyderivat von Aucubin*; Iridoid in Ajuga-Arten u. in Leonurus* cardiaca, Rehmannia* glutinosa. Harpagid* ist ein Hydroxyajugol.

Ak: Abk. für **Antikörper***.

Akajunüsse: s. Anacardium occidentale.

Akalbir: s. Datisca cannabina.

Akanthose-Test: Testung von Salbengrundlagen (Roh- u. Hilfsstoffe) auf kanzerogene Wirkung. Die Salben werden auf die Haut (z. B von Meerschweinchen) unter einem Okklusivverband* aufgetragen u. eine Vermehrung der Stachelzellenschicht der Haut geprüft.

Akarizide: Schädlingsbekämpfungsmittel*, die v. a. geg. Milben u. Zecken wirken.

Akazie, Falsche: s. Robinia pseudoacacia.

Akazienblüten: Flores Acaciae; als A. werden fälschl. die Blüten von Prunus* spinosa bezeichnet.

Akazienblüten, Echte: Flores Acaciae farnesianae; E. A. werden oft fälschl. als Cassia-Blüten bezeichnet; s. Acacia farnesiana.

Akazienblütenöl: s. Acacia farnesiana.

Akaziengummi: s. Gummi arabicum.

Akeepflaume: s. Blighia sapida.

Akelei: s. Aquilegia vulgaris.

Akinese: Akinesie, Akinesia; Bewegungslosigkeit, Bewegungsstarre.

Akkommodation: Anpassung. **A. des Auges:** Fähigkeit, den Brechwert der Linse der Entfernung des fixierten Gegenstandes so anzupassen, dass er in der Netzhautebene scharf abgebildet wird. Die **Akkommodationsbreite** (Akkommodationsvermögen) beträgt z. B. mit 10 Jahren 12 dpt, mit 30 Jahren 7.5 dpt, mit 60 Jahren 0 dpt (Presbyopie) infolge zunehmender Sklerosierung der Linse.

Akkumulator: Kraftsammler; wiederaufladbares galvan. Element. Beispiele: Blei-A., Nickel-Cadmium-A., Nickel-Metallhydrid-A., Lithium-Ion-Akkumulator. Beim Entladen laufen an den Elektroden chem. Reaktionen ab, wobei die frei werdende Energie als elektr. Energie abgegeben wird. Beim Laden werden die Prozesse umgekehrt, so dass der A. in den Ausgangszustand zurückversetzt wird. Beim Blei-A. aus Kraftfahrzeugen bestehen die Elektroden im geladenen Zustand aus Blei (Anode) u. Bleidioxid (Kathode) u. hängen in verd. Schwefelsäure; sie liefern eine Spannung von ca. 2 Volt. Beim Entladen laufen folgende Halbreaktionen* ab:

Kathode:

$PbO_2 + 2\,H^+ + 2\,e^- + H_2SO_4 \rightarrow Pb^{2+} + SO_4^{2-} + 2\,H_2O$

Anode: $Pb + H_2SO_4 \rightarrow Pb^{2+} + SO_4^{2-} + 2\,H^+ + 2\,e^-$

Legt man im entladenen Zustand eine Ladespannung von mehr als 2 Volt an, dann kehren sich die Reaktionen um u. die Elektroden werden regeneriert.

Akne: Acne, Finnenausschlag; i. e. S. Acne vulgaris; i. w. S. versch. Erkrankungen der Talgdrüsenfollikel mit Sekretions- u. Verhornungsstörungen, nachfolgender Entzündung u. evtl. Vernarbung.

Aknemittel: Wirkstoffe zur Behandlung von Akne. **Wirkstoffe:** v. a. Benzoylperoxid*, Azelainsäure*,

Antiandrogene* u. Estrogene*, Antibiotika* od. evtl. Glucocorticoide (Hormone*), Retinoide*, Antiseptika*, Antiseborrhoika*, Keratolytika*, Adapalen* sowie Hefe (Faex*) u. Spiritus* contra acnem.

Akne-Spiritus: s. Spiritus contra acnen.

A-Kohle: s. Carbo activatus.

Akonitase: s. Aconitase.

Akonitknollen: s. Aconitum napellus.

Akr-: Acro-, Acral-, Akral-; Wortteil mit der Bedeutung Spitze, Extremität.

Akratothermen (gr. akratos rein, ungemischt): s. Aquae minerales (Wildwässer).

Akren: distale Teile des Körpers. Z. B. Hände, Füße, Nase, Kinn, Augenbrauen u. Jochbögen; vgl. Akromegalie.

Akrolein: Acrolein, Acrylaldehyd, Allylaldehyd; Propenal, $CH_2{=}CH{-}CHO$. D. 0.839. Schmp. 52.4 °C. Wasserklare, brennbare Flüss. von unerträgl. Geruch. **Darst.:** **1.** Erhitzen von Glycerol mit wasserentziehenden Mitteln, z. B. Kaliumhydrogensulfat; **2.** Verbrennen von Fetten (A. ist für den scharfen Geruch beim Anbrennen verantwortlich). **Anw.:** Herst. von Kunststoffen (A. polymerisiert leicht, ähnl. Acrylsäure); als Synthesebaustein, u. a. zur Herst. von Methionin u. Pyrimidin; als Tränen- u. Warngas sowie als Schädlingsbekämpfungsmittel.

Akromegalie: ausgeprägte selektive Vergrößerung der Akren* nach dem Wachstumsalter. Charakterist. Vergröberung der Gesichtszüge (u. a. Nase, Ober- u. insbes. Unterkiefer, Lippen u. Zunge), Vergrößerung der distalen Extremitäten, des Kehlkopfs u. der Eingeweide, Gelenkknorpelwucherungen; **Urs.:** übermäßige Bildung von Somatropin* bei Hypophysenvorderlappen-Erkrankung (z. B. Adenom); **Ther:** **1.** operativ; **2.** Strahlentherapie*; **3.** medikamentös mit Somatostatinanaloga, ggf. kombiniert mit Dopaminagonisten wie z. B. Bromocriptin*.

Aktin: Strukturprotein, das in Myofibrillen und Mikrofilamenten des Zytoskeletts vorkommt; neben Myosin wichtigstes Muskelprotein. A. ist globulär, M_r 41 720; es besteht aus 374 Aminosäuren, darunter das ungewöhnl. N-Methylhistidin.

Aktinfilament: s. Mikrofilament.

Aktiniden: s. Actinoide.

Aktinometrie (gr. aktis, aktinos Strahl): Messung der Strahlungsintensität. Die verwendeten Messgeräte od. Systeme werden Aktinometer genannt. Die Messung erfolgt möglichst breitbandig, um die Gesamtzahl der emitierten Photonen zu ermitteln, od. monochromat., um die spektrale Intensitätsverteilung zu messen. Zur Anw. kommen physik. Messgeräte, wie Wiederstandsbolometer, Photothermoelemente, Photozellen, Photodioden u. Photomultiplier u. chem. Systeme (Photoreaktionen) wie die Z/E-Isomerisierung von Azobenzol od. die Photozersetzung des Eisen(II)oxalat-Komplexes. Physik. Messgeräte haben den Vorteil, dass sie preiswert sind u. sofort einen Messwert liefern, während chem. Aktinometer Absolutmethoden darstellen, die nicht jedes Mal aufwendig kalibriert werden müssen, um genaue Ergebnisse zu liefern.

aktinomorph: (bot.) radiär, strahlenförmig, regelmäßig, s. Blüte.

Aktinomykose: Strahlenpilzkrankheit; chron.-fortschreitende Infektionskrankheit, die durch Actinomyces od. Nocardia (s. Actinomycetales) hervorgerufen wird. **Erreger:** Actinomyces israelii u. verwandte Arten, meist aerob-anaerobe Mischinfektion mit Staphylokokken u. Actinobacillus; **Hauptformen:** zervikofaziale A., Lungenaktinomykose, Darmaktinomykose; **Ther.:** chir. Eingriff, Penicilline.

Aktinomyzeten: s. Actinomycetales.

Aktionspotential: schnelle, vorübergehende, sich selbst fortpflanzende elektr. Erregung in der Plasmamembran einer Zelle, z. B. eines Neurons* od. einer Muskelzelle. A. od. Nervenimpulse ermöglichen eine Reizweiterleitung im Nervensystem. Das A. entsteht am Axonhügel u. wird zu den kleinen Endverzweigungen des Axons weitergeleitet.

Aktivatoren: Promotoren; Substanzen, die in geringster Menge katalyt. Reaktionen beschleunigen, ohne selbst Katalysatoren zu sein. Sie verstärken die Wirksamkeit von Katalysatoren u. Enzymen (z. B. Thromboplastin*) u. sind bei großtechn. Prozessen wichtig, z. B. Ammoniaksynthese.

Aktiviertes Protein C: s. Drotrecogin alfa.

Aktivierung, optische: Anreicherung od. Reindarstellung eines Enantiomeren; vgl. Racematspaltung.

Aktivierungsanalyse: durch Beschuss mit Teilchen, v. a. mit Neutronen (Neutronen-A.), seltener mit Protonen, werden Atomkerne je nach deren Wirkungsquerschnitt über Kernreaktionen in charakterist. Radionuklide überführt, die aufgrund ihrer Gammastrahlung mittels der Gammaspektrometrie* qualitativ u. quantitativ bestimmbar sind. Man unterscheidet die instrumentelle bzw. zerstörungsfreie A. von der radiochem. A., bei der das bestrahlte Material vor der Messung chem. aufgetrennt wird. **Anw.:** u. a. Spurenanalyse: mit der A. lassen sich z. B. Metalle in Haaren noch im Spurenbereich bestimmen.

Aktivierungsenergie: die Differenz E_A zw. der mittleren Energie von Atomen od. Molekülen u. der (höheren) Mindestenergie E_{min}, die sie aufweisen müssen, um eine chem. Reaktion auszulösen. Bei einer Temp. T beträgt der Anteil X der Moleküle mit einer größeren Energie als E_{min}:

$$X = e^{\frac{-E_A}{R \cdot T}}$$

R = allg. Gaskonstante; vgl. Arrhenius-Gleichung.

Aktivierung von Festkörpern: s. Molekulargalenik.

Aktivität: **1.** s. Radioaktivität. **2.** vgl. Enzymaktivität. **3.** A., thermodynamische: eine Hilfsfunktion, die in thermodynam. Gleichungen die Konz. ersetzt u. daher als „effektive Konz." betrachtet werden kann. Die A. erfasst z. B. die Abweichungen der für Elektrolytlsg. geltenden realen Gesetze (s. Massenwirkungsgesetz) von den idealen. Ideale Gesetze gelten nur, wenn Ionen nicht durch ihre Anziehungskräfte gegenseitig beeinflusst werden (unendl. verd. Lösungen). Die A. a ist gleich der Konz. c multipliziert mit dem Aktivitätskoeffizienten* f: $a = f \cdot c$.

A

Aktivität, optische: optisches Drehvermögen; Eigenschaft vieler Substanzen, die Schwingungsebene linear polarisierten Lichts (s. Polarisation des Lichtes) um einen bestimmten Winkel zu drehen. Verantwortl. dafür ist entweder allein der kristalline Aufbau der Substanz, z. B. bei Quarz, od. die Asymmetrie des Moleküls (s. Chiralität). Die **optische Drehung** (Drehwinkel α) wird mit einem Polarimeter* gemessen u. meist als spezifische Drehung* angegeben. Opt. aktive Stoffe kommen in zwei spiegelbildl. Isomeren vor (Enantiomere*, opt. Antipoden), opt. links- od. rechtsdrehend, gekennzeichnet durch den Vorsatz (–)- od. (+)-, veraltet auch durch L- od. D-.

Aktivitätskoeffizient: ein dimensionsloser Faktor, der den Zusammenhang zw. Konz. u. Aktivität* herstellt. Für stark verd. Lsg. (c kleiner als 10^{-3} mol/L) wird er annähernd 1. Für verd. Lsg. ist der negative Logarithmus des A. f in erster Näherung (Debye-Hückel-Grenzgesetz für A.) proportional der Quadratwurzel der Ionenstärke* I (A ist bei 25 °C 0.51): $\log f = -A \cdot I^{0.5}$.

Aktivitätskoeffizient, praktischer: Symbol γ_b, γ_c; unterscheiden sich Aktivität* u. Konzentration* einer Substanz bei höher konz. Lsg., dann gibt der p. A. das Verhältnis bd. an, je nach dem, ob die Konz. in Molalität* (b) od. Molarität* (c) angegeben ist: $\gamma_b = a/b$, $\gamma_c = a/c$.

Aktivitätskoeffizient, rationaler: Symbol γ_x; unterscheiden sich Aktivität* u. Stoffmengenanteil* einer Substanz bei höher konz. Lsg., dann gibt der r. A. das Verhältnis bd. an: $\gamma_x = a/x$.

Aktivität, spezifische: Abk. A_s; die Aktivität eines Isotopes A bezogen auf die Summe der Massen m od. molaren Konz. an radioaktiven u. inaktiven Isotopen des Elementes.

$$A_s = \frac{A}{m}\left[\frac{Bq}{g}\right],\ A_s = \frac{A}{M}\left[\frac{Bq}{mol}\right]$$

Für radioaktive Substrate ist entspr. die s. A. die Aktivität der Substanz pro Summe der Massen der markierten u. unmarkierten Substanz. Die nicht markierte Substanz wird auch als Träger* bezeichnet. Der Trägergeh. u. damit die s. A. sind dann von bes. Bedeutung, wenn tox. od. zentral wirksame Substanzen markiert u. angewandt werden u. die s. A. möglichst groß sein muss, um pharmakol. Wirk. auszuschließen.

Aktivitätsstufen: s. Aktivität; vgl. Aluminiumoxid.

Aktivität, thermodynamische: s. Aktivität.

Aktivkohle: s. Carbo activatus.

Akupunktur (lat. pungere stechen): aus der chines. Medizin stammende Therapiemethode, die auf einer min. 3000-jährigen Tradition basiert. Methode der Erfahrungsheilkunde, bisher wissenschaftl. nur in der Schmerzther. anerkannt. Nach chines. Lehre gibt es neben Blutgefäßen, Lymphgefäßen u. Nervenbahnen im menschl. und tier. Organismus 14 Meridiane (sog. Energiebahnen für die Lebensenergie Qi) mit ca. 700 Steuerungspunkten (Akupunkturpunkte). Krankheiten entstehen durch ein Übermaß (Fülle) od. einen Mangel (Leere) an Energie in einem Meridiansystem. Durch Setzen von Nadeln in die Steuerungspunkte wird der Energiefluss ausgeglichen u. damit die Autoregulation des Organismus gezielt angeregt; Moxibustion s. Artemisia moxa. **Indikation:** alle Krankheiten, bei denen eine Autoregulation des Organismus mögl. ist, bes. Schmerzsyndrome, Allergien, funktionelle Störungen aller Art; **Sonderformen:** Laser-, Ohr-, Mund-, Schädelakupunktur.

akut: schnell, frisch, heftig auftretend, im Ggs. zu chronisch*.

Akute-Phase-Proteine: (umgangssprachl.) Anti-Entzündungsproteine; Proteine, die bei entzündl. u. neoplast. Erkrankungen aufgrund von Mediatoren (z. B. Interleukinen*) aus Makrophagen in der Leber gebildet u. freigesetzt werden. A.-P.-P. umfassen Proteine, die an Bakterienmembranen binden (CRP, Serumamyloid A), Proteaseinhibitoren (α_1-Antitrypsin, α_1-Antichymotrypsin), Gerinnungsfaktoren (Fibrinogen), Komplementkomponenten (C3 und C4) u. Transportproteine (Haptoglobin, Caeruloplasmin).

akzessorisch: unterstützend, hinzutretend; z. B. akzessor. Nährstoffe.

akzidentell: zufällig auftretend, d. h. nicht zur Krankheit gehörig. Akzidentelle Vergiftungen (unwissentl. Vergiftungen), z. B. bei Kindern.

-al: s. Aldehyde.

Al: (chem.) Symbol für Aluminium*.

Alabaster: s. Calciumsulfat.

Alachlor: 2-Chlor-2',6'-diethyl-*N*-(methoxymethyl)acetanilid; CAS-Nr. 15972-60-8; $C_{14}H_{20}ClNO_2$, M_r 269.8. **Anw.** techn.: Herbizid; s. Schädlingsbekämpfungsmittel (Tab.).

Alanin: Abk. Ala, Alaninum Ph.Eur.4, α-Alanin; α-Aminopropionsäure, (*S*)-2-Aminopropionsäure; CAS-Nr. 56-41-7; $C_3H_7NO_2$, M_r 89.1. Strukturformel s. Aminosäuren (Abb.). Schmp. 297 °C. Farblose Kristalle. Leicht lösl. in Wasser; opt. aktiv; $pK_{S,2}$ 9.87 ($pK_{S,1}$ der konjugierten Säure 2.35). Proteinogene, glucoplast. Aminosäure, die eng mit dem Stoffwechsel von Zuckern u. org. Säuren verbunden ist. **Anw.**: Diätetikum, Lebertherapeutikum; **β-Alanin:** eine nicht proteinogene Aminosäure, Best. der Pantothensäure (s. Vitamine) u. somit des Coenzyms A.

Alant: s. Inula helenium.

Alantkampfer: s. Helenin.

Alantöl: s. Inula helenium.

Alantolacton: s. Helenin.

Alantstärke: s. Inulin.

Alantwurzelstock: s. Inula helenium.

Alaun: s. Kaliumalaun. A., gebrannter: s. Kaliumalaun (Alumen ustum).

Alaune: Doppelsalze mit der allg. Formel $M^I M^{III}(SO_4)_2 \cdot 12\,H_2O$. M^I kann Na, K, Rb, Cs, Tl u. M^{III} kann Al, Cr, Fe, V, Ga sein. Alle Alaune kristallisieren in Oktaedern od. Würfeln. Hauptvertreter der Alaune ist das Kaliumaluminiumsulfat (Alumen Ph.Eur.4), s. Kaliumalaun.

Albedo: **1.** Neutronendosimeter; s. Dosimeter; Strahlenmessgeräte. Vom Körper moderierte u. zurückgestreute Neutronen (Albedo-Neutronen) werden mit einem für Neutronen empfindl. Thermolumineszenz-Dosimeter (TLD) gemessen. Die Gammastrahlendosis wird parallel über einen zweiten Detektor bestimmt u. subtrahiert. Je nach verwendetem TLD lassen sich Neutronen versch. Energiebereiche erfassen **2.** s. Citrus.

Albedo Aurantii: das schwammige Mesokarp der Bitterorangenschale; s. Citrus aurantium.

Albendazol INN: Albendazolum Ph.Eur.4; Methyl[5-(propylsulfanyl)-1*H*-benzimidazol-2-yl-]carbamat; CAS-Nr. 54965-21-8; $C_{12}H_{15}N_3O_2S$, M_r 265.33. Wirkstoff der Benzimidazol-Klasse (vgl. Mebendazol). **Wirk.:** hemmt den Glucosestoffwechsel u. die ATP-Synthese von Parasiten; **Anw.:** Breitband-Anthelminthikum* gegen Nematoden* u. Cestoden*; **UAW:** gastrointestinale Beschwerden, Kopfschmerz, Schwindel, Hautreaktionen, Leberfunktionsstörungen, teratogen; **Kontraind.:** Schwangerschaft u. Stillperiode; **Dos.:** 800 mg/d p. o. über 4 Wochen, dann 14-tägige Pause, max. 3 Therapiezyklen; HWZ 8.5 h (Metaboliten).

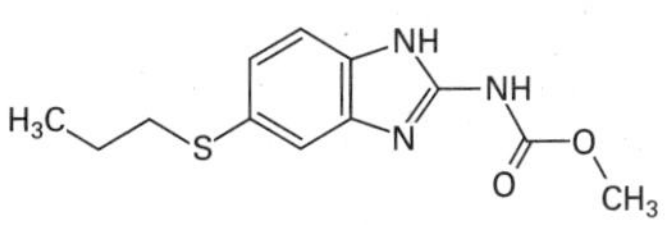

Albendazol

Alber: Abele; Silber- od. Weißpappel; s. Populus-Arten.

Albomycin: zu den Sideromycinen zählendes Antibiotikum aus Streptomyces subtropicus. Mit Grisein verwandt, ein Peptid aus 7 Aminosäuren mit 4,16 % Eisen, das gegen Staphylokokken in 10-mal geringerer Konz. wirksam ist als Penicillin.

Albumen: s. Proteine.

Albumen Ovi siccum: s. Ei.

Albumen sanguinis: Serumalbumin; s. Albumine.

Albuminate: Salze der Albumine*.

Albumine: Gruppe einfacher Proteine; kommen in Körperflüss. od. -bestandteilen u. in bestimmten Pflanzensamen vor. Sie sind im Ggs. zu den Globulinen niedermolekular, wasserlösl., gut kristallisierbar u. enthalten einen Überschuss an sauren Aminosäuren. **Serumalbumin:** (Plasmaalbumin, Albumen sanguinis) ist kohlenhydratfrei u. stellt mit 55-62 % das Hauptprotein der Plasmaproteine* dar. Menschl. Serumalbumin wird in der Leber gebildet u. besteht aus einer Polypeptidkette aus 584 Aminosäuren, die durch 17 Disulfidbrücken stabilisiert wird; M_r 67 500; isoelektr. Punkt 4.9. Seine Hauptfunktionen sind die Regulation des kolloidosmotischen (onkotischen) Drucks im Blut u. die Eiweißbindung (s. Plasmaproteinbindung) von Arzneistoffen. Die Gew. erfolgt mit Hilfe der Plasmafraktionierung* nach Cohn; s. Albuminlösung vom Menschen. **α-Lactalbumin:** (Milchproteine, s. Lactalbumin), M_r 13 500, u. **Ovalbumin:** (Eialbumin), M_r 44 000, enthalten im Ggs. zu Serumalbumin je ein Oligosaccharid, das über einen Asparaginsäurerest mit der Polypeptidkette verknüpft ist. Weitere Vertreter sind das giftige Ricin*, ein Lektin* aus Rizinussamen, Leucosin aus Weizen-, Roggen- u. Gerstenkörnern u. Legumelin aus Leguminosen.

Albumini humani solutio: s. Albuminlsg. vom Menschen.

Albuminimeter: graduiertes Reagenzglas zur Bestimmung der Eiweißmengen im Harn; vgl. Esbach-Reagens.

Albumini tannas: s. Tanninalbuminat.

Albuminlösung vom Menschen: Albumini humani solutio Ph.Eur.4, Solutio Albumini humani; wässrige Proteinlsg., Gew. aus Plasma. **Inhaltsst.:** mind. 95 % des Gesamtproteins muss aus Albumin* bestehen u. den Ph.Eur.-Vorschriften über Plasma* vom Menschen zur Fraktionierung entsprechen; geeigneter Stabilisatorzusatz (z. B. Natriumoctanoat, *N*-Acetyltryptophan) gegen Wärmeeinfluss mögl., kein Konservierungsmittel; **Herst.:** entw. als konz. Lsg. (15-25 % Gesamtprotein) od. als isoton. Lsg. (3.5-5 % Gesamtprotein); die Lsg. wird keimfiltriert, asept. in geeignete Behältnisse abgefüllt u. pasteurisiert (60 °C, 10 h); Haltbarkeit: 5 Jahre bei 1-9 °C, 3 Jahre bei Raumtemperatur; **Anw.:** **1.** Plasmaersatzstoff (4-5 %ige Lsg.), s. Blutersatz; **2.** Substitution von Albumin (HWZ ca. 2 Wochen) u. zur Behandlung von Ödemen (konz. Lösung).

Albumin- Technetium[^{99m}Tc]- Injektionslösung: Technetii[^{99m}Tc] humani albumini solutio iniectabilis Ph.Eur.4; sterile, pyrogenfreie Lsg. von mit Technetium*-99m markiertem Albumin vom Menschen. Die Injektionslsg. enthält eine reduzierende Substanz, z. B. Zinnsalz, in einer Menge von max. 1 mg Sn/mL; sie kann einen geeigneten Puffer u. eine antimikrobiell wirksame Substanz enthalten. Das verwendete Albumin muss den Anforderungen der Albuminlsg. vom Menschen (Albumini humani solutio) entsprechen. **Herst.:** aus Natrium[^{99m}Tc]pertechnetat-Injektionslsg. (s. Natriumpertechnetat[^{99m}Tc]) unter Verw. geeigneter steriler u. pyrogenfreier Substanzen; **Anw.:** in der Nuklearmedizin zur szintigraphischen Erfassung von Blutverteilungsraum (Bloodpool), Blutungsquellen, kardiodynamischen Parametern.

Albuminurie: Ausscheidung von Albumin im Urin, vgl. Proteinurie.

Albumosen: neben den Peptonen* Zerfallsprodukte der Eiweißkörper.

Albumosesilber: s. Silberproteinat.

Alcea rosea L.: Althaea rosea (L.) Cav., Pappelrose, Stockrose, Baumrose; Fam. Malvaceae (fast weltweit eingebürgert). Stpfl. von **Malvae arboreae flos:** Flores Malvae arboreae, Flores Alceae, Malvae hortensis flos, Flores Malvae hortensis, Stockrosenblüten, schwarze Malven. **Inhaltsst.:** Schleim, Gerbstoff, Anthocyane (Althaein); **Anw.** volkstüml.: z. B. bei Katarrhen der Atemwege, des Magen-Darm-Traktes u. der Harnwege; techn.: früher zum Färben von Weinen.

Alchemilla vulgaris L. s. l.: Alchemilla xanthochlora Rothm., Alchemilla vulgaris auct. non L., Frauenmantel, Marienmantel, Sinau; Fam. Rosaceae (Europa). Stpfl. von **Alchemillae herba:** Herba Alchemillae, Herba Leontopodii, Frauenmantelkraut, Alchemistenkraut, Marienmantelkraut; das zur Blütezeit gesammelte u. getrocknete Kraut. **Off.:** Ph.Eur.4; **Inhaltsst.:** 5-8 % Gerbstoffe (hauptsächl. Ellagitannine wie Agrimonin, Laevigatin, Pedunculagin), 2-3 % Flavonoidglykoside, Procyanidine; **Anw.:** bei akuten, unspezif. Durchfallerkrankungen u. Magen-Darm-Störungen;

volkstüml.: z. B. im Klimakterium u. bei Dysmenorrhö; als Adstringens u. Blutreinigungsmittel sowie zu Bädern.
Hom: *Alchemilla vulgaris ex herba siccata (HAB1.4):* getrocknetes, blühendes Kraut.

Alchemistenkraut: s. Alchemilla vulgaris.

Alclometason INN: halogeniertes Glucocorticoid; CAS-Nr. 67452-97-5; $C_{22}H_{29}ClO_5$. Schmp. 176 °C. **Anw.:** lokal verwendetes, entzündungshemmendes Glucocorticoid (s. Hormone).

Alcloxa INN: Alcloxum, Chlortetrahydroxy-dialuminiumallantoin; Tetrahydroxychloro-(2-hydroxy-5-oxo-2-imidazolin-4-yl)ureido-dialuminium; CAS-Nr. 1317-25-5; $C_4H_9Al_2ClN_4O_7$, M_r 314.55. **Anw.:** früher als Adstringens*, Keratolytikum*; vgl. Allantoin.

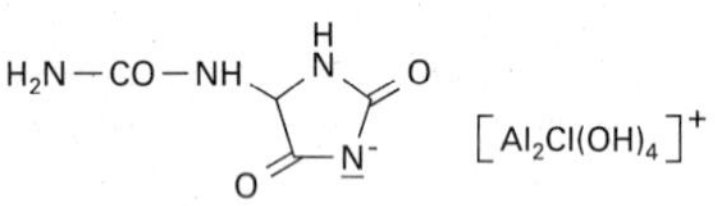

Alcloxa

Alcohol absolutus: Ethylalkohol, wasserfrei; s. Ethanol.

Alcohol aethylicus: s. Ethanol.

Alcohol allylicus: s. Allylalkohol.

Alcohol amylicus: s. Amylalkohol.

Alcoholaturae: s. Alkoholaturen.

Alcohol benzylicus: s. Benzylalkohol.

Alcohol butylicus: s. Butylalkohol.

Alcohol cetylicus: s. Cetylalkohol.

Alcohol cetylicus et stearylicus: s. Cetylstearylalkohol.

Alcohol cetylicus et stearylicus emulsificans: s. Cetylstearylalkohol, emulgierender.

Alcohol cinnamylicus: s. Zimtalkohol.

Alcoholes Adipis Lanae: s. Wollwachs (Wollwachsalkohole).

Alcoholes Lanae: s. Wollwachs.

Alcohol isopropylicus: s. Isopropylalkohol.

Alcohol methylicus: s. Methanol.

Alcohol propylicus: s. Propylalkohol.

Alcohol sulfuris: s. Schwefelkohlenstoff.

Alcohol tetrahydrofurfurylicus: s. Tetrahydrofurfurylalkohol.

Alcohol trichlorbutylicus: s. Chlorobutanol.

Alcuroniumchlorid INN: Alcuronii chloridum Ph.Eur.; CAS-Nr. 15180-03-7; $C_{44}H_{50}Cl_2N_4O_2$, M_r 737.81. **Anw.:** peripheres, stabilisierendes Muskelrelaxans*; 5-mal so wirksam wie Tubocurarinchlorid; **UAW:** wie Tubocurarinchlorid*, allerdings viel geringere Histaminfreisetzung; Wirkungseintritt 3-4 min nach i. v. Applikation, Wirkungsdauer 15-20 min; **Dos.:** 150 µg/kg KG i. v., nach 15-25 min 30 µg/kg KG nachinjizierbar; HWZ 2-4.5 h.

Aldarsäuren: s. Zuckersäuren, Kohlenhydrate (Abb. 5).

Aldehyde: org. Verb. mit der Formel R – CHO; charakterist. funktionelle Gruppe: Carbonyl-Gruppe C = O (vgl. Ketone: R – C(O) – R'). **IUPAC:** **1.** Suffix -al im Namen des Stammsystems. Das Aldehyd-C-Atom erhält die Ziffer 1 bei der Numerierung. **2.** Suffix -carbaldehyd im Namen des Stammsystems (Kohlenwasserstoff, Heterocyclus), z. B. Cyclopropancarbaldehyd. Trivialnamen für A. werden häufig von den entsprechenden Carbonsäuren abgeleitet: Endung -aldehyd ersetzt -säure, z. B. Propionaldehyd (s. Abb.). **Herst:** A. werden durch Dehydrierung od. Oxidation von primären Alkoholen (**Al**cohol **dehyd**rogenatus) od. durch Reduktion von Carbonsäurechloriden durch Wasserstoff hergestellt. A. u. Ketone* spielen wegen ihrer versch. Strukturen u. ihrer hohen Reaktivität eine wichtige Rolle bei org.-chem. Synthesen. Die meisten Reaktionen lassen sich in Carbonyl-Additionsreaktionen, Reaktionen von Enolen od. Enolaten od. Redoxreaktionen einteilen. Aldehyde sind starke Reduktionsmittel.

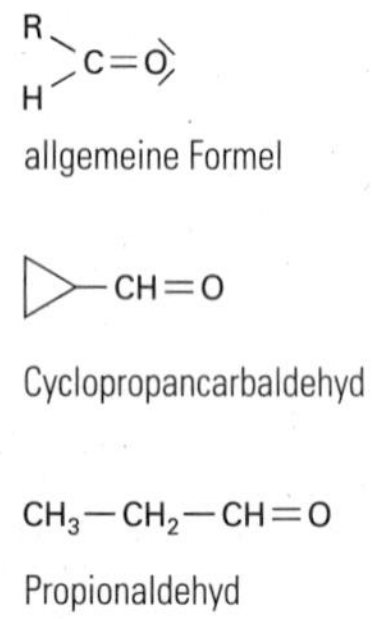

Aldehyde: Beispiele für die Aldehyd-Nomenklatur

Aldicarb: 2-Methyl-2-(methylthio)propionaldehyd-*O*-(methylcarbamoyl)-oxim; $C_7H_{14}N_2O_2S$; CAS-Nr. 116-06-3; M_r 190.27. Löslichkeit in Wasser: 6 g/L, lösl. in den meisten org. Lösungsmitteln. **Anw.:** system. Insektizid, Nematizid u. Akarizid; s. Schädlingsbekämpfungsmittel (Carbamate); **Wirk.:** Cholinesterasehemmer.

Aldimin: s. Imine.

Aldioxa INN: Aldioxum; Dihydroxy-(2-hydroxy-5-oxo-2-imidazolin-4-yl)ureido-aluminium; CAS-Nr. 5579-81-7; $C_4H_7AlN_4O_5$, M_r 218.10. **Anw.:** Adstringens*, Keratolytikum*. Gebräuchl. ist auch Aldioxamonolactat; vgl. Allantoin, Alcloxa.

Aldohexosen: Monosaccharide mit sechs C-Atomen u. einer endständigen CHO – Gruppe; $CH_2OH-(CHOH)_4-CHO$. Infolge ihrer vier asymmetr. C-Atome treten sie in mind. 16 versch. Formen auf, wegen Tautomerie ist die Mannigfaltigkeit noch größer; s. Hexosen.

Aldol: Acetaldol; 3-Hydroxybutyraldehyd, $C_4H_8O_2$. Farblose Flüss. mit stechendem Geruch. D. 1.103. Mischbar mit Wasser u. Ethanol, zerfällt beim Erhitzen. Bildung durch Zusammenlagerung von 2 Acetaldehydmolekülen (Aldoladdition*). **Anw.:** Zwischenprodukt bei der Herst. von 1,3-Butandiol, von Crotonsäure u. Weichmachern.

Aldoladdition: Addition von Carbanionen an Carbonylgruppen eines Ketons od. Aldehyds zur Herstellung von β-Hydroxyaldehyden od. β-Hydroxyketonen (s. Abb.). Die Carbanionen werden durch Basenkatalyse aus aktivierten Methylengruppen erzeugt.

Aldolase: s. Fructosediphosphataldolase.

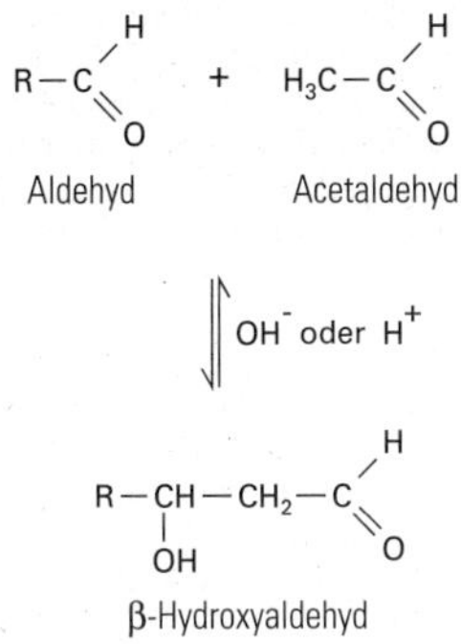

Aldoladdition: Synthese eines β-Hydroxyaldehyds

Aldolkondensation: Aldoladdition*, an die sich eine Eliminierung von Wasser anschließt. Es entstehen α,β-ungesättigte Carbonylverbindungen.

Aldonsäuren: Onsäuren; aus Aldosen durch Oxidation der Aldehydgruppe entstandene Monocarbonsäuren, die durch Anfügen der Endung -on an den Stamm des betr. Monosaccharids bezeichnet werden. Einige wichtige A. sind L-Arabonsäure, Xylonsäure, D-Glukonsäure, D-Mannonsäure u. Galaktonsäure.

Aldosen: Polyhydroxyaldehyde; neben den Ketosen* eine der wichtigsten Untergruppen der Monosaccharide; s. Kohlenhydrate. Charakterisiert durch eine terminale Aldehydgruppe –CHO, die bei systemat. Nomenklatur stets die Nummer 1 trägt. A. leiten sich formal von ihrem einfachsten Vertreter, dem Glycerinaldehyd, durch Kettenverlängerung ab. Sie werden entspr. der Anzahl ihrer Hauptkettenkohlenstoffatome in Triosen, Tetrosen etc. eingeteilt. Bes. Bedeutung haben Pentosen* u. Hexosen*.

Aldosteron INN: Electrocortin; 11β,18-Epoxy-18,21-dihydroxypregn-4-en-3,20-dion, CAS-Nr. 52-39-1; $C_{21}H_{28}O_5$, M_r 360.4. Aldosteron ist das wichtigste Mineralocorticoid, das in der Nebennierenrinde gebildet wird, s. Hormone. **Wirk.:** verantwortl. für Natriumretention u. Kaliumausscheidung, vgl. Renin-Angiotensin-Aldosteron-System; zeigt keine entzündungshemmende Wirk.; **Anw.:** wurde bei der Addison-Krankheit zusätzl. zu Glucocorticoiden* gegeben; **WW:** durch Spironolacton* kann A. kompetitiv gehemmt werden; HWZ 0.5 h.

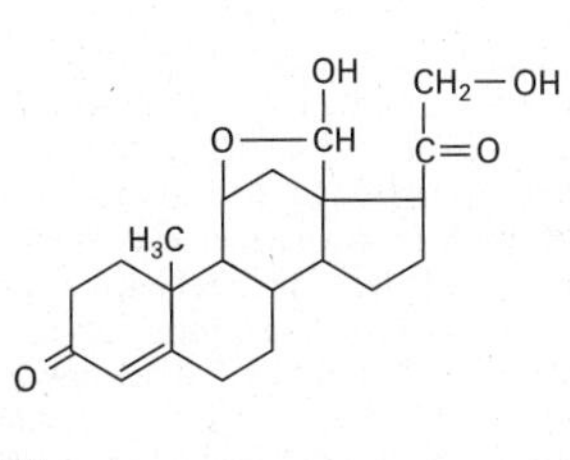

Aldosteron

Aldosteronantagonisten: s. Diuretika.

Aldoxime: entstehen durch Einw. von Hydroxylamin auf Aldehyde. Sie sind teils kristallisiert, teils flüssig u. verbinden sich mit Säuren u. mit Basen (Ketoxime: vgl. Ketone).

Aldrin: 1,2,3,4,10,10-Hexachlor-1,4,4a,5,8,8a-hexahydro-1,4-*endo*-5,8-*exo*-dimethanonaphthalin; $C_{12}H_8Cl_6$, CAS-Nr. 309-00-2, M_r 364.93, Schmp. 104 °C. Ein Produkt aus Hexachlorcyclopentadien mit bicycl. Dienophilen aus der Gruppe der chlorierten Kohlenwasserstoffe; s. Abb. Unlösl. in Wasser, lösl. in den meisten org. Lösungsmitteln. Das Epoxid von A. ist Dieldrin*; das Epoxid vom Aldrin-Isomeren Isodrin heißt Endrin*. **Anw.:** Schädlingsbekämpfungsmittel* (chlorierte Kohlenwasserstoffe). A., Dieldrin u. Endrin sind gut wirksame Insektizide mit langer Wirkungsdauer. A. wird durch enzymat. Oxidation in Warmblütlern, Insekten u. Pflanzen zum Dieldrin aktiviert. Dieldrin ist weniger flüchtig u. stabiler als Aldrin. Endrin ist auch ein gut wirksames Rodentizid geg. Feld- u. Wühlmäuse. Die Anw. von A., Dieldrin u. Endrin ist wegen der großen Rückstandsprobleme in vielen Ländern untersagt. Es werden immer wieder Rückstände dieser chlorierten Kohlenwasserstoffe in Lebensmitteln u. Arzneidrogen nachgewiesen.

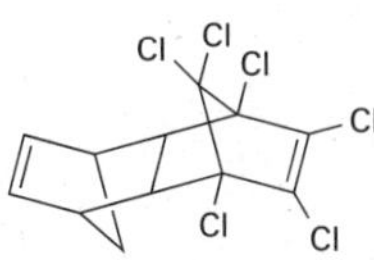

Aldrin

Alemtuzumab INN: humanisierter monoklonaler Antikörper*. **Wirk.:** A. führt durch Bindung an das Glykoprotein CD52 (auf der Oberfläche von Lympho-, Mono- u. Thymozyten) zu einer Antikörper abhängigen Zytotoxizität u. somit zur Lyse der krankhaft vermehrten unreifen Lymphozyten. **Anw.:** fortgeschrittene chron. lymphat. Leukämie (CLL); **UAW:** bes. Schüttelfrost, Fieber, Hautrötungen, Übelkeit u. Erbrechen. Aufgrund der Antikörper vermittelten Entstehung einer Lymphopenie besteht eine erhöhte Gefahr für opportunist. Infektionen. **Dos.:** Beginn mit langsamer Dosissteigerung (Tag 1: 3 mg i. v., Tag 2: 10 mg i. v., Tag 3: 30 mg i. v.); Erhaltungstherapie: 3-mal wöchentl. 30 mg i. v. für 4-12 Wochen; HWZ 23-30 h; **Hinweis:** Die prophlyakt. Anw. entspr. wirksamer Antiinfektiva wird während einer Ther. empfohlen.

Alendronsäure INN: (4-Amino-1-hydroxybutyliden)diphosphonsäure; CAS-Nr. 66376-36-1; $C_4H_{13}NO_7P_2$, M_r 249.1. Strukturformel s. Biphosphonate (Abb.). Schmp. 233-235 °C. **Wirk.:** Calciumstoffwechselregulator; wie alle Biphosphonate sehr geringe Bioverfügbarkeit (max. ca. 0.7 %); **Anw.:** Behandlung der postmenopausalen Osteoporose; **UAW:** gastrointestinale Beschwerden; **Dos.:** 1 × 10 mg/d nach dem Aufstehen mit ca. 200 mL Wasser mind. 30 min vor dem ersten Essen od. Trinken u. vor jegl. anderen Arzneimittel; nach der Einnahme innerhalb 30 min nicht wieder hinlegen.

Aleppogallen: s. Gallen.

Aleprestin-: Aleprin-, Aleprol-, Aleprylsäure; s. Cyclopenten-Fettsäuren.

Aletris farinosa L.: Aletris alba Mich., Bittergras; Fam. Melanthiaceae (heim. in Nordamerika). Stpfl. von **Rhizoma (Radix) Aletris farinosae:** Sternwurzel, Runzelwurzel, Leuchtsternwurzel. **Inhaltsst.:** äther. Öl, Bitterstoffe, Saponin (mit dem Aglykon Diosgenin*); **Anw.** volkstüml.: z. B. bei Appetitlosigkeit, dyspeptischen Beschwerden. **Hom:** *Aletris farinosa (HAB1.4):* frische Wurzelknolle (knollig-zylindr. Wurzelstock mit zahlreichen Faserwurzeln); verord. z. B. bei Menstruationsbeschwerden, Schwangerschaftsbeschwerden.

Aleuritinsäure: s. Schellack.

Aleuronkörner: Proteinkörner; nur in Pflanzensamen (hauptsächl. Getreide), meist zus. mit Stärkekörnern, eiförmig od. polygonal, vielfach mit Einschlüssen von Globoiden* u. Calciumoxalat. Zum Nachw. der Aleuronkörner in Drogen dient Iodglycerol*. Aleuronkörner färben sich dunkelgelb, mit Ausnahme der Globoide.

Alexine: veraltet; nat., unspezif. Abwehrstoffe im Blutserum s. Komplement.

Alfacalcidol INN: Alfacalcidolum Ph.Eur., 1α-Hydroxycolecalciferol; (5*Z*,7*E*)-9,10-Secocholesta-5,7,10(19)-trien-1α,3β-diol; CAS-Nr. 41294-56-8; $C_{27}H_{44}O_2$, M_r 400.65. Schmp. 138-139.5 °C. $[\alpha]_D^{25\,°C}$ +28° (Ether). **Anw.:** Substitutionsther. bei Störungen des Vitamin-D-Metabolismus (s. Vitamine, Vitamin D).

Alfadex: Alfadexum Ph.Eur.4, Alphacyclodextrin, Cyclomaltohexaose; $(C_6H_{10}O_5)_6$. Weißes, amorphes od. kristallines Pulver; lösl. in Wasser u. Propylenglycol, prakt. unlösl. in Dichlormethan u. wasserfreiem Ethanol. Lösung in Iod-Lösung *R 4* Ph.Eur.4 unter Erhitzen scheidet bei Raumtemperatur einen gelbl. braunen Niederschlag ab. $[\alpha]_D^{20\,°C}$ 147-152°; Trocknungsverlust max. 10.0 %. s. Cyclodextrine.

Alfalfa: s. Medicago sativa.

Alfenide: Kupferlegierung, versilbertes Neusilber.

Alfentanil INN: *N*-{1-[2-(4-Ethyl-5-oxo-2-tetrazolin-1yl)ethyl]-4-methoxymethyl-4-piperidyl}propionanilid; CAS-Nr. 71195-58-9; $C_{21}H_{32}N_6O_3$, M_r 416.5. **Anw.:** starkes Analgetikum*, v. a. zur Neuroleptanalgesie* u. bei operativen Eingriffen mit künstl. Beatmung; HWZ 1.1 h; vgl. Fentanyl. **Alfentanilhydrochlorid:** Alfentanili hydrochloridum Ph.Eur.4; CAS-Nr. 70879-28-6; $C_{21}H_{33}ClN_6O_3$, M_r 453.0; Schmp. 140 °C (unter Zers.). Weißes bis fast weißes Pulver, leicht lösl. in Wasser, Ethanol u. Methanol.

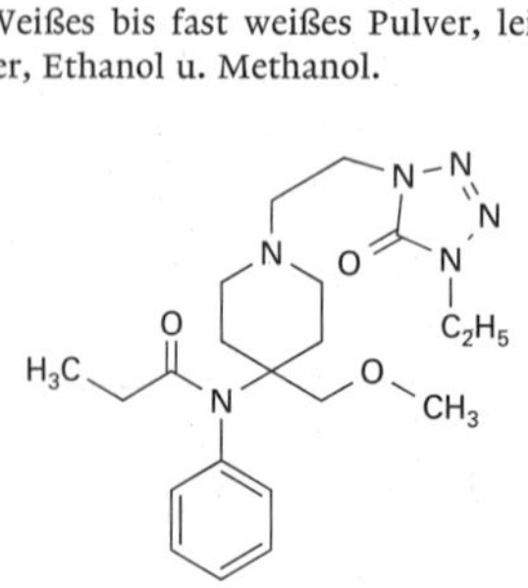

Alfentanil

Alfuzosin INN: (*RS*)-*N*-3-[(4-Amino-6,7-dimethoxychinazolin-2-yl(methyl)amino]propyl-tetrahydrofuran-2-carboxamid; CAS-Nr. 81403-80-7; $C_{19}H_{27}N_5O_4$, M_r 389.46. Schmp. 225 °C (kristallisiert aus Ethanol u. Diethylether); pK_S 8.13. **Wirk.** u. **Anw.:** Alpha-1-Adrenozeptorantagonist vom Chinazolintyp zur symptomat. Behandlung benigner Prostatahyperlpasie, vgl. Terazosinhydrochlorid; durch selektiven Angriff auf die Alphaadrenozeptoren der Harnwege u. Prostata fast keine Wirk. auf Herzfrequenz u. Blutdruck. **UAW:** gelegentl. gastroinestinale Störungen, Schwindel, orthostat. Hypotonie, selten Synkopen u. pektanginöse Beschwerden; **WW:** gleichzeitige Gabe von Calciumantagonisten u. Alphaadrenozeptorenblockern kann den Blutzucker senken; **Kontraind.:** orthostat. Hypotonie u. gleichzeitige Gabe anderer Alphaadrenozeptorantagonisten bzw. Antihypertensiva*; **Dos.:** 2-3 × 2.5 mg/d p. o.; HWZ 4-6 h. **Alfuzosinhydrochlorid:** Alfuzosini hydrochloridum Ph.Eur.4; CAS-Nr. 81403-68-1; $C_{19}H_{28}ClN_5O_4$, M_r 425.92. Weißes, krist. Pulver, leicht lösl. in Wasser, wenig lösl. in Ethanol, fast unlösl. in Dichlormethan. **Wirk.** u. **Anw.:** wie Alfuzosin.

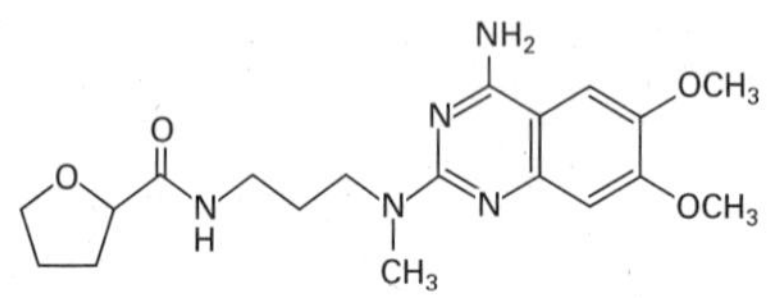

Alfuzosin

Algarroba: Algarrobilla; die walzenförmigen Früchte von Caesalpinia* brevifolia. **Best.:** 50-60 % Gerbstoffe; **Anw.** techn.: Gerben.

Alge, Irländische: s. Carrageen.

Algeldrat: s. Aluminiumoxid.

Algen: Algae, Phycophyta; Sammelgruppe niederer, meist wasserbewohnender Pflanzen. Ein- od. mehrzellig; mit Zellkern; bilden Kolonien od. Zellverbände, fädige od. flächige Formen; Chlorophyll- u. farbstoffhaltig. Beispiele sind die Klassen: **1.** Chlorophyceae (Grünalgen, meist Süßwasser bewohnende Einzeller bis Thalluspflanzen), **2.** Phaeophyceae (Braunalgen*), **3.** Rhodophyceae (Rotalgen*), **4.** Diatomeen (Kieselalgen*, einzellig. Die Klassen 2-4 sind von gewissem pharmaz. Interesse.

Algenmehl: s. Ascophyllum nodosum.

Alginate: Salze der Alginsäure*; manchmal sind damit auch die Alginsäureester* gemeint. Die Alginate sind in Wasser unbegrenzt quellbar bzw. kolloidlösl. mit Ausnahme von Calciumalginat u. Alginsäure selbst. **Anw.:** **1.** Quasi-Emulgatoren zur Viskositätserhöhung bei der Bereitung von Emulsionen u. Suspensionen; **2.** Granulierflüss. u. Zerfallsmittel bei der Tablettenherst.; **3.** Zusatz in Schlankheitsdiätetika wegen ihrer Eigenschaft im Magen aufzuquellen u. so ein Sättigungsgefühl hervorzurufen, ohne dem Körper zur Energiegewinnung zu dienen; **4.** Antazidum (bilden im Magen eine säurebindende Schutzschicht); **5.** Herst. von Verband- u. Nahtmaterial; **6.** Herst. von zahnmed. Abformungen; **7.** Herst. von Appreturmitteln, Leimen, Geliermitteln, auch als Kesselsteinmittel. **Inkomp.:** Alkohole, Balsame, Teere, Salicylsäure u. saure Zusätze (Ausfällung der Alginsäure); Phosphate, Carbonate bewirken eine Viskositätserniedrigung, Calciumionen hingegen eine Gelierung. Durch Zugabe von Calciumsalzen ist eine Einsparung an A. für die gleiche Viskosität möglich. **Anw.** pharmaz.: vorwiegend Natriumalginat*, das in 3-6 %iger Konz. zu salbenartigen Gelen führt; längeres Erhitzen bewirkt Kettenabbau u. daher Viskositätsverlust. Konserviert werden die Zuber. meist mit Nipaestern bzw. Thiomersal. Inkomp.: kation. Konservierungsstoffe.

Alginsäure: Acidum alginicum Ph.Eur.4; M_r 48 000-186 000; besteht ähnl. wie die Pektine aus einer Kette von 1,4-β-glykosid. verknüpften Mannuronsäure u. Guluronsäure (s. Abb.); unlösl. in Wasser, lösl. in wässrigen Lsg. von Alkalien. A. kann bis zum 300fachen ihres Gewichtes Wasser aufnehmen. **Vork.:** in Algen, v. a. in Fucus-, Ascophyllum-, Laminaria-Arten, Macrocystis pyrifera bis zu ca. 40 %; **Anw.:** in Form der Salze, s. Alginate.

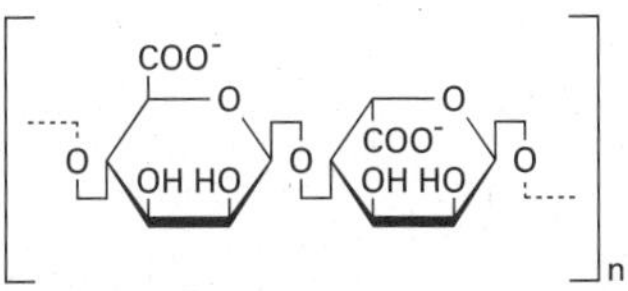

Alginsäure: Verknüpfung zw. D-Mannuronsäure (links) u. D-Guluronsäure (rechts); Ausschnitt

Alginsäureester: Ester, die die OH-Gruppen der Alginsäure* mit Säure od. die COOH-Gruppe mit Alkoholen verestert haben. **Anw.:** Gelbildner u. echte Emulgatoren; sind gegenüber Elektrolyten u. Alkoholen weniger empfindl. als Alginate*.

Alglucerase INN: CAS-Nr. 143003-46-7; M_r 55 597.6. Deglykosylierte Form des menschl. Enzyms Glucocerebrosidase. **Wirk.:** A. spaltet Glucocerebroside in den Lysosomen der Makrophagen in Glucose u. Ceramid; **Anw.:** Dauerbehandlung des Morbus Gaucher, einer Cerebrosidose (Fettspeicherkrankheit; erbl. Mangel an β-Glucosidase führt zur Speicherung von Cerebrosiden, s. Glykolipide); **UAW:** Flush, Atembeschwerden, gastrointestinale Beschwerden; **Kontraind.:** Prostatakarzinom, Schwangerschaft u. Stillzeit; **Dos.:** parenteral 60 I.E./kg KG pro Infusion 1- bis 2-mal/Woche; HWZ 7 min.

Alhagi maurorum: s. Manna.

Alhagi pseudalhagi: s. Manna.

Alimemazin INN: Methylpromazin, Trimeprazine; 10-(3-Dimethylamino-2-methylpropyl)phenothiazin; CAS-Nr. 84-96-8; $C_{18}H_{22}N_2S$, M_r 298.44.

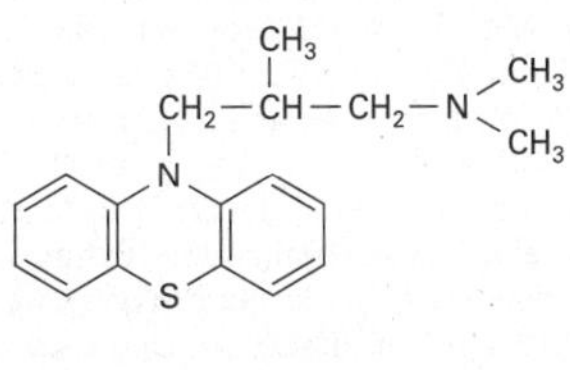

Alimemazin

Schmp. 68 °C. Sdp. 150-175 °C (40 Pa). **Anw.:** Neuroleptikum (s. Psychopharmaka), Antihistaminikum*; sedativ mit ähnl. Wirk. wie Chlorpromazin*, schwach anticholinerg; Hauptind.: Juckreiz, Narkosevorbereitung bei Kindern; Best. von Hustensäften; HWZ 8 h. Gebräuchl. ist auch Alimemazin-(*R,R*)-tartrat.

alimentär: zur Ernährung gehörig, durch Nahrung hervorgerufen, z. B. alimentäres Fieber.

Alisma plantago-aquatica L.: A. plantago, Froschlöffel, Wegerich-Froschlöffel, Wasserwegerich; Fam. Alismataceae (Europa, Asien, Nordamerika). Stpfl. von **Radix Alismae:** Radix Plantaginis aquaticae, Froschlöffelwurzel. **Inhaltsst.:** scharf schmeckendes Harz, äther. Öl, Gerbstoff, Triterpene, in Blättern Flavonoide.

Hom: *Alisma plantago:* frische Wurzel, verord. z. B. bei Zahnentzündungen, Zahnschmerzen.

Alizaprid INN: *N*-(1-Allyl-2-pyrrolidinyl)methyl-6-methoxy-1*H*-benzotriazol-5-carboxamid; CAS-Nr. 59338-93-1; $C_{16}H_{21}N_5O_2$. **Anw.:** Antiemetikum*; **UAW:** Mundtrockenheit, motor. Fehlfunktionen, Sedation; **WW:** Alkoholwirk. wird verstärkt; HWZ 2-3 h. Gebräuchl. ist auch Alizapridhydrochlorid.

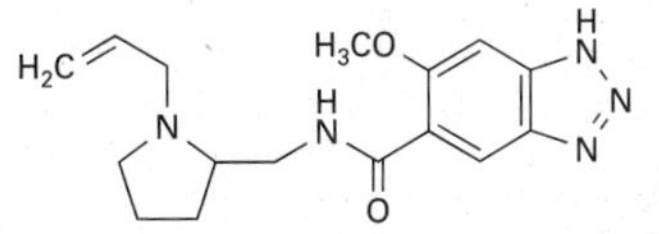

Alizaprid

Alizarin: Krapprot; 1,2-Dihydroxy-9,10-anthrachinon; $C_{14}H_8O_4$. Der Farbstoff der Krapp- od. Färberwurzel (s. Rubia tinctorum), in der er als Glykosid (Ruberythrinsäure) enthalten ist. Rotes bis braungelbes Pulver od. Kristalle, unlösl. in Wasser, lösl. in Alkalien od. alkalihaltigem Wasser mit violetter Farbe. A. wird durch Säuren in gelben Flocken ausgefällt. **Anw.:** Indikator in der Maßanalyse; techn.: in der Färberei u. Tintenfabrikation. Vom A. gibt es eine Reihe Derivate (z. B. Alizarinblau, Alizaringelb), die ebenfalls in der Färberei große Verbreitung erlangten.

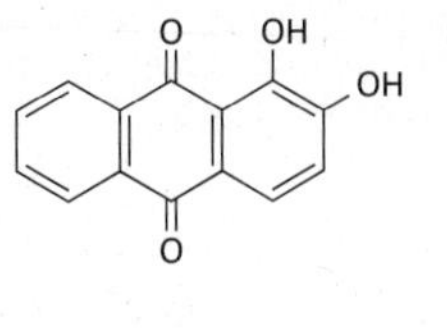

Alizarin

Alizarinsulfonsäure-(3), Natriumsalz: Alizarin-S; $C_{14}H_7NaO_7S$. Orangegelbes Pulver, lösl. in Wasser, wenig lösl. in Ethanol; bildet tief gefärbte Chelat-Komplexe. **Anw.:** Nachw. von Aluminium*, Fluor* u. Zirconium*.

Alkaleszenz: alkal. Reaktion, alkal. Eigenschaft, Gehalt an Alkali.

Alkalien: Hydroxide u. Carbonate der Alkalimetalle, Hydroxide der Erdalkalimetalle*, andere alkal. reagierende Salze sowie Ammoniak*.

Alkalien, kaustische: Ätzalkalien; s. Kaliumhydroxid, Natriumhydroxid.

Alkalien, milde: Bez. für Kaliumcarbonat* u. Natriumcarbonat*.

Alkalimetalle: Elemente der 1. Hauptgruppe des Periodensystems der chem. Elemente: Lithium, Natrium, Kalium, Rubidium, Caesium u. Francium.

Alkalimetrie: s. Säure-Base-Titrationen.

Alkalischmelze: Verfahren zur Umwandlung von aromat. Sulfonsäuren in die entspr. Phenole durch Erhitzen mit Ätzalkalien. **Anw.:** insbes. zur techn. Herst. org. Farbstoffe (Indigosynthese).

Alkaloide: i. e. S. meist bas. (alkali-ähnl.) Naturstoffe mit mind. 1 heterocycl. gebundenenem Stickstoffatom u. nicht selten komplizierten Strukturen. Die meisten A. sind lösl. in Ethanol, Benzol, Chloroform, Amylalkohol, Ether (ausgenommen Morphin u. Narcein), aber wenig lösl. od. unlösl. in Wasser (ausgenommen z. B. Nicotin). A. finden sich hauptsächl. in Pflanzen (fast ausschließl. Angiospermae, Bedecktsamer) u. besitzen größtenteils eine starke physiolog. Wirkung. I. w. S. werden zu den A. auch stickstoffhaltige Naturstoffe gezählt, die den Stickstoff nicht heterocycl. gebunden haben (Colchicin, Ephedrin). Nicht bas. reagierende A. sind z. B. Ricinin u. Theobromin sowie die Säureamide Capsaicin u. Colchicin.
Möglichkeiten der Einteilung: **1.** Biogenet. sind echte Alkaloide fast ausschließl. Produkte der Aminosäuren Ornithin, Lysin, Phenylalanin, Tyrosin, Tryptophan u. der Anthranilsäure, so dass sich dieser Umstand auch als Einteilungsprinzip anbietet. Als Protoalkaloide werden einfache Basen (z. B. Tyramin, Cholin), die z. B. durch Decarboxylierung direkt aus Aminosäuren entstanden sind, od. auch die Phenylalkylaminalkaloide* (z. B. Ephedrine) bezeichnet. Als Pseudoalkaloide hingegen bezeichnet man A., die strukturell mit anderen Naturstoffen verwandt sind u. die nicht Produkte des Aminosäurenstoffwechsels sind. Dazu gehören Steroidalkaloide* (z. B. Solanum- u. Veratrumalkaloide.) u. Terpenalkaloide* (z. B. Aconitumalkaloide), die dem Isopren-Stoffwechsel entspringen. Als Glykoalkaloide werden Pseudoalkaloide (häufig mit Saponineigenschaften) bezeichnet, deren N-haltige Steroidaglyka mit Zuckern glykosid. verknüpft sind, z. B. Solanin (Aglykon Solanidin). Sind hingegen eine od. mehrere Hydroxylgruppen des Steroidgerüstes mit (nicht selten charakterist.) Pflanzensäuren verestert, spricht man von Esteralkaloiden, z. B. Aconitum-, Ceveratrumalkaloide. **2.** Nach dem Vorkommen unterscheidet man z. B.: Aconitum-, Amaryllidaceen-, Catharanthus-, Cinchona-, Papaver-, Rutaceen-, Sabadilla-, Salamander-, Secale-, Senecio-, Solanum-, Strychnos-, Vinca-, Veratrumalkaloide*. **3.** Nach dem Strukturtyp, der dem Alkaloid zugrundeliegt, z. B. Benzylisochinolin-, Bisbenzylisochinolin-, Indol-, Phenanthren-, Pyrrol-, Pyrrolizidin-, Tropanalkaloide, aber auch Peptid-, Säureamid-, Steroid- u. Terpenalkaloide (s. Abb., s. Tab.).

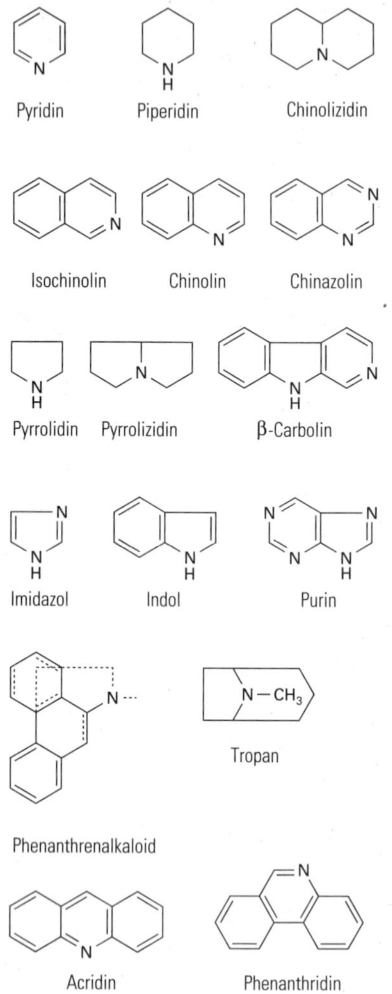

Alkaloide: N-heterocyclische Ringsysteme in Alkaloid-Molekülen

Vork.: Wahrscheinl. enthalten bis zu 20 % aller bedecktsamigen Pflanzen Alkaloide. Bes. häufig treten sie bei den Dikotyledonen (Zweikeimblättrige) auf, z. B. bei den Familien Annonaceae, Magnoliaceae, Monimiaceae, Ranunculaceae, Berberidaceae, Menispermaceae, Papaveraceae, Loganiaceae, Rubiaceae, Apocynaceae, Solanaceae, Boraginaceae, Erythroxylaceae u. Convolvulaceae, ferner auch bei Buxaceae, Rutaceae, Lobeliaceae, Cactaceae, Fabaceae, Punicaceae (s. Tab.). Bei den Monokotyledonen (Einkeimblättrige) findet man A. z. B. bei Colchicum, Veratrum, Fritillaria, Areca, Lolium u. Arundo donax. Bei den Gymnospermen trifft man nur sehr vereinzelt auf A., z. B. bei Taxus (Pseudoalkaloide mit sehr komplizierten Strukturen) u. bei Ephedra (Protoalkaloide). Bei den übrigen Pflanzen (Pteridophyten, Moose, Flechten, Algen, Pilze, Bakterien) sind mit sehr wenigen Ausnahmen (Equisetaceae, Lycopodiaceae, Claviceps) keine A. nachgewiesen worden. Außerhalb des Pflanzenreichs wurden A. in Kröten (Bufotenin*), Fröschen u. Salamandern

Alkaloide
Die wichtigsten Alkaloidgruppen

Grundstruktur	biogenetische Präkursoren	Beispiele	gehäuftes Vorkommen
Acridon	Anthranilsäure	Acronycin	Rutaceae
Chinazolin	Anthranilsäure	Febrifugin	Hydrangeaceae (Hydrangea, Dichroa)
Chinolin	Tryptophan	Chinin	Rutaceae, Rubiaceae, Lycopodiaceae
Chinolizidin	Lysin	Spartein, Lutinin, Cytisin	Fabaceae, Lythraceae
Indol	Tryptophan	Lysergsäure(derivate), Physostigmin, Psilocybin, Strychnin, Bufotenin	Convolvulaceae, Mycophyta, Loganiaceae, Apocynaceae, Rubiaceae, Bufo
Imidazol	Histidin (?)	Pilocarpin	Rutaceae
(Benzyl)-Isochinolin	Phenylalanin, Tyrosin	Papaverin, Berberin, Magnoflorin, Hydrastin, Ipecacuanhaalkaloide	Magnoliaceae, Ranunculaceae (Hydrastis, Aquilegia, Thalictrum), Berberidaceae, Papaveraceae, Rubiaceae (Cephaelis)
Phenanthren	Tyrosin	Morphin, Codein, Thebain	Papaver
Phenanthridin	Phenylalanin, Tyrosin	Lycorin, Galanthamin	Amaryllidaceae
Phenylalkylamin	Phenylalanin, Tyrosin	Capsaicin, Mescalin, Ephedrin, Cathinon	
Piperidin, Pyridin	Lysin, Acetat	Piperin, Coniin, Nicotin, Lobelin, Arecolin, Pelletierin	Piperaceae, Solanaceae, Apiaceae (Conium), Punicaceae, Crassulaceae (Sedum), Lobeliaceae, Areca
Purin	Glycin, CO_2, Formiat etc.	Coffein, Theophyllin, Theobromin	Rubiaceae, Aquifoliaceae, Theaceae, Sterculiaceae, Sapindaceae
Pyrrolidin	Ornithin, Acetat	Physostigmin, Nicotin	
Pyrrolizidin	Ornithin	Senecioalkaloide, Crotalariaalkaloide	Asteraceae (Senecio), Fabaceae, Boraginaceae
Steroid	Mevalonsäure	Solanidin, Tomatin, Jervin, Protoveratrin, Cevadin	Solanaceae, Apocynaceae, Buxaceae, Melianthaceae, Salamander
Terpene	Mevalonsäure	Aconitum-, Valeriana-alkaloide	Ranunculaceae (Aconitum, Delphinium), Valeriana
Tropan	Ornithin, Acetat	Hyoscyamin, Scopolamin, Cocain	Solanaceae, Erythroxylaceae, Convolvulaceae

(Steroidalkaloide) sowie Tausendfüßlern entdeckt. A. treten fast immer im Zellsaft als wasserlösl. Salze auf, die sie mit den gewöhnl. Pflanzensäuren, wie Äpfel-, Wein-, Essig-, Oxal-, Citronensäure, od. mit den für bestimmte Pflanzen charakterist. Säuren, wie Aconit-, China-, Mecon-, Fumarsäure, bilden. Als freie Basen kommen sie nur selten vor. Die nicht als Salze vorliegenden A. sind fast immer krist. Substanzen, flüss. sind Nicotin u. Coniin. **Gesch.**: 1805 isolierte Friedrich Wilhelm Sertürner (1783-1841) das Morphin, das erst 1946 von R. Grewe synthetisiert wurde; 1819 prägte Carl Friedrich Wilhelm Meissner (1792-1853) den Begriff Alkaloid; 1886 synthetisierte Albert Ladenburg erstmals ein Alkaloid, näml. Coniin aus α-Picolin; Emil Fischer u. L. Ach synthetisierten 1895 das Coffein, Strychnin wurde 1954 von Robert Burns Woodward (1917-1979) dargestellt.

Alkalose: Störung im Säure-Basen-Haushalt mit Anstieg des pH-Werts des Blutes auf über 7.44. **1. Metabol. Alkalose:** Anstieg der Bicarbonatkonz. durch **a)** erhöhte Zufuhr von Alkalien (z. B. basenreiche Nahrung); **b)** Verlust von Wasserstoffionen (z. B durch Erbrechen); **c)** Kaliummangel (z. B. infolge Diuretikagabe, Aldosteronismus); **2. Respirator. Alkalose:** Abfall des Kohlendioxidpartialdruckes u. Anstieg des pH-Werts im Blut infolge Hyperventilation bei z. B. psych. Erregung, Sauerstoffmangel; vgl. Acidose.

Alkalosetherapeutika: acidifizierende Mittel; saure Stoffe zur Senkung der erhöhten Hydrogencarbonatkonz. im Blut. **Wirkstoffe:** Kaliumchlorid (Kaliummangel ist häufigste Urs. von Alkalosen); bei Leberschäden L-Argininhydrochlorid (s. Arginin); Ammoniumchlorid* u. Fytinsäure*; vgl. Acida.

A

Alkane: gesättigte Kohlenwasserstoffe, Summenformel C_nH_{2n+2}. Die ersten vier Glieder der homologen Reihe werden mit Trivialnamen, die weiteren mit systemat. Namen benannt, in denen an das gr. Zahlwort entsprechend der Anzahl der C-Atome die Endung -an angehängt wird: Methan (C_1), Ethan (C_2), Propan (C_3), Butan (C_4), Pentan (C_5), Hexan (C_6), Heptan (C_7), Octan (C_8), Nonan (C_9), Decan (C_{10}), Undecan (C_{11}),... Die niederen A. sind gasförmig, von C_5H_{12} an flüssig u. von $C_{16}H_{34}$ an fest. A. mit unverzweigter Kohlenwasserstoffkette werden als n-Alkane (normal) bezeichnet. Zwei Methylgruppen am Ende einer sonst unverzweigten Kette klassifizieren eine Isoverbindung, z. B. Isopentan (2-Methylbutan), drei Methylgruppen eine Neoverbindungen, z. B. Neopentan (2,2-Dimethylpropan).

Alkanna tinctoria: s. Alkanna tuberculata.

Alkanna tuberculata (Forssk.) Meikle: Anchusa tinctoria (L.) Tausch, Schminkwurz; Fam. Boraginaceae (Kleinasien, Südeuropa). Stpfl. von **Radix Alkannae:** Radix Anchusae tinctoriae, Alkannawurzel, Färberkrautwurzel. **Inhaltsst.:** Alkannin, Alkannarot, Anchusin, Alkannasäure, Gerbstoff, Pyrrolizidinalkaloide*. **Anw.** techn.: Färbemittel; zur Herst. von Alkannin* (Alkannarot); volkstüml.: z. B. innerl. bei Diarrhö, äußerl. zur Behandlung von Wunden u. Hauterkrankungen.

Alkannin: Alkannarot; **1.** Extrakt (Extr. Alkannae): aus der Wurzel von Alkanna* tuberculata; grünl.-schwarze Masse, leicht lösl. in Ether, Benzol, Fetten, fetten u. äther. Ölen mit tiefroter Farbe; in Ammoniaklsg. lösl. mit blauer Farbe. **Anw.:** Rotfärben von Tinkturen, Fetten, Ölen, Likören usw., ferner in der Analyse als Indikator (Alkannapapier ist bei pH 8 rot, bei pH 10 blau). **2.** Reines Alkannin: $C_{16}H_{16}O_5$; Schmp. 147-149 °C; Strukturformel s. α-Naphthochinon (Tab.).

Alkekengi: s. Physalis alkekengi.

Alkene: früher Olefine, Summenformel: C_nH_{2n}; aliphat. Kohlenwasserstoffe mit charakterist. C=C-Doppelbindungen. A. unterscheiden sich in ihren chem. Eigenschaften von den Alkanen durch ihre Bereitschaft zu, meist elektrophilen, Additionsreaktionen an die Doppelbindung. **IUPAC:** **1.** Aufsuchen der längsten Kohlenstoffkette mit einer C=C-Doppelbindung. Im entsprechenden Alkannamen ersetzt die Endung -en das -an. **2.** Die Nummerierung beginnt an dem der Doppelbindung nächst gelegenen Molekülende; die Stellung der Doppelbindung zeigt die Nummer des ersten doppelt gebundenen C-Atoms an. **3.** Substituierte Stammsysteme erhalten entsprechende Präfixe mit Stellungsnummer. **4.** Mehrere Doppelbindungen kennzeichnet man durch Vorsilben di-, tri-, tetra- usw., die dem Suffix -en vorangehen. Trivialnamen: Ethen* für $CH_2=CH_2$. Vinylverbindungen sind Monosubstitutionsprodukte des Ethylens. Allylverbindungen sind die entsprechenden Substitutionsprodukte am gesättigten C-Atom des Propens (s. Abb.).

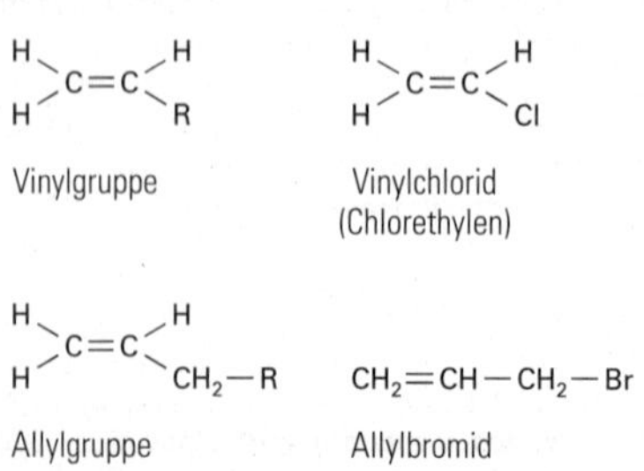

Alkene: oben: Vinylverbindungen; unten: Allylverbindungen

Alkenoxide: s. Epoxide.

Alkermesbeeren: s. Phytolacca americana.

Alkermeskörner: s. Dactylopius coccus.

Alkine: früher Acetylene, Summenformel C_nH_{2n-2}; aliphat. Kohlenwasserstoffe mit charakterist. C≡C-Dreifachbindungen. Während Alkene normalerweise nur Elektrophile addieren, reagieren A. leichter mit Nucleophilen. Aufgrund der C–H-Acidität bildet sich mit metall. Natrium Dinatriumacetylid. **IUPAC:** Analog der Alkane* u. Alkene*, wird statt der Endung -an, bzw. -en die Endung -in verwendet. Die Position der Dreifachbindung wird dem Namen vorangestellt (s. Abb.). Polyine* sind Verb. mit mehreren Dreifachbindungen. Trivialnamen: Acetylen*, C_2H_2.

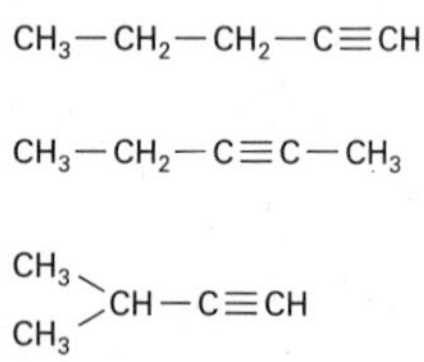

Alkine: 1-Pentin (oben), 2-Pentin (Mitte) u. 3-Methyl-1-butin (unten)

Alkohol: s. Ethanol, Alkohole; vgl. Ethanol, absolutes; Ethanol, aldehydfreies; Ethanol-Wasser-Gemische.

Alkoholate: **1.** (chem.) ion. Verb. der Alkohole mit Metallen; das H-Atom der OH-Gruppe ist durch ein Metallatom ersetzt, s. Alkohole. **2.** (pharmaz.) alkohol. Destillate von Drogen.

Alkoholaturen: Alcoholaturae; Zuber., die durch Extraktion frischer Arzneipflanzen mit Ethanol erhalten werden. Bei Arzneipflanzen von Nutzen, die beim Trocknen ihre Wirksamkeit z. T. od. ganz einbüßen. Meist wird in der Kälte mazeriert. Für stabilisierte A. auch bei Siedetemperatur (Zerstörung von Enzymen).

Alkoholbestimmung im Blut: s. Ethanol.

Alkoholdehydrogenase: Abk. ADH; zinkhaltige Oxidoreduktase, die in Gegenwart von NAD^+ primäre u. sekundäre Alkohole reversibel zu den entspr. Aldehyden u. Ketonen oxidiert. A. kommt in Bakterien, Hefen, Pflanzen, in der Leber u. in der Netzhaut des Auges vor. Die A. der Hefen, die durch eine große Affinität zu Ethanol ausgezeichnet ist, hat als terminales Enzym bei der alkohol. Gärung* prakt. Bedeutung. In der Leber beseitigt A. zus. mit anderen Mechanismen den Blutalkohol (zu Acetaldehyd). Wird zur enzymat., quantitativen Bestimmung des Blutalkoholspiegels verwendet; s. ADH-Methode. In der Netzhaut des

Auges dient A. zur Reduktion des Vitamin-A-Aldehyds (all-*trans*-Retinal) zu Retinol.

Alkohole: Kohlenwasserstoffe, in denen ein od. mehrere H-Atome durch die Hydroxylgruppe OH ersetzt sind. Man unterscheidet ein- u. mehrwertige Alkohole; z. B. C_2H_5OH (Ethanol) einwertig, $C_3H_5(OH)_3$ (Glycerol) dreiwertig. Ferner unterscheidet man: **primäre A.** RCH_2OH (vgl. Kohlenstoffatom, primäres), **sekundäre A.** R_2CHOH, **tertiäre A.** R_3COH. **Nomenklatur:** Anhängen der Gruppenbezeichnung -alkohol an den Namen des jeweiligen Alkyl-Restes (s. Nomenklatur, radikofunktionelle). **IUPAC:** Endung -ol im Namen des zugrundeliegenden Alkans. Das C-Atom, das die OH-Gruppe trägt, erhält die niedrigste Nummer der Kohlenstoffkette. Die 2-wertigen A. mit zwei OH-Gruppen im Molekül sind meist sirupöse, farblose Flüss. von süßl. Geschmack u. werden als Glykole bezeichnet. Nach der IUPAC-Nomenklatur wird die Endung -diol verwendet. Dreiwertige A.: Endung -triol.

Alkoholentwöhnungsmittel: s. Entwöhnungsmittel.

alkoholische Gärung: s. Gärung.

Alkoholkrankheit: s. Ethanol (Tox.).

Alkoholmeter: Senkspindel zur Bestimmung des Alkoholgehaltes einer Flüssigkeit. Skaleneinteilung nach Volumen-(Tralles-) od. Gewichts-(Richter-)Prozenten.

Alkoholometrie: Bestimmung des Alkoholgeh. einer Flüss., z. B. mit Alkoholmeter*; vgl. Dichtebestimmungsmethoden.

Alkoholprobetrunk: Reiztrunk zur Feststellung der Säureproduktion bei Magenuntersuchungen. **Zuber.:** 300 mL 5 %iges Ethanol mit Zusatz von 0.05 % Natriumsalicylat u. 2 Tr. Methylenblaulsg., nach 30 min Ausheberung.

Alkoholzahl: Abk. AZ; Wert zur Feststellung des Ethanolgehaltes in Tinkturen nach DAB6. Die nach Vorschrift ermittelte AZ wird mit 7.43 multipliziert u. ergibt dann den Ethanolgehalt der Tinktur in % (m/m).

Alkoniumbromid: 2-Trimethylammoniumhexadecansäureethylesterbromid; krist. Verb.; Invertseife (s. Ammoniumverbindungen, quartäre). Anw., Wirk., Löslichkeit u. Inkomp.: s. Benzalkoniumchlorid. Mindestkonz. 0.002 %.

Alkosole: s. Kolloide.

Alkoxylcarbonyl-: Wortteil mit der Bedeutung Carbonsäureester.

Alkydharze: Sammelbezeichnung für dickölige bis zähplast. Kunstharze, die bes. in der Lacktechnik wichtig sind. **Herst.:** Veresterung von mehrwertigen Alkoholen (Glycerol, Pentaerythrit, Glykole) mit Dicarbonsäuren od. Polycarbonsäuren, meist zus. mit langkettigen Fettsäuren. Die techn. wichtigste Dicarbonsäure ist die *ortho*-Phthalsäure (Phthalatharze); ferner werden Isophthalsäure, Terephthalsäure, Maleinsäure, Adipinsäure u. a. eingesetzt. Meist sind A. durch Einkondensation von Fettsäuren nat. trocknender od. nichttrocknender Öle modifiziert (Ölalkyde). A. lassen sich durch chem. Einbau von Styrol, Vinyltoluol u. a. ungesättigten Monomeren modifizieren (styrolisierte A.). Dabei handelt es sich um autoxidativ lufttrocknende Produkte, die zu unterscheiden sind von den ungesättigten Polyestern*. **Anw.:** Schutzlacke für Behältnisse.

Alkyl-: allg. Bez. für einen Alkanrest, C_nH_{2n+1}; z. B. Methyl- (CH_3), Ethyl- (C_2H_5), Butyl- (C_4H_9).

Alkylamine: s. Amine.

Alkylene: veraltete Bez. für Alkene*.

Alkylphosphate: Alkylthiophosphate, Phosphorsäureester; org. Phosphorverb.; s. Schädlingsbekämpfungsmittel. **Wirk.:** Cholinesterasehemmer.

Alkylsulfate: Salze, meist Natriumsalze, der Schwefelsäureester höherer Fettalkohole. **Anw.:** Emulgatoren* (Typ O/W). Durch die Sulfurierung der höheren Alkohole wird der hydrophile Anteil im Molekül wesentl. erhöht u. die Grenzflächenaktivität verstärkt. Im Ggs. zu den Seifen (Sapo*) reagieren A. annähernd neutral u. ihre Erdalkalisalze sind wasserlösl. (volle Waschkraft auch in hartem Wasser), nicht stabil gegen Alkali; vgl. Natriumlaurylsulfat, Natriumcetylstearylsulfat.

Alkylsulfonate: Salze u. Ester von Sulfonsäuren, hergestellt aus höheren Fettalkoholen mit Schwefelsäure od. Chlorsulfonsäure. **Anw.:** Emulgatoren* (Typ O/W); waschaktive Substanzen (s. ABS). A. sind wegen der C–S-Bindung gegenüber Alkali stabil. In ihren Eigenschaften u. im Vergleich mit den Seifen verhalten sich die A. analog den Alkylsulfaten*; vgl. Natriumdioctylsulfosuccinat.

Allantoin: Allantoinum Ph.Eur.; (*RS*)-(2,5-Dioxo-4-imidazolidinyl)-harnstoff; CAS-Nr. 97-59-6; $C_4H_6N_4O_3$, M_r 158.12. Schmp. 231-238 °C (unter Zers.). Farblose Kristallblättchen od. -prismen bzw. krist. Pulver, ohne Geruch u. Geschmack; lösl. in Wasser zu 0.5 %, in heißem Wasser bis zu 4 %, in Ethanol zu 0.2 %, sowie in Glycerol, Sorbitollsg., Alkalilaugen. **Vork.:** nat. in tier. u. pflanzl. Organismen; bei den meisten Säugetieren (insbes. Raubtiere, aber nicht beim Menschen) Endprodukt des Purinstoffwechsels, wobei die Harnsäure durch das Enzym Uricase zu A. abgebaut wird; z. B. im Harn von Hunden, ferner in den Ausscheidungen von Fliegenmaden; in Pfl., z. B. in Symphytum* officinale u. Sanicula* europaea, in der Rinde der Roßkastanien (Aesculus* hippocastanum), in Weizenkeimen; **Darst.:** Erhitzen von Harnstoff mit Dichloressigsäure; **Wirk.:** A. entfernt nekrot. Gewebe, fördert die Zellproliferation u. Epithelisierung, wirkt aber nicht antisept.; **Anw.** med.: äußerl. zur Wundbehandlung (Schnitt- u. Brandwunden, Geschwüre, Röntgenschäden, Ekzeme usw.), meist in 2 %igen Salben u. Umschlägen; in der Kosmetik zu Hautcremes, Sonnenschutzmitteln, Rasierwässern u. Antihidrotika*.

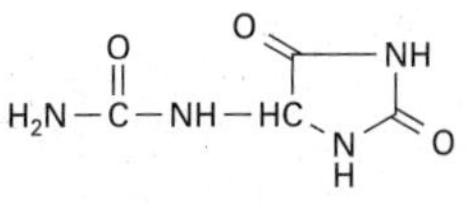

Allantoin

Allele (gr. allelos gegenseitig, einander): zwei od. mehrere versch. Ausbildungszustände eines Gens, die auf homologen Chromosomen dieselbe Position (Locus) besetzen. A. werden durch Meiose* voneinander getrennt.

A

Allelopathie: Hemmung einer Pflanzenart durch chem. Substanzen, die von einer anderen Pflanzenart produziert werden. A. spielt eine wichtige Rolle beim Aufbau von Pflanzengesellschaften.

Allenisomerie: s. Chiralität.

Alleosid A: s. Helveticosid.

Allergen: Bez. für ein Antigen*, das eine allerg. Immunantwort, i.e.S. eine allerg. Reaktion vom Soforttyp an Haut u. Schleimhaut auslösen kann (s. Allergie). A. sind meist Polypeptide od. Proteine (M_r 5000-50 000), deren Sensibilisierungspotenz durch chem. Aufbau u. Komb. der allergenen Determinanten (Epitop*) bestimmt wird. Einteilung nach der Art der Allergenexposition des Organismus: **1.** Inhalationsallergene, die primär Atemweg-, sekundär auch Haut- u. Darmsymptome auslösen; z.B. Pollen, Pilzkonidien, tier. Epithelien, Federstaub; **2.** Ingestionsallergene, die oft erst durch enzymat. Abspaltung im Verdauungstrakt entstehen u. primär Obstipation, Brechdurchfall od. abdominale Koliken, sekundär auch Haut- u. Atemwegsymptome verursachen, z.B. Kuhmilch, Hühnerei, Soja, Roggen- u. Weizenkörner, Nüsse, Mandeln; **3.** Kontaktallergene, die die epidermale Barriere passieren u. eine Soforttypreaktion auslösen, z.B. Nickelsulfat, Cobaltchlorid, Kaliumdichromat, *p*-Phenylendiamin, Duftstoffe, Thiurame, Formaldehyd, Perubalsam, Kolophonium, Parabene u.a. Konservierungsstoffe; **4.** Injektionsallergene; insbes. tier. Gifte (von Bienen, Wespen, Feuerameisen, Quallen, Seeanemonen, Feuerkorallen) u. Medikamente (z.B. Penicilline). Das Allergenisierungsrisiko wird durch die genet. fixierte Prädisposition des Individuums (Atopieneigung), die Häufigkeit u. Intensität der Allergenexposition, die Allergenpotenz der betr. Substanz u. die aktuelle Abwehrlage der Körpergrenzflächen bestimmt. Vgl. Anaphylaxie.

Allergie (gr. allos anders, fremd; ergon Verrichtung): gegenüber der Norm veränderte Bereitschaft des Organismus nach Sensibilisierung* (früher erfolgtem Kontakt) mit einem Allergen*, bei erneutem Kontakt mit diesem krankhaft (überempfindl.) zu reagieren. Eine Überempfindlichkeitsreaktion schon beim ersten Kontakt (angeborene Überempfindlichkeit, keine A.) wird als Idiosynkrasie* bezeichnet. Während bei der Immunität* die Antigen*-Antikörper-Reaktion (AAR) den Organismus nicht beeinflusst, hat die AAR bei der A. Zell- u. Gewebeschäden (s. Entzündung) od. einen Schock (anaphylakt. Schock*) zur Folge. **Typen:** (s. Tab.) Entsprechend den beiden Zellsystemen des Immunsystems* (B- u. T-Zellensystem) unterscheidet man **1. humorale A.:** Überempfindlichkeitsreaktion vom Soforttyp, allerg. Sofort- od. Frühreaktion; Typ I-III; z.B. wird eine allerg. Überempfindlichkeitsreaktion vom Typ 1 durch IgE Antikörper vermittelt, die sich in der Zellmambran von Mastzellen od. basophilen Granulozyten befinden. Durch Bindung von Antigenen (Allergene) kommt es zur Degranulation mit schweren Funktionsstörungen; **2. zelluläre A.:** zellvermittelte A.; Überempfindlichkeit vom verzögerten Typ, allerg. Spätreaktion, die auch als Typ IV bezeichnet wird. Die durch A. hervorgerufenen Krankheitserscheinungen nennt man Allergosen*. **Ther.:** z.B. Hyposensibilisierung*, Anw. von Antiallergika*. Vgl. Pollinosis, Anaphylaxie, Tuberkulinreaktion.

Allergose: durch eine Allergie* hervorgerufene Erkrankung. **Beispiele:** Rhinitis allergica, allerg. Konjunktivitis, Asthma bronchiale, Urticaria, Ekzeme, Ödeme, Magen- u. Darmstörungen.

Allermannsharnisch, Langer: s. Allium victorialis.

Allermannsharnisch, Runder: s. Gladiolus communis.

Allerweltsheilwurzel: s. Geum urbanum.

Allethrin: s. Pyrethroide.

Allgemeinanästhetika: s. Narkotika.

Allicin: *S*-Allylthiosulfinsäureester; Abbauprodukt von Alliin*; s. Allium sativum.

Alligatorbirne: s. Persea americana.

Alliin: 3-(Allylsulfinyl)-alanin, (−)-*S*-Allyl-L-cysteinsulfoxid; $C_6H_{11}NO_3S$; M_r 177.23. Strukturformel s. Allium sativum; geruchloser Inhaltsstoff des Knoblauchs. A. wird zu Allicin* u. in der Folge zu Diallyldisulfid (Knoblauchöl) mit charakterist. Geruch abgebaut.

Allium cepa L. **var. cepa:** Küchenzwiebel, Zwiebel, Bolle; Fam. Alliaceae (Liliaceae) (Ursprungsland nicht bekannt, wahrscheinl. Vorderasien). Stpfl. von **Bulbus Allii cepae:** Zwiebel. **Inhaltsst.:** Glutamylpeptide, Alliin* (s. Allium sativum) u. Derivate wie Cycloalliin, Methylalliin, Dihydroalliin (Propylalliin), liefern bei enzymat. Hydrolyse (nach Gewebeverletzung) Thiosulfinsäureester u. Cepaen, ferner Thiopropionaldehyd-*S*-oxid (Propanthial-*S*-oxid) $CH_3-CH_2-CH=SO$, der Tränen reizende Stoff, der aus Dihydroalliin bei Verletzung der Zellwände entsteht), ca. 1% Diphenylamin*, Saccharose, Inulin, Pektin, Vitamin C, Glucokinine sowie Flavonoide u. Protocatechusäure (in den Zwiebelschalen). Wasserdampfdestillation ergibt 0.005-0.015% äther. Öl (Polysulfide, Allicin usw.); **Wirk.:** antibakteriell, antiasthmatisch, antiallergisch, Hemmung der Thrombozytenaggregation, entzündungshemmend, wundheilend; **Anw.:** bei Appetitlosigkeit, zur Vorbeugung altersbedingter Gefäßveränderungen; volkstüml.: z.B. bei Husten, Bronchitis, Asthma, Blähungen.

Hom: *Allium cepa (HAB1.5),* Cepa: frische Zwiebelknolle.

Hom: *Allium cepa ferm 34a (HAB1.4)*: reife, frische Zwiebeln; verord. z.B. bei Virusinfektionen mit Fließschnupfen, Augentränen, Reizhusten.

Allium sativum L.: Knoblauch; Fam. Alliaceae (Liliaceae) (heim. Dsungarei, kult. in SO-Europa u. Mittelmeergebiet). Stpfl. von **Allii sativi bulbus:** Bulbus Allii sativi, Knoblauchzwiebel; rundl. bis eiförmige zusammengesetzte Zwiebel von ca. 3 cm Durchmesser mit eigenartigem scharf-widerl. Geruch. Neben der Hauptzwiebel sitzen mehrere ca. 1-2.5 cm lange eckige Nebenzwiebeln. **Inhaltsst.:** schwefelhaltige γ-Glutamylpeptide, (höchstwahrscheinl. auch biogenet. Vorstufe von) Alliin u. Ajoen, ferner mehrere Enzyme (Oxidasen, Katalasen, Dehydrogenasen, Lyasen) u. Vitamine (A, B_1, B_2, C, Nicotinsäureamid), Adenosin, Flavonoide, Phenolcarbonsäuren sowie z.T. in glykosidischer Bindung vorliegende Steroide u. Triter-

Allergie
Die vier Typen der immunologischen Überempfindlichkeitsreaktion (nach Coombs und Gell)

Typ	Mechanismus	Reaktionszeit	klinisches Bild
Frühtyp (humorale Allergie)			
Typ I (Soforttyp, anaphylaktischer Typ)	unter Vermittlung zellständiger IgE-Antikörper Freisetzung von verschiedenen Mediatoren aus basophilen und Mastzellen	Sekunden bis Minuten; evtl. zweite Reaktion nach 4-6 h	allergisches Asthma, allergische Konjunktivitis, Rhinitis allergica, allergische Urtikaria, Angioödem, anaphylaktischer Schock
Typ II (zytotoxischer Typ)	Bildung von Immunkomplexen aus zellwandständigen Antigenen (z. B. Medikamente, Blutgruppenantigene) mit zirkulierenden Antikörpern; Aktivierung von Komplement oder zytotoxischen Killerzellen führt zur Zytolyse körpereigener Zellen	6-12 h	allergisch bedingte hämolytische Anämien, Thrombopenie und Agranulozytose, Transfusionszwischenfälle
Typ III (Immunkomplextyp, Arthus-Typ)	Bildung von Immunkomplexen aus präzipitierenden Antikörpern und Antigenen; Aktivierung von Komplementfaktoren führt zur Phagozytose der Immunkomplexe unter Freisetzung gewebeschädigender Enzyme	6-12 h	Serumkrankheit, allergische Vaskulitis, exogen-allergische Alveolitis, allergische bronchopulmonale Aspergillose
Spättyp (zellvermittelte Allergie)			
Typ IV (verzögerter Typ)	Freisetzung von Lymphokinen aus spezifisch sensibilisierten T-Lymphozyten bei erneutem Kontakt mit Vollantigen, die zur Aktivierung und Proliferation von Makrophagen und mononukleären Zellen und deren Wanderung an den Ort der Antigenbelastung beitragen (Infiltration und Entzündungsreaktion)	12-72 h	allergisches Kontaktekzem, Tuberkulinreaktion, Arzneimittelexanthem, Transplantatabstoßung

pene (werden als mögl. wichtige Wirkstoffe angesehen). Aus Alliin* entsteht durch enzymat. Spaltung (bei Zerstörung des Gewebes) mit Hilfe von Alliinase neben Dehydroalanin Allylsulfensäure, die zum instabilen Allicin, einem *S*-Allylthiosulfinsäureester, dimerisiert, das in weiterer Folge zu Di- u. Polysulfiden sowie anderen Sekundärprodukten wie Ajoen u. Vinyldithiinen abgebaut wird, welche zus. mit dem Allicin den charakterist. Geruch bedingen u. auch als Wirkstoffe angesehen werden (s. Abb. 1, s. Abb. 2; zur Geruchsbeseitigung dient Tierkohle, Trockenmilch od. einige Tropfen Angelikaöl, der unangenehme Geruch der Ausatmungsluft wird jedoch hierdurch nicht beseitigt.) Alliin ist im Ggs. zu Allicin geruchlos, wasserlösl., nicht wasserdampfflüchtig u. nicht antibakteriell wirksam; **Wirk.**: als ausreichend belegt gelten die antibakterielle, antimykotische u. lipidsenkende Wirk.; Hemmung der Thrombozytenaggregation (Verlängerung der Blutungs- u. Gerinnungszeit), Steigerung der fibrinolytischen Aktivität; **Anw.**: Unterstützung diätet. Maßnahmen bei Erhöhung der Blutfettwerte, zur Vorbeugung altersbedingter Gefäßveränderungen; volkstüml.: bei Husten, Bronchitis, dyspept. Beschwerden; äußerl. bei Erkrankungen des rheumat. Formenkreises; **Allii sativi bulbi pulvis:** Knoblauchpulver; das aus den geschnittenen, gefriergetrockneten od. bei einer Temp. von höchstens 65 °C getrockneten Zwiebeln durch Pulverisieren gewonnene Pulver. **Off.**: Ph.Eur.4; **Inhaltsst.**: nach Ph.Eur. enthält die Droge mind. 0.4 % Allicin (bez. auf das TG); weitere Inhaltsst. u. Anwendung vgl. Allii sativi bulbus; **Oleum Allii sativi:** Allii sativi aetheroleum, Knoblauchöl; durch Wasserdampfdest. der Zwiebeln von A. sativum erhält man ca. 0.1-0.4 % äther. Öl, eine gelbl. Flüss., D. 1.046-1.057. **Best.**: Diallyldisulfid (ca. 60 %), Diallyltrisulfid (ca. 20 %), Diallyltetrasulfid (ca. 6 %) sowie Allicin, Ajoen u. a. (sehr variable Zstzg.); **Wirk.**: Das Öl wirkt stark hemmend auf das Wachstum grampositiver u. gramnegativer Bakterien u. tötet Protozoen; es ist fäulnis- u. gärungswidrig; **Anw.**: wie Allii sativi

A

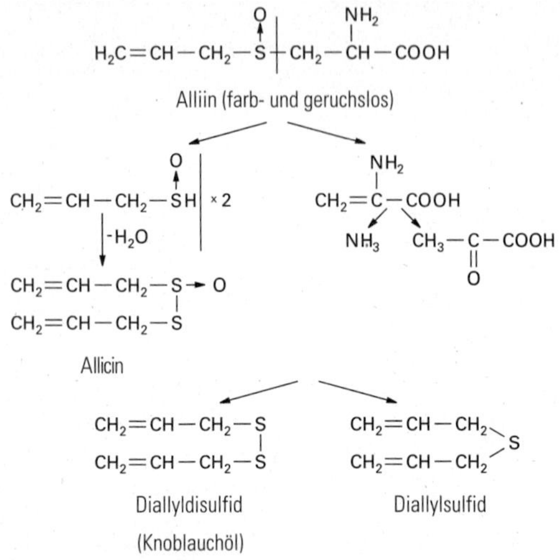

Allium sativum Abb. 1: Alliin; Abbau über Allicin

bulbus. Neben der Anw. des frischen Knoblauchs od. des Presssaftes u. des äther. Öls gibt es Ölmazerate (Ölauszüge, meist in Weichgelatinekapseln) u. Trockenpulver (meist in Dragees). Diese werden entw. durch Erhitzen od. durch Lyophilisation frischen Knoblauchs, evtl. vorher noch stabilisiert (durch Desaktivierung der Enzyme, z.B. mit heißem Ethanol-Dampf), hergestellt. Aus der unterschiedl. Aufbereitung ergeben sich versch. Zstzg. der Präparate.

Hom: *Allium sativum (HAB1.2):* frische Zwiebeln; verord. z.B. bei Magen-Darmentzündungen, Verdauungsstörungen.

Allium ursinum L.: Bär(en)lauch, Zigeunerlauch; Fam. Alliaceae (Liliaceae) (ganz Europa, Sibirien bis Kamtschatka). Stpfl. von **Herba Allii ursini:** Bär(en)lauch, Zigeunerlauch. **Inhaltsst.:** ähnl. wie beim Knoblauch, entsprechend ca. 0.007% äther. Öl mit Allicin, bei Aufbereitung entstehen Alkylsulfide u. Alkylpolysulfide (s. Allium sativum). **Anw.:** Dyspepsien, Blähungen, volkstüml.: bei Arteriosklerose wie Allium sativum.

Hom: *Allium ursinum (HAB1.4):* ganzes, frisches Kraut; verord. z.B. bei Verdauungsstörungen.

Allium victorialis L.: Langer Allermannsharnisch, Lange Siegwurz; Fam. Alliaceae (Liliaceae) (Mitteleuropa, Sibirien bis Kamtschatka, Himalaja, China, Japan, westl. Nordamerika). Stpfl. von **Bulbus Victorialis longus:** Radix Victorialis longa, Langer Allermannsharnisch, Lange Siegwurz, Adamwurzel. Bulbus Victorialis rotundus (Evawurzel) stammt von Gladiolus* communis u. Gladiolus

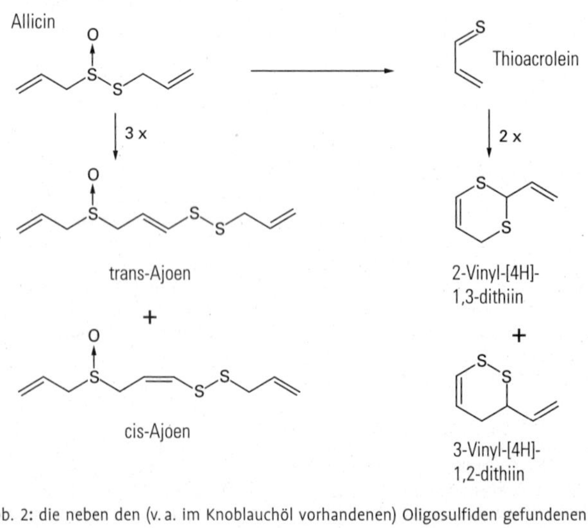

Allium sativum Abb. 2: die neben den (v.a. im Knoblauchöl vorhandenen) Oligosulfiden gefundenen Abbauprodukte des Allicins

palustris (Iridaceae). **Inhaltsst.:** äther. schwefelhaltiges Öl; **Anw.** volkstüml.: Diuretikum u. Anthelminthikum.

Alloantigen: Isoantigen; lösl. od. auf Zelloberflächen lokalisiertes Antigen, das nicht bei allen Individuen einer Spezies vorkommt. A. können deshalb bei Individuen, denen dieses Antigen fehlt, eine Immunantwort* auslösen.

Alloantikörper: Isoantikörper; gegen ein Alloantigen* gerichteter Antikörper*; z.B. Blutgruppenantikörper.

Allobarbital INN: Acidum diallylbarbituricum; 5,5-Diallylbarbitursäure; CAS-Nr. 52-43-7; $C_{10}H_{12}N_2O_3$, M_r 208.21. Strukturformel s. Barbiturate (Abb. 2). Schmp. 171-173 °C (polymorph). Weißes, krist. Pulver; lösl. in ca. 300 T. Wasser, 50 T. siedendem Wasser, 15 T. Ethanol, 20 T. Ether; leicht lösl. in Alkalihydroxid-Lsg. unter Salzbildung. **Off.:** ÖAB90; **Anw.:** Hypnotikum mit mittlerer Wirkungsdauer, Sedativum; in Kombinationspräparaten.

Allocholane: veraltete Bez. für 5α-Cholane; s. Steroide.

Allodynie: Schmerzauslösung durch normalerweise nicht schmerzhafte Reize, (z.B. Berührungsschmerz bei Sonnenbrand).

Allometrie: Technik zur Übertragung pharmakokin. Daten aus Tierversuchen auf die Verhältnisse beim Menschen. Dabei besteht ein komplexer Zusammenhang zw. der notwendigen Dosis einerseits u. Körpergewicht od. -oberfläche versch. Spezies andererseits. Derartige Untersuchungen sind wichtig vor Beginn der Phase I der klinischen Prüfung.

Allopathie: von Samuel Hahnemann geprägter Ausdruck für die der Homöopathie* entgegengesetzte Heilweise, die sog. Schulmedizin.

Allopolyploidie: eine Polyploidie*, bei der die Chromosomensätze von versch. Arten od. weitgehend versch. Stämmen (Bastardisierung) abstammen; vgl. Autopolyploidie.

Allopregnane: veraltete Bez. für 5α-Pregnane; s. Steroide.

Allopurinol INN: Allopurinolum Ph.Eur.4; 1*H*-Pyrazolo[3,4-*d*]pyrimidin-4-ol; CAS-Nr. 315-30-0; $C_5H_4N_4O$, M_r 136.11. Schmp. ca. 350 °C (unter Zers.). Weißes, krist. Pulver; sehr schwer lösl. in Wasser u. Ethanol, unlösl. in Chloroform u. Ether, lösl. in Dimethylformamid u. verd. Alkalien; pK_S 9.4. **Wirk.:** kompetitiver Hemmer der Xanthinoxidase; **Anw.:** Urikostatikum (Arzneimittel gegen Gicht*, vgl. Antiarthritika), zur Auflösung von Harnsäuresteinen (s. Urolith); **UAW:** allerg. Reaktionen wie Hauterscheinungen, Juckreiz, Hepatitis, Leukopenie, Agranulozytose; **Kontraind.:** Leukämie, Schwangerschaft, Kinder; **Dos.:** 0.2-0.4 g/d p.o. in geteilten Gaben (nach dem Essen); oral retard 1×0.3 g/d; HWZ 1-2 h bzw. 16-30 h (Metaboliten).

Allopurinol-Kapseln 100 mg: s. Capsulae Allopurinoli 100 mg.

allorrhiz: ist ein Wurzelsystem, das aus einer Pfahlwurzel, die aus der Primärwurzel entstanden ist, sowie Seitenwurzeln besteht. Meist mit sekundärem Dickenwachstum; vgl. homorrhiz.

Allose: Hexose, Strukturformel s. Kohlenhydrate (Abb.).

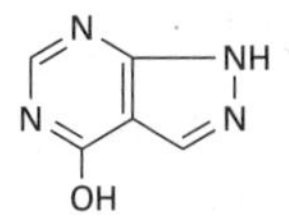

Allopurinol

Allosterie: Veränderung der Konformation von Proteinen mit Quartärstruktur unter dem Einfluss bestimmter niedermolekularer Verb., den allosterischen Faktoren. Diese greifen als Feinregulatoren an bestimmten allosterischen Zentren außerhalb des eigentl. Bindungszentrums der Enzymproteine an u. wirken hierbei als modifizierender Aktivator od. Inaktivator. Alloster. regulierte Enzyme kommen gewöhnl. als steuerndes Glied am Anfang od. an Verzweigungsstellen von Enzymketten zum Einsatz.

Allotropie: Fähigkeit mancher Elemente, in versch. Modifikationen (festen Zustandsformen) aufzutreten. Sie unterscheiden sich in der Art der Verknüpfung der Atome zu Molekülen od. in der Anordnung der Atome im Kristallgitter, z.B. Kohlenstoff* (Graphit, Diamant, Fulleren) od. α-, γ- u. δ-Eisen*; vgl. Polymorphie.

Alloxan (Name zusammengezogen aus Allantoin u. Oxalsäure): Mesoxalylharnstoff; Hexahydropyrimidintetron; CAS-Nr. 50-71-5; $C_4H_2N_2O_4 \cdot 4\,H_2O$, M_r 214.14. Schmp. 170 °C (Zers.), wasserfrei bei 256 °C. Farblose bis gelbl., zerfließl. Kristalle. Leicht lösl. in Wasser, Aceton, Ethanol, wenig lösl. in Chloroform u. Toluol, unlösl. in Ether. **Vork.:** wird biogenet. beim Abbau von Harnsäure gebildet. **Anw.:** in der Analyse zum Nachw. von Cyanid bzw. freier Blausäure (mikrochem. Kristallreaktion); tritt intermediär bei der Murexidprobe auf (s. Murexid). Die wässrige Lsg. färbt die Haut rotbraun infolge Reduktion zu Alloxantin (Oxipurinol*), daher Anw. zu Hautbräunungsmitteln. **Tox.:** im Tierversuch diabetogen (zerstört die B-Zellen der Pankreasinseln).

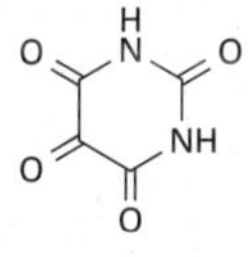

Alloxan

Alloxanthyletin: s. Pyranocumarine.

Alloxantin: s. Oxipurinol.

Alloxazin: $C_{10}H_6N_4O_2$, M_r 214.18. Graugrünes Pulver, unlösl. in Wasser u. Ether, leicht lösl. in Laugen. Das zu A. isomere Isoalloxazin bildet das Grundgerüst der Flavine*.

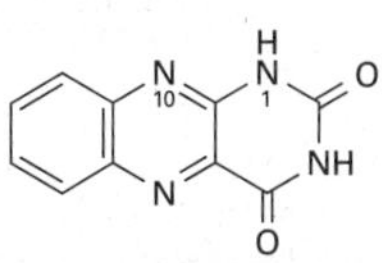

Alloxazin

Allyl-: die Gruppe $H_2C=CH-CH_2-$ in org. Verb.; s. Alkene.
Allylaldehyd: Akrolein*.
Allylalkohol: 2-Propen-1-ol, $CH_2=CH-CH_2OH$. D. 0.854. Sdp. 97 °C. Farblose, brennbare Flüss. von stechendem Geruch, mischbar mit Wasser, Chloroform, Ethanol, Ether. Wichtigster ungesättigter Alkohol. **Darst.:** aus Allylchlorid od. Glycerol. **Anw.:** Antiseptikum; zur Unkrautvertilgung, zur Herst. von Kunststoffen; als Lösungsmittel.
4-Allylanisol: s. Methylchavicol.
5-Allyl-5-(2-bromallyl)barbitursäure: s. Brallobarbital.
Allylbromid: s. Alkene.
Allylchlorid: 3-Chlorpropen, C_3H_5Cl, M_r 76.53. D. 0.938. Schmp. −136 °C. Sdp. 45 °C. Stechend riechende Flüss., wenig lösl. in Wasser, lösl. in Ethanol. **Tox.:** die Dämpfe wirken stark reizend auf Augen u. Atemwege; MAK: 3 mg/m^3.
Allylestrenol INN: Allylöstrenol; 17-α-Allyl-4-estren-17-ol, CAS-Nr. 432-60-0; $C_{21}H_{32}O$, M_r 300.47. Schmp. 79.5-80 °C. Fast unlösl. in Wasser, lösl. in Ethanol, Ether, Aceton, Chloroform. **Anw.:** habitueller u. drohender Abort; **Dos.:** p.o. 3×5 mg/d bei drohendem Abort, 1-2×5 mg/d bei habituellem Abort.

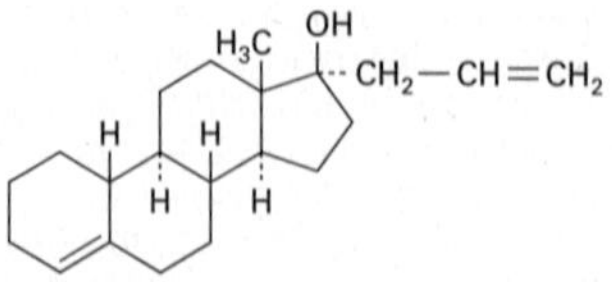

Allylestrenol

Allyl-Gruppe: s. Alkene.
Allylis isothiocyanas: s. Allylsenföl.
5-Allyl-5-isobutyl-barbitursäure: s. Butalbital.
5-Allyl-5-isopropyl-barbitursäure: s. Aprobarbital.
Allylisothiocyanat: s. Allylsenföl.
N-Allylmorphin: s. Nalorphinhydrochlorid.
Allylsenföl: Allylis isothiocyanas, Allylum isosulfocyanatum, Allylum isorhodanatum, Oleum Sinapis (artificiale), Aetheroleum Sinapis syntheticum; Allylisothiocyanat; $CH_2=CH-CH_2-N=C=S$; C_4H_5NS; M_r 99.16; D. 1.012-1.017; Sdp. 148-154 °C; $n_D^{20°C}$ 1.527-1.531. Klare, farblose bis gelbl. Flüss. von scharfem, zu Tränen reizendem Geruch, auf der Haut Blasen ziehend; mischbar mit Ether, Chloroform, lösl. in Ethanol, wenig lösl. in Wasser. **Off.:** DAC; **Anw.:** starke Verd. zur Hyperämisierung der Haut; **Dos.:** 2 %ig in Salben u. Lsg.; **Zuber.:** Spir. Sinapis (Senfspiritus). Nat. Allylsenföl: s. Brassica nigra.
Allylsulfide: charakterist. riechende, flüchtige Lauchöle, die in den Organen der bekannten Allium-Arten gebildet werden. Strukturformeln u. weitere Angaben s. Allium sativum u. a. Allium-Arten.
Allylthioharnstoff: s. Tiosinamin.
Allylum isorhodanatum: s. Allylsenföl.
Allylum isosulfocyanatum: s. Allylsenföl.
Allylumlagerung: Umlagerung einer C=C-Bindung in einem Dreikohlenstoffsystem durch Umsetzung mit nucleophilen Reagenzien. Beispiel: aus α-Phenylallylalkohol u. Bromwasserstoff entsteht ein Gemisch aus α-Phenylallylbromid u. γ-Phenylallylbromid (s. Abb.).

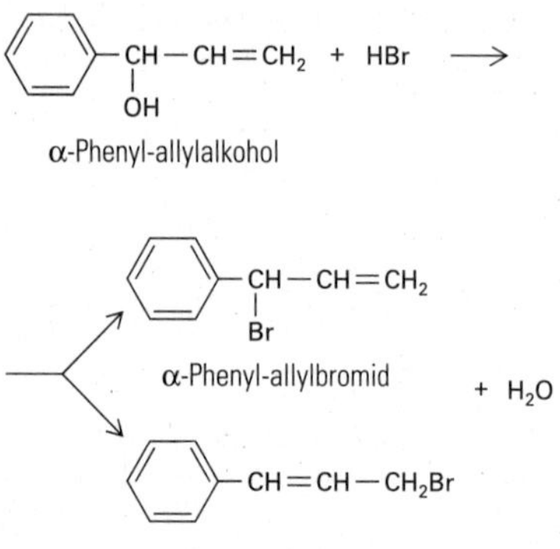

Allylumlagerung

Almasilat INN: Aluminii magnesii silicas Ph.Eur.4; Aluminium-Magnesium-silicat-hydrat; CAS-Nr. 12511-31-8, $MgAl_2(SiO_4)_2$, M_r 262.5. **Anw.:** Antazidum, Verdickungs- u. Suspensionsmittel.
Almitrin INN: 6-[4-Bis(fluorphenyl)methyl-1-piperazinyl]-N,N-di-2-propenyl-1,3,5-triazixizin-2,4-diamin; CAS-Nr. 27469-53-0; $C_{26}H_{29}F_2N_7$, M_r 477.56. **Anw.:** Broncholytikum*; geg. Asthma bronchiale; HWZ 40-50 h.

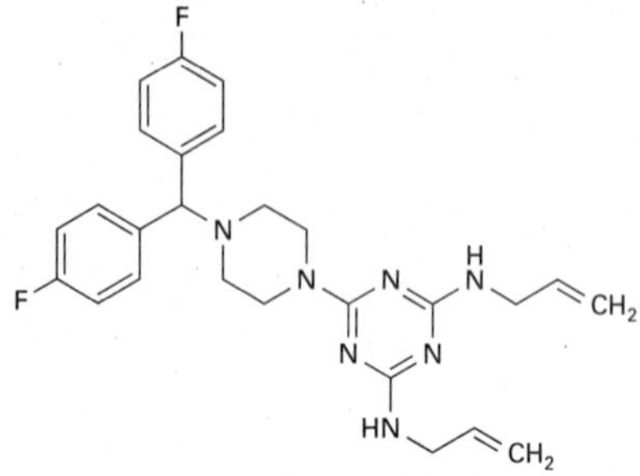

Almitrin

Almotriptan INN: 3-[2-(Dimethylamino)ethyl]-5-(pyrrolidinosulfonylmethyl)indol; CAS-Nr. 154323-57-6; $C_{17}H_{25}N_3O_2S$, M_r 335.5. logP 1.9; pKs 9.5 (ber.); schwer lösl. in Wasser. **Anw.:** selektiver Serotoninagonist zur Behandlung von Migräne* mit u. ohne Aura; **UAW:** Übelkeit, Schwin-

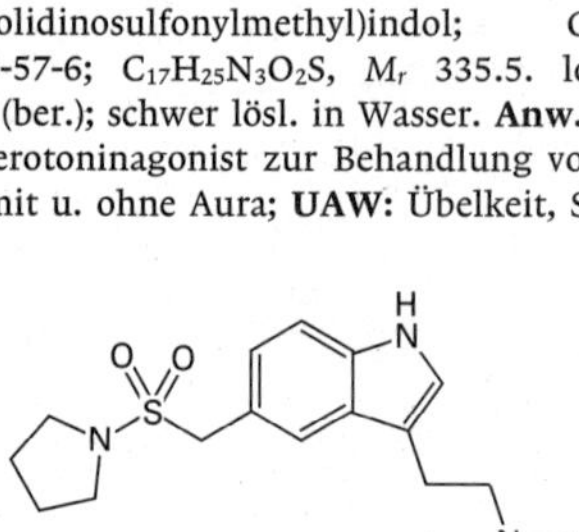

Almotriptan

del; **Dos.:** bei Bedarf 12.5 mg p. o.; höchste Bioverfügbarkeit aller Triptane (70 %); HWZ 3-4 h.

Alnus glutinosa (L.) Gaertn.: Schwarzerle; Fam. Betulaceae (Mitteleuropa). Stpfl. von **Cortex Alni:** Erlenrinde. **Inhaltsst.:** Gerbstoff (20 %), Flavonoide (hauptsächl. Hyperosid), Steroide, Triterpene (z. B. δ-Amyrenon); **Anw.** volkstüml.: z. B. zum Gurgeln bei Angina, als Klysma bei Darmblutungen; techn.: zum Gerben.

Aloe: Succus Aloes inspissatus, Bärengalle; der bis zur Trockenheit eingedickte Saft der Blätter einiger Arten der Gattung Aloe, Fam. Asphodelaceae (bzw. Liliaceae). A. ist von eigenartigem Geruch u. von stark bitterem Geschmack, wenig lösl. in Wasser bei 20 °C, fast ohne Rückstand lösl. in siedendem Wasser. Man unterscheidet i. Allg. zw. Aloe lucida, mit glänzenden Bruchflächen, erhalten durch rasches Eindampfen des Saftes, u. Aloe hepatica, leberfarben, matt, gewonnen durch langsames Eindampfen. **Off.:** Ph.Eur.4; **Best.:** Anthron-C-glykoside wie Aloin* (Barbaloin), der Hauptwirkstoff, 2-Alkyl-Chromone wie Aloesin (Aloeresin B), Aleoson u. Aloenin (ein Bitterstoffglucosid), Aloe-Emodin (unter 1 %); in Kap-Aloe auch Aloinoside (O-Glykoside des Aloins) u. 5-Hydroxyaloin; nur in Curaçao-Aloe ist 7-Hydroxyaloin; s. Abb.; **Anw.:** bei Obstipation (nur kurzfristig anzuwenden); A. erzeugt starke Hyperämie in den Unterleibsorganen u. ist daher bei Menstruation, Schwangerschaft, Hämorrhoiden, Nierenentzündung kontraindiziert. **Anw.** vet.: Obstipation (Dos. Hunde 0.3-3 g, Katzen 0.2-1 g, Pferde 20-40 g). **Zuber.:** Aloes extractum siccum normatum, eingestellter Aloetrockenextrakt (auf 19.0-21.0 % Hydroxyanthracenderivate eingestellt), Extr. Aloes (siccum), Tct. Aloes, Tct. Aloes composita (Elixier ad longam vitam), Pilulae laxantes (fortes) (nicht mehr gebräuchl.); in zahlreichen Arzneispezialitäten.

Curaçao-Aloe (Barbados-Aloe, Aloe barbadensis) stammt von Aloe barbadensis Miller (Aloe vera (L.) Weth. et Berth. non Mill., Aloe vulgaris Lam., Aloe perfoliata var. vera) (Kanarische Inseln, Mittelmeergebiet) u. enthält mind. 28.0 % Hydroxyanthracenderivate, ber. als wasserfreies Aloin* ($C_{21}H_{22}O_9$) u. bezogen auf die getrocknete Droge. Schwarzbraune, matt glänzende, vielfach bräunl. bestaubte Stücke u. hell- bis dunkelbraune Splitter, das Pulver ist hellbraun. **Off.:** Ph.Eur.4.

Kap-Aloe (Aloe lucida, Aloe capensis) stammt von Aloe ferox Miller (Aloe supralaevis Haw.), seinen Hybriden u. anderen wild wachsenden Arten (Nord- u. Zentralafrika) u. enthält mind. 18.0 % Hydroxyanthracenderivate, ber. als wasserfreies Aloin* ($C_{21}H_{22}O_9$) u. bezogen auf die getrocknete Droge. Glänzend dunkelbraune, meist grünl. bestaubte Stücke mit muscheligem Bruch u. scharfkantigen, rötl. bis hellbraunen Splittern, das Pulver ist grünlich gelb. **Off.:** Ph.Eur.4.

Als **Aloe vera** wird ein stabilisierter Saft aus Aloe-Blättern bezeichnet, der wegen seiner entzündungswidrigen u. antibakt. Eigenschaften v. a. in der Kosmetik verwendet wird. **Andere Aloe-Sorten:** Sokotra-Aloe (von Aloe perryi (Insel Sokotra), Natal-Aloe (Aloe candelabrum (Südostküste Afrikas), Zanzibar-Aloe, von leberfarbenem Aussehen (Aloe hepatica) u. eine Reihe anderer Sorten. **Hom:** *Aloe (HAB1),* Kap-Aloe: eingetrockneter Saft der Kap-Aloe; verord. z. B. bei Magen-Darmentzündungen, Diarrhö, schlecht heilenden Wunden.

Aloe-Emodin: s. Anthrachinone.

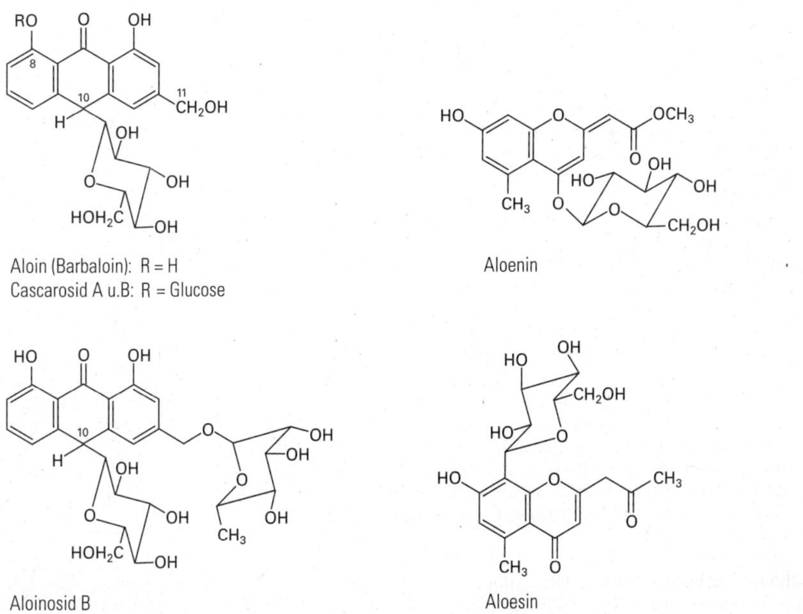

Aloe: Strukturen der wichtigsten Inhaltsstoffe von Aloe u. (z.T.) aus Radix Rhamni purshianae

A

Aloe, Hundertjährige: s. Agave americana.
Aloepillen, eisenhaltige: s. Pilulae aloeticae ferratae.
Aloes extractum: s. Extractum Aloes.
Aloes extractum siccum normatum: s. Extractum Aloes siccum normatum.
Aloetinktur: s. Tinctura Aloes.
Aloetinktur, zusammengesetzte: s. Tinctura Aloes composita.
Aloin: Aloinum, Barbaloin; 1,8-Dihydroxy-10-D-glucopyranosyl-9-anthron; $C_{21}H_{22}O_9$; M_r 418.4. Hauptwirkstoff der Aloe*, ein C-Glykosid (Glykosil). Gelbl. krist. Pulver, lösl. in Wasser, Ethanol, Aceton, wenig lösl. in Ether (1:100). A. besteht üblicherweise aus 2 Diastereomeren, Aloin A u. Aloin B, die sich durch die Konfiguration am C-10 unterscheiden. **Anw.:** Obstipation; **Dos.:** 10-60 mg.
Alopezie: Alopecia; Kahlheit als Folge eines vermehrten Haarausfalls, der angeboren oder erworben sein kann. **Formen:** A. androgenetica: erbl. bedingter Haarausfall im Bereich der Kopfhaut infolge einer erhöhten Androgenempfindlichkeit der Haarfollikel od. eines erhöhten Blutspiegels an freiem Testosteron; Behandlung z. B. mit Minoxidil*, bei Frauen auch Antiandrogene, estrogenhaltige Haarwässer; A. areata: kreisförmiger Haarausfall (möglicherweise Autoimmunerkrankung).
Aloxiprin INN: Alumimiumacetylsalicylat; Polyoxyaluminium-acetylsalicylat; CAS-Nr. 9014-67-9; ein polymeres Kondensationsprodukt aus Aluminiumoxid u. Acetylsalicylsäure; entspr. etwa der Formel $Al_2O_3-[C_6H_4(OOCCH_3)COO]_5$. **Anw.:** Analgetikum; vgl. Acetylsalicylsäure.
Aloysia triphylla (L. Hérit.) Britt: Lippia triphylla (L. Hérit) O. Kuntze, Zitronenstrauch; Fam. Verbenaceae (Mittel-, Südamerika, Mittelmeergebiet). Stpfl. von **Herba Verbenae odoratae:** Folia Verbenae odoratae, Herba Lippiae citriodorae, Folia Aloysiae, Echtes Verbenenkraut, Zitronenstrauchkraut. **Inhaltsst.:** 0.09-0.2 % äther. Öl; **Anw.:** Gew. des äther. Öls (Oleum Verbenae odoratae, echtes Verbenenöl); Teegetränk (Südamerika, Frankreich).
Alpenfetthenne: s. Sedum acre.
Alpenheckenrose: s. Rosa.
Alpenrose, Goldgelbe: s. Rhododendron chrysanthum.
Alpenrose, Rostblättrige: s. Rhododendron ferrugineum.
Alpenseide: s. Sedum acre.
Alpenveilchen: s. Cyclamen purpurascens.
Alphaadrenozeptorantagonisten: s. Sympatholytika.
Alphaadrenozeptoren: adrenergene Alpharezeptoren; Rezeptoren in sympath. innervierten Geweben, deren Erregung durch die nat. Überträgerstoffe Noradrenalin u. Adrenalin od. durch andere Alphaadrenozeptoragonisten eine Kontraktion glatter Muskelzellen hervorruft; s. Sympathomimetika.
Alphablocker: s. Sympatholytika (Alphasympatholytika).
Alphafehler: s. Studie, klinische (Tab. 2).
Alpharezeptorenblocker: s. Sympatholytika (Alphasympatholytika).
Alphastrahlen: α-Strahlen; eine von radioaktiven Stoffen ausgehende Strahlenart, die aus positiv geladenen Heliumkernen besteht; s. Radioaktivität.
Alphasympatholytika: s. Sympatholytika.
Alphateilchen: s. Radioaktivität.
Alphatocopherolacetat: s. Vitamine (Vitamin E).
Alpinia galanga (L) Willd.: Maranta galanga L., Großer Galgant; Fam. Zingiberaceae (Südostasien). Stpfl. von **Radix Galangae majoris:** Rhizoma Galangae majoris, Galanga major, Großer Galgant. **Inhaltsst.:** 1.5-5 % (mind. 0.5 %) äther. Öl mit ca. 25 % Eugenol, Cadinen usw., ferner Diarylheptanoide wie Galangol u. Flavonderivate (Galangin u. dessen Methylether, Kämpferol), Stärke; **Anw.** volkstüml.: z. B. bei Erkrankungen des rheumat. Formenkreises u. Erkrankungen der Atemwege, Appetitlosigkeit; Tonikum u. Aphrodisiakum.
Alpinia officinarum Hance: (Echter) Galgant; Fam. Zingiberaceae (Südchina, Hainan, Hinterindien). Stpfl. von **Galangae rhizoma** : Radix Galangae, Rhizoma Galangae, Galgantwurzel, Fieberwurzel. **Off.:** Ph.Helv.7, DAC; **Inhaltsst.:** scharf schmeckende Diarylheptanoide (Alpinol, Galangol) sowie Gingerol(e) (Phenylalkanonole, s. Zingiber officinalis), die die Prostaglandinbiosynthese hemmen sollen; Flavonderivate wie Galangin (3,5,7-Trihydroxyflavon) u. a., Gerbstoffe, 0.4-1 % (mind. 0.5 %) äther. Öl (mit Methylcinnamat, Eugenol, 1,8-Cineol, Sesquiterpenen); **Anw.:** Stomachikum.
Hom: *Alpinia officinarum (HAB1.5),* Galanga: geschnittener, getrockneter Wurzelstock (mind. 0.4 % äther. Öl).
Alprazolam INN: Alprazolamum Ph.Eur.4; 8-Chlor-1-methyl-6-phenyl-4*H*-1,2,4-triazolo[4,3-*a*][1,4]benzodiazepin; CAS-Nr. 28981-97-7; $C_{17}H_{13}ClN_4$, M_r 308.8. Schmp. 228 °C. **Anw.:** Tranquilizer; bei Angst- u. Spannungszuständen; vgl. Benzodiazepine; HWZ 12-15 h.

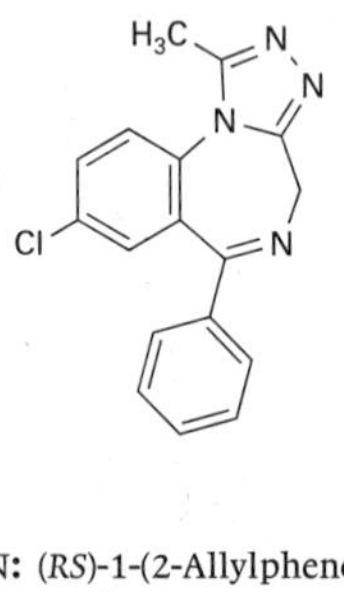

Alprazolam

Alprenolol INN: (*RS*)-1-(2-Allylphenoxy)-3-(isopropylamino)propan-2-ol; CAS-Nr. 13655-52-2; $C_{15}H_{23}NO_2$, M_r 249.34. Strukturformel s. Sympatholytika (Abb. 1). pK_S der konjugierten Säure 9.5 (20 °C). **Wirk.:** geringe kardioselektive Aktivität, meist starker First*-pass-Effekt, reichert sich aufgrund seiner Lipophilie stark in zentralen Hirngeweben an; intrins., sympathomimet. Aktivität; **Anw.:** Betarezeptorenblocker; **Dos.:** 4×50 mg/d p. o., individuell einstellen; parenteral i. v. 2 mg, nur in Notfällen; HWZ 3.1 h. **Alprenololhydrochlorid:** Alprenololi hydrochloridum

Ph.Eur.; M_r 285.8. Schmp. 108-112 °C (Racemat). Weißes krist. Pulver; sehr leicht lösl. in Wasser, leicht lösl. in org. Lösungsmitteln.

Alprostadil INN: Alprostadilum Ph.Eur.4; Prostaglandin E_1; CAS-Nr. 745-65-3; $C_{20}H_{34}O_5$, M_r 354.5. **Anw.**: Vasodilator; peripher durchblutungsförderndes Mittel (als Infusion), bei erektiler Impotenz* auch transurethrale Anw. (mit Hilfe eines Applikators) od. zur Schwellkörper*-Autoinjektionstherapie; vgl. Prostaglandine; HWZ 5-10 min.

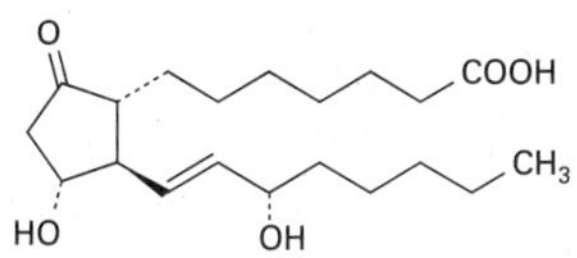

Alprostadil

Alraunwurzel: s. Mandragora officinarum.

Alsem: s. Artemisia absinthium.

Alsidium helminthochorton Ktzg.: Korsikanisches Wurmmoos, Wurmtang; Fam. Rhodomelaceae (Mittelmeerküsten, Korsika, Sizilien); im Handel meist mit anderen Algen vermischt. Stpfl. von **Helminthochorton:** Muscus corsicanus, Korallenmoos, Wurmmoos. **Inhaltsst.**: z. T. unbekannt; Brom, Iod, Harz; **Anw.** volkstüml.: Vermifugum, geg. Spulwürmer, obsolet.
Hom: *Helminthochorton:* getrocknete Alge.

Alsine media: s. Stellaria media.

Alstonia constricta F. v. Muell.: Fieberbaum; Fam. Apocynaceae (Neusüdwales, Queensland, trop. Afrika). Stpfl. von **Cortex Alstoniae constrictae:** Alstoniarinde, Australische Bitterrinde, Bitterrinde, Fieberrinde. **Inhaltsst.**: Alstonin (mit Serpentin stereoisomeres Alkaloid), Alstonidin (ringgeöffnetes Alstonin), Reserpin u. Echitomin, andere Alkaloide; **Anw.** volkstüml.: z. B. als Fiebermittel, Stimulans.
Hom: *Alstonia constricta:* getrocknete Rinde.

Alstonia scholaris (L.) R. Br.: Pulai; Fam. Apocynaceae (Südostasien, Australien). Stpfl. von **Cortex Alstoniae scholaris:** Cortex Ditae, Cortex Tabernaemonantanae, Dita-Rinde, Puele-Rinde, Australische Fieberrinde. **Inhaltsst.**: Alstonin, Ditain u. a. Alkaloide. **Anw.** volkstüml.: z. B. bei Fieber, Verstopfung; techn.: als Korkholz.
Hom: *Alstonia scholaris:* getrocknete Rinde; verord. z. B. bei Erschöpfungszuständen nach Infektionen.

Alteplase INN: Alteplasum ad iniectabile Ph.Eur.; gentechn. produzierter Gewebeplasminogenaktivator*.

Althaea officinalis L.: Eibisch, Sammetpappel; Fam. Malvaceae (Mitteleuropa, Westasien, kult. in Nordbayern, Belgien, Frankreich, Ungarn, Bulgarien). Verwendet werden Wurzel, Blüten u. Blätter. Blüten, Früchte (oft bei Blattdroge) u. Blätter sind nicht selten von Malvenrost (Puccinia* malvacearum) befallen. Stpfl. von **Althaeae radix:** Radix Althaeae, Radix Bismalvae, Eibischwurzel, Rad. Doronicae, Althaeawurzel, Heilwurzel, Bismalvawurzel; die getrockneten, ungeschälten od. geschälten, ganzen od. geschnittenen (Ph.Eur.4) bzw. (weitgehend) geschälten (ÖAB90, Ph.Helv.7) Wurzeln. **Off.**: Ph.Eur.4, ÖAB90, Ph.Helv.7. **Inhaltsst.**: 10-15 % Schleim (Galacturonorhamnan, Arabinogalactan u. a., Schleimgeh. im Herbst am höchsten), Saccharose (ca. 10 %), Pektin (10 %), Stärke (ca. 35 %), Asparagin (2 %), Betain, Lecithin, Eiweiß, Enzyme, Phosphate, 2 % Gerbstoff, ca. 1 % fettes Öl. QZ mind. 10 (Ph.Eur.4, ÖAB90) bzw. mind. 15 (Ph.Helv.7), gemessen an der Pulverdroge; **Zuber.**: Sir. Althaeae, Spec. Althaeae, Spec. pectorales; **Wirk.**: reizmildernd, entzündungshemmend; **Anw.**: der Infus als (nicht entzündungshemmendes) Mucilaginosum bei Schleimhautentzündungen im Mund- u. Rachenraum u. damit verbundenem Reizhusten, als Geschmackskorrigens, bei Magen- u. Darm-Katarrhen; Mazerat für äußerl. Anw. bei Spülungen entzündeter Hautumschläge, Eibischschleim auch in der Kosmetik; **Althaeae radix ad usum veterinarium:** Radix Althaeae ad usum veterinarium, Eibischwurzel für tierarzneil. Zwecke; die ungeschälten getrockneten Wurzeln. QZ mind. 8 (Ph.Helv.7). **Althaeae folium:** Folia Althaeae, Folia Bismalvae, Eibischblätter. **Off.**: ÖAB90, Ph.Eur.4; **Inhaltsst.**: max. 10 % Schleim, Spuren äther. Öls. QZ mind. 12; **Anw.**: reizmilderndes Mittel bei Husten, zu Umschlägen; **Zuber.**: Spec. Althaeae, Spec. pectorales. **Flores Althaeae:** Flores Bismalvae, Eibischblüten. **Inhaltsst.**: äther. Öl, Zucker, 5-8 % Schleim; **Anw.**: wie Althaeae radix.
Hom: *Althaea:* frische Wurzel.

Althaea rosea: s. Alcea rosea.

Altinsulin: alte Bez. für Normalinsulin; s. Insulin.

Altretamin INN: 2,4,6-Tris(dimethylamino)-1,3,5-triazin; CAS-Nr. 645-05-6; $C_9H_{18}N_6$, M_r 210.28. **Anw.**: Zytostatikum; Ovarialkarzinom, Bronchialkarzinom; **Dos.**: p. o. 8 mg/kg KG/d od. 0.3 g/m² Körperoberfläche/d; HWZ 9 h.

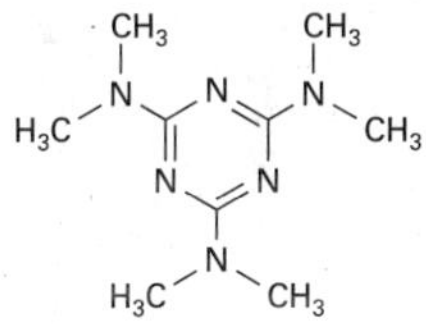

Altretamin

Altrose: eine Hexose, Strukturformel s. Kohlenhydrate.

Alttuberkulin: s. Tuberkuline.

Altvorexaminierte: syn. Apothekerassistent; veraltet für Personen, die die deutsche pharmaz. Vorprüfung bestanden haben.

Alumen: s. Kaliumalaun.

Alumen ammoniatum: s. Aluminiumammoniumsulfat.

Alumen chromicum: s. Chrom(III)-kaliumsulfat.

Alumen kalicum: s. Kaliumalaun.

Alumen plumosum: s. Asbest.

Alumen ustum: gebrannter Alaun, Kaliumaluminiumsulfate, entwässert; s. Kaliumalaun.

Alumina: s. Aluminiumoxid (wasserfreies).

Aluminii acetatis tartratis solutio: s. Aluminiumacetat-tartrat-Lösung.

Aluminii oxidum hydricum: s. Aluminiumoxid.

Aluminii sulfas: s. Aluminiumsulfat.

Aluminium: Symbol Al; A_r 26.9815. OZ 13. D. 2.68. Schmp. 659 °C. Sdp. 2330 °C. Al ist ein silberweißes, 3-wertiges Leichtmetall, das sich in der Kälte dehnen u. walzen lässt, es ist lösl. in Laugen u. heißen Säuren, außer HNO_3. An der Luft überzieht sich Al mit einer Oxidschicht, die das darunterliegende Metall vor weiterer Oxidation schützt. Durch elektrolyt. Oxidation (Eloxalverfahren) wird die Oberfläche noch unangreifbarer. Bei Berührung mit Quecksilber wird Al schnell amalgamiert u. zerfällt dann an feuchter Luft unter Bildung von Aluminiumoxidhydrat (sog. Ausblühen). Daher dürfen zur Verarbeitung von Quecksilbersalzen keine Al-Geräte benutzt werden. Pulverisiertes Al-Metall ist leicht brennbar. Eine Mischung von Eisenoxid u. Aluminiumgrieß ergibt beim Entzünden mittels Magnesiumband in wenigen Sekunden höchste Temperaturen, bis 2400 °C, u. dient als **Thermit** zum Schweißen von Eisen u. zur Reindarstellung von Schwermetallen (Goldschmidt-Thermitverfahren, Aluminothermie). Feinverteiltes Al verbrennt beim Erhitzen an der Luft od. in Sauerstoff unter glänz. Lichterscheinung zu Aluminiumoxid (Vakublitz). **Vork.:** Al ist das meistverbreitete Metall auf der Erde; nat. in Granit, Gneis, Porphyr, Basalt, Feldspat, Glimmer, Ton, Schmirgel; ferner in vielen Edelsteinen (Korund, Saphir, Rubin, Smaragd, Topas). Zur Gew. von Al dienen Bauxit*, AlO(OH) u. Kryolith (Eisstein, s. Natriumhexafluoroaluminat Na_3AlF_6). **Gew./Herst.:** Elektrolyse einer Lsg. von Aluminiumoxid in geschmolzenem Kryolith; **Anw.** techn.: hauptsächl. Legierungen (Leg.): Magnalium (Al-Magnesium-Leg., 10-30 % Mg), Hydronalium (3-12 % Mg), Silumin (Al-Silicium-Leg., 12-14 % Si), Duralumin (Al-Kupfer-Leg., 2.5-5.5 % Cu, 0.5-2 % Mg, 0.5-1.2 % Mn, 0.2-1.0 % Si); zur Herst. von Dosen, Röhrchen, Tuben u. Folien; med.: Für die Verpackung von pharmaz. Präparaten findet neben Zinn, verzinntem Eisen auch Al Verwendung. Innenschutzlacke, meist auf der Basis von Epoxidharzen, sind übl. bei Aluminiumtuben u. Druckgaspackungen*; wasserfreie Fettsalben benötigen keinen Schutzlack. **Gesch.:** 1827 entdeckt von Friedrich Wöhler (1800-1882), 1854 von Robert Wilhelm Bunsen (1811-1899) elektrolyt. gewonnen; **Nachw. von Al-Verb.:** **1.** mit Cobaltsalz-Lsg. auf Kohle erhitzt, bilden Al-Salze blaues Cobaltaluminiumoxid $CoAl_2O_4$ (Thenard-Blau); **2.** Ammoniak od. Ammoniumsulfid fällen weißes Aluminiumhydroxid, unlösl. im Überschuss des Fällungsmittels; **3.** NaOH u. KOH fällen weißes Aluminiumhydroxid $Al(OH)_3$, leicht lösl. in überschüssiger Lauge.
Hom: *metall. Aluminium:* s. Aluminiumoxid, wasserfreies.

Aluminiumacetat: basisches Aluminiumacetat, essigsaure Tonerde, Aluminiumsubacetat, Aluminium subaceticum, Aluminium aceticum; Aluminiumhydroxiddiacetat, $Al(OH)(CH_3COO)_2$. **Off.:** DAC86. **Zuber.:** A.-Lsg., Burow-Lsg. (Burow-Wasser, Liquor Burowii), Liquor Aluminii acetici DAB6; Geh.: 7.5 % bas. A.; D. 1.044; Zstzg.: 100 T. Aluminiumsulfat, 46 T. Calciumcarbonat, 120 T. verd. Essigsäure u. Wasser nach Bedarf. Anstelle von A.-Lsg. od. essigsaurer Tonerde ist Aluminiumacetat*-tartrat-Lösung abzugeben.

Aluminiumacetat-tartrat: Aluminii acetas tartras, Aluminium acetico-tartaricum, essig-weinsaure Tonerde; Geh.: 11.0-13.8 % Aluminium. Weißes, krist. Pulver, schwacher Geruch nach Essigsäure; wenig lösl. in kaltem Wasser, prakt. unlösl. in Ethanol. **Herst.:** gemäß Ph.Helv.7 wird die essigweinsaure Tonerde-Lsg. (1000 g, s. Aluminiumacetat-tartrat-Lösung) bei max. 60 °C unter allmähl. Zugabe von Essigsäure 98 % (10 g) zur Trockne eingedampft. **Anw.:** Umschläge bei verletzungsbedingten Schwellungen u. Insektenstichen.

Aluminiumacetat-tartrat-Lösung: Aluminii acetatis tartratis solutio, Liquor Aluminii acetico-tartarici, Solutio Aluminii acetico-tartarici, essigweinsaure Tonerdelösung; Zstzg.: DAB10, 30 T. Aluminiumsulfat, 10.9 T. Essigsäure 99 %, 13.5 T. Calciumcarbonat, 160 T. Wasser, 3.5 T. Weinsäure in je 100 T. des Filtrats; ÖAB90, Ph.Helv.7, 30 T. Aluminiumsulfat, 30 T. Essigsäure (Ph.Helv.7 36.0 T. Essigsäure 30 %), 13.5 T. Calciumcarbonat, 135 T. gereinigtes Wasser, 4.5 T. Weinsäure in je 100 T. des Filtrats; 2 T. bas. Aluminiumacetat werden durch 1 T. Weinsäure stabilisiert; klare, farblose bis schwach grünlich gelbe Flüss., die schwach nach Essigsäure riecht u. süßl. zusammenziehend schmeckt; D. 1.044-1.058. **Anw.:** äußerl. als Adstringens bei Verstauchungen, Prellungen, Zerrungen, Insektenstichen; Al^{3+} fällt Eiweiß als festes Koagulans, das Gewebe entquillt, darunterliegende Gewebe werden abgedichtet, die Haut wird runzelig; bei längerer Anw. kann Gewebe absterben; **Hinw.:** Vorsicht bei offenen Wunden; **Dos.:** 5-10 % für Umschläge entspr. ca. 1 EL auf 1 Glas Wasser.

1. $$Al_2(SO_4)_3 \cdot 18\,H_2O + 3\,CaCO_3 \longrightarrow$$
$$\longrightarrow 3\,CaSO_4 \cdot 2\,H_2O + 2\,CO_2 + Al_2(OH)_4CO_3 + 10\,H_2O$$

2. $$Al_2(OH)_4CO_3 + 4\,CH_3COOH \longrightarrow$$
$$\longrightarrow 2\,Al(OH)(CH_3COO)_2 + CO_2 + 3\,H_2O$$

Aluminiumacetat-tartrat-Lösung: Reaktionsgleichungen

Aluminium aceticum: s. Aluminiumacetat.

Aluminiumacetylsalicylat: s. Aloxiprin.

Aluminiumammoniumsulfat: Aluminium-Ammonium sulfuricum, Alumen ammoniatum, Ammoniumalaun, Ammoniakalaun; $NH_4Al(SO_4)_2 \cdot 12\,H_2O$, M_r 453.33. Weißes, krist. Pulver, leicht lösl. in Wasser u. Glycerol, unlösl. in Ethanol. **Anw.** med.: wie Kaliumalaun*; techn.: in der Färberei.

Aluminium-Ammonium sulfuricum: s. Aluminiumammoniumsulfat.

Aluminiumborat: Aluminium boricum; $Al_2(B_4O_7)_3$. Weißes Pulver, unlösl. in Wasser, lösl. in Säuren. **Anw.:** Antiseptikum.

Aluminiumbronze: Legierung von Kupfer* mit 5-10 % Aluminium*, sehr widerstandsfähig gegen chem. Einflüsse.

Aluminium chloratum: s. Aluminiumchlorid.

Aluminiumchlorid: Aluminiumchlorid Hexahydrat, Aluminii chloridum hexahydricum Ph.Eur.4, Aluminium chloratum (hexahydricum), Chloraluminium; CAS-Nr. 7784-13-6. $AlCl_3 \cdot 6\,H_2O$, M_r 241.44. Weißes, krist., sehr hygroskop. Pulver; leicht lösl. in Wasser u. Ethanol, lösl. in Ether u. Glycerol; die wäss. Lsg. reagiert stark sauer. **Darst.**: Auflösen von Aluminium* od. Aluminiumoxid in Salzsäure u. eindampfen. **Off.**: DAB. **Anw.** med.: äußerl. als Adstringens* in 10-25 %igen Lsg., Antihidrotikum*; techn.: Holzschutzmittel, Desinfektionsmittel, zur Wasserreinigung. **Aluminiumchlorid, wasserfreies**: $AlCl_3$, M_r 133.34. Weiße, krist. Masse, die an der Luft raucht (Hydrolyse mit dem Wasserdampf der Luft) u. mit Wasser explosionsartig reagiert. **Darst.**: Erhitzen von Aluminium im Chlor- od. Chlorwasserstoffstrom. **Anw.**: wichtiger Katalysator (Lewis-Säure) in der org. Chemie; s. Friedel-Crafts-Alkylierung, Fries-Umlagerung.

Aluminiumchlorid-Hexahydrat-Gel: s. Mucilago contra hyperhidrosim.

Aluminiumchlorid-Hexahydrat-Lösung: s. Solutio Aluminii hexahydrici.

Aluminiumclofibrat INN: Aluminium-monohydroxid-clofibrat, Aluminii clofibras, Alufibrat; Aluminium-bis[2-(4-chlorphenoxy)-2-methylpropionat]-hydroxid; CAS-Nr. 24818-79-9; $C_{20}H_{21}AlCl_2O_7$, M_r 471.27. Aluminiumsalz der Clofibrinsäure (Strukturformel s. Clofibrinsäure, Abb.). Unlösl. in Wasser, Ethanol, Ether. **Anw.**: Lipidsenker* zur Behandlung von Hyperlipoproteinämie u. Hypertriglyceridämie; **UAW, Kontraind.** u. **WW:** s. Clofibrat; **Dos.**: p.o. 2×0.72 g/d.

Aluminiumfolie: durch Auswalzen von Barren od. Platinen aus Aluminium* auf eine Stärke von 4-25 µm erhalten. Direkt nach dem Auswalzen fällt eine harte A. an. Durch anschließendes Glühen (400-500 °C) erhält man eine weiche Folie. A., dünner als 20 µm, ist für Gase u. Dämpfe nicht mehr absolut undurchlässig. Sie benötigt deshalb für die Verw. bei hermet. dichten Behältnissen eine Lackierung mit Heißsiegellack od. Beschichtung mit schweißfähigem Polyethylen (s. Heißsiegeln, Aluminiumverbundfolie). A. dient zur Herst. von Streifenpackungen*, Blistern*, Gießformverpackungen* u. Beutelpackungen.

Aluminiumformiate: Aluminiumdiformiat, $Al(OH)(HCOO)_2 \cdot H_2O$, u. Aluminiumtriformiat, $Al(HCOO)_3 \cdot 3\,H_2O$. **Anw.** techn.: Imprägnierung von wasserdichten Stoffen, Textilbeize, Papierleim; med.: Adstringens*.

Aluminiumglycinat: Aluminiumsalz der Aminoessigsäure (s. Glycin); $C_6H_{12}N_3O_6Al$, M_r 249.2. **Anw.**: Antazidum.

Aluminiumhydroxid: Aluminium hydroxydatum (colloidale), Argilla alba, Aluminia hydrata, Tonerdehydrat; CAS-Nr. 21645-51-2; $Al(OH)_3$, M_r 77.99. Weißes, amorphes Pulver, unlösl. in Wasser u. Ethanol, lösl. in Säuren u. Alkalilaugen; ein amphoterer Stoff, der sich in Basen zu Aluminaten, z. B. $NaAl(OH)_4$, in Säuren zu Al-Salzen löst. Aus Aluminatlsg. wird durch Säuren, aus Salzlsg. durch Basen (Ammoniak) das Hydroxid wieder ausgefällt. **Vork.**: nat. Hydroxide sind Hydrargillit u. Bauxit*. **Off.**: ÖAB90. **Anw.** med.: innerl. als Antazidum (s. Antiacida); bindet im GIT Phosphat; äußerl. als Streupulver bei nässenden Ekzemen; techn.: Klär- u. Entfärbungsmittel, zur Herst. von Keramik- u. Porzellanfarben. **UAW:** Phosphatmangel bei längererer Anw.; WW: kann die Resorption von Arzneistoffen verringern. **Dos.**: 4×/d 0.5-1.5 g.

Aluminiumhydroxiddiacetat: s. Aluminiumacetat.

Aluminium hydroxydatum: s. Aluminiumhydroxid.

Aluminiumisopropylat: Aluminiumtri-(2-propanolat); $(C_3H_7O)_3Al$, M_r 204.25. D. 1.0346, Schmp. 119 °C, Sdp. 140.6 °C (11 mbar). Weiße, hygroskop. Kristalle, lösl. in Ether, Ethanol, Benzol, Chloroform; in Lsg. 3- bis 4fach assoziiert, in Wasser wird A. zersetzt. **Anw.**: Dehydratisierungsmittel, Antihidrotika*.

Aluminiumkaliumsulfat: s. Kaliumalaun.

Aluminium-Magnesium-silicat-hydrat: s. Almasilat.

Aluminiummonostearat: s. Aluminiumstearat.

Aluminiumnitrat: Aluminium nitricum, salpetersaure Tonerde; $Al(NO_3)_3 \cdot 9\,H_2O$, M_r 375.13. Weiße, zerfließl. Kristalle, leicht lösl. in Wasser u. Ethanol, lösl. in Aceton. **Anw.**: Beize in der Färberei.

Aluminium nitricum: s. Aluminiumnitrat.

Aluminiumoxid: 1. wasserhaltiges Aluminiumoxid: Aluminii oxidum hydricum Ph.Eur.4, Algeldrat, Aluminium oxidatum aquosum; CAS-Nr. 1333-84-2. Enthält mind. 47 u. max. 60 % Al_2O_3 (M_r 101.94). Weißes amorphes Pulver, unlösl. in Wasser, lösl. in verd. Mineralsäuren u. in Alkalihydroxid-Lösungen. **Herst.**: Ausfällen gelöster Aluminiumsalze; **Anw.** med.: Antazidum (wegen Säurebindungsvermögen); techn.: chromatograph. Adsorptionsmittel, das je nach Wassergehalt versch. Aktivitätsstufen u. je nach Herst. (u. Lagerungszeit) bas., saure od. neutrale Eigenschaften hat. **2. wasserfreies Aluminiumoxid** (oder wasserarmes A.): CAS-Nr. 1344-28-1. Schmp. ca. 2050 °C. D. 3.98. **Vork.**: nat. in mehreren Modifikationen; z. B. krist. als Korund (α-Al_2O_3, thermodynam. stabile Mod.; nach Diamant einer der härtesten natürl. Stoffe, Härte 9 der Härteskala), Saphir, Rubin, Topas, Amethyst, Schmirgel, Tonerde. **Herst.**: α-Al_2O_3 aus Bauxit*; **Anw.** techn.: Herst. synthet. Edelsteine, Glas- u. Porzellanindustrie.

Hom: *Aluminium oxydatum (HAB1.5),* Alumina: Aluminiumoxid, τ-Tonerde: Konstitutionsmittel; verord. z. B. bei chron. atrophen Schleimhauterkrankungen, aton. Obstipation, Nerven- u. Muskellähmungen.

Aluminium, schwefelsaures: s. Aluminiumsulfat.

Aluminiumsilicat: Schichtsilicate wechselnder Zstzg.; nat. meist als Tone (s. Ton, roter), Bentonit*, Bimsstein*, Feldspat, Kaolinit (s. Ton, weißer) verbreitet.

Aluminiumstearat: Aluminiummonostearat; auch als Gemisch von Aluminiummono-, di- u. tristearat im Handel; eine Metallseife. In Wasser unlösl., in polaren org. Lösungsmitteln gut lösl. weißes Pulver. **Anw.**: Hydrophobierungs-, Quell- u. Verdickungsmittel, Adstringens*; in lipophilen Suppositoriengrundlagen (vgl. Suppositoria) zur Sedimentationsverzögerung, in öligen Parenteralia* (v. a. Aluminiummonostearat) zur retardierenden Wirkstofffreisetzung (Konz. von 0.5-5 %).

Aluminium subaceticum: s. Aluminiumacetat.

Aluminiumsulfat: schwefelsaures Aluminium, schwefelsaure Tonerde, Aluminium sulfuricum, Aluminii sulfas Ph.Eur.4; $Al_2(SO_4)_3 \cdot 18\,H_2O$, M_r 666.4 (nach Ph.Eur.4 mind. 51.0 u. max. 59.0 % $Al_2(SO_4)_3$, M_r 342.1, u. eine wechselnde Menge Kristallwasser enthaltend). Schmp. 86.5 °C (unter Zers.). Farblose Kristalle od. weißes, krist. Pulver von saurem, zusammenziehendem Geschmack; leicht lösl. in Wasser (in ca. 2 T.), fast unlösl. in Ethanol 96 %. **Darst.:** Auflösen von frisch gefälltem Aluminiumhydroxid in Schwefelsäure; **Anw.** med.: innerl. als Adstringens* bei Diarrhö*, äußerl. als Antiseptikum* bei eiternden Wunden, in 1-5 %iger Lsg. bei Fluor vaginalis; techn.: in der Färberei, zum Abdichten von Geweben geg. Wasser u. zur Erhöhung der Feuerfestigkeit.

Aluminium sulfuricum: s. Aluminiumsulfat.

Aluminiumverbundfolie: Verbund von Aluminiumfolie* mit Kunststofffolie (Polyethylen, Polypropylen, Polyester, Polyamid, Polyvinylchlorid, Polyvinylidenchlorid). **Vorteil:** hohe Dehnbarkeit (Kunststofffolie), Wasserdampf-, Sauerstoff- u. Geruchsdichte (Aluminiumfolie). Vgl. Blister.

Aluminon: s. Aurintricarbonsäure, Ammoniumsalz.

Aluminothermie: s. Aluminium.

Alveolarpyorrhö: s. Pyorrhö.

Alveole: **1.** Lungenbläschen (Alveolus pulmoni). **2.** knöchernes Zahnfach, Teil des Zahnhalteapparates (Alveolus dentalis).

Alypinhydrochlorid: Alypin hydrochloricum, Amydricain; Benzoyl-ethyl-tetramethyl-diamino-isopropanolhydrochlorid; M_r 314.7. Schmp. 169 °C. Weißes, krist. Pulver, sehr leicht lösl. in Wasser, leicht lösl. in Ethanol, Chloroform, wenig lösl. in Ether. **Anw.:** früher als Lokalanästhetikum.

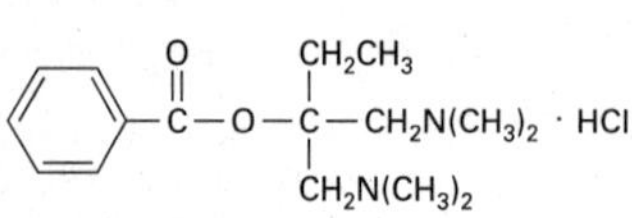

Alypinhydrochlorid

Alypinnitrat: Alypin nitricum; Benzoyl-ethyl-tetramethyldiamino-iso-propanolnitrat, M_r 341.2. Schmp. 163 °C. Weißes, krist. Pulver, leicht lösl. in Wasser, Ethanol, Chloroform, wenig lösl. in Ether. **Anw.:** früher als Lokalanästetikum, bes. in Verb. mit Silbersalzen.

Alzheimer-Krankheit: syn. Demenz vom Alzheimertyp; degenerative Hirnerkrankung mit fortschreitender Demenz; Beginn in der 2. Lebenshälfte. A. kommt bei Frauen doppelt so häufig vor wie bei Männern. Eine familiäre Häufung ist mögl., die Urs. unklar. Biochemisch mit einer Ablagerung von *p*-Amyloidplaques u. dem damit verbundenen Untergang v. a. von cholinergen Neuronen verknüpft, deren Ausfall die Lern- u. Gedächtnissstörungen maßgebl. beeinflusst. U. a. ist eine Verminderung der Cholinacetylase (reduzierte Acetylcholinsynthese) nachweisbar. Eine kausale Ther. ist derzeit nicht mögl., es wird symptomat. therapiert. **Ther.:** Cholinesterasehemmer (s. Parasympathomimetika); Nootropika u. Antidementiva wie Tacrin*, Piracetam*, Meclofenoxat*, Nicergolin*, Piritinol; Neuroleptika bei psychomotor. Unruhe u. kognitive Trainingsverfahren.

a. m.: Abk. für **a**nte **m**eridiem vor dem Mittag, vormittags.

Am: (chem.) Symbol für Americium*.

Amadori-Umlagerung: Umlagerung von *N*-Glykosiden von Aldosen zu *N*-Glykosiden der entspr. Ketosen unter saurer od. basischer Katalyse (s. Abb.).

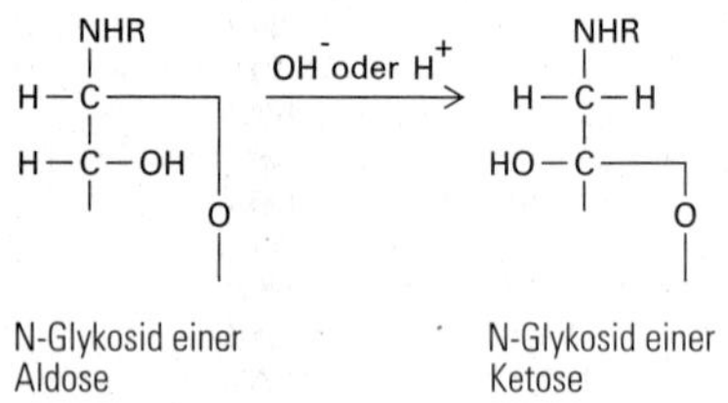

Amadori-Umlagerung

Amalgame: Legierungen von Metallen mit Quecksilber* (Hg). Je nach Metallgehalt flüss. bis fest. Hg bildet keine A. mit Fe, Mn, Ni, Co, Wo, Mo. **Anw.:** in der Zahnmedizin Silber-Zinn-A. als Zahnfüllungsmaterialien; in frischem Zustand plast. formbar, nach Minuten Erhärtung; Hg-Freigabe sehr gering; **Tox.:** Die Zahl individueller Amalgamfüllungen sollte so gering wie mögl. sein, da sie zur tox. Belastung des Patienten mit Hg beiträgt.

Amanita caesarea: Kaiserling; essbarer Pilz; wird häufig mit dem Fliegenpilz, Amanita* muscaria, verwechselt.

Amanita mexicana: Nanacatl; mexikanischer Giftpilz, ähnl. Amanita* muscaria; enthält ebenfalls Muscarin. **Anw.** volkstüml.: Rauschmittel in Mexiko.

Amanita muscaria (L.) Pers.: Agaricus muscarius, Fliegenpilz; Fam. Amanitaceae (auf der ganzen nördl. Halbkugel). **Inhaltsst.:** als zentral-wirksame tox. Substanzen die 3-Hydroxyisoxazolderivate Ibotensäure*, Muscimol* u. Muscazon* (s. Abb., vermutl. für die Fliegen tötende Wirk. des frischen Pilzes verantwortl., im getrockneten Pilz nicht mehr enthalten), ferner geringe Mengen Muscarin* (0.0002 %) u. Muscaridin sowie Cholin.

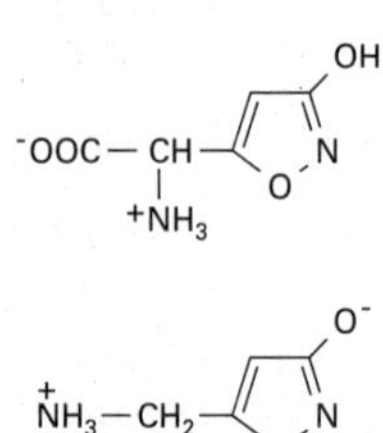

Amanita muscaria: Ibotensäure (oben) u. Muscimol (unten) als Beispiele

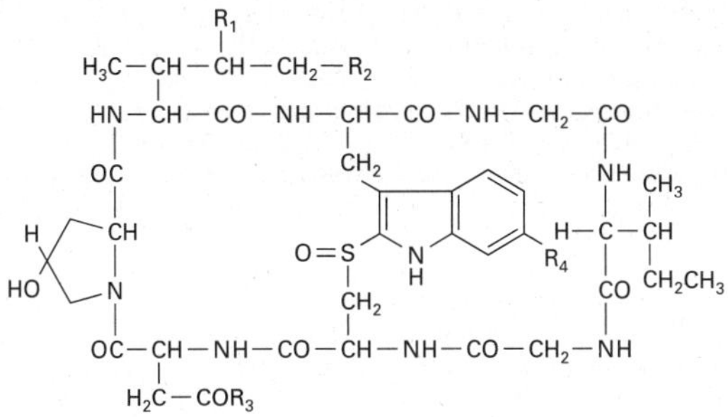

	R_1	R_2	R_3	R_4
α-Amanitin	OH	OH	NH_2	OH
β-Amanitin	OH	OH	OH	OH
γ-Amanitin	OH	H	NH_2	OH
Amanin	OH	OH	OH	H
Amanullin	H	H	NH_2	OH

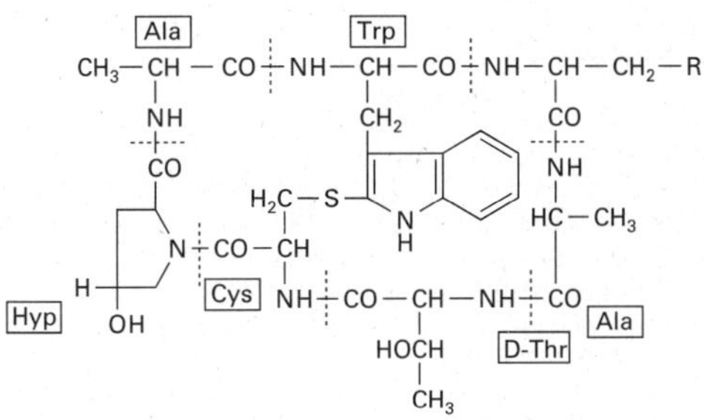

Phalloidin: R= 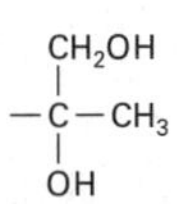 Phalloin: R= 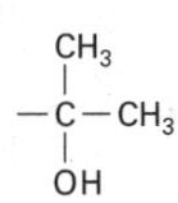

Amanita phalloides: Amatoxine (oben) u. Phallotoxine (unten)

Der gesamte Pilz ist giftig, aber je nach dem Standort von versch. Toxizität. Bei fernöstl. Völkern (Samojeden, Kamtschadalen, Tungusen u. a.) werden aus dem Pilz (Mumochor) traditionelle Arzneien u. berauschende Getränke bereitet. **Tox.:** Von tox. Bedeutung sind die Ibotensäure u. ihr Decarboxylierungsprodukt Muscimol. Die Vergiftungserscheinungen (Pantherinasyndrom nach dem gleich wirkenden Pantherpilz, Amanita pantherina) setzen ca. 0.5 Std. nach der Pilzeinnahme mit rauschartigen Erregungszuständen, Halluzinationen, vorübergehenden motor. Lähmungen, Bewusstseinstrübung ein. Todesfälle sind selten. **Hom:** *Agaricus:* frischer, oberird. Fruchtkörper; verord. z. B. bei Krämpfen, Erregungszuständen, Gefäßschäden durch Erfrierung.

Amanita pantherina: s. Amanita muscaria.

Amanita phalloides (Fr.) Link: Agaricus phalloides, Grüner Knollenblätterpilz, Giftwulstling; Fam. Amanitaceae, gefährlichster Giftpilz. Unterscheidungsmerkmale vom Champignon (Agaricus* campestris): Der Knollenblätterpilz hat weiße Lamellen, der Champignon stets blassrosa bis schokoladenbraun gefärbte Lamellen (Futter); der Hut des Knollenblätterpilzes ist grünl. weiß, der des Champignon weiß-seidenhaarig bis grau u. bräunl.; der Champignon hat an der Stielbasis keine Knolle, jedoch in der Mitte des Stiels ebenfalls eine Manschette wie der Knollenblätterpilz. **Inhaltsst.:** Die tödl. wirkenden Giftstoffe gehören im wesentl. zwei Substanzgruppen an (s. Abb.). Eine dritte Toxinklasse, die Virotoxine (monocycl. Heptapeptide), ist auf Amanita virosa (Kegelhütiger Knollenblätterpilz) beschränkt. Die Amatoxine sind bicycl. Oktapeptide, die eine Indol-Sulfoxid-Brücke aufweisen; die Phallotoxine sind bicycl. Heptapeptide mit einer Indol-Thioether-Brücke. Diese Oligopeptide sind gegenüber Hitze u. den Enzymen des Magen-Darm-Traktes stabil. Das Hauptgift ist α-Amanitin. 100 g frische Pilze enthalten ca. 8 mg α-Amanitin, 5 mg β-Amanitin u. 10 mg Phalloidin. Die Gifte werden durch Kochen, Braten u. Trocknen nicht zerstört! **Tox.:** Die Giftigkeit beruht v. a. auf der Hemmung der

RNA*-Polymerase II eukaryont. Zellen durch die Amatoxine u. damit der Bildung der mRNA. Die letale Dosis beträgt für den Menschen ca. 5-7 mg Amatoxine. 1-2 Pilze können bereits tödl. sein. Die ersten Vergiftungserscheinungen treten erst 6-20 Std. nach Einnahme der Pilze auf. Es kommt zu ca. 1-2 Tage anhaltendem, schwerem Brechdurchfall mit Bauchkoliken. Darauf folgt für ca. 1 Tag eine Besserung, an die sich eine schwere Nekrose der Leberzellen u. Nierentubuli anschließt; der Tod erfolgt ca. am 7. Tag nach dem Pilzverzehr. Eine spezielle Ther. gibt es nicht; die Letalität* liegt trotz Intensivther. bei ca. 25 %, soll aber durch Gabe von Silibinin* auf ca. 10 % gesenkt worden sein.

Hom: *Amanita phalloides (HAB1.3)*, Agaricus phalloides, Agaricus bulbosus: frischer Fruchtkörper.

Amanita virosa: Kegelhütiger Knollenblätterpilz; s. Amanita phalloides.

α-Amanitin: s. Amanita phalloides.

Amantadin INN: 1-Adamantylamin; 1-Adamantanamin; CAS-Nr. 768-94-5; $C_{10}H_{17}N$, M_r 151.26. Schmp. 160-190 °C (im geschlossenen Rohr). Wenig lösl. in Wasser. **Wirk.:** erhöht die Dopaminkonz. im ZNS; **Anw.:** Antiparkinsonmittel, wirksam geg. Rigor u. Akinese, meist kombiniert mit Levodopa* u./od. Anticholinergika (vgl. Parkinson-Syndrom); als Grippeprophylaktikum bei Applikation innerhalb der ersten 2 Tage nach Auftreten der ersten Krankheitssymptome wirksam, v. a. bei Infektionen mit Influenza-A_2-Viren; **UAW:** Hauterscheinungen, gastrointestinale Störungen, Schlaflosigkeit; bei Überdosierung: Verwirrtheit, Halluzinationen, Alpträume; **Dos.:** p. o. 1-2×0.1 g/d, individuell einzustellen; HWZ 9-15 h.

Amantadinhydrochlorid: Amantadini hydrochloridum Ph.Eur.4; CAS-Nr. 665-66-7; $C_{10}H_{18}ClN$, M_r 187.7. Weißes, krist. Pulver; leicht lösl. in Wasser u. Ethanol, lösl. in Chloroform, unlösl. in Ether. Gebräuchl. ist auch Amantadinsulfat, Off.: DAC86.

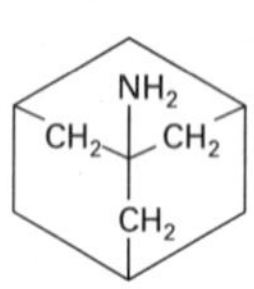

Amantadin

Amara: Bittermittel; meist Drogen od. Auszüge, die Bitterstoffe* od. stark bitter schmeckende Wirkstoffe (z. B. Chinin*) enthalten. **Drogen:** z. B. Absinthii Hba., Chinae Cort., Gentianae Rad. u. die Spec. amaricantes sowie Tct. amara; Unterschieden werden: **1.** Amara pura: Bitterstoffdrogen, bei denen nur Bitterstoffe an der Wirk. beteiligt sind; **2.** Amara aromatica: mit äther. Öl, z. B. Artemisia* absinthium; **3.** Amara mucilaginosa: zusätzl. Schleimstoffe* enthaltend, z. B. Cetraria* islandica; **4.** Amara adstringentia: mit pflanzlichen Gerbstoffen*; **Wirk.:** führen reflektor. zur verstärkten Magensaftsekretion, steigern Appetit u. Resorption. Sollten vor dem Essen verabreicht werden. Vielfach Bestandteile von Stomachika* u. Tonika*.

Amaracus dictamnus: s. Origanum dictamnus.

Amaranth: Naphtholrot S; $C_{20}H_{11}N_2Na_3O_{10}S_3$, M_r 604.49. Dunkelrotbrauner Azofarbstoff, lösl. in Wasser, wenig lösl. in Ethanol. **Anw.:** Farbstoff, auch für Lebensmittel.

Amaranthaceae: s. Chenopodiaceae.

Amarogentin: $C_{29}H_{30}O_{13}$; M_r 586.56; Schmp. 229-230 °C; ein Trihydroxydiphenylcarbonsäureester von Swerosid*. Schlecht lösl. in Benzol, Wasser; gut lösl. in Aceton, Methanol, Ethanol; unlösl. in Petrolether, Ether. Glykosid. Secoiridoid-Bitterstoff (wahrscheinl. der bitterste Naturstoff, Bitterwert* 58×10^6) in Gentiana* lutea (ca. zu 0.05 %) u. in Centaurium* erythraea. Einen ähnl. hohen Bitterwert hat Amaroswerin (Swertiamarin anstelle von Swerosid als Alkoholkomponente), wohingegen der Bitterwert von Amaropanin (ein Dihydroxydiphenylcarbonsäureester von Swerosid) 20×10^6 beträgt.

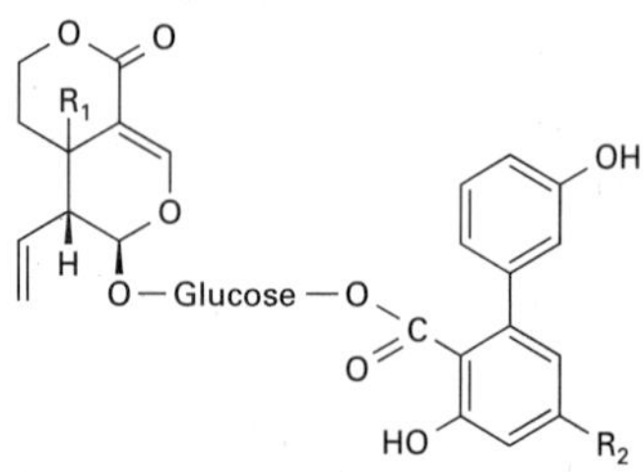

	R_1	R_2
Amarogentin	H	OH
Amaroswerin	OH	OH
Amaropanin	H	H

Amarogentin: A. u. verwandte Bitterstoffe

Amaropanin: s. Amarogentin.

Amaroswerin: s. Amarogentin.

Amaryllidaceae: Narzissengewächse; Fam. der Od. Liliales; ca. 1100 Arten, meist krautige Zwiebelpflanzen mit ungeteilten, wechselständigen Blättern. Blütenbau wie Liliaceae, jedoch unterständiger Fruchtknoten; Blüte manchmal mit Nebenkrone (Narcissus), doldenartige Blütenstände, oft mit Hochblatt. Früchte sind Kapseln od. Beeren; keine Haarbildungen. Viele Gift- u. Zierpflanzen wie Amaryllis belladonna (Belladonnalilie), Clivia, Crinum amabile (Hakenlilie), Galanthus (Schneeglöckchen), Haemanthus albiflos (Elefantenohr), Hippeastrum vittatum (Ritterstern), Leucojum (Märzenbecher), Narcissus, Sprekelia formosissima (Jakobslilie), Hypoxis*. **Chem. Merkmale:** Schleime, Amaryllidaceenalkaloide*.

Amaryllidaceenalkaloide: Alkaloide* mit Phenanthridin* als Grundgerüst. Die Biogenese erfolgt aus je einem Molekül Tyrosin u. Phenylalanin über Tyramin u. Protocatechualdehyd zu Norbelladin. Lycorin wird als Leitalkaloid bezeichnet, andere Vertreter dieser Alkaloidgruppe sind z. B. Galanthin u. Belladin. **Vork.:** ausschließl. in der Fam. Amaryllidaceae*.

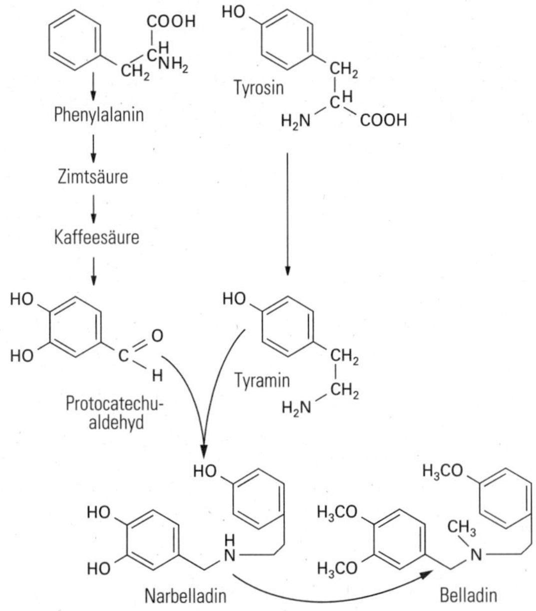

Amaryllidaceenalkaloide: einige Amaryllidaceenalkaloide u. ihre Biosynthese

Amaryllis belladonna: s. Amaryllidaceae.

Amatoxine: s. Amanita phalloides.

Amaurose (gr. amauros dunkel, blind): Amaurosis; totale Erblindung, bei der infolge des Ausfalls sämtl. opt. Funktionen jegl. Lichtempfindung aufgehoben ist. Vgl. Glaukom, Katarakt.

Ambarum: s. Ambra.

Ambazon INN: 4-Amidinohydrazono-2,5-cyclohexadien-1-on-thiosemicarbazon; CAS-Nr. 6011-12-7; $C_8H_{11}N_7S \cdot H_2O$. M_r 255.3. **Anw.**: Desinfiziens bei Infektionen des Mund- u. Rachenbereiches.

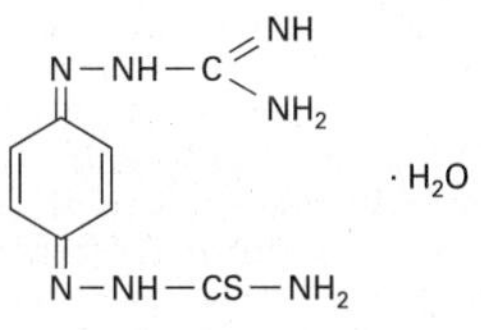

Ambazon

Ambenoniumchlorid INN: Ambenonii chloridum; *N,N*-[2,2'-(Oxalyldiamino)diethyl]-bis[*N,N*-diethyl-*N,N*-(2-chlorbenzyl)-ammoniumchlorid]; CAS-Nr. 115-79-7; $C_{28}H_{42}Cl_4N_4O_2$, M_r 608.5. Schmp. 196-199 °C. Leicht lösl. in Wasser. **Anw.**: früher als Cholinesterasehemmer (s. Parasympathomimetika, indirekte); ähnl. Neostigminbromid*, aber länger wirksam.

Amber: s. Ambra.

Amberkraut: s. Teucrium marum.

ambiphil: Eigenschaft vom Cremegrundlagen, die dazu führt, dass sich diese problemlos sowohl mit Wasser od. wässrigen Lsg. als auch mit flüss. od. halbfesten Kohlenwasserstoffen od. anderen lipophilen Bestandteilen ähnl. Konsistenz verdünnen bzw. vermischen lassen, ohne dass Stabilitätsprobleme entstehen. Voraussetzung sind komplizierter Emulsionssysteme mit Gelcharakter, Zwei- od. Dreiphasensysteme, bei denen eine Phase Feststoffcharakter besitzt, die aufgrund ihrer Formstabilität (Unguenta) in der Lage sind, eine Bi- od. sogar Trikohärenz aufzuweisen. Die Folge ist kapillar eingeschlossenes Wasser u. Kohlenwasserstoffe. Ein Netzwerk in der Art eines Fettalkohol/Fettalkoholsulfat-Kristallisats (z. B. Unguentum* emulsificans aquosum, Abb.) ist quellfähig u. lagert Wasser in Form von Hydratwasser ein u. trennt das restl. kapillar gebundene Wasser vom lipophilen Anteil. Mit zunehmendem Emulgatorgehalt nimmt das Ausmaß der Kohärenz, d. h. der Gelcharakter, zu u. die vorliegenden Systeme weichen immer stärker vom Zustand der klassischen Emulsionen ab, s. Cremes.

Ambozeptor (lat. ambo beide; capere ergreifen): bivalente Antikörper, die in Zusammenwirkung mit Komplement* antigentragende Zellen durchlässig machen, lysieren. Die Ambozeptoren haben (nach Ehrlich) 2 haptophore Gruppen, deren eine das Antigen*, die andere das Komplement* bindet; s. Komplementbindungsreaktion.

Ambra: Ambra ambrosiaca, Ambra grisea, Amber, Ambarum, Graue Ambra; D. 0.905-0.92; Schmp. ca. 60 °C; graue bis schwarze, bisweilen durch weiße Streifen marmorierte, fettartige, undurchsichtige Massen von wachsartiger Konsistenz; unlösl. in Wasser, wenig lösl. in Ethanol, mit angenehmem, eigenartigem Geruch, verbrennt mit heller Flamme. Herkunft noch unsicher, wahrscheinl. patholog. Exkremente des Pottwals

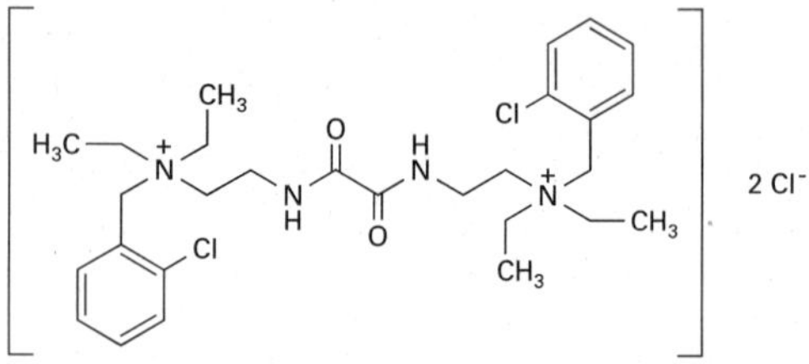

Ambenoniumchlorid

(Physeter macrocephalus L.), die man auf dem Meer schwimmend findet. **Best.:** an sich geruchloses Ambrain (ca. 25-45 %), Koprosterin, Epikoprosterin, Ambraporphyrin u. andere.
Hom: *Ambra grisea (HAB1.5),* Ambra: verord. z. B. bei nervöser Unruhe, Schlaflosigkeit.

Ambrain: s. Ambra.

Ambrettekörner: s. Abelmoschus moschatus.

Ambrettolid: 7-Hexadecen-16-olid, 16-Hydroxy-7-hexadecensäurelacton; $C_{16}H_{28}O_2$, M_r 252.38; D. 0.958. Farblose, nach Moschus riechende Flüssigkeit. **Vork.:** nat. im Moschuskernöl, s. Abelmoschus moschatus; **Anw.:** synthet. Moschus*-Ersatz.

Ambrosia artemisiifolia L.: (engl.) *ragweed;* Beifußtraubenkraut, Hohes Traubenkraut; Fam. Asteraceae (Nordamerika, in Europa stellenweise in Einbürgerung begriffen). Stpfl. von **Herba Ambrosiae:** Ambrosienkraut. **Inhaltsst.:** Coronopilin (Dihydroparthenin, ein Sesquiterpenlacton* mit Guaianolidstruktur), Artemisiifolin (Sesquiterpen), Cumarin, Dihydrocumanin; **Tox.:** von hoher allergener Potenz, v. a. die Pollen.
Hom: *Ambrosia artemisiifolia:* frische Blütenköpfe u. junge Schösslinge.

Ambroxol INN: *trans*-4-(2-Amino-3,5-dibrombenzyl)amino-cyclohexanol; CAS-Nr. 18683-91-5; $C_{13}H_{18}Br_2N_2O$, M_r 378.1. **Anw.:** Expektorans; **Dos.:** p. o. 2-3×15 mg/d; HWZ 9 h. **Ambroxolhydrochlorid:** Ambroxoli hydrochloridum Ph.Eur.4; CAS-Nr. 23828-92-4; $C_{13}H_{19}Br_2ClN_2O$, M_r 414.6. Lösl. in Methanol, wenig lösl. in Wasser u. Ethanol.

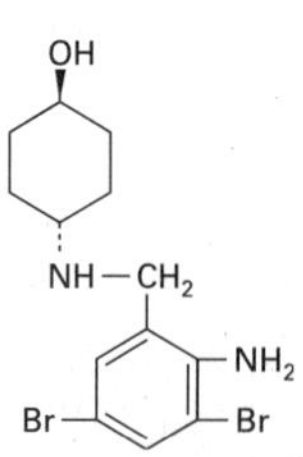

Ambroxol

Ambucetamid INN: 2-Dibutylamino-2-(4-methoxyphenyl)acetamid; CAS-Nr. 519-88-0; $C_{17}H_{28}N_2O_2$, M_r 292.41. Schmp. 134 °C (kristallisiert aus Ethanol/Ether). Fast unlösl. in Wasser, lösl. in Ethanol, Isopropanol, Eisessig. **Anw.:** Spasmolytikum*, nicht mehr gebräuchlich.

ambulant (lat. ambulare hin u. her gehen): ohne stationäre Aufnahme erfolgend.

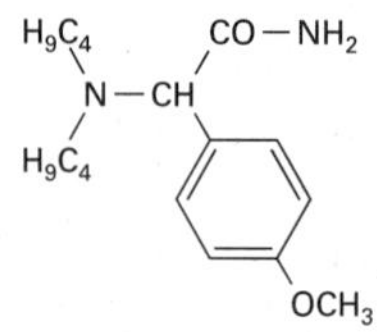

Ambucetamid

Ambutoniumbromid: *N*-Ethyl-*N*,*N*-dimethyl-3-carbamoyl-3,3-diphenylpropylammoniumbromid; CAS-Nr. 115-51-5; $C_{20}H_{27}BrN_2O$, M_r 391.4. Schmp. 228-229 °C (unter Zers.). Lösl. in Wasser. **Anw.:** früher als Spasmolytikum*, Parasympatholytikum*.

Amcinonid INN: 21-Acetyloxy-16α,17α-cyclopentylidendioxy-9α-fluoro-11β-hydroxy-pregna-1,4-dien-3,20-dion; CAS-Nr. 51022-69-6; $C_{28}H_{35}FO_7$, M_r 502.6. Schmp. 253-255 °C (polymorph); halogeniertes Glucocorticoid. **Anw.:** Hauterkrankungen, lokale Anw.; **UAW:** system. wegen kaum vorhandener Resorption bei lokaler Anw. nicht zu erwarten.

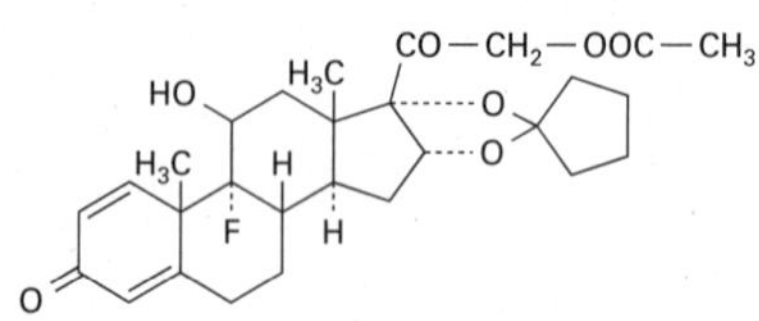

Amcinonid

Ameiseneier: s. Formica rufa.

Ameisengeist: s. Spiritus Formicarum.

Ameisensäure: Methansäure, Formylsäure, Acidum formicicum; HCOOH, M_r 46.03. Sdp. 100-101 °C. Reine, wasserfreie A. ist eine farblose, klare, stechend riechende Flüss.; mit Ethanol, Wasser, Ether, Glycerol in jedem Verhältnis mischbar. **Vork.:** nat. sehr verbreitet, z. B. in Ameisen, Bienenstachel, Brennessel, im Schweiß. **Darst.:** **1.** Dest. von Ameisen; **2.** Oxidation von Methylalkohol; **3.** Zerlegen von Natriumformiat (aus NaOH+CO) mit Schwefel- od. Salzsäure. **Verdünnte Ameisensäure:** Ameisensäure 25 %, Acidum formicicum dilutum; Ameisensäure. DAC86: Geh. 24.0-25.0 % HCOOH; ÖAB90 25.5-26.5 %. D. 1.059-1.063. Mit Wasser u. Ethanol 90 % mischbar, mit Ether u. Chloroform nicht mischbar. **Wasserfreie Ameisensäure:** Acidum formicicum anhydricum, Ameisensäure 98 %, Acidum formicicum concentratum. DABC86, ÖAB90:

Geh. mind. 98.0 % HCOOH. Sdp. 100-102 °C. D. 1.215-1.221. Mit Wasser, Ether, Chloroform mischbar. **Anw.** med.: Einreibungen, z. B. bei Rheuma u. Neuralgien (in 5 %iger Konz., s. Spiritus Formicarum); techn.: zur Konservierung. **Inkomp.**: Blei-, Quecksilber(II)- u. Silbersalze, Oxidationsmittel, konz. Schwefelsäure.
Hom: *Acidum formicicum (HAB1):* 24-25 %ige HCOOH; verord. z. B. zur Umstimmungstherapie bei Allergien und rheumat. Erkrankungen.

Ameisensäureamid: s. Formamid.

Ameisensäuredimethylamid: s. Dimethylformamid.

Ameisensäureethylester: Ethylformiat, Ameisensäureäther, Rumäther, Aether formicicus, Aethylium formicicum; $C_3H_6O_2$, M_r 74.08. D. 0.92. Sdp. 54 °C. Brennbare Flüss., mischbar mit Ethanol u. Ether, mit Wasser 1:10. **Anw.:** Herst. von Fruchtessenzen, Rum- u. Arrakessenzen; Lösungsmittel für Acetyl- u. Nitrocellulose; Fungizid.

Ameisensäureisoamylester: Isoamylformiat, Amylium formicicum; $C_6H_{12}O_2$, M_r 116.16. D. 0.871; farblose fruchtartig riechende Flüss., mischbar mit Ethanol u. Ether, wenig lösl. in Wasser. **Anw.:** Fruchtaromat; Lösungsmittel für Harze.

Ameisensäurelösung, alkoholische: s. Spiritus Formicarum.

Ameisensäuremethylester: Methylformiat, Methylium formicicum; $C_2H_4O_2$, M_r 60.05. D. 0.965-0.975. Farblose, brennbare Flüss., mischbar mit Wasser u. Ethanol. **Anw.** techn.: Lösungsmittel für Öle u. Fette, Acetylcellulose, Collodium-Wolle, Celluloid. **Tox.:** Dämpfe u. Flüss. reizen Augen, Haut u. Schleimhäute; MAK: 100 cm^3/m^3 Luft.

Ameisenspiritus: s. Spiritus Formicarum.

Amenorrhö: Ausbleiben der monatlichen Regelblutung.

Amentoflavon: s. Bisflavonoide.

Americium: Symbol Am; OZ 95; künstl., durch Beschießung von Plutonium $^{239}_{94}Pu$ mit Neutronen gewonnenes Element (1944): mind. 13 Am-Isotope mit Massenzahlen 232, 234 u. 236-247.

Ames-Schnellreagenzien: analyt. Teststäbchen od. -tabletten für med.-chem. Schnelluntersuchungen.

Ames-Test: 1973 entwickelte Methode zur Untersuchung von Stoffen auf ihre Mutagenität (s. Mutagene) mit Hilfe einer Bakterienmutante. Da ein direkter Zusammenhang zw. Mutagenität u. Kanzerogenität angenommen wird, können so potenziell krebserzeugende Stoffe (Kanzerogene) erkannt werden.

Amethocainhydrochlorid: s. Tetracainhydrochlorid.

Amethopterin: s. Methotrexat.

Ameziniummetilsulfat INN: Amezinii metilsulfas; 4-Amino-6-methoxy-1-phenylpyridaziniummethylsulfat; CAS-Nr. 30578-37-1; $C_{12}H_{15}N_3O_5S$, M_r 313.3. Schmp. 176 °C (unter Zers.). **Anw.:** Antihypotensivum; **UAW:** Herzklopfen, Übelkeit, Ruhelosigkeit; **Kontraind.:** 1. Trimenon der Schwangerschaft, Glaukom, Phäochromozytom, Thyreotoxikose; HWZ 13 h.

Amfebutamon: s. Bupropion.

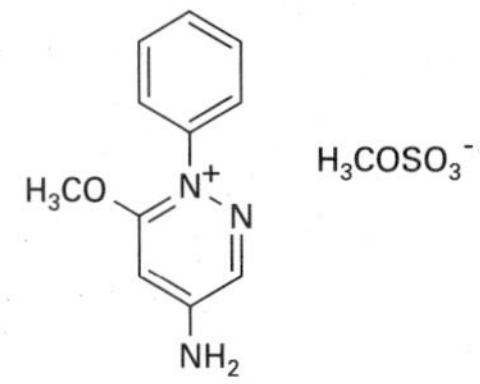

Ameziniummetilsulfat

Amfepramon INN: 2-Diethylaminopropiophenon, Diethylpropion; α-Benzoyl-triethylamin; CAS-Nr. 90-84-6; $C_{13}H_{19}NO$, M_r 205.30. **Amfepramonhydrochlorid:** CAS-Nr. 134-80-5; $C_{13}H_{19}NO \cdot HCl$. M_r 241.8. Schmp. 175 °C (unter Zers.). **Anw.:** Appetitzügler* bei nahrungsbedingtem Übergewicht. **Hinweis:** In EU-Ländern seit 2000 nicht mehr zugelassen. **UAW:** Suchtgefahr; HWZ 1.5-2.5 h.

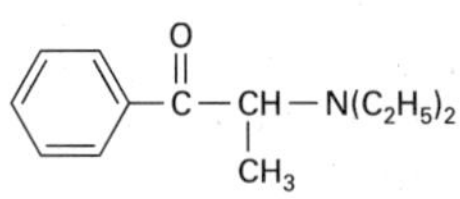

Amfepramon

Amfetamin INN: syn. Amphetamin, α-Methylphenethylamin, Phenylaminopropan, Benzedrin, Speed; (*RS*)-1-Phenyl-2-propanamin; CAS-Nr. 300-62-9; $C_9H_{13}N$, M_r 135.2. Sdp. 200-203 °C. Scharf schmeckende, aminartig riechende, mobile Flüss.; lösl. in Ethanol, Ether, Säuren, wenig lösl. in Wasser. **Anw.:** obsoletes Weckamin*, früher als Appetitzügler* u. zur Leistungssteigerung; **UAW:** Suchtgefahr. **Amfetaminsulfat:** Amphetamini sulfas Ph.Eur.4, syn. Amphetaminsulfat, Phenylaminopropanum racemicum sulfuricum, (*RS*)-1-Phenyl-2-propanaminsulfat (2:1); $C_{18}H_{28}N_2O_4S$, M_r 368.5. Schmp. 260-275 °C. Weißes, polymorphes Pulver, leicht lösl. in Wasser, schwer lösl. in Ethanol. **Dos.:** MED 6 mg, MTD 30 mg. Gebräuchl. ist auch Dexamphetaminsulfat*.

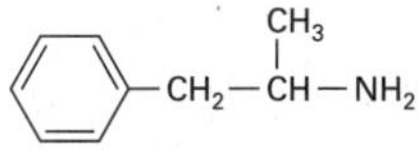

Amfetamin

Amfetaminil INN: 2-(α-Methylphenethyl)amino-2-phenylacetonitril; CAS-Nr. 17590-01-1; $C_{17}H_{18}N_2$, M_r 250.33. Schmp. 85-87 °C (kristallisiert aus Ethanol/Wasser). **Anw.:** Psychotonikum, s. Psychopharmaka (Psychostimulanzien); zentrales Stimulans, Appetitzügler* (vgl. Weckamine); **UAW:** Suchtgefahr; **Dos.:** p. o. ED 10 mg.

Amfetaminsulfat: s. Amphetamin (Amphetaminsulfat), vgl. Dexamphetaminsulfat.

AMG: Abk. für **A**rznei**m**ittel**g**esetz*.

-amid: s. Carbonsäureamide.

Amidasen: s. Desaminasen.

Amide: **1.** s. Säureamide. **2.** Metallamide: H-Atome des Ammoniaks (NH_3) sind durch Metalle ersetzt, z. B. Calciumamid.

Amidephrinmesilat INN: 3-(1-Hydroxy-2-methylaminoethyl)-methansulfonanilid; CAS-Nr. 3354-67-4; $C_{11}H_{20}N_2O_6S_2$, M_r 340.3. Schmp. 207-209 °C. Lösl. in Wasser. **Anw.**: früher als Vasokonstriktor, v. a. im Nasenbereich verwendet, vgl. Sympathomimetika.

Amid-Imid-Tautomerie: s. Tautomerie.

Amidoalkylbetaine: Amphotenside (s. Emulgatoren), die als funktionelle Gruppen eine quartäre Ammoniumgruppe, eine freie Carboxylgruppe u. eine höhere Fettsäure, die als Amid gebunden ist, enthalten. **Anw.**: waschaktive Tenside in kosmet. u. arzneilichen Reinigungs- u. Pflegemitteln. Sehr gut hautverträgl., sehr gute Reinigungseigenschaften u. in wässriger Lsg. keimhemmende bis keimtötende Wirkung.

Amidol: 2,4-Diaminophenol-dihydrochlorid; $(NH_2)_2C_6H_3OH \cdot 2\,HCl$, M_r 197.07. Weißes bis graues Pulver. **Anw.**: fotograf. Entwickler, zum Färben von Haaren u. Pelzen.

Amidopyrin: s. Aminophenazon.

Amidoschwarz 10 B: 4-Amino-5-hydroxy-3-(4-nitrophenylazo)-6-phenylazo-2,7-naphthalindisulfonsäure Dinatriumsalz; $C_{22}H_{14}N_6Na_2O_9S_2$, M_r 616.5. Dunkelbraunes bis schwarzes Pulver; wenig lösl. in Wasser, lösl. in Ethanol. **Anw.**: Reagens Ph.Eur.4; zur elektrophoret. Reinheitsbestimmung von Albuminlsg. u. Plasmaproteinlsg. vom Menschen.

Amidoschwefelsäure: s. Sulfaminsäure.

Amidosulfonsäure: s. Sulfaminsäure.

Amidotrizoesäure: Acidum amidotrizoicum, Diatrizoesäure; 3,5-Bis(acetamido)-2,4,6-triiodbenzoesäure; CAS-Nr. 117-96-4; $C_{11}H_9I_3N_2O_4$, M_r 613.92. Schmp. >300 °C (kristallisiert aus verd. DMF). Sehr schwer lösl. in Wasser u. Ethanol, lösl. in Dimethylformamid u. Alkalihydroxid-Lösungen. **Anw.**: Röntgenkontrastmittel*, in Zuber. mit Zein* zum Verschluss von Blutgefäßen u. des Pankreasganges; HWZ ca. 1-2 h. Gebräuchl. sind auch Natriumamidotrizoat, Natriumamidotrizoat-Tetrahydrat, L-Lysinamidotrizoat, Megluminamidotrizoat [Di(*N*-methylglucamin)-Salz]; vgl. Iotalaminsäure. **Amidotrizoesäure-Dihydrat**: Acidum amidotrizoicum dihydricum Ph.Eur.4; CAS-Nr. 50978-11-5; $C_{11}H_9I_3N_2O_4 \cdot 2\,H_2O$, M_r 649.96. Weißes bis fast weißes, krist. Pulver, sehr schwer lösl. in Wasser u. Ethanol, unlösl. in Ether, lösl. in verd. Alkalihydroxid-Lösung.

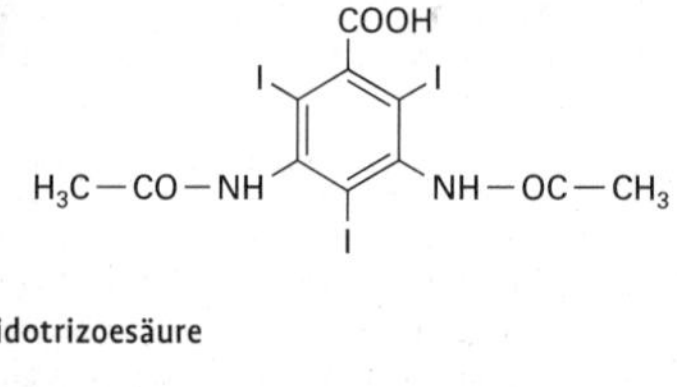

Amidotrizoesäure

Amifostin INN: (*S*)-2-(3-Aminopropylamino)ethyldihydrogenphosphorothioat; CAS-Nr. 20537-88-6; $C_5H_{15}N_2O_3PS$, M_r 214.22. **Wirk.** u. **Anw.**: Zytoprotektivum. Die alkal. Phosphatase dephosphoryliert das Prodrug A. zu seiner Wirkform, dem freien Thiol. A. schützt selektiv nicht-tumorbefallene Zellen vor Strahlung u. Zytostatika, weil die Konz. der alkal. Phosphatase in gesünderen Zellen wesentl. höher ist als in Tumorzellen. **UAW:** vorübergehend Hypotonie, häufig Übelkeit, allerg. Reaktionen, Hypokalzämie bei wiederholter Gabe innerhalb von 24 h; **Kontraind.**: Schwangerschaft, Stillzeit, schwere Leber- u. Niereninsuffizienz, Kinder sowie Erwachsene über 70 Jahren; **Dos.**: parenteral 0.910 g/m² Körperoberfläche bei Erwachsenen (15-minütige Infusion); HWZ <10 min. **Amifostin-Monohydrat:** CAS-Nr. 63717-27-1; $C_5H_{15}N_2O_3PS \cdot H_2O$, M_r 232.23.

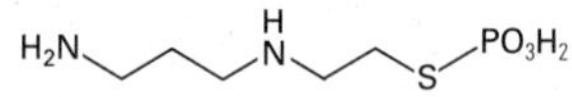

Amifostin

Amikacin INN: Amikacinum Ph.Eur.4; Aminoglykosid-Antibiotikum (Derivat des Kanamycin*); CAS-Nr. 37517-28-5, $C_{22}H_{43}N_5O_{13}$, M_r 585.62, Schmp. 203-204 °C (Sesquihydrat). $[\alpha]_D^{23\,°C}$ +99° (c = 1.0 in Wasser). **Anw.**: Breitband-Antibiotikum der Reserve zur Ther. schwerer Infektionen mit gramnegativen Bakterien; **Dos.**: 10 mg/kg KG/d parenteral (i. m., i. v.), Verteilung auf 2-3 ED; vgl. Antibiotika (Tab.); HWZ 2.3 h; **Hinweis:** Nierenfunktion u. 8. Gehirnnerv beachten. **Amikacinsulfat:** Amikacinum sulfas Ph.Eur.4; CAS-Nr. 39831-55-5; $C_{22}H_{47}N_5O_{21}S_2$, M_r 781.76; antimikrobiell wirkend; wird aus Kanamycin* A hergestellt; weißes bis fast weißes Pulver; leicht lösl. in Wasser, fast unlösl. in Aceton u. Ethanol.

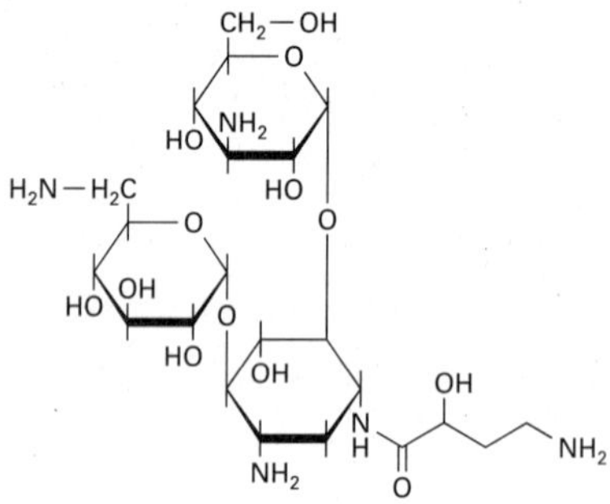

Amikacin

Amikronen: s. Kolloide.

Amilorid INN: Amipramidin, Amipramizid, Guanamprazin; *N*-Amidino-3,5-diamino-6-chlorpyrazincarboxamid; CAS-Nr. 2609-46-3; $C_6H_8ClN_7O$, M_r 229.65. Schmp. 240.5-241.5 °C. **Anw.**: Saluretikum (kaliumsparendes Diuretikum) bei Kaliummangel infolge Herzinsuffizienz, Hypertonie; **UAW:** Verdauungsstörungen, Übelkeit, Reaktionsvermögen kann erniedrigt werden; **Kontraind.**: Hyperkaliämie, Anurie, Schwangerschaft; **Dos.**: p. o. ED 5 mg/d möglichst morgens; HWZ 6-9 h. **Amiloridhydrochlorid:** Amiloridi hydrochloridum Ph.Eur., Amiloridhydrochlorid-Dihydrat; (Anhydrat: CAS-Nr. 2016-88-8); $C_6H_9Cl_2N_7O \cdot 2\,H_2O$, M_r 302.1. Schmp. 285-288 °C. Gelbes Pulver; schwer lösl. in Wasser.

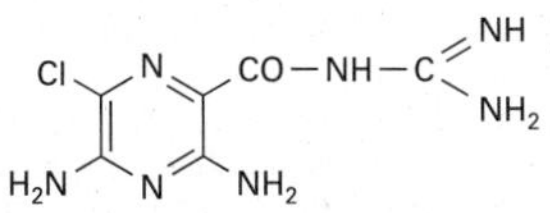

Amilorid

Aminale: Stickstoffanaloge der Acetale; allg. Formel $R_2N-CR_2-NR_2$. Bildung durch Reaktion von Aldehyden u. Ketonen mit primären od. sekundären Aminen (s. Acetale).

Amine: Verb. des Ammoniaks (NH_3), bei denen die H-Atome ganz od. teilweise durch Kohlenwasserstoffreste (Alkyle od. Aryle) ersetzt sind. Basisch reagierende Verbindungsklasse; **Nomenklatur:** dem Namen des Alkylrestes wird die Gruppenbez. -amin angehängt. N-Atome mit ein, zwei od. drei Alkylresten R werden als primäre (RNH_2), sekundäre (R_2NH) od. tertiäre (R_3N; z.B. $N(C_2H_5)_3$ Triethylamin) Amine bezeichnet. Bei Molekülen mit mehreren funktionelle Gruppen, wird das Präfix Amino-, Methylamino-, Diethylamino- verwendet. Salze der A. werden als Ammoniumsalze benannt, vgl. Ammoniumsalze, quartäre.

Amine, biogene: Amine des Zellstoffwechsel, die sich meist von Aminosäuren durch Decarboxylierung ableiten. Sie sind weit verbreitet u. üben in der Zelle z.T. sehr unterschiedl. Funktionen aus, z.B. als Bestandteile von Ribosomen (Cadaverin, Putrescin), Sperma (Spermin, Spermidin), Phosphatiden (Ethanolamin), Vitaminen (Vit B12) u. Coenzymen (CoA), als Ganglienblocker im Gehirn (γ-Aminobuttersäure) u. als Gewebehormone (Histamin*, Dopamin*, Adrenalin*, Serotonin*, Tyramin, Tryptamin).

Amino-: s. Amine.

4-Aminoacetanilid: *N*-Acetyl-*p*-phenylendiamin; $C_8H_{10}N_2O$, M_r 150.18. Schmp. 165 °C. Farblose bis rötl. Kristalle, lösl. in Ethanol, Ether u. heißem Wasser. **Anw.:** Herst. von Azofarbstoffen* u. Arzneimitteln.

4-Aminoacetophenon: C_8H_9NO, M_r 135.2. Schmp. 104-106 °C. Blassgelbe Kristalle od. krist. Pulver, leicht lösl. in sied. Wasser, Chloroform, Ethanol 90 %, lösl. in Ether. **Anw.:** im DAB8 als Reagens u. als Reagens-Lsg. (1.00 g A. gelöst in 12.50 mL konz. Salzsäure u. Wasser zu 100 mL); dient dem Nachw. phenol. Alkaloïde (Cephaelin) in Emetindihydrochlorid od. zur Herst. von Acetophenon-4-diazoniumchlorid-Lsg. DAB8: eine Lsg. von 25 mg Natriumnitrat zu 5.0 mL wird mit 10.0 mL A.-Lsg. vermischt u. nach 10 min mit Wasser zu 100 mL verd.; bei Bedarf frisch herstellen.

4-Aminoazobenzol: Anilingelb; $C_{12}H_{11}N_3$, M_r 197.2. Schmp. ca. 128 °C. Bräunl. gelbe Nadeln mit bläul. Schimmer; schwer lösl. in Wasser, leicht lösl. in Chloroform, Ethanol u. Ether. **Anw.:** Reagens Ph.Eur.4.

Aminoazobenzol-azo-β-naphthol: s. Sudan III.

o-Aminobenzoesäure: Anthranilsäure, Acidum anthranilicum; 2-Aminobenzoesäure; $C_6H_4(NH_2)COOH$, M_r 137.13. Schmp. 145 °C. Farblose Kristalle od. gelbes krist. Pulver von süßl. Geschmack; leicht lösl. in Ethanol u. Ether, wenig lösl. in Wasser. **Anw.:** in der Analyse zum Nachw. u. Bestimmung von Metallen; zur Synthese von Indigo*, Azofarbstoffen* u. Anthrachinon*-Farben.

p-Aminobenzoesäure: Abk. PAB, (engl.) *para-aminobencoic acid (Abk. PABA)*; Acidum para-aminobenzoicum, Vitamin H' (veraltet); 4-Aminobenzoesäure; $C_7H_7NO_2$; M_r 137.13; Schmp. ca. 187 °C. Farblose bis gelbl. Kristalle von säuerl.-bitterem Geschmack; schwer lösl. in Wasser, leicht lösl. in Ethanol. Inkomp.: oxidierende Stoffe, Mineralsäuren. **Off.:** ÖAB90, Ph.Helv.7, DAC86. Wuchsstoff für Organismen, die Folsäure synthetisieren können. Die *p*-A. ist von größter Bedeutung für den Wirkungsmechanismus der Sulfonamide, da diese Strukturanaloge sind. Wird die COOH-Gruppe der *p*-A. durch SO_3H ersetzt, so gelangt man zur Sulfanilsäure, von der sich die meisten Sulfonamide ableiten. Durch kompetitive Hemmung verhindern Sulfanilamid u. andere Sulfonamide den Einbau von *p*-A. bei der Biosynthese der Folsäure; vgl. Chemotherapeutika. Überdies ist *p*-A. der Grundkörper einer Reihe von Lokalanästhetika*.

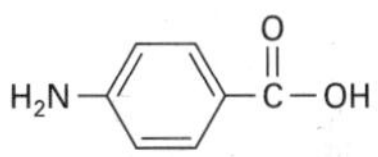

p-Aminobenzoesäure

4-Aminobenzoesäureethylester: s. Benzocain.

Aminobenzol: s. Anilin.

4-Aminobenzolsulfonsäure: s. Sulfanilsäure.

p-Aminobenzoyl-diethylamino-ethanol-hydrochlorid: s. Procainhydrochlorid.

Aminobernsteinsäure: s. Asparaginsäure, vgl. Aminosäuren.

Aminobutanol: 2-Amino-1-butanol; $C_4H_{11}NO$, M_r 89.14. D. 0.944. Schmp. −2 °C. Sdp. ca. 180 °C. d_{20}^{20} ca. 0.94. $n_D^{20\,°C}$ ca. 1.453. Ölige, farblose Flüss.; mischbar mit Wasser, lösl. in Ethanol. **Anw.:** Reagens Ph.Eur.4, Emulgator.

Aminocapronsäure INN: Acidum aminocaproicum Ph.Eur.4, ε-Aminocapronsäure; 6-Aminohexansäure; CAS-Nr. 60-32-2; $C_6H_{13}NO_2$, M_r 131.17. Schmp. 204-206 °C (kristallisiert aus Ethanol). Weißes, krist. Pulver; leicht lösl. in Wasser, wenig lösl. in Methanol, fast unlösl. in Ethanol; $pK_{S,1}$ 4.43, $pK_{S,2}$ (konjugierte Säure) 10.75. **Anw.:** Antifibrinolytikum; **Dos.:** parenteral u. peroral 5×0.1 g/kg KG/d; bei Menorrhagie 4-6×3 g über 3-6 Tage; HWZ 1-2 h.

7-Aminocefalosporansäure: s. Antibiotika (Cefalosporin-Antibiotika).

Aminochincarbamid: s. Aminoquinurid.

Aminochinoline: s. Antimalariamittel.

Aminochinurid: s. Aminoquinurid.

Aminochlorbenzophenon: 2-Amino-5-chlorbenzophenon; $C_{13}H_{10}ClNO$, M_r 231.7. Schmp. ca. 97 °C. Gelbes, krist. Pulver; prakt. unlösl. in Wasser, leicht lösl. in Aceton u. Chloroform, lösl. in Ethanol. **Anw.:** Reagens Ph.Eur.4.

Aminocyclitol: s. Spectinomycin.

Aminoessigsäure INN: s. Glycin.

2-Aminoethanol: s. Ethanolamin.

Aminoglukose: s. Glukosamin.

α-Aminoglutarsäure: s. Glutaminsäure.

A

Aminoglutethimid INN: Aminogluthetimidum Ph.Eur.; (*RS*)-3-(4-Aminophenyl)-3-ethyl-piperidin-2,6-dion, CAS-Nr. 125-84-8; $C_{13}H_{16}N_2O_2$, M_r 232.3. Schmp. 149-150 °C. **Wirk.**: Zytostatikum, Antiestrogen; **Anw.**: Behandlung des metastasierenden Mammakarzinoms (s. Hormone, Estrogene), Cushing-Syndrom (NNR-Tumor); bereits 1955 als Schlafmittel* u. Antiepileptikum* in die Ther. eingeführt, vgl. Glutethimid; **UAW**: Benommenheit, gastrointestinale Störungen; **Dos.**: 250 mg/d; HWZ 13 h nach ED, 7.3 h nach 6-wöchiger Behandlung.

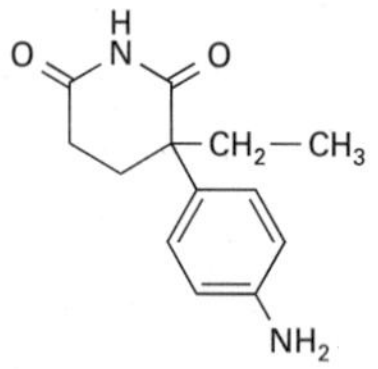

Aminoglutethimid

Aminoglykosid-Antibiotika: s. Antibiotika.

Aminoguanidin: Guanylhydrazin; CH_6N_4, M_r 74.09. Farblose Kristalle, unlösl. in Ether, lösl. in Ethanol u. Wasser (die Lsg. ist stark basisch). **Anw.**: Synthese von Heterocyclen, Zwischenprodukt bei vielen chem. Synthesen.

Aminohippursäure: N-(4-Aminobenzoyl)-aminoessigsäure, $C_9H_{10}N_2O_3$, M_r 194.2. Schmp. ca. 200 °C. Weißes bis fast weißes Pulver, wenig lösl. in Wasser, lösl. in Ethanol, sehr schwer lösl. in Chloroform u. Ether. **Anw.**: Reagens Ph.Eur.4.

Aminohydroxynaphthalinsulfonsäure: 4-Amino-3-hydroxy-1-naphthalinsulfonsäure; $C_{10}H_9NO_4S$, M_r 239.3. Weiße bis graue Nadeln, die sich unter Lichteinfluss rötl. färben, v. a. bei Feuchtigkeit; prakt. unlösl. in Wasser, Ethanol u. Ether, lösl. in Alkalihydroxid-Lsg. u. heißen Natriumdisulfit-Lösungen. **Anw.**: Reagens Ph.Eur.4.

Aminolävulinsäure-Synthase: mitochondriales Enzym der Porphyrinbiosynthese; s. Porphyrine. A.-S. katalysiert die Kondensation von Glycin mit Succinyl-CoA zu δ-Aminolävulinat.

Aminomethylalizarindiessigsäure: N-(3,4-Dihydroxy-2-anthrachinonylmethyl)-iminodiessigsäure Dihydrat; $C_{19}H_{15}NO \cdot H_2O$, M_r 421.4. Schmp. ca. 185 °C. Feines, bräunl. gelbes bis orangebraunes Pulver; prakt. unlösl. in Wasser, lösl. in Alkalihydroxid-Lösungen. **Anw.**: Reagens Ph.Eur.4.

p-Aminomethylbenzoesäure: Abk. PAMBA, Acidum aminomethylbenzoicum; CAS-Nr. 10541-83-0; $C_8H_9NO_2$, M_r 151.2. Schmp. 275 °C (unter Zers.). Weißes, krist. Pulver; schwer lösl. in Wasser von 20 °C, lösl. in siedendem Wasser u. in verd. Alkalihydroxid-Lsg., fast unlösl. in Ethanol, Ether. **Off.**: DAC86; **Anw.**: Fibrinolyseinhibitor*; **Dos.**: p. o. 3×0.1-0.2 g/d; i. m. oder i. v. (langsam) 50-150 mg.

Aminomethylbenzolsulfonamidum hydrochloricum: s. Mafenid (Mafenidhydrochlorid).

Aminomethylierung: s. Mannich-Reaktion.

2-Amino-2-methyl-1,3-propandiol: CAS-Nr. 115-69-5; $C_4H_{11}NO_2$, M_r 105.14. Schmp. 110 °C. Farblose Kristalle, lösl. in Wasser u. Ethanol. **Anw.**: biol. Puffer*, Emulgator, zur Absorption saurer Gase.

Aminonitrobenzophenon: 2-Amino-5-nitrobenzophenon; $C_{13}H_{10}N_2O_3$, M_r 242.2. Schmp. ca. 160 °C. Gelbes, krist. Pulver; prakt. unlösl. in Wasser, lösl. in Tetrahydrofuran, schwer lösl. in Methanol. **Anw.**: Reagens Ph.Eur.4.

6-Aminopenicillansäure: s. Antibiotika (Penicillin-Antibiotika).

Aminopeptidasen: metallhaltige Exopeptidasen, die von Peptiden einzeln die terminalen (endständigen) Aminosäuren mit der freien Aminogruppe abspalten im Ggs. zu den Carboxypeptidasen*. A. werden z. B. vom Pankreas* gebildet.

Aminophenazon INN: Aminophenazonum, Amidopyrin, Aminopyrin, Dimethylaminophenyldimethylpyrazolon, 4-Dimethylaminoantipyrin, Dimethylaminophenazon, Pyrazolonum dimethylaminophenyldimethylicum; 4-Dimethyl-1-phenyl-3-pyrazolin-5-on; CAS-Nr. 58-15-1; $C_{13}H_{17}N_3O$, M_r 231.3. Schmp. 107-109 °C. Weißes, krist. Pulver od. farblose Kristalle, geruchlos, schwach bitterer Geschmack; lösl. in Wasser, leicht lösl. in Chloroform u. Ethanol. **Off.**: Ph.Eur.1, ÖAB90; **Anw.**: Analgetikum*, Antipyretikum, Antirheumatikum; **UAW**: allerg. Reaktionen von Hauterscheinungen bis zu tödl. Agranulozytose, in hohen Dosen Krampfgift (LD 10 g); aufgrund der Bildung von kanzerogenem Dimethylnitrosamin aus der abgespaltenen Dimethylaminogruppe nicht mehr in Verwendung; **Dos.**: p. o. GED 0.1-0.3 g.

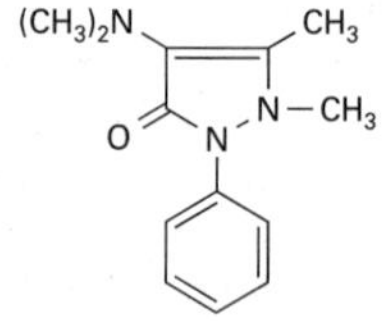

Aminophenazon

3-Aminophenol: C_6H_7NO, M_r 109.13. Schmp. ca. 122 °C. Weißes bis schwach gelbl., krist. Pulver; lösl. in Wasser u. Ethanol; verfärbt sich durch Feuchtigkeit u. Licht. **Anw.**: Herst. von Haarfärbemitteln.

4-Aminophenol: *p*-Aminophenol; 4-Amino-1-hydroxybenzol, C_6H_7NO, M_r 109.13. Schmp. 186 °C (unter Zers.). Farblose Kristalle, die an Licht graubraun bis violettbraun werden, lösl. in absolutem Ethanol, wenig lösl. in Wasser. **Anw.** techn.: zum Färben von Haaren u. Pelzen, (früher) als fotograf. Entwickler; med.: Reagens Ph.Eur.4.

2-Amino-2-phenylessigsäure: s. Phenylglycin.

Aminoplaste: Duroplaste mit unterschiedl. Beimengungen (Füllstoffen). Es ist zu unterscheiden zw. Harnstoff-Formaldehydharzen u. den beständigeren Melamin-Formaldehydharzen. Dienen zur Herst. von Schraubverschlüssen für Arzneigläser.

2-Aminopyridin: $C_5H_4N\text{-}NH_2$, M_r 94.1. Schmp. 56 °C, Sdp. 204 °C. Farblose Kristalle, lösl. in Wasser u. fast allen org. Lösungsmitteln. **Anw.**: Wirkstoffsynthesen.

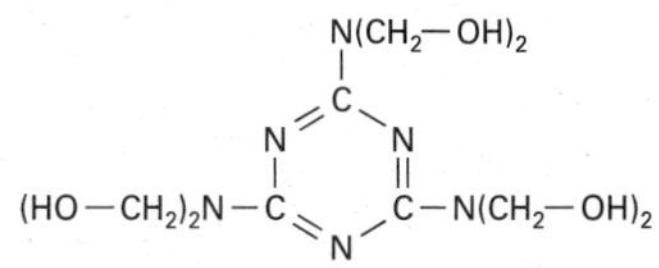

Aminoplaste: Melaminharz

Aminopyrin: s. Aminophenazon.

Aminoquinurid INN: Aminochinurid, Aminochinuridum, Aminochincarbamid; *N,N*-Bis(4-amino-2-methyl-6-chinolyl)harnstoff; CAS-Nr. 3811-56-1; $C_{21}H_{20}N_6O$, M_r 372.4. Schmp. 255 °C (unter Zers.). **Anw.:** Desinfektionsmittel; in Lsg. zur Blasen- u. Wundspülung, in Umschlägen, Pudern u. Salben; bildet mit Insulin unlösl. Komplexe u. wird daher zur Herst. von Verzögerungsinsulinen verwendet, s. Insulin. **Aminochinuriddihydrochlorid-Heptahemihydrat:** Aminochinuridum dihydrochloridum heptahemihydricum; CAS-Nr. 5424-37-3; $C_{21}H_{22}Cl_2N_6O \cdot 3.5\,H_2O$. M_r 508.4. Weißes Pulver; wenig lösl. in Wasser von 20 °C, lösl. in siedendem Wasser, sehr schwer lösl. in Ethanol. **Off.:** DAC86; **Anw.:** s. oben.

Aminosäuren: Aminocarbonsäuren; org. Säuren, die mind. eine Carboxyl- u. eine Aminogruppe enthalten. Je nach der Stellung der NH_2-Gruppe in der Kohlenstoffkette zu der endständigen Carboxylgruppe unterscheidet man α-, β-, γ-...Aminosäuren. Die α-Aminosäuren gehören als Bausteine der Proteine* u. Peptide*, jedoch auch in freier Form, zu den wichtigsten org. Stoffen der lebenden Zelle. Proteinogene, d. h. Protein bildende A. (insgesamt ca. 20) sammeln sich in der Zelle in einem Aminosäurepool, in dem sich mit der Nahrung aufgenommene, im Stoffwechsel synthetisierte u. durch Proteinabbau anfallende A. mischen. In diesem Pool befinden sich auch stickstoffhaltige Vor- u. Zwischenstufen der Biosynthese der proteinogenen u. nicht proteinogenen Aminosäuren. Zu den nicht proteinogenen A., die am Aufbau der Proteine gewöhnl. nicht beteiligt sind, gehören auch solche, die als Zwischenprodukte bei der Biosynthese proteinogener A. auftreten.

Die **chemische Klassifizierung** der A. erfolgt **1.** nach der Lage des isoelektr. Punktes in neutrale, saure u. basische A., s. Abb. od. **2.** nach der Polarität ihrer Seitenketten; danach kann man vier Hauptgruppen von A. unterscheiden: **a)** unpolare od. hydrophobe A. (Alanin, Leucin, Isoleucin, Valin, Prolin, Phenylalanin, Tryptophan u. Methionin); **b)** polare ungeladene A. (Serin, Threonin, Tyrosin, Asparagin, Glutamin, Cystein u. Glycin); **c)** positiv geladene A. (Lysin, Arginin u. Histidin); **d)** negativ geladene A. (Asparaginsäure u. Glutaminsäure). Neben der chem. Klassifizierung werden A. nach den **Abbauprodukten im Stoffwechsel** unterteilt: **1.** glucoplastische A. können zu C_4-Dicarbonsäuren od. zu Brenztraubensäure abgebaut u. in Kohlenhydrate umgewandelt werden, während **2.** ketoplastische A. zu Ketonkörpern, speziell zu Acetessigsäure, abgebaut werden. Schließl. unterscheidet man zw. - **essenziellen A.**, die vom betr. Organismus nicht od. nur ungenügend durch Biosynthese bereitgestellt werden können u. daher mit der Nahrung zugeführt werden müssen. Essenzielle A. sind Tryptophan, Threonin, Isoleucin, Lysin, Valin, Leucin, Methionin, Phenylalanin; u. - **nicht essenziellen A.**, die nicht mit der Nahrung zugeführt werden müssen. Außer den 20 A., die gewöhnl. in Proteinen vorkommen, gibt es noch einige, die in nur geringer Menge in einigen speziellen Proteintypen gefunden wurden, z. B. 4-Hydroxyprolin u. 5-Hydroxylysin, das im fibrillären Protein Kollagen, u. N-Methyllysin, das im Muskelprotein Myosin vorkommt. Außerdem gibt es noch viele andere A., die niemals als Proteinbestandteile auftreten, sondern biol. in freier od. anders kombinierter Form existieren, wie Ornithin u. Citrullin, die Zwischenprodukte im Harnstoffzyklus sind.

Eigenschaften: Monoaminomonocarboxylsäuren sind amphoter. Im festen Zustand u. in stark polaren Lösungsmitteln liegen sie als Zwitter-Ionen ($H_3N^+-CHR-COO^-$) vor. Sie lösen sich mit wenigen Ausnahmen in Wasser, Ammoniak u. anderen polaren Lösungsmitteln gut, dagegen in unpolaren u. wenig polaren Lösungsmitteln wie Ethanol, Methanol u. Aceton sehr schwer. Am isoelektr. Punkt (pH-Bereich 4-9) ist die Wasserlöslichkeit der A. am geringsten, da durch die Zwitterionenstruktur die Hydrophilie der Amino- u. Carboxylgruppe aufgehoben ist. Im stärker sauren pH-Bereich liegen die A. als Kationen ($H_3N^+-CHR-COOH$), im stärker alkal. pH-Bereich als Anionen ($NH_2-CHR-COO^-$) vor. Die A. kommen in der Natur aufgrund eines od. zweier asymmetr. C-Atome als opt. aktive Verb. vor (außer Glycin) u. haben meist die L-Konfiguration. A. bilden mit Ninhydrin* gefärbte Derivate. Komplexe Mischungen von A. können mittels der Papierchromatographie od. der Ionenaustausch-Chromatographie getrennt, identifiziert u. bestimmt werden. Mehrere A. können kovalent zu Peptiden* verknüpft werden. Diese können andererseits auch bei der unvollständigen Hydrolyse von Proteinen* entstehen.

Biosynthese: Der Mensch kann 10 der 20 proteinogenen A. selbst synthetisieren. Die essenziellen A. werden von Pflanzen u. Bakterien synthetisiert. Nach der Herkunft des Kohlenstoffgerüstes leiten sich mehrere Familien ab: **1.** die Serinfamilie umfasst Serin, Glycin, Cystein u. Cystin, die

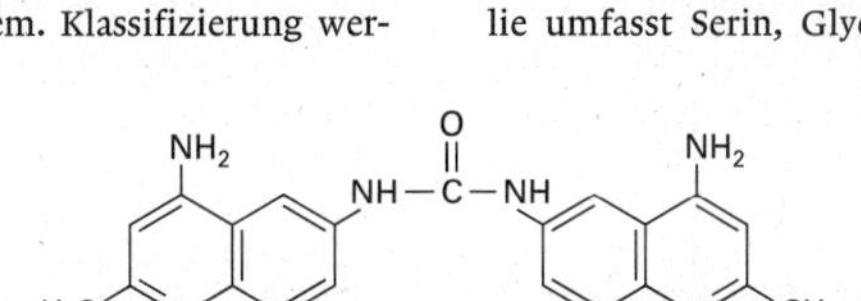

Aminochinurid

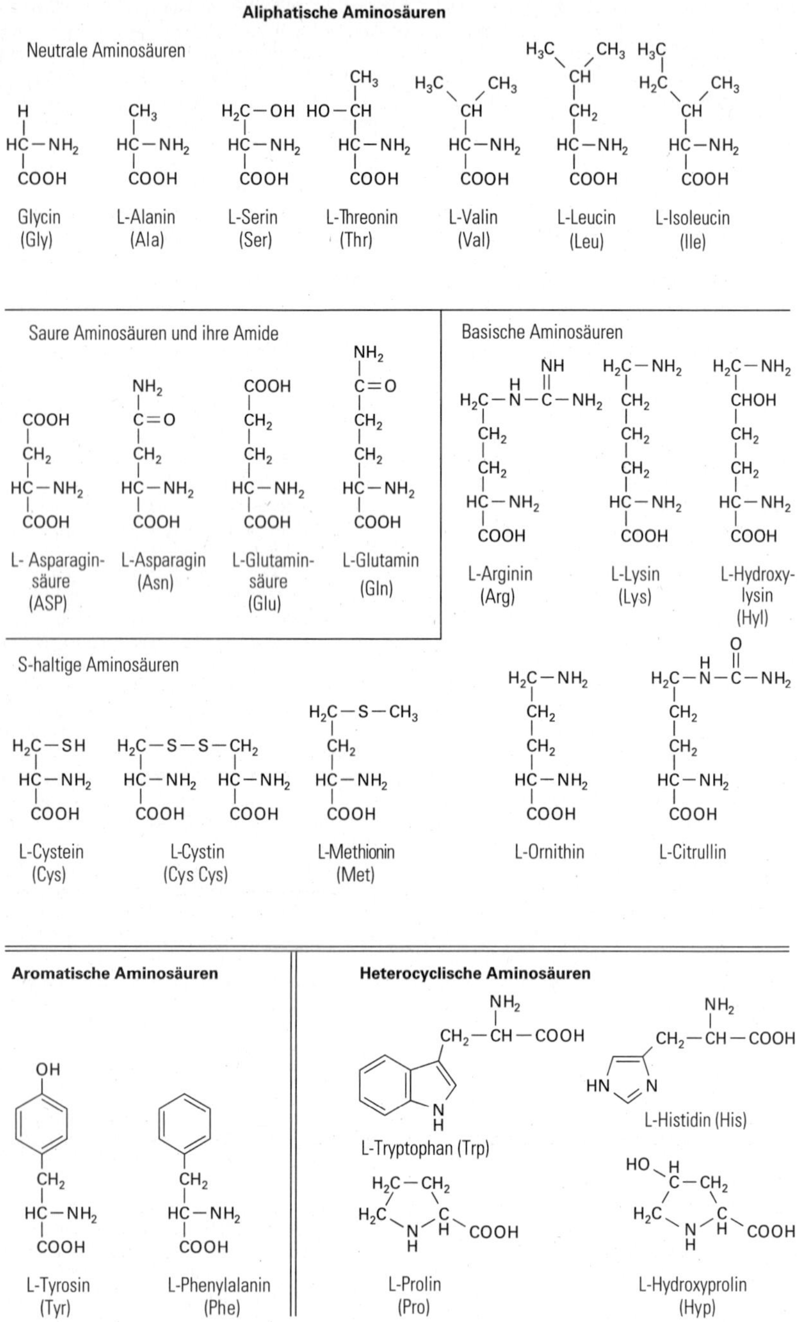

Aminosäuren

sich aus Triosephosphat herleiten; **2.** die Ketoglutarfamilie enthält die A., die ihr Skelett aus dem Ketoglutarat des Tricarbonsäurezyklus beziehen, nämlich Glutamat, Glutamin, Ornithin, Citrullin, Arginin, Prolin u. Hydroxyprolin; **3.** in der Pyruvatfamilie sind Pyruvat u. Oxalacetat die C-Kettenlieferanten; **4.** die Pentosefamilie enthält neben Histidin die aromat. A. Phenylalanin, Tyrosin u. Tryptophan. In den Biosynthesewegen der einzelnen A. sind versch. nicht proteinogene A. als Zwischenstufe enthalten. Die Stoffwechselwege zur Synthese der essenziellen A. in Bakterien u. Pflanzen, vgl. Aromatenbiosynthese (Shikimisäure-Chorisminsäure-Weg), sind komplexer u. länger als diejenigen der nicht essenziellen Aminosäuren.

Aminosäuren, glucoplastische: Aminosäuren, die im Stoffwechsel zu Mono- u. Dicarbonsäuren abgebaut werden können, aus denen dann Glucose aufgebaut werden kann (s. Gluconeogenese). Wichtig v.a. zur Aufrechterhaltung des Blutzuckerspiegels bei längerem Hunger. G. A. sind: Alanin, Arginin, Asparagin u. Asparaginsäure, Cystein, Glutamin u. Glutaminsäure, Glycin, Histidin, Hydroxyprolin, Methionin, Prolin, Serin, Threonin u. Valin. Glucoplastische u. ketoplastische Aminosäuren* zugleich sind: Isoleucin, Phenylalanin, Tyrosin u. Tryptophan.

Aminosäuren, ketoplastische: Aminosäuren, deren Abbauprodukte Acetessigsäure u./od. aktivierte Essigsäure (Acetyl*-Coenzym A) sind u. die zur Bildung von Ketonen beitragen. Einzige rein ketoplast. A. sind Leucin* u. Lysin*. Keto- u. glucoplast. Aminosäuren zugleich sind Isoleucin*, Phenylalanin*, Tyrosin* u. L-Tryptophan*.

Aminosäureoxidasen: Flavinenzyme*, die die Oxidation von Aminosäuren zu den entspr. α-Ketosäuren katalysieren.

Aminosäure-Sequenzierung: Bestimmung der Aminosäurezusammensetzung von Peptiden und Proteinen*. Dabei werden Proteine in einem ersten Schritt durch starke Säurebehandlung od. Proteasen* vollständig zu Aminosäuren* abgebaut. Die entstehenden Aminosäuregemische werden durch Ionaustauschchromatographie in die einzelnen Aminosäuren aufgetrennt, die dann durch Messung der Farbintensität mittels Ninhydrin-Reaktion quantifiziert werden können.

4-Aminosalicylsäure: *p*-Aminosalicylsäure (Abk. PAS), Acidum para-aminosalicylicum; 4-Amino-2-hydroxybenzoesäure, $C_7H_7NO_3$, CAS-Nr. 65-49-6. M_r 153.1. Weißes Pulver, das an Licht u. Luft nachdunkelt; lösl. in 700T. Wasser, 20T. Ethanol, 4000T. Chloroform u. 50T. Ether. **Wirk.:** vergleichsweise schwache tuberkulostat. Wirk. durch kompetitive Antagonisierung der *p*-Aminobenzoesäure*; Resistenzentwicklung langsam; **Off.:** ÖAB90; **Zuber.:** Natrium-*p*-aminosalicylat-Infusionslösung 48 g/L (Natrii aminosalicylatis solutio infundibilis 48 g/L Ph.Helv.7); **Anw.:** Chemotherapeutikum*, Antituberkulotikum*; Ind.: Kombinationsther. der Tuberkulose als Mittel der Reserve; **UAW:** gastrointestinale Störungen; **Dos.:** p.o. 12-16 g/d, Kinder 0.2-0.3 g/kg KG/d in 2-4 ED. Gebräuchl. sind auch Calcium-*p*-aminosalicylat (*p*-aminosalicylsaures Calcium, Calcii aminosalicylas Ph.Eur.1, Calcium para-aminosalicylicum ÖAB90, bis 1996) u. Natrium-*p*-aminosalicylat (*p*-aminosalicylsaures Natrium, Natrii aminosalicylas Ph.Eur.1, Natrium para-aminosalicylicum ÖAB90, bis 1996).

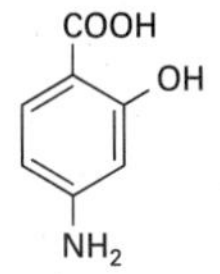

4-Aminosalicylsäure

5-Aminosalicylsäure: Abk. 5-ASA, Mesalazinum Ph.Eur.4; CAS-Nr. 89-57-6; $C_7H_7NO_3$, M_r 153.1. Schmp. 280 °C (unter Zers.); Pulver od. Kristalle, fast weiß bis hellgrau od. hellrosa gefärbt, sehr schwer lösl. in Wasser, unlösl. in Ethanol, löst sich in verd. Alkalihydroxidlsg. u. verd. Salzsäure. **Anw.:** Antiphlogistikum*, v.a. bei Geschwüren des Dickdarms, z.B. Colitis* ulcerosa u. Crohn*-Krankheit; **UAW:** gastrointestinale Beschwerden; HWZ 0.5-2.4 h bzw. 6-9 h (Metaboliten).

***p*-Aminosalicylsäure:** s. 4-Aminosalicylsäure.

Aminosidin: s. Paromomycin.

Aminotransferasen: s. Transaminasen.

Aminoxide: Verb. mit der allg. Formel R_3N-O, in denen der Stickstoff mit seinem nicht bindenden Elektronenpaar die für die N–O-Bindung erforderl. Elektronen liefert.

Aminozucker: Monosaccharide, bei denen eine Hydroxylgruppe durch eine Aminogruppe ($-NH_2$) ersetzt ist. Die Aminogruppe ist oft acetyliert. 2-Amino-2-desoxyaldosen haben als Bakterienzellwandsubstanz Bedeutung, sind weiterhin in einigen Antibiotika z.B. Streptomycin, in Blutgruppensubstanzen, in Oligosacchariden der Milch u. in hochmolekularen Naturstoffen wie Chitin enthalten. Bekannte A. sind D-Galactosamin, D-Glucosamin, D-Mannosamin, Neuraminsäure, Muraminsäure.

Aminseifen: org. Seifen, Salze von Fettsäuren mit Aminen (Mono-, Di- od. Triethanolamin, Isopropanolamin, Aminohydroxyverbindungen u.a.); z.B. Triethanolamin-oleat: $[HN^+(CH_2-CH_2-OH)_3]$ $[HC_3-(CH_2)_7-CH=CH-(CH_2)_7-COO^-]$. Hergestellt durch Umsatz von Fettsäuren mit den entsprechenden Aminen. **Anw.:** anion. O/W-Emulgatoren bei äußerl. anzuwendenden Arzneiformen, Netzmittel, stärker emulgierend als Alkaliseifen, für feine u. stabile Emulsionen* u. Cremes* mit annähernd neutraler Reaktion (pH ca. 8), geringe Elektrolytempfindlichkeit.

Amiodaron INN: 2-Butyl-3-benzofuranyl-4-[2-(diethylamino)ethoxy]-3,5-diiodphenylketon; CAS-Nr. 1951-25-3; $C_{25}H_{29}I_2NO_3$, M_r 645.32. **Wirk.:** A. hemmt auf zellulärer Ebene die Glucagon-, Sekretin- u. Noradrenalinwirk.; **Anw.:** Koronarvasodilatator, Antiarrhythmikum*; wegen UAW nur bei sonst therapieresistenten ventrikulären u. supraventrikulären Arrhythmien; **UAW:** Rundherdbildung in der Lunge, Ablagerungen in der Cornea, Hypo- u. Hyperthyreodismus, Photosensibilisierung, Hautverfärbungen; **Kontraind.:** ausgeprägte Sinusbradykardie; **WW:** verstärkt blutgerinnungshemmende Wirk. von Acenocoumarol*, erhöht Serum-Digoxinspiegel bei Digoxindauerther.; HWZ 4-6 Wochen. **Amiodaronhydrochlorid:** Amiodaroni hydrochloridum Ph.Eur.4; CAS-

Nr. 19774-82-4; $C_{25}H_{30}ClI_2NO_3$, M_r 682.0; Schmp. 159-163 °C. Weißes bis fast weißes, feines, krist. Pulver, sehr schwer lösl. in Wasser, leicht lösl. in Dichlormethan, lösl. in Methanol, wenig lösl. in Ethanol, sehr schwer lösl. in Hexan; Lagerung unterhalb 30 °C.

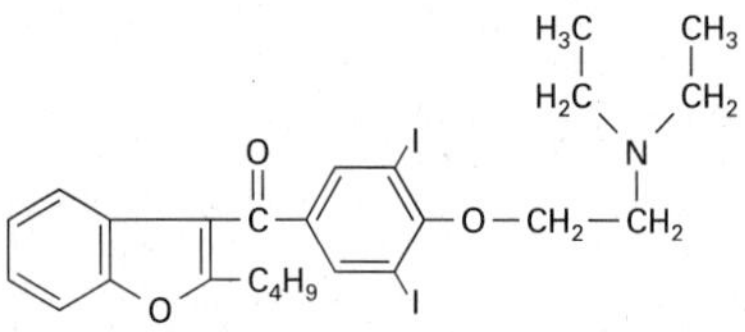

Amiodaron

Amiphenazol INN: Abk. DAPT; 2,4-Diamino-5-phenylthiazol; CAS-Nr. 490-55-1; $C_9H_9N_3S$, M_r 191.26. Schmp. 163-164 °C (unter Zers., kristallisiert aus Wasser od. verd. Ethanol). **Anw.:** Narkotika-Antagonist, Analeptikum, bei respirator. Insuffizienz; **UAW:** Übelkeit, Hautausschläge. Gebräuchl. ist auch Amiphenazolhydrochlorid.

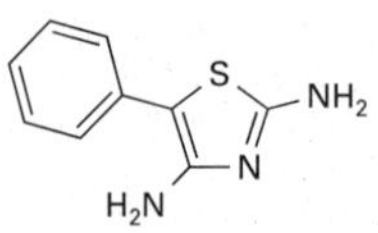

Amiphenazol

AMIS: Abk. für **A**rznei**m**ittel**i**nformations**s**ystem; unter der Bez. AMIS für die Bundesländer stehen den zuständigen Behörden die Daten von Arzneimittelzulassungen des Bundesinstitutes* für Arzneimittel und Medizinprodukte, des Paul*-Ehrlich-Institutes u. des Bundesamts* für Verbraucherschutz und Lebensmittelsicherheit online über das Deutsche* Institut für Medizinische Dokumentation und Information zur Verfügung.

Amisulprid INN: Amisulpridum Ph.Eur.4; 4-Amino-*N*-(1-ethyl-2-pyrrolidinyl)methyl-5-ethylsulfonyl-2-methoxybenzamid; CAS-Nr. 71675-85-9; $C_{17}H_{27}N_3O_4S$, M_r 369.5. Schmp. 126 °C; weißes bis fast weißes, krist. Pulver, unlösl. in Wasser, leicht lösl. in Dichlormethan, wenig lösl. in wasserfreien Ethanol. **Wirk.:** selektiver Dopamin-D_2/D_3-Rezeptorantagonist; **Anw.:** atyp. Neuroleptikum (s. Psychopharmaka) zur Behandlung der Schizophrenie; **UAW:** Schlaflosigkeit, Angst, gastrointestinale Störungen; infolge geringerer D_2-Rezeptorblockade im Vergleich zu typ. Neuroleptika kommt es zu geringeren extrapyramidal-motor. UAW; **Dos.:** 400-800 mg/d; HWZ ca. 12 h.

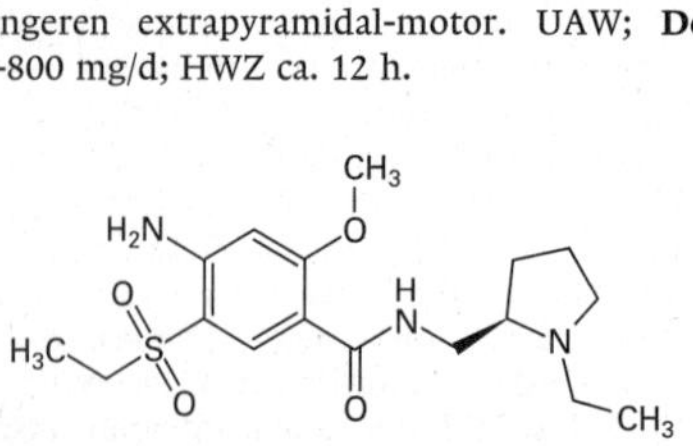

Amisulprid

Amitriptylin INN: 3-(10,11-Dihydro-5*H*-dibenzo[*a,d*]cyclohepten-5-yliden)-*N,N*-dimethylpropylamin, CAS-Nr. 50-48-6; $C_{20}H_{23}N$, M_r 277.39. pK_S der konjugierten Säure 9.4 (25 °C). **Anw.:** tricycl. Antidepressivum mit ausgeprägten anticholinergen u. sedativen Wirkungen. Ind.: alle Formen des depressiven Syndroms, psychosomat. Erkrankungen mit depressivem Hintergrund, Verstimmungszustände; **Wirk.** u. **UAW:** s. Psychopharmaka (Antidepressiva); **Dos.:** p.o. 3-4×25 mg/d (ambulant), 100-300 mg/d (stationär); Langzeitther. 2-3×10 mg/d, individuell einstellen; parenteral i.m. 2-3×25 mg/d, i.v. 25 mg; HWZ 10-20 h bzw. 30-31 h (Metaboliten). **Amitriptylinhydrochlorid:** Amitriptylini hydrochloridum Ph.Eur.; CAS-Nr. 549-18-8; $C_{20}H_{24}ClN$, M_r 313.9. Schmp. 197 °C (polymorph). Weißes Pulver od. farblose Kristalle; leicht lösl. in Wasser, Ethanol u. Chloroform. Gebräuchl. sind auch Amitriptylinembonat u. Amitriptylinoxid*; vgl. Nortriptylin.

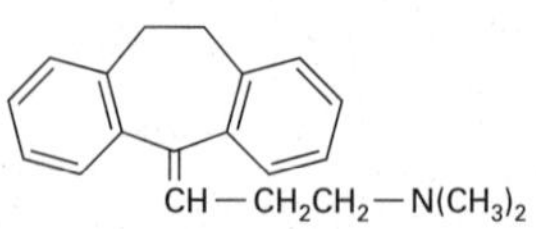

Amitriptylin

Amitriptylinoxid INN: 3-(10,11-Dihydro-5*H*-dibenzo[*a,d*]cyclohepten-5-yliden)-*N,N*-dimethylpropylamin-*N*-oxid; CAS-Nr. 4317-14-0; $C_{20}H_{23}NO$, M_r 293.41. Schmp. 228-230 °C (wasserfrei). Schmp. 102-103 °C (Dihydrat). **Anw.:** Antidepressivum; Ind.: leichte u. mittelschwere Depressionen vom ängstl. u. agitierten Typ; **UAW:** s. Psychopharmaka (Antidepressiva); HWZ 1.5-3 h; vgl. Amitriptylin.

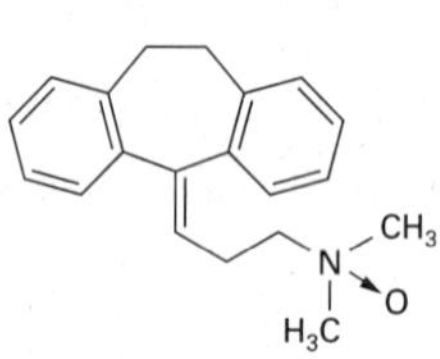

Amitriptylinoxid

AMK: Abk. für s. **A**rznei**m**ittel**k**ommission der Deutschen Apotheker.

Amlodipin INN: 2-(2-Aminoethoxy)methyl-4-(2-chlorphenyl)-1,4-dihydro-6-methyl-3,5-pyridindicarbonsäure-3-ethyl-5-methylester; CAS-Nr. 88150-42-9; $C_{20}H_{25}ClN_2O_5$, M_r 408.9. Schmp. 178-179 °C (Maleat). Weiße Kristalle. **Wirk.** u.

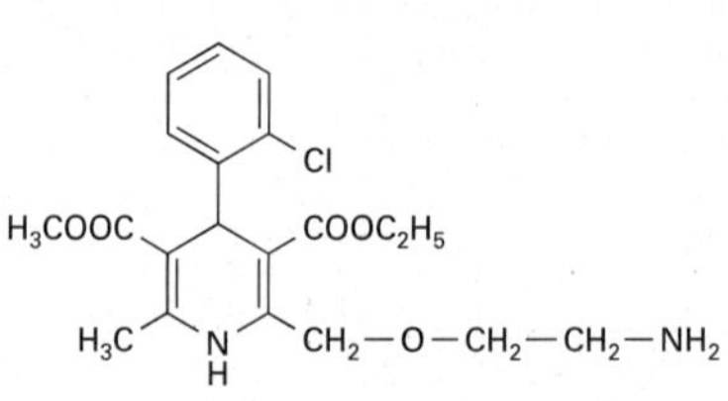

Amlodipin

Anw.: Antihypertensivum, Calciumantagonist* mit langsamer Eliminationsgeschwindigkeit; **UAW**: Flush, Kopfschmerzen, evtl. Knöchelödeme. **Amlodipinbesilat**: Amlodipini besilas Ph.Eur.4; $C_{26}H_{31}ClN_2O_8S$, M_r 567.1. Weißes bis fast weißes Pulver, schwer lösl. in Wasser, leicht lösl. in Methanol, wenig lösl. in wasserfreien Ethanol, schwer lösl. in 2-Propanol.

Ammi majus L.: Große Knorpelmöhre; Fam. Apiaceae (Umbelliferae) (heim. im Mittelmeergebiet). Stpfl. von **Fructus Ammi majoris**: Große Ammeifrüchte. **Inhaltsst.**: die Furanocumarine* Ammoidin* (Xanthotoxin), Imperatorin*, Bergapten; fettes Öl, Proteine, Tannin, Flavone; **Anw.**: Vitiligo (Pigmentstörungen).

Ammi visnaga (L.) Lam.: Daucus visnaga, Bischofskraut, Zahnstocherkraut, Khellakraut; Fam. Apiaceae (Umbelliferae) (Ägypten, bes. Nildelta, Syrien, Palästina, Marokko, Persien, Transkaukasien), Doppeldolden mit verholzten Strahlen. Stpfl. von **Ammeos visnagae fructus**: Fructus Ammi visnagae, Ammi-visnaga-Früchte, Khellafrüchte, Ammeifrüchte. **Off.**: DAC; **Inhaltsst.**: 1-1.6 % Furanochromone* (γ-Pyrone): Khellin* (bis 1 %), Khellosid*, Visnagin*, Khellol; ca. 0.2-0.5 % Pyranocumarin-Ester (die eigentl. Wirkungsträger): Visnadin*, Samidin, Dihydrosamidin; Alkaloide: Khellinon u. Visnaginon; Flavonglykoside, wenig äther. Öl, fettes Öl. DAB10: mind. 1 % γ-Pyrone, ber. als Khellin; **Zuber.**: Ammi visnagae tict.; Tct. Ammi visnagae; zahlreiche Arzneispezialitäten mit Extrakten od. Reinsubstanzen; **Anw.**: z. B. bei Koronarinsuffizienz, Altersherz mit Hypertonie, Asthma; Negativmonographie der Kommission E; Anw. bei den beanspruchten Indikationen nicht empfehlenswert.

Hom: *Ammi visnaga (HAB1)*: reife, getrocknete Früchte; verord. z. B. bei Koliken u. Krämpfen der glatten Muskulatur, Durchblutungsstörung des Herzmuskels.

Ammoidin: Methoxsalenum, Methoxsalen, Xanthotoxin, Methylxanthotoxol, 8-Methoxypsoralen; 9-Methoxy-7*H*-furo[3,2-*g*][1]benzopyran-7-on; CAS-Nr. 298-81-7; $C_{12}H_8O_4$; M_r 216.18. Strukturformel s. Furanocumarine (Abb.). Schmp. 148 °C (kristallisiert aus heißem Wasser od. Benzol/Petrolether; polymorph). Fast unlösl. in kaltem Wasser, wenig lösl. in siedendem Wasser, Ether; lösl. in siedendem Ethanol, Aceton, Essigsäure, pflanzl. Ölen, Propylenglykol, Benzol; leicht lösl. in Chloroform. UV_{max} 219, 249, 300 nm (log ε: 4.32, 4.35, 4.06). **Vork.**: z. B. in Ammi* majus, Angelica* archangelica, Pastinaca* sativa, Ruta* graveolens; **Off.**: DAC86; **Anw.**: PUVA*; **Dos.**: p. o. 2-3 × 10 mg/d; topisch Pinselung 0.15 %.

Ammonia: s. Ammoniaklösung 10 %.

Ammonia concentrata: s. Ammoniaklösung, konzentrierte.

Ammoniacum: s. Dorema ammoniacum.

Ammoniak: Ammoniakgas; NH_3, M_r 17.03. Schmp. −77.7 °C. Sdp. −33.5 °C. Farbloses Gas von charakterist. stechendem Geruch (fest als weiße, durchscheinende Kristalle). Leicht lösl. in Wasser (s. Ammoniaklösung* 10 %, 26 %, konz.), ferner lösl. in Ethanol, Ether, u. anderen org. Lösungsmitteln. NH_3 bildet mit Brom u. Chlor explosive Verbindungen. **Vork.**: nat. in der Luft, im Regenwasser, Vulkangasen, im Erdboden, beim Verwesen stickstoffhaltiger org. Substanzen, Eiweißstoffen (Darmgase), Harn, Guano, Kamelmist, ferner in Form seiner Salze als Nitrat, Sulfat, Nitrit, Carbonat; **Darst.**: Nebenprodukt der Steinkohlendest. (Gasanstalt); heute hauptsächl. aus den Elementen (Ammoniaksynthese nach Haber-Bosch) unter Mitwirkung feinverteilter Metalle als Katalysatoren; im Labor durch Erhitzen von Ammoniumchlorid mit Calciumhydroxid (so schon 1773 von Joseph Priestley dargestellt); **Anw.** chem.: Darst. der Ammoniumsalze, techn.: zur Kälteerzeugung (Linde Eismaschine), flüssiges NH_3 als Lösungsmittel für zahlreiche Stoffe, bes. für Salze. **Tox.**: Eine resorptive NH_3-Vergiftung kommt selten vor, da NH_3 rasch in Harnstoff* umgewandelt u. ausgeschieden wird. Inhalation größerer Mengen der auch augenreizenden Dämpfe führen zu Bronchialspasmen. LD (oral; Mensch): 20-30 mL Salmiakgeist; 1.5-2.5 g NH_3-Gas führen innerhalb 1 Stunde zum Tod. MAK: 50 ppm NH_3. Da Ammoniak die Gewebe leicht durchdringt, können Verätzungen beträchtl. Tiefe erreichen; **Nachw.**: s. Ammonium.

Ammoniakalaun: s. Aluminiumammoniumsulfat.

Ammoniakflüssigkeit: s. Ammoniaklösung 10 %.

Ammoniakflüssigkeit, anisölhaltige: s. Ammoniaklösung, anisölhaltige.

Ammoniakflüssigkeit, weingeistige: s. Ammoniaklösung, weingeistige.

Ammoniakgas: s. Ammoniak.

Ammoniakgeist, anisierter: s. Ammoniaklösung, anisölhaltige.

Ammoniakgummi: s. Dorema ammoniacum.

Ammoniak[^{13}N]-Injektionslösung: Ph.Eur.4; Injektionslsg. zur Messung der Herzperfusion mittels PET*; s. Stickstoff-13.

Ammoniaklösung 10 %: Ammonii hydroxidi solutio 10 per centum, Ammonia, Liquor Ammonii caustici, Ammonium causticum solutum, Ammoniak, Salmiakgeist, Hirschhorngeist, Sol. Ammonii hydroxidati, Ammonium hydricum solutum, Sol. Ammoniae diluta; Geh. an Ammoniakgas DAB10 9.7-10.3 %, ÖAB90 10.2-11 %, ca. 6 mol/L, Ph.Helv.7 9.5-10.5 %; klare, farblose Flüss. mit charakterist. stechendem Geruch; mischbar mit Wasser u. Ethanol. D. 0.957-0.961. **Darst.**: 409 T. konz. Ammoniak werden in 591 T. kohlensäurefreies, gereinigtes Wasser eingegossen; **Anw.** med.: äußerl. zur Behandlung von Insektenstichen, in hyperämisierenden Einreibungen; innerl. als Expektorans in Hustenmitteln; techn.: als Reinigungsmittel. **Tox.**: s. Ammoniak.

Hom: *Ammonium causticum*: Salmiakgeist, Ammoniaklösung; verord. z. B. bei Blutungsneigung, Rachenentzündungen.

Ammoniaklösung 26 %: Ammonii hydroxidi solutio concentrata Ph.Eur.4; Geh. an Ammoniak mind. 25.0 u. max. 30.0 %; klare, farblose, stark ätzende Flüss., mischbar mit Wasser u. Ethanol. D. 0.892-0.910; dicht verschlossen, nicht über 20 °C zu lagern. **Anw.**: s. Ammoniaklösung 10 %.

Ammoniaklösung, anisölhaltige: Ammonii hydroxidi solutio anisata, Liquor Ammonii anisatus, Spiritus Anisi comp., Spir. ammonii anisatus, zusammengesetzter Anisspiritus, anisierter Ammoniakgeist, Anisade, Anisliquor, Anisammoniak; Zstzg.: DAC86, 3.3 g Anisöl, 16.7 g Ammoniaklsg. 10 %, 80 g Ethanol 90 %; ÖAB90, 2 T. Anisöl, 75 T. Ethanol, 20 T. gereinigtes Wasser, 3 T. Ammoniumchlorid; Ph.Helv.7, 3.0 g Anisöl, 71.5 g Ethanol 96 %, 5.5 g gereinigtes Wasser, 20.0 g Ammoniaklsg. 10%; farblose bis schwach gelbe, klare Flüss., starker Geruch nach Anis u. Ammoniak. **Anw.**: in verd. Lsg. als Expektorans; **Dos.**: Erwachsene mehrmals tägl. 0.5 g (ca. 28 Tr.); Kinder 0.04-0.1 g (ca. 2-5 Tr.) in Hustentee.

Ammoniaklösung, konzentrierte: Ammonia concentrata, Ammonii hydroxidi solutio 25 per centum; nach ÖAB90 Reagens mit einem Geh. von 24 bis 26 % Ammoniakgas; klare, farblose Flüss. von charakterist., stechendem Geruch; vgl. Ammoniak. **Anw.**: z. B. für DC-Untersuchungen, Reinheitsprüfungen, sowie zur Herst. von verd. Ammoniaklösung. Vgl. Ammoniaklösung 26%.

Ammoniaklösung, weingeistige: Liquor Ammonii caustici spirituosus, Spir. Ammoniae, Spiritus Dzondii; Lsg. von Ammoniakgas in (wässrigem) Ethanol, Geh. 9.5-10 % Ammoniak; klare, farblose, brennbare Flüss. von durchdringend stechendem Geruch. **Anw.**: s. Ammoniaklösung 10 %.

Ammoniak-Magnesia, phosphorsaure: s. Ammoniummagnesiumphosphat.

Ammoniaksoda: s. Natriumcarbonat.

Ammoniakweinstein: s. Kaliumammoniumtartrat.

Ammonifikation: s. Nitrifikation.

Ammonii bituminosulfonas: s. Ammoniumbituminosulfonat.

Ammonii bituminosulfonatis unguentum: s. Unguentum Ammonii bituminosulfonici.

Ammonii chloridum: s. Ammoniumchlorid.

Ammonii hydroxidi solutio anisata: s. Ammoniaklösung, anisölhaltige.

Ammonii hydroxidi solutio 10 per centum: s. Ammoniaklösung 10%.

Ammonii hydroxidi solutio 25 per centum: s. Ammoniaklösung, konzentrierte.

Ammonium: NH_4^+, wird durch Anlagerung eines H^+ an Ammoniak* erhalten. Bildet wie einwertige Metallatome mit Säuren recht stabile Salze, die **Ammoniumsalze**, die mit den Kalium- u. Natriumsalzen isomorph* sind. **Nachw.** von Ammoniumverb.: **1.** In Lsg. erzeugt Neßler*-Reagens auch bei Anwesenheit nur geringster Spuren von Ammoniak u. A.-Salzen eine braune Fällung od. Trübung infolge Bildung von Quecksilberamidoiodid; **2.** alle A.-Verb. sind in der Hitze flüchtig (Ammoniak-Geruch!); **3.** die Hydroxide der Alkali- u. Erdalkalimetalle setzen aus A.-Verb. NH_3 frei, erkenntl. am Geruch sowie an der Verfärbung darüber gehaltenen feuchten Indikatorpapiers; Salzsäuretropfen, am Glasstab darüber gehalten, erzeugen weiße Nebel; **4.** Platinchlorid erzeugt Niederschläge; **5.** A.-Vergleichslsg. nach der Niederländl. Pharmakopöe: 3 mg Ammoniumchlorid (1 mg NH_4^+) in 1000 mL Wasser. Zur Prüfung werden 20 mL der erforderlichenfalls alkal. gemachten 10 %igen Lsg. mit 3 T. Neßler-Reagens versetzt u. nach 15 min mit der Standardlsg., die ebenfalls mit Neßler-Reagens versetzt wurde, verglichen. Ist die auftretende orangegelbe Färbung nicht stärker als die der Vergleichslsg., so ist die Probe frei von A.-Salzen.

Ammoniumacetat: essigsaures Ammonium, Ammonium aceticum; CH_3COONH_4, M_r 77.08. Schmp. 113-114 °C. Weiße, hygroskop. Kristalle von schwachem Geruch nach Essigsäure, sehr leicht lösl. in Wasser u. Ethanol 90 %.

Ammoniumacetatlösung: Liquor Ammonii acetici, Spiritus Mindereri; 15 %ige wässrige Lösung. **Anw.** med.: früher als Diuretikum; techn: in der Textilfärberei, als Reagens, zur Konservierung von Fleisch.

Ammonium aceticum: s. Ammoniumacetat.

Ammoniumalaun: s. Aluminiumammoniumsulfat.

Ammonium, ameisensaures: Ammoniumformiat, $HCOONH_4$.

Ammonium amygdalicum: s. Ammoniummandelat.

Ammoniumbenzoat: benzoesaures Ammonium; $C_6H_5-COONH_4$, M_r 139.15. D. 1.26. Schmp. 198 °C. Weiße Kristalle od. krist. Pulver von salzigem, hinterher scharfem Geschmack u. schwachem Geruch nach Benzoesäure, leicht lösl. in Wasser, lösl. in Ethanol u. Glycerol. **Darst.**: Auflösen von Benzoesäure in Ammoniaklösung. **Anw.** med.: obsolet; techn.: Konservierungsmittel für Leime.

Hom: *Ammonium benzoicum.*

Ammonium, benzoesaures: s. Ammoniumbenzoat.

Ammonium benzoicum: s. Ammoniumbenzoat.

Ammoniumbicarbonat: s. Ammoniumhydrogencarbonat.

Ammonium bicarbonicum: s. Ammoniumhydrogencarbonat.

Ammoniumbichromat: s. Ammoniumdichromat.

Ammonium bifluoratum: s. Ammoniumhydrogenfluorid.

Ammoniumbifluorid: s. Ammoniumhydrogenfluorid.

Ammoniumbioxalat: s. Ammoniumhydrogenoxalat.

Ammoniumbiphosphat: s. Ammoniumphosphat, primäres.

Ammonium bisulfuratum: s. Ammoniumsulfid.

Ammoniumbituminosulfonat: Ichthammolum Ph.Eur.4, Ammonii bituminosulfonas, Ammonium sulfobituminosum, Ammonium sulfoichthyolicum, Ammonium sulfoplesiolicum, Bitumol; Schieferöl*, das durch trockene Destillation von Ölschiefer* (aus Seefeld u. Bärental/Tirol; Meride/Tessin, Oberitalien u. Südfrankreich) gewonnen, in der Hitze mit konz. Schwefelsäure sulfoniert, mit Ammoniak neutralisiert u. zur Sirupdicke eingedampft wird. Zähe, in dünner Schicht braune, in dicker Schicht schwarze Flüss. von charakterist. Geruch; im Ggs. zu Teer (z. B. Steinkohlenteer) oberflächenaktiv sowie mischbar mit Wasser, Fetten, Glycerol u. Vaselin, teilw. lösl. in Ethanol (90 %) u. Ether. **Zstzg.**: Hauptbest. sind wasserlösl. Ammoniumsalze von Thiophensulfosäuren u. Ammoniumsulfat als Nebenprodukt (durch Neutralisation der überschüssigen Schwefelsäure). Mind. 50.0 u. max. 56.0 % Trockenrückstand, mind. 4.5 u. max. 7.0 % Gesamtammoniak, mind. 10.0 % org. gebundener Schwefel, max. 20 % des

Gesamtschwefels liegen als Sulfatschwefel vor. Therap. wertvoll ist der Gehalt an sulfid. Schwefel (vgl. Ammoniumsulfobitol). **Wirk.**: antiphlogist. u. schwach antisept., erweicht die Epidermis, beschleunigt entzündl. Prozesse; **Anw.**: äußerl. bei Akne, Abszessen, Sykosis, Folliculitis, akuten u. chron. Ekzemen sowie versch. Prurigo- u. Pruritus-Formen, Gelenkentzündungen, Thrombosen, Frostschäden, Venenentzündung, Phlegmonen in 10-20%igen Lösungen, in 10-50%igen Salben, Seifen, Pflastern, Schüttelmixturen, Pasten, Tampons, Vaginalkugeln, auch in Form von Suppositorien bei Hämorrhoiden; innerl. seltener bei Ulcus ventriculi et duodeni, Colitis, Gastritis, Akne, Seborrhö, Furunkulose, Rosacea, Frostschäden; **Inkomp.**: W/O-Emulsionssalben u. O/W-Emulsionssalben mit nichtion. Emulgatoren (Verflüssigung u. Brechen des Systems), ab 30% mit Polyethylenglykolsalbengrundlagen (Verflüssigung), Lösungen von Cellulosederivaten (starke Verfestigung zu gummösen Produkten); mit Alkaloidsalzen, Ampicillin, Bleisalzen, Eisensalzen, Hydroxychinolin, Iod, Iodide, Iodoform, kationenaktiven Stoffen.

Hom: *Ichthyolum:* verord. z. B. bei chron. Arthritis, Ekzemen.

Ammoniumbituminosulfonatsalbe: s. Unguentum Ammonii bituminosulfonici.

Ammonium bromatum: s. Ammoniumbromid.

Ammoniumbromid: Ammonium bromatum, Bromammonium, Ammonii bromidum Ph.Eur.; NH_4Br, M_r 97.95. Farblose Kristalle od. weißes, krist. Pulver von scharfem, salzigem Geschmack; sehr leicht lösl. in Wasser, lösl. in Ethanol. Die Substanz färbt sich im Licht u. an der Luft gelb. **Darst.**: Eintragen von Brom in gekühlte Ammoniaklsg. u. Eindampfen, od. Umsetzen von Bariumbromid mit Ammoniumsulfat; **Anw.** med.: wie Kaliumbromid als Sedativum, meist zus. mit Kalium- u. Natriumbromid (Erlenmeyer-Mixtur). **Dos.**: 0.5-1.0 g, mehrmals täglich.

Hom: *Ammonium bromatum (HAB1):* verord. z. B. bei nervösem Reizhusten, Heiserkeit.

Ammoniumcarbonat: Ammonium carbonicum, kohlensaures Ammonium, Hirschhornsalz, flüchtiges Laugensalz, Sal volatile; $(NH_4)_2CO_3 \cdot H_2O$, M_r 114.11. Geh. an Ammoniak ca. 21-33%. Farblose, harte, krist. Stücke od. weißes, krist. Pulver, lösl. in Wasser. **Darst.**: früher trockene Dest. tier. Stoffe, heute Sublimation eines Gemisches von Ammoniumchlorid, Calciumcarbonat u. Holzkohle. Das handelsübl. Hirschhornsalz ist kein reines Ammoniumcarbonat, sondern ein Gemisch von Ammoniumhydrogencarbonat u. Ammoniumcarbamat ($H_2N-COO-NH_4$). Es entspr. etwa der Formel $NH_4HCO_3 \cdot NH_2-COO-NH_4$; **Anw.** med.: früher Antispasmodikum u. Diaphoretikum, heute nur noch äußerl. als Riechmittel (mit Ol. Lavandulae) bei Ohnmachten; hauptsächl. als Backpulver (zerfällt beim Erhitzen ohne Rückstand in NH_3, Wasser u. CO_2).

Hom: *Ammonium carbonicum (HAB1.3):* Hirschhornsalz, Gemisch von Ammoniumhydrogencarbonat u. Ammoniumcarbonat; Konstitutionsmittel; verord. z. B. bei Bronchitis mit Kreislaufschwäche, Ischias.

Ammoniumcarbonatlösung, brenzliche: s. Liquor Ammonii carbonici pyrooleosi.

Ammonium carbonicum: s. Ammoniumcarbonat.

Ammonium carbonicum pyrooleosum: brenzliges Ammoniumcarbonat, rohes Hirschhornsalz, Sal Cornu Cervi; das früher durch Dest. tier. Stoffe (Horn) gewonnene Ammoniumcarbonat*; heute nicht mehr gebräuchlich.

Ammonium causticum: s. Ammoniak.

Ammonium causticum solutum: s. Ammoniaklösung 10%.

Ammoniumcer(IV)-nitrat: s. Cer(IV)-ammoniumnitrat.

Ammoniumcer(IV)-sulfat: s. Cer(IV)-ammoniumsulfat.

Ammonium chloratum: s. Ammoniumchlorid.

Ammoniumchlorid: Chlorammonium, Ammonii chloridum Ph.Eur., Ammonium chloratum, Ammonium hydrochloricum, Salmiak, Sal ammoniacum; NH_4Cl, M_r 53.50. Farblose, durchscheinende, geruchlose Kristalle od. weißes, krist. Pulver; leicht lösl. in Wasser u. Glycerol, wenig lösl. in Ethanol. **Darst.**: Sublimation eines Gemisches von Ammoniumsulfat u. NaCl; **Anw.** med.: Expektorans*, Diuretikum sowie bei Coliinfektionen der Harnwege; techn.: A. chloratum sublimatum in Stücken zum Löten (Lötstein), Verzinnen u. Verzinken, zur Füllung galvan. Elemente, in der Färberei u. Druckerei; **Dos.**: als Expektorans 0.2-1 g mehrmals tägl. (Mixtura* solvens, Salmiakpastillen s. Pastilli Ammonii chlorati)

Hom: *Ammonium chloratum (HAB1.3):* getrocknetes Ammoniumchlorid; verord. z. B. bei Schnupfen, rheumat. Schmerzen.

Ammoniumchromat: chromsaures Ammonium, Ammonium chromicum; $(NH_4)_2CrO_4$, M_r 152.09. Gelbl. Kristalle, leicht lösl. in Wasser, unlösl. in Ethanol. **Anw.** techn.: in der Analyse.

Ammoniumcitrat: s. Ammoniumhydrogencitrat.

Ammonium citricum: s. Ammoniumhydrogencitrat.

Ammoniumdichromat: Ammoniumbichromat, Ammoniumpyrochromat, Ammonium dichromicum; $(NH_4)_2Cr_2O_7$, M_r 252.10. Gelbe bis rötl., entflammbare Kristalle, lösl. in Wasser u. Ethanol. **Anw.** techn.: Feuerwerkerei, Glasindustrie, Färberei, Fotografie.

Ammoniumdihydrogenphosphat: s. Ammoniumphosphat, primäres.

Ammonium, doppeltkohlensaures: s. Ammoniumhydrogencarbonat.

Ammoniumeisen(III)-citrat: Eisen(III)-ammoniumcitrat, Ferriammoniumcitrat; CAS-Nr. 1185-57-5; wechselnde Zstzg.: **1.** braunes Ammoniumeisen(III)-citrat, Ferrum citricum ammoniatum fuscum; hellrotbraune, durchscheinende, hygroskop. Blättchen von salzigem, später schwach eisenartigem Geschmack, sehr leicht lösl. in Wasser, sehr schwer lösl. in Ethanol, Geh. an Eisen ca. 14.5%; **2.** Ammoniumeisen(III)-citrat grün, Ferrum citricum ammoniatum viride; gelbgrüne, durchscheinende dünne Blättchen von mildem Eisengeschmack, sehr leicht lösl. in Wasser, Geh. an Eisen mind. 12.85%. **Off.**: DAC86; **Anw.**: innerl. als mildes Eisensupplement; **Dos.**: 0.1-1.0 g.

A

Ammoniumeisen(II)-citrat mit Ammoniumarsenit: Ferrum arseniato-citricum ammoniatum, Ferriammoniumcitrat mit arsenigsaurem Ammonium; grüne Lamellen, leicht lösl. in Wasser; Geh. an Arseniger Säure 1.5 %, an Eisen ca. 1.8 %. **Anw.**: obsolet; früher bei Anämie, Schwächezuständen, Pellagra.

Ammoniumeisen(II)-cyanid: s. Ammoniumhexacyanoferrat(II).

Ammoniumeisen(II)-sulfat: Eisen(II)-ammoniumsulfat, Ferro-Ammoniumsulfat, Ferro-Ammonium sulfuricum, Mohrsches Salz; $(NH_4)_2Fe(SO_4)_2 \cdot 6H_2O$, M_r 392.16. Hellbläul. grüne, lichtempfindl. Kristalle, leicht lösl. in Wasser, unlösl. in Ethanol. **Anw.** techn.: analyt. Chemie, Fotografie.

Ammoniumeisen(III)-sulfat: Ferriammoniumsulfat, Ferri-Ammonium sulfuricum, Ferrum sulfuricum oxydatum ammoniatum, Eisenammoniumalaun; $(NH_4)Fe(SO_4)_2 \cdot 12H_2O$, M_r 482.2. Blassviolette, durchsichtige Kristalle, leicht lösl. in Wasser, unlösl. in Ethanol. **Anw.** med.: Hämostatikum u. Adstringens; techn.: Indikator* in der Maßanalyse; in der Färberei.

Ammonium, essigsaures: s. Ammoniumacetat.

Ammonium ferrocyanatum: s. Ammoniumhexacyanoferrat(II).

Ammonium fluoratum: s. Ammoniumfluorid.

Ammoniumfluorid: Ammonium fluoratum, Fluorammonium; NH_4F. Farblose Kristalle, sehr leicht lösl. in Wasser. **Anw.** techn.: Glasätzen, Holzkonservierung; in der Analyse wie Flusssäure* zum Aufschließen von Silicaten.

Ammoniumheptamolybdat: $(NH_4)_6(Mo_7O_{24}) \cdot 4H_2O$. M_r 1235.95. Grünl. bis bläul. gefärbte monokline Kristalle, lösl. in Wasser, unlösl. in Ethanol. **Anw.**: Reagens auf Alkaloide*; in der Keramik.

Ammoniumhexachlorostannat(IV): Zinn(IV)-ammoniumchlorid, Stannum-Ammonium chloratum, Stanni-Ammoniumchlorid, Pinksalz; $(NH_4)_2[SnCl_6]$. Weiße Kristalle od. krist. Pulver, lösl. in Wasser. **Anw.**: Beize in der Färberei.

Ammoniumhexacyanoferrat(II): Ammoniumeisen(II)-cyanid, Ammonium ferrocyanatum; $(NH_4)_4[Fe(CN)_6] \cdot 3H_2O$, M_r 338.17. Gelbes, krist. Pulver, das sich an der Luft blau färbt; leicht lösl. in Wasser, unlösl. in Ethanol. **Anw.**: qualitative chem. Analyse (Tüpfelreagens).

Ammonium hydricum solutum: s. Ammoniaklösung 10 %.

Ammoniumhydrogencarbonat: Ammoniumbicarbonat, doppeltkohlensaures Ammonium, Ammonium bicarbonicum, Ammonii hydrogencarbonas Ph.Eur.; NH_4HCO_3, M_r 79.06. Weißes, krist. Pulver, leicht lösl. in Wasser, unlösl. in Ethanol, von kühlend-salzigem Geschmack; zersetzt sich bei 60 °C; A. liegt als Gleichgewichtsgemisch mit seinem Strukturisomer Ammoniumcarbamat ($H_2N-COONH_4$) vor. **Anw.** med.: Expektorans*; techn.: Backpulver*; Gummi- u. Kunststoffindustrie.

Ammoniumhydrogencitrat: Ammonium citricum, Ammoniumcitrat, citronensaures Ammonium; $(NH_4)_2C_6H_5O_7 \cdot 0.5H_2O$, M_r 235.2. Weißes Pulver, leicht lösl. in Wasser, wenig lösl. in Ethanol. **Anw.**: früher als Diuretikum bei Blasenleiden (Dos. 1-3 g mehrmals tägl.), bei Kopfschmerzen, als Kochsalzersatz.

Ammoniumhydrogenfluorid: Ammoniumbifluorid, Ammonium bifluoratum, Mattsalz; $NH_4F \cdot HF$, M_r 57.05. Weiße Kristalle, leicht lösl. in Wasser. **Anw.** techn.: Galvanotechnik, Rostfleckenentfernung, Konservieren von Holz, Mattätzen von Glas, Aufschließen von Silicaten.

Ammoniumhydrogenoxalat: Ammonium bioxalicum, Ammoniumbioxalat; $HOOC-COONH_4 \cdot H_2O$, M_r 126.08. Weiße Kristalle, lösl. in Wasser, wenig lösl. in Ethanol. **Anw.** techn.: Tintenfleckenentfernung (Eisengallustinte).

Ammoniumhydrogensulfid: Ammoniumsulfhydrat, Ammonium hydrosulfuratum; NH_4SH, M_r 51.11. Farblose, hygroskop. Kristalle, leicht lösl. in Wasser u. Ethanol. **Anw.** techn.: in der Analyse, kosmet. als Enthaarungsmittel.

Ammonium hydrosulfuratum: s. Ammoniumhydrogensulfid.

Ammoniumhyposulfit: s. Ammoniumthiosulfat.

Ammonium iodatum: s. Ammoniumiodid.

Ammoniumiodid: Ammonium iodatum, Iodammonium; NH_4I, M_r 144.96. Weißes, zerfließl., krist. Pulver, sehr leicht lösl. in Wasser, leicht lösl. in Ethanol u. Glycerol. **Anw.**: ähnl. wie Kaliumiodid*, als Expektorans bei Bronchitis; früher innerl. bei Arteriosklerose, Syphilis; äußerl. zu Einreibungen in Salben u. Glycerol bei Psoriasis (10 %ig); **Dos.** innerl.: 0.1-0.5 g.

Hom: *Ammonium jodatum (HAB1.3)*: Ammoniumiodid; verord. z. B. bei Bronchitis.

Ammonium, kohlensaures: s. Ammoniumcarbonat.

Ammoniummagnesiumphosphat: Magnesiumammoniumphosphat, Ammoniak-Magnesia, Tripelphosphat; $Mg(NH_4)PO_4 \cdot 6H_2O$. Leicht lösl. in Essigsäure. **Vork.**: nat. im alkal. bzw. ammoniakal. gewordenen Harn (Sargdeckelkristalle); seine leichte Löslichkeit in Essigsäure unterscheidet es von allen anderen ähnl. Harnsedimenten (bes. oxalsaurem Kalk). **Darst.**: Zusammenbringen von Magnesiumsalz-Lsg. mit Natriumphosphat-Lsg. u. Ammoniak.

Ammoniummandelat: Ammonium amygdalicum, Ammonium mandelicum, mandelsaures Ammonium; $C_6H_5CH(OH)COONH_4$, M_r 169.18. Weißes, hygroskop., krist. Pulver, sehr leicht lösl. in Wasser u. Ethanol. **Anw.**: früher bei Harnweginfektionen mit E. Coli; **Dos.**: 3 g mehrmals tägl.; vgl. Mandelsäure.

Ammonium mandelicum: s. Ammoniummandelat.

Ammonium, mandelsaures: s. Ammoniummandelat.

Ammonium, molybdänsaures: s. Ammoniummolybdat.

Ammoniummolybdat: molybdänsaures Ammonium, Ammonium molybdaenicum; $(NH_4)_6Mo_7O_{24} \cdot 4H_2O$, M_r 1235.6. Farblose glänz. Kristalle od. krist. Pulver. **Anw.** chem.: Reagens.

Ammoniummonovanadat: Ammoniummetavanadat, Ammonium monovanadinicum; NH_4VO_3, M_r 116.99. Weißes, krist. Pulver, lösl. in Wasser. **Anw.** techn.: in der Keramik u. Färberei, fotograf. Entwickler.

Ammoniumnickel(II)-sulfat: Niccolum-Ammonium sulfuricum; $(NH_4)_2Ni(SO_4)_2 \cdot 6\,H_2O$, M_r 394.99. Blaugrüne Kristalle, leicht lösl. in siedendem Wasser, lösl. in kalt. Wasser, unlösl. in Ethanol. **Anw.** techn.: Vernickelungen.

Ammoniumnitrat: salpetersaures Ammonium, Ammonsalpeter, Ammonium nitricum; NH_4NO_3, M_r 80.05. Schmp. 169.5 °C. Farblose bis schwach gelbl., hygroskop. Kristalle od. krist. Massen, sehr leicht lösl. in Wasser unter starker Temperaturerniedrigung, wenig lösl. in absolutem Ethanol, unlösl. in Ether. **Darst.**: Neutralisieren von Salpetersäure mit Ammoniaklsg. u. Eindampfen zur Kristallisation. **Anw.** med.: Diuretikum* u. Diaphoretikum*; techn.: Kältemischungen, Sicherheitssprengstoffe, Darst. von Lachgas (N_2O), Feuerwerkskörper, Düngemittel.

Ammonium nitricum: s. Ammoniumnitrat.

Ammoniumnitrit: salpetrigsaures Ammonium, Ammonium nitrosum; NH_4NO_2. Farblose Kristalle, die sich schon an warmer Luft zersetzen; bei Gewittern in Spuren in der Luft enthalten.

Ammoniumoxalat: oxalsaures Ammonium, Ammonium oxalicum; $(NH_4)_2C_2O_4 \cdot H_2O$, M_r 142.12. Farblose Kristalle, lösl. in Wasser (1:20). **Anw.** techn.: Reagens, Sprengstoffindustrie, Galvanotechnik, Färberei.

Ammonium oxalicum: s. Ammoniumoxalat.

Ammoniumperchlorat: NH_4ClO_4, M_r 117.5. Farblose Kristalle, die bei Initialzündung od. beim Erhitzen über 200 °C explodieren. **Anw.**: Sprengstoffe, Feststoffraketen.

Ammoniumperoxodisulfat: Ammoniumpersulfat, überschwefelsaures Ammonium, Ammonium persulfuricum; $(NH_4)_2S_2O_8$, M_r 228.2. Farblose Kristalle, sehr leicht lösl. in Wasser, sich bei normaler Temp. allmähl. zersetzend. **Anw.** med.: Desinfiziens u. Desodorans; techn.: zum Bleichen u. Oxidieren, in der Fotografie als Abschwächer von Negativen, Entfernen von Pyrogallolflecken, Reinigen von Hefe, Reagens auf Mangan.

Ammoniumpersulfat: s. Ammoniumperoxodisulfat.

Ammonium persulfuricum: s. Ammoniumperoxodisulfat.

Ammoniumphosphat: Triammoniumphosphat, tertiäres Ammoniumphosphat, Ammonium phosphoricum tribasicum; $(NH_4)_3PO_4 \cdot 3\,H_2O$, M_r 203.15. Weiße, nach NH_3 riechende Kristalle, leicht lösl. in Wasser.

Ammoniumphosphat, primäres: Ammonium biphosphoricum, Ammoniumdihydrogenphosphat, Ammoniumbiphosphat, Monoammoniumphosphat; $NH_4H_2PO_4$, M_r 115.03. Weiße Kristalle, leicht lösl. in Wasser, wenig lösl. in Ethanol.

Ammoniumphosphat, sekundäres: Ammonium phosphoricum, Diammoniumphosphat, phosphorsaures Ammonium; Diammoniumhydrogenphosphat, $(NH_4)_2HPO_4$, M_r 132.07. **Darst.**: Zusammenbringen von Phosphorsäure mit Ammoniaklsg. u. Eindampfen. **Anw.** med.: früher innerl. bei Gicht u. Erkrankungen des rheumat. Formenkreises; techn.: Lötmittel, Düngemittel, Flammenschutzmittel (bei Stärkeappreturen, um Gewebe schwer entzündbar zu machen).

Hom: *Ammonium phosphoricum:* verord. z. B. bei Gicht.

Ammonium phosphoricum: s. Ammoniumphosphat, sekundäres.

Ammonium phosphoricum tribasicum: s. Ammoniumphosphat.

Ammonium, phosphorsaures: s. Ammoniumphosphat, sekundäres.

Ammonium picronitricum: s. Ammoniumpikrat.

Ammoniumpikrat: pikrinsaures Ammonium, Ammonium picrinicum, Ammonium picronitricum; $C_6H_2(NO_2)_3ONH_4$. Gelbe, nadelförmige, äußerst explosive Kristalle von sehr bitterem Geschmack, lösl. in Wasser u. Ethanol.

Ammoniumpyrochromat: s. Ammoniumdichromat.

Ammoniumrhodanid: s. Ammoniumthiocyanat.

Ammoniumsalicylat: salicylsaures Ammonium, Ammonium salicylicum; M_r 155.15. Weiße, geruchlose, glänz. Kristalle von salzig-süßem Geschmack, sehr leicht lösl. in Wasser u. Ethanol; vor Licht u. Feuchtigkeit geschützt aufbewahren (bräunt leicht). **Anw.**: früher wie Natriumsalicylat bei Gicht* u. Rheumatismus*, sowie als Antipyretikum* u. Cholagogum*; **Dos.**: 1 g.

Ammonium salicylicum: s. Ammoniumsalicylat.

Ammonium, salicylsaures: s. Ammoniumsalicylat.

Ammonium, salpetersaures: s. Ammoniumnitrat.

Ammoniumsalze, quartäre: syn. quaternäre Ammoniumsalze, Quats; Tetraalkylammoniumsalze, in denen alle vier H-Atome der NH_4-Gruppe durch Alkylreste ersetzt sind (s. Abb.); vgl. Amine.

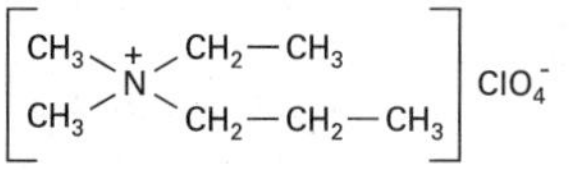

Ammoniumsalze, quartäre: Strukturformel von Ethyldimethylpropylammoniumperchlorat

Ammonium, schwefelsaures: s. Ammoniumsulfat.

Ammonium, schwefligsaures: s. Ammoniumsulfit.

Ammonium subsulfurosum: s. Ammoniumthiosulfat.

Ammoniumsulfaminat: Ammoniumsulfamat, Ammonium sulfaminicum; $NH_4SO_3NH_2$, M_r 114.13. Farblose Kristalle, sehr leicht lösl. in Wasser. **Anw.** techn.: zum Sulfonamid-Nachw. im Blut; um Textilien u. Papier feuerfest zu machen, zur Herst. von Unkrautvertilgungsmitteln.

Ammoniumsulfat: schwefelsaures Ammonium, Ammonium sulfuricum; $(NH_4)_2SO_4$, M_r 132.14. Farblose Kristalle, leicht lösl. in Wasser, unlösl. in Ethanol. **Anw.** techn.: Düngemittel, Nährstoff für Hefe, Flammschutzmittel.

Ammoniumsulfhydrat: s. Ammoniumhydrogensulfid.

Ammoniumsulfid: Ammoniummonosulfid, (Einfach-)Schwefelammonium, Ammonium sulfuratum; $(NH_4)_2S$. Farblose hygroskop. Kristalle, die sich bei Zimmertemp. zersetzen. Die in der Analytik vielbenutzte, durch Einleiten von H_2S in NH_3 hergestellte A.-Lsg. ist keine Lsg. von A., sondern von äquimolekularen Mengen $(NH_4)HS$ u. NH_3. **Darst.**: bei −18 °C aus NH_3 u. H_2S.

A

Ammoniumsulfit: schwefligsaures Ammonium, Ammonium sulfurosum; $(NH_4)_2SO_3 \cdot H_2O$. **Anw.** med.: (früher) bei Hautkrankheiten, bei Gärungsdyspepsie; techn.: Ammoniumsulfit-Lsg. (Ammonium sulfurosum liquidum) in der Papierfabrikation.

Ammoniumsulfobitol: Ammoniumsulfobitolum, Tumenol-Ammonium, Ammonium tumenolicum, tumenolsulfonsaures Ammonium; Ammoniumsalze sulfonierter Schieferöle; Fraktionen eines durch Dest. aus schwefelarmen, bituminösen Schiefern gewonnenen Öls, die anschließend sulfoniert u. in die Ammoniumsalze überführt werden. Mind. 35.0 u. max. 45.0 % Trockenrückstand, mind. 1.6 u. max. 2.5 % Gesamtschwefel, mind. 0.16 u. max. 0.5 % Sulfatschwefel. **Off.:** DAC86. Löslichkeit u. Anw. s. Ammoniumbituminosulfonat.

Ammoniumsulfobituminat: s. Ammoniumbituminosulfonat.

Ammoniumsulfocyanid: s. Ammoniumthiocyanat.

Ammonium sulfoichthyolicum: s. Ammoniumbituminosulfonat.

Ammonium sulfuratum: s. Ammoniumsulfid.

Ammonium sulfuricum: s. Ammoniumsulfat.

Ammonium sulfurosum: s. Ammoniumsulfit.

Ammoniumtetrarhodanato-diaminchromat: s. Reinecke-Salz.

Ammoniumthiocyanat: Ammoniumsulfocyanid, Ammoniumrhodanid, Schwefelcyanammonium, Rhodanammonium, Ammonium rhodanatum; NH_4SCN, M_r 76.12. D. 1.3. Schmp. 149 °C. Sehr leicht lösl. in Wasser u. Ethanol, bei 170 °C zersetzt es sich unter Entwicklung von H_2S, CS_2 u. NH_3. **Anw.** chem.: zum Nachw. von Fe^{3+}-Ionen (blutrote Färbung durch Eisen(III)-thiocyanat), ferner zur Bestimmung von Ag, Cu, Cl u. Hg; techn.: Herst. von Kaliumcyanid, Kaliumhexacyanoferrat(II), Guanidin, Thioharnstoff; in der Kunstharzindustrie, Textilindustrie, Fotografie.

Ammoniumthiosulfat: Ammoniumhyposulfit, Ammonium thiosulfuricum, Ammonium subsulfurosum; $(NH_4)_2S_2O_3$, M_r 148.21. Farblose Kristalle, leicht lösl. in Wasser, unlösl. in Ethanol u. Ether. **Anw.** med. u. techn.: wie Natriumthiosulfat*.

Ammonium thiosulfuricum: s. Ammoniumthiosulfat.

Ammonium, tumenolsulfonsaures: s. Ammoniumsulfobitol.

Ammonium, überschwefelsaures: s. Ammoniumperoxodisulfat.

Ammoniumurat, saures: Ammonium uricum acidum, saures harnsaures Ammonium; Salz der Harnsäure*; $[C_5H_3N_4O_3]^- \cdot NH_4^+$, M_r 185.15. Weißes, krist. Pulver, sehr schwer lösl. in Wasser, lösl. in Alkalilaugen u. konz. Schwefelsäure; Hauptbest. von Harnsäure-Nierensteinen. **Anw.:** innerl. nicht mehr verwendet, äußerl. bei Ekzemen u. Impetigo*.

Ammoniumvanadat: NH_4VO_3, M_r 117.0. Weißes bis schwach gelbl., krist. Pulver; schwer lösl. in Wasser, lösl. in verd. Ammoniak-Lösung. **Anw.:** Reagens Ph.Eur.4.

Ammoniumverbindungen, quartäre: Quats; Salze od. Basen, die als Kation einen Stickstoff mit 4 gleichartigen od. ungleichartigen org. Resten aufweisen. Quats lagern sich an anionenaktive Anteile stark an, adsorbieren an die Zytoplasmamembran von Mikroorganismen u. greifen in Enzymsysteme ein; ihre Reinigungskraft ist nicht sehr hoch. Von pharmaz. Interesse sind kationenaktiven Tenside, Verbindungen, die am Stickstoff mind. eine längere Kohlenwasserstoffkette (lipophil) tragen. Als Anion fungieren Chlorid- od. Bromid-Ionen. Es liegen O/W-Emulgatoren vor, für deren emulgierende Wirk. im Ggs. zu den Seifen das Kation verantwortl. ist (Kationseifen). Sie werden deshalb auch Invertseifen genannt. In Kombination mit höhermolekularen anion. Verbindungen (z. B. Seifen) entstehen schwer- bis unlösl., nicht mehr oberflächenaktive Produkte. Zu den kationenaktiven Tensiden gehören z. B. Benzalkoniumchlorid*, Alkoniumbromid*, Cetrimid*, Phenododeceniumbromid*, Cetylpyridiniumchlorid* u. -bromid. Quats werden auch als Konservierungsmittel u. Desinfektionsmittel eingesetzt. **Dos.:** gebräuchl. Konz. als Konservierungsmittel zw. 0.001-0.02 %; bevorzugte Verw. in wässrigen, ophthalmolog., kutanen, nasalen, z. T. in peroralen u. parenteralen Arzneiformen. Als Desinfektionsmittel in Konz. von 0.1-0.2 % eingesetzt. Über das Wirkungsspektrum u. mögliche Inkomp. s. Benzalkoniumchlorid.

Ammonsalpeter: s. Ammoniumnitrat.

Amnesie: Form der Gedächtnisstörung. Zeitl. od. inhaltl. definierte Erinnerungsbeeinträchtigung, oft nach Bewusstseinsstörungen u. symptomat. Psychose, auch infolge von Hirntraumen, epilept. Anfällen, Intoxikationen od. bei Demenz.

AMO 1618: (2-Isopropyl-5-methyl-4-trimethylammoniumchlorid)-phenyl-1-piperidincarboxylat; gehört zur Gruppe der Retardanzien*. AMO 1618 ist ein Gibberellinantagonist*; es hemmt das Sprosswachstum u. wird zum Buschigmachen von Zierpflanzen verwendet.

Amobarbital INN: Amobarbitalum Ph.Eur., Acidum isoamylaethylbarbituricum, Amytal, 5-Ethyl-5-isoamylbarbitursäure; 5-Ethyl-5-(3'-methylbutyl)-barbitursäure; CAS-Nr. 57-43-2; $C_{11}H_{18}N_2O_3$, M_r 226.28. Strukturformel s. Barbiturate (Abb. 2). Schmp. 156-158 °C. Weißes, krist., polymorphes Pulver von schwach bitterem Geschmack, leicht lösl. in Ethanol, Ether, Chloroform. **Anw.:** Sedativum u. Hypnotikum; **Dos.:** 0.1-0.2 g. **Amobarbital-Natrium:** Amobarbitalum natricum Ph.Eur.; CAS-Nr. 64-43-7; $C_{11}H_{17}N_2NaO_3$, M_r 248.3. Weißes, körniges, hygroskop. Pulver; sehr leicht lösl. in CO_2-freiem Wasser, leicht lösl. in Ethanol, fast unlösl. in Chloroform. **Dos.:** MTD 1.2 g.

Amöben: Protozoen* der Klasse Rhizopoda, die sich durch ständige Formveränderung u. Ausbildung von Pseudopodien fortbewegen; zur Od. Amoebida gehörend. **Gattungen:** Entamoeba, Endolimax, Pseudolimax, Dientamoeba, Iodamoeba, Acanthamoeba, Hartmannella, Naegleria u. a.; die meisten Arten leben im Süßwasser, teils aber auch im menschl. Darmtrakt; nur wenige sind fakultativ pathogen; z. B. Entamoeba* histolytica.

Amöbenruhr: syn. Amöbendysenterie, Amöbiasis; Infektion mit dem fakultativ pathogenen Darmprotozoon Entamoeba histolytica, die u. a. zum

Auftreten von Fieber u. Durchfällen führt. Vork.: in fast allen warmen Ländern; Ther.: Metronidazol*, Dehydroemetin.

Amöbiasis: s. Amöbenruhr.

Amorolfin INN: (±)-*cis*-2,6-Dimethyl-4-[2-methyl-3-(*p*-*tert*-pentylphenyl)propyl]morpholin; CAS-Nr. 78613-35-1; $C_{21}H_{35}NO$, M_r 317.52. Sdp. 134 °C (4.8 Pa). pK_S 6.6. **Wirk.:** stört die Zellmembranpermeabilität der Pilzzelle durch Hemmung der Ergosterolsynthese; **Anw.:** lokales Antimykotikum (Morpholin-Derivat) gegen Haut- u. Nagelmykosen; **UAW:** selten Brennen, Juckreiz, Hautjucken u. Erytheme; **Dos.:** 10-100 mg (Vaginaltabletten); 0.5 %ig als Nagellack u. Creme. **Amorolfinhydrochlorid:** CAS-Nr. 78613-38-4; $C_{21}H_{36}ClNO$, M_r 353.98.

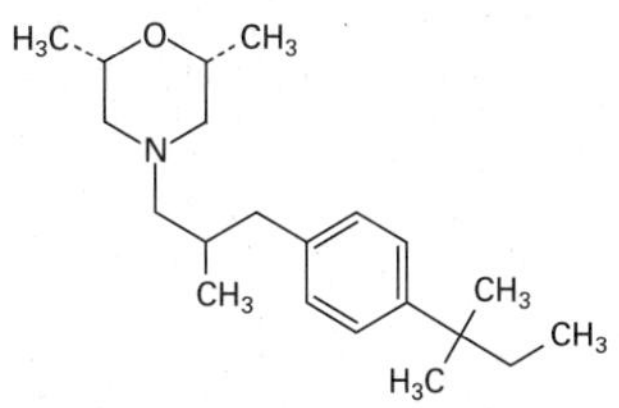

Amorolfin

amorph (gr. gestaltlos): Zustand fester Körper, bei denen im Ggs. zu den Kristallen* die Atome od. Moleküle keine regelmäßige Anordnung aufweisen (fehlende Fernordnung), sondern einer Zufallsanordnung mit niedrigem Ordnungsgrad unterliegen. **Amorphe Feststoffe** sind im Vergleich zu krist. Feststoffen immer isotrop* u. thermodynam. weniger stabil. Sie sind energiereicher u. besitzen z. B. größere Löslichkeit u. Zersetzlichkeit als die krist. Substanz. Sie neigen zum Fließen, besitzen keinen scharfen Schmp. u. sind im Röntgendiffraktogramm am Halo* zu erkennen.

Amorphophallus konjac Koch: Konjacpflanze; Fam. Araceae. Stpfl. von **Konjac-Extrakte: Anw.:** Extrakte aus den Knollen der Pfl. können im Rahmen einer Gewichtsreduktion zur Einhaltung des Diätplans eingesetzt werden. Die wasserlösl. Ballaststoffe werden nach der Einnahme im Magen freigesetzt u. quellen zu einer gelartigen Masse auf. Dabei vergrößert sich das Volumen um mind. das 100fache, so dass ein Sättigungsgefühl eintritt.

Amoxicillin INN: α-Amino-4-hydroxy-benzylpenicillin; (2*S*,5*R*,6*R*)-6-[(*R*)-2-Amino-2-(4-hydroxyphenyl)acetyl]amino-3,3-dimethyl-7-oxo-4-thia-1-azabicyclo[3.2.0]heptan-2-carbonsäure, CAS-Nr. 26787-78-0, $C_{16}H_{19}N_3O_5S$, M_r 365.41; Ampicillin-Derivat; Penicillin-Antibiotikum. **Amoxicillin-Trihydrat:** Amoxicillinum trihydricum Ph.Eur.; CAS-Nr. 61336-70-7, $C_{16}H_{19}N_3O_5S \cdot 3\,H_2O$, M_r 419.46, Löslichkeit: 4 g/L Wasser; fast unlösl. in Ethanol, Chloroform u. Ether. **Wirk.:** Penicillin-Antibiotikum mit erweitertem Wirkungsspektrum; hemmt neben Benzylpenicillin*-empfindl. Keimen auch Haemophilus influenzae, Enterokokken u. Listerien; hohe orale Resorptionsrate; **Anw.:** indiziert bei Haemophilus-Infektionen, schweren Enterokokken- u. Salmonelleninfekten, sowie Typhus abdominalis; **Dos.:** 2-3×0.75 g/d p. o., Säuglinge, Kleinkinder, Kinder 0.05 g/kg KG/d; HWZ 1-1.5 h; vgl. Antibiotika (Tab.). **Amoxicillin-Natrium** INN: Amoxicillinum natricum Ph.Eur.; $C_{16}H_{18}N_3NaO_5S$, M_r 387.4. Weißes, sehr hygroskop. Pulver; sehr leicht lösl. in Wasser, wenig lösl. in Ethanol, sehr schwer lösl. bis unlösl. in anderen org. Lösungsmitteln. **Wirk.** u. **Anw.:** s. oben.

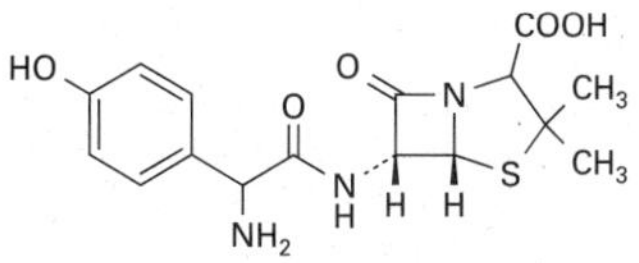

Amoxicillin

AMP: Abk. für 5'Adenosinmonophosphat; s. Adenosinphosphate.

Ampere (Andre Marie Ampere, franz. Mathematiker u. Physiker, 1775-1836): Symbol A; SI-Basiseinheit für die elektr. Stromstärke; Def. s. SI-Einheiten (Ampere).

Amperometrie: Polarisationsstromtitration (s. Maßanalyse) mit einer polarisierbaren Elektrode u. Bezugselektrode zur Bestimmung oxidierender bzw. reduzierender Substanzen. Messung der Stromstärkeänderung bei konstanter Gleichspannung; auch für stark verd. Lsg. anwendbar.

Ampfer, Krausblättriger: s. Rumex crispus.

Amphetamin: s. Amfetamin.

Amphetaminil: s. Amfetaminil.

amphi: Wortteil mit der Bedeutung (gr.) beiderseits, ringsum.

amphiphil: lyobipolar; Bez. für ein bestimmtes Verhalten, z. B. Oberflächenaktivität, eines Stoffes, der im Molekülbau sowohl lipophile* als auch hydrophile* Anteile enthält; typ. Eigenschaft von Netzmitteln*, Tensiden*, Emulgatoren*.

Ampholyte: s. Stoffe, amphotere.

Ampholytseifen: Amphotenside, Amphotere; waschaktive Aminosäuren mit höherer relativer Molekülmasse, dienen als Emulgatoren*. Eine längere Alkylkette od. ein höherer Fettsäurerest bildet den lipophilen u. eine Polyaminoessigsäure od. ein Betain-Rest den hydrophilen Anteil mit amphoterem Charakter im Molekül. Der isoelektr. Punkt (Bereich) ist je nach Produkt unterschiedlich. A. sind ausgeprägt bakterizid, fungizid u. partiell viruzid. A. sind deshalb wirksamer Bestandteil versch. oberflächenaktiver u. ungiftiger Desinfektionsmittel u. zeichnen sich durch pH-Unabhängigkeit, Elektrolyttoleranz u. ausgezeichnete Haut- u. Schleimhautverträglichkeit aus. Vertreter der A. sind z. B. Dioctylaminoethylglycin, Dodecyldi(aminoethyl)glycin. Die Polyaminoessigsäure wird vorwiegend zur Desinfektion herangezogen. A., die sich vom Betain ableiten (s. Abb.), dienen der Herst. von schonenden, keimhemmenden Körperpflegemitteln.

Amphomycin: CAS-Nr. 1402-82-0; oberflächenaktiv, amphoter, lösl. in 200 T. Wasser; Antibioti-

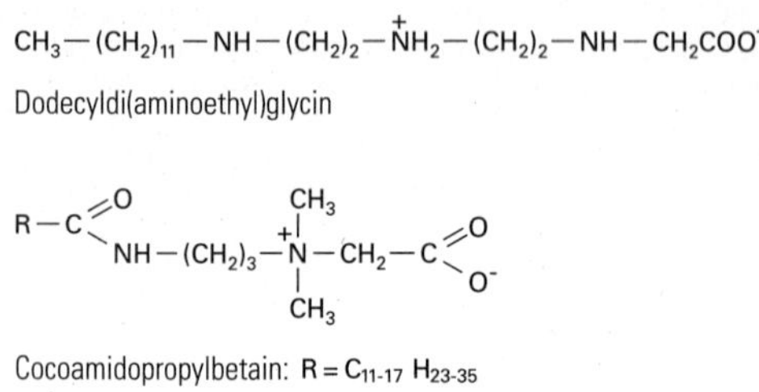

Ampholytseifen

kum aus Streptomyces canus. **Anw.**: gegen grampositive Bakterien, v. a. Kokken; **Tox:** wegen der hohen Tox. nur lokale Anw. bei oberflächl. Hautinfektionen als 0.5 %ige Salbe; vgl. Antibiotika (Tab.).

Amphotenside: s. Emulgatoren.

Amphotericin B INN: Amphotericinum B Ph.Eur.; $C_{47}H_{73}NO_{17}$, M_r 924. Antibiotikum (Heptaen-Struktur) aus einem Streptomyces nodosus-Stamm; gelbl., amphotere Substanz, unlösl. in Wasser. **Wirk.**: breites fungistat. Spektrum; Bakterien, Viren u. fast alle Protozoen sind resistent; **Anw.**: Antimykotikum*, i. v.; HWZ 34 h bzw. 350 h (Metaboliten); **Tox.**: nephrotoxisch.

Ampicillin INN: Ampicillinum anhydricum Ph.Eur.; (2*S*,5*R*,6*R*)-6-[(*R*)-2-Amino-2-phenylacetamido]-3,3-dimethyl-7-oxo-4-thia-1-azabicyclo-[3.2.0]heptan-2-carbonsäure; CAS-Nr. 69-53-4, $C_{16}H_{19}N_3O_4S$, M_r 349.4; Schmp. ca. 200 °C (unter Zers.). Weißes, krist. Pulver; lösl. in 170 T. Wasser, fast unlösl. in Ethanol, Aceton, Chloroform, Ether; in 0.25 %iger Lsg. pH-Wert 3.5-5. **Wirk.**: Breitband-Antibiotikum der Penicillingruppe; nicht penicillinasefest; Wirkungsspektrum umfasst neben den gegen Benzylpenicillin empfindl., grampositiven Kokken auch Enterokokken, Listeria, Haemophilus influenzae, Salmonellen, Shigellen; vgl. Antibiotika (Tab.); **Anw.**: indiziert bei Haemophilus-, Enterokokken- u. Salmonelleninfektionen; aufgrund der hohen Resistenzrate der grampositiven Bakterien heute als Monopräparat selten; Kombinationen mit Clavulansäure* werden wegen der Penicillinasestabilität bevorzugt; **UAW:** Penicillinallergie; Kreuzresistenz mit anderen Penicillinen, Hauterscheinungen; **Dos.**: oral schlechte Resorption; 3-4 g/d, Kinder 0.1-0.15 g/kg KG/d; Dosissteigerung beim Erwachsenen bis 20 g mögl.; bei Nierenfunktionsstörungen Dosis reduzieren; intrathekal bei Meningitiden 10-20 mg, Kinder 1 × 5-10 mg/d; HWZ 1-2 h.

Ampicillinum trihydricum: Ph.Eur.; CAS-Nr. 7177-48-2; $C_{16}H_{19}N_3O_4S \cdot 3\,H_2O$, M_r 403.5; am häufigsten verwendetes Präparat.

Ampicillin-Natrium: Ampicillinum natricum Ph.Eur.; CAS-Nr. 69-52-3, $C_{16}H_{18}N_3NaO_4S$, M_r 371.4; weißes, hygroskop. Pulver, leicht lösl. in Wasser. Gebräuchl. ist auch das Kaliumsalz.

Amplifikation: (biol.) Vervielfältigung von Nucleinsäuren, Verfahren zur Erhöhung der Gendosis*. Ein Beispiel ist die Anfertigung von Kopien von Plasmiden* mit Hilfe von Antibiotika wie Chloramphenicol. Dadurch wird zwar die Replikation* der Chromosomen* verhindert, nicht aber die von Plasmiden.

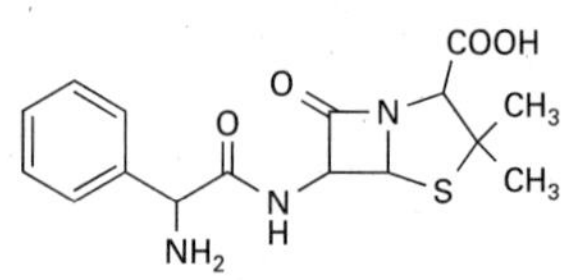

Ampicillin

Amplitude: Schwingungsweite; der Maximalwert der sich bei einer Schwingung period. verändernden Größe.

Amprenavir INN: (3*S*)-3-Tetrahydrofuryl *N*-[(1*S*,2*R*)-4-(4-aminophenylsulfonyl)-1-benzyl-2-hydroxy-6-methyl-4azaheptyl]-carbamat; CAS-Nr. 0161814-49-9; $C_{25}H_{35}N_3O_6S$, M_r 505.7. logP 4.2, pK_S 11.5; schwer lösl. in Wasser. **Wirk.**: kompetitiver HIV*-Proteasehemmer; **Anw.**: Kombinationsther. der HIV-Infektion; meist in Kombination mit anderen antiretroviralen Substanzen, da sonst rasche virale Resistenz auftritt; **UAW:** gastrointestinale Symptome, Hausausschläge, Parästhesie; **Dos.**: 2 × 1.2 g/d; HWZ 7.1-10.6 h.

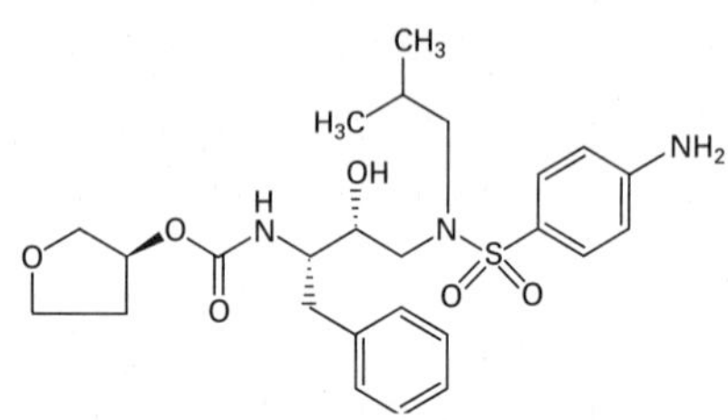

Amprenavir

Ampullen: Eindosisbehälter für Injektionspräparate (sterile Lösungen od. Pulver in sog. **Trockenampullen**) mit einem Volumen von meist 1-20 mL. Doppelspießampullen (s. Abb.) werden auch als **Trinkampullen** für Peroralia verwendet. Andere Formen sind die **Zylinderampullen*** u. die **Spritzampullen***. Für die Aufnahme von Infusionslösungen kommen Glasampullen zur Anw. (zweispießige Großampullen). **Herst.**: maschinell aus farblosem Röhrenglas. Dieses wird an der Unterseite plan zugeschmolzen (Boden) u. an der gegenüberliegenden Seite zu einem Spieß mit einer Einschnürung (Hals) ausgezogen. Je nach Abfüllmaschine werden A. mit offenem od. zugeschmolzenem Spieß (Aufbrennampullen) benötigt. Offene Leerampullen müssen vor dem Abfüllen u. Zuschmelzen gründl. gereinigt u. heißluftsterilisiert werden. Dieser Vorgang fällt bei Aufbrennampullen weg. Diese werden durch Aufschmelzen geöffnet, gefüllt, bei oxidationsempfindl. Inhalt gleichzeitig schutzbegast (CO_2 od. N_2) u. wieder zugeschmolzen. A. muss eine genügende Menge Zuber. enthalten, um die Applikation der deklarierten Menge zu ermöglichen (DAC: Prüfung von Einzeldosen-Behältnissen mit Injektionsflüssigkeiten auf ausreichende Füllung). **Qualität: 1.** Glas*: Nach Ph.Eur. dürfen für wässrige Injektionspräparate nur Glasart I u. Glasart II (oberflächenvergütete Glasart III), verwendet werden. Eine Ausnahme bilden flüss., nichtwässrigen Präparate u. Pulveres* parenterales (z.B. Gefriertrockenpräparate), die auch in Glasart III für den Einmalgebrauch abgefüllt werden können. Glasart I darf für alle Injektionspräparate wiederholt verwendet werden. Die nur einmal verwendbare Glasart II ist oberflächenvergütet (s. Gläser, vergütete). Hydrophobisierung ermöglicht eine fast vollständige Entnahme einer Flüssigkeit. Glasart II sollte auf neutrale od. schwach saure Lösungen beschränkt werden. Die geforderte hydrolyt. Resistenz wird nach Ph.Eur. ermittelt durch acidimetr. Bestimmung der an destilliertes Wasser beim Erhitzen (Autoklavieren bei 121 °C) abgegebenen Alkalimenge. Lichtschutz erreicht man durch Zusätze von Eisenoxiden, Mangan- od. Titanoxid, wobei Durchsichtigkeit verloren geht. Farbl. Veränderungen des Inhalts z. B. durch Zers. können nur in Klarglasampullen beobachtet werden. Daher ist es vielfach zweckmäßiger Lichtschutz durch Sekundärpackmittel (s. Behältnis) zu gewährleisten. **2.** Dichtigkeit: Zur Prüfung der A. werden diese unter Vakuum in eine Methylenblaulösung (Blaubad) eingetaucht. Undichte A. saugen nach Aufheben des Unterdrucks Methylenblaulösung an, die den Inhalt der A. verfärbt. Durch feinste Haarrisse im Ampullenglas kann u. U. keine Blaubadlösung eindringen. Deshalb sollte man bei der Herst. u. Abfüllung der A. besonders darauf achten, dass Spannungen im Glas als Ursache für die Rissbildung vermieden werden. **3.** Sterilität: Der Inhalt der A. ist auf Sterilität (Ph.Eur. mehrere Nährböden*, unterschiedl. Bruttemperaturen), ev. auf Fremdpartikeln u. Isotonie* zu prüfen. **4.** Pyrogene: Eine Prüfung ist nach Ph.Eur. nur dann verbindl., wenn die gefüllten A. als pyrogenfrei deklariert sind od. 15 mL u. mehr Inhalt aufweisen. **Handhabung:** Zum Öffnen der A. wurde früher deren Hals mit einer Ampullenfeile (Ampullensäge) angeritzt u. dann abgebrochen. **Brechringampullen** haben einen Brechring aus anorg. Salzen, die durch Einbrennen (Emaillierung) einer Spannung im Glas hervorrufen. Dies ermöglicht es, die A. ohne Anritzen zu brechen. **OPC-Ampullen,** one point cut-Ampullen, sind an der Verengung des Ampullenspießes bereits vorgeritzt. Sie werden durch einfaches Abbrechen des Spießes geöffnet. Dabei wird mit dem Daumen auf den roten Punkt am Ampullenspieß gedrückt. Es ist darauf zu achten, dass keine Glassplitter in die zu injizierende Lösung gelangen. Das ist insbes. von der Ausgangsqualität des verwendeten Glases abhängig.

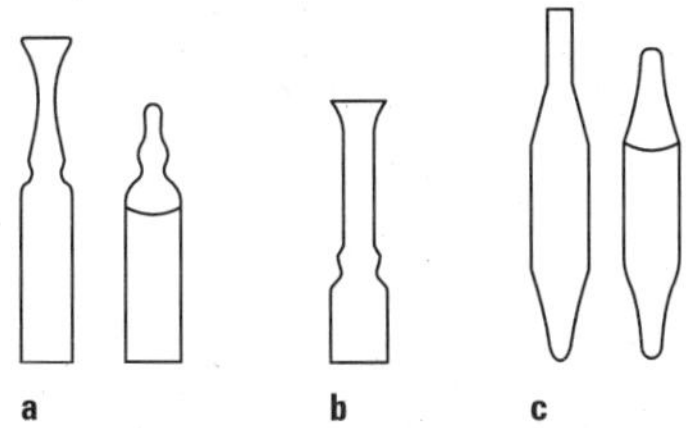

Ampulle: a: Normalform (Trichterampullen, offen u. geschlossen); b: Weithalsampulle (zur Pulverabfüllung); c: Doppelspießampullen

AMRadV: Abk. für Verordnung über radioaktive oder mit ionisierenden Strahlen behandelte Arzneimittel; das Verbot radioaktiver Arzneimittel* im deutschen Arzneimittelgesetz* wird durch die VO aufgehoben. Gemäß AMRadV besteht eine Zulassungspflicht für radioaktive Arzneimittel; die Herst. nach Rezeptur für Einzelfälle ist ausdrückl. untersagt.

Amrinon INN: 5-Amino-3,4'-bipyridin-6(1*H*)-on; CAS-Nr. 60719-84-8; $C_{10}H_9N_3O$, M_r 187.2. Schmp. 294-297 °C (unter Zers.). **Anw.:** Kardiotonikum; bei Herzinsuffizienz, die auf Herzglykoside od. Diuretika nicht anspricht (Anw. nur unter Aufsicht); HWZ 2.5-6 h.

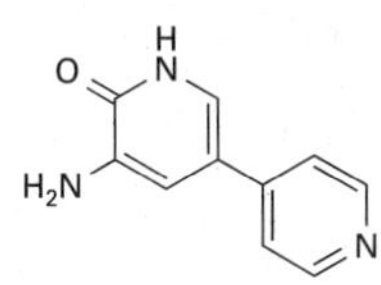

Amrinon

Amsacrin INNv: 4'-(9-Acridinylamino)-3'-methoxymethansulfonanilid; CAS-Nr. 51264-14-3; $C_{21}H_{19}N_3O_3S$, M_r 393.5. **Anw.:** Zytostatikum bei akuter Leukämie; **UAW:** Knochenmarkschädigungen, Leberfunktionsstörungen, Magen-Darm-Beschwerden. Verwendet wird auch Amsacrinhydrochlorid.

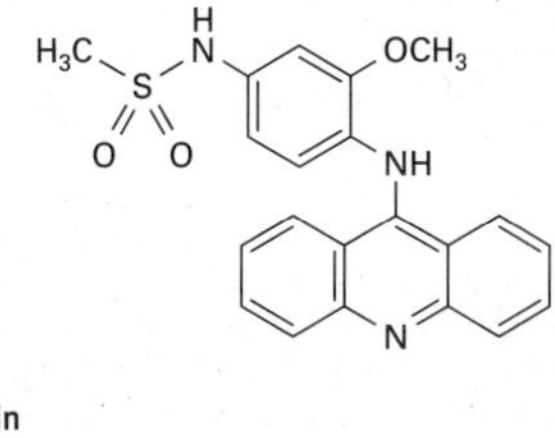

Amsacrin

Amselbeeren: s. Rhamnus catharticus.

Amsonat: chem. Kurzbez. für 4,4'-Diaminostilben-2,2'-disulfonat.

Amtsapotheker: s. Apothekenbesichtigung.

Amydricain: s. Alypinhydrochlorid.

A

Amygdalae amarae: s. Prunus dulcis.
Amygdalae dulces: s. Prunus dulcis.
Amygdalae oleum: s. Prunus dulcis.
Amygdalae virides: s. Pistacia vera.
Amygdalase: Enzym der bitteren Mandeln, s. Amygdalin.
Amygdalin: Amygdalinum, Amygdalosid, Mandelsäurenitrilgentiobiosid; CAS-Nr. 29883-15-6; Mandelsäurenitril-β-gentiobiosid$C_{20}H_{27}NO_{11} \cdot 3\,H_2O$, M_r 457.42. Schmp. 214-216 °C unter Zers. Strukturformel s. Cyanglykoside. Farb- u. geruchlose Kristalle, lösl. in Wasser, sehr leicht lösl. in sied. Wasser, sehr schwer lösl. in Ethanol, unlösl. in Ether. Cyanogenes Glykosid (Blausäureglykosid) in bitteren Mandeln (Prunus dulcis var. amara), Pfirsichkernen, Aprikosenkernen u. Samen anderer Rosaceae. **Vork.:** nat. in opt. aktiver (D- u. L-) u. in racemischer Form (Isoamygdalin). In Gegenwart von Wasser wird Amygdalin durch das Enzym Amygdalase in Glucose u. Mandelsäurenitrilglucosid zerlegt. Letzteres zerfällt unter dem Einfluss des Enzyms Prunase in Glucose u. Benzaldehydcyanhydrin* u. dieses durch Oxynitrilase in Bittermandelöl (Benzaldehyd*) u. Blausäure* (Reaktionsschema s. Cyanglykoside). Die drei Enzyme werden unter dem Sammelnamen Emulsin zusammengefasst. Darst. des Amygdalins durch Auskochen der Presskuchen der Kerne mit Ethanol. Med. nicht mehr verwendet; früher (USA) unter der Bez. Laetril in der Krebstherapie eingesetzt.
Amygdalosid: s. Amygdalin.
Amygdalus communis: s. Prunus dulcis.
Amyl-: Pentyl-; der Alkylrest C_5H_{11}.
Amylalkohol: Pentylalkohol, Gärungsamylalkohol, Alcohol amylicus; Pentanol; $C_5H_{11}OH$, M_r 88.15. D. 0.810-0.815. Sdp. 129-132 °C. Farblose unangenehm riechende, brennbare Flüssigkeit. **Vork.:** Nebenprodukt bei der alkohol. Gärung von Getreide u. Kartoffeln (aus dem Fuselöl, das durch anaeroben Aminosäure-Abbau entsteht). **Anw.** techn.: zur Herst. von Fruchtethern; in der Parfümerie als Lösungsmittel für Fette u. Öle. **Tertiärer Amylalkohol:** s. Amylenhydrat.
Amylasen: Diastasen; eine Gruppe weit verbreiteter Hydrolasen, die in Oligosacchariden (von Trisacchariden aufwärts) u. Polysacchariden, wie Stärke, Glykogen u. Dextrinen, die α-1,4-glykosidischen Bindungen spalten. Man unterscheidet zw. α-Amylase u. β-Amylase. Der Angriff der α-Amylase erfolgt im Inneren des Moleküls; sie ist daher eine Endoamylase. Durch ihre Wirk. entstehen zuerst Dextrine, die sekundär in Maltose, Glucose u. evt. verzweigte Oligosaccharide zerlegt werden. Sie kommt sowohl in Tieren (Speichel, Pankreas, Leber) als auch in Pflanzen vor. Die β-Amylase greift die Substrate vom nicht reduzierenden Kettenende an; man bezeichnet sie daher auch als Exoamylase. Es entstehen Maltoseeinheiten. Sie ist nur in Pflanzen zu finden.
Amylenhydrat: Amylenum hydratum, tertiärer Amylalkohol, Dimethylethylcarbinol; Ethyldimethylmethanol; $(CH_3)_2C(OH)-CH_2-CH_3$, M_r 88.2. D. 0.810. Sdp. 102 °C. Klare, farblose Flüss. von brennendem Geschmack u. fruchtartigem Geruch, brennbar; lösl. in Wasser; mit Ethanol, Ether, Chloroform, Glycerol u. fetten Ölen in jedem Verhältnis mischbar. **Off.:** ÖAB90 (bis 1996); **Anw.:** früher als Schlafmittel*, Antiepileptikum*; techn.: Lösungsmittel.
Amyli hydrolysati sirupus: s. Stärkesirup.
Amyli hydrolysati solutio: s. Stärkesirup.
Amylium aceticum: s. Isoamylacetat.
Amylium butyricum: s. Buttersäureisoamylester.
Amylium formicicum: s. Ameisensäureisoamylester.
Amylium nitrosum: s. Salpetrige Säure (Isoamylnitrit).
Amylium salicylicum: s. Salicylsäureisoamylester.
Amylium valerianicum: s. Isovaleriansäureisoamylester.
Amylnitrit: s. Salpetrige Säure (Isoamylnitrit).
Amylocainhydrochlorid: Benzoesäure-dimethylaminoisopropanolester-hydrochlorid; $C_{14}H_{21}NO_2 \cdot HCl$. Schmp. 175-178 °C. Weißes krist. bitter schmeckendes, polymorphes Pulver, leicht lösl. in Wasser u. absolutem Ethanol, unlösl. in Ether. **Anw.:** früher bei Infiltrations-* u. Spinalanästhesie* (kein Oberflächenanästhetikum).
Amylogen: s. Amylum solubile.
Amylo-1,6-Glucosidase: debranching enzyme; eine Endoglucosidase, die 1,6-glykosidische Bindungen an den Verzweigungsstellen von Glykogen u. Amylopektin spaltet.
Amyloid: **1.** (chem.) kolloidale Cellulose, die durch Wasser aus einer Lsg. von Cellulose in konz. Schwefelsäure gefällt wird (Herst. von Pergamentpapier; s. Pergament). **2.** (med. nach virchow) ein im Bindegewebe ausgefällter Eiweißkörper (Antikörperglobulin), der durch Lugol-Lsg. braun gefärbt wird, Umschlag in blau bei Zusatz von H_2SO_4; mit Kongorot ergibt A. rote Färbung.
Amyloidplaques: Proteinaggregate, die in Gehirnen von Alzheimer-Erkrankten eingelagert werden; s. Alzheimer-Krankheit.
Amylopektin: s. Amylum.
Amyloplasten: Art von Leukoplasten* (farblose Plastide) in der Pflanzenzelle; bilden aus Zucker Stärke; vgl. Amylum.
Amylose: s. Amylum.
Amylsalicylat: s. Salicylsäureisoamylester.
Amylum: (engl.) *starch*; Stärke, Stärkemehl; ein in unter- u. oberird. Nährgeweben (s. Amyloplasten) von höheren Pflanzen in Form von gekörnten Polysacchariden vorkommendes Assimilationsprodukt u. Reservesubstanz. Gewonnen aus Knollen, Rhizomen, Samen u. Stammgeweben durch wiederholte Auswasch-, Dekantier- u. Schleudervorgänge. A. ist ein uneinheitl. Polysaccharidgemisch aus ausschließl. α-glykosidisch verknüpften D-Glucose-Bausteinen der allg. Summenformel $(C_6H_{10}O_5)_n$, wobei n ca. 300-1000 u. größer sein kann. Stärke besteht aus Amylose (ca. 15-30 %) u. Amylopektin (ca.70-85 %). Amylose ist im Inneren der Stärkekörner eingelagert. Die äußere Hülle der Körner besteht aus Amylopektin. Die beiden Polysaccharide unterscheiden sich durch die Art ihres Molekülaufbaus sowie ihre Molekülgröße. **Off.:** Ph.Eur.4; Maydis amylum (Maisstärke), Oryzae amylum (Reisstärke), Solani amylum (Kartoffelstärke) u. Tritici amylum (Weizenstärke); **Größe der Stärkekörner** (u. mittlerer Durchmesser):

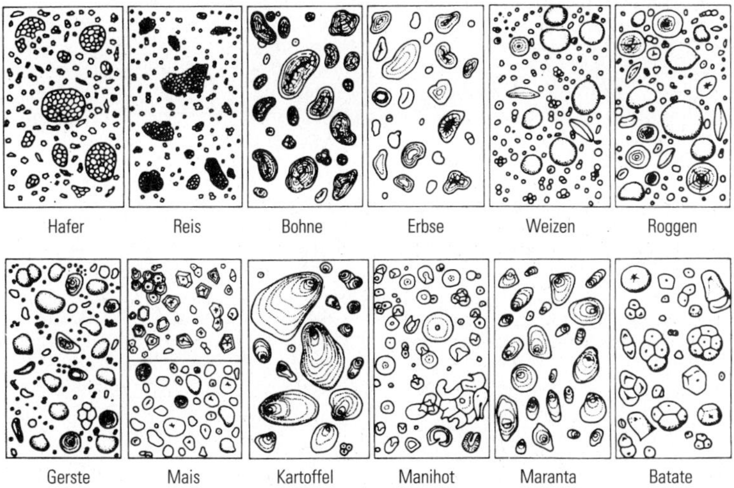

Amylum Abb. 1: Stärkekörner im mikroskopischen Bild [30]

Kartoffelstärke: 10-100 μm (35 μm); Weizenstärke: 2-45 μm (25 μm); Maisstärke: 2-32 μm (15 μm); Reisstärke: 2-10 μm (5 μm);

Eigenschaften: Amyla sind geruch- u. geschmacklose, feine, weiße Pulver, die beim Reiben zw. den Fingern knirschen. Die Arten unterscheiden sich im Mikroskop in Form u. Größe der Stärkekörner (s. Abb. 1) u. damit in ihrer pharmaz. Einsatzfähigkeit. Sie sind prakt. unlösl. in org. Lösungsmitteln u. in kaltem Wasser. In Wasser quellen sie mit einer Volumenzunahme von ca. 20-100 % auf (begrenzte Quellung). Oberhalb der sog. Verkleisterungstemperatur (64-77 °C je nach Art) bildet eine ca. 2 %ige wässrige Aufschwemmung nach der Quellung eine viskose kolloidale Lösung (unbegrenzte Quellung) u. nach dem Abkühlen einen weißen Kleister (Gel), der mit Iodlösung eine tiefblaue Färbung ergibt. Die Farbe nimmt über 50 °C rasch an Intensität ab, verstärkt sich aber wieder beim Abkühlen. Die Verkleisterungstemperatur liegt bei Anwesenheit von Glycerol u. Polyolen höher. D. 1.50 mL/g (Mais u. Weizen), Schüttvolumen 2.0-2.1 mL/g (Mais), Stampfvolumen 1.45-1.55 mL/g (Mais); Wassergehalt lufttrockener Stärke: 10–15 %, in feuchter Atmosphäre bis zu 30 % u. mehr; das eingelagerte Wasser wird erst bei 125-130 °C vollständig abgegeben, dabei verlieren die Stärkekörner ihre charakterist. Struktur u. ihren kristallinen Charakter (Sphärokristalle, dunkles Kreuz im polarisierten Licht); Stärke zeigt Retrogradation*; Stärken sind auf Abwesenheit von Verunreinigungen (mikrobielle u. Säurerückstände vom Lösen des Eiweißanteiles, Ausnahme: Kartoffelstärke) u. deformierte, beschädigte Körnern zu prüfen.

Amylose (Abb. 2) besteht aus langen, unverzweigten Kettenmolekülen (M_r ca. 50 000-200 000), die aus D-Glucopyranose-Einheiten (300-1000) in α-1,4-glykosid. Bindung aufgebaut sind u. an einem Ende eine reduzierende (aldehydische) Gruppe enthalten. Amylose ist in hydratisiertem Zustand helixartig angeordnet. In entwässertem Zustand ist das Molekül geknäuelt. Durch die axiale Stellung der OH-Gruppe am C1 u. ihre äquatoriale Stellung am C4 der D-Glucopyranose ist eine fadenförmige Ausrichtung (charakterist.

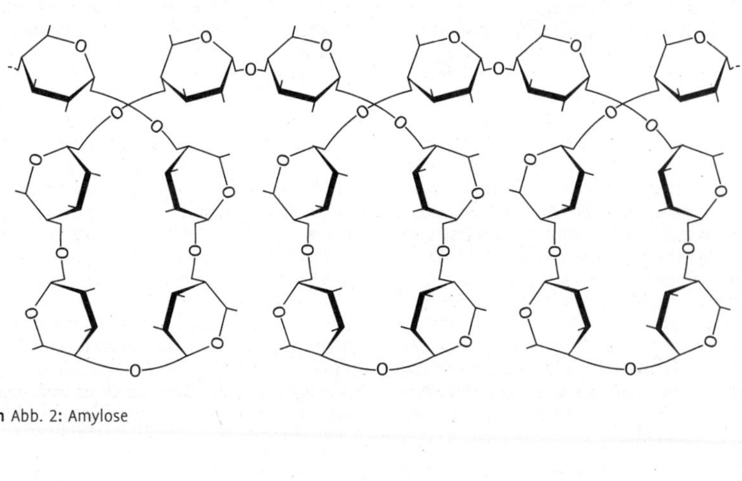

Amylum Abb. 2: Amylose

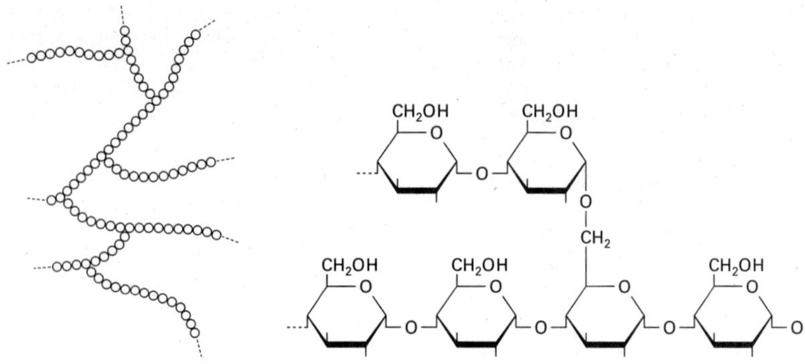

Amylum Abb. 3: Amylopektin

für die 1,4-β-glykosid. Bindung der Cellulose*) ausgeschlossen. Die spiralige Struktur mit 6 Glucosemolekülen pro Windung umschließt einen kanalartigen freien Raum (Durchmesser 0.6 nm), in den sich passende Moleküle (z. B. Iod) einlagern können (Einschlussverbindung). Iod (aus Iodwasser od. Iod-Iodkaliumlsg.) wird in linearen Ketten mit einem I-I-Abstand von 0.31 nm eingeschlossen u. ergibt durch Lockerung seiner Elektronensysteme eine intensive Blaufärbung. Der Abstand der Iodatome im Iodmolekül beträgt normalerweise 0.27 nm. Amylose quillt in kaltem Wasser u. bildet mit heißem Wasser eine kolloidale (nicht kleisterige) Lösung.

Amylopektin (s. Abb. 3) liegt im Ggs. zur Amylose in Form von weitverzweigten Molekülen (M_r ca. 100 000-1 000 000) vor, die aus vielen linearen Einzelgliedern von 20-30 Glucose-Einheiten in α-1,4-glykosid. Bindung bestehen; diese linearen Einzelglieder sind durch α-1,6- (seltener 1,3-) Verzweigungsstellen miteinander verknüpft. Amylopektin ist mit Wasser erst oberhalb der Verkleisterungstemperatur quellfähig u. verkleistert. Das Quellvermögen der Stärken ist von der Struktur u. vom Anteil des verzweigten Amylopektins abhängig. Amylopektin gibt mit Iodlösung eine rotviolette Verfärbung.

Anw.: **1.** Tablettieren: in Pulverform als Füllmittel, Sprengmittel (wegen hohen Quellungsdrucks u. begrenzter Quellbarkeit) u. Feuchthaltemittel, in trockener Form als Fließregulierungsmittel* u. Formentrennmittel*; Reisstärke spielt aufgrund ihrer Feinheit eine untergeordnete Rolle. **2.** Granulieren*: als Bindemittel in Form eines 10-25 %igen Kleisters bei Knetgranulation od. 8 %ig zum Sprühgranulieren; **3.** Puderbestandteil: wegen des großen Wasseraufnahmevermögens (s. Aufsaugvermögen von Pulvern, Enslinzahl) u. der Kühl- u. Gleitwirkung. Reisstärke wird wegen ihres Feinheitsgrades u. der engen Kornverteilung bevorzugt. Unbehandelte Stärke wird wegen ihrer Anfälligkeit gegenüber Mikroorganismen im Milieu der Haut immer mehr verdrängt durch nicht mehr quell- u. verkleisterungsfähige Stärkederivate (s. ANM-Pudergrundlage, absorbable dusting powder), die resorbierbar u. sterilisierbar sind. **4.** Grundlage für Salben (Salbengele, Hydrogele, Schleimsalben): in Form eines Kleisters als konsistenzgebendes Mittel für Glycerolsalben; **5.** Auflockerungsmittel für Pasten mit lipophilem Dispersionsmittel (Paraffinkohlenwasserstoffe, Fette); **6.** Grundstoff für die Herst. von Stärkekapseln (s. Capsulae), bevorzugt Weizenstärke; **7.** Diätetikum u. Mucilaginosum; **8.** Ausgangsstoff für die Gew. von Stärkehydrolysaten (Glucose, Dextrine, Maltose, Oligosaccharide), s. Amylum solubile, Maltodextrin; **9.** Ausgangsstoff für die Herst. bes. präparierter Stärken geeignet für die Direkttablettierung*; z. B. gelatinierte Stärke, eine gequollene u. teilweise gelöste Maisstärke, die wieder getrocknet wurde (3 min in siedendem Wasser erhitzt, danach bei 120 °C getrocknet u. durch ein Sieb fein zerteilt); **10.** Ausgangsmaterial für weitere Hilfsstoffe, z. B. Natriumcarboxymethylstärke*, Natriumcarboxymethylamylopektin, die ähnl. Eigenschaften wie Carboxymethylcellulose*-Natrium haben, jedoch im Gelbidlungsvermögen überlegen sind. Verw. als Hydrogelbildner, Stabilisator für Emulsionen u. Suspensionen, in Pulverform Zerfallsbeschleuniger in Tabletten, lösl. in Wasser u. verd. Ethanol; als Granulierflüssigkeiten. **Stärkekleister:** Zur Herst. wird Stärke (meist 10 %) in kaltem Wasser klumpenfrei suspendiert u. unter Rühren durch Erwärmen auf die erforderl. Temp. gelöst. Beim Abkühlen bildet sich ein durchscheinendes Gel.

Amylum Ari: s. Dracunculus vulgaris.

Amylum Avenae: Haferstärke aus den Früchten des Hafers, Avena* sativa L., Fam. Poaceae (Gramineae). Rein selten, meist als Hafermehl (Farina Avenae); vgl. Amylum (Abb. 1).

Amylum Batatae: Batatenstärke, Brasilianisches Arrowroot; Stärke aus den Knollen der Batate od. Süßkartoffel (Ipomoea* batatas (L.) Poir), Fam. Convolvulaceae (Zentral- u. Südamerika, bes. in subtrop. Gebieten angebaut); vgl. Amylum (Abb. 1).

Amylum Bulbi Coronae imperialis: s. Fritillaria imperialis.

Amylum Cannae: Cannastärke, Queensland-Arrowroot, Neu-Südwales-Arrowroot, Afrikanisches

Arrowroot, Tolomanstärke; Stärke aus den Rhizomen versch. Canna-Arten, Fam. Cannaceae (Blumenrohrgewächse), bes. von Canna indica L. (trop. Zentralamerika, Westindien, Südbrasilien, Peru, Chile) u. Canna* edulis Ker-Gawl (trop. Südamerika, Westindien).

Amylum Curcumae: Kurkumastärke, Ostindisches Arrowroot; Stärke aus dem Rhizom von Curcuma* angustifolia Roxb., Curcuma rubescens u. a. Curcuma-Arten, Fam. Zingiberaceae (Indien).

Amylum Fritillariae: s. Fritillaria imperialis.

Amylum Hordei: Gerstenstärke; Stärke aus den Früchten von Hordeum* vulgare L. Fam. Poaceae (Gramineae) (Europa); vgl. Amylum (Abb. 1).

Amylum iodatum: Iodstärke. **Herst.** (nach Dietrich): Man löst 2 T. Iod in 75 T. Ether, mischt diese Lsg. mit 100 T. Weizenstärke u. trocknet. In dunklen Standgefäßen aufzubewahren.

Amylum Lentis: Linsenstärke; aus den Samen von Lens* culinaris.

Amylum Manihot: Manihotstärke, Tapiokastärke, Kassavamehl, Mandiokastärke, Bahia-Arrowroot, Brasilianisches Arrowroot; Stärke aus den Wurzelknollen von Manihot* esculenta, Fam. Euphorbiaceae (in allen Tropenländern angebaut); vgl. Amylum (Abb. 1). Vor Verw. der Wurzelknollen zu Ernährungszwecken muss das cyanogene Glykosid durch Kochen (Rösten) zerstört werden.

Amylum Marantae: Marantastärke, Pfeilwurzelmehl, Maranta-Arrowroot, Westindisches Arrowroot; Stärke aus dem Rhizom von Maranta* arundinacea; das eigentl. Arrowroot der versch. Arzneibücher; vgl. Amylum (Abb. 1).

Amylum Maydis: Maydis amylum Ph.Eur.4, (engl.) *starch*; Maisstärke; Stärke aus dem Endosperm der Früchte von Zea mays L., Fam. Poaceae (Gramineae); vgl. Amylum (Abb. 1).

Amylum Musae: Bananenstärke; Stärke aus dem Fruchtfleisch von Musa paradisica L., Banane, Fam. Musaceae (Tropen).

Amylum non mucilaginosum: s. ANM-Pudergrundlage.

Amylum Oryzae: Oryzae amylum Ph.Eur.4, Reisstärke; Stärke aus dem Endosperm der Früchte von Oryza* sativa L. Fam. Poaceae (Gramineae) (Südasien u. alle trop. Länder); vgl. Amylum (Abb. 1).

Amylum Phaseoli: Bohnenstärke; Stärke aus den Samen von Phaseolus* vulgaris L., Fam. Fabaceae (Leguminosae) (heim. Südamerika, kult. in Europa); vgl. Amylum (Abb. 1).

Amylum Pisi: Erbsenstärke; Stärke aus den Samen von Pisum* sativum; vgl. Amylum (Abb. 1).

Amylum pregelificatum Ph.Eur.: vorverkleisterte Stärke, hergestellt aus Stärke (außer Weizenstärke) durch Quetschen (Walzenkompaktierung) in Gegenwart von Wasser mit od. ohne Anw. von Hitze, wobei alle od. ein Teil der Stärkekörner platzen, u. anschließendes Trocknen. A. p. enthält keine Zusätze, u. U. werden die Eigenschaften modifiziert, um ein kompaktierbares u. fließfähigeres Produkt zu erhalten. Weißl. Pulver; in kaltem Wasser quellbar. Dispergiert im Glycerol-Wassergemisch (50/50) unter dem Mikroskop unregelmäßige, lichtdurchlässige, weiße Partikel mit unebener Oberfläche. Stärkekörner können im polarisierten Licht erkannt werden; mit Iod-Lösung rötl. violette bis blaue Färbung. Trocknungsverlust max. 15.0 % (90 min bei 130 °C). Die Stärkeart zur Herstellung von A. p. ist anzugeben. Keimzahl max. 10^3 Bakterien u. 10^2 Pilze je Gramm Substanz (Auszählen auf Agarplatten). Escherichia coli darf nicht vorhanden sein. **Anw.:** Herstellung von Klebstoffgranulaten als 10-25 %iger wässriger Schleim; direkt tablettierbares Stärkeprodukt; als alleiniges Trockenbindemittel entstehen unzureichend feste Tabletten mit relativ hoher Friabilität.

Amylum Sagi: Sagostärke, Sago, Perlsago, Palmenstärke; Stärke aus dem Grundparenchym des Stammes von Metroxylon* sagu u. Metroxylon laeve (Sagus laevis), Sagopalme. **Anw.:** Nähr- u. Genussmittel. M. laeve u. andere M.-Arten liefern ebenfalls Sago.

Amylum Secalis: Roggenstärke; Stärke aus den Früchten von Secale cereale L., Roggen, Fam. Poaceae (Gramineae); vgl. Amylum (Abb. 1).

Amylum Solani: Solani amylum Ph.Eur.4, Kartoffelstärke, Kartoffelmehl; Stärke aus den Knollen von Solanum* tuberosum L., Fam. Solanaceae (heim. Südamerika, Anden, kult. in allen Ländern der gemäßigten Zone). Der durch Trocknen bei 100 °C festgestellte Wassergeh. soll nicht mehr als 20 % betragen; vgl. Amylum (Abb. 1).

Amylum solubile: Amylogen, lösl. Stärke, Lintner Stärke; entsteht aus gewöhnl. Stärke durch längeres Kochen mit Wasser od. durch Einw. von verd. Säuren od. Alkalilaugen. A. s. löst sich klar in siedendem Wasser u. gibt mit Iodiodkaliumlsg. Blaufärbung. In versch. Arzneibüchern als Reagens enthalten.

Amylum Tritici: Tritici amylum Ph.Eur.4, Weizenstärke; Stärke aus dem Endosperm der Früchte von Triticum* aestivum L. emend. Fiori et Paol. (Triticum sativum Lam.), Weizen, Fam. Poaceae (Gramineae); vgl. Amylum (Abb. 1).

Amylvalerianat: s. Isovaleriansäureisoamylester.

Amyrin: $C_{30}H_{49}OH$; M_r 426.73; Schmp. 186 °C od. 200 °C (α- bzw. β-Isomeres); Triterpenalkohol. Das Kohlenwasserstoffgerüst von α-Amyrin(Urs-12-en-3β-ol) ist 5-α-Ursan u. das von β-Amyrin(Olean-12-en-3β-ol) ist 5-α-Olean; Strukturformeln s. Saponine. Best. des Elemiharzes, s. Canarium luzonicum; ferner frei, verestert u. als Aglyka von Triterpensaponinen in vielen Pfl., bes. häufig im Milchsaft, z. B. auch von Taraxacum* officinale u. Marsdenia* condurango.

Amytal: s. Amobarbital.

-an: s. Alkane.

ana: Abk. aa; zu gleichen Teilen (auf Rezepten).

Anabasin: s. Nicotiana tabacum.

anabol: zum Aufbaustoffwechsel gehörig; vgl. katabol.

Anabolika: aufbauende Substanzen, die eine pos. Stickstoffbilanz erzielen u. Wachstumsprozesse beschleunigen (Längenwachstum, Körpergewicht etc.). **1.** Anabolika i. e. S.: von Androgenen abgeleitete, anabole Steroide (s. Hormone, Androgene), z. B. Nandrolon*, Stanozolol*, Clostebolacetat u. Metenolonacetat. Gegenüber den androgenen überwiegen die anabolen Eigenschaften; **2.** Betasympathomimetika (s. Sympathomimetika); **3.** Aromatasehemmer*; **Anw.:** konsumierende Erkrankungen, Osteoporose, aplast. Anämie, chron. Leber- u. Nierenerkrankungen, Multiple Sklerose; mißbräuchl. zur Steigerung der körperl. Leistungsfähigkeit bei Sportlern, vgl. Doping; **UAW:** beruhen auf dem androgenen Effekt; Virilisierung bei der Frau, Störung der Spermatogenese beim Mann, Leberfunktionsstörungen, frühzeitiger Epiphysenschluss u. Kleinwuchs bei Kindern.

Anabolismus: Aufbau(stoffwechsel); s. Stoffwechsel; Gegenteil von Katabolismus*.

Anacamptis pyramidalis (L.) L.C. Rich.: Spitzorchis, Hundswurz; Fam. Orchidaceae (Europa, N-Afrika); eine der Stpfl. von Tubera Salep, s. Orchis morio.

Anacardiaceae: Sumachgewächse, Pistaziengewächse; Fam. der Od. Rutales; ca. 600 Arten, hauptsächl. trop. u. subtropische Holzgewächse (darunter Obstbäume) mit wechselständigen, einfachen, gefiederten od. gefingerten Blättern. Meist kleine Blüten in Rispen, Steinfrüchte. **Chem. Merkmale:** Gerbstoffe; schizolysigene Exkretgänge mit äther. Öl (hauptsächl. mit Monoterpenen) od. gummiartigen Balsamen, in manchen Fällen auch Milchsaft mit eiweißartigen Kristallen. **Wichtige Gattungen:** z. B. Schinus*, Semecarpus*, Toxicodendron*.

Anacardium: s. Semecarpus anacardium.

Anacardium occidentale L.: Acajoubaum, Nierenbaum; Fam. Anacardiaceae (Westindien, Brasilien, kult. in den Tropen). Stpfl. von **Fructus Anacardii occidentalis:** Nuces Acajou, Westindische Elefantenläuse, Kaschunüsse, Akajounüsse. **Inhaltsst.:** Cardol, Anacardsäure* (wird in der Wärme in Cardanol u. Anacardol umgesetzt), fettes Öl (wird auch als Speiseöl verwendet), Harz; **Anw.** volkstüml.: äußerl. bei Zahnschmerzen, als Hautreizmittel; vgl. Semecarpus anacardium.

Anacardsäure: *o*-Pentadecadienylsalicylsäure; $C_{22}H_{32}O_3$; Inhaltsst. der Früchte (u. Samen) von Anacardium* occidentale u. Semecarpus* anacardium.

Anacidität: Inacidität; Fehlen von freier Salzsäure im Magensaft*. **Vork.:** z. B. bei zahlreichen chron. Magenkrankheiten u. perniziöser Anämie, s. Hormone (Cyanocobalamin) ; vgl. Acidität.

Anacyclus pyrethrum (L.) Link: Anthemis pyrethrum, Römischer Bertram; Fam. Asteraceae (Compositae) (Südl. Mittelmeergebiet, Marokko bis Arabien). Stpfl. von **Radix Pyrethri romani:** Römische Bertramwurzel, Franzosenwurzel. **Inhaltsst.:** Alkamide, Lignane, äther. Öl, Harz, Inulin; **Anw.** volkstüml.: z. B. bei Zahnschmerzen, Kaumittel (zur Anregung des Speichelflusses).

Anacyclus x officinarum Hayne: Deutscher Bertram; Fam. Asteraceae (Compositae) (Mittelmeergebiet). Stpfl. von **Radix Pyrethri germanici:** Pyrethrumwurzel, Deutsche Bertramwurzel. **Inhaltsst.:** Pyrethrine, Inulin, äther. Öl, Harz; **Anw.** volkstüml.: z. B. bei Erkrankungen des rheumat. Formenkreises, Zahnschmerzen.
Hom: *Pyrethrum:* getrocknete Wurzel.

Anadenanthera-Arten: s. Piptadenia peregrina.

Anaemia perniciosa: syn. Morbus Biermer, Vitamin-B_{12}-Mangelanämie, perniziöse Anämie; megaloblastäre Anämie* als häufigste Folge eines Mangels an Vitamin B_{12}, die u. a. zu gastrointestinalen Beschwerden u. neurol. Symptomen führt.

Anämie: Anaemia, Blutarmut; Verminderung der Zahl der Erythrozyten*, der Konz. des Hämoglobins* u./od. des Hämatokrit* unter die altersentsprechenden u. geschlechtsspezif. Referenzwerte. **Einteilung nach Morphologie u. Hämoglobingehalt:** mikro-, normo- od. makrozytär, hypo-, normo- od. hyperchrom; **Einteilung nach der Pathogenese:** **1.** A. durch übermäßigen Blutverlust: akute od. chron. Blutungsanämie; **2.** A. durch verminderte od. ineffektive Erythropoese*; z. B. Mangel an Eisen, Vitamin B_{12} od. Folsäure.

anaerob (gr. aer Luft; bios Leben): ohne Sauerstoff lebend.

Anaeroben-Brutschrank: s. Brutschrank.

Anaerobier: Bez. für Bakterienarten, die ausschl. in Abwesenheit von Sauerstoff (obligate A.) wachsen können; die Energiegewinnung erfolgt durch Gärung. Fakultative A. sind sowohl unter Sauerstoffabschluss als auch in dessen Gegenwart lebensfähig; Sauerstoff wird über Flavoenzyme als Elektronenakzeptor verwendet. Vgl. Aerobier.

Anaerobier-Serum: veraltete Bez. für Heilserum, das Antikörper* gegen Erkrankungen enthält, die durch anaerobe Bakt., v. a. der Gattung Clostridium*, verursacht werden. **Beispiele:** Botulismus*-Antitoxin, Tetanus*-Serum.

Anästhesie: völlige Unempfindlichkeit gegen Schmerz-, Temperatur- u. Berührungsreize. **1.** als erwünschtes Ergebnis einer Narkose*, Regionalanästhesie* od. Lokalanästhesie*; **2.** infolge einer Störung des peripheren od. zentralen Nervensystems*.

Anästhetika: Mittel zur Erzeugung einer Anästhesie*. Dazu gehören Narkotika* u. Lokalanästhetika*.

Anagallis arvensis L.: Gauchheil, Ackergauchheil; Fam. Primulaceae (Kosmopolit). Stpfl. von **Herba Anagallidis arvensis:** Gauchheilkraut. **Inhaltsst.:** Saponine, Cucurbitacine, Gerbstoffe, Bitterstoff; **Anw.** volkstüml.: z. B. bei schmerzhaften Erkrankungen der Leber u. Niere, schlecht heilenden Wunden; in der ayurvedischen Medizin bei Menstruationsstörungen; in Taiwan bei Schlangenbissen.
Hom: *Anagallis arvensis (HAB1.5):* frische, blühende Pflanze; verord. z. B. bei Hautausschlägen, Erkrankungen des rheumatischen Formenkreises.

Anagyrin: Chinolizidinalkaloid aus Cytisus* scoparius.

Anagyris foetida L.: Stinkstrauch; Fam. Fabaceae (Leguminosae) (Mittelmeergebiet). Stpfl. von **Herba Anagyris:** Stinkstrauch. **Anw.:** Emetikum, Abführmittel. **Semen Anagyris:** Stinkstrauchsamen. **Anw.** volkstüml.: Emetikum, Abführmittel.

Anakinra INN: CAS-Nr. 143090-92-0; $C_{759}H_{1186}N_{208}O_{232}S_{10}$, M_r 17 260.1. **Wirk.:** Interleukin*-1-Rezeptorantagonist; **Anw.:** symptomat. Behandlung der rheumatoiden Arthritis in Kombination mit Methotrexat*; **UAW:** häufig Reaktionen an der Einstichstelle (Erythem, Entzündung, Schmerzen); **Dos.:** 1 × 100 mg/d s. c.; HWZ 4–6 h.

Anakusis: Taubheit.

anal: zum Anus gehörend, den After betreffend.

Analeptika: Substanzen, die direkt od. reflektor. bestimmte Funktionszentren wie Atem- od. Vasomotorenzentrum des ZNS stimulieren. **1. zentrale A.:** besitzen keine peripheren Wirkungen. Aufgrund ihrer atmungs- u. kreislaufanregenden Wirk. können sie in niederer Dos. als Antidot bei Schlafmittelvergiftungen u. Opiatüberdos. angewendet werden. In höheren Dosen wirken sie als Krampfgifte (s. Konvulsiva). **Wirkstoffe:** z. B. Sympathomimetika* u. Opiatantagonisten*. Strychnin*, Picrotoxin* u. Bemegrid* haben wegen der geringen Spanne zwischen analept. u. konvulsiver Wirkung u. ihrer zu kurzen Wirkungsdauer ihre ursprüngl. Bedeutung als A. verloren. Pentetrazol*, Nicethamid*, Etamivan*, Crotetamid*, Doxapram* u. Amiphenazol* besitzen noch eine gewisse Bedeutung bei Narkosen (Unterstützung u. Stimulierung der Atemtätigkeit) od. bei hypotonen Zuständen. Reflektor. wirken Lobelin* u. Campher* (obsolet); **2. Psychoanaleptika:** stimulieren psych. Funktionen u. führen durch peripheren Angriff zu einer Kreislaufwirkung z. B. Coffein*, Weckamine*, Pemolin*; s. Psychopharmaka (Psychostimulanzien).

Analgesie (gr. analgesia Gefühllosigkeit): Aufhebung der Schmerzempfindung. A. kann durch Medikamente (Analgetika) od. durch Schädigung sensibler Leitungsbahnen des zentralen od. peripheren Nervensystems hervorgerufen werden.

Analgetika: schmerzstillende Mittel; Stoffe, die die Schmerzempfindung zentral od. peripher aufheben od. dämpfen, ohne das Bewußtsein auszuschalten. Man unterscheidet schwache u. starke Analgetika: **I. schwache A.:** syn. periphere A.; werden geg. Schmerzen mit weniger schwerwiegenden Ursachen eingesetzt. Sie können neben der analget. auch antipyret. und/oder antiphlogist. Eigenschaften besitzen. Die antiphlogist. wirkenden schwachen A. werden auch als nichtsteroidale Antirheumatika (Abk.: NSA, NSAR, NSAID) bezeichnet u. verwendet, Ausnahme Anilinderivate, wobei sie eine rein symptomat. Wirkung haben. Schwache A. greifen in die Biosynthese der Prostaglandine* ein. Durch Hemmung der Cyclooxygenase* (s. Eicosanoide) wird die Bildung von cycl. Endoperoxiden, Prostaglandinen (PGE_2, $PGF_{2\alpha}$), Thromboxan-A_2 u. Prostacyclin* aus ungesättigten C_{20}-Fettsäuren (z. B. Arachidonsäure) unterbunden. Vermutl. basiert die Wirksamkeit der schwachen A. auf der verminderten Produktion an Prostaglandinen, die wesentl. an der Entstehung von Schmerz*, Fieber* u. Entzündungen* beteiligt sind. Darüber hinaus kommt es zu WW mit anderen Enzymsystemen u. Mediatorstoffen. Einige schwache A. werden wegen der hemmenden Wirk. auf die Thromboxan-A_2-Synthese als Thrombozytenaggregationshemmer* verwendet. Die wichtigsten Vertreter stammen aus den folgenden **Verbindungsklassen:** **1.** Anilinderivate: 4-Aminophenolderivate; nicht antiphlogist. wirksam, z. B. Paracetamol, früher Phenacetin; **2.** Anthranilsäure-Derivate: Fenamate; z. B. Flufenaminsäure, Mefenaminsäure, Meclofenaminsäure, Nifluminsäure; **3.** Phenylalkylsäure-Derivate: **a)** Arylessig- u. Heteroarylessigsäure-Derivate, z. B. Acemetacin, Indometacin, Sulindac, Diclofenac*, Felbinac, Ketorolac; **b)** 2-Aryl- od. 2-Heteroarylpropionsäure-Derivate: Profene; z. B. Carprofen*, Fenoprofen*, Flurbiprofen*, Ibuprofen*, Indoprofen*, Ketoprofen*, Naproxen*, Pirprofen*, Tiaprofensäure*. Ähnl. ist Fenbufen*; Strukturformeln s. Abb.; **4.** Oxicame: z. B. Chlorotenoxicam*, Tenoxicam*, Isoxicam*, Piroxicam*, Meloxicam*; **5.** Pyrazolderivate: **a)** Pyrazolinonderivate, z. B. Phenazon*, Propyphenazon, Metamizol*, 4-Isopropylaminophenazon; **b)** Pyrazolidindionderivate, z. B. Phenylbutazon*, Mofebutazon, Oxyphenbutazon, Azapropazon; **6.** Salicylsäurederivate: Acetylsalicylsäure*, Salicylamid, Salacetamid, Ethenzamid, Diflunisal, Olsalazin, Salazosulfapyridin.

II. starke A.: zentrale A., narkot. A., opioide A., Opioidanalgetika, Narkoanalgetika, Hypnoanalgetika; Mittel der Wahl bei schweren od. schwersten postoperativen Schmerzen, od. wenn die Ursache der intensiven Schmerzen nicht mehr zu beseitigen ist, wie z. B. bei Tumorschmerzen. Dabei wird

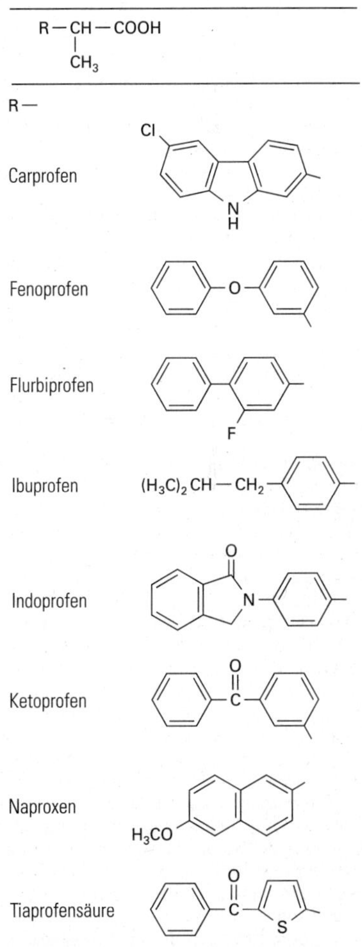

Analgetika: einige Phenylalkylsäurederivate (Phenylpropionsäurederivate, Profene)

die euphorisierende u. beruhigende Wirk. von Morphin u. seinen pharmakolog. Verwandten bei Patienten in Todesangst od. sterbenden Patienten eingesetzt. Die klass. starken A. (z.B. Morphin, Pethidin, Methadon) sind reine Opiatagonisten an den Opioidrezeptoren*, die sich in vielen Schaltstellen der Schmerzbahnen befinden, u. die physiolog. Funktion der endogenen Opioidpeptide* (vgl. Opiatwirkungen) imitieren. Agonistisch-antagonist. wirkende Verb. mit vorwiegend agonist. Wirkkomponente (z.B. Nalbuphin, Buprenorphin, Pentazocin) werden als A. eingesetzt. Diese Stoffe wurden mit dem Ziel entwickelt, stark wirksame A. ohne Suchtpotential zu erhalten. Diese Erwartung konnte bisher nicht erfüllt werden. Aufgrund der großen Gefahr einer psych. u. phys. Abhängigkeit u. Toleranzentwicklung sowie weiterer schwerwiegender UAW sollten starke A. – außer in Fällen, bei denen mit keiner Heilung mehr gerechnet werden kann – möglichst nur kurzfristig u. niedrig dosiert angewandt werden. Das Suchtpotential steigt mit der Lipophilie der Opiate, da diese schnell die Blut-Hirn-Schranke überwinden u. aufgrund der schnellen Anflutung zur Euphorisierung führen. Eine weitere Möglichkeit zur Reduktion von Konzentrationsspitzen ist die Entwicklung von Retardpräparaten. Wegen der dämpfenden Wirk. auf das Hustenzentrum werden sie z.T. auch als Antitussiva verwendet, z.B. Codein, Normethadon. Einteilung der starken A. nach ihrer chem. Struktur: **1.** Morphinderivate (Morphin, Codein, Ethylmorphin); **2.** Dihydromorphinderivate (Hydromorphon, Oxycodon); **3.** Morphinanderivate (Levorphanol); **4.** Benzomorphangruppe (Benzazoin-Derivate, z.B. Pentazocin); **5.** Pethidingruppe (Pethidin, Ketobemidon); **6.** Methadongruppe (Levomethadon, Dextropropoxyphen); **7.** Derivate von Phenylaminocyclohexan od. ähnl. Strukturen (Tilidin, Tramadol, Fentanyl, Remifentanil, Alfentanil, Sufentanil). Vgl. Opiate.

analgophore Gruppe: s. Opiate.

anallergisch: keine Allergie erzeugend.

Analogpräparate: s. Generika.

Analysator: s. Polarisator.

Analyse: Untersuchung, Zerlegung. **A., chemische:** s. Chemie, analytische; vgl. Analyse, enzymatische.

Analyse, enzymatische: **1.** Bestimmung von Enzymaktivitäten* mit standardisierten Substratlösungen, z.B. Bestimmung der Aktivität von Transaminasen* (GOT, GPT) bei Herz- u. Lebererkrankungen. **2.** Bestimmung von Substanzen (Substraten) mit Hilfe von Enzymen. Vorteile der e. A. sind die große Spezifität u. die Möglichkeit der Erfassung geringster Substanzmengen. **Anw.:** z.B. Sequenzanalyse von Nucleinsäuren u. Peptiden, Lebensmitteluntersuchungen, Enzymdiagnostik*, Bestimmung des Blutalkohols; s. ADH-Methode.

Analyse, modellunabhängige : s. Momentanalyse.

Anamirta cocculus (L.) Wight et Arn.: Anamirta paniculata, Scheinmyrte; Fam. Menispermaceae (ind.-malay. Gebiet). Stpfl. von **Fructus Cocculi:** Semen Cocculi indici, Kokkelskörner, Coccelskörner, Fischkörner. **Inhaltsst.:** 0.6-5% Picrotoxin*, ein Gem. aus Picrotin u. Picrotoxinin (hochgiftige Sesquiterpenbitterstoffe), Harz, Gummi u.a.; **Anw.** volkstüml.: Läusemittel, geg. Krätze sowie Fischgift; **Tox.:** Vorsicht! Picrotoxin ist ein Krampfgift.
Hom: *Anamirta cocculus (HAB1.2),* Cocculus: reife, getrocknete Früchte (3-5% Picrotoxin); verord. z.B. bei Reisekrankheit, Parästhesien, Schwindel.

Anamnese: Vorgeschichte einer Krankheit; Art, Beginn u. Verlauf der aktuellen Beschwerden, die im ärztl. Gespräch mit dem Kranken u./od. dessen Angehörigen erfragt werden.

Ananas comosus (L.) Merrill.: Ananas; Fam. Bromeliaceae (Tropen, Subtropen). **Anw.:** Gew. der Bromelaine* (proteolyt. Enzyme).

Ananase: s. Bromelaine.

Ananaskümmel: s. Nigella damascena.

Anaphase: **1.** Stadium der Mitose*, in dem sich die Chromatiden* eines jeden Chromosoms* voneinander trennen u. zu entgegengesetzten Polen wandern. **2.** In der Meiose* gibt es ähnl. Stadien, in denen gepaarte Chromosomen (Anaphase I) od. Chromatiden (Anaphase II) auseinander wandern.

Anaphrodisiaka: Mittel, die den Geschlechtstrieb herabsetzen. Z.B. Cyproteron*; s. Hormone (Antiandrogene).

anaphylaktischer Schock: s. Schock, anaphylaktischer.

Anaphylaxie (gr. phylaxis Schutz): durch Antikörper der Klasse IgE vermittelte Überempfindlichkeitsreaktion vom Soforttyp (Typ I der Allergie*), die nach einer Sensibilisierungsphase (6-10 Tage bei Menschen) bei erneutem Kontakt mit dem spezif. Allergen* auftritt; vgl. Atopie. **Mechanismus:** Der auf ein Immunogen* gebildete Antikörper* (meist ein Ig E) bindet sich an Mastzellen* u. basophile Leukozyten. Die Antigen*-Antikörper-Reaktion bei Wiederkontakt mit dem Allergen führt zur Freisetzung vasoaktiver Substanzen (sog. Mediatoren): Histamin, Serotonin, Bradykinin, SRS-A (slow* reacting substances of anaphylaxis, identifiziert als Leukotriene C_4, D_4, E_4), neutrophil-chemotakt. u. thrombozytenaktivierende Faktoren. Die nachfolgende anaphylakt. Reaktion kann örtl. begrenzt (Asthma bronchiale, Heuschnupfen, Medikamentenüberempfindlichkeit) od. generalisiert als anaphylakt. Schock* auftreten. **Symptome:** lokal urtikarielle Hauterscheinungen u. Erytheme, system. Dyspnoe, Erbrechen, Schwindel, Blutdruckabfall.

anastigmatisch: ohne Astigmatismus* u. ohne sphär. Aberration*.

Anastomose: **1.** natürl. Verb. zwischen Blut- od. Lymphgefäßen. **2.** operativ angelegte Verb. von Hohlorganen od. Blut- u. Lymphgefäßen.

Anastrozol INN: 2,2'-Dimethyl-2,2'-[5-(1*H*-1,2,4-triazol-1-ylmethyl)-1,3-phenylene]bis(propionitril); CAS-Nr. 120511-73-1; $C_{17}H_{19}N_5$, M_r 293.37. **Wirk.** u. **Anw.:** Zytostatikum; Aromatasehemmer*; bei fortgeschrittenem Mammakarzinom nach der Menopause mit progressivem Verlauf nach einer Behandlung mit Tamoxifen* od. anderen Antiestrogenen; **UAW:** Hitzewallungen, trockene Vagina, leichter Haarausfall, gastrointestinale Störungen; **Kontraind.:** Schwangerschaft u. Stillzeit, Anw. vor der Menopause, Anw. bei Kindern, schwere Nierenfunktionsstörungen u.

Lebererkrankungen; **Dos.:** p.o. 1×1 mg/d; HWZ 50 h (Metaboliten).

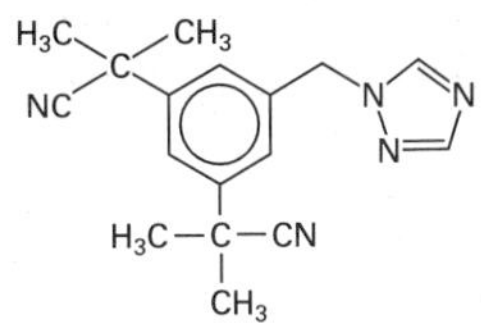

Anastrozol

Anatas: Kristallform von Titandioxid*.
Anatherum muricatum: s. Vetiveria zizanioides.
Anatomie: 1. Lehre von Form u. Aufbau der Körper. 2. Kunst des Zergliederns. A. der Pflanzen umfasst Morphologie, Zytologie u. Histologie.
anatrop: s. Samenanlage.
Anchusa officinalis L.: Ochsenzunge; Fam. Boraginaceae (Ost- u. Mitteleuropa). Stpfl. von **Herba Anchusae:** Herba Buglossi, Ochsenzungenkraut. **Inhaltsst.:** Cynoglossin (Alkaloid), Consolidin (Glykoalkaloid), Cynoglossophin (Heliosupin) u. a. Pyrrolizidinalkaloide* sowie Triterpensaponine, Cholin, Schleim, Gerbstoffe, Allantoin; **Anw.** volkstüml.: z. B. bei Husten, Bronchitis, Erkrankungen des rheumat. Formenkreises.
Anchusa tinctoria: s. Alkanna tuberculata.
Ancrod INN: CAS-Nr. 9046-56-4; M_r 35 400. Fibrinogen* spaltendes Enzym, aus dem Gift der malayischen Grubenotter Agkistrodon* rhodostoma. **Anw.:** chron. periphere arterielle Durchblutungsstörungen; **UAW:** Blutungen, vorwiegend aus Stichkanälen; Urtikaria, Exanthem; Rötung u. Schwellung an der Injektionsstelle; gelegentl. Arterienthrombosen od. Thrombosen tiefer Venen; **Kontraind.:** Neigung zu Blutungen, Blutungsgefahr bei Verletzungen, nach Operationen u. Entbindungen, ulzeröse Intestinalerkrankungen, Lebererkrankungen, Schock, Schwangerschaft.
Andecken: s. Dragieren.
Andira araroba Aguiar: Goa-Baum; Fam. Fabaceae (Leguminosae) (Brasilien). Stpfl. von **Chrysarobin:** Goa-Pulver, Araroba depurata; die durch Umkristallisieren aus Benzol gereinigten Ausscheidungen aus den Holz- u. Markstrahlen des Baumes; gelbes, leichtes krist. Pulver (mikroskop. aus Nadeln, Prismen, Kristallplättchen bestehend); lösl. in ca. 300 T. siedendem Ethanol, ca. 45 T. Chloroform. Chrysarobin ist einerseits die Bez. für ein Gem. aus Anthronderivaten mit dem Hauptbest. 3-Methyl-1,8-dihydroxyanthron (Chrysarobin) u. andererseits (fälschlicherweise) ein Syn. für diesen Hauptbest., ein Reduktionsprodukt von Chrysophanol (Chrysophansäure*, Strukturformel s. Anthrachinone, Tab.). Chrysarobin ist ein starkes Reduktionsmittel, stark schleimhautreizend u. daher bes. gefährl. für die Augen. **Off.:** ÖAB81; **Anw.:** früher äußerl. in Form von Salben geg. Psoriasis, Dermatomykosen u. a. Hautkrankheiten, auch geg. Erkrankungen des rheumat. Formenkreises. Bei der Verw. von Chrysarobin ist größte Vorsicht geboten, da es von der Haut leicht resorbiert wird u. Nierenreizungen, Albuminurie u. Gastroenteritiden hervorruft. Innerl. wirken bereits wenige Zentigramm stark giftig; heute nicht mehr empfehlenswert.
Hom: *Araroba,* Chrysarobinum: verord. z. B. bei Psoriasis, Tinea, Herpes.
Andira inermis (W. Wright) H.B.K. ex DC.: Fam. Fabaceae (Leguminosae) (Brasilien, Westindien). Stpfl. von **Cortex Andirae inermis:** Cortex Geoffroyae, Jamaika-Wurmrinde, Geoffroyrinde. **Inhaltsst.:** Andirin (N-Methyltyrosin), Berberin, Stärke, Fett, Harz; **Anw.** volkstüml.: z. B. als Wurmmittel.
Hom: *Andira inermis:* getrocknete Rinde.
Andorn, Schwarzer: s. Ballota nigra.
Andorn, Weißer: s. Marrubium vulgare.
Andreasen-Pipette: s. Sedimentationsanalyse.
Andreaskreuz: s. Mischungsregeln.
Androcorticoide: Androsterone; Hormone* (Androgene) der NNR.
Androeceum: (bot.) Gesamtheit der Staubblätter in einer Blüte*.
Androgamone: s. Gamone.
Androgene: männl. Geschlechtshormone (Steroide); s. Hormone.
Andrographiskraut: s. Andrographis paniculata.
Andrographis paniculata Nees: Andrographiskraut, (chines.) Chuan xiu lian; Fam. Acanthaceae (Ostindien, Java, Sri Lanka). Stpfl. von **Herba Andrographidis:** Andrographiskraut. **Inhaltsst.:** Andrographolid (bicycl. diterpenoides Lacton, Bitterstoff), Kaliumsalze; **Anw.:** Tonikum sowie geg. Nierensteine; **Andrographis paniculatae radix:** Andrographiswurzel; Wurzeldroge der TCM. **Inhaltsst.:** 2 % Andrographolid, ein Diterpenlacton; **Wirk.:** Andrographolid wirkt fiebersenkend u. entzündungshemmend; **Anw.:** in der TCM zur Behandlung von Entzündungen, Fieber, Erkältungen, Rachenentzündungen u. Durchfall.
Androl: s. Oenanthe aquatica.
Andromeda arborea: s. Oxydendrum arboreum.
Andromedotoxin: s. Acetylandromedol.
Andropogon citratus: s. Cymbopogon citratus.
Andropogon muricatus: s. Vetiveria zizanioides.
Andropogon nardus: s. Cymbopogon nardus.
Andropogon schoenanthus: s. Cymbopogon martinii var. motia.
Andropogon sorghum: s. Sorghum bicolor.
Andropogon squarrosus: s. Vetiveria zizanioides.
Androstane: s. Steroide.
Androstanolon INN: Stanolon; 17β-Hydroxy-5α-androstan-3-on; CAS-Nr. 521-18-6; $C_{19}H_{30}O_2$, M_r 290.4; Dihydrotestosteron, Strukturformel s. Hormone (Abb. 2). Schmp. 178-183 °C (polymorph). Unlösl. in Wasser, lösl. in 20 T. Ethanol, in 70 T. Ether. **Anw.:** Anabolikum*; **Dos.:** p. o., sublingual 50-75 mg/d, max. 21 Tage im Monat.
Androstenolon: s. Prasteron.
Androsteron: 3α-Hydroxy-5α-androstan-17-on; CAS-Nr. 53-41-8; $C_{19}H_{30}O_2$, M_r 290.4. Nat. vorkommendes Androgen. **Strukturformel** s. Hormone (Abb. 2). Weißes, krist. Pulver, Schmp. ca. 185 °C; prakt. unlösl. in Wasser, lösl. in organ. Lösungsmitteln; vgl. Hormone (Androgene).
Androtermon: s. Termone.
Anellierung (lat. anellus kleiner Ring): Bildung von kondensierten Ringsystemen, z. B. Naphthalin*,

od. Anfügung von weiteren Ringen an ein schon bestehendes Ringsystem.

Anemogamie: s. Bestäubung.

Anemometer: Messeinrichtung (Flügelrad- od. besser Hitzdrahtanemometer) zur Bestimmung der Strömungsgeschwindigkeit der Luft, z. B. zur Überwachung der Funktionstüchtigkeit von Laminarairflow-Banken.

Anemone hepatica: s. Hepatica nobilis.

Anemone nemorosa L.: Buschwindröschen; Fam. Ranunculaceae (Süd- u. Mitteleuropa, Asien, Nordamerika). Stpfl. von **Herba Anemonis nemorosae:** Buschwindröschenkraut. **Inhaltsst.:** Protoanemonin* u. Anemonin (gehen beim Trocknen in unwirksame Anemoninsäure über; Strukturformel s. Protoanemonin). **Anw.** volkstüml.: in der russischen Volksmedizin z. B. bei Kopfschmerzen, Gicht, Asthma.
Hom: *Anemone nemorosa:* frische, vor der Blüte gesammelte Pflanze; verord. z. B. bei Ekzemen.

Anemonenkampfer: s. Protoanemonin.

Anemone pratensis: s. Pulsatilla pratensis.

Anemone pulsatilla: s. Pulsatilla pratensis.

Anemonin: Abbauprodukt von Protoanemonin*.

Anemonol: s. Protoanemonin.

Aneroidbarometer: s. Barometer.

Anethol: Anetholum; *p*-Methoxypropenylbenzol, 4-Propenylanisol; $C_{10}H_{12}O$; M_r 148.2; s. Phenylpropanderivate. Unlösl. in Wasser, lösl. in org. Lösungsmitteln.
***trans*-Anethol**: (*E*)-Anethol, (*E*)-1-Methoxy-4-(1-propenyl)benzol; CAS-Nr. 4180-23-8, Schmp. 23 °C; Sdp. 233 °C; D. 0.99. Farblose Kristallblättchen od. krist., nach Anisöl riechende u. schmeckende Masse. **Off.:** DAB2003; **Best.:** äther. Öle wie die des Anisöls, Sternanisöls (s. Illicium verum) u. Fenchelöls (s. Foeniculum vulgare); Abbaureaktionen zu Anisaldehyd u. Anethol bzw. zu Dianisoin s. Pimpinella anisum **Anw.:** Antitussivum u. Expektorans, wie Anisöl; techn.: Einbettungsflüssigkeit in der Mikroskopie.
***cis*-Anethol**: Schmp. −23 °C. Wesentl. giftiger als *trans*-Anethol. Reagens Ph.Eur.4.
Isoanethol: Allylanisol, Estragol; s. Methylchavicol.

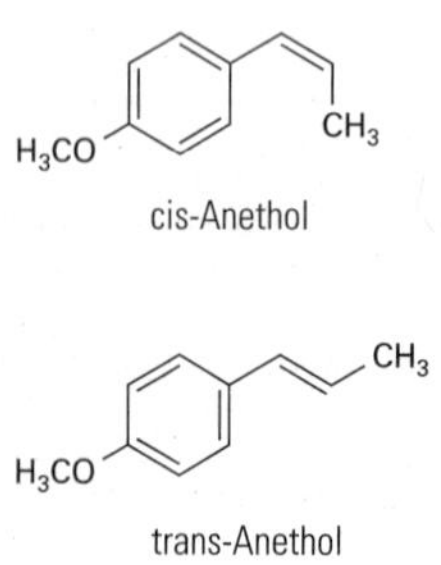

Anethol

Anetholtrithion: 5-(2-Methoxyphenyl)-1,2-dithia-4-cyclopenten-3-thion; CAS-Nr. 532-11-6; $C_{10}H_8OS_3$, M_r 240.36. Schmp. 111 °C. Fast unlösl. in Wasser, lösl. in Pyridin, Chloroform, Benzol, Dioxan, Schwefelkohlenstoff; schlecht lösl. in Ether, Aceton, Ethylacetat, Essigsäure, Ethanol, Cyclohexan, Petrolether. **Anw.:** Choleretikum, Sekretomotorikum, Mundtrockenheit; führt evtl. zu intensiver Gelbfärbung; **Kontraind.:** schwere Gallen- u. Leberfunktionsstörungen; **Dos.:** p. o. 50 mg/d in geteilten Dosen vor den Mahlzeiten, Kinder 12.5-25 mg/d, parenteral i. m. 20 mg/d.

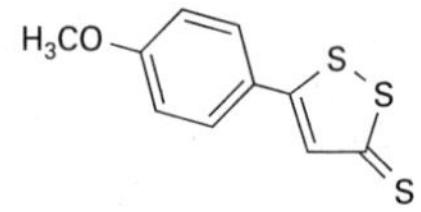

Anetholtrithion

Anethum graveolens L. **var. hortorum** Alef.: Garten-Dill, Dill, Gurkenkraut; Fam. Apiaceae (Umbelliferae) (heim. im Orient, Mittelmeerländern, kult. in vielen Ländern). Stpfl. von **Fructus Anethi:** Dillfrüchte, Dill, Bergkümmel, Dollensamen. **Inhaltsst.:** äther. Öl (bis 4 %), ca. 18 % fettes Öl, Bergapten, Scopoletin, Aesculetin, Umbelliferon, Phenolcarbonsäuren; **Anw.:** z. B. bei dyspeptischen Beschwerden; Gewürz; **Oleum Anethi:** Dillöl, äther. Öl der Samen; D. 0.890-0.912, $\alpha_D^{20°C}$ +70 bis +82°. Lösl. in 90 %igem Ethanol, farblose, bald gelb werdende Flüss. von kümmelölähnl. Geruch. **Best.:** 30-60 % D-Carvon, Phellandren, D-Limonen, Terpinen u. a.; **Anw.:** z. B. bei dyspeptischen Beschwerden; äußerl. zu Einreibungen, Gewürz u. zu Likören; **Herba Anethi:** Dillkraut. **Inhaltsst.:** 0.5-1.5 % äther. Öl (mit ca. 15 % D-Carvon, Phellandren u. a.); **Anw.** volkstüml.: z. B. bei Erkrankungen des Magen-Darm-Traktes, der Niere u. Harnwege, bei Schlafstörungen; frisches (u. getrocknetes) Kraut als Gewürz für z. B. Gurken, Salate, Fischgerichte.
Hom: *Anethum graveolens (HAB1.5):* ganze, frische, blühende Pflanze.

Aneurin: s. Vitamine (Vitamin B_1).

Aneurysma: Ausweitung eines arteriellen Blutgefäßes infolge einer angeborenen od. erworbenen Wandveränderung. Gefahr der Ruptur.

ANF: Abk. für **a**trialer **n**atriuretischer **F**aktor; s. Hormone, natriuretische.

Anfärbetechniken: (proteinchem.) Sichtbarmachen von Proteinbanden auf einem Trenngel, z. B. bei der Elektrophorese*, durch Behandlung mit Färbelsg., z. B. mit Coomassie*, Silber(I)-Salzen od. Eosin*. Die Intensität der angefärbten Gelbanden dient zur quantitativen Auswertung der Proteinkonzentrationen.

Anfangsblutspiegel: s. Blutspiegel.

Anfangskonzentration: s. Bateman-Funktion.

Angelica archangelica L.: Archangelica officinalis, Angelika, Engelwurz, Erzengelwurzel; Fam. Apiaceae (Umbelliferae) (nördl. Europa, kult. in Thüringen, Sachsen, Nordbayern, Erzgebirge, Riesengebirge). Stpfl. von **Angelicae radix:** Radix Angelicae, Angelikawurzel, Engelwurzel, Brustwurzel; der (unter 40 °C) getrocknete Wurzelstock mit den Wurzeln. **Off.:** ÖAB90, Ph.Eur.4; **Inhaltsst.:** äther. Öl (Oleum Angelicae) bis 1.3 % (ÖAB90: mind. 0.3 %, Ph.Eur.4: mind. 0.20 %); die linearen Furanocumarine Ammoidin*, Imperatorin* u. die angulären Furanocumarine Angelicin*, Archangelicin (mit 1 bzw. als Diester insgesamt 3 Isopentenylresten); Isopentenylcumarine (Prenylcumarine) wie Osthol (7-Hydroxy-8-(3-methyl-2-butenyl)-cumarin) od. Osthenol (7-Methylosthol); einfache Cumarine wie Umbelliferon (7-Hydroxycumarin); Phenolcarbonsäuren, Harz, Gerbstoff, Phytosterine, Zucker, Stärke; **Anw.**: bei Appetitlosigkeit, Völlegefühl, Blähungen, krampfartigen Magen-Darm-Störungen; volkstüml.: z.B. bei Husten, Bronchitis; **Oleum Angelicae:** Angelikaöl; das äther. Öl der Wurzeln. Gelbl. bis bräunl. Flüss. von aromat. Geruch u. würzigem Geschmack. D. 0.848-0.913; opt. aktiv ($a_D^{20°C}$ +16° bis +41°), lösl. in 90%igem Ethanol. **Inhaltsst.**: bis zu 90% Monoterpene wie α- u. β-Phellandren (ca. 20 bzw. 10%), α-Pinen (bis zu 30%), ferner Sabinen, Myrcen, β-Pinen, Δ^3-Caren, Cymol; Sesquiterpene wie β-Bisabolen, Bisabolol, β-Caryophyllen; Valeriansäure, Angelicasäure* u. Ester, 15-Hydroxypentadecylsäurelacton u. andere makrocycl. Lactone, Phthalide. Das Öl (Phellandren) wirkt in geringen Dosen zentral erregend, in größeren Dosen betäubend. **Anw.** volkstüml.: äußerl. zu hautreizenden Einreibungen (Spir. Angelicae compositus); innerl. bei Magen-Darm-Störungen; ferner in der Likörfabrikation.

Hom: *Angelica archangelica (var. archangelica) spag. Zimpel (HAB1.5):* ganze, frische, blühende Pflanze. **Hom:** *Angelica archangelica ethanol. Decoctum (HAB1.2):* frische Wurzel.

Angelica dahurica (Fisch. ex Hoffm.) Benth. et Hook: Sibirische Engelwurz, (chines.) Bai zhi; Fam. Apiaceae, eine 1-1.5 m hohe Staude, die in China angebaut wird. Stpfl. von **Angelicae dahuricae radix:** Wurzeldroge der TCM. **Inhaltsst.**: Cumarine, Furanocumarine (u.a. Imperatorin, Phellopterin, Byakangelicin, Byakangelicol), äther. Öl; **Wirk.**: Byakangelicin wirkt koronargefäßerweiternd u. steigert die Koronarzirkulation. **Anw.**: in der TCM bei Erkältungskrankheiten, Spannungskopfschmerzen, Migräne, Zahnschmerzen, schmerzhaften Schwellungen, Magenbeschwerden u. leichten Hautinfektionen.

Angelica pubescens Maxim.: (chines.) Du huo; Fam. Apiaceae, eine 1-3 m hohe Staude. Stpfl. von **Angelicae radix:** Wurzeldroge der TCM. **Inhaltsst.**: Cumarine (u.a. Osthol, Angelol A-L), Furanocumarine (u.a. Imperatorin, Columbianetin), Polyacetylene (u.a. Falcarinol); **Wirk.**: Osthol besitzt entzündungshemmende u. analget. Eigenschaften; **Anw.**: in der TCM bei rheumat. Schmerzen im Lendenwirbelbereich u. in den Knien sowie bei Kopf- u. Zahnschmerzen.

Angelicasäure: *cis*-2-Methylcrotonsäure, *cis*-2,3-Dimethylacrylsäure; (Z)-2-Methyl-2-butensäure, CAS-Nr. 565-63-9; $C_5H_8O_2$, M_r 100.11. Schmp. 45 °C, Sdp. 185 °C. pK_S 4.3 (25 °C). Wasserdampfflüchtig; schlecht in kaltem, gut in heißem Wasser, Ethanol u. Ether löslich. **Vork.**: nat. meist

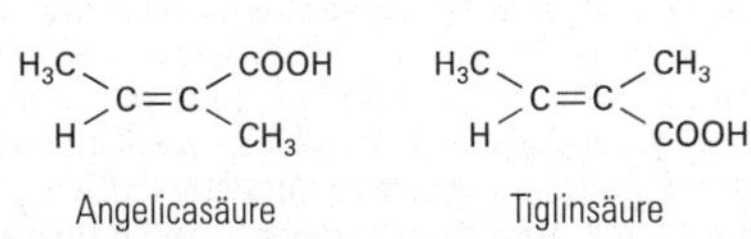

Angelicasäure

verestert, z.B. in Angelica* archangelica (Engelwurz) u. zus. mit Tiglinsäure im äther. Öl von Chamaemelum* nobile (Röm. Kamille). A. wird durch Kochen wässriger Lsg. in die stabilere (*E*)-Isomer Tiglinsäure* umgewandelt (s. Abb.).

Angelica sinensis L.: Chinesische Angelika, Chinesische Engelwurz, (chines.) Dang gui, Dong quai; Fam. Apiaceae; eine 40-100 cm hohe Staude. Stpfl. von **Angelicae sinensis radix:** eine Wurzeldroge der TCM. **Inhaltsst.**: monomere u. dimere Phthalide (u.a. Ligustilid, Levistolid A), Ferulasäurederivate (Coniferylferulat), Polyacetylene (u.a. Falcarindiol); **Wirk.**: Ligustilid wirkt spasmolyt., Coniferylferulat u. Falcarindiol besitzen entzündungshemmende Eigenschaften; **Anw.**: in der TCM bei rheumat. Beschwerden sowie bei Menstruationsbeschwerden.

Angelicin: Furanocumarinderivat, Strukturformel s. Furanocumarine; enthalten z.B. in Angelicae radix (s. Angelica archangelica).

Angelika, Chinesische: s. Angelica sinensis.

Angelikaöl: s. Angelica archangelica.

Angelikaspiritus, zusammengesetzter: s. Spiritus Angelicae compositus.

Angelikatinktur: s. Tinctura Angelicae.

Angelikawurzel: s. Angelica archangelica.

Angeli-Rimini-Reaktion: Nachweisreaktion für Aldehyde. Aldehyde reagieren in alkal. Milieu mit Benzolsulfohydroxamsäure zu Hydroxamsäure, die mit Eisen(III)-chlorid eine Rotfärbung ergibt (s. Abb.).

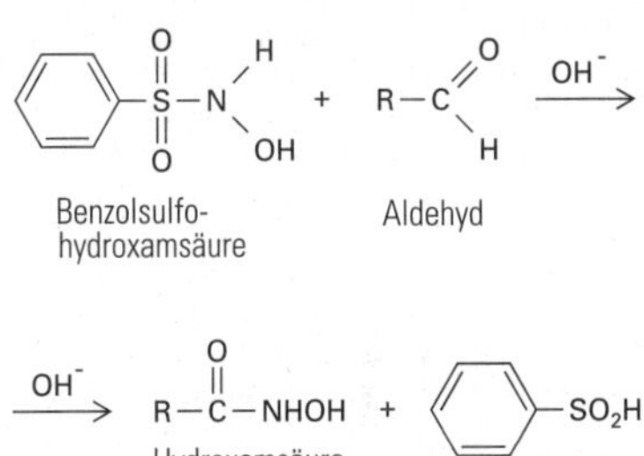

Angeli-Rimini-Reaktion: Bildung von Hydroxamsäure

Angiitis: Entzündung eines Gefäßes.

Angina pectoris: syn. Stenokardie, Brustenge, Herzenge, Herzbräune (veraltet); Bez. für die typ. Symptome einer akuten Mangeldurchblutung der Koronararterien aufgrund des Missverhältnisses zw. Sauerstoffangebot u. Sauerstoffbedarf des Herzmuskels. Es treten plötzl. einsetzende Schmerzen auf, die in den linken, seltener rechten Arm od. in den Hals ausstrahlen; begleitet von einem Engegefühl im Brustkorb, häufig mit Erstickungsanfall u. Atemnot bis zu Vernichtungsgefühl u. Todesangst. Die Behandlung erfolgt medikamentös mit Nitraten*, Betasympatholytika (s. Sympatholytika) u. Calciumantagonisten* od. operativ.

Angina tonsillaris: s. Tonsillitis.

Angiogenes-Inhibitoren: Hemmstoffe der Gefäßneubildung. Endogene Hemmstoffe stellen Angiostatin u. Endostatin dar, A. besitzen ein therap. Potential bei der Ther. maligner Tumoren, da die

Substanzen die Vaskularisierung von Tumoren hemmen.

Angiologie: Lehre von den Blut- u. Lymphgefäßen.

Angiospermae: syn. Magnoliophytina*, Bedecktsamer; Unterabteilung der Spermatophytina* (Samenpflanzen). Die Samen(anlagen) liegen im Ggs. zu den Gymnospermae* in geschlossenen Fruchtblättern, sind also bedeckt; vgl. Blüte.

Angiotensin I und II: s. Hormone (Gewebehormone der Niere).

Angiotensinamid INN: Angiotensin-II-amid-5-valin, Val-5-hypertensin-II-asp-β-amid; L-Asparaginyl-L-arginyl-L-valyl-L-tyrosyl-L-valyl-L-histidyl-L-prolyl-L-phenylalanin; CAS-Nr. 53-73-6; $C_{49}H_{70}N_{14}O_{11}$, M_r 1031.20. Unter Angiotensin II (syn. Hypertensin II; s. Hormone, Gewebehormone der Niere), werden mehrere Oktapeptide verstanden, die im menschl. u. tier. Körper vorkommen u. sich im Aufbau der Aminosäure-Sequenz unterscheiden. Lösl. in Wasser, Ethanol, Propylenglykol; unlösl. in Chloroform u. Ether. **Anw.:** Blutdrucksteigerung nach Schock- u. Kollapszuständen; **Dos.:** parenteral i. v. Infusion 10 µg/min, individuell dosieren, bis der Blutdruck sich auf 12-14.7 kPa (90-110 mm Hg systolisch) einstellt; HWZ 1.2 min.

Angiotensin-II-Blocker: (engl.) *angiotensin II antagonist*; Angiotensin-II-Rezeptorantagonisten, AT_1-Antagonisten, AT1–Blocker, Sartane; Bezeichnung für Antagonisten des Angiotensins II mit blutdrucksenkender Wirkung. Es lassen sich 2 Rezeptor-Subtypen unterscheiden, wobei AT_1 die vasokontriktor. Effekte von Angiotensin II vermittelt. Sartane blockieren die Angiotensin-II Effekte während ACE*-Hemmer wie Captopril die Angiotensin-Biosynthese inhibieren. **Wirkstoffe:** u. a. Valsartan*, Losartan*, Irbesartan*, Candesartan*, Eprosartan*. Vgl. Renin-Angiotensin-Aldosteron-System, Hormone (Gewebehormone der Niere), ACE-Hemmer; **Anw.:** essentielle Hypertonie, Herzinsuffizienz in Kombination mit Diuretika u. Herzglykosiden.

Angiotensin-converting-Enzym: s. Hormone (Gewebehormone der Niere).

Angiotensin-converting-Enzym-Hemmer: s. ACE-Hemmer.

Angiotensinogen: s. Hormone (Gewebehormone der Niere).

Angostura: s. Galipea officinalis.

Angosturatinktur: s. Tinctura Angosturae.

Angraecum fragrans Thou.: Jumella fragrans (Thou.) Schltr.; Fam. Orchidaceae (Mauritius, Reunion). Stpfl. von **Folia Faham:** Fahamtee, Bourbontee. **Inhaltsst.:** Cumarin; **Anw.** volkstüml.: geg. Lungenleiden, Ersatz für chines. Tee.

Ångström (Anders Jonas Ångström, schwed. Physiker u. Astronom, 1814-1874): Angström; Symbol Å; der zehnmillionste T. eines Millimeters (1 Å = 10^{-10} m = 0.1 nm = 100 pm). Nicht mehr anzuwendende Längeneinheit; wird trotzdem noch häufig in der Röntgenspektroskopie* u. bei Molekülstrukturen verwendet.

Anguaraté: s. Mentzelia cordifolia.

Angustura: s. Galipea officinalis.

Anhidrose: Anhydrosis, Anidrosis; fehlende Schweißsekretion durch angeborenes Fehlen der ekkrinen Schweißdrüsen.

Anhydrat: kristallwasserfreie Form einer Substanz, s. Hydrate.

anhydricus: wasserfrei.

-anhydrid: s. Carbonsäureanhydride.

Anhydrid: wasserfreie Verb. (Oxid), die mit Wasser Säure bilden kann od. die durch Wasserentzug aus Säuren entsteht (Säureanhydrid). Beispiel: SO_3 ist das A. der Schwefelsäure, H_2SO_4.

Anhydrit: $CaSO_4$, wasserfreier Gips; s. Calciumsulfat.

Anhydro-hydroxymercurisalicylsäure: s. Quecksilbersalicylat.

Anhydro-orthosulfaminbenzoesäure: s. Saccharin.

Aniba coto (Rusby) Kosterm: Nectandra coto Rusby; Fam. Lauraceae (Bolivien). Stpfl. von **Cortex Coto (verus):** Echte Kotorinde, Echte Cotorinde. **Inhaltsst.:** ca. 1.5 % Cotoin*, Paracotoin*, Hydrocotoin, Methylhydrocotoin, Parostemin, Parosteminin, äther. Öl, Harz, Gummi, Säuren; **Anw.:** früher bei Diarrhö u. Nachtschweiß der Phthisiker.

Aniba pseudocoto (Rusby) Kosterm: Fam. Lauraceae (Bolivien). Stpfl. von **Cortex Paracoto** (wahrscheinl.): Parakotorinde, Falsche Kotorinde. **Inhaltsst.:** Paracotoin* u. Derivate des Cotoin*; **Anw.:** wie Kotorinde, s. Aniba coto.

Anilide: Amide des Anilins*, bei denen ein od. bd. H-Atome der NH_2-Gruppe durch Säurereste ersetzt sind, z. B. Acetanilid $C_6H_5-NH-COCH_3$.

Anilin: Anilinum, Aminobenzol, Phenylamin; C_6H_7N, M_r 93.13. D. 1.021-1.023, Sdp. 182-185 °C. $n_D^{20\,°C}$ 1.585-1.586. Klare, farblose bis schwach gelbl., ölige, sich schnell rötl. braun färbende, stark lichtbrechende Flüss. von eigenartigem Geruch, leicht mischbar mit Ethanol, Ether, Schwefelkohlenstoff, fetten u. äther. Ölen, wenig lösl. in Wasser. A. bildet wie alle Aminbasen mit Säuren Salze. **Anw.** med.: Reagens Ph.Eur.4, z. B. zum Identitätsnachw. von Nicotinamid (s. Vitamine, Niacin), Nicotinsäure*; techn.: in der Farbstoffindustrie, zur Herst. von Kunstharzen, Arzneimitteln, Riechstoffen. **Tox.:** A. ist ein starkes Blutgift (Methämoglobinbildner*). Der eingeatmete Dampf ist giftig. MAK: 19 mg pro m^3 Luft. A. wird auch durch die Haut resorbiert. Antidot*: Methylenblau, Thionin od. Ascorbinsäure i. v. gegen Methämoglobinämie*.

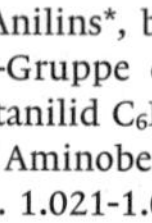

Anilin

Anilinacetat: essigsaures Anilin, Anilinum aceticum; $C_6H_5NH_2 \cdot CH_3COOH$. Gelbe Flüssigkeit. **Anw.** chem.: Reagens.

Anilinhydrochlorid: salzsaures Anilin, Anilinsalz, Anilinum hydrochloricum; $C_6H_5NH_2 \cdot HCl$. D. 1.22. Schmp. 198 °C. Sdp. 245 °C. Weiße Kristalle, die sich an der Luft grünl. färben, leicht lösl. in Wasser u. Ethanol. **Anw.** chem.: Reagens auf Lignin (färbt holzhaltiges Papier gelb).

Anilinsulfat: schwefelsaures Anilin, Anilinum sulfuricum; $(C_6H_5NH_2)_2 \cdot H_2SO_4$. Farblose Kristalle, leicht lösl. in Wasser, wenig lösl. in Ethanol. **Anw.** med.: früher bei Epilepsie u. Krebs; chem.: Reagens auf Chlorsäure, Lignin.

Anilinsulfonsäure: s. Sulfanilsäure.

Anilinum aceticum: s. Anilinacetat.

Anilinum hydrochloricum: s. Anilinhydrochlorid.

Anilinum sulfuricum: s. Anilinsulfat.

Anilinwasser-Gentianaviolettlösung: Zstzg.: 5 mL Anilin werden mit 100 mL Wasser einige Minuten geschüttelt, durch ein mit Wasser angefeuchtetes Filter filtriert u. 11 mL einer gesättigten Lsg. von Gentianaviolett in absolutem Ethanol zugesetzt. **Anw.**: Gram*-Färbung.

Animal-Protein-Faktor: s. Vitamine (Vitamin B_{12}).

Anionen: s. Ionen.

Anionenaustauscher: s. Ionenaustauscher.

Anis: s. Pimpinella anisum.

Anisade: s. Ammoniaklösung, anisölhaltige.

Anisaldehyd: Aubèpine; Methylether des *p*-Hydroxybenzaldehyds; $CH_3-O-C_6H_4-CHO$; D. 1.123; Schmp. +2 °C. Farbloses cumarinähnl. riechendes Öl, leicht lösl. in Ethanol u. Ether, wenig lösl. in Wasser. **Vork.**: nat. im Anis-, Sternanis-, Fenchelöl sowie in Cassiablüten; **Herst.**: Oxidation von Anethol mit Salpetersäure od. Chromsäure; **Anw.**: in der Parfümerie.

Anisammoniak: s. Ammoniaklösung, anisölhaltige.

Anisidine: 1,2-, 1,3- u. 1,4-Methoxyanilin; C_7H_9NO, M_r 123.15. Bei Zimmertemp. teils flüss. (1,2-M.), teils feste (1,3- u. 1,4-M.) Substanzen. **Anw.**: Wirkstoffsynthese u. Herst. von Farbstoffen. **Tox.**: stark hautreizend, MAK: 0.5 mg/m^3.

Aniskerbel: s. Myrrhis odorata.

Anisliquor: s. Ammoniaklösung, anisölhaltige.

Anisöl: s. Pimpinella anisum.

Anisogamie: Vereinigung ungleich gestalteter Geschlechtszellen (Gameten*) einer Organismenart; Gegenteil: Isogamie*.

Anisol: Methylphenylether; C_7H_8O, M_r 108.13. D. 0.99. Schmp. −37.5 °C. Sdp. 155 °C. Farblose, angenehm riechende, brennbare Flüssigkeit. **Anw.**: Lösungsmittel u. für Riechstoffsynthesen.

Anisometropie: ungleiche Brechkraft beider Augen, z. B. bei einseitiger Linsenlosigkeit.

Anisophyllie: Zustand einer Pflanze, bei dem unterschiedl. große Blätter an einer Pflanze auftreten, v. a. in unmittelbarer Nachbarschaft; vgl. Heterophyllie.

Anisotropie: Eigenschaft bestimmter Festkörper, in versch. Richtungen versch. Verhalten aufzuweisen, z. B. hinsichtl. der Festigkeit, Härte, Elastizität, Wärmeleitung, Lichtfortpflanzung (s. Brechungsindex). Alle Kristalle*, außer denen des regulären (kub.) Systems sind anisotrop. Sie zeigen Doppelbrechung* u. trennen die bd. Polarisationsrichtungen des Lichts; vgl. isotrop.

anisozytisch: s. Spaltöffnungen.

Anisspiritus, zusammengesetzter: s. Ammoniaklösung, anisölhaltige.

Anistropfen: s. Ammoniaklösung, anisölhaltige.

Anisum: s. Pimpinella anisum.

Anisum stellatum: s. Illicium verum.

Ankylostoma: Hakenwurm; zu den Nematodes* gehörender Dünndarmparasit. Vork.: Tropen u. Subtropen. Humanpathogen ist **A. duodenale** (Grubenwurm): blutsaugender Parasit im Jejunum des Menschen; Verbreitung insbes. in Nordafrika; Infektion (meist beim barfuß gehen) durch perkutanes Eindringen der Larven; gelangen durch die Blutbahn ins Jejunum, wo die Ansiedlung u. die Entw. bis zur Geschlechtsreife erfolgt; Erreger der Ankylostomiasis (Hakenwurmkrankheit).

Ankyrin: M_r 210 000; peripheres Membranprotein, das die zytosol. Domäne des Anionenkanals der Erythrozytenplasmamembran mit der β-Kette des Spektrins im Membranskelett verbindet. A. ist wichtig für die mechan. Stabilität u. Elastizität der Erythrozytenmembran.

Anlagerungskomplexe: s. Komplexverbindungen.

Anlagerungsverbindungen: s. Molekülverbindungen.

ANM-Pudergrundlage: Amylum non mucilaginosum; Pudergrundlage aus sterilisierbarer Mais-, Reis- od. Kartoffelstärke. Mit Tetramethylolacetylendiharnstoff modifizierte Stärke, die eine erhöhte Enslinzahl (s. Aufsaugvermögen von Pulvern) besitzt, nicht quillt u. daher z. B. Wunden nicht verkleistert, resorbierbar ist, durch Freigabe kleinster Mengen Formaldehyd autosteril u. im gespannten Wasserdampf bei 120 °C entkeimt werden kann; vgl. absorbable dusting powder.

Annelida: Ringelwürmer, Klasse der Würmer. Hierzu gehören die Blutegel Sanguisuga officinalis u. S. medicinalis, s. Hirudo medicinalis.

Annona odorata: s. Cananga odorata.

annuell: einjährig; (bot.) annuelle Pflanzen durchlaufen ihr Leben (Keimen, Wachsen, Blühen, Fruchten, Absterben) in wenigen Monaten.

Annulene: monocycl. Polyene mit der max. Anzahl konjugierter Doppelbindungen.

Anode: positive Elektrode, vgl. Kathode.

Anodenstrahlen: elektropositive Strahlen, die von der Anode ausgehen.

Anodyna: schmerzstillende Mittel.

a-Nomenklatur: Austausch-Nomenklatur; wird verwendet zur Bez. von Heterocyclen (für die kein IUPAC-Trivialname existiert), Siliciumorg. Verb. u. überbrückte Heterocyclen. Die Namensbildung erfolgt so, dass ein Präfix mit der Endung „a" dem Stamm-Kohlenwasserstoff vorangestellt wird (s. Tab.). Die Anordnung der Substituenten erfolgt nach abnehmender Priorität (s. Abb.).

a-Nomenklatur

bestimmendes Element	Präfix
Sauerstoff	Oxa-
Schwefel	Thia-
Selen	Selena-
Stickstoff	Aza-
Phosphor	Phospha-
Silicium	Sila-

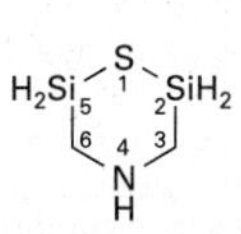

a-Nomenklatur: 1-Thia-4-aza-2,6-disilacyclohexan als Beispiel

A

Anomere: s. Kohlenhydrate.
anomozytisch: s. Spaltöffnungen.
Anopheles (gr. schädlich): Malariamücke, Fiebermücke, Gabelmücke; Stechmückengattung mit über 400 (Unter-)Arten; Überträger von Malaria* u. anderen Tropenkrankheiten*; s. Plasmodium. Der Entwicklungszyklus der A. ist an stehende Gewässer gebunden; Eier mit Schwimmeinrichtung; die Larve haftet mit Wasser abstoßenden Haaren an der Wasseroberfläche.
Anoplura: s. Läuse.
Anordnung: nach dem Arzneimittelgesetz mögl. gebührenpflichtige Verwaltungsmaßnahme, die der Rechtsunterworfene leisten muss. Insbes. kann das Inverkehrbringen von Arzneimitteln auf diese Weise durch die zuständige Behörde untersagt od. ein Rückruf angeordnet od. eine Sicherstellung verfügt werden. Sofortige mündl. Anordnungen durch Behördenvertreter müssen umgehend auch schriftl. erlassen werden. Behördl. Anordnungen können mit einer Androhung von Zwangsgeld, welches bei Nichtbefolgen fällig wird, versehen werden. Sie werden sofort vollzogen, wenn Gefahr im Verzug ist, u. können, auch bei Fehlen einer Rechtsmittelbelehrung, vor den Verwaltungsgerichten angefochten werden.
Anorektika: s. Appetitzügler.
Anorexia nervosa: Anorexia mentalis, Magersucht, Pubertätsmagersucht; psychogene Essstörung* mit beabsichtigtem, selbst herbeigeführtem Gewichtsverlust. **Vork:** v. a. junge Frauen, Altersgipfel zw. dem 10. u. 25. Lj. (Prävalenz: ca. 1 % weibl. u. 0,08 % männl. Pat.); **Sympt.:** Nahrungsvermeidung, Erbrechen, Abführen, übertriebene körperl. Aktivitäten, gestörtes Körperschema, Amenorrhö*, Wachstumsstopp, ausbleibende Brustentw., Körpergewicht um >15 % unter der Norm od. Body*-mass-Index ≤17,5 kg/m^2); **Verlauf:** Letalität ca. 5 %, Übergang in eine Bulimia* nervosa mögl.; **Ther.:** Gewichtsrekonstruktion, Verhaltensther., system. Psychother., Pharmakotherapie.
Anorexie (gr. orexie Esslust, Verlangen nach Nahrung): Appetitlosigkeit; Herabsetzung des Triebs zur Nahrungsaufnahme. Z. B. bei Mund-, Magen-, Darm-, Infektionskrankheit, Schwangerschaft; meist als Anorexia* nervosa.
anorganisch: nicht org., unbelebt.
Anotto: s. Bixa orellana.
Anoxie: (weitgehendes) Fehlen von Sauerstoff; kann den Gesamtorganismus od. Teile betreffen.
ANP: Abk. für atriales **n**atriuretisches **P**eptid*.
Anreicherungsverfahren: biol. Verfahren zum Nachw. schwer züchtbarer Mikroorganismen. **1.** mechan.: Zentrifugieren, Membranfilter; **2.** biol.: Anreicherungsnährmedien, Tierversuch; **3.** Anreicherung bei bestimmter Inkubationstemp. (z. B. Kälteanreicherung von Listerien bei 4 °C).
Anrollverschluss: s. Garantieverschluss.
Ansamycine: s. Makrolide.
Ansaverbindungen (lat. ansa Henkel): Cyclophane; org. Verb., bei denen zwei Bereiche eines aromat. Moleküls henkelartig über eine aliphat. Kette miteinander verbunden sind. Die Verb. sind inkongruent (s. Abb.; vgl. Chiralität).
Anserin: β-Alaninmethylhistidin; Dipeptid im Muskelgewebe.

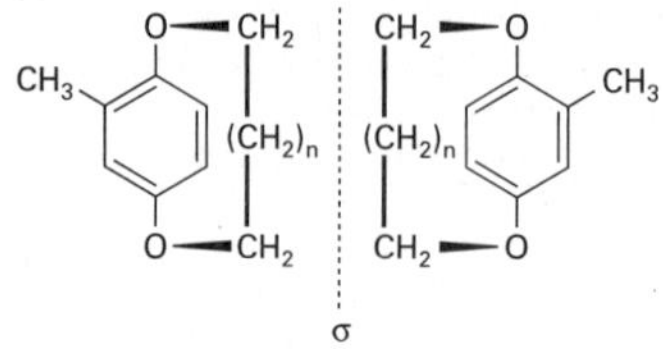

Ansaverbindungen: Beispiel für ihre Inkongruenz

Anstaltsapotheke: in Österreich Bez. für Krankenhausapotheke*.
Antabuseffekt: von Antabus®, s. Disulfiram; verminderte Toleranz gegenüber Ethanol unter dem Einfluss bestimmter Substanzen, wie Dithiocarbamate* od. Inhaltsst. einiger Pilz-Arten, z. B. Coprin (im Faltentintling, Coprinus atramentarius). **Wirk.:** Blockierung der Aldehyddehdrogenase; der Acetaldehydspiegel steigt u. führt u. a. zu Übelkeit, Kopfschmerz, Schwindel u. Tachykardie.
Antacida: Mittel gegen Hyperacidität, säurebindende Mittel. **Wirkstoffe:** **1.** alkal. Stoffe: z. B. Natriumhydrogencarbonat, Calciumcarbonat, Magnesiumoxid; wirken sofort; Carbonate sind bei vorhandenen Ulzera wegen plötzl. Druckanstiegs durch frei werdendes Kohlendioxid riskant; **2.** Aluminiumsalze: z. B. Aluminiumhydroxid, -phosphat; **3.** Magnesiumsalze: z. B. Magnesiumsilicat, -hydroxid; **4.** Aluminium-Magnesium-Salze: z. B. Hydrotalcit, Magaldrat*; **5.** Aluminium-Saccharose-Sulfat: Sucralfat*; **Wirk.:** A. sind in der Lage die Salzsäure des Magens zu neutralisieren od. zu binden; z. T. hemmen sie die Pepsinaktivität u. führen zu einer Abdeckung von offenen Ulzera. Sie wirken somit schmerzlindernd u. beschleunigen die Abheilung von Geschwüren. **Anw.:** u. a. Magengeschwüre, hyperacide Gastritis; **UAW:** bei langdauernder Anw. ist eine system. Toxizität mögl., z. B. Osteomalazie* durch Phosphat-Ausschleusung aluminiumhaltiger A., Magnesiumvergiftung durch Magnesiumsalze (besonders bei Niereninsuffizienz), Alkalose (v. a. bei gut resorbierbaren Basen wie Natriumhydrogencarbonat). Bei calciumhaltigen A. besteht die Gefahr einer reaktiven Hypersekretion (acid* rebound) durch die direkt stimulierende Wirk. von Calciumionen auf die säureproduzierenden Parietalzellen des Magens. **WW:** Vorsicht ist bei gleichzeitiger Verabreichung von A. mit anderen Pharmaka wie Ovulationshemmern, Herzglykosiden u. a. geboten, da deren Resorption durch A. verzögert od. gehemmt werden kann. Während A. direkt die gebildeten Säureäquivalente im Magen abfangen, führen Anticholinergika*, H_2-Antagonisten (s. Antihistaminika) u. a. durch Angriff an den Parietalzellen im Magen zu einer verminderten Säure- u. Magensaftproduktion; vgl. Ulkustherapeutika, Protonenpumpenblocker.
Antagonismus: Gegenwirkung, kompetitive Hemmung; **1. pharmak.:** **a)** kompetitiver A.: Substanz (Antagonist) geht Bindung mit Rezeptor ein, ohne eine Eigenwirk. auszulösen. Der Rezeptor wird blockiert, so dass der Agonist nicht wirken kann. Durch Erhöhung der Konz. des Agonisten kann der Antagonist von der Bindungsstelle verdrängt

werden (Konkurrenz um den gemeinsamen Rezeptor); **b)** partieller A.: Der Antagonist besetzt ebenfalls die Rezeptorstelle, löst dabei aber selbst eine mäßige Agonistenwirk. aus; **c)** nichtkompetitiver A.: Die Bindungsstelle des Rezeptors bleibt hier zwar für den Agonisten frei, das antagonist. wirksame Pharmakon geht aber an anderer Stelle eine Bindung mit dem Rezeptor-Molekül ein u. verhindert dadurch das Auslösen eines Effektes (alloster. Inhibitor); **d)** funktioneller A.: Agonist u. Antagonist lösen über jeweils eigene Rezeptoren entgegengesetzte Wirk. aus, die sich am Erfolgsorgan gegenseitig aufheben; **e)** chemischer A.: Der Agonist wird durch chem. Reaktion mit einer anderen Substanz inaktiviert, die nicht am Rezeptor abläuft. **2. med.**: Gegenwirkung von Muskeln od. Muskelgruppen.

Antagonist: pharmak. Lytikum, Hemmstoff, Inhibitor; Substanz, die die Wirk. von Agonisten* hemmt. Ein voller A. besitzt Affinität zum Rezeptor aber keine intrinsic* activity; vgl. Antagonismus, Agonist.

Antaphrodisiaka: s. Anaphrodisiaka.

Antarthritika: Mittel gegen Gelenkentzündungen. s. Antirheumatika, Gichttherapeutika.

Antazida: s. Antacida.

Antazolin INN: Imidamin, Phenazolin; 2-(N-Benzyl-anilinomethyl)-2-imidazolin; CAS-Nr. 91-75-8; $C_{17}H_{19}N_3$, M_r 265.35. Schmp. 120-122 °C. **Anw.**: Antihistaminikum*; **Dos.**: p.o. 2-3×50 mg/d; parenteral (i.v., i.m.) 2-3×250 mg/d; intranasal 0.5%iges Spray; topisch 2%ige Salbe. **Antazolinhydrochlorid**: Antazolini hydrochloridum Ph.-Eur.4, Antazolinium chloratum; $C_{17}H_{20}ClN_3$, M_r 301.8. Schmp. ca. 240 °C (unter Zers.). Weißes, krist. Pulver; wenig lösl. in Wasser, lösl. in Ethanol. Hingewiesen sei auch auf Antazolinmesilat, Antazolinphosphat u. Antazolinsulfat.

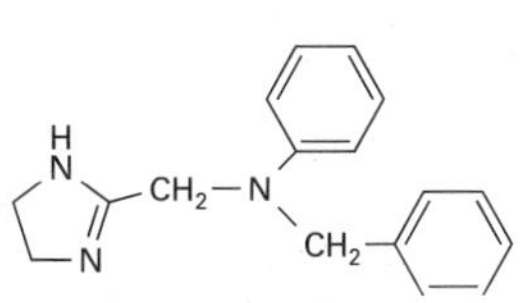

Antazolin

ante (lat.): vor, bevor.

Antebrachium: Vorderarm, Unterarm; vgl. Brachium.

ante cenam: (auf Rezepten) vor dem Essen.

Anteil: s. Gehalt.

Anteile, unverseifbare: Abk. UA; Substanzen, die sich mit einem org. Lösungsmittel aus einer Lsg. der zu untersuchenden Substanz nach der Verseifung extrahieren lassen u. bei 105 °C nicht flüchtig sind.

ante meridiem: Abk. a.m.; vormittags.

Antemetika: s. Antiemetika.

ante mortem: vor dem Tode.

Antennaria dioica (L.) Gaertn.: Gnaphalium dioicum L., Katzenpfötchen; Fam. Asteraceae (Compositae) (Nord- u. Mitteleuropa, Sibirien, Kaukasien, Armenien, Nordamerika). Stpfl. von **Flores Gnaphalii:** Flores Pedis cati, Weiße Katzenpfötchen, Rosa Katzenpfötchen, Weiße Immortellen, Rosa Immortellen. (Gelbe Katzenpfötchen, Flores Stoechados citrinae, s. Helichrysum arenarium). **Inhaltsst.**: äther. Öl, Gerbstoff, Bitterstoffe, Flavonoide; **Anw.** volkstüml.: z.B. bei Husten, Magenkatarrh, Durchfall, Gallenleiden.

ante partum: vor der Geburt.

Antepileptika: s. Antiepileptika.

anterior: vorderer; vgl. posterior.

Anthelminthika: Anthelmintika, Antihelmintika, Antihelminthika, Wurmmittel, Helminthagoga, Vermizida (Würmer tötende A.), Vermifuga (Würmer lähmende A.); Arzneimittel gegen v.a. den Darm befallende, für Mensch u. Tier pathogene Nematodes* (Fadenwürmer; z.B. Ascaris*, Ankylostoma*, Necator, Trichinella*, vgl. Filarien), Cestodes (Bandwürmer; z.B. Taenia*, Echinococcus*) u. Trematodes* (Saugwürmer). **Wirkstoffe:** Albendazol*, Mebendazol*, Niclosamid*, Piperazin*, Diethylcarbamazin*, Praziquantel*, Pyrantel*, Pyrviniumembonat* u. Tiabendazol*. Die Wirk. richtet sich geg. die geschlechtsreifen Würmer u. nicht geg. Vorstadien wie Eier od. Larven. **Naturstoffe:** (von histor. und vet. Interesse) Santonin* u. Hydroxysantonin bzw. Cinae Flos (s. Artemisia cina), Ascaridol* bzw. Aetheroleum Chenopodii (s. Chenopodium ambrosioides var. anthelminticum), Arecolin* bzw. Arecae Semen (s. Areca catechu), Filixsäure u. Albaspidin bzw. Filicis maris Rad.(s. Dryopteris filix-mas), Phloroglucinderivate in Koso Flos (s. Hagenia abyssinica) u. Rottlerin in Kamala (s. Mallotus philippinensis).

Anthemidis flos: s. Chamaemelum nobile.

Anthemis nobilis: s. Chamaemelum nobile.

Anthemis pyrethrum: s. Anacyclus pyrethrum.

Anthere: (bot.) Pollen tragender Teil des Staubblattes, Staubbeutel; s. Blüte.

Antheridium: (bot.) meist vielzelliges, männl. Gametangium, in dem männl. Geschlechtszellen (Spermatozoiden) entstehen. Antheridien kommen bei allen Pfl. außer Samenpfl. vor; bei manchen Algen u. Pilzen auch einzellig.

Anthidrotika: s. Antihidrotika.

Anthocyane: Anthocyanidinglykoside, Anthocyanglykoside, Anthocyanfarbstoffe; die roten, violetten, blauen Farbstoffe von Blüten, Früchten u. Blättern. Glykoside, die den gelben Farbstoffen der Flavon- u. Flavonolreihe sowie den Catechinen nahestehen. Sie spalten sich beim Kochen mit Säuren od. durch Wirk. von Enzymen in Zucker (z.B. Glucose, Galactose, Rhamnose) u. Anthocyanidine* (wasserunlösl. Aglyka). Die zahlreichen Farbabstufungen der Blüten beruhen auf Mischungen der versch. A. und darauf, ob der Farbstoff in saurem, alkalischem od. neutralem Zellsaft eingelagert ist, auf evtl. Verb. mit Gerbstoffen, gelben Flavonen od. Copigmenten. Auch der Metallgeh. des Zellsaftes spielt möglicherweise eine Rolle, da sich chelatartige Komplexe bilden können. Die Namen der A. ergeben sich durch Verkürzung der entspr. Namen der Anthocyanidine* um die Endsilbe -idin auf -in, z.B. Cyanidin — Cyanin. **Anw.**: s. Anthocyanidine; **Gesch.**: Erforschung v.a. durch R. Willstätter, R. Robinson u. P. Karrer.

Anthocyanidine: Aglyka der Anthocyane*; zu den Flavonoiden* gerechnete Gruppe von 2-Phenyl-

A

Anthocyanidine

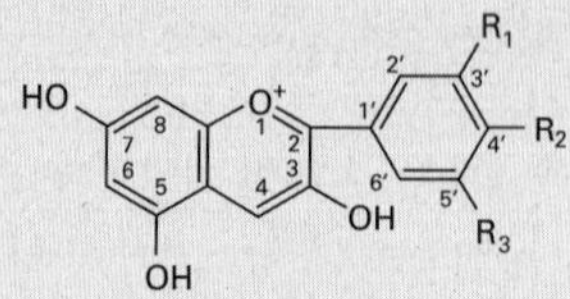

Beispiele	R_1	R_2	R_3	Vorkommen
Pelargonidin	H	OH	H	Dahlien, Scharlachpelargonien, Goldmelisse, Kapuzinerkresse, rote Johannisbeeren
Cyanidin	OH	OH	H	Mohn, Rosen, Kornblumen, Kirschen, Pflaumen, Preisel-, Brom-, Holunder-, Weißdornbeeren
Delphinidin	OH	OH	OH	Rittersporn, Stiefmütterchen, Lavendel, Lein, Ehrenpreis, Ligusterbeeren, weinrote Wicken
Paeonidin	OCH_3	OH	H	Paeonien, Stiefmütterchen
Petunidin	OH	OH	OCH_3	Petunien
Malvidin	OCH_3	OH	OCH_3	Primula-Arten, blaue Weintrauben

benzopyranen, die auch aus Leukoanthocyanidinen* (Flavan-3,4-diole) u. Proanthocyanidinen* (oligomere Flavan-3-ole) infolge Aromatisierung des Pyranringes entstehen. Mit Säuren bilden sie rote Oxoniumsalze. Im neutralen Bereich sind sie farblos u. im alkal. Bereich bilden sie instabile, violette Anhydrobasen. Aus pflanzl. Material können sie meist durch Säurebehandlung als Flavyliumchloride gewonnen werden. Neben dem violetten Cyanidin kommen in Europa das rote Pelargonidin u. das blaue Delphinidin am häufigsten vor (s. Tab.). **Anw.:** Lebensmittelfarbstoffe.

Anthophylli: s. Syzygium aromaticum.

Anthophyta: s. Spermatophytina.

Anthoxanthum odoratum L.: Wohlriechendes Ruchgras; Fam. Poaceae (Gramineae) (Europa). **Inhaltsst.:** Cumaringlykosid, das beim Verwelken Cumarin abspaltet u. den Heuduft bedingt; vgl. Melilotosid.
Hom: *Anthoxanthum odoratum:* frische, blühende Pflanze.

Anthracen: Anthrazen; $C_{14}H_{10}$. D. 1.25. Schmp. 218 °C. Sdp. 351 °C. Farblose, violett fluoreszierende Schuppen, leicht lösl. in heißem Benzol, wenig lösl. in Ethanol u. Ether, unlösl. in Wasser; vgl. Kohlenwasserstoffe, polycyclische aromatische. **Vork.:** in den höchstsiedenden Teilen des Steinkohlenteers, dem Anthrazenöl (zu 0.5-2 %). **Anw.** techn.: in der Farbstoffindustrie, Ausgangsmaterial für die Darst. der Alizarin- u. Indanthrenfarbstoffe; med.: Reagens Ph.Eur.4.

Anthracenderivate: charakterist. Drogeninhaltsstoffe, die sich vom Anthracen* ableiten. Dazu gehören die als Glykoside vorliegenden Anthrone,

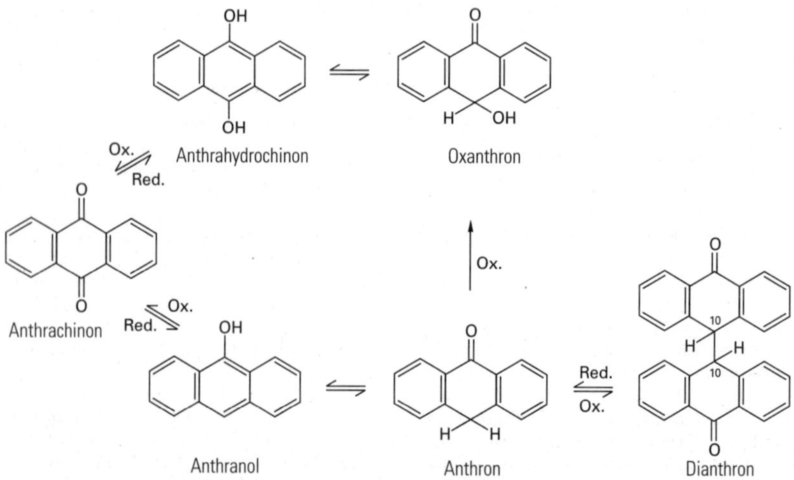

Anthracenderivate: Oxidations- und Reduktionsstufen [31]

Anthrachinone
1,8-Dihydroxyanthrachinonderivate, Emodine

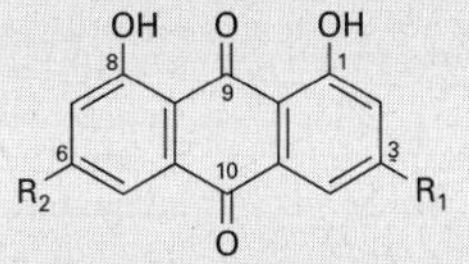

Name	R_1	R_2	Vorkommen (Beispiele)
Dantron	H	H	synthetisch
Chrysophanol	CH_3	H	Rheum palmatum, Andira araroba
Rheum-(Frangula-)Emodin	CH_3	OH	Rheum palmatum, Rhamnus frangula
Physcion	CH_3	OCH_3	Rheum palmatum
Aloe-Emodin	CH_2OH	H	Aloe
Rhein	COOH	H	Rheum palmatum

Anthranole, Anthrachinone sowie die (einfachen) Dianthrone u. Naphtho(di)anthrone. **Biogenese: 1.** Bei der Fam. Rubiaceae werden die Anthracenderivate (z. B. Alizarin aus dem Krapp) über Naphthochinonderivate (s. Aromatenbiosynthese) u. Mevalonsäure gebildet. **2.** Bei anderen Pflanzenfamilien, die die bekannten Abführdrogen liefern, erfolgt die Biogenese über den Polyketidweg von 1 Mol Acetyl-CoA ausgehend. Mit Hilfe von 7 Malonyl-CoA wird vorerst eine Polyketosäure gebildet, deren Carbonylgruppen dann teilweise reduziert werden. Gleichzeitig erfolgt eine Stabilisierung durch Cyclisierung u. Decarboxylierung. In Pfl. werden primär Anthrone gebildet, die mit Anthranolen tautomer sind. Gelbe Anthranole sind nur als Glykoside stabil. Über Zwischenstufen (Oxanthrone, Anthrahydrochinone) werden freie Anthrone zu Anthrachinonen oxidiert od. in Dianthrone, wie Naphthodianthrone (Hypericine) umgewandelt (s. Abb.). Anthracenderivate, die am C-1 u. C-8 phenolische Hydroxylgruppen u. am mittleren Ring mind. eine Ketogruppe haben, wirken abführend; s. Anthraglykoside.

Anthrachinon: 9,10-Dioxo-dihydroanthracen; $C_{14}H_8O_2$; M_r 208.2; D. 1.42; Schmp. 284-285 °C; Sdp. 380 °C. Gelbe Kristalle, unlösl. in Wasser, wenig lösl. in Ethanol u. Ether, leicht lösl. in heißem Benzol. **Darst.:** durch Oxidation von Anthracen mit Chromsäure (Kaliumdichromat u. Schwefelsäure); **Anw.:** Ausgangsprodukt zahlreicher wichtiger Teerfarbstoffe (z. B. Alizarine, Purpurin, Flavopurpurin). Im Pflanzenreich sind Derivate des Anthrachinons nicht selten; s. Anthrachinone.

Anthrachinone: 9,10-Anthracendione (s. Anthracenderivate), die größte Gruppe nat. vorkommender Chinone; von gelber, oranger, roter od. rotbrauner Farbe; fast alle nat. vorkommenden Anthrachinone sind hydroxyliert. Viele Vertreter dieser Naturstoffe (s. Tab.) wurden in niederen Pilzen (z. B. Penicillium, Aspergillus) gefunden, ein großer Teil in höheren Pflanzen, v. a. in den Fam. Rubiaceae (z. B. Alizarin), Rhamnaceae, Polygonaceae, Bignoniaceae, Verbeneaceae, Liliaceae; wenige in Insekten (z. B. in Coccionella-Schildlaus, s. Dactylopius coccus, Carmin). 1,8-Dihydroxyanthrachinonderivate (nicht also Alizarin) wirken abführend, s. Anthraglykoside. **Nachw.:** s. Bornträger-Reaktion.

Anthracinum:
Hom: Nosode, hergestellt aus Milzbrandbazillus; verord. z. B. bei Furunkeln, Karbunkeln, Neigung zu Gangrän.

Anthracokali:
Hom: Gemisch von Kaliumhydroxid u. Steinkohle; verord. z. B. bei Fieberzuständen, Ekzemen.

Anthraglykoside: Hydroxyanthracenglykoside, Hydroxyanthraglykoside; Glykoside der Hydroxyanthrachinone (Strukturformeln s. Anthrachinone), Hydroxyanthrone (Aloin*, Cascaroside) u. Hydroxydianthrone (Sennoside, Strukturformeln s. Cassia angustifolia, Abb.). **Vork.:** Die oxidationsempfindl. Anthron- u. Dianthronderivate kommen grundsätzl. als Glykoside vor, sie sind hauptsächl. mit Glucose, Rhamnose od. Apiose verbunden. Ledigl. Anthrachinonderivate können frei in Drogen vorkommen. Zur Biogenese s. Anhracenderivate. **Wirk.:** A. sind gut wasserlösl., werden aber kaum resorbiert. Sie wirken magenreizend u. haben die höchste Wirksamkeit (im Vergleich mit den Aglyka). Nach Einnahme werden die Glykoside im Dickdarm langsam enzymat. gespalten; dadurch entstehen, z. T. nach Reduktion der (bei der Lagerung der Droge gebildeten) Anthrachinonformen, erst die Wirkformen: Anthrole, Anthrone, Dianthrone (Strukturformeln s. Anthracenderivate). Diese wirken hydragog u. antiresorptiv. Die oxidierten Formen (Anthrachinone) weisen nur ca. 10 % der Wirksamkeit auf. Freie Hydroxyanthra-Verb. (z. B. Dantron) werden in den oberen Darmabschnitten resorbiert u. gelangen dann über die Leber in den Dickdarm (enterohepat. Kreislauf). **Herst.:** Die wichtigsten Anthraglykosiddrogen liefern: Aloe*, Cassia-Arten, Rhamnus-Arten, z. B. Rhamnus* frangula, Rheum* officinale. **Anw.:** Abführmittel; s. Laxanzien; **UAW:** s. Laxanzien; eine Einnahme sollte nicht länger als über 1-2 Wochen erfolgen.

Anthrakose: Kohlenstaublunge; persistierende Staublungenerkrankung, die durch Ablagerung eingeatmeten Kohlenstaubs in den Lungenbläschen verursacht wird.

Anthranilsäure: s. *o*-Aminobenzoesäure.

Anthranoide: nat. vorkommende Anthracenderivate. Beispiele: Anthraglykoside*, Alizarin*, Anthrarobin*, Chrysarobin.

Anthranole: s. Anthracenderivate.

Anthrarobin: Anthrarobinum, Desoxyalizarin, Leukoalizarin; 3,4-Dihydroxyanthranol; $C_{14}H_{10}O_3$, M_r 226.22. Reduktionsprodukt von Alizarin*. Gelbes bis braunes Pulver, geruch- u. fast geschmacklos, lösl. in heißem Wasser, Ether, Ethanol, leicht lösl. in verd. Alkalien. **Off.:** DAC86; **Anw.:** äußerl. bei Hautkrankheiten, Ekzemen, Pilzerkrankungen anstelle von Chrysarobin (s. Andira araroba), da es milder wirkt; vgl. Tinctura „Arning".

Anthratriol: s. Dithranol.

Anthrax: s. Milzbrand.

Anthrazen: s. Anthracen.

Anthrazit: s. Kohlenstoff.

Anthriscus cerefolium (L.) Hoffm.: Kerbel; Fam. Apiaceae (Umbelliferae) (heim. in Südeuropa). Stpfl. von **Herba Cerefolii:** Kerbel, Kerbelkraut. **Inhaltsst.:** äther. Öl (mit Methylchavicol), fettes Öl, Apiin*; **Anw.** volkstüml.: z. B. zu Frühjahrskuren, bei Skrofulose; hauptsächl. als Gewürz (frisches Kraut).

9-Anthron: 9(10*H*)-Anthracenon, M_r 194.22. Schmp. 155 °C. Farblose Nadeln, unlösl. in Wasser, lösl. in Ethanol u. Benzol; vgl. Anthracenderivate. 1,8-Dihydroxy-9-anthron ist das Aglykon von Aloin*.

Anthrone: s. Anthracenderivate.

Anthrophore: s. Bacilli.

Anthropozoonosen: Infektionen u. Krankheiten, die vom Tier auf den Menschen od. umgekehrt übertragbar sind; s. Zoonosen.

Anthyllis vulneraria L.: Wundklee, Tannenklee; Fam. Fabaceae (Leguminosae) (fast ganz Europa, u. a. N-Afrika). Stpfl. von **Flores Anthyllidis vulnerariae:** Wundkleeblüten. **Inhaltsst.:** Saponine, Gerbstoffe, Flavonoide (in den Samen Canavalin); **Anw.** volkstüml.: Wundheil-, Haarpflege-, Blutreinigungsmittel.

***anti*-:** s. Konformation.

Antiabortiva: s. Gynäkologika.

Antiadhäsionsmittel: s. Gleitmittel, Schmiermittel.

Antiadiposita: Medikamente zur Bekämpfung der Fettsucht u. Fettleibigkeit (Adipositas). **Wirkstoffe:** Verw. finden v. a. Appetitzügler*, die wegen gefährl. UAW aber nur in Ausnahmefällen verwendet werden sollten. Ebenso ist die Verw. von Hormonpräparaten (Schilddrüsenhormone, Hypophysenhormone) u. iodhaltigen Arzneimitteln mit großen Risiken verbunden. Außerdem kommen zum Einsatz: Orlistat*, ein Lipasehemmstoff, der die fettverdauenden Enzyme hemmt u. so die Resorption von ca. 30 % der Nahrungsfette verhindert; Sibutramin, das das Sättigungsgefühl durch Hemmung der neuronalen Wiederaufnahme von Noradrenalin u. Serotonin steigert. Da Adipositas v. a. auf einer zu reichen Kalorienzufuhr beruht, ist die Diät in Verbindung mit medikamentöser Zusatztherapie wie Multivitaminpräparaten, sowie körperl. Aktivität wichtigste Therapiemaßnahme.

Antiallergika: Arzneimittel zur Unterdrückung allerg. Symptome (s. Allergie). **1.** Hemmer der Mediatorfreisetzung: können bei allerg. Asthma u. Rhinitis sowie Konjunktivitis lokal verwendet werden; z. B. Cromoglicinsäure*, Nedocromil*-Natrium. Die prophylakt. Wirk. wird durch eine Stabilisierung der Mastzellen* erreicht. **2.** H_1-Antihistaminika*: spezif. Antagonisten der Mediatorsubstanzen* bevorzugt bei akuten Allergien (z. B. Heuschnupfen) eingesetzt; **3.** Glucocorticoide: die zur Gruppe der Corticosteroide (s. Hormone, Glucocorticoide) gehörenden Stoffe hemmen die Phospholipase A_2 u. unterdrücken so Abkömmlinge der Arachidonsäurekaskade (z. B. slow* reacting substances of anaphylaxis, Eicosanoide*), die für die allerg. Erscheinungen verantwortl. sind. Sie beeinflussen auch andere Mechanismen, die v. a. für die entzündl. Begleiterscheinungen der Allergie bedeutsam sind. Dem Vorteil einer langen Wirkungsdauer steht der Nachteil einer erhebl. Wirkungslatenz (auch bei parenteraler Applikation) gegenüber. Während die system. Anw. erhebliche UAW beinhaltet, ist die lokale Anw., z. B. bei allerg. Asthma od. allerg. Rhinitis, wesentl. besser verträgl. Auch Corticotropin (s. Hormone, corticotropes Hormon) wird zur Behandlung von Allergien verwendet; **4.** Calciumpräparate: s. Calciumtherapie; **5.** Beta-2-Sympathomimetika: s. Antiasthmatika; **6.** Anti-IGE-gerichtete Antikörper, z. B. Omalizumab; **7.** Leukotrienantagonisten* u. Lipoxygenase-Hemmstoffe.

Antianämika: Mittel gegen Anämien*. **Wirkstoffe:** nach Art u. Ursache; **1.** Eisensalze: bei Eisenmangel-Anämien; zur oralen Ther. 2-wertige Eisensalze wie z. B. Eisensulfat, -aspartat, -fumarat, -citrat (häufig stabilisiert mit Reduktionsmitteln wie Ascorbinsäure), da 3-wertige Eisensalze schlechter resorbiert werden. Zusätze von Polycarbonsäuren wie Bernsteinsäure* führen zu keiner Resorptionsverbesserung. **UAW:** v. a. gastrointestinale Beschwerden; **Anw.:** parenterale Anw. von Eisensalzen ist wegen der Gefahr einer Eisenvergiftung u. Gefäßwandschädigung an der Injektionsstelle nur in Ausnahmefällen wie z. B. bei Malabsorption* u. Colitis* ulcerosa angebracht. Dazu wird 3-wertiges Eisen zur langsameren Eisenfreigabe in komplexgebundener Form, z. B. als Natrium-Eisen(III)-citrat-Komplex od. Eisen(III)-saccharat, angewendet. Die Präparate müssen dabei in kleinen Dosen injiziert werden. Bei Eisenmangel-Anämien ist eine Kombination mit z. B. Cobalt* od. Folsäure (s. Vitamine) nicht sinnvoll, da kein Mangel an diesen Substanzen vorliegt. **2.** Vitamin-B_{12} u. Folsäure (s. Vitamine): bei hyperchromen Anämien wie perniziöser, megaloblast. u. makrozytärer Anämie; **3.** Epoetin*, bei schwerer renaler Anämie.

Antiandrogene: die Wirk. von Androgenen aufhebende Substanzen. **Wirkstoffe:** z. B. Cyproteron* (am wirksamsten), Chlormadinon* (unüblich), Flutamid*, Nilutamid*, ferner Bicalutamid* u. Finasterid*; **Anw.:** u. a. zur Behandlung des Hirsutismus* od. Prostatakarzinoms; bei krankhaft gesteigertem, männl. Sexualtrieb; vgl. Hormone.

Antianginosa: Arzneimittel zur Behandlung von Angina pectoris, s. Koronartherapeutika.

Antiapoptotika: Hemmstoffe der Apoptose*. Hormone, welche bei bestimmten Zelltypen das Wachstum u. das Überleben stimulieren besitzen i. d. R. antiapoptot. Eigenschaften.

Antiarrhythmika: Antifibrillanzien; Pharmaka zur Normalisierung der Herzschlagfolge. Nach elektrophysiol. Gesichtspunkten erfolgt die Einteilung der Substanzen nach Vaughan Williams: **Klasse I:** Natriumantagonisten; **IA** (Chinidintyp): Chinidin*, Ajmalin*, Disopyramid*, Procainamid*; bei ventrikulären u. supraventrikulären Arrhythmien. **IB** (Lidocaintyp): Lidocain*, Aprindin*, Mexiletin*, Phenytoin*, Tocainid*; Wirkungsort u. Indikation wie IA. **IC:** Flecainid*, Propafenon*; **Klasse II:** Betarezeptorenblocker, z. B. Metoprolol*, Atenolol*, Sotalol*, Oxprenolol*; bei ventrikulären, supraventrikulären Rhythmusstörungen, stressbedingten ventrikulären Extrasystolen; **Klasse III:** Repolarisationsantagonisten (Calcium-Ausströmhemmer), z. B. Amiodaron*, Sotalol* (auch Betarezeptorenblocker); bes. bei therapiefraktären ventrikulären u. supraventrikulären Störungen; **Klasse IV:** Calciumantagonisten*, z. B. Verapamil*, Gallopamil*, Diltiazem*; bei supraventrikulären tachykarden Störungen (verlängern Überleitung im AV-Knoten). Ferner werden z. B. bei Sinustachykardien u. Kammerextrasystolen herzwirksame Glykoside* verwendet. Zur Behandlung von bradykarden Herzrhythmusstörungen u. Überleitungsstörungen (z. B. AV-Block) werden (meist nur zur Akutbehandlung) Sympathomimetika* od. Parasympatholytika* wie Atropin angewendet.

Antiarteriosklerotika: s. Arteriosklerosemittel.

Antiarthritika: Arzneimittel gegen Gelenkentzündungen; s. Antirheumatika, Gichttherapeutika.

Antiasthmatika: Arzneimittel zur Behandlung des Asthma* bronchiale. Eine Kausalther. stellt die Desensibilisierung des Patienten dar, setzt aber die Kenntnis der Urs. voraus u. ist daher nur beschränkt möglich. Bei bakt. Ursachen sind Chemotherapeutika* angezeigt. **Wirkstoffe** (symptomat. Ther.): **1.** mastzellspezif. Antiallergika: Mastzellstabilisatoren; z. B. Cromoglicinsäure, Ketotifen; hemmen die Freisetzung von Entzündungsmediatoren aus Mastzellen*; **2.** Leukotrienrezeptorantagonisten*: z. B. Pranlukast*, Montelukast*, Zafirlukast* u. Hemmstoffe der 5-Lipoxygenase (vgl. Eicosanoide, Abb.1), z. B. Zileuton*; **3.** Broncholytika*: **a)** Beta-2-Sympatomimetika: bronchodilator., hemmen die Freisetzung der Mediatorstoffe aus den Mastzellen. In Aerosolform Mittel der Wahl bei akuten Asthmaanfällen, z. B. Salbutamol*, Fenoterol*, Formoterol*; **b)** Theophyllin* u. Derivate: stark bronchodilator., wirken mit Betasympathomimetika synergist. u. werden bei Asthma am besten parenteral verwendet; **c)** Parasympatholytika*: werden bei vagal bedingten Bronchialspasmen verwendet, meist mit Betasympathomimetika kombiniert; z. B. Ipratropiumbromid*; **4.** Antihistaminika*: verhindern histaminbedingte Bronchialspasmen; **5.** Glucocorticoide, s. Hormone (Nebennierenhormone): wirken immunsuppresiv u. werden nur bei schweren Formen system. angewendet; lokal (Aerosol) zur Anfallsbehandlung, z. B. Beclomethason-17,21-dipropionat*; **6.** Expektoranzien*: sollen durch Verflüssigung des Schleims dessen Auswurf erleichtern u. die Einengung des Bronchiallumens mit zähem Schleim verhindern. Vgl. Antiallergika.

Antibabypille: umgangssprachl. Bez. für Tabletten od. Dragees, die ein Estrogen-Gestagen-Gemisch zur Empfängnisverhütung enthalten; vgl. Kontrazeption, hormonelle.

Antiberiberi-Vitamin: s. Vitamine (Vitamin B_1).

Antibeschlagmittel: Präparate gegen das Beschlagen von Glas (Brillen, Schaufenster etc.) durch kondensierte Wassertröpfchen; enthalten z. B. Gemische aus Gerbstoffen, Fettalkoholsulfonaten u. Glycerol od. Lösungen von Siliconölen.

Antibiogramm: Ergebnis versch. bakteriol. Untersuchungsmethoden zur Resistenzbestimmung von Bakterien. **Methoden:** **1.** Reihenverdünnungstest: in unterschiedl. Konz. werden Chemotherapeutika* od. Antibiotika* in Nährmedien gelöst, die mit einer definierten Keimzahl beschickt wurden; Auswertung durch Vergleich mit einem Kontrollmedium ohne Chemotherapeutika; s. minimale Hemmkonz. (MHK*), minimale bakterizide Konz. (MBK*); **2.** Brake-point-Methode: Reihenverdünnungstest mit nur 3-4 Antibiotikakonz., die im Bereich der Resistenzgrenze liegen; **3.** Agardiffusionstest, Hemmhoftest: Arzneimittel werden in Form von imprägniertem Filterpapier (Blättchentest) auf Nährböden aufgebracht, die mit Bakt. beschickt wurden. Bei Empfindlichkeit der Erreger bilden sich um die aufgelegten Filterpapierblättchen Hemmhöfe, deren Größe mit der Empfindlichkeit der Erreger korreliert. Vgl. Resistenz.

Antibiose: Wachstumshemmung od. Abtötung von Mikroorganismen durch Stoffwechselprodukte anderer Bakt., Pilze u. z. T. auch höherer Pflanzen. Biol. Grundlage für die Anw. von Antibiotika*; Ggs. Symbiose*.

Antibiotika: org.-chem. Verbindungen, die aus lebenden Zellen von Mikroorganismen, Pilzen, Flechten, Algen od. von höheren Pflanzen od. als deren Stoffwechselprodukt aus dem Substrat isoliert werden u. die imstande sind, schon in niedriger Konz. andere Mikroorganismen, Viren, Pilze abzutöten od. in ihrem Wachstum zu hemmen. Unter diesen Begriff fallen heute auch chem. verwandte Verbindungen u. die Derivate der eigentl. Antibiotika.

Gesch.: Pasteur erkannte das Phänomen der sog. Antibiose (1879), d. h., dass das Wachstum gewisser Bakterien durch andere Keime gehemmt wird, sowie den Wert dieser Entdeckung für die Therapie von Infektionskrankheiten. 1899 stellten zwei deutsche Forscher (Emmerich u. Loew) aus dem Stoffwechselprodukt von Pseudomonas* aeruginosa, auf das schon 10 Jahre zuvor Freudenreich aufmerksam gemacht hatte, ein Präparat, die Pyocyanase*, her. Dieses Präperat wirkte auf versch. Krankheitserreger (Typhus, Milzbrand, Diphtherie u. a.) wachstumshemmend, geriet aber trotz der Erfolge in Vergessenheit. 1928 entdeckte der Londoner Bakteriologe Alexander Fleming (1881-1955), dass eine ausgeschiedene Substanz des Schimmelpilzes Penicillium notatum, der sich

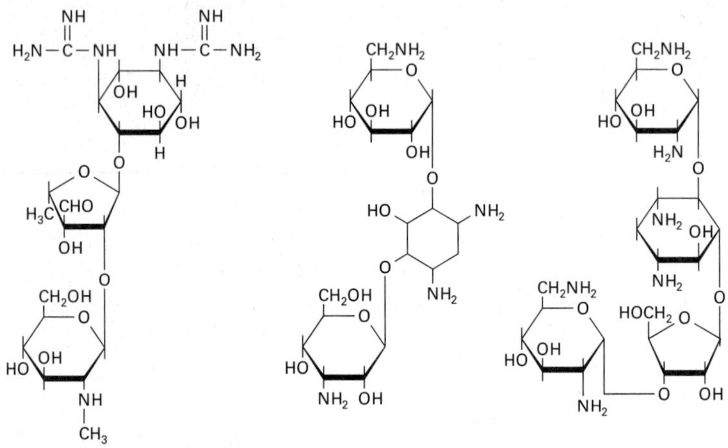

Antibiotika Abb. 1: Beispiele für Aminoglykosid-Antibiotika; links: Streptomycin; Mitte: Kanamycin; rechts: Neomycin C

zufällig auf einer Staphylococcus-pyogenes-Kultur angesiedelt hatte, eine Reihe anderer Bakterien auflöste od. deren Wachstum hemmte, nannte diese zunächst rein hypothet. Substanz Penicillin. Erst 1940 vom Oxford-Kreis (Team mit Fleming, Florey, Chain) isoliert; Produktion in den USA ab 1943; deutsche Entwicklung ab 1942 mit 1. Präparat 1946 (Wundpuder). Die allg. Bezeichnung Antibiotikum geht auf Abraham S. Waksman (1888-1973), der 1943 das Streptomycin entdeckte, zurück.

Allgemeines: bis 1987 sind ca. 7000 A. entdeckt worden, von denen ca. 4500 von Actinomyceten (s. Actinomycetales) stammen. Es werden nur verhältnismäßig wenige in der Ther. verwendet, da die meisten entweder zu giftig od. zu wenig wirksam sind. A. finden auch in der Tierzucht zur Beschleunigung der Mast od. zum Eindämmen der Sterblichkeit Verw., ferner dienen sie zur Konservierung von Nahrungsmitteln. Nach der **Wirkungsstärke** unterscheidet man bakteriostat. A., die das Wachstum reversibel hemmen, während bakterizide A. die Mikroorganismen töten. Die Wirkungsintensität ist von der Konz. der A. am Wirkungsort abhängig. Der Wert, der die Empfindlichkeit eines bestimmten Keimes gegen ein bestimmtes A. angibt, ist die **minimale Hemmkonzentration** (s. MHK).

Verantwortl. für die antimikrobielle Aktivität der A. sind versch. **Wirkungsmechanismen:** **1. Hemmung der Zellwandbiosynthese:** führt nur zu einer Hemmung der proliferierenden Keime; **2. Änderung der Permeabilität der Zytoplasmamembran:** stört den Stoffwechsel sowohl der ruhenden als auch der proliferierenden Keime; **3. Hemmung der Proteinbiosynthese:** wirkt bei ruhenden u. proliferierenden Keimen. Dabei ist eine Störung sowohl der Transkription* als auch der Translation* möglich; **4. Hemmung der DNA- u. RNA-Synthese:** führt zur Hemmung der Zellvermehrung bzw. der Proteinbiosynthese; **5. Antimetabolitenwirkung:** verhindert die Bildung wichtiger Zellbestandteile meist durch Interaktion mit Enzymen.

Resistenzformen: **1.** nat. Resistenz: die genet. bedingte Unempfindlichkeit des Mikroorganismus gegen ein bestimmtes A.; z. B. **a)** bei gramnegativen Bakterien ist Benzylpenicillin unwirksam, weil es die Zellwand nicht passieren kann; **b)** inaktivierende Enzyme, die von Bakterien gebildet werden, als Ursache für nat. Resistenzen: Penicilline u. Cefalosporine werden durch spezif. Betalactamasen (Penicillinasen) durch Spaltung des Betalactamringes inaktiviert; **2.** erworbene Resistenz: entwickelt sich erst durch den Kontakt der Erreger mit dem A., s. u. (Resistenzentwicklung); **3.** Resistenz gegen Penicilline u. Cefalosporine: Bildung von zellwandfreien Formen der Bakterien (L-Formen); **4.** primäre Resistenz: Anteile der Mikroorganismen werden schon zu Beginn der Behandlung resistent; **5.** sekundäre Resistenz: entwickelt sich erst während der Therapie. Bei der Anw. von Betalactam*-A. kann es zu **Erregerpersistenzen** kommen, worunter man das Überleben der Erreger im Ruhezustand ohne Ausbildung einer Resistenz versteht. Von Erregerresistenz spricht man, wenn sich die Erreger bei therap. wirksamen Konz. eines A. noch vermehren.

Versch. Mechanismen der **Resistenzentwicklung:** **1.** durch Mutation des Genmaterials der Keime u. anschl. Selektion resistenter Stämme. Es sind Spontanmutationen (Streptomycintyp) u. Mehrstufenmutationen (Penicillintyp) möglich; **2.** durch extrachromosomale Übertragung des entspr. Genmaterials auf andere Mikroorganismen (Übertragung von R*-Faktoren bei gramnegativen Stäbchenbakterien, durch Phagen u. durch Plasmide nur bei Staphylokokken). Bei der Transduktion* wird informationstragende DNA durch Bakteriophagen übertragen. Im Falle der Transformation* wird die DNA lysierter Bakterienzellen aufgenommen. Bei Konjugation* wird während direkten Zellkontaktes der Bakt. die Resistenzeigenschaft durch extrasomale Gene, die Plasmide* od. R-Faktoren, übertragen. Die Resistenz eines Mikroorganismenstammes richtet sich gegen eine ganze Gruppe verwandter A. mit gleichem Wirkungsmechanismus (**Kreuzresistenz**). Um die

Antibiotika

Name und Antibiotikaklasse	Applikation[1]	UAW[2]	grampositive Erreger[3]: Streptokokken	Pneumokokken	Staphylokokken	gramnegative Erreger[3]: Gonokokken	Meningokokken	Bacteroides fragilis	Haemophilus influenza	Escherichia coli	Pseudomonas aeruginosa	Proteus vulgaris	Proteus mirabilis	Salmonellen	Shigellen	Klebsiellen
Aminoglykosid-Antibiotika																
Anwendung klassisch																
Streptomycin	p	#			#					#		+	+	+	+	#
Dihydrostreptomycin	a. H.	#			#					#	#	#				#
Anwendung lokal																
Framycetin	a. H.	#			+					+		+	+	#	#	
Kanamycin	l	#			#					#		+	+			#
Paromycin	l	#			#					#		#	#	#	#	#
Anwendung systemisch																
Amikacin	p	+			#					#	#	#	#			#
Gentamicin	p	+			#	+			+	#	#	+	+	+		#
Netilmicin	p	+			#					#			#			#
Sisomicin	a. H.	+			+						#	#	#			#
Spectinomycin	p	+			#	#				+	+	+	+			
Tobramycin	p	+			#	+			+	#	#	#	+	+		#
Cephalosporin-Antibiotika																
Anwendung klassisch																
Cefaloridin	a. H.	+	#	#	#	#	#									
Cefalotin	a. H.	+	#	#	#	#	#									
Cefazedon	a. H.	+	#	#	#	#	#			+						
Cefacetril	p	+	#	#	#	#	#									
Cefazolin	p	+	#	#	#	#	#			+						
z. T. Betalactamase-stabil																
Cefamandol	a. H.	+	+	+	#	+	+		#					#		
Ceftibuten	o		#			+	+		#	#	+	#	#	#	#	#
Cefuroxim	p	+	#	+	+	#	#		#	#	+	+		#		
hohe Betalactamase-Stabilität, Breitspektrum																
Cefepim	o	+	+	+	+				+	+	+		+			+
Cefetamet	a. H.		#			#			#	#		#	#	#	#	#
Cefixim	o	+	+	+					+		+	+	+		+	+
Cefmenoxim	a. H.	+	+	+	+	#	+		#		+	#	#			#
Cefodizim	a. H.		#		#	#	#	+	#	#		#	#	#	#	#
Cefoperazon	p	+	+	+	+	+	+		#		#					
Cefotaxim	p	+	+	+	+	#	+		#			#	#			#
Cefotiam	p	+	+		+	+	+		+	+						#
Cefpodoxim	o		#		#	#			#	#		#	#			#
Ceftazidim	p	+	+	+	+	+	+		+		#	#	#			
Ceftizoxim	a. H.	+	+	+	+	#	+		#	#	+	#	#			#
Ceftriaxon	p	+	+	+	+	#	+		#	#	+	#	#			#
Cefsulodin	a. H.	+		+	+	+				+	#					
Loracarbef	o		#		#		#		#	#			#			#
Cephamycine, Betalactamase-stabil																
Cefditoren	o	+														
Cefoxitin	p	+	+	+	+	+	+	#		#						#
Cefotetan	a. H.	+	+	+	+	+	+	#		#						#
Latamoxef	a. H.	+	+	+	+	+	+	#	#							

Fortsetzung nächste Seite

A Fortsetzung v. S. 101

Name und Antibiotikaklasse	Applikation[1]	UAW[2]	grampositive Erreger[3]			gramnegative Erreger[3]										
			Streptokokken	Pneumokokken	Staphylokokken	Gonokokken	Meningokokken	Bacteroides fragilis	Haemophilus influenza	Escherichia coli	Pseudomonas aeruginosa	Proteus vulgaris	Proteus mirabilis	Salmonellen	Shigellen	Klebsiellen
Oral-Cefalosporine																
Cefaclor	o	+	+	+	+	+	+		+	+			+			
Cefadroxil	o	+	+	+	+	+	+									
Cefalexin	o	+	+	+	+	+	+									
Cefradin	a. H.	+	+	+	+	+	+									
Chloramphenicole/Thiamphenicole																
Chloramphenicol	o	#	+	+	+	+	+	+	#	+		+	+	#	+	+
Thiamphenicol	a. H.	#	+	+	+	+	+	+	#	+		+	+	#	+	+
Fosfomycin	p	+	+		#	#			#	+	+		+	+	+	+
Lincomycin-Antibiotika																
Clindamycin	o	+	+	#	#			#								
Lincomycin	o	+	+	+	+			+								
Makrolid-Antibiotika																
Azithromycin	o	+	#	+	#	#		#	#	+				+	#	
Clarithromycin	o	+	+		+				(+)							
Erythromycin	o, p		#	#		#										
Josamycin	o		#	#		#		#	#							
Roxithromycin	o	+	+		+			(+)								
Spiramycin	o		+	+		+										
Penicillin-Antibiotika																
Anwendung klassisch																
Benzylpenicillin	p	+	#	#		#	#									
Schmalspektrum-Penicilline																
Azidocillin	o	+	#	#		#	#		#							
Pheneticillin	a. H.	+	+	+		+	+		+							
Phenoxymethylpenicillin	o	+	#	#		#	#									
Propicillin	o	+	#	+		+	+									
Penicillinase-feste Penicilline = Isoxazolylpenicilline																
Cloxacillin	a. H.	+	+	+	#	+	+									
Dicloxacillin	o, p	+	+	+	#	+	+									
Flucloxacillin	o, p	+	+	+	#	+	+									
Meticillin	a. H.	+	+	+	#	+	+									
Oxacillin	o, p	+	+	+	#	+	+									
Breitspektrum-Penicilline, Ampicillinderivate																
Amoxycillin	o	+	+	+	+	+	+		#	#			#	#	#	
Ampicillin	o, p	+	+	+	+	+	+		#	#			#	#	#	
Bacampicillin	a. H.	+	+	+	+	+	+		#	#			#	#	#	
Epicillin	a. H.	+	+	+	+	+	+		#	#			#	#	#	
Pivampicillin	a. H.	+	+	+	+	+	+		#	#			#	#	#	
Breitspektrum-Penicilline, Carboxypenicilline																
Carbenicillin	a. H.	+	+	+	+	+	+	+		+	+	+	+			
Carindacillin	a. H.	+	+	+	+	+	+	+		+	+	+	+			
Temocillin	a. H.	+	+	+	+	+	+		#	+		+	+			
Ticarcillin	a. H.	+	+	+	+	+	+	+	#	+	#	+	+			
Breitspektrum-Penicilline, Acylaminopenicilline																
Apalcillin	a. H.	+	+	+	+	+	+	#	#	#	#	#	#	+		
Azlocillin	a. H.	+	+	+	+	+	+	+	#	+	#	+	#	+		

Name und Antibiotikaklasse	Applikation[1]	UAW[2]	grampositive Erreger[3]			gramnegative Erreger[3]										
			Streptokokken	Pneumokokken	Staphylokokken	Gonokokken	Meningokokken	Bacteroides fragilis	Haemophilus influenza	Escherichia coli	Pseudomonas aeruginosa	Proteus vulgaris	Proteus mirabilis	Salmonellen	Shigellen	Klebsiellen
Mezlocillin	p	+	+	+	+	+	+	+		#	+	#	#	+		
Piperacillin	p	+	+	+	+	+	+	#	#	#	#	#	#	+		
weitere Betalactame																
Aztreonam	p	+							+	+	#			+	+	+
Biapenem	p	+														
Ertapenem	p	+	+		+				+	+						
Imipenem	p	+	+	+	+			#	#	+	#	+	+			
Meropenem	p	+	+	+	+	#	#	#		#	#	#	#	#	#	#
Polypeptid-Antibiotika																
Polymyxine																
Colistin	o, p	#							+	#	#			+	+	#
Polymyxin B	o, p	#							+	#	#			+	+	#
Anwendung lokal																
Amphomycin	l	#	+	+	+	+	+									
Bacitracin	l	#	+	+	+	+	+	+								
Tyrothricin	l	#	+	+	+	+	+									
Glykopeptid-Antibiotika																
Teicoplan	p	+	+	+	+											
Vancomycin	o, p	+	+	+	#											
Tetracyclin-Antibiotika																
Chlortetracyclin						#	+	#	#	#				#	#	#
Demeclocyclin						#	+	#	#	#				#	#	#
Doxycyclin	o, p	+	+	+	+	#	+	#	#	#				#	#	#
Metacyclin	a. H.	+	+	+	+	#	+	#	#	#				#	#	#
Mezlocyclin	a. H.	+	+	+	+	#	+	#	#	#				#	#	#
Minocyclin	o, p	+	+	+	+	#	+	#	#	#				#	#	#
Oxytetracyclin	o, p	+	+	+	+	#	+	#	#	#				#	#	#
Rolitetracyclin	a. H.	+	+	+	+	#	+	#	#	#				#	#	#
Tetracyclin	o, p	+	+	+	+	#	+	#	#	#				#	#	#

[1]p: parenteral; l: lokal; o: oral; a. H.: außer Handel;
[2]+: UAW beobachtet; #: sehr starke UAW beobachtet;
[3]+: wirksam; #: stark wirksam; (+): schwach wirksam

Wirksamkeit eines A. od. die Resistenz der Mikroorganismen festzustellen, kann ein Antibiogramm* erstellt werden, wobei die Wirk. des A. gegen die betreffenden Keime in Kulturen getestet wird. Nach ihrer Herkunft u. chem. Struktur werden die A. in versch. Gruppen unterteilt.

Typen: 1. Aminoglykosid-Antibiotika: Einheitl. Gruppe von A., die aus Streptomyces- (Endsilbe -mycin) u. Mikromonospora-Stämmen (Endsilbe -micin) isoliert wurden. Es handelt sich dabei um tri- u. tetrasaccharidartige Verbindungen, wobei als Monosaccharidbausteine z. B. Streptose* od. N-Methylglucosamin u. als Aglyka versch. cykl. Aminozucker, z. B. 2-Desoxystreptamin od. Streptidin, fungieren (Abb. 1). Als erster Vertreter wurde 1943 von Waksman das Streptomycin* isoliert u. 1945 in die Ther. eingeführt. **Wirkstoffe:** Streptomycin, Neomycin, Kanamycin, Gentamycin, Spectinomycin; **Wirk.**: bakterizid im Ruhe- u. Proliferationsstadium auf grampositive u. gramnegative Erreger, einschließl. diverser Problemkeime (s. Tab.). Die Wirkstoffmoleküle lagern sich irreversibel an die 30-S-Untereinheiten der bakteriellen Ribosomen* an, stören damit das Ablesen der mRNA* u. in der Folge die Proteinsynthese der Keime. **Kinetik:** p. o. kommt es zu keiner Resorption, so dass eine parenterale Applikation, meist als Sulfat, erforderl. ist. Auch topische Anw. ist üblich. Bei Nierenschäden ist Vorsicht geboten, da die Aminoglykosid-A. durch glomuläre Filtration (unverändert) eliminiert werden; **UAW:** alle Aminoglykosid-A. können aus-

A

geprägte u. irreversible UAW hervorrufen. Dazu gehören: **a)** Schädigung des Gleichgewichtsinnes u. der Hörnerven (Schwindel, Ohrenklingen), bes. bei eingeschränkter Nierenfunktion; **b)** Nephrotoxizität, v. a. bei hoher Dosierung u. schon bestehenden Nierenschäden; **c)** selten allerg. Reaktionen. Wegen dieser UAW sollten Aminoglykosid-A. nur lokal od. zur Behandlung schwerer Infektionen mit Problemkeimen eingesetzt werden. Sorgfältige Dosierung bei Patienten mit Nierenfunktionsstörungen; Aminoglykosid-A. sind in der Schwangerschaft kontraindiziert; **Resistenz:** Streptomycin* führt zu einer sehr raschen, meist einstufigen Resistenzentwicklung. Weniger rasch ist die Resistenzentwicklung bei Anw. moderner A. Innerhalb der Wirkstoffgruppe besteht eine partielle Kreuzresistenz.

2. Cefalosporin-Antibiotika: halbsynthet. A., die im wesentl. Derivate des aus Cephalosporium acremonium isolierten Cefalosporin C sind. Die gemeinsame Grundstruktur ist die 7-Aminocefalosporansäure, die dem Grundgerüst von Penicillin sehr ähnl. ist: ein Betalactamring, verknüpft mit einem Dihydrothiazinring (Abb. 2). Das nat. vorkommende Cefalosporin C zeigt nur geringe antibiot. Aktivität, die erst durch Derivatisierung an Stellung 7 erreicht wird, während die Änderung des Substituenten in Stellung 3 eine Beeinflussung der pharmakokin. Eigenschaften ermöglicht. **Wirk.:** Cefalosporin A. wirken bakterizid durch Hemmung der Zellwandbiosynthese der Erreger in der Proliferationsphase. Das Wirkungsspektrum umfasst grampositive u. gramnegative Keime, einschließl. der penicillinresistenten Staphylokokken. Unwirksam gegen Enterokokken (s. Tab.); **Kinetik:** Applikation erfolgt parenteral, da bei peroraler Applikation keine Resorption erfolgt. Ausgenommen davon sind die neueren Oral-Cefalosporine (s. Tab.). Die Elimination erfolgt meist renal, wobei es zu hohen Harnkonz. kommt. Es besteht kaum Kumulationsgefahr; **UAW:** allerg. Reaktionen, gastrointestinale Störungen u. Nephrotoxizität (bei den meisten Substanzen in therap. Dosierung nicht relevant; signifikante Nephrotoxizität besitzt nur Cephaloridin, das daher obsolet ist). Einige zeigen aufgrund der Hemmung der Acetaldehyd-Dehydrogenase eine Inkomp. mit Ethanol (ähnlich dem Antabuseffekt*); **Resistenz:** Eine primäre Unempfindlichkeit grampositiver Keime gegenüber Cefalosporin A. ist selten, bei gramnegativen häufiger; eine sekundäre Resistenzentwicklung während der Ther. ist ebenfalls selten u. erfolgt langsam; es besteht keine Kreuzresistenz mit Penicillin G, eine partielle Kreuzresistenz mit anderen Penicillinderivaten.

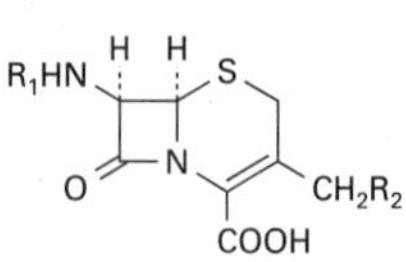

7-Aminocefalosporansäure: $R_1 = H$

$R_2 = OCOCH_3$

Cefalosporin C: $R_1 = {}^{-}OOC-CH(NH_3^+)-(CH_2)_3-CO$

$R_2 = OCOCH_3$

Antibiotika Abb. 2: Cephalosporin-Antibiotika

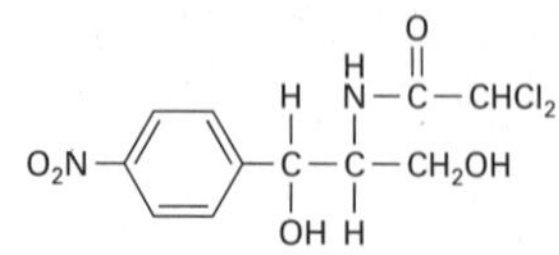

Antibiotika Abb. 3: Chloramphenicol-Antibiotika; Chloramphenicol als Beispiel

3. Chloramphenicol-Antibiotika: Chloramphenicol* wurde 1947 als erstes Breitspektrum-A. aus Streptomyces venezuelae isoliert. Eine *p*-Nitrophenyl-dichloracetyl-Struktur (Abb. 3) ist das gemeinsame Grundgerüst der Chloramphenicol-A., die wegen dieses einfachen Aufbaus heute großteils synth. gew. werden. Sie wirken bakteriostat. durch Hemmung der Proteinbiosynthese der Bakterien. **Anw.:** Typhus, Paratyphus, versch. Meningitiden, durch UAW (Hämotoxizität) stark eingeschränkt; **Wirk.:** sehr weites Wirkungsspektrum; es werden grampositive u. gramnegative Keime erfasst, Rickettsien, Chlamydien, Spirochäten, versch. Mycoplasmen u. Bacteroides; stark wirksam auf Haemophilus influenzae, Neisseria meningitidis, Salmonella typhi u. Bordetella pertussis; **Kinetik:** Chloramphenicol-A. werden nach p. o. Gabe gut resorbiert. Die Elimination erfolgt biliär nach Bindung an Glucuronsäure; **UAW:** 2 Formen der Knochemarkdepression, eine irreversible Knochenmarkdepression, die dosisunabhängig zur aplast. Anämie führt u. mit einer hohen Letalität verbunden ist. Häufiger ist die 2. Form, die dosisabhängig (Plasmaspiegel >25µg/ml od. Tagesdosen >4 g/d) ist u. üblicherweise reversibel nach Absetzten des Chloramphenicols. Folgen: Anämie, Retikulozytopenie, Leukopenie Thrombozytopenie. Gray-Syndrom tritt bei einer Überschreitung der Dosis von 25 mg/kg KG bei Neu- u. Frühgeborenen auf. Grund ist die zu langsame Glucoronidierung u. Elimination der Chloramphenicol-A. wegen des noch nicht voll ausgebildeten Enzymsystems; **Resistenz:** selten u. langsame Entwicklung.

4. Ketolid-Antibiotika: Ketolide; neue Generation von A., die sich vom Erythromycin A ableiten. Der entscheidende Unterschied liegt in der Keto-Gruppe, die die L-Cladinose an Position 3 ersetzt. Diese Keto-Gruppe bringt eine höhere Säurestabilität u. erlaubt eine Bindung an Ribosomen, ohne dass es zu einer Expression der MLB-Resistenz (MLB: Makrolid-Lincosamid-Streptogramin) in induzierbaren Stämmen kommt. Telithromycin*, das erste handelsübl. Ketolid, weist darüber hinaus eine höhere in vitro-Potenz gegen Keime wie Moraxella catarrhalis, Haemophilus influenzae od. Streptococcus pyogenes im Vergleich zu Erythromycin auf. **5. Lincomycin-Antibiotika:** Lincosamide; kleine Gruppe von Schmalspektrum-A. mit gemeinsamem Pyranosid-Grundgerüst, gebildet von Streptomyces lincolnensis. **Anw.:** therapieresisten-

te Infekte durch grampositive Keime u. Anaerobierinfekte; **Wirk.:** bakteriostat. auf grampositive Erreger (Staphylo-, Strepto- u. Pneumokokken) u. Anaerobier (Clostridien, Actinomyceten, Bacteroides, anaerobe Streptokokken) durch Hemmung der Proteinbiosynthese (s. Tab.); **Kinetik:** Lincomycin-A. werden nach p.o. Gabe gut resorbiert u. weisen eine hohe Metabolisierungsrate auf; **UAW:** gastrointestinale Störungen durch Beeinträchtigung der anaeroben Darmflora, können bis zur tödl. pseudomembranösen Enterokolitis führen; daher nur nach strenger Indikationsstellung anwenden; sekundäre Resistenzentwicklung selten; teilweise Kreuzresistenz mit Makrolid-Antibiotika.
6. **Makrolid-Antibiotika:** Gruppe von Schmalspektrum-A., die aus Streptomyces-Kulturen isoliert werden. Das gemeinsame Grundgerüst ist ein makrocycl. Lactonring mit einem od. mehreren glykosid. gebundenen Zuckersubstituenten. **Vertreter:** Erythromycin, Clarithromycin, Roxithromycin, Azithromycin, Josamycin, Spiramycin A; **Anw.:** Mykoplasma-u. Legionellenpneumonie; sexuell übertragbare Erkrankungen, Spiramycin bei Toxoplasmose in der Schwangerschaft; **Wirk.:** bakteriostat. durch Hemmung der Proteinbiosynthese. Das Wirkungsspektrum umfasst v.a. grampositive Keime, aber auch z.B. Mycoplasma pneumoniae, Rickettsien u. Chlamydien; **UAW:** gut verträgl., selten gastrointestinale Beschwerden, Allergien; **Kinetik:** p.o. Applikation ist mögl.; **Resistenz:** schnelle Resistenzentwicklung; Kreuzresistenz innerhalb der Makrolid-A., teilweise zu Lincomycin-A. u. Chloramphenicol (s. Tab.). Weiterentwicklung: Ketolide
7. **Penicillin-Antibiotika:** A. mit 6-Aminopenicillansäure (Abk. 6-APA od. Penin, 1959 von Batchelor u. Mitarbeitern isoliert) als gemeinsamem Grundgerüst, bestehend aus einem Thiazolidinring kondensiert mit einem Betalactamring mit einer Aminogruppe in Stellung 6 (s. Abb. 4), auch als Penam bezeichnet. Die versch. Varianten unterscheiden sich durch die Seitenkette an der Säureamidgruppe u. werden nach amerikan. Nomenklatur mit Buchstaben, nach engl. Nomenklatur mit Zahlen bezeichnet: Penicillin F (I) (δ^2-Pentenylpenicillin); Penicillin G (II) (Benzylpenicillin); Penicillin X (III) (*p*-Hydroxybenzylpenicillin); Penicillin K (IV) (*n*-Heptylpenicillin); Penicillin V (Phenoxymethylpenicillin); Penicillin O (Allylmercaptomethylpenicillin); Dihydroflavicin (*n*-Amylpenicillin). Die Penicillinproduktion geht heute meist vom Penicillium chrysogenum aus u. wird im Submersverfahren* unter Zusatz von Präcursern betrieben. **a)** Benzylpenicillin (Penicillin G), das ursprüngl. verwendete P., mit einer Phenylacetamido-Seitenkette ist säurelabil u. kommt daher nur zur parenteralen Anw. in Frage. Die Natrium- u. Kaliumsalze wirken rasch, werden aber schnell eliminiert. Depotformen von Penicillin G, wie Procain-, Clemizol-, Benzathin- u. Penethamat-Penicillin G garantieren eine lange Wirkung. Benzylpenicillin ist das wirksamste Penicillin-A., da alle Derivatisierungen Wirkungsverluste mit sich bringen. **b)** Penicillin V (Phenoxymethylpenicillin*) mit einer Phenoxyacetamido-Seitenkette wurde als erstes säurestabiles, zur

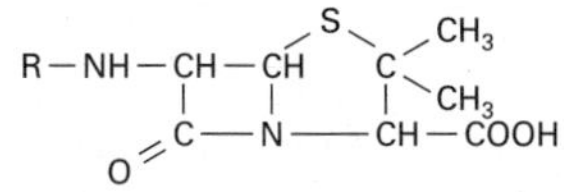

	R
6-APA	H–
Benzylpenicillin (Penicillin G)	$C_6H_5-CH_2-CO-$
Pentenylpenicillin (Penicillin F)	$CH_3CH_2-CH=CH-CH_2-CO-$
n-Heptylpenicillin (Penicillin K)	$CH_3(CH_2)_6-CO-$
Penicillin N	$HOOC-CH(NH_2)(CH_2)_3-CO-$
6-Aminopenicillansäure (6 APS)	H–
Penicillin X	$HO-C_6H_4-CH_2-CO-$
Penicillin V	$C_6H_5O-CH_2-CO-$
Ampicillin	$C_6H_5-CH(NH_2)-CO-$

Antibiotika Abb. 4: Strukturen der 6-Aminopenicillansäure (6-APA) und der wichtigsten Penicilline

oralen Applikation geeignetes Penicillin-A. eingeführt. Verwendet werden auch seine Kalium-, Calcium- u. Benzathinsalze. Weitere Oralpenicilline sind Propicillin u. Azidocillin (s. Tab.). Nachteil dieser älteren P. ist die Instabilität gegenüber den von vielen Bakterien, v.a. Staphylokokken, gebildeten Penicillinasen, die durch Spaltung des Betalactamringes zu Wirkungsverlust führen. Durch größere Substituenten am Betalactamring ist diese Spaltung unmöglich. Entsprechende Penicillin-A. sind Oxacillin, Cloxacillin, Dicloxacillin u. Flucloxacillin (s. Tab.). Weiterentwicklungen führten zu säure- u. betalactamasestabilen Breitspektrum-Penicillin-Antibiotika. Sie hemmen zusätzl. gramnegative Erreger, wie Haemophilus influenzae, Salmonellen, Proteus mirabilis u. Enterokokken. Außerdem wurden Penicillin-A. mit spezif. Wirk. auf gramnegative Problemkeime entwickelt. **Anw.:** Strepto-, Pneumo-, Staphylo-, Meningokokken-Infektionen, Gonorrhö, Scharlach, Diphtherie, Angina u. rheumat. Fieber; **Wirkungsmechanismus:** beruht auf der Hemmung der Peptidoglykansynthese u. damit der Zellwandbiosynthese der Bakterien. Die Wirk. ist bakteriostat.; bakterizid nur in der Proliferationsphase. **UAW:** allerg. Reaktionen treten in 0.5-2% der Fälle auf. Da das Allergen die 6-Aminopenicillansäure ist od. ihre Abbauprodukte, tritt Kreuzallergie bei allen Penicillinen auf. Neurotox. UAW werden durch sehr hohe Penicillin-Dosen (über 20 Mio I.E.) ausgelöst; v.a. bei erhöhter Krampfbereitschaft u. Meningitis. Herxheimer-Reaktion am Behandlungsbeginn der Lues. Abgesehen von den Penicillin-Allergien besteht gute Verträglichkeit auch für Kleinkinder u. während der Schwangerschaft; **Resistenz:** selten u. langsam;

A

8. Polypeptid-Antibiotika: Schmalspektrum-A., deren kompliziertes Grundgerüst zum Großteil aus Aminosäuren besteht. **Anw.:** wegen der UAW auf topische Behandlungen von Hautinfektionen u. Inhalation (z. B. Colistin) beschränkt; **Wirk.:** bakterizid durch Änderung der Permeabilität der Zytoplasmamembran der Bakterien. Sie zeigen gute Wirksamkeit geg. grampositive Keime; **UAW:** Nephro-, Oto- u. Neurotoxizität. Zur Erweiterung des Wirkungsspektrums werden sie häufig mit Neomycin* od. Polymyxinen kombiniert. Polymyxine sind zykl. Decapeptide, die von Bacillus polymyxa gebildet werden. Trotz ihrer guten Wirksamkeit gegen gramnegative Keime sind sie wegen ihrer Neuro- u. Nephrotoxizität verdrängt worden. Wichtige Vertreter sind Colistin*, Polymyxin* B (s. Tab.), Bacitracin, Ciclosporin A, Dactinomycin, Gramicidin u. Tyrocidin sowie Capreomycin. **Glykopeptid-Antibiotika** hemmen die Mureinsynthese u. wirken auf grampositive Keime, z. B. Teicoplanin* u. Vancomycin*; **9. Tetracyclin-Antibiotika:** Breitspektrum-A. mit einem Naphthacen-Grundgerüst (s. Abb. 5). Sie reagieren amphoter. Als erstes wurde Chlortetracyclin (Aureomycin) aus Streptomyces-Stämmen isoliert u. 1948 in die Ther. eingeführt. Die modernen Tetracycline werden halbsynth. z. B. aus Chlortetracyclin gewonnen. Sie unterscheiden sich untereinander nicht in Wirkungsweise u. Wirkungsspektrum, sondern in Wirkungsintensität u. Pharmakokinetik. **Anw.:** Mischinfektionen des Gastrointestinaltraktes, der oberen Luftwege u. der Harnwege, sowie chron. Bronchitiden u. Infektionen durch empfindl. gramnegative Keime (s. Tab.); **Wirk.:** Tetracyclin-A. hemmen die Proteinbiosynthese der Bakterien durch Störung der Translation* in den Ribosomen u. wirken bei der therap. erreichbaren Konz. bakteriostatisch. Die Wirkungsintensität ist stark abhängig vom jeweiligen Medium. Das Wirkungsspektrum umfasst Strepto-, Gono-, Pneumo- u. Staphylokokken, Haemophilus influenzae, Actinomyceten, Brucellen, Listerien, Pasteurellen, Pseudomonas mallei u. pseudomallei, Vibrio cholerae, Campylobacter fetus, Leptospiren u. Bordetellen, außerdem Mycoplasmen, Chlamydien u. Rickettsien; **Kinetik:** die Resorption der Tetracyclin-A. aus dem Gastrointestinaltrakt ist ebenso wie die Elimination für die einzelnen Wirkstoffe unterschiedlich. Sie kann durch gleichzeitige Gabe von Milchprodukten sowie versch. Aluminium-, Magnesium-, Kalium- u. Natriumsalzen erhebl. gestört werden; **UAW:** Leberschäden durch Überdosierung od. Kumulation bei Niereninsuffizienz, Allergien, Photosensibilisierungen, Nierenschädigungen, gastrointestinale Störungen, reversible Leukozytopenie durch Knochenmarkschädigung, irreversible Einlagerung eines gelben Tetracyclin-Calciumphosphat-Komplexes in Knochen, Zähne u. Nägel bei Feten u. Kleinkindern; Vorsicht ist daher v. a. bei bestehenden Nieren- u. Leberschäden geboten sowie in der Schwangerschaft ab dem 4. Monat u. bei Kindern bis zum 6. Lebensjahr; **Resistenz:** sekundäre Resistenzentwicklung während der Ther. ist selten, allerdings bilden die Tetracycline untereinander Kreuzresistenzen aus;

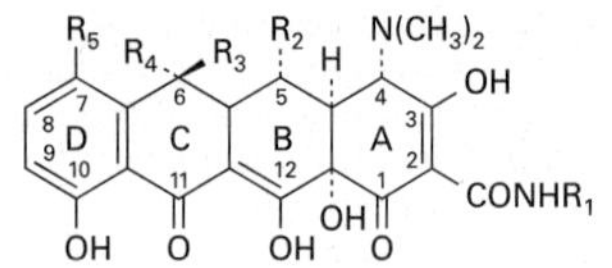

	R_1	R_2	R_3	R_4	R_5
Chlortetracyclin (Aureomycin)	H	H	OH	CH_3	Cl
Oxytetracyclin (Terramycin)	H	OH	OH	CH_3	H
Tetracyclin	H	H	OH	CH_3	H
Metacyclin (Rondomycin)	H	OH	$=CH_2$		H
Doxycyclin	H	OH	H	CH_3	H

Antibiotika Abb. 5: Strukturen der wichtigsten Tetracycline

10. andere A.: dazu gehören **a) Steroid-Antibiotika** (z. B. Fusidinsäure*); **b)** Nucleosid-Antimetaboliten* werden auch zuweilen als **Nucleosid-Antibiotika** bezeichnet; **c) Nitroimidazolderivate** (Metronidazol*, Nimorazol*, Timidazol) sind wirksam gegen anaerobe Bakterien u. Protozoen*; **d) Mupirocin*** wirkt bakterostat. auf Staphylo- u. Streptokokken; **e) Novobiocin***, ein Cumarinderivat u. Reserve-Antibiotikum; **f) Fosfomycin***, ein Breitband-Antibiotikum; **g) Ansamycin-Antibiotika**, hochwirksam gegen Mykobakterien. Als erstes wurde Rifampicin als semisynthet. Derivat des Rifamycin B (aus Streptomytes mediterranei) eingeführt. Das strukurverwandte Rifabutin wird ebenfalls semisynthet. (aus Rifamycin S) hergestellt. Z. T. sind Rifampicin-resistente-Stämme aus M. tuberculosis noch empfindlich auf Rifabutin. **Wirk.:** Hemmung der bakt. DNA-abhängigen RNA-Polymerase; bakterizid auf extra- u. intrazelluläre Keime, auf schnell u. langsam wachsende Erreger. Das Wirkungsspektrum umfasst Mykobakterien, viele grampositive Erreger (z. B. St. aureus, H. influenzae), Neisseria meningitidis, Legionella pneumophilia; **UAW:** gastrointestinale Beschwerden, Störung des ZNS, Leberfunktionsstörungen. **h) Polyen-Antibiotika**; Breitspektrum-Antimykotika gegen Hefe u. Schimmelpilze, z. B. Cryptococus neoformans. Die Leitsubstanz Amphotericin B wurde aus Streptomyces nodosus isoliert. **Anw.:** topische Ther. von Candida-Infektionen; Amphotericin B als einziger Vertreter auch i. v.; **i) Streptogramin-Antibiotika**; Schmalspektrum-A. mit Wirkung gegen Enterococcus faecium u. versch., hochresistente Staphylokokken u. Streptokokken. Quinupristin u. Dalfopristin sind eine handelsübl. Kombination aus 2 semisynthet. gewonnenen Streptogramin-Antibiotika. Nat. vorkommend ist Pristamycin IA (syn. Streptogramin B, Mikamycin B), dass aus Streptomyces mitakaensis isoliert wird. **Wirk.:** Hemmstoff der Proteinbiosynthese; **Anw.:** Infektionen mit vancomycinresistenten E. faecium u. hochresistenten St.

aureus u. Streptokokkenstämmen; **UAW:** lokale Reizungen während der Infusion; hohes Interaktionspotential mit anderen Arzneistoffen.

Anticholinergika: die Wirkung von Acetylcholin* blockierende Substanzen. **1.** Parasympatholytika*, blockieren die Acetylcholineffekte in postganglionären parasympath. Nervenendigungen (Muskarinrezeptor-Antagonisten); **2.** Ganglienblocker*, blockieren intermediäre Ganglien durch Angriff an nikotinischen Acetylcholin-rezeptoren; **3.** curareartige Muskelrelaxanzien*, blockieren an der motor. Endplatte.

Anticodon: Sequenz von drei Nucleotiden in einer Schleife der tRNA; der dem Codon* der mRNA komplementäre Abschnitt der tRNA. Während der Proteinbiosynthese treten die Anticodonbasen durch Ausbildung von Wasserstoffbrücken mit den komplementären Nucleotiden eines Codons der mRNA in Wechselwirkung, wodurch der Einbau einer bestimmten Aminosäure in die Polypeptidsequenz gesichert wird.

Anticravingmittel: s. Entwöhnungsmittel.

Antidepressiva: s. Psychopharmaka.

Antidermatitis-Faktor: s. Vitamine (Vitamin B_6).

Antidiabetika: Mittel zur Behandlung des Diabetes* mellitus. **1. Insulin:** Substitution mit Insulin* i.m. od. s.c. bei absolutem Insulinmangeldiabetes vom Typ I. Die übl. Applikation kann durch portable od. stationäre Insulinpumpen (s. Systeme, therapeut.) ersetzt werden. **UAW:** Insulinallergie, Hypoglykämie nach Überdosierung (irreversible Schädigung des Gehirns). **2. Orale Antidiabetika: a) Sulfonylharnstoffe:** führen durch Hemmung von K_{ATP}-Kanälen an Langerhans*-Inseln zur verbesserten Insulinfreisetzung bei vorhandener Restsekretion (Diabetes mellitus Typ II). Wichtigste **Wirkstoffe:** Carbutamid* u. Tolbutamid* (1. Generation), sowie Glibenclamid*, Glimepirid*, Glipizid*, Gliquidon* u. Glisoxepid* (2. Generation). UAW u. WW sind relativ gesehen ident., absolut aber bei der 2. Generation wesentl. geringer, da diese 100-1000fach niedriger dosiert werden. **UAW:** Hypoglykämie, selten allerg. Hautreaktionen, Agranulozytose, aplast. Anämie, unterschiedl. Hepatotoxizität, reduzierte Schilddrüsenfunktion; **WW:** blutzuckersenkende Wirk. wird durch Ethanol (akut), Sulfonamide, Salicylate, Cumarine u. Sympatholytika verstärkt, durch Ethanol (chron.), Barbiturate, Glucocorticoide, Kontrazeptiva, Phenothiazinderivate u. Sympathomimetika abgeschwächt; **Kontraind.:** Schwangerschaft; **b) Glinide:** binden wie Sulfonylharnstoffe an K_{ATP}-Kanäle, werden nach oraler Gabe schnell resorbiert u. eliminiert. Bei Einnahme kurz vor den Mahlzeiten wird der postprandiale Blutglucosespiegel signifikant gesenkt, während der Nüchternblut-Glucosespiegel kaum abnimmt. Vertreter: Repaglinid*, Nateglinid*; **c) Guanidine:** einziger Vertreter ist Metformin*; **d) Glitazone:** Insulinsensitizer, Thiazolidindione; Vertreter sind Pioglitazon*, Rosiglitazon*. Diese Verb. sind PPAR$_\gamma$-Agonisten (Peroxisomen-Proliferator-aktivierter-Rezeptor-gamma) u. verbessern die Insulinwirkung im peripheren Gewebe. Endogene PPAR$_\gamma$-Agonisten sind Fischöle* u. versch. Eicosanoide* wie die 15–Hydroxyeicosatetraensäure u. das 15-Desoxy-$\Delta^{12,13}$-Prostaglandin J_2. **e) Glucoseresorptionshemmer:** hemmen die Alphaglucosidase im Darm. Dadurch verzögerte Spaltung von Di- u. Polysacchariden, Abflachung der postprandialen Blutzuckerkurve, z.B. Acarbose*, Miglitol.

Antidiaphoretika: s. Antihidrotika.

Antidiarrhoika: Obstipanzien; Pharmaka zur Behandlung von Diarrhö*. **Wirkstoffe:** je nach Ursache u. Schwere der Diarrhö: **1.** Quellstoffe (s. Mucilaginosa): z.B. Pektine; **2.** Adstringenzien: z.B. Tanninalbuminat*, pflanzliche Gerbstoffe* enthaltende Drogen, z.B. Schwarztee (s. Camellia sinensis), getrocknete Heidelbeeren (s. Vaccinium myrtillus), Tormentillwurzelstock (s. Potentilla erecta); nicht mehr in Verw. sind Bismut- u. Silbersalze; **3.** Hemmer der Darmmotilität: Opiatabkömmlinge wie Diphenoxylat* u. Loperamid*, Uzarin*; früher Opiumtinktur; **4.** Absorbenzien, z.B. Carbo* activatus, Kaolin (s. Ton, weißer) u. kolloidales Kieselgel zur Absorption von tox. Stoffen; **5.** Antibiotika bei bakterienbedingten Durchfällen (Shigellosen, Salmonellosen), z.B. Ampicillin*, Chloramphenicol*; **6.** diverse: Colestyramin* bei cholagener Diarrhö, Salazosulfapyridin* zur Behandlung der Colitis ulcerosa u. Corticoide z.B. bei Morbus Crohn. Zur Wiederherstellung der normalen Darmflora nach Antibiotikatherapie werden u.a. Präparate mit lebenden Coli- sowie anderen Darmbakterien u. deren Stoffwechselprodukten angewendet.

Anti-D-Immunglobulin vom Menschen: Abk. Anti-Rh-Ig, Immunoglobulinum humanum Anti-D Ph.Eur.4; flüss. od. gefriergetrocknete Zuber., die Immunglobuline, vorwiegend Immunglobulin G, enthält. Sie ist geg. den Faktor D, s. Blutgruppen (Rhesus-Blutgruppen) gerichtet u. dient der Prophylaxe der Rhesus-Sensibilisierung Rh-negativer Mütter innerhalb von 3 d nach Geburt eines Rh-positiven Kindes (Anti-D-Prophylaxe). Es war ursprüngl. zur i.m.-Injektion bestimmt, heute auch zur i.v.-Injektion verfügbar u. wird aus Plasma od. Serum von D-Antigen-negativen Spendern gewonnen, die mit D-Antigen immunisiert wurden. Das Immunglobulin enthält spezif. Antikörper gegen das D-Antigen von Erythrozyten, auch geringe Mengen anderer Blutgruppenantikörper können enthalten sein, z.B. Anti-C, Anti-E, Anti-A od. Anti-B. Immunglobulin* vom Menschen kann zugesetzt werden.

Antidiuretika: Pharmaka, die die Harnausscheidung durch die Nieren verhindern. **Vertreter:** z.B. Vasopressin* u. Analoge (s. Hormone, Hypophysenhinterlappen) i.m. appliziert, Diuretika* vom Thiazidtyp; **Anw.:** v.a. zur Behandlung des Diabetes* insipidus.

antidiuretisches Hormon: Vasopressin*; s. Hormone (Hypophysenhinterlappen).

Antidot: Antidotum, Gegengift, Gegenmittel; Substanz zur Behandlung von Vergiftungen, die die Toxizität von Giftstoffen (s. Gifte) aufhebt od. herabsetzt. Nicht für alle Gifte sind spezif. Gegenmittel bekannt. Daher müssen viele Vergiftungen ausschließlich symptomorientiert behandelt werden. Antidote sollten außer von den entsprechenden klin. Einrichtungen u. vom Notarzt auch in

A

Antidot Mittel zur Behandlung von Vergiftungen (Auswahl)	
Antidot Synonyme, Präparate	Indikation Vergiftung durch, Vergiftungsbild oder -zustand; Kurzinformation
N-Acetylcystein	Paracetamol, Acrylnitril u. a.
Aktivkohle (Carbo medicinalis)	Magen-Darm-Dekontamination und unspezifische Bindung organischer und z. T. auch anorganischer Gifte; Aufschlämmung von 1 g/kg KG in ca. 200 mL Flüssigkeit p. o.
Alkohol	s. Ethanol
Aminophenol	s. 4-DMAP
Anticholium®	s. Physostigminsalicylat
Antidotum Thallii Heyl®	s. Eisen(III)-hexacyanoferrat(II)
Antiseren gegen Tierbisse und -stiche	ausführliche, aktuelle Liste des Giftnotrufs München (im Internet unter www.toxinfo.org/antivenoms)
Antizol®	s. Fomepizol
Atropinsulfat	Acetylcholinesterasehemmer (Alkylphosphate, Carbamate)
Beclametasondipropionat (Ventolair®)	toxisches Lungenödem
Benzylpenicillin (Penicillin G)	Amanitine (Reservemedikament)
Berliner Blau	s. Eisen(III)-hexacyanoferrat(II)
Biperidinlactat	Butyrophenon-Neuroleptika
Botulismus Antitoxin	Botulismus
British Anti-Lewisit	s. Dimercaprol
Calcium-dinatrium-EDTA	Blei, Chrom, Cobalt, Vanadium, Zink, Cadmium, radioaktive Metalle
Calciumedetat-Natrium	s. Calcium-dinatrium-EDTA
Calcium-Salze (Gluconat, Lactat)	Flusssäure, Fluoride, Calciumantagonisten u. a.
Calcium-Trinatrium-DTPA	s. Ditripentat
Carbo medicinalis	s. Aktivkohle
Chloramin T	S-Lost
Cholestyramin (Colestyramin)	zur Magen-Darm-Dekontamination bei einigen gallengängigen Giften (Digitalisglykoside, Vitamin K_1-Antagonisten, Reservemittel)
Deferoxaminmethansulfonat (Desferal®)	Eisen
Desferrioxamin-B-mesylat	s. Deferoxaminmethansulfonat
Digitalis-Antitoxin	Digitalisglykoside
Diazepam	Chloroquin
Diethylentriaminpentaacetat	s. Ditripentat
Dimercaptopropansulfonsäure (Dimaval®, DMPS, Na-(2,3)dimercaptopropan(1)-sulfonat, Natriumsalz)	viele Schwermetallverbindungen, z. B. Blei, organisches und anorganisches Quecksilber sowie Arsen
Dimercaptobernsteinsäure (DMSA, Succimer)	Blei, Quecksilber, Arsen
Dimethicon	Entschäumer, nach Einnahme von Schaumbildnern (Waschmittel, Spülmittel u. a., 1 TL)
Dimethylaminophenol	Blausäure
D-*β*,*β*-Dimethylcystein	s. *D*-Penicillamin
Dimethylpolysiloxan	s. Dimethicon
Ditripentat Heyl® (Diethylentriaminpentaacetat, DTPA-Calciumtrinatriumsalz)	Schwermetalle, insbesondere Transurane (Schwermetall-Radionukleide)
4-DMAP (4-Dimethylaminophenol)	Blausäure
DMPS	s. Dimercaptopropansulfonsäure
DMSA	s. Dimercaptobernsteinsäure
DTPA-Calciumtrinatriumsalz	s. Ditripentat

Antidot Synonyme, Präparate	Indikation Vergiftung durch, Vergiftungsbild oder -zustand; Kurzinformation
EDTA (Ethylendiamintetraessigsäure)	s. Calcium-dinatrium-EDTA
Eisen(III)-hexacyanoferrat(II), Antidotum Thallii Heyl®, Berliner Blau	Thallium; 3 g p. o.; tauscht an der Oberfläche Kationen gegen Thalliumionen aus
Entschäumer	s. Dimethicon
Ethanol (Ethylalkohol)	Diethylenglykol, Ethylenglykol, Methanol (Reservemedikament)
Ethylendiamintetraessigsäure	s. Calcium-dinatrium-EDTA
Flumazenil	Benzodiazepine
Folsäure, Folinsäure	Methanol
Fomepizol (4-Methylpyrazol, Antizol®)	Diethylenglykol, Ethylenglykol, Methanol
Glaubersalz	s. Natriumsulfat
Glucagon	Betablocker
Hydroxycobalamin (Vitamin B_{12a})	Blausäure (inhalativ)
Ipecacuanha-Sirup	Anwendung zum Auslösen von Erbrechen; Erwachsene: 30 mL p. o., Kinder: bis 1.5 Jahre 10 mL, bis 5 Jahre 15 mL, ab 5 Jahre 30 mL p. o.
Kohle	s. Aktivkohle
Legalon®	Silibinin
Lutrol E 400® (Polyethylen-Kondensationsprodukt)	s. Polyethylenglycol-400
Macrogol 400	s. Polyethylenglycol-400
Magnesia usta (MgO)	Anwendung als Säurebinder; 50 g/500 mL Wasser p. o.
Medizinische Kohle	s. Aktivkohle
Metalcaptase® (D-Penicillamin, D-β,β-Dimethylcystein)	s. *D*-Penicillamin
Methionin	Paracetamol (Reservemittel)
Methylenblau	Methämoglobinbildner
4-Methylpyrazol	s. Fomepizol
Morphinantagonisten	s. Opiatantagonisten
Naloxon	s. Opiatantagonisten
Natriumhydrogencarbonat	trizyklische Antidepressiva, bei metabolischer Azidose und zur Urinalkalisierung, (i. v.) bei Salicylat, Barbituraten, Chlorphenoxycarbonsäuren
Natriumiodid (NaI)	Thallium; Magenspülung mit 1 %iger Lösung
Natriumsulfat (Glaubersalz)	leichtlösliche Bariumsalze; als Abführmittel Erwachsene 0.5 g pro kg KG in 1/2 Glas Wasser p. o.
Natriumthiosulfat	Blausäure; CN^- wird im Körper in SCN^- überführt
Obidoxim	Alkylphopsate
Opiatantagonisten (Morphinantagonisten), z. B. Naloxon	Atemdepression bei Vergiftungen mit Opiaten
PAM	s. Pralidoxim
D-Penicillamin	Schwermetallvergiftungen (Kupfer, Blei, Quecksilber, Zink, Gold, Cobalt), Amanitin (Reservemedikament)
Penicillin G	s. Benzylpenicillin
Physostigminsalicylat (Anticholium®)	isoliertes anticholinergisches Syndrom; Vergiftungen mit Belladonnaalkaloiden, Spasmolytika, Antiparkinsonmitteln, Antihistaminika
Phytomenadion (Vitamin K_1)	Vitamin K_1-Antagonisten (Cumarinderivate u. a.)
Polyethylenglycol 400 (Lutrol E, Macrogol 400)	äußerliche Kontamination durch Phenol, Cresol, Nitrobenzol, Anilin; Anwendung: Abwaschen der entsprechenden Hautbezirke
Pralidoxim	Alkyphosphate

Fortsetzung nächste Seite

A Fortsetzung v. S. 109

Antidot Synonyme, Präparate	Indikation Vergiftung durch, Vergiftungsbild oder -zustand; Kurzinformation
Pyridoxin	Isoniazid
Sauerstoff (100 % oder hyperbar)	Kohlenmonoxid
Silibinin	Amanitine (Knollenblätterpilz u. a.)
Simethicon	s. Dimethicon
Succimer	s. Dimercaprol
Toluidinblau	s. Toloniumchlorid
Toloniumchlorid	Methämoglobinbildner
Ventolair®	s. Beclomethasondipropionat
Vitamin B_6	s. Pyridoxin
Vitamin B_{12a}	Hydroxocobalaminacetat
Vitamin K_1	s. Phytomenadion

der Apotheke (Apothekenbetriebsordnung* BGBl. 1995 Teil I Seite 1196) bereitgehalten werden. In der Tabelle sind wichtige, heute u. in der jüngeren Vergangenheit klinisch angewandte Antidote beschrieben, Tabelle.

Antidotum Arsenici: Gegenmittel der arsenigen Säure. Frisch gefälltes Eisen(III)-hydroxid. **Herst.:** Vermischen verdünnter Eisen(III)-chlorid- od. Eisen(III)-sulfat-Lsg. mit einer Aufschwemmung von Magnesia usta in Wasser. Nach EB6: 15 T. gebrannte Magnesia, 100 T. Ferrisulfatlsg., 500 T. Wasser. Stets frisch zu bereiten. **Wirk.:** Eisen(III)-hydroxid geht mit arseniger Säure eine unlösl. Verb. ein, während das gebildete Magnesiumsulfat gleichzeitig als Abführmittel wirkt; **Dos.:** alle 10 min 2 EL, dann Magenspülung.

Anti-D-Prophylaxe: s. Anti-D-Immunglobulin vom Menschen.

Antidysenterika: Mittel gegen Ruhr. Z. B. Antibiotika u. andere Chemotherapeutika u. a. Metronidazol* (Amöbenruhr), Ampicillin* (bakt. Ruhr).

Antidysmenorrhoika: s. Gynäkologika.

Antidyspeptika: Mittel zur Behandlung allg. Verdauungsstörungen. **Wirkstoffe:** Laxanzien*, Acida*, Verdauungsenzyme*, Antidiarrhoika*.

Antiemetika: Pharmaka, die das Erbrechen (Vomitus) od. vorübergehende Übelkeit (Nausea) verhindern. **1.** H_1 -Antihistaminika* wie Diphenhydramin*, Chlorphenoxamin*, Meclozin od. Salze mit 8-Chlortheophyllin (Dimenhydrinat*, Piprinhydrinat*); werden häufig zur Kompensation der sedierenden UAW mit Coffein kombiniert (Unfallrisiko bei Autofahrern); **2.** Phenothiazin-Neuroleptika, z. B. Perphenazin*, Promethazin*, Chlorpromazin*, Triflupromazin*, Thiethylperazin*; **3.** Benzamid- und Benzimidazolon-Derivate wie Metoclopramid*, Bromoprid*, Domperidon*; **4.** Parasympatholytika mit zentralem Angriff wie Scopolamin* (als transdermales therapeut. System*); **5.** Pyridoxin (Vitamin B_6; s. Vitamine, Vitamin-B-Gruppe) in hohen Dosen (Wirkung zweifelhaft), häufig in Kombinationspräparaten; **6.** Serotoninantagonisten* (5-HT_3-Antagonisten) wie Granisetron*, Ondansetron*, Tropisetron*; **7.** Ingwer (Zingiber* officinale); **Anw.:** Reisekrankheiten (Kinetosen), z. T. (v. a. Phenothiazine, nicht Ingwer) auch bei übermäßigen Schwangerschaftserbrechen (Hyperemesis gravidarum). Bei der Verw. von A. in der Frühschwangerschaft ist v. a. wegen der mögl. teratogenen Wirk. von Antihistaminika (z. B. Meclozin), große Vorsicht geboten.

Antienzyme: Proteide* im Blutserum, die wie Enzyminhibitoren* Enzyme unwirksam machen bzw. ihre Wirk. hemmen z. B. Antidiastase, Antiurease. A. bilden sich erst nach Zufuhr artfremden Eiweißes nach Art einer Antigen*-Antikörper-Reaktion.

Antiepileptika: syn. Antepileptika; Mittel zur Verminderung od. Abschwächung zentral bedingter Krampfanfälle, zur Ther. von Epilepsien*, gehören zu den Antikonvulsiva. Ein ideales A. soll zu einer Erhöhung der Krampfschwelle bei geringer sedativer u. hypnot. Wirk. führen, die motor. Erregbarkeit nicht beeinflussen u. geringe UAW besitzen, da eine Langzeitther. erforderl. ist. Diese Voraussetzungen werden von keinem der verfügbaren Therapeutika erfüllt. Verwendet werden v. a. **1.** bei Grand mal: Barbitursäurederivate, z. B. Phenobarbital*, Methylphenobarbital*, die Desoxybarbitursäure Primidon*; **2.** bei Grand mal- u. psychomotor. Anfällen: Hydantoine, z. B. Phenytoin*, Mephenytoin*, sowie Dibenzazepine, z. B. Carbamazepin*; **3.** bei Petit mal: Oxazolidine, z. B. Trimethadion*, Paramethadion*, sowie Succinimide, z. B. Ethosuximid* u. Mesuximid*, Glucocorticoide; **4.** im Status* epilepticus Benzodiazepine, z. B. Diazepam*, Clonazepam*; ferner Sulfonamide (Sultiame), z. B. Acetazolamid* u. Sultiam*, die als Carboanhydrasehemmer wirken, deren Wirk. aber rasch nachlässt u. die nicht bei Petit mal eingesetzt werden können. Bei allen Formen kommen zum Einsatz: Valproinsäure*, eine zu den GABA-Homologen gehörige Verb., zu denen auch Vigabatrin* u. Gabapentin* gehören; neuere Wirkstoffe wie Felbamat* (mit Meprobamat verwandt) u. Lamotrigin*. **Wirkungsmechanismen:** Ziel ist es, die Erregungsausbreitung zu hemmen u. die Krampfschwelle zu erhöhen; Mechanismen sind meist nicht genau bekannt, mögl. sind Hemmung des Natrium- u. Calciumionen-Einstroms in die Neuronen (Phenytoin), Stimulierung inhibitor. Neuronen (Valproinsäure), Hemmung der posttetan. Potenzierung (Carbamazepin); **Anw.**: inf. der notwendigen chron. Anw. u. der meist geringen therapeut. Breite sowie der ausgeprägten UAW sind A. sorgfältig auszuwählen u. einschleichend zu dosieren. Meist sind Kombinationen erforderlich.

Antiestrogene: Estrogenrezeptor-Antagonisten, Östrogenrezeptor-Antagonisten; die Wirk. von Estrogenen aufhebende Substanzen. Hemmung des negativen Feedback-Mechanismus der Estrogene u. somit vermehrte Gonadotropinsekretion der Hypophyse durch Blockade der Estrogenrezeptoren; **Wirkstoffe:** Stilbenderivate wie Tamoxifen*, Toremifen* u. Droloxifen*, partiell estrogene Wirksamkeit zeigen z. B. Clomifen*, Cyclofenil* u. Tamoxifen*.

Antifebrilia: s. Antipyretika.

Antifebrin: s. Acetanilid.

Antifermente: s. Antienzyme.

Antifibrillanzien: s. Antiarrhythmika.

Antifibrinolytika: s. Fibrinolyseinhibitoren.

Antiflatulenzien: geg. Blähungsbeschwerden wie Flatulenz, Meteorismus u. Luftschlucken wirksame Mittel. **Wirkstoffe:** Einsatz v. a. von oberflächenaktiven Stoffen (Antischaummittel*, z. B. Dimeticon*) u. Karminativa (z. B. Species* carminativae), Absorbentia* (z. B. hochdisperses Siliciumdioxid*), Enzympräparate (z. B. Pankreatin*, Bromelaine*), Spasmolytika*.

Antiformin: Natriumhypochlorit-Lsg. mit ca. 5 % wirksamem Chlor u. ca. 7.5 % überschüssigem Natriumhydroxid. **Darst.**: Einleiten von 50-60 g Chlor in 1000 g 15 %ige Natronlauge; **Wirk.**: tötet Bakt. sofort ab, mit Ausnahme von Tuberkelbakt. u. Milzbrandsporen; **Anw.**: bei Sputum-Untersuchungen zur Anreicherung der Tuberkelbakt., früher in der Zahnheilkunde zur Desinfektion.

Antigen: Abk. Ag, kurz für **Anti**somato**gen**; Substanz, die von einem Organismus als fremd erkannt wird u. eine spezif. Immunantwort* (Bildung von Antikörpern* od. immunkompetenten Lymphozyten) auslöst. Ein Ag verfügt i. d. R. über mehrere antigene Determinanten (Epitope), die mit den induzierten Immunprodukten reagieren (z. B. Antigen*-Antikörper-Reaktion). Voraussetzung für Antigenität scheinen Körperfremdheit der Substanz u. eine M_r von über 10 000 zu sein (Polypeptide, Polysaccharide). In Ausnahmefällen können körpereigene Substanzen antigen wirken. Auch körperfremde Zellen, Bakt. u. andere Mikroorganismen, die oft eine Vielzahl von antigenen Determinanten tragen, werden als Ag bezeichnet. **Formen: 1. Haptene** (früher Halbantigene) sind Substanzen mit einer molaren Masse unter 10 000, die nur gekoppelt an einen hochmolekularen Träger (z. B. Globuline) zu Vollantigenen werden; **2. Tolerogene** sind Ag, die zu Immuntoleranz* führen; **3. Allergene*** sind Ag, die Überempfindlichkeit bewirken; **4. Alloantigene** (früher Isoantigene) sind Ag, die innerhalb derselben Spezies Immunantworten auslösen können; **5. Heterophile A.** treten in mehr als einer Tierart auf.

Antigen-Antikörper-Reaktion: Abk. AAR; Anlagerung des Paratops eines Antikörpers* (Abk. Ak) an das Epitop des Antigens* (Abk. Ag), das seine Bildung induziert hat, bzw. an ein Ag mit ähnl. Struktur (Kreuzreaktion*). **1.** Schritt (primäre AAR): schnelle, reversible, nichtkovalente Bindung über Wasserstoffbrücken, durch elektrostat. u. Van-der-Waals-Kräfte sowie hydrophobe Interaktionen; **2.** Schritt (sekundäre AAR): bei Bivalenz von Ag u. Ak entstehen irreversible, unlösl. Immunkomplexe, die i. d. R. die Elimination des Ag induzieren, z. B. durch Präzipitation*, Agglutination*, Opsonisierung, Immobilisation od. Lyse von Zellen u. Mikroorganismen, durch Aktivierung von Komplement u. Stimulation der Phagozyten; **Anw.**: Ag-Ak-Reaktionen sind das Prinzip vieler diagn. Tests (z. B. Immunoassay) zur Bestimmung der Konz. eines Antigens od. Antikörpers.

Antigene, heterophile (gr. eteros verschieden, anders; philios zugetan, freundschaftlich gesinnt): Antigene* von nicht artverwandten Tieren od. Pflanzen mit partiell ident. Antigenstrukturen. Die Entstehung der Alloagglutinine beruht wahrscheinl. auf der partiellen Antigengemeinschaft zw. Blutgruppensubstanzen u. Darmbakt. (Kreuzreaktion).

Antigengemeinschaft: gemeinsames Vork. eines anteiligen Antigenbestands bei versch. Bakterienspezies (Partialantigene, Epitope*). Gegen eine Bakterienart gewonnene Seren reagieren dann auch mit Stämmen anderer Arten.

Antigensäule: dient zur Isolierung antigenspezif. Antikörper* u. besteht aus einer Matrix, an die ein Antigen* kovalent gebunden ist; s. Chromatographie (Affinitätschromatographie).

Antigestagene: Substanzen, die die Wirk. von Gestagenen* aufheben, z. B. Mifepriston*.

Antiglaukomatosa: Mittel zur Ther. des Glaukoms*. **Wirk.**: Senkung des Augeninnendrucks, entw. durch Erleichterung des Kammerwasserabflusses (z. B. Parasympathomimetika) od. durch Verminderung der Kammerwasserbildung (z. B. Carboanhydrasehemmer od. Betarezeptorenblocker). **Anw.**: **1.** top. als Augentropfen od. -salben: Parasympathomimetika; ferner die Alphasympathomimetika Apraclonidin*, Clonidin*, Dipivefrin*, sowie die Betasympatholytika Timolol*, Metipranolol*, Befunolol*, Betaxolol*, Levobunolol*, das Prostaglandin-$F_{2\alpha}$-Derviat Latanoprost* als auch der Carboanhydrasehemmer Dorzolamid*; **2.** system.: Carboanhydrasehemmer, z. B. Acetazolamid*, Diclofenamid*. Bei allen A. ist mit z. T. erhebl. UAW. zu rechnen.

Antigonorrhoika: Chemotherapeutika gegen Gonorrhö*. Mittel der Wahl ist Benzylpenicillin (s. Antibiotika, Penicillin-Antibiotika), daneben Ampicillin*, Amoxicillin*, Erythromycin*, Spectinomycin* u. Tetracycline (s. Antibiotika). Früher v. a. Silbersalze zur Lokalbehandlung.

Antihämorrhagika: s. Hämostatika.

Antihelmintika: s. Anthelminthika.

Antihidrotika: Antidiaphoretika, Antischweißmittel; Mittel geg. übermäßige Schweißabsonderung. **Wirkstoffe:** z. B. Aluminiumsalze (Aluminiumchlorid, Aluminiunhexahydrit, s. Mucilago contra hyperhidrosim); Parasympatholytika*.

Antihistaminika: Histaminrezeptorenblocker, H-Rezeptorenblocker, H-Antagonisten, Antihistamine (veraltet); verhindern od. schwächen histaminbedingte (Typ-I-Allergien) allerg. u. anaphy-

A

lakt. Reaktionen (vgl. Antiallergika) sowie die Wirk. parenteral zugeführten Histamins. A. werden, je nach ihrem Angriffspunkt, unterteilt in: **1.** **H_1-Antihistaminika:** syn. Histamin-H_1-Rezeptorantagonisten, H_1-Antagonisten, H_1-Rezeptorenblocker; es handelt sich meist um Derivate des Ethylendiamins, Colamins od. Propylamins sowie Phenothiazinderivate; **Wirk.**: kompetitive Hemmung der H_1-Histaminrezeptoren; antiallerg., gefäßabdichtend, juckreizstillend, lokalanästhet., spasmolyt. u. meistens sedativ (Bamipin*, Promethazin* u. a.). Weniger sedativ wirken z. B. Astemizol*, Mebhydrolin*, Terfenadin*, Cetirizin*, Loratadin*, Levocabastin*. Gleichzeitig Serotonin hemmend (Serotonin fördert wahrscheinl. das Auftreten allerg. Reaktionen, vgl. Serotoninantagonisten) ist z. B. Cyproheptadin* u. Ketotifen*; **Ind.**: Hautallergosen, Hautjucken, Insektenstiche u. allerg. Rhinitiden (vgl. Antiallergika), ferner Kinetosen (vgl. Antiemetika) sowie Parkinson*-Syndrom (z. B. Orphenadrin*); **UAW:** u. a. Sedation (Fahrunfähigkeit), Mundtrockenheit (anticholinerge Wirk.), Magen-Darm-Beschwerden, zentralnervöse Störungen; **WW:** zentraldämpfende Pharmaka, Alkohol (Wirkungsverstärkung); **Kontraind.**: Schwangerschaft (z. B. Meclozin*), Glaukom, bei Kleinkindern Blasenhalsadenom; **2.** **H_2-Antihistaminika:** syn. H_2-Antagonisten, H_2-Rezeptorenblocker, Histamin-H_2-Rezeptorantagonisten; z. B. Cimetidin*, Ranitidin*, Famotidin*, Roxatidin*, Nizaditin*; **Wirk.**: kompetitive Hemmung der H_2-Histaminrezeptoren, wirken sekretionshemmend am Magen (verhindern Übersäuerung); die weiteren Faktoren der Säurefreisetzung wie Gastrin u. Vagus werden ebenfalls beeinflusst; **Ind.**: Ulkuskrankheiten (vgl. Antiulkusmittel); **UAW:** Benommenheit, Kopfschmerz, Magen-Darm-Beschwerden, evtl. Potenzstörungen, Muskelschmerzen.

Antihormone: Hormonantagonisten; Substanzen, die die Wirk. von Hormonen entw. durch Hemmung der Biosynthese od. durch kompetitive Hemmung am Rezeptor aufheben. **Wirkstoffe:** z. B. Antiandrogene*, Antiestrogene*, Antigestagene*.

Antihyperlipidämika: s. Lipidsenker.

Antihypertensiva: syn. Antihypertonika; blutdrucksenkende Arzneistoffe. **Anw.**: symptomat. Behandlung der Hypertonie*; **Einteilung nach Wirkungsmechanismus:** **1.** direkte Wirk. auf das Renin*-Angiotensin-Aldosteron-System, über forcierte Ausscheidung von Natriumionen u. Wasser Entlastung des Gefäßsystem durch Volumenverminderung u. vermutl. vermindertes Ansprechen der glatten Gefäßmuskulatur auf vasokonstriktor. Reize. **a)** ACE*-Hemmer, Hemmung des Angiotensin-converting-Enzyms; **b)** AT_1-Rezeptorantagonisten (s. Angiotensin-II-Blocker), z. B. Losartan*, Hemmung der Angiotensin-II-Wirkung; **2.** Betasympatholytika, u. a. Verminderung des Herzzeitvolumens, Hemmung der Reninfreisetzung; **3.** Calciumantagonisten*; **4.** Diuretika*, indirekt über eine Natriumretentionshemmung; **5.** Sympatholytika*; **6.** Alpha-2-Sympathomimetika (s. Sympathomimetika); **7.** Antisympathotonika*; **8.** Vasodilatatoren*; kaum noch verwendet.

Antihypoglykämika: Mittel zur Ther. der Hypoglykämie*. **Wirkstoffe:** z. B. Glucagon*, Diazoxid*, Glucose*.

Antihypotonika: Pharmaka zur Behandlung von Hypotonie*. Therap. Ansatzpunkte zur Steigerung des Blutdrucks sind: **1.** Verengung peripherer Gefäße; **2.** Erhöhung des Herzzeitvolumens durch Steigerung der Kontraktilität des Herzens; **3.** Erhöhung des Venentonus; **4.** Steigerung des Plasmavolumens. Dazu dienen Sympathomimetika*, Kreislaufmittel*, u. Mineralocorticoide (Hormone*), sowie u. a. Dihydroergotamin*, Felypressin*, Angiotensinamid*. Eine medikamentöse Blutdruckerhöhung ist erforderl. bei Schockzuständen od. bei schwerwiegenden essentiellen Hypotonien bei denen die Beschwerden z. B. durch körperl. Training nicht beseitigt werden können. Bei anderen Hypotonieformen (sekundäre, iatrogene) sind primär die Ursachen zu beseitigen.

Antiinfektiva: gegen Infektionen wirksame Mittel. **Wirkstoffgruppen:** Desinfektionsmittel*, Chemotherapeutika*, Antibiotika*, Virostatika*, Antimykotika*, Antiparasitika*.

antiinflammatorisch: entzündungshemmend, antiphlogistisch, vgl. Antiphlogistika, Entzündung.

Antiinfluenza-Mittel: Mittel zur Grippetherapie, z. B. Neuraminidase*-Inhibitoren.

antiklin: senkrecht zur Oberfläche.

Antiklopfmittel: Verb., die als Kraftstoffzusatz eine Erhöhung der Octanzahl* bewirken; z. B. Bleitetraethyl*.

Antikoagulanzien: Sammelbez. für Hemmstoffe der Blutgerinnung*. **Anw.**: Thromboseprophylaxe; bei Phlebothrombose, Lungenembolie, instabiler Angina pectoris, Herzinfarkt, ischäm. Hirninfarkt od. nach gefäßchirurg. Eingriffen; ggf. in Kombination mit Thrombozytenaggregationshemmern* od. Fibrinolytika*; **Wirkstoffe:** **1.** Heparin*: wirkt u. a. als Cofaktor von Antithrombin III (s. Antithrombine) u. verstärkt die inhibitor. Wirk. dieses Alphaglobulins auf die Prothrombinaktivierung u. auf Thrombin; dadurch kann die Umwandlung von Fibrinogen in Fibrin nicht erfolgen. Antidot: Protamine*. Kontrolltest bei Ther. mit Heparinen: Thrombinzeit* od. Recalcifizierungszeit*; **2.** Heparinoide*: halbsynthet. Mukopolysaccharide mit heparinähnl. Wirkung; **3.** Cumarine*: von Dicumarol* abgeleitete 4-Hydroxycumarine, die durch kompetitive Hemmung des als Coenzym wirkenden Vitamin K die Synthese des Prothrombinkomplexes unterdrücken. Antidot: Vitamin K. Kontrolltest bei Ther. mit Cumarinen: Thromboplastinzeit*; **4.** Hirudin*: spezif. Thrombininaktivator, der im Ggs. zu Heparin ohne Cofaktor auskommt.

Antikörper: Abk. Ak; zu den Gammaglobulinen gehörende heterogene Gruppe von Glykoproteinen (s. Immunglobuline). Werden als mögl. Antwort des Immunsystems* nach Kontakt des Organismus mit Antigenen* von B-Lymphozyten u. Plasmazellen gebildet, in Körperflüss. sezerniert u. reagieren mit dem entspr. Antigen spezif. (selektiv); vgl. Antigen-Antikörper-Reaktion). A. besitzen 2 (bivalente A., z. B. IgG) bis 10 (multivalente A., z. B. IgM) Antigenbindungsstellen. **Funktion:** als Träger der humoralen Immunität*

v. a. Bindung von fremden u. körpereigenen Antigenen mit Neutralisation z. B. von Toxinen u. Viren; Agglutination od. Lyse korpuskulärer Antigene durch Aktivierung von Komplement* od. Stimulation der Phagozytose* sowie Freisetzung biol. wirksamer Mediatoren aus aktivierten Mastzellen durch zytophile Antikörper. A. können (häufig sekundär) auch nachteilige Auswirk. auf den Organismus, z. B. in der Pathogenese der Anaphylaxie*, der Allergie* vom Soforttyp, bei Autoimmunkrankheiten, Abstoßungsreaktionen nach Transplantationen* u. Transfusionszwischenfällen, haben. Vgl. Autoantikörper.

7S-Antikörper: Immunglobuline, die vorwiegend od. ausschließl. in der 7S-Fraktion des Blutserums zu finden sind. Zu den 7S-Antikörper gehören vor allem die Antikörper der Immunglobulin Klasse G (IgG), außerdem IgD, IgE u. zum Teil IgA.

19S-Antikörper: Immunglobuline, die sich in der 19S-Fraktion des Blutserums, den Makroglobulinen, befinden. Die 19S-Fraktion enthält außer den α-2-Makroglobulinen, die Antikörper der Immunglobulin M-Klasse enthalten, im geringen Maße auch Polymere des Immunglobulin A.

Antikörper, bakteriolytische: s. Ambozeptor.

Antikörper, chimäre: Immunglobuline, bei denen im Ggs. zu murinen Antikörpern* die zur Antigenerkennung wichtige variable Region des Immunglobulins* murin belassen wurde. Der konstante Teil entspricht einem humanem Antikörper. Gegenüber reinen murinen Antikörpern (z. B. Muromonab*-CD3) zeichnen sich chimäre A. (z. B. Basiliximab, Infliximab, Rituximab) durch eine geringere Immunogenität aus. Die Silbe -xi- innerhalb der INN-Bezeichnung weist i. d. R. auf einen chimären Antikörper hin.

Antikörper, humanisierte: gentechn. veränderte monoklonale Antikörper* der Maus. Die variablen Domänen der L- u. H-Kette entstammen den Antikörpern der Maus (s. Antikörper, murine), alle andere Domänen von Antikörpern des Menschen. Im Vergleich zu chimären Antikörpern* ist bei h. A., wie z. B. Alemtuzumab* od. Trastuzumab*, die Immunogenität weiter reduziert. Die Silbe -zu- innerhalb der INN-Bez. liefert in der Regel einen wichtigen Hinweis, dass es sich um einen h. A. handelt.

Antikörper, monoklonale: Antikörper*, die aus einem Zellklon (s. Klon) gebildet werden u. daher monospezif. sind. **Herst.:** auch durch Hybridome*; vgl. HA-1A.

Antikörper, murine: Antikörper*, die aus immunisierten Mäusen (od. Ratten) gewonnen werden. Zur Herst. von monoklonalen murinen A. werden aus der Milz der immunisierten Mäuse diejenigen Zellen isoliert, die spezif. Antikörper gegen ein bestimmtes Antigen* bilden. Anschließend werden diese Zellen mit einer B-Zell-Myelomlinie fusioniert. Nach Identifikation der geeigneten Zellklone und mehreren Aufreinigungsschritten kann die Vermehrung des gewünschten Klons mittels Gewebekulturen in Fermentern erfolgen.

Antikörper, natürliche: s. Antikörper, reguläre.

Antikörper, polyklonale: durch unterschiedl. B-Zell-Klone (Plasmazellen) gebildete, gegen versch. Determinanten eines Antigens gerichtete Antikörper. P. A. können allen Klassen der Immunglobuline* angehören.

Antikörper, präzipitierende: s. Präzipitation.

Antikörper, reguläre: natürliche Antikörper; ohne nachweisbare Immunisierung im Serum Gesunder regelmäßig vorkommende Antikörper v. a. der Klasse IgM. Primär v. a. gegen bakt. Antigene aus keimbesiedelten Körperregionen (insbes. der Darmflora) gerichtet; werden in den ersten Lebensmonaten gebildet u. reagieren mit bestimmten körpereigenen Antigenen.

Antikongestiva: geg. Kongestion* wirkende Mittel.

Antikonvulsiva: Mittel gegen Konvulsionen*. Vgl. Antiepileptika.

Antikonzeptiva: Kontrazeptiva; empfängnisverhütende Mittel. Versch. Methoden mit unterschiedl. Zuverlässigkeit werden je nach geograph., sozialen u. a. Gegebenheiten zur Familienplanung od. staatl. Lenkung (Geburtenkontrolle) angewendet: **1.** ohne Hilfsmittel: Coitus interruptus u. Meth. der nat. Kontrazeption (Zervixschleimmethode, Basaltemperaturmethode, vgl. Frauenthermometer); **2.** Barrieremethoden: Präservativ*, Frauenkondom, Portiokappe, Scheidendiaphragma, Intrauterinpessar (s. Pessare); **3.** chem. Methoden: Spermizide* in Form von Vaginalschaum, Salben, Lösungen, Ovula, Gels; z. B. Nonoxinol*, auch kombiniert mit mechan. Mitteln; **4.** hormonelle Methoden: hormonelle Kontrazeption*; **5.** operative Methoden: Sterilisation des Mannes od. der Frau; **6.** sonstiges: sog. Pille für den Mann (s. Gossypol). Die Sicherheit einer empfängnisverhütenden Methode wird durch den Pearl*-Index angegeben.

Antileukotriene: s. Leukotrienrezeptorantagonisten.

Antilipämika: s. Lipidsenker.

Antilog: Kurzzeichen für Antilogarithmus; Numerus; die Zahl, die sich beim Potenzieren der Basis a mit der Mantisse (= Logarithmus von x) ergibt: $a^{\log x}$ = Antilog; Umkehrfunktion des Logarithmus.

Antilymphozytenserum: Abk. ALS; gegen Lymphozyten (s. Leukozyten) gerichtetes Antiserum*; das durch Immunisierung von Tieren (z. B. Pferden) gegen humane Lymphozyten gewonnen wird u. hauptsächl. gegen zirkulierende T-Lymphozyten gerichtet ist. Diese werden wahrscheinl. unter Beteiligung von Komplement* zerstört u. durch Phagozytose* eliminiert, damit Unterdrückung insbes. der zellvermittelten Immunität*. **Verw.:** zur Unterdrückung der Transplantatabstoßung; in der Behandlung von (zellvermittelten) Autoimmunkrankheiten (z. B. aplast. Anämie); **UAW:** **1.** Entw. von bakt. u. viralen Infektionen u. Tumoren durch Schwächung der immunolog. Abwehr; **2.** Entw. einer Serumkrankheit*, kann durch alleinige Verabreichung der Gammaglobulinfraktion des ALS gemindert werden. Vgl. Immunsuppression, Antithymozytenglobulin.

Antimalariamittel: Präparate, die gegen ein od. mehrere Entwicklungsstadien des Malariaerregers wirksam sind. **Gesch.:** Bereits im 17. Jh. war die Wirkung der Chinarinde (s. Cinchona pubescens) gegen die akuten Symptome der Malaria* bekannt. Zu Beginn des 19. Jh. wurden die Alkaloide

A

Antimalariamittel

antiparasitäre Therapie	In-vitro-Aktivität	Wirkmechanismus	Indikationen
Artemisinin-Derivate, z. B. Artesunat	P. falciparum (inkl. resistente Stämme), P. vivax	Freisetzung von Sauerstoffradikalen, Schädigung der parasitären Mitochondrien	komplizierte M. tropica; Schizonten von P. falciparum, die nicht mit Chinin behandelt werden können; orale Therapie bei unkomplizierten Formen; nicht zur Prophylaxe geeignet
Artemether/Lumefantrin (1:6)	ungeschlechtliche Blutformen aller Malariaerreger (inkl. multiresistente P. falciparum)	s. Artemisin, Halofantrin	akute unkomplizierte Infektionen mit P. falciparum (Mischinfektionen)
Atovaquon	P. falciparum (inkl. resistente Stämme)	Hemmung des Elektronentransports der Atmungskette und der Dihydroorotat-Dehydrogenase	Malariatherapie und -prophylaxe in Kombination mit Proguanil
Chinin	ungeschlechtliche Blutformen aller Malariaerreger	Komplexierung mit DNA, Hemmung der Nukleinsäure- und Biosynthese	initiale Bekämpfung der zerebralen Malaria und der komplizierten M. tropica
Chloroquin	ungeschlechtliche Blutformen aller Malariaerreger (Problem: Resistenzentwicklung)	Inhibition der Nukleinsäure- und Proteinsynthese	Therapie der M. tertiana und M. quartana in Kombination mit anderen Mitteln; Malariaprophylaxe
Halofantrin	P. falciparum (inkl. multiresistente Stämme)	Komplexierung mit Ferriprotoporphyrin IX	Reservemittel zur Behandlung der unkomplizierten M. tropica, M. tertiana und M. quartana
Mefloquin	ungeschlechtliche Blutformen aller Malariaerreger	vermutlich ähnlich wie bei Chinin	unkomplizierte M. tropica und komplizierte Malaria; Malariaprophylaxe
Proguanil	präerythrozytäre, intrahepatische Formen von P. falciparum	Hemmung der Dihydrofolatreduktase	Malariaprophylaxe in Kombination mit anderen Mitteln

Chinin*, Chinidin* u. Cinchonin* (wirken blutschizontizid) aus der Rinde isoliert. Von Methylenblau ausgehend wurden in den 1920er-Jahren die **8-Aminochinoline** (Pamaquin*, Primaquin*) entwickelt. Sie wirken gegen die primären u. sekundären Gewebeschizonten u. werden noch in Kombinationspräparaten verwendet. 1934 wurde bei Bayer mit **Chloroquin*** das erste 4-Aminochinolin-Präparat entwickelt. Diese A. zeigen ausgeprägte blutschizontizide Wirkung. Durch forcierte Forschung während des Zweiten Weltkriegs wurden in der Folge die Biguanid- (Proguanil*), 1,3,5-Triazin- u. Pyrimidin-Malariamittel (Pyrimethamin* 1951, Trimethoprim* 1967) entdeckt. Es handelt sich dabei um schizontizid wirkende Mittel, die jedoch aufgrund des langsamen Wirkungseintrittes hauptsächl. zur Malariaprophylaxe eingesetzt werden. **Neuere Mittel** sind Mefloquin*, Halofantrin*, Atovaquon u. Artemisinin-Derivate. Die Anw. von Mefloquin u. anderer Mittel sollte auf chloroquinresistente Gebiete beschränkt werden; auch gegenüber Chinidin soll noch keine Resistenz festgestellt worden sein (s. Tab.). **Entwicklungszyklus:** Plasmodien werden durch die weibl. Stechmücke der Gattung Anopheles übertragen. Die Sporozoiten gelangen in die Blutbahn u. suchen die Leberparenchymzellen auf. P. vivax u. P. ovale entwickeln zusätzl. Wartestadien (Hypnozoiten). Nach der Ruptur der Leberzelle befallen die frei werdenden Merozoiten die Erythrozyten, wo sie sich zu reifen Schizonten weiterentwickeln. Einige Merozoiten entwickeln sich zu Gametozyten (geschlechtl. Form). Die Geschlechtsformen werden beim Saugakt von der Mücke aufgenommen. **Malariaprophylaxe:** basiert auf 2 Prinzipien: **1.** Expositionsprophylaxe (Aufenthalt, Kleidung, Repellents) **2.** Chemoprophylaxe; welches Medikament dafür in Frage kommt, hängt u. a. von der Resistenzlage der Malaria-Erreger im Reisegebiet ab. Das gilt auch für die notfallmäßige Selbstbehandlung („stand by"). Die Angaben zur Malariavorbeugung basieren auf Empfehlungen der WHO sowie der Deutschen Gesellschaft für Tropenmedizin und Internationalen Gesundheit (DTG). Zur Chemoprophylaxe werden in der Regel: **a)** Atovaquon/Proguanil, insbes. für Gebiete mit P. falciparum, bes. bei Resistenzen gegen andere Mittel sowie bei Last-minute-Reisen; **b)** Chloroquin ± Proguanil, Gebiete mit P. vivax, P. ovale, P. malariae sowie mit P. falciparum ohne Chloroquin-Resistenz; **c)** Doxycyclin, Gebiete mit P. falciparum bei Multiresistenzen, speziell gegen Mefloquin, alternativ zu Atovaquon/Proguanil; **d)** Mefloquin, Gebiete mit P. falciparum bei Resistenzen gegen Chloroquin. **Stand-by-Medikation:** Zur notfallmäßigen Selbstbehandlung (Stand-by-Medikation) stehen Artemether/Lumefantrin, Atovaquon/Proguanil, Chloroquin u. Mefloquin zur Verfügung. Weiterhin werden von der WHO für die Standby-Therapie Sulfadoxin/Pyrimethamin (in Kombination) u. Chinin (evtl. kombiniert mit Doxycyclin) genannt. Halofantrin wird wegen mögl. kardiotox. UAW zur Selbstbehandlung nicht mehr empfohlen.

Antimere: s. Enantiomere.

Antimetaboliten: Verb., die einen Stoffwechselprozess blockieren od. modifizieren. Meist handelt es sich um hochtox. Substanzen, die wegen ihrer strukturellen Ähnlichkeit mit physiol. Stoffwechselbausteinen (Metaboliten) vom Organismus mit diesen verwechselt werden u. daher kompetitiv od. nicht kompetitiv deren enzymat. Veränderung od. Einbau in Stoffwechselfolgeprodukte verhindern. In der Folge führen sie zu Störungen des Stoffwechsels u. des Zellwachstums, wobei ihre Wirk. weitgehend unspezif. ist, das heißt alle Zellen in gleicher Weise betrifft. **Anw.:** therapeut. v. a. als Zytostatika*, Immunsuppressiva*, Chemotherapeutika (Sulfonamide), Virostatika* (z. B. Nucleosid*-Antimetaboliten wie Aciclovir*, Cytarabin*) u. Gichtmittel (z. B. Allopurinol*). **Beispiele** für typ. A.-Klassen: Folsäureantagonisten (z. B. Methotrexat*), Purinantagonisten (z. B. Mercaptopurin*, Allopurinol*), Pyrimidinantagonisten (Fluorouracil*), 4-Aminobenzoesäureantagonisten (Sulfonamide).

Antimitotika: s. Mitosegifte.

Antimon: Stibium; Symbol Sb; A_r 121.75, OZ 51. D. 6.69. Schmp. 630.5 °C. Sdp. 1635 °C. Härte 3. Unlösl. in Salzsäure u. verd. Schwefelsäure, lösl. in Salpetersäure unter Bildung von antimoniger Säure (Sb_2O_3) od. Antimonsäure (Sb_2O_5). Silberweißes, sprödes, leicht pulverisierbares, 3- u. 5-wertiges Metall, das ähnl. wie Arsen* u. Phosphor* in mehreren Modifikationen vorkommt. **Vork.:** nat. meist als Grauspießglanz Sb_2S_3 (Antimonglanz, Antimonit, Stibnit), als Weißspießglanz Sb_2O_3 (Antimonblüte, Senarmontit), Rotspießglanz Sb_2OS_2 (Antimonblende, Antimonzinnober), Antimonocker Sb_2O_4, ferner in den Rotgüldig- u. Fahlerzen (im Erzgebirge, Harz, Ungarn, Japan, Westfalen). **Darst.:** Rösten von Grauspießglanzerz; **Anw.:** Härten von Legierungen, Dotieren von Halbleitern, Herst. von Arzneimitteln gegen Tropenkrankheiten; **Gesch.:** bereits seit etwa 2500 v. Chr. bei den Babyloniern, Ägyptern u. Chinesen bekannt; Paracelsus (1493-1541), u. Basilius Valentinus (Pseudonym, etwa 1575) beschrieben Sb-Verbindungen. **Nachw. von Sb-Verb.:** **1.** Beim Erhitzen von Antimonwasserstoff (s. Arsen) bildet sich analog dem As ein Sb-Spiegel, der sich vom As-Spiegel durch dunklere Farbe u. seine Unlöslichkeit in Natriumhypochlorit-Lsg. unterscheidet. **2.** Lösl. Sb-Salze geben mit Wasser weiße Niederschläge von bas. Sb-Salzen, die in Weinsäure lösl. sind (zum Unterschied von Bismutsalzen). **3.** H_2S fällt aus Lsg. von Sb-Salzen orangerotes Antimontrisulfid Sb_2S_3 od. Antimonpentasulfid Sb_2S_5, beide lösl. in Alkali- od. Ammoniumpolysulfid-Lsg., aus denen sie durch Säuren wieder als orangerotes Sb_2S_5 ausgefällt werden.

Hom: *Stibium metallicum (HAB1.2)*: metall. Antimon.

Antimonate: Salze der hypothet. Antimonsäuren SbO(OH) u. $H[Sb(OH)_6]$.

Antimonblüte: s. Antimon(III)-oxid.

Antimonbutter: s. Antimon(III)-chlorid.

Antimon(III)-chlorid: Antimonbutter, Antimonchlorür, Butyrum Antimonii, Stibium chloratum; Antimontrichlorid, $SbCl_3$, M_r 228.13. D. 3.6. Schmp. 73.4 °C. Sdp. 223 °C. Farblose bis schwach gelbl., krist. blättrige, weiche Masse, lösl. in wenig Wasser; bei weiterer Zugabe von Wasser scheiden sich Oxidchloride ab. **Anw.** techn.: Brünieren (Braunschwarzfärben), Textilbeize; Reagens zum Vitamin A-Nachweis; **Liquor Stibii chlorati** EB6: Antimonchlorür-Lösung, Spießglanzbutter, flüssige Antimonbutter; ölige, farblose Flüss.; Wasser fällt aus dieser Lsg. Antimonoxidchlorid (SbOCl), ein amorphes, weißes Pulver, das früher med. verwendet wurde. **Anw.:** Ätzmittel.

Antimon(V)-chlorid: Stibium perchloratum; Antimonpentachlorid, $SbCl_5$. Gelbe, ölige, rauchende, hygroskop. Flüss.; lösl. in verd. Salzsäure u. Weinsäurelösung. **Anw.** techn.: Katalysator bei Chlorierungen.

Antimonchlorür: s. Antimon(III)-chlorid.

Antimonigsäureanhydrid: s. Antimon(III)-oxid.

Antimonit:

Hom: Grauspießglanz s. Antimon(III)-sulfid.

Antimonium arsenicosum:

Hom: *Stibium arsenicosum (HAB1.3)*: Antimon(V)-oxid u. Arsen(III)-oxid zu gleichen Teilen; verord. z. B. bei chron. Bronchialerkrankungen mit Herzmuskelschwäche.

Antimonium crudum: s. Antimon(III)-sulfid.

Antimonium sulfuratum aurantiacum: s. Antimon(V)-sulfid.

Antimon(III)-oxid: Antimonigsäureanhydrid, Antimonblüte, Antimonweiß, Stibium oxydatum; Antimontrioxid, Sb_2O_3. Weißes, krist. Pulver, unlösl. in Wasser. **Anw.:** Malerfarbe, Beizmittel.

Antimonoxidchlorid: s. Antimon(III)-chlorid.

Antimonoxid, schweißtreibendes: Kaliummetantimonat, Kalium stibicum, Stibium oxydatum album diaphoreticum; $KSbO_3$. Weißes Pulver, fast unlösl. in Wasser. **Anw.** med.: früher als Emetikum* u. bei Lungenblutungen.

Antimonpentachlorid: s. Antimon(V)-chlorid.

Antimonpentasulfid: s. Antimon(V)-sulfid.

Antimonperchlorid: s. Antimon(V)-chlorid.

Antimonpersulfid: s. Antimon(V)-sulfid.

Antimon(III)-sulfid: Stibium sulfuratum nigrum, Antimonium crudum, Grauspießglanz, schwarzes

Schwefelantimon; Antimontrisulfid, Sb_2S_3. Grauschwarzes Pulver od. krist. Stücke. **Darst.**: Ausschmelzen (Seigern) des nat. Grauspießglanzes (Antimonit); **Anw.** vet.: früher als Expektorans u. um die Fresslust anzuregen; techn.: Feuerwerkerei (Zündhütchen), Reibflächen für Zündhölzer.

Hom: *Stibium sulfuratum nigrum (HAB1.2)*, Antimonium crudum: Antimon(III)-sulfid, mit einem Geh. von mind. 98 % Sb_2S_3

Hom: *Antimonit (HAB1.3)*: aus nat. Mineral, mit einem Geh. von mind. 95 % Sb_2S_3; verord. z. B. bei chron. Magenschleimhautentzündung, Hyperkeratosen.

Antimon(V)-sulfid: Stibium sulfuratum aurantiacum, Goldschwefel; Antimonpentasulfid, Sb_2S_5, M_r 403.85. Orangerotes Pulver, unlösl. in Wasser, leicht lösl. in heißer Ammoniaklsg., Alkalien u. Alkalisulfiden; zersetzt sich bei Sonnenlicht u. Kochen mit Wasser zu Sb_2S_3 u. Schwefel. **Darst.**: Versetzen einer Lsg. von Natriumthioantimonat (Schlippe*-Salz) mit Salz- od. Schwefelsäure; **Anw.** med.: früher als Expektorans*; techn.: Vulkanisation u. Rotfärbung von Kautschuk; Feuerwerkerei; Schädlingsbekämpfung. **Dos.**: 0.01-0.03 g (größere Dosen wirken brecherregend).

Hom: *Stibium sulfuratum aurantiacum (HAB1.5)*, Antimonium sulfuratum aurantiacum: nicht stöchiometr. Gemisch aus Antimon(III)-sulfid (Sb_2S_3) u. Schwefel; verord. z. B. bei chron. Bronchitis mit zähem Schleim.

Antimonsulfid, rotes: s. Antimon(V)-sulfid.

Antimonsulfid, schwarzes: s. Antimon(III)-sulfid.

Antimonsulfid-[^{99m}Tc]Technetium: mit Povidon* stabilisierte, sterile u. pyrogenfreie Injektionslsg. (Stibii sulfidi colloidalis et technetii [^{99m}Tc] solutio iniectabilis Ph.Eur.3, kolloidale Antimonsulfid-[^{99m}Tc] Technetium-Injektionslsg.). Diese Injektionslsg. stellt eine kolloidale Dispersion von Antimonsulfidteilchen dar, welche mit Technetium*-99m (emittiert Gammastrahlen, HWZ 6.02 h) markiert sind. **Herst.**: aus Natrium-[^{99m}Tc]pertechnetat-Injektionslsg. (s. Natriumpertechnetat[^{99m}Tc]). Der pH-Wert kann durch Zusatz eines geeigneten Puffers, z. B. einer Citrat-Pufferlsg., eingestellt werden. Die Teilchen haben i. Allg. einen Durchmesser von 3-50 nm. **Anw.**: gelegentl. noch zur statischen Leber-, Milz- od. Knochenmarkszintigraphie.

Antimonsulfid-[^{99m}Tc] Technetium-Injektionslösung, kolloidale: s. Antimonsulfid-[^{99m}Tc]Technetium.

Antimontrichlorid: s. Antimon(III)-chlorid.

Antimontrioxid: s. Antimon(III)-oxid.

Antimontrisulfid: s. Antimon(III)-sulfid.

Antimonweiß: s. Antimon(III)-oxid.

Antimonyl-Kaliumtartrat: Tartarus stibiatus, Stibio-Kalium tartaricum, Kalium stibyltartaricum, Kalii et Stibii tartras, Kalii stibyli tartras, Tartarus emeticus, Kaliumantimonyltartrat, Brechweinstein; $K[(SbO)C_4H_4O_6]$; Herst.: ÖAB81, Erhitzen einer Mischung von Antimontrioxid u. Weinstein mit Wasser, danach Auskristallisieren lassen. Farblose Kristalle od. farbloses, krist. Pulver, leicht lösl. in Wasser, unlösl. in Ethanol. **Anw.**: Emetikum; Expektorans; **Dos.**: 0.03-0.05 g. Bei der Verw. des Brechweinsteins ist größte Vorsicht geboten, da bereits Dosen von 0.2 g bei Erwachsenen tödl. wirken können. Äußerl. wurde Brechweinstein früher bei Hautleiden u. als Pockensalbe verwendet. Er ruft schwere pustulöse Ausschläge hervor, die bis zu Knochennekrosen führen können.

Hom: *Kalium stibyltartaricum (HAB1.3)*, Tartarus stibiatus, Tartarus emeticus, Antimon tartaricum: z. B. bei Bronchitis, Lumbalsyndrom.

Hom: *Tartarus stibiatus praecipitatus*: gefällter Brechweinstein. Darst. durch Eingießen einer heißen, wässrigen Brechweinsteinlsg. in Ethanol u. Auswaschen der Kristalle; zur Herst. von Salben.

Antimykotika: fungistatisch od. fungizid bei Pilzekrankungen (Mykosen*) wirkende Arzneimittel. Gehören versch. Stoffklassen an u. besitzen geringe Strukturspezifität. **Wirkstoffe:** u. a. Amphotericin* B, Nystatin*, Griseofulvin*, Econazol*, Miconazol*, Ketoconazol*, Clotrimazol*, Fluconazol*, Tolnaftat*, Tolciclat*, Amorolfin*, Croconazol*, Fenticonazol*, Omoconazol*, Sertaconazol*, Naftifin*, Terbinafin*. Nur wenige A. (Ketokonazol, Griseofulvin) können oral angewendet werden. Bei lokalen Pilzinfektionen (z. B. Fußpilz, Nagelpilz) kommen neben diesen Mitteln eine Vielzahl anderer fungistat. od. fungizid wirksamer Stoffe in Frage, z. B. Undecylensäure (als Salbe), Salicylsäure (als alkohol. Lsg.), ferner Phenole u. Aldehyde, Triphenylmethanfarbstoffe*, Schwefel u. Schwefelverbindungen. Mittel gegen Pilzbefall von Pflanzen, Holz, Lebensmitteln etc. werden als Fungizide bezeichnet (s. Schädlingsbekämpfungsmittel).

Antineoplastika: Gewebewucherungen od. Geschwulstbildungen verhindernde Substanzen; vgl. Zytostatika.

Antineuralgika: schmerzstillende Mittel, i. e. S. Mittel gegen Nervenschmerzen; vgl. Analgetika.

Antineutrino: Symbol $\bar{\nu}$; Antiteilchen des Neutrinos*. Wird beim β^--Zerfall emittiert ($n \rightarrow p + \beta^- + \bar{\nu}$). Die Summe der Energie von β^--Teilchen (Elektron) u. Antineutrino ist eine feste charakterist. Größe für den betr. radioaktiven Zerfall.

Antiöstrogene: s. Antiestrogene.

Antionkogene: Gene, die bei normaler Aktivität die Tumorbildung unterdrücken. Die entspr. Proteine sind meist Regulatoren von Transkriptionsprozessen.

Antioxidanzien: Stoffe, die bereits in geringer Konz. die oxidative Zers. (Autoxidation) von Wirkstoffen u. Hilfsstoffen (z. B. Elastomeren) verhindern od. verzögern. A. werden durch ihr niedriges Redoxpotential u. in ihrer Funktion als Wasserstoffdonatoren leichter oxidiert als die zu schützenden Substanzen. Die Autoxidation wird durch Luftsauerstoff (auch in gelöster Form) hervorgerufen u. durch UV-Licht u. Schwermetall-Ionen katalysiert.

$R-H \rightarrow R\cdot + H\cdot$ (Aktivierung)

$R\cdot + O_2 \rightarrow R-O-O\cdot$

$R-O-O\cdot + R-H \rightarrow R-O-O-H + R\cdot$

Die Aktivierung erfolgt durch Wärme, Licht, ionisierende Strahlung od. freie Radikale. Es ist neben dem Einsatz von A., die im Verlauf der

Oxidation verbraucht werden, zweckmäßig, den Luftsauerstoff aus den zu schützenden Präparaten, Arzneiformen, Behältnissen zumindest teilweise zu entfernen. Dies geschieht durch Inertbegasung (s. Schutzgase). Weitere Maßnahmen in Komb. mit A. sind Lichtausschluss u. die Inaktivierung von Schwermetall-Ionen (v. a. Kupferionen), z. B. durch Komplexbildner. **A. für wässrige Lösungen:** Die Wirkung dieser A. beruht auf einem im Vergleich zu den zu schützenden Wirkstoffen stärker negativen Redoxpotential. Zur Stabilisierung von parenteralen, kutanen u. peroralen Arzneiformen wird am häufigsten Ascorbinsäure u. deren Na-Salz (0.01-0.1 %) verwendet. Weniger häufig aufgrund ihres schlechten Geruchs u. Geschmacks u. der Möglichkeit, mit vielen Wirkstoffen zu reagieren, kommen anorg. und org. Schwefelverbindungen (Sulfite, Disulfite, Thioglykol-, Thiomilchsäure, Glutathion, Cystein, 0.05-0.15 %) zum Einsatz. **A. für Fette, Öle u. Emulsionen:** Man unterscheidet primäre A., präventive A. u. Synergisten, die auf unterschiedl. Weise stabilisierend wirken. Die primären A. od. Kettenabbruch-A. (A-H) besitzen ein bewegl. H-Atom u. unterbrechen die Reaktionskette der Autoxidation, indem sie sich z. B. mit Fettsäureradikalen verbinden (R = Fettsäurerest):

$R-O-O\cdot + A-H \rightarrow R-O-O-H + A$

Das Radikal A· (entstanden aus dem Antioxidans) ist weniger reaktiv als das Peroxidradikal R–O–O·, das immer wieder neue Fettsäureradikale entstehen lässt. Einsatz finden u. a. die nat. vorkommenden Tocopherole (physiol. unbedenkl., Anw. 0.001-0.5 %), die in höherer Konz. auch direkt durch Sauerstoff oxidiert werden u. die Nordihydroguaiaretsäure (NDGA; 0.01-0.025 %). Zu den synthet. u. partialsythetischen A. zählen u. a. Ascorbinsäureester (-myristat, -palmitat, -stearat, Konz. 0.01-0.2 %), Gallussäureester (Ethyl-, Propyl-, Octyl-, Dodecylgallat, Konz. 0.05-0.1 %), beide physiol. unbedenklich, weiter Butylhydroxyanisol* (BHA; in 0.005-0.02 %iger Konz. physiol. unbedenklich), Butylhydroxytoluol* (BHT, 0.01-0.02 %) u. Tetraoxydimethylbiphenyl (TDBP). Präventive A. sollen die homolyt. Zers. der Peroxide in freie Radikale, die durch UV-Licht u. Schwermetallionen katalysiert wird, verhindern. Synergist. A. besitzen keine ausgeprägte antioxidative Wirksamkeit, verstärken jedoch jene der eigentl. Antioxidanzien. Die Grenzen zw. präventiven und synergist. A. sind verschwommen. Hierher gehören starke Säuren u. Sulfide, die Hydroperoxide in nichtradikalische Derivate überführen, UV-Absorber u. Metall-Ionen-desaktivierende Komplexbildner, z. B. Polyalkohole, Aminosäuren, Phosphorsäurederivate, Ascorbin-, Citronen- u. Weinsäure (0.001-0.01 %), Edetinsäure* (EDTA) als Di-Na- od. Di-Na-Ca-Salz (0.005-0.1 %). Die Wirkung der primären A. in Ölen u. Fetten wird vielfach durch diese Präventivstoffe, aber auch durch Kombinationen primärer A. synergist. gesteigert.

Antiparasitika: Antiparasitaria; hauptsächl. Mittel zur äußerl. Behandlung von Erkrankungen (Externa), die durch tier. Parasiten wie Krätzmilben (vgl. Antiscabiosa), Läuse u. Flöhe hervorgerufen werden. Verwendet werden z. B. Schwefelverbindungen wie Mesulfen* u. Malathion*, Benzoesäurebenzylester*, Balsamum* peruvianum u. Lindan*; außerdem kommen noch Pyrethroide*, Pyrethrine* u. Piperonylbutoxid* zum Einsatz; unterstützend zur Juckreizstillung dienen z. B. Benzocain*, Crotamiton*. Zu beachten ist eine mögl. resorptive Toxizität, v. a. bei Kleinkindern. Ältere Mittel wie Sabadillae semen u. Styrax sind obsolet. I. w. S. zählen zu den A. auch Anthelminthika*, Antimykotika* sowie Antibiotika u. Chemotherapeutika, v. a. Antiprotozoenmittel*. Vgl. Parasiten.

Antiparkinsonmittel: zur Ther. des Parkinson*-Syndrom eingesetzte Mittel. **Wirkstoffe:** **1.** A. mit dopaminerger Wirk.: **a)** Dopaminsubstitution mit Levodopa*, aktivstes A., wirksam gegen Akinesie u. psych. Störungen, weniger gegen Rigor u. Tremor; wird zu ca. 95 % durch periphere Dopadecarboxylase zu Dopamin* abgebaut, das die Blut-Hirn-Schranke nicht passieren kann, nur ca. 5 % gelangen mittels eines aktiven Transportmechanismus ins Gehirn; **b)** Kombination von Levodopa mit Dopadecarboxylasehemmern, z. B. Carbidopa*, Benserazid*; hemmen den peripheren, nicht aber den zentralen Abbau von Levodopa, das so in größerem Ausmaß ins ZNS gelangen u. dort als Dopamin wirken kann; ermögl. die Reduktion der L-Dopa-Dosierung um bis zu 75 %; **c)** Dopaminagonisten, z. B. Bromocriptin*; **d)** Monoaminooxidasehemmer*, z. B. Selegilin*; **e)** COMT*-Hemmer, z. B. Entacapon*; **f)** Amantadin* erhöht die Dopaminkonz. im ZNS, wirksam gegen Rigor u. Akinesie, therap. Effekt hält nur einige Wochen an; **2.** zentral wirksame Anticholinergika*: bewirken unterschiedl. Verminderung von Rigor u. Tremor; die klass. A. (Atropin*, Scopolamin*) wurden aufgrund ihrer UAW (z. B. Tachykardie, Obstipation, Akkomodationsstörungen) durch synthet. Pharmaka mit geringeren peripheren Wirk. ersetzt: z. B. Benzatropin*, Biperiden*, Bornaprin*, Metixen*; **3.** Betasympatholytika: gegen Tremor, z. B. Propranolol*; **4.** begleitende Maßnahmen: Krankengymnastik u. psychosoziale Betreuung.

Antipedikulosa: s. Läusemittel.

Antipellagra-Vitamin: s. Vitamine (Nicotinamid).

Antiperniziosa-Faktor: s. Vitamine (Vitamin B_{12}).

Antiphlogistika: entzündungshemmende Mittel. V. a. bei chron. Entzündungen wie rheumatoider Arthritis*, Psoriasis* u. a. verwendet (vgl. Antirheumatika). **Wirkstoffe:** **1.** nichtsteroidale Antirheumatika (NSAR), symptomat. Wirk., s. Analgetika; **2.** Glucocorticoide, symptomat. Wirk., s. Hormone (Nebennieren); **3.** Basistherapeutika*, die auch die Ursachen chron. Entzündungen bekämpfen; **4.** diverse, z. B. Orgotein*.

antiphlogistisch: entzündungshemmend.

Antiplaquemittel: syn. Plaquehemmer, Zahnplaque-Inhibitoren, Zahnbelaghemmer; Stoffe, die der Entstehung von Zahnplaque* entgegenwirken sollen. Z. B. Lösungen od. Gele mit Chlorhexidin (-Derivaten), Sanguinarin (s. Sanguinaria canadensis), Dextranase*.

Antipoden (Gegenfüßler): **1.** (bot.) 3 Zellen im unteren Teil des Embryosacks*. **2.** (chem.) veraltet für Enantiomere*.

A

Antipoden, optische: s. Enantiomere.

Antiprotozoenmittel: Chemotherapeutika* geg. Protozoonosen (s. Protozoen). **Wirkstoffe:** **1.** geg. Plasmodien: Antimalariamittel*; **2.** geg. Toxoplasmose: Langzeitsulfonamide in Kombination mit Pyrimethamin*, ev. Spiramycin* od. Clindamycin*; **3.** geg. Schlafkrankheit: Suramin*-Natrium, Pentamidin*, Melarsoprol*; **4.** geg. Leishmaniasen*: Stibogluconat*-Natrium; **5.** geg. Trichomoniasis u. Amöbiasis: Metronidazol*, Nimorazol*, Tinidazol*; **6.** geg. Infektionen mit Pneumocystis* carinii (vgl. HIV-Erkrankung): Atovaquon*, Cotrimoxazol*, Pentamidin*.

Antipruriginosa: juckreizstillendes Mittel; zur lokalen und/oder system. Applikation bestimmte Arzneimittel, die durch Dämpfung od. Ausschaltung von sensiblen Hautnerven zur Linderung od. Beseitigung von Juckreiz jeder Art führen. **Wirkstoffe:** z. B. Antihistaminika* u. Lokalanästhetika*; rein extern anzuwendende A. sind Crotamiton*, Teerpräparate, u. a.; ferner allgemein empfindlichkeitsdämpfende Stoffe wie Sedativa.

Antipsoriatika: Mittel zur Behandlung der Schuppenflechte (Psoriasis*). Verwendet werden, nach Entfernung der Schuppen mit Keratolytika*, z. B. lokal Dithranol*-Lösung, ev. Glucocorticoide (z. B. Fluticason, Mometason) od. Vitamin-D-Analoga (z. B. Calcipotriol, Tacalcitol); system. Methotrexat, Retinoide*, Ciclosporin* A, 8-Methoxypsoralen (s. Ammoidin), Fumarsäure*, Tazaroten*, Acitretin*; vgl. PUVA.

Antipsychotika: s. Psychopharmaka (Neuroleptika).

Antipyreticum compositum: s. Phenazon mit Coffeincitrat.

Antipyretika: syn. Antifebrilia, Pyretika, Fiebermittel; fiebersenkende Mittel. Meist schwache Analgetika* mit antipyret. Komponente. Sie normalisieren den Sollwert der Körpertemperatur in den Wärmezentren des Hypothalamus durch eine Hemmung der Prostaglandinsynthese. Dadurch kommt es zur erhöhten Wärmeabgabe durch Erweiterung der Hautgefäße u. vermehrte Schweißsekretion u. somit zur Entfieberung; vgl. Fieber, Febrifuga.

antipyretisch: fiebersenkend.

Antipyrimindine: Analoga der Pyrimidinbasen, s. Pyrimidine.

Antipyrinum cum Coffeino citrico: s. Phenazon mit Coffeincitrat.

Antipyrinum salicylicum: s. Phenazonsalicylat.

Antirheumatika: Mittel zur Behandlung von Erkrankungen* des rheumatischen Formenkreises. A. sind eine sehr uneinheitl. Wirkstoffgruppe aufgrund der vielfältigen Ursachen u. Verlaufsformen rheumat. Erkrankungen, z. B. endzündl. (vgl. Arthritis) od. degenerativ (vgl. Arthrose). Zur kausalen Ther., bei bakterieller Genese od. durch Erreger bedingten Schüben, dienen Antibiotika* (v. a. Penicilline). Die symptomat. A. entfalten rasch ihre analget. u. antiphlogist. Wirk., die nur so lange anhält, wie die Medikamente genommen werden. Hierzu zählen: antiphlogist. wirkende Analgetika* (NSAR) u. Glucocorticoide (Hormone*). Zur Behandlung chron. rheumat. Arthritiden werden Basistherapeutika* eingesetzt. Neben den Immunsuppressiva Infliximab* (monoklonaler TNF-alpha-Antikörper) u. Etanercerp* werden auch Weihrauchextrakte (s. Boswellia bhaw-dajiana) bei Polyarthritis erfolgreich eingesetzt. Hyperämisierende Stoffe (z. B. äther. Öle, Nicotinsäureester, Capsaicin u. a.) werden zur lokalen medikamentösen Behandlung angewendet. Ihre Wirksamkeit ist umstritten.

Anti-Rh-Ig: s. Anti-D-Immunglobulin vom Menschen.

Antirhinitika: s. Rhinologika.

Antiscabiosa: Antiskabiesmittel; Mittel gegen Krätze (s. Scabies).

Antischaummittel: (engl.) *antifoams*; Schaumverhütungsmittel, Entschäumer, Schaumzerstörer; Verbindungen, die häufig selbst oberflächenaktiv sind, sich an der Grenzfläche Flüssigkeit/Gas anreichern (HLB*-Wert um 3) u. dadurch die Stabilität der Schaumlamellen stark herabsetzen. Früher verwendete man Isoamylalkohol, Octylalkohol, Decylalkohol etc., heute Ester der Ölsäure u. Laurinsäure mit Glycerol, Glykol, Sorbitol u. PEG-Derivate. Bewährt haben sich A. auf Siliconbasis, die z. T. noch in einer Verdünnung von 1:1 000 000 wirksam sind. Als A. in geringer Menge für pharmaz. Präparate u. a. bei Emulsionen, Suspensionen u. beim Einengen pflanzl. Extrakte dient z. B. eine Schmelze von Sorbitol mit 10 % Siliconöl, die nach dem Abkühlen u. Erstarren pulverisiert wird.

Antischweißmittel: s. Antihidrotika.

Antiseborrhoika: Mittel zur Ther. von seborrhöischen Erkrankungen wie Seborrhö* u. Akne (vgl. Aknemittel). **Wirkstoffe:** Keratolytika*, Retinoide*, Teer- u. Schieferölpräparate (z. B. Ammoniumbituminosulfonat), Tioxolon*, Schwefelverbindungen (z. B. Cadmiumsulfid, Pyrithion-Zink, Selensulfid), Benzoylperoxid, Vitamine, Glucocorticoide, Antiseptika (z. B. Thymol), Antibiotika*, Sexualhormone (systemisch).

Antisense-Oligonukleotide: kurzkettige synthet. Nucleotidsequenzen, die mit einer def. Abfolge von Basen komplementär zu einem def. Bereich einer nat. vorkommenden RNA sind. Chem. meist Phosphorothioat-Oligonucleotide, bei denen das Sauerstoffatom der Phosphatgruppe durch ein Schwefelatom (A) ersetzt wurde, um einen zu raschen enzymat. Abbau durch Ribonucleasen zu verhindern. Therap. Ziele für A.-O. (z. B. Fomivirsen*) sind funktionelle Bereiche. Durch die Ausbildung doppelsträngiger RNA-Abschnitte (RNA-Heteroduplex) wird eine effiziente Ausschleusung der RNA aus dem Zellkern u. eine Wechselwirkung mit den Ribosomen verhindert. Darüber hinaus werden über die doppelsträngigen RNA-Abschnitte Ribonucleasen aktiviert, die zu einem Abbau des Nucleotidstrangs führen. Durch die Antisense-Oligonukleotid-Technologie ist eine neue Therapieform auf genet. Ebene möglich. Anw. sind auch in der klin. Onkologie in Vorbereitung. Fomivirsen wird bei CMV-Retinitis zur intravitrealen Applikation verwendet.

Antisense-RNA: kurzes RNA*-Stück, das komplementär zu einer mRNA ist. A.-RNA codiert nicht für ein Protein, sondern paart komplementär mit einer mRNA u. wirkt so als Repressor der Target-

RNA. Experimentell wird A.-RNA in Pro- und Eukaryonten zur Herabregulation der Transkription od. Translation benutzt.

Antisensetherapeutika: Oligonukleotide od. Oligonukleotid-Derivate, die sich aufgrund ihrer komplementären Sequenz an RNA u. DNA anlagern u. so gezielt die Transkription* od. Translation* einzelner Gene in Zellen inhibieren. Das erste auf den Markt gekommene A. ist Fomivirsen*, welches zur lokalen Behandlung der Zytomegalie*-Retinitis eingesetzt wird. Vgl. Antisense-Oligonukleotide.

Antisepsis: Maßnahmen zur Abtötung pathogener Mikroorganismen, z. B. im Operationsfeld. Hierzu werden Antiseptika (Desinfektionsmittel) verwendet. Dient der Prophylaxe u. Bekämpfung von Infektionen; s. Antiseptika; vgl. Asepsis, Desinfektion; **Gesch.**: von Joseph Lister (1827-1912) eingeführt, von Ignaz Semmelweis (1818-1865) in ihrer Bedeutung 1847 erkannt.

Antiseptika: mikrobizide od. viruzide Wirkstoffe zur prophylakt. Antisepsis auf Haut- u. Schleimhäuten u. zur Ther. lokaler Infektionen. Z. B. Iod u. Iodkomplexe, Quecksilber- u. Silberverb. (Mercurochrom), Alkohole (Ethanol 70 %, Propanol-2 60 %), Phenole (Thymol, Eugenol, Hexachlorophen, Chinosol); vgl. Desinfektionsmittel, Detergenzien.

Antiserum: Serum, das Antikörper* gegen ein (monovalentes A.) od. mehrere (polyvalentes A.) bestimmte Antigene* enthält. Wird von dafür immunisierten Tieren od. von Menschen, die eine Krankheit durchgemacht haben, gewonnen. **Anw.**: Prophylaxe u. Therapie nach Transplantation der Niere, des Knochenmarks od. anderer Organe, Diagnostik (Blutgruppenbestimmung, Bakterienidentifikation).

Antiskabiesmittel: s. Antiscabiosa.

Antispasmodika: s. Spasmolytika.

Antistatika: polare, z. T. hygroskop. Substanzen, die zu feinen apolaren Pulvern od. bei Verarbeitungsprozessen in schlecht leitenden Behältern hinzugegeben werden, um eine elektrostat. Aufladung zu vermeiden od. weitgehend zu beseitigen (s. Siliciumdioxid, hochdisperses). A. werden auch in Kunststoffe eingearbeitet, um deren unerwünschte Eigenschaft, Staub u. Schmutzteilchen anzuziehen u. festzuhalten, mehr od. weniger aufzuheben.

Antisterilitäts-Vitamin: s. Vitamine (Vitamin E).

Antistreptolysine: gegen Toxine (Streptolysine*,) von Streptokokken der serol. Gruppen A, C u. G gerichtete neutralisierende Antikörper*. Da A. bei Streptokokkeninfekten (z. B. Tonsillitis, Scharlach) u. Folgeerkrankungen (z. B. rheumat. Fieber, Glomerulonephritis) erhöht sind, dient ihre Bestimmung im Serum zum Nachw. einer Infektion od. als Verlaufsparameter.

Antisympathotonika: senken den Sympathikustonus. A. bewirken Gefäßerweiterung, Reduktion des Herzzeitvolumens u. führen damit eine Senkung des arteriellen Blutdrucks herbei, ohne postsynapt. sympath. Rezeptoren zu blockieren (s. Sympatholytika), z. B. Guanfacin*, Urapidil*. Angriffspunkte dieser Pharmaka sind sowohl zentrale als auch peripher vegetative Neuronen bzw. Rezeptoren: **1.** Entspeicherung u. Hemmung der Wiederaufnahme von Noradrenalin in die Vesikel der präsynapt. sympath. Nervenendigungen (z. B. Reserpin*); **2.** Verhinderung der Freisetzung von Noradrenalin durch Hemmung der Impulsweiterleitung vom Zellkörper zur Nervenendigung (z. B. Guanethidin*); **3.** zentrale alphaadrenerge Wirkung (z. B. Methyldopa*, Clonidin*); **4.** Ganglienblocker*. **Anw.**: therap. v. a. als Antihypertensiva*, heute kaum noch verwendet.

Antisyphilitika: veralteter Begriff für versch. histor. Mittel gegen Syphilis*. **Beispiele:** Ammoniumiodid, Arsphenamin*, Bleiiodid, Cadmiumsulfat, Cascarae amargae Cortex , Decoctum Zitmannii, Gold(III)-chlorid, Guajaci Lignum, Kaliumgold(I)-cyanid, Kupfer(II)-nitrat, Quecksilber u. seine Verbindungen, Sarsapirillae Radix; heute wird mit Antibiotika therapiert.

Antiteilchen: s. Elementarteilchen.

Antitetanika: Mittel zur Behandlung von tetan. Krämpfen (s. Tetanie). Calciumsalze dienen zur Ther. der Hypocalcämie, der häufigsten Urs. von Tetanien. Bei tetan. Krämpfen anderer Ursache (z. B. Strychninvergiftung, Tetanus) sind Muskelrelaxanzien* wirksam. Bei parathyreopriver Tetanie (durch Ausfall der Nebenschilddrüsen bedingte Tetanie) Dihydrotachysterol u. Vitamin D_3.

Antithrombine: Abk. AT; im Plasma physiol. vorkommende Best., die Thrombin* inaktivieren u. dadurch die Blutgerinnung* hemmen. **Einteilung:** **1.** AT I: aus Fibrinogen entstehendes Fibrin*, das Thrombin adsorptiv anlagert; **2.** AT II: syn. Heparincofaktor II; Cofaktor für Heparin u. Dermatansulfat; **3.** AT III: Alpha-2-Globulin des Blutplasmas; bildet einen Komplex mit Heparin*, für dessen Wirk. es essentiell ist; dieser Komplex beschleunigt die AT-III-Wirk. auf Thrombin u. inaktiviert die Blutgerinnungsfaktoren VIIa, IXa, Xa, XIa, XIIa u. Plasmin; **Anw.**: Substitution bei Antithrombin-III-Mangel*, Reagens Ph.Eur.4; **4.** AT IV: aus Prothrombin entstehendes AT; **5.** AT V: Gammaglobulin; **6.** AT VI: Gruppe von Fibrinspaltprodukten, z. B. D-Dimere; **7.** AT VII: Alpha-2-Makroglobulin.

Antithrombin-III-Mangel: syn. hereditäre Thrombophilie; autosomal-dominant erbl. od. erworbener Mangel an Antithrombin III (Antithrombine*) mit Thrombose- u. Embolieneigung. **Bedeutung:** liegt ca. 0.3 % aller Thrombosen* od. Embolien* zugrunde; die Einnahme oraler Kontrazeptiva ist kontraindiziert; **Wirk.**: Alpha-2-Globulin des Blutplasmas, das die Wirk. von Thrombin* u. Blutgerinnungsfaktor X hemmt; **Anw.**: Substitution bei erbl. bedingtem u. erworbenem A.-III-M., zur Thromboseprophylaxe, zur Prophylaxe u. Ther. bei akutem Leberversagen, bei Verbrauchskoagulopathien, Hämodialyse. Reagens Ph.Eur.4.

Antithrombotika: s. Antikoagulanzien.

Antithymozytenglobulin: Abk. ATG, Antithymozytenimmunglobulin; Immunsuppressivum* (vgl. Antilymphozytenserum). **Anw.**: Prophylaxe der Transplantatabstossung nach Herztransplantation (in Kombination mit chem. definierten Immunsuppressiva, wie Azathioprin, Ciclosporin u. Glucocorticoiden); Autoimmunkrankheiten; **Präparat:** Antiserum, xenogen hergestellt, unter Ver-

A

wendung von Thymozyten zur Immunisierung; **UAW:** allerg. Reaktionen, Infektionen, Dyspnoe, Urtikaria, Thrombo- u. Leukozytopenie, Zytokinfreisetzungssyndrom mit Kreislaufinstabilität, Hypotonie, Tachykardie, Herzrrhythmusstörungen; **Dos.:** 1.5 mg/kg KG/d über 1-2 Tage.

Antitoxine: Bez. für Antikörper*, die mikrobielle, pflanzl. od. tier. Toxine* neutralisieren können. Meist Immunglobuline der Klasse IgG; therap. Einsatz bei Botulismus, Diphtherie, Gasbrand, Tetanus od. gegen Schlangengift.

Antitoxineinheit: Abk. A.E., syn. Immunitätseinheit (I.E.); die Serummenge, die aufgrund ihres Geh. an spezif. Antitoxinen* 100 tödl. Dosen eines bestimmten Toxins (bei Diphtherietoxin z. B. bezogen auf ein 250 g schweres Meerschweinchen) neutralisieren kann. Als Standard dient lyophilisiertes Trockenserum mit bekanntem Antitoxingehalt.

α_1-Antitrypsin: Alpha1-Antitrypsin; Proteinaseninhibitor (bes. im Serum), der in der Leber produziert wird. α_1-Antitrypsinmangel ist häufigste Stoffwechselerbkrankheit in Europa, führt zu Gewebeabbau durch nicht inhibierte Proteasen (v. a. bei chron. Tabakrauchinhalation); gehäuftes Auftreten von Hepatopathien, später Leberzirrhose.

Antituberkulotika: Tuberkulostatika (veraltet); bes. das Wachstum von Tuberkelbakterien* hemmende Antibiotika* od. Chemotherapeutika*. **Gesch.:** 1944 wurde Streptomycin* als erstes A. in die Ther. eingeführt. 1946 folgte 4-Aminosalicylsäure* als Mittel mit guter bakteriostat. Wirk. u. geringer Neigung zur Resistenzentwicklung. Isoniazid (INH), 1952 entdeckt., bakterizid u. schnelle Resistenzentwicklung. 1961 wurde die tuberkulostat. Wirk. von 1,2-Diaminoethan-Derivaten wie Ethambutol* beobachtet. Durch Hemmung der mikrobiellen Nucleinsäuresynthese wirken sie zusätzl. auf atyp. Mycobakterien bakteriostatisch. Rifamycinantibiotika (1964) sind Makrolide mit einer Lactambindung; das wirksamste ist Rifampicin*, das hohe Bakterizidie u. gute Gewebegängigkeit aufweist. **Wirk.:** Ausschlaggebend für die Wirksamkeit der A. am Wirkungsort ist neben der Wirkungsstärke v. a. die Penetrationsfähigkeit in die befallenen Gewebe. **Wirkstoffe:** Es sind nach ihrer klin. Wirksamkeit 3 Gruppen zu unterscheiden: **1.** am wirksamsten sind Rifampicin* u. Isoniazid*, gut wirksam Ethambutol* (bei Schwangerschaft), Streptomycin*, Protionamid* u. Pyrazinamid* (1.Wahl od. Basisstoffe); **2.** weniger wirksam sind 4-Aminosalicylsäure*, Terizidon*, Vincamycin, Kanamycin*, Capreomycin* u. D-Cycloserin* (2. Wahl od. Reservestoffe); **3.** in bestimmten Fällen wird auf neuere Gyrasehemmer* u. Makrolide* zurückgegriffen. **Ther.:** Hauptproblem bei der Chemotherapie der Tuberkulose* ist die rasche Resistenzentwicklung der Erreger. In jeder Population von Tuberkelbakterien muss mit dem Vorhandensein von resistenten Mutanten gegen ein bestimmtes A. gerechnet werden. Eine Monotherapie würde in kurzer Zeit zu einer völligen Resistenzentwicklung der Population führen. Kombination mehrerer A. mit unterschiedl. Wirkmechanismen ist notwendig. An allen unterschiedl. gut zugängl. Erkrankungsherden muss eine ausreichende Konz. jedes in der Kombination verwendeten A. erreicht werden. Eine Reduzierung der Dosis bei Kombinationsbehandlung ist daher nicht zulässig. Voraussetzung für eine Ausheilung ist die Kombinationstherapie sowie strikte Einhaltung von Dosierung u. Therapiedauer; **1.** Kombinationstherapie zur Erstbehandlung: Während der ersten, 4 Monate dauernden Behandlungsphase werden Kombinationen von 3 A. eingesetzt: Rifampicin, Isoniazid u. Ethambutol gilt als die wirksamste Dreierkombination, gefolgt von Rifampicin, INH u. Streptomycin*. **2.** Die zweite Behandlungsphase dauert i. Allg. 8 Monate. Es werden Zweierkombinationen wie Rifampicin u. INH od. INH u. Ethambutol eingesetzt. **3.** In der dritten Phase wird nur noch ein A., meist INH, angewendet. Sie dauert 6-8 Monate. Bei genauer Einhaltung beträgt die Erfolgschance nahezu 100 %. **4.** Wiederbehandlung: bei Wiederbehandlung od. bei durch schon behandelte Personen übertragenen Tuberkulosen sind die Erfolgschancen geringer. Die Ther. sollte mit 3, besser 4 A. durchgeführt werden, die der Patient noch nie bekommen hat.

Antitussiva: den Hustenreiz stillende Mittel. Wirk. v. a. durch zentrale Hemmung des Hustenreflexes. **Ind.:** trockener u. schlafstörender Reizhusten. **Wirkstoffe:** Anw. finden Codein* u. ähnl., auch analget. wirkende Verbindungen, wie z. B. Dextromethorphan*, Dihydrocodein*, Hydrocodon*, Noscapin*, u. ferner Butamirat*, Clobutinol*, Isoaminil*, Oxeladin*, Pentoxyverin*, Pipazetat*. Hinsichtl. pflanzl. (nicht zentral angreifender) hustenreizstillender Mittel siehe z. B. Thymus* vulgaris, Drosera* rotundifolia, Plantago* lanceolata u. Schleimdrogen* (Tab.); vgl. Expektoranzien.

Antiulkus-Faktor: s. Methioninmethylsulfoniumhydrochlorid.

Antiulkusmittel: s. Ulkustherapeutika.

Antivarikosa: Mittel zur lokalen od. system. Behandlung von Varizen (Krampfadern); s. Venenmittel, Hämorrhoidenmittel, Venenverödungsmittel.

Antivertiginosa: Mittel zur symptomat. Behandlung von vestibulären Schwindelzuständen; vgl. Vertigo. **Wirkstoffe:** v. a. Psychopharmaka* u. Antihistaminika* sowie durchblutungsfördernde Substanzen, z. B. Xanthinolnicotinat.

Antivitamine: s. Vitamine.

ANTU: s. α-Naphthylthioharnstoff.

Anulus (lat. Ring): **1.** eine Reihe spezialisierter Zellen mit stark verdickten Innen- u. Radialwänden beim Farnsporangium (dienen dem Öffnungsmechanismus). **2.** ringförmiges Gewebe am Hutstiel von Hutpilzen.

Anurie: Harnausscheidung unter 100 mL/24 h; s. Harnverhaltung.

Anus: After; untere Öffnung des Magen-Darm-Kanals.

Anus praeternaturalis: künstl. Darmausgang, Kunstafter, Kotfistel, auch Anus praeter; op. angelegter, doppelläufiger od. endständiger Darmausgang (äußere Darmfistel) im Bereich des Abdomens zur Stuhlentleerung in einen Auffangbeutel (Kolostomiebeutel*).

Anwendungsart

Anwendungsart	Applikationsort/Wirkort	Arzneiform
kutan	Haut	Lösung, Suspension, Emulsion, Schaum, Salbe, Paste, Pflaster
transdermal	Haut	therapeutisches System, Salbe
bukkal, lingual, sublingual	Mund, Zunge, Rachen	Tablette, Pastille, Lösung, Kapsel, Spray
enteral, oral, peroral	Magen, Darm	Pulver, Granulat, Kapsel, Tablette, Lösung, Emulsion, Suspension
rektal	Rektum	Suppositorium, Rektalkapsel, Salbe
nasal	Nase	Lösung, Salbe, Spray, Emulsion, Suspension
pulmonal, per inhalationem	Bronchial-, Alveolarepithel	Aerosol, Inhalat
konjunktival	Augenbindehaut	Augentropfen, -salbe, -wasser, Insert
intravaginal, intraurethral, intrauterin	Genitalorgane	Vaginalkugel, -kapsel, Tablette, Salbe, Lösung, Uteruspessar
parenteral	Applikation in das Körperinnere	
intrakutan	in die Haut	Injektionslösung, -suspension
subkutan	unter die Haut	Injektionslösung, -suspension
intramuskulär	in den Muskel	Injektionslösung, -suspension
intraperitoneal	in die Bauchhöhle	Injektionslösung, -suspension
intrakardial	in das Herz	Injektionslösung
intraarteriell	in eine Arterie	Injektionslösung
intravenös	in eine Vene	Injektionslösung, Infusionslösung, -emulsion

Anwendungsart: Art u. Weise in der ein Arzneistoff eingesetzt wird. Welche Arzneiform u. damit verbunden welcher Applikationsort u. welche -art gewählt werden, hängt im wesentl. von der Indikation, von der Resorbierbarkeit, Toxizität u. Stabilität der Arzneistoffe ab. **1.** intravenöse Dauerinfusion: schlagartig einsetzende, lang anhaltende u. möglichst gleichbleibende Wirkung; nur stationär anwendbar. Nach Gabe einer Initialdosis lässt sich durch Tropfinfusion dem Organismus kontinuier. die Arzneimittelmenge zuführen, die im gleichen Zeitraum durch Elimination entzogen wird. Der Blut- und Gewebespiegel ist konstant einstellbar. **2.** intravenöse Injektion: raschen Verteilung des Wirkstoffs im gesamten Organismus, schneller Wirkungseintritt u. hohe Wirkungsintensität, sofern der Arzneistoff in Lösung gegeben wird (keine Liberation, optimale Zurverfügungstellung des wirksamen Prinzips). Die Wirkungsdauer hängt im wesentl. von der Eliminationsgeschwindigkeit des entsprechenden Pharmakons ab u. ist meist nur kurz. **3.** subkutane u. intramuskuläre Injektion: allmähl. Wirkungseintritt, da der Arzneistoff erst aus dem injizierten Depot zur Resorption kommen muss. Die Wirkungsintensität ist nicht so ausgeprägt, dafür bleiben die Blutspiegelwerte länger erhalten. Das gilt im bes. Maße für intramuskulär verabfolgte Arzneizubereitungen. **4.** perorale Arzneiformen: im Allg. ein flacherer Verlauf der Blut- und Gewebespiegelkurven im Vergleich zu parenteralen Arzneiformen. Die Resorptionsverhältnisse lassen sich nicht generalisieren. Sie werden vom Arzneistoff, der -form (Tabletten, Lösungen, Suspensionen usw.) u. den physiol. Verhältnissen des Magen-Darm-Traktes beeinflusst. Von pharmaz.-technolog. Seite ist die Resorption vielfältig variierbar. **5.** Inhalationsarzneiformen: schneller Wirkungseintritt, hohe Wirkungsintensität, meist nur kurze Wirkungsdauer; **6.** rektale Arzneiformen: Resorption hängt vom Vehikel ab (wässriges Mikroklistier, wasserlösl. od. schmelzbare Grundmassen bei Suppositorien) sowie von der Löslichkeit der Arzneistoffe selbst. Eine rasche Resorption kann bei Suspendierung eines gut wasserlöslichen Wirkstoffs in einer geeigneten lipophilen Grundmasse erwartet werden. **7.** perkutanen Arzneiformen: Wirkung der Arzneistoffe unterschiedl. u. abhängig von Pharmakon u. Vehikel. **8.** Arzneistoffe in Lösungen, Waschungen, Pudern u. in einigen Salbengrundlagen: wirken nur auf die oberen Hautschichten ein; **9.** Arzneistoffe in spez. Salbentypen: Diffusion des Arzneistoffs durch die Haut. S. Tabelle.

Anxiolyse (lat. anxius ängstl.; gr. lysis Lösung): Angstlösung; Minderung von Angstgefühlen; meist durch entspr. Behandlung mit Anxiolytika*.

Anxiolytika: Medikamente, die bei Angst- u. Spannungszuständen dämpfend wirken. Z.B. Benzodiazepine*; s. Psychopharmaka (Ataraktika).

Anzeigepflicht: Verpflichtung, verschiedene rechtl. definierte Sachverhalte aufgrund gesetzl. Vorschrift vorher der Behörde zu melden. Es besteht eine allg. Anzeigepflicht für Betriebe u. Einrichtungen, die Arzneimittel entwickeln, erlaubnisfrei herstellen, klin. prüfen, lagern, verpacken, in den Verkehr bringen od. mit ihnen Handel treiben. Für Arzneimittelhersteller mit Herstellungserlaubnis besteht eine Anzeigepflicht insbes. bei einer wesentl. Änderung der Räume u. Einrichtungen u. bei Wechsel des Herstellungs-, Kontroll- od. Vertriebsleiters, des Stufenplanbeauftragten u. des Informationsbeauftragten.

Aorta: die große Körperschlagader.

Apalcillin INN: (2*S*,5*R*,6*R*)-6-[(*R*)-2-(4-Hydroxy-1,5-naphthyridin-3-carboxamido)-2-phenylacetamido]-3,3-dimethyl-7-oxo-4-thia-1-azabicyclo[3.2.0]-heptan-2-carbonsäure, CAS-Nr. 63469-19-2, $C_{25}H_{23}N_5O_6S$. **Anw.:** obsolet, Acylaminopenicillin mit breitem Wirkungsspektrum gegen gramnegative Erreger, ähnl. Piperacillin*; **Dos.:** i.v. 3×2-3 g/d; HWZ 1-1.5 h; vgl. Antibiotika (Tab.).

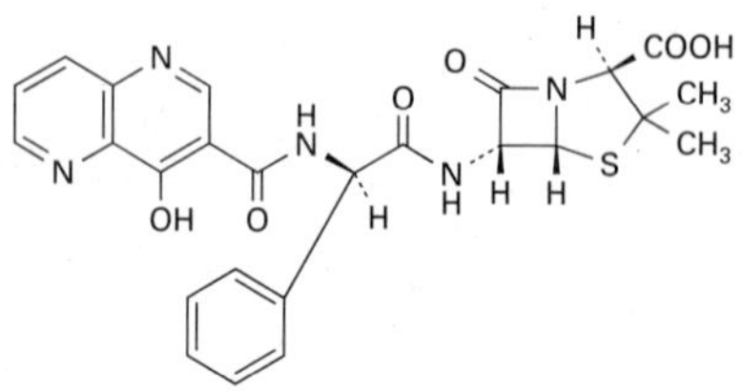

Apalcillin

Apamin: bicycl. Polypeptid, Bestandteil des Bienengiftes; s. Apisin.

Apathie: Teilnahmslosigkeit, Leidenschaftslosigkeit.

Apatit: nat. vorkommendes Mineral mit mind. 90% Calciumfluoridphosphat, $Ca_5F(PO_4)$, M_r 504.3. **Hom:** *Apatit (HAB1.3):* verord. z.B. bei Knochenerkrankungen u. Frakturen.

ApBetrO: s. Apothekenbetriebsordnung.

Aperitiva: **1.** appetitanregende Mittel. **2.** eröffnende Abführmittel.

Apertur: **1.** (med.) Öffnung. **2.** (bot.) Keimstelle in der Exine von Pollenkörnern. **3.** s. Mikroskop.

apetal: (bot.) ohne Korollblätter; s. Blüte.

APF: Abk. für **A**nimal-**P**rotein-**F**aktor; s. Vitamine (Vitamin B_{12}).

Apfelbaum: s. Malus domestica.

Apfelextrakt, eisenhaltiges: s. Extractum Ferri pomati.

Apfelsäure: s. Äpfelsäure.

Apfelschale: s. Malus domestica.

Apfelsinenschale: s. Citrus sinensis.

Apfelsinenschalenöl: s. Citrus sinensis.

Aphis chinensis: s. Gallen.

Aphizide: s. Schädlingsbekämpfungsmittel.

Aphonie: Stimmlosigkeit, z.B. bei Entzündungen od. Stimmlippenlähmung.

Aphrodin: s. Yohimbin.

Aphrodisiaka (von Aphrodite, gr. Göttin der Liebe u. Schönheit): den Geschlechtstrieb (Libido sexualis) od. die Potenz anregendes bzw. wiederherstellendes Mittel. Z.B. Yohimbin*, Strychnin*, versch. Ätherischöl-Drogen (reizen Urogenitalsystem, ähnl. Canthariden*), für den Mann Androgene (s. Hormone). Indikation u. Wirk. der A. ist umstritten u. nicht objektivierbar; vgl. Papaverin, Apomorphin, Sildenafil, Erektionsstörungen.

Aphthen: von einem entzündl. Randsaum umgebene Veränderungen der Mundschleimhaut mit weißl. Belägen als Begleitsymptom versch. Krankheiten od. unbekannter Ursache.

Aphthenseuche: s. Maul- und Klauenseuche.

Apiaceae: Doldengewächse (Umbelliferen); Fam. der Od. Apiales (hauptsächl. in gemäßigten Klimazonen), ca. 3000 Arten, ca. 100 in Mitteleuropa. Meist Kräuter od. Stauden mit wechselständigen, häufig gefiederten Blättern; charakterist. die auffällige, den Stängel umfassende Blattscheide. Blüten in Köpfchen, einfachen od. zusammengesetzten Dolden angeordnet. Die Früchte sind Doppelachänen (Spaltfrüchte mit Karpophor*), Stängel, Wurzel u. Früchte häufig von schizogenen Ölgängen durchzogen. Endosperm (stärkefrei) mit Aleuronkörnern u. kleinen Oxalatrosetten (Umbelliferenendosperm). **Chem. Merkmale:** fettes Öl in den Samen, Cumarine (Umbelliferon*), Polyine. Bei mehreren Arten werden chem. Rassen entspr. der Zstzg. des äther. Öls unterschieden. **Anw.:** Gewürz- u. Arzneipflanzen (wegen des äther. Öls). **Wichtige Gattungen:** Aegopodium, Aethusa, Ammi, Anethum, Anthriscus, Angelica, Apium, Carum, Centella, Cicuta, Conium, Coriandrum, Cuminum, Daucus, Dorema, Eryngium, Ferula, Foeniculum, Heracleum, Levisticum, Meum, Myrrhis, Oenanthe, Opopanax, Pastinaca, Petroselinum, Peucedanum, Pimpinella, Sanicula, Trachyspermum.

Apigenin: 4',5,7-Trihydroxyflavon; Strukturformel s. Flavonoide (Tab.). A. enthalten z.B. Schafgarbe (Achillea* millefolium) u. Benediktendistel (Cnicus* benedictus); vgl. Apiin.

Apiin: Apigenin-7-apiosylglucosid; $C_{26}H_{28}O_{14}$; M_r 564.48; farblose Kristalle, lösl. in heißem Wasser u. Ethanol. Flavonglykosid (Aglykon: Apigenin*) in Apium* graveolens, Petroselinum* crispum, Chamaemelum* nobile.

Apikaldominanz: (bot.) bevorzugtes Wachstum der Gipfelknospe u. gehemmtes bzw. verhindertes (z.B. bei der Sonnenblume) Wachstum der Seitenknospen. Die Dominanz der Gipfelknospe über die Seitenknospen beruht auf ihrer Produktion u. Abgabe von Auxinen*.

Apikalmeristem (lat. apex Scheitel, Spitze; gr. merizein teilen): Wachstumszone aus meristemat. Gewebe an der Spitze von Wurzel u. Sprossachse der Gefäßpflanzen. Sie sind für die Ausdehnung der Pfl. verantwortlich.

Apiol: Apiolum, Petersilienkampfer; 1-Allyl-2,5-dimethoxy-3,4-methylendioxy-benzol; $C_{12}H_{14}O_4$; Strukturformel s. Phenylpropanderivate (Abb.); M_r 222.23; D. 1.25-1.35; Schmp. ca. 30 °C; Sdp. 249 °C. Hauptbest. des äther. Öls der Petersilienfrüchte, Petroselinum* crispum ssp. crispum. Reines Apiol bildet farblose Kristalle, die in Ethanol, Ether, Benzol, Ölen lösl. sind, unlösl. in Wasser. Im Handel meist als alkohol. od. öliger Auszug aus Petersiliensamen.

D-Apiose: Tetrahydroxyisovaleraldehyd; $C_5H_{10}O_5$; M_r 150.13; eine Pentose mit verzweigter Kohlenstoffkette. Baustein von Glykosiden, z. B. Apiin*, u. Polysacchariden.

Apisin: Apisinum; Bienengift aus der Giftblase der Honigbiene, Apis* mellifera; gelbl., meist wenig getrübte, sauer reagierende Flüss., getrocknet gelb-bräunl. Pulver. **Best.:** 50 % Melittin*, ca. 12 % Phospholipase A_2, weitere Peptide, z. B. Apamin (2 %; zentral erregendes Neurotoxin aus 18 Aminosäuren), Enzyme (Hyaluronidase), Histamin, Aminosäuren. Die Giftwirkung beruht bes. auf dem Melittin-Phospholipase-System. Melittin ist kein Enzym, sondern eine nat. Invertseife. Es verändert die Zellmembran u. bildet mit den Membranlecithinen einen Komplex, wobei sich die Konformation des Lipidmoleküls verändert, so dass die Phospholipase leichter angreifen kann; die Folge ist Bildung von Lysolecithin* u. damit Zerstörung des Gewebes sowie einer meist ungesättigten Fettsäure, welche zu Prostaglandinen od. Leukotrienen umgewandelt werden kann. **Anw.:** unspezif. Reizkörperther., bei Erkrankungen des rheumat.Formenkreises, Ischias, Neuralgien.
Hom: *Apisinum (HAB1.5):* schonend getrocknetes Gift; verord. z. B. bei Entzündungen der Haut, Schleimhaut, Drüsen.

Apis mellifera L.: Apis mellifica, Honigbiene; Fam. Apidae (Od. Hymenoptera) (in der ganzen Welt). Man unterscheidet: Weibchen (Königin, Weisel), Männchen (Drohnen) u. Arbeiterinnen (sterile Weibchen). Die Biene liefert Honig (Mel*), Bienengift (s. Apisin; pro Biene ca. 0.07 mg), Wachs (Cera flava, s. Wachse), Gelée* royale (Weiselzellenfuttersaft) u. Propolis* (Bienenharz)
Hom: *Apis mellifica (HAB1.4):* Honigbiene; Arbeiterinnen in 60 %igem Ethanol getötet u. als Urtinktur für entsprechende Potenzierungen verwendet; verord. z. B. bei Entzündung der Haut, Schleimhaut, Gelenke, inneren Organe, mit Schwellung, Rötung, Schmerz.

Apium graveolens L.: Sellerie; Fam. Apiaceae (Umbelliferae) (Europa, Westasien bis Ostindien, Nord- u. Südafrika, Südamerika; v. a. Gemüseanbau). Stpfl. von **Herba Apii graveolentis:** Selleriekraut. **Inhaltsst.:** Apiin* u. a. Flavonglykoside, ca. 0.1 % äther. Öl (mit Phthaliden), Cumarine (z. B. Bergapten, Xanthotoxin), Steroide, Phenolcarbonsäuren, Vitamin C; **Radix Apii graveolentis:** Selleriewurzel. **Inhaltsst.:** ca. 0.1% äther. Öl (mit Polyinen usw.), Cumarine, Flavonoide, Polyacetylene, Kohlenwasserstoffe, Fett; **Fructus Apii graveolentis:** Selleriefrüchte, fälschl.: Semen Apii graveolentis, Selleriesamen. **Inhaltsst.:** bis 3 % äther. Öl mit Limonen, β-Pinen, Selinen, Butylphthaliden (Sedanolid u. a., Geruchsträger, s. Phthalide); Furanocumarine u. C-Prenylcumarine (Isopentenylcumarine, z. B. Osthenol; vgl. Angelica archangelica); **Anw.** volkstüml.: alle Pflanzenteile z. B. bei Beschwerden des rheumat. Formenkreises, Gicht, Appetitlosigkeit; harntreibendes Mittel; Negativmonographie Kommission E; Gewürz; Gew. des äther. Öls (für Suppenwürzen); Knollen als Gemüse; Knollen gelten als Aphrodisiakum.
Hom: *Apium graveolens:* reife Samen.

AP-Kautschuk: s. Polyolefine.

Apnoe: Atemstillstand, verursacht durch eine Atemlähmung od. das Einatmen eines Fremdkörpers.

Apoatropin: 1-αH,5-αH-Tropan-3α-ol-atropat; $C_{17}H_{21}NO_2$; M_r 271.35; Schmp. 62 °C. Ester aus Tropin* u. Atropasäure*. **Vork.:** nat. in Atropa* belladonna; entsteht durch Wasserabspaltung aus Hyoscyamin od. Atropin*.

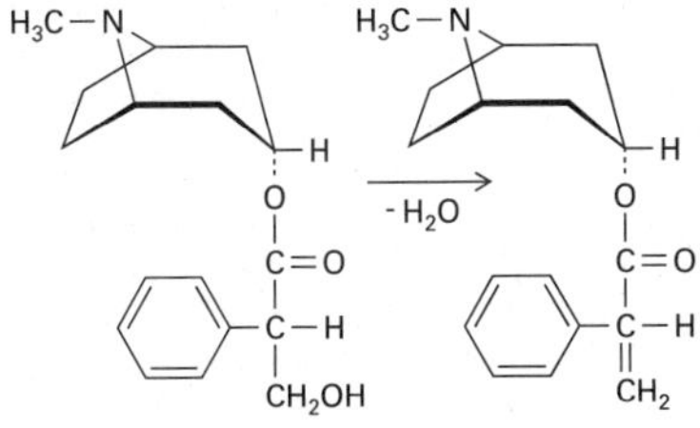

Apoatropin: Bildung aus Atropin

Apocannosid: s. Apocynum cannabinum.

Apocodeinhydrochlorid: Apocodeinum hydrochloricum, salzsaures Apocodein; Apomorphin-3-methyletherhydrochlorid; $C_{18}H_{19}NO_2 \cdot HCl$. Graues Pulver, leicht lösl. in Wasser u. Ethanol. **Darst.:** Erhitzen von Codeinhydrochlorid mit Zinkchlorid; **Anw.:** früher als Expektorans, Sedativum, Hypnotikum; auch als Laxans (s. c.).

Apocymarin: s. k-Strophanthin-α.

Apocynaceae: Hundsgiftgewächse; Fam. der Od. Gentianales. Meist Holzpflanzen des trop. Urwaldes (häufig Lianen) z. T. mit kautschukhaltigem Milchsaft. In Mitteleuropa nur wenige Vertreter, z. B. Vinca minor (Kleines Immergrün) u. andere Vinca-Arten. Blätter gegenständig, ganzrandig, ungeteilt, Blüten radiär. **Chem. Merkmale:** Indolalkaloide u. Cardenolide. **Wichtige Gattungen:** Acokanthera, Alstonia, Apocynum, Aspidosperma, Catharanthus, Funtumia, Holarrhena, Hunteria, Nerium, Rauvolfia, Strophanthus, Thevetia, Vinca.

Apocynamarin: s. k-Strophanthidin.

Apocynum androsaemifolium L.: Fliegenfängerwurzel; Fam. Apocynaceae (heim. Nordamerika). **Inhaltsst.:** Cymarin u. äther. Öl im Wurzelstock; **Anw.:** vgl. Apocynum cannabinum.
Hom: *Apocynum androsaemifolium:* frischer Wurzelstock.

Apocynum cannabinum L.: Hanfartiger Hundswürger, Amerikanischer Hanf; Fam. Apocynaceae (heim. Nordamerika). Stpfl. von **Radix Apocyni cannabini:** Amerikanische Hanfwurzel, Kanadische Hanfwurzel. **Inhaltsst.:** Cardenolidglykoside (auch in der Rinde); k-Strophanthin*-α, Apocannosid u. Cynocannosid (Strukturformeln s. Glykoside, herzwirksame Tab. 2). **Anw.** volkstüml.: bei Kondylomatose, Warzen (frischer Pflanzensaft); in der indianischen Medizin bei Asthma, Husten, Rheuma; **Tox.:** aufgrund der herzwirksamen Cardenolidglykoside ist die Droge stark giftig.
Hom: *Apocynum cannabinum (HAB1.5),* Apocynum: frische unterird. Teile; verord. z. B. bei Herzerkrankungen, Ödemen.

Apoenzym: s. Enzyme.

Apoerythein: s. Intrinsic-Faktor.

Apo-Ferment: Apoenzym; s. Enzyme.

Apoferritin: s. Ferritin.

Apokarpie: (bot.) Zustand, bei dem sich jedes einzelne Fruchtblatt zu einem Fruchtknoten entwickelt (z. B. Ranunculaceae). Die Fruchtblätter sind also nicht zu einem gemeinsamen Fruchtknoten verwachsen; s. Blüte.

Apolipoproteine: Proteinkomponenten, die am Aufbau der individuellen Lipoproteine* beteiligt sind u. sich durch ihre Umsatzgeschwindigkeit unterscheiden. A. sind in jedem Lipoprotein in unterschiedl. Zstzg. vorhanden. Sie zeigen hohe Affinität zu Lipiden u. besitzen neben ihrer Trägerfunktion auch spezif. Stoffwechselfunktionen.

Apollonienkraut: s. Aconitum napellus.

Apomixis (gr. apo weg, getrennt von; mixis Vermischung): Fortpflanzung ohne Meiose* od. Syngamie (s. Befruchtung); ungeschlechtl. Fortpflanzung, vegetative Vermehrung.

Apomorphin: CAS-Nr. 58-00-4; $C_{17}H_{17}NO_2$, M_r 267.31. Schmp. 195 °C (unter Zers., kristallisiert aus Chloroform u. Petrolether). Lösl. in Ethanol, Aceton, Chloroform, schlecht lösl. in Wasser, Benzol, Ether, Petrolether. pK_S 8.92 (Säure), pK_S 7.0 (als Ammoniumsalz). **Darst.:** A. bildet sich unter dem Einfluss starken Säuren u. Oxidasen aus Morphin*. **Anw.:** Emetikum (stärkstes Brechmittel), Erektionsförderung; **UAW:** Blutdruckabfall, Müdigkeit.

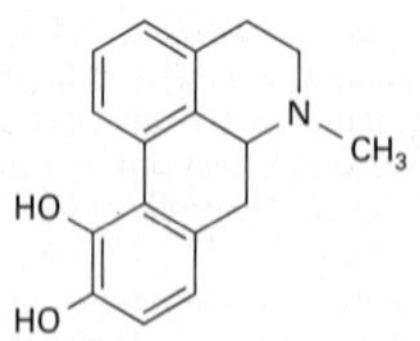

Apomorphin

Apomorphinhydrochlorid: Apomorphini hydrochloridum Ph.Eur., Apomorphinum hydrochloricum, salzsaures Apomorphin; CAS-Nr. 41372-20-7; $C_{17}H_{18}ClNO_2 \times 0.5\,H_2O$, M_r 312.8. Weißes bis grauweißes, krist. Pulver, das sich an der Luft allmähl. grün färbt; lösl. in ca. 50 T. Wasser u. Ethanol 90 %. $[\alpha]_D^{20\,°C}$ –48 bis –52° (c=1.0 g/100 mL in Salzsäure 0.02 mol/L). **Anw.:** Emetikum, Expektorans, Hypnotikum; vgl. Apomorphin; **Dos.:** innerl. als Expektorans 1-3 mg (Kinder 0.3-0.5 mg); s. c. als Brechmittel 5-10 mg.
Hom: *Apomorphinum hydrochloricum,* Apomorphinum muriaticum: verord. z. B. bei Reizhusten mit Brechreiz, Nausea.

Apoplast: Gesamtheit aller toten Ausscheidungsstoffe des Symplasten*, darunter Zellwände, Kristalle, Stärke. Den Transport gelöster Substanzen in den Zellwänden bezeichnet man als apoplastischen Transport.

Apoplexie: s. Schlaganfall.

Apoptose: programmierter Zelltod; Zelluntergang, der im Ggs. zur Nekrose* durch genet. Informationen der betroffenen Zelle selbst reguliert wird. A. ist die Grundlage einer geregelten Embryogenese (Absterben überflüssiger Organanlagen), Gewebehomöostase (Schutz vor Neubildungen) u. Funktion des Immunsystems (Auslösung von A. bei Zielzellen durch zytotox. T-Lymphozyten u. nat. Killerzellen) u. wird durch versch. Mechanismen (z. B. Rezeptorbindung, Proteasenwirkung) ausgelöst. Daneben spielt A. vermutl. auch eine Rolle bei der Zytostatikawirkung, Strahlentherapie u. anderen therap. Prinzipien.

Aporphinalkaloide: Alkaloide mit einem tetracycl. Grundgerüst mit Isochinolingruppierung. Beispiele: Apomorphin*, Boldin*, Glaucin*, Bulbocapnin*, Magnoflorin*. Biogenetisch handelt es sich Benzylisochinolinalkaloide*.

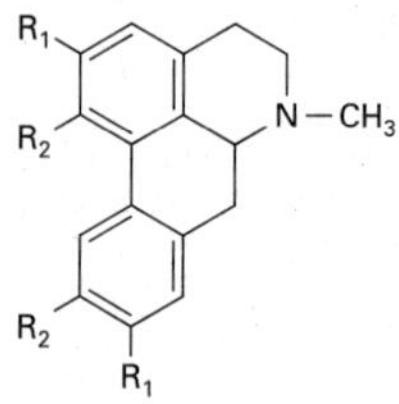

	$-R_1$	$-R_2$
Aporphin	—H	—H
Boldin	—OH	$-OCH_3$
Glaucin	$-OCH_3$	$-OCH_3$

Aporphinalkaloide

Apothecaries-System: in Großbritannien u. den USA für Drogen u. Arzneimittel verwendetes System von Massen- bzw. Gewichtseinheiten (scruple - drachm - apothecaries' ounce - apothecaries' pound) mit einer den Apothekergewichten* entsprechenden Teilung der Einheiten. Zum Apothecaries-System i. w. S. zählen auch die Hohlmaße Minim, Fluid dram, Fluid ounce, Liquid pint, Liquid quart, Gallon.

Apothecium: (bot.) becher- od. schüsselförmiger Fruchtkörper (Ascokarp*) vieler Schlauchpilze (Ascomycetes, s. Pilze) u. Flechten (s. Lichenes).

Apotheke (gr. Aufbewahrungsort): Arzneiniederlage; staatl. zugelassene u. überwachte Anstalt zur Herst. u. zur Abgabe von Arzneimitteln. **Deutschland:** je nach Besitzform unterscheidet man in Deutschland öffentl. Apotheken, Zweigapotheken*, Krankenhausapotheken*, Bundeswehrapotheken*, Notapotheken*, Hausapotheken* u. Schiffsapotheken*. Eine Apotheke ist eine der Allgemeinheit zugängl. u. voll leistungsfähige, d. h. alle Forderungen der Apothekenbetriebsordnung* hinsichtl. der Ausstattung erfüllende Apotheke. Seit 1.1.2004 darf der Inhaber einer öffentl. Apotheke (Hauptapotheke) höchstens 3 Filialapotheken* besitzen. Vgl. Apothekengesetz, Apothekenbetriebsordnung. **Österreich:** man unterscheidet öffentl. Apotheken, Filialapotheken*, Anstaltsapotheken (s. Krankenhausapotheke), ärztl. u. tierärztl. Hausapotheken*. **Schweiz:** Gemäß dem kantonalen Heilmittelrecht unterscheidet man öffentl. Apotheken, Privatapotheken (Apotheken in Praxen von selbstdispensierenden

Ärzten, Zahnärzten u. Tierärzten), ärztl. Notapotheken (Abgabe in Notfällen, zur Erstversorgung od. bedingt durch Anwendung), Anstaltsapotheken in öffentl. u. privaten Heilanstalten (Spitalapotheken) sowie Heimapotheken in Alters- u. Pflegeheimen. **Gesch.**: Ursprüngl. Vorratsraum für Heilkräuter, wie er in alten Klöstern zur Versorgung der Kranken angelegt war. Mit der Spezialisierung der Berufe im Rahmen des aufblühenden spätmittelalterl. Städtewesens trat bald ein Magazin für tier. Drogen, Mineralien u. Salze hinzu. Durch gesetzl. vorgeschriebene, einer Qualitätsprüfung unterliegenden Herstellungsverfahren, Mindestvorratshaltung u. amtl. festgelegten Preisen (s. Arzneitaxe) entwickelte sich die Apotheke zu ihrer heutigen Form; s. Apothekenwesen.

Apothekenabschlag: Kassenrabatt. **Deutschland:** Nach § 130 Abs. 1 SGB V erhalten die Krankenkassen seit 1. Januar 2004 von den Apotheken für verschreibungspflichtige Fertigarzneimittel einen A. von 2 Eur. je Arzneimittel; für nicht verschreibungspflichtige Arzneimittel, die zu Lasten der GKV* abgegeben werden, einen A. in Höhe von 5 % auf den für den Versicherten maßgebl. Arzneimittelabgabepreis; vgl. GKV-Modernisierungsgesetz. **Österreich:** Die Nachlässe für begünstigte Bezieher (z. B. Bund, Länder, Gemeinden, Sozialversicherungsträger) richten sich nach dem Jahresumsatz der Apotheke mit allen begünstigten Beziehern u. beträgt 5.71-12.1 % (Arzneitaxverordnung von 1962 i. d. F. von 2003). **Schweiz:** keine vergleichbare Regelung auf gesetzl. Basis.

Apothekenassistent: zählt zum pharmazeutischen Personal* nach der Apothekenbetriebsordnung*. Die Ausbildung erfolgte vor der Wende in den neuen Bundesländern an einer Pharmazieschule od. med. Fachschule. Sie haben keine Befugnis, den Apothekenleiter zu vertreten, dürfen jedoch Rezepte abzeichnen.

Apothekenbesichtigung: Apothekenvisitation; früher Revision genannt. **Deutschland:** Die in den §§ 64-69 AMG u. in der nach § 82 AMG erlassenen Allgemeine Verwaltungsvorschrift zur Durchführung des AMG u. die nach Verwaltungsregelungen der einzelnen Bundesländer geregelte Überwachung der Apotheken dienen der Feststellung, ob die Vorschriften über den Verkehr mit Arzneimitteln, über die Werbung auf dem Gebiet des Heilwesens u. über das Apothekenwesen beachtet werden. Zuständig sind die Landesbehörden. Die Besichtigungen sind in 2-jährigem Abstand unangemeldet während der Geschäftszeiten von einem Vertreter des Regierungspräsidenten (in einigen Bundesländern zus. mit einem ehrenamtl. tätigen Pharmazierat) durchzuführen. In NRW ist die Überwachung der Apotheken Amtsapothekern der Kreise u. kreisfreien Städte übertragen. Dabei werden der gesamte Zustand der Apotheke, der Warenbestand u. die Betriebsabläufe überprüft. Die zuständige Behörde kann Arzneimittelproben entnehmen u. amtl. untersuchen lassen. Verlauf u. Ergebnis der Besichtigung sind zu protokollieren. Im Auftrag der Berufsgenossenschaft für Gesundheitsdienst u. Wohlfahrtspflege werden auch feuerpolizeiliche u. berufsgenossenschaftl. Beanstandungen festgehalten.
Österreich: gesetzl. Grundlage: Apothekenbetriebsordnung* (§ 57 f.). Die Betriebsüberprüfung nimmt die zuständige Bezirksverwaltungsbehörde (Bezirkshauptmannschaft, Magistrat) durch ihren Amtsarzt vor. Die Beiziehung eines Amtssachverständigen ist durch Erlass des Bundesministeriums geregelt. Die Österreichische Apothekerkammer, die Universitätsinstitute für Pharmakognosie u. pharmazeutische Chemie können je einen Vertreter entsenden. Die Betriebsprüfungen finden im Abstand von 3 Jahren statt. Beamte der zuständigen Bezirksverwaltungsbehörde dürfen Proben auch unvermutet entnehmen.
Schweiz: Apotheken unterstehen der Aufsicht durch die zuständige kantonale Gesundheitsbehörde. Der Kantonsapotheker führt periodisch oder n. B. Inspektionen durch, um die Einhaltung der geltenden kantonalen gesetzl. Bestimmungen zu überprüfen.

Apothekenbetriebsordnung: Abk. ApBetrO; Neufassung vom 26.9.1995, BGBl. I S. 1195, zuletzt geändert durch Artikel 21 GMG vom 14.11.2003, BGBl. I S. 2190; aufgrund der Ermächtigung nach § 21 des Apothekengesetzes* vom BMG am 9.2.1987 erlassen. Sie enthält nähere Vorschriften über den Betrieb von öffentl. Apotheken (s. Apotheke) u. Krankenhausapotheken*. U. a. über den Apothekenleiter, das Apothekenpersonal*, Beschaffenheit, Größe u. Einrichtung der Apothekenbetriebsräume, wissenschaftl. u. sonstige Hilfsmittel, über Herst., Prüfung, Rezeptur, Defektur u. Großherstellung von Arzneimitteln, über Vorratshaltung, Aufbewahrung, Kennzeichnung u. Abgabe der Arzneimittel* sowie über Arzneimittelrisiken, Dokumentation, Dienstbereitschaft*, Rezeptsammelstellen* u. apothekenübl. Waren. In den Anlagen zur ApBetrO sind aufgelistet: Geräte u. Prüfmittel, die in einer Apotheke vorhanden sein müssen; Arzneimittelgruppen, aus denen Arzneimittel in Apotheken vorrätig gehalten werden müssen; Antidota, Sera u. Impfstoffe, die ständig in Apotheken vorrätig gehalten od. kurzfristig beschafft werden können müssen.
Zur **Ausstattung** einer öffentl. Apotheke gehören: **1.** Betriebsräume: Nach § 4 ApBetrO muss eine öffentl. Apotheke über mind. 4 Betriebsräume (Offizin*, Laboratorium einschließl. Abzug mit Absaugvorrichtung, Lager, Nachtdienstzimmer) mit einer Mindestgrundfläche von 110 m^2 verfügen. Diese Räume müssen nach Lage, Größe u. Einrichtung einen ordnungsgemäßen Apothekenbetrieb, v. a. die einwandfreie Herst., Prüfung u. Abgabe von Arzneimitteln, gewährleisten. Sie sollen so angeordnet sein, dass jeder Raum ohne Verlassen der Apotheke zugängl. ist. Das gilt nicht für Betriebsräume, die ausschließl. der Arzneimittelversorgung von Krankenhäusern dienen, od. in denen anwendungsfertige Zytostatikazuber. hergestellt werden od. die den Versand u. den elektron. Handel mit Arzneimitteln sowie die Beratung u. Information in Verbindung mit diesem Versandhandel einschließl. des elektron. Handels betreffen. Diese Räume müssen jedoch in angemessener Nähe zu den übrigen Betriebsräu-

A

men liegen. **2.** Techn Hilfsmittel. Nach § 4 ApBetrO muss die Apotheke mit Geräten u. Prüfmitteln so ausgestattet sein, dass sowohl die ordnungsgemäße Herst. der Arzneimittel als auch die Prüfung ihrer Zstzg. u. Güte mögl. ist; **3.** Wissenschaftl. u. sonstige Hilfsmittel. Der Apotheker muss jederzeit alle auftretenden Fachfragen eigenverantwortl. klären können. Zu diesem Zweck gibt § 5 ApBetrO eine Aufstellung des notwendigen Mindestbestandes an Literatur, die zur Verfügung stehen muss. Dazu gehören die amtl. Ausgabe des Arzneibuchs*, der Deutsche* Arzneimittel-Codex, das Synonym*-Verzeichnis, wissenschaftl. Literatur zur Information u. Beratung des Kunden über Arzneimittel, insbes. ein Nachschlagewerk der gebräuchl. Fertigarzneimittel u. ein Verzeichnis der gebräuchl. Dos. von Arzneimitteln, wissenschaftl. Unterlagen zur Information u. Beratung der Ärzte, Zahnärzte u. Tierärzte sowie Texte der für die Apotheke geltenden rechtl. Vorschriften. **Österreich:** VO vom 4.7.1934 in der Fassung 1991 betr. den Betrieb von Apotheken (Apothekenbetriebsordnung), gegliedert in: allg. Betriebsvorschriften, Bestimmungen über die Abgabe von Arzneien u. Bestimmungen über die Beaufsichtigung der Apotheke.

Apothekenbetriebsräume: s. Apothekenbetriebsordnung.

Apothekenbetriebsrecht: s. Apothekenwesen.

Apothekengesetz: Grundlage für ein einheitl. Apothekenwesen u. Apothekenbetriebsrecht im Interesse der Sicherstellung einer ordnungsgemäßen Arzneimittelversorgung der Bevölkerung.

Deutschland: Kurzbez. für das Gesetz über das Apothekenwesen vom 20.8.1960, BGBl. I S. 697, zuletzt geändert 14.11.2003 durch Artikel 20 GMG, BGBl. I S. 2190; beschlossen zur Beseitigung der Rechtszersplitterung (s. Apothekenwesen). Der Betrieb einer Apotheke bedarf der Erlaubnis (Betriebserlaubnis) der nach Landesrecht zuständigen Behörde, auf deren Erteilung ein Rechtsanspruch besteht, wenn die im Gesetz (§ 2) genannten Voraussetzungen, u. a. Approbation*, deutsche Staatsangehörigkeit od. Staatsangehörigkeit eines anderen Mitgliedsstaates der EU, Zuverlässigkeit u. Eignung, vorliegen. Die Erteilung der Erlaubnis darf nicht mehr von einer Bedürfnisprüfung abhängig gemacht werden (s. Apothekenurteil). Die Erlaubnis gilt nur für den Apotheker*, dem sie erteilt ist u. nur für die in der Erlaubnisurkunde bezeichneten Räume einer Apotheke (Hauptapotheke) und seit 1. Januar 2004 für bis zu 3 Filialapotheken (§ 1). Sie verpflichtet zur persönl. Leitung der Apotheke in eigener Verantwortung. Dies gilt auch für den vom Betreiber für eine Filialapotheke benannten Apotheker als Verantwortlichen (§ 7). Mehrere Personen dürfen eine Apotheke nur in der Rechtsform einer Gesellschaft bürgerl. Rechts od. einer Offenen Handelsgesellschaft betreiben (§ 8). In diesen Fällen bedürfen alle Gesellschafter der Erlaubnis. Die bis zum Inkrafttreten des A. weit verbreitete Beteiligung an einer Apotheke in Form einer Stillen Gesellschaft od. auf der Grundlage von Vereinbarungen, bei denen die Vergütung für den Erlaubnisinhaber gewährte Darlehen u. überlassene Vermögenswerte am Umsatz od. Gewinn ausgerichtet ist, v. a. auch am Umsatz od. Gewinn ausgerichtete Mietverträge, sind unzulässig. Ausgenommen hiervon sind Verpachtungen in den besonderen Fällen des § 9. Dem Erlaubnisnehmer ist untersagt, bestimmte Arzneimittel ausschließl. od. bevorzugt anzubieten od. abzugeben od. anderweitig die Auswahl der von ihm abzugebenden Arzneimittel auf das Angebot bestimmter Hersteller od. Händler od. von Gruppen von solchen zu beschränken (§ 10) sowie mit Ärzten Absprachen zu treffen, die eine bevorzugte Lieferung bestimmter Arzneimittel od. die Zuführung von Patienten zum Gegenstand haben (§ 11). Auf Antrag des Erlaubnisinhabers ist seit 1. Januar 2004 eine Erlaubnis zum Versand von apothekenpflichtigen Arzneimitteln zu erteilen, wenn bestimmte Anforderungen erfüllt sind; vgl. Versandhandel. Die Erlaubnis erlischt durch: Tod des Erlaubnisinhabers (§ 3 Nr. 1), wobei dessen Erben außer der Verpachtung (§ 9) die Apotheke, jedoch nur für längstens 12 Monate, durch einen Apotheker verwalten lassen können (§ 13); durch Verzicht (§ 3 Nr. 2); durch Rücknahme od. Widerruf der Approbation (§ 3 Nr. 3), wenn 1 Jahr lang (bei wichtigem Grund in der verlängerten Frist) von der Erlaubnis kein Gebrauch gemacht worden ist (§ 3 Nr. 4). Fremdbesitz von Apotheken ist verboten. Das Gesetz begründet die Ermächtigung zum Erlass einer Apothekenbetriebsordnung* (§ 21) mit näheren Bestimmungen, v. a. über Apothekenleiter, Personal, Beschaffenheit der Betriebsräume sowie die Herst., Prüfung, Vorratshaltung, Aufbewahrung, Kennzeichnung u. Abgabe der Arzneimittel. Das A. enthält außerdem Vorschriften für Krankenhausapotheken*, Bundeswehrapotheken*, Filialapotheken*, Zweigapotheken* u. Notapotheken*. Auf dem Gebiet der ehemaligen **DDR** wurden die Apotheken 1949 enteignet, die früheren privaten Apotheker behielten jedoch das Recht, die Apotheken weiterzuführen, was aber in der Folge bedeutungslos (1985 noch ca. 20) wurde. Ab 1993 gilt das Gesetz über das Apothekenwesen der Bundesrepublik Deutschland.

Österreich: Seit über 90 Jahren gilt das Gesetz betr. die Regelung des Apothekenwesens vom 18.12.1906 (in Kraft getreten am 10.1.1907) in der Fassung 2002, kurz ebenfalls Apothekengesetz genannt. Das Gesetz wurde mehrfach geändert, zuerst 1955, am umfangreichsten 1984 u. 1993. Für den Betrieb einer Apotheke ist eine behördl. Bewilligung (Konzession) notwendig. Für die Erteilung der Konzession ist die Bezirksverwaltungsbehörde zuständig. Sie wird nur erteilt, wenn in der Gemeinde des Standorts der Apotheke ein Arzt seinen Berufssitz hat u. ein Bedarf besteht. Persönl. Voraussetzungen zur Erlangung einer Konzession sind u. a. Pharmaziestudium, 5-jährige fachl. Tätigkeit in öffentl. Apotheke od. Anstaltsapotheke, Verlässlichkeit u. ausgezeichnete Kenntnisse der deutschen Sprache. Vor der Konzessionserteilung sind die Gemeinden des Einzugsgebiets, die Apothekerkammer u. die Ärztekammer zu hören. Einzelheiten des Betriebs der Apotheken regelt die Apothekenbetriebsordnung*. Die Festsetzung von Höchstpreisen von

Arzneimitteln sowie von Preisnachlässen gegenüber Gebietskörperschaften, öffentl. Krankenanstalten u. den Sozialversicherungsträgern (Krankenkassen) regelt die Arzneitaxverordnung (s. Arzneitaxe).

Schweiz: Das Apothekenwesen u. insbes. die Berufsausübung sind grundsätzl. kantonal geregelt. Allg. ist als fachl. Voraussetzung zur selbständigen Führung einer Apotheke der Besitz des eidgenöss. Fähigkeitsnachweises erforderlich.

Apothekenhelfer: Deutschland: bis 1993 Ausbildungsberuf. Durch die VO über die Berufsausbildung zum Pharmazeutisch*-kaufmännischen Angestellten vom 3.3.1993 wurde die VO über die Berufsausbildung zum Apothekenhelfer vom 28.11.1972 abgelöst. Dem A. wie auch dem Pharmazeutisch-kaufmännischen Angestellten obliegen unterstützende Tätigkeiten für das pharmaz. Personal im Rahmen der Apothekenbetriebsordnung*, z. B. Handreichung an Personen, die mit der Herst., Prüfung u. Abgabe von Arzneimitteln beschäftigt sind, einfache mechan. Arbeiten bei der Herst. von Zuber. indifferenter Art in der Defektur außerhalb der Offizin, das Ausführen von Bestellungen, die Annahme u. das Auspacken von Arzneimittelsendungen, das Auszeichnen u. Einordnen von Spezialitäten u. sonstigen Fertigwaren der Apotheke, das Abfüllen u. Abpacken von Handverkaufsartikeln u. Eigenerzeugnissen, soweit es sich um indifferente Mittel handelt, sowie das Verpacken von Waren, die zum Versand bereit gestellt sind. Während der Berufsausbildung mussten mind. Kenntnisse über den Apothekenbetrieb (Betriebskunde), über die Grundlagen der Berufsausbildung (Berufskunde), über Arzneimittel in Grundzügen u. über sonstige apothekenübl. Waren, über kaufmänn. Arbeiten, werbenden Gestaltung sowie Arbeitsschutz u. Unfallverhütung erworben werden. Die Ausbildung dauert 2 Jahre (vgl. Apothekerkammern).

Österreich: s. Pharmazeutisch-kaufmännischer Assistent. **Schweiz:** s. Pharma-Assistent.

Apothekenmonopol: § 43 Abs. 1 AMG schreibt vor, dass Arzneimittel, die nicht für den Verkehr außerhalb von Apotheken freigegeben sind, im Einzelhandel nur in Apotheken in Verkehr gebracht werden dürfen; vgl. Apothekenpflicht. Seit 1. Januar 2004 ist mit behördl. Erlaubnis auch der Versandhandel* durch Apotheken erlaubt.

Apothekenmuseum: s. Deutsches Apothekenmuseum.

Apothekenpersonal: alle in einer Apotheke beschäftigten Personen. Dabei unterscheidet man das pharmazeutische Personal* u. das nichtpharmaz. Personal (§ 3 ApBetrO). Zum nichtpharmaz. Personal zählen: Apothekenhelfer*, Pharmazeutisch*-kaufmännische Angestellter, Laborant, Pharmakant*, Büro- u. Reinigungspersonal.

Apothekenpflicht: Arzneimittel*, die grundsätzl. nur in Apotheken vorrätig gehalten, feilgehalten u. abgegeben werden dürfen, unterliegen der Apothekenpflicht.

Deutschland: im Arzneimittelgesetz* (§ 43 AMG) verankerte Regelung; s. Apothekenmonopol. Das Gesetz bestimmt Ausnahmen (§ 43-46 AMG), z. B. das Inverkehrbringen von Arzneimitteln durch Tierärzte (tierärztl. Hausapotheke) u. den Verkauf von Arzneimitteln, die von pharmaz. Unternehmen ausschließl. zu anderen Zwecken als zur Beseitigung od. Linderung von Krankheiten, Leiden, Körperschäden od. krankhaften Beschwerden bestimmt sind. Für den Verkehr außerhalb der Apotheken sind ferner freigegeben: nat. Heilwässer sowie deren Salze, auch als Tabletten od. Pastillen; künstl. Heilwässer sowie deren Salze, auch als Tabletten od. Pastillen, jedoch nur, wenn sie in ihrer Zstzg. nat. Heilwässern entsprechen; Heilerde, Bademoore u. andere Peloide*; Zuber. zur Herst. von Bädern, Seifen zum äußeren Gebrauch; mit ihren verkehrsübl. deutschen Namen bezeichnete Pflanzen u. Pflanzenteile, auch zerkleinert; Mischungen aus ganzen od. geschnittenen Pflanzen od. Pflanzenteilen als Fertigarzneimittel; Destillate aus Pflanzen u. Pflanzenteilen, Presssäfte aus frischen Pflanzen u. Pflanzenteilen, sofern sie ohne Lösungsmittel mit Ausnahme von Wasser hergestellt sind; ausschließl. od. überwiegend zum äußeren Gebrauch bestimmte Desinfektionsmittel sowie Mund- u. Rachendesinfektionsmittel. Diese für den Verkehr außerhalb der Apotheken zugelassenen Arzneimittel werden als apothekenfreie od. freiverkäufl. Arzneimittel bezeichnet. Der Einzelhandel mit freiverkäufl. Arzneimittel darf nach § 50 AMG nur betrieben werden, wenn der Unternehmer die erforderl. Sachkenntnis besitzt. § 45 AMG ermächtigt zu weiteren Ausnahmen von der Apothekenpflicht, § 46 AMG dagegen zur Ausweitung der Apothekenpflicht. Die VO über apothekenpflichtige u. freiverkäufl. Arzneimittel legt ergänzend entspr. § 45-46 AMG im 1. Abschnitt fest, welche Mittel aus der A. freigegeben werden u. im 2. Abschnitt, welche Mittel in die Apothekenpflicht einbezogen werden. Arzneimittel, die der A. unterliegen, dürfen nach § 17 ApBetrO nicht im Wege der Selbstbedienung in den Verkehr gebracht werden.

Österreich: ähnl. geregelt; außerhalb von Apotheken dürfen nur jene Arzneimittel abgegeben werden, die in der Abgrenzungsverordnung von 1995 genannt sind.

Schweiz: Die Abgaberegelung für verschreibungspflichtige u. nicht verschreibungspflichtige Arzneimittel ist im Heilmittelgesetz (HMG), Bundesgesetz über Arzneimittel und Medizinprodukte, SR 812.21, Art. 24, 25, festgelegt. Das Schweizerische Heilmittelinstitut Swissmedic bestimmt gestützt auf die Arzneimittelverordnung (VAM, SR 812.212.21) die Verkaufskategorie. Es werden unterschieden: Abgabekategorie A, einmalige Abgabe auf ärztliche od. tierärztl. Verschreibung; Abgabekategorie B, wiederholte Abgabe auf ärztliche od. tierärztl. Verschreibung; Abgabekategorie C, Abgabe unter Fachberatung durch Medizinalperson (Apotheker, Arzt) ohne ärztliche od. tierärztl. Verschreibungspflicht; Abgabekategorie D, Abgabe ohne Verschreibungspflicht unter Fachberatung durch Medizinalpersonen sowie Drogisten; Abgabekategorie E, freiverkäufl. Arzneimittel, Abgabe ohne Fachberatung.

Apothekenrinde: s. Cinchona pubescens.

Apothekenurteil: das sog. A. des Bundesverfassungsgerichts vom 11.6.1958 erklärte Artikel 3

Abs. 1 des bayer. Gesetzes über das Apothekenwesen, wonach die Betriebserlaubnis für eine neu zu errichtende Apotheke nur unter bestimmten Bedingungen erteilt werden durfte, für nichtig. Diese Bedingungen waren: die Errichtung der Apotheke zur Sicherung der Arzneimittelversorgung musste im öffentl. Interesse liegen, ihre wirtschaftl. Grundlage musste gesichert sein u. die wirtschaftl. Grundlage benachbarter Apotheken durfte nicht beeintächtigt werden. Grund der Entscheidung ist die Auffassung, dass die alte Regelung eine objektive Zulassungsvoraussetzung ist, die sich nicht mit der durch Art. 12 des Grundgesetzes verbürgten Freiheit der Berufswahl vereinbaren lässt. Die Entscheidung proklamiert die unbeschränkte Niederlassungsfreiheit* für Apotheker u. damit eine der größten Umwälzungen in der deutschen Apothekengeschichte. Das Apothekengesetz* in Deutschland basiert auf diesem Grundsatz.

Apothekenwesen: das öffentl. Recht der Apotheken, wie es sich bis zum Gesetz über das Apothekenwesen vom 20.8.1960 in der Bundesrepublik Deutschland u. bis zum Gesetz betr. die Regelung des Apothekenwesens vom 18.12.1906 in Österreich (s. Apothekengesetz) entwickelt hat. **Gesch.:** In der Antike, vielerorts noch bis in die Frühe Neuzeit, war die Tätigkeit von Arzt u. Apotheker in einer Person vereinigt; ein Beispiel dafür ist der römisch-hellenist. Arzt Galen, der seine Arzneimittel, Galenika*, selbst herstellte. Die erste öffentl. Apotheke wurde Ende des 8. Jahrhunderts unter dem Kalifen Almansor (Al-Mansur) in Bagdad gegründet. Als erste amtl. Regelung des Apothekenwesens auf europäischem Boden ist die Ärzte- u. Apothekerordnung der südfranz. Stadt Arles zu betrachten („Statuta sive Leges Municipales Arelatis“, ca. 1170). Dieser Erlass trennte die Medizin von der Pharmazie. Er schrieb den Apothekern einen Diensteid vor u. verbot den Ärzten das Betreiben von Apotheken. Zugleich setzte er Strafbestimmungen für Apotheker u. Ärzte fest. Die „Leges Arelatis“ sind offensichtl. die Grundlage für die Medizinalordnung des Kaiser Friedrichs II. (1231/41), in der erstmalig eine Erlaubniserteilung (Konzession) durch den Landesherrn vorgeschrieben wird. In den nachfolgenden Jahrhunderten werden Einrichtung, Betrieb, Ausbildung u. Befugnisse des Apothekers sowie Preise der Arzneimittel u. Vorschriften der Arzneimittelherstellung durch einzelne Erlässe der Städte u. später der Länder geregelt, z. B. die Medizinalordnung des Kaisers Karl IV., die sog. Breslauer Handschrift, um 1351, die Apothekerordnung des Rats der Reichsstadt Regensburg, 1397, die Baseler Apothekerordnung (1423) u. die Churfürstlich Brandenburgische Medicinal-Ordnung u. Taxa von 1693, die deshalb besonders interessant ist, weil die darin erlassenen Vorschriften über Aufbewahrung u. a. von Giften (Giftschein) z. T. noch heute gültig sind; s. Arzneibuch (Geschichte) u. s. Arzneitaxe.

Die gewerblich-rechtl. Betriebsformen (Apothekenbetriebsrecht) entwickelten sich in unterschiedl. Weise. In den deutschen Territorialstaaten waren bis zum Ende des 18. Jahrhunderts die Errichtung u. der Betrieb von Apotheken an fürstl. Privilegien, mitunter auch an solche von Städten, gebunden. Es waren veräußerliche u. vererbliche Realrechte. Sie unterschieden sich in subjektiv-persönl. Rechte u. (an bestimmte Grundstücke gebundene) subjektiv-dingl. Rechte, die im Grundbuch entw. auf dem Blatt des betriebl. Grundbuches od. auf einem besonderen Blatt eingetragen sein konnten. Exklusivprivilegien berechtigten zur alleinigen Ausübung des Gewerbes in einem best. Bezirk (sog. Bannrecht); sie sicherten dem Inhaber eines solchen Privilegs eine Entschädigung, wenn in dem betreffenden Gebiet eine weitere Apotheke errichtet wurde. Privilegien werden (seit 1810) nicht mehr verliehen. In den vorübergehend franz. beherrschten preuß. Gebietsteilen waren die Privilegien schon vor 1814 abgeschafft u. durch die Personalkonzession ersetzt worden; den besetzten linksrhein. Gebieten hatte die franz. Herrschaft sogar die völlige Niederlassungsfreiheit gebracht. Die Apotheken dieser Gebiete wurden den durch das Gewerbeedikt vor 1810 eingeführten Konzessionen einer in bezug auf Veräußerlichkeit u. Vererblichkeit der Privilegien ähnl. Rechtsform unterstellt; der Konzessionsinhaber präsentierte als Nachfolger entweder den Apotheker, der für diese Präsentation zahlte (Veräußerlichkeit), od. Sohn bzw. Tochter (Vererblichkeit). Diese Art des Apothekenbetriebsrechts wird als Realkonzession bezeichnet; doch handelt es sich in Wirklichkeit um eine Personalkonzession mit Präsentationsrecht, wobei der als Nachfolger präsentierte Apotheker die berufl. Voraussetzungen erfüllen musste, von denen der Staat seine Bestätigung abhängig machte. Man unterschied (in Österreich noch bis 1995) zw. radizierten Realapotheken, bei denen die Befugnis zur Ausübung des Gewerbes mit dem Eigentum an einem Grundstück verbunden ist, u. verkäufl., nicht radizierten Realapotheken, deren Besitzer nicht Eigentümer der Liegenschaft zu sein braucht, ähnl. den subjektiv-dingl. u. subjektiv-persönl. Privilegien. Im weiteren Verlauf des 19. Jahrhunderts entwickelte sich in vielen deutschen Ländern die Realkonzession zur reinen Personalkonzession, in Hessen schon seit 1827, wo 1885 auch die Gemeindeapotheke geschaffen wurde, d. h. die Möglichkeit, Apothekenkonzessionen an Gemeinden u. Kreise zu verleihen, die ihrerseits die Apotheke unter den der Erteilung einer Personalkonzession ähnl. Bedingungen zu verpachten hatten, entspr. den Notapotheken* nach § 17 des Apothekengesetzes von 1960. In Württemberg galt dies seit 1843, in Baden seit 1863, in Bayern durch das Gesetz über das Gewerbewesen von 1868, das die Apotheken unverkäufl. machte, in Preußen durch eine Kabinettsordre von 1894.

In Österreich führte das Apothekengesetz* von 1906 die konzessionierte, an eine bestimmte phys. Person gebundene Apotheke ein, ließ die Rechte bereits gegründeter Realapotheken jedoch fortbestehen. Nach dem Zweiten Weltkrieg wurde in den von der amerikan. Armee besetzten Ländern (Bayern, Bremen, Hessen, Württemberg-Baden) 1949 die unbeschränkte Niederlassungsfreiheit eingeführt, indem jeder qualifizierte Apotheker eine Lizenz genannte Berechtigung zum Betrieb einer Apotheke beantragen konnte, darüber hinaus wurde aber unter Beibehaltung des sog. Witwenrechts einheitl. die Vererblichkeit u. Veräußerlichkeit der Apotheken festgelegt. Das Gesetz über die vorläufige Regelung der Errichtung einer Apotheke von 1953 kehrte zu dem am 1.10.1945 geltenden Recht zurück. Es wurde 1956 vom Bundesverfassungsgericht aufgehoben. Dem folgten das Urteil des Bundesverwaltungsgerichts zur Niederlassungsfreiheit*, dann das Apothekenurteil* des Bundesverfassungsgerichts u. schließlich das Apothekengesetz*.

Apotheker: Deutschland: Die Berufsbez. Apotheker darf nur führen, wer als Apotheker approbiert (s. Approbation) od. nach § 2 Bundes*-Apothekerordnung zur vorübergehenden Ausübung der Apothekerberufes befugt ist. Die Approbationsordnung (AAppO) vom 19.7.1989, BGBl. I S.1489, zuletzt geändert 27.4.2002, BGBl. I S 1467, erlassen aufgrund § 5 Bundes-Apothekerordnung, legt für die pharmaz. Ausbildung nach bestandener Reifeprüfung ein Pharmaziestudium* von 4 Jahren an einer Universität, eine Famulatur von 8 Wochen, eine einjährige prakt. Ausbildung u. die Pharmaz. Prüfung fest. Diese ist in 3 Prüfungsabschnitte gegliedert, wobei der Erste Abschnitt nach mind. 2 Jahren, der Zweite Abschnitt nach mind. 4 Jahren Studium u. der Dritte Abschnitt nach der prakt. Ausbildung abzulegen sind. Das Berufsbild des Apothekers umreißt die Bundes-Apothekerordnung, die den A. als Teil des Gesundheitswesens* sieht. Das Apothekengesetz* u. die Apothekenbetriebsordnung* regeln die Berufsausübung. Danach sind die Aufgaben des Apothekers u. a. die Entwicklung, Prüfung, Herst. u. Abgabe von Arzneimitteln sowie die Information u. Beratung über Arzneimittel. Die Berufsinteressen der A. vertreten die Apothekerkammern* u. die Apothekervereine*, die in der ABDA* zusammengeschlossen sind. Die Apothekerkammern der Bundesländer sind für die Anerkennungen zu Fachapothekern zuständig.

Österreich: Die Ausbildung zum A. erfordert nach der Matura ein 9-semestriges Universitätsstudium mit 3 Diplomprüfungen (jeweils aus mehreren Prüfungsteilen bestehend), die Abfassung einer Diplomarbeit u. das Diplom als Magister der Pharmazie (Mag. pharm., Magistra/Magister pharmaciae). Sie wird durch das Universitäts-Studiengesetz (UniStG) BGBI. Nr. 48/1997 in der Fassung von 2002 geregelt. Daran schließt eine 1-jährigeTätigkeit als Aspirant in einer öffentl. Apotheke od. Anstaltsapotheke mit abschließender Staatsprüfung zum Apothekerberuf (geregelt durch die Pharmazeutische* Fachkräfteverordnung) an.

Schweiz: Die Ausbildung an der Hochschule zum Apotheker unterliegt gegenwärtig einer grundlegenden Reform. Der Studiengang beginnt nach Erhalt des Maturitätsausweises u. dauert 4 Jahre. Er umfasst ein 2-jähriges naturwissenschaftl. Grundstudium mit zwei Vordiplomstufen sowie ein 2-jähriges Fachstudium mit einem Diplomabschluss in Pharmazeutischen Wissenschaften. Zur Erlangung des Eidgenössischen Apothekerdiploms folgt ein Assistenzjahr in einer Apotheke mit Blockkursen an einer Hochschule u. eine eidgenöss. Schlussprüfung. Bis zum 2. Vordiplom muss die sog. Famulatur, ein sechswöchiges Einführungspraktikum, in der Regel in einer öffentlichen Apotheke, absolviert sein. Das eidgenössische Diplom bildet die Voraussetzung zur selbständigen Führung einer Apotheke. Nach dem Studium bestehen Möglichkeiten zur Spezialisierung, u. a. Weiterbildungsmöglichkeiten zum Fachapotheker (FPH-Titel) u. Nachdiplomausbildungen, z. B. in Radiopharmazie od. Public Health.

Gesch.: Der Apothekerberuf entwickelte sich aus der fortschreitenden Spezialisierung ehemaliger Verwalter klösterl. Arzneimittelmagazine, Ärzte u. anderer Kräuterkundigen auf die Herst. u. den Verkauf von Arzneimitteln. Das Aufblühen der Städte mit zunehmender handwerkl. Arbeitsteilung begünstigte die Entstehung des Berufes. Da die Arzneien auf der Grundlage prakt. Erkenntnisse u. Erfahrungen hergestellt wurden, zählte er zunächst zum Handwerk, dies umso mehr, als die A. neben Salben u. Pillen Süßwaren herstellten u. Nahrungsmittel konservierten. Steigendes Erfahrungswissen bei der Herst. der Arzneien ließ die Kunst der A. zu einem eigenen Fachgebiet zwischen Chemie u. Medizin werden, der Pharmazie. Mit der Akademisierung wuchs das Ansehen der A. u. im 16. Jh. löste sich der Berufsstand vom Handwerk; vgl. Apothekenwesen; Apotheke.

Apothekerassistent: Deutschland: syn. Vorexaminierter; hat die pharmaz. Vorprüfung gemäß der Prüfungsordnung vom 8.12.1934 bis einschließl. 31.10.1974 abgelegt. Der A. ist befugt, alle pharmaz. Tätigkeiten nach Maßgabe der Apothekenbetriebsordnung* in der Apotheke unter der Verantwortung eines Apothekers auszuüben. Nach § 2 Abs. 6 ApBetrO kann der A. ausnahmsweise für einen Zeitraum von längstens 4 Wochen im Jahr einen Apothekenleiter vertreten. Durch die Approbationsordnung für Apotheker von 1971 ist es nicht mehr mögl., den Beruf des A. zu ergreifen. **Schweiz:** Apotheker-Assistent; die bestandene Assistentenprüfung berechtigt aufgrund der VO über die Apothekerprüfungen vom 16.4.1980 zur Tätigkeit als A. in einer öffentl. Apotheke od. Spitalapotheke. Dieser berufl. Abschluss ist nach der jetzigen Reform des Pharmaziestudiums nicht mehr mögl; vgl. Apotheker.

Apothekergewicht: Medizinalgewicht; früher Gewichtsordnung für Arzneimittel, die von einer Stadt od. vom Staat vorgeschrieben war. In Nürnberg 1555 geschaffen, in Preußen 1816 durch ein eigenes Apothekergewicht abgelöst. Es bestand aus dem Medizinalpfund (libra, Abk. lb, in Preußen 350.78 g, in anderen Ländern bis 420 g) u. war in 12 Unzen* zu je 8 Drachmen zu je 3 Skrupel zu je 20 Gran unterteilt; s. Apothecaries-System. Nach Aufnahme des Dezimalgewichtssystems in die Pharmacopoea Germanica (vgl. Arzneibuch, Geschichte), verschwand das Apothekergewicht sehr bald. Grundlage für das Mess- u. Eichwesen heute ist das Eichgesetz*.

A

Apothekerkammern: Deutschland: Landesapothekerkammern (LAK). Aufgrund der Landesgesetze über die öffentl. Berufsvertretung, die Berufspflichten, die Weiterbildung u. die Berufsgerichtsbarkeit errichtete, mit Rechtsetzungs- u. Aufsichtsfunktionen über ihre Mitglieder ausgestattete Körperschaften des öffentl. Rechts. Die A. fördern u. vertreten die Berufsinteressen ihrer Mitglieder. Dazu gehören die Beratung in sämtl. Fragen, die die Führung einer Apotheke, die Ausübung des Apothekerberufs, aber auch die Tätigkeiten des übrigen Apothekenpersonals* betreffen, sowie die Fortbildung des gesamten Apothekenpersonals u. die Überwachung der Ausbildung der PKA* sowie die Abnahme ihrer Prüfungen. Auch die Durchführung der Weiterbildung* fällt in die Zuständigkeit der A. u. wird durch Weiterbildungsordnungen geregelt. Die Rechte u. Pflichten der Kammern u. ihrer Mitglieder sind in den Satzungen geregelt. Sie werden von der für jeweils 4 Jahre gewählten Vertreterversammlung beschlossen, die auch den Vorstand, den Präsidenten, dessen Stellvertreter sowie sämtl. Ausschüsse bestimmt u. den jährl. Kammeretat kontrolliert. Die A. unterstehen der staatl. Aufsicht durch das jeweils zuständige Landesministerium; vgl. Gesundheitswesen. Der rechtl. Stellung der A. als Körperschaften des öffentl. Rechts entspr. die Pflichtmitgliedschaft u. Meldepflicht für alle approbierten Apotheker (vgl. Approbation) sowie für Ausländer, die die Erlaubnis zur Ausübung des Apothekerberufes besitzen. Zuständig ist die Apothekerkammer des jeweiligen Bundeslandes, in der der Apothekerberuf ausgeübt wird, od., falls der Beruf nicht ausgeübt wird, in der der Apotheker seinen Wohnsitz hat. Die 17 A. der Länder (Nordrhein-Westfalen hat traditionell 2 Apothekerkammern) sind in der Bundesapothekerkammer* (BAK) zusammengeschlossen. BAK u. der Deutsche Apothekerverein (s. Apothekervereine) bilden die Bundesvereinigung Deutscher Apothekerverbände (s. ABDA). **Österreich:** Die Österreichische Apothekerkammer hat ihren Sitz in Wien, in den einzelnen Bundesländern fungieren jeweils Landesgeschäftsstellen. Rechtsgrundlage: Bundesgesetz vom 18.6.1947, BGBl. Nr. 152, betr. die Errichtung einer Apothekerkammer, i. d. F. 2003. Die Kammer ist in die Abteilung der selbständigen u. die der angestellten Apotheker gegliedert u. hat ähnl. Aufgaben sowie Rechte u. Pflichten der Mitglieder (Zwangsmitgliedschaft für selbständige u. angestellte Apotheker) wie in Deutschland.

Apothekerordnung: s. Bundes-Apothekerordnung.

Apothekerprimel: s. Primula veris.

Apothekervereine: Deutschland: u. a. der 1821 gegründete Deutsche Apotheker-Verein (DAV), der 1864 gegründete Verband Deutscher Apotheker u. die 1890 gegründete Deutsche Pharmazeutische Gesellschaft. Die beiden ersteren wurden 1935 aufgelöst u. in die Deutsche Apothekerschaft überführt. Nach 1945 entstanden die Landesapothekervereine (LAV) als Zusammenschluss von Apothekern in den einzelnen Bundesländern auf freiwilliger Basis neben der Pflichtmitgliedschaft in den Apothekerkammern*. Die Rechtsform richtet sich nach allg. Vereinsrecht. Die A. dienen der wirtschaftl. Förderung ihrer Mitglieder. Mitglieder der A. der Länder sind in erster Linie Apothekenleiter. Die A. sind im Deutschen Apotheker-Verein (DAV) zusammengeschlossen. Er vertritt die Interessen seiner Mitglieder auf Bundesebene. Dazu führt er jährl. eine große Wirtschaftstagung durch. Der DAV ist Inhaber des „Apotheken-A“, einem beim Patentamt eingetragenen Verbandszeichen. DAV u. Bundesapothekerkammer bilden die Bundesvereinigung Deutscher Apothekerverbände; s. ABDA. **Österreich:** 1861 gegründeter Österreichischer* Apothekerverband, der 1891 gegründete Verband* Angestellter Apotheker Österreichs u. das 2000 gegründete Forum* Pharmazie. **Schweiz:** In der Schweiz gibt es neben dem 1843 gegründeten Schweizerischen Apothekerverband, der Dachorganisation der schweizerischen Offizin-, Industrie-, Amts- u. Spital-Apotheker (SAV), weitere pharmaz. Organisationen, wie etwa die kantonalen Verbände, die Gesellschaft schweizerischer Amts- und Spitalapotheker (GSASA) u. die Kantonsapothekervereinigung (KAV).

Apotransferrin: s. Siderophiline.

apparent dissolution rate: scheinbare Lösungsgeschwindigkeit; Größe, die die effektive Freisetzung eines Arzneistoffs aus einer Arzneiform unter den Bedingungen konventioneller Verfahren charakterisiert. Vgl. instrinsic dissolution rate, Dissolutiontest.

Appendizitis: Entzündung des Wurmfortsatzes infolge meist enterogener Infektion. **Auftreten:** begünstigt durch Stauung des Wurmfortsatzinhalts durch Abknickung, Narbenstränge, entzündl. Schleimhautschwellung, Kotsteine, Würmer od. Fremdkörper; **akute A.**: häufigste Abdominalerkrankung mit Häufigkeitsmaximum im Kindes- u. Jugendalter; **Sympt.**: unvermittelter Beginn mit Übelkeit, Erbrechen, evtl. kolikartigen Bauchschmerzen, Fieber; **Ther.**: Appendektomie; vgl. Typhlitis.

Appetitzügler: syn. Abmagerungsmittel, Anorektika; Pharmaka, die zu einer Verminderung des Appetits, damit der Nahrungsaufnahme u. in weiterer Folge zu einer Gewichtsabnahme von übergewichtigen Personen führen sollen. **Wirkstoffe:** meist von einer Phenylpropylaminstruktur (z. B. Amfetamin*, Amfetaminil*, Metamfetamin*, Fenetyllin*, Fenfluramin*, Phenmetrazin*, Sibutramin*) od. Phenylpropanolaminstruktur (z. B. Levopropylhexedrin*) abgeleitete Substanzen, denen eine direkte Wirk. auf das wahrscheinl. im Hypothalamus gelegene Appetitregulierungszentrum zugesprochen wird. **Anw.**: aufgrund der Gefahr der Entwicklung einer Abhängigkeit u. der raschen Abnahme der Wirk. dürfen A. nur in Ausnahmefällen zur Unterstützung von diätet. und psychotherap. Maßnahmen max. 3 Monate lang eingesetzt werden. **UAW:** Unruhe, Schlaflosigkeit; Gefahr der Abhängigkeit.

Applikation: Anwendung; Verabreichung von Arzneimitteln.

Applikation, extravaskuläre: alle Applikationsarten außer der intravasalen. Extravaskulär appliziert wird beispielsweise i. m., s. c., p. o., oral, rektal, vaginal, dermal, pulmonal od. nasal.

Applikation, intravaskuläre: direkte Einbringung eines Arzneistoffes in den Blutkreislauf, kann intravenös, intraarteriell od. intrakardial, als Injektion* od. Infusion* erfolgen.

Applikation, orale: **1.** Anwendung eines Arzneimittels zur Resorption über Schleimhäute im Mund (lat. os); kann bukkal (lat. bucca Wange), perlingual (auf der Zunge) od. sublingual (unter der Zunge) erfolgen. Als Arzneiformen werden v. a. Lutschtabletten und Kaugummis, bei Glyceroltrinitrat auch Zerbeißkapseln u. Sprays eingesetzt. **Vorteil:** gute Resorption wegen starker Durchblutung der Schleimhäute, Umgehung des Magen-Darm-Trakts; **Nachteil:** kleine Resorptionsfläche. **2.** häufig syn. für perorale Applikation* (p. o.).

Applikation, perorale: Abk. p.o.; Anw. von Arzneimitteln durch den Mund (lat. os) hindurch mit dem Ziel der system. Resorption aus dem Magen-Darm-Trakt, z. B. perorale Tabletten, Dragees, Kapseln, Lösungen u. Suspensionen. Vgl. Compressi Ph.Eur.4.

Approbation: staatl. Zulassung als Arzt, Tierarzt, Zahnarzt, Apotheker*. Die A. als Apotheker berechtigt zu Führung der Berufsbez. Apotheker.

Approbationsordnung für Apotheker: s. Apotheker.

Approximation (lat. approximare sich nähern): mathemat. angenäherte Darst. (Bestimmung) einer Funktion od. einer Größe; vgl. Ausgleichsrechnung.

Apraclonidin INN: 2-(4-Amino-2,6-dichlorphenyl)imino-imidazolidin; CAS-Nr. 66711-21-5; $C_9H_{10}Cl_2N_4$, M_r 245.11. Schmp. >230 °C. **Wirk.** u. **Anw.:** Alpha-2-Sympathomimetikum, Glaukomtherapeutikum zur Senkung des Augeninnendruckes bei chron. Glaukom; max. Wirkung nach 3-5 h, Wirkungsdauer ca. 12 h; **UAW:** Augenirritationen, Mundtrockenheit, Kopfschmerz, Ödeme, Schwindel, Depressionen, Bradykardie; **Kontraind.:** schwere Herz-Kreislauf-Erkrankungen, gleichzeitige Gabe von MAO-Hemmern, Sympathomimetika, tricycl. Antidepressiva, Anw. bei Kindern unter 12 Jahren; **Dos.:** topisch 3×1-2 Tr. einer 0.5 %igen Lsg. in den Bindehautsack. **Apraclonidinhydrochlorid:** CAS-Nr. 73218-79-8; $C_9H_{10}Cl_2N_4 \cdot HCl$, M_r 281.57. Weißes, krist. Pulver. lösl. 1:34 in Wasser, 1:13 in Methanol, 1:74 in Ethanol, fast unlösl. in Chloroform, Ethylacetat u. Hexan, pH-Wert einer 1 %igen wässrigen Lsg. 5.0-6.6.

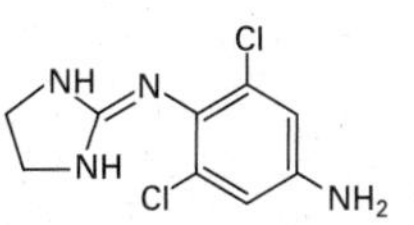

Apraclonidin

Aprikose: s. Prunus armeniaca.

Aprindin INN: *N*-(3-Diethylaminopropyl)-*N*-phenyl-2-indanamin; CAS-Nr. 37640-71-4; $C_{22}H_{30}N_2$, M_r 322.49. **Anw.:** Antiarrhythmikum*; zur Langzeitther. von Kammerrhythmusstörungen; auch lokalanästhet. wirkend; **UAW:** A. wird durch Kumulation tox.: gastrointestinale Störungen, Leberschäden, Agranulozytose; ZNS: Tremor, Schwindel, Sehstörungen; **WW:** Lokalanästhetika (ton.-klonische Krämpfe, Atemdepression); **Dos.:** p. o. morgens 1×50 mg, bei höheren Dosen EKG erforderl.; parenteral i. v. 0.2 g in großem Volumen (mind. 10fach verd.) nur unter klin. Kontrolle; HWZ 20-30 h. Gebräuchl. ist auch Aprindinhydrochlorid.

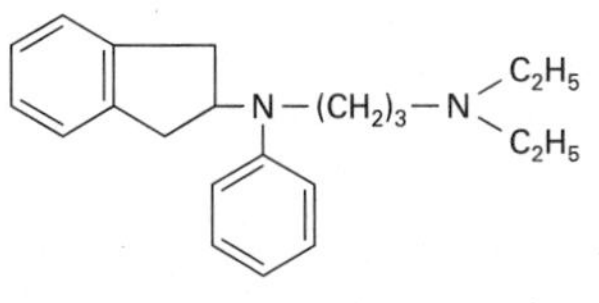

Aprindin

Aprobarbital INN: Allylpropymalum; 5-Allyl-5-isopropyl-barbitursäure; CAS-Nr. 77-02-1; $C_{10}H_{14}N_2O_3$, M_r 210.23. Strukturformel s. Barbiturate (Abb. 2); Schmp. 140-141.5 (polymorph). pK 7.54; fast unlösl. in Wasser, Petrolether, aliphat. Kohlenwasserstoffen; lösl. in Ethanol, Chloroform, Ether, Aceton, Benzol, Eisessig u. Alkalihydroxid-Lösungen. **Off.:** DAC86; **Anw.:** Hypnotikum, Sedativum; **Dos.:** p. o. 2-3×0.1 g, MED 0.3 g, MTD 0.6 g. Gebräuchl. ist auch Aprobarbital-Natrium.

Aprotinin INN: Aprotininum Ph.Eur.; CAS-Nr. 9087-70-1; $C_{284}H_{440}N_{86}O_{77}S_7$; M_r 6511.47. Einkettiges Polypeptid aus 58 Aminosäureresten; isoelektr. Punkt pH 10.5; stabil in neutralem u. saurem Medium, instabil bei pH>12; fast weißes, hygroskop. Pulver; lösl. in Wasser, fast unlösl. in org. Lösungsmitteln; A.-Aktivität mind. 3.0 Ph.Eur.-E./mg. **Wirk.:** polyvalenter Proteinaseninhibitor; hemmt die Gerinnnungsfaktoren XIIa, XIa, VIIIa sowie Plasmin u. Plasminaktivatoren, Trypsin, Chymotrypsin u. Kallikrein; **Gew.:** Extraktion aus Geweben von Rindern (aus Ländern, in denen BSE* noch nicht nachgewiesen wurde u. die nicht mit Proteinen von Wiederkäuern gefüttert wurden), anschließend Reinigung, z. B. durch Gelfiltration; **Anw.:** Fibrinolyseinhibitor* bei Hyperfibrinolyse; als Antidot bei Überdos. von Fibrinolytika*; u. U. bei schwerer Pankreatitis; ggf. intraoperativ lokal bei infektiöser Peritonitis; **UAW:** Übelkeit, Erbrechen, Durchfall, Muskelschmerzen, allerg. Reaktionen; **Dos.:** parenteral, bei akuter Pankreatitis, initial 200 000-500 000 Kallikrein-inaktivierende Einheiten (KIE) langsam i. v., ohne 100 000 KIE/min zu überschreiten; dann 200 000 KIE/4 h als i. v. Infusion; bei Hämorrhagie durch Hyperfibrinolyse: initial bis 500 000 KIE, dann 50 000 KIE/h; HWZ 1-2 h. **Aprotinin-Lösung, konzentrierte:** Aprotinini solutio concentrata Ph.Eur.; A.-Aktivität mind. 15.0 Ph.Eur.-E./mL. **Gew.:** analog Aprotinin.

aprotisch: nichtwässrige Lösungsmittel, die keine ionisierbaren Protonen im Molekül enthalten. Aprot. Lösungsmittel können i. Allg. keine Wasserstoffbrücken bilden u. sind daher nur bedingt in der Lage Ionen zu solvatisieren. Man unterscheidet apolare aprot. Lösungsmittel, z. B. Benzol u. halogenierte Kohlenwasserstoffe, die eine sehr niedrige Dielektrizitätskonstante* besitzen sowie polare aprot. Lösungsmittel wie Dimethylformamid mit höheren Dielektrizitätskonstanten, die wegen ihrer Nucleophilie in der Lage sind, v. a. Kationen zu solvatisieren.

APSAC: Abk. für (engl.) ***a****nisoylated* ***p****lasminogen* ***s****treptokinase* ***a****ctivator* ***c****omplex;* Komplex von Human-Lys-Plasminogen mit Streptokinase*, substituiert mit einer *para*-Anisoyl-Gruppe. **Wirk.** u. **Anw.**: Fibrinolytikum zur Wiedereröffnung verschlossener Koronararterien beim akuten Herzinfarkt; **UAW:** Blutdruckabfall, Flush, diffuse Blutungen; **Pharmakokinetik:** HWZ des Streptokinase-Plasminogen-Komplexes wird durch Veresterung mit Anissäure von 20 auf ca. 90 Min. verlängert; reichert sich vor allem in Thrombus an, deshalb prakt. nur lokal wirksam.

APV: Abk. für **A**rbeitsgemeinschaft für **P**harmazeutische **V**erfahrenstechnik; 1954 gegründeter Verein, der sich zu einer internationalen wissenschaftl. Gesellschaft entwickelt hat. Aufgabe der APV ist die Weiterbildung ihrer Mitglieder auf den Gebieten der Arzneimittelherst., pharmaz. Verfahrenstechnik u. Qualitätskontrolle. Sie ist Herausgeberin des „European Journal of Pharmaceutics and Biopharmaceutics" (früher: Acta Pharmaceutica Technologica) u. von Richtlinien zur Haltbarkeit u. Durchführung von Bioverfügbarkeitsstudien (APV-Richtlinien).

Aqua: Wasserstoffoxid, Trinkwasser, Wasser; H_2O, M_r 18.016. Reines Wasser ist eine geruch- u. geschmacklose, klare, durchsichtige, in dünner Schicht farblose, in Schichten von 5-8 m deutl. blaue Flüss., welche definitionsgemäß bei 0 °C zu Eis erstarrt (Schmelzenthalpie 6.0131 kJ mol^{-1}) u. bei 100 °C unter Bildung von Wasserdampf siedet (Verdampfungsenthalpie 40.67 kJ mol^{-1}); $n_D^{20\,°C}$ 1.3330; Dielektrizitätskonstante (0 °C) 87.470.

Wasserassoziierte Maßeinheiten: **1.** die Masse eines Kubikzentimeters Wasser von 4 °C wird als 1 Gramm (g) bezeichnet; **2.** das Gewicht der so festgelegten Masseneinheit wird als 1 pond (p) bezeichnet; **3.** die Wärmemenge, die erforderlich ist, um 1 g Wasser von 14.5 °C auf 15.5 °C zu erwärmen, dient unter dem Namen Kalorie* (cal) als Wärmeeinheit; **4.** die Celsius-Skala gründet sich auf Schmelz- u. Siedepunkt luftgesättigten Wassers, wobei der Schmelzpunkt unter Atmosphärendruck dem Nullpunkt der Skala u. der Siedepunkt 100 °C entspricht. 1 Grad Celsius (1 °C) ist dementsprechend der hundertste Teil dieses Temperaturintervalls; **5.** unter 1 Kelvin versteht man analog den 273.16ten Teil der Differenz zwischen dem absoluten Nullpunkt (0 K) u. dem Tripelpunkt des reinen Wassers (273.16 K); s. Phasendiagramme (Abb.); **6.** die Dampfdruckkurve des Wassers endet bei der krit. Temp. von 647.3 K (374.1 °C) u. dem krit. Druck von 221.4 bar (218.5 at) (krit. Dichte: 0.324 g/cm^3), da bei höheren Temp. u. Drucken flüss. u. gasförmiges Wasser ident. Eigenschaften besitzen.

Eigenschaften: Wasser besteht aus 88.865 Gewichtsteilen Sauerstoff u. 11.135 Gewichtsteilen Wasserstoff. Die Dichte bei 4 °C beträgt 1.0000, nimmt aber unter u. über 4 °C wieder ab. Beim Übergang vom flüss. in den festen Zustand (Gefrieren) dehnt sich das Wasser im Unterschied zu den meisten Flüss. unter Abnahme der Dichte aus. Die Dichte des Eises bei 0 °C beträgt 0.9168, die des flüss. Wassers 0.9999 g/cm^3, so dass 1 Raumteil flüssiges Wasser 1.0906 Raumteile Eis ergibt. Die Ausdehnung des Wassers beim Gefrieren ist darauf zurückzuführen, dass das Eis ein weitmaschiges, von Hohlräumen durchsetztes Kristallgitter bildet (gewöhnlich die β-Tridymit-Struktur, od. Wurtzit-Gitter; mind. 9 versch. Modifikationen sind bekannt), während bei flüss. Wasser diese Kristallstruktur weitgehend zerstört ist. Immerhin kommen auch im flüss. Wasser bei 0 °C noch kleinere kristalline Aggregate vor, deren Zusam-

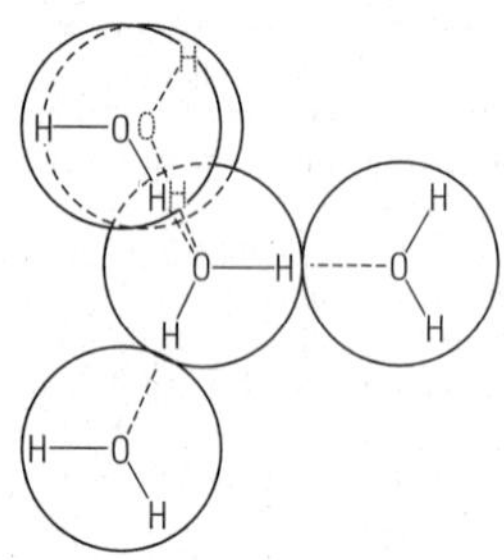

1

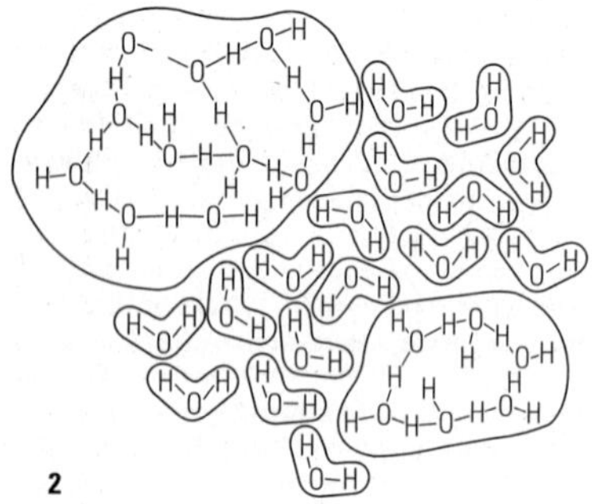

2

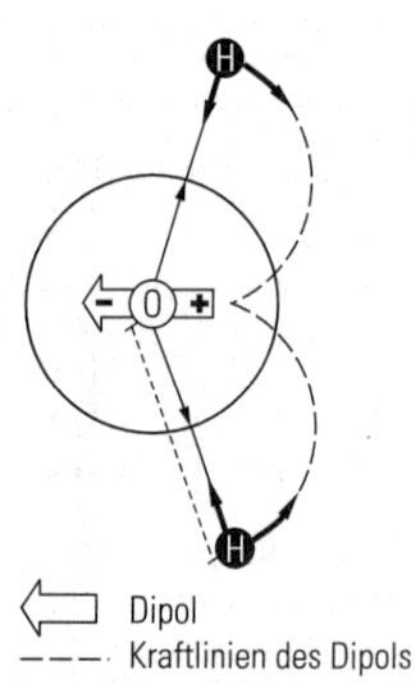

3

Aqua: 1: Molekülaggregation durch Wasserstoffbrücken (hier: Tetrahydrol); 2: Netzwerk aggregierter u. monomerer Wassermoleküle; 3: Dipol des Wassermoleküls [23]

menbrechen beim Erwärmen das weitere Anwachsen der Dichte des Wassers bis 4 °C bedingt.
Struktur: Aus den Dipoleigenschaften ergeben sich Interaktionen der Wassermoleküle; durch Wasserstoffbrücken kommt es zur Bildung von Molekülaggregaten, wie bei der Tetrahydrol-Struktur (s. Abb.). Die meisten Hypothesen postulieren ein Netzwerk (s. Abb.) von Wassermolekülen, die durch Bereiche von monomer vorliegenden Wassermolekülen getrennt sind.
Eigenschaften: Der Dipolcharakter des Wassers bedingt die physik. u. chem. Eigenschaften u. ist auch für seine biol. Funktion von Bedeutung (s. Abb.). So interagieren Wassermoleküle mit Makromolekülen wie Proteinen u. Nucleinsäuren unter Bildung einer Wasserhülle. Die Aktivität von Enzymen im Zytoplasma ist stark abhängig von ihrer Hydration. Wasser löst anorg. u. org. Stoffe u. ist für deren extra- u. interzellulären Transport verantwortl; s. Osmose. Es ist Reaktionspartner bei enzymkatalysierten, hydrolyt. Spaltungen von Makromolekülen (Proteine, Kohlenhydrate, Fette) u. ist ein Substrat bei der Photosynthese. Nat. kommt Wasser niemals chem. rein vor; es enthält gelöste Stoffe, hauptsächl. Calcium- u. Magnesiumverb., gelöste Gase (Stickstoff, Sauerstoff, Kohlendioxid) sowie evtl. Verunreinigungen wie Staub, Bakterien, org. u. aufgeschwemmte Stoffe. Regenwasser ist relativ am reinsten, da es einen nat. Destillationsprozess durchgemacht hat.
Härte: Nach dem Geh. an Ca- u. Mg-Salzen (Calciumhydrogencarbonat, Calciumsulfat, Magnesiumhydrogencarbonat) bestimmt man die Härte (s. Tab.) des Wassers. Ein an Ca-Salzen reiches Wasser nennt man hartes Wasser, ein Ca-freies od. -armes Wasser weiches Wasser; Ca- u. Mg-hydrogencarbonat, die beim Kochen des Wassers als Carbonate ausfallen, bilden die vorübergehende od. temporäre Härte (auch Bicarbonat-Härte). Die zurückbleibende, auf den Geh. von Calciumsulfat beruhende Härte, nennt man bleibende od. permanente Härte. Temporäre u. permanente Härte ergeben zus. die Gesamthärte. Gemessen wird diese in Härtegraden. 1 mmol/L bezeichnet die Härte eines Wassers, wenn in 1 L soviel mg Ionen eines Erdalkalimetalls gelöst sind, wie dessen molare Masse Mr (eq), bezogen auf Äquivalente* (z. B. 0.5 Ca^{2+}, 0.5 Mg^{2+}) angibt. 1 mmol/L entspricht 2.8 °d; 1 Deutscher Härtegrad (1°d) entspricht 10 mg CaO in 1 L Wasser od. 0.179 mmol Erdalkali-Ionen in 1 L Wasser. Der Menge von 10 mg CaO entsprechen 7.19 mg MgO od. 18.48 mg SrO od. 27.35 mg BaO. 1 Englischer Härtegrad (1 °e) entspricht 0.143 mol/L od. 0.798 °d; 1 Französischer Härtegrad (1 °f) 0.100 mol/L od. 0.560 °d. Ein Merkmal für die Reinheit des Wasser liefert die Messung der elektr. Leitfähigkeit, die mit zunehmender Reinheit abnimmt. Vollkommen reines Wasser hat eine Leitfähigkeit von $4 \cdot 10^{-8}\ \Omega^{-1} \cdot cm^{-1}$ (18 °C).
Enthärtung: **1.** Kalk-Soda-Verfahren: durch Zusatz von Kalkmilch zur Ausfällung der Carbonathärte u. weiteren Zusatz von Soda zur Ausfällung der Nichtcarbonathärte (Mineralsäurehärte); **2.** Ionenaustauscher-Verfahren: s. Ionenaustauscher; **3.** Destillation; **4.** Elektrodialyse od. Umkehrosmose*; **5.** Gefrierverfahren; **6.** Härtestabilisierung: durch Zusatz von Polyphosphaten.
Trinkwasser: Aqua fontana, Aqua communis; soll ca. 600 mg Ca- u. Mg-Salze im Liter enthalten, farb- u. geruchlos u. von erfrischendem Geschmack sein sowie frei von gesundheitsschädigenden org. Bestandteilen (Bakterien, Schmarotzer, Fäulnisstoffe) u. keine schädl. chem. Stoffe (z. B. Phenol, Blei, Arsen) enthalten. **Aufbereitung:** **1.** techn. Verfahren: alle Verfahren, die notwendig sind, um ein den Anforderungen gerechtes Trinkwasser zur Verfügung zu stellen, u. a. Entfernung von Geruchs- u. Geschmacksstoffen, Sedimentation, Flockung, Filtration u. Siebung, Belüftung, Enteisenung, Entmanganung, Enthärtung, Entsalzung, Entsauerung. **2.** Entkeimungsverfahren: **a)** Filtrationsverfahren: Langsamfilter, z. B. Sandfilter, die als biol. Filter wirken, keram. Filter (Filterkerzen), keram. Filter mit silberhaltigem Filtermaterial (obligodynam. Wirkung, Katedymverfahren), Anschwemmfilter (z. B. Kieselgur), Membranfilterverfahren für kleinere Mengen; **b)** Zusatz von Chlor u. chlorhaltigen Präparaten: Zusatz von Chlor, unterchloriger Säure, Natrium- od. Calciumhypochlorit, Chlordioxid tötet Bakterien u. inaktiviert Viren; Menge an aktivem Chlor zur Abtötung von Bakterien u. Inaktivierung von Viren ist von der Einwirkzeit abhängig; **c)** Zusatz von Ozon: tötet Bakterien u. inaktiviert Viren; Menge an Ozon von der Kontaktzeit abhängig; Entfernung von Rest-Ozon notwendig; **d)** UV-Bestrahlung: nur in dünnen Schichten bei ausreichender UV-Durchdringlichkeit des Wassers (bei 254 nm) möglich.

Aqua
Härtegrade des Wassers

Bereich	Bezeichnung
0°- 4° d	sehr weiches Wasser
4°- 8° d	weiches Wasser
8°-12° d	mittelhartes Wasser
12°-18° d	hartes Wasser
18°-30° d	sehr hartes Wasser

Aqua ad iniectabilia Ph.Eur.4: Aqua pro iniectione, Aqua ad iniectonem, Aqua bidestillata, Wasser für Injektionszwecke; Wasser, das zur Herst. von Arzneizubereitungen zur parenteralen Anw. bestimmt ist, deren Lösungsmittel Wasser ist (Wasser für Injektionszwecke als Bulk), od. das zum Lösen od. Verdünnen von Substanzen od. Zubereitungen zur parenteralen Anwendung dient (sterilisiertes Wasser für Injektionszwecke). Zur Herst. von Injektions-, Infusionslösungen u. Augentropfen darf nur Aqua ad iniectabilia verwendet werden. **Wasser für Injektionszwecke als Bulk:** Die Herst. erfolgt durch Destillation von einwandfreiem Trinkwasser od. gereinigtem Wasser, wobei die mit Wasser in Berührung kommenden Teile der Apparatur aus Neutralglas, Quarz od. einem geeigneten Metall bestehen. Für pyrogenfreies Wasser muss das Mitreißen von Flüssigkeitstropfen od. Verunreinigungen verhindert

A

werden. Das erste Destillat wird verworfen. Anschließend wird das Destillat aufgefangen. Die Leitfähigkeit (höchstens 1.1 µS/cm bei 20 °C) u. der Gehalt an gesamtem org. Kohlenstoff (höchstens 0.5 mg/L) werden überprüft. Wasser für Injektionszwecke als Bulk wird unter Bedingungen gelagert u. abgegeben, die das Wachstum von Mikroorganismen verhindern u. jede weitere Kontamination vermeiden. Max. 0.25 I.E. Bakterien-Endotoxine je Milliliter. **Sterilisiertes Wasser für Injektionszwecke:** Wasser für Injektionszwecke als Bulk wird in geeignete Behältnisse (z. B. Ampullen*) abgefüllt, die anschließend verschlossen u. durch Hitze sterilisiert werden. Dabei sind Bedingungen einzuhalten, die sicherstellen, dass das Wasser der Prüfung Bakterien-Endotoxine entspricht. Die Substanz muss frei von Zusatzstoffen sein. Unter geeigneten visuellen Bedingungen geprüft, muss das Wasser klar u. farblos sein. Jedes Behältnis muss eine ausreichende Menge enthalten, um die Entnahme des Nennvolumens zu erlauben. Nach der Sterilisation ist zusätzl. zu den Reinheitskriterien bei Aqua* purificata auf saure u. alkalische Verunreinigungen (aus dem Glas), Chlorid-Ionen, oxidierbare Stoffe, nichtflüchtige Verunreinigungen, (Verdampfungsrückstand), Partikelkontamination, Sterilität u. auf Bakterien-Endotoxine (s. Pyrogene) zu prüfen. Bei Behältnissen mit einem Nennvolumen von max. 10 mL darf die Leitfähigkeit max. 25 µS/cm betragen. Bei Behältnissen mit einem Nennvolumen über 10 ml darf die Leitfähigkeit max. 5 µS/cm betragen. Max. 0.25 I.E. Bakterien-Endotoxine je Milliliter.

Aqua ad iniectionem: s. Aqua ad iniectabilia.

Aqua Amygdalarum amararum: s. Benzaldehydcyanhydrinlösung.

Aqua Aurantii floris: Pomeranzenblütenwasser; Herst.: Ph.Helv.6, durch Wasserdampfdestillation frischer Blüten von Citrus* aurantium, Geh. des Wassers an äther. Öl 0.025 %, konserviert mit 0.1 % *p*-Hydroxybenzoesäureester-Gemisch. **Anw.:** Antispasmodikum u. Sedativum, Geschmackskorrigens.

Aqua bidestillata: s. Aqua redestillata sterilisata; vgl. Aqua ad iniectabilia.

Aqua Bromata: Bromwasser; eine gesättigte Lsg. von Brom in Wasser, Geh. ca. 3 % Brom, Erlenmayer-Bromwasser ist eine Lsg. von Bromsalzen in nat. kohlensaurem Wasser. **Anw.:** früher als Antiseptikum.

Aqua Calcariae: s. Solutio Calcii hydroxydati.

Aqua carbolisata: s. Aqua phenolata.

Aqua carminativa: blähungtreibendes Wasser, Windwasser; Zstzg.: FH, Ol. Cort. Aurantii, Ol. Carvi, Ol. Citri, Ol. Coriandri, Ol. Foeniculi, Ol. Menthae pip. aa 0.1 T., 15.0 T. Spir. vini, 135.0 T. Aq. chamomillae, ÖAB90, gesättigte Lsg. von Ol. (Aetherol.) Carvi, Ol. Chamomillae, Ol. Citri, Ol. Foeniculi, Ol. Menthae pip. aa 0.5 T. in 1000.0 T. gereinigt. Wasser; Talk (zum Verteilen und Lösen der Öle u. zum Klären); vgl. Aquae aromaticae.

Aqua carminativae regia: rotes Windwasser; Zstzg.: ÖAB90, 60.0 T. Aq. carminativa, 20.0 T. aromatischer Spiritus, 20.0 T. einfacher Sirup, 0.1 T. Ponceau 4R (Farbstoff); 1.0 T. Talk (zum Klären); vgl. Aquae aromaticae.

Aqua chlorata: Solutio Chlori, Chlorwasser; Geh. ca. 0.4–0.5 % Chlor in Wasser, 1 L Wasser nimmt ca. 2.5 L Chlor auf.
Hom: *Chlorum:* Aqua chlorata; verord. z. B. bei Stimmbanderkrankungen.

Aqua Cinnamomi: Zimtwasser; Herst.: DAB6, eine Lsg. von 1 T. Zimtöl in 99 T. Ethanol wird mit 900 T. Wasser geschüttelt u. nach mehrtägigem Stehen filtriert. **Anw.:** Magenkrämpfe; Verdauungsanregung; Geschmackskorrigens; Konservierungsmittel für Mixturen u. Sirupe.

Aquacobalamin: s. Vitamine (Vitamin B_{12}).

Aqua conservata: Aqua conservans, konserviertes Wasser; Zstzg: DAC79, eine 0.1 %ige Lsg. eines 4-Hydroxybenzoesäureestergemisches (75 T. Methylester u. 25 T. Propylester) in Aqua purificata (Ph.Eur.4), beide Ester werden in frisch abgekochtem, heißem Wasser gelöst. Die Lsg. lässt man bedeckt erkalten, filtriert u. stellt mit frisch ausgekochtem Wasser die vorgeschriebene Konz. ein. Lagerung max. 3 Monate. Autoklavieren bei pH über 6 führt zu merklicher Hydrolyse der Ester. A. ist nicht geeignet zur Konservierung von Augentropfen*. **Anw.:** Konservierungsmittel in flüss. Zuber. zum Einnehmen; **Inkomp.:** Alkalien, Eisensalze, Kunststoffe (da Adsorption der Nipaester), allergische Reaktionen kommen vor.

Aqua cosmetica „Kummerfeld“: Kummerfeld-Waschwasser; Zstzg.: EB6, 10 T. Campher, 20 T. fein gepulvertes arab. Gummi, 120 T. gefällter Schwefel, 50 T. Glycerol, 400 T. Rosenwasser, 400 T. Kalkwasser; Herst.: der Campher wird mit arab. Gummi u. der nötigen Menge Rosenwasser emulgiert, dann werden der fein angeriebene gefällte Schwefel u. die anderen Bestandteile zugefügt (vor der Abgabe umschütten). **Anw.:** unverdünnt als Waschwasser.

Aqua cresolica: Kresolwasser; Zstzg.: DAB6, 1 T. Kresolseifenlösung, 9 T. Wasser. **Anw.:** Desinfektion der Hände u. Instrumente; zum Auswaschen von Wunden mit 5 T. Wasser (dest. Wasser) verdünnen, Wasser zur Grobdesinfektion.

Aqua deionisata: s. Aqua purificata.

Aqua demineralisata: s. Aqua purificata.

Aqua destillata: s. Aqua purificata.

Aquae aromaticae: aromatische Wässer; ÖAB90, Ph.Helv.7, klare, gesättigte Lösungen von äther. Ölen od. anderen aromat. Substanzen in gereinigtem Wasser (Aqua* purificata). **Herst:** **1.** Wasserdampfdestillation einer äther. Öldroge od. eines äther. Öls u. Abtrennen des abgeschiedenen äther. Öls mit anschließender Filtration; **2.** Lösen des äther. Öls durch kräftiges Schütteln in Wasser u. Filtration nach mehrstündigem Stehen; **3.** Lösen des äther. Öls durch kräftiges Schütteln einer Anreibung des äther. Öls mit der zehnfachen Menge an Talk in ausgekochtem u. auf 40-50 °C abgekühltem gereinigtem Wasser, Filtration nach mehrtägigem Stehen; **4.** Lösen mit Hilfe von Lösungsvermittlern, durch Solubilisation* mit Hilfe einer 5-10fachen Menge an Tensid, z. B. Polysorbat; **5.** Ph.Helv.7, ätherisches Öl (0.15 g) in Ethanol (0.5 g) lösen. Diese Lsg. wird mit 100 mL ausgekochtem u. auf 50 °C abgekühltem gereinigt.

Wasser kräftig geschüttelt, dann filtriert. A. sollen vor Licht geschützt u. nicht länger als 3 Monate (ÖAB90 6 Monate) aufbewahrt werden (Ph.Helv.7 frisch herzustellen).

Aquae minerales: Mineralwässer; nat. Mineralwasser ist Wasser mit gelösten Salzen (Mineralien) geogenen Ursprungs aus unterird. Wasservorkommen, die vor Verunreinigungen geschützt sein müssen. Es muss ursprüngl. rein sein u. am Quellort abgefüllt werden. Nur eine Behandlung zur Abtrennung bestimmter nat. Inhaltsstoffe, wie Eisen- und Schwefelverb., ist zulässig. Kohlendioxid darf entzogen od. zugesetzt werden. Jedes Mineralwasser bedarf einer amtl. Anerkennung nach der Mineral- und Tafelwasserverordnung, die umfangreiche Regelungen zum Anerkennungsverfahren u. zur Kennzeichnung vorgibt. Der Mineralstoffgeh. wird mit mind. 1 g/kg vorausgesetzt, Abweichungen nach unten sind mögl., aber ernährungsphysiolog. zu begründen. Nat. Mineralwasser muss frei von Krankheitserregern sein. Hinweise, die im Wortlaut vorgeschrieben sind u. auf besondere Eignungen des Mineralwassers verweisen, sind zulässig, wenn die jeweils festgelegten Anforderungen eingehalten werden, z. B. „geeignet für die Zubereitung von Säuglingsnahrung" (max. pro Liter zulässig: Natrium 200 mg, Nitrat 10 mg, Nitrit 0,2 mg, Sulfat 240 mg, Fluorid 0,7 mg, Mangan 0,05 mg, Arsen 0,005 mg und Radium-226 125 mBq, Radium-228 20 mBq) oder „geeignet für natriumarme Ernährung" (es sind max. 20 mg Natrium pro Liter zulässig). Wasser, welches als Mineralwasser zum Baden bestimmt ist, benötigt keine amtl. Anerkennung. Die folgenden histor. Bez. der Mineralwässer sind übl., haben jedoch keine gesetzl. Grundlage: **alkal. Mineralwasser:** Hauptbest.: Natriumhydrogencarbonat; **alkal.-salin. Mineralwasser:** Glaubersalzwasser; Hauptbest.: Natriumsulfat (Glaubersalz), daneben Natriumchlorid u. Natriumhydrogencarbonat; **alkal.-muriat. Mineralwasser:** Hauptbest.: Natriumchlorid, Kohlendioxid, Natriumhydrogencarbonat; **Bitterwasser:** Hauptbest.: Magnesiumsulfat, daneben Natriumsulfat u. Natriumchlorid; **muriat. Mineralwasser:** Kochsalzquellen; Hauptbest.: Natriumchlorid. Kochsalz-Säuerlinge enthalten zusätzl. über 1 g Kohlendioxid; **Halothermen:** Kochsalzthermen; warme Kochsalzwässer; **Eisen- od. Stahl-Mineralwasser:** mit Eisensulfat od. Eisencarbonat; Hauptbest.: Eisen Fe^{2+} u. Fe^{3+} (mind. 10 mg Eisen in 1 kg). Eisen-Säuerlinge enthalten zusätzl. über 1 g Kohlendioxid; **Arsenwasser:** Hauptbest.: arsenige Säure; **Iodwasser:** Kochsalzquelle mit mind. 1 mg Iod in 1 kg; **Schwefelwasser:** Hauptbest.: Schwefelwasserstoff od. Hydrogensulfide, mind. 1 mg/kg; **erdig-alkal. Mineralwasser:** Hauptbest.: Kalk- u. Magnesiumcarbonate, Kohlendioxid; **einfacher Säuerling:** mit mind. 1 g freiem nat. Kohlendioxid u. weniger als 1 g gelöster Salze im Liter; **Wildwasser:** Akratothermen; einfache warme Quelle mit wenig gelösten Best., jedoch mit einer Temp. über 20 °C, häufig radioaktiv; **Sole:** nat. salzreiches Wasser od. durch Wasserentzug angereichertes Mineralwasser; **radioaktives Mineralwasser:** mit Radiumemanation; stärkste deutsche Quelle Brambach mit 2 000 ME in 1 mL, Oberschlema; s. Radium.

Aquae tritiatae [^{3}H] solutio iniectabilis: s. Tritiiertes-[^{3}H]Wasser-Injektionslösung.

Aqua Foeniculi: Foeniculi aqua, Fenchelwasser; Herst.: DAC79, 1 T. Fenchelöl wird in 5 T. Ethanol 90 % (V/V) gelöst, mit 994 T. frisch bereitetem, auf 35-40 °C temperiertem, konserviertem Wasser wiederholt geschüttelt u. durch ein angefeuchtetes Filter filtriert; ÖAB90, 1.5 T. äther. Fenchelöl wird mit 15 T. Talk verrieben, dann wird mit 1000 T. frisch ausgekochtem, auf 30-40 °C abgekühltem gereinigtem Wasser kräftig geschüttelt, Filtration nach mehrtägigem Stehen. **Anw.:** Karminativum, Expektorans, Geschmackskorrigens.

Aqua fontana: s. Aqua.

Aqua hydrosulfurata: Aq. sulfhydrica, Schwefelwasserstoffwasser; gesättigte Lsg. von. Schwefelwasserstoff (0.4-0.5 %) in Wasser, entsteht durch Einleiten von Schwefelwasserstoff in Wasser. **Anw med.:** Prüfung von Arzneimitteln auf Schwermetalle, Vorsicht beim Riechen an der Flasche, außerordentl. giftig! (Lähmung der Reflexbewegungen, Bewußtlosigkeit, Exitus), in dicht schließenden, paraffinierten Flaschen aufbewahren; vgl. Schwefel.

Aqua Laurocerasi: Kirschlorbeerwasser; Herst.: Ph.Helv.7, Wasserdampfdestillation der frischen Blätter von Prunus laurocerasus (Rosaceae) u. Einstellung des Destillats mit Wasser auf einen Geh. von 0.09-0.11 % Cyanwasserstoff; schlechte Haltbarkeit; nach DAB6 kann statt Aq. Laurocerasi Aq. Amygdalarum amararum (s. Benzaldehydcyanhydrinlösung) abgegeben werden. **Anw.:** leichtes Sedativum, Geschmackskorrigens; selten.

Aquamarin: s. Beryllium.

Aqua marina: Aqua maritima; Meerwasser. **Inhaltsst.:** s. Tab.; der Gesamtgeh. an Salzen (ca. 3.5 %) ist in allen Ozeanen fast konstant. Bei den Binnenmeeren liegen andere Verhältnisse vor (Ostsee ca. 1 %, Rotes Meer über 4 %, Totes Meer ca. 30 % Gesamtsalzgehalt). Zu Trinkzwecken wird das Meerwasser aus großen Tiefen (Nordsee) entnommen u. kalt filtriert (mit Entkeimungsfilter), wodurch es auch entbittert wird. **Anw.:** Konstitu-

Aqua marina
Zusammensetzung des Meerwassers (nach Kalle)

Ionen	g/kg Meerwasser
Kationen	
Natrium (Na^+)	10.752
Kalium (K^+)	0.39
Magnesium (Mg^{2+})	1.295
Calcium (Ca^{2+})	0.416
Strontium (Sr^{2+})	0.013
Anionen	
Chlorid (Cl^-)	19.345
Bromid (Br^-)	0.066
Fluorid (F^-)	0.0014
Sulfat (SO_4^{2-})	2.701
Hydrogencarbonat (HCO_3^-)	0.145

tionsther., zur Transmineralisation, zur allg. Kräftigung, ferner bei Magen-, Darm-, Leberleiden, Stoffwechselerkrankungen, innersekretor. Störungen; **äußerl.**: bei juckenden Hauterkrankungen. A m. soll nur verdünnt angewendet werden, ca. 2-3 EL auf ein Glas Wasser, im Laufe des Tages zu trinken.

Aqua Menthae piperitae: Menthae piperitae aqua, Pfefferminzwasser; Herst.: DAC79, 1 T. Pfefferminzöl wird in 5 T. Ethanol (90 % V/V) gelöst, mit 994 T. frisch bereitetem, auf 35-40 °C temperiertem, konserviertem Wasser mehrmals durchgeschüttelt (5 min) u. anschließend durch ein angefeuchtetes Filter filtriert; ÖAB90, 1.5 T. äther. Pfefferminzöl werden mit 15 T. Talk fein verrieben, dann mit frisch ausgekochtem, auf 40-50 °C abgekühltem gereinigtem Wasser kräftig geschüttelt, Filtration nach mehrtägigem Stehen; vgl. Aquae aromaticae. **Anw.**: Geschmacks- u. Geruchskorrigens.

Aquametrie: Methode zur quantitativen Bestimmung von Wasser (s. Wassergehaltsbestimmung).

Aqua ophthalmica: s. Augenwässer.

Aqua Petroselini: Petersilienwasser, Petersilwasser; Zstzg.: EB6, 1 T. Oleum Petroselini (s. Petroselinum crispum ssp. crispum), 10 T. Talcum, 999 T. Wasser (35-40 °C).

Aqua phenolata: Aq. carbolisata, Phenolwasser, Karbolwasser; Zstzg.: DAB6, 11 T. verflüssigtes Phenol, 489 T. Wasser. **Anw.**: Desinfektionslösung.

Aqua Plumbi: Bleiwasser; Zstzg.: DAB6, 1 T. Bleiessig, 49 T. Wasser. **Anw.**: äußerl. als mildes Adstringens, obsolet.

Aqua Plumbi „Goulard“: Aq. Plumbi spirituosa, Goulard Bleiwasser; Zstzg.: EB6, 2 T. Bleiessig, 90 T. Wasser, 8 T. Spir. dil.

Aqua pro iniectione: s. Aqua ad iniectabilia.

Aqua purificata Ph.Eur.4: Aqua demineralisata, Aqua deionisata, Aqua destillata, gereinigtes Wasser, demineralisiertes Wasser, destilliertes Wasser; Wasser, das für die Herst. von Zuber. bestimmt ist, die weder steril noch pyrogenfrei sein müssen. **Gereinigtes Wasser als Bulk** wird durch Destillation, unter Verw. von Ionenaustauschern od. nach anderen geeigneten Methoden (z. B. Elektrodialyse, s. Osmose, Umkehrosmose); aus Trinkwasser hergestellt (gereinigt). **Qualität:** Prüfung erfolgt auf Schwermetall-, Aluminium (nur A. p. zur Herst. von Dialyselösungen) u. Nitrationen. Gereinigtes Wasser zur Herstellung von Dialyselösungen darf max. 0,25 I.E. Bakterien-Endotoxine je Milliliter Substanz enthalten (Ph.Eur.). Die Leitfähigkeit (max. 4,3 µS/cm bei 20 °C) wird ebenfalls geprüft. **In Behältnissen abgefülltes gereinigtes Wasser** ist gereinigtes Wasser als Bulk, das in Behältnisse abgefüllt u. unter Bedingungen gelagert wird, die die erforderl. mikrobiol. Qualität sicherstellen (max. 100 koloniebildende aerober Keime je Milliliter). Es muss frei von Zusatzstoffen sein. **Qualität:** Die Substanz muss den unter gereinigtes Wasser als Bulk vorgeschriebenen Prüfungen auf Reinheit entsprechen u. zusätzl. folgenden Prüfungen: sauer u. alkal. reagierende Verunreinigungen, Calcium-, Magnesium-, Ammonium-, Chlorid-, Sulfationen, sowie auf oxidierbare u. nicht flüchtige Substanzen. Gereinigtes Wasser wird unter Bedingungen gelagert u. abgegeben, die das Wachstum von Mikroorganismen verhindern u. jede weitere Kontamination vermeiden. In der Rezeptur muss A. p. entkeimt werden (5 min Auskochen od. Keimfiltration, max. 24 h Lagerung). Zur Herst. von Injektions-, Infusionslösungen u. Augentropfen darf Aqua purificata **nicht** verwendet werden (s. Aqua ad iniectabilia).

Aqua redestillata sterilisata: Aqua bidestillata; 2-mal destilliertes u. sterilisiertes Wasser. Wird in gläsernen Destillierapparaten hergestellt. Es wird keimfrei in sterilisierten Auffanggefäßen gesammelt; s. Aqua ad iniectabilia.

Aqua Regis: s. Königswasser.

Aqua Rosae: Rosenwasser; Herst.: Ph.Helv.6, durch Wasserdampfdestillation frischer Rosenblätter (Geh. 0.035 % äther. Öl in Wasser), konserviert mit 0.1 % *p*-Hydroxybenzoesäureester; DAB6: 4 Tr. Rosenöl werden mit 1000 g Wasser (35-40 °C) einige Zeit geschüttelt u. nach dem Erkalten filtriert. **Anw.**: Geruchskorrigens, besonders für Salben.

Aqua silicata:

Hom: *Aqua silicata:* gesättigte wässrige Lsg. von Kieselsäurehydrat, s. Silicium.

Aqua sulfhydrica: Aqua* hydrosulfurata.

Aqua vale purificata Ph.Eur.4: hochgereinigtes Wasser; Wasser für die Herst. von Arzneimitteln, bei denen Wasser von hoher biol. Qualität benötigt wird, aber kein Aqua* ad iniectabilia. Hochgereinigtes Wasser wird z. B. durch Doppel-Umkehrosmose* in Verbindung mit geeigneten Techniken wie Ultrafiltration u. Entionisierung aus Trinkwasser gewonnen. **Qualität:** Prüfung erfolgt auf Nitrat (max. 0.2 ppm), Aluminium (10µg/L zur Herst. von Dialyselsg.), Schwermetalle (max. 0.1 ppm) u. Bakterien-Endotoxine (weniger als 0.25 I. E./mL). Hochgereingtes Wasses als Bulk wird unter Bedingungen gelagert u. abgegeben, die ein Wachstum von Mikroorganismen verhindern u. weitere Kontamination ausschließen.

Aqua vulneraria spirituosa: s. Arquebusade, weiße.

Aqua zinco-cuprica: s. Solutio zinco-cuprica composita.

Aquilegia vulgaris L.: Akelei; Fam. Ranunculaceae (Süd- u. Mitteleuropa, Nordafrika, gemäßigtes Asien). Stpfl. von **Semen Aquilegiae:** Akeleisamen. **Inhaltsst.:** Fettsäuren wie Linol- u. Palmitinsäure, auch die seltene Aquilegiasäure u. a.; **Anw.** volkstüml.: z. B. bei Gelbsucht; äußerl. geg. Hautausschläge, Fisteln; **Herba Aquilegiae:** Akeleikraut. **Inhaltsst.** u. **Anw.**: wie Semen Aquilegiae.

Hom: *Aquilegia vulgaris (HAB1.5),* Aquilegia: frische, blühende, ganze Pflanze.

Ar: (chem.) Symbol für Argon*.

Ar-: Präfix in der org.-chem. Nomenklatur für hydroaromat. substitierte Verb., bei denen die Substitution am aromat. Ring erfolgt.

Arabane: aus L-Arabinose 1,5- u. 1,3-glykosidisch aufgebaute, verzweigte, hochmolekulare Polysaccharide; s. Kohlenhydrate. Weit verbreitet als Bestandteil von Hemicellulosen* in Pflanzen.

Arabinogalactan: Lärchengummi; M_r 72000-92000; Polysaccharid aus Arabinose- u. Galactose-Bausteinen. Hellgelbl. Pulver, leicht lösl. in Wasser. A. wird von Lärchen (Larix-Arten) nach Verletzung gebildet. **Anw.:** Zuckerersatz, Emulgator, Stabilisator, Bindemittel.

Arabinonucleoside: Nucleoside, die statt Ribose* die isomere Arabinose* enthalten, z. B. Vidarabin*.

Arabinose: M_r 150.13; Pentose, s. Kohlenhydrate; nat. in D- u. L-Form, s. Abb. **L-Arabinose** β-Form: Schmp. 160 °C, $[\alpha]_D^{20\,°C}$ +190° → +105° (Wasser); ein Best. von Hemicellulosen, z. B. des Arabans des Kirschgummis, in Pflanzenschleimen, Glykosiden u. Saponinen. **D-Arabinose** β-Form: Schmp. 160 °C, $[\alpha]_D^{20\,°C}$ -175° → -105.5° (Wasser); wurde als Glykosidbaustein u. aus einigen Bakterien isoliert.

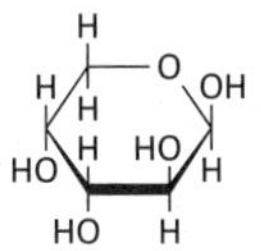
D - (-) - Arabinose

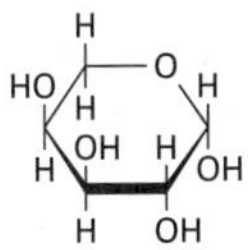
L - (+) - Arabinose

Arabinose

Araceae: Aronstabgewächse; Fam. der Od. Alismatales; ca. 2000 Arten, davon in Europa ca. 22; Stauden mit Rhizomen od. Knollen, eingeschlechtige od. zwitterige Blüten in vielblütigen Kolben (Spadix) angeordnet, oft von einem auffälligen Hochblatt (Spatha) umgeben, Beerenfrüchte. **Chem. Merkmale:** (häufig unbekannte) Scharfstoffe, cyanogene Glykoside; vereinzelt äther. Öl in Ölzellen. Mehrere (giftige) Zimmerpflanzen wie Calla, Dieffenbachia, Philodendron. **Wichtige Gattungen:** Acorus, Arisaema, Arum, Dieffenbachia, Dracunculus, Symplocarpus.

Arachidonsäure: 5,8,11,14-Eicosatetraensäure; $C_{19}H_{31}COOH$. Ungesättigte, essenzielle Fettsäure*; Strukturformel s. Prostaglandine. A. ist als Zellwandkomponente eine Vorstufe bei der Biosynthese der Prostaglandine*, Thromboxane* u. Leukotriene; s. Eicosanoide.

Arachidonsäurekaskade: Biosyntheseweg der Eicosanoide* (s. Abb. 1u. 2). Produkte der A. wie Prostaglandine u. Leukotriene sind an Entzündungsreaktionen beteiligt, u. a. Arthritis*, Asthma*, Allergie*; vgl. Entzündung.

Arachinsäure: syn. Eicosansäure; $C_{19}H_{39}COOH$. Höhere Fettsäure, nat. in Pflanzenölen (z. B. Erdnußöl, Rapsöl) u. im Milchfett.

Arachis hypogaea L.: Erdnuss; Fam. Fabaceae (Leguminosae) (heim. trop. Südamerika, kult. fast überall in den Tropen u. Subtropen). Stpfl. von **Semen Arachidis:** Erdnuß, Aschantinuß, Arachissamen, (engl.) *peanut*. **Inhaltsst.:** 20-50 % fettes Öl, 20-35 % Eiweiß, Proanthocyanidine; **Arachidis oleum raffinatum:** Oleum Arachidis, Erdnußöl, Arachisöl; das aus den Samen gewonnene, raffinierte Öl. Klares, hellgelbes Öl von mildem Geschmack, geruchlos od. von schwach nussartigem Geruch; mischbar mit Ether, Chloroform, Benzin, wenig lösl. in Ethanol. D. 0.915; Ep. 2 °C; SZ max. 0.5; POZ max. 5.0; UA max. 1.0 %; IZ 73-107; VZ 184-195; $n_D^{20\,°C}$ 1.468-1.472. **Erdnußöl zur parenteralen Anwendung:** SZ max. 0.5; max. 0.3 % Wasser (bestimmt mit der Karl-Fischer-Methode); Sterilisation: im Trockenschrank bei 140 °C; s. Öl für Injektionszwecke. **Best.:** Glyceride der Öl-, Palmitin-, Stearin-, Arachin-, Linolsäure; Tocopherol; **Anw.:** Salbengrundlage; s. Fette; **Arachidis oleum hydrogenatum:** Oleum Arachidis hydrogenatum, gehärtetes Erdnußöl, hydriertes Erdnußöl; Fast weißes, weiches Fett, das im geschmolzenen Zustand in 1 cm dicker Schicht durchsichtig ist. Schmp. 36-38 °C; IZ 63-75; SZ max. 0.5; VZ 189-195. 5 T. Substanz müssen 1 T. Wasser beim Verreiben aufnehmen. Gehärtetes Erdnußöl besitzt infolge der teilweisen Absättigung der ungesättigten Säuren bessere Haltbarkeit u. erhöhte Wasseraufnahmefähigkeit. **Off.:** ÖAB90, Ph.Eur.4, Ph.Helv.7.

Arachisöl: s. Arachis hypogaea.

Aräometer: s. Dichtebestimmungsmethoden.

Aralia: s. Aralia racemosa.

Araliaceae: Efeugewächse; Fam. der Od. Apiales (überwiegend trop. u. subtropisches Asien u. Amerika), ca. 700 Arten. Meist Kräuter od. Stauden mit wechsel- od. gegenständigen Blättern. Blüten fünfzählig, in einfachen Dolden angeordnet; unterständiger Fruchtknoten, Beeren od. Steinfrüchte. **Chem. Merkmale:** Triterpensaponine, evtl. Polyine (z. B. Falcarinol). **Wichtige Gattungen:** Aralia, Eleutherococcus, Hedera (einzige mitteleuropäische Gattung), Panax.

Aralia mandshurica Rupr. et Maxim.: Aralia chinensis L. var. mandshurica Rehd., Mandschurische Aralie; Fam. Araliaceae (China, Korea, fernöstl. Gebiete der GUS). **Inhaltsst.:** äther. Öl, Triterpensaponine, Araloside (Glykoside), Polyine; **Anw.:** in der TCM als tonisierendes Mittel, ähnl. wie Panax* ginseng.

Aralia racemosa L.: Amerikanische Narde, Wilde Sarsaparilla; Fam. Araliaceae (Nordamerika). Stpfl. von **Radix Araliae racemosae:** Traubige Araliawurzel. **Inhaltsst.:** 0.3-0.4 % äther. Öl., Diterpensäuren, Gerbstoffe, Triterpensapogenine; **Anw.** volkstüml.: z. B. innerl. bei Erkältungskrankheiten, Asthma; äußerl. bei Hauterkrankungen.
Hom: *Aralia racemosa (HAB1.5),* Aralia: frische, unterird. T.; verord. z. B. bei Reizhusten, Heuschnupfen.

Araliawurzel, Traubige: s. Aralia racemosa.

Aramide: aromat. Polyamide. **Darst:** Kondensation von aromat. Diaminen mit Arylendicarbonsäuren.

Aranea avicularis: s. Avicularia avicularia.

Aranea diadema: s. Araneus diadematus.

Araneus diadematus Clerck: Aranea diadema L., Epeira diatema Sundvell, Kreuzspinne; Fam. Araneidae (ganz Europa). Weibchen bis 17 mm, Männchen bis 11 mm lang. **Best.** des Giftes: Erythrozyten-Agglutinine, Epeiratoxin, Epeiralysin, Epeiratrypsin u. a. (vgl. Spinnengifte). Der Biss einer Kreuzspinne ist i. Allg. wesentl. harmloser als ein Bienenstich.
Hom: *Aranea diadema,* Araneus diadematus, Epeira diadema: Tinktur durch Mazeration des zerriebenen Tieres mittels 90 %igem Ethanol; verord. z. B. bei intermittierendem Fieber, Neuralgien, peripheren Durchblutungsstörungen, Schwindel.

A

Araneus ixobolus Thor.: Schwarze Nachtspinne; Fam. Araneidae (Ost- u. Südeuropa, Amerika); Giftspinne.
Hom: *Aranea ixobola:* reines, fermentfreies Chelizerengift aus Araneus ixobolus; verord. z. B. bei neuralg. u. vasomotor. Kopfschmerzen, Hypertonie.

Aranin: s. Araneus ixobolus.

Araroba: s. Andira araroba.

Araroba depurata: s. Andira araroba.

Arbeit: Symbol W; in der Mechanik das Produkt (Skalarprodukt) aus Kraft* u. Weg, mit der SI-Einheit Joule*. A. kann auf unterschiedl. Art u. Weise, z. B. als Hub-, Deformations-, Reibungs-, Beschleunigungsarbeit od. bei elektromagnet. Vorgängen (Verschiebung von Ladungen), auftreten. In einem Körper, an dem die A. W verrichtet wurde, ist diese als Energie*, d. h. dem Vermögen A. zu verrichten, gespeichert, z. B. als potentielle Energie (nach Hubarbeit), als kinet. Energie (nach Beschleunigungsarbeit) od. als Wärme (z. B. nach Reibungsarbeit).

Arbeitgeberverband Deutscher Apotheker: Abk. ADA; führt als Tarifpartner der Arbeitgeber mit dem Tarifpartner der Arbeitnehmer, dem Bundesverband* der Angestellten in Apotheken, die Verhandlungen zum Bundesrahmentarifvertrag. Außerdem erteilt die Organisation ihren Mitgliedern arbeitsrechtl. Auskünfte u. gewährt Rechtsvertretung.

Arbeitsgemeinschaft der Berufsvertretungen Deutscher Apotheker: s. ABDA.

Arbeitsgemeinschaft der leitenden Medizinalbeamten der Länder: s. Gesundheitswesen.

Arbeitsgemeinschaft Deutscher Krankenhausapotheker: Abk. ADKA; 1985 gebildeter Berufsverband mit Sitz in München, dessen Aufgabe die Pflege u. Weiterentwicklung der Krankenhauspharmazie ist.

Arbeitsgemeinschaft für Pharmazeutische Verfahrenstechnik: s. APV.

Arbeitsplatzkonzentration, maximale: s. MAK.

Arbeitsstoffverordnung: VO über gefährl. Arbeitsstoffe vom 27.9.1980; abgelöst durch die Gefahrstoffverordnung*.

Arboviren: (engl.) *arthropode-borne viruses*; RNA-Viren, menschen- u. tierpathogen; in der Regel durch blutsaugende Arthropoden* übertragen. **1.** Gruppe A, Gattung Alphavirus; Viren der equinen Enzephalomyelitis; **2.** Gruppe B, Gattung Flavivirus; Viren der Zeckenenzephalitis, FSME*, Gelbfieber*; Dengueviren, Virus der Japan. B-Enzephalitis u. verwandte, weitere nicht klassifizierte Viren.

Arbuse: s. Citrullus vulgaris.

Arbutin: Arbutinum, Ursin; Hydrochinon-β-D-glucosid; $C_{12}H_{16}O_7$; M_r 272.3; Schmp. 200 bzw. 165 °C (polymorph); $[\alpha]_D^{25°C}$ −64° (c = 3). Weiße, geruchlose, seidig glänzende Nadeln von bitterem Geschmack, hygr. lösl. in 8 T. kaltem u. 1 T. siedendem Wasser, in 16 T. Ethanol. A. wird im Körper in Glucose u. Hydrochinon gespalten. **Vork.:** Glucosid aus den Blättern von Arctostaphylos* uva-ursi, anderen Ericaceae, ferner in Birnen (Pyrus communis L.) u. Bodanwurzel (s. Bergenia crassifolia); häufig zus. mit Methylarbutin.

Arbutus uva-ursi: s. Arctostaphylos uva-ursi.

ARC: Abk. für (engl.) *AIDS-related complex;* Krankheitsbild, das auf einem durch HIV* bedingten Immundefekt beruht u. der Erkrankung an AIDS* zeitlich vorausgehen kann.

Archangelica officinalis: s. Angelica archangelica.

Archegoniatae: (bot.) Pflanzen, die ein Archegonium* ausbilden (Moose u. Farne).

Archegonium: (bot.) mehrzelliger Behälter von Moosen u. Farnen, der die weibl. Geschlechtszellen, die Eizellen, einschließt.

Archimedes-Gesetz: Archimedes-Prinzip; der Auftrieb od. scheinbare Gewichtsverlust eines in eine Flüss. eingetauchten Körpers ist gleich dem Gewicht der von ihm verdrängten Flüssigkeit. **Anw.:** Aräometer (s. Dichtebestimmungsmethoden).

Archiv der Pharmazie: s. Deutsche Pharmazeutische Gesellschaft.

Arctium-Arten: Kletten-Arten; Arten der Gattung Arctium (Klette), Fam. Asteraceae (Compositae), A. lappa L. (Lappa major), Große Klette; A. minus (Lappa minor), Kleine Klette; A. tomentosum Mill. (Lappa tomentosa (Mill.) Lam.), Spinnweb- od. Filzklette (Europa, Nordasien, Nordamerika). Stpfl. von **Bardanae radix:** Radix bardanae, Klettenwurzel, Klettendistelwurzel; bis zu 30 cm lange, zylindr., fingerdicke, etwas gedrehte, schwärzl.- od. graubraune Pfahlwurzel von süßl.-schleimigem Geschmack. **Off.:** DAC; **Inhaltsst.:** Inulin (A. lappa 45-70 %, A. minus bis 27 %, A. tomentosum bis 19 %) sowie u. a. Säuren, Phytosterin, Gerbstoffe, Zucker. In A. lappa etwas äther. Öl; **Anw.** volkstüml.: z. B. als Blutreinigungsmittel; äußerl. in Form eines öligen Auszugs (Klettenwurzelöl) als Haarwuchsmittel; laut DAC sollten nur dem Verbrauch entspr. Mengen vorrätig gehalten werden.
Hom: *Arctium lappa:* frische Wurzel; verord. z. B. bei Akne, chron. Ekzemen, Gebärmuttersenkung.

Arctostaphylos uva-ursi (L.) Sprengel: Arbutus uva-ursi L., Bärentraube, Achelkraut; Fam. Ericaceae (Alpen, Heide- u. Gebirgsgegenden des nördl. Europas, Spaniens, Asiens, Amerikas). Stpfl. von **Uvae ursi folium:** Folia Uvae ursi, Folia Arctostaphyli, Bärentraubenblätter. **Off.:** Ph.Eur.4; **Inhaltsst.:** 6-17 % Arbutin*, Methylarbutin (Geh. sehr schwankend), 15-20 % Gerbstoffe (Gallotannine, Ellagtannine), 1-2 % Flavonglykoside (Hyperosid, Isoquercitrin), ca. 0.5 % Triterpene wie die Ursolsäure; Strukturformel s. Saponine (Tab. 1) u. Uvaol (der der Ursolsäure entspr. Alkohol); **Geh.:** nach Ph.Eur.4 mind. 7.0 % wasserfreies Arbutin (bezogen auf das TG); **Wirk.:** antibakteriell, adstringierend; **Zuber.:** Spec. urologicae; **Anw.:** bei entzündl. Erkrankungen der ableitenden Harnwege; zur unterstützenden Ther. von Blasen- u. Nierenbeckenkatarrh; Bärentraubenblätter fein geschnitten od. grob gepulvert abgeben. Wirksam jedoch nur in alkal. (ammoniakal.) Harn, nicht bei akutem Blasenkatarrh, nicht zus. mit Mitteln verwenden, die sauren Harn bilden, evtl. Harn durch Einnehmen von Natriumhydrogencarbonat (od. durch Bevorzugung pflanzl. Nahrung) alkalisieren. Anw. am besten als Mazerat (ca. 1 TL voll auf 1 Tasse Wasser), weil hierbei weniger (unerwünschte) Gerbstoffe in den Auszug übergehen.

UAW: Harn färbt sich olivgrün bis braun (belanglos); bei empfindl. Magen Übelkeit (wegen Gerbstoffe); bei Überdos. od. zu langer Anw. auch Hydrochinonvergiftung möglich.
Hom: *Arctostaphylos uva-ursi (HAB1.5), Uva ursi:* frische Blätter (u. junge Zweigspitzen); verord. z. B. bei Nieren- u. Blasenerkrankungen.

area under the curve: s. AUC.

Areca catechu L.: Betelnußpalme; Fam. Arecaceae (Palmae) (trop. Asien); 10-20 m hohe Fächerpalme. Frucht bis eigroß, lebhaft rot; einsamige Beere mit faserigem Fruchtfleisch; Samen mit Ruminationsgewebe*. Stpfl. von **Semen Arecae:** fälschl. Nuces Arecae, Arecasamen, Arecanuß, Betelnuß, Bandwurmnuß. **Inhaltsst.:** 0.1-0.4 % Arecolin* u. Arecaidin (Strukturformeln s. dort), Arecain u. a. Alkaloide, die an Catechingerbstoffe (15-25 %, mit Arecarot) gebunden sind; 14-18 % fettes Öl, Aminosäuren, Zucker, äther. Öl; **Tox.:** LD 8-10 g; **Anw.:** früher als Wurmmittel in der Veterinärmedizin; dient zus. mit Betelblatt u. Kalk als Genussmittel (Betelbissen, s. Piper betle).

Arecaceae: Palmen, Palmae; Fam. der Od. Arecales (Palmales), ca. 3500 Arten; monokotyle Holzpflanzen mit primärem Dickenwachstum sowie meist mit schopfig gehäuft stehenden, fächerartigen Blättern am Ende der unverzweigten Stämme. **Chem. Merkmale:** Polyphenole, fettes Öl (in Früchten u. Samen), charakterisiert durch kurzkettige Fettsäuren, Stärke im Mark der Stämme, Wachs (auf Blättern). **Wichtige Gattungen:** Areca, Cocos, Copernicia, Daemonorops, Elaeis, Metroxylon, Phoenix, Serenoa.

Arecaidin: s. Arecolin (Abb.).

Arecanuß: s. Areca catechu.

Arecasamen: s. Areca catechu.

Arecolin: Alkaloid aus dem Samen von Areca* catechu. **Wirk.:** Parasympathomimetikum*; erzeugt vermehrte Sekretion der Bronchial-, Darm- u. bes. der Speicheldrüsen; zentral stimulierend, bewirkt Bradykardie; anthelminthisch. **Anw.:** s. Arecolinhydrobromid; vgl. Piper betle (Betelbissen).

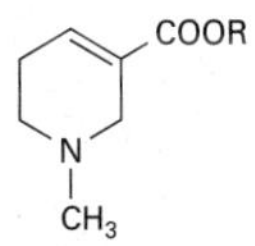

Arecolin: R = CH_3
Arecaidin: R = H

Arecolin

Arecolinhydrobromid: Arecolinum hydrobromicum; $C_8H_{13}NO_2 \cdot HBr$, M_r 236.12. Schmp. 170-171 °C. Weiße Kristallnadeln; leicht lösl. in Wasser u. Ethanol, wenig lösl. in Ether u. Chloroform. **Anw.:** Anthelminthikum vor allem in der Veterinärmedizin (z. T. unsichere Wirk.); in der Humanmedizin obsolet (Dos. 4-6 mg), evtl. äußerl. als Miotikum. In gleicher Weise wird Arecolinhydrochlorid angewendet.

Arenaria rubra: s. Spergularia rubra.

Areniumion: s. Substitution, elektrophile.

Argania sideroxylon Roem. et Schult.: Eisenholzbaum; Fam. Sapotaceae (Marokko). Stpfl. von **Oleum Arganiae:** Eisenholzsamenöl, Arganiaöl; das fette Öl der Samen (60 %). **Anw.:** Ersatz für Olivenöl.

Argentan: Neusilber; Legierung aus Kupfer, Nickel, Zink (Alpaka: versilbertes Neusilber).

Argenti albuminoacetylotannas: s. Silbereiweiß-Acetyltannat.

Argenti albuminoacetylotannatis oculoguttae: s. Augentropfen (Silbereiweiß-Acetyltannat-Augentropfen).

Argenti nitras: s. Silber(I)-nitrat.

Argenti proteinatis rhinoguttae: s. Rhinoguttae (Silbereiweiß- Nasentropfen 5 %).

Argentit: nat. vorkommendes Mineral mit mind. 95 % Silber(I)-sulfid.
Hom: *Argentit (HAB1.3):* dunkelgraues Pulver; verord. z. B. bei Magen-Darmentzündungen.

Argentometrie: Verfahren der Maßanalyse* (Fällungstitration), bei dem mit $AgNO_3$-Maßlösung titriert wird. Ag^+-Ionen bilden mit den zu bestimmenden Anionen (Cl^-, Br^-, I^-) einen schwer lösl. Niederschlag in Form AgCl, AgBr od. AgI. Je nach Durchführung u. Endpunktserkennung (s. Titrationsgrad) Unterscheidung zw. Bestimmungen nach Gay-Lussac, Volhard (Rücktitration mit Ammoniumthiocyanat), Mohr (direkt mit Kaliumchromat), Fajans (mit Adsorptionsindikatoren wie Eosin oder Flourescein) u. Liebig.

Argentum: s. Silber.

Argentum aceticum: s. Silber(I)-acetat.

Argentum albumino-acetylotannatum: s. Silbereiweiß-Acetyltannat.

Argentum bromatum: s. Silber(I)-bromid.

Argentum chloratum: s. Silber(I)-chlorid.

Argentum citricum: s. Silbercitrat.

Argentum colloidale: s. Silber.

Argentum cyanatum: s. Silber(I)-cyanid.

Argentum diacetylotannicum proteinicum: s. Silbereiweiß-Acetyltannat.

Argentum filum: Silberdraht mit einem Durchmesser von 0.18-1.9 mm.

Argentum fluoratum: s. Silber(I)-fluorid.

Argentum iodatum: s. Silber(I)-iodid.

Argentum iodicum: s. Silberiodat.

Argentum lacticum: s. Silberlactat.

Argentum metallicum: s. Silber.

Argentum nitricum: s. Silber(I)-nitrat.

Argentum nitricum cum Kalio nitrico: s. Silber(I)-nitrat, salpeterhaltiges.

Argentum oxydatum: s. Silber(I)-oxid.

Argentum perchloricum: s. Silberperchlorat.

Argentum proteinicum: s. Silberproteinat.

Argentum sulfophenolicum: s. Silberphenolsulfonat.

Argentum vivum: s. Quecksilber.

Argilla alba: s. Ton, weißer.

Argilla rubra: s. Ton, roter.

Arginase: Desaminase*, ein für den Stoffwechsel wichtiges Enzym (hauptsächl. in Leber, Nieren, Thymus). Es zerlegt Arginin* in Harnstoff u. Ornithin.

Arginin INN: Abk. Arg, Argininum Ph.Eur.4; α-Amino-δ-guanidinovaleriansäure; CAS-Nr. 74-79-3; $C_6H_{14}N_4O_2$, M_r 174.2. Strukturformel s.

Aminosäuren. Schmp. 238 °C. Leicht lösl. in Wasser. Die am stärksten basische Aminosäure. **Vork.**: L-Arg ist bes. reichl. in Protaminen* u. Histonen enthalten. Außerdem kommt es in vielen Pfl. in freier Form in hoher Konz. vor, z. B. in Rotalgen, Kürbisgewächsen u. Koniferen, wo es eine Rolle als Stickstoff-Transportform spielt. Arg ist eine glucoplast. u. halbessentielle Aminosäure, d. h. für den erwachsenen Menschen ist sie nicht essentiell. Arg ist ein wichtiges Glied des Harnstoffzyklus u. wird dort aus Carbamylphosphat, L-Ornithin u. der α-Aminogruppe von L-Asparaginsäure synthetisiert. **Anw.**: in Infusionslsg.; L-Argininaspartat (Arginini aspartas Ph.Eur.4) als Lebertherapeutikum. **Argininhydrochlorid**: Arginini hydrochloridum Ph.Eur.4; CAS-Nr. 1119-34-2; $C_6H_{15}ClN_4$, M_r 210.7. Leicht lösl. in Wasser. **Anw.**: Best. von Infusionslsg., 21 %ige Lsg. bei metabol. Alkalose.

Argipressin INN: 8-Arginin-Vasopressin; $C_{46}H_{65}N_{15}O_{12}S_2$. **Wirk.** u. **Anw.**: Hypophysenhinterlappenhormon, Vasokonstriktor.

Argon: Symbol Ar; Edelgas. A_r 39.948, OZ 18. Schmp. −189.4 °C, Sdp. −185.87 °C. Lösl. in 25 T. Wasser. **Vork.**: in der Luft sind 0.9325 % (V/V) Ar enthalten; ferner in Erdgasen; **Gew.**: Dest. flüss. Luft; **Anw.**: inertes Schutzgas z. B. beim Schweißen u. in Glühlampen.

Argyrie: Argyrose; Ablagerung von Silbersalzen in Haut, Schleimhaut u. versch. Organen (z. B. Niere), die zu irreversibler schiefergrauer Verfärbung führt; v. a. nach Anw. silberhalt. Medikamente.

Argyrodit: s. Germanium.

Ariboflavinose: syn. Lactoflavin-Avitaminose, Vitamin B_2-Avitaminose; s. Vitamine (Vitamin B_2).

Arillus: Samenmantel; (bot.) fleischige Wucherung des Samenanlagestieles (Funiculus) nach der Befruchtung, z. B. bei Taxus baccata, Myristica fragrans.

Arillus Myristicae: s. Myristica fragrans.

Arine: instabile, besonders reaktionsfähige Derivate aromat. Verb., die durch Abspaltung zweier benachbarter H-Atome entstehen u. daher eine Dreifachbindung enthalten.

Arion empiricorum Férussac: Nacktschnecke, Waldschnecke, Braune Wegschnecke, Schwarze Wegschnecke, Rote Wegschnecke; Artenkomplex der Großen Wegschnecke, Fam. Arionidae. Man unterscheidet eine braune bis schwarze Variante, Arion ater (kältere Gebiete) u. eine rote, Arion rufus (wärmere Gebiete). **Inhaltsst.**: Proteasen, Lipasen, Amylasen. **Anw.** volkstüml.: bei Bronchialerkrankungen in Form von Schneckensirup (Sirupus limax).

Hom: *Limax ater:* Tct. wird mit 90 %igem Ethanol aus dem mit 90 %igem Ethanol getöteten u. zerquetschten Tier bereitet.

Arisaema dracontium (L.) Schott: Arum dracontium, Grüne Drachenwurz; Fam. Araceae (Nordamerika).

Hom: *Arum dracontium:* frische, vor der Blüte gesammelte Rhizome; verord. z. B. bei Halsentzündung, Krupp.

Arisaema triphyllum (L.) Torr.: A. atrorubens (Ait.) Bl., Arum triphyllum, Zehrwurzel; Fam. Araceae (heim. China, kult. in Nord- u. Südamerika).

Hom: *Arisaema triphyllum (HAB1.4),* Arum triphyllum: frischer, vor Entw. der Blätter gesammelter Wurzelstock; verord. z. B. bei Mundschleimhautentzündung, Heiserkeit, Schnupfen.

Aristolochia clematitis L.: Osterluzei, Biberwurzel; Fam. Aristolochiaceae (Europa). Stpfl. von **Radix Aristolochiae (vulgaris):** Rhizoma Aristolochiae (vulgaris), Rhizoma Clematitidis, Osterluzeiwurzel, Biberwurzel. **Inhaltsst.**: Aristolochiasäuren*, äther. Öl, Harze, Zucker, Stärke, Phenole; **Herba Aristolochiae:** Herba Clematitis, Osterluzeikraut. **Inhaltsst.**: wie Rad. Aristolochiae; **Anw.**: früher äußerl. als Wundheilmittel, innerl. als Emmenagogum sowie bei Erkrankungen des rheumatischen Formenkreises u. Gicht, als unspezif. Immunstimulans; **UAW:** seit 1981 nicht mehr im Handel. Wegen Kanzerogenität der Aristolochiasäure(n) dürfen Zuber. mit Aristolochia-Arten nicht mehr verwendet werden.

Hom: *Aristolochia clematitis (HAB1.1):* frisches Kraut, darf in der Hom. erst ab D6 angewandt werden; verord. z. B. bei Akne, klimakter. Beschwerden, Dysmenorrhö, Frostschäden, in Salben zur Wundheilung.

Aristolochia rotunda L.: Fam. Aristolochiaceae (Südeuropa). Stpfl. von **Radix Aristolochiae rotundae:** runde Osterluzeiwurzel. **Inhaltsst. u. Anw.**: s. Aristolochia clematitis.

Aristolochiasäure: Aristolochiasäure I; 3,4-Methylen-8-methoxy-10-nitro-1-phenanthren-carbonsäure; CAS-Nr. 313-67-7; $C_{17}H_{11}NO_7$; M_r 341.29. Gelbe Kristalle, sehr schwer lösl. in Wasser. Neben A. I findet man in Aristolochia-Arten noch andere ähnl. aromat. Nitroverb., die biosynthet. aus Isochinolinalkaloiden (Norlaudanosolin-Typ) gebildet werden. **Anw.**: obsolet, da kanzerogen; früher bei chron. Eiterungen, Furunkulose, Fisteln.

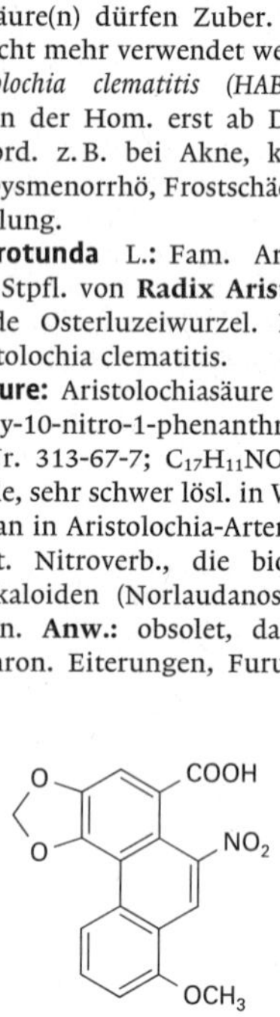

Aristolochiasäure

Aristolochia serpentaria L.: Fam. Aristolochiaceae (Nordamerika). Stpfl. von **Radix Serpentariae:** Virginische Schlangenwurzel. **Inhaltsst.**: Aristolochiasäure*, äther. Öl mit Borneol u. a. (s. Aristolochia clematitis); **Anw.** volkstüml.: bei den Indianern Nordamerikas innerl. geg. Schlangenbisse.

Arkebusade: s. Arquebusade, weiße.

Armoracia rusticana P. Gärtn., B. Mey. et Scherb.: Chochlearia armoracia L., A. lapathifolia Gilib., Nasturtium armoracia, Meerrettich; Fam. Brassicaceae (Cruciferae) (Europa, in Deutschland kult.). Stpfl. von **Radix Armoraciae:** Pfefferwurzel, Krenwurzel, Kren. **Inhaltsst.**: die Glucosinolate Gluconasturtiin u. Sinigrin, die mit gleichfalls vorhandenem Enzym (Myrosinase) 0.05-0.2 % Senföl (Phenylethylsenföl u. Allylsenföl) liefern (antibakt. wirkend); ferner Asparagin, Glutamin, Arginin. **Wirk.:** antimikrobiell, spasmolytisch, hyperämisierend; **Anw.:** innerl. bei Katarrhen der Luftwege, bei Infekten der ableitenden Harnwege; äußerl. frisch zerrieben als Breiumschlag bei Katarrhen der Luftwege, Erkrankungen des rheumatischen Formenkreises, Muskelschmerzen (da hyperämisierend); **Dos.:** ca. 20 g/d (frische Wurzel). Nicht bei Kleinkindern anwenden. In Form von Arzneispezialitäten, die z. T. die stabilisierten Glucosinolate noch enthalten (vgl. Tropaeolum majus, Kapuzinerkresse). Senföl wird erst nach Applikation am Wirkungsort freigesetzt. **Oleum Armoraciae:** Meerrettichöl; das aus den Wurzeln durch Dest. gewonnene äther. Öl. **Best.:** ca. 85 % Allylsenföl u. ca. 15 % Phenylethylsenföl; **Anw.:** wie Rad. Armoraciae.

Hom: *Armoracia rusticana:* frischer Wurzelstock.

Armpalisaden: (bot.) Palisadenzellen mit einspringenden Membranfalten, z. B. im Blatt von Adonis* vernalis.

Arndt-Eistert-Synthese: Verfahren zur Kettenverlängerung von Carbonsäuren unter Bildung ihrer höheren Homologen. Die Umsetzung einer Carbonsäure mit Thionylchlorid führt zu einem Carbonsäurechlorid, das mit Diazomethan zu einem Diazoketon weiterreagiert u. mit Wasser unter Umlagerung die homologe Carbonsäure liefert (s. Abb.).

na). Die Blüten von A. c. enthalten in der Regel weniger äther. Öl als die von Arnica montana; sie unterscheiden sich auch in der Zstzg. hinsichtl. der Sesquiterpenlactone u. der Flavonoide (ca. 0.5 %), da kaum Astragalin vorhanden ist. Hauptbest. des äther. Öls ist 40-46 % Isobuttersäurethymylester.

Arnica montana L.: Arnika, Wohlverleih, Wolferlei, Bergwohlverleih, Johannisblume; Fam. Asteraceae (Compositae) (Mittel- u. Südeuropa, Norditalien, Balkan, Russland, Mittelasien), in Wiesen, Mooren, Heiden, Kalk meidend, bis 2800 m. Durch Düngung u. Aufforstung rasch zurückgehend. Die Blütenköpfchen sind nicht selten mit den schwarzen od. weißen Larven spezif. Schädlinge (Trypeta arnicivora, Tephritis arnicae, Bohrfliegen) befallen. Stpfl. von **Arnicae flos:** Flores Arnicae, Arnikablüten, Fallkrautblüten, Engelblumen, Wohlverleihblüten; die getrockneten, ganzen od. teilweise zerfallenen Blütenstände (Flores A. cum calycibus; richtig: Flores A. cum receptaculis). **Off.:** Ph.Eur.4, ÖAB90, Ph.Helv.7; **Inhaltsst.:** 0.04-0.4 % äther. Öl. von butterartiger Konsistenz, bestehend aus ca. 50 % versch. Fettsäuren (C_6 bis C_{18}), 12 % Terpenkohlenwasserstoffen (z. B. Azulen), Paraffinen, Thymol u. versch. Thymolderivaten; ca. 0.2-0.7 % bitter schmeckende Sesquiterpenlactone* (nach Ph.Eur.4 mind. 0.4 % Sesquiterpenlactone ber. als Helenalintiglat) mit

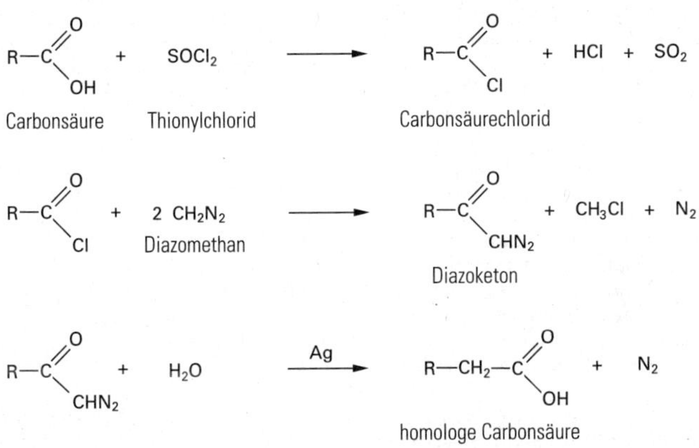

Arndt-Eistert-Synthese

Arndt-Schulz-Gesetz (Rudolf A., Psychiater, 1835-1900; Hugo Sch., Pharmak., 1853-1932, Greifswald): biolog. Grundgesetz, das die Basis der Regulationsther. bildet u. aussagt, dass schwache Reize die Lebenstätigkeit anregen, mittelstarke sie fördern, starke sie hemmen u. stärkste sie aufheben.

Arnica chamissonis Lessing: Wiesenarnika, Chamissoarnika; Fam. Asteraceae (Compositae) (heim. in Nordamerika, angebaut in Europa, im Ggs. zu Arnica* montana), Anbau leicht möglich. Zahlreiche Unterarten, z. B. ssp. chamissonis Maguire u. ssp. foliosa (Nutt.) Maguire (DAB1997), die sich in ihren Inhaltsst. unterscheiden. Nach Ph.Eur.4 ist Wiesenarnika (A. chamissonis) keine Stpfl. der Arnikablüten mehr (Arnicae flos s. Arnica monta-

Azulengerüst (Pseudoguaianolide) als herz- u. kreislaufwirksame Substanzen (Helenalin u. 11,13-Dihydrohelenalin sowie deren Ester mit niederen Fettsäuren, Arnifoline u. a.), auch für Kontaktallergien verantwortl.; ca. 0.5 % Flavonoide wie Astragalin, Isoquercitrin u. a.; Polyine, Cumarine, Kaffeesäure, Phytomelane u. Triterpene (Arnidiol u. Faradiol); **Wirk.:** antimikrobiell u. antiphlogist. (Sesquiterpene); **Zuber.:** Arnikatinktur (s. Arnicae tinctura) wird aus 1 T. Arnikablüten u. 10 T. Ethanol 70 % hergestellt. Arnika ist in zahlreichen Arzneispezialitäten enthalten. **Anw.:** hauptsächl. äußerl. als Wundheilmittel, zu Umschlägen bei Quetschungen, Blutergüssen, rheumat. Beschwerden; innerl. dürfen Zuber. aus Arnikablüten nicht angewendet werden. Miss-

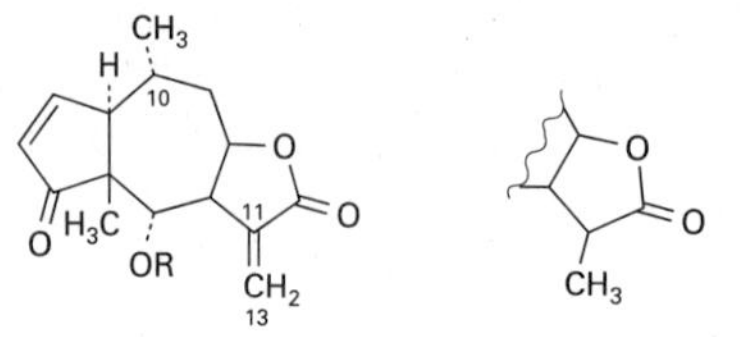

Helenalin: R = H Dihydrohelenalin

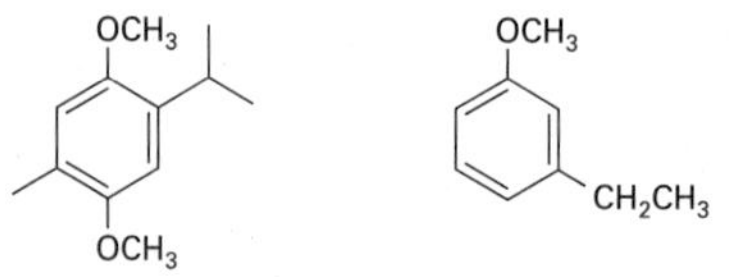

Thymohydrochinon-dimethylether m-Phlorol-methylether

Arnica montana: einige Inhaltsstoffe von Blüte (oben) u. Wurzel (unten)

bräuchlich wurde Arnica nicht selten als Abortivum benutzt. **UAW:** Mit allerg. Reaktionen (wie gegenüber anderen Asteraceen) ist zu rechnen. Bisweilen treten wegen der tox. Wirk. der Sesquiterpene nach Einnahme größerer Mengen unverd. Tinktur Vergiftungserscheinungen auf: Übelkeit, Erbrechen, Gastroenteritis, Atem- u. Herzstörungen, Krämpfe. Gegenmittel: Magenspülung, salin. Abführmittel, Tierkohle, Kreislaufmittel. **Radix Arnicae:** Rhizoma Arnicae, Arnikawurzel; aus Rhizom u. Wurzel bestehend. **Off.:** ÖAB90; **Inhaltsst.:** 2.7-6.3 % äther. Öl im Rhizom u. 1.8-3.7 % in der Wurzel; wesentl. versch. von dem äther. Öl der Blüte, rettichartig riechend, scharf schmeckend; es enthält hauptsächl. Thymolderivate wie 4-Hydroxythymoldimethylether (Thymolhydrochinondimethylether), ferner Isobuttersäurephlorylester, *m*-Phlorolmethylether, ungesättigte Kohlenwasserstoffe, eine *S*-haltige Substanz. **Anw.** volkstüml.: wie Arnikablüten. Als Verfälschung bzw. Ersatz (v.a. der Blüten) sind zu nennen: Heterotheca* inuloides u. (z.T.) Arnica* chamissonis (ssp. chamissonis).

Hom: *Arnica montana (HAB1.1):* getrockneter, gepulverter Wurzelstock mit Wurzeln, Konstitutionsmittel; verord. z.B. bei Verletzungen (Verstauchung, Bluterguss), Arteriosklerose, Hypertonie, Furunkulose, Blutungsneigung.

Hom: *Arnica ad usum externum:* frische, blühende Pflanze; als Arnica-Extern (1:5) u. als Salbe; verord. z.B. bei Verletzungen, Blutergüssen.

Hom: *Arnica montana e floribus H 10% (HAB1.3):* getrocknete Blütenstände.

Hom: *Arnica montana e planta toto (HAB1.4):* ganze, frische, blühende Pflanze.

Arnikablüten: s. Arnica montana.

Arnika, Mexikanische: s. Heterotheca inuloides.

Arnikatinktur: s. Tinctura Arnicae.

Arning-Lösung: s. Solutio Arning.

Arning-Tinktur: s. Tinctura „Arning".

Arnold-Base: Tetramethylbase; 4,4'-Methylenbis-(*N,N*-dimethylanilin). Substanz zum Nachw. von Ozon (Violettfärbung).

Aroin: Aronin, Aroidin; flüchtiges Alkaloid aus Arum* maculatum.

Aromastoffe: s. Geschmackskorrigenzien.

Aromatase: ein von Cytochrom-P-450 abhängiges Enzym, das durch Aromatisierung des Ringes A von androgenen Steroidhormonen (Testosteron, Androstendion) die Synthese von Estrogenen katalysiert.

Aromatasehemmer: durch Hemmung der Aromatase* die Estrogenbiosynthese unterbindende Stoffe. **Wirkstoffe:** z.B. Aminogluthetimid*, Anastrozol*, Formestan*, Letrozol*, Testolacton*; **Anw.:** Zytostatikum* bei metastasierendem Mammakarzinom u. zur Anregung der Ovulation bei Ovarialinsuffizienz aber intakter Hypothalamus-Hypophysen-Funktion.

Aromaten: s. Verbindungen, aromatische.

Aromatenbiosynthese: Aromatisierung* durch biol. Systeme. Die folgenden drei Mechanismen beim Aufbau aromat. Verb. durch ausschließl. pflanzl. Organismen sind die wichtigsten. **1. Shikimisäure-Chorisminsäure-Weg:** Shikimiatweg; danach werden die aromat. Aminosäuren L-Phenylalanin, L-Tyrosin u. L-Tryptophan sowie 4-Hydroxybenzoesäure (Vorstufe von Ubichinon), 4-Aminobenzoesäure (Vorstufe von Folsäure), die Phenylpropankörper (C_6C_3), zu denen die Ligninbausteine, Zimtsäurederivate u. die Flavonoide gehören, synthetisiert. Durchgangsstufen aller Aromaten, die nach dem Shikimisäure-Chorisminsäure-Weg synthetisiert werden, sind die Shikimisäure (auch direkte Vorstufe von Gallussäure u. Protocatechusäure) u. die Chorisminsäure. Abb. 1 zeigt die Reaktionsfolge zur Bildung von Chorisminsäure, die der erste Verzweigungspunkt in der Biosynthese der entspr. Aromaten ist. Ein Weg führt über Anthranilsäure zum Tryptophan, der andere zur (instabilen) Prephensäure, wo sich dieser Weg wiederum zur Bildung von Phenylalanin u. Tyrosin teilt (Abb. 2). Die Regulation erfolgt durch Feed-back-Kontrolle u. Repressionsmechanismen, die von Spezies zu Spezies variieren. Isoenzyme wirken sowohl beim ersten Schritt der Synthese der drei aromat. Aminosäuren als auch bei der Umwandlung von Chorisminsäure in Prephensäure regulierend. **2. Polyketid-Weg:** Danach werden (formal) Acetatmoleküle kondensiert u. aromat. Verb. u. Makrolide, als Polyketide* bezeichnet, synthetisiert. Als Startermoleküle dienen versch. Carbonsäure-CoA-Ester, z.B. Acetyl-CoA (zur Synthese der Phloroglucin-, Naphthochinon- u. Anthracenderivate* sowie Griseofulvin), Propionyl-CoA, Zimtsäure-CoA (zur Synthese von Flavonoiden, Stilben), Malonyl-CoA bzw. Malonamid (zur Synthese von Tetracyclinen). An das Startermolekül werden Malonyl-CoA-Einheiten unter Decarboxylierung addiert, es entsteht eine Poly-β-ketosäure, die dann durch Cyclisierung stabilisiert wird. Die Biosynthese der Polyketide erfolgt mit Hilfe eines Multienzymkomplexes, in dem (wie beim Fettsäuresynthetase-Komplex, s. Fettsäurebiosynthese) 2 SH-Gruppen vorhanden sein müssen. Der Polyketidweg ist (primär) ähnl. der Fettsäuresynthese, aber ohne zweifache Reduktion. Weitere charakterist. Unterschiede zur Fettsäurebiosyn-

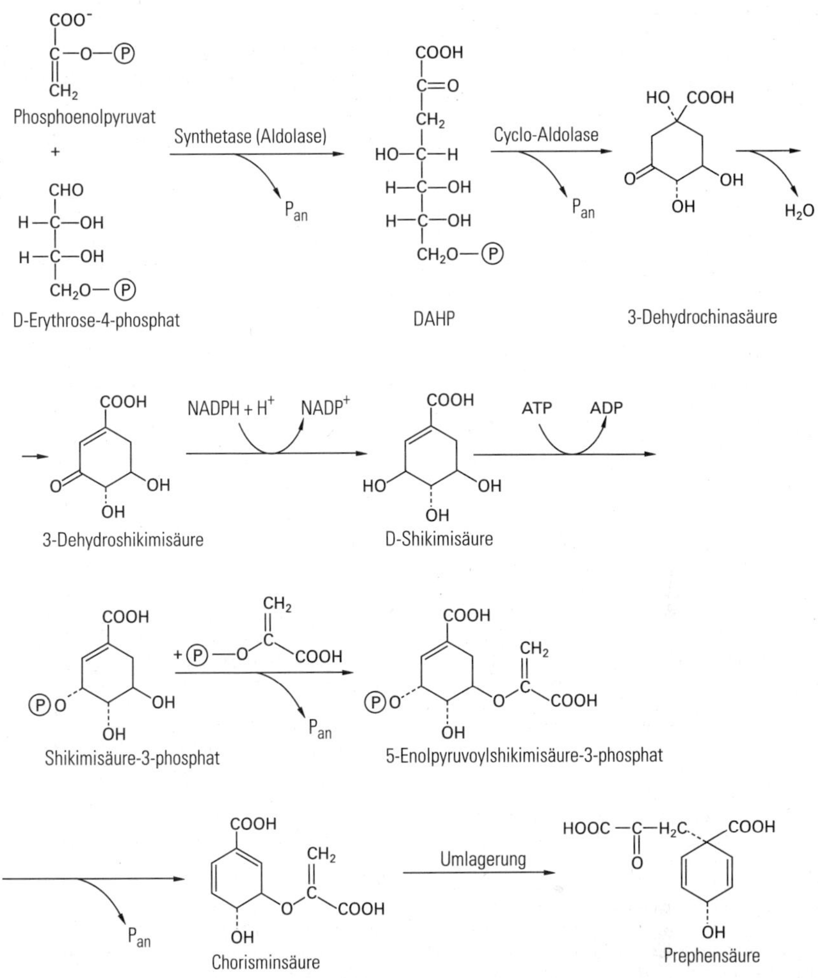

Aromatenbiosynthese Abb. 1: Synthese der Chorisminsäure bzw. Prephensäure; DAHP: 3-Desoxy-2-oxo-arabohepton-säure-7-phosphat

these: Cyclisierung der Kette bevor maximale Länge erreicht wird u. *cis*-Konfiguration der durch Dehydratisierung neu entstandenen Doppelbindungen. **3. Acetat-Mevalonat-Weg:** wird selten beschritten; dient primär zur Biosyntese der Terpene*, die aber auch aromatisiert werden können z. B. Thymol, Gossypol.

Aromatherapie: Anw. von pflanzl. Geruchsstoffen zur Ther. von Befindlichkeitsstörungen. Pharmaz. Wirk. sind derzeit nur für einige Aromastoffe nachgewiesen. Im Tierreich werden Geruchsstoffe in höchsten Verdünnungen z. B. zur Partnersuche ausgeschieden (sog. Kopuline), ähnl. Wirk. sind auch beim Menschen anzunehmen.

Aromatisierung: **1.** (pharmaz.) Zusatz von Geruchs- u. Geschmackskorrigenzien* zu Arznei- u. Lebensmitteln. **2.** (chem.) Überführung von Verb. in aromatische Verbindungen*; vgl. Aromatenbiosynthese.

Aromen: s. Geschmackskorrigenzien.

Aronknollen: s. Arum maculatum.

Aronstab, Gefleckter: s. Arum maculatum.

Aronstabgewächse: s. Araceae.

Aronwurzel: s. Arum maculatum.

Arotinoide: Retinoide* mit aromat. Gruppe im Retinoidmolekül.

Arquebusade, weiße: Aqua Vulneraria spirituosa; ethanol. Auszug aus Wermut, Rosmarinblättern, Rautenblättern, Lavendelblüten, Pfefferminzblättern, Salbeiblättern, Mischung der entsprechenden äther. Öle, je 0.5 T. mit 375 T. Ethanol u. 625 T. Aq. dest. **Anw.:** Wundwasser.

Arrak: s. Spiritus Oryzae.

Arrhenius-Gleichung: Gleichung der chem. Kinetik, die den Zusammenhang zw. der Geschwindigkeitskonstante k, einem Häufigkeitsfaktor A u. einem Exponentialausdruck herstellt, in dem neben der Temperatur T u. der allg. Gaskon-

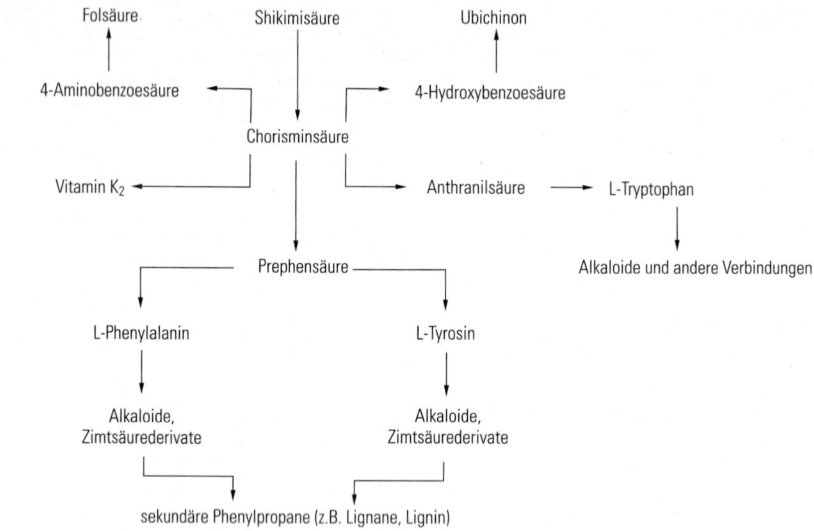

Aromatenbiosynthese Abb. 2: Schlüsselrolle der Chorisminsäure

stante* auch die Aktivierungsenergie* E_A auftritt.

$$k = A \cdot e^{\frac{-E_A}{R \cdot T}}$$

Gemäß dieser Gleichung liefert die Auftragung von ln k gegen 1/T eine Gerade mit der Steigung $-E_A/R$ u. dem Achsenabschnitt ln A (Bestimmungsmöglichkeit für E_A u. A, s. Abb.). Da A u. E_A Konstanten sind, deren Wert von der betrachteten Reaktion abhängt, gibt die A. letztl. die Temperaturabhängigkeit von k u. somit der Reaktionsgeschwindigkeit an. Sie wird z. B. in der pharmaz. Technologie eingesetzt, um aufgrund der experimentell bei höheren Temperaturen bestimmten Veränderungen auf die Haltbarkeit eines Arzneimittels bei Raum- od. Lagerungstemperaturen zu schließen (Stresstest); vgl. Van't-Hoff-Gleichung. **Gesch.:** Svante Arrhenius

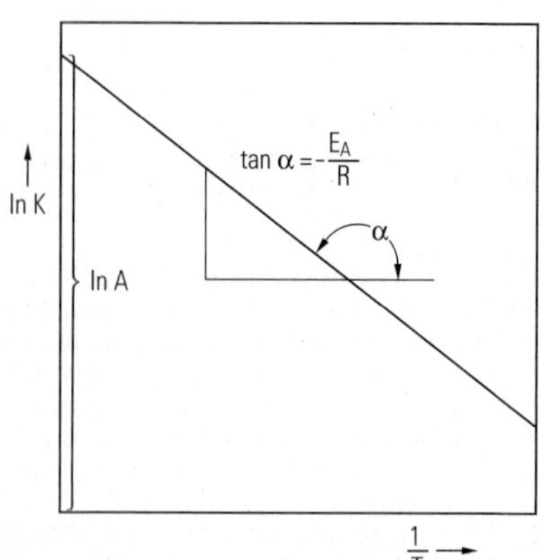

Arrhenius-Gleichung

(1859-1927) fand diese Gleichung 1889 durch umfangreiche empir. Studien.

Arrhythmie: unregelmäß. od. fehlender Rhythmus, i. e. S. zeitl. Unregelmäßigkeit der elektr. Herztätigkeit.

Arrowroot: **1.** Afrikanisches Arrowroot, s. Amylum Cannae. **2.** Bahia-Arrowroot, s. Amylum Manihot. **3.** Brasilianisches Arrowroot, s. Amylum Batatae u. s. Amylum Manihot. **4.** Neu-Südwales-Arrowroot, s. Amylum Cannae. **5.** Ostindisches Arrowroot, s. Amylum Curcumae. **6.** Queensland-Arrowroot, s. Amylum Cannae. **7.** Westindisches Arrowroot, s. Amylum Marantae. .

Arrowroot, Brasilianisches: s. Amylum Manihot, Amylum Batatae.

Arrowroot, Westindisches: s. Amylum Marantae.

Arsanilsäure: Acidum arsanilicum; *p*-Amino-phenylarsinsäure; $H_2N-C_6H_4-AsO(OH)_2$. Farblose Kristalle, lösl. in heißem Wasser, sehr schwer lösl. in Ethanol u. kaltem Wasser. **Darst.:** Erhitzen von arsensaurem Anilin; **Anw.:** früher hauptsächl. in Form ihrer Salze gegen Trypanosomen-Erkrankungen (Schlafkrankheit).

Arsazetin: acetyl-*p*-aminophenylarsinsaures Natrium, acetylarsanilsaures Natrium, Natrium acetylarsanilicum; M_r 353.10. Geh. 21.2-21.7 % Arsen. Weißes, krist. Pulver, leicht lösl. in Wasser. **Darst.:** Umsetzen von Acetylarsanilsäure mit Natriumcarbonat; **Off.:** DAB6; **Anw.:** früher wie Natrium arsanilicum gegen Schlafkrankheit (Dos. 30 mg mehrmals täglich), obsolet.

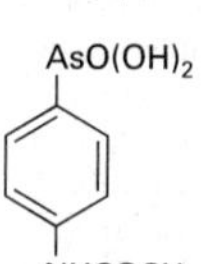

Arsazetin

Arsen: Arsenum, schwarzes Arsenik, Arsenum metallicum; Symbol As; A_r 74.9216, OZ 33. D. 5.72. Schmp. 817 °C. As sublimiert bei 616 °C ohne zu schmelzen. Geschmolzenes As erhält man im geschlossenen Rohr bei 817 °C u. 2750 hPa Druck. Es verbrennt an der Luft mit bläul. Flamme bei 180 °C zu weißem Rauch von Arsentrioxid (As_2O_3), wobei knoblauchähnl. Geruch auftritt. 3- u. 5-wertig; graue, metallähnl. glänz. Kristalle od. spröde Massen, lösl. in konz. Salpetersäure u. Schwefelsäure. Kühlt man den Dampf mit flüss. Luft ab, erhält man nichtmetall., phosphorähnl. gelbes As, das sich in Schwefelkohlenstoff leicht löst u. aus dieser Lsg. beim Abkühlen auf –70 °C in hellgelben, durchsichtigen, wachsweichen Kriställchen mit einer D. 1.97 abscheidet. **Vork.:** nat. gediegen als Scherbencobalt, Fliegenstein; gebunden als Auripigment (As_2S_3), Realgar (As_2S_2), Arsenkies (FeSAs), Speiscobalt ($CoAs_2$), Cobaltglanz, Nickelglanz, Kupfernickel, Arsenblüte, Cobaltblüte; in den Fahlerzen, in vielen anderen Mineralien u. in Mineralwässern; spurenweise im menschl. u. tier. Organismus. As gehört zu den essentiellen Spurenelementen*, es ist seit dem Altertum bekannt, doch seine Wirk. ist noch weitgehend unerforscht. **Darst.:** Erhitzen von Arsenkies unter Luftabschluss in Tonröhren; **Anw.** techn.: Härtung von Blei u. Kupfer; As-Verb. als Schädlingsbekämpfungsmittel; **Tox.:** s. Arsenvergiftung. **Nachw.** von As u. As-Verb.: **1.** Marsh-Arsenprobe im Marsh*-Apparat: Aus der As-haltigen Flüss. wird mit Hilfe von Zink u. H_2SO_4 in einer Woulfe-Flasche* (s. Abb.) Arsenwasserstoff freigesetzt u. durch ein mit Calciumchlorid gefülltes U-Rohr geleitet, um ihn vom Wasserdampf zu befreien. Anschließend wird das getrocknete AsH_3 durch eine schwer schmelzbare Glasröhre geleitet, die an einer verengten Stelle stark erhitzt wird. Nach dem Passieren dieser erhitzten Stelle schlägt sich das As an der kalten Glaswand als braunschwarzer Spiegel nieder. Der As-Spiegel verflüchtigt sich beim Erhitzen u. ist in Natriumhypochlorit-Lsg. lösl., im Ggs. zum tiefschwarzen Sb-Spiegel, der unlösl. ist. **2.** Probe nach Gutzeit: Das im Marsh-Apparat erzeugte AsH_3 wird auf einen mit konz. Silbernitrat-Lsg. getränkten Filtrierpapierstreifen geleitet. Die Gegenwart von As zeigt sich durch Gelbfärbung, bei Feuchtigkeitszutritt durch Schwarzfärbung an. **3.** Mit Alkalicarbonat u. Alkalicyanid in einem engen Glasröhrchen erhitzt, geben As-Verb. einen As-Spiegel. **4.** Beim Glühen mit Soda auf Kohle geben alle As-Verb. einen charakterist., knoblauchartigen Geruch. **5.** H_2S fällt aus der mit HCl versetzten Lsg. der arsenigen Säure u. Arsenite sofort, aus denen der Arsensäure u. Arsenate erst nach längerem Einleiten, gelbes As_2S_3. Das As_2S_3 ist lösl. in Alkali- u. Ammoniumsulfid- sowie in Ammoniaklsg., unlösl. in heißer Salzsäure (Unterschied zum gleichfalls gelben Zink- u. Cadmiumsulfid). **6.** Nach Ph.Eur.4 erfolgt der Nachw. von As in Arzneistoffen nach 2 Methoden: Bei der 1. Methode nach H. Smith werden die As-Verb. mit Zink u. Salzsäure zu AsH_3 reduziert, das mit dem Quecksilber(II)-bromid-Papier Orange- bis Braunfärbung gibt. Bei der 2. Methode nach J. Thiele reduziert eine Hypophosphit-Lsg. die As-Verb. zu elementarem As, das durch Dunkelfärbung od. Abscheidung eines schwarzen Niederschlags zu erkennen ist. **7.** Mikrobiol. Nachw. von As mittels Penicillium brevicaule, biol. mittels Aiptasia diaphane (Seeanemone) durch Bildung von AsH_3 (Knoblauchgeruch).

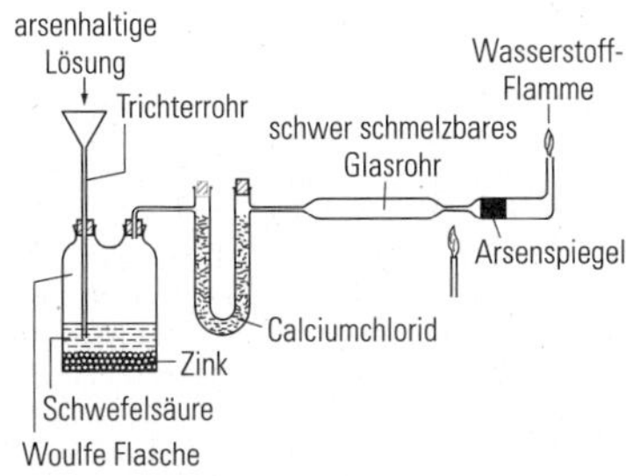

Arsen: Nachw. mit dem Marsh-Apparat [11]

Arsenate: Salze der Arsensäure* H_3AsO_4.

Arsenblüte: s. Arsen(III)-oxid.

Arsen(III)-chlorid: Arsenchlorür, Arsenikbutter, Arsenum trichloratum; Arsentrichlorid, $AsCl_3$. Schmp. –18 °C. Farblose, ölige, rauchende, sehr giftige Flüss., leicht lösl. in Ether, Chloroform, Fetten, Ölen. **Anw.** med.: Ätzmittel; techn.: Herst. von Insektengiften.

Arsenchlorür: s. Arsen(III)-chlorid.

Arsendisulfid: roter Arsenik, rotes Schwefelarsen, Arsenrubin, Realgar, Arsenicum rubrum, Arsenum sulfuratum rubrum; As_4S_4. Rubinrote Kristalle od. rote amorphe Masse. **Anw.:** Gerberei, Feuerwerkerei; **Gesch.:** der mittelalterl. Name Sandarak wurde wegen der Verwechslungsmöglichkeit mit dem gleichnamigen Baumharz aufgegeben.

Arsenicum album: s. Arsen(III)-oxid.

Arsenicum flavum: s. Arsen(III)-sulfid.

Arsenicum rubrum: s. Arsendisulfid.

Arsenide: Metallarsenide; Verb. von Arsen* mit einem Metall. Beispiel: $CoAs_2$ (Speisecobalt).

Arsenige Säure: H_3AsO_3; in freiem Zustand nicht bekannt; beim Eindampfen einer wässrigen Lsg. scheidet sich Arsen*(III)-oxid ab. Die Salze heißen Arsenite.

Arsenigsäureanhydrid: s. Arsen(III)-oxid.

Arsenikbutter: s. Arsen(III)-chlorid.

Arsenik, gelber: s. Arsen(III)-sulfid.

Arsenikpillen: s. Pilulae asiaticae.

Arsenik, roter: s. Arsendisulfid.

Arsenik, schwarzer: s. Arsen.

Arsenik, weißer: s. Arsen(III)-oxid.

Arsen(III)-iodid: Arsenum iodatum, Arseniodür; Arsentriiodid, AsI_3, M_r 455.64. As-Geh. 16.44 %. D. 4.39. Braunrote Kristalle, lösl. in 3.5 T. Wasser u. 10 T. Ethanol, lösl. in Ether, Chloroform, Schwefelkohlenstoff. **Anw.** med.: früher bei syphilit. Ausschlägen, Lepra*, Impetigo*; MED 0.025 g, MTD 0.04 g.

Hom: *Arsenum jodatum (HAB1.4):* verord. z. B. bei Lungenerkrankungen, Heuschnupfen.

Arseniodür: s. Arsen(III)-iodid.

Arsenite: Salze der Arsenigen* Säure H_3AsO_3.

A

Arsenkupferkalkbrühe: s. Kupferkalkbrühe.

Arsen(III)-oxid: Acidum arsenicosum, Arsenicum album, Arsentrioxid, Arsenigsäureanhydrid, weißer Arsenik, Arsenblüte, Hüttenrauch, Giftmehl; As_2O_3, M_r 197.8. Weißes bis fast weißes, schweres, geruchloses Pulver, wenig lösl. in Wasser; in Alkalilaugen u. Alkalicarbonatlsg. unter Salzbildung löslich. **Darst.**: durch Rösten von arsenhaltigen Erzen; **Zuber.**: Sol. Kalii arsenicosi (Fowler-Lösung); **Anw.** med.: innerl. früher bei Eisenmangelanämie (Chlorose), als Roborans, bei Psoriasis, Ekzemen; äußerl. als Ätzmittel bei Geschwüren, Kondylomen, in der Zahnheilkunde zur Devitalisierung der Zahnpulpa; **Dos.**: MED 0.005 g, MTD 0.015 g; LD 0.1-0.2 g; **Tox.**: s. Arsenvergiftung. **Hom:** *Acidum arsenicosum (HAB1.1)*: Arsenicum album, Arsen(III)-oxid, Konstitutionsmittel, Verw. ab D_4; verord. z. B. bei Schleimhautentzündungen des Darms u. der Lunge, Ekzemen, allg. Kräfteverfall.

Arsen(V)-oxid: Arsensäureanhydrid; Arsenpentaoxid, As_2O_5. Weiße, glasige Stücke, die an feuchter Luft leicht zerfließen u. sich in Wasser unter Bildung von Arsensäure* auflösen. **Anw.**: Salze (Arsenate) zur Schädlingsbekämpfung.

Arsenpentoxid: s. Arsen(V)-oxid.

Arsenrubin: s. Arsendisulfid.

Arsensäure: Orthoarsensäure, Acidum arsenicicum; H_3AsO_4. Sirupartige, farblose Flüss. od. zerfließl. Kristalle. **Anw.**: die Salze (prim., sek., tert. Arsenate) werden zur Schädlingsbekämpfung benutzt, bes. Calciumarsenat.

Arsensäureanhydrid: s. Arsen(V)-oxid.

Arsen(III)-sulfid: gelbes Schwefelarsen, gelber Arsenik, Operment, Auripigment(um), Arsenum citrinum, Arsenicum flavum, Arsenum trisulfuratum, Arsenum sulfuratum flavum; Arsentrisulfid, As_2S_3, M_r 246.02. D. 3.43. Gelbes Pulver od. Stücke, unlösl. in Wasser u. Säuren, lösl. in Alkalisulfid- u. Ammoniumsulfid-Lösungen. **Anw.** med.: früher Ätz- u. Enthaarungsmittel; techn.: Gerberei.

Arsentrichlorid: s. Arsen(III)-chlorid.

Arsentriiodid: s. Arsen(III)-iodid.

Arsentrioxid: s. Arsen(III)-oxid.

Arsentrisulfid: s. Arsen(III)-sulfid.

Arsenum: s. Arsen.

Arsenum citrinum: s. Arsen(III)-sulfid.

Arsenum iodatum: s. Arsen(III)-iodid.

Arsenum sulfuratum flavum: s. Arsen(III)-sulfid.

Arsenum sulfuratum rubrum: s. Arsendisulfid.

Arsenum trichloratum: s. Arsen(III)-chlorid.

Arsenvergiftung: elementares Arsen ist ungiftig, seine Verb. wie Oxide, Säuren u. deren Salze zeigen dagegen hohe Toxizität. Die Resorption der As-Verbindungen erfolgt im Magen-Darm-Kanal, ferner über die Haut u. nach Inhalation aus der Lunge. Haare u. Nägel speichern Arsen in hohem Maße. Arsen blockiert die Sulhydylgruppen in Proteinen. **Weißer Arsenik** (As_2O_3) wird als Rattengift verwendet u. hatte lange Zeit große Bedeutung als Mordgift. Als tödl. Dosis gelten 0.3 g. **Schweinfurter Grün** [3 $Cu(AsO_2)_2 \times Cu(CH_3COO)_2$] u. **Bleiarsenat** [$Pb_3(AsO_4)_2$]wurden früher zur Schädlingsbekämpfung im Obst- u. Weinbau verwendet u. führten zu teils tödl. Vergiftungen. **AsH_3**: im Tierversuch um vieles giftiger als CO. 1550 ppm wirken beim Menschen sofort tödlich. Typisch ist der Knoblauchgeruch der Verbindung. Die früher med. verwendeten (Luestherapie) organ. As-Verb. (z. B. Salvarsan) führten oft zu Vergiftungen, teilweise mit tödl. Ausgang. **Tox.**: Typischerweise kommt es bei der akuten Arsenvergiftung zu heftigen Schmerzen im Magen-Darm-Trakt u. zu Brechdurchfällen. Chron. Vergiftungen zeigen sich eher in Erkrankungen der Nerven (u. a. Polyneuritis, Muskelschwäche, Lähmungen) u. der Haut (u. a. Braunfärbungen, Hautverdickungen, Störungen im Nagelwachstum). Als Spätfolgen wurden verschiedene Formen von Krebs beobachtet.

Arsenwasserstoff: Arsin; AsH_3. Schmp. −113.5 °C. Sdp. −54.8 °C. Farbloses, knoblauchartig riechendes, außerordentl. giftiges Gas. AsH_3 entsteht bei der Einw. von nascierendem Wasserstoff (Zink u. Schwefelsäure) auf lösl. As-Verb. (Marsh-Probe; s. Arsen, Nachweis); bildet sich auch durch Einw. von Schimmelpilzen (Penicillium brevicaule) auf arsenhaltige Stoffe. **Tox.**: s. Arsenvergiftung.

Arsfenamin: s. Arsphenamin.

Arsin: s. Arsenwasserstoff.

Arsine: Verb. des Arsenwasserstoffs*, bei denen ein od. mehrere H-Atome durch Alkylgruppen ersetzt sind. Beispiele: $(CH_3)_3As$ (Trimethylarsin). Dimethylarsin-Derivate sind Kakodyl*-Verbindungen.

Arsphenamin INN: Arsfenamin; 3,3'-Diamino-4,4'-dihydroxy-arsenobenzol-dichlorhydrat; in Lsg. sehr instabil; Chemotherapeutikum*, obsolet. **Gesch.**: von Paul Ehrlich (1854-1954) entdeckte Arsenverbindung mit antimikrobieller Wirkung; wurde 1910 als Salvarsan® geg. Syphilis aller Stadien, Rückfallfieber u. versch. Tropenkrankheiten eingesetzt. Vgl. Neoarsphenamin.

Art: Spezies, Species; in der biol. Systematik die unter der Gattung (Genus) stehende Kategorie; Grundeinheit der Taxonomie; s. Nomenklatur, binäre.

Artabsin: Sesquiterpenlacton (Guaianolid), das in frischem Wermut (s. Artemisia absinthium) u. a. Artemisia-Arten vorkommt. Das Dimere ist Absinthin*.

Art der Anwendung: Kennzeichnungselement für Fertigarzneimittel u. Rezepturarzneimittel. Durch diese Angabe soll klargestellt werden, ob das Arzneimittel zum Einnehmen, zum Einreiben usw. bestimmt ist. Sie muss auch auf kleinen Behältnissen, wie Ampullen, angebracht werden. Diese Angabe ist Teil der arzneimittelrechtl. Zulassung.

Arteannuin: Artemisinin, Qinghaosu; CAS-Nr. 63968-64-9; $C_{15}H_{22}O_5$, M_r 282.35. Schmp. 157 °C. Sesquiterpenlacton aus Artemisia* annua. **Anw.**: Antimalariamittel; als Arteannuin-12α-succinat (Artesunate) bei multiresistenten Erregern der Malaria tropica; therapeut. wird das lipophilere Derivat Artemether* verwendet.

arteficialis: künstl. hergestellt.

Artemether INN: Artemetherum; (3*R*,5a*S*,6*R*,8a*S*,9*R*,10*S*,12*R*,12a*R*)-Decahydro-10-methoxy-3,6,98-trimethyl-3,12-epoxy-12*H*-pyrano[4,3-*j*]-1,2-benzodioxepin; CAS-Nr. 71963-77-4; $C_{16}H_{26}O_5$, M_r 298.38. Schmp. 86 °C; logP 3.0; schwer lösl. in Wasser. Derivat von Artemisinin (s. Arteannuin).

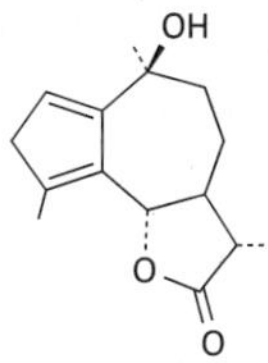

Artabsin

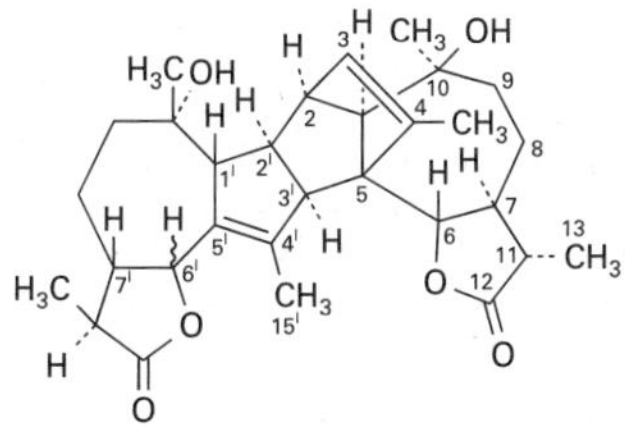

α-H$_6^{l}$ = Absinthin
β-H$_6^{l}$ = Isoabsinthin

Artabsin

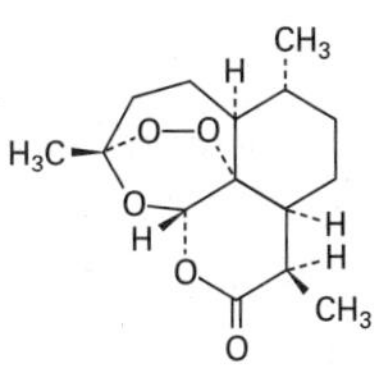

Arteannuin

Antimalariamittel*. Handelsübl. in Kombination mit Lumefantrin* (A./Lumefantrin 1/6); **Wirk.**: Eingriff in die Umwandlung von Häm (einem für Plasmodien tox. Stoffwechselprodukt des Hämoglobin-Abbaus) in das nicht tox. Malariapigment Hämazoin. **Anw.**: Malariainfektion durch Plasmodium falciparum; **UAW:** Kopfschmerzen, Schwindel, Schlafstörungen, Palpitationen, abdominelle Beschwerden, Anorexie; **WW:** infolge Abbau durch CYP3A4 mit CYP3A4-Hemmern od. -induktoren mögl.; **Kontraind.**: vorbestehende Herzerkrankung, komplizierte Verlaufsform der Malaria, gleichzeitige Anw. von CYP3A4-Inhibitoren od. CYP2D6-Substraten. **Dos.**: pro Behandlungszyklus 6 Dosen á 4 Tabletten (je 20 mg A. u. 120 mg Lumefantrin), die über einen Zeitraum von 60 Std. eingenommen werden; HWZ ca. 2 h.

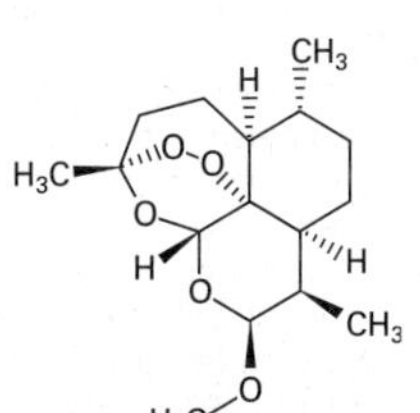

Artemether

Artemisia abrotanum L.: Eberraute, Aberraute; Fam. Asteraceae (Compositae) (Vorderasien, Südeuropa bis Spanien). Stpfl. von **Herba Abrotani:** Eberrautenkraut, Aberrautenkraut. **Inhaltsst.**: Bitterstoffe, Cumarinderivate (z. B. Isofraxidin), äther. Öl (vorherrschend 1,8-Cineol). **Anw.** volkstüml.: ähnl. wie Wermut (s. Artemisia absinthium); Gewürz, ähnl. wie Beifuß (s. Artemisia vulgaris).
Hom: *Artemisia abrotanum (HAB1):* junge frische Triebe u. Blätter; verord. z. B. bei Abmagerung, Frostschäden, chron. Lymphdrüsenentzündung.

Artemisia absinthium L.: Wermut, Alsem, Allsei, Bitterer Beifuß, Absinth; Fam. Asteraceae (Compositae) (südl. u. mittl. Europa, Westasien, Nordamerika); kommt in zahlreichen Varietäten u. chem. Rassen vor, die sich im Wirkstoffgeh. unterscheiden. Stpfl. von **Absinthii herba:** Herba Absinthii, Wermutkraut, Eltzkraut; die getrockneten, zur Blütezeit gesammelten, oberen Sprossteile u. Laubblätter od. die basalen Laubblätter (Ph.Helv.7). **Off.**: Ph.Eur.4, ÖAB90, Ph.Helv.7; **Inhaltsst.**: 0.2 bis über 1 %, mind. 0.3 % (ÖAB90) bzw. 0.2 % (Ph.Eur.4, Ph.Helv.7) äther. Öl (s. u.: Ol. Absinthii); bis zu 0.4 % die Guainolidbitterstoffe Absinthin (dimer), Isoabsinthin, Artabsin* (monomer), Anabsinthin (unterscheidet sich von Absinthin* durch einen zusätzl. Tetrahydrofuranring), Absinthiin (Glykosid); Flavonoide, Gerbstoff. Bitterwert mind. 10 000 (Ph.Eur.4, ÖAB90) od. 250 Ph.Helv.-Einheiten (Ph.Helv.7), nimmt bei unsachgemäßer Lagerung rasch ab; **Anw.**: Appetitlosigkeit, dyspeptische Beschwerden, Dyskinesien der Gallenwege; **Zuber.**: Spec. amaricantes, Absinthii tinctura, Tct. Absinthii, Absinthii tct. Composita, Tct. Absinthii composita, Absinthii extr., Extr. Absinthii; **Oleum Absinthii:** Wermutöl; das äther. Öl v. A. absinthium; dickl., meist dunkelgrüne, auch blaue od. braune Flüss., bitter u. kratzend schmeckend u. stark riechend; lösl. in Ethanol. D. 0.895-0.950. **Best.**: Thujon, Isothujon, Thujol (Thujylalkohol), (wesentlich weniger) Sabinol (Sabinylalkohol) u. deren Ester, Phellandren, Pinen, Cadinen, Azulen; Chamazulen bildet sich bei der Wasserdampfdest. aus Absinthin u. Artabsin, das nur genuin vorhanden ist (Zstzg. stark von Herkunft u. Ernte der Droge abhängig). **Oleum Absinthii infusum** EB6: Fettes Wermutöl; ein mit Erdnußöl hergestellter Auszug des Wermuts. **Tox.**: Missbrauch von Wermutspirituosen, Absinth, Grüne Fee (alkohol. Auszug aus Anis, Fenchel, Wermut u. Zitronenmelisse). Die Herst. u. Abgabe war bis 1998 in Deutschland verboten. Mit Inkrafttreten der „Verordnung zur Änderung der Aromaverordnung (Aromen V) und anderer lebensmittelrechtlicher Verordnungen" von 1991 ist die Verw. thujonhaltiger Pflanzen u. Pflanzenteile (Wermut, Beifuß) sowie von Aromaextrakten aus solchen Pflanzen wieder gestattet. Für die fertigen Spirituosen sind Grenzwerte für Thujon festgeschrieben: 5 mg/mL bei bis zu 25 Vol. % Alkoholgeh., 10 mg/mL bei höherem Alkoholgeh. u. 35 mg/mL in Bitterspirituosen. Übermäßiger Konsum von Absinth mit neurotox., nephrotox. u. gastrointestinaler Begleitmusik, visuellen Halluzinationen, Stimmungsschwankungen, Bewusst-

seinsstörungen, Bauchschmerzen, Krämpfen. Die tox. Begleiterscheinungen eines chron. Missbrauchs werden dem Thujon zugeschrieben. In wässrigen Auszügen ist Thujon kaum vorhanden.
Hom: *Artemisia absinthium (HAB1.3),* Absinthium: frische, obere Sprosst., junge Blätter u. Blüten; verord. z. B. bei Erregungszuständen und psychogenen Krämpfen, Magenschleimhautentzündung.

Artemisia annua L.: Einjähriger Beifuß, (chin) Qinghao; Fam. Asteraceae (Compositae) (SO-Europa, Asien, in Mitteleuropa u. N-Amerika eingebürgert). **Inhaltsst.:** geg. Malaria wirkende Substanzen wie Arteannuin*.

Artemisia cina (O.C. Berg et C.F. Schmidt): Wurmkraut, Zitwer; Fam. Asteraceae (Compositae) (Turkestan). Stpfl. von **Cinae flos:** Flores Cinae, Zitwerblüten, fälschl. Zitwersamen, fälschl.: Wurmsamen. **Inhaltsst.:** 1-3.8 % Santonin*, Artemisin* (Bitterstoff), Cholin, äther. Öl, Harz, Fett; **Anw.** volkstüml.: früher geg. Spulwürmer.
Hom: *Cina:* getrocknete, kurz vor dem Aufblühen gesammelte Blütenköpfchen; verord. z. B. bei Nervosität u. Krämpfen bei Kindern, Wurmmittel.

Artemisia dracunculus L.: Estragon, Esdragon; Fam. Asteraceae (Compositae) (heim. Orient, Süd- u. Osteuropa). Stpfl. von **Herba Dracunculi:** Estragon. **Inhaltsst.:** 0.3-3 % äther. Öl mit Methylchavicol (Estragol), Ocimen, Myrcen usw. (von Herkunft abhängig), ferner Bitterstoff, Gerbstoff; **Anw.:** Küchengewürz.

Artemisia moxa L.: Fam. Asteraceae (Ostasien). Die Beifuß-Art wird wie A. chinensis L. u. A. indica Willd. zur Moxibustion (Moxabrennen), einem traditionellen Heilverfahren in Ostasien u. Indien, verwendet. Dabei werden aus den Blättern dieser Beifuß-Arten kleine kegelförmige Gebilde hergestellt, die auf bestimmten Körperstellen (etwa den Akupunkturstellen entspr.) angezündet werden.

Artemisia vulgaris L.: Beifuß; Fam. Asteraceae (Compositae) (Mitteleuropa, Balkan, Italien). Stpfl. von **Artemisiae herba:** Herba Artemisiae (vulgaris), Beifußkraut, Gänsekraut. **Inhaltsst.:** 0.03-0.2 % äther. Öl mit Cineol als Hauptbest., Thujon u. a.; nach der Blüte Bitterstoffe (Sesquiterpenlactone wie Vulgarin, Psilostachyn u. Psilostachin C), Gerbstoffe; **Anw.:** Aromatikum u. Amarum; Gewürz für fette Speisen wie Gans, bes. die Blütenstandknospen; **Radix Artemisiae:** Beifußwurzel. **Inhaltsst.:** äther. Öl, Inulin, Harz; **Anw.** volkstüml.: Tonikum u. Antiepileptikum.
Hom: *Artemisia vulgaris (HAB1.5):* frische, zu Beginn des Winters geerntete, unterird. Teile; verord. z. B. bei Krämpfen, ergänzend bei Epilepsie.

Artemisin: 8-Hydroxysantonin; $C_{15}H_{18}O_4$; M_r 262.29; Schmp. 203 °C. Lichtempfindl. Bitterstoff. **Gew.:** aus den Blüten von Artemisia* cina u. anderen Artemisia-Arten wie Artemisia* annua, A. maritima L. (Meerwermut); **Wirk.:** blutschizontozid; **Anw.:** Antimalariamittel; s. Malaria.

Artemisinin: s. Arteannuin.

Artenschutzverordnung: s. Bundesartenschutzverordnung.

Arterien: Schlagadern, Pulsadern; Blutgefäße mit vom Herzen wegleitender Strömungsrichtung des Blutes.

Arteriosklerose: syn. Atherosklerose, Arterienverkalkung; wichtigste u. häufigste krankhafte Veränderung der Arterien mit Verengung, Verhärtung, Verdickung u. Elastizitätsverlust. Als Risikofaktoren gelten u. a. Hypertonie*, Hyperlipoproteinämie*, Diabetes* mellitus, Gicht*, Rauchen, psych. Stress. A. kann die Folge einer primären krankhaften Veränderung der Gefäßwand sein od. durch Veränderungen des Gefäßinhalts entstehen, wodurch eine Reihe metabol. u. zellulärer Reaktionen in der Gefäßwand ausgelöst werden. Die umschriebenen Veränderungen des Gefäßendothels werden als Plaques bezeichnet. Nach neueren Erkenntnissen wird der WW zwischen Blutplättchen u. Gefäßwand eine maßgebl. Rolle in der Pathogenese der A. beigemessen.

Arteriosklerosemittel: Mittel zur Ther. u. Prophylaxe der Arteriosklerose*. Sichere medikamentöse Ther. nicht möglich. Verwendete Pharmaka dienen entw. zur Prävention od. zur Symptomtherapie. Zur erfolgreichen Bekämpfung der Arteriosklerose u. deren Folgeerscheinungen ist in erster Linie die Beseitigung der Risikofaktoren (s. Arteriosklerose) notwendig. **Wirkstoffe: 1.** den Fettstoffwechsel beeinflussende Pharmaka: z. B. Lipidsenker*, pflanzl. Präparate mit Sitosterol* (hemmt die Resorption von Cholesterol), Ballaststoffe*, Knoblauchpräparate (umstritten), Omega-3-Fettsäuren (verändern das HDL/LDL-Verhältnis, s. Lipoproteine); **2.** gerinnungshemmende Pharmaka: z. B. niedrig dosierte Acetylsalicylsäure* od. ADP-Rezeptorantagonisten wie Clopidogrel; **3.** durchblutungsfördernde Pharmaka: z. B. Cinnarizin*, Vincamin*; **4.** Iodpräparate: z. B. Kaliumiodid, Proloniumiodid*; sollen zur Blutviskositätssenkung u. zur Erweichung der Gefäßwände führen, therap. Wert umstritten, schwere UAW möglich; **5.** diverse: Tocopherolnicotinat*, Bencyclan*.

Artesunate: s. Arteannuin.

Arthritis: Gelenkentzündung. Symptome der A. sind u. a. Schmerzen, Schwellung, Überwärmung, Bewegungseinschränkung. Bei chron. Verlauf steht der Funktionsverlust mit Zerstörung u. Fehlstellungen im Vordergrund. **Formen:** z. B. rheumatoide Arthritis*, A. psoriatica (bei Schuppenflechte), A. urica (s. Gicht). Bei der medikamentösen Ther. werden u. a. Antirheumatika* eingesetzt.

Arthritis, rheumatoide: Abk. RA, syn. chronische Polyarthritis; entzündl. Allgemeinerkrankung des mesenchymalen Gewebes, meist Manifestation als Synovialitis*. Die Urs. ist bisher ungeklärt, evtl. Autoimmunerkrankung. Frauen sind etwa 3-mal häufiger betroffen als Männer. Der Verlauf ist unvorhersehbar, meist chron.-progredient. RA wird behandelt mit Ruhe, dosierter Bewegung, Krankengymnastik, Kryother., Ergother., nichtsteroidalen Antiphlogistika (s. Analgetika), Antirheumatika*, sog. Basistherapeutika*, Glucocorticoiden, Anti-TNFα-Ther. sowie prophylakt. u. rekonstruktiver Operation.

Arthroplastik: Gelenkplastik; Gelenkersatz, der entweder aus Fremdmaterial (Alloarthroplastik), z. B. Metall, Kunststoff, od. aus körpereigenem Gewebe (Autoarthroplastik), z. B. Knorpel od. Haut besteht.

Arthropoden: Gliederfüßer; wechselwarme Bewohner von Land u. Wasser, v. a. warmer u. feuchter Regionen; formenreichster Tierstamm. Mehrzahl der A. legt Eier; Häutungen im Larvenstadium u. bei Übergang zu Nymphe bzw. Imago, evtl. mit Einschalten eines Puppenstadiums u. Metamorphose bei Insekten. Für den Menschen wichtige Parasiten, Zwischenwirte od. Krankheitsüberträger in folgenden Unterstämmen: **1.** Diantennata (Krebstiere): Zwischenwirte sind z. B. Krabben (für Lungenegel) u. Hüpferlinge (für Dracunculus medinensis); **2.** Chelicerata (Fühlerlose): giftig sind Biss bzw. Stich einiger Vertreter der Ordnungen Araneae (Spinnen*) u. Skorpione; wichtige Parasiten bzw. Krankheitsüberträger sind Acari (Milben*, Zecken*); **3.** Tracheata (Antennata): wichtigste Parasiten u. Krankheitsüberträger sind Insekten in den Ordnungen Anoplura (Läuse), Heteroptera (Wanzen), Siphonaptera (Flöhe) u. Diptera (Mücken u. Fliegen); vgl. Schädlingsbekämpfungsmittel.

Arthrose: Arthrosis deformans; degenerative Gelenkerkrankung, die vorwiegend bei einem Missverhältnis zw. Beanspruchung u. Belastbarkeit der einzelnen Gelenkanteile u. -gewebe entsteht (Form-Funktions-Problem). **Symptome:** z. B. Gelenkschmerzen u. -geräusche, Bewegungseinschränkung, Steifigkeit u. Gelenkinstabilität. **Ther.:** konservativ u. a. mit Krankengymnastik, Schwimmen, Massage, ggf. Wärmeanwendung, medikamentös mit Analgetika* od. nichtsteroidalen Antiphlogistika* behandelt.

Articain INN: Carticain; 4-Methyl-3-(2-propylaminopropionamido)-2-thiophencarboxylsäure-methylester; CAS-Nr. 23964-58-1; $C_{13}H_{20}N_2O_3S$, M_r 284.37. Sdp. 162-167 °C (40 Pa). **Articainhydrochlorid:** Articaini hydrochloridum Ph.Eur.4; CAS-Nr. 23964-57-0; $C_{13}H_{20}N_2O_3S \cdot HCl$, M_r 320.8. Schmp. ca. 178 °C. Weißes bis fast weißes, krist. Pulver, lösl. in Wasser u. Ethanol. **Anw.:** Lokalanästhetikum.

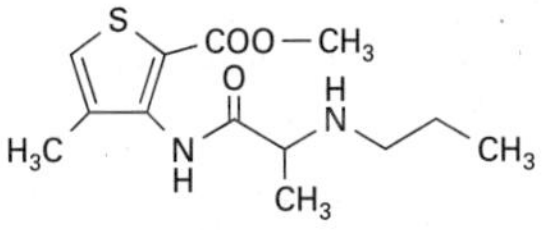

Articain

Artimisiifolin: s. Cnicus benedictus.

Artischocke: s. Cynara cardunculus ssp. flavescens.

Arum dracontium: s. Arisaema dracontium.

Arum dracunculus: s. Dracunculus vulgaris.

Arum maculatum L.: Gefleckter Aronstab; Fam. Araceae (Mittel- u. Südeuropa). Stpfl. von **Rhizoma Ari:** Rhizoma Aronis, Tubera Ari, Aronknollen, Aronwurzel, Zehrwurzel. **Inhaltsst.:** Glucomannane, Saponin, 70 % Stärke, 18 % Bassorin*, fettes Öl, Lektine; **Anw.** volkstüml.: z. B. innerl. bei Bronchialkatarrh, Fieber, Zahnschmerzen; äußerl.: bei schlecht heilenden Wunden u. Geschwüren; **Tox.:** alle Pflanzenteile gelten als sehr stark giftig.
Hom: *Arum maculatum (HAB1.3):* frischer, vor Entw. der Blätter gesammelter Wurzelstock; verord. z. B. bei Rachenkatarrh; vgl. Arisaema triphyllum, Arisaema dracontium.

Arum triphyllum: s. Arisaema triphyllum.

Arundo donax L.: Donax arundinaceus P. Beauv., Spanisches Rohr, Wasserrohr; Fam. Poaceae (heim. Mittelmeerländer, kult. in Südamerika). Stpfl. von **Rhizoma Arundonis donacis:** Rhizoma Cannae hispanicae, Rohrwurzel, Donaxwurzel. **Inhaltsst.:** Indolalkylamine wie Gramin (3-[Dimethylaminomethyl]-indol), Bufotenin (3-[2-Dimethylaminoethyl]-5-indolol), Zucker, Stärke; **Anw.** volkstüml.: z. B. als harntreibendes Mittel, Uterusstimulans; in der Hom. (frische Rhizomsprossen).

Aryl-: Bez. für einwertige aromat. Kohlenwasserstoffreste, z. B. Phenyl C_6H_5.

Arylhalogenide: aromat. Halogenkohlenwasserstoffe, die als Lösungsmittel u. als Ausgangsstoffe für die Synthese von Phenol*, Anilin* u. Farbstoffen Verw. finden. **Darst:** aus Diazonium-Salzen, die mit Lewis-Säuren als Katalysator halogeniert werden.

Arylierung: Einführung eines aromat. Restes in eine Verb., vgl. Aryl-.

Arznei: s. Arzneimittel.

Arzneibuch (gr. pharmakon Gift, Heilmittel; poiein machen): Pharmakopöe; amtl. Vorschriftenbuch für die Zuber., Qualität, Prüfung, Bez., Lagerung u. Abgabe einer bestimmten Auswahl von Arzneimitteln, den sog. offizinellen Mitteln. Fast alle Länder haben ein eigenes Arzneibuch.
Deutschland: Deutsches Arzneibuch, 10. Ausgabe (DAB10), hat am 1.3.1992 das DAB9 abgelöst. Das DAB10 ist in Form einer Loseblattsammlung erschienen, welche die 19 Teilbände u. den Reagenzienband der Ph.Eur. u. die Vorschriften des DAB in einer Ausgabe enthielt. Mit Inkrafttreten der 5. AMG-Novelle vom 11.4.1992 erhält das Arzneibuch einen anderen Rechtscharakter: es wird nicht mehr durch Rechtsverordnung in Kraft gesetzt, sondern es ist nach § 55 AMG eine vom zuständigen Bundesministerium im Bundesanzeiger bekanntgemachte Sammlung anerkannter pharmaz. Regeln. Mit der Bekanntmachung zum DAB vom 23.11.1995 hat das DAB10 die Bez. DAB 1996 erhalten. Die von der Arzneibuch-Kommission erarbeiteten Änderungen u. jährl. Ergänzungen werden in der jeweiligen Fassung mit DAB96, DAB97 usw. bezeichnet. Ein Kommentar zum DAB erscheint als Loseblattlieferung u. wird durch Nachlieferungen aktualisiert. Eine Ergänzung zum amtl. Arzneibuch ist der Deutsche* Arzneimittel-Codex. Die Regeln des Arzneibuchs werden von der beim Bundesinstitut* für Arzneimittel und Medizinprodukte gebildeten **Deutschen Arzneibuch-Kommission** bzw. **Deutschen Homöopathischen Arzneibuch-Kommission** u. von der **Europäischen Arzneibuch-Kommission** beschlossen. Die Europäische Arzneibuch-Kommission ist vom Gesundheitsausschuss des Europarates berufen. Das **Europäische Arzneibuch** (Pharmacopoea Europaea; Ph.Eur.) erscheint in engl. u. franz. Sprache u. wird gemeinsam von den zuständigen Behörden Deutschlands, Österreichs u. der Schweiz in die deutsche Sprache übersetzt. **Homöopathisches Arzneibuch:** HAB; letzte Ausgabe: HAB 2003. Die Notwendigkeit des

HAB u. damit einer speziellen hom. Arzneibuch-Kommission ist durch die besondere Anw. hom. Arzneimittel (s. Homöopathie) bedingt. Es handelt sich um Regeln u. Vorschriften, die naturwissenschaftl. nicht immer begründbar sind. Ihnen liegen teilweise Konventionsmethoden bzw. im Interesse gleichbleibender Zuber. beibehaltene histor. Herstellungsverfahren zugrunde.

Österreich: Pharmacopoea Austriaca; ab 1.1.1982 galt das durch das Arzneibuchgesetz 1980 (ABG) vorgeschriebene Arzneibuch für Österreich (ÖAB81). Es bestand aus dem durch VO verbindl. erklärten Europäischen Arzneibuch u. denjenigen Bestimmungen des ÖAB9, die durch das Europäische Arzneibuch (Ph.Eur.1) nicht ersetzt worden sind. Mittlerweile ist das Europäische Arzneibuch in der 4. Ausgabe, Grundwerk 2002, Band 1: Allg. Teil Monographien A-Z u. das Österreichische Arzneibuch, amtl. Ausgabe 1990, 8. Nachtrag mit hom. Teil in Kraft.

Schweiz: Die Pharmakopöe besteht in der Schweiz aus der Europäischen Pharmakopöe (Ph.Eur.) u. ihren Nachträgen sowie der Schweizerischen Pharmakopöe (Pharmacopoea Helvetica, Ph.Helv.) u. ihren Supplementen. Die Ph.Helv. erscheint gestützt auf die Pharmakopöeverordnung, PhaV, SR 812.211 sowohl in deutscher als auch in franz. u. ital. Sprache.

Gesch.: Altägypt. Vorschriftensammlungen sind bereits aus dem Jahre 1550 v. Chr. (Papyrus Ebers) u. aus dem Jahre 1250 v. Chr. (Berliner med. Papyrus Brugsch major) erhalten. Es handelt sich hierbei um Abschriften, deren Originale auf weit ältere Zeiten zurückgehen. Zw. dem 6. u. 14. Jh. entstanden zahlreiche Rezeptsammlungen, die Antidotarien, z.B um 1100 Antidotarium magnum u. Antidotarium parvum des Nikolaus. Das erste Arzneibuch mit Gesetzeskraft war das Ricettario Florentino für die Stadt Florenz (1498). In Deutschland erschienen zunächst in einzelne großen Städte amtl. Vorschriftenbücher, z.B. in Nürnberg, das im Jahre 1546/47 das berühmte Dispensatorium des Valerius Cordus herausgab. Es enthielt 417 Vorschriften von galen. Arzneimischungen in 45 versch. Zubereitungen. Die erste reichseinheitl. deutsche Pharmakopöe mit 900 Arzneimitteln erschien 1872 in lat. Sprache (Pharmacopoea Germanica). Von der 3. Ausgabe (1890) ab erschien die Pharmacopoea Germanica in deutscher Sprache. Der Titel Deutsches Arzneibuch gilt ab der 5. Auflage von 1910. Auf dem Gebiet der ehem. DDR galt das DAB bis 1964. Das erste eigene Arzneibuch hieß DAB7–DDR++ u. wurde 1975 vom 2. Arzneibuch der DDR (2.AB-DDR++) abgelöst. Seit 1983 wurde in der off. Bez. die Jahreszahl genannt, z.B. AB-DDR83. In Wien erschien 1812 die Pharmacopoea Austriaca, die 1. Ausgabe des heute in Österreich geltenden Arzneibuchs. 1906 trat die Pharmacopoea Austriaca VIII in Kraft. Diese letzte lat. Ausgabe des ÖAB galt bis Ende 1938. 1939 wurde das DAB6 amtl. in Österreich eingeführt, das bis 1961 in Kraft war. Danach wurde das ÖAB9 wieder eingeführt. In der Schweiz galt die Pharmacopoea Helvetica (5. Ausgabe 1936) mit 3 Ergänzungsbänden (1948, 1955 u. 1961) bis 1966. Gemäss der VO des Schweizerischen Heilmittelinstituts über den Erlass der Pharmakopöe (SR 812.214.11) gilt seit dem 1.1.2003 die 9. Ausgabe (Ph.Helv.9).

Arzneibuch-Kommission: s. Arzneibuch.

Arzneibüro: heute ABDATA Pharma-Daten-Service. Einrichtung der ABDA*. Bearbeitet alle Fragen, die sich aus dem Verkehr mit Arzneimitteln* einschließl. der Betäubungsmittel* u. ausländ. Fertigarzneimittel* ergeben. Sie gehen u.a. in die Lauertaxe*, die Mikropharm I (Interaktionskartei), die Mikropharm II (Novitäten- u. Indikationskartei), die Pharmaz.* Stoffliste u. die Gelbe Liste der verschreibungspflichtigen Arzneistoffe ein.

Arzneidrogen: Drogen*, die als Arzneimittel od. zu deren Herst. bzw. Isolierung dienen.

Arzneiflasche: Einzeldosis- od. Mehrdosisbehältnisse für Lösungen, Emulsionen u. Suspensionen aus geeignetem Glas (braun od. farblos) od. Kunststoff (z.B. Polyethylen, Polypropylen, Polyester od. Polyvinylchlorid) mit Schraub- od. Schnappverschlüssen aus Kunststoff od. Metall mit Dichtlippen od. eingelegten Dichtungen. Ein Abtropfrand od. ein eingesetzter Ausgießer mit Abtropfrand aus Kunststoff sorgt für sauberes Ausgießen. Ein graduierter Messlöffel od. Messbecher aus Kunststoff ist geeignet, Volumina von über 1 mL zu dosieren (z.B. für Mixturen). A. für Suspensionen u. Emulsionen sind nur zu etwa 2 Dritteln gefüllt, um ein genügendes Durchmischen beim obligator. Umschütteln vor dem Gebrauch zu gewährleisten. Im Handel sind Weithalsflaschen für zähe u. Enghalsflaschen für niedrigviskose Flüssigkeiten. Injektions- u. Infusionsflaschen (Sonderformen der Enghalsflaschen) sind wie Ampullen* für sterilisierte Lsg. bestimmt. Injektions- u. Infusionsflaschen sind mit einem Stopfen aus Natur- od. synthet. Kautschuk (vgl. Lyophilisationsstopfen) u. einer angebördelten (anrollierten) Aluminiumkappe versehen (s. Abb. 1). Es handelt sich entw. um einen Aluminium-Einfachverschluss mit Aufreißlappen od. um einen Dreifachverschluss aus Aluminium mit äußerem Aufreißteil, Staubdeckel u. Stopfenfixierung. Nach dem Öffnen der Aluminiumkappe wird eine Einstichöffnung od. Einstichstellen an der Stopfenoberfläche frei, ohne dass die Fixierung des Stopfens beeinträchtigt wird (vgl. Vials). Flaschen aus weichem Kunststoff für flüss. Externa sind meist mit einer kleinen Öffnung od. einer Kanüle versehen, aus der das Präparat gezielt u. ohne Auslaufgefahr appliziert werden kann (squeeze bottle). Weiche Kunststoffflaschen für Nasenpräparate mit einem Sprüheinsatz ermöglichen das kegelförmige Versprühen des Präparates. **Tropfeinsatz:** Dosierhilfen für kleinere Mengen (Tropfen); selten werden Pipetten mit entspr. geformter Verschlusskappe genutzt. Bei Tropfern unterscheidet man Randtropfer u. Zentraltropfer (s. Abb. 2). Randtropfer erfordern geneigte Haltung der Flasche. Sie tropfen leicht an, Tropfengewicht u. -geschwindigkeit hängen vom Neigungswinkel ab. Zentraltropfer müssen senkrecht gehalten werden. Sie besitzen ein zentral angeordnetes Austrittsrohr, das zum Abtropfen des Präparates dient, u. zusätzl. ein Belüftungsrohr. Wenn Produkt u. Tropfer gut aufeinander abgestimmt sind, sind Tropfengewicht u. -geschwindigkeit konstant. Antippen zum Antropfen ist gelegentl. erforderlich.

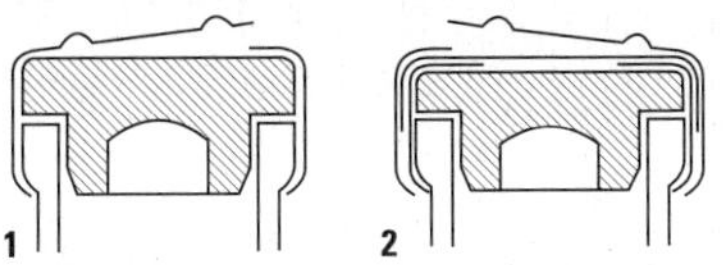

Arzneiflasche Abb. 1: Injektionsflaschen-Verschlüsse mit angebördelter Aluminiumkappe; 1: Einfachverschluss mit Aufreißlappen; 2: Dreifachverschluss mit äußerem Aufreißteil, Staubdeckel u. Stopfenfixierung

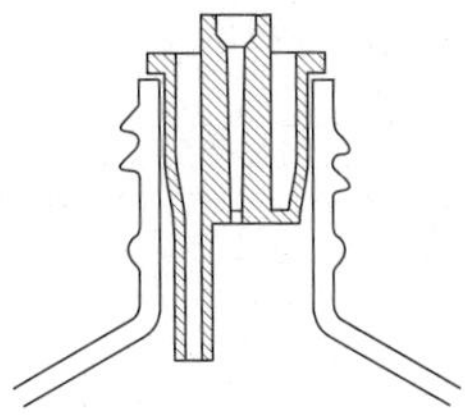

Arzneiflasche Abb. 2: auf Flaschenmündung aufgesetzter Zentraltropfer

Arzneiformen: Arzneizubereitungen aus Arzneistoffen u. mehr od. weniger indifferenten Substanzen (Hilfsstoffen*), hergestellt durch geeignete pharmaz. Verfahrenstechniken, um den physiol. Gegebenheiten des Applikationsortes u. den physik.-chem. Eigenschaften der Arzneistoffe gerecht zu werden. In seltenen Fällen ist eine Verabreichung ohne Hilfsstoffe möglich, z. B. höher dosierte Einzelpulver. A. sind nicht nur Vehikel. Die erforderl. Hilfsstoffe, wie auch die Herstellungstechnologie, können die Arzneimittelwirkung (Wirkungseintritt, -dauer, -ort u. -intensität) stark beeinflussen. Es muss sichergestellt sein: **1.** exakte Dosierung; Voraussetzung dafür ist bei einzeldosierten A. (z. B. Tabletten) sowohl Massekonstanz als auch eine homogene Wirkstoffverteilung. Die Forderung nach Gleichförmigkeit des Gehaltes (content* uniformity) betrifft alle einzeldosierten A., besonders jene mit niedrigem Wirkstoffgehalt (USP XXI: unter 50 mg für Tabletten, Dragees u. Kapseln); vgl. Gleichförmigkeit des Gehaltes. **2.** ausreichende Stabilität der inkorporierten Wirkstoffe; die zur Arzneiformung verwendeten Hilfsstoffe u. technolog. Verfahren sollen die Haltbarkeit der Arzneistoffe nur unwesentl. beeinflussen; **3.** geeigneten Verpackung zum Schutz vor schädigenden Einflüssen, um eine ausreichende Haltbarkeit zu gewährleisten. Den Vorschriften entspr. beschriftet sind die A. an den Patienten abgabefähig. Die in der Tab. angeführten A. zeigen die Vielfalt der Möglichkeiten, Arzneistoffe über Arzneiformen am od. im menschl. oder tier. Organismus zur Anw. zu bringen. Welche Applikationsart u. welcher Applikationsort im Einzelfall gewählt wird, hängt vom Ort u. der Art der Behandlung, Alter u. Zustand des Patienten, aber auch vom gewünschten Wirkungseffekt ab.

Arzneiformen, homöopathische: s. Homöopathie.

Arzneiformenlehre: Unterrichtsfach; hervorgegangen aus der Galenik*, häufig syn. mit dieser od. mit Pharmazeutischer* Technologie verwendet. Sie befasst sich mit den pharmaz.-technolog. Verfahren, Hilfsstoffen, Verpackungstechniken etc., die bei der Herst. von Arzneiformen* Anwendung finden.

Arzneiformen, magensaftresistente: Arzneiformen mit verzögerter Wirkstofffreisetzung, die mit Überzügen versehen sind, die vom sauren Magensaft nicht angegriffen werden, jedoch im schwach sauren, neutralen od. alkal. Milieu des Dünndarmes relativ rasch zerfallen od. aufgelöst werden. Die inkorporierten Arzneistoffe kommen erst im Darm zur Wirkung. Einsatz finden meist Tabletten, Dragees, enteric coatet tablets od. Kapseln. Die Herst. dieser Arzneiformen ist dann von Vorteil, wenn **1.** eine Zerstörung od. Inaktivierung der Wirkstoffe im Magen erfolgt; **2.** von den Arzneistoffen eine Reizwirkung auf den Magen ausgeht; **3.** eine direkte Wirkung auf den Darm od. im Darm sinnvoll erscheint; **4.** Arzneistoffe im Magen die Verdauung behindern; **5.** eine protrahierte Wirkung (s. Retardpräparate) vorgesehen ist; **6.** durch Freisetzung der gesamten Wirkstoffmenge im Dünndarm eine verbesserte Resorption eintritt u. erwünscht ist. Magensaftresistente A. sind i. Allg. mind. eine halbe Stunde vor den Mahlzeiten einzunehmen, um eine rasche Passage durch den Magen zu ermöglichen. Wichtige Überzugsmaterialien sind u. a. Cellulosephthalate, anionische Copolymere der Methacrylsäure u. ihrer Ester, Gluten, Halbester von Polyvinylmethylether/Maleinsäureanhydrid (PVM/MA). **Magensaftresistente Tabletten u. Kapseln** sind nach Ph.Eur. Arzneiformen, die mit einer od. mehreren magensaftresistenten Hüllschichten überzogen od. mit bereits magensaftresistenten Granulaten od. Teilchen hergestellt sind, den Zerfall im Darmsaft jedoch gestatten. **Prüfung auf Zerfall:** Tabletten od. Kapseln dürfen i. Allg. nach 2 h Salzsäure (0.1 mol/L) bei 37 °C nicht zerfallen. Werden diese anschl. in einer Phosphatpufferlösung pH 6.8 (37 °C) bewegt, müssen alle untersuchten Tabletten od. Kapseln nach 60 min zerfallen sein (ev. Zusatz von Pankreaspulver). Teilweise ist die Prüfung zur Wirkstofffreisetzung aus festen Arzneiformen nach Ph.Eur. erforderlich.

Arzneimittel: (engl.) *medical product*; Arznei; Arzneiform, welche den aktiven Wirkstoff und i. Allg. auch inaktive Hilfsstoffe enthält. Nach § 2 Abs. 1 AMG (Deutschland) sind Arzneimittel Stoffe u. Zuber. aus Stoffen, die dazu bestimmt sind, durch Anw. am od. im menschl. od. tierischen Körper: **1.** Krankheiten, Leiden, Körperschäden od. krankhafte Beschwerden zu heilen, zu lindern, zu verhüten od. zu erkennen; **2.** die Beschaffenheit, den Zustand od. die Funktionen des Körpers od. seel. Zustände erkennen zu lassen; **3.** vom menschl. od. tier. Körper erzeugte Wirkstoffe od. Körperflüssigkeiten zu ersetzen; **4.** Krankheitserreger, Parasiten od. körperfremde Stoffe abzuwehren, zu beseitigen od. unschädl. zu machen; **5.** die Beschaffenheit, den Zustand od. die Funktionen des Körpers od. seel. Zustände zu beein-

A

Arzneiformen
Übersicht über die wichtigsten Arzneiformen

Art der Arzneiform	Bezeichnung	aufgeführt unter
feste Arzneiformen	Pulver	Pulveres*
	Puder	Pulveres* ad usum dermicum
	Staubaerosole	Aerosole*
	Granulate	Granulate*
	Sachets	Sachets*
	Xerogele	Gele*
	Tabletten	Compressi*
	Dragees	Compressi* obducti
	Kapseln	Capsulae*
	Pastillen	Pastillen*
	Implantate	Implantate*
halbfeste Arzneiformen	Salben	Augensalben*, Unguenta*
	Gele	Gele*
	Pasten	Pasta*
	Pflaster	Emplastra* adhaesiva, Emplastra*
	Zäpfchen	Suppositoria*, Bacilli*, Globuli* vaginales
	Emulsionen	Emulsionen*, Linimente*
	Suspensionen	Suspensionen*, Lotiones*
flüssige Arzneiformen	Lösungen	Solutiones*
	Sirupe	Sirupi*
	Säfte	Succus*
	Öle	Oleum*, Olea* medicata
	aromatische Wässer	Aquae* aromaticae
	Tropfen	Guttae*
	Injektions- und Infusionszubereitungen	Ampullen*, Spritzampullen*, Vials*, Iniectabilia*, Infundibilia*
	Augenarzneien	Augentropfen*, Augenwässer*
durch Drogenextraktion gewonnene Arzneimittel	wässrige Auszüge	Aufgüsse*, Abkochungen*, Mazerate*
	Tinkturen	Tincturae*
	Extrakte	Extracta*
gasförmige Arzneiformen	Aerosol	Aerosole*, Schäume*
	Inhalate	Inhalate*
moderne Arzneiformen	therapeutische Systeme	OROS*, transdermale therapeutische Systeme*, okulare therapeutische Systeme*, intrauterine und intravaginale therapeutische Systeme*, therapeutisches System* zur Infusionstherapie, Pessare*, Vaginalringe*, Inserte*, Lamellen*
	partikuläre Wirkstoffträgersysteme	Mikropartikel*, Liposomen*, Nanopartikel*
	gesteuerte Systeme	Inhalationsmittel*

flussen. Weiterhin sind sog. **fiktive Arzneimittel** (syn. Geltungsarzneimittel) definiert, die als Arzneimittel gelten: **1.** Gegenstände, die ein Arzneimittel nach Absatz 1 enthalten od. auf die ein A. nach Absatz 1 aufgebracht ist u. die dazu bestimmt sind, dauernd od. vorübergehend mit dem menschl. od. tier. Körper in Berührung gebracht zu werden; außerdem tierärztl. Instrumente, soweit sie zur einmaligen Anw. bestimmt sind u. aus der Kennzeichnung hervorgeht, dass sie einem Verfahren zur Verminderung der Keimzahl unterzogen worden sind; **2.** Gegenstände, die, ohne Gegenstände nach Nummer 1 zu sein, dazu bestimmt sind, in den tier. Körper dauernd od. vorübergehend eingebracht zu werden, ausgenommen tierärztl. Instrumente; **3.** Verbandstoffe u. chirurg. Nahtmaterialien, soweit sie zur Anw. am oder im tier. Körper bestimmt sind; **4.** Stoffe u. Zuber. aus Stoffen, die, auch im Zusammenwirken mit anderen Stoffen od. Zuber., dazu bestimmt sind, ohne am od. im tier. Körper angewendet zu werden, die Beschaffenheit, den Zustand od. die Funktion des tier. Körpers erkennen zu lassen od. der Erkennung von Krankheitserregern bei Tieren zu dienen.

Arzneimittel sind nicht 1. Lebensmittel im Sinne

A

Arzneimittel
Therapie und Prophylaxe mit Arzneimitteln

Symptome bzw. Krankheiten	angewendete Arzneimittel
Abhängigkeit (Alkohol, Nicotin etc.)	Entwöhnungsmittel*
Akne	Aknemittel*
Allergien	Antiallergika*
Altersbeschwerden	Geriatrika*
Angst- und Spannungszustände	Anxiolytika*
Arteriosklerose	Arterioskleroseмittel*
Arthritis	Antarthritika*
Augeninnendruck zu hoch	Antiglaukomatosa*
Augenkrankheiten	Augenarzneien*
Blähungsbeschwerden	Karminativa*
Blutarmut	Antianämika*
Blutdruck zu hoch (Hypertonie)	Antihypertensiva*
Blutdruck zu niedrig	Antihypotonika*
Blutfettwerte zu hoch	Lipidsenker*
Blutgerinnung verstärkt	Antikoagulanzien*
Blutkreislaufstörungen	Kreislaufmittel*
Blutungen, Blutungsneigung	Hämostatika*
Blutzuckerspiegel zu hoch (Diabetes mellitus)	Antidiabetika*
Blutzuckerspiegel zu niedrig	Antihypoglykämika*
Brechreiz, Übelkeit (vorübergehend)	Antiemetika*
Bronchialasthma	Antiasthmatika*
Bronchialsekretion gestört	Expektoranzien*
Depressionen (Niedergeschlagenheit)	Antidepressiva (s. Psychopharmaka)
Durchblutungsstörungen	durchblutungsfördernde Mittel*
Durchfälle	Antidiarrhoika*
Empfängnis (Verhütung, postkoitale)	Nidationshemmer (s. Kontrazeption, hormonelle)
Empfängnis (Verhütung, präventive)	Antikonzeptiva*
Entzündungen	Antiphlogistika*
Epilepsie (Fallsucht)	Antiepileptika*
Fettsucht, Fettleibigkeit	Antiadiposita*
Fieber	Antipyretika*
Frauenkrankheiten	Gynäkologika*
Gallen(weg)erkrankungen	Cholagoga*
Gallensteine	Cholelitholytika*
Gehirnstoffwechsel eingeschränkt	Nootropika*
Geschlechtstrieb zu gering (Alibidinie)	Aphrodisiaka*
Geschlechtstrieb zu stark	Anaphrodisiaka*
Geschwulstbildungen, Gewebewucherungen	Antineoplastika*
Gicht	Gichttherapeutika*
Gonorrhö (Tripper)	Antigonorrhoika*
grippale Infekte, Erkältungskrankheiten	Grippemittel*
Hämorrhoiden	Hämorrhoidenmittel*
Harnausscheidung vermindert	Diuretika*
Harnwegerkrankungen	Urologika*
Harnsteine	Lithagoga*
Hauterkrankungen	Dermatika*
Hautparasiten (Krätzmilben, Läuse, Flöhe)	Antiparasitika*
Herzkrankheiten	Kardiaka*
Herzkrankheit, koronare	Koronartherapeutika*
Herzrhythmusstörungen	Antiarrhythmika*
Husten	Antitussiva*
Immunsystem geschwächt	Immunstimulanzien*
Infektionen	Antiinfektiva*
Infektionen, bakterielle	Antibiotika*, Chemotherapeutika*
Infektionen, virusbedingt	Virostatika*
Infektionen, an Körperoberflächen	Antiseptika*
Juckreiz	Antipruriginosa*
Knorpeldegeneration	Chondroprotektiva*
Krämpfe, generalisierte	Antikonvulsiva*
Krämpfe, glatte Muskulatur	Spasmolytika*

Fortsetzung nächste Seite

A Fortsetzung v. S. 153

Symptome bzw. Krankheiten	angewendete Arzneimittel
Krämpfe, tetanische	Antitetanika*
Krampfadern	Antivarikosa*
Krätze	Antiscabiosa*
Krebs	Zytostatika*
Läusebefall	Antiparasitika*
Leberschäden	Hepatika*
Magen- oder Zwölffingerdarmgeschwüre	Ulkustherapeutika*
Magen-Darm-Krankheiten	Magen*-Darm-Mittel
Magenentleerung gestört (verlangsamt)	Gastrokinetika*
Magenbeschwerden	Stomachika*
Magenübersäuerung	Antacida*
Malaria	Antimalariamittel*
Milchsekretion zu gering	Laktagoga*
Milchsekretion zu hoch	Abstillmittel*
Mineralstoffmangel	Mineralstoffpräparate*
Monatsblutungen schmerzhaft	Antidysmenorrhoika (s. Gynäkologika)
Monatsblutungen zu schwach oder fehlend	Emmenagoga (s. Gynäkologika)
Mund- und Rachenraumerkrankungen	Mund*- und Rachentherapeutika
Nasen- und Nasennebenhöhlenerkrankungen	Rhinologika*
Nerven- oder psychische Erkrankungen	Psychopharmaka*
Ohrenkrankheiten	Otologika*
Ohrenschmalzpfropf	Cerumenolytika*
Parkinson-Syndrom	Antiparkinsonmittel*
Pilzkrankheiten	Antimykotika*
Erkrankungen des rheumatischen Formenkreises	Antirheumatika*
Ruhr	Antidysenterika*
Scabies	Antiscabiosa*
Schilddrüsenerkrankungen	Schilddrüsentherapeutika*
Schlafstörungen	Schlafmittel*
Schmerzen	Analgetika*
Schuppenflechte	Antipsoriatika*
Schweißabsonderung übermäßig	Antihidrotika*
Schwielen, Warzen, Akne	Keratolytika*
Schwindelzustände	Antivertiginosa*
Seborrhö	Antiseborrhoika*
Sommersprossen	Sommersprossenmittel*
Strahlenschäden (Prophylaxe)	Strahlenschutzmittel*
Stuhlverstopfung	Laxanzien*
Tuberkulose	Antituberkulotika*
Unruhe, Angst	Sedativa*
Verdauungsstörungen	Antidyspeptika*
Vergiftungen	Antidot*
Vitaminmangel	Vitamine*
Warzen	Warzenmittel*
Wunden	Wundbehandlungsmittel*
Wurmbefall	Anthelminthika*
Zahnbelag	Antiplaquemittel*
Zahnbetterkrankungen	Parodontosemittel*
Zahnfäulnis (Karies)	Kariesprophylaxe (s. Karies)
Zellteilung vermehrt (Krebs, Warzen)	Zytostatika*
Zuckerkrankheit	Antidiabetika*

des § 1 des Lebensmittel- u. Bedarfsgegenständegesetzes; **2.** Tabakerzeugnisse im Sinne des § 3 des Lebensmittel- u. Bedarfsgegenständegesetzes; **3.** kosmet. Mittel im Sinne des § 4 des Lebensmittel- u. Bedarfsgegenständegesetzes; **4.** Stoffe od. Zuber. aus Stoffen, die ausschließl. dazu bestimmt sind, äußerl. am Tier zur Reinigung od. Pflege od. zur Beeinflussung des Aussehens od. des Körpergeruchs angewendet zu werden, soweit ihnen keine Stoffe od. Zuber. aus Stoffen zugesetzt sind, die vom Verkehr außerhalb der Apotheke ausgeschlossen sind; **5.** Futtermittel, Zusatzstoffe u. Vormischungen im Sinne des Futtermittelgesetzes; **6.** Medizinprodukte u. Zubehör für Medizinprodukte im Sinne des Medizinproduktegesetzes; **7.** die in § 9 Satz 1 des Transplantationsgesetzes genannten Organe u. Augenhornhäute, wenn sie zur Übertragung auf andere Menschen bestimmt sind. Solange ein Mittel nach dem AMG als A. zugelassen od. registriert od. durch Rechtsverordnung von der Zulassung od. Registrierung freigestellt ist, gilt es als Arzneimittel.

Arzneimittelabhängigkeit: s. Sucht.

Arzneimittelallergie: durch Arzneimittel ausgelöste Allergie*. Manifestiert sich an zahlreichen Geweben u. Organen, in ca. 80 % der Fälle an Haut u. Schleimhäuten (Arzneimittelexantheme).

Arzneimittelanamnese: systemat. Erfassung aller von einem Patienten eingenommenen Arzneimittel. Wird z. B. bei der Aufnahme ins Krankenhaus durchgeführt.

Arzneimittel, anthroposophische: Arzneimittel, die nach anthroposoph. Regeln hergestellt werden. Sie gelten als wissenschaftl. nicht anerkannt, gehören aber zu den besonderen Therapierichtungen u. sind rechtl. akzeptiert. Begründer der Anthroposophie ist Rudolf Steiner (1861-1925).

Arzneimittelanwendungsforschung: s. Versorgungsforschung, vgl. Pharmakoepidemiologie.

Arzneimittel, apothekenfreie: Arzneimittel, die außerhalb der Apotheken abgegeben werden dürfen; vgl. Apothekenpflicht.

Arzneimittel, bedenkliche: Arzneimittel, bei denen nach dem jeweiligen Stand der wissenschaftl. Erkenntnisse der begründete Verdacht besteht, dass sie bei bestimmungsgemäßem Gebrauch schädl. Wirk. haben, die über ein nach den Erkenntnissen der med. Wissenschaft vertretbares Maß hinausgehen. Diese Vorschrift richtet sich an alle, die Arzneimittel in den Verkehr bringen u. gilt für Human- u. Tierarzneimittel.

Arzneimittelereignis, unerwünschtes: (engl.) *adverse drug event*; umfasst die unerwünschten Arzneimittelwirkungen (s. UAW) u. die Medikationsfehler*.

Arzneimittelfarbstoffverordnung: Abk. AMFarbV; VO vom 25.8.1982, zuletzt geändert 27.4.1993, BGBl. I S. 512, verordnet aufgrund § 6 (Ermächtigung zum Schutz der Gesundheit) u. § 83 (Angleichung an Gemeinschaftsrecht) AMG. Bei der Herst. von Arzneimitteln im Sinne des § 2 Abs.1 AMG dürfen zur Färbung nur die in der Anlage zur A. bezeichneten Stoffe u. Zuber. aus Stoffen verwendet werden; s. Farbstoffe.

Arzneimittel, fiktive: s. Arzneimittel.

Arzneimittel, freiverkäufliche: apothekenfreie Arzneimittel; Arzneimittel, die außerhalb der Apotheken abgegeben werden dürfen; vgl. Apothekenpflicht.

Arzneimittel gegen seltene Krankheiten: s. Orphan Drugs.

Arzneimittelgesetz: Abk. AMG; Gesetz über den Verkehr mit Arzneimitteln. **Deutschland:** Gesetz vom 11.12.1998, BGBl. I S. 3586, zuletzt geändert 14.11.2003, BGBl. I S. 2190. Erste Fassung: Gesetz zur Neuordnung des Arzneimittelrechts vom 24. August 1976. Es trat am 1.1.1978 in Kraft u. löste das bis dahin geltende A. von 1961 (AMG 61) bis auf weiter geltende Regelungen in den Übergangsvorschriften ab. Deutschland war durch verschiedene EG-Richtlinien verpflichtet worden, die einschlägigen Richtlinien im Arzneimittelbereich in nationales Recht zu transformieren. Qualität, Wirksamkeit u. Unbedenklichkeit der Arzneimittel sind tragende Forderungen des Gesetzes u. Grundlage der Arzneimittelsicherheit. Das AMG brachte wichtige Änderungen gegenüber dem AMG 61: Ein materielles Zulassungsverfahren wurde für alle Fertigarzneimittel eingeführt, in dem eine Bundesoberbehörde Qualität, Wirksamkeit u. Unbedenklichkeit zu prüfen hat. Durch den neuen Begriff des Fertigarzneimittels wurden auch Generika ohne geschützten Namen zulassungspflichtig. Hom. Arzneimittel unterliegen einer Registrierungspflicht u. bedürfen keines Wirksamkeitsnachweises, wenn keine Angaben über die Wirksamkeit gemacht werden. Es wurden neue Anforderungen für eine Herstellungserlaubnis gestellt u. die Verantwortungsbereiche für Herstellungsleiter, Kontrollleiter, Vertriebsleiter definiert. Erstmals wurden auch Vorschriften für die Durchführung einer klin. Prüfung festgelegt. Verbraucherfreundlichere Kennzeichnungselemente wurden vorgeschrieben, wie z. B. die Angabe eines Verfalldatums u. einer Chargenbezeichnung od. aussagefähigere Informationen über das Arzneimittel selbst. Ein Informationssystem, das der Beobachtung, Sammlung u. Auswertung von Arzneimittelrisiken dient, wurde ins Leben gerufen (s. Stufenplan). Insbes. nach den Erfahrungen des Contergan-Falls (vgl. Thalidomide) wurden Haftungsregelungen für Arzneimittelschäden eingeführt. Diese gelten für Arzneimittel, die der Pflicht zur Zulassung unterliegen od. durch Rechtsverordnung davon befreit wurden (standardzugelassene Arzneimittel). In den folgenden Jahrzehnten ist das ursprüngl. AMG 1976 häufig ergänzt od. novelliert worden. **Österreich:** AMG von 1983 (BGBl. 185/1983, i. d. F. 2003); ähnl. Zielsetzungen wie das AMG Deutschlands. **Schweiz:** s. Heilmittelgesetz.

Arzneimittelgewöhnung: s. Sucht.

Arzneimittel, homöopathische: s. Homöopathie.

Arzneimittel-Import: s. Einzelimport von Arzneimitteln.

Arzneimittelinteraktionen: Arzneimittelwechselwirkungen, Interferenz, Interaktionen; pharmakolog. WW zwischen zwei od. mehreren Arzneimitteln, die quantitative od. qualitative Wirkungsveränderungen der gleichzeitig verabreichten Arzneimittel bewirken. A. können erwünscht (s. Arzneistoffkombinationen) od. unerwünscht (s. UAW) sein. Man unterscheidet zwischen pharmakodynam. und pharmakokinet. Interaktionen: **1. pharmakodynamische Interaktionen:** Wirkstoffe beeinflussen sich durch gleiche (synergist.) od. entgegengesetzte (antagonist.) pharmakolog. Wirkungen. Beispiele für synergist. A. sind die additive Wirkung von Antidiabetika* u. Betasympatholytika (s. Sympatholytika) auf die Senkung des Blutzuckers od. die Verstärkung der zentral dämpfenden Wirk. von z. B. Schlafmitteln durch Antihistaminika*. Beispiel für eine antagonist. A. ist die Verminderung der blutdrucksenkenden Wirk. von Antihypertensiva* durch Sympathomimetika*. Die Interaktion am Erfolgsorgan kann z. B. auf einem Angriff am gleichen od. an einem zweiten Rezeptor beruhen od. auf der Beeinflussung der Freisetzung einer physiol. wichtigen Substanz, z. B. die Entleerung der Noradrenalinspeicher durch Reserpin* u. damit die verstärkende Wirk. von Parasympathomimetika; **2. pharmakokinetische Interaktionen:** ein Arzneistoff beschleunigt od. verlangsamt die Resorption, Vertei-

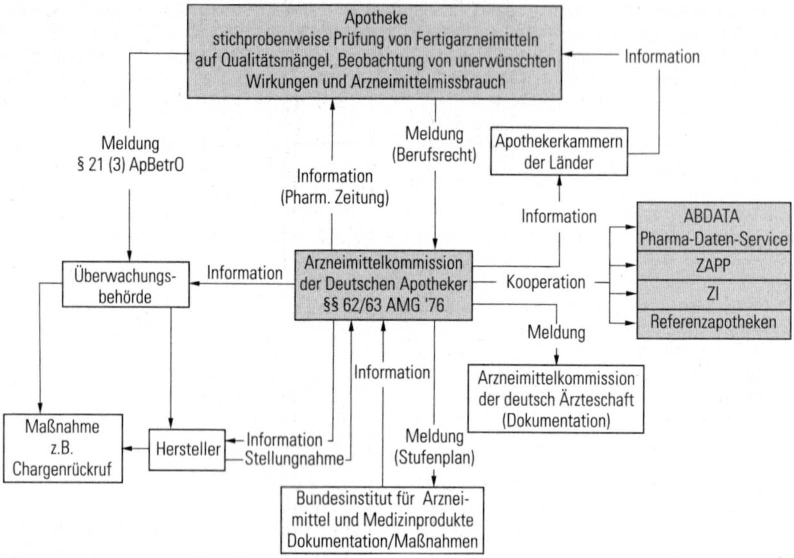

Arzneimittelkommission der Deutschen Apotheker [20]

lung, Biotransformation od. Ausscheidung eines zweiten Arzneistoffes. Resorptionsinterferenzen können z. B. durch Komplexbildung zwischen zwei Arzneistoffen (z. B. Antacida* u. Tetracycline*) od. Veränderung der Passagezeit im Magen-Darm-Trakt auftreten (z. B. Laxanzien*). Eine bedeutende Rolle spielt auch die wechselseitige Beeinflussung bei der Plasmaeiweißbindung (z. B. Sulfonamide* u. Cumarine*), was zu einer Veränderung der Verteilung u. Elimination der beiden Arzneistoffe führen kann. Enzyminduktion* (z. B. durch Barbiturate*) od. Enzymhemmung können den Metabolismus eines zweiten Pharmakons verändern. Durch die Beeinflussung der tubulären Sekretion (z. B. verminderte renale Ausscheidung von Penicillin bei gleichzeitiger Gabe von Probenecid*) od. globulären Rückresorption, sowie die Änderung des Gallenflusses durch ein Pharmakon, wird die Elimination*verändert.

Arzneimittelkommission der Deutschen Apotheker: Abk. AMK; Fachausschuss der ABDA*. 1975 in Hinblick auf die Bestimmung des Entwurfs für das Arzneimittelgesetz* von 1976 gebildet, wonach die Arzneimittelrisiken vom Bundesinstitut* für Arzneimittel und Medizinprodukte im Zusammenwirken u. a. mit den Arzneimittelkommissionen der Kammern zentral zu erfassen sind (§ 62 AMG). Die AMK hat 13 durch das Präsidium der ABDA* für jeweils 4 Jahre berufene Mitglieder. Neben den Leitern des Deutschen* Arzneiprüfungsinstituts u. des Zentrallaboratoriums* Deutscher Apotheker sind Sachverständige aus allen wichtigen Bereichen der Pharmazie vertreten. Der Apothekenleiter ist verpflichtet, die in der Apotheke festgestellten Beanstandungen bei Arzneimitteln der AMK sowie dem Regierungspräsidium (festgelegt in § 21 Abs. 3 ApBetrO) zu melden. Diese werden ggf. dann nach einem Stufenplan* tätig.

Arzneimittelmüll: Altarzneimittel, die vom Verbraucher nicht mehr verwendet werden, müssen einer ordnungsgemäßen Vernichtung zugeführt u. entsorgt werden. Diese Serviceleistung wird von Apotheken geleistet, die Altarzneimittel entgegennehmen u. einer ordnungsgemäßen Beseitigung zuführen.

Arzneimittelnebenwirkungen: s. UAW.

Arzneimittel, pflanzliche: s. biogen, vgl. Phytopharmaka.

Arzneimittelpreisverordnung: Abk. AMPreisV; **Deutschland:** VO vom 14.11.1980, BGBl. I S. 2147, zuletzt geändert 14.11.2003, BGBl. I S. 2190. Geregelt werden u. a. Großhandels- u. Apothekenzuschläge für Fertigarzneimittel, Apothekenzuschläge für Stoffe u. Zuber. aus Stoffen, für Berechnungen im Notdienst, für Betäubungsmittel u. Sonderbeschaffungen. Das Gesetz zur Modernisierung der gesetzl. Krankenversicherung (GMG) hat den Höchstzuschlag auf Arzneimittel für Großhändler gesenkt u. den Apothekenabgabepreis für verschreibungspflichtige Arzneimittel auf 3 % Festzuschlag auf den Herstellerabgabepreis plus 8.10 Euro zzgl. Umsatzsteuer festgelegt. Für nicht verschreibungspflichtige Arzneimittel gelten prozentuale Zuschläge auf den Herstellerabgabepreis auf allen Ebenen der Distributionskette (Hersteller, Großhandel, Apotheker). Beim Kauf durch Patienten sind die Preise apothekenpflichtiger u. freiverkäufl. Arzneimittel frei kalkulierbar. Es sind in der VO keine Preisansätze für Stoffe u. Gefäße enthalten. Diese werden zw. den Apothekern u. den Trägern der gesetzl. Krankenversicherung vereinbart u. in der Hilfstaxe abgedruckt. Die Preise der Fertigarzneimittel sind in der Lauertaxe* verzeichnet. **Österreich:** s. Arzneitaxe. **Schweiz:** Gemäß dem Krankenkassengesetz (KVG, SR 832.10) erstellt das Bundesamt für Sozialversicherung eine Liste der pharmaz. Spezialitäten u. konfektionierten Arzneimittel mit Preisen (Spezialitätenliste). Diese muss die mit den Originalpräparaten austauschbaren preisgünstigeren Generika enthalten. Die Apotheker können Originalpräparate der Spezialitätenliste durch die billigeren Generika dieser Liste ersetzen, wenn nicht der Arzt ausdrückl. die Abgabe des Originalpräparates verlangt (Substitutionsrecht). Es besteht leistungsorientierte Abgeltung (LOA) beim Medikamentenverkauf. Eine Vereinbarung zw. Santésuisse (sas, Krankenkassen-Dachverband) u. Schweizerischem Apothekerverband (SAV) zur Einführung eines neuen Abgeltungsmodells trat am 1. Juli 2001 in Kraft. Die Apotheker erhalten von den Krankenkassen für die Abgabe eines verschriebenen Medikamentes eine leistungsbezogene Abgeltung für die Kundenberatung sowie für das Führen eines Patientendossiers u. nicht mehr eine Vergütung über die Marge der abgegebenen Medikamente.

Arzneimittelprüfrichtlinien: Verwaltungsvorschrift nach § 26 AMG zur Anw. der Arzneimittelprüfrichtlinien, die die für eine Zulassung von Arzneimitteln geforderten analyt., pharmak.-toxikologischen u. klin. Prüfungen regelt. Die A. sind Maßstab zur Beurteilung der Qualität, der Wirksamkeit u. der Unbedenklichkeit u. somit Entscheidungsgrundlage für die Zulassungsbehörde.

Arzneimittelprüfung: s. Prüfung, klinische.

Arzneimittel, radioaktive: s. Radiopharmaka.

Arzneimittel-Reimport: s. Reimport von Arzneimitteln.

Arzneimittelrisiken: insbes. UAW, WW, Kontraindikationen, Missbrauch, Qualitätsmängel, Fälschungen. Das Vorgehen bei Bekanntwerden von Arzneimittelrisiken wird im Stufenplan* geregelt.

Arzneimittel-Schnellinformation: Abk. ASI; Informationsdienst des Bundesinstituts* für Arzneimittel und Medizinprodukte. Durch schnelle u. offene Berichterstattung über Arzneimittel-Risiken bzw. Nutzen-Risiko-Beurteilungen soll in Fachkreisen eine erhöhte Aufmerksamkeit u. intensivere fachl. Diskussion angeregt werden. Apotheker u. Ärzte können durch Einzelfalldarstellungen über UAW u. schnelle Berichterstattung zu einer erhöhten Arzneimittelsicherheit zum Wohl der Patienten beitragen. Die Berichte werden im Bundesgesundheitsblatt veröffentlicht.

Arzneimittelsicherheit: Gesamtheit der Maßnahmen, die dazu beitragen, die Gefahren im Umgang mit Arzneimitteln zu minimieren und den Nutzen für Mensch und Tier zu fördern. Dazu gehört bereits vor dem Inverkehrbringen von Arzneimitteln das sachgerechte Erstellen von pharmaz.-toxikol., klin., analyt. Daten, die Bestimmung der pharmaz. Darreichungsform u. des gesamten Herstellungs- und Prüfverfahrens. Es gelten die gleichen Ziele für Human- u. Tierarzneimittel, sowie für verschreibungspflichtige, apothekenpflichtige od. freiverkäufl. Arzneimittel.

Arzneimittelsucht: s. Sucht.

Arzneimittel, traditionelle: Gruppe nicht apothekenpflichtiger Arzneimittel mit oftmals obsoleten Wirkstoffen od. tradiertem Gebrauch. Plausibles Erfahrungswissen reicht für die geringen Indikationsansprüche zum Wirksamkeitsbeleg. Sie unterliegen der Nutzen/Risiko-Bewertung. Man erkennt sie an der in Deutschland vorgeschriebenen Kennzeichnung „Traditionell angewendet" u. den Anwendungsgebieten „zur Stärkung oder Kräftigung", „zur Besserung des Befindens", „zur Unterstützung der Organfunktion", „zur Vorbeugung", „als mild wirkendes Arzneimittel".

Arzneimittelverpackung: s. Verpackung.

Arzneimittel-Vormischungen zur veterinärmedizinischen Anwendung: Praeadmixta ad alimenta medicata ad usum veterinarium; Ph.Eur.4, Mischungen eines Wirkstoffs od. mehrerer Wirkstoffe in geeigneten Trägerstoffen u. in granulierter od. pulverisierter Form, zur der Wirkstoffgabe an Tiere. Die Vormischungen werden ausschließl. bei der Zuber. von Fütterungsarzneimitteln durch einfache Beimischung (mind. 0.5 %) zu anderen Bestandteilen verwendet. Gut rieselfähig, alle aggregierten Teilchen müssen bei normaler Handhabung zerfallen; Partikelgröße u. a. gewährleisten eine homogene Verteilung der Wirkstoffe im Fütterungsarzneimittel.

Arzneimittel-Warnhinweisverordnung: Abk. AWarnV; **Deutschland:** VO vom 21.12.1984, BGBl. I 1985 S. 22, zuletzt geändert 31.8.1990, BGBl. I S. 1085; Rechtsverordnung, die auf Arzneimittel in einer zur Abgabe an den Verbraucher best. Packung anzuwenden ist, wenn sie Ethanol enthalten u. zur inneren Anw. bei Menschen bestimmt sind. Flüss. Zuber. zur oralen Einnahme, bei denen der Ethanolgehalt in der max. Einzelgabe nach der Dosierungsanleitung mindestens 0.05 g beträgt od. Munddesinfektionsmittel, Rachendesinfektionsmittel od. parenteral zu verabreichende Lsg. werden mit einem Warnhinweis versehen. Weiterhin fallen Humanarzneimittel darunter, wenn sie Tartrazin* enthalten. Vorgeschrieben sind je nach der max. Einzelgabe von Ethanol nach der Dosierungsanleitung unterschiedl. Warnhinweise auf den Behältnissen, Packungsbeilagen u. äußeren Umhüllungen. Die AMWarnV ist auch bei Arzneimitteln zu beachten, die keine Fertigarzneimittel sind, wie z. B. Rezepturen. **Österreich:** Entspr. dem Arzneimittelgesetz* ist eine Arzneimittelspezialität ggf. mit dem Hinweis „Achtung dieses Arzneimittel kann die Reaktionsfähigkeit und Verkehrstüchtigkeit beeinträchtigen" u. dem entspr. Gefahrenzeichen zu kennzeichnen.

Arzneimittelwechselwirkungen: s. Arzneimittelinteraktionen.

Arzneimittelwirkung, unerwünschte: s. UAW.

Arzneimittelzulassung: Deutschland: geregelt durch das Arzneimittelgesetz*. Die zuständige Behörden sind das Bundesinstitut* für Arzneimittel und Medizinprodukte, das Paul*-Ehrlich-Institut (Zulassung von Sera u. Impfstoffen) bzw. Bundesamt* für Verbraucherschutz und Lebensmittelsicherheit (Zulassung von Tierarzneimitteln). **Österreich:** Die zuständige Behörde für die nationale Zulassung ist das Bundesministerium für Gesundheit und Frauen. **Schweiz:** geregelt durch das Heilmittelgesetz*. Die zuständige Behörde ist das Schweizerische Heilmittelinstitut Swissmedic*. **EU:** Das Zulassungssystem der EU besteht aus den EG*-Richtlinien 93/39/EWG, 93/40/EWG u. 93/41/EWG für dezentrale (gegenseitige Anerkennung nationaler Zulassungen) u. nationale Zulassungen sowie der VO EWG Nr. 2309/93 für das zentrale Verfahren (EU-Erstzulassungen), das zur EU-weiten Verkehrsfähigkeit führt; s. EMEA.

Arzneispezialität: Deutschland: gemäß AMG 1961 waren Arzneispezialitäten Arzneimittel, die in gleichbleibender Zstzg. hergestellt u. in abgabefertigen Packungen unter einer besonderen Bez. in den Verkehr gebracht wurden. Fehlte eines dieser 3 Merkmale, war das Mittel zwar ein Arzneimittel, jedoch keine Arzneispezialität. Das AMG 1976 ersetzte A. durch den den Begriff Fertigarzneimittel*. **Österreich:** entspr. Arzneimittelgesetz sind A. Arzneimittel, die im voraus stets in gleicher Zstzg. hergestellt u. unter der gleichen Bez. in einer zur Abgabe an den Verbraucher od. Anwender bestimmten Form in den Verkehr gebracht werden. Apothekeneigene A. dürfen nur bestimmte, nicht rezeptpflichige Stoffe enthalten u. nur in der Apotheke abgegeben werden, in der sie ganz od. überwiegend hergestellt wurden.

Arzneispezialitätenverzeichnis: Spezialitätenverzeichnis; Verzeichnis von im Handel befindl. Arzneispezialitäten; meist für ein Land; jährl. neu aufgelegt. **Deutschland:** s. Lauertaxe. **Österreich:** Warenverzeichnis I (Arzneispezialitäten), II (Homöopathika) u. III (Gesundheitsprodukte, Ergänzungssortiment); enthält Informationen über Lagervorschriften, Rezeptpflicht, Preise ect. der im Handel befindl. Produkte; wird monatl. neu aufgelegt; Verleger: Österreichischer Apotheker-Verlagsgesellschaft m. b. H., Wien; vgl. Austria-Codex-Fachinformation. **Schweiz:** Codex; Publikation im Arzneimittelkompendium, vgl. Fachinformation. Wichtige internationale Spezialitätenverzeichnisse sind ferner der European Drug Index u. der Index Nominum–International Drug Directory.

Arzneistäbchen: s. Bacilli, Ätzstifte.

Arzneistoff: s. Wirkstoff.

Arzneistofffreisetzung: s. Wirkstofffreisetzung.

Arzneistoffkombinationen: Kombination von mehreren Wirkstoffen zum Zwecke einer verbesserten Hauptwirkung, Verminderung der UAW*, Erweiterung des Wirkungsspektrums, Verbesserung der Pharmakokinetik* od. Applikation. Man unterscheidet zw. notwendigen Kombinationen, bei denen eine gleichzeitige Applikation für einen optimalen therap. Effekt erforderl. ist (z. B. Gestagen u. Estrogenkombination in Ovulationshemmern) u. Kombinationen, die durch die additiven od. synergist. Effekte der Einzelkomponenten eine wirksamere od. risikoärmere Ther. als Monopräparaten erlauben. **Wirkstoffe:** z. B. Trimethoprim* u. Sulfamethoxazol* od. Betasympatholytika (s. Sympatholytika) u. Diuretika* zur Ther. der Hypertonie. Nachteile der Kombinationsther. sind oft Komplikationen mit der Pharmakokinetik u. der Verlust der individuellen Dosierbarkeit. Bei Kombinationspräparaten (fixen Kombinationen, z. B. zwei Wirkstoffe in einer Tablette) müssen physik.-chemische WW in der Arzneiform berücksichtigt werden. Aufgrund einer individuelleren Dosierbarkeit ist die Verabreichung der Einzelwirkstoffe einer fixen Kombination oft vorzuziehen.

Arzneistoffliste: s. Pharmazeutische Stoffliste.

Arzneitaxe: Liste der den Apotheken vorgeschriebenen Preise für Arzneimittel, Rezepturzuschläge u. Gefäße. **Deutschland:** Anstelle der Deutschen Arzneitaxe (DAT) u. der Preisspannenverordnung für Fertigarzneimittel trat ab 1.1.1981 die Arzneimittelpreisverordnung* vom 14.11.1980 in Kraft. **Österreich:** Österreichische Arzneitaxe (ÖAT); Erstellung der Arzneitaxe gemäß Arzneitaxverordnung von 1962 in der jeweils gültigen Fassung. **Gesch.:** Fast ebenso alt wie die Apotheken* ist das Bemühen, die Arzneipreise auf einer für die Kranken tragbaren Höhe zu halten. Schon die sog. Medizinalordnung Kaiser Friedrichs II. von 1240 enthielt eine Preisregelung für Arzneimittel. Die erste deutsche Arzneitaxe ist in der Breslauer Medizinalordnung des Kaiser Karls IV (Breslauer Handschrift, ca. 1350) enthalten. Später waren es einzelne Städte, die eigene Arzneitaxen einführten, 1552 Dresden, 1574 Brandenburg, 1563 Annaberg, 1584 Bamberg, 1609 Frankfurt/Oder. 1749 erschien die Preußische u. Churfürstliche Brandenburgische Medizinaltaxe. In der preuß. Arzneitaxe aus dem Jahr 1898 wurde zum ersten Mal die Berechnung der Arzneispezialitäten festgelegt: ein Zuschlag von 60 % auf den Einkaufspreis. Am 1.4.1905 wurde die Deutsche Arzneitaxe (Reichsarzneitaxe) eingeführt, die mit einigen Änderungen bis zum 31.12.1980 galt.

Arzneiträger: Hilfsstoffe*, die als indifferente Lösungs-, Verdünnungs- u. Verreibungsmittel für Wirkstoffe Anw. finden, z. B. Ethanol, dest. Wasser, Gemische beider, Lactose, Saccharose, Glycerol u. Salbengrundlagen.

Arzneiweine: s. Vina medicata.

Arzneizubereitungen: s. Arzneiformen.

as.: Abk. für asymmetrisch, s. Aktivität, optische.

As: (chem.) Symbol für Arsen*.

ASA: s. Polyacrylnitril.

Asa dulcis: s. Benzoe.

Asa foetida: Asant, Gummi Asa foetida; Hom. verwendet wird das getrocknete Harz versch. Ferula-Arten, z. B. Ferula* assa-foetida u. Ferula foetida.

Asant: s. Ferula assa-foetida.

Asant, Wohlriechender: s. Benzoe.

Asa odorata: s. Benzoe.

Asaron: Asarin, Asarumkampfer; 2,4,5-Trimethoxy-1-propenylbenzol; $C_{12}H_{16}O_3$; M_r 208.25. Man unterscheidet die *cis*- u. die *trans*-Form; Strukturformeln s. Phenylpropanderivate (Abb.). **Vork.:** in der Natur (s. Asarum europaeum, Acorus calamus) meist als Mischung, häufig auch gemeinsam mit Elemicin (3,4,5-Trimethoxy-1-allylbenzol) od. Isoelemicin (3,4,5-Trimethoxy-1-propenylbenzol). ***α*-Asaron:** *trans*-Isoasaron, *trans*-Asaron, *trans*-1-Propenyl-2,4,5-trimethoxybenzol; CAS-Nr. 2883-98-9; D. 1.165; Schmp. 62 (67) °C; Sdp. 296 °C; $n_D^{20\,°C}$ 1.5683. Farblose Kristalle; lichtempfindl.; unlösl. in Wasser, lösl. in Ethanol, Ether, Chlorkohlenstoff; von pfefferartigem Geschmack. Nat. hauptsächl. in Asarum* europaeum (von Rasse abhängig). **β-Asaron:** *cis*-Isoasaron, *cis*-Asaron; CAS-Nr. 5273-86-9; D. 1.073; $n_D^{20°C}$ 1.5614. Bei Raumtemp. flüssig. Ein Hauptbest. von Oleum Calami, aber nicht immer vorhanden (Acorus* calami); wahrscheinl. kanzerogen; wirkt als Schädlingsbekämpfungsmittel, da es bei weibl. Insekten zu Unfruchtbarkeit führt. **γ-Asaron:** 1-Allyl-2,4,5-trimethoxybenzol.

Asaronsäure: 2,4,5-Trimethoxybenzoesäure; CAS-Nr. 490-64-2; $(CH_3O)_3C_6H_2COOH$, M_r 212.20. Schmp. 144 °C.

Asarum canadense L.: Kanadische Haselwurz, Kanadische Schlangenwurzel, Wilder Ingwer; Fam. Aristolochiaceae (heim. atlant. Nordamerika). Stpfl. von **Asari canadensis rhizoma:** Rhizoma Asari canadensis, Kanadische Haselwurz. **Inhaltsst.:** äther. Öl 3.5-4.5% (enthält α-Pinen, Limonen, Borneol, Asarol, Geraniol, Methyleugenol); **Anw.:** in der Parfümerie.
Hom: *Asarum canadense:* frischer Wurzelstock.

Asarum europaeum L.: Haselwurz, Hasenöhrlein, Brechwurz; Fam. Aristolochiaceae (Süd- u. Mitteleuropa, Sibirien, Kleinasien). Stpfl. von **Radix Asari:** Asari radix, Rhizoma Asari, Haselwurz, Brechwurzel. **Inhaltsst.:** von der chem. Rasse abhängig (mind. 4 Rassen sind bekannt), 0.7-4% äther. Öl mit α-Asaron (*trans*-Isoasaron), *trans*-Isoeugenol, *trans*-Isoelemicin u. α-Eudesmol; ferner Diasarone, Bornylacetat, Methyleugenol, Asarylaldehyd u. a. in wechselnder Zstzg.; Gerbstoff; **Anw.:** früher wurde ein Trockenextrakt bei entzündl. Erkrankungen der unteren Atemwege, bei Bronchospasmen u. Asthma bronchiale empfohlen.
Hom: *Asarum europaeum (HAB1.3):* frische, unterird. T. phenylpropanhaltiger Rassen; verord. z. B. bei Krämpfen an den Hohlorganen (Blase, Darm, Magen).

Asbest: Alumen plumosum, Bergflachs, Federalaun, Federweiß; Mineral (Serpentinasbest, Hornblendeasbest); Magnesiumsilicat von wechselnder Zusammensetzung. **Anw.** techn.: Feuerschutzmittel (Asbestpappe), Adsorbens u. Filterstoff. **Tox.:** Einatmen von feinstem Asbeststaub führt zu schweren Erkrankungen der Lunge (s. Asbestose). Für Arzneizuber. zur parenteralen Anw. dürfen keine Asbestfilter verwendet werden. Es besteht die Gefahr der Abgabe von Fasern an die Lsg. u. die einer kanzerogenen Wirkung.

Asbestose: Staublungenerkrankung (Pneumokoniose), hervorgerufen durch übermäßige Einatmung von Asbeststaub; neigt zu Krebs; Berufskrankheit.

Ascaridol: $C_{10}H_{16}O_2$; M_r 168.2; Ep. −2.0 °C bis +3.3 °C; Sdp. 97 °C; D. 1.005-1.012; $n_D^{20°C}$ 1.472-1.474. Farblose bis schwach grünl.-gelbl. klare, ölige Flüss. von eigenartigem Geruch u. brennendem Geschmack; lösl. in Ethanol 90% u. Ether, wenig lösl. in Wasser, mischbar mit Essigsäure u. fetten Ölen. Ein Hauptbest. des Chenopodiumöls, s. Chenopodium ambrosioides var. anthelminticum, u. des äther. Öls von Peumus* boldus. **Anw.:** früher als Anthelminthikum.

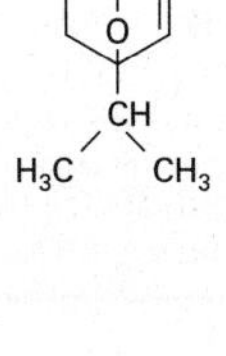

Ascaridol

Ascaris lumbricoides: Spulwurm des Menschen (Stamm Nemathelminthes*). Entw. über Organwechsel; geschlechtsreife Form im Dünndarm des Menschen (Hauptorgan), Wurmbefall des Menschen: Askariasis.

ascarizid: spulwurmtötend.

Aschantinuß: s. Arachis hypogaea.

Aschantipfeffer: s. Piper guineense.

Aschengehaltsbestimmung: Feststellung des Glüh- od. Verbrennungsrückstandes (Asche) org. Verbindungen u. Drogen zur Ermittlung des Reinheitsgrades; vgl. Sulfatasche.

Aschheim-Zondek-Schwangerschaftsreaktion (Selmar A., 1878-1965; Bernhard Z. 1891-1966): Abk. AZR; erster biol. Frühschwangerschaftstest, beruht auf dem Nachw. von gonadotropem Chorionhormon im Frauenharn, s. Schwangerschaftstest.

Asci: s. Ascus.

Asclepiadaceae: Schwalbenwurzgewächse; Fam. der Od. Gentianales; ca. 2500 Arten; meist trop. Kräuter, Epiphyten, Stammsukkulenten, Lianen u. Holzpflanzen mit kompliziertem Blütenbau, z. B. Antheren mit Teilen der Narbe zu einem Gynostegium* verwachsen. **Chem. Merkmale:** Milchsaft mit Triterpenen u. Kautschuk, Alkaloide eher selten, keine Iridoide; Cardenolide, steroidsaponinartige Bitterstoffe (Polyhydroxypregnanglykoside od. -ester). **Wichtige Gattungen:** einige Vertreter: Asclepias* curassavica, Asclepias* syriaca, Asclepias* tuberosa, Calotropis* gigantea, Gymnema* sylvestre, Marsdenia* condurango, Raphionacme* utilis, Vincetoxicum* hirundinaria, Xysmalobium* undulatum.

Asclepias curassavica L.: Indische Seidenpflanze; Fam. Asclepiadaceae (Mittel- u. Südamerika, Tropen). **Inhaltsst.:** Asclepiadin, Asclepion.
Hom: *Asclepias curassavica:* frisches, blühendes Kraut.

Asclepias syriaca L.: A. cornuti Decne, Syrische Seidenpflanze; Fam. Asclepiadaceae (Nordamerika, Südeuropa). Stpfl. von **Rhizoma Asclepiadis cornuti:** Syrische Schwalbenwurzel, Syrische Seidenpflanzenwurzel. **Inhaltsst.:** herzwirksame Glykoside* vom Cardenolidtyp, Bitterstoffe; **Anw.** volkstüml.: bei den Indianern Nordamerikas bei Rückenschmerzen, Wassersucht, Nierengrieß, Warzen.
Hom: *Asclepias syriaca:* frischer Wurzelstock.

Asclepias tuberosa L.: Knollige Schwalbenwurz; Fam. Asclepiadaceae (heim. Nordamerika). Stpfl. von **Rhizoma Asclepiadis tuberosa:** Knollige Schwalbenwurzel, Knollige Seidenpflanzenwurzel. **Inhaltsst.:** Cardenolide; **Anw.** volkstüml.: z. B. bei Bronchitis, Grippe.
Hom: *Asclepias tuberosa:* frischer Wurzelstock; verord. z. B. bei Rippenfellentzündung.

Ascogon: weibl. Gametangium bei den Ascomyzeten; s. Pilze. Die Ascogonen u. die Antheridien (männl. Gametangien) entwickeln sich am gleichen Myzel*, an dem sich auch die Konidien* entwickeln.

Ascokarp (gr. askos Schlauch; karpos Frucht): Fruchtkörper bei Ascomyzeten (Schlauchpilze); s. Pilze. Das A. ist entw. schüsselförmig (Apothecium), flaschenförmig (Perithecium) od. eine geschlossene Hohlkugel (Kleistothecium). Es ist von Asci (s. Ascus) ausgekleidet, in denen Kernverschmelzung u. Meiose* mit Ascosporenbildung stattfinden.

Ascomycetes: s. Pilze.

Ascophyllum nodosum (L.) Le Jolis: Knotentang; Fam. Fucaceae (felsige Küsten des Nordatlantiks). **Inhaltsst.**: 17-20 % Mineralstoffe, zahlreiche Spurenelemente, Alginsäure, Fucoidin, Mannitol, Laminarin, Proteine; Sterole wie Fucosterol*; gerbstoffartige Substanzen wie Fucosan; 0.03-0.1 % Iod, z. T. proteingebunden. Stpfl. von **Fucus:** Tang DAC86; s. Fucus vesiculosus. **Anw.**: (wirtschaftl.) wichtigster Rohstoff zur Herst. von Algenmehl, das als Futtermittelzusatz dient; Best. von (zweifelhaften) Entfettungs- u. Schlankheitspräparaten.

Ascorbinsäure INN: s. Vitamine (Vitamin C).

Ascorbinsäure-Injektionslösung 100 mg/mL: Acidi Ascorbici solutio iniectabilis 100 mg/mL; Zstzg.: Ph.Helv.7 Acidum ascorbicum 11.0 g, Natrii hydrogenocarbonas 5.0 g, Natrii chloridum 2.0 g, Aqua ad iniectabilia ad 100.0 mL. **Anw.**: s. Vitamine (Vitamin C).

Ascorbinsäure-Kapseln 200 mg: s. Capsulae Acidi ascorbici 200 mg.

Ascorbinsäureoxidase: Ascorbatoxidase; ein kupferhaltiges Flavinenzym*, das die Oxidation von Ascorbinsäure zu Dehydroascorbinsäure katalysiert.

Ascorbinsäuretabletten: s. Compressi acidi ascorbici.

Ascosporen: Meiosporen der Ascomyzeten; s. Ascus; vgl. Ascokarp. Aus gekeimten A. entsteht das Myzel der Ascomyzeten; s. Pilze.

Ascus: Meiosporocyste der Ascomyzeten (Schlauchpilze, s. Pilze), in dem meist 8 haploide Ascosporen* erzeugt werden. Die Bildung von Asci erfolgt meist am gleichen Myzel, an dem auch die Konidien* gebildet werden, u. zwar in eigenen Fruchtkörpern; s. Ascokarp.

Asebotoxin: s. Acetylandromedol.

asepal: s. Blüte.

Asepsis: Aseptik; (Prinzip der) Keimfreiheit zur Vermeidung einer Infektion od. Kontamination durch Anw. von Desinfektion* bzw. Sterilisation*. Vgl. Antisepsis.

ASI: s. Arzneimittel-Schnellinformation.

Asiaticosid: s. Centella asiatica.

Asiatsäure: Triterpensapogenin; Strukturformel s. Saponine (Tab. 1).

Askariden: Spulwürmer; Mittel gegen A. s. Anthelminthika.

Asn: Abk. für Asparagin*.

Asomnie: s. Schlaflosigkeit.

Asp: Abk. für Asparaginsäure*.

Aspalathus linearis (Burm. f.) Dahlg.: A. contaminata (Thunb.) Druce; Fam. Fabaceae (Südafrika). Stpfl. von **Herba Aspalathi:** Massaitee, Massaistrauchspitzen, red bush tea, Rooibos Tea, Roiboos Tea, Rotbuschtee; die fermentierten jungen Triebe u. Blätter. **Inhaltsst.**: Flavonoidglykosile, Aspalathin (ein Chalkonglykosil), Gerbstoffe (Gallotannine), wenig äther. Öl (mit u. a. Guajacol). **Anw.**: Genussmittel (coffeinfreier Tee-Ersatz). Die arzneil. Anwendungsgebiete für Rotbuschtee wie Magen- u. Darmverstimmungen, Schlafstörungen, Depressionen, Diabetes mellitus, Arteriosklerose, Allergien od. Hautkrankheiten sind wissenschaftl. nicht belegt.

Asparagin: Asparaginum, L-Asparagin, Abk. Asn; Aminobernsteinsäuremonoamid; CAS-Nr. 70-47-3; $C_4H_8N_2O_3$, M_r 132.1, Schmp. 236 °C, *β*-Halbamid der L-Asparaginsäure, Strukturformel s. Aminosäuren. Nicht essenzielle Aminosäure. Optisch aktiv. Lösl. in Wasser, unlösl. in Ethanol, Ether, Methanol. L-Asparagin u. Asparaginsäure kommen in freier Form u. als Proteinbausteine vermutl. überall im Organismus vor. Im Pflanzenreich weit verbreitet, besonders in Spargel, Schwarzwurzeln, Runkelrüben, Süßholz, auch in Keimlingen von Hülsenfrüchten. **Asparagin-Monohydrat:** Asparaginum monohydricum Ph.Eur.4; $C_4H_{10}N_2O_4$, M_r 150.1. **Off.**: DAB10. **Anw.**: in Infusionslösungen.

L-Asparaginamidohydrolase: s. Asparaginase.

Asparaginase: L-Asparaginamidohydrolase, Colaspase; M_r 130 000-140 000. Verbreitet vorkommendes Enzym, das die Aminogruppe des Asparagins unter Bildung von Ammoniak u. Asparaginsäure hydrolisiert. A. wirkt bei einigen Tumoren u. Leukämien zytostat., da sie nicht mehr ohne weiteres Asparagin aus Glycin bilden können. **Anw.**: Zytostatikum bei Leukämie, Lymphosarkomatose **Dos.**: parenteral i. m. 200 E./kg KG.

Asparaginsäure: Abk. Asp, Aspartinsäure, Acidum asparticum Ph.Eur.4, L-Aspartat, (*S*)-Aminobernsteinsäure; CAS-Nr. 56-84-8; $C_4H_7NO_4$; M_r 133.1, Schmp. 269-271 °C. Opt. aktiv. Proteinogene, für Säugetiere nicht essenzielle Aminosäure von saurem Charakter, bes. in Pflanzen sehr verbreitet z. B. in Spargel, Bohnen-, Kürbis- u. Maiskeimlingen. Asp spielt eine wichtige Rolle im Harnstoffzyklus, für die Purinbiosynthese sowie für die Pyrimidinbiosynthese nach dem Orotsäureweg. Asp steht mit der Oxalessigsäure durch Transaminierung in Beziehung. **Anw.**: in Infusionslösungen; gebräuchl. sind auch Kaliumhydrogenaspartat*-Hemihydrat u. Magnesiumhydrogenaspartat*-Dihydrat.

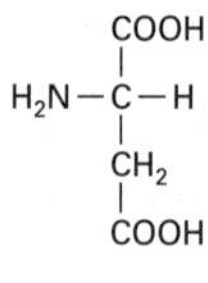

Asparaginsäure

Asparagus officinalis L.: Spargel; Fam. Asparagaceae (Mittel- u. Südeuropa, Vorderasien, Westsibirien). Stpfl. von **Rhizoma Asparagi:** Radix Asparagi, Spargelwurzel. **Inhaltsst.**: Asparagin*, Aminosäuren, Vanillin, Coniferin, Tyrosin, Zucker, Steroidsaponine; **Anw.** volkstüml.: zur

Durchspülung bei entzündl. Erkrankungen der ableitenden Harnwege u. bei Nierengrieß; in den (roten) Beeren, die giftig sein sollen, sind (Steroid-)Saponine enthalten.
Hom: *Asparagus officinalis (HAB1.3):* frische, junge, unterird. Sprosse; verord. z. B. als Diuretikum, bei Herzerkrankungen.

Aspartam: Aspartamum Ph.Eur.4; L-Aspartyl-L-phenylalanin-methylester; CAS-Nr. 22839-47-0; $C_{14}H_{18}N_2O_5$, M_r 294.3. Schmp. 247 °C. Weißes, krist., schwach hygroskop. Pulver; wenig bis schwerlösl. in Wasser. **Anw.:** Süßstoff* (ca. 200-mal süßer als Glucose), der wegen seines angenehmen Geschmacks vor allem zum Süßen von Getränken verwendet wird; vgl. Süßmittel.

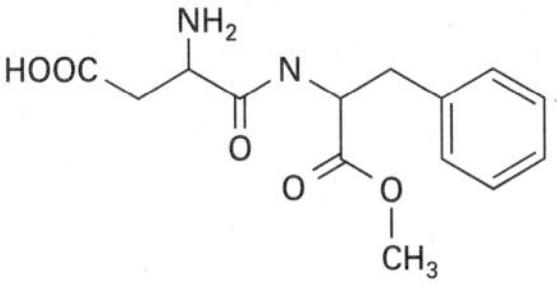

Aspartam

Aspartate: Salze der Asparaginsäure*.

Aspartinsäure: s. Asparaginsäure.

Aspergillus: Gießkannen-Schimmelpilz; Gattungsbegriff für weit verbreitete Fungi imperfecti mit kolbenförmigen Anschwellungen der Konidienträger. Saprophyten auf org. Stoffen, die Aflatoxine* produzieren; einzelne Arten bilden Antibiotika*, andere Arten dienen zur Produktion von Enzymen, die als Substitutionstherapeutika (s. Verdauungsenzyme, vgl. A. niger), eingesetzt werden; selten auch opportunist. Krankheitserreger (z. B. nach Organtransplantation).

Aspergillus niger van Tieghem: schwarzer Gießkannen-Schimmelpilz; schwarz bis schwarzbraun gefärbte Konidienköpfe (besondere Stämme). **Klin. Bedeut.:** verursacht Sensibilisierung der tiefen Atemwege, gelegentl. Erreger von Aspergillose der Haut, des Gehörorgans (Otomykose) u. der Lunge. Findet sich besonders häufig bei Otitis externa. Invasive Infektion od. Aspergillome sind vereinzelt beschrieben. **Anw.** techn.: früher zur industriellen Herst. von Citronensäure u. Pektinase*.

Aspergillustoxine: s. Mykotoxine (Tab.).

Asperula odorata: s. Galium odoratum.

Asphalt: Erdpech, Bergpech, Asphaltum; dunkelbraune bis schwarze, pechartige, brennbare Masse. Wird beim Reiben elektrisch. Schwach lösl. in Ethanol, bis 75 % in Ether, vollständig lösl. in Terpentinöl, Petroleum, Chloroform, Schwefelkohlenstoff. **Vork.:** entstanden wahrscheinl. durch Oxidation von Petroleum (Oleum* Petrae), nat. Asphaltsee auf Trinidad, A.-Kalkstein auf Sizilien, am Toten Meer, Limmer bei Hannover, Travers in der Schweiz. **Anw.** techn.: in Lacken, zum Straßenbau; im Altertum als Einbalsamierungsmittel. **Goudron** ist künstl. A., gewonnen aus Rückständen der Stein- u. Braunkohlendestillation, auch mit nat. A. vermischt.

Asphodelus albus Mill.: A. ramosus, Affodill; Fam. Asphodelaceae (Südeuropa, Spanien, Albanien). Stpfl. von **Radix Asphodeli albi:** Bulbus Asphodeli, Affodillwurzel. **Inhaltsst.:** Hydroxyanthraceenderivate wie Asphodelin, Aloeemodin, Chrysophanol, ferner Phytosterole u. Triterpene sowie Fructane; **Anw.** volkstüml.: z. B. als harntreibendes Mittel; äußerl. bei Hautkrankheiten, Geschwüren.

Asphyxie: Atemdepression od. Atemstillstand u. Herz-Kreislauf-Versagen bei Atemwegverlegung od. Atemlähmung. Notfallsituation, die eine Reanimation erfordert.

Aspidinol: Phloroglucinderivat aus Rhizoma Filicis, s. Dryopteris filix-mas.

Aspidium filix-mas: s. Dryopteris filix-mas.

Aspidosperma quebracho-blanco Schlechtend.: Weißer Quebracho; Fam. Apocynaceae (Südamerika). Stpfl. von **Quebracho cortex:** Cortex Quebracho, Lignum Quebracho, Quebrachorinde. **Off.:** DAC; **Inhaltsst.:** Aspidospermin*, Quebrachin (Yohimbin*), Quebrachamin, Aspidosamin u. a. Alkaloide (bis 1.4 %; nach DAC mind. 1 %, ber. als Yohimbin); ca. 3.5 % Gerbstoffe, Quebrachit (ein Zucker); **Wirk.:** Aspidospermin wirkt auf das Atemzentrum stimulierend; **Anw.** volkstüml.: z. B. als Expektorans, bei Asthma, Bronchitis; Dyspnoe; techn.: Gerbmittel.
Hom: *Quebracho:* getrocknete Rinde des Stammes u. der Zweige; verord. z. B. bei Herzschwäche.

Aspidospermin: $C_{22}H_{30}N_2O_2$; M_r 354.48; Schmp. 208° C; Indolalkaloid aus Arten der Fam. Apocynaceae*.

Aspirant: s. Apotheker (Österreich).

ASS: Abk. für Acetylsalicylsäure*.

Assimilation: Aufnahme u. Umwandlung anorg. u. org. Nahrungsstoffe in körpereigene Stoffe bei Mensch, Tier u. Pflanze; vgl. Dissimilation.

Assimilationsparenchym: Gewebe aus chloroplastenhaltigen Parenchymzellen.

Assistentenprüfung: s. Apotheker (Schweiz); Apothekerassistent.

Assoziat: Vereinigung von mehreren gleichartigen Molekülen über Nebenvalenzkräfte (z. B. Wasserstoffbrückenbindungen u./od. elektrostat. Wechselwirkungen, s. Bindungskräfte, intermolekulare). Die Anzahl der assoziierten Moleküle nimmt meist mit steigender Temp. ab.

Assoziation: reversibles Zusammentreten gleicher Moleküle zu einem Molekülkomplex, wobei keine kovalenten Bindungen gebildet werden.

$$\text{Assoziationsgrad} = \frac{\text{Zahl der Moleküle in Assoziation}}{\text{Gesamtzahl der Moleküle vor der Assoziation}}$$

Beispiel: Dimerisierung von Carbonsäuren in unpolaren Lösungsmitteln. Gegenteil: Dissoziation (s. Dissoziationsgrad). Durch A. verringert sich die effektive Teilchenzahl (s. Aktivität), erkennbar an negativen Abweichungen im Raoult-Gesetz (s. Gefrierpunkterniedrigung).

Assoziationskolloide: s. Kolloide.

Astacus fluviatilis Fabr.: Astacus astacus L., Potamobius fluviatilis L., Cancer astacus L., Flusskrebs; Fam. Astacidae (Europa, in Flüssen u. Bächen); vgl. Krebsauge. Der Flusskrebs ist in Europa nach einer Krebspest-Epidemie selten geworden. Der

geg. diese Seuche immune amerikan. Krebs Cambarus affinis Say. wurde anstelle des Flusskrebses ausgesetzt.
Hom: *Cancer fluviatilis:* Flusskrebs (Tinktur); Ethanolauszug des lebend betäubten u. zerstoßenen Krebses.

Astat: Symbol At; A_r 210; OZ 85. Radioaktives, zu den Halogenen* gehörendes Element, erstmals 1940 durch Alphabestrahlung von Bismut* gewonnen.

Astaxanthin: 3,3'-Dihydroxy-β,β-caroten-4,4'-dion; $C_{40}H_{52}O_4$, M_r 596.8. Schmp. 216 °C. Weit verbreitetes Carotinoid, das meist bei Tieren (z. B. Crustaceen, in den Federn u. der Haut des Flamingos) u. weniger häufig in Pflanzen vorkommt. Es tritt frei, gebunden als Ester (z. B. Dipalmitat) od. als ein blaues, grünes od. braunes Chromoprotein* auf.

Astemizol INN: Astemizolum Ph.Eur.4; 1-(4-Fluorophenyl)methyl-N-{1-[2-(4-methoxyphenyl)ethyl]-4-piperidinyl}-14-benzimidazol-2-amin; CAS-Nr. 68844-77-9; $C_{28}H_{31}FN_4O$, M_r 458.6. Schmp. 175-178 °C (polymorph). Weißes bis fast weißes Pulver, unlösl. in Wasser, leicht lösl. in Dichlormethan u. Methanol, lösl. in Ethanol. **Wirk.** u. **Anw.**: Antihistaminikum (H_1-Antagonist) ohne sedativen Effekt, Prophylaxe u. Behandlung von allerg. Erkrankungen, insbes. allerg. Rhinitis; HWZ 26 h bzw. 228 h (Metaboliten).

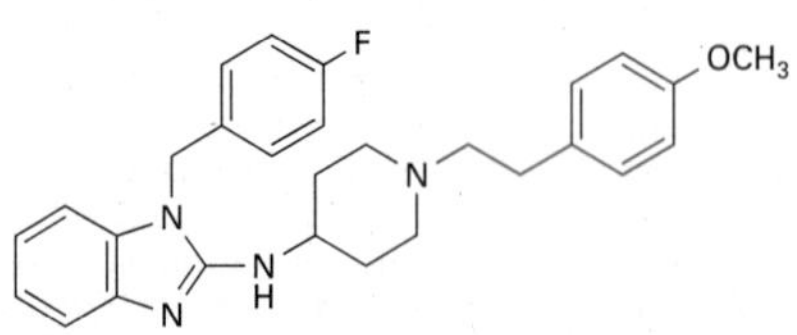

Astemizol

Asteraceae: syn. Tubuliflorae, Röhrenblütige; Fam. der Korbblütler (Compositae) der Od. Asterales (in allen Klimazonen, in den Tropen seltener), sehr artenreich (ca. 20 000). Die Blätter der Kräuter od. Stauden sind meist wechselständig, manchmal gegenständig. Die Einzelblüten, radiäre Röhrenblüten u. zygomorphe Zungenblüten (diese manchmal fehlend), sind zu einem Blütenköpfchen (-körbchen) vereinigt, das scheinbar einer großen Blüte ähnelt (Pseudanthium), s. Abb. Die Blüten stehen häufig in den Achseln von Spreublättern. Der Kelch ist meist zum Pappus reduziert, der der reifen Frucht als Flugorgan dient. Der Fruchtknoten ist unterständig, zweiblättrig. Die Früchte sind meist Achänen (Pericarp mit Samenschale verwachsen). Die eiweiß- u. ölreichen Samen sind endospermlos. **Chem. Merkmale:** Polyine (von denen sich wahrscheinl. biogenet. das Phytomelan* ableitet), Sesquiterpenlactone* (Bitterstoffe, Allergene) u. Polyfructosane (z. B. Inulin*), Pyrrolizidinalkaloide*; äther. Öl wird in Compositendrüsen* od. gestreckten bzw. kugeligen, schizogenen Exkretbehältern gelagert; vgl. Exkretionsgewebe, (Abb.). **Wichtige Gattungen:** Achillea, Achyrocline, Ambrosium, Anacyclus, Antennaria, Arctium, Arnica, Artemisia, Bellis, Calendula, Carlina, Carthamus, Centaurea, Chamaemelum, Chamomilla, Chrysanthemum, Cnicus, Conyza, Cynara, Echinacea, Espeletia, Eupatorium, Grindelia, Haplopappus, Helianthus, Helichrysum, Heterotheca, Inula, Petasites, Prenanthes, Pseudognaphalium, Senecio, Silybum, Solidago, Spilanthes, Stevia, Tussilago.

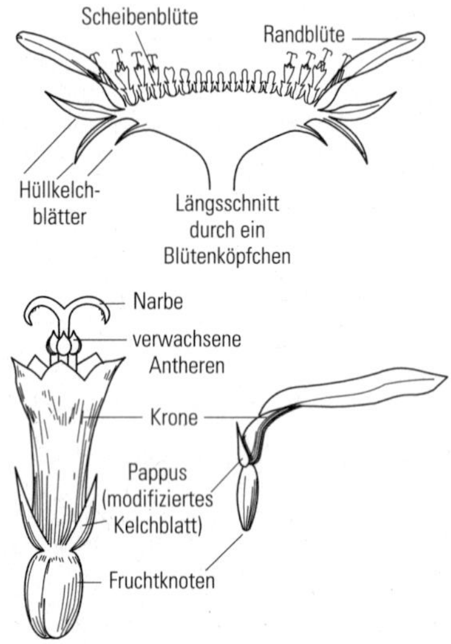

Asteraceae: Aufbau der Blütenstände (oben) u. Blüten (unten) [22]

Asterias rubens L.: Gemeiner Seestern; Fam. Asteriidae (Klasse Asteroidea, Seesterne) (Nordsee u. westl. Ostsee, küstennah). Durchmesser bis 26 cm, rotbraun bis dunkelviolett, fünfarmig. **Inhaltsst.:** bes. im schleimigen Sekret der Hautdrüsen, aber auch z. B. im Magen, wie bei allen Seesternen Steroidsaponine (Asterosaponine, meist 6-Glykosylsteroide).
Hom: *Asterias rubens (HAB1.5):* lebender Seestern 1:2 in 86 % Ethanol getötet und mazerisiert, Zugabe von 8 T. Ethanol 86 %.

Asteroskleireide: s. Idioblast.

Asthenie: schnelle Ermüdbarkeit, Kraftlosigkeit, Schwäche. Asthenisierung ist eine durch Extremsituationen ausgelöste allg. Schwächung; vgl. Adynamie. **Legasthenie**: Lese-Rechtschreib-Störung.

Asthma (gr. Atemnot): anfallweise auftretende hochgradige Atemnot. Bei **Asthma bronchiale** ist die Atemnot Folge einer reversibler Bronchialverengung, die durch Entzündung u. Zunahme der Empfindlichkeit der Atemwege ausgelöst wird und eine Erschwerung der Ausatmung bedingt. Bei **Asthma cardiale** tritt die Atemnot bes. nachts aufgrund einer Lungenstauung mit zusätzl. Krampf der Bronchialmuskeln auf.

Asthmakraut: s. Folia Stramonii nitrata.

Astigmatismus (gr. stigma Punkt, Fleck): Brennpunktlosigkeit, Stabsichtigkeit; verzerrtes Sehen, da parallel einfallende Strahlen nicht in einem

Brennpunkt vereinigt werden. Korrektur durch z. B. Zylindergläser.

Astragalin: 3-*O*-Glucosyl-kämpferol; $C_{21}H_{20}O_{11}$; Schmp. 175-178° C. Flavonolglykosid; vgl. Kämpferol. A. ist enthalten in z. B. Arnica montana, Solidago-, Tilia- u. Podophyllum-Arten.

Astragalus-Arten: Fam. Fabaceae (Leguminosae) (Balkan u. Vorderasien bis zur indischen Grenze); Astragalus gummifer Labill, A. ascendens, A. microcephalus u. zahlreiche andere A.-Arten. Stpfl. von **Tragacantha** Ph.Eur.4: Tragant, Traganth, Gummi Tragacantha; er entsteht durch Vergummung des Marks u. der Markstrahlen sowie Erhärten des ausgetretenen Schleimes, in Knollen od. Blättchen (Blättertragant). Letzterer wird hauptsächl. pharmaz. verwendet; er bildet weiße, durchscheinende, blattartige, bandartige od. sichelförmige, ca. 1-3 mm dicke u. ca. 5 mm breite, oft gestreifte, geruch- u. geschmacklose hornartige Stücke, die mit Wasser zu einer trüben, gallertartigen Masse aufquellen. Die Volumenzunahme bei Wasserzusatz ist vom pH abhängig u. beträgt im Sauren etwa das 13- u. im Neutralen das 43fache. Nach Ph.Eur.4 muss die Durchflusszeit eines aus 1.0 g Tragant, 8 mL Ethanol u. 72 mL Wasser hergestellten Schleimes durch ein 1 m langes Rohrstück (Durchmesser 6 mm) mind. 10 s betragen. Wird Tragant zur Herst. von Emulsionen verwendet, so muss die Durchflusszeit mind. 50 s betragen. **Best.:** 60-70 % Bassorin* (wasserunlösl. aber stark quellend), 30-40 % Tragacanthin* (wasserlösl.), Stärke (nur in minderwertiger Ware), Zucker; **Anw.:** Laxans*, ferner wie Gummi arabicum als Bindemittel, Emulgens (z. B. Emulsio Olei Jecoris Aselli, Ungt. Glycerini). Reagens: gepulverter Tragant zum Klären bei Alkaloidbestimmungen (Chinarinde, Belladonnaextrakt u. a.), ferner in der Kosmetik (Haftmittel für Zahnprothesen) u. in der Lebensmittelindustrie (Verdickungsmittel) sowie techn. zu Appreturen.

Asymptote: (mathemat.) Bez. für eine Kurve, die sich an eine andere Kurve od. Gerade annähert, ohne sie im Endlichen zu berühren.

Aszites: Bauchwassersucht; Ansammlung von Flüss. in der freien Bauchhöhle.

at: (physik.) Einheitenzeichen für Atmosphäre*.

AT: **1.** Abk. für **Alttuberkulin**, s. Tuberkuline. **2.** Abk. für **Antithrombin***.

Ataraktika (gr. ataraktos ruhig): s. Psychopharmaka.

Atar-Analgesie: Kombinationsnarkose unter Anw. eines Ataraktikums (s. Psychopharmaka) neben dem Narkotikum*.

AT1-Blocker: s. Angiotensin-II-Blocker.

Atemkalk: Calcaria absorbens; Gemisch von Erdalkali- u. Alkalihydroxiden, das vorwiegend aus Calcium- u. Natriumhydroxid od. Calcium- u. Bariumhydroxid besteht, durch Schmelzen od. geeignete Hilfsmittel (z. B. Zemente) gekörnt u. mit einem gegen Inhalationsnarkotika indifferenten Indikator für Kohlendioxid versehen ist. **Anw.:** Kohlendioxidbinder vor allem in Narkoseapparaten.

Atenolol INN: Atenololum Ph.Eur.4; (*RS*)-2-[4-(2-Hydroxy-3-isopropylaminopropoxy)phenyl]acetamid; CAS-Nr. 29122-68-7; $C_{14}H_{22}N_2O_3$, M_r 266.34. Schmp. 154 °C. Wenig lösl. in Wasser. Strukturformel s. Sympatholytika (Abb. 1). **Anw.:** Betasympatholytika; stark kardioselektives Pharmakon ohne sympathomimet. Komponente, mit hoher Plasma-HWZ u. geringem First-pass-Effekt; **WW:** A. vermindert die Wirk. von Disopyramid*, Nicotin reduziert die Wirk. von A.; **Dos.:** p. o. 2-mal max. 200 mg/d; HWZ 6-9 h.

atepal: s. Blüte.

ATG: Abk. für **Antithymozytenglobulin***.

atherogen: arteriosklerot. Gefäßveränderungen fördernd, s. Arteriosklerose.

Atherom: Grützbeutel, Balggeschwulst; Bez. für Zysten der Oberhaut im Bereich der Haarfollikel mit unterschiedl. Ätiologie u. Histologie.

Atherosklerose: s. Arteriosklerose.

Atmosphäre: Symbol at, atm, atü; zu vermeidende, SI-fremde physik. Einheiten des Drucks*. Die Einheiten atm, at u. atü sind durch die SI-Einheit* für den Druck*, Pascal* (Pa), ersetzt. Die Druckeinheiten bar (s. Bar), atm u. at sind bis auf wenige Prozent gleich groß; vgl. Erdatmosphäre.

Atmung: **1.** Respiration; Tätigkeit der Lungen, wobei das Hämoglobin des Blutes durch die Alveolarwand Sauerstoff aufnimmt u. Endprodukte des Stoffwechsels, v. a. Kohlendioxid abgibt; Einatmung: Inspiration; Ausatmung: Exspiration. **2.** Oxidativer Stoffwechsel; ein Prozess, bei dem Zellen durch die gesteuerte Reaktion von Wasserstoff mit Sauerstoff zu Wasser Energie in Form von ATP gewinnen. Der Wasserstoff wird durch Abbau von org. Substrat mittels Oxidasen u. Dehydrogenasen gew. u. in ein System von Redoxkatalysatoren (s. Atmungskette), das in der Mitochondrienmembran od. in der Zellmembran von Bakterien lokalisiert ist, eingeschleust. Durch drei Übergänge von einem Redoxkatalysator zum nächsten wird ATP gebildet (s. Atmungskettenphosphorylierung). Am Ende dieser Elektronentransportkette steht ein terminaler Elektronenakzeptor, meist Sauerstoff, seltener das Nitrat-Anion.

Atmungsferment: s. Cytochromoxidase.

Atmungsinhibitor: Verb., die blockierend in die Atmungskette* eingreift. Man unterscheidet drei Typen: **1.** Entkoppler, die die ATP-Synthese verhindern, ohne den Elektronentransport zu beeinflussen; **2.** Hemmstoffe der Atmungskettenphosphorylierung* i. e. S.; **3.** Inhibitoren des Elektronentransports der Atmungskette. Ein Typ 2 hemmt sowohl die Elektronentransportkette als auch die ATP-Bildung. Der Prototyp dieser Gruppe ist Oligomycin, das die Nutzung der energiereichen Zwischenverbindung für die ATP-Synthese hemmt. Andere hemmen das mitochondriale Transportsystem für ATP u. ADP, z. B. das Antibiotikum Bongkreksäure. A. geben Hinweise über die Reihenfolge der Elektronenüberträger in der Atmungskette*. Die Cytochromoxidase*, das Ende der Kette, wird durch Cyanide, Azide u. Kohlenmonoxid gehemmt. Bei letzterem beruht die Toxizität hauptsächl. auf seiner hohen Affinität zu Hämoglobin.

Atmungskette: Elektronentransportkette; ein System von Redoxkatalysatoren, das Elektronen von Atmungssubstraten zu Sauerstoff transportiert.

A

Die dabei gewonnene Energie wird zur Bildung von ATP verwendet (s. Atmungskettenphosphorylierung). Die A. ist bei Eukaryonten* in der Mitochondrienmembran (s. Mitochondrien), bei Prokaryonten* in der Zellmembran lokalisiert. Funktionell ist die A. eng mit dem Tricarbonsäurezyklus* u. dem Fettsäureabbau* verbunden, die Reduktionsäquivalente in Form von NADH u. $FADH_2$ liefern. Gesamtreaktion:
$NADH + H^+ + 1/2\ O_2 \rightarrow H_2O + NAD^+$.
Bei drei Stufen ist die Potenzialdifferenz groß genug, um die notwendige Energie zur Synthese von ATP zu liefern (s. Abb.). Der erste Schritt ist der Elektronenübergang von NADH auf Ubichinone*. Die Elektronen von $FADH_2$ werden erst später eingeschleust u. liefern daher nur zwei Moleküle ATP. Die gebildete ATP-Menge kann durch den P/O-Quotienten angegeben werden (gibt die Anzahl der Phosphat-Ionen an, die pro

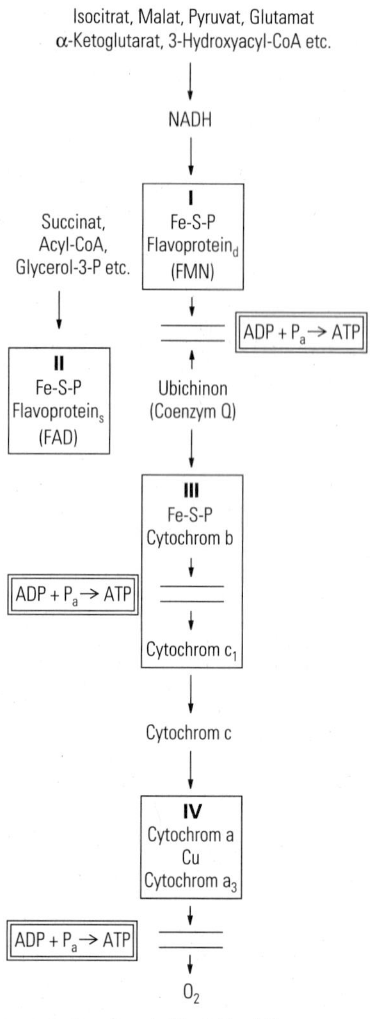

Atmungskette: schemat. Übersicht [23]

Sauerstoffatom in ATP eingebaut werden). Für Atmungssubstrate, die über NADH eingeschleust werden, ist der P/O-Quotient drei. Für Substrate, die durch Flavinnucleotid-Enzyme oxidiert werden, liegt ein Quotient von zwei vor. Die Elektronen werden dann über eine Kette von Cytochromen* weitertransportiert. Am Ende der Kette steht der Cytochromoxidase-Komplex, bestehend aus Cytochrom a, Cu, das den Elektronenübergang zwischen den beiden Cytochromen a vermittelt, u. Cytochrom a_3, der eigentl. Cytochromoxidase, die direkten Kontakt mit dem Sauerstoff aufnimmt.

Atmungsketteninhibitoren: s. Atmungsinhibitor.

Atmungskettenphosphorylierung: oxidative Phosphorylierung; Bildung von ATP in Verb. mit der Atmungskette*, die die dafür notwendige Energie liefert. Die Oxidation von einem Molekül reduzierten Nicotin-adenin-dinucleotid ($NADH + H^+$) liefert drei Moleküle ATP, dagegen ein Molekül reduziertes Flavin-adenin-dinucleotid ($FADH_2$) nur zwei Moleküle ATP. Bei vollständiger Oxidation von einem Molekül Glucose werden 38 Moleküle ATP gebildet, zwei bei der Glykolyse* und bei der A. 36. Der Mechanismus der A. beruht weitgehend auf Hypothesen, z. B. Hypothese der chem. Kopplung, Konformationshypothese u. chemiosmot. Theorie nach P. Mitchell.

Atom: kleinstes Teilchen eines chemischen Elements*. Ein A. ist nicht mit chem. Mitteln, jedoch physik. teilbar; infolge des Gleichgewichts zw. positiv geladenem Atomkern u. negativer Elektronenhülle ist es elektr. neutral; bei Elektronenabgabe entsteht ein positives Ion (Kation), bei Aufnahme ein negatives Ion (Anion); eine chemischen Bindung* zw. mind. 2 Atomen ergibt ein Molekül*.

Atomabsorptionsspektrophotometrie: Atomabsorptionsspektroskopie; s. Spektroskopie.

Atombindung: s. Bindung, chemische.

Atomgewicht: s. Atommasse, relative.

Atomistik: histor. Lehre vom Aufbau der Körper aus Atomen.

Atommasseneinheit: Symbol u; außerhalb des SI* festgelegte Einheit mit beschränktem Anwendungsbereich. Eine atomare Masseneinheit ist der 12. Teil der Masse eines Atoms des Nuklids ^{12}C: $1\,u = 1.6606 \cdot 10^{-27}\,kg$ (vgl. Dalton). In Gramm ausgedrückt entspr. die A. zahlenmäßig dem Kehrwert der Avogadro*-Konstante.

Atommasse, relative: Symbol A_r; die relative Masse eines Atoms, bezogen auf 1/12 der Masse des als Bezugssubstanz gewählten Nuklids ^{12}C (Kohlenstoffstandard). Die relative Atommasse A_r gibt an, wievielmal die Masse des gegebenen Atoms größer (od. kleiner) ist als 1/12 der Masse des Nuklids ^{12}C. Bis 1961 galt als Standard Sauerstoff mit der Masse 16, noch früher Wasserstoff mit der Masse 1. Die absolute Atommasse in Gramm erhält man, indem man die relative Atommasse durch $6.022045 \cdot 10^{23}$ (Avogadro*-Konstante), der Anzahl der in 1 Mol* enthaltenen Atome, dividiert (vgl. Molekül). Die Anw. der relativen Werte ist praktikabler als die Anw. der absoluten Atom- u. Molekülmassen.

Atomnummer: s. Ordnungszahl.

Atomorbital: s. Orbital.

Atomsekunde: s. SI-Einheiten (Sekunde).
Atomsymbole: s. Elemente, chemische.
Atonie (gr. Mattigkeit, Schlaffheit): Erschlaffung infolge fehlender Gewebespannung; s. Hypotonie.
Atopie: Bez. für die auf einer polygenen Vererbung beruhende Überreaktion des IgE-abhängigen Immunsystems. Auslösung der klin. Erscheinungsformen durch Mediatorfreisetzung aus Mastzellen nach Bindung von Allergen-spezif. IgE-Molekülen (s. Immunglobuline); Aufrechterhaltung der Symptome durch chron. Entzündung mit Infiltrat von T-Zellen und Makrophagen; das Erscheinungsbild wird durch zahlreiche Einflüsse moduliert. **Klin. Erscheinungsformen:** atop. Ekzem, Rhinitis allergica, exogen-allerg. Asthma bronchiale, allerg. Konjunktivitis, allerg. Enteritis, selten in Form einer Urtikaria; Vork. in unterschiedl. starker Ausprägung bei 10-15 % der Bevölkerung; s. Allergie, vgl. Anaphylaxie.
Atorvastatin INN: (3*R*,5*R*)-2-(4-Fluorphenyl)-β,δ-dihydroxy-5-(1-methylethyl)-3-phenyl-4-(phenylamino)carbonyl-1*H*-pyrrol-heptansäure; CAS-Nr. 134523-00-5; $C_{33}H_{35}FN_2O_5$, M_r 558.65. **Wirk.** u. **Anw.:** HMG*-CoA-Reduktasehemmer, senkt LDL-Cholesterol- u. Triglyceridkonz. im Plasma; **UAW:** selten Störungen der Muskel- u. Leberfunktion u. des Verdauungstraktes; **Dos.:** 10-80 mg. Gebräuchl. ist A.-Calcium.

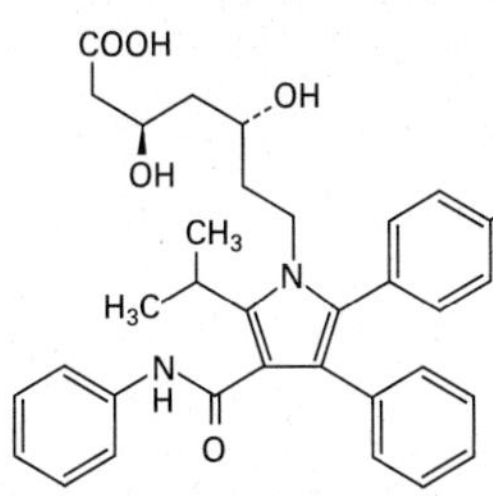

Atorvastatin

Atosiban INN: 1-(3-Mercaptopropionyl)-2-(D-4-ethoxyphenylalanyl)-4-L-threonin-8-L-ornithin-oxytocin; CAS-Nr. 90779-69-4; $C_{43}H_{67}N_{11}O_{12}S_2$, M_r 994.2. Synthet. Peptid. **Wirk.:** kompetitiver Antagonist am Oxytocin*-Rezeptor; **Anw.:** Wehenhemmung bei drohender Frühgeburt (24.-33. Schwangerschaftswoche); **UAW:** evtl. Übelkeit; **Dos.:** Injektion einer Bolus*-Dosis, danach 18 mg/h für 3 h und 6 mg/h für max. 45 h, Dauerinfusion.
Atovaquon INN: *trans*-2-[4-(*p*-Chlorphenyl)cyclohexyl]-3-hydroxy-1,4-napthochinon; CAS-Nr. 95233-18-4; $C_{22}H_{19}ClO_3$, M_r 366.84. **Wirk.** u. **Anw.:** Antiprotozoenmittel*, wirksam gegen Pneumocystis carinii (bei HIV*-Erkrankung) sowie Toxoplasmose- u. Malariaerreger; Hemmung des mitochondrialen Elektronentransports auf der Ebene des Cytochrom-bc1-Komplexes, IC_{50} 0.23-1.43 ng/mL; **UAW:** Exantheme, Erbrechen, Diarrhö, erhöhte Leberenzymwerte, Anämie; **Dos.:** p.o. 3×250 mg/d (gemeinsam mit fettreicher Nahrung); HWZ 2-3 d. **A./Proguanil-Kombinationspräparat:** Die fixe Kombination von A. 250 mg und Proguanil 100 mg wird zur Prophylaxe u. Behandlung der akuten, unkomplizierten Malaria tropica eingesetzt. Es wird empfohlen, wenn Resistenzen gegenüber anderen Malariamitteln bestehen. **Wirk.:** wirksam gegen Blutschizonten u. Leberschizonten; vgl. o.; wird durch Proguanil synergist. potenziert; s. Proguanil; **UAW:** Anämie, Neutropenie, Panzytopenie, Hyponatriämie, abdominelle Schmerzen, Übelkeit, Erbrechen, Durchfall, erhöhte Leberenzymwerte, Kopfschmerz, Hautausschlag; **Dos.:** 4-mal tägl. 1 Tablette über 3 Tage.

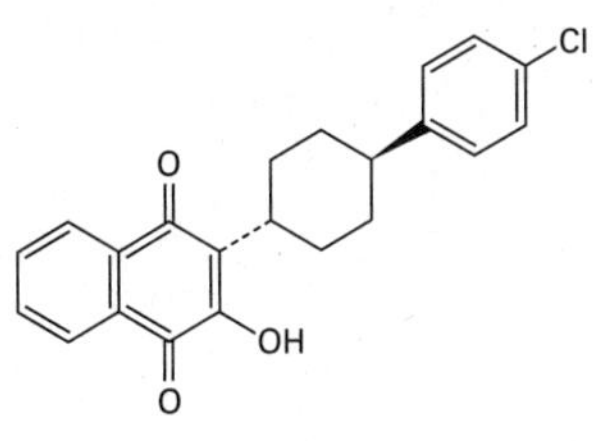

Atovaquon

atoxisch: nicht giftig.
ATP: Abk. für **A**denosin**tri**phosphat; s. Adenosinphosphate.
ATPase: s. Adenosintriphosphatase.
ATPase-Inhibitor: s. Protonenpumpenblocker.
ATP-Synthase: F_0F_1-ATPase, H^+-ATPase; Enzymkomplex auf der Oberfläche der inneren Mitochondrienmembran, der die protonenmotor. Kraft in ATP umwandelt, indem aus ADP u. Phosphat ATP synthetisiert wird. Der Enzymkomplex be-

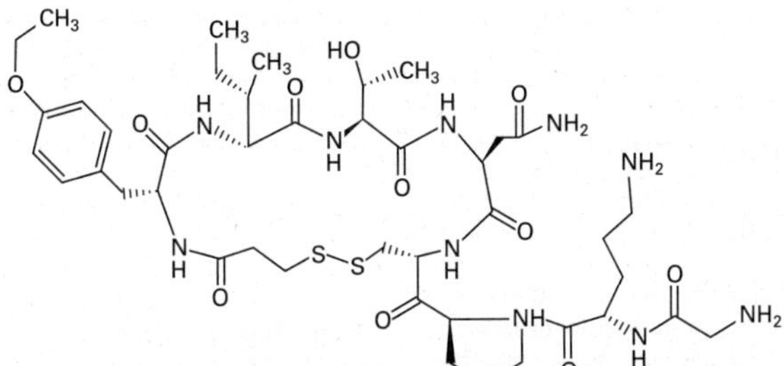

Atosiban

A

steht aus einer Protonen leitenden hydrophoben F_0-Einheit und der katalyt., ATP-synthetisierenden F_1-Einheit u. ist maßgebl. für die ATP-Synthese verantwortlich; vgl. Adenosinphosphate.

Atractylodes macrocephala Koidz.: Großköpfige Atractylodeswurzel, (chines.) Bai zhu; Fam. Asteraceae; eine 30-80 cm hohe Staude. Stpfl. von **Atractylodis macrocephalae rhizoma:** in der TCM bekannte Wurzelstockdroge. **Inhaltsst.:** in der Droge 0.4-1.4 % äther. Öl mit Atractylon u. Atractylenolid II, III, Polyacetylenverbindungen; **Wirk.:** Atractylon wirkt antihepatotoxisch u. hemmt die Lipidperoxidation; **Anw.** volkstüml.: in der TCM bei Verdauungsstörungen, Durchfallerkrankungen, Appetitlosigkeit, Erbrechen, übermäßiger Schweißbildung, Harnverhalten.

Atractylodeswurzel, Großköpfige: s. Atractylodes macrocephala.

Atracuriumbesilat INN: $C_{65}H_{82}N_2O_{18}S_2$, M_r 1243.5. Schmp. 85-90 °C. **Anw.:** nicht depolarisierendes Muskelrelaxans, hemmt die neuromuskuläre Erregungsübertragung; **UAW:** Hautrötung, Blutdruckabfall; **Dos.:** 0.3-0.6 mg/kg KG; vgl. Cisatracuriumbesilat.

Atrazin: 2-Chlor-4-ethylamino-6-isopropylamino-1,3,5-triazin; $C_8H_{14}ClN_5$; M_r 215.7; Schmp. 175-177 °C. **Anw.:** selektives system. Herbizid, vorwiegend in Maiskulturen verwendet; s. Schädlingsbekämpfungsmittel (Herbizide).

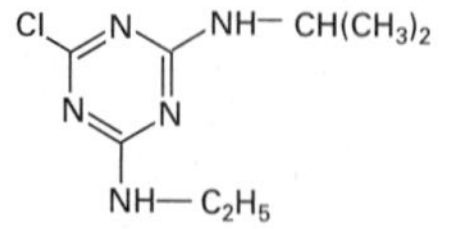

Atrazin

atrioventrikular: Abk. AV; zw. Herzvorhof u. Herzkammer gelegen od. beide betreffend.

Atrioventrikularknoten: s. AV-Knoten.

Atriplex hortensis L.: Melde, Gartenmelde; Fam. Chenopodiaceae (Europa, Vorderasien). Stpfl. von **Herba Atriplicis:** Gartenmeldenkraut. **Inhaltsst.:** Saponine mit Oleanolsäure als Sapogenin, Betalaine, Flavonoide wie Quercetin u. Kämpferol, Spurenelemente, Vitamin C, Oxalat; **Anw.** volkstüml.: Aufguss bei Erkrankungen der Verdauungsorgane, Atemwege (wegen der Saponine) u. bei Blasen- u. Nierenleiden; auch als Gemüse u. Futtermittel; bei übermäßigem Verzehr Hautschäden (Atriplizismus).

atrop: s. Samenanlage.

Atropa belladonna L.: Tollkirsche, Schlafkirsche, Waldnachtschatten; Fam. Solanaceae (Europa; Waldlichtungen, Kahlschläge). 50-150 cm hohe Staude; breitlanzettl., dünne Blätter, im Blütenbereich Blätter gepaart (ein größeres u. ein kleineres); die schmutzig violetten Blüten sind glockenförmig; kirschgroße, süß schmeckende (!) schwarze Beeren (mit ca. 0.7 % Tropanalkaloiden), von denen 3 Stück für ein Kind tödl. sein können; s. Atropin. Stpfl. von **Belladonnae folium:** Folia Belladonnae, Tollkirschenblätter, Belladonnablätter; die getrockneten Blätter mit od. ohne blühende Zweigspitzen, evtl. auch mit vereinzelten Früchten. **Off.:** Ph.Eur.4; **Inhaltsst.:** ca. 0.5 % Tropanalkaloide, hauptsächl. L-Hyoscyamin (nach Ph.Eur.4 mind. 0.3 % Gesamtalkaloide, ber. als L-Hyoscyamin), daneben u. a. Atropin, Apoatropin*, Belladonnin (dimeres Apoatropin), Scopolamin (Hyoscin), *N*-Methylpyrrolin, *N*-Methylpyrrolidin, Pyridin, Cholin, 8-9 % Gerbstoffe, Cumarine (Scopoletin*, Scopolin), Flavonylglykoside; **Anw.:** Droge u. eingest. Belladonnapulver finden keine therap. Anw. mehr. Gebräuchlich sind Arzneimittel mit standardisierten Extrakten, isolierten Reinalkaloiden bzw. partialsynthetisch abgewandelte Derivate des Hyoscyamins u. Scopolamins, vgl. Atropin; **Belladonnae pulvis normatus:** eingestelltes Belladonnapulver (aus dem Blatt), Folium Belladonnae titratum, eingestelltes Tollkirschenblatt; pulverisierte Belladonnablätter, die, falls erforderl., auf einen Gesamtalkaloidgeh. von 0.28-0.32 % mit Hilfe pulverisierter Lactose od. pulverisierten Belladonnablättern mit geringerem Alkaloidgeh. eingestellt werden; ber. als Hyoscyamin (M_r 289.4) u. auf die bei 100-105 °C getrocknete Droge bezogen. **Off.:** Ph.Eur.4; **Belladonnae folii extractum siccum normatum:** eingestellter Belladonnablättertrockenextrakt; hergestellt aus Belladonnablättern (mit Ethanol 70 %), Gehalt: mind. 0.95 u. höchstens 1.05 % Alkaloide, berechnet als Hyoscamin, bezogen auf den getrockeneten Extrakt. **Radix Belladonnae:** Belladonnae radix, Tollkirschenwurzel, Belladonnawurzel. **Off.:** DAC, ÖAB90; **Inhaltsst.:** 0.3-0.9 % Alkaloide (ÖAB90: mind. 0.45 %, ber. als Hyoscyamin; DAC86: mind. 0.35 %), die gleichen Alkaloide wie B. folium, jedoch quantitative Unterschiede. So weist die Wurzel einen höheren Hyoscyamin- u. Belladonningeh. auf. Ferner enthalten sind Cuskhygrin*, Gerbstoff (10 % u. mehr); die spasmolyt. wirkenden Flavonoide des Blattes fehlen in der Wurzel. **Anw.:** bei Spasmen u. kollikartigen Schmerzen im Bereich des Gastrointestinaltraktes u. der Gallenwege; die therap. Verwendung der Droge ist heute nicht mehr gebräuchlich.

Hom: *Atropa belladonna (HAB1.1),* Belladonna, Atropa belladonna Rh (HAB1.4): am Ende der Blütezeit gesammelte ganz frische Pflanze ohne verholzte Stängelteile; Konstitutionsmittel; verord. z. B. bei Infektfieber, Scharlach, Angina, Otitis, Krampfhusten, Koliken, Erregungszuständen, Schlafstörungen.

Atropa mandragora: s. Mandragora officinarum.

Atropasäure: α-Phenylacrylsäure. Schmp. 106-107 °C. Sdp. 267 °C (unter Zers.). Farblose Kristalle, wenig lösl. in Wasser, lösl. in Ethanol, Ether, Benzol, Chloroform, Schwefelkohlenstoff. **Darst.:** aus Tropasäure* od. bei der Spaltung von Atropin mit rauchender Salzsäure.

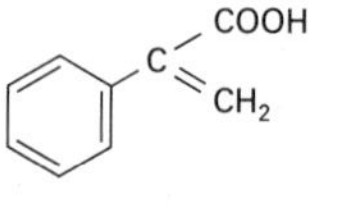

Atropasäure

Atrophie: Rückbildung eines Organs od. Gewebes infolge Verkleinerung der Zellen od. Abnahme der

Zellzahl aufgrund von z. B. Unterernährung, Durchblutungsstörungen, Inaktivität.

Atropin: Atropinum Ph.Eur.4, DL-Hyoscyamin; DL-Form des Tropasäureesters von Tropin*; CAS-Nr. 51-55-8; $C_{17}H_{23}NO_3$, M_r 289.38. Schmp. 115-117 °C. Das native Alkaloid (L-Hyoscyamin*) geht während des Gewinnungsprozesses in die racem. DL-Form (Atropin) über. Farblose Kristalle, sehr schwer lösl. in Wasser, lösl. in Ethanol, Ether, fetten Ölen, Chloroform. **Vork.:** Alkaloid in Solanaceae (Atropa belladonna, Datura stramonium, Hyoscyamus niger u. a.); **Wirk.:** als Parasympatholytikum bewirkt A. am Herzen eine Zunahme der Schlagfrequenz u. eine Verkürzung der atrioventrikulären Überleitung, ferner Hautgefäßerweiterung u. Wärmegefühl, Hemmung der glatten Muskulatur des Magen-Darm-Traktes, der Harnblase, der Gallenwege u. Bronchien. Speichel-, Schweiß-, Magensaft- u. Bronchialsekretion werden gehemmt. Am Auge führt A. durch Erschlaffung des Musculus sphincter pupillae zur Pupillenerweiterung (Mydriasis). Die Wirk. auf das ZNS äußert sich sowohl in motor. Erregung als auch Dämpfung, ferner in Delirien u. Halluzinationen. **Anw.:** Spasmolytikum* bei Magen- u. Darmkrämpfen, Asthma, Obstipation, Keuchhusten, Gefäßkrämpfen, Blasentenesmen, Koliken; ferner bei Epilepsie u. Chorea, äußerl. Mydriatikum*; Gegengift bei Digitalis-, Muscarin-(Pilz-), Pilocarpin-, Physostigmin-, Barium- u. Blei-Vergiftungen; **Dos.:** MED 1 mg, MTD 3 mg; HWZ 13-38 h; **Tox.:** A. ist ein starkes Gift mit individuell sehr unterschiedl. Empfindlichkeit; von Säuglingen u. Kleinkindern wird es meist schlecht vertragen; Tod infolge Atemlähmung; LD 0.05-0.2 g. Antidot: Magenspülung, Pilocarpin, Physostigmin. Auch bei Tieren ist die Giftwirkung außerordentl. versch.; so sind z. B. Ziegen, Kaninchen, Wachteln, Fasane resistent gegen A., der Genuss ihres Fleisches kann jedoch tox. wirken. Katzen, Hunde, Pferde, Kühe sind sehr empfindl. gegen A.; vgl. Atropinsulfat.

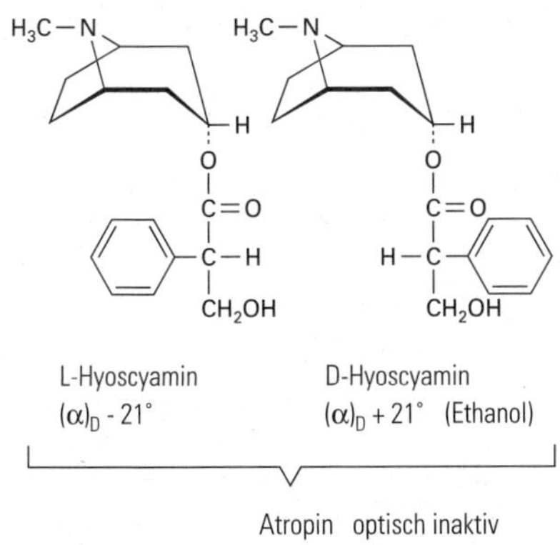

Atropin

Atropin, baldriansaures: s. Atropinvalerianat.

Atropinbrommethylat: s. Atropinmethylbromid.

Atropini sulfatis oculoguttae: s. Augentropfen (Atropinsulfat-Augentropfen).

Atropini sulfatis solutio iniectabilis: s. Atropinsulfat-Injektionslösung.

Atropinmethylbromid: Methylatropini bromidum Ph.Eur.4, Atropinum methylobromatum, Methylatropiniumbromid, Methylatropinium bromatum, Atropinbrommethylat; $C_{18}H_{26}BrNO_3$, M_r 384.33. Schmp. ca. 215 °C (unter Zers.). Weiße Kristalle, leicht lösl. in Wasser, lösl. in Ethanol, wenig lösl. in Chloroform. **Darst.:** Einw. von Methylbromid auf Atropin; **Anw.** med.: wie Atropinsulfat*; **Dos.:** MED 1 mg, MTD 3 g.

Atropinmethylnitrat: Methylatropini nitras Ph.Eur.4, Methylatropiniumnitrat, Atropinmethonitrat, Methylatropinium nitricum; CAS-Nr. 52-88-0; $C_{18}H_{26}N_2O_6$, M_r 366.42. Schmp. 163 °C. Weißes, krist., polymorphes, geruchloses Pulver von bitterem Geschmack; leicht lösl. in Wasser u. Ethanol, sehr schwer lösl. in Ether u. Chloroform. **Anw.:** s. Atropin (jedoch weniger tox.), äußerl. als Mydriatikum (1-5 %ige Lsg.), oral bei spast. Zuständen im Verdauungskanal (1-2 mg); vgl. Homatropinhydrobromid.

Atropin, schwefelsaures: s. Atropinsulfat.

Atropinsulfat: Atropini sulfas Ph.Eur.4, Atropinum sulfuricum, schwefelsaures Atropin; CAS-Nr. 5908-99-6 (wasserfrei: CAS-Nr. 55-48-1); $C_{34}H_{48}N_2O_{10}S \cdot H_2O$, M_r 694.8. Schmp. ca. 190 °C (unter Zers.). Weiße Kristalle, leicht lösl. in Wasser u. Ethanol, fast unlösl. in Chloroform u. Ether. **Darst.:** Lösen von Atropin in alkohol. Schwefelsäure; **Anw.** med.: gebräuchlichstes Atropinsalz bei Epilepsie, Asthma bronchiale, Magengeschwüren, Speichelfluss, Nachtschweiß u. a., s. Atropin; **Dos.:** 0.3-0.5 mg; äußerl. zu Augentropfen 0.2 %ig, s. c. 0.5-1 mg bei Neuralgien, Krämpfen. MED 5 mg, MTD 10 mg. Antidot: s. Atropin.
Hom: *Atropinum sulfuricum (HAB1):* verord. z. B. bei Krämpfen der glatten Muskulatur, Migräne.

Atropinsulfat-Augentropfen: s. Augentropfen.

Atropinsulfat-Injektionslösung 0.1 %: Atropini Sulfatis solutio iniectabilis 0.1 per centum, Sol. Atropini sulfurici pro iniectione; Zstzg.: DAC86, Geh. 0.09-0.1 % (m/V) Atropinsulfat, 0.88 g NaCl, ca. 0.1 mL Salzsäure 10 % zur Einstellung auf pH 3. **Anw.:** Parasympatholytikum, z. B. zur Narkosevorbereitung; **Inkomp.:** alkal. reagierende Stoffe, pH-Wert über 5.5; **Dos.:** 1-3mal 0.5-1.0 mL s. c. od. i. v.

Atropinum methylobromatum: s. Atropinmethylbromid.

Atropinum sulfuricum: s. Atropinsulfat.

Atropinum valerianicum: s. Atropinvalerianat.

Atropinvalerianat: Atropinum valerianicum, baldriansaures Atropin; $C_{17}H_{23}NO_3 \cdot C_4H_9COOH \cdot 0.5\,H_2O$. Weiße, etwas nach Baldrian riechende Kristalle, leicht lösl. in Wasser u. Ethanol. **Anw.:** früher wie Atropinsulfat*.

Atropisomere: Verb., deren Isomerie aufgrund der Behinderung der freien Drehbarkeit um eine Einfachbindung zustande kommt. Beispiel: Biphenylverb. mit ortho-ständigen Substituenten; s. Abb., vgl. Chiralität.

Atroscin: Atroscinum; $C_{17}H_{21}NO_4 \times H_2O$; Racemat des Scopolamin*. Farblose Kristalle, lösl. in Ethanol, Ether, fetten Ölen, Chloroform. **Anw.** med.: Mydriatikum wie Scopolamin*.

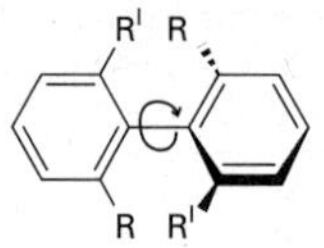

Atropisomere

Attenuierung: Abschwächung der Virulenz* von Krankheitserregern unter Erhaltung der antigenen Eigenschaften. Möglich z. B. durch häufige Kultur- od. Tierpassagen od. chemisch; Verfahren zur Herst. von Lebendimpfstoffen (u. a. Masern-, Röteln-, Mumps-, Gelbfieber-Impfstoff, BCG-Stamm zur Tuberkuloseschutzimpfung).

Attichbeeren: s. Sambucus ebulus.

Atto-: Symbol a; gesetzl. Vorsatz für das 10^{-18}fache einer Grundeinheit; vgl. SI-Einheiten.

Attraktant: s. Chemotaxis.

atü: (physik.) Einheitenzeichen für Atmosphärenüberdruck; vgl. Atmosphäre.

Au: (chem.) Symbol für Gold*, Aurum.

Aubèpine: s. Anisaldehyd.

Aubergine: s. Solanum melongena.

AUC: Abk. (engl.) **a**rea **u**nder the **c**urve; Fläche unter der Blutspiegel/Zeit-Kurve. AUC ist in vielen Fällen (bei sog. linearer Kinetik) ein Maß für den resorbierten Anteil eines gegebenen Arzneistoffes; s. Bateman-Funktion, Bioverfügbarkeit, Gesetz der korresponierenden Flächen.

Aucuba japonica Thunb.: Aukube, Japanische Goldorange; Fam. Cornaceae (Mittel- bis Ostasien). Giftige Zierpflanze. **Inhaltsst.:** in allen T. 1-3 % Aucubin; Strukturformel s. Plantago lanceolata (Abb.).

Aucubin: Iridoidglykosid mit dem instabilen Aglucon Aucubegenin (antibiot. wirksam); Strukturformel s. Plantago lanceolata (Abb.); Bitterstoff. Inhaltsst. in vielen Pflanzen, z. B. in Aucuba* japonica, Galium* verum, Vitex* agnus-castus, Plantago-Arten u. insbes. Scrophulariaceae*.

Audit: (engl.) *Prüfung*; systemat. u. unabhängige Überprüfung von Verfahren, Abläufen u. Dokumentationen. Formal werden unterschieden: **1.** externe Qualitätsaudits (z. B. Kontrolle von Lohnherstellern); **2.** Kundenaudits (Befragung bzgl. der Kundenzufriedenheit); **3.** Zertifizierungsaudits (externe Kontrolle z. B. durch Behörden); **4.** interne Audits (Qualitätsüberprüfung für interne Zwecke).

Aufbaugranulate: s. Granulieren.

Aufbaustoffwechsel: s. Anabolismus.

Aufbrechverschluss: Abbrechverschluss, Abdrehverschluss, Abreißverschluss, Abschneideverschluss, Aufreißverschluss; einfache Verschlussart von Einzeldosispackungen* ohne spezielle techn. Probleme. **Halbfeste Arzneiformen:** Ein A. wird bei der Verpackung halbfester Arzneiformen, z. B. Salben (s. Unguenta) u. Gele*, beim Herstellen von Tuben aus Kunststoff angebracht. Zum Abfüllen u. Verschließen der vorgefertigten Behältnisse s. Tuben. **Flüssige Arzneiformen:** Einzeldosierte flüssige Arzneiformen von 3 mL an aufwärts werden auf Form-*, Füll- u. Verschließmaschinen in Kunststoffflaschen mit A. verpackt od. in vorgefertigte Flaschen mit A. abgefüllt u. danach zugeschweißt. Anstelle von Kunststoffflaschen kommen auch beutelförmige (5-20 mL) u. becherförmige (ab 2 mL) Behältnisse mit A. zum Einsatz. Hergestellt, abgefüllt u. verschlossen werden die Beutel meist auf Schlauchbeutelmaschinen. Als **Verpackungsmaterial** dienen Ein- od. Mehrschicht-Kunststofffolien od. Aluminiumverbundfolien*. Die einzelnen Beutel können zu leicht trennbaren Streifen zusammengefasst sein. Becher werden auf Formpackmaschinen hergestellt u. bestehen aus einem tiefgezogenen Behältnisteil aus Aluminiumverbund- od. Kunststoffolie, der nach dem Füllen mit einer flachen mit Heißsiegellack versehenen Aluminiumverbundfolie abgedeckt u. versiegelt wird (vgl. Blister). Mehrere Becher können zu leicht abtrennbaren Streifen vereinigt sein. **Einzeldosispipetten:** Für Dosiermengen unter 2 mL eignen sich als Verpackung Einzeldosispipetten mit A. aus Kunststoff, die auf gleiche Weise wie die Kunststoffflaschen hergestellt, gefüllt u. verschlossen werden (s. o.). Einzeldosispipetten bestehen aus dem eigentl. Behältnis u. einer dem jeweiligen Applikationsort angepassten Verlängerung, an deren Ende der A. angebracht ist. Sie haben als Behältnisse für keimfreie flüssige Arzneiformen (Augen-, Nasen- u. Ohrenpräparate) Bedeutung erlangt. Einzeldosispipetten werden entweder auf Kunststoff-Spritz- od. -Blasmaschinen (s. Spritzgießen, Blasen) geformt, entkeimt, auf eigenen Anlagen gefüllt u. auf der Behältnisunterseite verschweißt od. direkt auf Form-, Füll- u. Verschließmaschinen hergestellt. Im letzten Fall ist ein zusätzl. Entkeimungsverfahren nicht erforderlich. Die Einzeldosispipetten sind meist in leicht trennbaren Streifen zusammengefaßt. **Ampullen:** Ampullen* aus Glas als Behältnisse für Injektionslösungen für Volumina von 1-10 mL besitzen einen A., der entweder nach Anfeilen od. direkt bei Vorhandensein eines Sollbruchringes durch Abbrechen des Spießes geöffnet wird. Der A. erfüllt meist die Anforderungen, die an einen Garantieverschluss* gestellt werden.

Aufbrennampulle: s. Ampullen.

Aufdampfen: Herstellen von Überzügen aus Metallen u. anorg. Stoffen auf z. B. Metalle, Kunststoffe u. Glas. Die Überzugsmaterialien werden im Vakuum verdampft u. die Dämpfe auf den zu überziehenden Teilen niedergeschlagen.

Auffrischungsimpfung: erneute aktive Impfung (Antigengabe), wenn der Antikörpertiter abfällt, nutzt den Booster*-Effekt.

Aufgüsse: Infusa, Heißaufgüsse; wässrige Drogenauszüge*. **Herst.:** 1 T. Droge wird in der vorgeschriebenen Zerkleinerung mit 3-5 T. Wasser mehrmals durchgeknetet u. 15 min stehengelassen. Der Ansatz wird mit dem restl. zum Sieden erhitzten Wasser übergossen u. im Wasserbad 5 min lang auf einer Temp. von 90 °C gehalten. Der Ansatz wird bedeckt bis zur Abkühlung (ca. 30 °C) stehengelassen. Der Drogenrückstand wird schwach ausgepresst. Ein ev. fehlendes Gewicht wird ergänzt, indem man den Drogenrückstand mit der erforderl. Menge kalten Wassers übergießt, schwach abpresst u. mit diesem Auszug auf das vorgeschriebene Gewicht auffüllt. Das Durchkneten der vorgefeuchteten Droge (Kaltmazeration) bewirkt eine verstärkte Quellung der geschrumpften Zellen der eingesetzten Droge u. damit eine verbesserte Diffusion der Zellinhaltsstoffe. Andererseits können bei diesem Vorgang Enzyme aktiviert werden, die die Inhaltsstoffe schädigen. Mikroorganismen werden unter diesen Bedingungen im Wachstum eher gefördert als gehindert. Bei Alkaloiddrogen erfolgt ein Säurezusatz (org. Säuren, oft Citronensäure aus Geschmacksgründen), um die schwer wasserlösl. Alkaloide in gut lösl. u. vollständig extrahierbare Salze zu überführen.

Aufladung, elektrostatische: s. Antistatika.

Auflösung: Übergang eines Feststoffs in die molekulardisperse Verteilung in einer Flüssigkeit. Die Auflösung eines kristallinen Stoffes beinhaltet den Abbau des Kristallgitters ähnl. dem Schmelzen in die einzelnen Gitterbausteine u. deren Vermischung mit dem Lösungsmittel. Dem thermodynam. Parameter Löslichkeit steht der kinet. Aspekt Auflösungsgeschwindigkeit* gegenüber. Die Auflösung kann bes. bei schlecht wasserlösl. Arzneistoffen der geschwindigkeitsbestimmende Schritt der Invasion sein (vgl. Dissolutiontest, Wirkstofffreisetzung).

Auflösungsgeschwindigkeit: Geschwindigkeit, mit der sich ein fester Stoff in einer Flüss. molekulardispers verteilt. Die A. wird unter physiol. Bedingungen prakt. immer durch Diffusion gesteuert u. kann näherungsweise durch die Gleichung nach Noyes-Whitney od. Nernst-Brunner beschrieben werden:

$$dC/dt = \frac{D \cdot F}{d \cdot V} \cdot (C_s - C_t)$$

dC/dt: Geschwindigkeit der Auflösung (zeitl. Konzentrationszunahme); D: Diffusionskoeffizient; d: Dicke der adhärierenden Schicht (Diffusionsschicht); V: Volumen des Lösungsmittels; F: Kontaktfläche zw. Festkörper u. Lösungsmittel; $C_s - C_t$: Konzentrationsdifferenz zw. gesättigter Lsg. u. der Konz. der Lsg. zur Zeit t.

Bei schwer lösl. Stoffen wird $(C_s - C_t)$ sehr klein; durch Vergrößerung der Oberfläche F (Mikronisierung des Feststoffs) ist i. d. R. eine wesentl. schnellere Auflösung zu erzielen. Die Geschwindigkeitskonstante der Auflösung kann graph. bestimmt werden (s. Sigma-minus-Plot). Häufig wird auch das Kubikwurzelgesetz nach Hixson-Crowell herangezogen:

$$\sqrt[3]{\frac{M}{M_0}} = k \cdot t$$

M: Feststoffmasse zur Zeit t; M_0: Feststoffmasse bei Versuchsbeginn.
In die Konstante k gehen Oberfläche, Konvektion u. Konzentrationsgefälle ein. Zur Interpretation prakt. Auflösungskurven, wie sie beim Dissolutiontest* auftreten, hat sich eine Linearisierung mit Hilfe des Sigma-minus-Plots, des Quadratwurzelgesetzes* nach Higuchi od. der RRSB-Funktion bewährt.

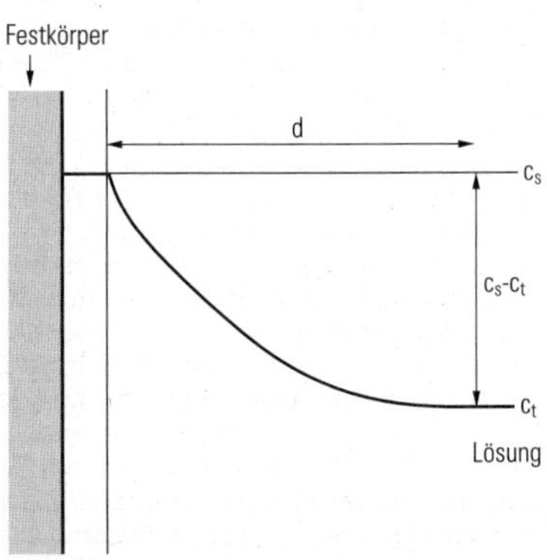

Auflösungsgeschwindigkeit

Auflösungsvermögen: s. Mikroskop.

Auflösungszeit, mittlere: (engl.) ***mean dissolution time***; Abk. MDT; arithmet. Mittel der Zeiten, die die einzelnen Moleküle zur Auflösung benötigen. Die MDT (in vitro) wird oft auch als $t_{diss\text{-}vitro}$ bezeichnet u. errechnet sich anhand der Auflösungskurve nach der Formel:

$$MDT_{In-vitro} = \frac{ABC}{C_\infty}$$

ABC: Fläche zw. der Auflösungskurve, c_0 u. der Ordinate; c_∞: Grenzkonz. nach vollständiger Lösung
Die MDT (in vitro) verhält sich reziprok zur Geschwindigkeitskonstanten der Auflösung u. kann oft mit der MDT (in vivo) korreliert werden. Vgl. mean times, In-vitro/In-vivo-Korrelation.

Aufrahmen: Anreicherung der meist spezif. leichteren dispergierten Ölphase im oberen Teil von Emulsionen* (Typ O/W). Gleichzeitig kommt es zu einer Verarmung an disperser Phase an der Unterseite. Der umgekehrte Fall tritt ein, wenn die spezif. schwerere dispergierte Phase (z. B. Wasser) in W/O-Emulsionen sedimentiert. Faktoren, die das A. od. Sedimentieren in einer Emulsion beeinflussen, lassen sich aus dem Stokes-Gesetz (s. Sedimentationsanalyse) ableiten. Je größer der Unterschied zw. den Dichten der beiden Phasen, je größer die Öltröpfchen u. je weniger viskos die äußere Phase ist, umso schneller rahmt eine Emulsion auf. Der Durchmesser der Kügelchen besitzt den größten Einfluss auf die Aufrahmungsgeschwindigkeit. Ein Verdoppeln der Tröpfchengröße bringt eine 4fache Geschwindigkeit. Tröpfchen mit einem Durchmesser unter 5 μm hingegen unterliegen der Brown*-Molekularbewegung; ein A. od. Sedimentieren ist nicht zu befürchten. Beim A. bleibt die Zahl der dispergierten Teilchen u. deren Größe unverändert; es kommt ledigl. zu einer reversiblen Zusammenballung od. Flockung. Eine aufgerahmte Emulsion kann durch einfaches Schütteln redispergiert werden. A. ist unter bestimmten Voraussetzungen die Vorstufe der irreversiblen Vereinigung der Kügelchen (Koaleszenz*), die zum Brechen der Emulsion führt.

Aufreißband: Garantieverschluss* für eine Außenverpackung, z. B. Zellglas*-Umhüllung mit A. bei Schiebedosen.

Aufreißverschluss: s. Aufbrechverschluss.

A

Aufsaugvermögen von Pulvern: Enslin-Zahl; Maß für Adsorptionskraft von Pulvern durch Sorption u. Kapillarwirkung flüss. Arzneistoffe u. Hilfstoffe zu binden od. wässrige Wundsekrekte od. lipophile Flüss. aufzunehmen. Zur Charakterisierung dient die Enslin-Apparatur, s. Abbildung. 1 g Pulver wird auf eine Glasfilternutsche aufgebracht, die mit einer graduierten u. mit der aufzunehmenden Flüss. vollständig gefüllten Pipette über einen gefüllten Schlauch verbunden ist. Die Unterseite der Fritte ist mit der Flüssigkeit umspült. Die Menge aufgenommener Flüss. ist an der Pipette abzulesen. Die Enslin-Zahl ist definiert als die Menge Flüss. (g od. mL), die max. von 1 g Substanz nach max. 15 min aufgenommen wird. Die Enslin-Zahl W=4/1.3 bedeutet, dass 1 g Pulver bereits nach 4 min die maximale Menge von 1.3 g Wasser aufgesaugt hat. O anstelle von W in der Angabe der Enslin-Zahl steht dann, wenn Öl als Prüfflüssigkeit herangezogen wird.

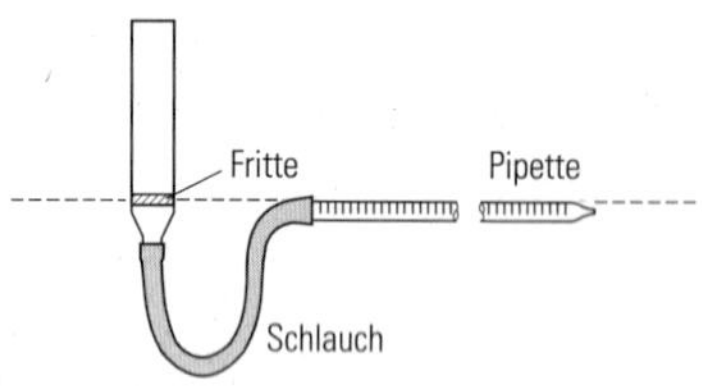

Aufsaugvermögen von Pulvern: Bestimmung mit der Enslin-Apparatur

Aufschluss: chem. Überführung schwer lösl. Substanzen in säure- od. wasserlösliche Verb., um z. B. deren Kationen od. Anionen auf chem. Weise bestimmen zu können.

Auftragen: s. Dragieren.

Augenaerosole: s. Augensprays.

Augenarzneien: Augenheilmittel, Ophthalmika, Ophthalmologika; Arzneistoffe u. Zuber. zur lokalen od. system. Behandlung von Augenkrankheiten u. -verletzungen sowie als Hilfsmittel. **Anw.:** **1.** z. B. bei Erkrankungen u. Verletzungen des äußeren Auges od. der Augenlider wie infektiöse od. allerg. Bindehautentzündungen u. infektiöse Entzündungen der Kornea; **2.** bei Glaukom u. bei Katarakt; **3.** als Hilfsmittel in der Diagnostik; **4.** prophylakt. bei chirurg. Eingriffen; **5.** zur Lagerung u. Applikation von Haftschalen. Die meisten A. werden mit Hilfe eines Behälters mit konischem Ansatz im unteren Bindehautsack appliziert ohne das Auge zu berühren u. manchmal auf den Lidrand aufgetragen. **Wirkstoffgruppen:** z. B. Mydriatika*, Antiglaukomatosa*, Antiinfektiva*, Adstringenzien*, Corticosteroide*, Lokalanästhetika*; **Zuber.:** Augentropfen*, Augensalben*, Augenwässer*, Inserte*, Augensprays*, Augentabletten*, Kontaktlinsenpflegemittel*, Lamellen*, Lidsalben*.

Augenarzneiträger, viskoser: s. Augentropfen.

Augenbäder: s. Augenwässer.

Augendarre: s. Xerophthalmie.

Augenduschflasche: weiche Polyethylenflasche mit Spülaufsatz, z. B. für sterile isoton. Kochsalzlösungen; s. Augenwässer.

Augenfleck: Stigma; durch Carotine rot gefärbtes, lichtempfindl. Körperchen begeißelter, einzelliger Organismen.

Augeninserte: Ph.Eur.4, sterile, feste od. halbfeste Zubereitungen, der Wirkstoff wird in eine Matrix eingebettet. **Anw.:** zum Einbringen in den Bindehautsack. S. Inserte.

Augenkompresse: ovale Mull-Watte-Kompresse aus Augenwatte* mit zweiseitiger Verbandmullauflage (28-fädig).

Augensalbe, einfache: Oculentum simplex, Unguentum ophthalmicum simplex; weiße, durchscheinende, weiche Salbe. Zstzg.: DAC86, 40.0 g dickflüss. Paraffin u. 60.0 g weißes Vaselin werden auf dem Wasserbad geschmolzen, der geforderte Tropfpunkt von 30-38 °C muss evtl. durch Änderung des Mischungsverhältnisses eingestellt werden, die Zuber. wird in geeigneten Behältnissen mit trockener Hitze bei 160 °C mind. 2 Stunden sterilisiert, Augensalbe u. ihre Zuber. sind in max. 5 g fassenden Tuben mit Applikationsspitze abzugeben; Ph.Helv.7, 35.0 g dickflüss. Paraffin u. 65 g weißes Vaselin, Tropfpunkt 30-40 °C. **Anw.:** lipophile Salbengrundlage für Lösungs- od. Suspensionsaugensalben; **Beschriftung:** Nicht konserviert.

Augensalben: Unguenta ophthalmica, halbfeste Zubereitungen zur Anwendung am Auge Ph.Eur.4, Oculenta; sterile, möglichst reizlose halbfeste Zuber. von weicher geschmeidiger Konsistenz wie Salben, Cremes u. Gele mit guter Haftfähigkeit u. ausreichendem Spreitungsvermögen, die einen od. mehrere Arzneistoffe in einer geeigneten meist wasserfreien Salbengrundlage gelöst (einphasige A.) od. gleichmäßig in feinster Form verteilt (suspendiert, emulgiert, W/O; mehrphasige A.) enthalten u. zur Anw. an der Augenbindehaut bestimmt sind. A. werden in 5 g sterilen Tuben mit Applikationstülle abgefüllt, Stabilisatoren* (s. Antioxidanzien) u. Konservierungsmittel (Name u. Konz. muss auf Behältnis angegeben werden) sind erlaubt. Die Wirkstoffe besitzen in A. meist eine bessere chem. Stabilität (nicht in W/O-A.) als in wässrigen Augenarzneien u. haben eine längere Verweildauer (prolongierte Wirk.) im Bindehautsack. Die Bioverfügbarkeit der Wirkstoffe aus den A. kann von derjenigen wässriger Lsg. abweichen.

Wasserfreie lipophile A. besitzen als Grundlage haltbare Kohlenwasserstoffgele (Vaselin*, versch. Paraffine*) mit u. ohne Emulgatorzusatz (Cholesterol*, Wollwachs*, Wollwachsalkohole, Cetylalkohol* u. a.), die durch Zugabe von flüssigem Paraffin auf eine geeignete Konsistenz eingestellt werden. Diese Grundlagen sind bis 160 °C Heißluft sterilisierbar. Eine Konservierung ist nicht erforderlich. Zum Schutz gegen Licht, Feuchtigkeit, Luftsauerstoff u. um ein Einschleppen von Verunreinigungen u. Mikroorganismen zu vermeiden, werden A. in kleine, sterilisierte, leicht zusammendrückbare, max. 5 g fassende Tuben mit einer Applikationsspitze (Tülle) u. einem Sicherheitsverschluss unter asept. Bedingungen abgefüllt. A. können auch in Einzeldosenbehälter abgepackt werden. Entnehmbare Masse od. entnehmbares Volumens müssen der Prüfung (Ph.Eur.4) entsprechen.

W/O-Augensalben enthalten neben wässrigen Lsg. ähnl. Kohlenwasserstoffgrundlagen mit Emulgatorzusatz. Eine antimikrobielle Konservierung ist unbedingt erforderl., wofür meist Benzalkoniumchlorid*, Thiomersal*, Chlorobutanol* od. Phenylethylalkohol* zugesetzt wird. Einphasige Salben können durch Sterilfiltration bei ca. 80 °C, feuchte od. trockene Hitze u. durch Bestrahlung entkeimt werden. Suspensionssalben werden im Heißluftschrank bei 140 od. 160 °C (Gefahr von Kristallisation od. nachträgl. Kristallwachstum) u. Emulsionssalben im Autoklav od. freiströmenden Wasserdampf behandelt u. beide unter asept. Bedingungen homogenisiert. **Prüfungen** nach Ph.Eur.: A., in denen Feststoffteilchen dispergiert sind, müssen folgende Anforderungen erfüllen: Eine Salbenmenge, die mind. 10 µg Wirkstoff enthält, wird vorsichtig in dünner Schicht ausgestrichen. Unter dem Mikroskop bei 50facher Vergrößerung betrachtet, dürfen für je 10 µg Wirkstoff in fester Form nicht mehr als 20 Teilchen eine Ausdehnung von max. 25 µm u. nicht mehr als 2 Teilchen eine Ausdehnung von max. 50 µm haben; keines der Teilchen darf eine größere Ausdehnung als 90 µm haben. A. müssen der Prüfung auf Sterilität entsprechen. A. dürfen nach Anbruch höchstens 4 Wochen verwendet werden. Sie haben etwas an Bedeutung verloren, da sie im Auge durch Ausbildung eines schmierigen Filmes ein Fremdkörpergefühl hervorrufen u. das Sehen trüben. Am häufigsten werden sie für die Nacht od. unter Augenverbänden verwendet. Neben den kohlenwasserstoffhaltigen Grundlagen haben wässrige Gele (z. B. aus Methylcellulose*, Na-Carboxymethylcellulose* od. besser Carbomeren) vermehrt Verw. als Vehikel für Ophthalmika gefunden. Sie besitzen im Ggs. zu den lipophilen Grundlagen eine ausgesprochene Tiefenwirkung.

Augenspiegel: 1. Instrument zur Augenhintergrundsuntersuchung, i. d. R. mit eigener Lichtquelle. 2. Augeneintropfhilfe; bestehend aus einem Spiegel u. einer Haltevorrichtung für die Augentropfflasche zur exakten visuellen Kontrolle des Eintropfvorgangs.

Augensprays: Augenaerosole; zur lokalen Anw. am Auge bestimmte Druckgaspackungen mit Dosierventil; vgl. Aerosole. Schonende, hygien. einwandfreie, kontaktlose Applikation einer Sprühlösung, die aus kleinen Druckgaspackungen* mit Dosierventil u. trichterförmigem Distanzhalter mit Hilfe von physiol. absolut inerten Treibgasen*, die kein Kältegefühl erzeugen, z. B. N_2 od. N_2O, versprüht wird. Da diese Treibgase nicht antimikrobiell wirksam sind, muss konserviert werden. Auf Treibgase kann ganz verzichtet werden, wenn Handpumpsysteme mit Dosierventil u. trichterförmigem Distanzhalter verwendet werden, die einen groben Sprühstrahl (Sprühregen) erzeugen, dessen Feinheit für die Applikation am Auge jedoch ausreicht. Bisher werden A. nur zur Applikation von Liposomen* auf das geschlossene Auge verwendet, um die körpereigenen Lipide aus den Meibom-Drüsen zu ergänzen u. dadurch die Lipidschicht des Tränenfilms zu vervollständigen, zur Behandlung des trockenen Auges.

Augentabletten: Mikrotabletten* zum Einbringen in den Bindehautsack, Depotform. Müssen den an Parenteraltabletten (s. Implantate) gestellten Anforderungen entsprechen.

Augentropfen: (engl.) *eye drops, ophthalmic solutions*; Guttae ophthalmicae, Zubereitungen zur Anwendung am Auge Ph.Eur.4, Ophthalmica, Oculoguttae, Oculostillae, Collyria; sterile, wässrige od. ölige Lsg. od. Suspensionen eines od. mehrerer Arzneistoffe, die zur Anw. am Auge durch Einträufeln in den Bindehautsack bestimmt sind. Sie werden unter Einsatz von Methoden u. Verw. von Materialien, die Sterilität gewährleisten u. eine Verunreinigung sowie das Wachstum von Mikroorganismen vermeiden, hergestellt. Für wässrige A. ist **Wasser für Injektionszwecke** (s. Aqua ad iniectabilia) u. für ölige A. **Öl* für Injektionszwecke** zu verwenden. Bei der Herst. der A. sollte eine Laminarflow*-Bank od. ein Sterilkasten unter UV-Licht genutzt werden. A. sind in Abhängigkeit von der Stabilität der Arznei- u. Hilfsstoffe durch Sterilisation (Autoklav, evtl. freiströmender Wasserdampf) od. durch Sterilfiltration mit Membranfiltern keimfrei zu machen. Um eine Kontamination u. das Wachstum von Mikroorganismen auszuschließen, müssen wässrige Lsg. in Mehrdosenbehältern mit geeigneten Konservierungsmitteln in der notwendigen Konz. versetzt werden (Ausnahme: die Zuber. ist selbst antimikrobiell). Werden A. ohne Konservierungsmittel verordnet, sollten sie möglichst in Einzeldosisbehältnissen abgegeben werden. Zuber. für chirurg. Eingriffe dürfen nur in Einzeldosisbehältnissen u. ohne Konservierungsmittel verwendet werden.

Häufig eingesetzte **Konservierungsmittel** mit Angaben über gebräuchl. Konz. u. optimalen pH sind: Benzalkoniumchlorid* 0.01 %, pH 6 u. darüber, besonders in Kombination mit Natriumedetat* 0.1 %, pH 6 u. darüber; Thiomersal* 0.002-0.01 %, schwach sauer bis schwach alkalisch; Phenylquecksilberacetat* 0.002 %, pH 5.5-7.5; Chlorobutanol* 0.5 %, schwach sauer; Chlorhexidindiacetat* 0.01 %, pH 8. Bei der Wahl des Konservierungsmittels u. der Festlegung der Konz. sind die Wirksamkeit gegen Problemkeime, die Verträglichkeit mit den Arznei- u. Hilfsstoffen sowie dem Behältnis- u. Verschlussmaterial u. der pH-Wert der Zuber. zu berücksichtigen. Sorptionsbedingte Verluste sind ggf. durch Erhöhung der Konz. auszugleichen. Unter geeigneten Bedingungen geprüft, müssen Augentropflsg. prakt. frei von Fremdstoffpartikeln sein. Verunreinigungen, die während der Herst. der A. u. vor deren Abfüllung entstehen, lassen sich mit der Sterilfiltration entfernen. Um Verunreinigungen zu vermeiden, die von den Behältnissen stammen, müssen diese sorgfältig gereinigt (Ultraschall, partikelfreies Spülwasser, Reinigung in der Laminarflow-Bank), oder u. U. andere Behältermaterialien verwendet werden. Augentropfsuspensionen, hergestellt aus Arzneistoffen mit ungenügender Löslichkeit u. wirkungsverlängerte Suspensionen, dürfen ein Sediment aufweisen, das leicht aufschüttelbar ist. Die erhaltene Suspension muss ausreichend lange stabil sein, um eine genaue Dos. zu gewährleisten. A. können Hilfsstoffe zur Erzielung der Isotonie*, zur Steuerung der Viskosität, zum Einstellen od. zur Erhaltung eines bestimmten pH-Wertes, zur Verbesserung der Löslichkeit des Wirkstoffs od. zur Stabilisierung enthalten. Die zugesetzten Hilfsstoffe dürfen die Wirk. nicht beeinträchtigen u. nicht zu lokalen Reizungen führen. Wässrige A. sollen nach Möglichkeit mit der Tränenflüss. annähernd **isotonisch** (s. Isotonie) sein. Die Tränenflüssigkeit besitzt aufgrund ihres Elektrolyt- u. Kolloidgehalts einen osmot. Druck (0.65-0.8 MPa), s. Osmose, der einer Gefrierpunkterniedrigung* gegenüber Wasser von ca. 0.52 K entspricht. Diese Erniedrigung zeigt auch eine 0.9 %ige Kochsalzlösung. Die Toleranz gegenüber osmot. Abweichungen ist am gesunden Auge recht groß, nicht aber am kranken u. verletzten Auge. Lsg. mit einem osmot. Druck, der einer 0.7-1.4 %igen Kochsalzlösungen entspricht, sind am Auge ohne Bildung von Tränenflüss. (Ausspülen des Arzneistoffs!) reizlos verträglich. Hypertone Lsg. sind besser verträgl. als hypotone. Zur Isotonisierung der wässrigen hypotonen Augentropflsg. wird ein Hilfsstoff (z. B. Natriumchlorid, Borsäure) in vorher abgelesener (aus Nomogrammen*) od. berechneter (über Kochsalzäquivalent od. Gefrierpunkterniedrigung) Menge zugesetzt. Isoton. Wirkstofflsg. werden mit einer isoton. Hilfsstofflsg. versetzt, z. B. eine 0.9 %ige NaCl-Lsg. od. eine Pufferlsg. zur gleichzeitigen pH-Angleichung. Annähernd isoton. Lsg. erhält man durch Auflösen der vorgeschriebenen Menge Arzneistoff in einem isoton. od. leicht hypoton. Medium, z. B. sterilisierte Lsg. von Natriumchlorid (0.9 bzw. 0.7 %), Borsäure (1.9 bzw. 1.5 %), Kaliumnitrat (1.6 bzw. 1.2 %).

Die Einstellung der wässrigen A. auf **Isohydrie**, den physiol. pH-Wert von 7.4, ist in den meisten Fällen nicht zu realisieren, da innerhalb dieses Bereichs die Löslichkeit, Wirksamkeit u. Stabilität der Arzneistoffe und z. T. auch der Hilfsstoffe nicht optimal sind. Ein pH-Wert von 7-9 bietet noch völlige Schmerz- u. Reizfreiheit. Es ist daher auf **Euhydrie**, den günstigsten pH-Wert, der einen Kompromiss zw. den genannten Faktoren darstellt, einzustellen. A., die einen pH-Wert außerhalb von 7-9 aufweisen u. aus Stabilitätsgründen nicht auf einen Wert innerhalb von 6.8-8 gepuffert werden können, sind ohne Pufferung od. nur durch Säure- oder Laugenzusatz herzustellen. A. ohne Pufferzusatz werden von der Tränenflüss. wesentlich schneller an die physiol. Werte angeglichen als gepufferte Augentropfen. Eine verringerte Haltbarkeit von Arzneistoffen durch antimikrobielle Behandlung in der Hitze ist bei der pH-Einstellung zu berücksichtigen. Schonender ist die Sterilfiltration od. die asept. Zubereitung. Als **Pufferlösungen** kommen in Frage: Phosphatpuffer, Acetatpuffer, Acetat-Borat-Puffer u. Boratpuffer. Borsäurelsg. besitzen eine nur sehr geringe Pufferkapazität*. Augenwässer* u. Spüllsg. sind immer auf Isohydrie einzustellen. Industriell hergestellte wässrige A. mit einer Haltbarkeit von 5 Jahren sind i. Allg. am Auge schlechter verträgl. als in der Apotheke mit einer Haltbarkeit von 2 Monaten angefertigte.

Viskositätserhöhende Stoffe wie Cellulosederivate, z. B. Hydroxypropylmethylcellulose*, Polyvinylalkohol*, Povidon*, Polyacrylamid (s. Polyacrylharze) u. Dextrane*, können wegen Reizminderung u. schmierender Eigenschaften hinzugefügt werden. Viskositätserhöhung auf 10-25 mPa·s verzögern den Abfluss der A. u. verlängern den Kontakt mit der Hornhaut, verzögern bei Suspensionen die Sedimentation u. erleichtern die Resuspendierbarkeit.

Netzmittel(Tensid)-zusätze (vgl. Emulgatoren, z. B. Polysorbate, Polyoxyethylen-40-stearat, Benzalkoniumchlorid) dienen einer besseren Benetzbarkeit* u. Penetration*, zur Lösungsverbesserung (Lösungsvermittlung) u. als Dispersionsvermittler (Suspendierhilfsmittel). Viskositätserhöhende Stoffe u. Tenside neigen zu Komplex- u. Mizellbildungen unter Inaktivierung von Arznei- u. Konservierungsmitteln. Ölige A. besitzen ebenfalls eine längere Kontaktzeit an der Kornea, werden nicht ausgewaschen, trüben jedoch die Sicht; vgl. Augensalben. Aus den hochgereinigten peroxidarmen Pflanzenölen mit niedriger Säurezahl erfolgt die Arzneimittelresorption langsamer. Die Sterilisation der Öle ist gebräuchl., Isotonierung, Isohydrierung u. Konservierung sind nicht erforderlich. Um Stabilitätsproblemen zu vermeiden, darf der Arzneistoff nach asept. Gefriertrocknung* einer euhydr. bereiteten Lösung in fester, steriler Form abgepackt werden. Kurz vor Gebrauch wird dann in einer geeigneten sterilen Flüss. gelöst od. suspendiert.

Die **Prüfung** nach Ph.Eur.4 erfolgt auf Sterilität u. bei Augentropfsuspensionen zusätzlich auf Teilchengröße (s. Augensalben) u. Prüfung auf entnehmbare Masse od. entnehmbares Volumen. **Beschriftung:** Art u. Menge der zugesetzten Konservierungsmittel u. auf Mehrdosenbehältern, dass die A. nach Anbruch höchstens 4 Wochen verwendet werden dürfen. Mehrdosenbehälter (Glas- od. Kunststoffbehälter mit Tropfpipette od. besser mit eingebautem Tropfer u. Kappe aus Kunststoff) müssen für eine genaue Dosierung eine geeignete Tropfvorrichtung aufweisen u. dürfen nicht mehr als 10 mL enthalten. Einzeldosisbehälter (Weichplastikampullen, s. Aufbrechverschluss) müssen bis zur Anw. steril sein. Die Behältnisse dürfen weder fremde Substanzen abgeben noch Inhaltsstoffe in unzulässigem Ausmaß adsorbieren.

Adrenalin-Augentropfen, neutrale: Adrenalini oculoguttae neutrale, neutrale Epinephrin-Augentropfen 1.0 %; Geh.: 0.9-1.1 % Adrenalin; Zstzg.: DAC86 (bis 1993), 1.00 g Adrenalin, 1.20 g Borsäure, 0.30 g Borax, 0.30 g Natriumdisulfit, 0.05 g Kaliumhydroxychinolinsulfat, 0.002 g Phenylquecksilberborat u. Wasser für Injektionszwecke ad 100.0 g. Die festen Bestandteile mit Ausnahme von Adrenalin werden in 50 g Wasser zur Injektion unter Aufkochen gelöst. Nach dem Erkalten wird das Adrenalin unter Stickstoffbegasung gelöst, mit dem restl. Wasser zur Injektion versetzt u. unter Ausschluss von Licht u. Luft unter asept.

Bedingungen in sterilisierte dicht schließende Behältnisse lichtgeschützt keimfiltriert. Geforderte Eigenschaften: 250-310 mOsmol/1000 g Wasser, pH 6.8-7.4; nicht angebrochen im Kühlschrank ca. 6 Monate haltbar; rot gefärbte od. trübe Lsg. dürfen nicht abgegeben werden. Beschriftung: Nach Anbruch max. 4 Wochen verwendbar. Konserviert mit 0.002% Phenylmercuriborat*. **Anw.**: bei Konjunktivitiden, Iritis, einigen Glaukomformen; **Dos.**: MED 0.001 g Adrenalin.

Atropinsulfat-Augentropfen 0.5% (1%, 2%): Atropini sulfatis oculoguttae; Geh.: 0.45-0.55% Atropinsulfat, Zstzg.: NRF, 0.50 g Atropinsulfat od. entsprechend der Gehaltsangabe, 1.73 g Borsäure (Menge abhängig von der eingesetzten Menge an Atropinsulfat), 0.002 g Thiomersal, Wasser für Injektionszwecke ad 100.0 g. Die Borsäure wird unter Erwärmen, Atropinsulfat nach dem Erkalten gelöst u. die Lsg. unter asept. Bedingungen in sterilisierte geeignete Behältnisse keimfiltriert. Werden die A. durch Hitze sterilisiert, so ist der pH-Wert vorher auf ca. 4 einzustellen. 250-300 mOsmol/1000 g Wasser, klar u. farblos, pH 4.0-5.5, Beschriftung: Nach Anbruch nur 4 Wochen verwendbar. Konserviert mit 0.002% Thiomersal. **Anw.**: Mydriatikum, zur Akkomodationslähmung. **Atropinsulfat-Augentropfen 0.2%, 0.5%:** Zstzg.: NFA, 0.04 T. (0.2%) od. 0.10 T. (0.5%) Atropinsulfat, 0.17 T. Natriumchlorid, 0.004 T. Benzalkoniumchlorid ad 20 T. Wasser für Injektionszwecke; **Anw.**: Mydriatikum.

Augenarzneiträger, viskoser: Oculoguttae viscosae, künstl. Tränenflüssigkeit; Zstzg.: DAC79, 0.90 g NaCl, 0.50 g Methylcellulose für Augentropfen, 0.01 g Chlorhexidinacetat, Wasser für Injektionszwecke ad 100 g. Die Kochsalzlsg. wird in einem Viertel der Wassermenge zum Sieden erhitzt u. darin das Methylcellulosepulver dispergiert. Während des Kaltrührens löst es sich teilweise. Zur Mischung werden 10 mL einer 0.1%igen, wässrigen Chlorhexidinacetatlsg. u. 50 mL Wasser gegeben. Unter Eiskühlung wird weitergerührt, bis ein klares Gel entstanden ist, u. anschließend das restl. Wasser zugemischt. Die Zuber. wird in der Hitze sterilisiert, anschließend mind. 6 Stunden im Kühlschrank unter Umschütteln bis zur klaren Lsg. stehengelassen u. unter asept. Bedingungen in geeignete sterilisierte Behältnisse abgefüllt. Geringere Konz. an Methylcellulose können durch Verdünnen des A. unter asept. Bedingungen mit 0.01% Chlorhexidinacetat konservierter isoton. NaCl-Lsg. hergestellt werden. Viskosität: 10-25 mPa·s, 250-300 mOsmol/1000 g Wasser, max. sehr schwach opaleszierend, pH 6.0-8.0, Trockenrückstand max. 1.45%, Beschriftung: Nach Anbruch nur 4 Wochen verwendbar.

Tränenflüssigkeit, künstliche: Zstzg.: NFA, 0.28 T. Polyvinylalkohol, 0.156 T. Natriumchlorid, 0.004 T. Benzalkoniumchlorid ad 20 T. Wasser für Injektionszwecke. **Anw.**: Arzneiträger für wässrige Augenarzneimittel, Tränenersatzflüssigkeit.

Carbachol-Augentropfen: Carbacholi oculoguttae; NRF, 0.9-1.1 % Carbachol od. ±10% des deklarierten Gehaltes, Zstzg.: 1.00 g Carbachol (od. entspr. der Gehaltsangabe), 1.15 g Borsäure (Menge abhängig von der eingesetzten Menge an Carbachol), 0.01 g Benzalkoniumchlorid, Wasser für Injektionszwecke ad 100.0 g. Die Borsäure wird im Großteil Wasser unter Erwärmen gelöst, nach dem Erkalten werden die anderen Feststoffe gelöst, mit Wasser aufgefüllt u. unter asept. Bedingungen in geeignete sterilisierte Behältnisse keimfiltriert, 250-300 mOsmol/1000 g Wasser, klar u. farblos, pH 4.5-6.0, max. 10 % Cholin, Beschriftung: Nach Anbruch nur 4 Wochen verwendbar. Konserviert mit 0.002% Phenylmercuriborat. Max. Konz.: 3.0% Carbachol. **Anw.**: Miotikum bei der Glaukombehandlung zur Herabsetzung des Innendrucks.

Chloramphenicol-Augentropfen: Chloramphenicoli oculoguttae; NRF (seit 2001) 0.25% u. 0.5%, DAC86 (bis 1990), 0.45-0.55% Chloramphenicol; Zstzg.: 0.50 g Chloramphenicol, 0.30 g Borax, 1.50 g Borsäure, 0.002 g Phenylmercuriborat, Wasser für Injektionszwecke ad 100.0 g. Die festen Bestandteile werden im Großteil des Wassers unter Erwärmen gelöst, das Chloramphenicol in der noch heißen Lsg. gelöst. Die Lsg. wird rasch abgekühlt, mit Wasser ergänzt u. unter asept. Bedingungen in geeignete sterilisierte Behältnisse keimfiltriert. A. sind frisch zu bereiten. 250-310 mOsmol/1000 g Wasser, klar, pH 6.0-8.0, Lagerung unterhalb 6 °C. Beschriftung: Max. 3 Monate haltbar. Nach Anbruch nur 4 Wochen verwendbar. Konserviert mit 0.002% Phenylmercuriborat. **Anw.**: Breitband-Antibiotikum zur Behandlung u. Verhütung von infektiösen Prozessen im vorderen Augenabschnitt (Konjunktivitis, Keratitis, Uveitis od. Tränensackentzündung).

Ethylmorphinhydrochlorid-Augentropfen: Aethylmorphini hydrochloridi oculoguttae; 1.8-2.2% Ethylmorphinhydrochlorid od. ±10% des deklarierten Gehalts. Ein Überschreiten von 2.5% (als Base) ist gemäß § 1 des Gesetzes über den Verkehr mit Betäubungsmitteln nicht zulässig, Zstzg.: NRF (bis 1991), 2.00 g Ethylmorphinhydrochlorid od. entsprechend der Gehaltsangabe, 0.60 g NaCl (Menge abhängig von der verwendeten Menge an Ethylmorphinhydrochlorid), 0.01 g Na-EDTA, 0.01 g Benzalkoniumchlorid, Wasser für Injektionszwecke ad 100.0 g. Die festen Bestandteile werden im Wasser für Injektionszwecke gelöst u. die Lsg. unter asept. Bedingungen in sterilisierte geeignete Behältnisse keimfiltriert. 250-300 mOsmol/1000 g Wasser, klar u. farblos, pH 4.0-6.0, Beschriftung: Nach Anbruch 4 Wochen verwendbar. Konserviert mit 0.01% Benzalkoniumchlorid. **Ethylmorphinhydrochlorid-Augentropfen 1%, 2%:** Zstzg.: NFA, 0.20 T. bzw 0.40 T. Ethylmorphinhydrochlorid, 0.15 T. bzw 0.12 T. Natriumchlorid, 0.002 T. Chlorhexidinacetat ad 20 T. Wasser für Injektionszwecke; **Anw.**: Aufhellung von Hornhauttrübungen u. -narben; okuläres Lymphagogum, sowie bei Verätzungen u. Verbrennungen (Ind. nicht anerkannt).

Augentropfen, gelbe: Collyrium adstringens luteum, Collyrium Zinci luteum, gelbes Augenwasser; Zstzg.: EB6, 5 T. Ammoniumchlorid, 10 T. Zinksulfat, 3 T. Campher, 8 T. Safran, 160 T. verd. Ethanol, 800 T. dest. Wasser., 24 Stunden mazerieren u. dann filtrieren. ÖAB81, 0.5 T. Zinksulfat,

A

0.2 T. Ammoniumchlorid, 0.2 T. Campher, 10 T. verd. Ethanol, 0.1 T. Safran u. Wasser für Injektionszwecke ad 100. (Zuber. ohne Safran: wie Zinksulfat-Augentropfen). **Anw.**: Augentonikum, mildes Adstringens.

Glucose-Augentropfen 40 %: Zstzg.: NFA, 8.0 T. Glucose ad 20 T. Wasser für Injektionszwecke. 4 Wochen nach Herstellung verwendbar (unkonserviert); **Anw.**: Abschwellung u. Entquellung der Hornhaut.

Kaliumiodid-Augentropfen: Kalii iodidi oculoguttae; Geh.: 0.90-1.10 % Kaliumiodid od. ±10% des deklarierten Gehaltes; Zstzg.: DAC86 (bis 1993), 1.00 g Kaliumiodid od. entspr. der Gehaltsangabe (Änderung der Konz. von Borsäure u. Borax u. deren Verhältnis nach Tabelle DAC86), 1.06 g Borsäure, 0.10 g Borax, 0.002 g Thiomersal, Wasser für Injektionszwecke. Die festen Bestandteile werden nacheinander gelöst, mit Wasser ergänzt u. unter asept. Bedingungen in geeignete sterilisierte Behältnisse keimfiltriert. Sie sind frisch zu bereiten. 250-300 mOsmol/1000 g Wasser, klar u. farblos, pH 6.5-8.0. Beschriftung: Nach Anbruch nur 4 Wochen verwendbar. Konserviert mit 0.002% Thiomersal. **Anw.**: Linsenaufhellung.

Naphazolinhydrochlorid-Augentropfen: Naphazolini hydrochloridi oculoguttae; NRF, 0.045-0.055 % Naphazolinhydrochlorid od. ±10 % des deklarierten Gehaltes, Zstzg.: 0.05 g Naphazolinhydrochlorid od. entsprechend der Gehaltsangabe, 0.20 g Borsäure, 0.80 g NaCl (Menge abhängig von der eingesetzten Menge Naphazolinhydrochlorid), 0.002 g Phenylmercuriborat, Wasser für Injektionszwecke ad 100.0 g. Die Lsg. wird unter asept. Bedingungen in geeignete sterilisierte Behältnisse keimfiltriert. 250-300 mOsmol/1000 g Wasser, klar u. farblos, pH 5.5-6.6; Beschriftung: Nach Anbruch nur 4 Wochen verwendbar. Konserviert mit 0.002 % Phenylmercuriborat. **Naphazolinhydrochlorid-Augentropfen 0.05 %:** Zstzg.: NFA, 0.01 T. Naphazolinhydrochlorid, 0.60 T. Borsäure, 0.08 T. Natriumtetraborat, 0.002 T. Chlorhexidinacetat ad 20 T. Wasser für Injektionszwecke; **Anw.**: Vasokonstringens bei akuten u. chron. Reizerscheinungen der Bindehaut; **Dos.**: alle 3-4 Stunden 1-2 Tr.; nicht über einen längeren Zeitraum anwenden.

Natriumchlorid-Lösung, blutisotonische: s. Solutio Natrii chlorati isotonica. **Natriumedetat-Augentropfen 0.4 %, 2 %:** Zstzg.: NRF, 0.060 g bzw. 0.30 g Natriumedetat, 0.015 g bzw. 0.06 g Natriumhydrogencarbonat, 0.12 g bzw. 0.06 g Natriumchlorid, Wasser für Injektionszwecke zu 15.0 g; **Anw.**: Nachbehandlung von Kalkverätzungen am Auge.

Physostigminsalicylat-Augentropfen 0.2 %: Physostigmini salicylatis oculoguttae 0.2 per centum; Geh.: 0.18-0.22 % Physostigminsalicylat od. ±10% des deklarierten Gehaltes; Zstzg.: DAC79, NRF, 0.20 g Physostigminsalicylat od. entsprechend der Gehaltsangabe, 0.02 g Borax, 1.75 g Borsäure (Menge abhängig von der eingesetzten Menge Physostigminsalicylat), 0.05 g Natriumdisulfit, 0.002 g Thiomersal, Wasser für Injektionszwecke ad 100.0 g. Die festen Bestandteile ohne Physostigminsalicylat werden unter Erwärmen im Großteil des Wassers gelöst. Nach dem Erkalten wird der Arzneistoff gelöst. Nach dem Auffüllen wird unter asept. Bedingungen in geeignete sterilisierte Behältnisse keimfiltriert. 250-300 mOsmol/1000 g Wasser, klar, pH 4.0-5.5, Lagerung unterhalb 8 °C; Beschriftung: Nach Anbruch nur 4 Wochen verwendbar. **Anw.**: Miotikum, vorwiegend zur Glaukombehandlung; **Dos.**: MED 1 mg (entspricht 10 Tr. der 0.2 %igen Lsg.); MTD 3 mg; max. Konz. der Lsg.: 0.5 %; **Hinweis:** Hitze beschleunigt die Zersetzung erheblich, es resultieren rote od. trübe Zuber., die nicht mehr abgegeben werden dürfen.

Pilocarpinhydrochlorid-Augentropfen 1.0 %, 2.0 %: Pilocarpini hydrochloridi oculoguttae 1.0 aut 2.0 per centum; Zstzg.: DAC79, NRF, 1.00 g bzw. 2.00 g Pilocarpinhydrochlorid, 0.66 g bzw. 0.41 g) Natriumchlorid, 0.02 g Borax, 0.002 g Thiomersal, Wasser für Injektionszwecke ad 100.0 g; NFA, 0.20 T. bzw. 0.04 T. Pilocarpinhydrochlorid, 0.002 T. Chlorhexidinacetat, 0.04 T. bzw. 0.08 T. Natriumtetraborat ad 20 T. Wasser für Injektionszwecke. Die Lsg. wird unter asept. Bedingungen in geeignete sterilisierte Behältnisse keimfiltriert. 250-300 mOsmol/1000 g Wasser, klar u. farblos, pH 4.0-6.0, Lagerung unterhalb 8 °C, Beschriftung: Nach Anbruch nur 4 Wochen verwendbar. **Anw.**: Parasympathomimetikum* zur Erzielung einer Miosis, besonders bei Glaukombehandlung, manchmal in Kombination mit Physostigmin, als Antidot nach diagnost. Anw. von Mydriatika; bei Iritis kontraindiziert.

Silberacetat-Augentropfen: Collyrium Argenti acetici, Collyrium pro Neonatis; Zstzg.: ÖAB90, 1 T. Silberacetat in 99 T. Wasser zur Injektion in der Hitze gelöst (Lichtschutz erforderlich); **Anw.**: Antiseptikum u. Adstringens; in jedes Auge des Neugeborenen ein Tropfen sofort nach der Geburt zur Prophylaxe der Gonoblennorrhö (durch Gonorrhö bedingte Bindehautentzündung) der Neugeborenen nach Credé (vgl. Credé-Lösung).

Silbereiweiß-Acetyltannat-Augentropfen: Oculoguttae Targesini, Argenti albumino-acetylotannatis oculoguttae; Geh.: 0.25-0.35 % Silber entspr. 4.5-5.5 % boraxhaltiges Silbereiweiß*-Acetyltannat od. ±10% des deklarierten Gehaltes; Zstzg.: DAC79, NRF, 5.00 g borathaltiges Silbereiweiß-Acetyltannat od. entspr. der Gehaltsangabe, 0.06 g Kaliumnitrat (Menge abhängig von der eingesetzten Menge des Arzneistoffes), 0.002 g Phenylmercuriborat, Wasser für Injektionszwecke ad 100.0 g. Zuerst werden die Feststoffe ohne Arzneistoff im Großteil des Wassers gelöst, danach der Arzneistoff aufgestreut u. aufgelöst. Danach wird mit dem restl. Wasser ergänzt u. die Lsg. unter asept. Bedingungen in geeignete sterilisierte Behältnisse keimfiltriert. Sie sind frisch zu bereiten. 250-300 mOsmol/1000 g Wasser; klare, dunkelbraune Lsg., die beim Schütteln schäumt; pH 6.0-7.0; Beschriftung: Nach Anbruch nur 4 Wochen verwendbar.

Diacetyltannin-Protein-Silber Augentropfen: Zstzg.: NFA, 1.0 T. Silbereiweiß*-Acetyltannat, 0.0004 T. Phenylmercuriacetat ad 20 T. Wasser für Injektionszwecke; **Anw.**: Bindehautentzündung.

Synstigminbromid-Augentropfen 3%: Zstzg.:

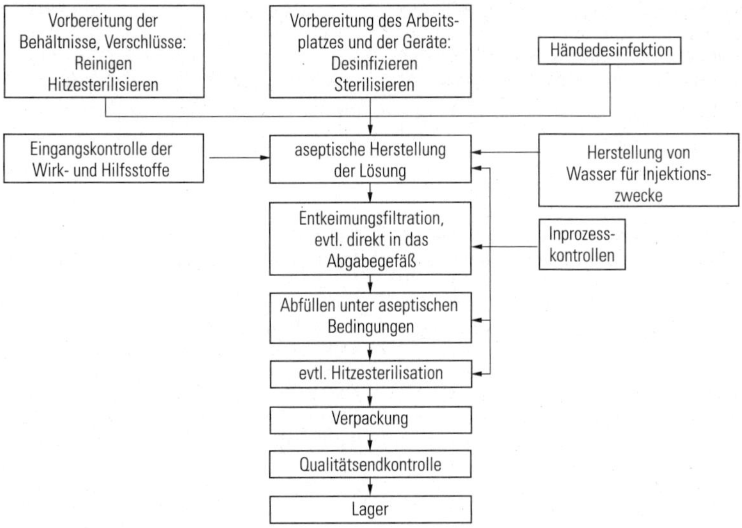

Augentropfen: allg. Herstellungsschema für Augentropfen

NFA, 0.60 T. Synstigminbromid, 0.40 T. Borsäure, 0.04 T. Natriumtetraborat, 0.0004 T. Phenylmercuriacetat ad 20 T. Wasser für Injektionszwecke; **Anw.:** Miotikum zur Augendrucksenkung bei Glaukom.

Tetracainhydrochlorid-Augentropfen: Tetracaini hydrochloridi oculoguttae DAC79, NRF, Geh.: 0.45-0.55 % Tetracainhydrochlorid od. ±10 % des deklarierten Gehaltes; Zstzg.: 0.50 g Tetracainhydrochlorid od. entspr. der Gehaltsangabe, 1.6 g Borsäure (Menge abhängig von der eingesetzten Menge Arzneistoff), 0.002 g Phenylmercuriborat, Wasser für Injektionszwecke ad 100.0 g. Die festen Bestandteile mit Ausnahme des Arzneistoffes werden im Großteil des Wassers unter Erwärmen gelöst. Nach dem Erkalten wird der Arzneistoff gelöst, mit Wasser ergänzt u. die fertige Lsg. unter asept. Bedingungen in geeignete sterilisierte Behältnisse keimfiltriert. Sie sind frisch zu bereiten. 250-300 mOsmol/1000 g Wasser, klar u. farblos, pH 4.0-5.0; Beschriftung: Nach Anbruch nur 4 Wochen verwendbar. Konserviert mit 0.01% Chlorhexidinacetat. Max. Konz.: 0.5 %. **Tetracainhydrochlorid-Augentropfen 1%:** Zstzg.: NFA, 0.20 T. Tetracainhydrochlorid, 0.14 T. Natriumchlorid, 0.004 T. Benzalkoniumchlorid ad 20 T. Wasser für Injektionszwecke; **Anw.:** Lokalanästhetikum; **Kontraind:** Behandlung mit Sulfonamiden; Hinweis: eine länger dauernde Anw. ist zu vermeiden.

Zinksulfat-Augentropfen: Zinci sulfatis oculoguttae, Collyrium Zinci; Zstzg.: DAC79, NRF, 0.25 g $ZnSO_4$, 1.78 Borsäure, 0.002 g Thiomersal, Wasser für Injektionszwecke ad 100.0 g, ÖAB90, 0.05 g $ZnSO_4$, 0.02 g NH_4Cl, 0.02 g Campher, 1.0 g Ethanol 70 %, Wasser für Injektionszwecke ad 100.0 g. Die festen Bestandteile ohne $ZnSO_4$ werden unter Erwärmen im Großteil des Wassers gelöst. Nach dem Erkalten wird das $ZnSO_4$ gelöst u. das restl. Wasser ergänzt. Die Lsg. wird unter asept. Bedingungen in geeignete sterilisierte Behältnisse keimfiltriert. 250-300 mOsmol/1000 g Wasser, klar u. farblos, pH 4.5-6.0; Beschriftung: Nach Anbruch nur 4 Wochen verwendbar. Konserviert mit 0.002 % Thiomersal. **Zinksulfat-Augentropfen 0.25 %:** Zstzg.: NFA, 0.05 T. Zinksulfat, 0.325 T. Borsäure, 0.008 T. Natriumtetraborat, 0.004 T. Benzalkoniumchlorid ad 20 T. Wasser für Injektionszwecke; **Anw.:** Adstringens bei Bindehautentzündungen.

Augentrostkraut: s. Euphrasia rostkoviana.

Augenwässer: Solutiones ophthalmicae Ph.Eur.4, Collyria; Flüssigkeiten zur Anw. als Augenbäder (Balnea ophthalmica), Augenspülungen od. zum Tränken von Augenverbänden. Sterile, wässrige Lsg., die mittels geeigneter Behälter (Augenwanne, Augenbadeglas, Augenduschflasche*) zum Baden u. vorsichtigen Spülen der Augen bei Unfällen (Verätzungen, Verbrennungen, Fremdkörper) u. zur Reizlinderung bestimmt sind od. zum Tränken von Augenkompressen. A. werden selten verwendet. Anw. finden u. a. Lösungen, die auch als Augentropfen* zum Einsatz gelangen, jedoch meist in geringerer Konz., od. wirkstofffreie Lösungen. Die an wässrige Augentropflösungen gestellten Anforderungen gelten in einem noch strengerem Maße u. möglichst ohne Ausnahme (steril, isotonisch, isohydrisch). Ein Konservierungsmittelzusatz ist nur für Mehrdosenbehälter (max. 200 mL) u. am unverletzten Auge erlaubt. Diese Richtlinien gelten auch für Kontaktlinsenflüssigkeiten. Verwendbarkeit bei Mehrdosenbehältnissen: Nach Anbruch 4 Wochen. Nach älterer Nomenklatur umfasst der Begriff Collyria sowohl A. als auch Augentropfen.

Augenwasser, gelbes: s. Augentropfen, gelbe.

Augenwatte: reine, langfaserige (1.5 cm), möglichst knötchenfreie Baumwollwatte, entspr. DIN 61 640-A; s. Verbandwatte. **Anw.:** chirurg.

Eingriffe, bei denen keine Fasern hinterlassen werden dürfen.

Auger-Effekt: bei dem Folgeprozess nach Elektroneneinfang (K-Einfang*) werden Kaskaden von Elektronen mit charakterist. Energien freigesetzt. Nach Auffüllen der entstandenen Lücke in der K-Schale durch ein Elektron aus einer höheren, energiereicheren Schale wird Energie in Form eines Röntgenphotons frei. In gleicher Weise werden die nachfolgend entstehenden Lücken aufgefüllt. Diese Photonen verlassen die Atomhülle als für das Nuklid charakterist. Röntgenstrahlen*. Alternativ zu dem Röntgenprozess kann die Energie eines auf ein energieärmeres Niveau nachrutschenden Elektrons strahlungslos an Elektronen auf äußeren Bahnen abgegeben werden, so dass diese infolge ihrer kinet. Energie das Atom als Auger-Elektronenstrahlung verlassen. Diese Strahlung zeichnet sich durch hohe Strahlendichte bei geringer Reichweite aus. Infolge der erhöhten Dosiswirk. ist eine bes. Vorsicht beim Umgang mit diesen Nukliden, v. a. zur Vermeidung von Inkorporationen, erforderl.; s. Strahlenschutz. In der klin. Forschung gibt es Ansätze, diesen Effekt therap. zu nutzen. Von Bedeutung ist der A.-E. auch in der Auger-Elektronen-Spektroskopie zur Identifizierung von Atomen. **Gesch.**: 1925 von dem französ. Atomphysiker Pierre Victoire Auger (1899–1993) entdeckt.

Auger-Elektron: s. Auger-Effekt.

Aujeszkysche-Krankheit-Impfstoff (inaktiviert) für Schweine: Vaccinum morbi Aujeszkyi ad suem inactivatum Ph.Eur.4; Suspension eines geeigneten Stammes des Aujeszky-Virus (od. einer Fraktion), der so inaktiviert wird, dass seine immunogenen Eigenschaften erhalten bleiben.

Aujeszkysche-Krankheit-Lebend-Impfstoff (gefriergetrocknet) zur parenteralen Anwendung für Schweine: Vaccinum morbi Aujeszkyi ad suem vivum cryodessicatum ad usum parenterale Ph.Eur.4; Schweine-Impfstoff, der einen abgeschwächten Stamm des Aujeszky-Virus enthält (vgl. Attenuierung). Er kann gemischt mit einem Adjuvans verabreicht werden.

Aukube: s. Aucuba japonica.

Auramin: gelbes Pyoktanin, Pyoktaningelb, Benzophenoneidum, Pyoctaninum aureum; 4,4'-Bis(dimethylamino)-benzophenonimid-hydrochlorid; CAS-Nr. 2465-27-2; $[(CH_3)_2N-C_6H_4]_2C=NH\cdot HCl$, $C_{17}H_{22}ClO_3$, M_r 303.83. Schmp. 136 °C. Goldgelbes Pulver, wenig lösl. in kaltem Wasser, leicht lösl. in heißem Wasser, Ethanol u. Chloroform, unlösl. in Ether. **Anw.** med.: Antiseptikum zu Wund- u. Schleimhautspülungen (vgl. Methylviolett); techn.: als gelber Farbstoff; als Färbemittel in der Mikroskopie.

Auranofin INN: (2,3,4,6-Tetra-*O*-acetyl-1-thio-*β*-D-glucopyranosato)(triethylphosphin)gold; CAS-Nr. 34031-32-8; $C_{20}H_{34}AuO_9PS$, M_r 678.49. Geh. 29 % Gold. **Anw.**: Antirheumatikum; **Dos.**: p. o. 2×3 mg/d; HWZ 17-25 d.

Aurantii amari extractum liquidum normatum: s. Extractum Aurantii amari fluidum.

Aurantii amari floris aetheroleum: s. Citrus aurantium ssp. aurantium.

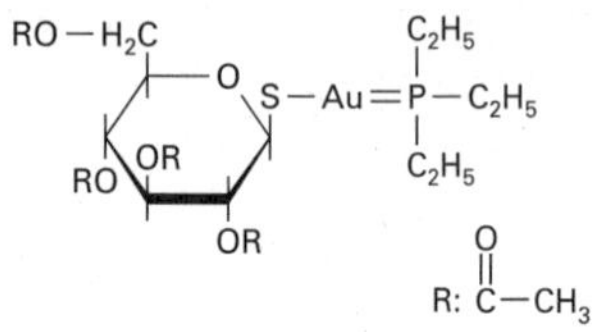

Auranofin

Aurantii dulcis flavedo recens: s. Citrus sinensis.

Aurantii flos: s. Citrus aurantium ssp. aurantium.

Aurantiin: s. Naringin.

Aurantii tinctura: s. Tinctura Aurantii amari.

Aureolsäure: s. Plicamycin.

Auribromid: s. Gold(III)-bromid.

Aurichlorid: s. Gold(III)-chlorid.

Auri colloidalis [^{198}Au] solutio iniectabilis: kolloidale Gold [^{198}Au]-Injektionslsg.; s. Gold-198.

Auricularia Ph.Eur.4 (lat. auris Ohr, auricula Ohrenmuschel): Zubereitungen zur Anw. im Ohr; Pulver, halbfeste od. flüss. Zuber. für den äußeren Gehörgang; vgl. Otologika. Man unterscheidet Ohrentropfen* u. Ohrensprays, Ohrensalben (müssen den entsprechenden Vorschriften für Unguenta* entsprechen), Ohrenpulver (müssen den Vorschriften für Pulveres* ad usum dermicum entsprechen), Ohrenspülungen (zur Reinigung des äußeren Gehörganges) u. Ohrentampons (s. Tampon). Zuber. am verletzten Ohr, besonders im Falle von Trommelfell-Perforationen od. vor einem chirurg. Eingriff, müssen steril, frei von Konservierungsmitteln u. in Einzeldosisbehältnissen mit Sicherheitsverschluss abgefüllt sein. A müssen der Prüfung* auf entnehmbare Masse od. Volumen entsprechen.

Aurin: Corallin, *p*-Rosolsäure; 4,4'-Dihydrofuchson; $C_{19}H_{14}O_3$. Gelbbraunes Pulver od. rote Kristalle, unlösl. in Wasser, lösl. in Ethanol u. Eisessig mit goldgelber Farbe (Namensursprung). **Anw.**: Indikator*; Umschlagsbereich pH 6.9-8, goldgelb — fuchsinrot.

Aurintricarbonsäure, Ammoniumsalz: Aluminon; $C_{22}H_{23}N_3O_9$, M_r 473.43. Rotbraunes krist. Pulver, lösl. in Wasser, wenig lösl. in warmem Ethanol, fast unlösl. in Ether, Aceton, Chloroform. **Anw.**: Nachweis von Aluminium; photometr. Bestimmung von Aluminium*, Beryllium*, Gallium* u. Kupfer*.

Auripigment: s. Arsen(III)-sulfid.

Auris: Ohr; Gehörorgan. **aural:** zum Ohr gehörend, auf das Ohr bezogen.

Auri-Verbindungen: Gold(III)-Verbindungen.

Auro-Natrium chloratum: s. Natriumtetrachloroaurat(III).

Aurone: 2-Benzyliden-3-cumarone; gelbe Pflanzenpigmente, aus biogenet. Gründen auch zu den Flavonoiden* gerechnet. A. können sich aus Chalkonen* bilden. Sie kommen sehr häufig in den

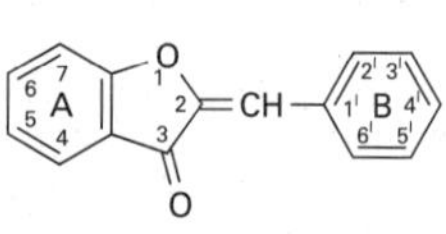

Aurone

Korollblättern von Asteraceae, Fabales, Scrophulariaceae u. a. vor. Die einzelnen A. unterscheiden sich in der Stellung der Hydroxygruppe u. liegen oft als Glykoside vor.

Aurothioglucose: Goldthioglucose, (1-D-Glucosylthio)gold; (1-Thio-D-glucopyranosato)gold; CAS-Nr. 12192-57-3; $C_6H_{11}AuO_5S$, M_r 392.2. Gelbe Kristalle mit leicht mercaptanartigem Geruch; lösl. in Wasser unter Zers., unlösl. in Ethanol u. den meisten org. Lösungsmitteln. **Anw.:** Antirheumatikum*, Antiphlogistikum bei chron. Gelenkentzündungen u. Polyarthritis; **UAW:** s. Gold (Tox.).

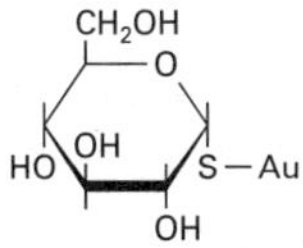

Aurothioglucose

Aurothiomalat Natrium: s. Natriumaurothiomalat.

Aurothiopolypeptid: Gold, gebunden an Keratin*; Geh. ca. 13 % Gold. **Anw.:** Antirheumatikum*.

Auro-Verbindungen: Gold(I)-Verbindungen.

Aurum: s. Gold.

Aurum chloratum: s. Gold(III)-chlorid.

Aurum chloratum natronatum: s. Natriumtetrachloroaurat(III).

Aurum colloidale: s. Gold, kolloidales.

Aurum foliatum: s. Blattgold.

Aurum-Kalium cyanatum: s. Kaliumdicyanoaurat(I).

Aurum metallicum: s. Gold.

Aurum muriaticum: Aurum chloratum acidum; Tetrachlorogoldsäure; s. Gold(III)-chlorid.

Aurum musivum: s. Zinn(IV)-sulfid.

Aurum potabile: s. Gold, trinkbares.

Aurum tribromatum: s. Gold(III)-bromid.

Ausfällen: syn. Präzipitieren; Ausscheidung eines gelösten Stoffes. Das Zusetzen geeigneter Substanzen zur Lsg., od. das Einwirken zweier Lsg. aufeinander, führt durch chem. Umsetzung zur Bildung eines unlösl. Bestandteils in Form von Kristallen, Flocken od. Tropfen.

Ausflockung: Koagulation; Ausfällung einer kolloid gelösten Substanz, z. B. durch Aussalzen*.

Ausfuhr von Arzneimitteln: ist arzneimittelrechtl. mögl., sofern die Arzneimittel nicht bedenkl. oder zur Täuschung geeignet sind. Verfallene Arzneimittel dürfen nicht ausgeführt werden. Der pharmaz. Unternehmer od. die zuständige Behörde des Bestimmungslandes können ein Zertifikat nach dem WHO-Zertifikatsystem bei der zuständigen Behörde des Unternehmers anfordern.

Ausgleichsgerade: s. Ausgleichsrechnung.

Ausgleichsrechnung: Regressionsrechnung; Methode zur Bestimmung eines funktionalen Zusammenhangs bei fehlerbehafteten Messwerten. Bei einem Experiment ist es häufig der Fall, dass eine Größe y eine Funktion einer anderen Größe x ist u. Messungen von Wertepaaren für x und y durchgeführt werden. Aus den gemessenen Werten (sog. Punktwolke) ist eine Kurve zu ermitteln, die einer algebra. Funktion* $y = f(x)$ entspr. u. so genau wie mögl. durch die Messpunkte geht. Dies ist außer mit graph. Verfahren mit Hilfe der A. möglich. **Methode der kleinsten Quadrate:** Für eine lineare Funktion $y = a + b \cdot x$ sind die Parameter b (Steigung, engl. slope) und a (Achsenabschnitt, Ordinatenabschnitt, engl. intercept) aus n Paaren von Messwerten (x, y) zu berechnen. Setzt man voraus, dass die Fehler nur in den y-Werten auftreten, kann mit folgendem Rechenschema die beste Gerade (Regressionsgerade, Ausgleichsgerade) nach der Methode der kleinsten Quadrate berechnet werden:

1. $\overline{x} = \Sigma x/n$; $\overline{y} = \Sigma y/n$ (Mittelwerte)

2. $Q_x = \Sigma x^2 - (\Sigma x)^2/n$

3. $Q_y = \Sigma y^2 - (\Sigma y)^2/n$

4. $Q_{xy} = \Sigma xy - (\Sigma x) \cdot (\Sigma y)/n$

5. $Q_{y.x} = Q_y - Q^2{}_{,xy}/Q_x$

6. $s_{y.x} = \sqrt{Q_{y.x}/(n-2)}$
(die Standardabweichung der y-Werte für ein gegebenes x)

7. Damit ergibt sich für:
a) die Steigung: $b = Q_{xy}/Q_x$
b) deren Standardabweichung: $s_b = s_{y.x}/\sqrt{Q_x}$
c) den Ordinatenabschnitt: $a = \overline{y} - b_y \cdot \overline{x}$
d) dessen Standardabweichung:
$s_a = s_{y.x} \cdot \sqrt{1/n + x^2/Q_x}$

Ist ein linearer Zusammenhang von der zu erwartenden Beziehung her nicht gegeben, wie z. B. bei der Elimination eines Arzneistoffes aus dem Organismus in Abhängigkeit von der Zeit, so lässt sich nicht selten dennoch eine Gerade erhalten, wenn z. B. der Logarithmus der Konz. des Arzneistoffs im Blut gegen die Zeit aufgetragen wird; s. Transformation.

Ausläufer: Stolon; kriechender Seitenzweig (z. B. bei Erdbeere), der in Abständen Knospen trägt, die sich bewurzeln u. zu neuen Pfl. heranwachsen. A. können sich auch zu Knollen verdicken (z. B. Kartoffel).

Auslaufbecher: Gerät zur Bestimmung der Auslaufzeit (bei 24 °C) einer def. zusammengesetzten Suspension von hochdispersem Siliciumdioxid* in Butandiol. Die Auslaufzeit (45-150 s) steht in direktem Zusammenhang mit dem Gelbildungsvermögen u. stellt eine Reinheitsprüfung dar. Der trichterförmige Aluminiumbecher (eloxiert) mit einem Rauminhalt von 100 mL besitzt eine in ihren Abmessungen def. eingebaute Auslaufdüse aus nicht rostendem Stahl. Nach Freigabe der Auslauföffnung wird die Zeit gemessen, nach der der Flüssigkeitsfaden bei vollständiger Füllung des A. zum ersten Mal abreißt. Einfache Methode (DAB8), die die Bestimmung der Teilchenoberfläche u. Primärteilchengröße von hochdispersem Siliciumdioxid in ihrer Aussagekraft nicht ersetzen kann.

Auslauftrichter nach Maly: Gerät zur Messung der Fließgeschwindigkeit von Pulvern (Haufwerken). Der Auslauf eines Pulvertrichters wird für eine vorgewählte Zeit geöffnet u. die in dieser Zeit

A

ausgelaufene Pulvermenge wird durch Wägung festgestellt.

Auslösezählrohr: s. Strahlenmessgeräte.

Aussalz-Effekt: gelöste Proteine* werden durch Zusätze geeigneter Salze wie Ammoniumsulfat aus einer Lsg. ausgeschieden. Wichtiges Trennprinzip bei der Präparation u. Reinigung von Proteinen.

Aussalzen: Ausscheidung eines gelösten Stoffes durch Zusatz eines lösl. Salzes. Der Zusatz von z. B. Ammonium-, Natrium-, Magnesiumsulfat od. Natriumchlorid verringert die Lösungsfähigkeit des Wassers, bzw. entzieht den Molekülen des gelösten Stoffes die Hydrathüllen. **Anw.:** z. B. bei der Herst. von Seifen, Farben u. zur Gew. von Proteinen.

Ausscheider: laut Infektionsschutzgesetz Bez. für eine Person, die durch Ausscheidung von Krankheitserregern eine Infektionsquelle darstellt, ohne selbst krank od. krankheitsverdächtig zu sein. A. bestimmter Erreger (z. B. Hepatitis-Viren, Salmonella, Shigella) müssen dem Gesundheitsamt gemeldet werden. Vgl. Dauerausscheider, Keimträger.

Ausscheidung: **1.** (bot.) s. Exkretion. **2.** (pharmakol.) A. von Arzneistoffen; s. Elimination.

Ausscheidungsgeschwindigkeit von Arzneistoffen: s. Elimination.

Ausscheidungsmechanismen von Arzneistoffen: s. Elimination.

Ausschlusschromatographie: s. Chromatographie.

Ausschütteln: Form der Flüssig-Flüssig-Extraktion (s. Extrahieren). Die gelöste Verb. wird in geeignetem Schüttelgefäß (z. B. Scheidetrichter*) wiederholt mit reinem Lösungsmittel* durchschüttelt, in dem sich die betr. Verb. gut löst, das sich mit deren ursprünglichen Lösungsmittel jedoch nicht mischt. Es stellt sich ein Verteilungsgleichgewicht* der zu extrahierenden Substanz zw. beiden Lösungsmitteln ein.

Außenkelch: s. Blüte.

Außenverpackung: s. Behältnis.

Ausstoßkraft: Kraft, die der Unterstempel einer Tablettenpresse beim Ausstoßen der Tablette ausüben muss, um die Reibung zw. Steg u. Matrizenwand zu überwinden. Die A. ist umso geringer, je effektiver die Wirkung des eingesetzten Schmiermittels* ist.

Austauscherharze: s. Ionenaustauscher.

Auster: s. Ostrea edulis.

Austernschalen: s. Conchae praeparatae.

Austernschalenkalk: s. Calcium carbonicum Hahnemanni.

Austraghilfen: mechan. Einrichtungen in od. an Fülltrichtern von Tablettenmaschinen zur Verbesserung der Einheitlichkeit der Masse u. der mechan. Eigenschaften der hergestellten Tabletten. A. sollen Fließbehinderungen durch schwer tablettierbare Pulvermassen beheben, Entmischungen verhindern u. zur Verbesserung der Matrizenfüllung (Einstreichhilfen) beitragen. A. sind häufig für die Direkttablettierung* von Nutzen.

Australin: s. Castanospermum australe.

Austria-Codex-Fachinformation: Österreichisches Arzneispezialitätenverzeichnis; enthält Angaben u. a. über Hersteller, Zstzg., Wirk., UAW der zugelassenen Arzneispezialitäten. Die Fachinformation wird von der Österreichischen Apothekerkammer unter Mitwirkung der Österreichischen Ärztekammer veröffentlicht u. jährl. neu aufgelegt. Regelungen dazu im AMG u. der VO über die Fachinformation für Arzneispezialitäten. Um die in Österreich zugelassenen Arzneispezialitäten auch über ihre Inhaltsstoffe finden zu können, gibt es die Stoffliste zur Austria-Codex-Fachinformation, ein ebenfalls jährl. erscheinendes Verzeichnis aller Arzneistoffe, Hilfsstoffe u. Synonyma mit Zuordnung der in Österreich verfügbaren Arzneispezialitäten.

aut idem (lat. oder gleiches): **Deutschland:** ein Aut-idem-Vermerk des Arztes auf einer Verschreibung berechtigt den Apotheker zur Abgabe eines dem verordneten Arzneimittel in Wirkstoff, Darreichungsform u. Dos. entsprechenden Arzneimittels eines anderen Herstellers mit abweichendem Namen. Durch das Arzneimittelausgaben-Begrenzungsgesetz vom 15.2.2002 wird die Aut-idem-Substitution zum Regelfall. Diese Aut-idem-Regelung bedeutet, dass künftig der Apotheker immer dann verpflichtet ist, ein Arzneimittel ident. Wirkstärke u. Packungsgröße aus dem unteren Preisdrittel abzugeben, wenn nicht vom Arzt kenntl. gemacht wurde, dass ein Austausch nicht erfolgen darf (Umkehr des Regel-Ausnahme-Verhältnisses). **Österreich:** Die ärztl. Verordung ist grundsätzl. zu befolgen. Die Abgabe eines wirkstoffgleichen Präparates mit anderem Namen ist nicht erlaubt.

Autismus (gr. autos selbst): Kontaktstörung mit Rückzug in die eigene Erlebnis- u. Gedankenwelt u. Isolation von der Umwelt. Kommt z. B. bei Schizophrenie, Neurose od. bestimmten Persönlichkeitsstörungen vor.

Autoantikörper: gegen körpereigene Antigene versch. zellulärer Strukturen (z. B. Oberflächenantigene, Rezeptoren, Nucleinsäuren, Proteine, Glykoproteine) gerichtete Antikörper* mit physiol. u. patholog. Bedeutung. **Entstehung:** multifaktoriell; genet., immunolog. u. exogene Faktoren; **Nachw.:** bei Autoimmunkrankheiten; s. Autoimmunisierung, vgl. Immunglobuline.

Autoclix®: Automatiklanzette zur schmerzlosen Kapillarblutentnahme aus der Fingerkuppe.

autözisch: Eigenschaft von Parasiten (z. B. manche Rostpilze), die ihre gesamte Entw. auf einem Wirt durchmachen.

Autoimmunisierung: gegen körpereigene antigene Substanzen (sog. Autoantigene) gerichtete Immunisierung mit Bildung von Autoantikörpern* u. spezif. sensibilisierten Lymphozyten. **Urs.:** Aufhebung der normalerweise gegenüber körpereigenen Geweben bestehenden Immuntoleranz (sog. Selbsttoleranz) infolge von Störungen der „Selbst"-Erkennung u. der Kontroll- u. Regulationsmechanismen des Immunsystems* zur Begrenzung von Autoimmunreaktionen.

Autoimmunkrankheiten: Erkrankungen, bei denen durch Autoimmunisierung entstandene, gegen körpereigene Substanzen (Autoantigene) gerichtete Autoantikörper bzw. spezif. sensibilisierte B- u. T-Lymphozyten auftreten. A. treten fam. gehäuft auf; Beteiligung genet. Faktoren wahrscheinl., da A. oft mit Eigenschaften des HLA*-Systems assoziiert sind. **Einteilung:** **1.** organspezif. A. mit Immunreaktion ausschließl. gegen spezif. Antigene eines Organs/Organsystems, z. B. Hashimoto-Thyreoiditis, chron. Gastritis; **2.** nicht organspezif. A. (Erkrankungen des rheumat. Formenkreises) mit Immunreaktion gegen Autoantigene versch. Körpergewebe u. system. Ablagerung der Immunkomplexe v. a. in Gelenken (z. B. bei rheumatoider Arthritis), Niere (z. B. system. Lupus erythematodes), Haut (z. B. Sklerodermie) u. Muskel (z. B. Dermatomyositis); **3.** Misch- od. Übergangsformen: z. B. Myasthenia gravis pseudoparalytica, autoimmunhämolyt. Anämie, Colitis ulcerosa; **Ther.:** symptomat. Antiphlogistika; ggf. Substitutionsbehandlung bei organspezif. A.; Immunsuppressiva*, Implantation (z. B. Endoprothese) od. Transplantation (z. B. Niere) bei nicht organspezif. Autoimmunkrankheiten.

Autoinduktion: s. Enzyminduktion.

Autointoxikation: Autotoxikose; Selbstvergiftung durch Stoffwechselprodukte des eigenen Körpers. **Vork.:** z. B. bei schwerer Leber- u. Niereninsuffizienz od. diabet. Koma; vgl. Gifte.

Autoklav (lat. clavis Riegel): Hochdrucksterilisator, Dampfdruckapparat; starkwandiges Gefäß mit einem aufschraubbaren, fest u. luftdicht schließenden Deckel, Sicherheitsventil, Manometer, Thermometer u. Ablassventil, in dem Stoffe über ihren gewöhnl. Siedepunkt erhitzt werden können. Druckkessel zur Sterilisation* wässriger Lsg., Instrumente, Schläuche u. Verbandstoffe im gespannten u. gesättigten Wasserdampf; Richtwerte der Einwirkungszeit (Abtötungszeit u. Sicherheitszuschlag): 121 °C bei 1 bar Überdruck für 15-20 min od. 134 °C bei 2 bar für 5 min.

Autolyse: Selbstverdauung; Abbau von Organprotein durch freigewordene zelleigene Enzyme innerhalb od. außerhalb des Organismus ohne Bakterienhilfe; nicht mehr vermehrungsfähige Zellen lösen sich durch selbstverdauende Enzyme (Autolysine) auf. Vgl. Fäulnis, Verwesung.

Autopolyploidie: Polyploidie, bei der die Chromosomensätze alle von derselben Art stammen; meist durch Verdopplung der Chromosomenzahl eines einzelnen Individuums hervorgerufen; vgl. Allopolyploidie.

Autoprotolyse: vom pH-Wert abhängige Eigenprotonierung chem. Verbindungen. Die Moleküle einer Verb. wirken als Protonendonator u. Protonenakzeptor; z. B.

$2\,H_2O \rightleftharpoons H_3O^+ + OH^-$

$2\,R-COOH \rightleftharpoons R-COOH_2^+ + R-COO^-$

$2\,H_2SO_4 \rightleftharpoons H_3SO_4^+ + HSO_4^-$

Autoprotolysekonstante des Wassers: s. Ionenprodukt.

Autopsie: s. Sektion.

Autoradiographie: s. Chromatographie (Detektion bei DC und PC).

Autosomen: Gesamtheit der Nicht-Geschlechts-Chromosomen. Im humanen Karyotyp* findet man 22 Paare von Autosomen.

Autotrophie (gr. trophie Ernährung): Selbsternährung, Aufbauernährung; Fähigkeit von Organismen, ihre Körpersubstanz aus anorg. Material (z. B. CO_2), selbständig aufzubauen, z. B. Ernährung der grünen Pflanzen (Photosynthese). **Autotrophe Bakt.** ernähren sich durch Aufnahme einfacher mineral. Stoffe, vgl. Heterotrophie.

Autovakzine: aus eigenem pathogenen Material des Patienten hergestellte Vakzine*. Dient für denselben Kranken als Impfstoff.

Autoxidation: Autooxidation, Selbstoxidation; freiwillige, nicht durch chem.-physik. Faktoren erzwungene Oxidation, wobei Stoffe mit Peroxidcharakter entstehen. Autoxidabel sind Substanzen, die direkt mit molekularem Sauerstoff reagieren. A. spielt z. B. beim Ranzigwerden von Fetten, Selbstentzündung von Kohle, Alterung des Gummis sowie der biol. Oxidation (vgl. Antioxidanzien) eine Rolle. In vielen Fällen verläuft die A. über freie Radikale u. Kettenreaktionen.

aut simile (lat. oder ähnliches): Angabe auf Rezepten, die die Apotheke verpflichtet, die Auswahl eines Arzneimittels selbständig vorzunehmen, sofern die Verordnung die Ersetzung des Arzneimittels durch ein wirkstoffgleiches Arzneimittel zulässt.

auxiliär: unterstützend.

Auxinantagonisten: Hemmstoffe der Auxine*, deren Wirk. zumindest teilweise durch Auxine aufgehoben werden kann. Der Begriff A. wird unabhängig vom Hemmungsmechanismus verwendet; kompetitiv hemmende A. werden als Antiauxine bezeichnet. Zu den A. zählen zahlreiche chem. verschiedenartige Verb., auch einige synthet. Auxine, z. B. Phenylessigsäure u. Phenylbuttersäure.

Auxine: Wuchsstoffe; die nat. A. sind Derivate des Indols u. werden aus Tryptophan biosynthetisiert. Der wichtigste Vertreter ist β-Indolyl*-3-essigsäure (IES, Heteroauxin; s. Abb.). A. bilden eine Gruppe von Phytohormonen, die das Wachstum regulieren. **Wirk.:** A. fördern bei Pfl. das Streckungswachstum sowie die Zellteilung im Kambium u. in der Wurzel. Oftmals hemmen A. das Wachstum von Seitenknospen u. bedingen auf diese Weise die Apikaldominanz. A. verzögern Blatt-, Blüten- u. Fruchtfall (Abszission*) u. beeinflussen bestimmte Enzymaktivitäten. Die quantitative Bestimmung von IES u. anderen A. erfolgt im Avena*-Koleoptilen-Krümmungstest. Die Angabe der Wirk. erfolgt als Avena-Einheit.

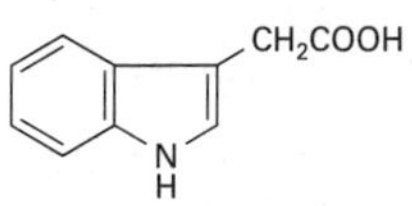

Auxine: Strukturformel der β-Indolylessigsäure

Auxochrome: auxochrome Gruppen; Bez. für Substituenten* mit freien Elektronenpaaren*, die Farbveränderungen od. Färbbarkeit von Substanzen od. Geweben hervorrufen können. Beispiele: $-NR$, $-OR$, $-COOH$, $-SO_3H$; vgl. Synthese.

Auxosporen: (bot.) Wachstumssporen; Verjüngungssporen bei Kieselalgen*.

Auxotroph: prototrophe Mikroorganismen, bei denen Mutationen die Bildung notwendiger Enzyme für die Synthese von Körperbausteinen, z. B. Aminosäuren, verursachen. So enthält z. B. eine His-

A

tidin-a-Bakterienmutante eine Mutation in einem od. mehreren Genen, welche Enzyme für die Histidin-Produktion bilden.

AV: Abk. für atrioventrikulär.

AV-Block: Kurzbez. für atrioventrikulärer Block; Erregungsleitungsstörung zw. Vorhöfen u. Kammern des Herzens (sog. Überleitungsstörung). **Formen: AV-Block I. Grades:** Verzögerung der Erregungsleitung; **AV-Block II. Grades:** gelegentl. Unterbrechung der Erregungsleitung; **AV-Block III. Grades:** vollständige Unterbrechung. Die Behandlung erfolgt symptomat. und z. B. mit Atropin. Bei wiederholtem Auftreten höhergradiger AV-Blockierungen Implantation eines Herzschrittmachers.

Avena-Koleoptilen-Krümmungstest: Avenatest; Biotest zur quantitativen Bestimmung von Auxinen*.

Avena sativa L.: Gemeiner Hafer; Fam. Poaceae (Gramineae). Stpfl. von **Amylum Avenae:** Haferstärke. **Farina Avenae:** Hafermehl. **Fructus Avenae excorticatus:** Semen Avenae excorticatum, Hafergrütze. **Best.:** 54 % Stärke, 10-12 % Wasser, 14-15 % Eiweiß (mit zahlreichen Aminosäuren), 6-9 % Fett. 2 % Zucker; Saponine wie Avenacin (hat antimikrobielle Wirksamkeit, hemmt Pilzwachstum), Avenacosid A u. B; Trigonellin* u. a. Avenin (Alkaloid), Lecithin, mehrere Enzyme, Flavone u. Cumarine (Scopolin, Scopoletin); **Anw.:** Nährmittel u. bei Magen-Darm-Erkrankungen (Haferschleim); volkstüml.: auch bei Schlaflosigkeit, Nervenleiden, Fieber. Abkochungen von Haferstroh (Stramentum Avenae), das Pektinstoffe, reichl. Kieselsäure, Pentosane u. Vitamin A enthält, findet die gleiche Anwendung.
Hom: *Avena sativa (HAB1.3),* Avena sativa ferm 33c (HAB1.4): frische, blühende Pfl.; verord. z. B. bei nervösen Erschöpfungszuständen, ergänzend bei Drogen- u. Alkoholentzug, Schlafmittel.

Avena venenata: mit Strychnin präparierter Hafer, zur Ratten- u. Mäusevertilgung. **Herst.:** man löst 2 g Saccharin u. 2.5 g Strychninnitrat in 0.5 L kochendem Wasser u. schüttet in diese Lsg. 1000 g geschälten Hafer. Man lässt 24 h unter wiederholtem Umrühren stehen, färbt mit alkohol. Fuchsinlösung u. lässt trocknen.

Avenin: s. Gluteline.

Avenol: A. u. Avenex sind Hafermehlextrakte, die ein antioxidativ wirksames Lipoproteid enthalten.

Avermectine: Gruppe makrocycl. Lactone mit breiter antiparasitärer Wirkung, z. B. gegen Nematodes*, Arthropoden*; gew. aus Streptomyces avermitilis. Wirken auf GABA-Neuronen von Parasiten, können aber bei Säugetieren nicht in die GABA-Neuronen des ZNS gelangen. Vgl. Ivermectin.

Averrhoa bilimbi L.: Gurkenbaum, cucumber tree; Fam. Oxalidaceae (Averrhoaceae) (Indien, Südostasien; kult. in den Tropen). Inhaltsst. u. Anw. ähnlich Averrhoa* carambola.

Averrhoa carambola L.: Karambolabaum; Fam. Oxalidaceae (Averrhoaceae) (kult. in den Tropen; Indien, China, Brasilien). **Anw.:** die fünfkantigen Früchte (Karambola) als Obst (mit viel Vit. C u. Oxalat); unreife Früchte für mixed pickles; volkstüml.: Blätter (mit Leukoanthocyanen) als harntreibendes Mittel; bei Fieber.

Avicularia avicularia: Aranea avicularis, Mygale avicularis, Vogelspinne; Fam. Aviculariidae (Mittelamerika). Giftspinne; größte aller Spinnen, etwa mausgroß; Gefährlichkeit für den Menschen umstritten.
Hom: *Aranea avicularis:* Tinktur durch Mazeration des Tieres mit 90 %igem Ethanol (nach homöopath. Vorschriften); verord. z. B. bei intermittierendem Fieber, Neuralgien.

Avicularin: 3-*O*-Arabino-Derivat von Quercetin*, s. Polygonum aviculare.

Avidin: Protein im Hühnereiweiß, das die Vitamin H-Wirk. aufhebt, s. Vitamine.

Avitaminosen: Vitamin-Mangelkrankheiten; s. Vitamine.

Avivage: Herstellungsprozess zum Schönen (Avivieren) von Textilien, d. h. zum Bleichen, zur Verbesserung der Farben, des Glanzes od. des Griffes (z. B. auch bei Verbandwatte u. Mull), mit org. Säuren wie Essig-, Citronen- u. Milchsäure, aber auch Fettalkoholsulfonaten.

Avizide: Mittel geg. Vögel; s. Schädlingsbekämpfungsmittel.

AV-Knoten: Aschoff-Tawara-Knoten; Kurzbez. für Atrioventrikularknoten; an der rechten Vorhofwand gelegener Teil des Reizleitungssystems des Herzens*. Bei Ausfall des Sinusknotens* fungiert der AV-Knoten als sek. Erregungsbildungszentrum u. steuert den Ersatzrhythmus.

Avocadoöl: s. Persea americana.

Avogadro-Konstante (Amedeo Avogadro, italien. Physiker): Loschmidt-Zahl, molare Teilchenzahl; Symbol N_A; gemäß Def. die Anzahl von Atomen, Molekülen, Ionen od. anderen Teilchen in 1 mol: $N_A = 6.022\,141\,99 \cdot 10^{23} \cdot mol^{-1}$; vgl. Loschmidt-Konstante.

AV-Überleitung: Weiterleitung der im Sinusknoten* gebildeten Erregungen vom Vorhof über den Atrioventrikularknoten (AV*-Knoten) zur Herzkammer. Störungen der AV-Ü.: s. AV-Block.

Axerophthol: s. Vitamine (Vitamin A).

Axetil: chem. Kurzbez. für 1-Acetoxyethyl.

axial: s. Konformation.

Axillarin: Flavonolderivat, Strukturformel s. Flavonoide (Tab.).

Axon: langer (human bis zu 1 m), aus dem Zellkörper herausragender Fortsatz einer Nervenzelle, der die elektr. Impulse vom Zellkörper wegleitet.

Axonhügel: Verbindungsstelle zw. Axon* u. Zellkörper.

Axungia: Fett. **Axungia Porci:** Schweineschmalz, Adeps suillus; **Axungia mineralis:** Vaseline; **Axungia muris montanae:** Murmeltierschmalz.

Ayahuasca: s. Banisteria caapi.

Ayurveda: traditionelles ind. Diagnose- u. Behandlungssystem, dessen Alter auf etwa 5000 Jahre geschätzt wird. Grundlage ist die Erkenntnis, dass alles, was existiert, aus den 5 Elementen Raum, Luft, Feuer, Wasser u. Erde aufgebaut ist. Daraus werden 3 Bioenergien abgeleitet, die sog. Doshas Vata, Pitta u. Kapha, die von Geburt an in jedem Menschen in einem charakterist. Verhältnis zueinander angelegt sind u. sich in einem dynam. Gleichgewicht befinden. Ist dieses gestört, können Krankheiten entstehen. Mit A. werden Ungleichgewichte u. Störungen erkannt und behandelt,

u. a. mit Ölmassagen, Wärmebehandlungen, Aderlass, ayurved. Heilkräuteranw. u. typgerechter Ernährung. Das ind. ayurved. Arzneibuch von 1978 umfasst 450 Einzeldrogen, Mischpräparate u. Herstellungsvorschriften.

AZ: Abk. für Alkoholzahl*.

Aza: Präfix für cycl. org. Verb., bei denen eine ringförmig gebundene =CH-Gruppe durch =N– ersetzt ist. Beispiel: Pyridin*, syn. Azabenzol.

9-Azafluoren: s. Carbazol.

Azalee: s. Rhododendron.

9-Azaphenanthren: s. Phenanthridin.

Azaphenanthrene: s. Benzochinoline.

Azapolyether: s. Kryptanden.

Azapropazon INN: Apazone; 5-Dimethylamino-9-methyl-2-propyl-1*H*-pyrazolo[1,2-*a*][1,2,4]benzotriazin-1,3(2*H*)-dion; CAS-Nr. 13539-59-8; $C_{16}H_{20}N_4O_2$, M_r 300.37. Schmp. 228 °C. **Anw.:** Antirheumatikum, Antiphlogistikum; bei akutem Gichtanfall; **UAW:** gastrointestinale Störungen, allerg. Hauterscheinungen, Kopfschmerzen, Schwindel, Ödeme; Vorsicht bei Patienten mit akuter Gastritis, Nierenfunktionsstörungen, Magen-Darm-Ulzera; **Dos.:** p. o. initial u. bei akuten Fällen 3×0.6 g/d zu den Mahlzeiten; Dauerther. mit 4×0.3 g/d; HWZ 9-12 h. Gebräuchl. ist auch Azapropazon-Dihydrat.

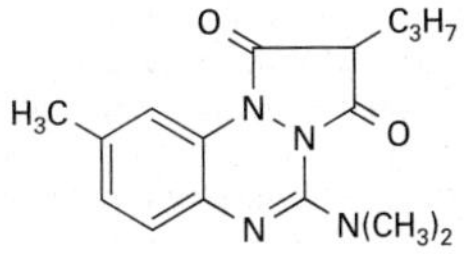

Azapropazon

L-Azaserin: *O*-Diazoacetyl-L-serin; glutaminanaloge Verbindung, die die Übertragung der Amidgruppe von L-Glutamin auf Formylglycinamidribotid hemmt. L-A. wird von Streptomyces fragilis gebildet, ist mutagen u. hat Antitumoraktivität. Es ist wirksam gegen Clostridien, Mycobacterium tuberculosis u. Rickettsien.

Azatadin INN: 6,11-Dihydro-11-(1-methyl-4-piperidyliden)-5*H*-benzo[5,6]cyclohepta-[1,2-*b*]pyridin; CAS-Nr. 3964-81-6; $C_{20}H_{22}N_2$. **Anw.:** Antihistaminikum*, bei Nesselsucht, Arzneimittelallergien; **UAW:** Verdauungsbeschwerden, Sedation, Mundtrockenheit, Beeinflussung des Reaktionsvermögens; **WW:** Alkohol, Psychopharmaka, MAO-Hemmer; HWZ 8.7 h. Gebräuchl. ist auch Azatadindimaleat.

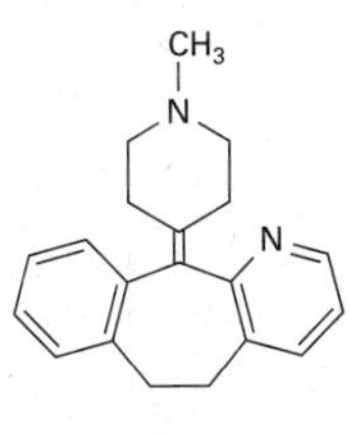

Azatadin

Azathioprin INN: Azathioprinum Ph.Eur.4; 6-(1-Methyl-4-nitroimidazol-5-ylthio)purin; CAS-Nr. 446-86-6; $C_9H_7N_7O_2S$, M_r 277.29. Schmp. 243-244 °C (unter Zers.). Blassgelbes Pulver; unlösl. in Wasser, sehr schwer lösl. in Ethanol u. Chloroform, wenig lösl. in verd. Mineralsäuren, lösl. in schwachen Alkalilösungen. **Anw.:** Zytostatikum*, Immunsuppressivum*; bei Organtransplantationen, Autoimmunkrankheiten; **Dos.:** p. o. 2 mg/kg KG/d mehrere Monate lang, bei Organtransplantationen bis 5 mg/kg KG/d, parenteral i. v. 3 mg/kg KG/d; HWZ 4.5-5 h. Gebräuchl. ist auch Azathioprin-Natrium.

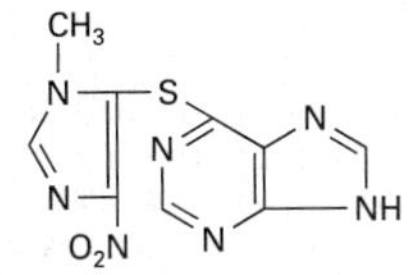

Azathioprin

Azelainsäure INN: Nonandisäure; 1,7-Heptandicarbonsäure; CAS-Nr. 123-99-9; $C_9H_{16}O_4$, M_r 188.2. Schmp. 106.5 °C. Weiße, prismat. Nadeln; lösl. in Wasser u. Ethanol. **Vork.:** nat. in ranzigem Olivenöl; **Off.:** DAC86; **Wirk.** u. **Anw.:** Aknetherapeutikum mit antimikrobiellen Eigenschaften, Mittel zur Aufhellung übermäßig pigmentierter Stellen, hemmt die Keimzahl u. reduziert Hyperkeratose; **UAW:** lokale Hautreizungen, phototox. Reaktionen; **Dos.:** 20 %ige Zuber. in Salben- od. Gelform.

Azelastin INN: (±)-4-(4-Chlorbenzyl)-2-(hexahydro-1-methyl-1*H*-azepin-4-yl)-1(2*H*)-phthalazinon; CAS-Nr. 58581-89-8; $C_{22}H_{24}ClN_3O$, M_r 381.91. Ölige Flüss.; lösl. in Methylenchlorid. **Wirk.** u. **Anw.:** Antihistaminikum (H_1-Antagonist), bei allerg. Rhinitis; **UAW:** Reizung u. Blutung der Nasenschleimhaut; **Dos.:** lokal 2-mal tägl. 0.14 mg je Nasenloch; HWZ 17-28 h bzw. 50-56 h (Metaboliten). **Azelastinhydrochlorid:** Azelastini hydrochloridum Ph.Eur.4; CAS-Nr. 79307-93-0; $C_{22}H_{24}ClN_3O \cdot HCl$, M_r 418.37. Schmp. 225-229 °C (kristallisiert aus Ethanol). **Azelatin-Monohydrat:** $C_{22}H_{24}ClN_3O \cdot H_2O$, M_r 399.92. Kristalle aus Ethanol/Wasser (dimorph).

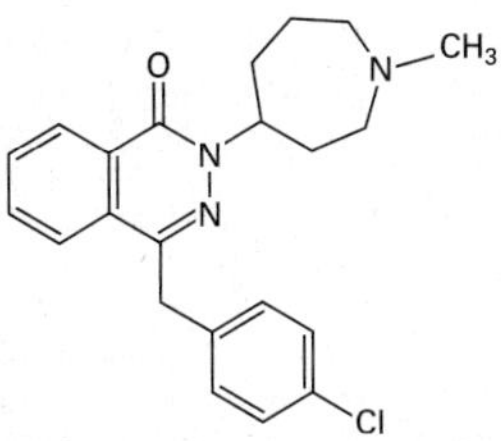

Azelastin

Azeotrop: Gemisch versch. Flüss., das einen konstanten Siedepunkt aufweist. A. werden z. B. bei der Dünnschichtchromatographie (s. Chromatographie) als Laufmittel verwendet, z. B. Ethanol/Benzol od. Aceton/Tetrachlormethan.

Azeotropdestillation: s. Wassergehaltsbestimmung.

Azetanilid: s. Acetanilid.

Azida: s. Acida.

A

Azidamfenicol INN: D-(–)-*threo*-2-Azido-*N*-(β-hydroxy-α-hydroxymethyl-4-nitro-phenethyl)acetamid; CAS-Nr. 13838-08-9; $C_{11}H_{13}N_5O_5$, M_r 295.25; Schmp. 107 °C aus Ethylenchlorid; $[\alpha]_D^{20\,°C}$ –20° (c = 1.6 in Ethylacetat); lösl. in Wasser bis zu 2 %; Chloramphenicol-Antibiotikum. **Anw.:** nur lokale Anw., Infektionen der Augen; **Dos.:** konjunktival Augentropfen 1 %; pulmonale Inhalation 1 %.

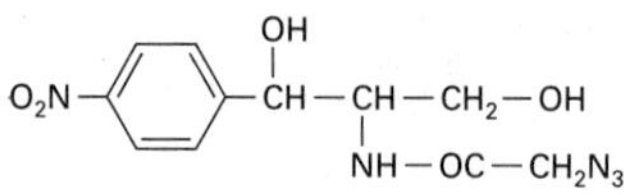

Azidamfenicol

Azide: Salze der Stickstoffwasserstoffsäure N_3H. **IUPAC:** Die Benennung erfolgt analog den Halogen-Verb. als Azidoalkane od. Alkylazide (s. Abb.). Mit Ausnahme einige niedermolekularer org. A. ist diese Substanzgruppe i. Allg. sicherer zu handhaben als die gefährl. explosive Stickstoffwasserstoffsäure.

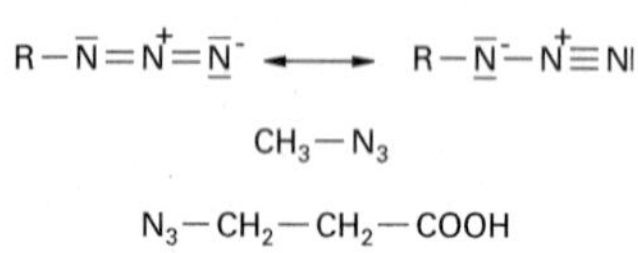

Azide: allg. Formel (oben); Methylazid (Mitte) u. 3-Azidopropionsäure (unten) als Beispiele

Azidimetrie: s. Säure-Base-Titrationen.
Azidität: s. Acidität.
Azidocillin INN: CAS-Nr. 17243-38-8, D-(–)-(α-Azidobenzyl)penicillin, $C_{16}H_{17}N_5O_4S$, M_r 375.42. Magensaftresistentes Antibiotikum, halbsynthet. Oralpenicillin. **Anw.:** wirksam gegen grampositive Keime, außerdem gegen Haemophilus influenzae u. Bordetella pertussis; s. Antibiotika (Tab.); **Dos.:** Erwachsene 2 × 0.75-1 g/d p. o., Kinder 50-100 mg/kg KG/d; HWZ 0.5-1 h; **Resistenz:** selten; langsame Entwicklung. Gebräuchl. sind Azidocillin-Kalium u. Azidocillin-Natrium.

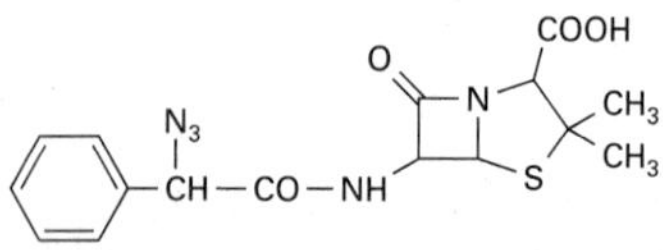

Azidocillin

Azidothymidin: s. Zidovudin.
Azinphos-methyl: *S*-(3,4-Dihydro-4-oxobenzo[*d*]-1,2,3-triazin-3-ylmethyl)-*O,O*-dimethyldithiophosphat; $C_{10}H_{12}N_3O_3PS_2$; CAS-Nr. 86-50-0; M_r 317.3. **Anw.** techn.: Insektizid; s. Schädlingsbekämpfungsmittel (org. Phosphorverb.), Tabelle.
Azintamid INN: 2-(6-Chlor-3-pyridazinyl)thio-*N,N*-diethylacetamid; CAS-Nr. 1830-32-6; $C_{10}H_{14}ClN_3OS$, M_r 259.77. Schmp. 97-98 °C (kristallisiert aus Aceton; polymorph). Leicht lösl. in Benzol, Chloroform, Ethylacetat, Aceton. Löslichkeit in Wasser 0.5 %. **Anw.:** Choleretikum*; **Kontraind.:** schwere Leber- u. Gallenschäden; **Dos.:** 2-3 × 0.1 g/d p. o. zu den Mahlzeiten.

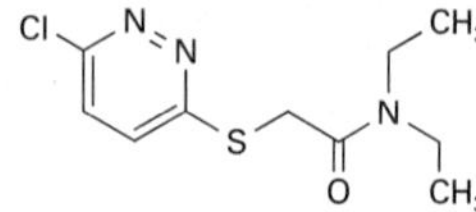

Azintamid

Aziridine: gesättigte dreigliedrige Ringverb. mit einem Stickstoffatom. **Anw.:** z. B. alkylierende Zytostatika*, vgl. Thiotepa.
Azithromycin INN: Azithromycinum Ph.Eur.4, 9-Desoxo-9a-aza-9a-methyl-9a-homoerythromycin A; (2*R*,3*S*,4*R*,5*R*,8*R*,10*R*,11*R*,12*S*,13*S*,14*R*)-13-(2,6-Didesoxy-3-*C*-3-*O*-dimethyl-α-L-ribohexopyranosyl)oxy)-2-ethyl-3,4,10-trihydroxy-3,5,6,8,10,12,14-heptamethyl-11-[3,4,6-trideoxy-3-(dimethylamino)-β-D-xylo-hexopyranosyl]oxy-1-oxa-6-azacyclopentadecan-15-on; CAS-Nr. 83905-01-5; $C_{38}H_{72}N_2O_{12}$, M_r 749.00. Schmp. 113-115 °C. $[\alpha]_D^{20\,°C}$ –37° (c = 1 in Chloroform). $pK_{S,1}$ 8.8 (Dimethylaminogruppe im Aminozucker), $pK_{S,2}$ 8.1 (funktionelle Aminogruppe im Makrolacton). Makrolid-Antibiotikum (Azalid; s. Antibiotika). **Wirk.** u. **Anw.:** wie Erythromycin* bakteriostat. durch Hemmung der ribosomalen bakteriellen Proteinsynthese; gegenüber grampostiven Keimen wie Streptokokken u. Staphylokokken weniger u. gegenüber gramnegativen Keimen wie Haemophilus* influenza, Moraxella catarrhalis stärker aktiv; Keime wie E. coli, Toxoplasma gondii u. Helicobacter pylori werden ebenfalls erfasst; **Anw.:** Infektionen mit empfindl. Keimen; **UAW:** gelegentl. gastrointestinale Störungen, selten Überempfindlichkeitsreaktionen, reversibler Anstieg von Leberenzymen u. von Bilirubin im Serum; **Dos.:** Erwachsene u. Jugendl. über 45 kg KG 1.5 g/d p. o. (3- bis 5-tägige Ther.); Kinder, 3-Tagesther.: 10 mg/kg KG/d; 5-Tagesther.: 1. Tag 10 mg/kg KG, an darauffolgenden Tagen je 5 mg/kg KG; Einnahme mind. 1 h vor od. 2 h nach einer Mahlzeit; HWZ 40 h. **Azithromycin-Dihydrat:** CAS-Nr. 117772-70-0; $C_{38}H_{72}N_2O_{12} \cdot 2\,H_2O$, M_r 785.0.

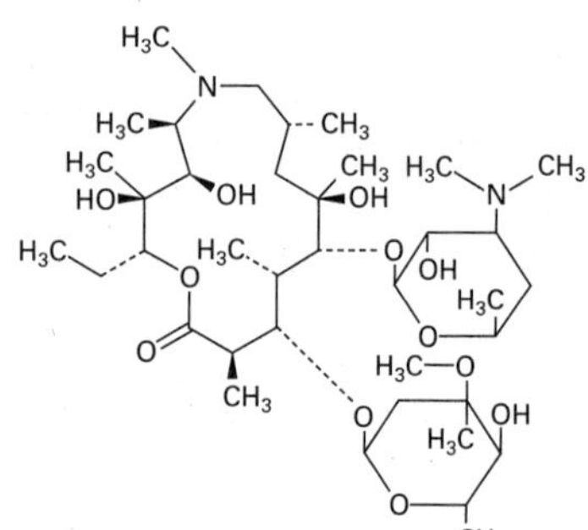

Azithromycin

Azlocillin INN: Acylureido-Penicillin, 6-[(*R*)-2-(2-Oxoimidazolidin-1-carboxamido)-2-phenylacetamido]-penicillansäure; (2*S*,5*R*,6*R*)-3,3-Dimethyl-7-oxo-6-[(*R*)-2-(2-oxo-1-imidazolidincarboxamido)-phenylacetamido]-4-thia-1-azabicyclo[3.2.0]heptan-2-carbonsäure; CAS-Nr. 37091-66-0; $C_{20}H_{23}N_5O_6S$, M_r 461.50. **Anw.:** Antibiotikum, sehr stark wirksam gegen Pseudomonas aeruginosa, Enterokokken u. Bacteroides fragilis; nach p. o. Applikation keine Resorption; indiziert bei schweren Pseudomonas-Infektionen; **Dos.:** i. v. 3×5 g/d; Kinder 3×0.08 g/kg KG/d; HWZ 1-1.3 h; vgl. Antibiotika (Tab.). Gebräuchl. ist Azlocillin-Natrium.

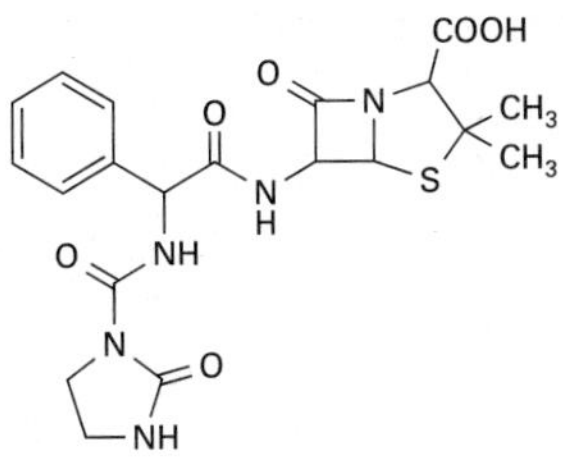

Azlocillin

Azobenzol: $C_6H_5N{=}NC_6H_5$; D. 1.203; Schmp. 68 °C; Sdp. 293 °C. Zwei stereoisomere Formen. Orangerote Kristalle, leicht lösl. in Ethanol u. Ether, fast unlösl. in Wasser. Zwischenprodukt bei der Reduktion von Nitrobenzol zu Anilin. Muttersubstanz der Azofarbstoffe. **Anw.:** in Emulsion od. öliger Lsg. zur Insektenvertilgung (Kartoffelkäfer) u. als Akarizid*.

Azodisalicylsäure: s. Olsalazin.

Azofarbstoffe: Teerfarbstoffe; allg. Formel R−N=N−R; größte Farbstoffgruppe; Derivate des Azobenzols, in denen H-Atome durch Amine od. Oxidgruppen (Auxochrome*) ersetzt sind; vgl. Azoverbindungen.

Azolitmin: gereinigter Lackmusfarbstoff, s. Lackmus. Dunkelviolette Blättchen od. Pulver, lösl. in Wasser u. Alkalihydroxidlsg. unlösl. in Ethanol u. Ether. **Anw.:** Indikator*, Umschlagsbereich pH 4.5-8.3, rot – blau.

Azomethine: s. Schiff-Basen.

Azoospermie (gr. zoon Lebewesen; sperma Samen): Fehlen reifer Spermien im Sperma.

Azosemid INN: 2-Chlor-5-(1*H*-tetrazol-5-yl)-N^4-2-thenylsulfanilamid; CAS-Nr. 27589-33-9; $C_{12}H_{11}ClN_6O_2S_2$, M_r 370.83. Schmp. 218-221 °C. **Wirk.** u. **Anw.:** Schleifendiuretikum (s. Diuretika), Abkömmling von Furosemid*; **UAW:** Veränderung des Wasser- u. Elektrolythaushaltes, Blutbildveränderungen; **Dos.:** morgens 40-80 mg.

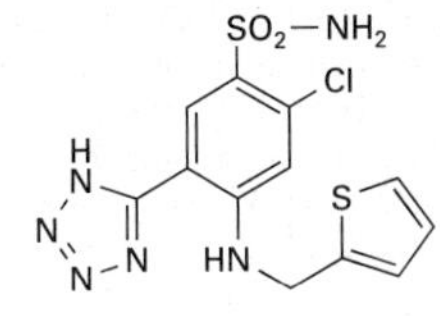

Azosemid

Azotomat: automat. Azotometer*, bei dem das Stickstoffvolumen in einem Gasauffanggefäß gesammelt u. mit einer Motorkolbenbürette (s. Büretten) gemessen wird.

Azotometer: Nitrometer; Instrument zur Volumenbestimmung des aus einer Untersuchungssubstanz beim Erhitzen frei werdenden Stickstoffs. Graduiertes, mit 50 %iger KOH gefülltes Messrohr, das alle Gase, z. B. einer org. Elementaranalyse, außer Stickstoff absorbiert.

Azoverbindungen: stabile Verb. mit der charakterist. Azo-Gruppe −N=N−. Bei den Azofarbstoffen ist die Azogruppe beiderseits aromat. gebunden. Verb. mit zwei Azo-Gruppen werden Bisazoverb. od. Bisazofarbstoffe genannt, um eine Verwechslung mit den Diazoverb. zu vermeiden. Diese werden aus primären Aminen u. salpetriger Säure gebildet u. bestehen aus 2 benachbarten N-Atomen, von denen nur eines mit dem org. Molekülteil verbunden ist. Beispiel: Buttergelb, 4-(Dimethylamino)-azobenzol, $H_5C_6{-}N{=}N{-}C_6H_5{-}N(CH_3)_2$.

***p*-Azoxyanisol:** s. Flüssigkristalle.

AZT: s. Zidovudin.

Aztreonam INN: CAS-Nr. 78110-38-0, $C_{13}H_{17}N_5O_8S_2$, M_r 435.4; erstes, völlig synthet. hergestelltes Betalactam*-Antibiotikum. **Anw.:** Antibiotikum* gegen gramneg. Bakterien, Harnweginfektionen; **UAW:** allerg. Reaktionen, Blutbildveränderungen.

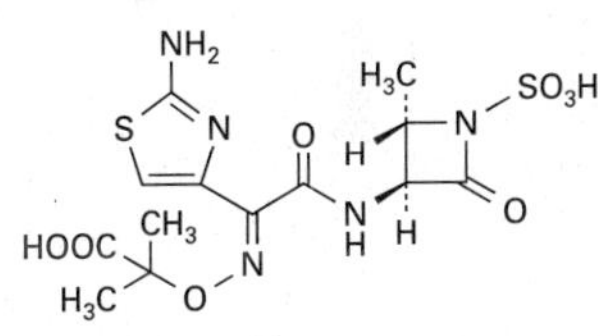

Aztreonam

Azulen: Azulenum; Cyclopentacyclohepten; $C_{10}H_8$, M_r 128.2. Schmp. 97-100 °C. Dunkelblaue, lichtempfindl. Kristalle; fast unlösl. in Wasser; lösl. in Ethanol u. Hexan. **Off.:** DAB10.

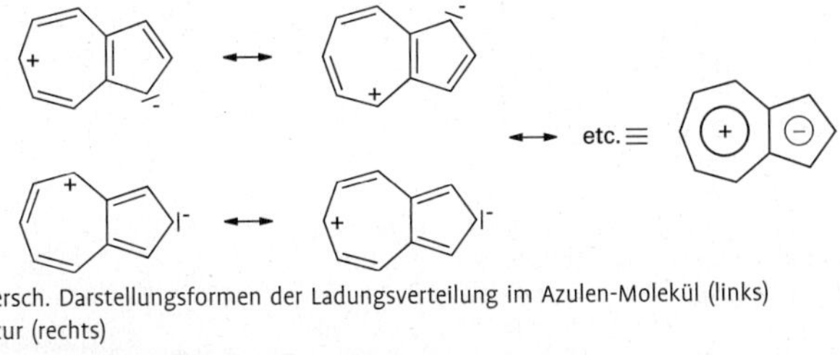

Azulene Abb. 1: versch. Darstellungsformen der Ladungsverteilung im Azulen-Molekül (links) u. Elektronenstruktur (rechts)

A

Azulene (span. azul blau): blaue bis violette Kohlenwasserstoffe, die sich von Azulen* ableiten, das durch ein 6-π-Elektronensystem stabilisiert ist; wie Naphthalin mit 5 konjugierten Doppelbindungen (s. Abb. 1). A. werden aus farblosen Vorstufen gebildet, den Proazulenen* (s. Abb. 2). **Vork.** u. **Gew.**: in vielen äther. Ölen; Chamazulen in Kamillen, Röm. Kamillen, Schafgarbe, Wermut; Guajazulen* in Eucalyptus globulus, Geranium, Gurjunbalsam u. halbsynth. aus Guajol (s. Guaiacum officinale); Vetivazulen in Oleum Vetiveriae. Synthet. lassen sich A. aus Sesquiterpenen u. *m*-Cymol gewinnen. **Anw.**: native u. synthet. A. aufgrund ihrer antiphlogist. Wirkung.

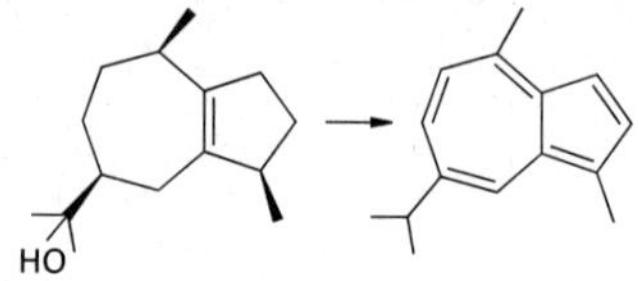

Azulene Abb. 2: Bildung von Guajazulen (rechts) aus Guajol (links), ein Proazulen

Azulogene: s. Proazulene.

B

β: gr. Buchstabe beta; s. Beta-.
B: (chem.) Symbol für Bor*.
Ba: (chem.) Symbol für Barium*.
Bacampicillin INN: 6-[(*R*)-2-Amino-2-phenylacetamido]penicillansäure-1-(ethoxycarbonyloxy)ethylester; 1-Ethoxycarbonylethyl-(2*S*,5*R*,6*R*)-6-[(*R*)-(2-amino-2-phenylacetamido)]-3,3-dimethyl-7-oxo-4-thia-1-azabicyclo[3.2.0]heptan-2-carboxylat; CAS-Nr. 50972-17-3; $C_{21}H_{27}N_3O_7S$. Ein Ampicillinester, der nach oraler Gabe rasch zu Ampicillin* hydrolisiert wird. **Anw.:** Breitband-Anti- biotikum, halbsynthet. Penicillinderivat mit erweitertem Wirkungsspektrum; hemmt neben den gegen Benzylpenicillin empfindl. Keimen auch Enterokokken, Listerien u. Haemophilus influenzae; **Dos.:** p.o. 0.8 g alle 8 h bzw. 0.05 g/kg KG/d; HWZ 1-2 h (Metaboliten); vgl. Antibiotika (Tab.).
Bacampicillinhydrochlorid: Bacampicillini hydrochloridum Ph.Eur.; $C_{21}H_{28}ClN_3O_7S$, M_r 502.0. Hygroskop. Pulver; lösl. in Wasser. Gebräuchl. ist auch Bacampicillinembonat.

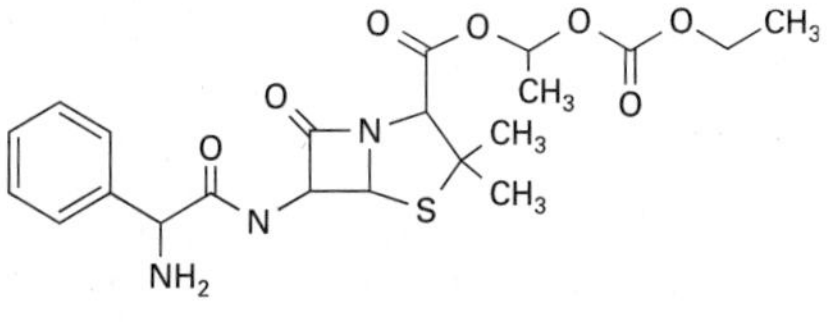

Bacampicillin

Baccae: veraltete Bez. für Beeren(zapfen); stattdessen heute: Fructus.
Baccae Juniperi: s. Juniperus communis (Juniperi pseudo-fructus).
Baccae Lauri: s. Laurus nobilis (Fructus Lauri).
Baccae Spinae cervinae: s. Rhamnus catharticus (Rhamni cathartici fructus).
Bach-Blütentherapie (Edward B., walisischer Arzt, 1886-1936): Behandlung von 38 postulierten Seelenzuständen mit entsprechenden Blütenmitteln. Bestimmte seel. Persönlichkeitstypen werden bestimmte Reaktionsweisen zugeordnet. Krankheit wird primär als Ergebnis von Konflikten zw. dem sog. höheren Selbst u. der eigenen Persönlichkeit interpretiert. Die Bach-Blüten sollen einen ganzheitl. Genesungsprozess anregen. **Ind.:** seel. Befindlichkeitsstörungen, Schlaf- u. Verhaltensstörungen sowie Erkrankungen, die sich durch seel. Faktoren symptomat. verschlechtern, z. B. Neurodermitis; **Zuber.:** frische Blüten, vorwiegend von Bäumen und Sträuchern, werden in Quellwasser gelegt, der Einwirkung der Sonne ausgesetzt, zur Konservierung mit etwas Alkohol versetzt u. abgefüllt (sog. stock-bottles); der Einsatz erfolgt in verdünnter Form. Bei der B.-B. handelt es sich um ein wissenschaftl. nicht belegtes u. umstrittenes Verfahren ohne Ähnlichkeit zur Homöopathie.
Bachbungenkraut: s. Veronica beccabunga.
Bachminze: s. Mentha aquatica.
Bachnelkenwurz: s. Geum rivale.
Bacillaceae: Clostridiaceae; Fam. grampositiver, Sporen bildender Stäbchenbakterien. Med. relevante Gattungen: Bacillus* u. Clostridium*.
Bacille Calmette-Guèrin (Albert C., Bakteriol., Paris, 1863-1933; Camille G., Bakteriol., Paris, 1872-1961): s. BCG.
Bacilli: Arzneistäbchen, Bacilli medicati, Styli medicati, Cereoli, Wundstäbchen, Bougies, Crayons, Candelette; zylindr., stäbchenförmige Zuber. zum Einführen in enge Körperöffnungen (Urethra, Vagina, Nase, Gehörgang, Wundkanäle, Schnitte). B. werden wie Suppositorien (s. Suppositoria) durch Ausgießen od. Pressen mit geeigneten Formen hergestellt. Je nach Grundlage sind sie bei Körpertemperatur schmelzend (Adeps neutralis, ev. mit Wachs od. Ölzusatz je nach gewünschter Konsistenz), lösl. (Glycerol-Gelatine) od. quellbar (Geh. an Tragant, Laminaria). B. müssen abhängig von der Applikation steril sein (Urethra, Wunden) u. sollen nur biol. abbaubare Hilfsstoffe enthalten. **Off.:** Stifte u. Stäbchen, Styli* Ph.Eur. (s. Ätzstifte). **Anthrophore** bestehen aus einer Metallspirale, die mit Kautschuk überzogen u. mit Gelatine, dem Arzneistoffträger, übergossen wird.
Bacillus: Gattung grampositiver, in der Mehrzahl bewegl., aerob od. fakultativ anaerob wachsender Sporenbildner der Fam. Bacillaceae*. Die Gattung umfasst 48 Species; wichtigste Vertreter sind B anthracis, B. cereus, B. licheniformis, B. polymyxa (Gewinnung von Polymyxin), B. stearothermophilus (wird zur Kontrolle der Funktionstüchtigkeit von Sterilisatoren verwendet) u. B. subtilis (z. B. Verw. als Nachweis von Hemmstoffen u. Antibiotika in Körperflüssigkeiten).
Bacillus macerans: s. Cyclodextrine.
Bacillus-stearothermophilus-Sporen: hitzeresistente Sporen des thermophilen Bakt. Bacillus stearothermophilus (Wachstumsoptimum bei 55 °C). Dienen als Bioindikatoren zur Prüfung von Sterilisatoren.

Bacillustoxine: Endotoxine von Bacillus cereus u. Bacillus subtilis, gelegentl. Auslöser von Lebensmittelvergiftungen*.

B

Bacitracin INN: Bacitracinum Ph.Eur.; CAS-Nr. 1405-87-4; Polypeptid-Antibiotikum aus bestimmten Stämmen von Bacillus subtilis u. licheniformis. Weißes, hygroskop., sehr bitteres Pulver; lösl. in Wasser, Ethanol, Methanol, unlösl. in Ether, Chloroform, Aceton. B. liefert bei der Hydrolyse die Aminosäuren L-Cystein, D-Glutaminsäure, L-Histidin, L-Isoleucin, L-Leucin, L-Lysin, D-Ornithin, D-Phenylalanin u. DL-Asparaginsäure. **Wirk.:** Das Wirkungsspektrum entspr. etwa dem des Penicillin; Wirksamkeit nach Ph.Eur. mind. 60 I.E./mg; 1 I.E. entspr. 26 μg; **Anw.:** da B. oral nicht resorbiert wird u. parenteral nierenschädigend wirkt, wird es nur äußerl., als Puder od. Salbe, angewandt; bei chirurg. Infektionen, in der Dermatologie u. Ophthalmologie, bei Phlegmonen u. Abszessen; häufig kombiniert mit dem geg. gramnegative Keime wirksamen Neomycin*; **Gesch.:** entdeckt 1943 von Johnson, Meleney u. Anker. **Bacitracin-Zink:** Bacitracinum zincum Ph.Eur.; ein B.-Zink-Komplex. Weißes, hygroskop. Pulver; schwer lösl. in Wasser u. Ethanol; vgl. Antibiotika (Tab.).

Backhefe: s. Faex.

Backpflaumen: s. Prunus domestica (Fructus Prunorum).

Backpulver: dient an Stelle von Hefe zur Lockerung von Gebäck. Gemisch von Natriumhydrogencarbonat mit einer Säure od. saurem Salz, das beim Zusammenbringen mit Wasser (Milch) CO_2 entwickelt, das den Teig auftreibt. Gebräuchl. Mischungen: 84 T. Natriumhydrogencarbonat u. 188 T. Kaliumhydrogentartrat od. 70 T. Kaliumhydrogentartrat, 30 T. Natriumhydrogencarbonat, 37 T. Weinsäure u. 93 T. Amylum; hiervon 20 g auf 0.5 kg Mehl. Der Stärke- od. Mehlzusatz hat den Zweck, die Haltbarkeit des Backpulvers zu erhöhen. Außer den obigen Substanzen sind noch in Backpulvern erlaubt: Calciumphosphat, Calciumhydrogenphosphat, Calciumlactat, Ammoniumchlorid, Citronensäure sowie Stearinsäure u. andere Salze als Trennmittel. Für bestimmte Gebäcksorten wird auch Hirschhornsalz (Mischung aus Ammoniumcarbonat* u. Ammoniumhydrogencarbonat; ABC-Trieb) od. Pottasche (Kaliumcarbonat*) als Triebmittel verwendet.

Back-Verfahren: Verfahren zur Herst. von Sulfanilsäure durch Erhitzen von Anilin mit konz. Schwefelsäure (s. Abb.).

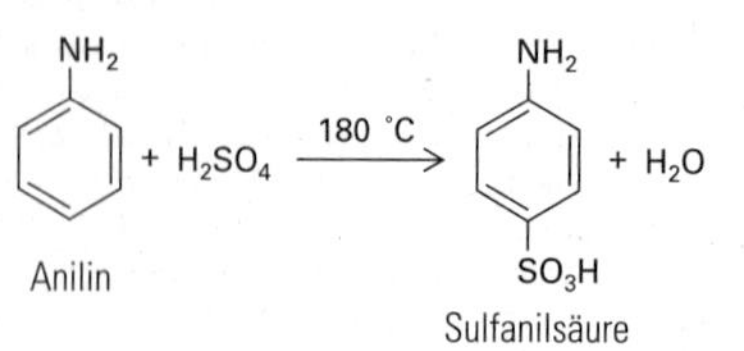

Back-Verfahren

Baclofen INN: Baclofenum Ph.Eur.; 4-Amino-3-(*p*-chlorphenyl)buttersäure; CAS-Nr. 1134-47-0; $C_{10}H_{12}ClNO_2$, M_r 213.67. Schmp. 206-208 °C. Schwer lösl. in Wasser. **Anw.:** zentral wirkendes Muskelrelaxans*, Spasmolytikum*; v. a. bei Spasmen infolge Multipler* Sklerose u. Rückenmarkschädigungen; **UAW:** Übelkeit, Erbrechen, Schwindel, Müdigkeit, Hypotonie, Euphorie, Halluzinationen, Kopfschmerzen, Depressionen, allerg. Hauterscheinungen, Nieren- u. Leberfunktionsstörungen, Blutbildveränderungen; **Dos.:** p. o. Initialdos. 3×5 mg/d, steigern mit 15 mg/d alle 4 Tage bis 3×20 mg/d od. bis therap. Effekt erreicht ist; HWZ 3-4 h.

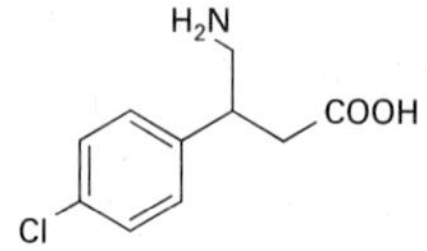

Baclofen

Bacteriaceae: s. Bakterien.

Bacterium nicrobacter: s. Nitrifikation.

Bacterium pyocyaneum: s. Pseudomonas aeruginosa.

Bacterium radicicola: s. Wurzelknöllchen.

Bacterium tuberculosis: s. Tuberkelbakterien.

Bacteroides: Gattung gramnegativer, unbewegl., sporenloser, obligat anaerober Stäbchenbakt. der Fam. Bacteroidaceae mit 39 Bacteroides-Spezies. Produktion org. Säuren, Körperflora von Mensch u. Tier, Insekten u. Abwasser.

Badeschwamm: Euspongia officinalis (Spongia marina).

Badezusätze: **1.** medizin. B.: s. Balneotherapeutika. **2.** kosmet. B.: u. a. Duftstoffe enthaltende Schaumbäder (mit Tensiden), Badeöle, Badesalze (wenn brausend mit Natriumhydrogencarbonat u. Citronen- od. einer anderen Säure).

BADGE: Abk. für **B**isphenol-**A**-**d**i**g**lycidyl**e**ther; Weichmacher (Reaktionsverzögerer) für bestimmte Polymere, z. B. die Innenbeschichtung von Lebensmittelkonserven; Glycid*. Lebensmittel, die mehr als 1 mg/kg BADGE enthalten, sind als gesundheitl. bedenkl. eingestuft.

Badiaga: s. Spongilla lacrustis.

Badian: s. Illicium verum.

Bäckerhefe: s. Faex.

Bäder, medizinische: s. Balneotherapeutika.

Bädertherapie: besteht aus Fußbädern, Wassertreten, Teil- u. Vollbädern sowie Wechselbädern u. ist wesentl. Bestandteil der Hydrotherapie*. **Wirk.:** verbesserte Durchblutung, Stärkung der Abwehrkräfte, Anregung des Stoffwechsels, Erfrischung bei Müdigkeit u. körperl. Schwäche, Schmerzlinderung. Vgl. Balneotherapeutika.

Bärenfenchel: s. Meum athamanticum.

Bärengalle: s. Aloe.

Bärenklau: **1.** Wiesenbärenklau, s. Heracleum sphondylium. **2.** s. Acanthus mollis.

Bärenklee: s. Melilotus officinalis (Meliloti Herba).

Bärenlauch: s. Allium ursinum.

Bärensaft: s. Glycyrrhiza glabra (Succus Liquiritiae).

Bärentraubenblätter: s. Arctostaphylos uva-ursi (Uvae-ursi folium).

Bärlappkraut: s. Lycopodium clavatum (Herba Lycopodii).
Bärlappsamen: s. Lycopodium clavatum (Lycopodium).
Bärlappsporen: s. Lycopodium clavatum (Lycopodium).
Bärme: s. Faex.
Bärwurz: s. Meum athamanticum.
Baeyer-Probe: Nachweis von Alkenen* durch Entfärbung einer verd. Kaliumpermanganat-Lösung.
Baeyer-Spannung: Bez. für Instabilität eines (Ring-)Systems, die sich aus der Abweichung der Bindungswinkel vom Tetraederwinkel (109° 28') ergibt. Bei einem ebenen sechsgliedrigen Ring betragen die Winkel 120°.
Baeyer-Villiger-Reaktion: Oxidation offenkettiger od. cycl. Ketone mit Persäuren zu Estern bzw. Lactonen; s. Abbildung.

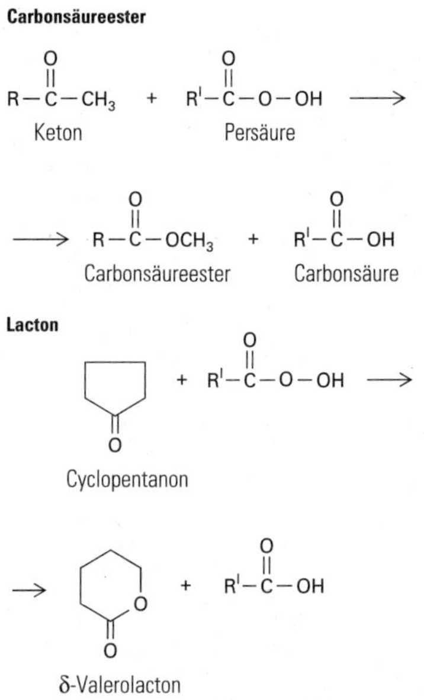

Baeyer-Villiger-Reaktion: Bildung eines Carbonsäureesters od. eines Lactons

Baffles: Schikanen; arm- od. rippenförmige Einbauten in Dragierkesseln, die der größeren Beweglichkeit von Drageekernen dienen. Zur Verkürzung der Dragierzeiten u. Qualitätsverbesserung der Dragees.
Bagasse: bei der Zuckergew. aus Zuckerrohr anfallende Rückstände. **Anw.:** Papierherstellung.
BAH: Abk. für **B**undesfachverband der **A**rzneimittel**h**ersteller.
Baikal-Helmkraut: s. Scutellaria baicalensis.
Bajonettbaum: s. Yucca filamentosa.
BAK: Abk. für **1.** **B**undes**a**potheker**k**ammer*. **2.** Abk. für **B**lut**a**lkohol**k**onzentration.
Bakanae-Krankheit: Reis-Krankheit, bei der die Pfl. sehr schnell in die Länge wächst, spindeldürr, bleich u. schwächl. ist u. leicht umknickt. Die Symptome werden von Gibberellin* verursacht.
Bakelit: Kunstharz, benannt nach dem belg. Chemiker Baekeland. Polymerisationsprodukt von Formaldehyd mit Phenol. **Anw.:** Herst. von Gebrauchsgegenständen u. techn. Geräten.
Bakteriämie: zeitweiliges Vorhandensein von Bakt. im Blut, u. a. nach bestimmten diagnostischen u. therap. Eingriffen auftretend, wobei es definitionsgemäß weder zur Vermehrung der Bakt. im Blut noch zur Absiedelung in andere Organe kommt. Der Übergang einer B. in eine sept. Infektion kann jedoch nicht ausgeschlossen werden. Je nach Zahl u. Virulenz* der Erreger u. der Abwehrlage des Organismus entwickeln sich Folgekrankheiten.
Bakterien (gr. bakterion Stäbchen): Abk. Bakt., Bacteria; einzellige Kleinlebewesen ohne echten Zellkern, die das Organismenreich der Procaryotae bilden (s. Prokaryonten). Das Reich der Procaryotae wird seit 1984 in 4 Divisiones (I Gracilicutes, II Firmicutes, III Tenericutes, IV Mendosicutes) eingeteilt. Zu den **Gracilicutes** rechnen gramnegative Bakt., u. a. die med. wichtigen Fam. Enterobacteriaceae, Pseudomonadaceae, Neisseriaceae, Bacteroidaceae, Rickettsiaceae u. Chlamydiaceae, u. zu den **Firmicutes** grampositive Bakt. (u. a. die Fam. Micrococcaceae u. Mycobacteriaceae sowie die Gattungen Clostridium, Actinomyces u. Nocardia). In der Division **Tenericutes** sind zellwandlose bakterienähnl. Einzeller (u. a. Mycoplasma- u. Ureaplasma-Arten), in der Division **Mendosicutes** die neu abgegrenzte Klasse der Archaeobacteria (thermophile Bakt. mit atyp. Zellwandaufbau) klassifiziert. **Aufbau:** Zelle von Zellwand umgeben, Zytoplasma enthält DNA u. RNA, Ø meist unter 1/1000 mm (größte Dicke Milzbrandbazillus 0.002 mm, Tuberkelbakt. 0.0015 mm); morphol. Kugeln, Stäbchen u. Schrauben mit äußerer Membran (bei gramnegativen B.), Murein, Zytoplasmamembran, Zytoplasma u. Kernäquivalenten (Nucleoid); z. T. Geißeln u. Kapseln (s. Abb.); **Vork.:** einzeln od. in fadenförmigen, flächigen, würfelförmigen Kolonien; meist farblos u. unsichtbar; zahlreiche Arten durch Geißelbildung zeitweise aktiv bewegl.; **Eigenschaften:** Fortpflanzung ungeschlechtl. durch Zweiteilung (Spaltung), z. T. Bildung äußerst widerstandsfähiger Sporen ; autotropher od. heterotropher Stoffwechsel, teils Aerobier*, teils fakultative od. obligator. Anaerobier*; vielfältige Enzymsysteme, daher auf künstl. unbelebten Nährböden züchtbar; je nach Zellwandstärke lassen sich Bakt. nach Gram unterschiedl. anfärben (s. Gram-Verhalten); **physiol. Wirk.:** **1.** chromogene (farbstoffbildende) B.; **2.** saprogene (Fäulnis-) B.; **3.** zymogene B. (Gärungserreger); **4.** pathogene B. (Krankheitserreger); **5.** photogene (lichterzeugende) B.; **6.** nitrogene (stickstoffbindende, nitrat- u. nitritbildende) B.; **7.** Eisenbakt. (scheiden Eisenhydroxid ab); **8.** Schwefelbakt. (oxidieren durch Fäulnis entstandenen Schwefelwasserstoff zu Schwefel, den sie in Körnchen speichern); **Klassifikation:** s. Tab.; **1. Eubacteriales** unverzweigt; die meisten Krankheitserreger. Gattungen: **a)** Neisseria (gramnegative unbewegl. Mikrokokken), z. B. N. gonorrhoeae, N. meningitidis; **b)** Streptococcus (grampositive unbewegl. Kettenkokken), z. B. St. pyogenes, syn.

scarlatinae, erysipelatos, puerperalis, St. acidi lactici; **c)** Corynebacterium (grampositive unbewegl. Stäbchen), z. B. C. diphtheriae; **d)** Nitrosomonas, Nitrobacter, Azotobacter, Azotomonas (gramnegative Stickstoffbakterien); **e)** Pseudomonas; Escherichia (gramnegative bewegl. Stäbchen, z. B. E. coli); **f)** Proteus; Salmonella (gramnegative, bewegl. Stäbchen, z. B. S. typhi, S. paratyphi, S. enteritidis, Gärtnerbakt.); **g)** Brucella; Vibrio; Spirillum; **h)** Bazillen (grampositive aerobe Sporenbildner, z. B. B. anthracis, Milzbrandbazillus, B. subtilis, Heubazillus); **i)** Clostridium (grampositive anaerobe Sporenbildner, z. B. Cl. botulinum, Botulinusbazillen, Cl. tetani, Starrkrampfbazillen, Cl. perfringens, Gasbrandbazillen); **2. Actinomycetales**: meist lange, sich verzweigende Fäden, unbeweglich, grampositive Gattungen: **a)** Actinomyces (anaerob), z. B. A. bovis, Strahlenpilz; **b)** Mycobacterium (ihre besondere Kennzeichnung ist ihre Säurefestigkeit, bedingt durch einen wachsartigen Überzug), z. B. M. tuberculosis var. hominis u. var. bovis, M. leprae; **c)** Streptomyces (nicht säurefest, aerob), z. B. St. aurefaciens (s. Chlortetracyclin), St. fradii (s. Neomycin), St. griseus (s. Streptomycin), St. rimosus (s. Tetracyclin); Nocardia; **3. Chlamydobacteriales**: in Wasser lebende Fadenbakt.; **4. Myxobacteriales**: Schleimbakt.; **5. Spirochaetales**: gramnegativ, spiralförmig, bewegl., ohne Geißeln. Gattungen: **a)** Treponema (Tr. pallidum, Spirochaeta pallida, Syphilis-Erreger); **b)** Borrelia; **c)** Leptospira; **Rickettsien**, die Erreger der versch. Fleckfieberarten, stehen zw. B. u. Viren.

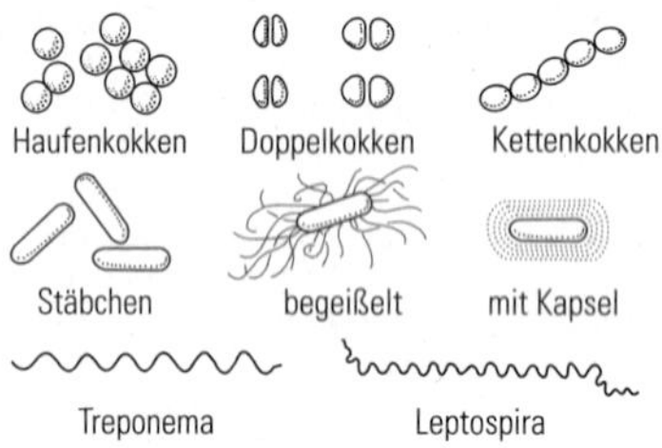

Bakterien: versch. typische Formen [21]

Bakterienendotoxine: s. Toxine.

Bakterienextrakte: aus Bakterien durch Autolyse od. Digestion gewonnene Extrakte, die Antigene enthalten u. als Impfstoff od. Heilmittel verwendet werden.

Bakterienkulturen: Kulturen von Bakt. auf Nährböden. Z. B. Plattenkulturen, Stichkulturen; vgl. Kulturverfahren.

Bakteriennährböden: feste, halbfeste od. flüss. Nährsubstrate zur Züchtung von Bakterien*. Die Zstzg. der künstl. Nährböden ist den nat. Substraten angepasst; z. B. Bodenextrakte, Fleischabkochungen mit Blut u. Serum, mit Fleischwasser (Pepton) hergestellte, keimfreie Bouillon-, Agar- u. Gelatinenährböden, s. Nährböden.

Bakterienruhr: syn. Dysenterie; anzeigepflichtige Infektionskrankheit, die durch Bakt. der Gattung Shigella* verursacht wird u. hauptsächlich den Dickdarm befällt; vgl. Amöbenruhr.

Bakterien, säurefeste: von einer dicken Lipidschicht (Mykolsäuren, Wachse) umhüllte Bakt., die die übl. Farblsg. nur schlecht od. langsam annehmen bzw. einmal angenommene Farblsg. bei Behandlung mit starken Entfärbungsmitteln (Salz-Schwefelsäure, Salzsäure-Alkohol) kaum wieder abgeben (Ziehl-Neelsen-Färbung). Nachw. von Säurefestigkeit z. B. bei Species der Gattungen Mycobacterium*, Nocardia*, Rhodococcus.

Bakterientoxine: s. Toxine, Lebensmittelvergiftungen.

Bakteriologie: Lehre von den Bakterien; vgl. Mikrobiologie, Virologie.

Bakteriolyse: Auflösung von Bakterien*. **Bakteriolysine**: spezif. Antikörper*, die Bakt. unter Aktivierung von Komplement* lysieren; vgl. Antigen-Antikörper-Reaktion, Ambozeptor.

Bakteriolysine: s. Bakteriolyse.

Bakteriophagen: syn. Phagen, umgangsprachl. Bakterienfresser; Viren*, die sich in Bakterien* vermehren. Mit Hilfe bestimmter Phagen können die zugehörigen Wirtsbakt. erkannt werden (Bakteriendiagnostik, s. Lysotypie). **Gesch.**: 1917 von Felix d'Herelle entdeckt.

Bakteriorhodopsin: Protein aus der Plasmamembran von Archaebakterien (Halobacterium halobium). Mit Hilfe der Lichtenergie wird über die Membran ein pH-Gradient aufgebaut, der zur Energiegewinnung genutzt wird.

bakteriostatisch: das Wachstum von Bakt. hemmend.

Bakteriotropine: syn. Opsonine; Serumbestandteile von Mensch u. Tier, die die Phagozytose fördern, ohne auf die phagozytierten Partikel direkt Einfluss zu nehmen.

Bakteriurie: Ausscheidung von Bakt. im Urin. Wird bei Keimzahlen ab 10^5 Keime/mL als signifikante B. bezeichnet, da Spontanurin häufig mit Bakt. kontaminiert ist, die aus der physiol. Bakterienflora der Urethra od. vom äußeren Genitale stammen. **Vork.**: v. a. bei Harnweginfektion.

bakterizid: Bakterien tötend.

BAL: s. Dimercaprol.

Balance, hydrophile-lipophile: s. HLB-Wert.

Balanocarpus-Arten: s. Shorea wiesneri.

Balata: der eingetrocknete Milchsaft von Mimusops* globosa.

Baldrian, Japanischer: s. Valeriana officinalis var. angustifolia.

Baldrian, Mexikanischer: s. Valeriana edulis ssp. procera.

Baldrianöl: Oleum Valerianae, s. Valeriana officinalis.

Baldrian, Roter: s. Centranthus ruber.

Baldriansäure: s. Valeriansäure.

Baldriantinktur: s. Valerianae tinctura.

Baldriantinktur, etherische: s. Tinctura Valerianae aetherea.

Baldriantinktur, zusammengesetzte: s. Tinctura Valerianae composita.

Baldrianwurzel: s. Valeriana officinalis (Valerianae radix).

Baldrianwurzeltrockenextrakt: s. Valerianae extractum siccum.

Baldrinale: s. Valepotriate.

Balgfrucht: s. Fruchtformen.

B

Bakterien
Klassifikation nach morphologischen und biologischen Merkmalen

Ordnungen / Familien	Gattungen
I. Bakterien mit dünner Zellwand (Gracilicutes, meist gramnegativ)	
1. Spirochäten	
Spirochaetales	
Spirochaetaceae	Borrelia
	Treponema
Leptospiraceae	Leptospira
2. andere spiralige Bakterien	
	Aquaspirillum
	Bdellovibrio
	Campylobacter
	Helicobacter
	Spirillum
3. aerobe Stäbchen und Kokken	
Pseudomonadaceae	Pseudomonas
	Xanthomonas
Legionellaceae	Legionella
Neisseriaceae	Acinetobacter
	Branhanella
	Kingella
	Moraxella
	Neisseria
–	Alcaligenes
–	Bordetella
–	Brucella
–	Flavobacterium
–	Francisella
4. fakultativ anaerobe Stäbchen	
Enterobacteriaceae	Citrobacter
	Edwardsiella
	Enterobacter
	Erwinia
	Escherichia
	Hafnia
	Klebsiella
	Morganella
	Proteus
	Providencia
	Salmonella
	Serratia
	Shigella
	Yersinia
Vibrionaceae	Aeromonas
	Photobacterium
	Plesiomonas
	Vibrio
Pasteurellaceae	Actinobacillus
	Haemophilus
	Pasteurella
–	Calymmatobacterium
–	Cardiobacterium
–	Chromobacterium
–	Eikenella
–	Gardnerella
–	Streptobacillus
–	Zymomonas
5. anaerobe Stäbchen	
Bacteroidaceae	Bacteroides
	Porphyromonas
	Prevotella
	Leptotrichia
6. anaerobe Kokken	
Veillonellaceae	Veillonella
Peptococcaceae	Peptococcus
	Peptostreptococcus
7. Rickettsiales	
Rickettsiaceae	Coxiella
	Rickettsia
	Rochalimaea
Bartonellaceae	Bartonella
8. Chlamydiales	
Chlamydiaceae	Chlamydia
II. Bakterien mit fester Zellwand (Firmicutes, meist grampositiv)	
1. aerobe und fakultativ anaerobe Kokken	
Micrococcaceae	Micrococcus
	Staphylococcus
Streptococcaceae	Streptococcus
	Enterococcus
2. Endosporenbildner	
Bacillaceae	Bacillus
	Clostridium
3. aerobe und fakultativ anaerobe Stäbchenbakterien	
Lactobacillaceae	Lactobacillus
–	Listeria
–	Erysipelothrix
4. unregelmäßig geformte Stäbchen	
	Corynebacterium
	Eubacterium
	Propionibacterium
5. Verzweigung- oder fadenbildende Bakterien	
Actinomycetaceae	Actinomyces
	Bacterionema
	Bifidobacterium
Mycobacteriaceae	Mycobacterium
Dermatophilaceae	Dermatophilus
Nocardiaceae	Nocardia
	Pseudonocardia
Streptomycetaceae	Streptomyces
III. Bakterien ohne feste Zellwand (Tenericutes)	
Mycoplasmatales	
Mycoplasmataceae	Mycoplasma
	Ureaplasma
Acholeplasmataceae	Acholeplasma
IV. Bakterien mit defekter Zellwand (Mendosicutes) Gruppe phylogenetisch alter Bakterien (Archaebacteria) mit Zellwänden ohne Murein, teils aerob, meist anaerob, z.T. extrem thermophil, azidophil, halophil oder methanogen; Bakterien v. a. extremer ökologischer Bereiche	

– keiner Familie zugeordnet

B

Balgkapsel: s. Fruchtformen.
Baljet-Reagens: frisch bereitete Mischung von 9.5 mL 1 %iger Pikrinsäurelsg. u. 0.5 mL 10 %iger Natronlauge. **Anw.:** Nachw. des Butenolidringes bei Cardenoliden (vgl. Glykoside, herzwirksame), wobei die aktive Methylengruppe mit B.-R. einen Meisenheimer*-Komplex bildet.
Balkencode: s. Strichcode.
Ballaststoffe: Gesamtheit der unverdaul. Nahrungsbest. pflanzl. Herkunft (u. a. Cellulose, Hemicellulosen, Pektine; vgl. Kleie), die den Stofftransport im Darm fördern u. die Peristaltik anregen. Ein Mangel an B. begünstigt Obstipation (vgl. Abführmittel) u. versch. Erkrankungen des Magen-Darm-Trakts.
Ballaststoffpräparate: Zubereitungen, die Pflanzenfasern, Weizenkleie, Sojakleie, Guarkernmehl, Psylli Sem. od. andere unverdaul., quellende od. füllende Stoffe enthalten. Dienen z. B. bei ballaststoffarmer Ernährung als milde Abführmittel od. bei Übergewicht zur Erreichung eines Sättigungsgefühls.
Ballon: bauchiger Glasbehälter mit kurzem, engem Hals. Gegen Beschädigung meist durch einen Korb geschützt.
Ballonpflanze: s. Cardiospermum halicababum.
Ballota lanata: s. Leonurus lanatus.
Ballota nigra L.: Schwarznessel, Schwarzer Andorn; Fam. Lamiaceae (Labiatae) (Südeuropa, Nordafrika). Stpfl. von **Herba Ballotae nigrae:** Schwarzer Andorn, Schwarznesselkraut. **Inhaltsst.:** äther. Öl, Sesquiterpenbitterstoffe (z. B. Ballotinon, Ballotenol), Gerbstoff, Flavonoide; **Anw.** volkstüml.: z. B. bei nervösen Magenbeschwerden, leichten Schlafstörungen, Husten.
Ballote, Wollige: s. Leonurus lanatus.
Ballschmiter Kongenere: s. PCB.
Balnea medicata: s. Balneotherapeutika.
Balneologie: Lehre von den Grundlagen, Methoden u. Wirk. der Balneotherapie*.
Balneotherapeutika: Balnea medicata, Mittel zur Bäderther.; Badezusätze* zur Erzeugung künstl. Heilbäder (medizin. Bäder); bestehen z. B. aus Tensiden (ionische u. nichtion. Emulgatoren), Pflanzenextrakten, äther. Ölen, Tannin, Kleie, Teeren, Moor, Schwefel, Salicylsäure, Benzylnicotinat od. Zusätzen, die Sauerstoff entwickeln. Oleobalneologika (Ölbäder) enthalten einen hohen Anteil an Pflanzenölen, die eine Wiederherstellung des Hautlipidmantels bewirken u. eine vorübergehende Schutzschicht aufbauen sollen. Zur Emulgierung der Ölphase werden in Öl lösl. Emulgatoren, hauptsächl. Tenside mit HLB-Werten zwischen 7 u. 10, sowie Lecithin u. Phospholipide verwendet. **Anw.:** Ther. von Hauterkrankungen (Psoriasis, Ekzeme), Erkrankungen des rheumat. Formenkreises, Hämorrhoiden, Durchblutungsstörungen u. a; vgl. Moorbad.
Balneotherapie: Behandlung mit Bädern aus nat. Heilquellen, mit Peloiden u. Gasen an einem Kurort; i. w. S. auch Seebäder, Trinkkuren u. Inhalationen.
Balneum: Bad.
Balsamapfel: s. Momordica balsamina.
Balsambaumgewächse: s. Burseraceae.
Balsambirne: s. Momordica charantia.
Balsame (hebräisch: balsam): Sekrete in den Interzellulärgängen v. a. von Bäumen in den Tropen. Mehr od. weniger dickflüss., sirupartige Gemische aus Harzen* u. äther. Ölen (Aetherolea*). **Gew.:** soweit B. nicht von selbst ausfließen, durch Einschnitte od. Auskochen der betr. Pflanzenteile; während der Lagerung können die äther. Öle verdunsten, so dass die B. in ihrer Konsistenz oft beinahe glasartig werden. **Künstl. Balsame** sind Arzneigemische von balsamartiger Konsistenz.
Balsamgurke: s. Momordica balsamina.
Balsamica: s. Balsame.
Balsam, Indischer: s. Balsamum peruvianum.
Balsamkraut: s. Mentha crispa (Menthae crispae folium).
Balsampappel: s. Populus-Arten.
Balsamtanne: s. Balsamum canadense.
Balsamterpentinöl: s. Terebinthina (Oleum Terebinthinae aethereum).
Balsamum africanum: s. Balsamum Copaivae africanum.
Balsamum americanum: s. Balsamum tolutanum.
Balsamum brasiliense: s. Balsamum Copaivae.
Balsamum canadense: Terebinthina canadensis, Kanadabalsam, Kanadisches Terpentin; D. ca. 0.994; SZ 80-85; VZ 84-95; sehr leicht lösl. in Benzol, Chloroform, Xylol, Toluol, Schwefelkohlenstoff; unvollständig lösl. in Ethanol 90 %, unlösl. in Wasser; blassgelbe od. grünlich gelbe, klare, bisweilen fluoreszierende Flüss., stark klebend, von angenehm terpentinartigem Geruch u. bitterem Geschmack, verdickt u. erstarrt allmähl. an der Luft. Stpfl. ist die Balsamtanne Abies balsamea (L.) Mill., Pinus balsamea; Fam. Pinaceae (heim. in den nördl. USA u. in Kanada), aber auch Abies fraseri (Push) Poir. u. Tsuga* canadensis. **Best.:** ca. 28 % äther. Öl mit Pinen u. β-Phellandren, ca. 45 % Harzsäuren (mit Abietin- u. Neoabietinsäure), Bernsteinsäure, Essigsäure, Ameisensäure, Bitterstoff, Harz; **Anw.:** früher (bes. in Amerika) innerl. bei Gonorrhö, Blasenentzündung, Bronchitis; techn.: in der Mikroskopie als Einschlussmittel; in der Optik zum Verkitten der Linsen (gleicher Brechungsindex wie Kronglas); in der Lackindustrie; **Dos.:** 0.3-1.2 g; äußerl.: zu Pflastern.
Balsamum Capivi: s. Balsamum Gurjunae.
Balsamum Cativo: Cativobalsam; Balsam aus Prioria* copaifera. **Inhaltsst.:** 75-80 % Resinolsäuren, ca. 13 % Resene u. ca. 2 % äther. Öl; **Anw.** techn.: Terpentinersatz; wird zu Klebemitteln (Fliegenleim) verwendet.
Balsamum contra tussim: Hustenbalsam; Zstzg.: 0.25 g Latschenkieferöl, 0.25 g Eukalyptusöl, 1 g gereinigtes Terpentinöl, 1.5 g starkes Campheröl, 27 g Polyethylenglykolsalbe. Weiße bis gelbe, weiche Salbe von starkem, aromat. Geruch. **Anw.:** Expektorans bei Bronchitis; nicht bei Säuglingen anwenden! **Dos.:** 2- bis 3-mal/d auf Brust u. Rücken einreiben.
Balsamum Copaivae: Balsamum Copaibae, Balsamum brasiliense, Copaiva-Balsam, Kopaivabalsam, Jesuiterbalsam; D. 0.920-0.955 (20 °C); SZ 75.8-84.2; EZ nicht über 14; klare, gelbl. bis gelbbraune, dickl. Flüss., teilweise schwach fluoreszierend, von würzigem Geruch u. würzig-

scharfem, bittererem Geschmack; lösl. in absolutem Ethanol, Chloroform, Benzin, Amylalkohol, Ether, Terpentin. Stpfl. sind versch. Copaifera-Arten, bes. Copaifera reticulata Ducke, Fam. Caesalpiniaceae (Leguminosae) (Brasilien), die ca. 70 % der Kopaivabalsam-Produktion liefert. Weitere Stpfl. sind u. a. Copaifera officinalis (Jacq.) L. (heim. in Venezuela, Kolumbien), C. guyanensis Desf. (Unterlauf des Amazonas), C. langsdorffii Desf. (Brasilien), C. coriacea Mart. (südl. Brasilien). **Best.**: Harzsäuren (20-60 %), äther. Öl. (40 %, mit α- u. β-Caryophyllen, L-Cadinen), Bitterstoff; häufig mit Colophonium, anderen Harzen u. Balsamen verfälscht; **Gew.**: Anzapfen der schizolysigenen Sekretgänge des Holzes u. Markes; im Handel u. a. als Maracaibo- (Venezuela, dickflüss.), Para-(Maranham-) (Brasilien, dünnflüss.), Trinidad-, Surinam-, Angostura-Balsamum; beste Sorte aus Para u. Maranham (Brasilien); **Anw.**: heute prakt. nicht mehr; früher innerl. bei Gonorrhö, Entzündung der Harnwege, Bronchitis, Lepra, Psoriasis (meist in Kapseln); äußerl. bei Geschwüren, Frostbeulen, Krätze; techn.: Lacke.

Hom: *Balsamum Copaivae,* Copaiva: verord. z. B. bei Bronchitis, Cystitis.

Balsamum Copaivae africanum: Balsamum africanum, Afrikanischer Kopaivabalsam, Illurinbalsam; Balsam von Paradaniella oliveri, Fam. Fabaceae (Leguminosae). **Anw.**: wie Balsamum* Copaivae.

Balsamum Copaivae ostindicum: s. Balsamum Gurjunae.

Balsamum de Mecca: Balsamum Gileadense, Mekkabalsam, Gileadbalsam; dunkelgelbe bis braunrote, dickflüss. Masse von angenehmem Geruch u. bitterem Geschmack. Stpfl. ist Commiphora opobalsamum (L.) Engl., Fam. Burseraceae (Syrien, Ägypten, Arabien, Somaliküste). **Best.**: ca. 10 % äther. Öl, ca. 12 % unlösl. u. ca. 70 % lösl. Harz, 4 % Bitterstoff; **Anw.**: Parfümerie.

Balsamum Dipterocarpi: s. Balsamum Gurjunae.

Balsamum Eustachii: s. Balsamum tolutanum.

Balsamum Garnae: s. Balsamum Gurjunae.

Balsamum Gileadense: s. Balsamum de Mecca.

Balsamum Gurjunae: Balsam Capivi, Balsam Dipterocarpi, Balsam Garnae, Balsam Copaivae ostindicum, Gurjunbalsam, Gardjanbalsam, Gardschanbalsam, Ostindischer Kopaivabalsam; hellgelbe bis schwarzbraune, grünl. fluoreszierende, dickl. Flüssigkeit. Stpfl. sind versch. Dipterocarpus-Arten, hauptsächl. D. alatus u. D. turbinatus, Fam. Dipterocarpaceae (mächtige Bäume in Hinterindien, Bengalen). **Best.**: 50-80 % äther. Öl, 20-50 % Harz; **Gew.**: Anhauen der Bäume u. Anzünden eines Feuers in der gehauenen Höhlung, worauf der Balsam ausfließt; **Anw.**: wie Balsamum* Copaivae.

Balsamum Hardwickiae: Hardwickiabalsam; Balsam von Hardwickia pinnata (Kingiodendron pinnatum), Fam. Fabaceae (Leguminosae) (Vorderindien). **Anw.**: Ersatz für Balsamum* Copaivae.

Balsamum indicum album: s. Liquidambar orientalis.

Balsamum indicum nigrum: s. Balsamum peruvianum.

Balsamum indicum siccum: s. Balsamum tolutanum.

Balsamum Mariae: s. Calophyllum inophyllum.

Balsamum Mentholi compositum: Mentholbalsam; Zstzg.: DAB6, 3 T. Menthol, 3 T. Methylsalicylat, 3 T. Wasser, 2 T. gelber Wachs, 9 T. Wollfett. **Anw.**: leicht anästhesierend u. schmerzstillend, z. B. geg. Hexenschuss, Insektenstiche.

Balsamum peruvianum: Balsamum indicum nigrum, Balsamum peruvianum nigrum, Perubalsam, Peruanischer Balsam, Indischer Balsam, Chinaöl, Wundbalsam, Rindenbalsam; dunkelbraune, klare u. durchsichtige, ölige Flüss. von aromat., vanilleartigem Geruch u. kratzendem, schwach bitterem Geschmack; nicht eintrocknend, nicht fadenziehend u. nicht klebend; D. 1.14-1.17; leicht lösl. in absolutem Ethanol u. Chloroform, nicht lösl. in fetten Ölen (mit Rizinusöl bis 15 % mischbar); unlösl. in Wasser. Stpfl. ist Myroxylon balsamum (L.) Harms var. pereirae (Royle) Harms, Fam. Fabaceae (Costa del Balsamo in El Salvador, schmaler Küstenstrich in 300-500 m Höhe). Infolge seines hohen Preises ist Perubalsam Verfälschungen ausgesetzt, z. B. durch Terpentin, Benzoe, Gurjunbalsam, Styrax, Rizinusöl, Kopaivabalsam. Zur Prüfung dient DC, Feststellung auf Geh. von fetten Ölen, künstl. Balsamen, Colophonium, Terpentinöl. **Off.**: Ph.Eur.4; **Best.**: 45-70 % (gravimetr. bestimmt) mit Ether extrahierbare Zimtsäure- u. Benzoesäurebenzylester (Cinnamein, Zinnamein) mit VZ 235-255; ferner 25-30 % Harze, Benzoesäure, Zimtsäure, Vanillin, ca. 7 % (α- u. β-) Nerolidol(e) (Peruviol), Farnesol; **Gew.**: Einschneiden u. teilweises Entrinden der Stämme u. anschließendes Anräuchern von 10-jährigen Bäumen nach Beendigung der Regenzeit (November, Dezember); Perubalsam findet sich nicht fertig vorgebildet im Holz der Bäume, sondern stellt ein patholog. Produkt (schizogener Sekreträume) dar. **Wirk.**: antisept., schwach anästhesierend, granulationsfördernd; **Anw.**: hauptsächl. äußerl. als Wundheilmittel, Best. von Hämorrhoidenmitteln, Antiscabiosum (geg. Krätze), zu Einreibungen; innerl.: v. a. früher als Expektorans, Stomachikum, Antiseptikum u. bei chron. Katarrhen der Respirations-, Verdauungs-, Urogenitalorgane, bei Asthma, Erkrankungen des rheumat. Formenkreises; **Dos.**: 0.2-1.2 g mehrmals tgl.; **UAW:** relativ häufig Kontaktallergien; **Zuber.**: Linimentum contra Scabiem, Mixtura oleosa balsamica; vet.: als Räudemittel; in Salben u. (-spezialitäten) meist 10 %; relativ häufig Best. von Wundsalben.

Hom: *Balsamum peruvianum:* verord. z. B. bei chron. Bronchitis, Wundheilungsstörungen.

Balsamum styracinum: s. Liquidambar orientalis.

Balsamum Styracis liquidum: s. Liquidambar orientalis.

Balsamum Terebinthinae: s. Terebinthina.

Balsamum tolutanum: Resina tolutana, Balsamum Eustachii, Balsamum americanum, Balsamum indicum siccum, Tolubalsam; SZ 112-168; der frische Balsam ist braungelb, zähflüss. u. härtet an der Luft zu einer spröden, leicht zerreibbaren Masse. Er besitzt einen feinen Wohlgeruch u. würzigen Geschmack. Lösl. in Ethanol, Chloroform, Kalilauge. Stpfl. ist Myroxylon balsamum (L.) Harms var. balsamum (M. toluifera, M. balsamum var. genuinum Baillon), Fam. Fabaceae

(Leguminosae) (nördl. Südamerika, bes. Unterlauf des Magdalenenstromes in Kolumbien, in der Nähe der Stadt Tolu). **Off.**: Ph.Helv.7; **Best.**: 75-80 % Harz, bestehend aus Benzoe- u. Zimtsäureestern eines Toluresinotannols, ferner 7-8 % Gemisch aus Zimtsäure- u. Benzoesäureester (Cinnamein, s. Balsamum peruvianum), Vanillin, äther. Öl; **Geh.**: mind. 25.0 u. max. 50.0 % freie od. gebundene Säuren, bestimmt als Zimtsäure (Ph.Helv.7); **Gew.**: spitzwinkelige Einschnitte in die Rinde der Bäume; **Zuber.**: Emulsio Balsami tolutani, Sir. Balsami tolutani; **Anw.**: v. a. früher inn. als Expektorans bei Lungenkatarrhen, in Antitussiva; ferner bei Blasenkatarrhen; techn.: zur Herst. von Kaugummi u. in der Parfümerie; **Dos.**: 0.15-1 g mehrmals tgl. in Kapseln, Emulsionen.

Bambuterol INN: Bambuteroli hydrochloridum Ph.Eur.; 5-[(*RS*)-2-(1,1-Dimethylethyl)amino-1-hydroxyethyl]-1,3-phenylen-bis(dimethylcarbamat); CAS-Nr. 81732-65-2; $C_{18}H_{29}N_3O_5$, M_r 367.45; pK_S 9.6. **Wirk. u. Anw.**: β_2-Sympathomimetikum, Bronchospasmolytikum bei obstruktiven Atemwegerkrankungen wie Asthma bronchiale, chron. Bronchitis u. Lungenemphysem; das Prodrug ist lipophiler u. gewebegängiger als sein Metabolit Terbutalin*. **UAW**: gelegentl., bes. am Therapiebeginn, Tremor, Palpitationen, Unruhegefühl; **Kontraind.**: Hyperthyreose, Tachykardie, tachykarde Arrhytmie; **Dos.**: zu Beginn 1.25 mg/d (morgens, p. o.), Erhaltungsdos. 2.5 mg/d; MTD 5 mg; HWZ 10 bzw. 20 h (Metaboliten). **Bambuterolhydrochlorid (INNv)**: CAS-Nr. 81732-46-9; $C_{18}H_{29}N_3O_5 \cdot HCl$, M_r 403.91.

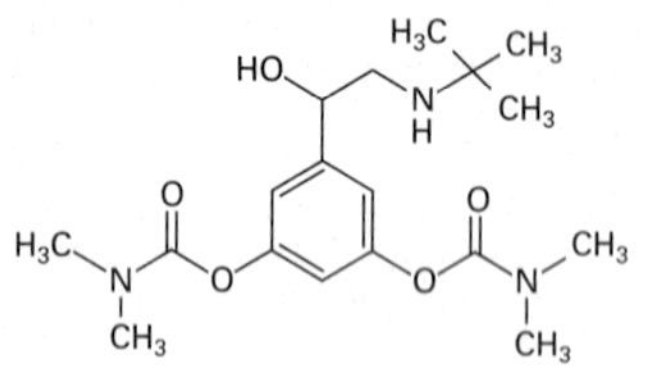

Bambuterol

Bamethan INN: 2-Butylamino-1-(4-hydroxyphenyl)ethanol; CAS-Nr. 3703-79-5; $C_{12}H_{19}NO_2$, M_r 209.28. Schmp. 123.5-125 °C. pK_S 12.2, pK_S 8.6 (als Ammoniumsalz). **Anw.**: durchblutungsförderndes Mittel, peripherer Vasodilatator, Sympathomimetikum; **UAW**: Schwindel u. andere Zeichen niedrigen Blutdrucks, Gesichtsröte, Tachykardie, Herzrhythmusstörungen, pektanginöse Beschwerden; **Dos.**: p. o. 12.5 mg alle 4-6 h; oral retard 2×0.1 g/d; parenteral i. m. 50 mg. **Bamethansulfat**: Bamethani sulfas; CAS-Nr. 5716-20-1; $C_{24}H_{40}N_2O_8S$, M_r 516.7. Weißes, krist. Pulver; leicht lösl. in Wasser, sehr schwer lösl. in Ethanol. **Off.**: DAC86.

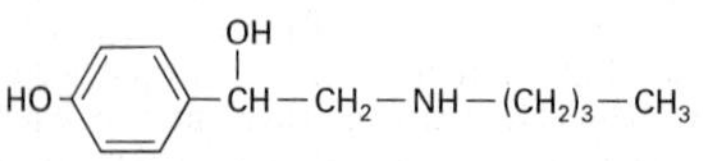

Bamethan

Bamford-Stevens-Reaktion: basenkatalysierte Zers. der *p*-Toluolsulfonylhydrazone von Aldehyden u. Ketonen zu Alkenen.

Bamipin INN: 4-(*N*-Benzyl)anilino-1-methylpiperidin; CAS-Nr. 4945-47-5; $C_{19}H_{24}N_2$, M_r 280.40. Schmp. 115 °C. **Anw.**: Antihistaminikum*; **UAW:** Müdigkeit, Überempfindlichkeitsreaktionen, Beeinflussung des Reaktionsvermögens: **WW:** Alkohol, Psychopharmaka. Gebräuchl. sind auch Bamipin-bis[(*RS*)-lactat], Bamipin-bis(salicylat), Bamipin-dihydrochlorid u. Bamipin-citrat 3:2.

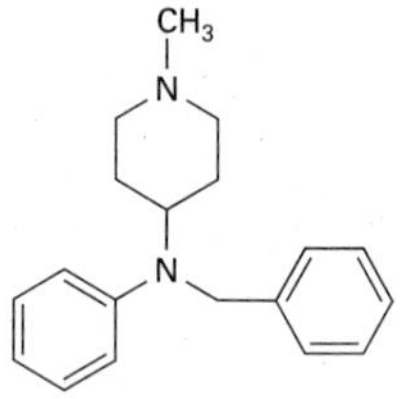

Bamipin

BAM-Peptide: **B**ovine **A**drenal **M**edulla-Proteine; 18 bis 28 Aminosäuren enthaltende Peptide mit mehreren Met-Enkephalin-Sequenzen. BAM-P. besitzen bis zu 30fache Opiataktivität von Met-Enkephalin*. Vorläuferpeptid ist Prä-Pro-Enkephalin A.

BAN: s. Freiname.

Bananenstärke: s. Amylum Musae.

Bancroft-Regel (W. Bancroft, engl. Physikochemiker): Faustregel zur Vorhersage der Phasenverteilung (O/W od. W/O) von Emulsionen* in Abhängigkeit von den verw. Emulgatoren. Die B.-R. besagt: Die Flüssigkeit bildet die äußere Phase (das Dispersionsmittel), die den Emulgator besser löst, anreichert od. allgemein besser solvatisiert. Mit Alkaliseifen entstehen O/W-Emulsionen; mit den schwer wasserlösl. Erdalkaliseifen W/O-Emulsionen. Ausnahmen von der B.-R. sind häufig, da auch das Mengenverhältnis, die Viskosität beider Phasen u. die Art der Herst. eine Rolle spielen.

Bandwurm: s. Taenia.

Bandwurmnuß: s. Areca catechu.

Bang-Krankheit: veraltet für Brucellose*.

Banisteria caapi Spruce: Banisteriopsis caapi (Spruce) Morton; Fam. Malpighiaceae (trop. Südamerika). Neben Banisteria inebriane Morton, B. rusbyana (Niedenzu) Morton u. a. Stpfl. von **Lignum Banisteriae:** Sprosse der Liane. **Inhaltsst.:** Harmin* u. a. Harmanalkaloide* (ca. 2.2 % in der Rinde u. 1 % im Holz), Tryptamin-Verb., ca. 0.7 % Saponine; **Wirk. u. Anw.:** Die Abkochung dient den Indianern als halluzinogenes Mittel (Yage, Yaje, Ayahuasca).

Banisterin: s. Harmin.

Bankesia abyssinica: s. Hagenia abyssinica.

BAnz: Abk. für **B**undes**anz**eiger.

BApoO: Abk. für **B**undes*-**Apo**theker**o**rdnung.

Baptisia tinctoria (L.) Vent.: Wilder Indigo; Fam. Fabaceae (Leguminosae) (Nordamerika). Stpfl. von **Radix Baptisiae tinctoriae:** Baptisiawurzel, Wilde Indigowurzel. **Inhaltsst.:** u. a. die Isoflavonglykoside Baptisin, Baptin, die Chinolizidinalka-

loide Cytisin, Methylcytisin, Spartein; **Wirk.**: immunstimulierend; **Anw.** volkstüml.: z. B. innerl. bei Infektionen der oberen Atemwege, Erkältungen; äußerl. als Salbe bei Geschwüren.
Hom: *Baptisia:* frische Wurzel mit der Rinde; verord. z. B. bei typhoidem Fieber.

Baptitoxin: s. Cytisin.

Bar: Symbol bar; außerhalb des SI* festgelegte Einheit für den Druck*. Die SI*-Einheit für den Druck ist Pascal (Pa). 1 bar = 10^5 Pa = 10^5 N/m^2.

Barbadoskirsche: s. Malpighia punicifolia.

Barbaloin: syn. Aloin; glykosid. Bitterstoff der Aloe*.

Barbexaclon INN: Molekülkomplex von Levopropylhexedrin* mit Phenobarbital* (1:1); CAS-Nr. 4388-82-3; $C_{12}H_{12}N_2O_3 \cdot C_{10}H_{21}N$, M_r 387.5. Schmp. 133 °C. **Anw.**: Antiepileptikum; **UAW:** Unruhe, Schlafstörungen, Müdigkeit, Appetitlosigkeit, Halluzinosen (v. a. bei Kindern); **Kontraind.**: Leber- u. Nierenfunktionsstörungen, Phäochromozytom, Thyreotoxikose, tachykarde Arrhythmien, schwere Angina pectoris; **Dos.**: p. o. Initialdos. 1×0.1 g/d, alle 2 Tage um 0.1 g erhöhen bis 0.3 g; individuell einstellen.

Barbital INN: Barbitalum Ph.Eur., Acidum diethylbarbituricum, Diemalum, Diethylbarbitursäure, Diethylmalonylurea; Diethylmalonylharnstoff; CAS-Nr. 57-44-3; $C_8H_{12}N_2O_3$, M_r 184.19. Strukturformel s. Barbiturate (Abb. 1). Schmp. 188-192 °C. 6 polymorphe Mod. sind bekannt. 1 g lösl. in ca. 130 mL Wasser, 13 mL kochendem Wasser, 14 mL Ethanol, 75 mL Chloroform, 35 mL Ether; lösl. in Aceton, Ethylacetat, Alkalien, Petrolether, Essigsäure, Amylalkohol, Pyridin, Anilin, Nitrobenzol; pK_S 8.0 (25 °C). **Anw.**: Sedativum, Hypnotikum; nur noch selten als Durchschlafmittel bei schweren Schlafstörungen, in kleinen Dosen in Kombinationspräparaten; **Dos.**: p. o. 2-3×0.25 g/d; Wirkungsdauer einer ED 12-24 h, längere Anw. kann zur Abhängigkeit führen; MTD 1.0 g; HWZ 4 d. **Barbital-Natrium**: Barbitalum natricum, Barbitalum solubile, Natrium diethylbarbituricum, diethylbarbitursaures Natrium; $C_8H_{11}N_2NaO_3$, M_r 206.2. Weißes, krist., hygroskop. Pulver; leicht lösl. in Wasser. Schmp. 190 °C. **Off.**: DAB7, ÖAB90, Ph.Helv.7. Hingewiesen sei auch auf Phenazon-Barbital.

Barbiturate: Barbitursäurederivate; sedativ-hypnot. wirkende, cycl. Kondensationsprodukte von Malonsäure u. Harnstoff; s. Abb. 1. Barbitursäure selbst ist nicht sedativ-hypnot. sowie narkot. wirksam, da sie aufgrund ihrer hohen Acidität (pK_S 4.0) im Organismus überwiegend dissoziiert vorliegt u. daher die Blut*-Hirn-Schranke nicht überwinden kann. Durch Substitution der Wasserstoffatome am C5 u. am N1 der Barbitursäure erhält man Verbindungen niedrigerer Acidität (pK_S 7.3-8.4) u. höherer Lipophilie mit dementsprechenden Unterschieden hinsichtl. Wirkungseintritt u. Wirkungsdauer (*N*-Methylbarbitursäurederivate, s. Abb. 2). Einteilung in kurz, mittel u. lang wirksame B. mit Wirkungsdauer bis 8 h, 8-16 h, über 16 h. **Pharmakokinetik:** bei peroraler Applikation werden B. gut u. rasch resorbiert u. in unterschiedl. Ausmaß an Plasmaproteine gebunden (5 % bei Barbital*, 84 % bei Thiopental*). Ausscheidung erfolgt bei langwirksamen B. weitgehend mit dem Harn, kürzer wirkende B. werden in der Leber fast vollständig abgebaut. Wiederholte Gabe bedingt eine Enzyminduktion u. Toleranzentwicklung (Dosissteigerung) u. den verstärkten Abbau von anderen Stoffen. **WW:** Wirkungsverminderung von z. B. Antiepileptika, Antikonzeptiva, Antikoagulanzien; Wirkung von Alkohol, Morphin (Atemdepression), Psychopharmaka, Antihistaminika, zentral wirkenden Antihypertonika wird verstärkt; **Anw.**: **1.** Sedativa in Kombination mit Analgetika u. Antipyretika; **2.** Einschlaf- u. Durchschlafmittel; (beide heute kaum noch) **3.** i. v. als Narkotika (z. B. Thiopental*, Hexobarbital*); **4.** aufgrund einer unspezif. antikonvulsiven Wirk. bei Vergiftungen mit Pharmaka wie Aminophenazon* od. Strychnin*; **5.** bei Epilepsie (Methylphenobarbital*). Der Gebrauch von B. ist i. Allg. zurückhaltend, da das Nutzen-Risiko-Verhältnis als Sedativa od. Hypnotika ungünstig ist. **UAW:** bei niedriger Dosierung selten, nach höheren Dosen am nächsten Tag Hangover (Schläfrigkeit am Tag, Schwindel, Verwirrtheit, eingeschränktes Urteilsvermögen, Lethargie); bei empfindl. Personen gastrointestinale Störungen u. allerg. Reaktionen (Ödeme, Exantheme). In manchen Fällen wirken B. zentral-erregend u. euphorisierend, wodurch Suchtgefahr u. Mißbrauch gegeben sind: **1.** Gewohnheitsbildung bei Patienten, die regelmäßig Schlafmittel* in größeren Dosen zu sich nehmen u. bei denen eine Entwöhnung meist ohne große Schwierigkeiten vor sich gehen kann; **2.** Barbituratsucht bei Patienten, die euphor. reagieren, mit Dosissteigerung bis Faktor 10-15 u. Entzugserscheinungen wie Übererregbarkeit, Tremor, Schwächegefühl u. Angst; bei abruptem Absetzen können Krämpfe u. tox. bedingte Psychosen auftreten. **Überdosierung:** Störung des ZNS u. bei schweren Vergiftungen des kardiovaskulären Systems; leichte Vergiftung mit ähnl. Erscheinungen wie bei Alkoholvergiftung; schwere Vergiftung mit Bewusstlosigkeit, Koma; Hauptgefahr ist die Atemlähmung; Gegenmaßnahmen: Magenspülung, bei Atemstillstand künstl. Beatmung, Plasmaexpander, Wirksamkeit der forcierten Diurese ist unterschiedlich: bei langwirksamen B. erhebl. Beschleunigung der Ausscheidung, bei mittellang wirkenden B. unterschiedl. Effektivität: wirkungslos bei Amobarbital*, Butallylonal*, Pentobarbital*, Propallylonal*, Secobarbital*, wirkungslos auch bei kurzwirksamen B.; besser Hämoperfusion, evtl. Hämodialyse. **Kontraind.**: schwere Herz-, Nieren- u. Leberfunktionsstörungen, akute Porphyrien, Analgetika-, Alkohol- u. Psychopharmaka-Intoxikationen.

Barbitursäure: Acidum barbituricum, Malonylureid, Malonylharnstoff; Malonylcarbamid; $C_4H_4N_2O_3 \cdot H_2O$. Weiße Kristalle, wenig lösl. in Wasser, unlösl. in Ethanol. **Wirk.**: reine B. wirkt nicht hypnot.; ledigl. ihre Derivate, bei denen 2 H-Atome durch org. Gruppen ersetzt sind, haben hypnot. Wirk.; s. Barbiturate (Abb. 1 u. Abb. 2).

Barbus fluviatilis: Karpfen. Lieferant von **Cyprinus barbus:** Karpfenrogen; frischer Karpfenrogen wird homöopath. angewendet.

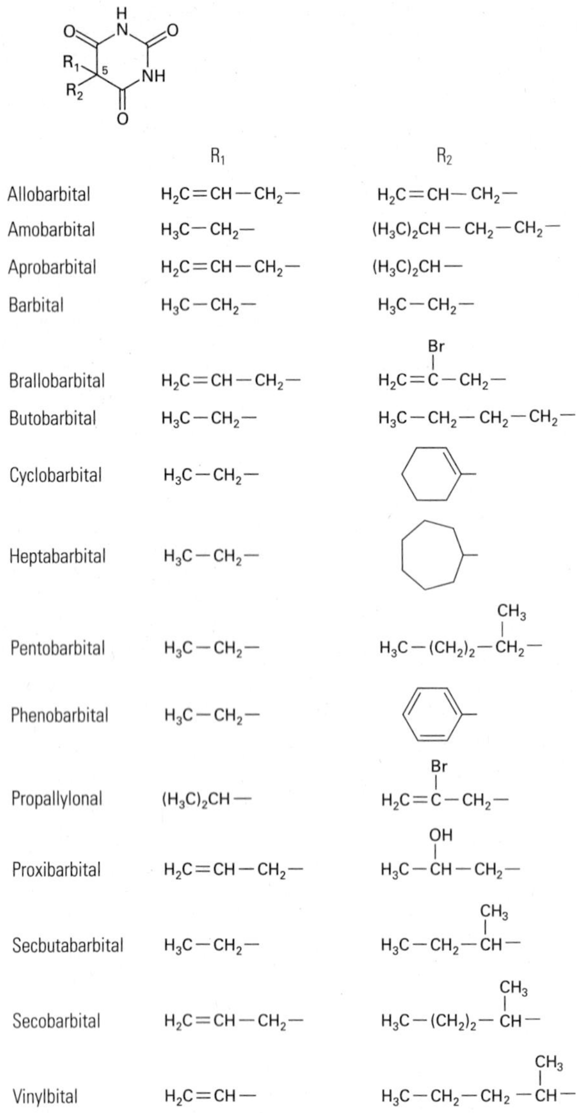

Barbiturate Abb. 1

Barcode: s. Strichcode.

Barii sulfas: s. Bariumsulfat.

Barium: Symbol Ba; A_r 137.34; OZ 56; D. 3.62; Schmp. 726.2 °C; Sdp. 1696 °C; 7 stabile Isotope (130, 132, 134–138); nat. als Schwerspat ($BaSO_4$) u. Witherit ($BaCO_3$). Silberweißes, 2-wertiges Erdalkalimetall (Härte 2), das an der Luft grauschwarz anläuft; lösl. in fast allen Säuren außer konz. Schwefelsäure; muss unter Luftabschluss aufbewahrt werden, da es sich schon bei Zimmertemperatur mit dem Kohlendioxid der Luft verbindet. Zersetzt Wasser unter Bildung von $Ba(OH)_2$ u. H_2. **Darst.:** durch Reduktion von Bariumoxid (aus Bariumcarbonat u. Kohle) mit Aluminium od. Silicium bei 1200 °C im Vakuum. **Tox.:** Lösl. Ba-Salze sind giftig. Das Bariumion bewirkt Erregung u. Kontraktion der glatten, der quergestreiften u. der Herzmuskulatur. Nach oraler Aufnahme treten Brechdurchfälle, Schwindel, Blutdruckanstieg auf. Bei rasch verlaufender Vergiftung kommt es zu aufsteigenden Lähmungen, schließl. zum Atemstillstand. Wird die Störung durch künstl. Beatmung überbrückt, führen kardiale Komplikationen zum Tod. 2-4 g $BaCl_2$ od. $BaCO_3$ gelten als tödl. Dosis. **Nachw. von Bariumverbindungen: 1.** Sie färben die nicht leuchtende Flamme fahlgrün; im Spektrum hellgrüne Linie; **2.** Schwefelsäure fällt auch aus sehr verd. Lsg. weißes Bariumsulfat, $BaSO_4$, das in Säuren, Basen u. Wasser unlösl. ist; **3.** Kaliumdichromat fällt gelbes Bariumchromat ($BaCrO_4$); **4.** Hexafluorokieselsäure fällt weißes Bariumhexafluorosilicat ($BaSiF_6$); beide sind unlösl. in Essigsäure (Calcium- u. Strontiumsalze werden durch diese beiden Reagenzien nicht gefällt). **Gesch.:** Ba wurde elektrolyt. 1855 von Augustus Matthiesen (1831-1870) dargestellt.

Bariumacetat: Barium aceticum, essigsaures Barium; $Ba(CH_3CO_2)_2 \cdot H_2O$, M_r 273.36. D. 2.19. Weiße Kristalle, sehr leicht lösl. in Wasser, wenig lösl. in Ethanol. **Darst.:** Eintragen von Bariumcarbonat in verd. Essigsäure, Eindampfen u. Auskristallisieren. **Anw.:** Reagens, Beizmittel

Hom: *Barium aceticum,* Baryta acetica: verord. z. B. bei Lähmungen.

Barium aceticum: s. Bariumacetat.

Barium bromatum: s. Bariumbromid.

Bariumbromid: Barium bromicum, Barium bromatum, Brombarium, bromsaures Barium; $BaBr_2 \cdot 2\,H_2O$, M_r 333. Farblose Kristalle, sehr leicht lösl. in Wasser.

Barium, bromsaures: s. Bariumbromid.

Bariumcarbonat: Barium carbonicum, kohlensaures Barium; $BaCO_3$, M_r 197. Schweres, weißes, geschmackloses Pulver, unlösl. in Wasser, lösl. in verd. Säuren unter Aufbrausen. **Darst.:** Fällung von Bariumchlorid mit Natriumcarbonat in heißen Lösungen. **Anw.** med.: früher bei Metrorrhagien*, Atonie*, Abort* (LD 2-4 g); techn.: zur Darst. anderer Bariumsalze.

Hom: *Barium carbonicum (HAB1.3),* Baryta carbonica: Konstitutionsmittel, verord. z. B. bei Lymphatismus (lymphat. Diathese) der Kinder, Herzschwäche, Drüsenschwellungen, vorzeitiger Sklerose (Verkalkung).

Hom: *Witherit (HAB1.3),* Barium carbonicum nativum: nat. vorkommendes Mineral mit mind. 95 % Bariumcarbonat.

Barium carbonicum: s. Bariumcarbonat.

Barium carbonicum nativum: s. Bariumcarbonat (Witherit).

Bariumchlorat: chlorsaures Barium, Barium chloricum; $Ba(ClO_3)_2 \cdot H_2O$, M_r 322.29. D. 3.18. Schmp. 414 °C. Farblose Kristalle, sehr leicht lösl. in Wasser, unlösl. in Ethanol. **Anw.:** Feuerwerkerei (Grünfeuer).

Barium chloratum: s. Bariumchlorid.

Barium chloricum: s. Bariumchlorat.

Bariumchlorid: Barium chloratum, Chlorbarium; $BaCl_2 \cdot 2\,H_2O$, M_r 244.31, D. 3.09; farblose Kristalle, lösl. in 2.5 T. Wasser, wenig lösl. in Ethanol u. HCl. **Darst.:** Erhitzen von Schwerspat mit Kohle u. Calciumchlorid od. durch Auflösen von Bariumcarbonat in Salzsäure; **Anw.:** Härten von Stahl, Schädlingsbekämpfungsmittel, (früher) Frostschutzmittel; **Tox.:** wirkt ähnl. den Digitalisglykosiden auf den Herzmuskel; LD 0.8-3 g; Exitus infolge Atemlähmung; **Antidot:** Magenspülung mit 2%iger Natriumsulfatlsg.; Klistiere mit Natriumsulfatlsg.; Atropin 0.001 g s. c.

Hom: *Barium chloratum (HAB1.3),* Baryta muriatica: verord. z. B. bei Sklerose, rezidivierenden Entzündungen der Tonsillen und Ohren.

Barium, chlorsaures: s. Bariumchlorat.

Bariumchromat: Barium chromicum, chromsaures Barium, Barytgelb, Bariumgelb; $BaCrO_4$. Gelbes krist. Pulver, prakt. unlösl. in Wasser, lösl. in verd. Mineralsäuren. **Anw.:** Malerfarbe (Ultramaringelb, Barytgelb).

Barium chromicum: s. Bariumchromat.

Barium, chromsaures: s. Bariumchromat.

Barium cyanatum: s. Bariumcyanid.

Bariumcyanid: Barium cyanatum, Cyanbarium; $Ba(CN)_2 \cdot 2\,H_2O$, M_r 225.4. Zerfließl. Kristalle, leicht lösl. in Wasser, unlösl. in Ethanol. **Anw.:** Galvanotechnik.

Barium, essigsaures: s. Bariumacetat.

Bariumgelb: s. Bariumchromat.

Bariumhydroxid: Barium oxydatum hydricum, Baryta hydrica; $Ba(OH)_2 \cdot 8\,H_2O$. Weiße tetragonale Kristalle, lösl. in Wasser, wenig lösl. in Ethanol, leicht lösl. in verd. Säuren. **Anw.:** s. Barytwasser.

Barium iodatum: s. Bariumiodid.

Bariumiodid: Barium iodatum, Iodbarium; $BaI_2 \cdot 2\,H_2O$, M_r 427.23. Weißes, krist. Pulver od. zerfließl. Kristalle, leicht lösl. in Wasser, lösl. in

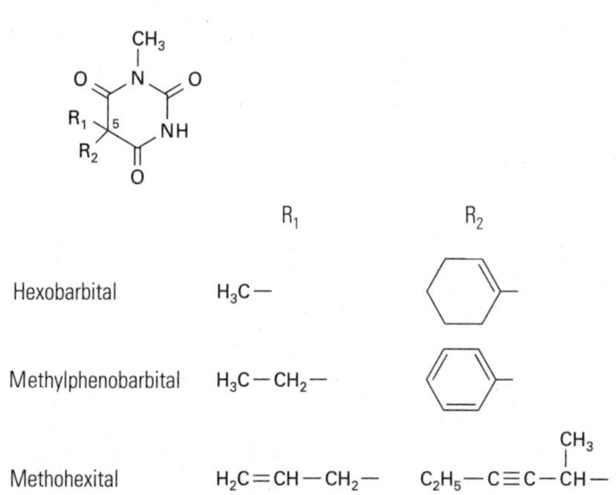

Barbiturate Abb. 2: *N*-Methylbarbiturate

B

Ethanol u. Aceton. **Anw.** med.: früher bei Skrofulose; MED 0.015 g.
Hom: *Barium iodatum (HAB1.5),* Baryta iodata: getrocknetes Bariumiodid (Monohydrat), $BaI_2 \cdot H_2O$; M_r 409.2; verord. z. B. bei Arteriosklerose mit Hypertonie, chron. Mandelentzündung.

Barium, kohlensaures: s. Bariumcarbonat.

Bariumnitrat: salpetersaures Barium, Barium nitricum; $Ba(NO_3)_2$. D. 3.24. Schmp. 592 °C. Farblose, giftige Kristalle, lösl. in Wasser, unlösl. in Ethanol. **Anw.:** Feuerwerkerei (Grünfeuer).

Barium nitricum: s. Bariumnitrat.

Bariumoxid: Ätzbaryt, Barium oxydatum anhydricum; BaO. Weiße poröse Stücke. **Anw.:** Glasindustrie, Absorptionsmittel für CO_2 u. Wasser.

Barium oxydatum: s. Bariumoxid.

Bariumperoxid: Bariumsuperoxid, Barium peroxydatum; BaO_2, M_r 169.36. Weiße Stücke od. Pulver, wenig lösl. in Wasser, unlösl. in Ethanol u. Ether, bildet mit verd. Säuren Wasserstoffperoxid. Beim Zusammenbringen mit org. Stoffen besteht Entzündungs- u. Explosionsgefahr. **Anw.** chem.: Bleichmittel, Herst. von Wasserstoffperoxid.

Barium peroxydatum: s. Bariumperoxid.

Bariumplatincyanür: s. Barium-tetracyanoplatinat(II).

Barium, salpetersaures: s. Bariumnitrat.

Barium, schwefelsaures: s. Bariumsulfat.

Barium, schwefligsaures: s. Bariumsulfit.

Bariumsulfat: Barii sulfas Ph.Eur.4, Barium sulfuricum, Barytweiß, schwefelsaures Barium; $BaSO_4$, M_r 233.4; D. 4.53; weißes, schweres Pulver; unlösl. in Wasser, org. Lösungsmitteln, verd. Säuren u. Laugen; etwas lösl. in konz. Salz-, Schwefel- od. Salpetersäure; aufgrund seiner schweren Löslichkeit ungiftig; nat. als Schwerspat (β-$BaSO_4$, Spathum ponderosum; Härte 3-3.5), in rhomb. Kristallen od. krist. Massen. **Darst.:** Fällen einer heißen Lsg. von Bariumchlorid mit Natriumsulfat od. Schwefelsäure; **Anw.** med.: p. o. als Röntgenkontrastmittel (darf keinerlei lösl. Bariumverb. enthalten), zur Darst. des Magen-Darm-Traktes. Es sind zahlreiche Präparate mit standardisierten Partikelgrößen (0.3-1 µm) im Handel. Vielfältige Zusätze wie Tragant, Methylcellulose, Glycerol, Paraffin sowie Geschmacksstoffe sollen die Viskosität, Haftfähigkeit u. Benetzungsfähigkeit erhöhen, zu einer Verringerung der Sedimentationsgeschwindigkeit führen u. durch eine Geschmacksverbesserung die Einnahme erleichtern. Früher wurde Bariumbrei durch Kochen von 15 T. Mondamin, 15 T. Zucker, 20 T. Kakao, 150 T. Bariumsulfat u. 500 T. Wasser hergestellt. Techn.: Malerfarbe (Permanentweiß, Blanc fixe, Barytweiß).

Bariumsulfid: Schwefelbarium, Barium sulfuratum; BaS, M_r 169.42. Farblose, kubische Kristalle, die beim Übergießen mit Salzsäure Schwefelwasserstoff entwickeln. **Darst.:** Erhitzen von Schwerspat u. Kohle (in Teig- od. Brikettform) auf 600-800 °C. **Anw.:** Darst. anderer Bariumverb., Herst. von Lithopone*, Enthaarungsmitteln, Leuchtfarben*, Pflanzenschutzmitteln; in der Analyse zur Entwicklung von H_2S.

Bariumsulfit: schwefligsaures Barium, Barium sulfurosum; $BaSO_3$, M_r 217. Giftiges weißes Pulver; wird an Luft zu Bariumsulfat oxidiert; leicht lösl. in Wasser, unlösl. in Ethanol. **Anw.:** Papierindustrie.

Barium sulfuratum: s. Bariumsulfid.

Barium sulfuricum: s. Bariumsulfat.

Barium sulfurosum: s. Bariumsulfit.

Bariumsuperoxid: s. Bariumperoxid.

Barium-tetracyanoplatinat(II): Bariumplatincyanür; $Ba[Pt(CN)_4] \cdot 4H_2O$. Gelbgrünl. Kristalle, lösl. in Wasser. **Anw.:** Nachw. von Kathoden-, Röntgen- u. radioaktiven Strahlen (gelbgrünes Fluoreszenzlicht, Röntgenschirm).

Barometer: Gerät zur Messung des Luftdrucks*. Beim **Flüssigkeitsbarometer** (z. B. Quecksilberbarometer) wird das Gewicht einer Flüss., z. B. Quecksilber, die im Gleichgewicht mit dem Luftdruck steht, gemessen. Das **Aneroidbarometer** besitzt eine Membran, die unter der Wirkung einer Druckdifferenz elast. deformiert wird. Die Membran schließt einen evakuierten Raum ab u. gibt die vom äußeren Luftdruck bewirkte Auslenkung über ein Hebelsystem mit Zeiger auf einer Skala wieder. Beim **Hypsometer** (Siedebarometer) wird der Luftdruck über die Bestimmung des Sdp. einer Flüss., z. B. Wasser, gemessen.

Barosma betulina (Thunb.) Bartl. et Wedl.: Fam. Rutaceae (heim. in Südafrika, bes. Kapland). B. betulina u. B. crenulata sind Stpfl. von **Folia Bucco (rotunda):** Folia Buchu, Folia Barosmae, (breite) Buccoblätter, Buchublätter. Folia Bucco kann mit den Blättern von Empleurum* unicapsulare u. E. serrulatum vermischt (verfälscht) sein. **Inhaltsst.:** 1.3-2.5 % äther. Öl mit ca. 12 % Diosphenol* (das sich wahrscheinl. aus dem genuin vorliegenden Piperitonepoxid bildet), 35 % (–)-Isomenthon, 9 % (+)-Menthon u. 10 % Limonen, Pulegon, Terpinen-4-ol; ferner die Flavonylglykoside Diosmin* (Barosmin) u. Hesperidin; Gummi, Schleim (in der oberen Hypodermis), Harz. Diosphenol (Schmp. 83 °C) kristallisiert aus äther. Öl aus (früher Barosma- od. Buccokampfer); es ist Wirkungsträger, wird renal eliminiert, sein Geh. ist in Barosma betulina am höchsten. **Wirk.:** stark antisept.; **Anw.** volkstüml.: z. B. als entzündungswidriges Mittel bei Harnwegerkrankungen, Reizblase, zur Entwässerung.
Hom: *Bucco:* getrocknete Blätter.

Barosma crenulata: s. Barosma betulina.

Barosma serratifolia: Fam. Rutaceae (Südafrika, bes. Kapland). Stpfl. von **Folia Bucco longa:** lange Buccoblätter; Inhaltsst., Wirk. und Anw. s. Barosma betulina (Folia Bucco rotunda).

Barosmin: s. Diosmin.

Barras: s. Terebinthina (Resina Pini).

barrier creams: s. Hautschutzsalben.

Barringtogenol: Triterpensapogenin, Strukturformel s. Saponine (Tab. 1).

Bartflechte: bakt. Entzündung der Barthaarfollikel.

Bart-Reaktion: Bildung von Arsonsäuren aus aromat. Diazoniumsalzen u. Natriumarsenit in Gegenwart von Kupfer od. Silber (s. Abb.).

Baryta: veraltete Bez. für Barium-Mineralien. **B. acetica:** s. Bariumacetat; **B. carbonica:** s. Bariumcarbonat; **B. hydrica:** s. Bariumhydroxid; **B. iodata:** s. Bariumiodid; **B. muriatica:** s. Bariumchlorid.

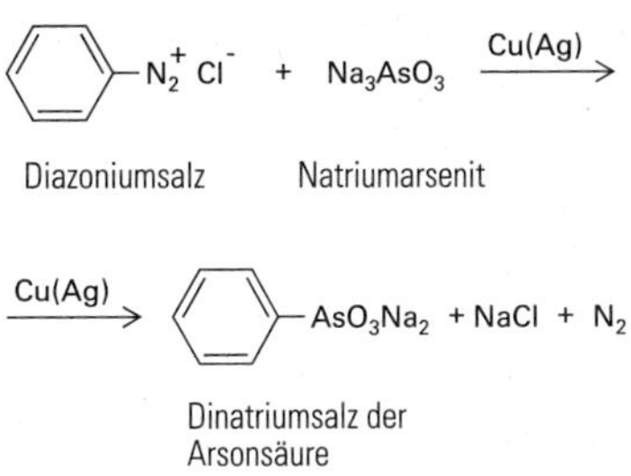

Bart-Reaktion

Barytgelb: s. Bariumchromat.

Barytwasser: Lsg. von 1 T. Bariumhydroxid*, $Ba(OH)_2 \cdot 8\,H_2O$, in 19 T. Wasser (reagiert stark alkal.). **Anw.:** Reagens auf CO_2.

Barytweiß: s. Bariumsulfat.

Basalkörper: zylinderförmige Zytoplasmastruktur (auch Blepharoplast genannt), aus der Geißeln u. Wimpern entspringen. Der Bau gleicht dem der Zentriolen*.

Basaltemperatur: Abk. BT, Aufwachtemperatur, Morgentemperatur; sofort nach dem Erwachen u. vor dem Aufstehen vaginal, rektal od. oral gemessene Körpertemp. der Frau mit typ. Schwankungen, die mit den Phasen des Menstruationszyklus zusammenhängen. Wichtiger Parameter in Diagnose u. Ther. von Zyklusstörungen u. Sterilität; Voraussetzung für die Temperaturmethode zur Konzeptionsverhütung; Antikonzeptiva*.

Basedow-Krankheit: Morbus Basedow, Basedow-Hyperthyreose; autoimmune Schilddrüsenentzündung mit den klin. Zeichen der Schilddrüsenüberfunktion. Z. B. Struma*, Orbitopathie, Tachykardie*, Gewichtsverlust; **Ther.:** Thyreostatika*, bei Rezidiven ggf. operative Ther. od. Radioiodtherapie.

Basekonstante: Basizitätskonstante; K_b; analog der Säurekonstante* ein Maß für die Stärke einer Base. K_b ist die Gleichgewichtskonstante gemäß Massenwirkungsgesetz für die Reaktion einer Base B meist mit Wasser:

$$B + H_2O \rightleftharpoons BH^+ + OH^-$$

$$K_b = \frac{a(BH^+) \cdot a(OH^-)}{a(B)}$$

Häufig wird die Stärke einer Base nicht durch ihre K_b, sondern durch die Säurekonstante od. den pK_S-Wert der konjugierten Säure (BH^+) angegeben.

Basen: alkal. reagierende Stoffe, die mit Säuren Salze bilden bzw. Stoffe, die in wässriger Lsg. negativ geladene Hydroxid-Ionen (OH^-) abspalten. **Def.:** s. Säure-Base-Definition. **Nomenklatur:** Die Ladung der B. bestimmt die Klassifizierung in Neutral-, Anion- od. Kationbasen. Hydroxide der Metalle u. Ammoniak sind typ. anorg. Basen. Org. B. sind Kohlenstoffverb., die neben C u. H noch N enthalten, z. B. die Alkaloide. Ist N durch As, P, Sb od. S ersetzt, erhält man die entspr. Arsonium-, Phosphonium-, Stibonium-, Sulfoniumbasen. Je nach Anzahl der enthaltenen OH-Gruppen, werden ein-, zwei-, mehrwertige od. -säurige B. unterschieden; syn.: mono-, di-, trihydrische Basen. Sind nicht alle OH-Gruppen einer mehrwertigen Base durch Säureanionen ersetzt, so spricht man von basischen Salzen od. Hydroxysalzen; vgl. Säuren, Salze. **Nachw.:** B. färben rotes Lackmuspapier blau, gelbes Kurkumapapier braun, farblose Phenolphthaleinlsg. rot, rote Methylorangelsg. gelb.

Basenpaarung: das Gesetz der B. besagt, dass sich in einer Nucleinsäure-Doppelhelix (s. DNA) immer Adenin* mit Thymin* (od. Uracil*) u. Guanin* mit Cytosin* paaren. Durch Wasserstoffbrücken zw. den Purin- u. Pyrimidinbasen werden die beiden Nucleinsäure-Stränge zusammengehalten.

Basenstärke: s. Basekonstante.

Basidien: (bot.) keulenförmige Zellen bei Basidiomyzeten (s. Pilze), an denen Basidiosporen* gebildet werden.

Basidiokarp (gr. basis Grund, Fuß; karpos Frucht): Fruchtkörper bei Basidiomyzeten (Ständerpilze), analog dem Ascokarp der Ascomyzeten; v. a. bei Homobasidiomyzeten (s. Pilze) oft als Hut ausgebildet (Hutpilze). Das B. trägt die Basidien*, in denen Kernverschmelzung (Karyogamie) u. Meiose* des Zygotenkerns unter Bildung von 4 haploiden, einkernigen Basidiosporen stattfinden.

Basidiomyzeten: Stiel- od. Ständerpilze, s. Pilze.

Basidiosporen: sexuelle Sporen der Basidiomyzeten, die durch Abschnürung von den Basidien (Sporenständern) entstehen. Durch Keimung der B. entsteht bei den Homobasidiomyzeten (s. Pilze) das primäre, d. h. monokaryontische Myzel, aus dem dann (im Ggs. zu den Ascomyzeten) ohne Ausbildung von Gameten durch Plasmogamie* das sekundäre, dikaryontische Myzel entsteht; s. Somatogamie.

Basilicum: s. Ocimum basilicum.

Basilienkraut: s. Ocimum basilicum (Basilici herba).

Basiliximab INN: CAS-Nr. 179045-86-4; immunsupressiver monoklonaler Antikörper. **Wirk.:** Hemmung der T-Zell-Vermehrung; **Anw.:** Prophylaxe der akuten Nierentransplantatabstoßung in Kombination mit Ciclosporin* u. Corticosteroiden*; **UAW:** allg. gut verträgl.; **Dos.:** je 20 mg mittels i. v. Infusion vor bzw. nach der Transplantation; HWZ ca. 7.2 h.

basisch: alkalisch; s. Basen. **basische Salze:** s. Salze.

Basiscreme: Cremor basalis, Unguentum basale, ambiphile Creme; Herst.: DAC86, in die auf 60 °C erwärmte Mischung von Glycerolmonostearat 60 (4 T.), Cetylalkohol (6 T.), mittelkettigen Triglyceriden (7.5 T.) u. weißem Vaselin (25.5 T.) wird die auf gleiche Temp. erwärmte Lsg. von Polyoxyethylenglycerolmonostearat (7 T.), Propylenglykol (10 T., in der Wasserphase in 20 %iger Konz. als Konservierungsmittel) u. Wasser (40 T.) anteilsweise eingearbeitet. Die B. wird bis zum Erkalten ständig gerührt u. das verdunstete Wasser ergänzt. Es entsteht eine weiche, mit Wasser von der Haut abwaschbare u. unbegrenzt verdünnbare Creme. VZ 30-40; UA 25-35 %. B. ist eine überfettete O/W-Creme mit hohem Emulgatoranteil bzw. lipophile u. hydrophile Phase liegen in bikohärenter Form zw. Plattenmizellen verteilt vor (Mischsystem). In B. können ohne Brechen des Emulsionssystems größere Anteile an Wasser od. an lipophilen Substanzen eingearbeitet werden (ambiphile Creme). Mit gleitenden Übergängen bildet sich dabei innerhalb gewisser Grenzen ein O/W- od. ein W/O-Emulsionssystem aus. B. ist in der Rezeptur nahezu universell anzuwenden. Aufbrauchsfrist von max. 1 Jahr empfohlen. Als Packmittel eignen sich bes. innenschutzlackierte Tuben. **Anw.**: subakute Hauterkrankungen bei seborrhöischem u. sebostat. Hauttyp.

Basiseinheiten: s. SI-Einheiten.

Basisgel, hydrophobes: s. Mucilago basalis hydrophobica.

Basisgrößen: s. SI-Einheiten.

Basistherapeutika: (engl.) ***disease modifiying antirheumatic drugs*** *(Abk. DMARD)*; den Krankheitsverlauf beeinflussende, langsam u. langwirkende Antirheumatika*. Sie wirken erst einige Wochen nach Beginn der Ther., die Wirk. hält jedoch nach dem Absetzen an. Dazu zählen: Goldpräparate (z. B. Aurothioglucose*), Azathiorin*, Chloroquin*, Hydroxychloroquin*, Penicillamin*, Sulfasazalin (s. Salazosulfapyridin), 4-Aminochinoline, Methotrexat*, Leflunomid* u. in Ausnahmefällen Immunsuppressiva* wie die monoklonalen Antikörper gegen TNF-alpha (s. Tumor-Nekrose-Faktor) Infliximab* u. Etanercept*.

Basizitätskonstante: s. Basekonstante.

basophil: **1.** mit basischen Farbstoffen anfärbbar. **2.** aus derartigen Zellen bestehend (Basophilie).

Basophobie: Furcht, nicht mehr gehen zu können.

Bassiaöl: s. Illipe mallabrorum.

Bassorin: M_r über 100 000, wasserunlösl., aber stark quellbares Polysaccharid; Best. des Tragants (s. Astragalus-Arten), des Gummi* arabicum u. a. Gummiarten.

Bast: sekundäre Rinde*. Man unterscheidet zw. Weichbast (Rindengewebe ohne Fasern u. Steinzellen), Hartbast (mit sklerenchymat. Elementen) u. Hornbast, s. Keratenchym.

Bastardsafran: s. Carthamus tinctorius (Flores Carthami).

Bastfasern: (bot.) lang gestreckte, an den Enden zugespitzte Zellen mit verdickten Zellwänden, zu Strängen od. Bündeln vereinigt. Sie sind T. des pflanzl. Festigungsgewebes; s. Sklerenchym, vgl. Phloem. Aus B. bestehen z. B. Leinen, Jute, Hanf.

Bastnäsit: s. Lanthanoide.

Bastparenchymzellen: (bot.) lang gestreckte Zellen, zum Siebteil (Phloem*) gehörend, mit versch. Inhaltsst., können durch Zellwandverdickung sklerotisieren.

Baststrahlen: (bot.) sekundäre Markstrahlen* in der Rinde*.

Basunguent®: Absorptionsgrundlage (s. Unguenta); eine hydrophile wasserfreie Salbe (Lipogelgrundlage), aus der mit Wasser eine lipophile Creme (W/O-Emulsion) entsteht (B. cum Aqua). **Zstzg.**: Hartparaffin, weißes Vaselin, flüss. Paraffin u. eine Mischung *n*-paraffinhaltiger Kohlenwasserstoff-Wachse (Salbenwachs 1893) sowie Wollwachsalkohole, Cremophor FM neu (ein nichtionogenes Fettsäureamid) u. Cetylalkohol als W/O-Emulgatoren.

BAT: Abk. für **b**iologische **A**rbeitsstoff**t**oleranz; höchstzulässige, die Gesundheit nicht behelligende, durch Berufseinfluss entstehende Konz. eines Arbeitsstoffes, seiner Metabolite od. eines durch die Exposition geänderten körpereigenen biochem. Parameters (z. B. intermediäre Stoffwechselprodukte) im Menschen (Blut od. Harn).

Batata: s. Ipomoea batatas.

Batatasine: s. Phytoallexine.

Batatenstärke: s. Amylum Batatae.

Bateman-Funktion: mathemat. Beziehung (zusammengesetzte Exponentialfunktion) zur Wiedergabe einer Folgereaktion, z. B. des Blutspiegelverlaufes nach extravaskulärer Verabreichung eines Arzneistoffes, bei der es zur Überlagerung von Resorption* u. Elimination* kommt. Ursprüngl. für den radioaktiven Zerfall einer Muttersubstanz in eine ebenfalls radioaktive Tochtersubstanz erstellt (H. Bateman, 1910), gilt sie mit genügender Genauigkeit in der Pharmakokinetik für das offene Einkompartimentmodell, wobei Resorption u. Elimination als Reaktionen 1. Ordnung (s. Reaktionsordnung) beschreibbar sind.

$$C = \frac{f \cdot D}{V_d} \cdot \frac{k_a}{k_a - k_e} \cdot (e^{-k_e t} - e^{-k_a t})$$

C: Konzentration des Arzneistoffs im Blut (Blutspiegel) zur Zeit t; f: resorbierter Anteil der Dosis (0<f<1); D: verabreichte Dosis; V_d: Verteilungsvolumen; k_a: Geschwindigkeitskonstante der Resorption (Absorption); k_e: Geschwindigkeitskonstante der Elimination; t: Zeit.

Die Bateman-Funktion zeigt, dass die Form der Blutspiegelkurve hauptsächl. von den Geschwindigkeitskonstanten der Resorption u. der Elimination bestimmt wird (s. Abb.). Aus ihr lassen sich die wichtigen Parameter C_{max}, t_{max} u. AUC graph. ermitteln od. berechnen:

$$C_{max} = \frac{D}{V_d} \cdot \left(\frac{k_a}{k_e}\right)^{\frac{k_e}{k_e - k_a}}$$

$$t_{max} = \frac{1}{k_a - k_e} \cdot \ln \frac{k_a}{k_e}$$

$$AUC = \frac{D \cdot f}{V_d \cdot k_e}$$

C_{max}: Blutspiegelmaximum; t_{max}: Zeitpunkt des Auftretens von C_{max}; AUC: Fläche unter der Blutspiegelkurve.

bathmotrop: die Reizschwelle des Herzens verändernd. Ein positiver bathmotroper Effekt bedeutet, dass die Reizschwelle herabgesetzt u. damit die Erregbarkeit gesteigert wird.

Bathochromie: Verschiebung der Absorption eines Chromophors* zu längeren Wellenlängen inf. Erleichterung seiner Elektronenanregung.

Batrachotoxin: kolumbian. Pfeilgift, das die selektive u. irreversible Erhöhung der Permeabilität der Nervenmembranen für Natriumionen bewirkt; ca. 10-mal toxischer als Tetrodotoxin*. B. wird aus der Haut von Fröschen der Gattung Phyllobates gewonnen.

Batroxobin INN: Hämokoagulase, Reptilase; CAS-Nr. 54182-64-8; die Blutgerinnung* förderndes Gemisch proteolyt. Enzyme u. thromboplastin- u.

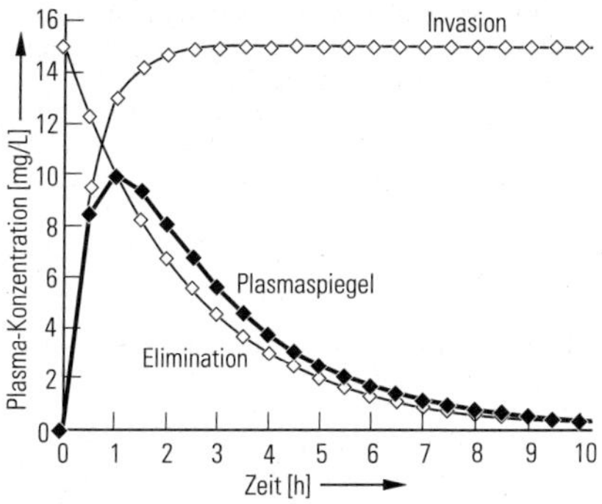

Bateman-Funktion: Verlauf der Konz. im Blut nach p. o. Applikation

thrombinähnl. Faktoren aus dem Gift der Schlange Bothrops* atrox. **Anw.:** Diagnostikum bei Blutgerinnungsstörungen; früher bei peripheren arteriellen Durchblutungsstörungen; Hämostatikum bei Blutungen, sofern diese nicht chirurg. behoben werden müssen.

Bauch: Abdomen.

Bauchspeicheldrüse: s. Pankreas.

Baudouin-Reaktion: Sesamölreaktion, zum Nachweis von Sesamöl in Margarine, s. Sesamum indicum.

Bauernrhabarber: s. Euphorbia cyparissias.

Bauernsenf, Bitterer: s. Iberis amara.

Bauerntabak: s. Nicotiana tabacum.

Baumé-Grade (Antoine Baumé, franz. Apotheker, 1728-1804): Symbol °Be; Grad-Einteilung des Baumé-Aräometers; eine willkürl. Einteilung, die aber in der Industrie für Säuren, Alkalien, Salzlsg., Süßwaren u. für die Zuckerdragierung (Charakterisierung der Stärkesirupe) noch immer im Gebrauch ist, da die B.-G. den Konz. der Flüss. ungefähr proportional sind. 2 Messbereiche: **1.** für Flüss., die leichter; **2.** für solche, die schwerer als Wasser sind. Es entspr. 10 °Be der relativen Dichte d_{15}^{15} von 1.000 (1) u. 1.074 (2), 20 °Be sind 0.935 (1) u. 1.161 (2), 30 °Be entspr. 0.879 (1) u. 1.262 (2) usw. Die Baumé-Skala ist in 67 Grade eingeteilt; 67 °Be entspr. der D. 1.867; Beispiel: konz. Schwefelsäure: 66 °Be. Aus den B.-G. kann man die relative Dichte einer Flüss. berechnen, u. zwar nach folgenden Formeln:

$d_{15}^{15} = 144.3/(144.3 - °Be)$

wenn die Flüss. schwerer als Wasser ist;

$d_{15}^{15} = 144.3/(134.3 + °Be)$

wenn die Flüss. leichter als Wasser ist.

Baumé-Grade

Baumé-Grade	Dichte in g/mL
2	1.014
5	1.036
10	1.074
15	1.116
20	1.161
30	1.262
40	1.381
45	1.453
50	1.526
55	1.616
60	1.706
66	1.842
67	1.867

Baumflechte: s. Lobaria pulmonaria.

Baumöl: s. Olea europaea (Olivae Oleum virginum).

Baumwachs: Cera arborea; Mischung aus Erdwachs, Harz, Kolophonium, Terpentin, Rüböl u. a.; dient zum Okulieren.

Baumwolle: s. Gossypium.

Baumwollsamenöl: s. Gossypium (Oleum Gossypii).

Baumwollsamenöl, hydriertes: s. Gossypium (Gossypii oleum hydrogenatum).

Baumwollwurzelrinde: s. Gossypium (Cortex Gossypii radicis).

Baunscheidtieren (Carl Baunscheidt, Bonn, 1809-1874): örtl. Hautreizung durch ein besonderes Nadelinstrument u. Behandeln mit einem Hautreizmittel (s. Oleum Baunscheidtii); s. Reizkörpertherapie.

Baunscheidtöl: s. Oleum Baunscheidtii.

Bauxit: nat. vork. Aluminiumhydroxid*; $Al_2O_3 \cdot H_2O$. Mineral, meist mit Eisenoxid u. Kieselsäure vermengt. **Anw.:** Gew. von Aluminium* u. Aluminiumoxid*.

Baylahuenkraut: s. Haplopappus baylahuen.

Bayöl: s. Pimenta racemosa (Oleum Pimentae acris).

Bayrum: s. Spiritus Myrciae.

Bazillen: s. Bacillaceae.

BCG: Abk. für **B**acille-**C**almette-**G**uérin; Bez. für attenuierten Lebendimpfstoff zur Schutzimpfung* gegen Tuberkulose* aus Mycobacterium bovis. Wird auch im Rahmen einer Immuntherapie* z. B. bei Blasenkarzinom u. malignem Melanom eingesetzt.

BCG-Impfstoff (gefriergetrocknet): Vaccinum tuberculosis (BCG) cryodesiccatum Ph.Eur.4, Tuberkulose-Impfstoff; Lebendimpfstoff, gefriergetrocknete Zuber. aus lebenden Bakt., die aus einer Kultur des Bacillus Calmette–Guérin (Mycobacterium bovis, BCG-Stamm) gewonnen wird. Weißes Pulver, nach Resuspendierung zur intradermalen Injektion. **Anw.:** s. BCG-Impfung.

BCG-Impfung: Impfung gegen Tuberkulose* mit gefriergetrocknetem BCG*-Impfstoff. **Impfempfehlungen: 1.** Ständige Impfkommission am Robert Koch-Institut (STIKO*): In Anbetracht der epidemiolog. Situation in Deutschland, der nicht sicher belegbaren Wirksamkeit der BCG-Impfung u. der nicht seltenen schwerwiegenden UAW des BCG-Impfstoffs kann es die STIKO nicht mehr vertreten, diese Impfung zu empfehlen; **2.** Weltgesundheitsorganisation (WHO*): BCG-Impfung wird routinemäßig nur dort empfohlen, wo das Infektionsrisiko für Tuberkulose über 0.1 % liegt, die Rate an Lungentuberkulose Erkrankter höher als 5 : 100 000 od. die Rate von tuberkulöser Menigits bei Kindern unter 5 Jahren über 1 : 10 Mio pro Jahr liegt.

BCNU: s. Carmustin.

BCS: Abk. für (engl.) ***b**iopharmaceutics **c**lassification **s**ystem*; s. Klassifizierungssystem, biopharmazeutisches.

Bdellium: Falsche Myrrhe; s. Commiphora mukul, Commiphora africanum.

Be: 1. (chem.) Symbol für Beryllium*. 2. (physik.) Einheitenzeichen für Baumé; s. Baumé-Grade.

BE: Abk. für **B**roteinheit in der Diabetes-Therapie; 1 BE entspricht 12 g Kohlenhydrate* (Monosaccharide, verdauliche Oligo- u. Polysaccharide sowie Sorbitol* u. Xylitol*. 1 BE entspricht 25 g Schwarzbrot, 60 g Kartoffeln, 18 g Haferflocken, 16 g Weizenmehl, 16 g Roggenmehl, 14 g Stärkemehl, 15 g rohem Reis, 50 g gekochtem Reis, 0.25 L Milch od. 100 g Apfel.

Becaplermin INN: (engl.) *rhPlatelet-derived growth factor (Abk. PDGF)*; CAS-Nr. 165101-51-9; $C_{1064}H_{1720}N_{324}O_{304}S_{18}$, M_r 24 496.2; rekombinanter humaner thrombozytärer Wachstumsfaktor. **Wirk.**: B. verstärkt die chemotakt. Signale u. fördert die Proliferation von Zellen, die an der Wundheilung beteiligt sind. **Anw.**: topische Ther. diabet. neuropath. Fußulzera bis max. 5 cm²; nicht zur Langzeitanw. geeignet; **Kontraind.**: maligne Erkrankungen, Wundinfektion, Neoplasie*; **Dos.**: 0.01 %iges Gel.

Béchamp-Reaktion: Methode zur Herst. primärer aromat. Amine durch Reduktion aromat. Nitroverb. mit Eisen u. Wasser unter Salz- od. Essigsäurekatalyse. Beispiel: Herst. von Anilin aus Nitrobenzol (s. Abb.).

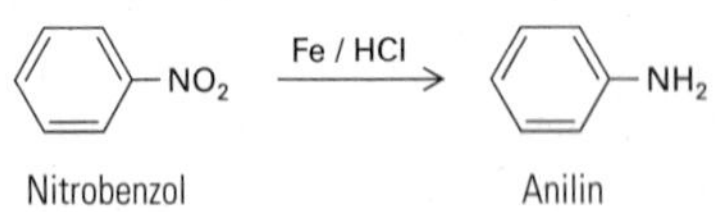

Béchamp-Reaktion: Bildung von Anilin aus Nitrobenzol

Becherprimel: s. Primelkrankheit.

Becherzellen: (bot.) Zellen, die im unteren Teil becherartig verdickt sind, z. B. Palisadenzellen der Samen von Sinapis* alba, Brassica* nigra.

Bechika: früher syn. für Hustenmittel.

Becke-Linie: s. Refraktometrie.

Beckmann-Thermometer: s. Gefrierpunkterniedrigung.

Beckmann-Umlagerung: Umlagerung von Ketoximen zu substituierten Säureamiden unter saurer Katalyse mit Phosphorpentachlorid (s. Abb.).

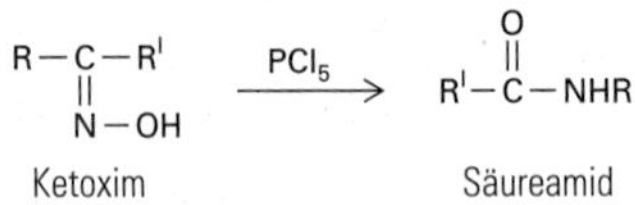

Beckmann-Umlagerung

Beclamid INN: Benzchlorpropamid; N-Benzyl-3-chlorpropionamid; CAS-Nr. 501-68-8; $C_{10}H_{12}ClNO$, M_r 197.66. Schmp. 94 °C (kristallisiert aus Methanol). Schwer lösl. in Wasser (0.005-0.01 %), zersetzt sich in heißen wässrigen Säure- u. Alkalilösungen. **Anw.**: Antiepileptikum* bei Grand* mal u. psychomotor. Anfällen; Psychotropikum bei Verhaltensstörungen mit Reizbarkeit, Aggressivität u. Konzentrationsschwäche v. a. bei Kindern u. Jugendlichen; **UAW**: Benommenheit, gastrointestinale Störungen, Hauterscheinungen, Leukopenie; **Dos.**: p. o. 3- bis 4-mal 0.5-1 g/d.

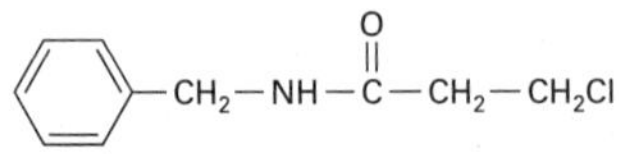

Beclamid

Beclobrat INN: Ethyl-(±)-2-[α-(*p*-chlorphenyl)-*p*-tolyl]oxy-2-methylbutyrat; CAS-Nr. 59937-99-0; $C_{20}H_{23}ClO_3$, M_r 346.85. **Wirk.** u. **Anw.**: früher Lipidsenker* bei Hyperlipoproteinämien* des Typs IIa, IIb u. IV; soll zusätzl. den atherogenen Index (VLDL, LDL zu HDL) verbessern; **UAW**: Übelkeit, Verdauungsstörungen; HWZ 4-14 h.

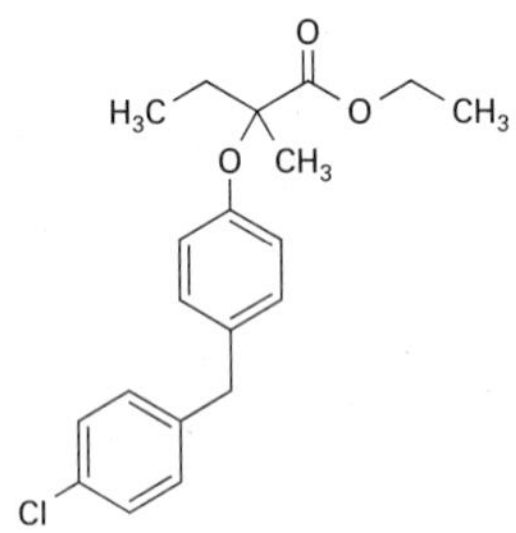

Beclobrat

Beclometason INN: 9-Chlor-11β,17,21-trihydroxy-16β-methyl-1,4-pregnadien-3,20-dion, CAS-Nr. 4419-39-0; $C_{22}H_{29}ClO_5$, M_r 408.93. **Anw.**: Corticosteroid-Therapie.

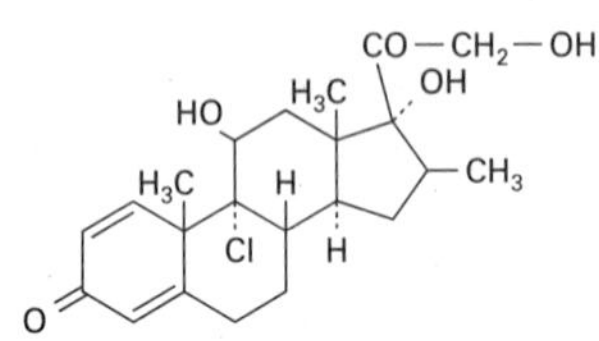

Beclometason

Beclometason-17,21-dipropionat: Beclometasoni dipropionas Ph.Eur.; CAS-Nr. 5534-09-8; $C_{28}H_{37}ClO_7$, M_r 521.1. Schmp. ca. 210 °C (unter Zers.). Fast unlösl. in Wasser, leicht lösl. in Aceton u. Chloroform, wenig lösl. in Ethanol. **Anw.**: Corticosteroid-Ther.; Applikation mittels Dosieraerosol bei Asthma bronchiale, allerg. Rhinitis. Gebräuchl. ist auch B.-Monohydrat.

Becquerel (Henri-Antoine Becquerel 1852-1908): Symbol Bq; SI-Einheit für die Aktivität einer radioaktiven Substanz; s. Radioaktivität. $1\,Bq = 1\,s^{-1}$. **Gesch.**: B. entdeckte 1896 die radioaktive Strahlung des Urans.

Bedampfen: s. Aufdampfen.

Bedarfsgegenstände: s. Lebensmittel- und Bedarfsgegenständegesetz.

Beere: s. Fruchtformen.

Beeren, Rosa: s. Schinus molle.

Befeuchtungslösung: s. Rhinoguttae.

Befruchtung: Verschmelzung zweier Gameten* u. ihrer Kerne zu einer diploiden Zygote* (Syngamie); (bot.) s. Samenbildung.

Befruchtung, doppelte: (bot.) die Verschmelzung des einen Spermakerns mit der Eizelle unter Bildung der diploiden (2n) Zygote sowie die gleichzeitige Verschmelzung des zweiten Spermakerns mit dem sekundären Embryosackkern bzw. den beiden Polkernen unter Bildung eines triploiden (3n) Endospermkerns. Hauptmerkmal aller Angiospermen; s. Samenbildung.

Befunolol INN: 7-[2-Hydroxy-3-(isopropylamino)propoxy]-2-benzofuranylketon; CAS-Nr. 39552-01-7; $C_{16}H_{21}NO_4$, M_r 291.4. **Anw.:** Betasympathomimetikum (Betarezeptorenblocker, s. Sympathomimetikum), bei Glaukom.

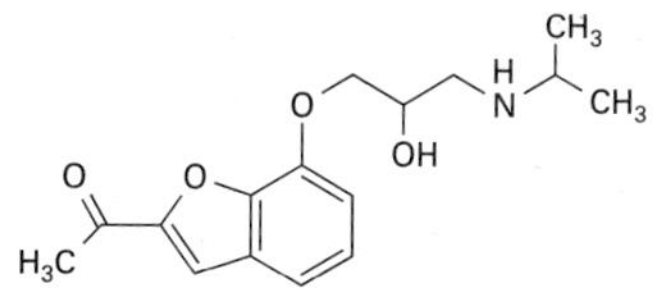

Befunolol

Begasung: **1.** Stabilisierungsmaßnahme, bei der durch Erzeugung einer Schutzgasatmosphäre über empfindl. flüssigen Arzneizubereitungen Oxidationsreaktionen bei deren Herst., Sterilisierung u. Lagerung verhindert werden. Äußere B. erfolgt z. B. mit CO_2 od. N_2. Von innerer B. spricht man z. B. bei einer CO_2-Entwicklung in einer Lösung **2.** s. Sterilisationsverfahren (Sterilisation mit mikrobiziden Gasen).

Begasungsbrutschrank: s. Brutschrank.

Behältnis: Bez. für Behälter soweit damit Packmittel* gemeint sind. Man unterscheidet zw. innerem u. äußerem Behältnis.

Inneres Behältnis: Erstbehältnis, Primärpackmittel; steht in direktem Kontakt mit der Arzneizubereitung, übt vorrangig die erforderl. physik., chemischen u. mikrobiol. Schutzfunktionen aus. Übernimmt primär den Schutz des Arzneimittels bis zum Verbraucher. Es soll in einer für die Applikation geeigneten Form gestaltet sein. Primärpackmittel haben versch. Aufgaben zu erfüllen: **1.** Erhaltung der Arzneiform in der deklarierten Zstzg., Reinheit u. Form inklusive ihres Schutzes vor äußeren Einflüssen, welche beim Transport u. während der Lagerung auf das Packgut einwirken können (Klima, Licht, mechan. Einflüsse, Mikroorganismen, Sauerstoff); **2.** applikationsgerechte Form, d. h. leichte Handhabung, einfache Wiederverschließbarkeit für Mehrdosenbehältnisse*, minimaler Vorbereitungsaufwand für die Applikation, Sicherstellung der vorgeschriebenen Dosierung, z. B. durch Tropfer od. Pipetten, Mittragemöglichkeit; **3.** eindeutige Identifikation des Medikaments bis unmittelbar zum Patienten; **4.** Erfüllung evtl. zusätzl. Sicherheitsanforderungen wie asept. Entnahmemöglichkeit, kindergesicherte Packung*, Garantieverschluss*; **5.** möglichst rationell herstellbare Packung.

Äußeres Behältnis: äußere Umhüllung, Außenverpackung, Sekundärpackmittel; umschließt ein od. mehrere Erstbehältnisse u. bildet mit ihnen die vollständige Verpackung. Sie kann unterstützend od. vollständig Schutzfunktionen übernehmen (mechan. Schutz des Primärpackmittels sowie Lichtschutz, dies vor allem bei Ampullen*, Vials* u. diversen festen Arzneiformen). Weitere Aufgaben: **1.** eindeutige Identifizierungsmöglichkeit der Medikamente u. verschiedener Dosierungen durch eine geeignete graphische Aufmachung; **2.** Informationsträger folgender Daten: Hersteller, Produktname, Dosierungsstärke, Chargenbezeichnung*, ev. Lagervermerke, Warnhinweise, Verfalldatum, Verkaufsabgrenzung (in gewissen Ländern), Zusammensetzung u. Strichcode*. Soweit erforderl., werden notwendige u. von Behörden geforderte zusätzl. Angaben auf einem beigepackten Prospekt (Beipackzettel) vermerkt.

Behandlung, exspektative: abwartende Behandlung während evtl. weiterlaufender Diagnostik. Die Behandlung beschränkt sich auf Beobachtung des weiteren Verlaufs, Diät sowie allg. od. symptomat. Maßnahmen.

Behandlung, konservative: nichtoperative Behandlung; i. w. S. auch schonende chirurg. Behandlung unter weitgehender Erhaltung z. B. von verletzten Organen od. Gliedmaßen.

Behandlung, spezifische: Kausalbehandlung; Ther. mit Heilmitteln od. Maßnahmen, die gegen die Urs. einer Erkrankung wirksam sind.

Behandlung, symptomatische: Beeinflussung einzelner Krankheitssymptome bei Erkrankungen bekannter od. unbekannter Urs., wenn keine kausale Behandlung verfügbar ist. Vgl. Behandlung, spezifische.

Behennüsse: s. Moringa oleifera.

Behenöl: s. Moringa oleifera.

Behensäure: *n*-Dokosansäure; $C_{23}H_{43}-COOH$, eine Fettsäure, die in den Glyceriden von Samenölen (z. B. Rapsöl, Senföl, Erdnußöl), in Wollwachs u. in Cerebrosiden vorkommt. Vgl. Moringa olifera (Behenöl).

Behenylalkohol: *n*-Docosylalkohol, *n*-Docosanol; $C_{22}H_{45}OH$, CAS-Nr. 661-19-8. M_r 326.6, SZ max. 0.2, VZ max. 0.5, IZ max. 1, OHZ 175-180, Wassergehalt max. 0.1 %, Schmp. 63-65 °C, D. 70 ca. $^{0.82}g/m^3$. Entsteht durch Reduktion der Erukasäureester, die ihrerseits aus Raps- od. Spermöl hergestellt werden, mit Natrium u. anschließender Hydrierung od. durch direkte Hochdruckhydrierung der Ester mittels Wasserstoff. In Wasser schwer lösl., leicht lösl. in Ethylalkohol, Methylalkohol, heißem Petrolether, Ether u. Chloroform. **Anw.:** Konsistenzgeber in pharmaz. und kosmet. Zubereitungen. Zur Herst. von Cremes, Emulsionen u. Stiften. In tox. Hinsicht unbedenklich.

Beifuß, Bitterer: s. Artemisia absinthium.

Beifuß, Einjähriger: s. Artemisia annua.

Beifuß, Gemeiner: s. Artemisia vulgaris.

Beifußtraubenkraut: s. Ambrosia artemisiifolia.

Beilsteinprobe: Untersuchung zum Nachw. von Halogenen in org. Substanzen. Dabei bilden sich durch Zers. der halogenhaltigen org. Substanzen an einem glühenden Kupferdraht Kupferhalogenide, die die Flamme grün bis blaugrün färben.

Beinasche: rohes Calciumphosphat* (Calcium phosphoricum crudum).

Beinschwarz: Ebur ustum nigrum, Spodium; die pulverisierten Abfälle bei der Gew. der Knochenkohle (Carbo ossium, s. Carbo activatus).

Beinwell: s. Symphytum officinale.

Beipackzettel: s. Behältnis.

Beißkapsel: Zerbeißkapsel; Arzneiform, die den enthaltenen Arzneistoff im Mundbereich freisetzt u. zur Resorption bringt; z. B. Glyceroltrinitrat zur Behandlung von Angina pectoris; vgl. Capsulae.

Belafrüchte: s. Aegle marmelos (Fructus Belae indicae).

Belastungs-EKG: s. Elektrokardiogramm.

Belastungsversuche: s. Haltbarkeit.

Belladin: s. Amaryllidaceenalkaloide.

Belladonnablätter: s. Atropa belladonna.

Belladonnae pulvis normatus: s. Atropa belladonna.

Belladonnae tinctura normata: s. Tinctura Belladonnae.

Belladonnaextrakt: s. Extractum Belladonnae.

Belladonnalilie: s. Amaryllidaceae.

Belladonnatinktur: s. Tinctura Belladonnae.

Bellenknospen: s. Populus-Arten (Gemmae Populi).

Bellis perennis L.: Gänseblümchen, Maßliebchen; Fam. Asteraceae (Compositae) (Europa, Asien). Stpfl. von **Herba Bellidis: Inhaltsst.:** u. a. Saponin, Gerbstoff, Säuren, Wachs, fettes u. äther. Öl, Inulin, Bitterstoff; **Anw.** volkstüml.: z. B. bei Katarrhen der Luftwege, Magen- u. Darmkatarrh, schlecht heilenden Exanthemen; **Flores Bellidis:** Inhaltsst. und Anw. wie Herba Bellidis.
Hom: *Bellis perennis (HAB1.4):* frische, blühende Pflanze; verord. z. B. bei Muskelschmerzen, stumpfen Verletzungen, nach Operationen.

Beluga: s. Acipenser huso.

Bemegrid INN: 4-Ethyl-4-methyl-2,6-piperidindion; CAS-Nr. 64-65-3; $C_8H_{13}NO_2$, M_r 155.19. Schmp. 127 °C (kristallisiert aus Wasser od. Aceton/Ether). 1 T. lösl. in 170 T. Wasser, in 30 T. Ethanol, in 12 T. Aceton, in 4 T. Chloroform u. in 100 T. Ether; lösl. in wässrigen Alkalihydroxid-Lsg.; pH-Wert einer 0.5 %igen wässrigen Lsg. 4.5-6.5; pK_S 11.6. **Anw.:** Narkotika-Antagonist; als Analeptikum obsolet; **Dos.:** parenteral, zum Beenden einer Barbituratnarkose, i. v. 50 mg, dann 25 mg/min bis 200 mg insgesamt; bei Barbituratvergiftung: i. v. 50 mg alle 3-10 min, bis zu 1 g.

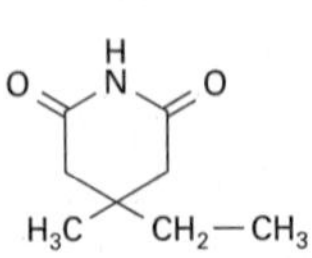

Bemegrid

Bemetizid INN: 6-Chlor-3,4-dihydro-3-(α-methylbenzyl)-2*H*-1,2,4-benzothiadiazin-7-sulfonamid-1,1-dioxid; CAS-Nr. 1824-52-8; $C_{15}H_{16}ClN_3O_4S$, M_r 369.83. **Anw.:** Saluretikum (vgl. Diuretika), bei Hypertonie, Ödemen; **UAW, Kontraind.** u. **WW:** s. Bendroflumethiazid.

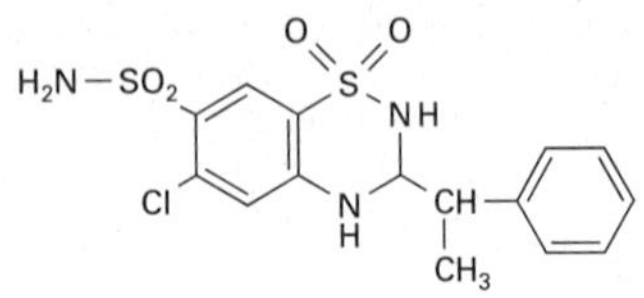

Bemetizid

Benactyzin INN: 2-Diethylaminoethylbenzilat; Benzilsäure-2-diethylaminoethylester; CAS-Nr. 302-40-9; $C_{20}H_{25}NO_3$, M_r 327.41. Schmp. 51 °C. pK_S 6.6 (Ammoniumsalz). **Anw.:** früher Anticholinergikum*, Sedativum; auch Chinidin* ähnl. Wirk. auf das Herz u. lokalanästhet. Wirk.; **Benactyzinhydrochlorid:** Schmp. 173-179 °C (polymorph).

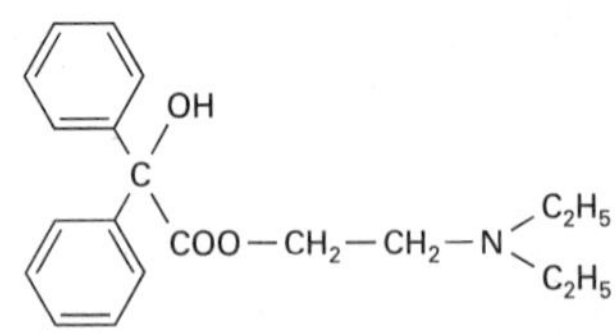

Benactyzin

Benazepril INN: (3*S*)-3-[(1*S*)-1-Ethoxycarbonyl-3-phenylpropyl]amino-2,3,4,5-tetrahydro-2-oxo-1*H*-1-benzazepin-1-essigsäure; CAS-Nr. 86541-75-5; $C_{24}H_{28}N_2O_5$, M_r 424.50; pK_{S1} 3.1, pK_{S2} 5.3 (konjugierte Säure). **Wirk.:** ACE*-Hemmer, durch Hydrolyse des Ester wird das Prodrug zur aktiven Form Benazeprilat; **Anw.:** Antihypertensivum* bei essentieller Hypertonie; **UAW:** gelegentl. bes. am Theraphiebeginn starke Blutdrucksenkung; gelegentl. Nierenfunktionsstörungen, Reizhusten, Bronchospasmus, Mundtrockenheit, Verdauungsstörungen; in Einzelfällen Leberstörungen, allerg. Reaktionen; **Dos.:** p. o. 10 mg/d, MTD 40 mg; HWZ ca. 11 h. **Benazeprilhydrochlorid:** CAS-Nr. 86541-74-4; $C_{24}H_{28}N_2O_5 \cdot HCl$, M_r 460.96.

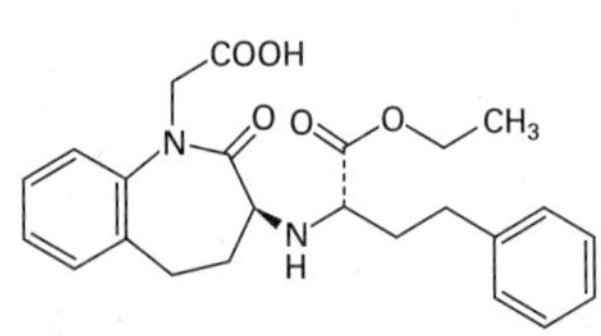

Benazepril

Bence-Jones-Proteine: zu den Immunglobulinen* zählende spezif. Proteine, M_r ca. 22 500, die u. a. bei Leukämie od. Knochenmarktumoren im Harn u. Serum auftreten u. deren Nachw. die Früherkennung v. a. von Myelomen ermöglicht.

Bencyclan INN: 3-(1-Benzylcycloheptyloxy)-*N*,*N*-dimethylpropylamin; *N*-3-(1-Benzylcycloheptyloxy)-propyl-*N*,*N*-dimethylamin; CAS-Nr. 2179-37-5; $C_{19}H_{31}NO$, M_r 289.45. Sdp. 146-156 °C (0.4 kPa). **Anw.:** Vasodilatator, muskulotropes Spasmolytikum; Ind.: Durchblutungsstörungen des Gehirns, der Extremitäten u. der Augen, Thromboseprophylaxe, Migräne; **UAW:** gastrointestinale Beschwerden, Übelkeit, Erbrechen, Unruhe, Schwindel, evtl. Verwirrtheit u. Halluzinationen; bei erhebl. Überdosierung ton.-klonische Krämpfe; **Dos.:** p. o. 2-3 × 0.1 g/d; parenteral (i. v., i. m., i. a.) 50 mg, bei Bedarf 3- bis 4-mal/d, sehr langsam injizieren; Infusion (i. v., i. a.) 0.2 g in 250 mL, max. 0.5 g/d; HWZ 8-12 h. Gebräuchl. ist auch Bencyclanhydrogenfumarat.

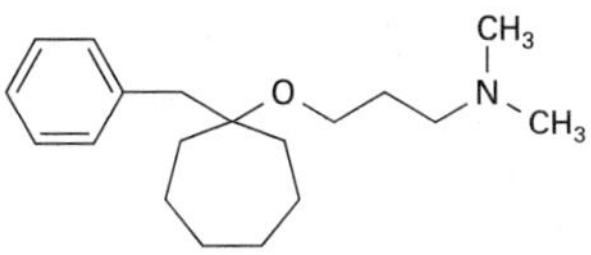

Bencyclan

Bendazac INN: 1-Benzyl-1*H*-indazol-3-yloxyessigsäure; CAS-Nr. 621-72-7; $C_{16}H_{14}N_2O_3$, M_r 282.3. Schmp. 160 °C. Fast unlösl. in Wasser, lösl. in Aceton. **Anw.:** Dermatikum bei entzündl. Hauterkrankungen.

Bendiocarb: s. Schädlingsbekämpfungsmittel (Carbamate).

Bendroflumethiazid INN: Bendroflumethiazidum Ph.Eur., Benzylhydroflumethiazid; 3-Benzyl-6-trifluormethyl-3,4-dihydro-2*H*-1,2,4-benzothiadiazin-7-sulfonamid-1,1-dioxid; CAS-Nr. 73-48-3; $C_{15}H_{14}F_3N_3O_4S_2$, M_r 421.41. Schmp. 221-223 °C. Weißes, krist. Pulver; fast unlösl. in Wasser, 1 T. lösl. in 17 T. Alkohol, in 1.5 T. Aceton, in 500 T. Ether, unlösl. in Chloroform. **Anw.:** Saluretikum (s. Diuretika), Ödeme, Hypertonie, Nierenerkrankungen; **UAW:** Hypokaliämie, Ansteigen des Harnsäure- u. des Zuckerspiegels, Reaktionsvermögen wird beeinflusst, Übelkeit; **Kontraind.:** Hypokaliämie, Niereninsuffizienz mit Anurie; **WW:** Herzglykoside (verstärkte Wirk.), Glucocorticoide, Antidiabetika (geringere blutzuckersenkende Wirk.), Lithium (erhöhte Toxizität); **Dos.:** p. o. 2.5-10 mg/d; HWZ 8.5 h.

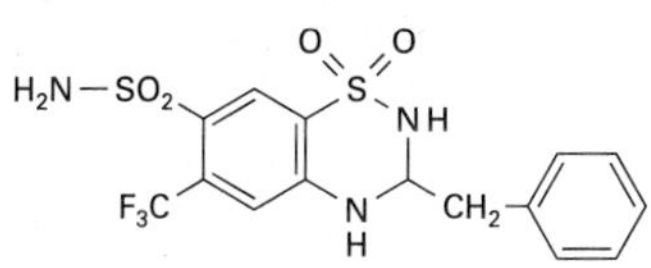

Bendroflumethiazid

Benediktenkraut: **1.** s. Cnicus benedictus (Cnici benedicti herba). **2.** s. Geum urbanum.

Benetzbarkeit: Vermögen einer Flüss., sich auf der Oberfläche eines Feststoffes (z. B. Pulverpartikeln) auszubreiten. Gut benetzbare Stoffe werden als lyophil, schlecht od. nicht benetzbare als lyophob bezeichnet. Die B. ist abhängig von den physik.-chem. Charakteristika beider Phasen, vgl. Adsorption. Für die Herst. u. Wirksamkeit von Arzneiformen ist die B. von großer Bedeutung, z. B. bei Lösungsvorgängen, beim Tablettenzerfall (Funktion der Hydrophilierungsmittel), bei Liberation u. Resorption von Wirkstoffen sowie bei der Dispergierung (Herst. von Suspensionen*) u. Agglomerierung (Verklumpen von lipophilen* — carbophilen, aerophilen — Pulvern in Wasser). Der Grad der B. lässt sich von der experimentell bestimmbaren Größe des Randwinkels ϑ (Benetzungswinkel, Kontaktwinkel) ableiten. ϑ entsteht am Rand der Berührungsfläche eines möglichst kleinen Tropfens, der auf die Oberfläche des in dieser Flüss. unlösl. Feststoffes (bei Pulvern Pressling mit glatter Oberfläche) aufgebracht wurde. Ist der Randwinkel klein (weit unter 90°), kann die Flüss. in alle Poren des Feststoffes eindringen, d. h. der Feststoff adsorbiert Flüss. u. bildet eine Solvatationshülle aus. Die Größe des Randwinkels hängt von den Oberflächenspannungen der flüss. (σ_{fl}) u. festen Phase (σ_{fe}) u. der Grenzflächenspannung zw. beiden ($\gamma_{fe/fl}$) ab *(Young-Gleichung)*. σ_{fe} ist experimentell nicht bestimmbar.

$\cos\vartheta = (\sigma_{fl} - \gamma_{fe/fl})/\sigma_{fl}$

Ist der Randwinkel groß (über 90°), lässt sich der Feststoff schlecht benetzen; mit **Netzmitteln** kann die B. durch Verkleinerung der Oberflächenspannung der Flüss. u. der Grenzflächenspannung flüss./fest verbessert werden (s. Gleichung). Bei Waschprozessen mit Tensidzusatz spielt die Verbesserung der B. eine große Rolle. Anstelle des Randwinkels kann für die Beurteilung des Benetzungsverhaltens auch die Benetzungswärme dienen. Benetzbare Körper zeigen bei hinreichend großer Oberfläche eine messbare Wärmetönung.

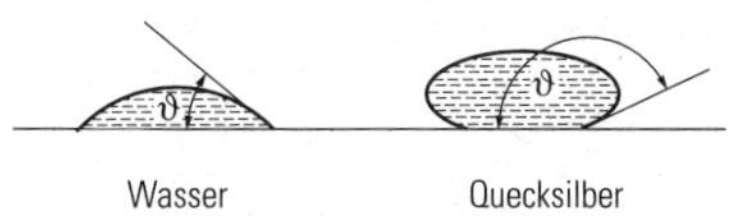

Benetzbarkeit: Darstellung des Randwinkels ϑ [2]

Benetzung: s. Adhäsion.

Benetzungswinkel: s. Benetzbarkeit.

Benflumetol: s. Lumefantrin.

Benfluorex: 2-{[1-Methyl-2-[3-(trifluoromethyl)phenyl]ethyl]amino}ethanol benzoat; CAS-Nr. 23602-78-0; $C_{19}H_{20}F_3NO_2$, M_r 351.36. **Benfluorexhydrochlorid:** Benfluorexi hydrochloridum Ph.Eur.4; CAS-Nr. 23642-66-2; $C_{19}H_{21}ClF_3NO_2$, M_r 387.83; Schmp. 161-162 °C; weißes bis fast weißes Pulver, schwer lösl. in Wasser, leicht lösl. in Methanol, lösl. in Dichlormethan; zeigt Polymorphie. **Anw.:** s. Lipidsenker.

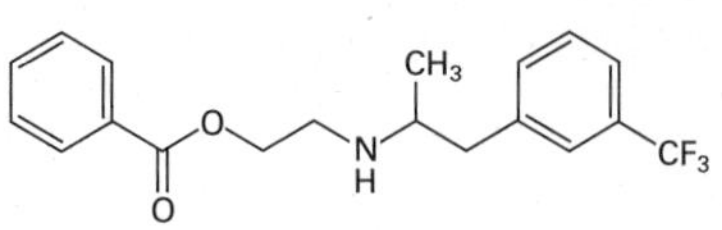

Benfluorex

Benfotiamin INN: *S*-Benzoylthiamin-*O*-monophosphat (Abk. BTMP); 6-(6-Amino-2-methyl-5-pyrimidinyl)-3-benzoylthio-5-formyl-4-methyl-5-aza-3-hexenyldihydrogenphosphat; CAS-Nr. 22457-89-2; $C_{19}H_{23}N_4O_6PS$, M_r 466.47. Schmp. 165 °C (unter Zers.), Schmp. 195 °C (δ-Form). Schwer lösl. in Wasser, Alkohol, Chloroform; lösl. in Natriumhydroxid-, Natriumcarbonat- u. HCl-Lösungen. **Anw.:** neurotropes Analgetikum, Vitamin-B_1-Ther.; **Dos.:** p. o. 2-3 × 50 mg/d.

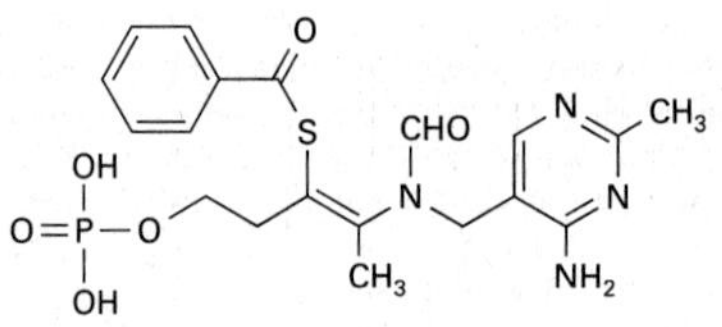

Benfotiamin

benigne: gutartig.

Benommenheit: leichte Form der quantitativen Bewusstseinsstörung* mit verlangsamtem Denken, Handeln u. erschwerter Orientierung.

Benomyl: 1-(*N*-Butylcarbamoyl)-2-(methoxycarboxamido)-benzimidazol; $C_{14}H_{18}N_4O_3$; CAS-Nr. 17804-35-2; M_r 290.32. **Anw.:** Akarizid*, Blattfungizid; s. Schädlingsbekämpfungsmittel (Carbamate). Mutagen, wird zu Carbendazim abgebaut.

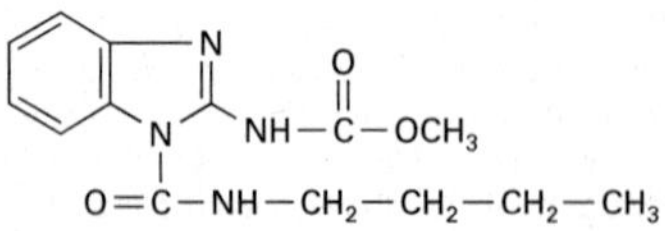

Benomyl

Benorilat INN: 4-Acetamidophenyl-2-acetoxylbenzoat; 4-Acetamidophenyl-*O*-acetylsalicylat; CAS-Nr. 5003-48-5; $C_{17}H_{15}NO_5$, M_r 313.32. Schmp. 175-176 °C (kristallisiert aus Methanol od. Ethanol). Fast unlösl. in Wasser, schwer lösl. in Ethanol, lösl. in Aceton, Chloroform, Lipiden. **Anw.:** Analgetikum*, Antirheumatikum; **Dos.:** p. o., als Analgetikum, 3-4×1 g/d; als Antipyretikum bis zu 4×1.5 g/d; rheumatoide Arthritis 4 g morgens u. abends od. 3-4×2 g/d; Kinder (3 Monate bis 1 Jahr) bis zu 4×25 mg/kg KG/d; Kinder (1-2 Jahre) bis zu 4×250 mg/d; Kinder (3-5 Jahren) bis zu 3×500 mg/d; Kinder (6-12 Jahre) bis zu 4×500 mg/d; Jugendliche 3-4×1000 mg/d; HWZ 3-22 h, dosisabhängig.

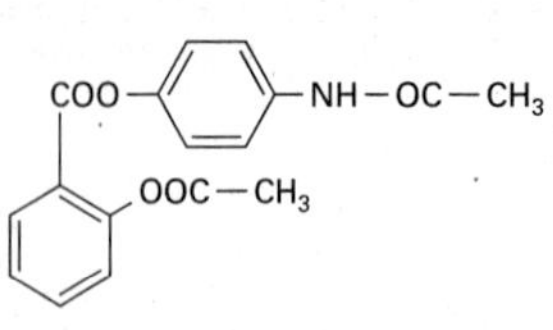

Benorilat

Benperidol INN: Benperidolum Ph.Eur.; 4'-Fluor-4-[4-(2-oxo-1-benzimidazolinyl)piperidino]butyrophenon; CAS-Nr. 2062-84-2; $C_{22}H_{24}FN_3O_2$, M_r 381.45. Schmp. 170-172 °C; polymorph.; unlösl. in Wasser, 1 T. lösl. in 1000 T. Ethanol, in 4 T. Chloroform, in 625 T. Ether, in 7 T. Essigsäure; wenig lösl. in verd. Mineralsäuren. **Anw.:** Neuroleptikum (s. Psychopharmaka), indiziert bei Erregungszuständen von Erkrankungen des schizophrenen Formenkreises, Alterspsychosen, Manien; **UAW:** s. Psychopharmaka (Neuroleptika); vermindertes Reaktionsvermögen; **Dos.:** Initialdos. 3×1 mg/d p. o., Langzeitdos. 3×5 mg/d; individuell einzustellen; parenteral (i. m., i. v.) 3×1 mg/d; HWZ 4±1.1 h.

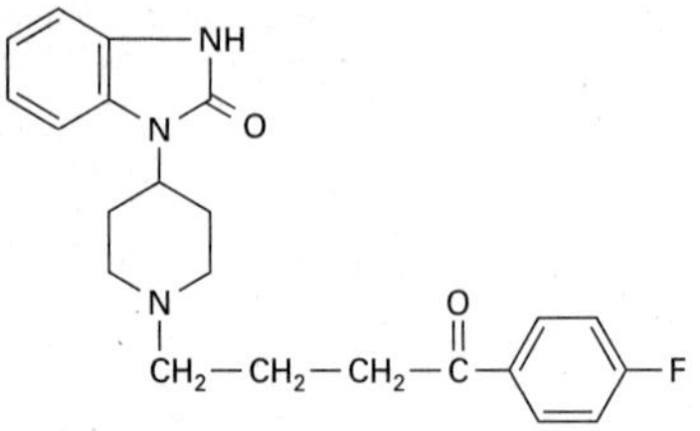

Benperidol

Benproperin INN: 2-Piperidino-1-(2-benzylphenoxy)-propan; 1-[1-(2-Benzylphenoxy)-2-propyl]piperidin; CAS-Nr. 2156-27-6; $C_{21}H_{27}NO$, M_r 309.43. Sdp. 159-161 °C (26.66 Pa). **Anw.:** Antitussivum* bei Reizhusten; **UAW:** Beeinflussung des Reaktionsvermögens; **Dos.:** p. o. bis zu 4×15 mg/d. Gebräuchl. sind auch Benproperindihydrogenphosphat; Benproperinembonat.

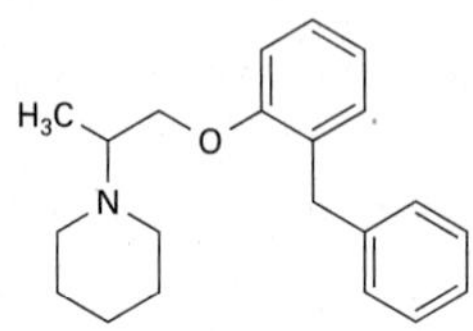

Benproperin

Benserazid INN: DL-Serin-2'-(2,3,4-trihydroxybenzyl)hydrazid; CAS-Nr. 322-35-0; $C_{10}H_{15}N_3O_5$, M_r 257.25. **Wirk.:** Hemmung der peripheren Dopadecarboxylase; **Anw.:** in Kombination mit Levodopa* in der Parkinsonther. (s. Parkinson-Syndrom). **Benserazidhydrochlorid:** Benserazidi hydrochloricum Ph.Eur.4; CAS-Nr. 14919-77-8; $C_{10}H_{16}ClN_3O_5$, M_r 293.71, Schmp. 146-148 °C; weißes bis gelblich weißes od. orangeweißes, krist. Pulver, leicht lösl. in Wasser, sehr schwer lösl. in wasserfreiem Ethanol, praktisch unlösl. in Aceton; zeigt Polymorphie.

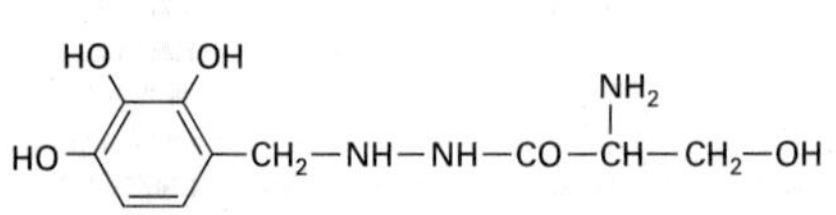

Benserazid

Bentiamin INN: Dibenzoylthiamin (Abk. DBT); 6-(6-Amino-2-methyl-5-pyrimidinyl)-3-benzoylthio-5-formyl-4-methyl-5-aza-3-hexenylbenzoat; CAS-Nr. 299-88-7; $C_{26}H_{26}N_4O_4S$. **Anw.:** fettlösl. Vitamin-B_1-Derivat zur perkutanen Anw.; nur in Kombinationspräparaten. Hingewiesen sei auch auf Bentiaminlaurylsulfat.

Bentiromid INN: $C_{23}H_{20}N_2O_5$, M_r 404.4. Schmp. 240-248 °C (polymorph). **Anw.:** diagnost. Zusatz bei Pankreasfunktionsuntersuchungen.

Bentonit: Bentonitum Ph.Eur.4, Montmorillonit, Wilkinit, Quellton; CAS-Nr. 1302-78-9;

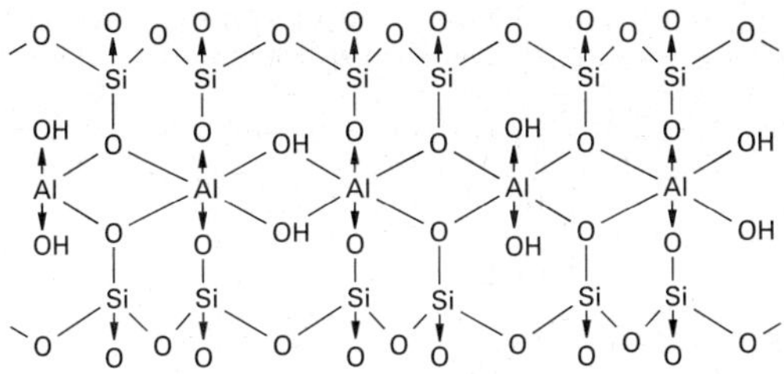

Bentonit

$[Si_7AlO_{20}(OH)_4Al_4]Na$. Nat., kolloidales, wasserhaltiges Aluminiumsilicat* mit wechselndem Mg- u. Ca-Gehalt, das einer bes. Aufarbeitung unterzogen wurde. Pharmaz. Sorten sind eisenfrei. B. ist aus 3 Schichten aufgebaut, einer Aluminiumhydroxidoctaederschicht, die von 2 Kieselsäuretetraederschichten begrenzt wird; in den Schichten ist teilweise Si durch Al bzw. Al durch Ca od. Mg ersetzt, was eine Ladungsdifferenz zur Folge hat (anion. Charakter), die durch Na- od. Ca-Ionen ausgeglichen wird. Sehr feines, grünl., gelbl. od. weißes Pulver od. Schuppen; ca. 90 % sind feiner als 1 μm; hygroskop.; Wassergehalt max. 12 %; unlösl. aber quellfähig in Wasser bis zum 12fachen seines Volumens (Einlagerung von Wasser auch zw. den Schichten); ab 5-10 % Ausbildung thixotroper negativ geladener Gele (Hydrogele); quellfähig in anderen polaren Flüss. (Glycerol); die Gelbildung wird durch geringe Zusätze von Magnesiumoxid, Phosphat, Natriumcarbonat u. a. Substanzen verstärkt, durch Säurezusatz erniedrigt; unlösl. u. nicht quellend in org. Lösungsmitteln; pH (2 %ige Suspension) 9-10.5. **Inkomp.:** kation. Stoffe (Ionenaustauscher*), z. B. quartäre Ammoniumverbindungen*; starke Elektrolyte; positiv geladene Partikeln od. Lösungen (auch Säuren) in höheren Konz. bewirken Flockung bzw. Ausfällung. **Prüfungen:** Ph.Eur.; Sedimentationsvolumen, Quellfähigkeit (2 g B. müssen in Wasser im 100-mL-Messzylinder auf mind. 22 mL aufquellen) u. größere Teilchen. **Anw.:** 15-20 % zur Herst. von gut verträgl. fettfreien Salben (Hydrogelsalben); als Stabilisator (Thixotropierungsmittel u. Viskositätserhöher) in Suspensionen u. Emulsionen für den äußerl. Gebrauch; als Füllmittel für Seifen u. Zahnpasten; zur Entfärbung von z. B. Ölen, Fetten. Zur Verkürzung der Quellzeit bei der Herst. von Bentonitgelen ist Erwärmen u. die Verw. eines hochtourigen Rührers zweckmäßig.

Bentonitgele: s. Bentonit.

Benzaldehyd: künstliches Bittermandelöl, Benzaldehydum, Oleum Amygdalarum aethereum articifiale; C_6H_5-CHO, M_r 106.12. Schmp. −56 °C. Sdp. 179 °C. D. 1.046-1.050 (20 °C). Farblose, ölige, stark lichtbrechende Flüss., die an der Luft allmähl. zu Benzoesäure oxidiert. Kräftiger Geruch nach Bittermandelöl, lösl. in Ethanol u. Ether, sehr schwer lösl. in Wasser. **Vork.:** nat. als Amygdalin* (cyanogenes Glykosid) in bitteren Mandeln, Aprikosen, Kirschkernen. **Darst.:** **1.** Erhitzen von Benzalchlorid ($C_6H_5-CH_2Cl$) mit Wasser u. Eisen od. mit Kalkmilch; **2.** direkte Oxidation von Toluol; **Anw.:** Lösungsmittel, Herst. von Farbstoffen, Geruchs- u. Geschmackskorrigens; **Tox.:** kann Kontaktallergie hervorrufen.

Benzaldehydcyanhydrin: Mandelsäurenitril, Benzaldehydcyanhydrinum; $C_6H_5-CH(OH)CN$, M_r 133.14. D. 1.115-1.120. Geh. mind. 89.4 % Mandelsäurenitril. Gelbe, ölige, nach Bittermandeln riechende Flüss., fast unlösl. in Wasser, leicht lösl. in Ethanol, Ether, Chloroform. **Vork.:** Hauptbest. des äther. Bittermandelöls; **Darst.:** Umsetzung von Benzaldehyd mit Kaliumcyanid in alkal. Lösung; **Off.:** ÖAB90; **Anw.:** Herst. von Aqua Amygdalarum amararum, Darst. von Mandelsäure.

Benzaldehydcyanhydrinlösung: Solutio Benzaldehydcyanhydrini, Aqua Amygdalarum amararum, Bittermandelwasser; Geh. an Cyanwasserstoff 0.085-0.105 %, Zstzg.: ÖAB90, Benzaldehydcyanhydrin 5.5 T., Ethanol 250 T., gereinigtes Wasser 744.4 T. **Anw.:** nur noch selten bei Asthma, Keuchhusten. **Dos.:** 1 g; MED: 2 g; MTD: 6 g.

Benzalkonii chloridi solutio 50 %: s. Benzalkoniumchloridlösung.

Benzalkoniumchlorid INN: Benzalkonii chloridum Ph.Eur.4, Benzalkonium chloratum; *N*-Alkyl-*N*-benzyl-*N,N*-dimethyl-ammoniumchlorid (Alkyl: C_8H_{17} bis $C_{18}H_{37}$); CAS-Nr. 8001-54-5. Prototyp der Invertseifen. Weißes bis gelbl., hygroskop. Pulver od. schwach trübes Gel; stark schleimhautreizend; leicht lösl. in Wasser, Ethanol, Aceton; wenig lösl. in Ether; wässrige Lsg. schäumt beim Schütteln. **Wirk.** u. **Anw.:** Konservierungsmittel, Desinfiziens mit grenzflächenaktiven Eigenschaften; wenig wirksam gegen Pilze; Sporen sind resistent; Wirkungsoptimum pH 5-8; **Zuber.:** Konz. 0.1 % zur Wundspülung; 0.01-0.02 % zu Schleimhautspülungen; 0.001-0.01 % zur Konservierung; in Lutschtabletten ca. 1 mg als ED; 0.01 %ig als Konservierungmittel in Augentropfen, häufig mit Zusatz von 0.1 % Dinatrium-EDTA bzw. 0.05 % Dinatrium-EDTA u. 0.5 % Benzylalkohol; **Inkomp.:** anionenaktive Substanzen, nichtionogene Tenside (z. B. Polysorbate), Oxidationsmittel, Bentonit, fette Öle, Citrate, Alginate, Iodide, Nitrate, Salicylate, Schwermetallsalze (bes. Silbersalze); niedrig konz. Lsg. von B. können durch Sorption an Naturgummi u. Kunststoffe (Polyvinylchlorid*) ihre konservierende Wirk. verlieren. **Benzalkoniumchloridlösung:** Benzalkonii chloridi solutio Ph.Eur.4; kann Ethanol enthalten; ist eine klare, farblose bis schwach gelbliche Flüss., mischbar mit Wasser u. Ethanol; beim Schütteln starke Schaumentwicklung.

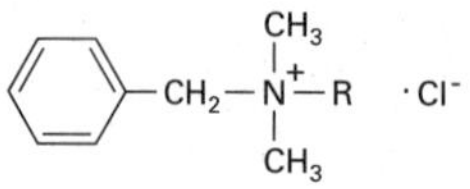

Benzalkoniumchlorid

Benzalkoniumchloridlösung 50 %: Benzalkonii Chloridi solutio Ph.Eur.4, Sol. Benzalkonii chloridi 50 %; Geh. 47.5-52.5 %, ber. als Benzyldimethyltridecylammoniumchlorid ($C_{22}H_{40}ClN$, M_r 354.0), farblose bis schwach gelbe, viskose Flüss., schwacher, aromat. Geruch, mischbar mit Wasser u. Ethanol. **Inkomp:** anionenaktive Substanzen, Oxidationsmittel, Bentonit, hochdisperses Siliciumdioxid, Nitrate, Salicylate, Silbersalze; **Anw.:** Konservierungsmittel u. Desinfiziens mit grenzflächenaktiven Eigenschaften in äußerl. anzuwendenden Arzneimitteln. Wirkungsoptimum: pH 5-8; **Dos.:** 0.1 % zur Wundspülung; 0.01-0.02 % zur Schleimhautspülung; 0.001-0.01 % zur Konservierung.

Benzalkoniumchlorid-Stammlösung 0.1 %: Zstzg.: NRF, 0.16 g Benzalkoniumchlorid-Lösung 50 %, Wasser für Injektionszwecke zu 100.0 g. Benzalkoniumchlorid wird ohne Erwärmen vollständig gelöst. Haltbarkeit 1 Jahr. **Anw.:** Konservierung wässriger Ophthalmika.

Benzalkoniumchlorid-Stammlösung 0.1 %, edetathaltige: Solutio Benzalkonii chloridi 0.1 % cum edetate; Zstzg.: NRF, 0.197 T. Benzalkoniumchlorid-Lösung 50 %, 1.0 T. Natriumedetat für Injektionszwecke ad 100 T. Wasser, Haltbarkeit 6 Monate. **Anw.:** Konservierung wässriger Ophthalmika u. Rhinologika.

Benzanilid: Benzoylanilin, Anilid der Benzoesäure; $C_6H_5-NHC(O)-C_6H_5$. Weiße bis rötl. weiße Kristalle, unlösl. in Wasser, lösl. in Ethanol, Chloroform, Benzol, Ether. **Anw.** med.: früher als Antiseptikum.

Benzaron INN: 2-Ethyl-3-(4-hydroxybenzoyl)benzofuran; (2-Ethyl-3-benzofuranyl)-(4-hydroxyphenyl)-keton; CAS-Nr. 1477-19-6; $C_{17}H_{14}O_3$, M_r 266.28. Schmp. 124.3 °C. **Anw.:** früher Kapillartherapeutikum, bei Venenerkrankungen, Thromboseprophylaxe; **UAW:** Photosensibilisierung.

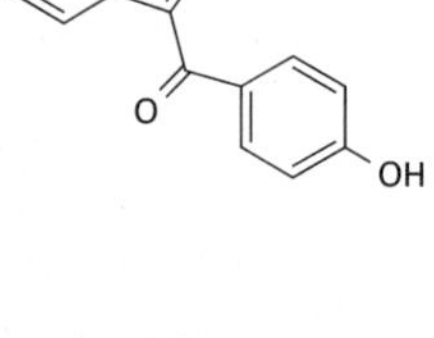

Benzaron

Benzathin-Benzylpenicillin: s. Benzylpenicillin; vgl. Antibiotika.

Benzathin-Penicillin: s. Benzylpenicillin; Antibiotika.

Benzathinum-Phenoxymethylpenicillinum: s. Phenoxymethylpenicillin-Benzathin; vgl. Antibiotika.

Benzatropin INN: *O*-Benzhydryltropin; Tropinbenzylhydrylether; CAS-Nr. 86-13-5; $C_{21}H_{25}NO$. pK_S 10.0 (20 °C). **Anw.:** Parasympatholytikum zur Parkinsonther.; s. Parkinson-Syndrom.

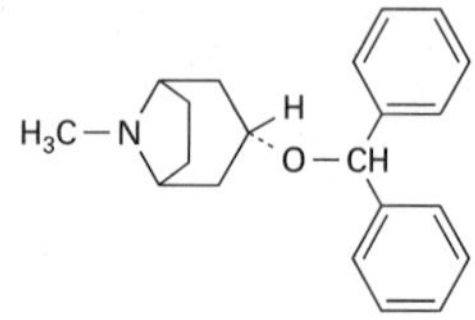

Benzatropin

Benzazoin-Derivate: s. Analgetika (starke).

Benzbromaron INN: Benzbromaronum Ph.Eur.; (3,5-Dibrom-4-hydroxyphenyl)(2-ethylbenzofuran-3-yl)methanon; CAS-Nr. 3562-84-3; $C_{17}H_{12}Br_2O_3$, M_r 424.11. Schmp. 151 °C. Weißes bis schwach gelbl., krist. Pulver; fast unlösl. in Wasser, leicht lösl. in Aceton, Chloroform, wenig lösl. in Ethanol. **Wirk.:** hemmt die tubuläre Rückresorption von Harnsäure; langsamer Wirkungseintritt; **Anw.:** Urikosurikum (s. Antiarthritika); **Dos.:** 0.1 g/d p. o.; HWZ 2-3 h bzw. 12-14 h (Metaboliten).

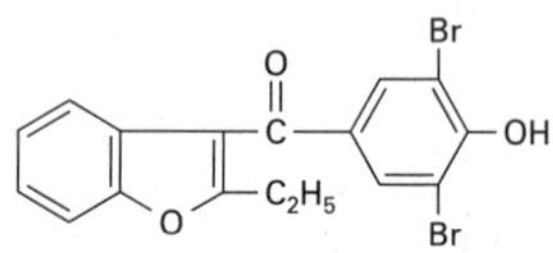

Benzbromaron

Benzedrin: s. Amfetamin.

Benzen: s. Benzol.

Benzethoniumchlorid INN: Benzethonii chloridum Ph.Eur.4, Benzyldimethyl-*p*-(1,1,3,3-tetramethylbutyl)phenoxyethyl-ammoniumchlorid; *N*-Benzyl-*N*,*N*-dimethyl-*N*-2-{2-[4-(2,4,4-trimethyl-2-pentyl)-phenoxy]ethoxy}ethyl-ammoniumchlorid; CAS-Nr. 121-54-0; $C_{27}H_{42}ClNO_2$, M_r 448.10. Schmp. 164-166 °C. Sehr leicht lösl. in Wasser unter Bildung einer schaumigen, seifigen Lsg.; lösl. in Ethanol, Aceton, Chloroform. **Anw.:** Desinfiziens; **Dos.:** topisch zur Wundspülung als 0.1 %ige wässrige Lsg.; zur Hautdesinfektion 0.2 %ige Lsg. in Ethanol u. Aceton. Gebräuchl. ist auch Benzethonium.

Benzharze: s. Harze.

Benzidin: Diphenyldiamin; 4,4'-Diaminobiphenyl, $C_{12}H_{12}N_2$, M_r 184.2. Schmp. 127-129 °C. Sdp. 400-401 °C. Weißes bis bräunl. gelbes, krist. Pulver, sehr schwer lösl. in kaltem Wasser, leicht lösl. in siedendem Wasser, lösl. in Ethanol 96 %. **Anw.:** Nachw. von Phosgen in Chloroform, zur Darst. von Farbstoffen, als chem. Reagens, zur Identitätsprüfung von Gummi* arabicum; ferner zum Blutnachweis, s. Benzidinprobe. **Tox.:** kanzerogen.

Benzidin

Benzidinprobe: unspezif. Blutnachweis in Harn u. Faeces. **Durchführung: 1.** 10 mL Harn + 1 mL Eisessig + 5 mL Ether mischen, gut durchschütteln bzw. ein nußgroßes Stück Stuhl mit gleichen T. H_2O u. Eisessig verreiben, zu der Flüss. gleichen T. Ether hinzufügen u. durchschütteln; **2.** 0.5 g Benzidin* in 8 mL Alkohol + 2 mL Eisessig lösen u. 2 mL H_2O_2 zufügen; **3.** Ether von Mischung 1 abheben u. in einem frischen Reagenzglas mit ca. 1 mL der Benzidinlsg. 2 versetzen. Bei Anwesenheit von Blut grüne bis tiefblaue Färbung (Benzidinblau). Empfindl. Reaktion, jedoch nur brauchbar bei Verw. reinsten Benzidins u. sauberer Reagenzgläser.

Benzidin-Umlagerung: Methode zur Herst. von Benzidin* durch Umlagerung von Hydrazobenzol (1,2-Diphenylhydrazin) mit starker Säure (s. Abb.).

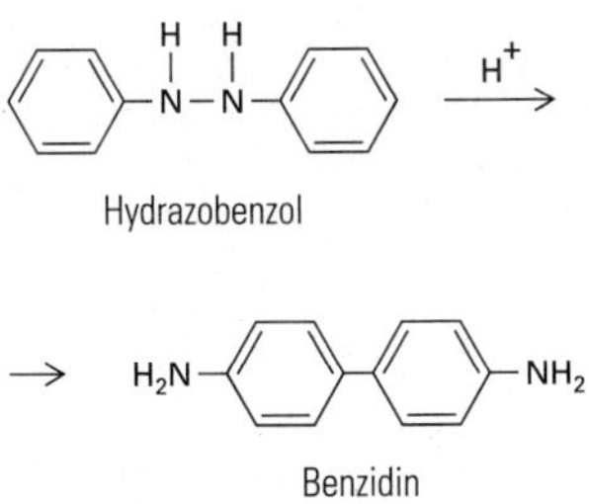

Benzidin-Umlagerung

Benzil: Diphenylethandion; $C_{14}H_{10}O_2$, M_r 210.2. Schmp. ca. 95 °C. Gelbe Prismen; prakt. unlösl. in Wasser, lösl. in Chloroform, Ethanol u. Ether. **Anw.:** Reagens Ph.Eur.4.

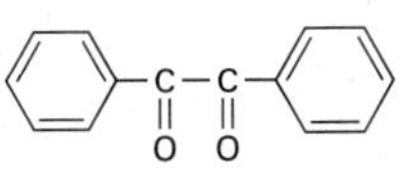

Benzil

α-Benzildioxim: α-Diphenylglyoxim; M_r 240.25. Schmp. 235-237 °C (unter Zers.). Weißes, krist. Pulver; sehr schwer lösl. in Ethanol u. Aceton, unlösl. in Wasser. Aus Nickelsalz-Lsg. fällt B. orange bis braunrote Komplexsalze, die noch schwerer lösl. sind als entspr. Dimethylglyoxim*-Nickelkomplexe.

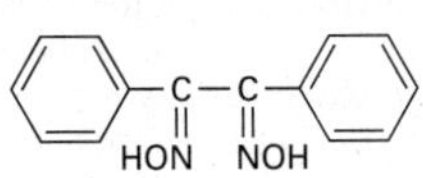

α-Benzildioxim

Benzilsäure: Diphenylglykolsäure; α-Phenyl-α-hydroxy-phenylessigsäure, $C_{14}H_{12}O_3$, M_r 228.84. Schmp. 150 °C. Schlecht lösl. in kaltem, gut lösl. in heißem Wasser. Strukturformel s. Benzilsäure-Umlagerung (Abb.).

Benzilsäuretropinester: s. Tropinbenzilat.

Benzilsäure-Umlagerung: Umsetzung von α-Diketonen (1,2-Dicarbonylverb.) mit starken Basen zu α-Hydroxysäuren. Beispiel: Benzil reagiert mit Kaliumhydroxid zum Kaliumsalz der Benzilsäure (s. Abb.).

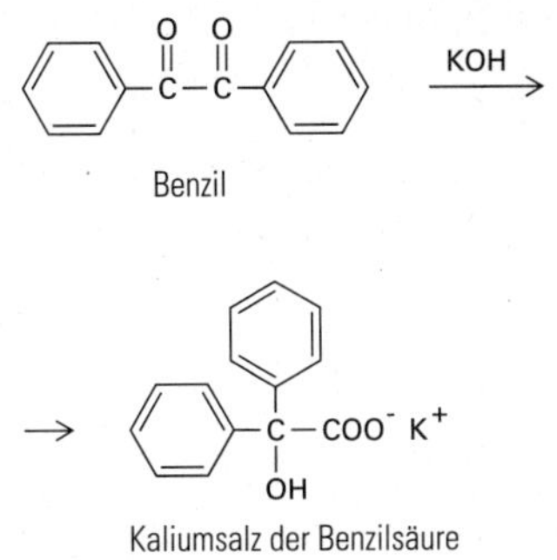

Benzilsäure-Umlagerung: Bildung des Kaliumsalzes der Benzilsäure

Benzin: die bei der Erdöldest. (s. Oleum Petrae) zw. 50 °C u. 180 °C übergehenden Fraktionen (Erdölbenzin, Benzinum Petrolei); ein Gemisch von gesättigten aliphat. Kohlenwasserstoffen* (Paraffinen), das auch ungesättigte, aromat. u. naphthen. Kohlenwasserstoffe enthalten kann. Hauptbest. sind die Kohlenwasserstoffe Pentan (C_5H_{12}) bis Octan (C_8H_{18}). Leichtbenzin Sdp. 50-110 °C, Schwerbenzin Sdp. 100-150 °C, Ligroin od. Lackbenzin Sdp. 150-180 °C. B. sind wasserhelle, äußerst feuergefährl. u. leicht verdunstende Flüssigkeiten. **Anw.:** Lösungsmittel für Fette, Öle, Harze; als Fleckentfernungsmittel, Extraktionsmittel für Alkaloide, Insektenvertilgungsmittel; zu Beleuchtungszwecken u. als Kraftstoff. **Crack-Benzin** wird in einem bes. Verfahren gewonnen, das die hochsiedenden Öle unter hohem Druck in leichtsiedende, niedermolekulare benzinähnl. Produkte aufspaltet. C.-B. werden v. a. für Automobile u. Flugzeuge verwendet; ca. 50 % der Weltbenzinproduktion sind Crack-Benzine. **Künstliches Benzin** kann durch Kohlehydrierung od. nach dem Fischer-Tropsch-Verfahren gewonnen werden. **Verbleites Benzin** ist mit Antiklopfmitteln, z. B. Bleitetraethyl*, Eisencarbonyl, Cobaltcarbonyl, versetztes B., um das sog. Klopfen der Motoren zu vermindern.

Benzin, pharmazeutisches: Benzinum, Benzinum Petrolei, Benzinum medicinale, Wundbenzin; Gemisch niedrig siedender, gesättigter Kohlenwasserstoffe*. D. 0.641-0.655. Farblose, leicht entzündbare, flüchtige Flüss., mischbar mit Ethanol 96 %, Ether, Chloroform, äther. u. fetten Ölen (mit Ausnahme von Rizinusöl), unlösl. in Wasser. **Off.:** DAB10, ÖAB90, Ph.Helv.7. **Anw.** med.: zur Pflasterentfernung u. für Einreibungen; techn.: als Wasch- u. Lösungsmittel. **Tox.:** bereits 30-50 mg Benzin pro Liter Luft wirken in 0.5-1 min tödl. (Atemstillstand)! Bei geringeren Konz. rauschartige Zustände (Abhängigkeit mögl.).

Benzo[a]pyren: 1,2-Benzpyren, 3,4-Benzpyren (veraltet); Benzo[*def*]chrysen, $C_{20}H_{12}$, M_r 252.32. Schmp. 176 °C. Gelbe Kristallnadeln. **Vork:** Best. des Steinkohlenteers; entsteht bei sauerstoffarmen Verbrennung vieler org. Verb., u. a. auch von Zigarettenpapier. **Tox.:** hochkarzinogene Substanz (Benzpyrenkarzinom). Als Best. der Luft in Großstädten soll es an der Zunahme von Bronchialkarzinom beteiligt sein; vgl. Kohlenwasserstoffe, polycyclische aromatische.

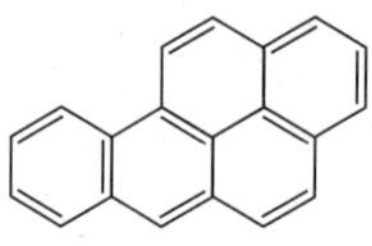

Benzo[a]pyren

Benzoate: Salze der Benzoesäure*.

Benzo[*b*]thiopen: Thionaphthen; C_8H_6S, M_r 134.19. Schmp. 32 °C, Sdp. 221 °C. Nach Naphthalin riechende Blättchen. **Vork.:** Best. des Holzteers. **Anw.:** in der Synthese von Pharmazeutika u. von Thioindigo*.

Benzocain INN: Benzocainum Ph.Eur., Aethylis aminobenzoas, Aethylium para-aminobenzoicum, PAB-Ethylester, Aethoform, Ethoform; 4-Aminobenzoesäureethylester; CAS-Nr. 94-09-7; $C_9H_{11}NO_2$, M_r 165.2. Schmp. 89-92 °C. Sdp. ca. 310 °C. Farblose Kristalle od. weißes, krist. Pulver mit schwach bitterem Geschmack; leicht lösl. in Ethanol 90 %, Ether, Benzol, Chloroform, wenig lösl. in fetten Ölen, sehr schwer lösl. in Wasser. **Anw.** u. **Dos.:** Lokalanästhetikum ohne Reizerscheinungen; innerl. bei Husten, Magenschmerzen, Ulcus ventriculi (Dos. 0.5 g); äußerl. in Puder (10 %) bei Dekubitus u. Wundlaufen, in Salben (5-20 %) bei Pruritus, in Suppositoria bei Hämorrhoiden (0.3 g/ED).

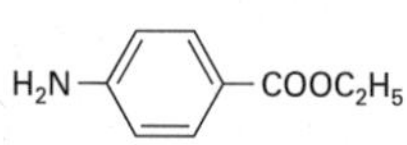

Benzocain

Benzochinoline: Azaphenanthrene (Indizierung der C-Atome s. Phenanthren), $C_{13}H_9N$, M_r 179.21. **1. Benzo[c]chinolin:** 3,4-Benzochinolin, 9-Azaphenanthren, s. Phenanthridin; **2. Benzo[f]chinolin:** 5,6-Benzochinolin, β-Naphthochinolin (veraltet), Naphthin, 1-Azaphenanthren. Schmp. 93-94 °C. Sdp. ca. 350 °C. Gelbl. bis rötl. krist. Pulver od. Blättchen. Lösl. in verd. Säuren, Ethanol, Ether, Benzol, sehr schwer lösl. in Wasser, bildet mit einigen Metallen schwer lösl. Verbindungen. **Anw.:** in der Analyse zum Nachw. von Zink u. Cadmium; **3. Benzo[h]chinolin:** 7,8-Benzochinolin, α-Naphthochinolin (veraltet), 4-Azaphenanthren. Schmp. 49-51 °C. Gelbl. Kristalle, unlösl. in Wasser, lösl. in org. Lösungsmitteln. **Anw.:** in der Gaschromatographie; s. Chromatographie.

Benzochinon: s. Chinone.

Benzoctamin INN: 9,10-Dihydro-*N*-methyl-9,10-ethanoanthracen-9-yl-methylamin; CAS-Nr. 17243-39-9; $C_{18}H_{19}N$, M_r 249.34. **Anw.:** früher

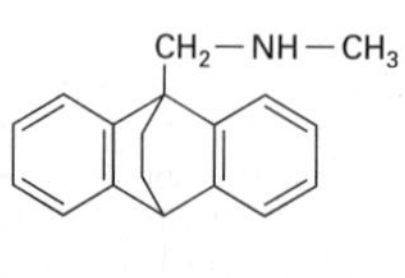

Benzoctamin

Tranquilizer (s. Psychopharmaka); als Hydrochlorid od. Mesilat verwendet.

Benzodiazepine: Benzodiazepinderivate; Gruppe von Pharmaka, die sich vom Chlordiazepoxid* u. dessen Metaboliten ableiten. Für die Wirk. ist ein intakter Siebenring sowie die Lactamstruktur bedeutsam; **Wirk.:** schlafinduzierend (bes. bei psych. labilen Personen), anxiolyt., muskelrelaxierend, antikonvulsiv; **Anw.: 1.** Tranquillanzien, Anxiolytika, Antidepressiva: bei Angstzuständen aller Art (z. B. bei der Angina pectoris), im Delirium tremens u. bei Entziehungskuren; z. B. Midazolam*, Triazolam* (kurzwirkende), Bromazepam*, Lorazepam* (mittellangwirkende); Diazepam* u. Chlordiazepoxid* (langwirkend); **2.** Schlafmittel: kurzwirkende und z. B. Lorazepam*, Lormetazepam* (mittellangwirkende), die im Ggs. zu den Barbituraten* die REM-Phase (s. Schlaf) nicht beeinflussen; **3.** Antikonvulsiva im epilept. Anfall: Clonazepam*; **4.** Muskelrelaxanzien, zur Narkoseprämedikation: z. B. Tetrazepam*, Flunitrazepam*. **Wirkungsmechanismus:** limb. System wird gegenüber äußeren Einflüssen abgeschirmt. B. dämpfen die von dort ausgehende Aktivierung des Wachzentrums, der Formatio reticularis, durch einen verstärkenden Einfluss auf die inhibitierenden GABA-Neuronen. Über spezif. Bindungsstellen (Benzodiazepinrezeptoren), überall im ZNS vorkommende prä- u. postsynaptische Angriffspunkte, werden benachbarte GABA-Rezeptoren von einer Low-affinity-Form in eine High-affinity-Form überführt, mit der die freigesetzte GABA* stärker reagiert. Im Ggs. zu anderen Psychopharmaka* haben sie keinen od. nur minimal ausgeprägte antagonist. Wirk. gegenüber Dopamin u. Histamin. **Pharmakokinetik:** nach peroraler Applikation schnelle u. gute Resorption, in unterschiedl. Ausmaß an Plasmaproteine gebunden (Diazepam über 90 %). Im endoplasmat. Retikulum* der Leber je nach Ausgangssubstanz N-desalkyliert, C3-hydroxyliert und/oder C3-glucuroniert, wobei noch aktive Metaboliten mit längerer Eliminations-HWZ entstehen können (z. B. Nordazepam* mit ca. 100 h). Ausscheidung erfolgt meist als Hydroxyverbindungen od. als deren Glucuronide. Im höheren Alter u. bei Leberfunktionsstörungen ist die Elimination verlangsamt. **UAW:** Apathie, Müdigkeit, Akkomodationsstörungen, Appetitlosigkeit, paradoxe Reaktionen (z. B. Wutanfälle) bei älteren Personen, Hemmung des Atem- u. Kreislaufzentrums nur bei i. v.-Gabe; Gefahr der Entwicklung einer Toleranz u. psych. Abhängigkeit vorhanden, aber rel. gering; große therap. Breite, Todesfälle wurden nur vereinzelt u. nur bei Dosen über 700 mg beobachtet.

1,3-Benzodiazin: s. Chinazolin.

1,4-Benzodiazin: s. Chinoxalin.

1,2-Benzodiazol: s. Indazol.

Benzododeceniumbromid INN: *N*-Benzyl-*N*-dodecyldimethylammoniumbromid. **Wirk.** u. **Anw.:** s. Benzododeceniumchlorid.

Benzododeceniumchlorid INN: *N*-Benzyl-*N*-dodecyldimethylammoniumchlorid; CAS-Nr. 139-07-1; $C_{21}H_{38}ClN$, M_r 340.0. **Wirk.** u. **Anw.:** Desinfizienz; auch in Augentropfen.

Benzoe: (engl.) *benzoin*; Resina Benzoe, Asa dulcis, Asa odorata, Benzoeharz; wohlriechender Asant; das Harz versch. Styrax-Arten, Fam. Styracaceae.

Benzoesäure: Acidum benzoicum Ph.Eur.4; CAS-Nr. 65-85-0; $C_7H_6O_2$, M_r 122.1. Schmp. 121-124 °C. Farblose Kristalle od. weißes, krist. Pulver, fast geruchlos, anfangs süßlich saurer, später kratzender Geschmack. Leicht lösl. in Ethanol 90 %, Ether, Chloroform, fetten Ölen, lösl. in siedendem Wasser, wenig lösl. in kaltem Wasser. **Anw.:** Antiseptikum, früher Expektorans; Konservierungsmittel für Lebensmittel (0.1-0.25 %, bei Fischen, Krebsen, Krabben bis 0.4 %); nur die undissoziierte Säure (pH 3-5) wirkt bakteriostat.; vgl. Acidum benzoicum e resina.

Benzoesäurebenzylester: Benzylis benzoas Ph.Eur.4, Benzylbenzoat; $C_{14}H_{12}O_2$, M_r 212.2. Farblose, ölige Flüss. od. farblose Kristalle; fast unlösl. in Wasser, leicht lösl. in Ethanol, Ether, Methanol, Chloroform, Benzol sowie in fetten Ölen u. Mineralölen. **Anw.** med.: Spasmolytikum*, äußerl. bei Krätze (10 % Lsg. in Öl), techn.: Lösungsmittel für Celluloseester, Weichmacher; Reagens Ph.Eur.3.

Benzoesäureethylester: Ethylium benzoicum; $C_6H_5-COO-C_2H_5$. Farblose, angenehm riechende Flüssigkeit. **Anw.:** in der Parfümerie.

Benzoesäureguajakolester: s. Guajakolbenzoat.

Benzoesäuremethylester: Methylbenzoat, Methylium benzoicum, Niobeöl; $C_6H_5-COO-CH_3$. D. 1.093. Schmp. −12.5 °C. Sdp. 199.6 °C. Farblose, angenehm riech. Flüss., unlösl. in Wasser, lösl. in Ethanol, Ether, Methanol. **Anw.** techn.: in der Parfümerie, als Lösungsmittel in der Lackindustrie.

Benzoesäure-β-naphthylester: s. Benzonaphthol.

Benzoesäuresulfimid: s. Saccharin.

o-Benzoesäuresulfimidnatrium: s. Saccharin.

Benzoeschmalz: s. Adeps benzoatus.

Benzoes resina: s. Benzoe.

Benzoetinktur: s. Tinctura Benzoes.

Benzoe tonkinensis: Siambenzoe, Benzoe in lacrimis; Harz von Styrax tonkinensis (Pierre) Craib ex Hartwich (heim. Hinterindien, in den Gebirgen im Osten des Mekong in 1200-1500 m Höhe, bes. Tonkin u. Nordannam). Daneben liefert Styrax benzoides Craib Siambenzoe. Es bildet flache od. abgerundete, gelbl. weiße, braunrote od. gelbbraune Massen mit eingebetteten weißen Stücken, den Mandeln (Benzoe amygdaloides), mit weißl. Bruch. Geruch nach Vanille, beim Erhitzen entstehen stechend riechende Dämpfe; lösl. in Ether u. Ethanol (in Ethanol unlösl. Anteil max. 2 %). **Gew.:** Anschneiden der lebenden 6- bis 10-jährigen Bäume, Beklopfen der Wunden u. Sammeln des ausgetretenen Harzes, das allmähl. erstarrt; das Harz ist in schizolysigenen Exkreträumen enthalten. **Off.:** ÖAB90, Ph.Helv.7, DAC; **Best.:** 60-70 % Coniferylbenzoat, ca. 2 % Cinnamoylbenzoat, wenig *p*-Cumarylbenzoat, daneben 10-12 % freie Benzoesäure, Siaresinolsäure (ein tricycl. Triterpensapogenin) u. ca. 0.5-2 % Vanillin; nach ÖAB90 u. DAC mind. 25 %, nach Ph.Helv.7 mind. 20 % freie od. gebundene Säuren, ber. als Benzoesäure; mit Kaliumpermanganat-Lsg. befeuchtet darf Benzoe keinen Geruch nach Benzaldehyd entwickeln; s. Sumatrabenzoe. **Wirk.:** desinfizierend u. antiphlogistisch; **Zuber.:** Benzoes tinctura DAC; **Anw.** volkstüml.: z. B. für Mundwässer, zu Inhalationen; äußerl.: zur Wundbehandlung; in der Kosmetik (Parfümerie); früher zur wenig erfolgreichen Konservierung von Fetten, s. Adeps benzoatus.

Benzofuran-2-on: *o*-Hydroxymethylbenzoesäurelacton, s. Phthalide.

benzoin: benzoinum; engl. Bez. für Benzoe*.

Benzoin: Bittermandelölkampfer; 2-Hydroxy-1,2-diphenyl-ethanon, $C_6H_5-CO-CH(OH)-C_6H_5$. Schmp. 137 °C. Sdp. 344 °C. Farblose bis schwach gelbl. Kristalle, lösl. in warmem Ethanol u. in Aceton, unlösl. in Wasser. **Darst.:** Kondensation von 2 Mol Benzaldehyd unter Einw. von Kaliumcyanid. **Anw.:** in org. Synthesen.

Benzoin-Kondensation: Methode zur Herst. von α-Hydroxyketonen durch Kondensation aromat. Aldehyde unter Alkalicyanid-Katalyse. Beispiel: 2 Moleküle Benzaldehyd reagieren in Gegenwart von Kaliumcyanid zu Benzoin (s. Abb.).

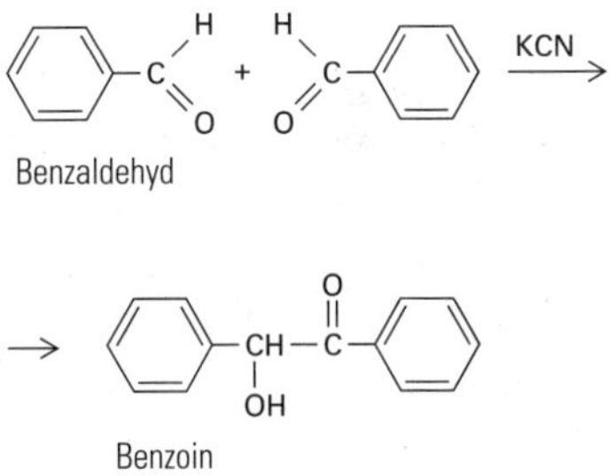

Benzoin-Kondensation: Bildung von Benzoin

α-Benzoinoxim: Cupron; $C_6H_5-CH(OH)-C(NOH)-C_6H_5$, M_r 227.25. Schmp. 153-155 °C. Weißes, krist. Pulver, lösl. in Ethanol, Aceton, Ether, sehr schwer lösl. in Wasser. **Anw.:** in der chem. Analyse zum Nachw. u. zur quantitativen Bestimmung von Kupfer u. Molybdän.

Benzol: (engl.) *benzene*; Benzolum, Benzen; C_6H_6; M_r 78.11; Sdp. 79-81 °C; Schmp. mind. +5 °C; D. 0.878-0.880; $n_D^{20\,°C}$ 1.500-1.502; Flammpunkt −11 °C; klare, farblose, stark lichtbrechende Flüss. von charakterist. Geruch; mischbar mit Ethanol 96 %, Ether, Eisessig; unlösl. in Wasser. **Gew.:** aus Erdöl, synth. aus Acetylen; Grundkörper der aromat. Verbindungen* (besonders stabile Anordnung der Elektronen); Produkt der Steinkohlenteer-Dest. (1825 von Faraday entdeckt); **Off.:** ÖAB81; **Anw.:** med.: früher innerl. als Anthelminthikum, äußerl. gegen Hautparasiten; techn.: Lösungsmittel für Fette, äther. Öle, Kautschuk, Harze (möglichst durch andere, z. B. Toluol, zu ersetzen); Treibstoff; Herst. von Teerfarbstoffen, Lacken usw. (Vorsicht! B. ist brennbar, bei mehr als 1 % in der Luft besteht Explosionsgefahr); **Tox.:** stark giftiges, karzinogenes Lösungsmittel; Einatmen konzentrierter Dämpfe (20 000 ppm in 5-10 min) führt akut über ein Rausch- u. Krampfstadium zu einer tödl. Narkose; Trinken von 30 g ist ebenfalls tödlich; chron. Benzolaufnahme bewirkt neben Müdigkeit, Magenschmerzen, Schwindel eine Schädigung der Blutbildungsstätten (Anämie, Leukopenie, Thrombopenie) und kann auch in eine Leukämie übergehen.

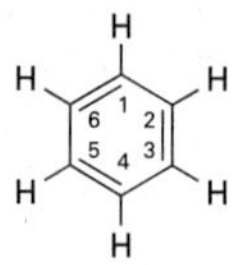

Benzol

Benzolblau: s. Trypanblau.
1,2-Benzoldicarbonsäure: s. Phthalsäure.
1,3-Benzoldicarbonsäure: s. Isophthalsäure.
Benzolsulfonsäure: s. Sulfonsäuren.
Benzonaphthol: β-Naphthylbenzoat, Benzoyl-β-naphthol, Naphtholum benzoicum, Benzonaphtholum; Benzoesäure-β-naphthylester, $C_6H_5-COO-C_{10}H_7$, M_r 248.1. Schmp. 108-110 °C. Weißes, krist. Pulver, leicht lösl. in Ethanol, Chloroform, wenig lösl. in Ether, fast unlösl. in Wasser. **Anw.** med.: früher als Darmantiseptikum u. äußerl. bei parasitären Hauterkrankungen.
Benzophenanthridinalkaloide: s. Isochinolinalkaloide.
Benzophenon: Diphenylmethanon; $C_{13}H_{10}O$, M_r 182.2. Schmp. ca. 48 °C. Prismat. Kristalle; prakt. unlösl. in Wasser, leicht lösl. in Ethanol u. Ether, lösl. in Chloroform. **Anw.:** Reagens Ph.Eur.4.

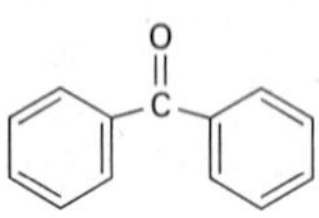

Benzophenon

Benzophenoneidum: s. Auramin.
Benzopyran: s. Chromen.
Benzopyranon: s. Chromen.
Benzopyrazin: s. Chinoxalin.
1,2-Benzopyrazol: s. Indazol.
5,6-Benzopyrimidin: s. Chinazolin.
Benzopyrrol: s. Indol.
Benzosulfimid: s. Saccharin.
Benzothiadiazine: s. Diuretika.
Benzoxoniumchlorid INN: Benzoxonii chloridum; Benzyldodecylbis(2-hydroxyethyl)ammoniumchlorid; CAS-Nr. 19379-90-9; $C_{23}H_{42}ClNO_2$, M_r 400.03. **Anw.:** früher Antiseptikum, Desinfektionsmittel.

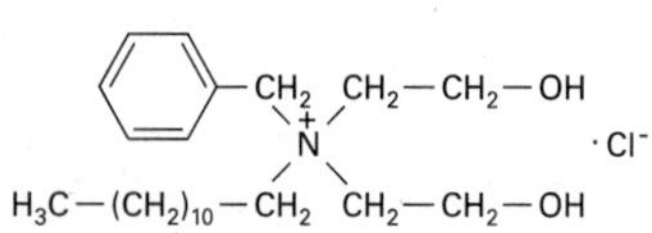

Benzoxoniumchlorid

Benzoyl-: Bez. für die Gruppe C_6H_5-CO- in org. Verbindungen.
Benzoylaminoessigsäure: s. Hippursäure.
Benzoylanilin: s. Benzanilid.
Benzoylchlorid: Benzoesäurechlorid, Benzoylum chloratum; C_6H_5-COCl, M_r 140.6. Sdp. 196-198 °C. D. 1.210-1.215. $n_D^{20\,°C}$ 1.553-1.555. Klare, farblose bis schwach gelbl., an der Luft rauchende Flüss.; mischbar mit Ether, Benzol, Schwefelkohlenstoff. **Anw.:** Reagens, zur Identitätsprüfung von Estron u. Theophyllin-Ethylendiamin, zur Herst. von Benzoylperoxid*, Farbstoffen u. Pharmazeutika.
Benzoylglycin: s. Hippursäure.
Benzoyl-β-naphthol: s. Benzonaphthol.
Benzoylperoxid: Benzoylum peroxydatum, Dibenzoylperoxid, Benzoylsuperoxid; CAS-Nr. 94-36-0; $C_6H_5-CO-O-O-CO-C_6H_5$; $C_{14}H_{10}O_4$, M_r 242.2. Schmp. 106-108 °C (unter Zers.). Weißes Pulver, geruch- u. geschmacklos; sehr schwer lösl. in Wasser, wenig lösl. in Ethanol, Ether, fetten Ölen, leicht lösl. in Chlorbenzol u. Chloroform, Aceton, Toluol; B. kann über Raumtemp. od. in Gegenwart reduzierender Verb. explodieren; unterliegt dem Sprengstoffgesetz. **Anw.** techn.: Fixierungsmittel in der Mikroskopie, Bleichmittel für Fette, Öle, Wachse, Mehl, Katalysator bei Polymerisationen (Kunststoffe); **Benzoylperoxid, wasserhaltiges:** Benzoylis peroxidum cum aqua Ph.Eur.4; Schmp. ca. 95 °C (unter Zers.). Geh. mind. 65.0 % u. max. 82.0 % B.; unterliegt ebenfalls dem Sprengstoffgesetz. **Wirk.:** desinfizierend durch Freisetzung von atomaren Sauerstoff; **Inkomp.:** Alkalien (die Beseitigung von nicht mehr benötigtem B. od. entspr. Zubereitungen kann mit Natriumhydroxid-Lsg. 8.5 % erfolgen); **Anw.** med.: bei Hautkrankheiten, Keratolytikum, Aknemittel; **Dos.:** 5-10 %ig in Emulsionen od. Gelen.
Benzoylperoxid-Gel 5 od. 10 %: s. Mucilago benzoylperoxidi 5 aut 10 per centum.
Benzpyren: s. Benzo[a]pyren.
Benzquinamid INN: CAS-Nr. 130-13-5; $C_{22}H_{32}N_2O_5$, M_r 404.5. Schmp. 130 °C. **Anw.:** obsolet, früher Antiemetikum* nach Operationen; **UAW:** Herzrhythmusstörungen, Blutdruckanstieg, Sedation.

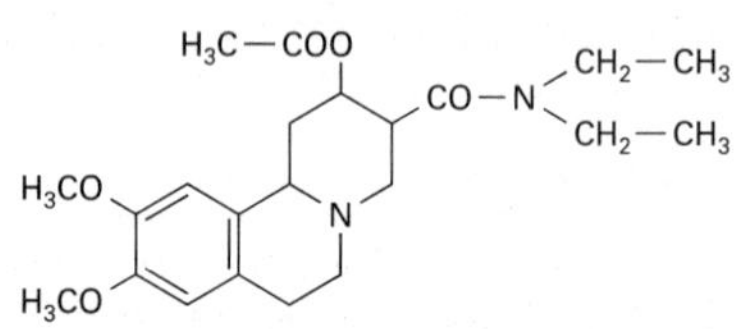

Benzquinamid

Benzthiazid INN: 3-Benzylthiomethyl-6-chlor-2*H*-1,2,4-benzothiadiazin-7-sulfonamid-1,1-dioxid; CAS-Nr. 91-33-8; $C_{15}H_{14}ClN_3O_4S_3$, M_r 431.96. Schmp. 238-239 °C (polymorph). Fast unlösl. in Wasser, Chloroform, Ether; 1 T. lösl. in 260 T. Ethanol, in 100 T. Aceton; leicht lösl. in Dimethylformamid, schnell lösl. in Alkalihydroxid-Lösungen. **Anw.:** Diuretikum* (Saluretikum), Ödeme, Antihypertensivum; **UAW, Kontraind.** u. **WW:** s. Bendroflumethiazid; **Dos.:** p. o., als Diuretikum: Initialdos. 50-200 mg/d, Erhaltungsdos. 50-150 mg/d; als Antihypertensivum: Initialdos. 2×25-50 mg/d, Erhaltungsdos. bis zu 3×50 mg/d.

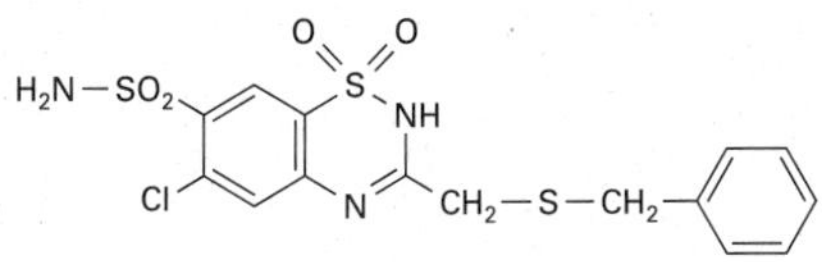

Benzthiazid

Benzydamin INN: 1-Benzyl-3-(3-dimethylaminopropoxy)-1*H*-indazol; CAS-Nr. 642-72-8; $C_{19}H_{23}N_3O$, M_r 309.40. Sdp. 160 °C (6.67 Pa). **Anw.:** Antipyretikum*, Analgetikum*, Antiphlogistikum; **Dos.:** p.o. Initialdos. 4×50 mg/d, ED 2-3×50 mg/d, Kinder (6-12 Jahre) 2-3×25 mg/d, Kinder (2-6 Jahre) 2-3×20 mg/d, Kinder (bis 6 Monate) 2-3×7 mg/d: parenteral i.m. bis zu 3×25 mg/d; HWZ 4 h. Gebräuchl. ist auch Benzydaminhydrochlorid.

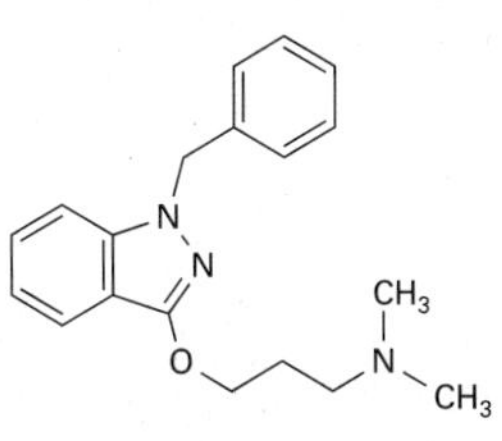

Benzydamin

Benzyl-: Bez. für die Gruppe $C_6H_5-CH_2-$.
Benzylacetat: Benzylium aceticum, Essigsäurebenzylester; $CH_3-COO-CH_2-C_6H_5$; farblose Flüss.; Best. versch. Blütenöle wie Jasmin, Ylang-Ylang, Gardenia. **Anw.:** in der Parfümerie.
Benzyladenin: s. Zytokinine.
Benzylalkohol INN: Alcohol benzylicus Ph.Eur.4, Alcoholum benzylicum, Phenylmethanolum, Phenylcarbinol; CAS-Nr. 100-51-6; $C_6H_5-CH_2OH$, M_r 108.1. Schmp. −15.3 °C. Sdp. 202-207 °C. Flammpunkt 100 °C. D. 1.043-1.049. $n_D^{20\,°C}$ 1.538-1.541; POZ max. 5. Farblose, ölige Flüss., lösl. in Wasser (30 T.), mischbar mit Ethanol, Ether, Chloroform, äther. u. fetten Ölen; Lagerung lichtgeschützt, dicht, in möglichst vollständig gefüllten Behältnissen od. unter Stickstoff zw. 2-8 °C. **Inkomp.:** oxidierende Stoffe, Luftsauerstoff (Oxidation zu Benzaldehyd); **Anw.** med.: schwaches Spasmolytikum; schwaches Lokalanästhetikum in Salben u. Lotionen (10 %); in Augensalben 0.5-1 %; anästhesierendes Konservierungsmittel in wässrigen u. öligen Injektionslsg. (s.c., i.m., 1-3 %), Wirkungsoptimum unter pH 6. Bei Kindern unter 2 Jahren sollten benzylalkoholhaltige Parenteralia nicht verwendet werden, da wegen der noch nicht vollen, kindl. Metabolisierungskapazität eine Acidose auftreten kann; techn.: Lösungsmittel in der Lack- u. Kosmetikindustrie (löst Celluloseacetat, Casein, Gelatine), Einschlussmittel in der Mikroskopie, in der Parfümerie zur Herst. künstl. Blütenöle, in der Chromatographie als Elutions- u. Steigflüssigkeit.
Benzylamin: Phenylmethylamin, $C_6H_5-CH_2-NH_2$. Farblose Flüss., mischbar mit Wasser, Ethanol, Ether, Glycerol. **Anw.:** Herst. von quartären Ammoniumverbindungen*.
Benzylaminopurin: s. Zytokinine.
Benzylbenzoat: s. Benzoesäurebenzylester.
Benzylcarbinol: s. Phenylethylalkohol.
Benzylcinnamat: s. Zimtsäurebenzylester.
Benzylisochinolinalkaloide: wichtige Gruppe der Tyrosinalkaloide (vgl. Alkaloide) mit 4-Hydroxyphenylacetaldehydanteil, zu denen auch die Morphinalkaloide (z. B. Morphin, Codein), Benzophenanthridinalkaloide (z. B. Chelidonin), Protoberberin- u. Phthalidisochinolinalkaloide (z. B. Berberin) u. die Bisbenzyltetrahydroisochinolinalkaloide gehören. Die Biosynthese (s. Abb.) geht aus von der proteinogenen Aminosäure L-Tyrosin. Aus den beiden entstehenden Startmoleküle 4-Hydroxyphenylacetaldehyd u. Dopamin bildet sich (*S*)-Norcoclaurin, die Stammverbindung der vielgestaltigen Tyrosin-Alkaloidgruppe. Die Biosynthese von Papaverin, einem typischen B., geht von (*S*)-Coclaurin aus, das zunächst am C-3' hydroxyliert wird. Durch anschließende Methylierungsschritte ensteht zunächst (*S*)-Nororientalin, dann Tetrahydropapaverin, aus dem durch Dehydrierung des Heterocyclus das Papaverin entsteht.
Benzylisothiocyanat: Benzylsenföl; C_8H_7NS; CAS-Nr. 622-78-6; M_r 149.2; Sdp. 243 °C; unlösl. in Wasser, lösl. in Ethanol. **Vork.:** Wirkstoff der Kapuzinerkresse (Tropaeolum* majus), entsteht durch enzymat. Hydrolyse von genuin vorliegendem Glucotropaeolin, einem Glucosinolat*; **Wirk.:** bakteriostatisch; **UAW:** Kontaktallergen, Haut- u. Schleimhautreizungen.

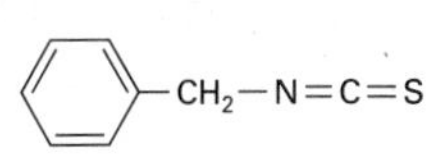

Benzylisothiocyanat

Benzylium: veraltete Bez. für Benzylalkohol*.
Benzylmandelat: Benzylis mandelas, Benzylium amygdalicum, Mandelsäurebenzylester; Benzyl-(*RS*)-2-hydroxy-2-phenylacetat; CAS-Nr. 890-98-2; $C_{15}H_{14}O_3$, M_r 242.3. Schmp. 92-96 °C. Weißes, krist. Pulver mit schwachem Eigengeruch; fast unlösl. in Wasser, leicht lösl. in Aceton u. Chloroform, lösl. in Ethanol u. Ether. **Off.:** DAB10; **Anw.:** Spasmolytikum; vgl. Mandelsäureester.

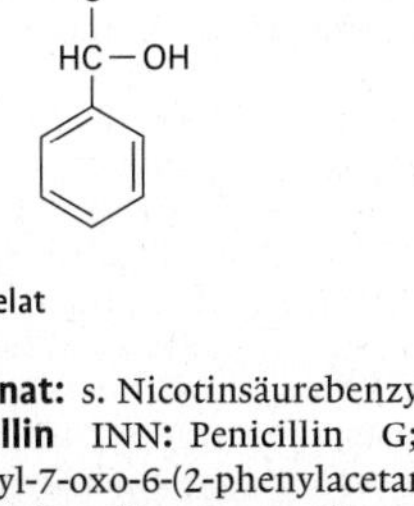

Benzylmandelat

Benzylnicotinat: s. Nicotinsäurebenzylester.
Benzylpenicillin INN: Penicillin G; (2*S*,5*R*,6*R*)-3,3-Dimethyl-7-oxo-6-(2-phenylacetamido)-4-thia-1-aza-bi-cyclo[3.2.0]heptan-2-carbonsäure; CAS-Nr. 61-33-6; $C_{16}H_{18}N_2O_4S$, M_r 334.38; Strukturformel s. Antibiotika (Abb. 4). pK_S 2.74 (5 °C), pK_S

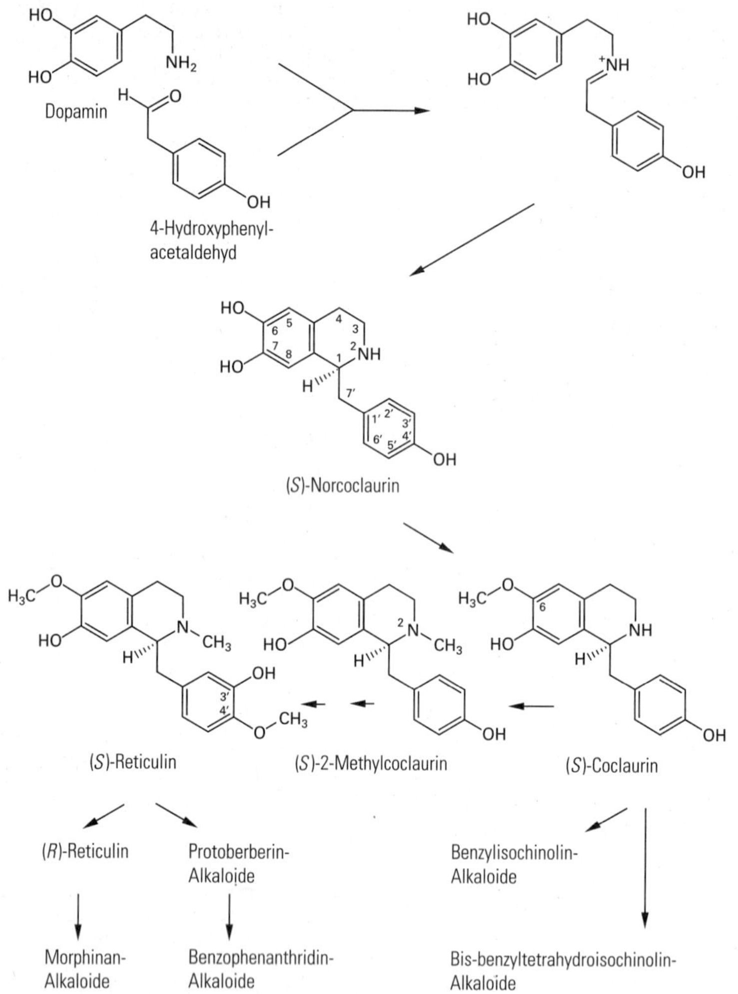

Benzylisochinolinalkaloide: Biosynthese von Tyrosinalkaloiden mit 4-Hydroxyphenylacetaldehydanteil

2.76 (25 °C), pK$_S$ 4.84 (80 % Ethanol von 5 °C); wenig lösl. in Wasser, lösl. in Methanol, Ethanol, Ether, Ethylacetat, Benzol, Chloroform, Aceton; unlösl. in Petrolether. **Wirk.:** Antibiotikum aus Penicillium notatum u. Penicillium chrysogenum mit bakterizider Wirk. auf proliferierende grampositive Bakterien wie Strepto-, Pneumo-, Meningo-, Gonokokken, Diphtheriebakterien, Spirochäten. **Anw.:** Hauptindikationen sind Infekte durch grampositive Kokken; Scharlach, Angina, Gonorrhö, Diphtherie, rheumat. Fieber, versch. Meningitis-Arten, Milzbrand; Applikation aufgrund der Säurelabilität nur parenteral; **UAW:** v. a. allerg. Reaktionen; vgl. Antibiotika (Tab.). **Dos.:** 1 Mio I.E./d (i. m., i. v.), Kinder 0.04-0.06 Mio I.E./kg KG; 1 I.E. entspr. 0.6 µg; HWZ 0.6-1 h. **Benzylpenicillin-Kalium**: Benzylpenicillinum kalicum Ph.Eur., Penicillin G-Kalium; CAS-Nr. 113-98-4; $C_{16}H_{17}KN_2O_4S$, M_r 372.5. Weißes, krist. Pulver; sehr leicht lösl. in Wasser. $[\alpha]_D^{20\,°C}$ +270-300° (c=2 in CO_2-freiem Wasser). **Benzylpenicillin-Natrium:** Benzylpenicillinum natricum Ph.Eur., Penicillin G-Natrium; CAS-Nr. 69-57-8; $C_{16}H_{17}N_2NaO_4S$, M_r 356.4. Weißes, krist. Pulver; sehr leicht lösl. in Wasser. $[\alpha]_D^{20\,°C}$ +285 bis +310° (c=2 in CO_2-freiem Wasser). Neben Phenyracillin, Hydrabamin-Penicillin G, Hydroxyprocain-Penicillin u. Clemizol-Penicillin* sind folgende Depot-Penicilline in Verwendung: **Penethamat-Benzylpenicillin**: Penethecillin, Benzylpenicillin-β-(diethyl)aminoethylester; CAS-Nr. 3689-73-4; auch als Hydroiodid im Gebrauch. **Benzylpenicillin-Procain**: Benzylpenicillinum procainum Ph.Eur., Procain-Penicillin G; CAS-Nr. 6130-64-9; $C_{29}H_{38}N_4O_6S \times H_2O$, M_r 588.7. Weißes, krist. Pulver; schwer lösl. in Wasser, leicht lösl. in Ethanol. **Benzylpenicillin-Benzathin:** Benzylpenicillinum benzathinum Ph.Eur., Benzathin-Penicillin G; Salz aus Benzylpenicillin u. Dibenzylethylendiamin im Verhältnis 2:1; CAS-Nr. 41372-02-5; $C_{48}H_{56}N_6O_8S_2$, M_r 909. Weißes

Pulver; schwer lösl. in Wasser, Ethanol, Chloroform, leicht lösl. in Dimethylformamid.

Benzylsenföl: s. Benzylisothiocyanat.

Benzylum benzoicum: s. Benzoesäurebenzylester.

Benzylum cinnamylicum: s. Zimtsäurebenzylester.

Benzylum nicotinicum: s. Nicotinsäurebenzylester.

Bepridil: 1-[2-(*N*-benzyl-anilino)-1-(isobutoxymethyl)ethyl]pyrrolidin; *β*-(2-Methylpropoxy)methyl-*N*-phenyl-*N*-(phenylmethyl)-1-pyrrolidinethanamin; CAS-Nr. 64706-54-3; $C_{24}H_{34}N_2O$, M_r 366.54. **Wirk.** u. **Anw.:** Calciumantagonist, bei Angina pectoris; in wenigen Ländern zugelassen; **UAW:** Herzrhythmusstörungen. **Bepridilhydrochlorid-Monohydrat:** CAS-Nr. 74764-40-2; $C_{24}H_{35}ClN_2O \cdot H_2O$. Schmp. 89-93 °C.

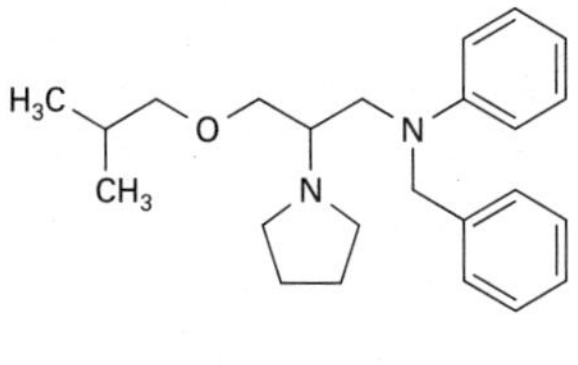

Bepridil

Berberidaceae: Berberitzengewächse, Sauerdorngewächse; Fam. der Od. Ranunculales; ca. 650 Arten, meist Sträucher od. Stauden mit radiären, meist 6-zähligen Blüten. **Chem. Merkmale:** Benzylisochinolinalkaloide*, Lignane. **Wichtige Gattungen:** z. B. Berberis, Caulophyllum, Mahonia, Podophyllum.

Berberin: $[C_{20}H_{18}NO_4]^+$ OH^-, M_r 336.37; Schmp. 132 °C; Alkaloid (Isochinolinderivat bzw. Benzophenanthridin), färbt Seide, Baumwolle, Leder gelb; verhält sich als quaternäre Base. **Vork.:** in Berberidaceae wie Berberis* vulgaris, ferner u. a. in Hydrastis* canadensis, Chelidonium* majus; **Wirk.:** hämostypt., antipyret., antidiarrhöisch; lokal bakterizid u. antimykot.; auch blutdrucksenkend sowie anregend auf Darm-, Blasen-, Uterusmuskulatur; s. Berberinmonosulfat; **Anw.:** obsolet.

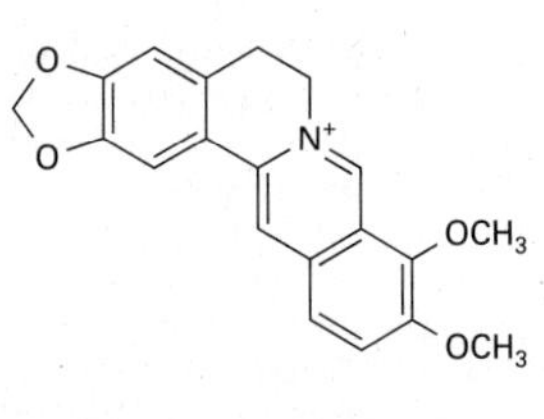

Berberin

Berberinmonosulfat: Berberinum sulfuricum; $(C_{20}H_{17}NO_4)_2 \times H_2SO_4 \times 3H_2O$; gelbes, krist. Pulver, lösl. in Ethanol u. Wasser (ca. 1:30). B. ist das am meisten gebrauchte Berberinsalz. **Anw.:** geg. Orientbeule (s. Leishmania), kleine Ulzera (B. hemmt die Sauerstoffaufnahme des Tumorgewebes stärker als die des gesunden Gewebes), ferner bei Gelbsucht, chronischer Diarrhö, Wechselfieber; gleiche Anw. findet Berberinhydrochlorid. **Dos.:** 0.03-0.2 g.

Berberis aquifolium: s. Mahonia aquifolium.

Berberis vulgaris L.: Berberitze, Sauerdorn; Fam. Berberidaceae (Europa, Asien). Stpfl. von **Cortex Berberidis radicis:** Berberitzenwurzelrinde. **Inhaltsst.:** die Alkaloide Berberin* (1-3 %), Oxyacanthin u. sein Isomer Berbamin, ferner Jatrorrhizin, Columbamin u. Palmatin (vgl. Jateorhiza palmata) sowie u. a. Harz; **Anw.** volkstüml.: z. B. bei Leberfunktionsstörungen, Verdauungsstörungen, Diarrhö, Nierenleiden, vgl. Berberin; **Berberidis fructus:** Fructus Berberidis, Sauerdornbeeren, Berberitzenfrüchte. **Inhaltsst.:** Fruchtsäuren, Pektin, Gummi, Zucker, Vitamin C (in den reifen Früchten kein Berberin); Farbstoffe: Carotin, Lutein, Zeaxanthin; **Anw.** volkstüml.: bei Leber-, Gallen-, Steinleiden, geg. Verstopfung, Appetitlosigkeit; zu Erfrischungsgetränken; **Folia Berberidis:** Berberitzenblätter. **Inhaltsst.:** Berberin; **Anw.:** Abführmittel; die therap. Anw. aller genannten Drogen kann nicht befürwortet werden; Negativmonographie Kommission E.

Hom: *Berberis vulgaris (HAB1.4),* Berberis: getrocknete Rinde ober- u. unterird. T.; verord. z. B. bei harnsaurer Diathese (Steinbildung, Erkrankungen des rheumat. Formenkreises, Gicht, Dermatosen), Entzündung von Niere u. Blase.

Hom: *Berberis vulgaris e fructibus (HAB1.2):* von den Fruchtstielen gerebelte, frische, voll ausgereifte Samen.

Berberitze: s. Berberis vulgaris.

Berberitzengewächse: s. Berberidaceae.

Bergamotte: s. Citrus aurantium ssp. bergamia.

Bergapten: 4-Methoxy-7*H*-furo[2,3-g][1]benzopyran-7-on, 5-Methoxypsoralen; $C_{12}H_8O_4$, Strukturformel s. Furanocumarine (Abb.); M_r 216.19, Schmp. 188 °C. **Vork.:** nat. z. B. in Früchten der Bergamotte (s. Citrus aurantium ssp. bergamia), Pastinak (Pastinaca* sativa).

Bergenia crassifolia (L.) Fritsch: Wickelwurz; Fam. Saxifragaceae (Nordafrika, Ostasien, Sibirien). Stpfl. von **Radix Bergeniae:** Rhizoma Bergeniae, Bodanwurzel, Wickelwurzel. **Inhaltsst.:** ca. 20 % Gerbstoffe, Bergenin (Isocumarin), ca. 18 % Arbutin*, Farbstoffe; **Anw.** volkstüml.: in der russ. Volksmedizin z. B. bei Durchfall, Fieber, als Adstringens, bei lokalen Blutungen; **Folium Bergeniae:** Bergeniablatt. **Inhaltsst.:** ähnl. wie in der Wurzel; **Anw.** volkstüml.: wie Radix Bergeniae.

Bergflachs: s. Asbest.

Berg-Gamander: s. Teucrium montanum.

Bergholunder: s. Sambucus racemosa.

Bergkristall: s. Siliciumdioxid.

Bergkümmel: s. Anethum graveolens (Anethi fructus).

Berglorbeer: s. Kalmia latifolia.

Bergmann-Zervas-Carbobenzoxylierung: *N*-Carbobenzoxylierung freier Aminogruppen von Aminosäuren bei Peptidsynthesen. Eine Aminosäure wird mit Chlorameisensäurebenzylester zur Carbobenzoxyaminosäure umgesetzt und mit einer weiteren Aminosäure über eine Peptidbindung verknüpft. Der Benzylrest der Carbobenzoxygruppe wird hydrogenolyt. mit Palladium/Wasserstoff als Toluol abgespalten. Aus der Carbamidsäure

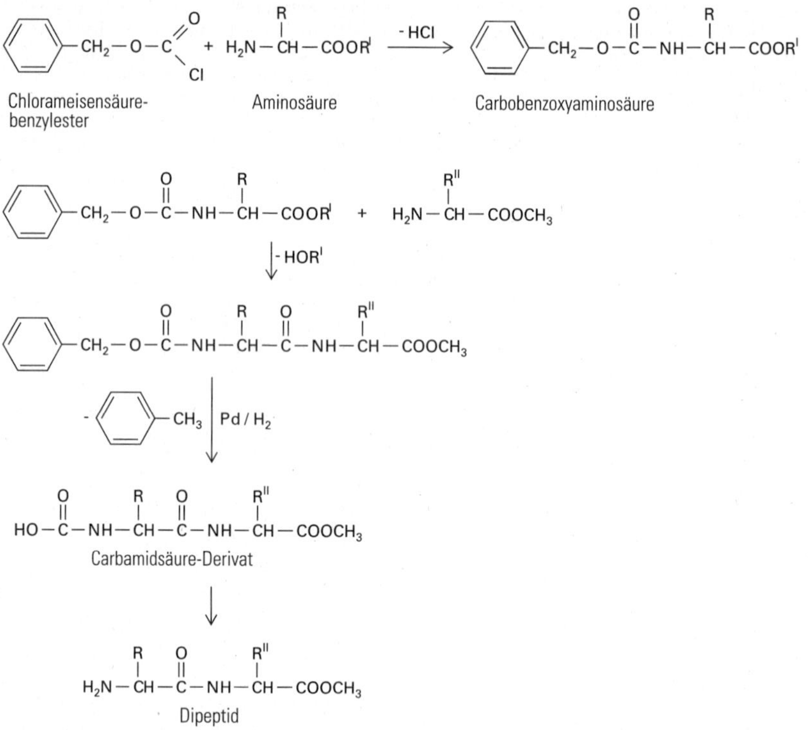

Bergmann-Zervas-Carbobenzoxylierung

entsteht unter Abspaltung von Kohlendioxid das Dipeptid (s. Abb.).

Bergöl: s. Linum usitatissimum (Oleum Lini sulfuratum).

Bergtee, Griechischer: s. Sideritis hirsuta.

Bergwachs: s. Ozokerit, vgl. Paraffinum solidum.

Bergweidenröschen: s. Epilobium-Arten.

Bergwohlverleih: s. Arnica montana.

Beriberi: Vitamin-B_1-Mangelkrankheit. Insb. infolge ausschließl. Ernährung mit geschältem Reis; **Sympt:** Herzinsuffizienz, Polyneuritis, allg. Kräfteverfall; **Ther:** Vitamingabe, s. Vitamine (Vitamin B_1).

Berkefeld-Filter: Kieselgur-Filter; Tiefenfilter* mit Adsorptionseffekt. Hauptanw. in der Wasseraufbereitung (s. Aqua) der pharmaz. Industrie u. gelegentl. für spezielle Virusfiltrationen.

Berkelium: Symbol Bk; OZ 97. Stark radioaktives Actinoiden-Element, ein Transuran. Die Darst. erfolgte 1949 in Berkeley, Kalifornien durch die Beschießung von Americium*-241 mit Alpha-Teilchen.

Berliner Blau: Ferriferrocyanid, Ferrum cyanatum, Ferrum borussicum, blausaures Eisen, syn. Preußischblau, Pariser Blau, Turnbulls-Blau; unlösl. B. B.: Eisen(III)-hexacyanoferrat(II), $Fe_4[Fe(CN)_6]_3$; lösl. B. B.: Kaliumferriferrocyanid, $KFe^{III}[-Fe^{II}(CN)_6]$. Nachweis von Eisen, in Form von Fe^{2+}-Ionen mit Kalium-Eisen(III)-cyanid u. in Form von Fe^{3+}-Ionen mit Kalium-Eisen(II)-cyanid, jeweils als Berliner Blau. **Anw.:** lichtechtes Pigment; med. bei Vergiftungen mit Tellur u. radioaktivem Cäsium. **Gesch.:** 1704 von dem Maler Diesbach im Berliner Laboratorium des Alchemisten Johann Conrad Dippel (1673-1734) beim Arbeiten mit dessen Tieröl (Oleum* animale aethereum), Kaliumcarbonat u. Eisen(II)-sulfat gefunden.

Berliner Tropfen: s. Tinctura Valerianae composita.

Bernstein: Succinit, Succinum, Electrum, Elektrum, Agtstein; das fossile aus der Tertiärzeit stammende Harz von Pinus succinifera, der Bernsteinkiefer; Hauptfundorte sind die Ostseeküsten (Blaue Erde des Samlandes). **Inhaltsst.:** Borneolester, Bernsteinsäureester, ferner Succinoabietinsäure, Schwefel; Stpfl. von **Oleum Succini crudum:** rohes Bernsteinöl; ein durch trockene Dest. aus Bernsteinabfällen gewonnenes, teerartiges Öl. **Oleum Succini rectificatum:** gereinigtes Bernsteinöl; $\alpha_D^{20°C}$ +21 bis +31 °C; D. 0.915-0.945; hellgelbes, widerl. riechendes Öl. **Off.:** EB6; **Gew.:** Dest. des rohen Bernsteinöls mit Wasserdampf; **Anw.** volkstüml.: krampfstillendes Mittel;

Hom: *Succinum (HAB1.4):* fossiles Harz.

Bernsteinöl: s. Bernstein.

Bernsteinsäure: Butandisäure, Acidum succinicum; Ethan-1,2-dicarbonsäure, HOOC–CH_2–CH_2–COOH, M_r 118.1. Schmp. 185-187 °C. Sdp. 235 °C (unter Bildung von Bernsteinsäureanhydrid). Weiße, säulenförmige Kristalle von stark saurem Geschmack, leicht lösl. in Wasser, lösl. in

Ethanol u. Aceton, wenig lösl. in Ether. Die Salze der B. heißen Succinate. **Vork.**: nat. in Braunkohlen u. Bernstein, in vielen Pfl. (unreifen Stachelbeeren, Weintrauben, Rübensaft); Intermediärprodukt im Tricarbonsäurezyklus. **Anw.** techn.: in org. Synthesen, Reagens Ph.Eur.4; K-, Ca-, Mg-Succinat als Kochsalzersatz; med.: früher als Expektorans u. Diuretikum.

Berstversuch: Werkstoffprüfung, z. B. für Druckgaspackungen*. Zum B. wird ein Hohlkörper durch einen wachsenden Innendruck bis zum Bersten belastet u. das Verformungs- u. Festigkeitsverhalten ermittelt. Wichtige Kennwerte sind der Fließbeginn, bei dem der Werkstoff sich bleibend zu verformen beginnt, der Höchstdruck u. der Berstdruck.

Bertholletia excelsa Humb. et Bonpl.: Paranußbaum; Fam. Lecythidaceae (Topffruchtbaumgewächse) (Amazonasgebiet), ca. 30 m hoher Baum. Stpfl. von **Paranuß:** Brasilnuß, Brasilkastanie; die bis zu 30 cm großen, verholzten runden Kapselfrüchte enthalten 12-30 dreikantige, hartschalige Samen (keine Nußfrüchte), die als Paranüsse bezeichnet werden. **Inhaltsst.**: ca. 70 % fettes Öl, ca. 20 % Eiweiß; **Anw.**: Genuss- u. Nahrungsmittel; zur Gew. des wenig haltbaren, fetten Öls.

Bertram, Deutscher: s. Anacyclus x officinarum.

Bertram, Römischer: s. Anacyclus pyrethrum.

Bertramwurzel, Deutsche: s. Anacyclus x officinarum (Radix Pyrethri germanici).

Bertramwurzel, Römische: s. Anacyclus pyrethrum (Radix Pyrethri romani).

Berufskraut, Kanadisches: s. Conyza canadensis.

Beryllium: Symbol Be; A_r 9.01218, OZ 4. D. 1.84. Schmp. 1285 °C. Sdp. 2477 °C. Oxidationszahl: 2. Stahlgraues, sprödes, seltenes Erdalkalimetall. **Vork.**: nat. gebunden als Beryll $Be_3Al_2(Si_6O_{18})$ (gefärbt z. B. als Smaragd u. Aquamarin), Phenakit $Be_2[SiO_4]$, Chrysoberyll $Al_2[BeO_4]$. Be-Salze schmecken süß, daher der franz. Name Glucinium. **Anw.**: Luft- u. Raumfahrttechnik, in Kernreaktoren zur Neutronenmoderation u. -reflexion, künstl. Neutronenquellen, Fenster von Röntgenröhren, Legierungsbest.; **Tox.**: alle Be-Salze sind giftig; MAK: 2 $\mu g/m^3$. Be hemmt u. a. die Enzyme Amylase* u. alkalische Phosphatase*. Zu Vergiftungen kommt es hauptsächl. durch Staubinhalation (auch lösl. Salze). Dabei treten Entzündungen der Luftwege u. Pneumonie* auf. Die chron. Berylliumkrankheit der Lunge, die Berylliose, ist eine granulomatöse Reaktion des Lungengewebes. Im Tierversuch ist Be eindeutig karzinogen. **Gesch.**: 1828 entdeckt von Friedrich Wöhler (1800-1882).

Beschichtung: Aufbringen von z. B. Kunststoffen, Kautschuk, Metallfolien od. Wachsen auf Gewebe, Papier, Folien u. a. durch ein- od. beidseitiges Aufgießen, Kalandern, Streichen, Tauchen od. Sprühen. Die behandelten Flächen werden dadurch dicht gegenüber Luft u. Gasen, wasser- u. wasserdampfundurchlässig; z. B. mit Polyethylen beschichtetes Papier.

Besenginster: Besenpfriem; s. Cytisus scoparius.

Besenheide: s. Calluna vulgaris.

Besilat: chem. Kurzbez. für Benzolsulfonat.

Besinge, Schwarze: s. Vaccinium myrtillus (Myrtilli fructus).

Bestäubung: (bot.) die der Befruchtung (s. Samenbildung) vorausgehende Übertragung von Pollen auf die Narbe. Die B. kann mit Hilfe von Wind (Anemogamie), Wasser (Hydrogamie), Tieren (Zoogamie), v. a. Insekten (Entomogamie), erfolgen. Man unterscheidet Fremd- u. Selbstbestäubung (nur bei zwittrigen Blüten*).

Bestallung: obsoleter Begriff für Approbation*.

Betaadrenozeptorantagonisten: s. Sympatholytika (Betasympatholytika).

Betaadrenozeptoren: s. Sympathomimetika.

Betablocker: s. Sympatholytika (Betasympatholytika).

Betacaroten INN: s. Carotine (β-Carotin).

Betacyane: blaue bis rote Pflanzenfarbstoffe; s. Betalaine.

Betadex: Betadexum Ph.Eur.4, Betacyclodextrin; Cyclo-α-(14)-*D*-heptaglucopyranosid, $(C_6H_{10}O_5)_7$, M_r 1135. Weißes bis fast weißes, amorphes oder kristallines Pulver, wenig lösl. in Wasser, lösl. in Propylenglykol, prakt. unlösl. in Dichlormethan u. wasserfreiem Ethanol. Trocknungsverlust max. 16.0 %. **Anw.**: s. Cyclodextrine.

Betadichroin: s. Febrifugin.

Betäubungsmittel: Abk. BtM; **Deutschland:** Aus Gründen der Einheitlichkeit u. der Rechtsklarheit vermeidet das Betäubungsmittelgesetz* eine begriffl. Def., sondern verfährt nach dem System der Positivlisten. BtM sind danach die in den Anlagen I, II u. III zum BtMG aufgeführten Stoffe u. Zuber. mit psychotropen, bewußtseins- u. stimmungsverändernden Wirk., die zu phys. u. psych. Abhängigkeit führen können, einschließl. der Ether, Ester, Isomere, Molekülverbindungen u. Salze. Anlage I enthält die nicht verkehrsfähigen BtM, z. B. Diacetylmorphin*, Lysergsäurediethylamid*, Methylendioxymethamphetamin (s. Ecstasy), Designerdrogen*. Anlage II enthält verkehrsfähige, aber nicht verschreibungsfähige BtM, bei denen es sich zumeist um Grundstoffe, Halbsynthetika u. Zwischenprodukte handelt, z. B. Dextromoramid*, Norpethidin, Premethadon. Anlage III enthält verkehrsfähige u. verschreibungsfähige BtM, z. B. Alfentanil*, Buprenorphin*, Pethidin*, Morphin* sowie zahlreiche Substanzen, die jeweils als ausgenommene Zuber. unter Einhaltung der angeführten Bedingungen, wie Gewichtseinheit u. Konz., keine Betäubungsmittel sind, z. B. Codein*, Dihydrocodein*, Diazepam*, Flunitrazepam*, Methylphenobarbital*. Nach § 1 BtMG können die Anlagen I-III durch Rechtsverordnung jederzeit geändert od. ergänzt werden.

Österreich: Es gilt der Begriff Suchtgift, geregelt durch das Bundesgesetz über Suchtgifte, psychotrope Stoffe u. Vorläuferstoffe (Suchtmittelgesetz (SMG) von 1997 i. d. F. 2002); vgl. Betäubungsmittelrecht.

Schweiz: Die Befugnis nach Art. 14a Abs. 1 des Betäubungsmittelgesetzes (BetmG, SR 812.121) den Bezug, die Ein- od. Ausfuhr, die Aufbewahrung, Verwendung, Verordnung u. Abgabe von Betäubungsmitteln zu bewilligen, obliegt gemäß der Betäubungsmittelverordnung dem Schweizerischen Heilmittelinstitut Swissmedic. Dieses veröffentlicht insbes. ein Verzeichnis aller Betäubungsmittel (Art. 1 BetmG) mit den ihnen zugeordneten Nummerierungen nach dem Produkte-Identifikationssystem European Article Number International (EAN-A).

Betäubungsmittel-Außenhandelsverordnung: s. Betäubungsmittelgesetz.

Betäubungsmittel-Binnenhandelsverordnung: s. Betäubungsmittelgesetz.

Betäubungsmittelgesetz: Abk. BtMG; früher Opiumgesetz, vgl. Betäubungsmittelrecht; **Gesetz über den Verkehr mit Betäubungsmitteln** (Deutschland), vom 21.7.1981, BGBl. I S. 681, zuletzt geändert 26.6.2002, BGBl. I S. 2261 mit den folgenden Ausführungsverordnungen: **Betäubungsmittel-Außenhandelsverordnung** (BtMAHV) vom 16.12.1981, BGBl. I S. 1427, zuletzt geändert 19.6.2001, BGBl. I S. 1180. Diese VO regelt Einfuhr, Durchfuhr u. Ausfuhr von BtM; **Betäubungsmittel-Binnenhandelsverordnung** (BtMBinHV), vom 16.12.1981, BGBl. I S. 1425, zuletzt geändert 24.6.1994, BGBl. I S. 1416. Diese durch § 12 Abs. 4 BtMG begründetete VO regelt den Handel mit BtM innerhalb Deutschlands u. gilt auch für den Erwerb von BtM durch die Apotheke. Insbes. regelt die VO das sog. Abgabebelegverfahren, welches vorschreibt, dass für jede Abgabe eines Betäubundsmittels (außer auf ärztl. Verschreibung an den Endverbraucher) ein amtl. vierteiliges Formblatt (Abgabebeleg) auszufertigen ist; **Betäubungsmittel-Kostenverordnung** (BtMKostV), vom 16.12.1981, BGBl. I S. 1433, zuletzt geändert 24.6.1994, BGBl. I S. 1416. In dieser VO sind die Kosten geregelt, die von der Bundes-Opiumstelle für ihre Amtshandlungen erhoben werden; **Betäubungsmittel-Verschreibungsverordnung**, BtMVV, vom 16.12.1981, BGBl. I S. 1427, zuletzt geändert 19.6.2001, BGBl. I S. 1180). Danach sind alle BtM grundsätzl. verschreibungspflichtig, ihre Verschreibung unterliegt dem BtM-Recht. Verschreibungsfähig sind nur die in Anlage III BtMG aufgeführten BtM u. nur dann, wenn ihre Anw. therap. begründet ist. Verschreibungsberechtigt sind Ärzte, Zahnärzte u. Tierärzte. Nach § 1 BtMVV dürfen BtM nicht als Stoff (Substanz) verschrieben werden, sondern nur als Zuber. mit einem best. Geh. an Betäubungsmittel. Die Verschreibung eines Arzneimittels, das versch. BtM enthält, ist verboten (Einzahlregel); das Verschreiben des gleichen BtM in versch. Darreichungsformen auf der gleichen Verschreibung ist dagegen zulässig. § 2 Abs. 1 BtMVV setzt die verschreibbaren Höchstmengen für den Bedarf von bis zu 30 Tagen u. die verschreibbaren Tageshöchstmengen fest. In begründeten Einzelfällen sind die in § 2 Abs. 2 BtMVV festgelegten Abweichungen möglich. Diesen Fall muss der Arzt auf der Verschreibung durch den Buchstaben „A" kennzeichnen. Für den Praxis- od. Krankenhausbedarf darf der Arzt eines der in § 2 Abs. 1 aufgeführten BtM bis zu einer Menge seines durchschnittl. Zweiwochenbedarfs verschreiben; außerdem Alfentanil, Pentobarbital, Sufentanil u. Cocain zu Eingriffen am Auge, am Kehlkopf, an der Nase, am Ohr, am Rachen od. am Kiefer. Für den Zahnarzt gilt eine ähnl. Tageshöchstmengenregelung wie für den Arzt, jedoch darf der Zahnarzt für den Praxisbedarf kein Cocain verschreiben u. er darf in keinem Fall die Tageshöchstmengen überschreiten.

Verschreibung: 1. Form: BtM dürfen nur auf einem besonderen amtl. Formblatt (dreiteiliger Belegsatz) im Durchschreibeverfahren verschrieben werden (Betäubungsmittelrezept). Seit 1.6.1996 dürfen zum Verschreiben von BtM im ambulanten Bereich (für Patienten u. für den Praxisbedarf) nur noch die neuen querformatigen BtM-Rezeptformulare verwendet werden. Andere Arzneimittel dürfen auf einem BtM-Rezept nur dann verschrieben werden, wenn die Verschreibung neben der eines BtM erfolgt. Die BtM-Rezepte werden vom Bundesinstitut* für Arzneimittel u. Medizinprodukte (Bundesopiumstelle) auf Anforderung an den verordnenden Arzt ausgegeben. Dabei ist jedes Rezept numeriert, mit dem Ausgabedatum der Bundes-Opiumstelle u. der BtM-Nummer des verschreibenden Arztes zu versehen (Codierung). Die Teile I (Blatt 3, verbleibt in der Apotheke u. muss 3 Jahre aufbewahrt werden) u. II (Blatt 1, zur Verrechnung bestimmt) des Belegsatzes sind zur Vorlage in der Apotheke bestimmt, Teil III (Blatt 2) verbleibt beim Arzt u. muss 3 Jahre bei diesem aufbewahrt werden. Auf Verlangen ist Teil III (ebenso Teil I) dem Bundesinstitut für Arzneimittel und Medizinprodukte od. der zuständigen Landesbehörde vorzulegen. **2. Inhalt:** Auf dem Betäubungsmittelrezept sind anzugeben: **a)** Name, Vorname und Anschrift des Patienten, für den das Betäubungsmittel bestimmt ist; bei tierärztl. Verschreibungen die Art des Tieres sowie Name, Vorname und Anschrift des Tierhalters; **b)** Ausstellungsdatum; **c)** Arzneimittelbezeichnung, soweit dadurch eine der nachstehenden Angaben nicht eindeutig bestimmt ist, jeweils zusätzl. Bezeichnung u. Gewichtsmenge des enthaltenen Betäubungsmittels je Packungseinheit, bei abgeteilten Zubereitungen je abgeteilter Form; **d)** Darreichungsform; **e)** Menge des verschriebenen Arzneimittels in g oder mL, Stückzahl der abgeteilten Form; **f)** Gebrauchsanweisung mit Einzel- und Tagesgabe oder im Falle, daß dem Patienten eine schriftl. Gebrauchsanweisung übergeben wurde, der Vermerk „Gemäß schriftlicher Anweisung"; im Falle des § 5 Abs. 7 zusätzl. die Reichdauer des Substitutionsmittels in Tagen; **g)** in den Fällen des § 2 Abs. 2 Satz 2 und des § 4 Abs. 2 Satz 2 der Buchstabe „A", in den Fällen des § 5 Abs. 4 Satz 1 der Buchstabe „S", in den Fällen des § 7 Abs. 5 Satz 3 der Buchstabe „K", in den Fällen des § 8 Abs. 6 Satz 5 der Buchstabe „N"; **h)** Name des verschreibenden Arztes, Zahnarztes oder Tierarztes, seine Berufsbezeichnung u. Anschrift einschließl. Telefonnummer; **i)** in den Fällen des § 2 Abs. 3, § 3 Abs. 2 und § 4 Abs. 3 der Vermerk „Praxisbedarf" anstelle der Angaben in den Nummern 1 und 5; **j)** Unterschrift des verschreibenden Arztes, Zahnarztes oder Tierarztes, im Vertretungsfall darüber hinaus der Vermerk „i. V". **Abgabe von BtM:** Der Apotheker ist nach

§ 7 BtMVV gesetzl. verpflichtet, die ärztl. Verschreibungen auf ihre formelle Richtigkeit zu prüfen. Nach Rücksprache mit dem verschreibenden Arzt, ist der Abgebende berechtigt, Änderungen vorzunehmen. Eine BtM-Verschreibung ist längstens 7 Tage gültig. Im Ggs. zu früherem Recht sind Teilbelieferungen eines BtM-Rezeptes zulässig (z. B. bei ungenügendem Vorrat). Abgabevermerk: nach Abgabe des BtM hat der Abgebende auf der Rückseite des Teiles I der BtM-Verschreibung folgende Angaben dauerhaft zu vermerken: **1.** Name u. Anschrift der Apotheke; **2.** BtM-Nummer des Apothekenleiters; **3.** Abgabedatum; **4.** Namenszeichen des Abgebenden; **Nachweis über Verbleib u. Bestand von BtM:** Die BtMVV verpflichtet zur Führung einer BtM-Kartei. Für jedes BtM muss ein Karteiblatt angelegt u. 3 Jahre, von der letzten Eintragung an gerechnet, in der Apotheke aufbewahrt werden. Der Apothekenleiter hat am Ende eines jeden Kalendermonats die Eintragungen über Zugänge, Abgänge u. Bestände der BtM sowie die Übereinstimmung der Bestände mit den geführten Nachweisen zu prüfen u. sein Namenszeichen sowie das Datum anzubringen.

Betäubungsmittel-Kostenverordnung: s. Betäubungsmittelgesetz.

Betäubungsmittelrecht: Suchtgiftrecht; Suchtstoffrecht. **1. Völkerrecht:** Durch das Einheitsübereinkommen über Suchtstoffe (EinhÜbk, Single Convention on Narcotic Drugs, Convention 1961, Einzige Suchtgiftkonvention) vom 30.3. 1961 (New York) in der Fassung vom 25.3.1972 (Genf) u. durch das Übereinkommen über Psychotrope Stoffe von 1971 (PsychÜbk, engl. Convention on Psychotropic Substances, Convention 1971) sowie das Übereinkommen geg. den illegalen Verkehr von Sucht- u. psychotropen Stoffen von 1988 (Convention against illicit Traffic in Narcotic Drugs and Psychotropic Substances 1988, Convention 1988) ist das Betäubungsmittelwesen überstaatl. geordnet. Es hat innerstaatl. Bedeutung, da sich alle Teilnehmerstaaten verpflichtet haben, ihr nationales Recht der völkerrechtl. Entwicklung anzupassen.

Suchtstoffkontrollorgane: a) International: Zur Überwachung des Vertragssystems innerhalb der UNO koordiniert der **Wirtschafts- u. Sozialrat** (engl. Economic and Social Council, ECOSOC) spezielle Maßnahmen geg. den Suchtstoffmissbrauch mit den Wirtschafts- u. Sozialprogrammen. Die **Suchtstoffkommission** (engl. Commission on Narcotic Drugs) ist die beratende Fachkommission des ECOSOC. Sie konkretisiert u. a. die in der internationalen Suchtgiftpolitik erarbeiteten Richtlinien. Ferner sorgt die **Internationale Suchtstoffkontrollbehörde** (engl. International Narcotics Control Board) dafür, dass weltweit die für legale Zwecke benötigten Suchtstoffe u. psychotropen Substanzen zur Verfügung stehen. Die **Suchtstoffabteilung** (engl. Division of Narcotic Drugs) ist beratend u. ausbildend tätig u. unterhält das Suchtgiftlabor der Vereinten Nationen; s. Abbildung. **b)** National: Nach Art. 17 EinhÜbk u. Art. 6 PsychÜbk ist jeder Vertragsstaat gehalten, zur Kontrolle seines gesamten innerstaatl. BtM-Verkehrs eine zentrale Behörde zu errichten. Dies ist in Deutschland das Bundesinstitut für Arzneimittel u. Medizinprodukte (BfArM) u. innerhalb des BfArM die Bundes-Opiumstelle. **2. Deutsches Recht:** s. Betäubungsmittelgesetz. **3. Österreichisches Recht:** ähnl. Regelungen wie in Deutschland. Das Suchtgiftgesetz

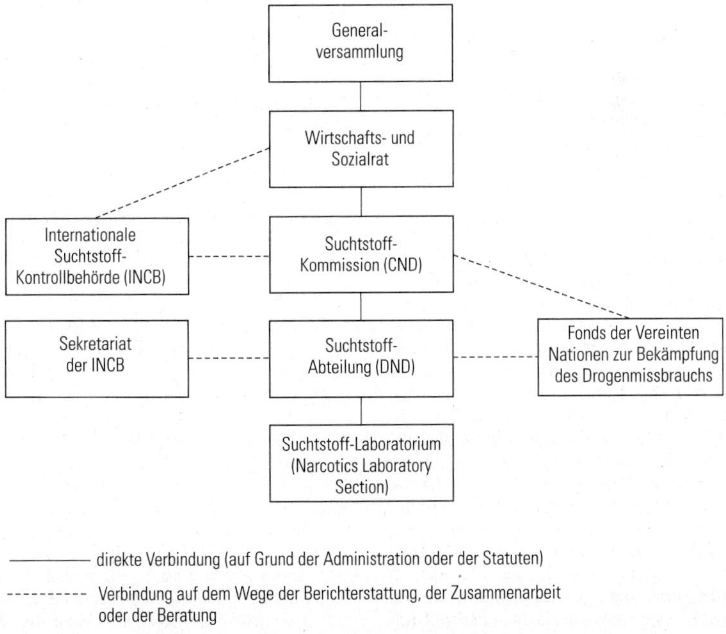

Betäubungsmittelrecht: Suchtgiftkontrollorgane u. mit Suchtfragen betraute Organe der Vereinten Nationen [4]

1951 wurde 1997 durch das Bundesgesetz über Suchtgifte, psychotrope Stoffe und Vorläuferstoffe, Suchtmittelgesetz (SMG) in der Fassung 2002 abgelöst. **4. Schweizerisches Recht:** ähnl. Regelungen wie in Deutschland. Den gesetzl. Rahmen bilden das Bundesgesetz über die Betäubungsmittel u. die psychotropen Stoffe (Betäubungsmittelgesetz, BetmG, SR 812.121, vom 3. Oktober 1951) sowie die VO über die Betäubungsmittel u. die psychotropen Stoffe (Betäubungsmittelverordnung, BetmV, SR 812.121.1) u. die VO des Schweizerischen Heilmittelinstituts über die Betäubungsmittel u. psychotropen Stoffe (Betäubungsmittelverordnung Swissmedic, BetmV-Swissmedic, SR 812.121.2) u. über die Vorläuferchemikalien u. andere Chemikalien, die zur Herst. von Betäubungsmitteln u. psychotropen Stoffen verwendet werden (Vorläuferverordnung Swissmedic, VorlV-Swissmedic, SR 812.121.31).

Betäubungsmittelverschreibung: s. Betäubungsmittelgesetz.

Betäubungsmittel-Verschreibungsverordnung: s. Betäubungsmittelgesetz.

Betafehler: s. Studie, klinische (Tab. 2).

Betahistin INN: 2-(2-Methylaminoethyl)pyridin; CAS-Nr. 5638-76-6; $C_8H_{12}N_2$, M_r 136.19. Sdp. 113-114 °C (4 kPa). Lösl. in Wasser, Alkohol, Ether, Chloroform. pK_S (des Salzes) 3.5, 9.7. **Anw.:** Diaminoxydasehemmer, Antiemetikum*, zur Behandlung des Morbus Meniere; **UAW:** gastrointestinale Beschwerden, Herzklopfen, Hitzegefühl; **WW:** Antihistaminika* (Wirk. wird vermindert), Beeinflussung des Reaktionsvermögens; **Dos.:** p. o. 2-3 × 8 mg/d nach den Mahlzeiten. **Betahistinmesilat:** Betahistini mesilas Ph.Eur.4; $C_{10}H_{20}N_2O_6S_2$; M_r 328.4; Schmp. 108-112 °C; weißes, krist., sehr hygroskopisches Pulver, sehr leicht lösl. in Wasser, leicht lösl. in Ethanol, sehr schwer lösl. in 2-Propanol; gebräuchl. ist auch Betahistindihydrochlorid.

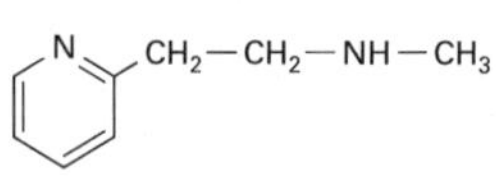

Betahistin

Betahydroxysenföle: s. Glucosinolate.

Betain: Betainum monohydricum, Trimethylglykokoll, Trimethylglycin, Oxyneurin; Trimethylaminoessigsäure; CAS-Nr. 107-43-7; $[(H_3C)_3N^+-CH_2-COO^-]\cdot H_2O$. M_r 135.17. Schmp. 293 °C. Weißes, krist., nicht tox. Pulver von süßem Geschmack; sehr leicht lösl. in Wasser, wenig lösl. in Ethanol u. Ether. **Vork.:** nat. im Tier- u. Pflanzenreich (Fam. Chenopodiaceae) verbreitet (Melasse aus Zuckerrüben, Miesmuscheln, Krabben); **Darst.:** Methylieren von Glycin od. aus Chloressigsäure u. Trimethylamin; **Off.:** DAC86; **Anw.:** lipotroper Wirkstoff bei Arterio- u. Koronarsklerose, Lebererkrankungen; **Dos.:** 3-mal tägl. 200-400 mg p. o., nach den Mahlzeiten.

Betaindihydrogencitrat: Carboxymethyl-trimethyl-ammoniumdihydrogencitrat; CAS-Nr. 19379-90-9; $C_{11}H_{19}NO_9$, $(C_5H_{12}NO_2)^+(C_6H_7O_7)^-$, M_r 400.03. **Anw.:** Leberschutztherapie. Gebräuchl. ist auch Betain*.

Betaindolyl-3-essigsäure: Abk. IES; pflanzl. Wuchsstoff, nat. Auxin; s. Auxine.

Betainhydrochlorid: Betainum hydrochloricum, Betaini hydrochloridum; Carboxymethyl-trimethylammoniumchlorid; $C_5H_{12}ClNO_2$, M_r 153.6. Schmp. 235-240 °C (unter Zers.). Weißes, krist. Pulver, stark saurer Geschmack; lösl. in 2 T. Wasser, 80 T. Ethanol, fast unlösl. in Ether. **Off.:** DAB10, ÖAB90; **Anw.:** statt Salzsäure bei Magenerkrankungen, Anazidität; **Dos.:** 0.5-1.0 g/100 mL Wasser; vgl. Betain.

Betalactam-Antibiotika: Antibiotika mit einem Betalactam-Ring als wesentl. Strukturmerkmal; Penicilline, Cefalosporine, Monobactame u. Carbapeneme; s. Antibiotika.

Betalactamase-Inhibitoren: zu den Betalactam*-Antibiotika gehörende Substanzen (z. B. Clavulansäure, Sulbactam, Tazobactam), die kaum antibakterielle Aktivität aufweisen u. irreversibel bestimmte Betalactamasen* hemmen. **Anw.:** in Komb. mit Betalactam-Antibiotika bei mittelschweren u. schweren Infektionen mit Betalactamase bildenden Erregern. Vgl. Antibiotika.

Betalactamasen: Enzyme, die durch die hydrolyt. Öffnung des Betalactam-Rings Penicilline (Penicillinasen), Cefalosporine (Cephalosporinasen) u. anderer Betalactam-Antibiotika inaktivieren. Breitspektrum-Betalactamasen hydrolisieren sowohl Penicilline als auch Cephalosporine.

Betalaine: (bot.) stickstoffhaltige, alkaloidartige Farbstoffe, die unterschiedl. glykosidiert sind u. weitgehend die sonst übl. Anthocyane ersetzen. Chem. handelt es sich um Immoniumderivate der Betalaminsäure, die biosynthet. aus Tyrosin via DOPA entsteht (s. Abb. 1). **Vork.:** in der Od. Caryophyllales außer in Caryophyllaceae; die Verknüpfung der Betalaminsäure mit versch. Aminosäuren, z. B. Prolin (in Indicaxanthin, s. Abb. 2), bzw. deren Derivate führt zu roten Betacyanen, z. B. Betanin* (Abb.), Amaranthin in Amaranthaceae u. Muscaaurine im Fliegenpilz u. den gelben bis orangen Betaxanthinen (z. B. Indicaxanthin in Opuntia-Arten, Miraxanthine

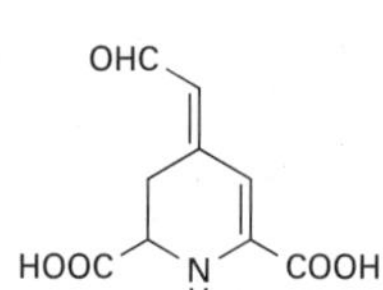

Betalaine Abb. 1: Strukturformel der Betalaminsäure

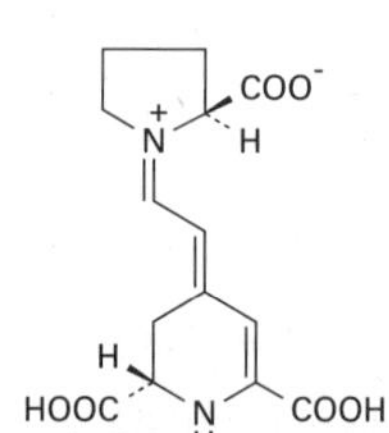

Betalaine Abb. 2: Indicaxanthin als Beispiel

in Mirabilis jalapa, der Wunderblume, u. Vulgaxanthin in Varietäten von Beta vulgaris).

Betalaminsäure: s. Betalaine.

Betamethason INN: Betamethasonum Ph.Eur.4, Flubenisolonum; 9-Fluor-11β,17,21-trihydroxy-16β-methyl-1,4-pregnadien-3,20-dion; CAS-Nr. 378-44-9; $C_{22}H_{29}FO_5$, M_r 392.47. Strukturformel s. Flumetason (Abb.). Schmp. 231-234 °C (unter Zers., kristallisiert aus Ethylacetat). $[\alpha]_D^{20\,°C}$ +114-122° (c=3 in Dioxan). Fast unlösl. in Wasser, 1 T. lösl. in 75 T. Ethanol, in 1100 T. Chloroform; wenig lösl. in Aceton, Dioxan, Methanol; sehr schwer lösl. in Ether. **Anw.:** Corticosteroid; bei entzündl. u. allerg. Erkrankungen des Respirationstraktes, der Haut u. der Augen; **UAW:** Aktivierung u. Entstehung von Magen- u. Zwölffingerdarmgeschwüren, Osteoporose, Steroid-Diabetes, psych. Störungen, Hypertension, thromboembol. Komplikationen, verzögerte Wundheilung; **Dos.:** p.o. 0.5-5 mg/d, Erhaltungsdos. 0.5 mg/d; Cushing-Schwellendos. 2 mg/d; parenteral (i.v., i.m.) 4 mg, bei bedrohl. Zuständen bis 0.1 g i.v.; rektale Instillation 1×0.5 mg/100 mL abends; topisch 0.1%ige Salbe, Lotion; HWZ 5 h. **Betamethason-21-acetat:** Betamethasoni acetas Ph.Eur.; $C_{24}H_{31}FO_6$, M_r 434.5. Weißes, krist. Pulver; fast unlösl. in Wasser. **Betamethasondihydrogenphosphat-Dinatrium:** Betamethasonii natrii phosphas Ph.Eur., Natrium-betamethason-21-dihydrogenphosphat; $C_{22}H_{28}FNa_2O_8P$, M_r 516.4. Weißes, sehr hygroskop. Pulver; leicht lösl. in Wasser. **Betamethasondipropionat:** Betamethasoni dipropionas Ph.Eur., Betamethason-17,21-dipropionat; $C_{28}H_{37}FO_7$, M_r 504.6. Weißes, krist. Pulver; fast unlösl. in Wasser. **Betamethasonvalerat:** Betamethasoni valeras Ph.Eur., Betamethason-17-valerat; $C_{27}H_{37}FO_6$, M_r 476.6. Schmp. ca. 192°C. Weißes, krist. Pulver; fast unlösl. in Wasser. Hingewiesen sei auch auf Betamethasonacibutat, Betamethason-17-benzoat u. Betamethason-21-dihydrogenphosphat.

Betamethason-Creme: s. Cremor Betamethasoni.

Betanidin: Aglykon von Betanin*, einem Betacyan; vgl. Betalaine.

Betanidinsulfat: Betanidini sulfas Ph.Eur.4, Betanidinum sulfuricum; 1-Benzyl-2,3-dimethylguanidinsulfat (2:1); CAS-Nr. 114-85-2; $C_{20}H_{32}N_6O_4S$, M_r 452.6. Weißes Pulver; leicht lösl. in Wasser, wenig lösl. in Ethanol, fast unlösl. in Ether. **Anw.:** Antihypertensivum* mit ähnl. Wirkmechanismus wie Guanethidin*; in Deutschland, Österreich, Schweiz nicht mehr zugelassen.

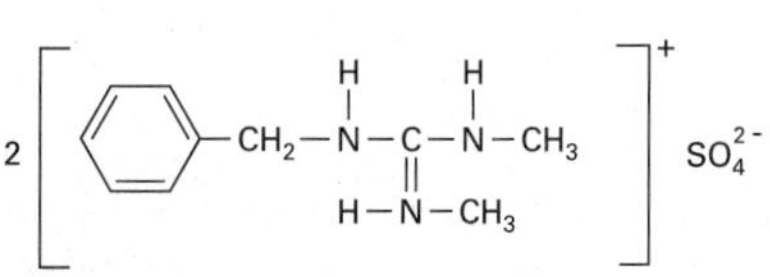

Betanidinsulfat

Betanin: Farbstoff der Roten Rübe (Beta* vulgaris ssp. vulgaris var. conditiva), ein Mono-β-glucopyranosid des Betanidins* (s. Abb.). B. ist ein Zwitter-Ion u. daher sehr gut wasserlöslich. Es liegt unter pH 2 violett, über pH 4 rot vor.

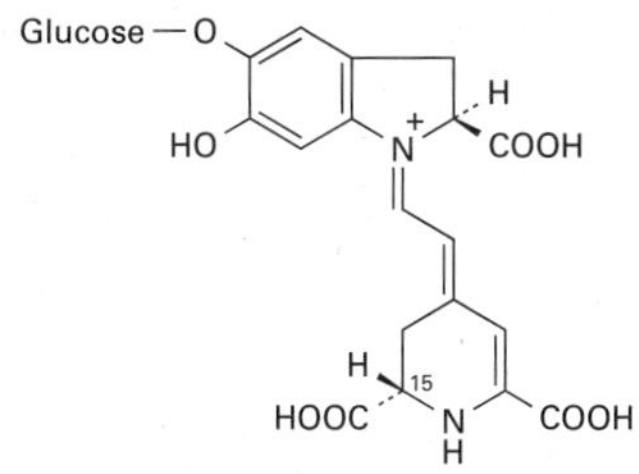

Betanin

Betarezeptorenblocker: s. Sympatholytika (Betasympatholytika).

Betastrahlen: s. Radioaktivität.

Betasympatholytika: s. Sympatholytika.

Betatron: s. Teilchenbeschleuniger.

Beta vulgaris ssp. vulgaris var. altissima Döll: Beta vulgaris ssp. vulgaris convar. vulgaris var. altissima Döll, Zuckerrübe; Fam. Chenopodiaceae. Stpfl. von **Betae succus:** Zuckerrübensaft. **Anw.:** Betain in Form eines standardisierten Präparates zur unterstützenden Ther. bei Hepatopathien u. Fettleber; techn.: zur Gew. von Saccharose*.

Beta vulgaris ssp. vulgaris var. conditiva Alef.: Beta vulgaris ssp. vulgaris convar. vulgaris var. vulgaris, Rote Rübe, Rote Bete; Fam. Chenopodiaceae. **Inhaltsst.:** Betanin*, Betanidin sowie andere Betacyane u. Betaxanthine (s. Betalaine); **Anw.:** Gemüse; volkstüml.: bei Leber- u. Nierenleiden.

Betaxanthine: gelbe bis orangerote Pflanzenfarbstoffe, s. Betalaine.

Betaxolol INN: Betaxololum; 1-{*p*-[2-(Cyclopropylmethoxy)ethyl]phenoxy}-3-isopropylamino-2-propanol; CAS-Nr. 63659-18-7; $C_{18}H_{29}NO_3$, M_r 307.4. Strukturformel s. Sympatholytika (Abb. 1). **Anw.:** Betasympatholytikum (Betarezeptorenblocker, Sympatholytika*); bei Glaukom; HWZ 16-22 h. **Betaxololhydrochlorid:** Betaxololi hydrochloridum Ph.Eur.4; CAS-Nr. 63659-19-8; $C_{18}H_{30}ClNO_3$, M_r 343.90, Schmp. 113-117 °C; weißes bis fast weißes, krist. Pulver, sehr leicht lösl. in Wasser, leicht lösl. in Ethanol, lösl. in Dichlormethan, unlösl. in Ether.

Betazerfall: Kernprozess, bei dem ein Elektron od. Positron emittiert wird. Die abgegebenen Elektronen sind also keine Hüllenelektronen. Man unterscheidet: **1.** negativer B.: ein Neutron (n) wandelt sich in ein Proton (p) um, ein Elektron (e^-) u. ein Antineutrino ($\bar{\nu}$) werden emittiert:

$$n \rightarrow p + e^- + \bar{\nu}$$

2. positiver B.: ein Proton wird in ein Neutron umgewandelt; dabei werden ein Positron (e^+) u. ein Neutrino (ν) abgegeben:

$$p \rightarrow n + e^+ + \nu$$

s. K-Einfang.

Betazol INN: 3-(2-Aminoethyl)pyrazol; CAS-Nr. 105-20-4; $C_5H_9N_3$, M_r 111.15. Sdp. 118-123 °C (67 Pa). **Anw.:** Stimulans für die Magensekretionsanalyse; **UAW:** Kopfschmerzen, Gesichtsrötung, Wärmegefühl; **Kontraind.:** schwere Herzerkrankungen. Gebräuchl. ist auch Betazoldihydrochlorid.

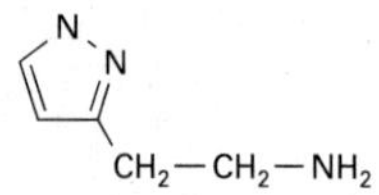

Betazol

BETE: s. Tropinbenzilat.
Betelbissen: s. Piper betle.
Betelblätter: s. Piper betle (Folia Piperis betle).
Betelnuß: s. Areca catechu (Semen Arecae).
Betelnußpalme: s. Areca catechu.
Betelöl: s. Piper betle (Oleum Betle).
Betelpfeffer: s. Piper betle.
Bete, Rote: s. Beta vulgaris ssp. vulgaris var. conditiva.
BET-Gleichung: Gleichung von Brunauer, Emmet u. Teller zur Beschreibung von Adsorptionsisothermen* (Gas-Adsorption an festen Grenzflächen, s. Adsorptionsmethode nach Brunauer, Emmet u. Teller). Die BET-Gleichung basiert darauf, dass Atome od. Moleküle eines Gases an den aktiven Stellen eines Feststoffes (Partikel mit großer spezif. Oberfläche) durch Van-der-Waals-Kräfte (s. Bindungskräfte, intermolekulare) reversibel adsorbiert werden (Physisorption*) u. bei steigendem Druck zunächst eine monomolekulare Schicht u. nachfolgend Multischichten ausbilden. Trägt man die adsorbierte Gasmenge gegen den rel. Druck in einem Diagramm auf, repräsentiert der erste Wendepunkt der Adsorptionskurve die vollständige monomolekulare Belegung. Aus dem Produkt aus 4.35 u. dem Volumen (Masse) an adsorbiertem Stickstoff (Adsorptiv) ergibt sich die spezif. Oberfläche (BET-Oberfläche) des Festkörpers. Im Faktor 4.35 ist das molare Volumen des Gases, die Avogadro*-Konstante u. der Flächenbedarf für ein Stickstoffmolekül aus einer Monoschicht auf der Oberfläche der Teilchen enthalten.

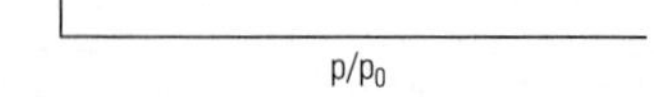

BET-Gleichung

Bethanecholchlorid: *N*-(2-Carbamoyloxypropyl)-*N,N,N*-trimethylammoniumchlorid; CAS-Nr. 590-63-6; $C_7H_{17}ClN_2O_2$, M_r 196.68. Schmp. ca. 219 °C (unter Zers.). Hygroskop. Kristalle. **Wirk.** u. **Anw.:** Parasympathomimetikum*, bei Blasen- u. Magenatonie als Gastrokinetikum*. **UAW:** Hautrötung, Schweißausbruch, Übelkeit Erbrechen. **Dos.:** jeweils 25-50 mg alle 4-6 h.

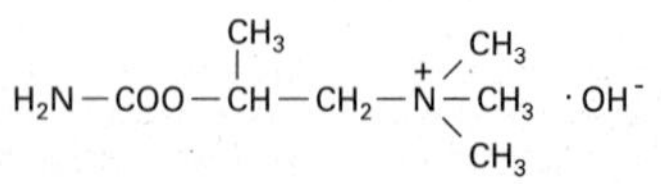

Bethanecholchlorid

BET-Methode: s. Adsorptionsmethode nach Brunauer, Emmet und Teller.
BET-Oberfläche: spezif. Oberfläche von Pulvern in m^2/g, bestimmt mit Hilfe der Adsorptionsmethode* nach Brunauer, Emmet u. Teller.
Betol: s. β-Naphthylsalicylat.
Betonica: s. Stachys officinalis.
Betonie: s. Stachys officinalis.
Betreuung, pharmazeutische: s. pharmazeutische Betreuung.
Betriebsverordnung für pharmazeutische Unternehmer: Abk. PharmBetrV; vom 8.3.1985, BGBl.I S. 546, zuletzt geändert durch § 35 des Transfusionsgesetzes vom 1.7.1998, BGBl. I S. 1752; diese nach einer Ermächtigung im AMG erlassene Rechtsverordnung ist am 1.4.1985 in Kraft getreten. Sie hat das Ziel, die Grundregeln der GMP* der WHO* bzw. den Leitfaden der GMP in nationales Recht zu transformieren. Sie gibt keine detaillierten oder differenzierten Regeln vor, sondern allg. Rahmenbedingungen zu den Themen Qualitätssicherungssystem, Personal, Räume u. Einrichtungen, Hygiene, Herst., Prüfung, Freigabe, Lagerung, Tierhaltung, Behältnisse, Kennzeichnung, Auftragsherst. od. -prüfung, Vertrieb u. Einfuhr, Beanstandungen, Dokumentation u. Selbstinspektion, insbes. für Arzneimittelhersteller u. pharmaz. Unternehmer. Verstöße geg. die PharmBetrV sind teilweise als Ordnungswidrigkeiten durch die Aufsichtsbehörde verfolgbar.
Bettendorf-Reagens: Solutio Stanni chlorati; gesättigte Lsg. von Zinn(II)-chlorid in rauchender Salzsäure. **Anw.:** Reagens auf Arsen, liefert schwarzbraunen Niederschlag von metall. Arsen.
Bettnässen: s. Enuresis.
Betula lenta L.: Zuckerbirke; Fam. Betulaceae (Nordamerika, Kanada). **Inhaltsst.:** Das äther. Öl der Rinde besteht aus fast reinem (99.8 %) Salicylsäuremethylester, der durch Einw. des Enzyms Betulase auf das Glykosid Gaultherin* entsteht. Aus dem Saft des Baumes wird Saccharose* gewonnen.
Betula pendula Roth: Betula verrucosa Ehrhart, Betula alba L.P.P., Hängebirke; Fam. Betulaceae. B. pendula u. B. pubescens Ehrhart (B. alba pp.), Moorbirke, sind Stpfl. von **Betulae folium:** Folia Betulae, Birkenblätter. **Off.:** Ph.Eur.4, ÖAB90, Ph.Helv.7; **Inhaltsst.:** ca. 3 % Triterpensaponine, Gerbstoff, Bitterstoff, ca. 0.05 % äther. Öl, 1-3 % Flavonoide (Hyperosid, Myricetindigalactosid), Zucker, Harz; **Geh.:** mind. 1.5 % Flavanoide, ber. als Hyperosid; **Wirk.:** harntreibend, antipyretisch; **Anw.:** zur Durchspülung bei bakt. u. entzündl. Erkrankungen der ableitenden Harnwege u. bei Nierengrieß, bei Beschwerden des rheumat. Formenkreises; **Cortex Betulae:** Birkenrinde; die weiße Farbe der Rinde ist durch Betulin u. im Kork eingeschlossene Luft bedingt. **Inhaltsst.:** 10-14 % (25 %) Betulin*, äther. Öl (mit Methylsalicylat*), Harz, Bitterstoff, Gallussäure, Gerbstoff, Betulosid (Glykosid); **Anw.** volkstüml.: geg. Fieber, Gicht, chron. Hautleiden, Wassersucht; Bäderzusatz; techn. zur Gew. des Birkenteers (Pix

Betulae); **Gemmae Betulae:** Birkenknospen. **Inhaltsst.:** ca. 4-6 % äther. Öl mit β-Betulenol u. a. Sesquiterpenen, seltene Flavonoide; **Anw.** volkstüml.: innerl. zur Entwässerung, bei Gallenbeschwerden; äußerl. bei chron. Ekzemen; ferner zu Haarwässern; **Birkensaft:** Kambialsaft junger Birkenstämme, wird v. a. in den nord. Ländern verwendet. **Inhaltsst.:** ca. 1 % Invertzucker, Fruchtsäuren, Aminosäuren u. Peptide, Phytohormone; **Anw.** volkstüml.: bei Blasen- u. Nierenleiden, Erkrankungen des rheumat. Formenkreises; zu Haarwässern; **Pix Betulae:** Pix betulina, Oleum Rusci, Ol. betulinum, Ol. Betulae empyreumaticum, Birken(rinden)teer. **Gew.:** Anschwelen der Rinde u. der Zweige od. deren trockene Destillation, hauptsächl. in Schweden, Finnland, Russland; **Inhaltsst.:** ca. 6 % Phenole (Guajakol, Cresol, Kreosol, Xylenol); dicke, schwarzbraune Flüss. von juchtenähnl. Geruch; völlig lösl. in absol. Ethanol, teilw. lösl. in Chloroform u. Ether; **Anw.** volkstüml.: z. B. äußerl. bei Hautkrankheiten, in Haarwässern; techn.: zur Herst. von Juchtenleder; **Oleum Betulae empyreumaticum rectificatum:** Oleum Rusci rectificatum, rektifiziertes Birkenteeröl. **Anw.:** in der Veterinärmed., geg. Koliken u. Würmer.

Hom: *Betula alba:* frischer, im Frühjahr gesammelter Saft.

Hom: *Betula pendula e cortice,* ethanol. Decoctum (HAB1.2): getrocknete Rinde der weißen Ast- u. Stammteile.

Hom: *Betula pendula e foliis (HAB1.3),* Betula pendula ferm 34e (HAB1.4): frische, junge Blätter.

Betulaprenol-8: s. Polyprenole.

Betula pubescens: s. Betula pendula.

Betula verrucosa: s. Betula pendula.

Betulin: Birkenkampfer; Lup-20(29)-en-3,28-diol; $C_{30}H_{50}O_2$; M_r 442.7; Schmp. 248-251 °C; ein pentacycl. Triterpenalkohol mit Lupangerüst; vgl. Lupeol. B. ist weit verbreitet, bes. in der Rinde von Erlen u. Birken (bis zu 30 %); für die weiße Farbe der Birkenrinde verantwortlich; s. Betula pendula.

Beugung: Diffraktion; Ablenkung von Wellen aller Art, z. B. Schall u. elektromagnet. Wellen, aus ihrer ursprüngl. Laufrichtung beim Auftreffen auf Hindernisse; dabei treten seitl. abweichende Beugungsmuster (Interferenzmuster) auf. Beispiele: B. am Spalt, an Lochblenden, an Kristallgittern, Röntgenbeugung*; durch B. von Licht an Objekten wird z. B. dem Auflösungsvermögen von Mikroskopen Grenzen gesetzt. B. ist nur beobachtbar an Objekten in der Größenordnung od. kleiner als der gebeugten Wellenlänge.

Bewegungsmazeration: Verfahren zur Herst. von Tinkturen, vgl. Mazeration. Das Ansatzgefäß wird ständig durch Rollen od. Schütteln mit geeigneten Maschinen bewegt.

Bewertung von Arzneispezialitäten: s. PER.

Bewusstlosigkeit: Fehlen jedes bewussten psych. Geschehens mit aufgehobener Kontakt- u. erhebl. eingeschränkter Reaktionsfähigkeit bei erhaltenen somat. Funktionen. **1.** kurz dauernde B.: s. Synkope. **2.** länger dauernde B.: s. Koma.

Bewusstseinsstörung: Störung der Gesamtheit von Bewusstseinsinhalten (i. S. von Wissen um die umgebende Welt und das Selbst als Träger der Bewusstseinsinhalte). **Formen: 1.** qualitative B. als Bewusstseinstrübung, -einengung od. -verschiebung, v. a. bei org. Psychosen*; **2.** quantitative B. mit intrakraniellen Urs. z. B. Schädelhirntrauma, Schlaganfall od. Tumor als **a)** Benommenheit*, **b)** Somnolenz*, **c)** Sopor*, **d)** Koma*.

Bexaroten INN: 4-[1-(3,5,5,8,8-Pentamethyl-5,6,7,8-tetrahydronaphalen-2-yl)ethenyl]benzoesäure; CAS-Nr. 7440-38-2; $C_{24}H_{28}O_2$. Retinoid*. **Anw.:** Behandlung von kutanen T-Zell-Lymphomen (Befall der Haut durch maligne entartete T-Lymphozyten) im fortgeschrittenen Stadium; **UAW:** sehr häufig Hyperlipidämie, Leukopenie, Pruritus; **Kontraind.:** Schwangerschaft u. Stillzeit; **Dos.:** Anfangsdos. $1 \times 300\,mg/m^2/d$ p. o., Senkung auf 200 bzw. $100\,mg/m^2$, wenn UAW dies erfordern; Plasmaeiweißbindung >99 %; HWZ 1-3 h.

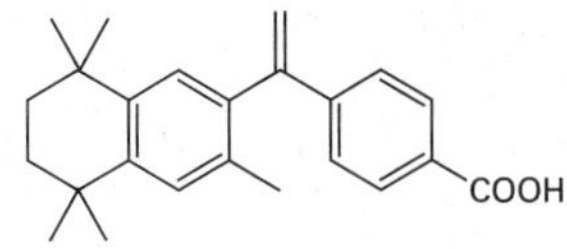

Bexaroten

Bezafibrat INN: Bezafibratum Ph.Eur.4; 2-[4-[2-(4-Chlorbenzoyl)amino-ethyl]phenoxy]-2-methylpropansäure; CAS-Nr. 41859-67-0; $C_{19}H_{20}ClNO_4$, M_r 361.82, Schmp. 181-185 °C; weißes bis fast weißes, krist. Pulver, unlösl. in Wasser, leicht lösl. in Dimethylformamid, wenig lösl. in Aceton u. Ethanol, löst sich in verd. Alkalihydroxid-Lösungen; zeigt Polymorphie. **Anw.:** Senkung erhöhter Serum-Lipid-Spiegel; vgl. Lipidsenker; HWZ 2.1 h; **UAW, WW** u. **Kontraind.:** s. Clofibrat. Vgl. Clofibrid, Clofibrinsäure, Etofibrat, Fenofibrat.

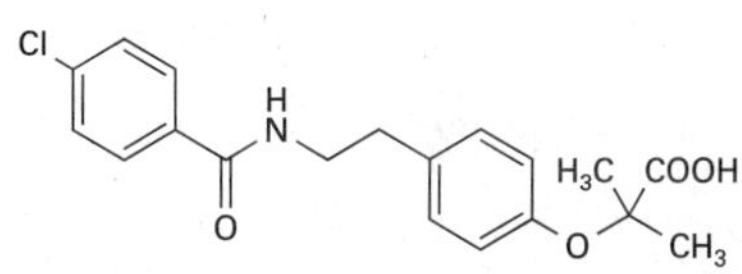

Bezafibrat

Bezeichnung: Name u. damit ein wesentl. Identitätsmerkmal eines Arzneimittels. Die Bez. ist zumeist eine Phantasiebez., kann aber beispielweise auch dem Arzneibuch entsprechen, in der Wissenschaft gebräuchl. sein od. sich auf Anwendungsgebiete beziehen. Bei hom. Arzneimitteln muss nach der Bez. der Hinweis homöopathisches Arzneimittel angegeben sein. Rezepturarzneimittel haben keine Bez. im Sinne des Arzneimittelgesetzes.

Bezeichnungsverordnung: Deutschland: Zur Bez. der Art der wirksamen Bestandteile bei der Kennzeichnung von Fertigarzneimitteln müssen Bez. verwendet werden, wie sie in der VO über die Bez. der Art der wirksamen Bestandteile von Fertigarzneimitteln, Bezeichnungsverordnung vom 15.9.1980, BGBl. I S. 1736, zuletzt geändert durch Änderungsverordnung vom 14.12.2001, aufgeführt sind. Sofern einer Bez. eine Angabe

B

hinsichtl. des Kristallwassergeh., der Herkunft, der Zstzg. od. eine Potenzangabe beigefügt ist, gehört diese zur Bezeichnung. **Österreich:** geregelt durch die VO über die Kennzeichnung von Arzneispezialitäten BGBl. Nr. 402/1984 in der Fassung 1995; **Schweiz:** geregelt durch Art. 12 der VO des Schweizerischen Heilmittelinstituts über die Anforderungen an die Zulassung von Arzneimitteln (Arzneimittel-Zulassungsverordnung, AMZV, SR 812.212.22).

Bezomil: chem. Kurzbez. für (Benzoyloxy)methyl.

Bezugselektrode: s. Potentiometrie.

Bezugsfunktion: in der chem. Analytik die mathemat. Beziehung zw. dem Messwert (z. B. Absorption A) u. dem zu bestimmenden Geh. (z. B. als Konz. c); für die bd. Größen A u. c hat die B. die allg. Form A=f(c). Die **Bezugskurve** (der Begriff Eichkurve ist zu vermeiden) ist die graph. Darst. der Bezugsfunktion.

Bezugszustand: Zustand einer Lsg., bei der sich die Best. ideal verhalten, d. h. die Aktivität* gleich der Konzentration* ist. Bei Lösungsmitteln ist der B. das reine Lösungsmittel; bei Gelöstem liegt er bei unendl. Verd. od. zumindest bei sehr geringen Konz. vor.

BfA: Abk. für **B**undesversicherungsanstalt* **f**ür **A**ngestellte.

BfArM: Abk. für **B**undesinstitut* **f**ür **Ar**zneimittel und **M**edizinprodukte.

BGA: Abk. für **B**undes**g**esundheits**a**mt*.

BGB: Abk. für **B**ürgerliches **G**esetz**b**uch.

BgVV: Abk. für **B**undesinstitut für **g**esundheitlichen **V**erbraucherschutz und **V**eterinärmedizin; die Nachfolge trat am 1.11.2002 das Bundesamt* für Verbraucherschutz und Lebensmittelsicherheit (BVL) an.

BHA: Abk. für **B**utyl**h**ydroxy**a**nisol*; vgl. Antioxidanzien.

Bheng: s. Cannabis sativa (Herba Cannabis).

BHI: Abk. für **B**undesfachverband der **H**eilmittel**i**ndustrie; jetzt: BAH*.

BHT: Abk. für **B**utyl**h**ydroxy**t**oluol*; vgl. Antioxidanzien.

Bi: (chem.) Symbol für Bismut*.

Bi-: **1.** Präfix in der org.-chem. Nomenklatur für ein Molekül mit 2 ident., miteinander verknüpften Komponenten (s. Abb.); ter-, quater- und quinque- stehen für drei, vier od. fünf gleiche Komponenten, vgl. Bis-, Di-. **2.** in der anorg. Chemie früher anstelle von Hydrogen- zur Benennung von sauren Salzen, z. B. Natriumbicarbonat.

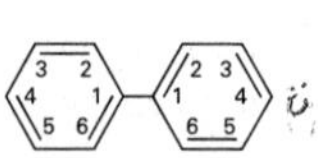

Bi-: Biphenyl als Beispiel

Bial-Reagens: Nachw.-Reagens auf Pentosen im Harn (s. Melliturie). **Durchführung:** 5 mL Bial-Reagens (1 g Orcin* gelöst in 500 mL 30 %iger Salzsäure u. 25 Tr. Eisenchloridlsg.) aufkochen, dann 5 Tr. Harn zufügen; positiv bei prachtvoller grüner Färbung.

Biamperometrie: s. Dead-Stop-Methode.

Bias (engl. Verzerrung): einseitige Ausrichtung. I. e. S. Verzerrung od. einseitige Ausrichtung des Ergebnisses einer klin. od. epidemiolog Studie (s. Pharmakoepidemiologie) durch einen systemat. Fehler. Z. B. Selektionsbias durch nicht randomisierte Patientenauswahl od. Publikationsbias durch Unterlassen der Veröffentlichung von klin. Studien* mit unerwünschten Ergebnissen (vgl. confounder).

Bibenzoniumbromid INN: 2-(1,2-Diphenylethoxy)-ethyltrimethyl-ammoniumbromid; CAS-Nr. 15585-70-3; $C_{19}H_{26}BrNO$, M_r 364.3. Schmp. 144-147 °C. Lösl. in kaltem Wasser, Methanol, Ethanol. **Anw.:** Antitussivum*, kaum mehr verwendet.

Bibenzyl: 1,2-Diphenylethan; $C_{14}H_{14}$, M_r 182.3. Schmp. 50-53 °C. Weißes krist. Pulver. Prakt. unlösl. in Wasser, sehr leicht lösl. in Dichlormethan, leicht lösl. in Aceton, lösl. in Ethanol. **Anw.:** Reagens Ph.Eur.4. Als interner Standard bei gaschromatograph. Reinheitsprüfungen.

Bibergeil: s. Castoreum.

Bibergeiltinktur: s. Tinctura Castorei.

Biberklee: s. Menyanthes trifoliata.

Bibernelle, Große: s. Pimpinella major.

Bibernelle, Kleine: s. Pimpinella major.

Bibernelltinktur: s. Tinctura Pimpinellae.

Bibernellwurzel: s. Pimpinella major (Radix Pimpinellae).

Biberwurz: s. Aristolochia clematitis.

Bibrocathol INN: Bibrocathin, Tetrabrombrenzcatechinbismut, Bismut-tetrabrombrenzcatechin; Bismuthydroxidtetrabrom-2-diphenolat; CAS-Nr. 6915-57-7; $C_6HBiBr_4O_3$, M_r 649.74. Fast unlösl. in Wasser, Chloroform, Ether; schwer lösl. in Ethanol. **Anw.:** Antiseptikum, bei Bindehautentzündungen u. Hautreizungen; **Dos.:** konjunktival Augensalbe 3 %; topisch 10 %ige Salbe; Puder unverdünnt.

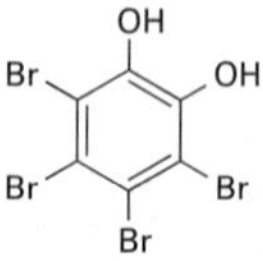

Bibrocathol: Tetrabrombrenzkatechin

Bicalutamid INN: (±)-4'-Cyano-α,α,α-trifluor-3-(4-fluorphenyl)sulfonyl-2-hydroxy-2-methyl-*m*-propionotoluidid; CAS-Nr. 90357-06-5; $C_{18}H_{14}F_4N_2O_4S$, M_r 430.37. Nichtsteroidales Antiandrogen, verwandt mit Flutamid*. **Wirk.:** kommt fast ausschließl. dem (*R*)-Enantiomer zu, es bindet kompetitiv antagonist. an zelluläre Androgenrezeptoren, wodurch die Wirk. von Androgenen auf Prostata- bzw. Prostatakarzinomzellen verhindert wird; **Anw.:** fortgeschritttenes Prostatakarzinom; **UAW:** Hitzewallungen, Gynä-

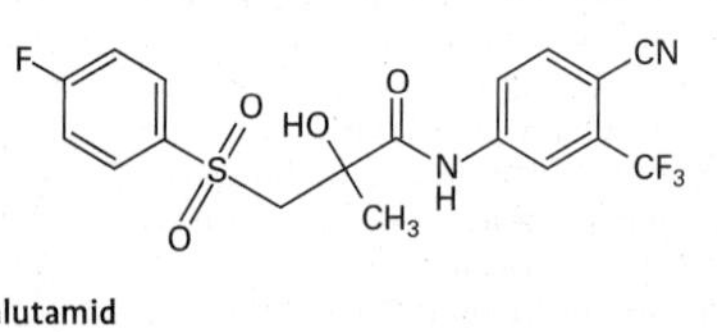

Bicalutamid

komastie, verminderte Libido, Impotenz; **Kontraind.:** Anw. bei Frauen u. Kindern; **WW:** Cimetidin* u. Ketoconazol* erhöhen Plasmakonz. von Warfarin* (Verdrängung aus der Eiweißbindung); **Dos.:** p. o. 1×50 mg/d; HWZ 7.4 d (tägl. ED).

Bicarbonate: s. Hydrogencarbonate.

Bicarbonathärte: Begriff bei der Trinkwasseruntersuchung, bezeichnet den Gehalt des Wassers an Calcium- u. Magnesiumhydrogencarbonat, s. Aqua.

Bichromate: veraltete u. falsche Bez. für Dichromate, Salze der Dichromsäure $H_2Cr_2O_7$, z. B. Kaliumdichromat*.

Bickbeeren: s. Vaccinium myrtillus (Myrtilli fructus).

Bickbeerenblätter: s. Vaccinium myrtillus (Myrtilli folium).

Biegefestigkeit: s. Biegung, Biegeversuch, Bruchfestigkeit.

Biegeversuch: Werkstoffprüfung. Der auf Biegung* zu beanspruchende Körper wird an den Enden aufgelegt u. in der Mitte belastet. Ermittelt wird die Last, bei der gerade eine bestimmte plast. Formänderung od. Bruch eintritt (Biegefestigkeit); vgl. Biegung, Bruchfestigkeit.

Biegung: elastische od. plast. Formänderung von längl. Körpern durch Biegemomente, d. h. durch Kräftepaare, die im endl. Abstand voneinander in entgegengesetzter Richtung auf den Körper wirken. B. verursacht auf der einen Seite des Körpers eine Druckspannung u. dadurch eine Verkürzung, auf der entgegengesetzten Seite eine Zugspannung u. dadurch eine Verlängerung. Der Übergang von der Zugspannung auf die Druckspannung über den Querschnitt erfolgt stetig. Durch den Biegeversuch* kann die Biegefestigkeit des Körpers ermittelt werden. Die Biegefestigkeit unterscheidet sich von der Zugfestigkeit inf. der eintretenden plast. Verformung mehr od. minder stark.

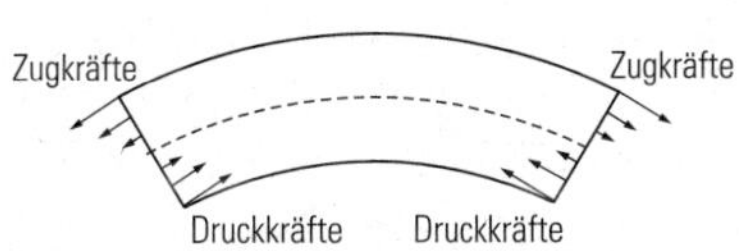

Biegung: Zug- u. Druckkräfte im Querschnitt des gebogenen Körpers

Bienengift: s. Apisin.

Bienenharz: s. Propolis.

Bienenköniginnenfuttersaft: s. Gelée royale.

Bienensaugblüte, Weiße: s. Lamium album (Lamii albi flos).

Bienenwachs: s. Wachse (Cera flava); **Gebleichtes Bienenwachs:** s. Wachse (Cera alba).

Bienne: (bot.) zweijährige Pflanze. Eine B. bildet im ersten Jahre den beblätterten Spross, blüht u. fruchtet im zweiten Jahr u. stirbt dann ab.

Bierhefe: s. Faex.

Bierwürze-Agar: s. Nährböden.

Bierwürze-Nährböden: s. Nährböden.

Bietamiverin INN: 2-Diethylaminoethyl-(2-phenyl-2-piperidino)acetat; 2-Phenyl-2-piperidino-essigsäure-β-diethylaminoethylester; CAS-Nr. 479-81-2; $C_{19}H_{30}N_2O_2$, M_r 318.45. Sdp. 65 °C (133 Pa); $n_D^{25\,°C}$ 1.5070. **Anw.:** obsolet; Spasmolytikum* bei Dysmenorrhoe, Spasmen im Bereich des Gastrointestinaltraktes, der Harnblase u. Harnwege. **Bietamiverindihydrochlorid:** $C_{19}H_{32}N_2O_2Cl_2$. Schmp. 194-195 °C.

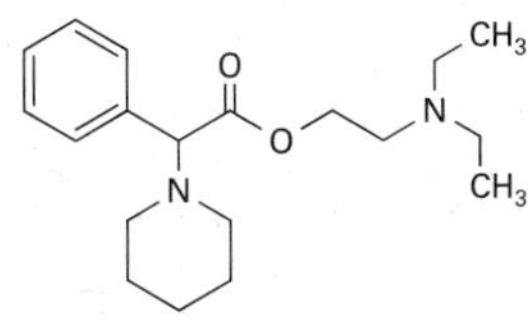

Bietamiverin

bifazial: zweigesichtig; Oberseite u. Unterseite versch., z. B bei einem Blatt.

Bifidus-Faktor: stickstoffhaltige Polysaccharide, die in der Muttermilch vorhanden u. für das Wachstum der Milchsäurebakterien (Bifidobakterien) im Darm der Säuglinge unentbehrlich sind, in Kuhmilch fast ganz fehlend. **Bifidobakterien:** gehören zur Normalflora von Intestinaltrakt, Vagina u. zur Muttermilch; keine Pathogenität; Bifidobacterium bifidus bildet zu 90 % die Darmflora von Säuglingen, wodurch die saure Reaktion u. die Hemmung der Kolibakterien bedingt wird.

Biflavonoide: s. Bisflavonoide.

bifokal: zweibrennweitig. Bei Brillengläsern: im unteren T. für die Nähe, im oberen T. für die Ferne.

Bifonazol INN: Bifonazolum Ph.Eur.4; 1-(*RS*)-(Biphenyl-4-yl)phenylmethyl-1*H*-imidazol; CAS-Nr. 60628-96-8; $C_{22}H_{18}N_2$, M_r 310.40, Schmp. 142 °C; weißes bis fast weißes, krist. Pulver, praktisch unlösl. in Wasser, wenig lösl. in wasserfreiem Ethanol; zeigt Polymorphie. **Anw.:** Antimykotikum.

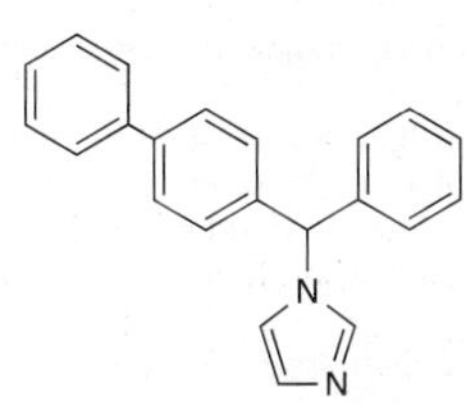

Bifonazol

Bifurkationsprothese: syn. Y-Stück; Y-förmige Prothese zur künstl. Umgehung eines verstopften Gefäßes, i. d. R. modular, aus zwei Teilen bestehend.

Bigaradeblüten: s. Citrus aurantium ssp. aurantium (Aurantii flos).

Bignoniaceae: Trompetenbaumgewächse; Fam. der Od. Scrophulariales; ca. 800 Arten; hauptsächl. trop. u. subtropische Holzpflanzen. Die Blätter sind meist gegenständig, handförmig geteilt od. gefiedert, seltener ungeteilt; die zygomorphen, oft großen Blüten (mit verwachsenen Kron- u. Kelchblättern) sind 5-zählig, mit 4 od. 2 fertilen Staubblättern; der Fruchtknoten ist 1- od. 2-fächerig, oberständig, mit vielen Samenanlagen; die Früchte sind Kapseln, seltener Beeren; Samen ohne Endosperm, oft geflügelt. **Chem. Merkmale:** Anthranoide (Anthrachinone*), (im Holz) hautirritierende Derivate von α-Naphthochinon* (z. B. Lapachol*), Iridoide (z. B. Catalpin, s. Catalpol), Alkaloide. **Wichtige Gattungen:** z. B. Jacaranda, Tabebuia, Tecoma.

bikohärent: Zustand, z. B. eines Emulsionssystems (Creme), wenn weder eine reine Öl- noch eine reine Wasserphase exisitert. In der öligen u. in der wässrigen Phase sind Tensidmoleküle gelöst, die die Bestandteile der jeweils anderen Phase solubilisieren. Im kolloiden Bereich wird Bikohärenz den Gelen* zugeschreiben. Das Dispersionsmittel ergibt mit dem kolloid gelösten Gerüstbildner ab einer bestimmten Konz. ein zusammenhängendes System.

bikollateral: s. Leitbündel.

bikonvex: s. konvex.

bilateral: (bot.) zweiseitig, beiderseits, disymmetrisch; s. Blüte.

Bildanalyse: Abk. BA; halb- od. vollautomatisierte Auswertung von mikroskop. Bildern z. B. zur Korngrößenanalyse. **Vollautomatische BA:** zeitsparende Analyse bei dem ein mikroskop. Bild über eine Fernsehkamera elektron. abgerastert od. unmittelbar das elektron. Signal eines Rasterelektronenmikroskopes ausgewertet wird. Bei der Abrasterung des Bildes werden die Koordinaten eines jeden Punktes ermittelt, so dass aus den Hell-Dunkel-Kontrasten über einen Computer die Geometrie der Projektion eines jeden Partikels ermittelt wird. **Halbautomatische BA:** Auswertung mit Hilfe eines Computers, der durch ein Grafiktablett in der Lage ist, sämtl. Koordinaten der Partikelprojektion aus einem elektronenmikroskopischen od. mikroskop. Bild durch Umfahren der Partikeln mit einem Spezialstift aufzuzeichnen. Sind die Koordinaten der Umrisse der Partikeln im Computer gespeichert, kann z. B. Längsausdehnung od. Fläche berechnet u. damit der Durchmesser eines flächengleichen Kreises bestimmt werden. s. Äquivalentdurchmesser.

Bildungsgewebe: s. Meristem.

Bilharziose: s. Schistosomiasis.

Bilirubin: s. Gallenfarbstoffe.

Bilis: s. Fel.

Biliverdin: s. Gallenfarbstoffe.

Billroth-Batist (Billroth, Chirurg, Wien, 1829-1894): durch Oberflächenbehandlung mit fettsaurem Blei wasserundurchlässig gemachtes Baumwollgewebe. **Anw.:** z. B. für Tracheostoma-Lätzchen.

Bilobalid: s. Ginkgo biloba.

Bilsenkraut: s. Hyoscyamus niger.

Bilsenkraut, Ägyptisches: s. Hyoscyamus muticus.

Bilsenkrautblätter: s. Hyoscyamus niger (Hyoscyami folium).

Bilsenkrautextrakt: s. Extractum Hyoscyami.

Bilsenkrautöl: Auszug von Bilsenkrautblättern mit Erdnußöl; s. Hyoscyamus niger (Oleum Hyoscyami).

Bilsenkrautsamen: s. Hyoscyamus niger (Semen Hyoscyami).

Bilsenkrauttinktur: s. Tinctura Hyoscyami.

Bimatoprost INN: (5*Z*)-(1*R*,2*R*,3*R*,5*S*)-3,5-Dihydoxy-2-[(1*E*,3*S*)-3-hydroxy-5-phenylpent-1-en-1-yl]cyclopentyl-*N*-ethylhept-5-enamid; CAS-Nr. 155206-00-1; $C_{25}H_{37}NO_4$, M_r 415.6. logP 1.9 (ber.); schwer lösl. in Wasser. Synthet. Prostamid, strukturelle Ähnlichkeit zu Prostaglandin* F. **Wirk.:** verstärkt den Kammerwasserabfluss über die Balkenarterien; **Anw.:** Antiglaukomatosum*; **UAW:** Wachstum der Augenwimpern, Augenjucken; **Dos.:** 0.03 %ige Lsg, 1 Tr. täglich.

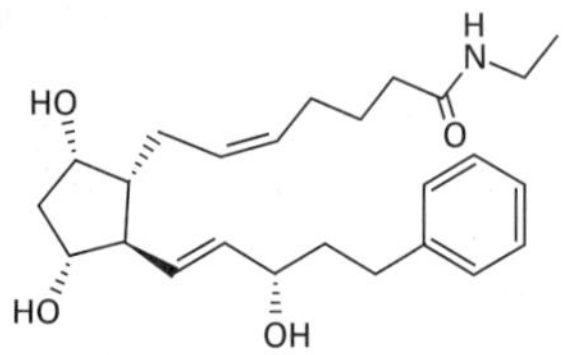

Bimatoprost

Bimetall-Thermometer: das gebräuchlichste aller auf der Ausdehnung fester Metalle beruhenden Ausdehnungsthermometer. Der temperaturempfindl. Teil, ein meist spiralförmig gewickelter Blechstreifen, besteht aus 2 Metallen mit unterschiedl. therm. Ausdehnungskoeffizienten, die zusammengelötet od. aufeinander genietet sind. Wird das eine Ende des Streifens an einem festen Zapfen gelagert u. das andere Ende mit einer drehbaren, mit einem Zeiger versehenen Achse befestigt, dann wird diese u. damit der Zeiger bei einer Temperaturänderung gedreht. Die Messgenauigkeit beträgt ca. 1 % des Skalenumfanges. Bimetallstreifen werden auch benutzt, um bei Erreichen einer bestimmten Temp. einen elektr. Kontakt zu öffnen od. zu schließen u. so eine automat. Temperaturregelung herzustellen.

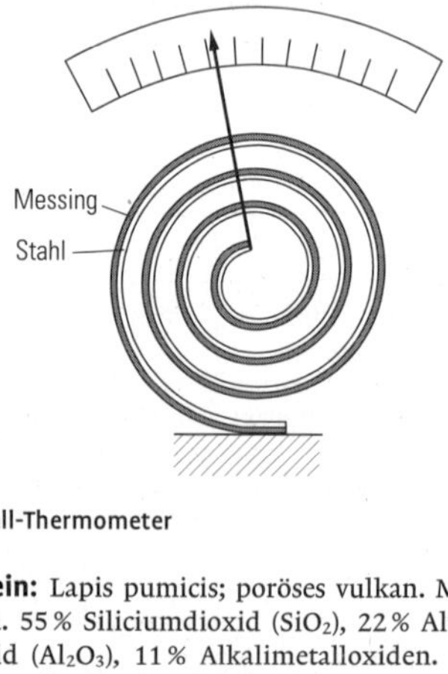

Bimetall-Thermometer

Bimsstein: Lapis pumicis; poröses vulkan. Mineral mit ca. 55 % Siliciumdioxid (SiO_2), 22 % Aluminiumoxid (Al_2O_3), 11 % Alkalimetalloxiden. **Vork.:** u. a. Insel Lipari, Rheinland. **Anw.:** Hautreinigungs- u. Poliermittel, Zusatzstoff für Beton.

Binde, elastische: s. Idealbinde.

Bindegewebe: die Körperorgane umhüllendes u. verbindendes, sehr wandlungsfähiges Gewebe in

Form von Gallert-, Fett-, faserigem Binde-, Sehnen-, Knorpel- u. Knochengewebe. B. hat eine festigende u. stützende Funktion. Proteoglykane bilden die Grundsubstanz des Bindewebes, Kollagen verleiht dem B. hohe Zugfestigkeit, Elastin ist in den elast. Fasern vorhanden.

Bindehaut: Conjunctiva; Bindehaut des Auges; schleimhautähnl. Fortsetzung der äußeren Haut, nur kälte- u. schmerzempfindich.

Bindemittel: Adhäsionsmittel; Hilfsstoffe zur Tablettierung; für die Festigkeit u. Widerstandsfähigkeit von Tabletten, beim Granulieren in gelöster Form (meist als Schleime) auch für den Zusammenhalt der Pulverpartikeln im Granulatkorn verantwortlich. Die Verw. von B. alleine od. im Überschuss kann u. U. zu einem ungenügenden Zerfall der Tabletten führen. Als B. werden u. a. verwendet: Zucker, Stärken, Gelatine, Cellulosederivate, Gummi arabicum, Tragant, PEG, PVP. Eine ungenügende Bindemittelwirkung kann zu einer unbefriedigenden Festigkeit aber auch zum sog. Deckeln (Abstoßung u. Abschilferung einer od. mehrerer Schichten von der Tablettenoberseite) führen. **Trockenbindemittel:** s. Direkttablettierung.

Bindung, chemische: der Zusammenhalt von Atomen in Molekülen od. Kristallen durch Bindungskräfte. Man unterscheidet mehrere Bindungstypen, zw. denen es jeweils Übergänge gibt. **Ionenbindung**: resultiert aus der ungerichteten Anziehung entgegengesetzt geladener Ionen u. führt zur Bildung von Ionenkristallen mit regelmäßiger Anordnung der Kationen u. Anionen auf Gitterplätzen. Die Ionen haben Edelgaskonfiguration u. können Atomionen (Na^+, Cl^-) od. Molekül-Ionen (NH_4^+, SO_4^{2-}) sein. Typ. Verb. mit Ionenbindung entstehen aus Elementen mit großer Elektronegativitäts*-Differenz, z. B. aus Kationen der Alkalimetalle* od. Erdalkalimetalle* einerseits u. den Anionen der Chalkogene* u. Halogene* andererseits. Beispiele:

$2\,Mg + O_2 \rightarrow 2\,Mg^{2+}O^{2-}$

$Na + Cl \rightarrow Na^+Cl^-$

Atombindung: Elektronenpaarbindung, kovalente Bindung; tritt vorwiegend zw. Nichtmetallen auf. Durch ein od. mehrere Elektronenpaare zw. den beteiligten Atomen entstehen Einfachbindungen, Doppelbindungen*, od. Dreifachbindungen*. In Strukturformeln wird jedes Elektronenpaar durch einen Strich dargestellt. Normalerweise trägt jeder Partner zu jedem bindenden Elektronenpaar jeweils ein Elektron bei. Stammen beide Elektronen von einem der Partner, z. B.:

$$R_3N| + \overline{\underline{O}}| \longrightarrow R_3N-\overline{\underline{O}}|$$

spricht man von dipolarer, koordinativer od. dativer Bindung. Eine unpolare Atombindung entsteht, wenn bd. Bindungspartner die gleiche Elektronegativität haben, z. B.:

$$2\,H\cdot \longrightarrow H-H$$

$$2\,|\dot{\underline{O}}\cdot \longrightarrow \overline{O}=\overline{O}$$

$$2\,|\dot{N}: \longrightarrow |N\equiv N|$$

Durch die gemeinsamen Elektronen erreichen jeweils bd. Atome Edelgaskonfiguration. Die Bindungselektronen sind symmetr. zw. den Atomen eines Elementes verteilt. Haben die Bindungspartner unterschiedl. Elektronegativität, resultiert eine polare Atombindung: $H_2 + Cl_2 \rightarrow 2\,H^{\delta+}-Cl^{\delta-}$. Die Bindungselektronen werden stärker zum elektronegativen Atom gezogen, das daher eine negative (δ^-) Partialladung trägt, das andere Atom eine positive (δ^+). Die polare Atombindung ist eine Übergangsform zw. unpolarer Atombindung u. Ionenbindung. Atombindungen findet man in Kristallen mit Atomgittern (Diamant, Graphit), vor allem aber in Molekülen. Da die Bindungskraft gerichtet ist, resultiert eine starre Geometrie mit festen Bindungswinkeln.

Metallbindung: Im Metallgitter werden positiv geladene Atomrümpfe von einem dazwischenliegenden „Gas“ aus freibewegl. Elektronen zusammengehalten. Das „Elektronengas“ ist die Ursache für die typ. Metalleigenschaften, wie metall. Glanz, hohe elektr. u. therm. Leitfähigkeit. Atom-, Ionen-, u. Metallbindung sind starke, sog. Hauptvalenzbindungen mit Bindungsenergien von 70-550 kJ/mol. Daneben existieren weitaus schwächere Nebenvalenzbindungen mit Bindungsenergien von 8-20 kJ/mol. Zu ihnen gehört die Van-der-Waals-Bindung (s. Bindungskräfte, intermolekulare) u. die Wasserstoffbrückenbindung*. Die Beschreibung einer Bindung erfolgt über Bindungslänge*, Bindungswinkel*, Bindungsgrad*, Bindungsenergie* u. Kraftkonstante*.

Bindung, dative: s. Bindung, chemische.

Bindung, dipolare: s. Bindung, chemische.

Bindung, koordinative: s. Bindung, chemische.

Bindung, kovalente: s. Bindung, chemische.

Bindungsenergie: bei der Entstehung der Bindung umgesetzte Energie, bezogen entweder auf die einzelne Bindung, Angabe meist in eV, od. bezogen auf 1 mol Bindungen, Angabe in kJ/mol; s. Bindung, chemische.

Bindungsgrad: Bindungsordnung; die Anzahl der an einer Atombindung beteiligten Elektronenpaare; s. Bindung, chemische.

Bindungskräfte, intermolekulare: unterschiedl. physik. Anziehungskräfte; vgl. Adhäsion. **1. Van-der-Waals-Kräfte: a)** Dispersionskräfte (London-Kräfte), Anziehungskräfte zw. wechselseitig induzierten Dipolen in benachbarten nichtpolaren Teilchen (gleich- od. ungleichartig); **b)** Dipol-Dipol-Kräfte (Keesom-Kräfte), Anziehungskräfte zw. 2 Dipolen (Ausrichtkräfte); **c)** Dipol-induzierte Dipolkräfte (Debye-Kräfte), Anziehungskräfte zw. permanenten Dipolen u. polarisierbaren nichtpolaren Molekülen; **2. Ionen-Dipol- u. ioneninduzierte Dipolkräfte:** Anziehungskräfte zw. permanenten od. induzierten Dipolen ausgerichtet in einem elektr. Feld eines Ions; **3. Wasserstoffbrücken-Kräfte:** Anziehungskräfte durch die Wechselwirkung von H-Atomen mit stärker elektronegativen Atomen, dabei bildet sich eine Brücke zw. den beteiligten Molekülen aus; s. Wasserstoffbrückenbindung. **4. Coulomb-Kräfte:** Anziehungskräfte zw. 2 Ionen.

Bindungslänge: Bindungsabstand; der Abstand der Schwerpunkte verbundener Atome in pm, nm od. Å.

Bindungswertigkeit: syn. Bindigkeit; gibt an, wieviel Atombindungen von einem Atom eingegangen werden können.

Bindungswinkel: der Winkel zw. zwei Atombindungen, die von einem Atom ausgehen.

Bingelkraut: s. Mercurialis annua.

Bingham-Körper: idealplast. Körper. Plast. Körper benötigen für den Fließbeginn eine Mindestschubspannung (Anlasswert, Fließgrenze, prakt. Fließgrenze τ_0). Unterhalb der Fließgrenze verhält sich das System elastisch, d. h. es ist reversibel verformbar, oberhalb können plast. Körper unterschiedl. Verhalten zeigen. Ein B.-K. verhält sich im Ggs. zum wesentl. häufiger vorkommenden Casson*-Körper idealviskos (Proportionalität zw. Deformationsgeschwindigkeit u. der um die Fließgrenze verminderten Schubspannung). Ein B.-K. ist z. B. Zementschlamm, Frischbeton; vgl. Viskosität.

binokular: mit beiden Augen. **Binokular-Mikroskop:** Mikroskop mit 2 Okularen.

Binomialverteilung: statist. Häufigkeitsverteilung, die die Wahrscheinlichkeit des Eintretens einer von 2 Alternativen beschreibt. Wenn p die Wahrscheinlichkeit für das Eintreten einer Alternative ist, z. B. fehlerbehaftet, dann ist 1–p die Wahrscheinlichkeit für die andere Alternative, z. B. fehlerfrei. **Anw.:** bei relativ kleinem Stichprobenumfang n u. relativ hoher Fehlerwahrscheinlichkeit p:

$$P(x) = \frac{n!}{x! \cdot (n-x)!} p^x \cdot (1-p)^{n-x}$$

P(x) ist die Wahrscheinlichkeit, in der Stichprobe x-mal ein fehlerbehaftetes Objekt zu finden. Die B. kann z. B. eine wichtige Grundlage zur Absicherung der stichprobenartigen Überwachung von Produktionsprozessen sein.

Binor-: s. Nor-.

Bioabbaubarkeit: Eigenschaft synthet. Stoffe, im Organismus abgebaut u. verstoffwechselt zu werden. Von bes. Interesse sind biodegradable Polymere wie z. B. Polylactate od. Polyglycolate für den Einsatz in Systemen zur kontrollierten Wirkstofffreigabe*.

Bioadhäsion: Sammelbegriff für alle Arten von Adhäsionsphänomenen durch physik. oder chem. (nichtkovalente u. kovalente) Bindungen, bei denen mind. eine der beteiligten Phasen belebt ist. B. findet grundsätzl. in Gegenwart von Wasser statt. **Bioadhäsive Arzneiformen:** Substrate sind z. B. die Schleimhaut des Mundes, des Auges, der Nase od. des Gastrointestinaltraktes, der Vagina. Hierbei spricht man speziell von **Mukoadhäsion** u. grenzt andere adhäsiven Systemen zur Anw. am od. im menschl. Körper (z. B. Pflaster, transdermale Systeme, Fibrinkleber od. Knochenzement in der Chirurgie) ab. Die wichtigsten mukoadhäsiven Polymere sind Polyacrylsäurederivate, Chitosan u. Abkömmlinge, Cellulosederivate, Thiomere*, Hyaluronsäure, Pektine u. Alginate. Die mukoadhäsiven Eigenschaften werden durch einen visuellen Test (rotierender Zylinder, s. Abb.), Abreißtest od. rheolog. Methoden bestimmt. **Vorteile: 1.** verlängerte Verweilzeit der Arzneiform am Ort der Applikation bzw. Absorption; **2.** verbesserte Lokalisierug am Ort bevorzugter Absorption (Absorptionfenster); **3.** intensivierter Kontakt zur absorbierenden Schleimhaut; **4.** Hemmung proteolyt. Enzyme; **5.** Modulation der epithelialen Permeabilität (Penetrationsverbesserung); **6.** Induktion vesikulärer Transportvorgänge in Zellen (Endo- bzw. Transzytose); **7.** verbesserte Bioverfügbarkeit über die Verlängerung der Absorptionszeit; **8.** verbesserte Anwendungsfreundlichkeit od. Compliance durch eine Verlängerung des Dosierungsintervalls; **9.** Steigerung des Konzentrationsgradienten des Arzneistoffes u. damit verbesserte Absorption, interessant z. B. für die nichtparenterale Applikation von Peptiden u. Proteinen. Vgl. Adhäsion, Adhäsine.

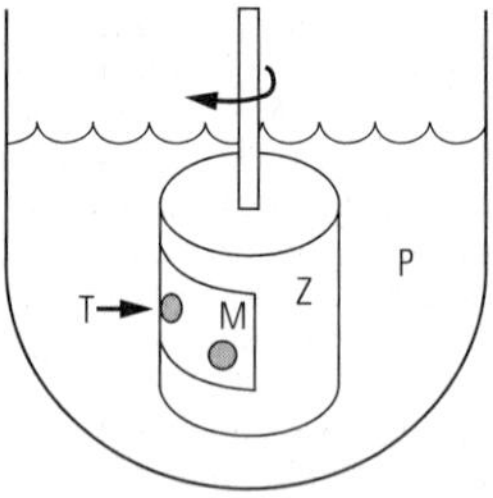

Bioadhäsion: Testsystem zur Bestimmung der mukoadhäsiven Eigenschaften von Polymertabletten; Z: Zylinder; P: physiolog. Pufferlsg.; M: Schweinemukosa; T: Tablette

Bioäquivalenz: biopharmaz. Gleichwertigkeit zweier Präparate, die den gleichen Wirkstoff in gleicher Dosierung u. Darreichungsform enthalten. Die B. schließt den Begriff der pharmaz. Äquivalenz* ein u. erfordert zusätzl. gleiche Bioverfügbarkeit* im Rahmen bestimmter Vorgaben. Die B. kann nur durch eine klin. Studie ermittelt werden. Als Zielgrößen werden die Parameter AUC, C_{max} u. (seltener) t_{max} herangezogen. Zur ersten Abschätzung wird überprüft, ob der Mittelwert der AUC des Testpräparates (Punktschätzer) im Bereich von 75-125 % der AUC des Vergleichspräparates liegt. Zwei Arzneimittel gelten als bioäquivalent, wenn das 90 %- bzw. 95 %-Konfidenzintervall der Zielgröße des Testpräparates innerhalb des 80-120 %-Bereiches um den Mittelwert des Vergleichspräparates liegt. Die Bioäquivalenzentscheidung hat große Bedeutung für die Hersteller von Generika*, da diese bei nachgewiesener B. für die Zulassung auf die Unterlagen des Originalherstellers Bezug nehmen können, d. h. nicht alle klin. Tests für den Arzneistoff wiederholen müssen. Die Kriterien für die B. sind im Detail den jeweils gültigen Richtlinien zu entnehmen.

Bioanalytik: Qualitative u. quantitative Bestimmung von Stoffen in biol. Untersuchungsmaterialien mit Methoden der pharmaz. Analytik u. klin. Chemie*. U. a. Analyse von Arzneistoffen u. deren Metaboliten in Körperflüssigkeiten u. Geweben bei pharmakokin. Untersuchungen (s. Pharmakokinetik) od. als Grundlage des therapeut. Drug*-Monitoring.

bioavailability: (engl.) Bioverfügbarkeit*.

Biochemie: Grundlagenwissenschaft, die mit den Methoden der Chemie Lebensvorgänge wie Atmung, Stoffwechsel, Verdauung, Exkretion od.

innere u. äußere Sekretion von Mikroorganismen, Pflanzen u. Tieren untersucht.

Biodegradation: Bioerosion; Abbau einer Polymermatrix (in parenteral verabreichten festen Arzneiformen, z. B. Mikro, Nanopartikel) aus Polymilchsäure-glykolsäure, Polyaminosäuren u. a. Polykondensaten, wobei im Organismus die Hauptkette der Polymere durch chem. od. enzymatische Vorgänge aufgespalten wird. Die Spaltprodukte sind hydrophil u. werden durch weitere Aufschlüsse u. Hydrolysen wasserlöslich. Sie werden relativ rasch abgeführt, sind nierengängig u. erleiden eine quantitative Exkretion, hinterlassen im Gewebe wenig unphysiologische u. keine schädl. Restmoleküle. Bei Anwesenheit von Polyalkylcyanoacrylat bleibt das Kohlenstoff-Grundgerüst erhalten, wird ev. enzymat. schwach gelockert u./od. durch carbonoklast. Enzymsysteme teilweise aufgebrochen. Die Degradation findet hauptsächl. an den Seitenketten statt, so dass der Abbau nur langsam u. unvollständig erfolgt, d. h. es verbleiben Polymer- u. Oligomerreste im Gewebe zurück, welche zytotox. Schäden hinterlassen können.

Bioerosion: s. Biodegradation.

biogen: aus Lebendigem, aus der Tätigkeit von Lebewesen entstanden, z. B. Kohle, Erdöl. **biogene Arzneimittel:** (meist) pflanzl. Arzneimittel wie Drogen*, Zuber. daraus u. isolierte Wirkstoffe od.-komplexe.

Biogenese: **1.** Entstehung(sgeschichte) von Lebewesen (aus anderen Lebewesen). **2.** Entstehung von Stoffen u. Strukturen in od. durch Lebewesen (Biosynthese).

Bioindikator: spezielle, standardisierte Sporen eines bestimmten Mikroorganismus mit gleichbleibender Resistenz* zur Kontrolle von Sterilisationsverfahren*.

Bioinformatik: neues, interdisziplinäres Forschungsgebiet, das sich als Schnittstelle zw. der Biologie u. den Informationswissenschaften versteht. Die Bioinformatik entwickelt Computerprogramme, die zum Analysieren von DNA- u. Proteinsequenzen erforderl. sind, um diese z. B. für DNA-Chipanalysen und Proteomuntersuchungen u. Strukturvorhersagen verfügbar zu machen. Mit dem Wissen über die Prozesse der biol. Informationsverarbeitung könnte die B. neue Speichertechniken erarbeiten.

Bioinvasion: Vorgang bei dem Stoffe über endozytot. Prozesse in die Epithelzellen aufgenommen werden. Mit Hilfe gentechn. Methoden ist es möglich, Lektine* auf molekularer Ebene so zu verändern, dass sie als bioadhäsive od. bioinvasive Arzneistoffträger dienen. Dazu werden die veränderten Molekülstrukturen an die Oberfläche kolloidaler Trägersysteme (z. B. Liposomen od. Nanopartikel) gekoppelt. Bei der Anw. kann es dadurch einerseits zu Bioadhäsion* andererseits zu Bioinvasion kommen.

Bioisosterie: vergleichbare biol. Wirk. isosterer Gruppen. Erweiterter Begriff der Isosterie (s. Isostere): vergleichbare Wirkungsradien u. elektron. Struktur führen zu vergleichbarer biol. Wirkung, z. B. Carboxyl- u. Tetrazolgruppierung.

Biokatalysatoren: Sammelbezeichnung für Vitamine*, Hormone* u. Auxine*.

Bioklimatologie: Bioklimatik; Lehre von den Einflüssen des Klimas auf die Lebewesen.

Biologie: Wissenschaft von den Lebewesen (z. B. Mensch, Tier, Pflanze, Mikroorganismen), ihrem Bau u. ihren Funktionen, den Lebensvorgängen sowie den Beziehungen der Lebewesen zueinander u. zur Außenwelt.

Biologisches Grundgesetz: s. Arndt-Schulz-Gesetz.

biologische Uhr: inneres Zeit messendes System, das die endogenen Rhythmen von Organismen zu kontrollieren scheint. Die wichtigsten Zeitgeber sind Licht- u. Temperaturzyklen.

Biolumineszenz: chem. Erzeugung von Licht durch Lebewesen wie Leuchtbakterien*, bestimmte Pilze, Schwämme, Flagellaten, Quallen, Würmer, Fische u. Insekten; s. Lumineszenz. Ursache sind uneinheitl. zusammengesetzte org. Substanzen, als Luciferine bezeichnet, die kaltes Licht bewirken, wenn sie bei enzymat. Redoxreaktionen unter Einw. von Luciferasen oxidiert werden (Luciferin-Luciferase-System).

Biom: Gesamtheit der Organismengesellschaften einer Bioregion, die durch eine bestimmte Vegetation u. ein bestimmtes Klima charakterisiert ist.

Biomembran: (engl.) *unit membrane*; biol. Membran, Einheitsmembran; 6-10 nm dicke Membran (häutchenartiges Gebilde); im Elektronenmikroskop dreischichtig: zwei dunkle Schichten (ca. 2.5 nm dick), die durch eine hellere Schicht (ca. 3.5 nm) voneinander getrennt sind. Eine B. besteht aus Lipiden, Phospholipiden, Glykolipiden, Proteinen u. Glykoproteinen, wobei sich die Lipide in einem flüssig-kristallinen Zustand befinden; s. fluid mosaic model. **Funktionen:** Zellmembran mit aufbauen u. Zelle in Kompartimente* unterteilen.

Biometrie, medizinische: Theorie, die sich mit der Auswahl problemadäquater Modelle, dem Studiendesign u. den Auswertungsmethoden sowie der sachgerechten Interpretation epidemiolog. (s. Pharmakoepidemiologie) u. klin. Studien* in der Medizin befasst. Als interdisziplinäres Gebiet der Mathematik, insbes. Statistik, Informatik u. Medizin eingesetzt z. B. bei Evaluierung diagnost. Maßnahmen, Prüfung der Wirksamkeit u. Sicherheit medikamentöser u. anderer Therapien, Qualitätssicherung in der medizin. Versorgung, Suche nach gesundheitl. Risikofaktoren, Entwicklung mathemat. Modelle in der medizin. Grundlagenforschung.

Biopharmazie: Lehre von den Zusammenhängen zw. physikochem. Eigenschaften der Arznei- u. Hilfsstoffe sowie der Darreichungsform einerseits u. dem Verhalten im Biosystem andererseits. Zur Biopharmazie werden u. a. die Themenkomplexe Wirkstofffreisetzung*, Resorption*, Pharmakokinetik*, Bioverfügbarkeit* u. Metabolismus* gerechnet.

Biophase: abstrakter Begriff für den Wirkungsort eines Arzneistoffs, z. B. die unmittelbare Umgebung eines bestimmten Rezeptors.

Biopolymeren: polymere Naturstoffe; nat. Polymeren*; die für die lebende Materie charakterist., hochmolekularen, org. Substanzen wie z. B. Proteine u. Nucleinsäuren, die aus einer Vielzahl von gleich- od. verschiedenartigen Grundbausteinen (Monomeren) aufgebaut sind.

Biopterin: 2-Amino-4-hydroxy-6-(L-*erythro*-1,2-dihydroxypropyl)-pteridin; $C_9H_{11}N_5O_3$, M_r 237.22. Hellgelbe Kristalle; Zers. ab 250 °C. Entdeckt von Patterson 1955 in menschl. Harn; z. B. im Gelée royale enthalten. 5,6,7,8-Tetrahydrobiopterin ist Cofaktor der Hydroxylierung von Phenylalanin, Tyrosin u. Tryptophan (s. Pterine). Fehlen dieses Cofaktors führt zu Hyperphenylalaninämie u. Mangel an den Neurotransmittern Dopamin u. Serotonin mit dem Krankheitsbild der atyp. Phenylketonurie.

Bioregionen: Untereinheiten der Biosphäre; z. B. Steppen-, Wüsten- od. Regenwaldgebiete der Erde.

Biorhythmus: s. Chronopharmakologie.

Biosphäre: der gesamte von Organismen bewohnte Teil der Erdoberfläche: Luft, Land u. Wasser; weitere Untergliederung nach großklimat. Gesichtspunkten in Bioregionen*.

Bios-Stoffe: Wuchsstoffe. Bios I syn. *myo*-Inositol*; Bios IIb syn. Biotin, Bios III syn. Pantothensäure; s. Vitamine.

Biosynthese: s. Biogenese.

Biotin: s. Vitamine.

biotisch (gr. biotikos): das Leben betreffend, zum Leben gehörig.

Biotransformation: Umwandlung eines Wirkstoffs im Organismus; s. Metabolismus.

Bioverfügbarkeit: (engl.) *bioavailability*; Geschwindigkeit u. Ausmaß, mit denen ein Arzneistoff aus der Arzneiform resorbiert wird u. an den Wirkungsort (od. in den system. Kreislauf) gelangt. Da die Bestimmung der Konzentration am Wirkungsort i. d. R. nicht möglich ist, geht man meist von Blutspiegelkurven aus. Dem liegt die Annahme zu Grunde, dass zw. Blutspiegel u. Wirkung ein enger Zusammenhang besteht, was nicht immer der Fall ist. Der quantitative Aspekt der B. (Ausmaß) wird durch die Parameter AUC u. C_{max}, der zeitliche Aspekt (Geschwindigkeit) durch C_{max} u. t_{max} wiedergegeben. Man unterscheidet: **1. Absolute B.:** Anteil des Wirkstoffs, der nach extravasaler Applikation den system. Kreislauf erreicht, im Vergleich zu einer i. v. gegebenen Referenzdosis:

$$BV_{abs}(\%) = \frac{AUC_{e.v.}}{AUC_{i.v.}} \cdot 100\,\% = f \cdot 100\,\%$$

$AUC_{e.v.}$: Fläche unter der Blutspiegel-Zeit-Kurve nach extravasaler Applikation; $AUC_{i.v.}$: Fläche unter der Blutspiegel-Zeit-Kurve nach intravasaler Applikation; f: resorbierter Anteil der Dosis

Die absolute B. nach peroraler Applikation einer Lösung wird auch Resorptionsquote* genannt u. ist charakterist. für den jeweiligen Arzneistoff. **2. Relative B.:** Ausmaß der Bioverfügbarkeit eines Testpräparates im Verhältnis zu einem Vergleichspräparat bei gleichem Applikationsweg. Den häufigsten Fall stellen Bioäquivalenzstudien dar, in denen ein Generikum mit dem Originalpräparat verglichen wird. Weiterhin können eine wässrige Lösung des Arzneistoffs sowie ggf. eine Suspension als Referenz dienen. Sie ist ein wichtiger galen. Qualitätsparameter.

$$BV_{rel}(\%) = \frac{AUC_{Test}}{AUC_{Ref}} \cdot 100\%$$

AUC_{Test}: Fläche unter der Blutspiegel-Zeit-Kurve nach Applikation des Testpräparates; AUC_{Ref}: Fläche unter der Blutspiegel-Zeit-Kurve nach Applikation des Referenzpräparates.

Unter bestimmten Voraussetzungen kann die relative B. auch aus Harnspiegeldaten ermittelt werden u. entspricht bei gleicher Dosierung dem Quotienten aus den insgesamt in den Harn ausgeschiedenen Mengen für Test- u. Referenzpräparat multipliziert mit 100 %. Die B. kann sowohl nach Einfach- als auch (z. T. vorteilhaft) nach Mehrfachapplikation* bestimmt werden. Bioverfügbarkeitsuntersuchungen sind erforderl. bei Arzneistoffen zur system. Applikation sowie solchen, die bei topische Applikation zu system. UAW führen können. Dies gilt für neue Arzneistoffe, neue Arzneiformen sowie Generika. Vgl. Problemarzneistoffe*.

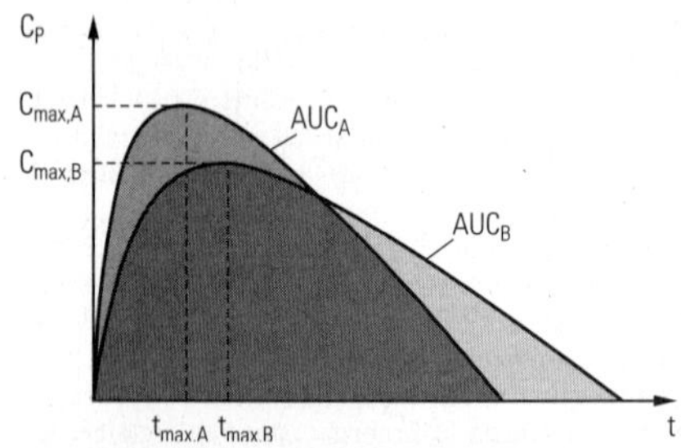

Bioverfügbarkeit: Vergleich zweier Zubereitungen A u. B hinsichtlich der Blutspiegelparameter AUC (Fläche unter der Blutspiegel-Zeit-Kurve), C_{max} (Blutspiegelmaximum) und t_{max} (Zeitpunkt des Auftretens von C_{max})

Biozide: Schadstoffe, darunter auch Schädlingsbekämpfungsmittel*, die in die naturgegebene Umwelt eingebracht, diese durch die Verschiebung ökolog. Gleichgewichte zu schädigen vermögen, ohne dass ein direkter zeitl. od. auch örtl. Zusammenhang erkennbar sein muss. I. e. S. Stoffe (Schädlingsbekämpfungsmittel, Antibiotika), die Lebewesen zerstören können.

Biperiden INN: α-Bicyclo[2.2.1]hept-5-en-2-yl-α-phenyl-1-piperidinpropanol; CAS-Nr. 514-65-8; $C_{21}H_{29}NO$, M_r 311.45. Schmp. 112-116 °C (polymorph). Wenig lösl. in Wasser u. Ethanol, sofort lösl. in Methanol. **Anw.:** Antiparkinsonmittel, Anticholinergikum; HWZ 18-23 h. **Biperidenhydrochlorid**: Biperideni hydrochloridum Ph.Eur.4,

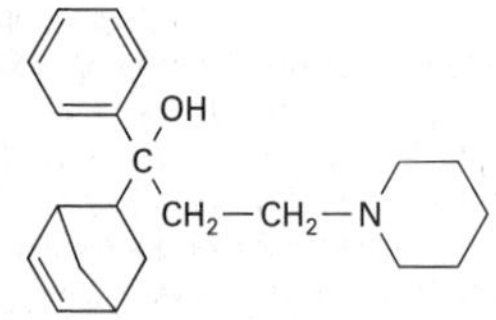

Biperiden

CAS-Nr. 1235-82-1; $C_{21}H_{30}ClNO$, M_r 347.9. Schmp. ca. 280 °C (unter Zers.), weißes, krist. Pulver, schwer lösl. in Wasser u. Ethanol, sehr schwer lösl. in Dichlormethan, praktisch unlösl. in Ether.

Biphenyl: s. Diphenyl.

Biphenyle, polychlorierte: s. PCB.

Biphenylisomere: s. Atropisomere.

4-Biphenylol: 2-Phenylphenol. **Anw.:** Desinfektionsmittel* zur Händedesinfektion*. Reagens Ph.Eur.4.

Biphosphonate: syn. Bisphosphonate; Analoga des Diphosphats (Pyrophosphats); werden als Regulatoren des Calciumstoffwechsels (s. Calcium) genutzt. **Pharmakokinetik:** Aufgrund ihrer geringen Resorption (<5 %) ist die Bioverfügbarkeit relativ klein u. es müssen spezielle Vorgaben bei der Einnahme beachtet werden. B. werden wegen der Strukturverwandtschaft zu Pyrophosphat nach der Resorption schnell in die Knochen eingebaut u. sind dort noch Monate nach einer einmaligen Einnahme nachweisbar. Sie reichern sich stark in den Osteoklasten an u. induzieren die Apoptose* dieser Zellen. Dadurch wird das Gleichgewicht zw. Osteoklasten* (Knochenabbau) u. Osteoblasten* (Knochenaufbau) zugunsten der Osteoblasten verschoben. **Wirkstoffe:** z. B. Alendronsäure*, Clodronsäure*, Etidronsäure*, Ibandronsäure*, Pamidronsäure*, Tiludronsäure*; **Anw.:** z. B. Osteoporose* u. Ostitis*.

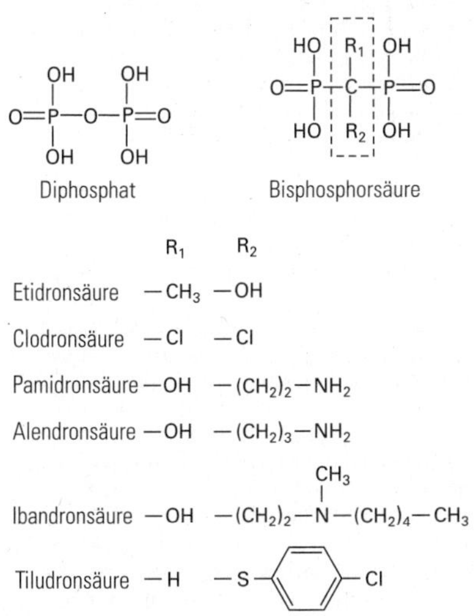

Biphosphonate

Bipindogenin: s. Convallaria majalis.

Biramentaceon: s. Drosera ramentacea.

Birch-Reduktion: Methode zur Herst. dihydroaromat. Verb. mit Natrium in flüssigem Ammoniak in Gegenwart eines Alkohols. Beispiel: aus Naphthalin erhält man 1,4-Dihydronaphthalin (s. Abb.).

Birke: s. Betula pendula.

Birkenblätter: s. Betula pendula (Betulae folium).

Birkenkampfer: s. Betulin.

Birkenknospen: s. Betula pendula (Gemmae Betulae).

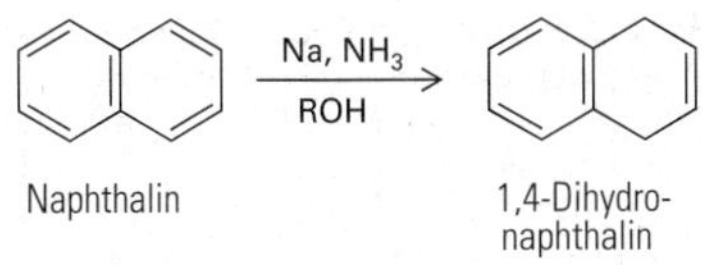

Birch-Reduktion: Bildung von 1,4-Dihydronaphtalin

Birkenrinde: s. Betula pendula (Cortex Betulae).

Birkensaft: s. Betula pendula.

Birkenteer: s. Betula pendula (Pix Betulae).

Birkenteeröl, rektifiziertes: s. Betula pendula (Oleum Betulae empyreumaticum rectificatum).

Birnen: Früchte des Birnbaums (Pyrus* communis L., Fam. Rosaceae); enthalten Arbutin*.

Birnenether: s. Isoamylacetat.

Bis-: Wortteil mit der Bedeutung zweifach (s. Abb.); entspr. bedeuten die Präfixe tris-, tetrakis-, pentakis- in der org. und anorg. chem. Nomenklatur drei-, vier-, fünffach.

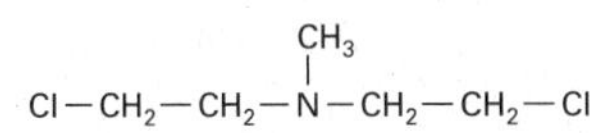

Bis-: Bis(2-chlorethyl)methylamin als Beispiel

Bisabolen: monocycl. Sesquiterpen, von dem sich Bisabolol*, Bisabololoxide u. andere Best. des Kamillenöls (s. Chamomilla recutita) ableiten. Strukturformel s. Sesquiterpene.

Bisabol-Myrrhenöl: s. Opopanax chironium.

Bisabolol: (−)-α-Bisabolol, Levomenol INN; $C_{15}H_{26}O$; CAS-Nr. 23089-26-1; M_r 222.0; Sdp. ca. 155° C; Sesquiterpenalkohol, der (formal) durch Anlagerung von H_2O an Bisabolen* entsteht; leicht lösl. in Ethanol, Propanol-2; unlösl. in Glycerol, Wasser. **Vork.:** z. B. im Kamillenöl, s. Chamomilla recutita; **Wirk.:** entzündungshemmend, granulationsfördernd, desinfizierend, spasmolyt.; **Anw.:** in Kombinationspräparaten zur Wundbehandlung, Dermatikum.

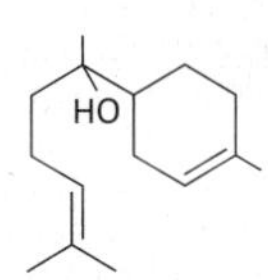

Bisabolol

Bisacodyl INN: Bisacodylum Ph.Eur.4, 4,4'-(2-Pyridylmethylen)diphenyldiacetat; (4,4'-Diacetoxy-diphenyl)-pyridyl-2-methan; CAS-Nr. 603-50-9; $C_{22}H_{19}NO_4$, M_r 361.38. Schmp. 133-135 °C (polymorph). Fast unlösl. in Wasser, alkal. Lsg.; lösl. in Säuren, Alkohol, Aceton, Propylenglykol, anderen org. Lösungsmitteln. **Anw.** u. **Wirk.:** Laxans*; wird durch Darmbakterien in das freie Diphenol überführt; geht in den enterohepat. Kreislauf ein; Wirkungseintritt erst nach ca. 8 h; **UAW:** gastrointestinale Beschwerden (deshalb meist in Drageeform), Störung des Elektrolythaushaltes (Kaliumverluste); **Kontraind.:** Darmverschluss; **WW:** Herzglykoside (Wirk. wird verstärkt); **Dos.:** p. o., rektal 5-10 mg/d; **Tox.:** stark schleimhautreizend; **Hinweis:** soll nicht mit Antazida u. Milch gemeinsam eingenommen werden. Hingewiesen sei auch auf Bisacodyl-Tanninsäure-Komplex.

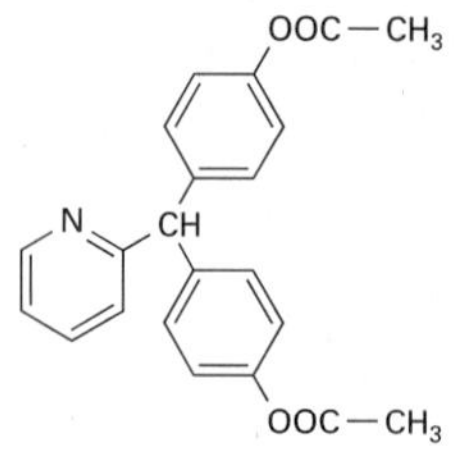

Bisacodyl

Bisam: s. Moschus.
Bisamgarbe: s. Achillea erba-rotta ssp. moschata.
Bisamkörner: s. Abelmoschus moschatus (Semen Abelmoschi).
Bisamkraut: s. Achillea erba-rotta ssp. moschata (Herba Ivae moschatae).
Bisamkürbis: s. Cucurbita pepo.
Bisbentiamin INN: *O*-Benzoyl-thiamindisulfid (Abk. BTD); Bis[8-(4-amino-2-methyl-5-pyrimidinyl)-7-formyl-6-methyl-1-oxo-1-phenyl-7-aza-2-oxa-5-octen-5-yl]disulfid; CAS-Nr. 2667-89-2; $C_{38}H_{42}N_8O_6S_2$, M_r 770.95. Schmp. 146-147 °C (kristallisiert aus Ethanol). **Anw.**: obsolet; Vitamin-B_1-Derivat; neurotropes Analgetikum.
Bisbenzylisochinolinalkaloide: dimere, meist über O-Brücken verknüpfte Benzylisochinolinalkaloide*. Beispiele sind Tubocurarin, Strukturformel s. Tubocurarinchlorid (Abb.) in Chondodendron-Arten (Fam. Menispermaceae) od. Tetrandrin in Stephania* tetrandra (Fam. Menispermaceae).
Bischler-Napieralski-Reaktion: Methode zur Synthese von 3,4-Dihydro-isochinolin u. seiner Derivate durch intramolekulare Cyclisierung der Acylderivate von *β*-Phenylethylaminen mit Phosphor(V)-oxid od. Zinkchlorid. Beispiel: *N*-Acetylphenylethylamin wird zu 1-Methyl-3,4-dihydroisochinolin umgesetzt (s. Abb.).

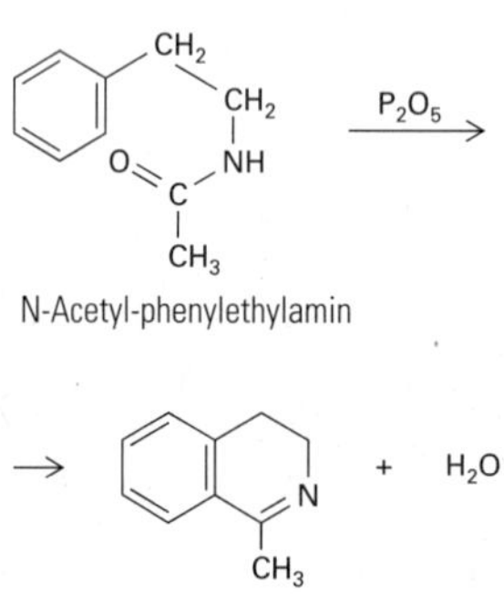

Bischler-Napieralski-Reaktion: Bildung von 1-Methyl-3,4-dihydro-isochinolin

Bischofskraut: s. Ammi visnaga.
Bisdesmethoxycurcumen: s. Curcuma longa (Curcumae longae rhizoma).
Bisdesmoside: s. Saponine.
Bisflavonoide: Biflavonoide; dimere Flavonoide; z. B. Amentoflavon u. dessen Dimethylether Ginkgetin (s. Abb.). B. sind charakterist. für Gymnospermae außer Fam. Pinaceae, z. B. auch in Ginkgo* biloba. Bei Angiospermae wenig verbreitet (z. B. in Schinus* therebinthifolius, Viburnum* prunifolium).
Bishi-Knollen: s. Aconitum napellus ssp. napellus (Herba Aconiti).
Bismalvawurzel: s. Althaea officinalis (Althaeae radix).
Bismut: Wismut; Symbol Bi; A_r 208.98, 2-, 3-, 5-wertiges Element, OZ 83. D. 9.8. Schmp. 271 °C. Sdp. 1560 °C. Härte 2.5. Rötlich silberweißes, glänz., sprödes Metall. Bi ist der schlechteste Wärmeleiter unter den Metallen u. dehnt sich beim Erkalten aus. Es gehört zu den seltener vork. Elementen, ist aber schon seit dem Altertum bekannt. An der Luft ist es bei Raumtemp. beständig; bei Rotglut verbrennt es mit bläul. Flamme zu Bismuttrioxid (Bi_2O_3). Mit den Halogenen sowie mit Schwefel, Tellur, Selen verbindet es sich in der Hitze direkt. Es ist unlösl. in Wasser u. nichtoxidierenden Säuren (Salzsäure, Schwefelsäure). In oxidierenden Säuren (Salpetersäure, heiße konz. Schwefelsäure) löst es sich unter Bildung von Salzen. **Vork.**: nat. hauptsächl. gediegen (Südamerika, Australien, Erzgebirge) sowie als Bismutglanz (Bi_2S_3) u. Bismutocker (Bi_2O_3). **Darst.**: Ausschmelzen aus dem Gestein od. Rösten der Erze; **Anw.** techn.: Herst. leichtschmelzender Legierungen, z. B. Rose-Metall (2 T. Bi, 1 T. Pb, 1 T. Sn), für Schmelzsicherungen u. Heizbäder, Schmp. 94 °C; Wood-Metall (8 T. Bi, 4 T. Pb, 2 T. Sn, 2 T. Cd), Schmp. 70 °C; Lipowitz-Metall (15 T. Bi, 8 T. Pb, 4 T. Sn, 3 T. Cd), Schmp. 60 °C. **Tox.**: bei Vergiftungen: Magenspülung mit Dimercaprol*. **Nachw.** von Bi-Verb.: **1.** viel Wasser fällt weiße, bas. Bi-Salze, lösl. in anorg. Säuren, unlösl. in Weinsäure (Unterschied zu gleichfalls durch viel Wasser gefällten Sb-Verb.); **2.** H_2S fällt braunschwarzes, in verd. Säuren u. Alkalisulfiden unlösl. Bismutsulfid Bi_2S_3; **3.** mit Soda auf Kohle geglüht, geben sie metall. Bismutkörner u. gelbbraunen Beschlag von Bismuttrioxid.
Hom: *Bismutum metallicum (HAB1.3)*: metall. Bismut.
Bismutacetat, basisches: Bismutum subaceticum; $BiO(CH_3COO)$. Weißes, feines Pulver; unlösl. in Wasser. **Anw.**: früher innerl. wie basisches Bismutnitrat*; äußerl. als Wundstreupulver.
Bismutalbuminat: Bismutum albuminatum; Gemisch von Ammoniumbismutcitrat u. Eiweiß. Grauweißes Pulver, lösl. in Wasser (meist trübe). **Anw.** med.: früher bei Magen- u. Darmerkrankungen.
Bismut, baldriansaures: s. Bismutvalerianat.
Bismut, basisches benzoesaures: s. Bismutbenzoat, basisches.
Bismutbenzoat, basisches: basisches benzoesaures Bismut, Bismutum benzoicum, Bismutum subbenzoicum; $BiO(C_6H_5COO)$. Weißes amorphes Pulver, fast unlösl. in Wasser, lösl. in Mineralsäuren (unter Abscheidung von Benzoesäure). **Anw.** med.: s. Bismutsalicylat, basisches.

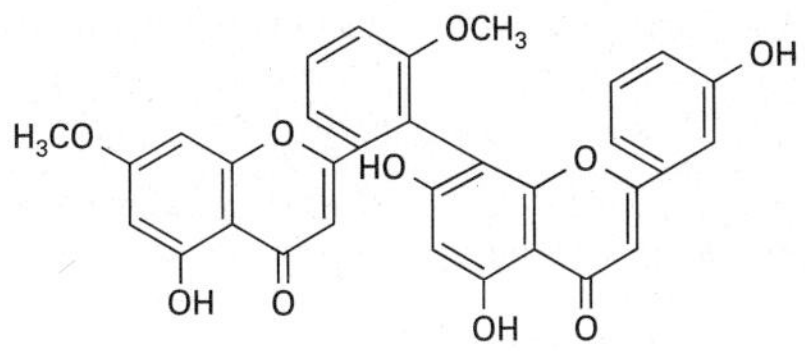

Bisflavonoide: Ginkgetin als Beispiel

Bismutbitannat: Bismutum bitannicum, basisches Bismuttannat; Geh. mind. 17.9 % Bismut. Hellgelbes Pulver von schwach säuerl., bitterem Geschmack; unlösl. in Wasser, lösl. in Natronlauge u. verd. Salzsäure. **Off.:** DAB6; **Anw.:** früher bei Diarrhö.

Bismutcarbonat, basisches: Bismuthi subcarbonas Ph.Eur., Bismutum subcarbonicum, Bismutylum carbonicum; Zstzg. variabel, etwa $(BiO)_2CO_3 \cdot 0.5\,H_2O$. Weißes bis gelbl. Pulver, unlösl. in Wasser u. Ethanol. **Darst.:** Umsetzen von Bismutnitrat u. Ammoniumcarbonat; **Anw.:** früher als Adstringens, bei Hyperazidität des Magens u. Geschwüren des Magens u. Zwölffingerdarms; obsolet auch als Röntgenkontrastmittel.

Bismut(III)-Cer-salicylat: syn. Wismut-Cer-salicylat, Bismutum-Cerium salicylicum; weißes Pulver, unlösl. in Wasser u. Ethanol. **Anw.:** früher als Antiseptikum.

Bismutchlorid, basisches: s. Bismutylchlorid.

Bismutchloridoxid: s. Bismutylchlorid.

Bismut(III)-citrat: Bismutum citricum, citronensaures Bismut; $C_6H_5O_7Bi$. Weißes amorphes Pulver, unlösl. in Wasser, lösl. in Ammoniaklösung. **Anw.** med.: s. Bismutnitrat, basisches. **Bismut(III)-citrat-hydroxid-Komplex, Ammonium-Kaliumsalz:** CAS-Nr. 57644-54-9. Weißes, amorphes Pulver, lösl. in Wasser. **Wirk.** u. **Anw.:** Ulkustherapeutikum, bakterizide Wirk. geg. Helicobacter pylori, bildet Schutzfilm, Pepsin-antagonisierende Wirk.; wird kaum resorbiert u. über die Faeces ausgeschieden; **UAW:** Übelkeit, schwarze Verfärbung der Faeces, dunkle Verfärbung der Zunge u. Zähne, selten Enzephalopathien; **Dos.:** 2×ca. 600 mg/d mit wenig Wasser über 28 d.

Bismutdicitrat, basisches: (engl.) *colloidal bismuth subcitrate (Abk. CBS)*; Trikalium-Bismut(III)-dicitrat; $C_{12}H_{10}BiK_3O_{14}$, M_r 1138.1. Leicht lösl. in Wasser. **Wirk.** u. **Anw.:** Ulkusther., wirkt bakterizid gegen Helicobacter (Campylobacter) pylori, einem Bakterium, das als Verursacher von chron. Magenschleimhautentzündung angesehen wird.

Bismutgallat, basisches: Bismuthi subgallas Ph.Eur.4; $C_6H_2(OH)_3-COOBi(OH)_2$, M_r 412.1; Geh. 48.0-52.0 % Bismut; gelbes, amorphes, geruch- u. geschmackloses Pulver; unlösl. in Wasser, Ethanol, Ether, lösl. in verd. Mineralsäuren unter Zers., lösl. in Alkalilaugen mit klarer, gelber Farbe, die an der Luft nach tiefrot wechselt; beim Erhitzen verkohlt b. B. ohne zu schmelzen. **Darst.:** Bismutnitrat wird in Essigsäure gelöst u. mit Gallussäure gefällt; **Anw.** med.: früher bei Gastritis u. Enteritis (Kot färbt sich schwarz); äußerl. als Adstringens zur Behandlung u. a. von Wunden, Ekzemen, Verbrennungen; **Zuber.:** Tela* cum Bismutylo gallico.
Hom: *Bismutum subgallicum (HAB1.5):* bas. Bismutgallat.

Bismutgallatmull: s. Tela cum Bismutylo gallico.

Bismut, gerbsaures: s. Bismuttannat.

Bismutglanz: s. Bismut.

Bismuthi subcarbonas: s. Bismutcarbonat, basisches.

Bismuthi subgallas: s. Bismutgallat, basisches.

Bismut(III)-hydroxid: Bismutum oxydatum hydricum; $Bi(OH)_3$. Weißes amorphes Pulver, unlösl. in Wasser, lösl. in Säuren. **Darst.:** Fällen von Bismutsalzlsg. mit Ammoniak. **Anw.** med.: wie basisches Bismutcarbonat*.

Bismut(III)-hydroxid-iodid-gallat: Bismutum oxyiodogallicum, Bismutum subgallicum oxyiodatum; $C_6H_2(OH)_3COOBi(OH)I$, M_r 522. Graugrünes bis dunkelgraues, geruchloses Pulver; Geh. mind. 20 % Iod; klar lösl. in warmer verd. Salzsäure, in Wasser u. Ether fast unlöslich. **Darst.:** Erwärmen von frisch gefälltem Bismuthydroxyiodid mit Gallussäure u. Wasser; **Anw.** med.: früher wie Iodoform als Wundpulver u. in Salben (10 %).

Bismutiodid, basisches: s. Bismutyliodid.

Bismutiodidoxid: s. Bismutyliodid.

Bismuti subnitras: s. Bismutnitrat, basisches.

Bismut-β-naphtholat, basisches: s. β-Naphtholbismut.

Bismut(III)-nitrat: Bismutum nitricum, salpetersaures neutrales Bismut; $Bi(NO_3)_3 \cdot 5\,H_2O$, M_r 485.10. D. 2.83. Geh. mind. 42.1 % Bismut; farblose Kristalle, lösl. in Säuren u. wenig Wasser. **Darst.:** Auflösen von metall. Bismut in Salpetersäure u. Auskristallisieren; **Off.:** DAB6; **Anw.** med.: früher gegen Lues s. c. u. bei Gastralgie.

Bismutnitrat, basisches: Bismutsubnitrat, Bismuthi subnitras, Bismutnitratoxid, Bismutum nitricum basicum, Bismutum subnitricum, Bismutylum nitricum; $BiO(NO_3) \cdot H_2O$. Geh. nach ÖAB90 79.0-82.0 % Bismutoxid, ber. auf die getrocknete Substanz. Weißes, mikrokrist., geruchloses Pulver, fast unlösl. in Wasser, lösl. in Mineralsäuren; beim Übergießen mit H_2S-Wasser färbt es sich schwarz, beim Kochen mit Natronlauge gibt es gelbes bis gelbrotes Bi_2O_3, beim Erhitzen gelbrote Stickoxide; Zers. bei 260 °C. **Darst.:** Bismutnitrat wird mit Wasser angerieben u. in siedendes Wasser eingetragen, der Niederschlag wird gesammelt u. ausgewaschen. **Off.:** DAB8, ÖAB90. **Anw.** med.: bei Ulcus ventriculi (Magengeschwür; b. B. wirkt bakterizid gegen Helicobacter pylori); früher innerl. bei Magen- u. Darmstörungen als Adstringens, Magenkrebs; auch äußerl. obsolet (früher zur Wundbehandlung, bes. der Brandwunden); als Röntgenkontrastmittel nicht mehr gebräuchlich.
Hom: *Bismutum subnitricum:* verord. z. B. bei Ulcus ventriculi et duodeni.

B

Bismutnitratoxid: s. Bismutnitrat, basisches.
Bismutocker: s. Bismut.
Bismutoxychlorid: s. Bismutylchlorid.
Bismutoxyiodid: s. Bismutyliodid.
Bismutpeptonat: Bismutum peptonatum; Graubraunes Pulver, lösl. in Wasser, unlösl. in Ethanol. **Anw.:** Darmadstringens.
Bismut(III)-phenolat: Bismutum phenolicum; $C_6H_5OBi(OH)_2$. Grauweißes Pulver, unlösl. in Wasser u. Ethanol. **Anw.:** Darmadstringens.
Bismut(III)-phosphat: Bismutum phosphoricum; $BiPO_4$. Weißes Pulver, unlösl. in Wasser u. Ethanol. **Anw.:** Darmadstringens.
Bismutsalicylat, basisches: Bismuthi subsalicylas Ph.Eur.4; $BiO[C_6H_4(OH)COO]$, M_r 362. Geh. 56.5-60% Bismut; weißes, geruch- u. geschmackloses Pulver, unlösl. in Wasser u. Ethanol; verkohlt beim Erhitzen ohne zu schmelzen unter Bildung von phenolartig riechenden Dämpfen. **Darst.:** Bismutnitrat wird in verd. Essigsäure gelöst, die Lsg. in verd. Ammoniak-Lsg. gegossen; der entstandene Niederschlag wird ausgewaschen, in warmem Wasser angerührt u. mit Salicylsäure erwärmt; **Anw.** med.: früher innerl. bei Magen- u. Darmerkrankungen, Cholera, Typhus, Dyspepsie, in Mandelöl suspendiert (20%) zu i. m. Injektion bei Lues.
Bismut, salpetersaures neutrales: s. Bismut(III)-nitrat.
Bismut, schweres, basisches: Bismuthi subnitras ponderosum Ph.Eur.4; $4[BiNO_3(OH)_2]$, $BiO(OH)$, M_r 1462; enthält mind. 71.0 u. höchstens 74.0% Bismut; weißes Pulver, unlösl. in Wasser u. Ethanol, löst sich unter Zers. in Mineralsäuren. **Anw.:** s. Bismutsalicylat, basisches.
Bismutsubgallat: s. Bismutgallat, basisches.
Bismutsubnitrat: s. Bismutnitrat, basisches.
Bismuttannat: syn. basisches Bismuttannat, Bismutum tannicum, gerbsaures Bismut; Geh. mind. 35.9% Bismut; gelbes bis hellbraunes Pulver, unlösl. in Wasser, Ethanol, Ether. **Anw.:** früher als Adstringens.
Bismuttannat, basisches: s. Bismutbitannat.
Bismutum albuminatum: s. Bismutalbuminat.
Bismutum benzoicum: s. Bismutbenzoat, basisches.
Bismutum bitannicum: s. Bismutbitannat.
Bismutum-Cerium salicylicum: s. Bismut(III)-Cer-salicylat.
Bismutum citricum: s. Bismut(III)-citrat.
Bismutum metallicum: s. Bismut.
Bismutum-β-naphtholicum: s. β-Naphtholbismut.
Bismutum nitricum: s. Bismut(III)-nitrat.
Bismutum nitricum basicum: s. Bismutnitrat, basisches.
Bismutum nitricum praecipitatum: s. Bismutnitrat, basisches.
Bismutum oxychloratum: s. Bismutylchlorid.
Bismutum oxydatum hydricum: s. Bismut(III)-hydroxid.
Bismutum oxyiodatum: s. Bismutyliodid.
Bismutum oxyiodogallicum: s. Bismut(III)-hydroxid-iodid-gallat.
Bismutum peptonatum: s. Bismutpeptonat.
Bismutum phenolicum: s. Bismut(III)-phenolat.
Bismutum phosphoricum: s. Bismut(III)-phosphat.
Bismutum subaceticum: s. Bismutacetat, basisches.
Bismutum subbenzoicum: s. Bismutbenzoat, basisches.
Bismutum subcarbonicum: s. Bismutcarbonat, basisches.
Bismutum subchloratum: s. Bismutylchlorid.
Bismutum subgallicum: s. Bismutgallat, basisches.
Bismutum subgallicum oxyiodatum: s. Bismut(III)-hydroxid-iodid-gallat.
Bismutum subnitricum: s. Bismutnitrat, basisches.
Bismutum subsalicylicum: s. Bismutsalicylat, basisches.
Bismutum tannicum: s. Bismuttannat.
Bismutum tribromphenylicum: s. Tribromphenolbismut.
Bismutum valerianicum: s. Bismutvalerianat.
Bismutvalerianat: Bismutum valerianicum, baldriansaures Bismut; Formel etwa $C_4H_9COO \cdot BiO$. Geh. an Bismut 65.4-67.2%. Weißes, nach Baldriansäure riechendes Pulver, unlösl. in Wasser u. Ethanol. **Anw.** med.: früher innerl. bei Gastralgie, Kardialgie, Epilepsie.
Bismutylchlorid: Bismutchloridoxid, basisches Bismutchlorid, Bismutum oxychloratum, Bismutum subchloratum; Bismutoxychlorid, BiOCl. Feines weißes Pulver, unlösl. in Wasser, lösl. in Salzsäure od. Salpetersäure. **Anw.** med.: früher äußerl. bei Hautkrankheiten u. Hämorrhoiden; techn.: Malerfarbe (Perlweiß).
Bismutyliodid: Bismutum oxyiodatum, basisches Bismutiodid, Bismutoxyiodid; Bismutiodidoxid; BiOI, M_r 351.9. Ziegelrotes, schweres Pulver, unlösl. in Wasser u. Ethanol. Geh. mind. 60.5-62.5% Bismut. **Darst.:** Fällen von Bismutnitrat-Lsg. mit Kaliumiod-Lsg.; **Anw.** med.: früher innerl. bei Magengeschwüren u. Typhus, äußerl. Wundantiseptikum, wie Iodoform*; vet.: Darmantiseptikum.
Bismutylum carbonicum: s. Bismutcarbonat, basisches.
Bismutylum gallicum: s. Bismutgallat, basisches.
Bismutylum nitricum: s. Bismutnitrat, basisches.
Bisoprolol INN: (±)-1-[α-(2-Isopropoxyethoxy)-*p*-tolyl]oxy-3-(isopropylamino)-2-propanol; Strukturformel s. Sympatholytika (Abb. 1). **Bisoprololfumarat (2:1):** CAS-Nr. 66722-44-9; $C_{18}H_{31}NO_4$. **Wirk.** u. **Anw.:** Betarezeptorenblocker mit hoher Beta-1-Selektivität, Antihypertensivum*; **UAW:** Durchblutungsstörungen, Butdruckabfall, Schwindel, Schlafstörungen; **Dos.:** 1×5-10 mg/d (morgens); HWZ 10-12 h.
Bisphenol-A: 4,4'-(1-Methylethyliden)bisphenol, 4,4'-Isopropylidendiphenol, 2,2-Bis(4-hydroxyphenyl)propan; CAS-Nr. 80-05-7; $C_{15}H_{16}O_2$, M_r 228.29. Schmp. 150-155 °C. Kristalle mit schwa-

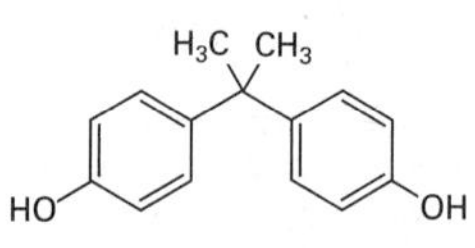

Bisphenol-A

Bitterstoffe
Beispiele für Bitterstoffe, deren Strukturtyp und Vorkommen

Bitterstoff	Strukturtyp	Pflanze	Familie
Terpene			
Monoterpene			
Amarogentin	Secoiridoid	Gentiana-Arten	Gentianaceae
Asperulosid	Iridoid	Galium odoratum	Rubiaceae
Aucubin	Iridoid	Aucuba japonica	Cornaceae
Foliamenthin	Secoiridoid	Menyanthes trifoliata	Menyanthaceae
Gentiopikrin	Secoiridoid	Gentiana-Arten	Gentianaceae
Harpagosid	Iridoid	Harpagophytum procumbens	Pedaliaceae
Loganin	Iridoid	Menyanthes trifoliata	Menyanthaceae
Oleuropein	Secoiridoid	Olea europaea	Oleaceae
Picrocrocin	Glucosid	Crocus sativus	Iridaceae
Swertiamarin	Secoiridoid	Swertia chirata	Gentianaceae
Verbenalin	Iridoid	Verbena officinalis	Verbenaceae
Sesquiterpene			
Absinthin	Di-Guaianolidlacton	Artemisia absinthium	Asteraceae
Acoron	Sesquiterpendiketon	Acorus calamus	Araceae
Anabsinthin	Di-Guaianolidlacton	Artemisia absinthium	Asteraceae
Artabsin	Guaianolidlacton	Artemisia absinthium	Asteraceae
Cascarillin	Eudesmolid	Croton elutaria	Euphorbiaceae
Cnicin	Germacranolid	Cnicus benedictus	Asteraceae
Cynaropikrin	Guaianolidlacton	Cynara scolymus	Asteraceae
Nobilin	Germacranolidlacton	Anthemis nobilis	Asteraceae
Diterpene			
Carnosol	Diterpenlacton	Salvia officinalis	Lamiaceae
Chaparrin	Diterpenlacton	Simarouba glauca	Simaroubaceae
Columbin	Diterpenlacton	Jateorhiza palmata	Menispermaceae
Marrubiin	Diterpenlacton	Marrubium vulgare	Lamiaceae
Triterpene			
Condurangin	Pregnanderivat	Marsdenia condurango	Asclepiadaceae
Cucurbitacine	Cucurbitanderivate	Bryonia cretica	Cucurbitaceae
		Citrullus colocynthis	Cucurbitaceae
Limonin	Triterpendilacton	Citrus-Arten	Rutaceae
Quassin	Secotriterpen	Picrasma excelsa	Simarubaceae
		Quassia amara	Simarubaceae
Simarolid	Triterpendilacton	Simarouba amara	Simaroubaceae
keine Terpene			
Cetrarsäure	Flechtensäure	Cetraria islandica	Parmeliaceae
Chinin	Alkaloid	Cinchona-Arten	Rubiaceae
Gentianose	Trisaccharid	Gentiana-Arten	Gentianaceae
Humulon	Phloroglucinderivat	Humulus lupulus	Cannabaceae
Lupulon	Phloroglucinderivat	Humulus lupulus	Cannabaceae
Naringin	Flavanonglykosid	Citrus-Arten	Rutaceae
Neohesperidin	Flavanonglykosid	Citrus-Arten	Rutaceae

chem phenol. Geruch. Prakt. unlösl. in Wasser, lösl. in wässrigen alkal. Lösungen, Ethanol, Aceton, schlecht lösl. in Tetrachlorkohlenstoff. **Anw.:** Fungizid; zur Herstellung von Epoxidharzen* u. Polycarbonaten*.

Bisphenol-A-diglycidylether: s. BADGE.

Bisphosphonate: s. Biphosphonate.

Bissen: s. Bolus.

Bistolazonaphtholum rubrum: s. Scharlachrot.

Bisulfate: Hydrogensulfate, primäre (saure) Sulfate; vgl. Natriumhydrogensulfat.

Bisulfite: Hydrogensulfite, primäre, meist saure Sulfite; vgl. Natriumhydrogensulfit.

Bitabs: Manteltabletten* mit verlängerter Wirkung.

bitegmisch: s. Samenanlage.

Bitterdistel: s. Cnicus benedictus.

Bitterfenchel: s. Foeniculum vulgare ssp. vulgare var. vulgare.

Bitterholzgewächse: s. Simaroubaceae.

Bitterklee: s. Menyanthes trifoliata.

Bitterklee-Extrakt: s. Menyanthes trifoliata (Extractum Trifolii fibrini).

Bitterkleesalz: s. Kaliumtetraoxalat.

Bitterkraut: s. Centaurium chilensis (Herba Canchalaguae).

Bitterkresse: s. Cochlearia officinalis.

B

Bittermandel: s. Prunus dulcis (var. amara).
Bittermandelöl, ätherisches: s. Prunus dulcis (Oleum Amygdalarum amararum aethereum).
Bittermandelöl, blausäurefreies: s. Prunus dulcis (Oleum Amygdalarum amararum sine Acido hydrocyanico).
Bittermandelöl, künstliches: s. Benzaldehyd.
Bittermandelwasser: s. Benzaldehydcyanhydrinlösung.
Bittermittel: Amara; Bitterstoffe* enthaltende Arzneien.
Bitterorange: s. Citrus aurantium ssp. aurantium.
Bitterorangenblätter: s. Citrus aurantium ssp. aurantium (Folia Aurantii).
Bitterorangenfluidextrakt: s. Extractum Aurantii amari fluidum.
Bitterorangensirup: s. Sirupus Aurantii amari.
Bitterorangentinktur: s. Tinctura Aurantii amari.
Bitterorangenwein: s. Vina medicata (Vinum stomachicum).
Bitterrinde: s. Alstonia constricta (Cortex Alstoniae constrictae).
Bittersalz: s. Magnesiumsulfat.
Bitterstiele: s. Solanum dulcamara (Stipites Dulcamarae).
Bitterstoffe: neben pharmakol. hochwirksamen u. bitter schmeckenden Pflanzenstoffen wie den herzwirksamen Glykosiden* od. mehreren Alkaloiden (Chinin, Strychnin, Brucin) gibt es eine Reihe von Pflanzenstoffen, die ausschließl. wegen ihres stark bitteren Geschmacks Interesse finden (s. Tab.). Allein diese Stoffe werden als Bitterstoffe u. die entspr. Drogen als Bitterstoffdrogen bezeichnet. Für zum (fast) unmittelbaren Gebrauch bestimmter Bitterstoffdrogen od. Zuber. daraus ist auch der Begriff Amara* üblich. Zw. dem bitteren Geschmack u. der Struktur einer Verb. ist keine einheitl. Beziehung zu erkennen. Bei den meisten Bitterstoffen handelt es sich um Terpene, häufig ist auch ein Lactonring vorhanden, der oft für den bitteren Geschmack mitverantwortl. ist, nicht selten aber genuin noch nicht vorliegt, sondern erst bei der Isolierung entsteht. **Wirk.** u. **Anw.:** Wegen der auf reflektorischem Wege erfolgten Anregung der Sekretion von Verdauungssäften dienen Bitterstoffdrogen (meistens werden die Auszüge angewandt) zur Förderung von Appetit u. Verdauung. Die Bitterstoffdrogen können in versch. Gruppen, gekennzeichnet durch das Fehlen od. Vorhandensein anderer wirksamer Begleitstoffe, eingeteilt werden; Amara pura sind z. B. die Gentiana-Drogen, Tausendgüldenkraut, Fieberklee. Die Amara aromatica hingegen zeichnen sich noch durch wirksame Anteile von äther. Öl aus. Die Wertbestimmung erfolgt über den Bitterwert*; der bitterste Naturstoff soll das Amarogentin* sein (Bitterwert 60 000 000).
Bittersüß: s. Solanum dulcamara.
Bittersüßstengel: s. Solanum dulcamara (Stipites Dulcamarae).
Bittertee: s. Species amaricantes.
Bittertropfen: s. Tinctura amara.
Bitterwässer: s. Aquae minerales.
Bitterwert: nach Ph.Eur.4 der reziproke Wert jener Verd. einer Verb., Flüss. od. eines Extraktes, in der es „eben noch" bitter schmeckt (Ph.Helv.7 s. Bitterwirkung). Bestimmung u. entspr. Berücksichtigung der individuellen Empfindlichkeit wird von den Arzneibüchern auf unterschiedl. Weise (z. B. Bestimmung eines Korrekurfaktors) vorgeschrieben. Als Vergleichssubstanzen dienen Chininhydrochlorid (Ph.Eur.4; Bitterwert 200 000) u. Brucinhydrochlorid (ÖAB90; Bitterwert 3 000 000). Der Streuungsbereich der Bitterwertangaben liegt um 20 %; s. Tab. 1, Tab. 2.

Bitterwert Tab. 1
Bitterwerte einiger Reinstoffe und Drogen

Absinthin	ca. 3 000 000
Amarogentin	58 000 000
Amaropanin	20 000 000
Amaroswerin	58 000 000
Brucin	3 000 000
Chininhydrochlorid	200 000
Cnicin	300 000
Columbin	60 000 000
Cortex Condurango	15 000
Gentiopikrosid	12 000
Quassin, Neoquassin	17 000 000
Folia Menyanthidis	4000- 10 000
Pericarpium Aurantii	600- 2500
Herba Absinthii	10 000- 25 000
Herba Cardui benedicti	800- 1500
Herba Centaurii	2000- 10 000
Herba Marrubii	3000
Lignum Quassiae	40 000- 50 000
Radix Gentianae	10 000- 30 000
Radix Harpagophyti	5000- 15 000
Radix Taraxaci	≥100 (ÖAB90)

Bitterwert Tab. 2
Mindestbitterwerte bzw. Bitterwirkungen

Zubereitungen	Bitterwerte DAB10	Bitterwerte ÖAB90	Einheiten Ph. Helv.7
Extractum Aurantii amari fluidum		500	8-12
Extractum Gentianae		40 000	
Extractum Gentianae siccum normatum		50	
Tinctura Absinthii composita		1000	
Tinctura amara		2000	
Tinctura Aurantii (amari)	200	100	
Tinctura Chinae composita	300	1000	
Tinctura Gentianae	1000	1000	
Tinctura Gentianae titrata			30-40
Vinum Chinae		300	
Vinum stomachicum		2500	

Bitterwirkung: von Ph.Helv.7 verwendeter Begriff für Bitterwert*; die B. wird in Ph.Helv.-Einheiten angegeben, wobei 1 Ph.Helv.-Einheit dem 2000. Teil der Bitterwirk. von Chininhydrochlorid entspricht.

Bitterwurzel: s. Gentiana lutea (Gentianae radix).

Bitumen: braune bis schwarze, flüss. od. feste, brennbare Kohlenwasserstoffgemische unterschiedl. Zusammensetzung. **1.** nat. B.: z. B. Asphalt* u. Ozokerit*; **2.** techn. (künstl.) B.: ohne Zers. aus nat. B. gewonnene Erzeugnisse, z. B. die Rückstände bei der Erdöldestillation (s. Oleum Petrae). **Bituminöses Gestein:** bitumenhaltiges Gestein, z. B. Ölschiefer*. **Bituminosulfonate:** sulfonierte Schieferöle*; vgl. Ammoniumbituminosulfonat.

Biuret: Carbamoylharnstoff; $NH_2-CO-NH-CO-NH_2$. Schmp. 193 °C. Amid der Allophansäure (Ureid der Carbamidsäure); entsteht beim trockenen Erhitzen von Harnstoff auf 150-160 °C unter Abspaltung von Ammoniak (Nachw. von Harnstoff). Lange Kristallnadeln; lösl. in 65 T. Wasser. **Anw.:** Reagens Ph.Eur.4.

Biuretreaktion: Nachweisreaktion für Harnstoff, Proteine u. Peptide. Biuret* ($NH_2-CO-NH-CO-NH_2$) gibt in alkal. Lsg. mit verd. Kupfersulfatlsg. eine intensiv violette Färbung unter Bildung eines Kupferkomplexsalzes. Die gleiche Farbreaktion geben viele Stoffe, in deren Molekül mehrere $-CO-NH$-Gruppen vorhanden sind, vor allem die Eiweißkörper von den Tripeptiden aufwärts (Peptide, Polypeptide, Peptone). **Anw.:** Die zu untersuchende Flüss., z. B. Urin, wird mit Kaliumhydroxid bis zur alkal. Reaktion versetzt u. dann vorsichtig mit einigen Tr. 1 %iger Kupfersulfatlsg. überschichtet; im positiven Falle entsteht an der Berührungsstelle ein blauvioletter Ring (Albumine) od. ein rosaroter Ring (Peptone). Bei vollständig hydrolysiertem Eiweiß fällt die Reaktion negativ aus; man benutzt die B. auch, um festzustellen, ob z. B. in Suppenwürzen die Proteine völlig hydrolysiert sind.

Bixa orellana L.: Anottostrauch, Orleanastrauch; Fam. Bixaceae (trop. Amerika, in allen Tropenländern verwildert u. kult.). Stpfl. von **Orleana:** Orlean, Anotto, Terra orellana; weiche, knetbare, braunrote, innen lebhaft rote Masse od. Pulver od. Brocken; häufig unangenehm faulig riechend; wird aus den Samen (Semen Orleanae, Semen Achiotti, Anottasaat, Orleansaat, Achotesaat, Rukusamen) gewonnen u. enthält carotinoide Farbstoffe, deren wichtigster Bixin* ist. **Anw.:** der Ölauszug des Orleanas dient zum Färben von Butter, Käse, Öl usw., in der Kosmetik sowie zum Färben von Baumwolle u. Seide.

Bixin: $C_{25}H_{30}O_4$; M_r 394.49; Schmp. 217 °C (*trans*-Form); ein Carotinoid (mit Carbonsäurerest); dunkelrote, metall. glänzende Blättchen, lösl. in verd. Natronlauge, heißem Ethanol u. Chloroform, unlösl. in Wasser. **Gew.:** aus Bixa* orellana, heute hauptsächl. aus den Samen; **Anw.:** Lebensmittelfarbstoff.

Bk: (chem.) Symbol für Berkelium*.

BKE: Abk. für **B**rech**k**raft**e**inheit, s. Dioptrie.

black bean: s. Castanospermum australe.

Blätter, asymmetrische: (bot.) Blätter mit ungleicher Blattspreite.

Blättertragant: s. Astragalus-Arten.

Blaine-Gerät: s. Oberfläche, spezifische.

Blanc fixe: s. Bariumsulfat.

Blanchieren: Überbrühen, kurzzeitiges Erhitzen.

Blanc-Reaktion: Reaktion zur Einführung einer Chlormethylgruppe in aromat. Verb. durch Behandlung mit Formaldehyd u. Chlorwasserstoff in Gegenwart von Zinkchlorid. Beispiel: aus Benzol erhält man Benzylchlorid (s. Abb.).

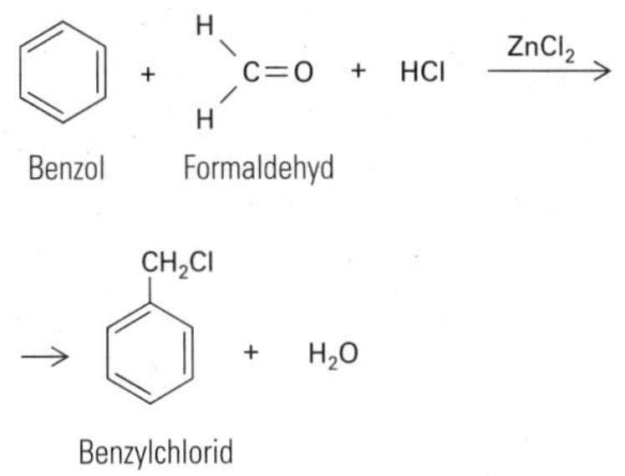

Blanc-Reaktion: Bildung von Benzylchlorid

Blankenheimer Tee: s. Galeopsis segetum (Herba Galeopsidis).

Blasen: Formen einer Glasschmelze od. in der Kunststofftechnik ein Verfahren zum Herst. von Hohlkörpern u. Folien (s. Folienblasen). Flaschen u. a. Behälter werden aus frisch extrudiertem Rohr (meist PE od. PVC), Blasfolien aus frisch extrudiertem PE-Schlauch geblasen.

Blasendruckmethode: Bubble-point-Methode; Verfahren zur Bestimmung der Oberflächenspannung (flüss.-gasförmig) u. der Grenzflächenspannung (flüss.-flüss.), s. Abbildung. Der zum Ausbilden einer Luftblase od. eines Tropfens in Halbkugelform am Ende einer Kapillare in einer Flüss. erforderl. Druck steht zur Oberflächen-(Grenzflächen-)spannung in einer mathemat. Beziehung: $p_K = 2 \cdot \sigma/r + g \cdot \rho \cdot h_t$

σ Oberflächen(Grenzflächen-)spannung, r Radius der Kapillare, p_K notwendiger äußerer Druck zum Ausbilden einer Blase (eines Tropfens) in Halbkugelform, g Erdanziehung, ρ Dichte der (äußeren) Flüss., h_t Eintauchtiefe, $g \times \rho \times h_t$ auf der Blase (Tropfen) lastender hydrostat. Druck.

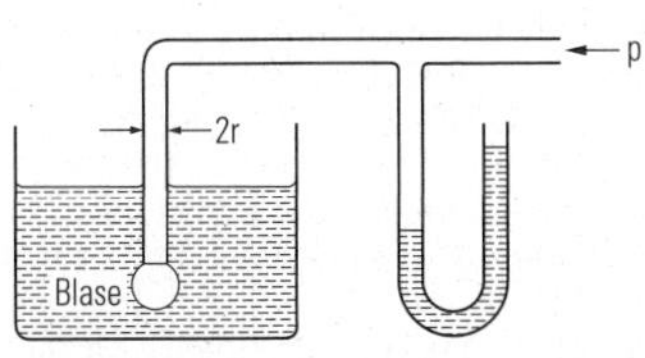

Blasendruckmethode

Blasendrucktest: (engl.) *bubble point test*; Test zur Überprüfung der richtigen Funktion u. zur Ermittlung der max. Porengröße (Porenradius r) von Membranfiltern*. Durch die Oberflächenspannung* des Wassers (σ = 72 mN/m) werden im benetzten Membranfilter (Benetzungswinkel δ) kleine Mengen Wasser in den Poren zurückgehalten. Um dieses Wasser mit Luft herausdrücken zu können (erstes Auftreten eines kontinuierl. Luftblasenstroms aus dem ins Wasser getauchten Filtrationsgerät; bubble point), wird ein vom Porenradius r abhängiger Druck p benötigt; vgl. Blasendruckmethode.

$r = 2\sigma \cdot \cos\delta / p$

Bei einer Nennporenweite von 0.2 µm beträgt der erforderl. Druck (untere Toleranzgrenze) 3.5 bar.

Blasenkäfer: s. Canthariden.

Blasenkatheter, suprapubischer: Dauerkatheter, der durch die Bauchdecke direkt in die Blase gelegt u. dort mit einer Kunststoffplatte verankert wird. Er liegt 2-3 cm oberhalb des Symphysenoberrandes. Sehr gängig, da geringe Infektions- u. Verletzungsgefahr.

Blasenkirschen: s. Physalis alkekengi (Fructus Alkekengi).

Blasenpflaster: s. Emplastrum Cantharidum ordinarium.

Blasenpulver: Gemisch von Salzen nat. Fruchtsäuren (Citronensäure, Äpfelsäure, u. a.) mit Natrium- od. Kaliumhydrogenkarbonat. **Anw.:** metabol. Acidose.

Blasenschwäche: s. Harninkontinenz.

Blasenstein: Konkrement in der Harnblase, das Hühnereigröße erreichen kann. **Entstehung:** primär: bei Harnabflussbehinderung des unteren Urogenitaltrakts mit Restharnbildung, in Blasendivertikeln od. als Fremdkörperstein, sekundär: nach Bildung in der Niere u. anschließendem Abgang in die Blase (vgl. Urolith); **Vork.:** bes. bei älteren Männern; **Ther.:** s. Urolitholyse, Lithotripsie.

Blasentang: s. Fucus vesiculosus.

Blasen- und Nierentee: s. Species urologicae.

Blastem: indifferentes Keimgewebe aus teilungsfähigen Stammzellen, aus dem sich in der Embryonalentwicklung od. bei Regenerationsvorgängen differenziertes Gewebe bildet.

Blastokoline (gr. blastos Trieb, junger Zweig, Spross): Stoffe, die das Wachstum von tierischem u. pflanzl. Gewebe hemmen, das vorzeitige Auskeimen von Samen u. das vorzeitige Ausschlagen von Knospen usw. verhindern. B. sind die Antagonisten der Auxine*. Nat. kommen sie in den Fruchthüllen vor z. B. von Tomate, Vogelbeere, Kartoffel. B. sind z. B. Cumarinum*, Abscisinsäure*, Ammoidin*.

Blastom: echte Geschwulst, die durch ungehemmtes Wachstum von körpereigenem Gewebe od. von organismusfremdem, parasitärem Gewebe entsteht; vgl. Tumor.

Blastomyces: Blastomyzeten; Sprosspilze*; einzellige Pilze, die z. T. pathogen wirken, s. Blastomykosen.

Blastomykosen: chron., oft schwer verlaufende Systemmykosen. **Formen: 1.** nordamerikan. B.: Erreger Blastomyces dermitidis, befallen werden primär die Lungen, sekundär durch hämatogene Streuung andere Organe u. die Haut (Papeln, Ulzerationen), unbehandelt nicht selten letal; **2.** südamerikan. B.: vielgestaltige Hauterscheinungen nach hämato- od. lymphogener Dissimination, Mundschleimhautgeschwüre, die meist nach einem primären Befall der Lungen auftreten; unbehandelt fast immer letal; **Ther.:** Ketoconazol, Amphotericin B; vgl. Mykosen.

Blatt: (bot.) Organ der Kormophyten (Gefäßpflanzen, d. h. der Farne u. Samenpflanzen), das der Assimilation (s. Photosynthese) u. der Transpiration dient. Man unterscheidet Niederblätter (z. B. Zwiebelschalen), Laubblätter (Folia, liefern die Blattdrogen), Hochblätter (die meist verkleinerten Blätter im Bereich der Blütenregion, s. Blüte) u. Keimblätter (Kotyledonen). Ein vollständiges Blatt gliedert sich in Blattgrund u. Blattspreite. Dazwischen kann ein Blattstiel eingeschaltet sein. Der Blattgrund kann zu einer Blattscheide, die oft eine offene od. geschlossene Röhre bildet, od. zu Nebenblättern auswachsen. Die Blattspreite ist der wichtigste Teil des Blattes (s. Blattformen) u. stellt, abgesehen von Sonderformen (z. B. Nadelblätter) eine Gewebeplatte dar. Das Gewebe zw. oberer u. unterer Epidermis der Blattspreite ist das Mesophyll (Chlorenchym), welches sich in Palisadenparenchym* u. Schwammparenchym gliedert. Befinden sich nur an der Oberseite eines Blattes Palisaden, so wird das Blatt als dorsiventral (bifazial), ansonsten als isolateral (äquifazial bzw. unifazial*) bezeichnet. Der Hauptanteil der Chloroplasten* befindet sich im Palisadenparenchym, weniger im Schwammparenchym. Die Charakterisierung eines Blattes erfolgt **1.** makroskopisch v. a. durch: **a)** Blattform*, **b)** Blattrand*, **c)** Nervatur (z. B. parallel, netz-, hand-, fiederförmig), **d)** Konsistenz; **2.** anatomisch nach: **a)** Anzahl der Palisadenreihen, **b)** Bau der Leitbündel* (kollateral od. bikollateral), **c)** Bündelscheiden (parenchymat. od. auch mit Kristalle enthaltenden Sklerechymzellen), **d)** Kristallen, **e)** Idioblasten*, **f)** Kutikula* (z. B. gestreift od. glatt), **g)** Tüpfelung der Epidermiszellen, **h)** Behaarung, **i)** Anordnung der Nebenzellen der Stomata (s. Spaltöffnungen), **j)** Form der Epidermiszellen, **k)** Größenverhältnis Epidermiszellen zu Palisaden, **l)** Spaltöffnungsindex*.

Blatta orientalis L.: Periplaneta orientalis, Orientalische Schabe, Küchenschabe, Kakerlake; Fam. Blattidae.

Hom: *Blatta orientalis (HAB1.5):* lebende Küchenschabe; verord. z. B. bei Bronchialasthma.

Blattdornen: (bot.) zu Dornen metamorphisierte Blätter.

Blattern: s. Pocken.

Blattformen: (bot.) Man unterscheidet Laubblätter bevorzugt nach der Form der Blattspreite. **A:** einfache Blätter: fallen als ganze ab, auch wenn sie zergliedert sind (z. B. Kartoffelblatt): **1.** ungeteilte Blätter: sind z. B. nadelförmig, linealisch, lanzettl., spatel-, eiförmig, ellipt., kreisrund, nieren-, herz-, pfeil-, spieß-, schildförmig. Eine weitere Unterscheidung erfolgt nach allfälligen Einschnitten am Blattrand*; **2.** geteilte Blätter: Blattspreite durch tiefe Einschnitte am Rand aufgeteilt, Aufteilung folgt dem Verlauf der Nerven: **a)** fiederspaltig: Einschnitte nicht zu tief, paarweise aufeinander zulaufend, **b)** fiederteilig: wie fiederspaltig, aber Einschnitte bis zur Mittelrippe, **c)** handförmig geteilt: Einschnitte zum Blattgrund hin gerichtet; **B:** zusammengesetzte Blätter: Die Blattfläche ist in mehrere getrennte, selbstständige Blättchen (Fiedern) geteilt. Der die Fiederblättchen tragende Mittelnerv wird Blattspindel (Rhachis) genannt: **1.** einfach gefiederte Blätter: mindestens 1 Paar von Fiedern (Bättchenpaar, Joch) vorhanden, man unterscheidet 1-, 2-, 3- usw. jochige Blätter; unpaarig gefiedert: Endblättchen (Endfieder) vorhanden; paarig gefiederte Blätter: Endblättchen nicht vorhanden; unterbrochen gefiedert: große u. kleine Fiederpaare wechseln sich ab; **2.** doppelt gefiederte Blätter: Fiederblättchen sind nochmals gefiedert; **3.** mehrfach gefiederte Blätter: Fiederung der Blättchen ist fortgesetzt; **4.** handförmig gefiederte Blätter: Blattspindel entwickelt sich nicht in die Länge, die Fiedern gehen von einem Punkt aus. Nach Zahl der Blättchen z. B. 3-zählig, 5-zählig (gefingert), 7-zählig.

Blattgold: Aurum foliatum; zu feinsten Blättchen, von ca. 0.0001 mm Dicke, ausgewalztes Gold, das in diesen dünnen Folien für grünes Licht durchlässig ist. Unechtes B. (Rauschgold), das aus Tombak* besteht, wird von Salpetersäure leicht gelöst, im Ggs. zu echtem Blattgold. **Anw.:** Vergolden von Pillen.

Blattgrün: s. Chlorophyll.

Blattprimordium: (bot.) Blattanlage, die sich zum Blatt weiterentwickelt.

Blattrand: (bot.) unterschiedl. Ausgestaltung des Blattrandes. **1.** ganzrandig: ohne Einschnitte, **2.** gesägt: Vorsprünge u. Einschnitte spitzwinkelig, **3.** doppelt gesägt: größere Zähne wieder gesägt, **4.** schrotsägeförmig: rückwärts gerichtete Zähne wieder gesägt, **5.** gezähnt: Vorsprünge spitz, Einschnitte abgerundet, **6.** gekerbt: Vorsprünge abgerundet, Einschnitte spitzwinkelig, **7.** buchtig: Vorsprünge u. Einschnitte abgerundet.

Blattrührermethode: s. Dissolutiontest.

Blattsilber: Argentum foliatum; zu dünnen Blättchen ausgewalztes Silber. **Anw.:** früher zum Versilbern von Pillen.

Blattspindel: s. Blattformen.

Blattspreite: Lamina; grüner, oft sehr dünner, flächig verbreiterter Teil des Blattes*.

Blattspur: Teil des Leitbündels, der sich von der Blattbasis bis zu seiner Anschlussstelle an ein Leitbündel der Sprossachse erstreckt.

Blattstellung: (bot.) Anordnung der Blätter. Man unterscheidet: **1.** gegenständig (dekussiert, kreuzgegenständig): je 2 Blätter am Sprossknoten (Nodium) stehen einander gegenüber, das nächste Blattpaar steht zum vorangehenden um 90° gedreht; **2.** quirlständig: mehrere Blätter am gleichen Sprossknoten; **3.** wechselständig (schraubig): Blätter einzeln, abwechselnd am Spross.

Blattstielblätter: s. Phyllodien.

Blattsukkulente: Pfl. mit fleischigen, viel Saft enthaltenden Blättern, z. B. Mauerpfeffer, Hauswurz, Aloe-Arten, Agave-Arten.

Blaualgen: s. Cyanophyta.

Blaubeeren: s. Vaccinium myrtillus (Myrtilli fructus).

Blaud-Pillen: s. Pilulae Ferri carbonici Blaudii.

Blaugel: Kieselgel (polymerisierte Kieselsäure), das mit Cobalt(II)-Salzen als Feuchtigkeitsindikator imprägniert ist, zum Füllen von Exsiccatoren. Der Farbumschlag (trocken: blau, feucht: violett-rosa-rot) ermöglicht sichtbare Kontrolle. Durch Wasseraufnahme rot gefärbtes B. kann durch Trocknen bei 150 °C wieder regeneriert werden, die Trocknungstemp. darf 180 °C nicht überschreiten.

Blaugummibaum: s. Eucalyptus globulus.

Blauholz: s. Haematoxylum campechianum (Lignum Campechianum).

Blausäure: (engl.) *hydrogen cyanide*; Cyanwasserstoff, Cyanwasserstoffsäure, Acidum hydrocyanicum, Acidum zooticum; CAS-Nr. 74-90-8; HCN, M_r 27.03. D. (flüss.) 0.688, D. (gasförmig) 0.941, Schmp. −13.2 °C, Sdp. 25.7 °C. Nitril der Ameisensäure; farblose, nach Bittermandelöl riechende Flüss. od. Gas („Blausäure", da zuerst aus Berliner Blau hergestellt); mit Wasser u. Ethanol mischbar; wenig lösl. in Ether; brennbar. Die wässrigen Lsg. zersetzen sich unter Bildung von Ammoniumformiat; beim Aufbewahren in Glasgefäßen polymerisiert B. langsam unter Abscheidung brauner Flocken, wobei der Alkaligehalt des Glases katalyt. wirkt. Gasförmiger Cyanwasserstoff ist farblos. B. ist eine sehr schwache Säure, die schon durch Kohlensäure aus ihren Salzen, den Cyaniden, ausgetrieben wird. **Vork.:** in vielen Pflanzen, besonders in den Samen (Aprikosen-, Pfirsich-, Kirschkernen, Leinsamen u. bitteren Mandeln zu 0.25 %), in Form der **cyanogenen Glykoside** (s. Cyanglykoside), aus denen sie durch Hydrolyse in Freiheit gesetzt wird. Auch im Tabakrauch findet sich HCN; **Darst.:** Einw. von verd. Säuren auf Cyanide u. Cyanoferrate; techn.: Erhitzen der Melasseschlempe (Betain, Trimethylamin) auf hohe Temp.; Überleiten von Ammoniak, Methan u. Sauerstoff über glühendes Platin; Reaktion von Stickstoff mit Kohlenwasserstoffen (Methan, Acetylen, Crackgase) im elektr. Hochspannungsofen; aus Kohlenoxid u. Methylalkohol unter Erhitzen des gebildeten Formamids in Gegenwart von Katalysatoren (Aluminiumoxid); Überleiten von Stickstoff u. Wasserstoff od. Ammoniak über glühende Kohlen. **Mikrochem. Nachw.:** mittels Alloxan*; vgl. Pagenstecher-Schönbein-Cyanidprobe; **Tox.:** B. ist ein sehr starkes Gift. Einatmen in entsprechender Menge (man nimmt als tödliche Dosis ca. 1 mg CN^-/kg KG an) führt rasch zum Tod. MAK=11 mL Gas/m^3 Luft. Aus oral zugeführten Cyaniden (z. B. Kaliumcyanid) wird durch die Salzsäure im Magen B. freigesetzt. Die für Erwachsene tödl. Dosis an CN^- ist in ca. 80 Bittermandeln (s. Prunus dulcis var. amara) enthalten, bei Kindern soll es schon durch 5-10 Stück zu letalen Vergiftungen gekommen sein. Das Cyanid-Ion wirkt im Warmblüterorganismus durch Komplexbindung an das 3-wertige Eisen in zellulären Atmungsenzymen. Dadurch wird die Atmungskette auf der Stufe der Cytochromoxidase-Fe^{3+} blockiert u. so die Aktivierung des Sauerstoffs für Oxidationsprozesse in der Zelle unterbunden. Inneres Ersticken auf zellulärer Ebene ist die Folge. Man nimmt heute an, dass die Zellen trotzdem einige Zeit mit Hilfe der sog. cyanidresistenten Atmung überleben können. Am empfindlichsten reagieren die sehr stoffwechselaktiven Nervenzellen des Gehirns. Man erklärt sich den Vergiftungsablauf so, dass es durch Schädigung des Atemzentrums zum Atemstillstand u. in dessen Folge zum Erliegen der Herz-Kreislauffunktion kommt. B. wird auch durch die Haut aufgenommen. **Vergiftungssymptome:** Die Blockade der Cytochromoxidase erfolgt extrem schnell. Daher setzen die ersten Symptome bei Inhalation bereits nach wenigen Sekunden ein. Beim Einatmen großer Mengen bricht der Vergiftete plötzl. (oft mit einem Aufschrei) tot zusammen. Nach oraler Aufnahme von Cyaniden dauert es meistens mehrere Minuten, nach Einnahme amygdalinhaltiger Pflanzenteile (z. B. Bittermandeln) 15-30 Minuten bis zum Auftreten der ersten Erscheinungen. Erstes Symptom ist eine vorübergehende verstärkte Atmung (Hyperpnoe), ausgelöst durch O_2-Mangel an den Chemorezeptoren des Carotissinus. Ferner tritt Rotfärbung der Haut auf (O_2 des Blutes kann nicht verwendet werden u. gelangt somit in erhöhter Konz. in das venöse System). Kopfschmerzen, Unwohlsein, Erbrechen, Atemnot, Bewußtlosigkeit, Krämpfe u. Atemstillstand sind weitere Intoxikationserscheinungen. **Ther.:** Das Cyanid-Ion wird im Körper relativ rasch entgiftet (ca. 1 mg/kg KG in 1 h), indem es mit Hilfe des Enzyms Rhodanese (bes. in der Leber) zum viel weniger giftigen Thiocyanat umgewandelt wird. Zur Beschleunigung der Entgiftung werden als **Antidote** gegeben: **1.** Komplexbildner: Das Cyanid-Ion bildet mit sechszähnigen Cobaltverbindungen stabile Komplexe. Der Wirkungseintritt erfolgt rasch (1-2 min). Man verwendet Co_2-EDTA (600 mg i. v., gewisse Eigentoxizität, kombinieren mit Thiosulfat s. u.) od. Hydroxycobalaminacetat (Vit. B_{12a}, ungiftig, Grammdosen). **2.** Na-Thiosulfat ($Na_2S_2O_3$). Wirkt als Schwefeldonator für die enzymat. Thiocyanatbildung. Man gibt 60-100 mL 10 %ige Lsg. i. v. (auch in hohen Dosen gut verträglich, relativ langsamer Wirkungsbeginn, aber große Entgiftungskapazität). **3.** Methämoglobinbildner. Sie führen einen Teil des Hb (2-wertiges Fe) in MetHb (3-wertiges Fe) über, das wie Cytochromoxidase CN^- komplex bindet. Als Soforthilfe wird Amylnitrit-Inhalation angegeben (Wirkung fraglich). $NaNO_2$ (10 mL 3 %ige Lsg. langsam i. v.), *p*-Dimethylaminophenol (3 mg/kg KG i. v.). Nach oraler CN^--Aufnahme kann sofortige Magenspülung u. Eingabe von 300 mL 2 %ige $KMnO_4$-Lsg. erfolgreich sein. Durch künstl. Beatmung (keine Mund-zu-Mund-Beatmung!) u. Aufrechterhaltung des Kreislaufs ist es mögl., die Zeit bis zum Wirksamwerden der Antidottherapie zu überbrücken. **Anw. med.:** s. Benzaldehydcyanhydrinlösung (Aq. Amygdalarum amararum). **Acidum hydrocyanicum dilutum:** verd. Cyanwasserstoffsäure: Geh. nach EB6 2 % HCN. MED 0.1 g, MTD 0.3 g; **Anw. techn.:** B. u. deren Salze werden in großem Umfang zur Bekämpfung von Ungeziefer u. Pflanzenschädlingen benutzt. Silos, Mühlen, Speicher u. Wohnungen werden damit entwest. Da sich das Gas an porösen od. feuchten Gegenständen leicht festsetzt, ist hierbei größte Vorsicht notwendig. Lebensmittel u. offenstehende Getränke müssen vor der Begasung entfernt werden. Kleider, Betten, Matratzen usw. müssen nach der Begasung sorgfältig ausgeklopft, die begasten Räume mehrere Stunden lang gelüftet werden. In Deutschland verwendet man hauptsächl. flüssige B. (Zyklon B), der als Warnmittel der stark riechende Chlorkohlensäuremethylester beigemischt ist. Die mit dieser Mischung getränkte Zellstoffmasse wird in den zu begasenden Räumen ausgebreitet, wobei die B. langsam verdunstet, während die Zellstoffmasse ungiftig wird. **Hom:** *Acidum hydrocyanicum:* Ursubstanz 2 %ige Blausäure mit gleichen Gewichtsteilen H_2O entspricht der 2. Dezimalpotenz; höhere Verdünnungen mit 45 % Weingeist; verord. z. B. bei Kollapszuständen.

Blausäureglykoside: s. Cyanglykoside.

Blauspäne: s. Haematoxylum campechianum (Lignum Campechianum).

Blei: Plumbum; Symbol Pb; A_r 207.2, OZ 82. D. 11.34. Schmp. 327.43 °C. Sdp. 1751 °C. Oxidationsstufen: 2, 4. Eines der schon im frühesten Altertum bekannten Metalle. Bläul. graues, weiches, dehnbares Schwermetall; läuft an der Luft schnell mattblaugrau an u. überzieht sich mit einer dünnen Schicht von Bleioxid, PbO; an feuchter Luft (lufthaltigem Wasser) überzieht es sich mit Bleihydroxid, $Pb(OH)_2$. Von Schwefelsäure u. Salzsäure wird Pb nur oberflächl. angegriffen, weil das gebildete Blei(II)-sulfat u. Blei(II)-chlorid das darunter befindl. Pb schützen. Gegen verd. Schwefelsäure ist Pb das widerstandsfähigste unedle Metall. Dagegen lösen schwache org. Säuren, z. B. Essigsäure, bei Luftzutritt Pb unter Bildung der giftigen Pb(II)-Salze, daher darf Pb nicht zu Speisegeräten verwendet werden. Kohlensäurehaltiges Wasser löst Pb allmähl. unter Bildung von Bleihydrogencarbonat auf. **Vork.:** nat. kommt Pb sehr verbreitet als Bleiglanz (PbS) vor, seltener als Weißbleierz ($PbCO_3$), Rotbleierz ($PbCrO_4$), Gelbbleierz ($PbMoO_4$) u. Kupferbleiglanz ($2PbS \cdot Cu_2S$). **Darst.:** Rösten von Bleiglanz; **Anw.:** Herst. von Bleiplatten für Akkumulatoren, Bleiröhren, Bleiblech, Legierungen (Letternmetall enthält neben Antimon u. Zinn ca. 70-90 % Pb). **Tox.:** Pb u. alle Pb-Verb. sind sehr giftig! Die akute Bleivergiftung (Saturnismus) tritt nach Aufnahme großer Mengen anorg. Pb-Verb. auf. Dabei stehen Darmkoliken im Vordergrund, ferner kommt es zu Anämie durch Schädigung der Erythrozyten, zu Schäden an Leber, Nieren u. ZNS (Bleiencephalopathie unbehandelt in 30 % der Fälle tödl.). Chron. Aufnahme von anorg. Pb (Schriftsetzer, Maler, Akkumulatorenarbeiter) führt u. a. zu Anämie, Dunkelfärbung des Zahnfleischrandes (Bleisaum durch Bleisulfid-Einlagerung), Darmspasmen, Lähmungen an den Extremitäten, blassgrauer Hautfarbe (sog. Bleikolorit). Metall. Pb kann durch Reaktion mit Körperflüss. in Lsg. gehen u. so in den Organismus gelangen. Meist aber sind die Bleioxide an der Metalloberfläche für die Vergiftung verantwortlich. Pb-Dämpfe entstehen erst bei Temp. um den Siedepunkt (1500-1600 °C). Org. Pb-Verb., z. B. das früher als Antiklopfmittel in Autobenzinen verwendete Bleitetraethyl*, führen zu einem völlig anderen Vergiftungsbild. Schäden am ZNS mit Erregungszuständen, epileptiformen Krämpfen, Delirium stehen im Vordergrund der akuten Vergiftung. Als Spätschäden sind Lähmungen u. Parkinsonismus bekannt. Pb wird hauptsächl. im Knochen abgelagert (als schwer lösl. Bleiphosphat) u. erst im Laufe von Jahren wieder abgegeben. Bleitetraethyl (bis ca. 1 g/L Motorenbenzin) wird bei der Verbrennung im Motor in $PbCl_2$ u. $PbBr_2$ umgewandelt u. größtenteils mit den Abgasen ausgestoßen. An verkehrsreichen Stellen wurden bis 20 µg Pb/m³ Luft gemessen (MIK-Pb: 3/1.5 µg/m³ Luft pro Tag/Jahr). Erhöhte Bleigehalte der Pfl. u. des Erdreiches findet man etwa bis zu 30 m von der Straße entfernt. MAK: 0.1 mg/m³ Luft. **Nachw.** von Pb-Verb.: **1.** H_2S fällt aus den Lsg. schwarzes PbS, unlösl. in Säuren u. Alkalisulfiden; **2.** Alkalilauge fällt weißes $Pb(OH)_2$, lösl. im Überschuss des Fällungsmittels; **3.** Schwefelsäure fällt weißes $PbSO_4$, lösl. in Alkalilauge od. bas. Ammoniumtartrat; **4.** Kaliumiodid fällt zitronengelbes PbI_2; **5.** mit Soda auf Kohle geglüht, liefern die Bleisalze duktile Bleikörnchen u. einen gelben Beschlag von PbO.

Hom: *Plumbum metallicum (HAB1.4):* Konstitutionsmittel, verord. z. B. bei starken Magen-Darm-Koliken, Neuritiden, Muskelatrophie u. -lähmung, Anämie, Sklerose.

Blei(II)-acetat: Plumbi acetas, Plumbum acetas, Acetum plumbicum, Plumbum (hydrico-)aceticum, Saccharum Saturni, essigsaures Blei, Bleizucker; $Pb(CH_3COO)_2 \cdot 3H_2O$, M_r 379.3. D. 2.5. Schmp. 75 °C. Farblose, verwitternde Kristalle od. weiße, giftige, süßl. schmeckende, wasserlösl. monokline Kristalle; leicht lösl. in Wasser sowie in 28 T. Ethanol. **Darst.:** Auflösen von PbO in warmer Essigsäure; **Off.:** DAB6, ÖAB81; **Anw.** med.: äußerl. früher als entzündungswidriges Mittel, zu Augenwässern u. Umschlägen in 1 %iger Lösung; innerl. früher Adstringens u. Hämostatikum bei Magen- u. Darmblutungen, Diarrhöen; **Dos.:** MED 0.1 g, MTD 0.3 g. **Blei(II)-acetat-Lösung:** Plumbum hydrico-aceticum solutum; Reagens Ph.Eur.4, Blei(II)-acetat 9.5 g/100 mL kohlendioxidfreiem Wasser; **Anw.:** Fällungsmittel bei versch. Drogen, zur Reinheitsprüfung von Verbandwatte aus Viskose. **Blei(II)-acetat-Lösung, basische:** Aqua Plumbi, Aqua Plumbi Goulard, Plumbum aceticum basicum solutum; **Zuber.:** 40.0 g Blei(II)-acetat /90 mL kohlendioxidfreiem Wasser; die Lsg. wird mit NaOH-Lsg. 40 % auf pH 7.5 eingestellt; enthält ca. 17 % Blei als Acetat. **Liquor Plumbi subacetici** DAB6: Plumbum subaceticum solutum, Bleiessig, Bleisubacetat, Acetum plumbicum; eine wässrige Lsg. von bas. B. ($Pb(CH_3COO)OH$ od. $Pb(CH_3COO)_2 \cdot 2Pb(OH)_2$). D. 1.232-1.237. Klare, farblose Flüss.; Geh. ca. 25 % $Pb(CH_3COO)OH$, entsp. 18-19 % Pb. **Zuber.:** 3 T. B. werden mit 1 T. PbO verrieben u. das Gemisch in einem verschlossenen Gefäß mit Wasser unter häufigem Umschütteln 1 Woche stehengelassen, bis es gleichmäßig weiß od. rötl. weiß geworden u. nur noch ein geringer Bodensatz vorhanden ist; man lässt absetzen u. filtriert. **Anw.** med.: früher mildes Adstringens, meist mit Wasser verdünnt.

Hom: *Plumbum aceticum:* s. Blei.

Bleiacetat-Lösung, weingeistige: Zstzg.: DAB6, Lsg. von 1 T. Blei(II)-acetat in 29 T. Ethanol (30-40 °C). **Anw.:** Reagens.

Blei(II)-acetat-Papier: Filterpapierstreifen getränkt mit Mischung aus 1 Volumen-T. 12 %iger Essigsäure u. 10 Volumen-T. Blei(II)*-acetat-Lsg. u. getrocknet bei 105 °C (Ph.Eur.4). **Anw.:** z. B. Nachw. von Verunreinigungen durch Sulfidionen; Grenzprüfung auf Arsen*.

Blei(II)-acetat-Watte: Watte getränkt mit Mischung aus 1 Volumen-T. 12 %iger Essigsäure u. 10 Volumen-T. Blei(II)*-acetat-Lsg. u. getrocknet bei 105 °C (Ph.Eur.4). **Anw.:** Prüfung auf Arsen.

Bleiborat: Bleimetaborat, borsaures Blei, Plumbum boricum; $Pb(BO_2)_2 \cdot 2H_2O$. Weißes Pulver, lösl. in verd. Salpetersäure u. siedender Essigsäure. **Anw.** techn.: Trocknungsmittel für Firnisse u. Ölfarben (Bleisikkativ).

Blei, borsaures: s. Bleiborat.

Bleicarbonat, basisches: Bleisubcarbonat, Plumbum (hydrico-)carbonicum, Plumbum subcarbonicum, Plumbum aeratum, Plumbi carbonas, Bleiweiß, Kremserweiß, Cerussa; Zstzg. annähernd $2PbCO_3 \cdot Pb(OH)_2$. Weißes, schweres Pulver od. weiße, leicht zerreibbare Stücke, unlösl. in Wasser, lösl. in verd. Salpetersäure u. Essigsäure. **Off.:** DAB6, ÖAB90. **Anw.** med.: früher Antiseptikum in Form von Pudern, Salben (s. Unguentum Cerussae), Pflastern; techn.: Malerfarbe, mit 20 %, 40 % u. 60 % Schwerspat (s. Bariumsulfat) verschnitten.

Bleicherde: s. Fullererde.

Bleichkalk: s. Chlorkalk.

Bleichlauge: **1.** nach Javelle: Liquor Kalii hypochlorosi, s. Kaliumhypochlorit. **2.** nach Labarraque: Liquor Natrii hypochlorosi, s. Natriumhypochlorit.

Blei(II)-chlorid: Chlorblei, Plumbum chloratum; $PbCl_2$. D. 5.85. Schmp. 501 °C. Weißes, krist. Pulver, wenig lösl. in Wasser. **Darst.:** Fällen von Bleisalzlsg. mit Salzsäure. **Anw.** techn.: Herst. von Malerfarben.

Bleichromat: chromsaures Blei, Plumbum chromicum; $PbCrO_4$ (Chromgelb, Pariser Gelb, Neugelb); $PbCrO_4 \cdot PbO$ (Chromrot, Pariser Rot, Wiener Rot). Sehr schwer lösl. in Wasser. **Anw.** techn.: Malerfarbe.

Blei, chromsaures: s. Bleichromat.

Bleichsoda: Gemisch aus Natriumcarbonat*, Natriumsilicat*, Phosphorsalzen u. Schaumbildnern. B. bewirkt Enthärtung des Wassers u. adsorbiert Eisen- u. Mangansalze, so dass diese sich nicht mehr auf den Wäschefasern niederschlagen u. sie verfärben können.

Bleichwasser: **1.** Eau de Javelle, s. Kaliumhypochlorit. **2.** Eau de Labarraque, s. Natriumhypochlorit.

Blei(II)-cyanid: Cyanblei, Plumbum cyanatum; $Pb(CN)_2$. Weißes Pulver, wenig lösl. in Wasser, lösl. in Ammoniumsalzlösungen. **Anw.** techn.: Galvanotechnik, Insektizid.

Bleidioxid: s. Blei(IV)-oxid.

Bleiessig: s. Blei(II)-acetat (Liquor Plumbi subacetici).

Blei, essigsaures: s. Blei(II)-acetat.

Blei, gerbsaures: s. Bleitannat.

Bleiglätte: s. Blei(II)-oxid.

Blei(II)-iodid: Iodblei, Plumbum iodatum, Plumbi iodidum; PbI_2. D. 6.16. Schmp. 402 °C. Goldgel-

B

bes, schweres Pulver, fast unlösl. in Wasser, lösl. in Alkalilaugen. **Anw.** med.: früher bei Syphilis u. Drüsenschwellungen. MED 0.3 g, MTD 1.2 g.

Bleikristallglas: s. Glas.

Bleimanganat: Plumbum manganicum; $PbMnO_4$. **Darst.:** Schmelzen eines Gemisches von Manganoxid u. Bleinitrat. **Anw.:** Sikkativ*.

Bleimetaborat: s. Bleiborat.

Blei(II)-nitrat: salpetersaures Blei, Plumbum nitricum; $Pb(NO_3)_2$. Weißes, krist. Pulver, leicht lösl. in Wasser, wenig lösl. in Ethanol.

Blei(II)-orthoplumbat: s. Mennige.

Blei(II)-oxid: Plumbum oxydatum, Lithargyrum, Bleiglätte, Silberglätte, Goldglätte, Massikot; Bleimonoxid, PbO, M_r 223.22. D. 9.5. Schmp. 888 °C. Sdp. 1470 °C. Schweres, gelbes bis rötl. Pulver, lösl. in verd. Salpetersäure, heißer Salzsäure, Essigsäure; prakt. unlösl. in Wasser u. Ethanol. **Darst.:** Oxidation von geschmolzenem Blei unter Luftzuführung. PbO kommt in 2 Modifikationen vor, deren Umwandlungspunkt bei 488 °C liegt; unterhalb dieser Temp. resultiert die rote, oberhalb der Temp. die gelbe Modifikation; letztere wird auch durch Erwärmen von Bleicarbonat u. Bleinitrat erhalten (Massikot); **Off.:** DAC86, ÖAB90; **Anw.:** Herst. von Pflastern, Salben; techn.: Keramik-, Glas- u. Porzellanindustrie.

Blei(II,IV)-oxid: s. Mennige.

Blei(IV)-oxid: Plumbum dioxydatum, Bleidioxid; PbO_2; schwarzbraunes, stark oxidierendes Pulver, unlösl. in Wasser, lösl. in Säuren. **Anw.** techn.: Oxidationsmittel, in der Analyse, zus. mit Phosphor als Reibemasse für Zündhölzer.

Bleioxid, rotes: s. Mennige.

Bleioxychlorid: s. Plumbum chloratum basicum.

Bleipflaster: s. Emplastrum Plumbi.

Bleipflastersalbe: s. Unguentum Plumbi oxydati.

Bleipflastersalbe, salicylsäurehaltige: s. Unguentum Plumbi Emplastri cum Acido salicylico.

Blei, pyrophores: äußerst fein verteiltes Blei*, das sich schon bei Raumtemp. an der Luft von selbst entzündet. Eisen u. einige andere Metalle haben diese Eigenschaft ebenfalls (pyrophore Metalle).

Bleirot: s. Mennige.

Blei, salpetersaures: s. Blei(II)-nitrat.

Blei, schwefelsaures: s. Blei(II)-sulfat.

Bleisikkativ: s. Bleiborat.

Bleistearat: Plumbum stearinicum, stearinsaures Blei; $Pb(C_{18}H_{35}O_2)_2$. Weißes Pulver, unlösl. in Wasser, wenig lösl. in Ethanol, lösl. in heißem Benzol. **Anw.:** äußerl. in Streupulvern u. Salben (5 %) bei Intertrigo u. nässenden Ekzemen.

Bleisubacetat: s. Blei(II)-acetat (Liquor Plumbi subacetici).

Bleisubcarbonat: s. Bleicarbonat, basisches.

Blei(II)-sulfat: schwefelsaures Blei, Bleivitriol, Plumbosulfat, Plumbum sulfuricum; $PbSO_4$, M_r 303.27. D. 6.35. Weißes Pulver, prakt. unlösl. in Wasser, lösl. in konz. Mineralsäuren u. konz. Alkalilaugen. **Vork.:** nat. als Anglesit (Rotbleierz). **Anw.** techn.: Herst. von Malerfarben u. Leinölfirnis.

Bleisulfid: Schwefelblei, Plumbum sulfuratum; PbS, M_r 239.3. Schwarzes Pulver, prakt. unlösl. in Wasser, lösl. in Salpetersäure u. heißer verd. Salzsäure. **Vork.:** nat. als Bleiglanz (Galenit); **Darst.:** Fällen von Bleisalzen mit H_2S (s. Blei, Nachw. von Pb-Verb.); **Anw.** techn.: in der Keramik- u. Kautschukindustrie als Vulkanisationsbeschleuniger. **Hom:** *Galenit (HAB1.3):* nat. vorkommendes Mineral mit mind. 95 % PbS.

Bleitannat: Plumbum tannicum, Plumbum gallotannicum, gerbsaures Blei; bräunl. graues, amorphes Pulver, sehr schwer lösl. in Wasser u. Ethanol. **Anw.:** Adstringens u. Antiseptikum in Form von Puder u. Salben (5 %) bei brandigen Geschwüren u. Dekubitus.

Bleitannatsalbe: s. Unguentum Plumbi tannici.

Bleitetraethyl: $(C_2H_5)_4Pb$. Farblose, ölige, brennbare Flüss., unlösl. in Wasser, lösl. in Ethanol, Ether, Aceton, Benzol. **Anw.:** Antiklopfmittel für Treibstoffe, Benzin*. **Tox.:** sehr tox., s. Blei.

Bleithiosulfat: unterschwefligsaures Blei, Plumbum thiosulfuricum, Plumbum sulfurosum; PbS_2O_3. Weißes Pulver, sehr schwer lösl. in Wasser. **Darst.:** Fällung von Bleiacetat-Lsg. mit einer Natriumthiosulfat-Lösung.

Bleivergiftung: s. Blei (Tox.).

Bleivitriol: s. Bleisulfat.

Bleiwasser: s. Aqua Plumbi.

Bleiweiß: s. Bleicarbonat, basisches.

Bleiweißsalbe: s. Unguentum Cerussae.

Bleiweißsalbe, campherhaltige: s. Unguentum cerussae camphoratum.

Bleiwurz: s. Plumbago europaea.

Bleizucker: s. Blei(II)-acetat.

Blennorrhö: schleimige od. eitrige Schleimhautabsonderung. (Ophthalmol.): schleimige od. eitrige Bindehautentzündung (Ophthalmoblennorrhö).

Bleomycin INNv: Bleomycini sulfas Ph.Eur.; CAS-Nr. 11056-06-7; Antibiotikum; Glykopeptidgemisch aus Kulturen von Streptomyces verticillus od. gleiche, auf anderem Wege hergestellte Verb.; enthält 50-70 % Bleomycin A2 u. 20-30 % Bleomycin B2. Weißes, stark hygroskop. Pulver; sehr leicht lösl. in Wasser, Methanol; schwer lösl. in Ethanol; fast unlösl. in Aceton, Ethylacetat, Butylacetat, Ether. **Anw.:** Antineoplastikum, Warzenmittel; bei Plattenepithel-Karzinomen der Haut u. der Mukosa im Kopf u. im Halsbereich, Bronchialkarzinom; **Kontraind.:** Schwangerschaft; HWZ 1.5-2.5 h. Gebräuchl. ist auch Bleomycinsulfat.

Blepharitis: Entzündung des Augenlidrandes infolge mechan. Reizung (Rauch, Staub), Seborrhö od. bakt. Besiedlung.

Blepharoplast: s. Basalkörper.

Blighia sapida C.König: Akeepflaume; Fam. Sapindaceae (Tropen, Subtropen; kult. Westindien). **Inhaltsst.:** in den unreifen Früchten hypoglykäm. wirkende Aminosäuren (mit Cyclopropanring) wie Hypoglycin A u. B.

Blinddarm: Zäkum, Caecum; unterhalb der Einmündung des Dünndarms gelegener, ca. 7 cm langer blinder Anfangsteil des Dickdarms. **Blinddarmentzündung:** med. Typhlitis*, umgangssprachl. meist für die Entzündung des Wurmfortsatzes (Appendizitis*) gebraucht.

Blindheit: i. e. S. angeborenes od. erworbenes völliges Fehlen des Sehvermögens (Amaurose*);

i. w. S. starke Sehschwäche od. hochgradige Gesichtsfeldeinschränkung, durch die sich Personen in unvertrauter Umgebung nicht zurechtfinden.

Blindversuch: Blindstudie; Versuchsanordnung, z. B. bei einer klin. Therapiestudie, bei der, zur Vermeidung von unbewussten u. ungewollten Verfälschungen der Ergebnisse, die Probanden nicht wissen, welche der getesteten Verfahren, Wirksubstanz od. Placebo* bei ihnen angewendet werden. Beim **Doppelblindversuch** kennt auch der Versuchsleiter die Zuordnung nicht. Die Zulässigkeit dieser Versuchsanordnung hängt u. a. vom Einwilligungsrecht (engl. informed consent) des Probanden ab.

Blister: Durchdrückpackung; tiefgezogene Kunststoff- (PVC- od. Polystyrol-) od. Aluminiumverbundfolien (Formteile*, Tiefziehen*), die nach Einfüllen des Packgutes mit einer auf der Innenseite mit einem Heißsiegellack versehenen Aluminiumabdeckfolie versiegelt werden (s. Heißsiegeln). Für jede Arzneimitteleinheit ist ein eigener Napf vorhanden, der bei perforierten Formteilen als Einzeldosis abgetrennt werden kann, s. Abbildung. Sind in der zu verpackenden Arzneiform (Tabletten, Dragees, Kapseln) feuchtigkeitsempfindl. Wirkstoffe enthalten, kommen wasserdampfdichte Verbundfolien* (aus PVC/Polyvinylidenchlorid, PVC/Polychlortrifluorethylen od. mit Polypropylen beschichtete Aluminiumfolie) zum Einsatz.

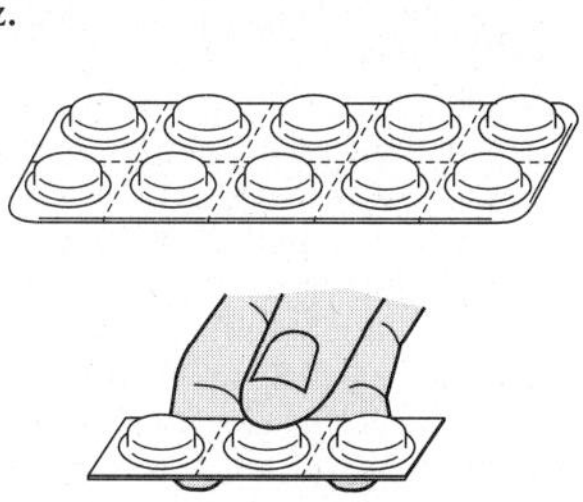

Blister

Blitzpulver: s. Lycopodium clavatum.

Blockcopolymere: Copolymere, bei denen durch eine blockweise Sequenzierung der Monomere die Eigenschaften gezielt gesteuert werden. Monomerauswahl, Blockstruktur, -länge u. Polymerisationsgrad bestimmen weitgehend Art u. Geschwindigkeit der Freisetzung eines eingebetteten Pharmakons. Durch den Einbau spezif. Domänen können Stabilitätsprobleme gelöst werden, z. B. Triblockpolymere wie Copoly(L-Milchsäure-Oxyethylen-ß-L-Milchsäure) mit hydrophilen Bezirken zum Schutz labiler Proteine. Vgl. Polymere.

blocked metabolism: wichtiges radiopharmaz. Konzept, bei dem durch chem. Veränderung eines Substrates dessen Stoffwechselweg an einer genau definierten Stelle unterbrochen ist. Grundsätzliche Bedeutung des b. m. liegt darin, dass bei einer PET-Messung primär ein physikal. Meßsignal registriert wird, die Zuordnung zu einem definierten Stoffwechselprozess jedoch erst auf der Basis eines präzisen biochem. Konzeptes des Tracers* realisierbar ist. Außerdem muss die radioaktive Substanz akkumulieren, damit sich das PET-Meßsignal vom umgebenden Gewebsuntergrund abhebt. Zu einer Akkumulation kommt es, wenn die betreffende Substanz an einer Stelle des Stoffwechselweges im Gewebe gebunden wird. Bei Substanzen mit einer durchgehend metabol. Umsetzung, wie z.B. Glukose, ist ein metabol. analoges Substrat mit dem Konzept des b. m. einzusetzen, damit die für eine metabol. Aussage notwendige Akkumulation auftritt .Bei FDG* reflektiert die Akkumulation qualitativ u. quantitativ den zur Deckung des zellulären Energiebedarfs ablaufenden Glucosestoffwechsel. **Beispiel:** Messung des Glucosestoffwechsels mittels PET* u. 2-FDG (s. Fludeoxyglucose[^{18}F]-Injektionslösung), bei der die OH-Gruppe der Glucose durch ein ^{18}F-Atom ersetzt ist. Das Substrat wird wie Glucose in die Zelle transportiert u. von der Hexokinase zum 6-Phosphat umgesetzt. Alle weiteren Schritte der Glykolyse sind blockiert (s. Abb.). Die dadurch verursachte Akkumulation des Substrates reflektiert qualitativ u. quantitativ den zur Deckung des zellulären Energiebedarfs ablaufenden Glucosestoffwechsel.

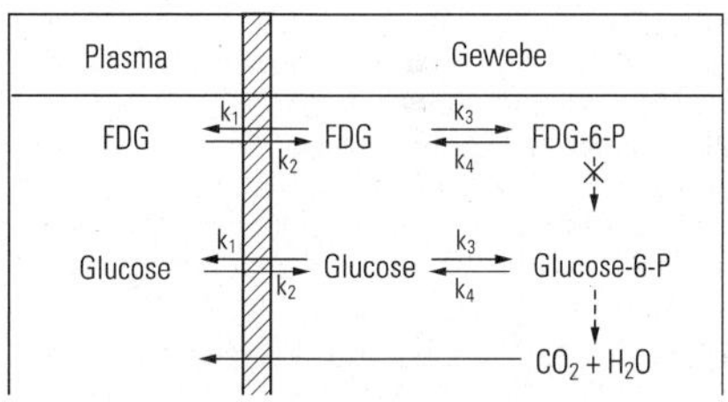

blocked metabolism

Bloom: Bloomwert, Bloomgramm, Bloomgrad; Maß für die Festigkeit von Gelatinegallerten, wichtiges Qualitätsmerkmal. Ermittelt wird mit dem Gelometer (nach Bloom) das Gewicht für eine definierte Eindringtiefe (4 mm). Der Wert von 1 Bloom entspricht jener Kraft, die über einen Stempel von 0.5 Zoll (12.7 mm) Durchmesser u. ebener Unterfläche aufgebracht werden muss, damit dieser Stempel 4 mm tief in ein 6.67 %iges thermostatisiertes Gelatinegel bei 21 °C eindringen kann. Das verwendete Standardgel wird aus lufttrockener Gelatine hergestellt u. vor der Messung durch 18 h Stehen bei 10 °C gealtert.

Blot: elektrophoret. Übertragung von Protein- od. DNA-Banden eines Elektrophoresegels (s. Elektrophorese) auf eine haltbare Membran, z. B. aus Nitrocellulose od. Nylon, zur Konservierung od. Weiterbehandlung der Banden.

Blotkammer: Elektrophoresezelle, mit der durch Anlegen von Spannung in einer Elektrolytlsg. ein Blot* durchgeführt wird; s. Elektrophorese.

Blühhormon: s. Florigen.

Blüte (gr. anthos; lat. flos): terminaler Sporophyllstand bei Spermatophytina* (Anthophyta); ein gestauchter Spross (Kurztrieb) mit metamorphisierten Blättern, der der geschlechtl. Fortpflanzung dient, getragen vom Blütenstiel, der am Ende zum Blütenboden etwas verdickt ist (Receptaculum*); Blütendrogen, s. Flores. Bau u. Systematik (vgl. Abb.): **1. Blütenteile a) Perianth:** Blütenhülle; aus Kelchblättern (Sepala) u. Blüten-(Kron-)blättern (Petala) od. aus gleichartigen Perigonblättern (Tepala) bestehend; doppeltes (heterochlamydeisches) Perianth: Blütenhülle deutl. in Kelch- u. Blütenblätter differenziert; einfaches (homochlamydeisches) Perianth: Blütenhülle nicht deutl. in Kelch- u. Blütenblätter differenziert, sondern aus gleichartigen Perigonblättern bestehend; Korolle (Korolla, Corolla): Blumenkrone, Gesamtheit der Blütenblätter; Calyx: Kelch, Gesamtheit der Kelchblätter (meist grün); Perigon: Gesamtheit der Perigonblätter. Blütenblätter (bzw. Kelchblätter od. Perigonblätter) frei: choripetale (bzw. chorisepale od. choritepale) Blüte. Blütenblätter (bzw. Kelchblätter od. Perigonblätter) verwachsen: sympetale (bzw. synsepale od. syntepale) Blüte. Blütenblätter (bzw. Kelchblätter od. Perigonblätter) fehlend: apetale (bzw. asepale od. atepale) Blüte. Blütenhülle fehlend: nackte od. achlamydeische Blüte; **b) Androeceum:** Gesamtheit der Staubblätter (Stamina). Staubblatt (Stamen): das männl. Mikrosporophyll bestehend aus Filament (Staubfaden) u. Anthere (Staubbeutel), welche sich aus dem Konnektiv (dem sterilen Mittelstück) u. aus den zu beiden Seiten desselben sich befindl. Staubbeutelfächern (Theka, Theken) zusammensetzt. Die Theken bestehen aus je 2 Blütenstaub- od. Pollensäcken, die die Pollenkörner (Blütenstaubkörner) enthalten. Pollen (Blütenstaub): Gesamtheit der Pollenkörner. Staminodium: unfruchtbares (steriles) Staubblatt; häufig umgewandelt zu korollblattartigen Gebilden (z. B. bei Zingiberaceae) od. Nektarien (Honigsaft abgebende Organe); **c) Gynoeceum:** Gesamtheit der Fruchtblätter (Karpelle). Fruchtblatt (Karpell): das weibl. Makrosporophyll; Fruchtblätter offen bei nacktsamigen Pflanzen (Gymnospermae), Fruchtblätter geschlossen (zu Fruchtknoten verwachsen) bei bedecktsamigen Pflanzen (Angiospermae). Jedes Fruchblatt entwickelt sich zu einem Fruchtknoten (z. B. Ranunculaceae): apokarp. Fruchtblätter miteinander verwachsen: synkarp. Stempel (Pistillum): die verwachsenen Fruchtblätter bestehend aus Fruchtknoten (Ovarium), Griffel (Stylus) u. Narbe (Stigma). Der Fruchtknoten enthält die Samenanlagen*. Seiner Stellung nach ist er oberständig (hypogyn), unterständig (epigyn), d. h. von der Blütenachse umwachsen, od. mittelständig (perigyn), d. h. im schüssel- od. becherförmigen Blütenboden frei stehend. **2. Blütenformen a)** nach Geschlecht: Zwitterblüten enthalten Staub- u. Fruchtblätter. Eingeschlechtige Blüten enthalten nur Staub- od. nur Fruchtblätter u. werden daher als männl. od. als weibl. Blüten bezeichnet. Nach dem Auftreten der Blüten auf den Pfl. unterscheidet man einhäusige (monözische) Pflanzen: männl. u. weibl. Blüten auf einer Pfl., z. B. bei Betula, Birken, von zweihäusigen (diözischen) Pflanzen: männl. u. weibl. Blüten auf versch. Pflanzen, z. B. bei Salix od. Cannabaceae sowie polygame Pfl.: zwitterige u. eingeschlechtige Blüten auf einer Pfl., z. B. bei Asterales; **b)** nach Symmetrieverhältnissen: radiär (strahlig, aktinomorph, polysymmetr.): mehr als 2 Symmetrieebenen; bilateral (disymmetr.): 2 Symmetrieebenen z. B. bei Dicentra spectabilis (Tränendes Herz); dorsiventral (monosymmetr., zygomorph): 1 Symmetrieebene; z. B. bei Lamiaceae; asymmetrisch: ohne Symmetrieebene, z. B. bei Canna; **c)** Sonderbildungen der Blüte: Außenkelch: kelchartiges Gebilde aus mehreren Hochblättern, dicht unter dem Kelch; Drüsenring: Diskus*; reduzierter Kelch: Pappus*; Zungenblüte* u. Scheibenblüte (Röhrenblüte*): s. Asteraceae (Abb.); Schmetterlingsblüte: besteht aus 1 Fahne, 2 Flügel, 1 Schiffchen (aus 2 Schiffchenblättern bestehend); charakterist. für Fabaceae*; Lippenblüte: einlippig (nur mit Unterlippe) od. zweilippig (mit Ober- u. Unterlippe), charakterist. für Lamiaceae*; Rachenblüte: charakterist. für Scrophulariaceae*.

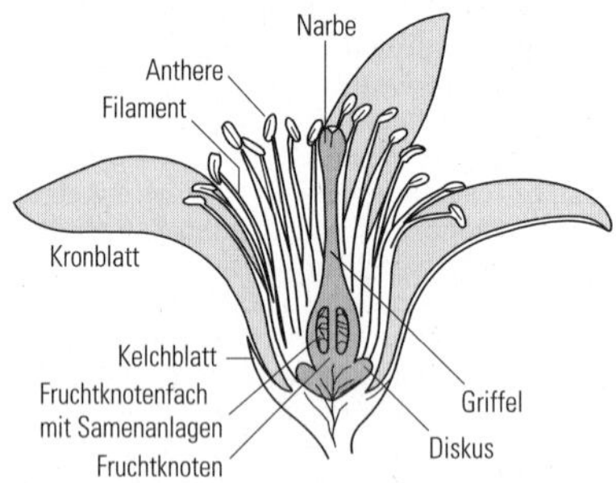

Blüte: Schema am Beispiel einer Orangenblüte [19]

Blüte, achlamydeische: (bot.) Blüte ohne Blütenhülle; s. Blüte.

Blütenboden: (bot.) verkürzte Blütenachse.

Blütendiagramm: Blütengrundriss; schemat. Zeichnung eines Blütenknospen-Querschnitts, s. Abb. Diagramm der Liliaceenblüte, darunter das Deckblatt, darüber, durch einen Kreis angedeutet, die Mutterachse.

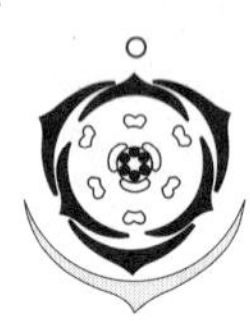

Blütendiagramm: Liliaceenblüte als Beispiel

Blütenformel: (bot.) kurze, zahlenmäßige Angabe der Blütenverhältnisse (s. Tab.), wobei K = Kelch, C = Korolle, P = Perigon, A = Androeceum, G = Gynoeceum; dazu die Zahl der Glieder, bei wirteligen Blüten für jeden Wirtel getrennt.

Blütengrundriss: s. Blütendiagramm.

Blütenkorb: s. Blütenstand.

Blütenölextraktionsverfahren: s. Enfleurage.

Blütenpflanzen: s. Spermatophytina.

Blütenpollen: s. Pollen.

Blütenstand: Infloreszenz; Teil des Sprosses, wo die Blüten nicht einzeln in den Achseln von Laubblättern, sondern mehrere od. viele Blüten einzeln od. in Gruppen in den Achseln von Hochblättern (Brakteen) in bestimmter Anordnung vorhanden sind. **A:** Hauptachse des Blütenstandes stets die Seitenachsen übergipfelnd (razemöse

Blütenformel
Erläuterung der wichtigsten Symbole und Beispiele

Symbol	Position	Bedeutung
∞		starke Vermehrung der Glieder (unbestimmte Anzahl)
()	um die Zahl	Verwachsung der Glieder
_	unter der Zahl der Fruchtblätter	oberständiger Fruchtknoten
‾	über der Zahl der Fruchtblätter	unterständiger Fruchtknoten
*		radiäre Blüte (radiärsymmetrisch)
↓		zygomorphe Blüte (monosymmetrisch)

Beispiele: *P3+3A3+3G($\overline{3}$): Galanthus
↓K(5)C(5)A4G($\underline{2}$): Lamium
*K5+C5A∞G$\underline{\infty}$: Ranunculus

Verzweigung): **1.** traubige Blütenstände: **a)** Traube (lat. racemus): Blüten einzeln, gestielt; **b)** Rispe: Nebenachsen der Trauben wiederum Trauben (od. Rispen); **c)** Ähre (Spica): einfache Ähre: Blüten einzeln, sehr kurz- od. ungestielt; zusammengesetzte Ähre: an Stelle jeder Blüte wiederum eine kleine Ähre (Ährchen); **d)** Kolben: Ähre mit fleischiger Hauptachse; **e)** Kätzchen: Ähre mit unscheinbaren Blüten, fällt als Ganzes später ab; **2.** doldige Blütenstände: **a)** einfache Dolde: Haupt- u. Nebenachsen gleich lang; die gestielten Blüten entspringen einem Punkt (Spirre: Dolde, bei der die äußeren Blüten die inneren überragen); **b)** zusammengesetzte Dolde: jede Nebenachse trägt wiederum eine Dolde; **c)** Köpfchen: zahlreiche kurz- od. ungestielte Blüten auf der Hauptachse; **d)** Blütenkorb: Köpfchen mit verbreitertem Kopf der Hauptachse u. von Hüllblättern (Hüllkelch; s. Asteraceae, s. Abb.) umgeben; vgl. Pseudanthium. **B:** Seitenachsen die Hauptachse übergipfelnd: trugdoldige Blütenstände (zymöse Verzweigung): **1.** Pleiochasium (Trugdolde): unter der Endblüte der Hauptachse mehrere Nebenachsen auf gleicher Höhe entspringend, diese sich wiederholt wie die Hauptachse verzweigend; **2.** Dichasium (zweigliedrige Trugdolde): 2 Nebenachsen von der Hauptachse auf gleicher Höhe abgehend, diese sich wiederum mit 2 Nebenachsen auf gleicher Höhe verzweigend; **3.** Monochasium: von der Hauptachse nur 1 Nebenachse abgehend, von dieser immer wieder eine andere abgehend. Wickel: Nebenachsen zweigen abwechselnd nach rechts u. links ab. Schraubel: Nebenachsen zweigen stets nur nach einer Seite ab.

Blüte, sympetale: Blüte mit verwachsenen Kronblättern; s. Blüte (Blütenteile).

Blumenesche: s. Fraxinus ornus.

Blumenrohr: s. Canna edulis.

Blut: in den Blutgefäßen zirkulierende Körperflüssigkeit. Die normale Blutmenge des Erwachsenen beträgt ca. 1/12 des Körpergewichts, bei einem 70 kg schweren Menschen also ca. 5-6 L, pH 7.41; Temp. 37 °C; kolloidosmot. Druck des Serums bei 37 °C ca. 2.7-4.7 kPa (20.6-35 mmHg); D. 1.057; Gefrierpunkterniedrigung 0.56 °C; **Funktion:** Versorgung des Gewebes mit Sauerstoff u. Nährstoffen, Abtransport von Kohlendioxid u. Stoffwechselprodukten, Wärmeregulation, Verteilung von Enzymen, Hormonen; **Best.: 1. Blutplasma:** 55 % des Gesamtblutvolumens; enthält **a)** Proteine (7-8 %): Albumine (60-80 %), Globuline (20-40 %) u. Fibrinogen (ca. 4 %); Blutplasma ohne Fibrinogen wird als Blutserum bez.; Aufgaben: Wasserbindung, Transport-, Puffer- u. Immunfunktionen; **b)** Wasser; **c)** Plasmaelektrolyte: u. a. Kationen Na^+, K^+, Ca^{2+}, Mg^{2+}; Anionen Cl^-, HCO_3^-, $HPO_4^{2-}/H_2PO_4^-$, Proteinate; **d)** Transportstoffe: Nahrungsstoffe (Aminosäuren, Kohlenhydrate, Fette); **e)** Hormone u. Enzyme; **2.** korpuskuläre Best.: **Blutkörperchen:** ca. 45 % des Gesamtblutvolumens (s. Hämatokrit, Blutbild), entspr. Erythrozyten*, Leukozyten*, Thrombozyten*; **Blutbildung:** s. Hämatopoese.

Blutagar: bluthaltiger Nährboden für Mikroorganismen; vgl. Agar.

Blutalkoholkonzentration: s. Ethanol (Tox.).

Blutauge: s. Adonis aestivalis.

Blutbild: Hämogramm; die aus einer Blutprobe durch Zählung ermittelten Erythrozyten-, Leukozyten-, Thrombozyten- u. Retikulozytenwerte u. die durch Auszählung eines Blutausstrichs (Differenzialblutbild) festgestellten Prozentzahlen kernhaltiger Blutkörperchen werden nebeneinander gestellt.

Blutbildung: s. Hämatopoese.

Blutdruck: Druck* in Blutgefäßen u. Herzkammern. I. e. S. der in od. an einer peripheren Arterie in mmHg od. kPa gemessene arterielle B., der die Blutzirkulation bewirkt, abhängig von Herzleistung u. Gefäßwiderstand; **systol. B.:** während der Systole* im Blutgefäßsystem herrschender Druck, höchster Punkt der Druckkurve; **diastol. B.:** während der Diastole* im Blutgefäßsystem herrschender Druck, niedrigster Punkt der Druckkurve; Referenzbereiche s. Tab., vgl. Blutdruckmessung.

Blutdruck
Referenzbereiche

Alter	systolisch (mmHg)	diastolisch (mmHg)
0-3 Monate	70- 86	–
3-12 Monate	86- 93	60-62
1-9 Jahre	95-101	65-69
9-14 Jahre	101-110	68-74
≥18 Jahre		
optimal	<120	<80
normal	<130	<85
hochnormal	130-139	85-89

Blutdruckmessgerät: Instrument zum Feststellen des arteriellen Drucks in den Blutgefäßen. **1.** direkt: mittels eines ins Blutgefäß eingeführten

Blutgerinnung
Gerinnungsfaktoren

Faktor	Bezeichnung	M_r
I	Fibrinogen	340 000
II	Prothrombin	70 000
III	Gewebethromboplastin	
IV	Calciumionen	
V	Proakzelerin, labiler Faktor	
VI	Akzelerin	
VII	Prokonvertin, stabiler Faktor	
VIII	antihämophiles Globulin (AHG), antihämophiler Faktor (AHF)	$>10^6$
IX	Christmas-Faktor	55 000 (Rind)
X	Stuart-Prower-Faktor	55 000
XI	Rosenthal-Faktor	124 000
XII	Hageman-Faktor	76 000
XIII	fibrinstabilisierender Faktor (FSF), Laki-Lorand-Faktor	350 000
PF3	Plättchen-Faktor 3 (Phospholipide)	

elektron. Manometers; **2.** indirekt: **a)** auskultatorisch (halbautomat.) nach Riva-Rocci. Das Gerät erfasst den ersten Ton (Systole) u. letzten Ton (Diastole) des distal der Manschette auftretenden pulssynchronen Geräuschs (Korotkow-Töne); **b)** oszillatorisch (vollautomat.); Erfassung der Werte aus den Manometerpulsationen; Gerätetypen: **1.** mit Oberarmmanschetten; **2.** mit Handgelenkmanschetten (nur oszillator., weniger genau) **3.** mit Fingermanschetten.

Blutdruckmessung: **1.** direkte B. mit Hilfe eines Druckaufnehmers an der Spitze eines arteriell liegenden Katheters. **2.** indirekte B. nach Riva-Rocci mit einer aufblasbaren Gummimanschette, welche mit einem Manometer verbundenen ist u. um den Oberarm gelegt wird, durch Palpation des Radialispulses, Auskultation der Korotkow*-Töne od. mittels Ultraschall-Dopplermethode.

Blutegel: s. Hirudo, vgl. Hirudo medicinalis.

Blutentnahmesystem: System zur Entnahme mehrerer Blutproben bei einmaliger Venenpunktion, bestehend aus Punktionskanüle, Blutstoppsystem u. Vakuumblutröhrchen, die evtl. mit Trennmitteln od. Gerinnungshemmern, z. B. Citrat gefüllt sind (Unterscheidung durch Farbcode).

Bluterkrankheit: s. Hämophilie.

Blutersatz: Hämotherapie; therap. Übertragung von Vollblut, korpuskulären Blutbest. od. spez. Blutpräparationen, i. w. S. auch von Plasma od. Plasmaersatzstoffen. Entspr. der Urs. einer Blutarmut (akuter od. chron. Blutverlust, Schock, Bluterkrankungen, Infektionen, Gerinnungsstörungen) sollten gezielt nur die fehlenden Best. des Vollblutes infundiert werden. **Blutkonserven**: Vollblut, das nach Auftrennung in Komponenten unter definierten Temperaturbedingungen aufbewahrt wird; zur Konservierung u. Erhöhung der Lagerfähigkeit erfolgt der Zusatz gerinnungshemmender u. stoffwechselerhaltender Substanzen (vgl. Stabilisatoren). **Einteilung:** **1.** Erythrozytenkonzentrat (buffy-coat-frei in additiver Lsg.), Lagerungsdauer 42-49 d, Lagerungstemp. 2-6 °C; **2.** leukozytendepletiertes Erythrozytenkonzentrat, Lagerungsdauer 42-49 d, Lagerungstemp. 2-6 °C; **3.** bestrahltes Erythrozytenkonzentrat, Lagerungsdauer max. 14 d nach Bestrahlung, Lagerungstemp. 2-6 °C; **4.** Thrombozytenkonzentrat, Lagerungsdauer max. 5 d, Lagerungstemp. 20-24 °C; **5.** Granulozytenkonzentrat, Lagerungsdauer max. 3-5 h, Lagerungstemp. 20-24 °C; **6.** gefrorenes Frischplasma, Lagerungsdauer 1 Jahr, Lagerungstemp. <–30 °C; **Anw.:** je nach Ind. zur Bluttransfusion u. Substitution bestimmter Blutbestandteile z. B. bei Gerinnungsstörungen, leukopen. Krankheitsbildern od. lebensbedrohl. Infektionen; **UAW:** **1. immunolog. bedingte Transfusionszwischenfälle**: anaphylakt. Reaktion durch Blutgruppenantikörper im Empfängerblut; bei ABNull-Inkompatibilität; Vorliegen von Antikörpern gegen Rhesus- u. a. Blutgruppenantigene; durch Alloantikörper des Empfängers gegen Leukozyten, Thrombozyten od. Plasmabest.; Graft-versus-host-Reaktion bei immunsupprimierten od. immundefizienten Pat. durch Lymphozyten des Spenderbluts; **2. nicht immunolog. bedingte Transfusionszwischenfälle**: hohes Fieber u. ggf. Schock durch bakt. Pyrogene od. Bakt. im Spenderblut; Übertragung von bakt. od. viralen Infektionen (insbes. HIV-, Hepatitis-C-, Hepatitis-B-Infektion); Hypervolämie durch zu rasche Transfusion zu großer Volumina; Hämolyse von Spendererythrozyten vor der Transfusion.

Plasmaersatzstoffe: Lsg. aus nat. od. synthet. Kolloiden; auch als Plasmaexpander bezeichnet, da ihre intravasale Volumenwirkung durch Flüssigkeitseinstrom aus dem Interstitium infolge des hohen kolloidosmot. Drucks größer ist als das infundierte Volumen; **Einteilung:** **1.** körpereigene Plasmaersatzstoffe: z. B. Plasmaprotein- u. Albuminlsg.; s. Albuminlsg. vom Menschen; **2.** synthet. Plasmaersatzstoffe: Unterscheidung nach Molekulargewicht, kurzer (2-3 h), mittlerer (4 h) od. langer (6-8 h) Verweildauer sowie intravasaler Volumenwirkung; z. B. Dextrane*, Hydroxyethylstärke*, modifizierte Gelatine, s. Oxypolygelatine; **Anw.:** zum raschen Volumenersatz bei Hypovolämie od. Blutverlust; **UAW:** allerg. Reaktionen bis zum anaphylakt. Schock, Störung der Blutgerinnung durch Verd., Infektionsübertragung (Hepatitis, HIV);

Elektrolytlösungen: z. B. isoton. Kochsalzlsg. (s. Natriumchlorid) od. Ringer*-Lösung; **Anw.**: Ausgleich reiner Flüssigkeitsverluste; Off. in Ph.Eur.4 sind: Blutkonserve (Sanguis* humanus) sowie Albumin- u. Plasmaproteinlsg. vom Menschen.

Blutfarbstoff: s. Hämoglobin.

Blutgerinnung: sekundäre Hämostase*; komplexer Vorgang, der durch physiol. u. patholog. Prozesse ausgelöst wird u. der anhaltenden Blutstillung dient. An der B. sind versch. **Gerinnungsfaktoren** beteiligt (s. Tab.). **Ablauf der B.**: Kaskadentheorie nach Macfarlaine: **1.** Vorphase: **a) extrinsisches System**: nach einer Gewebeläsion auf exogenem Weg (Voraussetzung: Freisetzung von Gewebefaktor, s. Thromboplastin; Ablauf in Sekunden) wird Faktor VII in die aktive Form VIIa überführt u. verbindet sich unter Mitwirkung von Calciumionen mit Phospholipidmizellen der verletzten Gewebezellen, dieser Komplex stellt den Faktor-X-Aktivator des exogenen Systems dar; **b) intrinsisches System**: endogener Weg (Voraussetzung: Freilegung von Fremdoberflächen od. Kollagenfasern in verletztem Endothel, Thrombozytenzerfall; Ablauf in Minuten) mit Kontaktaktivierung des Faktors XII; der mit Faktor XI u. Plättchenfaktor 3 (an Thrombozytenoberfläche) einen Komplex bildet, der die Umwandlung des Faktors IX katalysiert; Faktor IXa bildet mit Faktor VIII, Calciumionen u. Phospholipiden den Faktor-X-Aktivator des endogenen Systems; **2.** Phase I: der aktivierte Faktor X bildet mit Faktor V, Phospholipiden u. Calciumionen einen Komplex (Prothrombinaktivator*), der Prothrombin* in Thrombin* umwandelt; **3.** Phase II: Thrombin führt Fibrinogen* unter Abspaltung der Fibrinopeptide A u. B in Fibrinmonomere über, die spontan zu Fibrinpolymeren aggregieren. Aus diesem Komplex entsteht unter der Wirk. von aktiviertem Faktor XIII Fibrin*; **4.** Nachphase: Blutgerinnselretraktion; s. Abbildung. **Hemmung der B.**: **1.** physiol: durch intaktes Gefäßendothel, Antithrombine*, Fibrinspaltprodukte u. Heparin*; vgl. Fibrinolyse; **2.** pharmak.: durch Antikoagulanzien* u. Fibrinolytika* **Störungen der B.**: s. Hämophilie; um Blutproben ungerinnbar zu machen, wird Natriumoxalat, -fluorid od. -citrat zugesetzt um die Calciumionen zu binden; s. Stabilisatoren, vgl. Blutersatz.

Blutgerinnungsfaktor I: s. Fibrinogen.

Blutgerinnungsfaktor IIa: s. Thrombin.

Blutgerinnungsfaktor III: s. Thromboplastin.

Blutgerinnungsfaktor VII: Factor VII coagulationis humanus cryodesiccatus Ph.Eur., Prokonvertin; CAS-Nr. 9001-25-6. **Anw.**: Blutungen u. Blutungsrisiko infolge eines angeborenen od. erworbenen Faktor-VII-Mangels; **UAW**: allerg. Reaktionen bis Schock, Sensibilisierung, Temperaturanstieg, Übertragung von Infektionen; vgl. Blutersatz.

Blutgerinnungsfaktor VIII: antihämophiler Faktor, antihämophiles Globulin; CAS-Nr. 9001-27-8. Aktiviert zus. mit Faktor IXa den Faktor X; Mangel führt zu Hämophilie A (s. Hämophilie, vgl. Blutgerinnung). In der Ph.Eur. off. ist Factor VIII coagulationes sanguinis humani cryodesiccatus (Blutgerinnungsfaktor VIII vom Menschen, gefriergetrocknet); ein weißes od. hellgelbes Pul-

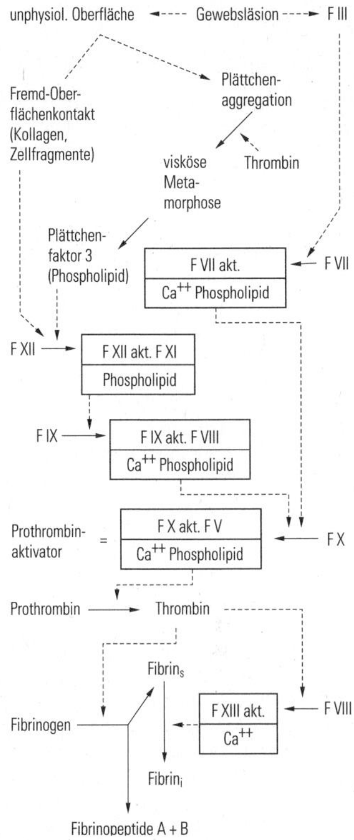

Blutgerinnung: schemat. Ablauf

ver. **Gew.**: Plasmafraktionierung* (das Plasma soll von mehr als 10 Spendern stammen). Gemäß Ph.Eur. müssen umfangreiche Anforderungen hinsichtl. Gew., Herst., Qualität u. Beschriftung der Verpackungselemente erfüllt sein. Dauer der Verwendbarkeit max. 2 Jahre, Lagerung unterhalb 8 °C. Eine Vielzahl von Zuber. kann sich hinsichtl. Aktivität u. Reinheitsgrad unterscheiden. **Anw.**: Hämophilie A u. sonstige Erkrankungen mit Faktor-VIII-Mangel; **UAW**: s. Blutgerinnungsfaktor VII.

Blutgerinnungsfaktor IX: Factor IX coagulationis humanus cryodesiccatus Ph.Eur., Christmas-Faktor; CAS-Nr. 9001-28-9. Einkettiges Glykoprotein; Mangel führt zu Hämophilie B (s. Hämophilie, vgl. Blutgerinnung). Gefriergetrocknet ein weißes od. schwach gelb gefärbtes, stark hygroskop. Pulver. Nach Ph.Eur. müssen umfangreiche Anforderungen hinsichtl. Gew., Herst. u. Qualität erfüllt sein. **Gew.**: Plasmafraktionierung*; kann neben Faktor IX noch die Faktoren II, VII u. X enthalten; die gelöste Zuber. kann in Abhängigkeit von der Gewinnungsmethode versch. (blau, gelb, grün) gefärbt sein; Dauer der Verwendbarkeit max. 3 Jahre, Lagerung unterhalb 8 °C; **Anw.**: Hämophilie B u. alle Formen erworbener Faktor-IX-Mangelzustände; **UAW**: s. Blutgerinnungsfaktor VII.

Blutgerinnungsfaktor XIII: fibrinstabilisierender Faktor; vierkettiges Alpha-2-Globulin. Lösl. in

Wasser. **Anw.:** kongenitaler Mangel an Blutgerinnungsfaktor XIII u. daraus resultierende hämorrhag. Syndrome, Blutungen u. Wundheilungsstörungen.

Blutgruppen: erbl., meist stabile strukturelle Eigenschaften von Blutbestandteilen, die sich aufgrund eines genet. Polymorphismus bei versch. Individuen od. Gruppen unterscheiden u. mit Hilfe spezif. Antikörper nachgewiesen u. systematisiert werden können. I. e. S. Blutgruppenantigene auf der Oberfläche von Erythrozyten*, i. w. S. auch erbl. polymorphe Serumproteine (Serumgruppen), intrazelluläre Komponenten (v. a. Enzymgruppen) u. membranassoziierte Glykoproteine (HLA*-System). **Blutgruppenbestimmung:** serolog. Nachw. der Blutgruppenantigene auf der Oberfläche der Erythrozyten mit Hilfe von spezif. Testseren u. Testreagenzien (s. Tab.); vgl. Test-Blutkörperchen; **ABNull-Blutgruppen:** syn. AB0-Blutgruppen; System der sog. klass. Blutgruppen, das durch das Vorhandensein regulärer Antikörper gegen diejenigen Blutgruppenantigene A od. B, die dem Individuum selbst fehlen, gekennzeichnet ist; die Vererbung erfolgt autosomal; A u. B verhalten sich zueinander codominant u. gegenüber dem stummen Allel 0 dominant; Häufigkeit in Mitteleuropa: 0 ca. 40 %, A ca. 44.5 %, B ca. 10.5 %, AB ca. 4.5 %; **Bedeutung:** müssen bei Bluttransfusionen u. Transplantationen berücksichtigt werden; eine ABNull-Inkompatibilität kann zu schweren Transfusionszwischenfällen (s. Blutersatz, UAW) od. Transplantatabstoßungsreaktionen u. Morbus haemolyticus neonatorum führen; **Rhesus-Blutgruppen:** Symbol Rh od. CDE ; umfangreiches Blutgruppensystem, die wichtigsten Rh-Blutgruppenantigene sind D, C,c u. E,e sowie weak D; Individuen mit Rh-Antigen D (stärkstes Rh-Antigen; Häufigkeit: ca. 85 % in Europa) werden als Rh-positiv bez., fehlt das Antigen D völlig, wird der Betroffene als Rh-negativ bezeichnet; **Bedeutung:** Antikörper der Spezifität Anti-D sind die häufigsten irregulären Antikörper u. treten v. a. nach Transfusion Rh-inkompatiblen Bluts u. während Rh-inkompatibler Schwangerschaften auf; die Transfusion Rh-inkompatiblen Bluts kann bei einem Empfänger mit Rh-Antikörpern zu schweren Transfusionszwischenfällen führen, die häufig erst mit einer Verzögerung von 2-4 h auftreten; Rh-Antikörper (v. a. Anti-D) bei Rh-negativen Schwangeren können einen Morbus haemolyticus neonatorum hervorrufen (Rhesus-Inkompatibilität); Auftreten auch bei autoimmunhämolyt. Anämien; **Weitere Beispiele:** Kell-B.; Duffy-B.; MNSs-B.

Blutgruppen
Bestimmung mittels Testpräparaten

Blutgruppe des Patientenblutes	Serum agglutiniert Testblutkörperchen der Blutgruppe	Blutkörperchen werden agglutiniert vom Testserum der Blutgruppe
AB	keine	A, B und 0
A	B und AB	B und 0
B	A und AB	A und 0
0	A, B und AB	keine

Blutharz: s. Daemonorops draco (Resina Draconis).

Blut-Hirn-Schranke: selektiv durchlässige, lipophile Barriere zw. Blut u. Hirnsubstanz, durch die der Stoffaustausch mit dem ZNS einer Kontrolle unterliegt. Dient als Schutzeinrichtung, um schädliche, insbes. hydrophile Stoffe, von den Nervenzellen abzuhalten. Durchlässigkeit kann durch Bakterientoxine, Fieber, Hypoxie sowie im Bereich mancher Hirntumoren gesteigert werden. Als morpholog. Äquivalent werden Kapillarendothel u. perivaskuläre Gliastrukturen angesehen.

Blutkapillaren: Haargefäße (Ø 6-30 μm), die die Verb. zw. Arterien u. Venen herstellen. Hier erfolgt der Stoffaustausch zw. Blut u. Gewebe.

Blutkörperchen: geformte Best. des Blutes*. **Einteilung:** **1.** rote B.: Erythrozyten*; **2.** weiße B.: Leukozyten*; **3.** Blutplättchen: Thrombozyten*.

Blutkörperchensenkung: Abk. BKS, Blutkörperchensenkungsgeschwindigkeit (Abk. BSG), Blutkörperchensenkungsreaktion (Abk. BSR); Bez. für die Sedimentationsgeschwindigkeit von Erythrozyten* in ungerinnbar gemachtem Blut. **Prinzip:** 0.4 mL einer 3,8 %igen Natriumcitratlsg. u. 1.6 mL Blut werden nach dem Vermischen in ein graduiertes, senkrecht aufgestelltes Röhrchen bis zur Höhe von 200 mm gefüllt; Ablesung in mm nach einer u. zwei Stunden; **Referenzbereiche (1 h-Wert):** Männer unter 50 Jahren <15 mm, über 50 Jahren ≤20 mm; Frauen unter 50 Jahren ≤20 mm, über 50 Jahren ≤30 mm; **beschleunigte B.:** v. a. bei Entzündungen, Tumoren, Dys- u. Paraproteinämie u. Amyloidose (aufgrund der höheren Zell- bzw. Proteindichte im Serum); **verlangsamte B.:** v. a. bei Polyglobulie*, Polycythaemia rubra vera u. Anomalien der Erythrozytenform.

Blutkohle: s. Carbo activatus (Carbo animalis).

Blutkonserve: s. Sanguis humanus, Blutersatz.

Blutkraut: **1.** s. Chelidonium majus (Chelidonii herba). **2.** s. Capsella bursa-pastoris (Bursae pastoris herba).

Blutkrautwurzel: s. Hydrastis canadensis (Rhizoma Hydrastis).

Blutkuchen: Cruor sanguinis; Blutgerinnsel, das aus einem Fibrinnetz mit eingelagerten Blutkörperchen, überwiegend Erythrozyten, besteht. Entsteht in vitro od. direkt postmortal; vgl. Blutgerinnung.

Blutlaugensalz, gelbes: s. Kaliumhexacyanoferrat(II).

Blutlaugensalz, rotes: s. Kaliumhexacyanoferrat(III).

Blut-Liquor-Schranke: Barriere zw. Blut u. Liquor cerebrospinalis, in den Plexus choroidei u. anderen Blutgefäßen des ZNS lokalisiert. Bestimmend für die Liquorzusammensetzung, da Substanzen ganz od. teilweise am Übertritt aus dem Blut gehindert werden. Störungen können sich in Erhöhung von Gesamteiweiß od. Globulinfraktion manifestieren. Vgl. Blut-Hirn-Schranke.

Blutnachweis: Nachweis auf Blut im Harn, Faeces u. Magensaft. **Durchführung:** Oxidierung von *o*-Toluidin* zu Toluidinblau durch die Pseudo-Peroxidase-Aktivität von Myoglobin* u. Hämoglobin*. Bei der Aloin-Probe wird zu untersuchendes Material mit Wasserstoffpoeroxid u. Aloin-Lsg. versetzt. Bei Rotfärbung positiv. (vgl. Benzidinprobe, Hämin).

Blutplättchen: s. Thrombozyten.

Blutplasma: s. Blut.

Blutpräparationen: s. Blutzubereitungen.

Blutreinigungsmittel: abführende, schweiß- u. harntreibende Mittel zur sog. Reinigung des Blutes von schädl. Stoffen. Von der wissenschaftl. Medizin verworfen; in der Volksmedizin gebräuchl. Bezeichnung.

Blutreinigungstee: s. Species lignorum.

Blutreinigungsverfahren: Verfahren zur Entfernung von harnpflichtigen, tox. od. pathogenen Substanzen aus dem Blut*. Hierzu gehören z. B. Peritonealdialyse*, Hämodialyse*, Hämofiltration*, Hämodiafiltration* u. Hämoperfusion*.

Blutschwamm: s. Fomes fomentarius (Fungus Chirurgorum).

Blutsenkungsgeschwindigkeit: s. Blutkörperchensenkung.

Blutserum: s. Blut (Bestandteile).

Blutspiegel: Plasmaspiegel, Plasmakonzentration; Konzentration eines Arzneistoffes im Blutplasma (Plasmaspiegel) od. Blutserum (s. Blut). Je nach Arzneistoff u. Konzentrationsbereich können spektroskop. (UV-VIS-, Fluoreszenzspektroskopie), chromatograph. (HPLC, Gaschromatographie, häufig mit massenspektrometr. Detektion) u. immunolog. Verfahren (Enzymimmunoassay, Radioimmunoassay) zur Quantifizierung eingesetzt werden. **Anfangsblutspiegel:** Anfangskonzentration; C_0; fiktive Blutspiegelkonzentration, die sich unmittelbar nach Verabreichung ergeben würde (bei unendlich schneller Resorption* od. Invasion*); Quotient aus Dosis u. Verteilungsvolumen. Bei i. v.-Applikation durch Extrapolation des Beginns der Blutspiegelkurve ablesbar, bei extravasaler Applikation Schnittpunkt, der nach Abschälen gewonnenen Eliminationsgeraden mit der Ordinate. **Max. Blutspiegel:** Blutspiegelmaximum; C_{max}; höchste erreichte Konzentration im Blut zum Zeitpunkt t_{max}. Nach i. v.-Applikation tritt C_{max} zum Zeitpunkt Null auf, nach extravasaler Applikation hängen C_{max} u. t_{max} von den Geschwindigkeitskonstanten k_a u. k_e ab, vgl. Bateman-Funktion.

Blutspiegelkurve: graph. Darstellung der Konz. des Arzneistoffes im Blut (Plasma, Serum) geg. die Zeit; vgl. Kompartimentmodelle.

Blutstein: s. Eisen(III)-oxid.

Blutstillungsmittel: s. Hämostatika.

Blutsturz: Hämatorrhö; starke, meist plötzl. auftretende Blutung; z. B. Lungenblutung*.

Bluttransfusion: Übertragung von Blutbest., die aus Vollblut eines menschl. Blutspenders präpariert u. konserviert wurden, auf einen anderen Menschen durch i. v. Infusion, s. Blutersatz. Voraussetzung ist die Blutgruppenkompatibilität zw. Spender u. Empfänger (vgl. Blutgruppen).

Blutung: Hämorrhagie; Austritt von Blut aus den Gefäßen in das umgebende Gewebe od. an die Körperoberfläche.

Blutungszahl: Ölzahl; Maß für die Ölabscheidung aus Vaselin (Synärese*); bestimmt wird die aufgesaugte Menge Öl am Filterpapier aus der Größe des Ölhofes od. gravimetrisch.

Blutvergiftung: s. Sepsis.

Blutwäsche: s. Hämodialyse.

Blutweiderich: s. Lythrum salicaria.

Blutweiderichkraut: s. Lythrum salicaria.

Blutwurzel: s. Potentilla erecta (Tormentillae rhizoma).

Blutwurzel, Kanadische: s. Sanguinaria canadensis.

Blutzubereitungen: Blutpräparationen, Blutpräparate, Hämoderivate (veraltet); Produkte (Arzneimittel* im Sinne des AMG), die aus menschl. Blut bestehen od. aus menschl. od. tier. Blut gewonnen werden od. diese enthalten. **Beispiele:** **1.** Blut-, Plasma- u. Serumkonserven (s. Blutersatz); **2.** Gerinnungsfaktoren (s. Blutgerinnung); **3.** Immunglobuline*; **4.** Immunseren (Humanseren, s. Serum); **5.** Blutgruppen-Testsera u. Test-Blutkörperchen*; **6.** Fibrinkleber*; **7.** diverse Enzyme (z. B. Plasmin*).

Blutzucker: Glucose im (venösen) Vollblut, Kapillarblut, Blutplasma od. Blutserum (s. Blut); der Normalwert beträgt 3.6-5.6 mmol/L (80-120 mg/dL). Einen höheren Blutzuckergehalt bezeichnet man als Hyperglykämie*, einen verminderten als Hypoglykämie*. Bei Werten über 180 mg/dL tritt Glucose in den Harn über, s. Diabetes mellitus.

Blutzuckermessgerät: Gerät zur exakten, sekundenschnellen Bestimmung der Glucosekonzentration aus Kapillarblut (Ohr, Fingerkuppe); früher meist photometr. Bestimmung, heute enzymatisch.

B-Lymphozyten: s. Leukozyten.

BMGS: Abk. für **B**undes**m**inisterium für **G**esundheit und Soziale **S**icherung.

BMI: Abk. für **B**ody*-**m**ass-**I**ndex.

BMP-Mischindikator-Lösung: ethanol. Lsg. von Bromthymolblau*, Methylrot* u. Phenolphthalein*. **Anw.:** Reagens Ph.Eur.4.

BMWI: Abk. für **B**undes**m**inisterium für **W**irtschaft und Arbeit.

Boberellen: s. Physalis alkekengi (Fructus Alkekengi).

Bocksdorn: s. Lycium barbarum.

Bockshörndl: s. Ceratonia siliqua.

Bockshornklee: s. Trigonella foenum-graecum.

Bockshornkleesamen für veterinärmedizinische Zwecke: s. Trigonella foenum-graecum (Semen foenugraeci ad usum veterinarium).

Bockshornsamen: Trigonella foenumgraeci semen; s. Trigonella foenum-graecum.

Bockskraut: s. Galega officinalis.

Bodanwurzel: s. Bergenia crassifolia (Radix Bergeniae).

Bodenkörper: überschüssiger ungelöster Feststoff, der mit seiner gesättigten Lsg. im Gleichgewicht steht.

Body-mass-Index: Abk. BMI, Quetelet-Index; Verhältniszahl zur Beurteilung des Körpergewichts. Formel:

$$BMI = \frac{\text{Körpergewicht (kg)}}{\text{Körperlänge}^2\ (m^2)}$$

Normbereich: 20-25 kg/m²; vgl. Broca-Formel.

Bördeln: Umbiegen des Randes von Blechteilen od. Rohren unter gleichzeitigem Strecken od. Stauchen. Gebördelt wird, um den Rand zu verstärken, das Werkstück zu versteifen od. es mit glatten

Begrenzungsflächen zu versehen. Durch B. werden auch Behältnisse verschlossen (Bördelverschluss). Gebördelt wird auf Bördelmaschinen mit bewegl. Walzen.

Böschungswinkel: (engl.) *angle of repose*; syn. Schüttwinkel, Ausfließwinkel, Fließneigungswinkel; Fließeigenschaft zur Charakterisierung des Fließverhaltens von Granulaten u. freifließenden bis schwach kohäsiven Pulvern. B. ist der Winkel, den die freie Oberfläche eines ruhenden, unter festgelegten Bedingungen erhaltenen Granulat- od. Pulverhaufens geg. die Horizontale einnimmt. Als physik. begründetes Maß für das Fließverhalten ist der B. nicht geeignet. Zur Bestimmung des B. gibt es eine große Anzahl Versuchsanordnungen, die das Messergebnis wesentl. beeinflussen können. Sie lassen sich in 2 Gruppen einteilen (s. Abb.): **1.** Es wird ein Schüttgutkegel gebildet, z. B. durch Ausfließen aus einem Trichter auf eine ebene Fläche; durch Entfernung zylinderförmiger seitlicher Begrenzungen; Bildung eines Auslaufkraters in Form von 2 Kegelhälften über einer Öffnung, u. der Winkel zur Horizontalen ermittelt (Schüttwinkel, Aufließwinkel). Der Tangens des B. ist der Quotient aus Kegelhöhe u. Radius der Kegelgrundfläche. **2.** Ein Schüttgut mit waagrechter Oberfläche wird solange geneigt, bis Fließen einsetzt u. der Winkel zur Waagrechten abgelesen (Fließneigungswinkel). Gut fließende grobkörnige Schüttgüter weisen eine geringe interpartikuläre Reibung u. Haftung auf u. bilden somit niedrige Schüttkegel mit kleinem Böschungswinkel. Gegenteiliges Verhalten zeigen feine Pulver mit kohäsiven Eigenschaften. Der B. wird neben dem Feinheitsgrad von der Größenverteilung, Porosität, Form u. Oberflächenbeschaffenheit der Partikeln u. durch evtl. auftretende Entmischungen beeinflusst. Mit feinen, kohäsiven Pulvern werden keine reproduzierbaren B. erhalten.

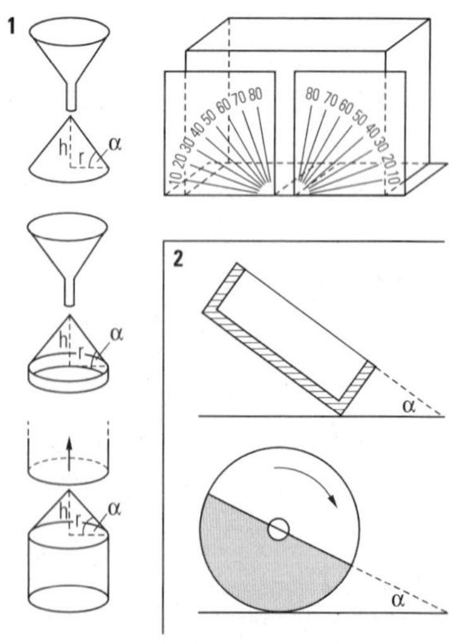

Böschungswinkel: Versuchsanordnungen zur Bestimmung des Winkels α

Böser Heinrich: s. Mercurialis annua.

Boforsin: s. Colforsin.

Bogenmaß: s. Radiant.

Bohne: s. Phaseolus vulgaris ssp. vulgaris var. vulgaris.

Bohne, Dicke: s. Vicia faba.

Bohnenbaum: s. Laburnum anagyroides.

Bohnenbaumstärke: s. Castanospermum australe.

Bohnenhülsen: s. Phaseolus vulgaris ssp. vulgaris var. vulgaris (Phaseoli pericarpium).

Bohnenkraut: s. Satureja hortensis (Herba Saturejae).

Bohnenschalen: s. Phaseolus vulgaris ssp. vulgaris var. vulgaris (Phaseoli pericarpium).

Bohnenstärke: s. Amylum Phaseoli.

Bohr-Effekt (Christian Bohr, dän. Physiologe, 1855- 1911): Erhöhung der Säurestärke von Hämoglobin durch Beladung mit Sauerstoff. Der B.-E. bewirkt eine verstärkte Freisetzung von Kohlendioxid des Blutes in Gegenwart hoher Sauerstoffkonzentrationen (Lunge). Dissoziation des Sauerstoffs vom Hämoglobin in der Peripherie führt zur Verminderung der Säurestärke u. damit zur Erhöhung des pH-Werts, wodurch die Lösung u. der Transport des Kohlendioxids von der Peripherie zur Lunge begünstigt werden.

Boldin: 2,9-Dihydroxy-1,10-dimethoxyaporphin, $C_{17}H_{13}N(OH)_2(OCH_3)_2$, M_r 327.37. Schmp. 162 °C. Weißes Pulver, lösl. in Ethanol, Chloroform u. verd. Säuren. **Vork.:** Aporphinalkaloid* aus Peumus boldus. **Anw.:** s. Peumus boldus (Boldi folium).

Boldindimethylether: s. Glaucin.

Boldoblätter: s. Peumus boldus (Boldi folium).

Boldo fragrans: s. Peumus boldus.

Boletus cervinus: s. Elaphomyces cervinus (Fungus cervinus).

Boletus Chirurgorum: s. Fomes fomentarius (Fungus Chirurgorum).

Boletus igniarius praeparatus: s. Fomes fomentarius (Fungus Chirurgorum).

Boletus Laricis: s. Fomes officinalis (Fungus Laricis).

Bolle: s. Allium cepa var. cepa.

Bologneser Leuchtstein: s. Leuchtfarben.

Boltzmann-Konstante (Ludwig Boltzmann, österreich. Physiker u. Mathematiker, 1844-1906): Symbol k; die auf 1 Molekül bezogene allgemeine Gaskonstante* R:

$k = R/N_A = 1.380662 \cdot 10^{-23}\,J \cdot K^{-1}$

N_A= Avogadro*-Konstante. $\frac{1}{2}$k gibt die mittlere Energie an, die einem Teilchen pro Freiheitsgrad zugeführt werden muss, um dessen Temp. um 1 K zu erhöhen. Die B.-K. hat die Dimension einer Entropie*.

Bolus: **1.** Bissen. **2.** große Pille (ca. 2-20 g, bis 60 g), hauptsächl. für größere Tiere. **3.** (große) Arzneistoffmenge, die (schnell) appliziert wird; z. B. Bolusinjektion. **4.** häufig Abk. für B. alba (s. Ton, weißer).

Bolus alba: s. Ton, weißer.

Bolus Armenia: s. Ton, roter.

Bolus rubra: s. Ton, roter.

Bombay-Nuß: Stpfl. ist Myristica malabarica, s. Myristica argentea.

Bombierung: Bombage; Aufbeulung der Deckel u. Böden von Konservendosen infolge Gasentw. in den Dosen. Hervorgerufen von Bakt. in ungenügend sterilisierten Dosen (Botulismusgefahr), durch Gärung von Früchten (CO_2) od. durch Reaktion von Inhalt u. Dosenmetall (Wasserstoff).

Bombykol: 10,12-Hexadecadien-1-ol. Pheromon des Seidenspinnerweibchens (s. Bombyx mori), das vom Männchen noch in einer Konz. von 10^{-15} g/L erkannt wird (für den Menschen geruchlos).

Bombyx chrysorrhoea: s. Goldafter.

Bombyx mori (L.): Echter Seidenspinner; Falter Fam. Bombycidae (China, Japan). Lieferant von **Naturseide:** das Drüsensekret der Raupe, s. Seidenfibroin; vgl. Serrapeptase, Filum bombycis tortum sterile.
Hom: *Bombyx mori:* Flügelschuppen.

Booster-Effekt (engl. to boost verstärken): Sekundärantwort, Erinnerungsreaktion; verstärkte u. im Ggs. zur Primärantwort des Immunsystems beschleunigte sekundäre Immunantwort* bei wiederholtem, nach einer Latenzzeit erfolgendem Antigenkontakt. Grundlage: Wiedererkennung des Antigens* durch die für das immunolog. Gedächtnis verantwortl. memory* cells. Der B.-E. wird z. B. bei Auffrischungsimpfungen zur Erhöhung der Immunität gegenüber bestimmten Erkrankungen ausgenutzt. Vgl. Schutzimpfung.

Bopindolol INN: (±)-1-(*tert*-Butylamino)-3-(2-methyl-4-indolyl)oxy-2-propanol-benzoat; CAS-Nr. 62658-63-3; $C_{23}H_{28}N_2O_3$, M_r 380.49. **Wirk.** u. **Anw.:** nicht selektives Betasympatholytikum, (s. Sympatholytika) mit schwacher intrins. Aktivität (ISA); **UAW:** Müdigkeit, Schwindel, gastrointestinale Beschwerden, Kopfschmerzen; **Dos.:** 0.5-1 mg/d.

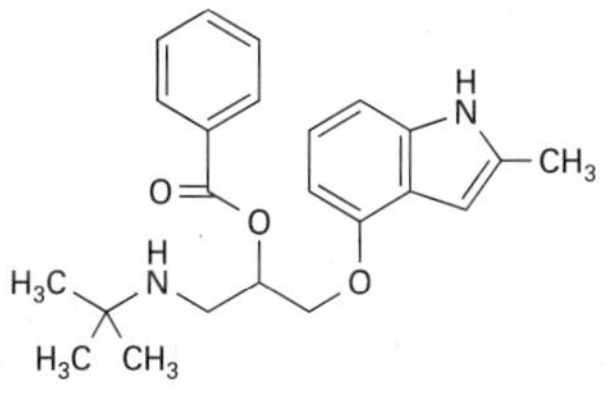

Bopindolol

Bor: Symbol B; A_r 10.81, OZ 5. 3-wertiges Nichtmetall. **Amorphes Bor:** braunes Pulver. D. 1.73. Schmp. 2100 °C. Reduktionsmittel, scheidet aus Silbersalzlsg. Silber ab. **Kristallines Bor:** grauschwarze, glänz. Kristalle. D. 2.34. Schmp. 2300 °C. Sdp. ca. 2550 °C. Krist. B ist nach dem Diamant das härteste Element (Härte 9). **Vork.:** nat. als Orthoborsäure H_3BO_3 (Sassolin) u. deren Salze, wie Natriumtetraborat (Borax) $Na_2B_4O_7 \cdot 10\,H_2O$, Borazit $Mg_6[Cl_2B_{14}O_{26}]$; auch in Pfl. (vgl. Spurenelemente). Wichtigstes Bormineral ist Kernit ($Na_2B_4O_7 \cdot 4\,H_2O$), der in Kalifornien in großen Lagerstätten vorkommt u. aus dem der Weltbedarf an Borsäure u. Borax hauptsächl. gedeckt wird. **Darst.:** amorph durch Glühen von Bortrioxid mit Magnesium; krist. durch Glühen von amorphem B od. Bortrioxid mit Aluminium. Reines krist. B gewinnt man durch Reduktion von Bortrichlorid mit Wasserstoff im Hochspannungslichtbogen zw. Wolframelektroden. **Nachw.** von Bor-Verb.: **1.** erwärmen mit konz. Schwefelsäure u. Methanol; nach Entzünden der Dämpfe grüne Flamme (Methylborat); **2.** Curcumapapier* wird von Borsäure-Lsg. braun gefärbt; Farbe bleibt auch bei Gegenwart von Salzsäure erhalten (im Ggs. zu Alkalien), geht nach Zusatz von Ammoniak in Schwarzgrün über. **Gesch.:** 1808 von Joseph-Louis Gay-Lussac (1778-1850) u. Louis Jacques Thenard (1777-1857) sowie von Humphry Davy (1778-1829) aus der Borsäure abgeschieden.

Boraginaceae: Rauhblattgewächse; Fam. der Od. Boraginales; ca. 2000 Arten; meist Kräuter mit steif behaarten (Ausnahme Cerinthe, Wachsblume), ungeteilten, wechselständigen Blättern. Die 5-zähligen Blüten sind meist radiär, selten zygomorph (z. B. Echium), oft in auffälligen, schneckenförmigen Doppelwickeln angeordnet; aus dem oberständigen Fruchtknoten entwickeln sich 4 1-samige Klausenfrüchte. **Chem. Merkmale:** Mineralisierungstendenz (in den Haaren sind Kieselsäure u. Calciumcarbonat eingelagert, auch als Cystolithen in den Haarbasen), Allantoin, Alkanna-Farbstoffe, Glykoalkaloide, Pyrrolizidinalkaloide*. **Wichtige Gattungen:** z. B. Alkanna, Anchusa, Borago, Cynoglossum, Echium, Lithospermum, Pulmonaria, Symphytum.

Borago officinalis L.: Abk. Borrago off., Boretsch, Borretsch, Gurkenkraut; Fam. Boraginaceae (heim. Kleinasien, hier angebaut). Stpfl. von **Herba Boraginis:** Gurkenkraut, Boretschkraut. **Inhaltsst.:** u. a. Schleim, Saponin, Harz, Gerbstoffe, Pyrrolizidinalkaloide*; **Anw.** volkstüml.: Schleimmittel bei Husten; hauptsächl. als Gewürz; **Oleum Boraginis:** Boraginis oleum, Boretschsamenöl. **Off.:** DAC; **Inhaltsst.:** γ-Linolensäure; **Anw.** volkstüml.: z. B. bei atop. Ekzem, s. Linolensäure; **Hom:** *Borago officinalis:* frische Blätter.

Borane: Wasserstoffverb. des Bors; allg. Formel: B_nH_{n+4} (z. B. Diboran B_2H_6) u. B_nH_{n+6} (z. B. B_4H_{10}). B. bis n = 4 sind gasförmig, die höheren B. flüssig od. feste Flüss.; gasförmige B. sind giftig u. übelriechend.

Borate: Salze der Borsäure, z. B. Orthoborate, Metaborate, Polyborate.

Borax: s. Natriumtetraborat.

Borax-Methylenblaulösung: Färbemittel zum Nachw. von Bakterien u. Protozoen, Lsg. von 1 g Methylenblau in 50 mL siedender 50 %iger wässriger Boraxlsg.

Borax, oktaedrischer: Juwelierborax, Borax-Kristall; $Na_2B_4O_7 \cdot 5\,H_2O$. D. 1.26. Kistallisiert aus Boraxlsg. zw. 56 u. 79 °C.

Boraxperle: s. Natriumtetraborat.

Boraxweinstein: Tartarus boraxatus, Kalium tartaricum boraxatum; weiße Lamellen od. Pulver, sehr leicht lösl. in Wasser. **Darst.:** Auflösen von Weinstein in einer Boraxlsg. u. Eindampfen bis zur Sirupdicke. **Anw.:** früher als Diuretikum u. Laxans; **Dos.:** 1-10 g/d.

Bordeaux-Brühe: s. Kupferkalkbrühe.

Bordelaiser Brühe: Kupfervitriol-Ätzkalk-Lsg.; Lsg. aus Kupfersulfat u. Calciumhydroxid. Pflanzenspritzmittel geg. Peronospera (Mehltau); s. Kupferkalkbrühe.

Bordetella: Gattung gramnegativer, i.d.R. unbewegl., kokkoider Kurzstäbchen (noch keiner Fam. zugeordnet). 3 Spezies: **B. pertussis:** syn. Haemophilus pertussis, Keuchhusten-Bazillus; Erreger des Keuchhustens*, Impfstoffe: Pertussis*-Impfstoff, Pertussis*-Adsorbat-Impfstoff; B. parapertussis u. B. bronchiseptica: Erreger von Infektionen des tiefen Respirationstrakts.

Boretsch: s. Borago officinalis.

Borke: (bot.) durch Phellogen* (Korkbildungsgewebe) abgetrennte Rindenschichten; Teil der Baumrinde (s. Rinde), der außerhalb des innersten Peridermstreifens liegt. Die Korkzellen der B. enthalten in den Zellwänden Suberin*; hierdurch sind diese Zellen abgestorben. Sie enthalten Luft, Gerbstoffe, Wachse, Harze sowie wenig Lignin u. Cellulose. B. wird von konz. Mineralsäuren, Halogenen (elementar) u. Peroxiden angegriffen. Schuppenborke entsteht, wenn das neue, tiefer liegende Phellogen mit seinen Rändern an das alte Phellogen segmentartig anschließt. Ringelborke entsteht, wenn das neue Phellogen ringförmig tiefer liegend gebildet wird.

Borkenpinzette: speziell geformte Pinzette zum Entfernen von wasserunlösl., bei normaler Reinigung nicht entfernbaren, verkrusteten Sekretrückständen an der Trachealkanüle eines Tracheostomas.

Bornan: Grundgerüst bicycl. Monoterpene*.

2-Bornanol: s. Borneol.

2-Bornanon: s. Campher.

Bornaprin INN: 3-(Diethylamino)propyl-2-phenylnorbonan-2-carboxylat; CAS-Nr. 20448-86-6; $C_{21}H_{31}NO_2$. **Anw.:** Antiparkinsonmittel; Anticholinergikum mit vorwiegend zentraler Wirk., wirksam vor allem gegen Tremor; HWZ 30 h (ebenso Metaboliten). Gebräuchl. ist auch Bornaprinhydrochlorid.

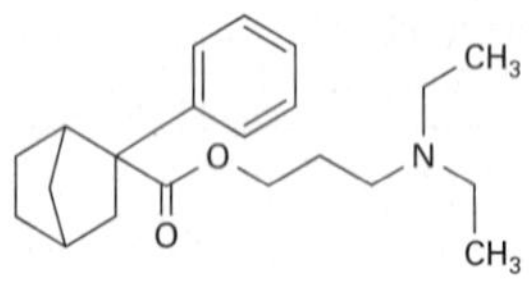

Bornaprin

Borneocampher: D-Borneol, s. Dryobalanops aromatica.

Borneol: Borneolum, Bornylalkohol, 2-Bornan; 1,7,7-Trimethylbicyclo[1.2.2]heptan-2-ol; $C_{10}H_{18}O$; M_r 154.24; Monoterpenalkohol mit dem Grundgerüst von Bornan, Strukturformel s. Monoterpene (Abb.). Es gibt 4 Stereoisomere. **endo-2-Bornanol:** D-(+)- u. L-(−)-Borneol; Schmp. 208° C; Sdp. 212° C. Farblose Kristalle von campherähnl. Geruch. Leicht lösl. in Ethanol u. Ether, wenig lösl. in Wasser. Borneocampher (s. Dryobalanops aromatica) ist fast reines rechtsdrehendes D(+)-Borneol. **Vork.:** nat. meist in linksdrehender Form (L-(−)-Borneol), z.B. in Thuja-, Schafgarben-, Baldrian-, Lavendel-, Cardamom-, Muskatöl u.a. neben Borneol- (Bornyl-)estern; **Gew.:** racemisches Borneol durch Reduktion von Campher; **Anw.:** in der Parfümerie. **exo-2-Bornanol:** L-(+)- u. D-(−)-Isoborneol; Schmp. 212-214° C.

Borneolum salicylicum: s. Bornylsalicylat.

Bornträger-Reaktion: Reaktion zum Nachw. der Oxidationsstufe der Anthraglykosidgenine. Bei Kontakt von 1,8-Dihydroxyanthrachinonen mit Alkalien tritt eine intensive Rotfärbung ein; s. Anthrachinone.

Bornylacetat: (lat.) Bornylium aceticum, Essigsäurebornylester; $C_{12}H_{20}O_2$, M_r 196.28; D. 0.98-0.99; weiße Kristalle od. Flüss., Hauptbest. des Fichtennadelöls (s. Picea abies), dem es den charakterist. Geruch verleiht. **Herst.:** synth. aus Borneol u. Eisessig; **Anw.:** zu Badepräparaten, Seifen u.a. (wie auch Isobornylacetat).

Bornylalkohol: s. Borneol.

Bornylium aceticum: s. Bornylacetat.

Bornylsalicylat: Borneolum salicylicum; Ester aus D,L-Borneol und Salicylsäure, 2-Hydroxy-benzoesäure-1,7,7-trimethyl-bicyclo[2.2.1]hept-2-yl-ester; CAS-Nr. 560-88-3; $C_{17}H_{22}O_3$, M_r 374.36. Braune, ölige Flüss.; fast unlösl. in Wasser; mischbar mit Ethanol, Ether, schwer lösl. in Glycerol. **Anw.:** hautreizend, Einreibung z.B. bei rheumat. Beschwerden.

Boronsäuren: org. Derivate der Borsäure; allg. Formel $R-B(OH)_2$. Die nach IUPAC bevorzugte Bez. geht von Dihydroxyboran aus; z.B. Phenylboronsäure = Dihydroxy(phenyl)boran = $C_6H_5-B(OH)_2$.

Borrelia: Gattung der Spirochaetaceae*; große gramnegative, bewegl., spiralförmige Bakt.; Erreger der Borreliosen*. Med. relevante Spezies: **1.** Borrelia burgdorferi: Erreger der Lyme*-Borreliose, Übertragung durch Zecken; **2.** Borrelia duttoni: Erreger des Zeckenrückfallfiebers (Zeckenborreliose*), Übertragung durch Zecken; **3.** Borrelia recurrentis: Erreger des Rückfallfiebers*, Übertragung durch Läuse.

Borreliosen: durch Bakt. der Gattung Borrelia* verursachte Infektionen des Menschen. Überträger: meist Läuse od. Zecken; Ther.: Antibiotika; vgl. Rückfallfieber, Zeckenborreliosen, Lyme-Borreliose.

Borretsch: s. Borago officinalis.

Borsäure: Acidum boricum Ph.Eur.4; H_3BO_3, M_r 61.83. Farblose, glänz., sich fettig anfühlende Kristalle od. weißes, feinkrist. Pulver; lösl. in ca. 20 T. Wasser von 20 °C, in ca. 14 T. siedendem Wasser, in ca. 6 T. Glycerol, in ca. 25 T. Ethanol 90 %. Beim Erhitzen auf 70 °C entsteht Metaborsäure (HBO_2), bei ca. 160 °C Pyroborsäure ($H_2B_4O_7$), eine glasartige Masse, die sich bei weiterem Erhitzen aufbläht u. unter Verlust des restl. Wassers in Borsäureanhydrid (Bortrioxid, B_2O_3) übergeht. **Vork.:** nat. in den heißen Wasserdampfquellen (Soffionen u. Fumarolen) der Toskana, ferner als Mineral Sassolin in Sasso (Toskana), woraus sie auch gewonnen wird; in Kalifornien aus den Mineralien Kernit ($Na_2B_4O_7 \cdot 4H_2O$) u. Colemanit ($CaB_3O_5OH \cdot 2H_2O$), in Kleinasien aus Pandermit ($Ca_4B_{10}O_{19} \cdot 7H_2O$). **Darst.:** techn. auch aus Borax mit Schwefelsäure; **Anw.** med.: schwaches Antiseptikum in Salben, Umschlägen, Schüttelpinselungen u. Pudern. Wegen der geringen antisept. Wirk. u. der Toxizität der B., die häufig insbes. bei Kindern zu Vergiftungen geführt hat, sollte B. aus med. Sicht durch geeignetere Desinfektionsmittel ersetzt werden. Gut geeignet ist

B. hingegen, wegen guter Verträglichkeit u. sehr guter Wirksamkeit gegen Pseudomonas-Bakterien, in Augentropfen, Augenwässern u. Nasentropfen in Form von Boratpuffer-Lösungen. Ausspülungen von Körperhöhlen mit B.- od. Boraxlsg. können u. U. zu schweren Vergiftungen führen (Anämie, Kollaps, Nierenschädigungen), ebenso 10 %ige Borsalbe. Anw. techn.: Herst. von Glas, in der Steingut-, Porzellan-, u. Emailindustrie. **Tox.**: Vergiftungssymptome entwickeln sich langsam (Erbrechen, Durchfall, Krämpfe). Als Spätsymptome werden bei Kleinkindern Krämpfe, Kollaps, Koma, Hautläsionen, Anurie beobachtet, bei Erwachsenen auch Haarausfall bis zur Alopezie*. LD: 18-20 g (Erwachsener), 5-6 g (Kleinkind), 1-3 g (Säugling). Die früher gebräuchl. Konservierung mit 0.5-3 %igen B.- od. Boraxlsg. (bes. bei Fischkonserven) ist verboten, da sie zu schweren Verdauungsstörungen u. infolge beschleunigten Fettabbaus zu gefährl. Abmagerung führt. Als Entfettungsmittel war B. nur bei ärztl. Verordnung u. Kontrolle erlaubt (B. u. Borax wirken kumulativ auf die Steigerung des Stoffwechsels).

Hom: *Acidum boricum (HAB1.4):* verord. z. B. ergänzend bei Diabetes.

Borsäureanhydrid: Bortrioxid, B_2O_3; vgl. Borsäure.

Borsäurelösung: Acidi borici solutio, Solutio Acidi borici, Borwasser; Herst.: DAB8, Ph.Helv.7: 3 T. Borsäure, 97 T. dest. Wasser, Geh. 2.9-3.1 % Borsäure, D. 1.007.

Borsalbe: s. Unguentum Acidi borici.

Bor-Tonerde-Glas: s. Glas.

Borwasser: s. Borsäurelösung.

Bosentan INN: 4-*tert*-butyl-*N*-[6-(2-hydroxy-ethoxy)-5-(2-methoxy-phenoxy)-2-(pyrimidin-2-yl)pyrimidin-4-yl]-benzolsulfonamid; CAS-Nr. 147536-97-8; $C_{27}H_{29}N_5O_6S$, M_r 551.6. Schmp. 195 °C; logP 1.2, pK$_S$ 5.9 (ber.). Erster Vertreter der Endothelin-Rezeptorantagonisten (s. Endothelinantagonisten). **Anw.**: Antihypertensivum*, bisher einziger Wirkstoff zur Behandlung der pulmonalen arteriellen Hypertonie* (PAH); **UAW**: evtl. Kopfschmerzen; **WW**: mit anderen Arzneistoffen durch Induktion der Isoenzyme CYP2C9 und CYP3A4 mögl.; **Dos.**: zu Beginn 2-mal tägl. 62.5 mg für 4 Wochen, danach Erhaltungsdos. von 125 mg p. o.; Plasmaeiweißbindung >98 %; HWZ 5.4 h.

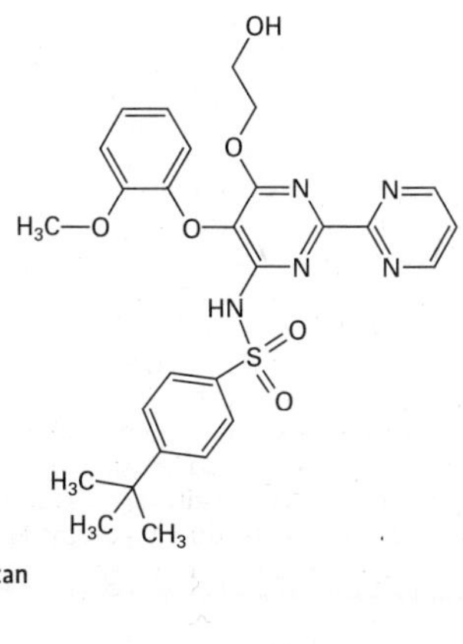

Bosentan

Boswellia bhaw-dajiana Birdw.: kleiner Baum aus der Fam. Burseraceae (an den Küsten des Roten Meeres, Südarabien (Hadramaut) u. Somaliland). Zus. mit B. sacra Flueck. (B. carteri Birdw.) u. Boswellia serrata Stpfl. von **Olibanum:** Gummiresina Olibanum, Gummi Olibanum, Weihrauch; das Gummiharz des Baumes, das nach Anschneiden aus der Rinde als milchweiße Emulsion ausfließt u. an der Luft zu gelbl., rötl. od. bräunl., außen meist weiß bestäubten Körnern (Tränen) od. Stalaktiten erhärtet. Weihrauch ist von bitterl. Geschmack u. fast geruchlos, erst auf glühende Kohlen gestreut entwickelt er seinen bekannten aromat. Duft. Teilweise lösl. in Ethanol, Ether, Chloroform, in Wasser zerfällt er. **Best.**: ca. 4-8 % äther. Öl mit Pinen, Phellandren, Dipenten u. Terpenalkoholen (Olibanol) u. a., 50-70 % alkohollösl. Harze, die aus Boswelliasäure (eine Triterpencarbonsäure, Schmp. ca. 230 °C) u. ähnl. Verb. (z. B. 11-Keto-β-boswelliasäure) bestehen; ca. 20 % Gummi, 0.5 % Bitterstoffe, 6-8 % Bassorin*; SZ 30-35. **Anw.** : Pflaster (heute selten); dem alkohol. Extr. aus dem Harz wird eine günstige Wirk. bei rheumat. Beschwerden, chron. entzündl. Darmerkrankungen, Asthma bronchiale, Hirnödem u. Polyarthritis zugeschrieben (vermutl. wird die 5-Lipoxygenase u. damit die Bildung der Leukotriene* gehemmt); hauptsächl. als Räuchermittel; als solches wird Weihrauch seit Beginn der antiken Kulturen in großen Mengen verbraucht.

Boswellia sacra Flueck.: s. Boswellia bhaw-dajiana.

Boswellia serrata Roxb. ex Colebr.: Indischer Weihrauch; Fam. Burseraceae (Wüstengebiete Indiens); Stpfl. von Olibanum, s. Boswellia bhaw-dajiana.

Botanik: wissenschaftl. Teilgebiet der Biologie*, das die Pflanzen zum Gegenstand hat. Die B., die einst aus der Heilpflanzenkunde hervorgegangen ist, gliedert sich u. a. in Morphologie u. Anatomie, Physiologie, Systematik u. Geobotanik einschließl. Pflanzensoziologie u. Ökologie*.

Bote: Deutschland: Die bis 31.12.2003 nur im begründeten Einzelfall zulässige Versendung von Arzneimitteln durch einen Boten der Apotheke ist ab 1.1.2004 der zulässigen Zustellung durch Boten der Apotheke im Einzelfall gewichen, auch wenn die Apotheke keine Erlaubnis zum Versand nach § 11 a ApoG besitzt. Der Apothekenleiter haftet für die sorgsame Auswahl der Boten u. die sachgerechte Zustellung. **Österreich:** innerhalb eines festgelegten Umkreises (4 km) dürfen dringend benötigte Arzneimittel an Patienten durch apothekeneigene Zustelleinrichtungen zugestellt werden; geregelt durch das Apothekengesetz*.

Bothrops atrox: Lanzenotter; Fam. Crotalidae (Mittel- u. Südamerika) liefert Batroxobin*.

Bottle-pack-Verfahren: industrielles Verfahren zur rationellen Verpackung von Lösungen, v. a. von Infusionslösungen, einzeldosierten Augenpräparaten (Ophthiolen) u. a. in Kunststoffbehältnissen; vgl. Aufbrechverschluss. In einem Automaten werden sterile Behältnisse erzeugt, sofort gefüllt u. verschweißt. Die Behältnisse werden aus Kunststoffgranulat (blasbare Polyethylene u. Weich-PVC) durch Extrusionsblasen* hergestellt, über einen Blas- u. Fülldorn mit Abluftleitung entlüftet

u. gleichzeitig mit einer mit dem Dorn verbundenen Kolbendosiermaschine u. Dreiweghahn mit der gewünschten Flüssigkeitsmenge gefüllt. Anschließend wird nach Entfernen des Dorns der Behälter mit separaten Kopfwerkzeugen verschweißt. Nach dem Öffnen der Formwerkzeuge wird der blasenfrei gefüllte u. hermet. verschlossene Behälter frei. Je nach Wahl der Größe der Formwerkzeuge können Behältnisse mit Volumina von 3-1000 mL hergestellt u. gefüllt werden.

Botulinumtoxin A: Abk. BoNTA; M_r ca. 900 000; eine der 7 Fraktionen der Botulinumtoxine*. **Wirk.:** peripheres Muskelrelaxans, führt zu einer irreversiblen Hemmung der neuromuskulären Übertragung durch Hemmung der Freisetzung von Acetylcholin, Impulsübertragung wird erst wieder durch Neubildung der Nervenendigungen erreicht; **Anw.:** z. B. zur symptomat. Behandlung von idiopath. Blepharospasmus (Lidkrampf) u. Torticollis spasmodicus (Schiefhals), bes. Formen der Hyperhydrosis, kosmet.: bei übermäßiger Schweißbildung u. zur Faltenglättung; **UAW:** lokale Reaktionen u. Störungen am Auge, Hautausschläge, Schwellungen, erhöhte elektrophysiol. Erregbarkeit einiger Muskeln in der Nähe der Injektionsstelle, 5-10 % der Patienten sprechen nicht an, bis zu 20 % entwickeln neutralisierende Antikörper; **Kontraind.:** bei Kindern, in Schwangerschaft u. Stillzeit; generalisierte Störungen der Muskelaktivität, Infektionen am Auge, gleichzeitige Einnahme von Aminoglykosidantibiotika, Spectinomycin, Polymyxine, Tetracycline, Lincomycin.

Botulinumtoxin B: Abk. BoNTB; M_r ca. 150 000; eine der 7 Fraktionen der Botulinumtoxine*. **Wirk.:** s. Botulinumtoxin A; **Anw.:** nur bei zervikaler Dystonie; Applikation in den betroffenen Muskel; **UAW:** s. Botulinumtoxin A.

Botulinumtoxine: Toxine von Clostridium* botulinum, dem Erreger des Botulismus*. Im Ggs. zu den Clostridium-botulinum-Sporen sind die Toxine thermolabil (Inaktivierung 80 °C, 6 min); gekochte Speise (100 °C, 15 min) kann daher keinen Botulismus verursachen. **Formen:** es existieren 7 antigenet. versch. Botulinumtoxine (A-G); humantox. sind die Typen A, B u. E; **Wirk.:** blockieren die Freisetzung von Acetylcholin an cholinergen Synapsen; Botulinumtoxin ist das stärkste aller bakt. Toxine (LD: 0.1 mg, oral; 0.003 mg, i. v.); **Anw.:** z. B. bei Blepharospasmus u. Torticollis spasmodicus (BoNTA o. BoNTB).

Botulismus (lat. botulus Wurst): Intoxikation, die durch Toxine von Clostridium* botulinum verursacht wird. Meldepflichtige Erkrankung, meist Lebensmittelvergiftung, auch die Inhalation von Toxinen mögl., vgl. Botulinumtoxine. **Symptome:** 12-36 h nach Intoxikation Übelkeit, Erbrechen, Obstipation, dann zentralnervöse Störungen (v. a. Augenflimmern, Lichtscheu, Akkommodationslähmung, Doppeltsehen, Schluckstörungen) u. verminderte Speichelsekretion, hohe Letalität infolge zentraler Atemlähmung, meist nach ca. 8 d; **Ther.:** sofortige Applikation von Botulismus*-Antitoxin, Magenspülung, Laxanzien, ggf. Schockbehandlung u. Beatmung; antibakt. Chemother. ist wirkungslos.

Botulismus-Antitoxin: Immunoserum botulinicum Ph.Eur.4, Immunoserum antibotulinicum, Antibotulinum; polyvalentes Immunserum mit neutralisierenden Antikörpern gegen Botulinumtoxine*. **Gew.:** meist durch Fraktionierung aus Pferdeserum; **Anw.:** Ther. des Botulismus*; vgl. Serumtherapie.

Botulismus-Impfstoff für Tiere: Vaccinum clostridii botulini ad usum veterinarium Ph.Eur.4; Toxoidimpfstoff; gew. aus einer flüss. Kultur von Clostridium* botulinum, das Toxine der Typen C u./od. D bildet. **Anw.:** Prophylaxe von Botulismus-Intoxikationen inf. Futtermittelvergiftungen.

Bougie: **1.** Katheter ohne Öffnung zur Dehnung von Körperhohlräumen wie z. B. Harn- oder Speiseröhre. **2.** Veraltete Bez. für Bacilli (Arzneistäbchen).

Bourbontee: s. Angraecum fragrans.

Bourettestoff: aus Seidenabfällen hergestelltes Gewebe. **Anw.:** früher als Verbandstoff.

Bouveault-Blanc-Reduktion: Reduktion von aliphat. Carbonsäureestern zu primären Alkoholen mit metall. Natrium u. Alkohol.

Bouveault-Synthese: Verfahren zur Herst. von Aldehyden durch Umsetzung von *N,N*-disubstituierten Formamiden mit Grignard*-Verbindungen.

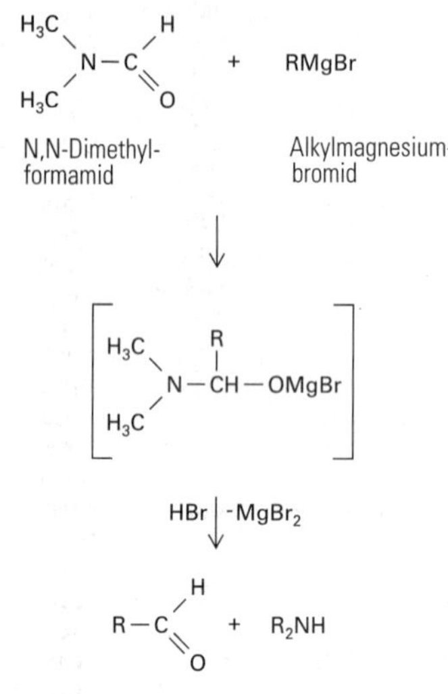

Bouveault-Synthese

bovin: vom Rind. Z. B. Insulin aus Rinderpankreas sog. bovines Insulin; vgl. BSE.

Bovine-Rhinotracheitis-Lebend-Impfstoff für Rinder (gefriergetrocknet), Infektiöse-: Vaccinum rhinotracheitidis infectivae bovinae vivum cryodesiccatum Ph.Eur.4; Zuber., die einen od. mehrere attenuierte Stämme des infektiösen bovinen Rhinotracheitis-Virus (bovines Herpesvirus 1) enthält (IBR-Lebend-Impfstoff). Die Herst. des Impfstoffs beruht auf einem Saatvirussystem. Das Virus wird in geeigneten Zellkulturen gezüchtet, die geernteten Virussuspensionen werden mit Stabilisatorlösung versetzt u. danach gefriergetrocknet.

B

Boviner Rhinotracheitis-Virus-Diarrhoe-Parainfluenza-Respiratory Syncyctial Virus Impfstoff: attenuierte Lebendviren; Boviner Rhinotracheitis Virus (IBR), Bovine Virus Diarrhoe (BVD) Typ 1 u. 2, Parainfluenza-Virus (PI) u. Boviner Respiratorischer Syncyctial Virus (BRSV). Zur Vakzinierung von gesunden Rindern zur Senkung der virusinduzierten Diarrhöen. Die Injektion erfolgt s. c. in die Schulter od. Nackenregion.

Bovista: s. Lycoperdon bovista.

Boviste: s. Pilze.

Boyle-Mariotte-Gesetz: Boyle-Gesetz; das Produkt aus Druck p u. Volumen V ist für ideale Gase bei gleichbleibender Temp. konstant: $p \cdot V = \text{konstant}$; vgl. Gasgesetze, ideale.

Bp.: Abk. für (engl.) *boiling point;* s. Siedepunkt.

BPI: Abk. für **B**undesverband der **P**harmazeutischen **I**ndustrie; Interessenvertretung u. Dienstleister der pharmaz. Industrie u. seiner Mitgliedsfirmen. Er ist u. a. Herausgeber des Pharma-Kodex, einer Sammlung von Gesetzen, Richtlinien u. Empfehlungen, der Roten* Liste sowie der Zeitschrift Medikament u. Meinung. **BPI Service GmbH:** bietet über ihren Fachinfo-Service den Angehörigen der Heilberufe die Fachinformationen von Arzneimitteln gemäß § 11 a AMG an.

BPI Service GmbH löschen: Abk. für **B**undesverband der **P**harmazeutischen **I**ndustrie Service GmbH; .

Bq: Symbol für Becquerel*; SI-Einheit für die Aktivität einer radioaktiven Substanz; s. Radioaktivität. $1\,Bq = 1\,s^{-1}$.

Br: (chem.) Symbol für Brom*.

Brachium: Arm, Oberarm; im ZNS: Bindearm. brachial: zum Arm gehörend.

Brachyglottis: s. Pyrrolizidinalkaloide.

Bractium: der eingetrocknete Milchsaft von Papaver* bracteatum.

Bradykardie: Form der Herzrhythmusstörungen* mit einem Abfall der Herzfrequenz auf unter 60 Schläge/min. Vgl. Tachykardie.

Bradykinesie: allg. Verlangsamung der Bewegungsabläufe.

Bradykinin: wichtiger Vertreter der Kinine, einer Gruppe biol. aktiver Peptide; ein aus neun Aminosäuren bestehendes Peptidhormon mit der Sequenz Arg-Pro-Pro-Gly-Phe-Ser-Pro-Phe-Arg, das seiner Herkunft nach zu den Gewebehormonen gehört. B. wird aus Plasmaglobulinen durch das proteolyt. Enzym Kallikrein freigesetzt. Neben Kallidin (Lysylbradikinin) erweitert es die Blutgefäße u. senkt somit den Blutdruck, erhöht die Permeabilität der Gefäße u. löst Kontraktionen der glatten Muskulatur von Bronchien, Darm u. Uterus aus; s. Hormone (Plasmakinine), Nozizeption.

Bradyphrenie (gr. bradys langsam; phrenes Verstand): Verlangsamung der geistigen Funktionen durch Mangel an innerem Antrieb. **Vork.:** z. B. bei Parkinson*-Syndrom u. als Folgezustand der Enzephalitis*.

Bragg-Gleichung (William Henry Bragg, 1862-1942; William Lawrence Bragg, 1890-1971): Bragg-Reflexionsbeziehung; Gleichung über die Beugung monochromat. (Röntgen-)Strahlen an Kristallen:

$$n \cdot \lambda = 2d \cdot \sin\vartheta$$

d ist der Abstand benachbarter Netzebenen*, n die Beugungsordnung (ganze Zahl), ϑ der Winkel zw. Primärstrahl u. gebeugtem Strahl u. λ die Wellenlänge der Strahlung, die an den Netzebenen* reflektiert wird. Die B.-G. (1913) bildet die Grundlage für die Kristallstrukturanalyse*.

Bragg-Verfahren: s. Kristallstrukturanalyse.

Brakteen: (bot.) Hochblätter, s. Blütenstand.

Brallobarbital: 5-Allyl-5-(2-bromallyl)barbitursäure; CAS-Nr. 561-86-4; $C_{10}H_{11}BrN_2O_3$. Strukturformel s. Barbiturate (Abb. 2). Schmp. 168-169 °C. **Anw.:** obsolet; früher Sedativum, Schlafmittel.

Brambeere: s. Rubus fruticosus.

Brand: s. Gangrän.

Brandbinde: Mullbinde mit Pulverbeschichtung; obsolet.

Brandliniment: Linimentum* Calcariae.

Brandpilze: Getreideschädlinge, z. B. Ustilago* zeae, die schwarze Sporen bilden. B. produzieren Mykotoxine u. verursachen Pilzekzeme u. Pilzasthma bei Erntearbeitern; vgl. Pilze (Basidiomycetes).

Brandwundenverbandpäckchen: früher Päckchen mit Verbandtüchern aus aluminiumbedampfter hydrophober Faser für die Brandwundenversorgung u. elast. Fixierbinde, z. B. für KFZ-Verbandkästen. DIN 13 152 schreibt drei Verbandtücher (40×60 cm, 60×80 cm u. 80×120 cm) vor.

Branntweinmonopol: Deutschland: regelt den staatl. An- und Weiterverkauf von im deutschen Monopolgebiet hergestelltem Alkohol sowie die Einfuhr von Alkohol aus Drittlandstaaten. Das als Finanzmonopol eingeführte B. besteht in seinen Grundzügen bereits seit 1919 und ist heute fakt. eine nationale Marktordnung für Ethylalkohol. Das Branntweinmonopol wird von der Bundesmonopolverwaltung für Branntwein verwaltet. Der Zollverwaltung obliegen daneben umfangreiche Überwachungs- und Kontrollaufgaben. Rechtsgrundlage ist das Branntweinmonopolgesetz (BranntwMonG). **Österreich:** geregelt duch das Bundesgesetz, mit dem das Gesetz über das Brandweinmonopol an das Gemeinschaftsrecht angepasst wird (Alkohol-Steuer und Monopolgesetz 1995), BGBl. Nr. 703/1994; **Schweiz:** geregelt durch das Bundesgesetz über die gebrannten Wasser (SR 680).

Branntweinsteuer: gehört zu den bundesgesetzl. geregelten Verbrauchsteuern. Mit ihr wird der Verbrauch von Branntwein und branntweinhaltigen Waren zu Trinkzwecken und für den menschl. Verzehr innerhalb des deutschen Steuergebiets (ohne das Gebiet von Büsingen u. ohne die Insel Helgoland) besteuert. Rechtsgrundlage für die Erhebung ist das Gesetz über das Branntweinmonopol. Die Steuer wird von der Zollverwaltung verwaltet, die Einnahmen stehen dem Bund zu. Die Branntweinsteuer gehört zu den innerhalb der EG harmonisierten Verbrauchsteuern u. unterliegt der länderübergreifenden EG-einheitl. Überwachung.

Brasilholz, Gelbes: s. Chlorophora tinctoria (Lignum citrinum).

Brasilholz, Rotes: s. Caesalpinia echinata (Lignum Fernambuci).

Brasilkastanie: s. Bertholletia excelsa.

Brasilnuß: s. Bertholletia excelsa (Paranuß).

B

Brassica alba: s. Sinapis alba.

Brassicaceae: Cruciferae, Kreuzblütler; Fam. der Od. Brassicales. Mehr als 100 Arten in Mitteleuropa. Meist Kräuter od. Stauden mit wechselständig angeordneten Blättern, die Blüten stehen häufig in Trauben, sind radiär gebaut, 4-zählig, meist 6 Staubblätter, von denen 2 kürzer sind. Die Früchte sind schoten- od. nußartig. **Chem. Merkmale:** schwefelhaltige Senfölglucoside (Glucosinolate*), fettes Öl in den Samen. **Wichtige Gattungen:** Armoracia, Brassica, Capsella, Cheiranthus, Cochlearia, Erysimum, Iberis, Lepidium, Nasturtium, Raphanus, Sinapis, Sisymbrium.

Brassica napus L. emend. Metzg.: Raps; Fam. Brassicaceae (Cruciferae) (Europa, Kleinasien, Indien). Brasscia napus u. Brasscia rapa L. emend. Metzg. sind Stpfl. von **Oleum Rapae:** Rapae oleum, Oleum Napi, Rapsöl, Rüböl; D. 0.916-0.923; IZ 94-124; POZ max. 10; VZ 180-195; SZ nicht über 1.0; Ep. –2 bis –10° C; UA max. 2.0 %; das aus den Samen erucasäurearmer Sorten ohne Anw. von Wärme gepresste Öl, gelb bis bräunlich gelb. **Off.:** DAC; **Best.:** Glyceride der Ölsäure (ca. 15 %), Linolsäure (ca. 13.5 %), ferner 6-10 % Linolensäure, Palmitinsäure, Stearinsäure. Nach DAC enthält die Fettsäurefraktion max. 5 % Erucasäure, 45-65 % Ölsäure, 18-32 % Linolsäure, 6-14 % Linolensäure, 3-8 % Palmitinsäure; **Anw.:** zu Linimenten u. Salben; als Füllmaterial für Weichgelatinekapseln; als Speise-, Brenn- u. Schmieröl, DC-Reagens zur Identifizierung fetter Öle; **Rapae oleum raffinatum:** raffiniertes Rapsöl; SZ max. 0.5, POZ max. 10.0, UA max. 1.5 %; durch mechan. Auspressen od. durch Extraktion u. anschließende Raffination gewonnenes fettes Öl aus den Samen von B. napus u. B. campestris; ein geeignetes Antioxidans kann zugesetzt sein. **Off.:** Ph.Eur.4; **Fettsäurezstzg.:** Palmitinsäure: 2.5-6.0 %, Stearinsäure: max. 3.0 %, Ölsäure: 50.0-67.0 %, Linolsäure: 16.0-30.0 %, Linolensäure: 6.0-14.0 %, Eicosensäure: max. 5.0 %, Erucasäure: max. 2.0 %;Lichtschutz, in dicht verschlossenen, dem Verbrauch angemessenen, möglichst vollständig gefüllten Behältnissen; **Flores Napi:** Rapsblüten; bisweilen zu Teemischungen verwendet. **Semen Napi:** Rapssamen; (enstprechend Semen Rapae, Rübsensamen). **Inhaltsst.:** ca. 50 % Fett, ein Senfölglucosid, Gluconapin (s. Glucosinolate), das bei enzymat. Hydrolyse 3-Butenylisothiocyanat liefert. **Anw.:** zur Herst. von Oleum Rapae, als Vogelfutter. Ölkuchen u. Rapsschrot können wegen der vorhandenen Glucosinolate nur bedingt zur Fütterung von Tieren eingesetzt werden. Daher werden Züchtung u. Anbau von Sorten angestrebt, die diese Inhaltsst. nicht enthalten.

Brassica nigra (L.) Koch: Sinapis nigra, Schwarzer Senf, Holländischer Senf; Fam. Brassicaceae (heim. wahrscheinl. südöstl. Mittelmeergebiet, kult. in ganz Europa, Asien, Amerika). Neben Brassica nigra sind nach Ph.Helv.7 Brassica juncea (L.) Czern., B. integrifolia (West) O.E. Schulz u. B. cernua (Thunb.) Forb. et Hemsl. Stpfl. von **Sinapis nigrae semen:** Semen Sinapis (nigrae), Sinapis nigrae semen, Schwarze Senfsamen. **Off.:** ÖAB90, Ph.Helv.7, DAC; **Inhaltsst.:** ca. 1.0-1.2 % Sinigrin* (Kaliummyronat), ein Glucosinolat*, das durch das ebenfalls enthaltene Enzym Myrosinase (im intakten Samengewebe in Idioplasten abgesondert) in Gegenwart von Wasser in den eigentl. Wirkstoff Allylsenföl (mind. 0.7 % nach ÖAB90, mind. 0.6 % nach DAC), D-Glucose u. Kaliumhydrogensulfat gespalten wird; ferner Sinapin*, Sinapinsäure, ca. 20 % Schleim, ca. 18 % Eiweiß, etwas äther. Öl u. ca. 30 % fettes Öl (Ol. Sinapis pingue); **Wirk.:** Im Ggs. zu anderen Hautreizmitteln wie Capsaicin* od. Cantharidin* gelangt Allysenföl rasch in tiefere Hautschichten u. löst dort Entzündungen aus. Es kommt zur Hyperämisierung der Haut. Je nach Einwirkungsdauer resultiert einfache Rötung bis Blasenbildung, bei prädisponierten Menschen kann es auch zu schlecht heilenden Ulzerationen u. Nekrosen kommen. Bei gesunder Haut kann der lokale Hautreizeffekt bis zu 2 Tagen anhalten. **Anw.:** hautreizende Pflaster (Charta* sinapisata, Senfpapier, Senfpflaster), Umschläge u. Bäder; **Zuber.:** **1.** Senfbad: 25-250 g frisch gemahlenes Senfmehl mit warmem Wasser zu einem Brei anrühren, nach 0.5 Std. in einem Leinenbeutel im Badewasser ausdrücken; **2.** Breiumschläge (Kataplasmen): ca. 100 g gepulverte Senfsamen mit Wasser von höchstens 40 °C anrühren (heißes Wasser hemmt die Enzymwirk.); angewandt bei Bronchopneumonie u. a. Arten von Entzündungen im Bereich der Lunge (s. Pneumonie); Anwendungsdauer (im Ggs. zu Capsicum-Präparaten) beschränkt, (auf der Brust) ca. 10 min, bei Kindern höchstens 5 min; techn. zur Herst. von Mostrich (Mostardum*, Dijon-Senf besteht fast nur aus dem nicht entölten Schwarzen Senf) u. zur Gew. des fetten u. äther. Öles; Senfmehl eignet sich zur Entfernung von Gerüchen in Gefäßen, Flaschen, Fässern u. a., da es viele Riechstoffe zerstört: Auf ein 100-L-Fass gibt man 10 g Senfmehl in 1 L heißes Wasser u. lässt es einige Tage verschlossen stehen. **Semen Sinapis pulveratum exoleatum:** Pulvis Sinapis concentratus, entöltes Senfmehl; wirksamer u. haltbarer als nicht entöltes Senfsamenpulver. **Oleum Sinapis aethereum:** nat. äther. Senföl ÖAB90; besteht fast ausschließl. aus Allylsenföl; äther. Öl nicht mehr offizinell, ist ersetzt durch das synthet. Oleum Sinapis: Allylum isorhodanatum, (synthet.) Allylsenföl*, Allylisothiocyana. **Oleum Sinapis pingue:** fettes Senföl; das aus schwarzen wie weißen Senfsamen (s. Sinapis alba) ausgepresste fette Öl. **Best.:** Glyceride der Eruca- (ca. 50 %), Öl- (ca. 25 %), Linol- (ca. 20 %), Linolen-, Palmitinsäure; **Anw.:** Speiseöl, Brennöl, s. Brassica napus (Oleum Rapae);

Hom: *Sinapis nigra:* reife Samen; verord. z. B. bei Heuschnupfen.

Brassica oleracea L. **convar. capitata** (L.) Alef **var. capitata:** Kopfkohl; Fam. Brassicaceae, als Rot- u. Weißkohl (alba) kultiviert. **Inhaltsst.:** S-Methylmethionin (Antiulkus-Faktor, schützt Magenschleimhaut, s. Methioninmethylsulfoniumhydrochlorid), Glucobrassicin (strumigen* bei längerer Anwendung); **Anw.** volkstüml.: der Saft bei Magengeschwüren, Hepatopathie u. Pankreasfunktionsstörungen.

Hom: *Brassica oleracea e planta non florescente (HAB1.4)*: frische Kohlköpfe.

Brassica rapa L. emend. Metzg.: s. Brassica napus.

Brassidinsäure: s. Erucasäure.

Braton-Marshall-Reagens: s. Naphthylethylendiamindihydrochlorid.

Braunalgen: Phaeophyceae, Phaeophyta, Tange; ca. 1500 Arten umfassende Klasse (bzw. Abteilung) mehrzelliger Meeresalgen, bei denen Chlorophyll durch das braun gefärbte Fucoxanthin* u. a. Carotinoide ersetzt ist. B. liefern Alginsäure* u. -derivate; von pharmaz. Interesse sind Ascophyllum* nodosum (Knotentang), Fucus* vesiculosus (Blasentang), Laminaria*-Arten (Riementang) sowie Macrocystis* pyrifera (Kelp).

Brauneisenstein: s. Eisen.

Brauneria angustifolia: s. Echinacea angustifolia.

Braunstein: s. Mangandioxid.

Braunwurz: s. Scrophularia nodosa.

Braunwurzgewächse: s. Scrophulariaceae.

Brausegranulate: nicht überzogene Granulate, die saure Substanzen u. Carbonate od. Hydrogencarbonate (s. Brausetabletten) enthalten. B. werden vor der Einnahme in Wasser gelöst od. dispergiert. Prüfungen s. Granulate. Nach Ph.Eur.4 zusätzl. Prüfung auf Zerfall: 6 Einzeldosen werden in je 200 mL Wasser (15-25 °C) gegeben. Sie entsprechen, wenn jede der 6 Dosen innerhalb 5 min zerfallen ist.

Brausemagnesia: s. Magnesium citricum effervescens.

Brausepulver: s. Pulvis aerophorus.

Brausepulver, abführendes: s. Pulvis aerophorus laxans.

Brausepulver, gemischtes: s. Pulvis aerophorus mixtus.

Brausetabletten: feste Arzneiform, die in Wasser unter Bildung von CO_2 zu einer trinkfertigen Brauselimonade zerfällt. Der Zerfallsmechanismus beruht auf einer Kombination von Hydrogencarbonaten od. Carbonaten mit Säuren (Wein-, Citronensäure), tritt aber nur in Anwesenheit von Wasser ein. Um eine vorzeitige Reaktion zu unterbinden, ist bei der Herst. (Direkttablettierung od. über Brausegranulate) auf Wasserausschluss zu achten. Außerdem ist eine hermet. abgeschlossene Verpackung (s. Aluminiumverbundfolie) von bes. Wichtigkeit. Geprüft wird auf Gleichförmigkeit* der Masse u. auf Zerfall. Die Zerfallszeit wird nach Ph.Eur.4 geprüft, indem man eine Tablette in 200 mL Wasser von 15-25 °C einbringt. Nach Beendigung der Gasentwicklung sollte die Tablette zerfallen od. gelöst sein, ohne dass eine Anhäufung von Teilchen zurückbleibt. Diese Prüfung ist mit 6 Tabletten durchzuführen. Die Tabletten entsprechen der Prüfung, wenn alle untersuchten Tabletten innerhalb von 5 min zerfallen sind. Vgl. Compressi.

Brayera anthelminthica: s. Hagenia abyssinica.

Brazil wax: Carnaubawachs; s. Wachse.

Brechen von Emulsionen: Trennung in eine ölige u. eine wässrige Schicht. s. Aufrahmen, Koaleszenz.

Brechkraft: s. Brechwert.

Brechkrafteinheit: s. Dioptrie.

Brechmittel: s. Emetika.

Brechnuß: s. Strychnos nux vomica.

Brechnußtinktur: s. Tinctura Strychni.

Brechringampulle: s. Ampullen.

Brechsirup: s. Sirupus emeticus.

Brechung des Lichtes: s. Brechungsgesetz; Brechungsindex.

Brechungsdispersion: s. Brechungsindex.

Brechungsgesetz: Trifft eine Welle auf die Grenzfläche zweier Medien, dann ändert sich ihre Ausbreitungsgeschwindigkeit. Bei schrägem Auftreffen ändert sich zusätzl. die Richtung. Fällt z. B. ein Lichtstrahl aus Luft in Wasser, wobei der einfallende Strahl mit dem Lot den Winkel α bildet (Einfallswinkel), dann hat der gebrochene Strahl in Wasser den Brechungswinkel β. Die **Brechzahl** gibt das Verhältnis des Sinus des Einfalls- u. des Brechungswinkels an. Sie ist für eine bestimmte Stoffkombination stets konstant (Snellius, 1621; vgl. Refraktometrie) u. entspricht nach B. dem Quotienten der Brechungsindizes n_a u. n_b der bd. Medien (vgl. Brechungsindex): $\sin\alpha/\sin\beta = n_a/n_b$.

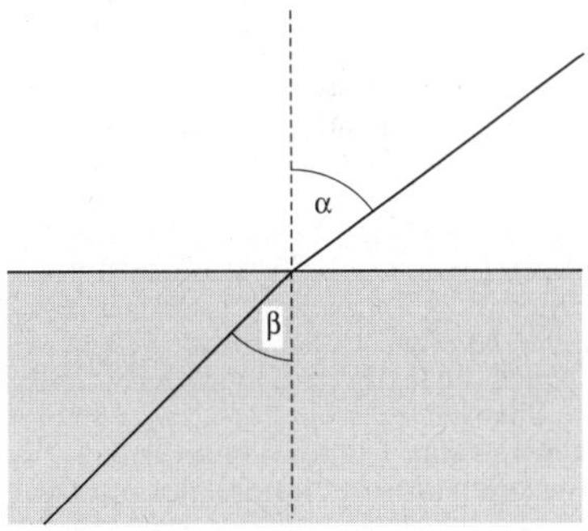

Brechungsgesetz: Einfallswinkel (α) u. Brechungswinkel (β)

Brechungsindex: Brechzahl, Brechungsquotient; Symbol n; das Verhältnis n der Lichtgeschwindigkeit im materiefreien Raum (Vakuum) c zur Lichtgeschwindigkeit in einem Stoff c_m, d. h. der B. ist dimensionslos u. stoffspezif.: $n = c/c_m$; bzw., da sich die Frequenz ν nicht ändert u. $c = \nu \cdot \lambda$ (λ = Wellenlänge), gilt auch: $n = \lambda/\lambda_m$. Der B. von Flüss. lässt sich in einfacher Weise aufgrund des Brechungsgesetzes* über den Grenzwinkel der totalen Reflexion bestimmen; s. Refraktometrie. Da der B. außer von der Substanz u. von der zur Messung benutzten Wellenlänge des Lichtes auch von der Temp. abhängt, fügt man bei der Zahlenangabe dem B. neben der zugehörigen Lichtart als Index auch die Temp. als Hochzahl an: **1.** $n_D^{20\,°C}$: B., gemessen mit dem gelben Licht der Natriumdampflampe bei $\lambda(D) = (\lambda_1 + \lambda_2)/2$ (= 589.2 nm) u. 20 °C; **2.** $n_O^{20\,°C}$: B., gemessen mit dem roten Licht von 656.3 nm eines Wasserstoff-Geißler-Rohres; **3.** $n_F^{20\,°C}$, ebenfalls mit dem Wasserstoffrohr mit Licht von 486.1 nm Wellenlänge u. bei 20 °C gemessen. Die Buchstaben O, D, F sind die von Fraunhofer eingeführten Bez. für die angegebenen Wellenlängen. Opt. anisotrope Stoffe (die meisten Kristalle* u. Flüssigkristalle*; vgl. Anisotropie) haben richtungsabhängig versch. B., wodurch das Phänomen der Doppelbrechung* bewirkt wird; für jede Richtung gibt es 2 Werte, einen für parallel polarisiertes Licht u. einen für senkrecht polarisiertes Licht (s. Polarisation des Lichtes). Die Brechungsindizes vermögen i. Allg. die versch. Stoffe zu charakterisieren; man benutzt sie deshalb zur Bestimmung der Stoffe. Oft genügen solche Zahlenangaben allein nicht. Dann benutzt man zur weiteren Unterscheidung die **Brechungsdispersion** (s. Dispersion), d. h. den Unterschied zweier B. versch. Wellenlänge für dieselbe Substanz, meist die Differenz $n_F - n_O$.

Brechungswinkel: s. Brechungsgesetz.

Brechweinstein: s. Antimonyl-Kaliumtartrat.

Brechweinsteinsalbe: s. Unguentum Tartari stibiati.

Brechwert: Brechkraft; Symbol D; Größe zur Charakterisierung von lichtsammelnden od. -zerstreuenden Linsen od. Linsensystemen; die Einheit des B. ist die Dioptrie*. Der B. einer Linse hängt vom Krümmungsradius sowie von den Brechungsindizes* des Glases (n_L) u. des umgebenden Mediums n_M ab:

$D = n_M/f$

(f = Brennweite), in Luft mit $n_M = 1$, entspr. $D = 1/f$, d. h. der B. ist dann gleich dem Kehrwert der Brennweite.

Brechwurz: s. Asarum europaeum (Radix Asari).

Brechwurzel: **1.** s. Cephaelis ipecacuanha (Ipecacuanhae radix). **2.** s. Cephaelis acuminata (Ipecacuanhae radix).

Brechwurzelfluidextrakt: s. Extractum Ipecacuanhae fluidum.

Brechwurzelsirup: s. Sirupus Ipecacuanhae.

Brechwurzeltinktur: s. Tinctura Ipecacuanhae.

Brechzahl: s. Brechungsgesetz.

Breitband-Antibiotika: Antibiotika* mit bes. großem Wirkungsspektrum, die auf mehrere od. zahlreiche Erreger einwirken. Hierzu gehören Chloramphenicol, versch. Tetracycline u. Erythromycin; s. Antibiotika (Tab.).

Breite, narkotische: Dosierungsabstand zw. Toleranzstadium u. Eintreten des asphykt. Stadiums bei der Narkose*; vgl. Narkotika.

Breite, therapeutische: s. Dosis-Wirkungs-Kurve.

Breitwegerichkraut: s. Plantago major (Herba Plantaginis majoris).

Bremsstrahlen: s. Röntgenstrahlen.

Brennessel: s. Urtica-Arten.

Brennkraut, Indisches: s. Acalypha indica.

Brennpunkt: **1.** Symbol F; der Punkt, in dem sich parallele Lichtstrahlen nach Durchgang durch eine Konvexlinse (Sammellinse) od. nach Reflexion an einem Konkavspiegel vereinigen (Fokus). **Brennweite**: Symbol f; Abstand des B. vom Linsenmittelpunkt od. vom Scheitelpunkt des Spiegels; bei Konkavlinsen (Zerstreuungslinsen) bzw. Konvexspiegeln gibt es keine reelle, sondern nur virtuelle Brennpunkte. **2.** diejenige Temp., ab der die Dämpfe über einer brennbaren Flüss. eine selbsterhaltende Verbrennung ermögl.; vgl. Flammpunkt.

Brennspiritus: s. Ethanol.

Brennweite: s. Brennpunkt.

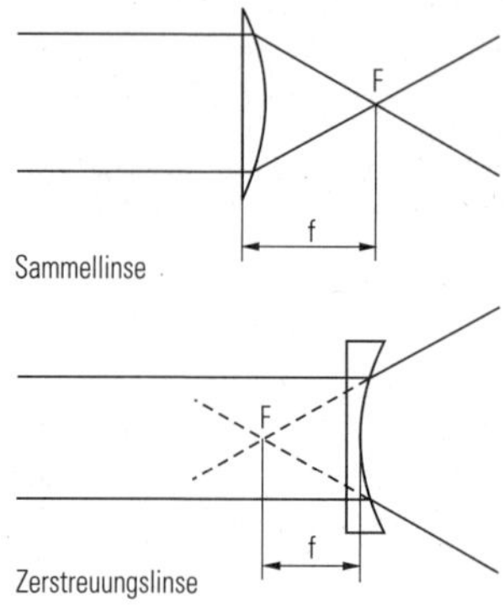

Brennpunkt

Brennwert, physiologischer: für den Organismus nach dem Abbau (Verbrennung) verfügbarer Energiegehalt (Nährwert) der Nährstoffe. Dieser Wert beträgt für 1 g Protein 17.5 kJ (4.2 kcal), für 1 g Kohlenhydrat 17.5 kJ (4.2 kcal), für 1 g Fett 38.5 kJ (9.2 kcal), für 1 g Alkohol 30 kJ (7.1kcal). Der Energiebedarf eines Erwachsenen beträgt je nach körperl. Tätigkeit, Schwangerschaft etc. ca. 5000-13 000 kJ/d; vgl. Grundumsatz.

Brenzcatechin: Brenzkatechin, Pyrokatechin, Pyrocatechusäure, Pyrocatechol, Catechol; 1,2-Dihydroxybenzol, $C_6H_4(OH)_2$. Schmp. 104 °C. Sdp. 245 °C. D. 1.37. Farblose Kristalle, lösl. in Wasser, Ethanol, Ether. **Vork.:** Best. vieler Harze sowie im Birkenholzteer (zuerst 1839 durch trockene Dest. von Catechu gewonnen). Grundstruktur der biol. wichtigen Catecholamine*. **Anw.** techn.: in der Fotografie als Entwickler; als Reagens.

Brenzcatechinmonomethylether: s. Guajakol.

Brenzgallussäure: s. Pyrogallol.

Brenzschleimsäure: s. 2-Furancarbonsäure.

Brenzschleimsäurealdehyd: s. Furfural.

Brenztraubensäure: Abk. BTS, (engl.) *pyruvic acid*; 2-Oxopropionsäure, α-Ketopropansäure, Propanonsäure, Acidum pyrouvicum; $CH_3-CO-COOH$, M_r 88.06. Schmp. 11.8 °C. Sdp. 165 °C (Zers.). D. 1.27. Farblose bis gelbl., stechend nach Essigsäure riechende Flüss.; leicht lösl. in Wasser, Ethanol u. Ether. Einfachste u. wichtigste α-Ketocarbonsäure; ihre Salze werden als Pyruvate bezeichnet. B. wird durch naszierenden Wasserstoff sehr leicht in Milchsäure umgewandelt u. von konz. Schwefelsäure schon bei gelinder Wärme unter Bildung von Kohlenmonoxid zersetzt; sie reduziert ammoniakal. Silberlösung. **Vork.:** Zwischenprodukt im Stoffwechsel der Kohlenhydrate, der Fettsäuren sowie einiger Aminosäuren; s. Pyruvat. **Darst.:** Erhitzen von Wein- od. Traubensäure mit Kaliumhydrogensulfat (erstmals 1835 von Berzelius). **Anw.:** z. B. zur Herst. von Atophan u. seiner Derivate.

Brij®: Handelsbezeichnung für verschiedene nichtionogene Emulgatoren aus der Reihe der Polyoxyethylenfettalkoholether*.

Brikettgranulierung: s. Granulieren.

Brillantgrün: s. Malachitgrün.

Brillenschlange: s. Naja naja.

Brimonidin INN: 5-Bromo-6-(2-imidazolidinylidenamino)quinoxalin; CAS-Nr. 59803-98-4; $C_{11}H_{10}BrN_5$, M_r 292.1. Schmp. 252 °C. **Wirk.:** Alpha-2-Adrenozeptoragonist; **Anw.:** direktes Sympathomimetikum*, zur Senkung des erhöhten Augeninnendrucks bei Offenwinkelglaukom; **UAW:** okulare Hyperämie, Augenbrennen; **Dos.:** 0.2 %ige Augentropfen 2-mal tägl.; HWZ ca. 3 h.

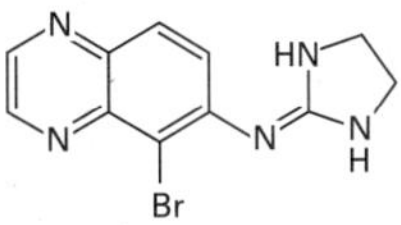

Brimonidin

Brinzolamid INN: (*R*)-4-(Ethylamino)-3,4-dihydro-2-(3-methoxypropyl)-2*H*-thieno[3,2-*e*]-1,2-thiazine-6-sulfonamid-1,1-dioxid; CAS-Nr. 138890-62-7; $C_{12}H_{21}N_3O_5S_3$, M_r 383.5. Schmp. 131 °C. **Wirk.:** Carboanhydrasehemmer (s. Diuretika); hohe system. Resorption u. Akkumulation in den Erythroyzten (ca. 24 Wochen); **Anw.:** Behandlung des Glaukoms (okuläre Hypertension u. Offenwinkelglaukom) zur Monother. od. in Kombination mit Betablocker; **UAW:** gelegentl. Geschmacksstörungen; **Dos.:** 1 %ige Lsg., 2-mal tägl. 1 Tr. in den Bindehautsack.

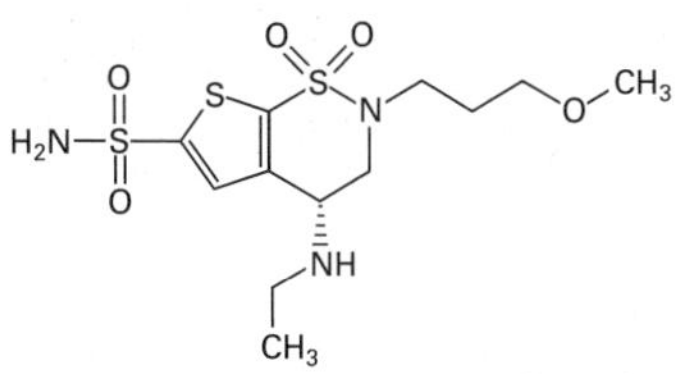

Brinzolamid

Bristamin: s. Phenyltoloxamin.

British Pharmaceutical Codex: s. Deutscher Arzneimittel-Codex.

Broca-Formel: Formel zur Bestimmung des Normalgewichts (in kg) bei Erwachsenen: Körpergröße (in cm) minus 100. Die physiol. Variationsbreite des Körpergewichts wird mit 10-20 % angegeben.

Brockmann-Chen-Reaktion: Nachweisreaktion für Vitamin D. Wird eine Probelsg. mit einer Lsg. von Antimon(III)-chlorid in Chloroform versetzt, beobachtet man beim Vorliegen von Vitamin D eine orangegelbe Färbung.

Brönsted: s. Säure-Base-Definition.

Brom: Bromum; Symbol Br; A_r 79.904, OZ 35, elementar Br_2. D. 3.14. Schmp. −7.2 °C. Sdp. 58.8 °C. Neben Quecksilber das einzige bei gewöhnl. Temp. flüssige u. neben Fluor u. Chlor das reaktionsfähigste Element; ein Halogen. Dunkelrotbraune, flüchtige, erstickend riechende Flüss., entwickelt an der Luft braunrote Dämpfe, die 5-mal schwerer als Luft sind; lösl. in ca. 30 T. Wasser, sehr leicht lösl. in Ethanol, Ether, Chloroform, Schwefelkohlenstoff. **Vork.:** nat. nur in gebundenem Zustand, hauptsächl. in Form der Bromide, im Meerwasser u. in den Abraumsalzen (Karnallit-Laugen). **Gew.:** techn. aus den Mutterlaugen der Abraumsalze durch Einleiten von Chlorgas. **Anw.** techn.: als Chemikalie; med.: nur im Form der Bromide. **Tox.:** die Dämpfe reizen sehr stark die Haut u. die Schleimhaut der Augen u. Atemwege; die Flüss. führt zu Blasenbildung u. Nekrose der Haut. **Nachw.** von Br-Verb.: **1.** Silbernitrat fällt aus Bromidlsg. gelbweißes Silberbromid (AgBr), lösl. in Ammoniak (schwerer lösl. als Silberchlorid), unlösl. in Salpetersäure; **2.** Chlorwasser setzt aus Bromidlsg. Br_2 frei, das sich in CCl_4 mit braunroter Farbe löst; **3.** Br_2 färbt Stärke orangegelb. **Gesch.:** 1826 von Antoine Jérôme Balard (1802-1876) entdeckt. **Hom:** *Bromum (HAB1.4):* verord. z. B. bei Akne, Asthma, Laryngitis, Bronchitis.

Bromacetophenon: Phenacylbromid; 2-Brom-1-phenylethanon, $C_6H_5COCH_2Br$, M_r 199.05. Schmp. 50 °C. Sdp. 140 °C (16 mbar). Farblose Prismen, unlösl. in Wasser, lösl. in Ethanol, Chloroform u. Ether. **Anw.:** Tränengas.

Bromadalum: s. Carbromal.

Bromalhydrat: s. Tribromaldehydhydrat.

Bromammonium: s. Ammoniumbromid.

Bromate: bromsaure Salze; Salze der Bromsäure*.

Bromatologie (gr. broma Speise): Ernährungslehre; Lehre von der menschl. Ernährung u. den Nahrungsmitteln; vgl. Trophologie.

Bromatometrie: Verfahren der Maßanalyse*, bei dem mit $KBrO_3^-$-Maßlösung titriert wird. BrO_3^- wird dabei zu Br^- reduziert. **Anw.:** Bestimmung von Aluminium*, Arsen*, Antimon*, Bismut* u. Hydroxylamin.

Bromazepam INN: Bromazepamum Ph.Eur.4; 7-Brom-1,3-dihydro-5-(2-pyridyl)-2*H*-1,4-benzodiazepin-2-on; CAS-Nr. 1812-30-2; $C_{14}H_{10}BrN_3O$, M_r 316.16. Schmp. 237-238.5 °C (unter Zers., kristallisiert aus Aceton). Weißes, krist. Pulver; fast unlösl. in Wasser; pK_S 11.8. **Anw.:** Tranquilizer; **Dos.:** als p. o. Sedativum 1.5 mg morgens u. mittags, abends bei Bedarf 3 mg; als Hypnotikum 6 mg; HWZ 15-28 h; vgl. Benzodiazepine, Psychopharmaka.

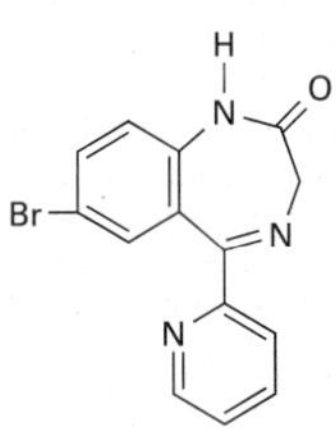

Bromazepam

Brombarium: s. Bariumbromid.

Brombeerblätter: s. Rubus fruticosus (Rubi fruticosi folium).

Bromcalcium: s. Calciumbromid.

Bromcampher: s. Monobromcampher.

Bromdiethylacetylcarbamid: s. Carbromal.

Bromelaine INN: Bromelin, Ananase, Extranase, Traumanase; CAS-Nr. 9001-00-7, M_r ca. 33 000, schwer lösl. in Wasser, fast unlösl. in Ethanol, Chloroform, Ether. Proteolyt. Enzyme aus den

Fruchtstielen von Ananas* comosus, Fam. Bromeliaceae. Dem Papain* ähnl. Endopeptidasen (Glykoproteine); werden ebenfalls durch SH-Gruppen blockierende Verb. inaktiviert. Optimum der proteolyt. Wirksamkeit pH 4-10; **Anw.** techn.: Vorbehandlung von Fleisch, Herst. von Proteinhydrolysaten; med.: in der Substitutionsther. zur Verdauungsförderung; bei entzündl. Ödemen u. prophylakt. geg. postoperative Ödeme (mit unklarem Resorptions- u. Wirkungsmechanismus); **UAW:** Übelkeit, Erbrechen, Diarrhö; **Dos.:** p. o. (ausschließl.) Initialdos. 4×40 mg/d; Erhaltungsdos. 4×20 mg/d.

Bromelin: s. Bromelaine.

2-Brom-*α*-ergocryptin: s. Bromocriptin.

Bromethyl: s. Ethylbromid.

Bromhexin INN: *N*-Cyclohexyl-*N*-methyl-(2-amino-3,5-dibrombenzyl)amin; CAS-Nr. 3572-43-8; $C_{14}H_{20}Br_2N_2$, M_r 376.1. **Anw.:** Mukolytikum; Expektorans; **Dos.:** p. o. 2-3×4 mg/d, Kinder unter 6 Jahre 2-3×2 mg/d: parenteral (s. c., i. m., i. v.) 4 mg; HWZ 1 h. **Bromhexinhydrochlorid:** Bromhexini hydrochloridum Ph.Eur.4; CAS-Nr. 611-75-6; $C_{14}H_{21}Br_2ClN_2$, M_r 412.6. Schmp. 233-242 °C (unter Zers.). Weißes, krist. Pulver; schwer lösl. in Wasser, wenig lösl. in Ethanol.

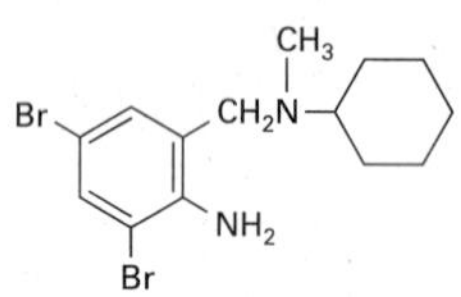

Bromhexin

Bromhexinlösung: s. Solutio Bromhexini.

Bromhidrose: Bromhidrosis; Absonderung von unangenehm riechendem Schweiß durch bakt. Zersetzung infolge mangelnder Hygiene.

Bromide: **1.** Salze des Bromwasserstoffsäure*. Beispiele: Kaliumbromid* (KBr), Natriumbromid* (NaBr); lat. Bez. Kalium bzw. Natrium bromatum od. Kalii bzw. Natrii bromidum. **2.** In der org. Chemie: Alkylbromide. Beispiele: Ethylbromid* (C_2H_5Br), Methylbromid* (CH_3Br).

Bromismus: akute od. (häufiger) chron. Intoxikation durch bromhaltige Arzneimittel (Schlafmittel). Symptome: Verwirrtheitszustände, Gedächtnisschwund, Delirium, Dermatitiden, Konjunktivitis.

Bromisoval INN: Bromisovalum, Bromvaleton, Bromural, Carbamidum bromisovalerianicum, *α*-Bromisovalerianylharnstoff; (2-Brom-3-methylbutyryl)carbamid; CAS-Nr. 496-67-3; $C_6H_{11}BrN_2O_2$, M_r 223.08. Schmp. 147-152 °C (polymorph). Lösl. 1:500 in Wasser, 1:15 in Ethanol, 1:6 in Chloroform, 1:25 in Ether, in Alkalihydroxid-Lsg.; pK_S 10.8. **Off.:** DAB8, ÖAB90; **Anw.:** Sedativum, Hypnotikum; **Dos.:** p.o. als Sedativum 4×0.05-0.1 g/d; als Hypnotikum bis zu 0.8 g; längere Einnahme kann durch Abspaltung u. Kumulation von Br^- (HWZ ca. 12 d) zu Symptomen eines Bromismus* führen. Symptome der Überosierung ähnl. Barbituraten, aber Letalität wegen Schocklunge sehr hoch (4-6 %) Gefahr der Entwicklung einer Abhängigkeit; vgl. Carbromal.

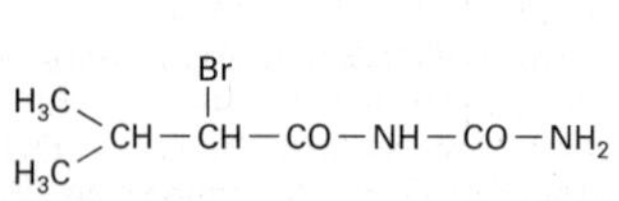

Bromisoval

***α*-Bromisovalerianylharnstoff:** s. Bromisoval.

Bromisoval-Tabletten: s. Compressi Bromisovali.

Bromkalium: s. Kaliumbromid.

Bromkampfer: s. Monobromcampher.

Bromkresolgrün: 3,3',5,5'-Tetrabrom-*m*-cresolsulfonphthalein, $C_{21}H_{14}Br_4O_5S$, M_r 698.04. Farbloses, krist. Pulver, sehr schwer lösl. in Wasser, lösl. in Ethanol, unlösl. in Ether u. Benzol. **Anw.:** Indikator (Säuren, Basen): Umschlaggebiet pH 3.8 (gelb) bis pH 5.4 (blaugrün).

Bromkresolpurpur: 5,5'-Dibrom-*o*-cresolsulfonphthalein, $C_{21}H_{16}Br_2O_5S$, M_r 540.24. Rosafarbenes Pulver, lösl. in 96 %igem Ethanol, wenig lösl. in Wasser. **Anw.:** Indikator, Umschlagsgebiet: pH 5.2 (gelb) bis pH 6.8 (violett-purpur).

Bromlithium: s. Lithiumbromid.

Bromnatrium: s. Natriumbromid.

Bromocriptin INN: 2-Brom-*α*-ergocryptin; CAS-Nr. 25614-03-3; $C_{32}H_{40}BrN_5O_5$, M_r 654.52. Halbsynthet. Ergotalkaloid (vgl. Lisurid). Schmp. 215-218 °C (unter Zers., kristallisiert aus Methylethylketonisopropylether). $[\alpha]_D^{20\,°C}$ −195° (c=1 in Methylenchlorid). **Anw.:** Prolactinhemmer*, bei prolactinbedingter Amenorrhö, Sterilität, Galaktorrhö, primärem u. sekundärem Abstillen, Akromegalie, Antiparkinsonmittel; **UAW:** gastrointestinale Störungen (v. a. zu Beginn), Nausea, Kopfschmerzen, Sedierung, Hypotonie; bei hohen Dosen: Verstopfung, Verwirrtheit, Halluzinationen, Dyskinesien, Ödeme, selten Herzrhythmusstörungen, Angina-pectoris-Anfälle; **Dos.:** p. o. 2×2.5 mg/d morgens u. abends während der Mahlzeit; bei Amenorrhö 3×1.25 mg/d; bei Parkinson 10-50 mg/d, häufig kombiniert mit Levodopa; HWZ 48 h. **Bromocriptinmesilat:** Bromocriptini mesilas Ph.Eur.; CAS-Nr. 22260-51-1; $C_{33}H_{44}BrN_5O_8S$, M_r 751. Schmp. 192-196 °C (unter Zers.). Sehr lichtempfindl., krist. Pulver; fast unlösl. in Wasser, leicht lösl. in Methanol, lösl. in Ethanol; **Hinweis:** unter −15 °C zu lagern.

Bromoform: Formylum tribromatum; Tribrommethan; $CHBr_3$, M_r 252.77. D. 2.289. Schmp. 7.7 °C. Sdp. 149.6 °C. Farblose, chloroformartig riechende, süßl. schmeckende Flüssigkeit. **Darst.:** Dest. von Ethanol mit Brom u. Alkalilauge; Bromoform DAB6 ist eine Mischung von 99 T. B. u. 1 T. absol. Ethanol; **Anw.** med.: früher bei Keuchhusten; MED 0.5 g, MTD 1.5 g; bei Kindern: Anzahl der Lebensjahre + 2 Tropfen.

Bromometrie: wenig gebräuchl. Verfahren der Maßanalyse*, bei dem mit Brom-Maßlösung titriert wird.

Bromoprid INN: 4-Amino-5-brom-*N*-2-(diethylamino)ethyl-2-anisamid; CAS-Nr. 4093-35-0; $C_{14}H_{22}BrN_3O_2$. Schmp. 151 °C (polymorph). **Anw.:** Magen-Darm-Therapeutikum (bei gestörter Magen-Darm-Motilität); Antiemetikum; **Dos.:** p. o. 2-3×10 mg/d in Kombination mit Psycho-

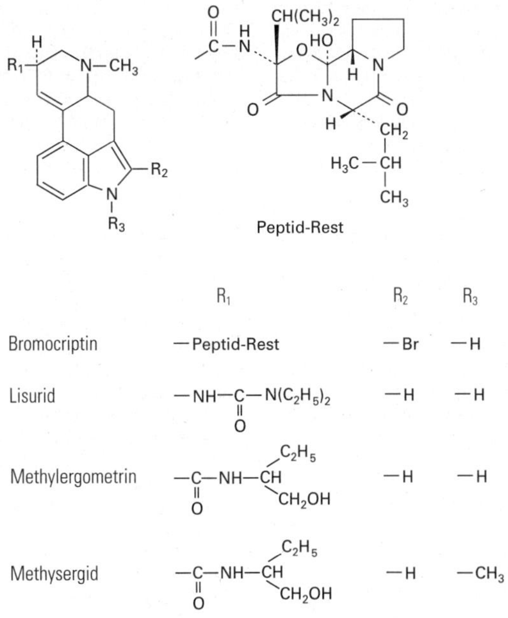

Bromocriptin

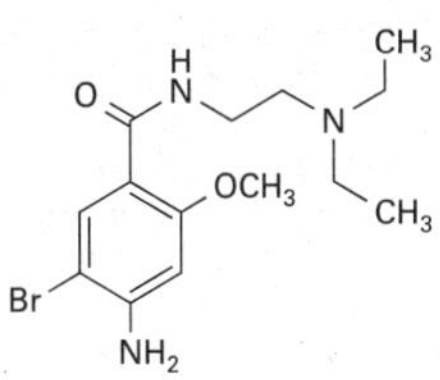

Bromoprid

pharmakon; parenteral (i. m., i. v.) 1-2×10 mg/d; HWZ 3 h. Gebräuchl. ist auch Bromopridhydrochlorid.

Bromperidol INN: Bromperidolum Ph.Eur.; 4-[4-(4-Bromphenyl)-4-hydroxypiperidin-1-yl]-1-(4-fluorphenyl)butan-1-on; CAS-Nr. 10457-90-6; $C_{21}H_{23}BrFNO_2$, M_r 420.3. Schmp. 155-158 °C (polymorph). pK_S (des Salzes) 8.6-8.7. **Anw.:** Neuroleptikum, Butyrophenonderivat; Ind. bei versch. Formen der Schizophrenie; **UAW:** s. Psychopharmaka (Neuroleptika); HWZ 20-36 h. **Bromperidoldecanoat** INNv: Bromperidoli decanoas Ph.Eur.; CAS-Nr. 75067-66-2; $C_{31}H_{41}BrFNO_3$, M_r 574.6. Schmp. 60 °C. Unlösl. in Wasser, lösl. in Ethanol. **Anw.:** s. o.; **Dos.:** für Langzeitther. 300 mg i. m. alle 4 Wochen.

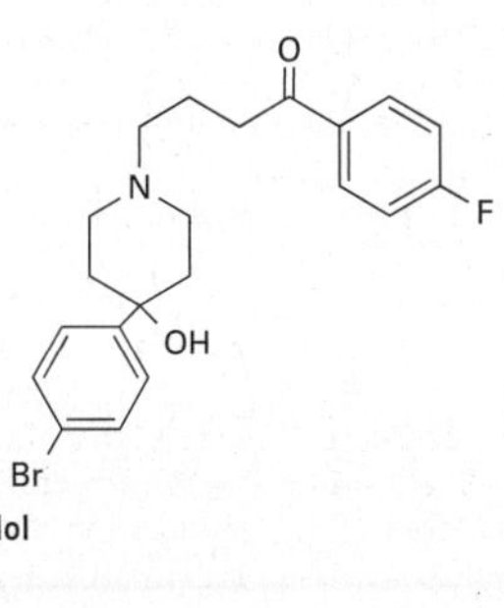

Bromperidol

Brompheniramin INN: 4-Bromdylamin; (*RS*)-[3-(4-Bromphenyl)-3-(pyridin-2-yl)propyl]dimethylamin; CAS-Nr. 86-22-6; $C_{16}H_{19}BrN_2$, M_r 319.26. Sdp. 147-152 °C (66.7 Pa). Lösl. in verd. Säuren. **Anw.:** Antihistaminikum*; **UAW:** s. Azatadin; **Dos.:** 2-3×16 mg/d p. o.; parenteral 5 mg (i.m., s. c.); topisch als 2 %ige Salbe. **Brompheniraminmaleat:** Brompheniramini maleas Ph.Eur.4; CAS-Nr. 32865-01-3; $C_{20}H_{23}BrN_2O_4$, M_r 435.3. Schmp. 130-135 °C (polymorph). Wenig lösl. in Wasser, Ethanol, pH 5 einer 2 %igen wässrigen Lsg.; vgl. Dexbrompheniramin.

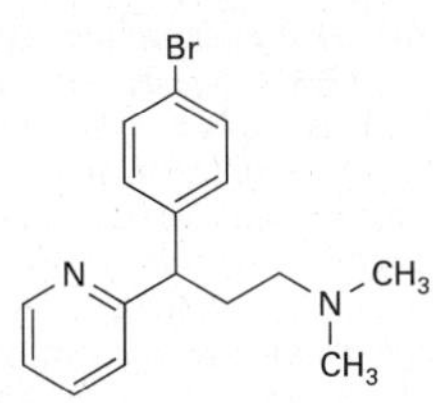

Brompheniramin

Bromphenolblau: 3,3',5,5'-Tetrabromphenolsulfonphthalein, $C_{19}H_{10}Br_4O_5S$, M_r 670.02. Braunes Pulver, lösl. in Ethanol, Methanol, unlösl. in Benzol u. Ether, sehr schwer lösl. in Wasser. **Anw.:** Indikator, Umschlaggebiet: pH 3.0 (gelb) bis 4.6 (blauviolett); papierelektrophoret. u. chromatographisches Reagens; Albuminnachweis im Harn; Funktionsprüfung der Leber.

Bromphenolrot: 5,5'-Dibromphenolsulfonphthalein, $C_{19}H_{12}Br_2O_5S$, M_r 512.19. Rotbraunes Pulver, leicht lösl. in Ethanol, sehr schwer lösl. in Wasser. **Anw.:** Indikator, Umschlagsgebiet: pH 5.2 (gelb) bis 6.8 (rot).

Brompropylat: Isopropyl-4,4'-dibrombenzilat; $C_{17}H_{16}Br_2O_3$; CAS-Nr. 18181-80-1; M_r 428.1. **Anw.** techn.: Akarizid; s. Schädlingsbekämpfungsmittel (Tab.).

Bromsäure: Acidum bromicum; $HBrO_3$; ihre Salze heißen Bromate, sie geben wie die Chlorate leicht Sauerstoff ab u. verpuffen beim Erhitzen mit oxidierbaren Substanzen. **Darst.:** Umsetzen von Bariumbromat mit verd. Schwefelsäure; wasserfrei nicht darstellbar.

Bromsalicylchloranilid: 5-Bromo-4'-chlorsalicylanilid; CAS-Nr. 3679-64-9; $C_{13}H_9BrClNO_2$, M_r 326.60. Schmp. ca. 240 °C (polymorph). **Wirk.** u. **Anw.:** früher unspezif. Antimykotikum*, Desinfiziens; **UAW:** lokale Reizerscheinungen.

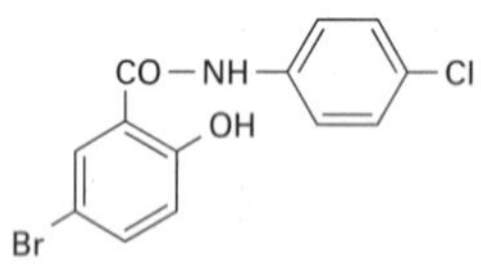

Bromsalicylchloranilid

Bromsalz, brausendes: s. Kalium bromatum effervescens.

Bromsilber: s. Silber(I)-bromid.

Bromsulfalein: Bromsulfophthalein; Phenoltetrabromphthalein-dinatrium-sulfonat; $C_{20}H_8Br_4Na_2O_{10}S_2$, M_r 838.05. Rosagelbes Pulver, unlösl. in Ethanol, leicht lösl. in Wasser. **Anw.:** Farbstoffdiagnostikum zur Funktionsprüfung der Leber; **Dos.:** 2-5 mg/ kg KG i. v. als 5 %ige Lsg. (vor u. 45 Min. nach der Injektion Blutentnahme).

Bromthymolblau: 3,3'-Dibromthymolsulfonphthalein; $C_{27}H_{28}Br_2SO_5$, M_r 624.39. Rosa Pulver, leicht lösl. in Ethanol u. Ether, lösl. in Wasser. **Anw.:** Indikator: Umschlaggebiet pH 6.0 (gelb) bis 7.6 (blau).

Bromural: s. Bromisoval.

Bromwasser nach Erlenmeyer: s. Erlenmeyer-Bromwasser.

Bromwasserstoff: Hydrogenbromid; HBr. Schmp. –86.9 °C. Sdp. –66.8 °C. Farbloses, an der Luft rauchendes Gas, das sich bei Abkühlung zu einer farblosen Flüss. verdichtet. HBr ist in Wasser lösl.: 1 Vol. Wasser löst ca. 550 Vol. HBr; s. Bromwasserstoffsäure. **Darst.:** Zersetzen von Bromiden mit Schwefelsäure od. Wasserstoff u. Bromdämpfe über glühenden Platinasbest leiten; **Tox.:** MAK: 5 mL/m³.

Bromwasserstoffsäure: Acidum hydrobromicum; wässrige Lsg. von Bromwasserstoff (HBr); eine 25 %ige Lsg. hat eine D. ca. 1.208 (25 °C). Die Salze heißen Bromide, z. B. Kaliumbromid* (KBr). **Anw.** med.: (früher) als Ätzmittel, techn. in der Analyse u. zur Herst. von Bromverbindungen.

Bronchialdrüsen, Getrocknete löschen: s. Organtherapeutika.

Bronchitis: Bronchialkatarrh; Entzündung der Bronchialschleimhaut aufgrund unterschiedl. Urs. (durch Infektion, allerg., chem.-irritativ, toxisch).

Bronchitis-Lebend-Impfstoff für Geflügel (gefriergetrocknet), Infektiöse-: Vaccinum bronchitidis infectivae aviariae vivum cryodesiccatum Ph.Eur.4, Vaccinum vivum bronchiticum infectivum aviarium cryodesiccatum; enthält einen od. mehrere lebende, attenuierte Stämme des infektiösen Geflügelbronchitis-Virus.

Bronchodilatatoren: s. Broncholytika.

Broncholytika: syn. Bronchospasmolytika, Bronchodilatoren, Bronchodilatatoren; den Bronchialmuskel erweiternde u. Bronchialtonus herabsetzende Substanzen. **Wirkstoffe:** **1.** Beta-2-Sympathomimetika: gegenüber weniger selektiv wirkenden Betasympathomimetika (z. B. Isoprenalin*, Orciprenalin*), wegen ihrer geringeren kardialen UAW bevorzugt; s. Sympathomimetika (Betasympathomimetika); **2.** Phosphodiesterasehemmer*: Theophyllin* u. andere Methylxanthine* erhöhen den 3.5-cAMP-Spiegel in der Zelle durch Hemmung des abbauenden Enzyms u. führen so zu einer Bronchodilatation; **3.** Parasympatholytika*: geringe therapeut. Bedeutung, aufgrund starker system. UAW. Vgl. Antiallergika.

Bronchopneumonie: s. Pneumonie.

Bronchospasmolyse: Lsg. von Bronchialkrämpfen.

Bronchospasmolytika: s. Broncholytika.

Bronchospasmus: Krampf der Bronchialmuskulatur bei Asthma* bronchiale u. Bronchotetanie.

Bronze: Kupfer-Zinn-Legierung mit ca. 80-90 % Kupfer. **Aluminiumbronze:** Kupfer mit 10 % Aluminium.

Bronzehautkrankheit: s. Addison-Krankheit.

Brookit: Kristallform von Titandioxid*.

Broquinaldol INN: 5,7-Dibrom-8-chinaldinol, 5,7-Dibrom-8-hydroxychinaldin; 5,7-Dibrom-2-methyl-8-chinolinol; CAS-Nr. 15599-52-7; $C_{10}H_7Br_2NO$, M_r 316.99. **Anw.:** obsolet; früher Bakteriostatikum; Fungistatikum, bei entzündl. Erkrankungen der Mund- u. Rachenschleimhaut.

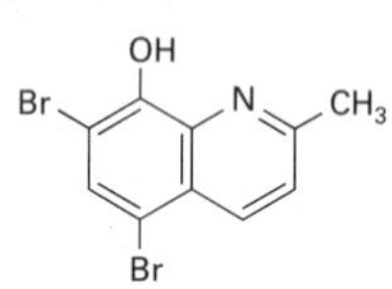

Broquinaldol

Broteinheit: s. BE.

Brotizolam INN: 2-Brom-4-(2-chlorphenyl)-9-methyl-6*H*-thieno[3,2-*f*]-[1,2,4]triazolo[4,3-*a*][1,4]diazepin; CAS-Nr. 57801-81-7; $C_{16}H_{10}BrClN_4S$, M_r 393.7. Schmp. 212-214 °C (polymorph). **Anw.:** Hypnotikum (s. Schlafmittel); **UAW:** Konzentrati-

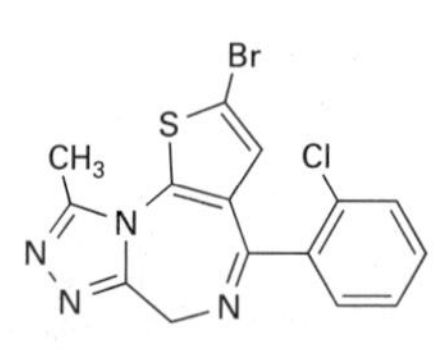

Brotizolam

onsstörungen, Mundtrockenheit; **WW:** s. Psychopharmaka, Antihistaminika; HWZ 4.4-6.9 h.

Brotkohle: s. Carbo activatus.

Brotschimmel: s. Schimmelpilze.

Brotwurzel: s. Dioscorea villosa (Rhizoma Dioscoreae villosae).

Brown-Hydroborierung: Methode zur Synthese von Alkoholen. Alkene liefern mit Diboranen Trialkylborane, die mit alkal. Wasserstoffperoxid-Lsg. die entspr. Alkohole bilden (s. Abb.).

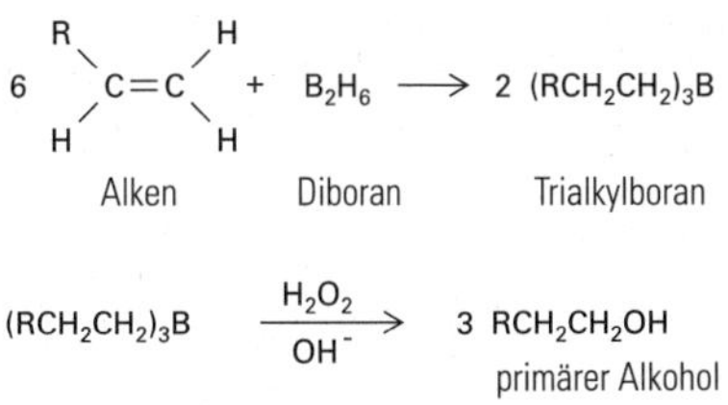

Brown-Hydroborierung

Brown-Molekularbewegung: kinet. Eigenschaft von fein dispergierten Teilchen (unter 5 μm) im Dispersionsmedium; thermisch bedingt. Die B.-M. beruht auf der Stoßwirkung der Moleküle des Dispersionsmediums u. bewirkt eine unregelmäßige Bewegung der Teilchen; treibende Kraft der Diffusion*. Je höher die Viskosität des Mediums, um so geringer die Brown-Molekularbewegung. Sedimentation u. Flotation (s. Sedimentationsanalyse) dispergierter Teilchen wird durch die B.-M. stark (Verbesserung der Stabilität) od. komplett verhindert (kolloide Stoffe, unter 0.1 μm). Durch die Zusammenstöße der Teilchen aufgrund der B.-M. kommt es unter bestimmten Bedingungen (entladene und u. U. desolvatisierte Teilchen) zur Bildung von grö- ßeren Agglomeraten (perikinet. Flockung, Koagulation), die sich zusätzl. mit Primärteilchen weiter agglomerieren können (orthokinet. Flockung).

Broxyquinolin INN: 5,7-Dibrom-8-hydroxychinolin; 5,7-Dibrom-8-chinolinol; CAS-Nr. 521-74-4; $C_9H_5Br_2NO$, M_r 302.97. Schmp. 196 °C. Leicht lösl. in Chloroform, Alkohol, Benzol, Essigsäure; schwer lösl. in Ether; fast unlösl. in Wasser. **Anw.:** Desinfiziens; **Dos.:** p. o. 2-3 × 0.25 g/d.

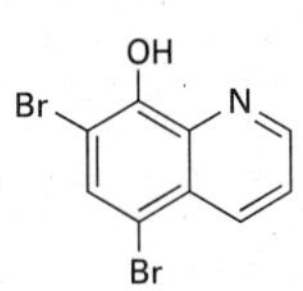

Broxyquinolin

Brucea amarissima Desv.: B. javanica (L.) Merr., B. sumatrana Roxb.; Fam. Simaroubaceae (Hinterindien, Ind. Archipel u. Cochinchina bis Australien). Stpfl. von **Fructus Bruceae:** Bruceafrüchte, Macassarkerne, Asiatischer Ruhrsamen. **Inhaltsst.:** Brucamarin, Kosamin (Quassinoide* als Bitterstoffe), Gerbsäure, Fett; **Anw.** volkstüml.: in China geg. Dysenterie.

Brucella: Bruzellen; Gattung gramnegativer, aerober, unbewegl., ellipsoider od. kokkoider Stäbchen der Fam. Brucellaceae*. 6 Spezies bekannt; B. abortus, B. canis, B. melitensis, B. neotomae, B. ovis u. B. suis sind Erreger von Zoonosen, die vom erkrankten Tier auf den Menschen übertragen werden (s. Brucellosen); wichtigstes Erregerreservoir bilden landwirtschaftl. Nutztiere.

B

Brucellaceae: veraltet Parvobakterien; unbegeißelte Stäbchen, die keine Sporen bilden, Aerober. Spezies: Brucella abortus, Brucella canis, Brucella melitensis, Brucella suis.

Brucellose-Lebend-Impfstoff für Tiere (gefriergetrocknet): Vaccinum brucellosis (Brucella melitensis stirpe Rev.1) vivum cryodessicatum ad usum veterinarium Ph.Eur.4; gefriergetrocknete Suspension von lebenden Bakt. von Brucella melitensis des Stammes Rev.1, evt. mit geeignetem Stabilisator.

Brucellosen: Sammelbez. für meldepflichtige, subakut-rezidiv. Infektionskrankheiten bei Mensch u. Tier, die durch Brucellen* ausgelöst werden. Meist Lebensmittelinfektionen bzw. Berufskrankheiten, in trop. u. subtropischen Regionen häufiger als in gemäßigten Zonen; Inkubationszeit 1-3 Wochen; Ther.: Tetracycline kombiniert mit Streptomycin, Gentamycin od. Rifampicin, alternativ Cotrimoxazol.

Bruch: **1.** Knochenbruch, s. Fraktur. **2.** Eingeweidebruch, s. Hernie. **3.** Muskelbruch (Muskelhernie): Hervortreten von Teilen eines Muskels nach Ruptur der Muskelfaszie.

Bruchband: anatom. geformtes Druckkissen (Druckpelotte), das mittels Stahlfeder od. Gummigurt auf die zu entlastende Körperstelle (z. B. Nabel, Leistengegend) gedrückt wird.

Bruchfestigkeit: Qualitätsmerkmal, das für bestimmte Arzneiformen nach Arzneibuch geprüft werden muss. **Bruchfestigkeit von Tabletten:** mechan Festigkeit einer Tablette gegenüber einer diametral einwirkenden Kraft (radiale B., Druckfestigkeit) od. geg. eine axial wirkende Kraft (axiale B., Biegefestigkeit), in beiden Fällen zum Zeitpunkt des Zerbrechens; s. Abbildung. Bei Druckfestigkeitsprüfgeräten wird der Pressling entweder durch 2 Backen od. zw. Dorn u. Amboss über die Schmalseite (Steg) zermalmt (ergibt die Zertrümmerungsfestigkeit) od. aufgespalten (ergibt die Deckeltendenz). Die wichtigsten Prüfgeräte sind u. a. der Tablettenhärteprüfer mit Motorantrieb von Heberlein/Schleuninger u. der Pfizer-Hardness-Tester. Die Bestimmung der Druckfestigkeit dient gemeinsam mit dem Test auf Abrieb* von Tabletten zur Simulierung der Belastung bei der Weiterverarbeitung (s. Compressi obducti, Filmtabletten) u. des Transportes. Die Bestimmung der Härte erfolgt durch Aufdrücken eines Dorns auf die Prüfseite (die gegenüberliegende Fläche ist unterstützt). Die Härte einer Tablette ist die Widerstandskraft ihrer Oberfläche geg. das Eindringen versch. Prüfgegenstände (Spitzen, Nadeln, Dorne). Zur Bestimmung der **Biegefestigkeit** wird der Pressling mit Ober- od. Unterseite auf 2 Unterstützungspunkte od. Schneiden gelegt u. in der Mitte mit einem Dorn od. einer Schneide belastet. Die der einwirkenden Kraft direkt gegenüber liegende Seite wird dabei nicht unterstützt. Der Abstand der beiden Unterstützungspunkte od. Schneiden wird auch Stützweite bezeichnet. Die z.B. mit dem Netzsch-Gerät od. dem Biegefestigkeitstester nach List, Müller, Steffens erhaltenen Werte sind ebensowenig miteinander vergleichbar wie die der Druckfestigkeitsgeräte, da die Belastung unterschiedl. schnell erfolgt u. die Dorne, Auflageflächen u. Backen verschieden geformt sind. Die B. für runde Tabletten bei einer Stützweite von 2/3 des Tablettendurchmessers ist gleich der zum Bruch benötigten Kraft (N), dividiert durch das Quadrat der Steghöhe der Tablette (mm). Die Ermittlung ist wichtig bei den Tabletten, die von Patienten geteilt werden müssen; vgl. Biegeversuch. Die **Druckfestigkeit** σ_b wird entsprechend der Gleichung

$\sigma_b = F/2r \times h$ in N/mm^2

aus der aufgewendeten Bruchkraft F, dem Tablettenradius r u. der Steghöhe h berechnet. Der **Abrieb** von Komprimaten nimmt mit steigendem Pressdruck in vielen Fällen ab, die Druck- u. Biegefestigkeit ebenso wie die Tablettendichte hingegen zu. Andererseits zeigen bestimmte Pressgemische ab einem „kritischen" Pressdruck einen Abfall der Bruchfestigkeit (Deckeln). Von den Eigenschaften des Pressgutes beeinflussen bes. die Teilchengröße, Art u. Menge des Bindemittels u. anderer Hilfsstoffe, die Kristallform u. der Feuchtegehalt die Biegefestigkeit. Als günstige Festigkeit für Tabletten wird mehrfach ein σ_b von 1.5-2.5 N/mm^2 angegeben.

Bruchfestigkeit von Suppositorien und Vaginalzäpfchen auf der Basis fettartiger Hilfsstoffe Ph.Eur.: mech. Festigkeit von Zäpfchen. Gemessen wird unter def. Bedingungen die Masse, die notwendig ist, um Suppositorien u. Vaginalzäpfchen durch Druck zu zerbrechen. Die Prüfung ist nicht bei Suppositorien u. Vaginalzäpfchen aus hydrophilen Hilfsstoffen (z.B. Gelatine-Glycerol-Mischungen) anwendbar. Das Prüfgerät besteht aus einer mit einem Thermostat versehenen Kammer (25 °C), die auf der Vorderseite durch eine Glasscheibe abgeschlossen ist u. eine Haltevorrichtung (Bruchvorrichtung) für das Suppositorium od. Vaginalzäpfchen enthält. Sie besteht aus 2 Backen, die sich gegenüberstehen. Der obere Backen (Druckblock) ist in vertikaler Richtung gegen den unteren bewegl. u. mit einer Aufhängung verbunden, an der Scheiben mit einer Masse von jeweils 200 g befestigt werden können. Die Anfangsmasse der Vorrichtung beträgt 600 g. Das Zerbrechen der Probe wird durch aufeinanderfolgendes Hinzufügen von 200-g-Scheiben zur Anfangsmasse von 600 g hervorgerufen. Die zu prüfende Darreichungsform wird mindestens 24 h lang bei der geforderten Messtemp. gehalten. Das Suppositorium od. Vaginalzäpfchen wird senkrecht mit der Spitze nach oben zw. die Backen in den Probenhalter gebracht, 1 min abgewartet u. die erste 200-g-Scheibe aufgelegt. Nach nochmaligem 1 min langem Warten wird die nächste Scheibe aufgelegt. Der Vorgang wird so lange wiederholt, bis das Suppositorium od. Vaginalzäpfchen zerbricht. Die zum Zerbrechen erforderl. Masse wird aus der Summe aller Massen (einschließl. der Anfangsmasse der Vorrichtung) gebildet, die auf der Arzneiform lasten, wenn diese zerbricht. Wenn das Suppositorium od. Vaginalzäpfchen innerhalb von 20 s nach Auflegen der letzten Scheibe zerbricht, wird diese nicht berücksichtigt. Wenn es zw. 20 u. 40 s nach Auflegen der letzten Scheibe zerbricht, wird ledigl. die Hälfte ihrer Masse, entsprechend 100 g, berücksichtigt. Wenn es länger als 40 s unzerbrochen bleibt, nachdem die letzte Scheibe aufgelegt wurde, wird die gesamte Masse dieser Scheibe in die Berechnung einbezogen. Jede Messung wird an 10 Suppositorien od. Vaginalzäpfchen durchgeführt.

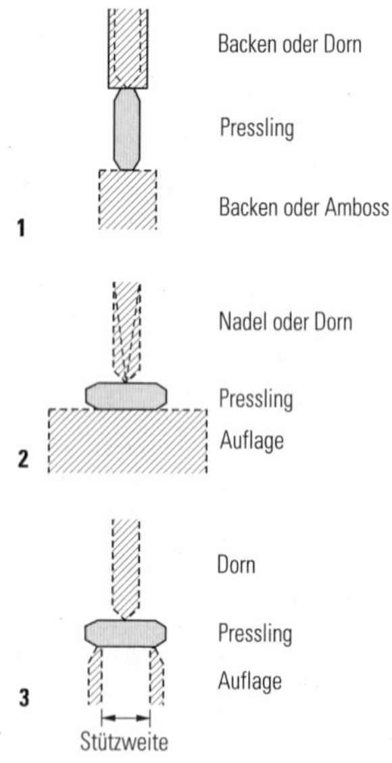

Bruchfestigkeit: z.B. von Tabletten; Belastungsprinzip bei der Bestimmung der Druckfestigkeit (1), der Härte (2) u. der Biegefestigkeit (3)

Bruchkraut: s. Herniaria-Arten.

Brucin: Brucinum, Bruzin; 2,3-Dimethoxystrychnin; $C_{23}H_{26}N_2O_4 \times 4\ H_2O$; Strukturformel s. Strychnin (Abb.); M_r 466.3; Schmp. 178 °C (wasserfrei); pK_{S1} 6.04; pK_{S2} 11.7; farblose Tafeln od. weiße Kristalle bzw. weißes, krist. Pulver, leicht lösl. in Ethanol u. Chloroform, wenig lösl. in Wasser u. Ether. Alkaloid aus Semen Strychni, s. Strychnos nux vomica; **Anw.:** Bestimmung des Bitterwertes* (beträgt $3 \cdot 10^6$) nach ÖAB90; früher wie Strychnin, aber wesentl. schwächer wirkend; auch Brucinnitrat u. Brucinsulfat nicht mehr gebräuchlich.

Brückenwaage: s. Dezimalwaage.

Brüden: (techn.) Abdampf, Schwaden, das Abdampfende. **Brüdenraum:** Dampfraum.

Brunauer-Emmet-Teller-Methode: s. Adsorptionsmethode nach Brunauer, Emmet und Teller.

Brunellenstein (Salprunelle geschmolzener u. in Tr. erstarrter Salpeter): Kalium nitricum fusum, Kalium nitricum rotulatum (tabulatum), Sal (Lapis) Prunellae, geschmolzener Salpeter; Mischung aus Kaliumnitrat u. Kaliumsulfat. **Anw.**: Pökelmittel.

Brunfelsia uniflora (Pohl) D.Don: Brunfelsia hopeana, Franciscea uniflora, Manaka; Fam. Solanaceae (trop. Amerika). Stpfl. von **Radix Manacae:** Radix Franciscea uniflora, Manakawurzel. **Inhaltsst.**: Manacin (Alkaloid), Aesculetin; **Anw.** volkstüml.: z. B. bei Erkrankungen des rheumat. Formenkreises.

Hom: *Franciscea uniflora:* frische Wurzel.

Brunnenkresse: s. Nasturtium officinale.

Brunnenwasser: Aqua fontana, s. Aqua.

Brunstmittel: Brunst auslösende vet. Mittel. (früher) v. a. Tct. Cantharidum; **Dos.**: für Kühe: 2×10 Tr./d, tgl. um 2 Tr. steigend bis 16 Tr.; für Schweine: 2×6 Tr./d, tgl. um 2 Tr. steigend bis 12 Tr.; auf Brot geträufelt; ferner Boletus cervinus, s. Elaphomyces cervinus.

Brustalant: s. Inula helenium.

Brustbeeren, Rote: s. Zizyphus jujuba (Fructus Jujubae).

Brustbein: s. Sternum.

Brustelixier: s. Elixir e Succo Liquiritiae.

Brustfellentzündung: s. Pleuritis.

Brustlattich: s. Tussilago farfara (Farfarae folium).

Brustpulver: s. Pulvis Liquiritiae compositus.

Brustsirup: s. Sirupus Ipecacuanhae compositus.

Brusttee: s. Species pectorales.

Brusttee mit Früchten: s. Species pectorales cum Fructibus.

Brust- und Hustentee: Teemischungen; nach Magistralformeln* werden 8 Teemischungen versch. Zstzg. (Brust- u. Hustentee I-VIII) unterschieden. Bestandteile sind: Anis, Fenchel, Spitzwegerichkraut, Süßholzwurzel, Thymian, Stiefmütterchenkraut, Malvenblüten, Kornblumenblüten, Quendel, Hagebuttenschalen, Lindenblüten, Schlüsselblumenblüten, isländ. Moos u. Huflattichblätter (s. Tussilago farfara). In Österreich ist die Abgabe von Huflattich verboten. Bis auf weiteres sollen deshalb nur Brust- u. Hustentee VI u. VII empfohlen werden. **Brust- u. Hustentee VI:** Zstzg.: 25.0 g Fenchel, 25.0 g Spitzwegerichkraut, 25.0 g Süßholzwurzel, 25.0 g Thymian. **Brust- u. Hustentee VII:** 20.0 g Anis, 50.0 g Lindenblüten, 20.0 g Thymian, 5.0 g Schlüsselblumenblüten, 5.0 g Malvenblüten. **Anw.**: zur Reizlinderung bei Katarrhen der oberen Luftwege mit trockenem Husten; s. Species pectorales.

Brustwurzel: s. Angelica archangelica (Angelicae radix).

Brutschrank: in der Mikrobiologie verwendetes schrankartiges Gerät, das elektr. beheizt wird u. mittels eines Thermostats eine spezif. Bebrütungstemp. einstellen lässt. Temperaturbereich: zw. 20 u. 70 °C. **Anaeroben-Brutschrank:** zum Bebrüten von Kulturen unter anaeroben Bedingungen. Luft wird abgesaugt u. durch Stickstoff ersetzt, dessen Zufuhr über ein Dosierventil eingestellt wird. **Begasungsbrutschrank:** zum Bebrüten von Zell- u. Gewebekulturen; Temp. u. CO_2-Gehalt lassen sich exakt einstellen, so dass für Zell- u. Gewebekulturzüchtungen optimale Lebensbedingungen herrschen; mit serienmäßiger Befeuchtungseinrichtung u. Membranpumpe für die Frischluftzufuhr. **Kühlbrutschrank:** für bakteriol. Arbeiten bei Temp. zw. 0 u. 50 °C.

Bruttoformel: s. Formel, empirische.

Bruzellen: s. Brucella.

Bryonia alba L.: Weiße Zaunrübe, Gichtrübe; Fam. Cucurbitaceae (Europa, Asien, Mittel- u. Südamerika), bildet schwarze Beeren. B. alba u. Bryonia* cretica. ssp. dioica sind Stpfl. von **Radix Bryoniae:** Zaunrübe, Gichtrübe, Faselrübe, Tollrübe. **Inhaltsst.**: 0.01-0.4 % glykosidisch gebundene Cucurbitacine, versch. Sterole sowie Trihydroxyoctadecadiensäuren; **Anw.** volkstüml.: früher als drast. Abführmittel u. Diuretikum (Bryonium*) sowie bei Gicht u. Erkrankungen des rheumat. Formenkreises; eine therap. Anw. der Droge bzw. daraus hergestellter Zuber. kann nicht empfohlen werden; Negativmonographie Kommission E.

Hom: *Bryonia:* frische, vor der Blüte gegrabene, dicke Wurzeln, Konstitutionsmittel; verord. z. B. bei Erkrankungen des rheumat. Formenkreises, Brustfellentzündung mit Reizhusten, Schleimhautentzündungen, harnsaurer Diathese.

Bryonia cretica L. **ssp. dioica** (Jaqu.) Tutin: Rotbeerige Zaunrübe; Fam. Cucurbitaceae (Europa, Asien, Mittel- u. Südamerika); die Beeren sollen giftig sein. B. cretica dioica ist neben Bryonia* alba Stpfl. von Radix Bryoniae.

Hom: *Bryonia cretica ssp. dioica (HAB1.1), Bryonia cretica ferm 33b (HAB1.4):* frische, vor dem Austreiben geerntete Wurzel; verord. z. B. bei Muskel- u. Gelenkrheumatismus, trockener Bronchitis, Hexenschuss, Gallenkolik.

Bryonium: Bryonin; Extrakt aus der Wurzel von Bryonia* alba u. Bryonia* cretica ssp. dioica; gelblich bräunl. Pulver, lösl. in Wasser u. Ethanol. **Anw.**: früher als Drastikum; eine therap. Anw. kann aufgrund der Risiken nicht vertreten werden.

Bryophyllum daigremontiana: s. Kalanchoe daigremontiana.

Bryophytina (gr. bryon Moos, phyton Pflanze, Gewächs): Moospflanzen; gefäßlose, terrestr. grüne Pflanzen. Man unterscheidet die 3 Klassen Laubmoose, Lebermoose u. Hornmoose. Für die Heilkunde von Bedeutung sind von den Laubmoosen die Torfmoose*, die den Torf bilden (für Packungen, Breiumschläge u. -bäder).

BSE: Abk. für (engl.) *bovine spongiform encephalopathy;* Rinderwahnsinn; bei Rindern vorkommende Form der Prionkrankheiten*. **Auftreten:** seit 1985 epidem. v. a. in Großbritannien (bis 2000 mehr als 178 000 Fälle) mit deutl. Rückgang der Neuerkrankungen seit 1993; **Urs.**: Verfütterung unzureichend sterilisierten Tiermehls, das aus Kadavern von mit Scrapie* infizierten Schafen hergestellt wurde. Eine Übertragung auf den Menschen (vgl. Creutzfeldt-Jakob-Krankheit) durch den Verzehr von Rinderschlachtprodukten ist nicht auszuschließen. Vermutl. besteht ein erhöhtes Risiko v. a. durch Gehirn, Rückenmark, Innereien, aber auch durch kontaminiertes Muskelfleisch. **Pharmaz. Produkte** dürfen aus Material von Rindern od. Schafen, die von Beständen od. aus Gebieten stammen, in denen BSE aufgetreten ist, nicht hergestellt werden. Aus diesem Grund ist ein BSE-bedingtes Risiko für Arzneimittel

(z. B. Cholesterol, Elastin, Gelatine, Knochenfett, Kollagen, Heparin, Lactose, Leber-Extrakte, Lecithin, Stearinsäure u. Derivate wie Magnesiumstearat, Pepsin, Galle, Klauenöl, Talg, Wollwachs sowie Extrakte von Drüsen wie Hypophysen, Nebenschilddrüsen, Pankreas, Schilddrüsen, Thymus) mit hoher Wahrscheinlichkeit auszuschließen.

BSG: Abk. für **B**lutsenkungs**g**eschwindigkeit; s. Blutkörperchensenkung.

BSR: Abk. für **B**lutsenkungs**r**eaktion; s. Blutkörperchensenkung.

BtM: Abk. für **B**e**t**äubungs**m**ittel*.

BtMAHV: Abk. für **B**e**t**äubungs**m**ittel-**A**ußen**h**andelsverordnung; s. Betäubungsmittelgesetz.

BtMBinHV: Abk. für **B**e**t**äubungs**m**ittel-**Bin**nen**h**andelsverordnung; s. Betäubungsmittelgesetz.

BtMG: Abk. für **B**e**t**äubungs**m**ittel**g**esetz*.

BtMKostV: Abk. für **B**e**t**äubungs**m**ittel-**Kost**enverordnung; s. Betäubungsmittelgesetz.

BtMVV: Abk. für **B**e**t**äubungs**m**ittel-**V**erschreibungs**v**erordnung; s. Betäubungsmittelgesetz.

Bubble-point-Test: s. Blasendrucktest.

buccal (lat. bucca Wange): zur Backe, zum Mund gehörend.

Buccoblätter: s. Barosma betulina (Folia Bucco).

Buccokampfer: s. Diosphenol.

Bucetin INN: 4'-Ethoxy-3-hydroxybutyranilid; CAS-Nr. 1083-57-4; $C_{12}H_{17}NO_3$. **Anw.:** früher Analgetikum; **Hinweis:** nicht mehr im Handel.

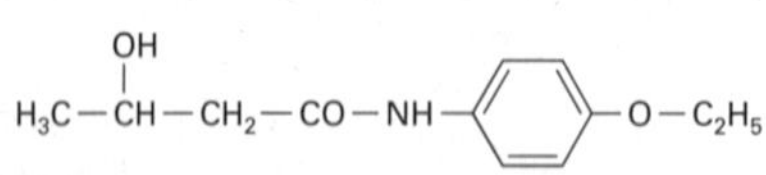

Bucetin

Buche: s. Fagus sylvatica.

Bucheckernöl: s. Fagus sylvatica (Oleum Fagi silvaticae).

Buchengewächse: s. Fagaceae.

Buchenholzteer: s. Pix Fagi.

Bucherer-Bergs-Reaktion: Methode zur Synthese von Hydantoinen* durch Reaktion von Carbonylverb. mit Kaliumcyanid u. Ammoniumcarbonat od. von Cyanhydrinen u. Ammoniumcarbonat. Die Hydantoine können zu den entspr. α-Aminosäuren hydrolysiert werden (s. Abb.).

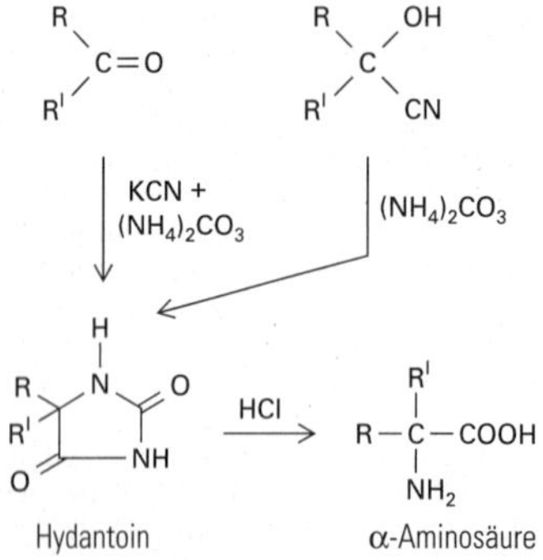

Bucherer-Bergs-Reaktion

Bucherer-Reaktion: Methode zur Herst. von 2-Naphthylaminen durch Erhitzen von 2-Naphthol mit wässrigem Ammoniumsulfit (s. Abb.).

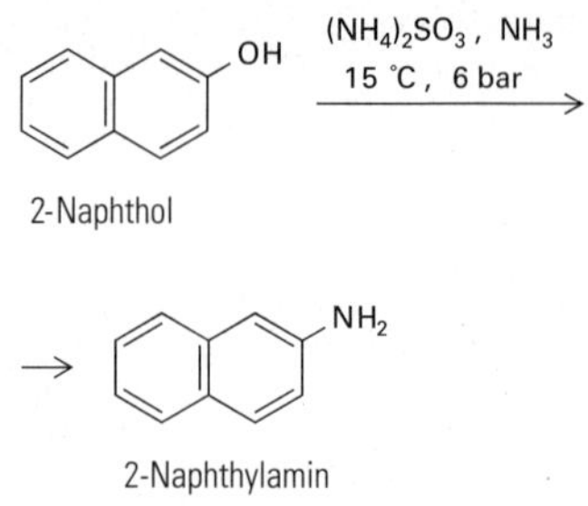

Bucherer-Reaktion: Bildung von 2-Naphthylamin

Buchner-Curtius-Schlotterbeck-Reaktion: Bildung von Ketonen* aus Aldehyden u. aliphat. Diazoverbindungen. Beispiel: Benzaldehyd u. Diazomethan liefern Acetophenon (s. Abb.).

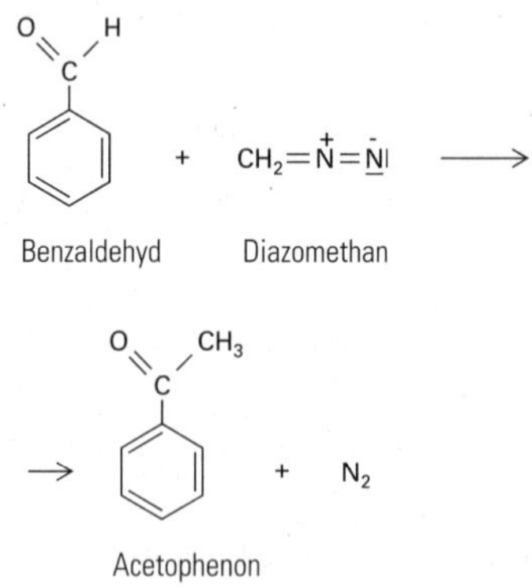

Buchner-Curtius-Schlotterbeck-Reaktion: Bildung von Acetophenon

Buchner-Zahl: Maßzahl für die Menge Kaliumhydroxid in mg, die zur Neutralisation der aus 1 g Substanz mit Ethanol bestimmter Konz. extrahierbaren Säuren notwendig sind; nach DAB8 zur Prüfung von gebleichtem Wachs (Cera alba) u. gelbem Wachs (Cera flava).

Buchsbaum: s. Buxus sempervirens.

Buchublätter: s. Barosma betulina (Folia Bucco).

Buchweizen: s. Fagopyrum esculentum, Fagopyrum tataricum.

Buclizin INN: Histabutizin; 1-(4-Chlorbenzhydryl)-4-(4-*tert*-butylbenzyl)piperazin; CAS-Nr. 82-95-1; $C_{28}H_{33}ClN_2$, M_r 433.04. Sdp. 217-220 °C (0.133 Pa). **Anw.:** Antiallergikum, Antiemetikum, Antihistaminikum. **Buclizindihydrochlorid:** $C_{28}H_{35}Cl_3N_2$. Schmp. 230-240 °C.

Buclosamid INN: *N*-Butyl-4-chlorsalicylamid; *N*-Butyl-4-chlor-2-hydroxybenzamid; CAS-Nr. 575-74-6; $C_{11}H_{14}ClNO_2$, M_r 227.70. Schmp. 90-92 °C (kristallisiert aus Chloroform; polymorph). Fast unlösl. in Wasser; lösl. 1:3 in Alkohol, Ether. **Anw.:** obsolet; früher Antimykotikum,

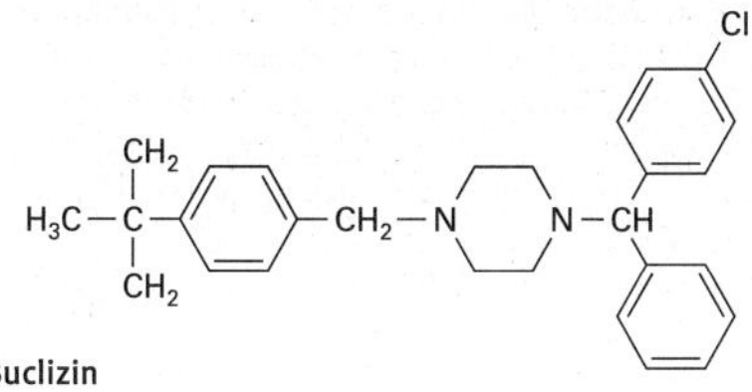

Buclizin

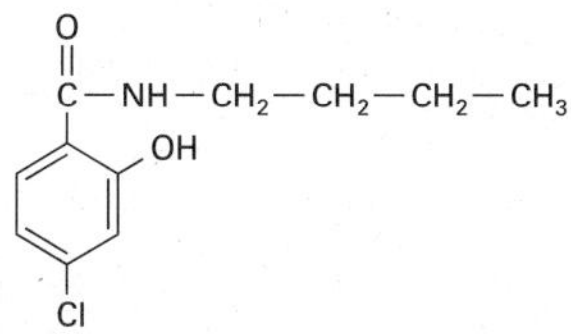

Buclosamid

bei Dermatophyten- u. Candidainfektionen der Haut; **UAW:** allerg. Reaktionen, Photosensibilisierung der Haut, in Präparaten mit Salicylsäure* hautreizend; **Dos.:** topisch 10 %.

Budde-Methode: Verfahren zur quantitativen Bestimmung von Barbituraten*. Die zu untersuchende Probe wird mit warmer Natriumcarbonat-Lsg. behandelt u. nach Filtration mit Silber(I)-nitrat-Lsg. bis zur anhaltenden Trübung titriert. 1 Mol Barbitursäure entspricht 1 Mol Silber.

Buddleja-Arten: s. Catalpol.

Budesonid INN: Budesonidum Ph.Eur.4; (11β,16α)-16,17-[Butylidenbis(oxy)]-11,21-dihydroxypregna-1,4-dien-3,20-dion, CAS-Nr. 51333-22-3, $C_{25}H_{34}O_6$, M_r 430.53, Schmp. 221-232 °C; weißes bis fast weißes, krist. Pulver, unlösl. in Wasser, leicht lösl. in Dichlormethan, wenig lösl. in Ethanol. **Anw.:** nichthalogeniertes Glucocorticoid zur lokalen Anw. in der Rhinologie; Antiasthmatikum; vgl. Hormone.

Budipin INN: 1-*tert*-Butyl-4,4-diphenylpiperidin; CAS-Nr. 57982-78-2; $C_{21}H_{27}N$, M_r 293.5. Schmp. 108 °C. **Wirk.** u. **Anw.:** Kombinationsther. bei Morbus Parkinson (vgl. Antiparkinsonmittel); Blockade der Musarin*- u. NMDA*-Rezeptoren verbessert vor allem den Tremor; **UAW:** typ. anticholinerg, z. B. Miktionsbeschwerden, Mundtrockenheit, Schwindel.

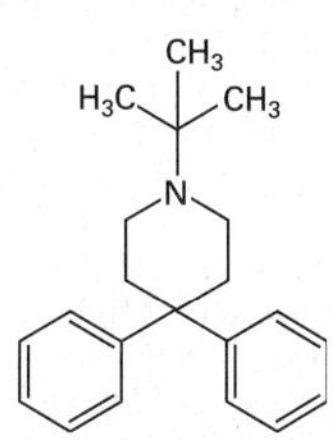

Budipin

Büchnertrichter: Nutschtrichter; s. Nutsche, Filtrieren.

Bündelscheide: (bot.) Schicht od. Schichten von Zellen, die ein Leitbündel* umgeben; entw. parenchymat. od. sklerenchymat. od. beides.

Büretten: Glasröhren mit Volumeneinteilung, die am unteren Ende durch einen Quetsch- od. Glashahn verschlossen sind u. bei der Maßanalyse* verwendet werden. **Spezielle Ausführungen:** z. B. Feinbüretten*, Mikrobüretten (für 1-5 mL Inhalt) u. Wägebüretten (zur Wägetitration, bei der die Reagenslösung vor u. nach Ende der Titration gewogen wird). Zur Vermeidung des **Parallaxenfehlers** bei der Ablesung dienen Visierblenden (s. Meniskus), Kontrastclips od. Schellbachstreifen, ein an der Rückwand der Bürette eingeschmolzenen breiten Streifen aus Milchglas, der mit einem schmalen blauen Streifen kombiniert ist. Dies erleichtert die Ablesung der Meniskushöhe. Bei Verw. einer Kolbenbürette* tritt kein Parallaxenfehler auf.

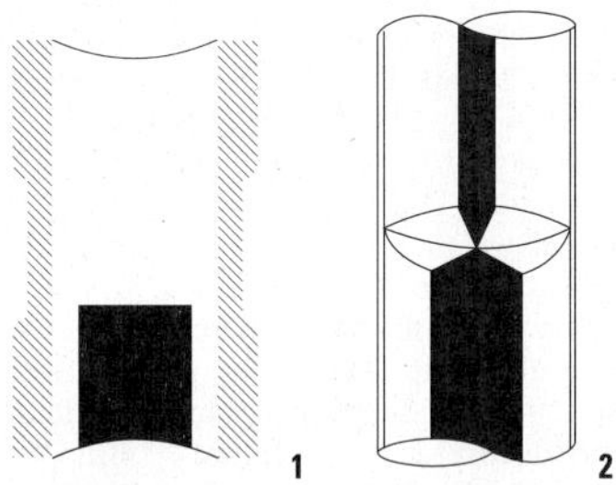

Büretten: Kontrastclip (1) u. Meniskus in einer Schellbachbürette (2) [12]

Bürger-Grütz-Krankheit: syn. primäre Hyperlipoproteinämie Typ I; s. Hyperlipoproteinämie.

Bürzeldrüsenfett: Gefiederfett der Wasservögel (z. B. Enten), bestehend aus verzweigtkettigen Fettsäureestern mit niedrigem Erstarrungspunkt, besitzt hohes Spreitungsvermögen. **Anw.:** Fettkörper in der Kosmetik; künstl. B. als nicht okklusives Oberflächenfett mit guter Spreitbarkeit; ähnl. Eigenschaften haben Cetearyloctanoat* u. Isopropylmyristat*.

Bürzelkohl: s. Portulaca oleracea.

Büschelbohne: s. Cyamopsis tetragonoloba.

Bufadienolide: s. Glykoside, herzwirksame.

Bufenolide: s. Leonurus cardiaca.

Bufexamac INN: Bufexamacum Ph.Eur., 2-(4-Butoxyphenyl)-acetohydroxamsäure; 4-Butoxy-N-hydroxyphenylacetamid; CAS-Nr. 2438-72-4; $C_{12}H_{17}NO_3$, M_r 223.28. Schmp. 153-155 °C (kristallisiert aus Aceton). Fast unlösl. in Wasser; wenig lösl. in Methanol. **Anw.:** innerl. Antiphlogistikum*, Analgetikum; äußerl. Antiphlogistikum bei entzündl. Dermatitiden, Antipruriginosum; **UAW:** innerl. gastrointestinale Störungen, äußerl. Stechen u. Brennen; allerg. Reaktionen; **Dos.:** 0.75-1.5 g/d p. o.; rektal 1-3 × 1.0 g/d; topisch 5 %ig.

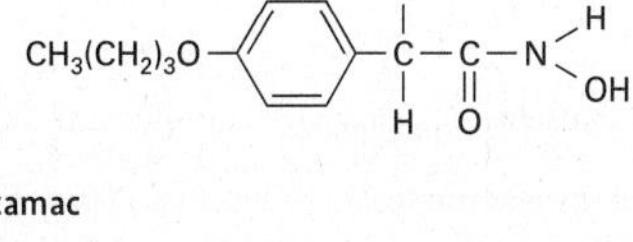

Bufexamac

buffy coat (engl. buff lederfarben; coat Überzug): Schicht aus Leukozyten u. Thrombozyten zw. Plasma u. sedimentierten Erythrozyten, bildet sich nach längerem Stehen od. Zentrifugieren von Blut*. **Buffy-coat freies Erythrozytenkonzentrat:** Blutkonserven ohne Leukozyten u. Thrombozyten; s. Blutersatz.

Buflomedil INN: 4-(Pyrrolidin-1-yl)-1-(2,4,6-trimethoxyphenyl)butan-1-on; CAS-Nr. 55837-25-7; $C_{17}H_{25}NO_4$. **Anw.:** peripherer Vasodilatator*. **UAW:** Blutdruckabfall, Tachykardie, Schwindel; **Kontraind.:** Schwangerschaft, kurz nach der Geburt; HWZ 2-3 h. **Buflomedilhydrochlorid:** Buflomedili hydrochloridum Ph.Eur.; $C_{17}H_{26}ClNO_4$, M_r 343.9. Leicht lösl. in Wasser, lösl. in Ethanol, weißes Pulver.

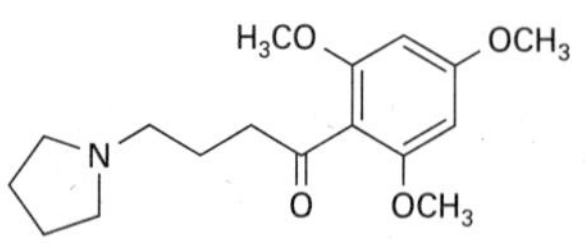

Buflomedil

Bufo bufo L.: Bufo vulgaris, Bufo rana, Gemeine Kröte, Erdkröte, Landkröte; Fam. Bufonidae (heim. Europa, nördl. Asien, Japan). Lieferant von **Hautdrüsensekret: Inhaltsst.:** Bufadienolide (Bufogenine, s. Glykoside, herzwirksame), z. B. Bufotoxin (Suberoylarginylester von Bufotalin), u. Alkaloide wie Bufotenin* u. Dehydrobufotenin, die sich biogenet. vom Tryptamin ableiten; s. Abb.;
Hom: *Bufo:* Sekret der Hautdrüsen; verord. z. B. bei Sexualneurosen, zerebralen Anfällen.

Bufotenin: halluzinoges Alkaloid; Strukturformel s. Bufo bufo; isomer mit Psilocin*. **Vork.:** z. B. in Arundo* donax, Piptadenia* peregrina, Virola* calophylloidea u. im Hautsekret von Kröten wie Bufo* bufo.

Bufotoxin: s. Bufo bufo.

Bukkaltabletten: s. Sublingualtabletten.

bulbär: das verlängerte Mark (Medulla oblongata) betreffend.

Bulbocapnin: $C_{19}H_{19}NO_4$; M_r 325.35; Schmp. 213-214 °C (Racemat); farblose Kristalle, unlösl. in Wasser, leicht lösl. in Chloroform u. Alkalilauge. Aporphinalkaloid aus Corydalis* cava; **Anw.:** in der Nervenheilkunde bei der Behandlung von Zitterkrämpfen u. Zwangsbewegungen (Tremor, Chorea, Paralysis agitans), auch in Kombination mit Scopolamin; **Dos.:** 0.1 g (oral u. s.c.); bei Überdos. kommt es zur Bulbocapninstarre.

Bulbus: s. Zwiebel.

Bulbus Allii sativi: s. Allium sativum (Allii sativi bulbus).

Bulbus Asphodeli: s. Asphodelus albus (Radix Asphodeli).

Bulbus Cepae: s. Allium cepa var. cepa.

Bulbus Colchici: s. Colchicum autumnale.

Bulbus Pancratii veri: s. Urginea maritima (Scillae bulbus).

Bulbus rusticus: s. Urginea maritima (Scillae bulbus).

Bulbus Scillae: s. Urginea maritima (Scillae bulbus).

Bulbus Urgineae: s. Urginea maritima (Scillae bulbus).

Bulbus Victorialis longus: s. Allium victorialis.

Bulbus Victorialis rotundae: s. Gladiolus communis.

Bulbus Victorialis rotundus löschen: s. Gladiolus communis.

Bulgarische Kur: Dekokt (s. Abkochungen) von Belladonnae radix (5 %) in Weißwein, dazu Kohlepulver, Pillen aus Brotteig u. Kalmuswurzel zum Kauen. Nach dem bulgar. Wunderdoktor u. Bauern Ivan Raeff aus Schipka, modifiz. von Deiniger, München, bzw. Panegrossi, Rom; **Anw.** volkstüml.: früher geg. chron. Enzephalitis.

Bulimia nervosa: Bulimie, Essbrechsucht; psychogene Essstörung*, bei der exzessive, meist hochkalor. Nahrungsmengen in kürzester Zeit zugeführt u. anschließend Maßnahmen ergriffen werden, das Körpergewicht in einem (sub)normalen Rahmen zu halten. Nahrungsexzesse wechseln mit period. Fasten ab od. werden gefolgt von selbstinduziertem Erbrechen, Diuretika- od. Laxanzienabusus*. Häufig gehen extremes Übergewicht (Adipositas*) od. Anorexia* nervosa der Entw. dieses Syndroms voraus. **Vork:** ca. 1-3 % der Frauen u. 0.01 % der Männer zw. dem 18. u. 35. Lebensjahr. **Ther.:** Psychotherapie.

Bulimie: syn. Hyperorexie, Heißhunger, Esssucht; vieldeutiges Symptom mit org. od. psych. Ursachen. **1.** org. Ursache: z. B. Hypoglykämie*;

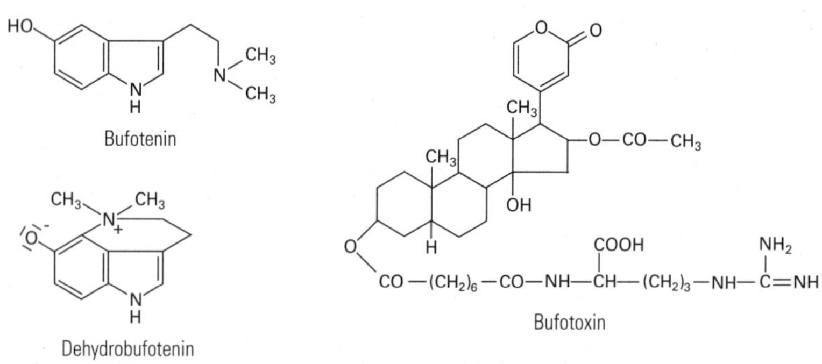

Bufo bufo: Strukturformeln von Inhaltsstoffen des Hautdrüsensekrets

2. psych. Ursache: im Rahmen einer Anorexia* nervosa, u. U. Leitsymptom der Bulimia* nervosa. Vgl. Essstörungen, psychogene.

Bulkware: nicht konfektionierte Arznei- u. Hilfsstoffe; i. e. S. pulverförmige Schüttgüter.

Bull-eye-Tabletten: s. Punkttabletten.

Bullrichs Salz (Bullrich, brasilian. Arzt, 19. Jahrhundert): Natron, s. Natriumhydrogencarbonat.

Bumadizon INN: Butylmalonsäure-mono(1,2-diphenylhydrazid); 2-(2,3-Diphenylcarbazoyl)hexansäure; CAS-Nr. 3583-64-0; $C_{19}H_{22}N_2O_3$, M_r 326.40. Schmp. 116-117 °C (kristallisiert aus Ether/Petrolether). **Anw.:** Antiphlogistikum, Antirheumatikum; **Dos.:** p. o. Erhaltungsdos. 2-3×0.1 g/d; initial doppelte Dos.; HWZ 7 h, HWZ der Metaboliten 70 h (Phenylbutazon) und 40 h (Oxyphenbutazon). Gebräuchl. ist auch Bumadizon-Calcium-Semihydrat.

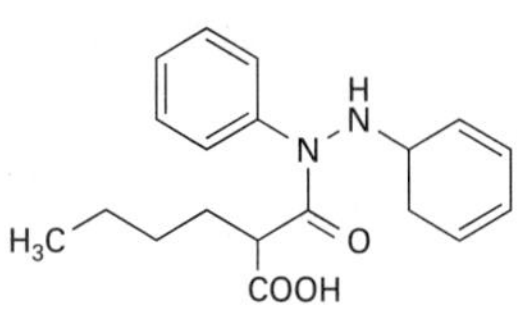

Bumadizon

Bumetanid INN: Bumetanidum Ph.Eur.4; 3-(Butylamino)-4-phenoxy-5-sulfamoylbenzoesäure; CAS-Nr. 28395-03-1; $C_{17}H_{20}N_2O_5S$, M_r 364.42. Schmp. 230-231 °C (kristallisiert aus wässrigem Ethanol; polymorph). **Anw.:** Diuretikum* (Schleifendiuretikum); **Kontraind.** u. **WW:** s. Etacrynsäure; **Dos.:** p. o. 1×0.5 mg (morgens); parenteral (i. m., i. v.) 1 mg; Infusion i. v. innerhalb 30-60 min 3 mg in 500 mL Infusionslsg.; HWZ 0.7 h bzw. 3 h (Metaboliten).

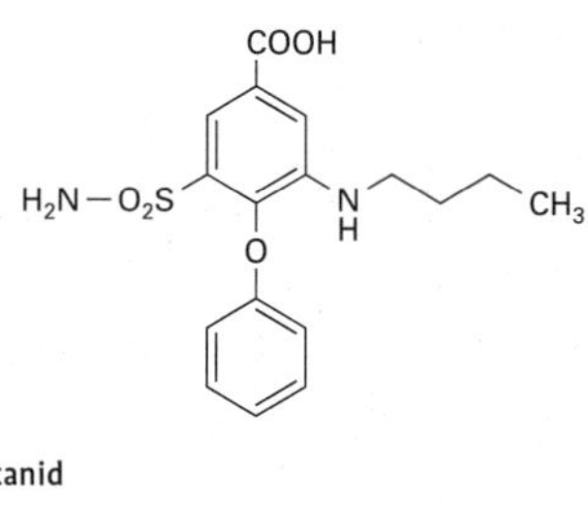

Bumetanid

Buna: Abk. für **Bu**tadien-**Na**trium; synthet. Kautschuk, Polymer aus Butadien*; s. Kautschuk.

Bunapsilat: Bunapsilas; chem. Kurzbez. für 3,7-Di-(*tert*-butyl)-1,5-naphthalindisulfonat.

Bunazosin: 1-(4-Amino-6,7-dimethoxy-2-chinazolinyl)-4-butyrylhexahydro-1*H*-1,4-diazepin; CAS-Nr. 80755-51-7; $C_{19}H_{27}N_5O_3$, M_r 373.46. **Wirk.:** selektiver Alpha-1-Blocker vom Chinazolintyp (Prazosin*) mit kompetetiver Hemmung postsynapt. Alpha-1-Adrenozeptoren (periphere Vasodilatation); **Anw.:** essentielle Hypertonie; **UAW:** insbes. zu Therapiebeginn orthostat. Dysregulationen, Blutdruckabfall bei Lagewechsel, selten Synkopen; Übelkeit, Tachykardien, gastrointestinale Beschwerden, Schwitzen, Sehstörungen, Rhinitis, Depression; **Dos.:** p. o. ED 6 mg/d; HWZ 12 h. **Bunazosinhydrochlorid:** $C_{19}H_{27}N_5O_3 \cdot HCl$, M_r 409.92. Schmp. 280-282 °C (kristallisiert aus Methanol/Ethanol).

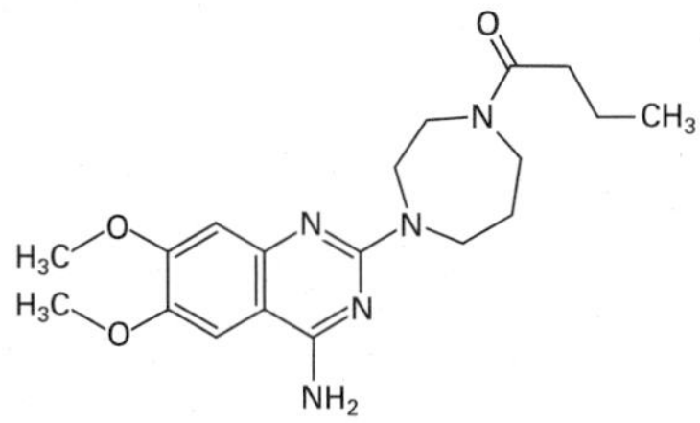

Bunazosin

Bundesamt für Sera und Impfstoffe: s. Paul-Ehrlich-Institut.

Bundesamt für Verbraucherschutz und Lebensmittelsicherheit: Abk. BVL; zuständige nationale Behörde für die Zulassung bzw. Registrierung von Tierarzneimitteln in Deutschland im Geschäftsbereich des deutschen Bundesministeriums für Verbraucherschutz, Ernährung und Landwirtschaft. Es löste im November 2002 das Bundesinstitut für gesundheitlichen Verbraucherschutz und Veterinärmedizin (BgVV) ab. Nach erfolgter Zulassung werden im BVL Meldungen über unerwünschte Wirk. von Tierarzneimitteln gesammelt, ausgewertet u. falls erforderl. risikomindernde Maßnahmen ergriffen, die bis zum Widerruf der Zulassung gehen können. Tierärzte u. pharmaz. Unternehmer sind verpflichtet, Verdachtsfälle unerwünschter Wirk. von Tierarzneimittel dem BVL zu melden. Auch die Zulassung bestimmter In-vitro-Diagnostika für die Erkennung von Infektionskrankheiten der Tiere zur Zoonosen- u. Tierseuchenbekämpfung sowie die Bewertung von Futterzusatzstoffen u. unerwünschten Stoffen (Schadstoffen) in Futtermitteln sind Aufgaben des BVL. Für die Zulassung von Futterzusatzstoffen u. für die Festlegung von Höchstmengen für Schadstoffe ist auf nationaler Ebene das Bundesministerium für Verbraucherschutz, Ernährung u. Landwirtschaft, auf europäischer Ebene die Europäische Kommission zuständig.

Bundesapothekerkammer: Abk. BAK; Verband der Apothekerkammern auf Bundesebene. Ziel ist die Wahrnehmung u. Förderung der gemeinsamen Interessen dieses Heilberufes. Die BAK u. der Deutscher Apotheker-Verein (s. Apothekervereine) bilden die ABDA*. Sie ist die Spitzenorganisation der deutschen Apothekerinnen u. Apotheker.

Bundes-Apothekerordnung: Abk. BApoO; regelt die Berufsausübung des Apothekers. Das Gesetz legt fest, dass der Apotheker berufen ist, die Bevölkerung ordnungsgemäß mit Arzneimitteln zu versorgen (§ 1 BApoO). Es etabliert ihn damit als Teil des Gesundheitswesens*. Weiterhin ist bestimmt, dass, wer im Geltungsbereich des Gesetzes den Apothekerberuf ausüben will, grundsätzl. der Approbation als Apotheker bedarf (§ 2 Abs. 1 BApoO). Es folgen Bestimmungen über die

B

Ausübung des Apothekerberufs, die Berufsbez. u. die Approbation; vgl. Apotheker.

Bundesartenschutzverordnung: Abk. BArtSchV, Artenschutzverordnung; vom 14.10.1999, BGBl. I S. 1955, 2073, zuletzt geändert 25.3.2002, BGBl. I S. 1193 verordnet vom Bundesminister für Umwelt, Naturschutz u. Reaktorsicherheit zum Schutz wildlebender Tier- u. Pflanzenarten. Die VO nennt die unter besonderen Schutz zu stellenden Tier- u. Pflanzenarten, speziell die vom Aussterben bedrohten Arten. Sie enthält außerdem u. a. Bestimmungen über die Ein- u. Ausfuhr, den Erwerb, die Be- u. Verarbeitung u. das Inverkehrbringen der geschützten Tier- u. Pflanzenarten sowie über deren Haltung u. Zucht. Bestimmte Handlungen, Verfahren u. Geräte, z. B. das Fangen od. Töten mit Netzen, Haken od. Leim u. die Nutzung lebender Tiere als Lockmittel sind verboten.

Bundesgesundheitsamt: Abk. BGA; früher in Deutschland eine selbständige Bundesoberbehörde, bei der Verwaltungszuständigkeiten des Bundes auf dem Gebiet des Gesundheitswesens zusammengefasst waren. Duch das Gesundheitseinrichtungen-Neuordnungs-Gesetz vom 24.6.1994 wurde das BGA aufgelöst. Die 4 selbständigen Nachfolgeinstitute sind: das Bundesinstitut* für Arzneimittel und Medizinprodukte, das Bundesinstitut* für Infektionskrankheiten und nichtübertragbare Krankheiten, das Bundesamt* für Verbraucherschutz und Lebensmittelsicherheit u. das Institut für Wasser-, Boden- u. Lufthygiene.

Bundesgesundheitsrat: von der deutschen Bundesregierung für eine Legislaturperiode ernanntes Sachverständigengremium, das die Bundesregierung in Fragen der öffentl. Gesundheitspflege, bes. bei der Vorbereitung der Gesundheitsgesetzgebung, berät.

Bundesinstitut für Arzneimittel und Medizinprodukte: Abk. BfArM; selbständige Bundesoberbehörde im Geschäftsbereich des Bundesministeriums für Gesundheit und Soziale Sicherung. Hervorgegangen ist das BfArM aus dem am 1.7.1975 gegründeten Institut für Arzneimittel des 1994 aufgelösten Bundesgesundheitsamts* in Berlin. Zu den gesetzl. normierten Hauptaufgaben des BfArM gehört die Prüfung des Nachweises der Wirksamkeit, Unbedenklichkeit u. Qualität bei der Zulassung von Arzneimitteln, die Registrierung von hom. Arzneimitteln, die Risikobewertung von Arzneimitteln nach der Zulassung u. die Sammlung u. Bewertung von Mitteilungen von Arzneimittelrisiken. Im Bereich des legalen Verkehrs mit Betäubungsmittel u. Grundstoffen ist die Bundesopiumstelle des BfArM u. a. für die Erteilung von Erlaubnissen u. für die Herstellerüberwachung zuständig. Im Bereich der Medizinprodukte (z. B. Herzschrittmacher, Computertomographen, Implantate) wirkt es bei der Risikoüberwachung mit.

Bundesinstitut für gesundheitlichen Verbraucherschutz und Veterinärmedizin: eines der Nachfolge-Institute des ehemaligen Bundesgesundheitsamtes*. Nachfolgebehörde ist seit November 2002 das Bundesamt* für Verbraucherschutz und Lebensmittelsicherheit.

Bundesinstitut für Infektionskrankheiten und nicht übertragbare Krankheiten: syn. Robert-Koch-Institut (RKI); im Geschäftsbereich des Bundesministeriums für Gesundheit wurde durch das Gesundheitseinrichtungen-Neuordnungs-Gesetz vom 26.06.1994 nach der Auflösung des Bundesgesundheitsamtes unter dem Namen Robert-Koch-Institut (RKI) ein Bundesinstitut für Infektionskrankheiten u. nicht übertragbare Krankheiten als selbständige Bundesoberbehörde errichtet. Der dem RKI erteilte Auftrag umfasst sowohl die Beobachtung des Auftretens von Krankheiten u. relevanter Gesundheitsgefahren in der Bevölkerung als auch das Erarbeiten der erforderl. Maßnahmen zum Schutz der Gesundheit der Bevölkerung. Dazu gehört auch die Entwicklung erforderl. diagnost., experimenteller od. epidemiolog. Methoden sowie die Bewertung gentechn. Arbeiten u. umweltmed. Einflüsse u. Methoden. Im Sinne dieses Auftrages ist das RKI heute die zentrale Forschungs- u. Referenzeinrichtung des Bundes. Nach dem Infektionsschutzgesetz ist es für die Umsetzung des Europäischen Netzwerkes für epidemiolog. Überwachung u. Kontrolle übertragbarer Krankheiten verantwortlich.

Bundesinstitut für Risikobewertung: Abk. BfR; zuständig für die ernährungsmed. Beurteilung von Lebensmitteln (z. B. Säuglingsnahrung), für die gesundheitl. Bewertung der Inhaltsstoffe kosmet. Mittel, des gesundheitl. Risikos von Pflanzenschutzmitteln, für die Bewertung von Bedarfsgegenständen u. für Aufgaben, die sich in der Zusammenarbeit mit europ. und außereurop. Organisationen ergeben. Das Deutsche* Institut für Medizinische Dokumentation und Information verwaltet folgende vom BfR erstellte Datenbanken: Chemikalien-Informationssystem für verbraucherrelevante Stoffe (CIVS), Internationale chemische Sicherheitsdatenblätter (ICSC), Kunststoff-Empfehlungen, Chemikalien u. Kontaktallergie, Zentralstelle zur Erfassung u. Bewertung von Ersatz- u. Ergänzungsmethoden zum Tierversuch (AnimAlt-ZEBET). Die CHEMIS-Datenbank u. die CHEMIS-Gefahrstoff-Schnellauskunft sind nur begrenzten Nutzergruppen vorbehalten. Übergeordnete Behörde ist das Bundesministerium für Verbraucherschutz, Ernährung und Landwirtschaft, Bonn.

Bundes-Opiumstelle: s. Betäubungsmittelrecht.

Bundes-Seuchengesetz: Abk. BSeuchG; gesetzl. Regelwerk aus dem Jahr 1979. Es wurde durch das Infektionsschutzgesetz* abgelöst, das am 1.1.2001 in Kraft trat.

Bundes-Sozialhilfegesetz: Abk. BSHG; Gesetz vom 23.3.1994, BGBl. I S. 646, 2975, zuletzt geändert 14.11.2003, BGBl. I S. 2190; in Deutschland regelt das BSHG die Ansprüche Bedürftiger u. umfasst u. a. Hilfe zu Lebensunterhalt u. Hilfe in besonderen Lebenslagen, z. B Krankheit. Die Leistungen sollen in der Regel den Leistungen entsprechen, die nach den Vorschriften über die gesetzl. Krankenversicherung gewährt werden. Durch das GKV*-Modernisierungsgesetz sind Empfänger laufender Hilfe zum Lebensunterhalt u. Empfänger von Hilfe in besonderen Lebenslagen gesetzlich Krankenversicherten gleichgestellt worden (§ 164 Abs. 2 SGB V).

Bundesverband der Angestellten in Apotheken: Abk. BVA; als Tarifpartner der Arbeitnehmer führt der BVA mit dem Tarifpartner der Arbeitgeber, dem Arbeitgeberverband* Deutscher Apotheker, die Verhandlungen zum Bundesrahmentarifvertrag. Er erteilt ihren Mitgliedern arbeitsrechtl. Auskünfte u. gewährt ggf. Rechtsvertretung bei arbeitsrechtl. Streitfällen.

Bundesvereinigung Deutscher Apothekerverbände: s. ABDA.

Bundesversicherungsanstalt für Angestellte: Abk. BfA; in der Deutschland ist die BfA Träger der Rentenversicherung für Angestellte. Sie ist eine Körperschaft öffentl. Rechts mit Sitz in Berlin. In ihren Organen, dem Vorstand u. der Vertreterversammlung, sind Vertreter der Arbeitgeber u. der Versicherten paritāt. vertreten.

Bundeswehrapotheke: in § 15 Apothekengesetz* vorgesehene Form der Apotheke. Zweck ist, die Arzneimittelversorgung der Bundeswehrangehörigen die der Zivilpersonen gleichzustellen. Sowohl Errichtung als auch Einrichtung u. Betrieb der Bundeswehrapotheken sind dem Geschäftsbereich des Bundesministers für Verteidigung unterstellt. Man unterscheidet 2 Arten von B., die Sanitätsdepots u. die Bundeswehrkrankenhausapotheken. Sie sind dem Organisationsbereich Sanitätsdienst unterstellt.

Bundeszentrale für gesundheitliche Aufklärung: Abk. BZgA; seit 1967 bestehende u. zum BMGS gehörende Einrichtung mit Sitz in Köln. Ihre Aufgaben sind: Dienst an der Erhaltung u. Förderung der Gesundheit, Erarbeitung von Richtlinien für die Gesundheitserziehung, Aus- u. Fortbildung von in der Gesundheitserziehung u. Gesundheitsaufklärung Tätigen, Koordinierung der gesundheitl. Aufklärung u. Gesundheitserziehung.

Bunitrolol INN: *O*-[3-(*tert*-Butylamino)-2-hydroxypropoxy]benzonitril; CAS-Nr. 34915-68-9; $C_{14}H_{20}N_2O_2$, M_r 248.3. Strukturformel s. Sympatholytika (Abb. 1). **Anw.:** Betasympatholytikum; **Dos.:** p.o. Initialdos. 1-2×10 mg/d; bei Bedarf kann die doppelte Dos. genommen werden; HWZ 2 h. Gebräuchl. ist auch Bunitrololhydrochlorid.

Bunsen-Absorptionskoeffizient: s. Absorptionskoeffizient.

Bunsenbrenner (Robert Wilhelm Bunsen, Chemiker in Heidelberg, 1811-1899): **1.** bekanntester u. einfachster Gasbrenner. Das Brennerrohr (Mischrohr für Luft u. Gas) ist unten mit 2 gegenüberliegenden Löchern versehen, die zur Regelung der Luftzufuhr durch eine drehbare Manschette ganz od. teilweise verschlossen werden. Das ausströmende Leuchtgas reißt durch diese Luftlöcher Luft an sich u. vermischt sich mit ihr im Brennerrohr. Große Temp.-Unterschiede der Flamme: im inneren Kegel ca. 300-500 °C, außen 1250-1500 °C. **Teclu-Brenner** (Nicolaus Teclu, Chemiker, Wien, 1839-1916): Form des Bunsenbrenners, bei dem das Brennerrohr unten trichterförmig erweitert ist u. die Gaszufuhr durch eine seitl. Schraube, die Luftzufuhr durch eine heb- u. senkbare Platte am unteren Teil des Brennerrohrs reguliert wird. Bei tiefster Stellung der Platte wird nahezu die Temp. einer Gebläseflamme erreicht. Durch besondere Aufsätze, wie Kronen-, Pilz-, Schlitz- od. Kreuzschlitzaufsatz, ist die Verw. des Brenners auch für Spezialarbeiten möglich. **Bunsenbrenner, elektrische:** werden anstelle der herkömml. Gasbrenner mit u. ohne Gebläse eingesetzt. **Pilz-Heizhaube, elektrische:** elektr. Wärmequelle, die aus feuerfestem Gewebe besteht, den Rundkolben umschließt u. regelbare Heizleistung besitzt. Sie erlaubt sauberes u. geruchloses Arbeiten in normaler Atmosphäre; kein Rußen, keine reduzierende Flammenwirkung, keine Brandgefahr durch ausströmendes Gas. **2.** bedeutende Zeitschrift von u. für Pharmaziestudenten (Innsbruck, Auflage jeweils bis zu 800 Stück).

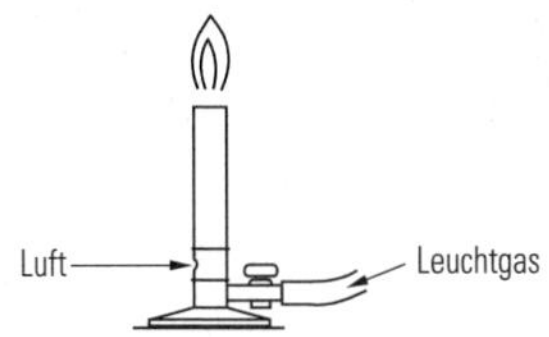

Bunsenbrenner

Bunte Reihe: Bez. für Methoden zur Identifizierung von Bakt. anhand biochem. Leistungen wie Kohlenhydratspaltung unter Säurebildung, Aminosäurenabbau u. Hydrolaseaktivität. Indikatoren als Zusatz in den meist flüss. Nährböden reagieren durch Farbumschlag od. Farbreaktion.

Buphenin INN: 4-Hydroxy-*N*-(1-methyl-3-phenylpropyl)-norephedrin; 1-(4-Hydroxyphenyl)-2-(1-methyl-3-phenylpropyl)aminopropan-1-ol; CAS-Nr. 447-41-6; $C_{19}H_{25}NO_2$, M_r 299.40. Schmp. 111-112 °C (kristallisiert aus Methanol). **Anw.:** Sympathomimetikum* bei peripheren Durchblutungsstörungen; Wehenhemmer; **UAW:** Tachykardie, Herzarrhythmien, evtl. Angina pectoris; **Kontraind.:** Koronarinsuffizienz, Arteriosklerose, Hypertonie, Tachykardie, Myokardinfarkt; **Dos.:** p.o. bis zu 6×3 mg/d; parenteral (i.m., s.c.) 5 mg; Infusion i.v. 30 mg/6-8 h; HWZ 3.5 h. Gebräuchl. ist auch Bupheninhydrochlorid.

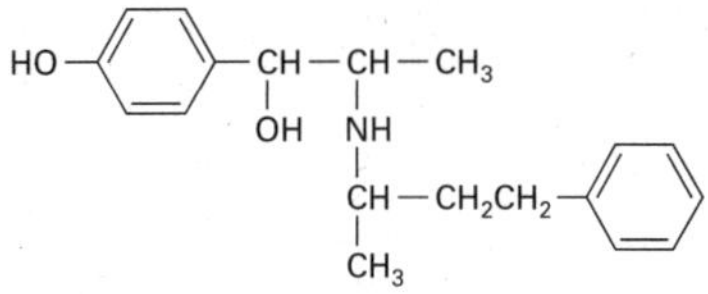

Buphenin

Bupivacain INN: DL-1-Butyl-2',6'-dimethyl-2-piperidincarboxanilid; CAS-Nr. 2180-92-9; $C_{18}H_{28}N_2O$, M_r 288.43. Strukturformel s. Lokalanästhetika (Abb. 2). Schmp. 107-108 °C. pK_S (des Salzes) 5.9. **Anw.:** lang wirksames Infiltrations- u. Leitungsanästhetikum; **Dos.:** parenteral 0.25 %, max. 2 mg/kg KG; HWZ 2.5 h. **Bupivacainhydrochlorid-Monohydrat:** Bupivacaini hydrochloridum monohydricum Ph.Eur.; CAS-Nr. 14252-80-3; $C_{18}H_{29}ClN_2O \cdot H_2O$, M_r 342.9. Schmp. ca. 254 °C

B

(unter Zers.) Lösl. in Wasser, leicht lösl. in Ethanol.

Bupleurum chinense DC.: Chinesisches Hasenohr, (chines.) Chai hu; Fam. Apiaceae, eine 30-70 cm hohe Staude. Stpfl. von **Bupleuri radix:** Wurzeldroge der TCM. **Inhaltsst.:** äther. Öl, Triterpensaponin (u. a. Saikosaponine A-F); **Wirk.:** Drogenzuber. wirken antiinflammator., antiviral, leberprotektiv u. reduzieren Cholesterol u. Triglyceride im Blut; **Anw.** volkstüml.: in der TCM bei Infektionen mit Fieber, Nervosität, Verdauungsstörungen, Hämorrhoiden, Regelanomalien, Kopfschmerzen.

Bupranolol INN: 1-(*tert*-Butylamino)-3-(2-chlor-5-methylphenoxy)-2-propanol; CAS-Nr. 14556-46-8; $C_{14}H_{22}ClNO_2$, M_r 271.79. Strukturformel s. Sympatholytika (Abb. 1). **Anw.:** Betasympatholytikum; ähnl. Propranolol*; **Dos.:** p. o. 2×40 mg/d, steigerbar bis 3×40 mg/d, individuell einstellen; HWZ 2 h. Gebräuchl. ist auch Bupranololhydrochlorid.

Buprenorphin INN: Buprenorphinum Ph.Eur.; 2-(*N*-Cyclopropylmethyl-4,5*α*-epoxy-3-hydroxy-6-methoxy-6,14-*endo*-ethanomorphinan-7*α*-yl)-3,3-dimethyl-2-butanol; CAS-Nr. 52485-79-7; $C_{29}H_{41}NO_4$, M_r 467.65. **Wirk.** u. **Anw.:** agonist.-antagonist. Wirk. an Opiatrezeptoren; starkes Analgetikum. Suchtpotential geringer als bei Morphin; **UAW:** s. Morphin (außer Obstipation); HWZ 2-3 h. **Buprenorphinhydrochlorid**: Buprenorphini hydrchloridum Ph.Eur.; CAS-Nr. 53152-21-9; $C_{29}H_{42}ClNO_4$, M_r 504.1. Wenig lösl. in Wasser.

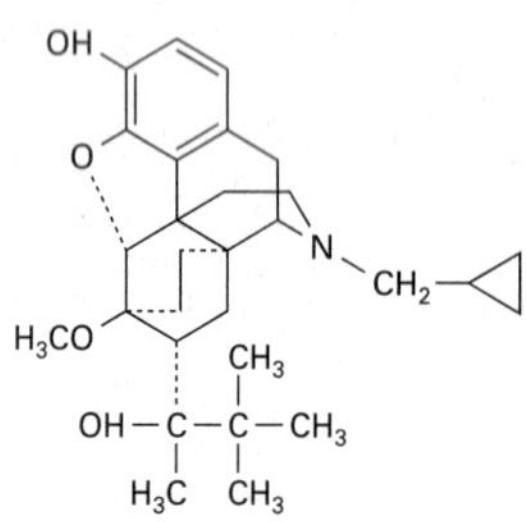

Buprenorphin

Bupropion INN: Amfebutamon; (*RS*)-2-(*tert*-Butylamino)-3'-chlorpropiophenon; CAS-Nr. 34911-55-2; $C_{13}H_{18}ClNO$, M_r 239.7. Schmp. 52 °C; logP 3.5 (ber). **Wirk.:** selektiver Dopamin- u. Noradrenalin-Wiederaufnahmehemmer, chem. verwandt mit dem Amphetamin-Derivat u. Appetitzügler Amfepramon*. Wirkungsmechanismus unbekannt, wahrscheinl. eine Nachahmung der Nicotinwirk. im Gehirn u. dadurch Milderung der Entzugserscheinungen. **Anw.:** Nicotinentwöhnung; **UAW:** häufig Schlafstörungen, Kopfschmerzen, selten Veränderung der kardialen Erregungsleitung; **Kontraind.:** kardiale Erkrankungen, Monoaminooxidasehemmer*-Ther., Schwangerschaft; **Dos.:** einschleichende Ther. mit steigender Dos. von 1×150 mg/d bis zu 2×150 mg/d für max. 7 Wochen; HWZ 20 h.

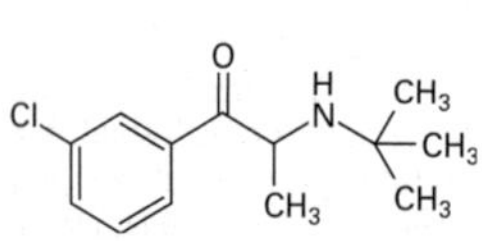

Bupropion

Burgmansia spec.: Datura suaveolens, Datura sanguinea, Engelstrompete; Fam. Solanaceae (Brasilien, Peru, Chile; in Europa eine beliebte Park- u. Gartenpfl.); der bis zu 5 m hohe baumartige Strauch hat bis zu 30 cm große, trompetenförmige, weiß- bis rosa-cremefarbige Blüten. **Inhaltsst.:** in allen Teilen der Pfl. hochgiftige Tropanalkaloide, v. a. Scopolamin (bis zu 80 %), Hyoscyamin u. Atropin; **Tox.:** Kopfschmerzen, Übelkeit, Erbrechen, Durchfall, Schluckbeschwerden, Pupillenerweiterung, Sehstörungen, Herzbeschwerden, Krämpfe, Erregung bis zu Tobsuchtsanfällen, aber auch Sedierung; bei hoher Dos. kann der Tod durch Atemstillstand eintreten. **Anw.** volkstüml.: rituelles Halluzinogen bei südamerikan. Medizinmännern; die missbräuchl. Verw. von Teezuber. aus Blättern u. Blüten führt immer wieder zu schwerwiegenden Intoxikationen.

Burgunderbrühe: s. Kupferkalkbrühe.

Burgunderharz: s. Terebinthina (Resina Pini burgundica).

Burkitt-Lymphom: Burkitt-Tumor; bösartige Erkrankung des lymphat. Systems (B-Lymphozyten). Manifestation meist als Tumor im Oberkieferbereich od. im Abdomen. Hauptsächl. befallen sind afrikan. Kinder in trop. Regionen; Menschen mit weißer Hautfarbe nie. Ausgelöst wird das B.-L. vermutl. durch das Epstein-Barr-Virus. Das B.-L. stellt den ersten menschl. Tumor dar, bei dem ein Virus als Auslöser angenommen wird.

Burow-Lösung: s. Aluminiumacetat.

Bursera-Arten: s. Oleum Linaloes.

Burseraceae: Balsambaumgewächse; Fam. der Od. Rutales; ca. 600 Arten; trop. Bäume od. Sträucher. Meist mit gefiederten od. 3-teiligen Blättern, Sprossdornen, 3- bis 5-zählige, eingeschlechtige od. zwittrige Blüten in Rispen; 5- bis 2-fächrige Steinfrüchte, ölhaltige Samen; schizogene Harzgänge in der Rinde, zuweilen Ölzellen im Holz, Schleimzellen in allen Organen außer im Holz, Calciumoxalatkristalle u. Kieselkörper. **Chem. Merkmale:** reich an Harzen (Triterpene vorherrschend) od. gummiartigen Balsamen; Schleime v. a. aus Galactose u. Arabinose, äther. Öl hauptsächl. aus Monoterpenen. **Wichtige Gattungen:** Boswellia, Bursera, Canarium, Commiphora.

Bursitis: Schleimbeutelentzündung durch z. B. stumpfes Trauma, Infektion, Verletzung.

Bursitis-Lebend-Impfstoff für Geflügel (gefriergetrocknet), Infektiöse-: Vaccinum bursitidis infectivae aviariae vivum cryodesiccatum Ph.Eur.4; enthält einen attenuierten Stamm des infektiösen Geflügel-Bursitis-Virus.

Buschkleekraut: s. Lespedeza capitata.

Buschmeister: s. Lachesis muta.

Busch-Tee, Roter: s. Aspalathus linearis.

Buschwindröschen: s. Anemone nemorosa.

Buserelin INN: Buserelinum Ph.Eur.4; 5-Oxo-L-propyl-L-histidyl-L-tryptophyl-L-seryl-L-tyrosyl-*O-tert*-butyl-D-seryl-L-benzyl-L-arginyl-N-ethyl-L-prolinamid; CAS-Nr. 57982-77-1; $C_{60}H_{86}N_{16}O_3$;

M_r 1239.42; weißes bis schwach gelbliches, hygroskopisches Pulver, wenig lösl. in Wasser u. verd. Säuren. **Anw.:** Zytostatikum, LH-RH-Agonist.

Buspiron INN: 8-{4-[4-(2-Pyrimidinyl)1-piperazinyl]butyl}-8-azaspiro[4,5]decan-7,9-dion; CAS-Nr. 36505-84-7; $C_{21}H_{31}N_5O_2$, M_r 385.55. **Anw.:** Anxiolytikum*, vgl. Psychopharmaka (Ataraktika).

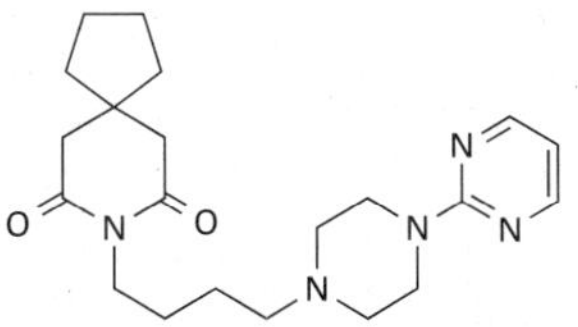

Buspiron

Bußgeld: unmittelbarer finanzieller Nachteil, welcher bei einer Ordnungswidrigkeit angedroht u. durchgesetzt werden kann. Das Bußgeld wird im Rahmen eines Bußgeldverfahrens verhängt. Im Arzneimittelbereich sind i. d. R. die Regierungspräsidien Bußgeldbehörden. Viele Verstöße im Apotheken- u. Arzneimittelrecht sind bußgeldbewehrt u. können zur Ahndung führen.

Busulfan INN: Busulfanum Ph.Eur., Myelosanum, 1,4-Dimethansulfonoxybutan; Tetramethylenbis(methansulfonat); CAS-Nr. 55-98-1; $C_6H_{14}O_6S_2$, M_r 246.31. Schmp. 114-118 °C (polymorph). Bei 25 °C lösl. in Aceton 2.4:100, in Ethanol 1:1000, in Wasser 1:7500. **Anw.:** Zytostatikum, Alkylans; bei chron. myeloischer Leukämie; **Dos.:** p. o. 1-2×2 mg/d (Blutbildkontrolle notwendig); MED 6 mg, MTD 6 mg; HWZ 1 h.

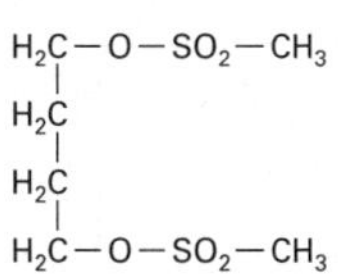

Busulfan

Butabarbital: s. Secbutabarbital.

Butadien: $H_2C{=}CH{-}CH{=}CH_2$. Schweres Gas. **Darst.:** aus Acetylen. **Anw.:** Ausgangsmaterial für synthet. Kautschuk (Buna), s. Kautschuk.

Butalamin INN: 5-(2-Dibutylaminoethyl)amino-3-phenyl-1,2,4-oxadiazol; CAS-Nr. 22131-35-7; $C_{18}H_{28}N_4O$, M_r 316.45. **Anw.:** peripherer Vasodilatator; **UAW:** gastrointestinale Störungen; **Dos.:** p. o. 2-3×40 mg/d. Gebräuchl. ist auch Butalaminhydrochlorid.

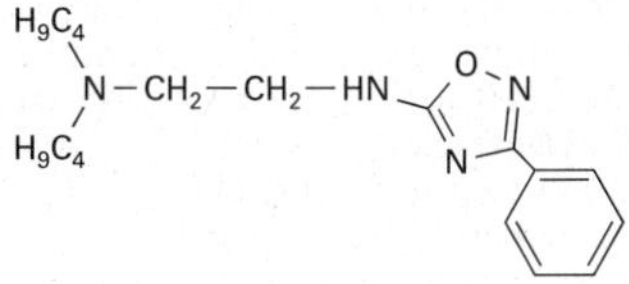

Butalamin

Butalbital INN: Alisobumalum; 5-Allyl-5-isobutylbarbitursäure; CAS-Nr. 77-26-9; $C_{11}H_{16}N_2O_3$, M_r 224.25. Schmp. 138-139 °C. Fast unlösl. in kaltem Wasser, Petrolether; lösl. in siedendem Wasser, Alkohol, Chloroform, Ether, Aceton, Eisessig, wässrigen Alkali- u. Carbonat-Lsg.; pK_S 7.6 (20 °C). **Anw.:** früher Sedativum, Hypnotikum.

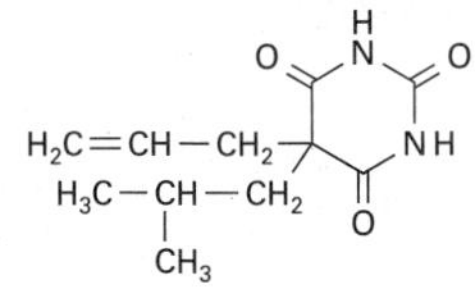

Butalbital

Butallylonal: Butylbromallylbarbitursäure, Acidum butyl-bromallyl-barbituricum; 5-(2'-Brom-allyl)-5-(1''-methyl-propyl)-barbitursäure; CAS-Nr. 1142-70-7; $C_{11}H_{15}BrN_2O_3$, M_r 303.2. Schmp. 131 °C. Weißes, krist., polymorphes Pulver von schwach bitterem Geschmack; leicht lösl. in Ethanol 90 % u. Ether, wenig lösl. in Wasser, lösl. in verd. Alkalilaugen unter Salzbildung; vorsichtig aufzubewahren. **Anw.:** obsolet; früher Durchschlafmittel, ohne Kumulationsgefahr; das Natriumsalz wurde i. v. als Basisnarkotikum, in der Geburtshilfe zur Erzeugung eines Dämmerschlafs verwendet.

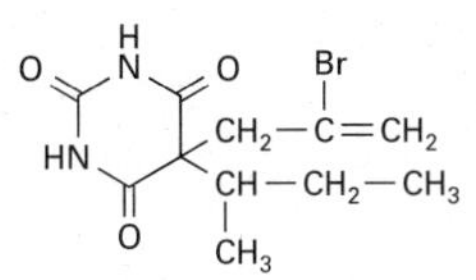

Butallylonal

Butamirat INN: 2-(2-Diethylaminoethoxy)ethyl-(2-phenylbutyrat); CAS-Nr. 18109-80-3; $C_{18}H_{29}NO_3$, M_r 307.44. Sdp. 140-155 °C (133.3 Pa). Fast unlösl. in Wasser, sehr leicht lösl. in Alkohol, Aceton, Ether. **Anw.:** Antitussivum, Bronchospasmolytikum; **Dos.:** p. o. 4-6×5 mg/d; HWZ ca. 21 h.

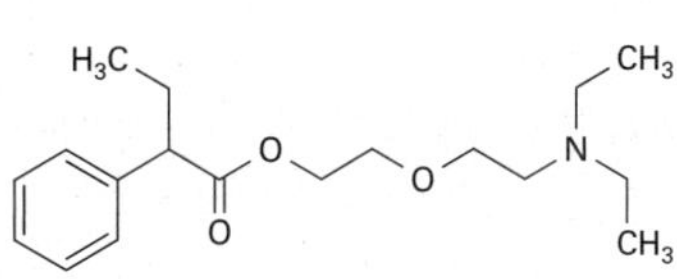

Butamirat

Butan: C_4H_{10}, 2 Isomere, *n*-Butan (vgl. Konformation) u. *iso*-Butan, beides farblose schwere, geruchlose, brennbare Gase. **Vork.:** nat. im Erdgas.

Butan-1-carbonsäure: s. Valeriansäure.

Butan-1,4-dicarbonsäure: s. Adipinsäure.

Butandiole: Diole mit 4 C-Atomen. **Anw.:** Lösungsmittel.

Butandisäure: s. Bernsteinsäure.

Butanilicain INN: 2-Butylamino-6'-chlor-2-acetotoluidid; 2-Butylamino-2'-chlor-6'-methylacetanilid; CAS-Nr. 3785-21-5; $C_{13}H_{19}ClN_2O$, M_r 254.77. Strukturformel s. Lokalanästhetika (Abb. 2). Schmp. 45-46 °C, Sdp. 145 °C (0.133 Pa). **Anw.:**

Infiltrations- u. Leitungsanästhetikum; **Dos.:** parenteral s.c. 0.5 % zur Infiltrationsanästhesie; s.c. 1 % zur Leitungsanästhesie bei zahnärztl. Eingriffen.

Butanol: s. Butylalkohol.

Butanon: s. Ethylmethylketon.

Butanonphloroglucide: s. Dryopteris filix-mas (Inhaltsst.).

Butantan-Institut: Institut in São Paolo zur Sammlung u. Haltung einheim. Giftschlangen u. zur Serumgewinnung.

Butantetrol: s. *meso*-Erythrit.

1,2,4-Butantriol: $C_4H_7(OH)_3$. D. 1.21. Farblose, ölige, süß schmeckende Flüssigkeit. **Anw.:** dient als Glycerol*-Ersatz, bes. in der. Textil- u. Kunststoffindustrie; in Schmiermitteln sowie in kosmet. u. pharmaz. Präparaten.

Butetamat INN: 2-Diethylaminoethyl-2-phenylbutyrat, Phenethylamin; α-Phenylbutansäure-2-diethylaminoethylester; CAS-Nr. 14007-64-8; $C_{16}H_{25}NO_2$, M_r 263.37. Sdp. 167-169 °C (1.5 kPa); $n_D^{20\,°C}$ 1.4909. **Anw.:** Antispasmodikum; Parasympatholytikum; Sedativum; Antitussivum.

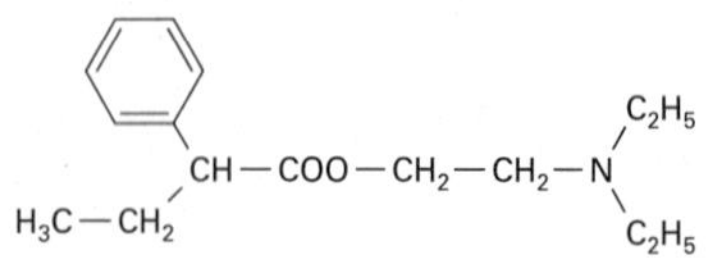

Butetamat

Butetamatdihydrogencitrat: Butetamati dihydrogencitras; CAS-Nr. 13900-12-4; $C_{22}H_{36}NO_9$, M_r 455.5. Schmp. ca. 110 °C. Leicht lösl. in Wasser, wenig lösl. in Ethanol. **Off.:** DAB10; **Anw.:** s. Butetamat.

Butinolin INN: 1,1-Diphenyl-4-(1-pyrrolidinyl)-2-butin-1-ol; CAS-Nr. 968-63-8; $C_{20}H_{21}NO$, M_r 291.4. **Anw.:** Spasmolytikum bei gastrointestinalen Beschwerden; **Dos.:** p.o. 3×5 mg/d vor dem Essen. Gebräuchl. ist auch Butinolindihydrogenphosphat.

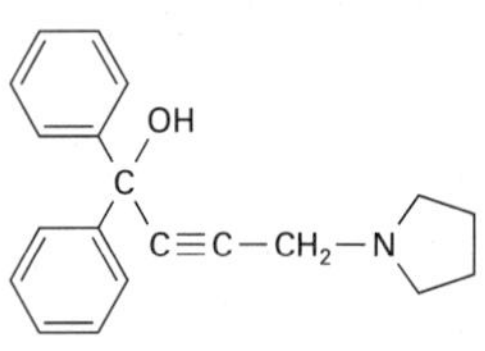

Butinolin

Butizid INN: Thiabutazid, Isobutylhydrochlorothiazid; 3-Isobutyl-6-chlor-3,4-dihydro-2*H*-1,2,4-benzothiadiazin-7-sulfonamid-1,1-dioxid; CAS-Nr. 2043-38-1; $C_{11}H_{16}ClN_3O_4S_2$, M_r 353.86. Schmp. 241-245 °C. **Anw.:** Saluretikum (vgl. Diuretika), Ödeme bei Herzinsuffizienz, Nierenerkrankungen; **UAW, Kontraind.** u. **WW:** s. Bendroflumethiazid; **Dos.:** zu Anfang p.o. 2×5 mg/d, nach Ausschwemmung der Ödeme 1×5 mg/d; zur Dauerther. 2-mal wöchentl. 10 g/d.

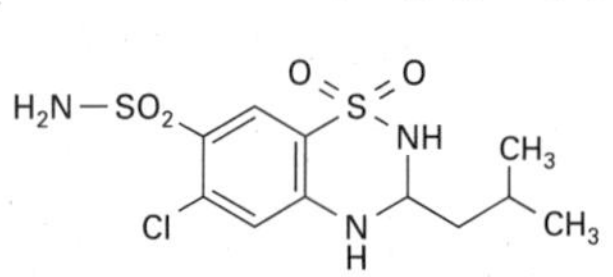

Butizid

Butobarbital: Butobarbitalum Ph.Eur.; 5-Ethyl-5-butyl-barbitursäure; CAS-Nr. 77-28-1; $C_{10}H_{16}N_2O_3$, M_r 212.3. Strukturformel s. Barbiturate (Abb. 2). Schmp. 122-127 °C. Weißes, krist. Pulver, lösl. in Ethanol, Chloroform, schwer lösl. in Wasser. **Anw.:** Hypnotikum; **Dos.:** MTD 0.8 g.

Butoxycainhydrochlorid: Butoxycaini hydrochloridum, Stadacain; 2-Diethylaminoethyl-4-butoxybenzoathydrochlorid; CAS-Nr. 2350-32-5; $C_{17}H_{28}ClNO_3$, M_r 329.9. Schmp. 148 °C. Weißes, krist., polymorphes Pulver; schwach bitterer, anästhesierender Geschmack; lösl. in 4 T. Wasser, 5 T. Ethanol, Chloroform. **Off.:** DAB10; **Anw.:** Oberflächen- u. Schleimhautanästhetikum; **Dos.:** 1 %ig in äußerl. anzuwendenden Arzneimitteln.

Butriptylin INN: CAS-Nr. 3594-65-2; $C_{21}H_{27}N$, M_r 293.5. Sdp. 180-185 °C. Ölige Flüssigkeit. **Butriptylinhydrochlorid** $C_{21}H_{28}ClN$. M_r 329.9. Schmp. 188-190 °C (unter Zers.). Lösl. in Wasser. **Anw.:** tricycl. Antidepressivum; s. Psychopharmaka; **Dos.:** 25-50 mg/d.

Butterbaum: s. Vitellaria paradoxa.

Butterblume: s. Caltha palustris.

Butterfly®: s. Flügelkanüle.

Buttergelb: Methylgelb, Dimethylgelb; Dimethylaminoazobenzol, $C_6H_5-N=N-C_6H_4-N(CH_3)_2$, M_r 225.28. Schmp. 116-117 °C. Goldgelbe Kristalle; unlösl. in Wasser, lösl. in Ethanol, Ether, Chloroform, Benzol. **Anw.:** Indikator* in der Maßanalyse, Umschlagbereich pH 2.9-4.0, rot — gelb. **Tox.:** zum Färben von Butter ist das karzinogene B. seit 1948 verboten.

Buttermilch: s. Milch.

Butternuß: s. Juglans cinerea.

Buttersäure: Gärungsbuttersäure, Propancarbonsäure, Acidum butyricum; Butansäure, $CH_3-CH_2-CH_2-COOH$. Schmp. −5.5 °C. Sdp. ca. 164 °C. **Vork.:** in ranziger Butter, im Harn, Schweiß, Käse, Sauerkraut, sauren Gurken (entdeckt 1823 von Chevreul); als Glycerolester in Kuhbutter, Crotonöl u. Lebertran. **Darst.:** Vergärung von Zuckern od. Stärke mit dem Bacillus butyricus (syn. Clostridium butyricum, Bacillus amylobacter). ***iso*-Buttersäure:** Schmp. −47 °C. **Vork.:** nat. in den Faeces, in faulendem Eiweiß, Johannisbrot, Farnwurzel u. a. Pflanzen.

Buttersäureethylester: Ether butyricus, Ethylium butyricum; $C_3H_7-COO-C_2H_5$. D. 0.88. Sdp. 121.6 °C. Farblose Flüss. von ananasähnl. Geruch; mischbar mit Wasser, Ethanol, Ether. **Anw.:** in der Likörfabrikation (Ananas-Essenz, Kunstrum).

Buttersäureisoamylester: Amylium butyricum; $H_3C-(CH_2)_2-COO-(CH_2)_2-CH(CH_3)_2$. Sdp. 178.5 °C. Farblose Flüss. von aromat. Geruch, lösl. in Ethanol u. Ether, unlösl. in Wasser. **Anw.:** in der Riechstoff- u. Likörfabrikation.

Buttersäurezahl: Abk. BsZ; Kennzahl bei der Fettuntersuchung; ein Maß für den Gehalt eines Fettes an Buttersäure.

Butterstuhl: s. Steatorrhö.

Butylacetat: Butanolacetat; Essigsäurebutylester, $CH_3-COO-C_4H_9$. D. 0.88. Schmp. –77 °C. Sdp. 124.5 °C. Farblose Flüssigkeit. **Anw.:** Lösungsmittel für Celluloid, Nitrocellulose, Celluloseether, Polystyrole; Reagens Ph.Eur.4.

Butylacetylaminopropionsäureethylester: s. Repellents.

Butylalkohol: Alcohol butylicus; **1. *n*-Butylalkohol:** 1-Butanol, $C_4H_{10}O$, $CH_3-CH_2-CH_2-CH_2OH$. M_r 74.12. D. 0.8. Schmp. –90 °C. Sdp. 118 °C. Farblose, leicht entzündl., lichtbrechende Flüss., lösl. in Wasser, Ethanol, Ether. **Darst.:** Hydrierung von Crotonaldehyd; **Anw.** techn.: Lösungsmittel, in der Lackindustrie. **2. *sec*-Butylalkohol:** 2-Butanol, 2-Hydroxybutan, $CH_3-CH_2-CH(OH)-CH_3$. Schmp. –114.7 °C (DL-Form). Sdp. 99.5 °C (DL-Form). **Anw.** techn.: Lösungsmittel u. Synthesebaustein in der präparativen org. Chemie. **3. *tert*-Butylalkohol:** 2-Methyl-2-propanol, $(CH_3)_3COH$. Schmp. 25.7 °C. Sdp. 82.4 °C. Campherähnl. Geruch; mischbar mit Wasser, Ethanol, Ether. **4. *iso*-Butylakohol:** Isobutanol, Gärungsbutylakohol; 2-Methyl-1-propanol, 1-Hydroxy-2-methyl-propan, $CH_3-CH(CH_3)-CH_2OH$. D. 0.8. Schmp. –108 °C. Sdp. 108 °C. $n_D^{15\,°C}$ 1.397-1.399. Klare, farblose Flüss., mischbar mit Ethanol u. Ether. **Gew.:** aus Fuselöl. **Anw.** techn.: Lösungsmittel; Synthesebaustein (Herst. von fruchtig riechenden Estern); Reagens Ph.Eur.3.

Butylbromallylbarbitursäure: s. Butallylonal.

Butylchloralhydrat: Butylchloralum hydratum; $H_3C-CHCl-CCl_2-CH(OH)_2$, M_r 193.4. Schmp. ca. 78 °C. Weiße, seidenglänz. Blättchen, lösl. in Wasser, leicht lösl. in Ethanol u. Ether, lösl. in heißem Chloroform. **Anw.:** Antineuralgikum u. Hypnotikum; **Dos.:** MED 2.0 g, MTD 4.0 g.

Butylchloralum hydratum: s. Butylchloralhydrat.

Butylhydroxyanisol: Butylhydroxyanisolum Ph.Eur.4, Abk. BHA; CAS-Nr. 25013-16-5; $C_{11}H_{16}O_2$, M_r 180.3. 2-*tert*-Butyl-4-hydroxyanisol mit max. 10 % 3-*tert*-Butyl-4-hydroxyanisol. Schmp. 62-65 °C. Unlösl. in Wasser; sehr leicht lösl. in Dichlormethan, leicht lösl. in Aceton, Ethanol, Propylenglykol, alkal. Lsg., Erdnußöl; wenig lösl. in Glycerol, flüss. Paraffin. **Anw.:** Antioxidans* für Fette u. Öle, allein (0.005-0.02 %) od. zus. mit einem Gallat od. synergist. wirkenden Substanzen (Citronensäure, Phosphorsäure, Citraconsäure, Ascorbylpalmitat).

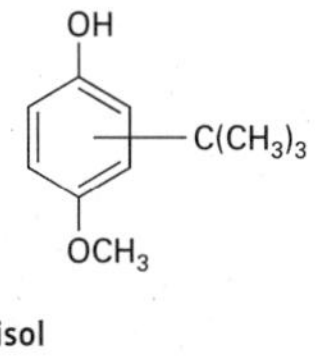

Butylhydroxyanisol

Butyl-4-hydroxybenzoat: *p*-Hydroxybenzoesäurebutylester, Butyl-4-hydroxybenzoat, Butylis parahydroxybenzoas Ph.Eur.4, Butylium *p*-oxybenzoicum, Butylparaben; 4-Hydroxybenzoesäurebutylester; CAS-Nr. 94-26-8; $C_{11}H_{14}O_3$, M_r 194.2. Schmp. 68-71 °C. Weißes, krist., geruch- u. geschmackloses Pulver; sehr schwer lösl. in Wasser (ca. 1:6500), leicht lösl. in Ethanol, Aceton, Ether. **Anw.:** Konservierung*.

Butylhydroxytoluol: Butylhydroxytoluenum Ph.Eur.4, Abk. BHT; 2,6-Di-*tert*-butyl-*p*-cresol; CAS-Nr. 128-37-0; $C_{15}H_{24}O$, M_r 220.4. Ep. 68-70 °C; polymorph. Unlösl. in Glycerol, Propylenglykol, Wasser, Laugen; leicht lösl. in Aceton, Ethanol, Petrolether, Ether, flüss. Paraffin, fetten Ölen, sehr leicht lösl. in Dichlormethan. Inkomp.: Metallspuren (Herabsetzung der Wirk.). **Anw.:** Antioxidans* für Fette u. Öle, allein (0.01-0.02 %) od. im Gemisch mit Butylhydroxyanisol* u. synergist. wirkenden Substanzen.

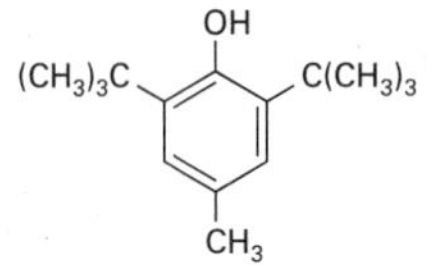

Butylhydroxytoluol

Butylparaben: s. Butyl-4-hydroxybenzoat.

Butylscopolaminiumbromid: Hyoscini butylbromidum Ph.Eur.4, Butylscopolamini bromidum, Hyoscin-*N*-butylbromid, Scopolamin-*N*-butylbromid; CAS-Nr. 149-64-4; $C_{21}H_{30}BrNO_4$, M_r 440.4. Schmp. 139-141 °C. Weißes, krist. Pulver, leicht lösl. in Wasser u. Chloroform, wenig lösl. in Ethanol. **Anw.** u. **Wirk.:** Spasmolytikum*, parasympatholyt. u. ganglionär hemmend; HWZ 4.2 h.

Butylvinal: s. Vinylbital.

Butyrchloralhydrat: s. Butylchloralhydrat.

Butyrospermum parkii: s. Vitellaria paradoxa.

Butyrum Antimonii: s. Antimon(III)-chlorid.

Butyrum Cacao: s. Theobroma cacao (Cacao oleum).

Butyrum Nucistae: s. Myristica fragrans (Oleum Nucistae).

Butyrum Stanni: s. Zinn(II)-chlorid.

Butyrum Zinci: s. Zinkchlorid.

Buxus sempervirens L.: Buchsbaum; Fam. Buxaceae (Mittelmeergebiet heim., sonst als Zierpfl. angebaut). Stpfl. von **Folia Buxi:** Buchsbaumblätter. **Inhaltsst.:** zahlreiche Alkaloide (bes. Steroidalkaloide): Cyclobuxin D, Cyclovirobuxein A, B u. D, Buxocyclamin u. a.; äther. Öl, Gerbstoff; **Anw.** volkstüml.: z. B. geg. Fieber u. Malaria, Erkrankungen des rheumat. Formenkreises u. Gicht; Abführmittel u. zur Anregung des Gallenflusses. **Hom:** *Buxus sempervirens:* frische, junge Sprosse mit Blättern.

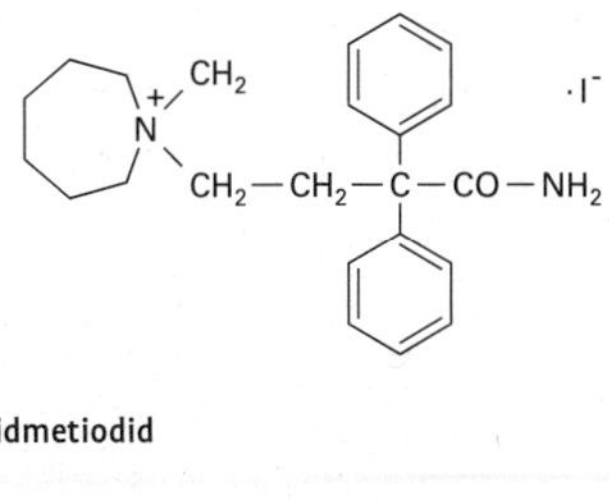

Buzepidmetiodid

B

Buzepidmetiodid INN: Metazepiumiodid; 1-(3-Carbamoyl-3,3-diphenylpropyl)hexahydro-1-methylazepiniumiodid; CAS-Nr. 15351-05-0; $C_{23}H_{31}IN_2O$, M_r 478.4. Schmp. 212-213 °C (unter Zers.). **Anw.**: früher Parasympatholytikum, quartenäre Ammoniumverb. mit peripheren Wirk. ähnl. Atropin*; Ind.: Spasmolytikum* bei viszeralen Spasmen u. bei Schnupfen.

BVA: **1.** Abk. für **B**undesverband* der **A**ngestellten in Apotheken. **2.** Abk. für **B**undesversicherungs**a**nstalt (Österreich).

B-Vitamine: s. Vitamine (Vitamin-B-Gruppe).

BVKA: Abk. für **B**undesverband **K**rankenhausversorgender **A**potheker.

BZgA: Abk. für **B**undeszentrale* für gesundheitliche **A**ufklärung.

C

c: **1.** Vorsatzzeichen für Zenti*-. **2.** (physik.) Symbol für spezifische Wärme*.

C: **1.** (chem.) Symbol für Kohlenstoff*. **2.** (physik.) Symbol für Celsius, s. Celsius-Skala. **3.** (physik.) Symbol für Coulomb*. **4.** (physik.) Symbol für Molwärme; s. Wärme, spezifische. **5.** röm. Zahl für Hundert (centum). **6.** (hom.) Centesimalpotenz, s. Homöopathie.

C5: s. Pentamethonium.

C6: s. Hexamethonium.

C10: s. Dekamethonium.

c. a.: Abk. für **c**arrier **a**dded; s. Träger.

Ca: **1.** (chem.) Symbol für Calcium*. **2.** (med.) Kurzzeichen für Carcinoma; s. Krebs.

CA: **1.** Abk. für **C**hemical* **A**bstracts. **2.** Abk. für **C**ellulose**a**cetat*.

Cabagin: s. Methioninmethylsulfoniumhydrochlorid.

Cabergolin INN: 1-(6-Allylergolin-8β-yl)carbonyl-1-[3-(dimethylamino)propyl]-3-ethylharnstoff; CAS-Nr. 81409-90-7; $C_{26}H_{37}N_5O_2$, M_r 451.62. Strukturformel s. Nicergolin (Abb.). **Wirk.:** Dopaminagonist; **Anw.:** Prolactinhemmer*; zum Abstillen; **UAW:** Schwindel, Übelkeit, Kopfschmerz, selten Erbrechen, Ohnmacht, Nasenbluten, Blutdruckabfall; **Dos.:** 1 g p. o. innerhalb der ersten 24 h nach der Geburt (Einnahme zu einer Mahlzeit).

Ca-Blocker: s. Calciumantagonisten.

Cacao: s. Theobroma cacao.

Cacaobutter: Cacao oleum; s. Theobroma cacao.

Cachets: Capsulae amylaceae; Kapseln aus Stärkemasse, eine Arzneiform; s. Capsulae.

Cachou: **1.** syn. Catechu*. **2.** Salmiakpastillen, (früher) meist in Stäbchenform u. versilbert.

Caco-2: aus humanem Kolonkarzinom stammende Zelllinie, die funktionelle u. morpholog. Differenzierung von Dünndarmepithelzellen zeigt. Bildet auf Filtern u. Plastik einen einschichtigen polarisierten Zellrasen mit Mikrovilli u. tight junctions. In der Pharmazie als Modell für die epitheliale intestinale Barriere anerkannt u. zur Abschätzung der Absorptionsrate von Arzneistoffen u. kolloidalen Arzneiformen eingesetzt.

Cactinomycin INN: Actinomycin C; Antibiotikum aus Streptomyces chrysomallus. Orangerotes krist. Pulver, lösl. in Aceton, wenig lösl. in Chloroform, Methanol, Benzol, sehr schwer lösl. in Ethanol, unlösl. in Ether u. Wasser. **Wirk.** u. **Anw.:** obsolet; hochtox. Antibiotikum* mit antineoplast. Eigenschaften. A. wirkt zytostat. u. bakteriostat.; es fand bes. bei Lymphogranulomatose, chron. lymphat. Leukämie sowie zusätzl. bei der Karzinombehandlung Anw.; heute obsolet.

Cactus cochenillifer: s. Opuntia cochenillifera.

Cactus grandiflorus: s. Selenicereus grandiflorus.

CAD: Abk. für (engl.) *computer* aided design.*

Cadaverin: 1,5-Pentandiamin, ω,ω'-Pentamethylendiamin; $H_2N-(CH_2)_5-NH_2$. Biogenes Amin; entsteht bei der Fäulnis von Eiweißstoffen aus der Aminosäure Lysin*; früher als Leichengift (s. Ptomaine) bezeichnet, ist jedoch ungiftig; vgl. Putrescin. Biogenet. Zwischenstufe von Pyridin- u. Piperidinalkaloiden.

CADD: Abk. für (engl.) *computer aided drug design,* s. drug design.

Cadexomer-Iod INN: Reaktionsprodukt von Dextrin* u. Epichlorhydrin*, gekoppelt an Ionenaustauschergruppen u. Iod*. **Anw.:** Antiseptikum, Dermatikum bei nässenden Wunden.

Cadinen: Cadeöl; $C_{15}H_{24}$; Sdp. 275 °C; linksdrehend. Sesquiterpen*, Best. vieler äther. Öle; Destillationsprodukt aus dem Holz von Juniperus* oxycedrus.

Cadmia: s. Zinkcarbonat, basisches (Tutia grisea).

Cadmium: Klaprothium, Vestalium; Symbol Cd; A_r 112.40, OZ 48. D. 8.64. Schmp. ca. 320 °C. Sdp. 767 °C. Weißes, stark glänzendes, 2-wertiges Metall, das sich leicht schneiden u. pressen lässt. **Vork.:** nat. nur gebunden in den Zinkerzen, bisweilen als Cadmiumsulfid (Greenockit, CdS); als Umweltgift kommt Cd ubiquitär vor (hohe Konz. in Austern); **Darst.:** Dest. von Cd-haltigem Zinkstaub mit Kohle; **Anw.** techn.: zur Herst. leicht schmelzbarer Legierungen (Wood-Metall, Lipowitz-Metall, s. Bismut) sowie zur Herst. rostschützender Überzüge auf Eisen; **Tox.:** Cd ist ein Enzymgift, es reagiert mit Sulfhydrylgruppen. Einatmen von CdO-Rauch führt zu Husten, Kopf- u. Brustschmerzen, in schweren Fällen zum tödl. Lungenödem od. zu Nierenschäden. Verschlucktes CdO bewirkt Bauchschmerzen, heftiges Erbrechen, Durchfall, Krämpfe. LD: 30-40 mg. Chron. Vergiftungen äußern sich in Erkrankungen der Atemwege u. der Nieren. Im Tierversuch erwies sich Cadmium als karzinogen. Die Itai-Itai-Krankheit in Japan (Erkrankung des Knochensystems mit starken Deformierungen) wird auf chron. hohe Cd-Aufnahme mit dem Trinkwasser zurückgeführt. Früher kam es zu Vergiftungen, weil Eisengefäße zur Aufbewahrung von Lebensmitteln mit Cd überzogen waren. MAK: 0.05 mg/m^3 Luft (Cd u. Verb.). **Nachw.** von Cd-Verb.: **1.** H_2S fällt gelbes Cadmiumsulfid CdS, unlösl. in Am-

C

moniumsulfid (Unterschied vom gelben Zinn- u. Arsensulfid) u. unlösl. in Säuren, **2.** beim Glühen mit Natriumcarbonat auf Kohle geben Cd-Verb. einen braunen Beschlag (Pfauenauge). **Gesch.:** entdeckt 1817 von Carl Samuel Leberecht Hermann (1765-1846), Apotheker in Schönebeck, u. gleichzeitig von Friedrich Stromeyer (1776-1895), Prof. in Göttingen.

Hom: *Cadmium metallicum:* metall. Cadmium; verord. z. B. bei Magengeschwüren.

Cadmiumbromid: Cadmium bromatum; $CdBr_2 \cdot 4H_2O$. Weiße Kristallnadeln, sehr leicht lösl. in Wasser u. Ethanol. **Anw.:** Fotografie.

Cadmium chloratum: s. Cadmiumchlorid.

Cadmiumchlorid: Cadmium chloratum; $CdCl_2 \cdot 2H_2O$. Farblose Kristalle, leicht lösl. in Wasser, Ethanol u. Methanol. **Anw.:** Färberei, Fotografie, analyt. Chemie, galvan. Verzinnung.

Cadmiumgelb: s. Cadmiumsulfid.

Cadmiumiodid: Cadmium iodatum, Iodcadmium; CdI_2. D. 5.67. Schmp. 388 °C. Sdp. 713 °C. Weiße, glänz. Schuppen, sehr leicht lösl. in Wasser, lösl. in Ethanol, Ether u. Aceton. **Anw.:** Fotografie.

Cadmiumkaliumcyanid: s. Kaliumtetracyanocadmat.

Cadmiumnitrat: Cadmium nitricum; $Cd(NO_3)_2 \cdot 2H_2O$. D. 2.46. Schmp. 59.5 °C. Sdp. 132 °C. Weiße, strahlige, zerfließl. Kristalle; leicht lösl. in Wasser u. Ethanol. **Anw.:** Porzellanmalerei.

Cadmiumoxid: Cadmium oxydatum anhydricum; CdO. Gelbrotes bis dunkelbraunes Pulver od. Kristalle, unlösl. in Wasser, leicht lösl. in verd. Säuren u. Ammoniumsalz-Lösung. **Anw.:** Galvanotechnik, Malerfarben, Leuchtstoffe.

Cadmiumrot: selenhaltiges Cadmiumsulfid* (Cadmium selenatum). Hellrotes bis dunkelrotes, giftiges Pulver. **Anw.:** Malerfarbe.

Cadmiumsalicylat: Cadmium salicylicum, salizylsaures Cadmium; $(C_6H_4OHCOO)_2Cd \cdot H_2O$. Weiße Kristallnadeln, lösl. in Wasser u. Ethanol. **Anw.:** früher als Adstringens bei Augenentzündungen u. Gonorrhö.

Cadmium selenatum: s. Cadmiumrot.

Cadmiumsulfat: Cadmium sulfuricum; $3CdSO_4 \cdot 8H_2O$; M_r 256.5. Farblose, an der Luft verwitternde Kristalle, leicht lösl. in Wasser, unlösl. in Ethanol. **Darst.:** Auflösen von metall. Cadmium in einem Gemisch von Schwefel- u. Salpetersäure; **Anw.** med.: früher innerl. bei Syphilis u. Erkrankungen des rheumat. Formenkreises; äußerl. früher wie Zinksulfat* in der Augenheilkunde (vgl. Augentropfen); **Dos.:** innerl. 5-30 mg; MED 0.1 g, MTD 0.2 g.

Hom: *Cadmium sulfuricum (HAB1.5):* verord. z. B. bei Magengeschwüren, Durchfällen.

Cadmiumsulfid: Cadmium sulfuratum, Schwefelcadmium, (nat.) Greenockit, Cadmiumgelb, Cadmium Yellow; CdS, M_r 144.47. Polymorph., hellgelbes (α-CdS) od. orangerotes Pulver (β-CdS), unlösl. in Wasser u. verd. Säuren, lösl. in konz. Salzsäure u. Salpetersäure unter Entwicklung von H_2S. **Darst.:** Fällen von Cadmiumsalz-Lsg. mit H_2S. **Anw.:** Pigmente (hellgelb bis tiefrot).

Cadmium sulfuratum: s. Cadmiumsulfid.

Cadmium sulfuricum: s. Cadmiumsulfat.

Cadmium Yellow: s. Cadmiumsulfid.

caecus: coecus; blind. Caecum: Blinddarm*.

CaEDTA: $CaNa_2$-EDTA (s. Edetinsäure).

Caerulein: s. Ceruletid.

caeruleus: coeruleus; dunkelblau.

Caesalpinia bonducella Fleming: Kugelstrauch; Fam. Caesalpiniaceae (Leguminosae) (Molukken, Borneo, Sumatra, Brasilien, Tropen). Stpfl. von **Semen Bonducellae:** Kugelstrauchsamen, Nickersamen. **Anw.** volkstüml.: Fieber u. Wassersucht.

Caesalpinia brevifolia (Clos.) Baill.: Fam. Caesalpiniaceae (Leguminosae) (Chile), Stpfl. von Algarroba*.

Caesalpiniaceae: Sennesgewächse; Fam. der Od. Fabales (Leguminosae); ca. 2000 Arten. Überwiegend trop. u. subtropische Holzpflanzen. Blätter meist wechselständig, einfach od. doppelt gefiedert, oft mit Nebenblättern; Blüten meist zygomorph, 10 freie Antheren. Die Früchte sind vielsamige Hülsen (Legumen), die sich an Rücken- u. Bauchnaht öffnen. **Chem. Merkmale:** Anthrachinonderivate (s. Anthrachinone), pflanzliche Gerbstoffe*, Schleime, Pektin*, Fruchtsäuren, Balsame. **Wichtige Gattungen:** Caesalpinia, Cassia, Ceratonia, Erythrophleum, Haematoxylum, Krameria, Tamarindus.

Caesalpinia coriaria Willd.: Fam. Caesalpiniaceae (Leguminosae) (Westindien, Südamerika). Stpfl. von **Divi-Divi:** Libidibi, Samak; Gerbhülsen, enthalten 30-50 % Gerbstoff. **Anw.:** in der Gerberei.

Caesalpinia echinata Lam.: Guilandina echinata Spr.; Fam. Caesalpiniaceae (Leguminosae) (trop. Amerika). Caesalpinia echinata u. a. Bäume sind Stpfl. von **Lignum Fernambusi:** Lignum brasiliense rubrum, Fernambukholz, Rotholz, Rotes Brasilholz, Japanholz. **Inhaltsst.:** Brasilin (gelber, im Basischen roter Farbstoff) u. daraus durch Oxidation enstandener roter Farbstoff Brasilein, 6 % Gerbstoff, äther. Öl; **Anw.** volkstüml.: Adstringens; techn.: in der Färberei, Druckerei, zur Herst. roter Tinte (fermentierte Ware für med. Zwecke nicht verwendbar).

Caesalpinioideae: s. Fabales.

Caesium: Cäsium; Symbol Cs; A_r 132.9055, OZ 55. D. 1.88. Schmp. 28.5 °C. Sdp. 705 °C. Weiches, silberweißes, einwertiges Alkalimetall, das die Flamme blauviolett färbt. **Vork.:** nat. nur in Form seiner Verb. und stets zus. mit Rubidium*. **Anw.:** früher nur Caesiumbitartrat bei nervösen Herzleiden; **Gesch.:** 1860 von Gustav Robert Kirchhoff (1824-1887) u. Robert Wilhelm Bunsen (1811-1899) entdeckt.

Cafaminol INN: 8-[*N*-(2-Hydroxyethyl)methylamino]-1,3,7-trimethylxanthin, 8-(2-Hydroxyethyl)methylamino-coffein, Methylcoffanolamin; 1,2,3,6-Tetrahydro-8-[*N*-(2-hydroxyethyl)-*N*-methylamino]-1,3,7-trimethyl-2,6-purindion; CAS-

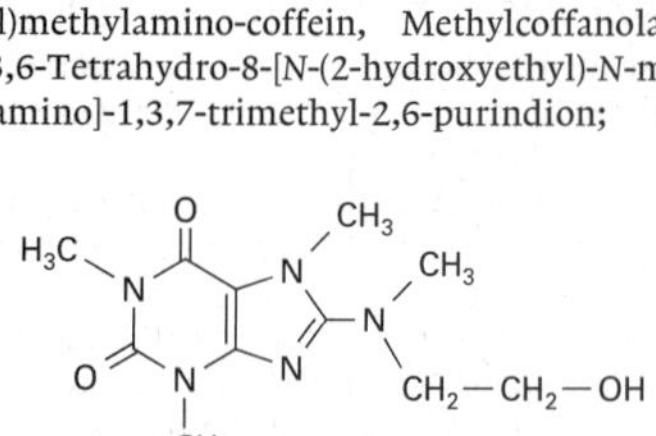

Cafaminol

Nr. 30924-31-3; $C_{11}H_{17}N_5O_3$. **Anw.**: früher Sekretomotorikum bei Schnupfen.
Caffeine: s. Coffein.
Cahn-Ingold-Prelog-System: s. R/S-Nomenklatur.
Cainca: s. Chiococca alba.
Cajeputöl: Cajeputi aetheroleum; s. Melaleuca leucadendron var. cajeputi (Oleum Cajeputi).
Cajeputum: s. Melaleuca leucadendron var. cajeputi.
cal: (physik.) Einheitenzeichen für Kalorie*.
Calabarbohne: s. Physostigma venenosum (Semen Calabar).
Caladium seguinum: s. Dieffenbachia seguine.
Calamina: Lapis calaminaris, Galmei, gemahlenes Galmeierz; Mischung von Zinkcarbonat u. Zinksilicat; gelbbraunes Pulver. **Anw.**: traditionell in Wundpulvern u. -salben.
Calamus aromaticus: s. Acorus calamus.
Calamus Draco: s. Daemonorops draco.
Calcarea acetica: s. Calciumacetat.
Calcarea arsenicosa: s. Calciumarsenit.
Calcarea bromata: s. Calciumbromid.
Calcarea carbonica: s. Calcium carbonicum Hahnemanni.
Calcarea caustica Segini:
Hom: *Calcium causticum Segini:* gesättigte Lsg. von Calciumhydroxid* in 50%igem Ethanol. Die 5. Dez.-Potenz u. höhere werden mit 45%igem Ethanol hergestellt.
Calcarea fluorica: s. Calciumfluorid.
Calcarea hypophosphorosa: s. Calciumphosphinat.
Calcarea iodata: s. Calciumiodid.
Calcarea phosphorica: s. Calciumphosphat.
Calcarea sulfurica: s. Calciumsulfat.
Calcaria absorbens: s. Atemkalk.
Calcaria chlorata: s. Chlorkalk.
Calcaria hydrata: s. Calciumhydroxid.
Calcaria hydrosulfurata: s. Calciumhydrogensulfid.
Calcaria saccharata: Zuckerkalk; Geh. nach EB6 mind. 10% CaO. Weiße, seidige Lamellen od. weißes Pulver von süßl., später laugigem Geschmack; lösl. in Wasser, unlösl. in Ethanol. **Darst.**: Zusammenbringen von Calciumhydroxid, Zucker u. Wasser, anschließend Eindampfen u. Trocknen; **Inkomp.**: lösl. Phosphate, Sulfate, Carbonate; **Anw.**: Antacidum* bei Diarrhö, Antidot bei Säurevergiftungen; **Dos.**: alle 5 min 1-2 TL in einem Glas Wasser, bes. bei Vergiftungen mit Oxalsäure*.
Calcaria usta: s. Calciumoxid.
Calcifediol: (3β,5*Z*,7*E*)-9,10-Secocholesta-5,7,10(19)-trien-3β,25-diol; CAS-Nr. 19356-17-3; $C_{27}H_{44}O_2$, M_r 400.64. **Anw.**: Calciumregulator; **UAW** u. **Kontraind.**: s. Vitamine (Vitamin D, Tox.); **Dos.**: 2500-5000 I.E./d p.o.; HWZ 30-360 h. **Calcifediolmonohydrat**: Calcifediolum Ph.Eur.; CAS-Nr. 63283-36-3; $C_{27}H_{46}O_3$, M_r 418.48, $C_{27}H_{44}O_2 \cdot H_2O$, M_r 418.7; weiße bis fast weiße Kristalle, unlösl. in Wasser, leicht lösl. in Ethanol, lösl. in fetten Ölen; Substanz ist empfindl. gegen Luft, Wärme u. Licht; in Lsg. reversible Isomerisierung zu Prä-Calcifediol in Abhängigkeit von Temp. u. Zeit; Calcifediol u. Prä-Calcifediol sind biologisch aktiv.
Calciferol: s. Vitamine (Vitamin D).

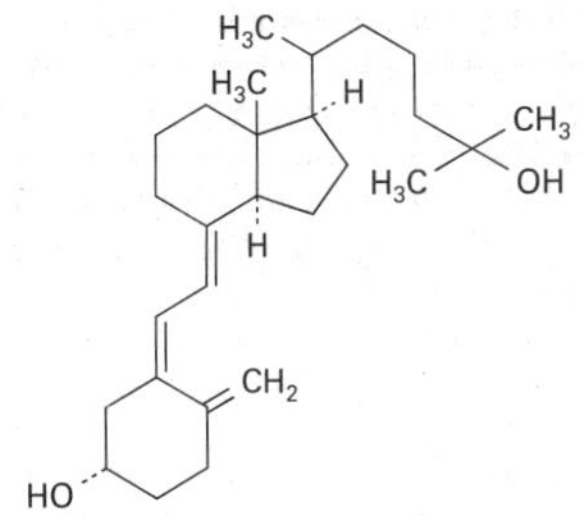

Calcifediol

Calcifizierung: **1.** Verkalkung infolge von Kalkablagerungen in Geweben. **2.** Einbau von Calciumsalzen in das Knochengewebe.
Calcii aminosalicylas: s. 4-Aminosalicylsäure.
Calcii arachinas: s. Calciumarachinat.
Calcii borogluconas: s. Calciumborogluconat.
Calcii carbonas: s. Calciumcarbonat.
Calcii chloridum: s. Calciumchlorid.
Calcii citras tetrahydricus: s. Calciumcitrat.
Calcii gluconas: s. Calciumgluconat.
Calcii hydrogenophosphas: s. Calciumhydrogenphosphat.
Calcii lactas: s. Calciumlactat.
Calcii laevulas: s. Calciumlävulinat-Dihydrat.
Calcii pantothenas: s. Calcium-D-pantothenat.
Calcii Phosphas Tribasicus: s. Calciumphosphat.
Calcii Stearas: s. Calciumstearat.
Calcinieren: Kalzinieren; einen Stoff in eine Kalk ähnl. Substanz verwandeln, d.h. ihm durch Glühen CO_2 u. Wasser entziehen od. org. Beimengungen zerstören, z.B. Pottasche (Kaliumcarbonat*), Soda (Natriumcarbonat*), Knochen.
Calcipotriol INN: (5*Z*,7*E*,22*E*,24*S*)-24-Cyclopropyl-9,10-secochola-5,7,10(19),22-tetraen-1α,3β,24-triol; CAS-Nr. 112828-00-9; $C_{27}H_{40}O_3$, M_r 412.61. **Wirk.**: als Vitamin-D_3-Analogon bindet C. an den Rezeptor des nat. 1,25-Dihydroxycolecalciferol u. hemmt dadurch die Zellproliferation; **Anw.**: Dermatikum, bei leichter bis mittelschwerer Psoriasis vom Plaque-Typ; **UAW:** gelegentl. Hautreizungen, reversible fasziale u. periorale Dermatiden; **Kontraind.**: schwere Nieren- u. Lebererkrankungen; Anw. im Gesicht u. auf dem behaarten Kopf; Schwangerschaft u. Stillzeit; Jugendl. unter 18 Jahren; **Dos.**: topisch 0.005%ige Salbe 1- bis 2-mal tägl. dünn auftragen, max. verbrauchte Menge 15 g/d u. 100 g/Woche; ins-

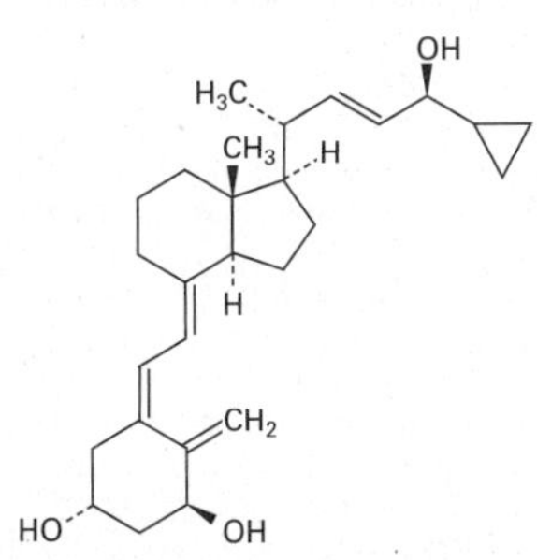

Calcipotriol

gesamt sollten nicht mehr als 30 % der Hautfläche eingerieben werden (entspr. einem Arm u. einem Bein).

Calcitonin INN: Abk. CT, Thyreocalcitonin; CAS-Nr. 9007-12-9; M_r ca. 4500. Ein in ultimobronchialen Körpern gebildetes Polypeptidhormon aus 32 Aminosäuren. **Gew.**: Extraktion aus den Schilddrüsen von Säugetieren od. den ultimobronchialen Drüsen von Nichtsäugetieren; auch synthet. herstellbar; **Wirk.**: senkt den Calcium- u. Phosphatspiegel im Plasma von Säugetieren, indem es die Freisetzung von Calciumionen aus den Knochen hemmt (Antagonist zum Parathormon); vgl. Hormone (Schilddrüse). **Calcitonin vom Schwein**: lösl. in Wasser, Alkalihydroxid-Lsg.; unlösl. in Aceton, Ethanol, Chloroform, Ether; wenig lösl. in Mineralsäurelösungen. HWZ ca. 40 min. **Calcitonin vom Lachs**: Calcitoninum salmonis Ph.Eur.4; CAS-Nr. 12321-44-7; synthet. Polypeptid, die Struktur entspr. der von Salmcalcitonin I. Weißes, leichtes Pulver; sehr schwer lösl. in Ethanol; lösl. 1:10 in Methanol, in Eisessig, Wasser; wenigstens 1:5 bei pH 4-6. HWZ 70-90 min. **Calcitonin vom Menschen**: Calcitoninum humanum Ph.Helv.7; synthet. Polypeptid, mit der L-Aminosäuresequenz des menschl. C.; enthält ca. 3 Äqivalente Salzsäure, gebunden an die basischen Gruppen des Peptids, sowie wechselnde Mengen Wasser u. Essigsäure. Weißes amorphes Pulver; lösl. in Wasser, verd. Salzsäure u. Natronlauge; in wässriger, schwach saurer Lsg. bildet sich eine gallertige Fällung. **Anw.**: bei zu hohem Serumcalciumspiegel (Hyperkalzämie), Osteoporose (Verminderung des Knochengewebes bei erhaltener Knochenstruktur) mit erhöhtem Mineralumsatz; s. Ostitis; **UAW**: gelegentl. Wärmegefühl im Kopf u. Gesichtsrötung sofort nach der Applikation; ferner gastrointestinale Störungen, Schwindel, Erbrechen u. lokale Irritationen an der Injektionsstelle. Infolge einer Überdosierung kann es zu einer hypokalzäm. Tetanie, die eine Calciumsubstitution erfordert, kommen. Anw. während der Schwangerschaft nur bei strenger Ind., kontraindiziert während der Stillzeit; **Dos.**: parenteral bei Hyperkalzämie (s. c., i. m.) 5 I.E./kg KG/d auf 2-4 ED verteilt; bei Morbus Paget (s. c., i. m.) 100 I.E./d; in dringl. Fällen auch i. v.-Gabe möglich. Gebräuchl. ist auch Calcitoninhydrochlorid; vgl. Elcatonin.

Calcitriol INN: Calcitriolum Ph.Eur.; 1α,25-Dihydroxycolecalciferol; CAS-Nr. 32222-06-3; $C_{27}H_{44}O_3$, M_r 416.65. Farblose, krist. Substanz, empfindl. gegen Luft, Wärme u. Licht; fast unlösl. in Wasser; in Lsg. kommt es zur langsamen Isomerisierung zu Prächalcitriol. **Anw.**: Calcium-Regulator bei renaler Osteodystrophie; vgl. Vitamine (Vitamin D).

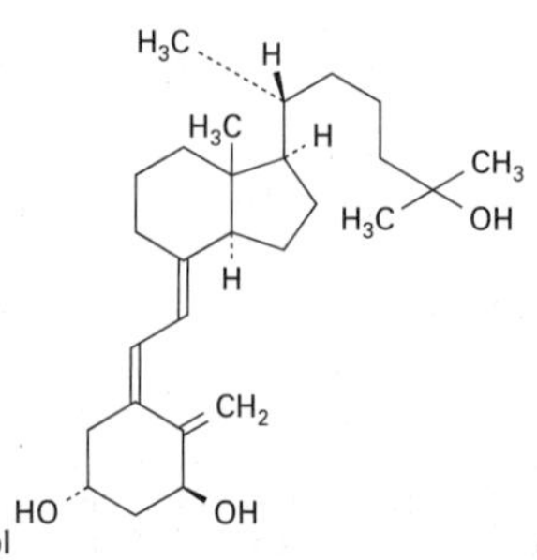

Calcitriol

Calcium: Kalzium; Symbol Ca; A_r 40.08, OZ 20. D. 1.54. Schmp. 845 °C. Sdp. 1483 °C. Härte 1.5. Weißes, schneidbares, 2-wertiges Erdalkali-Leichtmetall; verbrennt mit gelber Flamme, zersetzt sich sehr langsam in Wasser zu Calciumhydroxid u. Wasserstoff; löst sich in flüss. Ammoniak mit tief blauschwarzer Farbe zu $Ca(NH_3)_6$. **Vork.**: nat. nur gebunden als Carbonat ($CaCO_3$: Marmor, Kreide, Kalkstein), Sulfat ($CaSO_4$: Alabaster, Gips), ferner als Silicat, Phosphat, Fluorid. Ca gehört zu den 10 häufigsten Elementen, es ist zu 3.4 % am Aufbau der Erdrinde beteiligt. **Darst.**: Elektrolyse von geschmolzenem Calciumchlorid; **Anw.** chem.: Reduktionsmittel; zum Entwässern org. Verb., z. B. Ethanol (bildet mit Wasser $Ca(OH)_2$). **Physiologie**: der menschl. Körper enthält ca. 1 kg Ca, davon rund 99 % als Apatit im Skelett; ca. die Hälfte des übrigen Ca liegt im Serum als Ca^{2+}, die andere Hälfte vor allem an Proteine gebunden vor. Die empfohlene Zufuhr an Ca-Verb. beträgt ca. 1 g/d; die Ausscheidung ca. 0.2 g/d. Der Calciumhaushalt (Calciumstoffwechsel) wird durch resorptionsförderndes Vitamin D (s. Vitamin) u. Parathormon* sowie das antagonist. wirkende Calcitonin* reguliert (Bildungsorte sind Nebenschilddrüse u. Schilddrüse, s. Hormone; vgl. Biphosphonate). Ca ist wichtig für den Knochenaufbau, die Muskelkontraktion, die Blutgerinnung* u. die Erregungsübertragung u. a. in Synapsen* u. Sinneszellen. Es reguliert bzw. aktiviert versch. Enzyme wie Adenylatcyclase*, Phosphodiesterase* u. Phospholipase* A_2. Calciumionen wirken antiphlogist. u. antiallerg., sie haben eine die Gefäße abdichtende Wirk.; s. Calciumtherapie. **Nachw.** von Ca-Verb.: **1.** sie färben die Flamme gelbrot (im Spektrum eine intensiv grüne u. eine violette Linie); **2.** Ammoniumoxalat fällt auch aus sehr verd. Ca-Salzlsg. weißes Calciumoxalat (CaC_2O_4), unlösl. in Essig- u. Oxalsäure; **3.** Schwefelsäure fällt nur aus konz. Ca-Salzlsg. weißes, krist. Calciumsulfat ($CaSO_4$); **4.** mit Glyoxalbishydroxyanil* bilden Calciumionen einen roten Chelatkomplex, der mit Chloroform ausgeschüttelt werden kann. **Gesch.**: 1808 von Jöns Jakob Berzelius (1779-1848) u. Magnus Martin Pontin (1781-1858) elektrolyt. als Ca-Amalgam gewonnen.

Calciumacetat: Calcium aceticum, essigsaures Calcium, Graukalk; CAS-Nr. 543-90-8; $Ca(CH_3CO_2)_2$, M_r 158.18. Weißes Pulver, lösl. in Wasser u. Ethanol. **Anw.** med.: Phosphatbinder bei uräm. Hyperphosphatämie; techn.: in der Färberei, Gerberei, zur Holzessiggewinnung. Techn. Graukalk ist eine graue krümelige Masse, die ca. 80 % Calciumacetat, 14 % Wasser u. 4-6 % Phenole enthält. **Hom**: *Calcium aceticum,* Calcarea acetica: verord. z. B. bei Schleimhautentzündungen.

Calcium aceticum: s. Calciumacetat.

Calcium aceticum solutum Hahnemanni: **Hom**: Darst.: verd. Essigsäure wird mit Calciumcarbonat* gesättigt u. dann erwärmt. Nach dem

Erkalten wird sie durch Zusatz von Wasser auf D 1 verdünnt u. filtriert. Gehalt: ca. 22% Calciumacetat; Anw.: unpotenziert.

Calciumacetylsalicylat: Calcium acetylosalicylicum, Calcium-bis(acetylsalicylat), lösliches Aspirin; CAS-Nr. 69-46-5; $C_{18}H_{14}CaO_8 \cdot 2H_2O$ (Dihydrat), M_r 434.4. Weißes Pulver, leicht lösl. in Wasser; wenig lösl. in Ethanol; Lsg. instabil, daher stets frisch bereiten. **Anw.:** s. Acetylsalicylsäure.

Calciumacetylsalicylatcarbamid: s. Carbasalat-Calcium.

Calciumamygdalat: s. Calciummandelat.

Calciumantagonisten: syn. Ca-Antagonisten, Calciumblocker, Calciumkanalblocker; Arzneimittel, die den Einstrom von Calcium in die Zelle vermindern od. verhindern u. damit eine Entkopplung von elektr. Erregung der Zelle u. Muskelkontraktion bewirken. Als Folge davon nimmt der Gefäßwiderstand v.a. im arteriellen Teil ab u. Sauerstoff wird eingespart. C. wirken negativ inotrop auf die Herzmuskelzelle u. gefäßerweiternd an kardialen u. peripheren Arterien, wodurch es zu einer antihypertensive Wirk. u. zu einer Entlastung des Herzens kommt (Verminderung der Nachlast*). Der Sauerstoffverbrauch wird gesenkt u. ein günstigeres Verhältnis zw. Sauerstoffangebot u. -verbrauch erreicht (Ökonomisierung). Außerdem wird am Herzen die Frequenz erniedrigt u. die AV*-Überleitung gehemmt.

Anw.: C. sind besonders bei Tachyarrhythmien der Vorhöfe indiziert. Sie werden allein od. in Kombination mit org. Nitraten (Senkung der Vorlast) u. Betasympatholytika (s. Sympatholytika) zur Prophylaxe u. Ther. der Angina pectoris verwendet; bei Bluthochdruck v.a. gefäßwirksame 4-Phenyldihydropyridincarbonsäure-Derivate (Nifedipin*, Nitrendipin*, Amlodipin*, Felodipin*, Nisoldipin*, Nilvadipin*) u. als Antiarrhythmika*, z.B. Verapamil*, Diltiazem*, Gallopamil*. Weitere Einsatzgebiete sind akute Linksherzinsuffizienz, Infarktprophylaxe, periphere Durchblutungsstörungen, zerebrale Gefäßspasmen u. Migräne, Tokolyse u. Arteriosklerose. **UAW:** Kopfschmerzen, bradykarde Herzrhythmusstörungen, Blutdruckabfall, Beinödeme u. Hautrötungen; **Kontraind.:** AV-Block, bestimmte Formen der Herzinsuffizienz, schwere Hypertonie, frischer Herzinfarkt.

Calciumarachinat: Calcii Arachinas, Calcium arachinicum; CAS-Nr. 22302-43-8. Gemisch von vorwiegend Calciumarachinat, $Ca(C_{19}H_{39}COO)_2$, M_r 663; Calciumstearat, $Ca(C_{17}H_{35}COO)_2$, M_r 607 u. Calciumbehenat, $Ca(C_{21}H_{43}COO)_2$, M_r 719. In Wasser, Ethanol u. Ether prakt. unlöslich, in Chloroform, Toluol wenig löslich. Inkomp.: s. Magnesiumstearat. **Anw.:** Hilfsstoff bei der Herst. von Tabletten (Gleitmittel*) u. Pudern (kühlend, verbessert Haftvermögen).

Calcium arsenicosum: s. Calciumarsenit.

Calciumarsenit: Calcium arsenicosum; $Ca_3(AsO_3)_2$. **Hom:** *Calcium arsenicosum,* Calcera arsenicosa: verord. z.B. bei Drüsenerkrankungen, chron. Nierenentzündungen, Herzschwäche.

Calciumascorbat INNv: Calcii ascorbas Ph.Eur.4; CAS-Nr. 5743-27-1; $C_{12}H_{14}CaO_{12} \cdot 2H_2O$, M_r 426.34. Weißes bis schwach gelbl. Pulver, leicht lösl. in Wasser; schwer lösl. in Ethanol. **Anw.:** antiskorbut. Vitamin.

Calciumbehenat: Calcii behenas, Calcium behenicum; Gemisch von Calciumsalzen höherer Fettsäuren; vorwiegend Behensäure, neben Arachinsäure, Lignocerinsäure, Palmitinsäure, Stearinsäure sowie einen kleinen Anteil von Ölsäure; nach DAB10 5.7-6.3% Calcium. Weißes, leichtes, in Wasser schwer benetzbares Pulver. Prakt. unlösl. in Wasser, sehr schwer lösl. in wasserfreiem Ethanol u. Ether; vgl. Calciumarachinat.

Calciumbenzoat: Calcium benzoicum, benzoesaures Calcium; $Ca(C_6H_5COO)_2 \cdot 3H_2O$. Farblose Kristalle od. Pulver, lösl. in Wasser. **Anw.:** Konservierungsmittel (s. Benzoesäure); früher als Umstimmungsmittel u. Antiseptikum bei Skrofulose*, Gicht, Struma; **Dos.:** 0.3-1.0 g.

Calcium bicarbonicum: s. Calciumhydrogencarbonat.

Calciumbiphosphat: s. Calciumhydrogenphosphat.

Calciumbisulfit: s. Calciumhydrogensulfit.

Calcium bisulfurosum: s. Calciumhydrogensulfit.

Calciumblocker: s. Calciumantagonisten.

Calciumborogluconat: Calcii borogluconas, Calcium borogluconicum; CAS-Nr. 5743-34-0; Komplexverb. od. nahezu äquimolares Gemisch von Calciumgluconat* u. Borsäure*; Calciumgeh. 7.3-7.9%, Geh. an Borsäure 12.0-18.0%. Weißes Pulver, langsam lösl. in 5 T. Wasser, leichter lösl. in siedendem Wasser. **Off.:** ÖAB90; **Anw.** vet.: Hypokalzämie.

Calcium borogluconicum: s. Calciumborogluconat.

Calcium-Brausepulver: s. Pulvis Calcii effervescens.

Calcium bromatum: s. Calciumbromid.

Calciumbromid: Bromcalcium, Calcii bromidum, Calcium bromatum, Calcearea bromata; $CaBr_2$, M_r 199.91. D. 3.35. Schmp. 765 °C. Sdp. ca. 810 °C. Weißes krist., hygroskop. Pulver, sehr leicht lösl. in Wasser, leicht lösl. in Ethanol, unlösl. in Ether u. Chloroform. **Darst.:** Sättigen von Bromwasserstoffsäure mit Calciumcarbonat u. Eindampfen. **Off.:** ÖAB90; **Anw.** med: vgl. Kaliumbromid. **Hom:** *Calcium bromatum,* Calcarea bromata.

Calciumcarbid: Calciumkarbid, Carbid; CaC_2, M_r 64.10. Chem. rein: farblose, durchsichtige Kristalle; techn.: grauschwarze Massen. 1 kg reines CaC_2 entwickelt mit Wasser bei 15 °C 350 L Acetylen* (C_2H_2). Der unangenehme Carbid-Geruch beruht auf geringen Beimengungen von Calciumphosphid, aus dem sich bei Feuchtigkeit Phosphorwasserstoff entwickelt; der Geh. an PH_3 soll 0.04% (V/V) nicht übersteigen. **Darst.:** Zusammenschmelzen von Calciumoxid mit Kohle im elektr. Ofen bei 2200-2300 °C. **Anw.** techn.: zur Herst. von Acetylen für Schweißzwecke, als Reduktionsmittel in der Metallurgie, zur Herst. von Kalkstickstoff*, vgl. Carbide. Einsatz früher z.B. in Carbidlampen: $CaC_2 + 2H_2O \rightarrow H_2C_2 + Ca(OH)_2$. **Gesch.:** erstmals 1862 von Friedrich Wöhler (1800-1882) dargestellt.

Calciumcarbimid: s. Kalkstickstoff.

Calciumcarbonat: kohlensaures Calcium, Kalk, Calcium carbonicum, Calcii carbonas Ph.Eur.4;

C

CAS-Nr. 471-34-1; $CaCO_3$, M_r 100.1. Weißes Pulver, unlösl. in Wasser u. Ethanol; lösl. in Säuren unter Bildung von Salzen u. Freigabe von CO_2, etwas lösl. in CO_2-haltigem Wasser unter Bildung von Calciumhydrogencarbonat*; zerfällt ab 900 °C in Calciumoxid* (CaO, gebrannter Kalk) u. CO_2. **Vork.**: nat. als Kalkstein, Kreide, Marmor, Aragonit, Kalkspat, Muschelschalen, Eierschalen, Korallen, Krebssteine, Sepiaknochen. **Anw.**: u. a. bei Gastritis, Diarrhöen, als Antiacidum (hohe Säurebindungskapazität); wirkt obstipierend (s. Obstipation); Hilfsstoff in der Kosmetik; Streupulverzusatz. **Dos.**: 0.5-2 g; zu Zahnpulvern, Zahnpasten. **Schlämmkreide**: Creta praeparata; feines, weißes, sehr reines Kalkpulver, das durch Schlämmen von Kreide, die in der Kreidezeit aus Kleinlebewesen entstand, erhalten wird.

Calciumcarbonat, gefälltes: Calcium carbonicum praecipitatum; $CaCO_3$. Weißes, geschmackloses Pulver, unlösl. in Wasser, lösl. in Säuren unter Aufbrausen. **Darst.**: Fällen von Calciumchlorid-Lsg. mit Natriumcarbonat-Lsg.; **Anw.** med.: äußerl. als Streu- u. Zahnpulver; innerl. als Antazidum bei Sodbrennen, Magenhyperazidität, ferner früher bei Rachitis, Skrofulose*; **Dos.**: 0.5-2 g mehrmals täglich. **Calciumcarbonat für äußeren Gebrauch, gefälltes**: Calcium carbonicum praecipitatum pro uso externo; **Anw.**: Streupulver, Zahnpulver.

Calcium carbonicum: s. Calciumcarbonat.

Calcium carbonicum Hahnemanni:
Hom: *Austernschalenkalk (HAB1.3):* innere, weiße T. zerbrochener Schalen der Auster (Ostrea edulis), bestehend aus $CaCO_3$ u. Spurenelementen; Konstitutionsmittel; verord. z. B. bei Knochenwachstumsstörungen, rezidivierenden Infekten, Neurodermitis, Verdauungsstörungen bei Kindern.

Calcium carbonicum nativum: nat. Kreide; vgl. Calciumcarbonat.

Calcium carbonicum praecipitatum: s. Calciumcarbonat, gefälltes.

Calcium carbonicum praecipitatum pro uso externo: s. Calciumcarbonat, gefälltes.

Calcium carbonicum praeparatum naturale: nat. Kreide; vgl. Calciumcarbonat.

Calcium causticum Segini: s. Calcarea caustica Segini.

Calciumchlorat: chlorsaures Calcium, Calcium chloricum; $Ca(ClO_3)_2 \cdot H_2O$. Farblose bis gelbl. Kristalle, leicht lösl. in Wasser, lösl. in Ethanol u. Aceton. **Anw.**: Unkrautvertilgungsmittel sowie in der Feuerwerkerei.

Calcium chloratum: s. Calciumchlorid.

Calcium chloricum: s. Calciumchlorat.

Calciumchlorid: Nebenprodukt beim Solvay-Soda-Verfahren (s. Natriumcarbonat) od. durch Lösen von Calciumcarbonat in Salzsäure gewonnen. **Calciumchlorid-Dihydrat**: Calcii choridum dihydricum Ph.Eur.4, Calcium chloratum, Calcearea muriatica, Chlorcalcium; CAS-Nr. 10035-04-8; $CaCl_2 \cdot 2\ H_2O$, M_r 147.0. Weißes, körniges od. krist., hygroskop. Pulver von brennendem, salzigem, schwach bitterem Geschmack; leicht lösl. in Wasser u. Ethanol. **Calciumchlorid-Hexahydrat**: Calcii chloridum hexahydricum Ph.Eur.4; $CaCl_2 \cdot 6\ H_2O$, M_r 219.1; weiße, krist. Masse od. farblose Kristalle, sehr leicht lösl. in Wasser, leicht lösl. in Ethanol; erstarrt bei etwa 29 °C. **Anw.**: innerl. als Hämostatikum, bei Hämorrhagien, Substitution bei akuten u. chron. Mangelzuständen, Hautkrankheiten, Heuschnupfen, Serumkrankheit; **Zuber.**: Liquor Calcii chlorati; **Dos.**: 0.2-1.0 g mehrmals tägl. in stark verd. Lsg.; schlecht verträgl.; zur Calciumtherapie* werden Salze org. Säuren bevorzugt; äußerl.: Augenwasser, Verbandwasser. **Calcium chloratum crudum**: rohes Calciumchlorid, Chlorcalcium, $CaCl_2$. Gelbl. Stücke. **Darst.**: Nebenprodukt bei der Sodagew. nach Solvay; **Anw.** techn.: feuerfeste Anstriche u. zum Imprägnieren sowie zu Kältemischungen*. **Calcium chloratum fusum**: geschmolzenes Calciumchlorid, wasserfreies Calciumchlorid. Farblose, krist. Stücke od. Stangen; **Darst.**: Erhitzen von Calcium chloratum siccum; **Anw.** chem.: Trocknen von org. Flüss. z. B. Ether, Chloroform, Ester.
Hom: *Calcium chloratum,* Calcarea muriatica.

Calciumchloridlösung: s. Liquor Calcii chlorati.

Calciumcitrat: Calcium citricum, Calciumcitrat-Tetrahydrat, Calcii citras tetrahydricus, citronensaures Calcium; CAS-Nr. 5785-44-4. $Ca_3(C_6H_5O_7)_2 \cdot 4\,H_2O$. M_r 570.51 Weißes Pulver, sehr schwer lösl. in Wasser, unlösl. in Ethanol. **Off.**: DAC86, ÖAB90; **Anw.** med.: Calciumtherapie*, hauptsächl. in der Kinderpraxis; **Dos.**: 1.0 g/d (Erwachsene).

Calcium citricum: s. Calciumcitrat.

Calcium cresolicum: s. Phenolkalk.

Calciumcyanamid: s. Kalkstickstoff.

Calcium cyclohexenylethylbarbituricum: s. Cyclobarbital-Calcium.

Calcium, cyclohexenylethylbarbitursaures: s. Cyclobarbital-Calcium.

Calciumdihydrogenphosphat: Calcium phosphoricum acidum, Calcii dihydrogenophosphas, Calcium dihydrogenphosphoricum, Calcium phosphoricum monobasicum, primäres Calciumphosphat, Monocalciumphosphat; $Ca(H_2PO_4)_2 \cdot H_2O$, M_r 252.08. Wenig lösl. in Wasser, unlösl. in Ethanol. Inkomp.: Tetracyclin, feuchtigkeitsempfindl. Wirkstoffe (durch langsame Wasserabgabe) u. Wirkstoffe, die mit C. schlecht lösl. Phosphate bilden. **Off.**: Ph.Helv.7; **Anw.**: Calcium- u. Phosphorsubstitution.

Calciumdobesilat INN: Calcii dobesilas, Calcium hydrochinonsulfonat; Calcium-di(2,5-dihydroxybenzolsulfonat); $C_{12}H_{10}CaO_{10}S_2$, M_r 418.41. Gebräuchl. ist **Calciumdobesilatmonohydrat** INNv: Calcii dobesilas monohydricum Ph.Eur.; Calcium-di(2,5-dihydroxybenzolsulfonat)monohydrat; CAS-Nr. 20123-80-2; $C_{12}H_{10}CaO_{10}S_2 \cdot H_2O$, M_r 436.44. Schmp. >250 °C (unter Zers.). Weißes, hygroskop. Pulver; sehr leicht lösl. in Wasser u.

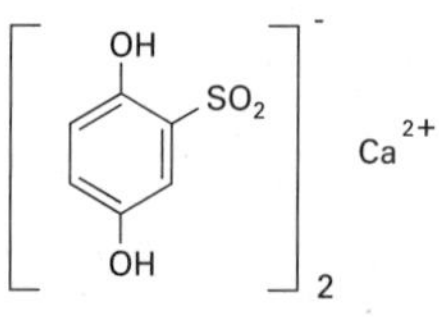

Calciumdobesilat

Ethanol; fast unlösl. in Ether. **Anw.:** Venenmittel, zur Gefäß- u. Kapillarabdichtung bei erhöhter Kapillarbrüchigkeit und -permeabilität; **Dos.:** bei diabet. Mikroangiopathie u. Retinopathie p. o. 0.5-0.7 g/d in geteilten Dosen zu den Mahlzeiten über 4-6 Monate, dann Dosissenkung auf 0.25-0.5 g/d; bei chron. venöser Insuffizienz p. o. 0.75-1 g/d über 1-3 Wochen, dann Dosissenkung auf 0.25-0.5 g/d; HWZ 6 h.

Calcium, essigsaures: s. Calciumacetat.

Calcium fluoratum: s. Calciumfluorid.

Calciumfluorid: Calcium fluoratum, Calcii fluorifum, Fluorcalcium, Fluorit (Flussspat, mineral.); CaF_2, M_r 78.1. Weißes Pulver, unlösl. in Wasser, lösl. in konz. Mineralsäuren. **Off.:** DAB10; **Anw.** techn.: Flussmittel in der Metallurgie, Mineral für Schmucksteine (bedingt durch Beimengungen auch gelb, grün, rosa, grau, violett); med.: innerl. od. als Zahnpastenzusatz zur Kariesprophylaxe, für die Entwicklung der Zähne u. Zahnschmelzbildung; **Dos.:** p. o. ED 0.3 mg, MTD 1 mg.
Hom: *Calcium fluoratum (HAB1.2),* Calcarea fluorica: verord. z. B. bei Bindegewebeschwäche, Drüsenverhärtungen, Karies.
Hom: *Fluorit (HAB1.3):* nat., feinpulverisierter Flussspat, enthält mind. 90 % CaF_2; verord. wie Calcium fluoratum.

Calciumfolinat INN: Calcii folinas Ph.Eur.; Calcium-5-formyl-5,6,7,8-tetrahydropteroylglutamat; CAS-Nr. 1492-18-8; $C_{20}H_{21}CaN_7O_7$; Calciumsalz der (*S*)-2-[(*RS*)-4-(2-Amino-5-formyl-4-hydroxy-5,6,7,8-tetrahydropteridin-6-ylmethylamino)benzamido]pentandisäure (Folinsäure*, Strukturformel vgl. Vitamine, Abb. 7). M_r 511.51. Amorphes od. krist. Pulver; wenig lösl. in Wasser, fast unlösl. in Aceton u. Ethanol; die amorphe Form kann übersättigte wässrige Lsg. ergeben. **Anw.:** Antidot bei der Behandlung mit Folsäureantagonisten wie Methotrexat*; **Dos.:** als Antidiot p. o. 15 mg; parenteral i. m. 3 mg; bei Folsäuremangelanämie i. m. 1 mg; HWZ 0.5 h bzw. 2.25 h (Metaboliten).

Calciumformiat: ameisensaures Calcium, Calcium formicicum; $Ca(HCO_2)_2$. Weiße Kristalle od. weißes Pulver, leicht lösl. in Wasser. **Anw.** med.: früher bei Blutungen verwendet.

Calcium formicicum: s. Calciumformiat.

Calciumglucoheptonat: Calcii glucoheptonas Ph.Eur., Calciumgluceptat; Calcium-bis(D-glycero-D-gulo-heptonat); Calciumsalz der Glucoheptonsäure* (Strukturformel s. Abb.); CAS-Nr. 17140-60-2; $C_{14}H_{26}CaO_{16}$; M_r 490.4. Weißes bis leicht gelbl. amorphes Pulver, prakt. unlösl. in Ethanol u. vielen anderen org. Lösungsmitteln, leicht lösl. in Wasser. **Anw.:** Calciumtherapie* sowie bei Blutungen; Antidot bei Vergiftungen z. B. mit Oxalsäure, Fluoriden (vgl. Calciumgluconat); **Dos.:** i. m. od. i. v. 22 %ige Lösung.

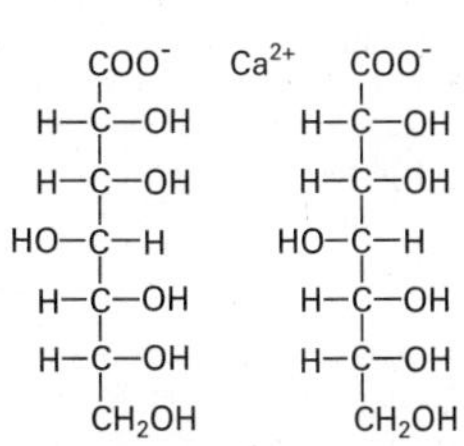

Calciumglucoheptonat

Calciumgluconat: Calcii gluconas Ph.Eur., Calcium gluconicum; Calciumsalz der D-Gluconsäure* (Monohydrat); CAS-Nr. 18016-24-5 (Anhydrat: CAS-Nr. 299-28-5); $C_{12}H_{22}CaO_{14} \cdot H_2O$, M_r 448.4. Weißes Pulver od. Granulat, opt. rechtsdrehend in wässriger Lsg.; lösl. in 30 T. Wasser (20 °C), in ca. 4 T. Wasser (100 °C), fast unlösl. in Ethanol u. Aceton. **Anw.:** Calciumtherapie* (Calciummangel; Urticaria, Heuschnupfen u. andere Allergien etc.) sowie bei Blutungen; auch als Antidot bei Vergiftungen mit Oxalsäure, Fluoriden; **Dos.:** p. o. ca. 3 g, ferner i. v., i. m. in 10 %iger Lsg. **Calciumgluconat zur Herstellung von Parenteralia:** Calcii gluconas ad iniectabile Ph.Eur., Calcium gluconicum ad iniectabile; C. muss bestimmten Anforderungen, z. B. hinsichtl. Oxalatgeh. od. mikrobieller Verunreinigungen entsprechen.

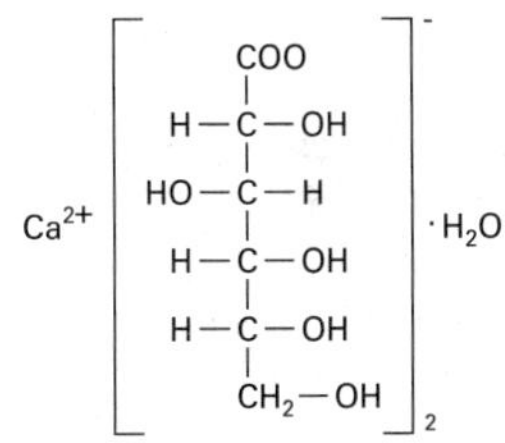

Calciumgluconat

Calcium gluconicum: s. Calciumgluconat.

Calcium glycerinophosphoricum: s. Calciumglycerophosphat.

Calcium, glycerolphosphorsaures: s. Calciumglycerophosphat.

Calciumglycerophosphat: Calcii glycerophosphas Ph.Eur., Calcium glycerophosphoricum, glycerinphosphorsaures Calcium; M_r 210.10 (wasserfrei). Gemisch der Calciumsalze-Hydrate von (*RS*)-(2,3-Dihydroxypropyl)dihydrogenphosphat u. [2-Hydroxy-1-(hydroxymethyl)ethyl]dihydrogenphosphat. Weißes, krist., geruchloses u. fast geschmackloses Pulver, lösl. in 40 T. Wasser. Trocknungsverlust max. 12 % (4 h, 150 °C). **Anw.:** innerl. bei Schwächezuständen, Chlorose, Rachitis, Arterienverkalkung; **Dos.:** 0.2, 0.5 bis zu 10 g/d; vgl. Glycerolphosphorsäure. **Calcium glycerinophosphoricum solubile:** enthält einen geringen Zusatz von Citronensäure; erhöht die Löslichkeit in Wasser auf 20 Teile; **Darst.:** Neutralisieren einer Lsg. von Glycerolphosphorsäure mit Calciumcarbonat.

Calciumhaushalt: s. Calcium.

Calcium hydricum solutum: s. Solutio Calcii hydroxydati.

Calciumhydrogencarbonat: Calciumbicarbonat, doppeltkohlensaurer Kalk, Calcium bicarbonicum; $Ca(HCO_3)_2$; in fester Form nicht stabil. Entsteht bei der Einw. von CO_2-haltigem Wasser (Regenwasser) auf Kalk; es verursacht die Härte des Wassers, sog. Bicarbonathärte, u. scheidet sich

C

beim Kochen od. Verdunsten von Wasser wieder als Calciumcarbonat (Kesselstein, Tropfstein) ab.

Calciumhydrogenphosphat: Calcium phosphoricum, Calcium hydrogenphosphoricum, Dicalciumphosphat, Calciumbiphosphat, sekundäres Calciumphosphat, phosphorsaures Calcium; feines, weißes, geruch- u. geschmackloses Pulver, in Wasser u. Ethanol prakt. unlösl., leicht lösl. in verdünnter Salz- u. Salpetersäure. **Anw.**: Calciumtherapie*; vet. viel gebraucht (Futterkalk); **Calciumhydrogenphosphat, wasserfreies:** Calcii hydrogenophosphas anhydricus Ph.Eur.4; CAS-Nr. 7757-93-9; $CaHPO_4$, M_r 136.1; **Calciumhydrogenphosphat-Dihydrat:** Calcii hydrogenophosphas dihydricus Ph.Eur.4; CAS-Nr. 7789-77-7; $CaHPO_4 \cdot 2\ H_2O$, M_r 172.1. D. 2.35-2.37; **Anw.**: Füllstoff für Tabletten u. Kapseln; Trockenbindemittel, besitzt sehr gute Fließeigenschaften u. eignet sich in Komb. mit Schmiermitteln u. Zerfallsbeschleunigern für die Direkttablettierung; in Zahnpasten als Abrasivum.

Hom: *Calcium phosphoricum (HAB1):* Konstitutionsmittel; verord. z.B. bei Nervenschwäche von Kindern, Lungenerkrankungen, schlecht heilenden Frakturen, Verdauungsstörungen.

Calciumhydrogensulfid: Calcium sulfuratum hydratum, Calcium hydrosulfuratum, Calcaria hydrosulfurata, Calciumhydrosulfid, Calciumsulfhydrat; $Ca(SH)_2 \cdot 6\ H_2O$, M_r 214.32. Weißes, hygroskop. Pulver, lösl. in Wasser u. Ethanol. **Anw.**: Enthaarungsmittel.

Calciumhydrogensulfit: Calcium bisulfurosum, Calciumbisulfit; $Ca(HSO_3)_2$, M_r 202.22. **Anw.**: Antiseptikum in Gurgelwässern; Vaginal- u. Wundspülungen.

Calciumhydrosulfid: s. Calciumhydrogensulfid.

Calcium hydrosulfuratum: s. Calciumhydrogensulfid.

Calciumhydroxid: Calcii hydroxidum Ph.Eur.4, Calcium oxydatum hydricum, Calcearia hydrata, Kalkhydrat, gelöschter Kalk; $Ca(OH)_2$, M_r 74.1. Weißes Pulver, wenig lösl. in Wasser, lösl. in Salz-, Salpeter- u. Essigsäure unter Salzbildung; reagiert leicht mit dem CO_2 der Luft. **Darst.**: aus gebranntem Kalk (CaO) durch Löschen (stark exotherme Reaktion bei Zugabe von Wasser); **Anw.** med.: innerl. bei Hyperazidität des Magens (Kalkwasser, Aqua Calcariae); äußerl. bei Verbrennungen (Linimentum Calcariae) sowie bei Vergiftungen mit Schwefelsäure u. Oxalsäure.

Hom: *Calcium causticum Segini,* Calcarea caustica Segini: gesättigte Lsg. von Calciumhydroxid in 50%igem Ethanol, ab der 5. Dezimalpotenz verd. mit H_2O.

Calciumhydroxidlösung: s. Solutio Calcii hydroxydati.

Calciumhypochlorit: Calcium hypochlorosum; $Ca(OCl)_2 \cdot 3\ H_2O$, M_r 197.04. Salz der unterchlorigen Säure. Weißes, chlorkalkähnl. riechendes Pulver, leicht lösl. in Wasser, entwickelt mit HCl Chlor. **Darst.**: durch Einleiten von Chlor in Kalkmilch (s. Calciumoxid) u. Ausfällen mit Kochsalz; **Anw.** (med.): Antiseptikum u. Desinfiziens; (techn.): wie Chlorkalk zum Bleichen, jedoch stärker bleichend u. desinfizierend wirkend, infolge seines größeren Geh. (ca. 70-80%) an wirksamem Chlor.

Calcium hypochlorosum: s. Calciumhypochlorit.

Calciumhypophosphit: s. Calciumphosphinat.

Calcium hypophosphorosum: s. Calciumphosphinat.

Calciumiodat: Calcium iodicum, iodsaures Calcium; $Ca(IO_3)_2 \cdot 6\ H_2O$. Weißes, krist. Pulver, wenig lösl. in Wasser. **Anw.**: Ersatz für Iodoform.

Calcium iodatum: s. Calciumiodid.

Calcium iodicum: s. Calciumiodat.

Calciumiodid: Calcium iodatum, Calcearea iodata, Iodcalcium; $CaI_2 \cdot 6\,H_2O$, M_r 402.0. Weißes, sehr hygroskop. Pulver, das sich an der Luft leicht zersetzt, leicht lösl. in Wasser u. Ethanol. **Anw.** med.: früher wie Kaliumiodid*.

Hom: *Calcium jodatum (HAB1.2),* Calcarea iodata: verord. z.B. bei Drüsenschwellungen, unterstützend bei chron. Mandel- u. Mittelohrentzündung.

Calciumiopodat: Calciumsalz der Iopodinsäure; vgl. Iopodate.

Calciumkanalblocker: s. Calciumantagonisten.

Calcium, kohlensaures: s. Calciumcarbonat.

Calciumlactat: milchsaures Calcium, Calcium lacticum, Calcii lactas; $C_6H_{10}CaO_6$, M_r 218.2. Calciumsalz der (*RS*)-2-Hydroxypropionsäure od. Gemischen von (*R*)-, (*S*)- u. (*RS*)-Hydroxypropionsäure. Weißes Pulver, fast geruch- u. geschmacklos; lösl. in Wasser 1:20, sehr leicht lösl. in siedendem Wasser, sehr schwer lösl. in Ethanol. **Darst.**: Sättigen von Milchsäure* mit Calciumcarbonat; **Anw.**: Calciumtherapie* bes. bei Schwangeren u. Kindern, ferner als Hämostatikum nach kleineren Operationen u. bei Blutungen in der Nachgeburtsperiode; **Dos.**: 0.2-2 g, für Säuglinge 0.1-0.2 g/d, i.v. u. s.c. in 1%iger Lösung. **Calciumlactat-Pentahydrat:** Calcii lactas pentahydricus Ph.Eur.; mit 22-27% Wasser. **Calciumlactat-Trihydrat:** Calcii lactas trihydricus Ph.Eur.; mit 15-20% Wasser.

Calciumlävulinat-Dihydrat: Calcii laevulinas dihydricum Ph.Eur., Calcii laevulas; CAS-Nr. 5743-49-7; $C_{10}H_{14}CaO_6 \cdot 2\,H_2O$. M_r 306.3. Weißes, krist. Pulver; leicht lösl. in Wasser, sehr schwer lösl. in Ethanol. **Anw.**: Calciumtherapie*.

Calciumlevofolinat-Pentahydrat: Calcii levofolinas pentahydricum Ph.Eur.4; $C_{20}H_{21}CaN_7O_7 \cdot 5\,H_2O$, M_r 511.5; weißes bis schwach gelbes, amorphes od. krist., hygroskopisches Pulver, schwer lösl. in Wasser, unlösl. in Aceton u. Ethanol.

Calciummandelat: Calcium amygdalicum, Calcium mandelicum, Calciumamygdalat, mandelsaures Calcium; $Ca[C_6H_5-CH(OH)-CO_2]_2$, M_r 342.35. Weißes, krist. Pulver, geruchlos, wenig lösl. in Wasser, unlösl. in Ethanol. **Anw.**: Coli-Infektionen der Harnwege; **Dos.**: 3×3-4 g/d.

Calcium mandelicum: s. Calciummandelat.

Calcium, mandelsaures: s. Calciummandelat.

Calcium, milchphosphorsaures: s. Calciumphospholactat.

Calcium, milchsaures: s. Calciumphospholactat.

Calciumnitrat: salpetersaures Calcium, Calcium nitricum, Mauersalpeter; $Ca(NO_3)_2 \cdot 4\,H_2O$, M_r 236.16. Farblose, leicht zerfließl. Kristalle, sehr leicht lösl. in Wasser, lösl. in Ethanol u. Aceton, unlösl. in Ether. **Darst.**: Einw. von Salpetersäure auf Calciumcarbonat (Norge-Salpeter, Kalksalpeter). **Anw.:** Düngemittel.

Calcium nitricum: s. Calciumnitrat.

Calciumorotat-Dihydrat: Calcii orotas dihydricus, Calcium orotiticum dihydricum; Calciumsalz der Orotsäure*; CAS-Nr. 22454-86-0; $C_{10}H_6CaN_4O_8 \cdot 2\,H_2O$, M_r 386.3. Weißes Pulver; schwer lösl. in Wasser, fast unlösl. in org. Lösungsmitteln. **Off.:** DAC86; **Anw.:** s. Orotsäure.

Calciumoxalat: $Ca(COO)_2$; M_r 128.1; D. 2.2; farblose Kristalle; unlösl. in Wasser u. verd. Essigsäure, lösl. in verd. Salzsäure. C. zerfällt beim Erhitzen über 200 °C in $CaCO_3$ u. CO. **Vork.:** nat. als monoklines Mono- od. als tetragonales Dihydrat (Pflanzenzellen, Harn- u. Nierensteine); **Anw.:** die in pflanzl. Geweben vorkommenden C.-kristalle haben oft einen charakterist. Habitus u. sind daher bei der mikroskop. Identifizierung von Drogen eine wichtige Hilfe; z. B. treten sie bei monokotylen Pflanzen häufig als Raphiden* (monoklin, Monohydrat) auf.

Calciumoxid: gebrannter Kalk, Ätzkalk, Calx, Calcii oxidum, Calcium oxydatum, Calcium oxydatum causticum, Calcaria usta; CaO, M_r 56.08. Harte, weiße, an der Luft allmähl. zerfallende Stücke, lösl. in verd. Säuren unter Salzbildung, unlösl. in Ethanol. Mit 4 T. Wasser zerfällt CaO unter starker Erhitzung zu gelöschtem Kalk (Calciumhydroxid*). **Darst.:** Glühen von Kalksteinen od. Marmor; **Off.:** DAB6, Ph.Helv.7; **Anw.** med.: äußerl. als Ätzmittel; vet.: bei Hufkrebs; ferner zur Herst. von Kalkwasser (s. Solutio Calcii hydroxydati) u. zur Konservierung von Eiern, zum Füllen von Trockenkästen u. Exsikkatoren. **Kalkmilch** ist ein mit weiterem Zusatz von Wasser verd., gelöschter Kalk; **Anw.:** zum Streichen von Obstbäumen, Schutz gegen Tierfraß od. zum Streichen von Tierställen gegen Ungeziefer.

Calcium oxydatum: s. Calciumoxid.

Calcium oxydatum hydricum: s. Calciumhydroxid.

Calcium oxysulfuratum solutum: s. Solutio Calcii sulfurati.

Calcium-D-pantothenat: Calcii pantothenas Ph.Eur.4, Calcium pantothenicum; D-3-(2',4'-Dihydroxy-3',3'-dimethyl-butyrylamino-9-propionsäure) Calciumsalz; Vitamin B-Derivat; CAS-Nr. 137-08-6; $C_{18}H_{32}CaN_2O_{10}$, M_r 476.5. $[\alpha]_D^{20\,°C}$ +25.5° bis +27.5° (c=5 g/100 ml H_2O). Weißes, lockeres, schwach hygroskop., krist. od. amorphes Pulver. Leicht lösl. in Wasser, lösl. in Glycerol, wenig lösl. in Ethanol u. Methanol. **Inkomp.:** Laugen, Säuren; **Anw.:** z. B. Lebererkrankungen, Dermatosen, Brandwunden, schlecht heilende Wunden, p. o. od. parenteral; **Dos.:** 50-100 mg/d; vgl. Vitamine (Pantothensäure).

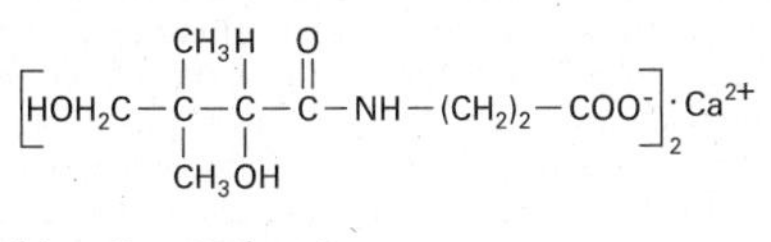

Calcium-D-pantothenat

Calcium, pantothensaures: s. Calcium-D-pantothenat.

Calciumperborat: Calcium perboricum; $Ca(BO_3)_2$. Weißes Pulver, wenig lösl. in Wasser. **Anw.:** Antiseptikum, Zahnpflege.

Calciumpermanganat: Calcium permanganicum, übermangansaures Calcium; $Ca(MnO_4)_2 \cdot H_2O$, M_r 305.02. Violette, zerfließl. Kristalle, lösl. in Wasser. **Anw.:** innerl. bei Darmkrankheiten; äußerl. zu Waschungen u. Spülungen, wie Kaliumpermanganat* jedoch stärker wirkend; **Dos.:** 15-30 mg (innerl.).

Calcium permanganicum: s. Calciumpermanganat.

Calciumphosphat: Tricalcii phosphas Ph.Eur.4, Calcii phosphas, Calcium phosphoricum tribasicum, Calcearea phosphorica, Calcii Phosphas tribasicus, Calcium phosphoricum, Tricalciumdiorthophosphat, tertiäres Calciumphosphat, Tricalciumphosphat; CAS-Nr. 7758-87-4; $Ca_3(PO_4)_2$, M_r 310.2. Nach Ph.Eur.4 ein Gemisch von Calciumphosphaten. Weißes, amorphes Pulver. D. 2.8. Unlösl. in Ethanol, sehr wenig lösl. in Wasser, lösl. in verdünnten Mineralsäuren. Inkomp.: Beeinflussung der Resorption von Vitamin D; evtl. Bildung schwer lösl. Phosphate von Wirkstoffen; schwer lösl. Ca-Komplex mit Tetracyclin. **Anw.:** Tablettenfüllstoff anstelle von Lactose od. Mannitol; Füllstoff für Pulver u. Puder; abrasives Agens in Zahnpasten. Med. als Calcium- u. Phosphorsupplement, in höherer Dosierung als Antazidum; **Dos.:** p. o. 1.0 g.

Calciumphosphat, primäres: s. Calciumdihydrogenphosphat.

Calciumphosphat, sekundäres: s. Calciumhydrogenphosphat.

Calciumphosphat, tertiäres: s. Calciumphosphat.

Calciumphosphid: Calcium phosphoratum, Phosphorcalcium; Ca_3P_2. Braunrote amorphe Massen, die mit Wasser selbstentzündl., tox. Phosphorwasserstoff (s. Phosphine) entwickeln.

Calciumphosphinat: Calciumhypophosphit, unterphosphorigsaures Calcium, Calcium hypophosphorosum; CAS-Nr. 7789-79-9; $Ca(H_2PO_2)_2$, M_r 170.07. Weiße, geruchlose Kristalle od. krist. Pulver, leicht lösl. in Wasser, unlösl. in Ethanol. **Off.:** DAC86. **Anw.:** als Tonikum*. **Dos.:** 0.2-0.6 g, s. c. 0.1 g.

Hom: *Calcium hypophosphorosum,* Calcarea hypophosphorosa: verord. z. B. bei chron. Eiterungen, Lungenerkrankungen.

Calciumphospholactat: Calcium phospholacticum solubile, phosphormilchsaures Calcium; eine Mischung von phosphorsaurem u. milchsaurem Calcium; weiße krist. Massen od. Pulver, lösl. in ca. 20 T. Wasser. **Anw.:** Tonikum u. Roborans (Sirupus Calcii phospholactici); **Dos.:** ca. 1.0 g peroral.

Calcium phosphoratum: s. Calciumphosphid.

Calcium phosphoricum: s. Calciumhydrogenphosphat.

Calcium phosphoricum acidum: s. Calciumdihydrogenphosphat.

Calcium phosphoricum tribasicum: s. Calciumphosphat.

Calcium, phosphormilchsaures: s. Calciumphospholactat.

Calcium, phosphorsaures: s. Calciumhydrogenphosphat.

C

Calciumpräparate: s. Calciumtherapie.
Calciumsaccharat INN: Calcium-D-glucarat; $C_6H_8CaO_8$, M_r 248.2. **Anw.:** Stabilisator von Calciumgluconat-Injektionslsg., Nahrungsergänzungsmittel.
Calciumsalicylat: Calcium salicylicum, salicylsaures Calcium; $Ca(C_6H_4OHCOO)_2 \cdot H_2O$. Weiße Kristalle od. krist. Pulver, wenig lösl. in Wasser, unlösl. in Ethanol. **Anw.:** Magen- u. Darmstörungen; **Dos.:** 0.5 g.
Calcium salicylicum: s. Calciumsalicylat.
Calcium, salicylsaures: s. Calciumsalicylat.
Calcium, schwefelsaures: s. Calciumsulfat.
Calciumstearat: Calcii stearas Ph.Eur.4, Calcium stearinicum; CAS-Nr. 1592-23-0. Besteht vorwiegend aus Calciumstearat, $Ca(C_{17}H_{35}COO)_2$, M_r 607, Calciumpalmitat, $Ca(C_{15}H_{31}COO)_2$, M_r 550.9 u. wenig Calciumsalzen anderer Fettsäuren. Enthält mind. 6.4 u. max. 7.4% Calcium, ber. auf die getrocknete Substanz. Die Fettsäurenfraktion enthält mind. 40.0% Stearinsäure u. min. 90.0% als Summe der Stearin- u. Palmitinsäure. Löslichkeiten, Inkomp. u. Anw. s. Magnesiumstearat.
Calcium stearinicum: s. Calciumstearat.
Calcium stibiato-sulfuratum:
Hom: Schmelzprodukt aus Austernschalenkalk (Conchae* praeparatae), schwarzem Schwefelantimon (Antimon*(III)-sulfid) u. Schwefel.
Calciumstoffwechsel: s. Calcium.
Calciumsulfaloxinat: s. Sulfaloxinsäure.
Calciumsulfamat: s. Sulfaminsäure.
Calciumsulfat: Calcium sulfuricum, Calcearea sulfurica, schwefelsaures Calcium; $CaSO_4$; nat. als Gips, in Form dünner spaltbarer Platten als Marienglas, in körnig krist. Struktur als Alabaster, in wasserfreier Verbindung als Anhydrit. **Calciumsulfat-Dihydrat**: Calcii sulfas dihydricus Ph.Eur.4, **Gips**; CAS-Nr. 10101-41-4; $CaSO_4 \times 2\ H_2O$, feines, weißl. Pulver, lösl. in ca. 600 T. Wasser. **Calciumsulfat-Hemihydrat**: Calcii sulfas hemihydricus. **Gebrannter Gips**; Calcium sulfuricum ustum, Calcii sulfas ad usum chirurgicum, gebrannter Gips für chirurg. Zwecke; CAS-Nr. 10034-76-1; $CaSO_4 \times 0.5\ H_2O$, enthält ca. 7% Wasser; **Off.**: DAB10, ÖAB90; **Darst**: durch Erhitzen („brennen") von Gips auf ca. 120-130 °C. Erhitzen auf ca. 200 °C führt zu Stuckgips, der sehr schnell abbindet. Beim Erhitzen bis nahezu 500 °C verliert der Gips sein Abbindevermögen, während er bei höherem Erhitzen ab 500 °C bis ca. 800 od. 900 °C nahezu wasserfrei wird u. mit Wasser wieder langsam erhärtet, hydraul. Eigenschaften aufweist u. sehr langsam abbindet (Estrichgips). Bei 1000-1200 °C wird Gips „totgebrannt" u. verliert die Eigenschaft, mit Wasser zu erhärten. Gebrannter Gips, mit der Hälfte seines Gewichts mit Wasser angerührt, erstarrt zu einer festen Masse; **Anw.**: Gipsverbände; erhärtete Gipsverbände können durch gesättigte Natriumchlorid- od. Bariumchloridlsg. aufgeweicht werden.
Hom: *Calcium sulfuricum (HAB1.1)*, Calcarea sulfurica: verord. z. B. bei eitrigen Entzündugen an Haut u. Schleimhäuten.
Calciumsulfhydrat: s. Calciumhydrogensulfid.
Calciumsulfid: Schwefelcalcium, Calcium sulfuratum; CaS, M_r 72.14. Gelbl. bis schwach rötl. Pulver, wenig lösl. in kaltem Wasser, unlösl. in Ethanol, entwickelt mit verd. Säuren, z. B. Essigsäure, H_2S. **Darst.**: Glühen von Calciumsulfat mit Kohle. **Anw.** med.: früher innerl. bei Abszessen, Furunkeln; äußerl.: bei Hautausschlägen, Geschwüren usw., in Salben 3-12%ig als Enthaarungsmittel; techn.: zus. mit anderen Erdalkalimetallsulfiden zu Leuchtfarben; **Dos.**: 5-15 mg mehrmals tägl. (innerl.).
Calciumsulfit: schwefligsaures Calcium, Calcium sulfurosum; $CaSO_3 \cdot 2\,H_2O$. Prakt. unlösl. in Wasser, lösl. in Säuren (unter Abspaltung von SO_2). **Anw.**: in der Gärungstechnik als Desinfiziens.
Calcium sulfuratum: s. Calciumsulfid.
Calcium sulfuratum Hahnemanni: s. Kalkschwefelleber.
Calcium sulfuratum hydratum: s. Calciumhydrogensulfid.
Calcium sulfuratum solutum: s. Solutio Calcii sulfurati.
Calcium sulfuricum: s. Calciumsulfat.
Calcium sulfuricum ustum: s. Calciumsulfat (gebrannter Gips).
Calcium sulfurosum: s. Calciumsulfit.
Calciumtherapie: orale od. parenterale Gabe von Calciumsalzen bei Calciummangel u. erhöhtem Calciumbedarf (Schwangerschaft u. Stillzeit, während des Wachstums), bei Osteoporose, bei bestimmten Allergien u. anaphylakt. Prozessen (Erhöhung der Zellmembranstabilität, Verhinderung der Quaddelbildung), entzündl. Erscheinungen (Wirksamkeit umstritten) u. als Antidot. Eingesetzt werden z. B. Calciumcitrat, -gluconat, -lactat, -phosphat. **WW:** gleichzeitige Gabe mit Herzglykosiden kontraindiziert, mit Tetracyclinen verminderte Resorption; ferner Wirkungsabschwächung von Cumarinderivaten, Griseofulvin, Eisenpräparaten, Fluoriden u. oralen Kontrazeptiva; die Toxizität von Methotrexat kann verstärkt werden. Calciumsalze dienen als Antidot bei Vergiftungen mit Oxalsäure, Fluoriden etc.; vgl. Calcium.
Calcium-trinatrium-pentetat INN: Calcii trinatrii pentetas; Calciumtrinatriumdiethylentriamin-*N,N,N,N,N*-pentaacetat; CAS-Nr. 12111-24-9; $C_{14}H_{18}CaN_3Na_3O_{10}$, M_r 497.36. Strukturformel vgl. Pentetsäure (Abb.). **Anw.:** Chelatbildner zur Behandlung von Metallvergiftungen (z. B. Blei, Plutonium u. andere radioaktive Metalle); **UAW:** allerg. Reaktionen.
Calcium, übermangansaures: s. Calciumpermanganat.
Calculi cancrorum: Lapis cancrorum; s. Krebsauge.
Calendula officinalis L.: Ringelblume, Studentenblume, Goldblume; Fam. Asteraceae (Compositae) (heim. Südeuropa, Orient, überall kult.). Stpfl. von **Calendulae flos:** Flores Calendulae (sine calycibus), Ringelblumenblüten, Studentenblumenblüten; die vom Blütenboden abgetrennten Zungenblüten (gefüllter Formen von C. o.). **Off.:** Ph.Eur.4, Ph.Helv.7; **Inhaltsst.:** 0.2% äther. Öl, Triterpenglykoside (2-10% bezogen auf Trockengewicht), Triterpenalkohole (z. B. Taraxasterol), Triterpentriole, Carotinoide, Sesquiterpenglykoside, Flavonoide* (nach Ph.Eur. mind. 0.4%, ber. als Hyperosid); **Wirk.:** entzündungshemmend, antimikrobiell, wundheilend u. granulationsfördernd,

ähnl. Arnikablüten; **Anw.**: in Salben bei schlecht heilenden Wunden u. Geschwüren; innerl. bei entzündl. Veränderungen der Mund- u. Rachenschleimhaut; volkstüml.: z. B. bei Skrofulose (früher), bei Leber- u. Gallenleiden, Emmenagogum u. Antispasmodikum; zur Schönung von Teemischungen; z. T. zur Verfälschung von Safran verwendet; **Herba Calendulae:** Ringelblumenkraut. **Anw.**: wie Calendulae flos.

Hom: *Calendula officinalis spag. Zimpel (HAB1.5):* ganze, frische, blühende Pflanze.

Hom: *Calendula officinalis (HAB1.4),* Calendula: frisches, blühendes Kraut; verord. z. B. als entzündungshemmendes, blutstillendes, granulationsförderndes Mittel (äußerl.: Salbe, Urtinktur).

Californium: Symbol Cf; OZ 98; A_r 251; (längstlebiges Isotop). Radioaktives Element, gewonnen 1950 durch Beschießung von Curium mit Alphateilchen; s. Radioaktivität.

Calisaya-Chinarinde: s. Cinchona officinalis (Cortex Chinae calisayae).

Calix: (bot.) Kelch, s. Blüte.

Callitris quadrivalvis: s. Tetraclinis articulata.

Callose: β-(1-3)-Polyglucan; wasserunlösl. Kohlenhydrat in Pflanzen. C. kleidet in dünner Schicht die Wände der Siebporen aus; es verstopft geg. Ende der Vegetationsperiode u. bei Verletzung die Siebporen u. unterbricht so den Stofftransport.

Calluna vulgaris (L.) Hull: Besenheide; Fam. Ericaceae (Europa). Stpfl. von **Herba Callunae:** Herba Ericae, Heidekraut, Erika. **Inhaltsst.**: Arbutin*, Quercitrin u. Myricitrin (Flavonglykoside) sowie Quercetin* u. Myricetin (Aglykone), Ericodin u. Ericodinin, Saponine*, Gerbstoff; **Anw.** volkstüml.: z. B. Adstringens bei Durchfall, zur Entwässerung, auch geg. Schlaflosigkeit.

Hom: *Calluna vulgaris (HAB1.4),* Erika: frisches, blühendes Kraut.

Callus: s. Kallus.

Calmodulin: ubiquitär vorkommendes, art- u. gewebeunspezif. Calcium bindendes Regulatorprotein. In seiner Funktion als intrazellulärer Intermediator für Kaliumionen aktiviert es eine Reihe von Enzymen, die in wichtige Zellprozesse involviert sind. Zu diesen Enzymen gehören z. B. die Adenylatcyclase*, Guanylatcyclase, Phosphodiesterase*, Phospholipase* A_2, Ca^{2+}-ATPase, Ca^{2+}-abhängige Proteinkinase u. die Phosphorylase-Kinase. Die Neurotransmitterfreisetzung, Membranphosphorylierung u. die Aktivierung der Aktomyosin-ATPase werden ebenfalls durch C. vermittelt. C. spielt somit eine bedeutende Rolle bei der Protein-Phosphorylierung, Muskelkontraktion (Strukturähnlichkeit mit Troponin C), beim Metabolismus cycl. Nucleotide u. anderen metabol. Reaktionen.

Calomel: s. Quecksilber(I)-chlorid.

Calophyllum inophyllum L.: Fam. Guttiferae (Afrika, Ostindien bis Polynesien). Stpfl. von **Tacamahaca:** Gummi Tacamahaca, Balsamum Mariae; aromat. riechendes, weiches Harz. **Anw.**: früher zu Pflastern u. Räuchermitteln.

Calorie: s. Kalorie.

Calotropis gigantea (L.) R.Br.: Fam. Asclepiadaceae (Hinterindien, Malaiischer Archipel, südl. China). C. g. sowie Calotropis* procera sind Stpfl. von **Cortex Calotropidis radicis:** Mudarwurzelrinde, Madar. **Inhaltsst.**: Cardenolide (z. B. Calotropin, Calactin u. Uscharidin, deren Steroidskelett über 2 Sauerstoffatome am C-2 u. C-3 mit einem Tetrahydropyranring verknüpft sind), Harz (Milchsaft); **Anw.** volkstüml.: in Indien u. Afrika geg. viele Krankheiten, z. B. Hysterie, Wurmbefall, Schlangenbiss.

Hom: *Madar:* im April gesammelte, getrocknete Wurzelrinde; verord. z. B. bei Fettleibigkeit.

Calotropis procera (Ait.) R. Br.: Oscherstrauch; Fam. Asclepiadaceae (Kleinasien, Indien, Afrika). Stpfl. von **Cortex Calotropidis radicis:** s. Calotropis gigantea.

Caltha palustris L.: Butterblume, Sumpfdotterblume; Fam. Ranunculaceae (Europa, Asien, Amerika). Stpfl. von **Herba Calthae palustris: Inhaltsst.**: Protoanemonin, Cholin*, Carotin*, Triterpensaponine (Saponine*) u. Flavone*. **Anw.** volkstüml.: geg. Gelbsucht.

Hom: *Caltha palustris (HAB1.5):* oberird. T. der frischen, blühenden Pflanze; verord. z. B. bei Hautausschlägen.

Calvatia gigantea: s. Lycoperdon bovista.

Calvin-Pflanzen: s. C_3-Pflanzen.

Calvin-Zyklus: Photosynthesezyklus, reduktiver Pentosephosphatzyklus; eine Serie von mind. 15 enzymat. Reaktionen, die so miteinander verknüpft sind, dass in der Bilanz aus sechs Molekülen CO_2 ein Molekül Hexosephosphat gebildet wird. In dieser Dunkelreaktion werden 12 Moleküle NADPH u. 18 Moleküle ATP pro Molekül Hexosephosphat verbraucht. Man unterscheidet vier Reaktionsabschnitte: **1.** In der Carboxylierungsphase werden aus Ribulose-1,5-diphosphat u. CO_2 unter der katalyt. Wirk. der Ribulose-1,5-diphosphatcarboxylase zwei Moleküle 3-Phosphoglycerinsäure gebildet. **2.** In der Reduktionsphase wird die Carbonsäuregruppe von 3-Phosphoglycerinsäure zur Aldehydgruppe von 3-Phosphoglycerinaldehyd reduziert. Im Prinzip stellt diese Reaktion die Umkehr der Oxidation von 3-Phosphoglycerinaldehyd durch die Triosephosphatdehydrogenase im glykolytischen Kohlenhydratabbau dar. Bei der Reduktion werden die Produkte der Lichtreaktionen der Photosynthese*, ATP u. NADPH verbraucht, so dass an dieser Stelle die Kopplung von Licht- u. Dunkelreaktionen erfolgt. **3.** In der Regenerationsphase wird der CO_2-Akzeptor, Ribulose-1,5-diphosphat, über versch. Reaktionsstufen zurückgebildet. Aus zwei Molekülen Triosephosphat wird Fructose-1,6-diphosphat gebildet, das nach Phosphatabspaltung als Fructose-6-phosphat in die **4.** Synthesephase eintritt. In dieser Phase entsteht Stärke bzw. Saccharose.

Calx: s. Calciumoxid.

Calystegia sepium (L.) R. Br.: Convolvulus sepium L., Zaunwinde; Fam. Convolvulaceae (gemäßigte Zone). **Anw.** volkstüml.: früher das Harz als Abführmittel; Ersatz für Resina Scammoniae u. Resina Jalapae (s. Ipomoea orizabensis, Scammonium germanicum); vgl. Convolvulus arvensis.

Calystegia soldanella (L.) R. Br. ex Roem. et Schult.: Meerkohl; Fam. Convolvulaceae (Mittelmeergebiet, an Ufern). Stpfl. von **Herba Solda-**

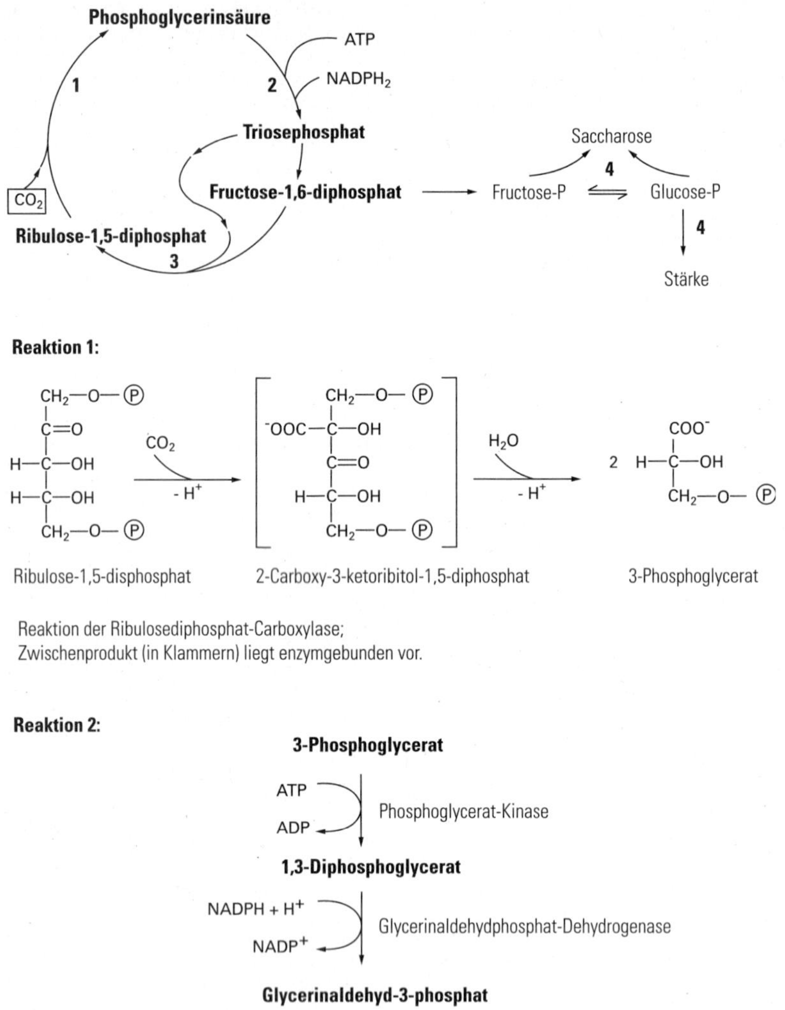

Calvin-Zyklus: Reaktionsabschnitte [23]

nellae: Herba Brassicae marinae, Meerkohlkraut. **Resina Soldanellae:** Soldanellaharz. **Anw.** volkstüml.: z. B. Abführmittel.

Calyx: s. Blüte.

CAM: s. Säurerhythmus, diurnaler.

Camazepam INN: 7-Chlor-2,3-dihydro-1-methyl-2-oxo-5-phenyl-1*H*-1,4-benzodiazepin-3-yl-dimethylcarbamat; CAS-Nr. 36104-80-0; $C_{19}H_{18}ClN_3O_3$, M_r 371.8. **Anw.:** Tranquilizer; HWZ ca. 20 h; vgl. Benzodiazepine.

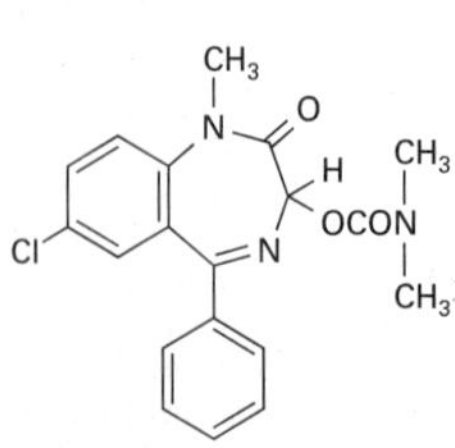

Camazepam

Cambarus affinis: s. Astacus fluviatilis.

Cambium: s. Kambium.

Cambogia: s. Garcinia hanburyi.

Cambric: Kambrik; Mull-ähnliches, waschbares festeres Baumwoll- od. Viskosegewebe (25- bis 32-fädig), aus dem z. B. Bandagen hergestellt werden.

Camellia sinensis (L.) O.Kuntze: Thea sinensis, C. theifera, Teestrauch; Fam. Theaceae (kult. China, Japan, Java, Sri Lanka, Indien, Afrika, Kaukasus, Brasilien). In Kultur als Strauch gehalten (ca. 1 m hoch), zahlreiche Varietäten (auch Bäume der Varietät assamica, bis zu 20 m hoch). Stpfl. von **Folia Theae:** die auf unterschiedl. Weise behandelten, sehr jungen, flaumig behaarten Blätter u. Blattknospen. **Schwarztee:** Theae nigrae folium, Tee, Schwarzer Tee, Chinesischer Tee, Russischer Tee; fermentierte Droge, zur Fermentation werden die frischen Blätter angewelkt, maschinell gerollt, eine Zeit lang sich selbst überlassen, getrocknet, z. T. parfümiert u. durch Sieben sortiert. Pu*-Erh-Tee ist speziell fermentierter Tee. **Qualitätsbez.:** Flowery Orange Pekoe: das zarteste Spitzenblatt, die Blattknospe, mit vielen Tips (Spitzen); Orange Pekoe: zarte Blätter, mit gelbl. weißen Tips; Pekoe: zweite bis dritte Blätter; Pekoe Souchong: vierte bis sechste Blätter; geschnittener Tee: z. B. Flowery Broken Orange Pekoe (FBOP), Broken Orange Pekoe (BOP), Broken Pekoe (BP), Broken Pekoe Souchong; weitere Sorten sind Fannings (Kleinblatt-Tee), Dust (Teestaub) u. Ziegeltee (aus Teegrus gepresst). **Oolong-Tee:** halbfermentierter Tee. **Grüner Tee:** Theae viridis folium; gedämpfte (blanchierte), gerollte u. getrocknete, aber nicht fermentierte Teeblätter; enthält mehr Gerbstoffe; gebräuchl. in China u. Japan. **Weißer Tee:** nicht gedämpfte u. nicht fermentierte, aber gerollte u. getrocknete Teeblätter. **Inhaltsst.:** 1-4.5 % (v. a. in unbehandeltem Tee, an Gerbstoffe gebundene) Methylxanthine*, vorwiegend Coffein* (Thein) u. nur 0.02-0.04 % Theophyllin* sowie 0.05 % Theobromin*, Adenin*, Xanthin*, 7-25 % pflanzliche Gerbstoffe* (vorwiegend aus Gallussäureester von Proanthocyanidinen, die aus (4,8)-verknüpften Epigallocatechin, Epicatechin- u. Catechin-Einheiten aufgebaut sind, Flavonoide*, Triterpensaponine, Zucker, 0.0085 % Fluoride u. ca. 1 % freie Aminosäuren, darunter Theanin (5-N-Ethylglutaminsäure), das eine dem Coffein entgegengesetzte Wirk. haben soll. Aroma u. Farbe von Schwarztee entstehen erst durch Fermentation, bei der aus Carotinoiden* äther. Öl gebildet wird, das neben ca. 200 am Aroma beteiligten Verb. u. a. Methylsalicylat* u. Geraniol* enthält. Aus den im unfermentierten Tee vorkommenden monomeren Flavan-Derivaten (Epicatechin, Epigallocatechin u. deren 3-*O*-Gallate) entstehen bei der Fermentation charakterist. Farbstoffe, die Theaflavine (gelb) u. Theaflagalline (rot); **Anw.:** Anregungsmittel als Aufguss von 1-2 min, sonst eher beruhigende Wirk., Antidiarrhöikum als Aufguss von ca. 10 min od. als Abkochung; techn. verwendet wird das fette Öl der Samen.

Hom: *Thea sinensis:* getrocknete Zweigspitzen mit den jüngsten Blättern u. Blüten; verord. z. B. bei Schlaflosigkeit, Neuralgien, Gastritis.

cAMP: s. Adenosinphosphate.

Campecheholz: s. Haematoxylum campechianum.

Camphen: Monoterpenkohlenwasserstoff, nat. in vielen äther. Ölen. **Darst.:** Erhitzen von Pinenhydrochlorid (Bornylchlorid) mit Alkalien od. fettsauren Salzen; **Anw.** techn.: Ausgangspunkt für Camphersynthesen.

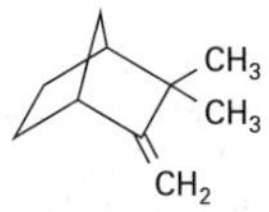

Camphen

Campher: 2-Bornanon, Camphora, Kampfer; $C_{10}H_{16}O$, M_r 152.2; ein bicycl. Monoterpenketon mit 2 asymmetr. C-Atomen; von 4 mögl. Stereoisomeren sind aber nur die bd. enantiomeren *cis*-Formen, D- u. L-Campher, sowie die synthet. racem. DL-Form bekannt. **D-(+)-Campher:** D-Camphora Ph.Eur.4.01, (1*R*,4*R*)-Bornanon, Japancampher, Formosacampher, Laurineencampher, Dextrocamphora, Dextrokampfer; (+)-(1*R*,4*R*)-1,7,7-Trimethylbicyclo[2.2.1]heptanon-2, CAS-Nr. 464-49-31; $[\alpha]_D^{20\,°C}$ +43.8° (c=7.5 in absolutem Ethanol). **Vork.:** Best. vieler äther. Öle, z. B. von Salvia-, Lavandula-, Juniperus-, Valeriana- u. Mentha-Arten; **Gew.:** aus dem äther. Öl des Campherbaumes, s. Cinnamomum camphora, u. durch Sublimation gereinigt; **L-(−)-Campher:** Matricariacampher; **Vork.:** äther. Öle (v. a. von Asteraceen); **DL-Campher:** Camphora racemica Ph.Eur.4, Camphora synthetica, racem. C., synthet. C.; CAS-Nr. 21368-68-3; D. 0.97-0.996; Schmp. 174-179 °C bzw. 177.5-177.8 °C (reiner D- u. DL-C.). Umwandlungspunkt (hexagonaler zu kub. C.) 102-103 °C; Sdp. 207-209 °C; C. verflüchtigt sich schon bei gewöhnl. Temp., schneller beim Erwärmen; verbrennt mit rußender Flamme. Er bildet weiße, durchscheinende, fettig glänz., mürbe, krist. Stücke od. krist. Pulver mit starkem Geruch u. brennendem Geschmack; sehr schwer lösl. in Wasser, leicht lösl. in Ethanol, Ether, Chloroform u. fetten Ölen; produktionsbedingt sind Enatiomerengemische mit schwachem Drehwert, $[\alpha]_D^{20\,°C}$ +0.15 bis −0.15° (10 %ige Lsg. in Ethanol), zulässig. **Herst.:** techn. Synthese (s. Abb.), Reinigung durch Sublimation od. Kristallisation; **Wirk.:** lokal hyperämisierend u. schwach anästhet. (in Verhalten u. Wirk. dem nat. C. gleich); **Anw.:** äußerl. als Rubefaziens* in Einreibungen, Salben, Linimenten, Pflastern, bei Erkrankungen des rheumat. Formenkreises, Neuralgien, Bindegewebsentzündungen; früher innerl. als Anregungsmittel (heute abzulehen), z. B. für Herz u. Atmung bei Kollaps, Herzkrankheiten, Pneumonie, akuter Kreislaufschwäche; **Pharmakokinetik:** gute Resorption von Haut u. Schleimhaut; die Plazentaschranke wird überwunden; Ausscheidung im Harn als Campherglucuronsäure; **Zuber.:** Spir. camphoratus (Campherspiritus DAB10), Spir. russicus, Spir. Angelicae compositus, Emplastrum fuscum camphoratum, Emplastrum saponatum, Tct. Opii benzoica, Ungt. Cerussae camphoratum, Linimentum ammoniato-camphoratum, Linimentum saponato-camphoratum (Gallerta saponata camphorata), Vinum camphoratum, Collyrium Zinci; zu s. c. Injektionen werden Lsg. von C. in Olivenöl verwendet (Oleum camphoratum 10 % u. Oleum camphoratum forte 20 %, s. Solutio Camphorae oleosa). **Inkomp.:** mit vielen Substanzen, wie Resorcin, Menthol, Chloralhydrat, Naphthol u. a. verflüssigt sich C., mit manchen Harzen gibt er ölige Massen; **Anw.** techn.: Weichmacher von Celluloid; Sprengstoffindustrie; wegen der großen molaren Gefrierpunkterniedrigung zur Bestimmung der M_r (nach Rast); **Gesch.:** uraltes chines. Heilmittel, Araber brachten ihn etwa im 11. Jh. nach Europa. Die Konstitutionsformel stellte 1893 Julius Bredt

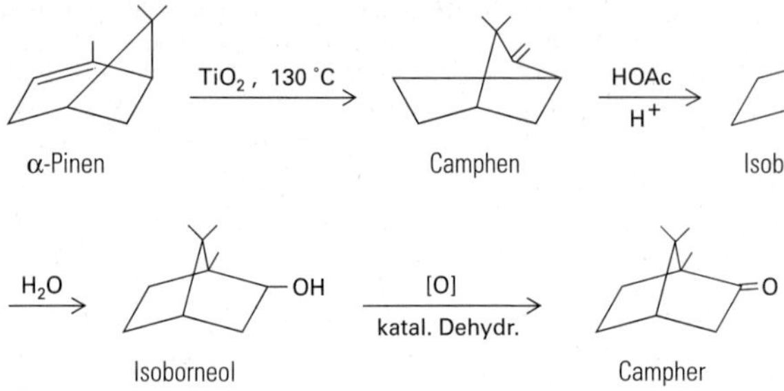

Campher: techn. Synthese

(1855-1937) auf (cycl. Keton), die C.-Synthese erfolgte 1908 durch Gustaf Komppa (1867-1949). **Hom:** *Camphora (HAB1):* durch Wasserdampfdest. getrockneter D-C. aus Cinnamomum camphora; verord. z. B. bei Kollapszuständen, Krampfneigung, beginnenden Erkältungskrankheiten. **Hom:** *Camphora Rubini:* homöopath. Dilution aus gleichen Teilen C. u. 60 %igem Ethanol.

Campherbaum: s. Cinnamomum camphora.

Camphergeist: s. Spiritus camphoratus.

Campher-Liniment, flüchtiges: s. Linimentum ammoniato-camphoratum.

Campherlösung, alkoholische: s. Spiritus camphoratus.

Campherlösung, ölige: s. Solutio Camphorae oleosa.

Campheröl: das bei der Dest. des Campherholzes gewonnene braungelbe äther. Öl; s. Cinnamomum camphora (Oleum Camphorae). Nicht zu verwechseln mit Oleum camphoratum; s. Solutio Camphorae oleosa.

Campheröl 20%: s. Solutio Camphorae oleosa.

Campheröl, starkes: s. Solutio Camphorae oleosa.

Camphersäure: Acidum camphoricum; $C_{10}H_{16}O_4$. Schmp. 187 °C. Farb- u. geruchlose Kristalle; lösl. in siedendem Wasser, wenig lösl. in kaltem Wasser, leicht lösl. in Glycerol. **Anw.** u. **Dos.:** innerl. als Antihidrotikum* (ED p. o. 0.5 g), äußerl. als Antiseptikum* zur Schleimhautspülung (1 %).

Camphersalbe: s. Unguentum camphoratum.

Campherspiritus: s. Spiritus camphoratus.

Camphertinktur, benzoehaltige: s. Tinctura Camphorae benzoica.

Campherwein: s. Vina medicata (Vinum camphoratum).

Camphora: s. Campher.

Camphora arteficialis: künstlicher Campher; **1.** synthet. Campher, s. Campher. **2.** ältere Bez. für Pinenhydrochlorid, $C_{10}H_{17}Cl$, das durch Einw. von Chlorwasserstoff auf Terpentinöl erhalten wird.

Camphora benzoica: Benzoesäure-Campher; Gemisch von Campher mit Benzoesäure.

Camphora in cubulis: in Würfel gepresster Campher.

Camphora monobromata: s. Monobromcampher.

Camphora racemica: s. Campher.

Camphora sumatrensis: s. Dryobalanops aromatica.

Camphora synthetica: s. Campher.

Camphora trita: Campherpulver. **Darst.:** Campher wird mit Ethanol od. Ether besprengt, kurze Zeit zugedeckt stehengelassen u. dann zerrieben.

Camptotheca acuminata Decne: Fam. Nyssaceae (südl. China). **Inhaltsst.:** Rinde u. Stammholz enthalten das Alkaloid Camptothecin. **Wirk.:** Camptothecin wirkt antileukämisch u. zytostatisch. Es hemmt die Topoisomerase I. **Anw.:** In Europa ist Topotecan als Zytostatikum beim Ovarialkarzinom zugelassen, in Japan, Frankreich u. Deutschland hat Irinotecan eine Zulassung zur Behandlung des Kolonkarzinoms.

Camptothecin: s. Topoisomerase-I-Inhibitoren (Abb.).

Campylobacter: Gattung von mono- od. bipolar begeißelten, spiralig gewundenen, gramneg. Stäbchenbakt. der Fam. Campylobacteriacea. Drei C.-Spezies sind nachweisl. humanpathogen: C. jejuni u. C. coli als weltweit häufige Erreger von Enterokolitis u. Proktitis sowie einige Subspezies von C. fetus.

Campylobacter pylori: s. Helicobacter pylori.

Camsilat: chem. Kurzbez. für Campher-10-sulfonat.

Camylofin INN: Isopentyl-α-(*N*-2-diethylaminoethyl)amino-α-phenylacetat; *N*-(2-Diethylaminoethyl)-2-phenylglycin-isopentylester; CAS-Nr. 54-30-8; $C_{19}H_{32}N_2O_2$, M_r 320.46. Sdp. 174-178 °C (200 Pa). **Anw.:** wenig gebräuchlich; Spasmolytikum, Anticholinergikum; Ind.: Koliken der Gallen- u. Harnwege, Spasmen im Magen-Darm-Trakt; kaum Atropin*-artige UAW. **Camylofindihydrochlorid:** $C_{19}H_{34}Cl_2N_2O_2$. Schmp. 174-178 °C. Lösl. in Wasser.

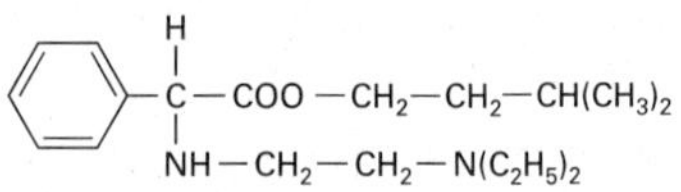

Camylofin

Canadin: s. Hydrastis canadensis.

$CaNa_2$-EDTA: CaEDTA, Calciumdinatrium-ethylendiamin-tetraacetat; Antidot bei verschied. Metallvergiftungen, bes. bei Blei. **Dos.:** i. v. nicht über 20 mg/kg KG, max. 0.2 %ige Lsg.; oral bis 2 g/d, Kinder bis 30 mg/kg KG.

Canalin: s. Canavanin.

Cananga odorata (Lam.) Hook. f. et Thoms.: Anona odorata Lam., Maccarstrauch; Fam. Annonaceae (ind.-malay. Gebiet, kult. in versch. trop. Ländern). Stpfl. von **Oleum Canangae:** Canangaöl, Oleum Annonae, Oleum Ylang-Ylang, Ylang-Ylang-Öl, Orchideenöl; das äther. Öl der Blüten. **Best.:** u. a. Geraniol*, Eugenol*, Linalool*, Farnesol* u. Ester, Cadinen*; **Anw.:** in der Parfümerie.

Canarium luzonicum (Blume) Gray: Fam. Burseraceae (Philippinen). Stpfl. von **Elemi:** Resina Elemi, Elemiharz, Manila-Elemi; weiches Elemi ist eine salbenartige, glänzende, grünlich weiße Masse. Die auf den Bäumen eingetrockneten Reste sind das harte Elemi (weniger wertvoll), welches große, wachsartige, hell- bis dunkelgelbe Klumpen bildet. Geruch aromat. terpentinartig, Geschmack würzig-bitterlich. SZ 17.0-22.8; VZ 20-40; lösl. in Ether, Ethanol, Essigsäureethylester, Chloroform, Benzol. **Gew.:** Nach Verwundung der Bäume tritt aus den schizogenen Sekretgängen Balsam, weiches Elemi, aus. **Best.:** äther. Öl (bis 30%), Elemisäure u. andere Säuren, α- u. β-Amyrin (Kristallnadeln in der Masse), Resene, Bitterstoff. **Anw.:** Salben u. Pflaster; techn.: in der Lackindustrie.

Canavalia ensiformis (L.) DC.: Jackbohne, Schwertbohne; Fam. Fabaceae (trop. Amerika). **Inhaltsst.:** in den Samen (im Bohnenmehl) bis zu 4% Canavanin*, ferner Concanavalin A, eines der am besten untersuchten Lektine*.

Canavanin: 2-Amino-4-(guanidino)oxybuttersäure; $H_2N-C(NH)_2-O-CH(NH_2)-COOH$; $C_5H_{12}N_4O_3$; M_r 176.2; Schmp. 184 °C (L-Form), Schmp. 180-182 °C (DL-Form); ungewöhnl., nicht proteinogene Aminosäure. **Vork.:** neben anderen ungewöhnl. Aminosäuren in Fabaceae*, z. B. in Canavalia ensiformis, Galega officinalis, Anthyllis vulneraria. C. wurde in mehr als der Hälfte der getesteten Fabaceen-Arten nachgewiesen; außerhalb der Familie bisher in keinem Fall. C. wird durch Arginase* in Canalin (2-Amino-4-(aminooxy)-buttersäure) u. Harnstoff gespalten.

Cancer fluviatilis: s. Astacus fluviatilis.

Canchalagua: s. Centaurium chilensis.

Candela: Symbol Cd; SI-Basiseinheit für die Lichtstärke; Def. s. SI-Einheiten (Candela).

Candelae fumales nigrae et rubrae: schwarze u. rote Räucherkerzchen. **Best.:** Salpeter, Benzoetinktur, Perubalsam, Tolubalsam, Storax, Cumarin; zudem Lindenkohle (schwarze Räucherkerzen) od. Sandelholzpulver (rote Räucherkerzen).

Candelae Stramonii: Asthmaräucherkerzchen mit Stramonii folium, s. Datura stramonium.

Candelillawachs: Kandelillawachs, Candelinawachs, Kanutillawachs, E902; D. 0.950-0.990. Schmp. 68-70 °C. Gew. durch Auskochen der Blätter von Euphorbia cerifera mit verd. Schwefelsäure. Bräunl. bis gelbl. braune, harte wachsartige Masse. Unlösl. in Wasser, lösl. in Benzol, Petrolether od. Aceton; härter als Bienen-, aber weicher als Carnaubawachs. **Best.:** hauptsächl. Hentriacontan, $C_{31}H_{64}$; **Anw.:** Ersatz für Carnaubawachs (s. Wachse).

Candesartan INN: 2-Ethoxy-1-[*p*-(*o*-1*H*-tetrazol-5-ylphenyl)benzyl]-7-benzimidazolecarboxylsäure; CAS-Nr. 139481-59-7; $C_{24}H_{20}N_6O_3$, M_r 440.5. Schmp. 183 °C. logP 4.7; pK$_S$ 6.4 (ber.); schwer lösl. in Wasser. **Wirk.:** Angiotensin*-II-Blocker; **Anw.:** Behandlung der essentiellen Hypertonie*; **UAW:** s. Valsartan, Losartan; **Dos.:** 4-16 mg/d p. o. (im Ggs. zu älteren ACE-Hemmern ist durch stärkere Wirksamkeit nur mehr 1 Einnahme pro Tag in niederer Dos. nötig; Verw. des Prodrugs Candesartancilexetil); HWZ 6-9 h.

C

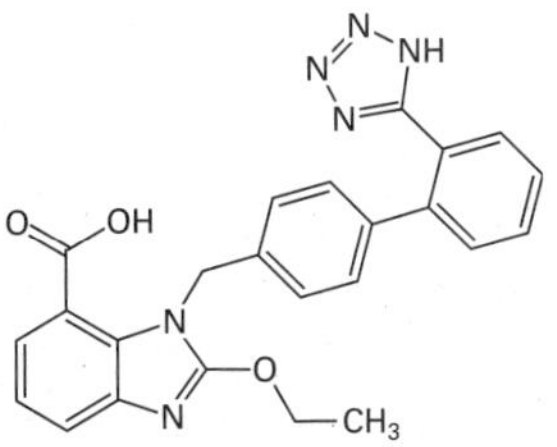

Candesartan

Candida (lat. candidus glänzend): Gattungsbegriff für Sprosspilze der Fungi imperfecti. Die Gattung C. umfasst zahlreiche Arten, von denen nur ein Teil med. relevant ist; wichtigste fakultativ pathogene Art ist C. albicans. C. kommt als Kommensale auf der Schleimhaut vor, daher handelt es sich, mit Ausnahme der Candidose des Neugeborenen, um endogene Infektionen. **Candida albicans:** grampositive, kapsellose, sprossende Hefe von ovaler bis rundl. Form; fakultativ pathogen; häufigster Erreger der Candidosen*; **Candida utilis:** Henneberg, Lodder u. Krieger van Rij; Hefe-Candida, dient auch der Gew. von Hefe, s. Faex; **Candida kefyr:** Kefirpilz, s. Kefir; vgl. Pilze.

Candidose: Candidamykose; Sammelbez. für Infektionen durch Sprosspilze der Gattung Candida* (in über 90% Candida albicans). **Formen: 1.** saprophytäre Besiedlung der Haut u. Schleimhäute; **2.** Infektion der Haut u. Schleimhäute, begünstigt durch Faktoren wie feuchtes, okklusives Milieu, Schwangerschaft, Diabetes mellitus, Immundefekte, schwere Erkrankungen od. Traumen, Zytostatika- u. Antibiotikatherapie; **3.** tiefe Organmykose bei immunsupprimierten Pat. mit zellulärer Immunschwäche, bes. im Bereich der Atemwege; **Ther.:** bei C. der Haut Nystatin*; bei C. der Schleimhäute u. inneren Organe Nystatin od. Amphotericin* B, Gentianaviolett 0.5% an der Mundschleimhaut; vgl. Antimykotika.

Caneel, Weißer: s. Canella winterana.

Canella alba: s. Canella winterana.

Canella dulcis: s. Canella winterana.

Canella winterana (L.) Gaertn.: Canella alba, Costus dulcis, Winterana canella, Weißer Caneelbaum; Fam. Canellaceae (Antillen, südl. Florida). Stpfl. von **Cortex Canellae albae:** Weißer Zimt, Weißer Caneel, Canellarinde, Canella dulcis. **Inhaltsst.:** äther. Öl mit Eugenol*, Cineol, Caryophyllen* u. Pinen*, ferner 8% Canellin (Harz), ca. 8% Mannitol, Stärke, Bitterstoff; **Anw.:** Tonikum u. Gewürz; z. B. zur Aromatisierung von Tabak. **Hom:** *Costus dulcis:* getrocknete Rinde.

Cannabinoide: s. Cannabis sativa.

Cannabis sativa L.: Hanf; Fam. Cannabinaceae (Cannabaceae) (heim. u. kult. Mittel-, Süd-, Osteuropa, Iran, Indien, Afrika, Amerika; in allen warmen bis gemäßigten Zonen, mit Ausnahme der feuchten, trop. Regenwälder). Der Anbau von C. für techn. Zwecke (Faser- u. Ölgew.) ist relativ stark zurückgegangen. C. liefert(e) wertvolle Pflanzenfasern, bes. für Seilerwaren (asiat. Provenienzen sind wegen der stärkeren Verzweigung dafür ungeeignet). Stpfl. von **Fructus Cannabis:** Semen Cannabis, Hanffrucht, Hanfkorn; Hanfsamen. **Inhaltsst.:** fettes Öl (ca. 35 %), Trigonellin (ein Betain), Eiweißstoffe (ca. 25 %), Harz, Zucker; **Anw.** volkstüml.: früher äußerl. z. B. bei Gicht, Erkrankungen des rheumat. Formenkreises, Katarrhen der Harnwege; techn.: zur Gew. des fetten Öles; **Oleum Cannabis:** D. 0.925-0.928; VZ 190-194; IZ 157166; bei −15 °C noch flüssig; das ausgepresste fette Öl der Früchte, bräunlich bis grünlich gelb, stark trocknend. **Best.:** Linolsäure (bis 70 %), Linolensäure, Ölsäuren; **Anw.:** in den Balkanländern als Speiseöl; techn.: zur Herst. grüner Schmierseife, zu Firnissen u. Lacken; **Herba Cannabis indicae:** Summitates Cannabis, Indischer Hanf, Cannabis, Marihuana, Bheng, Ganja, Wüstentabak; harzhaltige Triebspitzen der weibl. Pflanzen. Als Haschisch wird das Harz der (weibl.) Pfl. bezeichnet. Marihuana u. Haschisch dienen als halluzinogenes Rauschmittel u. werden in versch. Zstzg. gegessen, getrunken, geschnupft u. geraucht. **Inhaltsst.:** Mind. 400 Substanzen sind nachgewiesen, davon ca. 60 Cannabinoide, darunter Δ^9-Tetrahydrocannabinol (THC), früher auch als Δ^1-THC bezeichnet; s. Abb.; unter 0.4 % äther. Öl mit *α*- u. *β*-Pinen*, Limonen*, *p*-Cymen, Borneol*, Eugenol* u. Caryophyllinepoxid, das von entspr. abgerichteten Hunden (Haschischhunden) noch in geringsten Mengen aufgespürt wird. Cannabinoide sind *N*-freie phenol. Derivate des Benzopyrans, die sich biogenet. von einem Monoterpen u. einem Phenol (Phenolcarbonsäure) ableiten u. ein C_{21}-Skelett aufweisen. In Marihuana sind 0.1-8 %, in Haschisch 1.4-11 % u. in Haschischöl 6-30 % THC enthalten. Haschischöl wird aus Kraut od. selten auch aus Haschisch durch Lösungsmittelextraktion od. Dest. gewonnen. HWZ von THC 50-60 h (bei wiederholter Applikation daher Kumulation möglich). GED 5-20 mg THC. **Wirk.:** Die halluzinogenen Eigenschaften werden allein dem THC zugeschrieben. Die anderen Inhaltsst., die biosynthet. Vorstufen od. (Abbau-)Produkte von THC darstellen, sollen sedierend bzw. antibiot. wirken. Dazu gehören Cannabidiolcarbonsäure, Cannabidiol (CBD, antibiot. wirksam) u. das durch Aromatisierung von THC entstehende Cannabinol. Werden C.-Produkte geraucht, werden einige der nicht halluzinogen wirkenden Substanzen in das halluzinogene THC umgewandelt. Die Rauschsymptome umfassen Euphorie u. versch. angenehme u. unangenehme Symptome. **Anw.:** früher Hypnotikum, Antineuralgikum, Antispasmodikum bei Asthma, Neuralgie, Keuchhusten, Gicht; synthet. hergestellte Cannabinoide sollen erfolgreiche Antiemetika u. Antiepileptika sein. **Nachw.:** z. B. mikroskopisch (Retortenhaare mit Zystolithen u. a.) od. chem. z. B. mit Ghamrawy*-Test; C.-Pflanzen u. -Produkte unterliegen (international) den Bestimmungen über Betäubungsmittel (Rauschgifte, Suchtgifte). Trotzdem dürften C.-Produkte zu den am häufigsten angewandten Rauschgiften gehören (Schätzung: 200 Millionen gewohnheitsmäßige C.-Konsumenten; z. B. 1982 in USA ca. 10 % C.-Raucher).

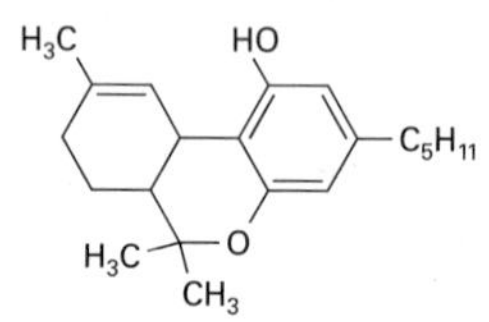

Cannabis sativa: Strukturformel von THC

Canna edulis Ker-Gawl.: Blumenrohr; Fam. Cannaceae (nördl. Südamerika) u. andere Canna-Arten wie Canna indica L. sind Stpfl. von Amylum* Cannae.

Cannastärke: s. Amylum Cannae.

Cannizzaro-Reaktion: Disproportionierung* von Aldehyden in Gegenwart starker Alkalien zu einer Carbonsäure u. einem Alkohol. Werden aromat. Aldehyde mit starken Alkalien erhitzt, tritt intermolekulare Oxidation u. Reduktion ein: Das eine Aldehydmolekül wirkt als Reduktionsmittel u. wird zur Carbonsäure oxidiert, das andere wirkt

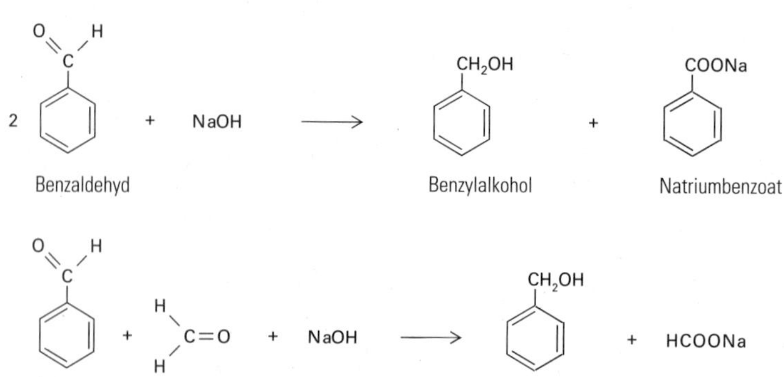

Cannizzaro-Reaktion: oben: Bildung von Benzylalkohol u. Natriumbenzoat;
unten: Bildung von Benzylalkohol u. Natriumformiat als Beispiel für eine gekreuzte Cannizzaro-Reaktion

als Oxidationsmittel u. wird zum entspr. Alkohol reduziert. Beispiel: aus Benzaldehyd erhält man Benzylalkohol u. Natriumbenzoat. Bei einer gekreuzten Cannizzaro-Reaktion reagiert ein aromat. Aldehyd mit Formaldehyd unter Bildung eines Alkohols u. Natriumformiat (s. Abb.).

Cannogenin: 5-Desoxy-k-strophanthidin, Strukturformel s. Glykoside, herzwirksame (Tab. 2). Glykoside von C. sind z. B. Inhaltsst. in Apocynum* cannabinum (Apocannosid, Cynocannosid) u. Thevetia* peruviana (Peruvosid, Thevetin A).

Canrenoinsäure: s. Kaliumcanrenoat.

Cantarella: s. Canthariden.

Canthariden: Cantharides, Spanische Fliegen, Cantarella, Kanthariden, Blasenkäfer, Pflasterkäfer; die getrockneten Körper des Käfers Lytta vesicatoria (Cantharis vesicatoria), Fam. Meloideae (Mittel- u. Südeuropa, bes. Südrussland, ferner Sizilien u. Spanien); ca. 1.5-3 cm lang, 5-8 mm breit, smaragdgrün glänzend, blau schillernd, mit eigenartigem, starkem Geruch. **Inhaltsst.:** 0.5-1 % Cantharidin*, Harz, Fett, Farbstoff; häufig mit anderen Käfern vermischt; **Zuber.:** Tct. Cantharidum (LD 30 g), Collodium Cantharidatum, Emplastrum Cantharidum (E.C.) ordinarium, E.C. perpetuum, E.C. pro usu veterinario, Ungt. Cantharidum pro usu veterinario; **Anw.** volkstüml.: innerl. früher als Aphrodisiakum; äußerl. zu blasenziehenden Pflastern u. in Form der mit Aceton bereiteten Tinktur, bei Neuralgien, Zahnschmerzen u. a., auch zu Haarwässern u. Salben; v. a. auch in der Tiermedizin (Brunstmittel, geg. Räude). **Tox.:** s. Cantharidin; Antidot: bei inneren Vergiftungen (Speichelfluss, Erbrechen, Schlundkrämpfe) Magenpumpe, Brechmittel, schleimige Mittel (keine Fette u. Öle!); bei äußerl. Vergiftungen: Blasenspülung, Sitzbäder, Blutentziehung in der Nierengegend.
Hom: *Lytta vesicatoria (HAB1.3),* Cantharis: getrockneter Käfer (mind. 0.15, max. 0.5 % Cantharidin); verord. z. B. bei Nierenerkrankungen, Blasenentzündung, Verbrennungen.

Cantharidin: Cantharidinum, Cantharidenkampfer; 3,6-Oxo-1,2-dimethylphthalsäureanhydrid; $C_{10}H_{12}O_4$; M_r 196.21; Schmp. 210-218 °C; farblose, glänz. Blättchen, die bei 100-110 °C sublimieren. Sehr schwer lösl. in Wasser, Ethanol (1 : 1100) u. Ether (1 : 700), lösl. in Aceton, Chloroform, fetten Ölen. Hochtox. Wirkprinzip aus Lytta vesicatoria, s. Canthariden. Biosynthese aus Mevalonsäure; **Wirk.:** C. bewirkt auf der gesunden Haut unter Blasenbildung eine heftige Entzündung. Die Wirk. ist aber im Ggs. zu Senfölen (s. Brassica nigra) nur oberflächl. u. Blasen heilen narbenlos ab. Cantharidin ist stark augenreizend u. innerl. ein gefährl. Gift, wirkt auf den Verdauungstrakt ätzend u. ruft im gesamten Urogenitaltrakt heftige Reizungen u. starke Entzündungen hervor.

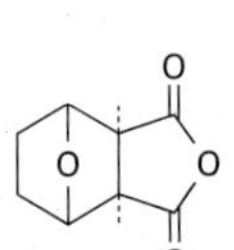

Cantharidin

Anw. volkstüml.: früher inn. als Stimulans, Aphrodisiakum, auch bei Pleuritis, Hydrops, Epilepsie, Lupus, Lepra; äußerl. wie Canthariden* (1 g Cantharidin etwa gleich 200 Canthariden); **Tox.:** LD 25-30 mg; schon ab 5 mg schwerste Nierenschäden möglich.

Cantharis vesicatoria: s. Canthariden.

Canthaxanthin: β,β-Carotin-4,4'-dion; $C_{40}H_{52}O_2$; M_r 564.86; Schmp. 207 °C (Zers.). Violette Kristalle, lösl. in Chloroform. **Anw.:** roter Lebensmittelfarbstoff.

CAP: Abk. für Celluloseacetatphthalat*.

Capecitabin INN: Pentyl-1-(5-desoxy-β-D-ribufuranosyl)-5-fluoro-1,2-dihydro-2-oxo-4-pyrimidinecarbamat; CAS-Nr. 154361-50-9; $C_{15}H_{22}FN_3O_6$, M_r 359.4. **Wirk.** u. **Anw.:** orales Zytostatikum*; Antimetabolit zur First-line-Monother. von metastasierendem Kolorektalkarzinom; **UAW:** u. a. Diarrhö, Übelkeit, Erbrechen, Hand-Fuß-Syndrom; **Dos.:** 1250 mg/m^2 2-mal tägl.; HWZ 0.66-3.23 h.

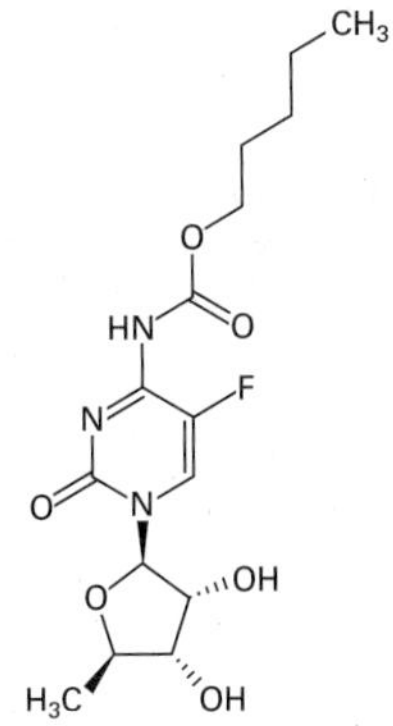

Capecitabin

Capers: s. Capparis spinosa.

Capilli (lat.): Kopfhaare.

Capita Papaveris: s. Papaver somniferum.

Capparis spinosa L.: Kapernstrauch; Fam. Capparaceae (Mittelmeergebiet, Südeuropa, vielfach kult.). Stpfl. von **Flores Capparidis:** Gemmae Capparidis, Kapern, Capers. **Inhaltsst.:** Rutin, Senföle, Saponine*; **Anw.:** Gewürz.

Capreomycin INN: CAS-Nr. 11003-38-6; Aminoglykosid-Antibiotikum, Pentapeptidgemisch der Capreomycine I A (ca. 25 %), I B (ca. 67 %), II A (ca. 3 %) u. II B (ca. 6 %) aus Kulturen von Streptomyces capreolus. Lösl. in Wasser, fast unlösl. in den meisten org. Lösungsmitteln; pK_S (DMF 66 %) 6.2, 8.2, 10.1, 13.3. **Wirk.** u. **Anw.:** Antibiotikum*, Tuberkulostatikum; **UAW:** Oto- u. Nephrotoxizität, geringer als bei Streptomycin*; **Dos.:** parenteral i. m. bei Tuberkulose-Kombinationsther. 1 × 1 g/d über 60-120 Tage, dann 2- bis 3-mal pro Woche; HWZ 3 h. Gebräuchl. ist auch Capreomycinsulfat.

Caprifoliaceae: Geißblattgewächse; Fam. der Od. Dipsacales; ca. 450 Arten, meist Stauden od. Holzpfl. mit gegenständigen, ungeteilten od. zusammengesetzten Blättern u. mit 5-zähligen, meist sympetalen, radiären od. zygomorphen

(z. B. Lonicera) Blüten, häufig in Trugdolden, auch einzeln od. zu zweien; Früchte sind Kapseln, Steinfrüchte od. Beeren; viele Ziersträucher. **Chem. Merkmale:** Phenolheteroside. **Wichtige Gattungen:** Lonicera, Sambucus, Symphoricarpus, Viburnum.

Caprinsäure: Decansäure; $C_9H_{19}COOH$. Nat. vorkommende Fettsäure, Eigenschaften s. Carbonsäuren (Tab.).

Caproat: chem. Kurzbez. für Hexanoat, den Ester der Hexansäure (Capronsäure).

ε-Caprolactam: 6-Aminohexansäurelactam. **Anw.:** Ausgangsmaterial für Polyamide*.

Capronsäure: Pentancarbonsäure; Hexansäure, $CH_3(CH_2)_4COOH$. D. 0.93. Schmp. –3.9 °C. Sdp. 205 °C. Farblose, ölige, ranzig riechende Flüss., unlösl. in Wasser, lösl. in Ethanol u. Ether. **Vork.:** entsteht bei der Buttersäuregärung; als Glycerinester in der Butter enthalten.

Caprylsäure: Acidum caprylicum Ph.Eur.; n-Heptancarbonsäure; $CH_3(CH_2)_6COOH$; D. 0.91; Schmp. 16.5 °C; Sdp. 239.7 °C. Klare, farblose, ölige Flüss. von unangenehmem, schweißartigen Geruch, unlösl. in Wasser, lösl. in Ethanol, Chloroform, Ether, Benzol. **Vork.:** als Glycerolester in Kokosfett, Ziegenbutter, Palmkernöl u. als Ester im Weinfuselöl; vgl. Caprylsäurezahl; **Anw.** med.: Antimykotikum*; techn.: Fungizid u. Insektenvertilgungsmittel; wirkt geg. Blattläuse in einer Verd. von 1:1000.

Caprylsäurezahl: Abk. CZ; Wert, der den Kokosfettanteil angibt, da Kokosfett den höchsten Geh. Caprylsäure besitzt. CZ = 17.4–21.8; Angabe der CZ als mL Caprylsäurelsg., 0.01 mol/L (0.01 n), pro 0.5 g Fett.

Capsaicin: Vanillylamid einer Isodecenylsäure, der 7-Methylocten-(5)-carbonsäure (8-Methyl-6-nonensäure); CAS-Nr. 404-86-4; $C_{18}H_{27}NO_3$; M_r 305.40; Schmp. 64.5 °C; farblose Kristalle, leicht lösl. in Ethanol, Ether, Benzol, Chloroform; prakt. unlösl. in Wasser; scharfer Geschmacks- u. Wirkstoff in Capsicum* annuum u. Capsicum* frutescens; in einer Verd. von 1 : 2 Mio. noch wahrnehmbar. **Wirk.:** Äußerl. angewandt wirkt C. auf die Nervenendigungen, die ein Wärmegefühl erzeugen (Antagonist von Menthol), unabhängig von der ebenfalls hervorgerufenen Hyperämisierung; es wird durch die Haut resorbiert u. erweitert die Kapillaren. C. wirkt aber primär nicht (wie z. B. die Senföle) entzündungserregend, sondern antiphlogist. u. anästhesierend. C. soll die Synthese der Prostaglandine* (auf der Stufe der Cyclooxygenase) u. auch die Substanz* P hemmen. Unabhängig von der Art der Applikation soll im Hypophysenvorderlappen die Ausschüttung von Corticotropin u. damit die Sekretion von Corticoiden erhöht werden. Inn. eingesetzt stimuliert C. lokal bestimmte (afferente) Nervenendigungen in der Mukosa (Schleimhaut) des Magens, die bei deren Schutz gegenüber ulzerogenen Faktoren mitwirken; die Mukosa wird besser durchblutet, u. es wird mehr Schleim gebildet (zytoprotektive Wirk.). C. bewirkt aber auch eine Erhöhung der Magensaftsekretion u. (reflektorisch) eine Anregung von Kreislauf u. Atmung. **Anw.:** bei Muskelverhärtungen, Muskelschmerzen, Erkrankungen des rheumat. Formenkreises.

Capsaicinoide: s. Capsicum frutescens.

Capsanthin: CAS-Nr. 465-42-9; $C_{40}H_{58}O_3$; C. hat 1, Capsorubin 2 terminale Cyclopentanol-Ringe. Wie Capsorubin carotinoider Farbstoff in Früchten von Capsicum*-Arten; s. Capsicum frutescens.

Capsella bursa-pastoris (L.) Medik.: Hirtentäschel; Fam. Brassicaceae (Cruciferae) (Europa). Stpfl. von **Bursae pastoris herba:** Herba Bursae pastoris, Herba Sanguinariae, Hirtentäschelkraut, Täschelkraut, Blutkraut, Gänsekresse. **Off.:** DAC; **Inhaltsst.:** Kaliumsalze, Flavonoide wie Diosmin, Aminosäuren u. Peptide; **Anw.:** innerl. bei leichten Menorrhagien* u. Metrorrhagien*; zur lokalen Behandlung von Nasenbluten; äußerl. bei oberflächl., blutenden Hautverletzungen.

Hom: *Capsella bursa-pastoris, ethanol. Infusum (HAB1.3),* Thlaspi bursa pastoris: frisches Kraut; verord. z. B. bei diffusen Blutungen.

Hom: *Capsella bursa-pastoris (HAB1.5),* Thlaspi bursa pastoris: die frischen oberird. T. der blühenden Pfl.; verord. z. B. bei diffusen Blutungen.

Capsici fructus acer: s. Capsicum, Capsicum frutescens.

Capsici frutescentes fructus: s. Capsicum frutescens.

Capsicum (lat. capsa Schachtel): Gattung der Fam. Solanaceae; von den ca. 30 C.-Arten werden 5 in einer Vielzahl von Varietäten, Rassen u. Sorten kultiviert. Eine exakte, bot. Einordnung ist prakt. wenig sinnvoll. Pharmaz. verwendet werden die Früchte versch. Arten u. Varietäten mit hohem Geh. an Scharfstoffen, den Capsaicinoiden. Aus diesem Grund schreiben das DAB10 u. die Ph.Helv.7 für die Droge Capsici fructus acer (Capsici frutescentes fructus) nur noch Capsicum* frutescens (sensu latiore) als Stpfl. vor. ÖAB90 verzichtet sogar auf die Angabe einer Art. Es wird nur die Forderung gestellt, dass die C.-Früchte einen Mindestgeh. von 0.25 % an Capsaicinoiden aufweisen müssen. Ledigl. HAB1.4 verlangt noch Capsicum* annuum als Stammpflanze.

Capsicum annuum L.: Paprika; Fam. Solanaceae (heim. im trop. Amerika; kult. in allen wärmeren Ländern, bes. Ungarn, Spanien, Südfrankreich, Italien, Türkei, Bulgarien); einjähriges Kraut, Früchte sind Trockenbeeren, ein Übergang zwischen Beere u. Kapsel. C. a. wird in zahlreichen Formen kult.; je nach Aussehen, Verwendungszweck, Geschmack u. a. unterscheidet man: **1.** Gemüsepaprika u. Tomatenpaprika sind fleischig, vitaminreich (Vit. C) u. fast frei von Capsaicin* (kein scharfer Geschmack); **2.** Gewürzpaprika: edelsüßer Paprika, halbsüßer Paprika (Gulyas), Rosenpaprika, scharfer Paprika, Merkantilpaprika (aus Abfällen). **Capsicum annuum (var. longum)** ist bzw. war (s. Capsicum) im DAB6, DAB7 u. HAB1.4 (bzw. Ph.Helv.5 u. ÖAB9) vorgeschrieben als Stpfl. von **Fructus Capsici:** Paprika, Piper hispanicum, Span. Pfeffer, Ungar. Pfeffer, Türk. Pfeffer, Schotenpfeffer; die getrockneten reifen Früchte. **Inhaltsst.:** wie in den Früchten von Capsicum frutescens, aber weniger Capsaicin* (0.01–0.22 %); **Anw.** volkstüml.: capsaicinarmer Paprika innerl. bei Verdauungsstörungen, Magen-

Darm-Erkrankungen u. zur Entwässerung. C. a. var. minimum (Miller) Heiser ist zus. mit Capsicum frutescens (kleinfrüchtige Varietäten) nach Ph.Eur.4.05 auch Stpfl. von Capsici fructus (vgl. Capsicum* frutescens; Geh. nach Ph.Eur. mind. 0.4% Gesamtcapsaicinoide, ber. als Capsaicin). **Hom:** *Capsicum annuum (HAB1.4),* Capsicum: getrocknete, reife Früchte; verord. z. B. bei Gastritis, Mittelohrentzündung, Angina, Neuralgie.

Capsicum frutescens L. s.l.: Fam. Solanaceae (heim. u. kult. in Afrika, Südamerika, ferner in Westindien, Ostasien), mehrjährige Staude. Stpfl. von **Capsici fructus acer** DAB2003: Capsici frutescentes fructus Ph.Helv.7, Fructus Capsici ÖAB90, Fructus Capsici frutescentis, Cayennepfeffer, Chili, Piper Cayennense, Fructus Piperis cayennense; die getrockneten reifen Früchte. **Off.:** DAB2003, Ph.Helv.7, ÖAB90; **Inhaltsst.:** für den scharfen Geschmack sind ca. 0.3-1% Capsaicinoide (DAC86) verantwortlich. Dabei handelt es sich um ein Gemisch isomerer Säureamide mit ca. 70% Capsaicin*, ca. 30% Dihydrocapsain u. jeweils einigen Prozenten analoger bzw. homologer Verbindungen. Die rote Farbe beruht auf einem Gemisch carotinoider Farbstoffe, z. B. Capsorubin u. Capsanthin*. Daneben findet sich fettes Öl u. in der frischen Frucht Ascorbinsäure (Vitamin C) u. fettes Öl. **Geh.:** nach DAB mind. 0.4% (ÖAB90: mind. 0.25%) Capsaicinoide, ber. als Capsaicin; **Anw.:** äußerl. bei schmerzhaftem Muskelhartspann im Schulter-Arm-Bereich sowie im Bereich der Wirbelsäule; volkstüml.: in Form von Tinkturen, Pflastern, Salben als Hautreizmittel bei Arthritis, Frostbeulen u. Erkrankungen des rheumat. Formenkreises; **Zuber.:** Extr. Capsici, Extr. Capsici fluidum (Capsicumliquidextr.), Extr. Capsici acris spissum normatum (Eingestellter Cayennepfefferdickextr.), Tct. Capsici, Ungt. Capsici compositum.

Capsid: s. Kapsid.

Capsolutverschluss: s. Vials, Garantieverschluss.

Capsorubin: s. Capsanthin.

Capsulae Ph.Eur.4: Capsulae medicinales, Kapseln; feste, i. Allg. einzeldosierte Arzneizubereitungen, deren Wirkstoffe zus. mit geeigneten Hilfsstoffen in fester, flüssiger od. halbfester Form in mehr od. weniger elast. Hüllen unterschiedl. Größe, Form u. evtl. Färbung eingeschlossen sind. Sie können an ihrer Oberfläche bedruckt sein. Die Hülle kann aus Gelatine*, Stärke (Amylum*) od. anderen geeigneten indifferenten Stoffen (Hydroxypropylmethylcellulose*), die i. Allg. getrocknete Gele makromolekularer Substanzen darstellen, sowie aus Hilfstoffen, z. B. oberflächenaktiven Substanzen, Lichtundurchlässigkeit vermittelnden Füllstoffen, Konservierungsmitteln, Süßungsmitteln, zugelassenen Farbmitteln u. Geschmackskorrigenzien bestehen. C. unterscheiden sich in Löslichkeit, Feuchtigkeitsempfindlichkeit, therm. Belastbarkeit u. im Abbau der Kapselhüllen in vivo. Die Hülle ist unter physiol. Bedingungen entweder lösl., verdaulich od. permeabel. Die Eigenschaften der Hüllmaterialien dürfen Stabilität u. Bioverfügbarkeit der Wirkstoffe nicht negativ beeinflussen. In Abhängigkeit von ihrer Größe lassen sich C. in **Makrokapseln** mit einem Durchmesser über 2000 µm u. in **Mikro-** u. **Nanokapseln** unter 2000 µm einteilen. Mikro-* u. Nanokapseln* sind als Zwischenprodukt der Arzneiformung zu sehen. Die Makrokapseln sind einzeldosierte Zuber., die normalerweise zur Einnahme durch den Mund bestimmt sind.

C

Gelatinekapseln (Capsulae gelatinosae) erfüllen viele Anforderungen, die an eine (per)orale Arzneiform zu stellen sind. Die wichtigsten sind: **1.** schonende u. rationelle Verarbeitung auch empfindl. und technolog. problemat. Arzneistoffe; **2.** Schutz der Wirkstoffe vor Umwelteinflüssen (Licht, Luft, Feuchtigkeit); **3.** Haltbarkeit u. Lagerfähigkeit bei nicht zu feuchter Aufbewahrung; **4.** hohe Dosierungsgenauigkeit auch flüssiger od. halbfester Arzneistoffe u. Zuber.; **5.** optimale u. gesicherte Wirkstofffreisetzung mit u. ohne Retardeffekt; **6.** ansprechende Form; **7.** Geschmacks- u. Geruchsneutralität u. bequeme Applikation; **8.** gute Verträglichkeit; **9.** eindeutige Identifikationsmöglichkeit (Form, Farbe, Bedruckung).

Prüfungen nach Ph.Eur.: Gleichförmigkeit* des Gehaltes (nur bei C. mit weniger als 2 mg od. weniger als 2% Wirkstoff bezogen auf die Gesamtmasse), Gleichförmigkeit* der Masse (u. U. auch auf Wirkstofffreisetzung* aus festen oralen Arzneiformen). C. müssen den Anforderungen der Prüfung auf Zerfall von Tabletten u. C. entsprechen, die Zerfallsprüfung* wird nicht verlangt, wenn die Prüfung auf Wirkstoffreisetzung vorgeschrieben ist. Als Prüfflüssigkeit dient Wasser, 0.1 N Salzsäure od. künstl. Magensaft. In jedes der 6 Röhrchen wird auf die C. eine Plastikscheibe gegeben, die Apparatur 30 min lang bewegt u. der Zustand der C. (zerfallen) geprüft. Gelagert werden Gelatinekapseln dicht verschlossen, nicht über 30 °C. Neben der geforderten Arzneibuchqualität muss die bei 60 °C gießfähige Gelatinemasse z. B. für die Herst. von Gelatinebändern (durch Ausgießen auf Kühltrommeln) eine bestimmte Gallertfestigkeit u. Viskosität aufweisen, die auch nach mehrtägigem Erwärmen der Masse nur geringfügig abfallen dürfen. Der Gelatine od. anderen geeigneten Polymeren können Weichmacher, Netzmittel, Opakisierungsmittel, Konservierungsmittel, Süßstoffe, Farbstoffe u. evtl. Aromatisierungsstoffe u. in Sonderfällen Wirkstoffe zugegeben werden. Die mit den Arzneistoffen verarbeiteten Hilfsstoffe können Lösungsmittel, Verdünnungsmittel, Fließverbesserer u. Zerfallsbeschleuniger sein u. dürfen keinen nachteiligen Einfluss auf die Kapselhülle ausüben. Je nach der Zstzg. der Hülle, dem Herstellungs- u. Verarbeitungsverfahren u. beabsichtigtem Gebrauch unterscheidet man Weichkapseln (soft capsules), Hartkapseln (hard gelatin, Steckkapseln), magensaftresistente (dünndarmlösl.) Kapseln (s. Arzneiformen, magensaftresistente), Kapseln mit modifizierter Wirkstofffreisetzung, Oblatenkapsel. Vaginal- u. Rektalkapseln werden den Zubereitungen zur rektalen Anwendung (Rectalia*) od. Zubereitungen zur vaginalen Anwendung (Vaginalia*) zugeordnet.

Weichkapseln bestehen nur aus einem Teil u. enthalten in den Hüllen Weichmacherzusätze (Glycerol, Sorbitol, Polyethylenglykol; z. B. 60%

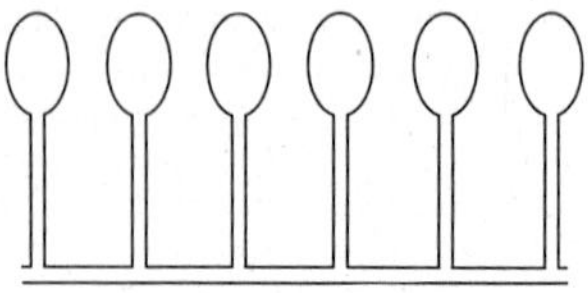

Capsulae Abb. 1: Formen (Docken) zur Herstellung von Weichgelatinekapseln nach dem Tauchverfahren

Gelatine u. 40 % Glycerol), deren Art u. Menge u. a. Elastizität u. Geschmeidigkeit bestimmen. Es sind in einem Arbeitsgang einteilig geformte, mit flüss. od. halbfesten Massen gefüllte u. hermet. verschlossene C. von vielgestaltiger Form (rund, oval, oblong, in suppositorien- od. tubenähnl. Gestalt) u. Größe. Eine rezepturmäßige Herst. ist nach dem Tauchverfahren* (s. Abb. 1) mit vorgefertigten Kapselhüllen möglich. Die Kapselhüllen sind dicker als bei Hartgelatinekapseln u. können einen Arzneistoff enthalten. Flüss. Arzneistoffe können direkt verkapselt werden. Feststoffe werden in flüss. od. halbfesten Grundlagen, z. B. Fetten, Ölen, hydrierten Fetten, Wachsmischungen od. Polyethylenglykolen, ev. in Komb. mit Emulgatoren, gelöst od. suspendiert. Durch den engen Kontakt des flüssigen Inhalts mit der Kapselhülle kann je nach Substanz eine teilweise Migration in die od. aus der Hülle erfolgen. Weichgelatinekapseln werden entweder vollautomatisch nach dem Rotary-Die-Verfahren (Scherer*-Verfahren), Accogel*-Verfahren, Norton*-Verkapselungsprozess, Tropf*- od. Blasverfahren od. mit halbautomat. Plattenstanzverfahren (Colton-* u. Upjohn*-Verfahren) hergestellt. Zu den bes. einzeldosierten Applikationsformen der Weichgelatinekapseln zählen Lutschkapseln (hohl, Wirkstoffe in der Hülle zur orale Resorption), Kau- u. Beißkapseln* (zur raschen oralen Resorption), Salbenkapseln (geben Salbe nach Aufschneiden frei) u. Rektal- u. Vaginalkapseln. Die längl. geformten **Rektalkapseln** entsprechen i. Allg. Weichgelatinekapseln; zusätzl. besitzen sie gleitende Überzüge. Wenn keine modifizierte Wirkstofffreisetzung od. keine länger anhaltende lokale Wirk. beabsichtigt ist, müssen sie der Prüfung auf Zerfallszeit von Suppositorien u. Vaginalkugeln entsprechen (s. Zerfallsprüfung; der Zustand der Rektalkapseln wird nach 30 min. geprüft). **Vaginalkapseln** sind meist eiförmige Weichgelatinekapseln. Die Prüfung auf Zerfall u. die geforderten Limits entsprechen den Rektalkapseln.

Hartgelatinekapseln (Hartkapseln, Capsulae operculatae) besitzen Hüllen ohne Weichmacherzusätze. Sie werden durch Herst. der aus Unter- u. Oberteil bestehenden Leerkapseln u. separates Füllen u. Verschließen in einem zweiten, völlig unabhängigen Arbeitsgang erhalten. Die einzige, in Normgrößen (000 bis 5) gebräuchl. Form ist oblong mit halbkugelig gerundeten Enden. Füllvolumen in mL der Größe 000 (1.37), 00 (0.95), 0 (0.68), 1 (0.50), 2 (0.37), 3 (0.30), 4 (0.21) u. 5 (0.13). Das Füllgut kann, einzeln od. kombiniert, aus ausreichend fließfähigen (s. Fließeigenschaften von Schüttgütern) pulverförmigen, granulierten, pelletierten od. tablettierten (Mikrotabletten) Anteilen bestehen, aber auch aus thixotrop od. pastös verdickten Flüss. od. geeigneten Schmelzzubereitungen. Weißopak eingefärbte Hartgelatinekapseln eignen sich zur rezepturmäßigen Verarbeitung alternativ zu den heute obsoleten Pillen, aber auch anstelle von Pulvern od. Tabletten. Hartgelatinekapseln werden im Gegensatz zu den Weichgelatinekapseln nur nach einer einzigen Methode, dem **Tauchverfahren** (s. Abb. 2) hergestellt. Die Aufbereitung der Gelatinelsg. erfolgt in gleicher Weise wie für die Herst. der Weichgelatinekapseln, jedoch ohne Weichmacherzusätze. Nach Prüfung der Ausgangsgelatine (Pulver od. Granulat) auf Aussehen, Geruch, Farbe, Korngröße, Löslichkeit, Gelfestigkeit (Bloom*), Viskosität, pH-Wert, isoelektrischen Punkt*, Keimgehalt u. chem. Reinheit wird unter Wasserzusatz gelöst, entgast u. evtl. Farbstoff u. Pigment (z. B. für Lichtschutz) zugesetzt. In einer vollautomat. Maschine werden Kapselober- u. -unterteile (Kappe u. Boden) nebeneinander durch Eintauchen von Tauchstiften (Docken od. Pins) in die warme Gelatinemasse hergestellt. Danach erfolgen Abkühlen (Erstarren der Gelatine), Trocknen auf 10-12 % Restfeuchte, Abziehen der Hülle von den Docken u. Abschneiden auf die geforderte Länge. Beide Hälften werden zusammengesteckt (vorverschlossen) u. als Leerkapsel ausgeworfen. Um ein vorzeitiges Öffnen der leeren, vorverschlossenen C. zu verhindern, aber trotzdem eine leichte Trennung beider Hälften vor dem Füllen zu ermöglichen u. einen möglichst dichten u. sicheren Verschluss der gefüllten Kapseln zu gewährleisten, sind Hartgelatinekapseln mit versch. Verschlussmechanismen versehen, z. B. Kerben für den Vorverschluss u. einer ringförmigen (od. zahnartigen) Vertiefung im Oberteil, die beim Zusammenschieben in eine Rille (zahnartige Vertiefung) des Unterteils einrastet (Permanentverriegelung), od. ähnlichen Patentverschlüssen wie Coni-Snap®-Kapsel mit Snap-Fit®-Verschluss (s. Abb. 3) od. Lok®-Caps mit Air-vent®-Verschluss u. Star-Lock®-Verschluss (s. Abb. 4).

Der Füllvorgang bei Hartgelatinekapseln umfasst folgende Arbeitsschritte: ordnen, einsetzen u.

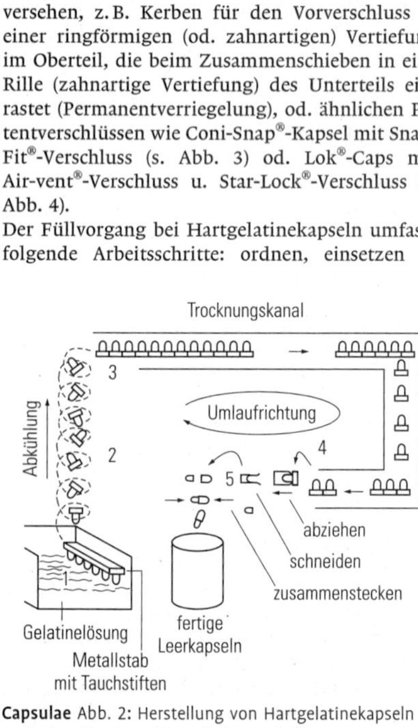

Capsulae Abb. 2: Herstellung von Hartgelatinekapseln nach dem Tauchverfahren (schematisch)

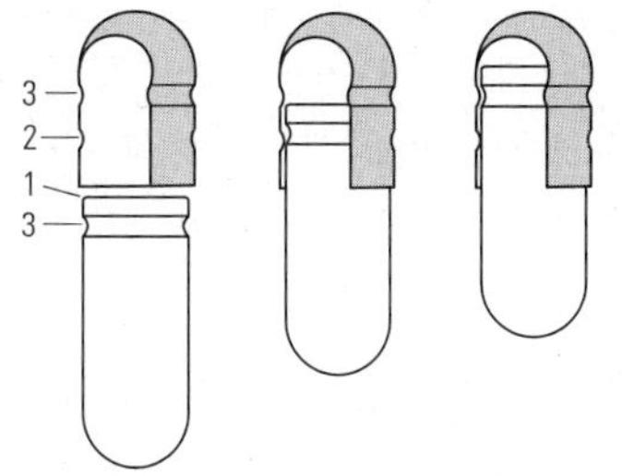

Capsulae Abb. 3: Coni-Snap®-Kapsel mit Snap-Fit®-Verschluss; 1: konischer Gleitrand verhindert Schlitzen der Kapseln u. Eindrücken der Enden; 2: Nocken verhindern vorzeitiges Öffnen; 3: Rillen verriegeln die gefüllte Kapsel

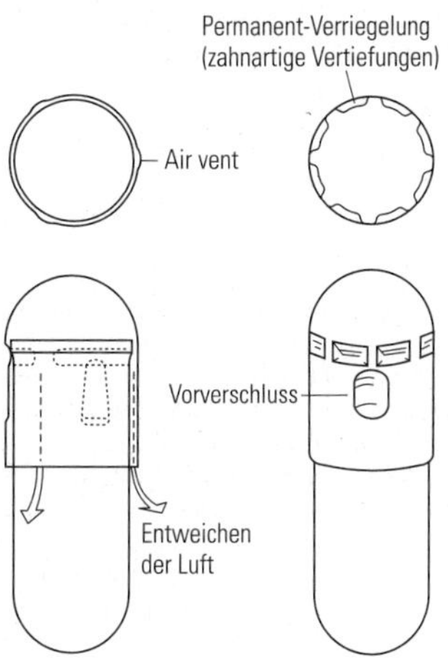

Capsulae Abb. 4: li.: Lok-Caps® mit Air-vent-Verschluss; re.: Star-Lock®-Verschluss

öffnen der Leerkapseln, dosieren u. füllen in das Kapselunterteil, aufsetzen des Kapseloberteils u. verschließen u. auswerfen der gefüllten u. verschlossenen Capsulae. (s. Abb. 5).

Die experimentelle Ermittlung des **Sollfüllgewichtes** im Rezepturmaßstab kann nach 2 Methoden erfolgen: **1. Messzylindermethode:** Das Schüttvolumen der verriebenen Arzneistoffe wird im Messzylinder ermittelt. Die geeignete Kapselgröße anhand der vom Kapselhersteller angegebenen od. selbst ermittelten Füllvolumina ausgewählt. Die Arzneistoffmischung auf ca. 70 % des berechneten Gesamtvolumens mit weitgehend inertem, gut fließfähigem Füllmittel (Lactose, Mannitol, tertiäres Calciumphosphat, evtl. unter Zusatz eines Fließregulierungsmittels*) aufgefüllt; nach Ph.Eur. wird für die rezepturmäßige Herstellung vorzugsweise eine Mischung aus 99.5 % Mannitol u. 0.5 % hochdisperem Siliciumdioxid* verwendet. Die gesamte Pulvermenge wird homogen gemischt, erneut in den Messzylinder überführt, mit weiterem Füllstoff auf das endgültige Volumen aufgefüllt u. nochmals durchgemischt. **2. Ergänzungsmethode:** Die verriebenen Arzneistoffe werden in einem Messzylinder mit den Füllstoffen auf ca. 70 % des Endvolumens aufgefüllt, gemischt, in die Kapselunterteile der gewählten Größe gegeben, die Unterteile mit weiterem Füllstoff auf das engültige Volumen aufgefüllt, entleert u. das Pulver nochmals durchmischt (entspricht dem Münzelverfahren für die Suppositorienherstellung).

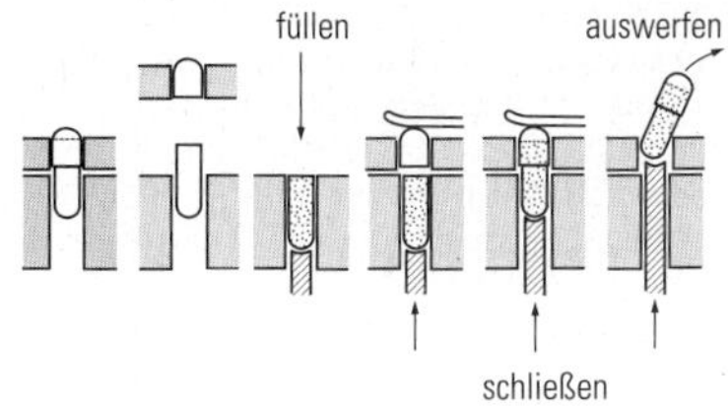

Capsulae Abb. 5: Füllvorgang bei Gelatine-Steckkapseln

Die zur Abfüllung einer bestimmten Füllgutmenge erforderl. Kapselgröße ist abhängig vom Abfüllverfahren. Bei Hartgelatinekapseln kommen für rieselfähige Füllgüter folgende **Abfüllmethoden** der Industrie in Frage: **1. direkte Abfüllung** in die Kapselunterteile durch Einrieseln od. Einstreichen (Apothekenrezeptur), evtl unter Zuhilfenahme von Vibratoren, Stopfvorrichtungen od. Dosierbechern. Die früher verbreitete Schnecken- od. Spindeldosierung (s. Abb. 6) wurde größtenteils durch indirekte Dosierverfahren ersetzt. **2. indirekte Abfüllung**, bei der Dosierung u. Abfüllung in 2 getrennten Schritten erfolgt. Das Pulver wird außerhalb der Kapselunterteile mittels Dosierröhrchen, -zylindern, -scheiben od. -kammern abgeteilt (s. Abb. 7), meist komprimiert u. erst dann in die Kapselunterteile abgefüllt (Accofil*-Verfahren). Geformtes Füllgut (Mikrotabletten, kleine C.) wird mit speziellen Vorrichtungen in die Unterteile eingelegt (s. Abb. 8). In Hartgelatinekapseln können flüssige u. pastöse Füllgüter nach folgenden Verfahren abgefüllt werden: **Thixocap-Verfahren:** Um das Herausfließen eines flüss. lipophilen Wirkstoffes aus der C. zu verhindern, werden Hilfsstoffe zugesetzt, die zu einem thixotrop verdicktem Füllgut (Gel)

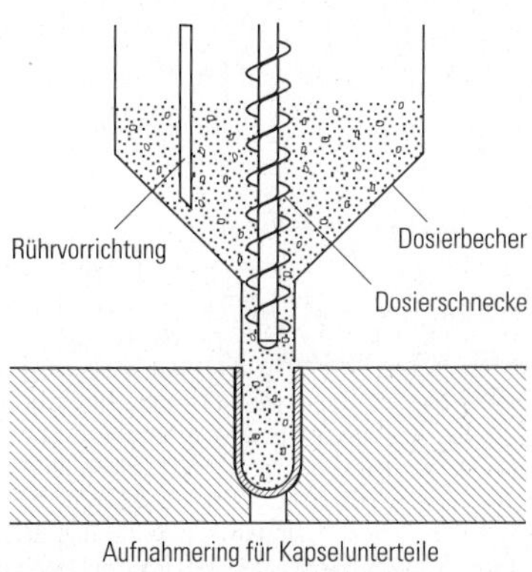

Capsulae Abb. 6: industrielle Abfüllung (Spindeldosierung)

führen. Unter Rühren ist die Masse noch flüssig u. kann exakt dosiert werden. **Thermocap-Verfahren:** Ähnl. wie bei der Suppositorienherstellung werden Hilfsstoffe verwendet, die in geschmolzenem Zustand dosiert u. abgefüllt werden können u. anschließend in der C. rasch erstarren. Sowohl Weich- als auch Hartgelatinekapseln können zur Freisetzungssteuerung des Inhalts (**Kapseln mit modifizierter Wirkstofffreisetzung**) od. zur Erzielung einer Magensaftresistenz (**magensaftresistente Kapseln**) mit geeigneten Filmüberzügen (Celluloseacetatphthalat, Hydroxypropylmethylcellulosephthalat, Acrylharzlacke) in Wirbelschichtgeräten od. Dragiertrommeln in Zweistoffverdüsung od. im Airless*-System umhüllt werden. Die Härtung mit Formaldehyd zur Magensaftresistenz führt zu stark nachhärtenden unlöslichen C. u. wird kaum mehr angewandt. Eine modifizierte Wirkstofffreisetzung wird auch erreicht, wenn die Inhaltsstoffe der Kapsel entsprechend überzogen sind. Nach Ph.Eur. ist die angemessene Wirkstofffreisetzung nachzuweisen.
Stärkekapseln (Capsulae amylaceae, Cachets, Oblatenkapseln) sind flachzylindr. Steckkapseln mit einzeldosiertem, festem Wirkstoff od. -gemisch (Pulver, Granulate, Komprimate) zur peroralen Applikation. Die Hüllen bestehen aus

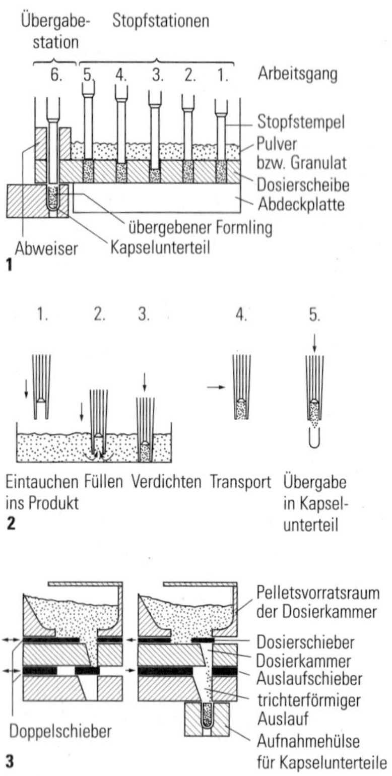

Capsulae Abb. 7: versch. Dosierungsvorrichtungen für industrielle Hartgelatinekapsel-Füllmaschinen; 1: Stopf- u. Dosierscheibenverfahren; 2: Röhrchendosierverfahren; 3: Doppelschieberdosierverfahren

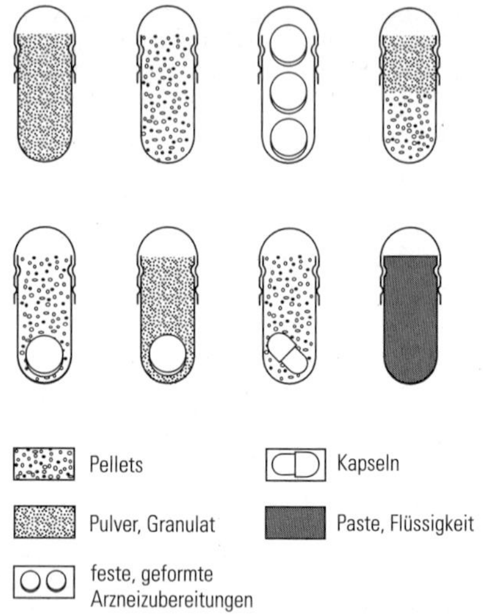

Capsulae Abb. 8: einige mögliche Kombinationen von versch. pharmazeutischen Formulierungen in Hartgelatinekapseln

einem Ober- u. Unterteil u. werden durch Backen eines Teiges aus Weizenmehl u. -stärke in geeigneten Formen mit einem Fassungsvermögen von 0.1-1.5 g Füllgut hergestellt. Die Stärkekapseln spielen heute kaum noch eine Rolle, da sie zu feuchtigkeitsempfindl. sind, eine unzureichende mechan. Festigkeit besitzen u. sich für die maschinelle Abfüllung nur bedingt eignen.
Papierkapseln (Capsulae papyraceae) sind vorgefaltete Papierhüllen für abgeteilte Pulver. Der Inhalt muss im Ggs. zu den anderen C. vor der Applikation entleert werden.

Capsulae Acidi ascorbici 200 mg: Acidi ascorbici capsulae 200 mg, Ascorbinsäure-Kapseln 200 mg; Zstzg.: DAC2001 (pro Kapsel Nr.1), NRF, 0.20 g Ascorbinsäure u. Füllstoff-Verreibung (0.5 T. hochdisperses Siliciumdioxid u. 99.5 T. Mannitol), n. B. abgefüllt nach der Messzylindermethode (s. Capsulae); Geh.: 95-105 % Ascorbinsäure. **Dos.:** 1 Kapsel, bei erhöhtem Bedarf bis zu 3 Kapseln/d.

Capsulae Allopurinoli 100 mg: Allopurinoli capsulae 100 mg, Allopurinol-Kapseln 100 mg; Zstzg.: DAC86 (1 Kapsel), 0.10 g Allopurinol, versetzt mit 0.002 g hochdispersem Siliciumdioxid, Füllstoff n. B.; empfohlener Füllstoff: gesiebte Mischung von 2 T. Siliciumdioxid (hochdispers) u. 98 T. Mannitol. **Anw.:** Urikostatikum, s. Gichttherapeutika; ED bis 300 mg, TD bis 800 mg, abhängig von der Höhe des Harnsäurespiegels; obsolet aufgrund möglicher Bioverfügbarkeitsprobleme, entfallene Vorschrift aus NRF1989.

Capsulae amylaceae: s. Capsulae (Stärkekapseln).

Capsulae Codeini phosphorici 30 mg: Codeini phosphati capsulae 30 mg, Codeinphosphat-Kapseln 30 mg; Zstzg.: DAC86 (pro Kapsel Nr.1), NFR, 0.030 g Codeinphosphat*-Hemihydrat u. Füllstoff (z. B. gesiebte Mischung aus 0.5 T. hochdispersem Siliciumdioxid u. 99.5 T. Mannitol) n. B., gefüllt nach der Messzylindermethode (s. Capsulae);

Geh.: 95.0-105.0% Codeinphosphat·0.5 H_2O. **Anw.**: Reizhusten; **Dos.**: (über 12 Jahre): 2- bis 3-mal/d bis zu 2 Kapseln; entfallene Vorschrift aus NFR2001 aufgrund fehlender Praxisrelevanz.

Capsulae Cyanocobalamini[^{57}Co]: s. Cyanocobalamin[^{57}Co].

Capsulae Dimeticoni 40, 80 mg: s. Dimeticon-Kapseln 40 od 80 mg.

Capsulae Diphenhydramini hydrochlorici 25 mg: Diphenhydramini hydrochloridi capsulae 25 mg, Diphenhydraminhydrochlorid-Kapseln 25 mg; Zstzg.: DAC86 (pro Kapsel Nr.1), NRF, 0.025 g Diphenhydraminhydrochlorid u. Füllstoff (z. B. gesiebte Mischung von 0.5 T. hochdisperses Siliciumdioxid u. 99.5 T. Mannitol) n. B., abgefüllt nach der Messzylindermethode; Geh.: 95.0-105.0% Diphenhydraminhydrochlorid. **Dos.**: Schlafstörungen 1-2 Kapseln. Entfallene Vorschrift aus NFR2001 aufgrund fehlender Praxisrelevanz.

Capsulae gelatinosae: s. Capsulae (Gelatinekapseln).

Capsulae operculatae: Capsulae (Hartgelatinekapseln)*.

Capsulae papyraceae: s. Capsulae (Papierkapseln).

Capsulae Propranololi hydrochlorici 40 mg: Propranololi hydrochloridi capsulae 40 mg, Propranololhydrochlorid-Kapseln 40 mg; Zstzg.: DAC86 (pro Kapsel Nr.1), 0.04 g Propranololhydrochlorid u. Füllstoff (z. B. gesiebte Mischung von 0.5 T. hochdisperses Siliciumdioxid u. 99.5 T. Mannitol) n. B., abgefüllt nach der Messzylindermethode; Geh.: 95-105% Propranololhydrochlorid. **Anw.**: Betarezeptorenblocker, s. Sympatholytika (Betasympatholytika), bei koronarer Herzkrankheit, tachykarden Herzrhythmusstörungen, funktionellen Herz-Kreislaufstörungen u. Hypertonie; bei Kardiomyopathien, Hyperthyreose u. zur Migräneprohylaxe; **Dos.**: individuell nach Angaben des Arztes 1-8 Kapseln.

Captodiamin: *p*-Butylmercaptobenzhydril-*β*-dimethylamino-ethylsulfid; CAS-Nr. 486-17-9; $C_{21}H_{29}NS_2$, M_r 359.60. Schmp. 132 °C. **Anw.**: Tranquilizer; **Dos.**: 150-200 mg/d.

Captopril INN: Captoprilum Ph.Eur.4; 1-[(2*S*)-3-Mercapto-2-methylpropionyl]-L-prolin; CAS-Nr. 62571-86-2; $C_9H_{15}NO_3S$, M_r 217.28. Schmp. 88 °C (Mod. I) bzw. 105 °C (Mod. II; polymorph); weißes bis fast weißes, krist. Pulver; leicht lösl. in Wasser, Dichlormethan u. Methanol, lösl. in verd. Alkalihydroxyd-Lösung. **Wirk.** u. **Anw.**: Antihypertensivum*; gilt als erster Blocker des Angiotensin-converting-Enzym; vgl. Hormone (Gewebehormone der Niere), ACE-Hemmer: Komplexierung des Zink-Katalysatorsystems des Enzyms senkt den Angiotensin-II-Spiegel, sowie die Aldosteronfreisetzung; weitere Ind.: Herzinsuffizienz; häufig mit einem Diuretikum* kombiniert; **UAW:** Hautausschläge, Geschmackssinnstörungen, Proteinurie, Leukopenie, Nierenschädigungen, Störungen des Blutbildes nach längerer Anw.; **Dos.**: p. o. 3×25-100 mg/d, 1 h vor bzw. 2 h nach den Mahlzeiten; HWZ 2 h bzw. 12 h (Metaboliten).

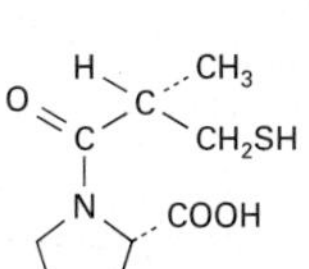

Captopril

Caput (lat.): Kopf; v. a. Gelenk- od. Muskelkopf; aber auch bei Organen.

Caramel: s. Saccharose.

Caran: Grundgerüst bicycl. Monoterpene*.

Carazolol INN: 1-(4-Carbazolyloxy)-3-isopropylamino-2-propanol; CAS-Nr. 57775-29-8; $C_{18}H_{22}N_2O_2$. Schmp. 134-137 °C (polymorph). Strukturformel s. Sympatholytika (Abb. 1). **Anw.**: Betasympatholytikum (s. Sympatholytika).

Carbachol INN: Carbacholum Ph.Eur.4, Carbacholinium chloratum, Carbaminoylcholinium chloratum, Carbaminoylcholinchlorid, Cholinchloridcarbamat; (2-Carbamoyloxyethyl)trimethylammoniumchlorid; CAS-Nr. 51-83-2; $C_6H_{15}ClN_2O_2$, M_r 182.7. Schmp. 200-203 °C (unter wenig Zers.). Weißes, krist., hygroskopisches Pulver, schwach aminartiger Geruch; 1 g lösl. in 1 mL Wasser, in 50 mL Ethanol, in 10 mL Methanol, fast unlösl. in Chloroform, Ether; die wässrige Lsg. ist stabil, auch unter Erhitzen; pK_S (der konjugierten Säure) 4.8. **Anw.**: direktes Parasympathomimetikum, Miotikum*; **Dos.**: p. o. 3-4×1-4 mg/d; parenteral s. c. 0.25-0.5 mg.

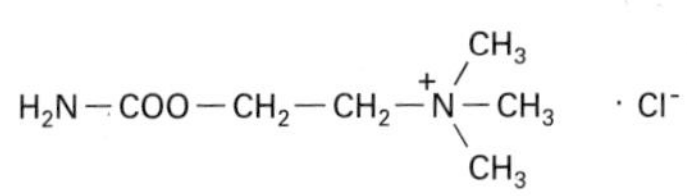

Carbachol

Carbachol-Augentropfen: s. Augentropfen.

Carbaldehyd: s. Aldehyde.

Carbamate: Salze u. Ester der Carbaminsäure*; s. Schädlingsbekämpfungsmittel.

Carbamazepin INN: Carbamazepinum Ph.Eur.; 5*H*-Dibenz[*b,f*]azepin-5-carboxamid; CAS-Nr. 298-46-4; $C_{15}H_{12}N_2O$, M_r 236.26. Es existieren mehrere polymorphe Formen, z. B. Schmp. 190-191 °C (Mod. I), Schmp. 176-178 °C (Mod. III, bei Raumtemp. stabil) u. ein Dihydrat. Fast unlösl. in Wasser, Ether; lösl. 1:10 in Ethanol, 1:10 in Chloroform, in Aceton. **Anw.**: Antiepileptikum*, Analgetikum; **Dos.**: in der Trigeminusneuralgie initiale ED 0.2 g/d p. o., steigern auf 2-4×0.2 g/d; Kinder (bis 1 Jahr) 0.1 g/d, Kinder (1-5 Jahre) 0.2 g/d, Kinder (5-10 Jahre) 0.4 g/d; als Antikonvulsivum: initiale ED 0.2 g/d, steigern n. B. bis auf 2-3×0.4 g/d; HWZ 16-24 h.

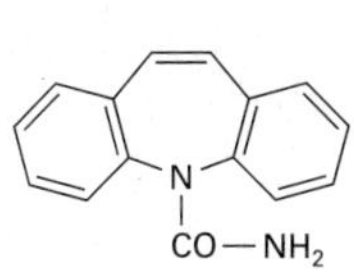

Carbamazepin

Carbamazin: s. Diethylcarbamazin.

Carbamid: Carbamidum; s. Harnstoff.

Carbamidnitrat: salpetersaurer Harnstoff, Carbamidum nitricum, Urea nitrica; $CO(NH_2)_2 \cdot HNO_3$. Weiße Kristalle. **Anw.:** wie Harnstoff*.

Carbamidsäure: s. Carbaminsäure.

Carbamidum bromethylaceticum: s. Carbromal.

Carbamidum bromisovalerianicum: s. Bromisoval.

Carbaminoylcholinchlorid: s. Carbachol.

Carbaminsäure: Carbamidsäure; Halbamid der Kohlensäure; $H_2N-COOH$. Entsteht bei der Addition von Ammoniak an Kohlendioxid od. von Wasser an Cyansäure; nur in Form ihrer Salze beständig (Kalium-, Ammoniumcarbamat).

Carbaminsäureethylester: s. Urethan.

Carbapeneme: Antibiotika* (Betalactam-Antibiotika), bei denen der Schwefel im Penam (vgl. Antibiotika, Abb. 4) durch Kohlenstoff ersetzt ist. **Wirkstoffe:** z. B. Imipenem*, Meropenem*.

Carbaryl: *N*-Methyl-1-naphthylcarbamat; CAS-Nr. 63-25-2; $C_{12}H_{11}NO_2$; M_r 201.22; Schmp. 145 °C. MAK 5 mg/m³. **Anw.:** breit wirksames Kontaktinsektizid; s. Schädlingsbekämpfungsmittel (Carbamate).

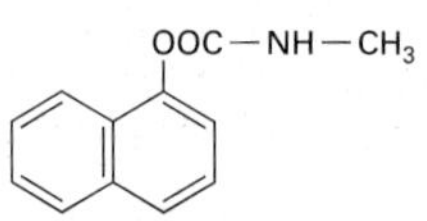

Carbaryl

Carbasalat-Calcium INN: Carbasalatum calcicum Ph.Eur., Calcium acetylsalicylicum carbamidum, Carbaspirin-Calcium; Calciumacetylsalicylatcarbamid; CAS-Nr. 5749-67-7; $C_{19}H_{18}CaN_2O_9$, M_r 458.4. Schmp. 195-202 °C (unter Zers.). Ein Komplex aus dem Calciumsalz der Acetylsalicylsäure* u. Harnstoff; Löslichkeit ca. 230 g/L Wasser (37 °C, pH 4.8). **Wirk.:** s. Acetylsalicylsäure; **Anw.:** Analgetikum, Antiphlogistikum, Antipyretikum.

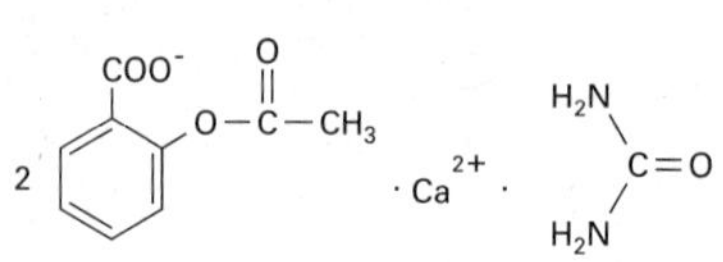

Carbasalat-Calcium

Carbaspirin-Calcium: s. Carbasalat-Calcium.

Carbazochrom INN: Adrenochrom-monosemicarbazon; 3-Hydroxy-1-methyl-5-semicarbazono-6(5*H*)-indolinon; CAS-Nr. 69-81-8; $C_{10}H_{12}N_4O_3$, M_r 236.2. Schmp. ca. 222 °C (unter Zers.). Sehr schwer lösl. in Wasser, Ethanol; fast unlösl. in Ether; ein Oxidationsprodukt von Adrenalin*. **Anw.:** Hämostatikum*; bei hämorrhag. Zuständen, Blutungsgefahr bei u. nach Operationen, Zahnextraktionen; **Dos.:** ED (1 h vor Operationsbeginn) p. o. 15 mg, s. c.und i. m. 3 mg, i. v. 1.5 mg; Infusion i. v. 0.5 % Lsg. 50fach verd.; gebräuchl. sind auch Carbazochromsalicylat u. Natriumcarbazochromsulfonat.

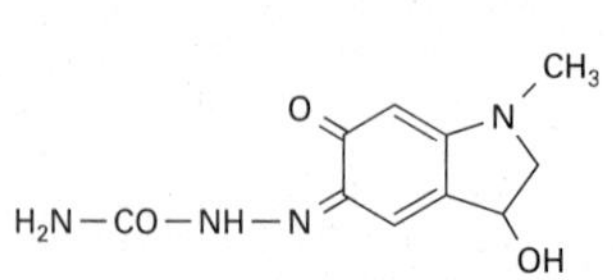

Carbazochrom

Carbazol: 9*H*-Carbazol, Dibenzopyrrol, 9-Azafluoren; $C_{12}H_9N$, M_r 167.2. Schmp. 246 °C. Sdp. 355 °C. Farblose Blättchen, unlösl. in Wasser, lösl. in Ethanol, in konz. Schwefelsäure unzersetzt löslich. **Vork.:** Grundstruktur von Alkaloiden, z. B. in Glycosmis-Arten, Fam. Rutaceae* (Strukturformel s. Verbindungen, heterocyclische; Abb.). **Anw.:** Synthese von Farbstoffen u. Insektiziden.

Carbendazim: Methyl-benzimidazol-2-ylcarbamat; CAS-Nr. 10605-21-7; $C_9H_9N_3O_2$; M_r 191.2; Schmp. 310 °C (Zers.). **Anw.** techn.: system. Fungizid mit breitem Wirkungsspektrum, als Saatgut-Behandlungsmittel, auch Abbauprodukt von Benomyl*; s. Schädlingsbekämpfungsmittel (Carbamate).

Carbenia benedicta: s. Cnicus benedictus.

Carbenicillin INN: α-Carboxybenzylpenicillin; *N*-[(2*R*,5*R*,6*R*)-2-Carboxy-3,3-dimethyl-7-oxo-4-thia-1-azabicyclo[3.2.0]hept-6-yl]-2-phenylmalonamidsäure; CAS-Nr. 4697-36-3; $C_{17}H_{18}N_2O_6S$, M_r 378.42. **Wirk.** u. **Anw.:** Antibiotikum*, p. o. nicht verfügbares Breitband-Penicillin; angewendet v. a. bei bakt. Harnweginfektionen verursacht durch Pseudomonas aeruginosa u. Proteus-Arten; aufgrund der niedrigen Aktivität durch z. B. Piperacillin* abgelöst; **Dos.:** parenterale Infusion i. v. 200-500 mg/kg/d, max. bis 40 g/d; HWZ 1.2 h; vgl. Antibiotika (Tab.); **Hinweis:** in Deutschland u. Österreich nicht mehr im Handel. **Carbenicillin-Dinatrium:** Carbenicillinum natricum Ph.Eur.; CAS-Nr. 4800-94-6; $C_{17}H_{16}N_2Na_2O_6S$, M_r 422.4. Weißes bis schwach gelbl., hygroskop. Pulver; leicht lösl. in Wasser; vgl. Carindacillin.

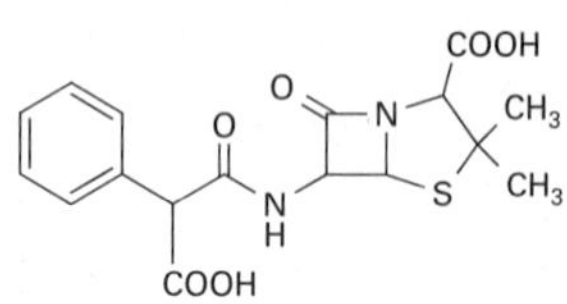

Carbenicillin

Carbeniumion: R_3C^+; Ion mit sp^2-hybridisiertem, positiv geladenem C-Atom (s. Hybridisierung). Intermediat chem. Reaktionen von zumeist geringer Lebensdauer; fälschl. oft auch als Carboniumion, ein Ion mit pentakoordiniertem, positiv geladenem C-Atom, bezeichnet; vgl. Carbokation.

Carbenoxolon INN: 3β-(3-Carboxypropionyloxy)-11-oxoolean-12-en-30-säure, Glycyrrhetinhemisuccinat; CAS-Nr. 5697-56-3; $C_{34}H_{50}O_7$, M_r 570.74. Strukturformel s. Glycyrrhetinsäure (Abb.). Schmp. 291-294 °C. $[\alpha]_D^{20\,°C}$ +128° (Chloroform). **Anw.:** Ulkustherapeutikum (vgl. Glycyrrhiza glabra), Antiphlogistikum in der Mundhöhle; äußerl. gegen Herpes; **UAW:** wirkt auch als Mineralocorticoid, s. Hormone (Nebennierenhormone); **Dos.:** p. o. 3×0.1 g/d über eine Woche, 2. bis 4. Woche: 3×0.05 g/d 15-30 min vor dem Essen; Geschwüre u. Aphthen im Mund: 2 %iges Gel alle 4-6 h auftragen; HWZ 13-16 h. **Carbenoxolon-Dina-**

trium: Carbenoxolonum dinatricum; CAS-Nr. 7421-40-1; $C_{34}H_{48}Na_2O_7$, M_r 615. Weißes, hygroskop. Pulver; leicht lösl. in Wasser, lösl. in Ethanol. **Off.:** DAC86.

Carbesilat: Carbesilas; chem. Kurzbez. für *p*-Carboxybenzolsulfonat.

Carbide: Karbide; Verb. von Kohlenstoff mit Metallen u. Metalloiden. Beispiele: Calciumcarbid*, Siliciumcarbid* bzw. Metallverb. des Acetylen* (Acetylenide); teils zersetzen sie sich mit Wasser od. Säuren unter Wiederbildung von Acetylen (Calciumcarbid), teils werden sie von Wasser u. Säuren nicht angegriffen, z. B. Siliciumcarbid.

Carbidopa INN: L-(–)-α-Hydrazino-3,4-dihydroxy-α-methylhydrozimtsäure; (2*S*)-3-(3,4-Dihydroxyphenyl)-2-hydrazino-2-methylpropionsäure; CAS-Nr. 28860-95-9. Schmp. 203-205 °C (unter Zers.; kristallisiert aus heißem Wasser). $[\alpha]_D^{20\,°C}$ –17.3° (Methanol). Lösl. 1:500 in Wasser, 1:5000 in Ethanol, schwer lösl. in Methanol, leicht lösl. in Salzsäure, 3 mol/L, fast unlösl. in Aceton, Chloroform, Ether. **Anw.:** Hemmer der peripheren Dopadecarboxylase; wird in Kombination mit Levodopa* in der Ther. des Parkinson*-Syndroms verwendet; HWZ ca. 2 h. **Carbidopa-Monohydrat:** Carbidopum monohydricum Ph.Eur.; CAS-Nr. 38821-49-7; $C_{10}H_{14}N_2O_4 \cdot H_2O$, M_r 244.25. Weißes bis gelbl. weißes Pulver; schwer lösl. in Wasser.

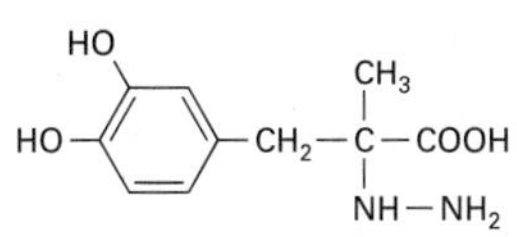

Carbidopa

Carbimazol INN: Carbimazolum Ph.Eur.; 1-Ethoxycarbonyl-3-methyl-2-thioimidazol; CAS-Nr. 22232-54-8; $C_7H_{10}N_2O_2S$, M_r 186.23. Schmp. 122-125 °C. Lösl. 1:500 in Wasser von 20 °C, 1:50 in Ethanol, 1:330 in Ether, 1:3 in Chloroform, 1:17 in Aceton. **Anw.:** Thyreostatikum*, den Thioharnstoffen zuzurechnen; **UAW:** treten meist 2 Monate nach Therapiebeginn auf, v. a. Übelkeit, Kopfschmerzen, Hautausschlag, gelegentl. auch Medikamentenfieber mit Gelenkbeschwerden; die schwerste UAW ist die Agranulozytose; C. ist plazentagängig, eine Hypothyreose des Neugeborenen kann die Folge sein; **Dos.:** p. o. Kontrolldos. 30-60 mg/d in geteilten Dosen; Erhaltungsdos. 5-20 mg/d; HWZ 3-4 h (Metaboliten).

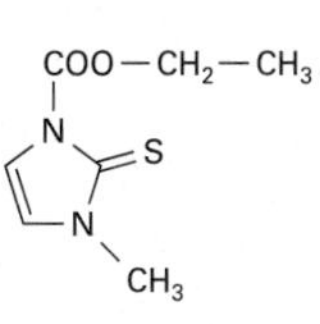

Carbimazol

Carbinol: s. Methanol.

Carbinoxamin INN: 2-Dimethylaminoethoxy-2-pyridyl-4-chlorphenylmethan; 2-[4-Chlor-α-(2-pyridyl)benzyloxy]-*N*,*N*-dimethylethylamin; CAS-Nr. 486-16-8; $C_{16}H_{19}ClN_2O$, M_r 290.8. Sdp. 158-162 °C (13.3 kPa). **Anw.:** Antihistaminikum*; **UAW:** s. Azatadin; **Kontraind.:** Anw. bei Kindern unter 6 Jahren; **Dos.:** p. o. 2×4 mg/d morgens u. abends. **Carbinoxaminmaleat:** $C_{20}H_{23}ClN_2O_5$. Schmp. 117-119 °C. Leicht lösl. in Wasser, Ethanol, Chloroform, sehr leicht lösl. in Ether. **Carbinoxaminhydrochlorid:** $C_{16}H_{19}ClN_2O \cdot HCl$. Schmp. 162-164 °C (unter Zers.). Lösl. in Wasser. Gebräuchl. ist auch Carbinoxamin-Poly(styrol,divinylbenzol)sulfonat.

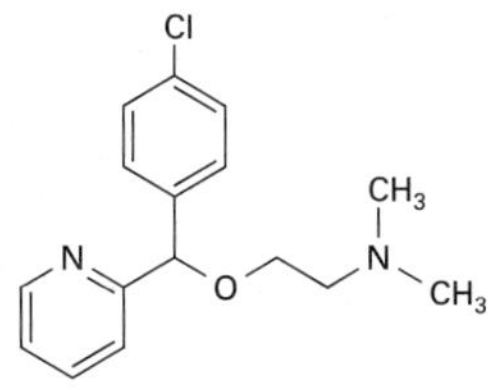

Carbinoxamin

Carbo activatus Ph.Eur.4: Carbo adsorbens, Carbo medicinalis, med. Kohle, Aktivkohle, A-Kohle; CAS-Nr. 7440-44-0; gew. aus pfl. Materialien durch Verkohlungsverfahren (Verkohlung von Holz unter Beimengung von gasentwickelnden u. wieder auswaschbaren Stoffen; Behandlung des pfl. Materials bei 700-800 °C mit Wasserdampf, Luft u./od. CO_2, Norit-Verfahren), welche eine große äußere u. innere, aktive Oberfläche erzeugen u. somit ein erhöhtes Adsorptionsvermögen bewirken. Schwarzes, feines, leichtes Pulver; prakt. unlösl. in allen gebräuchl. Lösungsmitteln; adsorbiert Feuchtigkeit, Gase, in Suspension viele chem. Verbindungen. Man bezeichnet Kohlen, die zur Entfärbung u. Reinigung dienen als **E-Kohlen**, die Adsorptionskohlen für Gase u. Dämpfe als **A-Kohlen.** Nach Ph.Eur. ist auf den Geh. an fluoreszierenden Substanzen, auf Trocknungsverlust (max. 15 % bei 120 °C) u. das Adsorptionsvermögen gegenüber Phenazon (Adsorption mind. 40 %, bromatometr. bestimmt aus der Gesamtmenge im Blindversuch u. der nicht adsorbierten Menge an Phenazon) zu prüfen; mikrobielle Belastung max. 10^3 aerobe Keime/g. **Anw.:** innerl. bei Meteorismus, Flatulenz, als Antiseptikum zur Adsorption der Bakterien bei infektiösen Darmerkrankungen (Dos.: 5-20 g in Wasser angerührt); bei Vergiftungen; äußerl.: Wundstreupulver (Dos.: 0.5-2.5 g); techn.: zur Entkeimung von Trinkwasser; zum Entfärben u. Desodorieren. **Carbo animalis:** Tierkohle, Blutkohle. Gew.: Verkohlung von Knochen, Fleisch, Blut u. anderen tier. Stoffen. **Anw.:** s. o.; **Carbo Carnis purus:** Fleischkohle; **Carbo Coffeae:** Kaffeekohle. Gew.: Rösten der grünen, trockenen Kaffeebohnen; **Anw.:** innerl. bei Ruhr, Dysenterie, Nahrungsmittelallergien; äußerl.: bei Angina, Scharlach, Gingivitis, Ekzemen; **Carbo ligni pulveratus:** gepulverte Holzkohle, Carbo vegetabilis, vegetabil. Kohle. Gew.: nochmaliges Glühen gewöhnl. Holzkohle in geschlossenen Gefäßen; gepulverte Holzkohle soll schwarz sein u. darf an Aktivkohle nichts abgeben; **Carbo mineralis:** Graphit*, Pottlot;

Carbo ossium: Knochenkohle. Gew.: Erhitzen von mit Benzin od. Schwefelkohlenstoff gereinigten u. zerkleinerten Knochen unter Luftabschluss. Linsen- od. erbsengroße, schwarze, samtartige Stückchen; der Kohlenstoffgehalt beträgt nur 10%; **Anw.**: Entfärben u. Desodorieren (Adsorption von Farb- u. Riechstoffen); **Carbo ossium depuratus:** gereinigte Knochenkohle; Gew.: Ausziehen mit Salzsäure von der von Knochenasche befreite Knochenkohle; **Carbo Panis:** Brotkohle; **Carbo Populi:** Pappelholzkohle; **Carbo Sanguinis:** Blutkohle, s. Carbo animalis; **Carbo Spongiae:** Spongia usta, Schwammkohle; Gew.: Verkohlen von Meerschwämmen; sie enthält etwas Brom u. Iod; **Anw.** traditionell: geg. Kropf u. zur Entfettung; **Carbo Tiliae:** Lindenholzkohle; **Carbo vegetabilis:** Carbo Ligni pulveratus.

Hom: *Carbo animalis (HAB1.2):* verord. z.B. bei Magen-, Darmentzündung, Lymphknotengeschwülsten, eitrigen Geschwüren, begleitend bei Karzinomen.

Hom: *Carbo vegetabilis (HAB1.1):* ausgeglühte Kohle von Rotbuchen- od. Birkenholz, Holzkohle; Konstitutionsmittel; verord. z.B. bei Gastritis, Bronchialkatarrh, Kreislaufschwäche, venösen Stasen.

Carbo adsorbens: s. Carbo activatus.

Carboanhydrase: Enzym (Zinkprotein), das die reversible Spaltung der Kohlensäure zu H_2O u. CO_2 katalysiert. C. wird durch Acetazolamid gehemmt.

Carboanhydrasehemmer: s. Diuretika.

Carbocistein INN: Carbocisteinum Ph.Eur.4, (*R*)-Carboxymethyl-L-cystein; (*R*)-2-Amino-4-thia-adipinsäure; CAS-Nr. 2387-59-9; $C_5H_9NO_4S$, M_r 179.21. Schmp. 204-207 °C (unter Zers.). $[\alpha]_D^{20\,°C}$ −32.5 bis −35.5° (bei pH 6.3 mit NaOH einstellen); weißes, krist. Pulver, unlösl. in Wasser, Ethanol u. Ether, lösl. in verd. Mineralsäuren u. verd. Alkalihydroxidlösung. **Anw.**: Mukolytikum, Expektorans; **Dos.**: p.o. 2-3×0.75 g/d; Kinder (1-4 Jahre) 2×0.25 g/d, Kinder (ab 4 Jahre) 3×0.25 g/d; HWZ 1-3 h. Gebräuchl. ist auch Carbocistein-Natrium.

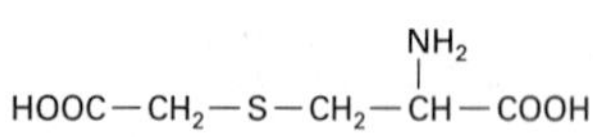

Carbocistein

Carbocromen INN: Carbochromen, 3-(2-Diethylaminoethyl)-7-(ethoxycarbonylmethoxy)-4-methylcumarin; Ethyl-3-[2-(diethylamino)ethyl]-4-methyl-2-oxo-2*H*-1-benzopyran-7-yloxyacetat; CAS-Nr. 804-10-4; $C_{20}H_{27}NO_5$. **Wirk.**: vermutl. Verlangsamung des Fettsäureabbaus im Herzmuskel, Steigerung des Glucoseumsatzes u. dadurch Verringerung des Sauerstoffverbrauchs; **Anw.**: Koronardilatator; **Dos.**: p.o. 2-3×75 mg/d; oral retard 0.45 g/d, in schweren Fällen 2×0.45 g/d; parenterale Infusion i.v. 0.2 g in 250-500 mL 5%iger Laevulose-Lsg. innerhalb 1-2 h; HWZ 0.8 h (Metaboliten). **Carbocromenhydrochlorid**: Schmp. 161-163 °C (polymorph).

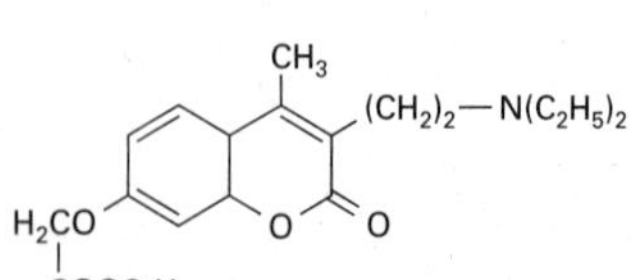

Carbocromen

Carbodiimide: Diimide des Kohlendioxids (s. Abb.). C. addieren leicht Nucleophile an das zentrale C-Atom.

$$R-\bar{N}=C=\bar{N}-R$$

Carbodiimide: allg. Formel

Carbogele: s. Kohlenwasserstoffgele.

Carbohydrasen: s. Glykosidasen.

Carbokation: Ion mit positiv geladenem C-Atom. Überbegriff für das trivalente Carbeniumion* u. das viel seltenere, pentavalente Carboniumion.

Carbolinalkaloide: zu den Indolalkaloiden* gerechnete Gruppe von Alkaloiden mit *β*-Carbolin als Grundgerüst (Pyrido[3,4]indol, Strukturformel s. Alkaloide (Abb.). Beispiele sind Harmanalkaloide*, Rauvolfiaalkaloide u. Derivate von Yohimban*.

Carbolineum: Karbolineum; Steinkohlenteer-Destillat; ölige braunrote, nach Teer riechende Flüss., enthält u.a. Phenole, Naphthalin, Cresol, Anthracen. **Anw.**: zum Imprägnieren von Holz (s. Holzschutz) u. Mauerwerk (Hausschwamm), verd. zum Spritzen der Obstbäume, geg. Insektenlarven u. -eier; s. Schädlingsbekämpfungsmittel.

Carbolsäure: s. Phenol.

Carbomere: (engl.) *Polyacrylic acid*; Carbomera Ph.Eur.4, Carboxypolymethylen, Carboxyvinylpolymer, Acidum polyacrylicum, Polyacrylsäure, Poly(1-carboxyethylen); Polymere mit großer M_r von Acrylsäure, quervernetzt mit Polyalkenethern von Zuckern od. Polyalkoholen. M_r 860 000 bis ca. 4 000 000 (mit vielen kurzen Seitenketten). D. 1.41 (im Vakuum bei 80 °C). Enthält mind. 56 % u. max. 68 % Carboxylgruppen, ca. 2 % Wasser, hygroskop. (für genau einzustellende Lösungen muss der Wassergehalt bestimmt werden); nicht quervernetzte C. (z.B. gefriergetrocknete C.) sind auch mit einer M_r um 1 000 000 gut wasserlöslich. Scharfes Trocknen verringert die Wasserlöslichkeit. pH-Wert (1 %ige wässrige Lsg.) 3.0. Quillt in Wasser u. anderen polaren Läsungsmitteln nach Dispersion u. löst sich erst beim Neutralisieren mit Natriumhydroxid-Lösung. Lösl. in Dioxan, Dimethylformamid, Ethanol, Methanol, Ethylenglykol, Glycerol; unlösl. in Aceton, Ether, Benzol, Cyclohexan. C. bilden in Wasser u. org. Lösungsmitteln mit Alkalien u. Aminen viskose Gele. Die freien Carboxylgruppen der C. reagieren mit Alkalihydroxiden, Natriumcarbonat, Trometamol (TRIS), Triethanolamin, Diisopropanolamin unter starker Vernetzung (Viskositätserhöhung). Starke Zunahme der Viskosität im Bereich pH 3-6, die bis pH 10 fast konstant bleibt u. bei weiterem pH-Anstieg wieder abnimmt. Neutralisierte C. (zur Bestimmung der scheinbaren Viskosität mit einem Rotatinsviskosimeter s. Ph.Eur.) bilden in Wasser in niedriger Konz. (bis 0.4 %) pseudoplast. Lösungen mit Fließpunkt, in höheren Konz. (bis max. 5 %) salbenartige Gele mit thixotropen Fließeigenschaften (s. Rheologie). Ohne Viskositätsverlust hitzesterilisierbar. C.-Lösungen verhindern Pilz- od. Bakterienwachstum. **Inkomp.:** polyvalente Ionen, Elektrolyte in hoher Konz., kation. Wirkstoffe u. Polymere, starke Säuren (Fällung). Kettenabbau in neutralisierten wässrigen Lösungen durch Licht u. Schwermetallspuren. Die Auswirkung der Schwermetallspuren wird durch Zusatz von 0.05 % Natriumedetat verhindert. **Verarbeitung:** C. werden in Wasser od. Lösungsmittelgemischen mit schnellaufendem Rührwerk vollständig dispergiert u. erst dann bis zu einem bestimmten pH-Wert mit Lauge od. Aminen neutralisiert.

Anw.: Reagens Ph.Eur.4, CAS Nr. 9007-20-9, gelegentl. Zusatz zu Cellulose od. Kieselgel bei DC. Verdickungsmittel für alkohol. u. alkoholisch-wässrige Zubereitungen. Liegt der Alkoholgehalt <50 %, wird zur Neutralisierung Trometamol (TRIS) anstelle Triethanolamin eingesetzt. Bei Alkohol-Gehalten >50 % müssen besser alkohollösl. Amine eingesetzt werden, z. B. *N*-(2-Hydroxypropyl)ethylendiamin, Polyethylenglykolcocamin od. Diisopropylamin. Die mit C. erhaltenen Hydrogele lassen sich in die Haut einreiben u. besitzen eine gewisse Tiefenwirkung. Unter Verw. bestimmter Amine u. Ethanol bzw. Isopropanol entstehen alkoholhaltige Gele, die eine verstärkte Tiefenwirkung aufweisen u. stärker kühlend wirken. Die C.-Typen enthalten Restmengen von Monomeren u. Polymerisations-Lösungsmitteln. Nach Ph.Eur. sind die Rückstände für Benzol u. freie Acrylsäure auf 2 ppm u. ≤0.25 % begrenzt.

Es stehen u. a. nachfolgende Carbopol-Typen zur Verfügung: **C. 907** (M_r 450 000): hohe Schmierfähigkeit bei niedrigen Viskositäten; **C. 910** (M_r 750 000): hohe Ionentoleranz, langanhaltendes Fließvermögen, wirksam in niedrigen Konzentrationen (ppm-Bereich); **C. 934 NF u. C. 2894:** in der Kosmetik als Suspendiermittel (Quasiemulgator, s. Emulgatoren) in 0.1-0.4 %iger Konz., als transparente Salbengrundlage (Gelbildner) in 0.5-5 %iger Konz., für Haarfestiger, Sonnenschutz, Rasierlotionen u. alle Arten von Gelen; **C. 5984:** Hydro- u. hydroalkoholische Gele; **C. 934 u. C. 954** (M_r 3 000 000): hohe Viskositäten; **C. 974 P NF** (Nachfolger von C. 934 P NF im Pharmabereich): orale Applikation u. Schleimhautkontakt, kontrollierte Wirkstofffreigabe in Tabletten u. oralen Suspensionen; transdermale u. topische Anwendungen; **C. 980** (Nachfolger von C. 940 NF im Pharmabereich), **C. ETD 2001** (M_r 4 000 000): ausgezeichneter Verdickungseffekt; hohe Viskosität, absolut klare Zubereitungen, butterförmige Rheologie, klare hydro- u. hydroalkohol. Gele; **C. 981** (Nachfolger von C. 941 im Pharmabereich), u. **C. 951, C. ETD 2050** (M_r 1 250 000): klare niedrigviskose hydro- u. hydroalkohol. Gele, liefern stabile Emulsionen u. Suspensionen bereits in niedrigen Konzentrationen. Wirksamer in niedrigen bis mäßigen Konzentrationen (ab 0.1 %); langanhaltendes Fließvermögen, vertragen auch größere Mengen an gelösten Salzen; **C. 1342** (M_r 1 300 000): liefert verdickte Zubereitungen, die trotz hohem Ionengehalt stabil sind (Suspensionen mit hohem Netzmittelgehalt); **C. 1342 NF, C. 1382 u. C. ETD 2020:** Stabilisierung von Emulsionen u. Suspensionen; hydro- u. hydroalkoholische Gele. **Herst.:** Die C.-Typen 907, 910, 934, 940, 941 u. 1342 werden unter Verwendung von Benzol als Lösungsmittel hergestellt. Der Restbenzolgehalt beträgt bei diesen Typen max. 0.2 % u. ist nicht arzneibuchkonform. Auch C. 934 P NF (ehemals Pharmaqualität) weist noch einen Restlösungsmittelgehalt von <100 ppm auf. C. 954 wird hingegen unter Verwendung von Ethylacetat als Lösungsmittel hergestellt; der Restlösungsmittelgehalt beträgt max. 1 %. C. 974 P NF wird ebenfalls unter Verwendung von Ethylacetat als Lösungsmittel hergestellt. Bei dieser Type beträgt der Restlösungsmittelgehalt <0.9 %. Die C.-Typen 980 (M_r 4 000 000) u. 981 NF (M_r 1 250 000) werden in Gegenwart von Ethylacetat u. Cyclohexan hergestellt; der Restlösungsmittelgehalt beträgt max. 0.5 %.

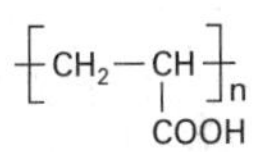

Carbomere

Carbomere [32]

Typ	Handelsprodukt (Beispiele)	typische Verwendung	Qualität
Pharmaqualität			
Carbomer 50 000	Carbopol® 980	Gele zur kutanen Anwendung; nicht zur Einnahme und für Schleimhautkontakt zulässig; Ersatzprodukt für das benzolhaltige Carbopol® 940	Ph.Eur.
Carbomer 35 000	Carbopol® 974P	Gele zur Anwendung auf Haut und Schleimhaut; auch zur rektalen, oralen und ophthalmologischen Anwendung und zur Einnahme; Ersatzprodukt für das benzolhaltige Carbopol® 934P	Ph.Eur.
Non-Pharmaqualität			
Carbomer 50 000	Carbopol® 940	in Arzneimitteln laut Ph.Eur. unzulässig	NF
Carbomer 7500	Carbopol® 941	in Arzneimitteln laut Ph.Eur. unzulässig	NF
Carbomer 35 000	Carbopol® 934	in Arzneimitteln laut Ph.Eur. unzulässig	NF
Carbomer 35 000	Carbopol® 934P	in Arzneimitteln laut Ph.Eur. unzulässig	NF

Carbonate: Salze der Kohlensäure (s. Kohlendioxid).
Carbonathärte: Gehalt des Trinkwassers an Calcium- u. Magnesiumhydrogencarbonat; vgl. Aqua.
Carbondisulfid: s. Schwefelkohlenstoff.
Carbonei dioxidum: s. Kohlendioxid.
Carboneum: s. Kohlenstoff.
Carboneum chloratum: s. Tetrachlorkohlenstoff.
Carboneum dioxidatum: s. Kohlendioxid.
Carboneum oxychloratum: s. Phosgen.
Carboneum sesquichloratum: s. Hexachlorethan.
Carboneum sulfuratum: s. Schwefelkohlenstoff.
Carboneum tetrachloratum: s. Tetrachlorkohlenstoff.
Carboneum trichloratum: s. Hexachlorethan.
Carboniumion: s. Carbokation.
Carbonsäureamide: Derivate von Carbonsäuren*, deren OH-Gruppe durch Ammoniak, primäre od. sekundäre Amine ersetzt ist. C. reagieren langsamer als Carbonsäuren u. wirken nicht mehr acylierend. **IUPAC:** An den Stammnamen der Acyl-Gruppe der betreffenden Carbonsäure wird das Suffix -amid angefügt. Ist die Verb. am N-Atom substituiert, wird vor den Namen des Substituenten ein *N*- eingesetzt. Entspr. der Zahl der Substituenten am N-Atom werden sie in primäre, sekundäre u. tertiäre C. eingeteilt (s. Abb.). **Darst: 1.** Reaktion einer Carbonsäure mit Ammoniak od. Aminen; **2.** Einw. von NH_3 auf Säurechloride od. Säureanhydride; **3.** aus den Ammoniumsalzen der Fettsäuren unter Wasserabspaltung.

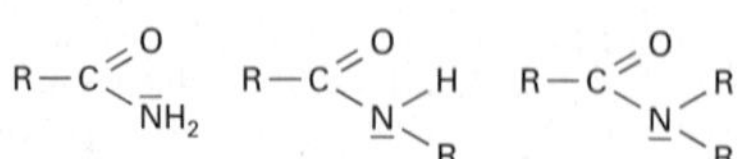

primär sekundär tertiär

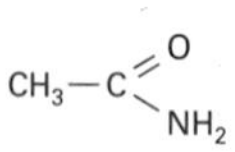

Acetamid

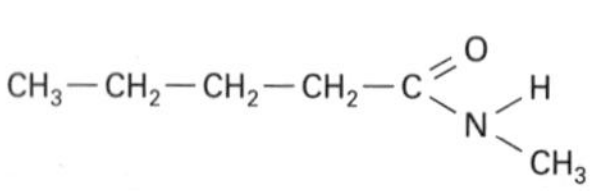

N-Methylvaleramid (N-Methylpentanamid)

Carbonsäureamide: oben: primäre, sekundäre u. tertiäre Carbonsäureamide; Mitte: Acetamid als Beispiel; unten: *N*-Methylvaleramid als Beispiel für Substitution am *N*-Atom

Carbonsäureanhydride: werden formal aus 2 Molekülen Carbonsäure durch Abspaltung von Wasser gebildet. Sie besitzen eine ähnl. hohe Reaktionsfähigkeit wie Carbonsäurehalogenide*. **Cyclische C:** werden leicht aus Dicarbonsäuren unter Abspaltung von Wasser u. Bildung 5- od. 6-gliedriger Ringsysteme erhalten. **IUPAC:** Anhängen des Suffixes -anhydrid an den Namen der entspr. Carbonsäure.

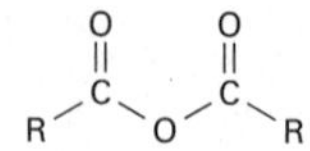

allgemeine Formel

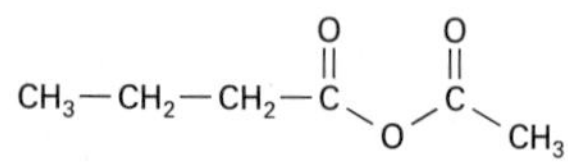

Buttersäureessigsäureanhydrid

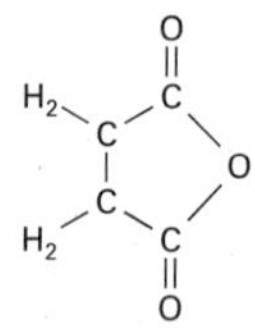

Bernsteinsäureanhydrid

Carbonsäureanhydride: oben: allg. Formel; Mitte: Buttersäureessigsäureanhydrid als Beispiel für die IUPAC-Nomenklatur; unten: Bernsteinsäureanhydrid als Beispiel für die Struktur u. IUPAC-Nomenklatur der cycl. Carbonsäureanhydride

Carbonsäureester: Produkt der Kondensationsreaktion einer Carbonsäure mit einem Alkohol, allg. Formel: R–CO–O–R. Carbonsäureester sind wasserunlösl., meist angenehm riechende Verb.; pfl. u. tier. Fette u. Öle sind Ester von langkettigen, gesättigten u. ungesättigten Carbonsäuren mit dem dreiwertigen Glycerol. **IUPAC:** Bez. als Carbonsäurealkylester, z. B. Essigsäureethylester (s. Abb.), od. Voranstellen des Präfixes Alkoxycarbonyl- vor den Namen des Stammsystems; früher: Alkylsalze der Carbonsäuren.

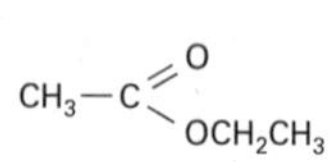

Carbonsäureester: Essigsäureethylester als Beispiel

Carbonsäurehalogenide: Halogenderivate der Carbonsäuren*; allg. Formel: R–CO–X (X=F, Cl, Br, I); formaler Ersatz der Hydroxylgruppe einer Carbonsäure durch ein Halogen. **IUPAC:** Dem Namen der Acyl-Gruppe R–CO– wird der Name des Halogenids X angefügt (s. Abb.). C., deren Namen sich von Carbonsäuren ableiten, die das Suffix -carbonsäure in ihrem Namen enthalten, erhalten statt dessen in ihrem Namen das Suffix -carbonylhalogenid. **Darst:** Umsetzung einer Carbonsäure mit z. B. $SOCl_2$, PCl_3, $POBr_3$ od. PCl_5. **Anw.:** wegen ihrer großen Reaktionsfähigkeit finden die leicht zugängl. C. häufig Verw. in der

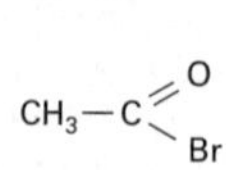

Carbonsäurehalogenide: Acetylbromid als Beispiel

Darst. anderer Carbonsäurederivate sowie als Acylierungsmittel.

Carbonsäuren: Carbonsäuren; org. Säuren, die eine od. mehrere Carboxygruppen, –CO–OH, als charakterist. funktionelle Gruppe enthalten (s. Tab.). Niedrige Monocarbonsäuren sind flüssig, höhere fest. C. liegen in apolaren Lösungsmitteln oft als Assoziate vor. Viele der gebräuchl. C. wurden erstmalig aus nat. Produkten isoliert, speziell aus Fetten. Höhere Monocarbonsäuren werden daher auch als Fettsäuren* bezeichnet; vgl. Phenolcarbonsäuren. **IUPAC:** An den Namen der Kohlenstoffkette, einschließl. des C-Atoms der Carboxygruppe, wird das Suffix -säure angehängt (s. Abb.). Das Carboxy-C-Atom erhält die Ziffer 1. Bei der Bez. der C-Atome mit gr. Buchstaben wird das der Carboxygruppe benachbarte C-Atom mit α bezeichnet. Wenn eine Carboxygruppe als Substituent an ein Stammsystem gebunden ist, kann diese entweder durch das Präfix Carboxy- od. durch das Suffix -carbonsäure ausgedrückt werden. Das Carboxylat-Ion $R-COO^-$ wird durch Anhängen des Suffixes -carboxylat an den entspr. systemat. Namen od. Trivialnamen benannt. Bei Salzen der C. wird zuerst das Kation u. dann das Carboxylat-Ion genannt.

Carbonsäurenitrile: s. Nitrile.

Carbonsäuresalze: s. Carbonsäuren.

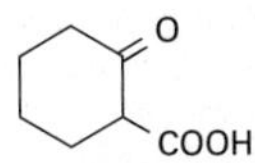

1 2-Carboxycyclohexanon

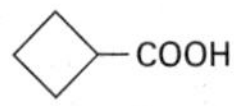

2 Cyclobutancarbonsäure

$CH_3—COO^{(-)}NH_4^{(+)}$

3 Ammoniumacetat

Carbonsäuren: Beispiele zur IUPAC-Nomenklatur

Carbonyl-: Bez. die funktionelle Gruppe* –C(=O)– in org. Verb.; s. Aldehyde, Ketone.

Carbonylchlorid: s. Phosgen.

Carbonyle: Carbonyl-Komplexe, Metallcarbonyle; Koordinationsverb. der Metalle mit Kohlenmonoxid (CO). Beispiel: Chromhexacarbonyl $Cr(CO)_6$; s. Komplexverbindungen. **Nitrosylcarbonyle** enthalten neben CO auch NO (Stickoxid) im Molekül.

Carbonylhalogenide: s. Carbonsäurehalogenide.

carbophil: s. lipophil.

Carbonsäuren
Physikalische Eigenschaften einiger wichtiger Carbonsäuren

Carbonsäure	Struktur	Schmelzpunkt (°C)	Siedepunkt (°C)	$pK_{S,1}$ (25°C)	$pK_{S,2}$ (25°C)
Monocarbonsäuren					
Ameisensäure	$H-COOH$	8	100.5	3.77	
Essigsäure	CH_3-COOH	17	118	4.76	
Propionsäure	CH_3-CH_2-COOH	−22	141	4.88	
Buttersäure	$CH_3-(CH_2)_2-COOH$	−5	163	4.82	
Valeriansäure	$CH_3-(CH_2)_3-COOH$	−35	187	4.81	
Hexansäure (Capronsäure)	$CH_3-(CH_2)_4-COOH$	−2	205	4.85	
Octansäure (Caprylsäure)	$CH_3-(CH_2)_6-COOH$	16	237	4.85	
Decansäure (Caprinsäure)	$CH_3-(CH_2)_8-COOH$	31	269	–	
Laurinsäure (Dodecansäure)	$CH_3-(CH_2)_{10}-COOH$	43	–	–	
Myristinsäure (Tetradecansäure)	$CH_3-(CH_2)_{12}-COOH$	58	–	–	
Palmitinsäure (Hexadecansäure)	$CH_3-(CH_2)_{14}-COOH$	64	–	5.70	
Stearinsäure (Octadecansäure)	$CH_3-(CH_2)_{16}-COOH$	70	–	–	
Glykolsäure	$HO-CH_2-COOH$	79	–	3.83	
Milchsäure	$CH_3-CH(OH)-COOH$	18	–	3.87	
Acrylsäure	$CH_2=CH-COOH$	13	141	4.26	
Dicarbonsäuren					
Oxalsäure	$HOOC-COOH$	190	–	1.33	4.29
Malonsäure	$HOOC-CH_2-COOH$	135	–	2.85	5.70
Bernsteinsäure	$HOOC-(CH_2)_2-COOH$	187	235	4.21	5.64
Glutarsäure	$HOOC-(CH_2)_3-COOH$	98	303	4.34	5.42
Adipinsäure (Hexandisäure)	$HOOC-(CH_2)_4-COOH$	152	340	4.43	5.41
Pimelinsäure (Heptandisäure)	$HOOC-(CH_2)_5-COOH$	105	–	4.48	5.42
Suberinsäure (Octandisäure)	$HOOC-(CH_2)_6-COOH$	144	–	4.53	5.52
Maleinsäure	$HOOC-CH=CH-COOH$ (*cis*)	131	–	1.30	5.95
Fumarsäure	$HOOC-CH=CH-COOH$ (*trans*)	287	–	2.99	4.56

C

Carboplatin INN: Carboplatinum Ph.Eur.4; Platinkompex aus Diamminplatin u. 1,1-Cyclobutandicarbonsäure; CAS-Nr. 41575-94-4; $C_6H_{12}N_2O_4Pt$, M_r 371.3, Schmp. 200 °C (Zers.); farbloses, krist. Pulver, wenig lösl. in Wasser, sehr schwer lösl. in Aceton u. Ethanol. **Wirk.**: Alkylans; **Anw.**: Zytostatikum* bei malignen Karzinomen; **UAW:** gastroenterale Beschwerden, Störungen der Knochenmarkfunktion u. des Blutbildes; **Kontraind.**: Schwangerschaft; **Dos.**: 400 mg/m² Körperoberfläche; vgl. Cisplatin.

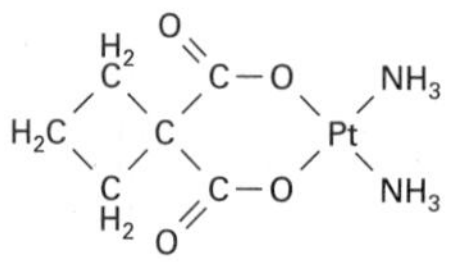

Carboplatin

Carbopol®: s. Carbomer.
Carborundum: s. Siliciumcarbid.
Carbowax®: s. Macrogole.
Carboxide: mikrobizides Gasgemisch; bestehend aus 10 % Ethylenoxid (EO) u. 90 % CO_2. **Anw.**: zur Gassterilisation, s. Sterilisationsverfahren (Sterilisation mit mikrobiziden Gasen).
Carboxy-: die einwertige Gruppe –COOH in Carbonsäuren*.
Carboxydismutase: s. Ribulose-1,5-diphosphatcarboxylase.
Carboxyhämoglobin: s. Kohlenmonoxid (Tox.).
Carboxyl-: falsche Bez. für Carboxy*-.
Carboxylasen: Enzyme*, die CO_2 übertragen. C. enthalten Biotin (s. Vitamine) als prosthet. Gruppe*; s. Decarboxylasen.
Carboxylat: s. Carbonsäuren.
Carboxylierung: die Übertragung von Kohlendioxid, v. a. in aktivierter Form. Von bes. biochem. Bedeutung ist die C. von Pyruvat* zu Dicarbonsäuren. Diese Reaktion dient zur Auffüllung des Oxalacetatspiegels (anaplerot. CO_2-Fixierung). Oxalacetat wird für versch. Synthesen benötigt; s. Tricarbonsäurezyklus. Die C. des Pyruvats verläuft nach zwei Prinzipien: **1.** direkte Anlagerung von aktiviertem CO_2 (Wood-Werkman-Reaktion); **2.** reduzierte C. mittels Malatenzym. Dieses Enzym reduziert Pyruvat mit Hilfe von NADPH u. fixiert CO_2 in einem Schritt. Das Produkt ist Malat, das Oxalacetat liefern kann. Die größte Bedeutung hat die C. bei der photosynthet. CO_2-Fixierung (s. Calvin-Zyklus), ferner im Fettsäure- u. Purinstoffwechsel. Letztere verläuft ohne vorhergehende Aktivierung des CO_2.
Carboxymethylamylum natricum: s. Natriumcarboxymethylstärke.
Carboxymethylcellulose: syn. Carmellose, Abk. CMC, Celluloseglykolsäureether, Celluloseglykolat; partiell *O*-carboxymethylierten Cellulose; weißes Pulver, D. ca. 400-700 g/L, das zur Herst. von Tabletten geeignet ist. s. Carboxymethylcellulose-Calcium, Carboxymethylcellulose-Natrium.
Carboxymethylcellulose-Calcium: Abk. CMC-Ca, Carmellosum calcicum Ph.Eur.4, Carmellose-Calcium; Calciumsalz einer partiell *O*-carboxymethylierten Cellulose; darf max. 0.6 % Siliciumdioxid enthalten; Trocknungsverlust max. 10 %. **Herst.**: aus Carboxymethylcellulose-Natrium; im Ggs. zu diesem in Wasser unlösl., jedoch partiell quellend; nach dem Trocknen hygroskop. Pulver; prakt. unlösl in Aceton, Ethanol u. Toluol; **Anw.**: Zerfallsbeschleuniger für Tabletten. Weitere Angaben s. Carboxymethylcellulose-Natrium.
Carboxymethylcellulosegel: s. Mucilago Carboxymethylcellulosi.
Carboxymethylcellulose-Natrium: Abk. CMC-Na, Carboxymethylcellulosum natricum, Carboxymethylcellulosum Natrium, Carmellose-Natrium Ph.Eur.4, Natriumcarboxymethylcellulose, Natriumcelluloseglykolat, Poly(*O*-carboxymethyl)cellulose-Natriumsalz; CAS-Nr. 9004-32-4. D. ca. 1.36. Natriumsalz des Cellulose-Glykolsäureethers von unterschiedl. mittlerer Molmasse, mit einem Substitutionsgrad* von 0.3-1.0 an Carboxymethylgruppen. Entsteht durch Einw. von Na-Monochloracetat auf Alkalicellulose. Enthält mind. 6.5 u. max. 10.8 % Na, ber. auf die getrocknete Substanz. Weißes, hygr. Pulver od. fasriges Material mit ionogenem Charakter (s. Inkomp.). Trocknungsverlust max. 10 %; dicht verschlossen aufzubewahren. CMC-Na quillt in Wasser, mit Ausnahme einiger schlechter wasserlösl. Sorten (das sind alkalilösl. Sorten mit einem mittleren Substitutionsgrad* unter 0.4, s. Carboxymethylcellulose-Natrium, niedrig substituiert), es entsteht ein Gel, das bei weiterer Wasserzugabe in eine viskose, anionenaktive, kolloide Lsg. übergeht. Für Carboxymethylcellulose gilt allgemein: Je höher der Substitutionsgrad u. je niedriger die relative Molekülmasse, desto besser ist die Substanz löslich. In org. Lösungsmitteln prakt. unlösl.; lösl. in 40 %igem Ethanol; die der Bezeichnung CMC-Na angefügte Zahl kennzeichnet Produkte, deren wässrige Lsg. bei gleicher Konz. (üblicherweise 2 %) in Abhängigkeit von der Kettenlänge u. dem Substitutionsgrad verschiedene Viskosität* aufweisen (nach Ph.Eur. mit einem Rotationsviskosimeter bei 20 °C u. einem Schergefälle von 10 s^{-1} bestimmt). Die Viskosität muss 75-140 % des angegeben Wertes betragen. Andere Arzneibücher schreiben ein Kapillar- od. Kugelfallviskosimeter vor. In Abhängigkeit von der Konz. pseudoplast. u. thixotropes Verhalten. Konservierte Lsg. sind lange prakt. ohne wesentl. Viskositätsabfall lagerbar. Wässrige Lsg. sind thermostabil u. ertragen längere Zeit Temp. von 100 °C ohne zu koagulieren. Zubereitungen mit 3 Masseprozent an Substanz sind von streichfähiger, plast. Konsistenz. Zur Salbenbereitung wird das Pulver mit dem Feuchthalter angerieben, unter ständigem Rühren das Wasser anteilsweise hinzugegeben u. zum Quellen stehengelassen. Der Quellungsvorgang ist nur wenig von der Temp. abhängig. Im Unterschied zu Methylcellulose ist CMC-Na sowohl in kaltem als auch in heißem Wasser löslich. **Inkomp.**: Al- u. Schwermetall-Ionen (bilden unlösl. Salze); unter pH 3 Ausflockung der freien Säure (Glykolsäure); schwer lösl. Verbindungen mit kation. Stoffen (auch beabsichtigt bei Retardformen), mit Netzmitteln (Viskositätserniedrigung), mit Acetylsalicylsäure (beschleunigt

Zers.). Gerbstoffe u. Phenole (Pyrogallol, Perubalsam), die mit den meisten Celluloseethern Unverträglichkeiten ausweisen, sind mit CMC-Na kompatibel; **Anw.:** **1.** Tablettierung u. Kapselabfüllung: als Bindemittel in 1-6 %iger wässriger Lsg., als Zerfallsbeschleuniger in Pulverform als 3-6 %iger Zusatz (nur wasserunlösl. Typen, also niedersubstituierte od. das Ca-Salz); **2.** für flüss. u. halbfeste Arzneiformen als Stabilisator für Emulsionen, Suspensionen u. hydrophile Pasten, Verdickungsmittel in Hydrogelsalben; **3.** zur Herst. von Filmen (Xerogelen) mit Weichmacherzusatz; **4.** med. als Laxans (3×1.5 g/d bei chron. Obstipation), Antacidum. C. darf nicht unvermischt, trocken eingenommen werden. Nicht zur parenteralen Anw. bestimmt.

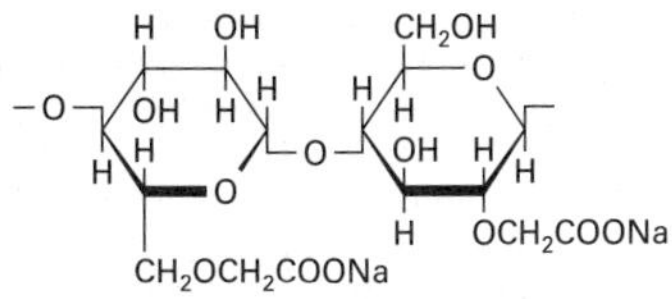

Carboxymethylcellulose-Natrium

Carboxymethylcellulose-Natrium, niedrig substituiert: Carmellosum natricum, substitutum humile Ph.Eur.4, niedrig substituiertes Carmellose-Natrium; Natriumsalz einer teilweise *O*-carboxymethylierten Cellulose mit mind. 2.0 u. max. 4.5 % Natrium. Weißl. Pulver od. kurze Fasern; prakt. unlösl. in Aceton, wasserfreiem Ethanol u. Toluol. pH-Wert der wässrigen Suspension 6.0-8.5. Trocknungsverlust max. 10.0 %. Die Substanz quillt in Wasser unter Bildung eines Gels. Sedimentationsvolumen: In einem 100 mL-Messzylinder werden zu 20 mL 2-Propanol unter kräftigem Schütteln 5.0 g Substanz gegeben. Die Mischung wird mit 2-Propanol zu 30 mL u. anschließend mit Wasser zu 50 mL verd. u. erneut kräftig geschüttelt. Innerhalb 15 min Schütteln 3-mal wiederholt. Die Mischung wird 4 h lang stehengelassen. Das Vol. der abgesetzten Masse sollte 15.0-35.0 mL betragen. Diese Prüfung dient der besseren Charakterisierung, ist aber nach Ph.Eur. nicht verbindlich.

Carboxymethylcellulose-Natrium, vernetzt: Carmellosum natricum conexum Ph.Eur.4, Croscarmellose-Natrium, Carboxymethylcellulosum natricum conexum, vernetzte Natriumcarboxymethylcellulose; Natriumsalz einer partiell *O*-carboxymethylierten, vernetzten Cellulose. Weißes fließfähiges, wasserunlösl., stark adsorptionsfähiges Pulver; prakt. unlösl. in Aceton, wasserfreiem Ethanol, Ether u. Toluol. Substitutionsgrad zw. 0.6-0.85. Mischung von 1 g Substanz u. 10 mL Wasser ist von gelartiger Beschaffenheit, pH 5-7. Max. 10.0 % wasserlösl. Anteil u. Trocknungsverlust. 1.5 g Substanz ergeben in 100 mL Wasser ein Sedimentionsvolumen von 10-30 mL. Max. 10^3 koloniebildende, aerobe Keime u. max. 10^2 Pilze je g Substanz. **Anw.:** Tablettenfüll- u. -sprengmittel (Zusatz bis 2 %).

Carboxymethylcellulosi mucilago: s. Mucilago Carboxymethylcellulosi.

Carboxymethylcellulosum natricum conexum: s. Carboxymethylcellulose-Natrium, vernetzt.

Carboxymethylethylcellulose: Abk. CMEC; Celluloseether mit verringerter Hydrolyseempfindlichkeit, bis zu 30 % Glycerolmonocaprylat als Weichmacher zugesetzt. **Anw.:** magensaftresistenter, dünndarmlösl. Filmbildner.

Carboxymethylstärke-Natrium: s. Natriumcarboxymethylstärke.

Carboxypeptidasen: Gem. von zinkhaltigen Exopeptidasen (M_r ca. 34 000), die terminale Aminosäuren mit der freien Carboxylgruppe (im Unterschied zu den Aminopeptidasen*) von Peptiden abspalten. Die vom Pankreas* gebildeten Procarboxypeptidasen werden erst im Dünndarm aktiviert. Carboxypeptidase A ist v. a. bei der Hydrolyse aromat. od. verzweigtkettiger Oligopeptide beteiligt (pH-Optimum 7.5-8.6). Carboxypeptidase B ist für Lysin u. Arginin spezif.; weniger spezif. wirkende Carboxypeptidasen wurden aus Blättern u. Früchten von Citrus-Arten, Hefe (Faex*), Pseudomonas- u. Aspergillus-Arten isoliert.

Carboxyvinylpolymer: s. Carbomer.

Carbromal INN: Carbromalum, Carbamidum bromethylaceticum, Bromdiethylacetylcarbamidum, Bromadalum, Uradal, Bromdiethylacetylharnstoff, (α-Brom-2-ethylbutyryl)urea; (2-Brom-2-ethylbutyryl)harnstoff; CAS-Nr. 77-65-6; $C_7H_{13}BrN_2O_2$, M_r 237.11. Schmp. 116-119 °C. 1 g lösl. in 3000 mL Wasser, in 18 mL Ethanol, 3 mL Chloroform, 14 mL Ether; sehr leicht lösl. in kochendem Ethanol; lösl. in konz. Schwefel-, Salpeter- u. Salzsäure, lösl. in Alkalihydroxidlösungen. **Off.:** DAB10, ÖAB90; **Anw.:** Sedativum, schwach wirksames Hypnotikum; **UAW:** längere Anw. kann durch Abspaltung u. Kumulation von Br^- (HWZ ca. 12 d) zu Symptomen eines Bromismus* führen; Intoxikation, z. B. bei Suizid, ähnl. den Barbituraten*, Letalität wegen Schocklunge jedoch sehr hoch (4-6 %); Gefahr der Abhängigkeit; **Dos.:** p. o. 2-3×0.5 g; vgl. Bromisoval.

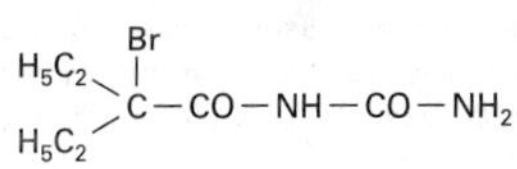

Carbromal

Carbromal-Tabletten: s. Compressi Carbromali.

Carbutamid INN: 1-Butyl-3-sulfanylharnstoff; CAS-Nr. 339-43-5; $C_{11}H_{17}N_3O_3S$, M_r 271.35. Schmp. 144-145 °C. Weißes, feinkrist. Pulver; fast unlösl. in Wasser, leicht lösl. in Aceton, lösl. in Ethanol. **Off.:** DAC86; **Anw.:** orales Antidiabetikum der 1. Generation; **UAW, Kontraind.** u. **WW:** s. Antidiabetika (Sulfonylharnstoffe); **Dos.:** 0.5-1 g/d; HWZ 44 h.

Carbuterol INN: {5-[2-(*tert*-Butylamino)-1-hydroxyethyl]-2-hydroxyphenyl}urea; CAS-Nr. 34866-47-2; $C_{13}H_{21}N_3O_3$, M_r 267.33. **Anw.:** früher Broncholytikum* bei Bronchialasthma u. chron. Bronchitis; Beta-2-Sympathomimetikum. **UAW:** Herzklopfen u. Herzrhythmusstörungen, Unruhe; **WW:** vermindert die blutzuckersenkende Wirk. von Antidiabetika*; HWZ 3-4 h; gebräuchl. war auch Carbuterolhydrochlorid.

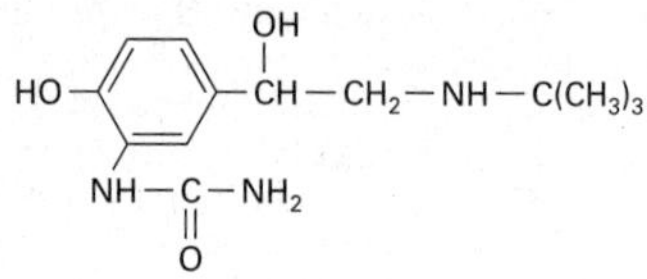

Carbuterol

Carbylamine: veralteter Name für Isocyanide (s. Nitrile).
Carcinom: s. Karzinom.
card-: s. a. kard-.
Cardenolide: s. Glykoside, herzwirksame.
Cardiospermum halicacabum L.: Ballonpflanze, Ballonrebe; Fam. Sapindaceae (Tropen, USA), Kletterpflanze mit ballonartigen Früchten. Stpfl. von **Cardiospermum-halicacabum-Samen: Inhaltsst.:** in den Samen ca. 33 % fettes Öl, das etwa zur Hälfte aus seltenen Cyanolipiden besteht; dabei handelt es sich um Ester aus ungesättigten, isoprenoiden Hydroxynitrilen u. langkettigen Fettsäuren, Phytosterole; **Anw.:** in Punjab (Indien) bei rheumat. Fieber. **Cardiospermum-halicacabum-Blätter: Inhaltsst.:** versch. Flavonoide*, pentacycl. Triterpenglykoside (Saponine), Phytosterole; **Anw.:** in der indischen Volksmedizin die Blätter z. B. in Form von Dekokten bei rheumat. Beschwerden, chron. Bronchitis, in der afrikan. Volksmedizin z. B. bei Durchfällen.
Hom: *Cardiospermum halicacabum (HAB1.4)*, Cardiospermum: frisches, blühendes Kraut; verord. z. B. bei Gelenkerkrankungen, allerg. u. entzündl. Dermatosen.
Cardiotonika: herzstärkendes Mittel, s. Kardiaka.
Cardol: n-Pentadecyl-2,3-dihydroxybenzol; Pentadecadienylresorcinol; CAS-Nr. 25702-11-8; $C_{21}H_{32}O_2$; M_r 316.47; stark hautreizender, phenol. Inhaltsst. von Anacardiaceae* (Pistaziengewächse). Beispiele sind Anacardium* occidentale (Lieferant der Cashew-Nüsse), Semecarpus* anacardium, Toxicodendron* quercifolium (Giftsumach).
Cardolum pruriens: s. Semecarpus anacardium.
Cardui mariae fructus: s. Silybum marianum.
Carduus benedictus: s. Cnicus benedictus.
Carduus marianus: s. Silybum marianum.
Caren: Δ^3-Caren; Best. des äther. Öls z. B. von Pinus* sylvestris, Schinus* terebinthifolius, Angelica* archangelica; s. Monoterpene.
Carex arenaria L.: Sandsegge, Sandriedgras; Fam. Cyperaceae (Europa, bes. Seedünen). Stpfl. von **Rhizoma Caricis:** Sandriedgraswurzelstock, Sandseggenwurzel, Seggenwurzel, Rote Queckenwurzel. **Inhaltsst.:** Kieselsäure, Spuren äther. Öle, 8-10 % Gerbstoffe, Saponine*, Zucker, Stärke; **Anw.** volkstüml.: z. B. zur Vorbeugung geg. Gicht, Gelenkentzündungen, Hautleiden, als schweiß- u. harntreibendes Mittel; Negativmonographie Kommission E.
Carica: s. Ficus carica.
Caricae fructus: s. Ficus carica.
Carica papaya L.: Melonenbaum, Papaya; Fam. Caricaceae (kult. in den Tropen). Stpfl. von **Folia Caricae papayae:** Melonenbaumblätter. **Inhaltsst.:** proteolyt. Enzyme, darunter Papain*, Piperidinalkaloide (Carpain*), Saponine*; **Anw.** volkstüml.: Anthelminthikum (auch die Samen) in Anbaugebieten, Abführmittel; breite Anw. findet Papain (Papayotin), ein eiweißspaltendes Enzymgemisch, gewonnen aus dem eingetrockneten Milchsaft der unreifen Früchte. Daneben wurden aus dem Milchsaft weitere Enzyme isoliert, darunter Chymopapain* A u. B, Lysozym*, Callase; die reifen Früchte als Obst (Papaya).
Hom: *Carica papaya:* frische Blätter.
Carindacillin INN: α-(5-Indanyloxycarbonyl)benzylpenicillin, 6-[2-(5-Indanyloxycarbonyl)-2-phenylacetamido]penicillansäure, *N*-(2-Carboxy-3,3-dimethyl-7-oxo-4-thia-1-azabicyclo[3.2.0]hept-6-yl)-2-phenylmalonamsäure-1-(5-indanyl)ester; 6-[2-(5-Indanyloxycarbonyl)-2-phenylacetamido]-3,3-dimethyl-7-oxo-4-thia-1-azabicyclo[3.2.0]heptan-2-carbonsäure; CAS-Nr. 35531-88-5; $C_{26}H_{26}N_2O_6S$, M_r 494.57. **Wirk.** u. **Anw.:** Antibiotikum, Breitband-Penicillin; Ester des Carbenicillin*, der rasch resorbiert u. im Körper in Carbenicillin* überführt wird; wirksam nur im Harn gegen Proteus- u. Pseudomonas-Arten; nur bei schweren Pseudomonasinfektionen zur oralen Behandlung indiziert. **UAW:** gastrointestinal mögl.; **Dos.:** p. o. 1.0 g/6 h; vgl. Antibiotika (Tab.). Gebräuchl. ist Carindacillin-Natrium. In Deutschland, Österreich, Schweiz nicht mehr zugelassen.

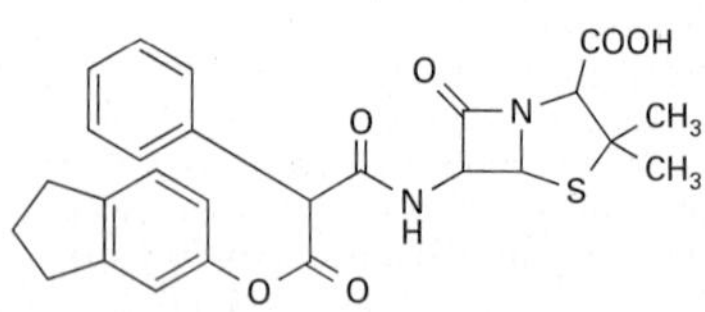

Carindacillin

Carisoprodol INN: Carisoprodolum Ph.Eur.4, *N*-Isopropylmeprobamat; (*RS*)-(1-Methylethyl)-carbaminsäure-2-[(aminocarbonyl)oxy]methyl-2-methyl-pentylester; CAS-Nr. 78-44-4; $C_{12}H_{24}N_2O_4$, M_r 260.33. Schmp. 92-95 °C; weißes bis fast weißes, feines Pulver; sehr wenig lösl. in Wasser, leicht lösl. in Aceton, Dichlormethan u. Ethanol. **Anw.:** Analgetikum, Muskelrelaxans (zentralwirksam); **Dos.:** p. o. 4×0.35 g/d.

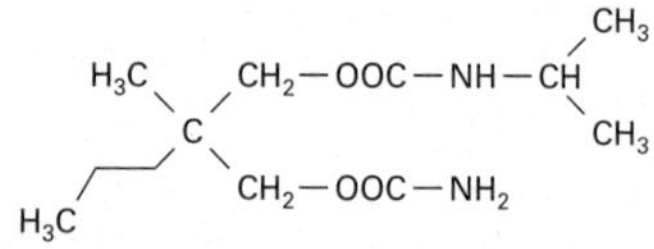

Carisoprodol

Carlina acaulis L.: Silberdistel, Wetterdistel, Eberwurz; Fam. Asteraceae (Compositae) (Europa, geschützte Pfl.). Stpfl. von **Carlinae radix:** Radix Carlinae, Eberwurzel, Karlsdistelwurzel. **Inhaltsst.:** 1-2 % äther. Öl mit ca. 80 % Carlinaoxid (Benzyl-2-furylacetylen, die erste, 1906 isolierte, pflanzl. Acetylenverb.) u. ca. 15 % Carlinen ($C_{15}H_{24}$), ca. 20 % Inulin*, Gerbstoff, Harz, Labenzym; **Wirk.:** antibakteriell; **Anw.** volkstüml.: z. B. bei aton. Gastritis, Erkältungen, äußerl. in Abkochungen geg. Hautleiden, zum Auswaschen von Wunden u. Geschwüren.

Carl-Mannich-Medaille: s. Deutsche Pharmazeutische Gesellschaft.

Carman-Kozeny-Gleichung: s. Oberfläche, spezifische.

Carmellose: s. Carboxymethylcellulose.

Carmellose-Calcium: s. Carboxymethylcellulose-Calcium.

Carmellose-Gel: s. Mucilago Carboxymethylcellulosi.

Carmellose-Natrium: s. Carboxymethylcellulose-Natrium.

Carmellosum natricum conexum: s. Carboxymethylcellulose-Natrium, vernetzt.

Carmin: Carminum, Karmin, Karminrot; Aluminium-Calcium-Lack (Mischung aus Carminsäure*, Aluminium, Kalk u. Eiweiß); feurig-rote Stücke, prakt. unlösl. in Wasser, leicht lösl. in alkal. Lsg., wenig lösl. in Ether, unlösl. in Petrolether, Benzol u. Chloroform; Farbstoff aus den getrockneten weibl. Koschenilleläusen, Dactylopius* coccus (Coccus cacti). Die ammoniakal. Lsg. ist violettrot (über pH 6.2) u. wird nach Säurezusatz gelbrot (pH 4.8). **Off.:** Ph.Helv.7; **Anw.** techn.: Färbemittel in der Mikroskopie, in der Nahrungsmittelindustrie, Kosmetika (Lippenstifte), Malerfarbe sowie in der chem. Analyse; ergibt mit einigen Metallionen schwer lösl., prächtig gefärbte Komplexsalze (Carminlacke).

Carminativa: s. Karminativa.

Carminlacke: s. Carmin.

Carminpapier: Filtrierpapier in 2 unterschiedl. Imprägnierungen zum Nachw. versch. Substanzen. **Blaues C.:** mit Indigocarmin* imprägniert zum Nachw. von Sauerstoff u. Ozon. **Rotes C.:** mit ammoniakal. Carmin*-Lsg. getränkt, als Indikator für Säuren, wird gelbrot.

Carminsäure: Karminsäure; $C_{22}H_{20}O_{13}$; M_r 492.38; ein Anthrachinonfarbstoff; s. Carmin.

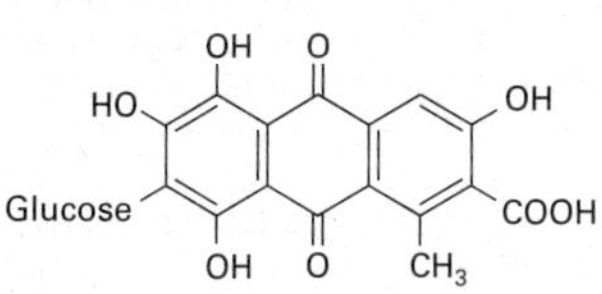

Carminsäure

Carmustin INN: Carmustinum Ph.Eur.; 1,3-Bis(2-chlorethyl)-1-nitrosourea (Abk. BCNU); CAS-Nr. 154-93-8; $C_5H_9Cl_2N_3O_2$, M_r 214.04. Schmp. 30-32 °C. Hellgelbes Pulver, das zu öliger Flüss. schmilzt; lösl. in Wasser bis 4 mg/mL, in 50 % Ethanol bis 150 mg/mL; zersetzt sich rasch in stark sauren (pH <2) u. basischen (pH >7) wässrigen Lsg.; stabil in wässriger Lsg. bei pH 4 oder in Petrolether; bei pH 7 nicht ionisiert u. damit von hoher Lipidlöslichkeit. **Anw.:** Zytostatikum, Alkylans; bei primären Hirntumoren, multiplem Myelom, meningealer Leukämie, malignen Lymphomen, gastrointestinalen Karzinomen u. malignem Melanom. **Dos.:** parenteral 0.1-0.25 g/m^2 Körperoberfläche/d i. v. an 2 od. 3 aufeinanderfolgenden Tagen (entspr. einer Serie).

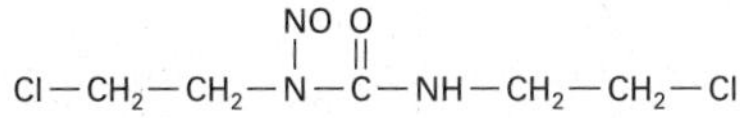

Carmustin

Carnaubawachs: s. Wachse.

Carnitin INN: veraltet Vitamin T; 3-Hydroxy-4-(trimethylammonium)butanoat; $C_7H_{15}NO_3$; M_r 161.2; Schmp. ca. 197 °C. C. ist ein nat. Betain in tier. Geweben. **Levocarnitin (INNv):** Levocarnitinum Ph.Eur., das L-(3*R*)-Enantiomer, das rein weniger UAW zeigt. **Wirk.:** Carrier von Acetyl- u. Acyl-Gruppen durch die Mitochondrienmembran; ein Vitaminoid für Insekten (Mehlwurmfaktor); **Anw.:** zur Substitution dialysebedingter Carnitinverluste; HWZ 4-5 h.

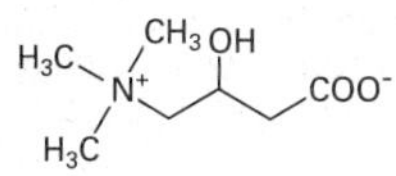

Carnitin

Carnivoren: **1.** (bot.) Insektivoren, fleischfressende Pfl.; z. B. Pinguicula- (Fam. Lentibulariaceae) u. Drosera-Arten sowie Dionaea* muscipula; tier. Nahrung durch Insektenfang (Klappmechanismus, Klebeeinrichtung), Verdauung durch eiweißspaltende Enzyme. **2.** (zoolog.) Od. der Säugetiere.

CARNO: Abk. für Chemical Abstracts Registratory Number; s. Chemical Abstracts.

Carnosin: β-Alanyl-histidin, Dipeptid, das im Muskelgewebe vorkommt.

Carnosol: Picrosalvin, Pikrosalvin; ein diterpenoider Bitterstoff (s. Abb.) in Salbei (Salvia* officinalis, Salvia* triloba) u. Rosmarin (Rosmarinus* officinalis). Bei Drogenaufarbeitung (Extraktion) kann unter Ringöffnung Carnosolsäure (Carnosinsäure) entstehen.

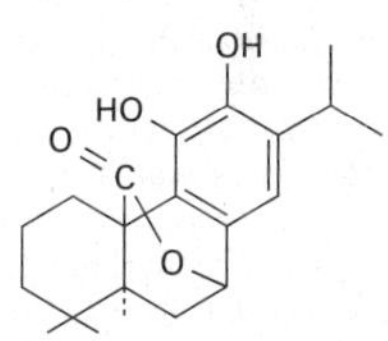

Carnosol

Carobablätter: s. Jacaranda procera.

Caroben: s. Ceratonia siliqua.

Carobengummi: s. Ceratonia siliqua.

Carobenkaffee: s. Ceratonia siliqua.

Caro-Säure: s. Peroxomonoschwefelsäure.

Carotine: α-,β-,γ-Carotine, Provitamin A; $C_{40}H_{56}$; M_r 536.88; ungesättigte Kohlenwasserstoffisomere mit 9 konjugierten *trans*-Doppelbindungen, 4 Methylverzweigungen u. mind. einem endständigen β-Jononring; vgl. Carotinoide; 1811 von Wackenroder entdeckte Tetraterpene*. **β-Carotin:** Betacaroten INN, Betacarotenum Ph.Eur.4, β,β-Carotin, Provitamin A; (all-*E*)-3,7,12,16-Tetramethyl-1,18-bis(2,6,6-trimethyl-1-cyclohexenyl)-1,3,5,7,9,11,13,15,17-octadecanonaen; CAS-Nr.

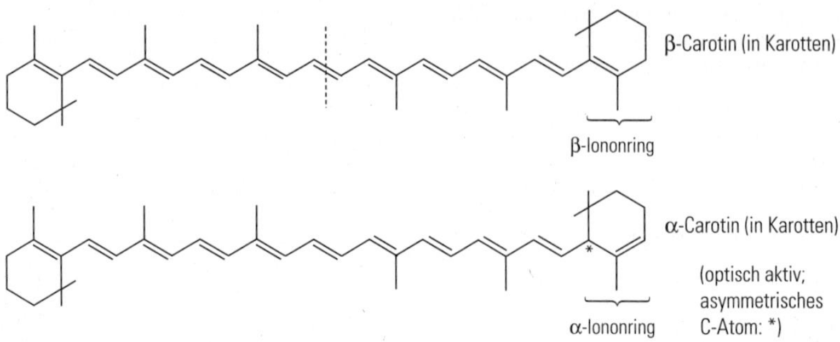

Carotine: Strukturformeln von *β*- u. *α*-Carotin

7235-40-7; Schmp. 183 °C (evakuierte Röhre) aus Petrolether; blutrote Kristalle; weniger lösl. als *α*-Carotin, lösl. in Hexan (109 mg/100 mL bei 20 °C), Schwefelkohlenstoff, Benzol, Chloroform, mäßig lösl. in Ether, Petrolether, Ölen; sehr wenig lösl. in Methanol, Ethanol; prakt. unlösl. in Wasser, Säuren, Alkalien; **Vork.**: nat. in allen grünen Pflanzenteilen neben Chlorophyll u. Xanthophyll sowie in tier. Organen (Fettgewebe, Milch, Serum, Corpus luteum); das Carotingemisch der Karotte, Daucus* carota, besteht zu ca. 85 % aus *β*-Carotin u. zu 15 % aus *α*-Carotin. **Wirk.**: Enzymat. kann *β*-Carotin unter Aufnahme von 2 Molekülen Wasser zu 2 Molekülen Vitamin A gespalten werden. Wegen dieser Vitamin-A-Aktivität hat *β*-Carotin als Provitamin bes. Bedeutung. **Anw.**: Vitamin-A-Ther.; erythropoet. Porphyrie; in Arzneimitteln zur Anw. bei erythropoet. Protoporphyrie, Vitiligo u. Lichtdermatosen; ***α*-Carotin**: CAS-Nr. 7488-99-5; Schmp. 188 °C; **Vork.**: *α*-Carotin ist als Begleitstoff des *β*-Carotins in der Natur weit verbreitet, tritt aber in weitaus geringerer Konz. auf. Die Vitamin-A-Aktivität beträgt ca. 50 % von der des *β*-Isomeren. ***γ*-Carotin**: Schmp. 178 °C; **Vork.**: weitaus weniger verbreitet als das *α*- u. *β*-Isomer.

Carotinoide: Lipochrome; im Pflanzen- u. Tierreich weit verbreitete Klasse gelber u. roter Farbstoffe. Chem. stellen sie hochungesättigte, aliphat. u. aliphat.-alicycl. Kohlenwasserstoffe u. deren Oxidationsprodukte dar, die mehrheitl. aus 40 C-Atomen bestehen; sie sind aus acht Isopreneinheiten (C_5H_8) aufgebaut; zur Biogenese s. Tetraterpene. Als lipoidlösl. Verbindungen (deshalb Lipochrome genannt) sind sie meist mit Fetten u. Ölen vergesellschaftet. Man unterteilt die C. in Carotine*, die reine Kohlenwasserstoffe sind (z. B. Carotin, Lycopin*, Neurosporin, Phytofluen*, Phytoen*) u. Xanthophylle, die sauerstoffhaltig u. gelb gefärbt sind (z. B. Xanthophyll*, Violaxanthin, Crocetin, Astaxanthin, Capsanthin*). Die C. der Pflanze sind zu über 90 % in den Blättern enthalten. Die im tier. Organismus aufgefundenen C. sind pfl. Ursprungs, da Tiere diese nicht de-novo synthetisieren können. Die physiol. Bedeutung der C. liegt in der Beteiligung an der Energieübertragung bei der Photosynthese, in der Funktion, Zellen vor schädigendem Lichteinfluss zu schützen, sowie bei den Carotinen* in der Funktion als Provitamin A.

Caroverin: 1-(*β*-Diethylaminoethyl)-3-(*p*-methoxybenzyl)-1,2-dihydrochinolin-2-on; CAS-Nr. 23465-76-1; $C_{22}H_{27}N_3O_2$, M_r 365.5. Schmp. 69 °C. **Anw.**: muskulotropes Spasmolytikum; **UAW:** Blutdrucksenkung.

Carpain: CAS-Nr. 3463-92-1; $C_{28}H_{50}N_2O_4$; M_r 428.70; Schmp. 120 °C, $[\alpha]_D^{12\,°C}$ 24.7° (c = 1.07, Ethanol); Alkaloid, wenig lösl. in Wasser, lösl. in den meisten org. Lösungsmitteln, außer in Petroleumbenzin. **Vork.**: Fam. Caricaceae, z. B. in Carica* papaya; **Wirk.**: auf Herz u. ZNS.

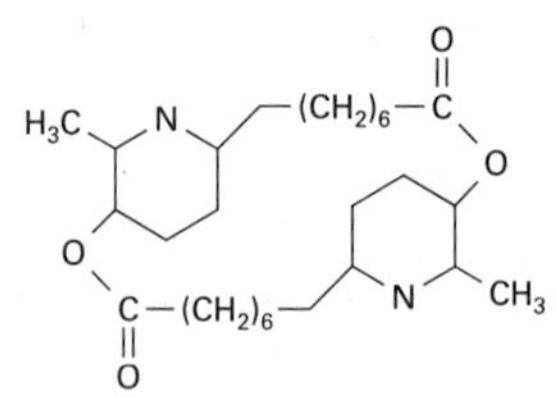

Carpain

Carprofen INN: (±)-6-Chlor-*α*-methyl-2-carbazolessigsäure; (±)-2-(6-Chlor-2-carbazolyl)propionsäure; CAS-Nr. 53716-49-7; $C_{15}H_{12}ClNO_2$, M_r 273.72. Strukturformel s. Analgetika (Abb.). **Anw.**: Antiphlogistikum, Analgetikum, Antirheumatikum; HWZ 12 h.

Carpule®: s. Zylinderampulle; vgl. Spritzampullen.

Carrageen: Fucus crispus, Fucus irlandicus, Irländisches Moos, Irländische Alge, Perlmoos, Felsenmoos; der von der Sonne gebleichte u. getrocknete Thallus vom Knorpel(moos)tang, Chondrus crispus (L.) Stackh., seltener von Gigartina stellata (Stackh.) Batters (G. mamillosa), Fam. Gigartinaceae, Abteilung Rhodophyta (Rotalgen) (gesamte Küste des Atlant. Ozeans); etwa handgroße, laubartige, knorpelige Lappen, die in kaltem Wasser aufquellen, Geschmack schleimig-salzig, Seegeruch. **Off.**: ÖAB90, DAB6; **Inhaltsst.**: 50-70 % Schleim (s. Carrageenan), der bei Hydrolyse Schwefelsäure u. versch. Zucker (Galactose, Glucose u. a.) liefert, ferner Eiweißstoffe, Iodide u. Bromide, grüner (Chlorophyll) u. roter (Fucoerythrin) Farbstoff; QZ mind. 18 nach ÖAB90; **Anw.** med.: reizmilderndes Schleimmittel (Mucilaginosum) bei Husten u. Diarrhö; **Anw.** techn.: Herst. fettfreier Salbengrundlagen, Emulgator; Verdickungsmittel in der Lebensmittelindustrie, Klärmittel u. zu Appreturen.

Carrageenan: Mischung aus Polysacchariden, ähnl. Agar-Agar (s. Agar); vollkommen lösl. in heißem Wasser. Verd. Lsg. sind viskos, die Viskosität nimmt mit der Konz. logarithm. zu. Die Lsg. geliert nach Zusatz von Kalium- od. Ammoniumionen. Proteine werden werden durch C. gefällt, wenn der pH der Lsg. unter dem isoeletr. Punkt des Proteins liegt. **Best.:** κ-Carragenin (verzweigtkettig, aus 3,6-Anhydro-α-D-galactose u. D-Galactose-4-sulfat) u. λ-Carragenin (aus D-Galactose-4-sulfat, α-1,3-glykosid. miteinander verbunden) u. a.; **Gew.:** Extraktion mit heißem Wasser aus bestimmten Rotalgen, s. Carrageen; **Anw.:** Gelier-, Emulgier- u. Stabilisierungsmittel u. a. für Lebensmittel, insbes. für Milchprodukte u. a. wässrige Systeme.

Carrier: (engl.) *Träger*; für biol. Transportsysteme verantwortl. Proteine, die in der Zellmembran lokalisiert sind u. mit polaren, nicht membrangängigen Substanzen reversible Bindungen eingehen können u. diese so durch die Membranen (s. Biomembran) schleusen können. Spielen bei aktivem Transport* u. erleichterter Diffusion* eine Rolle. Charakteristika sind Substratspezifität, max. Transportfähigkeit, Abhängigkeit von metabol. Energie.

carrier added: s. Träger.

Carr-Price-Reaktion: Farbreaktion zum Nachw. von Vitamin A. Mit Antimon(III)-chlorid-Lsg. in Chloroform entsteht eine Blaufärbung. Das Farbprodukt entsteht durch Anlagerung von Antimon(III)-chlorid an die polarisierte Doppelbindungen des Vitamin A; s. Vitamine (Vitamin A).

Carteolol INN: 5-[3-(*tert*-Butylamino)-2-hydroxypropoxy]-3,4-dihydrocarbostyril; 5-(3-*tert*-Butylamino-2-hydroxypropoxy)-3,4-dihydro-2(1*H*)-chinolinon; CAS-Nr. 51781-06-7; $C_{16}H_{24}N_2O_3$, M_r 292.38. Strukturformel s. Sympatholytika (Abb. 1). **Anw.:** Betasympatholytikum; HWZ 5-7 h. **Carteololhydrochlorid:** Carteololi hydrochloridum Ph.Eur.4; CAS-Nr. 51781-21-6; $C_{16}H_{25}ClN_2O_3$, M_r 328.84, Schmp. 278 °C; weiße Kristalle od. weißes krist. Pulver, lösl. in Wasser, wenig lösl. in Methanol, schwer lösl. in Ethanol, unlösl. in Dichlormethan.

Carteria lacca: s. Schellack.

Carthamin: Saflorrot; $C_{43}H_{42}O_{22}$; M_r 910.8; dimeres Chalkon, dunkelrot-grünl. schimmerndes Pulver, lösl. in Ethanol, Ether, Alkalilaugen, wenig lösl. in Wasser. Roter Farbstoff von Carthamus* tinctorius; unter Abspaltung von Glucose entsteht Carthamidin, ein Flavon-Derivat. **Anw.:** Färbemittel, früher für Baumwolle u. Seide, heute für Lebensmittel u. in der Kosmetik.

Carthamus tinctorius L.: Färberdistel, Saflor, Wilder Safran; Fam. Asteraceae (Compositae) (Orient, Ostindien, China, Japan, Nordafrika; in versch. südeurop. Ländern kult.). Stpfl. von **Flores Carthami:** Saflor. **Inhaltsst.:** gelber u. roter Farbstoff, Carthamin* u. Neocarthamin. Die versch. Varietäten unterscheiden sich hinsichtl. der enthaltenen Farbstoffe. **Oleum Carthami:** Carthami oleum, Safloröl, Distelöl, Färberdistelöl; VZ 186-198; hellgelbes, fettes, raffiniertes Öl von schwachem Geruch, evtl. mit geeigneten Stabilisatoren. **Off.:** DAC; **Gew.:** Auspressen der Früchte; **Anw.:** Haut- u. Körperpflegemittel; in Kapseln als sog. Diätöl zur Arterioskleroseprophylaxe, es soll den Cholesterolspiegel senken; für das beanspruchte Anwendungsgebiet gibt es derzeit keine wissenschaftl. Belege.

Carticain: s. Articain.

Cartox: mikrobizides Gasgemisch; 10 % Ethylenoxid, 90 % CO_2. **Anw.:** Gassterilisation bis 3.9 bar; s. Sterilisationsverfahren (Sterilisation mit mikrobiziden Gasen).

Carubin: s. Ceratonia siliqua.

Carubinose: s. Mannose.

Carum ajowan: s. Trachyspermum ammi.

Carum carvi L.: Kümmel; Fam. Apiaceae (Umbelliferae) (heim. Nordasien, kult. in Europa, hauptsächl. Russland, Holland, Deutschland, Spanien). Stpfl. von **Carvi fructus:** Fructus Carvi, Kümmel; ganze, getrocknete Teilfrüchte (Achänen). **Off.:** Ph.Eur.4; **Inhaltsst.:** 3-7 % äther. Öl (nach Ph.Eur. mind. 3.0 %), ca. 20 % fettes Öl, ca. 20 % Eiweiß, Lipoide, Cumarine (Umbelliferon, Herniarin u. a.); **Wirk.:** spasmolyt., antimikrobiell; **Anw.:** bei dyspept. Beschwerden, nervösen Herz-Magen-Beschwerden, Verdauungsbeschwerden bei Säuglingen; Gewürz in der Likörindustrie; **Zuber.:** Spec. carminativae; **Carvi aetheroleum:** Oleum Carvi, Kümmelöl; D. 0.904-0.917; opt. aktiv ($\alpha_D^{20\,°C}$ +70° bis +81°), $n_D^{20\,°C}$ 1.484-1.488; farbloses, allmähl. gelb werdendes, äther. Öl von mild-würzigem Geschmack. **Gew.:** Dest. der reifen Früchte mit Wasserdampf; **Off.:** DAB2003, ÖAB90; **Inhaltsst.:** nach DAB2003 0.1-1.0 % Myrcen, 35.0-45.0 % (+)-Limonen, 50.0-65.0 % (+)-Carvon, höchstens 1 % (−)-Carvon; **Wirk.:** spasmolyt., antimikrobiell; **Anw.:** wie Carvi fructus; **Zuber.:** Aqua carminativa.

Hom: *Carum carvi (HAB1.5):* getrocknete, reife Früchte (mind. 3 % äther. Öl).

Hom: *Carum carvi, ethan. Decoctum (HAB1.3):* getrocknete, reife Früchte (mind. 4 % äther. Öl).

Caruncula: s. Karunkula.

Carvacrol: 2-Hydroxy-4-isopropyltoluol; 2-*p*-Cymenol; $C_{10}H_{14}O$; D. 0.96; lösl. in Ethanol u. Ether. Farblose, nach Juchten u. Thymian riechende Flüss.; Best. vieler äther. Öle (Thymian, Satureja, Origanum); isomer mit Carvon* u. Thymol*; **Anw.:** Reagens Ph.Eur.4.

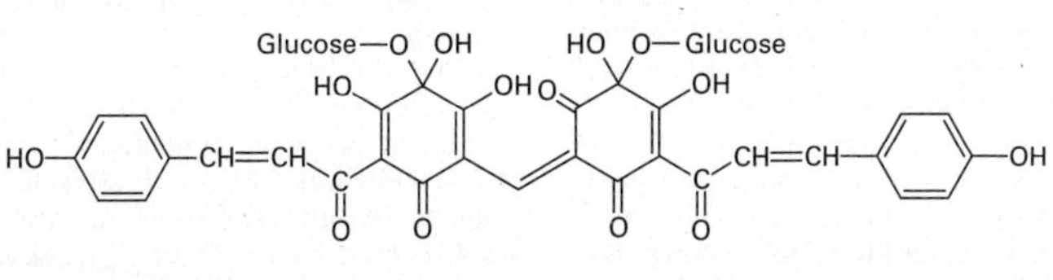

Carthamin

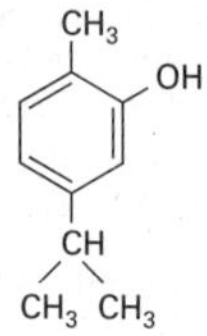

Carvacrol

Carvedilol INN: Carvedilolum Ph.Eur.4; 1-(9*H*-Carbazol-4-yloxy)-3-[2-(2-methoxyphenoxy)ethylamino]-2-propanol; CAS-Nr. 72956-09-3; $C_{24}H_{26}N_2O_4$, M_r 406.48. Schmp. 114 °C (Mod. II) bzw. Schmp. 123 °C (Mod. I); weißes bis fast weißes, krist. Pulver, unlösl. in Wasser u. verd. Mineralsäuren, schwer lösl. in Ethanonl; zeigt Polymorphie. **Wirk.** u. **Anw.:** Betasympatholytikum, (s. Sympatholytika) ohne sympathomimet. Restaktivität (ISA) bei zusätzl. vasodilatierender Eigenschaft durch 2-Methoxyphenoxyethyl-Rest (direkter Angriff an glatter Gefäßmuskulatur); bei Hypertonie u. Herzinsuffizienz; **UAW:** Müdigkeit, gastrointestinale Beschwerden, Kopfschmerzen; **Dos.:** p. o. 12.5 (initial u. erhaltend) bis 50 mg/d; HWZ 6-7 h.

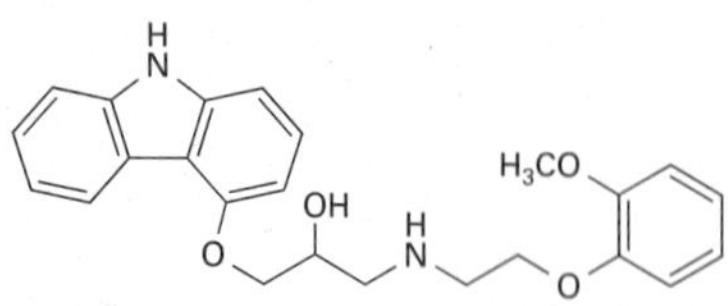

Carvedilol

Carven: s. Limonen.
Carvol: s. Carvon.
Carvon: Carvol; *p*-Mentha-6,8-dien-2-on; $C_{10}H_{14}O$; M_r 150.2. **(S)-(+)-Carvon:** D-Carvon; D. 0.96; lösl. in Ethanol, unlösl. in Wasser; in den äther. Ölen von z. B. Kümmel (60 %), Dill. **(*R*)-(–)-Carvon:** L-Carvon; es unterscheidet sich deutl. im Geruch vom (+)-Carvon u. kommt z. B. in Mentha* crispa vor. **Anw.:** in der Likörindustrie.

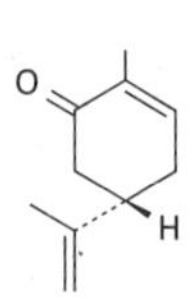

Carvon: (S)-(+)-Carvon

Caryophyllaceae: Nelkengewächse; Fam. der Od. Caryophyllales (alle Klimazonen), mehr als 600 Arten in Europa. Ein- od. mehrjährige Kräuter mit gegenständigen Blättern; die radiären Blüten sind häufig in dichasialen Blütenständen angeordnet; Samenanlage in Fruchtknotenmitte; meist Kapseln als Früchte. **Chem. Merkmale:** Saponine*, seltener Cumarine*. **Wichtige Gattungen:** Agrostemma, Gypsophila, Herniaria, Saponaria, Spergularia, Stellaria.
Caryophyllene: Sesquiterpene* mit ungewöhnl. Ringstruktur aus 11 C-Atomen, die in vielen Ätherischöl-Drogen (s. Aetherolea) vorkommen; Strukturformeln s. Sesquiterpene (Abb.). Man kennt α-C. (α-Humulen), β-C., γ-C. (Isocaryophyllen).
Caryophylli: s. Syzygium aromaticum.
Caryophyllin: s. Oleanolsäure.
Caryophyllus aromaticus: s. Syzygium aromaticum.
Carzenid INN: 4-Carboxybenzolsulfonamid; 4-Sulfamoylbenzoesäure; CAS-Nr. 138-41-0; $C_7H_7NO_4S$, M_r 201.19. Schmp. 280 °C (unter Zers.; kristallisiert aus Wasser). Fast unlösl. in kaltem Wasser, Ether, Benzol; leicht lösl. in Ethanol. **Anw.:** kaum verwendet; Spasmolytikum, Diuretikum.

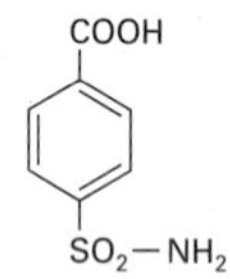

Carzenid

Cascara amarga: s. Picramnia antidesma.
Cascararinde: s. Rhamnus purshiana.
Cascara sagrada: s. Rhamnus purshiana.
Cascarilla: s. Croton eluteria.
Cascarillrinde: s. Croton eluteria.
Cascaroside: s. Rhamnus purshiana.
Casein: Caseinum, Kasein; Käsestoff, der mit Hilfe von Labessenz (Chymosin als Labkasein od. Essigsäure als Säurekasein) aus der Kuhmilch abgeschieden wird; ein Phosphoprotein, das zu ca. 3 % in Milch enthalten ist (Milcheiweiß besteht aus 83 % C.). C. besteht aus α-, β-, γ-, δ-Casein (auch andere Bezeichnungen üblich), die sich durch Elektrophorese trennen lassen. Weißes bis gelbl. Pulver od. Stücke, unlösl. in Wasser, kolloidal gelöst durch verd. Säuren u. Alkalien. Vgl. Lab. **Anw.:** Nährmittel; Bindemittel für Farben; zur Herst. von Klebstoffen, u. a. zum Leimen von Papier. Bildet mit Formaldehyd eine harte, unlösl. plast. Masse (s. Zerfallshilfsmittel für Tabletten); früher zur Herst. von Kunststoffen (CS, Galalith, Lanital). C. u. sein Natrium-Salz (aus C. u. Natriumhydrogencarbonat) sind gute Emulgatoren (z. B. für Caseinsalben) u. Gelbildner, aber gegen Säuren u. Ca-Salze empfindlich. C. besitzt als Eiweiß ampholyt. Charakter, der isoelektr. Punkt liegt bei pH 4.7 (vgl. Gelatine). Zur Bestimmung der proteolyt. Aktivität von Pankreas-Pulver (nach Ph.Eur.) u. früher von Pepsin (nach ÖAB81).
CAS-Nr.: Abk. für Chemical Abstracts Service-Nummer; s. Chemical Abstracts.
β-Casomorphine: opiatartig wirkende Peptide mit endorphinartiger Struktur. C. werden aus dem mit der Milch aufgenommenen β-Casein abgespalten.
Caspary-Streifen: (bot.) stark lichtbrechende Streifen infolge Einlagerung von Cutin* und/oder Suberin* (auch als Endodermin bezeichnet) in den Radialwänden der Endodermiszellen; s. Endodermis, vgl. Wurzel.
Caspofungin INN: 1-[(4*R*,5*S*)-5-(2-Aminoethyl)amino-N2-(10,12-dimethyl-1-oxotetradecyl)-4-hydro-

xy-L-ornithin]-5-[(3*R*)-3-hydroxy-L-ornithin]-Pneumocandin B_0; CAS-Nr. 162808-62-0; $C_{52}H_{88}N_{10}O_{15}$, M_r 1093.3. Pharmaz. angewendet wird das Diacetat, ein hygroskop., weißes od. gelbl. weißes Pulver; leicht lös. in Wasser u. Methanol, schwer lösl. in Ethanol. **Wirk.:** Echinocandin*; **Anw.:** Antimykotikum* bei invasiven Aspergillosen (vgl. Aspergillus), wenn eine Behandlung mit Amphotericin* B u./od. Itraconazol* nicht anspricht; **UAW:** Fieber, Übelkeit, Phlebitis*, Flush; **Dos.:** initial 70 mg i. v. (Tag 1), danach 50 mg/d i. v.; in schweren Fällen 70 mg.

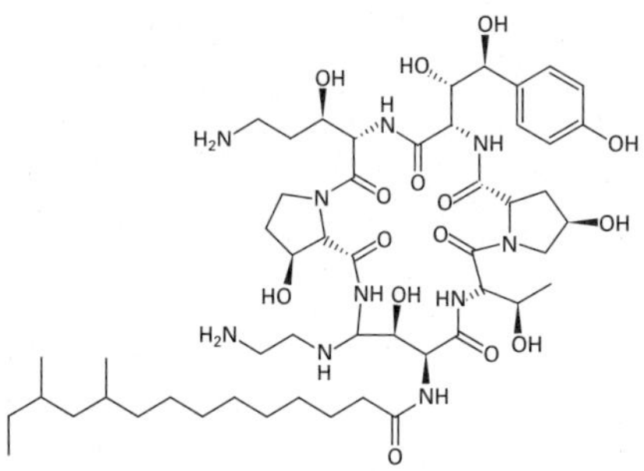

Caspofungin

Cassava: s. Amylum Manihot.

Cassein: Diterpenalkaloid in Erythrophleum* suaveolens.

Cassia angustifolia Vahl: Tinnevelly-Senna; Fam. Fabaceae (heim. Ostafrika, Arabien; kult. in Ostindien u. südl. Vorderindien, bes. Distrikt Tinnevelly). Cassia angustifolia u. Cassia* senna sind Stpfl. von **Sennae folium:** Folia Sennae, Sennesblätter; die getrockneten Fiederblättchen. **Off.:** Ph.Eur.4; **Inhaltsst.:** ca. 3 % Hydroxyanthracenderivate; nach Ph.Eur.4 mind. 2.5 % Hydroxyanthracenglykoside, ber. als Sennosid B; die Wirkstoffe leiten sich vom Aloe-Emodin-Anthron u. vom Rhein-Anthron ab; s. Anthrachinone. Durch Dehydrierung entstehen Dianthrone, wie die Hauptwirkstoffe Sennosid A (Aglykon: Sennidin A, opt. aktiv, rechtsdrehend) u. Sennosid B (Aglykon: Sennidin B, diastereomere Mesoform), die aus höhermolekularen Primärglykosiden durch Hydrolyse entstehen. Ferner sind Sennosid C u. Sennosid D, andere Hetero-Dianthronglykoside, Chrysophanol, ca. 10 % Schleim, Flavonole, ca. 8 % Pinit(ol) (ein Cyclohexanol), Bitter- u. Gerbstoffe u. a. enthalten; s. Abb. **Wirk.:** Die Senna-Glykoside werden im Darm zu Anthronen, Anthranolen u. Dianthronen ab- u. umgebaut, die eine kräftige laxierende Wirk. im Dickdarm ausüben. Wirkungseintritt ca. 12 Std. nach Applikation; **Zuber.:** Electuarium Sennae, Sir. Sennae, Pulvis Liquiritiae compositus, Infusum Sennae compositum, Spec. laxantes, Spec. majales; **Sennae folii extractum siccum normatum:** eingestellter Sennesblättertrockenextrakt; hergestellt aus Sennesblättern (Sennae folium). **Off.:** Ph.Eur.4; **Inhaltsst.:** mind. 5.5 % u. höchstens 8.0 % Hydroxyanthracenglykoside, ber. als Sennosid B u. bezogen auf den getrockneten Extrakt; **Anw.:** eines der gebräuchlichsten Abführmittel; **Dos.:** meist im Aufguss od. als Mazerat 7 : 100 bis 10 : 100 (nicht gekocht!) sowie in zahlreichen galen. Präparaten; 1-2 g (ca. 1 TL); größere Gaben über 10 g erzeugen Leibschmerzen. **Sennae fructus angustifoliae:** Tinnevelly-Sennesfrüchte, Sennesschoten; bestehen aus den getrockneten Früchten von Cassia angustifolia. **Off.:** Ph.Eur.4; **Inhaltsst.:** ähnl. wie in Sennae folium; nach Ph.Eur.4 mind. 2.2 % Hydroxyanthracenglykoside, ber. als Sennosid B; **Wirk.** u. **Anw.:** wie Sennae folium.

Hom: *Senna:* getrocknete Blätter von C. angustifolia u. von C. senna L.; verord. z. B. bei Obstipation mit Koliken.

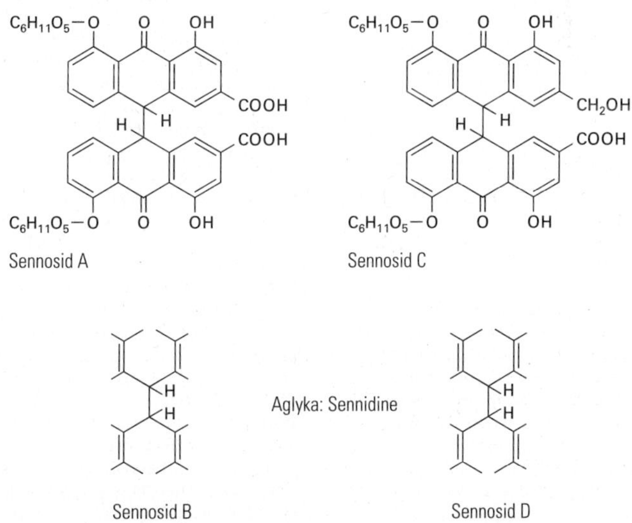

Cassia angustifolia: Strukturformeln von Sennosid A, B, C und D

Cassiablütenöl: s. Acacia farnesiana.

Cassia fistula L.: 10-15 m hoher Baum aus der Fam. Caesalpiniaceae (Indien u. a. trop. Gebiete). Stpfl. von **Fructus Cassiae fistulae:** Röhrenkassie, Manna, Purgierkassie; schwarzbraune, runde, bis 60 cm lange Hülsen, innen mit zahlreichen Querwänden u. schwarzem, säuerl. schmeckendem Fruchtfleisch. **Inhaltsst.:** ca. 60 % Zucker, Pektin, Gerbstoff, Citronensäure, Anthrachinonderivate; **Anw.** volkstüml.: in Indien wird das extrahierte u. eingeengte Fruchtmus (Pulpa Cassiae) als Abführmittel benutzt.

Cassiakolben: Glaskolben von ca. 100 mL Inhalt, dessen Hals von 8.0 mm Durchmesser über eine Länge von 120 mm in 0.10 mL eingeteilt ist; der Übergang vom Kolben zum Hals muss konisch verlaufen. Ein C. ist zur Prüfung äther. Öle auf Phenole von Ph.Eur.4 vorgeschrieben; s. Aetherolea.

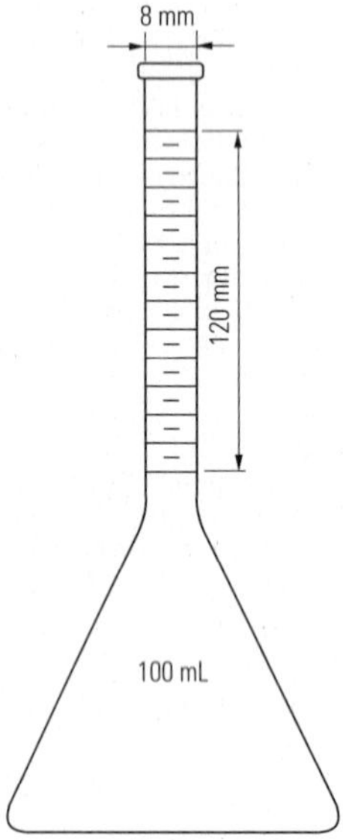

Cassiakolben [6]

Cassiaöl: s. Cinnamomum aromaticum.

Cassia senna L.: Cassia acutifolia Del.; Art aus der Fam. Caesalpiniaceae (heim. trop. Afrika, Nilgebiet, Indien). Cassia senna u. Cassia* angustifolia sind Stpfl. von **Sennae folium** Ph.Eur.4: Folia Sennae, Sennesblätter; s. Cassia angustifolia. **Sennae fructus acutifoliae:** Alexandriner-Sennesfrüchte, Sennesschoten; bestehen aus den getrockneten Früchten von Cassia senna; mind. 3.4% Hydroxyanthracenglykoside, ber. als Sennosid B. **Off.:** Ph.Eur.4; **Inhaltsst.:** ähnl. wie Sennae folium, s. Cassia angustifolia; **Wirk.** u. **Anw.:** wie Sennae folium, s. Cassia angustifolia.

Hom: *Senna:* getrocknete Blätter von Cassia angustifolia u. C. senna; verord. z. B. bei Obstipation mit Koliken.

Cassiopeium: Symbol Cp; frühere Bez. für Lutetium*.

Cassius-Goldpurpur: Gemisch von kolloidalem Gold* mit Zinnhydroxid. **Anw.:** Porzellanmalerei, Herst. von Rubinglas.

Casson-Körper: nicht idealplast. Körper; vgl. Rheologie; Bingham-Körper. C.-K. zeigen nach Überschreiten der prakt. Fließgrenze τ_0 ein strukturviskoses Verhalten. Die Fließkurve (Rheogramm) im D/τ-Diagramm (D = Deformationsgeschwindigkeit, τ = Schubspannung) zeigt im Bereich kleinerer Schubspannungen einen konvexen Verlauf (keine Proportionalität zw. D u. des um τ_0 verminderten τ). Das anfängl. verzögerte Fließen geht in fast ideales Fließen (Gerade im D/τ-Diagramm) über. Durch Extrapolation des beinahe geradlinigen Kurventeils auf die Abszisse τ erhält man den theoret. Fließpunkt τ_t (dynam. Fließpunkt), der nicht wie beim Bingham-Körper mit der prakt. Fließgrenze übereinstimmt. Zu den C.-K. gehören Salbengele, Cremes u. die meisten Pasten.

Castanea sativa Mill.: Castanea vesca, Echte Kastanie, Edelkastanie; Fam. Fagaceae (heim. Westasien; kult. in Südeuropa, bes. Italien). Stpfl. von **Castaneae folium:** Folia Castaneae, Kastanienblätter. **Inhaltsst.:** ca. 9 % Gerbstoffe (Gallussäure u. Ellagsäure in wechselnden Mengen, je nach dem Alter der Blätter), Pektin, Inosit, Zucker, Flavonolglykoside, Fett, Harz; **Anw.** volkstüml.: z. B. bei Bronchitis, Keuchhusten, Durchblutungsstörungen; **Kastanienfrüchte:** Maronen, Edelkastanien. **Best.:** ca. 50 % Stärke, 20-30 % Saccharose, 5 % Proteine u. 3 % Gerbstoffe; **Anw.:** Lebensmittel.

Castanospermum australe A. Cunn. et Fras. ex Hook.: Australischer Kastanienbaum; Fam. Fabaceae (Australien). **Inhaltsst.:** neben Stärke ca. 7 % Saponine*, in den Blättern u. Samen giftige Polyhydroxyalkaloide wie Castanospermin (1,6,7,8-Tetrahydroxyindolizidin mit insektizider u. antiviraler Wirk., auch geg. HIV) u. Australin (3-Hydroxymethyl-1,2,7-trihydroxypyrrolizidin), welche als Zuckermimetika im tier. Organismus z. B. bestimmte Glykosidasen hemmen können u. daher als alkaloidal glykosidase inhibitors (AGI) bezeichnet werden; **Anw.:** die Samen (black beans) bzw. deren Stärke (Bohnenbaumstärke, Australische Kastanienstärke).

Castellani-Lösung, farblose: s. Solutio Castellani sine Colore.

Casticin: s. Vitex agnus-castus.

Castilla elastica: s. Kautschuk.

Castor equi: warziger Auswuchs an Pferdebeinen.

Hom: *Castor equi:* verordnet z. B. bei Steißbeinschmerzen, wunden Brustwarzen.

Castoreum: Bibergeil; die getrockneten, widerl. riechenden, zw. After u. Geschlechtsteil liegenden, birnenförmigen, 8-10 cm langen Drüsensäcke (Kastor- od. Geilsäcke) des weibl. od. männl. Bibers (Castor* fiber u. Castor canadense), die den Tieren zur Wegmarkierung dienen. **Castoreum sibiricum:** Sibirisches Bibergeil, gelbl. braun; **Castoreum canadense:** Castoreum americanum, Kanadisches Bibergeil, rot- od. schwarzbraun; **Best.:** u. a. äther. Öl mit Benzoesäure (ca. 1 % in Kanad. u. ca. 2 % in Sibir. C.), Castorin (Gemisch aus Cholesterol u. Dihydrocholesterol), Harz (Castoreum-Resinoid, ca. 14 % in Kanad. u. ca. 85 % in

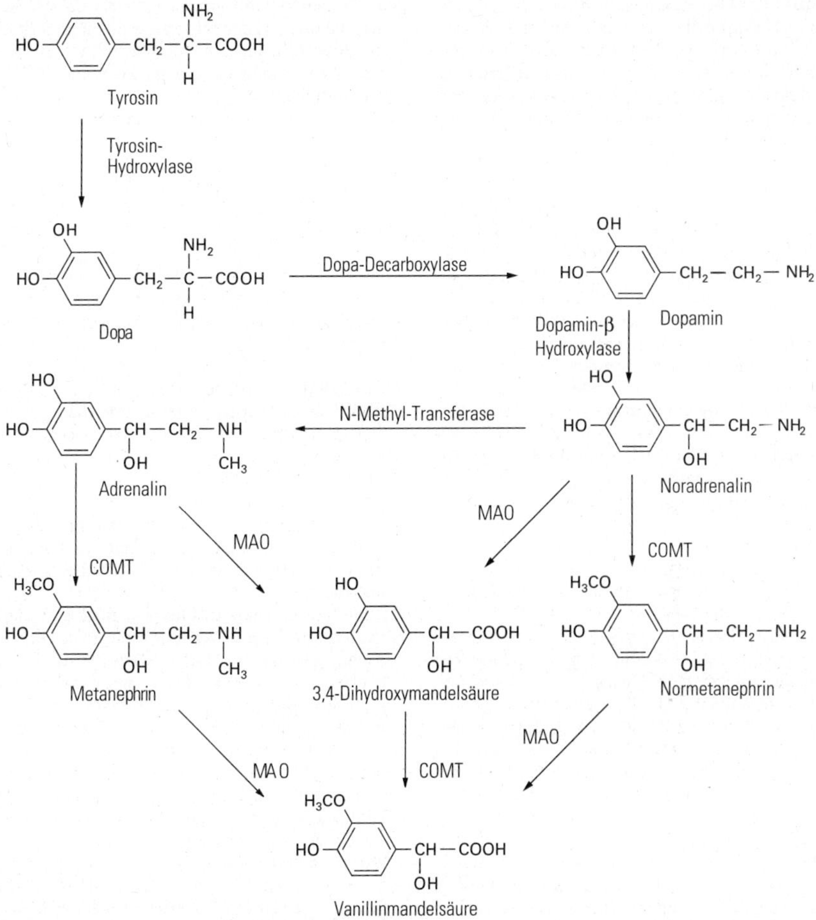

Catecholamine: Biosynthese u. Abbau von Catecholaminen

Sibir. C.), Castoramin (mit den Nupharalkaloiden verwandt, s. Nuphar lutea), Salicylsäure u. Derivate, Benzylalkohol, Hydrozimtsäure; Verfälschungen durch in die entleerten Beutel gefüllte Stoffe z. B. Blut, Sand, Harz od. durch die Hodensäcke der Biber; **Anw.:** früher als Antispasmodikum; in der Parfümerie (als Fixateur).

Hom: *Castoreum (HAB1.5),* C. canadense, C. sibiricum: das den Sammelbeuteln entnommene, getrocknete Bauchdrüsensekret; verord. z. B. bei Nervosität, Hysterie.

Castor fiber L: C. fiber L. var. sibirica, Europäischer Biber; Fam. Castoridae; C. fiber u. C. canadense Kuhl. (C. fiber L. var. canadensis, C. fiber L. var. americanus), Kanadischer od. Amerikanischer Biber (Nordamerika, Hudson-Bay) liefern Castoreum*.

Castoröl: s. Ricinus communis.

CAT: Abk. für **C**holin-**A**cetyl-**T**ransferase*.

Catalin: s. Pirenoxin.

Catalpol: ein Iridoidglykosid, Epoxid von Aucubin (Strukturformel s. Plantago lanceolata, Abb.). Inhaltsst. in Veronica* officinalis, Plantago* lanceolata u. Buddleja-Arten; nicht selten mit Phenolcarbonsäuren verestert, z. B. mit 4-Hydroxybenzoesäure (Catalposid, Catalpin), 3,4-Dihydroxybenzoesäure (Verprosid), Zimtsäure (Picrosid I), 4-Hydroxy-3-methoxybenzoesäure (Picrosid II) od. 4-Hydroxy-3-methoxyzimtsäure (Picrosid III).

Catechine: Catechole; Flavan-3-ole; farblose, krist. org. Verbindungen, Bausteine der nicht hydrolisierbaren pflanzlichen Gerbstoffe* u. der Gerbstoffrote, der Phlobaphene* (z. B. in Catechu, Gambir). Biogenese durch Hydrierung von Flavanolen* u. Anthocyanidinen*; **D-Catechin:** ein 2,3-*trans*-Flavon-3-ol, (+)-Catechin, 3,3',4',5',7-Flavanpentol, s. Cianidanol; **L-Catechin:** ein 2,3-*cis*-Flavan-3-ol, (–)-Catechin, Epicatechin; **4-Hydroxycatechin:** Leukocyanidin, Flavan-3,3',4,4',5,7-hexol, s. Leucocianidol, vgl. Flavonoide.

Catechingerbstoffe: s. Gerbstoffe, pflanzliche.

Catechol: s. Brenzcatechin.

Catecholamine: syn. Katechinamine, Brenzcatechinamine; eine Gruppe biogener Amine, chem. von

Brenzcatechin abgeleitet; z. B. Adrenalin*, Noradrenalin*, Dopamin*; als Hormone* des Nebennierenmarks u. als Neurotransmitter* von entscheidender physiol. Bedeutung; auch synthet. Substanzen wie Isoprenalin*. **Biosynthese:** ausgehend von Tyrosin in nicht hormonbildenden Organen wie Lunge, Leber u. Darm sowie in den dopaminergen Neuronen des ZNS bis zum Dopamin, im sympath. Nervensystem u. im Nebennierenmark weiter zu Noradrenalin bzw. Adrenalin (s. Abb.) **Abbau:** von Noradrenalin u. Adrenalin ausgehend über die O-Methyl-Derivate, Methylierung durch die Catechol-O-methyltransferase (COMT), u. anschließender oxidativer Desaminierung durch die Monoaminoxidase (MAO) wie auch durch Reaktion in umgekehrter Reihenfolge zur 3-Methyl-4-hydroxymandelsäure (Vanillinmandelsäure).

Catechol-O-methyltransferase: Abk. COMT; Enzym, das die Catecholamine* im Zuge ihres Abbaus an einer phenol. Hydroxylgruppe methyliert.

Catechu: Pegu-Catechu s. Acacia catechu; **Gambir-Catechu** s. Uncaria gambir; **Catechu pallidum** s. Uncaria gambir.

Catenane (lat. catena Kette): Verb., bei denen zwei od. mehrere, miteinander durch keine Bindung verknüpfte Ringe wie die Glieder einer Kette ineinandergreifen.

Catgut: resorbierbares, d. h. enzymat. abbaubares (8-20 Tage) Nahtmaterial aus dem Dünndarm von Säugetieren (Schafen, Ziegen sowie ursprüngl. auch von Katzen). **Steriles Catgut:** s. Chorda resorbilis sterilis, vgl. Nahtmaterial, chirurgisches.

Catha edulis (Vahl) Forssk. ex Endl.: Celastrus edulis, Kat; Fam. Celastraceae, baumartiger Strauch (Hochgebirgstäler Äthiopiens, kult. in Südwestarabien). Stpfl. von **Khat-Tee:** Kat-Tee, Tegg (bei den Eingeborenen), Tedge, Abessinischer Tee; frische Blätter der Strauchdroge (angenehm aromat. Geschmack, süßl., leicht adstringierend) od. (v. a. in Kenia) auch die junge Rinde der Baumdroge. **Inhaltsst.:** Alkaloide vom Phenylalkylamin-Typ: Khatamine (Cathidine): (–)-Cathinon ((S)-(–)-α-Aminopropiophenon), Cathin ((+) -Norpseudoephedrin*), (–)-Norephedrin; sie sind für die zentral anregende Wirk. (indirekte Sympathomimetika) u. die meisten UAW wie Austrocknung der Mundschleimhaut, Herzklopfen u. a. vegetative Störungen und v. a. für die Entw. einer psych. Abhängigkeit u. für den geistigen u. körperl. Verfall bei chron. Missbrauch verantwortl. (vgl. Weckamine); weiter enthalten sind Sesquiterpenesteralkaloide (Catheduline, mit insektiziden Eigenschaften), Gerbstoffe, Flavonoide, Mono- u. Triterpene. **Anw.:** stimulierendes Genussmittel (von Äthiopien über die gesamte ostafrikan. Küste zum Kap der Guten Hoffnung, Südarabien); Kat lässt ähnl. wie Cocablätter Anstrengungen leichter ertragen, verscheucht Müdigkeit, Schlafbedürfnis u. Hungergefühl, erzeugt Frohsinn, aber keinen eigentl. Rausch. Gleichzeitig wirkt es hemmend auf den Geschlechtstrieb. Kat wird gekaut, als Tee getrunken od. mit Honig vergoren.

Catharanthus roseus (L.) G.Don.: Vinca rosea (L.), Lochnera rosea Rchb., Tropisches Immergrün; Fam. Apocynaceae (heim. Madagaskar; verbreitet in Tropen u. Subtropen; auch als Zierpflanze); man kennt 2 Varietäten: var. albus u. var. ocellatus. **Inhaltsst.** u. **Anw.:** zahlreiche Indolalkaloide mit Monoterpenkomponente, s. Vincaalkaloide, v. a. antineoplast. wirkendes Vinblastin* u. Vincristin* sowie antidiabet. wirkendes Vindolin, Catharanthin u. andere.

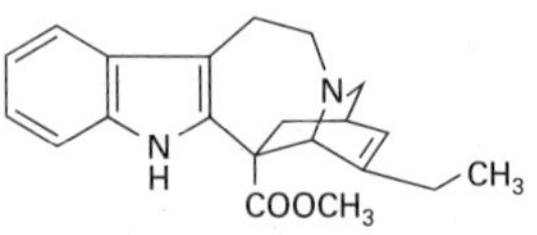

Catharanthus roseus: Catharantin als Beispiel für Inhaltsstoffe

Catheduline: s. Catha edulis.

Cathelicidine: körpereigene Antibiotika; Peptide, die an der Epitheloberfläche von Neutrophilen gebildet werden.

Cathin: s. Norpseudoephedrin.

Cathinon: s. Catha edulis.

Caules Dulcamarae: s. Solanum dulcamara.

Cauliflorie: (bot.) Stammblütigkeit; Blüten treten aus älteren Holzteilen hervor, z. B. bei Theobroma* cacao.

Caulophyllum thalictroides (L.) Michx.: Leontice thalictroides; Fam. Berberidaceae (Nordamerika, Asien). Stpfl. von **Radix Caulophylli:** Löwenblattwurzel, Frauenwurzel; verwendet werden die getrockneten Rhizome u. Wurzeln. **Inhaltsst.:** Chinolizidinalkaloid wie (–)-N-Anagyrin, (–)-N-Methylcytisin, (–)-Baptifolin sowie Triterpensaponine; **Anw.** volkstüml.: bei den Indianern Nordamerikas geg. Frauenleiden; früher in England u. USA geg. Würmer, zur Entwässerung, bei Menstruationsstörungen.

Hom: *Caulophyllum thalictroides:* frischer Wurzelstock mit Wurzeln; verord. z. B. bei uterinen Schwangerschafts- u. Menstruationsbeschwerden, Gelenkrheumatismus, Heberden-Arthrosen.

Caustica: Ätzmittel.

Causticum Hahnemanni: Ätzstoff.

Hom: frisch gebrannter Kalk mit Kaliumhydrogensulfat; Konstitutionsmittel; verord. z. B. bei Entzündungen der Atemwege, Heiserkeit, Harninkontinenz, Lähmungen verschiedener Ursache, Arthrosen.

cave: vermeide! hüte Dich vor.

Cayennepfeffer: s. Capsicum frutescens.

Cayennepfefferdickextrakt, Eingestellter: s. Extractum Capsici acris spissum normatum.

Cayennepfefferextrakt: s. Extractum Capsici.

Cayennepfefferfluidextrakt: s. Extractum Capsici fluidum.

Cayennepfefferliquidextrakt, Eingestellter: s. Extractum Capsici fluidum titratum.

Cayennepfeffertinktur: s. Tinctura Capsici.

CBD: s. Cannabis sativa.

CBS: Abk. für (engl.) *colloidal bismuth subcitrate*; s. Bismutdicitrat, basisches.

cc: s. concisus.

CCC: Abk. für Chlorcholinchlorid*.

CCNU: Abk. für 1-(2-Chlorethyl)-3-cyclohexyl-1-nitrosourea; s. Lomustin.

CCT: Abk. für Cholecystokinin*.

Cd: **1.** (chem.) Symbol für Cadmium*. **2.** (physik.) Einheitenzeichen für Candela, s. SI-Einheiten.

CD: Abk. für (engl.) *circular **d**ichroism*, s. Zirkulardichroismus.

CD4/CD8-Quotient: Verhältnis der Helferzellen (CD4+-T-Lymphozyten) zu den Suppressorzellen (CD8+-T-Lymphozyten). V. a. als immun. Verlaufsparameter bei HIV*-Erkrankung von prognost. Bedeutung, Normalwert 2.13 ± 0.92.

CDK: Abk. für (engl.) *cyclin-**d**ependent **k**inases*; cyclinabhängige Kinasen*; steuern den Ablauf des Zellzyklus.

CDK-Inhibitoren: Stoffe, die cyclinabhängige Kinasen* hemmen. Sie führen durch Hemmung des Zellzyklus zu einem Wachstumsarrest von Zellen.

CD-Nomenklatur: internationales System für die Bez. von Differenzierungsantigenen (engl. **c**luster of **d**ifferentiation bzw. **c**luster **d**eterminants) auf der Zelloberfläche von Leukozyten* u. Zellen, deren Zellmembran-Antigene mit denen von Immunzellen ident. sind. Die Differenzierung erfolgt durch monoklonale Antikörper* in der Durchflusszytometrie.

CD-Spektroskopie: spektrometr. Verfahren, das die Bestimmung des Zirkulardichroismus* zur Aufklärung der Konfiguration* org. Moleküle verwendet. **Anw.:** Untersuchung z. B. von Nucleinsäuren*, Sacchariden (s. Kohlenhydrate) u. Proteinen*; bildet bei der Untersuchung von Naturstoffen eine gute Ergänzung zur ORD*.

Ce: (chem.) Symbol für Cer*.

Ceanothus americanus L.: Säckelblume; Fam. Rhamnaceae (Nordamerika). Stpfl. von **Folia Ceanothi: Inhaltsst.:** Ceanothensäure, Ceanothsäure (Blatt), Ceanothin B, D, E (blutdrucksenkende Alkaloide), Harz (Wurzelrinde) sowie Gerbstoff; **Anw.:** Adstringens; **Cortex Ceanothi radicis:** s. Folia Ceanothi.

Hom: *Ceanothus americanus (HAB1.5):* getrocknete Blätter; verord. z. B. bei Milz- u. Leberleiden.

Cedronsamen: s. Simarouba cedron.

Cefacetril INN: 7-Cyanacetylaminocefalosporansäure; (6*R*,7*R*)-3-Acetoxymethyl-7-(2-cyanacetamido)-8-oxo-5-thia-1-azabicyclo[4.2.0]oct-2-en-2-carbonsäure; CAS-Nr. 10206-21-0; $C_{13}H_{13}N_3O_6S$, M_r 339.33. Strukturformel s. Cefalosporin-Antibiotika (Abb. 1). **Wirk.** u. **Anw.:** klass. Cefalosporin-Antibiotikum, gut wirksam geg. Strepto-, Staphylo-, Gono-, Pneumo- u. Meningokokken sowie geg. Diphtherie-Erreger u. Bacillus anthracis; wird heute nur selten bei Lungen- u. Harnweginfekten verordnet; **Dos.:** parenterale Injektion (i. v., i. m.), Infusion i. v. 2-6 g/d auf 2-6 ED verteilen; Kinder 0.05-0.1 g/kg KG/d; bei Niereninsuffizienz Senkung der Dos.; vgl. Antibiotika (Tab.). Gebräuchl. ist Cefacetril-Natrium.

Cefaclor INN: syn. Cephaclor; (6*R*,7*R*)-7-[(*R*)-2-Amino-2-phenylacetamido]-3-chlor-8-oxo-5-thia-1-azabicyclo[4.2.0]oct-2-en-2-carbonsäure; CAS-Nr. 53994-73-3; $C_{15}H_{14}ClN_3O_4S$, M_r 367.81. **Wirk.** u. **Anw.:** orales Cefalosporin*-Antibiotikum, wirksam geg. grampositive Bakterien wie Staphylo-, Strepto-, Pneumo-, Meningo- u. Gonokokken, allerdings etwas schwächer als die parenteral zu applizierenden Cefalosporin-Antibiotika; im Vergleich zu den anderen Oral-Cefalosporinen jedoch effizienter gegenüber Strepto-, Pneumokokken u. gramnegativen Stäbchen wie E. coli, Proteus mirabilis u. Klebsiella; wirksam auch geg. Haemophilus influenzae; nur geringe Resistenzerscheinungen; wird in der Ther. bei Atemweg-, Harnweg- u. Hautinfektionen eingesetzt; **Dos.:** p. o. 3×0.5-1 g/d; Kinder 0.05-0.10 g/kg KG/d; HWZ 0.75-1 h; vgl. Antibiotika (Tab.). **Cefaclor-Monohydrat:** Cefaclorum Ph.Eur.; CAS-Nr. 70356-03-5; $C_{15}H_{14}ClN_3O_4S \cdot H_2O$, M_r 385.8.

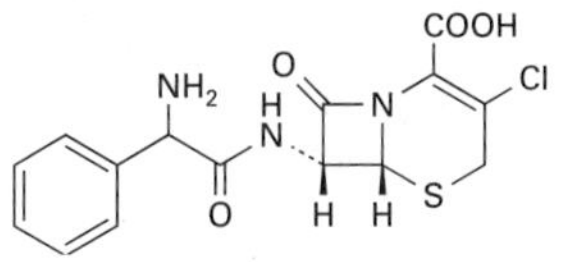

Cefaclor

Cefadroxil INN: syn. Cephadroxil; (6*R*,7*R*)-7-[(*R*)-2-Amino-2-(4-hydroxyphenyl)acetamido]-3-methyl-8-oxo-5-thia-1-azabicyclo[4.2.0]oct-2-en-2-carbonsäure; CAS-Nr. 50370-12-2; $C_{16}H_{17}N_3O_5S$, M_r 363.39. Weißes Pulver; schwer lösl. in Wasser. Strukturformel s. Cefalosporin-Antibiotika (Abb. 1). **Wirk.** u. **Anw.:** orales Cefalosporin-Antibiotikum mit bakterizider Wirk. auf grampositive Bakterien wie Staphylo-, Strepto-, Pneumo-, Meningo- u. Gonokokken; Wirk. schwächer als die der klass. Cefalosporine; Ind.: Haut-, Harnweg- u. Atemweginfektionen mit empfindl. Erregern; **Dos.:** p. o. 2×1 g/d; Kinder 2×0.05-0.1 g/kg KG/d; HWZ 1.4±0.2 h; vgl. Antibiotika (Tab.). **Cefadroxil-Monohydrat:** Cefadroxilum monohydricum Ph.Eur.; CAS-Nr. 66592-87-8; $C_{16}H_{17}N_3O_5S \cdot H_2O$, M_r 381.4.

Cefalexin INN: syn. Cephalexin; (6*R*,7*R*)-7-[(*R*)-2-Amino-2-phenylacetamido]-3-methyl-8-oxo-5-thia-1-azabicyclo[4.2.0]oct-2-en-2-carbonsäure; CAS-Nr. 15686-71-2; $C_{16}H_{17}N_3O_4S$, M_r 347.40. Strukturformel s. Cefalosporin-Antibiotika (Abb. 1). Lösl. 1:100 in Wasser, 1:30 in 0.2%iger Salzsäure, in verd. Alkalilsg., schwer lösl. in Dioxan, Dimethylacetamid, Dimethylformamid, sehr schwer lösl. in Ethanol, Aceton, Chloroform, Ether; pK_S 5.2, 7.3; UV_{max} 260 nm (ε 7750). **Wirk.** u. **Anw.:** orales Cefalosporin-Antibiotikum, bakterizid wirksam geg. grampositive Kokken wie Staphylo-, Strepto-, Pneumo-, Meningo- u. Gonokokken; Wirk. geringer als die der parenteralen Cefalosporine; zur Ther. von Atem- u. Harnweg- sowie von Hautinfektionen; **Dos.:** p. o. 0.25 g/6 h, MTD 4.0 g; Kinder 0.06 g/kg KG/d; vermutl. vollständige Resorption aus dem GIT; HWZ 0.9-1.2 h; vgl. Antibiotika (Tab.). **Cefalexin-Monohydrat:** Cefalexinum monohydricum Ph.Eur., CAS-Nr. 23325-78-2; $C_{16}H_{17}N_3O_4S \cdot H_2O$, M_r 365.40.

Cefaloridin INN: Cefaloridinum Ph.Eur.; (6*R*,7*R*)-8-Oxo-3-(1-pyridiniomethyl)-7-[2-(2-thienyl)acetamido]-5-thia-1-azabicyclo[4.2.0]oct-2-en-2-carboxylat; CAS-Nr. 50-59-9; $C_{19}H_{17}N_3O_4S_2$, M_r 415.50. Derivat des Cefalosporin C; Strukturformel s. Cefalosporin-Antibiotika (Abb. 1). Lösl. 1:5 in Wasser, 1:1000 in Ethanol; fast unlösl. in Chloroform,

Ether, org. Lösungsmitteln; pH-Wert einer gesättigten wässrigen Lsg. zw. 5.0 u. 5.5. **Wirk.** u. **Anw.:** klass. Cefalosporin-Antibiotikum; starke Nephrotoxizität, in Deutschland u. Österreich nicht zugelassen; **Dos.:** MTD 4 g; vgl. Antibiotika (Tab.).

Cefalosporin-Antibiotika: Antibiotika mit dem Grundgerüst der 7-Aminocefalosporansäure (s. Antibiotika), der als Ringsystem das 5-Thia-1-azabicyclo[4.2.0]oct-2-en zugrunde liegt; s. Abb. 1, Abb. 2.

Cefalosporin C: s. Antibiotika.

Cefalotin INN: (6*R*,7*R*)-3-(Acetoxymethyl)-8-oxo-7-[2-(thiophen-2-yl)acetyl]amino-5-thia-1-azabicyclo[4.2.0]oct-2-en-2-carbonsäure; CAS-Nr. 153-61-7; $C_{16}H_{16}N_2O_6S_2$, M_r 396.44. pK_S 2.2 (30 °C). Strukturformel s. Cefalosporin-Antibiotika (Abb. 1). **Wirk.** u. **Anw.:** Cefalosporin-Antibioti-

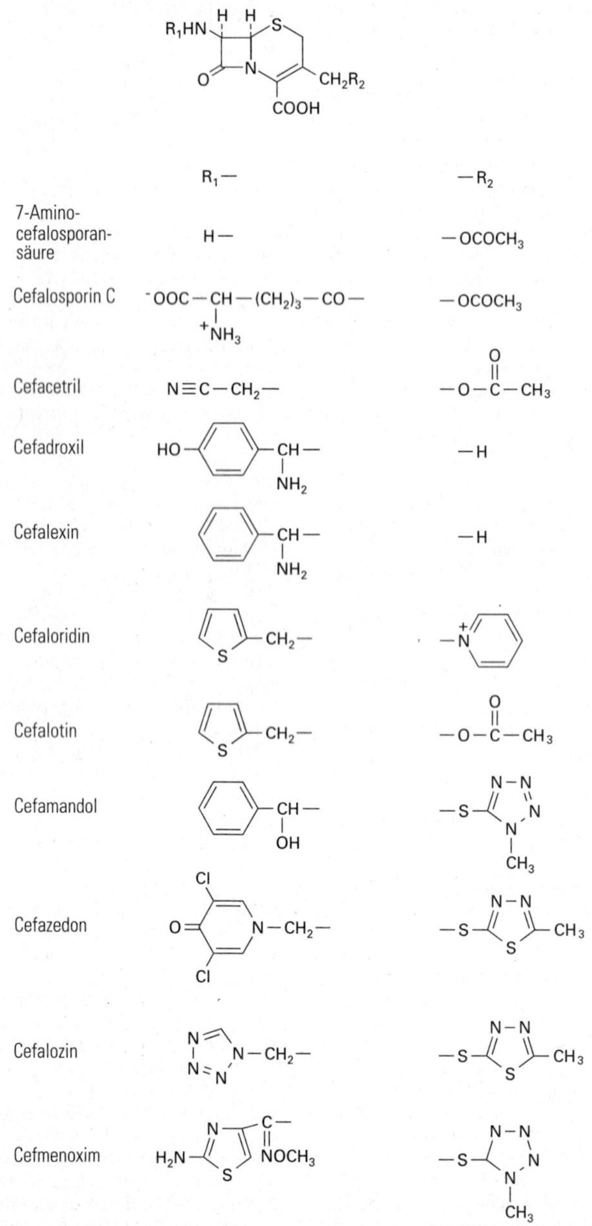

Cefalosporin-Antibiotika Abb. 1

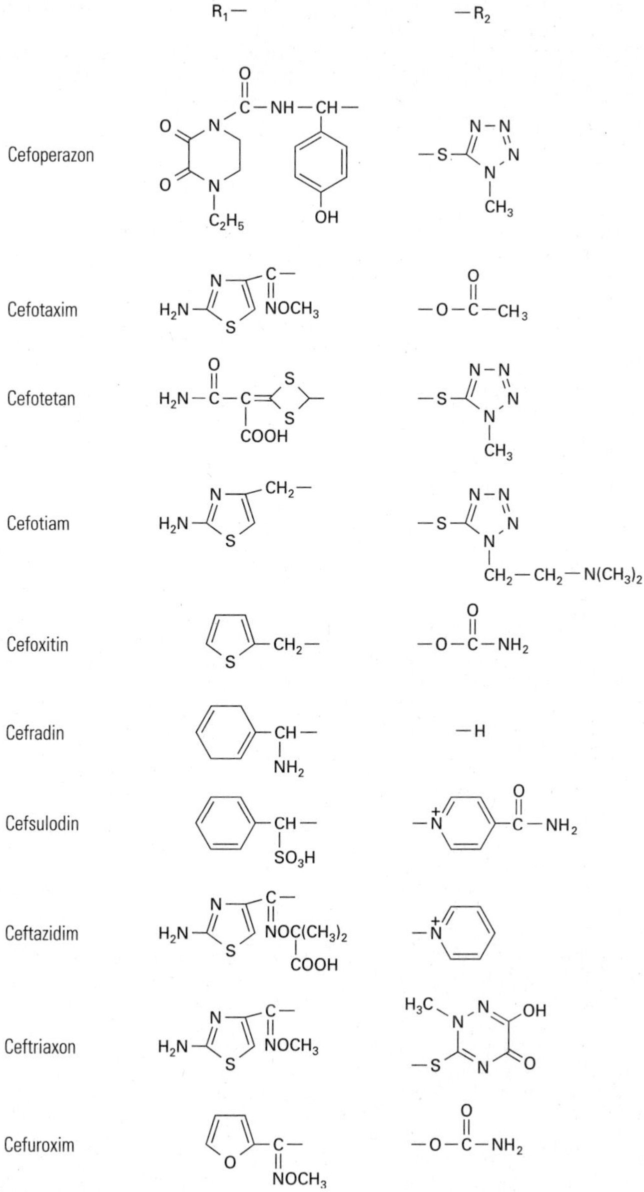

Cefalosporin-Antibiotika Abb. 2

kum, wirksam gegen grampositive Erreger; heute nur noch selten angewandt (in Deutschland u. Österreich nicht mehr zugelassen); lokal, i. m. relativ schlecht verträgl.; muss i. v. appliziert werden; HWZ 0.5 h; vgl. Antibiotika (Tab.). **Cefalotin-Natrium**: Cefalotinum natricum Ph.Eur.; $C_{16}H_{15}N_2NaO_6S_2$, M_r 418.4. Weißes Pulver; leicht lösl. in Wasser.

Cefamandol INN: (6*R*,7*R*)-7-[(*R*)-2-Hydroxy-2-phenylacetamido]-3-(1-methyl-1*H*-tetrazol-5-yl)-thiomethyl-8-oxo-5-thia-1-azabicyclo[4.2.0]oct-2-en-2-carbonsäure; CAS-Nr. 34444-01-4; $C_{18}H_{18}N_6O_5S_2$, M_r 462.5. Strukturformel s. Cefalosporin-Antibiotika (Abb. 1). **Wirk. u. Anw.:** betalactamaseresistentes Cefalosporin-Antibiotikum mit guter Wirk. auf Enterobakterien, Salmonellen, Staphylokokken u. Haemophilus influenzae. Zur ungezielten Ther. schwerer Infektionen mit Staphylokokken od. resistenter gramnegativer Keime. **UAW:** Alkoholunverträglichkeit wegen Blockade der Alkoholdehydrogenase (Antabus-Effekt); aus Stabilitätsgründen wird meist Cefamandolformiat angewandt; vgl. Antibiotika (Tab.) **Dos.:** parenteral 3-6×1.0 g/d bis MTD 10 g (i. v., i. m.); Kinder 3×5 mg/kg KG/d; HWZ 1.2 h. **Cefamandol-Nafat:** Cefamandoli nafas Ph.Eur.4; CAS-Nr. 42540-40-9; $C_{19}H_{17}N_6NaO_6S_2$, M_r 512.50, Schmp. 190 °C; weißes bis fast weißes Pulver, leicht lösl. in Wasser, wenig lösl. in Methanol.

Cefapirin-Natrium: Cefapirinium natricum Ph.Eur.4; $C_{17}H_{16}N_3NaO_6S_2$, M_r 445.5; weißes bis schwach gelbes Pulver, lösl. in Wasser, unlösl. in Dichlormethan. **Anw.:** veterinärmedizinisch.

Cefatrizin: (6*R*,7*R*)-7[(*R*)-2-Amino-2-(4-hydroxyphenyl)acetamido]-8-oxo-3-[(1,2,3-triazol-4-ylthio)methyl]-5-thia-1-azabicyclo[4.2.0]oct-2-en-2-carbonsäure; CAS-Nr. 51627-14-6; $C_{18}H_{18}N_6O_5S_2$, M_r 462.50. **Anw.:** Cephalosporin-Antibiotikum (s. Antibiotika); **Dos.:** oral 2×0.5 g/d;**Cefatrizin-Propylenglykol:** Cefatrizinum propylenglykolum Ph.Eur.4, Cephatrizin-Propylenglycol, Cefatrizin-Propylenglycol-Clathrat; CAS-Nr. 64217-62-5; $C_{18}H_{18}N_6O_5S_2 \cdot (C_3H_8O_2)_n$, M_r 538.60; weißes bis fast weißes Pulver, schwer lösl. in Wasser, unlösl. in Dichlormethan u. Ethanol; enthält 13.0-18.0 % Propylenglykol; **Anw.:** Cefalosporin-Antibiotikum; **Dos.:** oral 0.75-1.5 g/d verteilt auf 2-3 Einzelgaben; Kinder: 3×20-40 mg/kg KG täglich. In Deutschland, Österreich, Schweiz nicht zugelassen.

Cefazedon INN: (6*R*,7*R*)-7-[2-(3,5-Dichlor-4-oxo-1(4*H*)-pyridyl)acetamido]-3-[(5-methyl-1,3,4-thiadiazol-2-yl)thio]methyl-8-oxo-5-thia-1-azabicyclo[4.2.0]oct-2-en-2-carbonsäure; CAS-Nr. 56187-47-4; $C_{18}H_{15}Cl_2N_5O_5S_3$, M_r 548.44. Strukturformel s. Cefalosporin-Antibiotika (Abb. 1). **Wirk.** u. **Anw.:** Cefalosporin-Antibiotikum, wirksam gegen grampositive Erreger; bei schweren Lungen- od. Harnweginfektionen durch unbekannte grampositive Erreger; praktisch obsolet; HWZ 1.6-2.2 h; vgl. Antibiotika (Tab.). Gebräuchl. war Cefazedon-Natrium.

Cefazolin INN: (6*R*,7*R*)-3-(5-Methyl-1,3,4-thiadiazol-2-yl)thiomethyl-8-oxo-7-[2-(1*H*-tetrazol-1-yl)-acetamido]-5-thia-1-azabicyclo[4.2.0]oct-2-en-carbonsäure; CAS-Nr. 25953-19-9; $C_{14}H_{14}N_8O_4S_3$, M_r 454.50. Strukturformel s. Cefalosporin-Antibiotika (Abb. 1). Schmp. 198-200 °C (unter Zers., kristallisiert aus Aceton). Leicht lösl. in Dimethylformamid, Pyridin; lösl. in Gemischen von Aceton-Wasser, Dioxan-Wasser, Ethanol-Wasser; schwer lösl. in Methanol; fast unlösl. in Chloroform, Benzol, Ether. pK_S 2.10. UV_{max} (in Pufferlösung pH 6.4): 272 nm (ε 13150). **Wirk.** u. **Anw.:** klass. Cefalosporin-Antibiotikum, gut wirksam gegen grampositive Keime; wird nur noch selten bei Lungen- u. Harnweginfektionen verordnet; keine Resorption nach p. o. Applikation, renale Elimination; Vorsicht bei Niereninsuffizienz; **Dos.:** MTD 6 g/d; HWZ ca. 2 h; vgl. Antibiotika (Tab.). **Cefazolin-Natrium:** Cefazolinum natricum Ph.Eur.; $C_{14}H_{13}N_8NaO_4S_3$, M_r 476.5. Weißes, stark hygroskop. Pulver; leicht lösl. in Wasser.

Cefepim INN: (6*R*,7*R*)-7-[(*Z*)-2-(2-Amino-4-thiazolyl)-2-methoxyiminoglyoxylamido]-3-(1-methylpyrrolidinomethyl)-8-oxo-5-thia-1-azabicyclo[4.2.0]oct-2-en-2-carboxylat; CAS-Nr. 88040-23-7, $C_{19}H_{24}N_6O_5S_2$, M_r 480.57. Schmp. 150°C (unter Zers.). **Cefepimhydrochlorid-Monohydrat:** CAS-Nr. 123171-59-5; M_r 571.5. **Wirk.:** Zwitter-Ion, daher rascher Durchtritt durch Bakterienmembran; gut wirksam im gramnegativen u. grampositiven Bereich; **Anw.:** Cefalosporin*-Antibiotikum bei Infektionen z. B. der Atem- u. Harnwege, Haut u. Weichteile; **UAW:** Überempfindlichkeit, Magen-Darm-Beschwerden, Herz-Kreislauf-Beeinträchtigungen; **Kontraind.:** Kreuzallergie geg. Penicilline, Hyperkaliämie, Asthma; **WW:** Schleifendiuretika, Aminoglykoside; **Dos.:** i. v. od. i. m. 2×1-2 g/d; HWZ 2 h.

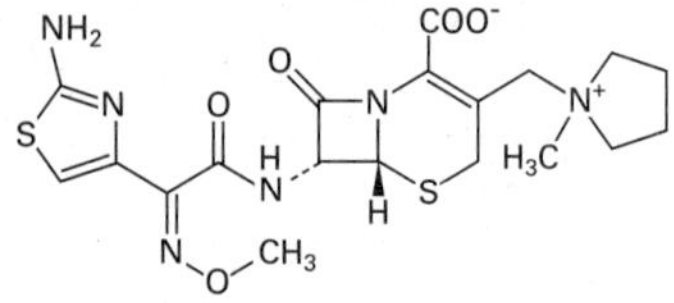

Cefepim

Cefetamet INN: (6*R*,7*R*)-7-[2-(2-Amino-4-thiazolyl)glyoxylamido]-3-methyl-8-oxo-5-thia-1-azabicyclo[4.2.0]-oct-2-en-2-carbonsäure; CAS-Nr. 65052-63-3; $C_{14}H_{15}N_5O_5S_2$, M_r 397.42. **Wirk.:** gute Wirk. bei gramnegativen Erregern, stabil geg. Betalactamase*; **Anw.:** Infektionen der oberen u. unteren Atemwege, komplizierte Harnweginfektionen, akute gonorrhoische Urethritis. **UAW:** gastrointestinale Beschwerden, Überempfindlichkeitsreaktionen, Veränderungen der Leberfunktionen, Leukopenie, Eosinophilie od. Thrombozytenzunahme, Gingivitis, Fieber; **Kontraind.:** eingeschränkte Nierenfunktion, Carnitinmangel, Schwangerschaft, Stillzeit, Anw. bei Kinder unter 1 Jahr; vgl. Cefalosporin-Antibiotika, Antibiotika (Cefalosporin-Antibiotika). **Cefetamet-Pivoxil:** Pivoxil*-Ester von C.; CAS-Nr. 65243-33-6; $C_{20}H_{25}N_5O_7S_2$, M_r 511.57. **Wirk.:** aus dem Prodrug C.-Pivoxil wird durch Esterhydrolyse das aktive C. frei; **Dos.:** p. o. Erwachsene u. Kinder über 12 Jahren 2×500 mg C.-Pivoxilhydrochlorid/d (500 mg entspr. 362.6 mg C.), Kinder unter 12 Jahren 2×10 mg/kg KG/d C.-Hydrochlorid; HWZ 2-3 h; gebräuchl. ist Cefetamet-Pivoxilhydrochlorid.

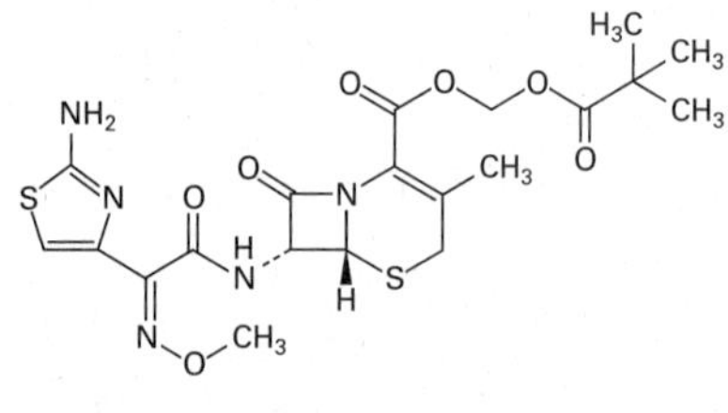

Cefetamet: Cefetametpivoxil

Cefixim INN: Cefiximum Ph.Eur.; (6*R*,7*R*)-3-(Ethenyl)-7-[2-(2-amino-4-thiazolyl)-2-(*Z*)-(methoxyimino)-acetamido]-8-oxo-5-thia-1-azabicyclo[4.2.0]oct-2-en-2-carbonsäure; CAS-Nr. 79350-37-1; $C_{16}H_{14}N_5O_7S_2$, M_r 452.44. **Struktur:**

strukturell mit Cefotaxim* verwandt (Strukturformel s. Cefalosporin-Antibiotika, Abb. 2); C. enthält an Stelle der Acetoxymethylgruppe eine Vinylgruppe; **Wirk.** u. **Anw.**: Cefalosporin-Antibiotikum mit starker antibakterieller Wirksamkeit im gramnegativen Bereich, weitgehend stabil geg. Betalactamase; **UAW**: Verdauungsbeschwerden; **Dos.**: 2×200 mg/d.

Cefmenoxim INN: CAS-Nr. 65085-01-0; $C_{15}H_{17}N_7O_5S_3$, M_r 471.6. Strukturformel s. Cefalosporin-Antibiotika (Abb. 1). Leicht lösl. in Wasser. **Wirk.**: Wirkungsspektrum entspr. im wesentl. Cefotaxim; vgl. Antibiotika (Tab.). Gebräuchl. ist Cefmenoxim-Hydrochlorid.

Cefodizim INN: (6*R*,7*R*)-7-[2-(2-Amino-4-thiazolyl)-2-glyoxylamido]-3-(5-carboxymethyl-4-methyl-2-thiazolylthio)methyl-8-oxo-5-thia-1-azabicyclo[4.2.0]-oct-2-en-2-carbonsäure; CAS-Nr. 69739-16-8; $C_{20}H_{20}N_6O_7S_4$, M_r 584.66. $pK_{S,1}$ 2.85 (COOH-Gruppe), $pK_{S,2}$ 3.37 (NH_2-Gruppe), $pK_{S,3}$ 4.18 (COOH-Gruppe); vgl. Cefalosporin-Antibiotika, Antibiotika. **Wirk.**: ähnl. wie Cefotaxim* zeigt C. eine erhöhte Betalactamasestabilität u. wirkt geg. grampositive Kokken, Haemophilus* influenzae u. Entereobacteriaceae, die Aktivität ist jedoch bei C. geringer; ferner zeigt C. immunmodulierende Wirkung, weshalb es bes. zur Behandlung immunsupprimierter Patienten geeignet scheint. **Anw.**: unkomplizierte Harnweginfektionen der Frau, Infektionen der unteren u. oberen Harnwege, der unteren Atemwege u. Gonorrhö; **UAW**: Überempfindlichkeitsreaktionen, gastrointestinale Beschwerden, Erhöhung der Leberenzyme im Serum, Thrombozytopenie, Eosinophilie; sehr selten hämolyt. Anämie, Leukopenie, Agranulozytose; entzündl. Reizungen u. Schmerzen an der Injektionstelle; **Kontraind.**: Stillzeit, Anw. bei Kinder unter 14 Jahre, 1. Trimenon der Schwangerschaft nur unter strenger Kontrolle; **Dos.**: parenteral Erwachsene u. Jugendl. ab 14 Jahren 1-2×1-2 g/d, bei Gonorrhö ED 0.25 g, bei penicillasebildenden Gonokokken ED 0.5 g C. (1 g C. entspr. 1.075 g C.-Dinatrium); HWZ 2.5-3 h. **Cefodizim-Dinatrium**: CAS-Nr. 86329-79-5; $C_{20}H_{18}N_6Na_2O_7S_4$, M_r 628.62.

Cefoperazon INN: (6*R*,7*R*)-7-[(2*R*)-2-[(4-Ethyl-2,3-dioxopiperazin-1-yl)carbonyl]amino-2-(4-hydroxyphenyl)acetyl]amino-3-(1-methyl-1*H*-tetrazol-5-yl)sulfanylmethyl-8-oxo-5-thia-1-azabicyclo[4.2.0]oct-2-en-carbonsäure; CAS-Nr. 62893-19-0; $C_{25}H_{27}N_9O_8S_2$, M_r 654.68. Strukturformel s. Cefalosporin-Antibiotika (Abb. 2). **Wirk.** u. **Anw.**: Cefalosporin-Antibiotikum mit erweitertem Wirkungsspektrum, wirksam geg. Pseudomonas; geeignet zur ungezielten Ther. schwerer lebensbedrohender Infektionen durch gramnegative Stäbchen; Harnweginfektionen, bei Penicillinallergie. **Dos.**: 2-4 g/d i. v., MTD 6 g in 2-3 ED; Kinder 0.05-0.10 g/kg KG/d, MTD 0.2 g/kg KG; i. m. Gabe schmerzhaft; HWZ 2-2.5 h; biliäre Elimination; parenteral als Natrium-Salz verwendet. **Cefoperazon-Natrium (INNv)**: Cefoperazonum natricum Ph.Eur.; CAS-Nr. 62893-20-3; $C_{25}H_{26}N_9NaO_8S_2$, M_r 668. Leicht lösl. in Wasser, lösl. in Methanol; **UAW**: Durchfälle, Alkoholunverträglichkeit; vgl. Antibiotika (Tab.).

Cefotaxim INN: (6*R*,7*R*)-3-(Acetoxymethyl)-7-[(*Z*)-2-(2-amino-1,3-thiazol-4-yl)-2-(methoxyimino)acetyl]amino-8-oxo-5-thia-1-azabicyclo[4.2.0]oct-2-en-2-carbonsäure; CAS-Nr. 63527-52-6; $C_{16}H_{17}N_5O_7S_2$, M_r 455.48. Strukturformel s. Cefalosporin-Antibiotika (Abb. 2). **Wirk.** u. **Anw.**: stark wirksames Cefalosporin-Antibiotikum mit erweitertem Wirkungsspektrum; **Dos.**: wie Cefoperazon*; parenteral ist Cefotaxim-Natrium gebräuchl. (1.05 g Natriumsalz entspr. 1 g C.); HWZ 1.1-1.6 h; Elimination über die Niere; vgl. Antibiotika (Tab.). **Cefotaxim-Natrium**: Cefotaximum natricum Ph.Eur.; $C_{16}H_{16}N_5NaOS_2$, M_r 477.4. Hygroskop. Pulver; sehr leicht lösl. in Wasser.

Cefotetan INN: CAS-Nr. 69712-56-7; $C_{17}H_{17}N_7O_8S_4$, M_r 575.6. C. ist ein Cefamycin mit hochgradiger Betalactamase-Stabilität. Strukturformel s. Cefalosporin-Antibiotika (Abb. 2). **Anw.**: parenteral als Cefotetan-Dinatrium; vgl. Antibiotika (Tab.).

Cefotiam INN: (6*R*,7*R*)-7-[2-(2-Amino-4-thiazolyl)acetamido]-3-[1-(2-dimethylaminoethyl)-1*H*-tetrazol-5-yl]-thiomethyl-8-oxo-5-thia-1-azabicyclo[4.2.0]oct-2-en-2-carbonsäure; CAS-Nr. 61622-34-2; $C_{18}H_{23}N_9O_4S_3$, M_r 525.62. Strukturformel s. Cefalosporin-Antibiotika (Abb. 2). **Wirk.** u. **Anw.**: Cefalosporin-Antibiotikum mit ausreichender Betalactamase-Stabilität; relativ gut geg. Staphylokokken wirksam, wenn der Serumspiegel 0.4-0.8 µg/mL beträgt; ebenfalls gut wirksam geg. A- u. B-Streptokokken, Meningokokken, Haemophilus influenzae. Das Antibiotikum wird z. B. bei schweren Harnweginfektionen, sekundärer Pneumonie, bei Infektionen mit H. influenzae bei Ampicillinresistenz eingesetzt. **UAW**: s. Antibiotika (Cefalosporin-Antibiotika), Alkoholunverträglichkeit; **Dos.**: bei schweren Infektionen 3×2 g/d, Kinder 3×0.05 g/kg KG/d; vgl. Antibiotika (Tab.).

Cefoxitin INN: 7-Methoxy-cefalosporin; (6*R*,7*R*)-3-(Carbamoyloxymethyl)-7-methoxy-8-oxo-7-[2-(2-thienyl)acetamido]-5-thia-1-azabicyclo[4.2.0]oct-2-en-2-carbonsäure; CAS-Nr.

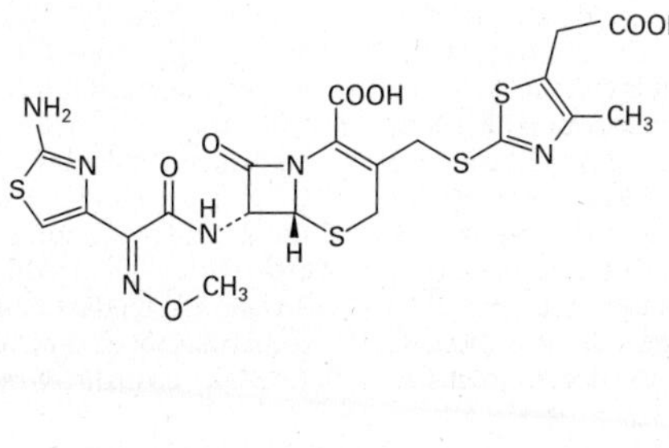

Cefodizim

C

35607-66-0; $C_{16}H_{17}N_3O_7S$, M_r 427.46. Strukturformel s. Cefalosporin-Antibiotika (Abb. 2). Schmp. 149-150 °C (unter Zers.). **Wirk.** u. **Anw.**: hohe Stabilität geg. Betalactamasen; wirksam geg. gramnegative Stäbchen wie Proteus mirabilis u. vulgaris, E. coli u. a.; wirkt außerdem geg. diverse Bacteroides-Arten; geeignet für ungezielte Ther. schwerer Infektionen durch grampositive Kokken bzw. resistente gramnegative Stäbchen od. Bacteroides fragilis wie Sepsis, sekundäre Pneumonie, Harnweg- u. schwere Gewebeinfektionen; außerdem spezielle Ther. bei Infektionen mit sensiblen Erregern; in Kombination mit Aminoglykosid-Antibiotika bei Infektionen mit resistenten Enterobakterien; **Dos.**: i. v. 3-4×2 g/d; Kinder 3-4×0.05 mg/kg KG/d; Dosierungsintervalle bei chron. Niereninsuffizienz verlängern; HWZ 1 h; vgl. Antibiotika (Tab.). **Cefoxitin-Natrium**: Cefoxitinum natricum Ph.Eur.; $C_{16}H_{16}N_3NaO_7S_2$, M_r 449.4. Weißes, stark hygroskop. Pulver; sehr leicht lösl. in Wasser.

Cefpodoxim INN: (+)-(6*R*,7*R*)-7-[2-(2-Amino-4-thiazol)glyoxylamido]-3-(methoxymethyl)-8-oxo-5-thia-1-azabicyclo[4.2.0]-oct-2-en-2-carbonsäure; CAS-Nr. 80210-62-4; $C_{15}H_{17}N_5O_3S_2$, M_r 379.45. Cefalosporin-Antibiotikum (s. Antibiotika). **Wirk.**: gut wirksam geg. grampositive u. gramnegative Keime, im gramnegativen Bereich ähnl. wie Cefixim* u. ähnl. wie Cefuroximaxetil* im grampositiven Bereich; Betalactamase-stabil; nicht wirksam gegenüber Meticillin*-resistenten Staphylokokken u. Pseudomonaden; **Anw.**: Infekte der oberen u. unteren Atemwege; **UAW**: gastrointestinale Störungen, selten Kopfschmerz, reversibler Anstieg der Leberenzyme, Blutbildveränderungen, Anstieg harnpflichtiger Substanzen im Serum; **Kontraind.**: Schwangerschaft, Stillzeit, Allergien u. Asthma; **Dos.**: p. o. 2×100-200 mg/d (100 mg C. entspr. 130.45 mg C.-Proxetil) mit reichl. Flüss. zu einer Mahlzeit im Abstand von 12 h, Dosisreduktion bei Nierenfunktionseinschränkung; HWZ 2.4 h. **Cefpodoximproxetil**: Proxetil*-Ester von Cefpodoxin; CAS-Nr. 87239-81-4; $C_{21}H_{27}N_5O_9S_2$, M_r 557.59.

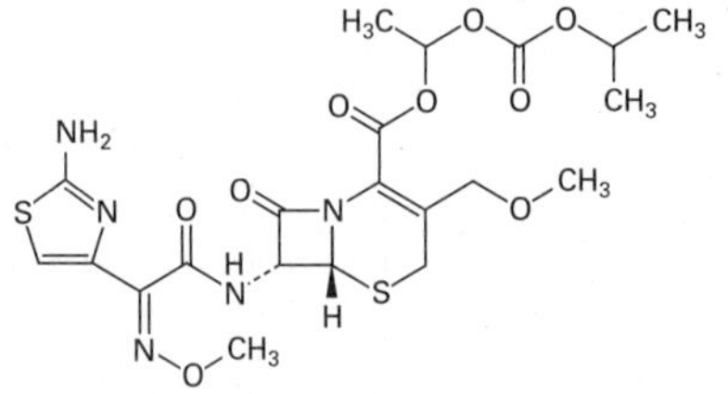

Cefpodoxim: Cefpodoximproxetil

Cefradin INN: Cefradinum Ph.Eur.; (6*R*,7*R*)-7-[(*R*)-2-Amino-2-(1,4-cyclohexadienyl)acetamido]-3-methyl-8-oxo-5-thia-1-azabicyclo[4.2.0]oct-2-en-2-carbonsäure; CAS-Nr. 38821-53-3; $C_{16}H_{19}N_3O_4S$, M_r 349.41. Strukturformel s. Cefalosporin-Antibiotika (Abb. 2). Lösl. in Wasser 1:50 bei pH 6, wenig lösl. in Wasser bei saurem od. neutralem pH, leicht lösl. in Propylenglykol; wenig lösl. in Aceton, Ethanol; fast unlösl. in Chloroform, Ether. pK_S (konjugierte Säure) 2.63, pK_S 7.27. **Wirk.** u. **Anw.**: oral applizierbares Cefalosporin-Antibiotikum; bakterizid wirksam geg. grampositive Bakterien wie Pneumo- Strepto-, Staphylo-, Gono- u. Meningokokken; Wirk. schwächer als bei den parenteral verwendeten Cefalosporinen. C. wird eingesetzt bei Harnweg-, Atemweg- u. Hautinfektionen mit empfindl. Erregern; **Dos.**: p. o. 1.0 g/6 h bis MTD 8.0 g; parenteral 1.0 g/6 h; nahezu vollständige Resorption bei p. o. Gabe; HWZ 0.8 h; vgl. Antibiotika (Tab.). Gebräuchl. ist Cefradin-Monohydrat.

Cefsulodin INN: (6*R*,7*R*)-3-(4-Carbamoylpyridinio)methyl-8-oxo-7[(*R*)-2-phenyl-2-sulfoacetamido]-5-thia-1-azabicyclo[4.2.0.]oct-2-en-2-carboxylat; CAS-Nr. 62587-73-9; $C_{22}H_{20}N_4O_8S_2$, M_r 532.55. Strukturformel s. Cefalosporin-Antibiotika (Abb. 2). **Wirk.** u. **Anw.**: Cefalosporin-Antibiotikum mit guter Wirksamkeit geg. Pseudomonas aeruginosa; teilweise auch geg. Carbenicillin*- u. Gentamicin*-resistente Pseudomonas-Stämme wirksam. C. wird eingesetzt bei Pseudomonas-Infektionen der Harn- u. Atemwege, der Haut u. der Knochen; oft in Kombination mit einem Aminoglykosid-Antibiotikum; **Dos.**: 2-3 g/d, MTD 6 g; Kinder 0.05 g/kg KG/d in 2-3 ED; i. m. mit 0.5 %iger Lidocain*-Lsg.; HWZ 1.6±0.2 h; vgl. Antibiotika (Tab.). Gebräuchl. ist Cefsulodin-Natrium.

Ceftazidim INN: Ceftazidimum Ph.Eur.4; (*Z*)-(7*R*)-7-[2-(2-Aminothiazol-4-yl)-2-(1-carboxy-1-methylethoxyimino)-acetamido]-3-(1-pyridiniomethyl)-3-cephem-4-carboxylat; CAS-Nr. 72558-82-8; $C_{22}H_{22}N_6O_7S_2$, M_r 546.6. Strukturformel s. Cefalosporin-Antibiotika (Abb. 2). **Anw.**: Cefalosporin-Antibiotikum mit bes. Aktivität geg. Proteus vulgaris, Pseudomonas, Enterobacter cloacae; **Dos.**: parenteral als Pentahydrat in Kombination mit Natriumcarbonat; i. v. 2-4 g/d, Kinder 50-100 mg/kg KG; vgl. Antibiotika (Tab.).

Ceftibuten INN: (+)-(6*R*,7*R*)-7-[(*Z*)-2-(2-Amino-4-thiazoyl)-4-carboxyisocrotonamido)-8-oxo-5-thia-1-azabicyclo[4.2.0]-oct-2-en-2-carbonsäure; CAS-Nr. 97519-39-6; $C_{15}H_{14}N_4O_6S_2$, M_r 410.42. Bildet ein Dihydrat. $pK_{S,1}$ 2.17 (COOH-Gruppe, Cephemring), $pK_{S,2}$ 3.67 (COOH-Gruppe, Seitenkette), $pK_{S,3}$ 4.07 (NH_2-Gruppe). Cefalosporin-Antibiotikum (s. Antibiotika). **Wirk.**: Betalactamase-stabil; stark antibakteriell im gramnegativen Bereich, vgl. Cefixim; vorteilhaft ist die hohe Aktivität gegen Enterobacteriaceae wie E. coli, Klebsiellen, Proteusarten u. Morganella, Pseudomonaden sind stets, Enterobacter, Actinetobacter u. Serratia teilweise resistent; **Anw.**: akute Bronchitis, Nieren- u. Harnweginfektionen; **UAW**: gastrointestinale Beschwerden, Kopfschmerzen, Blutbildveränderungen; **Kontraind.**: Säuglinge unter 3 Monaten, Asthma bronchiale u. ausgeprägte Allergien; **Dos.**: p. o. 400 mg/d (entspr. 435.14 mg C.-Dihydrat), Kinder bis 12 Jahre, bzw. 45 kg KG tägl. 9 mg/kg KG; Einnahme 1-2 h vor od. nach der Mahlzeit; HWZ 2.5 h.

Ceftizoxim INN: [(6*R*[6α,7β(*Z*)]]-7-[[2-Amino-4-thiazolyl)(methoxyimino)acetyl]-amino]-8-oxo-5-thia-1-azabizyclo[4.2.0]oct-2-en-2-carbonsäure, CAS-Nr. 68401-81-0, $C_{13}H_{13}N_5O_5S_2$, M_r 383.40,

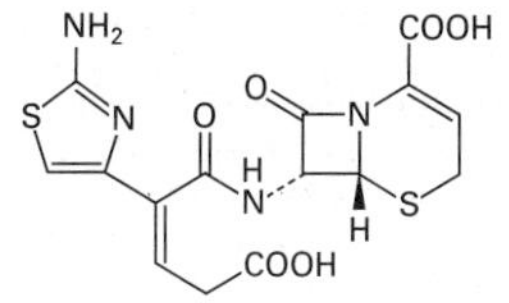

Ceftibuten

Schmp. 227 °C (unter Zers.); Cefalosporin-Antibiotikum (s. Antibiotika), semisynthet. Lipopeptid aus Glarea lozoyensis. **Ceftizoxim-Natrium**: CAS-Nr. 68401-82-1; **Anw.**: Breitband-Cefalosporin-Antibiotikum, stabil geg. Betalactamasen; vergleichbar mit Cefotaxim*; **Spektrum:** Aspergillus. fumigatus, A. flavus, A. terreus u. versch. Candida-Arten; **Dos.**: Erwachsene 2-3 × 1-3 g/d i. v., Kinder: 50-200 mg/kg KG/d in 2-3 ED.

Ceftriaxon INN: CAS-Nr. 73384-59-5; $C_{18}H_{18}N_8O_7S_3$, M_r 554.6. Strukturformel s. Cefalosporin-Antibiotika (Abb. 2). **Anw.**: Cefalosporin-Antibiotikum; Wirkungsspektrum u. -intensität entspr. Cefotaxim*; **Dos.**: i. v. od. i. m. 1-2 × 1-2 g/d, Kinder 50-70 mg/kg KG/d; HWZ 8 ± 1.3 h; vgl. Antibiotika (Tab.). **Ceftriaxon-Dinatrium**: Ceftriaxonum natricum Ph.Eur.; $C_{18}H_{16}N_8Na_2O_7S_3 \cdot 3.5\,H_2O$, M_r 662. Schwach hygroskop. Pulver; sehr leicht lösl. in Wasser.

Cefuroxim INN: (6*R*,7*R*)-Carbamoyloxymethyl-7-[2-(2-furyl)-(2*Z*)-methoxyimino-acetamido]-8-oxo-5-thia-1-azabicyclo[4.2.0]-oct-2-en-2-carbonsäure; CAS-Nr. 55268-75-2; $C_{16}H_{16}N_4O_8S$. Strukturformel s. Cefalosporin-Antibiotika (Abb. 2). **Wirk.** u. **Anw.**: Cefalosporin-Antibiotikum mit verbesserter antimikrobieller Wirksamkeit geg. gramnegative Stäbchen u. weitgehender Betalactamase-Stabilität; gut wirksam geg. A- u. B-Streptokokken, Gono- u. Meningokokken sowie Haemophilus influenzae; erfolgreich bei schweren Infektionen mit Staphylokokken u. resistenten gramnegativen Stäbchen, wie sekundärer Pneumonie, Harnweg- u. Gewebeinfektionen; häufig in Kombination mit Aminoglykosid-Antibiotika (s. Antibiotika); ferner zur Ther. von Infektionen mit Haemophilus influenzae, Klebsiella pneumoniae u. Penicillin-resistenten Gonokokken; **Dos.**: bei schweren Infektionen i. v. 3 × 2 g/d; bei Gonorrhö i. m. ED 1.5 g; Kinder 3 × 0.05 g/kg KG/d; HWZ 1.1 h; vgl. Antibiotika (Tab.). **Cefuroxim-Natrium**: Cefuroximum natricum Ph.Eur.; $C_{16}H_{15}N_4NaO_8S$, M_r 446.4. Weißes, schwach hygroskop. Pulver. Leicht lösl. in Wasser.

Cefuroximaxetil: Cefuroximum axetili Ph.Eur.; 1-Acetoxyethylester von Cefuroxim*; CAS-Nr. 6455-07-6; $C_{20}H_{22}N_4O_{10}S$, M_r 510.48. **Wirk.** u. **Anw.**: Cefalosporin*-Antibiotikum, breit wirksam gegen grampositive u. gramnegative Erreger. **UAW**: allerg. Hautreaktionen, Übelkeit, Durchfälle u. gastrointestinale Beschwerden.

CE-Kennzeichnung: Abk. für frz. **C**ommunautes **E**uropeénnes (Europäische Gemeinschaft); Anforderungs-Nachw. über das Einhalten aller für das jeweilige Produkt zutreffenden Gemeinschaftsrichtlinien (EG93/42/EWG).

Celecoxib INN: 4-[5-(4-Methylphenyl)-3-(trifluormethyl)pyrazol-1-yl]benzolsulfonamid; CAS-Nr. 169590-42-5; $C_{17}H_{14}F_3N_3O_2S$, M_r 381.4. Schmp. 157 °C. logP 3.0; pK_S 9.7 (ber.); schwer lösl. in Wasser. **Wirk.**: selektiver COX-2-Hemmer; **Anw.**: nichtsteroidales Antirheumatikum (Abk. NSAR; s. Analgetika, schwache) bei Reizzuständen degenerativer Gelenkerkrankungen od. chron. Polyarthritis; **UAW**: durch COX-2-Selektivität weniger gastrointestinale Komplikationen als bei unselektiven NSAR; **Kontraind.**: Sulfonamid-Überempfindlichkeit, Schwangerschaft, Stillzeit; **Dos.**: 200 mg/d p. o.; HWZ 8-12 h.

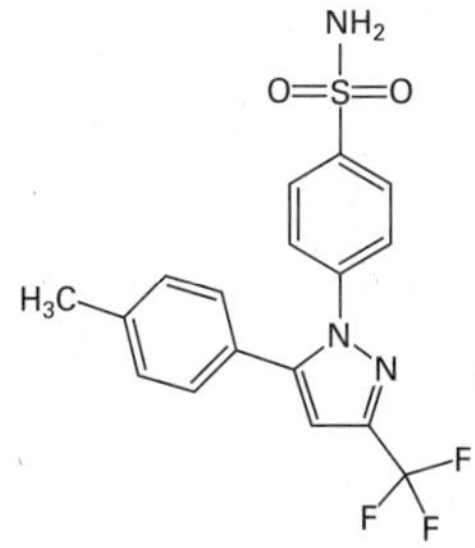

Celecoxib

Celiprolol INN: St 1396; 3-[3-Acetyl-4-(3-*tert*-butylamino-2-hydroxypropoxy)phenyl]-1,1-diethylharnstoff; CAS-Nr. 56980-93-9; $C_{20}H_{33}N_3O_4$, M_r 379.50. Strukturformel s. Sympatholytika (Abb. 1). Schmp. 117 °C (kristallisiert aus Aceton). Monohydrat: Schmp. 76-79 °C (inhomogen). pK_S der konjugierten Säure bei 20 °C: 9.68. **Celiprololhydrochlorid**: Celiprololi hydrochloridum Ph.Eur.4; CAS-Nr. 57470-78-7; $C_{20}H_{34}ClN_3O_4$, M_r 415.96. Schmp. 198-202 °C; polymorph. UV_{max} 232 nm (Salzsäure, 0.01 mol/L, ε 27400); Löslichkeit in Wasser bei Raumtemp. >50 g/L. **Wirk.** u. **Anw.**: kardioselektives Betasympatholytikum, mit intrins. Aktivität (Beta-1-Selektivität), vasodilatierend; Ind.: Hypertonie, Angina pectoris; **Pharmakokinetik:** wegen des stark hydrophilen Charakters wird das Blutspiegelmaximum erst nach ca. 3 h erreicht u. die Blut-Hirn-Schranke kaum überwunden; HWZ (der überwiegend renalen Elimination) ca. 4.5 h, geringe Metabolisierung; **UAW:** Müdigkeit, Kopfschmerz, gastrointestinale Beschwerden; **WW:** Antihypertensiva, Antidiabetika; **Dos.**: morgens 200 mg.

Cella: Zelle; **Cellula:** kleine Zelle.

Cellacefat: s. Celluloseacetatphthalat.

Cellobiasen: β-1,4-Glucosidasen; im Tier- u. Pflanzenreich weit verbreitet, besonders in reifenden Früchten, Mikroorganismen z. B. Hefe u. in der Dünndarmschleimhaut. C. zerlegen Cellobiose* in Glucose.

Cellobiose: M_r 342.3; Schmp. 225 °C; $[\alpha]_D^{20°C}$ +14° → +35° (Wasser). Reduzierendes Disaccharid, das aus zwei β-1,4-glykosidisch verknüpften Molekülen D-Glucose besteht. C. unterscheidet sich von der Maltose durch die Konfiguration der glykosid. Bindung. Wird durch Hefe nicht fermentiert u. durch Maltase nicht hydrolysiert. C. wird aber beim Kochen mit Säuren od. durch Einw. von Cellobiasen* in Glucose gespalten. Nat. nicht in freier Form, sondern nur vereinzelt als Glykosidbaustein. C. stellt als Disaccharideinheit einen Baustein von Cellulose* u. Lichenin* dar.

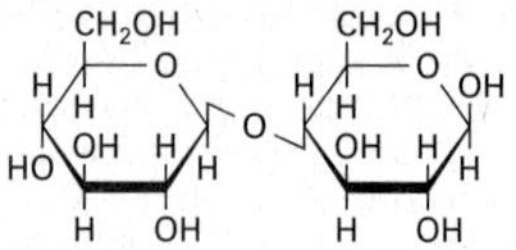

Cellobiose

Cellophan®: regenerierte Cellulose; s. Zellglas.

Cellulasen: Enzyme, welche die Cellulose* zu Cellobiose* abbauen. C. fehlen im Organismus des Menschen, sind aber weit verbreitet in Bakterien (auch in der Cellulose verdauenden Mikroflora des Wiederkäuermagens), Pilzen, Insekten, Schnecken, Würmern u. Samen höherer Pflanzen. C. dienen zur Herst. von Verdauungsenzympräparaten, zur Entfernung unerwünschter Cellulose in Nahrungsmitteln u. zur Verzuckerung der Cellulose.

Celluloid: Zellhorn; hornartige Masse, ein Gemisch von Nitrocellulose u. Campher (feste Lsg.); lösl. in Aceton, Etheralkohol, Essigsäureethylester. C. ist sehr leicht entzündbar u. brennt mit heller Stichflamme. **Anw.:** C. lässt sich schneiden, drehen, auswalzen u. erwärmt in Formen pressen; es wird zur Herst. von Gebrauchsgegenständen aller Art eingesetzt. Lsg. von C.-Abfällen in Ethanol, Essigsäureethylester od. Aceton dienen als Leim.

Cellulose: Zellulose; $(C_6H_{10}O_5)_n$; pfl. Polysaccharid aus hochmolekularen unverzweigten Ketten, in denen D-Glucoseeinheiten β-1,4-glykosidisch miteinander verknüpft sind (s. Abb.). Die M_r liegt

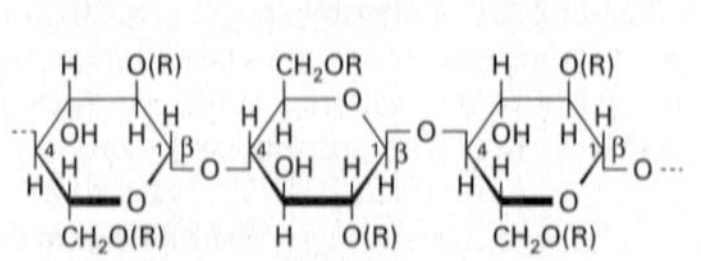

Cellulose- bzw. Celluloseetherkette (Ausschnitt)

Cellulose	R = H
Methylcellulose (MC)	R = CH_3
Ethylcellulose (EC)	R = C_2H_5
Hydroxyethylcellulose (HEC)	R = $CH_2—CH_2OH$
Ethylhydroxyethylcellulose (EHEC)	R = C_2H_5 ; $CH_2—CH$
Natriumcarboxymethylcellulose (CMC-Na)	R = $CH_2—COONa$

Cellulose

genuin je nach Polymerisationsgrad zw. 10 000 u. über 2 000 000; entspr. 500-10 000 Glucoseeinheiten. In Holz beträgt der Polymerisationsgrad ca. 500-2 000, in Baumwolle 3 000 bis über 10 000. C. wird enzymat. (unter Einw. von Cellulasen*) zum Disaccharid Cellobiose* hydrolysiert. Durch Behandlung mit konz. Säuren, z. B. 40 %iger Salzsäure od. 60-70 %iger Schwefelsäure, bei erhöhter Temp. wird C. zu D-Glucose gespalten. Dieser als **Holzverzuckerung** bezeichnete Prozess dient der Erzeugung gärfähiger Zuckern. C. ist in Wasser u. übl. Lösungsmitteln unlöslich. **Nachw.:** mit Chlorzinkiodlösung*; lösl. z. B. in ammoniakal. Kupfersulfatlösung (Schweizer*-Reagens).

Vork.: C. stellt den Hauptbestandteil der pfl. Zellwände dar. Bestimmte Pflanzenfasern, wie Baumwolle, Hanf, Flachs u. Jute, bestehen aus fast reiner C.; Holz dagegen enthält 40-60 % C. In der Zellwand findet man 200-300 Cellulosemoleküle zu 4-10 nm dicken, elektronenmikroskop. sichtbaren Mikrofibrillen vereinigt. Teile der Mikrofibrillen, die Mizellen, sind parallel angeordnet, durch Wasserstoffbrückenbindungen stabilisiert u. haben kristallinen Charakter. Die Mikrofibrillen vereinigen sich zu Makrofibrillen u. sind in der Zellwand in eine Grundmasse, eine Matrix, eingebettet, in der sich auch polymere Kohlenhydrate von Nicht-Cellulosecharakter befinden, z. B. Pektine*, Hemicellulosen* u. Lignin* sowie geringe Mengen an Protein. C. ist mengenmäßig der bedeutendste Naturstoff. Cellulose abbauende Enzyme (Cellulasen*) sind in niederen Pflanzen, Holz zerstörenden Pilzen u. einigen Bakterien enthalten. Pflanzen fressende Tiere können ebenfalls C. verwerten, da sie in ihrem Verdauungssystem symbiot. lebende Mikroorganismen enthalten. Mensch u. Fleisch fressende Tiere können dagegen C. nicht spalten. **Darst.** u. **Verw.:** C. hat große Bedeutung in der Industrie. Sie wird primär als Zellstoff* aus Holz od. anderen cellulosehaltigen Pflanzenteilen gew., indem die Begleitstoffe (Lignin, Hemicellulosen etc.) herausgelöst werden. Die Rohcellulose wird mit 17.5 %iger Natronlauge behandelt, worin sich die α-Cellulose (besteht noch aus über 2000 Glucoseeinheiten) nicht löst, während die β-C. (Polymerisationsgrad 10-150) u. γ-C. (unter 10) sich auflösen. Durch Ansäuren kann die β-C. wieder ausgefällt werden. Neben der Auflösung in Kupferoxidammoniaklösung lässt sich C. auch durch andere Reagenzien u. vor allem in Form von Cellulosexanthogenat* lösen. Aus diesen Lösungen kann sie wieder in Form von Folien od. Fasern ausgefällt werden; man erhält regenerierte Cellulose (Zellwolle*), die z. B. zu Verbandwatte* verarbeitet wird. In der **pharmaz. Technologie** wird für Tablettierung u. Kapselabfüllung C. in mikrokristalliner (s. Cellulose, mikrokristalline) od. mikrofeiner Qualität (s. Cellulosepulver) u. in versch. Feinheitsgraden (Pulver, Granulat) verwendet.

Cellulosederivate: Die Art des Substituenten u. der Substitutionsgrad nehmen Einfluss auf die Löslichkeit. Hydrophile Substituenten (Hydroxyethyl-, Hydroxypropyl-) bewirken bei relativ geringem mittleren Substitutionsgrad* (MS ca. 0.5) Wasserlöslichkeit. Diese bleibt auch bei höherem MS erhalten. Hydrophobe Substituenten (Ethyl-, in geringem Maße auch Methyl-) werden bei einem MS von ca. 1.0 wasserlöslich. Bei höherem MS nimmt die Wasserlöslichkeit ab u. die Löslichkeit in org. Lösungsmitteln zu; s. Carboxymethylccellulose, Celluloseacetat, Celluloseacetatphthalat, Cellulosenitrat, Collodium, Ethylcellulose, Ethylhydroxyethylcellulose, Hydroxyethylcellulose, Hydroxypropylcellulose, Hydroxypropylmethylcellulose, Hydroxypropylmethylcellulosephthalat, Methylcellulose, Cellulose, oxidierte.

Celluloseacetat: Abk. CA, Cellulosi acetas Ph.Eur.4, Acetylcellulose; CAS-Nr. 9004-35-7. Partiell od. vollständig *O*-acetylierte Cellulose mit je nach Sorte mind. 29.0 u. max. 44.8 % Acetyl-Gruppen; die Veresterungsreaktion wird in der Regel mit Acetanhydrid durchgeführt; für gut def. teilsubstituierte Produkte wird zunächst das vollständig substituierte Triacetat synthetisiert, das anschließend teilweise verseift wird. Pulver od. Körner, wenig hygr., prakt. unlösl. in Wasser, Ethanol, lösl. in Ameisensäure, 2-Methoxyethanol u. Gemisch gleicher Volumenteile Dichlormethan u. Methanol. Durch Hydrolyse entstehen aus CTA **Cellulosehydroacetate.** Diese u. CTA bilden weiße bis durchsichtige amorphe Massen, die thermoplast., nicht explosiv u. schwer brennbar sind. Während Cellulosehydroacetate in Aceton lösl. sind, ist dies bei CTA nicht der Fall. Letzteres löst sich in Chloroform, Eisessig, Nitrobenzol u. anderen Lösungsmitteln. Trocknungsverlust max. 5.0 %. Max. 10^3 koloniebildende, aerobe Keime, davon max. 10^2 Pilze je Gramm Substanz. **Anw.:** Herst. celluloidähnl., aber schwer brennbarer Massen (Zellon, Zellit), ferner zur Herst. von Filmen, Kunstleder u. Kunstseide (Acetatseide*).

Celluloseacetatbutyrat: Cellulosi acetas butyras Ph.Eur.; partiell od. vollst. *O*-acetylierte u. *O*-butyrylierte Cellulose; mind. 2.0 u. max. 30.0 % Acetyl-Gruppen u. mind. 16.0 u. max. 53.0 % Butyryl-Gruppen; prakt. unlösl. in Wasser u. Ethanol, lösl. in Aceton, Ameisensäure u. einer Mischung gleicher Volumteile Dichlormethan u. Methanol. Trocknungsverlust max. 2.0 %.

Celluloseacetatphthalat: Abk. CAP, Cellulosi acetas phthalas Ph.Eur.4, Cellulosum acetico-phthalicum, Cellulosum acetylatum-phthalylatum, Acetylphthalylcellulosum, Cellacefat; CAS-Nr. 9004-38-0. Gemischter Partialester der Cellulose mit einem Gehalt von 36 % Phthalylgruppen (eine –CO–OH-Gruppe unverestert, frei zur Salzbildung), 21.5-26 % Acetylgruppen u. max. 3 % freien Säuregruppen (freie Phthalsäure). Weißes, hygr. Pulver; prakt. unlösl. in Wasser, Ethanol, Kohlenwasserstoffen (auch chlorierten); lösl. u. a. in einigen Ketonen (Aceton), Estern, Ethern, Dioxan, Alkohol-Chlorkohlenwasserstoff-Gemischen, Keton-Alkohol-Gemischen. Quillt in neutralen od. leicht alkal. Lösungen. Lösl. ab ca. pH 6 (Salzbildung an der freien Phthalatcarboxylgruppe); Viskosität 45-90 mPa·s (15 %ige Lsg. in Aceton mit 0.4 % Wasser bei 25 °C); Wassergehalt max. 5 % (Karl-Fischer-Methode); kühl aufzubewahren. Inkomp.: Eisensalze, Silbernitrat, Na-Citrat, Al-Sulfat, $CaCl_2$,$HgCl_2$, Ba-Nitrat, bas. Bleiacetat, starke Alkalien od. Säuren (Hydrolyse); Hydrolyse auch unter feuchten u. warmen Lagerungsbedingungen. **Anw.:** für magensaftresistente Überzüge auf Tabletten u. Dragees (Anteil 5-9 % der Arzneiform, meist aufgesprüht). Der Überzug quillt u. löst sich (innerhalb 1 h) in wässrigem Milieu oberhalb pH 5.9. Die Zugabe von 5-30 % eines Weichmachers ist zweckmäßig (Dibutyl-, Diethyl-, Dimethylphthalat u. a.). Na-, Ammonium- od. Triethanolamin-Salze eignen sich für die Mikroverkapselung (s. Mikrokapseln). Ähnl. Eigenschaften besitzen Celluloseacetatsuccinat, Stärkeacetatphthalat u. Methylcellulosephthalsäurehalbester.

Celluloseacetatsuccinat: s. Celluloseacetatphthalat.

Celluloseester: wichtige Derivate der Cellulose, die durch teilweise od. vollständige Veresterung der freien Hydroxylgruppen der Cellulose erzeugt werden; z. B. Celluloseacetat*, Celluloseacetatphthalat*, Cellulosenitrat*.

Celluloseether: wichtige Derivate der Cellulose, z. B. Methylcellulose* u. Carboxymethylcellulose*.

Cellulosefasern: s. Kunstseiden.

Celluloseglykolat: s. Carboxymethylcellulose.

Cellulosehydroacetate: s. Celluloseacetat.

Cellulose, mikrofeine: s. Cellulosepulver.

Cellulose, mikrokristalline: Abk. MCC, Cellulosum microcristallinum Ph.Eur.4; teilweise depolymerisierte Cellulose, gew. aus α-Cellulose (s. Cellulose), die einer sauren Hydrolyse unterzogen wird. Sie hat eine kleinere u. einheitl. Molmasse (M_r ca. 36 000, ca. 220 Glucoseeinheiten) u. einen verminderten amorphen Anteil. Weißes Pulver; prakt. unlösl. in Wasser (wasserlösl. Substanzen: max. 0.25 %), Aceton, wasserfreiem Ethanol, Toluol, verd. Säuren u. einer Natriumhydroxid-Lösung (50 g/L). Der Polymerisationsgrad beträgt max. 350 u. wird über die Grenzviskositätszahl aus den Viskositäten (Kapillarviskosimeter) von 2 unterschiedl. verd. Cellulose-Lsg. in Kupfer(II)-diethylendiaminhydroxid errechnet. Trocknungsverlust max. 6.0 %. MCC kann in feuchter Atmosphäre unter begrenztem Quellen bis zu 25 % Wasser aufnehmen (zerfallsbeschleunigende Wirk.); besitzt gegenüber der mikrofeinen C. eine bessere Quellfähigkeit. Die Fließfähigkeit der Pulver kann durch Zusatz von hochdispersem Siliciumdioxid deutlich verbessert werden. Max. 10^3 aerobe Keime sowie 10^2 Schimmelpilze u. Hefen je g Substanz. Escherichia coli, Pseudomonas aeruginosa, Staphylococcus aureus u. Salmonellen dürfen nicht vorhanden sein. **Anw.:** Abführmittel (Füllmittel), zur Verminderung des Hungergefühls. Technolog. als Füllmittel, Bindemittel u. Zerfallsbeschleuniger (Sprengmittel), bevorzugt in 2-5 %iger Konz., bes. für die Direkttablettierung* eingesetzt. Als Sprengmittel (Zerfallshilfmittel) ist C. der Stärke (s. Amylum) überlegen.

Cellulosenitrat: Nitrocellulose, Schießbaumwolle; Salpetersäureester der Cellulose. C. sieht aus wie Baumwolle, ist geruch- u. geschmacklos, unlösl. in Wasser, lösl. in Aceton, Amylacetat u. a. org. Lösungsmitteln. Stickstoffgehalt 12.5-13.5 %. **Darst.:** Einw. einer Mischung von starker Salpetersäure (1 T.), Schwefelsäure (2-3 T.) u. ca. 10-20 % Wasser auf Baumwolle (Watte, Linters) od. Holzzellstoff. **Anw.:** C. verbrennt beim Entzünden blitzartig ohne Explosion, explodiert aber äußerst heftig durch Schlag od. Initialzündung (mit Knallquecksilber, elektr. Funken). Beim Befeuchten mit einem Ethanol/Ether-Gemisch quillt C. auf u. gelatiniert. Diese gelatinierte Masse explodiert langsamer u. wird für rauchloses bzw. rauchschwaches Schießpulver verwendet; zur Herst. von Dynamit*, Membranfiltern*, Collodium*. **Sprenggelatine:** eine Lsg. von 7-8 % C. in Glyceroltrinitrat*, die einen gallertartigen Körper ergibt.

C

C

Cellulose, oxidierte: (engl.) *Oxidized Cellulose USP*; Cellulose*, bei der ein Teil der OH-Gruppen zu Carboxylgruppen oxidiert ist, hat ähnl. Eigenschaften wie Carboxymethylcellulose*.

Cellulosepulver: Cellulosi pulvis Ph.Eur.4, Pulvis Cellulosi, mikrofeine Cellulose, gepulverte Fasercellulose; CAS-Nr. 9004-34-6; gereinigte u. mechan. zerkleinerte Cellulose*, gew. aus α-Cellulose. Polymerisationsgrad (s. mikrokristalline Cellulose) mind. 440. Wasserlösl. Anteile max. 1.5 %, schwer lösl. in Natriumhydroxid-Lösung (50 g/L). Trocknungsverlust max. 6.5 %, Grenzen der mikrobiellen Verunreinigung u. technolog. Anw. s. Cellulose, mikrokristalline.

Cellulose, regenerierte: s. Cellulosexanthogenat, Zellwolle.

Cellulosexanthogenat: Zwischenprodukt (rein nicht herstellbar) bei der Herst. von Kunstseiden nach dem Viskoseverfahren. Entsteht durch Behandlung von Alkalicellulose mit Schwefelkohlenstoff in wässriger Lsg. als orangerote, viskose Flüss. (sog. Viskose). Durch Säurefällung (es entweicht Schwefelwasserstoff u. Schwefelkohlenstoff) erhält man Kunstseide* od. regenerierte Cellulose (s. Zellwolle).

Cellulosi acetas phthalas: s. Celluloseacetatphthalat.

Cellulosi pulvis: s. Cellulosepulver.

Cellulosum: s. Verbandzellstoff, hochgebleichter.

Cellulosum depuratum: s. Verbandwatte.

Cellulosum foliatum: s. Verbandzellstoff, hochgebleichter.

Cellulosum ligni depuratum: s. Verbandzellstoff, hochgebleichter.

Cellulosum ligni depuratum sterile: s. Verbandzellstoff, hochgebleichter.

Cellulosum ligni regeneratum: s. Verbandwatte.

Cellulosum microcristallinum: s. Cellulose, mikrokristalline.

Cellulosum nitricum: s. Collodiumwolle.

Celsius-Skala (Anders Celsius, schwed. Astronom, 1701-1744): Temperaturskala, die den Bereich zw. Schmp. des Eises (0 °C) u. Sdp. des Wassers (100 °C) in 100 Grade teilt. Die bd. Punkte sind die Fundamentalpunkte der Temperaturskala, der Bereich wird Fundamentalbereich genannt; s. Thermometer; vgl. Aqua.

Cembran: makrocycl. Diterpengrundgerüst; Strukturformel s. Diterpene (Abb.).

CEN: Abk. für (franz.) **C**omité **E**uropéen de **N**ormalisation; europ. Normungsinstitut, in dem alle nationalen Normungsinstitute Mitglied sind. Die Interessen von CEN sind im Sinne einer weltweiten Normung darauf gerichtet, möglichst die Normen von ISO*/IEC zu übernehmen. CEN-Normen sind im Pharmabereich für nicht aktive Medizinprodukte von Bedeutung.

CENELEC: Abk. für (franz.) **C**omité **E**uropéen de **N**ormalisation **Elec**trotechnique; europäisches Komitee für elektrotechn. Normung u. Drehscheibe für Normungsarbeiten in der EU. Diese Normen sind im Pharmabereich insbesondere für aktive Medizinprodukte von Bedeutung.

Centaurea cyanus L.: Kornblume; Fam. Asteraceae (Compositae) (Europa). Stpfl. von **Cyani flos:** Flores Cyani, Kornblumen; die geschlechtslosen Randblüten der Blütenstände. **Inhaltsst.:** Anthocyane, Flavone; **Anw.** volkstüml.: z. B. als schleimlösendes u. harntreibendes Mittel, bei Appetitlosigkeit; zur Herst. von Augenwässern bei Augenentzündungen, bei Schuppenbildung; selten als Schmuckdroge, Räuchertee.

Centaurium chilensis (Willd.) Druce: Erythraea chilensis, Bitterkraut; Fam. Gentianaceae (Peru, Chile). Stpfl. von **Herba Canchalaguae:** Bitterkraut. **Inhaltsst.:** glykosid. Bitterstoff, fettes Öl, Gerbstoff; **Anw.** volkstüml.: Tonikum, Fiebermittel.

Hom: *Canchalagua:* getrocknetes, blühendes Kraut.

Centaurium erythraea Rafn.: Centaurium minus Moench, Centaurium umbellatum Gilbert, Erythraea centaurium Bokh., Tausendgüldenkraut; Fam. Gentianaceae (Europa, Nordafrika, westl. Asien). Stpfl. von **Centaurii herba:** Herba Centaurii, Tausendgüldenkraut, Fieberkraut; die getrockneten oberird. Teile blühender Pflanzen. **Off.:** Ph.Eur.4, ÖAB90, Ph.Helv.7; **Inhaltsst.:** ca. 0.5-1 % Secoiridoidbitterstoffe (v. a. in den Blüten) wie Amarogentin*, Gentiopikrin* (Gentiopikrosid), Swertiamarin*, Gentianin*, Aglykon Erythrocentaurin u. a.; Xanthone, Triterpene, Phenolcarbonsäuren wie Kaffee- u. Syringasäure, Flavonoide wie Kämpferolglykoside; Bitterwert mind. 2000 (Ph.Eur.4, ÖAB90) bzw. mind. 100 Ph.Helv.-Einheiten (Ph.Helv.7); Bitterwert der Blüten: bis ca. 12 000; **Zuber.:** Spec. amaricantes, Tct. amara; **Wirk.:** Steigerung der Speichel- u. Magensaftsekretion, antiphlogistisch u. antipyretisch; **Anw.:** bei Appetitlosigkeit, dyspept. Beschwerden; **Dos.:** Einzeldosis als Aufguss od. Abkochung 1 g auf 1 Tasse Tee.

Centella asiatica (L.) Urb.: Hydrocotyle asiatica L., Asiatischer Wassernabel; Fam. Apiaceae (Umbelliferae) (Ostasien, Madagaskar). Stpfl. von **Herba Centellae asiaticae:** Asiat. Wassernabelkraut. **Inhaltsst.:** 0.1 % äther Öl, Flavonolderivate; Ursanderivate, z. B. (freie) Asiatsäure (Strukturformel s. Saponine, Tab. 1) u. deren Trisaccharid-Ester, z. B. Asiaticosid (Triterpensäure-Zuckerester-Spektrum wahrscheinl. von chem. Rassen abhängig); **Wirk.:** antimikrobiell, antiphlogist., venentonisierend; Kollagenbildung soll gefördert werden; **Anw.:** Salben u. Tinkturen zur Wundbehandlung, i.m. und peroral als Venenmittel*; in der ind. bzw. ostafrikan. Volksmedizin z. B. bei Hautleiden, zur Entwässerung, Wundbehandlung, als Adjuvans in der Leprabehandlung.

Hom: *Centella asiatica (HAB1.4),* Hydrocotyle asiatica: getrocknete Pflanze.

Centranthus ruber (L.) DC.: Kentranthus ruber, Valeriana rubra L., Spornblume, Roter Baldrian; Fam. Valerianaceae (Mittelmeergebiet, Kalifornien, in Mitteleuropa auch als Zierpfl.). Stpfl. von **Radix Centranthi:** Spornblumenwurzel. **Inhaltsst.:** 1-4 % Valepotriate*, davon ca. 90 % Valtrat, aber keine Alkaloide u. kein äther. Öl wie bei Valeriana-Arten; **Anw.:** Sedativum (als Droge therap. nicht gebräuchl.); zur Darst. von Valepotriaten.

Centrophenoxin: s. Meclofenoxat.

Cepa: s. Allium cepa var. cepa.

Cepaen: s. Allium cepa var. cepa.

Ceph-: s. a. Cef-.

Cephaelin: $C_{28}H_{38}N_2O_4$; M_r 466.60; Schmp. 116 °C; sekretolyt. u. emet. wirkendes Alkaloid aus Cephaelis* ipecacuanha.

Cephaelis acuminata Karst.: Uragoga granatensis Karst., Uragoga granatensis Bill., Costa-Rica-Ipecacuanha; Fam. Rubiaceae. Stpfl. von **Ipecacuanhae radix** Ph.Eur.4: Radix Ipecacuanhae, Ipecacuanhawurzel, Brechwurzel; nach Herkunft unterscheidet man Cartagena-, Nicaragua-, Costa-Rica- od. Panama-Ipecacuanha. Sie sind grau bis rötl. braun, dicker u. besitzen flachere Wülste u. größere Stärkekörner als Rio-Ipecacuanha, die von Cephaelis* ipecacuanha abstammt. Sie sind heim. in Nord- u. Zentralkolumbien. **Inhaltsst., Zuber.** u. **Anw.**: s. Cephaelis ipecacuanha.

Cephaelis ipecacuanha (Brot.) A. Rich.: Uragoga ipecacuanha (Brot.) Baill., Psychotria ipecacuanha (Brot.) Stokes, Mato-Grosso-Ipecacuanha; Fam. Rubiaceae. Stpfl. von **Ipecacuanhae radix:** Radix Ipecacuanhae, Ipecacuanhawurzel, Brechwurzel; je nach Abstammung bzw. Herkunft unterscheidet man Mato-Grosso- od. Rio-Ipecacuanha (von C. ipecacuanha) von Cartagena-, Nicaragua-, Costa-Rica- od. Panama-Ipecacuanha, die von Cephaelis* acuminata abstammen. Mato-Grosso od. Rio-Ipecacuanha ist braun, dünner u. besitzt tiefere Wülste u. kleinere Stärkekörner als die Wurzeln der anderen Pflanzenart. Sie ist heim. in Brasilien u. wird bes. in Mato Grosso u. Minas Geraes kult., von wo sie über Rio de Janeiro u. Bahia in den Handel kommt. **Off.**: Ph.Eur.4; **Johore-Ipecacuanha:** stammt von in Indien u. Indonesien kult. C. ipecacuanha u. soll qualitativ der Rio-Droge entsprechen. **Inhaltsst.**: 1.8-4 % Alkaloide (in der Rinde!), Hauptalkaloide (s. Abb.) sind Emetin*, Cephaelin*, Psychotrin u. *O*-Methylpsychotrin; Nebenalkaloide sind z. B. Emetamin u. Protoemetamin; ferner sind enthalten 30-40 % Stärke, Saponine, Zucker, Pflanzensäuren. Das Emetin-Cephaelin-Verhältnis beträgt bei der wertvolleren Rio-Droge von C. ipecacuanha 2 : 1 bis 3 : 1, bei der Cartagena-Droge von C. acuminata ca. 1 : 1; **Gehalt:** nach Ph.Eur. mind. 2 % Alkaloide, ber. als Emetin ($C_{29}H_{40}N_2O_4$); **Zuber.**: Sir. Ipecacuanhae, Sir. emeticus, Extr. Ipecacuanhae, Extr. Ipecacuanhae fluidum, Ipecacuanhae extractum fluidum normatum, Ipecacuanhae extractum siccum normatum, Tct. Ipecacuanhae, Infusum Ipecacuanhae, Pulvis Ipecacuanhae opiatus; **Anw.**: sekretolyt. u. sekretomotor. wirkendes Expektorans; **Dos.**: ca. 10 g eines 0.5 %-igen Infuses; ferner als Emetikum (Brechmittel); wird gepulverte Ipecacuanhawurzel verordnet, so ist eingestelltes Ipecacuanhapulver zu verwenden; **Ipecacuanhae pulvis normatus:** eingestelltes Ipecacuanhapulver; aus pulversisierter Ipecacuanhawurzel; auf einen Gesamtalkaloidgehalt von 1.9-2.1 % mit pulversisierter Lactose od. pulversisierter Ipecacuanhawurzel mit geringerem Alkaloidgehalt eingestellt. **Off.**: Ph.Eur.4; **Ipecacuanhae tinctura normata:** eingestellte Ipecacuanhatinktur; hergestellt aus Ipecacuanhawurzel (Ipecacuanhae radix). **Off.**: Ph.Eur.4; **Gehalt:** 0.18-0.22 % (m/m) Gesamtalkaloide, ber. als Emetin.

Hom: *Cephaelis ipecacuanha (HAB1.3).*

Hom: *Ipecacuanha:* getrocknete, unterird. T. (mind.1.8 % Emetin); verord. z. B. bei Darmentzündung, Migräne, Bronchitis, Diarrhö.

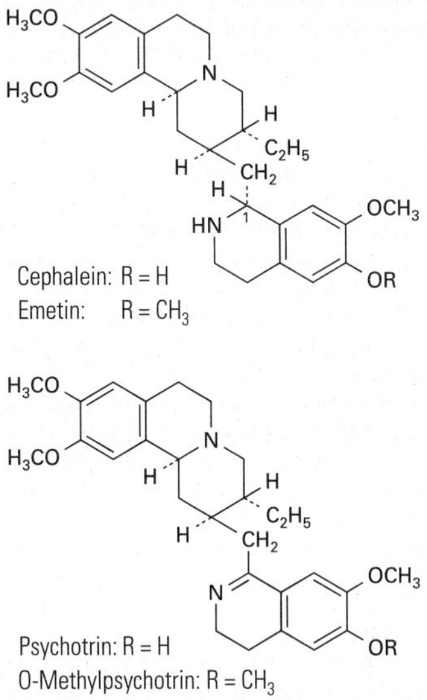

Cephaelis ipecacuanha: Hauptalkaloide

Cephalosporinasen: s. Betalactamasen.

Cephalosporine: s. Cefalosporin-Antibiotika; vgl. Antibiotika.

Cer: Cerium, Zerium, Cerium metallicum; Symbol Ce; A_r 140.12, OZ 58. D. 6.773. Schmp. 798 °C. Sdp. 3257 °C. Grausilbernes, leicht schneidbares Lanthanoid*. **Anw.**: Glasglühstrümpfe (Auerlicht), Legierungsbest. (Zündsteine); med.: s. Cer(III)-nitrat, Cer(III)-oxalat.

Cera: s. Wachse.

Cera alba: s. Wachse.

Cera Carnauba: s. Wachse.

Cera chinensis: s. Wachse.

Cera Coperniciae: s. Wachse.

Cera emulsificans: s. Cetylstearylalkohol, emulgierender.

Cera flava: s. Wachse.

Cera japonica: s. Wachse.

Cera Lanae: s. Wollwachs.

Cera Lanae cum Aqua composita: s. Lanolin (wasserhaltiges Wollwachs, ÖAB90).

Cera liquida: Ölsäuredecylester, flüssiges Wachs; CAS-Nr. 3687-46-5; Gemisch von Ölsäureestern versch. flüss. Fettalkohole, vorwiegend Decanol. Klare, schwach gelbl., ölige Flüss., trübt sich unterhalb 5 °C. In jedem Verhältnis mischbar mit Ether, Chloroform, Benzol, Petrolether, fetten Ölen od. flüss. Paraffin; prakt. nicht mischbar mit Ethanol. D. 0.860-0.880; $n_D^{20°C}$ 1.454-1.458; Viskosität (20 °C): 15-20 mPa · s; IZ 55-65; VZ 130-140; SZ max. 1.0; OHZ max. 2. **Off.**: ÖAB94, DAC86. **Anw.**: konsistenzvermindernder Bestandteil der Fettphase von Cremes; Spreitungshilfsstoff in Salben; Lösungsmittel für lipophile Arzneistoffe; Sorptionsvermittler; zur Verbesserung der Hautaffinität von Salbengrundlagen. Vgl. Decyloleat.

Ceramid: s. Glykolipide.

Ceramidphosphorylcholine: s. Phosphatide.

Cera mineralis: s. Paraffinum solidum.

Cer(IV)-ammoniumnitrat: Ammoniumcer(IV)-nitrat, Ammoniumhexanitratocerat, Cer(IV)-ammonium nitricum; $(NH_4)_2[Ce(NO_3)_6]$, M_r 548.26. Orangegelbes krist. Pulver, leicht lösl. in Wasser, lösl. in verd. Mineralsäuren; starkes Oxidationsmittel. **Anw.:** in der Cerimetrie*.

Cer(IV)-ammoniumsulfat: Ammoniumcer(IV)-sulfat; $(NH_4)_4Ce(SO_4)_4 \cdot 2\,H_2O$, M_r 668.62. Orangefarb. Kristalle od. krist. Pulver, lösl. in Wasser, unlösl. in Ethanol. **Anw.:** in der Cerimetrie*.

Cera Montanglycoli: s. Montanglykolwachs.

Cera Palmarum: s. Wachse.

Cerasus virginiana: s. Prunus serotina.

Cerata: Zubereitungen zum äußeren Gebrauch, die in ihrer Konsistenz u. Form zw. Pflastern u. Salben stehen. Sie bestehen hauptsächlich aus Wachsen, festen u. flüssigen Fetten u. Kohlenwasserstoffen. Zur Herstellung werden die Bestandteile bei niedriger Temperatur auf dem Wasserbad geschmolzen u. dann ausgegossen; obsolet.

Ceratonia siliqua L.: Ceratonia coriacea Salisb., Johannisbrotbaum; Fam. Fabaceae (Leguminosae) (Mittelmeerländer, kult. in subtrop. Ländern, z. B. Kalifornien). Stpfl. von **Ceratoniae fructus:** Fructus Ceratoniae, Siliqua dulcis, Johannisbrot, Bockshörndl; die reifen, getrockneten Hülsenfrüchte, meist vom Samen befreit. **Inhaltsst.:** 30-70 % Zucker (davon ca. 50 % Saccharose, 20 % Glucose, 17 % Fructose, 2-3 % Xylose, Primverose, Ceratose u. a.), ca. 35 % Stärke, 0.5 % Fett, 3 % Schleim, 4 % Proteine, Pektine, Cellulose, Hemicellulosen, Lektine (Concanavalin A), Saponine, Gerbstoffe, Flavonoide, Isobuttersäure (für den Geschmack der Früchte verantwortl.); **Anw.:** Nahrungsmittel, als Abkochung bei Durchfällen (Kinder), Kaffee-Ersatz (Carobenkaffee); **Semen Ceratoniae:** Semen Carobae, Johannisbrotkerne, Karoben, Caroben; der Samen besteht zu ca. 45 % aus Schleimendosperm. **Johannisbrotkernmehl:** Johannisbrotmehl, Carobengummi; das gepulverte Schleimendosperm. **Inhaltsst.:** Schleim, besteht zu 90 % aus Carubin, einem Galactomannan, s. Leguminosenschleim; **Anw.:** Verdickungsmittel (z. B. für Lebensmittel), zu Diätmitteln bei der Behandlung akuter Ernährungsstörungen, bei Zöliakie*, geg. Erbrechen bei Säuglingen; auch Abmagerungsmittel, da geringer Nährwert u. Herabsetzung des Hungergefühls.

Cerebronsäure: 2-Hydroxytetracosansäure, α-Hydroxylignocerinsäure; $CH_3(CH_2)_{21}CHOHCOOH$; M_r 384.63; Schmp. 101°C. Hydroxylierte Fettsäure, Bestandteil versch. Glykolipide*.

Cerebroside: zu den Lipoiden gehörende, phosphorfreie Substanzen (Cerebron, Kerasin, Nervon, Oxynervon), die sich vorwiegend im Gehirn (ca. 11 % der Trockensubstanz), aber auch in der Milz, Niere, Lunge u. in Blutzellen finden; s. Glykolipide.

Cerebrum: Endhirn; besteht aus den beiden Hemisphären, deren Oberfläche durch Furchen u. Windungen geprägt wird, in der Tiefe liegen die beiden Seitenventrikel sowie Endhirnkerne.

Cereoli: s. Bacilli.

Ceresinum: s. Paraffinum solidum.

Cereus grandiflorus: s. Selenicereus grandiflorus.

Cerimetrie: Verfahren der Maßanalyse*, bei dem z. B. mit Cer(IV)-sulfat-Maßlösung (s. Cer) titriert wird. Dabei wird Ce(IV) zu Ce(III) reduziert. **Anw.:** Bestimmung von Arsen*, Eisen*, Cer*, Oxalat*, Glucose* u. Weinsäure*.

Cerium: s. Cer.

Cerium(IV)-ammonium nitricum: s. Cer(IV)-ammoniumnitrat.

Cerium nitricum: s. Cer(III)-nitrat.

Cerium oxalicum: s. Cer(III)-oxalat.

Cerivastatin INN: (3*R*,5*S*,6*E*)-7-[4-(4-Fluorphenyl)-2,6-diisopropyl-5-(methoxymethyl)pyrid-3yl]-3,5-dihydroxyhept-6-ensäure; CAS-Nr. 145599-86-6; $C_{26}H_{34}FNO_5$, M_r 459.6. logP 3.8; pK_S 4.3. (ber.). **Wirk.:** HMG*-CoA-Reduktasehemmer; stärkere Wirksamkeit als bisher eingesetzte Statine; **Anw.:** Lipidsenker*; **UAW:** s. Atorvastatin, Fluvastatin; **Kontraind.:** Myopathie, Schwangerschaft, Stillzeit, Anw. bei Kindern; **Dos.:** 0.1 mg/d, schrittweise Erhöhung auf 0.3 mg; Plasmaeiweißbindung >99 %; HWZ 2-3 h.

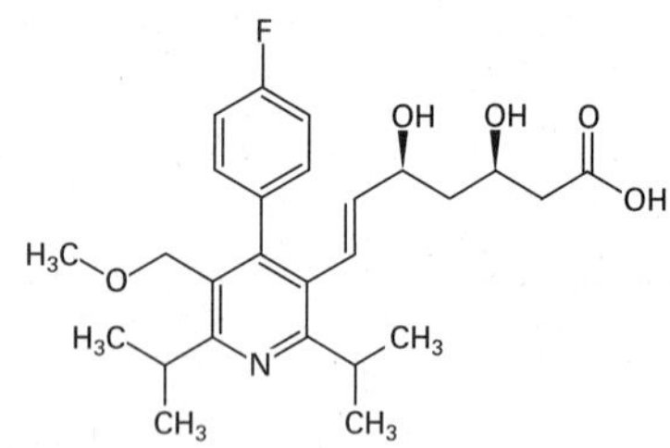

Cerivastatin

Cer(III)-nitrat: Cer(III)-nitrat Hexahydrat, Ceronitrat, salpetersaures Cerium, Cerium nitricum (hexahydricum); $Ce(NO_3)_3 \cdot 6\,H_2O$. Farblose hygroskop. Kristalle, leicht lösl. in Wasser u. Ethanol. **Off.:** DAC86. **Anw.** med.: Sedativum; bei Dyspepsie (heute obsolet); als bakterizides u. fungistat. Oberflächenantiseptikum bei Verbrennungen.

Ceronitrat: s. Cer(III)-nitrat.

Cerooxalat: s. Cer(III)-oxalat.

Cerotinsäure: $C_{25}H_{51}COOH$; farblose Kristalle, leicht lösl. in siedendem Ethanol, unlösl. in Wasser; nat. im Bienenwachs, vgl. Wachse.

Cer(III)-oxalat: Cerium oxalicum, Cerooxalat, Cerooxyduloxalat; $Ce_2(C_2O_4)_3 \cdot 9\,H_2O$, M_r 706.47. Weißes, krist., geruch- u. geschmackloses Pulver, fast unlösl. in Wasser u. Ethanol, lösl. in heißer Salzsäure. **Off.:** ÖAB90; **Anw.** med.: früher als Sedativum bei Magen- u. Darmkatarrhen, bei Erbrechen u. Kinetosen.

Hom: *Cerium oxalicum:* verord. z. B. bei Hyperemesis (Erbrechen).

Ceruletid INN: synthetisches Caerulein; 5-Oxo-L-propyl-L-glutaminyl-L-aspartyl-L-tyrosyl-L-threonylglycyl- L-tryptophyl-L-methionyl-L-aspartyl-L-phenylalaninamid-4-hydrogensulfat-ester; CAS-Nr. 17650-98-5; $C_{58}H_{73}N_{13}O_{21}S_2$, M_r 1352.41. **Anw.**: Pankreasfunktionsdiagnostikum; Adjuvans bei der Röntgenuntersuchung der Gallenblase, der Gallenwege, des Verdauungstraktes; HWZ 0.05-0.08 h. Gebräuchl. sind auch Ceruletid-tris(diethylamin)-Trihydrat u. Ceruletid-diethylamin.

Cerumen (lat. cera Wachs): Zerumen, Ohrenschmalz; Sekret der Talg- u. Schweißdrüsen des äußeren Gehörganges. Kann den Gehörgang als Ceruminalpfropf verlegen; Aufweichung u. Entfernung durch Cerumenolytika*.

Cerumenolytika: erweichende Mittel für Cerumenalpfropfen (Ohrenschmalzpfropfen). Enthalten z.B. Glycerol, Ethanol, Chlorbutanol, Natriumcarbonat, Docusat-Natrium. Dürfen nicht bei perforiertem Trommelfell angewendet werden.

Cerussa: s. Bleicarbonat, basisches.

Cerylalkohol: $C_{26}H_{53}OH$; Schmp. 79 °C; feste weiße Substanz, lösl. in Ethanol, unlösl. in Wasser. **Vork.**: verestert in Wachsen* u. Lanolin*.

Cestodes: Bandwürmer (Helminthes*). Med. wichtige Gattungen z.B. Taenia* u. Echinococcus*.

Cestrum: s. Solanumalkaloide.

Cetaceum: s. Walrat.

Cetaceum artificale: s. Cetylpalmitat.

Cetalkoniumchlorid INN: Cetalkonii chloridum; Benzylhexadecyldimethylammoniumchlorid; CAS-Nr. 122-18-9; $C_{25}H_{46}ClN$, M_r 396.12. Schmp. 59 °C (kristallisiert aus Ethylacetat/Petrolether). Lösl. in Wasser, Ethanol, Aceton, Ethylacetat, Propylenglykol, Sorbitol-Lsg., Glycerol, Ether, Tetrachlorkohlenstoff; pH der wässrigen Lsg. 7.2. **Anw.**: Hilfsstoff (Lösungsvermittler, Netzmittel), Desinfiziens; **Dos.**: topisch zur Händedesinfektion 2 %. Gebräuchl. ist auch Cetalkonium.

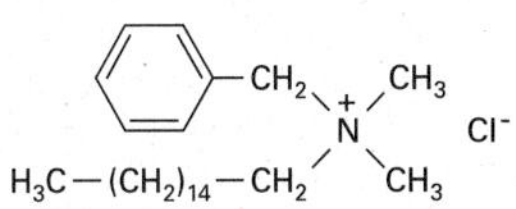

Cetalkoniumchlorid

Cetanol: s. Cetylalkohol.

Cetearyloctanoat: Cetearylis octoneas, Ethylhexansäurecetylstearylester; Gemisch von Estern der 2-Ethylhexansäure mit 1-Hexadecanol u. 1-Octadecanol, das bis zu 10 % Isopropylmyristat* enthalten kann. Dem Bürzeldrüsenfett* ähnl. wachsartige Substanz. Viskosität 15 mPa·s, D. 0.850-0.860, $n_D^{20°C}$ 1.444-1.448, SZ max. 1.0, POZ max. 2.0, VZ 140-150. **Off.**: DAC86. **Anw.**: Herst. u.a. von Salben.

Cetiol®: s. Ölsäureoleylester.

Cetiol® A: Laurinsäurehexylester; Sorptionsvermittler; vgl. Cera liquida.

Cetiol® V: s. Cera liquida.

Cetirizin INN: (*RS*)-2-[2-[4-(4-Chlorphenyl)phenylmethyl-piperazin-1-yl]ethoxy]essigsäure; CAS-Nr. 83881-51-0; $C_{21}H_{25}ClN_2O_3$, M_r 388.90. Hauptmetabolit von Hydroxyzin*. **Wirk.**: anitallerg. durch selektive Hemmung von Histamin-H_1-Rezeptoren; **Anw.**: Antihistaminikum, Antiallergikum ohne sedierenden Effekt; **UAW:** selten Kopfschmerz, Mundtrockenheit, gastrointestinale Störungen; **Kontraind.**: schwere Nierenerkrankungen, Schwangerschaft (1. Trimenon), Stillzeit, Anw. bei Kinder unter 12 Jahren; **Dos.**: 10 mg/d (abends, p.o.); HWZ 7.4 h. **Cetirizindihydrochlorid**: Cetirizini dihydrochloridum Ph.Eur.; CAS-Nr. 83881-52-1; $C_{21}H_{27}Cl_3N_2O_3$, M_r 461.82. Schmp. 225 °C.

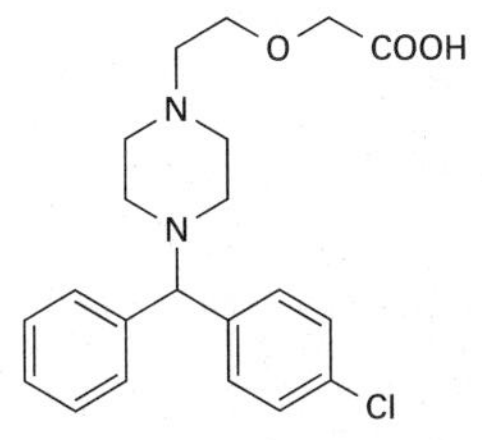

Cetirizin

Cetobemidon INN: Ketobemidonum; [4-(3-Hydroxyphenyl)-1-methyl-4-piperidyl]ethylketon; CAS-Nr. 469-79-4; $C_{15}H_{21}NO_2$, M_r 247.33. Schmp. 156-157 °C. **Anw.**: starkes Analgetikum. **Cetobemidonhydrochlorid**: Cetobemidoni hydrochloridum Ph.Eur.4.

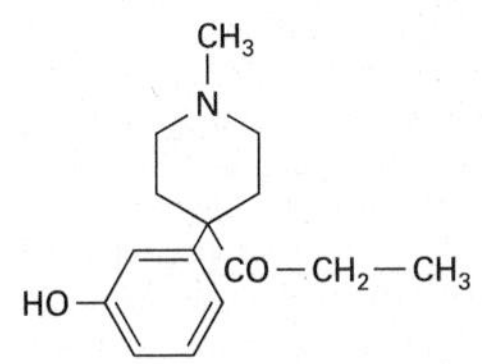

Cetobemidon

Cetostearolum emulsificans: s. Cetylstearylalkohol, emulgierender.

Cetraria islandica (L.) Ach.: Fucus islandicus, Isländisches Moos, Isländische Flechte; Fam. Parmeliaceae, Flechten (Europa, im hohen Norden, aber auch Gebirge Mitteleuropas). Stpfl. von **Lichen islandicus:** Cetrariae lichen, Isländisches Moos, Kramperltee; der getrocknete, laubartige Thallus der Flechte. **Off.**: Ph.Eur.4, ÖAB90, Ph.Helv.7; **Inhaltsst.**: ca. 50 % Schleim, bestehend aus Lichenin* u. Isolichenin (s. Lichenin), ca. 3 % bitter schmeckende Flechtensäuren* wie Protocetrarsäure u. Cetrarsäure*, Fumarprotocetrarsäure (Strukturformel s. Cetrarsäure) u. Protolichesterinsäure, sowie u.a. Vit. A u. B_1, Iod; QZ mind. 4.5 (Ph.Eur.4) bzw. (Ph.Helv.7); **Wirk.**: reizmildernd, antimikrobiell, in vitro antitumoral; **Anw.** volkstüml.: reizmilderndes Mittel bei Bronchitiden (Mucilaginosum), Schleimhautreizungen im Mund- u. Rachenraum u. damit verbundenem trockenen Husten, Appetitlosigkeit; äußerl. bei schlecht heilenden Wunden.
Hom: *Cetraria islandica (HAB1.5)*, Lichen islandicus.

Cetrarsäure: Cetrarin; $C_{20}H_{18}O_9$; M_r 402.34; weißes, äußerst bitteres, krist. Pulver, unlösl. in Wasser, sehr schwer lösl. in Ethanol, Ether, Aceton; Bitterstoff* (ein Depsidon*) aus Cetraria* islandica. **Anw.**: Amarum bei Verdauungsstörungen; **Dos.**: 0.1-0.2 g, mehrmals täglich.

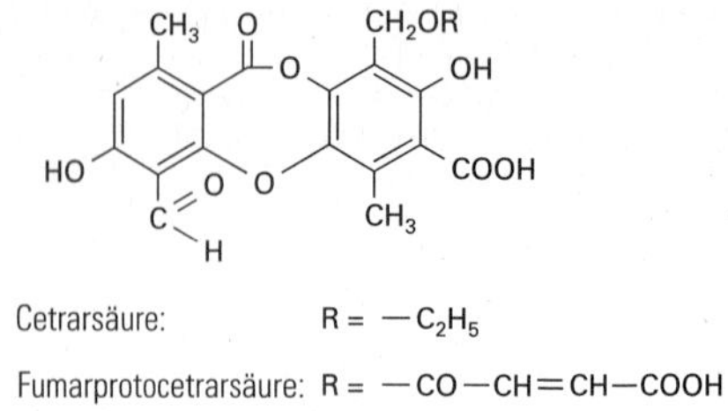

Cetrarsäure

Cetrimid: Cetrimidum Ph.Eur.4, Zetrimid; Trimethyltetradecylammoniumbromid-Dodecyltrimethylammoniumbromid-Hexadecyltrimethylammoniumbromid (Dodecyl, hexadecyl, tetradecyl)trimethylammoniumbromid; CAS-Nr. 505-86-2; M_r 336.4; $C_{17}H_{38}BrN$; Gemisch, bestehend aus Trimethyltetradecylammoniumbromid ($[H_3C-(CH_2)_n-N(CH_3)_3]^+$ Br^- (n=11, 13, 15), das in geringen Mengen Dodecyl- u. Hexadecyltrimethylammoniumbromid enthalten kann; weißes bis fast weißes, leichtes, frei fließendes Pulver, schwacher, charakteristischer Geruch; leicht löslich in Teilen Wasser, leicht löslich in Ethanol; wenig löslich in Aceton; unlöslich in Ether. Invertseife.

Anw.: Antiseptikum (0.005-0.01 %) in wässrigen, ophthalmologischen, nasalen, kutanen und peroralen Arzneiformen; Netzmittel; kationische Emulgator für O/W-Emulsionen; Desinfektionsmittel; **UAW:** inkompatibel mit Seifen, anionischen oberflächenaktiven Substanzen, Bentonit, Iod, Phenylquecksilbernitrat und Alkalihydroxiden, wässrige Lösungen reagieren mit Metallen; **Dos.:** topisch Salbe, Creme 0.5-6 %.

Cetrimoniumbromid INN: Cetrimonii bromidum; Trimethylhexadecylammoniumbromid; CAS-Nr. 57-09-0; $C_{19}H_{42}BrN$, M_r 364.48. Schmp. 237-243 °C. Lösl. in 10 T. Wasser; leicht lösl. in Ethanol; wenig lösl. in Aceton; prakt. unlösl. in Ether, Benzol. **Anw.:** Desinfektionsmittel; kation. Netzmittel, Reagens Ph.Eur; vgl. Cetrimid. Gebräuchl. ist auch Cetrimonium.

Cetrorelix INN: Acetyl-3-(2-naphthyl)-D-alanyl-4-chlorphenyl-D-alanyl-3-(3-pyridyl)-D-alanyl-L-seryl-L-tyrosyl-*N*-carbamoyl-D-ornithyl-L-leucyl-L-arginyl-L-prolyl-D-alaninamid; CAS-Nr. 130143-01-0; $C_{70}H_{92}ClN_{17}O_{14}$, M_r 1431.1. Schmp. 216 °C. Synthet. Dekapeptid.

Wirk.: Gonadorelin*-Inhibitor; **Anw.:** Verhinderung des vorzeitigen Eisprungs bei künstl. Befruchtung mit ovarieller Stimulation; **UAW:** evtl. Irritation an der Injektionsstelle; **Dos.:** 3 mg am 7. Tag der Ovarienstimulation s.c. in die Bauchwand; HWZ 12 h (i.v.) bzw. 30 h (s.c.).

Cetylalkohol: Alcohol cetylicus Ph.Eur.4, Cetanol, Cetanolum, Ethal, Lanette 16; CAS-Nr. 36653-82-4. Schmp. 46-52 °C. Sdp. 316-344 °C. OHZ 218-238, IZ max. 2. VZ max. 2, SZ max 1.0. D. 0.811-0.830. $n_D^{79°C}$ 1.4283. Gemisch höherer Fettalkohole, hauptsächl. 1-Hexadecylalkohol, $C_{16}H_{34}O$, M_r 242.4. Weiße, wachsartige Masse in Form von mattglänzenden Tafeln, Schuppen od. Körnern; leicht lösl. in Ethanol, Ether, Chloroform; lösl. in Benzin, in Wasser prakt. unlöslich. Geschmolzen mischbar mit flüss. od. geschmolzenen Fetten bzw. Paraffinen bzw. Wachsen. **Anw.:** s. Cetylstearylalkohol. Nichtionogener Stabilisator in Emulsionen*; Bestandteil der Polyethylenglykol-Salbe zur Erhöhung der Wasseraufnahmefähigkeit. Hautglättend u. -geschmeidig machend mit einem gewissen Matteffekt. Für feste Arzneiformen als Schmiermittel, als wasserunlösl. Zusatz für Retardformen.

Cetylanum: s. Cetylstearylalkohol, emulgierender.

α-Cetylcitronensäure: s. Agaricinsäure.

Cetylpalmitat: Cetylii palmitas, Cetylum palmitatum, Cetaceum artificale, künstliches Walrat; $n_D^{75°C}$ 1.431-1.437; Tropfpunkt 43-49 °C. SZ max. 1.5; VZ 114-129; UA 44-55 %, POZ max. 5. Gemisch von Estern aus gesättigten Fettsäuren (hauptsächl. Palmitinsäure, aber auch Myristicin- u. Stearinsäure) u. gesättigten Alkoholen (Cetyl-, Stearylalkohol), hauptsächl. aus Hexadecylhecadecanoat, $C_{32}H_{64}O_2$. Weiße, fettige Schuppen od. Stücke; unlösl. in Wasser, Ethanol, lösl. in Benzin u. Chloroform. **Off.:** DAB10, ÖAB94. **Anw.:** Konsistenzerhöhung in Salben u. Stiften, s. Walrat.

Cetylpyridiniumchlorid INN: Abk. CPC, (engl.) *Cetylpyridinium Chloride USP*; Cetylpyridinii chloridum Ph.Eur.4; 1-Hexadecylpyridiniumchlorid; CAS-Nr. 6004-24-6; $C_{21}H_{38}ClN \cdot H_2O$, M_r 358. Schmp. 77-83 °C. Weißes bis fast weißes Pulver, schwach seifig anzufühlen (Invertseife); reizt stark die Schleimhäute; lösl. in ca. 20 T. Wasser; lösl. in Ethanol, Chloroform; fast unlösl. in Ether; pH 4.8-5.8 (1 %ige Lsg.), schäumt stark beim Schütteln; Wassergeh. mind. 4.5 bis max. 5.5 %; dicht verschlossen aufzubewahren. **Wirk., Anw.** u. **Dos.:** Hautantiseptikum (in Verd. 0.01-1 %), auch bei Infektionen des Mund- u. Rachenraums, Husten; kation. Konservierungsmittel u. Desinfiziens mit grenzflächenaktiven Eigenschaften; 0.1 %ig zur Wundspülung; 0.01-0.02 %ig zu Schleimhautspülungen; 0.001-0.01 %ig zur Konservierung; 1-2 mg als ED in Lutschtabletten; die bei Benzalkoniumchlorid* angeführten Kombinationen für eine verstärkte Wirksamkeit sind auch für C. nützl.; in Salben u. Cremes 0.02-0.2 %ig als Bakterizid bzw. Antiseptikum. **Inkomp.:** s. Benzalkoniumchlorid, außerdem mit Methylcellulose.

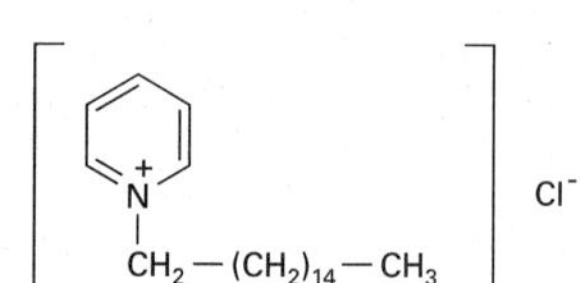

Cetylpyridiniumchlorid

Cetylsalbe: s. Unguentum cetylicum.

Cetylstearylalkohol: Alcohol cetylicus et stearylicus Ph.Eur. 4, Stearolum, Lanette® O; Gemisch, das mind. 40 % Stearylalkohol enthält u. in dem die Anteile von Stearylalkohol (1-Octadecanol, $C_{18}H_{38}O$, M_r 270.5) u. Cetylalkohol (1-Hexadecanol, $C_{16}H_{34}O$, M_r 242.4) gemeinsam mind. 90 % betragen. Schmp. am rotierenden Thermometer

49-52 °C. SZ max. 1.0. OHZ 208-228, VZ max. 2, IZ max. 2. Weiße bis schwach gelbl., wachsartige Masse, in Form von Tafeln, Schuppen od. Körnern. Leicht lösl. in Ether, lösl. in Ethanol 90 % u. Petrolether, in Wasser prakt. unlöslich. **Anw.:** W/O-Emulgator mit begrenztem Emulgiervermögen. Überwiegend als lipophiler Stabilisator in Komplexemulgatoren (mit O/W-Emulgatoren) in Verw.; s. Cetylstearylalkohol, emulgierender. Zur Verbesserung der Gelstruktur (konsistenzverbessernd, viskositätserhöhend) von Fettphasen bei Salben, Cremes u. Emulsionen. Ein 5 %iger Zusatz in Polyethylenglykolsalbengrundlagen verbessert deren Wasseraufnahmefähigkeit. Reagens Ph.Eur.4.

Cetylstearylalkohol, emulgierender: Alcohol cetylicus et stearylicus emulsificans (A u. B) Ph.Eur.4, Stearolum emulsificans, Cetostearolum emulsificans, Cera emulsificans, Cetylanum, Cetylan; Komplexemulgator. Weiße bis schwach gelbl., wachsartige Masse in Form von Tafeln, Schuppen od. Körnern; lösl. in heißem Wasser unter Bildung einer opaleszierenden Lsg., prakt. unlösl. in kaltem Wasser, leicht lösl. in siedendem Ethanol, teilw. lösl. in Ether, Chloroform, Benzol od. Petrolether; in geschmolzenem Zustand entsteht beim Schütteln mit der gleichen Menge warmem Wasser eine haltbare O/W-Emulsion. SZ max. 2.0, IZ max. 3.0, VZ max. 2.0, Wasser max. 3.0 %.

Typ A: Gemisch aus mind. 80 % Cetylstearylalkohol* u. mind. 7 % Natriumcetylstearylsulfat*; **Typ B:** Gemisch aus mind. 80 % Cetylstearylalkohol u. mind. 7 % Natriumdodecylsulfat (Natriumlaurylsulfat*);

Herst.: Eintragen von 5 T. siedendem gereinigten Wasser u. Natriumcetylstearylsulfat od. Natriumdodecylsulfat (10 T.) nacheinander in den geschmolzenen Cetylstearylalkohol (90 T.). Die Schmelze wird unter Rühren weiter erhitzt bis das Wasser verdampft ist, danach abkühlen. **Anw.:** Komplexemulgator (O/W) in vielen Cremes, z.B. hydrophile Salbe (DAB10), wasserhaltige hydrophile Salbe (DAB10), Ungt. hydrophilicum anionicum (Ph.Helv.7), Ungt. emulsificans (ÖAB90), Ungt. emulsificans aquosum (ÖAB90); **Inkomp.:** s. Natriumcetylstearylsulfat.

Cetylstearylisononanoat: Cetearyl Isononanoate (INCI); CAS-Nr. 8111937-03-2. Fast klare, dünnflüssige, ölige Flüssigkeit; prakt. geruch- u. geschmacklos, geringe Viskosität; hinterläßt auf der Haut ein angenehmes Gefühl. **Anw.:** Herstellung von Hautpflegemitteln, insbes. für Lippenstifte, -balsame u. Lichtschutzmittel.

cetylstearylschwefelsaures Natrium: s. Natriumcetylstearylsulfat.

Cetyltrimethylammoniumchlorid: $C_{16}H_{33}N(CH_3)_3 \cdot Cl$. Weißes, krist. Pulver, lösl. in Wasser, Ethanol, Glycerol; bakteriostat. Wirkung. **Anw.:** in desinfizierenden u. desodorierenden Präparaten (1-2 %).

Cevadin: s. Veratrin.

Cevan: hexacycl. Grundgerüst (mit tertiärem Ring-Stickstoff) von Veratrumalkaloiden*.

Ceveratrumalkaloide: s. Veratrumalkaloide.

Cevin: M_r 509.65; Schmp. 213-215 °C; wenig lösl. in Wasser; Steroidalkaloid aus der Gruppe der Veratrumalkaloide*; stark schleimhautreizend; s. Veratrum album.

Ceylonzimt: s. Cinnamomum verum.

CFC: Abk. für Chlor-Fluor-Kohlenwasserstoffe; s. Treibgase.

CG: Abk. für **C**horion**g**onadotropin*.

cGMP: Abk. für **c**yclisches **G**uanosin**m**ono**p**hosphat s. second messenger; vgl. Guanosin.

Ch: Symbol für Charriére (Maßeinheit), s. Katheter.

Chagas-Krankheit: s. Trypanosomiasis.

Chalaza: **1.** (bot.) Ansatzstelle des Stiels der Samenanlage (Funiculus) an der Samenanlage. **2.** Hagelschnur; s. Ei.

Chalkogene (gr. chalkos Erz, -genes zeugend): die Elemente der 6. Hauptgruppe des Periodensystems: Sauerstoff*, Schwefel*, Selen*, Tellur*. So bezeichnet, weil sie hauptsächl. am Aufbau der nat. Erze beteiligt sind. Polonium*, das ebenfalls zu dieser Gruppe gehört, ist ein radioaktives Zerfallsprodukt des Urans u. kommt nat. nur in geringen Mengen vor.

Chalkone: Gruppe gelber od. orangefarbener Flavonoide* i. w. S., die keinen geschlossenen Pyranonring aufweisen, z.B. Phloretin*, Isoliliquiritigenin; s. Glycyrrhiza glabra. C. liegen meist als Glykoside vor, z.B. Phlorizin*.

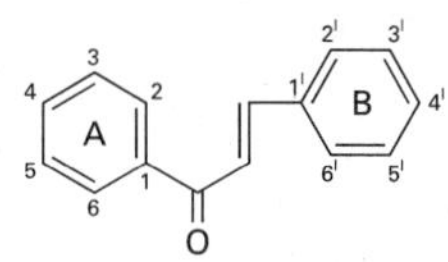

Chalkone

Chalkosin: nat. vorkommendes Mineral mit einem Geh. von mind. 85 % Kupfersulfid. Mohs-Härte 2.5-3.

Hom: *Chalkosin (HAB1.3).*

Chamaedrys: s. Teucrium chamaedrys.

Chamaelirium luteum (L.) A. Gray: Helonias dioica Pursh., Falsches Einkorn; Fam. Liliaceae (Amerika); ausdauernde, getrenntgeschlechtl., krautige Pflanze. Stpfl. von **Radix Heloniadis dioicae:** Rhizoma Heloniadis dioicae, Teufelsbisswurzel, Heloniaswurzel. **Inhaltsst.:** Diosgenin*, Chamaelirin (ein Diosgeninglykosid); **Anw.** volkstüml.: z.B. bei Fieber, zur Vermehrung der Harnmenge, bei schmerzhafter od. unregelmäßiger Regelblutung.

Hom: *Chamaelirium luteum (HAB1.5),* Helonias dioica: frische, unterird. Teile; verord. z.B. bei Schwäche des Beckenbindegewebes, chron. Lumbalsyndrom, vegetativen Erschöpfungszuständen.

Chamaemelum nobile (L.) All.: Anthemis nobilis L., Ormenis nobilis J. Gay, Römische Kamille, Doppelkamille; Fam. Asteraceae (Compositae) (heim. südl. u. westl. Europa, teilweise kult. im mittleren Europa). Stpfl. von **Chamomillae romanae flos:** Flores Chamomillae hortensis, Flores Chamomillae majoris, Flores Chamomillae nobilis, Flores Chamomillae odorati, Flores Chamomillae romanae, Anthemidis flos, Römische Kamille, Römische Kamillen, Doppelkamillen; verwendet werden gefülltblütige Kultursorten; wenige od. keine Röhrenblüten vorhanden. **Off.:**

C

Ph.Eur.4; **Inhaltsst.:** 0.6-2.4% (nach Ph.Eur. mind. 0.7%) äther. Öl, Sesquiterpenbitterstoffe (Germacranolide, z.B. Nobilin, ein mit Angelicasäure verestertes Sesquiterpenlacton), Hydroperoxide, ca. 0.5% Flavonoide wie Quercitrin u. Apiin (Flavonglykoside) u. deren Aglykone Quercetin u. Apigenin, Cumarinderivate wie Scopolosid (Scopoletin-7-glucosid), Kaffeesäure u. deren Ester, Polyine u. Thiophenderivate (v.a. in den Wurzeln) sowie u.a. Triterpene (z.B. Taraxasterin); **Wirk.:** antimikrobiell, zytostatisch, antikonvulsiv; **Anw.** volkstüml.: z.B. bei dyspept. Beschwerden; äußerl. zur Wundspülung; Haarpflegemittel (enthält Hydroperoxide, für blondes Haar, sog. Waschkamille);

Oleum Chamomillae romanae: Oleum Anthemidis; das (selten blaue) durch Licht- u. Lufteinfluss allmähl. in Grün u. Braungelb umschlagende äther. Öl. **Inhaltsst.:** Ester der Angelicasäure*, Tiglinsäure*, Isobuttersäure, Metacrylsäure u.a. mit Isoamylalkohol, Butylalkohol, ferner ca. 5% Terpene* (Pinene*, Caryophyllene*), wenig Chamazulen; **Wirk.:** antimikrobiell, motilitätshemmend; **Anw.** volkstüml.: z.B. bei krampfartigen Beschwerden im Magen-Darm-Bereich.

Hom: *Chamaemelum nobile (HAB1.5),* Anthemis nobilis, Chamomilla romana: die frischen, oberird. T. blühender Pfl. der ungefüllten Varietät.

Chamaenerion angustifolium: s. Epilobium-Arten.

Chamazulen: s. Azulene.

Chamberland-Filterkerzen: röhrenartige Saugfilter aus porösem Porzellan zum Entkeimen von Flüssigkeiten.

Chamisso-Arnika: s. Arnica chamissonis.

Chamomilla recutita (L.) Rauschert: Matricaria recutita L., Matricaria chamomilla L.p.p., Kamille, Echte, Kamille, Gemeine; Fam. Asteraceae (Compositae) (heim. gemäßigtes Eurasien, bis 1000 m, nach Amerika u. Australien verschleppt; in Ostdeutschland eingebürgert; kult. v.a. in Ungarn, Böhmen, Rumänien, Russland, Italien, Spanien, Nordafrika, v.a. Ägypten, Marokko; Ostafrika, Argentinien u. Brasilien).

Stpfl. von **Matricariae flos:** Flores Chamomillae (vulgaris), Kamillenblüten, Kamillen, Feldkamillen; Ernte kurz nach der Blüte (in Europa Ende April). **Off.:** Ph.Eur.4; **Inhaltsst.:** **1.** ca. 0.3-2% (3%) (nach Ph.Eur. mind. 0.4%) äther. Öl (Hauptträger der Wirk.), hauptsächl. bestehend aus cycl. Sesquiterpenen* (s.u. bei Matricariae aetheroleum); **2.** Flavone, z.B. Apigenin, Quercetin, Luteolin, sowie deren 7-O-Glucoside, v.a. Apigenin-7-(6"-O-acetyl)-glucosid, sowie u. a. lipophile, methoxylierte Flavonoide (sind spasmolyt. wirksam); **3.** Cumarine wie Umbelliferon u. Herniarin (schwach spasmolyt. wirksam); **4.** Sesquiterpenlactone wie Matricin* u. Matricarin; **5.** Cholin, Schleimstoffe u.a.;

Matricariae aetheroleum: Oleum Chamomillae, ätherisches Öl der Kamille; D. 0.922-0.956; das durch Wasserdampfdest. aus den Blütenköpfchen gewonnene dickflüssige, bei niedriger Temp. butterartige, tief dunkelblaue äther. Öl, das unter dem Einfluss von Licht u. Luft allmähl. in Grün u. Braun übergeht. Bitterwürziger Geschmack; die Zungen- u. Röhrenblüten liefern bevorzugt blaues, die Blütenböden u. Hüllkelche grünes äther. Öl. Für die blaue Farbe des Öls sind Azulene verantwortlich. **Off.:** ÖAB90, Ph.Eur.4.05, DAB2003; **Inhaltsst.:** **1.** bis ca. 20% Azulene; sind nicht ursprüngl. in Kamillenöl enthalten. So bildet sich das blaue, antiphlogist. wirkende Chamazulen erst bei der Wasserdampfdest. aus dem farblosen Matricin*, einem Proazulen*, nach Hydrolyse (Abspaltung von Essigsäure), Wasserabspaltung u. Decarboxylierung (nach Aufspaltung des Lactonringes). Die Azulene setzen die Pepsinaktivität herab u. wirken antiulzerogen. **2.** 0-50% Bisabolen-Derivate wie (–)-α-Bisabolol* (Levomenol INN), Bisabololoxide u. Bisabolonoxide, die ebenfalls, z.T. stärker als Chamazulen, antiphlogist. wirken; antiulzerogen wirkt v.a. das Bisabolol. **3.** En-In-Dicycloether (Spiroether bzw. Polyine) in *cis-* u. *trans-*Form haben hohe spasmolyt. Wirksamkeit. **4.** Farnesen (acycl. Sesquiterpen) u.a. Begleitstoffe von geringer Bedeutung; **Geh.:** nach DAB Farnesen 13-45%, Bisabololoxid A u. B, Bisabolonoxid zusammen höchstens 45%, Levomenol 10-30%, Chamazulen 3-7%; **Zuber.:** Matricariae extractum fluidum: Kamillenfluidextrakt, nach Ph.Eur. mind. 0.3% blaues, ätherisches Öl; Tct. Chamomillae, Spec. carminativae, Spec. cholagogae, Spec. laxantes, Spec. majales; Aqua carminativa (mit Aetherol. Chamomillae); **Wirk.:** Die Flavonglykoside der Blüten sind v.a. für die spasmolyt. Wirk. verantwortl., während das äther. Öl entzündungswidrig wirkt; nachgewiesen sind auch antibakterielle, fungizide u. wundheilungsfördernde Wirkungen. **Anw.:** Blüten u. Öl werden als entzündungswidrige Mittel bei Verbrennungen, Wunden, Furunkeln, ferner als Karminativum u. Spasmolytikum für den Magen-Darm-Trakt bei Krämpfen u. Koliken u. zu Spülungen bei Haut- u. Schleimhautentzündungen eingesetzt; auch günstige Wirk. auf Hautstoffwechsel mögl.; Aufguss nicht am Auge verwenden, Gefahr einer Bindehautentzündung; **Dos.:** GED Aufguss: innerl.: 1.5 g auf 1 Teetasse, äußerl.: 3 g/100 mL Wasser; **Oleum Chamomillae citratum** EB6: Mischung von Matricariae aetheroleum u. Oleum Citri ana.

Hom: *Chamomilla recutita (HAB1.4),* Chamomilla: frische, ganze, blühende Pfl., Konstitutionsmittel; verord. z.B. bei Zahnungsbeschwerden u. Schlaflosigkeit bei Kindern, Blähungskolik, Dysmenorrhö, vegetativer Labilität.

Chamomilla suaveolens (Pursh) Rydb.: Matricaria matricarioides (Less.) Porter p.p., Matricaria discoidea DC., Strahlenlose Kamille, Zigeunerkamille; Fam. Asteraceae (Compositae) (Ostasien, westl. Nordamerika, Europa). Stpfl. von **Flores Matricariae discoideae:** **Inhaltsst.:** viel äther. Öl, aber kein Azulen; besitzt daher nicht die entzündungswidrige Wirk. wie die Echte Kamille; **Anw.** volkstüml.: z.B. bei dyspept. Beschwerden.

Champignon: s. Agaricus campestris.

Chandu: s. Tschandu.

Chaperone: Hilfsproteine, die an ungefaltete Regionen neu synthetisierter Polypetidketten binden u. unter ATP-Verbrauch gewährleisten, dass nur die korrekte (thermodynam. günstigste) Proteinkonformation eingenommen wird u. somit eine Fehlfaltung verhindern. Viele Hitzeschockproteine (Bip, GroEL) fungieren als Chaperone.

Chargaff-Regeln (Erwin C., österreich. Biochemiker): Gesetzmäßigkeiten über die quantitative Basenzusammensetzung der DNA*. Die C.-R. waren von Bedeutung bei der Aufklärung der dreidimensionalen Struktur der DNA.

Charge: die in einem einheitl. Herstellungsgang erzeugte Menge eines Produktes. Industriell werden Arzneimittel meist in Chargen hergestellt, die auf Einheitlichkeit überprüft werden. Dazu gehört die laufende systemat. Überprüfung der Anlage, Geräte u. Verfahren daraufhin, ob sie für den vorgesehenen Zweck geeignet sind. Vgl. Validierung.

Chargenbezeichnung: Abk. Ch.-B., syn. Chargennummer; Bez. der in einem einheitl. Herstellungsgang erzeugten Menge eines Arzneimittels (Charge). Sie ist verschlüsselt angegeben u. muss auf Fertigarzneimitteln gut lesbar u. auf dauerhafte Weise angebracht werden; dient zur eindeutigen Identifizierung einer Charge.

Charge-Transfer-Komplexe: C-T-Komplexe; Molekülverbindungen* in Form eines Elektronen*-Donator-Akzeptor-Komplexes z.B. Chinhydron*, Meisenheimer*-Komplexe. Lockerer Zusammenschluss von Molekülen ohne kovalente Bindung, bei denen ein Molekül Elektronen-Akzeptor- das andere Elektronen-Donor-Eigenschaften besitzt. Die Elektronen gehen reversibel vom Donor zum Akzeptor über, wobei häufig eine Färbung auftritt.

Charriére: Maßeinheit, s. Katheter.

Charta bibula: Fließ- u. Filtrierpapier.

Chartae: Capsulae papyraceae, Papierkapseln; kleine vorgefaltete Papierhüllen für abgeteilte Pulver.

Chartae ceratae: Wachskapseln, Wachspapierkapseln; Verpackungsmaterial für abgeteilte Pulver mit hygroskop., stark riechenden od. flüchtigen Bestandteilen.

Chartae medicamentosae: arzneiliche Papiere; Papier- od. Gewebestücke, die mit einer Arzneizubereitung getränkt od. überzogen sind.

Charta nitrata: Salpeterpapier; weißes Filtrierpapier wird nach DAB6 mit einer Lsg. von 1 T. Kaliumnitrat in 5 T. Wasser getränkt u. getrocknet. Salpeterpapier muss nach dem Anzünden gleichmäßig u. vollständig verglimmen. **Anw.:** früher gegen Asthma.

Charta sinapisata: Senfpapier; nach DAB6 mit gepulvertem, von fettem Öl befreitem, schwarzem Senf überzogenes Papier. **Anw.:** früher als Hautreizmittel, z.B. bei Pleuritis, Neuritis, Gelenkrheumatismus, Pneumonie.

Chaulmoograöl: s. Hydnocarpus kurzii (Oleum Chaulmoograe); Strukturformel s. Cyclopenten-Fettsäuren (Abb.).

Chavica betle: s. Piper betle.

Chavica roxburghii: s. Piper longum.

Chavicin: s. Piperin.

Chavicinsäure: s. Piperin.

Chavicol: 4-(2-Propenyl)-phenol; *p*-Allylphenol; CAS-Nr. 501-92-8; $C_9H_{10}O$; M_r 134.17; Schmp. 16 °C; als Phenylpropankörper Best. einiger äther. Öle; z.B. in Piper* betle.

ChE: Abk. für **Cho**lin**e**sterasen*.

Cheese-Effekt: Auftreten hypertoner Blutdruckkrisen durch die Interaktion zw. MAO-Hemmstoffen u. tyrosinreichen Nahrungsmitteln wie Käse; vgl. Psychopharmaka (Antidepressiva).

Cheiranthus cheiri L.: Erysimum cheirin (L.) Crantz, Goldlack, Gelbveiglein; Fam. Brassicaceae (Cruciferae) (heim. Mitteleuropa, in Deutschland häufig kult.). Stpfl. von **Flores Cheiranthi cheiri:** Goldlackblüten. **Inhaltsst.:** Cheiranthin (Glykosid mit Digitaliswirk.), Cheirolin (ein Glucosinolat* mit Sulfongruppe im Aglykon), Quercetin u. Isorhamnetin, äther. Öl (im Samen 2 weitere herzwirksame Glykoside); **Anw.** volkstüml.: Herzmittel sowie Abführmittel u. bei Gelbsucht.

Hom: *Cheiranthus cheiri (HAB1.5):* frische, oberird. T. blühender Pflanzen.

Cheirolin: s. Glucosinolate.

Chelate (gr. chele Kralle): Chelatkomplexe; innere Komplexsalze, bei denen ein Metallatom als Zentralatom wie im Gelenk einer Schere gelagert ist bzw. von einer Kralle umfasst wird; nat. C. sind Chlorophyll* u. Hämoglobin*. **Anw.:** Chelatbildner zur Wasserenthärtung (s. Ionenaustauscher), als Antidote* bei Schwermetallvergiftungen, als Reagenzien; vgl. Chelatometrie.

Chelatometrie: Sammelbez. für die Komplexbildungstitrationen*, die auf der Bildung von Chelaten* basieren, z.B. Ethylendiamintetraessigsäure (s. Edetinsäure) mit Calcium-Ionen.

Chelerythrin: s. Chelidonium majus.

Chelidonin: $C_{20}H_{19}NO_5$; M_r 353.36; Schmp. 135-136 °C; gelbl. Kristalle, lösl. in Ethanol, Ether, Chloroform, unlösl. in Wasser; Benzophenanthridinalkaloid (s. Abb.) aus dem Milchsaft von Chelidonium* majus u.a. Papaveraceen. **Wirk.:** morphinähnl., aber wesentl. schwächer zentral beruhigend, spasmolyt. u. analgetisch.

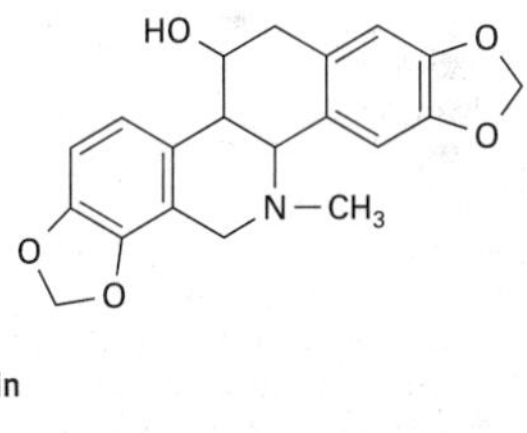

Chelidonin

Chelidonium majus L.: Schöllkraut, Warzenkraut, Goldwurz; Fam. Papaveraceae (Europa, südl. Asien, Nordamerika). Stpfl. von **Chelidonii herba:** Herba Chelidonii, Schöllkraut, Schellkraut, Goldkraut, Blutkraut. **Off.:** Ph.Eur.4; **Inhaltsst.:** im Milchsaft hauptsächl. Benzylisochinolinalkaloide* vom Benzophenanthridin-, Protoberberin- u. Protopintyp; insgesamt ca. 0.1-1 %, Höchstgeh. im Spätsommer; nach Ph.Eur. mind. 0.6 % Gesamtalkaloide (ber. als Chelidonin); die haupsächl. als Salze der Chelidonsäure* u. der Meconsäure* vorliegenden Hauptalkaloide: Chelidonin*, Coptisin* u. Berberin* (gelb); Nebenalkaloide: Chelerythrin (stark reizend, tox. Prinzip der Pflanze), α-, β-, γ-Homochelidonin, Sanguinarin, Protopin, Allokryptopin; ferner sind Pflanzensäuren, Cholin, biogene Amine enthalten (s. Abb.); **Wirk.:** wegen der versch. Inhaltsst. sehr unterschiedl., insgesamt gesehen jedoch krampflösend auf Magen-Darm-Trakt, schwach sedativ u. analget. (Chelidonin), cholekinet (Berberin); **Anw.:** innerl. bei krampfartigen Beschwerden im Bereich der Gallenwege u. des Magen-Darm-Trakts; volkstüml.: innerl. zur Behandlung von Gallen- u. Leberleiden; äußerl. der Milchsaft zur Bekämpfung von Warzen; **UAW:** in neuerer Zeit wurden bei Einnahme alkaloidreicher Präparate hepatotox. Wirkungen beobachtet; bei Anw. über mehr als 4 Wochen Leberfunktionswerte kontrollieren; **Herba Chelidonii recens:** frisches Schöllkraut; das frische, zu Beginn der Blüte mit der Wurzel gesammelte Kraut. Alkaloidgeh. geringer als der der Wurzel, Wirk. nimmt beim Trocknen stark ab; **Anw.** volkstüml.: äußerl. geg. Warzen (frischer Milchsaft); **Radix Chelidonii:** Schöllkrautwurzel. **Inhaltsst.** u. **Anw.:** wie bei Herba Chelidonii, Geh. 0.2-1.4% Alkaloide, ber. auf Chelidonin.

Hom: *Chelidonium majus (HAB1.3):* frischer Wurzelstock mit anhängenden Wurzeln.

Hom: *Chelidonium majus Rh (HAB1.3):* Vergärung der Wurzel nach Kalt-, Warm-Rhythmus.

Hom: *Chelidonium majus e floribus, ethanol. Digestio (HAB1.3):* frische Blüten; verord. z. B. bei Leber- u. Gallenleiden.

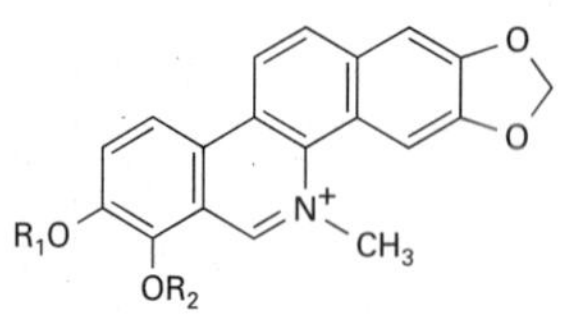

Chelerythrin: $R_1, R_2 = CH_3$

Sanguinarin: $R_1 - R_2 = -CH_2-$

Chelidonium majus: Chelererythrin u. Sanguinarin als Beispiele für Inhaltsstoffe

Chelidonsäure: Jervasäure; 4-Dihydropyran-4-on-2,6-dicarbonsäure; CAS-Nr. 99-32-1; $C_7H_4O_6$; M_r 184.10; Schmp. ca. 257 °C unter Zers.; auch als Monohydrat; in Wasser löst sich ca. 1 g in 65 mL (20 °C). **Vork.:** nat. in Chelidonium* majus u. in vielen anderen Pfl., meistens zus. mit 3-Hydroxychelidonsäure (Meconsäure*), auch verestert, z. B. mit Veratrumalkaloiden*.

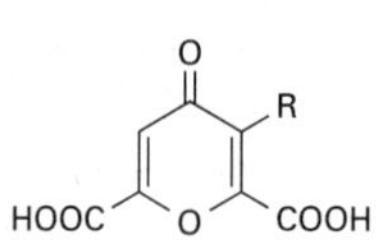

Chelidonsäure: R = H

Meconsäure: R = OH

Chelidonsäure: Chelidon- u. Meconsäure

Chelizeren: das erste Mundgliedmaßenpaar der Spinnentiere (Chelicerata). Eine C. besteht bei Spinnen aus dem Grundglied, das die Giftdrüse enthält, u. einer spitzen Klaue, die das Spinnengift* injiziert.

ChemG: Abk. für **Chem**ikaliengesetz*.

Chemical Abstracts: Abk. CA; das weltweit bedeutendste, vom Chemical Abstracts Service (CAS) herausgegebenes Referateorgan auf dem Gebiet der Chemie u. den angrenzenden Gebieten. Der CAS teilt jeder chem. Verb. eine Registriernummer (CAS-Nr. od. CARNO, Chemical Abstracts Registratory Number) zu, durch die sie eindeutig gekennzeichnet wird.

Chemie: Wissenschaft, die sich mit den chem. Elementen in freiem od. gebundenem Zustand, den Reaktionen, Umsetzungen, Umwandlungen u. WW der chem. Elemente u. ihrer Verb., deren Bestimmung, Steuerung u. Vorhersage, Deutung u. Auswertung und mit den Grunderscheinungen u. Kräften der Natur hinsichtl. ihrer Anw. auf versch. Reaktionen auseinandersetzt. Teilgebiet der Ch. sind analyt. Ch.*, anorg. Ch.*, org. Ch.*, klin. Ch.*, kombinator. Ch.*, medizin. Ch.*, physik. Ch.*., supramolekulare Ch.*, techn. Ch.* u. Biochemie*.

Chemie, analytische: befasst sich mit der Bestimmung von Art (qualitative Analyse) u. Menge (quantitaive Analyse) der Best. eines Stoffes od. Gemisches. Die Bestimmung erfolgt mit chem., physik. od. biochem. Methoden; s. Gravimetrie, Maßanalyse.

Chemie, anorganische: Wissenschaft von den chem. Elementen u. ihren Verb. mit Ausnahme der (meisten) Kohlenstoffverb.; vgl. Chemie, organische.

Chemie, klinische: Bereich der Medizin, der sich mit der Anw. chem. Methoden u. Erkenntnisse auf Probleme der Medizin befasst. Wesentl. Bereich der k. Ch. ist die Bearbeitung analyt. Fragestellungen unter Verw. von Körperflüss. od. -geweben.

Chemie, kombinatorische: gleichzeitige Synthese einer Vielzahl von chem. ähnl. Verbindungen. Statt zwei Edukte A und B zu einem Produkt AB zu verknüpfen, werden mehrere Synthesebausteine des Typs A (A_{1-n}) mit mehreren des Typs B (B_{1-n}) umgesetzt, so dass man alle mögl. Kombinationen erhält (s. Abb.). Die k. Ch. lässt sich sowohl in Lsg. als auch am polymeren Träger anwenden. **Anw.:** rasche Erzeugung einer Vielzahl von Verbindungen u. a. zur pharmakol. Testung.

Chemie, medizinische: multidisziplinäres Forschungsgebiet aus Chemie, Biologie und Medizin mit dem Ziel der Arzneistoff-Findung und -Entwicklung; es befasst sich mit chem. Aspekten u. der Anw. chem. Methoden in der Medizin; vgl. Chemie, klinische.

Chemie, organische: Abk. OC; Chemie der Kohlenstoffverbindungen. Ausgenommen sind die Oxide des Kohlenstoffs, Carbonate, Carbide* u. Cyanide*; vgl. Chemie, anorganische.

Chemie, pharmazeutische: s. Pharmazeutische Chemie.

Chemie, physikalische: Abk. PC; befasst sich mit der Erforschung der bei chem. Vorgängen auftretenden physik. Erscheinungen u. dem Einfluss physik. Einwirkungen auf chem. Vorgänge. Teilgebiete der PC sind z. B. Thermodynamik* (Ther-

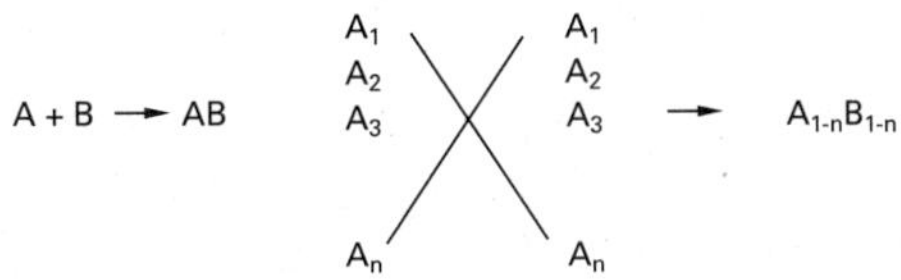

Chemie, kombinatorische

mochemie*), Elektrochemie*, Photochemie* u. Magnetochemie*.

Chemie, supramolekulare: befasst sich mit den Strukturen u. Funktionen organisierter komplexer Einheiten, den sog. Über- od. Supramolekülen. Supramoleküle werden durch Assoziation mehrere Moleküle gebildet u. durch zwischenmolekulare Kräfte zusammengehalten.

Chemie, technische: befasst sich mit Fragestellungen, die bei Durchführung von chem. Prozessen im techn. Maßstab auftreten. Beispiele: Optimierung von Produktionsprozessen, Störfallvermeidung.

Chemikaliengesetz: Abk. ChemG; in den meisten EU-Mitgliedsstaaten sind ChemG erlassen, die vor allem auf der Richtlinie des Rates vom 18.9.1987 (79/831/EWG) beruhen. Mit dieser Richtlinie über die Prüfung u. Anmeldung neuer Stoffe sollen in den EG-Mitgliedsstaaten auch die Vorschriften über gefährlicher Stoffe einander angeglichen werden. **Deutschland:** Gesetz vom 16.9.1980, BGBl. I S. 1718, Neufassung vom 20.7.2002, BGBl. I S. 2090, zuletzt geändert 6.8.2002, BGBl. I S. 3082. Es regelt den gewerbsmäßigen u. sonstigen wirtschaftl. (nicht den wissenschaftl.) Verkehr von Stoffen u. bezweckt, Menschen u. Umwelt vor schädl. Stoffe zu schützen. Das ChemG sieht u. a. folgende Schutzmaßnahmen vor: die Prüfungs- u. Anmeldepflicht neuer Stoffe, die Einstufungs-, Verpackungs- u. Kennzeichnungspflicht gefährl. Stoffe u. Zuber., die Mitteilungspflicht aller wesentl. Änderungen der Anmeldeunterlagen, Verbote u. Beschränkungen, betriebl. Schutzmaßnahmen, Betriebsüberwachung u. behördl. Anordnungen. Neben der Gefahrstoffverordnung* u. der Chemikalien*-Verbotsverordnung ist das ChemG Teil des Gefahrstoffrechts*; vgl. GLP. **Österreich:** Bundesgesetz über den Schutz des Menschen u. der Umwelt vor Chemikalien (BGBl. Nr. 326/1987), ChemG, in Kraft seit 1.2.1989 in der Fassung BGBl. Nr. 105/2000; mit vielen Verordnungsermächtigungen; weitgehend konform mit der EU-Richtlinie zur Harmonisierung der Chemikaliengesetze. Hauptzweck des ChemG: Ähnl. Deutschland soll damit eine möglichst umfassende u. lückenlose Erfassung u. Kontrolle aller auf dem Markt bereits befindl. Chemikalien u. neu einzuführenden Chemikalien erreicht werden. **Schweiz:** Bes. Stoffgruppen unterliegen nach dem 1983 erlassenen Umweltschutzgesetz (Bundesgesetz über den Umweltschutz, SR 814.01) u. dem 1969 erlassenen Giftgesetz (Bundesgesetz über den Verkehr mit Giften, SR 813.0) einem Anmelde- u. Bewilligungsverfahren. Maßgebend sind die VO über umweltgefährdende Stoffe (Stoffverordnung, StoV, SR 814.013) u. die Giftverordnung (GV, SR 813.01). Diese VO u. das Giftgesetzes werden voraussichtl. ab dem 1.1.2005 durch das neu geschaffene Chemikaliengesetz (ChemG) u. neuen VO ersetzt, wie z. B. die Chemikalienverordnung (ChemV), die Biozidprodukteverordnung (VBP), Chemikalien-Risikoreduktionsverordnung (ChemRRV), die Chemikalien-Ein-und-Ausfuhr-Verordnung (ChemEAV) u. die VO über die Einstufung von Stoffen. Diese Bestimmungen bezwecken eine Harmonisierung mit dem EU-Recht u. eine integrale Regelung der umwelt- u. gesundheitsrelevanten Aspekte von Chemikalien.

Chemikalien-Verbotsverordnung: VO über Verbote u. Beschränkungen des Inverkehrbringens gefährl. Stoffe, Zuber. u. Erzeugnisse nach dem Chemikaliengesetz* vom 14.10.1993 (Deutschland). Die ChemVerbotsV dient in erster Linie dem Schutz des Verbrauchers u. enthält u. a. Vorschriften über Informations- u. Aufzeichnungspflichten bei der Abgabe gefährl. Stoffe u. Zubereitungen. Stoffe u. Zuber., die im Anhang der ChemVerbotsV aufgeführt sind, dürfen außer zu Forschungs-, Lehr- u. Ausbildungszwecken nicht in Verkehr gebracht werden, u. a. Clofenotan*, Formaldehyd*, Benzol*, Pentachlorphenol*, aromat. Amine, aliphat. Chlorkohlenwasserstoffe. Für Gefahrstoffe, die nach der Gefahrstoffverordnung* mit den Gefahrensymbolen* T+, T, C, O, F+ od. Xn mit R40, R62 od. R63 zu kennzeichnen sind, besteht nach § 4 der ChemVerbotsV ein Selbstbedienungsverbot im Einzelhandel.

Chemilumineszenz: s. Lumineszenz.

Chemisorption: Art der Sorption*; im Ggs. zur Physisorption* Bildung einer festen chem. Bindung einer Substanz an der Oberfäche eines Sorbens*; meist irreversibel. Geht nur bis zur Belegung der Oberfläche mit einer Monoschicht; z. B. Sauerstoff, Holzkohle bei −123 °C.

Chemolumineszenz: s. Lumineszenz.

Chemonucleolyse: Auflösung von Bandscheibengewebe durch Injektionen von Nucleolytika*.

Chemoprophylaxe: prophylakt. Anw. von Chemotherapeutika* vor erfolgter Infektion. Sinnvoll nur bei gegebener Ind. (z. B. bei Malaria*); die unkrit. Routineprophylaxe mit Chemotherapeutika od. Antibiotika ist meist sinnlos u. oft gefährlich.

Chemorezeptoren: s. Chemotaxis.

chemoselektiv: eine Reaktion, bei der von 2 od. mehreren versch. funktionellen Gruppen* bevorzugt nur eine reagiert, obwohl alle reagieren könnten (s. Abb.). **chemospezifisch**: ausschließl. eine der funktionellen Gruppen reagiert.

Chemosterilisation: Sterilisation unter Zusatz von chem. Substanzen wie z. B. Formaldehyd u. Ethylenoxid; s. Sterilisationsverfahren.

Chemotaxis: Einfluss chem. Reize auf die Bewegung einzelner Zellen z. B. Bakterien, Gameten, Leukozyten. Bewegen sich Zellen dem chem. Reiz,

C

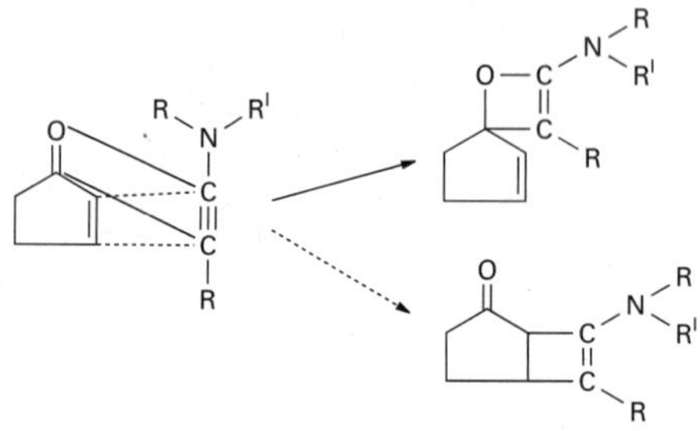

chemoselektiv: Beispiel für Chemoselektivität

das heißt der höheren Konzentration einer chem. Substanz, entgegen, spricht man von positiver, im anderen Falle von negativer Chemotaxie. Ein Chemotaktikum, eine chemotakt. wirkende Substanz, mit positivem Einfluss wird als **Attraktant**, eine solche mit negativem als **Repellent** bezeichnet. Die chemotakt. wirkenden Moleküle werden an als Chemorezeptoren wirkende Proteinmoleküle der Zelle gebunden, was über eine Art Kettenreaktion eine entspr. Bewegung der Zelle od. von Anhangsorganen (Geißeln) auslöst. Als Chemotaktika wirken z. B. Zucker, Aminosäuren od. spezif. Sexuallockstoffe. Die Bewegung ortsgebundener, pfl. Organe, z. B. der Tentakeln von Drosera-Arten, fällt unter den Begriff Chemotropismus*.

Chemotaxonomie: Wissenschaftsgebiet der Biowissenschaften, Grenzgebiet aus der vergleichenden Biochemie, Phytochemie u. Taxonomie. Aufgrund des Vork. u. der Verbreitung charakterist. Inhaltsst. von Pfl. werden unter Bezug auf die Ergebnisse der Taxonomie Aussagen über nat. Verwandtschaften getroffen. Aufgrund zahlreicher Fälle chem. Divergenz vergleicht man nicht ausschließl. das Vork. von Naturstoffen, sondern ermittelt u. beachtet die Biosynthesewege, da der gleiche Naturstoff auf unterschiedl. Reaktionssequenzen im Stoffwechsel versch. Organismen gebildet werden kann.

Chemotherapeutika: nicht nat. vorkommende od. von nat. Stoffen abgeleitete antimikrobiell wirksame Substanzen. **Gesch.:** Anwendung geht auf Paul Ehrlich (1854-1915) zurück, der 1909 die selektive Toxizität von Arsphenamin* (Salvarsan®) auf den Erreger der Syphilis feststellte. Als weitere wichtige Gruppe von Ch. wurden in den darauffolgenden Jahren eine Reihe von Antimalariamitteln* entwickelt. 1935 wurden Sulfonamid-Ch. als die bedeutendste Wirkstoffklasse in die Chemotherapie eingeführt. Die Abgrenzung der Ch. von den Antibiotika* beruht ledigl. auf der unterschiedl. Herkunft od. Gewinnung der Wirkstoffe. Wirkungsmechanismen, Resistenzentwicklung etc. sind vergleichbar.

Wirkstoffe: 1. Sulfonamid-Ch.: Sulfanilamide; Amide der Sulfonsäuren (s. Sulfanilsäure), die durch die Sulfanilamid-Konfiguration (*p*-Aminobenzolsulfonamid) gekennzeichnet sind. An diese Sulfonamidgruppe u. eine in Para-Stellung dazu befindl. Aminogruppe ist die Wirk. der Sulfonamide gebunden, jedoch nicht zwingend; auch sulfonamidartige Wirk. bei anders aufgebauten Stoffen, z. B. fehlende Amidgruppe, vorhanden. Die Aminogruppe des Sulfonamidrestes kann durch andere Gruppen ersetzt sein. Es sind auf diese Weise mit Hilfe aromat. u. heterocycl. Reste eine große Anzahl ähnl. wirkender Sulfonamide gewonnen worden. Von der früher großen Zahl an Sulfonamiden werden im wesentl. nur noch Sulfadiazin*, Sulfamethoxazol* u. Sulfalen* verwendet. Sie gehören zu den wichtigsten Ch. zur Bekämpfung bakt. Infektionen, auch wenn sich die Bedeutung durch die Einführung einer großen Anzahl neuer Antibiotika reduziert hat. Vgl. Antibiotika. **Wirkmechanismus:** Sulfonamid-Ch. sind Folsäureantagonisten, wirken bakteriostat. durch kompetitive Verdrängung der *p*-Aminobenzoesäure* bei der Folsäurebiosynthese der Mikroorganismen. Sie sind für Menschen relativ ungefährl., da diese nicht zur Folsäuresynthese befähigt sind, sondern Folsäure mit der Nahrung aufnehmen. Außerdem hemmen die Sulfonamid-Ch. die Zellatmung der Mikroorganismen. **Wirkspektrum:** Sulfonamid-Ch. sind gut wirksam gegen Pneumo-, Strepto- (außer Entero-) u. Meningokokken, Escherichia coli, Haemophilus influenzae u. Neisserien. **Anw.:** Harnweg- u. Gallenweginfektionen (vorzugsweise Kombinationen mit Trimethoprim*), Meningitis, Tonsillitis, gastrointestinale Infekte, lokal bei Augeninfektionen, als Mittel der Wahl bei Nocardiose; gegen Toxoplasmose u. chloroquinresistente Malaria in Kombination mit Pyrimethamin*; kontraindiziert bei viralen Infekten; **Pharmakokinetik:** allg. gute Resorption nach p. o.-Gabe; entsprechend den unterschiedl. HWZ werden bei den Sulfonamid-Ch. kurz-, mittel- u. langwirksame unterschieden (Strukturformeln s. Sulfonamide). Elimination erfolgt v. a. durch die Niere in Form von Acetylderivaten u. Glucuroniden; die schwer resorbierbaren Sulfonamid-Ch. werden zu 90% über die Fäzes ausgeschieden. **Dos.:** p. o. Kurzzeit-Sulfonamide 4.0-6.0 g/d, Kinder 1.0-4.0 g/d; Mittelzeit-Sulfonamide 1.0 g/d, Kinder 0.25-1 g/d; Langzeit-Sulfonamide 0.5 g/d, Kinder 0.06-0.37 g/d; schwer resorbierbare Sulfonamide 4-5 g/d, Kinder 0.75-2 g/d; lokale Anw. sollte außer am Auge vermieden werden, um Sensibilisierung zu verhindern; **UAW:** Nierenschäden infolge Auskristallisierens von schwer lösl. Metaboliten im sauren Harn, v. a. bei älteren Präparaten (große Flüssigkeitszufuhr!), allerg. Reaktionen, gastrointestinale Störungen; Stevens-Johnson-Syndrom (Infekt- od.

arzneimittelallerg. bedingte Hauterkrankung); Hyperbilirubinämie mit Kernikterus bei Früh- u. Neugeborenen, da die Bildung von Glucoroniden* u. damit die Ausscheidung des Bilirubins durch die Sulfonamid-Metabolisierung behindert ist; außerdem wird Bilirubin aus Albuminbindungen verdrängt u. freigesetzt; Blutbildveränderungen durch Knochenmarkschäden, die bis zur Agranulozytose u. aplast. Anämie führen können sind selten u. treten nur bei langer Behandlungsdauer auf. **WW:** Hemmung der Wirk. bei gleichzeitiger Gabe von Lokalanästhetika*, die sich von der *p*-Aminobenzoesäure ableiten; Sulfonylharnstoffe (hypoglykäm. Schock); Indometacin* setzt Sulfonamid aus Eiweißbindungen frei, sodass tox. Blutspiegelwerte erreicht werden können. **Resistenz:** zunehmend, v.a. bei Enterokokken; Kreuzresistenz innerhalb der Sulfonamid-Gruppe.

2. Diaminopyrimidin-Sulfonamid-Kombinationen: Diaminopyrimidin-Derivate (Trimethoprim* u. Tetroxoprim*) hemmen die Folsäurebiosynthese der Mikroorganismen durch Blockade der Reduktion von Dihydro- zu Tetrahydrofolsäure (Folsäureantagonisten). In Monotherapie wirken sie wie die Sulfonamid-Ch. bakteriostat., in Kombination mit Sulfonamiden aufgrund der zweifachen Folsäuresynthesehemmung bakterizid. **Wirkungsspektrum:** umfaßt nahezu alle pathogenen Keime außer Clostridien, Chlamydien, Rickettsien, Leptospiren, Tuberkelbakterien u. Pseudomonas aeruginosa; allgemein sehr gut wirksam gegen gramnegative Erreger; **Resistenz:** zunehmend resistente Stämme; Resistenzentwicklung während der Ther. möglich; **Pharmakokinetik:** pharmakokin. Eigenschaften der kombinierten Substanzen sollten übereinstimmen; gute Resorption; Dos. ist so zu wählen, dass im Organismus das für die Wirk. optimale Verhältnis erzielt wird (s. Cotetroxazin, Cotrimoxazol). **Anw.:** akute u. chron. Harnweginfekte, Bronchitiden; auch Enteritiden, Wund- u. Gallenweginfektionen. **UAW:** s. Sulfonamid-Ch., Trimethoprim*; **3.** Antiprotozoenmittel* (vgl. Antimalariamittel); **4.** Ch. zur Behandlung von Tumoren: s. Zytostatika; **5.** weitere Ch. gehören folgenden Gruppen an: Gyrasehemmer*, Nitroimidazole* (Metronidazol*), Nitrofurane (s. Nitrofurantoin).

chemotherapeutischer Index: s. Index, chemotherapeutischer.

Chemotherapie: Behandlung von Infektionen od. Tumorerkrankungen mit Chemotherapeutika*.

Chemotropismus: Wirk. chem. Reize auf die Bewegung ortsgebundener pfl. Organe. Hierzu gehören z.B. die Bewegungen bei den Karnivoren wie Drosera-Arten od. die Bewegung der Pollenschläuche unter dem Einfluss von Eiweißstoffen od. Diastase. Die Fortbewegung von einzelnen Zellen od. nicht ortsgebundenen pfl. Organismen (z.B. Algen) wird als Chemotaxis* bezeichnet.

Chemotyp: (bot.) chem. Rasse.

ChemVerbV: Abk. für **Chem**ikalien*-**Verb**otsverordnung.

Chen-Kao-Reaktion: Nachweisreaktion für Ephedrinhydrochlorid*. Eine Lsg. von Ephedrinhydrochlorid verfärbt sich violett, wenn sie mit Kupfer(II)-sulfat u. Natronlauge versetzt wird. Beim Schütteln mit Ether färbt sich die Etherschicht rot, die wässrige Phase blau.

Chenoclavin: s. Secale cornutum.

Chenodeoxycholsäure INN: Acidum chenodeoxycholicum Ph.Eur., Chenodiol; 3α,7α-Dihydroxy-5β-cholan-24-säure; CAS-Nr. 474-25-9; $C_{24}H_{40}O_4$, M_r 392.56. Strukturformel s. Gallensäuren (Abb.); in Bezug auf die Hydroxylgruppe am C-7 epimer mit Ursodeoxycholsäure*. Schmp. 164-168 °C (kristallisiert aus Ethylacetat/Heptan; polymorph). $[\alpha]_D^{20°C}$ +11.5° (in Dioxan); leicht lösl. in Methanol, Ethanol, Aceton, Essigsäure; fast unlösl. in Wasser, Petrolether, Benzol. **Off.:** DAC86; **Anw.:** Cholelitholytikum bei cholesterolhaltigen Gallensteinen; **UAW:** Durchfall; **Kontraind.:** Schwangerschaft, schwere Leber- u. Gallenerkrankungen; **Dos.:** 0.75-1.5 g/d p.o.; HWZ 4 d.

Chenodiol: s. Chenodeoxycholsäure.

Chenopodiaceae: Gänsefußgewächse; Fam. der Od. Caryophyllales; ca. 1500 Arten, meist windblütige Kräuter (Trockenregionen u. Meeresküsten) mit unscheinbaren Blüten u. ungeteilten, wechselständigen Blättern. Ausbildung großer Blasenhaare (dienen der Entsalzung) sowie von Blatt- u. Stammsukkulenz. Eng verwandt mit den Ch. sind die Amaranthaceae (Fuchsschwanzgewächse). **Chem. Merkmale:** salzliebende Pfl. (Halophyten, Ruderalpfl.), Nitratakkumulation, vielfach Calciumoxalat (als Drüsen), Betain, Saponine, Betalaine. **Wichtige Gattungen:** z.B. Atriplex, Beta, Chenopodium, Salicornia, Spinacia.

Chenopodium ambrosioides L. **var. ambrosioides:** (Mexikan.) Traubenkraut, Mexikan. Teekraut, Wohlriechender Gänsefuß; Fam. Chenopodiaceae (heim. Mexiko, Brasilien, Chile, kult. in Nordamerika, auch in Europa, bes. Kroatien u. Böhmen). Stpfl. von **Herba Chenopodii ambrosioidis:** Mexikanisches Traubenkraut, Gänsefußkraut, Wohlriechendes Gänsefußkraut, Karthäusertee, Jesuitentee. **Inhaltsst.:** 0.25-0.3 % äther. Öl mit ca. 40 % Ascaridol* u. fast 60 % L-Pinocarvon, Saponine u.a.; **Anw.** volkstüml.: z.B. bei Wurmbefall, Magen-Darm-Beschwerden; **Tox.:** aufgrund der hohen Toxizität sollten weder die Droge noch das äther. Öl therap. eingesetzt werden.

Hom: *Chenopodium ambrosioidis var. ambrosioides (HAB1.5),* Chenopodium ambrosioidis: frische, oberird. T. blühender Pflanzen.

Chenopodium ambrosioides var. anthelminticum (L.) A. Gray: Chenopodium anthelminticum L., Wurmsamen, (Amerikanisches) Wurmkraut; Fam. Chenopodiaceae (Mittelamerika, bes. Mexiko, südl. Nordamerika, kult. in Europa). Stpfl. von **Oleum Chenopodii anthelmintici:** Chenopodii aetheroleum, Amerikanisches Wurmsamenöl, Wurmkrautsamenöl; D. 0.958-0.985; $\alpha_D^{20°C}$ −4 bis −9°; $n_D^{20°C}$ mind. 1.475; Sdp. 221-223 °C; das durch Wasserdampfdest. gewonnene äther. Öl des Krautes; farblose od. gelbl. Flüss. von widerl. Geruch u. bitterem, brennendem Geschmack. **Inhaltsst.:** ca. 70 % Ascaridol*, 20-40 % *p*-Cymen, α-Terpinen, L-Limonen*, D-Campher* u.a.; **Anw.:** früher als Anthelminthikum, speziell geg. Spulwürmer (Askariden) u. Hakenwürmer (Ankylostoma duodenale, Necator americanus); vet. geg. Lungenegel;

Tox.: aufgrund der hohen Toxizität sollte das äther. Öl nicht mehr therap. eingesetzt werden. **Hom:** *Chenopodium ambrosioides var. anthelminticum,* Chenopodium anthelminticum: frisches, blühendes Kraut; verord. z.B. bei Arteriosklerose, Schwindel, Leberleiden.

C

Chenopodium anthelminticum: s. Chenopodium ambrosioides var. anthelminticum.

Chenopodium bonus-henricus L.: Guter Heinrich; Fam. Chenopodiaceae (Europa). **Inhaltsst.:** im Kraut Kämpferol, Kaffee- u. Ferulasäure, Saponine; **Anw.** volkstüml.: früher Kraut u. Wurzel bei Entzündungen u. Geschwulsten, auch als Spinat gegessen.

Chenopodium quinoa Willd.: Reismelde, Reisspinat; Fam. Chenopodiaceae (Südamerika, Anden). **Best.:** Die Samen enthalten ca. 60% Stärke, 16% Eiweiß, 5% fettes Öl, Saponine*. **Anw.** volkstüml.: Quinoa, Nahrungsmittel (Pseudoceralie).

Chenopodium vulvaria: s. Trimethylamin.

Chiasma: Ort des crossing* over. In der späten Prophase I der Meiose* wird die in der mittleren Prophase I vollzogene Paarung der homologen Chromosomen durch Auflösen des synaptonemalen Komplexes wieder rückgängig gemacht. Dabei bleibt der synaptonemale Komplex (s. Chromosomenpaarung) an bestimmten Haftpunkten, den Chiasmata, bestehen.

Chicle-Gummi: s. Manilkara zapota.

Chicorée: s. Cichorium intybus.

Chilesalpeter: s. Natriumnitrat.

Chili: s. Capsicum frutescens.

Chimaphila umbellata (L.) Nutt.: Pyrola umbellata, Doldiges Winterlieb, Doldiges Wintergrün, Harnkraut; Fam. Pyrolaceae (Europa, Nordamerika, Japan). Stpfl. von **Herba Pirolae umbellatae:** Herba Chimaphilae, Doldiges Wintergrünkraut, Harnkraut, Gichtkraut. **Inhaltsst.:** Arbutin (Bitterstoff), Urson (Bittersoff), Gerbstoff (ca. 4%), Flavonoide, Salicylsäuremethylester, Harz; **Anw.** volkstüml.: z.B. Harndesinfiziens bei Gicht u. Erkrankungen des rheumat. Formenkreises. **Hom:** *Chimaphila umbellata (HAB1.3):* frisches, blühendes Kraut; verord. z.B. bei chron. Nierenbeckenentzündung.

Chinaalkaloide: s. Cinchonaalkaloide.

Chinacrin: s. Mepacrin.

China-Eisenwein: s. Vina medicata (Vinum Chinae ferratum).

Chinaelixier: s. Elixir Cinchonae.

Chinaextrakt: s. Extractum Chinae.

Chinaextrakt, weingeistiges: s. Extractum Chinae spirituosum.

Chinafluidextract: s. Extractum Chinae fluidum.

China-food-Syndrom: s. Natriumglutamat.

China fusca: s. Cinchona officinalis.

Chinaknollen: s. Smilax china.

Chinaldinsäure: 2-Chinolincarbonsäure; $C_{10}H_7NO_2 \times 2\ H_2O$. Schmp. 155-157 °C. Weißes bis gelbl. krist. Pulver, lösl. in Wasser, Ethanol u. Alkalihydroxidlösungen. **Anw.:** gewichtsanalyt. Bestimmung von Zink*, Kupfer*, Cadmium*, Uran* u. Palladium*; kolorimetr. (s. Kolorimetrie) Bestimmung von Eisen(II).

Chinalizarin: Alizarinbordeaux; 1,2,5,8-Tetrahydroxy-9,10-anthrachinon; $C_{14}H_8O_6$, M_r 272.20. Schmp. oberhalb 275 °C. Rotes mikrokrist. Pulver mit grünem Metallglanz, unlösl. in Wasser, lösl. in Aceton, in wässriger Alkalilsg. mit rotvioletter, in Eisessig mit gelber u. in Schwefelsäure mit blauvioletter Farbe. **Anw.:** Nachw. u. colorimetr. Bestimmung (s. Kolorimetrie) von Beryllium*, Magnesium*, Bor*, Aluminium*, Gallium* u. Indium*; Bestimmung von Fluoriden*; in der Baumwollfärberei.

Chinaöl: s. Balsamum peruvianum.

Chinarinde, Gelbe: s. Cinchona officinalis.

Chinarinde, Rote: s. Cinchona pubescens.

Chinasäure: Acidum chinicum, L-Chinasäure; 1,3,4,5-Tetrahydroxy-cyclohexancarbonsäure; M_r 192.17; Schmp. 168-170 °C; $[\alpha]_D^{20°C}$ −42 bis −44° (c=10 in Wasser); farblose, stark sauer schmeckende Kristalle, leicht lösl. in Wasser u. Eisessig, wenig lösl. in Ethanol, fast unlösl. in Ether. Die Chlorogensäure* ist der Kaffeesäureester der Chinasäure. **Vork.:** Inhaltsst. der Chinarinde (s. Cinchona pubescens), auch z.B. in Kaffeebohnen, Heidelbeeren, Zuckerrüben; **Anw.:** früher geg. Gicht; **Dos.:** 0.5 g mehrmals täglich.

Chinatinktur: s. Tinctura Chinae.

Chinatinktur, zusammengesetzte: s. Tinctura Chinae composita.

Chinawein: s. Vina medicata (Vinum Chinae).

Chinawurzel: s. Smilax china.

Chinazolin: 1,3-Benzodiazin; 5,6-Benzopyrimidin, CAS-Nr. 253-82-7; $C_8H_6N_2$, M_r 130.14. Strukturformel s. Alkaloide (Abb.). Schmp. 48 °C. Sdp. 243 °C. Leicht lösl. in Wasser u. vielen org. Lösungsmitteln.

Chinazolinalkaloide: Alkaloide* mit Chinazolin als Grundgerüst, z.B. Vasicin* (Peganin), Febrifugin*. Die Biogenese erfolgt wie bei den Acridonalkaloiden* über Anthranilsäure. **Vork.:** z.B. in Acanthaceen (Adhatoda* vasica), Rutaceen, Saxifragaceen (Dichroa* febrifuga) sowie in Linaria-Arten (Fam. Scrophulariaceae) u. Peganum* harmala (Fam. Zygophyllaceae); auch in Tieren (vgl. Tetrodotoxin) u. Bakterien.

Chinhydron: Additionsverb. äquimolekularer Mengen *p*-Chinon* u. Hydrochinon* (Charge-Transfer-Komplex*), $C_6H_4O_2 \cdot C_6H_4(OH)_2$. Schmp. 171 °C. Rotbraune Nadeln mit grünem Oberflächenglanz, leicht lösl. in Ethanol u. heißem Wasser. Auch äquimolekulare Verb. von Chinon mit Phenol, Brenzcatechin u. Resorcin liefern Chinhydrone. **Chinhydron-Elektroden** werden zur Bestimmung von Wasserstoffionenkonz. verwendet.

Chinidin: Chinidinum; CAS-Nr. 56-54-2; $C_{20}H_{24}N_2O_2$, M_r 324.43. Strukturformel s. Cinchonaalkaloide (Abb.). Schmp. 172 °C. Alkaloid aus der Chinarinde (s. Cinchona pubescens Vahl). Stereoisomere des Chinins*. Weiße, bitter schmeckende Kristalle, sehr schwer lösl. in Wasser, wenig lösl. in Ethanol u. Ether, lösl. in Chloroform. **Wirk.** u. **Anw.:** klass. Antiarrhythmikum* vom membranstabilisierenden Typ; bei Vorhofflimmern, -flattern, zur Vorbeugung paroxysmaler supraventrikulärer Tachykardien durch **1.** direkte Wirk. an den Herzmuskelzellen u. **2.** parasympatholyt. (atropinartige) Vagushemmung; Verlängerung der Aktionspotentiale u. der Refraktärzeiten im Bereich des Sinusknotens u. der Vorhöfe; **UAW:** geringe therap. Breite; in der Initialphase gastrointestinale Beschwerden, es folgen zentralnervöse Erscheinungen mit Schwindel, Kopfschmerz, Ohrensausen, Seh- u. Hörstörungen; in schweren Fällen Bewusstseinstrübung, Krampfanfälle, Koma, Atemstillstand, Herz-, Kreislaufstillstand, ferner Nierenschäden, Depressionen, Blutbildstörungen, vgl. Cinchonismus; **Kontraind.:** primäre Überempfindlichkeit, AV-Block 2. u. 3. Grades, Hyperkalämie, Digitalisüberdosierung; **WW:** Reduktion der renalen Clearance von Digoxin; durch Phenobarbital u. Phenytoin wird die HWZ von Ch. verkürzt; **Dos.:** zunächst Probedos. 0.2 g, dann (falls ohne UAW) 3-4×0.2-0.4 g/d; HWZ 6-7 h. Hingewiesen sei auch auf Chinidin-Dihydrat; CAS-Nr. 63617-04-4.

Chinidini sulfas: s. Chinidinsulfat.

Chinidinpolygalacturonat: CAS-Nr. 27555-34-6 (wasserfrei), CAS-Nr. 65484-562 (Hydrat); $C_{20}H_{24}N_2O_2 \cdot (C_6H_{10}O_7)_x \cdot x\,H_2O$. Schmp. 180 °C (unter Zers.). Unlösl. in Methanol, Ethanol, Chloroform, Ether, Aceton, Dioxan; lösl. 1:50 in Wasser bei 25 °C; 12 % lösl. in 40 % Methanol, Ethanol. **Anw.:** Antiarrhythmikum; **Dos.:** p. o. Initialdos. max. 1-3×0.6 g/d; Erhaltungsdos. 1-3×0.3 g/d; vgl. Chinidin.

Chinidinsulfat: Chinidini sulfas Ph.Eur., Chinidinum sulfuricum; CAS-Nr. 6591-63-5; $C_{40}H_{50}N_4O_8S \cdot 2\,H_2O$, M_r 783.0. Farblose, nadelförmige, häufig verfilzte Kristalle von stark bitterem Geschmack; lösl. in 100 T. Wasser von 20 °C, in 15 T. Wasser von 100 °C, in 15 T. Chloroform, in 10 T. Ethanol 90 %. $[\alpha]_D^{20\,°C}$ +277 bis +290° (c=2 in Schwefelsäure, 0.1 mol/L). **Anw.** med.: s. Chinidin; **Dos.:** MED 0.4 g, MTD 4.0 g.

Chinidinum sulfuricum: s. Chinidinsulfat.

Chinin: Chininum (purum); CAS-Nr. 130-95-0, $C_{20}H_{24}N_2O_2 \cdot 3\,H_2O$, M_r 378.5, Strukturformel s. Cinchonaalkaloide (Abb.), Schmp. 174-178 °C, $[\alpha]_D^{20\,°C}$ −159 bis −172° (c=1.5 in Ethanol absolut); Alkaloid aus Chinarinden (s. Cinchona). Weißes, feinkrist. Pulver von stark bitterem Geschmack; lösl. in Ethanol 96 % u. Chloroform, sehr schwer lösl. in Wasser von 20 °C, wenig lösl. in siedendem Wasser. **Nachw.:** **1.** s. Thalleiochinreaktion; **2.** fluoresziert blau in wässrigen Lsg., die sauerstoffhaltige Säuren (Schwefelsäure, Essigsäure etc.) enthalten, wenn Chloridionen abwesend sind; **Wirk.:** gegen Blutschizonten aller 4 Malariaerreger, ferner auf Gametozyten von Plasmodium vivax u. P. malariae. Ch. hemmt die Nucleinsäuresynthese durch Komplexbildung mit DNA (weitere im einzelnen noch ungeklärte Wirkungen, allg. Protoplasmagift). **Anw.:** ältestes Antimalariamittel*, Ende der fünfziger Jahre durch das wirksamere u. besser verträgl. Chloroquin ersetzt. Eingesetzt werden die Salze, bes. Chininhydrochlorid*, bei Malaria* deren Erregerstämme gegenüber Chloroquin u. anderen synthet. Antimalariamitteln resistent sind. **UAW:** gastrointestinale Störungen, allerg. u. neurotox. Wirk., u. a. Seh- u. Hörstörungen, Schwächung der körpereigenen Abwehr, Herz-Kreislaufreaktionen (hemmt die Erregbarkeit des Herzmuskels), Atemdepression, Blutbildstörungen, teratogen. **Kontraind.:** hämolyt. Anämie, Vorschädigung von Hör- u. Sehorgan, Schwangerschaft. Vorsicht bei Nieren- u. Leberschäden sowie bei Glucose-6-phosphatdehydrogenasemangel (Grund für Schwarzwasserfieber*). **Dos.:** p. o. 1-2 g Chininsalz tägl. in mehreren Dosen, Kinder unter einem Jahr 0.1-0.2 g/d in mehreren Dosen, 1 bis 3 Jahre 0.2-0.3 g/d, 4 bis 6 Jahre 0.3-0.5 g/d, 7 bis 11 Jahre 0.5-1 g/d; Dauer der Behandlung 10 d; (häufig Kombinationen mit Pyrimethamin*, Sulfadoxin* od. Dapson*); HWZ 8.5 h. **Sonstige Anw.:** Wirksam als Muskelrelaxans bei nächtl. Wadenkrämpfen (Krampussyndrom, Dos. 0.2 g). Chininlösungen (5-20 %) werden auch als Venenverödungsmittel verwendet. Wirksamkeit bei Grippe u. Bronchopneumomie nicht erwiesen, bei Herzarrhythmien von Chinidin* verdrängt, als wehenanregendes Mittel zur Geburtseinleitung überholt; missbräuchl. als Abortivum; als Analgetikum u. Antipyretikum wegen der relativ beträchtl. UAW (v. a. Allergierisiko) nicht mehr zu empfehlen; aufgrund des bitteren Geschmacks in Tonika u. Stomachika sowie in Erfrischungsgetränken, sog. tonic waters (vgl. Chininhydrochlorid), max. 85 mg/L zulässig. **Gesch.:** In der ersten Hälfte des 17. Jh. brachten die span. Eroberer aus Peru die Chinarinde nach Europa (Quina-Quina-Rinde, Fieberrinde, Jesuitenpulver); Charles Marie de la Condamine (1701-1774) beschrieb zum ersten Mal den sog. Fieberbaum; 1820 isolierten die Pariser Apotheker Joseph Pelletier (1788-1842) u. Joseph Bienaime Caventou (1795-1877) Ch. aus der Chinarinde u. errichteten die erste Chininfabrik. 1909 erfolgte die Strukturaufklärung durch Paul Rabe (1869-1952), 1944 die Totalsynthese durch Robert Burns Woodward u. William von E.-Doering. Wasserfreies Chinin s. Chinin, gefälltes.

Chininarsenit: lange seidenglänz. Kristallnadeln, wenig lösl. in Wasser, leicht lösl. in Ethanol, Ether, Chloroform.

Hom: *Chininum arsenicosum:* verord. z. B. bei erschöpfenden u. fieberhaften Erkrankungen als Tonikum.

Chinin, baldriansaures: s. Chininvalerianat.

Chininbisulfat: s. Chininhydrogensulfat.

Chinincinnamylat: Chininum cinnamylicum; $(C_{20}H_{24}O_2N_2)C_9H_8O_2$, M_r 472.3. Geh. mind. 66 % Chinin; weißes, amorphes Pulver, lösl. in Ethanol, fast unlösl. in Wasser. **Anw.:** s. Chinin; **Dos.:** ED 0.3 g.

Chinindihydrobromid: Chininum dihydrobromicum; CAS-Nr. 549-47-3; $C_{20}H_{24}O_2N_2 \cdot 2\,HBr \cdot 3\,H_2O$, M_r 540.1. Geh. mind. 58.8 % Chinin; weiße Kristalle, lösl. in Ethanol u. Wasser. **Dos.:** ED 0.3 g.

Chinindihydrochlorid: Chinini dihydrochloridum, Chininum dihydrochloricum, saures Chininhydrochlorid; CAS-Nr. 60-93-5; $C_{20}H_{24}O_2N_2 \cdot 2\,HCl \cdot H_2O$, M_r 415.3. Schmp. 220-230 °C. Weiße, polymorphe Kristalle, leicht lösl. in Wasser (1:0.7) u. Ethanol, wenig lösl. in Chloroform u. verd. Salzsäure. **Off.:** ÖAB90, DAC86; **Anw.:** s. Chinin, bes. zu Injektionen; **Dos.:** ED 0.3 g.

Chinin, gefälltes: Chininum praecipitatum; gefälltes (wasserfreies) Chinin; $C_{20}H_{24}N_2O_2$, M_r 324.2. Schmp. 174-175 °C. Weißes, amorphes od. krist. Pulver, leicht lösl. in Ethanol u. Chloroform, sehr schwer lösl. in Wasser; s. Chinin. **Dos.:** ED 0.25 g, i. m. 0.25 g.

Chinin, gerbsaures: s. Chinintannat.

Chinin, glycerophosphorsaures: Chininum glycerinophosphoricum; Geh. mind. 70 % Chinin*. Weiße Kristalle od. weißes Pulver, lösl. in Ethanol, wenig lösl. in Wasser. **Dos.:** ED 0.3 g.

Chinin-Harnstoff-Dihydrochlorid: Chininum dihydrochloricum carbamidatum; $[C_{20}H_{24}O_2N_2 \cdot HCl] \cdot [CO(NH_2)_2 \cdot HCl] \cdot 5\,H_2O$, M_r 547.3. Geh. mind. 58 % Chinin. Farblose Kristalle, lösl. in Wasser u. Ethanol. **Anw.:** zu subkutanen Injektionen (0.5 g) bei Malaria; vgl. Chinin.

Chininhydrobromid: Chininum hydrobromicum; $C_{20}H_{24}O_2N_2 \cdot HBr \cdot H_2O$, M_r 423.2. Weiße krist. Nadeln, lösl. in Wasser, leicht lösl. in Ethanol, Chloroform, wenig lösl. in Ether. **Anw.:** früher Antipyretikum, Antimalariamittel, Antineuralgikum; **Dos.:** ED 0.3 g.

Chininhydrochlorid: Chinini hydrochloridum Ph.Eur., Chininii chloridum, Chininum hydrochloricum; CAS-Nr. 130-89-2 (wasserfrei); CAS-Nr. 6119-47-7 (Dihydrat); $C_{20}H_{25}ClN_2O_2 \cdot 2\,H_2O$, M_r 369.9. Schmp. 220-230 °C. $[\alpha]_D^{20\,°C}$ −240 bis −253° (c = 2 in Salzsäure, 0.1 mol/L). Weiße, polymorphe, krist. Nadeln, lösl. in 25 T. Wasser, in 3 T. Ethanol, 2 T. Chloroform. **Darst.:** Umsetzung von Chininsulfat mit Bariumchlorid; **Anw.:** s. Chinin; Standardsubstanz zur Bestimmung des Bitterwerts*; **Dos.:** bei Malaria 3 × 0.3 g/d.

Chininhydrogensulfat: Chininbisulfat, Chinini hydrogensulfas, Chinini bisulfas, Chininum bisulfuricum, saures schwefelsaures Chinin; $C_{20}H_{24}O_2N_2 \cdot H_2SO_4 \cdot 7\,H_2O$, M_r 548.4. Chiningeh. 59.1 %; weißes, krist. Pulver, verwittert leicht u. färbt sich am Licht allmähl. gelbl.; lösl. in 10 T. Wasser u. 30 T. Ethanol. **Off.:** ÖAB90; **Anw.:** s. Chinin; **Dos.:** ED 0.3 g, MED 0.5 g, MTD 2.0 g.

Chinini hydrochloridum: s. Chininhydrochlorid.

Chininii chloridum: s. Chininhydrochlorid.

Chinini sulfas: s. Chininsulfat.

Chininsalicylat: Chininum salicylicum, salicylsaures Chinin; CAS-Nr. 750-90-3; $(C_{20}H_{24}O_2N_2)C_7H_6O_3 \cdot H_2O$, M_r 480.6. Schmp. 199 °C. Weiße, polymorphe Kristalle, lösl. in Ethanol, wenig lösl. in Wasser. **Dos.:** ED 0.3 g.

Chinin, salicylsaures: s. Chininsalicylat.

Chinin, saures schwefelsaures: s. Chininhydrogensulfat.

Chinin, schwefelsaures: s. Chininsulfat.

Chininsulfat: Chinini sulfas Ph.Eur., Chininum sulfuricum, schwefelsaures Chinin; CAS-Nr. 804-63-7 (wasserfrei); CAS-Nr. 6119-70-6; $C_{40}H_{50}N_4O_8S \cdot 2\,H_2O$, M_r 783.0. Farblose, nadelförmige Kristalle od. weißes, krist. Pulver von stark bitterem Geschmack, lösl. in ca. 810 T. Wasser (20 °C), in ca. 35 T. siedendem Wasser, wenig lösl. in Ethanol u. in Chloroform. $[\alpha]_D^{20\,°C}$ −233 bis −245° (c = 2 g/100 mL in Salzsäure, 0.1 mol/L). **Anw.:** s. Chinin.

Hom: *Chininum sulfuricum (HAB1.4):* verord. z. B. bei Schwindelzuständen; als Rekonvaleszenzmittel.

Chinintannat: Chininum tannicum, gerbsaures Chinin; Zstzg. uneinheitl., Geh. an Chinin 30-32 %; gelbl. weißes, amorphes Pulver, in Wasser kaum lösl., etwas lösl. in heißem Wasser. **Anw.:** früher bes. in der Kinderpraxis, da am wenigsten bitter schmeckendes Chininsalz, bei Durchfall, Grippe, Fieber, Keuchhusten, Migräne, Nachtschweiß; **Dos.:** 0.3-2 g (meist das 2- bis 4fache von Chininsulfat*).

Chininum: rohes Chinin*; braune amorphe Masse.

Chininum aethylcarbonicum: s. Euchinin.

Chininum amorphum fuscum: s. Chinoidin.

Chininum arsenicosum: s. Chininarsenit.

Chininum bisulfuricum: s. Chininhydrogensulfat.

Chininum cinnamylicum: s. Chinincinnamylat.

Chininum dihydrobromicum: s. Chinindihydrobromid.

Chininum dihydrochloricum: s. Chininhydrochlorid.

Chininum dihydrochloricum carbamidatum: s. Chinin-Harnstoff-Dihydrochlorid.

Chininum ferro-citricum: s. Eisenchinincitrat.

Chininum glycerinophosphoricum: s. Chinin, glycerophosphorsaures.

Chininum hydrobromicum: s. Chininhydrobromid.

Chininum hydrochloricum: s. Chininhydrochlorid.

Chininum praecipitatum: s. Chinin, gefälltes.

Chininum salicylicum: s. Chininsalicylat.

Chininum sulfuricum: s. Chininsulfat.

Chininum tannicum: s. Chinintannat.

Chininvalerianat: Chininum valerianicum, baldriansaures Chinin; $(C_{20}H_{24}O_2N_2)C_5H_{10}O_2 \cdot H_2O$, M_r 444.3. Weiße Kristallschuppen, lösl. in 100 T. Wasser u. 5 T. Ethanol. **Anw.:** Tonikum, früher auch Antineuralgikum; **Dos.:** 0.05-0.5 g.

Chiniofonum: s. Iod-hydroxychinolin-sulfonsäure.

Chinoform: s. Clioquinol.

Chinoidin: Chininum amorphum fuscum; Gemenge versch. amorpher Chinaalkaloide, die bei der Fabrikation von Chinin* aus den Mutterlaugen als Nebenprodukt gewonnen werden. Braune harzartige Masse mit muscheligem Bruch, lösl. in Ethanol u. Chloroform sowie in angesäuertem Wasser. **Anw.** med.: früher als Chininersatz.

Chinolin: Benzo[*b*]pyridin; C_9H_7N, M_r 129.1. D. 1.088-1.093. Schmp. −19.5 °C. Sdp. 235-237 °C. Gelbl., stark lichtbrechende Flüss., leicht lösl. in Ethanol, Ether, Chloroform, Benzin, Schwefelkohlenstoff, wenig lösl. (6 %) in Wasser. **Vork.** u. **Gew.:** Best. von Steinkohlenteer (0.3 %). **Herst.:** nach der Skraup-Synthese aus Anilin, Nitrobenzol, Glycerol u. Schwefelsäure. **Anw.** med.: Antiseptikum*, zur Konservierung von Harn u. Blut; äußerl.: zu Mund- u. Gurgelwässern, Pinselungen (mit gleicher Wirk. Chinolinhydrochlorid u. Chinolinthiocyanat); techn.: zur Konservierung anatom. Präparate u. als Einschlussmittel in der Mikroskopie, zur Herst. von Photosensibilisatoren, Vulkanisationsbeschleuniger, Farbstoffen, Arzneimittel. Weitere Chinolinabkömmlinge sind

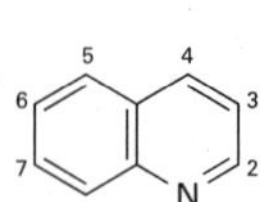

Chinolin

z. B. Chinolintartrat, 8-Hydroxychinolin*, Chinaldinsäure*, Cinchophen* sowie 4-Oxo-1,4-dihydrochinolin (vgl. Gyrasehemmer) u. die Chinolinalkaloide*.

Chinolinalkaloide: Alkaloide* mit Chinolin als Grundgerüst, z. B. Cinchonaalkaloide* sowie Cusparin u. Derivate (in Cortex Angosturae, s. Galipea officinalis). Aus biogenet. Gründen werden sie z. T. auch, wie die Cinchona-Alkaloide, zu den Indolalkaloiden* gezählt. Die Biogenese erfolgt näml., ausgehend von Tryptophan (od., weniger häufig, Anthranilsäure), über ein Indolgerüst, aus dem durch Ringerweiterung das Chinolingerüst gebildet wird. **Vork.:** in höheren Pflanzen u. in Mikroorganismen.

Chinolin-2-carbonsäure: s. Chinaldinsäure.

Chinolinol: s. 8-Hydroxychinolin.

Chinolinoli et kalii sulfas: s. 8-Hydroxychinolinsulfat-Kaliumsulfat.

Chinolinoli sulfas: s. 8-Hydroxychinolinsulfat.

Chinolinolsulfat-Kaliumsulfat: s. 8-Hydroxychinolinsulfat-Kaliumsulfat.

8-Chinolinolsulfat-Monohydrat: s. 8-Hydroxychinolinsulfat.

Chinolinsäure: s. Nicotinsäure.

Chinolizidinalkaloide: Lupinenalkaloide; Alkaloide* mit Chinolizidin (Norlupinan) als Grundgerüst. Die Biogenese erfolgt hauptsächl. über Lysin, aus welchem nach Decarboxylierung das entstandene biogene Amin, das Cadaverin*, zum bicycl. Chinolizidingerüst (z. B. im Lupinin) dimerisiert. An dieses können weitere Cadavereineinheiten kondensiert werden, so dass auch tricycl. (Cytisin*) u. tetracycl. Verb. (Anagyrin*, Lupanin, Hydroxylupanin, Spartein*) entstehen. **Vork.:** v. a. in Fabaceae (Lupinus-Arten, Cytisus* scoparius, Genista scoparia, Laburnum* anagyroides, Sophora* pachycarpa); das Chinolizidinskelett kommt als mehrkerniges System z. B. auch in Berberin* vor.

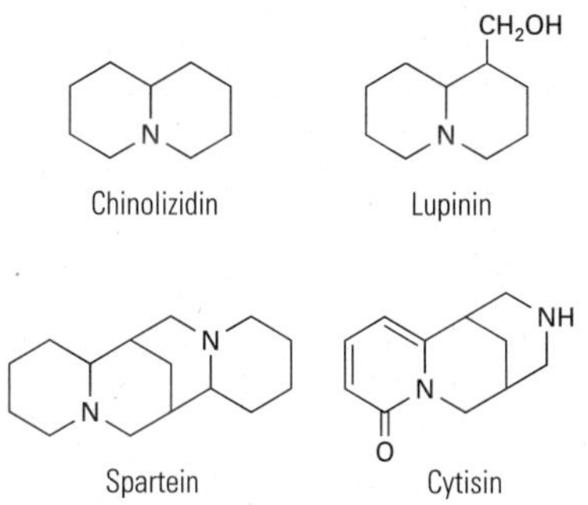

Chinolizidinalkaloide

Chinolonderivate: s. Gyrasehemmer.

Chinone: große Gruppe org. Verb., die durch Oxidation von Phenolen od. polycycl. aromat. Kohlenwasserstoffen entstehen. Meist von goldgelber od. roter Farbe u. eigentüml. Geruch. ***p*-Benzochinon:** *p*-Chinon; $C_6H_4O_2$; Schmp. 116 °C; goldgelbe Kristalle mit charakterist. stechendem Geruch; lösl. in Ethanol, Ether, heißem Wasser.

Chinosol: s. 8-Hydroxychinolinsulfat-Kaliumsulfat.

Chinotoxin: s. Viquidil.

Chinovasäure: s. Saponine, Tab. 1.

Chinovin: Glykosid aus Chinarinde; s. Cinchona pubescens.

Chinoxalin: 1,4-Benzodiazin, Benzopyrazin; CAS-Nr. 91-19-0; $C_8H_6N_2$, M_r 130.15. Schmp. 30 °C (Monohydrat: Schmp. 37 °C). Sdp. 220-223 °C. Leicht lösl. in Wasser, Ethanol, Ether, Benzol.

Chiococca alba (L.) Hitchc.: Chiococca racemosa L., Schneebeerenbaum; Fam. Rubiaceae (heim. Brasilien, Argentinien, Westindien). Chiococca alba, C. densifolia Mart. u. C. anguifuga Mart. sind Stpfl. von **Radix Caincae:** Cainca, Schneebeerenwurzel. **Inhaltsst.:** Caincasäure (saponinartiges Glykosid), Caincin (Caincabitter), Kaffeegerbsäure, Harz; **Anw.** volkstüml.: z. B. zur Harnvermehrung, Abführmittel.
Hom: *Cainca:* getrocknete Wurzelrinde; verord. z. B. bei chron. Nierenentzündung, Ödemen.

Chionanthus virginicus L.: Chionanthus latifolia Ait., Giftesche, Virginischer Schneeflockenbaum; Fam. Oleaceae (Nordamerika). Stpfl. von **Cortex Chionanthi virginici (radicis):** Gifteschenwurzelrinde. **Inhaltsst.:** Saponine*; **Anw.** volkstüml.: z. B. Leber- u. Gallenmittel bei Gallensteinen, Leberentzündungen; äußerl. bei Wunden, Quetschungen.
Hom: *Chionanthus virginicus (HAB1.4):* frische Wurzelrinde mit anhängenden Seitenwurzeln; verord. z. B. bei Leber- u. Gallenleiden.

Chiragra: Gicht* in den Gelenken der Hand.

Chiralität (gr. Händigkeit): Eigenschaft von Molekülen, deren Spiegelbildisomere sich, wie rechte u. linke Hand, nicht zur Deckung bringen lassen. Ch. tritt bei Molekülen auf, bei denen eine Spiegelebene*, eine Drehspiegelachse* od. ein Symmetriezentrum* fehlen. Ch. ist Voraussetzung für das Auftreten von Enantiomeren* u. opt. Aktivität. Kommt die Ch. durch ein Zentrum, eine

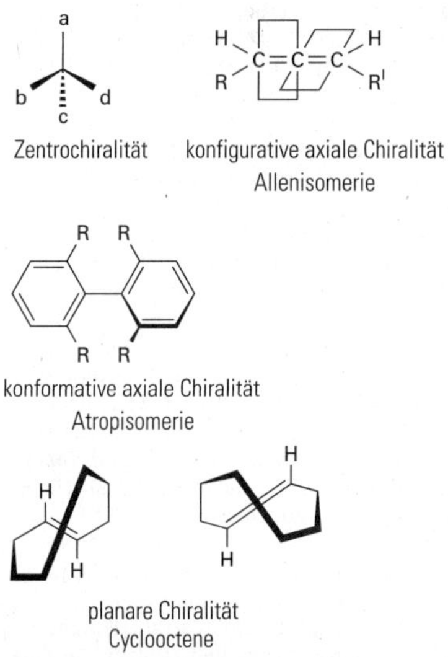

Chiralität: versch. Beispiele

C

Achse od. eine Ebene zustande, spricht man von Zentrochiralität, axialer od. planarer Ch. (s. Abb.). Bei der Zentrochiralität muss der dreidimensionale Raum um ein Chiralitätszentrum unterschiedl. sein (asymmetr. Kohlenstoffatom*, vgl. prochiral). Bei chiralen N-Verb. ersetzt ein nichtbindendes Elektronenpaar den vierten Liganden. Unterteilung der axialen Ch. in konfigurativ-axiale (Allene, Spiroverb.) u. konformativ-axiale Ch. (Atropisomere*, Biphenylverb.). Beispiele für planare Ch.: Cyclooctene, Cyclophane (Ansaverbindungen*). Bei der Helizität ist die spirale Form für die Ch. verantwortlich.

Chirata indica: s. Swertia chirata.

Chirettakraut: s. Swertia chirata.

Chitin: [N-Acetyl-D-glucosamin]$_n$; $(C_8H_{13}NO_5)_n$; nat. vorkommendes *N*-haltiges Polysaccharid in *β*-1,4-glykosid. Bindung. Gerüstsubstanz der Insekten u. Krebstiere, auch in Würmern, Bakterien, Pilzen u. Flechten. Starke Säuren spalten Chitin vollkommen in Glukosamin u. Essigsäure.

Chitosamin: s. Glukosamin.

Chitosanhydrochlorid: Chitosani hydrochloridium; Ph.Eur.4, wird durch partielle Deacetylierung von Chitin gewonnen.

Chlamydien: Gattung gramnegativer, unbewegl., kokkoider, pleomorpher Bakt. der Fam. Chlamydiaceae; obligate Zellparasiten. Med. bedeutsame Spezies: Ch. trachomatis (s. STD, Trachom), Ch. pneumoniae, Ch. psittaci (s. Ornithose).

Chloasma: syn. Melasma; meist symmetr. auftretende, scharf begrenzte gelbl. braune Flecken an Stirn, Wangen u. Kinn, bes. bei Frauen. Die Hyperpigmentierung wird durch Sonnenbestrahlung verstärkt. **Auftreten:** z. B. als Ch. gravidarum bei Schwangeren (Rückbildung nach der Entbindung; zuweilen von längerer Dauer) u. als Ch. medicamentosum, ausgelöst durch Arzneimittel, z. B. Hydantoin, Phenytoin, Chlorpromazin od. hormonale Antikonzeptiva; **Ther.:** Azelainsäure evtl. in Komb. mit Tretinoin.

Chlor: Chlorum; Symbol Cl; OZ 17, A_r 35.453. 2 Isotope (^{35}Cl u. ^{37}Cl). Elementar Cl_2. D. 1.57. Sdp. –34.1 °C. Schmp. –101.0 °C. Krit. Temp. 143.5 °C, krit. Druck 74.6 bar; unter Druck flüssig. Gelbgrünes, erstickend riechendes, sehr giftiges Gas, 2.5-mal schwerer als Luft; in 1 L Wasser lösen sich ca. 2.5 L Chlorgas (Aqua chlorata EB6, Geh. 0.4-0.5 % wirksames Cl_2). Das Halogen gehört zu den reaktionsfähigsten Elementen. Oxidationsstufe i. Allg. –1 (Chlorwasserstoff*, Chloride, z. B. NaCl), nur bezügl. der elektronegativen Elemente Sauerstoff u. Fluor (z. T. auch Stickstoff) positive Oxidationsstufen: +1 (z. B. ClO^-, ClF, ClN_3), +3 (z. B. ClO_2^-, ClF_3), +5 (z. B. ClO_3^-, ClF_5), +7 (z. B. ClO_4^-, ClO_3F); seltener +2 (z. B. ClO, instabil), +4 (z. B. ClO_2), +6 (z. B. Cl_2O_6); gebrochene Oxidationsstufen: –1/3 (z. B. Cl_3^-), +1/3 (Cl_3^+); **Vork.:** nat. nur gebunden, z. B. als Kochsalz (NaCl), Sylvin (KCl), Magnesiumchorid ($MgCl_2$), Carnallit ($KCl \cdot MgCl_2 \cdot 6\,H_2O$); im Meerwasser, in den Staßfurter Abraumsalzen, in Salzsolen sowie im tier. u. pfl. Körper, der Cl-Gehalt der Erdoberfläche beträgt 0.15 %; **Nachw.:** **1.** Cl_2 setzt aus Kaliumiodid I_2 frei, daher wird Kaliumiodidstärkepapier gebläut; **2.** Chloride geben in salpetersaurer Lsg. mit Silbernitrat einen weißl. gelben Niederschlag von Silberchlorid (AgCl), der in Ammoniak lösl. ist (Chlorate müssen erst in Chloride umgewandelt werden); **3.** wässrige Lsg. von Indigo* od. Lackmus* werden durch Cl_2 entfärbt; **Darst.:** **1.** aus Braunstein u. Salzsäure (Weldon-Verfahren, veraltet) od. durch Einw. von HCl auf Chlorkalk, Kaliumpermanganat, H_2O_2 od. Kaliumchlorat; **2.** Chloralkali-Elektrolyse, od. elektrochem. aus Chlorwasserstoff; **3.** katalyt. Verfahren von Deacon: ein Gemisch von Luft u. Chlorwasserstoff wird über Kupferchlorid-Lsg. getränkte Tonkugeln geleitet; heute nur noch vereinzelt u. in modifizierter Form angewendet, z. B. beim Shell-Deacon-Verfahren; **Anw.:** Herst. von Chlorkalk, Salzsäure u. Chloriden, Chlorierung org. Stoffe, Oxidations- u. Bleichmittel, Sterilisation von Trinkwasser, Desinfektion von Bade- u. Abwässern; **Tox.:** Chlorgas besitzt starke Reizwirkung auf die Schleimhäute, bereits eine Luftkonzentration von 1 ppm führt zu Reizung der Nasen-, Rachen- u. Augenschleimhaut. Bei oftmaligem Kontakt tritt eine Gewöhnung ein. 690 ppm in der Atemluft führen rasch zu Atemnot, Cyanose u. Tod durch Ersticken. 0.5- bis 1-stündiges Einatmen von 50 ppm führt ebenfalls zum Tod. MAK: 0.5 mL/m^3 Luft (0.5 ppm). **Gesch.:** 1774 von Carl Wilhelm Scheele (1742-1786) entdeckt.

Chloracetanilid: 4-Chloracetanilid; C_8H_8ClNO, M_r 169.6. Schmp. ca. 178 °C. Krist. Pulver; prakt. unlösl. in Wasser, lösl. in Ethanol. **Anw.:** Reagens Ph.Eur.4.

Chlorakne: s. TCDD.

Chloral: Trichloracetaldehyd, Chloralanhydrid; CCl_3-CHO, M_r 147.4. Schmp. –57.5 °C. Sdp. 98 °C. Farblose, stechend riechende Flüssigkeit. **Anw.:** Herst. von Chloralhydrat*, Chloralformamid* sowie des Insektizides DDT mit Chlorbenzol unter dem Einfluss von Schwefelsäure; s. Clofenotan.

Chloralamid: s. Chloralformamid.

Chloralanhydrit: s. Chloral.

Chloralchloroform: s. Chloroformium e Chloralo hydrato.

Chloralformamid: Chloralum formamidatum, Chloralamid, Chloramid; *N*-(2,2,2-Trichloro-1-hydroxyethyl)formamid; $CCl_3-CH(OH)-NH-CHO$, M_r 192.4. Weiße, geruchlose Kristalle von bitterem Geschmack, lösl. in Wasser u. Glycerol, leicht lösl. in Ethanol. **Anw.:** früher als Hypnotikum, ähnl. Chloralhydrat*.

Chloralhydrat: Chlorali hydras Ph.Eur.4; 2,2,2-Trichlorethan-1,1-diol, Chloralum hydratum; CAS-Nr. 302-17-0; $C_2H_3Cl_3O_2$, M_r 165.4. Schmp. 59.5 °C (Mod. II) bzw. 74.5 °C (Mod. I); in der Praxis zw. 50 u. 75 °C, je nach Kristallform, Reinheit u. Bestimmungsmethode (zerfällt beim Schmelzen z. T. in Chloral u. Wasser). Sdp. 97 °C. D. 1.9. Farblose, durchsichtige Kristalle von charakterist., stechend. Geruch u. schwach bitterem, brennendem Geschmack; sehr leicht lösl. in Wasser, Ethanol, Ether, leicht lösl. in Chloroform. **Inkomp.:** oxidierende Stoffe, basische Stoffe (Zers.); **Anw.:** ältestes synthet. Schlafmittel (1869); gutes Ein- u. Durchschlafmittel, hinterlässt fast keine Nachwirkungen am folgenden Tag; angewendet v. a. bei Kindern u. älteren Patienten; ferner bei Erregungszuständen u. zentral ausgelösten Krämpfen; Hauptmetabolit ist Trichlorethanol; **UAW:** größere Dosen verursachen Magenstörungen u. Schleimhautschädigungen, Kreislaufstörungen, Herzlähmung u. Leberschädigungen; Gefahr der Abhängigkeit (früher häufiger; als Chloralismus bezeichnet); **Kontraind.:** Herz- u. Lebererkrankungen; **Dos.:** 0.5-1.0 g, mit Mucilaginosa od. in Kapseln; MED 2.0 g, MTD 6.0 g; als Klysma 0.5 g in Mucilaginosum od. in öliger Lsg.; Kleinkinder: 0.25-0.5 g; LD ca. 6-10.0 g; äußerl. als Antiseptikum zu Spülungen, u. a. bei Rachenkatarrh, Angina, sowie zu Haarwässern; HWZ 4 min bzw. 6-10 h (Metaboliten); techn.: Reagens Ph.Eur.4; als **Chloralhydratlösung** (ca. 60 %ig) in der Mikroskopie als Einschluss- u. Aufhellungsmittel; **Gesch.:** erstmals 1832 von Justus Liebig (1803-1873) dargestellt.

Chloralismus: s. Chloralhydrat (Anw.).

Chloralum formamidatum: s. Chloralformamid.

Chloralum hydratum: s. Chloralhydrat.

Chlorambucil INN: Chlorambucilum Ph.Eur., Chloraminophen; 4-[4-Bis(2-chlorethyl)amino-phenyl]buttersäure; CAS-Nr. 305-03-3; $C_{14}H_{19}Cl_2NO_2$, M_r 304.23. Schmp. 64-66 °C (kristallisiert aus Petrolether). Sehr schwer lösl. in Wasser; lösl. 1:1.5 in Ethanol, 1:2 in Aceton, 1:2.5 in Chloroform, in verd Alkalihydroxid-Lsg.; pK_S 5.8. **Anw.:** Zytostatikum, Alkylans; bei chron. lymphat. Leukämie, Morbus Hodgkin; **Dos.:** p. o. 1×0.1 mg/kg KG/d über 3-6 Wochen, Erhaltungsdos. 0.03 mg/kg KG/d; HWZ 1.7 h.

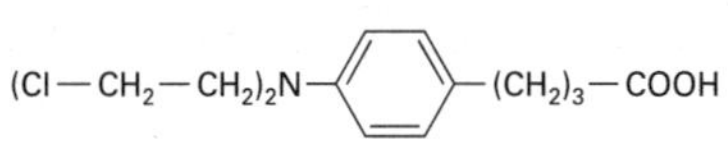

Chlorambucil

Chloramin 80: s. Tosylchloramid-Natrium.

Chlorammonium: s. Ammoniumchlorid.

Chloramphenicol INN: Chloramphenicolum Ph.Eur., Laevomycetin, 2-Dichloracetamido-1-(4'-nitrophenyl)-propan-1,3-diol; D-(–)-*threo*-2,2-Dichloro-*N*-[2-hydroxy-1-(hydroxymethyl)-2-(4-nitrophenyl)ethyl]acetamid; CAS-Nr. 56-75-7; $C_{11}H_{12}Cl_2N_2O_5$, M_r 323.1. $[\alpha]_D^{20\,°C}$ +18.5 bis +21.5° (c=5 in absol. Ethanol), in Ethylacetat linksdrehend. Schmp. 152 °C. Weißes bis gelbl. weißes, krist. Pulver von stark bitterem Geschmack; leicht lösl. in Ethanol 90 %, Aceton, Ethylacetat, wenig lösl. in Wasser. Ch. ist eine der wenigen nat. vorkommenden Nitroverb. u. zeigt strukturell Verwandschaft mit Ephedrin*. **Herst.:** ursprüngl. gew. aus Streptomyces venezuelae (von I. Ehrlich, Bartz, Schatz, Bugie; 1948), heute nach versch. Verfahren synthet. hergestellt; **Wirk.** u. **Anw.:** Breitband-Antibiotikum, Reservemittel bei schweren Infektionen, zunehmende Resistenzentwicklung durch Einsatz in der Geflügelzucht, unverzichtbares Antibiotikum in den Tropen u. Subtropen, da stabil, preiswert u. stark wirksam; insbes. p. o., ggf. auch i. v. und i. m. verabreicht, bei Kindern nur in Ausnahmefällen rektal, ferner lokal angewendet; bakteriostat. wirksam geg. einige gramnegative (z. B. Proteus, Salmonellen, Shigellen) u. einige grampositive Keime sowie Rickettsien u. einzelne größere Virusarten (z. B. Psittakose); Hauptind.: Salmonelleninfektionen (Typhus, Paratyphus B), Infektionen des ZNS, Rickettsiosen; äußerl.: bei Augeninfektionen, Konjunktivitis. Resistenzentw. langsam u. selten; für Augentropfen haltbare Lsg. in Boratpuffer, vgl. auch Chloramphenicol-Augentropfen (s. Augentropfen); **UAW:** s. Antibiotika (Chloramphenicol-Antibiotika); aufgrund der UAW strenge Indikationsstellung; **Kontraind.:** Blutkrankheiten, schwere Leberinsuffizienz, Schwangerschaft, Stillperiode; **Dos.:** optimale Tagesdos. 1.5-2 g in 4 ED (MTD 3 g nur in Ausnahmefällen!), insges. max. 30 g in 10-14 Tagen; Kinder 25-50 mg/kg KG/d in 4 ED; äußerl. am Auge 1 %, Haut 2 %; HWZ 2-5 h; vgl. Antibiotika (Tab.). **Ester:** Wegen des stark bitteren Geschmacks werden, vor allem in der Kinderheilkunde, für die p. o. Anw. Stearinsäure- u. Palmitinsäureester eingesetzt. Die selbst nicht wirksamen Ester werden im GIT enzymat. hydrolysiert. Geschwindigkeit u. Ausmaß der Hydrolyse u. damit der Wirksamkeit des freigesetzten Ch. hängt von der Kristallform, der polymorphen Modifikation, des Esters ab. **Chloramphenicolpalmitat:** Chloramphenicoli palmitas Ph.Eur.; CAS-Nr. 530-43-8; $C_{27}H_{42}Cl_2N_2O_6$, M_r 561.6. Schmp. 95 °C (Mod. I, unwirksame Form) bzw. Schmp. 89 °C (Mod. II, wirksame Form); 2 weitere Modifikationen. Weißes, fettiges Pulver; fast unlösl. in Wasser, leicht lösl. in Aceton u. Chloroform, wenig lösl. in Ethanol. **Chloramphenicolhydrogensuccinat-Natrium:** Chloramphenicoli natrii succinas Ph.Eur.; $C_{15}H_{15}Cl_2N_2NaO_3$, M_r 445.2. Isomerengemisch; weißes, hygroskop. Pulver; sehr leicht lösl. in Wasser. Gebräuchl. ist auch Chloramphenicolstearylglykolat.

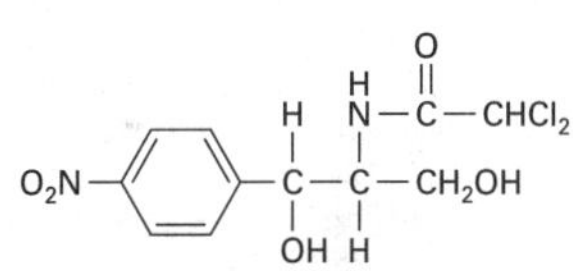

Chloramphenicol

Chloramphenicol-Augentropfen: s. Augentropfen.

Chloramphenicolpalmitat: s. Chloramphenicol.

4-Chloranilin: C_6H_6ClN, M_r 127.6. Schmp. ca. 71 °C. Kristalle; lösl. in heißem Wasser, leicht lösl. in Ethanol u. Ether. **Anw.:** Reagens Ph.Eur.4.

Chloraniline: 2-, 3- u. 4-Chloranilin. **Tox.:** wie Anilin* sind auch die Ch. Blut- u. Nervengifte, die durch die Haut resorbiert werden.

Chlorate: Salze der Chlorsäure.

Chlorazanil INN: 2-Amino-4-(4-chloranilino)-1,3,5-triazin; CAS-Nr. 500-42-5; $C_9H_8ClN_5$, M_r 221.65. Schmp. 256-258 °C (kristallisiert aus Ethanol). **Anw.:** obsolet; früher Diuretikum*, Herz- u.

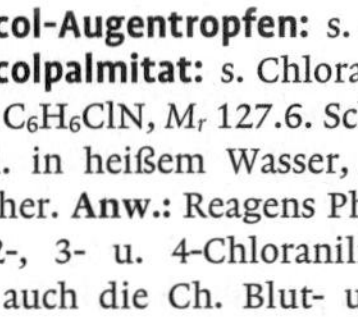

Chlorazanil

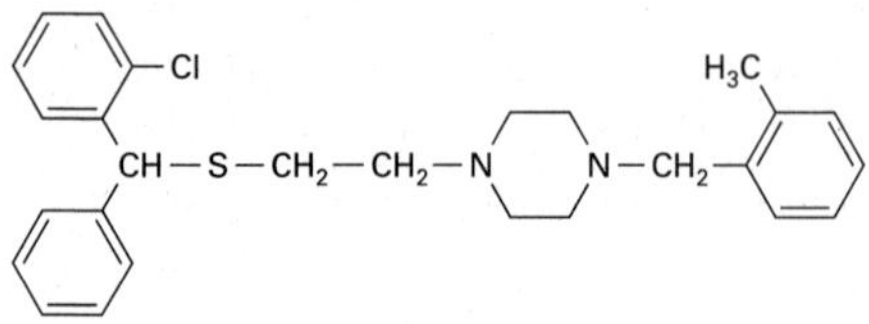

Chlorbenzoxamin

Leberödeme; **UAW:** Hypokaliämie; **Kontraind.:** Leberkoma, Niereninsuffizienz mit Anurie, Hypokaliämie; **WW:** Herzglykoside, Antidiabetica (Gefahr der Hyperglykämie), Glucocorticoide; gebräuchl. war Chlorazanilhydrochlorid.

Chlorbarium: s. Bariumchlorid.

Chlorbenzoxamin INN: Chlorbenzoxyaethamin; 1-[2-(2-Chlor-α-phenylbenzyloxy)ethyl]-4,2-methylbenzylpiperazin; CAS-Nr. 522-18-9; $C_{27}H_{31}ClN_2O$, M_r 434.99. Sdp. 234-236 °C (1.33 Pa). **Chlorbenzoxamindihydrochlorid:** CAS-Nr. 5576-62-5; $C_{27}H_{33}Cl_3N_2O$, M_r 507.94. Schmp. 197-200 °C. Leicht lösl. in Methanol, Wasser, Aceton; lösl. in Ethanol, Chloroform, Essigsäure; fast unlösl. in Acetonitril, Ether, Benzol. **Anw.:** Anticholinergikum, Ulkusther.; **Dos.:** p. o. bei akuten Zuständen bis zu 150 mg/d in geteilten Dosen.

Chlorbutanol: s. Chlorobutanol.

Chlorcalcium: s. Calciumchlorid.

Chlorchinaldol: s. Chlorquinaldol.

Chlorcholinchlorid: Abk. CCC; 2-Chlorethyltrimethylammoniumchlorid; ein synthet. Pflanzenhemmstoff, ein Gibberellinantagonist*, mit wachstumsverzögernder Wirkung. CCC ruft bei Getreide eine Halmverkürzung u. -verdickung hervor u. führt so zu einer größeren Standfestigkeit des Getreides.

Chlorcresole: s. Cresol.

Chlordan: 1,2,4,5,6,7,8,8-Octachlor-2,3,3a,4,7,7a-hexahydro-4,7-methanoinden; CAS-Nr. 57-74-9; $C_{10}H_6Cl_8$, M_r 409.8. **Anw.** techn.: Insektizid; s. Schädlingsbekämpfungsmittel (chlorierte Kohlenwasserstoffe) (Tab.).

Chlordiazepoxid INN: Chlordiazepoxidum Ph.Eur., Methaminodiazepoxid; 7-Chlor-2-methylamino-5-phenyl-3*H*-1,4-benzodiazepin-4-oxid; CAS-Nr. 58-25-3; $C_{16}H_{14}ClN_3O$, M_r 299.75. Schmp. 240-244 °C. Unlösl. in Wasser; lösl. 1:40 in Ethanol; schwer lösl. in Chloroform, Ether. **Anw.:** Tranquilizer; **Dos.:** p. o. 2-3 × 5 mg/d; stationär bis 3 × 50 mg/d; HWZ 10-15 h bzw. 50-90 h (Metaboliten). **Chlordiazepoxidhydrochlorid:** Chlordiazepoxidi hydrochloridum Ph.Eur.; CAS-Nr. 438-41-5; $C_{16}H_{15}Cl_2N_3O$, M_r 336.2. Schmp. ca. 216 °C (unter Zers.). Weißes, krist. Pulver; lösl. in Wasser, wenig lösl. in Ethanol; vgl. Benzodiazepine.

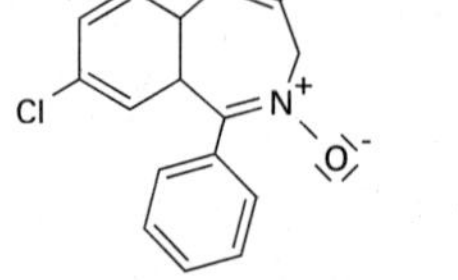

Chlordiazepoxid

1-Chlor-2,4-dinitrobenzol: $C_6H_3ClN_2O_4$, M_r 202.56. Schmp. 53 °C (stabile Form, mind. 3 Modifikationen). Gelbe Kristalle. **Anw.:** zur gravimetr. Bestimmung des Morphingeh. im Opium, Identifizierung von Pyridinderivaten.

Chlorethan: s. Ethylchlorid.

Chlorethyl: s. Ethylchlorid.

Chlorfenvinphos: Clofenvinfos; [2-Chlor-1-(2,4-dichlorphenyl)vinyl]diethylphosphat; CAS-Nr. 470-90-6; $C_{12}H_{14}Cl_3O_4P$, M_r 359.6. **Anw.** techn.: Insektizid, Akarizid; s. Schädlingsbekämpfungsmittel (org. Phosphorverb., Tab.).

Chlorhexidin INN: 1,6-Bis(4-chlorphenyldiguanido)hexan; CAS-Nr. 55-56-1; $C_{22}H_{30}Cl_2N_{10}$, M_r 505.48. Schmp. 134 °C (kristallisiert aus Methanol). **Anw.:** Antiseptikum, Mund- u. Rachendesinfiziens; **UAW:** Geschmacksirritationen, Verfärbung der Zunge u. der Zähne; **Dos.:** p. o. als Lutschtablette 2-3 × 2 mg/d; topisch als Wundspülung 0.05 %. Gebräuchl. sind auch Chlorhexidindiacetat*, Chlorhexidindigluconat* u. Chlorhexidindihydrochlorid*.

Chlorhexidindiacetat: Chlorhexidini diacetas Ph.Eur.4; 1,1'Hexamethylen-bis[5-(4-Chlophenyl)-biguanid]-diacetat; CAS-Nr. 56-95-1; $C_{26}H_{38}Cl_2N_{10}O_4$, M_r 626. Weißl. Pulver; lösl. in Wasser (55 T.), in Ethanol (15 T.); fast unlösl. in Glycerol 85 % u. Propylenglykol. Lagerung dicht verschlossen u. unterhalb 25 °C; pH (0.2 %ige wässrige Lsg.) 6.5-7.5 (die Base ist stark alkal.). Geh. an 4-Chloranilin (Zersetzungsprodukt) max. 0.05 %. **Inkomp.:** Carboxymethylcellulose, Natriumalginat, Silbernitrat, Zinksulfat; Seifen u. ähnl. anionenaktive Verb., je nach verwendeter Konz. an Ch., pH, Lagerung u. anderen Einflüssen, auch mit Sulfaten, Hydrobromiden, Boraten, Phosphaten, Nitraten, Hydrogencarbonaten; **Anw.** u. **Dos.:** Antiseptikum (0.07 %) zur Aufbewahrung sterilisierter, chirurg. Instrumente u. Geräte u. für chirurg. Nahtmaterial u. Ligaturen (0.02 %); Konservierungsmittel in Augentropfen (0.005-0.01 %; Wirkungsoptimum bei pH 8); in Lutschtabletten 1-5 mg als ED.

Chlorhexidindigluconat: Chlorhexidini digluconas; CAS-Nr. 18472-51-0; $C_{34}H_{54}Cl_2N_{10}O_{14}$, M_r 897.8. Lösl. in Wasser; vgl. Chlorhexidindiacetat; **Chlorhexidindigluconat-Lösung:** Chlorhexidini digluconatis solutio Ph.Eur.4; farblose bis blassgelbe Flüssigkeit, mischbar mit Wasser, lösl. in Aceton u. Ethanol. **Anw.:** Antiseptikum.

Chlorhexidindigluconat-Gurgellösung: s. Gargarisma Chlorhexidini.

Chlorhexidindigluconat-Zahngel: Zstzg.: NFA, 0.20 T. Chlorhexidindigluconat, 0.60 T. Hydroxyethylcellulose ad 20 T. destilliertes Wasser. Hydroxyethylcellulose wird in 18.4 g heißem destillier-

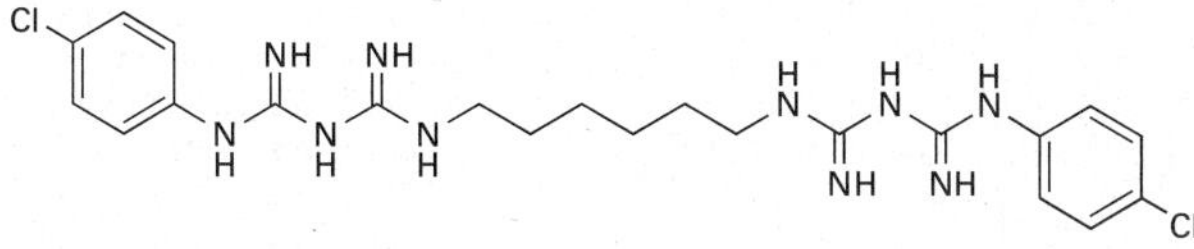

Chlorhexidin

tem Wasser dispergiert. Dann fügt man 1 g Chlorhexidingluconatlösung (20 %) zu u. lässt bis zur vollständigen Quellung (mind. 3 h) stehen. Haltbarkeit: 3 Monate. **Anw.**: akute Entzündungen des Zahnfleisches u. der Mundhöhle sowie lokale Verletzungen im Mundbereich. Vorbeugend gegen Zahnbelag u. Karies (Plaquehemmer).

Chlorhexidindihydrochlorid: Chlorhexidini dihydrochloridum Ph.Eur.4; CAS-Nr. 3697-42-5; $C_{22}H_{32}Cl_4N_{10}$, M_r 578.4. Weißl., krist. Pulver; wenig lösl. in Wasser u. Propylenglykol, sehr schwer lösl. in Ethanol; vgl. Chlorhexidindiacetat.

Chlorhexidingluconat-Lösung: s. Solutio Chlorhexidini gluconici.

Chlorhexidin-Mundspüllösung: s. Gargarisma Chlorhexidini.

Chlorhydrine: α-Chloralkohole; vicinale Chloralkohole (s. vic-). **Darst.**: Umsetzung von HCl mit Glykolen od. Epoxiden od. Anlagerung von unterchloriger Säure an Alkene; **Anw.**: Ch., z. B. das äußerst giftige Ethylenchlorhydrin (2-Chlorethanol, $Cl-CH_2-CH_2-OH$, Sdp. 129 °C), sind, wie die Cyanohydrine*, wichtig für org. Synthesen; vgl. Epichlorhydrin.

Chloride: Salze der Salzsäure*; vgl. Chlorwasserstoff.

Chlorite: Salze der chlorigen Säure, $HClO_2$.

Chlorkalium: s. Kaliumchlorid.

Chlorkalk: Bleichkalk, Calcaria chlorata, Calcii hypochloris; die Zstzg. von handelsübl. Ch. ist sehr unterschiedl., der wesentl. Best. ist das Calciumhypochlorit-chlorid, CaCl(OCl). Weißes, nach Chlor riechendes Pulver, in Wasser nur teilweise lösl., Geh. mind. 30 % aktives Chlor, das durch Säuren frei gegesetzt wird. An Licht u. Luft zersetzt sich Ch. allmähl. unter Abgabe von Sauerstoff u. nimmt eine schmierige Konsistenz an (Ph.Helv.7). Der Handelswert von techn. Ch. richtet sich nach dem Prozentgeh. an wirksamem Chlor, der ca. 35-36 % beträgt. **Darst.**: Einwirken von Chlorgas auf trockenes Calciumhydroxid; **Anw.** med.: Adstringens (obsolet) u. Desinfiziens (zuerst als solches eingeführt von Ignaz Philipp Semmelweis, Gynäkologe, Wien, 1818-1865); techn.: Bleichmittel.

Chlorknallgas: s. Chlorwasserstoff.

Chlorkresol: s. Chlorocresol.

Chlormadinon INN: 6-Chlor-17-hydroxypregna-4,6-dien-3,20-dion; CAS-Nr. 1961-77-9; $C_{21}H_{27}ClO_3$. **Anw.**: Gestagen-Ther.; HWZ 46-54 h. **Chlormadinonacetat**: CAS-Nr. 302-22-7; wird in der Humanmedizin nicht mehr verwendet.

Chlormagnesia: s. Magnesiumhypochlorit.

Chlormagnesium: s. Magnesiumchloridhexahydrat.

Chlormerodrin[^{197}Hg]: Chlormerodrini [^{197}Hg]; 2-Methoxy-3-ureidopropylquecksilber[^{197}Hg]-chlorid; org. Verb. des radioaktiven Quecksilbers-197. **Zuber.**: Chlormerodrini [^{197}Hg] solutio iniectabilis Ph.Eur.1. **Anw.**: Szintigraphie der Nieren (Speicherung in den proximalen Nierentubuli) u. Hirntumorszintigraphie.

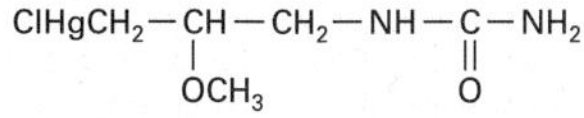

Chlormerodrin [^{197}Hg]

Chlormerodrini[^{197}Hg] solutio iniectabilis: s. Chlormerodrin[^{197}Hg].

Chlormethyl: s. Methylchlorid.

Chlormethyloxiran: s. Epichlorhydrin.

Chlormezanon INN: Chlormethazanon; 2-(4-Chlorphenyl)-3,4,5,6-tetrahydro-3-methyl-2*H*-1,3-thiazin-4-on-1,1-dioxid; CAS-Nr. 80-77-3; $C_{11}H_{12}ClNO_3S$, M_r 273.75. Schmp. 116-118 °C. Lösl. in Wasser bei 25 °C unter 0.25 % (m/V), in 95 % Ethanol bei 25 °C unter 1.0 % (m/V). **Anw.**: Muskelrelaxans; bei Verspannungen der Skelettmuskulatur, Bandscheibenschäden, Weichteilrheumatismus, nach Traumen; Tranquilizer; **UAW:** Schwindel, Übelkeit, Mattigkeit, allerg., schwerwiegende Hautreaktionen, Mundtrockenheit; **Kontraind.**: Myasthenia gravis, 1. Trimenon der Schwangerschaft; **WW:** potenziert die analget. Wirk. von Opoiden, nicht mit MAO-Hemmern kombinieren; **Dos.**: p. o. 2-3 × 0.2 g/d; HWZ ca. 24 h.

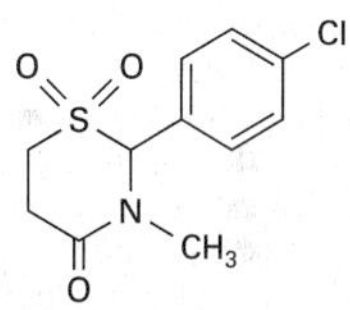

Chlormezanon

Chlormidazol INN: 1-*p*-Chlorbenzyl-2-methylbenzimidazol; CAS-Nr. 3689-76-7; $C_{15}H_{13}ClN_2$, M_r 256.74. Sdp. 240-242 °C (1.6 kPa). **Anw.**: Antimykotikum, bei Pilzinfektioen der Haut; wird kaum noch verwendet; **Dos.**: topisch als Salbe 2.5 %; auch zus. mit Salicylsäure* als Tinktur 5 %. **Chlormidazolhydrochlorid**: $C_{15}H_{14}Cl_2N_2$. Schmp. 227-228 °C (polymorph).

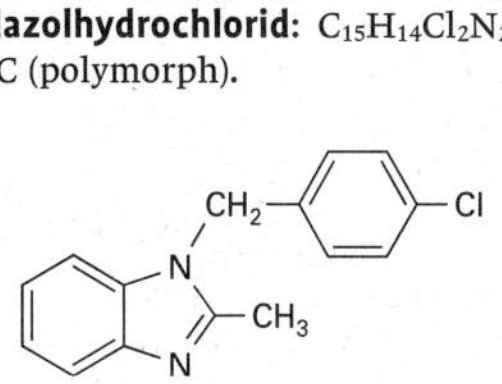

Chlormidazol

Chlornatrium: s. Natriumchlorid.

Chlornickel: s. Nickel(II)-chlorid.

C

Chlorobutanol INN: Chlorbutanol, Trichlorisobutylalkohol, Alcohol trichlorisobutylicus, Acetonchloroform, *β*-,*β*-,*β*-Trichlor-*tert*-butylalkohol; 1,1,1-Trichlor-2-methyl-2-propanol; **wasserfreies Chlorobutanol:** Chlorobutanolum anhydricum Ph.Eur., wasserfreier Trichlor-*tert*-butylalkohol; CAS-Nr. 57-15-8; $C_4H_7Cl_3O$, M_r 177.47. Schmp. 97 °C. Sdp. 167 °C (101.3 kPa) 135 °C (32.8 kPa). Leicht lösl. in Ethanol 1 g/mL, in Glycerol 0.1 g/mL, in Chloroform, lösl. in heißem Wasser, Ether, Aceton, Petrolether, Essigsäure, fetten Ölen. **Wirk.** u. **Anw.:** Hypnotikum (Durchschlafmittel), Konservierungsmittel für Injektionslsg., nasale u. ophthalmische, v. a. ölige Arzneimittel (bakterizid, fungistat.); Anästhetikum (äußerl. bei Hautjucken, Verbrennungen, schmerzenden Wunden u. Geschwüren in Form von Einreibungen u. Pudern), als örtl. Analgetikum in der Zahnheilkunde. **Chlorobutanol-Hemihydrat:** Chlorobutanolum hemihydricum Ph.Eur., Chlorbutol; CAS-Nr. 6001-64-5; $C_4H_7Cl_3O \cdot 0.5\,H_2O$, M_r 186.5. Schmp. 78 °C.

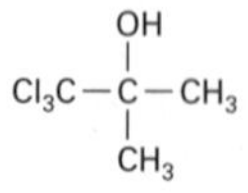

Chlorobutanol

Chlorochinum diphosphoricum: s. Chloroquindiphosphat.

Chlorocresol INN: syn. Chlorkresol, Chlorocresolum Ph.Eur.4, Parachlormetacresol (Abk. PCMC), Chloroxymethylbenzol, 6-Chlor-3-hydroxytoluol; 4-Chlor-3-methylphenol; CAS-Nr. 59-50-7; C_7H_7ClO, M_r 142.58. Schmp. 55.5 °C, Schmp. 63-66 °C (kristallisiert aus Ligroin). Sdp. 235 °C (101 kPa). Lösl. in Wasser 1 g/260 mL bei 20 °C, besser lösl. in heißem Wasser, leicht lösl. in Ethanol, Benzol, Chloroform, Ether, Aceton, Petrolether, fetten Ölen, Terpenen, wässrigen alkal. Lösungen. **Inkomp.:** oxidierende Stoffe, Eisen(III)-Salze; **Anw.:** Desinfiziens; Konservierungsmittel, bakterizid u. fungizid; **Dos.:** Konservierung von Injektionen 0.1 %. Gebräuchl. sind auch Chlorocresol-Natrium u. isomere Chlorocresole (s. Cresol).

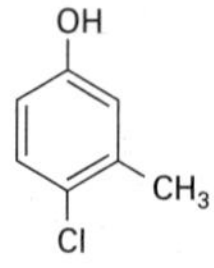

Chlorocresol

Chloroform: Chloroformium, Formylum trichloratum; Trichlormethan, $CHCl_3$, M_r 119.4. D. 1.475-1.481 (20 °C). Sdp. 59-62 °C. Farblose, klare Flüss., von süßl. Geruch u. Geschmack, wenig lösl. in Wasser, mischbar mit Ethanol, Ether, fetten u. äther. Ölen. **Darst.:** zuerst 1831 von Liebig u. Soubeiran (unabhängig voneinander) durch Einw. von Chlorkalk auf Ethanol, heute hauptsächl. durch Methanchlorierung; **Nachw.:** s. Lustgarten-Reaktion; **Off.:** ÖAB90. Da Ch. durch Licht u. feuchte Luft allmähl. in das giftige Phosgen ($COCl_2$) umgesetzt wird, wird Ethanol zugesetzt (nach ÖAB90 0.6-1.0 %), um das Phosgen durch Bildung unschädl. Kohlensäureester zu binden. **Anw.** techn.: Lösungsmittel, u. a. für Iod, Schwefel, Phosphor, Kautschuk, Harze, Fette; med.: früher zur Narkose (10 000 ppm), s. Chloroform zur Narkose; äußerl. in Einreibungen, z. B. bei Neuralgien, Errankungen des rheumat. Formenkreises; innerl. bei Erbrechen, Singultus, Flatulenz, Typhus sowie als Anthelminthikum* (mit Oleum Ricini, s. Ricinus communis). **Dos.:** 3-20 Tr.; MED 0.5 g, MTD 1.5 g. **Tox.:** hohe Konz. führen zu Atemlähmung, bei schneller Zufuhr zu Kammerflimmern u. Sekundenherztod. Bei längerer Einw. (Narkose) kommt es zu Blutdruckabfall u. Herzmuskelschäden sowie zu Leberzellnekrosen. Ch. wird im Verlauf weniger Stunden nach der Aufnahme zu ca. 90 % wieder ausgeatmet, die im Körper verbliebenen Reste können zu gefährl. Schädigungen, u. U. zu Spättodesfällen, führen; karzinogenverdächtig. MAK: 10 ppm.

Chloroformium e Chloralo hydrato: Chloralchloroform; EB6, aus Chloral od. Chloralhydrat bereitetes Chloroform*.

Chloroformöl: s. Oleum Chloroformii.

Chloroform zur Narkose: Chloroformium pro narcosi; reines Chloroform ist in kleinen, braunen, ganz gefüllten Flaschen (max. 60 mL), mit Glasstopfen verschlossen, aufzubewahren. Korkverschlüsse müssen mit einer inerten Folie (Zinnfolie) unterlegt werden; s. Chloroform. **Anw.:** obsolet.

Chlorogensäure: 1,3,4,5-Tetrahydroxycyclohexancarbonsäure-3-O-(3,4-dihydroxyzimtsäureester); $C_{16}H_{18}O_9$; M_r 354.3; Schmp. 208-210 °C; Verb. aus je 1 Molekül Chinasäure u. Kaffeesäure, ein Depsid; als Semihydrat farblose Nadeln; lösl. in Wasser, leicht lösl. in Ethanol u. Aceton. **Vork.:** in Kaffee, jungem Wein, Blättern von Steinobstbäumen, Artischocken, Tabak u. vielen Pfl.; wichtiger Faktor im pflanzl. Stoffwechsel.

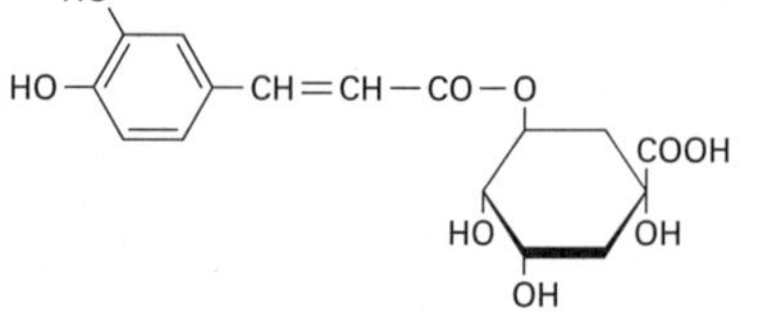

Chlorogensäure

Chloroguanid: s. Proguanil.

Chloroiodochin: s. Clioquinol.

Chlorophenothan: s. Clofenotan.

Chlorophora tinctoria (L.) Gaudich. ex Benth. et Hook. f.: Maclura tinctoria (L.) D.Don. ex Steud., Morus tinctoria, Tatajuba, Färbermaulbeerbaum; Fam. Moraceae (Süd- u. Mittelamerika, Kuba, West- u. Ostindien). Stpfl. von **Lignum citrinum:** Gelbes Brasilholz, Zitronenholz, Fustikholz. **Inhaltsst.:** Farbstoffe Morin* u. Maclurin; **Anw.:** Beizenfarbstoff bes. in Form des Extraktes

(Gelbholzextrakt, Fustikextrakt), der Wolle u. Baumwolle khakigelb färbt.

Chlorophyceae: s. Algen.

Chlorophyll: Blattgrün; Sammelbezeichnung für grüne photosynthet. Pigmente, die bei allen höheren Pflanzen in den Chloroplasten* vorkommen. Chem. sind Chlorophylle Magnesiumkomplexe von Tetrapyrrolen. Sie können als Derivate von Protoporphyrin betrachtet werden, einem Porphyrin* mit zwei freien od. veresterten Carboxylgruppen. Sie zeigen gegenüber anderen Porphyrinen charakterist. Unterschiede: 1. sie weisen zwischen C-Atom 7 u. 8 keine Doppelbindung auf; 2. der Pyrrolring III trägt den isocyclischen Pentanonring, dessen Carboxylgruppe als Methylester vorliegt; 3. C-7 trägt einen veresterten Propionsäurerest, der bei Chlorophyll a mit Phytol ($C_{20}H_{39}OH$) verestert ist (s. Abb.). Dieser langkettige Alkohol ist für die wachsige Beschaffenheit verantwortl. u. verhindert die Kristallisation. Die Kohlenwasserstoffkette stellt das lipophile Ende dar, der Tetrapyrrolring bedingt die Hydrophilie. Dies ist von Bedeutung für die Anordnung der Ch.-Moleküle in der Thylakoidmembran. Entfernung von Mg aus Ch. führt zu Phäophytin. Durch Hydrolyse der Phytolbindung entsteht ein wasserlösl. Chlorophyllid. Diese Reaktion wird durch das Enzym Chlorophyllase* katalysiert. In den Thylakoidmembranen liegen die Ch. als Protein-Komplexe vor. Von entscheidender Bedeutung für die Photosynthese* sind nur das Chlorophyll a u. Bakteriochlorophyll a. Ch. a_I u. Ch. a_{II} sind in Verbindung mit Plastochinon* für die Primärprozesse der Photosynthese unbedingt erforderlich. Mehr als 99 % der Ch. dienen aber zus. mit den thylakoiden Carotinoiden* als akzessor. Pigmente, die das Licht auffangen u. zu den Reaktionszentren der Photosysteme I u. II weiterleiten.

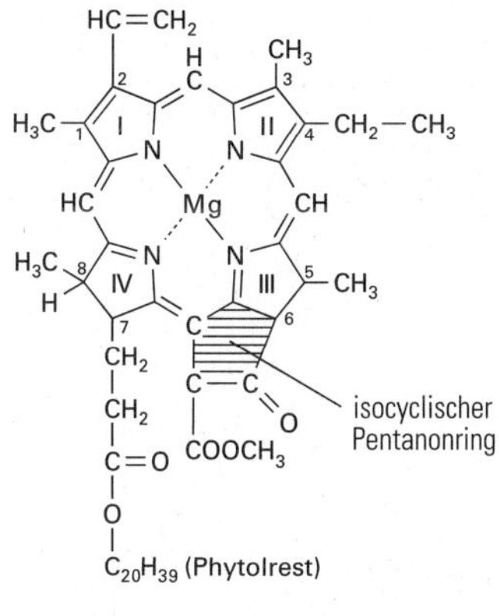

Chlorophyll: Strukturformel des Chlorophyll a

Chlorophyllase: ein zu den Carbonsäureesterasen zählendes pflanzl. Enzym, das die reversible Umwandlung von Chlorophylliden zu Chlorophyll* katalysiert. Ch. findet man in allen Pflanzen, in den grünen wie nicht grünen Teilen, z.B. in den Wurzeln. Es ist in der Lipoproteinschicht der Thylakoidmembran der Chloroplasten* lokalisiert.

Chlorophyllid: s. Chlorophyll.

Chlorophyllin: saurer Porphyrinkörper, Na- od. K-Salz. **Darst.:** Esterverseifung von Chlorophyll*; **Anw.:** in der Kosmetik geg. Mund- u. Körpergeruch.

Chloroplasten: Orte der Photosynthese bei höheren Pflanzen. Ch. sind linsenförmige Zellorganellen, bei denen die Membranstrukturen (vgl. Thylakoide) stapelförmig in eine wässrige Grundsubstanz, das Stroma*, eingebettet sind. In den Thylakoiden ist Chlorophyll* enthalten u. hier erfolgt auch die Umwandlung von Lichtenergie zu ATP u. einem Reduktionsäquivalent (NADPH). Beide werden zur Reduktion des CO_2 zu Kohlenhydraten benötigt. Dieser Vorgang wird als Lichtreaktion bezeichnet (s. Photosynthese). Die Dunkelreaktionen finden im Stroma statt. Hier befinden sich nicht nur die Enzyme für die CO_2-Reduktion, die Stärke-, Fettsäure- u. Aminosäuresynthese, sondern auch das genet. System der Ch. einschließl. der Komponenten der Transkription u. Translation.

Chloropyramin INN: 2-[(4-Chlorbenzyl)(2-dimethylaminoethyl)amino]pyridin; *N*-(4-Chlorbenzyl)-*N*-(2-dimethylaminoethyl)-2-pyridylamin; CAS-Nr. 59-32-5; $C_{16}H_{20}ClN_3$, M_r 289.82. Sdp. 154-155 °C (26.7 Pa). **Anw.:** Antihistaminikum, Antiallergikum; wird kaum noch verwendet; **Dos.:** p.o. 2-3×25 mg/d; parenteral (i.m., i.v.) 2-3×20 mg/d; topisch 1 %. **Chloropyraminhydrochlorid:** $C_{16}H_{21}Cl_2N_3$. Schmp. 172-174 °C (kristallisiert aus Aceton).

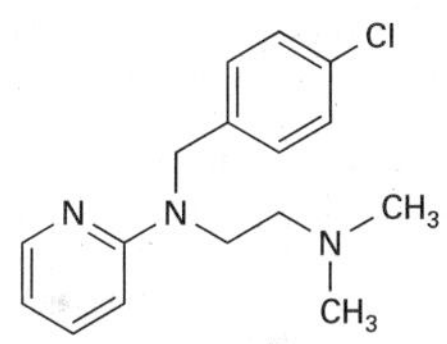

Chloropyramin

Chloroquin INN: 7-chloro-4-(4-diethylamino-1-methylbutylamino)chinolin; CAS-Nr. 54-05-7; $C_{18}H_{26}ClN_3$, M_r 319.89. Schmp. 87-92 °C. Schwer lösl. in Wasser. **Wirk. u. Anw.:** Antimalariamittel*; schnell eintretende schizontizide Wirk. durch Interferenz mit der DNA der Plasmoiden; tötet die erythrozytären Formen in allen Entwicklungsstufen ab, hat aber keine Wirk. auf die Gewebeformen in der Leber; bei der Behandlung der Malaria tertiana u. quartana wird daher Primaquin* in einer 2-wöchigen Nachbehandlung zur Abtötung der extraerythrozytären Formen u. Gameten gegeben. **UAW:** gastrointestinale Störungen, daher Einnahme nach den Mahlzeiten; **Dos.:** in der Malariather. p.o. 0.6 g Ch. (entspr. 1 g Chloroquindiphosphat) initial; dann nach 6, 24 u. 48 Std. je 0.3 g Ch.; Säuglinge, Klein- bzw. Schulkinder initial 0.1, 0.2 bzw. 0.3 g nach 6, 24 u. 48 Std. 50, 100 bzw. 150 mg Ch.; Nachbehandlung mit Primaquin*; Malariaprophylaxe p.o. 0.3 g alle 7 Tage während der Zeit des Infektionsrisikos sowie 4-8 Wochen anschließend; HWZ 72 h u. mehr, dosisabhängig; **Weitere Anw.:** Antirheumatikum; Basisther. bei chron. Polyarthritiden; beeinflusst den Bindegewebestoffwechsel u. stabilisiert die Lysosomenmembran; Wirkungseintritt nach Wochen bis Monaten; **Dos.:** p.o. 250 mg/d Chloroquindiphosphat; **UAW:** Exantheme, Photosensibilisierung der Haut, reversible Hornhauttrübungen, Retinopathien, Muskeldegeneration u. epileptiforme Krämpfe. Gebräuchl. sind Choroquindiphosphat* u. Chloroquinsulfat*.

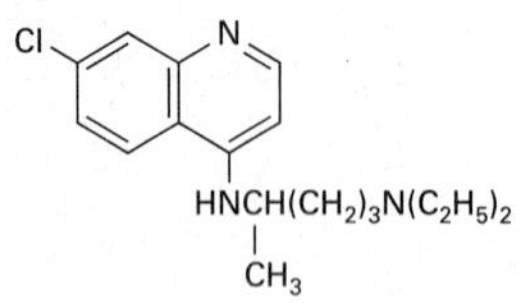

Chloroquin

Chloroquindiphosphat: Chloroquini phosphas Ph.Eur., Chlorochinum diphosphoricum, Chloroquinphosphat; CAS-Nr. 50-63-5; $C_{18}H_{32}ClN_3O_8P_2$, M_r 515.9. Schmp. ca. 218 °C (Mod. I); Schmp. ca. 195 °C (Mod. II). Lösl. in 4 T. Wasser, unlösl. in Chloroform u. Ether. **Anw.:** s. Chloroquin.

Chloroquinsulfat: Chloroquini sulfas Ph.Eur., Chlorochinum sulfuricum; CAS-Nr. 132-73-0; $C_{18}H_{28}ClN_3O_4S \times H_2O$, M_r 436.0. Schmp. 208 °C (polymorph). Leicht lösl. in Wasser u. Methanol, unlösl. in Chloroform u. Ether. **Anw.:** s. Chloroquin.

Chlorotenoxicam: 6-Chloro-4-hydroxy-2-methyl--*N*-2-pyridinyl-2*H*-thienol[2,3-*e*]-1,2-thiazin-3-carboxamid-1,1-dioxid; CAS-Nr. 70374-39-9; $C_{13}H_{10}ClN_3O_4S_2$. **Anw.:** obsolet; früher Antirheumatikum.

Chlorothiazid INN: Chlorothiazidum Ph.Eur.; 6-Chlor-2*H*-1,2,4-benzothiadiazin-7-sulfonamid-1,1-dioxid; CAS-Nr. 58-94-6; $C_7H_6ClN_3O_4S_2$, M_r 295.7. Schmp. 343 °C (unter Zers.). Weißes, krist. Pulver; sehr schwer lösl. in Wasser, schwer lösl. in Ethanol, wenig lösl. in Aceton, lösl. in verd. Alkalihydroxid-Lsg. unter Zersetzung. **Anw.:** Saluretikum (vgl. Diuretika), Antihypertonikum; **UAW** u. **WW:** s. Bendroflumethiazid; **Dos.:** 1-2×0.5-1.0 g/d verteilt auf 3-5 d/Woche. **Chlorothiazid-Natrium:** CAS-Nr. 7085-44-1; $C_7H_5ClN_3NaO_4S_2$, M_r 317.7.

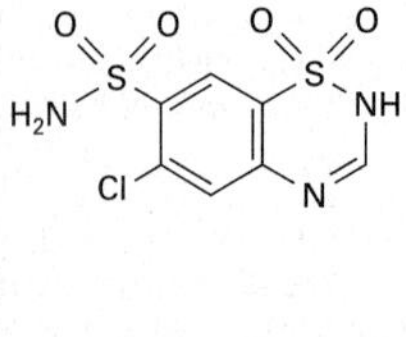

Chlorothiazid

Chlorothymolum: s. Chlorthymol.

Chlorotrianisen INN: Chlor-tris(4-methoxyphenyl)ethylen; CAS-Nr. 569-57-3; $C_{23}H_{21}ClO_3$, M_r 380.86. Schmp. 114-116 °C (kristallisiert aus Methanol). Fast unlösl. in Wasser; lösl. in Ethanol 0.28 g/100 mL, in Ether 3.6 g/100 mL, in Eisessig, Aceton, Chloroform, Tetrachlorkohlenstoff, Benzol, pflanzl. Ölen. **Anw.:** synthet., nicht steroidales Estrogen; **Dos.:** p.o. bei Prostatakarzinom 1×24 mg/d; p.o. bei Menopausen-Syndrom 12-24 mg/d über 30 d; zur Laktationssuppression 3×48 mg/d über 4 d od. 4×12 mg/d über 7 d.

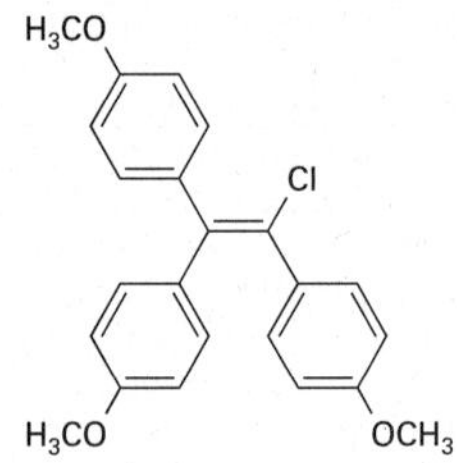

Chlorotrianisen

Chloroxychinolin: s. Cloxiquin.

Chloroxylenol INN: 3-Chlor-3,5-dimethylphenol; CAS-Nr. 88-04-0; C_8H_9ClO, M_r 156.6. **Anw.:** Desinfektionsmittel* zur äußerl. Anwendung.

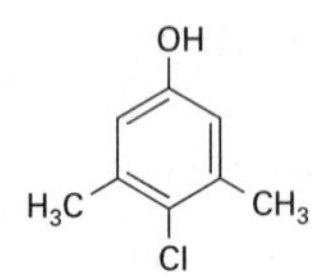

Chloroxylenol

Chlorphenamin INN: Chlorhistapyridamin, Chlorpheniramin, 2-[4-Chlor-α-(2-dimethylaminoethyl)benzyl]pyridin; 3-(4-Chlorphenyl)-*N*,*N*-dimethyl-3-(2-pyridyl)propylamin; CAS-Nr. 132-22-9; $C_{16}H_{19}ClN_2$. **Anw.:** H_1-Antihistaminikum; **UAW:** s. Azatadin; **Dos.:** p.o. 2-4×2 mg/d; Kinder unter 6 Jahren 2-4×0.5 mg/d. **Chlorphenaminhydrogenmaleat:** Chlorphenamini maleas Ph.Eur.4, Chlorphenaminum maleinicum; CAS-Nr. 113-92-8; $C_{20}H_{23}ClN_2O_4$, M_r 390.9. Leicht lösl. in Wasser, lösl. in Ethanol, Chloroform, schwer lösl. in Ether. Gebräuchl. ist auch Chlorphenamintannat. Hingewiesen sei ferner auf Chlorphenamin-Poly(styrol,divinylbenzol)sulfonat.

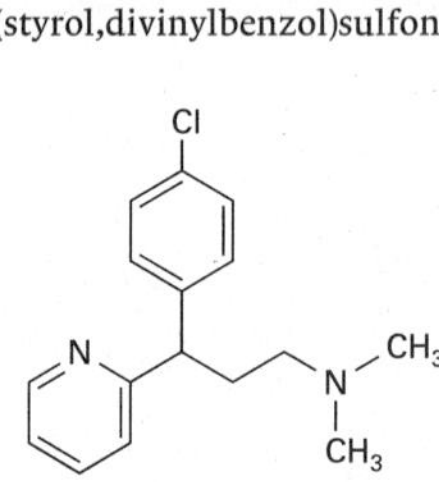

Chlorphenamin

Chlorphenesin INN: *p*-Chlorphenyl-α-glycerylether; 3-(4-Chlorphenoxy)-1,2-propandiol; CAS-Nr. 104-29-0; $C_9H_{11}ClO_3$, M_r 202.64. Schmp. 77-79 °C. **Anw.:** Antimykotikum* mit antibakteriellen u. antimykot. Eigenschaften; lokal zur Prophylaxe u. Ther. von Hautpilzerkrankungen, bei Kolpitis.

4-Chlorphenol: Chlorphenolum; C_6H_5ClO, M_r 128.6. Schmp. ca. 42 °C. Farblose, zerfließende Kristalle mit phenolartigem Geruch; färbt sich an

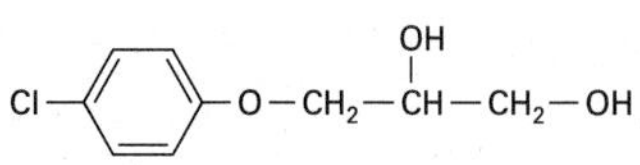

Chlorphenesin

Licht u. Luft allmähl. rosa, lösl. in 60 T. Wasser, leicht lösl. in Ethanol, Ether, Chloroform u. Alkalihydroxid-Lösungen. **Off.**: ÖAB90 (bis 1996). **Anw.**: Desinfektionsmittel; übl. Konz. für äußerl. Anw. 0.2 %; Reagens Ph.Eur.4. **Tox.**: wirkt ätzend auf Schleimhäute.

***p*-Chlorphenol:** Phenolum parachloratum, Monochlorphenolum (para) cum Camphora; 4-Chlorhydroxybenzol, C_6H_5ClO, M_r 128.5. Schmp. 42 °C. Farblose bis schwach rötl. gefärbte Kristalle, leicht lösl. in Ether, Ethanol, Alkalien, schwer lösl. in Wasser. **Off.**: Ph.Helv.7. **Anw.**: früher als Antiseptikum, zu Verbänden (1-2 %), zum Ätzen tuberkulöser Geschwüre (5-20 %) u. in der Zahnheilkunde, wirksam geg. viele grammnegative Erreger. **Monochlorphenolum (para) cum Camphora**: *p*-Monochlorphenolcampher; Zstzg. nach EB6: 300 T. *p*-Chlorphenol, 600 T. Campher, 100 T. absolutes Ethanol.

Chlorphenole: Sammelbez. für die versch. Chlorderivate des Phenols*; vgl. *p*-Chlorphenol. Alle Ch. haben desinfiziende u. antimykot. Eigenschaften, reizen Haut u. Schleimhaut, sind hepatotox. u. biol. schwer abbaubar.

Chlorphenoxamin INN: 2-(1,4-Chlorphenyl-1-phenylethoxy)ethyldimethylamin; 2-(4-Chlor-*α*-methyl-*α*-phenylbenzyloxy)-*N*,*N*-dimethylethylamin; CAS-Nr. 77-38-3; $C_{18}H_{22}ClNO$, M_r 303.84. Sdp. 150-155 °C (6.67 Pa). **Anw.**: H_1-Antihistaminikum; **UAW:** Azatadin*. **Chlorphenoxaminhydrochlorid**: Chlorphenoxamini hydrochloridum; CAS-Nr. 562-09-4; $C_{18}H_{23}Cl_2NO$, M_r 340.3. Schmp. 128 °C. Leicht lösl. in Wasser, Ethanol. **Off.**: DAC86.

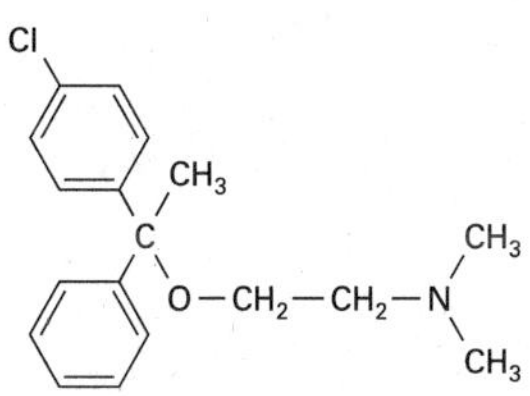

Chlorphenoxamin

Chlorpikrin: Trichlornitromethan; CCl_3NO_2; bekannt als Kampfstoff Klop; gehört zu den Augenreizstoffen. **Anw.**: im Gemisch mit Methylisothiocyanat zur Bekämpfung von Nematoden.

Chlorpromazin INN: 2-Chloro-10-(3-dimethylaminopropyl)phenothiazin; CAS-Nr. 50-53-3; $C_{17}H_{19}ClN_2S$, M_r 318.88. Ölige, aminartig riechende, alkal. reagierende Flüssigkeit. **Wirk.**: Ch. hemmt kompetitiv dopaminerge u. *α*-adrenerge Rezeptoren; **Anw.**: Neuroleptikum (v. a. verwendet bei agitierten psychot. Zuständen), in der Anästhesiologie zur Narkosevorbereitung in lytischen Mischungen (senkt die Körpertemperatur, vgl. Hibernation, artifizielle); Antiemetikum bei zentral ausgelöstem Erbrechen; **UAW:** allerg. Reaktionen, Blutdrucksenkung zu Beginn der Ther., Tachykardie, bleibende orthostat. Kollapsneigung, Appetitsteigerung, Leukopenie, Agranulozytose (Blutbildkontrolle!), parkinsonähnl. Symptome; **Kontraind.**: Leberschäden, schwere Kreislaufschwäche; wegen sedierender Wirk. Vorsicht im Straßenverkehr. HWZ 15-30 h. **Chlorpromazinhydrochlorid**: Chlorpromazini hydrochloridum Ph.Eur., Chlorpromazinum hydrochloricum; CAS-Nr. 69-09-0; $C_{17}H_{20}Cl_2N_2S$, M_r 355.3. Schmp. ca. 196 °C. Weißes od. schwach mattgelb gefärbtes, krist., geruchloses Pulver von bitterem Geschmack. Sehr leicht lösl. in Wasser, leicht lösl. in Ethanol, fast unlösl. in Ether u. Benzol; wird an der Luft u. unter Lichteinwirkung zuerst gelb, rosa u. dann violett.

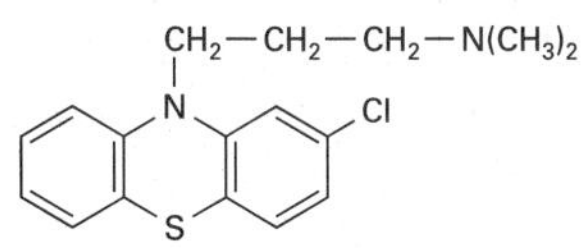

Chlorpromazin

Chlorpropamid INN: Chlorpropamidum Ph.Eur.4; 1-(4-Chlorphenylsulfonyl)-3-propylurea; CAS-Nr. 94-20-2; $C_{10}H_{13}ClN_2O_3S$, M_r 276.75. Schmp. 126-130 °C (polymorph); lösl. in Wasser 2.2 mg/mL bei pH 6, fast unlösl. bei pH 7.3, lösl. in Ethanol, mäßig lösl. in Chloroform, wenig lösl. in Ether, Benzol. **Anw.**: p. o. Antidiabetikum der 1. Generation; **UAW** u. **WW:** s. Antidiabetika; **Dos.**: p. o. 0.25-0.5 g/d.

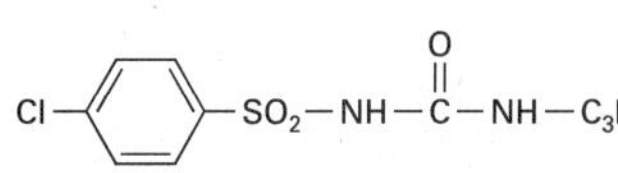

Chlorpropamid

2-Chlorpropan: s. Isopropylchlorid.

Chlorprothixen INN: (*Z*)-2-Chlor-*N*,*N*-dimethylthioxanthen-Δ^9,*γ*-propylamin; CAS-Nr. 113-59-7; $C_{18}H_{18}ClNS$, M_r 315.86. Schmp. 97-98 °C. Fast unlösl. in Wasser, lösl. in Ethanol, Ether, Chloroform. **Off.**: DAC86; **Anw.**: Neuroleptikum, Sedativum; **UAW:** Schwindel, Müdigkeit, Mundtrockenheit, Tachykardie, Arrhythmien, Agitiertheit, Depression, Agranulozytose, Leukopenie, hämolyt. Anämie, allerg. Reaktionen wie Urtikaria, Photosensibilisierung, exfoliative Dermatitis, Veränderung endokriner Funktionen (Amenorrhö, Galaktorrhö, Gynaekomastie, Hyperglykämie, Diabetes mellitus); **Dos.**: p. o. 0.03-0.6 g/d in geteilten Dosen; parenteral i. m. 12.5-200 mg/d; HWZ 8-12 h. **Chlorprothixenhydrochlorid:** Chlorprothixeni hydrochloridum Ph.Eur.; $C_{18}H_{19}Cl_2NS$, M_r

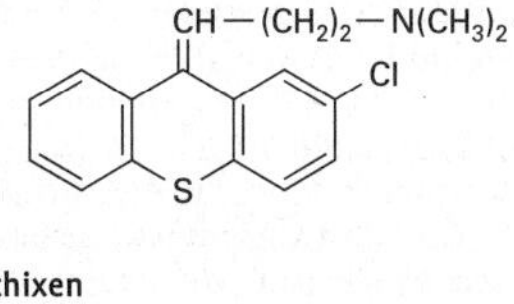

Chlorprothixen

352.3. Schmp. ca. 220 °C. Weißes, krist. Pulver; leicht lösl. in Wasser. Gebräuchl. ist auch Chlorprothixenacetat.

Chlorpyrifos-methyl: *O,O*-Dimethyl-*O*-(3,5,6-trichlor-2-pyridyl)thiophosphat; CAS-Nr. 5598-13-0; $C_7H_7Cl_3NO_3PS$, M_r 322.5. **Anw.** techn.: Insektizid, Akarizid; s. Schädlingsbekämpfungsmittel (org. Phosphorverb.), vgl. Tab.

Chlorquinaldol INN: Chlorchinaldol, Hydroxydichlorquinaldin; 5,7-Dichlor-2-methyl-8-chinolinol; CAS-Nr. 72-80-0; $C_{10}H_7Cl_2NO$, M_r 228.08. Schmp. 114-115 °C (kristallisiert aus Ethanol; polymorph). Fast unlösl. in Wasser, lösl. bei 25 °C: in Ethanol 1.0 g/100 mL, in Chloroform 5.0 g, in Aceton 4.0 g, in Ether 3.0 g, in 0.1 mol/l Natriumhydroxid 1.4 g, in Benzol, Eisessig. **Off.:** DAC86; **Anw.:** Antiseptikum, Desinfiziens, Antimykotikum; **Dos.:** bei Lutschtabletten ED 2 mg, 5 %ig in Pasten u. Pudern, 3 %ig in Salben u. 1 %ig in Vaginalgelen.

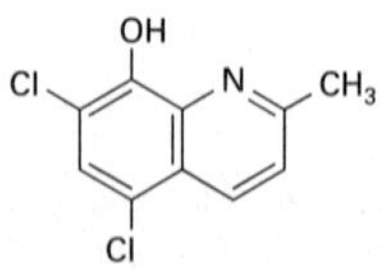

Chlorquinaldol

Chlorsäure: $HClO_3$. Farblose, stechend riechende Flüss.; sehr starkes Oxidationsmittel. Die Salze der Ch. heißen Chlorate. **Darst.:** Umsetzung von Bariumchlorat mit Schwefelsäure. **Anw.:** in der Analyse zur Zerstörung org. Stoffe.

Chlorschwefel: s. Dischwefelchlorid.

Chlorsilber: s. Silber(I)-chlorid.

Chlortalidon INN: Chlortalidonum Ph.Eur.; 2-Chlor-5-[(1*RS*)-1-hydroxy-3-oxo-2,3-dihydro-1*H*-isoindol-1-yl]benzolsulfonamid; CAS-Nr. 77-36-1; $C_{14}H_{11}ClN_2O_4S$, M_r 338.8. Strukturformel s. Diuretika (Abb.). Schmp. 220 °C (unter Zers.; polymorph). Fast unlösl. in Wasser, Chloroform u. Ether, schwer lösl. in Ethanol, lösl. in Aceton u. Methanol. **Anw.:** Saluretikum; **UAW:** s. Bendroflumethiazid; HWZ 44-48 h.

Chlortestosteron: s. Clostebol.

Chlortetracyclin INN: syn. 7-Chlortetracyclin; CAS-Nr. 57-62-5; $C_{22}H_{23}ClN_2O_8$, M_r 478.5. Strukturformel s. Antibiotika (Abb. 5). Ausscheidungsprodukt des Schimmelpilzes Streptomyces aureofaciens; entdeckt 1948 von Duggar, USA. Durch Hydrierung lässt sich Ch. in Tetracyclin* überführen. **Wirk.** u. **Anw.:** bakteriostat., i. v. teilweise bakterizid wirksames Antibiotikum mit großer Wirkungsbreite bei relativ geringer Toxizität; vgl. Antibiotika (Tab.). Wegen der niedrigen Resorptionsrate ist die Anw. heute stark eingeschränkt; eingesetzt bei Darmoperationen, um den Darm völlig bakterienfrei zu machen; lokal bei Augenkrankheiten, in der Zahnheilkunde bei bakteriellen Infektionen in der Mundhöhle sowie zur Behandlung von Hautkrankheiten. **Dos.:** Erwachsene p. o. 1-2 g/d verteilt auf mehrere Dosen, äußerl. 3 %ige, am Auge 1 %ige Zubereitung. **Chlortetracyclinhydrochlorid:** Chlortetracyclini hydrochloridum Ph.Eur.; CAS-Nr. 64-72-2; $C_{22}H_{24}Cl_2N_2O_8$, M_r 515.4. Gelbl. krist. Substanz (2 Kristallformen). $pK_{S,1}$ 3.30 (enol. OH-Gruppe am C-3), $pK_{S,2}$ 7.44 (phenol. *β*-Diketonsystem, C-10 bis C-12), $pK_{S,3}$ 9.27 (Dimethylammoniumgruppe am C-4). Leicht lösl. in Wasser, etwas schwerer in physiol. Kochsalzlsg.; Lsg. sind sauer (pH 3-4.5) u. halten sich ca. 2 Wochen; in alkal. Lsg. verliert Ch. schnell seine Wirkung.

Chlorthenoxazin INN: Benzmethoxazon; 2-(2-Chlorethyl)-2,3-dihydro-4*H*-1,3-benzoxazin-4-on; CAS-Nr. 132-89-8; $C_{10}H_{10}ClNO_2$, M_r 211.65. Schmp. 146-147 °C (unter Zers.; kristallisiert aus Ethanol). Lösl. in Chloroform, unlösl. in Wasser. **Anw.:** obsolet; früher Antiphlogistikum, Antipyretikum, Analgetikum; **Dos.:** p. o. 3-4×0.5 g/d.

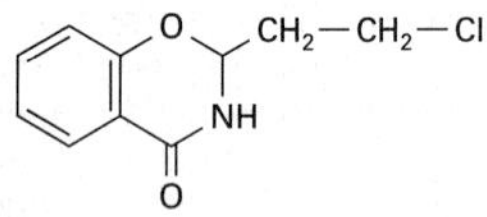

Chlorthenoxazin

8-Chlortheophyllin: 8-Chlor-3,7-dihydro-1,3-dimethyl-1*H*-purin-2,6-dion; CAS-Nr. 85-18-7; $C_7H_7ClN_4O_2$, M_r 214.6. Schmp. 300 °C (unter Zers.). Weißes, krist. Pulver; sehr schwer lösl. in Wasser, schwer lösl. in Ethanol. **Off.:** DAC86; **Anw.:** Antiemetikum* in Kombination mit Diphenhydramin* als Dimenhydrinat*.

Chlorthymol: Chlorothymolum, Monochlorthymol; CAS-Nr. 89-68-9; $C_{10}H_{13}ClO$, M_r 184.7. Wasserdampfflüchtig, lichtempfindlich. Lösl. in 1200 T. Wasser; leicht lösl. in Ethanol, Ether, Chloroform, Toluol; lösl. in Petrolether, fetten Ölen. **Off.:** DAC86. **Anw.:** Konservierungsmittel, bakterizid u. fungizid in Salben u. Cremes (bis zu 1 %); **Inkomp.:** s. Chlorocresol.

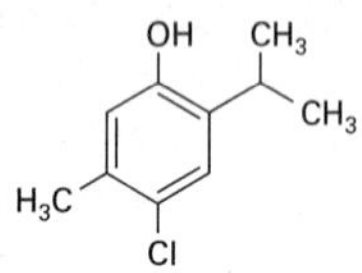

Chlorthymol

Chlorum: s. Chlor.

Chlorum solutum: gelöstes Chlor*.

Chlorwasser: s. Chlor.

Chlorwasserstoff: HCl, M_r 36.46. D. 1.27. Schmp. −114.2 °C. Sdp. −85.05 °C. Krit. Temp. 51.3 °C, krit. Druck 81.3 bar. Stechend riechendes, nicht brennbares Gas, das sich leicht verflüssigen lässt. 1 Volumenteil Wasser löst bei 0 °C und 1 atm ca. 507 Volumenteile HCl; die wässrige Lsg. heißt Chlorwasserstoffsäure bzw. Salzsäure*. **Vork.:** nat. frei in Vulkangasen, gebunden als Chlorid, in geringer Menge im Magensaft. Aus einem Gemisch gleicher Volumen Chlor u. Wasserstoff (Chlorknallgas) bildet sich im zerstreuten Tageslicht HCl allmähl., bei Sonnenbestrahlung u. bei Erhitzung dagegen explosionsartig; **Nachw.:** HCl gibt mit Ammoniak weiße Nebel von Ammoniumchlorid (NH_4Cl); vgl. Chlor. **Darst.**: im Kipp-Apparat* aus Ammoniumchlorid u. Schwefelsäure od. durch Erhitzen von Salzsäure; **Herst.** techn.: Nebenprodukt beim Leblanc-Sodaprozess od. durch Synthese aus den Elementen bei der Chloralkali-Elektrolyse; **Tox.**: HCl-Gas wirkt schleimhautreizend (Augen, Atemwege); ferner ist eine Schädigung des Zahnschmelzes u. Verfärbung der Zähne möglich.

Chlorwasserstoffsäure: s. Salzsäure.

Chlorxylenol: 4-Chlor-3,5-dimethylphenol; CAS-Nr. 88-04-0; C_8H_9ClO, M_r 156.6. Weißes, krist. Pulver; phenolartiger Geruch; fast unlösl. in Wasser, leicht lösl. in Ethanol, Ether. **Off.**: DAC86; **Inkomp.**: oxidierende Stoffe, Eisen(III)-Salze; **Anw.**: Bakterizid, Fungizid; **Dos.**: 0.5 %ig in Pudern u. Lösungen.

Chlorzink: s. Zinkchlorid.

Chlorzinkiodlösung: Reagens zum Nachw. von Cellulose. **Anw.**: bei mikroskop. Schnitten von Pfl. od. Drogenpulver führt bereits 1 Tr. der Lsg. ohne Erwärmen in Gegenwart von Cellulose zu einer Blauviolettfärbung. **Zuber.**: 30 g Zinkchlorid, 5 g Kaliumiodid u. 1 g Iod werden in 14 mL Wasser gelöst. Das Reagens ist nur begrenzt lagerfähig.

Chlorzoxazon INN: Chloroxazon; 5-Chlor-3*H*-benzoxazol-2-on; CAS-Nr. 95-25-0; $C_7H_4ClNO_2$, M_r 169.58. Schmp. 191-191.5 °C (kristallisiert aus Aceton). Wenig lösl. in Wasser, lösl. in Methanol, Ethanol, Isopropanol, leicht lösl. in wässrigen Alkalien, Ammoniak. **Off.**: DAC86; **Anw.**: zentral angreifendes Muskelrelaxans; vgl. Mephenesin; **UAW:** Übelkeit, Erbrechen, Sodbrennen, Verstopfung, Schwindel, Kopfschmerzen, Gelbsucht; **Kontraind.**: Vorsicht bei Patienten mit Leberfunktionsstörungen, sollte bei Auftreten von Hautausschlägen, Hautjucken u. Zeichen von Leberschäden nicht mehr verwendet werden; **Dos.**: p. o. 2-3 × 0.25 g/d.

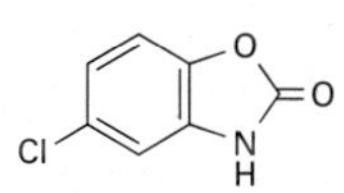

Chlorzoxazon

CHO: Abk. für **C**hinesische **H**amster **O**varialzellen; wichtige Zellinie zur rekombinanten Gewinnung von Proteinen. Im Ggs. zu gentechn. veränderten Escherichia* coli-Stämmen sind die rekombinant gewonnenen Proteine aus CHO-Kulturen zusätzl. glykosyliert, wie z. B. Lenograstim*, Darbepoetin*.

Cholämie: Übertritt von Gallenflüss. ins Blut mit Gelbfärbung des Serums.

Cholagoga: unspezif. Bezeichnung für Gallenfluss fördernde Mittel. **Wirk.**: durch Steigerung der Gallenproduktion in der Leber (s. Choleretika) od. der Gallenblasenentleerung (s. Cholekinetika).

Cholane: s. Steroide.

Cholangitis: Cholangiitis; Entzündung der Gallenwege, v. a. durch Gallengangsteine; vgl. Cholezystitis.

Cholansäure: $C_{23}H_{39}COOH$, Muttersubstanz der Gallensäuren*.

Cholate: Salze der Gallensäuren*.

Cholecystokinin: Abk. CCT, Pankreozymin (Abk. PZ); $C_{166}H_{262}N_{50}O_{52}S_4$, M_r 3838 (CCT vom Schwein). In der Dünndarmschleimhaut gebildetes gastrointestinales Polypeptid-Hormon aus 33 Aminosäuren. **Wirk.**: fördert die Enzymproduktion des Pankreas, die Kontraktion der Gallenblase, hemmt die Magenmotorik u. stimuliert die Darmperistaltik; vgl. Hormone (gastrointestinale); **Anw.**: Diagnostikum; **Dos.**: parenteral i. v. 1-2 E./kg KG.

Cholekinetika: Gallenwegtherapeutika; die Entleerung der Gallenblase u. -wege fördernde Arzneimittel. **Beispiele:** Cholecystokinin*, 10-30 %ige Magnesiumsulfatlösung, Sorbitol, Spasmolytika*; Zuber. od. einzelne Inhaltsst. aus Curcuma* zanthorrhiza, Chelidonium* majus (Schöllkraut), Raphanus* sativus (Rettich), Cynara* cardunculus ssp. flavescens (Artischocke). Vgl. Bitterstoffe.

Cholelithiasis (gr. chole Galle; litos Stein): Gallensteinleiden; durch Gallensteine* hervorgerufene, häufigste Erkrankung der Gallenblase u. der Gallengänge.

Cholelitholytika: Arzneistoffe, die die Auflösung von Gallensteinen bewirken sollen. **Vertreter:** z. B. bestimmte Gallensäuren* wie Chenodeoxicholsäure* od. Ursodeoxycholsäure*; **Anw.**: Dauertherapie u. nur bei inoperablen Cholesterolsteinen sinnvoll.

Cholera (gr. chole Galle): akute, von Vibrio cholerae (s. Vibrio) durch Bildung von Enterotoxinen (Choleratoxin*) hervorgerufene, meldepflichtige Infektionskrankheit, die durch plötzl. Auftreten, profuse reiswasserähnl. Durchfälle u. Erbrechen u. eine Letalität bis 70 % gekennzeichnet ist. **Verbreitung:** Asien, seit 1970 Afrika, 1990 Ausbruch einer von Peru ausgehenden Epidemie in Lateinamerika; **Übertragung:** meist durch kontaminiertes Trinkwasser u. rohen Fisch; einziges Erregerreservoir ist der Mensch; **Ther.**: orale u. parenterale Rehydrierung, Tetracycline od. Cotrimoxazol; **Prophylaxe:** Choleraimpfung (s. Cholera-Impfstoff), Trinkwassersanierung, Einhaltung hygien. Maßnahmen (boil it, cook it, peel it or forget it).

Cholera-Impfstoff: Vaccinum cholerae Ph.Eur.4; Totimpfstoff; homogene Suspension geeigneter Stämme von Vibrio cholerae, enthält mind. 8 Milliarden inaktivierte Bakterien je Dosis; diese beträgt max. 1.0 mL. Die Bakt. werden entw. durch Erhitzen od. durch Zusatz von Formaldehyd od. Phenol abgetötet; meist Mischung aus versch. Serotypen (die beiden Haupttypen: Ogawa u. Inaba). **Dos.**: altersabhängig; Erwachsene: 1 × 0.5 mL, nach 8-14 d 1 × 1.0 mL s. c; Auffrischungsimpfung nach 6 Monaten; **Cholera-Impfstoff, gefriergetrocknet**: Vaccinum cholerae cryodesiccatum Ph.Eur.4; wird nach sterilem Abfüllen gefriergetrocknet. **Neuere Entwicklungen: 1.** oraler Totimpfstoff; besteht aus Formaldehyd- bzw. hitzeinaktivierten Choleravibrionen drei versch. Stämme, kombiniert mit rekombinanten Choleratoxin-B-Untereinheiten; **2.** oraler Schluckimpfstoff; enthält attenuierte gentechn. veränderte Cholera-Bakterien, die das pathogene

Subunit A des Choleratoxin nicht bilden können. Je eine Stunde vor u. nach Applikation sollte keine feste Nahrungsaufnahme erfolgen. Die Wiederimpfung erfolgt nach 6-12 Monaten (WHO-Empfehlung).

Choleratoxin: M_r 82 000, besteht aus den Fragmenten A (Polypeptid mit M_r 28 000) u. B (fünf Untereinheiten mit je M_r 11 600). Fragment A enthält eine ADP-Ribosyl-Transferase-Aktivität u. koppelt ADP-Ribose an die Guanylnucleotide bindende Komponente der membrangebundenen Adenylat-Cyclase. Dadurch wird die GTP-spaltende Aktivität des Regulatorproteins inaktiviert, was eine andauernde Aktivierung der einmal stimulierten Adenylat-Cyclase, das heißt die ständige Synthese von cAMP zur Folge hat. cAMP steuert u. a. die Ausscheidung von Wasser u. Salzen in den Zellen. Durch Ch. wird oft mehr als die zehnfache Menge an Wasser in den Dünndarm abgegeben, so dass es zu dem für die Cholera typ. Verlust von Wasser u. Elektrolyten kommt.

Choleratropfen: s. Tinctura anticholerica.

Choleravibrionen: Erreger der Cholera*; s. Vibrio.

Cholerese: Sekretion der Galle durch die Leberzellen u. Absonderung in die Gallenblase.

Choleretika: die Gallensekretion in die Leberzellen anregende u. steigernde Mittel, z. T. umstritten. **Wirkstoffe:** z. B. Azintamid*, Anetholtrithion*, Cyclobutyrol*, Cyclovalon*, Febuprol*, Fenipentol*, Hymecromon*, Phenylpropanol*, Piprozolin*, Gallensäuren* od. einzelne Inhaltsstoffe aus Curcuma* zanthorrhiza, Marrubium* vulgare, Cynara* cardunculus ssp. flavescens u. äther. Öle (s. Aetherolea); **Kontraind.:** z. B. Gallenwegverschluss (Gallensteine).

Cholestane: s. Steroide.

Cholesterase: s. Cholesterolesterase.

Cholesterin: s. Cholesterol.

cholesterisch: s. Flüssigkristalle.

Cholesterol: Cholesterolum, Cholesterin, Cholesterinum; Cholest-5-en-3*β*-ol; CAS-Nr. 57-88-5; $C_{27}H_{45}OH$; Strukturformel s. Abb.; Ph.Eur.4; M_r 386.6. Schmp. (Kapillare) 146-150 °C, (Kofler) 147-149 °C; Sdp. 360°C; $[\alpha]_D^{20\,°C}$ −31.5° (c=2 in Ether). D. 1.067. Ungesättigter, einwertiger hydroaromat. Alkohol. Hauptvertreter der Sterine. Farb-, geruch- u. geschmacklose, fettige Schuppen, lichtempfindl.; prakt. unlösl. in Wasser; wenig lösl. in Ethanol, Dioxan; leicht lösl. in heißem Ethanol, Ether, Chloroform; lösl. in fettem Öl (40 T.), flüss. Paraffin od. Vaselin (150 T.). **Vork.:** zu etwa 30 % in den Wollwachsalkoholen (W/O-Emulgatoren, s. Wollwachs). In allen Zellen des menschl. Körpers; wesentl. Bestandteil aller Membranen tier. Zellen; höchster Gehalt in der Nebennierenrinde (NNR), Gehirn u. Galle, Hauptbestandteil der Gallensteine. Der Mensch bildet 1-2 g/d (über 90 % in Leber u. Darm), Ch.-Resorption tägl. bei fettarmer Kost 0.04-0.1 g, bei fettreicher Kost bis 1.4 g; Konz. im Serum: normal 150-240 mg/100 mL, davon 60-70 % als Ester, der Rest frei. Durch falsche Ernährung od. Enzymstörungen kann eine Hypercholesterolämie (patholog. erhöhter Serum-Ch.-Spiegel) entstehen u. Mitursache von Arteriosklerose sein. Durch Schilddrüsenhormone u. Estrogen wird die Ch.-Synthese gehemmt. **Biosynthese:** s. Steroide. Grundstoff zur Biosynthese: **1.** der Gallensäuren in der Leber; **2.** der Corticosteroide in der NNR; **3.** der Estrogene, Androgene u. des Progesterons in NNR, Testes u. Ovar; **4.** des Calciferols (Vit. D) in der Haut. **Gew.:** aus Gallensteinen (die fast gänzl. aus Ch. bestehen) durch Extraktion mit Ethanol-Ether; techn. Gew. aus Wollfett od. tier. Rückenmark; **Anw.:** Reagens Ph.Eur.4 (zur Reinheitsprüfung von Olivenöl); W/O-Emulgator, auch innerl. einsetzbar, für kosmet. u. pharmaz. Präparate, Textilien, Lederpflegemittel, in Haarwuchsmitteln, zur Synthese von Vit. D u. a. Steroiden. **Nachw.:** z. B. photometr. (bei ca. 410 nm) nach Oxidation zu Δ^4-Cholesteneon, wobei frei werdendes Wasserstoffperoxid unter Einw. von Katalase Methanol zu Formaldehyd oxidiert, welches zu 3,5-Diacetyl-4,5-dihydrotolutidin umgesetzt wird. Mit Saponinen verbindet sich Ch. zu unlösl. Komplexen, so dass die hämolyt. Wirk. der Saponine aufgehoben wird; Ch. wird aus alkohol. Lösungen durch Digitonin als Cholesteroldigitonid gefällt.

Hom: *Cholesterolum:* verord. z. B. bei Leber- u. Gallenleiden, Hypercholsterinämie.

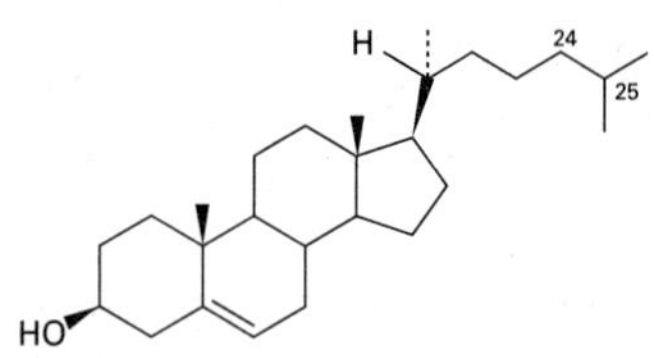

Cholesterol

Cholesterolesterase: syn. Cholesterase; Enzym, das die Ester des Cholesterols in freies Cholesterol u. Fettsäure spaltet. Vork. in der Darmschleimhaut, im Blutserum u. anderen Organen.

Cholesterolmessgerät: Gerät zur reflexionsphotometr. Selbstbestimmung des Gesamtcholesterols (nach enzymat. Oxidation zu Cholestenon) aus Kapillarblut.

Cholesterol-Synthese-Enzym-Hemmer: s. HMG-CoA-Reduktasehemmer.

Cholestyramin: s. Colestyramin.

Cholezystitis: Gallenblasenentzündung, meist sekundär bei Gallensteinleiden.

Cholin: (2-Hydroxy-ethyl)-trimethylammoniumhydroxid; CAS-Nr. 123-41-1; $[(CH_3)_3-N^+-CH_2-CH_2] \times OH^-$; M_r 121.2. Farblose, bitter schmeckende, hygroskop., viskose Flüss. od. Kristallmasse; leicht lösl. in Wasser u. Ethanol. Wichtigste bas. Komponente des Lecithins, wichtig für Methylierungsprozesse im Stoffwechsel. Nat. in vielen menschl. u. tier. Organen u. in vielen Pflanzen z. B. Hirtentäschel, Mutterkorn, Gerste, Steinklee, Hopfen, Pilzen. **Gew.:** aus Ethylenchlorhydrin u. Trimethylamin (salzsaures Cholin) od. durch Anlagerung von Trimethylamin an Ethylenoxid (Cholinbase); **Wirk.:** senkt wie Acetylcholin (jedoch viel geringer) den Blutdruck u. wirkt der Fettablagerung in der Leber entgegen; s. Stoffe, lipotrope; **Anw.** med.: bei Leberkrankheiten u.

Arteriosklerose; auch zur Anregung der Peristaltik von Magen u. Darm (Wirksamkeit ist zweifelhaft); **Dos.:** 2-3 g/d; **Anw.** techn.: Katalysator, Neutralisationsmittel bei der Herst. von Polymerisaten, zu Arzneimittelsynthesen.

Cholin-Acetyl-Transferase: Abk. CAT; Enzym, das die Synthese von Acetylcholin* aus Cholin* u. Acetyl*-Coenzym A katalysiert.

Cholinchlorid INN: Cholinii chloridum, Cholinum chloratum; (2-Hydroxy-ethyl)-trimethylammoniumchlorid, $[(CH_3)_3N-CH_2-CH_2-OH]^+ \cdot Cl^-$; $C_5H_{14}ClNO$, M_r 139.6. Farblose, hygroskop., an der Luft leicht zerfließl. Kristalle von schwachem, aminartigem Geruch, sehr leicht lösl. in Wasser, Ethanol 90 %, sehr schwer lösl. in Ether, Aceton, fast unlösl. in Chloroform, Benzin. **Off.:** DAB10, ÖAB90; **Anw.:** Lebererkrankungen (Leberschutzstoff); **Dos.:** p. o. 2-4 g/d, am besten in 10 %iger Lsg., i. v. 1-4 g/d in physiol. Kochsalzlsg. od. in 5 %iger Glucoselösung.

Cholincitrat: Cholindihydrogencitrat, Tricholinum citricum, Tricholincitrat; CAS-Nr. 77-91-8; $C_{11}H_{21}NO_8$, M_r 295.3. Schmp. 102-105 °C (polymorph). **Anw.:** Lebererkrankungen (Leberschutzstoff).

cholinerg: auf die Wirkung von Acetylcholin* bezogen; vgl. Anticholinergika, adrenerg.

Cholinergika: s. Parasympathomimetika.

Cholinesterasehemmer: s. Parasympathomimetika (indirekte).

Cholinesterasen: Abk. ChE; Enzyme zum Abbau von Cholinestern. **Acetylcholinesterase (AChE):** spezif. Cholinesterase, kommt im ZNS, in postsynapt. Membranen der quergestreiften Muskulatur, in parasympath. Ganglien u. in den Erythrozyten vor; katalysiert den Abbau von Acetylcholin* zu Cholin* u. Acetat. Das aktive Zentrum besteht aus zwei Teilen, der anionischen Seite zur Anlagerung des quarternären Stickstoffatoms, das für die Alkoholspezifität verantwortl. ist, u. dem esteratischen Zentrum, wo die Esterbindung unter Beteiligung eines Serin- u. Histidinrestes gespalten wird. **Pseudocholinesterase:** unspezif. Acylcholinesterase, die Butyroyl- u. Propionoylcholin schneller hydrolysiert als Acetylcholin; Vork. in Leber, Pankreas, Erythrozyten, Leukozyten u. Gliazellen.

Cholinesterasereaktivatoren: Antidot bei Vergiftungen mit Alkylphosphaten (z. B. Parathion). Aufgrund einer größeren Affinität zu Alkylphosphaten reaktivieren die Ch. die inaktivierte Cholinesterase*; z. B. Obidoxim*, Pralidoximiodid*; Ther. oft in Kombination mit Atropin.

Cholinhydrogentartrat: Cholinii tartras, Cholinum bitartaricum, Cholinbitartrat; (2-Hydroxyethyl)-trimethyl-ammonium-L-hydrogentartrat $C_9H_{19}NO_7$, M_r 253.3. Schmp. 147-152 °C. Farblose, schwach hygroskop. Kristalle, sehr leicht lösl. in Wasser, wenig lösl. in Ethanol 90 %, sehr schwer lösl. in Ether u. Aceton, fast unlösl. in Chloroform u. Benzin. **Off.:** DAB10; **Anw.:** Lebererkrankungen (Leberschutzstoff).

Cholinomimetika: s. Parasympathomimetika.

Cholinorotat: CAS-Nr. 24381-49-5; $C_{10}H_{17}N_3O_5$, $(C_5H_{14}NO)^+ \cdot (C_5H_3N_2O_4)^-$, M_r 259.27. **Anw.:** Hepatitis, Lebertherapeutikum; **Dos.:** p. o. 2-3 × 0.2 g/d.

Cholinsalicylat INN: Cholini salicylas; (2-Hydroxyethyl)trimethylammoniumsalicylat; CAS-Nr. 2016-36-6; $C_{12}H_{19}NO_4$, M_r 241.28. Schmp. 49.5-50.0 °C. Sehr leicht lösl. in Wasser; lösl. in Ethanol, Aceton u. anderen hydrophilen Lösungsmitteln; fast unlösl. in Ether, Petrolether, Benzol, Ölen. pH einer 10 %igen wässrigen Lsg. 6.5. **Anw.:** Antipyretikum, Analgetikum, Antiphlogistikum; **UAW:** s. Acetylsalicylsäure, greift jedoch die Magenschleimhaut weniger an; **Dos.:** p. o. 3-4 × 0.87-1.74 g/d; Kinder 6-12 Jahre: 0.21-0.42 g/3-4 h; topisch 20 %ige Lsg. od. 8.7 %iges Gel.

C

Cholinsalicylatstearat: $C_{35}H_{68}N_2O_7$, M_r 628.94. **Anw.:** lokales Antirheumatikum u. Antiphlogistikum; **Dos.:** topisch als Salbe, Liniment 4 %.

Cholinstearat: CAS-Nr. 23464-76-8; $C_{23}H_{49}NO_3$, M_r 387.65. **Anw.:** lokales Antiphlogistikum; **Dos.:** p. o. 2-3 × 0.1 g/d; Vaginalzäpfchen 0.04 g; topisch als Salbe 2 %.

Cholintheophyllinat INN: Cholini theophyllinas; CAS-Nr. 4499-40-5; $C_{12}H_{21}N_5O_3$, M_r 283.34. 1 g lösl. in 1 mL Wasser; lösl. 1:10 in Ethanol; sehr schwer lösl. in Chloroform, Ether; pH einer 1 %igen wässrige Lsg. 10.3. **Anw.:** Broncholytikum (anfallsweise bei Atemnot), Kardiakum, Diuretikum*; **UAW:** Verdauungsstörungen, nervöse Herzbeschwerden, Unruhe, Übelkeit; **Kontraind.:** Ulzera, Herzarrhythmien, frischer Herzinfarkt; **WW:** H_2-Antagonisten, Makrolid-Antibiotika, UAW von Sympathomimetika werden verstärkt; **Dos.:** Erwachsene p. o. 4 × 0.1-0.4 g/d, beginnend mit 0.2 g jeweils nach den Mahlzeiten; Kinder 1-5 Jahre 3 × 0.05-0.1 g/d; Kinder 6-12 Jahre 3 × 0.1-0.2 g/d; Säuglinge bis 5.5 mg/kg KG.

Cholinum bitartaricum: s. Cholinhydrogentartrat.

Cholinum chloratum: s. Cholinchlorid.

Cholinum citricum: s. Cholincitrat.

Cholsäure: Cholalsäure, Acidum cholicum; 3α,7α,12α-Trihydroxy-5β-cholansäure; $C_{24}H_{40}O_5$, M_r 408.6; Strukturformel s. Gallensäuren (Abb.). Weißes, krist. Pulver, leicht lösl. in heißem Wasser, lösl. in Ethanol, Aceton, Alkalien. Hauptbest. der Säugetiergalle, meist als gepaarte Gallensäure, in Menschenblut zu 1-2 mg/100 mL. **Off.:** ÖAB90 (bis 1996); **Anw.** med.: Gallen-, Leber-, Magenstörungen, vgl. Gallensäuren.

Cholurie: Vork. von Gallenbestandteilen im Harn.

Chondodendron tomentosum Ruiz et Pav.: Behaarter Knorpelbaum (eigentl. also Chondrodendron); Fam. Menispermaceae (Nordbrasilien, Peru). Stpfl. von **Radix Pareirae bravae:** Grieswurzel, Pareirawurzel. **Inhaltsst.:** 0.5-3 % Alkaloide wie Pelosin, Tubocurarin (Strukturformel s. Tubocurarinchlorid), Curin (L-Bebeerin), Chondocurin, Isochondodendrin (Isobebeerin), β-Bebeerin u. a.; Gerbstoff, Pelamin (Bitterstoff); **Anw.** volkstüml.: z. B. bei dyspept. Beschwerden, Kolliken im Bereich des Uterus; aus Chondodendron-Arten wird Tubocurare gewonnen; s. Curare.

Hom: *Pareira brava:* getrocknete Wurzel; verord. z. B. bei Blasenentzündung, Nierenkolik.

Chondriosomen: Mitochondrien*.

Chondroitinsulfat: Hauptbestandteil der Knorpelsubstanz, auch in den Sehnen, hydrolysiert zu Schwefelsäure, Glucuronsäure, Essigsäure u. Galactosamin* (Aminozucker), s. Hyaluronidase.

C

Chondroprotektiva: die Knorpeldegeneration hemmende Substanzen. **Anw.:** v. a. bei Gelenkknorpeldegenerationen (Arthrose*) u. meist intraartikulär*, Wirksamkeit z. T. umstritten; **Ther.:** nicht entzündete Gelenke mit z. B. Mukopolysaccharidpolyschwefelsäureester (s. Heparinoide) u. Salze des D-Glucosamins* (Glucosaminsulfate), bei entzündeten Gelenken mit z. B. Corticosteroide* od. Orgotein*. Langzeitmedikation ist erforderlich.

Chondrosamin: s. Galactosamin.

Chondrus crispus: s. Carrageen.

Chorda resorbilis sterilis Ph.Eur.4: Suturamenta chirurgica resorbibilia, steriles Catgut; resorbierbares chirurg. Nahtmaterial*; Fäden, die aus dem Kollagen der Darmwand von Säugetieren hergestellt sind. Die gereinigten, versch. breit geschnittenen Darmschichten werden nach gewünschten Durchmesser verzwirnt, dann getrocknet, sortiert u. sterilisiert. Einzelfadenlänge 350 cm, kann mit chem. Mitteln wie Chromsalzen zur Resorptionsverzögerung od. Glycerol zur Erhöhung der Geschmeidigkeit behandelt sein. Aufbewahrung entw. trocken od. in einer konservierenden Flüssigkeit; **Chorda resorbilis sterilis in fuso ad usum veterinarium** Ph.Eur.4: steriles Catgut im Fadenspender für Tiere; der Faden wird in einem Fadenspender in Verkehr gebracht, der die Sterilität des Fadens sichert, auch wenn nur ein Teil des Fadens entnommen wird.

Chorea (gr. Tanz): (sog.) Veitstanz; extrapyramidales Syndrom mit Hyperkinesen u. allg. Hypotonie der Muskulatur. Syndrom mit regellosen, plötzl. einschießenden unwillkürl. u. häufig asymmetr. Bewegungen v. a. der distalen Extremitäten, die gestischen Charakter annehmen können u. im Schlaf sistieren. Tritt in mehreren Formen (z. B. Ch. Huntington) mit unterschiedl. Urs. auf.

Choriongonadotropin INN: Abk. CG, syn. Choriongonadotrophin, (engl.) *human chorionic gonadotropin (Abk. HCG)*; Gonadotropinum chorionicum Ph.Eur., gonadotropes Chorionhormon; Hormon des Chorionepithels, tritt im Urin der Schwangeren auf; vgl. Schwangerschaftstest. **Gew.:** Extraktion aus dem Harn schwangerer Frauen; anschließend Keimfiltration u. Gefriertrocknung; **Off.:** laut Ph.Eur. beträgt die Aktivität mind. 2500 I.E./mg; **Anw.:** verzögerte Pubertät, Leistenhoden; **Kontraind.:** Prostata- u. Brustkarzinom; HWZ ca. 30 h; s. Hormone (Plazentahormone). **Choriogonatropin alfa (INN):** gentechn. hergestelltes Gonadotropin. **Wirk.** u. **Anw.:** künstl. Befruchtung (Auslösung der Follikelreifung bei Frauen, die sich einer Superovulation unterziehen) od. bei an- od. oligoovulator. Zyklen; **UAW:** ovarielles Überstimulationssyndrom, evtl. Übelkeit od. Erbrechen; **Dos.:** 1 × 285 µg (i. v.).

choripetal: (bot.) s. Blüte.

chorisepal: (bot.) s. Blüte.

Chorisminsäure: s. Aromatenbiosynthese.

choritepal: (bot.) s. Blüte.

Christdornblätter: s. Ilex aquifolium.

Christmas-Faktor: s. Blutgerinnungsfaktor IX.

Christophskraut: s. Actaea spicata.

Christrose: s. Helleborus niger.

Christrosenwurzel: s. Helleborus niger.

Christuspalme: s. Ricinus communis.

Christuspalmöl: s. Ricinus communis.

Christwurzel, Grüne: s. Helleborus viridis.

Christwurzel, Schwarze: s. Helleborus niger.

Chrom: Chromium; Symbol Cr; A_r 51.996. OZ 24. D. 7.14. Schmp. 1903 °C. Sdp. 2640 °C. Silberglänz., zähes, dehn- u. schmierbares, außerordentl. widerstandsfähiges, 2- bis 6-wertiges Metall, das bei Raumtemp. weder an der Luft noch unter Wasser oxidiert. Reines Chrom wird von Salpetersäure nicht angegriffen, löst sich aber in verd. Salz- od. Schwefelsäure. **Vork.:** nat. als Chromeisenstein (Chromit, $FeCr_2O_4$), u. als Rotbleierz ($PbCrO_4$; Südafrika, Kleinasien, GUS). Der menschl. Körper enthält 10-20 mg Cr; empfohlene Zufuhr 0.1-0.5 mg/d. Cr ist wichtig für die Verwertung der Blutglucose, es ist ein Cofaktor der Insulinwirkung. **Darst.:** Reduktion von Chromoxid mit Aluminium* nach dem Thermitverfahren; **Anw.:** hauptsächl. zu Chromeisenlegierungen, v. a. Chrom- u. Chrom-Nickel-Stahl, der sich durch bes. Härte u. Widerstandsfähigkeit gegen Luft u. Säuren auszeichnet (Nirosta, nicht rostender Stahl); **Tox.:** von den Cr-Verb. sind die 3-wertigen deutlich weniger tox. als die 4- u. 6-wertigen; LD (Mensch, oral) 6-8 g Kaliumdichromat. Bei oraler Aufnahme kommt es zu starken Verätzungen der Schleimhäute. Chron. Einatmen von Chromstaub führt zu Geschwüren der Schleimhaut des Atemtraktes u. schließl. zu Perforationen der Nasenscheidewand. Hautverletzungen entwickeln sich bei Kontakt mit Chromat geschwürig u. heilen sehr schlecht ab; Chromat ist karzinogen. Die Allergie gegen Chromat gehört zu den häufigsten Allergien; z. B. Kontaktdermatitis bei Zementarbeitern. **Nachw.** von Cr-Verb.: **1.** alle Cr-Verb. färben die Borax- od. Phosphorsalzperle smaragdgrün; **2.** Lsg. von Chromaten werden durch Reduktionsmittel, wie SO_2 od. H_2S, grün gefärbt; **3.** aus Lsg. von Chrom(III)-Salzen fällen NaOH, KOH u. NH_3 grünes Chrom(III)-hydroxid, das im Überschuss des Lösungsmittels lösl. ist u. beim Erhitzen wieder ausfällt. **Gesch.:** entdeckt 1797 von Louis Nicolas Vauquelin (1763-1829), Apotheker u. Prof. der Chemie in Paris.

Chrom-51: Symbol ^{51}Cr; OZ 24; Radioisotop des Chroms, das im Kernreaktor durch Bestrahlung von ^{50}Cr [(n,γ)-Prozess] erzeugt wird; zerfällt unter Elektroneneinfang u. Gammaemission zu Vanadium-51; HWZ 27.7 d; vgl. Chromedetat [^{51}Cr]; Natriumchromat [^{51}Cr].

Chromalaun: s. Chrom(III)-kaliumsulfat.

Chroman: s. Chromen.

Chromate: Salze der Chromsäure; s. Chrom(VI)-oxid.

Chromatide: eines der beiden durch das Zentromer* zusammengehaltenen Längselemente, aus denen ein Chromosom* besteht.

Chromatin: mit spezif. Kernfarbstoffen färbbarer Komplex aus DNA u. Proteinen (v. a. Histonen) im Zellkern eukaryont. Zellen, aus dem während der Prophase* die Chromosomen* hervorgehen.

Chromatogramm: s. Chromatographie.

Chromatographie: Retentionsanalyse; Methode zur Trennung ähnl. Substanzen in komplexen

Gemischen; die zu trennenden Substanzen werden bei allen chromatograph. Verfahren zw. einer stationären u. einer mobilen Phase verteilt. Häufigste Trennmethode in allen Bereichen der Wissenschaft; explosionsartiger Anstieg der Anw. in den letzten Dezenien durch Entw. neuer chromatograph. Techniken u. wegen des wachsenden Bedarfs an besseren Methoden zur Charakterisierung komplexer Gemische. **Allgemeines Trennprinzip:** Fixierung der stationären Phase in einer Säule (Säulenchr.) od. an einer festen Oberfläche (planare Chr.); Lösung der zu untersuchenden Probe in der mobilen Phase, die als Flüssigkeit, Gas od. überkrit. Fluid vorliegt, u. kontinuierl. Bewegung durch die stationäre Phase; die mobile Phase ist mit der stationären Phase nicht mischbar; Auftrennung des Probengemischs durch versch. Wechselwirkungen mit der stationären Phase: Komponenten, die von der stationären Phase stark zurückgehalten werden, bewegen sich nur langsam in der mobilen Phase weiter; solche, die mit der stationären Phase wenig in Wechselwirkung treten, bewegen sich entspr. schneller; die unterschiedl. Mobilität führt zur Auftrennung der Substanzen in diskrete Banden, die sich qualitativ u. quantitativ analysieren lassen.
Einteilung nach Ausführungstechnik: I. Säulenchromatographie: Fixierung der stationären Phase in einer schmalen Säule, durch die die mobile Phase mittels Druck od. Schwerkraft gepumpt wird (s. Tab.); **1. Einteilung nach angewandtem Druck:** je höher der Druck, desto rascher die Trennung; **a) Normaldruckchromatographie:** Auftrennung unter Atmosphärendruck; **b) Flashchromatographie:** Zuführung des Laufmittels bei erhöhtem Druck, prinzipiell ist jedes Inertgas geeignet, z. B. mit Stickstoffflaschen; **c) Mitteldruckchromatographie:** Auftrennung mittels einfacher Pumpen (ca. 10-40 bar); **d) Hochdruckflüssigkeitschromatographie:** (engl.) *high performance liquid chromatography*; Abk. HPLC; Hochleistungs-Flüssigkeitschromatographie; Auftrennung mittels Hochdruckpumpen (ca. 50-200 bar);
2. Einteilung nach durchgesetzten Substanzmengen: **a)** analytische Trennungen <1 mg; **b)** präparative Trennungen >1 mg;
3. Einteilung nach angewandten Trennverfahren: **a) Adsorptionschromatographie:** chromatograph. Trennverfahren, das auf dem Prinzip der unterschiedl. Adsorption der zu analysierenden Substanzen an der stationären Phase beruht; die in versch. Schichten der Säule fixierten Substanzen werden mit einem geeigneten Lösungsmittel eluiert (s. Reihe, eluotrope) u. untersucht. Länge der Adsorptionssäule (Glasröhre): ca. 10-15 cm; Füllmaterial der Adsorptionssäule: Aluminiumoxid*, Magnesiumoxid*, Natriumcarbonat*, Glykoside*, Talk*, Silicagel*, Fullererden*, Carbo* activatus u. Cellulosepulver (s. Cellulose). **Durchführung:** einfaches Durchlaufenlassen der Lsg. od. Erhöhung des Drucks durch Anschließen der Röhre an eine Wasserstrahlpumpe; **Gesch.:** entwickelt 1906 von dem russischen Botaniker M. S. Tswett zur Trennung von Pflanzenfarbstoffen; vor ihm hatte schon der amerikan. Geologe D. T. Day die

Chromatographie
Säulenchromatographie — Einteilung nach mobiler Phase

Trennverfahren	stationäre Phase	Methode	Trennprinzip
Flüssig-Chromatographie (mobile Phase ist flüssig)	Flüssigkeit, adsorbiert an einen Feststoff	Flüssig-Flüssig-Chromatographie oder Tröpfchen-Gegenstromchromatographie (engl. liquid-liquid-chromatography), Abk. LLC	Verteilung
	Feststoff	Flüssig-Fest-Chromatographie oder Adsorptionschromatographie (engl. liquid-solid-chromatography), Abk. LSC	Adsorption
	Ionenaustauschharz	Ionenaustauschchromatographie	Ionenaustausch
	Feststoff mit definierter Porengröße	Gelpermeations- oder Ausschlusschromatographie	Molekularsiebeffekt
Gaschromatographie (mobile Phase ist gasförmig)	Flüssigkeit, adsorbiert an einen Feststoff	Gas-Flüssig-Chromatographie (engl. gas-liquid-chromatography), Abk. GLC	Verteilung
	Feststoff	Gas-Fest-Chromatographie (engl. gas-solid-chromatography), Abk. GSC	Adsorption
überkritische Fluid-Chromatographie (mobile Phase ist ein überkritisches Fluid)	chemisch veränderte Feststoffoberfläche		Verteilung

Beobachtung gemacht, dass die zur Reinigung von Rohpetroleum benutzte Fullererde die Eigenschaft hatte, das durchfiltrierende Rohöl in Fraktionen mit versch. Siedepunkten zu zerlegen.
b) Affinitätschromatographie: chromatograph. Trennverfahren, bei dem nur die Substanzen an der stationären Phase gebunden u. zurückgehalten werden, die mit dem Trägermaterial eine kovalente Bindung (s. Affinität) eingehen; die restl. Substanzen werden mit einem geeigneten Lösungsmittel eluiert; **Anw.:** Isolierung von Enzymen, Antigenen u. Antikörpern; **Immunoaffinitätschromatographie:** spezielle Form der Affinitätsch. zur Reinigung von Antigenen. Der entspr. Antikörper wird an eine Matrix gebunden; daran bindet das Antigen selektiv u. kann gesammelt werden; Reinigungsfaktor: ca. 1000-5000.
c) Gaschromatographie: Abk. GC; chromatograph. Standardverfahren zur Trennung gasförmiger, leicht flüchtiger u. verdampfbarer Stoffe; Trennungsprinzip entspr. den bisher beschriebenen Verfahren; die mobile Phase ist stets ein Gas (N_2, H_2, Ar od. He); die stationäre Phase, mit der das Trägermaterial imprägniert wird, richtet sich nach dem jeweils vorliegenden Trennproblem: In der **Gasadsorptionschromatographie** (engl. *gas solid chromatography*, Abk. GSC) sind die Trennsäulen mit festen aktiven Adsorbenzien gefüllt. In der **Gasverteilungschromatographie** (GLC) bzw. Gasflüssigkeitschromatographie wird mit einer flüss. stationären Phase gearbeitet, die in dünner Schicht auf ein inertes Trägermaterial von sehr gleichmäßiger Korngröße aufgebracht wird (GSC) od. in sehr dünner Schicht an der inneren Wand einer langen (25-50 m) Glas- od. Quarzkapillare (Kapillarchromatographie, Kapillar-GC) aufgebracht ist; das zu prüfende Gemisch wird mittels einer Dosiervorrichtung auf die Säule gegeben, bei konstanter Temp. verdampft u. die Gasphase mit Hilfe eines inerten Trägergases durch die Säule geleitet. Die einzelnen Fraktionen treten zusammen mit dem Trägergas hintereinander aus der Säule aus, werden durch geeignete Detektoren erkannt u. meist automat. registriert. Die aufgezeichnete Kurve dient sowohl zur Ermittlung der Konz. der einzelnen Fraktionen als auch der qualitativen Zstzg. des Prüfgemischs, zur sog. GC-Headspace (s. Headspace-Analyse). **Detektoren:** Flammenionisationsdetektor: Abk. FID; mittels einer Wasserstoffflamme werden die Probenkomponenten im Trägergasstrom erhitzt u. teilweise verbrannt (s. Abb. 1). Die dabei entstehenden therm. Ionen bewirken zw. 2 Elektroden (Potentialdifferenz von 150-300 V) einen Stromfluss von 10^{-13}-10^{-5} A, der als Messsignal einem Verstärker zugeführt wird. Anw.: unspezif. Nachw. von Kohlenwasserstoffverbindungen; thermoion. Detektor: Abk. TID, N-FID; Funktionsweise nach dem selben Prinzip wie der FID (s. Abb. 2); in der Brennkammer befinden sich jedoch Alkalisalzdämpfe, die eine hohe Empfindlichkeit für Stickstoff-, Phosphor- u. Halogenverb. bewirken, während für reine Kohlenwasserstoffverb. die Nachweisempfindlichkeit gegenüber dem FID stark reduziert ist. Elektroneneinfangdetektor: Abk. ECD; Detektor, bei dem durch

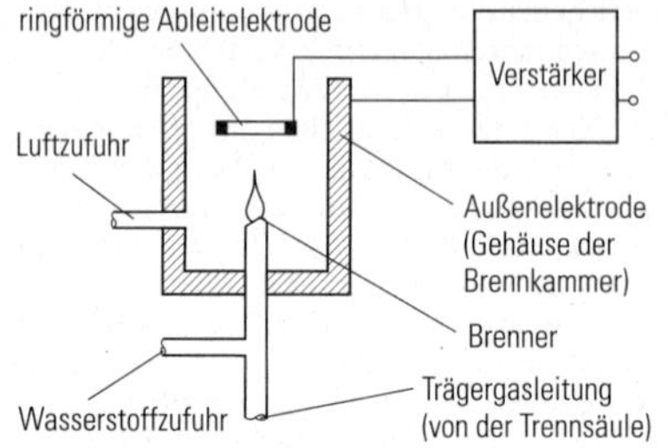

Chromatographie Abb. 1: Gaschromatographie mit dem Flammenionisationsdetektor (FID)

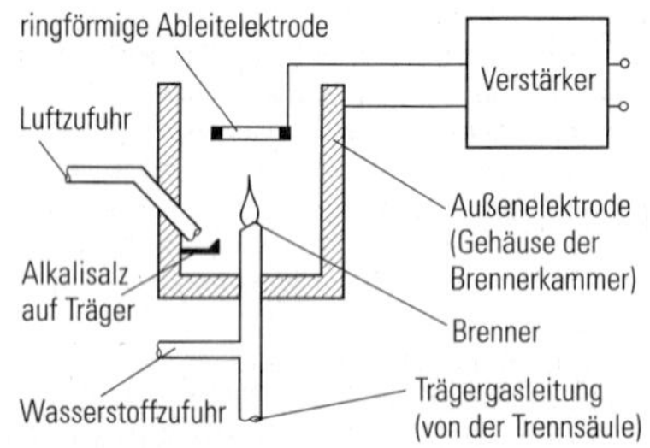

Chromatographie Abb. 2: Gaschromatographie mit dem thermoionischen Detektor (TID)

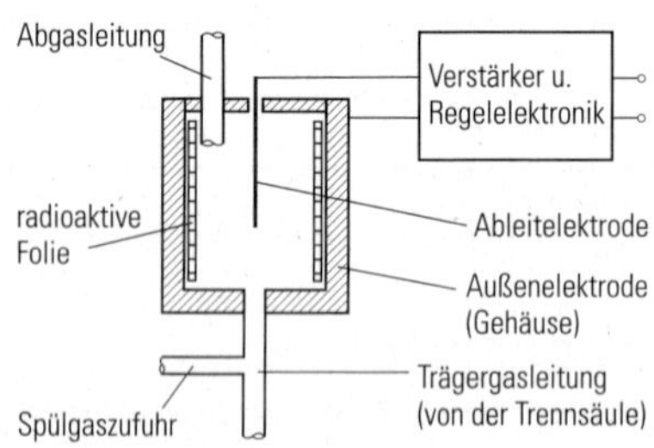

Chromatographie Abb. 3: Gaschromatographie mit dem Elektroneneinfangdetektor (ECD)

einen schwachen β-Strahler (z. B. ^{63}Ni od. bei älteren Geräten ^{3}H) eine Ionisation bewirkt wird (s. Abb. 3). Als Folge entsteht zw. 2 Elektroden, durch die der Trägergasstrom hindurchgeleitet wird, im Ruhezustand ein schwacher konstanter Stromfluss; elektronenaffine Substanzen, wie z. B. Halogenverb., bewirken eine Schwächung des Stromflusses. Durch Erhöhung der Potentialdifferenz wird der Strom konstant gehalten. Diese Änderung des Elektrodenpotentials dient als Messgröße. Flammenphotometerdetektor: Abk. FPD; dabei werden die bei der Verbrennung der im Trägerstrom enthaltenen schwefel- od. phosphorhaltigen Verb. ausgestrahlten Spektrallinien durch ein opt. Interferenzfilter, das für eine für Schwefel od. Phosphor spezif. Wellenlänge durchlässig ist, einem Photomultiplier zur Messung zugeleitet (s. Abb. 4). Die am Photomultiplier auftreffende Lichtintensität dient als Messgröße; Anw.: spezif. Nachw. von Phosphor u. Schwefelverbindungen; Wärmeleitfähigkeitsdetektor: Abk.

WLD; Detektor, dessen Wirkungsweise darauf beruht, dass sich Messwiderstände durch die unterschiedl. Wärmeleitfähigkeit des Trägergases u. der darin enthaltenen Substanzen abkühlen (s. Abb. 5); die Messwiderstände sind zu einer sog. Wheatstone-Brücke zusammengeschaltet; unspezif. Detektor wie der FID, arbeitet weitgehend zerstörungsfrei; Anw.: präparative GC; in der analyt. GC vorwiegend für gepackte Säulen; massenspektrometrischer Detektor: GC-MS-Detektor; mit hoher Informationsausbeute u. geringem Substanzbedarf; besonders geeignet für Kapillarsäulen (s. Spektroskopie).

d) Gelchromatographie: Gelpermeationsch., Abk. GPC; Ausschlussch.; Größenausschlussch.; chromatograph. Verfahren, bei der die Trennung der Substanzen nach Molekülgröße erfolgt; in das Trägermaterial bestehend aus granulierten Gelen def. Porengröße, z. B. bestimmte Dextrane*, diffundieren nur kleine Moleküle; ihnen steht ein größeres Flüssigkeitsvolumen zur Verfügung als

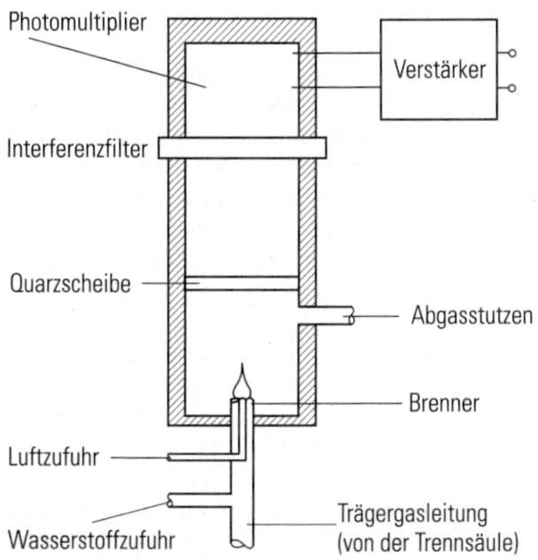

Chromatographie Abb. 4: Gaschromatographie mit dem Flammenphotometerdetektor (FPD)

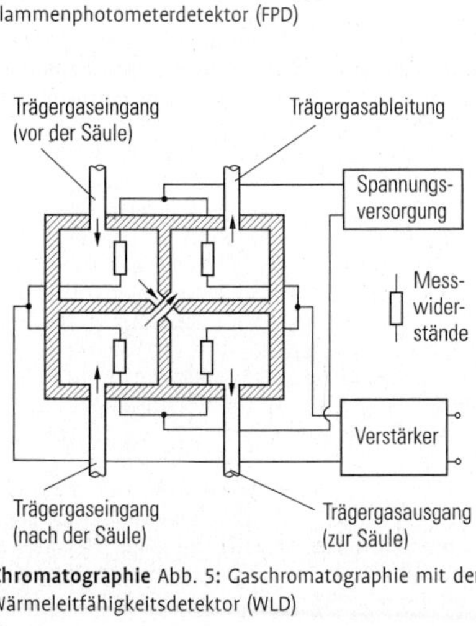

Chromatographie Abb. 5: Gaschromatographie mit dem Wärmeleitfähigkeitsdetektor (WLD)

großen Molekülen, die zur Wanderung nur den Raum zwischen den Gelpartikeln der stationären Phase nutzen können; Elution der Substanzen nach absteigender Molekülmasse; Berechnung des Retentionskoeffizienten K_{av}:

$K_{av} = \frac{V_r - V_a}{V_e - V_a}$

dabei ist V_r das Retentionsvolumen, V_a ist das Ausschlussvolumen, in dem große Moleküle eluiert werden, V_e ist das Einschlussvolumen, in dem die Elution der kleinen Moleküle erfolgt, also das Volumen der Säule abzügl. des Volumens der festen Anteile des Trägermaterials; **Anw.**: Isolierung von biol. Material, Bestimmung von Molekülgrößen.

e) Hochdruckflüssigkeitschromatographie: (engl.) ***high performance liquid chromatography***, Abk. HPLC; chromatograph. Verfahren, bei dem die stationäre Phase (sehr kleine Korngröße, 3-10 µm) in Edelstahlrohre (Trennsäulen, Länge: 5-30 cm, Innendurchmesser: 1.5-8 mm) gefüllt wird. Die mobile Phase wird mittels Pumpen mit einem Druck bis zu 400 bar u. Flussraten von 0.1-5 mL/min durch die Trennsäule gepumpt. Mit mikroprozessorgesteuerten Gradientenmischern können im Chromatogrammverlauf variable Mischungen aus 2 od. 3 versch. Elutionsmitteln hergestellt werden. Am Auslass der Säule ist ein Detektor angeschlossen, der ein der Substanzmenge äquivalentes elektr. Signal liefert (s. Abb. 6). Die Kopplung der Hochdruckflüssigkeitsch. an die Massenspektroskopie (s. Spektroskopie), Abk. LC-MS, hat sich jüngst zu einer bedeutenden Methode zur Analyse org. u. biochemischer Mischungen entwickelt. Unmittelbar nach dem Verlassen der Chromatographiesäule werden die Spektren der einzelnen Substanzen aufgenommen. **Detektoren:** bei der HPLC werden vorwiegend die nachfolgend aufgeführten opt. Detektoren eingesetzt; daneben gibt es eine Reihe von Detektoren, die für spezielle Zwecke adaptiert wurden, wie z. B. chem. Reaktionsdetektoren, Flammenphotometer, pH*-Meter u. Infrarotspektrophotometer (s. Spektroskopie); photometrischer Detektor: gebräuchlichster Detektortyp, ähnl. der Spektralphotometrie, jedoch mit Durchflussküvetten anstatt einer Quarzküvette. Absorption wird bei bestimmter Wellenlänge geg. die Zeit registriert. Nur für Substanzen geeignet, die bei der verw. Wellenlänge Licht absorbieren; sehr zuverlässig; Diodenarraydetektor: Abk. DAD; Detektor, der in Verb. mit einem Computer die simultane Darstellung des Chromatogramms bei versch. Wellenlängen u. die Aufnahme von Spektren zur Identifizierung der eluierten Substanzen gestattet; besteht aus einer großen Anzahl von Photodioden (meist 255), die in einer kurzen Zeile angeordnet sind (s. Abb. 7); Aufnahme des gesamten opt. Spektrums durch den Detektor, wobei jede Diode von einem kleinen Teil des optischen Spektrums, meist 1-2 nm, bestrahlt wird. Ein Mikroprozessor subtrahiert die Spektren der verw. Lichtquelle u. des Lösungsmittels vom Spektrum der eluierten Probelösung. Der DAD ist nicht so empfindl. wie das Spektrallinien-Filterphotometer. Fluoreszenzphotometrischer Detektor: sehr selektiver u. außerordentl. empfindlicher Detektor, funktioniert ana-

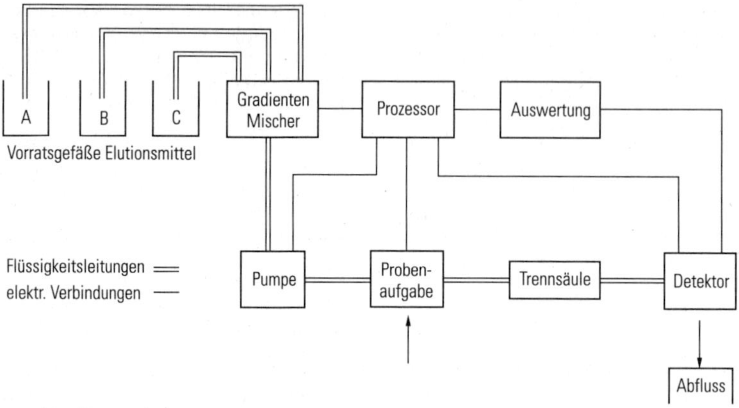

Chromatographie Abb. 6: Schema eines HPLC-Geräts

log dem photometr. Detektor; Anw.: Nachw. von fluoreszierenden Substanzen, z. B. Chinin u. Thiamin im pg-Bereich; Brechungsindexdetektor: (engl.) *refractive index detector*, Abk. RI-Detektor; sehr empfindl. Universaldetektor, der hauptsächl. bei der Ch. von Kohlenhydraten verwendet wird. Die Änderungen des Brechungsindex* in der HPLC sind sehr gering (Messbereich: zw. 10^{-8} u. 10^{-4} Einheiten). RI-Detektoren reagieren daher auf Temperatureinflüsse sehr empfindl., Temp.-Schwankungsbereich während eines Chromatogramms: nicht mehr als ±0.05 °C! Nachweisgrenze für Substanzen: zw. 1 u. 10 µg; **FPLC:** Abk. für (engl.) *fast protein liquid chromatography*; Weiterentwicklung der HPLC, bei der Proteine mittels Ionenaustauscherchromatographie od. Gelfiltration* isoliert werden. **Nano-HPLC:** Kapillar-HPLC; Miniaturisierung der HPLC, bei der anstelle von Trennsäulen Silicakapillaren mit einem Innendurchmesser von 75-200 µm verwendet werden; Pumpen mit konstanter Förderleistung von 5-50 µL/min u. Auftragevolumina von rund 50 nL; Detektoren wie in der HPLC mit entspr. kleiner Durchflusszelle; Bedeutung: Die Nano-LC-MS, bei der die Nano-HPLC an die Massenspektrometrie (s. Spektroskopie) gekoppelt wird, zählt heute zu den wichtigsten Methoden bei der Analyse komplexer org. u. biochemischer Mischungen.

f) Ionenaustauscherchromatographie: chromatograph. Trennverfahren, das auf der unterschiedl. Affinität der Ionen zum Ionenaustauscher, der stationären Phase, beruht; die Elution erfolgt mit wässrigen Pufferlösungen; Abhängigkeit der Retention der Substanzen u. a. von deren Dissoziation; **Anw.:** Analyse org. Säuren, Aminosäuren* u. Aminen*.

g) Fluidchromatographie, überkritische: (engl.) *supercritical fluid chromatography*, Abk. SFC; spezielle Trenntechnik, bei der die chromatograph. Vorgänge, ähnl. den der LC, mit den Nachw.-Möglichkeiten der GC kombiniert werden; die mobile Phase ist weder flüss. noch gasförmig, da überkritische Fluide verwendet werden, die komprimierbar wie Gase sind u. gute Lösefähigkeiten besitzen; **Detektoren:** weitgehend die der GC; **Gesch.:** Methode seit 1962 bekannt, Handhabung hat sich seit 1982 durch Einführung kommerzieller Geräte vereinfacht.

h) Verteilungschromatographie (entwickelt 1941-1943 von Martin, Gordon u. Synge): chromatograph. Trennverfahren, das auf Verteilungsvorgängen beruht; flüss., stationäre Phase: mit einer best. Flüssigkeitsmenge, z. B. Wasser, durchtränktes Trägermaterial, z.B. Silicagel; mobile Phase: org. Lösungsmittel, z. B. Butanol, Petrolether od. Chloroform; **Anw.:** Trennung von acetylierten u. freien Aminosäuren*, Glykosiden*, Alkaloiden*, Steroiden* u. Fettsäuren*; **droplet counter current chromatography:** Abk. DCCC; Tröpfchen-Gegenstromch.; spezielle Form der Verteilung-

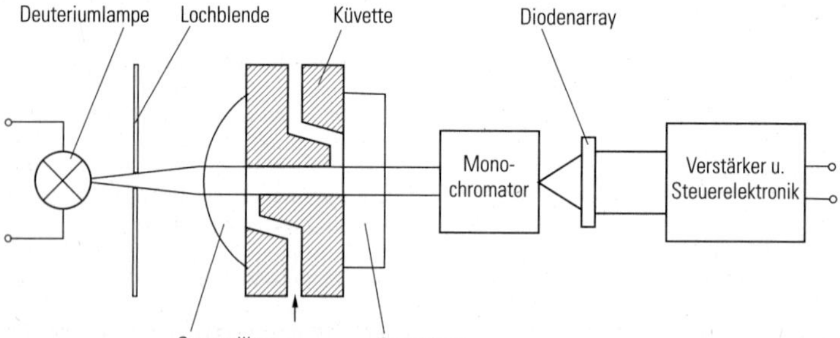

Chromatographie Abb. 7: Schema eines Diodenarraydetektors für HPLC

schromatographie zweier nicht mischbarer Flüssigkeiten. Die stationäre Phase befindet sich in einem senkrecht positionierten Rohr; die mobile Phase fällt od. steigt, je nach Dichte, in kleinen Tröpfchen durch die stationäre Phase. **RLCC:** Abk. für (engl.) *rotating locular countercurrent chromatography*; Variante der Verteilungschromatographie mit Gegenstromverteilung; die stationäre Phase befindet sich in den Kammern eines schräg positionierten, langsam sich um die eigene Achse drehenden Rohres (Säule); die mobile Phase bewegt sich von unten od. von oben, je nach der Dichte, durch die stationäre Phase.

i) Umkehrphasenchromatographie: (engl) *reversed-phase chromatography*; Abk. RP; chromatograph. Verfahren unter Verw. unpolarer stationärer Phasen u. polarer mobiler Phasen, wie Wasser, Methanol u. Acetonitril. Vorteil: z. B. die stärkere Vermeidung von problemat. Lösemitteln;

II. Chromatographie, planare: chromatograph. Verfahren, bei dem die stationäre Phase auf einer flachen Platte od. in den Zwischenräumen eines Papiers fixiert ist. Die mobile Phase bewegt sich durch Kapillarwirkung od. Einfluss der Schwerkraft durch die stationäre Phase.

A: Dünnschichtchromatographie: Abk. DC; chromatogr. Trennverfahren, das auf Verteilungsprozessen beruht, ähnl. der PC (s. Abb. 8); Adsorbens: in dünner Schicht aufgetragen auf Glasplatten, Kunststoff- od. Aluminiumfolien; hohe Trennleistung, einfache Handhabung u. kurze Laufzeiten; **Durchführung:** eindimensionales Verfahren: aufsteigende Methode mit nur 1 Laufmittel; dabei werden 2-10 µL der zu untersuchenden Substanzlösung mittels Pipette an einer markierten Stelle auf die Platte aufgebracht u. eintrocknen gelassen. Die Platte taucht man am unteren Ende in das Laufmittel, wobei die einzelnen Substanzen je nach ihrer Löslichkeit von der mobilen Phase mitgeführt u. getrennt werden; zweidimensionale Verfahren: Auftragen des Substanzgemischs in einer Ecke einer quadrat. Platte; nach dem ersten Laufmitteldurchgang mit anschließender Trocknung wird die Platte um 90° gedreht u. es folgt ein 2. Laufmitteldurchgang; nach Trocknen dieses Laufmittels finden sich die einzelnen Komponenten als Flecken landkartenartig über die gesamte Fläche der Platte verteilt; **HPTLC:** Abk. für (engl.) *high-performance thin layer chromatography*; Weiterentwicklung der DC, wobei die Korngröße der verw. Adsorbenzien zw. 3 u. 10 µm liegt. Vorteile: geringere Laufzeiten u. noch bessere Trennungen;

B: Papierchromatographie (erfunden von Consden, Gordon u. Martin, basierend auf der Verteilungsch. sowie der alten Tüpfelmethode*): Abk. PC; Verteilungsch., bei der als Adsorbens u. a. Filtrierpapier (Streifengröße: ca. 50×3 cm) verwendet wird; gilt heute als veraltet u. wird nur noch für spezielle Trennprobleme eingesetzt; **Durchführung:** 1 Tr. der zu untersuchenden Substanzlösung wird mittels Pipette an einer markierten Stelle auf den Streifen aufgebracht u. eintrocknen gelassen. Man lässt ein Lösungsmittel, z. B. wassergesättigtes Butanol, wasserhaltiges Phenol, von dem Papier aufsaugen, wobei die einzelnen Substanzen je nach ihrer Löslichkeit von dem Lösungsmittel in versch. Geschwindigkeiten mitgeführt u. so getrennt werden; **Eigenschaften von DC und PC:** außerordentl. hohe Empfindlichkeit (Aminosäuren bis 0.1 µg u. weit geringere Mengen von radioaktiven u. manchen biol. wirksamen Substanzen); **Anw. von DC und PC:** Trennung von Substanzen (z. B. Aminosäuren* u. andere org. Säuren, Proteinen* Glykosiden*, Purinen*, Anthocyanen*, Steroiden*, Antibiotika*, Alkaloiden* u. Pterinen*), die sowohl in Wasser als auch der org. Phase wenigstens etwas lösl. sind, die durch physik. Eigenschaften od. chem. Reaktionen auf dem Chromatogramm sichtbar gemacht werden können u. die weder mit der stationären noch mit der mobilen Phase reagieren; **Detektion** bei DC und PC: farblose Komponenten durch Aufsprühen entspr. Reagenzien mit einem Zerstäuber, wobei die Flecken der einzelnen Komponenten farbig hervortreten; beim Photometrieren wird das entwickelte Chromatogramm mit einem Photometer (photoelektr. Kolorimeter) ausgemessen u. die Intensitäten graph. festgehalten; mit Hilfe der Densitometrie kann das entwickelte Chromatogramm analog der Photometrie mit einem Densitometer ausgemessen u. die opt. Dichten bestimmt werden; die fluoreszierende Stoffe unter der Analysenlampe (254 nm od. 365 nm); bei radioaktiven Stoffen Auflegen des Chromatogramms auf ein Fotopapier od. Abzählen des Papierstreifens mit einem Geigerzähler (Autoradiographie).

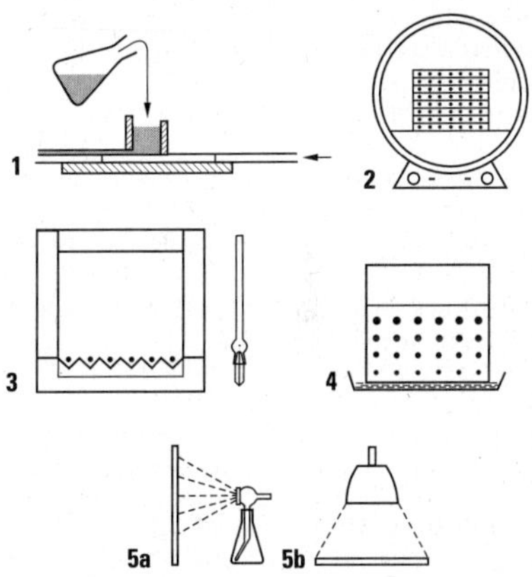

Chromatographie Abb. 8: Schema der Dünnschichtchromatographie; 1: Sorptionsmittel, gemischt mit Wasser, wird mittels Beschichtungsgerät gleichmäßig auf Glasplatten aufgebracht. 2: Die Schichten werden getrocknet. Die fertigen Platten können dann längere Zeit aufbewahrt werden. 3: Die zu untersuchenden Proben werden mittels Mikropipette auf die Schicht aufgetragen. 4: Das Chromatogramm wird „entwickelt", indem Lösungsmittel in der Schicht aufsteigt. 5: Die getrennten Substanzen werden sichtbar gemacht: a) mittels Sprühreagens, b) durch UV-Licht

Chromatometrie: Verfahren der Maßanalyse*, bei dem mit Kaliumdichromat-Maßlösung titriert wird. $Cr_2O_7^{2-}$ wird dabei zu Cr^{3+} reduziert. Die

Endpunktbestimmung erfolgt potentiometr. (s. Potentiometrie) od. mit Redoxindikatoren (s. Redoxsystem). **Anw.:** Bestimmung von Eisen* u. Blei*.

Chromatophoren: Vesikeln einiger Bakterien, die von einer einfachen Membran umgeben sind u. Photosynthesepigmente enthalten.

Chromatosom: Partikel aus einem Nucleosom, verbunden mit Histon H1.

Chromchloride: 1. **Chrom(II)-chlorid**: Chromochlorid, Chromchlorür; Chromdichlorid, $CrCl_2$. Weiße, hygroskop. Kristalle. 2. **Chrom(III)-chlorid**: Chromichlorid, Chromium (tri)chloratum; Chromtrichlorid, $CrCl_3$. Pfirsichrote Blättchen, in heißem Wasser mit grüner Farbe löslich. 3. **Chrom(III)-chlorid, wasserhaltig**: Chromium sesquichloratum; $CrCl_3 \cdot 6\,H_2O$. Grünes, krist. hygroskop. Pulver, lösl. in Ethanol u. verd. Säuren. **Anw.:** Beize in der Textilindustrie, Imprägnierung gegen Wasser, Darst. anderer Cr-Verb., Verchromen, Katalysator bei org. Synthesen.

Chromchlorür: s. Chromchloride, Chrom(II)-chlorid.

Chromedetat [^{51}Cr]: Chrom*-51 in Form eines Komplexes von Chrom(III) mit einem Überschuss Ethylendiamintetraessigsäure. Verwendet wird eine sterile Lsg. (Chromii [^{51}Cr] edetatis solutio iniectabilis Ph.Eur.4, [^{51}Cr]Chromedetat-Injektionslösung), die durch Zusatz von Natriumchlorid isotonisiert werden kann u. ein geeignetes Konservierungsmittel, z.B. Benzylalkohol, enthalten darf. **Anw.:** Bestimmung der glomerulären Filtrationsrate der Niere.

Chromeisenstein: Chromit; das Mineral $FeCr_2O_4$.

Chromen: Benzopyran; von Ch. leiten sich zahlreiche Naturstoffe, z.B. Cumarine*, Flavonoide*, Cannabinoide (s. Cannabis sativa), ab. **Chroman** entsteht durch Hydrierung des Pyranringes. Man unterscheidet 2*H*- u. 4*H*-Chromen (s. Abb.). **Chromon** (vgl. Furanochromone) ist Benzo-γ-pyranon (4*H*-Benzo-1-pyran-4-on, Chromen-4-on). Cumarinum* ist Benzo-α-pyranon (2*H*-Benzo-1-pyran-2-on, Chromen-2-on).

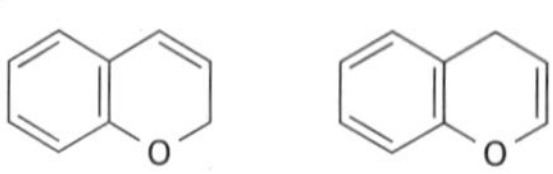

2H - Chromen 4H - Chromen

Chromen

Chromgelatine: Lsg. von Kaliumdichromat in Gelatine (Zubereitung in der Dunkelkammer!). Bei Lichtzutritt wird Dichromat zu Chrom(III) reduziert, das die Gelatine unlösl. macht. **Anw.:** früher Gelatinedruck, sowie Kleben, Kitten u. Abdichten von Kork an Laborgeräten.

Chromgelb: s. Bleichromat.

Chromgrün: s. Chrom(III)-oxid.

Chromhydroxid: s. Chrom(III)-hydroxid.

Chrom(III)-hydroxid: Chromhydroxid, Chromium oxydatum hydricum; $Cr(OH)_3 \cdot n\,H_2O$. **Anw.:** Malerfarbe, Textilbeize.

Chromichlorid: s. Chromchloride, Chrom(III)-chlorid.

Chromii [^{51}Cr] edetatis solutio iniectabilis: s. Chromedetat [^{51}Cr].

Chromikaliumsulfat: s. Chrom(III)-kaliumsulfat.

Chromi-Kalium sulfuricum: s. Chrom(III)-kaliumsulfat.

Chromit: s. Chromeisenstein.

Chromium nitricum: s. Chrom(III)-nitrat.

Chromium oxydatum anhydricum: s. Chrom(III)-oxid.

Chromium oxydatum hydricum: s. Chrom(III)-hydroxid.

Chromium sesquichloratum: s. Chromchloride, wasserhaltiges Chrom(III)-chlorid.

Chromium trichloratum: s. Chromchloride, Chrom(III)-chlorid.

Chromi-Verbindungen: Chrom(III)-Verbindungen.

Chromkalium: s. Kaliumchromat.

Chrom(III)-kaliumsulfat: Chromikaliumsulfat, Chromalaun, Chromi-Kalium sulfuricum; $KCr(SO_4)_2 \cdot 12\,H_2O$, M_r 499.43. D. 1.83. Schmp. 89 °C. Dunkelviolette, oktaedr. Kristalle od. hellviolettes, krist. Pulver, leicht lösl. in Wasser, unlösl. in Ethanol. Die wässrige violette Lsg; wird beim Erhitzen grün. **Darst.:** Zusammenbringen von Lsg. gleicher Stoffmengen Kaliumsulfat u. Chrom(III)-sulfat u. das Gemisch trocknen lassen; **Anw.:** Beizmittel in der Färberei u. Kattundruckerei, Ledergerbung (Chromleder), in der Fotografie zur Gelatinehärtung, Reagens in der analyt. Chemie.

Chrom-Natrium: s. Natriumchromat.

Chrom(III)-nitrat: Chromium nitricum; $Cr(NO_3)_3 \cdot 9\,H_2O$. M_r 400.18. Violette Kristalle, in Wasser mit blauvioletter Farbe lösl., die Lsg. färbt sich beim Erhitzen grün u. wird beim Erkalten wieder blau, lösl. in Ethanol. **Anw.:** Beize, Reagens auf Silber, Korrosionsschutz.

Chromobakterien: Farbstoffe bildende, gramnegative, polar begeißelte Stäbchenbakterien. Sammelbezeichnung für Flavo- u. Chromobacterium, Serratia, Pseudomonas-Arten. Chromobacter violaceum: apathogen, bildet blauvioletten Farbstoff.

Chromochlorid: s. Chromchloride, Chrom(II)-chlorid.

chromogen: Farbstoff bildend, z.B. chromogene Bakterien.

Chromomere: Orte dichterer Chromatin-Knäuelung auf einem Chromosom. Ch. sind stärker anfärbbare Stellen, deren Verteilung entlang des Chromosoms eine artspezif. Anordnung von Banden ergibt, die man unter dem Lichtmikroskop erkennen kann.

Chromometrie: Verfahren der Maßanalyse*, bei dem mit Chrom(II)-sulfat-Maßlösung titriert wird. Cr(II) wird dabei zu Cr(III) oxidiert. **Anw.:** Bestimmung von Silber*, Bismut*, Kupfer*, Quecksilber* u. Chromat*.

Chromon: s. Chromen.

Chromophore: chromophore Gruppen; Atomgruppen, die Licht insb. im sichtbaren od. UV-Bereich absorbieren u. die Verb. farbig erscheinen lassen. Bei den Ch. handelt es sich im Allg. um π-Elektronensysteme, z.B. Benzolkern, Anthracenkern, Azogruppe $-N{=}N-$, Nitrosogruppe $-N{=}O$.

Chromoplasten: Plastide, die Farbstoffe, meist gelbe u. orangefarbene Carotinoide, aber kein Chlorophyll, enthalten. Ch. können aus Chloroplasten* entstehen, z. B. beim Reifen von Früchten.

Chromoproteine: zusammengesetzte Proteine, die als prosthet. Gruppe eine kovalent od. nicht kovalent gebundene Farbstoffkomponente enthalten. Zu Ch. gehören die Hämoproteine* u. die Eisenporphyrinenzyme, Flavoproteine, Chlorophyll-Eiweiß-Verb. u. porphyrinfreie, eisen- od. kupferhaltige Proteine von Wirbeltieren u. Wirbellosen.

Chromosomen: Idiosomen; intensiv färbbare, faden- od. schleifenförmige, aus Chromatin* aufgebaute Partikel (mit linear angeordneten Genen) in Zellkernen der Eukaryonten u. in Prokaryonten, die das gesamte od. Teile des genet. Materials eines Organismus enthalten (Träger der Erbanlagen). Beim Menschen sind es 46 Ch., die eine diploide Zelle, u. 23 Ch., die eine haploide Zelle (Gameten) ausmachen. Prokaryonten enthalten nur ein Chromosom. Ch. sind nur sichtbar in der stark verkürzten Transportform (Mitose- u. Meiosekern), nicht aber in der stark aufgelockerten Funktionsform. Chem. Hauptbestandteile der Ch. sind DNA, RNA sowie saure u. bas. Proteine. Die Menge an DNA je Chromosomensatz ist artspezif. u. wird semikonservativ repliziert. Die Mitose regelt die Weitergabe der Information von Zelle zu Zelle nach Verdopplung der Ch. durch Längsspaltung. Der RNA-Gehalt der Ch. unterliegt großen Schwankungen u. ist von der Transkriptionsaktivität des Zellkerns abhängig.

Chromosomenaberration: spontane od. induzierte Strukturveränderung eines Chromosoms, die durch Deletion*, Insertion*, Translokation* od. Inversion* eines Chromosomen-Abschnittes hervorgerufen wird.

Chromosomenpaarung: Aneinanderlagerung homologer Chromosomen u. deren Verbindung zu einem starren synaptonemalen Komplex* durch ein zentrales RNA-Proteid. Die Ch. findet in der mittleren Prophase I der Meiose* statt.

Chromotropsäure, Dinatriumsalz: $C_{10}H_6Na_2O_8S_2 \cdot 2\,H_2O$, M_r 400.3. Weiße Nadeln od. Plättchen, lösl. in Wasser. **Anw.:** Zwischenprodukt bei Farbstoffsynthesen, im Labor als Reagens zum Nachw. von Formaldehyd u. Methanol, zur Identitätsprüfung von Ethacridinlactat*, zur quantitativen Bestimmung von Ag, B, Cr, Hg, Ti, Chromat, Nitrit u. Nitrat.

Chromo-Verbindungen: Chrom(II)-Verbindungen.

Chrom(III)-oxid: Chromsesquioxid, Chromium oxydatum anhydricum, Chromgrün; Cr_2O_3. Je nach Herst. metallglänz. Kristalle od. dunkelgrünes, amorphes Pulver, unlösl. in Wasser. **Anw.:** Malerfarbe, Porzellanmalerei, wegen seiner großen Härte in Schleifmitteln, hochtemperaturbeständige Werkstoffe; nat. u. synthet. herstellbare Rubine (bildet Mischkristalle mit Al_2O_3). **Hom:** *Chromium oxydatum.*

Chrom(VI)-oxid: Chromsäureanhydrid, Acidum chromicum; Chromtrioxid, CrO_3. Braunrote, hygroskop. Kristalle, sehr leicht lösl. in Wasser unter Bildung von Chromsäure (H_2CrO_4). **Anw.** med.: früher als Ätzmittel (z. B. bei Warzen, Kondylomen), gegen Fußschweiß; techn.: Färberei, Gerberei; **Tox.:** stark giftig, LD ca. 0.6 g; vermutl. karzinogen.

Chromoxide: 2-, 3-, 4- u. 6-wertige Sauerstoffverb. des Chrom. Chrom(III)*-oxid ist das techn. wichtigste Chromoxid.

Chromsäure: s. Chrom(VI)-oxid.

Chromschwefelsäure: Mischung aus Natrium- od. Kaliumdichromat u. konz. Schwefelsäure; starke Oxidationswirkung. **Herst.:** 10 g Kaliumdichromat in 20 mL Wasser suspendieren. In diese Suspension langsam unter Umrühren 100 mL konz. Schwefelsäure gießen. **Anw.:** Reinigung stark verschmutzter Glasgeräte im Laboratorium; dabei wird das Dichromat zu grünem Chrom(III)-sulfat reduziert.

Chromtrichlorid: s. Chromchloride, Chrom(III)-chlorid.

Chromtrioxid: s. Chrom(VI)-oxid.

chronisch: langsam verlaufend; Ggs. akut.

Chronopharmakologie: Wissenschaftszweig, der auf der Beobachtung fußt, dass die Wirk. von Arzneimitteln (u. anderen physiol. wirksamen Substanzen) vom Zeitpunkt der Applikation abhängig sein kann. D. h. Arzneimittel werden zu versch. Tageszeiten in ihren Wirk. u. ihrer Pharmakokinetik durch die rhythm. ablaufenden Vorgänge des Organismus beeinflusst. Bei der phasengerechten Anwendung bestimmter Pharmaka (z. B. Glucocorticoide*, Heparin*, Zytostatika*, H_2-Rezeptorenblocker) werden erhebl. Wirkstoffmengen eingespart u. UAW* verringert.

chronotrop: die Schlagfrequenz des Herzens beeinflussend. Positiv chronotrop: Herzfrequenz steigernd (vgl. Sympathomimetika); negativ chronotrop: Frequenz mindernd (vgl. Glykoside, herzwirksame, Parasympathomimetika).

Chrysanthemum vulgare: s. Tanacetum vulgare.

Chrysarobin: s. Andira araroba.

Chrysin: 5,7-Dihydroxy-2-phenyl-4*H*-1-benzoyran-4-on; 5,7-Dihydroxyflavon; $C_{15}H_{10}O_4$; M_r 254.2; Schmp. 285 °C; Strukturformel s. Flavonoide (Tab.). Hellgelbe Prismen; unlösl. in Wasser, lösl. in Alkalihydroxid-Lsg., leicht lösl. in Ethanol, Ether, Chloroform; Flavon*, das z. B. in Pappelknospen u. im Kernholz vieler Pinus-Arten vorkommt.

Chrysoidin: 2,4-Diamino-azobenzol; $(NH_2)_2C_6H_5-N=N-C_6H_5$, M_r 212.25. Schmp. 117.5 °C. Gelbe Kristalle, lösl. in Ethanol u. Ether, wenig lösl. in Wasser. **Anw.:** zum Färben von Baumwolle, Leder u. Papier; in der Bakteriologie zum Färben von Diphtheriebakterien (Neisser*-Färbung).

Chrysophansäure: Chrysophanol; 3-Methyl-1,8-dihydroxy-anthrachinon; $C_{15}H_{10}C_4$; Strukturformel s. Anthrachinone (Tab.). **Vork.:** Best. des Chrysarobin (s. Andira araroba) sowie in der Rhabarberwurzel, Frangularinde, Sennesblättern u. einigen Flechten- u. Rumexarten; **Anw.:** früher bisweilen wie Chrysarobin, als Hautreizmittel.

Chrysoplenetin: Flavonolderivat, Strukturformel s. Flavonoide (Tab.).

Chrysoplenol: Flavonolderivat, Strukturformel s. Flavonoide (Tab.).

Chylomikronen: Lipomikronen, Chyluskörner; Lipoproteinpartikel (vgl. Lipoproteine) mit geringer Dichte u. hohem Triglyceridanteil, die als Lipidtransportpartikel in der Darmschleimhaut synthetisiert werden u. über das Lymphsystem ins Blut gelangen. Sie transportieren aus fetthaltiger Nahrung aufgenommene Triglyceride, werden durch Lipoproteinlipase zu Chylomikronresten (Remnants) abgebaut u. schließl. von der Leber aufgenommen.

C

Chylurie: milchige Trübung des Harns infolge Fettbeimengungen in feinster Verteilung.

Chylus (gr. chylos Brühe): Milchsaft; milchig-trüber Inhalt der Darmlymphgefäße, der vorwiegend ungespaltene Fette enthält.

Chyluskörner: s. Chylomikronen.

Chymopapain INN: Chymodiactin, Discase; CAS-Nr. 9001-09-6. Proteolyt. Enzym aus dem rohen Latex von Carica* papaya; ein Sulfhydrylenzym, ähnl. Papain*; bestehend aus 4 Komponenten. **Wirk.:** greift die Mukopolysaccharidketten der Bandscheiben-Kernteile an; **Anw.:** Nucleolytikum* (umstritten); Injektionen bei Schmerzen im Bereich des Ischiasnervs infolge von Bandscheibenschäden.

Chymosin: Labferment, s. Lab.

Chymotrypsin INN: CAS-Nr. 9004-07-3; Gruppe strukturell verwandter Proteasen*, die in Form ihrer Vorstufen in der Bauchspeicheldrüse gespeichert sind; weißes, hygroskop., amorphes Pulver, wenig lösl. in Wasser. **Off.:** Ph.Eur.4. Aus Rinderpankreas gewonnenes proteolyt. Enzym; Aktivität mind. 5.0 µkat/mg; **Anw.:** Antiphlogistikum z. B. bei Hämatomen, in der Augenheilkunde zur Auflösung der Zonulafasern bei Entfernung der Augenlinse (Staroperation); **UAW:** Asthma-Anfälle bei Inhalationen, anaphylakt. Reaktionen.

Chymotrypsinogene: inaktive Vorstufen von Chymotrypsin*. Chymotrypsinogen A (241 Aminosäuren, M_r 25 000) liegt bei pH 8 als Kation, Chymotrypsinogen B als Anion vor. Unterschiede bestehen in der Substratspezifität der aktivierten Formen. Alle Chymotrypsine hydrolysieren bevorzugt Phenylanin-, Tyrosin- u. Tryptophanpeptidbindungen; pH-Optimum zwischen 7.8 u. 8.5; bei pH 3 ist die Aktivität reversibel gehemmt, Ch. sind bei diesem pH-Wert am stabilsten. Chymotrypsinogen A besteht aus einer Polypeptidkette mit 5 intermolekularen Disulfidbrücken. Trypsin* aktiviert Chymotrypsinogen A durch Hydrolyse der Peptidbindung zwischen Arg^{15}-Ile^{16}, wobei π-Chymotrypsin entsteht. Dieses Enzym wiederum entfernt die Dipeptide Ser^{14}-Arg^{15} u. Thr^{147}-Asn^{148} von anderen π-Chymotrypsinmolekülen, hierbei wird das stabile α-Chymotrypsin gebildet.

Chymus (gr. Saft): Speisebrei im Magen.

Ci: (physik.) Einheitenzeichen für Curie*.

Cianidanol INN: D-(+)-Catechin, (2*R*,3*S*)-(+)-Flavan-3,3',4',5,7-pentol; (+)-2-(3,4-Dihydroxyphenyl)-3,5,7-chromantriol; CAS-Nr. 154-23-4; $C_{15}H_{14}O_6$,

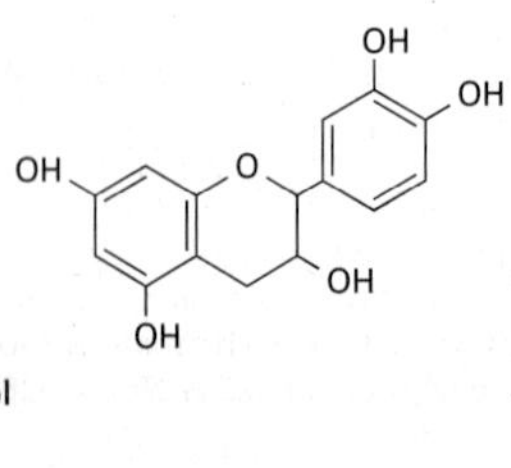

Cianidanol

M_r 290.28. Schmp. 175-177 °C; vgl. Catechine, Leucocianidol. **Vork.:** enthalten in Gambir, s. Uncaria gambir; **Wirk.** u. **Anw.:** früher Lebertherapeutikum, vgl. Silibinin; **UAW:** Magenunverträglichkeiten, Fieber; **Hinweis:** wegen weiterer, schwerer UAW (hämolyt. Anämie) nicht mehr zugelassen.

Cibenzolin INN: 2-(2,2-Diphenylcyclopropyl)-4,5-dihydro-1*H*-imidazol; (±)-2-(2,2-Diphenylcyclopropyl)-2-imidazolin; CAS-Nr. 53267-01-9; $C_{18}H_{18}N_2$, M_r 262.35. Schmp. 104 °C. **Cibenzolinsuccinat:** CAS-Nr. 57625-97-5; **Wirk.** u. **Anw.:** Antiarrhythmikum* der Klasse 1; zeigt auch Charakteristika der Klassen 2 u. 4; selten verwendet; **UAW:** Erbrechen, Übelkeit, zentralnervöse Beschwerden; **Dos.:** 50 mg p. o. alle 6 h.

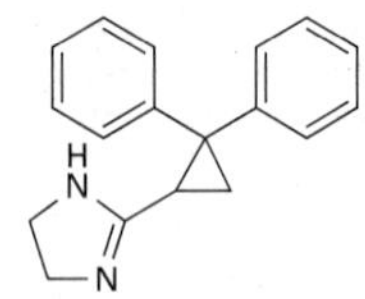

Cibenzolin

Cibotium barometz Link: Vegetabilisches Lamm; Fam. Dicksoniaceae (Ostindien, China, Japan). Stpfl. von **Paleae haemostaticae:** Paleae stypticae, Penghawar Djambi, Farnhaare. **Anw.:** Haemostyptikum (obsolet); techn. Polstermaterial.

Cichorium endivia L.: Endivie; Fam. Asteraceae* (Compositae), als Salatpflanze kult., mehrere Varietäten.

Cichorium intybus L.: Zichorie, Wegwarte; Fam. Asteraceae* (Compositae). Man unterscheidet: **1. var. foliosum** Hegi, Salatzichorie, Chicorée, mit verdickter Wurzel u. großen Blättern (nur kult. bekannt); **2. var. intybus** (var. sylvestre Vis.), Wilde Zichorie (Europa, Asien); **3. var. sativum** DC. (ssp. sativum (DC.) Janchen), Wurzelzichorie, Kaffeezichorie, mit stark verdickter Wurzel (nur kult. bekannt); sie ist Stpfl. von **Radix Cichorii:** Zichorienwurzel. **Inhaltsst.:** im Milchsaft Intybin (Lactucopicrin, ein Sesquiterpenbitterstoff), α- u. β-Lactucerol, Cichoriumsäure (eine Phenolcarbonsäure), Gerbstoff, Phytosterine*; in der Wurzel bis 58 % Inulin* (bei var. intybus nur ca. 20 %); **Anw.** volkstüml.: z. B. Blutreinigungsmittel, Stomachikum u. Cholagogum; Kaffeesurrogat. **Hom:** *Cichorium intybus Rh (HAB1.3):* ganze, zur Blütezeit gesammelte Pflanze der var. sativum. **Hom:** *Cichorium intybus, ethanol. Decoctum (HAB1.3):* ganze, blühende, getrocknete Pfl. der var. sativum u. var. intybus; verord. z. B. bei Dyspepsie, Verdauungsstörung.

Cichoriumsäure: s. Phenolcarbonsäuren.

Ciclacillin INN: Cyclacillin, (1-Aminocyclohexyl)penicillin; 6-(1-Aminocyclohexancarboxamido)-3,3-dimethyl-7-oxo-4-thia-1-azabicyclo[3.2.0]heptan-2-carbonsäure; CAS-Nr. 3485-14-1; $C_{15}H_{23}N_3O_4S$, M_r 341.43. Ein Derivat des Ampicillin*. Schmp. 182-183 °C (Anhydrat). $[\alpha]_D^{25\,°C}$ +268° (Wasser). Löslichkeit in Wasser bei 38 °C ca. 2.9 mg/mL. $pK_{S,1}$ 2.68 (Wasser), $pK_{S,1}$ 4.16 (Dioxan, 50 %); $pK_{S,2}$ 7.50 (Wasser), $pK_{S,2}$ 7.04 (Dioxan, 50 %).

Wirk. u. **Anw.**: Antibiotikum; nur noch selten verwendet; wirksam v. a. gegen gramnegative Keime; **Dos.**: Erwachsene p. o. 4×0.5-1.5 g/d; Kinder 6-14 Jahre 0.05-0.1 g/kg KG/d; Kinder bis 6 Jahre 0.1-0.2 g/kg KG jeweils auf 4 ED verteilt.

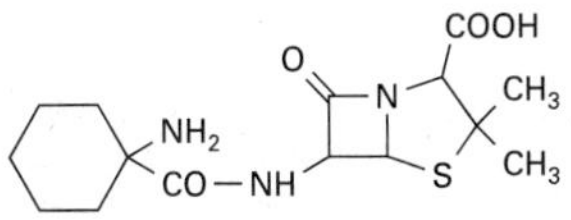

Ciclacillin

Cicletanin INN: (*RS*)-3-(4-Chlorophenyl)-1,3-dihydro-6-methylfuro[3,4-*c*]-pyridin-7-ol; CAS-Nr. 89943-82-8; $C_{14}H_{12}ClNO_2$, M_r 261.7. Gebräuchl. ist **Cicletaninhydrochlorid**: CAS-Nr. 82747-56-6; $C_{14}H_{13}Cl_2NO_2$; M_r 298.14; Schmp. 219-228 °C. Weiße Kristalle, unlösl. in Wasser. **Wirk.** u. **Anw.**: Diuretikum*, Antihypertensivum*, steigert auch die Prostacyclinsynthese; **UAW**: Erniedrigung des Kaliumspiegels, Kopfschmerzen, Hautrötung; **Dos.**: 1×50-100 mg/d.

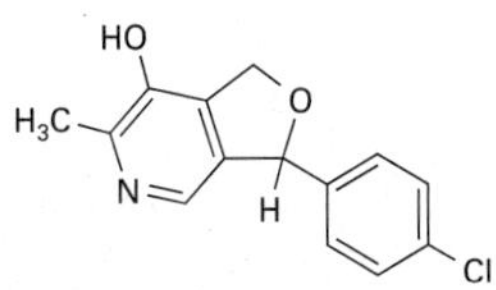

Cicletanin

Cicloniumbromid INN: syn. Cycloniumbromid, Ciclonii bromidum; *N*,*N*-Diethyl-*N*-methyl-[2-(α-methyl-α-8,9,10-trinorborn-5-en-2-yl)benzyloxyethyl]ammoniumbromid; CAS-Nr. 29546-59-6; $C_{22}H_{34}BrNO$. **Anw.**: obsolet; früher Parasympatholytikum*, Spasmolytikum* bei Koliken der Gallen- u. Harnwege.

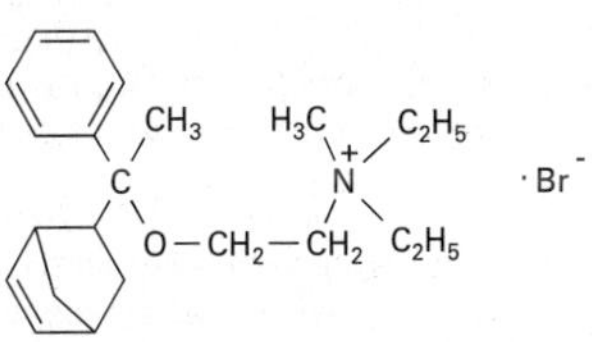

Cicloniumbromid

Ciclopirox: Ciclopiroxum Ph.Eur.4; 6-Cyclohexyl-1-hydroxy-4-methyl-2(1H)-pyridinone; CAS-Nr. 29342-05-0; $C_{12}H_{17}NO_2$, M_r 207.27, Schmp. 140-145 °C; weißes bis gelblich weißes, krist. Pulver, schwer lösl. in Wasser, leicht lösl. in Dichlormethan u. wasserfreien Ethanol. **Ciclopirox-Olamin**: Ciclopirox olaminum Ph.Eur.4; (6-Cyclohexyl-1-hydroxy-4-methylpyridin-2(1*H*)-on, 1:1-Verb. mit 2-Aminoethanol; CAS-Nr. 41621-49-2; $C_{14}H_{24}N_2O_3$ bzw. $C_{12}H_{17}NO_2 \cdot C_2H_7NO$. M_r 268.36. **Anw.**: Antimykotikum, Chemotherapeutikum (oft in der Gynäkologie).

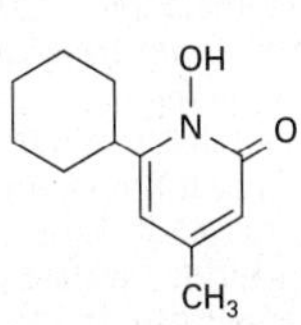

Ciclopirox

Ciclosporin INN: Ciclosporinum Ph.Eur., Ciclosporin A, Cyclosporin A; Cyclo-{[(*E*)-(2*S*, 3*R*, 4*R*)-3-hydroxy-4-methyl-2-(methylamino)-6-octenoyl]-L-2-aminobutyryl-*N*-methylglycyl-*N*-methyl-L-leucyl-L-valyl-*N*-methyl-L-leucyl-L-alanyl-D-alanyl-*N*-methyl-L-leucyl-*N*-methyl-L-leucyl-*N*-methyl-L-valyl}; CAS-Nr. 59865-13-3; $C_{62}H_{111}N_{11}O_{12}$; M_r 1202.6; Schmp. 148-151 °C; cycl. Polypeptid aus 11 Aminosäuren; weißes Pulver; fast unlösl. in Wasser. **Vork.**: Ciclosporine sind eine Gruppe von biol. aktiven Metaboliten aus versch. Pilzen, z. B. Trichoderma polysporum; die Hauptkomponenten sind Ciclosporin A u. C; **Wirk.**: immunsuppressiv, antimykot. u. antiphlogist.; **Anw.**: Immunsuppressivum; zur Unterdrückung von Abwehrreaktionen geg. implantierte Organe u. Gewebe; **UAW**: Nierenschäden, gastrointestinale Beschwerden, Hirsutismus, Wasserretention u. damit verbundene Ödeme u. Bluthochdruck. Weitere nat. Ciclosporine sind **1.** Ciclosporin B: $C_{61}H_{109}N_{11}O_{12}$; **2.** Ciclosporin C: $C_{62}H_{111}N_{11}O_{13}$; **3.** Ciclosporin D: $C_{63}H_{113}N_{11}O_{12}$.

Ciclotat: chem. Kurzbez. für 4-Methylbicyclo[2,2,2]oct-2-en-1-carboxylat.

Cicuta virosa L.: Giftiger Wasserschierling; Fam. Apiaceae (Umbelliferae) (Nord- u. Mitteleuropa, Nordasien). Stpfl. von **Herba Cicutae virosae**: Wasserschierlingskraut. **Inhaltsst.**: Cicutoxin* u. a. Polyine, in allen Teilen der Pfl. enthalten, bes. reichl. in den Markhöhlen u. Wurzeln; in frischen Wurzeln bzw. den gekammerten Rhizomknollen 0.2 %, in getrockneten bis ca. 3.5 %, aber Abbau im Laufe der Zeit; ferner äther. Öl; weitere giftige Stoffe, Alkaloide od. Glykoside sind nicht sicher festgestellt. **Anw.** volkstüml.: (abzulehnen, s. Tox.) früher bei Krämpfen u. Erkrankungen des rheumat. Formenkreises; äußerl.: Kraut u. Wurzel zu schmerzstillenden Kataplasmen u. Salben; häufig wird (wurde) Herba Cicutae virosae mit Herba Conii verwechselt (s. Conium maculatum); **Radix Cicutae virosae**: Wasserschierlingswurzel. **Anw.** volkstüml.: schmerzstillende Kataplasmen u. Salben, bei bakt. Infektionen der Haut; **Semen Cicutae virosae**: Wasserschierlingsamen. **Inhaltsst.** u. volkstüml. **Anw.**: wie Herba Cicutae virosae; **Tox.**: aufgrund des Geh. an Cicutoxin, einem zentral angreifenden Krampfgift, ist die gesamte Pflanze stark toxisch.

Hom: *Cicuta virosa*: frischer, bei Blütebeginn gesammelter Wurzelstock mit anhängenden Wurzeln; verord. z. B. bei cerebralen Krämpfen, Epilepsie.

Cicutoxin: CAS-Nr. 505-75-9; $C_{17}H_{22}O_2$; M_r 258.35; Schmp. 54 °C; Polyindiol aus Wasserschierling (Cicuta* virosa). Ein außerordentl. potentes, zentral angreifendes Krampfgift (ähnl. Picrotoxin*).

Cidofovir INN: Abk. CDV, HPMC, Cidofovirum, GS 0504; (*S*)-[2-(4-Amino-1,2-dihydro-2-oxopyrimidin-1-yl)-1-(hydroxymethyl)ethoxy]-methylphosphonsäure, 1-[(*S*)-3-Hydroxy-2-(phosphonomethoxy)propyl]cytosin; CAS-Nr. 113852-37-2,

$C_8H_{14}N_3O_6P$, M_r 279.19. Schmp. 260 °C (unter Zers.). logP −3.4; pK_S 1.6 (ber.); leicht lösl. in Wasser. Virostatikum (Nucleosid-Antimetabolit); Cytidin-Analogon. **Anw.:** CMV-Retinitis bei HIV-Erkrankten ohne renale Dysfunktion (vgl. Zytomegalie, Retinitis); **Wirk.:** Hemmung von HSV-1, HSV-2 u. CMV-DNA-Polymerase durch C.-Diphosphat; humane zelluläre DNA-Polymerase α, β u. γ werden 8- bis 600-mal schwächer gehemmt; **Kinetik:** Ausscheidung unverändert über die Niere; HWZ: 2.2 h; **UAW:** Proteinurie (51 %), Fieber (43 %), Asthenie (32 %), Übelkeit, Erbrechen (26 %), Hautausschläge (19 %), Neutropenie, Dyspnoe; **Hinweis:** durch eine Komedikation mit Probenicid wird das Risiko einer Nephropathie deutl. reduziert; **Dos.:** initial 5 mg/kg KG/Woche per Infusion alle 7-14 Tage; vgl. HIV-Erkrankung.

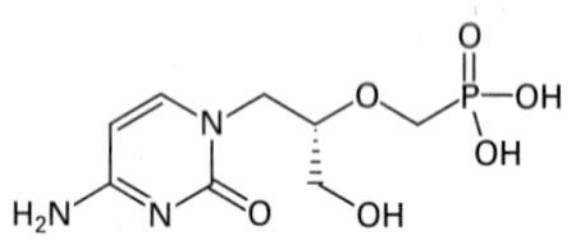

Cidofovir

Cignolin: s. Dithranol.

Cilastatin INN: eine um Cystein über eine S-Brücke verlängerte *α*-Aminoheptensäure, die amidartig mit einer Dimethylcyclopropancarbonsäure verknüpft ist. **Anw. u. Wirk.:** C. selbst hat keine antibakteriellen Eigenschaften, es wirkt kompetitiv hemmend auf eine Dehydropeptidase, die tubulär sezernierte Betalactamantibiotika (z. B. Imipenem*) inaktiviert. **Cilastatin-Natrium (INNv):** Cilastatinum natricum Ph.Eur.; CAS-Nr. 81129-83-1; $C_{16}H_{25}N_2NaO_5S$, M_r 380.4. Sehr leicht lösl. in Wasser u. Methanol.

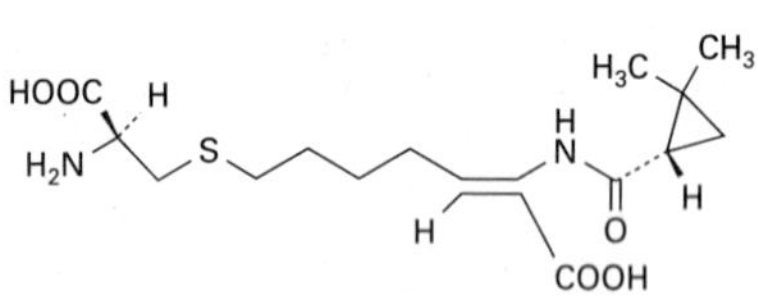

Cilastatin

Cilazapril INN: Cilazaprilum Ph.Eur.4; (1*S*,9*S*)-[(*S*)-1-Carboxy-3-phenylpropyl]amino-octahydro-10-oxo-6*H*-pyridazino[1,2-*a*][1,2]diazepin-1-carbonsäure-9-ethylester; CAS-Nr. 88768-40-5; $C_{22}H_{31}N_3O_5$, M_r 435.5. Schmp. 95-97 °C. **Wirk. u. Anw.:** Antihypertensivum*, ACE*-Hemmer (vgl. Captopril), liegt als Prodrug vor, wird von unspezif. Esterasen in die Wirkform überführt; **UAW:** Husten, Hautausschläge, Schwindel; **Dos.:** 1×2.5 mg/d.

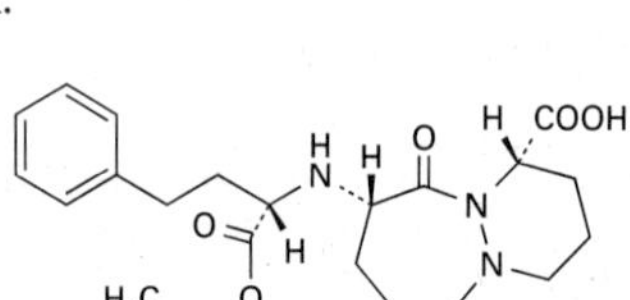

Cilazapril

Cimetidin INN: Cimetidinum Ph.Eur.4; 1-Cyan-2-methyl-3-[2-(5-methylimidazol-4-yl)methylthioethyl]-guanidin; CAS-Nr. 51481-61-9; $C_{10}H_{16}N_6S$, M_r 252.34. Schmp. 139-145 °C (polymorph). Lösl. in Wasser 1.4 % bei 37 °C, Löslichkeitserhöhung durch verd. Salzsäure. **Anw.:** H_2-Rezeptor-Antagonist (s. Antihistaminika), Ulkustherapeutikum; **UAW:** Durchfälle, Muskelschmerzen, Benommenheit, Kopfschmerzen, Verwirrtheit, Gynäkomastie, Impotenz; **Dos.:** p. o. 3×0.2 g zu den Mahlzeiten, zusätzlich 0.4 g vor dem Schlafengehen; bei Magen-Darm-Ulzera u. Erosionsblutungen im oberen GIT; bei Bedarf u. bei pept. Reflux-Oesophagitis 4×0.4 g/d; parenteral i. v. 0.2 g/4-6 h; HWZ 1.8-2.3 h. **Cimetidinhydrochlorid:** Cimetidini hydrochloridum Ph.Eur.4; CAS-Nr. 70059-30-2; $C_{10}H_{17}ClN_6S$, M_r 288.81; weißes bis fast weißes, krist. Pulver; leicht lösl. in Wasser, wenig lösl. in wasserfreien Ethanol; **Anw.:** Ulkustherapeutikum; gebräuchlich ist auch Cimetidinhydrochloridmonohydrat.

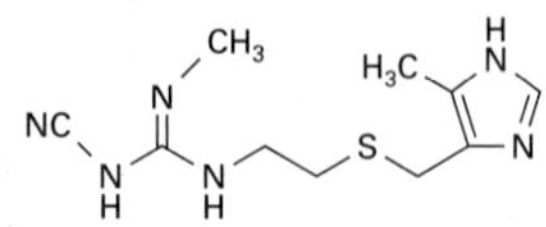

Cimetidin

Cimicifuga racemosa (L.) Nutt.: Actaea racemosa L., Wanzenkraut, Silberkerze, Silbertraubenkerze; Fam. Ranunculaceae (Nordamerika, Kanada, England). Stpfl. von **Cimicifugae rhizoma:** Rhizoma Cimicifugae, Radix Cimicifugae, Radix Actaeae racemosae, Zimizifugawurzelstock, Amerikanische Schlangenwurzel. **Inhaltsst.:** die Glykoside (Xyloside) Actaein (hypotensives Prinzip) u. Cimifugosid, deren Aglyka (Acetylacteol u. Cimigenol) sind Triterpene vom Cycloartan-Typ; ferner Formomonetin (7-Hydroxy-4'-methoxyisoflavon), Isoferulasäure u. Alkaloide, z. B. Cytisin*, sowie Salicylsäure*, Gallussäure*, Gerbstoff, Harz, äther. Öl; **Wirk.:** blutdrucksenkend, estrogenartige Wirkungen im Sinne einer „selektiven Estrogen-Rezeptor-Modulation" (Phyto-SERM); **Anw.:** bei Dysmenorrhö u. klimakter. Beschwerden, psychischen u. neurovegetativen Störungen während des Klimakteriums; zur Anw. kommen Fertigarzneimittel.

Hom: *Cimicifuga racemosa (HAB1.1):* frischer Wurzelstock mit Wurzeln; verord. z. B. bei klimakter. Beschwerden, Menstruationsstörungen, Muskel- u. Gelenkschmerzen.

Cinchocain INN: 2-Butoxy-*N*-(2-diethylaminoethyl)cinchoninamid; 2-Butoxy-*N*-(2-diethylaminoethyl)-4-chinolincarboxamid; CAS-Nr. 85-79-0; $C_{20}H_{29}N_3O_2$, M_r 343.57. Schmp. 62-65.5 °C. Lösl. in Wasser 1:4600, in Ether 1:1.4-1.5, in Erdnußöl 1:30, in Leichtpetroleum, flüss. Paraffin, Mineralsäuren. **Anw.:** Lokalanästhetikum; **Dos.:** topisch Hautsalbe 1 %; konjunktival Augensalbe 0.5 %; parenteral ölige Lsg. 0.5 %.

Cinchocainhydrochlorid: Cinchocaini hydrochloridum Ph.Eur.4; $C_{20}H_{30}ClN_3O_2$, M_r 379.9. Schmp. 93-101 °C. Farblose Kristalle od. weißes, krist.

Pulver, schwach bitter, hygroskop., sehr leicht lösl. in Wasser od. Ethanol, leicht lösl. in Chloroform, sehr schwer lösl. in Ether; bildet leicht Klumpen u. färbt sich im Licht dunkel. **Anw.:** Lokalanästhetikum, oft in Kombination mit Adrenalin*.

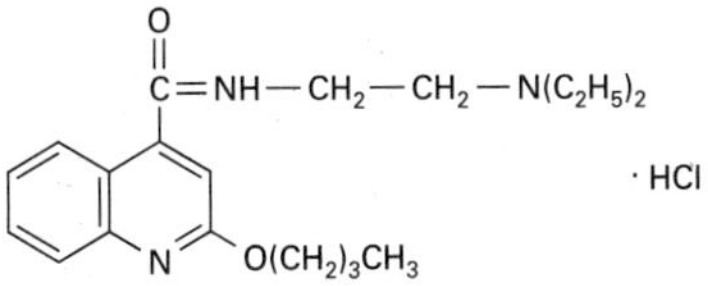

Cinchocainhydrochlorid

Cinchona: Baumgattung der Fam. Rubiaceae (heim. u. kult. in den südamerikanischen Anden von Venezuela, Kolumbien, Ecuador, Peru, Bolivien; kult. ferner in Indien, Sri Lanka, Jamaika, Ostafrika; Hauptanbaugebiet ist Java). In den Anden sind 40 Arten der Gattung C. in Höhen zw. 1200 u. 3400 m heimisch.

Cinchonaalkaloide: Chinaalkaloide; mehr als 30 in Cinchona*-Arten vorkommende Chinolinalkaloide*, z. B. Chinin*, Chinidin*, Cinchonidin*, Cinchonin* (s. Abb.). Die Biogenese erfolgt wie bei den Indolalkaloiden* von Tryptophan ausgehend, wobei es nach Einbau eines Monoterpenbausteins u. anschließender Umlagerung zur Sprengung des Indolringsystems u. wiederholtem Ringschluss zur Ausbildung des Chinolinsystems kommt. Chinin u. Chinidin sowie Cinchonin u. Cinchonidin sind Diastereomere, die sich durch eine konfigurative Umkehr am C-Atom 8 u. 9 unterscheiden. **Nachw.:** mit der Thalleiochinreaktion*.

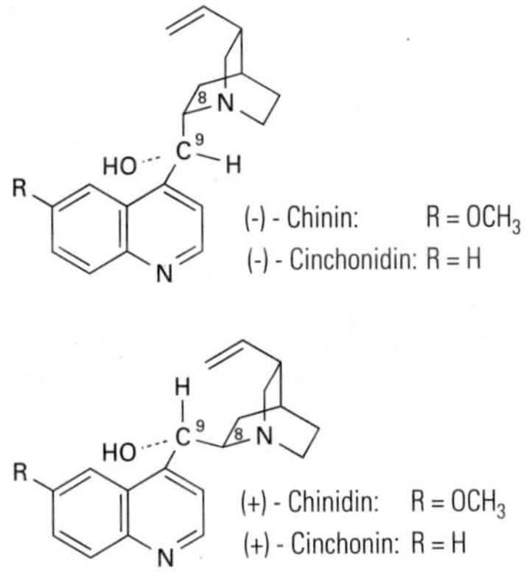

Cinchonaalkaloide: Chinin, Chinidin, Cinchonin u. Cinchonidin

Cinchonae succirubrae cortex: s. Cinchona pubescens.

Cinchonae tinctura composita: s. Tinctura Chinae composita.

Cinchona ledgeriana: s. Cinchona officinalis.

Cinchona officinalis L.: Cinchona calisaya Wedd. var. ledgeriana (Moens) Howard, Cinchona ledgeriana (How.) Moens ex Trim., Gelber Chinarindenbaum; Fam. Rubiaceae. Stpfl. von **Cortex Chinae calisayae:** Cortex Chinae flavae, Calisaya-Chinarinde, Königsrinde, Gelbe Königsrinde, Gelbe Chinarinde. **Anw.** u. **Inhaltsst.:** wie Cinchonae cortex (s. Cinchona pubescens), Geh. 5-6 % Alkaloide, davon 3-15 % Chinin; dient hauptsächl. zur industriellen Gew. der Alkaloide; zudem dienen auch andere Arten zur Alkaloidgew., wobei nicht nur die Stamm- u. Zweigrinde, sondern auch die Wurzelrinde als Fabriksrinde verwendet wird. **Hom:** *China fusca:* getrocknete Rinde.

Cinchona pubescens Vahl: Cinchona succirubra Pav. ex Klotzsch, Roter Chinarindenbaum; Fam. Rubiaceae u. Varietäten (auch Hybriden mit anderen C.-Arten); vgl. Cinchona. Stpfl. von **Cinchonae cortex:** Chinarinde, Cinchonae succirubrae cortex, Cortex Chinae, Cortex Chinae succirubrae, Rote Chinarinde, Apothekenrinde, Fieberrinde, (Rote) Königsrinde. **Off.:** Ph.Eur.4; **Inhaltsst.:** Cinchonaalkaloide*, v. a. Chinin*, Chinidin*, Cinchonin* u. Cinchonidin*, in der Rinde als Salze der Chinasäure*, Chinagerbsäure, Chinovasäure (Triterpensapogenin, Strukturformel s. Saponine, Tab. 1), in der Droge an Tannine gebunden (daher versagen mikrochem. Alkaloidreagenzien); ferner Chinasäure, Chinagerbsäure, Chinarot u. a. Gerbstoffe; das Chinovasäureglucosid Chinovin, ein Bitterstoff, der neben Chinin für den bitteren Geschmack der Rinde verantwortl. ist; mehr als 30 Alkaloide sind isoliert worden. Alkaloidgeh.: 4-9 %; nach Ph.Eur.4 mind. 6.5 % Gesamtalkaloide, von denen mind. 30 u. max. 60 % aus Alkaloiden vom Typ des Chinins bestehen sollen; **Anw.:** früher geg. Malaria; ersetzt durch die reinen Alkaloide bzw. Antimalariamittel*; heute ausschließl. als Stomachikum, Tonikum u. Roborans, s. Chinin; im Ggs. zu den Gelben Chinarinden (s. Cinchona officinalis) sind Rote Chinarinden zur Alkaloidgew. weniger geeignet u. werden daher als Apothekerrinden bezeichnet. **Zuber.:** Extr. Chinae, Extr. Chinae fluidum, Extr. Chinae spirituosum, Extr. Cinchonae siccum, Tct. Chinae, Tct. Chinae composita, Vinum Chinae; **Gesch.:** s. Chinin. **Hom:** *Cinchona succirubra (HAB1.2):* getrocknete Rinde junger Stämme u. älterer Zweige.

Cinchona succirubra: s. Cinchona pubescens.

Cinchonidin: $C_{19}H_{22}N_2O$; Strukturformel s. Cinchonaalkaloide (Abb.); M_r 294.38; Schmp. 210 °C; $pK_{S,1}$ 5.80, $pK_{S,2}$ 10.3; Alkaloid aus der Chinarinde, stereoisomere Base von Cinchonin*; weiße Kristalle von bitterem Geschmack, sehr schwer lösl. in Wasser, lösl. in Ethanol u. Chloroform, wenig lösl. in Ether. **Anw.** med.: wie Chinin*.

Cinchonidinhydrochlorid: Cinchonidinum hydrochloricum; $C_{19}H_{22}N_2O \cdot HCl \cdot 2H_2O$. Weißes, krist. Pulver, lösl. in Wasser, Ethanol, Chloroform, wenig lösl. in Ether. **Anw.** med.: s. Chininhydrochlorid; vgl. Chinin.

Cinchonidinsulfat: Cinchonidinum sulfuricum, schwefelsaures Cinchonidin; $(C_{19}H_{22}N_2O)_2 \cdot H_2SO_4 \cdot 3H_2O$. Weiße, hygroskop. Kristalle, sehr schwer lösl. in Wasser, Ethanol, Chloroform, unlösl. in Ether. **Anw.** med.: s. Chininhydrochlorid; vgl. Chinin.

Cinchonidinum hydrochloricum: s. Cinchonidinhydrochlorid.

C

Cinchonidinum sulfuricum: s. Cinchonidinsulfat.

Cinchonin: Cinchoninum, Zinchonin; $C_{19}H_{22}N_2O$; Schmp. 264 °C; Alkaloid aus Chinarinden (s. Cinchona pubescens); Stereoisomeres von Cinchonidin*; Strukturformel s. Cinchonaalkaloide (Abb.); weißes, krist. Pulver von bitterem Geschmack, wenig lösl. in Ethanol, Ether, Chloroform, sehr schwer lösl. in Wasser. **Anw.**: in Form seiner Salze wie Chinin*; zur Racematspaltung, zur Fällung von Bi, Cd, Ge, Mo u. W.

Cinchoninsulfat: Cinchoninum sulfuricum, schwefelsaures Cinchonin; $(C_{19}H_{22}N_2O)_2 \cdot H_2SO_4 \cdot 2\,H_2O$. Weiße glänz. Kristalle von bitterem Geschmack, wenig lösl. in Wasser u. Chloroform, lösl. in Ethanol, unlösl. in Ether. **Anw.** med.: s. Chinin.

Cinchoninum sulfuricum: s. Cinchoninsulfat.

Cinchonismus: komplexes Vergiftungsbild durch Chinidin-Überdosierung. **Symptome:** neurotox. Erscheinungen (Sehstörungen: Photophobie, Doppeltsehen, Farbsehstörungen; Hörstörungen: Ohrensausen; Schwindel, Kopfschmerzen, Delirien), Allergien (Urtikaria, Thrombozytopenie), gastrointestinale Beschwerden (Erbrechen, Gastritis, Diarrhö).

Cinchophen INN: Acidum phenylchinolincarbonicum, 2-Phenylcinchoninsäure; 2-Phenyl-4-chinolincarbonsäure; CAS-Nr. 132-60-5; $C_{16}H_{11}NO_2$, M_r 249.26. Schmp. 213-216 °C. Fast unlösl. in Wasser, lösl. in Chloroform 1 g/400 mL, in Ether 1 g/100 mL, in Ethanol 1 g/120 mL. **Anw.**: früher als Antiphlogistikum, Antipyretikum, Antirheumatikum u. bei chron. Gicht; verursacht Leberschäden u. Magengeschwüre; wird daher nur mehr zur Erzeugung von Magengeschwüren bei experimentellen Tierversuchen verwendet.

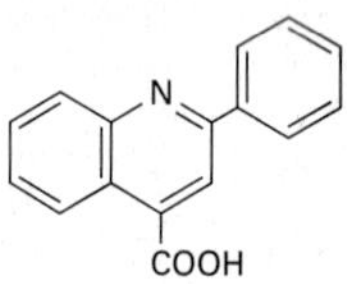

Cinchophen

Cineol: s. Eucalyptol.

Cineraria: s. Pyrrolizidinalkaloide.

cinereus: grau.

Cinerin: s. Tanacetum cinerariifolium.

Cinnabaris: s. Quecksilber(II)-sulfid, rotes.

Cinnamein: Gemisch aus Benzoesäurebenzylester* u. Zimtsäurebenzylester*. **Vork.**: im Perubalsam (Balsamum* peruvianum).

Cinnamomum acutum: s. Cinnamomum verum.

Cinnamomum aromaticum Nees: Cinnamomum cassia Bl., Chinesischer Zimtbaum; Fam. Lauraceae (heim. u. kult.: Südchina, Cochinchina; kult.: Java, Sri Lanka, Sumatra, Japan, Mittel- u. Südamerika). Stpfl. von **Cortex Cinnamomi cassiae:** Cortex Cassiae, Cortex Cinnamomi sinensis, Chinesische Zimtrinde, Zimtkassia, Kaneel. **Inhaltsst.**: 1-4 % äther. Öl, Diterpene, Zucker, Mannitol*, Harz, Phenolcarbonsäuren, Lignane, Gerbstoff; **Wirk.**: antimikrobiell, antiulzerogen, appetitanregend; **Anw.**: bei Appetitlosigkeit, dyspeptischen Beschwerden; **Cinnamomi cassiae aetheroleum:** Oleum Cinnamomi cassiae, Oleum Cassiae, Chinesisches Zimtöl, Cassiaöl, Kassiaöl; $\alpha_D^{20°C}$ 6 bis −1°; D. 1.049-1.064; das aus den Blättern u. Rindenabfällen gewonnene äther. Öl. **Off.**: Ph.Eur.4; **Inhaltsst.**: 70-90 % Zimtaldehyd, Eugenol, Zimtsäure, Benzaldehyd, Benzoesäure, Methyl-*o*-cumaraldehyd, Hydroxyzimtsäure; **Geh.**: nach Ph.Eur. *trans*-Zimtaldehyd 70-90 %, Cinnamylacetat 1-6 %, Eugenol <0.5 %, Cumarin 1.5-4.0 %, *trans*-2-Methoxyzimtaldehyd 3-15 %; **Anw.**: wie Cinnamomum* verum (Cinnamomi zeylanici corticis aetheroleum); **Flores Cassiae:** Flores Cinnamomi, Zimtblüten, Kassiablüten, Kaneelblüten. **Inhaltsst.**: äther. Öl mit ca. 80 % Zimtaldehyd, Anisaldehyd u. a.; **Anw.**: Gewürz.

Cinnamomum camphora (L.) Sieb.: Camphora officinarum Nees, Laurus camphora L., Campherbaum; Fam. Lauraceae (Küstengebiete Ostasiens, von Vietnam bis an den Jangtsekiang, Inseln des südchines. Meeres, Taiwan, Hainan u. südl. Inseln Japans; kult.: Nordamerika, Marokko, Sri Lanka, Ostafrika; Hauptanbaugebiet Taiwan). Stpfl. von **Camphora:** Campher, Kampfer; in Spalten u. Rissen älterer Bäume findet sich auskristallisierter D-(+)-Campher*, hauptsächl. aber gelöst im äther. Öl (ca. 50 %). **Oleum Camphorae:** Campheröl, äther. Campheröl; D. 0.95-0.99; Sdp. 175-200 °C; rechtsdrehend; äther. Öl von campherartigem Geruch, dem der überwiegende Teil des Camphers entzogen ist. **Inhaltsst.**: Safrol*, Campher*, Pinen*, Phellandren, Acetaldehyd, Camphen*, Borneol*, Cineol, Eugenol*, Azulen*, Carvacrol*, Limonen*, Terpineol*, Sesquiterpene*, u. a.; **Gew.**: durch Wasserdampfdest. des Holzes von Stamm u. Wurzeln, aber auch der Blätter des Campherbaumes; **Anw.** volkstüml.: Einreibemittel, bei rheumat. Beschwerden; techn.: Lösungsmittel für Lacke.

Cinnamomum cassia: s. Cinnamomum aromaticum.

Cinnamomum verum J.S. Presl.: Cinnamomum zeylanicum Nees, Ceylon-Zimtbaum; Fam. Lauraceae (heim. u. kult.: Sri Lanka, Molukken, Westindien, Brasilien). Stpfl. von **Cinnamomi cortex:** Cortex Cinnamomi zeylanici, Cinnamomum acutum, Zimtrinde, Ceylonzimt, Echter Zimt, Echter Kaneel; die von der Korkschicht (primären Rinde) befreite Stamm- u. Zweigrinde junger Triebe; 0.2-0.8 mm dicke, zu Röhren od. Doppelröhren eingerollte u. ineinandergeschobene Rindenstücke, 20-30 cm lang, Durchmesser ca. 1 cm. **Off.**: Ph.Eur.4; **Inhaltsst.**: 0.5-4 % (mind. 1.2 %) äther. Öl (siehe unten); Invertzucker, Mannitol, 2 % Gerbstoff, 2.5-6 % Calciumoxalat, Diterpene, Phenolcarbonsäuren; **Wirk.**: antibakteriell, fungistatisch, motilitätsfördernd; **Anw.**: bei Appetitlosigkeit, dyspept. Beschwerden; Gewürz; **Zuber.**: Spec. amaricantes, Magentee, Magen- u. Darmtee, Tct. Cinnamomi (Zimttropfen), Sir. Cinnamomi, Tct. aromatica, Tct. Chinae composita, Tct. Opii crocata, Elixir Aurantii compositum, Tct. Absinthi composita; **Cinnamomi corticis tinctura:** Zimtrindentinktur; klare, bräunlich rote Flüss. von charakterist. Geruch. **Herst.**: aus 1 T. Droge (Zimtrinde, Cinnamomi cortex) u. 5 T. Ethanol

70 % (V/V); **Cinnamomi zeylanici corticis aetheroleum:** Zimtöl, Ceylon-Zimtöl, Zeylonzimtöl; $\alpha_D^{20°C}$ 0 bis −1°; $n_D^{20°C}$ 1.572-1.591; D. 1.000-1.030; hellgelbes äther. Öl von würzigem Geruch, süßem u. brennendem Geschmack, erhalten durch Wasserdampfdest. aus der Rinde der Schösslinge. **Off.:** Ph.Eur.4; **Inhaltsst.:** nach Ph.Eur. weniger als 3 % Cineol, 1-6 % Linalool, 1-4 % *β*-Caryophyllen, weniger als 0.5 % Safrol, 55-75 % *trans*-Zimtaldehyd, weniger als 7.5 % Eugenol, weniger als 0.5 % Cumarin, 0.1-1.0 % *trans*-2-Methoxyzimtaldehyd, weniger als 1.0 % Benzylbenzoat; **Herst.:** aus (den Abfällen u. Bruch) der Rinde durch Wasserdampfdest.; **Zuber.:** Aqua Cinnamomi, Spir. Melissae compositus, Spir. Rhei, Emulsio Jecoris aselli; **Anw.:** Aromatikum u. Geschmackskorrigens, z. B. in Mundwässern, Likören; **Cinnamomi zeylanici folii aetheroleum:** Zimtblätteröl; D. 1.030-1.059; $n_D^{20°C}$ 1.527-1.540; $\alpha_D^{20°C}$ −2.5 bis +2.0; klare, rötlich braune bis dunkelbraune Flüss. mit charakterist., an Eugenol erinnernden Geruch; durch Wasserdampfdest. aus den Laubblättern der Pfl. gewonnen. **Off.:** Ph.Eur.4; **Inhaltsst.:** nach Ph.Eur. weniger als 1.0 % Cineol, 1.5-3.5 % Linalool, 1.5-7.0 % *β*-Caryophyllen, weniger als 3.0 % Safrol, weniger als 3.0 % *trans*-Zimtaldehyd, weniger als 2.0 % Cinnamylacetat, 70-85 % Eugenol, weniger als 1.0 % Cumarin; **Anw.** techn.: zur Isolierung von Eugenol, Gew. von Vanillin.
Hom: *Cinnamomum zeylanicum (HAB1.3),* Cinnamomum: getrocknete, innere Rinde junger Sprösslinge; verord. z. B. bei zu früher u. zu starker Menstruation, allg. verstärkter Blutungsneigung.

Cinnamomum zeylanicum Nees: s. Cinnamomum verum.

Cinnamylaldehyd: s. Zimtaldehyd.

Cinnarizin INN: Cinnarizinum Ph.Eur.; (*E*)-1-(Diphenylmethyl)-4-(3-phenylprop-2-enyl)piperazin; CAS-Nr. 298-57-7; $C_{26}H_{28}N_2$, M_r 368.50. Weißes Pulver; fast unlösl. in Wasser, leicht lösl. in Dichlormethan. **Anw.:** Antihistaminikum; Antizerebralsklerotikum, Antiarteriosklerotikum; **UAW:** Müdigkeit; **Dos.:** p. o. 2-3×75 mg/d; retard 1×75 mg/d; HWZ 60-70 h.

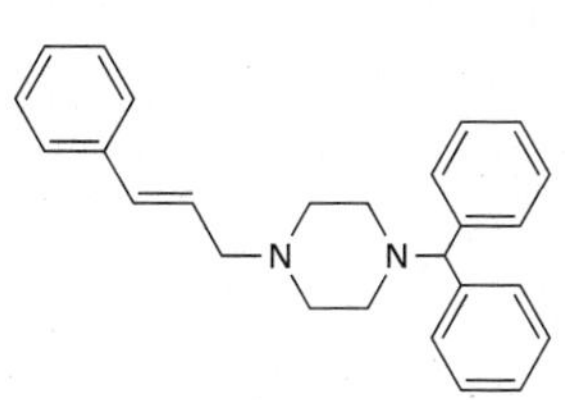

Cinnarizin

Cinnoloncarbonsäure-Derivate: s. Gyrasehemmer.

Cinoxacin INN: CAS-Nr. 28657-80-9; $C_{12}H_{10}N_2O_5$, M_r 262.2. Schmp. 265 °C. **Anw.:** Chemotherapeutikum*, Gyrasehemmer*, bei Harnweginfektionen; **UAW:** Übelkeit, allerg. Reaktionen.

CIP: Abk. für (engl.) *cleaning in place;* automat. Reinigung von Apparaten u. Maschinen ohne Ausbau von Teilen.

Cipionat: Cypionat, Cipionas; chem. Kurzbez. für 3-Cyclopentenylpropionat.

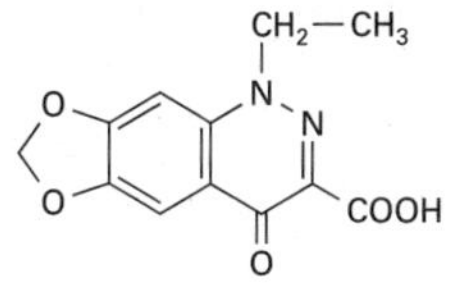

Cinoxacin

Ciprofloxacin INN: Ciprofloxacinum Ph.Eur.4; 1-Cyclopropyl-6-fluoro-1,4-dihydro-4-oxo-7-(1-piperazinyl)-3-chinolincarbonsäure; CAS-Nr. 85721-33-1; $C_{17}H_{18}FN_3O_3$, M_r 331.35; blassgelbes, krist. Pulver, unlösl. in Wasser, sehr schwer lösl. in Dichlormethan u. wasserfreien Ethanol, lösl. in verd. Essigsäure. **Wirk.** u. **Anw.:** Gyrasehemmer*, Atemweginfektionen, Infekte der Nieren, ableitenden Harnwege u. Geschlechtsorgane; **UAW:** gastrointestinale Beschwerden, zentralnervöse Störungen; **Dos.:** 0.5-2 g/d. **Ciprofloxacinhydrochlorid:** Ciprofloxacini hydrochloridum Ph.Eur.4; CAS-Nr. 86393-32-0; $C_{17}H_{19}ClFN_3O_3$, M_r 385.82, Schmp. 318-320 °C; blassgelbes, krist. Pulver; lösl. In Wasser, schwer lösl. in Methanol, sehr schwer lösl. in wasserfreiem Ethanol, praktisch unlösl. in Aceton, Dichlormethan u. Ethylacetat.

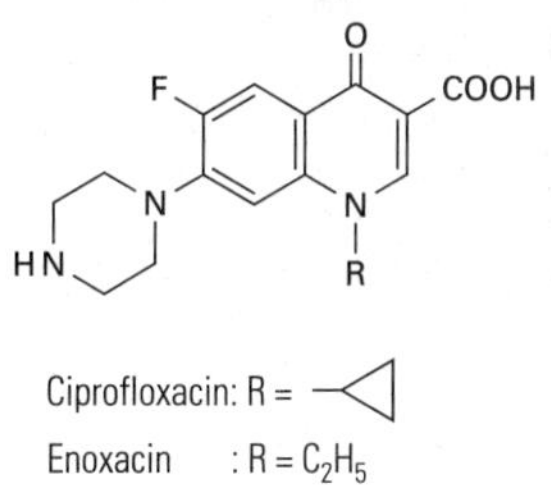

Ciprofloxacin

Circulardichroismus: s. Zirkulardichroismus.

Circulus vitiosus: Irrkreis, Teufelskreis; in der Medizin versteht man darunter den Umstand, dass eine zweckmäßige Behandlung einer ganz bestimmten Störung eine andere Störung hervorruft od. verstärkt, die ihrerseits wieder auf die ursprüngl. behandelte Störung zusätzl. negativ einwirkt. Beispiel: der chron. Gebrauch von Laxanzien führt zu Elektrolytstoffwechselstörungen, insbes. zum Kaliumverlust, der seinerseits wiederum die Obstipation verstärkt.

cis: s. Konfiguration.

Cisaprid INN: *cis*-4-Amino-5-chloro-*N*-{1-[3-(4-fluorophenoxy)-propyl]-3-methoxy-4-piperidinyl}-2-methoxybenzamid; CAS-Nr. 81098-60-4; $C_{23}H_{29}ClFN_3O_4$, M_r 465.95. Weißes Pulver; fast unlösl. in Wasser; zeigt Polymorphie. **Wirk.** u. **Anw.:** Antiemetikum* u. Gastrokinetikum*; fördert die Magen-Darmmotilität über eine Acetylcholinfreisetzung ohne Beeinflussung der Säuresekretion des Magens; kaum dopaminerge Wirk., Anw. daher bei gastrointestinalen Störungen, die auf mangelnde Motilität u. motor. Koordination, wie gastro-ösophagaler Reflux, Magenlähmung (Gastroparese) u. intestinale Pseudoobstruktion, zurückzuführen sind; **UAW:** Durchfälle, abdomi-

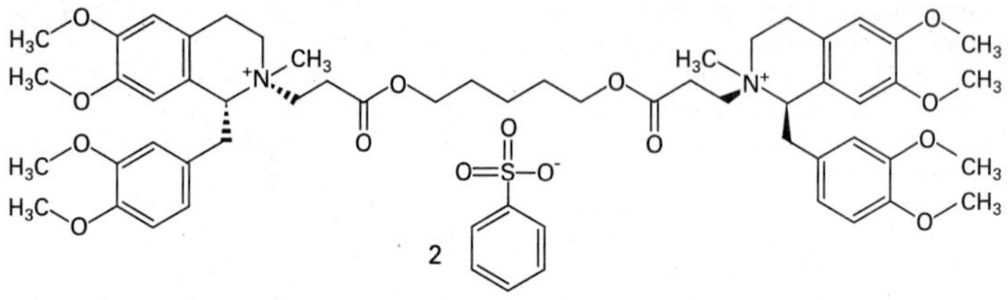

Cisatracuriumbesilat: Cisatracurium

nale Krämpfe; **Kontraind.:** Epilepsie, Schwangerschaft. **Cisaprid-Monohydrat:** Cisapridum monohydricum Ph.Eur.4; $C_{23}H_{31}ClFN_3O_5$, $C_{23}H_{29}ClFN_3O_4 \cdot H_2O$; M_r 484.0; weißes bis fast weißes Pulver, unlösl. in Wasser, leicht lösl. in Dimethylformamid, lösl. in Dichlormethan, wenig lösl. in Methanol; zeigt Polymorphie. **Dos.:** oral: 3×5-10 mg/d vor den Mahlzeiten; Erhaltungsdosis: 2×10 mg/d od. als Einmalgabe; Säuglinge über 4 Wochen, Kleinkinder, Kinder: 3-4×0.2 mg/kg KG täglich, maximale Einzeldosis: 5 mg Ph.Eur.Komm;**Cisaprid-Tartrat:** Cisapridi tartras Ph.Eur.4; $C_{27}H_{35}ClFN_3O_{10}$, M_r 616.0; weißes bis fast weißes Pulver, schwer lösl. in Wasser u. Methanol, leicht lösl. in Dimethylformamid; zeigt Polymorphie.

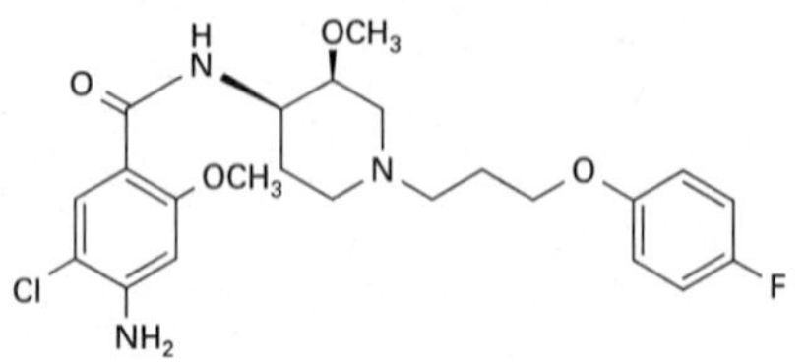

Cisaprid

Cisatracuriumbesilat INN: $C_{65}H_{82}N_2O_{18}S_2$, M_r 1243.49. C. ist das (1*R*)-*cis*-(1'*R*)-*cis*-Stereoisomer von Atracuriumbesilat*. **Wirk. u. Anw.:** nicht depolarisierendes Muskelrelaxans*; hemmt die neuromuskuläre Erregungsübertragung; wirkt 4fach stärker als Atracuriumbesilat u. mit einer größeren therap. Breite; **UAW:** Hautrötungen, Bradykardie, Blutdruckabfall, Bronchospasmen; **Kontraind.:** Schwangerschaft, Anw. bei Kindern unter 2 Jahren; die Milchgängigkeit von C. ist nicht bekannt; **Dos.:** allg. parenteral 0.15 mg/kg KG/d, Kinder von 2-12 Jahren 0.1 mg/kg KG/d; HWZ 22-29 min.

Cisclomifen: s. Clomifen.

Cisplatin INN: Cisplatinum Ph.Eur.; *cis*-Diammindichloroplatin; CAS-Nr. 15663-27-1; $Cl_2H_6N_2Pt$, $[PtCl_2(NH_3)_2]$, M_r 300.1. **Wirk.:** Alkylans; **Anw.:** Zytostatikum; u. a. bei Hodentumoren, Prostatakarzinom, Blasenkarzinom, malignem Melanom, Bronchialkarzinom; **Dos.:** nach individuellem Behandlungsschema.

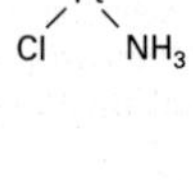

Cisplatin

Cistron: derjenige DNA-Abschnitt in einem Genom*, der ein einzelnes Genprodukt (eine Polypeptidkette od. ein RNA-Molekül) determiniert; ein C. kann aus einem od. mehreren Genen bestehen.

Cistus-Arten: vgl. Ladanum.

Cistus canadensis: s. Helianthemum canadense.

Citalopram INN: 1-[3-(Dimethylamino)propyl]-1-(4-fluorphenyl)-5-phtalancarbonitril; CAS-Nr. 59729-33-8; $C_{20}H_{21}FN_2O$, M_r 324.4. **Wirk. u. Anw.:** Serotoninwiederaunahme*-Hemmer (SSRI mit höchster Selektivität), Antidepressivum (s. Psychopharmaka); **UAW:** Übelkeit, starkes Schwitzen, Mundtrockenheit; **Dos.:** p. o. 1- bis max. 3-mal 20 mg/d; HWZ 1.5 d.

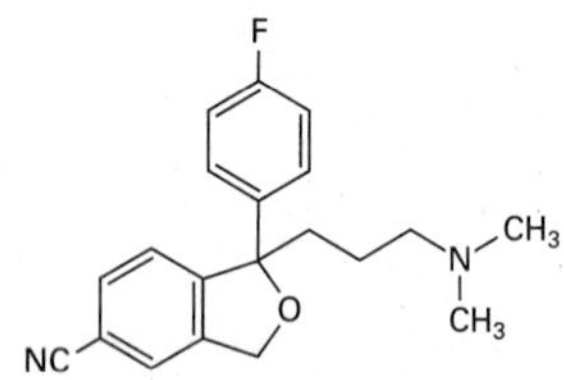

Citalopram

Citicolin INN: Cytidin-5'-diphosphorsäure-cholinester; CAS-Nr. 987-78-0; $C_{14}H_{26}N_4O_{11}P_2$, M_r 488.3. Amorphes, etwas hygroskop. Pulver; leicht lösl. in Wasser, fast unlösl. in org. Lösungsmitteln. **Wirk. u. Anw.:** durchblutungsförderndes Mittel, bei zerebrovaskulärer Insuffizienz; **Dos.:** 0.2-1 g/d.

Citiolon INN: *N*-Acetyl-DL-homocystein-thiolacton; (*RS*)-*N*-(Tetrahydro-2-oxo-3-thienyl)acetamid; CAS-Nr. 1195-16-0; $C_6H_9NO_2S$, M_r 159.20. Schmp. 112 °C (kristallisiert aus Toluol). Weißes, krist. Pulver od. Nadeln von charakterist. Geruch; leicht lösl. in Wasser. **Off.:** DAB10; **Anw.:** Leberschutzther.; **Dos.:** p. o. 3×0.15 g/d 3 Wochen lang, dann reduzieren; parenterale i. v. Infusion 0.25 g alle 1-2 Tage 2 Wochen lang.

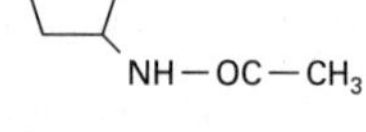

Citiolon

cito (lat. citus schnell): (auf Rezepten): sofort, eilig. **citissime:** sehr eilig! (bei lebensgefährl. Erkrankungen, Vergiftungen).

Citole®: gebrauchsfertige Spritzampulle.
Citraconsäure: Methylmaleinsäure, $HOOC-C(CH_3)=CH-COOH$, M_r 130.1. Schmp. 91 °C. Farblose Prismen, lösl. in Wasser, unlösl. in Benzol. **Anw.**: Antioxidans für Öle u. Fette.
Citral: Geraniumaldehyd, Geranial, Lemonal; 3,7-Dimethyl-2,6-octadienal; $C_{10}H_{16}O$; M_r 152.2; D. 0.88; Sdp. 228 °C; Mischung aus den *cis-trans*-Isomeren Geranial u. Neral; gelbl., angenehm zitronenartig riechendes Öl; lösl. in Ethanol. Best. vieler äther. Öle, bes. des Citronenöls, s. Citrus limon (Limonis aetheroleum) u. Lemongrasöls, s. Cymbopogon citratus (Oleum Andropogonis citrati); **Anw.**: in der Parfüm- u. Likörindustrie; zur Synthese von Vitamin A, Methyljonon u. Jonon*.
Citratblut: durch Zugabe von Natriumcitratlsg. (Calciumbindung) ungerinnbar gemachtes Blut*. Z. B. zur Bestimmung der Blutkörperchensenkung* od. Messung versch. Schritte der Blutgerinnung*.
Citrate: Salze der Citronensäure*.
Citratzyklus: s. Tricarbonsäurezyklus.
Citrin: histor. Bez. für Flavonoide*.
Citrinholz: s. Santalum album.
Citronat: s. Citrus medica.
Citronellal: Citronellaldehyd; 3,7-Dimethyl-6-octenal; $C_{10}H_{18}O$; M_r 154.2; Best. vieler äther. Öle (Citronellöl, Citronenöl, Eucalyptusöl u. a.). **Anw.**: in der Parfümerie, zur Darst. von Menthol u. Citronellol, zur Insektenabwehr.
Citronellgeist, zusammengesetzter: s. Spiritus Melissae compositus.
Citronellgras: s. Cymbopogon winterianus.
Citronellol: 3,7-Dimethyl-6-octen-1-ol; $C_{10}H_{20}O$; M_r 156.3; ungesättigter höherer Alkohol; nat. in vielen äther. Ölen (Rosenöl, Geraniumöl u. a.). **Anw.**: wegen des rosenartigen Geruchs in der Parfümerie.
Citronenmilch: Zitronenmilch; mit Citronensäure gesäuerte Milch als Säuglingsnahrung, 1/2 Teelöffel frischer Citronensaft od. 0.4 g Citronensäure auf 100 g Vollmilch. **Anw.**: früher verwendet zur besseren Verdaulichkeit. Gefahr einer Acidose*.
Citronenöl: s. Citrus limon.
Citronensäure: Acidum citricum; 2-Hydroxy-propan-1,2,3-tricarbonsäure. Opt. inaktive weiße Kristalle od. krist. Pulver von saurem Geschmack. Sehr leicht lösl. in Wasser, leicht lösl. in Ethanol u. in Glycerol, wenig lösl. in Ether. Eine der verbreitetsten Pflanzensäuren, nat. auch in Blut, Harn, Muskel, Milch der Säugetiere; spielt im Stoffwechsel eine wichtige Rolle (s. Tricarbonsäurezyklus). **Darst.**: aus dem Saft der Zitronen (Geh. 5-7 %) durch Behandlung mit Kalkmilch u. Zerlegung der gebildeten Calciumcitrats mit Schwefelsäure. Durch Vergärung von Glucose od. Rüben- od. Rohrzuckermelasse mit Schimmelpilzen (Citromyces glaber, Aspergillus niger); früher im Oberflächen-, heute im Submersverfahren. Weltjahresproduktion 1993 ca. 600 000 t; **Anw.**: bei Salzsäuremangel im Magen (Dos. 0.25-1 g), Geschmackskorrigens, Brausepulver u. (früher) zur Herst. von saurer Milch für die Säuglingsernährung* (s. Citronenmilch), zur Herst. des Citratpuffers, z. B. für die Gew. von Citratplasma (s. ACD-Stabilisatorlösung). Bestandteil von Brausetabletten, Sirupen, Infusen u. Dekokten von Alkaloiddrogen. Weitere Anw. in der Lebensmittelindustrie, zu Limonaden, als Essigersatz; ferner in Gerbereien, Leder- u. Lackfabriken, Färbereien, in der Tabakindustrie; zur Entfernung von Kesselstein, Tintenflecken, Rost, zum schnelleren Abbinden von Beton; **Inkomp.**: lösl. Barbiturate, Benzoate, Salicylate (Fällung der freien Säuren), Oxidationsmittel (Zers. über die Acetondicarbonsäure); aus Kaliumtartrat wird Kaliumhydrogentartrat; **Tox.**: Einnahme größerer Mengen führt zu resorptiver Entionisierung von Calcium, v. a. im Blutplasma, u. zu Acidose. Ätzwirkungen an Schleimhäuten nur oberflächlich, LD ca. 25 g; **wasserfreie Citronensäure:** Acidum citricum anhydricum Ph.Eur.4; CAS-Nr. 77-92-9; $C_6H_8O_7$, M_r 192.1. Schmp. 153 °C (Zers.). D. 1.665; **Citronensäure-Monohydrat:** Acidum citricum monohydricum Ph.Eur.4; CAS-Nr. 5949-29-1; $C_6H_8O_7 \times H_2O$, M_r 210.1. Schmp. ca. 70 °C, nach Wasserabgabe, je nach Aufheizgeschwindigkeit, ab 100-153 °C. D. 1.542.
Hom: *Acidum citricum (HAB1.4)*: wasserfreie Citronensäure.
Citronensäurezyklus: s. Tricarbonsäurezyklus.
Citronensaft: s. Citrus limon (Succus Citri).
Citronenschale: s. Citrus limon (Pericarpium Citri).
Citronenschale, Frische: s. Citrus limon (Limonis flavedo recens).
Citronensirup: s. Sirupus Citri.
Citrophen: Monophenetidincitrat; $C_{14}H_{19}O_8N$, M_r 329.2. Schmp. 186 °C. Weißes, krist. Pulver. **Anw.** med.: früher Antipyretikum u. Antineuralgikum.
Citropten: s. Citrus limon.
Citrullin: (S)-2-Amino-5-ureidovaleriansäure; α-Amino-δ-ureidovaleriansäure; *N*-δ-Carbamylornithin; CAS-Nr. 372-75-8; $H_2N-CO-NH-(CH_2)_3-CH(NH_2)-COOH$; $C_6H_{13}N_3O_3$; M_r 175.2; Schmp. 222 °C; $[\alpha]_D^{20°C}$ +3.7° (c = 2); $pK_{S,1}$ 2.43; $pK_{S,2}$ 9.41. C. wird in der Leber aus Carbamylphosphat u. Ornithin* durch Ornithintranscarbamylase gebildet. **Vork.**: nat. in Tieren u. Pfl. in freier Form, in großen Mengen v. a. im Blutungssaft von Birken u. Erlen sowie im Xylemsaft von Birken- u. Walnußgewächsen; **Off.**: DAC; **Anw.**: bei Asthenie; **Gesch.**: C. wurde zuerst von Wada 1930 aus dem Presssaft von Wassermelonen (Citrullus vulgaris) isoliert.
Citrullus colocynthis (L.) Schrad: Koloquinthe, Coloquinte; Fam. Cucurbitaceae (heim.: Wüsten u. Steppen Nordafrikas, Vorderasiens, Arabiens; kult.: Spanien, Zypern, Syrien, Vorderindien). Stpfl. von **Fructus Colocynthidis:** Colocynthidis fructus, Koloquinthen, bitter apple; die von der äußeren, harten Fruchtschale befreiten, reifen Früchte; weiße bis gelblich weiße Kugeln von 6-8 cm Durchmesser. **Inhaltsst.**: 0.6-2 % Cucurbitacine* (tetracycl. Triterpene), v. a. Cucurbitacin E (auch als Glucosid Colocynthin*), I u. B, sowie u. a. Phytosterine, Fettsäuren, Kalisalze von Wein-, Äpfel-, Citronensäure; die Samen (ohne Wirk.) enthalten ca. 12-16 % fettes Öl. **Anw.** volkstüml.: früher als starkes Abführmittel (Drastikum); **Tox.**: aufgrund schwerwiegender unerwünschter Wirkungen, z. B. schmerzhafte, flüssige Stühle, Darm-

entzündungen, heute obsolet; **Anw.** techn.: in Abkochung zur Wanzenvertilgung (früher: Extr. Colocynthidis, Tct. Colocynthidis); **Fructus Colocynthidis praeparati:** gepulverte Koloquinthen; von den Samen befreite u. fein zerschnittene Koloquinten werden mit arab. Gummi gemischt u. mit Wasser zu einem Brei angestoßen, der nach dem Trocknen zu feinem Pulver zerrieben wird. **Anw.:** vgl. Fructus Colocynthidis.

Hom: *Colocynthis:* geschälte, entkernte Früchte; verord. z. B. bei Magen-, Darm-, Gallenkolik, Dysmenorrhö, Nervenentzündungen.

Citrullus vulgaris Schrad.: Arbuse, Melone, Wassermelone; Fam. Cucurbitaceae (Afrika; kult.: alle wärmeren Länder). **Inhaltsst.:** in den Samen fettes Öl, Cucurbitol, Cucurbitocitrin; im Saft des Fruchtfleisches Citrullin*, ca. 7 % Zucker, Carotine; Zuckermelone, s. Cucumis melo.

Citrus: wichtigste Gattung der Fam. Rutaceae mit ca. 60 Arten; dornige Sträucher od. kleine Bäume mit immergrünen ledrigen Blättern (kahl, durchscheinend punktiert, Ölräume); der Blattstiel ist geflügelt. In den versch. Anbaugebieten werden zahlreiche Sorten, Hybriden, Varietäten von Citrus-Arten kultiviert. Eine genaue Zuordnung (Definition) ist daher bei der Gattung Citrus nicht immer leicht. Die Zstzg. der einzelnen äther. Öle kann somit sehr unterschiedl. sein. Citrus-Gewächse u. -Früchte werden auch als Agrumen bezeichnet. Von pharmaz. Interesse sind die Blätter, Blüten, Früchte und v. a. das daraus gewonnene äther. Öl. Die Früchte (Beeren) haben ein gelb bis orange gefärbtes Exokarp (Flavedoschicht) mit (schizo)lysigenen Ölräumen u. ein schwammiges farbloses Endokarp (Albedo). (Als Droge wird die äußere Fruchtschale oft fälschl. als Cortex bezeichnet; auch die Bez. Pericarpium ist inkorrekt, richtig ist Exocarpium.) Am Endokarp entspringen schlauchartige Anhangsgebilde, die mit saftreichem Gewebe gefüllt sind u. das saftige Fruchtfleisch bilden. Zw. diesen Zotten liegen die Samen. **Inhaltsst.:** im Flavedo äther. Öl u. Carotinoide (β-Carotin*, Xanthophyll*, Citroxanthin u. a.), die für die Farbe verantwortl. sind; im Albedo Hemicellulosen*, Pektine*, Pentosane, Flavonoide*, Bitterstoffe* wie z. B. Flavanonglykoside, Limonin* u. a. Limonoide; im saftigen Fruchtfleisch ist der wichtigste Inhaltsst. die Ascorbinsäure (Vitamin C); daneben Citronensäure u. a. Fruchtsäuren; Stpfl. von **ätherischen Citrusölen:** Gemische aus aliphat. u. aromat. Terpenen* bzw. Oxidationsprodukten derselben (Alkohole, Aldehyde, Ketone, Säuren, Ester). Für den Geruch sind die sauerstoffhaltigen Verb. maßgebend. Manche Öle enthalten aber auch große Mengen sauerstofffreier Terpene, bes. Limonen* (bis 90 %). Durch entspr. Rektifikation erhält man auch daraus die feineren, terpenfreien Öle. **Wichtigste Best.:** Limonen*, Citral*, Citronellal*, Linalool*, Geraniol*, Nerol*; in geringer Menge vorkommende, aber charakterist. Begleitstoffe sind Anthranilsäuremethylester (für blaue Fluoreszenz der Öle verantwortl.) u. N-Methylanthranilsäuremethylester; beide Ester besitzen noch in starker Verd. angenehmen Blütenduft; ferner Cumarinderivate (z. B. Bergapten*), auch mit Terpenresten als Substituenten (z. B. Meranzin, ein Derivat des Herniarin mit hemiterpenartigem Substituenten am C-8); **Gew.:** Wasserdampfdest. bei Blättern u. Blüten; meist Auspressen bei Früchten bzw. Fruchtschalen; s. Aetherolea.

Citrus aurantiifolia (Christm.) Swingle: Citrus lima Lunan, Citrus medica var. acida (Roxb.) Engl., Saure Limonette, Limonelle; Fam. Rutaceae (Westindien, Malaiischer Archipel). Stpfl. von **Oleum Limettae:** Limettöl. **Best.:** 6-9 % Citral*, 1-α-Terpineol*, Bisabolen*, Anthranilsäuremethylester u. a.; **Anw.:** Parfümerie, Getränkeindustrie.

Citrus aurantium L. **ssp. aurantium:** C. aurantium L. ssp. amara Engl., Pomeranzenbaum, Bitterorange, Bigarade; Fam. Rutaceae (heim. Ostasien, kult. u. a. im Mittelmeergebiet, Florida). Stpfl. von **Aurantii amari flos:** Flores Aurantii amari, Flores Naphae, Pomeranzenblüten, Orangenblüten, Neroliblüten, Bigaradeblüten; die getrockneten (noch geschlossenen od. offenen) Blüten (s. Blüte, Abb.). **Off.:** Ph.Eur.4, ÖAB94, Ph.Helv.7; **Inhaltsst.:** mind. 0.2 %, nach Ph.Helv.7 mind. 0.18 % äther. Öl (s. u.), hauptsächl. Monoterpene, ca. 12 % Flavonoide (nach Ph.Eur. mind. 8 %, ber. als Naringenin, bezogen auf Trockengewicht), überwiegend Naringenin, Neohesperidin, Eriocitrin, Bitterstoffe vom Limonoid-Typ; **Zuber.:** Spec. sedativae; **Anw.** volkstüml.: als mild wirkendes Beruhigungsmittel bei Nervosität u. Schlafstörungen; Negativmonographie Kommission E; **Aurantii amari floris aetheroleum:** Oleum Aurantii floris, Oleum Neroli, Aurantii floris aetheroleum, Bitterorangenblütenöl, (ätherisches) Orangenblütenöl, Pomeranzenblütenöl, Neroliöl; D. 0.866-0.880; $n_D^{20\,°C}$ 1.468-1.474; $\alpha_D^{20\,°C}$ +1.5 bis +11.5; SZ höchstens 2.0; das aus den frischen Blüten durch Wasserdampfdest. gewonnene, gelbl., schwach fluoreszierende Öl. Hauptherkunftsgebiete: Südfrankreich, Italien, Spanien, Algerien, Israel. **Off.:** Ph.Eur.4; **Best.** nach Ph.Eur.: (gaschromatograph. Profil): 7.0-17.0 % β-Pinen*, 9.0-18.0 % Limonen*, 18.0-42.0 % Linalool*, 3.0-16.0 % Linalylacetat, 2.0-7.0 % α-Terpineol*, 1.0-3.0 % Nerylacetat, 1.5-4.0 % Geranylacetat, 1.0-9.0 % *trans*-Nerolidol*, 0.1-1.0 % Methylanthranilat (bedingt Geruch u. Fluoreszenz); ferner u. a. Nerol*, Geraniol* u. Jasmon* sowie die Sesquiterpene Nerolidol*, Farnesol* u. deren Essigsäureester; **Anw.:** in der Parfümerie (Kölnisch Wasser); **Aurantii amari epicarpium et mesocarpium:** Bitterorangenschale; das getrocknete, weitgehend vom weißen, schwammigen Gewebe (Albedo) des Mesokarps u. Endokarps befreite Epikarp u. Mesokarp der reifen Frucht. Hauptlieferländer Italien, Spanien; Cortex Aurantii fructus amari sine albedo ist expulpierte Fruchtschale. Albedo Aurantii wurde in der Parfümerie (zu Riechkissen u. zu Räucherpulvern) verwendet. **Off.:** Ph.Eur.4; **Inhaltsst.:** 1-3 % (mind. 2 % nach Ph.Eur.4) äther. Öl, nicht bittere (z. B. Hesperidin*) u. bitter schmeckende Flavonoidglykoside wie Neohesperidin, Naringin (s. Naringenin) u. a. Bitterstoffe, v. a. Limonin*, ein Triterpen; **Zuber.:** Aurantii amari epicarpii et mesocarpii tinctura (Bitterorangenschalen-Tinktur) Ph.Eur.4, Elixir Aurantii compositum, Extr. Aurantii amari fluidum (Aurantii amari extractum liquidum normatum), Sir. Aurantii, Tct. Absinthii composita, Spec. amaricantes, Spec. sedativae, Tct. Aurantii amari, Tct. amara, Tct. Chinae composita; **Anw.:** Appetitlosigkeit, dyspept. Beschwerden, hypoaziden Magenstörungen, Geschmackskorrigens; **Oleum Aurantii fructus amari:** Oleum Aurantii pericarpii, Oleum Aurantii corticis, Pomeranzenschalenöl; D. 0.847-0.852; $\alpha_D^{20°C}$ +88 bis +96°; das aus den Schalen gepresste, gelbbraune äther. Öl. **Best.:** hauptsächl. (R)-(+)-Limonen*, Linalool* u. Terpineol*, Aldehyde, Ester u. a.; **Anw.:** in der Parfümerie- u. Likörindustrie; **Folia Aurantii:** Bitterorangenblätter, Orangenblätter, Pomeranzenblätter; . **Inhaltsst.:** 0.3 % äther. Öl (s. unten Ol. Petitgrain), Hesperidin, Bitterstoffe; **Anw.:** Aromatikum u. Amarum; **Aurantii fructus immaturi:** Fructus Aurantii immaturi, unreife Pomeranzen; die getrockneten, unreifen Früchte. **Inhaltsst.:** Hesperidin u. Bitterstoffe wie Neohesperidin, Limonin; Citronen- u. Äpfelsäure, wenig Gerbstoff, 0.7-2.5% äther. Öl (s. unten Ol. Petitgrain); **Anw.** volkstüml.: z. B. Stomachikum u. Aromatikum (Tct. amara); **Oleum Petitgrain:** Petitgrainöl; das durch Dest. aus den Blättern, Zweigen u. unreifen Früchten gewonnene äther. Öl. Hauptherkunftsgebiete: Italien, Spanien, Südfrankreich; **Best.:** 30-60 % Linalylacetat*, Citral*, Pyrrol*, Furfural*, Geraniol*, Nerol*, Camphen*, Limonen*, Farnesol* u. a.; **Anw.:** in der Parfümerie; der Geruch des weniger wertvollen Petitgrainöls ist dem des Neroliöls ähnlich.

Citrus aurantium ssp. bergamia (Risso et Poit.) Engl.: Citrus bergamia Risso et Poit., Bergamotte; Fam. Rutaceae (heim. u. kult. im Mittelmeergebiet, bes. Kalabrien). Stpfl. von **Bergamottae aetheroleum:** Oleum Bergamottae, Bergamottöl; $\alpha_D^{20°C}$ +5 bis +24°; D. 0.881-0.886; das aus den frischen Fruchtschalen durch Auspressen gewonnene, gelbgrüne, angenehm riechende, äther. Öl. **Best.:** 30-45 % Linalylacetat*, L-Linalool*, ca. 50 % D-Limonen*, Dihydrocuminalkohol, Dipenten, Camphen*, Nerol*, Terpineol* u. a. etwa 5 % Bergapten*, das für phototox. Hautreaktionen verantwortl. ist; **Anw.:** in der Parfümerie, in der Likör- u. Zuckerwarenfabrikation.

Citrus japonica: s. Fortunella japonica.

Citrus lima: s. Citrus aurantiifolia.

Citrus limon (L.) Burm. f.: Citrus medica var. limonum (Risso) Wight et. Arn., Zitronenbaum; Fam. Rutaceae (Mittelmeergebiet, kult., bes. Kalabrien, Sizilien, Spanien, ferner Kalifornien, Florida, Indien, Türkei). Stpfl. von **Fructus Citri:** Zitrone, Limone, Sauerzitrone; die frische, reife Frucht. **Inhaltsst.:** ca. 7 % Citronensäure*, Vit. C, etwas Zucker, 0.1-0.3 % äther. Öl (s. unten); **Succus Citri:** Zitronensaft; gewonnen durch Auspressen der frischen Früchte. **Pericarpium Citri:** Citri pericarpium, Cortex Citri fructus, Zitronenschale; die getrocknete, in Spiralbändern abgezogene, äußere Schicht der Fruchtwand von ausgewachsenen, jedoch nicht völlig reifen Früchten. **Inhaltsst.:** 0.7-2 % äther. Öl, Hesperidin* u. a. Flavonylglykoside, Bitterstoffe*, Gerbstoff; **Anw.:** Aromatikum, Stomachikum; **Limonis flavedo recens:** Flavedo citri recens, Pericarpium Citri recens, Frische Zitronenschale; die von der reifen, frischen Frucht abgelöste, vom Albedo möglichst befreite, äußere, nicht getrocknete Fruchtwandschicht. **Off.:** Ph.Helv.7; **Geh.:** mind. 1.2 % äther. Öl; **Anw.:** Herst. von Tct. citri (Limonis tinctura); **Limonis aetheroleum:** Oleum (Aetheroleum) Citri, Citronenöl, Limonenöl; $\alpha_D^{20°C}$ +57 bis +70°, $n_D^{20°C}$ 1.474-1.476; D. 0.850-0.858; das durch geeignete mechan. Verfahren (z. B. Auspressen) ohne Erwärmen gewonnene, hellgelbe äther. Öl der frischen Fruchtschale. 1 g Öl entspr. 53 Tropfen; **Off.:** Ph.Eur.4.01; **Best.:** nach Ph.Eur. (gaschromatograph. Profil) 7.0-17.0 % β-Pinen, 1.0-3.0 % Sabinen, 56.0-78.0 % Limonen, 6.0-12.0 % γ-Terpinen, höchstens 0.5 % β-Caryophyllen, 0.3-1.5 % Neral, höchstens 0.6 % α-Terpineol, 0.2-0.9 % Nerylacetat, 0.5-2.3 % Geranial, 0.1-0.8 % Geranylacetat; **Zuber.:** Aqua carminativa; **Anw.:** Aromatikum u. Geschmackskorrigens; in der Likörindustrie u. Gewürz.

C

Citrus medica L.: Citronatzitrone; Fam. Rutaceae (Mittelmeergebiet). Stpfl. von **Citronat:** Succade, Cedrat; die kandierten Fruchtschalen, die zu Backwaren, Morsellen usw. verwendet werden.

Citrus medica var. acida: s. Citrus aurantiifolia.

Citrus reticulata Blanco: C. nobilis var. deliciosa, Mandarinenbaum; Fam. Rutaceae (heim. südl. China u. Cochinchina, kult. in Italien, Spanien, Südfrankreich, Algerien, Florida). Stpfl. von **Mandarine: Mandarinenöl:** Oleum Mandarinae; das durch Auspressen der Früchte (Fruchtschalen) gewonnene Öl. **Best.:** ca. 1 % Methylanthranilsäuremethylester, D-Limonen*, Terpineol*, Dipenten.

Citrus sinensis (L.) Pers.: Citrus aurantium ssp. sinensis (L.) Engl., Apfelsinenbaum, Orangenbaum; Fam. Rutaceae (heim. China, Cochinchina, kult. in Sizilien, Spanien, Südportugal, ferner z. B. in Südamerika, Florida); nach Ph.Helv.7 auch Stpfl. von Aurantii flos, s. Citrus aurantium ssp. aurantium. Stpfl. von **Aurantii dulcis flavedo recens:** Flavedo aurantii dulcis recens, Pericarpium Aurantii dulcis recens, Frische Orangenschale; die von der reifen frischen Frucht abgelöste, vom Albedo möglichst befreite, äußere, nicht getrocknete Fruchtwandschicht. **Off.:** Ph.Helv.7; **Geh.:** mind. 1.5 % äther. Öl; **Anw.:** Herst. von Tinctura* Aurantii dulcis (Süße Orangentinktur); **Pericarpium Aurantii dulcis:** Cortex Aurantii fructus dulcis, Apfelsinenschale. **Inhaltsst.:** äther. Öl, wenig Bitterstoffe, Carotinoide*, Hesperidin* u. a.; **Oleum Aurantii (fructus) dulcis:** Apfelsinenschalenöl; gelbes bis gelbbraunes, opt. aktives Öl. **Best.:** 80-90 % D-Limonen*, ferner D-Linalool*, D-Terpineol*, Anthranilsäuremethylester, *n*-Nonanol u. a.; **Anw.:** in der Parfümerie, Likör- u. Lebensmittelindustrie.

Cl: (chem.) Symbol für Chlor*.

Cladribin: 2-Chloro-2'-desoxyadenosin; CAS-Nr. 4291-63-8; $C_{10}H_{12}ClN_5O_3$, M_r 285.69. $[\alpha]_D^{25°C}$ 18.8° (c=1% m/m in DMF). Schmp. 220 °C. **Wirk.:** Inhibitor der Adenosindesaminase; **Anw.:** Zytostatikum, bei Haarzelleukämie; **Dos.:** 0.09-0.10 mg/m² Körperoberfläche.

Claisenkolben: Destillierkolben zur Vakuumdestillation (s. Destillation) mit einer vom Kolbenhals nach oben gerichteten Abzweigung, die das

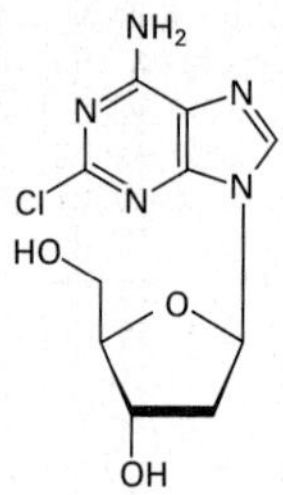

Cladribin

Dampfabführungsrohr trägt. In diese Abzweigung wird das Thermometer eingeführt, während im Kolbenhals die Kapillare steckt.

Claisen-Kondensation: Methode zur Synthese von *β*-Ketoestern durch basenkatalysierte Kondensation eines Esters, der ein *α*-ständiges Wasserstoffatom trägt, mit einem Molekül desselben od. eines anderen Esters (s. Abb.).

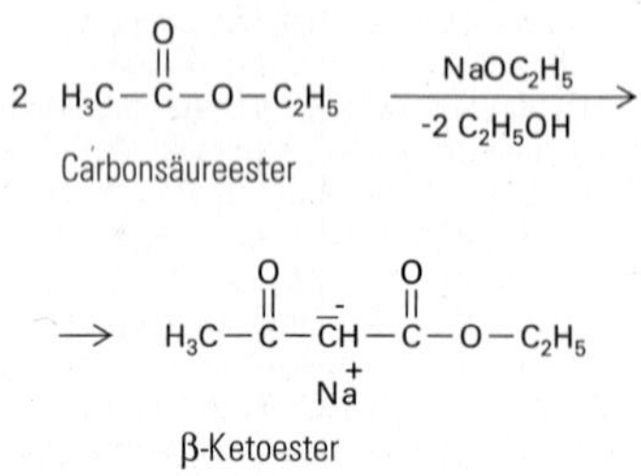

Claisen-Kondensation

Claisen-Schmidt-Kondensation: Methode zur Herst. α,β-ungesättigter Aldehyde od. Ketone durch basische Kondensation eines aromat. Aldehyds mit einem CH-aciden aliphat. Aldehyd od. Keton (s. Abb.). Beispiel: Benzaldehyd u. Acetaldehyd liefern Zimtaldehyd.

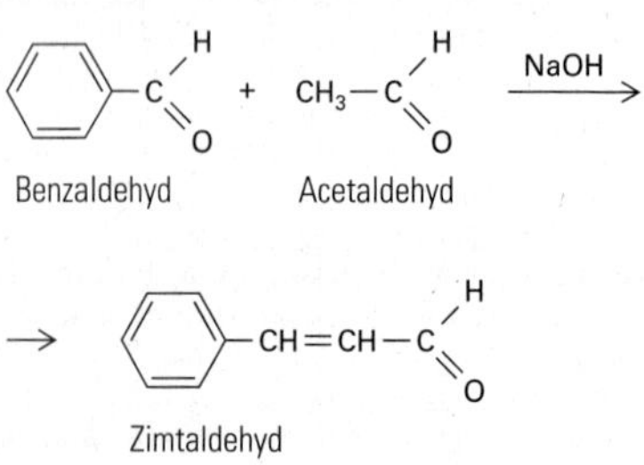

Claisen-Schmidt-Kondensation: Bildung von Zimtaldehyd

Claisen-Umlagerung: Umlagerung von Allyl-vinylether-Systemen beim Erhitzen zu *γ*,*δ*-ungesättigten Carbonylverbindungen. Beispiele: aus Allylvinylether entsteht Allyl-acetaldehyd, aus Phenol-Allylether *o*-Allyl-phenol, das Enol des entspr. Ketons (s. Abb.). Moderne C. reagieren auch bei Raumtemp., unter Zugabe von Molekülsieb*, asymmetr. katalysiert od. unter Mikrowellen-Bestrahlung.

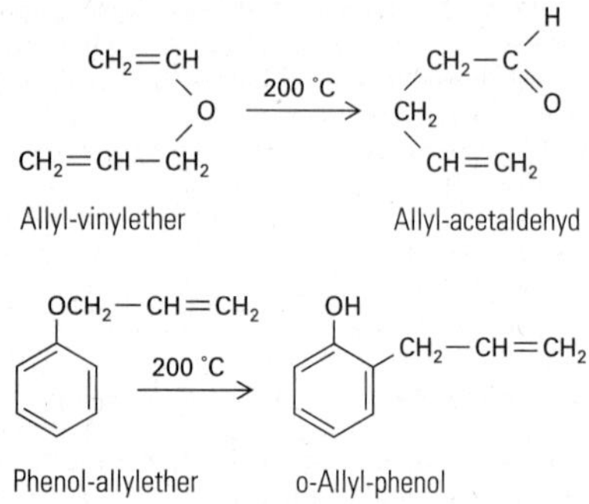

Claisen-Umlagerung: Bildung von Allyl-acetaldehyd bzw. *o*-Allyl-phenol

Clarithromycin INN: Clarithromycinum Ph.Eur.4; 6-*O*-Methylerythromycin; CAS-Nr. 81103-11-9; $C_{38}H_{69}NO_{13}$;M_r 747.96. Schmp. 222-225 °C (kristallisiert aus Ethanol); säurestabiles Makrolid-Antibiotikum (s. Antibiotika). **Anw.:** Atemweginfektionen.

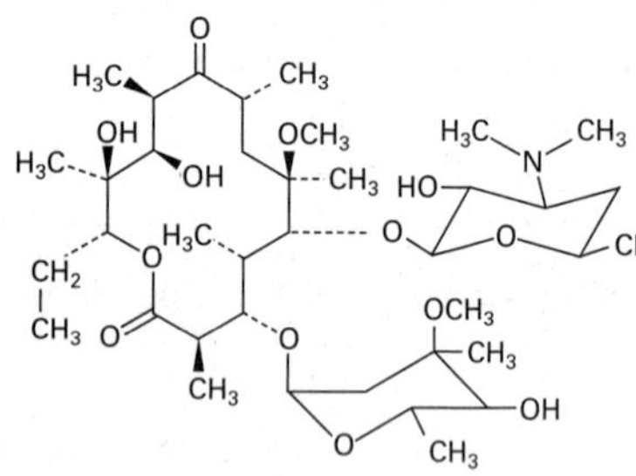

Clarithromycin

Clathrate: Käfigeinschlussverb., s. Einschlussverbindungen.

Clathrin: Protein, M_r 180 000, Hauptkomponente der coated vesicles; intrazelluläre Partikel von 20-250 nm Durchmesser mit charakterist., borstenähnl. Proteinhülle.

Claudenwatte: blutstillende Watte, mit einem aus tier. Lungengewebe gewonnenen Extrakt imprägniert.

Claudicatio intermittens: Dysbasia intermittens, intermittierendes Hinken, Schaufensterkrankheit; Durchblutungsstörungen infolge arterieller Verschlusskrankheiten der Beine, die bei längerer Gehstrecke zu starken Wadenschmerzen führen u. zum Stehenbleiben zwingen. In Ruhe verschwinden die Schmerzen wieder, da die Durchblutung der Muskulatur ausreichend ist (die Patienten warten häufig das Nachlassen der Schmerzen vor Schaufenstern ab).

Clausius-Clapeyron-Gleichung: wichtige thermodynam. Gleichung, die in ihrer allg. Form für ein Einkomponentensystem mit 2 Phasen* (vgl. Phasendiagramme) einen Zusammenhang zw. der

Abhängigkeit eines Gleichgewichtsdrucks p (Schmelz-, Dampf-, Sublimations-, Umwandlungsdruck) von der Temp. T u. einer Phasenumwandlungenthalpie ΔH (Reaktionsenthalpie, z. B. Schmelz-, Verdampfungs-, Sublimations-, Umwandlungswärme) herstellt (ΔV= Differenz der Molvolumina bd. Phasen):
$dp/dT = \Delta H/(T \cdot \Delta V)$.
Mit der integrierten Gleichung
$p_2 - p_1 = (\Delta H/\Delta V) \cdot ln\,(T_2/T_1)$
kann z. B. die Änderung des Schmp. in Abhängigkeit von der Druckänderung berechnet werden. Für die Temperaturabhängigkeit des Dampfdrucks* p, z. B. einer Flüss., kann deren spezif. Volumen gegenüber dem des Gases vernachlässigt werden (das Gas wird als ideal betrachtet; ΔH_{vap}=Verdampfungsenthalpie, R= allgemeine Gaskonstante*):

$$\frac{d\ln p}{dT} = \frac{\Delta H_{vap}}{R \cdot T^2}$$

Die Integration unter der, in einem kleinen Temperaturintervall näherungsweise gültigen, Annahme, ΔH_{vap}=konstant, liefert die integrierte C.-C.-G. für die Dampfdruckkurve.

$$\ln \frac{p_2}{p_1} = \frac{-\Delta H_{vap}}{R \cdot (1/T_2 - 1/T_1)}$$

Clavacin: s. Patulin.
Claviceps paspali: s. Secale cornutum.
Claviceps purpurea: s. Secale cornutum.
Clavinalkaloide: therap. unwirksame Ergolin-Derivate (Ergotalkaloide), besitzen am C-8 des Ergolins keine C=O-Gruppe; s. Secale cornutum.
Clavulansäure INN: (*Z*)-(2*R*,5*R*)-3-(2-Hydroxyethyliden)-7-oxo-4-oxa-1-azabicyclo[3.2.0]heptan-2-carbonsäure; CAS-Nr. 58001-44-8; $C_8H_9NO_5$, M_r 199.2. **Wirk.** u. **Anw.:** Betalactam-Antibiotikum (s. Antibiotika), das von Streptomyces clavuligerus gebildet wird. Das Grundgerüst Oxapenam unterscheidet sich von dem der Penicilline durch einen Oxazolidinring an Stelle des Thiazolidinringes (vgl. Antibiotika Abb. 4). C. selbst weist nur geringe antibakterielle Aktivität auf, ist aber ein starker, irreversibler Betalactamase-Inhibitor. Die Wirk. von Penicillinen u. Cefalosporinen wird daher bei Kombination mit C. auf resistente, penicillinasebildende Stämme ausgedehnt. Aufgrund der übereinstimmenden pharmakokinet. Eigenschaften wird v. a. die Kombination Amoxicillin* u. Clavulansäure 4:1 (in Deutschland) od. 2:1 (in Großbritannien) angewendet. Gebräuchl. ist auch das Kaliumsalz. Gute Resorption nach p. o. Applikation; die Hauptind. sind Harnweginfekte; **Dos.:** p. o. 3×0.5 g/d Amoxicillin in Kombination mit 0.125 g/d C.; parenteral 3×0.5 g/d Amoxicillin in Kombination mit 0.1 g/d Clavulansäure.

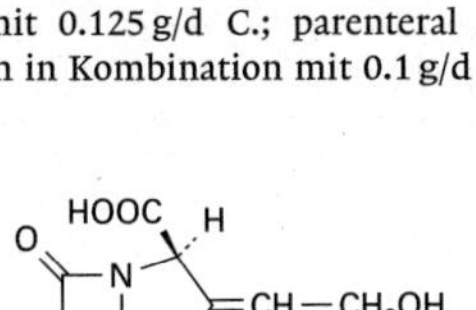

Clavulansäure

Clavus: Hühnerauge, Leichdorn; Hornschichtverdickung, bis einige Zentimeter groß, mit zentralem, in die Unterhaut vordringendem Zapfen. Entsteht durch wiederholten Druck (z. B. von Schuhwerk) auf knochenüberziehende Hautpartien.
clean bench: s. Laminarflow-Bank.
clean up: physik.-chem. Anreicherungsverfahren im Rahmen der Spurenanalytik, z. B. beim Nachw. von Pflanzenschutzmitteln. Vortrennungen vor dem eigentl. Nachw. der gesuchten Substanzen.
Clearance: (engl.) *Klärung, Reinigung*; diejenige Plasmamenge, die bei der Elimination pro Zeiteinheit von einer bestimmten Substanz befreit wird. **Totale C.:** Gesamtclearance; Summe der Organclearances der versch. Ausscheidungsorgane, z. B. renale, hepat., pulmonale C.; sie errechnet sich nach:

$$CL = k_e \cdot V_d = \frac{f \cdot D}{AUC}$$

k_e: Geschwindigkeitskonstante der Elimination; V_d: Verteilungsvolumen; f: resorbierter Anteil der Dosis; D: Dosis des Arzneistoffs; AUC: Fläche unter der Blutspiegel-Zeit-Kurve.
Renale C.: fiktives Plasmavolumen, welches pro Zeiteinheit durch die Nieren von einem Stoff befreit wird; sie errechnet sich nach:

$$CL_R = \frac{C_U \cdot V_U}{C_P} = CL \cdot \frac{U_\infty}{D}$$

C_u: Konzentration des Arzneistoffs im Urin; V_u: Harnzeitvolumen; C_P: Konzentration des Arzneistoffs im Blutplasma; U_∞: Gesamtmenge des im Urin ausgeschiedenen Arzneistoffs.
Zur Diagnostik der Nierenfunktion werden u. a. die endogene Substanz Kreatinin (Kreatinin-Clearance) u. die exogene Substanz Inulin (Inulin-Clearance) herangezogen, womit die glomeruläre Filtration überprüft werden kann. Ein Wert von 125 mL/min für Inulin bedeutet nur glomeruläre Filtration, <125 mL/min zus. Rückresorption od. Plasmaproteinbindung, >125 mL/min zus. tubuläre Sekretion. **Extrarenale C.:** C. durch andere Organe, abschätzbar als Differenz der totalen u. der renalen Clearance. Besondere Bedeutung hat die hepat. C. zur Funktionsüberprüfung der Leber. Da Bromsulfalein ausschließlich biliär ausgeschieden wird, kann die C. dieser Substanz zur Bestimmung der Leberleistung genutzt werden.
Clebopridmalat INN: Clebopridi malas Ph.Eur.; 4-Amino-*N*-(1-benzylpiperidin-4-yl)-5-chlor-2-methoxybenzamid-(*RS*)-2-hydroxybutandioat; CAS-Nr. 57645-91-7; $C_{24}H_{30}ClN_3O_7$, M_r 508.0. Weißes Pulver, wenig leicht lösl. in Wasser u. Methanol. **Anw.:** Antiemetikum* u. Prokinetikum* (ähnl. Metoclopramid*), spasmolytisch; **UAW:** Depressionen, extrapyramidale Störungen häufiger als bei Metoclopramid; **Dos.:** 679 µg C. entspr. ca. 500 µg Clebopril; 3×0.5 g/d p. o. Clebopridäquivalentdosis.
Cleland-Reagens: s. Dithiothreitol.
Clemastin INN: Meclastin, Mecloprodin; (+)-2-[2-(4-Chlor-α-methyl-α-phenylbenzyl)oxy-ethyl]-1-methylpyrrolidin; CAS-Nr. 15686-51-8; $C_{21}H_{26}ClNO$, M_r 343.90. Sdp. 154 °C (2.66 Pa);

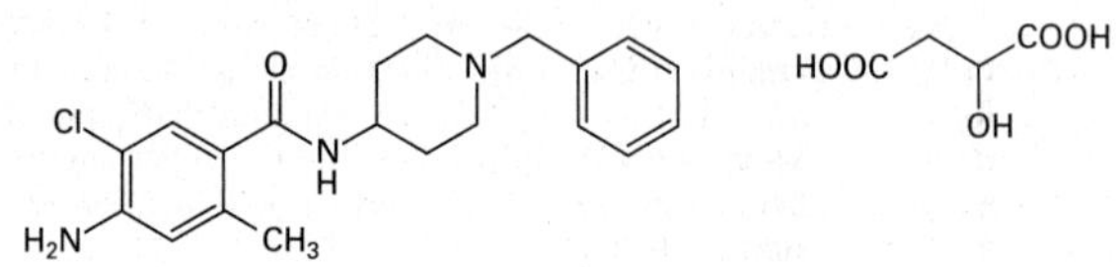

Clebopridmalat

$n_D^{22\,°C}$ 1.5582. **Anw.:** Antihistaminikum*; **UAW:** s. Azatadin; **Dos.:** 2×1 mg/d p. o. vor der Mahlzeit; Kinder bis 6 Jahre 2×0.5 mg/d; parenteral 1-2×2 mg/d i. v.; HWZ 8.1 h; **Clemastinfumarat:** Clemastini fumaras Ph.Eur.; CAS-Nr. 14976-57-9; $C_{25}H_{30}ClNO_5$, M_r 460.0. Schmp. 177-178 °C (polymorph). Weißes krist. Pulver; sehr schwer lösl. in Wassser, schwer lösl. in Ethanol u. Methanol. Verwendet wird auch Clemastinhydrogenmalonat.

Clematis recta L.: Aufrechte Waldrebe, Steife Waldrebe; Fam. Ranunculaceae (Europa). Stpfl. von **Herba Clematidis:** Waldrebenkraut. **Inhaltsst.:** Protoanemonin* (im frischen Kraut); **Anw.** volkstüml.: z. B. geg. Ekzeme, Geschwüre, Gicht, Erkrankungen des rheumat. Formenkreises, Nierenleiden.

Hom: *Clematis recta (HAB1.3),* Clematis: frisches, blühendes Kraut; verord. z. B. bei Orchitis, Blepharitis, Hautausschlägen.

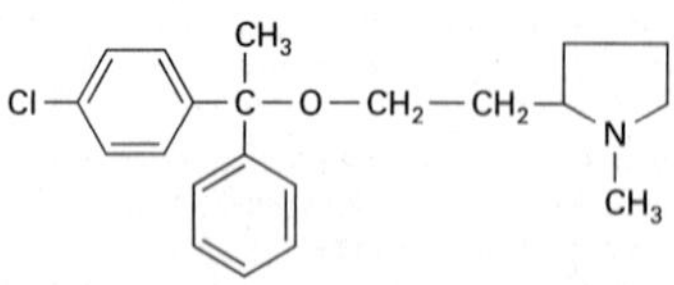

Clemastin

Clematis vitalba L.: Gemeine Waldrebe, Echte Waldrebe; Fam. Ranunculaceae (Mittel- u. Südeuropa, Russland). Stpfl. von **Herba Clematidis:** Waldrebenkraut. **Inhaltsst.:** Protoanemonin* (im frischen Kraut), Saponin*; **Anw.:** wie Clematis* recta.

Hom: *Clematis recta (HAB1.3):* **Anw.:** wie Clematis* recta.

Clemizol INN: 1-(*p*-Chlorbenzyl)-2-(1-pyrrolidinmethyl)-benzimidazol; CAS-Nr. 442-52-4; $C_{19}H_{20}ClH_3$, M_r 325.9. Schmp. 167 °C. **Anw.:** Antihistaminikum, Antiallergikum; bildet mit Benzylpenicillin das Salz Clemizol*-Penicillin. Gebräuchl. ist auch Clemizolhydrochlorid, Clemizolundecylat.

Clemizol-Penicillin INN: syn. Penicillin-Clemizol, Antihistamin-Penicillin-G, Penicillinclemizolum; Benzylpenicillin kombiniert mit 1,4-Chlorbenzyl-2-pyrrolidin-1'-ylmethylbenzimidazol; CAS-Nr. 6011-39-8; $C_{35}H_{38}ClN_5O_4S$ bzw. $C_{19}H_{20}ClN_3 \cdot C_{16}H_{18}N_2O_4S$, M_r 660.2. **Wirk.** u. **Anw.:** Depotantibiotikum (vgl. Benzylpenicillin);

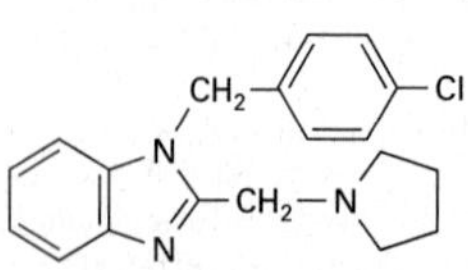

Clemizol

Dos.: parenteral i. m. 2×400 000 I.E./d od. 1×1 Mio I.E./d, in schweren Fällen 2×1 Mio I.E./d; Kinder bis 10 Jahre 1×250 000-500 000 I.E./d; Säuglinge bis 1 Jahr: 1×250 000 I.E./d; HWZ 24 h.

Clemmensen-Reduktion: Methode zur Herst. von Kohlenwasserstoffen aus Ketonen durch Reduktion der Carbonylgruppe mit amalgamiertem Zink u. Salzsäure. Beispiel: Acetophenon wird zu Ethylbenzol reduziert (s. Abb.).

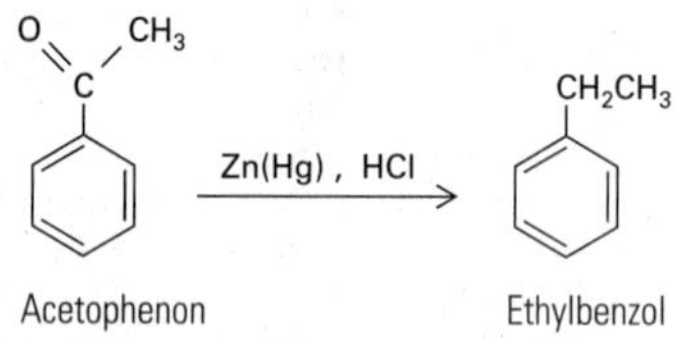

Clemmensen-Reduktion: Bildung von Ethylbenzol als Beispiel

Clenbuterol INN: (*RS*)-1-(4-Amino-3,5-dichlorphenyl)-2-(1,1-dimethylethyl)amino-ethanol; CAS-Nr. 37148-27-9; $C_{12}H_{18}Cl_2N_2O$, M_r 277.18. **Anw.:** Bronchodilatator, selektives β_2-Sympathomimetikum zur Langzeitther. chron. obstruktiver Atemwegerkrankungen, Tokolytikum (vet.); **UAW:** Tremor, Unruhe, Kopfschmerzen, gelegentl. kardial bedingte Beschwerden; **Kontraind.:** Thyreotoxikose, tachykarde Herzrhythmusstörungen, akute Koronarerkrankungen, erste 3 Schwangerschaftsmonate; **Dos.:** 2×0.2 mg/d p. o.; bei Langzeitbehandlung Dosisreduktion mögl.; HWZ 35 h; missbräuchl. auch als Dopingmittel verwendet. **Clenbuterolhydrochlorid (INN):** Clenbuteroli hydrochloridum Ph.Eur.; CAS-Nr. 21898-19-1; $C_{12}H_{19}Cl_3N_2O$, M_r 313.7. Schmp. 184-186 °C (polymorph).

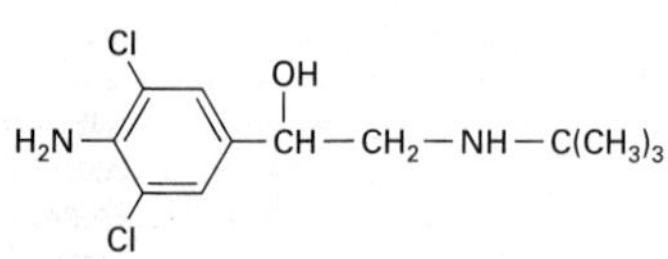

Clenbuterol

Clibucain INN: 2',4'-Dichlor-3-piperidinobutyranilid, β-Piperidinobutyryl-2,4-dichloranilin; β-Piperidino-butansäure-2,4-dichloranilid; CAS-Nr.

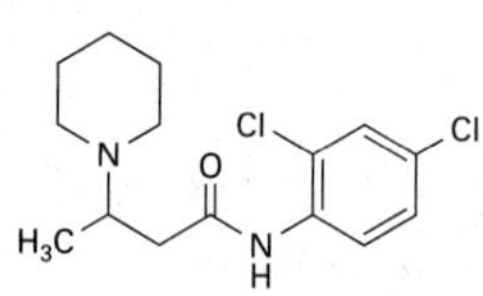

Clibucain

15302-10-0; $C_{15}H_{20}Cl_2N_2O$, M_r 315.24. **Anw.:** kaum noch verwendetes Lokalanästhetikum*. Gebräuchl. ist Clibucainhydrochlorid.

Clidiniumbromid INN: Clidinii bromidum; 3-Benziloyloxy-1-methyl-chinuclidinium-bromid; CAS-Nr. 3485-62-9; $C_{22}H_{26}BrNO_3$, M_r 432.36. Schmp. 240-241 °C (kristallisiert aus Methanol/Aceton/Ether). Lösl. in Wasser, Ethanol; sehr schwer lösl. in Ether. **Anw.:** Anticholinergikum, Ulkustherapeutikum v. a. in Kombination mit Chlordiazepoxid*; kaum noch verwendet; **Dos.:** p. o. 3-4 × 2.5-5 mg/d.

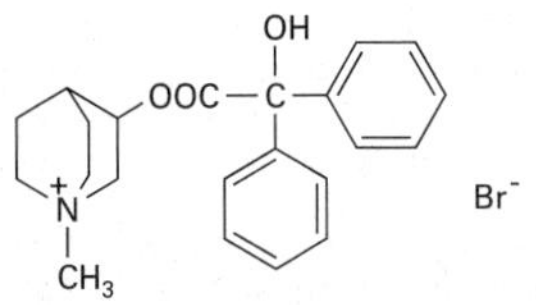

Clidiniumbromid

Clindamycin INN: 7-Chlor-7-desoxy-lincomycin; Methyl[7-chlor-6,7,8-trideoxy-6-*trans*-(1-methyl-4-propyl-L-2-pyrrolidin-carboxamido)-1-thio-L-*threo*-α-D-galacto-octopyranosid]; CAS-Nr. 18323-44-9; $C_{18}H_{33}ClN_2O_5S$, M_r 424.98. $[\alpha]_D^{20\,°C}$ +214° (Chloroform). pK_S der konjugierten Säure 7.45. **Wirk.** u. **Anw.:** Lincomycin*-Antibiotikum; bakteriostat. wirksam geg. grampositive Bakterien u. Anaerobier; nur langsame Resistenzentwicklung; Hauptind.: Anaerobierinfektionen; therapieresistente Staphylokokkeninfektionen; **UAW:** gastrointestinale Störungen bis zur Enterokolitis; vgl. Antibiotika (Tab.); **Dos.:** Erwachsene p. o. 150-450 mg/6 h; Kinder älter als 4 Wochen 8-20 mg/kg KG/d, verteilt auf 4 ED; Kinder unter 10 kg KG 3 × 38 mg/kg KG/d u. höher; HWZ 2-3 h. **Clindamycinhydrochlorid:** Clindamycini hydrochloridum Ph.Eur.; CAS-Nr. 58207-19-5 (Monohydrat); $C_{18}H_{34}Cl_2N_2O_5S$, M_r 461.5 (wasserfrei). Schmp. 141-143 °C; mit unterschiedl. Mengen Kristallwasser. Sehr leicht lösl. in Wasser, schwer lösl. in Ethanol. **Clindamycindihydrogenphosphat:** Clindamycini phosphas Ph.Eur.; $C_{18}H_{34}ClN_2O_8PS$, M_r 505. Weißes, schwach hygroskop., polymorphes Pulver; leicht lösl. in Wasser. Gebräuchl. ist auch Clindamycinpalmitat.

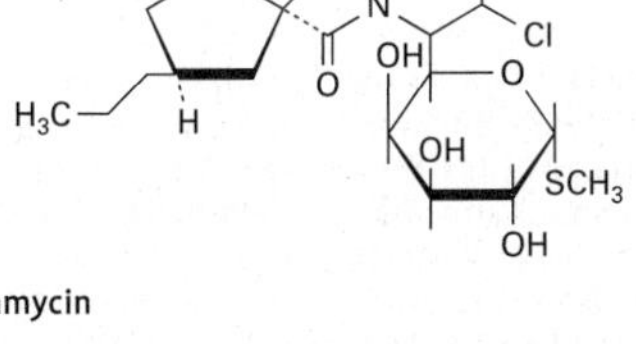

Clindamycin

Clioquinol INN: Chinoform, Chloroiodochin, Iodochlorhydroxyquin; 5-Chlor-7-iod-8-chinolinol; CAS-Nr. 130-26-7; C_9H_5ClINO, M_r 305.52. Schmp. 172 °C (unter Zers.). Lösl. 1:43 in kochendem Ethanol, 1:128 in Chloroform, 1:17 in kochendem Ethylacetat, 1:170 in kalter Essigsäure, 1:13 in kochender Essigsäure, fast unlösl. in Wasser, kaltem Ethanol, Ether. **Off.:** DAC86, ÖAB90, Ph.Helv.7; **Anw.:** Antiseptikum u. Chemotherapeutikum mit antibakterieller u. fungizider Wirk.; starke Wirk. geg. Entamoeba histolytica; Hauptind.: intestinale Amöbiasis; **UAW:** bei längerer u. hochdosierter Anw. mögl., s. SMON-Krankheit; **Dos.:** p. o. 3 × 0.25 g/d, max. Anwendungsdauer 4 Wochen; bei Amöbiasis zu Therapiebeginn n. B. bis doppelte Dos.; topisch 3-10 %ige Wundsalbe; Wundpuder unverdünnt.

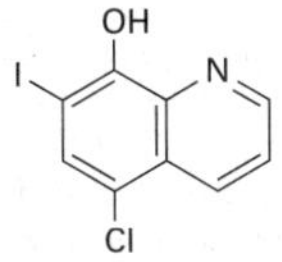

Clioquinol

Clivia: s. Amaryllidaceae.

Clobazam INN: Clobazamum Ph.Eur.4; 7-Chlor-2,3,4,5-tetrahydro-1-methyl-5-phenyl-1*H*-1,5-benzodiazepin-2,4-dion; CAS-Nr. 22316-47-8; $C_{16}H_{13}ClN_2O_2$, M_r 300.74. Schmp. 180-182 °C; weißes bis fast weißes krist. Pulver, schwer lösl. in Wasser, leicht lösl. in Dichlormethan, wenig lösl. in Ethanol; zeigt Polymorphie. **Anw.:** Tranquilizer; **Dos.:** p. o. Initialdos. 5 mg morgens u. abends; Erhaltungsdos. 10-30 mg/d in geteilten Dosen; Psychiatrie bis 60 mg/d; HWZ 18-42 bzw. 36-46 h (Metaboliten); HWZ der Elimination 10-30 h; vgl. Benzodiazepine.

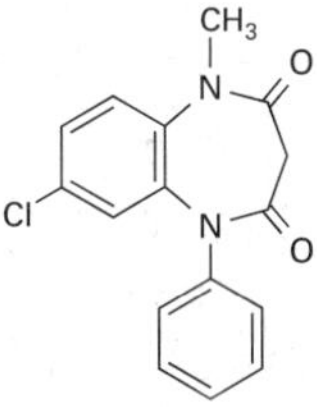

Clobazam

Clobetasol INN: 21-Chlor-9α-fluor-11β,17-dihydroxy-16β-methyl-1,4-pregnadien-3,20-dion; CAS-Nr. 25122-41-2; $C_{22}H_{28}ClFO_4$, M_r 410.91. **Clobetasol-17-propionat:** Clobetasoli propionas, Clobetasolum propionicum; CAS-Nr. 25122-46-7; $C_{25}H_{32}ClFO_5$, M_r 467.0. **Off.:** DAC86; **Anw.:** Corticosteroid, vgl. Hormone (Nebennierenhormone); **Dos.:** topisch 0.05 %ige Salbe, Creme.

Clobetason INN: 21-Chlor-9α-fluor-17-hydroxy-16β-methyl-1,4-pregnadien-3,11,20-trion; CAS-Nr. 54063-32-0; $C_{22}H_{26}ClFO_4$, M_r 408.90. **Clobetason-17-butyrat:** Clobetasoni butyras Ph.Eur.4; CAS-Nr. 25122-57-0; $C_{26}H_{32}ClFO_5$, M_r 479.0; Schmp. 178 °C; weißes bis fast weißes Pulver, unlösl. in Wasser, leicht lösl. in Aceton u. Dichlormethan, schwer lösl. in Ethanol. **Anw.:** Corticosteroid, vgl. Hormone (Nebennierenhormone); **Dos.:** topisch 0.05 %ige Salbe, Creme.

Clobutinol INN: 2-(4-Chlorbenzyl)-4-dimethylamino-3-methyl-2-butanol; CAS-Nr. 14860-49-2; $C_{14}H_{22}ClNO$, M_r 255.79. Sdp. 179-180 °C (1.6 kPa). **Anw.**: Antitussivum; **Dos.**: p. o. 2-3×40 mg/d; parenteral (i. m., i. v., s. c.) 20 mg; HWZ 1.5-3.5 h.

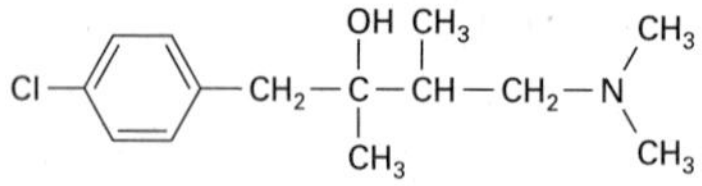

Clobutinol

Clocortolon INN: 9-Chlor-6α-fluor-11β,21-dihydroxy-16α-methylpregna-1,4-dien-3,20-dion; CAS-Nr. 4828-27-7; $C_{22}H_{28}ClFO_4$, M_r 410.91. Schmp. 254 °C (unter Zers.). **Anw.**: top. verwendetes Corticosteroid. Hingewiesen sei auch auf Clocortolon-21-acetat, Clocortolon-21-pivalat u. Clocortolon-21-hexanoat.

Clodronsäure INN: (Dichlormethylen)diphosphonsäure; CAS-Nr. 10596-23-3; $CH_4Cl_2O_6P_2$, M_r 244.89. Strukturformel s. Biphosphonate. **Wirk.** u. **Anw.**: hemmt die Calciumfreisetzung aus dem Skelett durch Komplexbildung mit Hydroxylapatit*; angewendet geg. Auflösung von Knochengewebe (Osteolyse) u. Hypercalciämie infolge Knochenmetastasen od. malignen Tumoren; **UAW**: gastrointestinale Beschwerden; **WW**: calciumhaltige Nahrungsmittel; **Dos.**: 4×500 mg/d 1 Std. vor den Mahlzeiten.

Clofedanol INN: syn. Clophedanol, Chlophedianol, 2-Chlor-α-[2-(dimethylamino)ethyl]benzhydrol; 1-(2-Chlorphenyl)-1-phenyl-3-dimethylaminopropanol; CAS-Nr. 791-35-5; $C_{17}H_{20}ClNO$, M_r 289.80. **Anw.**: obsolet; früher Antitussivum*; **UAW**: Übelkeit, Mundtrockenheit; **Clofedanolhydrochlorid**: Schmp. 122 °C (polymorph).

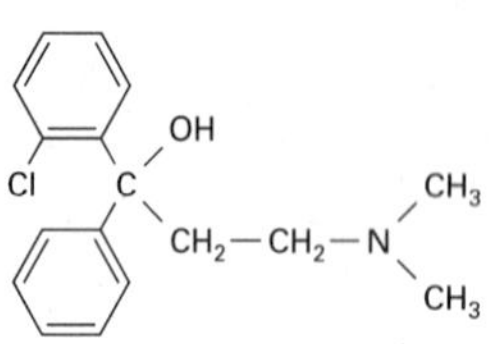

Clofedanol

Clofenamid INN: Monochlorphenamide; 4-Chlorbenzol-1,3-disulfonamid; CAS-Nr. 671-95-4; $C_6H_7ClN_2O_4S_2$, M_r 270.73. Schmp. 217-219 °C (polymorph). Lösl. in heißem Ethanol, Wasser; schwer lösl. in kalten Solvenzien. **Anw.**: obsolet; früher Diuretikum*, Carboanhydrasehemmer; Glaukombehandlung; **UAW, Kontraind.** u. **WW**: s. Acetazolamid.

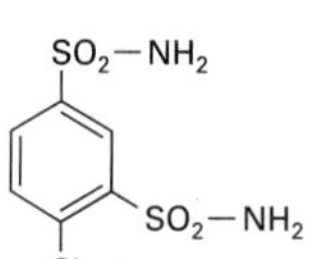

Clofenamid

Clofenotan INN: **D**ichlor-**d**iphenyl-**t**richlorethan (Abk. DDT), Chlorophenothanum; 2-(4'-Chlorphenyl)-2-(2'-chlorphenyl)-1,1,1-trichlorethan, 1,1'-(2,2,2-Trichloro-ethyliden)-bis[4-chlorobenzol], 2,2-Bis[4-chlor-phenyl]-1,1,1-trichlor-ethan. Abhängig vom Reinheitsgrad weißes bis gelbl., krist. od. amorphes Pulver von schwach aromat. Geruch, das bis 10 % Isomere, vorwiegend *o,p*-DDT enthalten kann. Leicht lösl. in siedendem Ethanol, Ether, Chloroform, Aceton, Benzin; wenig lösl. in Ethanol von 20 °C, Petrolether; prakt. unlösl. in Wasser; weitgehend licht-, luft- u. säurestabil. **Synthese**: aus Chloral* u. Chlorbenzol in Gegenwart von Schwefelsäure; **Off.**: ÖAB9 (bis 1996); **Wirk.** u. **Anw.**: Kontaktinsektizid; s. Schädlingsbekämpfungsmittel (chlorierte Kohlenwasserstoffe); HWZ bis 15 Jahre; als Metaboliten, die wie DDT ebenfalls im Fettgewebe gespeichert werden, treten auf: DDE (1,1-Dichlor-2,2-bis[4-chlorphenyl]ethylen) u. DDD (TDE, 2,2-Bis[4-chlorphenyl]-1,1-dichlor-ethan); s. Abbildung. Im Urin findet sich DDA (Bis[4-chlor-phenyl]-essigsäure); s. Schädlingsbekämpfungsmittel (Tab.). **Gesch.**: Bereits 1874 erstemals beschrieben, wurde DDT 1940 von Paul Müller (1899-1995) wieder entdeckt. Mit Hilfe von DDT konnte die Malaria in vielen Ländern nahezu ausgerottet werden. Heute die Substanz wegen ihrer hohen Persistenz u. Akkumulation in der Umwelt (Nahrungskette) in vielen Ländern verboten (vgl. Schädlingsbekämpfungsmittel), in der Bundesrepublik Deutschland durch das DDT*-Gesetz, die Gefahrstoffverordnung* u. die Chemikalien*-Verbotsverordnung.

Clofenvinfos: s. Chlorfenvinphos.

Clofexamid INN: α-*p*-Chlorphenoxy-*N*-2-diethylaminoethylacetamid-hydrochlorid; $C_{14}H_{21}ClN_2O_2 \cdot HCl$, M_r 321.2. **Anw.**: Antidepressivum; obsolet, wurde mit Phenylbutazon* kombiniert; s. Clofezon.

Clofezon INN: Clofezon-Dihydrat; CAS-Nr. 60104-29-2; $C_{33}H_{41}ClN_4O_4 \cdot 2\,H_2O$; $C_{14}H_{21}ClN_2O_2 \cdot C_{19}H_{20}N_2O_2 \cdot 2\,H_2O$. 1:1-Verb. aus Clofexamid* u. Phenylbutazon*. **Anw.**: Analgetikum, Antirheumatikum; **Hinweis**: außer Handel.

Clofibrat INN: Clofibratum Ph.Eur.4, Ethyl-[2-(4-chlorphenoxy)-2-methylpropionat]; 2-(4-Chlorphenoxy)-2-methyl-propionsäureethylester; CAS-Nr. 637-07-0; $C_{12}H_{15}ClO_3$, M_r 242.71. Strukturformel der Wirkform vgl. Clofibrinsäure (Abb.). Sdp. 148-150 °C (2.66 kPa). D. 1.138-1.144. Farblose Flüss., schwach beißender Geruch; fast unlösl. in Wasser, sofort mischbar mit Ethanol, Aceton, Chloroform, Ether; pK_S 2.95. **Anw.**: Senkung erhöhter Serum-Lipidspiegel (vgl. Lipidsenker); **UAW**: Verdauungsstörungen, Übelkeit, Pruritis, Libidoverlust, Anstieg des Transaminasenspiegels; **Kontraind.**: Gallenblasen-, Nieren- u. Lebererkrankungen, Schwangerschaft; **WW**: verstärkt die Wirk. von Antikoagulanzien* durch deren Verdrängung aus der Plasmaeiweißbindung; **Dos.**: p. o. Initialdos. 2×0.5 g/d, nach 2-3 Tagen erhöhen auf 1.5-2.0 g/d; HWZ 6-25 h (Metaboliten). Vgl. Bezafibrat, Clofibrid, Clofibrinsäure, Etofibrat, Fenofibrat.

Clofibrid INN: 3-(Dimethylcarbamoyl)propyl-[2-(4-chlorphenoxy)-2-methylpropionat]; CAS-Nr.

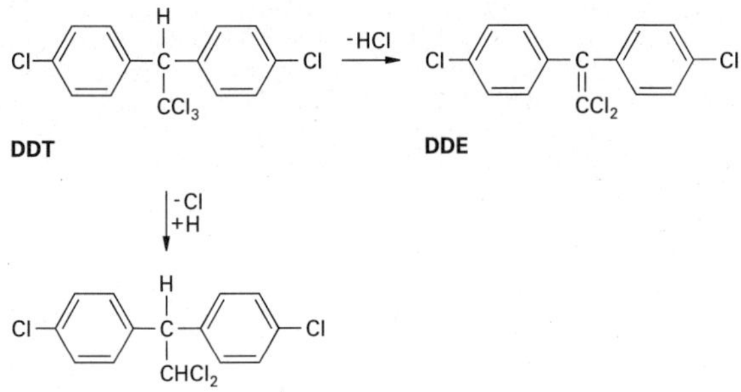

DDT DDE

DDD

Clofenotan: DDT u. seine Metaboliten DDE u. DDD

26717-47-5; $C_{16}H_{22}ClNO_4$, M_r 327.82. Unlösl. in Wasser, lösl. in Olivenöl. **Anw.**: Senkung erhöhter Serumlipidspiegel (Triglyceridämien u. Hypercholesterolämie), vgl. Lipidsenker; **UAW, Kontraind.** u. **WW:** s. Clofibrat; **Dos.**: p.o. 2×0.45-1.35 g/d. Vgl. Bezafibrat, Clofibrat, Clofibrinsäure, Etofibrat, Fenofibrat.

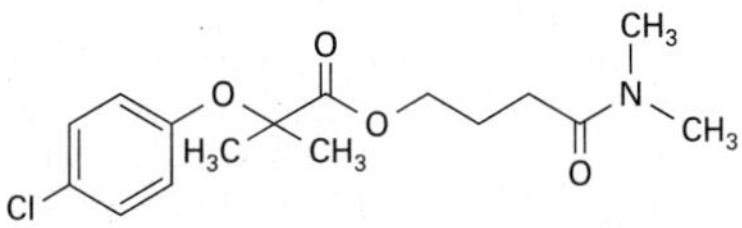

Clofibrid

Clofibrinsäure INN: Acidum clofibricum, *α*-(4-Chlorphenoxy)-isobutansäure; 2-(4-Chlorphenoxy)-2-methylpropionsäure; CAS-Nr. 882-09-7; $C_{10}H_{11}ClO_3$, M_r 214.66. Schmp. 118-119 °C (kristallisiert aus Wasser od. Methanol). Wirkform von Clofibrat*. **Anw.**: Senkung erhöhter Serumlipidspiegel (Triglyceridämie), vgl. Lipidsenker; **UAW, Kontraind.** u. **WW:** s. Clofibrat. Gebräuchl. ist auch Aluminiumclofibrat*, Magnesiumclofibrat. Vgl. Bezafibrat, Clofibrid, Etofibrat, Fenofibrat.

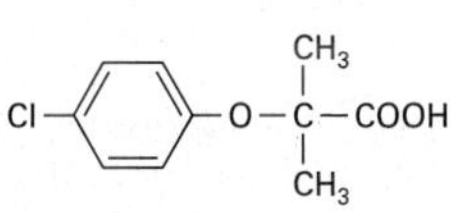

Clofibrinsäure

Clofibrinsäure Aluminiumsalz: s. Aluminiumclofibrat.

Clomethiazol INN: syn. Chloraethiazol, 5-(2-Chlorethyl)-4-methylthiazol; 4-Methyl-5-(2'-chlorethyl)-thiazol; CAS-Nr. 533-45-9; C_6H_8ClNS, M_r 161.7. Sdp. 92 °C. Ölige viskose Flüss. von charakterist., unangenehmem Geschmack. pK_S der konjugierten Säure 3.2. **Anw.**: Antikonvulsivum, Hypnotikum, Sedativum; verwendet v. a. bei Agitiertheit, Delirium tremens u. anderen tox. bedingten Delirien od. org. Hirnerkrankungen, senilem Delirium; **UAW:** nach parenteraler Applikation ist mit Blutdruckabfall u. Atemdepression zu rechnen; allerg. Hautreaktionen, Übelkeit, Brechreiz, Schleimhautreizung, Niesreiz, Blutdrucksenkung; Gefahr von Gewöhnung u. Abhängigkeit; max. 1-2 Wochen anzuwenden, ausschleichend zu dosieren; **Kontraind.**: Lungenerkrankungen; **Dos.**: p.o. 0.5 g/d abends od. 3-mal tägl.; parenteral bei Delirium tremens i.v. Infusion 5-8 g; HWZ 3-5 h. **Clomethiazoledisilat:** $C_{14}H_{22}Cl_2N_2O_6S_4$; M_r 513.5. Weißes, krist. Pulver von charakterist. Geruch; leicht lösl. in Wasser u. warmem Ethanol, fast unlösl. in Ether.

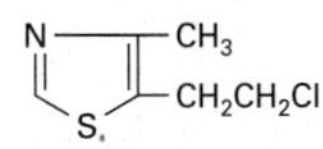

Clomethiazol

Clomifen INN: Mischung des (*E*)-Isomers (Enclomifen INN, Cisclomifen) u. des (*Z*)-Isomers (Zuclomifen INN, Transclomifen) von 2-[4-(2-Chlor-1,2-diphenylvinyl)phenoxy]triethylamin; CAS-Nr. 911-45-5; $C_{26}H_{28}ClNO$, M_r 405.98. Schmp. 116.5-118 °C. Leicht lösl. in Wasser, wenig lösl. in Ethanol, unlösl. in Ether. Synthet., nichtsteroidales Estrogen. **Anw.**: Ovulationsstimulans*; **UAW:** Hitzewallungen, Sehstörung, Übelkeit, Mehrlingsschwangerschaften; **Dos.**: p.o. 50-100 mg/d vom 5.-9. Zyklustag; HWZ 120 h. **Clomifencitrat:** Clomifeni citras Ph.Eur.; $C_{32}H_{36}ClNO_8$, M_r 598.1. Weißes bis blassgelbes krist. Pulver; schwer lösl. in Wasser. Gebräuchl. ist auch Clomifendihydrogencitrat.

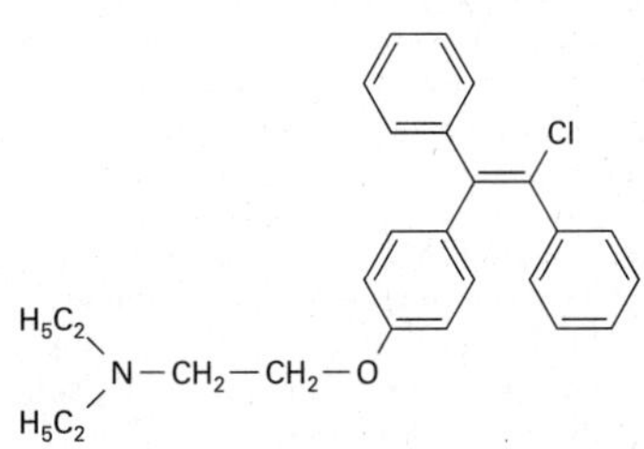

Clomifen: Enclomifen, das (*E*)-Isomer von Clomifen (Cisclomifen)

Clomipramin INN: syn. Chlorimipramin; 3-Chlor-5-(3-dimethylaminopropyl)-10,11-dihydro-5*H*-dibenzo[*b,f*]azepin; CAS-Nr. 303-49-1; $C_{19}H_{23}ClN_2$,

M_r 314.9. **Anw.:** tricycl. Antidepressivum vom Imipramin*-Typ, vgl. Psychopharmaka (Antidepressiva); Ind.: Depressionen, Zwangsvorstellungen, chron. Schmerzen; HWZ 21 h. **Clomipraminhydrochlorid**: Clomipramini hydrochloridum Ph.Eur.; $C_{19}H_{24}Cl_2N_2$, M_r 351.3. Schmp. 190-191 °C (polymorph). Weißes, schwach hygroskop., krist. Pulver.

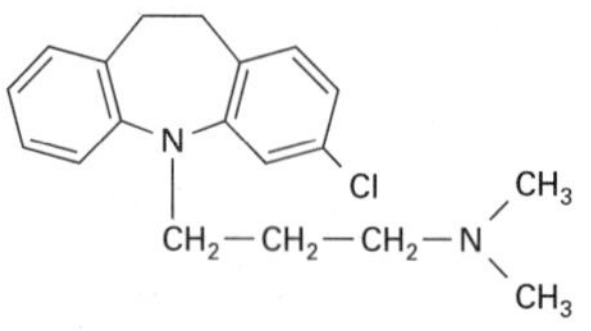

Clomipramin

Clonazepam INN: Clonazepamum Ph.Eur.; 5-(2-Chlorphenyl)-2,3-dihydro-7-nitro-1*H*-1,4-benzodiazepin-2-on; CAS-Nr. 1622-61-3; $C_{15}H_{10}ClN_3O_3$, M_r 315.72. Schmp. 236.5-238.5 °C (kristallisiert aus Ethanol/Methylenchlorid). Sehr schwer lösl. in Wasser. **Wirk.:** Benzodiazepin* mit ausgeprägten antikonvulsiven Eigenschaften; **Anw.:** Antikonvulsivum, Antiepileptikum; Ind.: alle Formen von Epilepsien u. auch im Status epilepticus; **UAW:** Müdigkeit, Sedierung, Muskelschwäche, Koordinationsstörungen, Ataxie; **Dos.:** schrittweise bis zur Erhaltungsdos. erhöhen; p.o. Erwachsene 4-8 mg/d; Kleinkinder 0.5-1 mg/d; Kinder 1-5 Jahre 1-3 mg/d; Kinder 5-12 Jahre 3-6 mg/d jeweils in 3-4 geteilten Gaben; parenteral im Status epilepticus Erwachsene 1 mg i.v.; Kleinkinder u. Kinder 0.5 mg i.v.; HWZ 25-40 h.

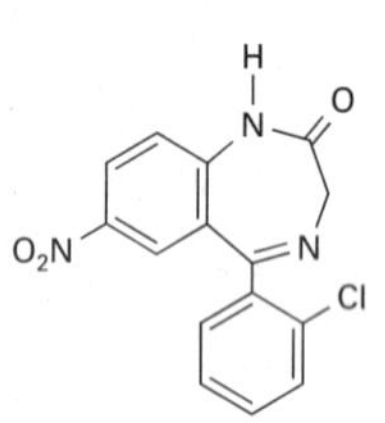

Clonazepam

Clonidin INN: 2-(2,6-Dichlorphenyl)imino-imidazolidin; CAS-Nr. 4205-90-7; $C_9H_9Cl_2N_3$, M_r 230.10. Schmp. 130 °C. pK_S der konjugierten Säure 8.25. **Wirk.:** Alpha-2-Sympathomimetikum mit zentralem u. peripherem Angriffspunkt; reduziert die Empfindlichkeit der Gefäße auf dilator. u. konstriktor. Reize (Migräne!); **Anw.:** Antihypertonikum, Migräneprophylaktikum, in Augentropfen geg. Glaukom, zur Milderung der Entzugssymptomatik bei Morphinabhängigen, zur Behandlung des Alkoholentzugssyndroms (Delirium tremens); **UAW:** Mundtrockenheit, Schläfrigkeit, Farbensehen, Benommenheit, Halluzinationen, Obstipation, starke Reboundphänomene, Kopfschmerzen nach dem Absetzen; **Dos.:** p.o. 3×0.075 mg/d langsam steigern auf 3×0.15 mg/d, individuell dosieren; parenteral (i.m., i.v., s.c.) bis 4×0.15 mg/d; konjunktival 0.25 %; HWZ 9-15 h. **Clonidinhydrochlorid**: Clonidini hydrochloridum Ph.Eur.; CAS-Nr. 4205-91-8; $C_9H_{10}Cl_3N_3$, M_r 266.6. Weißes, krist. Pulver, lösl. in Wasser u. wasserfreiem Ethanol.

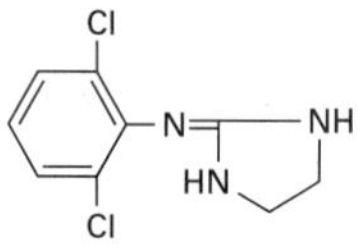

Clonidin

Clopamid INN: Chlosudimeprimyl; 4-Chlor-*N*-(*cis*-2,6-dimethylpiperidino)-3-sulfamoylbenzamid; CAS-Nr. 636-54-4; $C_{14}H_{20}ClN_3O_3S$, M_r 345.86. Strukturformel s. Diuretika (Abb.). Schmp. 244-246 °C (kristallisiert aus Methanol u. Diisopropylether). Lösl. 1:250 in Wasser, 1:100 in wasserfreiem Ethanol, 1:250 in Chloroform. **Anw.:** Saluretikum (vgl. Diuretika), Ödeme, Hypertonie. **UAW, Kontraind.** u. **WW:** s. Bendroflumethiazid; **Dos.:** p.o. Initialdos. 40-60 mg/d; Erhaltungsdos. 20-40 mg/d; p.o. bei Ödemen 1×20 mg/d morgens; in der Erhaltungsther. 1×5 mg/2 d.

Clopenthixol INN: 4-[3-(2-Chlorthioxanten-9-yliden)propyl]-1-piperazinylethanol; CAS-Nr. 982-24-1; $C_{22}H_{25}ClN_2OS$, M_r 400.99. **Anw.:** Neuroleptikum; Ind.: Psychosen mit Agitiertheit u. Wahnbildung, Schizophrenie, Manie, Delirium tremens; **UAW:** s. Psychopharmaka (Neuroleptika); vermindertes Reaktionsvermögen; **Dos.:** p.o. ambulant 3-4×10 mg/d, stationär 75-100 mg/d; parenteral 25 mg i.m.; in Notfällen 50-100 mg, Tagesdos. 75-150 mg; HWZ 24-31 h. Gebräuchl. ist auch Clopenthixoldihydrochlorid.

Clopidogrel INN: Methyl-(+)-(*S*)-α-(*o*-chlorophenyl)-6,7-dihydrothieno[3,2-*c*]pyridin-5(4*H*)-acetat; CAS-Nr. 113665-84-2; $C_{16}H_{16}ClNO_2S$, M_r 321.8. Schmp. 184 °C. logP 4.0; pK_S 4.5 (ber.); schwer lösl. in Wasser. **Wirk.:** ADP-Antagonist; **Anw.:** Thrombozytenaggregationshemmer* zur Sekundärprophylaxe nach einem atherosklerot. bedingten Ereignis wie Herzinfarkt od. Schlaganfall; **UAW:** Blutungen; **Dos.:** 75 mg/d p.o.; HWZ 8 h.

Cloprednol INN: 6-Chlor-11β,17α,21-trihydroxy-1,4,6-pregnatrien-3,20-dion; CAS-Nr. 5251-34-3; $C_{21}H_{25}ClO_5$, M_r 392.9. **Anw.:** Glucocorticoid, ca. 2-mal so wirksam wie Prednisolon*.

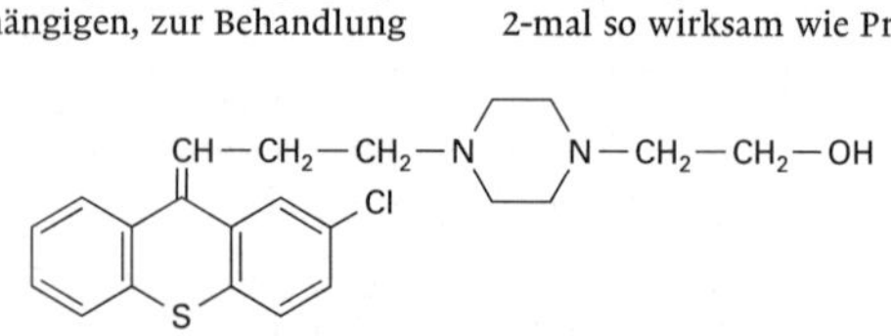

Clopenthixol

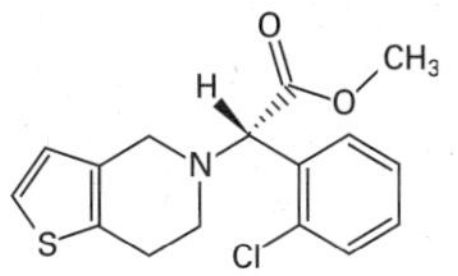

Clopidogrel

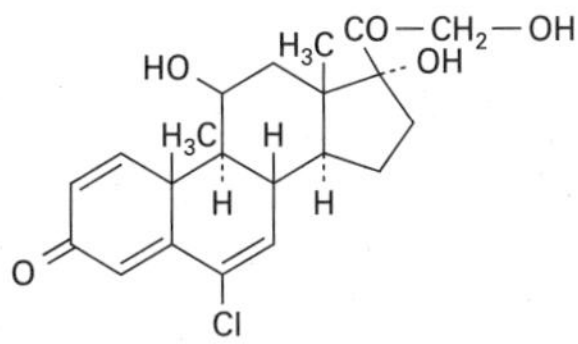

Cloprednol

Clorazepat INN: 7-Chlor-2,3-dihydro-2,2-dihydroxy-5-phenyl-1*H*-1,4-benzodiazepin-3-carbonsäure; CAS-Nr. 23887-31-2; $C_{16}H_{13}ClN_2O_4$, M_r 332.74. **Anw.:** Tranquilizer; verwendet wird das Dikaliumclorazepat*.

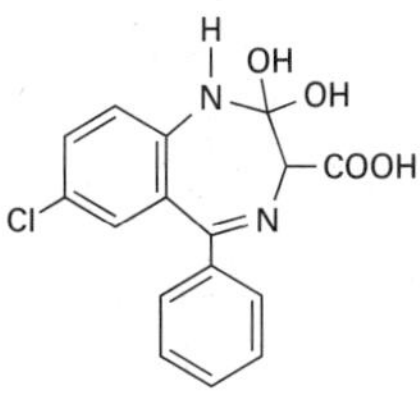

Clorazepat

Clorina: s. Tosylchloramid-Natrium.

Clorindanol INN: 7-Chlor-4-indanol; CAS-Nr. 145-94-8; C_9H_9ClO, M_r 168.63. Schmp. 91-93 °C (kristallisiert aus Petrolether; polymorph). **Anw.:** obsolet; früher Chemotherapeutikum*.

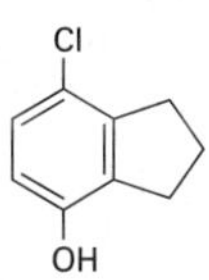

Clorindanol

Closilat: chem. Kurzbez. für den 4-Chlorbenzolsulfonat-Rest in internationalen Freinamen*.

Clostebol INN: 4-Chlortestosteron; 4-Chlor-17β-hydroxy-4-androsten-3-on; CAS-Nr. 1093-58-9; $C_{19}H_{27}ClO_2$, M_r 322.89. Schmp. 188-190 °C (kristallisiert aus Aceton u. Hexan; polymorph). $[\alpha]_D^{20\,°C}$ +148° (in Chloroform). **Anw.:** Anabolikum*; **Dos.:** parenteral i. m. 40 mg 2-mal pro Woche. Gebräuchl. ist Clostebolacetat, CAS-Nr. 855-19-6.

Clostridiopeptidase A: s. Kollagenase.

Clostridium: Gattung der Fam. Bacillaceae*; grampositiv, streng anaerob wachsende Sporenbildner, zahlreiche menschen- u. tierpathogene Arten. **Clostridium botulinum**: Toxine verursachen Bo-

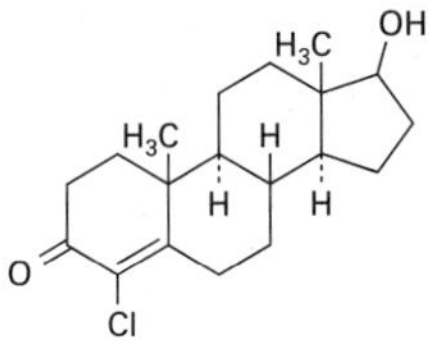

Clostebol

tulismus*; **Clostridium difficile**: Erreger der Antibiotika-assoziierten pseudomembranösen Kolitis; **Clostridium perfringens**: Gasbrandbazillen; Toxine verursachen Gasbrand*; dazu zählt auch C. septicum (Pararauschbrandbazillus) u. C. novyi (Novyi-Bazillus des malignen Ödems); **Clostridium tetani**: Toxine verursachen Wundstarrkrampf (Tetanus*); Vork. im Boden u. im Darm von Menschen u. Tieren.

Clostridium-Novyi-Alpha-Antitoxin für Tiere: Immunoserum clostridii novyi alpha ad usum veterinarium Ph.Eur.4; Zuber. von Globulinen, die das Alphatoxin von Clostridium novyi spezif. neutralisieren; von immunisierten Tieren gewonnen.

Clostridium-Novyi-(Typ B)-Impfstoff für Tiere: Vaccinum clostridii novyi B ad usum veterinarium Ph.Eur.4; aus einer Flüssigkultur eines geeigneten Stammes von Clostridium novyi (C. oedematiens Typ B) wird das Toxin gewonnen u. inaktiviert.

Clostridium-Perfringens-Beta-Antitoxin für Tiere: Immunoserum clostridii perfringentis beta ad usum veterinarium Ph.Eur.4; Zuber. von Globulinen, die das Betatoxin von Clostridium perfringens Typ B u. C spezif. neutralisieren; von immunisierten Tieren gewonnen.

Clostridium-Perfringens-Epsilon-Antitoxin für Tiere: Immunoserum clostridii perfringentis epsilon ad usum veterinarium Ph.Eur.4; Zuber. von Globulinen, die das Epsilontoxin von Clostridium perfringens Typ D spezif. neutralisieren; von immunisierten Tieren gewonnen.

Clostridium-Perfringens-Impfstoff für Tiere: Vaccinum clostridii perfringentis ad usum veterinarium Ph.Eur.4; aus einer Flüssigkultur von Clostridium perfringens Typ B, C od. D od. einer Mischung dieser Typen wird das Toxin gewonnen u. inaktiviert.

Clostridium-Septicum-Impfstoff für Tiere: Vaccinum clostridii septici ad usum veterinarium Ph.Eur.4, Pararauschbrand-Impfstoff für Tiere; aus der Flüssigkultur eines geeigneten Stammes von Clostridium* septicum gewonnen; durch ein Inaktivierungsverfahren wird die Toxizität ohne Verlust der immunogenen Wirksamkeit eliminiert.

Clotiazepam INN: 5-(2-Chlorphenyl)-7-ethyl-2,3-dihydro-1-methyl-1*H*-thieno[2,3-*e*][1,4]diazepin-2-on; CAS-Nr. 33671-46-4; $C_{16}H_{15}ClN_2OS$. **Anw.:** Tranquilizer; HWZ 5-15 h; in Deutschland, Österreich, Schweiz nicht registriert.

Clotrimazol INN: Clotrimazolum Ph.Eur.4; 1-(2-Chlor-α,α-diphenylbenzyl)imidazol; CAS-Nr. 23593-75-1; $C_{22}H_{17}ClN_2$, M_r 344.84. Schmp. 147-149 °C. Fast unlösl. in Wasser; lösl. in Etha-

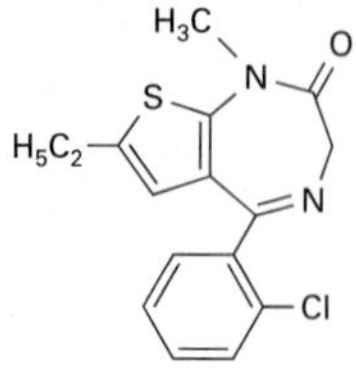

Clotiazepam

nol, Chloroform; schwer lösl. in Ether; lösl. in Aceton. **Inkomp.:** sauer reagierende Stoffe; **Wirk.:** fungizid durch Synthesehemmung steroidaler Membranbausteine; **Anw.:** Breitband-Antimykotikum; lokale Anw. bei Haut- u. Genitalmykosen; p. o. wegen des starken First-pass-Effekts nur zu ca. 5 % bioverfügbar; **UAW:** gastrointestinale u. zentralnervöse Störungen, Erhöhung der Transaminasen nach system. Anw.; Jucken u. Brennen bei lokaler Anw. **Dos.:** topisch Lsg., Creme 1 % 2-3-mal tägl.; vaginal 1-2 × 1.0 g/d.

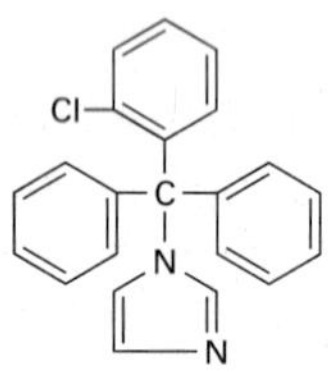

Clotrimazol

Clotrimazol-Hautspray 1 %: Herst.: NRF, 0.4 g Clotrimazol werden unter Erwärmen in 10.0 g Macrogol 400 u. 29.6 g Isopropylalkohol gelöst. **Anw.:** äußerl. als Antimykotikum. Das Spray soll wegen des Geh. an Isopropylalkohol nicht bei Hautläsionen angewendet werden. **Dos.:** 2- bis 3-mal tägl. dünn aufsprühen (Flasche mit Zerstäuberpumpe).

Clotrimazol-Lösung 1 %: Herst.: NRF, 0.3 g Clotrimazol werden unter Erwärmen in 29.7 g Macrogol 400 gelöst. **Anw.:** äußerl. als Antimykotikum; als alkoholfreie Zuber. v. a. bei nicht intakter Haut geeignet; **Dos.:** 2-3-mal/d dünn auftragen.

Cloxacillin INN: (2*S*,5*R*,6*R*)-6-[[3-(2-Chlorphenyl)-5-methylisoxazol-4-yl]carbonyl]amino-3,3-dimethyl-7-oxo-4-thia-1-azabicyclo[3.2.0]heptan-2-carbonsäure; CAS-Nr. 61-72-3; $C_{19}H_{17}ClN_3O_5S$. M_r 418.9. **Wirk.** u. **Anw.:** Antibiotikum; penicillinasefestes Penicillin-Derivat; wirkt v. a. geg. die meisten grampositiven Keime (einschließl. Betalactamase bildenden Staphylokokken) u. Neisseria ssp.; vgl. Antibiotika (Tab.); **Dos.:** 4 × 0.5 g/d p. o.; Kinder 4 × 0.25 g/d; i. v. 4 × 0.5 g/d (langsame Infusion). **Cloxacillin-Natrium-Monohydrat:** Cloxacillinum natricum Ph.Eur.; CAS-Nr. 7081-44-9; $C_{19}H_{17}ClN_3NaO_5S \cdot H_2O$, M_r 475.9. Weißes, krist., hygroskop. Pulver; leicht lösl. in Wasser u. Methanol; lösl. in Ethanol.

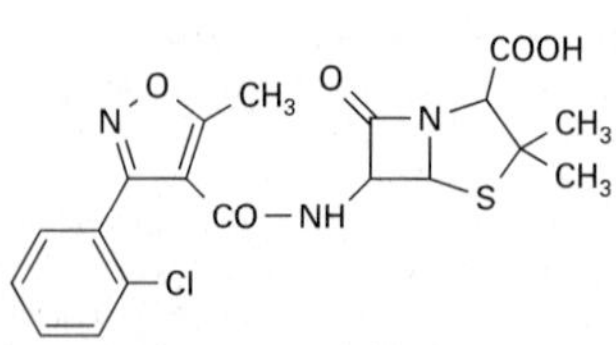

Cloxacillin

Cloxazolam INN: 10-Chlor-11b-(chlorphenyl)-2,3,7,11b-tetrahydrooxazol[3,2-*d*]benzodiazepin-6(5*H*)-on; CAS-Nr. 24166-13-0; $C_{17}H_{14}Cl_2N_2O_2$, M_r 349.21. Schmp. 202-204 °C. Krist. Pulver; leicht lösl. in Eisessig, lösl. in Chloroform, wenig lösl. in absolutem Ethanol, Aceton, Ethylacetat u. Benzol, unlösl. in Wasser. **Wirk.** u. **Anw.:** Tranquilizer u. Anxiolytikum aus der Gruppe der Benzodiazepine*, mit beruhigender, antikonvulsiver u. schwach ausgeprägt sedierender Eigenschaft; **UAW:** bei hohen ED Sedation, Schwindel, Müdigkeit, Mundtrockenheit u. Kopfschmerzen; während der Schwangerzeit nur bei strenger Indikationsstellung, die Anw. während der Stillzeit ist nicht ratsam; **Dos.:** 1-3 mg/d.

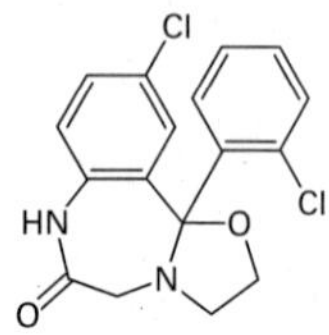

Cloxazolam

Cloxiquin INN: syn. Cloxyquin, Chloroxychinolin, 5-Chlor-8-chinolinol; 5-Chlor-8-hydroxychinolin; CAS-Nr. 130-16-5; C_9H_6ClNO, M_r 179.62. Schmp. 130 °C (kristallisiert aus Ethanol). Wenig lösl. in kalter verd. Salzsäure. **Off.:** DAC86; **Anw.:** Antimykotikum; **Dos.:** topisch 1 %ige Salbe, 2-mal tägl. auftragen.

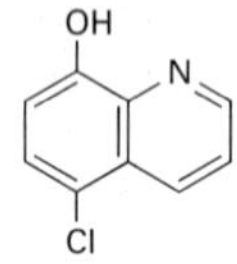

Cloxiquin

Clozapin INN: Clozapinum Ph.Eur.; 8-Chlor-11-(4-methyl-1-piperazinyl)-5*H*-dibenzo-[*b*,*e*][1,4]diazepin; CAS-Nr. 5786-21-0; $C_{18}H_{19}ClN_4$, M_r 326.83. Schmp. 183-184 °C. Gelbe Kristalle; fast unlösl. in Wasser, lösl. in Ethanol u. Methanol. **Anw.:** Neuroleptikum (s. Psychopharmaka), keine extrapyramidalen Begleitwirkungen wie andere Neuroleptika; wegen schwerer UAW (Agranulozytose, Leukopenie) nur für klin. Behandlung zugelassen; **Dos.:** 200-400 mg/d.

Clupanodonsäure: 4,8,12,15,19-Docosapentaensäure, $C_{21}H_{33}COOH$; M_r 330.5. Blassgelbe, fischartig riechende Flüssigkeit. **Vork.:** Inhaltsstoff der Fischlebern (im Dorschlebertran zu 10 % enthalten); s. Fettsäuren, essentielle.

Clupein: aus Heringssperma gewonnenes Protamin*.

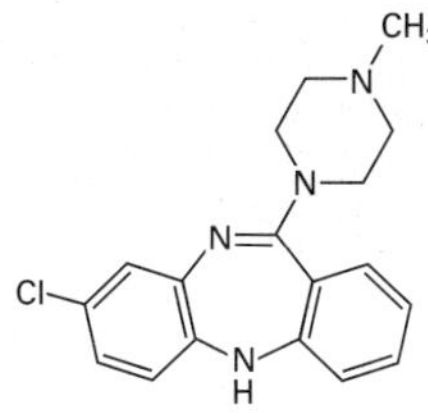

Clozapin

Clusiustrennrohr: s. Trennrohrverfahren.

Clyso: Hilfsmittel zur Darmspülung in Form eines 65 cm langen Weichgummischlauches mit ballonartiger Verdickung (Pumpball) in der Mitte u. aufgesetztem Hartgummirohr zum Einbringen von Spülflüssigkeiten aus einem Gefäß in den Darm.

Cm: (chem.) Symbol für Curium*.

CMC: **1.** Abk. für **C**arboxy**m**ethyl**c**ellulose*. **2.** Abk. für kritische Mizellbildungskonzentration*.

CMC-Ca: s. **C**arboxy**m**ethyl**c**ellulose-Calcium.

CMEC: s. Carboxymethylethylcellulose.

CMV: Abk. für **C**yto**m**egalie-**V**irus; s. Zytomegalie.

CND: Abk. für (engl.) *Commission on **N**arcotic **D**rugs;* Suchtstoffkommission; Institution der Vereinten Nationen, die u. a. die in der internationalen Suchtstoffpolitik erarbeiteten Richtlinien konkretisiert; s. Betäubungsmittelrecht.

Cnici benedicti herba: s. Cnicus benedictus.

Cnicin: $C_{20}H_{26}O_7$; M_r 378.41; Schmp. 143 °C; ein mit einer C_5-Säure verestertes Sesquiterpenlacton*, ein Germacranolid-7,6-lacton mit exocycl. Methylengruppe am γ-Lactonring (s. Abb.). Hauptbitterstoff in Cnicus* bendictus; weist antibiot. u. zytotoxische Wirk. auf.

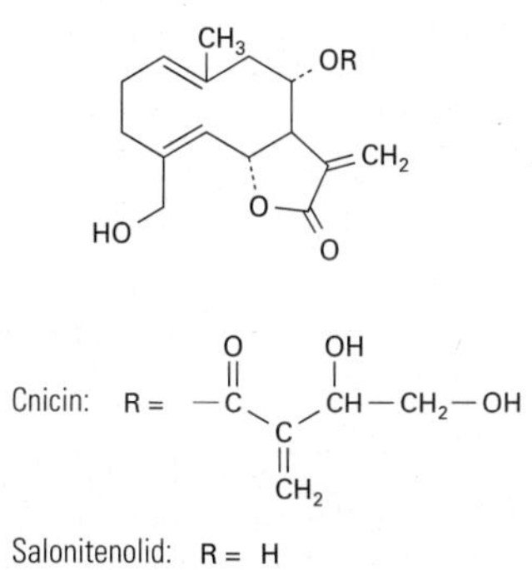

Cnicin: Strukturformel von C. u. Salonitenolid

Cnicus benedictus L.: Carduus benedictus, Carbenia benedicta, Kardobenedikte, Benediktendistel, Bitterdistel; Fam. Asteraceae (Compositae) (Mittelmeergebiet, kult. in Deutschland). Stpfl. von **Cnici benedicti herba:** Herba Cardui benedicti, Kardobenediktenkraut, Benediktenkraut, Bitter-Distelkraut, Distelkraut. **Off.:** ÖAB90, DAC; **Inhaltsst.:** ca. 0.25 % Sesquiterpenlacton-Bitterstoffe wie Cnicin* (hauptsächl.) u. Salonitenolid (Strukturformeln s. Cnicin, Abb.) sowie Artimisiifolin (ein Germacranolid-7,8-lacton), ferner Flavonoide (Luteolin*, Apigenin*), ca. 0.3 % äther. Öl (mit Polyinen* wie Dodeca-1,11-dien-3,5,7,9-tetrain u. mit antibakt. Eigenschaften), Triterpene sowie Gerbstoffe; hoher Geh. an Kalium- u. Magnesiumsalzen; Bitterwert mind. 800; **Zuber.:** Extr. Cardui benedicti; **Anw.** volkstüml.: z. B. Tonikum, Amarum, Emetikum, Diuretikum u. Expektorans, Wundheilmittel; größere Dosen wirken brecherregend; **Tox.:** kann allergene Kontaktdermatiden verursachen.

Hom: *Cnicus benedictus spag. Zimpel (HAB1.5),* Carduus benedictus spag. Zimpel: ganze, frische, blühende Pflanze.

Hom: *Cnicus benedictus (HAB1.4),* Carduus benedictus.

Hom: *Cnicus benedictus, ethanol. Decoctum (HAB1.4):* frische, oberird. T. blühender Pfl.; verord. z. B. bei Verdauungsstörungen.

Co: (chem.) Symbol für Cobalt*.

CoA: CoA-SH; s. Coenzym A.

coated pits: s. coated vesicles.

coated vesicles: werden aus den coated pits der Plasmamembran während der rezeptorinduzierten Endozytose von Makromolekülen od. größeren Komplexen gebildet. Coated pits sind spezielle Bereiche der Plasmamembran, die an der dem Plasma zugekehrten Seite ebenfalls die für die c. v. charakterist. borstenförmige Proteinschicht aufweisen. Kurz nach ihrer Entstehung verlieren die c. v. ihre Proteinhülle u. fusionieren schließl. zu Lysosomen.

Coating: s. Filmcoating.

Cobalamin: s. Vitamine (Vitamin B_{12}).

Cobalt: Cobaltum (metallicum), Kobalt; Symbol Co; A_r 58.9332; OZ 27; D. 8.89; Schmp. 1493 °C; Sdp. 3100 °C; 1-, 2- u. 3-wertig, selten 4- u. 5-wertig. Nat. Isotop: ^{59}Co, künstl. radioaktive Isotope: 53-58, 60-67. Schon im Altertum bekanntes stahlgraues, magnet., glänz. Metall, härter als Stahl, wird von feuchter Luft nicht, von nicht oxidierenden Säuren nur langsam, von verd. Salpetersäure leicht angegriffen, während es von konz. Salpetersäure wie Fe u. Ni passiviert wird. **Vork.:** Nat. gediegen im Meteoreisen (ca. 2 %), sonst nur gebunden (Speisekobalt, $CoAs_2$, Glanzkobalt, CoS · As, Cobaltblüte, $Co_3(AsO_4)_2$), fast stets von Nickel begleitet. Hauptproduktionsgebiete sind Katanga (Dem. Rep. Kongo), Ontario (Kanada), Indien, China; früher hauptsächl. Erzgebirge. **Darst.:** aus den Nickel-, Cobalt- u. Kupfererzen; **Anw.** techn.: Legierungen (Hartmetalle) u. Cobaltfarben in der keram. u. Glasindustrie (Smalte ist Kalium-Cobalt-Silicat). Da die wasserfreien Cobalt(II)-Salze rein blau, nach Wasseraufnahme aber rot gefärbt sind, werden sie zu sympathet. Tinten (s. Cobalt(II)-chlorid), zu Hygrometern (Wetterblumen) sowie als Indikator in Silicagel benutzt. **Anw.** med.: ^{60}Co anstelle von Radium zur Krebsbehandlung; es sendet β- u. γ-Strahlen aus, seine HWZ beträgt 5.2 Jahre (s. Strahlentherapie). Co ist ferner ein Bestandteil von Vitamin* B_{12}. Der menschl. Körper enthält 2-3 mg Co, die empfohlene Zufuhr ist 1-2 μg/d. **Tox.:** Co-Verb. führen zu Verätzungen des Magen-Darm-Traktes (500 mg Co(II)-chlorid führt beim Menschen zu Erbrechen,

Durchfall, Hitzegefühl). Zur Schaumstabilisierung wurden früher dem Bier Co-Verb. (ca. 1 mg/L $CoSO_4$) zugesetzt. Es kam in Kanada u. Belgien zu teils tödl. Vergiftungen. **Nachweis** von Cobaltverbindungen: **1.** mit Borax od. Phosphorsalz zusammengeschmolzen geben sie blaue, glasartige Massen (Cobaltperle); **2.** Ammoniumsulfid fällt schwarzes, in verd. Salzsäure unlösl. Cobalt(II)-sulfid; **3.** Alkalilauge fällt blaue Cobalt(II)-salze; **4.** aus mit Essigsäure versetzter Cobalt(II)-salzlsg. fällt Kaliumnitrit gelbes komplexes Kaliumhexanitrocobaltat(III) $K_3[Co(NO_2)_6]$, das auch zur Co/Ni-Trennung dient.

Hom: *Cobaltum metallicum (HAB1.5):* verord. z.B. bei Ekzemen, Neurasthenie.

Cobalt-57: Symbol ^{57}Co, Kobalt-57; Radioisotop des Cobalts, reiner Gammastrahler, HWZ 272 d. **Herst.:** im Zyklotron durch Protonenbeschuss entw. von Ni-60 od. von Ni-58 über Ni-57; **Anw.:** radioaktive Markierung von Vitamin* B_{12}; vgl. Cyanocobalamin [^{57}Co]).

Cobalt-58: Symbol ^{58}Co, Kobalt-58; Radioisotop des Cobalts; zerfällt unter Emission von Positronen u. Gammastrahlung in Eisen-58; HWZ 71 d. **Herst.:** durch einen (n,p)-Prozess aus ^{58}Ni; **Anw.:** radioaktive Markierung von Vitamin* B_{12}; vgl. Cyanocobalamin [^{58}Co].

Cobalt(II)-acetat: Cobaltoacetat, Cobaltum aceticum oxydulatum; $Co(CH_3CO_2)_2 \cdot 4\,H_2O$. Rote, nach Essigsäure riechende Kristalle, leicht lösl. in Wasser u. Säuren, lösl. in Ethanol, Amylalkohol, Amylacetat. **Anw.:** Sikkativ* für Lacke u. Firnisse.

Cobaltblau: s. Thenard-Blau.

Cobaltbombe: s. Strahlentherapie.

Cobalt(II)-chlorid: Cobaltochlorid, Cobaltchlorür, Cobaltum chloratum (oxydulatum); $CoCl_2 \cdot 6\,H_2O$, M_r 237.9. Rotviolette Kristalle, leicht lösl. in Wasser mit roter Farbe, lösl. in Ethanol mit tiefblauer Farbe. **Off.:** ÖAB90; **Anw.** med.: zus. mit Eisensalzen in Tonika*; vet.: bei Cobaltmangelerkrankungen; techn.: Glas- u. Porzellanmalerei, Herst. sympathet. Tinten u. von Hygrometern.

Cobaltchlorür: s. Cobalt(II)-chlorid.

Cobaltiake: Cobalt-Ammoniakate (veraltet), Cobalt-Ammine; komplexe Ammoniak-Verb. der Cobalt(III)-Salze.

Cobalti-Verbindungen: Cobalt(III)-Verbindungen.

Cobalt(II)-nitrat: Cobaltonitrat, Cobaltum nitricum oxydulatum; $Co(NO_3)_2 \cdot 6\,H_2O$. D. 1.87. Schmp. 56 °C. Bräunl. rote, hygroskop. Kristalle; sehr leicht lösl. in Wasser u. Ethanol. **Anw.** techn.: Lötrohranalyse, Cobaltfarben.

Hom: *Cobaltum nitricum:* verord. z.B. bei Magengeschwüren, Ekzem.

Cobaltochlorid: s. Cobalt(II)-chlorid.

Cobaltonitrat: s. Cobalt(II)-nitrat.

Cobaltosulfat: s. Cobalt(II)-sulfat.

Cobalto-Verbindungen: Cobalt(II)-Verbindungen.

Cobalt(II)-sulfat: Cobaltosulfat, Cobaltvitriol, Cobaltum sulfuricum oxydulatum; $CoSO_4 \cdot 7\,H_2O$. Karminrote Prismen, leicht lösl. in Wasser, sehr schwer lösl. in Ethanol. **Anw.** vet.: wie Cobalt(II)-chlorid*; techn.: Porzellanmalerei, Herst. von Cobaltfarben.

Cobaltum: s. Cobalt.

Cobaltum aceticum: s. Cobalt(II)-acetat.

Cobaltum chloratum: Cobaltum chloratum oxydulatum; s. Cobalt(II)-chlorid.

Cobaltum metallicum: s. Cobalt.

Cobaltum nitricum: s. Cobalt(II)-nitrat.

Cobaltum sulfuricum: s. Cobalt(II)-sulfat.

Cobaltvitriol: s. Cobalt(II)-sulfat.

Cobamamid INN: 5'-Desoxyadenosyl-cobalamin, 5,6-Dimethylbenzimidazolylcobamid-Coenzym (Abk. DBCC), Coenzym B_{12}; inneres Salz des Co-(5'-desoxyadenosin-5')-Derivates des 3'-Esters von Cobinamidphosphat mit 5,6-Dimethyl-1-α-D-ribofuranosylbenzimidazol; CAS-Nr. 13870-90-1; $C_{72}H_{100}CoN_{18}O_{17}P$, M_r 1579.57. Lösl. in Ethanol u. Phenol, fast unlösl. in Aceton, Ether, Dichlorethylen, Dioxan. pK_S 3.5. **Anw.:** Protein-Anabolikum, bei Kachexie, Untergewicht, Wachstumsstörungen bei Säuglingen u. Kindern; **Dos.:** p.o. 1-2×1 mg/d; parenteral i.m. 2×1 mg/7 h, MTD 1 mg.

Cobra: s. Naja naja.

Cobratoxin: s. Schlangengifte.

Cocablätter: s. Erythroxylum coca.

Cocain: Cocainum, Erythroxylin, Methylbenzoylecgonin, 3β-Hydroxy-1αH,5αH-tropan-2β-carboxylsäure-methylester-benzoat; 3-(Benzoyloxy)-8-methyl-8-azabicyclo[3.2.1]octan-2-carboxylsäure-methylester; CAS-Nr. 50-36-2; $C_{17}H_{21}NO_4$, M_r 303.35. Schmp. 98 °C (kristallisiert aus Ethanol); Sublimation ab 90 °C. Farblose, bitter schmeckende Kristallnadeln, lösl. in Ethanol, Ether, Chloroform, sehr schwer lösl. in Wasser (1:600), ferner lösl. in verd. Säuren u. in fetten Ölen, unlösl. in Glycerol. **Vork.:** Hauptalkaloid der Cocablätter (Folia Cocae, s. Erythroxylum coca); im Ggs. zum Atropin* (bzw. Hyoscyamin) ist die OH-Gruppe am C-3 *cis*-ständig zur N-Brücke; **Gew.:** Ausziehen der mit Sodalsg. angefeuchteten Cocablätter mit Petroleum u. Ausfällen des Rohcocains; auch Abbau des isolierten Alkaloidgemisches zu Ecgonin* u. anschließend Veresterung mit Benzoesäure u. Methanol; **Wirk.** u. **Anw.:** äußerl. als lokales vasokonstriktor. Anästhetikum, hauptsächl. in Form von Cocainhydrochlorid*. Bei Dos. per os von 50 mg treten Euphorie, Appetithemmung u. Leistungssteigerung auf, bei höherer Dos. Erregung, Halluzinationen, Schwindel, Lähmungen u. Tod durch Atemlähmung. Infolge seiner Wirk. auf das ZNS dient C. in großem Umfange als Rauschgift (Cocainismus) u. unterliegt daher den betäubungsmittelrechtl. Vorschriften. **Gesch.:** 1855 in den Blättern des Coca-Strauches entdeckt von dem Apotheker Friedrich Gaedcke (1828-1890), 1860 rein dargestellt von Albert Niemann (1834-1861) in Wöhlers Laboratorium zu Göttingen, durch Richard Willstätter (1872-1942) erfolgte 1901 die Strukturaufklärung. 1903 die Partial- u. 1923 die Totalsynthese des C. 1884 wandte in Wien — auf Anregung Siegmund Freuds — der Augenarzt Karl Koller (1857-1944) C. zum ersten Mal zur Anästhesie bei Augenoperationen an, womit das Zeitalter der Lokalanästhesie begann.

Cocainhydrochlorid: Cocaini hydrochloridum Ph.Eur., Cocainum hydrochloricum; CAS-Nr. 53-21-4; $C_{17}H_{22}ClNO_4$, M_r 339.8. Schmp. ca. 197 °C (unter Zers.). $[\alpha]_D^{20\,°C}$ −70 bis −73° (c = 2.0 in Wasser,

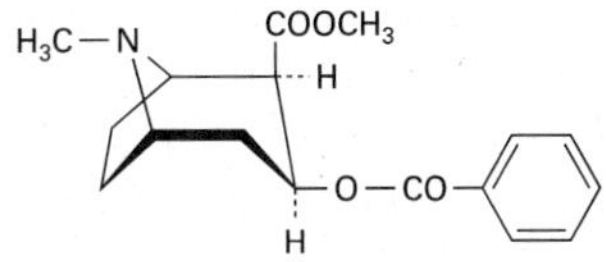

Cocain

pH 4.5). Farblose, hygroskop. Kristalle od. krist. Pulver, bitter schmeckend; sehr leicht lösl. in Wasser, leicht lösl. in Ethanol 90 % (1:4), lösl. in Chloroform (1:20), unlösl. in Ether u. fetten Ölen. **Wirk.**: lähmt die sensiblen Nervenendigungen; **Anw.** u. **Dos.**: lokales Anästhetikum, hauptsächl. zur Schleimhautanästhesie, zu Pinselungen mit 10- bis 20 %igen Lsg. (am Auge 1-4 %) od. als s. c. Injektionen (häufig mit Adrenalin* kombiniert, aber nicht notwendig); innerl. nicht mehr verwendet; vgl. Cocain.

Cocainismus: Cocain-Missbrauch; s. Cocain; vgl. Cocaismus.

Cocainnitrat: Cocainum nitricum, salpetersaures Cocain; CAS-Nr. 5913-62-2; $C_{17}H_{21}O_4N \cdot HNO_3 \cdot 2H_2O$, M_r 402.40. Schmp. 58-63 °C. Farblose Kristalle, lösl. in Wasser u. Ethanol. **Anw.**: s. Cocainhydrochlorid.

Cocainsulfat: Cocainum sulfuricum, schwefelsaures Cocain; CAS-Nr. 5913-65-5; $(C_{17}H_{21}O_4N)_2 \cdot H_2SO_4$, M_r 401.43. **Anw.**: wie Cocainhydrochlorid*, jedoch selten.

Cocainum hydrochloricum: s. Cocainhydrochlorid.

Cocainum nitricum: s. Cocainnitrat.

Cocainum sulfuricum: s. Cocainsulfat.

Cocaismus: die Gewohnheit, (frische) Cocablätter gemeinsam mit Kalk od. alkal. Pflanzenasche zu kauen; im Gegensatz zum Cocainismus* nur selten Suchtentwicklung. s. Erythroxylum coca.

Cocamidopropylbetain-Lösungen: Cocamidopropylbetaini solutio, Sol. Cocamidopropylbetaini; 3-Acylaminopropyldimethyl-ammonioacetat, hellgelbe bis gelbe, klare bis schwach getrübte, niedrig viskose Flüss.; prakt. ohne Geruch; DAC86, 30- u. 38 %ige Lösung. **Anw.**: haut- u. schleimhautverträgl. Tensid zur Herst. med. und kosmet. Waschlösungen.

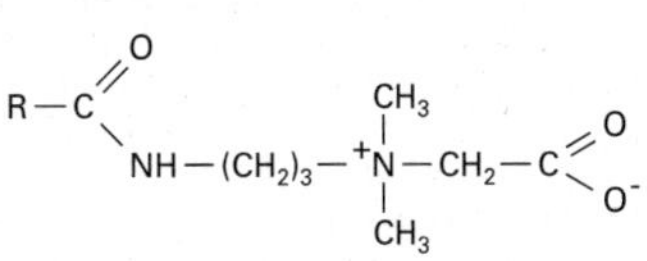

Cocamidopropylbetain-Lösungen: Strukturformel des Acylaminopropyldimethyl-ammonioacetat

Cocarboxylase: **1.** Pyrophosphorsäureester des Thiamins; s. Vitamine. **2.** obsolete Bez. für die prosthetische Gruppe der Pyruvatdecarboxylase der Hefe.

Coccaceae (gr. kokkos Kugel): kugelförmige Bakterien. Gramnegativ: Gonokokken, Meningokokken; grampositiv: Staphylokokken, Streptokokken, Pneumokokken.

Coccelskörner: s. Anamirta cocculus.

Coccidia: Od. der Sporozoa; Epithelschmarotzer, in den Darmdeckzellen der Tiere. Erreger der Coccidiosen (z. B. rote Ruhr der Rinder, Geflügelseuchen), in leichter Form auch bei Menschen, s. Kokzidiose.

Coccionellaschildlaus: s. Dactylopius coccus.

Coccus cacti: s. Dactylopius coccus.

Coccus ceriferus: s. Wachse.

Coccus laccae: s. Schellack.

Cochenille: s. Dactylopius coccus.

Cochlearia armoracia: s. Armoracia rusticana.

Cochlearia officinalis L.: Löffelkraut, Skorbutkraut, Bitterkresse; Fam. Brassicaceae (Cruciferae) (Europa, hauptsächl. Nordseeküsten). Stpfl. von **Herba Cochleariae:** Löffelkraut, Skorbutkraut, Scharbockskraut; vgl. Ranunculus ficaria. **Inhaltsst.**: das Senfölglykosid Glucocochlearin, das sekundäres D-Butylsenföl abspaltet (s. Glucosinolate), Bitterstoffe*, Gerbstoff, reich an Vitamin C (0.4-1 % für das wasserfreie Kraut); **Anw.** volkstüml.: z. B. bei Skorbut, Erkrankungen des rheumat. Formenkreises, Leberleiden, zu Frühjahrskuren sowie als Diuretikum u. Stomachikum; auch äußerl. zu Einreibungen; **Spiritus Cochleariae:** wurde nach EB6 mit künstl. *iso*-Butylsenföl hergestellt.

Hom: *Cochlearia officinalis (HAB1.4).*

Hom: *Cochlearia officinalis spag. Krauß (HAB1.4):* frisches, blühendes Kraut.

Cochlear-Implantat: elektron. Gerät zur Höreindruckvermittlung über Sprachprozessor u. am Ohr sitzendes Mikrophon. **Anw.**: bei Innenohrertaubung mit intaktem Hörnerv.

Cochliobolin: s. Sesterpene.

Cochlospermum gossypium (L.) DC: Bombax gossypium L.; Baum aus der Fam. Cochlospermaceae (Indien, Ostafrika). Stpfl. von **Kutira-Gummi:** Ketira-Gummi, Cochlospermum-Gummi; patholog. Absonderung des Baumes mit ähnl. Eigenschaften wie Karaya-Gummi (s. Sterculia urens), daher auch Ersatz für diesen u. für Tragant. **Best.**: ca. 75 % Schleim, ähnl. wie Karaya-Gummi, ein mit Essigsäure verestertes Polysaccharid mit den Bausteinen D-Galacturonsäure (ca. 40 %), D-Galactose (ca. 15 %) u. L-Rhamnose (ca. 15 %); **Anw.** volkstüml.: bei Darmträgheit u. Verstopfung; techn.: Verdickungsmittel in der Nahrungsmittelindustrie, zum Leimen von Papier, Verdicken von Druckfarben.

Cochrane collaboration: Ende der 70er Jahre durch A. Cochrane initiiertes internationales Netzwerk von Wissenschaftlern. Diese stellen systemat. die Ergebnisse klin. Prüfungen zur Wirksamkeit u. Sicherheit von Arzneimitteln zusammen, oft in Form von Metaanalysen*. Die Daten, in der Cochrane Library elektron. verfügbar, werden regelmäßig aktualisiert u. bilden die Grundlage für vergleichende Arzneimittelbewertung.

Cocktail lytique: s. Hibernation, artifizielle.

Cocosbutter: s. Cocos nucifera.

Cocos nucifera L.: Cocos nana Griffith, Kokospalme; Fam. Arecaceae (Palmae) (heim. wahrscheinl. Westasien, alle trop. Küstengebiete, v. a. auf Korallenriffen). Stpfl. von **Oleum Cocos:** Oleum Cocois, Kokosbutter, Kokosnußöl, Kalappusöl; D. 0.88-0.90; Schmp. 20-28 °C; IZ 8-10; VZ

253.5-268.5; lösl. in 2 T. 90 %igem Ethanol; weißes bis gelbl., meist etwas ranzig riechendes Fett. **Gew.:** aus dem getrockneten Fruchtfleisch der Kokosnüsse (Kopra, Gesamtfettgeh. 60-70 %); vgl. Triglyceride, mitttelkettige; **Best.:** ca. 45 % Laurinsäure*-, ca. 20 % Myristinsäure*-, ca. 9 % Caprylsäure*-, ca. 10 % Caprinsäure*-, ca. 7 % Palmitinsäure*-, ca. 5 % Stearisäure*- u. Ölsäure*-Glyceride; **Cocois oleum raffinatum:** raffiniertes Kokosfett; aus dem getrockneten, festen Teil des Endosperms gewonnen. **Off.:** Ph.Eur.4; **Best.:** nach Ph.Eur. höchstens 1.5 % Capronsäure, 4-9 % Caprinsäure, 5-11 % Caprylsäure, 40-50 % Laurinsäure, 15-20 % Myristinsäure, 4-10 % Ölsäure, 7-12 % Palmitinsäure, 1.5-5.0 % Stearinsäure, 1-3 % Linolsäure, höchstens 0.2 % Linolensäure, höchstens 0.2 % Gadoleinsäure; **Anw.** volkstüml.: in Afrika äußerl. bei Hautinfektionen, in Mittelamerika bei Erkältungen, in Südostasien bei Zahnerkrankungen u. schlecht heilenden Wunden; techn.: Salbengrundlagen, in der Seifenproduktion, Margarineproduktion, Speisefette (s. Caprylsäurezahl).

Cocosnußöl: s. Cocos nucifera.

Cocospalme: s. Cocos nucifera.

Cocoylcaprylocaprat: Cocoylis caprylocapras Ph.Eur.; Gemisch von Estern gesättigter C_{12}- bis C_{18}-Alkohole mit Capryl- (Octan-) u. Caprinsäure (Decansäure). Schwach gelbl. Flüss.; prakt. unlösl. in Wasser, mischbar mit Ethanol u. flüss. Paraffin. D. ca. 0.86, $n_D^{20°C}$ ca. 1.445; Viskosität ca. 11 mPa·s. Schmp. max. 15 °C; SZ max. 0.5, OHZ max. 5.0, IZ max. 1.0. Capronsäure max. 2.0 %, Caprylsäure 50.0-80.0 %, Caprinsäure 20.0-50.0 %, Laurinsäure max. 3.0 %, Myristinsäure max. 1.0 %, Caprinalkohol max. 3.0 %, Laurylalkohol 48.0-59.0 %, Myristylalkohol 18.0-25.0 %, Cetylalkohol 6.0-12.0 %, Stearylalkohol 9.0-16.0 %. Wasser max. 0.1 % (Karl-Fischer).

Code, genetischer: Beziehung zw. der Nucleotidfolge in der DNA bzw. in der mRNA u. der Aminosäurenfolge in den durch Proteinbiosynthese gebildeten Polypeptiden. Der g. C. erklärt die Übersetzung der vier Basen (Adenin, Thymin u. Guanin, Cytosin) aus den Nucleinsäuren* in die 20 Aminosäuren der Proteine, wofür in der Natur $4^3 = 64$ Codeeinheiten, Codons*, gebildet werden können. Der g. C. ist ein Triplettcode, das heißt je drei Nucleotide enthalten die Information für die Einordnung einer Aminosäure in das Protein. Der g. C. wird kollinear, kommafrei u. nicht überlappend gelesen. Der g. C. ist degeneriert, d. h. die meisten Aminosäuren werden durch zwei od. mehr Codons festgelegt. Der g. C. ist universell. **Gesch.:** Der g. C. wurde 1961 bis 1963 v. a. durch die Biochemiker Khorana, Matthaei, Nirenberg u. Ochoa dechiffriert u. durch die Übersetzung gezielt synthetisierter Copolymerer bewiesen. Brenner u. Crick erbrachten genet. Beweise mit Hilfe von Bakteriophagen, deren Nucleotidsequenz in der DNA durch Acridinbehandlung mutativ verändert worden war. Auch Sequenzvergleiche der Hüllproteine von Viren (Wittmann) od. des Lysozyms von Bakterien (Streisinger), wobei Wildtyp u. Mutanten herangezogen wurden, festigten das Wissen.

Codein: Codeinum Ph.Eur., Methylmorphin; Morphin-3-methylether; CAS-Nr. 6059-47-8; $C_{18}H_{21}NO_3 \cdot H_2O$, M_r 317.38. Räuml. Darst. der Strukturformel s. Opium (Abb.). Schmp. 154-156 °C (kristallisiert aus Wasser od. verd. Ethanol). $[\alpha]_D^{20°C}$ −142 bis −146° (c=2 in Ethanol 96 %). Farblose Kristalle od. weißes Pulver; lösl. in Wasser 1 g/120 mL, in Wasser von 80 °C 1 g/60 mL, in Ethanol 1 g/2 mL, in heißem Ethanol 1 g/1.2 mL, in Benzol 1 g/13 mL, in Ether 1 g/18 mL, in Chloroform 1 g/0.5 mL; leicht lösl. in Amylalkohol, Methanol, verd. Säuren; fast unlösl. in Petrolether u. Lsg. von Alkalihydroxiden. **Vork.** u. **Gew.:** Alkaloid aus dem Opium (Geh. 0.5-0.8 %); **Darst.:** synthet. durch Methylierung von Morphin*; **Anw.:** Antitussivum, Analgetikum; **Dos.:** MED 0.1 g, MTD 0.3 g; HWZ 3 h bzw. 2.5 h (Metaboliten); **Gesch.:** 1832 von Pierre Jean Robiquet (1780-1840) isoliert, 1886 synthetisiert durch Albert Knoll.

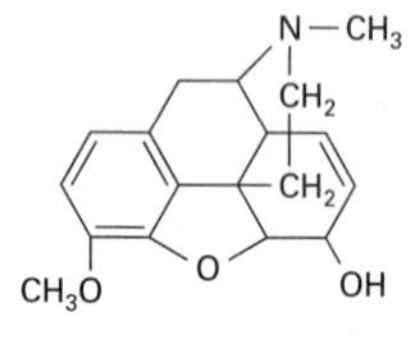

Codein

Codeinhydrochlorid: Codeini hydrochloridum dihydricum Ph.Eur., Codeinum hydrochloricum; $C_{18}H_{22}ClNO_3 \cdot 2\,H_2O$. M_r 371.87. $[\alpha]_D^{20°C}$ −116 bis −119° (c=2.0 in Wasser). Weiße Kristallnadeln, lösl. in Wasser, schwer lösl. in Ethanol u. Chloroform. **Anw.:** Narkotikum u. Sedativum, hauptsächl. bei Hustenreiz; **Dos.:** MED 0.1 g, MTD 0.3 g.

Codeinphosphat: **1. Codeinphosphat-Hemihydrat:** Codeini phosphas hemihydricus Ph.Eur., Codeinum phosphoricum, phosphorsaures Codein; CAS-Nr. 41444-62-6; $C_{18}H_{21}NO_3 \cdot H_3PO_4 \cdot 0.5\,H_2O$, M_r 406.4 (wasserfrei 397.4). **2. Codeinphosphat-Sesquihydrat:** Codeini phosphas sesquihydricus Ph.Eur.; $C_{18}H_{24}NO_7P \cdot 1.5\,H_2O$, M_r 424.4. $[\alpha]_D^{20°C}$ −98 bis −102° (c=2.0 in Wasser). Weißes, krist. Pulver, lösl. in 3.2 T. Wasser, wenig lösl. in Ethanol. **Darst.:** Auflösen von Codein in warmer Phosphorsäure; **Anw.** med.: Narkotikum u. Sedativum, hauptsächl. bei Hustenreiz; **Dos.:** 0.02-0.05 g; MED 0.1 g, MTD 0.3 g.

Codeinphosphat-Kapseln 30 mg: s. Capsulae Codeini phosphorici 30 mg.

Codeinphosphatsirup: s. Sirupus Codeinii phosphorici 25 %.

Codeinsulfat: Codeinum sulfuricum, schwefelsaures Codein; $(C_{18}H_{21}NO_3)_2 \cdot H_2SO_4 \cdot 5\,H_2O$, M_r 786.91 (wasserfrei M_r 696.83). Weiße, nadelfeine Kristalle; lösl. in Wasser (1:30), wenig lösl. in Ethanol, unlösl. in Ether u. Chloroform. **Anw.:** s. Codeinphosphat.

Codeinum hydrochloricum: s. Codeinhydrochlorid.

Codeinum phosphoricum: s. Codeinphosphat.

Codeinum sulfuricum: s. Codeinsulfat.

Codergocrin: s. Dihydroergotoxin.

Codergocrinmesilat: s. Dihydroergotoxinmesilat.

Codon: Codetriplett; drei benachbarte Nucleotide auf einer mRNA bilden ein Nucleotidtriplett, das Code-Wort (Codon), das für den Einbau einer bestimmten Aminosäure in ein Polypeptid verantwortl. ist. Von den 64 möglichen C. stehen 61 für die 20 Aminosäuren zur Verfügung, da für dieselbe Aminosäure oft mehrere C. bestehen; die restl. drei Codons dienen als Stoppsignale der Translation; s. Code, genetischer. Einem C. auf der mRNA entspricht ein komplementäres Codogen auf der DNA, wobei nur Uracil gegen Thymin ausgetauscht ist, u. ein Anticodon auf der tRNA.

$$\text{Codonogen (DNA)} \xrightarrow{\text{Transskription}}$$
$$\text{Codon (mRNA)} \xrightarrow{\text{Translation}} \text{Anticodon (tRNA)}$$

Codonopsis pilosula (Franch.) Nannf.: (chin) Dang shen, (dt) Dangshen-Glockenwinde; Fam. Campanulaceae; eine bis 1 m hoch wachsende Staude. Stpfl. von **Codonopsitis radix:** Wurzeldroge der TCM. **Inhaltsst.:** Sterole u. Triterpene* (u. a. Spinasterol, Stigmasterol, Taraxerol, Friedelin), Sesquiterpene (u. a. Atractylenolid II), Phenole (u. a. Syringin), Perlolyrin (Carbolinalkaloid), Polyacetylene; **Anw.:** in der TCM ähnl. wie Ginseng als Tonikum mit adaptogener Wirk., bei allg. Schwächezuständen, Appetitlosigkeit, Durchfallerkrankungen.

coecus: s. caecus.

cönocytisch: Strukturmerkmal eines Organismus od. Teils eines Organismus, der vielkernig ist, dessen Kerne also nicht durch Zellwände voneinander getrennt sind.

Coenzym: s. Enzyme.

Coenzym A: Abk. CoA, CoA-SH; Coenzym der Acylierung besteht aus Adenosin-3',5'-diphosphat u. Pantethein-4'-phosphat, M_r 767.6. Die Bedeutung von CoA beruht auf der Fähigkeit, energiereiche Thioester zu bilden. Für die biol. Aktivität ist die Thiolgruppe des Cysteamins verantwortlich. Prakt. die gesamte Pantothensäure der Zelle ist an CoA gebunden. Die stoffwechselaktive Form ist das Acyl-CoA, das als Acylgruppendonator dient. Durch die Bildung des Thioesters kann sowohl die Carboxylgruppe als auch die benachbarte Methylengruppe aktiviert werden. Die folgenden Reaktionen der aktivierten Carboxylgruppe sind von biochem. Bedeutung: **1.** Reduktion zum Aldehyd; **2.** Transacylierung bei der Bildung von Acetylcholin, Hippursäure, acetylierten Aminozuckern; **3.** Austausch der Sulfhydrylkomponente in der Thiophorasereaktion, bei der z. B. CoA von Succinyl-CoA auf Acetyl-CoA übertragen wird. Für die aktivierte Methylengruppe sind zahlreiche Kondensationsreaktionen typisch, v. a. **1.** die Carboxylierung von Acetyl-CoA zu Malonyl-CoA durch die biotinabhängige Acetyl-CoA-Carboxylase, die für die Fettsäuresynthese von Bedeutung ist, u. **2.** die Aldolkondensation im Tricarbonsäurezyklus*. Derivate von CoA sind Zwischenprodukte bei der β-Oxidation der Fettsäuren; s. Fettsäureabbau.

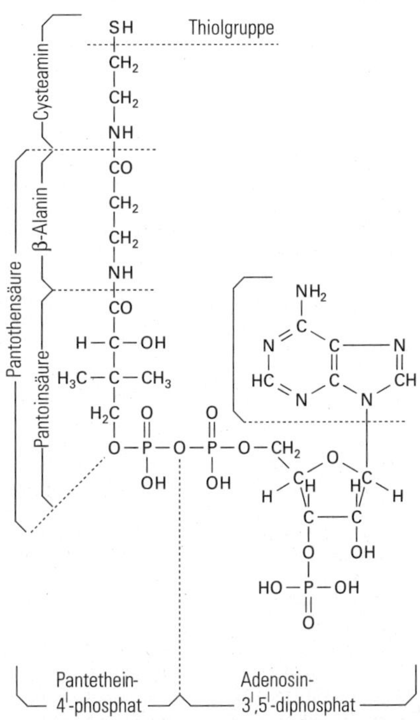

Coenzym A

Coenzym Q: s. Ubichinone.
Coenzym R: s. Vitamine (Biotin).
Coevaporat: Herstellen einer festen Dispersion durch Lösen eines Arzneistoffs/Trägergemisches (meist Kombination mit Polyvinylpyrrolidon, s. Povidon) in einem org. Lösungsmittel u. anschließendes Abdampfen des Lösungsmittels. Der Arzneistoff liegt in einer leicht lösl., festen Hilfsstoffmatrix feinst verteilt vor. Nach dem Mahlen der Produkte kommt es zu einer wesentl. Verbesserung der Lösungseigenschaften. Vgl. Schmelzeinbettung.
Coferment: s. Enzyme.
Coffea: Kaffeestrauch; Gattung der Fam. Rubiaceae; **Coffea arabica L.**, Bergkaffee (heim. Äthiopien, Ostafrika, kult. in den Tropen, v. a. Brasilien); **Coffea liberica Bull ex Hiern**, Liberiakaffee (heim. trop. Westafrika); **Coffea canephora Pierre ex Froehn.** (Coffea robusta Lind.) Kongokaffee, Robustkaffee (trop. Westafrika). Stpfl. von **Semen Coffeae (tostae):** Kaffeebohnen (geröstet); Hauptherkunftsgebiete sind Mittel- u. Südamerika (Mexiko, Guatemala, Costa Rica, Venezuela, Brasilien, Ekuador); Afrika (Liberia, Kamerun, Togo, Angola, Kongo); Asien (Sri Lanka, Java, Sumatra). **Inhaltsst.:** 0.7-2.5 % Coffein*, z. T. an Chlorogensäure* (3.3-8 % im Rohkaffee) gebunden, sowie wenig Theobromin* u. Theophyllin*; 10-13 % fettes Öl (Kaffeeöl) mit Cafestol, Sitosterin, Stigmasterin, Dihydrositosterin, Coffeasterin; Trigonellin* (0.8-1.25 % im Rohkaffee, 0.3-0.6 % im Röstkaffee); Kaffeesäure, Gerbstoffe u. Cholin*; gerösteter Kaffee enthält flüchtige u. nichtflüchtige Aromastoffe, z. B. α-Furfurylmercaptan, Kahweofuran. **Anw.:** s. Coffein; Genussmittel, Schnupfpulver (Mentholin), Kaffeekohle, s. Carbo activatus (Carbo Coffeae); Chlorogensäure wirkt diuretisch. **Coffeinfreier (entcoffeinierter) Kaffee** wird erzeugt, indem Kaffee das Coffein mittels Extraktion mit Wasser(dampf), organ. Lösungsmitteln (Dichlormethan, Trichlorethylen, Essigester) od. überkrit. Gasen (Kohlendioxid) entzogen wird. Es bleibt eine gewisse Menge Coffein im Kaffee zurück. Nach den lebensmittelrechtl. Bestimmungen darf entcoffeinierter (coffeinfreier) Kaffee max. 0.08 %, coffeinarmer Kaffee max. 0.2 % Coffein enthalten. **Magenschonender Kaffee** wird hergestellt, indem Rohkaffee vor dem Röstvorgang mit übersättigtem Wasserdampf behandelt wird (Lendrich-Verfahren). Dabei wird die Chlorogensäure partiell gespalten. Das sich z. T. bildende 3,4-Dihydroxystyrol wird entfernt, die Geh. an Brenzcatechin, 4-Ethylbrenzcatechin u. Furfurylalkohol im Kaffeegetränk werden reduziert. **Kaffee-Ersatz- u. Zusatzmittel:** Cichorie (Wurzeln von Cichorium* intybus), Runkel- u. Zuckerrüben (Beta* vulgaris), geröstete Keimblätter der Eicheln (Quercus* robur), Getreidekörner, Roggen, Gerste, gekeimte Gerste, Malz (Malzkaffee), Früchte von Ceratonia* siliqua (Carobenkaffee), Leguminosensamen, v. a. Lupinensamen, Feigen (Ficus* carica), Dattelkerne (Phoenix* dactylifera), diese zus. mit echtem Kaffee u. Cichorie als Melilotinkaffee, Weintraubenkerne (Vitis* vinifera), Karamel u. a.; Sultan- od. Sakka-Kaffee besteht aus den gerösteten Fruchtschalen der Kaffeebohnen. Kentucky Coffee s. Gymnocladus dioicus.
Hom: *Coffea arabica (HAB1):* von Samenschalen befreite, ungeröstete, getrocknete Samen (mind. 1.3 % Coffein); verord. z. B. bei Schlaflosigkeit, Nervosität.
Coffein: Coffeinum Ph.Eur., Coffeinum anhydricum, Coffeinum purum, Guaranicum, (engl.) *Caffeine*; Kaffein, Thein, Methyltheobromin, 1,3,7-Trimethyl-xanthin; 1,2,3,6-Tetrahydro-1,3,7-trimethyl-2,6-purindion, CAS-Nr. 58-08-2; $C_8H_{10}N_4O_2$, M_r 194.19. Strukturformel s. Methylxanthine (Tab. 1). Schmp. 236 °C (polymorph). Weißes, krist. Pulver od. seidenglänz., ineinander verfilzte Nadeln von bitterem Geschmack; leicht sublimierbar; 1 g lösl. in 46 mL Wasser, 5.5 mL Wasser von 80 °C, 1.5 mL kochendem Wasser, 66 mL Ethanol, 22 mL Ethanol von 60 °C, 50 mL Aceton, 5.5 mL Chloroform, 530 mL Ether, 100 mL Benzol, 22 mL kochendem Benzol, Ethylacetat; leicht lösl. in Pyrrol, Tetrahydrofuran (mit 4 % Wasser); schwer lösl. in Petrolether; vgl. Methylxanthine. **Vork.:** nat. in Kaffee (0.7-2.5 %), Schwarztee (1-4.5 %), Mate (0.5-1.5 %), Pasta Guarana (4-8 %), Kolanüssen, Kakao; **Gew.:** früher aus Teestaub, jetzt bei der Herst. von coffeinfreiem Kaffee; **Wirk.:** C. erregt das ZNS, es wirkt psychoanalept., beseitigt Ermüdungserscheinungen, erhöht beim Ermüdeten die geistige Regsamkeit; durch größere Dosen auch Erregung des Atem- u. Vasomotorenzentrums, Erhöhung der Kontraktionskraft des Herzens, in kleinen Dosen unter Frequenzverminderung, in höheren mit Frequenzsteigerung, Erweiterung der Gefäße am Herzen, in der Niere u. in der Haut, ohne den normalen Blutdruck zu senken; ferner broncholyt. u. diuret.; **Anw.:** Analeptikum* (zentrales Stimulans aufgrund der Weckwirk.), um unerwünschten, sedierenden Effekten durch z. B. Antihistaminika entgegenzuwirken, in Kombination mit Analgetika bes. bei Kopfschmerzen u. Migräne, bei Kollapszuständen ggf. in Form injizierbarer Zuber., Diuretikum; **UAW:** größere Mengen können Ideenflucht, Muskelzittern, Schlaflosigkeit, Übererregbarkeit, Konzentrationsschwäche, Extrasystolen hervorrufen; chron. Missbrauch bedingt eine leichte Form der Abhängigkeit mit z. B. Kopfschmerzen beim Entzug; **Tox.:** LD ca. 10 g; **Dos.:** p. o. 2-3 × 0.1 g; MED 0.3 g, MTD 1.0 g; HWZ 5 h. **Gesch.:** entdeckt 1820 vom Apotheker Friedlieb Ferdinand Runge (1794-1867) u. davon unabhängig im Jahr 1821 gemeinsam von den Apothekern Pierre Joseph Pelletier (1788-1842), Joseph Bienaimé Caventou (1788-1842) isoliert.
Coffein-Monohydrat: Coffeinum monohydricum Ph.Eur.; CAS-Nr. 5743-12-4; $C_8H_{10}N_4O_2 \cdot H_2O$, M_r 212.2. Trocknungsverlust (1 Std. bei 100-105 °C) 5-9 %; exakt ein 4/5-Hydrat (0.8 mol Wasser pro mol C. bzw. theoret. 7.5 % Wasser); nur bei einer relativen Luftfeuchtigkeit von über ca. 70 % stabil.
Coffeincitrat: Coffeini citras, Coffeinum citricum, citronensaures Coffein; Gemisch von je 1 T. Coffein* u. Citronensäure* (in Wasser gelöst u. zur Trockne verdampft). Geh. ca. 50 % Coffein. Weißes Pulver, lösl. in Wasser, Ethanol. **Off.:** DAC86,

ÖAB90; **Anw.** med.: s. Coffein; **Dos.:** mittl. Dos. 120-600 mg.

Coffeincitrat, brausendes: Coffeinum citricum effervescens; Herst.: 40 T. Coffeincitrat, 270 T. Weinsäure, 180 T. Citronensäure, 140 T. Saccharose u. 510 T. Natriumhydrogencarbonat mischen, erwärmen, granulieren u. vorsichtig trocknen (nicht über 55 °C).

Coffeini citras: s. Coffeincitrat.

Coffein-Monohydrat: s. Coffein.

Coffein-Natriumbenzoat: Coffeinum-natrii benzoas, Coffeinum-Natrium benzoicum; DAB10: Geh. an Coffein* 39.0-42.0 %; an Natriumbenzoat* 58.0-61.0 %. Weißes Pulver od. körnige Masse, lösl. in 2 T. Wasser u. 80 T. Ethanol. **Darst.:** 2 T. Coffein (bei 100 °C getrocknet) werden mit 3 T. Natriumbenzoat in 8 T. Wasser gelöst u. die Lsg. zur Trockne verdampft; **Off.:** DAB10, ÖAB90; **Anw.** med.: 25 %ige Lsg. früher s. c. als Kreislauf- u. Atemstimulans sowie Diuretikum.

Coffein-Natriumsalicylat: Coffeinum-natrii salicylas, Coffeinum-Natrium salicylicum; DAB10: Geh. an Coffein* 39.0-42.0 %; an Natriumsalicylat* 58.0-61.0 %. Weißes Pulver od. körnige Masse, lösl. in 2 T. Wasser u. 50 T. Ethanol. **Darst.:** 10 T. Coffein (bei 100 °C getrocknet) werden mit 13 T. Natriumsalicylat in 40 T. Wasser gelöst u. die Lsg. zur Trockne verdampft; **Off.:** DAB10, ÖAB90; **Anw.** med.: 50%ige Lsg. früher s. c. als Kreislauf- u. Atemstimulans sowie Diuretikum.

Coffeinprobetrunk: Reiztrunk zur Prüfung der Magensekretion, s. Coffein. **Zuber.:** 0.2 g Coffeinum purum in 300 mL Aqua dest. lösen u. 3 Tr. 2 %ige wässrige Methylenblaulösung zufügen.

Coffein-Tabletten: s. Compressi Coffeini.

Coffeinum anhydricum: s. Coffein.

Coffeinum citricum: s. Coffeincitrat.

Coffeinum citricum effervescens: s. Coffeincitrat, brausendes.

Coffeinum monohydricum: s. Coffein (Coffein-Monohydrat).

Coffeinum-natrii benzoas: s. Coffein-Natriumbenzoat.

Coffeinum-natrii salicylas: s. Coffein-Natriumsalicylat.

Coffeinum-Natrium benzoicum: s. Coffein-Natriumbenzoat.

Coffeinum-Natrium salicylicum: s. Coffein-Natriumsalicylat.

Coffeinum purum: s. Coffein.

Cohn-Fraktionierung (Edward J. C., Chemiker, 1892-1953): s. Plasmafraktionierung.

Cohoba: s. Piptadenia peregrina.

Cokarzinogene: frühere Bez. für Substanzen, die allein zwar kein Karzinom* verursachen können, die aber die Krebsinzidenz nach Exposition gegenüber Karzinogenen* (initiierenden Substanzen) erhöhen. Heute bezeichnet man solche Substanzen als Tumorpromotoren. Im Tiermodell erhöhen sie die Anzahl der Tumoren pro Tier bzw. sie verkürzen die Latenzzeit der Karzinogenese. **Beispiele:** Ol. Crotonis (s. Croton tiglium), Phenole, Mezerein (s. Daphne mezereum).

Cola acuminata P. Beauv.: Fam. Sterculiaceae. Stpfl. von **Colae semen:** s. Cola nitida.

Colamin: s. Ethanolamin.

Colanin: s. Cola nitida.

Cola nitida (Vent.) Schott et Endl.: Cola vera K. Schum; Fam. Sterculiaceae (westl. trop. Afrika, Kamerun, kult. in Westindien, Südamerika). Stpfl. von **Colae semen:** Semen Colae, Nuces Colae, Kolanuß, Gurunuß, Kolasamen; rundl.-eiförmige, kantige, 2.5-4 cm lange, rötlich braune, innen etwas hellere, bitter schmeckende, von der Samenschale befreite Samenkerne (Kodyledonen). **Off.:** Ph.Eur.4, ÖAB90, Ph.Helv.7; **Inhaltsst.:** 0.6-3 % Coffein* u. ca. 0.1 % Theobromin* (Alkaloidgeh. mind. 1.5 %), 2-4 % Catechingerbstoffe (Cola-Tannin), 40 % Stärke, Fett; in der frischen Droge ist das Coffein an Cola-Tannin gebunden u. wird als Colanin bezeichnet. Die enzymat. Freisetzung des Coffeins aus dieser Bindung wird durch Behandlung der Droge mit Ethanol u. Wärme unterbunden. Colanin soll auf zentrale Zentren im Sinne einer Anregung des Herzens günstiger wirken als reines Coffein; **Zuber.:** Extr. Colae, Extr. Colae fluidum, Tct. Colae; **Anw.:** Tonikum u. Stimulans, bei Migräne u. Ermüdung; **Dos.:** Einzeldosis 1-3 g, Tagesdosis 1-6 g.

Hom: *Cola (HAB1.5)*, Kola: die reifen, getrockneten Samen ohne Samenschale versch. coffeinhaltiger Arten der Gattung Cola, bes. von Cola nitida.

Colaspase: s. Asparaginase.

Colatur: s. Kolieren.

Colchamin: s. Demecolcin.

Colchicin: Colchicinum Ph.Eur.4, Kolchizin; CAS-Nr. 64-86-8; $C_{22}H_{25}NO_6$, M_r 399.5. Schmp. 160-164 °C. $[\alpha]_D^{20°C}$ −235 bis −245 °C (c=0.5 in Ethanol). Alkaloid aus Colchicum* autumnale; gelbl. weiße, krist. od. amorphes, bitter schmeckendes Pulver; lösl. in Wasser, Ethanol, Chloroform, wenig lösl. in Ether. **Wirk.:** Hemmung der Kontraktionsfähigkeit von Tubulin führt zu Herabsetzung der Phagozytoseaktivität der Leukozyten u. Hemmung der Mitose; **Anw.** med.: akuter Gichtanfall; s. Gicht (unterdrückt den Austritt lysosomaler Enzyme aus Leukozyten u. verhindert so Gewebeläsionen u. endzündl. Reaktionen); biol.: Pflanzenzüchtung, da C. zu Änderungen bei den Kern- u. Zellteilungen führt (Mitosegift); vgl. Mitose; Polyploidie; **Dos.:** 0.0005-0.001 g mehrmals tägl.; MED 0.002 g; MTD 0.005 g. Die C.-Wirkung wird u. a. durch Cortisone, Chinin, Sexualhormone verstärkt u. durch Sulfonamide gehemmt. C. wurde (versuchsweise) auch erfolgreich gegen Leberzirrhose eingesetzt; **Tox.:** C. ist ein starkes Zell-, Kapillar- u. Mitosegift (Zytostatikum); LD 20 mg (in ca. 5 g Herbstzeitlosensamen

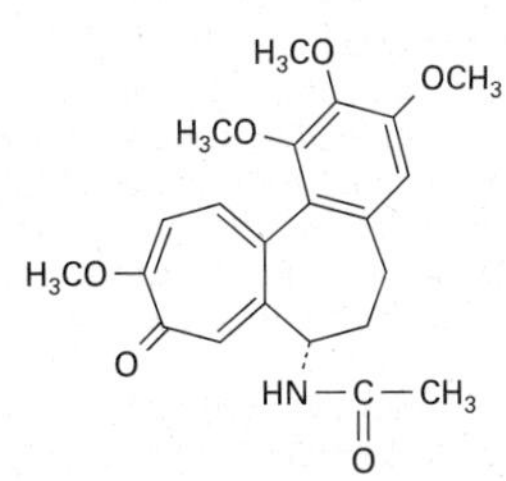

Colchicin

od. in ca. 50 g Tct. Colchici enthalten); **Vergiftungssymptome:** nach mehreren Stunden Kratzen u. Brennen im Rachen, Übelkeit, Durstgefühl, choleraähnl. Durchfälle, Hämaturie, zentrale Lähmungserscheinungen, Atemnot, Cyanose, Exitus infolge Atemlähmung; Antidot.: u. a. Tannin, Tierkohle, Brechmittel, Magenpumpe, Kochsalzinfusion, Wärme, Analeptica, Lobelin.

Colchicum autumnale L.: Herbstzeitlose; Fam. Colchicaceae (Europa, Nordafrika, südl. Kaukasus). Stpfl. von **Colchici semen:** Semen Colchici, Zeitlosensamen, Herbstzeitlosensamen. **Off.:** DAC86; **Inhaltsst.:** 0.2-1 % (mind. 0.4 %) Colchicin* u. Nebenalkaloide (Colchicein, Demecolcin* u. Colchicosid, ein Glucosid), 6-17 % fettes Öl, Eiweißstoffe, Zucker, Hemicellulosen (Stärke nur in der Karunkula*); **Zuber.:** Tct. Colchici; **Anw.:** (früher) bei Gicht u. Erkrankungen des rheumat. Formenkreises; volkstüml.: bei Wassersucht u. Asthma; **Bulbus Colchici:** Tubera Colchici, Cormus Colchici, Herbstzeitlosenknollen. **Inhaltsst.:** Colchicin, Chelidonsäure*, ca. 20 % Stärke, Zucker; **Anw.:** früher bei Gicht u. Erkrankungen des rheumat. Formenkreises, Wassersucht.

Hom: *Colchicum autumnale (HAB1.3):* frische, im Frühjahr gesammelte Knollen; verord. z. B. bei akuter Gastroenteritis, Kollapszuständen, rheumat. Beschwerden.

Hom: *Colchicum e seminibus:* reife Samen.

cold cream: s. Unguentum leniens.

Colecalciferol INN: s. Vitamine (Vitamin D_3).

Colecalciferol-Cholesterol: Colecalciferolum-Cholesterolum, Cholecalciferol-Cholesterol, Vitamin-D-Cholesterol; $C_{27}H_{44}O \cdot C_{27}H_{46}O$. Molekülverbindung aus 1 Mol Colecalciferol u. 1 Mol Cholesterol. Schmp. 115-121 °C. $[\alpha]_D^{20\,°C}$ +24,0 bis +28,0 ° (c = 2.0 g/100 mL Aceton). $A_{1\%}^{1cm}$ 230-258 bei 265 nm in Ethanol. Farblose Kristalle od. weißes, krist. Pulver, leicht lösl. in Ether, Methanol, Chloroform, Aceton, wenig lösl. in Ethanol, fetten Ölen, prakt. unlösl. in Wasser. 1 g entspricht in seiner antirachit. Wirksamkeit 20 Mio. I.E. Vitamin D. **Off.:** DAB8. **Anw.:** s. Vitamine (Vitamin D_3). MTD 0.03 g.

Colecalciferol-Konzentrat, wasserdispergierbares: Cholecalciferolum in aqua dispergibile; Ph.Eur.4, Lsg. von Colecalciferol (s. Vitamine, Vitamin D_3) in einem geeignetem pfl. Öl mit einem Zusatz geeigneter Lösungsvermittler. Geh.: mind. 100 000 I.E./g (2.5 mg/g), Stabilisatoren (z. B. Antioxidanzien) können enthalten sein, schwach gelbe Flüss. von unterschiedl. Opaleszenz u. Viskosität; sehr konzentrierte Lsg. können bei tieferen Temp. trüb werden od. gelieren. **Anw.:** s. Vitamin D_3.

Colecalciferol, ölige Lösungen von: Cholecalciferolum densatum oleosum; Ph.Eur.4, Lösung von Colecalciferol in einem geeigneten pfl. Öl mit od. ohne einem geeigneten Antioxidans. Geh.: 500 000 I.E./g. Klare gelbl. Flüss.; je nach Temp. kann teilweise Erstarrung eintreten. **Anw.:** s. Vitamine (Vitamin D_3).

Colecalciferol-Trockenkonzentrat: Cholecalciferoli pulvis; Ph.Eur.4, Dispersion in einer öligen Lsg. mit einer geeigneten Gerüstsubstanz wie Gelatine u. Kohlenhydrate; Geh.: mind. 100 000 I.E./g.; weiße bis gelbweiße, kleine Teilchen, die je nach Art der Herst. in Wasser prakt. unlösl. sind, quellen od. eine Dispersion bilden. **Anw.:** s. Vitamine (Vitamin D_3).

Colecalciferol-Tropfenflüssigkeit, orale: Cholecalciferoli guttae orales; Herst.: Ph.Helv.7, Lsg. von Colecalciferol in einem geeigneten pflanzl. Öl, Geh.: 12.7-17.2 mg Colecalciferol je mL. **Anw.:** s. Vitamine (Vitamin D_3).

Colestipol INN: Copolymer aus Diethylentriamin (s. Abb.) u. 1-Chlor-2,3-epoxypropan. **Anw.:** Hypercholesterolämie, vgl. Lipidsenker; **UAW:** evtl. Obstipation; **WW:** Resorptionsverzögerung von anderen Arzneimitteln. Gebräuchl. ist auch Colestipolhydrochlorid.

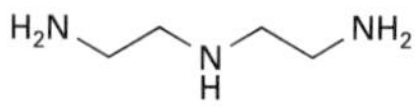

Colestipol: Diethylentriamin

Colestyramin INN: syn. Cholestyramin, Cholestyramin-Harz; Chlorid eines stark basischen Anionenaustauscherharzes, das aus Polymeren von Styrol (Vinylbenzol) u. ca. 2 % Divinylbenzol mit in die Netzstruktur eingefügten quartären Ammoniumgruppen besteht. Unlösl. in Wasser, Ethanol, Chloroform, Ether. **Anw.:** Senkung erhöhter Serum-Lipidspiegel (vgl. Lipidsenker); **UAW:** Obstipation, Verdauungsstörungen; **Kontraind.:** vollständiger Gallengangverschluss; **WW:** verändert Bioverfügbarkeit von Arzneistoffen; **Dos.:** p. o. 10-16 g/d in geteilten Dosen.

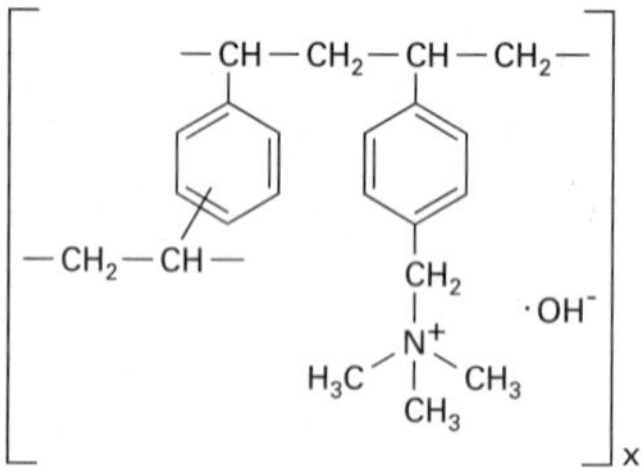

Colestyramin

Coleus forskohlii (Poir.) Briq.: Fam. Lamiaceae (Labiatae) (Afrika, Indien); Stpfl. von Colforsin*.

Colforsin INN: Forskolin, Boforsin; [3*R*-(4a*R*,5*S*,6*S*,6a*S*,10*S*,10a*R*,10b*S*)]-5-(Acetoxy)-3-ethenyldodecahydro-6,10,10b-trihydroxy-3,4a,7,7,10a-pentamethyl-1*H*-naphtho[2,1-*b*]-pyran-1-on; CAS-Nr. 66575-29-9; $C_{22}H_{34}O_7$, M_r 410.51. **Wirk.** u. **Anw.:** Antihypertensivum* aus Coleus* forskohlii, das über die Wirk. auf die

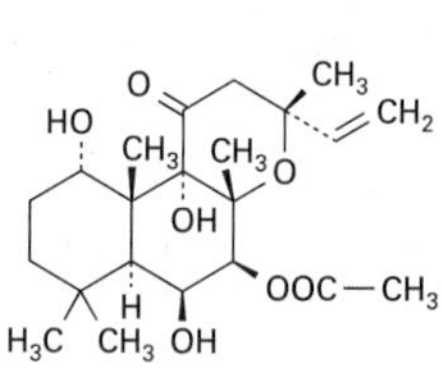

Colforsin

Adenylatcyclase* eine Zunahme von cAMP bewirkt; biogenet. ein Diterpen; obsolet.

Colfoscerilpalmitat INN: 1,2-Dipalmitoyl-L-α-glycero-3-phosphocholin; CAS-Nr. 63-89-8; $C_{40}H_{80}NO_8P$, M_r 734.05. Hauptbest. des menschl. Surfactant*, der im Ggs. zu tier. Produkten (s. Surfactant, pulmonal) keine Proteine enthält, somit besteht bezügl. BSE* keine Infektionsgefahr durch das Ausgangsmaterial. **Wirk.**: Reduktion der Oberflächenspannung in den Alveolen, verbessert die elast. Dehnbarkeit des Lungengewebes, erleichtert dadurch Gasaustausch u. Atmung; **Anw.**: Atemnotsyndrom (Respiratory Distress Syndrome; RDS) bei intubierten Neugeborenen mit mind. 0.7 kg KG; **UAW:** selten pulmonale Blutungen, Schleimabsonderung, zentrale Atemstörung mit Apnoe; **Dos.**: 2-mal tägl. 67.5 mg/kg Geburtsgewicht im Abstand von 12 h (endotracheale Instillation).

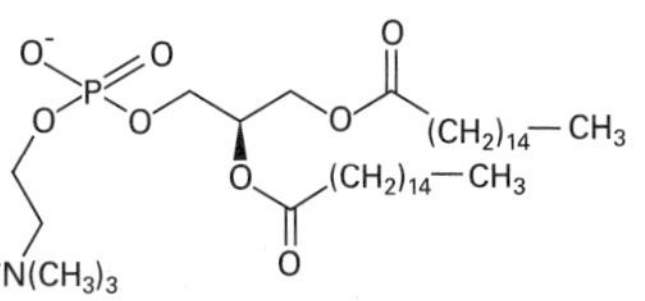

Colfoscerilpalmitat

Colibakterien: s. Escherichia.

COLIPA: Europäischer Industrie-Verband für Parfümerie- u. Körperpflegemittel.

Colistimethat-Natrium: s. Colistin.

Colistin INNv: (–)-Colistin, Polymyxin E; Antibiotikum aus Bacillus polymyxa var. colistinus (entdeckt 1950 in Japan); Gemisch von antimikrobiell wirksamen Polypeptiden. CAS-Nr. 1066-17-7. Weißes, schwach bitter schmeckendes, geruchloses Pulver; die Salze sind wasserlösl. u. auch geg. höhere Temp. unempfindlich. **Colistinsulfat**: Colistini sulfas Ph.Eur.; CAS-Nr. 1264-72-8. **Colistimethat-Natrium**: Colistimethatum natricum Ph.Eur., Colistinmethansulfonat-Natrium, Natrium colistinmethansulfonicum; CAS-Nr. 8068-28-8. Bd. Substanzen sind weiße, hygroskop. Pulver; leicht lösl. in Wasser, schwer lösl. in Ethanol, fast unlösl. in Aceton, Chloroform u. Ether. **Wirk.** u. **Anw.**: bakterizide Wirk. geg. gramnegative Erreger; Ind.: orale Gabe des nicht resorbierbaren C. zur Darm-Dekontamination u. bei Gastroenteritis; lokale äußerl. Anw.; die system. Anw. ist wegen hoher Toxizität nur bei therapieresistenten Infekten durch empfindl. Erreger angezeigt; **UAW:** neuro- u. nephrotox. bei Gaben über 120 000 I.E./kg KG/d über eine Woche u. bei Kumulation durch eingeschränkte Nierentätigkeit; **Dos.**: Kleinkinder 0.5-2 Mio E., Erwachsene bis 3 Mio E. (1 mg = 30 000 E. reine Colistinbase, 0.04878 μg Colistinsulfat entsprechen 1 E.); lokal 1 %ig in Lsg., Puder, Salben; HWZ 2-3 h; vgl. Antibiotika (Tab.).

Colitis ulcerosa: chron., meist in Schüben verlaufende entzündl. Erkrankung der Dickdarmschleimhaut unbekannter Ursache mit blutigen Durchfällen u. Geschwürbildung. Vermutl. Autoimmunkrankheit, familiär gehäuftes Auftreten.

Colla: Leim, Tischlerleim.

Colla piscium: s. Acipenser huso (Ichthyocolla).

Collemplastra: s. Emplastra adhaesiva.

Collemplastrum adhaesivum: Kautschukheftpflaster; Zstzg.: DAB6, 20 T. fein geschnittener Kautschuk, 11 T. Dammar, 8 T. Colophonium, 10 T. rohes Zinkoxid, 20 T. fein gepulverte Veilchenwurzel, 30 T. Wollfett, 148 T. Petroleumbenzin.

Collemplastrum Zinci: Zinkkautschukpflaster; Zstzg.: DAB6, 20 T. fein geschnittener Kautschuk, 11 T. Dammar, 8 T. Colophonium, 30 T. rohes Zinkoxid, 30 T. Wollfett, 148 T Petroleumbenzin.

Collinsonia canadensis L.: Collinsonia punctata Ell., Kanadische Collinsonie; Fam. Lamiaceae (Labiatae) (heim. Nordamerika bis Florida u. Kansas). Stpfl. von **Radix Collinsoniae canadensis:** Collinsoniawurzel, Grieswurzel. **Inhaltsst.**: Tannin*, Harz, äther. Öl, Säuren, Saponine, Rosmarinsäure; **Anw.** volkstüml.: z. B. bei Steinleiden, Nierensteinen, gastrointestinalen Störungen.
Hom: *Collinsonia canadensis (HAB1.4)*: frischer, im Frühjahr gesammelter Wurzelstock; verord. z. B. bei venösem Blutstau des Beckens u. der Beine, Hämorrhoiden mit Obstipation.

Collinsonie, Kanadische: s. Collinsonia canadensis.

Collip-Einheit: biol. Standard für Parathormon*. Nebenschilddrüsenextrakte, 1 C.E. = 5 USP-Einheiten; vgl. Hormone (Nebenschilddrüse).

Collip-Hormon: Parathormon*, s. Hormone (Nebenschilddrüse).

Collodium: DAC86, ÖAB90, Lsg. von Collodiumwolle* in einem Gemisch aus Ethanol 90 % u. Ether (1:3). **Herst.**: 1 T. Collodiumwolle wird in einer Flasche mit 6 T. Ethanol 90 % durchfeuchtet u. mit 18 T. Ether versetzt, wiederholt geschüttelt u. schließlich die Lsg. nach dem Absetzen klar abgegossen. Farblose od. schwach gelbe, sirupdicke Flüss., die beim Verdunsten ein fest zusammenhängendes Häutchen hinterlässt; **Anw.**: äußerl. zum Verschließen kleiner Wunden, Frostbeulen usw. (z. T. mit Zusätzen wie Iodoform, Salicylsäure, Kanthariden), zum Entfernen des C. von der Haut eignet sich am besten Essigsäureethylester.

Collodium cantharidatum: Spanisch-Fliegen-Collodium; Herst.: DAB6, 100 g gepulverte span. Fliegen werden mit Ether ausgezogen, der Auszug auf 15 T. eingedampft u. mit 85 T. Collodium* vermischt.

Collodium elasticum: elastisches Collodium, elastisches Kollodium; DAC86, ÖAB90; Mischung von 3 T. Rizinusöl u. 97 T. Collodium. **Anw.**: s. Collodium.

Collodium, elastisches: s. Collodium elasticum.

Collodium salicylicum: Salicylcollodium, Salicylsäure-Kollodium; Herst.: DAC86, NRF, NFA, 10.0 g Salicylsäure u. 11.1 g (10.0 g nach NFA) Milchsäure werden auf 100.0 g Collodium elasticum gelöst. **Anw.**: Schälmittel bei Hyperkeratosen (Schwielen, Hühneraugen, Warzen).

Collodiumwolle: Pyroxilinum, Cellulosum nitricum, Colloxylinum; DAC86, ÖAB90, C. besteht vorwiegend aus Dinitrocellulose $[C_6H_8(NO_2)_2O_5]_n$; weiße, verfilzte Masse, lösl. in Aceton, Essigsäure

C

98 % (im Ggs. zu Schießbaumwolle, die höher verestert ist, sich in Ethanol/Ether nicht löst, sondern nur aufquillt), vgl. Cellulosenitrat. **Herst.:** 11 T. gereinigte (d. h. entfettete) Baumwolle werden in einem Gemisch von 80 T. roher Salpetersäure u. 200 T. roher Schwefelsäure vorsichtig eingedrückt u. 24 h lang bei Zimmertemperatur stehengelassen. Danach bringt man die C. in einen bedeckten Trichter u. lässt 24 h abtropfen, wäscht mit Wasser aus, bis die Säure vollständig entfernt ist u. trocknet bei 25 °C; **Anw.:** Herst. von Collodium* elasticum.

Colloidal bismuth subcitrate: s. Bismutdicitrat, basisches.

Colloxylinum: s. Collodiumwolle.

Collum (lat.): syn. Cervix; Hals.

Collutorium: Mund- u. Gurgelwasser (Gargarisma).

Collyria: s. Augentropfen.

Collyrium adstringens luteum: s. Augentropfen (Augentropfen, gelbe).

Collyrium Argenti acetici: s. Augentropfen (Silberacetat-Augentropfen).

Collyrium pro neonatis: s. Augentropfen (Silberacetat-Augentropfen).

Collyrium Zinci: s. Augentropfen (Zinksulfat-Augentropfen).

Collyrium Zinci luteum: s. Augentropfen (Augentropfen, gelbe).

Colocynthin: 2-*O*-β-D-Glucopyranosylcucurbitacin E; $C_{38}H_{54}O_{13}$; M_r 718.81; Schmp. 158-160 °C; lösl. in Wasser u. Ethanol; Glykosid aus Koloquinten, den Früchten von Citrullus* colocynthis. Gelbes, sehr bitteres Pulver; **Anw.** volkstüml.: (früher) Abführmittel.

Colocynthis: s. Citrullus colocynthis.

Colombowurzel: s. Jateorhiza palmata.

Colombowurzel, Amerikanische: s. Frasera carolinensis.

colony stimulating factors: s. CSF.

Colophonium: Kolophonium, Terebinthinae resina, Resina Colophonium (Terebinthinae), Pix graeca, Geigenharz; D. 1.071-1.083; SZ 145-180; VZ 165-197; das aus dem Harzbalsam von Pinus-Arten nach Entfernen (durch Wasserdampfdest.) der flüchtigen Anteile gereinigte Harz; gewonnen als Rückstand bei der Terpentinöldest.; s. Terebinthina. Glasartige, hellgelbe (bis braune), leicht bestäubte Stücke von muscheligem Bruch. Erweichungstemperatur ab ca. 70 °C, viskose Flüss. bei ca. 110 °C; bei stärkerem Erhitzen (über 150 °C) entweichen schwere, weiße, aromat. riechende Dämpfe; unlösl. in Wasser, lösl. in Ethanol, Ether, Chloroform, Aceton, Benzin, Essigsäure; unvollständig lösl. in Schwefelkohlenstoff u. Petrolether, mit heißen Laugen verseifbar; **Off.:** DAB6, ÖAB90, Ph.Helv.7; **Best.:** hauptsächl. Diterpensäuren (Harzsäuren) wie Abietinsäure* u. Pimarsäure; **Zuber.:** Emplastrum Cantharidum perpetuum, Emplastrum Cantharidum pro usu veterinario, Collemplastrum adhaesivum, Collemplastrum Zinci, Sol. Masticis composita, Ungt. basilicum; **Anw.** med.: Hautreizmittel, zu Salben u. Pflastern; techn.: in der Lackindustrie.

Coloquinthe: s. Citrullus colocynthis.

Coloradokäfer: s. Leptinotarsa decemlineata.

Colorimetrie: s. Kolorimetrie.

Colton-Verfahren: diskontinuierl. Stanzverfahren zur Herst. von Weichgelatinekapseln. Gelatinefolie wird auf erwärmte Formplatten gelegt u. sinkt dabei in die Formmulden ein (s. Abb.). Nach dem

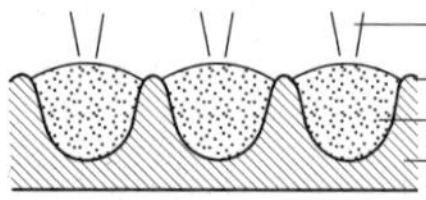

Colton-Verfahren

Füllen der Gelatine-Näpfe wird eine weitere Gelatinefolie aufgelegt u. durch Aufpressen werden die Ränder verschweißt, die noch unrunden Kapseln ausgestanzt, rolliert u. getrocknet. Es entsteht keine äquatorial verlaufende Schweißnaht wie beim Scherer*-Verfahren.

Columbin: Bitterstoff (Bitterwert ca. 60 000) aus Jateorhiza* palmata mit Labdanstruktur; s. Diterpene.

Columbium: (chem.) Symbol Cb; veralteter Name für Niob*.

Columbo: s. Jateorhiza palmata.

Columna: (bot.) Staubgefäßröhre mit freistehenden Antheren, die durch Verwachsen der Stamina gebildet wird; ein systemat. Merkmal der Malvaceae*.

Columniferae: s. Malvaceae.

Coma diabeticum: s. Koma.

Combustio (lat. comburere, combustus völlig verbrennen): s. Verbrennung.

CoMFA: s. QSAR (3D-QSAR).

Comfrey: s. Symphytum officinale.

Commiphora abyssinica Engl.: Amyris kafal Fork.; Fam. Burseraceae (Äthiopien, Gebirge des Jemen); Stpfl. von Myrrha; s. Commiphora molmol.

Commiphora africanum (Arn.) Engl.: Commiphora pilosa Engl.; Fam. Burseraceae (trop. Afrika). Commiphora africanum u. C. mukul sind Stpfl. von **Bdellium indicum:** Falsche Myrrhe, Bdelliumharz. **Inhaltsst.:** 0.4 % äther. Öl, Harz, Gummi; **Anw.** volkstüml.: in Indien bei Gelenkrheumatismus.

Commiphora erythracea (Ehrenb.) Engl. **var. glabrescens** Engl.: Fam. Burseraceae (Arabien u. Küste Nordafrikas). Stpfl. von **Bisabol-Myrrhe:** Bisabol-Opopanax, Gummi-Opopanax, Pastinace-Opopanax, Opopanaxgummi. **Inhaltsst.:** 2-8 % äther. Öl, ca. 22 % Harzanteile; **Anw.** volkstüml.: in Somalia bei Magenbeschwerden u. Impotenz; techn.: in der Parfümindustrie.

Commiphora kataf Engl.: Balsamodendron kataf; Fam. Burseraceae; Stpfl. von handelsüblichem Opopanax; Echtes Opopanax stammt von Opopanax* chironium.

Commiphora molmol Engl.: Commiphora myrrha Holm., Myrrhenbaum; Fam. Burseraceae (Nordostafrika, Südarabien, Abessinien, Nubien). Commiphora molmol u. C. schimperi sind Stpfl. von **Myrrha:** Myrrhe, Gummiresina Myrrha, Echte Myrrhe, Somali-Myrrhe; der aus der Rinde ausgetretene u. an der Luft getrocknete Milchsaft, ein Gummiharz (s. Harze); unregelmäßige, gelbl. bis

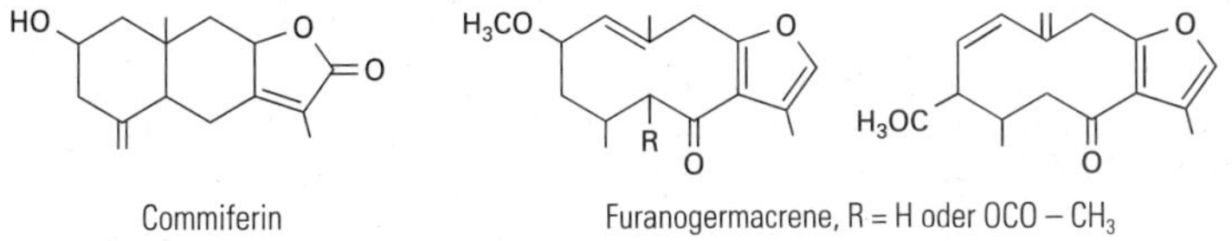

Commiphora molmol: Strukturformeln von Commiferin u. von Furanogermacrene

rötl. Körner od. löcherige Massen von Nuss- bis Faustgröße; Myrrhe hat einen bitteren Geschmack. **Off.:** Ph.Eur.4, ÖAB90, Ph.Helv.7; **Inhaltsst.:** 25-40 % Harz (besteht aus Triterpenen, in Ethanol lösl.), 2-10 % äther. Öl (in Ethanol lösl.) sowie 50-60 % Rohschleim od. Rohgummi (in Ethanol unlösl.) mit ca. 20 % Proteinen u. ca. 65 % Kohlenhydraten (mit den Bausteinen Galactose, 4-O-Methylglucuronsäure, Arabinose); Best. des äther. Öls sind Furanosesquiterpene mit Eudesman-, Germacran-, Guaian- u. a. Strukturen, z. B. Commiferin u. Furanogermacrene (s. Abb.); ferner auch Sesquiterpenalkohole u. -kohlenwasserstoffe sowie Monoterpene (Pinen*, Dipenten, Limonen* u. a.); **Wirk.:** adstringierend, antientzündl., desinfizierend, desodorierend u. granulationsfördernd; **Anw.:** bei Entzündungen des Mund- u. Rachenraumes; in Zahnpflegemitteln oft kombiniert mit Rad. Ratanhiae (als adstringierende Gerbstoffdroge, s. Krameria triandra) u. in Hautcremes, ferner als Räuchermittel u. in der Parfümindustrie; Myrrhentinktur: s. Tinctura myrrhae Ph.Eur.4.

Hom: *Myrrha (HAB1.5):* das Gummiharz von C. molmol u. a. chem. vergleichbaren C.-Arten.

Commiphora mukul (Hook. ex Stocks) Engl.: Commiphora roxburghii (Stocks) Engl.; Fam. Burseraceae. Commiphora mukul u. C. africanum sind Stpfl. von **Bdellium indicum:** Falsche Myrrhe. **Anw.:** s. Commiphora africanum.

Commiphora opobalsamum (Le Moine) Engl.: Amyris gileadensis Le Moine; Fam. Burseraceae (Arabien, Syrien, Ägypten). Stpfl. von **Balsamum de Mecca:** Arabischer Balsam, Echter Mekkabalsam. **Inhaltsst.:** äther. Öl, Harz, Bitterstoffe; **Anw.** volkstüml.: in den Heimatländern als Wundmittel, bei Magenbeschwerden, Erkrankungen der ableitenden Harnwege.

Hom: *Amyris gileadense.*

Commiphora schimperi Engl.: Fam. Burseraceae; Stpfl. von Myrrha; s. Commiphora molmol.

Commotio cerebri: Gehirnerschütterung; leichtes Schädelhirntrauma; traumat. bedingte, reversible Funktionsstörung des Gehirns ohne morphol. fassbares Substrat. **Symptome:** max. 60 min andauernde Bewusstseinsstörung*, evt. Amnesie, Kopfschmerz, Schwindel, Übelkeit u. Erbrechen; **Ther.:** kurzfristige Bettruhe, Analgetika, Antiemetika.

Comocladia dentata Jacq.: Comoclade; Fam. Anacardiaceae (Südamerika, Westindien); die Pollen der Pfl. reizen die Augen. Stpfl. von **Cortex Comocladiae:** Comocladiarinde, Guao. **Anw.** volkstüml.: in Westindien als Hypnotikum, Niesmittel.

Hom: *Comocladia dentata:* frische Rinde; verord. z. B. bei Dermatitis, Muskelrheumatismus.

COMOD®-System: Mehrdosenbehältnis für konservierungsmittelfreie Augen- u. Nasentropfen. Durch ein eingebautes Airless*-System u. flexible Innenbeutel wird eine Kontamination während der Entnahme durch zurückströmende Außenluft u. Flüss. verhindert (s. Abb.).

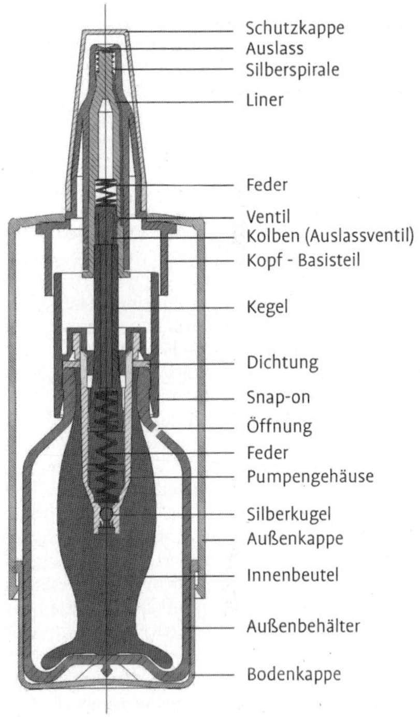

COMOD-System [28]

Compactin: s. Mevastatin.

Compliance: engl. für Einwilligung, Bereitschaft; **1.** Bereitschaft, Mitarbeit bzw. das „Sich-Fügen" eines Patienten in das therap. u. diagnost. Vorgehen; in erster Linie die Bereitschaft, verordnete Medikamente gemäß der ärztl. Anordnung einzunehmen (medication compliance, Einnahmezuverlässigkeit). **2.** pulmonale Compliance: Maß für die volumenabhängige Dehnbarkeit des Systems Thorax-Lunge als Ausdruck der WW zw. den elast. Rückstellkräften von Brustwand u. Lunge.

Compositendrüsen: (bot.) Zellen in 2 Reihen von 3 bis 4 Etagen, nach oben größer werdend, von der blasigen Cuticula umgeben. C. sind charakterist. für Asteraceae*; s. Exkretionsgewebe, Abb.

C

compositus: f: composita, compositum; zusammengesetzt.

Compound A: 11-Dehydrocorticosteron. Compound **B:** Corticosteron; Compound **E:** Cortison*; Compound **F:** 17-Hydroxycorticosteron (sämtl. nach Kendall; vgl. Hormone, Nebennierenrindenhormone).

Compressi Acidi acetylosalicylici: DAB8, Tabletten mit 0.5 g Acetylsalicylsäure; max. ±5 % Abweichung.

Compressi acidi ascorbici: Ascorbinsäuretabletten; DAB8, Tabletten mit 0.05 g, 0.2 g, 0.5 g u. 1.0 g Ascorbinsäure; mind. 90 % vom angegebenen Gehalt.

Compressi Bromisovali: DAB8, Tabletten mit 0.3 g Bromisoval*; max. ±5 % Abweichung.

Compressi Carbromali: DAB8, Tabletten mit 0.5 g Carbromal*; max. ±5 % Abweichung.

Compressi Coffeini: DAB8, Tabletten mit 0.1 g u. 0.2 g Coffein; max. ±5 % Abweichung.

Compressi Cyclobarbitali calcici: DAB8, Tabletten mit 0.2 g Cyclobarbital-Calcium; max. ±5 % Abweichung.

Compressi Ephedrini hydrochlorici: DAB8, Tabletten mit 0.05 g Ephedrinhydrochlorid; max. ±7.5 % Abweichung.

Compressi Kalii iodati 65 mg: Kaliumiodid-Tabletten 65 mg; ÖAB90, Ph.Helv.7, nichtüberzogene Tabletten; können nach Ph.Helv.7 zur Verhinderung der Bildung von Iod einen Stabilisator, z. B. Natriumthiosulfat, enthalten. **Anw.:** Prophylaxe im nuklearen Katastrophenfall.

Compressi Methylphenobarbitali: Methylphenobarbital-Tabletten; DAB8, Tabletten mit 0.03 g od. 0.2 g Methylphenobarbital; max. ±7.5 % Abweichung.

Compressi obducti: (engl.) *coated tablets*; Tabulettae obductae, überzogene Tabletten, Dragees; C. o. sind überzogene perorale od. orale Komprimate, die meist geschluckt, manchmal auch gelutscht (Lutschdragees) od. gekaut werden (Kaudragees). Ein Dragee besteht aus einem Kern (besonders geformte Tablette, s. Compressi Ph. Eur.4), evtl. Granulatkörner od. Streukügelchen, der mit einer od. mehreren lückenlosen, gleichmäßigen, meist gefärbten Schichten überzogen ist. Für die Kernumhüllung kommen in Betracht: nat. u. synthet. Harze, Gummen, Gelatine, inaktive u. unlösl. Füllmittel, Zucker, Weichmacher, Polyole, Wachse, Farbstoffe, Geschmackskorrigenzien u. evtl. Wirkstoffe. Häufig besteht der Überzug aus Zucker in Kombination mit anderen Hilfsstoffen (Zuckerdragees*), od. die Überzugsschicht ist zuckerfrei u. dünn (Filmtabletten*, Filmdragees). Eine Zwischenstellung nehmen die Dünnschichtdragees ein, deren Hülle nur 10-30 % des Kerngewichts wiegt. Vorteile gegenüber nicht überzogenen Tabletten: **1.** Geruchs- od. Geschmacksmaskierung, ästhet. Aussehen, leichtere Einnahme durch glatte Oberfläche (Verbesserung der Compliance*); **2.** Verbesserung der Stabilität (Schutz vor Licht, Luftsauerstoff, Luftfeuchtigkeit u. mechan. Beanspruchung, Vermeidung von Inkomp. zwischen Arzneistoffen, z. B. durch Umhüllen der einzelnen Granulate); **3.** Möglichkeit der gesteuerten Wirkstofffreisetzung; **4.** Schutz der Magenschleimhaut vor reizenden Arzneistoffen u. Schutz der Arzneistoffe vor der Magensäure (magensaftresistente Überzüge); **5.** Verbesserung der Möglichkeit der Identifizierung der Arzneiform. **Anforderungen an Dragees:** hinsichtl. der mechan. Eigenschaften u. der Dosierungsgenauigkeit müssen sie den Tabletten entsprechen. **Prüfung** nach Ph.Eur.4 auf Zerfallzeit mit Ausnahme der Kaudragees: 6 Dragees müssen innerhalb von 60 min in Wasser von 37 °C in einer geeigneten Apparatur zerfallen. Zerfallen nicht alle Tabletten, ist der Versuch mit 6 weiteren Dragees zu wiederholen, wobei anstelle von Wasser Salzsäure (0.1 mol/L) verwendet wird. Filmtabletten müssen der Zerfallszeit nichtüberzogener Tabletten entsprechen (30 min. in Wasser von 37 °C). Magensaftresistent überzogene Tabletten (dünndarmlösl. überzogene Tabletten) werden nach folgender Vorschrift auf Zerfall geprüft: 6 Dragees dürfen nach 2 h in Salzsäure (0.1 mol/L) keine Veränderungen aufweisen. Hingegen müssen sie nach diesem Test anschließend in Phosphat-Puffer-Lösung pH 6.8 innerhalb von 60 min zerfallen. Kleben die Dragees, Filmtabletten od. magensaftresistent überzogenen Tabletten beim Zerfallstest an den aufgelegten Kunststoffscheiben, ist die jeweilige Prüfung zu wiederholen; vgl. Zerfallsprüfung.

Compressi Phenobarbitali: DAB8, Tabletten mit 0.025 g, 0.1 g od. 0.3 g Phenobarbital, unter 25 mg: max. ±7.5 % Abweichung; über 25 mg: max. ±5 % Abweichung.

Compressi Ph.Eur.4**:** Tabulettae, Tabletten, Komprimate, Comprimés, Presslinge; C. sind einzeldosierte feste Arzneiformen. Sie werden durch Pressen gleich großer Volumina von kristallinen, gepulverten od. granulierten Arzneistoffen od. Gemischen, meist unter Zusatz von Hilfsstoffen, in entsprechenden Maschinen (Exzenterpresse*, Rundläuferpresse*) unter Anw. eines hohen Drucks hergestellt. Durchgesetzt hat sich v. a. die runde, mehr od. weniger stark bikonvex gewölbte u. die flache, facettierte (zum Steg hin abgeflachte) Form. Die Oberflächen von C. können Kerben od. Bruchrillen, ein Symbol od. andere Markierungen aufweisen. Falls notwendig, werden als Hilfsstoffe Füll- u. Streckmittel, Bindemittel, Zerfallsbeschleuniger, Formentrennmittel, Schmiermittel, Stoffe, die das Verhalten der Wirkstoffe im Verdauungstrakt beeinflussen können, Farbstoffe u. ggf. Geschmackskorrigenzien eingesetzt. Häufig werden die Pulverteilchen wegen unzureichender physik. Eigenschaften (Fließverhalten, Kompressionsverhalten* von Pulvern) vor der Tablettierung einer geeigneten Vorbehandlung, z. B. Granulieren*, unterzogen. Ohne Vorbehandlung werden direkt komprimierte C. erhalten (Direkttablettierung*). C. gelangen entweder unverändert od. überzogen als Filmtabletten* od. Dragees zur Anwendung. Nach Ph.Eur.4 unterscheidet man bei den peroralen Tabletten nicht überzogene Tabletten, Brausetabletten*, überzogene Tabletten (s. Compressi obducti), magensaftresistente Tabletten (s. Arzneiformen, magensaftresistente), Tabletten mit modifizierter Wirkstofffreisetzung (Retardpräparate*). Weitere Formen der Anw.

sind: Tabletten zur Anw. in der Mundhöhle (s. Lutsch-, Kau- u. Sublingualtabletten), Tabletten zur Herst. einer Lsg. od. Suspension zum Einnehmen, Injektions-, Implantations-, Lösungs-, Vaginaltabletten u. Mikrotabletten. **Prüfung** nach Ph.Eur.4: Gleichförmigkeit* der Masse (nicht überzogene C. u. Filmtabletten) u. auf Gleichförmigkeit* des Gehaltes; i. Allg. müssen Tabletten mit weniger als 2 mg od. weniger als 2 % Wirkstoff (auf die Gesamtmasse bezogen), der Prüfung auf Gleichförmigkeit des Gehaltes entsprechen. Ist die Prüfung für den Wirkstoff od. alle Wirkstoffe vorgeschrieben, so ist die Prüfung auf Gleichförmigkeit der Masse nicht durchzuführen. Außer Tabletten mit modifizierter Wirkstofffreisetzung u. solche zur Anw. in der Mundhöhle müssen C. der Zerfallsprüfung* entsprechen. Nicht überzogene Tabletten sollen i. Allg. innerhalb von 15 Min. in einer geeigneten Apparatur in Wasser von 37 °C zerfallen. Kleben die 6 Tabletten an den aufgelegten Scheiben, so ist die Prüfung ohne Scheiben zu wiederholen. Kautabletten u. solche Tabletten, bei denen eine Prüfung auf Wirkstofffreisetzung vorgeschrieben ist, werden nicht auf Zerfall untersucht. C. sollen leicht applizierbar sein, eine ausreichende Festigkeit (Test auf Abrieb*, Bruchfestigkeit* u. Härte* von Tabletten) aufweisen, um Transport u. Lagerung gut zu überdauern u. eine über Jahre gewährleistete physik. u. chem. Stabilität haben. Besonderer Wert wird auf die biol. Verfügbarkeit gelegt.

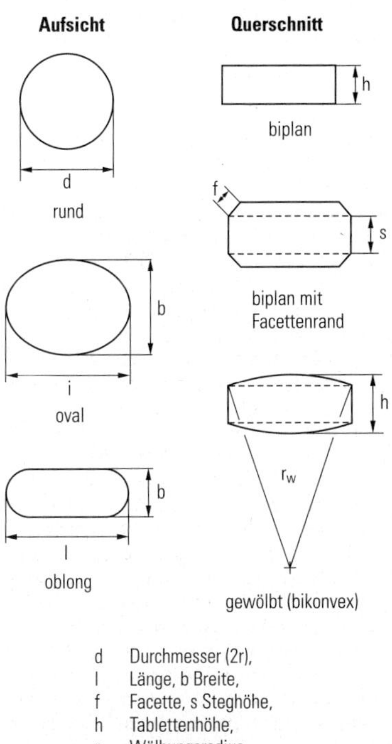

Compressi Ph.Eur.4: die wichtigsten Tablettenformen

Compressi Pyridoxinii hydrochlorici: Pyridoxinhydrochlorid-Tabletten; DAB8, Tabletten mit 0.04 g Pyridoxinhydrochlorid; max. ±10 % Abweichung.

Compressi Thiamini: Thiamin-Tabletten; DAB8, Tabletten mit 0.05 g, 0.1 g u. 0.3 g Thiaminchloridhydrochlorid od. Thiaminnitrat, s. Vitamine (Vitamin B_1); max. ±10 % Abweichung.

Compton-Effekt: s. Radioaktivität.

computer aided design: Abk. CAD; rechnergestütztes Entwerfen, z. B. von Werkstücken, Anlagen, Schaltplänen, Fahr- u. Flugzeugen; vgl. drug design.

computer aided drug design: s. drug design.

Computertomographie: s. CT.

COMT: Abk. für **C**atechol*-**O**-**m**ethyl**t**ransferase; vgl. Catecholamine.

COMT-Hemmer: Hemmstoffe der Catechol*-*O*-Methyltransferase, die u. a. die Metabolisierung von Dopamin u. Adrenalin katalysiert. **Beispiel:** Entacapon*; aufgrund der Hemmung des Dopaminabbaus bei der Ther. des Parkinson*-Syndrom angewendet.

Conalbumin: s. Siderophiline.

Concanavalin A: Lektin* aus Canavalia* ensiformis (Schwertbohne). **Anw.:** Reinigung von Glykoproteinen, Nachw. von Membranveränderungen (z. B. Krebszellen).

Conchae: s. Calcium carbonicum Hahnemanni.

Conchae praeparatae: pulverisierte u. geschlämmte Austernschalen; s. Ostrea edulis. **Anw.:** früher zu Zahnpulvern, zur Herst. von Calcium* stibiatosulfuratum, Kalkschwefelleber*.

concisus: f: concisa, n: concisum, Abk. cc; zerschnitten. Zerkleinerungsgrad von Schnittdrogen; nach DAB10: grob geschnitten (Siebe von 4000 bis 2800 µm Maschenweite); **minutim concisus:** fein geschnitten (Sieb mit 2000 µm Maschenweite).

Concretes: s. Aetherolea.

Condita: s. Confectiones.

Condurangin: s. Marsdenia condurango.

Condurangorinde: s. Marsdenia condurango.

Condurit: s. Marsdenia condurango.

Conessirinde: s. Holarrhena pubescens.

Confectiones: Condita; mit Zucker überzogene (kandierte) Arzneistoffe; z. B. Confectio Cinae (Wurmsamen), Confectio Zingiberis (kandierter Ingwer).

confounder (engl. to confound durcheinanderbringen): zufällige Störgröße. Übt unabhängig von der Einflussgröße einen eigenen Effekt auf die Wirkungsgröße aus u. beeinflusst das Ergebnis von pharmakoepidemiolog. (s. Pharmakoepidemiologie) od. klin. Studien*, z. B. Alter, Geschlecht, Grunderkrankung u. Begleitmedikation. Vgl. Bias.

Congorot: s. Kongorot.

Conhydrin: s. Conium maculatum.

γ-Conicein: 2,3,4,5-Tetrahydro-6-propylpyridin; $C_8H_{15}N$; M_r 125.21; Sdp. 171 °C; Dehydroderivat von Coniin*; alkal. Flüss. mit Geruch nach Mäusen, wasserdampfflüchtig. Piperidinalkaloid aus Conium* maculatum; wird leicht zu DL-Coniien reduziert.

Conidendrine: $C_{20}H_{20}O_6$, M_r 356.36. α-C. u. β-C. sind krist. Verb. aus der Gruppe der Lignane*. **Herst.:** Nebenprodukt bei der Verarbeitung von

Nadelhölzern zu Cellulose*; **Anw.:** Antioxidanzien* für Fette u. Öle.

Coniferin: Koniferin, Abietin; $C_{16}H_{22}O_8$; Glykosid des Coniferylalkohols* ($C_{10}H_{12}O_3$). C. wird durch das Enzym Emulsin in Glucose u. Coniferylalkohol zerlegt; letzterer oxidiert mit Chromsäure zu Vanillin*. **Vork.:** im Kambialsaft der Koniferen; auch z. B. in Spargel u. Schwarzwurzel.

C

Coniferophytina: s. Gymnospermae.

Coniferopsida: Nadelbäume; gehören zusammen mit den Palmfarn-, Ginkgo- u. Gnetopsidgewächsen zu den Nacktsamern; s. Gymnospermae.

Coniferylalkohol: 4-(3-Hydroxy-1-propenyl)-2-methoxyphenol, $C_{10}H_{12}O_3$; M_r 180.2; Schmp. 74 °C; Sdp. 163-165 °C. Farblose Prismen. In Benzoeharz als Benzoat, eine monomere Vorstufe von Lignin.

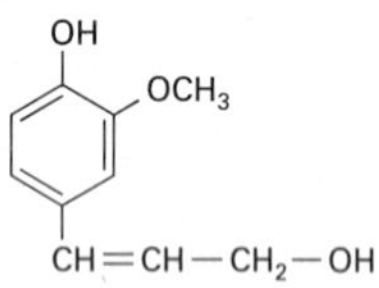

Coniferylalkohol

Coniferylbenzoat: Hauptbest. von Benzoe*, früher Antioxidans für lipophile Systeme.

Coniin: Coniinum; 2-*n*-Propylpiperidin; CAS-Nr. 458-88-8; $C_8H_{17}N$; (s. Abb.); M_r 127.2; D. 0.844; Schmp. 3 °C; Sdp. 165-170 °C; farblose, ölige Flüss., rechtsdrehend, von charakterist. Geruch nach Mäuseharn u. brennendem Geschmack; lösl. in 100 T. Wasser sowie unbeschränkt in Ethanol, Ether, fetten u. äther. Ölen. Alkaloid aus Conium* maculatum. **Tox.:** starkes Gift, das von Haut u. Schleimhäuten rasch resorbiert wird; bei Einnahme wirkt C. in kürzester Frist, es erfolgt aufsteigende Lähmung der motor. Nervenendigungen u. des Rückenmarks, der Tod tritt nach 1-5 Std. infolge zentraler Atemlähmung bei vollem Bewusstsein ein. LD 0.5-1 g; im Altertum Schierlingsbecher zur Hinrichtung (Tod des Sokrates 399 v. Chr.); **Anw.:** reines C. wird med. nicht mehr verwendet. Früher meist in Form des Hydrobromids (s. Coniinhydrobromid); äußerl. zu schmerzstillenden Einreibungen; **Gesch.:** C. wurde 1886 von Albert Ladenburg (1842-1911) als erstes Planzenalkaloid synthet. hergestellt.

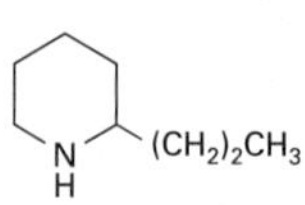

Coniin

Coniinhydrobromid: Coniinum hydrobromicum; $C_8H_{17}N \cdot HBr$, M_r 208.1. Schmp. 210-214 °C. Farblose Kristalle od. weißes, krist. Pulver, leicht lösl. in heißem Ethanol, Chloroform. **Anw.:** früher innerl. als Analgetikum*, Antineuralgikum*.

Coniinhydrochlorid: Coniinum hydrochloricum; $C_8H_{17}N \cdot HCl$. Farblose Kristalle, leicht lösl. in Wasser, Ethanol, Chloroform, lösl. in Ether. **Anw.:** obsolet, s. Coniinhydrobromid.

Coniinum hydrobromicum: s. Coniinhydrobromid.

Coniinum hydrochloricum: s. Coniinhydrochlorid.

Conium maculatum L.: Gefleckter Schierling; Fam. Apiaceae (Umbelliferae) (heim. mittl. Europa, Asien, eingebürgert in Nordamerika u. Chile). Stpfl. von **Herba Conii:** Herba Conii maculati, fälschl. auch Herba Cicutae, Schierlingskraut, Dollkraut, Fleckschierlingskraut. **Inhaltsst.:** D-Coniin* u. a. Piperidinalkaloide wie γ-Conicein*, N-Methylconiin, Pseudoconhydrin, Conhydrin (α-Hydroxyconiin), ferner Diosmin*, 0.02 % äther. Öl; Gesamtalkaloide in der frischen Pfl. ca. 2 %, in der getrockneten nur ca. 0.7-0.05 % (lange gelagerte Droge ist vielfach ganz alkaloidfrei); **Anw.:** früher z. B. zur Beruhigung, bei Neuralgien, Asthma, Keuchhusten; äußerl. in Form von Kataplasmen od. Salben bei Keuchhusten, Asthma; **Tox.:** wegen der außerordentl. Giftigkeit von Coniin* ist von einer Anw. abzuraten; **Fructus Conii:** Schierlingsfrüchte, Schierlingssamen, Dollkrautsamen. **Inhaltsst.:** ähnl. Herba Conii, Alkaloidgeh. ca. 2 % in unreifen, 0.43 % in reifen Früchten; **Anw.:** wie Herba Conii.
Hom: *Conium:* frisches, blühendes Kraut, Konstitutionsmittel; verord. z. B. bei Reizhusten, Drüsenverhärtung (Mamma, Prostata), Impotenz (Senium), Hypochondrie, Parästhesien, ergänzend bei Karzinomen (Mamma, Prostata).

connatus (lat. zusammengewachsen): (bot.) aus gleichen Teilen zusammengewachsen, z. B. Blütenkrone aus miteinander verwachsenen Kronenblättern; s. Blüte, vgl. adnatus.

Consensus-Interferon: s. Interferon alfacon-1.

Consolidin: s. Cynoglossum officinale.

conspergere: Abk. consp.; bestreuen, z. B. Pillen. Conspergens: Streumittel.

Conspersi: s. Pulveres ad usum dermicum.

Constituens: s. Konstituens.

Contagium (lat. contagiosus ansteckend): Ansteckung, Ansteckungsstoff.

content availability: (pharmaz.) in-vitro-Verfügbarkeit; Freisetzungscharakteristik eines Arzneistoffes aus einer Arzneiform. Definiert als der aus einer Arzneiform freigesetzte Wirkstoffanteil u. die Geschwindigkeit, mit der die Freisetzung abläuft.

content uniformity: Gehaltsgleichförmigkeit; Homogenität der Wirkstoffverteilung in einzeldosierten Arzneiformen, in denen der Wirkstoff nicht in gelöster Form vorliegt, z. B. Tabletten, Dragees, Kapseln, Suppositorien. Wesentl. Voraussetzung für die zuverlässige Wirk. eines Arzneimittels neben anderen Einflüssen auf dessen Bioverfügbarkeit (Dissolutionsrate, Teilchengröße, u. a.). Begriff der USP entspricht der Gleichförmigkeit* des Gehaltes der Ph.Eur. Der deklarierte Wirkstoffgehalt darf nur innerhalb definierter Grenzen schwanken. Voraussetzung für c. u. ist einerseits, den Wirkstoff z. B. in der Pulvermischung (Mischgüte), im Granulat, in der Suppositorienmasse unter Verw. geeigneter Hilfs- u. Wirkstoffe (Partikelgröße, -form, u. a.) u. geeigneter Misch- u. Granulierverfahren gleichmäßig zu verteilen u. andererseits diese Verteilung während der Verarbeitung (Pressen zu Tabletten,

Abfüllen der Kapseln, Gießen der Suppositorien) beizubehalten. Abweichungen vom Sollgehalt z. B. einer Tablette können von einer inhomogenen Verteilung des Wirkstoffs u./od. von schwankendem Tablettengewicht herrühren. Ein **content uniformity test**, Test auf Gehaltsgleichförmigkeit, schreibt die USP für Kapseln, gewisse sterile Pulver, sterile Suspensionen u. Tabletten mit einem Wirkstoffanteil von 50 mg/ED u. weniger vor. Liegt der Wirkstoffgehalt über 50 mg u. beträgt der Wirkstoffanteil nicht weniger als 50 % des Gesamtgewichts der Arzneiform, ist die einfachere Überprüfung der Gewichtskonstanz gestattet. Die Ph.Eur. prüft auf Gleichförmigkeit* des Gehaltes sowie Gleichförmigkeit* der Masse.

contract research organisation: s. Studie, klinische.

contusus: f: contusa, n: contusum; zerstoßen, zerquetscht (bei Vegetabilien). contunde (auf Rezepten): zerstoße.

Convallamarin: Glykosid-Komplex aus dem Kraut u. der Wurzel von Convallaria* majalis; gelbes amorphes Pulver, lösl. in Wasser u. verd. Ethanol.

Convallaria majalis L.: Maiglöckchen, Maiblume; Fam. Liliaceae (Unterfamilie Asparagoideae bzw. Convallariaceae) (Europa, Nordasien, Nordamerika). Stpfl. von **Convallariae herba:** Herba Convallariae, Maiglöckchenkraut. **Off.:** DAB2003, ÖAB90; **Inhaltsst.:** ca. 0.3-0.4 % herzwirksame Glykoside z. B. die k-Strophanthidinrhamnoside Convallatoxin* u. Convallosid, die Strophanthidolrhamnoside Convallatoxol u. Convallatoxolosid (Strukturformeln s. Glykoside, herzwirksame) sowie z. B. Lokundjosid, ein Rhamnosid von Bipindogenin (11-Hydroxyperiplogenin); ferner Convallarin u. Convallarinsäure (Steroidsaponine), Asparagin, Äpfel-, Citronensäure, Zucker, Harz, äther. Öl; **Wirk.:** Convallaria-Glykoside wirken wie Digitalis-Glykoside bzw. Strophanthin, werden aber i. Allg. rascher eliminiert u. besitzen keine kumulative Wirkung. **Zuber.:** Tct. Convallariae; **Anw.:** bei leichter Herzinsuffizienz, Altersherz u. chron. Cor pulmonale; aufgrund des unsicheren pharmakokinet. Verhaltens der Convallariaglykoside u. der daraus resultierenden therap. Unsicherheiten sind Convallariazuber. nicht empfehlenswert. **Convallariae pulvis normatus** DAB2003: Eingestelltes Maiglöckchenpulver. **Wirk.:** sein Wirkwert am Meerschweinchen entspricht einem Geh. von 0.2 % Convallatoxin*; **Flores Convallariae:** Maiglöckchenblüten. **Inhaltsst.:** Convallatoxin (ca. 0.3-0.4 %), Convallarin, Convallarinsäure, äther. Öl (mit Farnesol); **Anw.:** wie Convallariae herba.

Hom: *Convallaria majalis (HAB1.2):* frisches, blühendes Kraut; verord. z. B. bei Herzinsuffizienz.

Convallatoxin: $C_{29}H_{42}O_{10}$, M_r 550.7. Schmp. ca. 238 °C. Glykosid; Strukturformel s. Glykoside, herzwirksame (Tab. 2). Farblose Kristalle, lösl. in Ethanol u. Aceton, wenig lösl. in Chloroform, sehr schwer lösl. in Wasser. **Vork.:** Hauptwirkstoff aus Convallaria* majalis; **Anw.:** i. v. bei allen Ind. der Strophanthin*-Ther., bes. bei akuter Herzinsuffizienz, da die Wirk. unmittelbar eintritt.

Convallogenin A: Steroidsapogenin, Strukturformel s. Saponine (Tab. 2).

convar.: s. Konvarietät.

Convarietät: s. Konvarietät.

Convolvulaceae: Windengewächse; Fam. der Od. Solanales; ca. 1400 Arten; meist Schlingpfl. (Kräuter od. Stauden) der Tropen u. Subtropen. Die einfachen Blätter sind wechselständig. Die Blüten sind groß u. trichterförmig, die Früchte viersamige Kapseln. Bikollaterale Leitbündel, Milchsaftzellen; eng verwandt mit den C. sind die Cuscutaceae*. **Chem. Merkmale:** Tropanalkaloide*, Glykoretine*, Lysergsäurederivate (z. B. Ergin*). **Wichtige Gattungen:** Calystegia (Zaunwinde), Convolvulus (Winde), Ipomoea (Prunkwinde), Operculina, Pharbitis (Trichterwinde), Rivea.

Convolvulinolsäure: s. Glykoretine.

Convolvulus arvensis L.: Ackerwinde, Feldwinde; Fam. Convolvulaceae (in Europa als Unkraut verbreitet). Stpfl. von **Herba Convolvuli (arvensis):** Ackerwindenkraut. **Inhaltsst.:** Harzglykoside nach Art der Glykoretine*, Gerbstoffe; **Anw.** volkstüml.: Abführmittel.

Hom: *Convolvulus arvensis:* frisches, blühendes Kraut.

Convolvulus scammonia L.: Fam. Convolvulaceae (heim. östl. Mittelmeergebiet bis Kaukasus, Kleinasien). Stpfl. von **Radix Scammoniae asiaticae:** Asiatische Skammoniawurzel, Purgierwindenwurzel. **Inhaltsst.:** neben dem Harz (Resina Scammoniae) Gummi, Gerbstoff, Zucker; **Anw.:** Gew. des Skammoniumharzes; **Resina Scammoniae:** Skammoniumharz; graue bis dunkelbraune, spröde Stücke, gewonnen durch Ausziehen der Wurzel mit Ethanol (Resina Scammoniae EB6 bzw. Rad. Scammoniae mexicanae stammt von Ipomoea* orizabensis). **Inhaltsst.:** Glykoside der Jalapinolsäure (s. Glykoretine) u. deren Methylester, freie Japalinolsäure, Jalapin, Valeriansäure; **Anw.** volkstüml.: (früher) Abführmittel; **Scammonium usu Aleppo:** der eingetrocknete Milchsaft (nicht selten verfälscht mit Resina Scammoniae u. a. Harzen). **Anw.:** (früher) Abführmittel.

Conyza canadensis (L.) Cronq.: Erigeron canadensis, Kanadisches Berufskraut; Fam. Asteraceae (Compositae) (heim. Nordamerika; in Europa eingeschleppt u. verwildert). Stpfl. von **Herba Erigeronis canadensis:** Kanadisches Berufskraut. **Inhaltsst.:** 0.3-0.6 % äther. Öl (Hauptbest. D-Limonen*), Gerbstoff, Gallussäure*, Flavon*, Cholin*; **Anw.** volkstüml.: z. B. geg. uterine Blutungen, Durchfall, Dysenterie, Typhus, Ruhr; Wurmmittel.

Hom: *Conyza canadensis (HAB1.4),* Erigeron canadensis: frisches, blühendes Kraut; verord. z. B. bei Metrorrhagie.

Coomassie: blauer Farbstoff, der sich an Proteine u. Peptide anlagert u. damit zu deren Detektion dient, z. B. bei der Gelelektrophorese.

Copaifera reticulata Ducke: s. Balsamum Copaivae.

Copaiva-Balsam: s. Balsamum Copaivae.

Copal: Resina (Gummi) Copal, Copalharz, Dammar, Dammarharz, Hartes Dammar(harz), Weißes Dammar(harz); Schmp. 180-360 °C je nach Herkunft; das z. T. fossile Harz von Bäumen versch. Fam., bes. von Trachylobium- u. Agathis-Arten. Vielfach ist die Herkunft unbekannt. **1.** Manilacopal stammt wahrscheinl. von Agathis dammara (Lamb.) L.C. Rich., Dammarabaum (Gattung Agathis: syn. Dammara), Fam. Araucariaceae (Sundainseln, Phillipinen, Molukken); **2.** Kauricopal stammt von Agathis australis Salisb., Kaurifichte (heim. Neuseeland); **3.** Sansibarcopal stammt von Trachylobium verrucosum (Gaertn.) Oliv., Fam. Caesalpiniaceae (Leguminosae) (trop. Ostafrika). Ferner unterscheidet man Weichcopal (z.B. Manilacopal), der von lebenden Bäumen stammt (rezente Copale) u. Hartcopal (z.B. Kauricopal), der als fossiles od. subfossiles Harz aus der Erde gegraben wird, an Stellen, wo Copalbäume standen. Die fossilen Harze sind die wertvolleren, am besten u. härtesten ist der Sansibarcopal. Dieser Copal ist bernsteinartig, hart, durchsichtig, farblos bis gelblich bräunl., geruch- u. geschmacklos (im Ggs. zu anderen Sorten). Copale sind in den übl. Lösungsmitteln sehr schwer lösl.; daher werden sie zur Verarbeitung vorher geschmolzen u. längere Zeit erhitzt. **Best.:** Diterpene* (Resinolsäuren u. Resine), Ether, Öl, Bitterstoff; **Anw.** techn.: (früher) zur Herst. von Lacken u. Firnissen.

Cope-Eliminierung: Verfahren zur Herst. von Alkenen durch mäßiges Erwärmen von Aminoxiden. Beispiel: Herst. von Styrol* aus Dimethyl-(α-phenyl-ethyl)-aminoxid (s. Abb.).

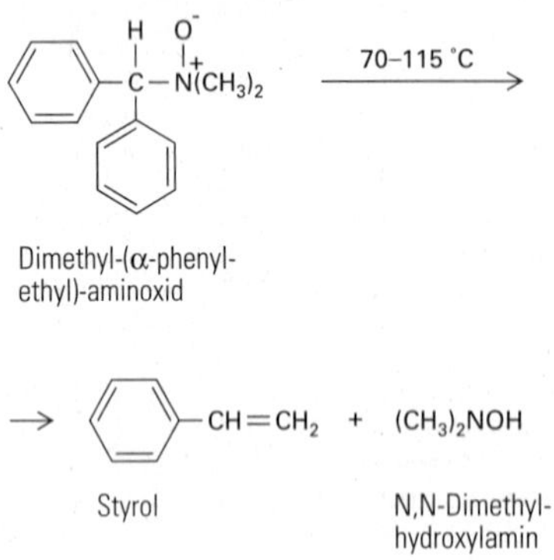

Cope-Eliminierung: Bildung von Styrol als Beispiel

Copernicia prunifera (Mill.) H.E.Moore: Copernicia cerifera (Arr. Cam. ex Koster) Mart., Corypha cerifera, Wachspalme; Fam. Arecaceae (Palmae). Stpfl. von **Cera Carnaubae:** Carnaubawachs; s. Wachse.

Copolymere: s. Polymere.

Copolyvidon: s. Copovidon.

Copolyvidonum: s. Copovidon.

Copovidon: Copovidonum Ph.Eur.4, Copolyvidon, Polyvidonacetat, Povidonacetat, Abk. PVAc; $(C_6N_9NO)_n \cdot (C_4H_6O_2)_m$; $n \approx 1.2\,m$. M_r $(111.1)_n+(86.1)_m$, entspricht einem K*-Wert von 25.4-34.1. Copolymerisat von Povidon* u. Vinylacetat (6:4), enthält mind. 7.0 u. max. 8.0% Stickstoff, 35.3-42% Vinylacetat. Weißes bis gelbl. weißes, körniges Pulver; hygroskop., leicht lösl. in Wasser, Ethanol, Chloroform, Dichlormethan, Methylenchlorid, Glycerol; unlösl. in Ether, Petrolether. VZ 230-270, Trocknungsverlust max. 5.0%. **Anw.:** Bindemittel für Tablettengranulate (meist 2-5%) insbes. für Brausetabletten u. wenn die höhere Hygroskopizität von lösl. Povidon* stört. Ferner als Bindemittel zur Direkttablettierung* (1-6%), als Filmbildner in Tablettenüberzugslösungen u. zur Isolierung von Drageekernen (5-10%). **Inkomp.:** s. Povidon.

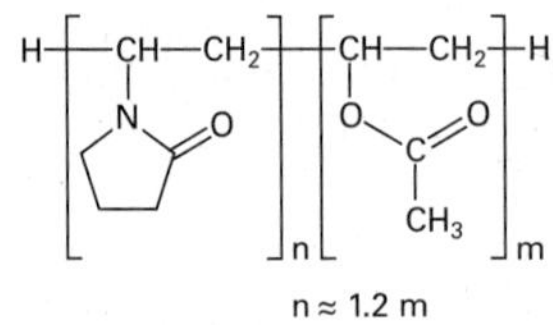

Copovidon

Coprinus atramentarius: s. Antabuseffekt.

Coprostane: alte Bez. für 5β-Cholestane; s. Steroide.

Coptisin: 7,8,13,13a-Tetrahydro,2,3:9,10-bismethylendioxyberbinium; Bis[methylendioxy]protoberberin; $[C_{19}H_{14}NO_4]^+$; M_r 320.33; Benzylisochinolinalkaloid in Chelidonium* majus u. Coptis* trifolia.

Coptis trifolia (L.) Salisb.: Helleborus trifolia L., Goldfaden; Fam. Ranunculaceae (Kanada, Japan). Stpfl. von **Radix Coptidis trifoliae:** Goldfadenwurzel. **Inhaltsst.:** Coptisin*, Berberin*; **Anw.** volkstüml.: (in Nordamerika) Bittermittel, Tonikum; auch andere Coptis-Arten werden verwendet.

coq.: Abk. für coque (auf Rezepten) koche.

Cor: s. Herz.

Corallium rubrum (L.): Rote Koralle, Edelkoralle; Fam. Gorgoniaceae (Coralliidae) (Mittelmeer, z.B. Adriat. Meer). **Inhaltsst.:** Erdalkalicarbonate, Iod-, Brom-, Phosphor- u. Eisenverb., Spurenelemente.

Hom: *Corallium rubrum (HAB1.4):* Bruchstücke des Kalkskelettes (Geh. mind. 82% Calciumcarbonat); verord. z.B. bei Heuschnupfen, Reizhusten.

Corbadrin INN: Nordephrin, α-Methylnoradrenalin; (–)-(1*R*,2*S*)-2-Amino-1-(3,4-dihydroxyphenyl)-1-propanol; $C_9H_{13}NO_3$. **Wirk.:** sympathomimet., Vasokonstriktor; **Anw.:** v.a. in der Zahnmedizin; **Corbadrinhydrochlorid**: Dihydroxyphenylaminopropanolum hydrochloricum; $C_9H_{14}ClNO_3$, M_r 219.7. Weißes, krist. Pulver, verfärbt sich allmähl. an Licht u. Luft. Lösl. in 2T. Wasser, 12T. Ethanol. **Off.:** ÖAB81.

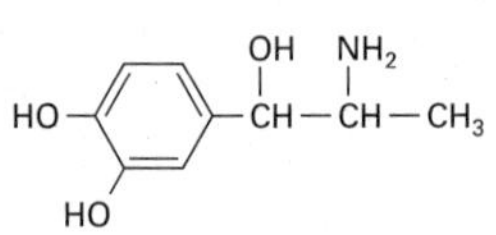

Corbadrin

Corchorosid A: k-Strophanthidin-desoxymethylpentosid; CAS-Nr. 508-76-9; $C_{29}H_{42}O_9$; herzwirksames Glykosid*) mit starker biol. Wirkung. **Vork.:** in Corchorus-Arten, z.B. Corchorus* capsularis.

Corchorus capsularis L.: Rundkapseljute; Fam. Tiliaceae (heim. Indien, Tropen, v.a. Vorderindien, vielfach kult.) u.a. Corchorus-Arten (z.B. Corchorus* olitorius) sind Stpfl. von Jute*. Das fette Öl aus den Samen, das Jutesamenöl, wird als Speise- u. Brennöl verwendet. Die Samen enthalten Cardenolide, z.B. Corchorosid* A.

Corchorus olitorius L.: Langkapseljute, Naltajute; Fam. Tiliaceae (Indien, Tropen); wie Corchorus* capsularis Stpfl. von Jute*. Die Samen enthalten Cardenolide, z.B. Corchorosid* A.

Cordes® Basis: flüss. Rezepturgrundlage; Lösungsmittel für zahlreiche in der Dermatologie angewandte Wirkstoffe. Hervorragende Hautverträglichkeit, gute Verstreichbarkeit, schnelles Einzugsvermögen u. leicht adstringierende Eigenschaften. **Zstzg.**: Isopropanol, Propylenglykol, Fettsäurealkylolamid, Emulgatoren vom Typ der Polysorbate*, Farbpigmente, Cellulosederivate, Geruchskorrigenzien, entmineralisiertes Wasser. Keine Konservierungsmittel u. Antioxidanzien.

Cordierit: s. Glas (Glaskeramiken).

Corepressor: niedermolekulare Verbindung, die sich bei der genet. Regulation mit einem Repressorprotein verbindet u. dadurch dessen allosterische Umwandlung bewirkt. Dies führt zur Bindung des C.-Repressor-Komplexes an den zugehörigen Operator, wodurch die Transkription der entspr. Gene verhindert wird.

Coriandrum sativum L.: Koriander, Wanzendill; Fam. Apiaceae (Umbelliferae) (heim. Mittelmeergebiet, kult. hauptsächl. in Deutschland, Russland, Ungarn, Bessarabien); die frische Pfl. riecht nach Wanzen, wofür Tridecen-(2)-al(1) verantwortl. ist. Die Varietäten vulgare Alef. (var. macrocarpum D.C.) u. microcarpum D.C. sind Stpfl. von **Coriandri fructus:** Fructus Coriandri, Koriander. **Off.**: Ph.Eur.4, ÖAB90; **Inhaltsst.**: 0.2-1 % äther. Öl (Ph.Eur.: mind. 0.3 %, ÖAB90: mind. 0.5 %), 13-20 % fettes Öl, Zucker, Eiweiß, Gerbstoff, Vitamin C; **Wirk.**: spasmolyt., blähungstreibend, verdauungsfördernd; **Anw.**: bei Appetitlosigkeit, dyspept. Beschwerden; Gewürz. **Oleum Coriandri:** Korianderöl; das äther. Öl der Korianderfrüchte. **Best.**: D-Linalool* (60-70 %), Geraniol*, Cymol*, L-Borneol*, α- u. β-Pinen*, α- u. γ-Terpinen, Phellandren u.a.; **Anw.**: wie Fruct. Coriandri.

Cori-Ester: s. Glucose-1-phosphat.

Cori-Zyklus: Glucose-Lactat-Zyklus; bei starker Muskelarbeit wird die aus Muskelglykogen frei werdende Glucose durch Glykolyse bis zu Pyruvat abgebaut, das anaerob zu Lactat umgesetzt wird. Über die Blutbahn erreicht Lactat die Leber u. wird dort zu Pyruvat u. schließl. zu Glucose umgewandelt. Die Glucose gelangt über das Blut zum Skelettmuskel, der unter erneuter Bildung von Lactat ATP zur Energiegewinnung bildet. Mit dem C.-Z. übernimmt die Leber einen Teil der Stoffwechsellast des Muskels.

Cormobionta: Kormophyten, Sprosspflanzen; Sammelbez., die sich vom Kormus ableitet, dem in Sprossachse, Blätter u. Wurzel gegliederten Vegetationskörper der Sprosspflanzen.

Cormus: s. Kormus.

Cormus Colchici: s. Colchicum autumnale.

Cornu Cervi raspatum: Hirschhorn. **Anw.**: früher als Gallerte (heute durch Gelatine ersetzt), als Blumendünger.

Corolle: (bot.) Gesamtheit der Bütenblätter, s. Blüte.

Coronate: s. Kronenverbindungen.

Corpora lutea siccata: s. Organtherapeutika.

Corpusculum: Körperchen; z.B. Corpuscula sanguinis: Blutkörperchen.

Corpus luteum: Gelbkörper, der am Ovarium (Eierstock) aus dem gesprungenen Follikel entsteht (s. Menstruationszyklus) u. das **Corpus-luteum-Hormon** (Progesteron*) produziert. Vgl. Hormone (Hypophysenvorderlappen), Hormone (Plazentahormone), Hormone (Gestagene), Organtherapeutika.

Correllogenin: Steroidsapogenin, Strukturformel s. Saponine (Tab. 2).

Corrigentia: Korrigenzien; geschmackverbessernder Zusätze zu einer Arznei.

Corrinoide: veralteter Sammelname der Vitamin-B_{12}-Gruppe; s. Vitamine (Vitamin B_{12}).

corrosivus: f: corrosiva, n: corrosivum; ätzend.

Cortex: **1.** (bot.) Rinde*; derjenige Teil der Sprossachse u. der Wurzeln von Diktoylen mit sekundärem Dickenwachstum, der außerhalb des Kambiums* liegt. **2.** (anat.) Rindenschicht von Organen, z.B. Großhirnrinde, Kleinhirnrinde, Nierenrinde, Nebennierenrinde.

Cortex Alni: s. Alnus glutinosa.

Cortex Alstoniae constrictae: s. Alstonia constricta.

Cortex Alstoniae scholaris: s. Alstonia scholaris.

Cortex Andirae inermis: s. Andira inermis.

Cortex Angosturae: s. Galipea officinalis.

Cortex Aurantii fructus: s. Citrus aurantium ssp. aurantium.

Cortex Aurantii fructus dulcis: s. Citrus sinensis.

Cortex Berberidis radicis: s. Berberis vulgaris.

Cortex Betulae: s. Betula pendula.

Cortex Cacao: s. Theobroma cacao.

Cortex Calotropidis radicis: s. Calotropis gigantea.

Cortex Canellae albae: s. Canella winterana.

Cortex Cascarae amargae: s. Picramnia antidesma.

Cortex Cascarae sagradae: s. Rhamnus purshiana.

Cortex Cascarillae: s. Croton eluteria.

Cortex Castaneae equinae: s. Aesculus hippocastanum.

Cortex Ceanothi radicis: s. Ceanothus americanus.

Cortex Chinae: s. Cinchona pubescens.

Cortex Chinae calisayae: s. Cinchona officinalis.

Cortex Chinae flavae: s. Cinchona officinalis.

Cortex Chinae fuscae: s. Cinchona officinalis.

Cortex Chinae succirubrae: s. Cinchona pubescens.

Cortex Chionanthi virginici radicis: s. Chionanthus virginicus.

Cortex Cinnamomi cassiae: s. Cinnamomum aromaticum.

Cortex Cinnamomi sinensis: s. Cinnamomum aromaticum.

Cortex Cinnamomi zeylanici: s. Cinnamomum verum.

Cortex Citri fructus: s. Citrus limon.

Cortex Comocladiae: s. Comocladia dentata.

Cortex Condurango: s. Marsdenia condurango.

C

Cortex Copalchi: s. Croton niveus.
Cortex Coryli avellanae: s. Corylus avellana.
Cortex Coto: s. Aniba coto.
Cortex Crotonis: s. Croton eluteria.
Cortex Cuspariae: s. Galipea officinalis.
Cortex Dictamni radicis: s. Dictamnus albus.
Cortex Ditae: s. Alstonia scholaris.
Cortex Eluteriae: s. Croton eluteria.
Cortex Erythrophlei: s. Erythrophleum suaveolens.
Cortex Evonymi atropurpureae: s. Euonymus atropurpurea.
Cortex Frangulae: s. Rhamnus frangula.
Cortex Fraxini: s. Fraxinus excelsior.
Cortex Geoffroyae: s. Andira inermis.
Cortex Gossypii radicis: s. Gossypium.
Cortex Granati: s. Punica granatum.
Cortex Granati fructum: s. Punica granatum.
Cortex Hamamelidis: s. Hamamelis virginiana.
Cortex Harongae: s. Harungana madagascariensis.
Cortex Hippocastani: s. Aesculus hippocastanum.
Cortex Holarrhenae antidysentericae: s. Holarrhena pubescens.
Cortex Juglandis cinereae: s. Juglans cinerea.
Cortex Juglandis fructus: s. Juglans regia.
Cortex Juglandis regiae nucum: s. Juglans regia.
Cortex Lapacho: s. Tecoma lapacho.
Cortex Mezerei: s. Daphne mezereum.
Cortexon: s. Desoxycorton.
Cortex Paracoto: s. Aniba pseudocoto.
Cortex Phaseoli: s. Phaseolus vulgaris ssp. vulgaris var. vulgaris.
Cortex Piri mali fructus: s. Malus domestica.
Cortex Piscidiae erythrinae: s. Piscidia piscipula.
Cortex Piscidiae radicis: s. Piscidia piscipula.
Cortex Platani: s. Platanus hispanica.
Cortex Pruni padi: s. Prunus padus.
Cortex Pruni virginianae: s. Prunus serotina.
Cortex Punicae granati: s. Punica granatum.
Cortex Pygei africani: s. Pygeum africanum.
Cortex Quebracho: s. Aspidosperma quebracho-blanco.
Cortex Quercus: s. Quercus robur.
Cortex Quercus ad usum veterinarium: s. Quercus robur.
Cortex Quercus suber: s. Quercus suber.
Cortex Quillajae: s. Quillaja saponaria.
Cortex Rhamni purshiani: s. Rhamnus purshiana.
Cortex Rhois aromaticae radicis: s. Rhus aromatica.
Cortex Salicis: s. Salix-Arten.
Cortex Sambuci: s. Sambucus nigra.
Cortex Sassafras radicis: s. Sassafras albidum var. molle.
Cortex Sassy: s. Erythrophleum suaveolens.
Cortex Simaroubae radicis: s. Simarouba amara.
Cortex Suberis: s. Quercus suber.
Cortex Syzygii cumini: s. Syzygium cumini.
Cortex Syzygii jambolani: s. Syzygium cumini.
Cortex Tabebuiae: s. Tabebuia impetiginosa.
Cortex Tabernaemonantanae: s. Alstonia scholaris.
Cortex Tsugae: s. Tsuga canadensis.
Cortex Ulmi: s. Ulmus minor.
Cortex Viburni opuli: s. Viburnum opulus.
Cortex Viburni prunifolii: s. Viburnum prunifolium.
Cortex Winteranus verus: s. Drimys winteri.
Cortex Xanthoxyli: s. Zanthoxylum fraxineum.
Cortex Yohimbehe: s. Pausinystalia johimbe.
Corticoide: Kurzform für Corticosteroide*.
Corticosteroide: Kortikosteroide; physiolog. Steroidhormone der Nebennierenrinde mit ihren Untergruppen: Gluco-, Mineralo-, Androcorticosteroide; s. Hormone (Nebennierenrindenhormone).
Corticosteron: nat. Glucocorticoid; s. Hormone (Nebennierenhormone).
Corticotropin INN: syn. Corticotrophin, Corticotropinum Ph.Eur., adrenocorticotropes Hormon (Abk. ACTH), Adrenocorticotropin; CAS-Nr. 9061-27-2. Peptidhormon, vgl. Hormone (HVL); hygroskop. Pulver od. Flocken. **Gew.:** aus den HVL von Schweinen, Aktivität mind. 70 I.E./mg; **Wirk.:** spezif. auf die Nebennierenrinde, die zu vermehrter Produktion u. Sekretion von Glucocorticoiden angeregt wird; Fehlen dieses Hormons führt zu Atrophie der Nebennierenrinde; p. o. ist es unwirksam, da es durch Trypsin zerstört wird. **Anw.:** Nebennierenrindeninsuffizienz; Ind.: u. a. akuter u. chron. Gelenkrheumatismus, chron. Polyarthritis, Multiple Sklerose, Asthma bronchiale, anaphylakt. Schock, vgl. Cortison; **Kontrind.:** Tbc, Poliomyelitis; **Dos.:** parenteral i. m. Injektion 60 I.E. auf 4-6 ED verteilt, nach 2-3 Tagen Dos. abbauen; Depotinjektion i. m. 1×20 I.E./d; Infusion i. v. 200 I.E. zu diagnost. Zwecken; HWZ 0.2 h. Hingewiesen sei auch auf **Corticotropin zur Injektion**: Corticotropinum ad iniectabile, Corticotropini solutio iniectabilis; **Corticotropinhexaacetat** u. **Corticotropin-Zinkhydroxid-Injektionssuspension**: Corticotropini Zinci hydroxidi suspensio iniectabilis; vgl. Tetracosactid (Corticotropin, Aminosäuren 1-24); vgl. Tosactid (Corticotropin, Aminosäuren 1-28).
Corticotropini solutio iniectabilis: s. Corticotropin.
Corticotropini zinci hydroxidi suspensio iniectabilis: s. Corticotropin.
Corticotropinum ad iniectabile: s. Corticotropin.
Cortisol: s. Hydrocortison.
Cortison INN: 17-Hydroxy-11-dehydrocorticosteron; CAS-Nr. 53-06-5. Schmp. 220-224 °C (polymorph). Glucocorticoid der Nebennierenrinde, vgl. Hormone. Farblose Kristallblättchen; lösl. in Ethanol, Aceton, Methanol, wenig lösl. in Ether, Benzol, Chloroform; sehr schwer lösl. in Wasser. **Gew.:** aus Rindern; halbsynthet. gewonnen aus Sarmentogenin (s. Strophanthus sarmentosus); **Wirk.:** C. wird in der Leber zum biol. wirksamen Hydrocortison* (Cortisol) metabolisiert; **Anw.:** Substitutionsther. bei primärer (Morbus Addison) u. sekundärer NNR-Insuffizienz; ferner in Ophthalmika, früher oft bei entzündl. u. allerg. Erkrankungen wie akutem u. chron. Gelenkrheumatismus, Asthma bronchiale. Aufgrund der ausgeprägten mineralocorticoiden UAW (Na-Retention) werden heute synthet. Corticosteroide bevorzugt. **Dos.:** in der Substitutionsther. p. o. 25-50 mg/d; HWZ 0.5-2 h; **Gesch.:** entdeckt 1935 von Edward Calvin Kendall; Totalsynthese 1952 in USA. Hingewiesen sei auch auf Cortisonacetat*.

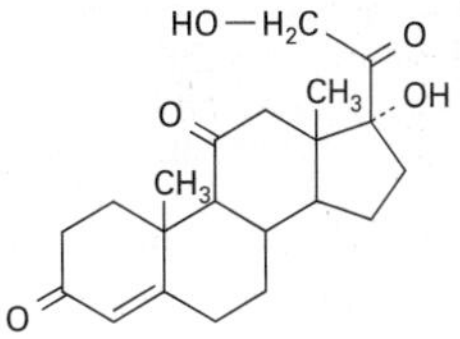

Cortison

Cortisonacetat: Cortisoni acetas Ph.Eur., Cortisonum aceticum; 21-Acetoxy-17α-hydroxy-4-pregnen-3,11,20-trion; CAS-Nr. 50-04-4; $C_{23}H_{30}O_6$, M_r 402.5. Schmp. ca. 240 °C (unter Zers.). $[\alpha]_D^{20\,°C}$ +209 bis +217° (c=1.0 in Dioxan). Farblose bis schwach gelbl. Kristalle od. krist. Pulver; leicht lösl. in Chloroform, wenig lösl. in Ethanol, Aceton, fetten Ölen, sehr schwer lösl. in Ether, fast unlösl. in Wasser. **Inkomp.:** Oxidationsmittel, Säuren u. Basen; **Anw.:** s. Cortison.

Cortisonum aceticum: s. Cortisonacetat.

Corydalin: 2,3,9,10-Tetramethoxy-13α-methyl-13-$\alpha\beta$-berbin; $C_{22}H_{27}NO_4$; M_r 369.44; Schmp. 135 °C (D-Form); Isochinolinalkaloid aus Corydalis-Arten, z.B. Corydalis* cava; schwach narkot. wirkend, in größeren Dosen lähmend auf das Rückenmark.

Corydalis cava (L. emend. Mill.) Schweigg. et Koerte: Corydalis tuberosa DC., Hohler Lerchensporn; Fam. Papaveraceae (od. Fam. Fumariaceae, da milchsaftfrei), (Europa, Nordamerika). Stpfl. von **Rhizoma Corydalidis:** Radix Aristolochiae cavae, Lerchenspornwurzel. **Inhaltsst.:** die Alkaloide Corydalin*, Corybulbin, Isocorybulbin, Corypalmin, Isocorypalmin (Corydalingruppe); Bulbocapnin*, Corydin, Isocorydin, Corytuberin (Bulbocapningruppe); Corycavin (Methylprotopin, wirkt blutdrucksenkend u. erregend auf motor. Zentren), Corycavidin, Corycavamin (Protoniumgruppe) sowie noch eine Anzahl weiterer Alkaloide wie Dehydrocorydalin, D-Tetrahydropalmatin, D-Canadin, Glaucin* u.a. (Gesamtalkaloidgeh. der trockenen Knollen ca. 5-6%); gelber Farbstoff; **Anw.** volkstüml.: äußerl. z.B. bei schlecht heilenden Wunden u. Geschwüren; innerl. bei Eingeweidewürmern, Menstruationsstörungen.

Corydalis formosa: Dicentra canadensis; Fam. Fumariaceae (bzw. Fam. Papaveraceae) (heim. in Nordamerika). **Inhaltsst.:** neben Bulbocapnin* ähnl. od. die gleichen Alkaloide wie Corydalis* cava.

Hom: *Corydalis formosa:* frischer Wurzelstock.

Corylus avellana L.: Corylus silvestris Salisb., Haselnußstrauch, Waldhaselstrauch; Fam. Betulaceae (in ganz Europa heim. u. kult., bes. in der Türkei). Stpfl. von **Folia Coryli avellanae:** Haselnußblätter. **Inhaltsst.:** 0.04% äther. Öl, Saccharose, Taraxerol, Flavonoide, Gerbstoffe; **Anw.** volkstüml.: z.B. bei Varizen, Schwellungen in den Beinen, Dermatosen. **Cortex Coryli avellanae:** Haselnußrinde, (engl.) *hazel bark.* **Inhaltsst.:** äther. Öl, Gerbstoff, Phlobaphene, Harzsäuren; **Anw.** volkstüml.: wie Cortex Hamamelidis. **Oleum Coryli avellanae:** Haselnußöl; das fette Öl der Haselnußkerne (ca. 85% Ölsäureglycerinester, ca. 10% Palmintinsäureglycerinester. **Anw.:** Speiseöl, in der Bäckerei, in der Kosmetik, u.a. zur Seifenfabrikation.

Corynanthein: s. Pausinystalia johimbe.

Corynanthe johimbe: s. Pausinystalia johimbe.

Corynebacteriaceae: Familienbez. für grampositive Stäbchen der Gattung Corynebacterium*, Listeria* u. Erysipelothrix.

C

Corynebacterium: Korynebakterien; Gattung grampositiver, nicht sporenbildende Stäbchen, pleomorph, häufig mit keulenförmiger Verdickung. Med. relevante C.: C.* diphtheriae, C. pyogenes, C. diphteroides, C. pseudodiphthericum, C. acnes (Propionibacterium acnes, Aknebakterien); tierpathogen: C. pyogenes, C. murisepticum, C. renale, C. bovis.

Corynebacterium diphtheriae: syn. Bacterium diphtheriae, Diphtherie-Bacillus; Erreger der Diphtherie*, von Löffler 1884 entdeckt, grampositives keulenförmiges Stäbchen, enthält Polkörperchen. Die Erkrankung wird durch ein Exotoxin ausgelöst, das aus Fragment A u. B besteht u. durch Formaldehyd in ein Toxoid verwandelt werden kann, das zur Impfung u. Herst. von antitox. Serum verwendet wird.

Coryza: s. Rhinitis.

Cosmide: spezielle Klonierungsvektoren, die aus dem Genom des Bakteriophagen Lambda abgeleitet wurden u. für die Klonierung längerer DNA-Fragmente (bis zu 45) als Vektoren dienen.

Cosoltrim: Mischung von Sulfametrol* u. Trimethoprim*, üblicherweise 5:1. **Wirk.:** inf. gegenseitige Wirkungsverstärkung der bd. Komponenten bakterizid (vgl. Chemotherapeutika); **Anw.:** Infektionen des Hals-, Nasen-, Ohrenbereiches, der Nieren u. Harnwege, der Haut u. des Magen-Darm-Traktes; **UAW:** Übelkeit, Erbrechen, Kopfschmerzen, allerg. Reaktionen (Juckreiz, Hautrötungen); **Kontraind.:** Sulfonamid- u. Trimethoprimüberempfindlichkeit, Schwangerschaft, Stillzeit, schwere Leber- u. Nierenschäden, tox. Lungen- u. Hirnödem; **Dos.:** p.o. 0.16 g Trimethoprim, 0.8 g Sulfametrol.

Costa (lat.): Rippe, i.d.R. 12 paarige Knochen, die Best. des Brustkorbs sind.

cost-benefit analysis: s. Pharmakoökonomie (Tab.).

cost-effectiveness analysis: s. Pharmakoökonomie (Tab.).

Costunolid: Sesquiterpenlacton, s. Laurus nobilis (Strukturformel s. Abb.). Ferner enthalten z.B. in Liriodendron* tulipifera u. Saussurea lappa C.B. Clarke (Kostuspflanze, Fam. Asteraceae).

Costus dulcis: s. Canella winterana.

cost-utility analysis: s. Pharmakoökonomie (Tab.).

Cotarnin: Cotarninium, Methoxyhydrastinin; $C_{12}H_{15}NO_4$. Spaltprodukt des Noscapin*; nur in Salzen verwendet.

Cotarninchlorid: s. Cotarninhydrochlorid.

Cotarninhydrochlorid: Cotarninium chloratum, Cotarninchlorid; $C_{12}H_{14}ClNO_3 \cdot 2\,H_2O$. Gelbes, krist. Pulver, leicht lösl. in Wasser u. Ethanol. **Off.:** DAB6, ÖAB81; **Anw.** med.: blutstillendes Mittel bei Uterusblutungen, vgl. Hydrastininhydrochlorid; **Dos.:** MED 0.1 g, MTD 0.3 g.

Cotarninium: s. Cotarnin.

Cotarninium chloratum: s. Cotarninhydrochlorid.

Cotetroxazin: Mischung von Sulfadiazin* u. Tetroxoprim* (üblicherweise 2.5:1). **Anw.:** Chemotherapeutikum* mit bakterizider Wirk.; Ind.: Haut- u. Atemweginfekte; **UAW:** s. Cosoltrim; **Dos.:** p. o. 0.2 g Tetroxoprim u. 0.5 g Sulfadiazin.

C

Cotoin: Cotoinum verum, Kotoin; 2,6-Dihydroxy-4-methoxy-benzophenon; CAS-Nr. 479-21-0; $C_{14}H_{12}O_4$; M_r 244.3; Schmp. 130-131 °C; polymorph, gelbe Kristalle, lösl. in Ethanol, Ether, Chloroform, sehr schwer lösl. in Wasser; Inhaltsst. der Echten Kotorinde (s. Aniba coto).

Cotorinde, Echte: s. Aniba coto.

Cotrifamol: 5:1-Kombination aus Sulfamoxol* u. Trimethoprim*. **Anw.:** Chemotherapeutikum* mit bakterizider Wirkung; **UAW:** s. Cosoltrim; **Dos.:** p. o. 0.16 g Trimethoprim u. 0.8 g Sulfamoxol.

Cotrimazin: Kombination von Sulfadiazin* u. Trimethoprim*. **Anw.:** Chemotherapeutikum* mit bakterizider Wirkung; **UAW:** s. Cosoltrim; **Dos.:** 0.18 g Trimethoprim u. 0.82 g Sulfadiazin.

Cotrimoxazol: 5:1-Kombination von Sulfamethoxazol* u. Trimethoprim*, die am Wirkungsort optimale Verhältnis von 20:1 garantiert. **Anw.:** Chemotherapeutikum*; Ind.: Harnweginfekte, Atemweginfekte (auch Pneumocystis-carnii-Pneumonie, s. Antiprotozoenmittel); **UAW:** s. Cosoltrim; **Dos.:** p. o. 0.32 g Trimethoprim u. 1.6 g Sulfamethoxazol.

Cotton-Effekt: s. ORD.

Cottonöl: s. Gossypium.

Coulomb (Charles Augustin de Coulomb, franz. Physiker, 1736-1806): Symbol C; abgeleitete SI-Einheit* der Elektrizitätsmenge: $1\,C = 1\,A \cdot s$, d. h. in einer Sek. fließt bei der Stromstärke 1 Ampere die Elektrizitätsmenge von 1 C. Beispiel: 1 C scheidet aus einer wässrigen $AgNO_3$-Lsg. 1.118 mg Ag ab. $1\,C = 6.24 \cdot 10^{18}$ Elektronen.

Coulomb-Energie: s. Coulomb-Kräfte.

Coulomb-Gesetz: s. Coulomb-Kräfte.

Coulomb-Kräfte: elektrostat. Abstoßungskräfte zw. Ladungen mit gleichem Vorzeichen od. Anziehungskräfte zw. Ladungen mit entgegengesetztem Vorzeichen für die das Coulomb-Gesetz gilt. Eine wichtige Rolle spielen die C. bei der Ionenbindung; s. Bindung, chem.; Bindungskräfte, intermolekulare. **Coulomb-Gesetz**: beschreibt, die Kraft die zw. zwei punktförmigen Ladungen q_1,q_2 herrscht, die den Abstand r besitzen.

$F_c = q_1 \cdot q_2 / (4 \cdot \pi \cdot \varepsilon_0 \cdot r^2)$

F_c Coulomb-Kraft, ε_0 elektrische Feldkonstante $= 8.85 \cdot 10^{-12}\,C^2 N^{-1} m^{-2}$.

Coulomb-Energie: nähert man zwei Ladungen q_1 u. q_2 vom Abstand $r = \infty$ bis auf den Abstand $r = r$, muss man die Coulomb-Energie $E_c = q_1 \cdot q_2 / (4 \cdot \pi \cdot \varepsilon_0 \cdot r)$ aufwenden bzw. diese wird freigesetzt.

Coulometrie: Verfahren der Maßanalyse*, bei dem das Reagens für die Titration elektrolyt. erzeugt wird (vgl. Karl-Fischer-Titration). Der Stromverbrauch gilt als Maß für die Titration. Die Basis dafür liefert das Faraday-Gesetz:

$m = {}^{M \times Q}/_{(z \times F)}$

m = Masse der Substanz in g, M = molare Masse in g/mol, Q = gemessene Elektrizitätsmenge in C (s. Coulomb), z = Zahl der ausgetauschten Elektronen, F = Faraday-Konstante = 96 485 C/mol; **Bedingungen:** konstante Spannung od. Stromstärke u. quantitative Stromausbeute der Elektrolyse; Reagens muss mit der zu bestimmenden Substanz eine stöchiometr. Reaktion eingehen.

Coulter-Counter-Verfahren: Impulsverfahren; elektron. Verfahren zur Korngrößenanalyse* od. zur Zählung von Blutkörperchen (vgl. Zählkammer). Eine elektrolythaltige wässrige Suspension mit dem zu untersuchende Teilchengemisch wird in der Messzelle kontinuierl. mit definiertem Volumen durch eine Mikrobohrung (Düse) gepumpt (s. Abb.). Der elektr. Widerstand der Düse in einem mit Elektroden auf beiden Seiten der Bohrung aufgebauten elektr. Feld hoher Stärke ändert sich kurzzeitig (Spannungsimpuls) beim Durchgang eines Teilchens inf. der Querschnittsänderung, u. zwar proportional dem Teilchenvolumen. Die unterschiedl. Größe der Spannungsimpulse (abhängig vom Teilchenvolumen u. eingestelltem Schwellenwert) u. deren Anzahl werden registriert. Durch Veränderung des Schwellenwertes ist eine Korngrößenanalyse möglich.

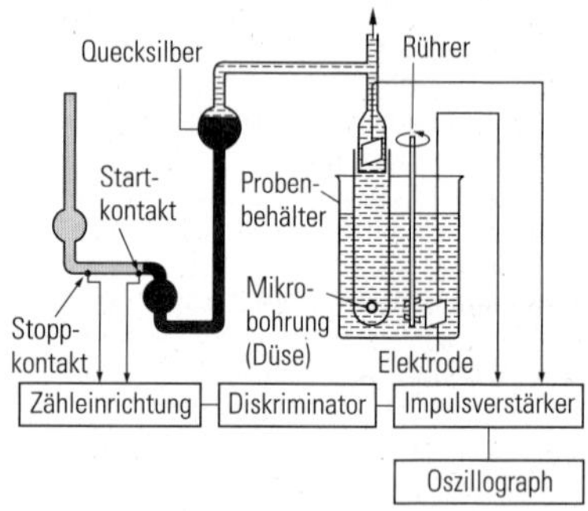

Coulter-Counter-Verfahren

Coumafos INN: *O,O*-Diethyl-*O*-(3-chlor-4-methyl-7-cumarinyl)-thiophosphat; CAS-Nr. 56-72-4; $C_{14}H_{16}ClO_5PS$, M_r 362.78; Schmp. 91 °C; polymorph. Prakt. unlösl. in Wasser, wenig lösl. bis lösl. in org. Lösungsmitteln. **Wirk.** u. **Anw.:** Schädlingsbekämpfungsmittel*, Phosphorsäureester mit insektizider u. anthelmint. Wirk.; zum Nachw. u. zur Diagnose der Varroatose* bei Bienen (in trachtfreier Zeit anzuwenden).

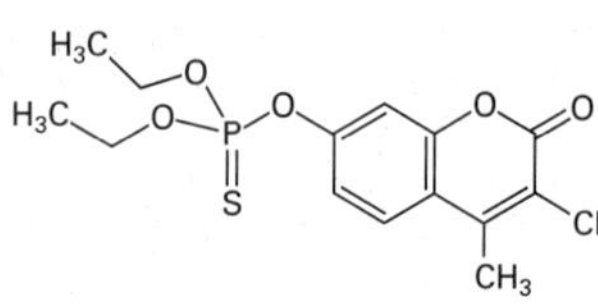

Coumafos

Coumamycin: s. Gyrasehemmer.

COX: Abk. für **C**ycloo**x**ygenase*.

Coxsackie-Viren: Gruppe der Enteroviren* (RNA-Viren), weltweit verbreitet, Subgruppen A u. B. C.-V. verursachen z. B. fieberhafte Allgemeininfektionen, abakterielle Meningitis, Sommergrippe, Myokarditis, Perikarditis, Herpangina u. Hand-Fuß-Mund-Krankheit.

Cozymase: veraltet für Nicotinamid-adenin-dinucleotid (s. NAD).

cp: Abk. für (engl.) *chromatographically purified*, chromatographisch gereinigt; z. B. als Zusatz zu Handelsnamen wie Intraglobin® CP.

cP: Abk. für chron. Polyarthritis; s. Arthritis, rheumatoide.

Cp: (chem.) Symbol für Cassiopeium; frühere Bez. für das Lanthanoid Lutetium*.

CPC: Abk. für Cetylpyridiniumchlorid*.

CPD-Stabilisatorlösung: Stabilisator* für Blutkonserven, bestehend aus Natriumcitrat, Citronensäure, Natriumbiphosphat, Dextrose u. Wasser. Zstzg: Ph.Eur.4, 26.3 g Natriumcitrat (Dihydrat), 3.27 g Citronensäure-Monohydrat od. 2.99 g wasserfreie Citronensäure, 25.5 g Glucose-Monohydrat od. 23.2 g wasserfreie Glucose, 2.51 g Natriumdihydrogenphosphat-Dihydrat, Wasser für Injektionszwecke zu 1000 mL; pH 5.0-6.0. Zur Herst. der Blutkonserven werden 100 mL Blut mit 14.0 mL CPD-St. vermischt. Durch Zusatz von Purinbasen (z. B. Adenin) wird die Lagerungsfähigkeit der Blutkonserven erhöht, s. SAGM-Additivlösung, PAGGS-M, Blutersatz.

C_3-Pflanzen: C3-Pflanzen, Calvin-Pflanzen; grüne Pflanzen, die als Primärprodukte der CO_2-Fixierung C_3-Körper bilden. Diese Reaktion wird durch Ribulose*-1,5-diphosphatcarboxylase katalysiert:
Ribulose-1,5-diphosphat + CO_2 $\rightarrow$ 2 3-Phosphoglycerinsäure
Die 3-Phosphoglycerinsäure wird durch die Produkte der Lichtreaktionen, ATP u. NADPH, zu 3-Phosphoglycerinaldehyd reduziert, das über die Reaktionen des Calvin*-Zyklus umgesetzt wird. Der Großteil der grünen Pflanzen besteht aus C_3-Pflanzen.

C_4-Pflanzen: C4-Pflanzen; grüne Pflanzen, die als Primärprodukte der CO_2-Fixierung C_4-Körper, wie Oxalacetat, Aspartat u. Malat bilden. Das Carboxylierungsenzym ist Phosphoenolpyruvatcarboxylase, die Phosphoenolpyruvat zu Oxalacetat carboxyliert; s. Hatch-Slack-Kortschak-Zyklus. C_4-Pflanzen haben daneben den Calvin*-Zyklus. C_4-Reaktionen laufen in trop. Gräsern u. dikotylen Pfl. ab, die sich dem heißen u. trockenen Klima anpassen müssen. C_4-Pfl. schließen während der heißen Tageszeit die Spaltöffnungen, um einen zu großen Wasserverlust zu verhindern. Dies begrenzt die CO_2-Verfügbarkeit auf die Mesophyllzellen. Die Affinität der Phosphoenolpyruvatcarboxylase zu CO_2 ist wesentl. höher als die der Ribulose-1,5-diphosphatcarboxylase, des primären Enzyms des Calvin-Zyklus. C_4-Pflanzen können auch bei geschlossenen Spaltöffnungen eine effektive Photosynthese durchführen; vgl. Säurerhythmus, diurnaler.

CPMP: Abk. für (engl.) *Committee for Proprietary Medicinal Products;* EG-Ausschuss für Arzneispezialitäten; Gremium der EMEA*. Das CPMP setzt sich aus Mitgliedern der nationalen Arzneimittelbehörden zusammen u. arbeitet mit externen Gutachtern zusammen. Es tagt einmal im Monat u. erarbeitet wissenschaftl. Beurteilungen für sämtl. humanmed. Arzneimittel, insbes. für jene, die gentechn. produziert werden.

Cr: (chem.) Symbol für Chrom*.

Crack: Ausdruck der sog. Drogenszene für Rauschgift (Suchtgift), das aus Cocain (Base) besteht u. mit Tabak gemischt auch geraucht wird.

cracken (engl. to crack spalten): kracken; gebräuchl. Begriff in der Petrochemie* für die Spaltung größerer Moleküle in kleinere Bruchstücke unter Anw. von Temp., Druck u./od. Katalysatoren.

Cramer-Schiene: s. Schiene.

Cram-Regel: ein nucleophiler Angriff an einer Carbonylgruppe, z. B. Aldehyde* od. Ketone*, findet bevorzugt an der Seite des kleinsten Substituenten statt, am Ort der geringsten sterischen Hinderung; s. Addition, nucleophile; vgl. prochiral.

Cranium (gr. Schädel): der knöcherne Schädel. Cranialis: zum Schädel gehörend.

crassinucellat: s. Samenanlage.

Crataegus-Arten: Weißdorn, Maidorn, Hagedorn, Mehldorn; Fam. Rosaceae (heim. Europa bis Mittelskandinavien u. Südfinnland, kult. in Amerika); u. a. folgende Arten kommen für die Blatt-, Blüten- u. Frucht-Drogen in Frage: **1.** Crataegus laevigata (Poir.) DC. (C. oxyacantha L.), Zweigriffeliger Weißdorn; **2.** Crataegus monogyna Jaqu. emend. Lindman, Eingriffeliger Weißdorn; **3.** Crataegus azarolus L., Azaroldorn; **4.** Crataegus nigra Waldst. et Kit., Schwarzfrüchtiger Weißdorn; **5.** Crataegus pentagyna Waldst. et Kit. ex Willd., Fünfgriffeliger Weißdorn. Stpfl. von **Crataegi folium cum flore:** Folia Crataegi cum floribus, Folium Crataegi cum flore, Herba Crataegi, Weißdornblätter mit Blüten; die getrockneten, bis ca. 7 cm langen, blühenden Zweigspitzen aller oben genannten Arten (nach Ph.Helv.7 nur die von C. laevigata u. C. monogyna). **Off.:** Ph.Eur.4, ÖAB90, Ph.Helv.7; **Inhaltsst.:** insgesamt ca. 1-2 % Flavonoide (nach Ph.Eur.4 mind. 1.5 %, nach ÖAB90 mind. 0.7 %, ber. als Hyperosid), v. a. Flavonglykoside, insbes. mit Quercetin als Aglykon (Rutin, Hyperosid); ferner Flavonglykosile (Flavon-C-glykoside), nach Ph.Helv.7 mind. 0.6 %, ber. als Vitexin (Apigenin-8-C-glucosid); oligomere Procyanidine (vermutl. Hauptwirkstoffe), auch als Pycnogenole od. Leukoanthocyanidine bezeichnet, wie ein dimeres, C4-C8-verknüpftes Epicatechin (als B-2 bezeichnet), ferner Catechine, Epicatechin, Epicatechingerbstoffe; Crataegussäure (Triterpensäuregemisch, mit Ursol-, Oleanol- u. Crataegolsäure, Strukturformeln s. Saponine); Phenolcarbonsäuren (Kaffeesäure, Chlorogensäure); biogene Amine, darunter u. a. Guanin, Adenin; **Wirk.:** verbessert die Myokard- u. die Koronardurchblutung; positiv inotrop, kardioprotektiv, antiarrhythmisch, Senkung des peripheren Gefäßwiderstandes; **Anw.:** Ind. bei nachlassender Leistungsfähigkeit des Herzens (Stadium II nach NYHA, s. Herzinsuffizienz), wenn andere Maßnahmen (z. B. Digitalisierung) noch nicht erforderl. sind; **Zuber.:** Crataegi folii cum flore extractum siccum Ph.Eur.4.03: Weißdornblätter- mit -blütentrockenextrakt, der aus Weißdornblättern mit Blüten hergestellte Trockenextrakt; Geh.: mind. 2.5 % Flavonoide, ber. als Hyperosid. **Crataegi flos:** Flores Crataegi, Flores Crataegi oxyacanthae, Weißdornblüten, Hagedornblüten. **Off.:** DAC; **Inhaltsst. und Geh.:** s. oben. **Folia Crataegi:** Weißdornblätter; sind ebenfalls im Handel. **Anw. und Inhaltsst.:** s. oben. **Crataegi fructus:** Fructus Crataegi, Fructus Crataegi oxyacanthae, Weißdornbeeren, Mehlbeeren; stammen v. a. von C. laevigata u./od. C. monogyna od. ihren Bastarden. **Off.:** Ph.Eur.4; **Inhaltsst.:** wie Weißdornblätter mit Blüten, nach Ph.Eur. mind. 1.0 % Procyanidine (ber. als Cyanidinchlorid), daneben finden sich andere Gerb- u. Farbstoffe sowie Vitamine; **Anw.:** wie die Blatt- u. Blütendrogen, enterale u. parenterale Darreichungsformen.

Hom: *Crataegus (HAB1.4):* frische, reife Früchte von C. laevigata; verord. z. B. bei Hypotonie, Altersherz, funktionellen Herzbeschwerden.

C-reaktives Protein: Abk. CRP; Akute*-Phase-Protein, das in Gegenwart von Calciumionen in vitro mit dem C-Polysaccharid (C-Substanz) der Pneumokokken zu einem Präzipitat reagiert. Serum-Konz. des CRP ist v. a. bei entzündl. od. mit Gewebezerfall einhergehenden Prozessen erhöht. CRP tritt im Serum als cycl. Pentamer auf. Es wirkt als Bakteriotropin* u. aktiviert die Komplementkaskade (vgl. Komplement).

Credé-Lösung: 1 %-ige Silbernitratlösung zur Credé*-Prophylaxe, vgl. Augentropfen (Silberacetat-Augentropfen). **Anw.:** 1-2 Tr. in den Bindehautsack.

Credé-Prophylaxe: Prophylaxe der Gonorrhö des Auges (Blennorrhö) beim Neugeborenen durch Applikation von Credé*-Lösung od. öliger Penicillinlsg. in den Bindehautsack, s. Augentropfen (Silberacetat-Augentropfen).

Creme, anionische hydrophile: s. Unguentum emulsificans aquosum.

Creme, antimykotische: Zstzg.: NFA, 5.0 T. Undecylensäure, 10.0 T. Zinkundecylenat ad 100 T. hydrophile Creme. **Anw.:** Hautpilzerkrankungen.

Creme, hydrophile: s. Unguentum emulsificans nonionicum aquosum.

Creme, juckreizstillende: Zstzg.: NFA, 5.0 T. Thesit (s. Polidocanol) ad 100 T. hydrophile Creme (s. Unguentum emulsificans nonionicum aquosum). **Anw.:** Juckreiz, Insektenstiche.

Creme, nichtionische hydrophile: s. Unguentum emulsificans nonionicum aquosum; Unguentum emulsificans aquosum.

Creme, nichtionogene, hydrophile: s. Unguentum emulsificans nonionicum aquosum.

Cremes: halbfeste Zubereitungen zur kutanen Anwendung; mehrphasige, halbfeste Zubereitungen; sie bestehen im einfachsten Fall aus einer lipophilen u. einer wässrigen Phase. Ph.Eur.4 unterscheidet: **1. Lipophile** C., die zusammenhängende (äußere) Phase ist lipophil (W/O-Emulsionssystem). Sie enthalten Wasser-in-Öl-Emulgatoren wie Wollwachs, Sorbitanester u. Monoglyceride. **2. Hydrophile** C., die zusammenhängende Phase ist wässrig (O/W-Emulsionssystem). Sie enthalten Öl-in-Wasser-Emulgatoren wie Natrium- u. Triethanolaminseifen, Fettalkoholsulfate u. Polysorbate, falls erforderl. auch in Kombination mit Wasser-in-Öl-Emulgatoren (Komplexemulgatoren, s. Emulgatoren). **Ambiphile** C. besitzen einen erhöhten Emulgatoranteil, beide Phasen liegen in kohärenter Form zw. Plattenmizellen (solvatisierter Emulgator) verteilt vor (Mischsystem); z. B. Decoderm*-Basis; vgl. Unguenta.

Cremeschmelzverfahren: Verfahren zur Herst. von Suppositoria*. Man unterscheidet 2 Gießverfahren: **1.** Klarschmelze; **2.** Cremeschmelze. Zur Auswahl wird die Möglichkeit einer Verteilung des Arzneistoffes (Sedimentation in der klar geschmolzenen Zäpfchengrundmasse bei Suspensionszäpfchen, Lösungszäpfchen) u. dessen Verhalten (z. B. Polymorphie*, chem. Stabilität) in der Grundmasse berücksichtigt.

Cremophore®: Handelsbezeichnung für chem. unterschiedl. polyethylenoxylierte, nichtionogene O/W-Emulgatoren u. Solubilisatoren. C. sind in Wasser, in vielen org. Lösungsmitteln lösl. u. mischbar mit Fettalkoholen, Fettsäuren u. einigen fetten Ölen. **Anw.:** Hilfsstoffe, äußerl. u. innerlich; **Inkomp.:** stärker saure u. alkal. Substanzen (Hydrolyse der Ester), z. T. phenol. Stoffe; u. U. wegen Komplexbildung Inaktivierung von Arzneistoffen. **Beispiele:** Zu den Polyoxyethylenestern gehören z. B. C. EL, RH, S9. Zu den Polyoxyethylenethern die C. der Reihe A; Cremophor AP, s. Polyethylenglykolstearate. **Cremophor EL** ist ein Umsetzungsprodukt von Rizinusöl (1 Mol) mit Ethylenoxid (35 Mol) u. stellt ein Gemisch aus ca. 83 % eher hydrophoben Verbindungen (meist Polyoxyethylenglycerolricinoleat u. wenig nicht umgesetztes Rizinusöl) u. ca. 17 % hydrophilem Anteil (Polyoxyethylenglycerol u. Polyethylenglykol) dar. Für **Cremophor RH** wird hydriertes Rizinusöl (hauptsächl. Hydroxystearinsäureglycerid) eingesetzt.

Cremor basalis: s. Basiscreme.

Cremor Betamethasoni: Betamethason-Creme; Zstzg.: NRF, 0.061 T. bzw. 0.122 T. Betamethason-17-valerat (mikrofein), 0.5 T. mittelkettige Triglyceride, Basiscreme* 100 Teile. **Anw.:** entzündl. u. allerg. Dermatosen.

Cremor Dexpantothenoli: Dexpantothenoli cremor, Pantothenylalkoholcreme; Herst.: NRF, NFA, 2.5 g D-(+)-Pantothenylalkohol, 2.5 g Wasser, 45 g Basiscreme* nach NRF od. eine hydrophile Creme nach NFA. **Anw.:** Förderung der Epithelisierung einfacher Hautverletzungen; z. B. als nicht fettende Zuber. für nässende Wunden u. für unbedeckte Körperstellen (Haare, Gesicht) geeignet, aufgrund der weichen Konsistenz besonders bei leichten Verbrennungen wie z. B. Sonnenbrand; vgl. Unguentum Dexpantothenoli.

Cremor Dimeticoni: Dimeticon-Creme; Zstzg.: NRF, Basiscreme* mit 10 % Dimeticon 350. **Anw.:** Hautschutzcreme bei feuchtigkeitsempfindlicher Haut.

Cremor Hydrocortisoni: Hydrocortison-Creme, 0.5 od. 1 %; Zstzg.: NRF, NFA, 0.5 T. bzw. 1 T. mikrofeines Hydrocortison, 1.5 bzw. 3 T. mittelkettige Triglyceride u. ergänzt auf 100 T. mit Basiscreme* od. einer hydrophilen Creme, z. B. Unguentum* emulsificans aquosum, Unguentum* emulsificans nonionicum aquosum. **Anw.:** entzündl. u. allerg. Dermatosen.

Cremor hydrophilicus nonionicus: s. Unguentum emulsificans nonionicum aquosum.

Cremor Prednisoloni 0.5 per centum: Prednisolon-Creme 0.5 %; Zstzg.: NRF, 0.5 T. mikrofeines Prednisolon, 1.5 T. mittelkettige Triglyceride u. Basiscreme* auf 100 Teile. **Anw.:** Glucocorticoidcreme zur lokalen Anw. bei entzündl. u. allerg. Dermatosen.

Cremor Tartari: s. Kaliumhydrogentartrat.

Cremor Triamcinoloni 0.1 per centum: Triamcinolonacetonid-Creme 0.1 %; Zstzg.: NRF, 0.1 T. mikrofeines Triamcinolonacetonid, 0.5 T. mittelkettige Triglyceride, Basiscreme* auf 100 T. **Anw.:** entzündl. u. allerg. Dermatosen.

Creolin: Desinfiziens zum Scheuern (Steinkohlenteeranteile u. Harzseifen).

Creosotal: s. Kreosotum carbonicum.

Creosotum: s. Kreosot.

Cresol: Kresol, Cresolum, Hydroxytoluol; Methylphenol; $C_6H_4(CH_3)OH$, M_r 108.06. D. 1.056. **Vork.:** Best. des Steinkohlen- u. Buchenholzteers, Isomerengemisch aus *o*-, *m*-, *p*-Cresol, kommt nach einmaliger Dest. als rohe Karbolsäure (Acidum carbolicum crudum) in den Handel. **Cresolum crudum:** Rohkresol, Gemisch von *m*- u. *p*-Cresol nebst anderen Phenolen u. Kohlenwasserstoffen; Geh. mind. 50 % *m*-Cresol. Ölige, farblose, lichtbrechende u. stark riech. Flüss., die sich allmähl. dunkler färbt; leicht lösl. in Ethanol, Ether, NaOH, sehr schwer lösl. in Wasser (ca. 1 %). **Off.:** ÖAB90. **Anw.:** Desinfektionsmittel, stärker wirkend als Phenol, dabei weniger giftig, vgl. Sapo Cresoli. **Chlorcresole** sind Benzolderivate, bei denen 3 H-Atome des Benzols durch $-CH_3$, $-Cl$ u. $-OH$ ersetzt sind; farblose Kristalle, die nach Phenol riechen, lösl. in Ethanol, Benzol, Ether, Aceton, unlösl. in Wasser. **Anw.:** Desinfektionsmittel u. zur techn. Konservierung; vgl. Chlorocresol.

***m*-Cresol:** *m*-Kresol, 3-Methylphenol; 1-Methyl-3-hydroxybenzol, C_7H_8O. Schmp. 11-12 °C. Sdp. ca. 200 °C. D. 1.030-1.033. Farblose bis gelbl. Flüss. von phenolartigem Geruch; sehr schwer lösl. in Wasser, mischbar mit Ethanol, Ether, Chloroform. **Anw.:** in der Papierchromatographie als Elutions- u. Steigflüss., auch zus. mit anderen Lösungsmitteln.

***o*-Cresol:** *o*-Kresol; 2-Methylphenol; C_7H_8O. Schmp. 31° C. Eigenschaften u. Anw.: vgl. Cresol, *m*-Cresol. **Anw.:** Reagens Ph.Eur.4 zur Bestimmung von Eucalyptol* in äther. Ölen.

***m*-Cresolsulfonsäure:** CAS-Nr. 9011-02-3; Kondensationsprodukt von sulfoniertem *m*-Cresol* u. Formaldehyd mit relativ hoher Molmasse. Kolloidal lösl. in Wasser unter saurer Reaktion. **Anw.:** geg. Entzündungen, v. a. im Vaginalbereich.

Cresolum crudum: s. Cresol, Cresolum crudum.

Cresolum saponatum: s. Sapo Cresoli.

Creta praeparata: s. Calciumcarbonat, Schlämmkreide.

Creutzfeldt-Jakob-Krankheit: spongiforme Enzephalopathie, die den Prionkrankheiten* zugerechnet wird. **Auftreten:** meist sporad., in 5-15 % der Fälle autosomal-dominant erbl., selten auch übertragbar, z. B. als iatrogene Infektion infolge von Operationen od. Behandlung mit Wachstumshormonen aus Leichenhypophysen; Verbreitung weltweit, Altersgipfel im 7. Lebensjahrzehnt; **Klinik:** Inkubationszeit 0.5-30 Jahre; anfangs Gedächtnis-, Konzentrations- u. Merkfähigkeitsstörungen; erhöhte Reizbarkeit, Kopfschmerz, Schlaflosigkeit, Schwindelgefühl; später Demenz, Muskelatrophien, generalisierte Krampfanfälle, Koma; Tod nach wenigen Wochen bis 2 Jahren (durchschnittl. 7 Monate).

In Großbritannien wurde seit 1995 eine neue Variante der Creutzfeld-Jakob-Krankheit (engl. variant Creutzfeldt-Jakob disease; Abk. vCJD) beobachtet. Der Zusammenhang mit BSE* ist höchstwahrscheinl., da vCJD-Fälle bisher fast ausschließl. in Großbritannien auftraten u. die Übertragung von BSE-verursachenden Prionen* auf Rhesusaffen ähnl. neuropathol. Veränderungen erzeugt.

Criegee-Reaktion: Bildung von Aldehyden bzw. Ketonen aus Glykolen mit Bleitetraacetat durch oxidative C-C-Spaltung benachbarter hydroxylierter Kohlenstoffatome; vgl. Malaprade-Reaktion. Beispiel: aus 2,3-Dimethyl-2,3-butandiol (Pinakol) ensteht Aceton (s. Abb.).

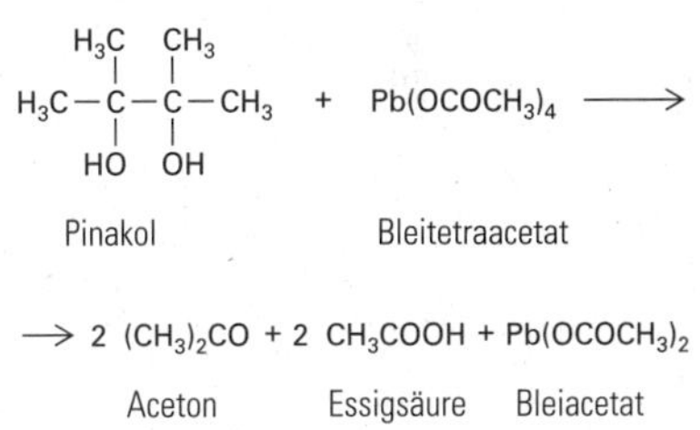

Criegee-Reaktion: Bildung von Aceton als Beispiel

Crillet®: s. Polysorbate.

Crimidin: 2-Chlor-4-dimethylamino-6-methyl-pyrimidin. **Anw.:** als rot gefärbtes Giftgetreide hauptsächl. zur Bekämpfung von Haus- u. Feldmäusen. Seine schnelle Metabolisierung verhindert Sekundärvergiftungen. Vergiftungssymptome setzen schnell ein (Latenzzeit ca. 15-45 min).

Crinis (lat.): Haar. Haupthaar: crinis capitis; Schamhaar: crinis pubis.

Crinum amabile: s. Amaryllidaceae.

Cristae: taschen- od. scheibenförmige Einstülpungen der inneren Mitochondrienmembran (cristae mitochondriales).

Crocetin: s. Crocus sativus.

Crocin: s. Crocus sativus.

Croci Stigma: s. Crocus sativus.

Croconazol INN: Cloconazol; 1-{1-[2-(3-Chlorbenzyloxy)phenyl]vinyl}-imidazol; CAS-Nr. 77175-51-0; $C_{18}H_{15}ClN_2O$, M_r 310.78. Schmp. 72-73 °C. Lösl. in Ethylacetat. **Wirk.:** hemmt Ergosterolbiosysnthese in der Zellmembran von Pilzzellen; **Anw.:** Antimykotikum* vom Imidazoltyp; bei Dermatomykosen wie Fußpilz; **UAW:** Hautirritationen u. Rötungen; **Kontraind.:** Anw. an der Brust während der Stillzeit; strenge Indiaktionsstellung während der Schwangerschaft; **Dos.:** topisch 1 %ige Creme od. Gel, einmal tägl. dünn auftragen; HWZ 12 h. **Croconazolhydrochlorid:**

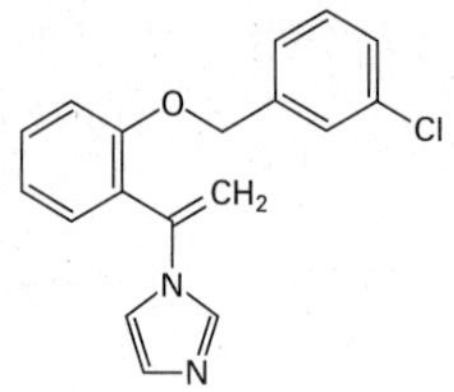

Croconazol

$C_{18}H_{15}ClN_2O \cdot HCl$, M_r 347.25. Schmp. 148.5-150 °C (kristallisiert aus Ethylacetat/Acetonitril).

Crocus sativus L.: Crocus officinalis Martyn., Safran; Fam. Iridaceae (heim. vermutl. Griechenland; nur in Kultur bekannt, kult. in Frankreich, Spanien, Griechenland, Südrussland). Stpfl. von **Crocus:** Safran, Flos Croci, Flores Croci, Croci Stigma, Stigma Croci, Stigmata Croci, Krokus, Gewürzsafran; Die Droge besteht nur aus den Narbenschenkeln. Ihr hoher Preis bedingt auch heute noch viele Verfälschungen. **Off.:** DAC, ÖAB90; **Inhaltsst.:** Protocrocin (genuines Glykosid), das sich bei der Hydrolyse in Crocine (Farbstoffe) u. Picrocrocin (Bitterstoff) spaltet; α-, β- u. γ-Crocin sind Ester der Carotinoidfarbstoffe α-, β-, γ-Crocetin. Das äther. Öl (0.4-1 %) enhält als Hauptgeruchsträger Safranal, welches auch durch Dehydratisierung aus β-Hydroxycyclocitral, dem Aglykon des Picrocrocins, entsteht. Die Hydrolyse erfolgt schon beim Trocknen, wobei der charakterist. Geruch auftritt. Ferner sind α-, β-, γ-Carotin u. Xanthophylle enthalten. Bis zur Verd. $1:10^5$ färbt Crocus deutl. gelb. **Nachw.:** im Fluoreszenzmikroskop; Safran fluoresziert nicht, wohl aber die Verfälschungen. Häufig wird Safran auch mit Zucker, Natriumsulfat, Ammoniumchlorid, Bariumsulfat, Soda beschwert, was durch Aschenanalyse nachweisbar ist. **Anw.** volkstüml.: z. B. bei Krämpfen, Asthma, dyspept. Beschwerden, Nervenberuhigungsmittel; hauptsächl. als Gewürz u. Färbemittel für Backwaren; missbräuchl. (früher) vielfach als (gefährl.) Abortivum; **Zuber.:** Tct. Opii crocata, Tct. Aloes comp; **Tox.:** Brechdurchfälle, Koliken, Krämpfe, Delirien, Uterusblutungen, Hämaturie, Hämorrhagien (Augen, Nase, Lippen); **Feminell:** die getrockneten Griffel des Safrans, bisweilen auch die Zungenblüten von Calendula* officinalis. Saflor sind die Röhrenblüten von Carthamus* tinctorius.

Hom: *Crocus sativus (HAB1.2):* getrocknete Narbenschenkel; verord. z. B. bei Menstruationsbeschwerden, drohendem Abortus.

Crohn-Krankheit: Morbus Crohn, Enteritis regionalis Crohn, Ileitis terminalis; chron. entzündl., meist in Schüben verlaufende Erkrankung, die alle Abschnitte des Verdauungstrakts erfassen kann u. sich durch Koliken, Diarrhö, Gewichtsverlust, Fieber u. mögl. Fistelbildung äußert.

Cromacat: Cromacas; chem. Kurzbez. für [(6-Hydroxy-4-methyl-2-oxo-2*H*-1-benzopyran-7-yl)-oxy]-acetat.

Cromesilat: Cromesilas; chem. Kurzbez. für 6,7-Dihydroxycumarin-4-methansulfonat.

Cromoglicinsäure INN: Acidum cromoglicicum, Cromolyn, 1,3-Bis(2-carboxychromon-5-yloxy)-2-hydroxypropan; 5,5'-(2-Hydroxytrimethylendioxy)-bis(4-oxo-4*H*-1-benzopyran-2-carbonsäure); CAS-Nr. 16110-51-3; $C_{23}H_{16}O_{11}$, M_r 468.38. **Wirk.:** stabilisiert die Membranen der Mastzellen*; **Anw.:** Antiasthmamittel, Antiallergikum; dient zur Asthmaprophylaxe, aber nicht zur Ther. des Asthmaanfalles; **Dos.:** pulmonal Inhalation 4×20 mg/d; intranasal 4×20 mg/d; HWZ 1.4 h. **Natriumcromoglicat** Ph.Eur.: Natrii cromoglicas, Dinatriumcromoglicinat; CAS-Nr. 15826-37-6; $C_{23}H_{14}Na_2O_{11}$, M_r 512.3. Schmp. ca. 242 °C (unter Zers.). Weißes, hygroskop. Pulver; lösl. in Wasser; fast unlösl. in Chloroform, Ethanol, Ether.

Cromolyn: s. Cromoglicinsäure.

Cronheim-Ware-Methode: Verfahren zur quantitativen Bestimmung sehr geringer Mengen basischer Arzneimittel, z. B. Alkaloide*. **Durchführung:** Die in Toluol, Benzol od. Chloroform gelösten u. zu bestimmenden Substanzen werden in Gegenwart eines sauren Indikators, z. B. Bromphenolblau, mit einer Pufferlösung geschüttelt (pH ca. 4). Ein der Substanzmenge äquivalenter Teil des Indikators geht in die org. Phase, die abgetrennt u. mit wässriger Lauge extrahiert wird. Die darin enthaltene Indikatormenge wird photometr. bestimmt.

Cropropamid INN: *N*-[1-(Dimethylamino)carbonylpropyl]-*N*-propyl-2-butenamid; CAS-Nr. 633-47-6; $C_{13}H_{24}N_2O_2$, M_r 240.34. **Anw.:** Analeptikum*, zus. mit Crotetamid* zur Anregung der Atmung.

Croscarmellose-Natrium: s. Carboxymethylcellulose-Natrium, vernetzt.

Crospovidon: s. Povidon.

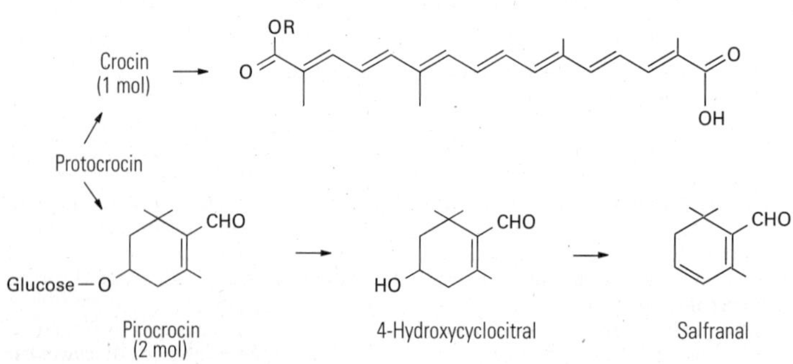

Crocus sativus: Inhaltsstoffe, R = Gentiobiose

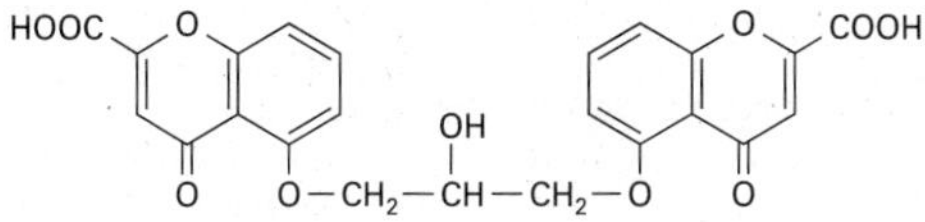

Cromoglicinsäure

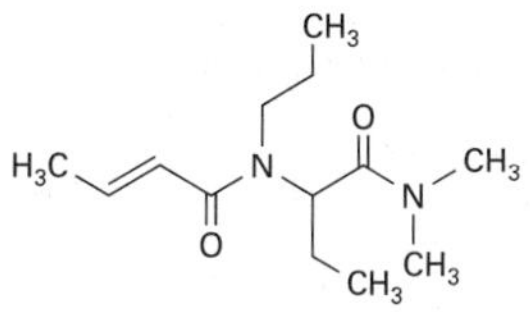

Cropropamid

crossing over: syn. Cross-over; Faktorenaustausch; Vermischung u. Verteilung der Gene durch Überkreuz-Austausch homologer Chromatidenabschnitte bei der Meiose*.

Crosslinker: ermöglichen Polykondensation, Quervernetzung bzw. irreversible Denaturierung von Naturstoffen wie Albumin, L-Lysin, Gelatine u. anderen Polypeptiden (Makromolekülen) in einer kontinuierl. org.-lipiden geschlossenen Phase aus ultrafeinen, lipophilen W/O-Emulsionen (Nanopartikelherstellung). Als C. werden v. a. Aldehyde wie z. B. Glutaraldehyd, Formaldehyd eingesetzt. Mit zunehmender Intensität der Quervernetzung bzw. der Dichte der Denaturierung wird die Wirkstofffreisetzung signifikant verlangsamt.

Cross-over-Design: s. Studie, klinische.

Cross-over-Studie: statist. Versuchsplan, bei dem die versch. Blöcke (z. B. jeweils eine bestimmte Anzahl Patienten od. Tiere) gleich, allerdings zeitl. versetzt, behandelt werden. Probanden bzw. Tiere erhalten nacheinander Test-, Referenz-, od. Placebopräperat jeweils im zeitl. Wechsel (s. Abb.); Vorteil: Versuchsfehler werden verringert; Nachteil: Versuchsdauer wird z. T. wesentl. erhöht. Vgl. Studie, klinische.

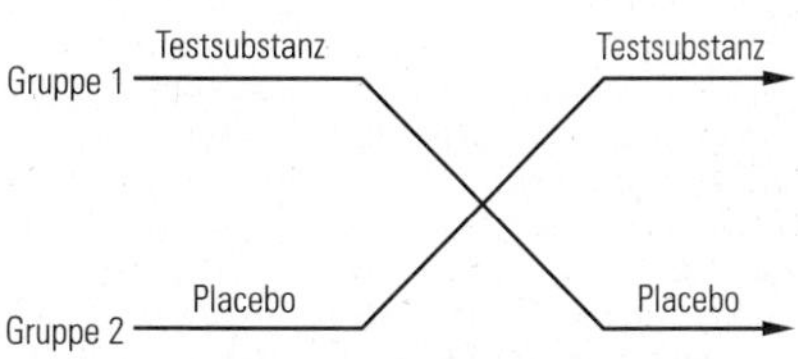

Cross-over-Studie: Gruppe 1 erhält zuerst die Testsubstanz u. nach einer kurzen Auswaschphase das Placebo, bei Gruppe 2 ist die Reihenfolge umgekehrt

Crotalus durissus terrificus Laurenti: Südamerikanische Schauerklapperschlange, Südamerikanische Schreckenklapperschlange, Cascabel; (zoolog.) Fam. Crotalidae, sehr gefährl. Giftschlange. Lieferant von **Crotoxin:** ; s. Crotalus horridus. **Hom:** *Crotalus Cascavella:* verord. z. B. bei Gangrän, Sepsis od. Hämorrhagie.

Crotalus horridus L.: Nordamerikanische Waldklapperschlange; (zoolog.) Fam. Crotalidae, sehr gefährliche Giftschlange. Lieferant von **Crotoxin:** das in den Drüsensäcken der Oberkiefer befindl. Gift; bildet frisch eine helle, gelbe, dickl. Flüss., getrocknet eine hornartig durchscheinende, bröcklige Masse. **Best.:** Neurotoxine Crotamin u. Crotactin, ferner Phospholipase A, gerinnungshemmende Enzyme u. a.; **Zstzg.** und **Wirk.:** s. Schlangengifte; **Anw.:** bei Durchblutungsstörungen, zur Erhöhung der Kapillarresistenz; äußerl. zu Einreibungen bei Erkrankungen des rheumat. Formenkreises, Ischias, Gelenkentzündungen. **Hom:** *Crotalus:* verord. z. B. bei Gangrän, Sepsis, Koronarinsuffizienz, Leber- u. Gallenerkrankungen, Blutungen.

Crotamiton INN: Crotamitonum Ph.Eur., *N*-Ethyl-2-crotonotoluidin; *N*-Ethyl-2'-methyl-crotonanilid; CAS-Nr. 483-63-6; $C_{13}H_{17}NO$, M_r 203.27. Sdp. 153-155 °C (17.3 Pa). Lösl. in Wasser 1 : 400, mischbar mit Ethanol, Ether. **Anw.:** juckreizstillendes Mittel, Antiscabiosum*, Antipruriginosum*; **Kontraind.:** verletzte Hautflächen; **Dos.:** topisch 10 %ige Salbe, Waschlotion.

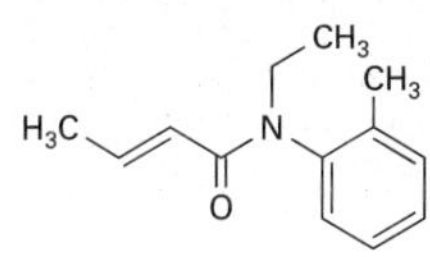

Crotamiton

Crotetamid INN: *N*-(1-Dimethylcarbamoylpropyl)-*N*-ethylcrotonamid; CAS-Nr. 6168-76-9; $C_{12}H_{22}N_2O_2$, M_r 226.31. Sdp. 132-134 °C (4 Pa). Leicht lösl. in Wasser, Ether. **Anw.:** Analeptikum*, zus. mit Cropropamid* zur Anregung der Atmung; **UAW:** Kopfschmerzen, Parästhesien, Ruhelosigkeit, Tremor, Krämpfe; **Vorsicht:** bei Patienten mit Epilepsie.

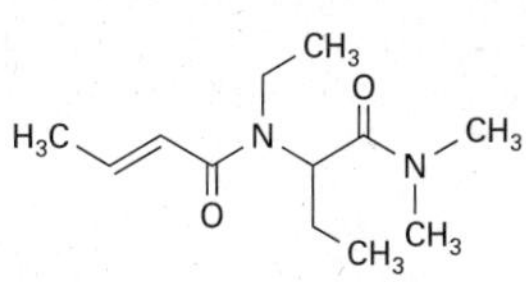

Crotetamid

Croton eluteria Benn.: Cascarilla clutia Woodvile, Kaskarillabaum; Fam. Euphorbiaceae (heim. Bahamainseln, Kuba, kult. auf Java, in China). Stpfl. von **Cortex Cascarillae:** Cortex Crotonis, Cortex Eluteriae, Kaskarillarinde, Kaskarille, Falsche Fieberrinde. **Inhaltsst.:** Cascarillin (Bitterstoff), Gerbstoff, 1.5-3 % äther. Öl mit Terpenen*, Sesquiterpenen*, Cymol* u. etwas Eugenol*; Harz (15 %); **Anw.** volkstüml.: z. B. bei Appetitlosigkeit, dyspept. Beschwerden, Unruhezuständen.

C

Hom: *Cascarilla:* Croton eluteria; getrocknete Rinde.

Croton niveus Jacq.: Croton pseudochina Schlecht; Fam. Euphorbiaceae (heim. Mittel- u. Südamerika, Mexiko, Westindien). Stpfl. von **Cortex Copalchi:** Copalchirinde, Pseudochinarinde, Mexikanische Fieberrinde. **Inhaltsst.:** Copalchin (Bitterstoff), äther. Öl, Alkaloide, Flavonoide; **Anw.** volkstüml.: in den Ursprungsländern bei Malaria, Magen- u. Darmstörungen, aromat. Bittermittel; in Mexiko auch als Ersatz für Cortex Chinae, s. Cinchona pubescens.

Crotonöl: s. Croton tiglium.

Croton purgans: s. Jatropha curcas.

Crotonsäure: **1.** *trans*-Crotonsäure: (*E*)-2-Butensäure, $H_3C-CH=CH-COOH$. Schmp. 72° C. Sdp. 180 °C. Wasserlösl., butterartig riechende Kristalle. **2.** *cis*-Crotonsäure, Allocrotonsäure, Isocrotonsäure: (*Z*)-2-Butensäure. Schmp. 15.5 °C. Sdp. 169 °C. Geht beim Erhitzen über 100 °C in die *trans*-C. über. **Vork.:** Best. des Crotonöls (s. Croton tiglium). **Anw.:** Herst. von Polymerisaten mit Vinylacetat, z. B. für Lacke; zur Erzeugung von Weichmachern für synthet. Kautschuk; in der pharmaz. Chemie zur Synthese von DL-Threonin* u. Vitamin A (s. Vitamine).

Croton tiglium L.: Fam. Euphorbiaceae (trop. Asien, Westafrika, bes. Sri Lanka, Sundainseln, Malabarküste). Stpfl. von **Semen Crotonis:** Semen Tiglii, Crotonsamen, Purgierkörner, Granatillkörner. **Inhaltsst.:** bis 45 % fettes Öl (Ol. Crotonis), Crotin, Crotonisid (Glykosid), Amylase u. a. Enzyme, (tox.) Eiweißstoffe; **Anw.** vet.: Drastikum. **Oleum Crotonis:** Oleum Tiglii, Crotonöl, Krotonöl; D. 0.936-0.956 (20 °C); Ep. +16 °C; gelbbraunes, dickflüss. Öl, gewonnen aus den Samen; lösl. in absol. Ethanol. **Inhaltsst.:** zahlreiche Fettsäureglyceride, Ölsäure (ca. 37 %), Linolsäure (ca. 19 %), Palmitin-, Myristin-, Laurin-, Tiglinsäure u. a.; wirksame Best. sind Ester der Tiglin- u. Crotonsäure* mit dem Diterpenalkohol Phorbol*; **Anw.:** früher Abführmittel; wird wegen der tumorpromovierenden Wirk. nicht mehr verwendet (s. Cokarzinogene).

Hom: *Croton tiglium (HAB1.4):* reife, getrocknete Samen; verord. z. B. bei juckenden Hautausschlägen (Gesicht, Skrotum), Gastroenteritis.

Crotoxin: Neurotoxin aus dem Gift von Crotalus-Arten wie Crotalus* horridus u. Crotalus* durissus terrificus; vgl. Schlangengifte.

CRP: Abk. für **C***-**r**eaktives **P**rotein.

Cruciferae: s. Brassicaceae.

crudus: f: cruda, n: crudum; roh, ungereinigt.

Crush-Syndrom: ausgedehnte Nekrosen, v. a. Parenchymschäden in Leber u. Nieren infolge der Auflösung der quergestreiften Muskelfasern (Rhabdomyolyse), verursacht durch z. B. erhebl. Quetschung der Extremitätenmuskulatur bei Verschüttung. Das C. kann zu akutem Nierenversagen führen.

Crustecdyson: s. Ecdysteron.

Cryofluran INN: Freon 114, Frigen 114; Dichlortetrafluorethan; CAS-Nr. 76-14-2; $C_2Cl_2F_4$, M_r 170.9. Sdp. 4.1 °C; krit. Temp. 145.7 °C. Farbloses, geruchloses, nahezu inertes Gas; lösl. in Ethanol u. Ether. **Anw.:** Treibgas für Aerosole, Kühlgas.

Cryoxide: mikrobizides Gasgemisch aus 11 % Ethylenoxid u. 89 % Freon. **Anw.:** Gassterilisation bei 1.35-2.2 bar; s. Sterilisationsverfahren (Sterilisation mit mikrobiziden Gasen).

Cryptococcus (gr. kryptos verborgen; kokkos Kugel): Gattungsbegriff für ubiquitäre Hefen aus der Gruppe der Fungi imperfecti. Morphol. grampositive, rundl. u. ovale 3-6 mm große Sprosszellen mit Polysaccharidkapsel. Erreger der tiefen **Kryptokokkose** mit Befall der Lungen, Meningen u. des Hirnparenchyms bei Abwehrschwäche, z. B. bei HIV*-Erkrankung, sind C. neoformans u. C. bacillisporus.

Cryptopin: $C_{21}H_{23}NO_5$; M_r 369.4; Schmp. 218-219 °C; Opiumalkaloid, opt. inaktiv.

Cryptosporidium: s. Protozoen (Sporozoa).

Cs: (chem.) Symbol für Caesium*.

C4-Säurezyklus: C_4-Säurezyklus; s. Hatch-Slack-Kortschak-Zyklus.

CSE-Hemmer: Abk. für **C**holesterol-**S**ynthese-**E**nzym-Hemmer; s. HMG-CoA-Reduktasehemmer.

CSF: Abk. für (engl.) *colony stimulating factor, koloniestimulierender Faktor* versch., von Monozyten, Makrophagen u. T-Lymphozyten gebildete Glykoproteine, die in Konz. von 10^{-11}-10^{-13} Wachstum u. Reifung von Zellen des Monozyten-Makrophagen-Systems (M-CSF), von Granulo- u. Monozyten (GM-CSF) od. ausschließl. von Granulozyten fördern (G-CSF) bzw. die Bildung gemischter Zellkolonien stimulieren (multi-CSF, auch Interleukin 3, s. Interleukine). CSF wird auch zu den Zytokinen* gezählt. **Anw.:** rekombinanter humaner CSF (Filgrastim*, Lenograstim*, Molgramostim*) v. a. in der Onkologie.

CSV: Abk. für (engl.) *cathodic stripping voltammetry*; s. Voltammetrie.

CT: Abk. für **C**omputer**t**omographie; röntgendiagnost. Verfahren nach dem Prinzip der Tomographie*, bei dem die aus dem Körper austretenden Röntgenstrahlen nicht zur Schwärzung eines Filmes dienen; vielmehr errechnet ein Computer ihre lokalen Absorptionswerte u. setzt sie zu einem Bild zusammen.

CTA: s. Celluloseacetat.

C-T-Komplexe: s. Charge-Transfer-Komplexe.

Cu: (chem.) Symbol für Kupfer*.

Cubebae: s. Piper cubeba.

Cubebin: s. Piper cubeba.

Cubitus: Ellenbogen; cubitalis: zum Ellenbogen gehörig.

Cucumis melo L.: Melone, Zuckermelone; Fam. Cucurbitaceae; Samen u. Wurzel wirken brechererregend (Melonen-Emetin).

Cucumis sativus L.: Gurke; Fam. Cucurbitaceae (heim. Ostindien, überall kult.). Die Samen enthalten ca. 30 % fettes Öl (in Frankreich als Speiseöl) u. werden zu kosmet. Emulsionen, bes. in England, verwendet.

Cucurbitaceae: Kürbisgewächse; einzige Familie der Od. Cucurbitales (eng mit Violales, z. B. Passifloraceae, verwandt), ca. 850 Arten. Kräuter od. Stauden mit Sprossranken; eingeschlechtig, 1- od. 2-häusig; 5-zählige, sympetale, radiäre, trichter- od. glockenförmige Blüten; unterständiger, dreifächriger Fruchtknoten; Beerenfrüchte; bikollaterale Leitbündel. **Chem. Merkmale:** Triterpenbitterstoffe (s. Cucurbitacine), pentacycl. Triterpensaponine. **Wichtige Gattungen:** Bryonia, Citrullus, Cucumis, Cucurbita, Ecballium, Luffa, Momordica, Trichosanthes.

Cucurbitacine: Gruppe tetracycl. Triterpene*, meist in glykosid. gebundener Form. C. sind in vielen Fällen giftige, abführende (s. Bryonia alba), stark bitter schmeckende Verb., die sich formal von Lanosterol ableiten; **Vork.:** außer in Cucurbitaceae in Brassicaceae, Scrophulariaceae (z.B. in Gratiola* officinalis) u.a.; **Wirk.:** einige C. wirken antineoplast.; werden auch als insektenanziehende Mittel verwendet; **Cucurbitacin E** wurde erstmals 1831 in krist. Form unter dem Namen Elaterin isoliert. Weiße Kristalle, wenig lösl. in Ethanol u. leicht lösl. in Chloroform.

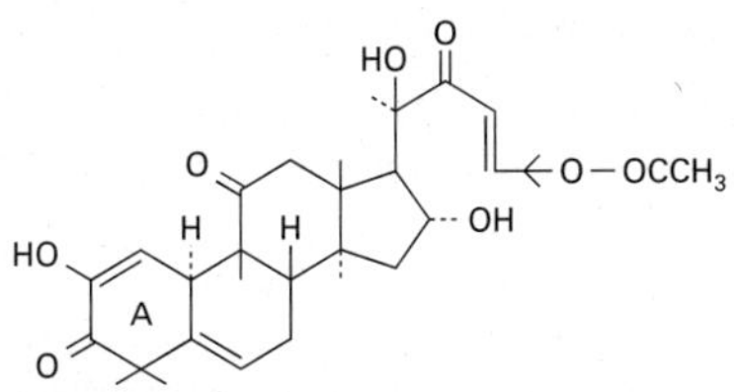

Cucurbitacine: Cucurbitacin E als Beispiel

Cucurbita maxima Duch.: Riesenkürbis; Fam. Cucurbitaceae (heim. Mittelamerika, kult. Europa, Nord- u. Mittelamerika). Stpfl. von **Cucurbitae semen:** s. Cucurbita pepo.

Cucurbita moschata (Duch.) Duch. ex Poir: Moschuskürbis, Bisamkürbis; Fam. Cucurbitaceae (heim. Mittelamerika, kult. Europa, Nord- u. Mittelamerika). Stpfl. von **Cucurbitae semen:** s. Cucurbita pepo.

Cucurbita pepo L.: Gartenkürbis, Kürbis; Fam. Cucurbitaceae (heim. Mittelamerika, kult. Europa, Nord- u. Mittelamerika). Stpfl. von **Cucurbitae semen:** Semen Cucurbitae, Kürbissamen, Kürbiskerne; die ganzen, getrockneten, reifen Samen von C. pepo u./od. versch. Kulturvarietäten. **Off.:** DAB2003; **Inhaltsst.:** 30-40% fettes Öl, ca. 30-55% Eiweiß, Lecithin*, 6-10% Kohlenhydrate (v.a. Pektine*), 4-5% Mineralstoffe (mit ca. 0.03% Selen), ca. 3% Δ5- u. Δ7-Sterole u. deren Glucoside, Spuren von Squalen, Cucurbitacine, Tocopherole, Carotinoide; **Wirk.:** Δ7-Sterole hemmen bei entspr. Konz. die Umwandlung von Testosteron in 5α-Dihydrotestosteron; **Anw.:** bei beginnender benigner Prostatahyperplasie*; (früher) Spul- u. Bandwurmmittel; **Dos.:** Kinder: 200-400 g, Erwachsene: 400-700 g ungeschälte Samen (werden geschält, zerstoßen u. mit Fruchtmus vermischt; danach Rizinusöl od. Magnesiumsulfat). **Oleum Cucurbitae:** Kürbiskernöl als Speise- od. Brennöl. **Hom:** *Cucurbita pepo:* frische Samen.

Cumarine: Cumarinverbindungen; Derivate des Cumarinums*, meist Methoxy- u. Hydroxycumarine; als Pflanzeninhaltsst. in der Zelle i.d.R. wie Melilotosid* in glykosid. Bindung vorliegend. Bei Beschädigung der Zelle od. unter enzymat. Einfluss Hydrolyse u. Freisetzung der Aglyka, wobei der charakterist. Geruch (Waldmeister, Heu) auftritt. **Vork.:** weit verbreitet, v.a. bei Apiaceen, Fabaceen, Rutaceen, Lamiaceen, Solanaceen, Asteraceen, Poaceen; **Wirk.:** gefäßerweiternd, spasmolyt., sedierend, bakterizid; gerinnungshemmend, v.a. Dicumarol* u.a. 4-Hydroxycumarine (s. Antikoagulanzien); vgl. Cumarinum. **Cumarin-Drogen:** z.B. Meliloti herba, Herba Asperulae (s. Galium odoratum), Semen Tonca, Fructus Ammi visnagae, Rad. Pimpinellae, Rad. Angelicae, Asa foetida. **Kondensierte Cumarine** (im Unterschied zu einfachen C.): z.B. dimere C., Furanocumarine* u. Pyranocumarine*; weitere Cumarinderivate sind z.B. die Aflatoxine* u. das Antibiotikum Novobiocin*.

Cumarinsäure: *cis*-Form der *o*-Hydroxyzimtsäure; bildet leicht das Lacton Cumarinum*; vgl. Cumarsäure.

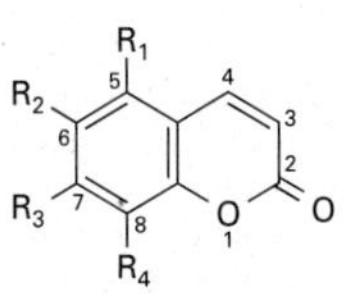

R_1	R_2	R_3	R_4	
H	H	OH	H	Umbelliferon (7-Hydroxycumarin)
H	H	OCH_3	H	Herniarin (7-Methoxycumarin)
H	OH	OH	H	Aesculetin (6,7-Hydroxycumarin)
H	H	OH	OH	Daphnetin (7,8- Hydroxycumarin)
H	OCH_3	OH	H	Scopoletin (6-Methoxy-7-hydroxycumarin)
H	OCH_3	OH	OH	Fraxetin (6-Methoxy-7,8-hydroxycumarin)
OCH_3	H	OCH_3	H	Citropten (Limettin) (5,7-Dimethoxycumarin)
H	OCH_3	OH	OCH_3	Isofraxidin (7-Hydroxy-6,8-methoxycumarin)
OCH_3	OH	OCH_3	H	Fraxinol (6-Hydroxy-5,7-methoxycumarin)

Cumarine: Strukturformeln einfacher Cumarine

C

Cumarinum: Cumarin, Kumarin, Tonkabohnenkampfer; 2*H*-Benzo-1-pyran-2-on, 2*H*-Chromen-2-on, Benzo-α-pyranon, 1,2-Benzopyron, α-Chromon; $C_9H_6O_2$; M_r 146.1; Schmp. 69-70 °C; Sdp. 302 °C; D. 0.935; farblose Prismen mit charakterist., anhaltendem, angenehmem Geruch; lösl. in Ethanol, Ether, äther. Ölen, wenig lösl. in Wasser; muss vor Licht geschützt aufbewahrt werden. C. bestimmt den aromat. Geruch zahlreicher Pfl. (Waldmeister, Ruchgras, Steinklee, Tonkabohnen u. a.); entsteht biosynthet. aus *o*-Cumarsäure* bzw. ihrem Glucosid, dem Melilotosid*, synthet. aus Salicylaldehyd, Natriumacetat u. Essigsäureanhydrid; **Off.:** DAB2003. **Tox.:** C. ist kreislaufwirksam (gefäßdilatierend) u. führt zu Kopfschmerzen, Übelkeit, Schwindel, schließl. Bewusstlosigkeit u. Atemlähmung; kann Leber- u. Nierenschäden verursachen; **Anw.:** Riechstoff, in der Parfümerie, in der Likörfabrikation, zur Aromatisierung von Tabak, in der Galvanotechnik als Glanzbildner; soll wegen kanzerogener Eigenschaften in der Lebensmittelindustrie (Tierexperiment) nicht mehr verwendet werden.

Cumaron: Benzo[*b*]furan, C_8H_8O, M_r 120.14. D. 1.1. Schmp. −18 °C. Farblose ölige Flüss., unlösl. in Wasser, lösl. in org. Lösungsmitteln. **Vork.:** Best. des Steinkohlenteers (in der 175-178 °C übergehenden Fraktion); Strukturelement der Aurone*. **Anw.:** mittels Einw. von Schwefelsäure erhält man Cumaronharze, die techn. vielfache Verw. finden, z. B. zur Herst. von Lacken, Klebstoffen, Schallplatten.

Cumarsäure: (engl.) *coumaric acid*; *trans*-Formen der *o*- u. *p*-Cumarsäure (*o*- u. *p*-Hydroxyzimtsäure); $C_9H_8O_3$, M_r 164.15. Schmp. 210-213 °C (*p*-Cumarsäure).

Cuminum cyminum L.: Mutterkümmel; Fam. Apiaceae (Umbelliferae) (Mittelmeergebiet). Stpfl. von **Fructus Cumini:** Mutterkümmel, Römischer Kümmel, Kreuzkümmel. **Inhaltsst.:** fettes u. äther. Öl, Harz, Gummi, Gerbstoff; **Anw.:** wie Kümmel als Karminativum u. als Gewürz.

Cupressaceae: Zypressengewächse; Fam. der Od. Pinales; Blätter meist schuppenförmig, gegenständig od. wirtelig angeordnet; Zapfen verholzt, außer bei Gattung Juniperus, dort fleischige Beerenzapfen. **Chem. Merkmale:** äther. Öl (Pinen*, Camphen*, Borneol*, Thymol*, Carvacrol* u. a.). **Wichtige Gattungen:** Juniperus, Cupressus, Thuja (Lebensbaum), Tetraclinis (Gliederzypresse).

Cupressus sempervirens L.: Zypresse; Fam. Cupressaceae (östl. Mittelmeergebiet, Persien, Syrien, Kreta, Zypern u. a.); man unterscheidet: var. horizontalis (Mill.) Gord. u. var. sempervirens. Stpfl. von **Oleum Cupressi:** Zypressenöl; D. 0.864-0.896; $\alpha_D^{20°C}$ +4 bis +31°; lösl. in 90 %igem Ethanol; das gelbl., angenehm riechende, äther. Öl der Blätter u. jungen Zweige. Die in Deutschland u. Frankreich gewonnenen Öle weichen in ihren physik. Eigenschaften voneinander ab. **Best.:** Furfural*, Cymol*, D-α-Pinen*, D-Camphen*, D-Sylvestren*, L-Cadinen*, Ester der Essig- u. Baldriansäure, Cedrol (Zypressencampher), Harz; **Anw.:** Inhalationen bei Husten, bes. Keuchhusten; in der Parfümerie u. Kosmetik.

Cupri sulfas: s. Kupfer(II)-sulfat.

Cupri-Verbindungen: Kupfer(II)-Verbindungen.

Cupron: s. α-Benzoinoxim.

Cupro-Natrium citricum: s. Kupfernatriumcitrat.

Cupro-Verbindungen: Kupfer(I)-Verbindungen.

Cuprum: s. Kupfer.

Cuprum acetico-arsenicosum: s. Kupfer, essigarsenigsaures.

Cuprum aceticum: s. Kupfer(II)-acetat.

Cuprum aluminatum: s. Kupferalaun.

Cuprum arsenicosum: s. Kupferarsenit.

Cuprum bichloratum: s. Kupfer(II)-chlorid.

Cuprum carbonicum: s. Kupfer(II)-carbonat.

Cuprum chloratum: s. Kupfer(I)-chlorid.

Cuprum cyanatum: s. Kupfer(I)-cyanid.

Cuprum metallicum: s. Kupfer.

Cuprum nitricum: s. Kupfer(II)-nitrat.

Cuprum oxydatum: s. Kupfer(II)-oxid.

Cuprum oxydatum ammoniatum: s. Schweizer-Reagens.

Cuprum oxydulatum: s. Kupfer(I)-oxid.

Cuprum phenolsulfonicum: s. Kupferparaphenolsulfonat.

Cuprum subaceticum: s. Kupfer(II)-acetat, basisches.

Cuprum subcarbonicum: s. Kupfer(II)-carbonat.

Cuprum sulfocarbolicum: s. Kupferparaphenolsulfonat.

Cuprum sulfuricum: s. Kupfer(II)-sulfat.

Cuprum sulfuricum ammoniatum: s. Tetraamminkupfer(II)-sulfat.

Cuprum sulfuricum crudum: s. Kupfer(II)-sulfat.

Curaçao-Aloe: s. Aloe.

Curare: Urari, Uvari, Ourari, Wurali, Woorari, Extractum toxiferum americanum; Pfeilgift, das von den Indianern Südamerikas hauptsächl. in den Stromgebieten des Orinoko u. Amazonas in Form des eingedickten schwarzbraunen, in Wasser größtenteils lösl. Extrakts aus Rinden zahlreicher Strychnos- (Strychnos toxifera Schomb. ex Benth., Strychnos castelnaeana Wedd., Strychnos crevauxii u. a.) u. Menispermaceen- (Chondodendron-)Arten hergestellt wird. C. ist in versch. Sorten z. B. als Calebassencurare, Topfcurare, Tubocurare in Bambusröhren in Verwendung. Afrikan. Pfeilgift, s. Strophanthus-Arten; **Best.:** die Zstzg. des Roh-C. ist außerordentl. variierend. C. enthält zahlreiche Alkaloide, Curine (tertiäre Basen), Curarine (quartäre Basen). **Topf- u. Tubocurare:** sind einander ähnl., werden hauptsächl. aus Chondodendron-Arten gewonnen u. enthalten als wirksame Inhaltsst. Isochinolinalkaloide, von denen das wichtigste das quarternäre Bisbenzylisochinolinalkaloid Tubocurarin ist (s. Tubocurarinchlorid). **Calebassencurare** stammt ausschließl. von Strychnos-Arten (z. B. Strychnos toxifera) u. ist extrem giftig. Die Indolalkaloide lassen sich hauptsächl. dem Strychnin-Typ, ein kleinerer Teil dem Yohimbin-Typ zuordnen. Die Curarealkaloide i. e. S. sind die muskelrelaxierenden, dimeren Strychninalkaloide mit quarternärem C-Atom. Wichtigster Vertreter dieser Gruppe ist das Ctoxiferin I (C steht für Calebassen; s. Toxiferin I), das ca. 20-mal giftiger als Tubocurarin ist. Calebassencurare wirkt nur, wenn es direkt ins Blut gelangt (nicht vom Magen aus); es wirkt lähmend auf die Muskulatur; Tod erfolgt durch Lähmung des Atemzentrums (nach

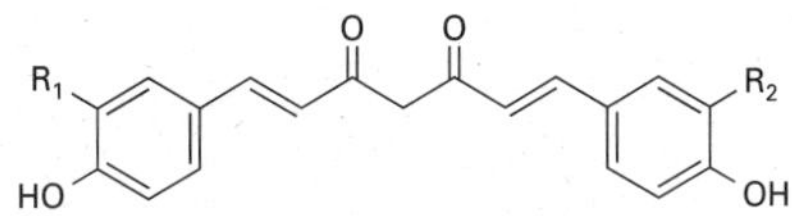

Curcumin: $R_1 = OCH_3$, $R_2 = OCH_3$
Monodesmethoxycurcumin: $R_1 = H$, $R_2 = OCH_3$
Bisdesmethoxycurcumin: $R_1 = H$, $R_2 = H$

Curcuma longa Abb. 1: Curcuminoide

EB6: MED 0.02 g, MTD 0.06 g). Die C.-Wirkung kann durch Physostigmin* od. Neostigminbromid* u. a. Cholinesterasehemmern in wenigen Sekunden aufgehoben werden. **Gesch.:** Um 1900 wurde von Böhm das Curin (L-Bebeerin, s. Chondodendron tomentosum) u. das Tubocurarin, der eigentl. Wirkstoff, isoliert. 1935 stellte Harold King (1887-1956) das D-Tubocurarinchlorid (Intocostrin) rein dar, das ab 1942 als Muskelrelaxans* Anw. fand.
Hom: *Curare:* verord. z. B. bei Lähmungen, Muskelkrämpfen, Lungenemphysem.

Curarine: s. Curare.

Curcasnüsse: s. Jatropha curcas.

Curcasöl: s. Jatropha curcas.

Curcin: s. Jatropha curcas.

Curcuma angustifolia Roxb.: Fam. Zingiberaceae (Vorderindien). Stpfl. von **Amylum Curcumae:** Ostindisches Arrowroot, Kurkumastärke; s. Amylum Curcumae.

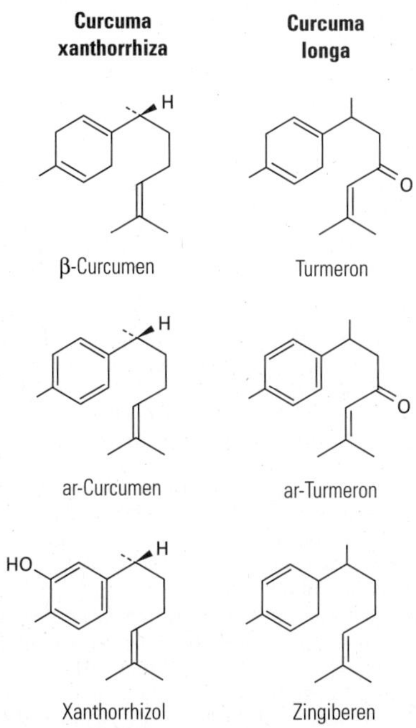

Curcuma longa Abb. 2: Bestandteile der äther. Öle in Curcuma-Arten; für den Geruch sind die Tumerone verantwortlich

Curcuma longa L.: Curcuma domestica Val., Gelbwurzel, Kurkuma; Fam. Zingiberaceae (heim. wahrscheinl. Ostindien, kult. in Indien, Südchina u. a. trop. u. subtropischen Gebieten). Stpfl. von **Curcumae longae rhizoma:** Rhizoma Curcumae (longae), Radix Curcumae, Curcumawurzelstock, Lange Kurkumawurzel, Gelbwurzelstock; die nach dem Ernten gebrühten u. getrockneten Wurzelstöcke. **Off.:** DAC; **Inhaltsst.:** 3-5 % äther. Öl (Best. s. Abb. 1), 3-5 % Curcuminoide wie Curcumin (vgl. Abb. 2); ferner Gummi, fettes Öl, 30-40 % Stärke; **Wirk.:** choleretisch, cholikinetisch, antihepatotoxisch, antihyperlipidämisch, antiinflammatorisch, antioxidativ, in vitro antitumorös, antimikrobiell; **Anw.:** bei dyspept. Beschwerden; volkstüml.: in Indien z. B. bei Durchfällen, Erkältungen, in Indonesien z. B. bei Lepra, Blasen- u. Nierenentzündungen, in China z. B. bei Kolliken, entzündl. Hauterkrankungen; Bisdesmethoxycurcumin soll für die choleresehemmende Wirk. verantwortl. sein; Gewürz (s. Curry); techn.: zum Färben; als Reagens (s. Curcumapapier).

Curcumapapier: Kurkumapapier; mit Curcumin* od. Kurkumatinktur getränktes Filterpapier, das von Alkalien u. Borsäure braun gefärbt wird. Empfindlichkeit für Kaliumhydroxid 1:180 000, für Ammoniak 1:35 000. Curcumin ergibt mit Borsäure Rosocyanin, eine im Sauren rotgefärbte Komplexverb., deren Farbe im Alkal. nach Blau umschlägt. Der Nachw. von Borsäure erfolgt in salzsaurer Lösung. Wird C. damit befeuchtet u. anschließend getrocknet, wird es nicht mehr gelb, sondern braunrot; anschließend mit (schwachen) Alkalien betupft, färbt sich das C. (blau)grün bis grünschwarz.

Curcuma rubescens: Fam. Zingiberaceae (Vorderindien). Stpfl. von Amylum* Curcumae, Ostindisches Arrowroot.

Curcuma zanthorrhiza Roxb.: Curcuma xanthorrhiza, Javanische Gelbwurz; Fam. Zingiberaceae (Malaiische Halbinsel). Stpfl. von **Curcumae xanthorrhizae rhizoma:** Rhizoma Curcumae xanthorrhizae, Radix Curcumae xanthorrhizae, Temoe lawak, Javanische Gelbwurzel; die in Scheiben geschnittenen, knolligen Wurzelstöcke. **Off.:** Ph.Eur.4; **Inhaltsst.:** s. Curcuma longa (Abb. 1, Abb. 2); ferner fettes Öl, Zucker, 30-40 % Stärke sowie äther. Öl, das v. a. für die choleret. Wirk. verantwortlich ist; **Zuber.:** Extr. Curcumae xanthorrhizae; **Wirk.:** s. Curcuma longa; die cholekinet. Wirk. wird auf die nicht wasserdampfflüchtigen Curcuminoide zurückgeführt; **Anw.:** bei dyspept. Beschwerden; volktüml.: in Indonesien bei Leber- u. Gallebeschwerden.

Curcuma zedoaria (Christm.) Rosc.: Amomum latifolium Lam., Zedoarie, Zitwer; Fam. Zingiberaceae (heim. Himalaja, Cochinchina; kult. Sri Lanka u. Vorderindien, bes. Madras, Bombay u. Bengal). Stpfl. von **Rhizoma Zedoariae:** Radix Zedoariae, Zitwerwurzel. **Inhaltsst.:** ca. 1 % äther. Öl (Oleum Zedoariae, s. unten, nach DAB6 mind. 0.8 %), Curcuminoide, Stärke sowie Zucker; **Zuber.:** Tinctura* Aloes composita, Tinctura* amara; **Wirk.:** choleretisch, spasmolyt., fungizid; **Anw.** volkstüml.: z. B. bei dyspept. Beschwerden, Koliken, Krämpfen; in der indischen Ayurveda-Medizin z. B. bei Appetitlosigkeit, Bronchitis, Asthma; **Oleum Zedoariae:** Zitwerwurzelöl; das durch Dest. aus dem Rhizom gewonnene, dickflüss., grünl., äther. Öl. **Best.:** ca. 48 % Sesquiterpenalkohole, ca. 10 % andere Sesquiterpene* wie Zingiberen (vgl. Zingiber officinale), ferner Cineol, Borneol*, D-Campher*, Pinen*; **Anw.:** wie Rhizoma Zedoariae (s. oben), bes. in der Likörindustrie.

Curcumin: Kurkumin, Kurkumagelb; Diferuloylmethan; $C_{21}H_{20}O_6$; M_r 368.37; Schmp. 183 °C; Farbstoff aus Curcuma* longa; orangegelbe Prismen; leicht lösl. in Ether u. Ethanol, wenig lösl. in Benzol, fast unlösl. in Wasser; färbt Baumwolle u. Seide direkt gelb. **Anw.:** Lebensmittelfarbstoff, Indikator (s. Curcumapapier); Antioxidans, hemmt die Leukotrien*- u. Prostaglandinsynthese (s. Prostaglandine).

Curie: Symbol Ci; nicht mehr anzuwendende Einheit für Radioaktivität*, 1 Ci = $7 \cdot 10^{10}$ Bq; vgl. Radium. **Gesch.:** dem Ehepaar Curie (Marie Curie, poln.-franz. Physikerin, 1867-1934; Pierre Curie, franz. Physiker, 1859-1906) gelang in Paris aufgrund der Entdeckung der radioaktiven Strahlung des Urans* durch Becquerel* die Herst. des Radiums.

Curine: Alkaloide in Curare* mit tertiärem Stickstoff.

Curium: Symbol Cm; A_r 238-251; OZ 96; metall., radioaktives Element; 14 Cm-Isotope sind bekannt. **Gew.:** Beschießung von Plutonium-239 mit Alphateilchen (1944); s. Transurane.

Curry: Curry-Powder; scharf-pikante Gewürzmischung ind. Herkunft. Hauptbest. sind Kurkumawurzel (s. Curcuma longa, Curcumae longae rhizoma), Ingwer (s. Zingiber officinale, Zingiberis rhizoma), Pfeffer (s. Piper nigrum, Fructus Piperis nigri), Cardamon (s. Elettaria cardamomum, Cardamomi fructus) u. Zimt (s. Cinnamomum verum, Cinnamomi cortex).

Curtius-Umlagerung: Acylazide, enstanden aus Carbonsäurechloriden u. Natriumazid, lagern sich beim Erhitzen in indifferenten Lösungsmitteln, Benzol od. Chloroform, zu Isocyanaten um. In wässriger Lsg. reagieren die Isocyanate zu primären Aminen weiter (s. Abb.). In Gegenwart von Alkoholen erhält man entspr. Urethane*.

Cuscutaceae: Teufelszwirngewächse; bleiche, nicht grüne, schmarotzende Schlingpfl. mit kleinen Blättern, darunter Cuscuta* europaea. Die Fam. ist eng verwandt mit Convolvulaceae*.

Cuscuta europaea L.: Cuscuta major, Cuscuta vulgaris, Teufelszwirn, Kleeseide, Hopfenseide; Fam. Cuscutaceae (Europa, Asien, Nordafrika); eine

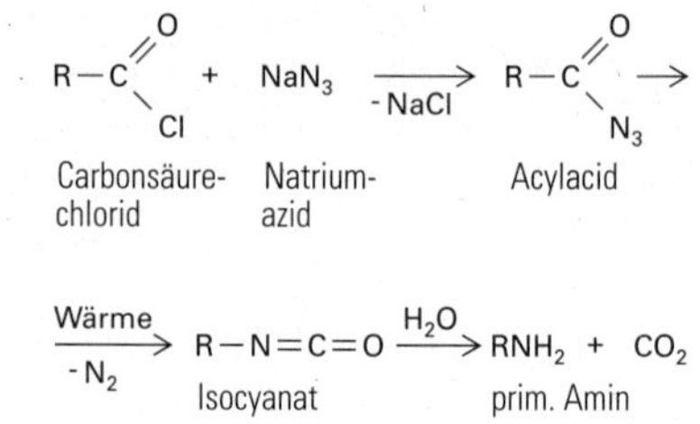

Curtius-Umlagerung: Bildung eines Isocyanats bzw. eines primären Amins als Beispiel

Schmarotzerpflanze. **Inhaltsst.:** Cuscutin (Glykosid), Gerbstoff, Glucose; **Anw.:** früher als Abführmittel.

Hom: *Cuscuta europaea:* frische, blühende Pflanze.

Cushing-Syndrom: Hypercorticismus; Krankheitsbild, das durch Überfunktion der Nebennierenrinde od. lange hochdosierte Corticosteroidtherapie ausgelöst wird. Die Cushingschwelle liegt (interindividuell stark variierend) bei 7.5 mg Prednisolon-Äquivalent täglich. **Symptome:** Vollmondgesicht, Stammfettsucht, Hypertonie, Diabetes mellitus.

Cuskhygrin: $C_{13}H_{14}N_2O$; M_r 224.34; ölige, mit Wasser mischbare Flüss.; Pyrrolidinalkaloid in Solanaceae* u. Cocablättern (s. Erythroxylum coca). C. wird durch Säuren u. Basen leicht in Hygrin umgewandelt.

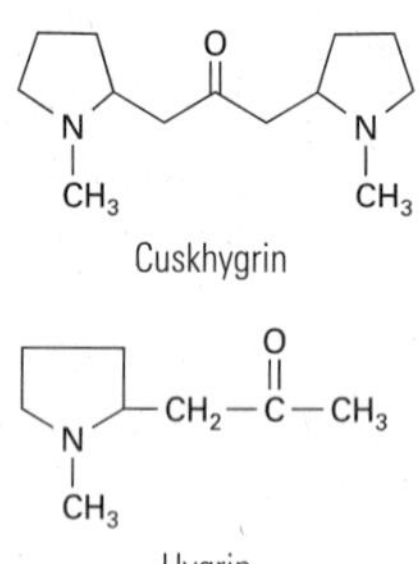

Cuskhygrin

Cusparia angustura: s. Galipea officinalis.

Cusparia febrifuga Humb. ex DC.: Cusparia trifoliata Engl.; Fam. Rutaceae (heim. Südamerika, bes. Venezuela, Westindien). Stpfl. von **Cusparia-Rinde:** Verfälschung der echten Angosturarinde (Cortex Angosturae, s. Galipea officinalis), der sie ähnl. ist; früher auch anstelle der Chinarinde (Cinchonae cortex, s. Cinchona pubescens) verwendet.

Cusparia officinalis: s. Galipea officinalis.

Cuticula: s. Kutikula.

Cutin (lat. cutis Haut): dem Lignin bzw. dem Suberin* ähnl., hochpolymere, phenol. Ester gesättigter u. ungesättigter C_{16}- u. C_{18}-Fettsäuren sowie entspr. 10- u. ω-Hydroxyfettsäuren wie auch Epoxyfettsäuren. Der Anteil an ungesättigten Fettsäuren ist sehr gering. Hydrophobe Wandsubstanzen, die sich mit lipophilen Farbstoffen wie Sudanglycerol* anfärben; C. wird auf od. in den äußeren Zellwänden von Epidermiszellen abgelagert, wodurch der Wasserverlust der Pfl. herabgesetzt wird. Aus C. besteht die Kutikula*.

C-Vitamin: s. Vitamine (Vitamin C).

CVMP: s. EMEA.

Cyacetacid INN: Cyanessigsäurehydrazid; NC−CH_2−CO−NH−NH_2, $C_3H_5N_3O$, M_r 99.1. **Anw.:** früher Tuberkulostatikum; vet.: Anthelminthikum*.

Cyamemazin INN: Cyamepromazin; 10-[3-(Dimethylamino)-2-methylpropyl]-10*H*-phenothiazin-2-carbonitril; CAS-Nr. 3546-03-0; $C_{19}H_{21}N_3S$, M_r 323.5. Gelbes Öl; fast unlösl. in Wasser, lösl. in Ethanol u. org. Lösungsmitteln. **Anw.:** früher Neuroleptikum (s. Psychopharmaka), Antihistaminikum*, Phenothiazin*-Derivat mit ähnl. Eigenschaften wie Chlorpromazin*. **Cyamemazinmaleat:** $C_{19}H_{21}N_3S \cdot C_4H_4O_4$. Schmp. 196-197 °C.

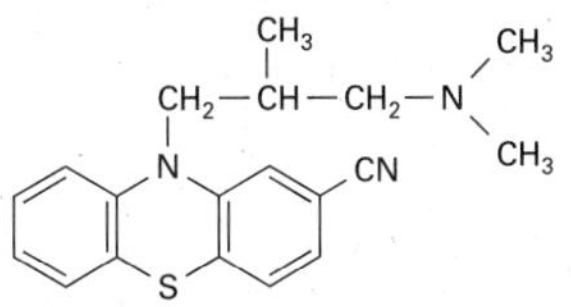

Cyamemazin

Cyamepromazin: s. Cyamemazin.

Cyamopsis tetragonoloba (L.) Taub.: Guarbohne, Büschelbohne; Fam. Fabaceae (Leguminosae) (Indien, USA, kult. in Brasilien). Stpfl. von **Guar:** Cyamopsidis seminis pulvis Ph.Eur., Guar-Mehl, Guar-Gummi, Guarkernmehl; das Schleimendosperm. **Inhaltsst.:** fast 80 % Guaran, ein Galactomannan (Polysaccharid), bestehend aus β-1,4-glykosid. gebundenen Mannoseeinheiten, wobei mit jeder zweiten Mannoseeinheit Galactose α-1,6-glykosid. verbunden ist; dieser Aufbau des Schleims ist charakterist. für Leguminosenschleim*. **Wirk.** und **Anw.:** Wegen der starken Quellbarkeit u. schlechten Verdaubarkeit (bedingt durch die β-glykosid. Hauptkette) als Füllstoff in Diätprodukten zur Gewichtsreduzierung; verzögert auch die Resorption der Nährstoffe, daher auch zur Unterstützung der Diabetes-Behandlung; als Verdickungs- u. Geliermittel in Pharmazie u. Lebensmittelindustrie; Guar ermöglicht die Herst. von hochviskosen Kolloiden, wobei die höchste Viskosität in neutralen Lsg. erreicht wird.

Cyan-: Bez. für die funktionelle Gruppe* −C≡N in org. Verb., s. Nitrile.

Cyanamid: Amid der Cyansäure bzw. Nitril der Carbamidsäure; H_2N−CN, M_r 42.0. Schmp. ca. 40 °C. Farblose, krist., hygroskop. Masse, leicht lösl. in Wasser, Ethanol, Ether. **Darst.:** aus Ammoniak u. Chlorcyan. **Anw.:** in der Produktion thermostabiler Papiersorten, Lackindustrie, als Guanidierungsmittel, als Herbizid; techn. bedeutend ist Calciumcyanamid (Kalkstickstoff*). **Tox.:** sehr stark haut- u. schleimhautreizend, Einnahme od. Inhalation führen zu vorübergehender intensiver Gesichtsröte, Kopfschmerzen, Schwindel, gesteigerter Atmung, Tachykardie*, Hypotension.

Cyanate: Salze der Cyansäure* H−O−C≡N. **Tox.:** meist ungiftig.

Cyaneisenkalium: s. Kaliumhexacyanoferrat(II).

Cyanessigsäureethylester: Ethyl-2-cyanacetat; $C_5H_7NO_2$, M_r 113.1. Sdp. 205-209 °C (unter Zers.). Farblose bis blassgelbe Flüss.; schwer lösl. in Wasser, mischbar mit Ethanol u. Ether. **Anw.:** Reagens Ph.Eur.4.

Cyanessigsäurehydrazid: s. Cyacetacid.

Cyanglykoside: Cyanoglykoside, Blausäureglykoside, Nitriloside; cyanogene Glykoside; *O*-glykosidifizierte u. damit stabilisierte Cyanohydrine*, die bei der enzymat. od. in Gegenwart von Säure ablaufenden Hydrolyse die Cyanohydrine u. daraus in Gegenwart von Säure HCN abspalten, s. Tab., s. Amygdalin. Biogenet. von Aminosäuren abstammend kommen sie nicht nur in ca. 2000 Pflanzenarten, sondern auch bei Tieren (Schmetterlinge) vor. Bekannte Blausäureglykosid-Pflanzen finden sich unter den Rosaceae (Steinobst, Apfel), Fabaceae (Lotus, Trifolium), Linaceae (Linum), Asteraceae u. Euphorbiaceae. Bei den Liliatae finden sich nur solche C., die sich vom Tyrosin ableiten.

Cyanhydrine: s. Cyanohydrine.

Cyanide: Salze der Cyanwasserstoffsäure (Blausäure*), z. B. Kalium-, Natrium-, Calciumcyanid. **Nachw:** z. B. Pagenstecher*-Schönbein-Cyanidprobe; org. C. s. Nitrile.

Cyanglykoside
Beispiele

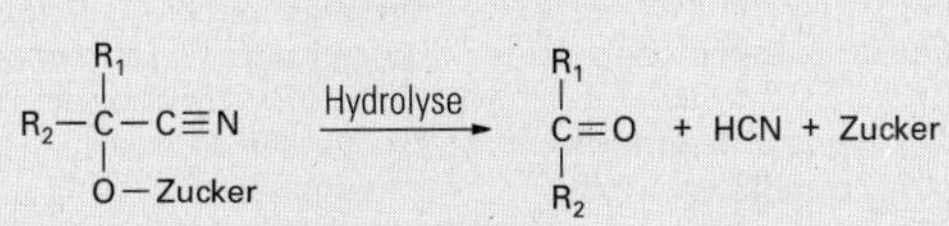

Cyanglykosid	Präkursor	R_1	R_2	Zucker	Vorkommen
Linamarin	L-Valin	$-CH_3$	$-CH_3$	β-D-Glucose	Linum, Hevea
Lotaustralin	L-Isoleucin	$-C_2H_5$	$-CH_3$	β-D-Glucose	Lotus, Linum
Amygdalin	L-Phenylalanin	$-C_6H_5$	−H	β-D-Gentiobiose	Rosaceae
Prunasin	L-Phenylalanin	$-C_6H_5$	−H	β-D-Glucose	Rosaceae
Sambunigrin	D-Phenylalanin	$-C_6H_5$	−H	β-D-Glucose	Sambucus
Dhurrin	L-Tyrosin	$-C_6H_4OH$	−H	β-D-Glucose	Poaceae
Taxiphyllin	D-Tyrosin	$-C_6H_4OH$	−H	β-D-Glucose	Liliatae

C

Cyanidin: s. Anthocyanidine.
Cyanin: s. Anthocyane.
Cyankalium: s. Kaliumcyanid.
Cyanobakterien: s. Cyanophyta.
Cyanocobalamin INN: s. Vitamine (Cyanocobalamin).
Cyanocobalamin[^{57}Co]: Cyanocobalamini[^{57}Co]; α-(5,6-Dimethylbenzimidazol-1-yl)-Cobamid[^{57}Co]-cyanid. **Herst.:** Das mit ^{57}Co radioaktiv markierte Vitamin B_{12} kann biosynthet. unter Verw. von Streptomyces griseus auf Nährböden, die Cobalt(II)[^{57}Co]-Ionen enthalten, hergestellt werden. Man kann auch auf halbsynthet. Wege durch nachträgl. Einbau von Cobalt-57 in das entspr. Cobalamin zur obigen Verb. gelangen. **Zuber.:** Cyanocobalamini[^{57}Co] solutio Ph.Eur.4, Cyanocobalamini[^{57}Co] capsulae Ph.Eur.4; **Anw.** u. **Dos.:** Cyanocobalamin[^{57}Co] wird nur oral entw. in trockener Form (z. B. mit Lactose in Gelatinekapseln) od. als wässrige Lsg. für nuklearmed. Zwecke verwendet. Es lässt sich damit eine differentialdiagnost. Abklärung von Vitamin B_{12}-Mangelkrankheiten vornehmen. Mit dem Test nach Schilling (Urinexkretionstest) lässt sich nachweisen, ob Vitamin B_{12} im Darm in ausreichendem Maße resorbiert wird. Dazu erhält der Patient eine orale Dosis (üblicherweise 10^{-6} g) markiertes Cyanocobalamin, 2 Std. später i.m. 1 mg nicht markiertes Vitamin B_{12}, das die Ablagerung des radioaktiven Vitamins in der Leber verhindert u. die Ausscheidung durch die Niere provoziert. Erscheinen im 24 Std.-Harn 10-25 % des zugeführten markierten Vitamins (normale Nierenfunktion vorausgesetzt), gilt die Resorption als normal. Zur weiteren Differenzierung kann bei ungenügender Resorption zus. mit der Testdosis ein Intrinsic-Faktor(IF-)-Präparat gegeben werden. Lag der Störung ein endogener IF-Mangel zugrunde, kommt es nun zu einer verbesserten Resorption u. somit zu erhöhter Urinausscheidung. Strahlenbelastung: Ganzkörper ca. $16 \cdot 10^{-9}$ Gy/Bq.
Cyanocobalamin[^{58}Co]: Cyanocobalamini[^{58}Co]; vgl. Cyanocobalamin[^{57}Co]; mit ^{58}Co markiertes Vitamin* B_{12}. Herst. u. Anw. analog dem ^{57}Co-markierten Vitamin* B_{12}. Strahlenbelastung: Gesamtkörper $5.4\text{-}40.5 \cdot 10^{-9}$ Gy/Bq. **Zuber.:** Cyanocobalamini[^{58}Co] solutio Ph.Eur.4.
Cyanocobalamini[^{57}Co] capsulae: s. Cyanocobalamin[^{57}Co].
Cyanocobalamini[^{57}Co] solutio: s. Cyanocobalamin[^{57}Co].
Cyanocobalamini[^{58}Co] solutio: s. Cyanocobalamin[^{58}Co].
Cyanocobalamin-Injektionslösung 0.1 mg/mL: Cyanocobalamini solutio iniectabilis 0.1 mg/mL, Iniectabile cyanocobalamini 0.1 mg/mL; Geh.: Ph.Helv.7, 0.095-0.110 mg Cyanocobalamin je mL; klare, rosarot gefärbte, geruchlose Flüssigkeit. Cyanocobalamin in Lsg. zersetzt sich am Licht u. an der Luft. **Anw.:** s. Vitamine (Vitamin B_{12}).
Cyanoglykoside: s. Cyanglykoside.
Cyanohydrine: Cyanhydrine, Oxynitrile; Nitrile von α-Hydroxysäuren; vgl. Cyanglykoside. **Darst.:** Anlagerung von Blausäure an Aldehyde u. Ketone, indem man die Komponenten einfach aufeinander einwirken lässt od. durch Umsetzung der Aldehydhydrogensulfit-Verb. mit Natrium- od. Kaliumcyanid; **Anw.:** wie die Chlorhydrine*, wichtig für org. Synthesen.
Cyanophyta: Cyanobacteriota, Cyanoprokaryota, Cyanobakterien, Blaualgen; blaugrüne, prokaryont. Organismen ohne Zellkern (wie Eubakterien) u. ohne Chromatophoren; zur Photosynthese befähigt; die Farbstoffe sind diffus im Plasma verteilt. C. können große Zellverbände bilden, daher auch als Blaugrüne Algen od. Blaualgen bezeichnet.
Cyanose: bläul. Verfärbung der Haut (bes. gut an Lippen u. Fingernägeln zu sehen) infolge mangelnder O_2-Sättigung des Blutes od. bei erhöhtem Methämoglobingehalt.
Cyanquecksilber: s. Quecksilber(II)-cyanid.
Cyansäure: $HO-C\equiv N$, M_r 43.0. D. 1.14. Schmp. −86 °C. Farblose, tränenreizende Flüssigkeit. Die wässrige Lsg. zerfällt über 0 °C sehr rasch in CO_2 u. NH_3. **Darst:** Erhitzen der Cyanursäure* u. Kondensation der entstehenden Dämpfe in einem Kältebad. Die tautomere Form der C. ist die Isocyansäure $HN=C=O$. Die Salze der beiden Säuren heißen Cyanate bzw. Isocyanate*. Ein Isomer der C. ist die Knallsäure* $HC\equiv NO$.
Cyansilber: s. Silbercyanid.
Cyanursäure: 1,3,5-Triazin-2,4,6-triol, mit tautomerer Isocyanursäure im Gleichgewicht u. nur in Form von Derivaten trennbar; $C_3N_3(OH)_3$, M_r 129.1. Schmp. 320-330 °C. Farblose Kristalle. **Anw.:** zur Herst. von Cyansäure* in Labormengen (C. ist ein Trimerisationsprodukt der Cyansäure, entsteht beim Erhitzen von Harnstoff); zur Erzeugung von Bleich- u. Desinfektionsmitteln sowie Lackhilfsmitteln.
Cyanwasserstoff: s. Blausäure.
Cyanwasserstoffsäure: s. Blausäure.
Cycadophytina: s. Spermatophytina.
Cyclacillin: s. Ciclacillin.
Cyclamat: s. Natriumyclamat.
Cyclamen purpurascens Mill.: Cyclamen europaeum L. auct. non Mill., Alpenveilchen; Fam. Primulaceae (Mittel- u. Südeuropa). Stpfl. von **Rhizoma Cyclaminis:** Alpenveilchenknollen, Erdbrot, Saubrot. **Inhaltsst.:** Triterpensaponine wie Cyclamin; in der Blüte wohlriechendes äther. Öl, Nerol* u. Farnesol*; **Anw.** volkstüml.: früher bei Gicht, Erkrankungen des rheumat. Formenkreises, Kolik, Verstopfung, Zahnschmerzen, Regelstörungen; **Tox.:** stark tox., bereits bei 0.3 g treten Erbrechen u. Durchfälle auf, bei größeren Dosen Krämpfe, Lähmungen u. Atemlähmung.
Hom: *Cyclamen europaeum (HAB1.3):* frische, unterird. T.; verord. z. B. bei Migräne, Dysmenorrhö, Heuschnupfen.
Cyclandelat INN: 3,3,5-Trimethylcyclohexylmandelat; 3,5,5-Trimethylcyclohexyl-α-phenyl-α-hydroxyacetat; CAS-Nr. 456-59-7; $C_{17}H_{24}O_3$, M_r 276.36. Schmp. 50-53 °C (polymorph). Sdp. 192-194 °C (186.62 Pa). Fast unlösl. in Wasser, lösl. ca. 1:1 in Ethanol, ca. 1:2 in Leichtpetroleum; sehr leicht lösl. in Ether, Ethylacetat, Acetonitril, Toluol. **Anw.:** peripherer u. zentraler Vasodilatator*; **Dos.:** p.o. Initialdos. bis 5×0.4 g/d; Erhaltungsdos. 2×0.2 g/d.
Cyclite: s. Cyclitole.

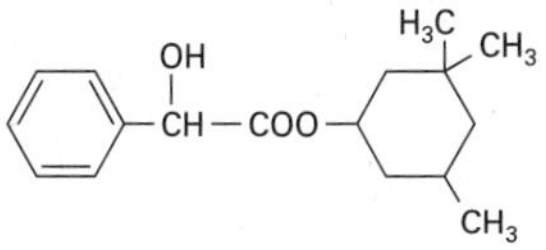

Cyclandelat

Cyclitole: Cyclite, Cyclohexanole; mehrwertige cycl. Alkohole (Zuckeralkohole*), die sich von Cyclohexan ableiten. Am bedeutendsten ist *myo*-Inositol*, das sich zu ca. 0.8 % in Pflanzen (Trockenmasse) findet. Von Hexahydroxocyclohexan gibt es theoret. 9 Stereoisomere. Verbreitetes Vork. im Pflanzen- u. Tierreich. Das zu *myo*-Inositol stereoisomere Scyllitol (*scyllo*-Inosit) findet sich in Haifischen u. Rochen sowie zus. mit dem Pentahydroxycyclohexan Quercitol* in den Samen bzw. Früchten u. Blättern von Eichen. Charakterist. für Gymnospermen sind Pinitol u. Sequoyitol (ein Isomer des Pinitols, fehlt vollkommen bei Angiospermen) in Zweigen u. Nadeln.

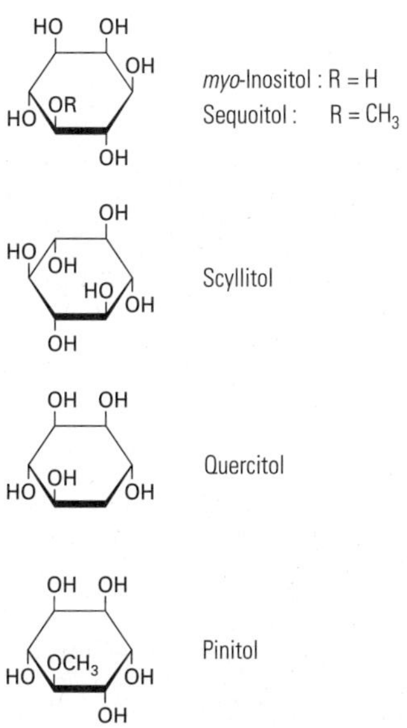

Cyclitole

Cyclizin INN: 1-Benzhydryl-4-methylpiperazin; CAS-Nr. 82-92-8; $C_{18}H_{22}N_2$, M_r 266.4. Schmp. 106 °C. **Anw.:** Antihistaminikum (H_1-Antagonist). **Cyclizinhydrochlorid:** Cyclizini hydrochloridum Ph.Eur.4; CAS-Nr. 303-25-3; $C_{18}H_{23}ClN_2$, M_r 302.85; Schmp. 285 °C; weißes, krist. Pulver, schwer lösl. in Wasser u. Ethanol, unlösl. in Ether. **Dos.:** oral 0.05 g/4-6 h, maximal 0.2 g/24 h; bei Reisekrankheit: Einnahme 30 min vor Abreise; Kinder 6-12 Jahre: 0.025 g/6-8 h, maximal 0.075 g/d Ph.Eur.Komm.

Cycloadditionen: s. Reaktionen, konzertierte.

Cycloalkane: gesättigte cycl. Kohlenwasserstoffe*, z. B. Cyclohexan*.

cyclo-AMP: cAMP; s. Adenosinphosphate.

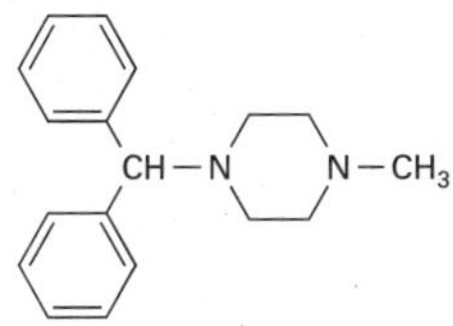

Cyclizin

Cyclobarbital INN: Hexemalum, Acidum cyclohexenylethylbarbituricum, Cyclohexenylethylbarbitursäure; 5-(1-Cyclohexenyl)-5-ethylbarbitursäure; CAS-Nr. 52-31-3; $C_{12}H_{16}N_2O_3$, M_r 236.26. Strukturformel s. Barbiturate (Abb. 2). Schmp. 171-174 °C (polymorph). Lösl. 1:800 in Wasser, 1:4 in Ethanol, 1:20 in Chloroform, 1:15 in Ether, in Lsg. aus Alkalihydroxiden u. -carbonaten. pK_S 7.6 (20 °C). **Off.:** ÖAB90; **Anw.:** Hypnotikum, Sedativum; mittellang wirksames Barbiturat (Durchschlafmittel), Wirkungsdauer 6-8 h; Nachwirk. in den folgenden Tag hinein sind selten, vgl. Barbiturate; **Dos.:** p. o. 3-4×0.2-0.4 g/d; HWZ 12 h. Gebräuchl. ist auch Cyclobarbital*-Calcium.

Cyclobarbital-Calcium: Cyclobarbitalum calcicum Ph.Eur., Calcium cyclohexenylethylbarbituricum, cyclohexenylethylbarbitursaures Calcium; CAS-Nr. 143-76-0; $C_{24}H_{30}CaN_4O_6$, M_r 510.6. Weißes od. schwach gelbl., krist. Pulver; lösl. in ca. 200 T. Wasser, fast unlösl. in Ethanol, Chloroform. **Anw.:** Hypnotikum, Sedativum; **Dos.:** MTD 1.2 g; s. Cyclobarbital.

Cyclobarbital-Calcium-Tabletten: s. Compressi Cyclobarbitali calcici.

Cyclobutandicarbonsäure: s. Carboplatin.

Cyclobutyrol INN: α-Ethyl-1-hydroxycyclohexanessigsäure; 2-(1-Hydroxycyclohexyl)butansäure; CAS-Nr. 512-16-3; $C_{10}H_{18}O_3$, M_r 186.24. Schmp. 81-82 °C (kristallisiert aus Ether/Petrolether). Sdp. 164 °C (3.2 kPa), Sdp. 167-170 °C (2.1 kPa). $d_4^{18.8}$ 1.0010. $n_D^{18.8\,°C}$ 1.4680. Schwer lösl. in Wasser, Petrolether; sehr leicht lösl. in Alkoholen, Aceton, Dioxan, Chloroform, Ether; vollständig lösl. in wässrigen Alkalien bei pH 7.5-8. **Anw.:** kaum noch als Choleretikum*; **Kontraind.:** schwere Leber- u. Gallenerkrankungen. Gebräuchl. ist Cyclobutyrol-Natrium.

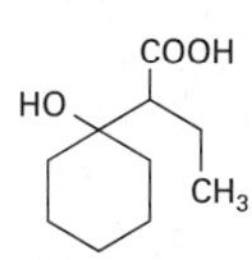

Cyclobutyrol

Cyclodextrine: $(C_6H_{10}O_5)_n \cdot x\,H_2O$; beim enzymat. Abbau von Stärke durch Bacillus macerans gebildete ringförmige, α-1,4-verknüpfte Oligosaccharide aus 6-8 Glucoseeinheiten. In dem durch den Ring gebildeten Hohlraum können fremde Moleküle eingeschlossen werden. Diese Einschlussverbindungen* sind auch in Lsg. existent. Je nach Durchmesser des Hohlraums (0.6, 0.75 u. 0.9-1 nm) unterscheidet man α-, β- u. γ-Cyclodextrine. **Anw.:** Analyse (Auftrennung von Stoff-

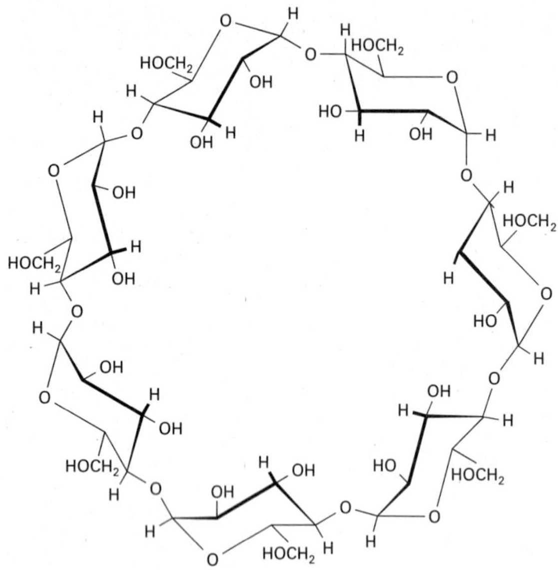

Cyclodextrine: β-Cyclodextrin

gemischen), NMR-Verschiebungsreagenzien für Kohlenwasserstoffe; zur Verbesserung der Löslichkeit (Digoxin), zur Stabilisierung labiler Arzneistoffe (Prostaglandine), zum Überdecken von Geruch u. Geschmack.

Cyclofenil INN: 4,4'-(Cyclohexylidenmethylen)diphenyldiacetat; CAS-Nr. 2624-43-3; $C_{23}H_{24}O_4$, M_r 364.44. Schmp. 135-136 °C (kristallisiert aus Ethanol). Fast unlösl. in Wasser, lösl. 1:250 in Ethanol, 1:2 in Chloroform, 1:30 in Ether. **Anw.**: Stilbenderivat, Ovulationsauslöser, bei Infertilität; **UAW**: gastrointestinale Beschwerden, Fieber, Eierstockvergrößerung; **Dos.**: p.o. 3×0.2 g/d über 5 Tage ab 5. Zyklustag; HWZ ca. 29 h.

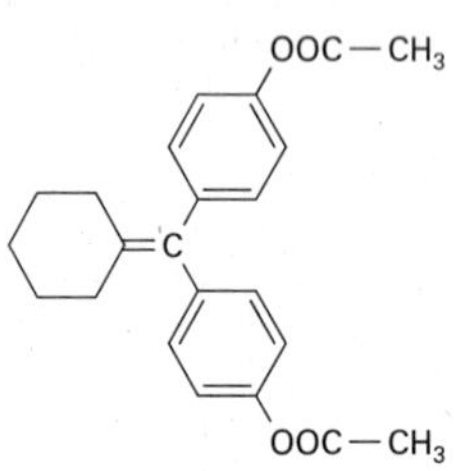

Cyclofenil

Cyclohexan: Hexahydrobenzol; C_6H_{12}, M_r 84.2. Strukturformel s. Konformation (Abb. 1). Sdp. 80-81 °C. Schmp. 5.0-6.5 °C. D. 0.778-0.779 (20 °C). $n_D^{20°C}$ 1.426-1.427. Klare, farblose, leicht brennbare Flüss. von benzinähnl. Geruch, mischbar mit Ethanol 96 %, Chloroform, Essigsäure. **Anw.** med.: nach Ph.Eur.4 z. B. zur Spektroskopie; ferner in der Chromatographie* als Lösungsmittel, Elutions- u. Steigflüssigkeit; zur Prüfung med. Kohle (Carbo* activatus); techn. als Lösungsmittel für Lacke u. Harze, zur Synthese von Cyclohexanol, Cyclohexanon, Adipinsäure, Benzol, ε-Caprolactam. **Tox.**: wirkt in größeren Mengen eingeatmet narkotisch; MAK: 1050 mg/m Luft.

1,2-Cyclohexandinitrilotetraessigsäure: *trans*-1,2-Cyclohexandinitrilotetraessigsäure Monohydrat; $C_{14}H_{22}N_2O_8 \cdot H_2O$, M_r 364.4. Schmp. ca. 204 °C. Weißes krist. Pulver. **Anw.**: Reagens Ph.Eur.4; zur Reinheitsprüfung von Flucytosin*.

***meso*-Cyclohexanhexol:** s. *myo*-Inositol.

Cyclohexanol: Hexalin; $C_6H_{11}OH$, M_r 100.2. D. 0.941. Schmp. 25 °C. Sdp. ca. 160 °C. Wasserklare Flüss. mit campherähnl. Geruch, mischbar mit den meisten org. Lösungsmitteln. **Anw.**: Lösungsmittel für Wachse, Öle, Fette, Kautschuk, Acetylcellulose. **Tox.**: wirkt leicht schleimhautreizend u. narkotisch, kann Leber- u. Nierenschäden hervorrufen; MAK: 200 mg/m³.

Cyclohexanole: s. Cyclitole.

Cyclohexanon: $C_6H_{10}O$, M_r 98.14. D. 0.947. Schmp. −26 °C. Sdp. 155.7 °C. Farblose Flüss., nach Aceton u. Pfefferminz riechend. Lösl. in Ethanol, Ether, Wasser. **Anw.**: Lösungsmittel für Celluloid, Acetylcellulose, Fette, Öle, Kautschuk. **Tox.**: haut- u. schleimhautreizend, kann Leber u. Niere schädigen; MAK: 200 mg/m³.

5-Cyclohexenyl-1,5-dimethylbarbitursäure: s. Hexobarbital.

Cyclohexenylethylbarbitursäure: s. Cyclobarbital.

Cycloheximid: Actidion; Antibiotikum aus Streptomyces griseus, das die Proteinbiosynthese der 80 S-Ribosomen eukaryont. Zellen hemmt, nicht aber die der Mitochondrien, Chloroplasten u. der 70 S-Ribosomen der Prokaryonten.

Cyclohexylamin: $C_6H_{13}N$, M_r 99.2. Sdp. 134-135 °C. $n_D^{20°C}$ ca. 1.460. Farblose Flüss; lösl. in Wasser, mischbar mit den gebräuchl. org. Lösungsmitteln.

Anw.: Reagens Ph.Eur.4, z. B. zur Reinheitsprüfung von Natriumcyclamat*.

Cyclohexylsulfamat: Süßstoff*. **Natrium, cyclohexylsulfaminsaures:** Cyclamat; s. Natriumcyclamat.

Cycloniumbromid: s. Cicloniumbromid.

Cyclooxygenase: Abk. COX; Enzym, das die Bildung von cycl. Endoperoxiden aus ungesättigten Fettsäuren (z. B. aus Arachidonsäure*) katalysiert, die dann weiter in Prostaglandine*, Prostacycline* u. Thromboxan* übergeführt werden; s. Eicosanoide. Man kann zw. zwei Formen, COX-1 (physiolog., konstitutive Form) u. COX-2 (wird im Verlauf einer Entzündung induziert), unterscheiden.

Cyclooxygenasehemmer: COX-Hemmer; schwach wirkende Analgetika* wie Acetylsalicylsäure u. a. (hemmen COX-1 u. COX-2) od. Rofecoxib*, Celecoxib* (hemmen vorwiegend COX-2), s. Cyclooxygenase.

Cycloparaffine: s. Cycloalkane.

Cyclopentadien: C_5H_6, M_r 66.1. Schmp. −85 °C. Sdp. 41 °C. D. 0.8. Farblose Flüss., lösl. in Ethanol, Ether, Benzol, unlösl. in Wasser. **Gew:** aus Steinkohlenteer. **Anw.:** zu org. Synthesen von Alkaloiden, Kunstharzen, Sesquiterpenen.

Cyclopentamin INN: Cyclopentadrin; *N*-*α*-Dimethylcyclopentylethylamin; CAS-Nr. 102-45-4; $C_9H_{19}N$, M_r 141.25. Sdp. 83-86 °C (4.00 kPa). $n_D^{25\,°C}$ 1.4500. pK_S der konjugierten Säure 11.5. **Anw.:** obsolet; früher Sympathomimetikum*, Vasokonstriktor; gebräuchl. war Cyclopentaminhydrochlorid.

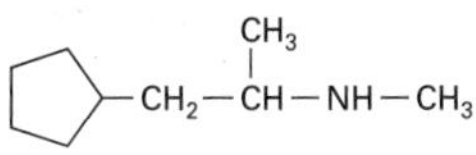

Cyclopentamin

Cyclopentan-Sesquiterpene: Best. des äther. Öls von Valeriana* officinalis (Baldrian).

Cyclopenten-Fettsäuren: ungewöhnl. Fettsäuren (z. B. Chaulmoograsäure u. Hydnocarpussäure, s. Hydnocarpus kurzii) mit 6-18 C-Atomen u. einem terminalen Cyclopentenring. Ihr Vork. ist für die Fam. Flacourtiaceae (Od. Violales) charakteristisch.

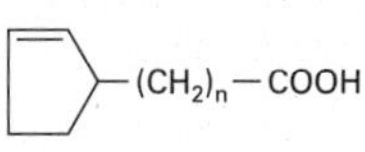

Cyclopenten-Fettsäuren: n = 0: Aleprolsäure; n = 4: Aleprestinsäure; n = 6: Aleprylsäure; n = 8: Aleprinsäure; n = 10: Hydrocarpussäure; n = 12: Chaulmoograsäure

Cyclopenthiazid INN: 6-Chlor-3-(cyclopentylmethyl)-3,4-dihydro-2*H*-1,2,4-benzothiadiazin-7-sulfonamid-1,1-dioxid; CAS-Nr. 742-20-1; $C_{13}H_{18}ClN_3O_4S_2$, M_r 379.89. Schmp. 230 °C (kristallisiert aus verd. Ethanol; polymorph). Fast unlösl. in Wasser; lösl. 1:12 in Ethanol, 1:600 in Chloroform; lösl. in Aceton, Ether. **Anw.:** Saluretikum (vgl. Diuretika), Ödeme, Hypertonie; **UAW, Kontraind** u. **WW:** s. Bendroflumethiazid; **Dos.:** p. o. 0.25-0.5 g/d.

Cyclopentolat INN: (2-Dimethylamino-ethyl-[2-(1-hydroxy-cyclopentyl)-2-phenyl]acetat; *α*-(1-Hydroxy-1-cyclopentyl)-*α*-phenyl-essigsäure-*β*-dimethylaminoethylester; CAS-Nr. 512-15-2; $C_{17}H_{25}NO_3$, M_r 291.38. pK_S der konjugierten Säure 7.9. **Anw.:** zur diagnost. u. therap. Erweiterung der Pupille (Mydriasis) sowie bei der Refraktionsbestimmung zur Lähmung der Akommodation (Zykloplegie); **Dos.:** konjunktival Augentropfen 1 %. **Cyclopentolathydrochlorid:** Cyclopentolati hydrochloridum Ph.Eur.4; CAS-Nr. 5870-29-1; $C_{17}H_{26}ClNO_3$, M_r 327.85, Schmp. 135-141 °C; weißes krist. Pulver, sehr leicht lösl. in Wasser, leicht lösl. in Ethanol; **Dos.:** konjunktival, diagnostisch: Kleinkinder, ältere Patienten 1 × 1 Tropfen 0.5 %ige Lösung, Erwachsene, Schulkinder: 1 × 1 Tr. 1 %ige Lsg., nach 5-10 min wiederholbar; therapeutisch: Kleinkinder, ältere Patienten: 1 Tr. 0.5 %ige Lsg. pro 6-8 h.

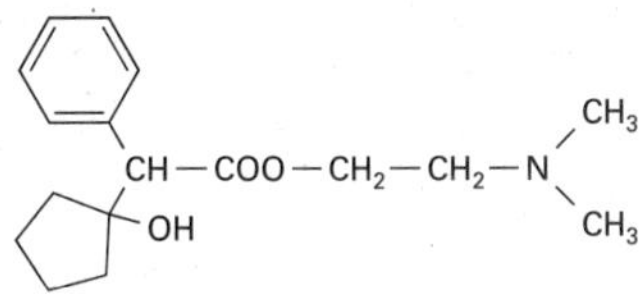

Cyclopentolat

Cyclophane: s. Ansaverbindungen.

Cyclophosphamid INN: Cyclophophamidum; (*RS*)-2-[Bis(2-chlorethyl)amino]-1,3,2-oxazaphosphinan-2-oxid; CAS-Nr. 50-18-0; $C_7H_{15}Cl_2N_2O_2P$, M_r 261.10. Schmp. 41-45 °C. Schwer lösl. in Ethanol, Benzol, Ethylenglykol, Tetrachlorkohlenstoff, Dioxan; lösl. in Wasser: 40 g/L; wenig lösl. in Ether, Aceton. **Anw.:** Zytostatikum (Alkylans); bei akuten u. chron. lymphat. u. myeloischen Leukämien, Morbus Hodgkin, Weichteil- u. Knochensarkomen; **Dos.:** p. o. 0.1-0.15 g/d; Kinder bis 1 Jahr 10-30 mg/d; Kinder 1-5 Jahre 30-50 mg/d; Kinder 6-12 Jahre 50-100 mg/d; parenteral i. v. 0.3 g od. 0.03 g/kg KG als einmaliger Stoß; Kontrolle des Blutbildes erforderl.; zur Prophylaxe Mesna*; HWZ 4-8 h. **Cyclophosphamid-Monohydrat:** Cyclophosphamidum Ph.Eur.; CAS-Nr. 6055-19-2; $C_7H_{15}Cl_2N_2O_2P \cdot H_2O$, M_r 279.10. Lösl. in Wasser, sehr leicht lösl. in Ethanol.

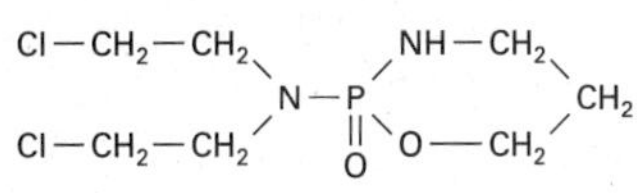

Cyclophosphamid

Cyclopropan: Trimethylen; CAS-Nr. 75-19-4; C_3H_6, M_r 42.08. Farbloses, brennbares Gas von charakterist. Geruch; bildet mit Luft od. Sauerstoff explosive Gemische; 1 Volumenteil lösl. in 2.9 Volumenteilen Wasser, sehr leicht lösl. in Ethanol, Ether. **Off.:** ÖAB90 (bis 1996); **Anw.:** Inhalationsnarkotikum, nur in Kombination mit Sauerstoff (s. Narkotika).

Cyclopyrrolone: s. Schlafmittel.

D-Cycloserin INN: (+)-(*R*)-4-Aminoisoxazolidin-3-on; CAS-Nr. 68-41-7; $C_3H_6N_2O_2$, M_r 102.1. Weiße krist. amphotere Substanz (eine 10 %ige Lsg. hat einen pH zw. 5.7 u. 6.3), leicht lösl. in Wasser. **Vork.**: Antibiotikum aus Streptomyces orchidaceus, Streptomyces garyphalus, Streptomyces lavandulae; **Herst.**: Totalsynthese; **Wirk.** u. **Anw.**: Antibiotikum*, Antituberkulotikum*; bakteriostat. Wirk. durch kompetitive Hemmung des Einbaues von D-Alanin in die Bakterienzellwand; gut wirksam geg. Tuberkelbakterien, die sich geg. andere Tuberkulostatika (PAS, INH, Streptomycin) resistent zeigen; wirksam ferner bei Infektionen der Harnwege u. Colidyspepsie der Säuglinge (tägl. 30 mg/kg KG); **UAW:** bei Tagesdosen über 1 g ggf. Somnolenz, Schwindel, Sehstörungen; **Dos.**: anfangs 1×, dann 3×250 mg/d für Erwachsene, während der Mahlzeiten. Im Handel ist ferner Terizidon*, ein C.-Derivat, das im Körper als C. wirkt.

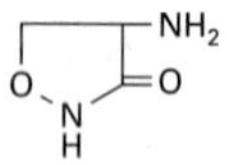

D-Cycloserin

Cyclosporine: s. Ciclosporin.

Cyclothiazid INN: 6-Chlor-3,4-dihydro-3-(8,9,10-trinorborn-5-en-2-yl)-2*H*-1,2,4-benzothiadiazin-7-sulfonamid-1,1-dioxid; CAS-Nr. 2259-96-3; $C_{14}H_{16}ClN_3O_4S_2$, M_r 389.91. Schmp. 234 °C (kristallisiert aus verd. Ethanol). Fast unlösl. in Wasser, Chloroform; lösl. 1:70 in Ethanol, 1:30 in Methanol; leicht lösl. in Aceton. **Anw.**: Diuretikum*, Antihypertonikum, Ödeme; wird kaum noch verwendet; **UAW**, **Kontraind.** u. **WW:** s. Bendroflumethiazid.

Cyclovalon INN: Divanillalcyclohexanon; 2,6-Divanillylidencyclohexanon; CAS-Nr. 579-23-7; $C_{22}H_{22}O_5$, M_r 366.40. Schmp. 178-179 °C (kristallisiert aus Essigsäure). Lösl. in Wasser, Ethanol. **Anw.**: Cholagogum*, Choleretikum*; **Dos.**: p. o. 2-3×0.1 g/d.

Cydonia oblonga Mill.: Cydonia vulgaris Del., Quitte; Fam. Rosaceae (heim. Westasien, überall kult., bes. Süd- u. Mitteleuropa). Stpfl. von **Semen Cydoniae:** Quittensamen, Quittenkerne. **Inhaltsst.**: bis zu 22 % Schleimstoffe (hauptsächl. Pentosane, die bei Hydrolyse Arabinose u. Xylose liefern), ca. 0.4 % Amygdalin, Emulsin, 15 % fettes Öl; **Anw.** volkstüml.: z. B. schleimige Mixturen geg. Husten, bei aufgesprungener u. entzündeter Haut (Lippen, Brustwarzen); Quittenschleim ist eine reizlose, fettfreie Salbengrundlage; techn.: Appreturmittel.

Cyklon B: s. Zyklon B.

Cymarigenin: s. k-Strophanthidin.

Cymarin: s. k-Strophanthin-*α*.

Cymarol: Cardenolid mit dem Aglykon k-Strophanthidol; Strukturformel s. Glykoside, herzwirksame (Tab. 2). Nat. z. B. im Samen versch. Strophanthus*-Arten (z. B. Strophantus hispidus, Strophanthus kombe).

Cymarose: 3-Methyldigitoxose; eine Desoxyhexose, Baustein der herzwirksamen Glykoside* in Strophanthus*-Arten.

Cymbopogon citratus (DC.) Stapf: Andropogon citratus DC., Lemongras; Fam. Poaceae (Gramineae) (Westindien, Sri Lanka, Madagaskar, Java, Tonking). Stpfl. von **Oleum Andropogonis citrati:** Cymbopogonis citrati aetheroleum, Lemongrasöl, Citronengrasöl, früher: Westindisches Lemongrasöl; Öl von zitronenartigem Geruch, lösl. in Ethanol u. außerordentl. lichtempfindlich. **Inhaltsst.**: Citral* (70-75 %), Geraniol*, Dipenten, Farnesol*, Nerol* u. a.; **Wirk.**: antibakteriell, sedativ; **Anw.**: innerl. bei entzündl. Erkrankungen im Magen-Darm-Trakt sowie im Bereich der Gallenwege; äußerl. als hyperämisierendes Mittel bei Lumbago, Verstauchungen, Erkrankungen des rheum. Formenkreises; techn.: in der Parfümerie.

Cymbopogon flexuosus (Nees ex Steud.) W. Wats: Andropogon flexuosus Nees ex Steud., Malabargras, Cochingras; Fam. Poaceae (Gramineae) (Vorderindien). Stpfl. von **Oleum Andropogonis citrati:** Lemongrasöl, Citronengrasöl, früher: Ostindisches Lemongrasöl; s. Cymbopogon citratus.

Cymbopogon iwarancusa (Roxb.) Schult.: Andropogon iwarancusa Roxb., Citronellgras; Fam. Poaceae (Gramineae); Stpfl. von Citronellölen (Ceylontyp) mit anderer Zstzg. als das offizinelle Citronellöl vom Javatyp (s. Cymbopogon winterianus).

Cymbopogon martinii (Roxb.) W. Wats. **var. motia:** Andropogon schoenanthus, Geraniumgras, Rusagras; Fam. Poaceae (Gramineae) (heim. u. kult. Nordindien). Stpfl. von **Oleum Palmarosae:** Oleum Geraniae indicum, Indisches Geraniumöl, Palmarosaöl; farbloses bis hellgelbes, rosenartig riechendes äther. Öl. **Gew.**: aus dem Kraut durch Dest. mit Wasserdampf; **Inhaltsst.**: bis ca. 95 % Geraniol*, aber kein Stearopten (im Unterschied von Ol. Rosae); **Anw.**: Ersatz bzw. Verfälschung von Oleum Rosae, s. Rosa damascena.

Cymbopogon nardus (L.) W. Wats.: Andropogon nardus L., Citronellgras; Fam. Poaceae (Gramineae); Stpfl. von Citronellölen (Ceylontyp) mit anderer Zstzg. als das offizinelle Citronellöl vom Javatyp (s. Cymbopogon winterianus).

Cymbopogon winterianus Jowitt: Wintergras, Citronellgras, Zitronellgras; Fam. Poaceae (Gramineae) (SO-Asien; nur kult.). Stpfl. von **Citronellae aetheroleum:** Oleum Citronellae, Citronellöl, Zitronellöl, irreführend: Oleum Melissae indicum, Indisches Melissenöl; D. 0.881-0.895; $n_D^{20°C}$ 1.463-1.475; $\alpha_D^{20°C}$ +1.5 bis −4°; blassgelbe bis braungelbe Flüss. mit sehr starkem Geruch nach Citronellal. **Off.**: Ph.Eur.4, ÖAB90, Ph.Helv.7, DAB6; **Inhaltsst.**: Citronellal* (geruchsbestimmend), Geraniol*, Eugenol*, Methyleugenol, Citral*, Borneol*, Nerol*, Farnesol* u. a.; **Geh.**: nach Ph.Eur. (gaschromatograph. Profil): 1.0-5.0 % Limonen*, 30.0-45.0 % Citronellal, 2.0-4.0 % Citronellylacetat, weniger als 2.0 % Neral, weniger als 2.0 % Geranial, 3.0-8.0 % Geranylacetat, 9.0-15.0 % Citronellol*, 20.0-25.0 % Geraniol; **Gew.**: aus dem Kraut durch Dest. mit Wasserdampf; **Zuber.**: Spir. Melissae compositus; **Anw.**: bei innerer Unruhe, nervösen Befindlichkeitsstörungen nach Ausschluss org. Ursachen; Einreibungen mit verdünntem Öl; Ersatz für Melissenöl, s. Melissa officinalis; in der Parfümerie, Geruchskorrigens.

Cymole: Cymene; Isopropylmethylbenzol; $C_{10}H_{14}$; M_r 134.21; 3 Isomere. ***p*-Cymol** (*p*-Cymen): *p*-Iso-

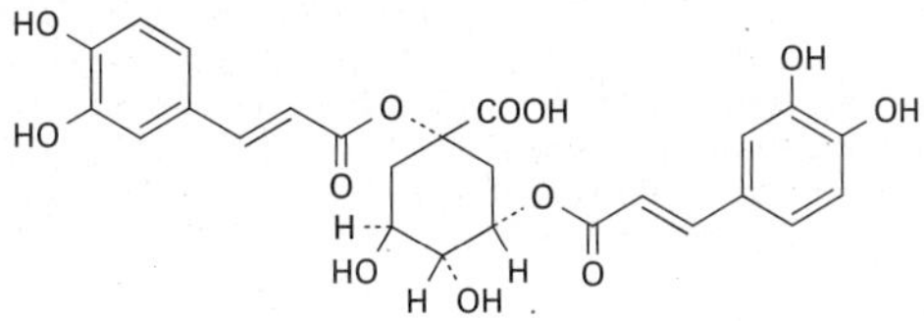

Cynarin

propylmethylbenzol; Schmp. –68 °C; Sdp. 175 °C; D. 0.86; lösl. in Ethanol, Chloroform, unlösl. in Wasser; angenehm riechende, leicht brennbare Flüss.; das wichtigste Isomer, ein Monoterpen* mit Menthangerüst; Biogenese aus γ-Terpinen, Präkursor von Thymol* u. Carvacrol*; Best. vieler äther. Öle (z. B. Thymian-, Kümmel-, Eucalyptusöl); physiolog. dem Toluol ähnl.; ***m*-Cymol**: Schmp. –64 °C; Sdp. 175 °C; ***o*-Cymol**: Schmp. –72 °C; Sdp. 178 °C.

Cymphomandra: s. Solanumalkaloide.

Cynanchum vincetoxicum: s. Vincetoxicum hirundinaria.

Cynaria cardunculus L. **ssp. flavescens** Wilkl.: Cynara scolymus L., Artischocke; Fam. Asteraceae (Compositae) (Mittelmeergebiet). Stpfl. von **Folia Cynarae:** Cynarae folium, Artischockenblätter. **Inhaltsst.:** Phenolcarbonsäuren, v. a. etwa 1 % Derivate der Kaffeesäure u. Cynarin*, 0.5-6 % Bitterstoffe* wie das Sesquiterpenlacton Cynaropikrin, ferner bis zu 1 % Flavonoide, Inulin, Monosaccharide u. a.; **Wirk.:** choleretisch, hepatoprotektiv, lipidsenkend; **Anw.:** bei dyspept. Beschwerden; als Gemüse dienen die Blütenböden mit den Hüllkelchblättern.

Cynarin INN: 1O,3O-Bis(3,4-dihydroxycinnamoyl)-chinasäure, 1,3-O,O'-Dicaffeoyl-L-chinasäure, Chinasäure-1,3-dikaffeesäureester, 1O,3O- Bis(3,4-dihydroxycinnamoyl)-1-L-1,3,4,5-tetrahydroxycyclohexancarbonsäure; 3,4-Dihydroxyzimtsäure-1-carboxy-4,5-dihydroxy-1,3-cyclohexylen-ester; CAS-Nr. 1884-24-8; $C_{25}H_{24}O_{12}$, M_r 516.44. Schmp. 225-227 °C (kristallisiert aus verd. Essigsäure). $[\alpha]_D^{25\,°C}$ –59° (c = 2 in Methanol). Wenig lösl. in kaltem, besser in kochendem Wasser; lösl. in Eisessig, Alkoholen. **Vork.:** Bitterstoff aus Cynara* cardunculus ssp. flavescens, auch in Echinacea* angustifolia; **Anw.:** Choleretikum*, Regulans bei Hyperlipidämien; **Dos.:** p. o. 2-3 × 0.25 g/d zu den Mahlzeiten.

Cynaropikrin: s. Cynara cardunculus ssp. flavescens.

Cynarosid: s. Luteolin.

Cynips tinctoria Hartig: s. Gallen.

Cynocannosid: s. Apocynum cannabinum.

Cynoglossophin: s. Heliosupin.

Cynoglossum officinale L.: Hundszunge; Fam. Boraginaceae (gemäßigtes Europa, Sibirien, Nordamerika). Stpfl. von **Radix Cynoglossi:** Hundszungenwurzel. **Inhaltsst.:** Cynoglossin (Alkaloid), Consolidin (Glykoalkaloid) u. dessen Spaltbase Consolicin, Pyrrolizidinalkaloide* (bis zu 1.4 %) wie Heliosupin (Cynoglossophin), ferner Bitterstoff Cynoglossidin, Cholin, äther. Öl, Schleimstoffe, Gerbstoff; **Wirk.:** Cynoglossin wirkt auf Kaltblütler ähnl. wie Curare lähmend, ist aber bei Warmblütlern unwirksam. Die Toxizität verschwindet beim Lagern der Droge. **Anw.** volkstüml.: äußerl. bei Wunden u. Geschwüren; aufgrund des Geh. an Pyrrolizidinalkaloiden* ist vom Gebrauch der Pfl. u. deren Zuber. dringend abzuraten; Negativmonographie der Kommission E.

Cynosbata: s. Rosa canina.

Cynosbati fructus: s. Rosa canina.

Cynosbatus: s. Rosa canina.

Cypermethrin: [(*RS*)-α-Cyano-3-phenoxybenzyl]-(1*RS*)-*cis,trans*-3-(2,2-dichlorvinyl)-2,2-dimethylcyclopropancarboxylat; CAS-Nr. 52315-07-8; $C_{22}H_{19}Cl_2NO_3$; M_r 416.3. **Anw.** techn.: Insektizid (Pyrethroid*); s. Schädlingsbekämpfungsmittel (Insektizide), Tabelle.

Cyprinus barbus:

Hom: *Cyprinus barbus:* frischer Rogen des Karpfens **Barbus fluviatilis.**

Cypripedium calceolus L. **var. pubescens** (Willd.) Correll: Cypripedium pubescens Willd., Amerikanischer Frauenschuh; Fam. Orchidaceae (östl. Amerika). Stpfl. von **Radix Cypripedii:** Rhizoma Cypripedii, Frauenschuhwurzel, Frauenschuhwurzelstock, Nervenwurzel. **Inhaltsst.:** äther. Öl, Harz, Gerbstoffe; **Anw.** volkstüml.: bei nervösen Unruhezuständen, Schlafstörungen.

Hom: *Cypripedium calceolus var. pubescens (HAB1.3):* frische, im Herbst geerntete unterird. T.; verord. z. B. bei nervösen Schlafstörungen.

Cyproheptadin INN: 4-(5-Dibenzo[*a,d*]cyclohepten-5-yliden)-1-methylpiperidin; CAS-Nr. 129-03-3; $C_{21}H_{21}N$, M_r 287.39. Schmp. 112.3-113.3 °C (kristallisiert aus verd. Ethanol). **Anw.:** Serotonin- u. Histaminantagonist bei Allergien, Pruritus, zur Appetitsteigerung; **Dos.:** p. o. Initialdos. 1 × 4 mg/d nach den Mahlzeiten, bei Bedarf bis 4 × 4 mg/d; Kinder 6-14 Jahre 1-3 × 4 mg/d; Kinder 2-6 Jahre 1(-3) × 2 mg/d; HWZ 6-9 h. **Cyproheptadinhydrochlorid:** Cyproheptadini hydrochloridum Ph.Eur.; Schmp. 260-263 °C (polymorph). Weißes bis schwach gelbes krist. Pulver; schwer lösl. in Wasser, leicht lösl. in Methanol, wenig lösl. in Ethanol.

Cyproteron INN: 6-Chlor-17-hydroxy-1α,2α-methylenpregna-4,6-dien-3,20-dion; CAS-Nr. 2098-66-0; $C_{22}H_{27}ClO_3$, M_r 374.92. Schmp. 237.5-240 °C (kristallisiert aus Ethylacetat). **Cyproteronacetat:** Cyproteroni acetas Ph.Eur.4; CAS-Nr. 427-51-0; $C_{24}H_{29}ClO_4$, M_r 416.9. Schmp. 210 °C; weißes bis fast weißes, krist. Pulver, praktisch unlösl. in Wasser, sehr leicht lösl. in Dichlormethan, leicht lösl. in Aceton, lösl. in Methanol, wenig lösl. in wasserfreien Ethanol; **Wirk.:** Androgenrezeptor-Antagonist (Antiandrogen), der die Effekte der männlichen Sexualhormone am Erfolgsorgan aufhebt; **Anw.:** bei Männern u. a. zur Therapie des hormonsensitiven Prostatakarzinoms od. der Pubertas praecox, zur Herabsetzung der Libido z. B. im Rahmen einer

Ther. von Sexualstraftätern als sog. chem. Kastration (in Kombination mit Psychotherapie); bei Frauen (in Kombination mit Estrogenen) bei Hirsutismus, schwerer Akne, Seborrhö. **UAW:** z. B. Hemmung der Spermatogenese, Gynäkomastie, Müdigkeit, Antriebshemmung, Libidostörungen, depressive Verstimmungen, Leberfunktionsstörungen; **Dos.:** p. o. 2×50 mg/d nur für Männer; Kinder: 2×25 mg/d: HWZ 48±10 h.

Cystathionin: *S*-(*β*-Amino-*β*-carboxyethyl)-homocystein; HOOC–CH(NH_2)–CH_2–S–CH_2–CH_2–CH(NH_2)–COOH; bei der Biosynthese von Cystein u. beim Abbau von Methionin entstehendes Stoffwechselzwischenprodukt (v. a. im Hirn).

Cystein: Abk. Cys, Cysteinum, *β*-Mercaptoalanin, L-*α*-Amino-*β*-mercaptopropionsäure; (*R*)-2-Amino-3-mercaptopropionsäure; CAS-Nr. 52-90-4; $C_3H_7NO_2S$, M_r 121.2. Strukturformel s. Aminosäuren (Abb.). Schmp. 220-240 °C (unter Zers.). Weißes Pulver von charakterist. Geruch; L-C. ist bei neutralem od. alkal. pH an der Luft instabil, so dass es in wässriger Lsg. sofort zu Cystin* oxidiert wird. **Physiologie:** opt. aktive, schwefelhaltige, proteinogene Aminosäure, zentrale Verb. im Schwefelstoffwechsel; hat zugleich große Bedeutung in Redoxreaktionen des Organismus. In Proteinen ist die Thiolgruppe –SH, aber auch die Disulfidbindung –S–S– des L-Cystins wichtig für die Proteinstruktur bzw. für die biol. Aktivität. **Cysteinhydrochlorid-Monohydrat:** Cysteini hydrochloridum monohydricum Ph.Eur.4; $C_3H_8ClNO_2S \cdot H_2O$; M_r 175.62; Schmp. 175 °C; weißes krist. Pulver od. farblose Kristalle, leicht lösl. in Wasser, schwer lösl. in Ethanol. **Anw. med.:** Leberschäden, Infektionskrankheiten, Metallvergiftungen (aufgrund der komplexierenden Eigenschaft der SH-Gruppe), zur Wundheilung, in Infusionslösungen.

L-Cysteinhydrochlorid-Monohydrat: Cysteini hydrochloridum monohydricum Ph.Eur.4; CAS-Nr. 7048-04-6; $C_3H_8ClNO_2S \cdot H_2O$, M_r 175.6. Schmp. 168-170 °C (unter Zers.). $[\alpha]_D^{20\,°C}$ +5.0 bis +8.0° (c=5 in Salzsäure, 1 mol/L). Farblose Kristalle od. Pulver, leicht lösl. in Wasser. **Anw.:** s. Cystein; zur Herst. von Cystein-Nährboden I u. II, s. Nährböden.

Cysteinsäure: entsteht nach oxidativer Spaltung von Disulfidbrücken des Cystins mit Perameisensäure.

Cystin: Cystinum Ph.Eur.4, L-Cystin, Dicystein, $(Cys)_2$; 3,3'-Dithio-bis(2-aminopropionsäure); $C_6H_{12}N_2O_4S_2$; M_r 240.3; Schmp. 260-261 °C; Strukturformel s. Aminosäuren (Abb.). Weißes, krist. Pulver, unlösl. in Wasser u. Ethanol, leicht lösl. in Alkalilaugen u. Mineralsäuren. Opt. aktives Disulfid des Cysteins*, entsteht durch Oxidation von 2 L-Cysteinresten; bildet in Proteinen die Disulfidbrücke. **Anw.:** bei Eiweißmangelschäden, perniziöser Anämie, in der Dermatologie, in Lebertherapeutika, Infusionslösungen, Anabolika.

Cystolithen: an der Innenwand von Zellen stielartige Verdickungen mit traubenförmigen Aggregaten aus Calciumcarbonatkristallen, evtl. auch verkieselt. **Vork.:** v. a. bei Fam. Moraceae, z. B. bei Ficus-Arten u. in den retortenförmigen Epidermishaaren von Cannabis* sativa, Cucurbitaceae u. Acanthaceae.

Cyt- (gr.): Vorsilbe mit der Bedeutung Zelle.

Cytarabin INN: Cytarabinum Ph.Eur., 1-Arabinofuranosylcytosin, Cytosin-Arabinosid; 4-Amino-1-(*β*-D-arabinofuranosyl)-2-1*H*-pyrimidin-2-on; CAS-Nr. 147-94-4; $C_9H_{13}N_3O_5$, M_r 243.22. Schmp. 212-213 °C (kristallisiert aus Ethanol 50 %). $[\alpha]_D^{20\,°C}$ +154 bis +160° (c=1 in Wasser), $[\alpha]_D^{24\,°C}$ +153° (c=0.5 in Wasser). Lösl. 1:10 in Wasser, schwer lösl. in Ethanol u. Chloroform. **Anw.:** antimetabol. Zytostatikum; geg. Leukämie, maligne Lymphome; **Dos.:** p. o. 6 mg/kg KG/d in einer Dos.; HWZ 2 h. Gebräuchl. ist auch Cytarabinhydrochlorid.

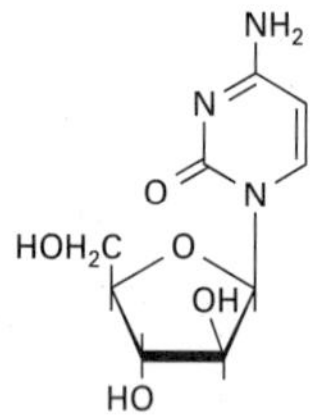

Cytarabin

Cytidin: Cytosinribosid; 4-Amino-1-*β*-D-ribofuranosyl-2(1*H*)-pyrimidinon; CAS-Nr. 65-46-3; $C_9H_{13}N_3O_5$, M_r 243.22. Schmp. 220-230 °C (unter Zers.; kristallisiert aus Ethanol). $[\alpha]_D^{25\,°C}$ +31° (c=0.7 in Wasser). Leicht lösl. in Wasser, weniger lösl. in Ethanol; ein Nucleosid*. **Anw.:** Ophthalmikum, muskuläre Ermüdungserscheinungen des Auges.

Cytidinphosphate: aus Hefe-Ribonucleinsäure herstellbare phosphorylierte Ribonucleotide (s. Nucleotide), die sich von Cytosin* ableiten; Bestandteil von Coenzymen zur Biosynthese von Phosphatiden* u. tRNA*. Cytidinmonophosphat (CMP, Cytidylsäure) enthält eine Phosphat-, Cytidindiphosphat (CDP) eine Diphosphat- u. Cytidintriphosphat (CTP) eine Triphosphatgruppe.

Cytidylsäure: s. Cytidinphosphate.

Cytisin: Sophorin, Baptitoxin, Ulexin; 1,2,3,4,5,6-Hexahydro-1,5-methano-8*H*-pyrido-[1,2-*a*][1,5]diazocin-8-on; CAS-Nr. 485-35-8; $C_{11}H_{14}N_2O$; Strukturformel u. Biogenese s. Chinolizidinalkaloide; M_r 190.24; Schmp. 153 °C; $[\alpha]_D^{20\,°C}$ –120° (Wasser); farblose Kristalle, lösl. in Wasser (1:1.3), Aceton (1:13), Ethanol (1:3.5), Chloroform (1:2.0). **Vork.:** nat. z. B. in Laburnum* anagyroides, Sophora* japonica, Baptisia* tinctoria, Ulex* europaeus; **Wirk.:** dem Nicotin ähnl.; in größeren Dosen: Erregung, dann Lähmung des ZNS, Blässe infolge Gefäßverengung, Erhöhung des Blutdrucks, vermehrter Speichelfluss, vermehrte Darmperistaltik, bei stärkeren Vergiftungen Delirien, Bewusstlosigkeit, Krämpfe, Tod infolge Atemlähmung.

Cytisus laburnum: s. Laburnum anagyroides.

Cytisus scoparius (L.) Link: Genista scoparia (L.) Lam., Sarothamnus scoparius (L.) Wimm. ex W.D.J. Koch, Besenginster; Fam. Fabaceae (Leguminosae) (Mittel- u. Osteuropa, Balkanländer). Stpfl. von **Flores Sarothamni scoparii:** Flores Spartii scoparii, Flores Genistae, Besenginsterblüten, Pfriemblüten. **Inhaltsst.:** 0.004 % Chinolizidinalkaloide (bezogen auf das TG) mit dem Hauptalkaloid L-Spartein* u. Nebenalkaloide wie

Cytisin* u. Genistein-Alkaloid (α-Isospartein, Stereoisomeres des Spartein), Phenylethylaminderivate wie Tyramin u. Oxytyramin, Bitter- u. Gerbstoffe, äther. Öl, ein Terephthalsäureester, Scoparin (8-C-Glucosylchryseriol) u. a. Flavonoide; **Anw.** volkstüml.: z. B. bei krankhaften Wasseransammlungen, Gicht, Leberleiden; eine therap. Anw. ist nicht vertretbar, Negativmonographie Kommission E. **Sarothamni scoparii herba:** Cytisi scoparii herba, Herba Sarothamni scoparii, Herba Spartii scoparii, Herba Genistae scopariae, Besenginsterkraut. **Off.:** DAC; **Inhaltsst.:** die Chinolizidinalkaloide (mind. 0.7 %, ber. als Spartein) L-Spartein*, Genistein, Cytisin*, Methylcytisin, Anagyrin u. a., Tyramin u. Oxytyramin, Scoparin, Spuren äther. Öls mit Furfural; **Anw.:** bei funktionellen Herz- u. Kreislaufbeschwerden. **Radix Sarothamni scoparii:** Radix Spartii scoparii, Radix Genistae, Besenginsterwurzel. **Inhaltsst.:** s. Sarothamni scoparii herba; **Anw.** volkstüml.: z. B. innerl. bei Gelbsucht, rheumat. Beschwerden.

Hom: *Cytisus scoparius (HAB1.3),* Spartium scoparium: frisch abgestreifte Blüten mit anfallenden Blättern ohne Zweigspitzen; verord. z. B. bei Herzinsuffizienz.

Cyto-: s. a. Zyto-.

Cytochalasin: gehört zur Gruppe der Cytochalasanen, zytostat. wirksamer Stoffwechselprodukte von Schimmelpilzen. Als Inhibitor der Aktin-Polymerisation hemmt es Zellbewegungen, die Phagozytose u. Bildung von Spikes. C. bindet spezif. an die wachsenden Enden von Aktinfilamenten.

Cytochrome: Gruppe eisenhaltiger, Elektronen übertragender Proteine in aeroben Zellen, die hintereinandergeschaltet in der Atmungskette* den Elektronentransport vom Ubichinon* zum molekularen Sauerstoff bewerkstelligen; weiterhin fungieren sie als Redoxkatalysatoren bei der Photosynthese*. C. besitzen prosthet. Gruppen, die Eisenporphyrine enthalten u. damit dem Hämoglobin u. Myoglobin ähneln. Alle diese Substanzen gehören zur Klasse der Hämoproteine. Die Elektronenübertragung wird durch den reversiblen Valenzwechsel des zentralen Eisenatoms von Fe(II) zu Fe(III) ermöglicht. In Abhängigkeit von den charakterist. Maxima ihrer Lichtabsorptionsspektren unterscheidet man 3 Hauptklassen: **1. Cytochrom-a/a3-Komplex:** ident. mit der Cytochromoxidase*. Anstelle des Protoporphyrins enthält er Hämin A, das andere Substituentengruppen aufweist. Von allen C. der Atmungskette kann nur C. a_3 direkt mit Sauerstoff reagieren. **2. Cytochrom b:** enthält dieselbe prosthetische Gruppe wie Hämoglobin, Eisen(II)-protoporphyrin, hat von den C. der Atmungskette das niedrigste Redoxpotential u. liegt zw. Ubichinon u. Cytochrom c. Es ist sehr fest an die Mitochondrienmembran gebunden u. kann nur unter der Einw. von Detergenzien abgelöst werden. **Cytochrom f** ist u. a. in der Chloroplastenmembran von höheren Pflanzen enthalten, wo es mit C. b_{559} beim Elektronentransport in der Photosynthese* mitwirkt. Ebenfalls zum Cytochrom-b-Komplex gezählt wird **Cytochrom*-P-450** mit dem ungewöhnl. Absorptionsmaximum (λ_{max}) bei 450 nm. **3. Cytochrom c:** am weitesten verbreitet u. am besten untersucht, es ist zentraler Bestandteil der Atmungskette* in den Mitochondrien. C. c ist leicht zu extrahieren u. weist eine geringe Größe auf. Die Hämgruppe ist über zwei thioetherartige Bindungen an die Cysteinreste des Apoproteinmoleküls gebunden. Das Eisenatom ist mit 2 weiteren Resten verbunden, Methionin 80 u. Histidin 18, die eine Reaktion des Eisens im nativen C. c mit Sauerstoff od. hämkomplexierenden Agentien, z. B. CO, verhindern. Dagegen sind die C. c-Aggregate biol. inaktiv u. autooxidabel.

Cytochromoxidase: Warburgsches Atmungsferment; das letzte Glied der Elektronentransportkette. C. reagiert bei der Zellatmung mit Sauerstoff, kann aber durch CN^- od. CO gehemmt werden. Die prosthet. Gruppe ist Hämin A, od. Cytohämin, mit einer lipophilen C_{12}-Seitenkette, einer Aldehyd- u. Vinylgruppe am Porphyrinring. Im Nativzustand ist C. als Komponente eines phospholipidhaltigen Riesenmoleküls fest an die Mitochondrienmembran gebunden. Dieser Komplex kann nur durch Behandlung mit Detergenzien getrennt werden.

Cytochrom-P-450: der B-Gruppe der Cytochrome* angehörende Monooxygenase v. a. in Leber- u. Nebennierenrindenmikrosomen, die an zahlreichen Metabolisierungsreaktionen beteiligt ist, wobei ein Mol Sauerstoff übertragen wird. Von Cytochrom-P-450 abhängige Oxidationsreaktionen sind auf die Beteiligung von NADPH, einem Flavinenzym* (NADPH-Cytochrom-P-450-Reduktase) u. anderen Komponenten angewiesen, die die Elektronen zur Reduktion des Fe^{3+} zum Fe^{2+} im C.-P-450 liefern. Die reduzierte Form bindet molekularen Sauerstoff, von dem ein Molekül auf das Substrat übertragen wird, bildet aber auch Kohlenmonoxidkomplexe, deren Absorptionsmaximum bei 450 nm liegt (daher Name). C.-P-450 spielt eine bedeutende Rolle bei der Metabolisierung von v. a. lipophilen endogenen u. körperfremden Stoffen sowie u. a. bei der Biosynthese von Steroiden. Die Metabolisierung erfolgt durch Hydroxylierung, *O*-, *N*- u. *S*-Desalkylierung, N-Oxidation, Dehalogenierung, Sulfoxidation, Desaminierung u. Epoxidierung. Lipophile Stoffe werden durch C.-P-450 vermittelte Oxidation polarer u. daher besser eliminierbar; sie können aber auch zu toxischen Stoffen od. versch. Karzinogenen* umgewandelt werden. Die Enzymaktivität ist durch Arzneistoffe (z. B. Barbiturate) induzierbar (Toleranzentstehung). C.-P-450 existiert in versch. Formen mit versch. Substratspezifitäten. Die Konkurrenz von (Arznei-)Stoffen u. endogenen Substraten um das gleiche Enzym ist die Ursache von zahlreichen Sekundärwirkungen von Wirkstoffen (Wirkungsverlängerung u. -verkürzung).

Cytopempsis: syn. Vesikulartransport; Durchschleusung in Bläschen eingeschlossener, gelöster Stoffe durch die Zelle, z. B. durch Kapillarendothel, Schilddrüsenepithel, mit nachfolgender Abgabe an die Zellbasis.

Cytosin: Abk. **C**; 2-Hydroxy-6-amino-pyrimidin; M_r 111.1; Schmp. 320-325 °C. Derivat des 1,3-Diazins; als Pyrimidinbase Baustein der DNA* u. der RNA*; s. Pyrimidine.

Cytostatika: s. Zytostastika.

D

δ (gr. Kleinbuchstabe delta): kennzeichnet die Stellung von Substituenten in chem. Verbindungen.
d (lat. dies): Symbol für Tag.
d.: **1.** Abk. für (auf Rezepten) da od. detur gib. **2.** Abk. für divide teile.
Δ (gr. Großbuchstabe Delta): **1.** kennzeichnet die Lage von Doppelbindungen in org. Verbindungen. **2.** Symbol für Differenz.
D: **1.** (chem.) Symbol für Deuterium*. **2.** (chem.) D- kennzeichnet die Konfiguration am asymmetr. Kohlenstoff (dexter, dextrogyr), s. Fischer-Projektion. **3.** (physik.) Dichte. **4.** (ophth.) Dioptrie*. **5.** (hom.) Dezimalpotenz. **6.** röm. quingenti die Zahl Fünfhundert. **7.** Abk. für Dosis.
2,4-D: s. 2,4-Dichlorphenoxyessigsäure.
da: Vorsatzzeichen für Deka*-.
DAB: s. Arzneibuch.
DAB7-DDR: s. Arzneibuch (Geschichte).
DAC: Abk. für **D**eutscher* **A**rzneimittel-**C**odex.
Dacarbacin INN: Imidazolcarboxamid; 5-(3,3-Dimethyl-1-triazeno)imidazol-4-carboxamid; CAS-Nr. 4342-03-4; $C_6H_{10}N_6O$, M_r 182.2. Schmp. 204-207 °C. **Wirk.:** Zytostatikum*, wahrscheinl. nach Aktivierung in der Leber als Alkylans wirkend, kaum immunsuppressiv; **Anw.:** Ind. u. a. Melanome, Sarkome; **UAW:** Leukämie, Thrombozytopenie, Übelkeit, Erbrechen; vgl. Nimustin; HWZ 5 h.

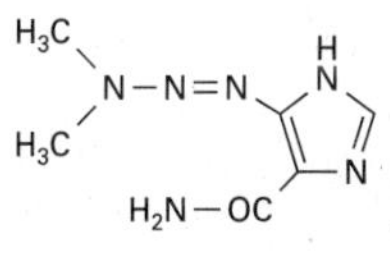

Dacarbacin

Daclizumab INN: CAS-Nr. 1529 23-56-3; monoklonaler Antikörper. **Wirk.:** Bindung an Interleukin*-2-Rezeptoren auf aktivierten T-Zellen verhindert die T-Zell-Proliferation; **Anw.:** Immunsuppressivum* zur Prophylaxe akuter Abstoßungsreaktionen nach einer Nierentransplantation, vgl. Basiliximab; **UAW:** anaphylakt. Reaktion; **Kontraind.:** Schwangerschaft, Stillzeit; **Dos.:** i. v. 1 mg/kg KG.
Dactinomycin INN: Actinomycin D, Meractinomycin; Peptid-Antibiotikum aus Streptomyces-Stämmen; Antibiotikum gleicher Herkunft wie Actinomycin C (Cactinomycin*); CAS-Nr. 50-76-0; $C_{62}H_{86}N_{12}O_{16}$, M_r 1255.47. Schmp. 241.5-243 °C (unter Zers.; kristallisiert aus absolutem Ethanol). $[\alpha]_D^{28\,°C}$ −315° (c=0.25 in Methanol). Lösl. in Ethanol, Propylenglykol, Wasser/Glykol-Mischung. **Anw.:** hochtox. Antibiotikum mit antineoplast. Eigenschaften; Zytostatikum; bei Wilms-Tumor, Rhabdomyosarkom, Karzinomen des Hodens u. des Uterus; **Dos.:** parenteral i. v. 0.5 mg/d über max. 5 d; untere Extremitäten i. m. 0.05 mg/kg KG/d, obere Extremitäten i. m. 0.035 mg/kg KG/d; HWZ 36 h.
Dactylopius coccus Costa: Coccus cacti L., Scharlachschildlaus, Coccionellaschildlaus, Koschenillelaus, Cochenillelaus, Nopalschildlaus, Kaktusschildlaus; (zoolog.) Fam. Coccidae (Mexiko, Texas, Kalifornien, Kanar. Inseln, Algerien, Java); Schildlaus, die auf dem Koschenillekaktus (Opuntia* cochinellifera) lebt. Lieferant von **Coccionella:** Koschenille, Cochenille, Alkermeskörner; die getrockneten, befruchteten Weibchen als Handelsware. **Inhaltsst.:** Der rote Farbstoff (ca. 10 %) ist Carminsäure*; vgl. Carmin; **Anw.:** Färbemittel.
Hom: *Dactylopius coccus (HAB1.5)*, Coccus cacti: befruchtete, getrocknete, weibl. Tiere; verord. z. B. bei Bronchialkatarrh, Blasen- u. Nierenbeckenentzündungen.
Dactylorhiza maculata (L.) Soó: Orchis maculata L., Geflecktes Knabenkraut; Fam. Orchidaceae (Europa); eine der Stpfl. von Tubera Salep, s. Orchis morio.
DAD: Abk. für **D**iodenarray**d**etektor; s. Chromatographie.
DADPS: Abk. für 4,4'-**D**i**a**mino**d**i**p**henyl**s**ulfon; s. Dapson.
Daemonorops draco Bl.: Calamus draco; Fam. Arecaceae (Palmae) (Indisch-Malaiische Inseln). Stpfl. von **Resina Draconis** EB6: Sangius Draconis, Gummi Sanguis Draconis, Ostindisches Drachenblut, Palmendrachenblut, Blutharz, Türkenblut; das rote bis dunkelrotbraune Harz der Früchte; im Handel in Form von Stangen, Kugeln, Körnern, zwiebelartig geformten Kuchen. **Best.:** Benzoesäureester des Dracoresinotannols (Dragoresen, Dracoalban); **Anw.:** zu Pflastern, zu Lacken, zum Färben von kosmet. Präparaten.
Dänische Königstropfen: s. Elixir e Succo Liquiritiae.
Dakin-West-Reaktion: Reaktion von α-Aminosäuren mit Essigsäureanhydrid zu α-Acetaminoketonen in Gegenwart einer Base (Pyridin, 4-Dimethylamino-pyridin; s. Abb.).
Dalteparin-Natrium INN: Dalteparinum natricum Ph.Eur.; CAS-Nr. 9041-08-1; mittlere M_r 6000. Natriumsalz eines niedermolekularen Heparins*.

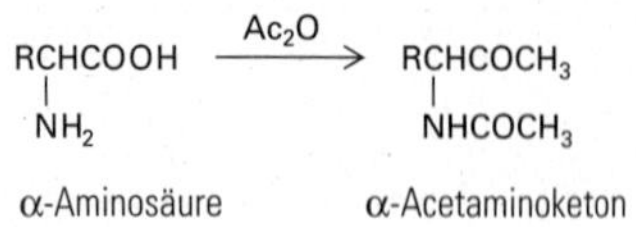

Dakin-West-Reaktion: Ac_2O: Essigsäureanhydrid

Herst.: Depolymerisierung von Heparin aus der Intestinalschleimhaut von Schweinen mit Salpetriger Säure; **Anw.**: zur postoperativen Primärprophylaxe tiefer Venenthrombosen; **UAW**: Blutungen, leichte Thrombozytopenie; Anstieg von Leberenzymwerten; **Kontraind.**: Operationen am ZNS, Lumbalpunktionen, Spinalanästhesie; **Dos.**: s.c. 2500 I.E.; HWZ 3-5 h nach s.c. Injektion.

Dalton (John Dalton, brit. Chemiker u. Physiker, 1766-1844): Symbol Da; nicht mehr anzuwendende, in Physik u. Chemie aber dennoch gebräuchl. Einheit für relative Atom- u. Molekülmassen. Insbes. die Massen von Proteinen u. Biopolymeren werden häufig in kDa angegeben. 1 Da = 1 u s. Atommasseneinheit (u); als Symbole werden manchmal auch amu od. mu für atomic mass unit verwendet.

Dalton-Gesetz: Partialdruckgesetz; der Druck einer Mischung versch. idealer Gase ergibt sich aus der Summe der Beiträge aller vorhandenen Gase: $p \cdot V = V \cdot (p_1 + p_2 + p_3 ...)$.
Jedes Gas übt auf die Gefäßwand den Partialdruck aus, der auftreten würde, wenn dieses ideale Gas allein in dem Gefäß vorhanden wäre.

Damascenin: s. Nigella damascena.

Damiana: s. Turnera diffusa var. aphrodisiaca.

Dammar: **1.** Dammarharz, s. Shorea wiesneri. **2.** Hartes od. Weiches D. s. Copal.

Dammarabaum: **1.** Agathis dammara, s. Copal. **2.** s. Shorea wiesneri.

Dammaran: Grundgerüst von Triterpensapogeninen, z. B. in Panax* ginseng; Strukturformel s. Saponine Tab. 1.

Dammara Rumphius: (bot.) Synonym für die Gattung Agathis Salisb., Fam. Araucariaceae; s. Copal.

Dampf: Gas*, dessen Temp. am od. in der Nähe seines Kondensationspunktes, also des Sdp. der entspr. Flüss., liegt. Insbesondere wird auch die an eine flüss. od. feste Phase angrenzende Gasphase eines Stoffes als D. dieses Stoffes bezeichnet. Besteht das Gas aus Wassermolekülen, also **Wasserdampf**, unterscheidet man je nach Temperatur u. Druck versch. Arten: **1.** Heissdampf: gasförmiges Wasser weit oberhalb der Siedetemperatur des Wassers bei gegebenem Druck; **2.** Trockendampf: gasförmiges Wasser wenig oberhalb der Siedetemperatur; **3.** Sattdampf: gasförmiges Wasser beim Kondensationspunkt ohne Auskondensation; **4.** Nassdampf: feinste auskondensierte Wassertröpfchen, umgeben von gasförmigem Wasser beim Kondensationspunkt (Aerosole*) Im Gegensatz dazu ist Nebel* zwar ebenfalls ein Aerosol, aber weit unterhalb des Siedepunktes u. die Tröpfchen sind umgeben von wasserdampfgesättigter Luft.

Dampfdichte: Gasdichte; Quotient aus Masse u. Volumen des Dampfes* (s. Gas); Angabe meist in g/L od. kg/m^3. Der Messwert kann mit dem idealen Gasgesetz* auf den Normzustand umgerechnet werden. Die D. eines idealen, undissoziierbaren Gases ist seiner relativen molaren Masse* M_r proportional u. kann zu deren Berechnung benutzt werden.

Dampfdruck: Sättigungsdampfdruck; der nur von der Temp. abhängige u. für jede Substanz charakterist. Gleichgewichtsdruck, der sich in einem abgeschlossenen Gefäß in der Gasphase über einer flüss. od. festen Phase einstellt. **Wasserdampfdruck**: s. Mollier-h,x-Diagramm.

Dampfdruckdiagramm: Darst. der Dampfdruckkurven (s. Phasendiagramme) einer Substanz, od. einer Mischung, in Abhängigkeit von der Temp.; s. Polymorphie (Abb.).

Dampfdruckerniedrigung: durch eine gelöste Substanz wird der Dampfdruck* einer Lsg. gegenüber dem Dampfdruck des reinen Lösungsmittels bei gegebener Temp. herabgesetzt. Diese D. ist dem osmot. Druck der Lsg. (s. Osmose) proportional; s. Gefrierpunkterniedrigung (Abb. 1).

Dampfraumanalyse: s. Headspace-Analyse.

Dampfsterilisation: s. Sterilisationsverfahren.

Danaparoid-Natrium INN: Mischung aus Glykosaminglykanen (84 % Heparansulfat, 12 % Dermatansulfat, 4 % Chondroitinsulfat*). M_r ca. 6000. **Anw.**: Antikoagulans* als Alternative zu Heparin*. **UAW**: erhöhtes Blutungsriskiko, Hämatome; **Dos.**: 750 Anti-Faktor-Xa-Einheiten 2-mal tägl. subkutan.

Danazol INNv: 17α-Pregna-2,4-dien-20-ino[2,3-*d*]isoxazol-17-ol; CAS-Nr. 17230-88-5; $C_{22}H_{27}NO_2$, M_r 337.46. Schmp. 224.4-226.8 °C (kristallisiert aus Aceton). $[\alpha]_D^{25\,°C}$ +7.5° (Ethanol); $[\alpha]_D^{25\,°C}$ +21.9° (Chloroform). **Anw.**: Gonadotropinhemmer, bei Endometriose, Brusthypertrophie bei Frauen u. Männern, Pubertas praecox; **Dos.**: p.o. 200-800 mg/d in 2-4 Dosen; Kinder 100-400 mg/d je nach Alter u. Gewicht; HWZ 5 h.

Dangshen-Glockenwinde: s. Codonopsis pilosula.

Dansylchlorid: markiert Aminogruppen bei der Aminosäure-Sequenzanalyse von Peptiden u. Proteinen. Da die Dansylgruppe (1-Dimethylaminonaphtahalin-5-sulfonyl) stark fluoresziert, können Dansylderivate in sehr geringen Mengen nachgewiesen werden.

Dantrolen INN: 1-[5-(4-Nitrophenyl)furfuryliden-]amino-hydantoin; CAS-Nr. 7261-97-4; $C_{14}H_{10}N_4O_5$, M_r 314.26. Schmp. 279-280 °C (kristallisiert aus wässrigem DMF). **Wirk.**: hemmt die Freisetzung von Calciumionen aus dem sarkoplasmat. Retikulum; zusätzl. zentrale Wirk.; **Anw.**: Muskelrelaxans; bei Spasmen infolge von Kinder-, Querschnittlähmung, Multipler Sklerose, Schlaganfall u. a.; bei maligner Hyperthermie*; **UAW**: Schwindel, Schwäche, Müdigkeit, Durchfall, Hautjucken, Hautausschläge, Leberfunktionsstö-

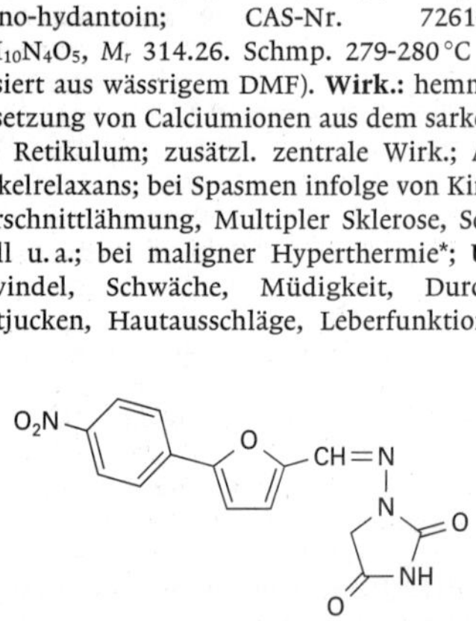

Dantrolen

rungen, Herzinsuffizienz; **Kontraind.**: Lungen- u. Lebererkrankungen, Herzinsuffizienz, Schwangerschaft u. Stillzeit; **WW:** Wirk. wird durch Tranquillanzien, s. Psychopharmaka (Ataraktika), verstärkt; HWZ 7-8 h.

Dantron INN: Dantronum, Dianthron, Dioxyanthrachinon; 1,8-Dihydroxyanthrachinon; CAS-Nr. 117-10-2; $C_{14}H_8O_4$, M_r 240.20. Strukturformel s. Anthrachinone (Tab.). Schmp. 193-197 °C (kristallisiert aus Ethanol). Fast unlösl. in Wasser, lösl. 1:2000 in Ethanol, 1:500 in Ether, 1:10 in heißem Eisessig, schwer lösl. in wässrigen Alkalihydroxid-Lsg., in 0.5 mol/L Natriumhydroxid-Lsg. 0.8 g/100 mL; mäßig lösl. in Chloroform. **Anw.**: früher Laxans*; **Hinweis:** seit Januar 1987 auf Veranlassung des BGA aus dem Verkehr gezogen (Verdacht auf mutagene u. kanzerogene Wirk.).

Daphne mezereum L.: Seidelbast, Kellerhals; Fam. Thymelaeaceae (gemäßigte Zone Europas, Asien). Stpfl. von **Cortex Mezerei:** Seidelbastrinde. **Inhaltsst.**: die Diterpenester (Phorbolester) Mezerein (wirkt cantharidinähnl.) u. Daphnetoxin, die über die gesamte Pfl. verteilt vorkommen (vgl. Cokarzinogene), ferner versch. Hydroxy- u. Methoxycumarine, z. B. Daphnetin (Strukturformel s. Cumarine, Abb.), bzw. deren Glykoside, z. B. Daphnin (Daphnetinglucosid); **Anw.** volkstüml.: früher z. B. als hautreizendes, blasenziehendes Mittel in Pflastern u. Salben; bei chron. Hautleiden, Gicht, Erkrankungen des rheumat. Formenkreises, missbräuchl. auch als Abortivum; **Tox.**: Rinde ist sehr giftig (aufgrund der enthaltenen Diterpenester); wegen der tox. Wirk. ist von der therap. Anw. der Droge abzuraten.

Hom: *Daphne mezereum (HAB1.5),* Mezereum: frische, vor Blütebeginn gesammelte Zweigrinde; verord. z. B. bei Herpes zoster, Neuralgien.

Daphnetin: s. Cumarine, Abb.

DAPI: Abk. für **D**eutsches* **A**rznei**p**rüfungs**i**nstitut.

Dapiprazol INN: 5,6,7,8-Tetrahydro-3-[2-(4-*o*-tolyl-1-piperazinyl)ethyl]-1,2,4-triazolo[4,3-*a*]pyridin; CAS-Nr. 72822-12-9; $C_{19}H_{27}N_5$, M_r 325.46. Schmp. 158-160 °C. **Anw.**: Alpha-1-Adrenozeptorantagonist, s. Sympatholytika; zur Rückbildung (Pupillenverengung) arzneimittelbedingter Pupillenerweiterung, verursacht z. B. durch Mydriatika*; **UAW:** Irritationen am Auge (Juckreiz, Tränenfluss); **Kontraind.**: akute Iritis, Schwangerschaft u. Stillzeit; **Dos.**: topisch 3×1 Tr. ins Auge im Abstand von 5 min. **Dapiprazolhydrochlorid**: CAS-Nr. 72822-13-0; $C_{19}H_{27}N_5 \cdot HCl$, M_r 361.92. Schmp. 206-207 °C (kristallisiert aus absolutem Ethanol).

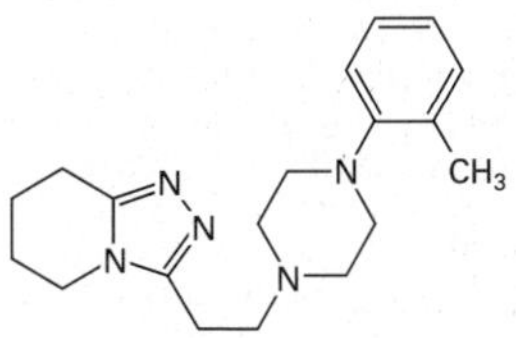

Dapiprazol

Dapson INN: Dapsonum Ph.Eur., Diaphenylsulfon, Diphenason, 4,4'-Sulfonyldianilin; 4,4'-Diaminodiphenylsulfon (Abk. DADPS, DDS); CAS-Nr. 80-08-0; $C_{12}H_{12}N_2O_2S$, M_r 248.30. Schmp. 180.5 °C (polymorph); Kristallform Schmp. 175-176 °C (aus Ethanol 95 %). Fast unlösl. in Wasser, wenig lösl. in Ethanol, Methanol; leicht lösl. in Aceton, verd. Salzsäure. pK_S der konjugierten Säure 1. **Wirk.**: Breitband-Bakteriostatikum; wirkt durch Hemmung der Folsäuresynthese, s. Chemotherapeutika (Sulfonamid-Ch.); **Anw.**: Chemotherapeutikum; Hauptanw. geg. Mycobacterium leprae; **UAW:** Appetitlosigkeit, Schwindel, Kopfschmerzen, allerg. Reaktionen; **Dos.**: p. o. bei Lepra Initialdos. 2×25 mg/7 d, dann erhöhen um 25-50 mg/Monat bis max. 2×200-400 mg/7 d od. 100 mg/d; HWZ 25-30 h. Hingewiesen sei auch auf Dapson-*N,N*-digalactosid.

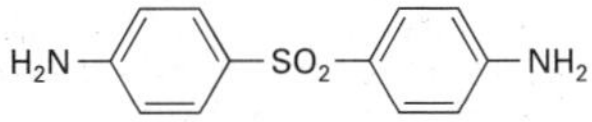

Dapson

Darbepoetin alfa INN: (engl.) *new erythropoiesis stimulating protein (Abk. NESP)*; CAS-Nr. 209810-58-2; $C_{800}H_{1300}N_{228}O_{243}S_5$, M_r 18 163.58. D. a. ist ein rekombinantes Epoetin*, Sequenzlänge 166, mit erhöhtem Kohlenhydratanteil (52 %); hergestellt in CHO*-K1-Zellen. **Struktur:** D. a. hat 5 stickstoffgebundene Kohlenhydratketten u. einen höheren Sialinsäuregehalt als herkömml., rekombinantes Epoetin. Folge des veränderten Sialinsäuregehalts ist eine etwa 3-mal solange terminale HWZ von ca. 25.3 h (subkutan 49 h). **Wirk.**: Regulatorprotein der Erythropoese*; Andocken am EPO-Rezeptor auf den erythroiden Vorläuferzellen im Knochenmark; **Anw.**: Anämie bei chron. Niereninsuffizienz u. bei Patienten mit soliden Tumoren nach Chemother.; **UAW:** Hypertonie, Kopfschmerzen, Schmerzen an der Einstichstelle, Thrombose des Gefäßzugangs; **Dos.**: bei renaler Anämie s. c., i. v. Startdosis 0.45 µg/kg KG pro Woche; chemotherapeutisch-induzierte Anämie initial 2.25 µg/kg pro Woche s. c., nach 4 Wochen Dosiserhöhung auf 4.5 µg/kg pro Woche möglich.

Darm: Intestinum; schlauchförmiger Teil des Verdauungskanals zw. Magenausgang u. After. **Teilbereiche: Dünndarm** (Intestinum tenue): 4-5 m lang, gliedert sich in: den 30 cm langen, bogenförmig verlaufenden Zwölffingerdarm (Duodenum), den Leerdarm (Jejunum) u. Krummdarm (Ileum). Die gesamte Dünndarmschleimhaut weist eine große Zahl von Schleimhauterhebungen (Darmzotten) auf, die der Resorption der Nahrungsstoffe dienen. **Dickdarm** (Intestinum crassum): ca. 1.5 m lang; besteht aus dem 6-8 cm langen Blinddarm mit dem 5-8 cm langen Wurmfortsatz (Appendix vermiformis) u. dem Grimmdarm (Kolon). **Mastdarm** (Rektum): ca. 15 cm lang; geht in den Analkanal (Canalis analis) über.

Darmeinlauf: s. Klistier.

Darmverschluss: s. Ileus.

Darreichungsform: Form, in der ein od. mehrere Wirkstoffe dem menschl. Körper verabreicht werden, z. B. Tabletten, Dragees, Zäpfchen, Salben. s. Arzneiformen.

Darzens-Erlenmeyer-Claisen-Kondensation: Reaktion zur CH_2-Kettenverlängerung von Aldehyden u. Ketonen. α-Halogencarbonsäureester (z. B. Chloressigester) lagern sich in Gegenwart von Natriumamid an die Carbonylverb. an u. bilden unter Kondensation Glycidester (α,β-Epoxycarbonsäureester). Verseifung des Glycidesters u. Ansäuern führt zur therm. instabilen Glycidsäure, die beim Erwärmen unter Abspaltung von Kohlendioxid zu einem homologen Aldehyd od. Keton zerfällt (s. Abb.).

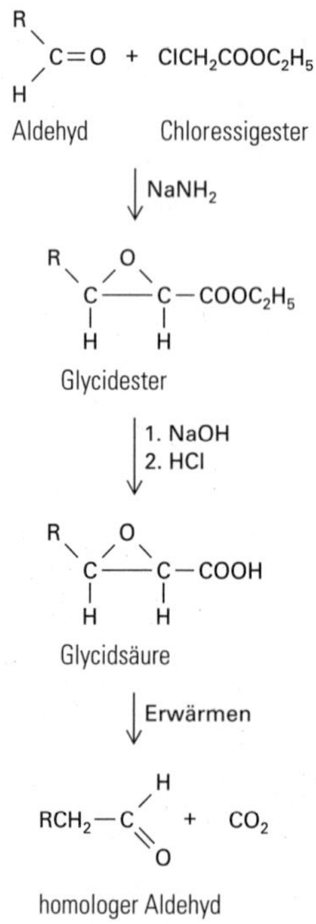

Darzens-Erlenmeyer-Claisen-Kondensation

Darzens-Verfahren: Methode zur Herst. von Alkylchloriden aus primären u. sekundären Alkoholen durch Behandlung mit Thionylchlorid in Gegenwart von Pyridin (s. Abb.).

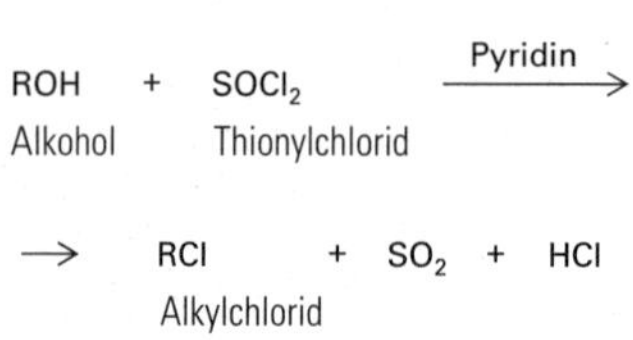

Darzens-Verfahren

DAT: s. Arzneitaxe.

Datisca cannabina L.: Scheinhanf, Streichkraut; Fam. Datiscaceae (Kreta, Südwest-Asien). Stpfl. von **Akalbir:** Gelbe Hanfwurzel. **Inhaltsst.:** der Farbstoff Datiscin u. das Spaltprodukt Datiscetin: 2',3,5,7-Tetrahydroxyflavon, $C_{15}H_{10}O_6$, M_r 286.23, Schmp. 271 °C, gelbe Nadeln; **Anw.:** die Wurzel; in Indien (Lahore) zum Färben von Seide.
Hom: *Datisca cannabina (HAB1.4):* frisches Kraut; verord. z. B. bei Stoffwechselstörungen.

Datteln: s. Phoenix dactylifera.

Datura arborea L.: Großer Stechapfel; Fam. Solanaceae (Peru, Chile). **Inhaltsst.:** hautpsächlich L-Scopolamin*.

Datura stramonium L.: Stechapfel; Fam. Solanaceae (heim. südöstl. Russland, Balkanländer, verwildert in ganz Europa u. Asien); mehrere Varietäten. Stpfl. von **Stramonii folium:** Stramoniumblätter, Folia Stramonii, Folia Daturae, Stechapfelblätter; die getrockneten Blätter mit od. ohne blühende Zweigspitzen, evtl. auch mit vereinzelten Früchten. **Off.:** Ph.Eur.4; **Inhaltsst.:** 0.2-0.5 % Tropanalkaloide*, hauptsächl. L-Hyoscyamin* (nach Ph.Eur. mind. 0.25 % Gesamtalkaloide, ber. als Hyoscyamin), daneben etwas Atropin* (Daturin ist ein Gemenge beider Alkaloide), L-Scopolamin* (Menge vom Alter der Pfl. abhängig), Belladonnin, Apoatropin*; bis 7 % Gerbstoff, Flavonylglykoside, Umbelliferon*, Scopolin*, Spuren äther. Öls; **Anw.:** innerl. als Hypnotikum u. krampfstillendes Mittel (s. Atropin), v. a. bei Asthma, Krampfhusten; Hauptanw. früher zur Herst. von Asthmazigaretten u. -zigarren, Räuchermitteln, Asthmakraut (s. Folia Stramonii nitrata); die Anw. von Stramoniumblättern ist aufgrund der Risiken nicht zu vertreten (heute nicht mehr in Gebrauch); Negativmonographie Kommission E. **Stramonii pulvis normatus:** Eingestelltes Stramoniumpulver, Folium Stramonii titratum, Eingestelltes Stechapfelblatt; M_r 289.4; gepulverte Stramoniumblätter, die, falls erforderl., auf einen Gesamtalkaloidgeh. von 0.23-0.27 % mit Hilfe gepulverter Lactose od. gepulverter Stramoniumblätter mit geringerem Alkaloidgeh. eingestellt werden; Berechnung als Hyoscyamin u. auf die bei 100-105 °C getrocknete Droge bezogen. **Off.:** Ph.Eur.4. **Herba Stramonii recens:** Stechapfelkraut; das frische, zur Zeit der beginnenden Blüte (Juni) gesammelte Kraut. **Inhaltsst.** und **Anw.:** vgl. Stramonii folium. **Semen Stramonii:** Semen Daturae, Stechapfelsamen, Zigeunersamen. **Inhaltsst.:** Hyoscyamin*, Atropin*, Scopolamin* (Gesamtalkaloidgeh. 0.25-0.5 %), 15-20 % fettes Öl; **Zuber.:** Tct. Stramonii Seminis; **Anw.:** zur Alkaloidgewinnung; Negativmonographie Kommission E.
Hom: *Datura stramonium (HAB1.3):* frisches, zur Zeit der Blüte gesammeltes Kraut; verord. z. B. bei psych. Erkrankungen, Erregungszuständen, Schlafstörungen bei Kleinkindern.

Daucus carota L.: Möhre, Gelbe Rübe; Fam. Apiaceae (Umbelliferae) (Mittel- u. Südeuropa). Stpfl. von **Fructus Dauci:** Semen Dauci, Möhrenfrüchte, Möhrensamen, Karottenfrüchte. **Inhaltsst.:** äther. Öl mit Asaron*; **Anw.** volkstüml.: harntreibendes u. krampflösendes Mittel. **Radix Dauci:** Gelbe Rübe; Mohrrübe. **Inhaltsst.:** äther. Öl, Phytosterine*, Enzyme, Asparagin*, Lecithin*, Glutamin*, Zucker, Pektinstoffe, α-, β-, γ-Carotin* (Provitamine A), ferner die Vitamine* B_1, B_2 u. C; **Anw.** volkstüml.: vermifuges Mittel gegen Oxyuren; wichtiger Vitaminträger; wegen des Gehaltes an Pektin als Best. von Nahrungsmitteln, die bei Ernährungsstörungen von Kleinkindern empfohlen werden.

Dauerausscheider: Person, die noch längere Zeit nach überstandener Infektionskrankheit Erreger ausscheidet. Die Bez. bezieht sich bes. auf Ausscheider* von Salmonella enterica Serovar Typhi u. Paratyphi sowie Shigella; vgl. Keimträger.

Dauerinfusion: kontinuierl., gleichmäßige i. v.-Zufuhr von Substanz. Durch D. ergibt sich eine Blutspiegelkurve, die anfangs exponentiell ansteigt u. dann auf einem Plateau verläuft (steady state, Fließgleichgewicht*), da sich Zufuhr u. Elimination die Waage halten. Nach Beendigung der D. sinkt der Blutspiegel gemäß der Eliminationsgeschwindigkeit ab. Eine D. wird durchgeführt, um einen konstanten Arzneistoffspiegel über längere Zeit aufrecht zu erhalten. Durch die Initialdosis* (engl. priming dose) erhält man von Beginn an die Konz. des Fliessgleichgewichts. Die hierfür erforderl. Dosis errechnet sich durch Multiplikation der angestrebten Konz. im Fliessgleichgewicht mit dem Verteilungsvolumen*.

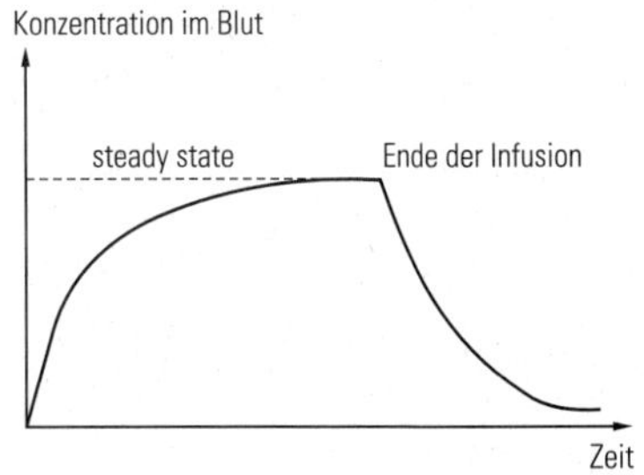

Dauerinfusion: Verlauf der Wirkstoffkonzentration im Blut während einer i. v. Dauerinfusion

Daunorubicin INN: Rubidomycin; (1*S*,3*S*)-3-Acetyl-1,2,3,4,6,11-hexahydro-3,5,12-trihydroxy-10-methoxy-6,11-dioxo-1-naphthacenyl-3-amino-2,3,6-tridesoxy-α-L-lyxo-hexopyranosid; CAS-Nr. 20830-81-3; $C_{27}H_{29}NO_{10}$, M_r 527.51. Antibiotikum aus Streptomyces peuceticus od. Streptomyces coeruleorubidus. **Anw.**: Zytostatikum; bei akuten Leukämien; **Dos.**: parenteral i. v. 1 mg/kg KG/d über 1 Woche; HWZ 11-27 h. **Daunorubicinhydrochlorid**: Daunorubicini hydrochloridum Ph.Eur.; CAS-Nr. 23541-50-6; $C_{27}H_{30}ClNO_{10}$, M_r 564.0. Rotoranges, hygroskop., krist. Pulver; leicht lösl. in Wasser u. Methanol; sehr schwer lösl. in Chloroform; fast unlösl. in Aceton.

DAV: Abk. für Deutscher Apotheker-Verein; s. Apothekervereine.

DBS: Abk. für **Dib**rom**s**alicil*.

DC: Abk. für **D**ünnschicht**c**hromatographie, s. Chromatographie.

DCCC: Abk. für (engl.) ***d**roplet **c**ounter **c**urrent **c**hromatography;* s. Chromatographie.

DCF: s. Freinamen.

DDA: s. Clofenotan.

DDD: s. Clofenotan.

DDE: s. Clofenotan.

DDK: s. DSC.

DDS: Abk. für 4,4'-**D**iamino**d**iphenyl**s**ulfon; s. Dapson.

DDT: s. Clofenotan.

DDT-Gesetz: „Gesetz über den Verkehr mit DDT" vom 7.8.1972, BgBl. I S. 1689, zuletzt geändert 24.6.1994, BGBl. I S. 1416; verbietet im Interesse des Gesundheitsschutzes die Herst., Einfuhr, Ausfuhr, das Inverkehrbringen, den Erwerb u. die Anw. von 1,1,1-Trichlor-2,2-bis(4-chlorphenyl)-ethan (DDT; s. Clofenotan) u. seinen Isomeren u. von Erzeugnissen, die unter Zusatz von DDT als Wirkstoff (DDT-Zuber.) hergestellt werden.

DDVP: s. Dichlorvos.

Dead-Stop-Methode: Biamperometrie; Verfahren der Amperometrie* mit 2 polarisierbaren Platinelektroden. Bei Anlegen einer konstanten Gleichspannung fließt so lange Strom, wie ein Redoxpaar, z. B. Fe^{2+}/Fe^{3+}, in der Lsg. vorliegt, in die die Elektroden tauchen; wird ein Bestandteil dieses Redoxpaares während der Titration (s. Maßanalyse) aufgebraucht, wird der Stromfluss unterbrochen; dies zeigt das Erreichen des Äquivalenzpunkts (toter Punkt) an (s. Abb.); bei der **Karl*-Fischer-Titration** wird erst durch das beim Äquivalenzpunkt vorliegende Redoxpaar Iod/Iodid ein steiler Stromanstieg beobachtet; dieser Stromfluss muss mind. 30 s anhalten. Auch zur Bestimmung von Stickstoff in primären Aminen.

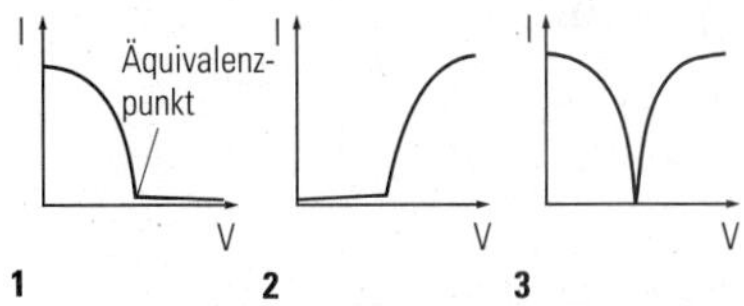

Dead-Stop-Methode: I: Stromstärke; V: zugesetztes Volumen an Maßlösung. Eine Polarisation der Elektroden erfolgt ab dem Äquivalenzpunkt (1), bis zum Äquivalenzpunkt (2), nur am Äquivalenzpunkt (3) [14]

DEAE-Cellulose: Abk. für **D**i**e**thyl**a**mino**e**thyl-Cellulose; wird als stationäre Phase zur Anionenaustauschchromatographie verwendet.

Deanil: chem. Kurzbez. für 2-(Dimethylamino)-ethyl.

Deanol INN: 2-Dimethylaminoethanol (Abk. DMAE); CAS-Nr. 108-01-0; $C_4H_{11}NO$, M_r 89.14. Sdp. 135 °C (101 kPa). d_4^{20} 0.8866. $n_D^{20\,°C}$ 1.43. Mischbar mit Wasser, Ethanol, Ether. **Wirk.**: D. soll ein Präkursor von Acetylcholin sein u. cholinerge Aktivität besitzen; **Anw.**: ZNS-Stimulans; Ind.: u. a. hyperkinet. Verhaltensstörungen bei Kindern, Leistungs-, Koordinations-, Lern- u. Konzentrationsstörungen, psych. Störungen nach Hirntraumen; **UAW**: Kopfschmerzen, Obstipation, Muskelspannung, Schlaflosigkeit, Hautausschläge, Blutdrucksenkung; **Kontraind.**: Grand-mal-Epilepsie; **Dos.**: p. o. 25-300 mg/d in geteilten Dosen. **Deanolaceglumat**: $C_{11}H_{22}N_2O_6$, M_r 278.3. Lösl. in Wasser. **Deanolacetamidobenzoat**: $C_{13}H_{20}N_2O_4$, M_r 268.3. Schmp. 159-161.5 °C. Lösl. in Wasser. **Deanolhydrogensuccinat**: $C_8H_{17}NO_5$, weißes, hygroskop. krist. Pulver, sehr leicht lösl. in Wasser, Ethanol, wenig lösl. in Chloroform, Benzol. Gebräuchl. sind auch Deanolhydrogencarbonat, Deanolcitrat, Deanol-L-hydrogenglutamat u. Deanol-(*R*,*R*)-hydrogentartrat.

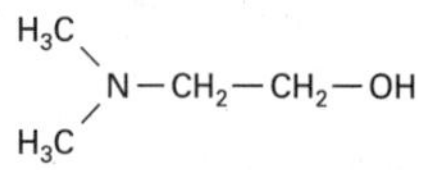

Deanol

Debrisoquin INN: 1,2,3,4-Tetrahydro-isochinolin-2-carboxamidin; CAS-Nr. 1131-64-2; $C_{10}H_{13}N_3$, M_r 175.2. **Anw.**: Antihypertensivum*; wird kaum noch eingesetzt; **Debrisoquinsulfat:** $C_{20}H_{28}N_6O_4S$. Schmp. 278-280 °C. Lösl. in Wasser.

Debye-Hückel-Grenzgesetz für Aktivitätskoeffizienten: s. Aktivitätskoeffizient.

Debye-Kräfte: s. Bindungskräfte, intermolekulare.

Debye-Scherrer-Verfahren: s. Kristallstrukturanalyse.

Decahydronaphthalin: s. Decalin.

Decalin: Dekalin, Decahydronaphthalin; $C_{10}H_{18}$. *cis*-Form: Schmp. –43.3 °C. Sdp. 195.7 °C. *trans*-Form: Schmp. –30.4 °C. Sdp. 187.3 °C. Farblose Flüssigkeit. Handelsware ist meist ein Gemisch der *cis*- u. *trans*-Stereoisomere der beiden in der Sesselform verknüpften Cyclohexanringe; vgl. Konformation (Abb. 1). **Anw.**: Lösungsmittel (Terpentinölersatz), zur Herst. von Lacken, Bohnerwachsen.

1-Decanol: s. Decylalkohol.

Decarboxylasen: zu den Lyasen gehörende Enzyme*, die CO_2 aus der COOH-Gruppe von Carbonsäuren* abspalten. Die Pyruvatdecarboxylase decarboxyliert z. B. Pyruvat* zu Acetaldehyd*, wobei Thiaminpyrophosphat (s. Vitamine, Vit. B_1) als Coenzym (s. Enzyme) wirkt.

Deckblatt: (bot.) Hochblatt, in dessen Achsel ein Blütenspross steht.

Deckeln: s. Bindemittel.

Decocta: s. Abkochungen.

Decoctum Ispaghulae: s. Plantago ovata.

Decoctum Sarsaparillae compositum: s. Smilax regelii.

Decoctum Zittmannii: Zittmann-Abkochung; Herst.: DAB6, Abkochung von Rad. Sarsaparilla (s. Smilax regelii) mit in einem leinenen Säckchen eingeschlossenem Quecksilber(I)-chlorid u. Quecksilber(II)-sulfid sowie Zucker u. Alaun, evtl. Zusatz von Anis, Fenchel, Sennensblätter u. Süßholz. **Anw.**: obsolet, früher gegen Syphilis.

Decoderm®-Basis: nichtionogene ambiphile Creme mit einem im Vergleich zu anderen Komplexemulgatorsalben um ca. den dreifach höheren Gehalt an Emulgatoren. Bei D.-B. handelt es sich um einen bikohärenten Mischtyp mit zusammenhängender Wasser- u. Fettphase. Aufgrund ihrer Stellung zw. O/W u. W/O-Emulsionssystemen ist sie universell einsetzbar u. für jeden Hauttyp geeignet. D.-B. lässt sich mit Wasser zu einer O/W-Emulsionssalbe u. weiter zu einer stabilen Milch verdünnen od. mit Fett u. Kohlenwasserstoffen unter Bildung einer stabilen W/O-Emulsionssalbe (ambiphiler Charakter). **Zstzg.**: Kohlenwasserstoffe (Paraffin dickflüssig, Vaseline weiß), Miglyol®* 812 Neutralöl (Träger für Steroide), Emulgatoren (Cetylstearylalkohol W/O, Glycerolmonostearat* W/O, Polysorbat* 40 O/W), hochdisperses Siliciumdioxid* (Stabilisator, Verdickungsmittel, vermindert fettige Eigenschaften), Propylenglykol* (Feuchthalter, Penetrationsverbesserer, konservierend), Sorbinsäure (s. Konservierung), Crematest (Geruchsstoff), demineralisiertes Wasser (ca. 40 %). Vgl. Unguenta.

Decubitex-Polster: Blutzirkulation-erhöhendes Polster zur Dekubitus-Prophylaxe, das mit leicht bewegl. Polystyrol-Kügelchen gefüllt ist. Das Polster ist waschbar u. passt sich gut dem Körper des Patienten an.

Decylalkohol: 1-Decanol; $C_{10}H_{22}O$, M_r 158.3. Sdp. ca. 230 °C. $n_D^{20\,°C}$ ca. 1.436. Viskose Flüss., bei ca. 6 °C erstarrend; prakt. unlösl. in Wasser, lösl. in Ethanol u. Ether. **Anw.**: Reagens Ph.Eur.4.

Decyloleat: Decylis oleas Ph.Eur.4; Mischung aus Decylestern von Fettsäuren, v. a. Ölsäure. Sdp. 40-60 °C. Klare, schwach gelbl. Flüss., fast unlösl. in Wasser, mischbar mit Dichlormethan, Ethanol u. Petrolether (Siedebereich 40-60 °C). D. 0.860-0.870; SZ max. 1.0, IZ 55-70. POZ max. 10.0, VZ 130-140. In der Fettsäurefrakt. mind. 60.0 % Ölsäure, Wasser max. 1.0 %. **Aufbewahrung:** evtl. mit geeignetem Antioxidans, unter Lichtschutz, mögl. vollständig gefüllte Behältnisse; z. B. Tocopherol als Stabilisierungsmittel; **Anw.**: Universalöl, mittlere Spreitwirkung, fettender Effekt; Emolliens, für Cremes u. Lotionen, wasserfreie Formulierungen; gut auffettende Ölkomponente für Salben, Cremes u. Linimente; gute Haut- u. Schleimhautverträglichkeit; vgl. Cera liquida.

Decyl-Verbindungen: veraltet Decil-Verb.; org. Verb. mit 10 C-Atomen in der Kette, z. B. Decylalkohol*.

deep compartment: (engl.) *tiefes Kompartiment*; s. Kompartiment.

Defäkation: **1.** Reinigung, Klärung von Flüssigkeiten. **2.** Stuhlentleerung.

Defektproteinämie: meist angeborene pathol. Zstzg. der Bluteiweißkörper mit fehlender od. zu geringer Bildung bestimmter Komponenten (z. B. Agammaglobulinämie, Analbuminämie).

Defektur: **Deutschland:** Kleinherst. in der Apotheke im voraus; geht über den Umfang einer Einzelanfertigung auf Verschreibung oder Kundenwunsch hinaus. Es handelt sich dabei um eine Herst. in einem einheitl. Herstellungsgang, die keine Großherst. ist. Die Abgabe von Defekturarzneimitteln an den Endverbraucher muss in der herstellenden Apotheke erfolgen. Die Hunderterregel* ist zu beachten. Dazu gehört die Anfertigung spez. Arzneimittel, die auf dem Markt nicht erhältl. sind od. deren Eigenherst. deutl. günstiger als der Kauf ist. **Vorschriften:** **1.** Herstellungsprotokoll: erforderl., enthält mind. Bez. u. Darreichungsform, Art, Menge, Qualität, Chargenbez. od. Prüfnummer der verwendeten Ausgangsstoffe, die zugrundeliegenden Herstellungsvorschriften, das Herstellungsdatum od. die Chargenbezeichnung, das Verfalldatum, das Namenszeichen des für die Herst. verantwortl. Apothekers; **2.** Prüfprotokoll: teilweise erforderl., umfasst Verfahren, Umfang, Ergebnisse u. Datum der Prüfungen; der prüfende od. die Prüfung beaufsichtigende Apotheker bestätigt mit Datum u. eigenhändiger Unterschrift, Prüfungsdurchführung und Qualität. Von der Prüfung des Arzneimittels kann abgesehen werden, soweit die Qualität durch das Herstellungsverfahren gewährleistet ist. Dies ist im Herstellungsprotokoll zu vermerken. Zur Defektur i. w. S. gehört Durchsicht u. Bestandsaufnahme der Verkaufsartikel, die (in größeren Mengen) in der Apotheke vorrätig gehalten werden; ggf. Veranlassung der Nachbestellung, Bereinigung des Bestandes aufgrund Verfallsdaten u. Verbrauchsfristen. **Österreich:** entspr. der Pharmazeutischen Fachkräfteverordnung* ist D. die Ergänzung der Vorräte von an ärztl. Verschreibung gebundenen Arzneien u. Arzneimitteln in der Offizin. Sie darf nur pharmazeut. Fachpersonal überlassen werden.

Deferoxamin INNv: 30-Amino-3,14,25-trihydroxy-3,9,14,20,25-pentaazatriacontan-2,10,13,21,24-penton; CAS-Nr. 70-51-9; $C_{25}H_{48}N_6O_8$, M_r 560.69. **Anw.:** Eisenkomplexbildner; Antidot bei Eisenvergiftung; HWZ 1 h. **Deferoxaminmesilat:** Deferoxamini mesilas Ph.Eur.4; $C_{26}H_{52}N_6O_{11}S$, M_r 657. Weißes Pulver, leicht lösl. in Wasser, schwer lösl. in Methanol, sehr schwer lösl. in Ethanol. Gebräuchl. ist auch Deferoxaminhydrochlorid.

Defibrillator: **1.** (intensivmed.) elektr. Gerät zur Durchbrechung eines durch kardiale Arrhythmie hervorgerufenen Herz-Kreislauf-Stillstands. **2.** dauerhaft platziertes Gerät zur Unterbrechung lebensbedrohl. Herzrhythmusstörungen, das aus einer im rechten Herzen eingebrachten Elektrode u. einem damit verbundenen Steuerungsaggregat besteht.

Deflazacort INN: 11*β*,21-Dihydroxy-2'-methyl-5'*βH*-pregna-1,4-dieno[17,16-*d*]oxazol-3,20-dion-21-acetat; CAS-Nr. 14484-47-0; $C_{25}H_{31}NO_6$, M_r 441.52. Schmp. 255-256.5 °C (kristallisiert aus Aceton/Hexan). $[\alpha]_D^{20\,°C}$ +62.3° (c=0.5 in Chloroform). $A_{1\%}^{1\,cm}$ 352.5 (Methanol). Glucocorticoid (s. Hormone). **Wirk.:** antiphlogist., immunsuppresiv, geringe mineralocorticoide Wirk.; **Anw.:** rheumatoide Arthritis; **UAW:** Magem-Darm-Blutungen, herabgesetzte Abwehrraktionen geg. Infektionen, Kopfschmerz; **Kontraind.:** Magen-Darm-Ulzera, Osteoporose, Diabetes mellitus, Epilepsie; **Dos.:** p. o. 1×6-18 mg/d während des Frühstücks; HWZ 1.1-1.9 h.

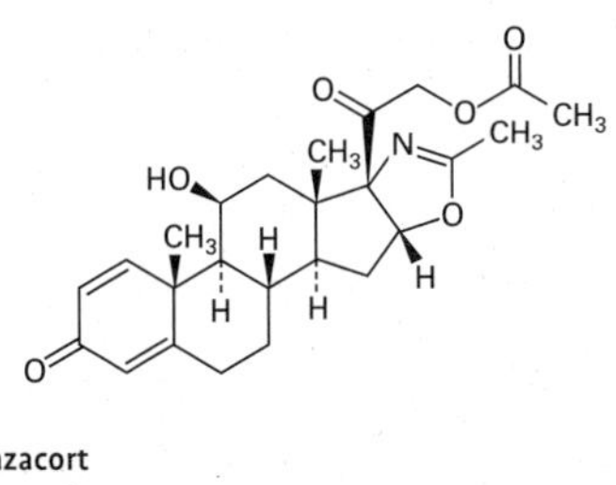

Deflazacort

Deformation: Änderung der Form u./od. des Volumens eines Körpers durch Einwirkung von Kräften. **Elastische (reversible) D.:** der Körper nimmt nach Aufhören der Krafteinwirkung wieder seine ursprüngl. Form bzw. sein Volumen an. **Plastische (irreversible) D.:** nach Beendigung der Krafteinwirkung bleibt die Form- bzw. Volumenänderung bestehen.

degree of polymerisation: s. DP.

Dehiszenz (lat. dehiscere sich klaffend auftun, öffnen, spalten): (bot.) das Öffnen einer Anthere*, Frucht od. eines anderen kapselartigen Organs unter Ausstreuung der darin enthaltenen Fortpflanzungseinheiten.

Dehnungsmessstreifen: Folien mit eingebettetem Widerstandsdraht; dienen z. B. zur Ermittlung des Kraft-Weg-Verlaufes bei der Kompression auf einer Tablettenpresse (s. Abb.). D. werden in Richtung der auftretenden Kraft auf die belasteten Maschinenteile (Tablettenwerkzeuge) geklebt. Durch die auf diese Teile aufgebrachten Kräfte (Pressdruck) werden Stauchungen hervorgerufen, die zu einer Verformung der D. u. in der Folge zu einer Widerstandsänderung führen, die durch eine entspr. Schaltung in elektr. Signale umgewandelt werden kann.

Dehnungsmessstreifen: versch. Typen

Dehydrasen: s. Dehydrogenasen.

Dehydratasen: Enzyme, die zur Dehydratisierung von Substraten fähig sind.

Dehydratisierung: Dehydratation, Dehydration; Wasserentzug, Entwässerung (chem., physiol.).

Dehydrierung: chem. Entziehung von Wasserstoff; vgl. Oxidation.

Dehydroandrosteron: männl. Keimdrüsenhormon; s. Hormone (Androgene).

7-Dehydrocholesterol: s. Vitamine (Provitamin D_3).

Dehydrocholsäure INN: Acidum dehydrocholicum, 3,7,12-Trioxocholansäure; CAS-Nr. 81-23-2; $C_{24}H_{34}O_5$, M_r 402.51. Schmp. 237 °C (kristallisiert aus Aceton). $[\alpha]_D^{20\,°C}$ +26° (c=1.4 in Ethanol). Lösl. bei 15 °C 0.18 g/L Wasser, 3.3 g/L Ethanol, 0.46 g/L Ether, 9.04 g/L Chloroform, 1.04 g/L Benzol, 7.76 g/L Aceton, 7.4 g/L Ethylacetat, 7.42 g/L Eisessig. **Off.:** DAC86, ÖAB90; **Anw.:** Cholagogum*, Choleretikum*, Obstipation mit Spasmen (s. Laxanzien), Diuretikum*; **Kontraind.:** Verschluss des Dünndarms u. der Gallenwege, stark eingeschränkte Lebertätigkeit. Gebräuchl. ist auch Magnesiumdehydrocholat-Hydrat u. **Natriumdehydrocholat:** $C_{24}H_{33}NaO_5$, M_r 424.5. Zuber. früher im ÖAB81: Injektionslsg. von dehydrocholsaurem Natrium, Injectio Natrii dehydrocholici.

Dehydrocorticosteron: 21-Hydroxypregn-4-en-3,11,20-trion; CAS-Nr. 72-23-1; $C_{21}H_{28}O_4$, M_r 344.43. Schmp. 178-180 °C. Glucocorticoid; s. Hormone (Nebennierenhormone); hochvakuumdestillierbar. **Dehydrocorticosteronacetat:** $C_{23}H_{30}O_5$. Schmp. 179-181.

Dehydrocortisol: syn. Dehydrocortison; Prednisolon*; s. Hormone (Nebennierenhormone).

Dehydrocostuslacton: s. Laurus nobilis.

Dehydroepiandrosteron: s. DHEA.

D

Dehydrogenasen: früher auch Dehydrasen; zu den Oxidoreduktasen gehörende Enzyme* (z. B. Flavinenzyme*), die die Übertragung von Wasserstoff katalysieren.

Dehydroisoandrosteron: s. Prasteron; Hormone (Nebennierenhormone).

Deka-: Symbol da; gesetzl. Vorsatz für das 10fache einer Einheit. Beispiel: 1 dag (Dekagramm) = 10 g; vgl. SI-Einheiten.

Dekalin: s. Decalin.

Dekamethonium: Abk. C10; Diiodid, Dibromid od. Dichlorid des Dekamethylen-1,10-bis(trimethylammonium). **Wirk.** u. **Anw.:** Muskelrelaxans von stärkerer Wirk. als Curare*, jedoch kürzere Wirkungsdauer; prakt. ohne therap. Bedeutung.

Dekantieren: Abklären; Trennung eines festen Stoffes von einer Flüss. durch Absetzen des Feststoffs u. Abhebern der Flüssigkeit.

Dekoktorium: syn. Infundierapparat; Wasserbad, meist elektr. beheizt, in das eine Infundierbüchse eingehängt wird. Es dient zur Herst. von Infusen u. Dekokten; außerdem kann es zur Dampfsterilisation od. als Wasserbad verwendet werden.

Dekontamination: Entseuchung; Methoden u. Verfahren zur Behebung einer Kontamination*. **1.** (nuklearmed.) Entfernen od. Verringern einer oberflächl. radioaktiven Kontamination von Boden, Räumen, Gegenständen, Lebensmitteln od. Personen; **2.** (hygien.-mikrobiol.) Beseitigung einer mikrobiellen Kontamination bei infektgefährdeten Personen od. vor bestimmten operativen Eingriffen durch Antiseptika* u. Desinfektionsmittel* sowie von Gegenständen, Lebensmitteln, Wasser od. Luft durch Desinfektion*, Sterilisation* u. keimfreie Filtration; **3.** (toxikol.) Entfernen einer innerl. od. äußerl. Kontamination des Körpers mit chem. (Schad-)Stoffen.

Dekubitus: durch längerfristige, äußere Druckeinwirkung mit Kompression von Gefäßen u. lokaler Ischämie hervorgerufene troph. Störung von Geweben (v. a. Haut u. Unterhautgewebe) mit Nekrose, evtl. Infektion. V. a. bei Bettlägerigkeit (Wundliegen); insbes. an Körperstellen, an denen die Haut dem Knochen unmittelbar anliegt.

dekussiert: s. Blattstellung.

Delaviridin: s. Transkriptase, reverse.

delayed release: s. Retardpräparate.

Delépine-Reaktion: Methode zur Synthese primärer Amine durch Umsetzung reaktionsfähiger org. Halogenverb. mit Hexamethylentetramin u. nachfolgende saure Hydrolyse des enstandenen quartären Salzes. Beispiel: aus Benzylchlorid ensteht Benzylamin (s. Abb.).

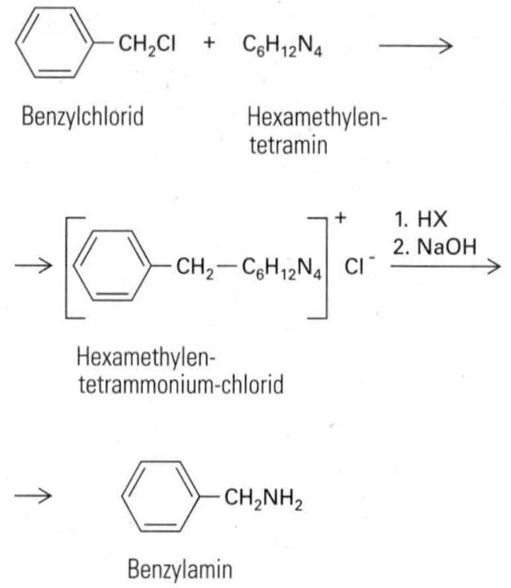

Delépine-Reaktion

Deletion: Mutation, bei der Basenpaare od. Sequenzabschnitte vollständig aus einem DNA-Molekül verloren gehen. D. entstehen spontan od. können experimentell für gentechnolog. Verfahren herbeigeführt werden. Der funktionsfähige Originalzustand kann durch erneute Mutation nicht wiederhergestellt werden; vgl. Chromosomenaberration.

Delokalisierung: Aufhebung einer Zuordnung bestimmter Elektronen zu einzelnen Atomen, so dass sie sich im Molekül od. Molekülabschnitten frei bewegen können. In konjugierten ungesättigten Verb. (Verb. mit alternierenden Doppel- u. Einfachbindungen) gehören die π-Elektronen allen an der Konjugation* beteiligten Atomen. Durch die D. der Elektronen wird die Energie der Verb., im Vergleich mit der hypothet., formal ident. Verb. mit lokalisierten Elektronen, herabgesetzt.

Delphinidin: $C_{15}H_{11}ClO_7$; M_r 338.7; das Aglykon von Delphinin*; Strukturformel s. Anthocyanidine (Tab.).

Delphinin: **1.** $C_{41}H_{39}ClO_{21}$; Anthocyan, bestehend aus Delphinidin* (Aglykon), Glucose u. Hydroxybenzoesäure. **2.** $C_{33}H_{45}NO_9$; M_r 599.7; ein dem Aconitin* ähnl. Alkaloid, biogenet. ein Diterpenabkömmling, aus den Samen von Delphinium* staphisagria.

Delphinium consolida L.: Consolida regalis S. F. Gray, Ackerrittersporn, Rittersporn; Fam. Ranunculaceae (Europa, Kleinasien, Armenien, Uralgebiet). Stpfl. von **Flores Calcatrippae:** Calcatrippae flos, Flores Delphinii consolidae, Ritterspornblüten. **Inhaltsst.:** Delphinin* (Anthocyan), Kämpferol* (Flavonol); keine Alkaloide (im Kraut Alkaloid Calcatrippin, im Samen die aconitinähnl. Esteralkaloide Delsolin u. Delcosin, die lähmend auf das Herz wirken, in größerer Dos. zu zentraler Atemlähmung führen können); **Anw.** volkstüml.: Diuretikum u. Anthelminthikum; die Samen als Antiparasitikum.

Delphinium staphisagria L.: Stephanskraut; Fam. Ranunculaceae (Mittelmeergebiet). Stpfl. von **Semen Staphisagriae:** Semen Pediculariae, Stephanskörner, Läusekörner, Läusepfeffer. **Inhaltsst.:** Delphinin* (Esteralkaloid, nicht zu verwechseln mit dem Anthocyan Delphinin in Delphinium* consolida), Staphisagrin, Delphisin, Delphinoidin u. a. Alkaloide (ca. 1.3 %), fettes Öl (bis 35 %), ca. 0.02 % äther. Öl; **Anw.** volkstüml.: z. B. als Wurm- u. Abführmittel.

Hom: *Delphinium staphisagria (HAB1.5),* Staphisagria: getrocknete, reife Samen (mind. 1.5 % Alkaloide, ber. als Delphinin); Konstitutionsmittel; verord. z. B. bei juckenden Ekzemen, Gersten-

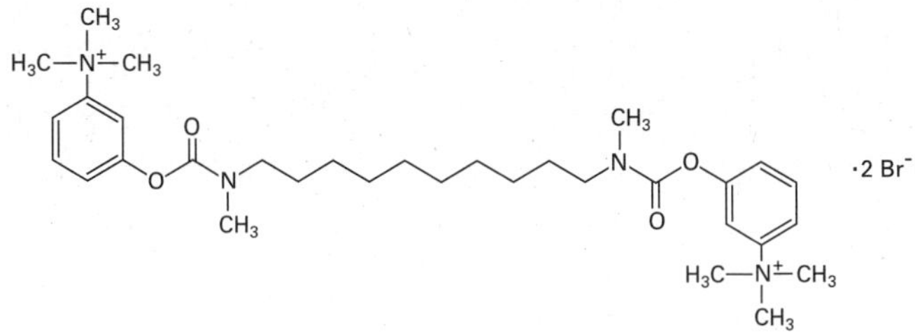

Demecariumbromid

korn, Karies, Stichverletzungen, Prostatitis, vegetativer Dystonie.

Deltamethrin: [(*S*)-α-Cyano-3-phenoxybenzyl]-(1*R*,3*R*)-3-(2,2-dibromvinyl)-2,2-dimethylcyclopropancarboxylat; CAS-Nr. 52918-63-5; $C_{22}H_{19}Br_2NO_3$; M_r 505.2. **Anw.** techn.: Insektizid (Pyrethroid*); s. Schädlingsbekämpfungsmittel, Tabelle.

delta sleep inducing peptide: s. DSIP.

Demecariumbromid INN: 3,3'-[*N*,*N*-Decamethylen-bis(methylcarbamoyloxy)]-bis(*N*,*N*,*N*-trimethylanilinium)dibromid; CAS-Nr. 56-94-0; $C_{32}H_{52}Br_2Nr_4O_4$, M_r 716.6. **Anw.**: obsolet; Cholinesterasehemmer, s. Parasympathomimetika (indirekte), mit sehr langer Wirkung.

Demeclocyclin INN: 6-Demethyl-7-chlor-tetracyclin, Demethylchlortetracyclinum; 7-Chlor-4β-dimethylamino-1,4,4a,5,5a,6,11,12a-octahydro-3,6α,10,12,12aβ-pentahydroxy-1,11-dioxo-2-naphthacencarboxamid; CAS-Nr. 127-33-3; $C_{21}H_{21}ClN_2O_8$, M_r 464.88. Wenig lösl. in Wasser, lösl. in Ethanol 1:200, Methanol 1:40, verd. Salzsäure, Alkalihydroxid- u. -carbonat-Lsg. (amphoterer Stoff). $pK_{S,1}$ 3.3 (konjugierte Säure), $pK_{S,2}$ 7.2 (Säure), $pK_{S,3}$ 9.2 (Säure; 25 °C). **Wirk.** u. **Anw.**: Tetracyclin-Antibiotikum (s. Antibiotika, vgl. Tetracyclin) mit breitem Wirkungsspektrum; führt häufiger zu UAW als andere Tetracyclin-Antibiotika; vgl. Antibiotika (Tab.); HWZ 10-13 h.

Demeclocyclinhydrochlorid: Demeclocyclini hydrochloridum Ph.Eur.4, Demeclocyclinum hydrochloricum; CAS-Nr. 64-73-3; $C_{21}H_{22}Cl_2N_2O_8$, M_r 501.3. Gelbes krist. Pulver. Lösl. bis wenig lösl. in Wasser, schwer lösl. in Ethanol, sehr schwer lösl. in Aceton u. Chloroform, lösl. in Alkalihydroxid- u. Alkalicarbonat-Lsg.; $[\alpha]_D^{20\,°C}$ −248 bis −263° (c=1 in Salzsäure 0.1 mol/L).

Demecolcin: Colchamin; $C_{21}H_{25}NO_5$; M_r 371.42; Schmp. 186 °C; Alkaloid aus Colchicum* autumnale, das anstelle der Acetylgruppe am Stickstoff des Colchicins* eine Methylgruppe trägt u. daher im Ggs. zu Colchicin basisch reagiert. **Anw.**: früher Zytostatikum*.

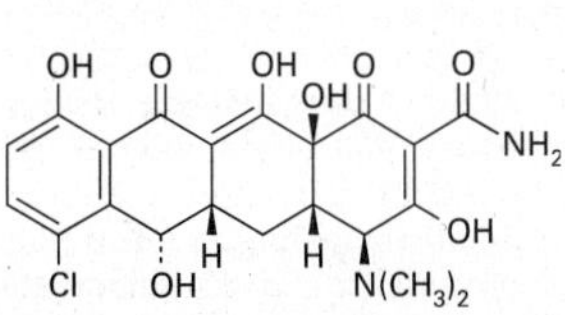

Demeclocyclin

Demethylchlortetracyclin: s. Demeclocyclin.

Demethylierung: Abspaltung von Methylgruppen aus org. Verbindungen.

Demjanow-Umlagerung: Desaminierung primärer alicycl. Amine mit salpetriger Säure führt unter Ringerweiterung od. Ringverengung zu einem Gemisch alicycl. Alkohole. Beispiel: aus Cyclopropylamin od. Cyclobutylamin erhält man ein Gemisch von Cyclopropylcarbinol u. Cyclobutanol (s. Abb.).

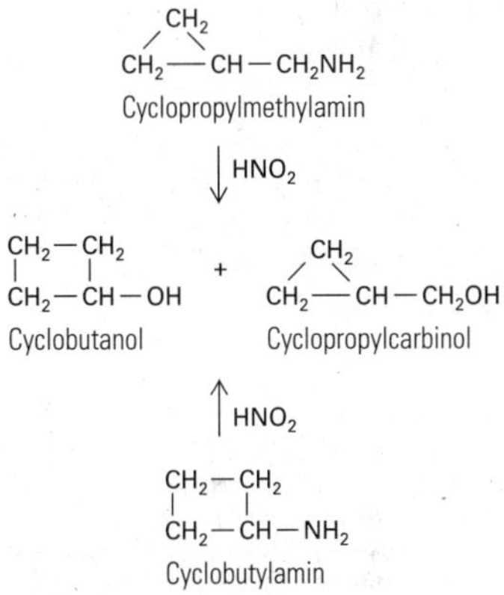

Demjanow-Umlagerung: Bildung von Cyclobutanol u. Cyclopropylcarbinol

Denaturieren: Vergällen; einen Stoff durch Zusatz eines anderen Stoffes für den Genuss unbrauchbar machen, z. B. Ethanol durch Zusatz von Pyridin, Kochsalz durch Zusatz von Eisenoxid. D. von Branntwein, s. Ethanol.

Dendrit (gr. dendron Baum): kurzer, zellleibnah verzweigter Fortsatz einer Nervenzelle, der die Erregung Richtung Zellkörper leitet. Eine Nervenzelle hat viele Dendriten; vgl. Neuron.

Dendrobium nobile Lindl.: Fam. Orchidaceae (China); Heilpfl., die wie auch D. liwanianum Reichb. u. andere Dendrobium-Arten in der chines. Medizin z. B. als Magenmittel verwendet wird. **Inhaltsst.**: Nobilin, Dendrobin u. a. Terpenalkaloide*.

Dengue-Fieber: durch das Dengue*-Virus hervorgerufene Infektion, an der nach Angaben der Weltgesundheitsorganisation (WHO) jährl. etwa 50 Millionen Menschen erkranken; in schweren Fällen treten u. a. hämorrhag. Verlaufsformen auf, wie Dengue-hämorrhagisches Fieber (DHF), oder es kommt zum Dengue-Schock-Syndrom. Am stärksten betroffen sind die Gebiete in Südostasien u. der westl. Pazifikregion sowie Afrika, Amerika u. der östliche Mittelmeerraum. In Südostasien ist D.-F. die häufigste Ursache für Todesfälle bei Kindern. **Klinik:** Das Virus lässt sich innerhalb der ersten 3-7 Krankheitstage nachweisen. Antikörper treten erst nach 8-10 Tagen auf. **Ther.:** Man kennt derzeit keine kausale Ther. des D.-F., es gibt noch keinen Impfstoff. Als fiebersenkendes u. schmerzlinderndes Medikament wird bevorzugt Paracetamol eingesetzt. Vom Einsatz von Salicylaten u. Glucocorticoiden wird abgeraten. **Gesch.:** Die ersten Berichte über D.-F. aus den Jahren 1779/80 stammen aus Asien, Afrika u. Nordamerika. D.-F. wurde lange Zeit als eine gutartig verlaufende Erkrankung von Tropenreisenden betrachtet.

Dengue-Virus: zu den Flaviviren gehörender Erreger des Dengue*-Fiebers; man unterscheidet die Serotypen Den-1, Den-2, Den-3 u. Den-4. Das D.-V. wird von der Stechmücke Aedes* aegypti, seltener von Aedes albopictus übertragen.

Denigés-Reaktionen: Nachweisreaktionen, die auf dem Chemiker Denigés zurückgehen. Beim Nachw. von Methanol in Ethanol wird nach Oxidation zu Formaldehyd fuchsinschweflige Säure (Schiff*-Reagens) zur mineralsauren Lsg. gegeben, wobei ein rotviolettes Formaldehyd-Additionsprodukt entsteht. Der Nachw. von Citronensäure* nach D.-R. erfolgt mit Quecksilber(II)-sulfat u. Kaliumpermanganat: es bildet sich eine weiße Fällung.

Denileukin diftitox: DAB-389 Interleukin-2, LY335348; CAS-Nr. 173146-27-5, $C_{2560}H_{4036}N_{678}O_{799}S_{17}$, M_r 57649.76; rekombinantes Fusionsprotein aus Interleukin 2 (Ala1-Thr133) mit Diphtherietoxinfragment A (Proteasefunktion) u. B (membranpassierender Teil, Met1-Thy387); M_r 58 kDalton. **Anw.:** kutanes T-Zell-Lymphom mit hoher IL-2 Rezeptor-Expression; **Wirk.:** hohe Affinität an IL-2-Rezeptor, der sich üblicherweise auf aktivierten T-, B-Lymphozyten u. Makrophagen befindet; nach Internalisierung via Endozytose wird das Diphterietoxin A in das Cytosol freigesetzt, wo es die Proteinbiosynthese* durch Spaltung des Elongationsfaktor-2 inhibiert; **UAW:** Fieber (81 %), Asthenie/Schwäche (66 %), Infektionen (48 %), Hypotonie (36 %), Übelkeit/Erbrechen (64 %) Hypoalbuminämie (83 %), Anämie 18 %, es existieren Antikörper gegen Denileukin diftitox; **Dos.:** i. v. 9-18 µg/kg/d über 5 Tage alle 3 Wochen; **HWZ:** 70-80 min.

Denitrifikation: s. Nitrifikation.

Dens (lat.): Zahn, Zahnfortsatz. dentalis: zu den Zähnen gehörig; Dentalgie: Zahnschmerz.

Densimeter: s. Dichtebestimmungsmethoden.

Densitometrie: Methode zur Messung der opt. Dichten od. Opazitäten von Materialien. **Anw.:** Detektionsmethode der Dünnschichtchromatographie (s. Chromatographie).

Dentin (lat.): Dentinum, Zahnbein; die Kernsubstanz des Zahns.

Deoxy-: s. a. Desoxy-.

Deoxycholsäure: s. Gallensäuren.

Depilation: Haarentfernung durch chem. oder mechan. Methoden, wobei die Haarwurzel nicht beschädigt wird; vgl. Depilatorien, Epilation.

Depilatorien: Depilationsmittel, Enthaarungsmittel; Mittel zur chem. Haarentfernung. Verwendet werden z. B. Alkali- u. Erdalkalisulfide, Mercaptane, Wasserstoffperoxid; s. Depilation.

Depolarisatoren: s. Polarisation, elektrochemische.

Depotarzneiformen: s. Retardpräparate.

Depotpenicillin: s. Antibiotika.

Depside (gr. gerben, kneten): Ester aus 2 (Didepside) od. mehreren Molekülen (z. B. Tridepside) aromat. Hydroxycarbonsäuren (Phenolcarbonsäuren*). **Vork.:** nat. als Gerbstoffbest. u. Flechtensäuren*; z. B. *m*-Galloylgallussäure, Rosmarinsäure*; vgl. Depsidone.

Depsidone: Depside* mit einer zusätzl. Etherbrücke, z. B. Cetrarsäure*.

Deptropincitrat INNv: Deptropini citras Ph.Eur.4; (1*R*,3*R*,5*S*)-3-(10,11-Dihydro-5*H*-dibenzo[*a*,*d*][7]annulen-5-yloxy)-8-methyl-8-azabicyclo[3.2.1]octandihydrohencitrat; CAS-Nr. 2169-75-7; $C_{29}H_{35}NO_8$, M_r 525.6. Weißes Pulver, sehr schwer lösl. in Wasser. **Anw.:** Antihistaminikum mit anticholinerg. Potential; **UAW:** s. Antihistaminika; **Dos.:** 2×0.5-1 mg p. o. täglich.

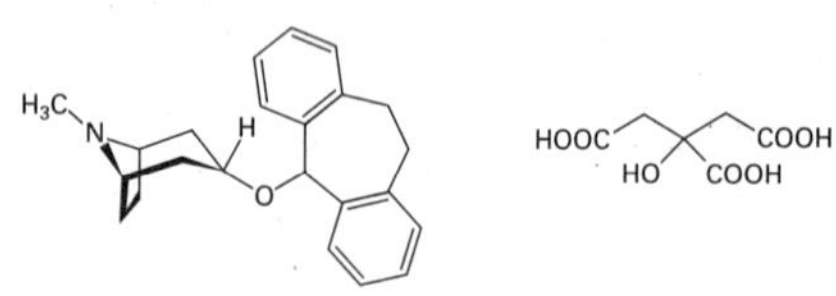

Deptropincitrat

depuratus: f: depurata, n: depuratum; gereinigt (bei Drogen u. Chemikalien).

Dequaliniumchlorid INN: Dequalinii chloridum Ph.Eur.4; 1,1'-(Decan-1,10-diyl)bis(4-amino-2-methylchinolinium)-chlorid; CAS-Nr. 522-51-0; $C_{30}H_{40}Cl_2N_4$, M_r 527.60. Schmp. 326 °C (unter Zers.; kristallisiert aus Ethanol). Lösl. in Wasser bei 25 °C 1 g/200 mL; lösl. 1:30 in kochendem Wasser, 1:200 in Propylenglykol. **Anw.:** Antiseptikum, Antimykotikum, Mund- u. Rachendesinfiziens; **Dos.:** buccal 0.25 mg/3 h; topisch 0.4 %ige Salbe; vaginal 0.2 %ig; gebräuchl. ist auch Dequalinium.

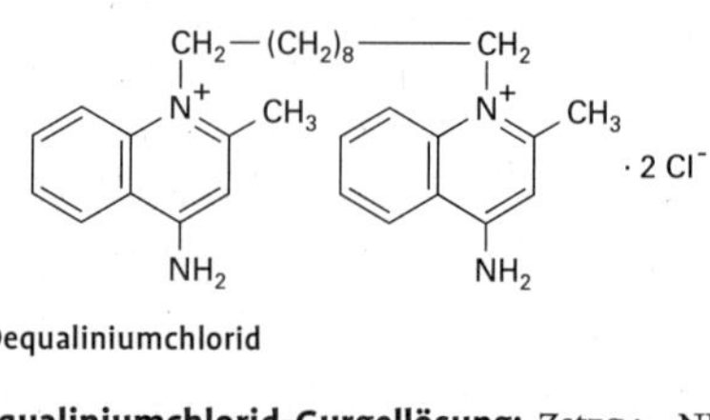

Dequaliniumchlorid

Dequaliniumchlorid-Gurgellösung: Zstzg.: NFA, 0.015 T. Dequaliniumchlorid, 0.035 T. Benzalkoniumchlorid, 25.0 T. Sir. simplex ad 100 T. dest. Wasser. **Anw.:** Erkrankungen im Mund- u. Rachenbereich, Candidamykosen, Pharyngitis.

Derivat: chem. Abkömmling; Verb., die sich aus einer chem. Grundsubstanz ableiten od. herstellen lässt. Beispiel: Methanol ist ein Derivat von Methan.

Derma (gr.): Haut.

Dermatika: Dermatotherapeutika, Dermatologika; lokal od. system. applizierte Arzneimittel zur Behandlung von Hauterkrankungen. **Beispiele:** Wundbehandlungsmittel*, Antiseborrhoika*, Antipsoriatika*; **Wirkstoffe:** z. B. Antibiotika*, Corticosteroide*, Analgetika*, Lokalanästhetika*, Adstringenzien*, Keratolytika*; bei äußerlicher Anw. spielen neben den Wirkstoffen, auch Hilfsstoffe, Arzneiform u. die Applikationsart eine große Rolle.

Dermatitis: Bez. für eine primär die Dermis erfassende, entzündl. Hautreaktion auf chem., physik., mikrobielle od. parasitäre Noxen od. im Rahmen anderer Hauterkrankungen (z. B. atop. Ekzem, Psoriasis).

Dermatomykosen: Infektion der Haut, Haare u. Nägel durch Pilze, v. a. Dermatophyten, aber auch durch Hefen u. Schimmelpilze. Z. B. als Favus*, Trichophytie* od. Candidose*; **Ther.:** Azolderivate (s. Antimykotika) od. Griseofulvin, Naftifin, Terbinafin, Tolnaftat u. Ciclopiroxolamin.

Dermatose: allg. Bezeichnung für Hautkrankheit.

Dermis: Corium, Lederhaut; zw. Epidermis* u. Subkutis gelegener bindegewebiger Anteil der Haut*. Enthält u. a. Nervenfasern mit ihren rezeptor. Endapparaten für Tast-, Druck-, Wärme-, Kälte- u. Schmerzempfindung.

Dermojet®: Druckinjektor zur s. c.- od. i. c.-Gabe von Medikamenten. **Anw.:** v. a. in der Neuraltherapie u. zum Quaddeln.

Dermorphine: opiatartig wirkende Peptide, aus der Haut von südamerikan. Fröschen (Phyllomedusa sauvagei, P. rhodei) isoliert.

Derridis Radix: s. Derris elliptica.

Derris elliptica (Wall.) Benth.: Fam. Fabaceae (Leguminosae) (malaiisches Gebiet). Stpfl. von **Radix Derridis:** Derriswurzel, Tubawurzel. **Inhaltsst.:** 3-16 % Rotenon* u. ähnl. Verbindungen (Rotenoide), Gerbsäure, Harze; **Anw.:** Insektenvertilgungsmittel (Wurzelpulver, auch in Wasser od. org. Lösungsmitteln), bes. geg. Dasselfliegenlarven, Tabakläuse, Blattläuse, Raupen; s. Schädlingsbekämpfungsmittel.

Des-: De-; Präfix in chem. Namen, das die Entfernung od. das Fehlen einer best. Gruppe od. eines Atoms gegenüber der terminolog. Stammsubstanz bezeichnet, z. B. ist Desoxycholsäure eine Cholsäure, bei der eine od. mehr Hydroxygruppen (Oxygruppen) fehlen.

Desacetylbaccatin III: s. Paclitaxel.

Desaggregation: s. Zerfall.

Desaminasen: Aminasen; Enzyme* der Gruppe Desamidasen (Obergruppe Hydrolasen), die den Aminorest aus Aminoverbindungen hydrolyt. abspalten, z. B. Adenosindesaminase (spaltet Adenosin in Inosin u. NH_3 auf). **Desamidasen** spalten alle C-N-Bindungen mit Ausnahme der in Peptiden.

Desaminierung: Abspaltung der NH_2-Gruppe aus org. Verb., die Aminogruppen enthalten. Biol. bedeutend ist die oxidative D. der Aminosäuren beim Abbau von Eiweißstoffen im Organismus, wobei Ketosäuren u. Ammoniak (NH_3) gebildet werden. NH_3 wird in der Leber zu Harnstoff umgewandelt u. ausgeschieden.

Desaturasen: Enzyme, die die Umwandlung von gesättigten in ungesättigte Fettsäuren katalysieren.

Desensibilisierung: **1.** allergol.: Hyposensibilisierung*. **2.** verhaltenstherap. Verfahren zur Reduktion einer Angststörung.

Deserpidin: s. Rauvolfia serpentina.

Desfluran INN: (±)-2-(Difluormethoxy)-1,1,1,2-tetrafluorethan; CAS-Nr. 57041-67-5; $C_3H_2F_6O$, M_r 168.04. **Wirk. u. Anw.:** Inhalationsnarkotikum (s. Narkotika); durch den niedrigen Blut-Gas-Verteilungskoeffizienten, flutet D. rasch an u. ab, wird nur gering metabolisiert; minimale alveoläre Konzentration (Abk. engl. MAC) 6-7.25 %. **UAW:** dosisabhängig Blutdrucksenkung, Atemdämpfung, Tachykardie; dosisunabhängig Apnoe, Speichelfluss, Husten, Erbrechen.

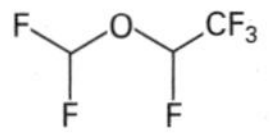

Desfluran

Desglugastrin INN: N-(4-Carboxybutyryl)-L-alanyl-L-tyrosylglycyl-L-tryptophyl-L-leucyl-L-α-aspartyl-L-phenylalaninamid. **Anw.:** Untersuchung der Magensaftsekretion; **Hinweis:** nicht mehr im Handel.

Designerdrogen: Bez. für Abwandlungen bekannter chem. Substanzen, v. a. Analgetika* u. Weckamine*, die nach molekularen Veränderungen oft eine drast. Steigerung von Wirk. u. Suchtgifteigenschaften aufweisen.

Desinfektion: Maßnahme, die durch Abtöten, Inaktivieren od. Entfernen von Mikroorganismen (Bakterien, Viren, Pilze, Protozoen) eine Reduzierung der Keimzahl um mind. 5 Zehnerpotenzen erreicht, damit von dem desinfizierten Material keine Infektion mehr ausgehen kann. Verfahren: s. Desinfektionsverfahren; vgl. Desinfektion von Ausscheidungen, Sterilisation.

Desinfektionslösung: s. Solutio ad desinfectionem.

Desinfektionsmittel: Desinfizienzien; zur Desinfektion* geeignete Substanzen. **Einteilung:** entspr. der Liste der vom BGA anerkannten Desinfektionsverfahren bzw. der Liste der von der Deutschen Gesellschaft für Hygiene u. Mikrobiologie geprüften u. als wirksam befundenen Desinfektionsmittel **1.** nach dem Wirkungsmechanismus (s. Tab. 1) u. Wirkungsspektrum (s. Abb.); **2.** nach dem Anwendungsbereich (s. Tab. 2); nach der Verwendungsart unterscheidet man Grobdesinfektionsmittel (z. B. für Gegenstände), Feindesinfektionsmittel (z. B. zur Händedesinfektion) u. Mittel zur Desinfektion von Raumluft u. Raumoberflächen (Formalinverdampfungsapparat). **Hauptanforderungen:** **1.** gutes Desinfektionsvermögen bei möglichst weitem Wirkungsbereich in relativ geringer Zeit (verbunden mit emulgierender, benetzender u. Tiefenwirkung); **2.** gute Verträglichkeit für Haut, Wäsche u. Instrumente (dabei nicht tox., keine Geruchsbelästigung, keine korrodierenden Eigenschaften); **3.** gute Wirtschaftlichkeit.

Desinfektionsmittel Tab. 1
Einteilung nach Wirkungsmechanismus

Wirkungsmechanismus	Beispiele
eiweißfällende Desinfektionsmittel	Alkohole, Aldehyde, Schwermetallsalze, Amphotenside, Quats
ätzende und auflösende Desinfektionsmittel	Säuren und Laugen
oxidierende Desinfektionsmittel	Iodpräparate, Chlorpräparate, Peroxide, Persäuren, Kaliumpermanganat
Desinfektionsmittel mit Tiefenwirkung auf Bakterienzellen	Phenole, Cresole

Desinfektionsmittel Tab. 2
Einteilung nach Anwendungsbereich

Wirkung	Anwendungsbereich
A	Abtötung von vegetativen Bakterien, Mykobakterien, Pilzen und Pilzsporen
B	Inaktivierung von Viren
C	Abtötung von Milzbrandsporen
D	Abtötung von Sporen der Erreger von Gasbrand und Tetanus (nur im Autoklaven möglich, bei 121 °C, 15 min)

Desinfektionsverfahren: richten sich sowohl nach den zu desinfizierenden Erregern (vegetative Keime, Sporen, Viren) als auch nach dem Desinfektionsgut (Raum, Wäsche, Ausscheidungen, Geräte, Hände, Haut). **I.** mechan. Verfahren: Händedesinfektion*, Scheuerdesinfektion*, Spüldesinfektion; **II.** physikal. Verfahren: **A:** Strahlen: UV-Licht (Raum, Trinkwasser), nur Oberflächenwirkung; **B:** therm. Verfahren: **1.** trockene Hitze: Verbrennen (Einweggeräte), Abflammen*; **2.** feuchte Hitze: **a)** Auskochen: Zusatz von 0.5 %iger Sodalösung, 30 min (Wäsche), Wirkungsbereich ABC; **b)** Dampfdesinfektion: strömender Wasserdampf, 100 °C, 5 min, Wirkungsbereich AB; 100 °C, 15-30 min, Wirkungsbereich ABC; mit Sattdampf für Wäsche mit 75 °C, 105 °C evakuiert; **c)** fraktioniertes Vakuumverfahren: (VDV-Verfahren), Heißluft-Dampf-Heißluft-Verfahren (HDH-Verfahren) 120-130 °C, 8-15 min, Wirkungsbereich AB-ABC. **d)** Pasteurisieren*: Kurzzeiterhitzen bei Milch; **III.** chem. Verfahren: durch Desinfektionsmittel*; **A:** gasförmige Präparate: Ethylenoxid für hitzelabile Materialien, Formaldehyd für Raumluft, Ozon für Trinkwasser, Abwasser, Chlor (Halogene) für Trinkwasser, Abwässer von Krankenhäusern; **B:** flüss. u. feste Präparate (lösl. bis emulgierbar): Anw. für Hände-, Haut-, Wäsche-, Geräte-, Raum- u. Ausscheidungsdesinfektion; **C:** Aerosole: Flä-

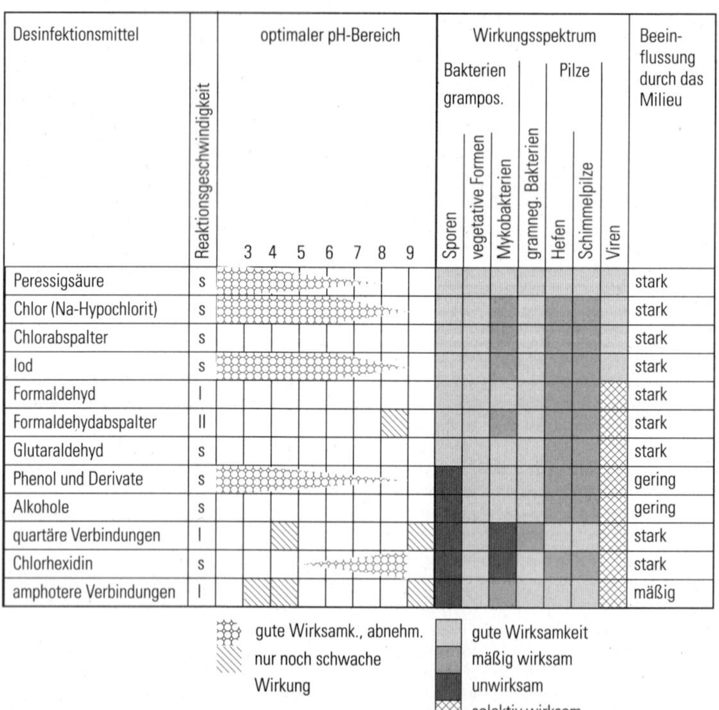

Desinfektionsmittel: Wirkungsspektrum u. pH-Abhängigkeit der wichtigsten Desinfektionsmittel

chen-, Raum- u. Händedesinfektion; **IV.** kombinierte chem.-physik. Verfahren: Dampf-Formaldehyd für Raumdesinfektion, chemo-therm. Waschverfahren für Wäsche durch Zusatz von Aldehyden, Phenolen od. Amphotensiden.

Desinfektion von Ausscheidungen: chem. Behandlung von Auswurf, Stuhl od. Harn zur Abtötung von Mikroorganismen. Sie bedarf bei Umgebungstemp. folgender Festlegung u. Einschränkungen: **1.** lange Einwirkungszeit (6-12 Stunden); **2.** ausreichende Temp. (≥15 °C); **3.** hohe Konz. des Desinfektionsmittels (möglichst Formaldehyd), evtl. in Kombination mit anderen Aldehyden, Chlor nur bei Möglichkeit der Kontrolle des freien Chlors im Reaktionsgemisch; **4.** keine geformte Anteile im Reaktionsgemisch od. geformte Anteile homogen suspendieren, dabei aber Umgebung u. sich selbst nicht kontaminieren. Vgl. Desinfektion.

Desinfizientia: s. Desinfektionsmittel.

Desintegration: s. Zerfall.

Desipramin INN: Demethylimipramin; 10,11-Dihydro-5-(3-methylaminopropyl)-5*H*-dibenz[*b,f*]azepin; CAS-Nr. 50-47-5; $C_{18}H_{22}N_2$, M_r 266.37. Sdp. 172-174 °C (2.67 Pa). **Anw.:** tricycl. Antidepressivum; Ind.: depressive, mit Antriebslosigkeit einhergehende Erkrankungen; **UAW:** s. Psychopharmaka (Antidepressiva); mind. 14 d vor Therapiebeginn müssen MAO-Hemmer abgesetzt werden; **Dos.:** p.o. initial 1-3×25 mg/d, n.B. steigern bis 3-4×50 mg/d; parenteral i.m. 1-2×25 mg, dann umstellen auf orale Form; HWZ 15-18 h. **Desipraminhydrochlorid:** Desipramini hydrochloridum Ph.Eur.4; CAS-Nr. 58-28-6; $C_{18}H_{23}ClN_2$, M_r 302.8. Schmp. 214-218 °C. Weißes, krist. Pulver; lösl. in Wasser u. Ethanol.

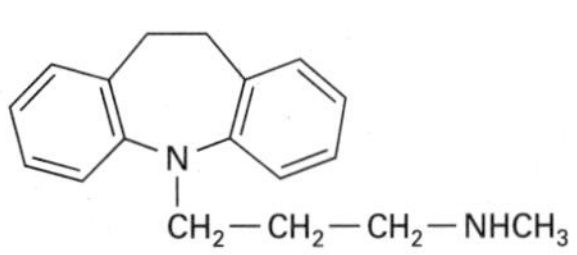

Desipramin

Desirudin INN: 63-Desulfohirudin; CAS-Nr. 120993-53-5; $C_{287}H_{440}N_{80}O_{110}S_6$, M_r 6963.5. Rekombinantes Hirudin*. **Wirk.:** Antikoagulans*; **Anw.:** Prophylaxe tiefer Beinvenenthrombosen nach Hüft- u. Kniegelenkoperationen; **UAW:** innere Blutungen; **Dos.:** s.c. 2×15 mg/d; HWZ 2-3 h.

Deslanosid INN: Deslanosidum Ph.Eur.4, Desacetyl-lanataglykosid C, Desacetyl-lanatosid C, Deslanosid C; 3*β*-[*O*-*β*-D-Glucopyranosyl-(1→4)-*O*-*β*-D-digitoxosyl-(1→4)-*O*-*β*-D-digitoxosyl-(1→4)-*β*-D-digitoxosyloxy]-12*β*,14-dihydroxy-5*β*,14*β*-card-20(22)-enolid; CAS-Nr. 17598-65-1; $C_{47}H_{74}O_{19}$, M_r 943.11. Schmp. 265-268 °C (unter Zers.; kristallisiert aus Methanol). $[\alpha]_D^{20\,°C}$ +12° (c = 1.084 in 75 % Ethanol). Lösl. in Wasser 1:5000, Methanol 1:200, Ethanol 1:2500; sehr schwer lösl. in Chloroform; fast unlösl. in Ether. D. unterscheidet sich von Digoxin* nur durch eine zusätzl. endständige Glucose, die eine größere Wasserlöslichkeit u. damit eine eingeschränkte Resorption bedingt. **Anw.:** Koronartherapeutikum; alle Bereiche der Digitalisther.; **Dos.:** parenterale Initialdos. 0.8-1.2 mg i.v.; Erhaltungsdos. 0.2-0.6 mg; vgl. Lanatosid C, Digitoxose.

Desloratadin INN: 8-Chloro-11-(piperidin-4-yliden)-6,11-dihydro-5*H*-benzo[5,6]cyclohepta[1,2-*b*]pyridin; CAS-Nr. 100643-71-8; $C_{19}H_{19}ClN_2$, M_r 310.9. Schmp. 153 °C. Wirksamer Metabolit von Loratadin*. **Wirk.:** H_1-Antihistaminikum; **Anw.:** Behandlung der allerg. Rhinitis; **UAW:** s. Loratadin; **WW** u. **Kontraind.:** s. Antihistaminika; **Dos.:** p.o. 5 mg/d; HWZ 27 h.

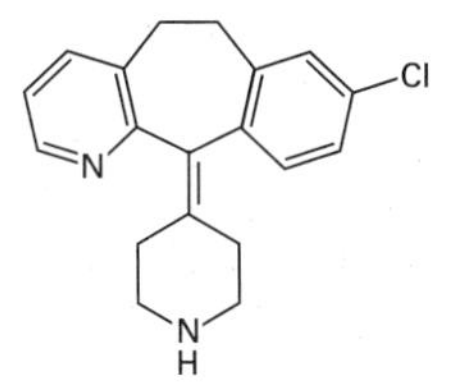

Desloratadin

Desmethyldiazepam: s. Nordazepam.

Desmolasen: veraltete Bez. für Enzyme*, die den Abbau des Kohlenstoffgerüstes der org. Verb. katalysieren.

Desmopressin INN: Desmopressinum Ph.Eur.4; Desamino-Cys1-D-Arg8-Vasopressin (Abk. DDAVP); CAS-Nr. 16679-58-6; $C_{46}H_{64}N_{14}O_{12}S_2$, M_r 1069.24. $[\alpha]_D^{25\,°C}$ +85.5° ± 2 (freies Peptid); weißes, lockeres Pulver, lösl. in Wasser, Essigsäure u. Ethanol. **Anw.:** Antidiuretikum*, zur Behandlung u. Diagnose des zentralen Diabetes insipidus; **Dos.:** intranasal 1- bis 2-mal 10-20 µg/d; Kinder 1- bis 2-mal 5-10 µg/d. Gebräuchl. ist auch Desmopressinacetat-Trihydrat u. Desmopressindiacetat; vgl. Argipressin, Lypressin, Ornipressin, Vasopressin.

Desmotropie: veralteter Bergriff für Tautomerien*, bei denen eine präparative Trennung der beiden Formen möglich ist.

Desmotubulus: Tubulus des endoplasmat. Retikulums*, der den Plasmodesmenkanal durchzieht u. die endoplasmat. Retikula zweier benachbarter Zellen miteinander verbindet.

Desogestrel INN: Desogestrelum; 13-Ethyl-11-methylen-18,19-dinor-17*α*-pregn-4-en-20-in-17-ol; CAS-Nr. 54024-22-5; $C_{22}H_{30}O$, M_r 310.48. Schmp. 109-110 °C. **Anw.:** Progestagen in hormonellen Kontrazeptiva.

Desonid INN: Desfluortriamcinolon-acetonid; 11*β*,21-Dihydroxy-16*α*,17-dimethylmethylendioxy-1,4-pregnadien-3,20-dion; CAS-Nr. 638-94-8; $C_{24}H_{32}O_6$, M_r 416.51. Strukturformel s. Prednison (Abb.). Schmp. 274-275 °C (kristallisiert aus Methanol). $[\alpha]_D^{25\,°C}$ +123° (c = 0.5 in DMF). **Anw.:** synthet. Corticosteroid*; **Dos.:** topisch Salbe 0.05 %.

Desorption: umgekehrter Vorgang der Sorption*. Zw. Sorption u. D. kommt es oft zu Hysterese*; v.a. bei Kapillarkondensation u. Quellung.

Desoximetason INN: 9-Fluor-11*β*,21-dihydroxy-16*α*-methyl-1,4-pregnadien-3,20-dion; CAS-Nr. 382-67-2; $C_{22}H_{29}FO_4$, M_r 376.47. Schmp. 217 °C (kristallisiert aus Ethylacetat). $[\alpha]_D^{20°C}$ +109° (Chloroform). Lösl. in Ethanol, Aceton, Chloroform, heißem Ethylacetat; schwer lösl. in Ether, Benzol; unlösl. in Wasser, verd. wässrigen Säuren u. Basen. **Anw.:** Corticosteroid; lokale Anw. bei Ekzemen, Sonnenbrand; **Dos.:** topisch Salbe 0.25 %.

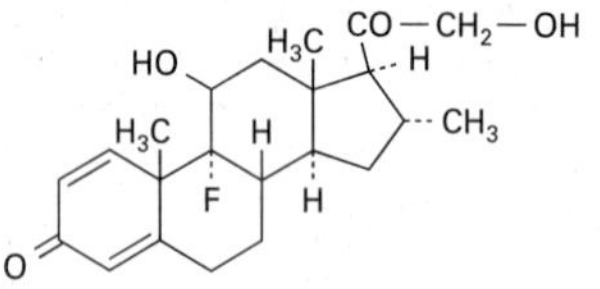

Desoximetason

Desoxy-: s. a. Deoxy- u. Desoxi-.
Desoxyalizarin: s. Anthrarobin.
Desoxycorticosteron: s. Desoxycorton.
Desoxycorticosteronacetat: s. Desoxycortonacetat.
Desoxycorticosteronum aceticum: s. Desoxycortonacetat.
Desoxycorton INN: Abk. DOC, Cortexon, Substanz Q nach Reichstein, 11-Desoxycorticosteron, 21-Hydroxyprogesteron; 21-Hydroxy-4-pregnen-3,20-dion; CAS-Nr. 64-85-7; $C_{21}H_{30}O_3$, M_r 330.45. Schmp. 141-142 °C (kristallisiert aus Ether). $[\alpha]_D^{22°C}$ +178° (Ethanol). Hormon der Nebennierenrinde (NNR, vgl. Hormone). Leicht lösl. in Ethanol, Aceton. **Anw.:** Mineralocorticoid (s. Hormone), bei primärer (Morbus Addison) u. sekundärer NNR-Insuffizienz; Salzverlustsyndrom bei kongenitalem, adrenogenitalem Syndrom zusätzl. zu Glucocorticoiden; **Dos.:** parenteral i. m. 1-5 mg/d, sublingual 2-10 mg/d. Gebräuchl. ist auch Desoxycortonacetat, Desoxycortonenantat, Desoxycortonpivalat. Hingewiesen sei auch auf Desoxycortonglucosid, Desoxycorton-3-phenylpropionat.
Desoxycortonacetat: Abk. DOCA, Desoxycortoni acetas Ph.Eur., Desoxycorticosteronacetat, Desoxycorticosteronum aceticum, Cortexonacetat; 21-Acetoxy-4-pregnen-3,20-dion; CAS-Nr. 56-47-3; $C_{23}H_{32}O_4$, M_r 372.5. Schmp. 154-161 °C. $[\alpha]_D^{20°C}$ +168 bis +177° (c=1.0 in Dioxan), $A_{1\%}^{1\,cm}$ 435 (±10) bei 240 nm, (in Ethanol 96 %). Farblose bis leicht gelbl. Kristalle od. krist. Pulver; leicht lösl. in Chloroform, lösl. in Aceton, wenig lösl. in Ethanol, Ether, fetten Ölen, fast unlösl. in Wasser. **Inkomp.:** Oxidationsmittel, Alkalien, Säuren; **Anw.:** Nebennierenrindeninsuffizienz (Morbus Addison), Schwangerschaftserbrechen; s. Hormone (Nebennierenhormone); vgl. Desoxycorton.

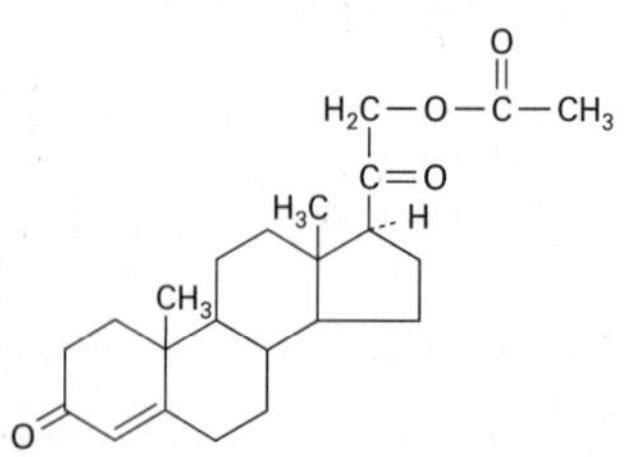

Desoxycortonacetat

Desoxyhämoglobin: Hämoglobin ohne angelagerten molekularen Sauerstoff.
Desoxyhexosen: s. Desoxyzucker.
Desoxyribonuclease: s. Nucleasen.
2'-Desoxyribonucleoside: s. Nucleoside.
Desoxyribonucleotide: s. Nucleotide.
2-Desoxyribose: eine zu den Desoxyzuckern* gehörende Pentose; M_r 134.13. Schmp. 82 °C (α-Form), Schmp. 98 °C (β-Form). Kohlenhydratbestandteil der DNA*.

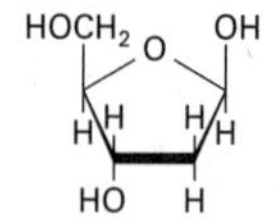

2-Desoxyribose

Desoxyzucker: Monosaccharide, bei denen eine od. mehrere Hydroxylgruppen durch Wasserstoff ersetzt sind. Man unterscheidet zw. D. mit endständiger Methylgruppe, z. B. die 6-Desoxyhexosen wie Fucose* od. Rhamnose*, D. mit mittelständiger Methylengruppe, zu denen der DNA-Baustein 2-Desoxyribose* zählt, u. 2,6-Didesoxyhexosen (Digitoxose*, Cymarose*) sowie deren C3-O-Ether (Cymarose*, Thevetose*, Sarmentose*, Oleandrose*, Digitalose*). D. sind vielfach Zuckerkomponenten von Glykosiden, v. a. der herzwirksamen Glykoside*.
Desphenylalanin-Insulin: s. Insulindefalan.
despumare: abschäumen.
Destillation: therm. Verfahren zur Gew. od. Reinigung (Rektifikation*) von meist flüss. Stoffen, die sich unzersetzt in Dampfform überführen lassen. Die Dest. besteht aus dem Verdampfen der Flüss. im Destillierkolben u. der Kondensation der erhaltenen Dämpfe im Kühler. Das Kondensat wird in der Vorlage aufgefangen. Siedeverzug* der Flüss. vermeidet man, indem man einige Siedesteinchen* in das Destillationsgefäß gibt. Die **fraktionierte Dest.** dient zur Trennung von Gemischen von versch. Sdp. mit Fraktionieraufsätzen* (vgl. Kolonnen). Stoffe, die sich bei ihrem Sdp. zersetzen könnten, werden durch Wasserdampfdestillation* od. **Vakuum-Dest.**, also bei vermindertem Druck, destilliert. Hierbei wird der Sdp. um 80-150 °C gegenüber dem bei Atmosphärendruck herabgesetzt. So siedet Nitrobenzol unter 101 kPa bei 205 °C, unter 16 kPa Druck bereits bei 87.8 °C; vgl. Rotationsverdampfer.
Destillation, azeotrope: s. Wassergehaltsbestimmung (Azeotropdestillation); vgl. Azeotrop.
Detektoren: Messanordnungen, die z. B. bei chromatograph. Verfahren (s. Chromatographie) auf die Substanzen ansprechen, die nachgewiesen od. quantitativ bestimmt werden sollen. Der Nachw. kann z. B. auf Änderung der Wärmeleitfähigkeit, der Lichtabsorption (s. Absorption), der Fluoreszenz (s. Spektroskopie) od. der elektrochem. Eigenschaften (s. Elektrochemie) beruhen.
Detergenzien (detergens, reinigen): **1.** (wund)reinigende Mittel. **2.** s. Netzmittel, Tenside.
Detomidin INN: Detomidinum; 4-(2,3-Dimethylbenzyl)imidazol; CAS-Nr. 76631-46-4; $C_{12}H_{14}N_2$;

M_r 186.26, Schmp. 114-116 °C (aus Aceton). **Anw.:** Hypnotikum, Sedativum. **Detomidinhydrochlorid für Tiere:** Detomidini hydrochoridum ad usum veterinarium Ph.Eur.4; CAS-Nr. 90038-01-0; $C_{12}H_{15}ClN_2$; M_r 222.72; Schmp. 160 °C; weißes bis fast weißes, hygroskopisches, krist. Pulver, lösl. in Wasser, leicht lösl. in Ethanol, sehr schwer lösl. in Dichlormethan, unlösl. in Aceton. **Anw.:** Sedativum für Tiere.

Detrusor vesicae (lat. detrudere fortdrängen): zusammenfassende Bez. für die Muskulatur, die die Entleerung der Harnblase bewirkt.

Deuterium (gr. deuteros zweiter): Symbol D, Symbol ^2H; A_r 2.0147; schwerer Wasserstoff, Isotop des Wasserstoffs; im Wasserstoffgas zu ca. 1:6000 enthalten. **Darst.:** durch Elektrolyse von alkalisiertem gewöhnl. Wasser an Nickelelektroden, wobei H_2 u. O_2 entweichen, während D_2O zurückbleibt u. sich allmähl. anreichert. **Deuteriumoxid:** schweres Wasser, D_2O, ^2H_2O; in minimalen Mengen in gewöhnl. H_2O, in Meer-, See-, Flusswasser. D_2O reagiert langsamer als H_2O; s. Tab.

Deuterium
Vergleich einiger charakteristischer Eigenschaften von D_2O und H_2O

physik. Eigenschaft	D_2O	H_2O
Dichte bei 20 °C	1.1059	0.9982
Temperatur des Dichtemaximums	11.60 °C	4.00 °C
Schmelzpunkt	3.82 °C	0.00 °C
Siedepunkt	101.43 °C	100.00 °C

Deuteromycetes: s. Pilze.

Deuteronen: einfach positiv geladene Atomkerne des Deuteriums*. D. bestehen aus einem Proton u. einem Neutron, Elektronen fehlen.

Deutsche Apothekertage: von der ABDA* durchgeführte Veranstaltung, bei der die Richtlinien der Berufspolitik sowie größere wirtschaftl. u. wissenschaftl. Themen behandelt werden. Dort wird die Lesmüller-Medaille verliehen. Als Ehrungen in besonderen Fällen werden die Scheele-Plakette, die Ehrenmedaille der Deutschen Apotheker (Hans-Meyer-Medaille), die Ehrengabe des Deutschen Apothekerstandes u. die Ehrennadel der Deutschen Apotheker verliehen.

Deutsche Arzneitaxe: s. Arzneitaxe.

Deutsche Pharmazeutische Gesellschaft e. V.: Abk. DPhG; am 6. Nov. 1890 in Berlin gegründeter Verein zur Förderung aller wissenschaftl. Bestrebungen auf dem Gesamtgebiet der Pharmazie; seit 1990 vereinigt mit der Pharmazeutischen Gesellschaft der DDR. Gestaltung der Zeitschriften „Pharmazie in unserer Zeit" u. „Archiv der Pharmazie". Im Rahmen der Forschungsförderung werden spezielle Zielgruppen unter den Mitgliedern besonders gefördert. Außerdem Vortragsveranstaltungen für Wissenschaft sowie zur Fort- und Weiterbildung.

Deutscher Apotheker-Verein: s. Apothekervereine.

Deutscher Arzneimittel-Codex: Abk. DAC; als Ergänzung zum amtl. Arzneibuch von der ABDA* 1986 (DAC86), herausgegebenes Nachtragswerk. Im DAC werden für die prakt. Pharmazie wesentl. Arzneistoffe, Arzneizuber., Drogen u. Hilfsstoffe in Monographien abgehandelt, die im Arzneibuch (noch) nicht beschrieben sind. Ferner werden eigene Prüfmethoden u. dafür erforderl. Reagenzien beschrieben, sowie Hilfen für die pharmaz. Praxis (z. B. Angaben zu Isotonisierung, Konservierung, eine Tropftabelle, eine Aufstellung über Siebgrößen) gegeben. Der DAC hat im Ggs. zum Arzneibuch* keine Rechtsverbindlichkeit, zählt aber zu den allg. anerkannten Regeln der pharmaz. Wissenschaft u. muss nach § 5 ApBetrO als wissenschaftl. Hilfsmittel in jeder Apotheke vorhanden sein. Dem DAC angeschlossen ist das sog. NRF (Neues Rezeptur-Formularium), eine Sammlung zeitgemäßer Rezepturvorschriften, bearbeitet vom Zentrallaboratorium Deutscher Apotheker unter fachl. Beratung durch die Arzneimittelkommission Deutscher Apotheker. Regelungen dieser Art finden sich auch in anderen Ländern, z. B. in Großbritannien (British Pharmaceutical Codex) u. in den USA (National Formulary, NF).

Deutsche Rezept-Formeln: s. Magistralformeln.

Deutscher Ingwer: s. Acorus calamus.

Deutsches Apothekenmuseum: gegründet 1937 mit Sitz zunächst in München, seit 1957 im Heidelberger Schloss.

Deutsches Arzneibuch: s. Arzneibuch.

Deutsches Arzneiprüfungsinstitut: Abk. DAPI, Verein Deutsches Arzneiprüfungsinstitut e. V.; Institution der deutschen Apothekerschaft; Vereinszweck ist die gemeinnützige Unterstützung von Institutionen im Gesundheitswesen in Fragen der Prüfung u. Bewertung von Arzneimitteln u. der Arzneimittelversorgung. Schwerpunkt ist, mit nicht personenbezogenen Daten aus Apothekenrechenzentren pharmazeutische, therapiebezogene u. pharmakoepidemiol. Analysen durchzuführen.

Deutsches Institut für Medizinische Dokumentation und Information: Abk. DIMDI; zum Geschäftsbereich des BMGS gehörende Behörde mit Sitz in Köln. Die Aufgaben des DIMDI umfassen die Bereitstellung von Informationen auf dem Gebiet der Medizin, die Errichtung u. den Betrieb von datenbankgestützten Informationssystemen für Arzneimittel u. Medizinprodukte, die Herausgabe amtl. Klassifikationen, sowie den Aufbau einer Dokumentation u. eines datenbankgestützten Informationssystems zur gesundheitsökonom. Evaluation med. Verfahren u. Technologien. Aufgabengebiet des DIMDI ist auch die Herausgabe amtl. Klassifikationen nach dem Gesundheitsstrukturgesetz (GSG) u. nach dem Krebsregistergesetz (KRG), die Einrichtung u. der Betrieb eines Informationssystems über Medizinprodukte nach dem Medizinproduktegesetz (MPG), die Einrichtung u. der Betrieb eines Informationssystems über Arzneimittel, die Einrichtung u. der Betrieb eines Informationssystems zum Lebensmittelmonitoring nach Verwaltungsvorschrift zum Lebensmittelmonitoring (AVVLM), der Betrieb der GKV-Sozialdatenbank nach dem 4. Buch Sozialgesetzbuch (SGB IV), sowie Einrichtung u. Betrieb des Informationssystems Gesundheitsökonomische Evaluation nach dem 2. GKV-Neuordnungsgesetz.

DEV: Abk. für **D**rogen-**E**xtrakt-**V**erhältnis; gibt an, wieviel Droge eingesetzt werden muss, um eine bestimmte Menge Extr. zu gewinnen. Ein DEV von 6-9 : 1 bedeutet, dass aus 6-9 T. Droge mit einem bestimmten Lösungsmittel nach einem validierten Herstellungsverfahren 1 T. Trockenextrakt gewonnen wurde.

Dewargefäß (erfunden von James Dewar, Schottland, 1842-1923): wärmeisolierendes Gefäß zur Aufbewahrung von Flüss., z. B. Thermosflasche.

Dexamethason INN: Dexamethasonum Ph.Eur.4, Fluormethylprednisolon; 9-Fluor-11β,17,21-trihydroxy-16α-methyl-1,4-pregnandien-3,20-dion; CAS-Nr. 50-02-2; $C_{22}H_{29}FO_5$, M_r 392.5. Strukturformel s. Flumetason (Abb.). Schmp. 262-264 °C. Weißes bis fast weißes, geruchloses Pulver; fast unlösl. in Wasser, wenig lösl. in Ethanol, schwer lösl. in Chloroform. **Anw.:** Corticosteroid; **Ind.:** u. a. akutes rheumat. Fieber, primär chron. Polyarthritis (rheumatoide Arthritis), allerg. Erkrankungen, Asthma bronchiale, akute Leukämien, maligne Tumoren; vgl. Hormone; **Dos.:** p. o. zu Beginn 5 mg/d, dann zurückgehend auf 1-1.5 mg/d; i. m. Depotinjektion 10 mg (als Isonicotinat od. Acetat; für 14 d ausreichend); intra- od. perartikuläre Injektion 2-4 mg je nach Gelenk; Augentropfen 0.1 %ig; HWZ 3-5 h. Gebräuchl. sind auch Dexamethasonacetat*, Dexamethason-21-(3,3-dimethylbutyrat), Dexamethason-21-phosphat, Dexamethasondihydrogenphosphat*-Dinatrium, Dexamethason-21-diethylaminoacetat, Dexamethason-21-isonicotinat.

Dexamethasonacetat: syn. Dexamethason-21-acetat, Dexamethasoni acetas Ph.Eur.; CAS-Nr. 1177-87-3 (Monohydrat: CAS-Nr. 55812-90-3); $C_{24}H_{31}FO_6$, M_r 434.5. Fast unlösl. in Wasser, leicht lösl. in Aceton u. Ethanol, schwer lösl. in Ether. **Anw.:** s. Dexamethason.

Dexamethasondihydrogenphosphat-Dinatrium: Dexamethasoni natrii phosphas Ph.Eur.4, Dinatrium-dexamethason-21-dihydrogenphosphat; CAS-Nr. 2392-39-4; $C_{22}H_{28}FNa_2O_8P$, M_r 516.4. Sehr hygroskop. weißes Pulver; fast unlösl. in Wasser, leicht lösl. in Aceton u. Ethanol, schwer lösl. in Ether. **Anw.:** s. Dexamethason.

Dexamphetaminsulfat: Dexamphetamini sulfas, Dexamphetaminium sulfuricum; Bis[(*S*)-(+)-α-methylphenethylamin]-sulfat; CAS-Nr. 51-63-8; $C_{18}H_{28}N_2O_4S$, M_r 368.5. Weißes, krist. Pulver; leicht lösl. in Wasser, schwer lösl. in Ethanol, fast unlösl. in Ether. $[\alpha]_D^{20\,°C}$ +20.0 bis +24.0° (c=4 in Wasser). **Off.:** Ph.Helv.7; **Anw.:** obsolet, früher s. Amfetamin.

Dexbrompheniramin INN: D-2-[4-Bromo-α-(2-dimethylaminoethyl)-benzyl]-pyridin; CAS-Nr. 132-21-8. Strukturformel s. Dexchlorpheniramin (Abb.). **Anw.:** Antihistaminikum*; vgl. Brompheniramin.

Dexchlorpheniramin INN: (+)-*N*,*N*-Dimethyl-[3-(4-chlorphenyl)-3-(2-pyridyl)-propyl]-amin; CAS-Nr. 25523-97-1; $C_{16}H_{19}ClN_2$, M_r 274.80. **Dexchlorpheniraminmaleat:** Dexchlorpheniramini maleas Ph.Eur.4; CAS-Nr. 2438-32-6; $C_{16}H_{19}ClN_2 \cdot C_4H_4O_4$, M_r 390.9. Schmp. 110-115 °C. Lösl. in Wasser. **Anw.:** Antihistaminikum, Antiallergikum; **UAW:** Beeinflussung des Reaktionsvermögens, Sedierung.

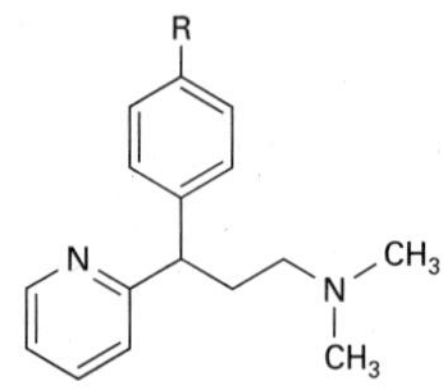

Dexchlorpheniram: R = Cl
Dexbrompheniram: R = Br

Dexchlorpheniramin

Dexfenfluramin INN: D-Fenfluramin; (+)-(*S*)-*N*-Ethyl-α-methyl-*m*-(trifluormethyl)phenethylamin; CAS-Nr. 3239-44-9; $C_{12}H_{16}F_3N$, M_r 231.27. $[\alpha]_D^{25\,°C}$ +9.5°. **Wirk.:** relativ selektiver Serotoninantagonist, der das Sättigungszentrum stimuliert; **Anw.:** Appetitzügler; **Hinweis:** wegen Herzklappenschädigung seit 1997 nicht mehr im Handel; vgl. Fenfluramin.

Dexibuprofen INN: s. Ibuprofen.

Dexketoprofen INN: (*S*)-3-benzoyl-α-methylbenzenessigsäure; (+)-(*S*)-Enantiomer des racemat. Ketoprofen*; CAS-Nr. 22161-815; $C_{16}H_{14}O_3$, M_r 254.3. Schmp. 93 °C; logP 2.8; pK_S ca. 4.2 (ber.); lösl. in Wasser. **Anw.:** Analgetikum*, Antirheumatikum*; **UAW:** Dyspepsie, Sodbrennen; vgl. Ibuprofen; **Dos.:** 12.5 mg alle 4-6 h od. 25 mg alle 8 h; Plasmaeiweißbindung 99 %; HWZ 1.65 h.

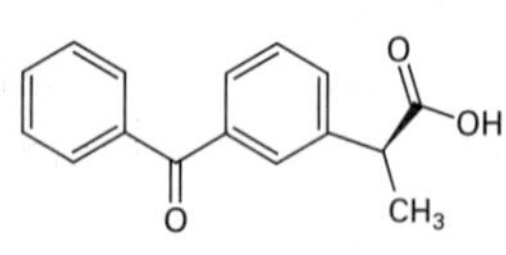

Dexketoprofen

Dexpanthenol INN: Dexpanthenolum Ph.Eur.4, D-(+)-Pantothenylalkohol; D-(+)-2,4-Dihydroxy-*N*-(3-hydroxypropyl)-3,3-dimethylbutyramid; CAS-Nr. 81-13-0; $C_9H_{19}NO_4$, M_r 205.25. $[\alpha]_D^{20\,°C}$ +29.5° (c=5). $n_D^{20\,°C}$ 1.497. d_{20}^{20} 1.2. Klare, hochviskose, etwas hygroskop. Flüss.; leicht lösl. in Wasser, Ethanol, Methanol; schwer lösl. in Ether; im Organismus Oxidation zu Pantothensäure (s. Vitamine). **Anw.:** Dermatikum, Wundbehandlung, Förderung der Epithelisierung, Prophylaxe von Hautentzündungen, Bronchitis; **Dos.:** p. o. 500 mg/d; äußerl. 5 %.

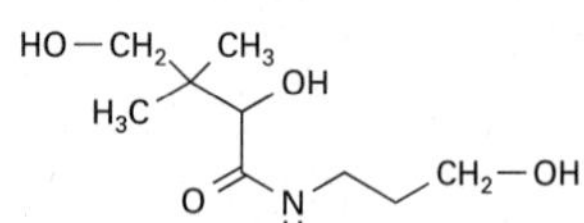

Dexpanthenol

Dexpanthenol-Lösung: Solutio Dexpanthenoli, Pantothenylalkohol-Lösung; Zstzg.: NRF, 2.5 g D-(+)-Pantothenylalkohol, 0.02 g wasserfreie Citronensäure, 0.05 g Benzoesäure u. gereinigtes Wasser auf 50.0 g. **Herst.:** Benzoesäure wird in 45 g frisch abgekochtem u. auf ca. 60°C abgekühltem gereinigtem Wasser gelöst. D-(+)-Pantothenylalkohol u. wasserfreie Citronensäure werden in ein tariertes zweites Gefäß eingewogen u. dazu die erkaltete Benzoesäure-Lsg. filtriert. Nach dem Lösen wird mit frisch abgekochtem u. wieder erkaltetem gereinigtem Wasser auf 50.0 g ergänzt; **Anw.:** Heilungsförderung bei Haut- u. Schleimhautdefekten; **Dos.:** 1-3-mal tägl. auf die erkrankten Stellen; bei Hals-Nasen-Rachenraum-Erkrankungen 20 Tr. in die Nase od. als Aerosol inhalieren; für Mundspülungen zu gleichen Teilen mit Wasser mischen.

dexter: Abk. d, f: dextra, n: dextrum; rechts.

Dextranase: Enzym, das die α-(1→6)-Bindungen von Dextranen* spaltet; wird aus Penicillium-Kulturen isoliert. **Anw.** med.: Antiplaquemittel*.

Dextrane: verzweigte Polysaccharide aus D-Glucose (meist in 1,6-α-glykosid. Verknüpfung). **Herst.:** werden von Bakt. (z. B. Leuconostoc mesenteroides u. Karies verursachenden Streptokokken) als Reservestoff u. Membranbest. synthetisiert; M_r bis zu 4 Mio., durch saure Hydrolyse in Bruchstücke gespalten; D. werden aufgrund der starken Verzweigung durch die übl. α-Glucosidasen (z. B. Amylase) nicht angegriffen; Abbau durch Dextranase*; Dextran 1 (40, 60, 70) zur Herst. von Parenteralia: Dextranum 1 (40, 60, 70) ad iniectabile Ph.Eur.4. **Anw.:** **1.** als Plasmaersatzstoffe (s. Blutersatz) u. zur Verbesserung der Strömungsverhältnisse in Kapillaren bei der Behandlung zerebraler u. peripherer Durchblutungsstörungen; **2.** als Dextran-Gelpartikel in der Molekularsiebchromatographie u. als Hilfsstoff in der pharmaz. Technologie; **UAW:** allerg. Reaktionen (können durch Vorinjektion von Dextranen mit niedererer Molmasse (M_r ca. 1000 vermindert werden); bei Überdos. Gerinnungsstörungen, Nierenfunktionsstörungen.

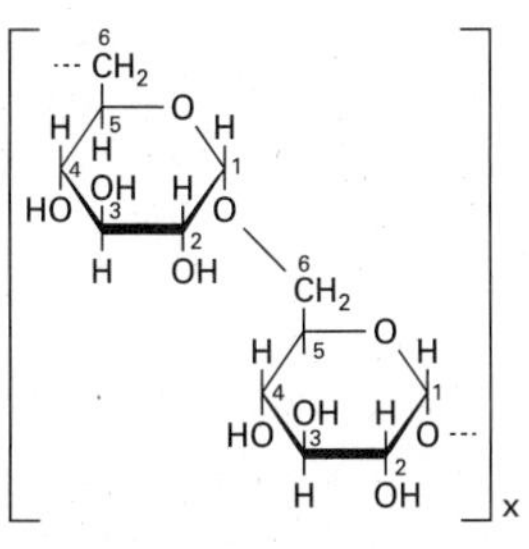

Dextrane: Partialstruktur

Dextranomer INN: Dextran-2,3-dihydroxypropyl-2-hydroxy-1,3-propandiylether; CAS-Nr. 56087-11-7. Dreidimensional vernetztes Reaktionsprodukt aus der Umsetzung von Dextran* mit Epichlorhydrin*. Unlösl. in allen Lösungsmitteln; in Wasser, salzhaltigen u. basischen Lsg. sowie schwachen Säuren stabil. **Anw.:** Wundreinigung, zur Absorption von Nässe u. kleineren Molekülen aus eiternden Wunden; nicht in Augennähe.

Dextrin: Dextrinum, Stärkegummi; CAS-Nr. 9004-53-9; Gemisch aus Polysacchariden, lösl. in Wasser von 20 °C, leicht lösl. in siedendem Wasser, prakt. unlösl. in Ethanol, Ether, Chloroform; opt. rechtsdrehend; weißes bis gelbl., amorphes Pulver von schwachem Geruch u. süßl. Geschmack. **Gew.:** aus Stärke durch Teilhydrolyse, s. Dextrine; **Off.:** Ph.Eur.4, ÖAB90; **Anw.:** Säuglingsernährung, als Diätetikum; zum Einstellen von Trockenextrakten; s. Dextrine.

Dextrine (lat. dexter rechts): rechtsdrehende Polysaccharide, die bei saurer Hydrolyse (Säuredextrin), beim therm. (Röstdextrin) od. enzymat. Abbau von Stärke entstehen; sie sind wie Stärke aus einer wechselnden Anzahl von Glucose-Molekülen aufgebaut. Man unterscheidet u. a. α-, β-, γ-, τ-, σ-Dextrin. Mit abnehmender Molekülmasse verändert sich die Iodreaktion: Amylodextrine blau, Erythrodextrine rot, die niedermolekularen Achroodextrine geben keine Iodfärbung mehr. Das übl. Handelsdextrin besteht meist aus Achroodextrin, Erythrodextrin u. Stärkezucker. **Herst.:** Es eignen sich alle Stärkearten, bevorzugt geht man jedoch von Kartoffel-, Mais- od. Tapiokastärke aus (s. Amylum Solani, Amylum Maidis, Amylum Manihot). Verfahren: **1.** Rösten von Stärke bei 160-220 °C; **2.** Einw. von Säuren auf Stärke; **3.** Einw. von Diastase auf Stärke. Darst. im Labor: 1 kg Stärke wird mit 2-4 g konz. Salzsäure vermischt u. nach einiger Einw. auf 150 °C erhitzt (in offenen Schalen). **Anw.:** In der Pharmazie wird bevorzugt Säuredextrin (s. Dextrin), in der Technik Röstdextrin als Klebstoff, zu Appreturen u. a. eingesetzt.

Dextrocamphora: s. Campher.

Dextrolichenin: s. Lichenin.

Dextromethorphan INN: (+)-3-Methoxy-N-methylmorphinan; CAS-Nr. 125-71-3. **Anw.:** Antitussivum*. **Dextromethorphanhydrobromid:** Dextromethorphani hydrobromidum Ph.Eur.4, Dextromethorphanum hydrobromicum; CAS-Nr. 6700-34-1; $C_{18}H_{26}BrNO \cdot H_2O$, M_r 370.3. Schmp. ca. 125 °C (unter Zers.). $[\alpha]_D^{20\,°C}$ +28 bis +30° (c=2 in Salzsäure 0.1 mol/L). Weißes, krist. Pulver; wenig lösl. in Wasser, leicht lösl. in Chloroform (Trübung durch Abscheidung von Wassertröpfchen mögl.) u. Ethanol, fast unlösl. in Ether. **Dos.:** p. o. 3-4×15-30 mg/d; MTD 150 mg.

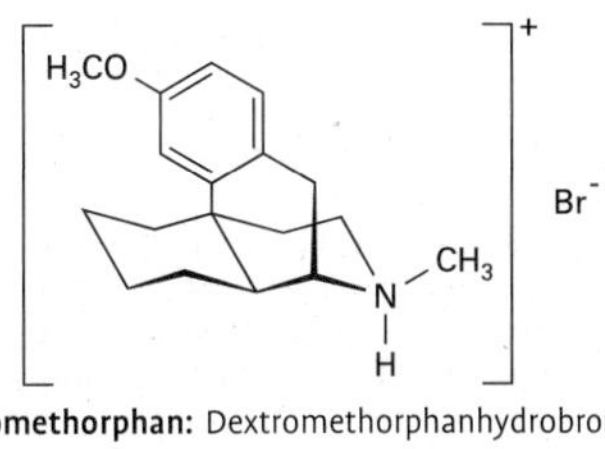

Dextromethorphan: Dextromethorphanhydrobromid

Dextromoramid INN: D-2,2-Diphenyl-3-methyl-4-morpholino-butyryl-pyrrolidin; $C_{25}H_{32}N_2O_2$, M_r 393.55. Schmp. 180-184 °C. $[\alpha]_D^{20\,°C}$ +25.5° (c=5 in Benzol). Weißes Pulver, lösl. in Benzol u. anderen

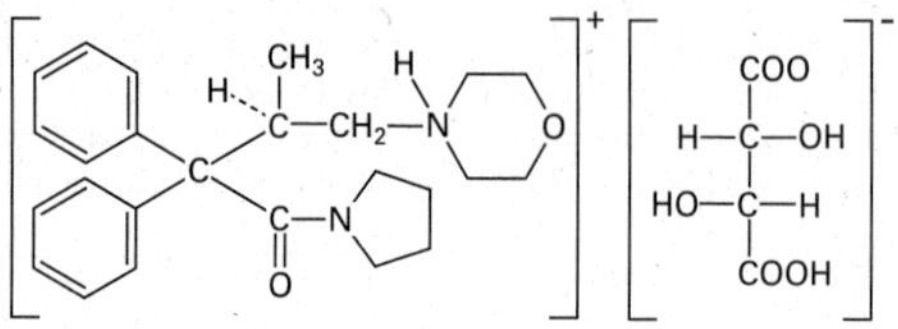

Dextromoramid: Dextromoramidhydrogentartrat

org. Lösungsmitteln, fast unlösl. in Wasser. **Anw.:** stark wirkendes Analgetikum (stärker wirkend als Morphin*); **Dos.:** p. o. 5-2 mg. **Dextromoramidhydrogentartrat:** Dextromoramidi tartras Ph.Eur.4, Dextromoramidum bitartaricum; CAS-Nr. 2922-44-3; $C_{29}H_{38}N_2O_8$, M_r 542.6. Schmp. ca. 190 °C (unter leichter Zers.; auch amorph). $[\alpha]_D^{20\,°C}$ +21 bis +23° (c=5 in Salzsäure 0.1 mol/L). Weißes, amorphes od. krist. Pulver; lösl. in Wasser, wenig lösl. in Ethanol.

Dextronsäure: s. Gluconsäure.

Dextropropoxyphen INN: (1*S*,2*R*)-1-Benzyl-3-dimethylamino-2-methyl-1-phenylpropyl-propionat; CAS-Nr. 469-62-5; $C_{22}H_{29}NO_2$, M_r 339.48. Schmp. 75-76 °C (kristallisiert aus Petrolether). $[\alpha]_D^{25\,°C}$ +67.3° (c=0.6 in Chloroform). **Anw.:** starkes Analgetikum*, Spasmolytikum*; **Dos.:** p. o. 2-3 × 50 mg/d; p. o. retard 2 × 150 mg/d; parenteral i. m. 75 mg; rektal 150 mg; HWZ 3-5 h. **Dextropropoxyphenhydrochlorid:** Dextropropoxypheni hydrochloridum Ph.Eur.4; CAS-Nr. 1639-60-7; $C_{22}H_{30}ClNO_2$, M_r 375.9. Schmp. 164-169 °C. Weißes, krist., hygroskop. Pulver; sehr leicht lösl. in Wasser, leicht lösl. in Ethanol. Hingewiesen sei auch auf Dextropropoxyphennapadisilat-Monohydrat; Proxifezon.

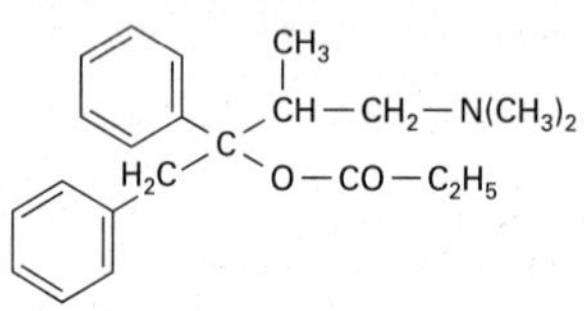

Dextropropoxyphen

Dextrose: s. Glucose.

Dextrosi-electrolyti mixtura: s. Mixtura Dextrosi-Electrolyti.

Dextrosulfenidol: s. Thiamphenicol.

Dextrosum anhydricum: s. Glucose.

Dextrosum monohydricum: s. Glucose.

Dextrothyroxin-Natrium INN: Dextrothyroxinum natricum, Natrium-D-Thyroxin; Natrium-D-3,3',5,5'-tetraiodthyronin; CAS-Nr. 137-53-1; $C_{15}H_{10}I_4NNaO_4$, M_r 798.86. Lösl. in Wasser 1:700, in Ethanol 1:300, in Lsg. von Alkalihydroxiden, in heißen Alkalicarbonat-Lsg.; unlösl. in Aceton, Chloroform u. Ether. pH 8.9 (gesättigte Lsg.). **Anw.:** Antihyperlipidämikum (vgl. Lipidsenker); fördert die Bildung von Gallensäuren aus Cholesterol; **UAW:** Herzrhythmusstörungen, Aufgewühltheit; **Kontraind.:** Leber-, Nierenfunktionsstörungen, Hyperthyreose, Herzinfarkt, Herzarrhythmien; **WW:** Antikoagulanzien (Effektsteigerung); **Dos.:** p. o. 1-8 mg/d; HWZ 72-96 h; vgl. Levothyroxin-Natrium.

Dezimalpotenz: s. Homöopathie.

Dezimalwaage: Brückenwaage; beruht auf dem Prinzip des ungleicharmigen Hebels. **Anw.:** Abwägen besonders schwerer Lasten.

DFP: Abk. für **D**iisopropyl**f**luor**p**hosphat, s. Fluostigmin.

dH: Abk. für **d**eutsche **H**ärte(grade); Begriff bei der Wasseruntersuchung, s. Aqua.

DHA: Abk. für **Dih**ydroxy**a**ceton*.

DHE: Abk. für **Dih**ydro**e**rgotamin*.

DHEA: Abk. für **Deh**ydro**epia**ndrosteron; Dehydroisoandrosteron; DHEA wird in den Nebennieren synthetisiert (s. Abb.) u. kann von peripheren Geweben zu Metaboliten mit Estrogen- u. Testosteronwirk. metabolisiert werden. Veresterung von DHEA mit Schwefelsäure führt zum Dehydroepi-

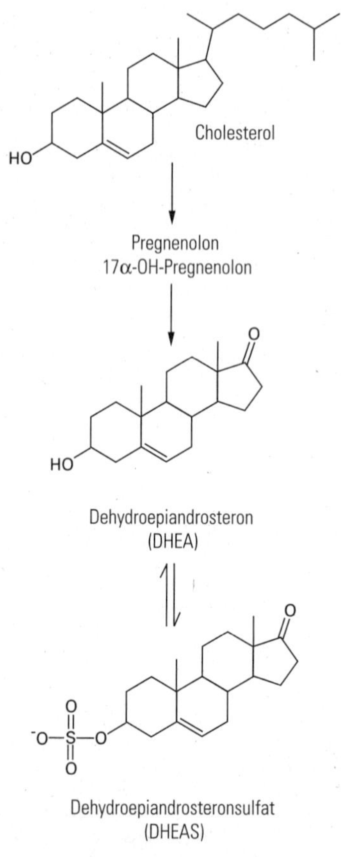

DHEA

androsteronsulfat (Abk. DHEAS). Die Nebennieren produzieren tägl. ca. 4 mg DHEA u. 25 mg DHEAS. Die Serumkonz. von DHEA u. DHEAS liegen bei 10 ng bzw. 10 µg u. nehmen mit zunehmenden Lebensalter ab. Relativ hohe Konz. an DHEA werden im Gehirn erreicht (Neurosteroid). Als potentielle Effekte, die allerdings nicht durch klinische Studien* belegt sind, wurden postuliert: protektive Wirk. bei kardiovaskulären Erkrankungen, Krebs, Immundeffizienzien, Insulinresistenz u. Depressionen; vgl. Prasteron.

DHODH-Inhibitoren: Hemmstoffe der **Di**hydro**o**rotat**deh**ydrogenase (DHODH), die an der Biosynthese von Pyrimidinnukleotiden beteiligt ist. D. wie Leflunomid hemmen die Proliferation aktivierter T-Lymphozyten u. wirken auf diese Weise immunsuppresiv. D. werden zur Basistherapie bei Erkrankungen des rheumat. Formenkreises eingesetzt; s. Antirheumatika, Antiphlogistika.

Dhurrin: s. Cyanglykoside (Tab.).

Di-: Wortteil mit der Bedeutung zwei-; Präfix in der org. chem. Nomenklatur. Analog bezeichnet Tri- u. Tetra- 3- u. 4fach ident. Substituenten (s. Abb.); vgl. Bi-.

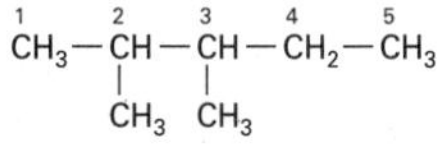

Di: 2,3-Dimethylpentan als Beispiel

Diabetes insipidus (gr. diabet- durchgehen, lat. insapere nicht süss schmecken): Wasserharnruhr; Störung der Harnausscheidung mit Verminderung der Wasserreabsorption in den Sammelrohren der Niere u. Ausscheidung großer Mengen hypotonen Urins. **Formen: 1.** D. i. centralis: Adiuretinmangel; **2.** D. i. renalis: fehlende Ansprechbarkeit der Epithelzellen auf Adiuretin; **Sympt.:** u. a. Polyurie*, starker Durst; **Ther.:** Adiuretin bei D. i. centralis, Flüssigkeitszufuhr, Kontrolle u. Ausgleich der Elektrolytbilanz bei D. i. renalis.

Diabetes mellitus: Zuckerkrankheit, Zuckerharnruhr; Krankheitsbegriff für versch. Formen der Glucosestoffwechselstörung unterschiedl. Urs. u. mit unterschiedl. Symptomen; gemeinsames Kennzeichen: relativer od. absoluter Mangel an Insulin*. **1. D. m. Typ 1:** zunehmender bis absoluter Insulinmangel infolge Zerstörung der B-Zellen, beim Typ 1A immun. u. beim Typ 1B idiopath. bedingt. Häufig sind junge Menschen betroffen; die Assoziation mit anderen Autoimmunerkrankung ist mögl.; **2. D. m. Typ 2:** chron. Hyperinsulinämie u. Insulinresistenz erschöpfen die B-Zellfunktion der Langerhans-Inseln. Adipositas wirkt dabei prädisponierend, häufig gekoppelt mit Hyperlipidämie u. Hypertonie (metabol. Syndrom); **3.** andere Diabetes-Formen, z. B. Gestations-Diabetes. **Symptome:** Ausscheidung von Glucose mit dem Harn u. extrem gesteigertes Durstgefühl, Gewichtsabnahme u. Dehydration, allg. Schwäche u. Adynamie bis zum Coma diabeticum mit Kussmaul-Atmung bei absolutem Insulinmangel sowie diabet. Netzhauterkrankung, periphere u. autonome Neuropathie (z. B. diabet. Fuß), Arteriosklerose, koronare Herzkrankheit, Herzinfarkt als Spätkomplikationen; **Ther.:** s. Antidiabetika.

Diabetikerdiät: kohlenhydratmodifizierte Kost mit einer individuell zeitl. abgestimmten Mahlzeitenfolge. Dabei ist eine medikamentöse Ther. zu berücksichtigen. Zur D. gehören u. a. eine Reduktion der Fettaufnahme auf 30 % der Energiezufuhr, die Bevorzugung komplexer Kohlenhydrate mit niedrigem glykämischen Index, ein mäßiger Konsum von Saccharose, 15-20 % der Energieversorgung in Form von Eiweißen.

diabetogen: eine diabet. Stoffwechsellage auslösend od. durch Diabetes* mellitus bedingt. **Diabetogene Substanzen** sind z. B. Glucagon*, Adrenalin*, Glucocorticoide*, Corticotropin*, STH, TSH u. Thiazide*.

Diacetyl: 2,3-Butandion, das einfachstes α-Diketon, Strukturformel s. Diketone (Abb.). Gelbe, süßl. stechend riechende Flüssigkeit. **Vork.:** in äther. Ölen als Geruchsträger, z. B. in Kuhbutter, Essig, Kaffee u. anderen Lebensmitteln.

Diacetylaminoazotoluol: Diacetazotol; 4-Diacetylamino-2',3-dimethylazobenzol; $C_{18}H_{19}N_3O_2$, M_r 309.4. Schmp. 73-76 °C. Gelbrotes Pulver von schwach säuerl. Geruch; leicht lösl. in Ether, Chloroform, lösl. in Ethanol 90 % u. in fetten Ölen, wenig lösl. in Vaselin, fast unlösl. in Wasser u. Glycerol. **Off.:** ÖAB81; **Anw.:** zur Epithelisierung größerer Wundflächen, bei Ulcus cruris, Decubitus, Ekzemen, Verbrennungen meist in 2 %igen Salben od. in Öl-Lsg; **UAW:** bei längerer Anw. evtl. Sensibilisierung.

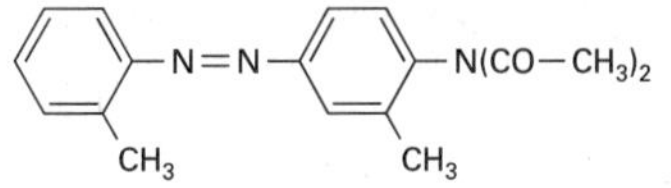

Diacetylaminoazotoluol

Diacetyldioxim: s. Dimethylglyoxim.

Diacetylmorphinhydrochlorid: Heroin; grundsätzl. gleiche Wirkungsqualitäten wie Morphin*, jedoch ca. 6-mal wirksamer; Suchtgefahr ebenfalls viel größer; med. Verw. daher ausgeschlossen.

Diacetyltannin-Protein-Silber: s. Silbereiweiß-Acetyltannat.

Diacetyltannin-Protein-Silber-Augentropfen: s. Augentropfen (Silberweiß-Acetyltannat-Augentropfen).

Diacetyltannin-Protein-Silber-Nasentropfen: s. Rhinoguttae.

Diachylon: s. Unguentum Plumbi oxydati.

Diacylglycerine: Neutralfette, bei denen zwei der drei Hydroxylgruppen des Glycerins mit Fettsäuren verestert sind. D. können aus Monoacylglycerinen, die bei der Verdauung entstehen, gebildet werden. Ausgehend von Phospholipiden entsteht Diacylglycerin nach Abspaltung eines Phosphatrests. Als zelluläre Signalstoffe Aktivatoren der Proteinkinase C.

Diät: Krankenkost; auf die Bedürfnisse des Patienten u. die Ther. der jeweiligen Erkrankung abgestimmte, ärztl. vorgeschriebene Ernährung. Eine D. kann sich auf die gesamte Ernährung beziehen, z. B. Reduktionskost bei Übergewicht, od. bestimmte Anteile reduzieren od. steigern, z. B. kohlenhydratreduzierte Kost bei Diabetes mellitus, kochsalzarme Kost bei bestimmten Nierenerkrankungen, proteinreiche Kost bei Kachexie.

Diät, ballaststoffreiche: vollwertige Kost mit einem hohen Ballaststoffanteil; s. Ballaststoffe; v. a. cellulose- u. hemicellulosereiche Nahrungsmittel wie Vollkornerzeugnisse, Gemüse überwiegend als Rohkost, Frischobst u. Trockenfrüchte. Während einer b. D. sollte man stark blähende Nahrungsmittel wie Hülsenfrüchte, frisches Obst sowie stopfende wie Banane, Schokolade u. Rotwein vermeiden. Die Ballaststoffe sollten je zur Hälfte in Form von Getreide sowie Obst u. Gemüse eingerechnet werden. Bei Einnahme von Ballaststoffen od. Ballaststoffpräparaten ist auf eine reichl. Flüssigkeitszufuhr zu achten. Eine sehr ballaststoffreiche Kost kann mit einem Verlust von Mineralstoffen u. Spurenelementen wie Calcium, Eisen u. Zink einhergehen. **Anw.:** Obstipation, Divertikulose.

Diätetika: Diätmittel; diätet. Lebensmittel. Enthalten z. B. Eiweiße, Aminosäuren, Vitamine, Elektrolyte, Spurenelemente, Kohlenhydrate, Zuckeraustauschstoffe (s. Süßstoffe), Diätsalz* in definierter Zusammensetzung; s. Diätverordnung.

Diät, glutenfreie: Ernährung ohne glutenhaltige Lebensmittel wie Weizen, Gerste, Roggen, Hafer, Dinkel u. deren Produkte. Erlaubt sind Mais, Reis, Kartoffeln, Hirse, Buchweizen, Tapioka, Quinoa, Sago, Amaranth u. daraus hergestellte Nahrungsmittel sowie speziell hergestellte Weizenstärke mit einem Glutengeh. <200 ppm. Vorsicht bei vorgefertigten Nahrungsmitteln ohne genaue Definition des Bindemittels. Von alkohol. Getränken müssen Korn u. einige Biersorten gemieden werden. **Anw.:** Zöliakie*.

Diäth-: s. a. Dieth-, Diaeth-.

Diät, kochsalzarme: Ernährung mit reduzierter Kochsalzaufnahme. Bei der Umrechnung von Na^+ auf Kochsalz gilt: $Na^+ \times 2.5$. Natriumreich sind bes. Fertignahrungen, Backmischungen, Maggiwürze, Ketschup, Wurstwaren u. geräucherte Lebensmittel. Anstelle von Kochsalz u. Würzmischungen mit Kochsalz sollen die Speisen mit Gewürzen u. Kräutern abgeschmeckt werden. **Anw.:** Normalisierung des Bluthochdruckes, Behandlung von Ödemen u. Aszites.

Diät, lactosearme: milchfreie Kost. Lactosefrei sind viele Hart-, Schnitt- u. Weichkäse wie Emmentaler, Bergkäse, Parmesan, Brie, Camembert od. Schafkäse. Lebensmittel mit hohem Lactosegehalt sind Frischkäse, Eiscreme, Fertigsoßen u. Schokolade. **Anw.:** primäre od. sekundäre Lactoseintoleranz; z. B. Zöliakie*, Sprue, Morbus Crohn.

Diät, lipidsenkende: fettarme od. fettmodifizierte u. ballaststoffreiche Ernährung. **Anw.:** wichtiger Teil der Behandlung von Fettstoffwechselstörungen; wobei die Fett- u. Cholesterolzufuhr begrenzt werden soll, der Anteil der einfach- u. mehrfach ungesättigten Fettsäuren wird erhöht u. gleichzeitig der Anteil der gesättigten Fettsäuren gesenkt. Außerdem wird der Anteil der komplexen Kohlenhydrate u. Ballaststoffe gesteigert, tier. geg. pflanzliches Fett u. Eiweiß ausgetauscht.

Diätsalz: Kochsalzersatz, NaCl-frei; s. Natriumchlorid.

Diätverordnung: Abk. DiätV; „VO über diätet. Lebensmittel" in Deutschland, Neufassung vom 25.8.1988, BGBl. I S. 1713, zuletzt geändert 31.3.2003, BGBl. I S. 467. Sie enthält Vorschriften für Lebensmittel, die besonderen Ernährungserfordernissen dienen, wie sie bei Krankheit, Mangelerscheinung, Funktionsanomalie, Überempfindlichkeit geg. einzelne Lebensmittel od. deren Bestandteile sowie während der Schwangerschaft u. Stillzeit als auch beim Säugling u. Kleinkind auftreten; vgl. Diätetika.

Diagnose: Diagnosis; überzeugende Zuordnung von Beschwerdebildern zu einem Krankheitsbegriff. I. w. S. Bez. für eine Symptomatik od. für einen Verdacht (sog. Verdachtsdiagnose). Differentialdiagnose (DD): Unterscheidung u. Abgrenzung ähnl. Krankheitsbilder.

diagnosis related group: s. Fallpauschalengesetz.

Diagnostik: Sammelbez. für Strategien u. Verfahren, die zur ärztl. Untersuchung bei einer Gesundheitsstörung angewandt werden; insbes. Anamnese*, körperl. u. apparative Untersuchungen.

Diagnostika: Diagnosemittel; zur Untersuchung des Zustandes u. der Funktion des Organismus verwendete Stoffe. Sie dienen der Krankheitserkennung u. der Verlaufsbeobachtung sowie der Therapiekontrolle u. -steuerung. D. werden außerhalb des Organismus angewendet, peroral od. parenteral appliziert. D. können chem., biochem. od. immunolog. Natur sein. Chem. D. dienen häufig zur Bildung von Farbstoffen mit den zu identifizierenden Stoffen, die dann photometr. gemessen werden, während biochem. D. auf enzymat. Reaktionen beruhen. Zu den immunolog. D. gehören z. B. radioaktiv markierte Immunogene*, die an bestimmte Antikörper gebunden werden (s. Radioimmunoassay). Mit D. durchgeführte Bestimmungsmethoden sollten bei hoher Spezifität, Genauigkeit u. Nachweisempfindlichkeit schnell durchführbar u. automatisierbar sein. **Einteilung:** **1.** Stoffwechseldiagnostika: dienen zur Bestimmung von körpereigenen Stoffen u. Stoffwechselprodukten, werden häufig außerhalb des Organismus angewendet, z. B. Blutzuckerbestimmung, Enzym-, Gerinnungs- u. Immundiagnostika; **2.** Funktionsdiagnostika: zur Funktionsprüfung von Organen; v. a. Stoffe, die von den entspr. Organen in bekannter Weise umgesetzt werden, z. B. ACTH zur Nebennieren-Funktionsprüfung, der Galaktose-Toleranztest zur Leberfunktionsprüfung, die Kreatinin-Clearance als Marker der Niefenfunktion; **3.** Organdiagnostika: dazu zählen Röntgenkontrastmittel*, Radiopharmaka* u. Magnetopharmaka* zur Organdarstellung. Mit den Analysen zur Stoffwechsel- u. Funktionsprüfung durch D. beschäftigt sich die klin. Chemie*.

h,x-Diagramm: s. Mollier-h,x-Diagramm.

Diakolation: Perkolation* nach Breddin; extrahiert wird unter Druck.

Dialkylether: s. Ether.

Dialursäure: s. Murexid.

Dialysata: Dialysate; Fluidextrakt aus frischen Pfl., durch Dialyse gewonnen.

Dialysator: s. Osmose.

Dialyse: physik. Verfahren zur Abtrennung gelöster Teilchen in Abhängigkeit von ihrer Molekülgröße u. elektr. Ladung mit Hilfe einer semipermeablen Membran*, die nur für Moleküle bis zu einer bestimmten Größe durch freie Diffusion* selektiv permeabel ist. Die treibende Kraft des Stofftransports ist ein Konzentrationsgefälle zw. den durch die Membran getrennten Flüssigkeitskompartimenten. Weitere, neben dem Stoff- auch einen Lösungsmitteltransport durch die Membran verursachende Kräfte können Unterschiede des hydrostat. u. des osmot. Drucks (s. Osmose) sein. Verw.: v. a. in der Nephrologie als Prinzip versch. Blutreinigungsverfahren*. **Vakuumdialyse:** dient zum Einengen größerer Volumina hochmolekularer Lsg., z. B. Proteinlösungen. Die Lsg. wird in einen Dialyseschlauch gefüllt u. anschließend unter Vakuum gestellt.

Dialysebehandlung: Behandlungsmethode zur Elimination von harnpflichtigen Substanzen, anderen Stoffwechsel(end)produkten u. Wasser aus dem Organismus unter Anw. best. Blutreinigungsverfahren*, insbes. der Hämodialyse* u. Peritonealdialyse*. **Anw.:** bei akutem Nierenversagen, Intoxikation mit dialysierbaren Substanzen, bei Niereninsuffizienz als Überbrückung bis zu einer Nierentransplantation od. als chron., lebenslange Organersatztherapie; übl. Therapieintervall bei Dauer-Dialyse 3-mal/Woche, bei akutem Nierenversagen u. Entgiftung alle 12-24 h; Durchsatz von ca. 50 L Blut während einer D. von 3-4 h Dauer.

diamagnetisch: s. Magnetochemie.

Diamantgrün: s. Malachitgrün.

Diamid: s. Hydrazin.

Diamine: aliphat. u. aromat. Verb. mit zwei Aminogruppen (NH_2-Gruppen). Beispiele: Cadaverin* (Pentamethylen-diamin), Putrescin* (Tetramethylen-diamin), Hexamethylen-diamin*.

2,4-Diaminoazobenzol: s. Chrysoidin.

α-Diaminobuttersäure: s. Lathyrus sativus.

γ-Diaminobuttersäure: s. Lathyrus sativus.

Diaminocapronsäure: s. Lysin.

Diaminosäuren: basische Aminosäuren* mit zwei NH_2-Gruppen.

Diamminplatin: s. Carboplatin.

Diammoniumphosphat: s. Ammoniumphosphat, sekundäres.

Dianthron: s. Dantron.

Diapedese: Diapedesis; Durchtritt von Blutkörperchen durch die unverletzte Wand der Kapillaren bei Entzündungen.

Diaphensulfon: s. Dapson.

Diaphorese: Schweißsekretion.

Diaphoretika: Sudorifera, Hidrotika; schweißtreibende Mittel. Z. B. Pilocarpin*, Physostigmin* u. andere Parasympathomimetika*. Schweißtreibender Tee: s. Species diaphoretica.

Diaphragma: **1.** (allg.) Scheidewand. **2.** (med.) Zwerchfell; Scheidendiaphragma (s. Antikonzeptiva). **3.** (physik.) Blende. **4.** (elektrolyse) poröse Wand, die den Anoden- vom Kathodenraum trennt. **5.** (osmose u. dialyse) teildurchlässige Membran, die die versch. Flüss. trennt.

Diarrhö: Diarrhoea, Durchfall; Entleerung von mehr als 3 dünnflüss. Stühlen pro Tag mit mehr als 200 g Gewicht pro Tag. **Formen:** **1.** osmot. D.: unzureichende Resorption osmot. wirksamer Substanzen im Darm; persistiert bei Nahrungskarenz; **2.** sekretor. D.: gesteigerte Ionensekretion u. mangelnde -resorption bei den meisten bakt. u. viralen Darmentzündungen; persistiert nicht bei Nahrungskarenz; **3.** entzündliche D.: Exsudation von Proteinen u. Blut; **4.** D. bei gestörter Motilität; **Einteilung:** **1.** akute D. (meist infektiöse Urs. wie bei Reisediarrhö); **2.** chron. D. (funktionelle Störung des Darmes od. org. bedingt wie z. B. bei chron. Entzündungen, Malabsorption*, endokrin-metabol. Störungen od. durch Arzneimittel); Schwere u. langdauernde D. kann wegen des starken Wasser- u. Elektrolytverlustes zum Kreislaufkollaps führen. Wesentl. Best. der Ther. ist die Substitution von Elektrolyten u. Wasser sowie die Gabe von Antidiarrhoika*.

Diastase: Amylase*; i. e. S. diastat. Enzym, Maltinum, Enzym aus Gerstenmalz, das Stärke in Maltose überführt (1 T. verzuckert bei 40° C 100 T. Stärke), gelbl. weißes Pulver, trübe lösl. in Wasser. **Anw.** med.: bei Dyspepsien.

Diastaseeinheit: ungefähres Maß für die Aktivität der Diastase. Nach Schade die Enzymmenge, die 10 mg Stärke bei 40 °C bis zu einem willkürl. festgesetzten Endpunkt (50 % Lichtdurchlässigkeit) abbaut.

Diastasezahl nach Schade: Schade-Zahl; gibt an, wieviel Gramm Stärke von in 100 g Honig enthaltener Diastase abgebaut werden.

Diastereomere: Diastereoisomere; Stereoisomere*, die sich nicht wie Bild zu Spiegelbild verhalten; vgl. Enantiomere. D. haben unterschiedl. physik. Eigenschaften, z. B. Dichte.

Diastereoselektivität: s. Stereoselektivität.

Diastole (gr. Ausdehnung): die auf die Kontraktion (Systole) folgende Erschlaffung des Herzmuskels. Besteht aus der Entspannungsphase u. Füllungsphase; vgl. Herz.

Diathermie: Wärmedurchdringung; Wärmeerzeugung im Körper durch elektr. Strom z. B. bei Hochfrequenzther. (Kurzwellenther.) zur Schmerzstillung, Elektrokoagulation zur Blutstillung.

Diathese: Neigung des Körpers zu bestimmten Krankheiten.

Diatomeen: Diatomeae; Kieselalgen*. **Diatomeenerde:** s. Kieselgur, vgl. Siliciumdioxid.

Diatrizoate: s. Amidotrizoesäure.

Diazepam INN: Diazepamum Ph.Eur.4; 7-Chlor-2,3-dihydro-1-methyl-5-phenyl-1*H*-1,4-benzodiazepin-2-on; CAS-Nr. 439-14-5; $C_{16}H_{13}ClN_2O$, M_r 284.74. Schmp. 130-132 °C. Weißes od. gelbes, geruchloses, krist. Pulver mit bitterem Nachgeschmack. Sehr schwer lösl. in Wasser, lösl. 1:25 in Ethanol, 1:2 in Chloroform, 1:30 in Ether. **Anw.:** Tranquilizer, Muskelrelaxans; **UAW:** wie bei anderen Benzodiazepinen* mild u. wenig häufig, sie betreffen meist ältere Personen; beobachtet werden dann z. B. Ataxie, Schwindel, Benommenheit, manchmal Kopfschmerzen, Hypotension, Übelkeit, Obstipation, Sehstörungen, Urticaria; evtl. Auftreten von paradoxen Reaktionen (Exzitation, Dysphorie); nach chron. Anw. kann sich eine psych. u. phys. Abhängigkeit entwickeln;

das Abhängigkeitspotential ist allerdings gering; auch die Metaboliten Desmethyldiazepam (Nordazepam*) u. Oxazepam* sind Tranquilizer; **Dos.:** p.o. 2-3×2 mg/d bis 5-15 mg/d; parenteral i.m. 10 mg; rektal 10 mg; Kinder bis 1 Jahr 4×50 µg/kg KG/d; Kinder 1-5 Jahre 2 mg/d; Kinder 6-12 Jahre 4 mg/d; HWZ 24-48 h bzw. 50-80 h (Metaboliten).

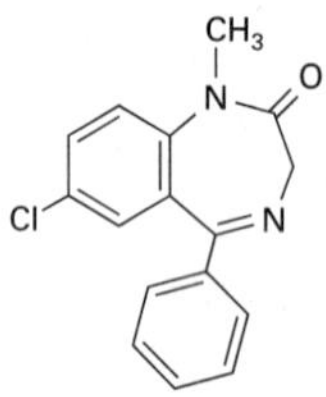

Diazepam

Diazepam-Suppositorien: s. Suppositoria Diazepami.

Diazine: sechsgliedrige heterocycl. Verb. mit zwei N-Atomen im Ring, z.B. Pyrimidin, Pyridazin, Pyrazin.

Diazinon: *O,O*-Diethy-*O*-(2-isopropyl-6-methylpyrimidin-4-yl)thiophosphat; CAS-Nr. 333-41-5; $C_{12}H_{21}N_2O_3PS$; M_r 304.3. Cholinesteraseinhibitor. **Anw.** techn.: Insektizid, Akarizid; s. Schädlingsbekämpfungsmittel (org. Phosphorverb.), Tabelle.

Diazoniumsalze: Salpetrigsäurederivate aromat. Amine. Sehr reaktionsfähige Verb., oft als Zwischenstufen bei der Synthese einer großen Zahl aromat. Verb.; meist leicht lösl. in Wasser, sehr schwer lösl. in Ethanol u. Ether.

$[Ar-N\equiv\equiv N]^+X^-$

Ar = Phenyl (C_6H_5, Homologe u. Derivate), X^- = Anion.

Darst: Umsetzung der kalten Lsg. eines aromat. Amins in wässriger Säure mit Natriumnitrit. **Anw.:** wichtige Ausgangsstoffe für Azofarbstoffe*.

Diazoverbindungen: org. Verb. mit der funktionellen Gruppe $-N\equiv N \leftrightarrow =N=N$ (s. Abb.); vgl. Azoverbindungen.

$$R-CH=\overset{+}{N}=\overset{-}{\underline{N}}| \longleftrightarrow R-\overset{-}{\underline{C}}H-\overset{+}{N}\equiv N|$$

Diazoverbindungen: allg. Formel

Diazoxid INN: Diazoxidum Ph.Eur.4; 7-Chlor-3-methyl-2*H*-1,2,4-benzothiadiazixin-1,1-dioxid; CAS-Nr. 364-98-7; $C_8H_7ClN_2O_2S$, M_r 230.67. Schmp. 330-331 °C (kristallisiert aus verd. Ethanol). Lösl. in Ethanol, basischen Lsg.; unlösl. in Wasser. **Wirk.** u. **Anw.:** Antihypertensivum* der 2. Wahl, nur bei Krisenzuständen; genauer Mechanismus der Gefäßerweiterung nicht bekannt; Antihypoglykämikum, Blutzuckersteigerung durch Hemmung der Insulinfreisetzung; **UAW:** sympathomimet. Gegenregulation, daher Herzfrequenz u. Schlagvolumen erhöht; bei Langzeitanw. Gefahr von Lupus* erythematodes; **Dos.:** p.o. Initialdos. 5 mg/kg KG/d, dann individuell einstellen; Kinder: 15-20 mg/kg KG/d in 2-3 ED geteilt; parenteral in einer hypertensiven Krise i.v. 0.3 g; HWZ 28 h.

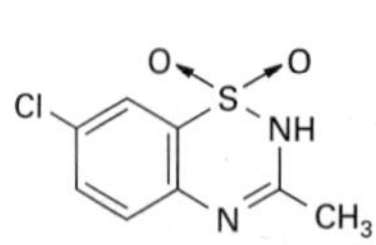

Diazoxid

diazytisch: s. Spaltöffnungen (Abb.).

Dibekacin INN: Didesoxykanamycin B; *O*-[3-Amino-3-desoxy-*α*-D-glucopyranosyl-(1→4)]-*O*-[2,6-diamino-2,3,4,6-tetradesoxy-*α*-D-*erythro*-hexopyranosyl-(1→6)]-2-desoxy-L-streptamin; CAS-Nr. 34493-98-6; $C_{18}H_{37}N_5O_8$, M_r 451.54. $[\alpha]_D^{20\,°C}$ +132° (c = 0.65). **Anw.:** Aminoglykosidantibiotikum, früher eingesetzt zur Ther. schwerer Infektionen mit gramnegativen Problemkeimen, nicht mehr im Handel.

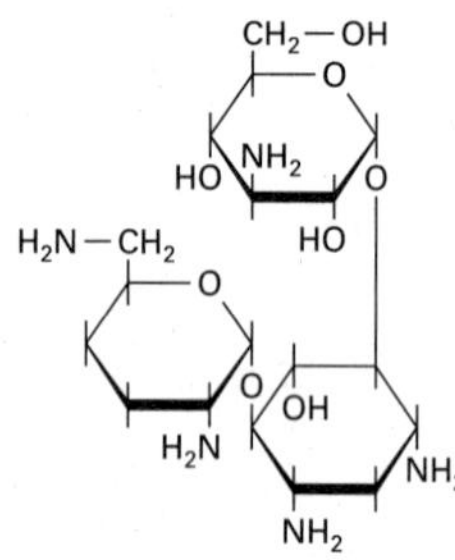

Dibekacin

Dibenzanthron: s. Violanthron.

Dibenzazepine: s. Psychopharmaka (Antidepressiva).

Dibenzepin INN: 10-[2-(Dimethylamino)ethyl]-10.11-dihydro-5-methyl-5*H*-dibenzo[*b,e*][1,4]diazepin-11-on; 5-Methyl-10*β*-dimethylaminoethyl-10.11-dihydro-11-oxo-5*H*-dibenzo[*b,e*][1,4]-diazepin; CAS-Nr. 4498-32-2; $C_{18}H_{21}N_3O$, M_r 295.37. Schmp. 116-117 °C. Sdp. 185 °C (1.33 Pa). **Anw.:** tricycl. Antidepressivum vom Imipramin-Typ; s. Psychopharmaka; **Dos.:** p.o. Initialdos. 4-6× 40 mg/d, steigerbar bis 480-720 mg/d; Erhaltungsdos. 240-360 mg/d, ausschleichende Dosierung; p.o. retard Initialdos. 1×480 mg/d morgens, nach 2-3 Monaten 1×240 mg/d morgens; parenteral i.m. 2-3×40 mg/d bis 120 mg/d, i.v. Infusion 360 mg in 3-4 h. **Dibenzepinhydrochlorid:** CAS-Nr. 315-80-0; $C_{18}H_{22}ClN_3O$, M_r 331.8. Schmp. 238 °C. pKs 8.25. Lösl. in Wasser, Ethanol, Chloroform.

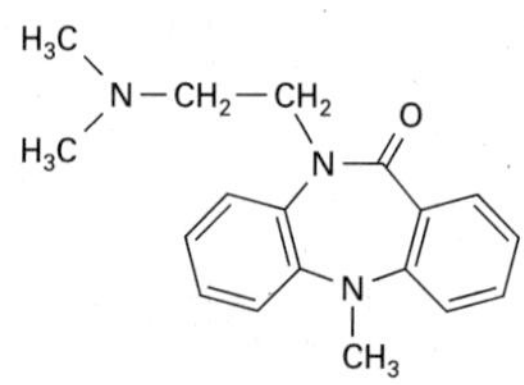

Dibenzepin

Dibenzopyrrol: s. Carbazol.

Dibenzoylperoxid: s. Benzoylperoxid.

Dibenzthion: s. Sulbentin.

Dibromethan: s. Ethylenbromid.
5,7-Dibrom-8-hydroxychinolin: s. Broxyquinolin.
Dibrom-o-kresolsulfophthalein: s. Bromkresolpurpur.
Dibromsalicil: Abk. DBS, syn. 5,5-Dibromsalicyl; Bis(5-bromo-2-hydroxyphenyl)ethandion; $C_{14}H_8Br_2O_4$. Schmp. 212-213 °C. Gelbes, krist. Pulver, ohne Geruch u. Geschmack; lösl. in Ethanol, Ether, Aceton, wenig lösl. in Wasser. **Anw.:** äußerl. als Antiseptikum bei Staphylokokkeninfektionen u. als Antimykotikum in Salben od. alkohol. Lsg.; DBS ist noch in Verd. 1:10^6 wirksam.
Dibromsalicylamid: syn. 3,5-Dibromsalicylamid; CAS-Nr. 17892-25-0; $C_7H_5Br_2NO_2$, M_r 294.9. Schmp. 167-170 °C (polymorph). Weißes, krist. Pulver; fast unlösl. in Wasser, leicht lösl. in verd. Alkalihydroxid-Lsg., lösl. in Ethanol, Aceton, Ether. **Off.:** DAC86; **Anw.:** Antiseptikum*, Antimykotikum*; **Dos.:** 0.5 % in Pinselungen, 10 % in Pudern.
Dibudinat: Dibudinas; chem. Kurzbez. für 2,6-Di-tert-butyl-1,5-naphthalindisulfonat.
Dibunat: chem. Kurzbez. für 2,6-Di-tert-butyl-1-naphthalinsulfonat.
Dibutylphthalat: Phthalsäuredibutylester; $C_{16}H_{22}O_4$, M_r 278.3. d_{20}^{20} 1.043-1.048. $n_D^{20\,°C}$ 1.490-1.495. Klare, farblose bis schwach gefärbte, ölige Flüss.; sehr schwer lösl. in Wasser, mischbar mit Aceton, Ethanol u. Ether. **Anw.:** Repellent*; Reagens Ph.Eur.4.
Dibutylsebacat: Sebacinsäuredibutylester; $CH_3-(CH_2)_3OOC-(CH_2)_8-COO(CH_2)_3-CH_3$, M_r 314, D. 0.936, Schmp. –5 °C. Weichmacher.
Dicalciumphosphat: s. Calciumhydrogenphosphat.
Dicarbonsäuren: s. Carbonsäuren.
Dichasium: s. Blütenstand.
Dichlorbenzol: s. Paradichlorbenzol.
2,6-Dichlorchinonchlorimid: 2,6-Dichlor-1,4-chinon-4-chlorimid, *N*,2,6-Trichlor-1,4-benzochinonimin; $C_6H_2Cl_3NO$, M_r 210.4. Schmp. 64-68 °C. Blassgelbes od. grünl. gelbes, krist. Pulver, fast unlösl. in Wasser, lösl. in Ethanol u. verd. Alkalihydroxid-Lösungen. **Anw.:** zum Nachw. von Phenol*, als Reagens auf Vitamin B_6 (s. Vitamine); Reagens Ph.Eur.4, z. B. als Sprühreagens bei der DC-Prüfung von Antioxidanzien in fetten Ölen.
Dichlordiethylsulfid: Senfgas, Gelbkreuz, Lost; $(CH_2Cl-CH_2)_2S$. Schmp. 14.4 °C. Sdp. 217 °C. D. 1.28. Strukturformel: s. Stickstofflost; senfölartig riechende Flüss.; wenig lösl. in Wasser, lösl. in Ethanol, Ether, Fetten, Ölen; wurde als Kampfstoff verwendet (Yperit, Gelbkreuz; schwer heilende Wunden an Augen, Haut u. Bronchien); durchdringt Kleider, Leder. **Nachw.:** Spuren von D. ergeben auf mit Natriumpentacyano-amminferrat getränktem Filtrierpapier blaugrüne Färbung.
Dichlor-diphenyl-trichlorethan: s. Clofenotan.
Dichloressigsäure: $C_2H_2Cl_2O_2$, M_r 128.9. Sdp. ca. 193 °C. $n_D^{20\,°C}$ ca. 1.466. d_4^{20} ca. 1.566. Farblose Flüss., mischbar mit Wasser, Ethanol u. Ether. **Anw.:** Reagens Ph.Eur.4.
1,1-Dichlorethan: s. Ethylidenchlorid.
1,2-Dichlorethan: s. Ethylenchlorid.
Dichlormethan: s. Methylenchlorid.
Dichlorophen INN: Di-(5-chlor-2-hydroxyphenyl)-methan, 4,4'-Dichlor-2,2'-methylendiphenol; 2,2'-Dihydroxy-5,5'-dichlordiphenyl-methan; CAS-Nr. 97-23-4; $C_{13}H_{10}Cl_2O_2$, M_r 269.12. Schmp. 177-178 °C (kristallisiert aus Toluol). Fast unlösl. in Wasser; wenig lösl. in Toluol; lösl. 1 g/1 g Ethanol 95 %, 1 g in weniger als 1 g Ether, in Methanol, Isopropylether, Petrolether; lösl. unter Zers. in Alkalien. **Off.:** ÖAB90; **Anw.:** Antiseptikum*, Antimykotikum*, Anthelminthikum*; **Dos.:** topisch als Seife 3.0 %, Salbe 2.0 %, Puder 5 %; p. o. als Anthelminthikum bei Erwachsenen 6 g in geteilten Dosen an 2 od. 3 aufeinanderfolgenden Tagen od. 3 × 2-3 g in 24 h; bei Kindern 2-4 g an 2 od. 3 aufeinanderfolgenden Tagen od. 3 × 1-2 g in 24 h.

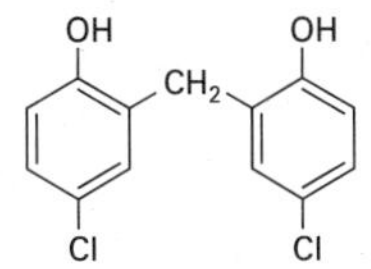

Dichlorophen

2,6-Dichlorphenolindophenol-Natrium: Tillmans-Reagens; $C_{12}H_6Cl_2NNaO_2 \times 2\ H_2O$, M_r 326.1. Ph.Eur.4; dunkelgrünes Pulver, leicht lösl. in Wasser u. wasserfreiem Ethanol. **Anw.:** zur titrimetr. Gehaltsbestimmung von Vitamin C (s. Vitamine). Die alkal. od. neutrale Lsg. ist blau, die saure rot. Durch Ascorbinsäure wird die Lsg. entfärbt, die Substanz zur farblosen Leukoform reduziert (s. Abb.).
2,4-Dichlorphenoxyessigsäure: Abk. 2,4-D; $C_8H_6Cl_3O_2$, M_r 221.4. Farblose Kristalle, leicht lösl. in Ethanol, wenig lösl. in Wasser. **Anw.:** Herbizid, s. Schädlingsbekämpfungsmittel, im Vietnamkrieg zur Entlaubung der Wälder eingesetzt. Wuchsstoff, wirksamer als Heteroauxin (s. Auxine). Wird zur Erzielung kernloser Früchte (Tomaten, Zitronen, Apfelsinen usw.) verwendet sowie zur Unkrautvertilgung, da der Stoff bei bestimmten Pflanzen u. in bestimmter Dosierung wachstumshemmend wirkt.
Dichlortetrafluorethan: s. Cryofluran.
Dichlorvos: Abk. DDVP; *O*-(2,2-Dichlorvinyl)-*O*,*O*-dimethyl-phosphat; CAS-Nr. 62-73-7; $C_4H_7Cl_2O_4P$, M_r 220.98; Sdp. 140 °C (2.66 kPa). Löslichkeit in Wasser: 10 g/L. **Wirk.** u. **Anw.:** Cholinesterasehemmer; Insektizid v. a. im Haushalt geg. Mücken, Ameisen, Küchenschaben; in der Veterinärmedizin als Anthelminthikum; oft auch in Verb. mit Propoxur*; s. Schädlingsbekämpfungsmittel (org. Phosphorverb.).

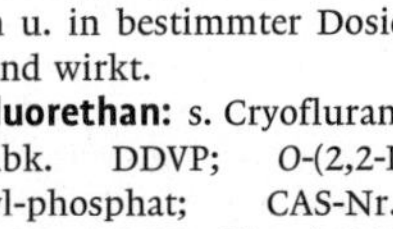

Dichlorvos

Dichotomie: (bot.) Gabelung eines Pflanzensprosses in 2 gleich starke Nebenäste.

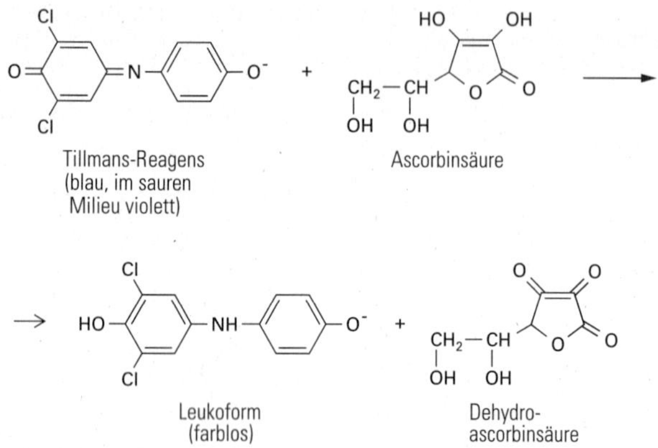

2,6-Dichlorphenolindophenol-Natrium: Ascorbinsäure-Nachweis mit 2,6-Dichlorphenolindophenol-Natrium (Tillmans-Reagens)

Dichroa febrifuga Lour.: (bot.) Fam. Saxifragaceae (Tropen, Subtropen, China). **Inhaltsst.:** ca. 0.1% Chinazolinalkaloide* wie Febrifugin*; **Anw.** volkstüml.: Wurzel u. Blätter als Febrifugum, Antimalariamittel in China seit über 2000 Jahren.

Dichroismus: Eigenschaft anisotroper Stoffe, eine Richtungsabhängigkeit der Lichtabsorption aufzuweisen. Parallel u. senkrecht zur opt. Achse des Kristalls polarisiertes Licht wird unterschiedl. stark absorbiert. Zusätzl. ist dieser Effekt von der Orientierung des Kristalls abhängig wodurch beim Drehen des Kristalls Farbverschiebungen beobachtet werden ; vgl. Doppelbrechung.

Dichromate: Salze der Dichromsäure $H_2Cr_2O_7$.

Dichte: Symbol ρ; Quotient aus der Masse m u. dem Volumen V eines homogenen Stoffes bei einer bestimmten Temp. t; auch als **absolute Dichte** $\rho_t = m/V$; übl. Einheit: $g/cm^3 = g/mL$ (CGS-System) bzw. kg/L od. kg/m^3 (SI). **Relative Dichte:** Verhältnis der absoluten D. eines Stoffes bei 20 °C zu der des Wassers bei 20 °C (d_{20}^{20}) od. 4 °C (d_4^{20}). Die Ph.Eur.4 schreibt im Ggs. zu anderen Arzneibüchern, die die absolute D. bestimmen lassen, die Ermittlung der relativen D. d_{20}^{20} od. d_4^{20} vor. Da die relative D. nur das Verhältnis der D. einer Substanz bei 20 °C u. der des Wassers bei 20 bzw. 4°C darstellt, gibt sie im Ggs. zur absoluten D. nur eine Verhältniszahl an u. ist somit dimensionslos. Im Gesetz über Einheiten im Messwesen von 1969 wurde das Liter einem Kubikdezimeter gleichgesetzt, womit sich folgende Werte für die absolute D. des Wassers bei 4 bzw. 20 °C ergeben:

$\rho_4(H_2O) = 0.999972\ g/cm^3 = 0.999\,972\ g/mL$

Zur Bestimmung der relativen u. der absoluten D. werden geeichte Pyknometer verwendet, die bei entspr. Korrektur des Auftriebs in Luft eine Messung bis zur 4. Dezimale erlauben. Dies ist ausreichend, da die Werte für die D. in der Ph.Eur. auf die 3. Dezimale genau angegeben werden.

Dichtebestimmungsmethoden: physik. Messungen der Dichte z.B. über den Auftrieb od. das Kompensationsgewicht. **1. Aräometer:** Senkwaage, Tauchspindel; Senkspindel zur Bestimmung der Dichte*; beruht auf dem Prinzip, dass ein schwimmender Körper so tief in eine Flüss. einsinkt, dass die von ihm verdrängte Flüssigkeit ebensoviel wiegt wie er selbst (Auftrieb). Zylindr. geformte Glaskörper (Schwimmer), die unten verdickt u. mit Quecksilber od. Schrot gefüllt sind; im engen Hals befindet sich eine Skala, vielfach auch ein Thermometer. An der Skala (abgelesen wird der Teilstrich, der mit der Flüssigkeitsoberfläche zusammenfällt) kann unmittelbar die relative Dichte od. der Prozentgehalt der Flüssigkeit abgelesen werden. Je geringer die Dichte der Flüssigkeit, desto tiefer sinkt das Aräometer ein. Man unterscheidet A. mit gleichteiliger Skala (Volumeter nach Gay-Lussac, Aräometer nach Baumé (s. Baumé-Grade) u. mit ungleichteiliger Skala (Densimeter), ferner Alkoholmeter*, Saccharometer*, Urometer* u. Laktometer*. Wichtige Richtlinien zum Gebrauch des Aräometer: **a)** absolut trocken u. rein; **b)** langsam eintauchen; **c)** darf nicht an Glaswand anstoßen; **d)** beim Ablesen Meniskus unberücksichtigt lassen; **e)** Temperatur der Flüssigkeit muss berücksichtigt werden. **2. hydrostatische Waage:** Mohr-Westphal-Dichtewaage, Westphal-Waage; man bestimmt das bei Eintauchen in die zu untersuchende Flüss. benötigte Kompensationsgewicht bei 20 °C u. dividiert es durch den auf gleiche Weise erhaltenen Wert von Wasser; daraus ergibt sich der Wert für die relative Dichte der Flüssigkeit. Der Luftauftrieb kann unberücksichtigt bleiben. Die Genauigkeit solcher Waagen ist abhängig von der Empfindlichkeit der verwendeten Waage u. vom Volumen der Senkspindel. Eichfähige Volumina der Senkkörper sind 10, 50 od. 100 mL u. Massen von 30, 150 u. 300 g. Die von der Ph.Eur.4 geforderte Genauigkeit der Messung auf die 3. Dezimale nach dem Komma wird von einem Senkkörper mit 10 mL Volumen meist nicht erreicht. **3. Flaschenpyknometer:** beruht auf dem Prinzip der Differenzwägung. Je nach Form unterscheidet man z.B. den Flaschentyp von Reischauer od. den Pipettentyp von Lipkin od. Sprengel-Ostwald. Auch Pyknometer, die durch einen Stopfen mit kapillarer Bohrung verschlossen werden, finden Anw., sind jedoch aufgrund der beim Verschließen überlaufenden Flüssigkeit u. der daraus resultierenden Verschmutzung nicht sehr geeignet; auch kann es bei Temperaturdifferenzen zw. Füllen u. Wägen zum Austritt von Flüss. kommen; zur Ermittlung der Dichte von Festkörpern sind Flaschenpyknometer nicht gut geeignet. **4. Gasvergleichspyknometer:** bes. zur Bestimmung der Dichte von Festkörpern geeignet (Ph.Eur.4). Besteht aus 2 gleichen, gasdichten Zylindern (Messzylinder u. Referenzkolben), die mit einem Differenzdruckmesser verbunden sind. Durch die in den Messkolben eingebrachte Substanz verringert sich dessen Gasvolumen. Die Volumendifferenz wird mit Hilfe bewegl. Kolben bestimmt, wobei bei Messende keine Druckdifferenz zw. den beiden Zylindern besteht. Das Probengut wird mit einem Inertgas (meist Helium) gespült. Die Bestimmung eignet sich v. a. für poröse Materialien u. bei pulverförmigen Stoffen; Genauigkeit: ca. 0.1 cm^3 bei einem Messbereich von 0-50 cm^3. Ausführung: mechan. od. elektronisch.

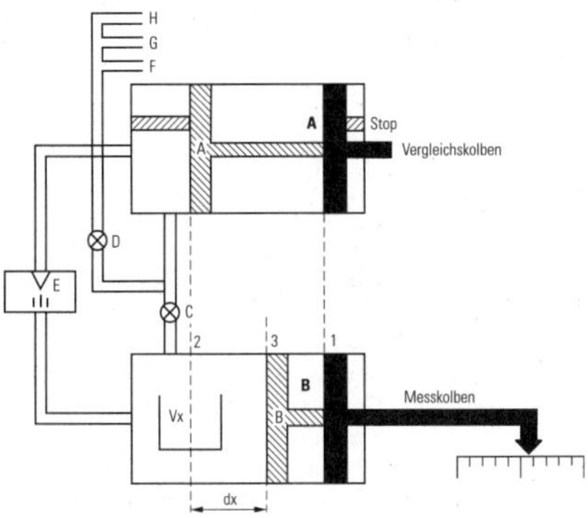

Dichtebestimmungsmethoden: schematische Zeichnung des Beckman-Pyknometers (Gasvergleichspyknometer); A: Vergleichskolben; B: Messkolben; C: Verbindungsventil; D: Spülungsventil; E: Druckunterschiedsanzeiger; F: Entlüftung „VENT"; G: Gasanschluss „Gas"; H: Vakuumanschluss „VAC"; dx: Differenz zw. Stellung 2 u. 3; vx Behälter mit Probe; 1: Nullstellung

Dichtegradient: zur Auftrennung von Makromolekülen mittels Zentrifugation. Die Auftrennung erfolgt innerhalb eines Gradienten kontinuierl. von der geringeren Dichte des inneren Endes zur größeren Dichte in Richtung zum äußeren Ende des Zentrifugationsgefäßes. Als Dichtemedien werden v. a. Cäsium- und Saccharoselösungen eingesetzt.

Dichte, kritische: Dichte* eines Stoffes am krit. Punkt (s. Größen, kritische). Am krit. Punkt verschwindet die Grenzfläche zw. Flüss. und Gasphase, da bd. Phasen die gleiche Dichte haben u. auch in allen anderen Eigenschaften übereinstimmen.

Dichteverteilungskurve: s. Korngrößenanalyse.

Dichte von Pulvern: physik. Eigenschaft, unterschieden wird zw. wahrer u. scheinbarer Dichte sowie Schüttdichte u. Stampfdichte. Unter **wahrer Dichte** (Reindichte) ρ als temperaturabhängige Stoffkonstante des Feststoffes ist der Quotient aus Masse u. Volumen eines Feststoffes ohne Poren u. Hohlräume zu verstehen, während die **scheinbare Dichte** (Rohdichte) ρ_s das durch Poren (≤15 µm) bedingte größere Volumen mit berücksichtigt. Die scheinbare Dichte ist außer bei nicht porösen Feststoffen numerisch stets kleiner als die wahre Dichte. **Bestimmung der wahren Dichte:** mit Hilfe von Flüssigkeitspyknometern (durch Verdrängung einer inerten, benetzenden Flüss., z. B. Wasser, Ethanol, Benzol, Paraffinöl od. Petroleum, durch das im gewählten Dispersionsmittel enthaltene unlösl. Pulver, das durch feine Zerkleinerung keine Hohlräume mehr enthält) od. genauer mit manometr. Methoden mittels Luft od. besser Gasen, z. B. Helium, die besser als Flüss. befähigt sind, in feine Poren des zerkleinerten Pulvers (Granulates) einzudringen, ohne adsorbiert zu werden; vgl. Dichtebestimmungsmethoden, Fekrumeter, Pyknometer. Durch Verpressen der Massen unter sehr hohem Druck kann u. U. auch die wahre Dichte annähernd ermittelt werden. **Bestimmung der scheinbaren Dichte:** mit Hilfe spez. Flüssigkeitspyknometers, des Quecksilberpyknometers nach Higuchi, weil Quecksilber inf. seiner hohen Ober-

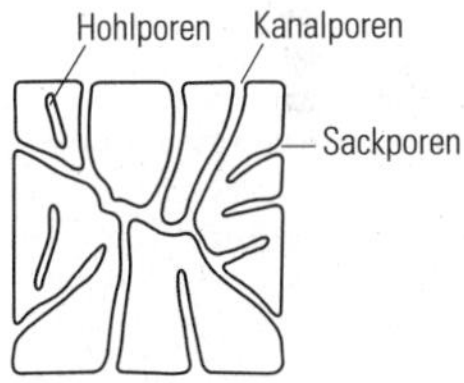

1

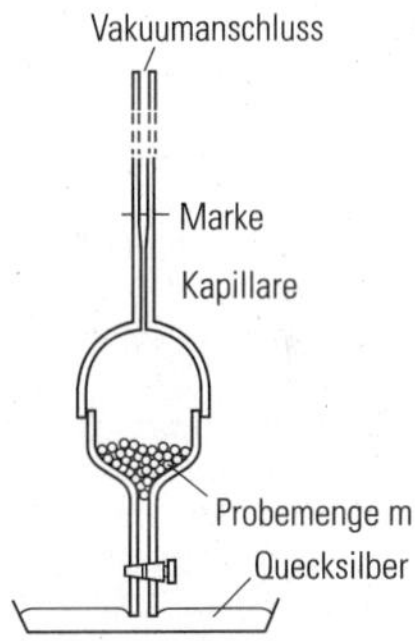

2

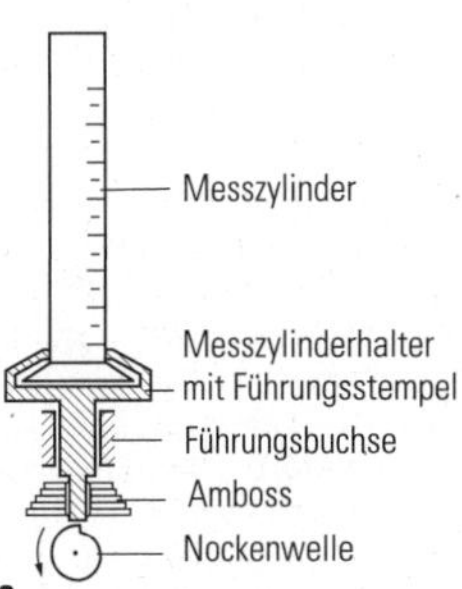

3

Dichte von Pulvern: 1: Darstellung der Poren u. Hohlräume inhomogener Körper; 2: Quecksilberpyknometer nach Higuchi; 3: Stampfvolumeter

flächenspannung bei Normaldruck nicht in der Lage ist, in Poren mit einem Durchmesser kleiner als 15 µm einzudringen u. die meisten zu untersuchenden Güter in Quecksilber unlösl. sind. **Schüttdichte:** Symbol ρ_b; Verhältnis der Masse eines Haufwerkes in lockerer Schüttung zum Volumen (g/mL). Nach Ph.Eur.4 u. DIN 53912 werden 100 g Schüttgut (Pulver od. Granulat) locker in einen 250-mL-Messzylinder eingebracht u. das Volumen abgelesen. Der Reziprokwert ist das Schüttvolumen V_b. **Stampfdichte:** Symbol ρ_{st}; Wert, der gemessen wird, wenn man das Schüttgut im 250-mL-Messzylinder reproduzierbar aufstößt (mit Hilfe des Stampfvolumeters nach Ph.Eur.4 u. DIN 53194), man erhält die größere Stampfdichte bzw. das kleinere Stampfvolumen V_{st}. Mit Hilfe der Dichten lassen sich intrapartikuläre Porosität, Zwischenraumporosität u. Gesamtporosität errechnen; s. Porosität. Vgl. Hausner-Faktor, Pigmentvolumenkonzentration.

Dichtewaage: s. Dichtebestimmungsmethoden.

dicht verschlossen: Lagerungsvorschrift nach Ph.Eur.; der Inhalt ist bes. sorgfältig geg. das Eindringen von fremden Stoffen, Verwitterung, Zerfließen u. Verdunsten zu schützen.

Dickdarm: s. Darm.

Dickenwachstum, primäres: (bot.) die Zunahme der Länge u. des Querschnitts von Sprossspitzen durch Zellvermehrung u. Zellvergrößerung. Während der Entwicklung einer Sprosspflanze nimmt bei konstantem p. D. der Achsenumfang des Vegetationspunktes zu (Erstarkungswachstum). Der Vegetationspunkt ist beim Embryo winzig, vergrößert sich beim Keimling, durchläuft dann ein Maximum u. schrumpft anschließend beim Übergang zur Blühphase.

Dickenwachstum, sekundäres: (bot.) Stammverdickung bei Nadel- u. Laubbäumen, die auf die Zellteilungen im Sprosskambium (vgl. Kambium) zurückzuführen ist. Sekundäres D. findet sich auch an den Wurzeln dieser Pflanzen.

Dickextrakte: s. Extracta.

Dickungsmittel: s. Verdickungsmittel.

Diclazuril INN: Diclazurilum ad usum veterinarium Ph.Eur.4, Diclazuril für Tiere; (+/-)-(4-Chlorphenyl)[2,6-dichlor-4-(4,5-dihydro-3,5-dioxo-astriazin-2(3H)-yl)phenyl]acetonitril; CAS-Nr. 101831-37-2; $C_{17}H_9Cl_3N_4O_2$, M_r 407.64; Schmp. 290.5 °C; weißes bis hellgelbes Pulver, unlösl. in Wasser, wenig lösl. in Dimethylformamid. **Anw.:** Protozoenmittel, Kokzidose (Prophylaxe).

Diclofenac INN: 2-(2,6-Dichloranilino)phenyl-essigsäure; CAS-Nr. 15307-86-5; $C_{14}H_{11}Cl_2NO_2$, M_r 296.15. Schmp. ca. 285 °C. **Wirk.:** s. Analgetika (schwache A.); **Anw.:** Antiphlogistikum*, Antirheumatikum*; **UAW:** gastrointestinale Beschwerden, ulzerogen, tokolyt.; **Dos.:** p.o. 2-3×25 mg, initial doppelte Dos.; parenteral i.m. 75 mg; HWZ 2 h. **Diclofenac-Kalium:** Diclofenacum kalicum Ph.Eur.4; CAS-Nr. 0015307-81-0; $C_{14}H_{10}Cl_2KNO_2$; M_r 334.25; weißes bis schwach gelbes, krist., schwach hygroskopisches Pulver, wenig lösl. in Wasser, leicht lösl. in Methanol, lösl. in Ethanol, schwer lösl. in Aceton. **Diclofenac-Natrium:** Diclofenacum natricum Ph.Eur.4; $C_{14}H_{10}Cl_2NNaO_2$, M_r 318.1. Schmp. ca. 280 °C (unter Zers.). Weißes, krist., schwach hygroskop. Pulver; wenig lösl. in Wasser.

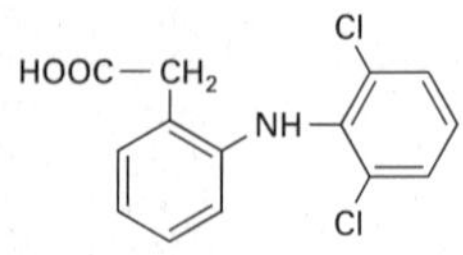

Diclofenac

Diclofenamid INN: Dichlorphenamid, 4,5-Dichlorbenzol-1,3-disulfonamid; CAS-Nr. 120-97-8; $C_6H_6Cl_2N_2O_4S_2$, M_r 305.16. Schmp. 235-238 °C (kristallisiert aus DMSO/Wasser; polymorph). Fast unlösl. in Wasser; lösl. in Alkalien; lösl. in Ethanol 1:30; schwer lösl. in Ether; leicht lösl. in Pyridin. $pK_{S,1}$ 7.4, $pK_{S,2}$ 8.6. **Wirk.:** Carboanhydrasehemmer (s. Diuretika); **Anw.:** Glaukom; **UAW, Kontraind.** u. **WW:** s. Acetazolamid; **Dos.:** p.o. bis zu 4×25-50 mg/d.

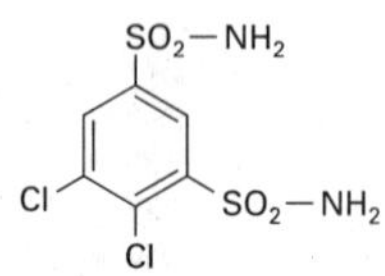

Diclofenamid

Dicloxacillin INN: (2*S*,5*R*,6*R*)-6-[3-(2,6-Dichlorphenyl)-5-methylisoxazol-4-yl]carbonyl-amino-3,3-dimethyl-7-oxo-4-thia-1-azabicyclo[3.2.0]heptan-2-carbonsäure; CAS-Nr. 3116-76-5; $C_{19}H_{17}Cl_2N_3O_5S$, M_r 470.33. **Wirk.** u. **Anw.:** Antibiotikum; penicillinasefestes Isoxazolyl-Penicillin, säurefest u. wasserlösl.; gut wirksam geg. Penicillinase bildende Staphylokokken; **Dos.:** p.o. 4×0.5 g/d; parenteral (i.m., i.v.) 4×0.5 g/d; Kinder 1-6 Jahre 4×0.25 g/d; Säuglinge bis 3 Monate 3×20 mg/kg KG/d; Frühgeborene 2×10 mg/kg KG/d; HWZ 0.5-1 h; vgl. Antibiotika (Tab.). **Dicloxacillin-Natrium-Monohydrat:** Dicloxacillinum natricum Ph.Eur.4; CAS-Nr. 13412-64-1; $C_{19}H_{16}Cl_2N_3NaO_5S \cdot H_2O$, M_r 510.3. Schmp. 222-225 °C (unter Zers.). Weiße, hygroskop. Kristalle; leicht lösl. in Wasser; lösl. in Methanol u. Ethanol.

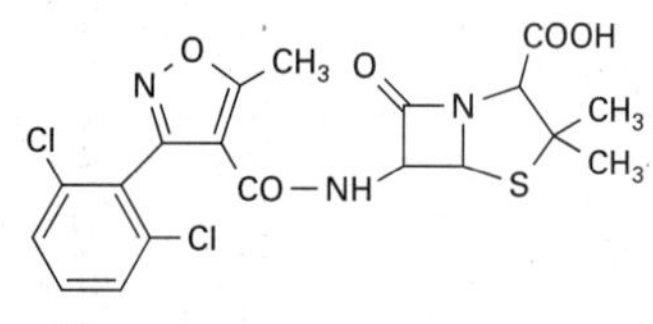

Dicloxacillin

Dicoumarolum: s. Dicumarol.

Dictamnin: s. Dictamnus albus.

Dictamnus albus L.: Diptam; Fam. Rutaceae (Mittel- u. Südeuropa bis zum Kaukasus u. Nordchina). Stpfl. von **Radix Dictamni:** Radix Fraxinellae, Diptamwurzel; u. **Cortex Dictamni radi-**

cis: Diptamwurzelrinde. **Inhaltsst.:** Furochinolinalkaloide, z. B. Dictamnin, Robustin; äther. Öl, Limonoide, z. B. Limonin, Dictamdiol, ferner Trigonellin*, Cholin*, Phenolcarbonsäuren; **Anw.** volkstüml.: z. B. zur Entwässerung, geg. Würmer, Krämpfe.
Hom: *Dictamnus albus,* Dictamnus albus e radice: frische Blätter (Tinktur), frisches Kraut od. Wurzel.

Dictyosom (gr. dictyon Netz, soma Körper): s. Golgi-Körper.

Dicumarol: syn. Dicoumarol, Dicoumarolum, Melitoxin; 3,3'-Methylen-bis(4-hydroxycumarin); CAS-Nr. 66-76-2; $C_{19}H_{12}O_6$. Schmp. 285-290 °C (polymorph). **Vork.:** Entsteht im feuchten Kleeheu (v. a. von Melilotus-Arten, vgl. Melilotus officinalis) unter Wirk. des Schimmelpilzes Aspergillus fumigatus aus 4-OH–Cumarin (biogen aus Melilotsäure); **Wirk.:** D. vermindert die Blutgerinnung durch Hemmung der Carboxylierung von versch. Gerinnungsfaktoren in der Leber; Vitamin-K-Antagonist; **Anw.:** Antikoagulans, i. v. und p. o. bei Thrombose* (unter klin. Kontrolle). Derivate von D. werden auch als Rattengift benutzt.

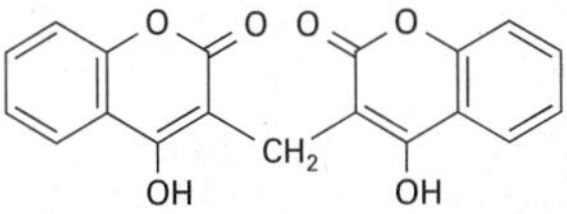

Dicumarol

Dicyclohexylamin: $C_{12}H_{23}N$, M_r 181.3. Schmp. 0-1 °C. $n_D^{20°C}$ ca. 1.484. Farblose Flüss., wenig lösl. in Wasser, mischbar mit den gebräuchl. org. Lösungsmitteln. **Anw.:** Reagens Ph.Eur.4.

Dicyclohexylcarbodiimid: Abk. DCCD; Reagens zur chem. Synthese von Peptiden u. Oligonucleotiden od. zur Blockierung bestimmter Molekülgruppen.

Dicyclomin: s. Dicycloverin.

Dicycloverin INN: Dicyclomin, 2-Diethylaminoethyl-1-cyclohexyl-1-cyclohexancarboxylat; Bicyclohexyl-1-carbonsäure-2'-diethylaminoethylester; CAS-Nr. 77-19-0; $C_{19}H_{35}NO_2$, M_r 309.50. **Anw.:** Spasmolytikum mit lokalanästhet. Wirkungskomponente, Parasympatholytikum; periphere Wirkungen wie Atropin*, nur schwächer; in Kombinationspräparaten zur Lsg. von Spasmen im Magen-Darm-Trakt sowie im Bereich der Gallen- u. Harnwege; **Dos.:** 2-3×20 mg p. o. nach den Mahlzeiten. **Dicycloverinhydrochlorid:** Dicycloverini hydrochloridum Ph.Eur.4; CAS-Nr. 67-92-5; $C_{19}H_{36}ClNO_2$, M_r 345.9. Polymorphe Kristalle, leicht lösl. in Ethanol.

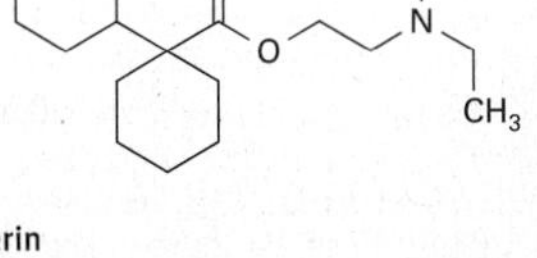

Dicycloverin

Didanosin INN: 2',3'-Didesoxyinosin; CAS-Nr. 69655-05-6; $C_{10}H_{12}N_4O_3$, M_r 236.23. Purinnucleosidanalgon (Inosinanalgon). **Wirk.:** wird in der Zielzelle zu Didesoxyadenosintriphosphat (ddATP) metabolisiert, welches die reverse Transkriptase* hemmt, die zur Synthese der Provirus-DNA benötigt wird (vgl. Zidovudin); **Anw.:** Virostatikum, bei Infektionen durch HIV* (s. HIV-Erkrankung); **UAW:** Diarrhö, akute Bauchspeicheldrüsenentzündung, bei Kindern Depigmentierung der Netzhaut, Diabetes; **Kontraind.:** Nutzen/Riskio-Abwägung bei Schwangerschaft; Phenylketonurie; **Dos.:** p. o. Anfangsdos. für Erwachsene über 75 kg KG 2×150 mg/d, von 50-74 kg KG 2×100 mg/d, von 35-49 kg KG 2×50 mg/d; für Kinder ab 6 Monate 200 mg/m² Körperoberfläche in 2 ED; Einnahme auf nüchternen Magen; HWZ 1.4 h.

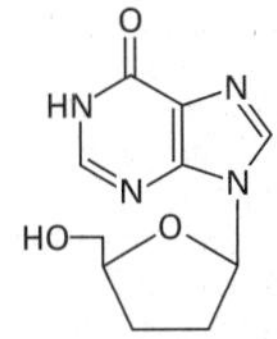

Didanosin

Didesoxyhexosen: s. Desoxyzucker.

Didesoxykanamycin B: s. Dibekacin.

Didrovaltrat: s. Valepotriate.

Didym: s. Lanthanoide.

Didynamie: (bot.) Zweimächtigkeit, d. h. von 4 Staubblättern sind 2 länger als die anderen (Lamiaceae).

Dieckmann-Reaktion: basenkatalysierte intramolekulare Cyclisierung von Dicarbonsäureestern zu cycl. β-Ketoestern. Beispiel: aus Adipinsäureestern u. Natriumethylat enstehen Cyclopentan-1-on-2-carbonsäureester (s. Abb.).

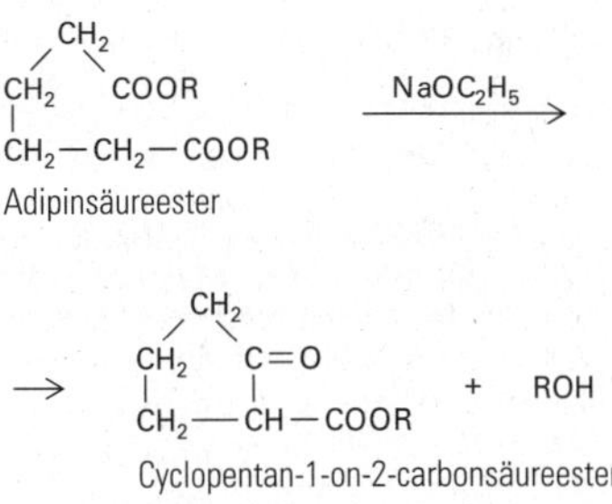

Dieckmann-Reaktion: Bildung von Cyclopentan-1-on-2-carbonsäureester

Dieffenbachia seguine (Jacq.) Schott: Caladium seguinum Vent., Dieffenbachie, Schweigrohr, Giftaron; Fam. Araceae (Westindien, Tropen); die frische Pfl., die in Europa auch als Topf- u. Zimmerpfl. gehalten wird, ist sehr giftig. Das tox. Prinzip ist noch nicht komplett aufgeklärt, wahrscheinl. spielen bei der Giftwirk. die Schießzellen — ampullenförmige Zellen, aus denen ca. 0.25 mm lange Oxalatraphiden herausgeschossen

werden können — eine entscheidende Rolle. Der Presssaft wirkt hautreizend.
Hom: *Caladium seguinum:* frischer Wurzelstock, Stängel u. Blätter; verord. z. B. bei Impotenz.

Dieldrin: 1,2,3,4,10,10-Hexachlor-6,7-epoxy-1,4,4a,5,6,7,8,8a-octahydro-1,4-*endo*-5,8-exodimethanonaphthalin; CAS-Nr. 60-57-1; $C_{12}H_8Cl_6O$, M_r 380.93. **Anw.:** Insektizid u. Schädlingsbekämpfungsmittel*; s. Aldrin.

D

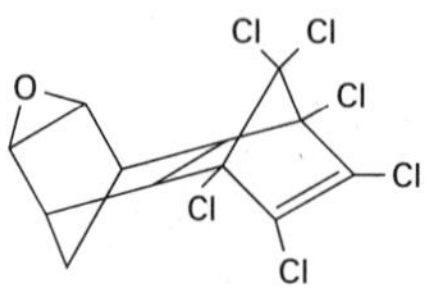

Dieldrin

Dielektrikum: Nichtleiter.

Dielektrizitätskonstante: Symbol ε; stoffspezif. Konstante, die angibt, um wieviel sich die Kapazität eines Kondensators gegenüber dem Vakuum erhöht, wenn zw. seine Platten ein Nichtleiter (Dielektrikum) eingebracht wird. Die relative D. ε_r beträgt für Gase ca. 1. Der hohe ε_r-Wert für Wasser (s. Tab.) wird bei der dielektr. Wassergehaltsbestimmung* ausgenutzt.

Dielektrizitätskonstante
Beispiele

Stoff	ε (20 °C)
Wasser	80.4
Methanol	33.7
Ethanol	25.7
Glycerol	43.0
Aceton	21.4
Ether	4.3
Salzsäure	4.6
Olivenöl	3.1
Dioxan	2.3
trockene Nichtleiter	2 -10

Diels-Alder-Reaktion: Methode zur Herst. sechsgliedriger Ringverb. durch 4+2-Cycloaddition α,β-ungesättigter Verb. (Dienophile) an die 1,4-Positionen eines konjugierten Diens. Beispiel: aus 1,3-Butadien u. Akrolein ensteht 1,2,3,6-Tetrahydrobenzaldehyd (s. Abb.).

Diene: s. Kohlenwasserstoffe.

Dienestrol INN: Dienestrolum Ph.Eur.4, Dienöstrol, Hexadienoestrol; (*E,E*)-4,4'-(1,2-Diethylidenethylen)-diphenol; CAS-Nr. 84-17-3; $C_{18}H_{18}O_2$, M_r 266.32. Schmp. 227-228 °C (kristallisiert aus verd. Ethanol); sublimiert bei 130 °C u. 133 Pa. Schmp. 231-234 °C (Sublimat). Leicht lösl. in Ethanol, Methanol, Ether, Aceton, Propylenglykol; lösl. in Chloroform, wässrigen Alkalilsg., Pflanzenölen (nach Erwärmen); fast unlösl. in Wasser, verd. Säuren. **Wirk.:** synthetisches nichtsteroidales Estrogen, s. Hormone, vgl. Diethylstilbestrol; **Anw.:** lokal in Form von Vaginalcremen, -ovula, -tabletten bei postmenopausalen atroph. Schei-

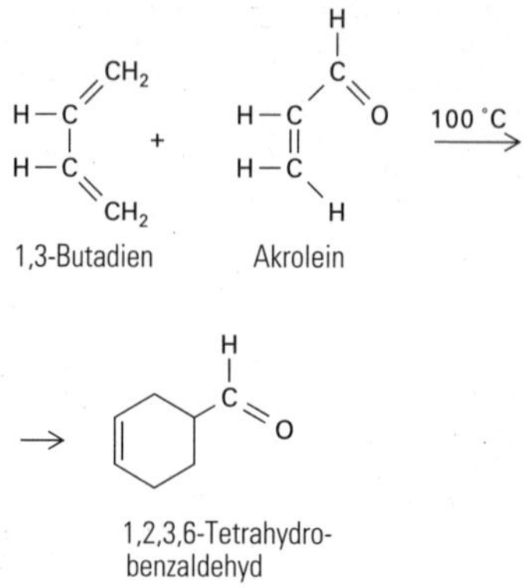

Diels-Alder-Reaktion: Bildung von 1,2,3,6-Tetrahydrobenzaldehyd

denentzündungen u. als Lsg. bei Haarausfall; innerl. Anw. s. Diethylstilbestrol; **UAW:** Kopfschmerz, Schwindel, Erbrechen; **Dos.:** p. o. bei Prostatakarzinom 15-30 mg/d; Vaginalcreme 0.01 %. **Dienestroldiacetat:** Dienestroli diacetas, Dienestrolum diacetylatum; CAS-Nr. 84-19-5; $C_{22}H_{22}O_4$, M_r 350.4. Schmp. 119-123 °C. Weißes, krist. Pulver; unlösl. in Wasser, lösl. in Ether u. Chloroform, schwer lösl. in Ethanol. **Off.:** ÖAB81. Hingewiesen sei auch auf Dienestroldimethylether, Dienestrolmonomethylether.

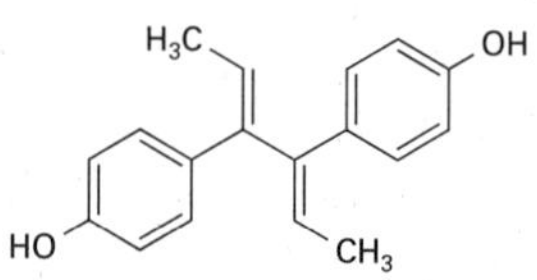

Dienestrol

Dienestroldiacetat: s. Dienestrol.

Dienole: s. Endiole.

Dienstbereitschaft: Deutschland: für Apotheken in § 23 Apothekenbetriebsordnung* u. dem Ladenschlussgesetz festgelegt. Grundsätzl. sind die Apotheken 24 Stunden am Tag dienstbereit. Die heute erreichte Apothekendichte ermöglicht aber für die meisten Apotheken eine von der zuständigen Behörde genehmigte Befreiung von der ständigen D., z. B. für die Dauer der ortsübl. Schließzeiten der Einzelhandelsgeschäfte (z. B. während der Mittagszeit). Das gilt jedoch nicht für die Zeiten, in denen die Apotheke für den Notdienst eingeteilt ist. Die Regelungen zur D. von öffentl. Apotheken erlassen i. d. R. die jeweiligen Landesapothekerkammern. **Österreich:** ähnlich geregelt durch die Apothekenbetriebsordnung.

Diethanolamin: Diolaminum; Bis(2-hydroxyethyl)amin, 2,2'-Iminodiethanol; $C_4H_{11}NO_2$, M_r 105.1. Schmp. ca. 28 °C. Viskose, klare, schwach gelbl. Flüss. od. zerfließende Kristalle; sehr leicht lösl. in Wasser, Aceton u. Methanol. **Anw.:** Reagens Ph.Eur.4.

Diethylamin: $C_4H_{11}N$, M_r 73.1. Sdp. ca. 55 °C. d_{20}^{20} ca. 0.71. Klare, farblose, entflammbare Flüss., stark alkal.; mischbar mit Wasser u. Ethanol. **Anw.:** Reagens Ph.Eur.4.

2-Diethylaminoethanol: 2-Hydroxytriethylamin; CAS-Nr. 100-37-8; $HOCH_2-CH_2-N(C_2H_5)_2$, $C_6H_{15}NO$, M_r 117.19. D. 0.88. Sdp. 163 °C. Farblose Flüss., lösl. in Wasser, Ethanol, Ether, Benzol. **Vork.:** entsteht im Gewebe bei der enzymat. Hydrolyse von Procain*; **Wirk.:** gewebeerweiternd; **Anw.** med.: wie Dimethylaminoethanol (s. Deanol); techn.: Herst. von Arzneimitteln (Antihistaminika, Spasmolytika, Lokalanästhetika).

Diethylaminoethyldextran: Anionenaustauscherharz, das als Hydrochlorid vorliegt u. mit Wasser ein Gel bildet. **Anw.:** Reagens Ph.Eur.4.

***N,N*-Diethylanilin:** $C_{10}H_{15}N$, M_r 149.2. Schmp. ca. −38 °C. Sdp. ca. 217 °C. d_{20}^{20} ca. 0.938. **Anw.:** Reagens Ph.Eur.4; Nachw. von Zink; Farbstoffsynthese.

Diethylbarbitursäure: s. Barbital.

Diethylcarbamazin INN: Carbamazin, 1-Diethylcarbamoyl-4-methyl-piperazin; *N,N*-Diethyl-4-methyl-1-piperazincarboxamid; CAS-Nr. 90-89-1; $C_{10}H_{21}N_3O$, M_r 199.3. **Anw.:** Anthelminthikum*; breites Wirkungsspektrum (Filariose*, Onchozerkose*), Wirkmechanismus nicht genau bekannt; **UAW:** häufig Übelkeit, Erbrechen, Kopfschmerzen zu Beginn der Ther.; allerg. Reaktionen; **Kontraind.:** Epilepsie, Niereninsuffizienz. **Diethylcarbamazindihydrogencitrat:** Diethylcarbamazini citras Ph.Eur.4, Diethylcarbamazinum citricum; CAS-Nr. 1642-54-2; $C_{16}H_{29}N_3O_8$, M_r 391.4. Schmp. 138 °C. Weißes, hygroskop. Pulver, sehr leicht lösl. in Wasser, lösl. in Ethanol.

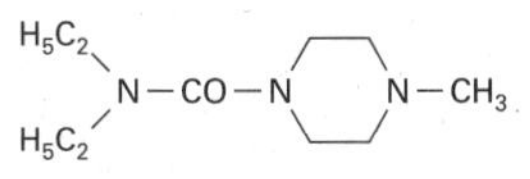

Diethylcarbamazin

Diethyldihydroxystilben: s. Diethylstilbestrol.

Diethylendiamin: s. Piperazin.

Diethylenglycolmonopalmitostearat: Abk. DEMPS, Diethylenglycoli monopalmitostearas Ph.Eur.4; Gemisch von Mono- u. Diestern des Diethylenglycols mit Stearin- u. Palmitinsäure. Mindestens 45.0 % Monoester, durch Kondensation von Diethylenglycol mit Stearinsäure 50 pfl. od. tierischen Ursprungs hergestellt. Weiße, wachsartige, feste Substanz, prakt. unlösl in Wasser, lösl. in Aceton u. in heißem Ethanol. Schmp. 43 °C. SZ max. 4.0. IZ max. 3.0, VZ 150-170. Die Fettsäurenfraktion muss folgende Zstzg. haben: Stearinsäure 40.0-60.0 %. Summe der Gehalte an Palmitin- u. Stearinsäure mind. 90.0 %. Freies Diethylenglycol max. 8.0 %. Lagerung unter Lichtschutz. **Anw.:** Stabilisator für Emulsionssalben u. -cremes, guter Emulgator, der z. B. zusammen mit Natriumlaurylsulfat, einem pfl. Öl u. Vaseline eine Salbengrundlage liefert, die sehr stabil ist. Auch als Fixiermittel für Riechstoffe.

Diethylenglykol: Diethylenglycol, Diglykol, 2,2'-Oxy-bis-ethanol; CAS-Nr. 111-46-6; $C_4H_{10}O_3$, M_r 106.12; $HO-(CH_2)_2-O-(CH_2)_2-OH$. Sdp. 242-247 °C. d_{20}^{20} ca. 1.118. Farblose, viskose u. hygroskop. Flüssigkeit. **Anw.:** Kühl- u. Heizbadflüss. sowie als Lösungsmittel für äther. Öle (Parfümerie); mit höheren Fettsäuren verestert ergeben sich gute Emulgatoren u. Gleitmittel. **Tox.:** entspr. in seiner Toxizität weitgehend dem Glykol; die letale Dosis für den Menschen wird auf 1 g/kg KG geschätzt. D. wird zum größeren Teil unverändert ausgeschieden; bei Aufnahme von größeren Mengen kommt es zu Nieren- u. Leberschäden. 1985 wurden beträchtl. Mengen D. in Weinen gefunden, das an Stelle von Zucker illegal zugesetzt worden war.

D

Diethylenglykolmonoethylether: Diethylenglycoli monoethylicum aetherum Ph.Eur.4, Ethyldiglykol, Ethoxydiglykol, Carbitol-Solvent; 2-Hydroxy-2-ethoxydiethylether, CAS-Nr. 111-90-0; $H_5C_2O-CH_2-CH_2-O-CH_2-CH_2OH$, $C_6H_{14}O_3$, M_r 134.18. D. 0.991, d_{20}^{20} 1.429; Sdp. 202 °C. SZ max. 0.1, POZ max. 8.0, Dampfdruck (20 °) 0.1 mmHg, Viskosität (20 °C) 4.5 cP, Flammpunkt 96.1 °C Verdunstungszahl ca. 1200 (Diethylether = 1), greift Aluminium unter Wasserstoffentwicklung an u. neigt in Gegenwart von Luft zur Peroxidbildung. Wassergehalt (Karl-Fischer) max. 0.1 Gewichtsprozent. Klare, farblose, schwach viskose, hygroskop. Flüss., mischbar mit Wasser, Aceton u. den meisten org. Lösemitteln, nicht mit Mineralölen. **Herst.:** Kondensation von Ethylenoxid mit Ethanol u. nachfolgender Dest.; Lagerung dicht verschlossen, unter Inertgas, <35 °C; **Anw.:** Lösungsmittel z. B. in kosmet. Präparaten; Gehaltsbest. gaschromatographisch.

Diethylenoxid: s. Tetrahydrofuran.

Diethylentriamin: s. Colestipol.

Diethylentriaminpentaessigsäure: s. Pentetsäure.

Diethylether: s. Ether.

***N,N*-Diethylethylamin:** s. Triethylamin.

Diethylhexylphthalat: Bis(2-ethylhexyl)-phthalat; $C_{24}H_{38}O_4$, M_r 390.5. Farblose, ölige Flüss.; prakt. unlösl. in Wasser, lösl. in org. Lösungsmitteln. **Anw.:** Reagens Ph.Eur.4.

Diethylmalonylharnstoff: s. Barbital.

Diethylnicotinamid: syn. *N,N*-Diethylnicotinamid; s. Nicethamid.

Diethylphenylendiaminsulfat: *N,N*-Diethyl-*p*-phenylendiaminsulfat; $C_{10}H_{18}N_2O_4S$, M_r 262.3. Schmp. ca. 185 °C, unter Zersetzung. Weißes bis schwach gelbl. Pulver; lösl. in Wasser. **Anw.:** Reagens Ph.Eur.4. Zur Bestimmung von Gesamtchlor u. Wasser zur Verd. konz. Hämodialyselösungen. **Hinweis:** Vor Licht geschützt lagern.

Diethylphthalat: Diethylis phthalas Ph.Eur.4; $C_{12}H_{14}O_4$, M_r 222.2. d_{20}^{20} 1.117-1.121. $n_D^{20\,°C}$ 1.500-1.505. Klare, farblose bis schwach gelbe, ölige Flüss.; sehr schwer lösl. in Wasser, mischbar mit Aceton, Ethanol u. Ether. **Anw.:** Repellent*, Weichmacher; Denaturierungsmittel für Ethanol u. in der Parfümerie. Vgl. Phthalsäureester.

Diethylpropion: s. Amfepramon.

Diethylstilbestrol: Diethylstilbestrolum Ph.Eur.4, Diaethylstilboestrolum, Stilboestrolum, Stilböstrol, Diethyldihydroxystilben (Cyren A); (*E*)-*α*-*β*-Diethylstilben-4,4'-diol; CAS-Nr. 56-53-1; $C_{18}H_{20}O_2$, M_r 268.4. Schmp. 178-180 °C. Farblose Kristalle od. krist. Pulver, leicht lösl. in Ethanol, Ether, Methanol, Aceton, wenig lösl. in fetten

Ölen, fast unlösl. in Chloroform, Wasser; unter Salzbildung lösl. in Alkalihydroxid-Lösungen. **Wirk.**: synthet. Estrogen ohne Steroidgerüst, s. Hormone: **Anw.**: früher bei Menopausensymptomen, sekundärer Amenorrhö durch Eierstockinsuffizienz, Laktationshemmung, Mammakarzinom; wegen karzinogener Wirk. (v.a. auf Nachkommen) heute nur noch bei Prostatakarzinom; als Estrogenther. bei Frauen kontraindiziert.

D

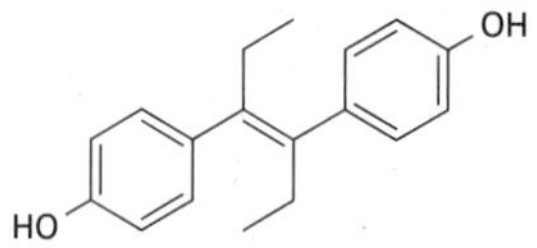

Diethylstilbestrol

Diethylstilbestroldimethylether: Diethylstilbestroli dimethylas, Stilboestrolum dimethylatum; CAS-Nr. 130-79-0; $C_{20}H_{24}O_2$, M_r 296.4. Farblose Kristalle; unlösl. in Wasser, schwer lösl. in Ethanol, leicht lösl. in Chloroform. **Anw.**: s. Diethylstilbestrol.

Diethylstilbestroldiphosphat: s. Fosfestrol.

Diethylstilbestroldiproponiat: Diaethylstilboestrolum dipropionicum, Diaethylstilboestroli dipropionas, Stilboestrolum dipropionylatum, Stilbestroldipropionat; CAS-Nr. 130-80-3; $C_{24}H_{28}O_4$, M_r 380.5. Schmp. 104-108 °C. Farblose Kristalle od. krist. Pulver, leicht lösl. in Ether, Chloroform, Aceton, lösl. in fetten Ölen, wenig lösl. in Ethanol, Methanol, fast unlösl. in Wasser. **Off.**: DAB8, ÖAB81; **Wirk.** u. **Anw.**: s. Diethylstilbestrol.

Diethylsulfid: s. Sulfide.

Diethylsulfondimethylmethan: s. Sulfonal.

Diethylsulfonmethylethylmethan: s. Methylsulfonal.

Diethyl-*m*-toluamid: s. Repellents.

Difenoxin INN: syn. Diphenoxin, 1-(3-Cyan-3,3-diphenylpropyl)-4-phenylisonipecotinsäure; 1-(3-Cyan-3,3-diphenylpropyl)-4-phenyl-4-piperidincarbonsäure; CAS-Nr. 28782-42-5; $C_{28}H_{28}N_2O_2$, M_r 424.54. **Wirk.** u. **Anw.**: Metabolit von Diphenoxylat*; Antidiarrhoikum; kaum noch gebraucht; **Difenoxinhydrochlorid**: CAS-Nr. 35607-36-4; $C_{28}H_{29}ClN_2O_2$, M_r 461.0. Schmp. 290 °C. Gut lösl. in Wasser.

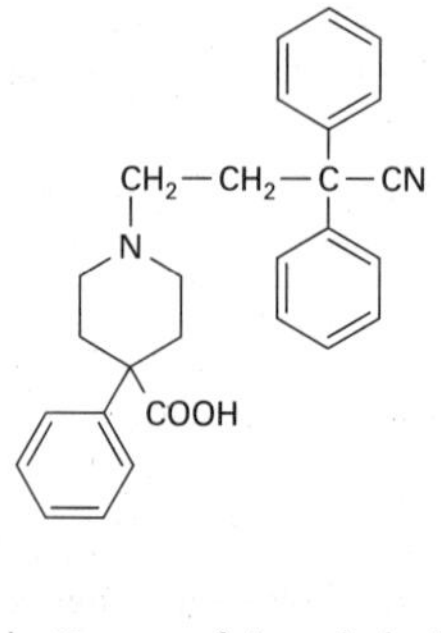

Difenoxin

different: **1.** in Bezug auf Arzneimittel: wirksam, eingreifend. **2.** allg.: verschieden, ungleich.

Differentialblutbild: s. Blutbild.

Differentialdiagnose: s. Diagnose.

differential scanning calorimetry: s. DSC.

Differentialthermoanalyse: (engl.) *differential thermal analysis*; Abk. DTA, Thermoanalyse, differentielle; **1.** Untersuchungsmethode zur Bestimmung des therm. Verhaltens von Stoffen. **Durchführung:** gemeinsames Aufheizen der Probe u. einer therm. indifferenten Vergleichssubstanz in einem Ofen u. Aufzeichnung der Temperaturdifferenz zw. beiden; steigt die Temp. der Probe über od. fällt sie unter diejenige der Vergleichssubstanz, ist dies ein Hinweis darauf, dass es in der Probe zu exo- od. endothermen Veränderungen, wie chem. Reaktionen od. Phasenumwandlungen, kommt. Eine Weiterentw. der DTA ist die DSC*, bei der die entspr. Energiedifferenz gemessen wird. **2.** Überbegriff für DSC u. DTA sowie andere differentielle Methoden der Thermoanalyse*.

Differenzierung: Vorgänge, durch die Zellen od. Gewebe in einen neuen Funktionszustand überführt werden. Man unterscheidet zw. der primären D., d.h. der Zelldetermination, u. der sekundären D., d.h. der physiolog.-morpholog. Differenzierung.

Differenzkalorimetrie, dynamische: s. DSC.

Diffraktion: s. Beugung.

diffus: zerstreut, ohne bestimmte Grenze, ausgebreitet.

Diffusion: mit einem Massetransport verbundener physik. Ausgleichsprozess, in dessen Verlauf Teilchen inf. ihrer Wärmebewegung (Brown-Molekularbewegung) von Orten höherer zu solchen niederer Konz. diffundieren, so dass sich die Konzentrationsunterschiede ausgleichen. Die D. führt zur Vermischung von Gasen und Flüssigkeiten u. zum Konzentrationsausgleich zw. Lösungen. Mit der D. ist ein Entropiegewinn verbunden. Das **1. Diffusionsgesetz nach Fick** beschreibt die Diffusionsgeschwindigkeit in Abhängigkeit von der Kontaktfläche und dem Konzentrationsgradienten:

$$\frac{dm}{dt} = -D \cdot F \cdot \frac{dC}{dx}$$

dm/dt: Massestrom pro Zeiteinheit; D: Diffusionskoeffizient; F: Querschnittfläche (Kontaktfläche); dC/dx: Konzentrationsdifferenz pro Wegstrecke. Für den Diffusionskoeffizienten D (Einheit m^2/s) gilt nach der **Beziehung von Einstein**:

$$D = \frac{1}{6\pi\eta r} \cdot k \cdot T$$

η: Viskosität des umgebenden Mediums; r: Radius der Partikel; k: Boltzmann-Konstante; T: absolute Temperatur.
Die D. ist wichtig für den Austausch von Gasen (Sauerstoff, Kohlendioxid) u. Nährstoffen sowie u.a. für Resorption, Verteilung u. Elimination von Arzneistoffen; s. Diffusion, passive; Diffusion, erleichterte.

Diffusion, erleichterte: Transportmechanismus durch Biomembranen*; s. Resorption, Diffusion, Diffusion, passive; Transport, aktiver. Bei der erleichterten Diffusion werden die Moleküle mit Hilfe von Carrier-Proteinen von höherer zu niedrigerer Konz. durch die Membran geschleust.

Durch die Beteiligung von Carriern* ist dieser Transport selektiv u. sättigbar. Vgl. Transport, aktiver.

Diffusion, passive: wichtigster Mechanismus der Resorption für viele (bes. lipophile) Arzneistoffe. Die Resorption erfolgt durch Diffusion* aufgrund eines Konzentrationsgefälles zw. peripherem u. zentralem Kompartiment. Übertragen auf die Verhältnisse an einer Biomembran ergibt sich folgende Differentialgleichung:

$$\frac{dm}{dt} = -D \cdot F \cdot V_k \cdot \frac{C}{d}$$

dm/dt: pro Zeiteinheit diffundierte Arzneistoffmenge; D: Diffusionskoeffizient; F: Kontaktfläche; V_k:Verteilungskoeffizient des Arzneistoffs zw. hydrophiler u. lipophiler Phase; c: Konz. des Arzneistoffs (im Donatorkompartiment); d: Dicke der Membran.
Da sich c auf die diffusionsfähigen, undissoziierten Arzneistoffmoleküle bezieht, hängt die Diffusionsgeschwindigkeit nicht nur von der gelösten Menge, sondern bei den meisten Arzneistoffen auch vom pH-Wert am jeweiligen Resorptionsort (z. B. Dünndarm) u. den Säure-Base-Eigenschaften (Aciditätskonstanten) der Substanz ab. Der Diffusionskoeffizient ist unter ansonsten konstanten Bedingungen einer Biomembran nur noch von der Größe der diffundierenden Moleküle abhängig.

Diffusionsgeschwindigkeit: s. Diffusion.

Diffusionskoeffizient: s. Diffusion.

Diffusionstheorie: s. Strahlenbiologie.

Diflorason INN: 6α,9-Difluor-11β,17,21-trihydroxy-16β-methyl-1,4-pregnadien-3,20-dion; CAS-Nr. 2557-49-5; $C_{22}H_{28}F_2O_5$, M_r 410.46. Strukturformel s. Flumetason (Abb.). **Anw.:** fluoriertes Corticosteroid für top. Applikation. Gebräuchl. ist auch Diflorason-17,21-diacetat.

Diflucortolon INN: 6α,9-Difluor-11β,21-dihydroxy-16α-methyl-1,4-pregnadien-3,20-dion; CAS-Nr. 2607-06-9; $C_{22}H_{28}F_2O_4$, M_r 394.46. **Anw.:** Corticosteroid*-Ther.; **Dos.:** topisch Salbe, Creme 0.1 %; initial 2- bis 3-mal tägl., dann einmal täglich. Gebräuchl. sind auch Diflucortolon-21-pivalat u. Diflucortolon-21-valerat.

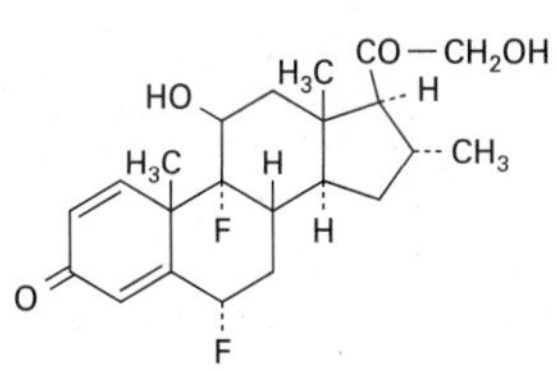

Diflucortolon

Diflunisal INN: Diflunisalum Ph.Eur.4, 5-(2,4-Difluorphenyl)salicylsäure; 2',4'-Difluor-4-hydroxy-3-biphenylcarbonsäure; CAS-Nr. 22494-42-4; $C_{13}H_8F_2O_3$, M_r 250.20. Schmp. 210-211 °C. Weißes, krist., polymorphes Pulver; fast unlösl. in Wasser, lösl. in Ethanol u. Ether. **Anw.:** Analgetikum*, Antiphlogistikum*; **UAW:** u. a. gastrointestinale Störungen (Blutungen u. Ulzerationen), Hautausschläge, Kopfschmerzen, Benommenheit; HWZ 8 h.

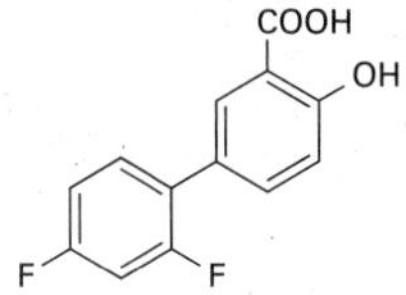

Diflunisal

Digestion: **1.** Verdauung. **2.** Extraktion lösl. Inhaltsst. aus Drogen durch Mazeration* bei erhöhter Temp. (meist 30-50 °C). Aufgüsse* u. Abkochungen* können als Sonderform einer D. angesehen werden; Digerieren wird auch zum Trennen eines Gemisches schwer u. leicht löslicher Stoffe benutzt.

Digestiva: verdauungsfördernde Mittel.

Digitalis ferruginea L.: Rostfarbener Fingerhut; Fam. Scrophulariaceae (Südeuropa, Kleinasien); eine der glykosidreichsten Digitalis-Arten (s. Glykoside). **Inhaltsst.:** Lanatoside A, B, C, D, Strospesid, Verodoxin.

Digitalis grandiflora Mill.: Großblütiger Fingerhut; Fam. Scrophulariaceae (Ost- u. Mitteleuropa, Kleinasien); enthält ca. 0.0004 % Digitoxin*.

Digitalis lanata Ehrh.: Wolliger Fingerhut; Fam. Scrophulariaceae (SO-Europa, Balkan). Stpfl. von **Digitalis lanatae folium:** Folia Digitalis lanatae, Blatt des Wolligen Fingerhutes. **Off.:** DAB1996, ÖAB90; **Inhaltsst.:** die herzwirksamen Glykoside (bis zu 1 %; Strukturformeln s. Glykoside, herzwirksame) Lanatosid (Digilanid) A, B u. C, aus denen bei der Hydrolyse der endständigen Glucose durch eine β-Glucosidase α-Acetyldigitoxin, α-Acetylgitoxin u. α-Acetyldigoxin entstehen; alkal. Hydrolyse führt zur Abspaltung der Acetylgruppe, u. es bilden sich Digitoxin, Gitoxin u. Digoxin, die auch in der Pfl. vorkommen. Die Aglyka sind Digitoxigenin (A), Gitoxigenin (B) u. Digoxigenin (C). Weitere Inhaltsst. sind die Glykoside Lanatosid D u. Diginatin (jeweils mit den Aglykon Diginatigenin, das ist 16-Hydroxydigoxygenin), Lanatosid E (Aglykon Gitaloxigenin), Steroidsaponine (z. B. Digitonin*) sowie das Enzym Digilanidase. Gesamtgeh. an den über 60 bekannten, herzwirksamen Glykosiden 1%; davon entfallen ca. 50 % auf Lanatosid A u. Lanatosid C. **Wirk.** u. **Anw.:** s. Glykoside, herzwirksame. **Digitalis lanatae pulvis normatus:** Eingestelltes Digitalis-lanata-Pulver. **Off.:** DAB1996, ÖAB90; das Pulver soll einen Wirkwert (geprüft am Meerschweinchen) aufweisen, der dem Geh. von 0.5 % Digoxin entspricht (DAB1996).

Digitalis-lanata-Pulver, Eingestelltes: s. Digitalis lanata (Digitalis lanatae pulvis normatus).

Digitalis lutea L.: Gelber Fingerhut; Fam. Scrophulariaceae (südwestl. Deutschland, Schweiz, westl. Tirol). **Inhaltsst.:** ca. 0.25 % Digitalis-Glykoside (Lanatoside, Strospesid u. a.) u. ca. 0.75 % Saponine*.
Hom: *Digitalis lutea:* frische Blätter.

Digitalis purpurea L.: Roter Fingerhut; Fam. Scrophulariaceae (heim. West- u. Mitteleuropa). Stpfl. von **Digitalis purpureae folium:** Folia Digitalis (purpureae), Digitalisblätter, Fingerhutblätter; die zur Blütezeit (Juni-August) gesammelten, getrockneten Laubblätter. Es gibt versch. Rassen, z. B. Digitoxin-, Gitoxin-Rasse. **Off.:** Ph.Eur.4; **Inhaltsst.:** herzwirksame Stoffe (bis zu 0.4 %; Strukturformeln s. Glykoside, herzwirksame) z. B. die genuinen Purpureaglykoside A ($C_{47}H_{74}O_{18}$) u. B ($C_{47}H_{74}O_{19}$), die durch Enzymeinwirk. unter Abspaltung von Glucose in Digitoxin* (A, $C_{41}H_{64}O_{13}$) u. Gitoxin (B, $C_{41}H_{64}O_{14}$) übergehen, die dann durch Hydrolyse noch weiter in die Aglyka Digitoxigenin (A) u. Gitoxigenin (B), den Desoxyzucker Digitoxose u. Glucose aufgespalten werden; weitere Inhaltsst. sind die Glykoside Gitaloxin ($C_{42}H_{64}O_{15}$, Aglykon Gitaloxigenin) u. Strospesid (Aglykon Gitoxigenin), ca. 1 % Steroidsaponine (Digitonin*, Gitonin, Tigonin, Natigin), Digitoflavon (Luteolin*) u. a. Flavonoide*, pflanzliche Gerbstoffe*, Enzyme (Digipurpidase), Schleim u. org. Säuren. Während die genuinen Purpurea-Glykoside amorph sind, kristallisieren die Spaltprodukte Digitoxin, Gitoxin u. Gitalin. Die Hydrolyse durch die entspr. Enzyme tritt nur bei Feuchtigkeit u. mäßiger Wärme ein. Um den ursprüngl. Wirkungswert zu erhalten, müssen die Blätter sorgfältig getrocknet u. vor Feuchtigkeit geschützt aufbewahrt werden. **Geh.:** (Ph.Eur.4): mind. 0.3 % Cardenolidglykoside, bezogen auf Digitoxin u. ber. auf die getrocknete Droge; **Anw.:** s. Glykoside, herzwirksame. **Digitalis purpureae pulvis normatus:** Eingestelltes Digitalis-purpurea-Pulver, Folium Digitalis purpureae titratum, Eingestelltes Blatt des Roten Fingerhutes. **Off.:** DAB2003, ÖAB90; **Wirk.:** das Pulver soll einen Wirkwert (geprüft am Meerschweinchen) aufweisen, der dem Geh. von 1 % Digitoxin entspricht (DAB2001). **Gesch.:** Erstmalig als foxglove im irländ. Meddygon Myddfai, einer Sammlung von Rezepten aus dem 6.-12. Jh., erwähnt; als Diuretikum 1785 von William Withering (1741-1799) eingeführt, als Herzmittel erst ab Mitte des 19. Jh. in Gebrauch; der Name Digitalis stammt von Leonhart Fuchs (1542).

Hom: *Digitalis purpurea (HAB1.2):* frische Blätter einjähriger Pfl. od. die bei Blütenbeginn gesammelten Blätter zweijähriger Pfl.; verord. z. B. bei Herzerkrankungen, Prostatahypertrophie.

Digitalis-purpurea-Pulver, Eingestelltes: s. Digitalis purpurea (Digitalis purpureae pulvis normatus).

Digitalistinktur: s. Tinctura Digitalis lanatae.

Digitaloide: Glykoside mit digitalisähnl. Wirk., jedoch nicht von Digitalis stammend, z. B. Strophanthin*, Adonidin, Neriin*; s. Glykoside, herzwirksame.

Digitalose: 6-Desoxy-3-O-methylgalactose, 3-Methyl-D-fucose; $C_7H_{14}O_5$; M_r 178.18; ein Desoxyzucker, Best. herzwirksamer Glykoside* aus Digitalis- u. Strophanthus-Arten.

Digitogenin: 5α,22α-Spirostan-2α,3β,15β-triol; Steroidsapogenin; Strukturformel s. Saponine (Tab. 2).

Digitonin: Digitoninum, Digitin; $C_{56}H_{92}O_{29}$; M_r 1229; weißes, krist. Pulver, sehr schwer lösl. in Wasser, lösl. in warmem Ethanol u. Essigsäure, unlösl. in Ether u. Chloroform; Steroidsaponin (s. Saponine) aus Digitalis-Arten, das Aglykon ist Digitogenin*. Gift, das noch in großer Verd. rote Blutkörperchen aufzulösen vermag; **Anw.:** zur quant. Bestimmung von Wollwachsalkoholen u. Cholesterol, mit dem es Komplexverb. bildet; auch zum Nachw. von Pflanzenfetten in Tierfetten; vgl. Cholesterol.

Digitoxigenin: s. Digitalis lanata, Digitalis purpurea.

Digitoxin INN: Digitoxinum Ph.Eur.4, Digitoxosid; 3,14-Dioxycardenolid-tridigitoxosid-(3); CAS-Nr. 71-63-6; $C_{41}H_{64}O_{13}$, M_r 765.0. Strukturformel s. Glykoside, herzwirksame (Tab. 2). $[\alpha]_D^{20\,°C}$ +16.5 bis +18.5° (c=2 in Chloroform). Weißes, feinkrist. Pulver von sehr bitterem Geschmack; wenig lösl. in Ethanol, Chloroform; fast unlösl. in Wasser; leicht lösl. in einer Mischung von gleichen Volumteilen Chloroform u. Methanol. **Vork.:** Glykosid aus Blättern von Digialis* purpurea u. anderen Digitalis-Arten; **Wirk.:** durch Hemmung der Na^+/K^+-ATPase der Kardiomyozyten Zunahme der intrazellulären Ca^{2+}-Konzentration; positiv inotrop u. bathmotrop, negativ chronotrop u. dromotrop; **Anw.:** alle Formen der Herzinsuffizienz; D. wird fast quantitativ resorbiert, hat aber nur eine Abklingquote von 7 %. D. wird auch zur Dauerbehandlung verwendet, übertrifft andere Herzglykoside in Bezug auf einen schnellen Wirkungseintritt u. eine geringere Kumulationsgefahr; **Dos.:** Richtdos. (Vollwirkdos.) 2 mg; Erhaltungsdos. 0.15 mg; i. v. Beginn mit 0.75-1.2 mg/d; in jedem Fall muss individuell dosiert werden; HWZ 180 h.

Digitoxin-Tropfenflüssigkeit, orale: Digitoxini guttae orales 0.1 mg/mL, Guttae digitoxosidi 0.1 mg/mL; Geh.: Ph.Helv.7, 0.09-0.11 mg Digitoxin je mL. **Anw.:** s. Digitoxin.

Digitoxose: 2,6-Didesoxy-ribo-hexose, 2,6-Didesoxy-D-allose; $C_{16}H_{12}O_4$; M_r 148.16; Schmp. 112 °C; charakterist. Desoxyzucker (Desoxyhexose) der herzwirksamen Glykoside* aus Digitalis-Arten.

Digitoxosid: s. Digitoxin.

Digoxin INN: Digoxinum Ph.Eur.4, 12β-Hydroxydigitoxin; CAS-Nr. 20830-75-5; $C_{41}H_{64}O_{14}$, M_r 780.96. Strukturformel s. Glykoside, herzwirksame (Tab. 2). Herzwirksames Glykosid aus Digitalis* lanata. **Anw.:** Früh- u. Dauerbehandlung der Herzinsuffizienz; die orale Resorption liegt bei 70 %, die Abklingquote beträgt 20 %; **Dos.:** individuell; Sättigungsbehandlung; für eine schnelle Sättigung gibt man oral 0.5-0.75 mg, bei langsamer Sättigung kann man gleich mit der Erhaltungsdos. beginnen, die bei 0.25-0.375 mg liegt; HWZ 36 h.

Dihuang: s. Rehmannia glutinosa.

Dihydralazin INN: (Phthalazin-1,4-dihydryl)dihydrazin; CAS-Nr. 484-23-1; $C_8H_{10}N_6$, M_r 190.21. Schmp. 180 °C (unter Zers.; kristallisiert aus Wasser). **Wirk.:** Blutdrucksenkung durch direkte erschlaffende Wirk. am Gefäßmuskel; **Anw.:** Antihypertensivum*; zur Monother. nicht geeignet, übl. Kombinationen mit Betarezeptorenblockern u. Diuretika können UAW zurückdrängen; **UAW:** Kopfschmerzen, Tachykardie, Hautausschläge; **Dos.:** orale Initialdos. 12.5 mg, Steigerung bis max. 200 mg/d, starker First*-pass-Effekt, parental 12.5 mg (i. v., i. m.); HWZ 4-5 h. **Dihydralazinsulfat:** Dihydralazini sulfas; CAS-Nr. 7327-87-9; $C_8H_{12}N_6O_4S$, M_r 288.3. Schmp. 250-260 °C (unter

Zers.). Hygroskop.; **Off.**: DAB10. **Dihydralazinsulfat-Hydrat**: Dihydralazini sulfas hydricus Ph.Eur.4; $C_8H_{12}N_6O_4S \cdot 2.5\,H_2O$. M_r 333.3. Gelbes, feinkrist. Pulver; schwer lösl. in Wasser, lösl. in Mineralsäuren, fast unlösl. in Ethanol. **Dihydralazinmesilat**: Dihydralazini mesilas; $C_9H_{14}N_6O_3S$, M_r 286.3. Schmp. ca. 225 °C (unter Zers.). Blassgelbes, hygroskop. Pulver; leicht lösl. in Wasser, lösl. in Mineralsäuren, schwer lösl. in Ethanol u. Methanol, fast unlösl. in Aceton u. Ether. **Off.**: Ph.Helv.7.

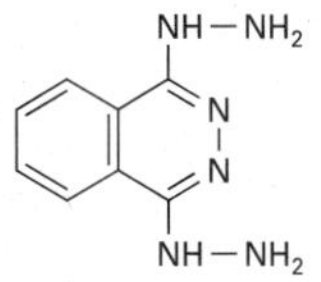

Dihydralazin

Dihydroampicillin: s. Epicillin.

Dihydrocodein INN: syn. 7,8-Dihydrocodein; 4,5α-Epoxy-3-methoxy-9a-methyl-6α-morphinanol; CAS-Nr. 125-28-0; $C_{18}H_{23}NO_3$, M_r 301.37. Schmp. 112-113 °C (kristallisiert aus Methanol/Wasser). Sdp. 248 °C (2 kPa). **Anw.**: Antitussivum*; **UAW**: Suchtgefahr, Obstipation; HWZ 3.3-4.5 h. Gebräuchl. ist auch Dihydrocodeinhydrochlorid, Dihydrocodeinhydrogentartrat*, Dihydrocodeinthiocyanat, Dihydrocodein-Poly(styrol,divinylbenzol)sulfonat.

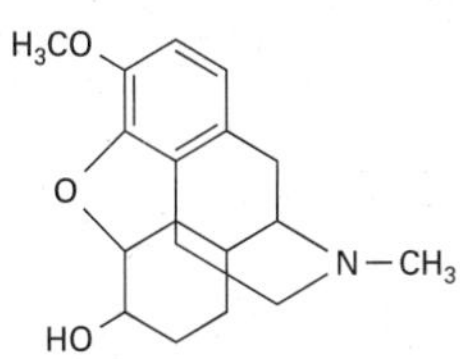

Dihydrocodein

Dihydrocodeinbitartrat: s. Dihydrocodeinhydrogentartrat.

Dihydrocodeinhydrogentartrat: Dihydrocodeini hydrogenotartras Ph.Eur.4, Dihydrocodein [*R*,*R*-tartrat]; CAS-Nr. 5965-13-9; $C_{22}H_{29}NO_9$, M_r 451.5. Schmp. 190-202 °C (unter Zers.). $[\alpha]_D^{20\,°C}$ −70.0 bis −73° (c = 5 in Wasser). Weißes, krist. Pulver von bitterem Geschmack, lösl. in ca. 6 T. Wasser u. ca. 80 T. Ethanol 90 %. **Anw.**: geg. Reizhusten (vgl. Codeinphosphat); unterliegt dem Betäubungsmittelgesetz*; **Dos.**: MED 0.05 g, MTD 0.15 g.

Dihydrocodeinonhydrogentartrat: s. Hydrocodonhydrogentartrat.

Dihydrocodeinonum bitartaricum: s. Hydrocodonhydrogentartrat.

Dihydrocodeinum bitartaricum: s. Dihydrocodeinhydrogentartrat.

Dihydrodibenzazepine: s. Psychopharmaka (Antidepressiva).

Dihydroergocornin: $C_{31}H_{41}N_5O_5$, M_r 563.7. Dihydrolysergsäure-Derivat; s. Dihydroergotoxinmesilat.

Dihydroergocristin: CAS-Nr. 17479-19-5, $C_{35}H_{41}N_5O_5$, M_r 611.76. Weißes, krist. Pulver, leicht lösl. in Chloroform, lösl. in absolut. Ethanol, Aceton, wenig lösl. in Ether, unlösl. in Wasser. **Anw.**: zerebraler Vasodilatator; Sympatholytikum*; **Dos.**: 0.25-1.5 mg (p. o., s. c., i. m.); vgl. Dihydroergotoxinmesilat; Secale cornutum. **Dihydroergocristinmesilat**: Dihydroergocristini mesilas Ph.Eur.4; CAS-Nr. 24730-10-7; $C_{36}H_{45}N_5O_8S$; M_r 707.8; schwer lösl. in Wasser; Komponente von Dihydroergotoxinmesilat*.

Dihydroergocryptin: zweifach hydriertes Ergocryptin (Strukturformel s. Secale cornutum, Abb.); CAS-Nr. 25447-66-9 (α-Isomer) bzw. CAS-Nr. 19467-62-0; $C_{32}H_{43}N_5O_5$, M_r 732.60; vgl. Dihydroergotoxinmesilat.

Dihydroergosterin: s. Vitamine (Vitamin D_4).

Dihydroergotamin INN: Abk. DHE; CAS-Nr. 511-12-6; $C_{33}H_{37}N_5O_5$, M_r 583.7. Dihydriertes Peptidalkaloid aus Mutterkorn (Ergotamin, s. Secale cornutum, Tab.). Farblose Kristalle, sehr schwer lösl. in Ethanol, unlösl. in Wasser. **Anw.**: Venen tonisierendes Mittel bei orthostat. Beschwerden, Sympatholytikum*, Migräne, arteriosklerot. Kopfschmerzen; **UAW**: Erbrechen, Übelkeit; **WW**: Makrolid- u. Tetracyclin-Antibiotika; **Dos.**: MTD 2 mg; HWZ 21 h. **Dihydroergotamintartrat**: Dihydroergotamini tartras Ph.Eur.4; CAS-Nr. 5989-77-5; $(C_{33}H_{37}N_5O_5)_2 \cdot C_4H_6O_6$, M_r 1317.5. Schmp. 203 °C (unter Zers.). Weiße od. farblose Kristalle; sehr schwer lösl. in Wasser; wenig lösl. in Chloroform u. Ethanol. **Dihydroergotaminmesilat**: Dihydroergotamini mesilas Ph.Eur.4, Dihydroergotaminmethansulfonat, Dihydroergotaminium methansulfonicum; CAS-Nr. 6190-39-2; $C_{34}H_{41}N_5O_8S$, M_r 680. Weißes, krist. Pulver; schwer lösl. in Wasser u. Ethanol; wenig lösl. in Chloroform u. Methanol. **Inkomp.**: basische Stoffe. Sterilisation von Lsg. durch Keimfiltration.

Dihydroergotoxin: syn. 9,10-Dihydroergotoxin, Codergocrin; ein Gemisch der dihydrierten Peptidalkaloide der Ergotoxingruppe aus Secale* cornutum: Dihydroergocristin*, Dihydroergocryptin* u. Dihydroergocornin*.

Dihydroergotoxinmesilat: Codergocrini mesilas Ph.Eur.4, Codergocrinmesilat, Codergocrinum methansulfonicum, Dihydroergotoxin monomethansulfonat, Ergoloidmesilat; CAS-Nr. 8067-24-1; besteht aus gleichen Teilen der Mesilate von Dihydroergocornin* ($C_{32}H_{45}N_5O_8S$, M_r 659.8), Dihydroergocristin* ($C_{36}H_{45}N_5O_8S$, M_r 707.8) sowie α- u. β-Dihydroergocryptin* im Verhältnis 2:1 ($C_{33}H_{47}N_5O_8S$, M_r 673.8). Weißes Pulver; schwer lösl. in Wasser, wenig lösl. in Ethanol. **Wirk.** u. **Anw.**: Alphasympatholytikum (s. Sympatholytika), besitzt nur schwach uteruskontrahierende Wirk. u. führt zu einer deutl. Erhöhung des venösen Gefäßtonus; indiziert bei Hypertonie, peripheren Durchblutungsstörungen, Funktionsstörungen des Gehirns mit zerebraler Abbausymptomatik.

Dihydrofolatreduktase: Abk. DHFR; Enzym, das die Reaktion Dihydrofolsäure + NADPH + H^+ → Tetrahydrofolsäure + $NADP^+$ katalysiert. D. ist an der Purinsynthese und an der Synthese von Serin aus Glycin beteiligt. Antagonisten der D. wie

Aminopterin od. Amethopterin hemmen das Enzym kompetetiv, was zur Verzögerung der DNA-Synthese führt.

Dihydrofolatreduktase-Inhibitoren: Wirkstoffe, die in den Folsäurestoffwechsel von Zellen eingreifen. Trimethoprim* ist ein selektiver Hemmstoff der bakt. Dihydrofolatreduktase* u. wird als Antibiotikum* eingesetzt. Methotrexat* hemmt die Dihydrofolatreduktase eukaryot. Zellen u. wird als Zytostatikum* u. als Basistherapeutikum* bei Erkrankungen des rheumat. Formenkreises eingesetzt.

D

4,4'-Dihydrofuchson: s. Aurin.

Dihydrohydroxycodeinon: s. Oxycodon.

Dihydrohydroxycodeinonhydrochlorid: s. Oxycodonhydrochlorid.

Dihydroliponsäure: s. α-Liponsäure.

9,10-Dihydrolysergsäureverbindungen: s. Secale cornutum.

Dihydromethysticin: s. Piper methysticum.

Dihydromorphinhydrochlorid: $C_{17}H_{21}O_3N \cdot HCl$. Weißes, krist. Pulver, sehr leicht lösl. in Wasser, wenig lösl. in Ethanol. **Wirk.**: s. Morphin; **Anw.**: obsolet.

Dihydromorphinon: s. Hydromorphon.

Dihydroorotat: Salz der Dihydroorotsäure. D. wird bei der Synthese von Pyrimidinnucleotiden aus Carbamylaspartat gebildet. Es reagiert weiter zur Orotsäure.

Dihydro-oxycodeinonum hydrochloricum: s. Oxycodonhydrochlorid.

Dihydrostilböstrol: s. Hexestrol.

Dihydrostreptomycin INN: 2,4-Diguanidino-3,5,6-trihydroxycyclohexyl-5-desoxy-2-O-(2-desoxy-2-methylamino-α-L-glucopyranosyl)-3-hydroxymethyl-β-L-lyxo-pentanofuranosid; CAS-Nr. 128-46-1; $C_{21}H_{41}N_7O_{12}$, M_r 583.62. **Wirk.** u. **Anw.**: Aminoglykosid-Antibiotikum (s. Antibiotika), Tuberkulostatikum. D. sollte aufgrund seiner Toxizität nicht mehr verwendet werden; vgl. Antibiotika (Tab.). Gebräuchl. ist auch Dihydrostreptomycin-sesquisulfat, Dihydrostreptomycin-D-pantothenat.

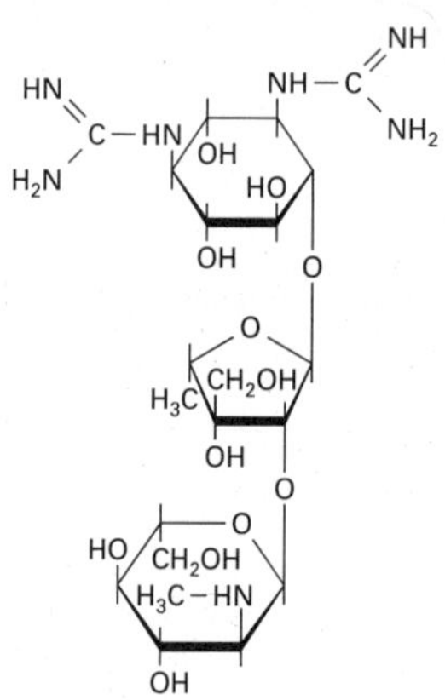

Dihydrostreptomycin

Dihydrostreptomycinsulfat: Dihydrostreptomycini sulfas ad usum veterinarium Ph.Eur.4, Dihydrostreptomycinum sulfuricum; 4-O-[2-O-(2-Desoxy-2-methylamino-2-L-glucopyranosyl)-5-deoxy-3-C-hydroxymethyl-α-L-lyxofuranosyl]-N,N-diamidino-D-streptamin-sulfat; CAS-Nr. 5490-27; $(C_{21}H_{41}N_7O_{12})_2 \cdot 3\,H_2SO_4$, M_r 1461.4. Weißes bis fast weißes Pulver von schwach bitterem Geschmack, leicht lösl. in Wasser, fast unlösl. in Ethanol. $[\alpha]_D^{20\,°C}$ −82 bis −88° (c=2 in Wasser). **Wirk.** u. **Anw.**: Aminoglykosid-Antibiotikum (s. Antibiotika), Tuberkulostatikum; wirkt bakterizid geg. Tuberkelbakterien u. gramnegative Keime, vgl. Streptomycin*, aber stärker ototox., daher nur in Ausnahmefällen indiziert; **Dos.**: i. m. 0.5-1 g.

Dihydrotachysterol INN: Dichysterol, Dihydrotachysterin, 24-Methyl-9,10-secocholesta-5,7,22-trien-3β-ol; (5E,7E,22E)-9,10-Seco-5,7,22-ergostatrien-3β-ol; CAS-Nr. 67-96-9; $C_{28}H_{46}O$, M_r 398.65. Schmp. 125-127 °C (kristallisiert aus Methanol 95 %). $[\alpha]_D^{22\,°C}$ +97.5° (Chloroform). Chem. verwandt mit Calciferol (Vitamin D_2, s. Vitamine). Fast unlösl. in Wasser, lösl. 1:20 in Ethanol, 1:0.7 in Chloroform, 1:3 in Ether, 1:50 in Erdnußöl. **Anw.**: Hypocalcämie u. Vitamin-D-resistente Rachitis, evtl. bei Osteomalazie; geringe therap. Breite; Symptome der Überdosierung: Appetitlosigkeit, Abgespanntheit, Schwindel, Übelkeit, Erbrechen, Durchfall, Polyurie, Kopfschmerzen; reversibel erhöhte Calcium- u. Phosphatkonz. in Serum u. Urin, sowie erhöhter Cholesterolplasmaspiegel; **Dos.**: p. o. 0.125-1.25 mg/d.

Dihydrotestosteron: s. Androstanolon.

Dihydroxyaceton: Abk. DHA, 1,3-Dihydroxypropanon; CAS-Nr. 96-26-4; $C_3H_6O_3$, M_r 90.1. Dreiwertiger Zucker; liegt im kristallinen Zustand i. Allg. in dimerer Form vor; geht beim Erhitzen, Schmelzen, Lösen in Wasser od. Ethanol in die monomere Form über. Nat. im menschl. Körper, reagiert (analog der Maillard*-Reaktion) mit Peptiden u. Aminosäuren der Haut unter Braunfärbung; verantwortl. für Braunfärbung der Zähne. **Off.**: DAC86. **Anw.**: Hautbräunungsmittel* (bes. bei Vitiligo) in 4 %iger Lsg. in Ethanol/Wasser.

1,2-Dihydroxyanthrachinon: s. Alizarin.

1,8-Dihydroxyanthrachinon: s. Dantron.

Dihydroxyanthranol: s. Anthrarobin.

3,4-Dihydroxyanthranol: s. Anthrarobin.

2,5-Dihydroxybenzoesäure: s. Gentisinsäure.

1,2-Dihydroxybenzol: s. Brenzcatechin.

1,3-Dihydroxybenzol: s. Resorcin.

1,4-Dihydroxybenzol: s. Hydrochinon.

***m*-Dihydroxybenzol:** s. Resorcin.

***p*-Dihydroxybenzol:** s. Hydrochinon.

2,3-Dihydroxyinden: s. Indan.

1,3-Dihydroxynaphthalin: 1,3-Naphthalindiol, Naphthoresorcin; $C_{10}H_8O_2$, M_r 160.2. Schmp. ca. 125 °C. Krist., meist bräunl. violettes Pulver, leicht lösl. in Wasser u. Ethanol. **Anw.**: Reagens auf u. a. Glucuronsäure u. Zucker.

2,7-Dihydroxynaphthalin: 2,7-Naphthalindiol; $C_{10}H_8O_2$, M_r 160.2. Schmp. ca. 190 °C. Nadeln lösl. in Wasser, Chloroform, Ethanol u. Ether. **Anw.**: Reagens Ph.Eur.4. Zur Reinheitsprüfung von Carboxymethylcellulose-Natrium.

Dihydroxyphenylalanin: Dioxyphenylalanin (Abk. DOPA); 3-Hydroxytyrosin; $C_9H_{11}NO_4$, M_r 197.2. L-Form s. Levodopa. **Physiologie:** nat. Aminosäure, Oxidationsprodukt des Tyrosins (unter Mitwirkung des Enzyms Tyrosinase). Dopa ist Vorstufe bei der Pigmentbildung (Melanine) der Haut u. wichtiges Zwischenprodukt der Adrenalinbiosynthese; es wird durch die Dopadecarboxylase zu Dopamin*; **Anw.**: Parkinson*-Syndrom in Kombination mit Dopadecarboxylasehemmern.

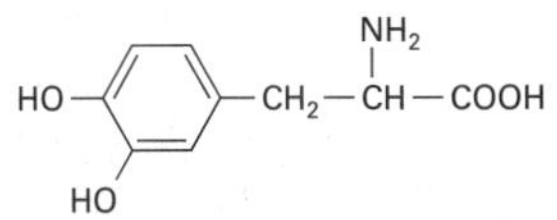

Dihydroxyphenylalanin

Dihydroxyphenylaminopropanolum hydrochloricum: s. Corbadrin (Corbadrinhydrochlorid).
Dihydroxyphenyl-methylaminoethanol: s. Adrenalin.
Dihydroxypropyltheophyllin: s. Diprophyllin.
2,4-Dihydroxypyrimidin: s. Uracil.
Dihydrozeatin: s. Zytokinine.
Diiodithymol: s. Dithymoldiiodid.
3,5-Diiod-4-hydroxybenzolsulfonsäure: s. Sozoiodolsäure.
Diiodtyrosin: Iodgorgosäure, 3,5-Di-iodo-*L*-tyrosin-Dihydrat; CAS-Nr. 66-02-4 (Anhydrat); $C_9H_9I_2NO_3 \times 2\ H_2O$, M_r 469.0 (Anhydrat M_r 433.0). Weißes bis schwach bräunl. Pulver. Schwer lösl. in Wasser, lösl. in 250 T. Ethanol, leicht lösl. in Alkalihydroxid-Lösungen, Mineralsäuren. Vorstufe in der Biosynthese von Thyroxin* u. Triiodthyronin in der Schilddrüse (s. Hormone, Schilddrüse); bei Hypothyreose*.
Diiodyl: Ricinstearinsäurediiodid; M_r 550.1. Schmp. 68-70 °C. Geh. 45-46 % Iod. Weißes bis gelbl. weißes Pulver, lösl. in Ethanol u. Ether, unlösl. in Wasser. **Anw.**: früher zur Iodther. wie Kaliumiodid*.
Diisobutylketon: 2,6-Dimethyl-4-heptanon; $C_9H_{18}O$, M_r 142.2. Sdp. ca. 168 °C. $n_D^{20\,°C}$ ca. 1.414. Klare farblose Flüss., schwer lösl. in Wasser, mischbar mit den meisten org. Lösungsmitteln. **Anw.**: Reagens Ph.Eur.4.
Diisopromin INN: *N,N*-Diisopropyl-3,3-diphenylpropylamin; CAS-Nr. 5966-41-6; $C_{21}H_{29}N$, M_r 295.45. **Anw.**: Cholagogum*, Spasmolytikum*, meist mit Sorbitol bei viszeralen Störungen; wird kaum noch verwendet; gebräuchl. ist auch Diisoprominhydrochlorid.

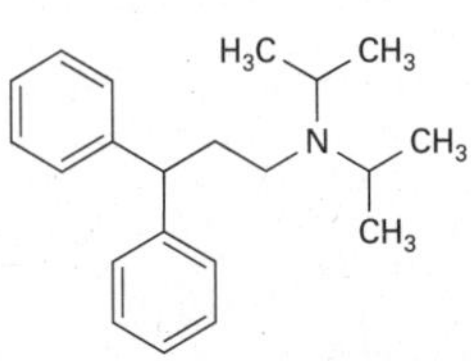

Diisopromin

Diisopropylfluorphosphat: s. Fluostigmin.
Dikalii phosphas: s. Kaliummonohydrogenphosphat.
Dikaliumclorazepat INN: Dikalii clorazepas Ph.Eur.4; (3-Carboxy-7-chlor-2,3-dihydro-2-hydroxy-5-phenyl-1*H*-1,4-benzodiazepin-2-yl)oxy-kalium; CAS-Nr. 57109-90-7; $C_{16}H_{11}ClK_2N_2O_4$, M_r 408.92. Strukturformel vgl. Clorazepat (Abb.). Leicht lösl. in Wasser; sehr schwer lösl. in Ethanol; fast unlösl. in Ether, Chloroform. **Anw.**: Tranquilizer; **UAW**: lange Anw. kann zu Abhängigkeit des Barbiturat-Alkohol-Typs führen, Neigung zum Missbrauch gering; weitere UAW s. Benzodiazepine; **Dos.**: p.o. 15 mg (bei Schlafstörungen, abends); p.o. 3×5 mg/d; HWZ 48 h. Gebräuchl. ist auch Clorazepat* u. Monokaliumclorazepat.

Dikaliummonohydrogenphosphat: s. Kaliummonohydrogenphosphat.
Dikaliumorthophosphat: s. Kaliummonohydrogenphosphat.
Dikaryon: Paarkernstadium, s. Pilze.
Diketone: Alkadine; Ketone mit 2 C=O-Gruppen. Nomenklatur: 1,2-D. werden auch als α-Diketone, 1,3-D. als β-Diketone bezeichnet (s. Abb.; vgl. Diacetyl).

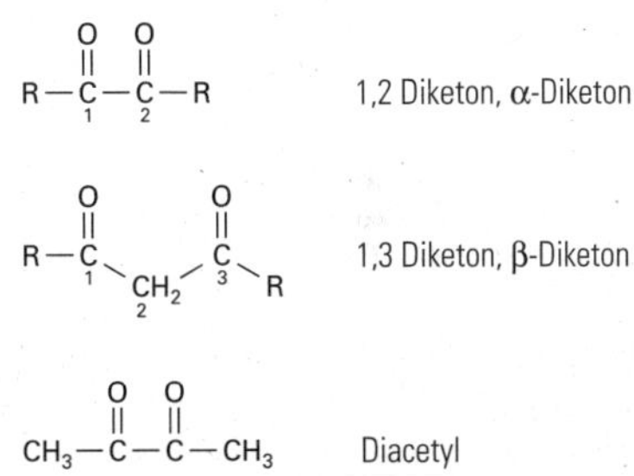

Diketone

Dikotyledoneae: Dicotyledoneae, Magnoliatae, Dikotyle, dikotyle Pflanzen; heute in der Systematik nicht mehr verwendete Bez. für zweikeimblättrige Pflanzen, keine phylogenet. Gruppe; vgl. Monokotyledonae.
Dilatation: Ausdehnung von Substanzen bei Erwärmung bzw. Abkühlung. Die meisten Substanzen dilatieren beim Erwärmen, Wasser jedoch vergrößert sein Volumen bei Abkühlen unter 4 °C u. bes. beim Gefrieren.
Dilatometrie: Bestimmung des Ausdehnungsverhaltens z. B. Längenänderung α bei Festkörperproben oder Volumenänderung γ bei halbfesten Stoffen od. Zubereitungen beim Erwärmen. Bei Phasenübergängen, z. B. Schmelzen, tritt sprunghafte Änderung des Ausdehnungskoeffizienten ein. Bei Mischungen lässt sich so das Schmelzen einzelner Komponenten beobachten, während bei Einzelsubstanzen Übergänge zw. instabilen u. stabilen Modifikationen (s. Polymorphie) erkannt u. untersucht werden können: $\alpha = 1/\Delta t \cdot (L/L_0 - 1)$ bzw. $\gamma = 1/\Delta t\,(V/V_0 - 1)$.
Dilazep INN: Dilazepam, 1,4-Bis[3-(3,4,5-trimethoxybenzoyloxy)propyl]perhydro-1,4-diazepin; 3,3'-(Perhydro-1,4-diazepin-1,4-diyl)-dipropyl-bis(3,4,5-trimethoxybenzoat); CAS-Nr. 35898-87-4; $C_{31}H_{44}N_2O_{10}$, M_r 604.70. **Wirk.**: hemmt den Abbau von Adenosin u. erhöht dadurch dessen Konz. an den Gefäßrezeptoren, wodurch der koronare Blutdurchfluss verstärkt

wird; **Anw.:** Koronardilatator; **Dos.:** p.o. 2-3×50 mg/d; HWZ 4 h. Gebräuchl. ist auch Dilazep-dihydrochlorid.

Dill: s. Anethum graveolens var. hortorum.

Dillöl: s. Anethum graveolens L. var. hortorum Alef.

Diltiazem INN: *cis*-(+)-5-(2-Dimethylaminoethyl)-2,3,4,5-tetrahydro-2-(4-methoxyphenyl)-4-oxo-1,5-benzothiazepin-3-ylacetat; CAS-Nr. 42399-41-7; $C_{22}H_{26}N_2O_4S$, M_r 414.52. **Wirk.:** Calciumantagonist; **Anw.:** Koronardilatator; Dauerbehandlung der koronaren Herzkrankheit; Prophylaxe von Angina-pectoris-Anfällen; HWZ 4-9 h. **Diltiazemhydrochlorid:** Diltiazemi hydrochloridum Ph.Eur.4; $C_{22}H_{27}ClN_2O_4S$. Schmp. 213 °C (unter Zers.). Weißes, krist. Pulver; leicht lösl. in Wasser, Dichlormethan u. Methanol, schwer lösl. in Ethanol.

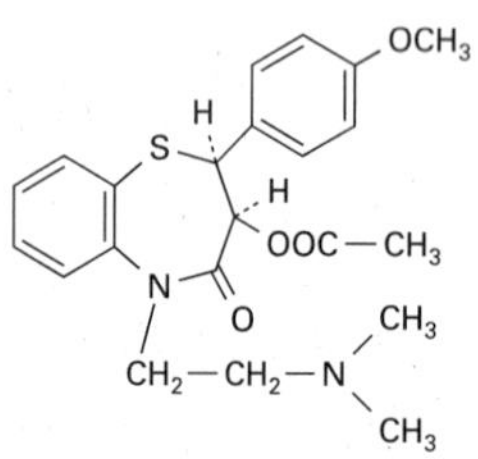

Diltiazem

Dilution: Verdünnung, die mit flüssigen Stoffen zubereitet wird, z.B. mit Alkohol, Wasser od. Glycerol. Vgl. Homöopathie.

dilutus: f: diluta, f: dilutum; verdünnt.

Dimazeration: zweifache Mazeration. Die vorgeschriebene Drogenmenge wird zunächst mit der Hälfte des Extraktionsmittels u. nach dessen Abtrennung mit der anderen Hälfte mazeriert.

DIMDI: Abk. für **D**eutsches* **I**nstitut für **M**edizinische **D**okumentation und **I**nformation.

Dimegluminsalze: Salze des *N*-Methyl-D-glucamin (Meglumin). **Anw.:** Röntgenkontrastmittel.

Dimenhydrinat INN: Dimenhydrinatum Ph.Eur.4, 2-Benzhydryloxy-*N*,*N*-dimethylethylamin-8-chlortheophyllinat; Diphenhydramin-8-Chlortheophyllinat, Salz von Diphenhydramin* (vgl. Strukturformel) mit 8-Chlortheophyllin*; CAS-Nr. 523-87-5; $C_{24}H_{28}ClN_5O_3$, M_r 469.96. Schmp. 102-107 °C. Leicht lösl. in Ethanol, Chloroform; lösl. in Benzol, in Wasser ca. 3 mg/mL; fast unlösl. in Ether; pH 6.8-7.3 (gesättigte, wässrige Lsg.). **Anw.:** Antiemetikum*, Antihistaminikum*; **UAW:** Verdauungsbeschwerden, Sedation, Mundtrockenheit, beeinflusst das Reaktionsvermögen; **WW:** Alkohol, Aminoglykosid-Antibiotika, Psychopharmaka; **Dos.:** p.o. 50 mg/6 h; parenteral i.v. 50 mg; i.m. 100 mg; rektal 3-4×150 mg/d.

Dimenhydrinat-Suppositorien: s. Suppositoria Dimenhydrinati.

Dimepranol INN: 1-(Dimethylamino)-2-propanol; s. Inosin Pranobex.

Dimercaprol INN: Dimercaprolum Ph.Eur.4, Dithiopropanol, Dimerkaptopropanol, (engl.) *British Anti Lewisite (Abk. BAL)*; 2,3-Dimercaptopropanol; CAS-Nr. 59-52-9; $C_3H_8OS_2$, M_r 124.21. Sdp. 60 °C (27 Pa), 100 °C (745 Pa), 120 °C (2 kPa), 130 °C (3.3 kPa), 140 °C (5.3 kPa). $n_D^{25\,°C}$ 1.5720. d_4^{25} 1.2385. Farblose bis schwach gelbe Flüss., knoblauchartiger Geruch. 8.7 g lösen sich in 100 mL Wasser unter Zers.; lösl. in Pflanzenölen, mischbar mit Ethanol, Benzylbenzoat, Ether, Methanol. pH 5-6.5 (gesättigte Lsg. in Wasser). **Anw.:** parenterales Antidot geg. Metallvergiftungen (Cave Blei- u. Eisenvergiftungen), Hautantiseptikum; **Dos.:** parenteral (intraglutaeal in öliger Lsg.) i.m. 2-3 Tage lang 2.5 mg/kg KG/d, dann Dos. herabsetzen; bei akuter Vergiftung am 1. u. 2. Tag 2.5 mg/kg KG alle 4 h, am 3. Tag 2.5 mg/kg KG alle 6 h, vom 4.-10. Tag 2× 2.5 mg/kg KG/d; auch in 10 %iger Lsg. mit Zusatz von 20 % Benzylbenzoat (BAL in Oil); HWZ 1 h.

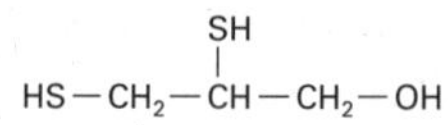

Dimercaprol

Dimercaprol-Injektionslösung 100 mg/mL: Dimercaproli solutio iniectabilis 100 mg/mL, Iniectabile dimercaproli 100 mg/mL; Zstzg.: Ph.Helv.7, 10.0 T. Dimercaprol, 20.0 T. Benzylbenzoat u. Öl für Injektionszwecke auf 100.0 mL. Klare, gelbe, dickflüssige, nach Knoblauch riechende Flüss. **Anw.:** s. Dimercaprol.

Dimetacrin INN: syn. Dimethacrin, 10-(γ-Dimethylaminopropyl)-9,9-dimethylacridan, 9,9-Dimethyl-10-(3-dimethylaminopropyl)acridan; 9,9-Dimethyl-10-(3-dimethylaminopropyl)-9,10-dihydroacridin; CAS-Nr. 4757-55-5; $C_{20}H_{26}N_2$, M_r 294.42. Sdp. 200 °C (133 Pa). **Anw.:** obsoletes tricycl. Antidepressivum vom Imipramin-Typ; s. Psychopharmaka. Gebräuchl. war auch **Dimetacrinhydrochlorid** ($C_{20}H_{26}N_2 \cdot HCl$; Schmp. 151-154 °C) u. Dimetacrinhydrogentartrat.

Dimethicone (INCI) : s. Dimeticon.

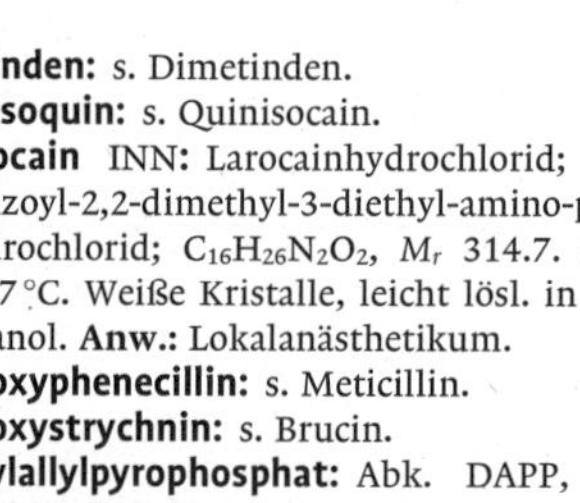

Dimetacrin

Dimethinden: s. Dimetinden.

Dimethisoquin: s. Quinisocain.

Dimethocain INN: Larocainhydrochlorid; *p*-Amino-benzoyl-2,2-dimethyl-3-diethyl-amino-propanolhydrochlorid; $C_{16}H_{26}N_2O_2$, M_r 314.7. Schmp. 196-197 °C. Weiße Kristalle, leicht lösl. in Wasser u. Ethanol. **Anw.:** Lokalanästhetikum.

Dimethoxyphenecillin: s. Meticillin.

Dimethoxystrychnin: s. Brucin.

Dimethylallylpyrophosphat: Abk. DAPP, Dimethylallyldiophosphat; Zwischenprodukt der Biosynthese der Terpene*.

Dimethylaminoantipyrin: s. Aminophenazon.

Dimethylaminoazobenzol: s. Buttergelb.

4-Dimethylaminobenzaldehyd: $(H_3C)_2N-C_6H_4-CHO$; $C_9H_{11}NO$, M_r 149.2. Schmp. ca. 74 °C. Weiße bis gelbl. Kristalle, sehr schwer lösl. in Wasser, lösl. in Ethanol, Ether, Chloroform. **Anw.** med.: Reagens Ph.Eur.4; zum Nachw. von stickstoffhaltigen Verb., z.B. Ergometrinmaleat, Ergotannintartrat, v.a. Urobilinogen u. Stercobilinogen; in 2%iger salzsaurer Lsg. als Ehrlich*-Reagens; in der Chromatographie als Sprühreagens; techn.: zur Synthese von Azofarbstoffen*.

2-Dimethylaminoethanol: s. Deanol.

Dimethylaminophenazon: s. Aminophenazon.

Dimethylaminophenyldimethylpyrazolon: s. Aminophenazon.

Dimethylarsinsäure: **1.** s. Kakodylsäure. **2.** D.-Natriumsalz, s. Natriumkakodylat.

Dimethylcarbaminoyloxyphenyl-trimethyl-ammoniummethylsulfat: s. Neostigminmethylsulfat.

Dimethylcarbinol: s. Isopropylalkohol.

Dimethylergometrin: s. Methysergid.

Dimethylether: Methylether; $H_3C-O-CH_3$, M_r 46.07. Schmp. −138 °C. Sdp. −23 °C. Farbloses, schwach ether. riechendes Gas, 1.6-mal schwerer als Luft; feuergefährl., Flammpunkt −42.2 °C. **Herst.:** aus Erdgas. **Anw.** techn.: Synthese, z.B. von Essigsäure u. Dimethylsulfat; als neuer Kraftstoff in Erprobung. **Tox.:** wirkt schwach narkot.; MAK: 1910 mg/m^3.

Dimethylethylcarbinol: s. Amylenhydrat.

Dimethylformamid: Abk. DMF; Ameisensäuredimethylamid; CAS-Nr. 68-12-2; C_3H_7NO, M_r 73.1. Sdp. ca. 153 °C. Klare, farblose, neutrale Flüss.; mischbar mit Wasser u. Ethanol. **Anw.:** Reagens Ph.Eur.4.

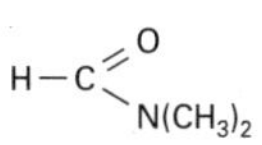

Dimethylformamid

Dimethylfumarat: s. Fumarsäure.

Dimethylgelb: s. Buttergelb.

Dimethylglyoxim: Diacetyldioxim; 2,3-Butandiondioxim, CAS-Nr. 95-45-4; $C_4H_8N_2O_2$, M_r 116.12. Schmp. ca. 238 °C (unter Zers.). Weißes, krist. Pulver, lösl. in Ether, Ethanol, Aceton u. in wässriger alkal. Lsg., in Wasser 0.04 %. **Anw.:** als Tschugaeff-Reagens in der Analyse, bildet gefärbte Metallkomplexsalze, bes. zum Nachw. von Nickel u. Bismut, zur Abtrennung von Nickel von Cobalt u. vielen anderen Metallen, z.B. Palladium von Zinn, Gold, Rhenium, Iridium. Das Natriumsalz des D. ist leicht lösl. in Wasser u. wird in 1.5 %iger wässriger Lsg. ebenfalls zum Nachw. von Nickel benutzt, vgl. α-Benzildioxim.

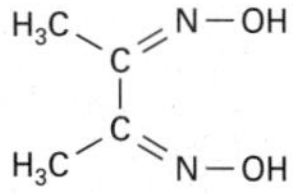

Dimethylglyoxim

2,6-Dimethyl-4-heptanon: s. Diisobutylketon.

Dimethylketon: s. Aceton.

Dimethylphenylpyrazolon: s. Phenazon.

Dimethylphthalat: Phthalsäuredimethylester, $C_6H_4(COOCH_3)_2$. D. 1.12. Sdp. 160-164 °C. Farblose, ölige Flüss., sehr schwer lösl. in Wasser, mischbar mit org. Lösungsmitteln. **Anw.** techn.: Lösungsmittel, Weichmacher u. Insektenschutzmittel: ein dünner Überzug mit D. schützt die Haut mehrere Stunden lang gegen Insekten; s. Repellents; **Tox.:** schleimhaut- u. augenreizend; bei Inhalation Depression des ZNS möglich.

Dimethylpolysiloxan: s. Dimeticon.

Dimethylpyridine: s. Pyridin.

Dimethylpyrinden: s. Dimetinden.

Dimethylsulfat: Abk. DMS; Schwefelsäuredimethylester, CAS-Nr. 77-78-1; $(CH_3O)_2SO_2$, M_r 126.13. D. 1.33. Schmp. −32 °C. Sdp. 187-188 °C (unter Zers.). Farblose ölige Flüss.; sehr leicht lösl. in Ethanol u. Ether, prakt. unlösl. in Wasser. **Anw.** techn.: Methylierungsmittel in der org. Chemie; zur Herst. von Farbstoffen, Vanillin, Phenazon; als Reagens u.a. auf Eiweiß, Hydroxycholesterol. **Tox.:** sehr giftig, reizt Haut u. Atmungsorgane. MAK: 0.05 mg/m^3 Luft.

Dimethylsulfon: Sulfonyldimethan; $C_2H_6O_2S$, M_r 94.1. Schmp. 108-110 °C. Weißes krist. Pulver, leicht lösl. in Wasser, lösl. in Aceton u. Ethanol. **Anw.:** Reagens Ph.Eur.4. Zur Reinheitsprüfung von Dimethylsulfoxid*.

Dimethylsulfoxid INN: Abk. DMSO; CAS-Nr. 67-68-5; $(CH_3)_2SO$, M_r 78.1. Klare, hygroskop. Flüss., mischbar mit Wasser, Ethanol, Ether, Chloroform. **Off.:** Ph.Eur.4, DAC86; **Wirk.:** antiphlogist., lokalanästhet., schwach bakterio- u. fungistat., ferner diuret. u. vasodilatorisch; **Anw.:** äußerl. als Analgetikum* u. Antiphlogistikum*; zur Verbesserung der Resorption von versch. Pharmaka durch die Haut; **UAW:** Brennen der Haut, Erytheme, Blasenbildung, Schwindel, Erbrechen, abdominale Krämpfe auch nach lokaler Applikation; nicht am Auge u. während der Schwangerschaft; techn.: aprot. Lösungsmittel.

Dimethyltryptamin: s. Piptadenia peregrina.

Dimethyltubocurariniumchlorid INN: Dimethyltubocurarinii chloridum, Metocurinchlorid; CAS-Nr. 33335-58-9; $C_{40}H_{48}Cl_2N_2O_6$, M_r 723.74. **Anw.:** peripheres stabilisierendes Muskelrelaxans*; 2- bis 3-mal wirksamer als Tubocurarinchlorid*, Wirkungsdauer 25-90 min.

Dimethyltyramin: s. Hordenin.

1,3-Dimethylxanthin: s. Theophyllin.

3,7-Dimethylxanthin: s. Theobromin.

Dimeticon INN: Dimeticonum Ph.Eur.4, Dimethicone (INCI), Polydimethylsiloxane, Methylsilikonöle; Polydimethylsiloxan, CAS-Nr. 9006–65–9/631; $(C_2H_6OSi)_n$. $n_D^{25\,°C}$ ca. 1.404. D. 0.965-0.970. Klare, farblose Flüss. unterschiedl. Viskosität; fast unlösl. in Wasser, sehr schwer lösl. bis fast unlösl. in wasserfreiem Ethanol, mischbar mit Ethylacetat, Ethylmethylketon u. Toluol. D. blockiert das Aufweichen u. Austrocknen der Haut, ist prakt. nicht tox., wird biol. nicht abgebaut. **Herst.:** Hydrolyse u. Polykondensation von Dichlordimethylsilan u. Chlortrimethylsilan; die Typen unterscheiden sich durch die nominale Viskosität, die durch die Nummer beim Substanznamen ausgedrückt wird. Die kinemat. Viskosität von 20-1300 $^{mm^2}/_{s}$ bei 25 °C entspr. einem Polymerisationsgrad n=20-400. D. mit einer nominalen Viskosität von ≤50 $^{mm^2}/_s$ ist nur zur äußerl. Anw. bestimmt. **Anw.:** Antischaummittel, Weichmacher, Verdickungsmittel im Lebensmittelsektor, Herst. pharmaz. od. kosmet. Zuber., z.B. bei funktioneller Dyspepsie.

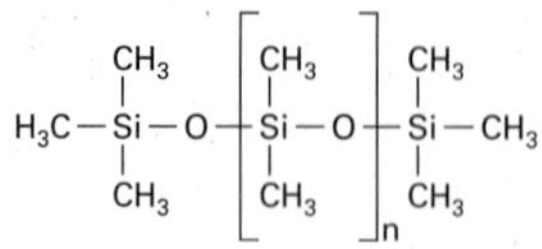

Dimeticon

Dimeticon-Creme: s. Cremor Dimeticoni.

Dimeticon-Kapseln 40 od. 80 mg: Capsulae Dimeticoni 40 aut 80 mg; Zstzg.: DAC86, NRF (pro Kapselgröße 1), 0.04 bzw. 0.08 g Dimeticon, 0.005 bzw. 0.01 g hochdisperses Siliciumdioxid, leichtes Magnesiumoxid nach Bedarf. **Anw.:** bei Meteorismus; **Dos.:** 1-2 Kapseln nach den Mahlzeiten u. bei Bedarf vor dem Schlafengehen.

Dimeticon-Pulver 40 od. 80 mg: Pulvis Dimeticoni; nicht abgeteiltes Pulver mit ED 40 bzw. 80 mg; Zstzg.: NRF (für 50 Einzeldosen), 2.0 g bzw. 4.0 g Dimeticon, 0.1 g bzw. 0.2 g hochdisperses Siliciumdioxid, 1.5 g bzw. 3.0 g leichtes Magnesiumdioxid, 0.5 g Orangentrockenaroma, 38.0 g bzw. 35.0 g Sorbitol. **Anw.:** Meteorismus; **Dos.:** 1-2 Dosierlöffel (1.7 mL Fassungsvermögen) mit etwas Flüss. nach den Mahlzeiten u. bei Bedarf vor dem Schlafengehen.

Dimetinden INN: syn. Dimethinden, Dimethylpyrinden; *N,N*-Dimethyl-2-[3-(*RS*)-1-(pyridin-2-yl)ethyl-1*H*-inden-2-yl]ethanamin; CAS-Nr. 5636-83-9; $C_{20}H_{24}N_2$, M_r 292.41. **Anw.:** Antiallergikum, Antihistaminikum, Antipruriginosum; **UAW:** Sedierung, Mundtrockenheit, Beeinflussung des Reaktionsvermögens; **WW:** Alkohol u. Psychopharmaka; **Dos.:** 3×1 mg/d p.o.; Kinder 1-8 Jahre 3×0.5 mg/d; Säuglinge 3×0.25 mg/d; oral retard 2.5 mg morgens u. abends; topisch 1 %iges Gel; HWZ 5-7 h. **Dimetindenmaleat:** Demetindeni maleas Ph.Eur.4; CAS-Nr. 3614-69-5; $C_{20}H_{24}N_2 \cdot C_4H_4O_4$, M_r 408.5. Weißes, krist. Pulver, schwer lösl. in Wasser.

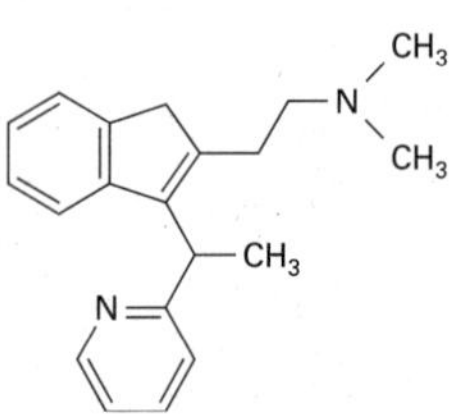

Dimetinden

Dimetotiazin INN: *N,N*-Dimethyl-10-(2-dimethylaminopropyl)-2-phenothiazinylsulfonamid; CAS-Nr. 7456-24-8; $C_{19}H_{25}N_3O_2S_2$, M_r 391.56. **Anw.:** Antihistaminikum*, Serotoninantagonist*, Antianaphylaktikum; nur noch selten verwendet; **Dos.:** p.o. 2-3×20 mg/d; Kinder 1 mg/kg KG/d. Gebräuchl. ist auch Dimetotiazinmesilat.

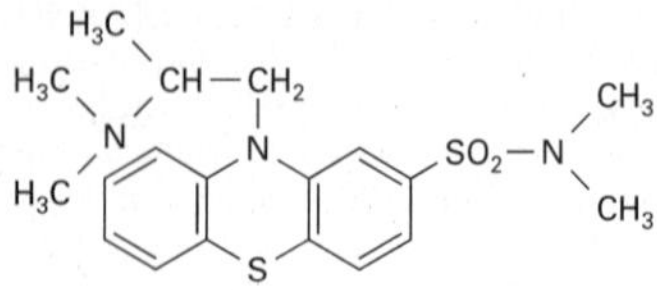

Dimetotiazin

Dimidium: Abk. Dim.; (auf Rezepten) die Hälfte.

Dimorphie: Polymorphie*, die sich auf 2 Modifikationen beschränkt.

DIN: Abk. für **D**eutsches **I**nstitut für **N**ormung; gemeinnütziger Verein mit Sitz in Berlin, der techn. Standards (DIN-Normen) erarbeitet u. unter dem Verbandszeichen DIN herausgibt; vgl. ISO.

Dinatrii phosphas dihydricus: s. Natriummonohydrogenphosphat (Natriummonohydrogenphosphat-Dihydrat).

Dinatrii phosphas dodecahydricus: s. Natriummonohydrogenphosphat (Natriummonohydrogenphosphat-Dodecahydrat).

Dinatrii phosphas heptahydricus: s. Natriummonohydrogenphosphat (Natriummonohydrogenphosphat-Heptahydrat).

Dinatriumcromoglicinat: s. Cromoglicinsäure.

Dinatrium-EDTA: s. Natriumedetat.

Dinatriumhydrogenphosphat: s. Natriummonohydrogenphosphat.

Dinatriumorthophosphat: s. Natriummonohydrogenphosphat.

Dinatriumpentacyanonitrosylferrat(II): s. Natriumnitroprussid.

3,5-Dinitrobenzoesäure: CAS-Nr. 99-34-3; $C_7H_4N_2O_6$, M_r 212.1. Schmp. ca. 206 °C. Fast farblose Kristalle; schwer lösl. in Wasser, sehr leicht lösl. in Ethanol. **Anw.:** Reagens Ph.Eur.4.

1,3-Dinitrobenzol: CAS-Nr. 99-65-0; $C_6H_4N_2O_4$, M_r 168.1. Schmp. 89-91 °C. Polymorphe Kristalle od. krist. gelbl. Pulver; prakt. unlösl. in Wasser, schwer lösl. in Ethanol, lösl. in Chloroform. **Anw.:** Reagens Ph.Eur.4: Dinitrobenzol-Lsg. (1 %ig in Ethanol 96 %).

3,5-Dinitrobenzoylchlorid: CAS-Nr. 99-33-2; $C_7H_3ClN_2O_5$, M_r 230.6. Schmp. 68 °C. Gelbes bis grünl. gelbes Pulver; lösl. in Aceton, Ether u. Toluol. **Anw.:** Reagens Ph.Eur.4, zum Nachw. von Alkoholen (Ethanol 96 %, Methanol, Menthol).

4,6-Dinitrocresol: Abk. DNOC; $H_3C-C_6H_2(NO_2)_2-OH$. $C_7H_6N_2O_5$. M_r 198.1. Schmp. 87 °C. Gelbl. Pulver, leicht lösl. in Ether u. Benzol, lösl. in Ethanol. **Anw.:** Schädlingsbekämpfungsmittel*, Herbizid. **Tox.:** Hautkontakt kann zu lokalen Nekrosen u. schweren system. UAW führen.

2,4-Dinitrofluorbenzol: s. Sanger-Endgruppenanalyse.

2,4-Dinitrophenol: 1-Hydroxy-2,4-dinitrobenzol; CAS-Nr. 51-28-5; $C_6H_3(OH)(NO_2)_2$, M_r 184.10. Schmp. 114 °C. Gelbes, krist. Pulver, leicht lösl. in Ethanol, Chloroform, Benzol, lösl. in heißem Wasser. **Anw.:** Holzimprägnierung gegen Pilzbefall (0.5 %) sowie in der Farbstoffindustrie; als Indikator*, Umschlagsbereich: pH 2.6-4.4, farblos — gelb; zum Nachw. von Kalium- u. Ammoniumionen. **Tox.**: sehr giftig, Atmungsketten-Entkoppler, s. Atmungsinhibitor. Früher in Abmagerungsmitteln, aufgetretene Vergiftungserscheinungen: Dermatitiden, Schwindel, Erbrechen, Granulozytopenie, Leber- u. Nierenschädigungen, Erblindungen u. Todesfälle (4,6-Dinitrocresol*, Dinitrothymol u. Dinitronaphthol).

2,4-Dinitrophenylhydrazin: CAS-Nr. 119-26-6; $C_6H_6N_4O_4$, M_r 198.1. Schmp. 203-204 °C. Orangerote Kristalle, sehr schwer lösl. in Wasser, schwer lösl. in Ethanol. **Anw.**: zur Bestimmung von Aldehyden u. Ketonen (Bildung gelbl. Hydrazone); DC-Reagens; zur Herst. der D.-Schwefelsäure-Lsg. (Reagens DAB10); als D.-Reagens (Ph.Eur.4): 0.2 g D. werden in 20 mL Methanol gelöst u. mit 80 mL einer Mischung von gleichen Volumenteilen Salzsäure 25 % u. Essigsäure 30 % versetzt; bei Bedarf frisch herstellen.

Dinkel: s. Triticum spelta.

Dinoprost INN: (*Z*)-7-[(1*R*,2*R*,3*R*,5*S*)-3,5-dihydroxy-2-(*E*)-(3*S*)-3-hydroxyoct-1-enyl]cyclopentyl-hept-5-enoat; CAS-Nr. 551-11-1; $C_{20}H_{34}O_5$, M_r 354.49. Prostaglandin $F_{2\alpha}$, Strukturformel s. Prostaglandine (Abb.). Schmp. 25-35 °C. $[\alpha]_D^{25\,°C}$ +23.5° (c = 1 g/100 mL in Tetrahydrofuran). Leicht lösl. in Methanol, absolutem Ethanol, Ethylacetat u. Chloroform, schwer lösl. in Wasser. **Anw.**: Oxytozikum, bei aton. Blutungen nach einer Geburt; **UAW**: Übelkeit, Erbrechen, Durchfall, Hitzewallungen, Schüttelfrost, Kopfschmerz, Schwindel, Fieber, Leukozytose*; **Dos.**: parenteral i. v., lokale Applikation am Muttermund 5 mg; HWZ 0.02-2 h.

Dinoprosttrometamol (INN): Dinoprostum trometamoli Ph.Eur.4, (*Z*)-7-[(1*R*,2*R*,3*R*,5*S*)-3,5-dihydroxy-2-(*E*)-(3*S*)-3-hydroxyoct-1-enyl]cyclopentyl-hept-5-enoat · 2-Amino-2-(hydroxymethyl)-1,3-propandiol (vgl. Trometamol); CAS-Nr. 38562-01-5; $C_{24}H_{45}NO_8$; M_r 475.62. Weißes Pulver, sehr leicht lösl. in Wasser, leicht lösl. in Ethanol.

Dinoproston INN: Dinoprostonum Ph.Eur.4; (*Z*)-7-[(1*R*,2*R*,3*R*)-3-Hydroxy-2-(*E*)-(3*S*)-3-hydroxyoct-1-enyl]-5-oxocyclopentyl-hept-5-ensäure; CAS-Nr. 363-24-6; $C_{20}H_{32}O_5$, M_r 352.48. Prostaglandin E_2, Strukturformel s. Prostaglandine (Abb.). Schmp. 66-68 °C. $[\alpha]_D^{26\,°C}$ −61° (c = 1 in Tetrahydrofuran). Lösl. 1:1000 in Wasser; lösl. in Ethanol. **Anw.**: Oxytozikum, zur Vorbereitung einer operativen Ausräumung des Uterus bei verhaltenem Abort od. Blasenmole, zur Geburtseinleitung, bei aton. Nachblutungen. **UAW**: Übelkeit, Erbrechen, Durchfall, Schüttelfrost, Fieber, Hitzewallungen, Kopfschmerz, Leukozytose, Krampfanfälle; HWZ 0.6 min; vgl. Dinoprost.

Dioctylnatriumsulfosuccinat: s. Natriumdioctylsulfosuccinat.

Dioctylphthalat: s. Phthalsäureester.

Diodenarraydetektor: s. Chromatographie (Gaschromatographie, Detektoren).

Diodon: Iodopyracet; Diethanolamin-Salz der α-(1,4-Dihydro-3,5-diiodo-4-oxo-1-pyridyl)-essigsäure; CAS-Nr. 300-37-8; $C_{11}H_{16}I_2N_2O_5$, M_r 510.1. Schmp. 155-157 °C (unter Zers.). Lösl. zu 36 % in Wasser, 12 % in Methanol; unlösl. in Aceton, Ether, Chloroform. pH der wässrigen Lsg. 5-8 (von der Konz. abhängig). Säure: $C_7H_5I_2NO_3$, M_r 404.9. **Anw.**: Röntgenkontrastmittel für die Urethrographie u. Hysterosalpingographie. Die Lsg. lässt sich im Autoklaven od. durch Filtration sterilisieren.

diözisch: (bot.) zweihäusig, d. h. eine Pfl. hat entw. nur männl. od. nur weibl. Fortpflanzungsorgane; s. Blüte; vgl. monözisch.

Diolamin: Diolaminum; chem. Kurzbez. für Diethanolamin*.

Diole: chem. Verb. mit zwei OH-Gruppen, s. Alkohole.

D

Diolefine: s. Kohlenwasserstoffe.

Dionaea muscipula Ellis: Venusfliegenfalle; Fam. Droseraceae (North u. South Carolina); Carnivore*. Stpfl. von **Herba Dionaeae recens:** frisches Venusfliegenfallen-Kraut. **Inhaltsst.**: Naphthochinon*-Derivate wie Plumbagin*, Polyphenole, Enzyme wie Proteasen*, Phosphatasen* u. Nucleasen* im Sekret der Verdauungsdrüsen der Blattfallen; im Presssaft außerdem saure u. neutrale Peptide sowie freie Aminosäuren; **Anw.**: der Presssaft wurde früher als sog. Krebsmittel verwendet (die Zulassung entspr. Fertigarzneimittel ist 1988 erloschen).

Dioptrie: Brechkrafteinheit (Abk. BKE); Symbol dpt (veraltet D, dptr.); außerhalb des SI* zulässige Einheit für den Brechwert* opt. Systeme u. Linsen. Eine Linse von 1 m Brennweite hat den Brechwert D = 1 dpt. Je höher der Brechwert, d. h. die Zahl der D., desto kürzer die Brennweite. Formel: D = 1/f (f = Brennweite in m).

Dioptrik: Lehre von der Brechung (Refraktion) des Lichtes; s. Brechungsgesetz, Brechungsindex, Refraktometrie.

Dioscin: s. Diosgenin.

Dioscorea villosa L.: Zottige Yamswurzel; Fam. Dioscoreaceae (atlant. Nordamerika, vielfach kult.). Stpfl. von **Rhizoma Dioscoreae villosae:** Yamswurzel, Brotwurzel, Wild Yam Root; der getrocknete Wurzelstock ohne Wurzeln. Frisch von betäubender Wirk. u. bitterem Geschmack; durch Einweichen in Wasser u. durch Kochen wird das Rhizom essbar. **Inhaltsst.**: Saponine* wie Dioscin (s. Diosgenin), harzartiges Dioscorein, ca. 80 % Stärke; **Anw.** volkstüml.: z. B. bei Husten, Erkrankungen des rheumat. Formenkreises; Nahrungsmittel wegen seines Stärkegehaltes. **Hom:** *Dioscorea villosa (HAB1)*: frischer, nach der Blütezeit gesammelter Wurzelstock; verord. z. B. bei Koliken der Verdauungsorgane.

Dioscoreophyllum cumminsii Diels: Fam. Menispermaceae (West- u. Zentralafrika). Stpfl. von **Serendipity-Beeren:** die Früchte enthalten Monellin, ein Protein (M_r ca. 11 000), ca. 2000–3000-mal süßer als Saccharose; vgl. Süßmittel.

Diosgenin: $C_{27}H_{42}O_3$; M_r 416.61; Steroidsapogenin; Aglykon von Dioscin, einem Steroidsaponin aus Dioscorea-Arten; in diesen bis zu 10 % enthalten. Wichtiges Ausgangsmaterial für die Partialsynthese der Steroidhormone* (Nebennierenrindenhormone, Sexualhormone u. a., vgl. Hormone); die Partialsynthese erfolgt durch ein kombiniertes chem. u. mikrobielles Verfahren.

Diosmin INN: Diosminum Ph.Eur.4, Barosmin, Diosmetin-7-rutinosid; 3',5,7-Trihydroxy-4'-methoxyflavon-7-rhamnoglucosid; CAS-Nr. 520-27-4; $C_{28}H_{32}O_{15}$, M_r 608.6. Strukturformel des Aglykon

D

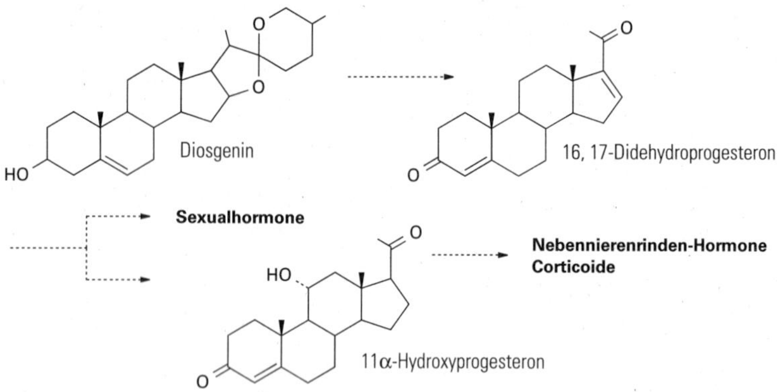

Diosgenin: Partialsynthese von Steroidhormonen

Diosmetin s. Flavonoide (Tab.). Schmp. 283 °C. **Vork.:** Flavonglykosid, z. B. in Barosma-Arten, Conium* maculatum, Capsella* bursa-pastoris; **Anw.:** Venenmittel, z. B. bei venöse Insuffizienz; gynäkolog. Blutungen; **Dos.:** p. o. bis 600 mg/d.

Diosphenol: Buccokampfer, 2-Hydroxypiperiton, 1-*p*-Menthen-2-ol-3-on; 1-Methyl-4-isopropyl-1-cyclohexen-2-ol-3-on; CAS-Nr. 490-03-9; $C_{10}H_{16}O_2$; M_r 168.23; Schmp. 83 °C; kaum lösl. in Wasser, besser lösl. in Ethanol, lösl. in Chloroform, Ether, Schwefelkohlenstoff. Wirkstoff aus u. a. Barosma* betulina.

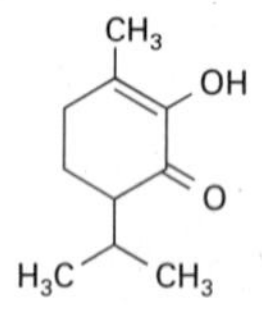

Diosphenol

Diospyros kaki L.: Fam. Ebenaceae (Mittelmeergebiete, Asien, Kalifornien). Stpfl. von **Kaki-Pflaume: Inhaltsst.:** die Früchte enthalten im unreifen Zustand Gerbstoffe; **Anw.:** Obst; volkstüml.: bei leichten Schilddrüsenerkrankungen.

Diospyros lotus L.: Lotuspflaume, Dattelpflaume; Fam. Ebenaceae (Asien, Mittelmeergebiet); die kirschgroßen Früchte des Baumes (zuerst gelb, im reifen Zustand aber blauschwarz) sind ein süßl. schmeckendes Obst mit viel Gerbstoffen; die Wurzeln enthalten Naphthochinone*. D. lotus u. andere D.-Arten sind Stpfl. von **Ebenholz:** sehr hartes u. widerstandsfähiges Holz, z. T. resistent geg. Termiten; schwerer als Wasser. **Inhaltsst.:** Naphthochinon*-Derivate u. Gerbstoffe; **Anw.:** früher wie Guaiacum* officinale (Lignum Guajaci).

Diospyros virginiana L.: Persimone; Fam. Ebenaceae (östl. Nordamerika); die orangenfarbigen 2-3 cm großen Früchte sind essbar. Stpfl. von **Persimonöl:** Dattelpflaumenöl; halbtrocknendes Öl aus den Samen; ähnl. dem Erdnußöl.

1,4-Dioxan: $C_4H_8O_2$, M_r 88.11. Schmp. 9-11 °C. Sdp. 100-102 °C. D. 1.031-1.034. $n_D^{20\,°C}$ 1.421-1.424. Klare, farblose, charakterist. riechende Flüss., mischbar mit Wasser, Ethanol 96 %, Ether. **Herst.:** techn. durch Erhitzen von Diethylenglykol mit dehydratisierenden Mitteln, z. B. H_2SO_4; D. entsteht auch als Nebenprodukt, z. B. bei Ethoxylierungen unter sauren Bedingungen; **Anw.** techn.: universelles Lösungsmittel für Cellulose, Wachse, Harze, Öle; als Lösungsmittel zur Molmassenbestimmung; darf wie Ethylenoxid in kosmet. Produkten nicht vorhanden sein.

Dioxethedrin INN: N-Ethyl-3,4-dihydroxynorephedrin; 2-Ethylamino-1-(3,4-dihydroxyphenyl)propanol; CAS-Nr. 497-75-6; $C_{11}H_{17}NO_3$, M_r 211.25. **Anw.:** Beta-Sympathomimetikum*, Broncholytikum*; wird nur noch selten verwendet (als Hydrochlorid).

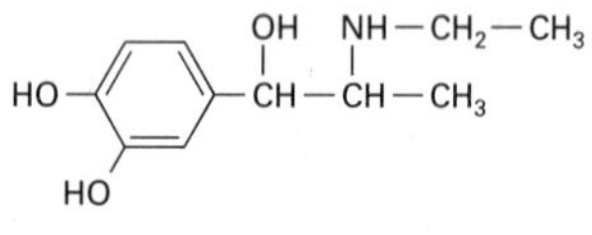

Dioxethedrin

Dioxide: Oxide mit zwei Atomen Sauerstoff, soweit es sich nicht um Hyperoxide (z. B. KO_2) od. Peroxide (z. B. CaO_2) handelt.

Dioxin: **1.** 1,4-Dioxin; $C_4H_4O_2$; zweifach ungesättigte, sechsgliedrige Ringverbindung mit 2 Sauerstoffatomen. **2.** Bez. für 2,3,7,8-Tetrachlordibenzo-1,4-dioxin, s. TCDD.

Dioxy-: **1.** die Gruppe –O–O– in org. Peroxiden. **2.** veraltet für Dihydroxy.

o-Dioxybenzol: s. Brenzcatechin.

2,3-Dioxybernsteinsäure: s. Weinsäure.

Dioxyfluoran: s. Fluorescein.

Dioxyphenylalanin: s. Dihydroxyphenylalanin.

2,6-Dioxypurin: s. Xanthin.

Dipenten: s. Limonen.

Dipeptidasen: Enzyme, die Dipeptide (s. Peptide) spalten, s. Proteasen.

Dipeptide: s. Peptide.

Diphenason: s. Dapson.

Diphenhydramin INN: 2-Benzhydryloxy-*N,N*-dimethylethylamin; 2-Diphenylmethoxy-*N,N*-dimethylethylamin; CAS-Nr. 58-73-1; $C_{17}H_{21}NO$, M_r 255.35. Sdp. 150-165 °C (266 Pa). **Diphenhydraminhydrochlorid**: Diphenhydramini hydrochloridum Ph.Eur.4, Diphenhydraminum hydrochloricum; CAS-Nr. 147-24-0; $C_{17}H_{22}ClNO$, M_r 291.8. Schmp. 166-170°C; polymorph. Weißes, krist. Pulver, wird unter Lichteinfluss langsam dunkel; bitterer Geschmack; 1 g lösl. in 1 mL Wasser, 2 mL Ethanol, 2 mL Chloroform, 50 mL Aceton, sehr schwer lösl. in Benzol, Ether. pH einer 1 %igen Lsg. im Wasser 5.5. **Wirk.**: antihistamin., antiemet. u. lokalanästhet.; **Anw.**: Antihistaminikum*, Antitussivum*, Spasmolytikum*, Sedativum*; **Dos.**: p. o. 2-3 × 50 mg/d; MTD 200 mg; parenteral (i. m., i. v.) 2-3 × 50 mg/d; HWZ 6 h. Gebräuchl. ist u. a. Diphenhydraminmesilat, Diphenhydraminmethylbromid, Diphenhydraminsalicyclat; vgl. Dimenhydrinat.

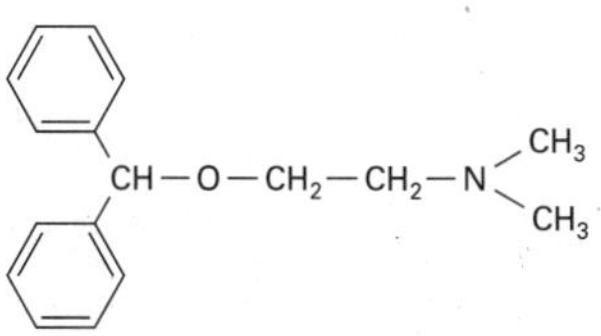

Diphenhydramin

Diphenhydraminhydrochlorid-Kapseln 25 mg: s. Capsulae Diphenhydramini hydrochlorici 25 mg.

Diphenoxin: s. Difenoxin.

Diphenoxylat INN: Ethyl-1-(3-cyan-3,3-diphenylpropyl)-4-phenyl-4-piperidincarboxylat; 1-(3-Cyan-3,3-diphenylpropyl)-4-phenylpiperidin-4-carbonsäureethylester; CAS-Nr. 915-30-0; $C_{30}H_{32}N_2O_2$, M_r 452.57. **Anw.**: Antidiarrhoikum; z. T. in Kombination mit Atropin*; **Dos.**: p. o. bis 4 × 5 mg/d bei Darmerkrankungen; Kinder über 6 Jahre bis 4 × 1.25 mg/d. **Diphenoxylathydrochlorid**: Diphenoxylati hydrochloridum Ph.Eur.4; $C_{30}H_{33}ClN_2O_2$, M_r 489.1. Schmp. 220 °C (unter Zers.). Weißes, krist. Pulver; sehr schwer lösl. in Wasser, leicht lösl. in Dichlormethan.

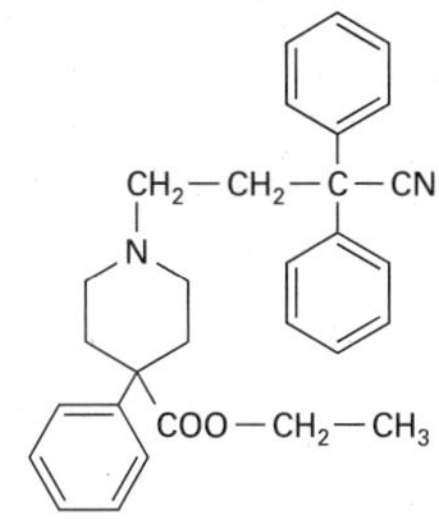

Diphenoxylat

Diphenyl: Biphenyl; Phenylbenzol, $C_6H_5-C_6H_5$, M_r 154.2. D. 1.04. Schmp. ca. 70 °C. Sdp. 254 °C. Farblose, glänz., aromat. riechende Blättchen; leicht lösl. in Ethanol u. Ether, unlösl. in Wasser. **Vork.**: im Steinkohlenteer. **Darst.**: Kondensation von Iod- od. Brombenzol, mit Natrium od. Kupfer, ferner entsteht es beim Durchleiten von Benzoldämpfen durch glühende Rohre. **Anw.**: Oberflächenkonservierung von Zitrusfrüchten; Muttersubstanz vieler Azofarbstoffe. Bei der Oxidation liefert D. Benzoesäure.

Diphenylamin: $(C_6H_5)_2NH$, M_r 169.2. Schmp. 53-54 °C. Sdp. 302 °C. Farblose Kristalle, leicht lösl. in Ethanol, Ether, lösl. in Benzol, unlösl. in Wasser. **Vork.**: nat. in Küchenzwiebeln (Allium* cepa var. cepa). **Darst.** Diphenylamin-Lsg.: Reagens Ph.Eur.4: **1.** Lsg. von 0.1 g D. in 100 mL Schwefelsäure 96 %; **2.** Lsg. von 1.0 g D. in 100 mL Schwefelsäure 96 %. **Anw.**: Redoxindikator in der Cerimetrie* u. bei chromatometr. Gehaltsbestimmungen, ferner zum Nachw. von Salpetersäure bzw. Nitraten.

***N,N'*-Diphenylbenzidin:** $C_{24}H_{20}N_2$, M_r 336.4. Schmp. ca. 248 °C. Weißes bis schwach graues, krist. Pulver; prakt. unlösl. in Wasser, schwer lösl. in Aceton u. Ethanol. **Anw.**: Reagens Ph.Eur.4.

Diphenylcarbazid: 1,5-Diphenylcarbonohydrazid; $O=C(NH-NH-C_6H_5)_2$, $C_{13}H_{14}N_4O$, M_r 242.27. Schmp. 162-175 °C. Weißes, krist. Pulver, verfärbt sich an der Luft schwach rosa; lösl. in Ethanol, Aceton, Eisessig; wenig lösl. in Wasser, unlösl. in Ether. **Anw.**: in der Analyse zum Nachw. von Chrom, Quecksilber, Magnesium, Chlorid sowie von H_2O_2 u. a.; als Indikator* bei der Titration von Eisen.

1,5-Diphenylcarbazon: $C_{13}H_{12}N_4O$, M_r 240.3. Schmp. ca. 157 °C (unter Zers.). Orangegelbes, krist. Pulver; prakt. unlösl. in Wasser, leicht lösl. in Chloroform u. Ethanol. **Anw.**: Reagens Ph.Eur.4.

Diphenyldiamin: s. Benzidin.

1,2-Diphenylethan: s. Bibenzyl.

Diphenylglyoxim: s. α-Benzildioxim.

Diphenylhydantoin: s. Phenytoin.

Diphenylpyralin INN: Diphenylpyrilen, Benzhydryl-(1-methyl-4-piperidyl)ether; 4-Diphenylmethoxy-1-methylpiperidin; CAS-Nr. 147-20-6; $C_{19}H_{23}NO$, M_r 281.38. **Anw.**: Antihistaminikum*, in Arzneimitteln geg. Schwangerschaftserbrechen; **Dos.**: topisch Hautgelee 1.5 %; Inhalation mit Dosieraerosol 2-3 × 1 mg/d in jedes Nasenloch; **UAW**: Sedierung, Hautreaktionen. Gebräuchl. ist auch Diphenylpyralinhydrochlorid. Hingewiesen sei auch auf Diphenylpyralin-Poly(styrol,divinylbenzol)sulfonat; vgl. Piprinhydrinat.

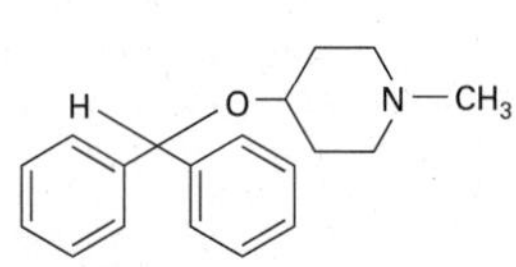

Diphenylpyralin

Diphenylthiocarbazon: Dithizon; M_r 256.3. Schmp. 170 °C (unter Zers.). Dunkelviolette Nadeln od. schwärzl. Pulver, lösl. in Tetrachlorkohlenstoff, Chloroform, konz. Schwefelsäure, Alkalien; wenig lösl. in Ethanol u. Ether, unlösl. in Wasser. D. bildet mit Metallen komplexe Verb., die Metalldithionate, die in Wasser prakt. unlösl. sind, sich aber in Tetrachlorkohlenstoff, Chloroform, Schwefelkohlenstoff mit charakterist. Farben lösen. **Anw.**: in der Analyse zum Nachw. u. zur quantitativen Bestimmung von Cu, Ag, Pb, Zn, Hg, Bi, Cd, Tl; zur Mikro- u. Spurenanalyse (mit D. lassen sich z. B. Zinkspuren noch in Verd. von 1:50 $\cdot 10^6$ nachweisen).

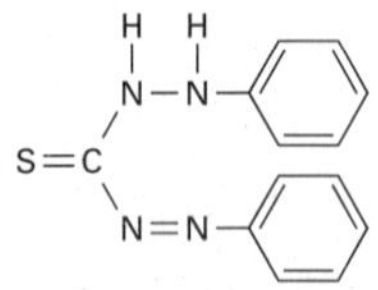

Diphenylthiocarbazon

Diphosphan: s. Phosphine.

Diphosphate: Salze der Diphosphorsäure, s. Phosphorsäuren.

Diphosphopyridinnucleotid: s. NAD.

Diphosphorsäure: s. Phosphorsäuren.

Diphtherie: akute Infektionskrankheit, die durch Corynebacterium* diphtheriae hervorgerufen wird u. durch die Wirk. der Bakterientoxine gekennzeichnet ist. Meldepflicht bei Erkrankung und Tod. Neben Nasen-, Rachen- u. Kehlkopfdiphtherie (Krupp* mit bellendem Husten u. schwersten Erstickungsanfällen) mit schmutzig weißgelbl. Belägen in Rachenraum u. Luftwegen können auch irreversible Schäden an Herz, Nebenniere u. a. Organen auftreten. Die Erkrankung hinterläßt relative antitox. Immunität (s. Diphtherietoxin für Schick-Test). **Ther.**: bei begründetem Verdacht sofortige Gabe von Diphtherie*-Antitoxin; **Prophylaxe:** Isolierung der Kranken; aktive Immunisierung mit Diphtherie-Impfstoffen.

Diphtherie-Adsorbat-Impfstoff: Vaccinum diphtheriae adsorbatum Ph.Eur.4, Vaccinum diphthericum adsorbatum; Toxoidimpfstoff (Diphtherie-Formoltoxoid, Diphtherietoxoid, s. Toxoide); durch Formaldehyd entgiftetes Toxin von Corynebacterium diphtheriae, an ein mineral. Adjuvans (Aluminiumphosphat, Aluminiumhydroxid, Calciumphosphat) adsorbiert, in blutisotoner Lösung. Phenole u. Phenolderivate dürfen nicht zugesetzt sein, da sie die antigene Wirk. nachteilig beeinflussen. Nach Ph.Eur.4 mind. 30 I.E./ED. **Anw.**: Impfprophylaxe bis zum 7. Lebensjahr (hoher Toxoidgeh. nur bis zu diesem Alter gut verträglich); meist als Kombinationsimpfstoff (s. Diphtherie-Pertussis-Tetanus-Adsorbat-Impfstoff, Diphtherie-Tetanus-Adsorbat-Impfstoff) verabreicht.

Diphtherie-Adsorbat-Impfstoff für Erwachsene und Heranwachsende: Vaccinum diphtheriae adulti et adulescentis adsorbatum Ph.Eur.4; Herst. u. Eigenschaften s. Diphtherie-Adsorbat-Impfstoff. Im Ggs. zu diesem ist der Toxoidgeh. reduziert (nach Ph.Eur.4 mind. 2 I.E./ED u. Nachw. der Verträglichkeit für diese Altersgruppe). **Anw.**: Schutzimpfung ab dem 7. Lebensjahr.

Diphtherie-Antitoxin: Immunoserum diphthericum Ph.Eur.4, Immunoserum antidiphthericum; nach Immunisierung vom Tier gewonnenes Nativserum mit antitox. Globulinen gegen das Toxin von Corynebacterium* diphtheriae. Geh. mind. 1000 I.E./mL aus Pferdeserum, mind. 500 I.E./mL, wenn aus anderen Spezies gewonnen. Prüfung der Wirksamkeit gegen Diphtherietoxin u. Vergleich mit einem internationalen Standardpräparat von Diphtherie-Antitoxin. **Anw.**: Ther. der Diphtherie u. nach strenger Indikationsstellung, da heterologes Antiserum; Prophylaxe ungeimpfter exponierter Personen.

Diphtherie-Bacillus: s. Corynebacterium diphtheriae.

Diphtherie-Formoltoxoid: s. Diphtherie-Adsorbat-Impfstoff.

Diphtherie-Pertussis-Tetanus-Adsorbat-Impfstoff: Vaccinum diphtheriae, tetani et pertussis adsorbatum Ph.Eur.4, Vaccinum diphthericum, tetanicum et pertussis adsorbatum, Abk. DTP; Totimpfstoff; bestehend aus Diphtherietoxoid, Tetanustoxoid u. abgetöteten Bordetella-pertussis-Bakterien. Die Toxoide* werden aus Toxinen von Corynebacterium diphtheriae u. Clostridium tetani gewonnen u. an ein mineral. Adjuvans (Aluminiumphosphat, Aluminiumhydroxid, Calciumphosphat) in blutisotoner Lsg. adsorbiert. Phenole, Phenolderivate u. quartäre Ammoniumverbindungen dürfen nicht zugesetzt sein. **Anw.**: wegen des hohen Diphtherietoxoidgeh. nur bis zum 7. Lebensjahr; vgl. Diphtherie-Tetanus-Adsorbat-Impfstoff, Diphtherie-Adsorbat-Impfstoff.

Diphtherie-Tetanus-Adsorbat-Impfstoff: Vaccinum diphtheriae et tetani adsorbatum Ph.Eur.4, Vaccinum diphthericum et tetanicum adsorbatum, Abk. DT; enthält Diphtherietoxoid u. Tetanustoxoid, an minerali. Adjuvans (Aluminiumphosphat, Aluminiumhydroxid, Calciumphosphat) adsorbiert in blutisotoner Lösung. Phenole u. Phenolderivate dürfen nicht zugesetzt sein. Diphtherie-Komponente mind. 30 I.E.; vgl. Diphtherie-Adsorbat-Impfstoff. **Anw.**: wegen des hohen Diphtherietoxoidgeh. nur bis zum 7. Lebensjahr.

Diphtherie-Tetanus-Adsorbat-Impfstoff für Erwachsene und Heranwachsende: Vaccinum diphtheriae et tetani adulti et adulescentis adsorbatum Ph.Eur.4; enthält Diphtherietoxoid u. Tetanustoxoid; Herst. u. Eigenschaften s. Diphtherie-Tetanus-Adsorbat-Impfstoff. Im Ggs. zu diesem ist der Diphtherietoxoidgehalt reduziert (nach Ph.Eur.4 2 I.E./ED; s. Diphtherie-Adsorbat-Impfstoff für Erwachsene u. Heranwachsende), da bei über Siebenjährigen die Gesamtdosis zu schweren UAW führen kann. **Anw.**: Schutzimpfung ab dem 7. Lebensjahr.

Diphtherietoxin für Schick-Test: Toxinum diphthericum diagnosticum Ph.Eur.1; Toxin in blutisotoner Lsg. mit Konservierungsmittel. **Schick-Test:** Intrakutantest zum indirekten qualitativen Nachw. von Antikörpern gegen Toxine von Corynebacterium* diphtheriae; fehlende Reaktion spricht für ausreichende antitox. Immunität; diente früher als Maßstab der Durchseuchung mit Diphtherie*. Zur Feststellung der Diphtherieimmunität sind serol. Tests besser geeignet.

Dipikrylamin: Bis(2,4,6-trinitrophenyl)-amin; $C_{12}H_5N_7O_{12}$, M_r 439.2. Gelbes, krist. Pulver; prakt. unlösl. in Wasser, Aceton, Ethanol u. Ether; löst sich in Alkalihydroxid- u. Alkalicarbonat-Lsg. unter Rotfärbung. **Anw.:** Reagens Ph.Eur.3; **Hinweis:** die Substanz ist in wasserfreier Form stark explosiv u. daher mit Wasser befeuchtet zu lagern.

Dipivefrin INN: 4-[1-Hydroxy-2-(methylamino)-ethyl]-1,2-phenylen-dipivalat; CAS-Nr. 52365-63-6; $C_{19}H_{29}NO_5$, M_r 351.44. **Anw.:** Sympathomimetikum* zur Glaukomther. (Glaucoma simplex); **Kontraind.:** Engwinkelglaukom. Gebräuchl. ist auch Dipivefrinhydrochlorid.

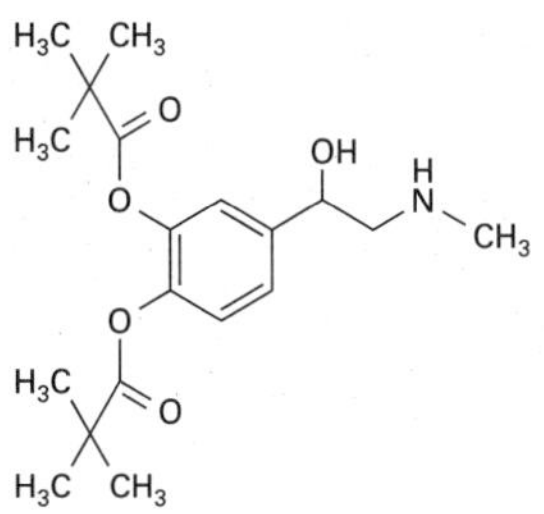

Dipivefrin

Diplococcus: Bez. für paarweise auftretende Kugelbakterien. Heute v. a. den Gattungen Neisserien*, Moraxella, Streptococcus, Micrococcus u. Peptococcus zugeordnet.

diploid (gr. zweifach): diploide Zellen besitzen den doppeltem Chromosomensatz, z. B. somatische Zellen im Ggs. zu Keimzellen; vgl. haploid, Polyploidie.

Dipol: polare Verb. mit unterschiedl. Ladungsschwerpunkten, z. B. Wassermolekül.

Dipolmoment: Symbol μ; Maß für die elektr. Polarität eines Moleküls; tritt auf, wenn die Schwerpunkte der positiven Ladungen der Kerne u. der negativen Ladungen der Elektronen nicht zusammenfallen. Moleküle mit Symmetriezentrum haben kein Dipolmoment. Das Dipolmoment ist das Produkt aus Größe der Ladungen (Q) u. Abstand der Ladungen (l): $\mu = Q \cdot l$; es liegt bei Molekülen normalerweise in der Größenordnung von 10^{-30} C · m. Früher wurde im CGS-System als Maßeinheit das Debye verwendet: 1 D = 10^{-18} elektrostat. Einheiten = $3.33564 \cdot 10^{-30}$ C · m.

Dippel-Tieröl: s. Oleum animale aethereum.

Dipropar®: allergenfreie Paraffin-Kohlenwasserstoff-Salbengrundlage; lipophile Salbe (s. Unguenta). Mit Wasser nur unter Zusatz von geeigneten Emulgatoren mischbar.

Diprophyllin INN: Diprophyllinum Ph.Eur.4, Dihydroxypropyltheophyllin, Dyphyllin; 7-[(2*RS*)-2,3-Dihydroxypropyl]-1,3-dimethyl-3,7-dihydro-1*H*-purin-2,6-dion; CAS-Nr. 479-18-5; $C_{10}H_{14}N_4O_4$, M_r 254.25. Schmp. 160-163 °C (Mod. I), Schmp. 150 °C (Mod. II). Löslichkeit in Wasser (25 °C) 1:3, in Ethanol 2 g/100 mL, in Chloroform 1 g/100 mL; pH einer 1%igen wässrigen Lsg. 6.6-7.3. **Anw.:** Diuretikum*, Vasodilatator*, Antiasthmatikum*; **Dos.:** p. o. 2-3 × 0.15 g; parenteral i. v. 2-3 × 0.125 g; i. m. 2-3 × 0.25 g; rektal 2-3 × 0.4 g; MED 0.5 g, MTD 1.5 g; HWZ 2 h. **Diprophyllin-dinitrat:** Salpetersäure-Diester des Diprophyllin. **UAW, WW** u. **Kontraind.:** s. Cholintheophyllinat.

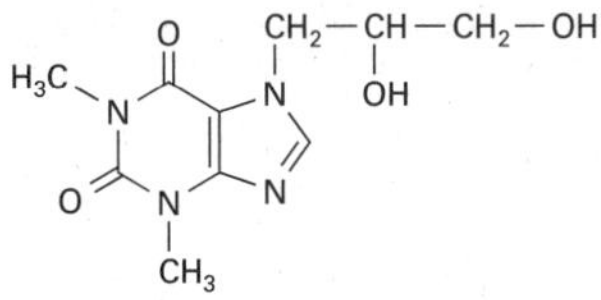

Diprophyllin

Diprophyllin-Injektionslösung 100 mg/mL: Diprophyllini solutio iniectabilis 100 mg/mL; Zsztg.: Ph.Helv.7, 10.0 T. Diprophyllin, 0.12 T. Natriumchlorid, Wasser für Injektionszwecke 100 mL. Die Injektionslösung ist isokryoskopisch*. **Anw.:** s. Diprophyllin.

Dipropionylöstradiol: s. Estradioldipropionat.

Dipropylbarbitursäure: s. Propylbarbital.

Diprosicc®: nichtionogene Öl-in-Wasser-Salbengrundlage (Komplexemulgatorsalbe); gegenüber kation. Arznei- u. Hilfsstoffen stabil. **Zstzg.:** weißes Vaselin, Paraffin flüssig, Cetostearylalkohol, Cetomacrogol 1000 (Polyoxyethylen(20-24)-Ether mit Cetylstearylalkohol), Chlorocresol als Konservierungsmittel, Natriumdihydrogenphosphat u. Phosphorsäure als Puffer u. Aqua destillata.

Diptam: s. Dictamnus albus.

Diptamdost: s. Origanum dictamnus.

Diptam, Kretischer: s. Origanum dictamnus.

Dipterocarpus alatus Roxb.: s. Balsamum Gurjunae.

Dipterocarpus turbinatus C.F. Gaertner: s. Balsamum Gurjunae.

Dipteryx odorata (Aubl.) Willd.: Fam. Fabaceae (Leguminosae) (Venezuela, Guayana, Surinam, Nordbrasilien). D. odorata u. weitere Pflanzen sind Stpfl. von **Semen Tonca:** Faba Tonco, Faba de Tonca, Tonkabohne; 3-5 cm lange, 1-2 cm breite u. ca. 1 cm dicke, schwarze, gerunzelte, an beiden Enden abgerundete Samen, häufig mit kleinen weißen Kristallen bereift, Geruch nach Cumarin, Geschmack bitterl. würzig. Kleine braune Bohnen — genannt Parabohnen od. Englische Tonkabohnen — stammen von D. oppositifolia. **Inhaltsst.:** 1-3% Cumarinum*, fettes Öl (bis 25%), Gummi, Stärke, Zucker, Sitosterin*, Stigmasterin*, äther. Öl; **Anw.:** Aromatikum (für Tabak u. Spirituosen); Ersatz für Waldmeister.

Dipyridamol INN: Dipyramidolum Ph.Eur.4, *N,N*-(4,8-Dipiperidino-pyrimido[5,4-*d*]pyrimidin-2,6-diyl)-bis(2,2'-iminodiethanol); 2,6-Di[di-(2-hydroxymethyl)amino]-4,8-dipiperido[5,4-*d*]pyrimidin; CAS-Nr. 58-32-2; $C_{24}H_{40}N_8O_4$, M_r 504.62. Schmp. 163 °C (kristallisiert aus Ethylacetat; polymorph). Schwer lösl. in Wasser; lösl. in verd. Säuren mit pH 3.3 od. darunter; sehr leicht lösl. in Methanol, Ethanol, Chloroform; weniger lösl. in Aceton, Benzol, Ethylacetat. **Wirk.** u. **Anw.:** **1.** Koronartherapeutikum*, -dilatator; Prophylaxe u. Nachbehandlung des Myokardinfarktes; Wirk. erfolgt durch Hemmung des Adenosinabbaus; **2.** Thrombozytenaggregationshemmer*, hemmt

Thrombozytenphosphodiesterase u. verstärkt die aggregationshemmende Wirk. von Adenosin u. Prostaglandin E_1; wird meist in Kombination mit anderen Antikoagulanzien angewendet; **Dos.:** p. o. 2-3×50 mg/d, mind. 1 h vor der Mahlzeit; parenteral (i. m., i. v.) 10 mg, Wiederholung nach 30 min mögl.; HWZ 0.5-1 h.

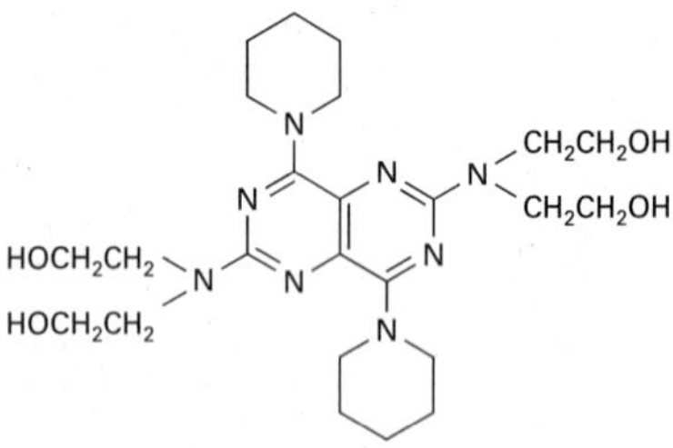

Dipyridamol

Dipyron: s. Metamizol.

Direktfarbstoffe: substantive Farbstoffe, direktziehende Farbstoffe; Farbstoffgruppen, meist Tris- od. höhere Polyazofarbstoffe, die Baumwolle u. Kunstseide direkt färben, d. h. ohne Beizen.

Direktioselektivität: Umsetzung, deren kinet. Kontrolle die Reaktion bevorzugt in eine Richtung treibt, z. B. Additionsreaktionen.

Direkttablettierung: Herst. von Tabletten (Compressi*) direkt aus Arzneistoffen od. häufiger aus Arzneistoffmischungen mit geeigneten direkt pressbaren Hilfsstoffen ohne bes. Vorbehandlung wie vorausgehende Granulierung (s. Granulate). Bes. geeignet bei feuchtigkeits- u. wärmeempfindl. Arzneistoffen. D. ist nur dann ökonomischer als die Verpressung von Granulaten, wenn die eingesetzten Pulver ein geeignetes Kompressionsverhalten* aufweisen. Grobkristalline Substanzen lassen sich leichter komprimieren als sehr feine Pulver. Durch Änderung der Korneigenschaften (Größe, Form, Größenverteilung), durch Einsatz von Trockenbindemitteln, die die Pulverpressung erleichtern, durch Zusatz von Hilfsstoffen (Bindemittel, Fließregulierungsmittel, Formentrennmittel) u. durch maschinelle Einrichtungen (hoher Pressdruck, Füllhilfen) ergeben sich günstige Voraussetzungen für die Direkttablettierung. Als Trockenbindemittel eignen sich spezielle Sorten von Calciumphosphaten, Lactose, Stärke, Stärkehydrolysate, Cellulose, Hexite, synthet. Polymere.

Dirithromycin INN: Dirithromycinum Ph.Eur.4; (1*R*,2*S*,3*R*,6*R*,7*S*,8*S*,9*R*,10*R*,12*S*,13*S*,15*R*,17*S*)-9-[3-(Dimethylamino)-3,4,6-tridesoxy-β-D-xylo-hexopyranosyl]oxy-3-ethyl-2,10-dihydroxy-15-(2-methoxyethoxy)methyl-2,6,8,10,12,17-hexathyl-7-(3-*C*-methyl-3-*O*-methyl-2,6-didesoxy-α-L-ribo-hexopyranosyl)oxy-4,16-dioxa-14-azabicyclo[11.3.1]heptadecan-5-on; CAS-Nr. 62013-04-1; $C_{42}H_{78}N_2O_{14}$, M_r 835. Weißes, polymorphes Pulver, sehr schwer lösl. in Wasser, sehr leicht lösl. in Methanol. **Anw.:** s. Erythromycin, weniger wirksam gegen Haemophilus influenzae; **UAW:** gastrointestinale Beschwerden, Taubheit.

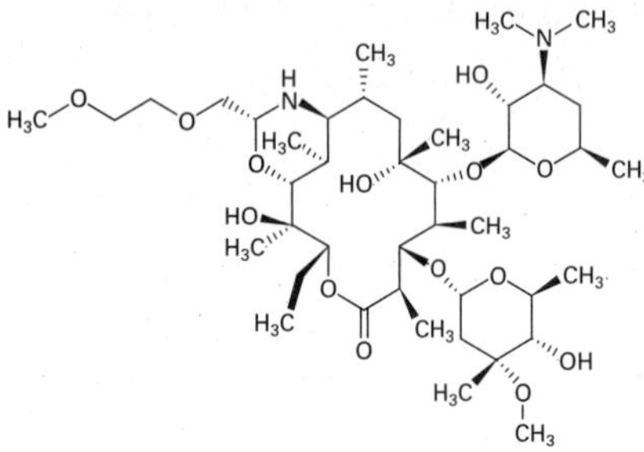

Dirithromycin

Disaccharidasen: Enzyme, die Disaccharide spalten. D. sind bes. in reifenden Früchten, Mikroorganismen (Hefe) u. in den Dünndarmmukosazellen lokalisiert. Die bekanntesten D. sind: β-D-Fructofuranosidase (Invertase od. Saccharase) der Hefe, α-1,4-Glucosidasen (Maltase), die α-D-Glucoside, die Maltose, Saccharose u. Turanose hydrolysieren, β-1,4-Glucosidasen (Gentiobiase, Cellobiase), die Gentiobiose u. Cellobiose hydrolysieren, sowie β-Galactosidase (Lactase), die Lactose hydrolysiert.

Disaccharide: s. Kohlenhydrate.

Disalicylsäure: s. Salsalat.

Disc-Elektrophorese: Gelelektrophorese, bei der Gemische von Proteinen od. Nucleinsäuren in kleinen Säulen aus Polyacrylamidgel mit Hilfe eines pH-Gradienten entlang der Säule in sehr schmale Banden od. Scheibchen aufgetrennt werden. Die Methode lässt sich verfeinern, so dass z. B. das Proteinspektrum einer Nervenzelle aufgetrennt wird.

Dische-Reaktion: Nachweisreaktion für 2-Desoxypentosen, s. Pentosen. Mit dem Dische-Reagens (Diphenylamin, Eisessig, konz. Schwefelsäure) bildet sich ein charakterist. blauer Farbstoff.

Dischwefelchlorid: Chlorschwefel, Schwefelchlorür, Sulfur chloratum; Dischwefeldichlorid, S_2Cl_2. D. 1.68. Schmp. −76.5 °C. Sdp. 137 °C. Rötl. gelbes Öl von erstickendem Geruch, an feuchter Luft rauchend. **Darst.:** Einleiten von Chlor in geschmolzenen Schwefel; **Anw.:** Kaltvulkanisieren von Kautschuk.

Dischwefelsäure: Pyroschwefelsäure; $H_2S_2O_7$, M_r 178.15. Schmp. 36 °C. Durchsichtige, krist. Masse, kristallisiert aus rauchender Schwefelsäure, die 18-62 % SO_3 enthält, beim Abkühlen aus. Ihre Salze heißen Disulfate bzw. Pyrosulfate.

Disease Management: umfassender, integrierter, informationsbasierter Ansatz der Patientenversorgung mit dem Ziel einer Verbesserung des Verhältnisses zw. Therapiequalität u. Gesamtkosten. Wachsende Bedeutung hat das Disease Management im Bereich der chron. Arzneimitteltherapie (z. B. bei Diabetikern u. Asthmatikern) u. bei älteren Patienten. Die Umsetzung erfolgt in Disease Management-Programmen. Diese enthalten z. B. umfassende Behandlungsleitlinien zur med. Versorgung bestimmter Erkrankungen, zu Vorsorgemaßnahmen, zu Diagnostik u. Verbesserung der Compliance bei der Arzneimittelbehandlung. Vgl. Pharmakoökonomie.

Disease Management-Programme: s. Disease Management.
Diskelektrophorese: s. Elektrophorese.
Diskus: (bot.) Auswuchs des Blütenbodens zw. Staubblättern u. Fruchtknoten, häufig scheibenförmig u. Nektar ausscheidend.
Disopyramid INN: Disopyramidum Ph.Eur.4, α-(2-Diisopropylaminoethyl)-α-phenyl-2-pyridinacetamid; 4-Diisopropylamino-2-phenyl-2-(2-pyridyl)butyramid; CAS-Nr. 3737-09-5; $C_{21}H_{29}N_3O$, M_r 339.47. Schmp. 94.5-95.0 °C (kristallisiert aus Hexan). Schwer lösl. in Wasser. **Anw.**: Antiarrhythmikum*, zur Ther. u. Prophylaxe ventrikulärer Arrhythmien; **UAW:** Sedierung, Schwindel, Atropin*-artige Wirk.; **Kontraind.**: dekompensierte Herzinsuffizienz, Bradykardie, Engwinkelglaukom, Prostatahypertrophie; **WW:** mit Sedativa* verstärkt sedierend, mit Furosemid* gesteigerte Elimination, Verstärkung negativ inotrop* wirkender Pharmaka; **Dos.**: p.o. Initialdos. 4×0.1 g/d, langsam erhöhen bis MTD 0.8 g; nach Besserung reduzieren auf 3-4×0.1 g/d; HWZ 5-8 h.
Disopyramiddihydrogenphosphat: Disopyramidi phosphas Ph.Eur.4; $C_{21}H_{32}N_3O_5P$, M_r 437.5. Lösl. in Wasser, wenig lösl. in Ethanol.

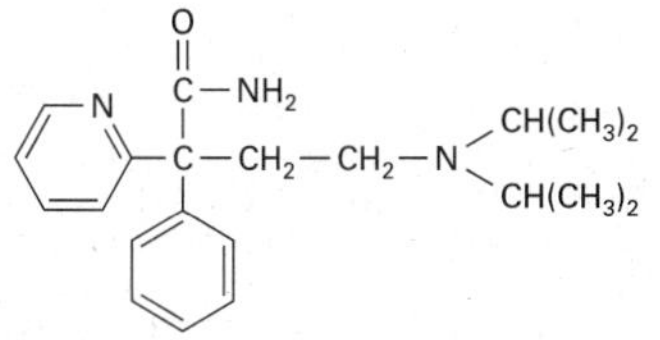

Disopyramid

Dispenser: Volumenmessgeräte zum schnellen Abmessen von Flüss. aus Vorratsflaschen, v.a. für Seriendosierungen. Sie arbeiten nach dem Saugkolbenprinzip. Es gibt D. mit fix eingestelltem Volumen od. solche, bei denen das gewünschte Dosiervolumen innerhalb des Einstellbereiches stufenlos fixiert werden kann (s. Abb.).

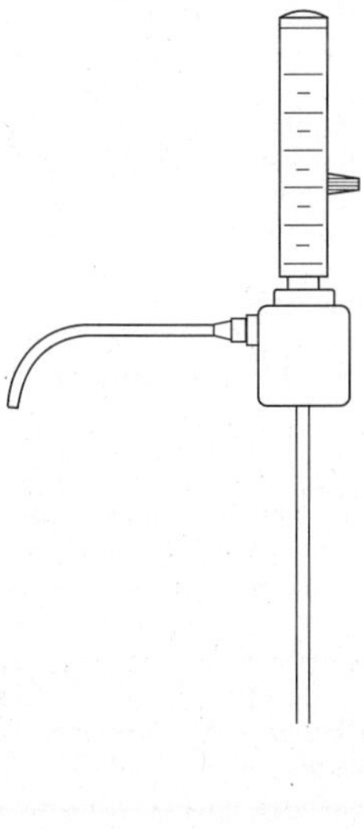
Dispenser

Dispensieren: eine Arznei zubereiten u. abgeben.
Dispensierrecht: s. Hausapotheke.
Dispensierschere: s. Pulverschere.
Dispergens: s. Dispersion.
Dispergieren: technolog. Vorgang bei der Herstellung von Suspensionsarzneiformen. Nach Zerkleinerung auf die gewünschte Korngröße werden die Feststoffe zunächst mit einer kleinen Menge des Dispersionsmittels homogen angerieben, dann wird der Rest der Flüssigkeit in Anteilen zugesetzt. Der Einsatz von Maschinen, z.B. Rührstäbe, rotierende Messerkreuze od. Ultra-Turrax-Geräte, ist zweckmäßig. Dabei kommt es i.Allg. nur zu einer weitgehende Verteilung der dispersen Phase. Es empfiehlt sich, die Suspension zu homogenisieren*.
dispers: feinverteilt.
Dispersion: **1.** feinste Verteilung von miteinander nicht mischbaren Phasen; die disperse Phase (Dispersum) bildet mit dem Dispersionsmittel (Dispergens) das Dispersoid*; vgl. Kolloide. **2.** D. des Lichtes (od. anderer elektromagnet. Wellenerscheinungen): Abhängigkeit der Lichtbrechung (s. Brechungsindex), der opt. Drehung (s. ORD) od. anderer physik. Erscheinungen von der Wellenlänge od. Frequenz. **3.** Zerlegung von weißem Licht in farbiges (s. Spektrum).
Dispersionskolloide: s. Kolloide.
Dispersitätsgrad: Dispersionsgrad, Dispersität; Verteilungsgrad bei der Dispersion*; vgl. Kolloide.
Dispersoid: durch Dispersion* entstandenes disperses System, bestehend aus Dispersum u. Dispergens, von bestimmtem Dispersitätsgrad*; vgl. Kolloide.
Disposition: Krankheitsbereitschaft; die angeborene od. erworbene Anfälligkeit eines Organismus für Erkrankungen.
Dispositionsprophylaxe: Verringerung des Erkrankungsrisikos durch Erhöhung von Resistenz* u. Immunität*. Maßnahmen: Abhärtung, körperl. Training, gesunde Ernährung, geregelte Lebensführung, Genuss- u. Arzneimittelmissbrauch vermeiden, Teilnahme an Schutzimpfungen, Chemoprophylaxe.
Disproportionierung: Übergang der Elemente einer Verb. von einer mittleren in eine höhere u. eine niedrigere Oxidationszahl während einer Redoxreaktion.
Dissemination: Ausbreitung, z.B. von Krankheitserregern.
Dissertation: wissenschaftliche Abhandlung zur Erlangung der Doktorwürde.
Dissimilation: Abbau u. Verbrauch der durch die Assimilation* gewonnenen Körpersubstanz. Hierbei wird durch Abbau höherer org. Verb. in einfachere Substanzen die Energie frei, die den Lebensprozess in Gang hält. Endprodukte der D. sind z.B. Kohlensäure, Wasser, Harnstoff, Ammoniak.
Dissolutiontest: Test zur Bestimmung der Auflösungs- od. Freisetzungsgeschwindigkeit von Arzneistoffen in festen Arzneiformen. Man unterscheidet: **1.** geschlossene Systeme od. sog. Eintopfmethoden wie z.B. Bechermethode (obsolet), Blattrührermethode (auch Rührflügelmethode od. Paddlemethode), Drehkörbchenmethode (engl. ro-

tating basket) u. Drehkolben nach Koch; **2.** offenen Systemen, bei denen ständig neues Lösungsmittel zugeführt wird. Die hierfür benutzten Durchflusszellen (engl. flow-through cell) schaffen Sink*-Bedingungen selbst für schwer lösl. Arzneistoffe, können jedoch auch im Kreislauf als geschlossenes System betrieben werden. Die wichtigsten in den Pharmakopöen beschriebenen Tests sind die Blattrührer-, die Drehkörbchen- u. die Durchflusszellenmethode (s. Abb.). Der D. hat als stark standardisierter, einfach durchzuführender In-vitro-Test eine weite Verbreitung in Forschung u. Qualitätskontrolle gefunden, da die Lösungsgeschwindigkeit von Wirkstoffen oftmals den geschwindigkeitsbestimmenden Schritt für die Resorption darstellt. Vgl. apparent dissolution rate, instrinsic dissolution rate.

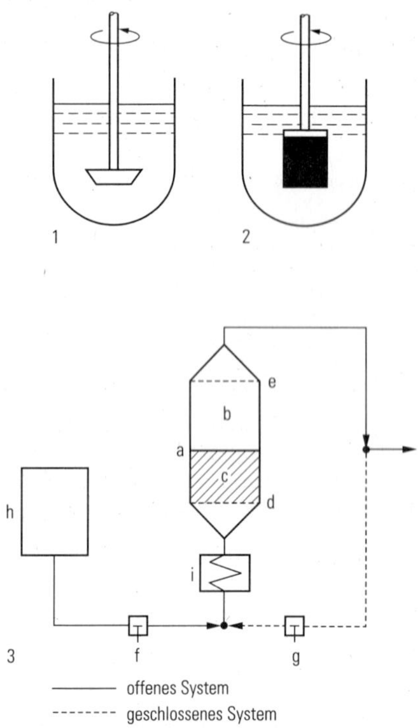

Dissolutiontest: 1: Rührblattapparatur; 2: Drehkörbchenapparatur; 3: Durchflusszelle (schematisch); a: Zelle; b: Lösungsraum; c: Raum für Füllkörper (z. B. Glaskugeln); d, e: Filter; f, g: Pumpen; h: Temperierung; i: Vorratsbehälter für das Testmedium

Dissolvenzien: auflösende, zerteilende Mittel.

Dissoziation: Zerlegung von Molekülen in neutrale Teilchen (Homolyse) od. in Ionen (Heterolyse, Ionisation). **therm. D.**: D. durch Wärmezufuhr. **photochem. D.**: D. durch Lichtquanten. **elektrolyt. D.**: s. Ionen.

Dissoziationsgrad: Maß für den Zerfall eines Moleküls in Bruchstücke (vgl. Ionen, Salze): der D. gibt das Verhältnis an: Zahl der zerfallenen Moleküle zu Zahl der Moleküle vor der Dissoziation.

Dissoziationskonstante: **1.** D. einer Säure: s. Säurekonstante. **2.** D. einer Base: s. Basekonstante.

Dissymmetrie: Eigenschaft von Verb. mit Symmetrieachsen*, jedoch ohne Spiegelebenen* (vgl. Chiralität). Dissymmetr. Moleküle besitzen kein deckungsgleiches Spiegelbild; bei nichtdissymmetr. Verb. stimmen Bild u. Spiegelbild überein, sie sind achiral.

distal: **1.** (anatom.) weiter vom Rumpf entfernte Teile der Extremitäten; Ggs.: proximal*. **2.** (zahnmed.) die von der Mittellinie des Zahnbogens abgewandte Seite des Zahns.

Distel: i. e. S. deutscher Name für die Gattung Carduus (Fam. Asteraceae, ca. 100 Arten); i. w. S. Bezeichnung für eine stachelige, krautige Pflanze, v. a. der Fam. Asteraceae od. Fam. Apiaceae z. B. **Brachdistel**: s. Eryngium campestre L.; **Benediktendistel** (Bitterdistel): s. Cnicus benedictus); **Färberdistel**: s. Carthamus tinctorius; **Mariendistel** (Frauendistel): s. Silybum marianum; **Silberdistel** (Wetterdistel): s. Carlina acaulis; **Distelkraut**: s. Cnicus benedictus.

Distelöl: s. Carthamus tinctorius (Oleum Carthami).

Distickstoffmonoxid: s. Lachgas.

Distickstoffpentoxid: Stickstoff(V)-oxid, Stickstoffpentoxid, Salpetersäureanhydrid, Distickstoffpentaoxid; N_2O_5, M_r 108.01. Schmp. 30 °C. Farblose, an der Luft zerfließende Kristalle; stark oxidierend, sehr unbeständig u. zerfällt oft explosionsartig.

Distigminbromid: Hexamethylen-bis(*N*-methylcarbaminsäure-3-pyridylester-brommethylat); CAS-Nr. 15876-67-2; $C_{22}H_{32}Br_2N_4O_4$, M_r 576.36. Schmp. 149 °C (unter Zers.). **Anw.**: langwirksamer Cholinesterasehemmer, s. Parasympathomimetika (indirekte).

Distomer: s. Verhältnis, eudismisches.

Distribution: auf Resorption* oder. i. v.-Applikation folgende Verteilung des Arzneistoffs zw. den versch. Flüssigkeitskompartimenten*. In Abhängigkeit von den physikochem. Eigenschaften des Arzneistoffs kann die Verteilung nur im Plasma, im Extra- od. im gesamten Extra- u. Intrazellularraum erfolgen (vgl. Verteilungsvolumen). Wichtige Faktoren, die die D. eines Arzneistoffes beeinflussen, sind u. a. die Bindung an Plasma- u. Gewebeproteine (vgl. Plasmaproteinbindung), Schrankenmechanismen des Organismus (vgl. Blut-Hirn-Schranke, Blut-Liquor-Schranke, Plazentaschranke), Gewebeaffinität* sowie zyklische pharmakokinet. Prozesse (z. B. Kreislauf*, enterohepat.).

Disulfate: Pyrosulfate; Derivate der Dischwefelsäure (Pyroschwefelsäure) $H_2S_2O_7$. D. entstehen durch Erhitzen von Hydrogensulfaten unter Wasserabspaltung, beim Erhitzen über 200 °C gehen sie unter SO_3-Abspaltung in Sulfate über.

Disulfidbrücken: Cystinbrücke; Bez. für die Disulfidbindung –S–S– in Peptiden u. Proteinen, die sich durch Oxidation zw. Sulfhydrylgruppen ausbildet. D. sind hauptverantwortl. für die Ausbildung u. Aufrechterhaltung der Sekundärstruktur der Proteine. D.-reiche Proteine sind sehr widerstandsfähig gegen Denaturierungsmittel u. gegen proteolyt. Enzyme. Die Spaltung der D. kann reduktiv mit Mercaptoethanol od. oxidativ, z. B. durch Perameisensäure, erfolgen; s. Proteine.

Disulfide: s. Sulfide.

Disulfiram INN: Disulfiramum Ph.Eur.4, Ethyldithiuram, Antabus®, Tetraethylthiuramdisulfid (Abk. TTD); Bis(diethylthiocarbamoyl)-disulfid; CAS-Nr. 97-77-8; $C_{10}H_{20}N_2S_4$, M_r 296.54. Schmp. 70 °C. d 1.30. Weißes Pulver, geruch- u. geschmacklos; lösl. in Wasser 0.2 g/L, in Ethanol 38.2 g/L, in Ether 71.4 g/L, in Aceton, Benzol, Chloroform, Schwefelkohlenstoff; pH-Wert einer gesättigten wässrigen Lsg. 6-7. **Wirk.** u. **Anw.:** Alkoholentwöhnung (nur unter ärztl. Kontrolle, zur ambulanten Behandlung aufgrund der schwerwiegenden UAW nicht zu empfehlen!); D. ist ein Hemmer der Aldehyddehydrogenase, Ethanol wird nur noch bis zum Acetaldehyd abgebaut, es treten die Symptome einer Acetaldehydvergiftung auf (Atemnot, Tachykardie, Blutdruckanstieg, Kollapsneigung, Angstgefühl, Erbrechen; in hoher Dos. Atemlähmung u. Schock); **Kontraind.:** Diabetes, Herz- u. Kreislaufinsuffizienz; **Dos.:** Ther. erst nach mind. 12 h Alkoholabstinenz; p. o. 0.8 g am 1. Tag, dann tägl. Dosisreduktion um 0.2 g bis zur niedrigsten Erhaltungsdos. von 0.1-0.2 g/d; alternativ 2×0.4 g/Woche.

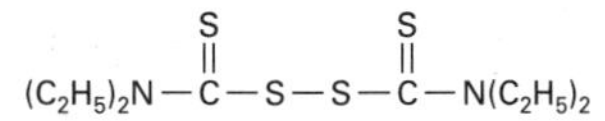

Disulfiram

Disulfite: Pyrosulfite; entstehen durch Wasserabspaltung aus den Hydrogensulfiten; vgl. Kaliumdisulfit.

disymmetrisch: s. Blüte.

Dita-Rinde: s. Alstonia scholaris.

Diterpene: formal aus 4 Isopreneinheiten ($C_{20}H_{32}$) aufgebaute Terpene*. Phytol*, ein aliphat. Diterpen, hat als Esterkomponente des Chlorophylls*

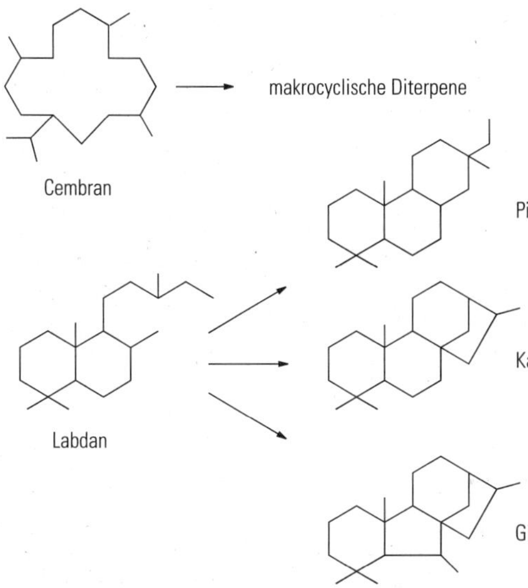

Diterpene: einige Strukturtypen cyclischer Diterpene

Diterpene
Cyclische Diterpene und ihre Bedeutung

Bedeutung	Beispiele	Vorkommen
Antihypertonikum	Acetylandromedol*	Ericaceae-Arten
Antihypertonikum	Colforsin* (Forskolin)	Coleus forskohlii
Bitterstoff	Carnosol* (Picrosalvin)	Salvia officinalis
Bitterstoff	Columbin*	Jateorhiza palmata
Chromophor	Retinal	Sehpurpur
Harzsäure	Abietinsäure*	Harze, Colophonium
Harzsäure	Pimarsäure*	Harze, Colophonium
Hormone	Gibberelline*	Pflanzen
Insektizid	Ryanodin	Ryania speciosa
Pseudoalkaloid	Aconitin*	Aconitum-Arten
Pseudoalkaloid	Cassain	Erythrophleum-Arten
Pseudoalkaloid	Taxine*, Paclitaxel	Taxus-Arten
Süßstoff	Steviosid*	Stevia rebaudiana
Vitamin	Vitamin A (s. Vitamine)	Eigelb, Lebertran

sowie als Best. von Vitamin K u. E Bedeutung. Neben einigen Kohlenwasserstoffen u. Alkoholen liegen die cycl. D. überwiegend als Säuren vor u. haben vielfältige biol. Eigenschaften (s. Tab.). Mono- bis tetracycl. Vertreter werden auch nach ihren Grundtypen eingeteilt. Cembran u. Labdan sind mono- bzw. bicycl., Pimaran u. Abietan sind tricycl., Kauran, Atisan, Aconan u. Gibberellan sind tetracycl. (s. Abb.). Biosynthese s. Terpene.

D

Dithiocarbamate: Salze u. Ester der Dithiocarbamidsäure od. ihrer Derivate mit Metallen wie Zink (Zineb), Mangan (Maneb). D. weisen eine relative geringe Tox. für Säugetiere auf; charakterist. ist der Antabuseffekt, d. h. die verminderte Toleranz gegenüber Ethanol. **Anw.:** Vulkanisationsbeschleuniger, Fungizide (s. Schädlingsbekämpfungsmittel).

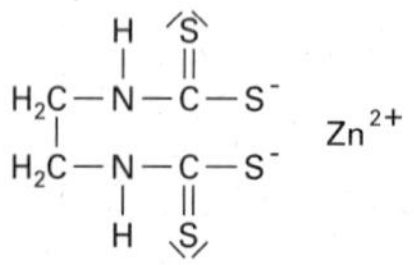

Dithiocarbamate: Zinksalz der Dithiocarbamidsäure

6,8-Dithioctansäure: s. α-Liponsäure.

Dithiol: 4-Methyl-1,2-benzoldithiol; $C_7H_8S_2$, M_r 156.3. Schmp. ca. 30 °C. Weiße, hygroskop. Kristalle; lösl. in Methanol u. Alkalihydroxid-Lösungen. **Anw.:** Reagens Ph.Eur.4.

Dithionsäure: Unterdischwefelsäure; $H_2S_2O_6$, farblose Säure, nur in wässriger Lsg. beständig. Die Salze heißen Dithionate.

Dithiothreitol: Abk. DTT; wird häufig zur Spaltung von Disulfidbrücken in Peptiden u. Proteinen benutzt. DTT besitzt ein sehr niedriges Redoxpotential u. ist daher in der Lage, Disulfidbrücken in sehr kurzer Zeit vollständig zu reduzieren.

Dithizon: s. Diphenylthiocarbazon.

Dithranol INN: Dithranolum Ph.Eur.4, Cignolin, 1,8,9-Anthratriol; 1,8,9-Anthracentriol; CAS-Nr. 1143-38-0; $C_{14}H_{10}O_3$, M_r 226.2. Schmp. 175-181 °C. Gelbes, krist. Pulver; unlösl. in Wasser; schwer lösl. in Ethanol u. Ether; lösl. in Alkalihydroxid-Lsg., Aceton, Chloroform u. fetten Ölen. **Wirk.:** beruht wahrscheinl. auf der Bildung aktiver Sauerstoffspezies (Singulettsauerstoff, Wasserstoffperoxid u. Superoxidradikal, s. Hyperoxid); **Anw.:** Antiseptikum, Psoriasisther.; **UAW:** Hautbrennen, Augenirritationen.

Dithranol-Salbe: Zstzg.: NFA, 0.1 T. Dithranol (Konz. von Dithranol kann bis zu 1 % gesteigert werden), 0.5 T. Salicylsäure ad 100 T. weißes Vaselin (s. Vaselinum album). **Anw.:** Psoriasis; Brennen der behandelten Haut zeigt das Ansprechen der Ther.; Hinweis: Kontakt mit den Augen und UV-Bestrahlung vermeiden; **UAW:** Braunfärbung der Haut möglich; **Kontraind:** Schwangerschaft.

Dithymoldiiodid: Thymolum biiodatum, Diioddithymol; Mischung von Iodderivaten des Thymol*, haupsächl. Dithymoldiiodid; CAS-Nr. 552-22-7; $C_{20}H_{24}I_2O_2$, M_r 550.23. Rotbraunes, geschmackloses Pulver; leicht lösl. in Ether u. fetten Ölen, wenig lösl. in Ethanol, unlösl. in Wasser u. Glycerol. **Anw.:** früher als Antiseptikum* in Form von meist 10 %igen Salben u. Pudern.

Diurese: physiol. Harnausscheidung.

Diuretika: Stoffe, die die Harnauscheidung steigern. D. steigern die renale Ausscheidung von Wasser, Natriumionen (Natriuretika) u. Salzen (Saluretika). Es kommt zur Vermehrung der Ausscheidung extrazellulärer Flüssigkeit. **Anw.:** v. a. bei Ödemen jeder Art u. bei Hypertonie. Bei einer Ther. mit D. zur Verminderung hypertoner Zustände muss auf die Störung des Elektrolythaushaltes hingewiesen werden. Nierenerkrankungen werden durch D. meist ungünstig beeinflusst, da es durch diese Wirkstoffe i. Allg. nicht zu einer Erhöhung der glomerulären Filtrationsrate kommt. Auch zur forcierten Ausscheidung von Giften. **Wirkstoffe: 1. Thiazide:** syn. Benzothiadiazine, Disulfonamide; Derivate u. Abwandlungen des Hydrochlorothiazid* wie z. B. Hydroflumethiazid* sowie thiazidanaloge Verb. wie Clopamid*, Mefrusid* u. a.; verhindern die Rückresorption von Natrium- u. Chloridionen in den distalen Tubulus. Die Ausscheidung von Kaliumionen nimmt zu, die von Calciumionen dagegen ab; Gefahr von Hypokaliämie u. Hämokonzentration (Thromben), Erniedrigung der Glucosetoleranz; **2. Schleifendiuretika:** stark wirksam, z. B. Etozolin, Etacrynsäure, Furosemid, Azosemid, Piretanid, Torasemid u. Bumetamid; wirken durch Hemmung der Natrium- u. Chloridionen-Rückresorption im aufsteigenden Teil der Henle*-Schleife; sehr stark wirksam (bis zu 60 L Flüssigkeit in 24 h); bei Ödemen u. akutem Nierenversagen; UAW wie bei Thiaziden; **3. Aldosteronantagonisten:** Spironolacton*, Kaliumcanrenoat*; blockieren die Aldosteronrezeptoren in der spätdistalen Tubuluszelle (reversible Hemmung), dadurch kommt es zu einer geringfügigen Erhöhung der Natrium- u. Wasserausscheidung u. zu einer Verminderung der Kaliumausscheidung. Der pH-Wert des Urins steigt durch erhöhte Ausscheidung von Hydrogencarbonat-Ionen; geringer diuret. Effekt; indiziert nur bei Ödemen infolge Hyperaldosteronismus (z. B. Leberzirrhose mit Bauchwassersucht); Wirk. kann durch Kombination mit Thiaziden erhöht werden, Gefahr von Hyperkaliämie (v. a. bei Niereninsuffizienz), Gynäkomastie u. Potenzstörungen (Männer), Amenorrhö u. Hirsutismus (Frauen); **4. Carboanhydratasehemmer:** Carboanhydrasehemmer; z. B. Acetazolamid*, Diclofenamid*; wirken durch Hemmung des Austausches von Wasserstoff- u. Natriumionen in den Tubuluszellen, die Ammoniumausscheidung wird vermindert. Infolge der Mehrausscheidung von Natrium- u. Kaliumionen, Hydrogencarbonat-Ionen u. Wasser kommt es zum diuret. Effekt; Dauer nur einige Stunden, durch Basenverlust wird Acidose hervorgerufen, wodurch die Wirk. dieser Pharmaka gehemmt wird; kaum mehr verwendet als D., heute zur Glaukomtherapie, bei Epilepsie, akuter Pankreatitis; die diuret. Wirk. ist dabei unerwünscht; **5. kaliumsparende Diuretika:** Amilorid*, Triamteren*; verhindern die Natriumresorption in die Tubuluszelle u. dadurch die Kaliumsekretion aus der Tubuluszelle, auch die Wasserstoffionenkonz. im Urin nimmt ab; diese

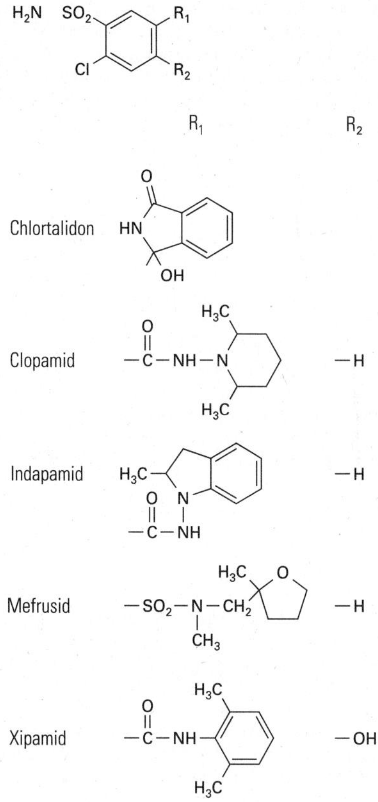

Diuretika: Thiazide

Wirkungen bleiben auch bei Kombination mit anderen Diuretika erhalten; UAW sind Hyperkaliämie (v. a. bei Niereninsuffizienz), evtl. Erbrechen u. megaloblast. Anämie (Triamteren); **6. Osmodiuretika:** z. B. Mannitol* (10-20 %ige Lsg.), Sorbitol*, Harnstoff*; wirken bei i. v.-Gabe durch das von ihnen osmot. gebundene Wasser, da sie wohl glomerulär filtriert, im Tubulus aber nicht rückresorbiert werden; die Ausscheidung von Elektrolyten wird nur wenig erhöht; Anw bei Hirnödemen, verhindern Nierenversagen bei Schock; kontraindiziert bei Anurie; **7. Xanthinderivate:** Coffein*, Theophyllin*, Theobromin*; wirken durch Erhöhung der Nierenmarksdurchblutung (Fähigkeit der Niere zur Harnkonzentrierung nimmt ab), der positiv inotropen Wirk. (glomeruläre Filtrationsrate nimmt zu) u. durch Hemmung der NaCl-Rückresorption; nur sehr kurz wirksam, deshalb kaum in der Ther. verwendet; **8. Quecksilberdiuretika:** obsolet; **9. pflanzl. Diuretika:** z. B. Levistici Rad., Petroselini Rad. u. Fruct., Juniperi Fruct., Bucco Fol., Ononidis Rad., Herniariae Her., Betulae Fol. (soll keine Reizwirkung auf das Nierenparenchym haben) u. Maydis stigmata; führen wie die oben erwähnten D. zu Wasser- u. Elektrolytverlusten. Aquaretika: Wirkstoffe die lediglich. die Wasserausscheidung erhöhen (es stehen keine Wirkstoffe zur Verfügung, die nach oraler Gabe eine ausreichende Wirk. aufweisen).

divide: (auf Rezepten) teile. divide in partes aequales: teile in gleiche Mengen.

Divi-Divi: s. Caesalpinia coriaria.

Dixyrazin: 10-[3-(4-β-Hydroxyethoxyethyl-1-piperazinyl)-2-methyl]-propyl-phenothiazin; 2-(2-{4-[3-(10-Phenothiazinyl)-2-methyl-propyl]-1-piperazinyl}ethoxy)ethanol; CAS-Nr. 2470-73-7; $C_{24}H_{33}N_3O_2S$, M_r 427.60. Sehr schwer lösl. in Wasser; lösl. in Alkohol, Essigsäure, Aceton, Chloroform, Ether u. Methylalkohol. **Anw.:** Neuroleptikum, Psychosedativum, vgl. Psychopharmaka; Ind.: bei Erwachsenen psychomotor. Erkrankungen, neurovegetative Störungen; bei Kindern u. Jugendl. charakterl. Instabilität, Erregungszustände; in der Psychiatrie bei Neurosen, Psychosen, Depressionen; **UAW:** s. Psychopharmaka (Neuroleptika); vermindertes Reaktionsvermögen; **Dos.:** p. o. 25-50 mg/d; p. o. ambulant als Geriatrikum 3×10 mg/d; klin. Initialdos. 75-150 mg/d, innerhalb 8 Tagen reduzieren auf 50-70 mg/d; Kinder bis 6 Jahre Initialdos. 20-30 mg/d, innerhalb 8 Tagen reduzieren auf 10-20 mg/d; HWZ 2-3 min.

Djambu-Blätter: s. Psidium guajava.

DL-: Kennzeichen einer racem. Verb.; s. Racemat.

D/L-Nomenklatur: s. Fischer-Projektion.

DLVO-Theorie (entwickelt von **D**erjaguin, **L**andau, **V**erwey u. **O**verbeek): erläutert den Einfluss von Faktoren, die für Koaleszenz- u. Flockungsvorgänge verantwortl. sind. In Systemen mit wässriger Außenphase kommt der elektrostat. Stabilisierung große Bedeutung zu. Hierbei wird die Annäherung zweier Teilchen dadurch erschwert, dass z. B. Emulsionstropfen eine elektr. Ladung verliehen wird. Dies kann z. B. durch die Adsorption geladener Emulgatoren an die Grenzfläche erfolgen. Es bildet sich eine elektr. Doppelschicht aus. Das hieraus resultierende Gleichgewicht aus anziehenden Van-der-Waals-Kräften u. elektrostat. Abstoßungskräften wird durch die DLVO-Theorie beschrieben. Gleichsinnig geladene Partikel stoßen sich gegenseitig ab. Werden sie einander genähert, so wächst ihre potentielle Energie. Je höher ihre Ladung ist, desto schwieriger ist eine Annäherung, d. h. um so effektiver ist die Schutz-

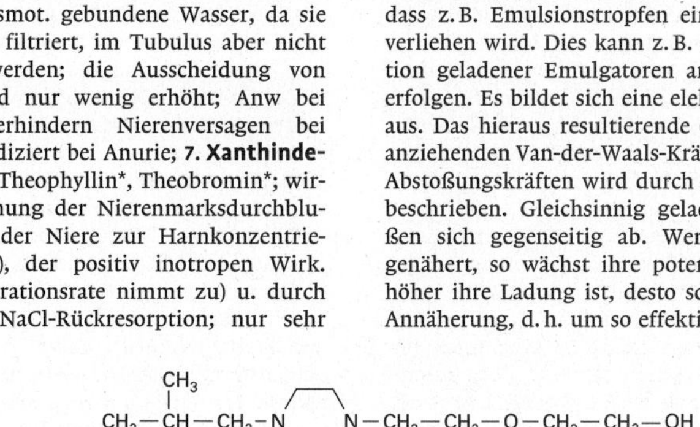

Dixyrazin

barriere. Mit steigendem Elektrolytgehalt der wässrigen Außenphase nimmt die stabilisierende Wirkung der geladenen Grenzfläche eines Emulsionstropfens ab.

D-Mannonsäure: eine Polyhydroxymonocarbonsäure, entsteht aus Mannose durch Oxidation am C-1.

DMARD: Abk. für **d**isease **m**odefying **a**nti**r**heumatic **d**rug; s. Basistherapeutika.

D

DMF: Abk. für **D**i**m**ethyl**f**ormamid*.

DMS: **1.** Abk. für **D**i**m**ethyl**s**ulfid $(CH_3)_2S$. **2.** Abk. für **D**i**m**ethyl**s**ulfat*.

DMS-Basiscreme: halbfeste Arzneiform mit den gleichen chem. und physik. Eigenschaften wie die Membran-Struktur der nat. Hautbarriere (Derma Membran Struktur). Es ist eine emulgatorfreie Creme, die den Verlust nat. Barrierestoffe verhindert u. trockene Haut pflegt.

DMSO: Abk. für **D**i**m**ethyl**s**ulf**o**xid*.

DMT: Abk. für *N,N*-**D**i**m**ethyl**t**ryptamin, s. Piptadenia peregrina.

DNA: Abk. für (engl.) ***d****eoxyribo****n****ucleic* ***a****cid;* Desoxyribonucleinsäure (Abk. DNS), Thymusnucleinsäure; aus Desoxyribonucleotiden (s. Nucleotide) aufgebautes Biopolymer (Nucleinsäure*), das in allen lebenden Zellen u. in einigen Viren als Speicher für die genet. Information dient. Die meisten DNA besitzen eine extrem hohe molare Masse. Von einer Spezies zur anderen bestehen bedeutsame Unterschiede in der Basenzusammensetzung u. Sequenz.

Struktur: Ein Mononucleotid der DNA besteht aus Phosphorsäure u. 2-Desoxyribose, das mit einer der vier Basen Adenin*, Guanin*, Cytosin* u. Thymin* N-glykosidisch verknüpft ist. In der DNA höherer Organismen ist Cytosin teilweise durch 5-Methylcytosin ersetzt. Die Verknüpfung der Mononucleotide zu einer unverzweigten Polynucleotidkette erfolgt über 3',5'-Phosphodiesterbrücken. Zwei rechtsdrehende Polynucleotidketten sind dann aufgrund der Basenpaarung* in Form einer Doppelhelix (Duplex) um eine imaginäre Achse gewunden (Doppelhelixmodell nach Watson u. Crick, 1953). Aufgrund der Basenpaarung* ist die Anzahl der Purinbasen gleich der Anzahl der Pyrimidinbasen. Die beiden Stränge der doppelhelikalen DNA sind weder in ihrer Basenzusammensetzung noch in ihrer Sequenz miteinander identisch. Sie sind komplementär zueinander angeordent u. enthalten in ihrer Basensequenz die komplementäre Information. Es gibt versch. Typen der Doppelhelix. Die DNA kann in einigen Viren auch als einsträngiges, gewundenes Molekül vorkommen. Sowohl einals auch doppelsträngige DNA kann ringförmig ausgebildet sein (zirkuläre DNA in Bakterien, Mitochondrien). Ringförmige DNA kann auch in einer verdrillten (engl. supercoiled), überspiralisierten Form als Superhelix vorliegen. Da sich (einfacher) Ring u. Superhelix somit nur topolog. unterscheiden, werden sie als Topoisomere bezeichnet. **Lokalisation:** ca. 95 % der DNA einer eukaryont. Zelle ist im Zellkern lokalisiert u. an spezif. Proteine gebunden. Diese Nucleoproteine sind die Grundsubstanz der Chromosomen. DNA kommt auch in zytoplasmat. Organellen vor, das heißt in Mitochondrien u. Plastiden (extrachromosomale DNA). Mitochondriale DNA macht ca. 1-2 % der Gesamt-DNA der Zelle aus, Chloroplasten-DNA bis zu 5 %. Keimzellen enthalten nur 50 % der DNA von Körperzellen. In Bakterien u. Blaualgen, die keinen Zellkern enthalten, ist ringförmige DNA in Kernäquivalenten lokalisiert u. darüber hinaus in extrachromosomalen Komponenten, den Plasmiden* bzw. Episomen.

DNA-Replikation: Die DNA kann sich selbst ident. reproduzieren (Replikation). In der Natur kommt ausschließl. die semikonservative Replikation vor, das heißt jeder Strang der doppelhelikalen Eltern-DNA dient als Matrize für die Replikation komplementärer Tochterstränge. Auf diese Weise werden zwei Tochterstränge gebildet, die mit der Eltern-DNA ident. sind u. von denen jeder einen Strang aus der Eltern-DNA enthält. Die DNA eukaryont. Chromosomen besteht aus mehreren Replikationseinheiten, die Replikation beginnt also an mehreren Punkten eines DNA-Moleküls. Der Startbereich besteht aus einer Nucleotidsequenz von 100 bis 200 Basenpaaren, der von spezif. Zellproteinen erkannt wird u. den Replikationszyklus an diesem Punkt initiiert. Die biol. DNA-Synthese ist ein enzymat. Prozess, in dem die vier 5'-Nucleosidtriphosphate linear miteinander verknüpft werden. Der Energiebedarf für diesen Polymerisationsvorgang wird durch Pyrophosphatabspaltung gedeckt; an der Reaktion sind DNA-Polymerasen, DNA-Ligasen u. Nucleasen beteiligt. Neben der normalen von DNA abhängigen DNA-Synthese ist auch eine von RNA abhängige DNA-Synthese beschrieben worden. **Reparatur der DNA:** Zur Wiederherstellung von DNA, die durch chem. u. physik. Faktoren od. durch mutagene Fehler bei der Replikation geschädigt worden ist, verfügt die Zelle über ein Enzymsystem, das die defekte Position entfernt (Nuclease), die richtige Polynucleotidfolge synthetisiert (DNA*-Polymerase) u. in die entspr. Position der DNA einfügt (Ligase). **DNA-Abbau:** In vitalen Zellen wird DNA normalerweise nicht abgebaut, sie ist stabil u. unterliegt keinem Umsatz. In Geweben kommen jedoch versch. DNA-abbauende Enzyme vor, die beim Zelltod od. beim Zellaufschluss zum Abbau der DNA führen (Nucleasen, Desoxyribonuclease, Phosphodiesterase).

Biol. Bedeutung: Die DNA enthält in ihrer Basensequenz die Information zur Synthese aller Zellproteine (s. Code, genetischer). Der semikonservative Replikationsmechanismus erklärt die Weitergabe der unveränderten Information im Replikationsgeschehen. **cDNA:** Abk. für (engl.) *complementary deoxyribonucleic acid*; einzel- oder doppelsträngige DNA-Kopie einer RNA, die durch reverse Transkription* in aufeinander folgenden, in vitro ablaufenden, enzymat. katalysierten Syntheseschritten erhalten wird.

DNA-Gyrasen: DNA-Topoisomerasen; Gruppe von Enzymen, welche die Überstrukturen von doppelsträngigen DNA-Molekülen durch Änderung der Anzahl der Windungen der Doppelhelix entdrillen, zusätzl. spiralisieren, verflechten od. verkno-

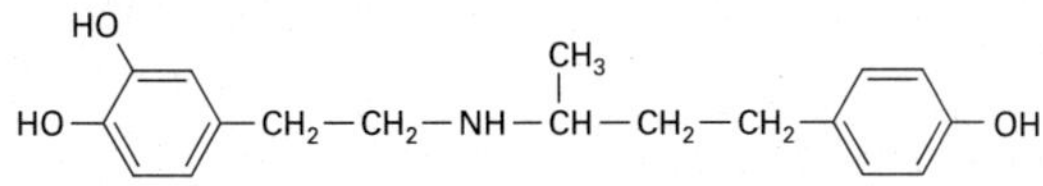

Dobutamin

ten können. Dabei bleiben die Nucleotidsequenz u. der Informationsgehalt der betr. DNA erhalten. Sie sind wahrscheinl. in allen Organismen verbreitet. Die D.-G. (Typ II) ist Angriffspunkt der Chinoloncarbonsäuren u. Analoga.

DNA-Methylierung: 3-6 % der Cytosine der DNA von Säugerzellen liegen methyliert vor, meist als 5-Methylcytosin. Die Methylgruppen werden von DNA-Methyltransferasen übertragen. Bei der Replikation behält der elterl. Strang die methylierten Basen, während der Tochterstrang unmethyliert vorliegt. Letzterer wird nach der Replikation rasch methyliert. In Wirbeltieren wird vorherrschend in GC-reichen DNA-Sequenzen methyliert. Im Allg. führt die Methylierung von Genen zur Repression der Genexpression: Am deutlichsten ist die unterschiedl. Methylierung an Genen zu erkennen, die nur in bestimmten Gewebetypen exprimiert werden.

DNA-Neukombination: s. Rekombination.

DNA-Polymerase: Enzym, das aus Desoxyribonucleotiden (s. Nucleotide) an einer (DNA-)Matrize DNA* synthetisiert. DNA-P. ist an der Replikation* u. Reparatur von DNA beteiligt.

DNA-rekombinationstechnisch hergestellte Produkte: Producta ab ADN recombinante Ph.Eur.4; werden durch genet. Modifikationen hergestellt, bei der die codierende DNA* für das benötigte Produkt gewöhnl. mit Hilfe eines Plasmids* od. viralen Vektors* in einen geeigneten Mikroorganismus od. eine geeignete Zelllinie eingeführt wird, in denen diese DNA exprimiert (s. Genexpression) u. in Protein übersetzt (s. Translation) wird; s. Gentechnologie. Diese Bestimmungen der Ph.Eur.4 gelten im Zusammenhang mit den jeweiligen einzelnen Arzneibuchmonographien über DNA-rekombinationstechnisch hergestellte Produkte, z. B. Somatropin*. Diese Vorschriften betreffen somit im Wesentlichen nur offizinelle Produkte. Sie gelten auch nicht für modifizierte lebende Organismen, die für die direkte Anwendung am Menschen u. am Tier vorgesehen sind, z. B. als Lebend-Impfstoffe.

DNA-Rekombinationstechnologie: DNA-Rekombinationstechnik; s. Gentechnologie.

DNA-Sonde: ^{32}P-markierte RNA, cDNA od. synthet. Oligonucleotide, die zur Markierung von DNA beim Southern*-Blot dienen.

DNA-Viren: s. Virusklassifizierung.

DND: Abk. für (engl.) *Division of Narcotic Drugs;* Suchtstoffabteilung der Vereinten Nationen mit Sitz in Wien. Sie hat sowohl beratende als auch ausbildende Aufgaben u. unterhält das Suchtstofflabor der Vereinten Nationen; vgl. Betäubungsmittelrecht.

DNOC: Abk. für 2,4-Dinitrocresol*.

D-Norgestrel: s. Levonorgestrel.

DOB: Abk. für 2,5-**D**imeth**o**xy-4-**b**romamphetamin; sehr gefährl., schon in geringer Dos. potentiell tödl., lang wirkendes Halluzinogen; Analogon zu Mescalin*; vgl. DOM.

Dobutamin INN: (±)-4-{2-[3-(4-Hydroxyphenyl)-1-methylpropylamino]-ethyl}brenzcatechin; CAS-Nr. 34368-04-2; $C_{18}H_{23}NO_3$, M_r 301.39. **Anw.:** Antihypotonikum* bei kardiogenem Schock; sympathomimet. mit schwacher α- u. starker β_1-Komponente, positiv inotrop wirksam, nicht aber dopaminerg; **UAW:** Tachykardie, Tachyarrythmien, Übelkeit, Kopfschmerzen, erhöhter Blutdruck, Angina-pectoris-Anfälle. **Dobutaminhydrochlorid:** Dobutamini hydrochloridum Ph.Eur.4; Schmp. 185-189 °C (polymorph).

DOC: Abk. für **D**es**o**xy**c**orton*; s. Hormone (Nebennierenhormone).

DOCA: Abk. für **D**es**o**xy**c**orton**a**cetat*; s. Hormone (Nebennierenhormone).

Docetaxel INN: (2*R*,3*S*)-*N*-(*tert*-Butoxycarbonyl)-2-hydroxy-3-phenyl-β-alanin-(4-acetoxy-2α-benzoyloxy-5β,20-epoxy-1,7β,10β-trihydroxy-9-oxo-11-taxen-13α-yl-ester); CAS-Nr. 114977-28-5; $C_{43}H_{53}NO_{14}$, M_r 807.89. Schmp. 232 °C. **Herst.:** partialsynthet. aus 10-Desacetylbaccatin III (in Blättern von Taxus* baccata zu 0.02 %); **Wirk.:** wie Paclitaxel* auf die Mikrotubuli, jedoch 2-mal stärker als dieses; v. a. in der S-Phase des Zellzyklus aktiv; **Anw.:** wie Paclitaxel bei fortgeschrittenem od. metastasierendem Mammakarzinom; **UAW:** Neutropenie, Anämie, Haarausfall; **Kontraind.:** Schwangerschaft, Stillzeit, schwere Leberfunktionsstörungen, Neutropenie; **Dos.:** parenteral Monother. alle 3 Wochen 100 mg/m² Kör-

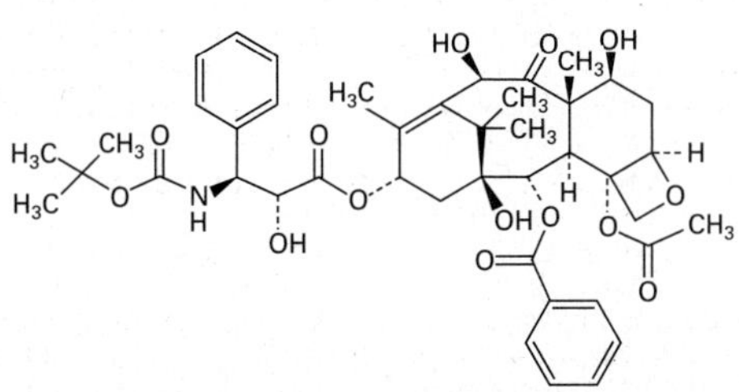

Docetaxel

peroberfläche (einstündige i. v. Infusion); HWZ 4 min, 26 min u. 11 h (dreiphasige Kinetik). **Docetaxel-Trihydrat:** CAS-Nr. 148408-66-6; $C_{43}H_{53}NO_{14} \cdot 3\,H_2O$, M_r 861.95.

Dochtwirkung: Eigenschaft von Hydrophilisierungsmitteln in Tablettenrezepturen, die zur Zerfallsbeschleunigung führt. D. steigert Porosität u. Benetzbarkeit u. erleichtert dadurch das Eindringen von Wasser durch die Poren in das Tabletteninnere.

Docosahexaensäure: s. Fettsäuren, essentielle.

***n*-Docosanol:** s. Behenylalkohol.

Docosapentaensäure: 4,8,12,15,19-Docosapentaensäure, s. Clupanodonsäure.

Docosenamid: s. Erucamid.

Docosensäure: s. Erucasäure.

Docusat-Natrium INN: Docusatum natricum Ph.Eur.4; Bis(2-ethylhexyl)oxy-1,4-dioxobutan-2-sulfonsäure, Natrium-Salz; CAS-Nr. 577-11-7; $C_{20}H_{37}NaO_7S$, M_r 444.56. Löslichkeit in Wasser 15 g/L bei 25 °C, 23 g/L bei 40 °C, 30 g/L bei 50 °C, 55 g/L bei 70 °C; sehr gut lösl. in Wasser/Ethanol u. wassermischbaren org. Lösungsmitteln; lösl. in Tetrachlorkohlenstoff, Petrolether, Naphtha, Xylol, Dibutylphthalat, Petroleum, Aceton, Ethanol, Pflanzenölen. **Anw.:** Laxans* (Seife, anion. Detergens), Gleitmittel; **WW:** mit zahlreichen anderen Arzneistoffen mögl., da D. die Resorption der Arzneistoffe (u. a. Herzglykoside, Schleifendiuretika, aber auch anderer Laxanzien wie Paraffinöl) fördert; **Dos.:** p. o. 2-3×0.1 g/d; rektal 0.1 g/d; wenig wirksam in der Kurzzeitanw. (Langzeitanw. ist abzulehnen). Gebräuchl. ist auch Dioctylsuccinatsulfonsäure.

Dodecylgallat: s. Gallussäurelaurylester.

Dokumentation: gemäß § 22 Apothekenbetriebsordnung sind alle Aufzeichnungen, die im Zusammenhang mit Arzneimitteln gemacht werden, mind. bis 1 Jahr nach Ablauf des Verfalldatums u. insgesamt 3 Jahre aufzubewahren. Es sind dies z. B. Aufzeichnungen über die Herst., Prüfung, Einfuhr, das Inverkehrbringen, den Rückruf u. die durch Rückruf veranlasste Rückgabe von Arzneimitteln.

Dolasetron INN: Indol-3-carboxylsäure; (8*R*)-Hexahydro-8-hydroxy-2,6-methano-2*H*-quinolizin-3(4*H*)-on-ester; CAS-Nr. 115956-13-3; $C_{19}H_{20}N_2O_3$, M_r 324.4. Schmp. 152 °C. logP 2.4; pK_S 7.0 (ber.); schwer lösl. in Wasser. **Wirk.:** selektiver 5-HT_3-Rezeptorantagonist (vgl. Serotonin); **Anw.:** Antiemetikum* bei postoperativer Übelkeit u. Erbrechen sowie bei zytostat. Chemother.; **UAW:** s. Granisetron, Ondansetron, Tropisetron; **Dos.:** je nach Bedarf u. Anw. 12.5-100 mg i. v. od. 50-200 mg p. o.; HWZ 7-9 h.

Dolde: s. Blütenstand.

Doldengewächse: s. Apiaceae.

Dolichole: s. Polyprenole.

Dolichos biflorus: s. Vigna unguiculata.

Dolichos pruriens: s. Mucuna pruriens.

Dollensamen: s. Anethum graveolens var. hortorum.

Dollkraut: s. Conium maculatum.

DOM: Abk. für 2,5-**D**imeth**o**xy-4-**m**ethylamphetamin; Derivat des Mescalin* mit vielfacher halluzinogener Wirk.; vgl. DOB.

Domatium (lat. Wohnung): Höhle od. Haarbüschel an pflanzl. Organen (z. B. an Blättern), in denen andere Organismen (z. B. Milben) leben.

Domperidon INN: Domperidonum Ph.Eur.4; 5-Chlor-1-{1-[3-(2,3-dihydro-2-oxobenzimidazol-1-yl)propyl]-4-piperidyl}-2(3*H*)-benzimidazolon; CAS-Nr. 57808-66-9; $C_{22}H_{24}ClN_5O_2$, M_r 425.92. Schmp. 244-248 °C. Weißes Pulver; fast unlösl. in Wasser. **Anw.:** Antiemetikum*, Gastrokinetikum*. **Domperidonmaleat:** Domperidoni maleas Ph.Eur.; $C_{26}H_{28}ClN_5O_6$, M_r 542.0. Weißes polymorphes Pulver; sehr schwer lösl. in Wasser u. Ethanol. Gebräuchl. ist auch Domperidonacetat.

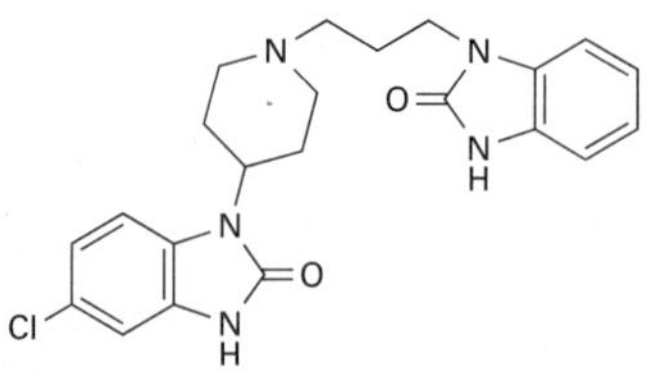

Domperidon

Donax arundinaceus P. Beauv.: s. Arundo donax.

Donepezil INN: (*RS*)-2-(1-Benzyl-4-piperidyl)methyl-5,6-dimethoxy-1-indanon; CAS-Nr. 120014-06-4; $C_{24}H_{29}NO_3$, M_r 379.5. logP 4.7; pK_S 8.8 (ber.); kaum lösl. in Wasser. **Wirk.:** Cholinesterasehemmer (s. Parasympathomimetika, indirekte); **Anw.:** symptomat. Behandlung der leichten bis mittelschweren Alzheimer*-Krankheit; **UAW:** im Vergleich zu Tacrin* bessere Verträglichkeit u. keine Hepatotoxizität; evtl. Durchfall, Übelkeit, Erbrechen; **Dos.:** 5 mg/d p. o.; HWZ ca. 70 h.

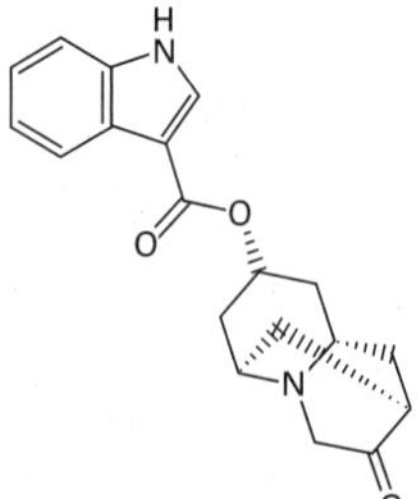

Dolasetron

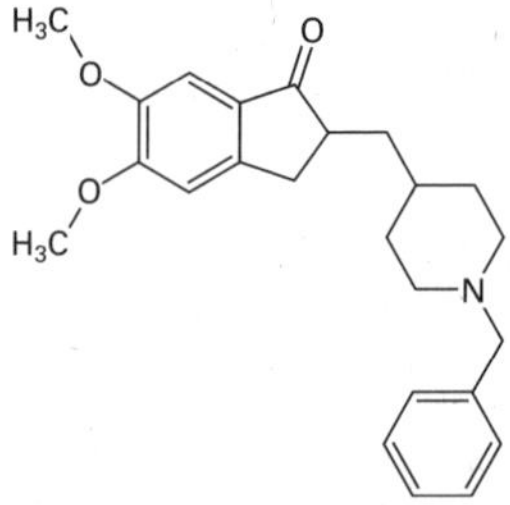

Donepezil

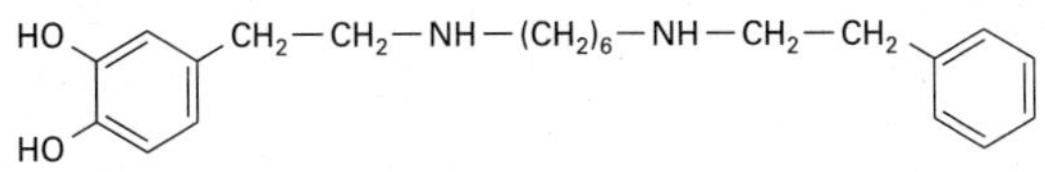

Dopexamin

DOPA: s. Dihydroxyphenylalanin.

DOPA-Decarboxylasehemmer: Hemmstoffe der peripheren DOPA-Decarboxylase, die den Abbau von DOPA zu Dopamin katalysiert. s. Parkinson-Syndrom.

Dopamin INN: 4-(2-Aminoethyl)brenzcatechin, 3-Hydroxytyramin; Dihydroxphenylethylamin; CAS-Nr. 51-61-6; $C_8H_{11}NO_2$, M_r 153.18. Ein Catecholamin*. **Physiologie:** Neurotransmitter der dopaminergen Neuronen im ZNS (an der Steuerung der Feinmotorik beteiligt), Vorstufe bei der Synthese von Adrenalin* u. Noradrenalin*; **Wirk.:** D. stimuliert in niedrigen Dosen v. a. die Dopaminrezeptoren im Bereich von Niere, Darm, Magen, Leber u. bewirkt dort eine Gefäßdilatation. In höheren Dosen wirkt D. überwiegend α- u. β-sympathomimet. (vgl. Sympathomimetika) u. damit herzfrequenz- u. blutdrucksteigernd, was z. T. auf der Verdrängung von Noradrenalin aus den Speichervesikeln beruht (indirekte Wirk.). D. hemmt die Freisetzung von Prolactin*, fördert die Synthese des somatotropen Hormons, s. Hormone (Hypophysenvorderlappen). Störungen des D.-Transmittersystems: Mangel an dopaminergen Neuronen bedingt das Parkinson*-Syndrom. Eine exzessive Dopaminfreisetzung im limb. System wird mit Schizophrenie* in Verb. gebracht. **Anw.:** Sympathomimetikum*, bei akutem Herzinfarkt u. kardiogenem Schock; Erhöhung des arteriellen Blutdrucks ohne Verschlechterung der Nierendurchblutung; **UAW:** Brechreiz u. Erbrechen durch Stimulierung des Brechzentrums, Herzarrhythmien, Tachykardie, zu starke Blutdrucksteigerung bei Überdosierung; **Dos.:** parenteral i. v. Infusion 3 µg/kg KG/min, Dosierungsbereich: 2.5-4.0 µg/kg KG/min; HWZ 1-3 min. **Dopaminhydrochlorid:** Dopamini hydrochloridum Ph.Eur.4; CAS-Nr. 62-31-7; $C_8H_{12}ClNO_2$, M_r 189.6. Schmp. 241 °C (unter Zers.). Leicht lösl. in Wasser; lösl. in Ethanol; wenig lösl. in Aceton.

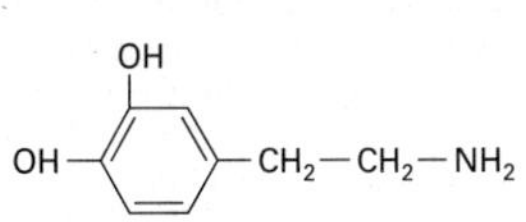

Dopamin

Dopaminantagonisten: Dopaminrezeptoren* blockierende Substanzen. **Wirkstoffe:** Psychopharmaka* (Neuroleptika), Prokinetika wie Metoclopramid*.

Dopaminrezeptoren: Man unterscheidet 5 verschiedene Dopaminrezeptoren: **1. zentrale D.:** **a)** postsynaptische: D_1-D_5; Wirkungen: D_1, D_5: Stimulation der Adenylatzyklase über Gs; Aktivierung GABAerger Neurone (D_1), Hemmung cholinerger Neurone (D_2), Empfindung von Freude und Lust (D_2 u. D_4), Hemmung der Sekretion von Prolaktin (D_2), Nausea u. Emesis (D_2); D_2, D_3, D_4: leichte Hemmung der Adenylatcyclase über Gi o. Öffnen von K^+-Kanälen; **b)** präsynaptische: steuern die Neurotransmitterfreisetzung durch negative Rückkopplung (D_2); **2. periphere D.:** **a)** postsynaptische: D_1: Dilatation der Gefäße in der Niere u. im Splanchnikusbereich (Magen, Darm, Leber usw.); D_2: Hemmung der Freisetzung von Noradrenalin u. Aldosteron; **b)** präsynaptische: wie zentrale präsynapt. Rezeptoren.

Dopexamin INN: CAS-Nr. 86197-47-9; $C_{22}H_{32}N_2O_2$, M_r 365.5. **Wirk. u. Anw.:** bei akuter Herzinsuffizienz, z. B. Herzinfarkt, mit bes. Wirk. am Beta-2-Rezeptor sowie an den Dopaminrezeptoren D_1 u. D_2 (geringere Wirksamkeit als Dopamin*); keine Wirk. an Alpharezeptoren, erhöht auch renalen Blutfluss u. führt so zur Abnahme des Gefäßwiderstandes (system. u. in der Lunge); **UAW:** Übelkeit, Erbrechen, Herzarrhythmien.

Doping: nach der Def. des Internationalen Olympischen Komitees: Verwendung von Substanzen aus verbotenen Wirkstoffgruppen u. die Anw. verbotener Methoden (Blutdoping, pharmak., chem. u. physik. Manipulationen) zur unphysiol. Steigerung der Leistungsfähigkeit eines Sportlers. Verbotene Wirkstoffgruppen: Stimulanzien*, Narkotika*, Anabolika*, Diuretika*, Peptidhormone u. deren Analoga (vgl. Epoetin); zu den nur mit bestimmten Einschränkungen zugelassenen Substanzen gehören Alkohol, Marihuana (s. Cannabis sativa), Lokalanästhetika*, Corticosteroide* u. Betarezeptorenblocker (s. Sympatholytika). Die gesundheitl. Gefahren bestehen in der Überwindung physiol. Leistungsgrenzen mit nachfolgenden schweren Zusammenbrüchen u. in den UAW der eingenommenen Substanzen.

Doppelachäne: Spaltfrucht der Apiaceen; s. Fruchtformen.

Doppelbindung: Verb. zweier Atome durch 2 Elektronenpaare. Obwohl bd. Bindungen, die (feste) σ- u. die (weniger feste) π-Bindung, nicht gleichwertig sind, werden sie durch 2 ident. Valenzstriche symbolisiert (C=C); die π-Bindung ist räuml. ausgedehnter, besitzt eine geringere Elektronendichte und ist reaktionsfreudiger als eine σ-Bindung.

Doppelblindversuch: s. Blindversuch.

Doppelbrechung: ein Lichtstrahl, der nicht in der Richtung der opt. Achse eines doppelbrechenden einachsigen Kristalls, z. B. eines Kalkspatkristalls, auf diesen trifft, wird in 2 polarisierte Strahlen, den ordentl. u. den außerordentl. Strahl (s. Polarisation* des Lichtes), zerlegt, deren Schwingungsebenen senkrecht aufeinander stehen; s. Dichroismus.

Doppelhelix: s. DNA.

Doppelkamille: s. Chamaemelum nobile.

Doppelsalze: Salze, die entstehen, wenn die H-Atome einer Säure durch versch. Metallatome ersetzt werden. Beispiel: Kaliumalaun* $KAl(SO_4)_2$.

Doppelschicht, elektrische: elektrochemische Doppelschicht; elektr. aufgeladene Schicht an der

Grenzfläche zweier Phasen. Ionen, Elektronen od. orientierte Dipole können sich hier bevorzugt in einer Phase anreichern u. entgegengesetzt geladene Ionen od. orientierte Dipole anziehen.

Doppelwasserglas: Mischung aus Kalium- u. Natrium-Wasserglas; s. Kaliumsilicat, Natriumsilicat.

Doppelzellen: s. Hybridzellen.

Doppler-Effekt (Christian J. D., Phys., Math., Wien, Prag, 1803-1853): Dopplerverfahren; Frequenzänderung, die eine am bewegten Objekt (Reflektor) reflektierte Schallwelle durch die Eigenbewegung des Reflektors erfährt. **Anw.:** bildgebende Verfahren; für diagnost. Ultraschallverfahren (Dauerschallverfahren) werden Ultraschallwellen im Frequenzbereich von ca. 2-20 MHz eingesetzt (s. Ultraschall). Der in einen Körper gesendete Ultraschallimpuls wird von Organen u. Geweben teilweise reflektiert bzw. gestreut u. die zum Ultraschallwandler zurückkehrenden Impulsanteile detektiert (Puls-Echo-Verfahren). Zusätzl. lässt sich mittels des D. die Bewegungsgeschwindigkeit u. Bewegungsrichtung von Reflektoren bzw. Streukörpern bestimmen. Die Darstellung der gemessenen Bewegungsgeschwindigkeiten u. -richtungen wird bei Farbdoppler-Geräten direkt farbkodiert in die Schnittbilddarstellungen integriert.

Dorant, Weißer: s. Marrubium vulgare.

Dorema ammoniacum D. Don: Fam. Apiaceae (Umbelliferae) (nordöstl. Iran bis Turkestan u. Afghanistan, Wüsten östl. des Aralsees u. Südsibirien). Stpfl. von **Ammoniacum:** Gummi Ammoniacum, Gummiresina Ammoniacum, Ammoniakgummi, Armenisches Gummi; der Milchsaft, der entw. spontan od. nach Verwundung durch Insekten aus den Blattstielen ausfließt u. an der Luft erhärtet. Lose od. zusammenklebende Körner bräunl., auf dem frischen Bruch weißl. Farbe; **Inhaltsst.:** 60-70% Harz (Salicylsäureester), 11% Gummi, äther. Öl; **Anw.** volkstüml.: zu hautreizenden Pflastern (Emplastrum Lithargyri compositum).

Doritin®: O/W-Emulsionssalbengrundlage; Komplexemulgatorsalbe, hydrophile Creme. **Zstzg.:** Erdnußöl, Komplexemulgator (Gemisch aus anion. O/W-Emulgator, Natriumcetylsulfat; nichtionogenem O/W-Emulgator, methylenoxylierter Oleylcetylalkohol u. W/O-Emulgatoren, Cetylalkohol, Stearylalkohol, Myristylalkohol) u. Wasser (mind. 70%) als äußere Phase. **Inkomp.:** kation. Arznei- u. Hilfsstoffe.

Dormanz: Ruheperiode bei Zwiebeln, Knospen (Knospenruhe), Samen (Keimruhe) u. a. Pflanzenorganen, während der das Wachstum aufhört u. erst wieder aufgenommen wird, wenn bestimmte Bedingungen wie ausreichende Feuchtigkeit, richtige Temp. u. Tageslänge erfüllt sind.

Dormin: s. Abscisinsäure.

Dornase alfa: CAS-Nr. 143831-71-4; M_r 29250.0. Rekombinate humane Desoxyribonuklease I. **Herst.:** gentechn. aus einer Ovarialzellinie des chines. Hamsters; **Wirk.:** spaltet selektiv extrazelluläre DNA, die hochkonzentriert im eitrigen Sekret in den Atemwegen vorhanden ist, u. erniedriegt die Viskosität des Sputums; **Anw.:** Mukolytikum*; bei zyst. Fibrose (Mukoviszidose*) von Patienten über 5 Jahren; **UAW:** Pharyngitis, Laryngitis, Juckreiz; **Kontraind.:** Schwangerschaft (sehr strenge Indikationsstellung), Stillzeit; **Dos.:** pulmonale Inhalation 2×2500 E./d (2.5 mg D.).

Dornen: spitze, starre, pfriemförmige Gebilde, die durch Umwandlung aus Blättern (z. B. Berberitze), Blatt-Teilen, Sprossachsen (z. B. Weißdorn) od. in seltenen Fällen aus Wurzeln entstehen; vgl. Stacheln.

dorsal (lat. dorsalis, von dorsum, Rücken): zum Rücken gehörend, zum Rücken hin liegend, rückseitig. Ggs. ventral*.

Dorsch: s. Lebertran.

dorsiventral: s. Blüte.

Doryphora decemlineata: s. Leptinotarsa decemlineata.

Dorzolamid INN: (4*S*,6*S*)-4-(Ethylamino)-5,6-dihydro-6-methyl-4*H*-thieno[2,3-*b*]thiopyran-2-sulfonamid-7,7-dioxid; CAS-Nr. 120279-96-1; $C_{10}H_{16}N_2O_4S_3$, M_r 324.43. **Wirk.:** Carboanhydrasehemmer (s. Diuretika); bei lokaler Applikation am Auge Hemmung der Carboanhydrase II im Ziliarkörper, dadurch verringert sich die Kammerwasserproduktion u. damit der Augendruck; **Anw.:** Antiglaukomatosum*; bei erhöhtem Augeninnendruck, Offenwinkelglaukom, bes. als Zusatzther. mit Betasympatholytika (s. Sympatholytika) od. als Monother., wenn Sympatholytika kontraindiziert sind; **UAW:** Irritationen u. Entzündungen des Auges, Übelkeit, Müdigkeit; **Kontraind.:** schwere Nieren- u. Leberfunktionsstörungen, Schwangerschaft, Stillzeit; **Dos.:** topisch 2%ige Tropflsg.; Monother. 3-mal tägl., als Zusatzther. bei Betasympatholytika 2-mal tägl. 1 Tr. in den Bindehautsack des Auges; HWZ 4 Monate (Dauerther.). Gebräuchl. ist Dorzolamidhydrochlorid.

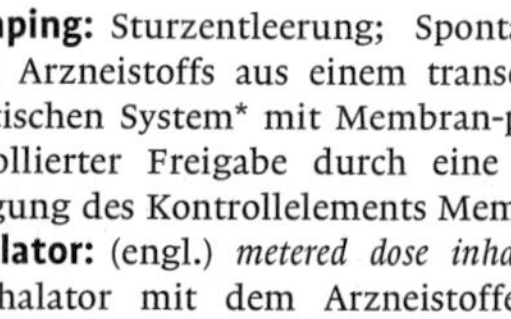

Dorzolamid

dose dumping: Sturzentleerung; Spontanfreisetzung des Arzneistoffs aus einem transdermalen therapeutischen System* mit Membran-permeationskontrollierter Freigabe durch eine mechan. Beschädigung des Kontrollelements Membran.

Dosierinhalator: (engl.) *metered dose inhaler, (Abk. MDI)*; Inhalator mit dem Arzneistoffe dosiert appliziert werden können; der resorbierbare Anteil eines Aerosols* wird mit einem Impaktor* gemessen. Neuere Entwicklungen von D. sind: **mikroprozessorgesteuertes Inhaliergerät:** Inhalator für wässrige Lösungen, Einzeldosen (25-100 µl) finden in einem Blister* eingeschweißt Verwendung. Ein Atemstrom über einem vorprogrammierten Schwellenwert öffnet den Blister u. vernebelt die Lösung durch feine Poren von 2.51 µm Durchmesser zu einem feinen, gut lungengängigen Aerosol; **Anw.:** system. Applikation von Arzneistoffen (z. B. Morphin) über die Lunge, zur schnellen Resorption von Arzneistoffen. Vgl.

Pulverinhalator, Inhalate. **Epaq® Dosieraerosol:** erstes FCKW-freies treibgashaltige Dosieraerosol. Aerosol, bei dem Salbutamolsulfat in HFA 134 a (s. Hydrofluoralkane) suspendiert ist. Als Netz- u. Schmiermittel dient Ölsäure, die durch Ethanol als Cosolvens in Lösung gehalten wird. Die für die Dichtungen notwendigen Elastomere sowie das Dosierventil wurden für das HFA neu entwickelt. **Respimat®:** handbetriebenes treibgasfreies pneumat. Vernebelungsgerät (Mehrdosen-Dosieraerosol) zur Inhalation mit auswechselbaren Wirkstoffpatronen mit kollabierendem PE-Innenbeutel. Dabei wird eine dosierte Menge der Lösung mittels hohem Druck durch eine Düse gepresst, die 2 Auslasskanäle mit einem Durchmesser von ca. 8 µm enthält. So entstehen 2 feine Flüssigkeitsstrahlen, die aufeinanderprallen u. ein sich langsam mit ca. 10 m/s aus dem Mundrohr bewegendes Aerosol generieren.

Dosierung nach Körperoberfläche: s. Dubois-Formel.

Dosierungsintervall: Formelzeichen τ; bei Mehrfachapplikation* Zeit zw. der Verabreichung von zwei Dosen. Das D. ist wichtig für die Aufrechterhaltung eines möglichst konstanten Wirkstoffspiegels; muss größer sein, je langsamer der Stoff abgebaut wird. **Relatives D.:** Zeit zw. 2 Dosen bezogen auf die Geschwindigkeit der Elimination, berechnet als Quotient aus D. durch die HWZ* der Elimination; ausschlaggebend für den zeitl. Verlauf u. das Ausmaß der Kumulation*. Die Kumulationsneigung ist umso ausgeprägter, je kleiner das relative D. ist.

Dosierungsschema: Verabreichungsmuster eines Arzneistoffs. Bei Dauerbehandlung wird meist die Aufrechterhaltung eines konstanten Wirkstoffspiegels angestrebt. Das D. setzt sich dann zusammen aus einer höheren Initialdosis* u. mehreren Erhaltungsdosen*. Für die richtige Wahl von Dosis* u. Dosierungsintervall* muss auf Kumulation*, aber auch auf die Compliance* geachtet werden.

Dosierventil: s. Aerosolventil.

Dosimeter: Gerät zur Messung der Strahlendosis. Berufl. strahlenexponierte Personen müssen während der Tätigkeit im Strahlenbereich* stets ein D. am Rumpf tragen. Nach dem Arbeitsprinzip unterscheidet man: **1. Ionisationskammer-D.:** (Taschen-D., Füllhalter-D., Durchsicht-D.) Sie bestehen aus einem gut isolierten Kondensator, der vor Beginn der Messung aufgeladen wird. Gelangt ionisierende Strahlung in das I.-D., werden Ladungsträger erzeugt, die den Ladungstransport zwischen Anode u. Kathode besorgen u. so zur mehr od. weniger starken Entladung des Kondensators führen. **2. Film-D.:** Sie enthalten einen photograph. Film, dessen Schwärzungsgrad infolge der Strahlung Rückschlüsse auf die Strahlendosis gibt. Die Messergebnisse sind aus techn. Gründen relativ ungenau. **3. Festkörper-D.:** Sie können die Information über die Strahlendosis in einem festen Körper speichern u. geben die Messwerte durch geeignete Auslesevorgänge wieder frei. Das Thermolumineszenz-D. (TLD) z. B. enthält geeignete Thermolumineszenzmaterialien (LiF:Mg,Ti od. $CaSO_4$:Dy u. a.), in denen durch Bestrahlung Elektronen in angeregte Energiezustände versetzt werden u. dort mit großer Wahrscheinlichkeit verbleiben. Bei der Auswertung wird dem D. Energie in Form von Wärme zugeführt. LiF-6, ein LiF-Material mit einem bes. hohen Anteil am Lithiumisotop ^{6}Li, wird z. B. auf 210 °C u. $CaSO_4$:Dy auf 200 °C erhitzt. Dadurch fallen die angeregten Elektronen in den energet. tiefer liegenden Grundzustand zurück. Sie geben dabei einen bestimmten Teil der frei werdenden Energie in Form von Lichtquanten ab, die mit geeigneten Geräten gemessen werden können. Die Anzahl der Lichtquanten ist proportional zur eingestrahlten Dosis. Ein Nachteil der F.-D. ist die Löschung der Information bei der Auswertung.

Dosimetrie: Messung der Dosis radioaktiver Strahlung (vgl. Radioaktivität) u. von Röntgenstrahlen* mittels Dosimeter*. Die ermittelten physik. Größen sollen in möglichst engem Zusammenhang mit der biol. Strahlenwirk. stehen, um eine Dos., z. B. in der Strahlenther. zu ermöglichen od. die Notwendigkeit u. Wirksamkeit des Strahlenschutzes* abzuschätzen. Dosisbegriffe u. Dosiseinheiten: **1. Energiedosis E:** Maß für die von einem Material aufgenommene Strahlenenergie. Sie ergibt sich als Differentialquotient aus der Energie w der Strahlung u. der Masse m des bestrahlten Materials:

$E = dw/dm$

Die Energiedosis kann im lebenden Gewebe nicht direkt gemessen werden. Einheiten:

1 Gray (Gy) = 1 J/kg (SI) = 100 Rad (**r**adiation **a**bsorbed **d**ose); 1 Rad (rd) = 0.01 Gy = 100 erg/g

2. Dosisleistung: Quotient aus Dosis u. Zeit in Gy/s. **3. Ionendosis I:** gibt an, wieviele Ionen eine Strahlung in einer bestimmten Masse Luft erzeugt. Man erhält sie als Differentialquotienten aus der elektr. Ladung der Ionen Q u. der Masse der Luft m:

$I = dQ/dm$

Die Ionendosis ist also nur für Luft definiert u. gilt für alle ionisierenden Strahlen, ausgenommen Neutronen. Einheiten: Coulomb/kg Luft (C/kg) (SI); 1 R (Röntgen) = 0.000258 C/kg. 1 R entspricht einer Strahlenmenge, die in 1 kg Luft eine Elektrizitätsmenge (Ionen) von 0.000258 Coulomb freisetzt. Das ist gleich einer Strahlenmenge, die in 1.293 kg (= 1 m³) Luft $2 \cdot 10^{15}$ Ionenpaare erzeugt, was einer Ladung von $3.3356 \cdot 10^{-4}$ C entspricht. Für Luft gilt: 1 R = 8.69 mGy

4. Äquivalentdosis D: berücksichtigt die biol. Wirksamkeit ionisierender Strahlen u. ist daher für den Strahlenschutz wichtig. Die Ä. ist das Produkt aus der Energiedosis E u. einem Qualitätsfaktor q:

$D_q = q \cdot E$

Der Faktor q ist von der Art u. Energie einer Strahlung abhängig. Sein Zahlenwert wurde aus biol. Erkenntnissen festgelegt: Photonen- u. Elektronenstrahlen: q = 1, Alpha-, Protonen-, Deuteronenstrahlung: q = 10, schwere Kerne: q = 20, Neutronen (je nach Energie): q = 2-10. Einheiten der Äquivalentdosis:

1 Sievert (Sv) = 1 J/kg (SI)

1 rem (**r**oentgen **e**quivalent **m**an) = 1 rad · q 1/100 Sv.

Dosis: **1.** verabreichte Menge eines Arzneistoffes. **a)** ED: Einzeldosis; **b)** ED_{50}; WD_{50} (Wirkdosis); Dosis, die bei 50 % der behandelten Individuen eine bestimmte Wirkung hervorruft; **c)** LD: letale Dosis; **d)** LD_{50}: Dosis, bei der 50 % der Versuchstiere eines Kollektivs getötet werden; **e)** Maximal-Einzel-Dosis: Abk. MED; im Arzneibuch festgelegter Höchstwert einer ED; **f)** Maximal-Tages-Dosis: Abk. MTD; im Arzneibuch festgelegte Höchstmenge eines Arzneimittels, die pro Tag einer Person verabreicht werden darf; **g)** Dosis refracta: verringerte Dosis. **2.** (radiol.) Menge einer verabreichten Strahlung; Einheiten: s. Dosimetrie.

Dosisindividualisierung: maßgeschneiderte Dos. von Arzneimitteln für jeden Patienten aufgrund einer messbaren Größe, die mit der Wirkung in einem bekannten Zusammenhang steht. D. ist notwendig, da individuelle Einflussfaktoren bei Patienten zu unterschiedl. Ansprechen auf Standarddos. von Arzneimitteln führen. Wichtige Einflussfaktoren sind Lebensalter, Geschlecht, Erkrankungen, die den Arzneimittelmetabolismus beeinflussen u. genet. Faktoren. D. erfolgt z. B. durch Dos. nach KG, Idealkörpergewicht*, Körperoberfläche u. Organfunktion. Eine Form der pharmakokinet. D. ist das therap. Drug*-Monitoring; vgl. Pharmakokinetik.

Dosis infectiosa: Abk. DI, $DI_{50\%}$; infektiöse Dosis eines Virus, die bei 50 % der Testobjekte bzw. -systeme, z. B. Zell-(ZK) od. Gewebekulturen (GK) od. Ei (E), einen Effekt hervorruft. Wird je nach Testsystem daher auch als $ZKID_{50\%}$, $GKID_{50\%}$ bzw. $EID_{50\%}$ bezeichnet.

Dosisleistung: (radiol.) Strahlendosis pro Zeiteinheit.

Dosistitration: Einstellung eines Patienten auf ein Arzneimittel, d. h. exakte Festlegung der notwendigen Wirkstoffmenge für einen bestimmten Patienten.

Dosis-Wirkungs-Kurve: in der Medizin häufig analog verwandter Begriff für die Konzentrations*-Wirkungs-Kurve. Medikamentendosen werden allerdings nicht in der molaren Konzentration (Plasmaspiegel), sondern in g/kg (bzw. in g/70 kg) angegeben. Die Wirkungs-Kurven können auch dazu herangezogen werden, versch. Wirkungen eines Pharmakons zu vergleichen. In der Abb. (oben) stellt Kurve a die Dosis-Wirkungs-Beziehung für eine erwünschte, a' für eine nicht erwünschte Wirk. desselben Pharmakons dar. Bei Dosen, die gerade zur max. erwünschten Wirk. führen, tritt die nicht erwünschte Wirk. noch nicht ein. Analoge, flacher verlaufende Kurven einer anderen Substanz (b, b') zeigen, dass bereits eine unerwünschte Wirk. in Erscheinung tritt, noch bevor das erwünschte Wirkungsmaximum erreicht ist. Die Differenz zw. den Dosen bei Erreichen des Maximums der erwünschten Wirk. u. dem Auftreten der ersten unerwünschten (letalen) Wirkung wird als **therapeutische Breite** bezeichnet. Sie soll ein Maß für die Sicherheit bei der Anw. eines Arzneimittels sein. Im Tierversuch wird häufig das Verhältnis LD_{50}/ED_{50} eines Arzneimittels als **therapeutischer Index** bezeichnet (vgl. Dosis). Der Vergleich zweier Arzneimittel mit gleicher LD_{50} u. ED_{50}, aber versch. Steilheit der Kurven, lässt die Problematik dieser Definition erkennen (Abb. unten): Kurven a u. b: Dosisabhängigkeit der erwünschten Wirkungen zweier Pharmaka, a' bzw. b' der entsprechenden unerwünschten Wirkungen). Die Substanzen a u. b besitzen zwar den zahlenmäßig gleichen therap. Index, unterscheiden sich aber trotzdem wesentl. in der Sicherheit ihrer Anwendung. Durch eine Dosis des Pharmakons b, die gerade 100 % der Intensität der erwünschten Wirk. hervorruft, werden bereits ca. 30 % der Versuchstiere getötet. Daher ist es vorteilhafter, den therapeut. Index durch den Quotienten LD_5/ED_{95} zu bestimmen. Eine exakte Beurteilung des Sicherheitsabstandes ist nur mögl., wenn der gesamte Kurvenverlauf betrachtet wird. UAW bei der Anw. eines Arzneimittels sind umso weniger zu erwarten, je steiler u. je weiter voneinander entfernt die beiden Kurven sind.

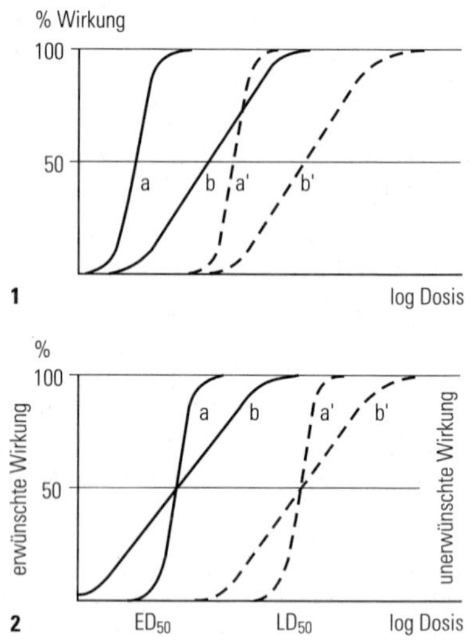

Dosis-Wirkungs-Kurve: 1 u. 2: erwünschte Wirkungen (a,b) u. unerwünschte Wirkungen (a', b') von 2 Pharmaka (s. Text); 1: a hat die größere therap. Breite; 2: a hat den günstigeren therap. Index

Dost: s. Origanum vulgare.

Dostenkraut: s. Origanum vulgare.

Dost-Flächensatz: s. Gesetz der korrespondierenden Flächen.

Dost, Kretischer: s. Origanum creticum, Origanum onites.

Dosulepin INN: Dothiepin; (*E*)-3-(6,11-Dihydrodibenzo[*b,e*]thiepin-11-yliden)-*N,N*-dimethylpropan-1-amin; CAS-Nr. 113-53-1; $C_{19}H_{21}NS$, M_r 295.45. **Anw.:** tricycl. Antidepressivum vom Amitriptylin*-Typ; vgl. Psychopharmaka. **Dosulepinhydrochlorid (INN):** Dosulepini hydrochloridum Ph.Eur.4; CAS-Nr. 897-15-4; $C_{19}H_{22}ClNS$, M_r 331.92. Schmp. 218-221 °C.

Dothiepin: s. Dosulepin.

Dotter: s. Ei.

Dover-Pulver: s. Pulvis Ipecacuanhae opiatus.

Dover-Pulver, lösliches: s. Pulvis ipecacuanhae opiatus solubilis peroralis.

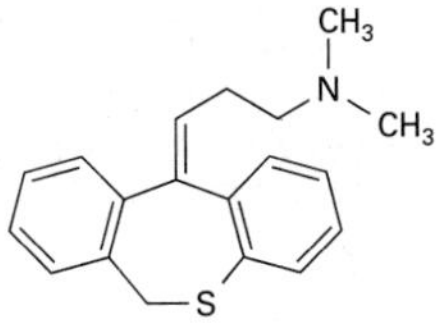

Dosulepin

Down-Regulation: Abnahme der Rezeptorzahl bei länger dauernder Ther. mit Agonisten dieses Rezeptors; z. B. beobachtet bei Betasympathomimetika (s. Sympathomimetika) u. Gonadorelin*.

Doxapram INN: 1-Ethyl-4-(2-morpholinoethyl)-3,3-diphenyl-2-pyrrolidinon; CAS-Nr. 309-29-5; $C_{24}H_{30}N_2O_2$, M_r 378.50. **Anw.:** Atmungs- u. ZNS-Stimulans; Ind.: postoperative, medikamentös od. durch chron. Lungenerkrankungen bedingte Atmungsstörungen; **UAW:** Schweißausbruch, Übelkeit, Erbrechen, Niesen, Husten, Hauterscheinungen, Tachykardie, Herzrhythmusstörungen, Fieber, Angst, Unruhe, in hohen Dosen Krämpfe u. zentrale Depression; **Dos.:** parenteral i. v. 1 mg/kg KG; Infusion i. v. 2 mg/min; HWZ 0.1-0.25 h. **Doxapramhydrochlorid-Monohydrat:** Doxaprami hydrochloridum Ph.Eur.4; CAS-Nr. 309-29-5; $C_{24}H_{31}ClN_2O_2 \cdot H_2O$, M_r 433.0. Wenig lösl. in Wasser.

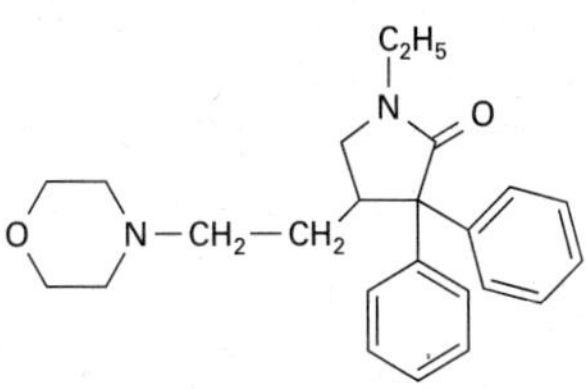

Doxapram

Doxazosin INN: 1-(4-Amino-6,7-dimethoxy-2-chinazolinyl)-4-[(2,3-dihydro-1,4-benzodioxin-2-yl)carbonyl]piperazin; CAS-Nr. 74191-85-8; $C_{23}H_{25}N_5O_5$, M_r 451.45. **Doxazosinmesilat:** CAS-Nr. 77883-43-3; M_r 547.6. **Wirk.:** selektiver, peripherer u. reversibler Alpha-1-Rezeptorenblocker; **Anw.:** Antihypertensivum*; bei benigner Prostatahyperplasie; **UAW:** orthostat. Dysregulationen (First-Dose-Effekt), Kopfschmerzen; **Dos.:** p. o. initial 1.2 mg/d, dann auf 2.4-4.8 mg/d erhöhen (1.2 mg entspr. 1 mg D.); HWZ 22 h.

Doxepin INN: 11-(3-Dimethylamino-propyliden)-6,11-dibenz-[*b,e*]-oxepin; 3-(6,11-Dihydrodibenz [*b,e*]oxepin-11-yliden)-*N,N*-dimethylpropylamin; CAS-Nr. 1668-19-5; $C_{19}H_{21}NO$, M_r 279.37. Sdp. 154-157 °C (4 Pa), Schmp. 260-270 °C (26.7 Pa). **Anw.:** tricycl. Antidepressivum vom Amitriptylin*-Typ; s. Psychopharmaka. Ind.: psychovegetative Störungen u. Verstimmungszustände, depressiv überlagerte Organerkrankungen, Angst- u. Erregungszustände, Suizidgefahr, Entziehungssymptome nach Absetzen u. a. von Hypnotika, Alkohol; **Dos.:** p. o. als Hypnotikum 1 × 5 mg abends; als Antidepressivum 1 × 25 mg, in schweren Fällen bis 3 × 100 mg; parenteral Infusion i. v. 25 mg; HWZ 11-19 h bzw. 40 h (Metaboliten). **Doxepinhydrochlorid:** Doxepini hydrochloridum Ph.Eur.4; $C_{19}H_{22}ClNO$. *trans*-/(*E*)-Isomer: Schmp. 192-193 °C. Das *cis*-/(*Z*)-Isomer, Schmp. 183-186 °C, ist aktiver als das (*E*)-Isomer.

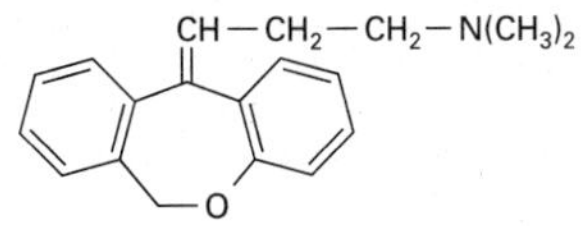

Doxepin

Doxorubicin INN: Adriamycin, Hydroxydaunorubicin; (1*S*,3*S*)-3-Glykoloyl-1,2,3,4,6,11-hexahydro-3,5,12-trihydroxy-10-methoxy-6,11-dioxo-1-naphthacenyl-(3-amino-2,3,6-tridesoxy-α-L-lyxo-hexopyranosid); CAS-Nr. 23214-92-8; $C_{27}H_{29}NO_{11}$, M_r 543.54. Antibiotikum aus Kulturen einer Mutante von Streptomyces peuceticus od. gleiche, auf anderem Wege hergestellte Verb.; lösl. in Wasser (Hydrolyse). **Anw.:** Antineoplastikum*; bei Lymphomen, Leukämien, soliden Tumoren; **Dos.:** parenteral i. v. Infusion 60-75 mg/m^2 Körperoberfläche od. 1.2-2.4 mg/kg KG als ED od. aufgeteilt über 3 Tage alle 3 Wochen; hämatolog. Überwachung erforderl.; HWZ 30-33 h. **Doxorubicinhydrochlorid:** Doxorubicini hydrochloridum Ph.Eur.4; $C_{27}H_{30}ClNO_{11}$, M_r 580. Rotoranges, hygroskop., krist. Pulver; lösl. in Wasser.

Doxorubicin, pegyliertes, liposomales: Arzneiform, die gegenüber konventionellem Doxorubicin* ein deutl. verändertes pharmakokin. Verhalten aufweist. Verringertes Verteilungsvolumen (ca. 4.1 L versus 254 L), verlängerte HWZ (45.2 Stunden versus 8.7 Stunden), AUC* u. Maximalkonzentration im Plasma deutl. erhöht (609 mg·h/L versus 1 mg·h/L bzw. 12.6 µg/mL versus 3.3 µg/mL). **Anw.:** Zytostatikum zur Behandlung des Kaposi-Sarkoms u. des fortgeschrittenen Ovarial- od. Mammakarzinoms; **UAW:** im Ggs. zum konventionellen Doxorubicin führt das pegylierte, liposomale Präparat erst bei deutl. höheren kumulativen Gesamtdosen zur kongestiven Kardiomyopathie. Bei akzidenteller Extravasation ist das Risiko schwerwiegender Ulzera als gering einzustufen. Häufigste UAW sind Hautreaktionen,

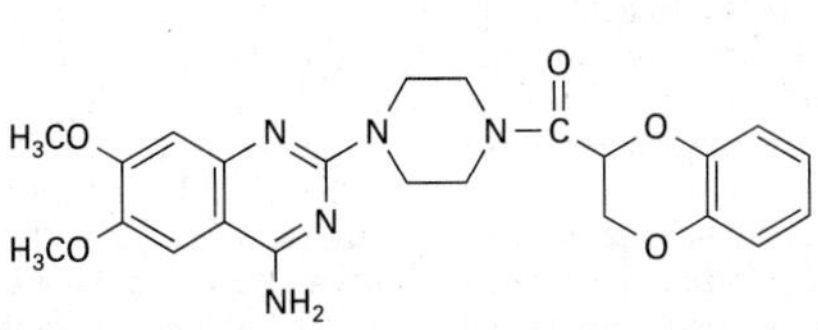

Doxazosin

dosislimitierend ist die Myelosuppression, relativ selten Alopezie; **Dos.:** Ovarialkarzinom 45-50 mg/m^2 i. v. alle 4 Wochen (Monotherapie).

Doxycyclin INN: α-6-Desoxy-5-hydroxytetracyclin; 4-Dimethylamino-1,4,4a,5,5a,6,11,12a-octahydro-3,5,10,12,12a-pentahydroxy-6-methyl-1,11-dioxo-2-naphthacencarboxamid; CAS-Nr. 564-25-0; $C_{22}H_{24}N_2O_8$, M_r 444.43. Strukturformel s. Antibiotika (Tetracyclin-A., Abb. 5). Sehr schwer lösl. in Wasser; wenig lösl. in Ethanol; fast unlösl. in Chloroform u. Ether; als amphotere Verb. leicht lösl. in verd. Säuren u. alkal. Hydroxiden. $pK_{S,1}$ 3.5 (enol. Gruppe), $pK_{S,2}$ 7.7 (enol. Gruppe), $pK_{S,3}$ 9.5 (konjugierte Säure, Dimethylammoniumgruppe). **Wirk. u. Anw.:** Breitband-Antibiotikum; Langzeit-Tetracyclin* mit hoher Resorptionsrate bei oraler Gabe u. langer HWZ (15 h bzw. 23 h bei Dauerther.), breites Wirkungsspektrum; Ind.: Mischinfektionen der Luft- u. Harnwege, des GIT. **Dos.:** p. o. am 1. Tag 2×0.1 g/d, folgende Tage 1×0.1 g/d; Kinder am 1. Tag 4 mg/kg KG/d, folgende Tage 2 mg/kg KG/d; parenteral i. v. wie p. o.; vgl. Antibiotika (Tab.). **Doxycyclin-Hyclat:** Doxycyclini hyclas Ph.Eur.4; CAS-Nr. 24390-14-5; $C_{22}H_{25}ClN_2O_8\cdot0.5\,C_2H_6O\cdot0.5\,H_2O$, M_r 512.9. Ein Hydrochlorid, Hemiethanolat u. Hemihydrat. Gelbes, krist. Pulver; leicht lösl. in Wasser u. Methanol, wenig lösl. in Ethanol, fast unlösl. in Ether u. Chloroform. **Doxycyclin-Monohydrat:** Doxycyclinum monohydricum Ph.Eur.4; CAS-Nr. 17086-28-1; $C_{22}H_{24}N_2O_8\cdot H_2O$; M_r 462.45; gelbes, krist. Pulver, sehr schwer lösl. in Wasser u. Ethanol, lösl. in verd. Mineralsäuren u. Alkalihydroxyd- u. Alkalicarbonat-Lsg. Gebräuchl. ist auch Doxycyclinhydrochlorid (CAS-Nr. 10592-13-9).

Doxylamin INN: Histadoxylamin, Decapryn, 2-[α-(2-Dimethylaminoethoxy)-α-methylbenzyl]pyridin; *N,N*-Dimethyl-2-[(α-methyl)-α-(2-pyridyl)benzyloxy]ethylamin; CAS-Nr. 469-21-6; $C_{17}H_{22}N_2O$, M_r 270.38. Sdp. 137-141 °C (66.7 Pa). **Anw.:** Antihistaminikum*, Antiemetikum*, Sedativum*; **Dos.:** p. o. 1-3 × 25 mg/d. **Doxylaminhydrogensuccinat:** Doxylamini hydrogensuccinas Ph.Eur.4; CAS-Nr. 562-10-7; C21H28N2O5, M_r 388.47, Schmp. 103-108 °C; weißes bis fast weißes Pulver, sehr leicht lösl. in Wasser, leicht lösl. in Ethanol. **Dos.:** oral 25 mg abends.

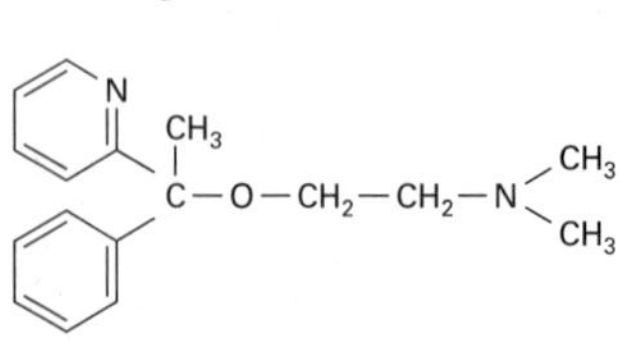

Doxylamin

DP: Abk. für (engl.) *degree of polymerisation;* durchschnittl. Polymerisationsgrad; z. B. bei Cellulose-ketten von Cellulosederivaten.

DPhG: Abk. für **D**eutsche* **Ph**armazeutische **G**esellschaft.

dpi: Abk. für (engl.) *dots per inch;* Punkte pro Zoll (2.54 cm).

DPI: Abk. für (engl.) *dry powder inhaler;* Trockenzerstäubung von pulverförmigen Arzneistoffen; das Pulver wird im Inhalator freigesetzt u. dabei dispergiert; von Lungenfunktion des Patienten abhängig. s. Aerosol, Inhalationsmittel.

dpt: (physik.) Einheitenzeichen für Dioptrie*.

Drachenblut, Ostindisches: s. Daemonorops draco.

Drachenwurz: s. Dracunculus vulgaris.

Drachenwurz, Grüne: s. Arisaema dracontium.

Dracontium foetidum: s. Symplocarpus foetidus.

Dracunculus vulgaris Schott: Arum dracunculus L., Drachenwurz, Schlangenwurz; Fam. Araceae (Südeuropa). **Inhaltsst.:** Scharfstoffe, Stärke (Amylum Ari).

Hom: *Arum dracunculus:* frischer, vor Entw. der Blätter gesammelter Wurzelstock.

Dragees: s. Compressi obducti; vgl. Dragieren.

Dragendorff-Reagens: Kaliumbismutiodid-Lösung. **Anw.:** Sprühreagens zum Nachw. von Alkaloiden auf Chromatogrammen (Rotfärbung). **Herst.:** Ph.Eur.4, für Lsg. A werden 85 g basisches Bismutnitrat in einer Mischung von 10 mL Eisessig u. 40 mL Wasser, bei Lsg. B 8 g Kaliumiodid in 20 mL Wasser gelöst. Die eigentl. Sprühlsg. wird aus jeweils 5 mL der Lsg. A u. B sowie 20 mL Eisessig gemischt u. mit Wasser auf 100 mL aufgefüllt.

Dragieren: lückenloses Überziehen von mechan. ausreichend stabilen, trockenen, staubfreien u. meist rasch in den Verdauungssäften zerfallenden Komprimaten (Drageekerne, z. B. Tabletten, Granulatkörner). Es wird das Verfahren der Zuckerdragierung od. der Filmdragierung eingesetzt. Die zu überziehenden Tabletten sollen eine runde bis bikonvexe Form mit mögl. niedrigen Stegen besitzen, bes. wenn beim Dragieren die Kerne eine Rollbewegung ausführen müssen.

Zuckerdragees (Normaldragees) werden bei Raumtemp. hergestellt od. häufiger in der Wärme im rotierenden Dragierkessel durch mehrmalige Zugabe von Zuckerlösungen (Saccharose) u. Puder zu den Kernen u. anschließendes Trocknen (Aufbringen mehrerer Schichten). Der Vorgang lässt sich i. Allg. in 5 Phasen untergliedern: **1. Andecken:** Aufbringen einer Schutzschicht auf den Kern durch mehrere Andeckschichten. Erfolgt mit Andecksirup (50-65 %iger Zuckersirup, evtl.

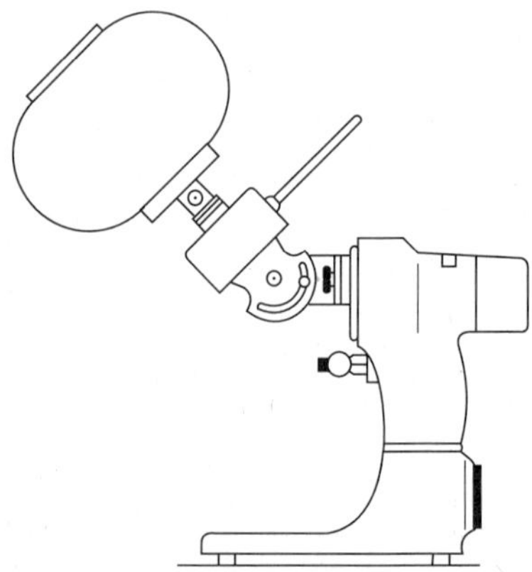

Dragieren Abb. 1: Dragierkessel „Stada" nach H. Köhler

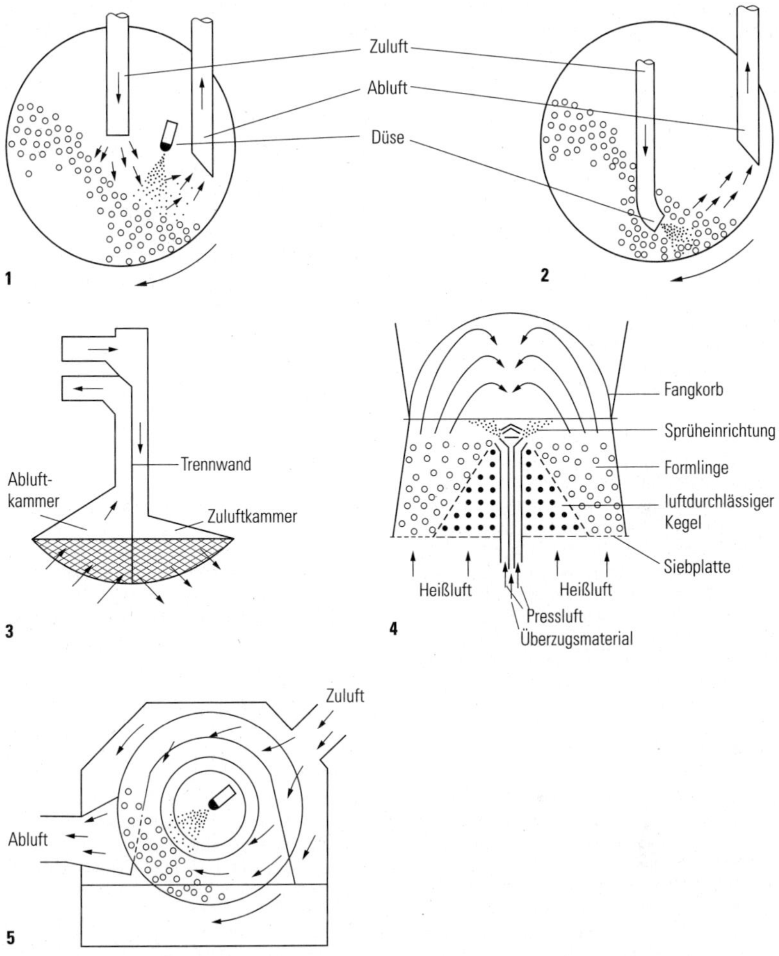

Dragieren Abb. 2: versch. Dragierverfahren; 1: Aufsprühverfahren; 2: Tauchrohrverfahren; 3: Tauchschwertverfahren; 4: Wirbelschichtlack-Verfahren; 5: Accela-cota-Dragierverfahren

mit Zusätzen) bis die Kerne zusammenkleben u. mit Andeckpuder (Gemische aus Talk, Puderzucker, $CaCO_3$, hochdispersem Siliciumdioxid u. a.) bis die Kerne wieder frei im Kessel rollen. U. U. ist das Aufbringen eines speziellen Schutzüberzuges z. B. aus Schellack, Öl, Acrylharz od. PVP auf den Kern erforderlich (Imprägnieren). **2. Auftragen:** eigentl. Vorgang des Dragierens. Wechselweise werden Sirup (ev. eine Suspension für den schnelleren Aufbau der Hülle) u. Puder aufgetragen u. getrocknet, bis das Gewicht der Drageehülle 30-50 % des Kerngewichtes beträgt. **3. Glätten:** durch Auftragen von Glättsirup (Zuckerlösung mit Glucosezusatz) in einem Dragierkessel mit glatter Innenwand, entsteht ohne Wärmezufuhr ein glatter, harter Zuckerüberzug (Glasur). **4. Färben:** erfolgt i. Allg. mit dem Auftragen durch Zusatz von 1-5 % physiol. unbedenkl. Pigmentfarbstoffe (Eisenoxid, Titandioxid, $CaCO_3$, wasserunlösl. org. Farbstoffe, Farblacke) zum Auftragsirup od. zu viskosen Lsg. von makromolekularen Gelbildnern in stabiler, feindisperser Suspension. **5. Polieren:** erzeugt hochglänzende, vor Luftfeuchte u. -sauerstoff geschützte Dragees in Kesseln mit glatter gewachster Innenwand od. in speziellen Poliertrommeln durch Zusatz von Polierwachs (Wachsmischungen), Polierlösung (gelöste Wachse), Polieremulsion (Fettemulsion mit Talk) od. Poliertalk (Pulvermischung aus Polierfett u. Talk).

Filmdragees (s. Filmtabletten) werden durch Kesseldragierung (Aufsprüh-, Tauchrohr-, Tauchschwert- u. Accela-cota-Verfahren) od. des am häufigsten eingesetzten Wirbelschicht-(Luftsuspensions-)Verfahren (Wurster- u. Glattverfahren) hergestellt. **1.** Aufsprühverfahren: Warmluft wird in den rotierenden Kessel eingeleitet, die Lacklösung od. -dispersion kontinuierl. auf die Kerne aufgesprüht u. die Lösungsmitteldämpfe abgesaugt. **2.** Tauchrohrverfahren: ein in das Dragiergut eintauchendes Rohr an dessen unterem Ende die Sprühdüse angebracht ist, leitet Warmluft zu. Die Zuluft bildet eine Luftblase im Kernbett, in die die Lösung od. Suspension gesprüht wird. **3.** Tauchschwertverfahren: in das Kernbett taucht ein hohler, vertikal in eine Kammer für Zuluft u. eine für Abluft geteilter Tauchkörper ein, dessen unteres Ende für den Austritt der Zuluft u. für die Aufnahme der Abluft stark perforiert ist. Die Sprühdüsen sind seitl. des Tauchschwertes über dem Dragiergut angeordnet. **4.** Wirbelschicht-/Wirbelbett-Verfahren: Überzug der Kerne erfolgt in einer zylindrisch od. konisch geformten Wirbelkammer, die nach unten durch einen Siebboden abgeschlossen ist u. auf dem sich das Dragiergut anfänglich befindet. Durch einen starken, aufwärts gerichteten beheizbaren Luftstrom werden die Kerne hochgewirbelt u. im schwebenden Zustand mit Überzugsmaterial besprüht; eignen sich in modifizierter Form auch zum Granulieren* u. Trocknen. Beim Wurster-Verfahren ist im Zentrum des Wirbelbettes der Luftstrom stärker u. die Kerne sinken außen wieder ab, um neuerl. im Zentrum mit der laminaren Luftströmung nach oben an der Zerstäuberdüse vorbeigeführt zu werden. Beim Wirbelschicht-Lackdragierer (WSLD) der Fa. Glatt führt ein am Rand der Wirbelkammer aufsteigender Luftstrom zu einem rotierenden Wirbelbett. Die Kerne sinken im Zentrum des Wirbelbettes auf den in der Mitte des Siebbodens angebrachten Kegel ab, an dessen Spitze sich die Sprüheinrichtung befindet, gleiten an den Rand u. werden wieder hochgewirbelt. **5.** Accela-cota-Verfahren: ein in der Lauffläche perforierter Kessel mit Sprüheinrichtung ist in einem Gehäuse untergebracht, in das Warmluft eingeblasen u. aus dem die Abluft mit Staubanteilen (bis zu 50 %) abgesaugt wird. Dadurch ist eine Prozesssteuerung u. eine starke Reduktion der Trocknungszeit möglich.

Drankulose: Parasitose, die durch den Guinea- od. Medinawurm hervorgerufen wird. Ansteckungsquelle ist Trinkwasser, das mit Wurmlarven befallene Wasserflöhe enthält. Die Inkubationszeit beträgt 10-14 Monate. **Vork.:** bes. häufig im mittleren Afrika; **Ther.:** chirurg. Entfernung des Wurmes od. Metronidazol*.

Drastika: s. Laxanzien.

Drehanode: s. Röntgenröhre.

Drehkörbchenapparatur: s. Dissolutiontest.

Drehkolben nach Koch: gängiges in vitro-Resorptionsmodell, versucht eine Übereinstimmung mit der Bioverfügbarkeit eines Wirkstoffes in vivo zu erreichen. Der birnenförmige D. ist über einen Ansatz an einen Rotationsverdampfer angeschlossen. Er weist im Kolben eine kreisrunde im Zentrum durchbrochene Scheidewand auf, die 2 gleichvolumige Phasen (Donor- u. Akzeptorphase) während der Rotation des Kolbens trennt; beide Phasen sind über der Scheidewand mit derselben Lipoidphase (entspr. Membranersatz) überschichtet. Der Phasenübertritt des Arzneistoffs erfolgt von der Donorphase über die Lipoidphase in die Akzeptorphase. Der Vorteil des Drehkolbens besteht darin, dass nur die Gleichförmigkeit der Drehbewegung sicherzustellen ist u. nicht, wie bei z. B. der Schulman-Zellen, die Konstanz der Geschwindigkeit von 3 Rührern.

Drehspiegelachse: Symbol: S_n; Symmetrieelement 2. Klasse. Eine D. liegt vor, wenn die Drehung um eine n-zählige Drehachse u. nachfolgende Spiegelung an einer Ebene senkrecht zu dieser Achse die ursprüngl. geometr. Anordnung reproduziert. Drehung u. Spiegelung sind Symmetrieelemente* 1. Klasse und ergeben in Kombination die D. (s. Abb). Moleküle, die keine Drehspiegelachse enthalten, sind chiral, solche, die eine enthalten, achiral (s. Chiralität).

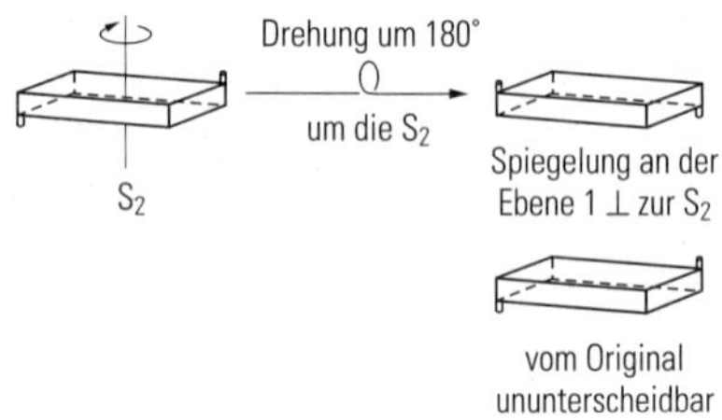

Drehspiegelachse: Gegenstand mit einer zweizähligen Drehspiegelachse S_2

Drehung, optische: s. Drehung, spezifische.

Drehung, spezifische: Symbol [α]; die Größe der opt. Drehung, die man bei einer Konz. von 1 g einer festen Substanz in 1 mL Lösung bei einer Schichtdicke von 1 dm (10 cm) messen würde. Bei der prakt. Messung der s. D. (Polarimetrie) sind diese Bedingungen meist nicht realisierbar; es werden v. a. verdünntere Lsg. verwendet. Die **Berechnung der s. D.** $[\alpha]_D^{20\,°C}$ einer gelösten Substanz beliebiger Schichtdicke l u. Konz. c erfolgt nach der allg. Formel:

$$[\alpha]_D^{20\,°C} = \frac{100 \cdot \alpha}{l \cdot c}$$

l = Schicktdicke in dm; c = Konz. in g/100 mL; α = mit dem Polarimeter* abgelesener Winkel in Grad.

Bei der Herst. der Lsg. muss die Substanz genau gewogen u. in einem Messkolben zu einem best. Volumen gelöst werden. Die Indices 20 °C u. D besagen, dass bei 20 °C u. bei der Wellenlänge der D-Linie des Natriumlichtes zu messen ist.

Drehung, optische: Symbol α; bei Flüss. wird häufig nur $\alpha_D^{20\,°C}$ bei einer Schichtdicke von 1 dm angegeben. Will man die s. D. einer Flüss. ermitteln, so lautet die Formel:

$$[\alpha]_D^{20\,°C} = \frac{\alpha}{l \cdot d_{20}^{20}}$$

Schichtdicke l = 1 dm, d_{20}^{20} = relative Dichte; s. Dichte.

Die Größe der s. D. wird von zahlreichen **Faktoren**

beeinflusst: **1.** von der Wellenlänge λ; in der Praxis werden die Werte meist für die D-Linie des Natriumlichtes (λ = 589.3 nm) angegeben; **2.** von der Beobachtungstemp.; in der Praxis meist 20 °C; **3.** vom Lösungsmittel; die Wahl des Lösungsmittels kann nicht nur die Größe, sondern in manchen Fällen auch den Drehsinn beeinflussen — z. B. Chloramphenicol* dreht in Ethylacetat nach links, in Ethanol nach rechts; **4.** von der Anzahl der Teilchen im Lichtweg; bei festen od. flüss. Stoffen ist die Größe nur von der Schichtdicke abhängig, bei Lsg. von der Schichtdicke u. der Konzentration.

Die s. D. erfordert daher eine zusätzl. Angabe von Konz. u. Lösungsmittel, z. B.: $[\alpha]_D^{20\,°C} = +12.09°$ (c = 2 in Wasser). Die Literaturangaben der s. D. erscheinen aber oft sehr unterschiedlich, da bei vielen in Lsg. gemessenen Substanzen, z. B. Zuckern, $[\alpha]_D^{20\,°C}$ eine konzentrationsunabhängige Stoffkonstante ist u. daher keine zusätzl. Konzentrationsangabe erfolgt. Bei Wasser als Lösungsmittel verzichtet man manchmal ebenfalls auf die Angabe des Lösungsmittels, z. B.: $[\alpha]_D^{20\,°C} = +12.09°$ (c = 2). **Einheiten:** Die s. D. wird fast ausschließl. in Einheiten des alten CGS-Systems angegeben (Grad · mL · dm^{-1} · g^{-1}). Im Internationalen Einheitensystem (SI) wird die s. D. $[\alpha_m]_\lambda^t$ ausgedrückt in Radiant (rad), gemessen bei der Temp. t, der Wellenlänge λ u. der Schichtdicke 1 m einer Flüss. od. einer Lsg. der Konz. von 1 kg opt. aktiver Substanz in 1 m^3 Lsg. (= rad · m^2 · kg^{-1}); Umrechnung: $[\alpha_m]_\lambda^t = [\alpha]_D^{20\,°C} \cdot 0.1745$. **Anw.:** Die s. D. dient nicht nur zur Identitäts- u. Reinheitsprüfung einer Substanz, sondern stellt auch ein einfaches Mittel zur Bestimmung der Konz. eines opt. aktiven Stoffes dar. Die Konz. c in % (m/V) einer gelösten Substanz kann folgendermaßen berechnet werden:

$$c = \frac{100 \cdot \alpha}{l \cdot [\alpha]_D^{20\,°C}}$$

α = Drehungswinkel in Grad bei 20 ± 0.5 °C; l = Länge des Polarimeterrohres in dm.

Vgl. Polarimeter.

Dreiding-Modelle: s. Molekülmodelle.

Dreifachbindung: Verb. zweier Atome durch 3 Elektronenpaare, symbolisiert mit 3 Valenzstrichen; s. Acetylen (HC≡CH). Die 3 Bindungen sind trotz der formelmäßig ident. Darst. nicht gleichwertig, sondern unterscheiden sich wesentl., z. B. durch die hohe Reaktionsfähigkeit der D.; vgl. Doppelbindung.

Dreifaltigkeitskraut: s. Viola tricolor.

Dreiwalzenmühle: Dreiwalzenstuhl, Salbenmühle, Salbenmaschine; Gerät zur Homogenisierung bes. von Suspensionssalben u. Pasten zw. gegeneinander laufenden Porzellanwalzen, deren Abstände zueinander verstellbar sind (s. Abb.). Die Walzen rotieren mit geringfügig versch. Geschwindigkeit, um für die Zerstörung von Pulveragglomeraten eine zusätzl. Scherung zu erreichen. Eine weitere Zerkleinerung des dispergierten Stoffes ist mit der D. prakt. nicht mehr möglich.

Dreiwalzenmühle

Dreiwegehahn: Hahn mit 3 Ansatzrohren u. T-förmig durchbohrtem Küken. Je nach Stellung des Kükens gibt es 3 Wege für den Durchfluss.

DRF: Abk. für **D**eutsche **R**ezept**f**ormeln; s. Magistralformeln.

DRG: Abk. für (engl.) *diagnosis related group;* s. Fallpauschalengesetz.

Drimys winteri J. R. et G. Forst.: Winterrinde; Fam. Winteraceae (heim. Mexiko, durch das ganze westl. Südamerika bis Magalhaesstraße). Stpfl. von **Cortex Winteranus verus:** Echte Winterrinde, Magalhaesischer Zimt, Magellanischer Zimt. **Inhaltsst.:** ca. 10 % äther. Öl mit Drimenol, Drimenin, L-Pinen*, Caryophyllen* u. a., Harz, Stärke; **Anw.** volkstüml.: in Südamerika z. B. bei Zahnschmerzen, Magenbeschwerden.

Drofenin INN: Hexahydroadiphenin; α-Cyclohexylphenylessigsäure-2-(diethylamino)ethylester; CAS-Nr. 1679-76-1; $C_{20}H_{31}NO_4$, M_r 317.48. **Anw.:** neurotrop-muskulotropes Spasmolytikum*. **Drofeninhydrochlorid:** Drofenini hydrochloridum, Hexahydroadipheninhydrochlorid, Hexahydroadiphenini hydrochloridum; CAS-Nr. 548-66-3; $C_{20}H_{32}ClNO_2$, M_r 353.9. Schmp. 147-150 °C. Weißes, lockeres, krist. Pulver; sehr leicht lösl. in Wasser, leicht lösl. in Aceton, Chloroform u. Ethanol. **Off.:** DAC86, Ph.Helv.7.

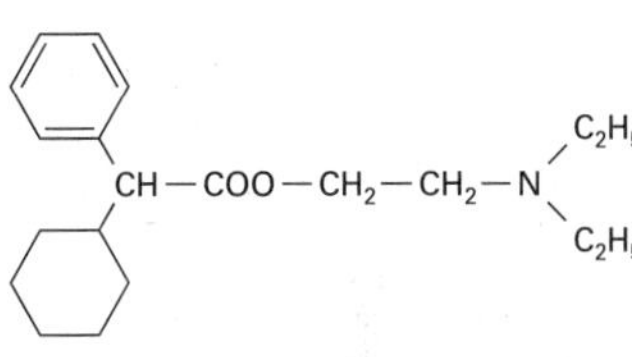

Drofenin

Droge: (engl.) *drug;* **1.** fachsprachl.: Arzneidroge; im Deutschen bezeichnet man als Droge auch eine (getrocknete) Arzneipflanze od. deren Teile (Wurzel, Rinde, Blätter, Blüten, Samen, Früchte u. Sekrete, z. B. ätherische Öle). Im angelsächs. Sprachraum bezeichnet drugs in der Fachsprache generell Arzneimittel. **2.** umgangssprachl.: Rauschmittel, Rauschdrogen od. Suchtgifte. Diese Bedeutungsverengung in der Umgangssprache muss beachtet werden, da man keinesfalls Arzneimittel mit Drogen gleichsetzen darf. **3.** I. w. S. pflanzlicher od. tier. Rohstoff.

Drogenanalyse: s. Pharmakognosie.

Drogenauszüge, wässrige: Zuber., die aus zerkleinerten Pflanzenteilen hergestellt werden u. zum baldigen Verbrauch bestimmt sind. Je nach Art der Herst. unterscheidet man Abkochungen*, Aufgüsse* u. Mazerate*. Das übl. Ansatzverhältnis beträgt 1 T. Droge u. 10 T. Wasser mit Ausnahme verschreibungspflichtiger Drogen, die nur nach Angabe des Verhältnisses in der Verschreibung extrahiert werden dürfen. Wegen der Unsicherheit des Gehaltes an Wirkstoffen u. wegen ihres hohen Gehaltes an vermehrungsfähigen Mikroorganismen entsprechen wässrige Drogenauszüge nicht mehr den Anforderungen, die an eine Arznei gestellt werden; s. GMP.

Drogenkunde: s. Pharmakognosie.

Drogerie: Deutschland: Einzelhandelsbetrieb, der überwiegend mit Artikeln der Körperpflege, Parfümeriewaren, Fotoartikeln, Kosmetika u. freiverkäufl. Arzneimitteln Handel treiben. Der Betrieb ist der zuständigen Aufsichtsbehörde, meist Regierungspräsidium, nach den Vorschriften des AMG anzuzeigen. Die Inverkehrgabe von freiverkäufl. Arzneimitteln bedarf einer Person mit Sachkenntnis, die ein Drogist nach abgeschlossener Lehre hat. **Schweiz:** durch die kantonale Gesundheitsbehörde zugelassene Abgabestelle für Arzneimittel, die ohne Rezept erhältl. sind u. von Swissmedic der Verkaufskategorie D od. E zugeordnet sind. Diese umfassen schulmed. u. komplementärmedizinische Heilmittel, Tees, Essenzen u. Tinkturen. Neben Arzneimitteln werden insbes. auch Produkte zur Körper- u. Hautpflege, Parfüms, äther. Öle, dekorative Kosmetik, Reformprodukte sowie techn. Produkte für Haushalt u. Garten angeboten. Die Bewilligung zur Führung einer Drogerie wird Personen erteilt, welche die eidgenöss. höhere Fachprüfung für Drogisten* bestanden haben.

Drogist: Fachperson, die in der Schweiz berechtigt ist, in Drogerien Arzneimittel abzugeben u. Konsumenten bei leichten gesundheitl. Beschwerden zu beraten. Die Ausbildung umfasst eine 4-jährige Berufslehre in einer Drogerie, die auch den Besuch einer Berufsschule einschließt. Nach einer 2-jährigen berufl. Tätigkeit (Berufspraktikum) kann eine Weiterbildung an der höheren Fachschule in Neuenburg absolviert werden, welche nach 2 Jahren mit dem eidgenössischen Diplom abgeschlossen wird. Das Diplom berechtigt zur selbständigen Führung einer Drogerie.

Droloxifen INN: 3-Hydroxytamoxifen; (*E*)-1-[4'-(2-Dimethylaminoethoxy)phenyl]-1-(3'-hydroxyphenyl)-2-phenylbut-1-en; CAS-Nr. 82413-20-5; $C_{26}H_{29}NO_2$, M_r 387.5. Strukturformel s. Tamoxifen (Abb.). Schmp. 162 °C (polymorph). **Wirk.** u. **Anw.**: Antiestrogen*, zur Behandlung von Brustkrebs. **Droloxifencitrat**: CAS-Nr. 97752-20-0; $C_{26}H_{29}NO_2 \cdot C_6H_8O_7$. Schmp. 133-139 °C. Bildet auch ein Monohydrat.

Dromotropie: Geschwindigkeit der Erregungsleitung im Herzen. positiv dromotrop: Leitungsgeschwindigkeit beschleunigend; negativ dromotrop: verlangsamend (vgl. Glykoside, herzwirksame).

Droperidol INN: Droperidolum Ph.Eur.4, Dehydrobenzperidol, 1-{1-[3-(4-Fluorbenzoyl)propyl]-1,2,3,6-tetrahydro-4-pyridyl}-2-benzimidazolinon; 4'-Fluor-4-[4-(2,3-dihydro-2-oxo-1-benzimidazolyl)-1,2,3,6-tetrahydro-1-pyridyl]-butyrophenon; CAS-Nr. 548-73-2; $C_{22}H_{22}FN_3O_2$, M_r 379.44. Schmp. 143-147 °C (polymorph). Fast unlösl. in Wasser; lösl. in Ethanol 1:140, in Chloroform 1:4, in Ether 1:500. **Anw.**: früher als Neuroleptikum (s. Psychopharmaka); ein Butyrophenon mit ähnl. Eigenschaften wie Haloperidol*. Ind.: zus. mit Analgetika*, z. B. Fentanyl*, zur Neuroleptanalgesie, zur Narkosevorbereitung, früher auch als Antiemetikum* u. bei agitierten Patienten mit akuten Psychosen; **UAW:** s. Psychopharmaka; vermindertes Reaktionsvermögen; **Hinweis:** seit 2001 weltweit nicht mehr im Handel.

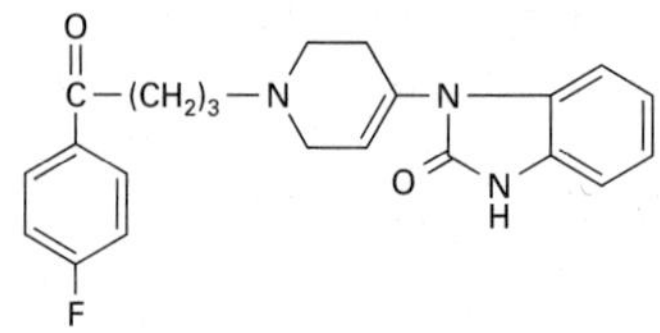

Droperidol

droplet counter current chromatography: s. Chromatographie.

Dropropizin INN: *N*-Phenyl-*N*-(2,3-dihydroxypropyl)-piperazin; 3-(4-Phenyl-1-piperazinyl)-1,2-propandiol; CAS-Nr. 17692-31-8; $C_{13}H_{20}N_2O_2$, M_r 236.30. **Anw.**: Expektorans*, Antitussivum*.

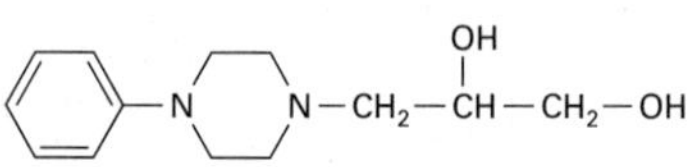

Dropropizin

Drosera anglica: s. Drosera rotundifolia.

Drosera burmannii: s. Drosera rotundifolia.

Drosera intermedia: s. Drosera rotundifolia.

Drosera longifolia: s. Drosera rotundifolia.

Drosera peltata: s. Drosera rotundifolia.

Drosera ramentacea Burch. ex Harv. et Sond.: Kap-Sonnentau, Afrikanischer Sonnentau; Fam. Droseraceae (Südafrika, Madagaskar). Stpfl. von **Herba Droserae (ramentaceae):** Sonnentaukraut; anstelle des Krautes von Drosera* rotundifolia im Handel. **Inhaltsst.**: ca. 0.2 % 1,4-Naphthochinonderivate wie Ramentaceon (7-Methyljuglon) u. dessen Dimeres Biramentaceon, Plumbagin u. a.; **Wirk.**: expektorierend, sekretolytisch, broncholytisch, spasmolyt. u. hustenreizstillend; die versch. Wirk. beruhen hauptsächl. auf dem Geh. an Naphthochinon; **Anw.**: (z. B. als Fluidextrakt) u. a. bei Bronchitis, Keuchhusten.

Drosera rotundifolia L.: (Rundblättriger) Sonnentau, Himmelstau; Fam. Droseraceae (Mitteleuropa, Osteuropa, Grönland, Asien, Nordamerika), karnivor (insektivor). Stpfl. von **Herba Droserae:** Droserae herba, Herba Rorellae, Sonnentaukraut, Sonnenkraut, Herrgottslöffel. **Inhaltsst.**: im Sekret der Drüsenhaare Enzyme (Proteinase, Pepsinase), (antibiot. u. spasmolyt. wirkende) Naphthochinonderivate (ca. 0.5 %) wie Plumbagin, Droseron (Strukturformeln s. α-Naphthochinon, Tab.) u. Ramentaceon (7-Methyljuglon, 5-Hydroxy-7-methyl-naphthochinon); Flavonolglykoside (Aglyka: Quercetin, Myricetin, Kämpferol); **Anw.**: früher geg. Husten, Bronchitis, Asthma, Arteriosklerose; krampflösendes Mittel bei Keuchhusten; traditionell bei Tuberkulose u. Leberleiden; äußerl. bei Augenleiden sowie zur Beseitigung von Warzen u. Sommersprossen; **Artenschutz:** nicht mehr im Handel wegen des drast. Rückgangs der Bestände dieser Karnivore (Insektivore) infolge Einschränkung des Lebensraumes (Hochmoore), der schwierigen Kultivierung u. der Ausrottung durch Sammeln bzw. wegen des Washingtoner Artenschutzabkommens (trotzdem vom HAB1.3 noch vorgeschrieben); dies betr. auch Drosera anglica Huds. (Drosera longifolia L., Langblättriger Sonnentau) u. Drosera intermedia Hayne (Drosera longifolia auct. non L., Mittlerer Sonnentau) mit ähnl. Inhaltsst. wie D. rotundifolia; anstelle dessen ist das Kraut von Drosera* ramentacea u. anderen nicht europ., vermutl. bevorzugt asiat. Drosera-Arten wie Drosera burmannii Vahl. od. Drosera peltata Sm. in Willd. (mit ca. 0.6 % Naphthochinonderivaten) im Handel.

Hom: *Drosera rotundifolia (HAB1.3),* Drosera: auch von D. intermedia, D. anglica; ganze, frische, bei Blühbeginn gesammelte Pfl.; verord. z. B. bei krampfartigem Reizhusten, Heiserkeit.

Droseron: s. Drosera rotundifolia.

Drospirenon INN: 6β,7β,15β,16β-Dimethylen-3-oxo-4-pregnen-21,17β-carbolacton; CAS-Nr. 67392-87-4; $C_{24}H_{30}O_3$, M_r 366.5. Schmp. 201 °C. **Wirk.:** Gestagen* mit milder natriuret. bzw. Wasser ausschwemmender Wirk. (Ausgleich der mit der Einnahme verbundenen Gewichtszunahme); **Anw.:** orales Antikonzeptivum*, zus. mit Ethinylestradiol* verwendet; **UAW:** s. Kontrazeption, hormonelle; **Dos.:** 3 mg/d p. o.; HWZ ca. 20 h.

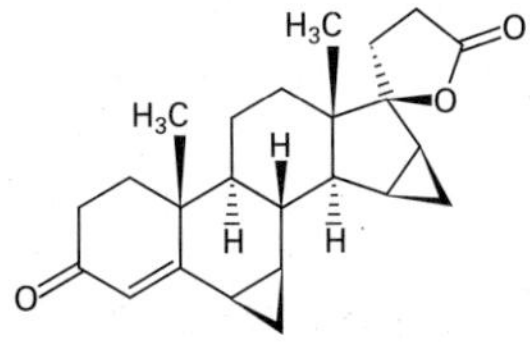

Drospirenon

Drosselbeeren: s. Sorbus aucuparia.

Drostanolon INN: 17β-Hydroxy-2α-methyl-5α-androstan-3-on; CAS-Nr. 58-19-5; $C_{20}H_{32}O_2$. **Anw.:** Anabolikum*, bei Mammakarzinom in der Postmenopause; **Dos.:** parenteral 3×0.1 g/Woche, über 1 Monat, dann 2×0.1 g/Woche. **Drostanolonpropionat:** Schmp. 126-131 °C (polymorph).

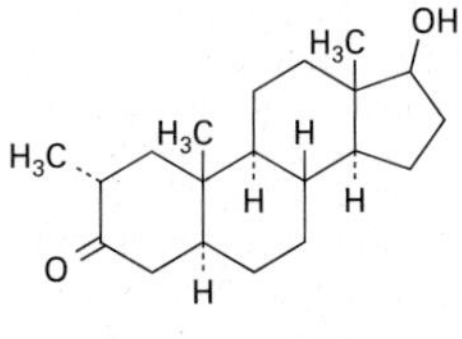

Drostanolon

Drotrecogin alfa INN: rekombinantes aktiviertes Protein C (Abk. rhAPC); rekombinante Form des endogenen aktivierten Protein* C (die Serin-Protease ist ein Inhibitor der plasmat. Blutgerinnung); M_r 62 000. **Struktur:** rhAPC ist ein Glykoprotein* mit einer schweren u. einer leichten Kette, die über eine Disulfidbrücke verbunden sind. **Wirk.:** rhAPC wirkt durch Inhibition der Faktoren Va u. VIIIa antithrombot. u. indirekt profibrinolyt. durch Hemmung des Plasminogenaktivatorinhibitor-1 (PAI-1). **Anw.:** schwere Sepsis; **UAW:** Blutungen, intrakranielle Hämorrhagie; **Dos.:** i. v. Infusionsrate 24 µg/kg/h über 96 Std.; HWZ in der Initialphase 13 min, danach 1.6 h.

D

Druck: Symbol p; Quotient aus der senkrecht auf eine Fläche einwirkenden Kraft u. der Fläche. Die SI*-Einheit des D. ist Pascal* (Pa); $1\,Pa = 1\,N/m^2$ (Newton pro Quadratmeter). Weitere zugelassene bzw. gebräuchl. Einheiten sind bar ($1\,bar = 10^5\,Pa$) od. mmHg (Millimeter Quecksilbersäule für den D. von Körperflüss. in der Medizin, z. B. Blut); 1 mmHg = 133.322 Pa. Andere, noch vielfach gebräuchl., im geschäftl. Verkehr aber nicht mehr zugelassene Druckeinheiten sind die techn. ($1\,at = 1\,kp/cm^2 = 0.980665\,bar$) u. physik. Atmosphäre* (1 atm = 760 Torr = 1.01325 bar), Meter Wassersäule (1 mWS = 9806.65 Pa) sowie, im angelsächs. Raum, pounds per square inch (1 psi = 0.06895 bar = 6895 Pa). Die Messung des D. erfolgt z. B. mit Manometern* bzw. (zur Messung des Luftdruckes) mit Barometern*; vgl. Druck, hydrostatischer; Druck, onkotischer; Druck, osmotischer.

Druckentlastungsverfahren: s. Druckentwesung.

Druckentwesung: **P**ressure-**Ex**pansion-Verfahren, PEX-Verfahren; Druckentlastungsverfahren, umweltfreundliche Alternative zur herkömml. Giftgasbehandlung von Arzneidrogen zum Zwecke der Entwesung mit Hilfe von CO_2 bei Umgebungstemp. u. Drücken bis 40 bar, wodurch Schadinsekten (aller Entwicklungsstufen) abgetötet werden.

Druckfestigkeit: s. Bruchfestigkeit (von Tabletten).

Druckfiltergeräte: Filtration mit Überdruck. Besonders geeignet für die Gew. des sterilen Filtrats; für kleine Mengen Filtrationsvorsätze für Injektionsspritzen, für industrielle Produktion nahezu nur Druckfiltration; verwendet werden: Scheibenfiltergeräte (Einschicht- u. Mehrschichtfilter), Filterkerzen*, Filterpressen*.

Druckfiltration: Sterilfiltration von Lsg. mit speziellen Filtern durch Überdruck.

Druckfüllung: s. Druckgaspackungen.

Druckgaspackungen: (engl.) *pressurized packaging;* Zerstäuber, mit dem Wirkstoffe durch Treibmittel (Kohlendioxid, Stickstoff, FCKW wie Frigene, Freone u. a. od. die besser umweltverträglichen Hydrofluoralkane) unter Druck von 3000-6000 hPa (3-6 at) durch Drücken des Knopfes des Behälters herausgesprüht werden; heute vorwiegend als Aerosole* bezeichnet. D. stellen eine Einheit von Inhalt (zu versprühender Stoff inklusive Treibgase*), Verpackung u. funktionellen Bestandteilen (Ventil, Steigrohr, Sprühaufsatz, Schutzkappe; vgl. Aerosolventil) dar (s. Abb. 1). Sie können aus Metall, Glas, Kunststoff od. einer Kombination dieser Materialien bestehen u. müssen mit dem Inhalt kompatibel sein. Glasbehältnisse müssen mit Kunststoff ummantelt sein. **Anw.:** Zerstäubung von z. B. Arzneistoffen, Par-

D

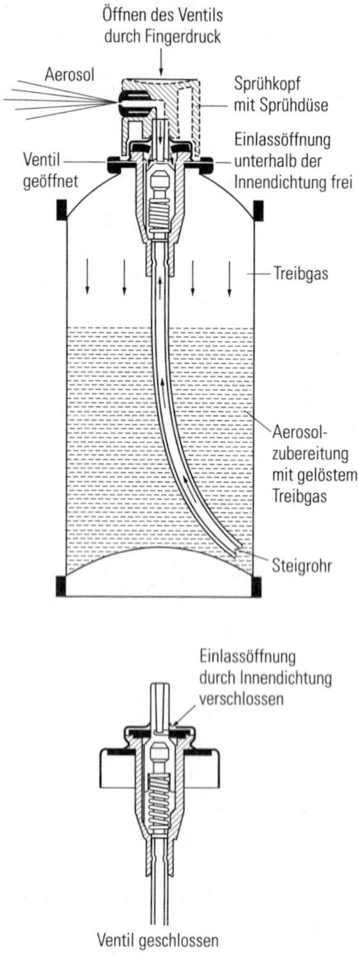

Druckgaspackung Abb. 1: Druckgasaerosol

füms, Sonnenschutzmitteln, Cremes, Desodoranzien, Haarlacken, Antischweißmitteln. Techn. für Insektenvertilgungsmittel, Feuerlöschmittel, Polituren, Kunstharze. **Vorteile:** **1.** anwendungsgerechte, funktionsbereite u. handliche Verpackung einer fertigen Formulierung; **2.** Schutz des Inhalts vor Licht, Sauerstoff, Feuchtigkeit, Verschmutzung u. Mikroorganismen durch den hermet. Abschluss (Verpackung) u. inerte Treibgase; **3.** sehr einfache Bedienung. An die präzise Fertigung u. zuverlässige Funktion der D. werden hohe Ansprüche gestellt. Daher sind umfangreiche Prüfungen der einzelnen Bestandteile vor der Herst. (Druckfestigkeit, Fallstabilität der Behältnisse, Vollständigkeit der Innenschutzlackierung), des Doseninhaltes (Füllmenge) u. des fertigen Produktes (Dichtigkeitstest im Warmwasserbad bei 55 °C, Gehaltseinheitlichkeit, Innendruck, Masseeinheitlichkeit bei Dosierventilen, s. Aerosolventil, Ventilfunktion u. Sprühstrahlcharakteristik) unerläßlich. **Teile:** **1.** Steigrohr: *(engl.) dip tube*; meist aus flexiblem Polyethylen, dient der Zuführung des Inhalts in das Ventil u. fehlt bei Druckgaspackungen, die mit dem Ventil nach unten betätigt werden; **2.** Sprühkopf: Sprühaufsatz, *(engl.) actuator*; Aufsatz mit eingearbeiteten Düsen, die dem Sprühstrahl die gewünschte Richtung u. Charakteristik (Feinheitsgrad des Sprühguts, Sprühwinkel) geben; er steckt auf dem Ventilstamm u. gibt auf Druck den Sprühstrahl frei. **3.** Schutzkappe: *(engl.) cap*; schützt das Ventil vor Beschädigung u. unbeabsichtigter Betätigung. **Herst.:** Das Füllen u. Verschließen der D. erfolgt nach 3 Verfahren: Bei der **Kaltfüllung** (s. Abb. 2) werden das Treibgas od. die Mischungen in durch Abkühlung verflüssigtem Zustand in die mit den Wirkstoffen beschickte D. eingefüllt. Danach wird das Aerosolventil* aufgesetzt u. dicht angepresst. Bevorzugt für kleine Dosen. Zur **Druckfüllung** werden mit Wirkstoff gefüllte, mit Treibgas ausgeblasene u. mit dem Ventil verschlossene D. verwendet. Das komprimierte, verflüssigte Treibgas wird über den eingedrückten Ventilstamm (Ventilschaft, Stem) eingefüllt. Beim **Under-the-cup**-Füllverfahren wird beim Füllen das Ventil umgangen. Die abzufüllenden D. dürfen noch nicht mit dem Ventil verschlossen sein. In einer dichten Kammer werden die D. evakuiert, unter Druck gefüllt, das Ventil aufgesetzt u. durch Verformen des metallenen Ventilträgers unter Verw. einer Dichtung aufgepresst.

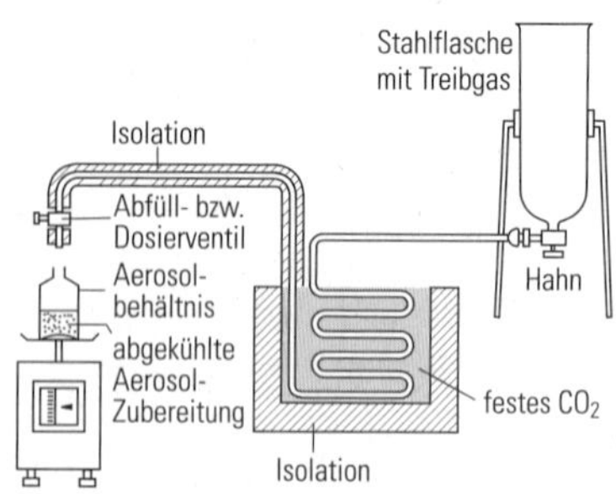

Druckgaspackung Abb. 2: Kaltabfüllung (Abfüllung des abgekühlten u. verflüssigten Treibgases)

Druck, hydrostatischer: Druck im Inneren einer ruhenden Flüssigkeit. Ist diese nicht der Schwerkraft unterworfen, herrscht in der Flüss. überall der gleiche hydrostat. Druck.

Druck, kolloidosmotischer: s. Druck, onkotischer.

Druck, kritischer: Dampfdruck einer Substanz bei der kritischen Temperatur*.

Druck, onkotischer: kolloidosmotischer Druck; osmotischer Druck* einer kolloiden Lösung (makromolekularer Stoffe).

Druck, osmotischer: Druck, der sich bei der Osmose aufbaut. Der osmotische Druck einer Lösung ist die Druckdifferenz, die sich bei der Osmose* im Gleichgewicht gegenüber dem reinen Lösungsmittel einstellen würde. Nach der van't Hoff-Beziehung ist der osmot. Druck (π) einer Lösung unabhängig von der Art des gelösten Stoffes u. proportional der Konzentration n/V.

$\pi = i \times nRT/V$

n/V = Konzentration (mol/L), R = Gaskonstante, T = absolute Temperatur, i = van't-Hoff-Faktor. Der o. D. wird durch Moleküle u. Elektrolyte (Ionen) u. kolloide Teilchen hervorgerufen. Im van't-Hoff-Faktor ist die Anzahl der aus dem Elektrolyt entstehenden Ionen u. der Dissoziationsgrad α (in Abhängigkeit von der Konz.) enthalten. Die rechner. Ermittlung des osmot. Drucks ist oft nicht möglich, weil der Dissoziationsgrad nicht bekannt ist. Den o. D. bestimmt man deshalb meist über die Gefrierpunkterniedrigung*; s. Osmometer.

Drüsen: s. Organtherapeutika.

Drüsenhaare: s. Exkretionsgewebe.

Drüsenhormone: s. Hormone (Keimdrüsen- u. Sexualhormone).

Drüsenring: s. Blüte.

Drüsenschuppen: s. Exkretionsgewebe.

drug: s. Droge; Arzneimittel.

Drug-delivery-Systeme: Arzneiformen, die bei unterschiedl. Anw., z. B. lokal, parenteral, für eine möglichst maßgeschneiderte u. sichere Wirkstofffreisetzung (drug delivery) sorgen. Darunter fallen Liposomen, monoklonale Antikörper, Polymere, Systeme mit Wirkstofffreisetzung nach Implantation der Arzneiform od. nach oraler Applikation, transdermale, intranasale u. okulare Systeme sowie u. a. der Einsatz elektr. u. elektron. Modulation, bioabbaubare Hydrogele u. Polymere, bioadhäsive Systeme u. perkutane Penetrationsverbesserer.

drug design: **c**omputer **a**ided **d**rug **d**esign (Abk. CADD); computerunterstützte Entw. neuer Arzneistoffe u. Optimierung der Struktur-Wirkungs-Beziehungen auf der Grundlage der physik.-chem. bzw. biochem. Merkmale u. Eigenschaften von Wirkstoff u. Rezeptor; s. QSAR.

Drug-Monitoring: **1.** s. klinische Prüfung (Phase IV). **2.** wiederholte Messung der Plasmakonz. eines Arzneistoffs zur individuellen Dosisfindung u. zur Therapiekontrolle. Eine derartige Überwachung der Ther. ist angebracht bei u. a. Aminoglykosid*-Antibiotika, Chloramphenicol* (v. a. bei Neugeborenen), herzwirksamen Glykosiden*, Theophyllin*, Lithiumsalzen*, Antiepileptika*.

Drug-Monitoring, therapeutisches: Abk. TDM; Form der pharmakokin. Dosisindividualisierung*. Der Ablauf ist in der Abb. dargestellt. Die erste Dos. wird empir. od. adaptiv festgelegt. Im Verlauf der Ther. gemessene Plasmakonz. des Arzneistoffs (vgl. Bioanalytik) sind die Grundlage der Berechnung individueller pharmakokinet. Parameter, die zur Dos. führen. Das klin. Bild des Patienten sollte bei jeder Dosisanpassung berücksichtigt werden. Ein TDM ist sinnvoll, wenn eine Verbesserung der Wirksamkeit od. Sicherheit der Ther. zu erwarten ist: **1.** bei Arzneistoffen mit enger therap. Breite; **2.** einer hohen interindividuellen Variabilität der Pharmakokinetik; **3.** einer Korrelation zw. Pharmakokinetik u. Pharmakodynamik; **4.** wenn es keine geeigneten pharmakodynam. Zielgrößen gibt. Die Tab. zeigt Arzneistoffe, für die häufig ein TDM praktiziert wird. Vgl. Pharmakokinetik.

drug targeting (engl. drug Arzneistoff; target Ziel): gezielte Konzentrierung des Arzneistoffs am Wir-

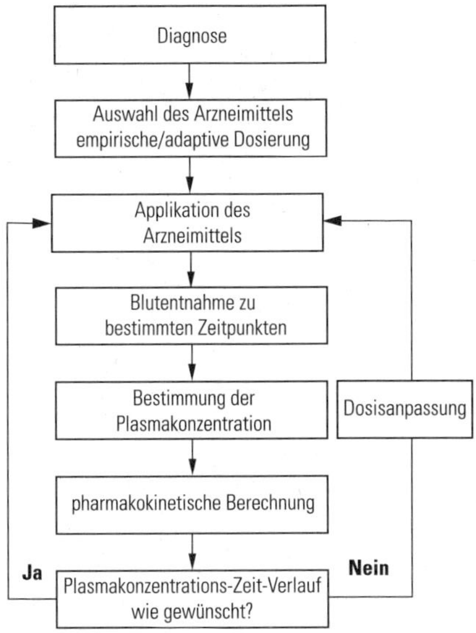

Drug-Monitoring, therapeutisches [15]

Drug-Monitoring, therapeutisches [15]
Arzneistoffe, für die häufig ein therapeutisches Drug-Monitoring praktiziert wird

Antibiotika	Aminoglykoside, Vancomycin
Immunsuppressiva	Ciclosporin, Tacrolimus
Antiepileptika	Carbamazepin, Ethosuximid, Phenobarbital, Phenytoin, Primidon, Valproinsäure
Antiasthmatika	Theophyllin
Antiarrhythmika	Chinidin, Procainamid, Amiodaron
Psychopharmaka	Lithium, Amitriptylin, Nortriptylin, Imipramin, Desipramin
Zytostatika	Methotrexat
herzwirksame Glykoside	Digitoxin, Digoxin

kungsort (Zielorgan, target organ); in andere Organe soll nur wenig Arzneistoff gelangen; bedeutungsvoll z. B. für Zytostatika.

Druse: kugeliges Kristallaggregat aus zahlreichen, spitz nach außen ragenden Einzelkristallen (aus Calciumoxalat), die um ein Bildungszentrum angeordnet sind.

dry-coated tablets: s. Manteltabletten.

Dryobalanops aromatica Gaertn. f.: Fam. Dipterocarpaceae (SO-Asien). Stpfl. von **Borneocampher:** Camphora sumatrensis, Sumatracampher. **Best.:** hauptsächl. D(+)-Borneol*; **Anw.:** wie Campher*; in Ostasien auch zu kult. Zwecken.

Dryopteris filix-mas (L.) Schott: Aspidium filix-mas, Wurmfarn; Fam. Aspidiaceae (nördl. Halb-

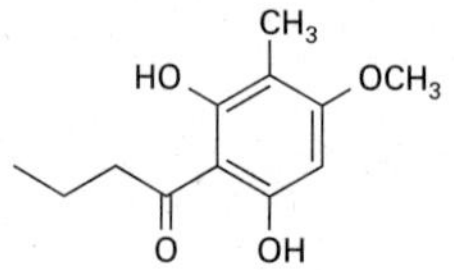

Aspidinol

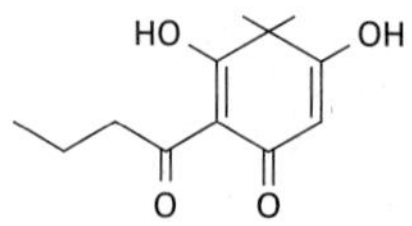

Filicinsäurebutanon

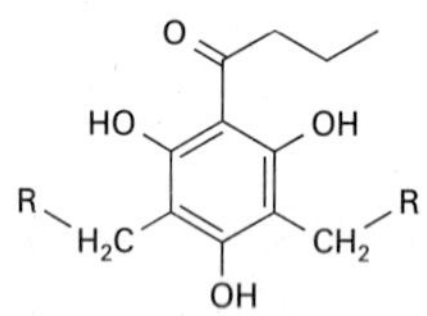

Filixsäure
R = Filicinsäurebutanon

$R-CH_2-R$

Albaspidin
R = Filicinsäurebutanon

Dryopteris filix-mas: einige Phloroglucinderivate als Beispiele

kugel, zirkumpolar). Stpfl. von **Rhizoma Filicis** DAB6: Filicis rhizoma (radix), Radix Filicis maris, Wurmfarnwurzel, Farnwurzel, Johanniswurzel, Teufelsklaue; der im Herbst gesammelte, von den Wurzeln befreite, ungeschälte u. unzerschnittene, bei mäßiger Wärme getrocknete Wurzelstock mit den daran sitzenden Blattbasen; Geschmack herb, süßl., kratzend; bei frischen Drogen ist die Bruchfläche grün, bei älteren braun bis braunrot. **Inhaltsst.:** die Gesamtheit der Phloroglucide wird als Rohfilicin bezeichnet: monomere (Aspidinol, Filicinsäurebutanon), dimere (Albaspidin, Floraspidinol, Flavaspidsäure), trimere (Filixsäure) u. tetramere Acylphloroglucinole, ferner Filixgerbsäure, etwas fettes u. äther. Öl, Bitterstoff, Stärke, Schleim, Farbstoffe u. a.; Geh. nach DAB6 mind. 8 % Etherextrakt mit 25 % Filixsäure; **Anw.:** früher als Bandwurmmittel (geg. Spulwürmer wirkungslos); vet.: zur Behandlung von Bandwurm- u. Leberegelerkrankungen bei Rindern, Ziegen u. Schafen.

Hom: *Dryopteris filix-mas (HAB1.5)*, Aspidium filixmas, Filix: frischer, im Herbst gesammelter, von den Wurzeln befreiter Wurzelstock mit den daran sitzenden Blattbasen.

DS: Abk. für (engl.) *degree of substitution;* s. Substitutionsgrad, mittlerer.

DSC: Abk. für (engl.) *differential scanning calorimetry;* Scanning-Kalorimetrie, differentielle, Differenzkalorimetrie, dynamische (Abk. DDK); Untersuchungsmethode zur Bestimmung des therm. Verhaltens von Stoffen. **Durchführung:** Messung der Energiedifferenz zw. einer Probe u. einer Referenz gleicher Temp. bei konstanter od. programmiert sich verändernder Temp.; durch Integration über die Zeit erhält man die Enthalpieänderung (s. Enthalpie) der Probe (vgl. Differentialthermoanalyse). **Anw.:** Bestimmung z. B. der Wärmekapazität, der Schmelzwärme*, des Schmelzverhaltens, der Reinheit, der Reaktionskinetik (s. Kinetik), der Oxidationsstabilität u. der Polymorphie*. **DSC, temperaturmodulierte:** Abk. TMDSC; DSC, modulierte; Abk. MDSC; DSC-Technik, bei der ein lineares Heizprogramm zusätzl. durch geringfügige mit Sinusfrequenz modulierte Heiz- und Kühlschritte überlagert ist. Vorteile der Technik: **1.** Trennung von Effekten, die mit der Änderung der spezif. Wärme zusammenhängen, wie z. B. Glasumwandlung, von anderen Prozessen, wie z. B. Kristallisation, Zersetzung od. Feuchtigkeitsabgabe; **2.** einfache Messbarkeit spezif. Wärmen (quasi-isotherm); **3.** Trennung von sich überlagernden Schmelz- und Kristallisationsprozessen. **DDSC:** Abk. für (engl.) **d**ynamic **d**ifferential **s**canning **c**alorimetry; geschützter Begriff für temperaturmodulierte DSC bei Kalorimetern mit Leistungskompensationsprinzip (PerkinElmer).

DSIP: Abk. für (engl.) *delta sleep inducing peptide,* körpereigenes Neuropeptid (Nonapeptid), das vermutl. den zirkadianen Schlaf-Wachrhythmus mitsteuert. Sequenz: Trp-Ala-Gly-Gly-Asp-Ala-Ser-Gly-Glu. **Anw.:** Kausalbehandlung von Schlafstörungen.

DTA: **1.** Abk. für **d**uldbare **t**ägliche **A**ufnahmemenge; s. ADI-Wert. **2.** Abk. für **D**ifferential**t**hermo**a**nalyse*.

DTP: s. Diphtherie-Pertussis-Tetanus-Adsorbat-Impfstoff.

DTPA: s. Pentetsäure.

Dubois-Formel (Delafield Dubois, Naturwisssenschaftler, New York, 1882–1959): Formel zur Berechnung der Körperoberfläche zur individuell besser abgestimmten Dos. von Medikamenten.

$$O = \sqrt{P \cdot L} \cdot 167{,}2$$

O = Körperoberfläche in cm^2, P = Körpergewicht in kg, L = Körpergröße in cm.

Duboisia myoporoides R.Br.: Fam. Solanaceae (Australien, kult. in USA). Stpfl. von **Folia Duboisiae:** Duboisiablätter. **Inhaltsst.:** ca. 2 % Alkaloide z. B. Hyoscyamin*, Scopolamin* (Hauptalkaloid); **Anw.:** s. Atropa belladonna (Belladonnae folium); zur Gew. von Scopolamin.

Hom: *Duboisia:* frische Blätter.

Duboisinsulfat: Duboisinum sulfuricum; Sulfat der etherlösl. Gesamtalkaloide von Duboisia* myoporoides; gelbl. weißes, krist. Pulver, leicht lösl. in Wasser u. Ethanol. **Anw.** med.: Sedativum, Hypnotikum; äußerl. wie Atropin*; **Dos.:** MED 0.0015 g, MTD 0.003 g.

Duboisinum sulfuricum: s. Duboisinsulfat.

Dünndarm: s. Darm.

Dünndarmkarzinoid, malignes: s. Karzinoid.

Dünnextrakte: s. Extracta.

Dünnschichtchromatographie: s. Chromatographie.

Duff-Reaktion: Verfahren zur Herst. substituierter aromat. Aldehyde. Beispiele: aus Phenol u. Hexamethylentetramin entsteht in Gegenwart eines sauren Katalysators durch *ortho*-Formylierung Salicylaldehyd, aus N,N-Dialkylanilin durch *para*-Formylierung *p*-Dialkylamino-benzaldehyd (s. Abb.).

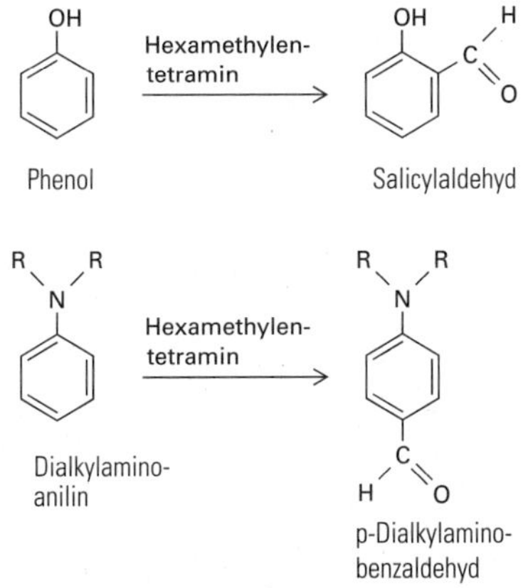

Duff-Reaktion: Bildung von Salicylaldehyd u. *p*-Dialkylamino-benzaldehyd

Duktilität: s. Zügigkeit.

Dulcamara: s. Solanum dulcamara.

Dulcin: 4-Ethoxyphenylurea; *p*-Phenetylcarbamid; $C_9H_{12}N_2O_2$, M_r 180.11. Schmp. 172-173 °C. Farbloses krist. Pulver, wenig lösl. in kaltem Wasser (1:800), lösl. in 50 T. siedendem Wasser, lösl. in 25 T. Ethanol. Künstl. Süßstoff, ca. 200-mal süßer als Saccharose, erhöht die Süßkraft des Saccharins; wird nur ausnahmsweise verwendet, kann mitgekocht werden.

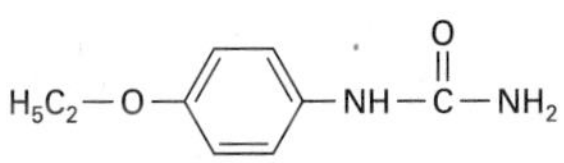

Dulcin

Dulcitol: Dulcit, Galactitol, Galactit; $CH_2OH(CHOH)_4CH_2OH$; M_r 182.17; Schmp. 189 °C. Ein von der Galactose abgeleiteter opt. inaktiver Zuckeralkohol. Vork.: in Algen, Pilzen sowie in Saft u. Rinde versch. höherer Pflanzen. Gew.: durch Isolierung aus Madagaskar-Manna (Melampyrum nemorosum L. u. anderen Melampyrum-Arten, Fam. Scrophulariaceae, Madagaskar) od. durch Reduktion von Galactose.

Dumping-Syndrom: Symptomkomplex intestinaler Beschwerden mit Störung der Kreislauffunktion u. Hauterscheinungen; kann nach allen Formen der Magenoperation auftreten.

Dunkelreaktionen: s. Photosynthese, Calvin-Zyklus.

Duodenum: Zwölffingerdarm, s. Darm. **duodenal:** zum D. gehörig; **Duodenitis:** Entzündung des Duodenum.

Duolite: Gruppe von Ionenaustauschern* auf Kunstharzbasis.

Duplex: Doppelhelix; s. DNA.

Duplextabletten: Dragees, die die Depotdosis enthalten u. mit weiteren Schichten, die die Initialdosis enthalten, überzogen sind.

Duraluminium: Dural; Aluminiumlegierung mit 5 % Cu, 0.5 % Mg, 0.5 % Mn od. 2.5-5.5 % Cu, bis 1.2 % Mn, 0.2-2 % Mg, 0.2-1 % Si od. in anderer Zusammensetzung. Die Legierungen zeichnen sich durch bes. Korrosionsfestigkeit u. Härte aus u. werden von Seewasser nicht angegriffen.

Durchdringungskomplexe: s. Komplexverbindungen.

Durchdringungsvermögen: Eindringtiefe; Begriff für die Beurteilung des sterilisierenden Agens bei der Sterilisation*, z. B. feuchte Hitze, trockene Hitze, Gase, Strahlen.

Durchdrückpackung: s. Blister.

Durchflusszelle: s. Dissolutiontest.

Durchlässigkeit: s. Absorptionskoeffizient.

Durchlasszelle: Endodermiszelle der Wurzel*, die dünnwandig bleibt u. ihren Caspary*-Streifen behält, während die angrenzenden Endodermiszellen dicke Sekundärwände bilden.

Durchstechflasche: s. Vials.

Durchstechstopfen: s. Vials.

Durchstichflasche: s. Vials.

Duromere: Duroplaste; Sammelbegriff für alle härtbaren Kunststoffe, die beim Erwärmen auf bestimmte Temp. oder nach Zugabe von Katalysatoren meist unter Druck in die gewünschte Form (Platten, Formteile) gebracht werden u. dabei die Moleküle irreversibel räuml. eng vernetzen (durch Polykondensation*, Polyaddition* od. Polymerisation*) u. in einen unlösl. Zustand übergehen (Härtung). Die gehärteten Erzeugnisse besitzen in allen Temperaturbereichen unterhalb des Zersetzungspunktes hohe mechan. Festigkeit (Härte, Sprödigkeit) bei gleichzeitiger guter thermischer u. chem. Beständigkeit, erweichen u. schmelzen nicht beim Erwärmen bis zum Zersetzungspunkt u. sind unlöslich. Zu den D. gehören v. a. Pheno- u. Aminoplaste, Epoxidharze u. ungesättigten Polyester.

Duroplaste: s. Duromere.

Durrha-Durrha: s. Sorghum bicolor.

Dutasterid INN: N-[2,5-bis(trifluormethyl)phenyl)-3-oxo-4-aza-5-α-androst-1-en-17β-carboxamid; CAS-Nr. 164656-23-9; $C_{27}H_{30}F_6N_2O_2$, M_r 528.5. Schmp. 245 °C. **Wirk.:** 5α-Reduktase*-Hemmer wie Finasterid*, jedoch stärkere Wirksamkeit; **Anw.:** Urologikum* zur Behandlung der benignen Prostatahyperblasie*; **UAW:** s. Finasterid; **Dos.:** 0.5 mg/d peroral.

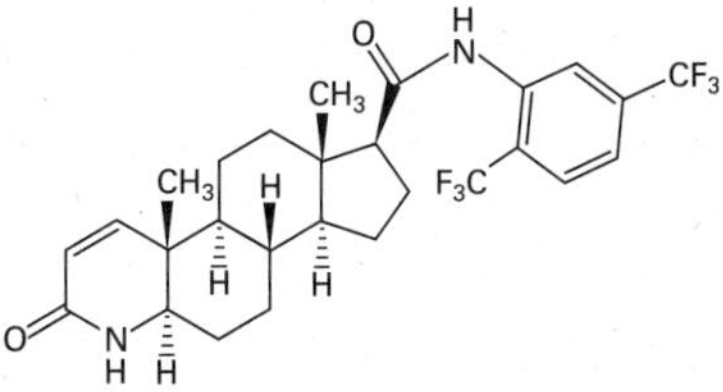

Dutasterid

D

Duwock: s. Equisetum palustre.

D-Wert: Dezimalreduktionszeit, Destruktionswert; die Zeit, die ein Sterilisationsverfahren benötigt, um die Keimzahl um den Faktor 10 zu reduzieren. Der D-Wert ist vom betreffenden Erregertyp u. vom verw. Verfahren abhängig. Der D-Wert bezieht sich auf die eingesetzte Temp., die Gasmenge od. die Strahlendosis. s. F_0-Wert, Z-Wert.

Dy: (chem.) Symbol für Dysprosium*.

Dydrogesteron INN: 6-Dehydro-retro-progesteron, Isopregnenon; 9β,10α-Pregna-4,6-dien-3,20-dion; CAS-Nr. 152-62-5; $C_{21}H_{28}O_2$, M_r 312.44. Schmp. 169-170 °C (kristallisiert aus Aceton u. Hexan). $[\alpha]_D^{25\,°C}$ −484.5° (Chloroform). Unlösl. in Wasser, lösl. 1:52 in Ethanol, 1:17 in Aceton, 1:2 in Chloroform, 1:140 in Ether, 1:40 in Methanol, 1:180 in fetten Ölen. **Anw.:** Dysmenorrhö, Endometriose, Infertilität infolge Corpus* luteum-Insuffizienz, habituellem u. drohendem Abort; vgl. Progesteron; **Dos.:** p. o. 5-30 mg/d als ED od. in geteilten Dosen; HWZ 18 h.

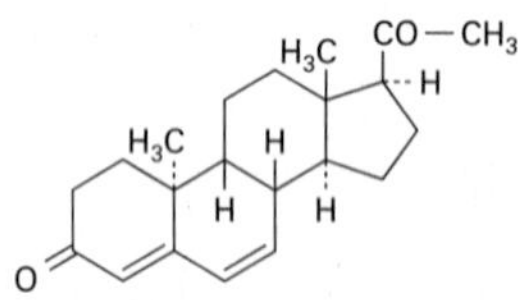

Dydrogesteron

dyn: Einheit der Kraft* im CGS-System; durch die SI*-Einheit Newton* (N) abgelöst; $1\,dyn = 1\,g{\cdot}cm \cdot s^{-2} = 10^{-5}\,N$.

Dynamit: Nitroglycerol (s. Glyceroltrinitrat), ursprüngl. durch Aufsaugen in Kieselgur in eine feste Form gebracht (ca. 75 % Nitroglycerol u. 25 % gebrannte Kieselgur). Später verwendete man als Aufsaugmasse Mischungen von Natriumnitrat u. Holzmehl, die selbst explodierten u. die Wirk. verstärkten. **Herst.:** heute wird durch Gelatinieren des Nitroglycerols mit Collodiumwolle Gelatine-D. erzeugt u. der Gehalt an Sprengöl durch Zugabe von Natriumnitrat, Holzmehlen u. anderen Zusätzen variiert (Sprenggelatine, vgl. Cellulosenitrat); **Gesch.:** D. wurde 1867 von Alfred Nobel (1833-1896) erfunden.

Dynein: Protein (M_r 400 000), das die sog. Dyneinfortsätze der Mikrotubuli von Zilien und Geißeln bildet u. ATPase-Aktivität besitzt. Dyneinfortsätze vermitteln Gleitmechanismen, die zu wechselseitiger Verschiebung von Mikrotubuli u. damit zur Bewegung von Zilien und Geißeln führen.

Dynorphine (gr. dynamis Macht): Gruppe sehr potenter Opioidpeptide* aus 17 Aminosäuren, die als N-terminale Sequenz Leu-Enkephalin enthalten. **Wirk.:** z. T. 200-mal stärker als Morphin u. besitzen gewisse Affinität zu κ -Opioidrezeptoren*. Der Name leitet sich von Endorphin ab. Wurden erstmals aus Schweinehypophysen isoliert; vgl. Endorphine.

Dyphyllin: s. Diprophyllin.

Dyskinesie (gr. dyskinetos schwer zu bewegen): Dyskinesia; motor. Fehlfunktion; Bez. für Bewegungsstörungen. Häufig gesteigerte spontane Motorik u. meist medikamentös induziert, z. B. durch L-Dopa.

Dysmelie: Störung der Gliedmaßenentw. während der Schwangerschaft durch exogene Noxen (z. B. Sauerstoffmangel, Pharmaka); je nach Zeitpunkt u. Wirkungsdauer entstehen unterschiedl. Fehlbildungen.

Dysmenorrhö: schmerzhafte Menstruation*.

Dyspepsie: veraltete Bez. für die leichte Verlaufsform eines Brechdurchfalls beim Säugling.

Dyspnoe (gr. dyspnoos schwer atmend): mit subjektiver Atemnot einhergehende Erschwerung der Atemtätigkeit. I. d. R. mit sichtbar verstärkter Atemarbeit als Ausdruck einer Atmungsinsuffizienz unterschiedl. Genese: u. a. Einengung der oberen Atemwege, Gasaustausch- u. Ventialtionsstörungen, Herzinsuffizienz, metabol. od. zerebrale Ursachen.

Dysprosium: Symbol Dy; A_r 162.50, OZ 66. D. 8.550. Schmp. 1409 °C. Sdp. 2558 °C. Silbrig glänz., 2-, 3- u. 4-wertiges Lanthanoid*-Metall. Es ist gegen Luft bei Raumtemp. stabil und löst sich leicht in Mineralsäuren. **Vork.:** im Monazit und Bastnäsit; **Darst.:** Reduktion von DyF_3 mit Calcium; **Anw.:** in Kontrollstäben bei Kernreaktoren zur Messung des Neutronenflusses; **Gesch.:** erstmals 1886 von Paul-Emile Lecoq de Boisbaudran (1838-1912) nachgewiesen. Die Reindarst. gelang erst nach 1950 durch Einsatz von Ionentauschern.

Dysproteinämie: quantitative Verschiebung in der Zstzg. der physiol. Plasmaproteine*. Z. B. bei akuter Entzündung Vermehrung der Alphaglobuline; bei Leberzirrhose Vermehrung der Gammaglobuline; vgl. Paraproteinämie.

Dystonie: Dystonia; fehlerhafter Tonus von z. B. Muskeln u. Gefäßen. **Dystonie, neurovegetative:** Störungen von Funktionen des vegetativen Nervensystems*.

Dystrophie: **1.** leichte Verlaufsform chron. Ernährungsstörungen bei Säuglingen. **2.** mit schweren Funktionsstörungen einhergehende krankhafte Veränderungen von Zellen, Geweben u. Organen. **3.** Hungerdystrophie als Folge lang dauernder energet. Unterernährung.

Dystrophin: Muskelprotein an der inneren Plasmamembran, über das die kontraktilen Filamente an das zytoplasmat. Membransystem im Muskelgewebe gebunden sind. Ca. 0.002 % der gesamten Muskelproteine. Fehlen des D. verursacht die Duchenne-Muskeldystrophie, eine erbl. Muskelerkrankung, die auf das Fehlen des Duchenne/Becker-Muskeldystrophiegens zurückgeht.

E

ε (gr. Kleinbuchstabe epsilon): **1.** (physik.) Symbol für molarer Absorptionskoeffizient*; (veraltet Extinktionskoeffizient). **2.** (physik.) Symbol für Dielektrizitätskonstante*.

e: **1.** (mathemat.) Symbol für Euler-Zahl, Basis der nat. Logarithmen u. ihrer Umkehrfunktion, der Exponentialfunktion; Grenzwert der Folge $(1+1/n)^n$ für $n \rightarrow \infty$; $e = 2.718\,281\,828$ .... **2.** (physik.-chem.) Symbol für Elektron*. **3.** (physik.) Symbol für Elementarladung*.

E: **1.** Abk. für Emmetropie; Normalsichtigkeit. **2.** Abk. für Einheit. **3.** Abk. für Escherichia*. **4.** Abk. für E-Nummer; s. Lebensmittelzusatzstoffe. **5.** (chem.) Abk. für **e**ntgegen; Symbol für die Zuordnung von Doppelbindungsisomeren; s. E/Z-Nomenklatur.

E 600: s. Paraoxon.

E 605: s. Parathion.

Eadie-Hofstee: s. Michaelis-Menten-Gleichung.

Ebastin INN: Ebastinum Ph.Eur.4; 4-(4-benzhydryloxy-piperidin-1-yl)-1-(4-*tert*-butyl-phenyl)-butan-1-on; CAS-Nr. 90729-43-4; $C_{32}H_{39}NO_2$, M_r 469.67. logP 8.4; pK_S 8.5 (ber.); schwer lösl. in Wasser. **Wirk.:** Histamin-H_1-Rezeptorenblocker der 2. Generation (gute antiallerg., nicht sedative Wirksamkeit); **Anw.:** H_1-Antihistaminikum* bei Urticaria u. Rhinitis; **UAW:** s. Antihistaminika; **Dos.:** 10 mg/d p. o., bei schwerer Symptomatik 20 mg; HWZ des aktiven Metaboliten Carebastin 15-19 h.

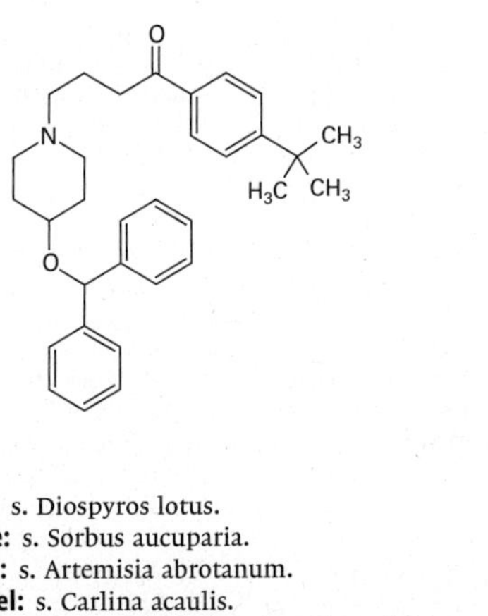

Ebastin

Ebenholz: s. Diospyros lotus.

Eberesche: s. Sorbus aucuparia.

Eberraute: s. Artemisia abrotanum.

Eberwurzel: s. Carlina acaulis.

EBM: Abk. für (engl.) *evidence based medicine;* s. Medizin, evidenzbasierte.

Ebola-Virus: Erreger der Ebola-Viruskrankheit (RNA-Virus der Fam. Filoviridae), das erstmals 1976 im Gebiet des Ebola-Flusses (Zentralafrika) nachgewiesen wurde; Letalität 50-90 %.

Ebonit: s. Kautschuk (Hartgummi).

Ebullioskopie: Bestimmung der molekularen Masse aus der Siedepunkterhöhung; vgl. Gefrierpunkterniedrigung.

Ebur ustum album: veraltet für Calciumhydrogenphosphat*, rohes.

Ebur ustum nigrum: s. Beinschwarz.

EC: Abk. für **E**thyl**c**ellulose*.

Ecballium elaterium (L.) A. Rich.: Spritzgurke, Eselsgurke; Fam. Cucurbitaceae (Mittelmeergebiet). Stpfl. von **Fructus Ecballii:** Fructus Elaterii, Springgurke. **Inhaltsst.:** Cucurbitacine*; **Anw.** volkstüml.: früher als Drastikum, in der gr. Volksheilkunde als Analgetikum u. als sog. Krebsmittel.

Hom: *Elaterium:* die noch nicht ganz reifen Früchte; verord. z. B. bei wässrigen Durchfällen, Urticaria.

Ecdysone: Gruppe von Steroidhormonen, die bei Insekten u. Krebsen (Crustaceen) als Häutungshormone wirken, die aber auch bei Pfl. (z. B. in Polypodium* vulgare u. Helleborus-Arten) gefunden wurden; man spricht daher auch von Zooecdysonen u. Phytoecdysonen. Insekten synthetisieren die Verb. aus Cholesterol u. Phytostyrolen, die sie als Vitamine benötigen. α-Ecdyson (Ecdyson, $C_{27}H_{44}O_6$) wurde als erste dieser Verb. aus der Puppe des Seidenspinners (Bombyx* mori) extrahiert; vgl. Ecdysteron.

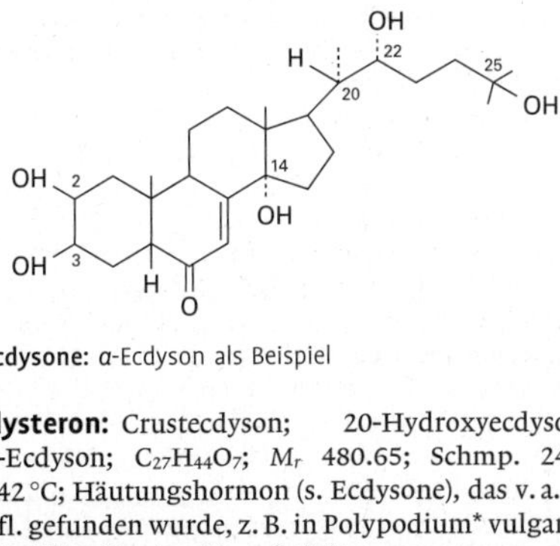

Ecdysone: α-Ecdyson als Beispiel

Ecdysteron: Crustecdyson; 20-Hydroxyecdyson, β-Ecdyson; $C_{27}H_{44}O_7$; M_r 480.65; Schmp. 240-242 °C; Häutungshormon (s. Ecdysone), das v. a. in Pfl. gefunden wurde, z. B. in Polypodium* vulgaris.

ECE: Abk. für (engl.) *endothelin conversion enzyme.* Vgl. Endotheline.

Ecgonin: Tropan-3β-ol-2-carbonsäure; $C_9H_{15}NO_3$; Strukturformel s. Tropanalkaloide; wichtige Zwischenstufe in der Biosynthese von Tropanalkaloiden*, v. a. der Cocaalkaloide (s. Erythroxylum coca). Cocain* ist der Benzylester von 2-Methylecgonin. E. ist kein Rauschgift. Es wird aber als solches von den Suchtstoff-Vorschriften erfasst.

Echinacea angustifolia DC.: Brauneria angustifolia Heller, Schmalblättriger Sonnenhut (Igelkopf), Kegelblume; Fam. Asteraceae (Compositae) (Nordamerika). Stpfl. von **Echinaceae angustifoliae radix** DAB9: Sonnenhutwurzel. **Inhaltsst.:** Echinacosid, ein Ester der Kaffeesäure mit einem Trisaccharid, das seinerseits glykosid. mit Brenzcatechinethanol verbunden ist, u. a. Kaffeesäureester, z. B. Cichoriumsäure (mit Weinsäure) od. Cynarin* (mit Chinasäure); Polyine* u. Polyene* mit Säureamidfunktion (z. B. Isobutylamid eine Dodecatetraensäure, stark insektizid wirkend, vgl. Scharfstoffdrogen wie Capsaicin*); Inulin* u. a. Polysaccharide (v. a. Heteropolysaccharide, sollen auf das Immunsystem wirken); Flavonoide*, Spuren von (nicht tox.) Pyrrolizidinalkaloiden; Phytomelan; **Wirk.:** geeignete perorale u. parenterale Zuber. (Presssäfte u. a.) sollen die Zahl der Leukozyten u. der Milzzellen u. somit die Phagozytose steigern; **Anw.** volkstüml.: zur Resistenzsteigerung z. B. bei akuten u. chron. Infektionen, Eiterungen, Entzündungen, bei infizierten Schleimhautwunden; äußerl. bei schlecht heilenden, eitrigen Wunden, Ulcus cruris, Ekzemen u. a. (die therap. Anw. wird von der Kommission E nicht empfohlen); altes indian. Heilmittel bei Schlangenbissen u. Wunden; **UAW:** bei parenteraler Anw. sind allerg. Reaktionen möglich. Verwechslungen bzw. Verfälschungen mit Wurzeln von Echinacea* pallida, Parthenium integrifolium.
Hom: *Echinacea angustifolia (HAB1.1):* frische, blühende Pfl. mit Wurzeln; verord. z. B. zur Steigerung der Abwehrkräfte, geg. bakt. Infektionen (niedrige Potenzen bis D4).

Echinacea pallida (Nutt.) Nutt.: Brauneria pallida Heller, Bleicher Sonnenhut, Igelkopf; Fam. Asteraceae (Compositae) (Nordamerika). Stpfl. von **Echinaceae pallidae radix:** Radix Echinaceae pallidae, Echinaceawurzel, Sonnenhutwurzel. **Inhaltsst.:** in den Wurzeln 0.2-2 % äther. Öl mit Mono- u. Sesquiterpenen (Humulan- u. Germacranderivate) sowie Ketoalkeninen u. Hydroxyketoalkeninen (jeweils 14-17 C-Atome); Kaffeesäurederivate, z. B. Echinacosid (s. Echinacea angustifolia, im Ggs. dazu aber kein Cynarin*); Phytomelan; **Wirk.:** stimuliert in vitro die Phagozytose menschl. Granulozyten u. führte bei Patienten mit grippalem Infekt zu einer deutl. Besserung gegenüber einer Placebogruppe; **Anw.:** Ethanolextrakt zur unterstützenden Therapie grippaler Infekte.

Echinacea purpurea (L.) Moench: Roter Sonnenhut; Fam. Asteraceae (Compositae) (Nordamerika). Stpfl. von **Echinaceae purpureae herba:** Herba Echinaceae purpureae, Purpursonnenhutkraut. **Inhaltsst.:** Kaffeesäurederivate, wie z. B. Cichoriensäure u. a., Flavonoide, 0.1-0.3 % äther. Öl, PolyactyleneAlkamide u. Polysaccharide; **Wirk.:** Förderung der Wundheilung, Steigerung der Granulozytenphagozytose; **Anw.:** innerl. zur unterstützenden Behandlung rezidivierender Infekte im Bereich der Atemwege u. der ableitenden Harnwege; äußerl. bei schlecht heilenden, oberflächl. Wunden; **UAW:** bei parenteraler Anw. sind allerg. Reaktionen möglich.
Hom: *Echinacea purpurea (HAB1.4):* frisches, blühendes Kraut.

Echinocandine: Antimykotika*, die die Synthese von β-(1,3)-D-Glucan, einem wichtigen Best. der Pilzzellwand, hemmen; fungizid. Vgl. Caspofungin.

Echinococcus: Gattung der Cestodes*; Adultwürmer sind Parasiten im Dünndarm von Karnivoren (Hund, Fuchs). Infektion erfolgt durch perorale Aufnahme von Bandwurmeiern; Entw. zur Finne in Leber, Lunge od. anderen Organen; Erreger beider Formen der Echinokokkose* sind die in Europa vorkommenden Arten E. granulosus (Hundebandwurm) u. E. multilocularis (Fuchsbandwurm).

Echinokokkose: perorale Infektion des Menschen durch Eier von Echinococcus*; der Mensch ist Fehlzwischenwirt. **Formen: 1.** zyst. E. (Echinococcus granulosus): meist solitäre, bis zu kindskopfgroße Zysten in Leber u. Lunge; Ther.: Zystektomie (einschließl. der Wirtskapsel) nach vorheriger Abtötung der Echinokokken durch intrazyst. Instillation hypertoner Kochsalzlsg.; evtl. Leberresektion; bei multiplem Organbefall chemotherapeut. mit Albendazol od. Mebendazol; **2.** alveoläre E. (Echinococcus multilocularis): kleinzyst. Hohlräume u. bizarr verzweigte Proliferationsschläuche ohne Ausbildung einer Bindegewebekapsel; infiltrativ destruierende Ausbreitung; Ther.: Hemihepatektomie, bei Befall beider Leberlappen Absaugen, Ausbrennen u. Drainage einzelner Zysten, adjuvante Chemotherapie mit Mebendazol od. Albendazol; s. Anthelminthika.

Echium vulgare L.: Natternkopf; Fam. Boraginaceae (Europa, Vorderasien). Stpfl. von **Radix Echii:** Radix Buglossi agrestis, Natternkopfwurzel. **Inhaltsst.:** Cynoglossin (Pyrrolizidinalkaloid*), Consolidin (Glykoalkaloid), Allantoin; **Anw.** volkstüml.: Wundheilmittel, bei Epilepsie.

ECHO-Viren: Abk. für (engl.) *enteric cytopathogenic human orphan viruses*; kleine v. a. darmzellschädigende RNA-Viren des Genus Enterovirus* aus der Fam. Picornaviridae*. Verursachen unspezif. grippale Infekte, Erkrankungen des Respirationstrakts, Diarrhöen, fieberhafte meningit. od. exanthemat. Prozesse.

Echtblausalz B: 3,3'-Dimethoxy-4,4'-biphenylbis(diazonium)-dichlorid; $C_{14}H_{12}Cl_2N_4O_2$, M_r 339.2. Dunkelgrünes, feines Pulver mit gelbl. Verfärbung; lösl. in Wasser. **Anw.:** Reagens Ph.Eur.4. **Hinweis:** dicht verschlossen, vor Licht geschützt u. kühl zu lagern.

Echtrotsalz B: 2-Methoxy-4-nitrobenzoldiazonium-hydrogen-1,5-naphthalindisulfonat; $C_{17}H_{13}N_3O_9S_2$, M_r 467.4. Orangegelbes Pulver; lösl. in Wasser, schwer lösl. in Ethanol. **Anw.:** Reagens Ph.Eur.4. **Hinweis:** dicht verschlossen, vor Licht geschützt, zw. 2 u. 8 °C zu lagern.

E. C.-Nomenklatur: s. Enzyme.

E. coli: Abk. für Escherichia* coli.

Econazol INN: Econazolum Ph.Eur.4; 1-[2,4-Dichlor-β-(4-chlorbenzyl)oxyl-phenethyl]imidazol; CAS-Nr. 27220-47-9; $C_{18}H_{15}Cl_3N_2O$, M_r 381.68. Schmp. 86.8 °C. Gut lösl. in polaren Lösungsmitteln. **Wirk.**: fungizid durch Hemmung der Synthese steroidaler Membranbausteine mit nachfolgenden Permeabilitätsstörungen u. Lyse der Zellen; großes Wirkungsspektrum, wirksam geg. Dermatophyten, Hefen u. Schimmelpilze sowie grampositive Bakterien; **Anw.**: Antimykotikum*; **UAW:** gastrointestinale Störungen, allerg. Reaktionen nach i. v. Applikation, Tachykardien. **Econazolnitrat:** Econazoli nitras Ph.Eur.4; CAS-Nr. 68797-31-9; $C_{18}H_{16}Cl_3N_3O_4$, M_r 444.7. Schmp. 161-166 °C. Weißes Pulver; sehr schwer lösl. in Wasser, lösl. in Methanol.

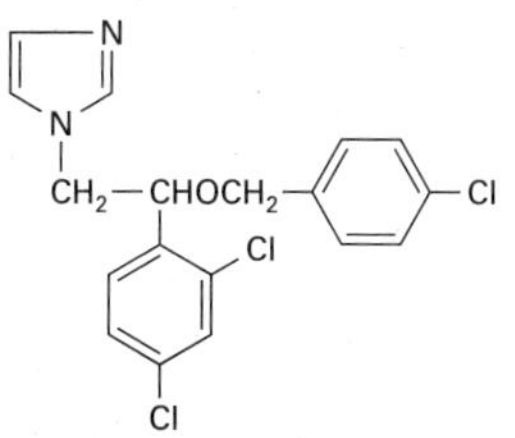

Econazol

ECOSOC: Abk. für (engl.) ***E**conomic and **So**cial **C**ouncil;* UN-Wirtschafts- u. Sozialrat; vgl. Betäubungsmittelrecht.

Ecothiopatiodid INN: (2-Diethoxyphosphinylthioethyl)trimethylammoniumiodid; $C_9H_{23}INO_3PS$, M_r 383.2. Schmp. ca. 119 °C (unter Zers.). Weißes krist., hygroskop. Pulver; lösl. 1:1 in Wasser, 1:25 in Ethanol, 1:3 in Methanol; kühl u. lichtgeschützt aufzubewahren. **Anw.**: irreversibler Cholinesterasehemmer, s. Parasympathomimetika (indirekte).

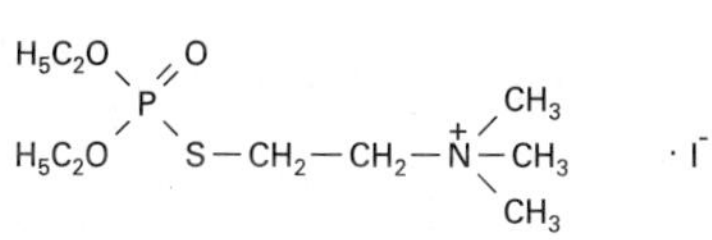

Ecothiopatiodid

Ecstasy: Abk. MDMA; 3,4-Methylendioxy-*N*-methylamphetamin; es können (am Schwarzmarkt) auch andere Amfetamine od. auch Mischungen mit anderen Substanzen, z. B. Coffein, damit bezeichnet sein; vgl. Designerdrogen. **Wirk.**: stimulierend u. enthemmend, wahrscheinl. wegen der Freisetzung von Serotonin im Gehirn; vgl. Mescalin, Metamfetaminhydrochlorid; **Anw.**:

Ecuelle-Verfahren: s. Aetherolea.

ED: **1.** Abk. für **E**inzel**d**osis. **2.** Abk. für **E**lasto**d**ien*.

EDA-Komplexe: s. Elektronen-Donator-Akzeptor-Komplexe.

Edelgamander: s. Teucrium chamaedrys.

Edelgase: die 6 gasförmigen Elemente in der VIII. Hauptgruppe des Periodensystems: Helium* (He), Neon* (Ne), Argon* (Ar), Krypton* (Kr), Xenon* (Xe) u. Radon* (Rn). Sie sind chem. außerordentl. reaktionsträge u. bilden daher nur teilweise (Kr,

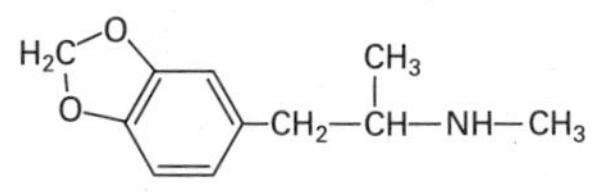

Ecstasy: MDMA (3,4-Methylendioxy-*N*-methylamphetamin)

Xe, Rn) u. nur mit den elektronegativsten Elementen (F, Cl, Br, O, N) chem. Verbindungen. E. besitzen eine mit 8 Elektronen (He: 2 Elektronen) vollbesetzte äußere Elektronenschale. **Vork.**: in Luft (ca. 1 %), Erdgasen (bis 8 % Helium), Mineralien. **Anw.**: zur Füllung von Glühlampen u. Leuchtstoffröhren; He in der Tieftemperaturtechnik; He u. Ar als inerte Schutz- u. Trägergase; Argon als Schutzgas beim elektr. Schweißen.

Edelkastanie: s. Castanea sativa.

Edelkoralle: s. Corallium rubrum.

Edelmetalle: s. Metalle.

Edelmetallelektrode: s. Potentiometrie.

Edelraute: s. Ruta graveolens.

Edeltannenöl: s. Abies alba.

Edeltannenzapfenöl: s. Abies alba.

Edestin: M_r 300 000; hexameres, globuläres Protein* aus Hanfsaat (Cannabis* sativa L.). Jede der 6 Untereinheiten besitzt 2 nicht ident. Polypeptidketten, M_r 27 000 u. M_r 23 000, die durch Disulfidbrücken verknüpft sind. In den USA ist vorgeschrieben, um einen Missbrauch zu verhindern, die Hanfsaat hitzezubehandeln, wobei die Rauschwirkung verloren geht und E. zerstört wird. Sehr eng strukturverwandte Proteine kommen auch in Samen einiger Cucurbitaceen wie in Cucurbita* pepo vor.

Edetat: chem. Kurzbez. für Ethylendiamintetraacetat; s. Edetinsäure.

Edetinsäure INN: Acidum edeticum Ph.Eur.4, Ethylendiamintetraacetato (Abk. EDTA), Versensäure, Tetrinsäure; Ethylendiamin-*N,N,N,N*-tetraessigsäure; CAS-Nr. 60-00-4; $C_{10}H_{16}N_2O_8$, M_r 292.24. Schmp. 220 °C (unter Zers., kristallisiert aus Wasser). Lösl. 0.5 g/L in Wasser bei 25 °C u. in Alkalihydroxid-Lösungen. **Anw.**: Komplexbilder, bei Metallvergiftungen, Hyperkalzämie, Konservierungsmittel für Impfstoffe, Cobalt-Salz bei Blausäurevergiftung. Gebräuchl. ist auch Dinatrium-edetat-dihydrat (s. Natriumedetat), Trinatrium-edetat, Tetranatrium-edetat-dihydrat, Tetranatrium-edetat, Dicalcium-edetat, Dicobaltedetat, Dikalium-kupfer(II)-edetat, Calcium-kupfer-edetat-dihydrat, Dikalium-edetat-dihydrat, Edetinsäure-2,2'-iminodiethanol-Salz. Hingewiesen sei auch auf Natrium-feredetat, Natrium-calcium-edetat.

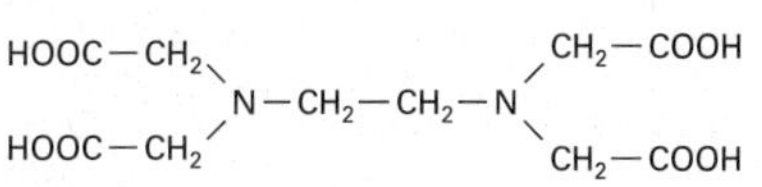

Edetinsäure

EDHF: Abk. für **e**ndo**t**helialer **h**yperpolarisierender **F**aktor; vom Gefäßendothel freigesetzter Faktor, der wahrscheinl. durch Öffnung von Kaliumkanälen die Hyperpolarisation des Endothels u. damit

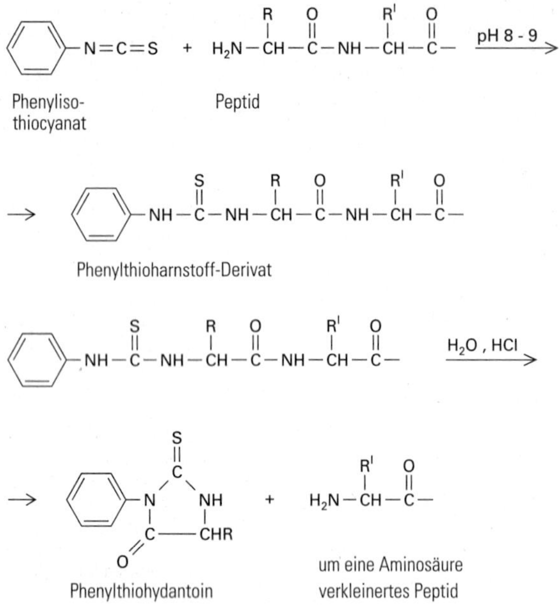

Edman-Abbau

die Reduktion des Gefäßtonus bzw. des Blutdrucks induziert. Es wird angenommen, dass EDHF durch Cytochrom-vermittelte Epoxidierung von Arachidonsäure* entsteht.

Edisilat: chem. Kurzbez. für 1,2-Ethandisulfonat.

Edman-Abbau: Methode zur Ermittlung der Aminosäure-Sequenz von Peptiden durch schrittweise Abspaltung der N-terminalen Aminosäure mittels Phenylisothiocyanat. Das gebildete Phenylthioharnstoff-Derivat wird mit Salzsäure zum Phenylthiohydantoin cyclisiert u. gleichzeitig das um eine Aminosäure verkleinerte Peptid erhalten (s. Abb.); das Phenylthiohydantoin wird identifiziert.

Edrecolomab: muriner monoklonaler Antikörper*, der gentechn. nach der Hybridomtechnik hergestellt wird. **Anw.:** 1994 zur postoperative adjuvante Behandlung des Kolonkarzinoms Stadium Dukes C zugelassen; **Wirk.:** gegen das 17-1A Zelloberflächenprotein gerichtet; **Hinweis:** Vertrieb seit August 2000 eingestell, aufgrund der Ergebnisses einer Zwischenanalyse klin. Studien, in der festgestellt wurde, dass Edrecolomab der Standardkombination 5-Fluorouracil u. Calciumfolinat im direkten Vergleich unterlegen war.

EDRF: Abk. für **end**othelialer **r**elaxierender **F**aktor; Stickstoffmonoxid (NO). NO wird durch NO-Synthasen (NOS) aus Arginin unter Beteiligung versch. Cofaktoren u. a. im Endothel u. im Gehirn gebildet. Die endothelialen u. neuronalen NO-Synthasen (eNOS und nNOS) sind konstitutiv exprimierte Enzyme, während die iNOS in versch. Zellen u. Geweben durch proentzündl. Stimuli induziert wird. **Funktion:** Blutdruckregulation (eNOS), neuronale Kommunikation (nNOS), Infektabwehr (iNOS). Die Überproduktion von NO spielt bei pathophysiolog. Prozessen wie sept. Schock, chron. Entzündungsprozessen, Arthritis u. neurodegenerativen Erkrankungen eine Rolle. **Gesch.:** NO wurde zuerst von Furchgott beschrieben u. später chem. charakterisiert.

Edrophonium: Dimethyl-ethyl-(*m*-hydroxy-phenyl)-ammoniumbromid; quartäre Ammoniumbase; Cholinesterasehemmstoff: hebt die Wirkung von Curare* auf.

EDTA: s. Edetinsäure.

Efavirenz INN: (*S*)-6-Chloro-4-(cyclopropylethynyl)-1,4-dihydro-4-(trifluoromethyl)-2*H*-3,1-benzoxazin-2-on; CAS-Nr. 154598-52-4; $C_{14}H_9ClF_3NO_2$, M_r 315.7. Schmp. 131 °C. logP 4.9; pK_S 7.9 (ber.); schwer lösl. in Wasser. **Wirk.:** nicht-nucleosidischer Reverse*-Transkriptase-Hemmer; **Anw.:** Virostatikum* zur Behandlung der HIV-Infektion; als erste antiretrovirale Substanz nur einmal tägl., in Kombination mit Proteasehemmern* u./od. Nucleosid*-Analoga, einzunehmen; **UAW:** ZNS-Symptome wie Schwindel u. Schlaflosigkeit, leichte Hautausschläge; **Dos.:** 600 mg/d p. o.; HWZ 40-55 h.

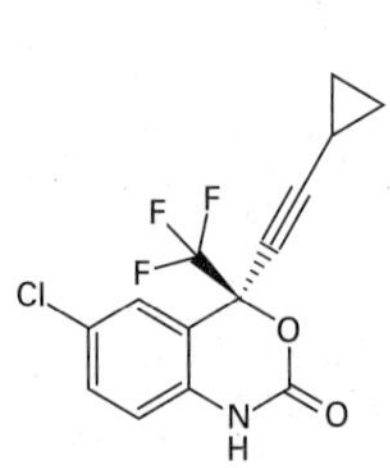

Efavirenz

Efeu: s. Hedera helix.

Efeugewächse: s. Araliaceae.

Effekt, induktiver: elektrostat. Feldwirkung innerhalb eines Moleküls, die auf der unterschiedl. Elektronegativität der Atome einer polaren Atombindung beruht. Durch den i. E. werden benachbarte Verb. u. damit die Reaktivität der entspr. Atome beeinflusst. I. E. werden häufig zur Erklärung von org. Reaktionsabläufen herangezogen. Atome oder Atomgruppen, die stärker Elektronen anziehen als Wasserstoff, haben einen –I-Effekt (z. B. Halogene), elektronenschiebende Gruppen einen +I-Effekt (z. B. Alkylgruppen).

Effektkinetik: Analyse des zeitl. Verlaufs der pharmakodynam. Wirkung eines Arzneimittels, z. B. hinsichtl. Wirkungseintritt, -dauer u. -intensität. Zur Vorhersage der E. wird das PK/PD*-Modelling herangezogen. Dazu muss neben den pharmakokinet. Daten (Blutspiegelkurve) der Zusammenhang zw. Plasmakonz. u. Effekt (vgl. Konzentrations-Wirkungs-Kurve) bekannt sein. Dabei kann es sich um einen linearen, log-linearen, sigmoidalen od. „Alles-oder-nichts"-Zusammenhang handeln.

Effekt, nephelauxetischer (gr. nephéle Nebel, aúxesis Wachstum, Zunahme): in der Komplexchemie die elektrostat. Abstoßungseffekte der um ein Zentralion gruppierten Liganden. Nach der Stärke des Effektes lässt sich eine nephelauxet. Reihe definieren, die v. a. in der Ligandenfeldtheorie* von Bedeutung ist, da sie dazu dient spektroskop. Eigenschaften von Komplexen zu erklären.

Effektorzellen: s. Leukozyten.

Effekt, photoelektrischer: s. Radioaktivität.

Efferenz (lat. efferens, wegtragend): Nervenleitungsbahn, die die Erregung vom ZNS zur Peripherie, z. B. den Muskeln, leitet.

effervescens: aufbrausend; z. B. Sal bromatum effervescens, brausendes Bromsalz.

Effloreszenzen: Hautblüten; krankhafte Veränderungen der Haut (u. a. Bläschen, Knötchen, Pusteln).

Effusion: Diffusion* zweier Gase durch eine poröse Scheidewand, wobei die Diffusionsgeschwindigkeiten u_1 u. u_2 der bd. Gase den Wurzeln aus ihren Molekularmassen umgekehrt proportional sind:

$$\frac{u_1}{u_2} = \frac{\sqrt{M_2}}{\sqrt{M_1}}$$

M_1, M_2: molare Massen der bd. Gase. Der Effekt eignet sich zur Molekularmassenbestimmung u. zur fraktionierten Trennung von Gasen u. Isotopen.

EFPIA: Abk. für (engl.) *European Federation of Pharmaceutical Industries and Associations;* Sprachrohr der pharmaz. Industrie in Europa mit Sitz in Brüssel. EFPIA vertritt ca. 2000 Mitgliedsfirmen in den Bereichen Forschung, Entwicklung u. Herst. von Arzneimitteln für den Humanbereich.

EFTA: Abk. für (engl.) *European Free Trade Association;* Europäische Freihandelsgemeinschaft mit Sitz in Genf. Mitglieder der EFTA sind Island, Norwegen, Schweiz u. Liechtenstein.

EG: Abk. für Europäische Gemeinschaft; sie umfasst die Europäische Wirtschaftsgemeinschaft (EWG), die Europäische Atomgemeinschaft (EA, Euratom) u. die Europäische Gemeinschaft für Kohle u. Stahl (EGKS, Montanunion). Seit Inkrafttreten der Maastrichter Verträge ist die EG Teil der Europäischen Union (EU). Mitgliedstaaten sind Belgien, Dänemark, Deutschland, Frankreich, Griechenland, Großbritannien, Irland, Italien, Luxemburg, Niederlande, Portugal, Spanien, Österreich, Finnland u. Schweden.

EGF: Abk. für (engl.) *epidermal growth factor;* epidermaler Wachstumsfaktor; Peptid aus 53 Aminosäuren, welches aus 1200 Aminosäuren langem Prä-Pro-EGF durch Peptidspaltung hervorgeht. **Funktion:** wirkt als Mitogen bei Zellen ektodermalen od. mesodermalen Ursprungs. Die Wirkung kommt durch Bindung an membranständige EGF-Rezeptoren zustande, die über ihre intrazelluläre Tyrosinkinasedomäne das Signal durch Phosphorylierung intrazellulärer Proteine weiterleiten.

Egg-Drop-Syndrom-Impfstoff für Hühner, inaktiviert: inaktivierte Vakzine als ölige Emulsion zur Immunisierung gegen das Egg Drop Syndrom. Der handelsübliche Impfstoff K VAC EDS enthält eine hohe Konzentration des Adenovirus EDS 76 Virus. Die Injektion erfolgt s. c. in die Nackenregion.

EG-Gefahrstoffliste: Liste der gefährl. Stoffe u. Zuber. nach § 4a der Gefahrstoffverordnung*, zuletzt geändert am 11.5.1994; entspr. dem Anhang I der Richtlinie 67/548/EWG des Rates vom 16.8.1967, zuletzt geändert duch Richtlinie 92/32/EWG; s. EG-Richtlinien. Die Liste der ca. 1700 bereits eingestuften gefährl. Stoffe u. Zuber. wird regelmäßig im Bundesanzeiger bekanntgegeben. Sie enthält Informationen über Bez. der Gefahrstoffe, EWG- u. CAS-Nummer, Einstufung u. Kennzeichnung der Stoffe (Gefahrensymbole*, R*-Sätze, S*-Sätze, Angaben zu krebserzeugenden, erbgutverändernden u. fortpflanzungsgefährdenden Eigenschaften), Einstufung u. Kennzeichnung der Zuber. von Gefahrstoffen.

EG-Richtlinien: (engl.) *EC Directives*; vom europäischen Ministerrat u. der EG-Kommission erlassene verbindl. Richtlinien. Die nationalen Gesetzgeber müssen sie innerhalb gegebener Fristen in nationales Recht überführen. Ziel der Richtlinien ist die Schaffung eines einheitl. Rechts in den EG-Mitgliedstaaten. Für den pharmaz. Bereich werden seit 1965 Richtlinien erlassen. So gehen z. B. wesentl. Teile des Arzneimittelgesetzes od. der Bundes-Apothekerordnung Deutschlands auf EG-Richtlinien zurück. Neben den pharmaz. EG-Richtlinien gibt es auch Richtlinien für die Bereiche Chemikalien (s. Chemikaliengesetz, EG-Gefahrstoffliste) u. Lebensmittel. Der EG-Gemeinschaftskodex für Humanarzneimittel in der Fassung der Richtlinie 2001/83/EG des Europäischen Parlaments u. des Rates vom 6.11.2001 zur Schaffung eines Gemeinschaftskodex für Humanarzneimittel (Amtblatt der EG Nr. L 311/67 vom 28.11.2001) ersetzt seit dem 18.12.2001 nahezu alle bisherigen EG-Arzneimittelrichtlinien. Jedoch bleiben die EG-Richtlinien zu GLP (87/18/EWG), zu GLP-Inspektionen (88/320/EWG), zur Transparenz (89/105/EWG), zu GMP (91/356/EWG), zur Biopatentrichtlinie (98/44/EG) u. zur EG-GCP-Richtlinie (2001/20/EG) weiterhin gültig.

EG-Verordnung: (engl.) *council regulation (Abk. EC)*; EG-Rechtsnorm, die in jedem Mitgliedstaat in der gleichen Form gilt u. verbindl. ist. Eine Transformierung des Regelungsinhaltes in das jeweilige nationale Recht, wie bei einer EG-Richtlinie, ist nicht erforderlich.

EHEC: Abk. für **E**thyl**h**ydroxy**e**thyl**c**ellulose*.

Ehrenpreis: s. Veronica officinalis.

Ehrlich-Reagens: Ehrlich-Lösung; Reagens zum Nachw. von Urobilinogen u. Stercobilinogen im Harn. **Zuber.:** 2 T. 4-Dimethylaminobenzaldehyd* sind in 98 T. 20 %iger Salzsäure zu lösen. Probe muss in der Kälte ausgeführt werden; positiv: Rotfärbung (Braun- od. Gelbfärbung ist nicht positiv). Der Farbstoff muss sich in Chloroform od. Amylalkohol ausschütteln lassen.

E

Ei: **1.** (bot.) Ovium, s. Gameten. **2.** Ovum, Hühnerei; Ei vom Haushuhn, Gallus domesticus. Es besteht aus der äußeren harten Schale (89-97 % Calciumcarbonat, bis 2 % Magnesiumcarbonat, bis 5 % Calcium- u. Magnesiumphosphat, 1-5 % org. Substanz), die innen mit der hornartigen Schalenhaut bekleidet ist. Es folgt das von der Eihaut umkleidete Eiweiß (Eiklar), bestehend aus 84.7-86.6 % Wasser, 12.0-13.5 % Proteinsubstanz (Ovoalbumin, Ovoglobin), Spuren Fett, Ca, P, K, Na; im Eiweiß eingebettet das Eidotter (Eigelb), umgeben von der Dotterhaut u. gehalten von 2 spiraligen Eiweißschnüren (Chalazae, Hagelschnüre), das eigentl. Ei, mit der Keimscheibe (Hahnentritt) u. dem Keimbläschen. Das Eidotter enthält die für den Keimaufbau nötigen Vorratsstoffe: ca. 16 % Proteine (Phosphatide*, Lecithine*, Ovovitellin, Purinbasen), 23-30 % Fett, Ca-, Na-, K-, Mg-Phosphate, Eisen, Cholesterol, Enzyme, Vitamine A, B_1, B_2, bes. reichl. B_6, D, E, gelben Farbstoff, Lutein, Spuren Kieselsäure u. ca. 50-51 % Wasser. Der physiolog. Brennwert des Gesamteies beträgt 6.9 kJ/g. Ein normales Hühnerei wiegt 50-70 g; Schale ca. 6 g, Eiweiß ca. 29 g, Dotter ca. 15 g (bei einem 50 g schweren Ei). Die Dichte frischer Eier beträgt 1.08 (sie sinken in 10 %iger Natriumchloridlösung). **Oleum Ovorum:** Eieröl, das fette Öl des Eigelbes, traditionell angewandt bei Entzündungen der Augen u. der Brustwarzen. **Albumen Ovi:** Eiereiweiß. **Albumen Ovi siccum:** getrocknetes Eiereiweiß, Eieralbumin; nach EB6 das von den Häuten befreite u. bei mäßiger Wärme getrocknete Hühnereiweiß. **Steriles Hühnereiweiß:** zur parenteralen Eiweißtherapie. **Vitellus:** (Vitellum Ovi) Eigelb, Eidotter; s. Mixtura Stockesii. Eiersatz besteht meist aus Casein mit einem geringen Zusatz von getrocknetem Eigelb od. aus gefärbtem Casein od. gefärbter Maisstärke (Leim od. Gelatine darf nicht enthalten sein). Enteneier enthalten häufig Enteritisbakterien (Salmonella enteritidis Gärtner) u. müssen vor dem Verzehr 10 min gekocht werden.

EIA: Abk. für **E**nzym*-**I**mmuno**a**ssay.

Eiapparat: s. Samenbildung.

Eibenbaum: s. Taxus baccata; Taxus brevifolia.

Eibe, Pazifische: s. Taxus brevifolia.

Eibischblätter: s. Althaea officinalis.

Eibischsirup: s. Sirupus Althaeae.

Eibischtee: s. Species Althaeae.

Eibischwurzel: s. Althaea officinalis.

Eichäpfel: s. Gallen.

Eiche: s. Quercus infectoria, Quercus robur, Quercus petraea, Quercus pubescens, Quercus suber.

Eichel: s. Quercus robur.

Eichen: **1.** Prüfung u. Stempelung (Punzierung) eines Messgerätes (z. B. einer Waage) od. einer Maßverkörperung (z. B. eines Gewichtsstückes) durch die zuständige Eichbehörde. Durch die Prüfung wird festgestellt, ob das der Behörde vorgelegte Gerät die Eichvorschriften erfüllt, durch die Stempelung wird dies beurkundet. **2.** In der Technik wird auch Justieren* u. Kalibrieren* als E. bezeichnet; vgl. Bezugsfunktion.

Eichenfarnwurzel: s. Polypodium vulgare.

Eichengallen: s. Gallen.

Eichenrinde: s. Quercus robur.

Eichenrinde für tierarzneiliche Zwecke: s. Quercus robur.

Eichfaktor: Angabe in der pharmaz. Technologie, die für die exakte Dosierung des Wirkstoffes bei der Herst. von Suppositoria* benötigt wird. Der E. einer Gießform gibt an, wieviel Gramm einer bestimmten Grundlage die Form genau fasst.

Eichfrist: beträgt bei selbsteinspielenden Waagen zwei Jahre, bei Massestücken u. bei nichtselbsteinspielenden Waagen (z. B. Hand- oder Balkenwaagen) vier Jahre. Das Ende der Gültigkeit ist aus dem Stempel der Eichbehörde ersichtlich. Die Eichung ist bis zum Jahresende des angegebenen Jahres gültig. Bei der Herstellereichung kann aus der CE-Kennzeichnung das Jahr der Ersteichung festgestellt werden.

Eichgesetz: Abk. EichG; dient dem Schutz der Verbraucher u. des Handelsverkehrs u. soll die Messsicherheit im Gesundheits-, Arbeits- u. Umweltschutz u. anderen Bereichen des öffentl. Interesses gewährleisten. **Deutschland:** Neufassung vom 23.3.1988, BGBl. I S. 1713, zuletzt geändert 13.12.2001, BGBl. I S. 3586. Die Ermächtigungsnorm für Rechtsverordnungen, um Regelungsinhalte od. Rechtsakte der EG ist umzusetzen. Es wird bestimmt, dass Messgeräte nur in den Verkehr gebracht, in Betrieb genommen, bereitgehalten od. verwendet werden dürfen, wenn sie zugelassen u. geeicht sind. Weiter gilt die Ermächtigung um Maßnahmen vorzuschreiben, durch die eine ausreichende Messsicherheit zu erwarten ist. Der Verordnungsgeber kann dabei insbes. die Wartung von Messgeräten, Kontrolluntersuchungen u. die Teilnahme an Vergleichsmessungen vorschreiben. Der Physikalisch-Technischen Bundesanstalt werden entspr. Aufgaben zugewiesen. Seit 1995 dürfen Medizinprodukte mit Messfunktion, wenn die Medizinprodukte-Richtlinie eingehalten wird, ohne Ersteichung durch eine Eichbehörde verkauft werden. Diese Geräte tragen das CE-Zeichen u. eine vierstellige Kennnummer einer verantwortl. Stelle. Die bisherige Nacheichpflicht nach der Eichverordnung wurde abgelöst durch eine messtechn. Kontrolle nach der Medizinprodukte-Betreiberverordnung. **Österreich:** es gilt das Bundesgesetz vom 5.7.1950 (BGBl. Nr. 152/1950) über das Maß- u. Eichwesen („Maß- u. Eichgesetz“, MEG) in der Fassung 2002 mit ähnl. Bestimmungen wie in Deutschland. **Schweiz:** es gilt das „Bundesgesetz über das Messwesen“, vom

9. Juni 1977, SR 941.20 u. die VO über die Qualifizierung von Messmitteln (Eichverordnung, vom 17. Dezember 1984, SR 941.210). Das Bundesamt für Metrologie u. Akkreditierung (METAS) beaufsichtigt das gesetzl. geregelte Messwesen u. insbes. die Verw. von Messmitteln in den Bereichen Handel, Verkehr, öffentl. Sicherheit, Gesundheit u. Umweltschutz. Es führt Bauartprüfungen u. Zulassungen von eichpflichtigen Messmitteln durch, leitet den Schweizerischen Eichdienst (SVS) u. schliesst dessen Referenzmessmittel den nationalen Normalen an. Dem METAS sind auch Aufbau u. Betrieb der Schweizerischen Akkreditierungsstelle (SAS) übertragen worden, welche die Fachkompetenz von Labors u. Stellen in den Bereichen Kalibrieren, Prüfen, Inspizieren u. Zertifizieren nach internationalen Anforderungen begutachtet u. akkreditiert.

Eichhornia crassipes (Mart.) Solms: Eichhornia speciosa Kunth, Wasserhyazinthe; Fam. Pontederiaceae, Od. Liliales (Tropen u. Subtropen, bes. Amerika); Schwimmende Rosettenpflanze. Stpfl. von **Herba Eichhorniae: Inhaltsst.**: Alkaloide*, Gerbstoffe, Triterpene*; **Anw.** volkstüml.: im Orinokogebiet bei Verdauungsstörungen.
Hom: *Eichhornia crassipes (HAB1.3)*: ganze, frische Pfl.; verord. z.B. bei chron. Pankreaserkrankungen mit Verdauungsschwäche.

Eichkurve: s. Bezugsfunktion.

Eichordnung: enthält wesentl. Regelungsinhalte des Eichgesetzes; gilt in der Form vom 12.8.1988, BGBl. I S. 1657, zuletzt geändert durch 2. MPG-ÄndG vom 13.12.2001, BGBl. I S. 3586. Sie enthält, insbes. mit ihren 23 Anlagen, Einzelheiten über spezielle Vorschriften u. zulässige Fehlergrenzen für die einzelnen Messgerätearten. Messgeräte dürfen in med. Laboratorien nur verwendet werden, wenn sie zugelassen sind u. die Übereinstimmung mit der Zulassung bescheinigt ist. Dies gilt jedoch nicht für Messgeräte, die aufgrund ihrer Merkmale nach der vom Hersteller festgelegten Zweckbestimmung speziell für In-vitro-Untersuchungen zu verwenden sind u. mit einer CE-Kennzeichnung nach dem Medizinproduktegesetz versehen sind.

Eicosanoide: von Eicosansäure (s. Arachinsäure) abgeleitete, oxygenierte Derivate mehrfach ungesättigter C_{20}-Fettsäuren. Die meisten E. sind hochwirksame Stoffe des Zellgeschehens u. werden auch als Gewebehormone bezeichnet. Ausgangssubstanzen bei der Biosynthese sind Omega-3- u. Omega-6-Fettsäuren (s. Fettsäuren, essentielle). Durch Einw. der Cyclooxygenase auf Omega-6-Fettsäuren wie Arachidonsäure entstehen (in der sog. Arachidonsäurekaskade) mit O_2 über Endoperoxide (s. Abb. 1) Prostaglandine*, Thromboxane* bzw. Prostacycline* mit zwei Doppelbindungen (2-Reihe). Sind Omega-3-Fettsäuren wie Eicosapentaensäure Substrat, bilden sich die entspr. Verb. mit drei Doppelbindungen (3-Reihe). Tritt anstelle der Cyclooxygenase 5-Lipoxygenase (s. Abb. 2), werden aus Arachidonsäure über 5-Hydroperoxyeicosatetraensäure (5-HPETE) 5-Hydroxyeicosatetraensäure (5-HETE) u. die versch. Leukotriene*, entw. mit vier od. fünf Doppelbindungen, synthetisiert; 12- u. 15-Lipoxygenasen konvertieren Arachidonsäure zu 12-HPETE bzw. 15-HPETE. Die Reduktion der HPETE zu den HETE erfolgt unter dem Einfluss der Glutathionperoxidase*. Vgl. Hormone (Eicosanoide).

Eicosansäure: s. Arachinsäure.

Eicosapentaensäure: s. Fettsäuren, essentielle.

$EID_{50\%}$: s. Dosis infectiosa.

Eidotter: s. Ei.

Eieralbumin: s. Ei.

Eiereiweiß: s. Ei.

Eierfrucht: s. Solanum melongena.

Eieröl: s. Ei.

Eiersatz: s. Ei.

Eierstockentzündung: Oophoritis.

Eierstock, getrockneter: s. Organtherapeutika.

Eifel-Fango: s. Fango.

Eigelb: s. Ei.

Eigeninduktion: s. Enzyminduktion.

Eigenschaften, kolligative: konzentrationsabhängige Eigenschaften; Eigenschaften, die mit der Anzahl gelöster Moleküle od. Teilchen in Zusammenhang stehen. Beispiele: osmotischer Druck*, Dampfdruckerniedrigung*, Siedepunkterhöhung und Gefrierpunkterniedrigung*.

Eiklar: s. Ei.

Eiko-: s. a. Eico-.

Eilecithin: s. Lecithine.

Eimeria: Gattungsbegriff für wirtsspezif., obligat intrazelluläre Darmparasiten der Tiere (Klasse Sporozoa; s. Protozoen); Erreger der Kokzidiose*.

Einbeere: s. Paris quadrifolia.

eindampfen: einengen; Verdampfen des Lösungsmittels, um eine Lsg. zu konz. od. um die gelöste Substanz (krist.) zu gewinnen.

Eindosenbehältnisse: spezielle Behältnisse für einmalige Verabreichungen eines Arzneistoffes; bei Injektionslösungen, z.B. Einmalspritzen od. Fertigspritzen (syn. Spritzampullen). **Typen:** **1.** Glasampullen: üblich bei Injektionslösungen; **2.** Doppelkammerspritzampullen od. Zweikammerspritzen: bestehen z.B. aus einem Vial* mit der Trockensubstanz u. einer Spritzampulle mit dem Lösungsmittel. Vor der Injektion wird das Lösungsmittel aus der Spritzampulle in das Vial gedrückt; nach Auflösen der Trockensubstanz wird die Wirkstofflösung in die Spritzampulle zurückgezogen. **3.** Fertigspritzen: Behältnisse u. Vorrichtungen, die nicht nur eine Aufbewahrungs-, sondern zugleich auch Anwendungsfunktion besitzen. Sie stellen i. Allg. eine Kombination von Glas (Präparatebehälter), Gummi (Kolbenstopfen, Verschluss) u. Metall (Bördelkappe, Kanüle) dar. **4.** Zylinderampullen: Injektionsröhrchen; Injektionsflüss. befindet sich in einem Glaszylinder, dessen eine Seite durch einen dicken Gummi- od. Kunststoffstopfen verschlossen ist, der als Kolben dient. Die andere Seite ist mit einer dünnen Gummi- od. Kunststoffmembran verschlossen, die beim Einsetzen der Ampulle in eine Spezial-Spritzeinrichtung vom hinteren Ende einer Injektionsnadel durchstochen wird. Sie finden bes. in der Zahnmedizin Verwendung. **5.** Einmalspritzen: Einwegspritzen, Wegwerfspritzen; besitzen einen kräftig ausgebildeten Glaszylinder mit einer zusätzl. Fingerauflage sowie einen Stempel u. ermöglichen die Durchführung einer Injektion

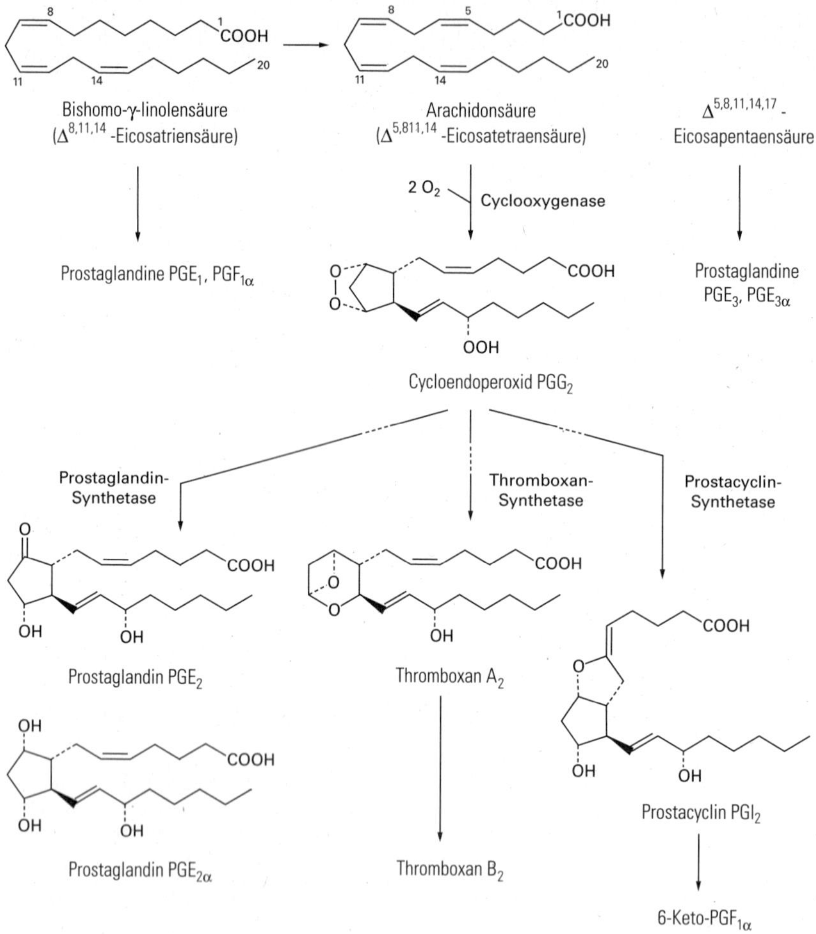

Eicosanoide Abb. 1: Biosynthese der Prostaglandine, Thromboxane u. Prostacycline [3]

ohne Spritzengestell. Die Injektionskanüle ist wahlweise fest montiert od. aufsteckbar. Sie bieten hohe Sicherheit gegenüber Kontaminationsrisiken. **6.** Infusionslösungen: häufig in Kunststoffbeuteln verpackt.

Einfachbindung: s. Bindung, chemische.

Einfache Salbe: s. Unguentum simplex.

Einfach-Schwefelammonium: s. Ammoniumsulfid.

Einfach-Schwefeleisen: s. Eisen(II)-sulfid.

Einfuhr: Deutschland: die Einfuhr von Arzneimitteln ist im AMG geregelt. Einer Einfuhrerlaubnis bedarf, wer Fertigarzneimittel im Sinne § 2 Abs. 1 oder Abs. 2 Nr. 1, Testsera od. Testantigene od. Wirkstoffe, die menschl. od. tier. Herkunft sind od. auf gentechn. Wege hergestellt werden, gewerbs- od. berufsmäßig zum Zwecke der Abgabe an andere aus Ländern, die nicht Mitgliedstaaten der EU od. anderer Vertragsstaaten des Abkommens über den Europäischen Wirtschaftsraum sind, nach Deutschland verbringen will. Danach ist die Einfuhr von Bulkware* ohne Einfuhrerlaubnis aus Drittländern möglich. Die Einfuhrerlaubnis erteilt das für den Einführenden zuständige Regierungspräsidium. Die gesetzl. Anforderungen für eine Einfuhrerlaubnis sind denen einer Herstellungserlaubnis vergleichbar. Bei einer Einfuhr von Arzneimitteln, also auch von Bulkware, aus Ländern, die nicht Mitgliedstaaten der EU od. anderer Vertragsstaaten des Abkommens über den Europäischen Wirtschaftsraum sind, sind die Vorschriften zu Zertifikaten bei der Einfuhr zusätzl. zu beachten. **Österreich:** geregelt durch das „Arzneiwareneinfuhrgesetz", BGBl. I Nr. 28/2002; **Schweiz:** geregelt durch die VO über die Bewilligungen im Arzneimittelbereich („Arzneimittel-Bewilligungsverordnung", AMBV, SR 812.212.1).

einhäusig: s. Blüte.

Einheit: im Internationales System der Einheiten (SI*) gibt es 7 Basiseinheiten, aus denen alle anderen Einheiten durch Multiplikation u./od. Division abgeleitet werden; s. SI-Einheiten.

Einheitsübereinkommen: s. Betäubungsmittelrecht (Völkerrecht).

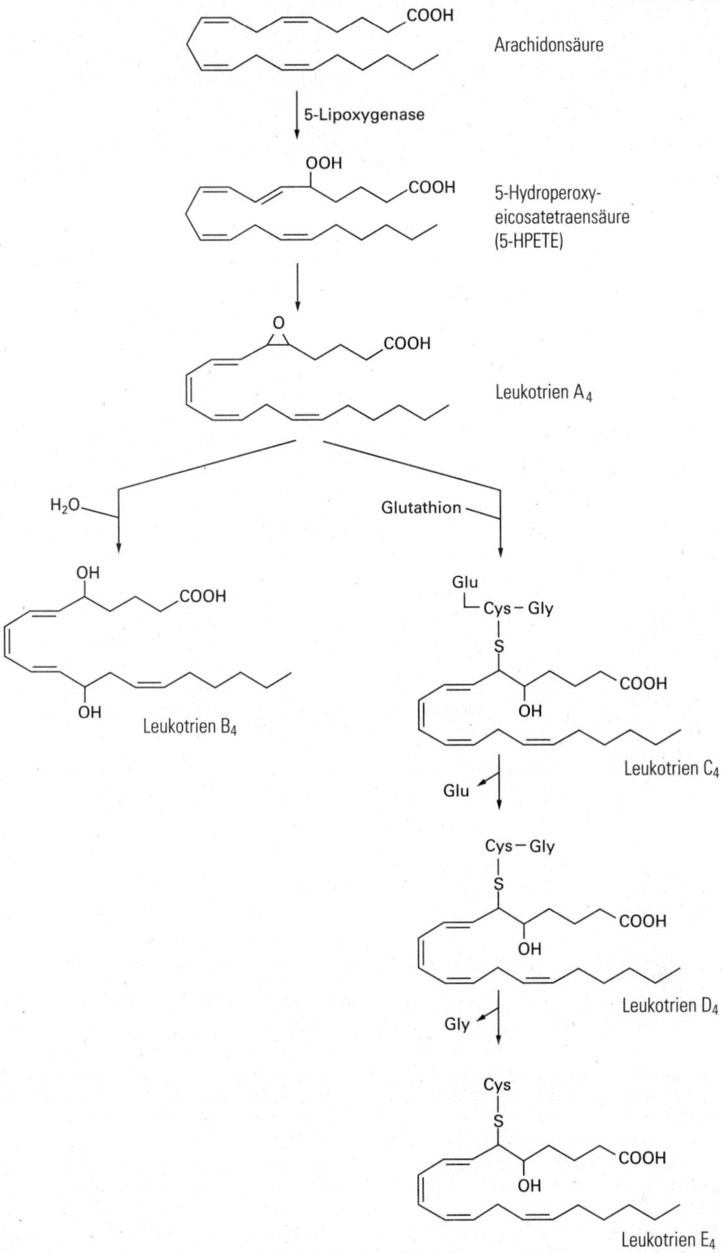

Eicosanoide Abb. 2: Biosynthese der Leukotriene [3]

Einhorn-Reaktion: Verfahren zur Herst. von Carbonsäureestern aus Hydroxylverb. mit Carbonsäurechloriden in Gegenwart von Pyridin. Beispiel: Benzylchlorid u. Phenol werden zu Benzoesäurephenylester umgesetzt (s. Abb.).

EinhÜbk: s. Betäubungsmittelrecht (Völkerrecht).

Einkompartimentsystem: s. Kompartimentmodelle.

Einkompartimentsystem, offenes: s. Kompartimentmodelle, Bateman-Funktion.

Einkorn, Falsches: s. Chamaelirium luteum.

Einlauf: s. Klistier.

Einmalhandschuhe: Erste-Hilfe-Handschuhe; sterile, einzeln verpackte Handschuhe aus PVC-Copolymer od. Vinyl.

Einmalspritze: s. Eindosenbehältnisse.

Einreibung, flüssige: s. Linimente.

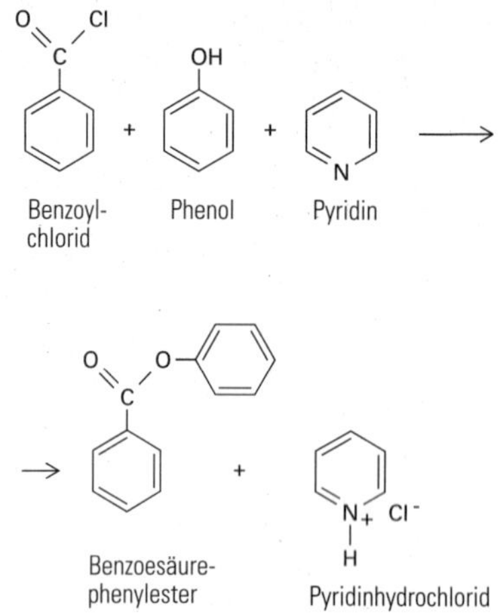

Einhorn-Reaktion: Bildung von Benzoesäurephenylester

Einsalzen: s. Konservierung (Salzen).

Einschlusskörperchenkrankheit: s. Zytomegalie.

Einschlussverbindungen: aus 2 od. mehreren Molekülkomponenten aufgebaute, krist. Feststoffe, bei denen kleinere Moleküle in die Hohlräume von größeren eingelagert sind. Die Partner werden z. B. durch Van-der-Waals-Kräfte zusammengehalten; vgl. Molekülverbindungen. Klassifizierung nach Geometrie der Hohlräume: 1. **Kanaleinschlussverbindungen** werden z. B. von Cyclodextrinen*, Stärke (mit Iod) od. Desoxycholsäure u. Harnstoff gebildet; mit ihnen lassen sich z. B. unverzweigte Kohlenwasserstoffe von verzweigten wie Isooctan trennen; 2. **Schichteinschlussverbindungen** werden z. B. von Graphit u. Bentonit (mit Paraffinen od. Alkoholen) gebildet; 3. **Käfigeinschlussverbindungen** (Clathrate, Klathrate) kristallisieren in käfigartigen Strukturen u. können in die entstehenden Hohlräume kleinere Moleküle einschließen. Beispiele: Hydrate von Nichtelektrolyten wie $CHCl_3 \cdot 17\,H_2O$, Komplexe von Hydrochinon mit SO_2, CO_2, Edelgasen u. a. od. Gashydrate wie $Xe \cdot 23\,H_2O$, $Cl_2 \cdot 6\,H_2O$ u. das zunehmend an Bedeutung gewinnende Methanhydrat, das in großen Lagerstätten am Meeresboden vorkommt. Diese sog. Hydrate sind E. u. dürfen nicht mit Hydraten* verwechselt werden; vgl. Warfarin (Warfarin-Natrium-Clathrat).

Einstein-Beziehung: s. Energie.

Einsteinium: Eka-Holmium; Symbol Es; OZ 99; 3-wertiges Element, 17 Isotope (241-257). **Gew.:** durch Beschießung von Plutonium mit Neutronen od. durch Einw. energiereicher Stickstoffkerne auf $^{238}_{92}U$.

Einstoffdüse: s. Airless-System.

Einwilligung: bei der klin. Prüfung von Arzneimitteln ist die Einwilligung des Patienten od. Probanden eine unabdingbare Voraussetzung. Diese Einwilligung kann nur rechtsgültig zustande kommen, wenn sie durch einen Arzt eingeholt wird, der über Wesen, Bedeutung u. Tragweite der klin. Prüfung aufklärt u. der Patient od. Proband dieses auch verstanden hat. Eine erteilte Einwilligung kann jederzeit widerrufen werden.

Einzeldosispackung: (engl.) *unit dose package*; enthält die zur einmaligen Anw. erforderl. Menge Packgut (Füllgut) u. kann nach Gebrauch nicht wieder verschlossen werden (Einwegpackung).

Einzelimport von Arzneimitteln: Arzneimittel-Import; **Deutschland:** Im Ggs. zum allg. Verbringungsverbot für in Deutschland nicht zugelassene Arzneimittel dürfen nach § 73 Abs. 3 AMG Fertigarzneimittel durch Apotheken nach Deutschland importiert werden, wenn sie im Herkunftsland in Verkehr gebracht werden dürfen u. von Apotheken bestellt sind. Apotheken dürfen solche Arzneimittel aber nur auf besondere Bestellung (ärztl. Verschreibung bzw. Kundenwunsch) beziehen. Arzneimittel, die aus Ländern importiert werden, die nicht Mitglied der EG od. des Abkommens über den Europäischen Wirtschaftsraum sind, dürfen grundsätzl. nur auf ärztl. Verschreibung bezogen werden. Über Bezug u. Abgabe von einzeln importierten Arzneimitteln sind nach § 18 ApBetrO in der Apotheke Aufzeichnungen zu führen. Der Einzelimport von Arzneimitteln aus EU- u. EWR-Staaten durch Privatpersonen ist mögl., wenn die Lieferapotheke nach nationalem Recht, das den Versandhandelsvorschriften des ApoG entsprechen muss, dazu befugt ist. **Österreich:** geregelt durch das „Arzneiwareneinfuhrgesetz" 2002, BGBl. Nr. 33/2002; **Schweiz:** wird als Sonderbewilligung von nicht zugelassenen Arzneimitteln bezeichnet; Medizinalpersonen, die im Einzelfall über eine entspr. Bewilligung von Swissmedic verfügen, ist es gemäß der VO über die Bewilligungen im Arzneimittelbereich („Arzneimittel-Bewilligungsverordnung", AMBV, SR 812.212.1) erlaubt, in kleinen Mengen verwendungsfertige Arzneimittel einzuführen, die in der Schweiz nicht zugelassen sind, sofern dies zur Behandlung eines bestimmten Patienten geboten ist.

Einzeller: Organismus, der nur aus einer einzigen Zelle besteht.

Einzige Suchtgiftkonvention: s. Betäubungsmittelrecht.

Eisen: Ferrum; Symbol Fe; A_r 55.847, OZ 26. D. 7.873. Schmp. 1539 °C. Sdp. 3070 °C. 2-, 3-, 6-wertiges Metall; reines Fe ist silberweiß, an feuchter Luft wird es unter Bildung von Rost ($x\,FeO \cdot y\,Fe_2O_3 \cdot z\,H_2O$) angegriffen; lösl. in verd. Säuren, unlösl. in konz. Säuren (Passivität infolge Bildung einer Oxidschicht). Feinstverteiltes Fe ist an der Luft entzündl. (sog. pyrophores Fe). 3 enantiotrope Modifikationen (α-, γ-, δ-Fe). **Vork.:** selten gediegen (Meteoreisen); in der Erdrinde zu ca. 4.7 %, im Gestein, Meer-, Fluss-, Quellwasser; wichtige Eisenerze: Magneteisenstein (Fe_3O_4), Roteisenstein (Fe_2O_3, s. Eisen(III)-oxid), Brauneisenstein ($2\,Fe_2O_3 \cdot 3\,H_2O$), Spateisenstein ($FeCO_3$), Eisenkies (FeS_2); **Gew.:** Verhüttung der Erze mit Koks im Hochofen. (Roheisen enthält über 1.7 %, Stahl unter 1.7 % Kohlenstoff; zahlreiche Legierungen). Roheisen ist spröde, daher nicht schmiedbar u. schmilzt beim Erhitzen plötzlich. Stahl ist schmiedbar u. beim Schmelzen allmähl. erweichend; **Nachw.:** Fe^{2+} wird z. B. mit Kalium-

hexacyanoferrat(III)*, Fe^{3+} mit Kaliumhexacyanoferrat(II)* jeweils als Berliner* Blau nachgewiesen, Fe^{3+} auch als tiefrotes Thiocyanat; quantitativ kann Fe oxidimetr., manganometr., komplexometr. od. gravimetr. bestimmt werden. Kolorimetr. wird Fe^{2+} z. B. mit Phenanthrolinhydrochlorid* u. Fe^{3+} als Thiocyanat bestimmt;
Physiologie: wichtiges essentielles Element für alle Lebewesen. Die Unentbehrlichkeit von Fe für jede Form org. Lebens beruht auf seiner Mitwirkung bei Elektronenübertragungsreaktionen (s. Atmungskette). Bei den höher entwickelten vielzelligen Lebewesen wird ferner die Fähigkeit des komplexgebundenen Fe zur reversiblen Bindung molekularen Sauerstoffs ausgenutzt (s. Hämoglobin). Der Eisenbestand beim Erwachsenen beträgt insgesamt 3-5 g, davon ca. 65 % im Hämoglobin*. Der tägl. Bedarf eines Erwachsenen beträgt ca. 1-5 mg Fe. Die tägl. Zufuhr an Gesamt-Fe soll 10-15 mg betragen, da nur ein Bruchteil resorbiert wird; Resorption als Fe^{2+}; Fe^{3+} wird im Darm zu Fe^{2+} reduziert. Der Eisenverlust des Körpers durch Abschilferung des Darmepithels u. der Haut ca. 1 mg/d. Bei jeder Blutung geht mit dem Hämoglobin Fe verloren (1 mL Blut enthält 0.5 mg Fe). Die bei der Menstruation ausgeschiedene Eisenmenge wurde mit 10-30 mg Fe/Monat bestimmt. Der Eisenverlust durch Schwangerschaft u. Geburt beträgt ca. 500 mg, durch Stillen gehen 0.5 g/d verloren. Eine gesteigerte Eisenresorption sorgt in diesen Fällen für Ausgleich; **Anw.** med.: bei Eisenmangelanämie*, großen Blutverlusten u. z. B. in der Schwangerschaft. Zur p. o. Zufuhr werden hauptsächl. Eisen(II)-Salze verwendet, da sie rasch resorbiert werden; i. v. sind Eisen(III)-Komplexe wirksamer; **Tox.:** Eisensulfat ($FeSO_4 \cdot 12 H_2O$) u. die Eisenchloride ($FeCl_2$, $FeCl_3$) wirken in höheren Konz. ätzend. Aus Kaliumhexacyanoferrat(III) ($K_3[Fe(CN)_6]$) kann im Magen Blausäure (HCN) entstehen. Einnahme von Eisen(II)-sulfat(-Tabletten) in Grammdosen führt zu blutigem Erbrechen, Diarrhö, Teerstuhl, bes. bei Kindern auch zum Tod. Geschätzte LD: Kleinkinder 3-10 g, Erwachsene 10-50 g. Antidot: Deferoxamin*; **Gesch.:** Fe war bereits im 3. Jahrtausend. v. Chr. in Ägypten u. Kleinasien in Gebrauch; in Europa wurden Hinweise auf Eisenverhüttung um das 5. Jh. v. Chr. gefunden. Die ersten Hochöfen gab es etwa im 14. Jahrhundert.
Hom: *Ferrum metallicum (HAB1.3):* reduziertes Eisen; Konstitutionsmittel; verord. z. B. bei Anämie, Migräne, rheumat. Erkrankungen (Schulterbereich), Bronchitis, Fieber, Magenleiden.
Hom: *Ferrum sidereum (HAB1.2):* Eisenmeteorit (schwere Splitter mit schwachem Metallglanz; mind. 75 % Fe).

Eisen(III)-acetat: Ferrum aceticum, basisches Ferriacetat, basisch-essigsaures Eisenoxid; Zstzg. wechselnd, meist $(CH_3COO)_2FeOH$, Geh. an Eisen ca. 30 %. **Darst.:** Auflösen von Eisenhydroxid in verd. Essigsäure; lässt man diese Lsg. verdunsten, so erhält man **lösl. bas. Eisen(III)-acetat** (Ferrum aceticum solubile), ein rotbraunes Pulver od. Lamellen, lösl. in kaltem Wasser, Ethanol sowie in HCl u. HNO_3. Dampft man die Lsg. ein, so erhält man **unlösl. bas. Eisen(III)-acetat** (Ferrum aceticum siccum), ein gelbbraunes Pulver, unlösl. in Wasser; **Anw.** med.: früher als Tonikum (Liqu. Ferri subacetici, Tct. Ferri acetici Rademacher); hauptsächl. techn.: in der Gerberei.
Hom: *Ferrum aceticum:* s. Eisen.

Eisen, äpfelsaures: s. Eisenmalat.

Eisenalbuminat: Ferrum albuminatum; Zstzg.: ungeklärt, Fe-Geh. ca. 13 %; rotbraune Lamellen, in schwach alkalischer Lsg. lösl., od. braunes Pulver, unlösl. in Wasser. **Zuber.:** s. Liquor Ferri albuminati.

Eisenalbuminatlösung: s. Liquor Ferri albuminati.

Eisenammoniumalaun: s. Ammoniumeisen(III)-sulfat.

Eisen(II)-ammoniumsulfat: s. Ammonium-eisen(II)-sulfat.

Eisen(III)-ammoniumsulfat: s. Ammonium-eisen(III)-sulfat.

Eisen(II)-arsenat: Ferroarsenat, arsensaures Eisenoxydul, Ferrum arsenicicum; $Fe_2(AsO_4)_3 \cdot 3 H_2O$. Fe-Geh. 10-12.5 %. Gelbgrünes od. gelbbraunes Pulver, unlösl. in Wasser, leicht lösl. in verd. Salzsäure. **Anw.** med.: früher bei Lupus, Krebs.

Eisen(III)-arsenit: Ferriarsenit, basisches arsenigsaures Eisenoxid, Ferrum arsenicosum; Zstzg. etwa $4 Fe_2O_3 \cdot As_2O_3 \cdot 5 H_2O$. **Darst.:** Fällen einer Eisen(III)-acetat-Lsg. mit der Lsg. eines Alkalimetallarsenits.
Hom: *Ferrum arsenicosum:* verord. z. B. bei Appetitlosigkeit, Anämie, Rekonvaleszenz.

Eisen(II)-bromid: Eisenbromür, Ferrum bromatum; $FeBr_2$. Hellgrüne, zerfließl. Kristalle. **Darst.:** Auflösen von Eisenpulver in Bromwasserstoffsäure.

Eisen(III)-bromid-Lösung: Ferribromid-Lösung, Ferrum sesquibromatum solutum, Liquor Ferri sesquibromati; wässrige Lsg. von $FeBr_3$; dunkelbraune Flüssigkeit. **Darst.:** Eintragen von Eisenpulver in Brom unter Wasser.

Eisenbromür: s. Eisen(II)-bromid.

Eisen(II)-carbonat: Ferrocarbonat, Ferrum carbonicum; $FeCO_3$. Grünl. weißes Pulver; nicht haltbar, oxidiert an der Luft zu Eisenhydroxid u. wird braun; es wird daher mit Zucker verrieben, der das Präparat vor der Oxidation schützt. **Darst.:** zusammengießen heißer Lsg. von Eisen(II)-sulfat u. Natriumhydrogencarbonat; **Ferrum carbonicum cum Saccharo** DAB6: zuckerhaltiges Ferrocarbonat, Ferrum carbonicum saccharatum; grünl. graues, geruchloses, hygroskop. Pulver, das anfangs süß, dann schwach nach Eisen schmeckt, in Wasser nur teilweise lösl., Fe-Geh. 9.5-10 %; **Darst.:** frisch gefälltes u. ausgewaschenes Eisen(II)-carbonat (s. o.) wird mit Zucker verrieben u. zur Trockne eingedampft; **Anw.** med.: Eisensubstitution.
Hom: *Ferrum carbonicum:* Ferrum carbonicum cum Saccharo.
Hom: *Siderit (HAB1.3):* nat. Mineral (mind. 70 % Eisen(II)-carbonat); verord. z. B. bei Migräne, Bronchitis; vgl. Eisen.

Eisencarbonat, zuckerhaltiges: s. Eisen(II)-carbonat.

Eisenchinincitrat: Chininum ferro-citricum; keine einheitliche Verb., sondern ein Gemisch von Chinincitrat mit Eisen(II)- u. Eisen(III)-citrat. Glänz., dunkelrotbraune Blättchen von bitterem Geschmack, lösl. in Wasser, wenig lösl. in Ethanol; Geh. 9-10% wasserfreies Chinin u. 21% Eisen. **Off.:** ÖAB90; **Anw.** med.: Tonikum*, Stomachikum*; **Dos.:** 0.05-0.2 g mehrmals täglich.

Eisenchlorid, basisches: Eisenoxychlorid, Ferrum oxychloratum; FeOCl, M_r 107.3. Enthalten in **1. Liquor Ferri oxychlorati:** Eisenoxychlorid-Lsg.; braunrote, klare Flüss.; Eisengeh. ca. 3.5%; **2. Liquor Ferri oxychlorati dialysati:** dialysierte Eisenoxychlorid-Lsg.; Zstzg.: 50 T. Eisenchlorid-Lsg., 33 T. Ammoniak; klare, tiefbraunrote Flüssigkeit. **Anw.:** äußerl. früher als Hämostatikum*.

E

Eisen(II)-chlorid: Eisen(II)-chlorid-tetrahydrat, Ferrochlorid, Eisenchlorür, Ferrum chloratum; $FeCl_2 \cdot 4H_2O$, M_r 198.8. Blassgrünes, krist. Pulver, sehr leicht lösl. in Wasser unter Zusatz von einigen Tr. Salzäure. **Darst.:** Auflösen von Eisen in reiner Salzsäure u. Eindampfen; **Anw.** med.: Eisensubstitution; **Inkomp.:** alkal. Stoffe, Oxidationsmittel, Phosphate. **Ferrum chloratum siccum:** trockenes Eisenchlorür; weißes Pulver, in Wasser fast klar lösl.; **Anw.:** wie Eisen(II)-chlorid-tetrahydrat (s. o.).

Eisen(III)-chlorid: Ferri chloridum hexahydricum Ph.Eur.4, Eisen(III)-chlorid-hexahydrat, Ferrum chloratum, Ferrum trichloratum, Ferri chloridum, Ferrichlorid, Ferrum sesquichloratum cristallisatum, kristallines Eisenchlorid, Ferrum perchloratum; $FeCl_3 \times 6\ H_2O$, M_r 270.3. Gelbe, krist., hygroskop. Stücke, sehr leicht lösl. in Wasser, Ethanol u. Ether; vgl. Eisen(II)-chlorid. **Anw.** med.: Hämostatikum* u. Ätzmittel in Form der Solutio* Ferri chlorati (Eisenchlorid-Lsg.); s. Gossypium haemostaticum. (Eisenchlorid-Lsg. koaguliert Eiweiß, daher innerl. nicht verwendbar).

Hom: *Ferrum sesquichloratum,* F. muriaticum, Ferrum sesquichloratum solutum(HAB1.4), Liquor Ferri sesquichlorati: wässrige Lsg. von Eisen(III)-chloridhexahydrat (47.4-49.8%); Anw. s. Eisen.

Eisen(III)-chlorid-Lösung: s. Solutio Ferri chlorati.

Eisenchloridwatte: s. Gossypium haemostaticum.

Eisenchlorür: s. Eisen(II)-chlorid.

Eisen(III)-citrat: Ferrum citricum oxydatum, Ferricitrat, citronensaures Eisenoxid; $FeC_6H_5O_7 \cdot 3\ H_2O$; Geh. an Fe ca. 20%. Rote Lamellen, leicht lösl. in heißem Wasser, langsam aber vollkommen lösl. in kaltem Wasser, unlösl. in Ethanol. **Anw.** med.: Eisensubstitution.

Eisen(II)-cyanwasserstoffsäure: s. Hexacyanoeisen(II)-säure.

Eisen(III)-cyanwasserstoffsäure: s. Hexacyanoeisen(II)-säure.

Eisen(III)-diphosphat: Eisen(III)-pyrophosphat, Ferripyrophosphat, pyrophosphorsaures Eisenoxid, Ferrum pyrophosphoricum; $Fe_4(P_2O_7)_3 \cdot 9\ H_2O$, M_r 907.7. Eisengehalt mind. 22%. Weißes Pulver, fast unlösl. in Wasser, lösl. in verd. Salzsäure. **Anw.:** früher bei Eisenmangelanämie.

Eisen(III)-diphosphat mit Ammoniumcitrat: Eisen(III)-pyrophosphat mit Ammoniumcitrat, Ferrum pyrophosphoricum cum Ammonio citrico; Geh. ca. 15.6% Eisen. Grünl. gelbe Blättchen, lösl. in Wasser.

Eisen(II)-disulfid: s. Eisen(II)-sulfid.

Eisen-Elixier: s. Solutio Ferri aromatica.

Eisenelixir, aromatisches: s. Elixir Ferri aromaticum.

Eisen(II)-fumarat: Ferrosi fumaras Ph.Eur.4; CAS-Nr. 141-01-5; $C_4H_2FeO_4$, M_r 169.9. Rötl. braunes Pulver, geschmack- u. geruchlos; wenig lösl. in Wasser. **Anw.:** Substitution bei Eisenmangelanämie; **UAW:** gastrointestinale Beschwerden.

Eisenglanz: s. Eisen(III)-oxid.

Eisen(II)-gluconat: Ferrosi gluconas Ph.Eur.4, Ferrum gluconicum, Ferrosum gluconicum, Ferrogluconat; $C_{12}H_{22}FeO_{14} \cdot 2\ H_2O$, M_r 482.2. Bräunl. Pulver, lösl. in Wasser, sehr schwer lösl. in Ethanol. **Anw.:** Eisenmangelanämien.

Eisenglycerophosphat: Ferrum glycerinophosphoricum, Ferriglycerophosphat, glycerinphosphorsaures Eisenoxid; $[C_3H_5(OH)_2OPO_3]_3Fe_2$. Gelbl. grüne, glänz. Lamellen od. Pulver, lösl. in Wasser u. verd. Ethanol. Fe-Geh. 14-15%. **Darst.:** Auflösen von Eisenhydroxid in Glycerinphosphorsäure; **Anw.** med.: Eisensubstitution, bei Anämie, Rekonvaleszenz; **Dos.:** 0.1-0.2 g; Kinder 0.05-0.2 g/d.

Eisen(III)-hexacyanoferrat(II): s. Berliner Blau.

Eisenholzsamenöl: s. Argania sideroxylon (Oleum Arganiae).

Eisenhut, Blauer: s. Aconitum napellus ssp. napellus.

Eisenhut, Gelber: s. Aconitum napellus ssp. napellus (Herba Aconiti; andere Eisenhutarten).

Eisenhutknollen: s. Aconitum napellus ssp. napellus (Aconiti tuber).

Eisenhuttinktur: s. Tinctura Aconiti.

Eisen(III)-hydroxid: Ferrum oxydatum hydricum, Ferrum oxydatum fuscum, braunes Eisenoxidhydrat; $Fe(OH)_3$. Rotbraunes Pulver, lösl. in verd. HCl. **Anw.** med.: Eisensubstitution; **Zuber.:** Eisenzucker*.

Eisen(III)-hydroxid-Dextran-Komplex: Eisen(III)-hydroxid gebunden an niedermolekulares Dextran; M_r 5000-7000. **Wirk.:** Antianämikum*; schnelle u. umfassende Anreicherung des Komplexes im RES (physiol. Eisenspeicher, s. System, mononukleäres phagozytäres); **Anw.:** intravenöse Behandlung von Eisenmangel; **UAW:** Juckreiz, selten anaphylakt. Reaktionen; **Dos.:** 625-1250 mg, 2- bis 3-mal wöchentl.; HWZ 5 h für zirkulierendes Eisen.

Eisen(II)-hypophosphit: s. Eisen(II)-phosphinat.

Eisen(III)-hypophosphit: s. Eisen(III)-phosphinat.

Eisen(III)-ammoniumcitrat: s. Ammoniumeisen(III)-citrat.

Eisen(II)-iodid: Ferrum iodatum, Ferroiodid, Eiseniodür, Iodeisen; FeI_2. Graublaue, hygroskop., krist. Masse, nicht haltbar. **Darst.:** durch Aufeinanderwirken von Eisenpulver u. Iod in Wasser u. Eindampfen der Lösung; verwendet in Sirupus* Ferri iodati. **Ferrum iodatum saccharatum:** zuckerhaltiges Eisen(II)-iodid; Verreibung von Eisen(II)-iodid-Lsg. mit Lactose. Gelbl. weißes Pulver, lösl. in Wasser, Geh. ca. 20% FeI_2.

Hom: *Ferrum jodatum:* verord. z. B. bei Kindern mit Lymphdrüsenschwellung, Infektion der oberen Luftwege, Anämie.

Eiseniodür: s. Eisen(II)-iodid.

Eisen(III)-kakodylat: Eisenkakodylat, Ferrikakodylat, kakodylsaures Eisenoxid, Ferrum kakodylicum; $[(CH_3)_2AsO_2]_3Fe$, M_r 466.9. Gelbl. bis braungelbes Pulver, lösl. in Wasser, fast unlösl. in Ethanol, Geh. an As 45-48.5 %. **Darst.**: Umsetzung von Bariumkakodylat mit Eisen(III)-sulfat; **Anw.** med.: früher bei Eisenmangelanämie.

Eisenkies: s. Eisen.

Eisenkraut: s. Verbena officinalis.

Eisen(II)-lactat: Ferrum lacticum DAB6, Ferrolactat, milchsaures Eisenoxydul; $[CH_3-CH(OH)-COO]_2Fe \cdot 3H_2O$, M_r 288.03. Grünl. weiße, aus kleinen nadelförmigen Kristallen bestehende Krusten od. krist. Pulver, lösl. in ca. 40 T. kaltem Wasser u. 12 T. heißem Wasser, sehr schwer lösl. in Ethanol, Geh. mind. 97.3 % Eisen(II)-lactat (entspr. 18.9 % Fe). **Darst.**: Zusammenbringen von Calciumlactat u. Eisen(II)-chlorid-Lsg. u. Auskristallisieren; **Anw.**: Eisenmangelanämie.

Eisenlösung, aromatische: s. Solutio Ferri aromatica.

Eisenmalat: Ferrum malicum, Ferrum pomatum, Ferrimalat, äpfelsaures Eisen; $C_{12}H_{12}Fe_2O_{15}$. Darst.: durch Auflösen von metall. Eisen in Apfelsaft u. Eindampfen der Lösung. **Anw.**: früher bei Eisenmangelanämie; nur in Form von Extractum* Ferri pomati u. Tinctura* Ferri pomati.

Eisenmangel: Defizit, das durch das Missverhältnis zw. Aufnahme von Eisen über die Nahrung u. tägl. Verlust von Eisen entsteht; s. Eisenmangelanämie. **Ther.**: s. Eisen.

Eisenmangelanämie: syn. sideropen. Anämie; häufigste Anämieform, bei der die Hämoglobinbildung durch Eisenmangel* verzögert ist. **Symptome:** z. B. Kopfschmerz, Appetitlosigkeit, Diarrhö od. Obstipation; trockene u. spröde Haut, brüchige Haare u. Nägel, Nasenschleimhautatrophie, Mundwinkelrhagaden; **Urs.**: **1.** Eisenverlust durch Blutungen (u. a. Menstruation); **2.** Eisenverlust durch Resorptionsstörung; **3.** erhöhter Eisenbedarf z. B. während der Schwangerschaft; **4.** ungenügende Zufuhr; **5.** Eisenverteilungsstörung; **6.** Eisentransport- u. -verwertungsstörung; **Ther:** s. Eisen.

Eisenmeteorit: s. Eisen.

Eisenmohr: Ferrum oxydulatum nigrum, Aethiops martialis; wasserhaltiges Eisen(II,III)-oxid, Fe_3O_4 ($FeO \cdot Fe_2O_3$); schwarzes, amorphes Pulver, lösl. in Salzsäure. **Anw.**: Druckerfarbe.

Eisen(III)-nitrat: Ferrinitrat, salpetersaures Eisenoxid, Ferrum nitricum; $Fe(NO_3)_3 \cdot 9H_2O$. Hellviolette, hygroskop. Kristalle, leicht lösl. in Wasser, lösl. in Ethanol mit brauner Farbe. **Darst.**: Auflösen von Eisenpulver in 20-30 %iger Salpetersäure; **Anw.** med.: früher Adstringens bei Magen- u. Darmblutungen (eiweißfällend); techn.: zum Schwarzfärben von Seide, Beize in der Färberei (Eisenbeize), zum Gerben.

Eisen(III)-oxid: (rotes) Eisenoxid, Ferrioxid, Ferrum oxydatum rubrum; Fe_2O_3. Rote bis schwarze Kristalle, unlösl. in Wasser. 2 Modifikationen: nat. Eisen(III)-oxid (Roteisenstein, Hämatit, Rötel, Eisenglanz, Blutstein, Roter Glaskopf) ist paramagnet. α-Fe_2O_3, ein häufiges Mineral; es entsteht auch aus ferromagnet. γ-Fe_2O_3 beim Erhitzen auf über 300 °C. **Anw.** techn.: Malerfarbe (Caput mortum, Colcothar vitrioli, Englisch Rot, Braunrot, Pariser Rot, Pompejan. Rot) u. Poliermittel (Polierrot).

Hom: *Hämatit (HAB1.3),* Lapis Haematitis: nat. vorkommendes Mineral mit mind. 90 % Eisen(III)-oxid; verord. z. B. bei Anämie, Migräne, Fieber; vgl. Eisen.

Eisenoxid, basisch-essigsaures: s. Eisen(III)-acetat.

Eisenoxid, citronensaures: s. Eisen(III)-citrat.

Eisenoxid, glycerinphosphorsaures: s. Eisenglycerophosphat.

Eisenoxidhydrat, braunes: s. Eisen(III)-hydroxid.

Eisenoxid, kakodylsaures: s. Eisen(III)-kakodylat.

Eisenoxid, natürliches: s. Eisen(III)-oxid.

Eisenoxid, phosphorsaures: s. Eisen(III)-phosphat.

Eisenoxid, pyrophosphorsaures: s. Eisen(III)-diphosphat.

Eisenoxid, salpetersaures: s. Eisen(III)-nitrat.

Eisenoxid, schwefelsaures: s. Eisen(III)-sulfat.

Eisenoxychlorid: s. Eisenchlorid, basisches.

Eisenoxydul, arsensaures: s. Eisen(II)-arsenat.

Eisenoxydul, milchsaures: s. Eisen(II)-lactat.

Eisenoxyduloxid: nat. Magneteisenstein, s. Eisen.

Eisenoxydul, phosphorsaures: s. Eisen(II)-phosphat.

Eisenoxydul, schwefelsaures: s. Eisen(II)-sulfat.

Eisenoxydul, unterphosphorigsaures: s. Eisen(II)-phosphinat.

Eisenpeptonat: Ferrum peptonatum EB6, Ferripeptonat, Peptoneisen; Braune Kristalle, lösl. in Wasser, Fe-Geh. 24-25 %. **Anw.** med.: Eisenmangelanämie (Liquor Ferri peptonati).

Eisen(II)-phosphat: Ferrum phosphoricum oxydulatum, Ferrophosphat, phosphorsaures Eisenoxydul; $Fe_3(PO_4)_2 \cdot 8H_2O$. Graublaues Pulver, unlösl. in Wasser u. Ethanol, lösl. in Säuren. **Anw.** med.: obsolet.

Eisen(III)-phosphat: Ferrum phosphoricum oxydatum, Ferriphosphat, phosphorsaures Eisenoxid, Eisenoxidphosphat; $FePO_4 \cdot 4H_2O$, M_r 222.9. Gelbl. weißes Pulver, unlösl. in Wasser u. Ethanol, lösl. in Säuren. **Darst.**: Zusammengießen von Eisenchlorid u. Natriumphosphat-Lsg. u. Trocknen des Niederschlags; **Anw.** med.: früher bei Rachitis; **Dos.**: 0.1-0.5 g mehrmals täglich.

Hom: *Ferrum phosphoricum:* verord. z. B. bei Anämie, initialen Fieberzuständen, Bronchitis, Otitis.

Eisen(II)-phosphinat: Eisen(II)-hypophosphit, Ferrohypophosphit, unterphosphorigsaures Eisenoxydul, Ferrum hypophosphorosum oxydulatum; $Fe(H_2PO_2)_2$. Grünl. krist. Pulver; sehr leicht zersetzlich.

Eisen(III)-phosphinat: Eisen(II)-hypophosphit, Ferrihypophosphit, unterphosphorigsaures Eisenoxid, Ferrum hypophosphorosum oxydatum; $Fe(H_2PO_2)_3$. Grauweißes Pulver, fast unlösl. in Wasser. **Anw.** med.: früher als Tonikum.

Eisen(II)-picrat: $Fe[C_6H_2(NO_2)_3O]_2 \times 5\ H_2O$.

Hom: *Ferrum picrinicum:* verord. z. B. bei Prostatahypertrophie.

Eisenpillen: s. Pilulae Ferri carbonici Blaudii.

Eisenpulver: Ferrum pulveratum, Ferrum porphyrisatum, Limatura Martis praeparata; Geh. an Fe mind. 99 %. Feines, schweres, graues Pulver, lösl. in verd. Salz- u. Schwefelsäure unter Wasserstoffentwicklung.

E

Eisen(III)-pyrophosphat: s. Eisen(III)-diphosphat.

Eisen(III)-pyrophosphat mit Ammoniumcitrat: s. Eisen(III)-diphosphat mit Ammoniumcitrat.

Eisenquelle: nat. Heilquelle mit mind. 10 mg Fe/kg. **Formen:** **1.** Carbonatquellen, oft mit nat. Kohlensäure (Eisensäuerling*); **2.** Eisensulfatquellen; **Anw.:** Trinkkuren u. Bäder.

Eisen, reduziertes: Ferrum reductum DAB6, Ferrum hydrogenio reductum; reines Eisen*, im Wasserstoffstrom reduziert. Fe-Geh. mind. 96.5 %. Feines, schweres, glanzloses, grauschwarzes Pulver, lösl. in verd. Salz- od. Schwefelsäure unter Entwicklung von Wasserstoff. **Anw.** med.: früher bei Eisenmangelanämie; mildes Eisenmittel, wird im Magen von der Salzsäure als Eisen(II)*-chlorid gelöst, wurde daher unmittelbar vor den Mahlzeiten gegeben (evtl. unter Beigabe von HCl). **Dos.:** 3×0.5-1 g/d.

Eisen(III)-rhodanid: s. Eisen(III)-thiocyanat.

Eisensäuerling: Mineralquelle mit mind. 10 mg Eisen u. 1 g freiem, gelöstem CO_2 pro Liter. Meist als Eisenhydrogencarbonat, seltener als Eisen(II)-sulfat; vgl. Eisenquelle.

Eisen-Schwefel-Cluster: strukturelle Anordnung von Eisen (Fe^{2+} od. Fe^{3+}) u. anorg. Schwefel in äquimolaren Verhältnissen in Proteinen. E.-S.-C. üben aufgrund des mögl. Valenzwechsels der Eisenatome unterschiedl. Funktionen als Glieder von Redoxkettenreaktionen aus (z. B. in Enyzmen der Atmungskette od. Photophosphorylierung).

Eisen(II)-sulfat: Ferrosi sulfas heptahydricusPh.-Eur.4, Eisen(II)-sulfat-heptahydrat, Ferrum sulfuricum, Ferrosum sulfuricum heptahydricum, Ferrosulfat, schwefelsaures Eisenoxydul; $FeSO_4 \cdot 7H_2O$, M_r 278.0. Krist., hellgrünes Pulver; leicht lösl. in Wasser u. Glycerol, unlösl. in Ethanol; die Substanz färbt sich durch Oxidation in feuchter Luft braun. **Darst.:** Auflösen von Eisen in Schwefelsäure; **Anw.** med.: z. B. bei Eisenmangelanämie. **Ferrum sulfuricum siccatum**: getrocknetes Eisen(II)-sulfat, Eisen(II)-sulfat-sesquihydrat, Ferrosi sulfas sesquihydricus, Ferrosum sulfuricum sesquihydricum; $FeSO_4 \cdot 1.5\,H_2O$, M_r 178.9. Weißl. Pulver, das sich langsam in Wasser löst. **Darst.:** Erwärmen von Eisen(II)-sulfat im Wasserbad, bis es 35-36 % seines Gewichts verloren hat; **Off.:** ÖAB90, Ph.Helv.7; **Anw.:** wie Eisen(II)-sulfat (s. o.). **Ferrum sulfuricum crudum**: Eisenvitriol; grüne Kristalle. **Anw.:** vet. u. äußerl. zu Eisenbädern.
Hom: *Ferrum sulfuricum,* Ferrum sulfuricum siccatum.

Eisen(III)-sulfat: Ferrisulfat, schwefelsaures Eisenoxid, Ferrum sulfuricum oxydatum; $Fe_2(SO_4)_3$. Gelbl. weißes Pulver, lösl. in Wasser.

Eisen(II)-sulfid: Ferrosulfid, (Einfach-)Schwefeleisen, Eisenmonosulfid, Eisensulfür, nat. Magnetkies, Ferrum sulfuratum; FeS, M_r 87.9. Grauschwarze, blasige Massen, entwickeln mit verd. Salzsäure H_2S. **Darst.:** Erhitzen von Eisenfeilspänen mit Schwefel; **Anw.:** H_2S-Darst. im Labor. **Eisen(II)-disulfid**: nat. Schwefelkies, Eisenkies, Pyrit; FeS_2, M_r 120.0. Messinggelbe Kristalle; **Anw.** techn.: Gew. von Schwefelsäure, Sulfitlauge; $FeSO_4$, Fe.
Hom: *Pyrit (HAB1.2):* nat. Mineral mit mind. 90 % Eisen(II)-disulfid.

Eisensulfür: s. Eisen(II)-sulfid.

Eisen(III)-thiocyanat: Ferrirhodanid, Ferrisulfocyanid, Ferrum rhodanatum; $Fe(SCN)_3$. **Darst.:** Zusammengeben einer Eisen(III)-Salzlsg. u. einer Thiocyanat-Lsg. ergibt eine blutrote Lösung; **Anw.:** wegen der außerordentl. Empfindlichkeit dieser Reaktion wird sie zum Nachw. geringster Spuren von Eisen(III)-Ionen benutzt.

Eisentinktur, apfelsaure: s. Tinctura Ferri pomati.

Eisenvitriol: s. Eisen(II)-sulfat.

Eisen(III)-zitrat: s. Eisen(III)-citrat.

Eisenzucker: Ferri oxidum saccharatum, Ferrum oxydatum cum Saccharo, Ferrum oxydatum saccharatum, Ferrisaccharat; rotbraunes, süß u. schwach nach Eisen schmeckendes Pulver; lösl. in Wasser; Eisengehalt 2.8-3 %. **Darst.:** DAB6, ÖAB90, Ph.Helv.7, durch Vermischen von frisch gefälltem Eisen(III)-hydroxid mit Zucker. **Anw.:** Tonikum.

Eisenzucker, flüssiger: Ferri oxidum saccharatum liquidum, Ferrum oxydatum cum Saccharo liquidum; Geh.: 2.8-3.1 % Fe (55.85). Zstzg.: DAC86, 145 g Eisen(III)-chlorid, 260 g Natriumcarbonat-Dekahydrat, 450 g Saccharose, 10 g Kaliumtartrat-Hemihydrat, 50 g 90 %iger Ethanol, Weinsäure u. Wasser nach Bedarf. **Anw.:** Bestandteil von Elixieren zur Ther. von Eisenmangelanämien; **Dos.:** Erwachsene 3-mal/d 1 g; Kinder (6-14 Jahre) 3-mal/d 0.35 g.

Eisenzuckersirup: s. Sirupus Ferri oxydati.

Eisessig: s. Essigsäure.

Eisprung: s. Ovulation.

Eispunkt: 0 °C (273.15 K, 32 °F); Fundamentalpunkt der Celsius-Temp.-Skala. Schmp. des Eises, die Gleichgewichtstemp. zw. Eis u. luftgesättigtem Wasser bei 101.3 kPa (1.013 bar, 760 Torr).

Eisstein: s. Natriumhexafluoroaluminat.

Eiter: Pus; die bei einer eitrigen Entzündung abgesonderte Flüss., die Leukozyten u. eingeschmolzenes Gewebe enthält.

Eiter-: s. a. Pyo*-.

Eiterbecken: s. Nierenschale.

Eiweiß: s. Proteine.

Eiweißbindung: s. Plasmaproteinbindung.

Eiweißkörper: s. Proteine.

Eiweißlösung: 1 T. frisches Hühnereiweiß wird in 9 T. Wasser gelöst. Bei Bedarf frisch zubereiten u. filtrieren.

Eiweißzellen: (bot.) bestimmte Phloemparenchymzellen bei Gymnospermen, die morpholog. u. physiologisch eng mit den Siebzellen verbunden sind; auch Strasburgerzellen genannt (benannt nach dem deutschen Botaniker Eduard Strasburger 1844-1912).

Ejakulat: s. Sperma.

Eka-Elemente (Eka sanskrit eins): Bez. des russ. Forscher D. I. Mendelejew für noch nicht entdeckte, aber gemäß Periodensystem* zu erwartende Elemente mit bestimmten chem. u. physik. Eigenschaften. Mendelejew postulierte 1871 z. B. Eka-Aluminium (Gallium), Eka-Bor (Scandium) u. Eka-Silicium (Germanium); später wurde Eka auch auf für andere neue Elemente verwendet.

EKG: s. Elektrokardiogramm.

Eklampsie (gr. eklampo hervorstrahlen): schwangerschaftsbedingtes Auftreten charakteristischer ton.-klon. Krämpfe mit u. ohne Bewusstseinsverlust im Verlauf einer schweren Präeklampsie (Gestose*). **Urs.**: vermutl. lokale Gefäßverengungen; **Auftreten:** zu 80% sind Erstgebärende betroffen; häufig Prodromalphase vor den Krämpfen mit raschem Blutdruckanstieg, starkem Kopfschmerz, Sehstörungen, Magendruck u. Brechreiz; **Ther.**: Anfallbehandlung, Magnesiumsulfat, Antihypertensiva*, ggf. Entbindung trotz kindl. Unreife aufgrund des hohen mütterl. Risikos; **Prophylaxe:** regelmäßige Schwangerenvorsorge.

ekliptisch: s. Konformation.

E-Kohle: s. Carbo activatus.

Ektoenzyme: veraltete Bez. für Enzyme*, die von Zellen sezerniert werden u. außerhalb der Zelle (z. B. im Darm) wirken; vgl. Endoenzyme.

Ektoparasit (gr. ektos außen; parasitos mitspeisend): Außenparasit; temporär od. stationär auf der Körperoberfläche einer anderen Spezies lebender tier. Schmarotzer; bes. blutsaugende Arthropoden*. Ggs. Endoparasit*.

Ektoplasma: die äußere Protoplasmaschicht, s. Protoplasma.

Ektosporen: s. Sporen.

Ektotoxine: s. Toxine.

Ekzem: Bez. für eine nicht ansteckende Entzündungsreaktion der Haut mit Juckreiz, die in versch. Formen, z. B. Pusteln, Bläschen, Schuppung, Schwellung u. Rötung, auftritt. Man unterscheidet das akute Ekzem vom chron. u. das exogene (Kontaktekzem) vom endogenen (z. B. atopischen) Ekzem.

EL: **1.** Abk. für Esslöffel; **2.** Abk. für Elasthan*.

Elaeis guineensis Jacq.: Ölpalme; Fam. Arecaceae (Palmae) (Tropen). Stpfl. von **Oelum Palmae:** Palmfett, Palmbutter, Palmöl; ein butterartiges, schwach veilchenartig riechendes, dunkelgelbes Fett aus dem Fruchtfleisch. **Inhaltsst.**: Glyceride der Palmitin-, Stearin-, Öl- u. Linolsäure sowie freie Fettsäuren u. Carotin; **Anw.**: Speisefette sowie zur Kerzen- u. Seifenfabrikation; zur Gew. von Carotin; **Palmkernöl:** das aus den Fruchtkernen gewonnene Öl. **Anw.**: Speisefette sowie zur Kerzen- u. Seifenfabrikation.

Elaeoptene: s. Aetherolea.

Elaeosaccharum: Ölzucker; Mischung von äther. Öl mit Zucker, in der Regel Saccharose. Erlaubt die Verarbeitung u. Verabreichung kleiner Mengen an äther. Öl in feindispergierter pulveriger Form. Nach ÖAB90: 1 Tr. äther. Öl u. 2.0 g Saccharose. **Anw.**: als nicht abgeteiltes Pulver, Geschmackkorrigens u. mild wirkendes Adjuvans, z. B. in Magenpulvern. Wegen der hohen Flüchtigkeit u. Oxidationsempfindlichkeit des äther. Öls ist E. bei Bedarf frisch zu bereiten. Heute finden äther. Öle meist in Gelatinehüllen mikroverkapselt als rieselfähige, trockene Aromastoffe Verw., s. Mikrokapseln.

Elaidinprobe: Test zur Unterscheidung von trocknenden u. nicht trocknenden Ölen. Sie beruht auf der durch Stickoxide (HNO_3) bewirkten Umwandlung der aus der Glyceridbindung abgespaltenen flüss. Ölsäure (*cis*-Form) in die feste, ihr *trans*-isomere Elaidinsäure. Ausführung: Man gibt zu einer Mischung von 10 mL Salpetersäure u. 2 g des zu untersuchenden Öles 1 g Natriumnitrit in kleinen Anteilen u. lässt an einem kühlen Ort stehen; nach 4-10 h erstarrt dann ein nicht trocknendes Öl (z. B. Ol. Olivarum, Ol. Amygdalarum) zu einer weißen Masse (trocknende Öle bleiben flüss., halbtrocknende erstarren teilweise od. bleiben ebenfalls ganz flüss.). Die Elaidin-Probe dient auch zur Prüfung von Lebertran auf Beimischung nicht trocknender Öle.

Elaidinsäure: *trans*-9-Octadecensäure, *trans*-Isomer der Ölsäure; $C_{18}H_{34}O_2$, M_r 282.5. D. 0.85. Schmp. 51 °C. Sdp. 225 °C. **Vork.**: in geringen Mengen in Fetten u. Ölen enthalten.

Elainsäure: s. Ölsäure.

Elaiosom: (bot.) besonders fett- u. eiweißreiches Gewebeanhängsel an einem Samen, z. B. bei Viola* tricolor.

Elaphomyces cervinus (Pers.) Schröter: Elaphomyces granulatus, Hirschbrunst; Schlauchpilz aus der Fam. Elaphomycetaceae (Europa). Stpfl. von **Fungus Cervinus:** Boletus Cervinus, Hirschbrunst, Hirschtrüffel. **Inhaltsst.**: Mannitol*, Farbstoff, Salze, Gummi, Wirkstoff unbekannt; **Anw.** vet.: Brunstmittel für Rinder u. Schweine; **Dos.**: 50-60 g.

Elaps corallinus: Korallenschlange, Korallenotter; Fam. Elapidae (Tropen); bis 70 cm lange, korallenrot u. schwarz gebänderte, giftige Schlange. Lieferant von **Korallenschlangen-Gift: Inhaltsst.**: Adenosintriphosphatase, L-Aminosäuredehydrogenase; **Wirk.**: auf Kreislauf- u. Nervensystem. **Hom:** *Elaps corallinus:* Gift aus den Giftdrüsen; verord. z. B. bei Lungenerkrankungen, Blutgerinnungsstörungen.

Elastase: eine Protease, z. B. im Pankreassaft enthalten; s. Elastin.

Elaste: s. Elastomere.

Elasthan: Abk. EL; hochelast. Polyurethanfasern; Best. von Kompressionsbinden u. -strümpfen.

Elastin: Strukturprotein, welches das Hauptprotein der elast. Fasern, Sehnen, Bänder, Bronchien u. Arterienwände ist u. diesen Geweben ihre hohe Elastizität verleiht. E. besteht hauptsächl. aus Polypeptiden mit hohem Gehalt an Glycin, Alanin u. Prolin u. an apolaren Aminosäuren mit isoprenähnlicher Seitenkette wie Valin, Leucin u. Isoleucin. Daneben ist es quervernetzt durch zwei ungewöhnl., im UV-Bereich bläulich fluoreszierende Aminosäuren Desmosin u. Isodesmosin, die als Vernetzer wirken. Das dreidimensionale Netzwerk bedingt außer der Elastizität auch die gelbe Farbe des E., seine Unlöslichkeit in Wasser u. Natronlauge, seine Nichtdenaturierbarkeit durch Hitze u. seine Nichtangreifbarkeit durch Proteasen (außer Elastase). Vorläufer des E. ist das Tropo-Elastin, das noch keine Desmosin- od. Isodesmosin-Quervernetzung aufweist.

Elastodien: Abk. ED, synthet. Gummi; elastomere vollsynthet. Gummifäden, Best. von Kompressionsbinden u. -strümpfen.

Elastomere: Elaste; bei Raumtemp. gummielastische Körper (nat. od. synthetisch) mit räuml. weitmaschig vernetzten Molekülen, die sich oberhalb eines bestimmten Temperaturbereiches zersetzen. E. können in bestimmten Lösungsmitteln aufquellen.

Elateren: (bot.) längl., spindelförmige, sterile Zellen mit schraubenförmiger Wandverdickung im Sporangium des Lebermoos-Sporophyten (s. Bryophytina), die der Sporenausstreuung dienen.

Elaterin: syn. Cucurbitacin E; s. Cucurbitacine.

Elaterium: s. Ecballium elaterium.

Elaylchlorid: s. Ethylenchlorid.

Elcatonin INN: Carbicalcin, Carbocalcitonin; 1-Butyryl-7-(L-2-aminobutyryl)-26-L-aspartyl-27-L-valyl-29-L-alanylcalcitonin; CAS-Nr. 60731-46-6; $C_{148}H_{244}N_{42}O_{47}$, M_r 3363.82. Ein zum Calcitonin des Aals analoges synthet. Calcitonin*. **Anw.:** s. Calcitonin.

E

Electrocortin: s. Aldosteron, Hormone (Nebennierenhormone).

electron capture: s. K-Einfang.

Electuaria: Latwerge; brei- od. teigförmige Zuber. aus festen, flüss. od. zähflüssigen Stoffen, die meist eine Stunde am Wasserbad erhitzt werden, um Enzyme zu zerstören. Als Feststoffe kommen i. Allg. Pflanzenpulver zum Einsatz; als Bindemittel dienen Sirup, Honig, Tamarindenmus od. Pflaumenmus. Latwergen müssen, um ausreichend haltbar zu sein, am besten sterilisiert werden. Alte Arzneiform; selten verwendet.

Electuarium Sennae: Electuarium e Senna, Sennalatwerge, Laxiermus; Zstzg.: DAB6, 1 T. Sennesblätter, 4 T. Zuckersirup, 5 T. gereinigtes Tamarindenmus. **Anw.:** mildes Abführmittel.

Electuarium Theriaca: s. Theriak.

Elefantenläuse, Ostindische: s. Semecarpus anacardium.

Elefantenläuse, Westindische: s. Anacardium occidentale.

Elefantenohr: s. Amaryllidaceae.

Elektroanalyse: quantitative Bestimmung u. a. von Metallen mit elektrochem. Methoden wie Coulometrie*, Konduktometrie*, Elektrogravimetrie (vgl. Gravimetrie), Polarographie* u. Hochfrequenztitration*.

Elektrochemie: Zweig der physik. Chemie, Lehre vom Zusammenhang chem. u. elektr. Vorgänge.

Elektrochromatographie, mizellare: s. Elektrophorese.

Elektroden: s. Potentiometrie.

Elektrodengel: s. Mucilago ad electrocardiographiam.

Elektroden, ionensensitive: Abk. ISE; Elektroden, die selektiv auf einwertige Metallkationen ansprechen, z. B. auf Ag^+-, Alkalimetall- u. NH_4^+-Ionen. Funktionsweise wie die zur pH-Messung verwendete Glaselektrode (s. pH-Meter). Auf welche Kationen eine ionensensitive Elektrode anspricht, hängt vom Aufbau der aktiven Elektrodenmembran ab (z. B. Kaligläser für K^+-sensitive Elektronen). Grenzkonzentration: 10^{-8} g/L u. darunter. **Anw.:** quantitative Bestimmung der Ionen.

Elektrodialyse: s. Osmose.

Elektrokardiogramm: Abk. EKG; Aufzeichnung der bei der Herztätigkeit entstehenden elektr. Vorgänge (Aktionsströme bzw. Spannungen) sowohl in Ruhe (Ruhe-EKG) als auch unter Belastung (Belastungs-EKG).

Elektrolumineszenz: s. Lumineszenz.

Elektrolyse: durch elektr. Strom hervorgerufene chem. Veränderung in einem Elektrolyt*. Beispiele: die Zers. von H_2O zu H_2 u. O_2 od. einer $CuSO_4$-Lsg. zu Cu u. O_2 an Platinelektroden bei Stromdurchgang; vgl. Ionen.

Elektrolyte: Stoffe wie Salze u. Säuren, die in Lsg. od. in geschmolzenem Zustand ganz od. teilweise in Ionen* zerfallen u. daher den elektr. Strom leiten.

Elektrolytlösung, zusammengesetzte: s. Ringer-Lösung.

Elektron: Negatron; Elementarteilchen* mit einer negativen elektr. Ladung von $1.6021892 \cdot 10^{-19}$ Coulomb (Elementarladung), einer Ruhemasse von $0.9109534 \cdot 10^{-27}$ Gramm (1/1836.5 der Masse von Wasserstoffatomen 1.0080), einer relativen Atommasse A_r von 0.000548 (Atomgewicht) u. einem Radius von ca. 10^{-14} m. Da der korpuskuläre Charakter der E. nicht alle Erscheinungen erklären kann, wird ihnen auch Wellencharakter zugeschrieben (elektronegative Ladungswolke), da sie ansonsten unter Energieabgabe auf einer spiralförmigen Umlaufbahn allmähl. in den Atomkern stürzen müssten. Das positiv geladenes E. heißt Positron*.

Elektronegativität: Maß für das Bestreben eines Atoms, innerhalb eines Moleküls Elektronen an sich zu ziehen. Ein niedriger Zahlenwert der E. bedeutet ein geringes Bestreben, Elektronen anzuziehen u. eine große Tendenz, Elektronen abzugeben. Ein hoher Zahlenwert hingegen bedeutet eine große Fähigkeit, Elektronen anzuziehen, u. eine geringe Tendenz, Elektronen abzugeben. Die E. nimmt innerhalb einer Gruppe des Periodensystems von oben nach unten ab u. innerhalb einer Periode von links nach rechts zu.

Elektronenaffinität: Energie, die bei Aufnahme eines Elektrons in die Hülle eines Atoms od. Moleküls umgesetzt wird.

Elektronenakzeptor: Substanz, die als Oxidationsmittel von einer anderen, dem Elektronendonator, Elektronen aufnehmen kann.

Elektronendonator: Substanz, die als Reduktionsmittel an eine andere, den Elektronenakzeptor, Elektronen abgeben kann.

Elektronen-Donator-Akzeptor-Komplexe: Elektronen-Donor-Akzeptor-Komplexe, EDA-Komplexe; Molekülverbindungen*, die durch Übertragung von Elektronen zw. 2 Molekülen od. einem Molekül u. einem Ion entstehen; vgl. Säure-Base-Definition (Lewis-Säure-Base-Definition); Charge-Transfer-Komplex.

Elektroneneinfang: s. K-Einfang.

Elektronenmikroskop: Abk. EM; Mikroskop, bei dem statt Lichtstrahlen Elektronenstrahlen benutzt werden. Die Wirkungsweise des EM beruht auf 2 Grunderkenntnissen: **1.** nach der von de Broglie entwickelten Wellenmechanik kann jedem schnell bewegten Teilchen eine Welle zugeordnet werden. Im EM entsprechen Elektronen mit 50-100 keV so kurzen Wellenlängen, dass die Vergrößerung um 2-3 Zehnerpotenzen gegenüber einem Lichtmikroskop steigt; **2.** mit elektrostat. od. elektromagnetischen Linsen kann die Flugbahn der Elektronen so beeinflusst werden, dass eine abbildende Wirkung entsteht (wie beim Lichtstrahl durch die Brechung im Glas). Nach der Art der Elektronenoptik gibt es elektrostat. u.

elektromagnetische EM; letztere haben versch. Vorteile, die zur Bevorzugung dieser Technik geführt haben. **Durchführung:** Elektronen können nur im Hochvakuum bestehen, was eine eigene Präparationstechnik der in das Vakuum eingeschleusten Proben erfordert, z. B. können wasserhaltige Präparate nicht benutzt werden. Mittels Aufdampftechnik werden daher metall. Abgüsse erstellt. Dicke der Präparate: <1 µm; die Umwandlung des vergrößerten Elektronenbilds erfolgt mit einem sich im Vakuum befindenden Leuchtschirm. Durch ein seitliches Fenster wird das Bild betrachtet od. z. B. fotografiert. **Durchstrahlungs-EM:** EM, bei dem das Präparat analog zum Lichtmikroskop von Elektronen durchstrahlt wird. **Reflexions-EM:** EM, bei dem von der Probe reflektierte Elektronen verwendet werden; für gewisse Anwendungen (z. B. zur Beobachtung histologischer Schnitte) u. mit einer völlig anderen Bildgeometrie. Sowohl beim Durchstrahlungs-EM als auch beim Reflexions-EM werden die Elektronen auf konventionelle Weise mit einer Glühkathode u. einer Anode erzeugt, bevor sie bildgebend genutzt werden. **Emissions-EM:** Feldemissions-EM; Sonderfall eines EM, bei dem das zu untersuchende metall. Präparat selbst zur Elektronen emittierenden Kathode wird; **Rasterelektronenmikroskop:** Abk. REM; Weiterentwicklung des EM, bei dem der das Präparat durchdringende Elektronenstrahl nur noch punktförmig fein ist. Das gesamte Bild entsteht zeitl. nacheinander durch eine magnet. erzeugte rasterförmige Abtastung (wie bei Fernsehsystemen). Vorteile dieser Konstruktion: **1.** der extrem schlanke Elektronenstrahl hat eine wesentl. größere Schärfentiefe; **2.** der dem einzelnen Bildimpuls entspr. Elektronenstrom kann mit einem Multipler verstärkt werden, u. das Bild entsteht außerhalb des EM auf einem Monitor.

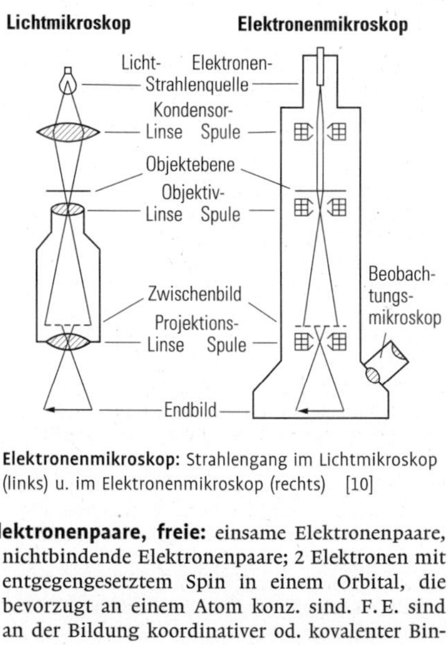

Elektronenmikroskop: Strahlengang im Lichtmikroskop (links) u. im Elektronenmikroskop (rechts) [10]

Elektronenpaare, freie: einsame Elektronenpaare, nichtbindende Elektronenpaare; 2 Elektronen mit entgegengesetztem Spin in einem Orbital, die bevorzugt an einem Atom konz. sind. F. E. sind an der Bildung koordinativer od. kovalenter Bindungen beteiligt (s. Bindung, chemische). Im Unterschied zu den lokalisierten, bestimmten Atomen zugeordneten f. E. sind delokalisierte f. E. über mehrere Atome verteilt.

Elektronenschale: s. Orbital.

Elektronenspektren: s. Spektroskopie.

Elektronenspin: s. Spinquantenzahl.

Elektronentransportkette: s. Atmungskette.

Elektronvolt: Symbol eV; außerhalb des SI* festgelegte, zulässige Einheit für Energieangaben in der Atom- u. Kernphysik. 1 eV ist die diejenige (kinet.) Energie, die ein Elementarteilchen mit der Elementarladung von $1.602 \cdot 10^{-19}$ C (Coulomb), also ein Elektron od. Proton, besitzt, das eine Potentialdifferenz von 1 Volt durchlaufen hat. Umrechnung: $1\,eV = 1.602 \cdot 10^{-19}$ J ($1.602 \cdot 10^{-12}$ erg, $3.826 \cdot 10^{-20}$ cal); fälschl. auch als Elektronenvolt bezeichnet.

Elektroosmose: s. Osmose.

Elektrophil: Reagenz mit Tendenz zur Elektronenaufnahme, z. B. Verb. mit Elektronenlücken, wie Lewis-Säuren, Kationen, od. das Carbeniumion* R_3C^+, die ihre Reaktionspartner bevorzugt an Stellen hoher Elektronendichte angreifen; s. Addition, elektrophile; Substitution, elektrophile; vgl. Substitution, nucleophile.

Elektrophorese (gr. phero tragen): syn. Ionographie; Verfahren zur analyt. u. präparativen Trennung versch. Substanzgemische im elektr. Gleichstromfeld. Die E. beruht auf der Fähigkeit geladener Partikel, im elektr. Feld zu wandern; Anlegen von Hochspannung ermöglicht die Trennung von Gemischen kleinerer Moleküle, z. B. von Aminosäuren*, Purinen*, Pyrimidinen* od. Lipoiden* aufgrund unterschiedl. Größe u. Ladung. Dabei ist die elektrophoret. Beweglichkeit, also die effektive Wanderungsgeschwindigkeit elektr. geladener Teilchen bezogen auf die Einheit der Feldstärke ausschlaggebend. **Anw.:** v. a. biochem. Analytik von Proteinen u. Nucleinsäuren;

Elektrophoreseverfahren: 1. Trägerelektrophorese: E., bei der als Träger zumeist Filterpapier, Celluloseacetat-Folie, Stärke- od. Polyacrylamidgel (hervorragende Trennschärfe) dienen. **a) Papier- u. Celluloseacetat-Elektrophorese:** strichförmiges Auftragen des Substanzgemischs in Mikromengen (0.5 µL) auf einen mit Puffer getränkten Foliestreifen. Dieser Streifen wird waagerecht über eine Brücke so aufgespannt, dass seine Enden in die Puffervorratsgefäße tauchen, in denen die Elektroden angebracht sind. Je nach Klemmenspannung (100, 200 od. 400 V) wird die Trennung so rechtzeitig unterbrochen, dass nach Färbung u. Entfärbung der Streifen alle Fraktionen gut erkennbar sind. **Auswertung:** i. d. R. durch Photometrie*; die Streifen mit den angefärbten Banden werden am Lichtspalt vorbeigeführt. Die Extinktionswerte (s. Extinktion) ergeben eine Extinktionskurve. Die Flächenwerte für die einzelnen Fraktionen entspr. der Menge der in den einzelnen Fraktionen enthaltenen Teilchen. Patholog. Veränderungen zeigen sich durch Verschiebung der Relativwerte (s. Abb. 1); **b) Stärke- u. Polyacrylamidgel-E.:** bei dieser E. wird durch einen Molekularsiebeffekt eine Trennung in zahlreiche Fraktionen erreicht; die Wanderungsgeschwindig-

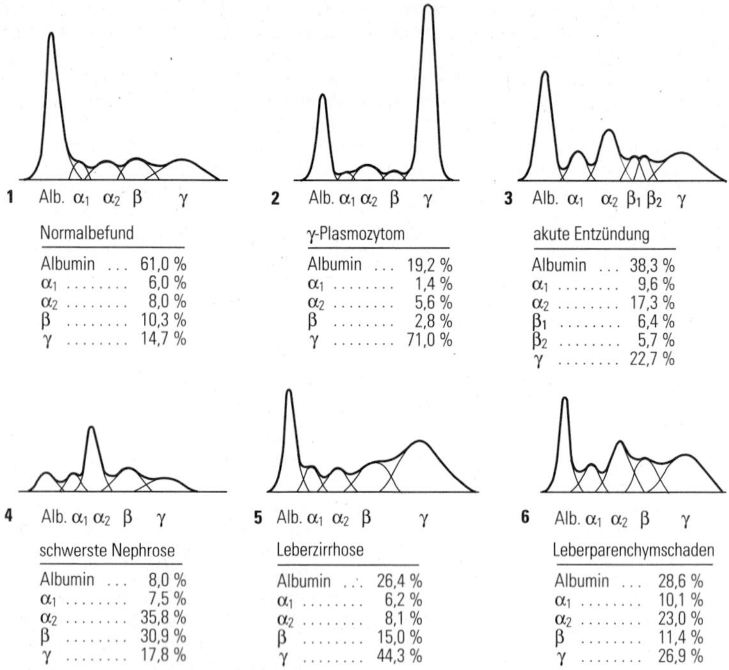

Elektrophorese Abb. 1: Serum-Elektropherogramme mit eingezeichneten Gauß-Verteilungskurven; Normalbefund u. charakterist. pathol. Veränderungen [21]

keit der Moleküle wird nicht nur durch ihre Ladung, sondern auch durch ihre Größe bestimmt. Durch Zugabe anion. Detergenzien, z. B. Natriumdodecylsulfat *, tragen alle zu trennenden Proteinmoleküle ähnl. Ladungen. Die Wanderungsgeschwindigkeit dieser Moleküle wird dann fast ausschließl. durch ihre Größe bestimmt. **Anw.:** Molekülmassenbestimmungen; **Weiterverarbeitung:** nach erfolgter Trennung werden z. B. Protein- u. DNA-Banden angefärbt (s. Anfärbetechniken). Zur Konservierung u. Archivierung wird auf eine haltbare Membran geblottet (s. Blot). **c) Immunelektrophorese:** die zu untersuchende proteinhaltige Flüssigkeit wird zunächst elektrophoret. in einem Agarfilm, der auf eine Glasplatte aufgebracht wurde, aufgetrennt; danach lässt man ein geeignetes Antiserum, vom Pferd od. vom Kaninchen, aus einem ausgestanzten Kanal im Agarfilm in Richtung der Proteinfraktionen diffundieren. Es entstehen streng lokalisierte Präzipitatlinien als Ausdruck der Antigen*-Antikörper-Reaktion. Bestimmte Krankheiten ergeben typ. Abwandlungen einiger Präzipitatlinien; **d) Diskelektrophorese:** wird in einem diskontinuierl. Polyacrylamidgel (dünneres Sammelgel u. dichteres Trenngel) durchgeführt u. dient zur Trennung von Proteinen, Proteiden, Nucleinsäuren. Sie besitzt ein höheres Auflösungsvermögen als Konzentrier- u. Molekülsiebeffekt (hohe Trennschärfe); **e) Kapillarelektrophorese:** Weiterentw. der klassischen E., die nicht mit Gel- oder Papierstreifen, sondern mit Kapillaren als Trennmedium durchgeführt wird; **Aufbau:** 2 mit Elektrolyt gefüllte Reservoirs sind durch eine ebenfalls mit Elektrolyt gefüllte Kapillare verbunden. Innendurchmesser der Kapillare: 25-100 μm; nach Auftragung der Probe am Kapillareinlass wandern die Komponenten der Probe mit unterschiedl. Geschwindigkeit im elektr. Feld; die Komponenten passieren nacheinander das Detektorfenster zur Datenerfassung (s. Abb. 2); durch die Ausnutzung des elektroosmot. Flusses können Kationen, Anionen u. Neutralstoffe detektiert werden; **Vorteile:** geringe Auftragsmenge (5-100 nL), geringe Elektrolytmenge (3-8 mL), durch das spezielle Flussprofil verglichen mit der HPLC hohe Trennschärfe, Robustheit u. universelle Anwendbarkeit; **Detektion:** UV-VIS, Fluoreszenz (s. Spektroskopie), Chemilumineszenz (s. Lumineszenz), Kondukometrie*, Kopplung mit Massenspektrometrie (s. Spektroskopie) möglich;**Kapillargelelektrophorese:** spezielle Technik der Kapillarelektrophorese, die mit gelgefüllten Kapillaren als Trennmedium arbeitet. Das poröse Gel trennt nach dem Prinzip des Größenausschlusses. **Anw.:** schnelle u. leistungsfähige Alternative zur Gelelektrophorese. **Elektrochromatographie, mizellare:** Mischung aus Elektrophorese u. Chromatographie. Elektrophoret. Technik, da sie mit elektr. Spannung betrieben wird, Chromatographie wegen der vermuteten chromatograph. Verteilung der Analyten zw. den Mizellen u. dem Elektrolyten (vgl. Chromatographie). Es ist eine Kapillarelektrophorese, bei der dem Elektrolyten mizellbildende Substanzen zugesetzt werden, die oberhalb der krit. Mizellkonzentration* Mizellen bilden. Meistens wandert diese Mizellenphase im elektr. Feld dem elektroosmot. Fluss entgegengerichtet, weshalb sie mit den Analyten optimal in WW treten kann; polare Analyten bevorzugen die wässrige Phase des Elektrolyten, unpolare die Kohlenwasserstoffphase im Inneren der Mizelle. **Anw.**: Auftrennung von Analyten nach deren Lipophilie*.

2. Elektrophorese, trägerfreie: elektrophoret. Trennung von Substanzgemischen im freien Pufferfilm, der zw. 2 Glasplatten abwärts fließt. Senkrecht zu dieser Strömungsrichtung legt man ein über den ganzen Bereich gleichbleibendes elektr. Feld an, wodurch die Teilchen entspr. ihrer Ladung mehr od. weniger in Richtung der Elektroden abgelenkt werden (s. Abb. 3). **Anw.**: Trennung z. B. von Zellgemischen, Zellorganellen u. Bakterien; **a) Kapillarzonenelektrophorese:** trägerfreie E., bei der die Kapillare nur mit einem Elektrolyten u. allenfalls beigemengtem Selektor gefüllt ist. Auftrennung erfolgt durch unterschiedl. Mobilitäten u. Wechselwirkung mit einem Selektor. **b) Isotachophorese:** Abk. ITP; elektrophoret. Trennmethode, die auf der Anw. eines diskontinuierl. Puffersystems basiert. Die Probe befindet sich hierbei zw. einem Leition mit höherer u. einem Folgeion mit geringerer Beweglichkeit. Wegen der unterschiedl. Beweglichkeit aller Ionen bildet sich beim Anlegen eines elektr. Feldes ein stufenförmiger Feldstärkegradient aus, was zu einer Zonenschärfung zw. dem Leit- u. dem Folgeion führt. Im stationären Zustand wandern alle Ionen getrennt mit gleicher Geschwindigkeit. Zonen wandern im gleichen Abstand, wobei die Zonenbreite ein Maß für die Menge der Ionenart in der Zone darstellt. **Anw.**: Trennung von z. B. Fettsäuren, Aminosäuren, Peptiden od. Nucleotiden.

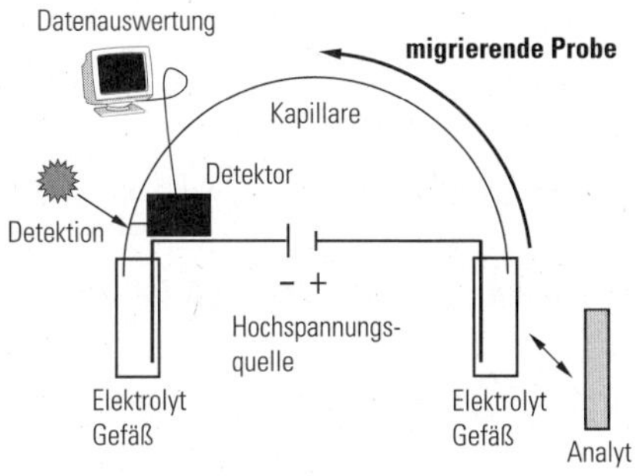

Elektrophorese Abb. 2: Aufbau der Kapillarelektrophorese

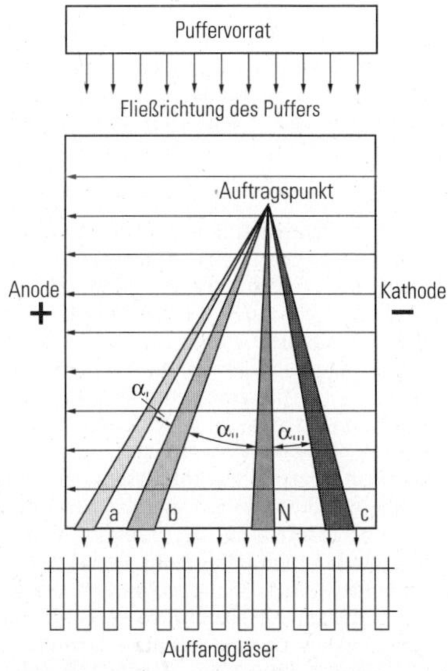

Elektrophorese Abb. 3: Schema der kontinuierlichen Trennung in einer Elphor-VaP-Apparatur [21]

Elektrophysiologie: **1.** Teilgebiet der Physiologie, das sich mit der elektr. Aktivität von Herz, Muskeln, Nerven u. Sinnesorganen befasst. **2.** Sammelbez. für elektrophysiolog. Untersuchungen des Herzens aus diagnost. u. therap. Gründen.

Elektroporation: Anw. kurzer Pulse eines elekt. Feldes zur verbesserten Wirkstoffpenetration; z. B. bei transdermalen therapeutischen Systemen*. Durch E. werden wässrige Poren in den Lipiddoppelschichten der Haut erzeugt, durch welche Arzneistoffe im gleichen Moment angetrieben durch Elektrophorese u./od. Elektroosmose in erhebl. stärkerem Ausmaß als ohne Strom diffundieren können. Bes. für die Einschleusung von Peptiden interessant.

Elektrotherapie: Anw. von Elektrizität zu unterschiedl. therap. Zwecken. **Anw.**: **1.** physikal. Medizin: Hochfrequenzther. (Wechselströme, die im Körper in Wärme übergehen), Niederfrequenzther. (niederfrequente Gleichströme) u. Galvanisation (konstant fließender Gleichstrom) z. B. zur Analgesie; **2.** Kardiologie: u. a. Defibrillator*; **3.** Chirurgie: Elektrochirurgie; **4.** Anästhesie: Elektrostimulationsanalgesie; **5.** Psychiatrie: Elektrokrampftherapie.

Elektrum: s. Bernstein.

Elementaranalyse: Methode zum Nachw. von Elementen u. zur Bestimmung der Atomverhältnisse in org. Verbindungen. **Anw.**: Bestimmung der Summenformel von Verbindungen.

Elementarkörper: infektiöse Entwicklungsstadien der Chlamydien*. E. werden durch Endozytose von der Wirtszelle aufgenommen u. innerhalb von Stunden zu nichtinfektiösen Initialkörpern umgewandelt, die sich durch Querteilung vermehren u. wiederum Elementarkörper bilden, die nach Platzen der Wirtszelle andere Zellen infizieren können.

Elementarladung: Symbol e, die kleinste elektr. Ladung besitzen die Elementarteilchen Elektron* (negativ) u. Proton* (positiv). Man nennt sie elektrische Elementarladung *e* u. jede elektr. Ladung ist ein ganzzahliges Vielfaches von *e*.

$e = 1.60217733 \cdot 10^{-19}\,C$

(s. Coulomb); vgl. Spektroskopie.

Elementarmembran: s. Biomembran.

Elementarprozess: jeder Teilschritt einer komplexen Reaktion, nicht nur Elementarreaktionen, sondern, z. B. in der Photochemie, auch Anregungs- u. Konversionsschritte.

Elementarreaktion: Reaktion oder Reaktionsschritt einer komplexen Reaktion bei dem durch Zusammenstoß der Edukte die Produkte entstehen, ohne dass Zwischenprodukte auftreten. Komplexe Reaktionen sind eine Abfolge von Elementarprozessen*. Jede E. wird durch das Massenwirkungsgesetz* beschrieben. Die Zahl der am Stoß beteiligten Teilchen gibt die Reaktionsordnung* an.

Elementarteilchen: Bausteine der Atome. Die klassischen, unteilbaren E. waren die Elektronen* und die den Kern aufbauenden Nukleonen (Neutronen* u. Protonen*). Durch Einwirkung großer Energiemengen emittieren E. neue Teilchen, ohne selbst zu zerfallen. Heute sind mehrere Hundert E. bekannt, von denen nur Photon, Neutrino, Elektron u. Proton sowie deren Antiteilchen, Antiphoton (ident. mit Photon), Antineutrino, Positron u. Antiproton stabil sind. Antiteilchen haben gleiche Masse, gleiche mittlere Lebensdauer sowie gleichen Spin u. Isospin wie die zugeordneten Teilchen. Ihre Quantenzahlen besitzen bei gleichem Betrag aber entgegengesetztes Vorzeichen, z. B. elektr. Ladung, magnet. Moment; vgl. Elemtarladung).

Elementarzelle: kleinste dreidimensionale Einheit eines Kristallgitters, die gerade noch alle wesentl. Eigenschaften (Symmetrie, Atomanordnung) des betreffenden Kristallsystems aufweist; s. Kristalle. Die Charakterisierung einer E. erfolgt durch ein Koordinatensystem mit den Achsen x, y u. z, die in die Richtung der Basisvektoren $\vec{a}$, $\vec{b}$ u. $\vec{c}$ zeigen u. die Winkel α, β u. γ einschließen (s. Abb.).

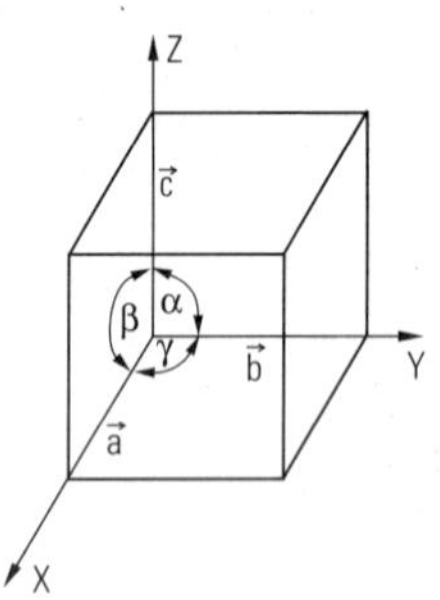

Elementarzelle: Achsensystem

Elemente, chemische: Stoffe, deren Atome die gleiche Kernladungszahl (Ordnungszahl* OZ, Protonenzahl, Atomnummer) besitzen. Haben alle Atome eines Elements zugleich die gleiche Masse, so liegt ein Reinelement, anderenfalls ein Mischelement vor (s. Isotope). Die Namen der ch. E. werden auch durch **Elementsymbole** (Atomsymbole) wiedergegeben, z. B. H für Wasserstoff (von Hygrogenium), O für Sauerstoff (von Oxygenium). Diese dienen auch zur näheren Charakterisierung. So wird die Kernladungszahl am Elementsymbol durch einen links unten angeführten Index angegeben, darüber schreibt man die Massenzahl; die Ladungszahl eines Elementatoms E wird rechts oben, die Atomzahl darunter angeschrieben

$${}^{\text{Massenzahl}}_{\text{Kernladungszahl}}\mathrm{E}^{\text{Ladungszahl}}_{\text{Atomzahl}}$$

So bezeichnet z. B. ${}^{16}_{8}O_2^{2-}$ ein doppelt negativ geladenes, aus 2 Atomen Sauerstoff der OZ 8 u. der Massenzahl (Nukleonenzahl) 16 aufgebautes Ion (Peroxid-Ion); vgl. Periodensystem der Elemente.

Elemente, galvanische: galvan. Zellen; Elektrodenanordnung zur Erzeugung elektr. Ströme durch Umwandlung chem. in elektr. Energie. **Anw.:** große Bedeutung als Energiequellen (Batterien od. Akkumulatoren).

Elementsymbole: s. Elemente, chemische.

Elemi: s. Canarium luzonicum.

Elemicin: s. Asaron.

Elephantiasis: unförmige Anschwellung von Körperteilen, bes. der Extremitäten, infolge chron. Lymphstauung. **Urs.:** z. B. angeborene Lymphbahndefekte, Verschlüsse u. Verlegung der Lymphbahnen u. Knoten durch Filarien*, bei Lepra u. Erysipel* u. Ausschaltung der Lymphknoten durch Tumoren, Operation u. ionisierende Strahlung.

Eletriptan INN: (*R*)-3-(1-methyl-2-pyrrolidinylmethyl)-5-[2-(phenylsulphonyl)ethyl]-1*H*-indol; CAS-Nr. 143322-58-1; $C_{22}H_{26}N_2O_2S$, M_r 382.5. logP 3.3; pK_S 10.4 (ber.); schwer lösl. in Wasser. **Wirk.:** im Vergleich zu Sumatriptan* bessere orale Bioverfügbarkeit u. Wirksamkeit; **Anw.:** Migränetherapeutikum* zur Akutbehandlung der Kopfschmerzphase; **UAW:** Schwächegefühl, Müdigkeit, Übelkeit; vgl. Sumatriptan; **Dos.:** 40 mg p. o. bei Bedarf; HWZ ca. 4 h.

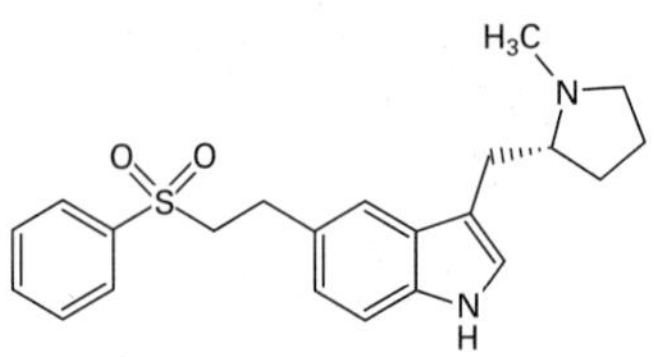

Eletriptan

Elettaria cardamomum (L.) Maton: Elettaria cardamomum (Roxb.) Maton var. minuscula Burkill, Malabarkardamome; Fam. Zingiberaceae (Westküste Vorderindiens, Malabarküste, Sri Lanka, Java, Malaiischer Archipel). Stpfl. von **Cardamomi fructus:** Fructus Cardamomi, Kardamomen, Malabar-Kardamomen; Kapselfrucht mit 3 Fächern; in jedem Fach sind 4-8 sehr harte, ca. 3 mm lange, braune Samen. Zu verwenden sind nur die Samen, gehandelt werden aber die Früchte, da die Fruchtschale die Verdunstung des äther. Öls aus der Samenschale verhindert u. ferner eine Verwechslung (Verfälschung) mit den Samen anderer Elettaria-Arten nicht so leicht mögl. ist, da sich die Früchte deutlicher unterscheiden als die Samen allein. **Off.:** DAC; **Inhaltsst.:** im Samen sind 2-8 % (mind. 4.5 %) äther. Öl, bis 10 % fettes Öl, 20-40 % Stärke, Zucker, Protein, Gummi; **Wirk.:** antimikrobiell, Steigerung der Magensaftsektretion; **Anw.:** bei dyspeptischen Beschwerden; Gewürz (Lebkuchen); **Oleum Cardamomi:** Carsamomi aetheroleum, Kardamomenöl; D. 0.923-0.944; lösl. in 2-5 Vol. Ethanol; das äther. Öl der Samen. **Inhaltsst.:** bis 50 % 1,8-Cineol, Borneol*, α-Terpineol*, Terpenylacetat, Campher*, Limonen* u. a.; **Anw.** volkstüml.: wie die Früchte (Samen).

Eleutherococcus senticosus (Rupr. et Maxim. ex Maxim.) Maxim.: Acanthopanax senticosus (Rupr. et Maxim. ex Maxim.) Harms, Teufelsbusch; Fam. Araliaceae (China, Mandschurei). Stpfl. von **Eleutherococci radix** Ph.Eur.4: Radix Eleutherococci, Taigawurzel, Sibirischer Ginseng. **Inhaltsst.**: geringe Mengen Oleanolsäure*-Glykoside (Eleutheroside, den Hedera-Saponinen ähnl.), Sitosterolglucosid, Lignane*, Cumarine*; **Anw.**: Tonikum wie Ginseng (s. Panax ginseng), obwohl z. B. nur sehr wenig Saponinstoffe vorkommen.

Elimination: Evasion, Exkretion, Ausscheidung; Entfernung eines Stoffes aus dem betrachteten Kompartiment. Der Begriff E. umfasst i. w. S. alle Prozesse, die zu einer Konzentrationsabnahme im Blutplasma führen, d. h. Distribution*, Metabolismus* u. Ausscheidung (Exkretion) aus dem Körper, i. e. S. nur die Ausscheidung. Durch Plasmaspiegelkurven werden Aussagen über die gesamte E. gewonnen, während Harnspiegeldaten nur Aussagen zur Ausscheidung liefern. **Eliminationsmechanismen:** Ausscheidungsmechanismen; die meisten Arzneistoffe werden über die Nieren (renal) ausgeschieden. Aus dem Blut gelangen sie über die glomeruläre Filtration in den Primärharn (bei M_r <5000 ungehindert, darüber in abnehmendem Ausmaß). Während manche Stoffe durch tubuläre Rückresorption wieder ins Blut gelangen können (lipophile Stoffe wie z. B. nicht biotransformierte Arzneistoffe), werden andere durch tubuläre Sekretion aktiv ausgeschieden (z. B. Penicilline). Zur Diagnostik vgl. Clearance. Auf dem zweitwichtigsten Ausscheidungsweg gelangt der Arzneistoff über die Leber in die Galle und schließlich in den Darm (biliär). Dies betrifft insbes. Substanzen mit M_r >500, die häufig zu Glucuroniden metabolisiert werden (z. B. Digoxin, Estradiol). Nach Spaltung der Glucuronide können sie im Darm rückresorbiert werden (s. Kreislauf, enterohepatischer). Weitere mögl. Ausscheidungsmechanismen sind: über die Lunge (pulmonal, z. B. Inhalationsnarkotika), über die Darmschleimhaut (intestinale E.), über die Haut (Schweißbildung), über Speichel od. Muttermilch. **Eliminationsgeschwindigkeit:** Die Elimination folgt meist einer Kinetik 1. Ordnung. Dann gibt die Geschwindigkeitskonstante der E. k_e an, wie viel von der im Verteilungsvolumen vorhandenen Substanz pro Zeiteinheit (meist h^{-1}) eliminiert wird. Die Geschwindigkeit (im Einkompartimentmodell 1. Ordnung) berechnet sich über die Blutspiegelkurven. Bei i. v.-Injektion direkt aus dem (negativen) Anstieg der Geraden bei halblogarithm. Darstellung, bei extravasaler Applikation meist durch Extrapolation des terminalen Abfalls der Plasmaspiegelkurve im halblogarithm. Maßstab (s. Abschälmethode, Flip-flop-Kinetik). **Eliminationshalbwertzeit** ($t_{1/2}$): HWZ, Plasmahalbwertzeit; Zeit in der die Hälfte des Arzneistoffes aus dem Plasma eliminiert wird, korreliert häufig nicht mit der Wirkungsdauer. Wichtig zur Berechnung des Dosierungsschemas bei Mehrfachapplikation*. Typische Werte liegen zwischen 2-24 h. Zur Berechnung s. Reaktionsordnung.

ELISA: Abk. für (engl.) *enzyme-linked immuno sorbent assay;* immunolog. Methode, bei der spezif. Antikörper* (od. Antigene*) gegen das zu bestimmende Antigen (od. Antikörper) an einen Träger (z. B. Cellulose, Polystyrol) gebunden sind. Nach der Antigen*-Antikörper-Reaktion werden die Immunkomplexe durch einen weiteren Antikörper detektiert. Dieser ist mit einem Enzym gekoppelt u. wird nach Reaktion mit einem chromogenen Substrat photometr. bestimmt.

Elixier, aromatisches: s. Elixir aromaticum.

Elixir (arab. al iksir, das Wesentliche): Elixier; weingeistige od. weinige Tinkturen mit Zusätzen von z. B. Zucker, Extrakten, äther. Ölen. Viele unserer heute noch gebräuchl. sog. Lebenselixiere stammen aus alchemist. Zeit.

Elixir ad longam vitam: s. Tinctura Aloes composita.

Elixir aromaticum: aromatisches Elixier; Zstzg.: Ph.Helv.6, 0.1 T. Crocus, 0.15 T. Flos Caryophylli, 0.15 T. Semen Myristicae, 0.2 T. Cortex Cinnamomi werden mit 20 T. Ethanol 6 Tage mazeriert. Der Auszug wird mit 10 T. Spir. e vino, 56 T. Sir. simplex u. 15 T. Aqua Aurantii floris versetzt. **Anw.**: Stomachikum; Aromatikum in Mixturen.

Elixir Aurantii compositum: Elixir stomachicum Hoffmanni, Elixir viscerale Hoffmanni, Pomeranzenelixier, Hoffmann-Magenelixier; Zstzg.: DAB6, 20 T. fein zerschnittene Pomeranzenschalen, 4 T. fein zerschnittener Ceylonzimt, 1 T. Kaliumcarbonat, 100 T. Xereswein, 2 T. Enzianextrakt, 2 T. Wermutextrakt, 2 T. Bitterklee-Extrakt. **Anw.**: Magenbeschwerden.

Elixir Cinchonae: Chinaelixier; Zstzg.: Ph.Helv.6, 0.5 T. Extr. Cinchonae siccum werden in der Mischung von 21 T. Ethanol, 30 T. Wasser u. 2.5 T. Glycerol (85 %) gelöst u. mit 10 T. Tct. aurantii dulcis u. 36 T. Sir. simplex versetzt. **Anw.**: Stomachikum.

Elixir e Succo Liquiritiae: Elixir regis Daniae, Elixir pectoralis, dänische Königstropfen, Brustelixier; Zstzg.: DAB6, 40 T. gereinigter Süßholzsaft, 120 T. Wasser, 6 T. Ammoniaklösung, 1 T. Anisöl, 1 T. Fenchelöl, 32 T. Ethanol.

Elixir Ferri aromaticum: aromatisches Eisenelixier; Herst.: Ph.Helv.7, einer Lsg. von 7 T. Ferrum oxydatum saccharatum in 65.5 T. Wasser werden 0.5 T. Tct. Aurantii dulcis, 0.3 T. Tct. aromatica, 15.2 T. Ethanol u. 11.5 T. Saccharose hinzugefügt. **Anw.**: mildes, angenehm schmeckendes Eisenpräparat bei Anämien; **Dos.**: 3-mal/d 1 Tee- bis 1 Esslöffel.

Elixir paregoricum: s. Tinctura Opii benzoica.

Elixir pectorale: Brust-Elixier; Herst.: Ph.Helv.6, 0.1 g Aetheroleum Anisi, 0.1 g Aetheroleum Foeniculi in 16 g Ethanolum werden 4 g Sol. Ammonii hydroxydati 10 %, 40 g Extr. Liquiritiae fluidum u. 40 g Aqua dest. zugesetzt. **Anw.**: Expektorans bei Bronchialkatarrh.

Elixir pectoralis: s. Elixir e Succo Liquiritiae.

Elixir Regis Daniae: s. Elixir e Succo Liquiritiae.

Elixir stomachicum Hoffmanni: s. Elixir Aurantii compositum.

Elixir viscerale Hoffmanni: s. Elixir Aurantii compositum.

Ellagsäure: Dilacton der Hexahydroxydiphensäure, einer Digallussäure (s. Abb.). Baustein kondensier-

E

ter, aber hydrolisierbarer pflanzlicher Gerbstoffe*, die als Ellagitannine od. Ellagen-Gerbstoffe bezeichnet werden.

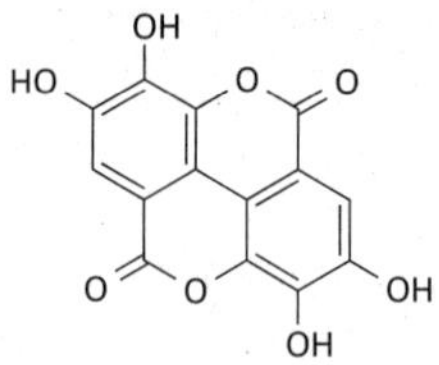

Ellagsäure

Ellipticin: zytostat. Pyridocarbazolalkaloid. Isoliert aus Ochrosia-Arten (Fam. Apocynaceae); vgl. Interkalation.

Elliptizität: Symbol θ; Maß für die Polarisierung linear polarisierten Lichts, das im Bereich der Absorptionsbande einer opt. aktiven Substanz einstrahlt. Bei Messung des Zirkulardichroismus* ist das Licht nach Durchtritt durch die Substanz aufgrund der unterschiedl. Absorption des links u. rechts zirkular polarisierten Lichts ellipt. polarisiert.

Elmenrinde: s. Ulmus minor.

Elongasen: Enzyme, die die Bildung von längerkettigen, gesättigten u. ungesättigten Fettsäuren katalysieren. E. kommen in Mitochondrien u. im endoplasmat. Retikulum* vor.

Elongationsfaktoren: Abk. EF; GTP-bindende Proteine, die bei der Elongation der Polypeptidketten während der Translation erforderl. sind.

Eloxieren: s. Aluminium.

Eltzkraut: s. Artemisia absinthium.

Eluat: s. Elution.

Elution (*lat.* eluo auswaschen): Herauslösen von sorbierten Substanzen aus Sorptionsmitteln mit Flüss. od. Gasen. Die erhaltene (abtropfende) Lsg. nennt man Eluat.

Emaculatio: Fleckentfernung (auch die kosmet. Anw.).

Eman: veraltete Maßeinheit zur Charakterisierung des Emanationsgehaltes (s. Emanation) von Thermalwässern. Beispiel: Brambach-Radiumquelle = 25 000 Eman-Einheiten; 1 Eman = 10^{-10} Curie/L; 1 Mache*-Einheit = 3.64 Eman.

Emanation (lat. emenatio, Ausfluss): Bez. für die radioaktiven Gase (gasförmigen Zerfallsprodukte), die aus den radioaktiven Elementen Radium, Actinium u. Thorium entstehen u. Isotope des Radon* darstellen.

Embden-Meyerhof-Parnas-Weg: s. Glykolyse.

Embolie: akute Verlegung eines Gefäßlumens durch einen Embolus. **Pathophysiol. Einteilung:** **1.** venöse E.: Ursprungsort ist eine Vene, der Embolus führt zu einer Lungenembolie; **2.** arterielle E.: Ursprungsort ist v. a. das linke Herz, klin. Folgen: z. B. Infarkt*; **3.** paradoxe E.: Ursprungsort ist eine Vene, Symptome der arteriellen Embolie (z. B. bei Vorhofseptumdefekt); **4.** retrograde E.: Ursprungsort ist eine große Vene; der Embolus führt zu einer E. in einer kleinen Vene bei partieller Strömungsumkehr des Bluts; **Formen:** z. B. Thromboembolie, Parenchymembolie, E. durch Bakterien, Gas, Fett, Fruchtwasser od. Fremdkörper.

Embonate: Pamoate (veraltet); chem. Kurzbez. für 4,4'-Methylen-bis[3-hydroxy-2-naphthoate]; Salze der Embonsäure*. **Anw.:** E. bewirken eine Verzögerung der Wirkstofffreigabe von Arzneimitteln (Depotwirkung).

Embonsäure: Pamoasäure (veraltet); 4,4'-Methylenbis(3-hydroxy-2-naphthoesäure); CAS-Nr. 13-85-8; $C_{23}H_{16}O_6$, M_r 388.4.

Embryo: **1.** (med.) Frucht in der Gebärmutter während der Zeit der Organentw. (beim Menschen bis zum 3. Monat, danach Fetus* genannt). Embryonal: zum Embryo gehörig; während der Entw. des Embryos. **2.** (bot.) junge Pflanze im Samen, die sich bis zur Keimung im Ruhestadium befindet. Hieraus entsteht im Embryosack* der Samenanlage* der Sporophyt*. Neben den Keimblättern lässt er bereits die Keimwurzel (Radicula) u. den Keimspross (Plumula) erkennen; s. Samenbildung.

Embryosack: (bot.) liegt im Nucellus der Samenanlage* u. enthält neben der Eizelle die 2 Synergiden* u. 3 Antipoden*, wobei es sich um Zellen mit je einem Zellkern handelt, die an den Polen im Inneren des E. liegen. In der Mitte des E. befindet sich der diploide, durch Verschmelzung der beiden Polkerne gebildete, sekundäre Embryosackkern; vgl. Samenbildung.

Emcompress®: s. Calciumhydrogenphosphat.

EMD: Abk. für **E**inzel**m**aximal**d**osis.

Emdex®: Maltodextrin*; hergestellt durch enzymat. Hydrolyse von Stärke mit Amylase*, anschließend gereinigt u. sprühgetrocknet zu einheitl., kugelförmigen, porösen Körnern. Besteht aus 92 % Glucose, 5 % Maltose u. 3 % Oligosacchariden. Letztere sollen für die Bindefähigkeit des Hilfsstoffs verantwortl. sein. Süßer Geschmack, direkttablettierbares Füll- u. Bindemittel (Zusatz mind. 20 %) zur Herst. von Lutschtabletten.

EMEA: Abk. für (engl.) *European Medicines Evaluation Agency;* Europäische Zulassungsagentur für Arzneimittel mit Sitz in London. 1995 eröffnete Agentur, deren Aktivitäten dem Gesundheitsschutz u. der Gesundheitsförderung der Bürger in den Mitgliedstaaten der EU dienen soll. Über ein zentrales Zulassungsverfahren für Arzneimittel soll der Zugang zu innovativen therap. Möglichkeiten verbessert u. der freie Warenverkehr pharmaz. Präparate innerhalb der EU erleichtert werden. Neben Zulassungsangelegenheiten hat die Agentur noch weitere Aufgaben, z. B. die Koordinierung einzelstaatl. Aktivitäten auf dem Gebiet der Arneimittelsicherheit. Die EMEA spielt auch eine wichtige Rolle bei der internationalen Harmonisierung der Zulassungsanforderungen, die sich die Internationale* Harmonisierungskonferenz zum Ziel gesetzt hat. Zu den zentralen Gremien der EMEA gehören das ständige Sekretariat mit dem Ausschuss für Arzneispezialitäten (Committee for Proprietary Medicinal Products, CPMP) u. dem Ausschuss für Tierarzneimittel (Committee for Veterinary Medical Products, CVMP); s. Arzneimittelzulassung.

Emedastin INN: 1-(2-Ethoxyethyl)-2-(hexahydro-4-methyl-1*H*-1,4-diazepin-1-yl)-1*H*-benzimidazol; CAS-Nr. 87233-61-2; $C_{17}H_{26}N_4O$, M_r 534.6. Schmp.

148 °C. **Wirk.**: topisch H_1-Antihistaminikum*; geringe Resorption; **Anw.**: symptomat. Behandlung der allerg. Rhinitis; **UAW**: Brennen u. Stechen (okulär), Hyperämie; **Dos.**: 0.5 mg/mL Augentropfen, max. 4 Tr. pro Auge u. Tag.

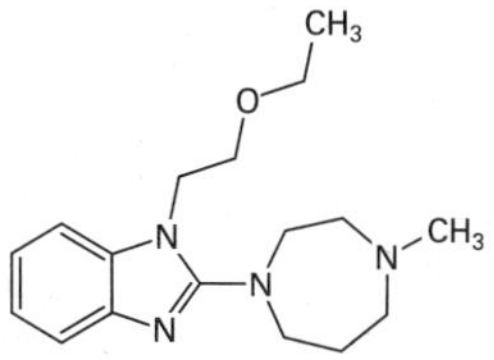

Emedastin

Emeproniumbromid INN: Ethyldimethyl(1-methyl-3,3-diphenylpropyl)-ammoniumbromid; CAS-Nr. 3614-30-0; $C_{20}H_{28}BrN$, M_r 362.4. Schmp. 204 °C. **Anw.**: Parasympatholytikum*, Spasmolytikum*; Ind.: v. a. bei Spasmen im Urogenitaltrakt; HWZ 1 h.

Emergenzen: (bot.) vielzellige Anhangsgebilde, an deren Entstehung nicht nur die Epidermis, sondern auch tiefer liegende Gewebeteile beteiligt sind, z. B. Stacheln der Rose.

Emerson-Effekt: die Steigerung der photosynthet. Quantenausbeute im Bereich des langwelligen Rotlichts (700 nm) durch Licht kürzerer Wellenlänge (kleiner als 670 nm). Der E.-E. beweist, dass an der photosynthet. Sauerstoffentwicklung zwei Photosysteme mit unterschiedl. Pigmentsystemen beteiligt sind.

Emesis (gr. emema das Erbrochene): s. Erbrechen.

Emetika: Vomitiva, Brechmittel; Arzneimittel, die das Erbrechen auslösen, ohne wesentl. allg. Vergiftungssymptome od. Stoffwechselveränderungen zu bewirken. **Einteilung: 1.** periphere od. Reflexemetika: beeinflussen afferente, in der Magenschleimhaut liegende Fasern des Nervus vagus, z. B. Cephaelis* ipecacuanha bzw. Emetin*, Brechweinstein (s. Antimonyl-Kaliumtartrat), Kupfer(II)*-sulfat; **2.** zentrale Emetika: beeinflussen die chemorezeptive Trigger-Zone der Medulla oblongata, z. B. Apomorphin*, Digitalisglykoside (in tox. Dosis); **Anw.**: Magenentleerung bei Vergiftungen, wenn Magenspülung nicht mögl. ist.

Emetikokathartika: gleichzeitig Erbrechen u. Durchfall erzeugende Mittel.

Emetin: Methylcephaelin; $C_{29}H_{40}N_2O_4$; M_r 480.63; Schmp. 74 °C; Strukturformel s. Cephaelis ipecacuanha (Abb.); Alkaloid aus der Wurzel von Cephaelis ipecacuanha; weißes Pulver od. Stücke, leicht lösl. in Ethanol u. Chloroform, wenig lösl. in Wasser. **Anw.**: s. Emetindihydrochlorid.

Emetindihydrochlorid: Emetinum hydrochloricum, Emetinum chloratum; CAS-Nr. 316-42-7; $C_{29}H_{40}N_2O_4 \cdot 2\,HCl \cdot x\,H_2O$, M_r 553.6 (wasserfrei). Obwohl der Wassergehalt fast linear von der relativen Luftfeuchtigkeit abhängt, schreibt die Ph.Eur. (fälschlicherweise) stöchiometr. Hydrate vor. **Emetindihydrochlorid-Heptahydrat**: Emetini hydrochloridum heptahydricum Ph.Eur.4, Emetinum hydrochloricum heptahydricum; CAS-Nr. 79300-08-6. Entspr. dem Wassergehalt bei Lagerung unter fast 100 % relativer Luftfeuchtigkeit. **Emetindihydrochlorid-Pentahydrat**: Emetini hydrochloridum pentahydricum Ph.Eur.4, Emetinum hydrochloricum pentahydricum. Entspr. dem Wassergehalt bei Lagerung unter ca. 80 % relativer Luftfeuchtigkeit. Weißes, krist. Pulver, leicht lösl. in Wasser, Ethanol u. Chloroform; lichtempfindlich. **Anw.**: Emetikum*, Expektorans* u. bei Amöbenruhr (Protoplasmagift); **Dos.**: MED 0.05 g, MTD 0.1 g.

Emiozytose: syn. Emiosis; elektronenmikroskop. zu beobachtender Sekretionsvorgang bei in Granulaform gespeicherten Hormonen, z. B. Insulin*, Proinsulin* u. Glucagon*. Die membranumhüllten Granula wandern zur Zellmembran, die beiden Membranen verschmelzen, die Nahtstelle reißt auf, die Granula werden in den Extrazellularraum sezerniert.

Emission: 1. (physik.) Aussendung von elektromagnet. od. Teilchenstrahlung. **2.** (techn.) Abgabe von festen, flüss., gasförmigen Stoffen, von Energie, Strahlung, Lärm an die Umwelt. **3.** (med.) Entleerung (z. B. der Harnblase).

Emissionsspektrum: elektromagnet. Wellenspektrum, das durch Anregung (z. B. durch Erhitzen od. Bestrahlen mit energiereicher Strahlung) von Materie abgestrahlt wird inf. eines Elektronenübergangs von einem höher- in einen niederenerget. Zustand; Linien- od. Bandenspektrum mit einer für das Element bzw. Molekül spezif. Charakteristik. Die Linien rühren von Elementen her, die Banden od. Linienbündel von Molekülen; feste, glühende Stoffe geben ein kontinuierl. Spektrum ab, Gase ein diskontinuierl. Linienspektrum. Durch Auswertung der E. einer Probe erhält man qualitative u. quantitative Aussagen über deren Zusammensetzung od. Struktur. **Anw.**: opt. Emissionsspektralanalyse (Abk. OES*), Fluoreszenzspektroskopie (s. Spektroskopie), Röntgenfluoreszenzspektroskopie*, Raman-Spektroskopie (s. Spektroskopie).

EMK: Abk. für **e**lektro**m**otorische **K**raft*.

Emmenagoga: s. Gynäkologika.

Emmetropie: Normalsichtigkeit; Achsenlänge u. Brechwert des Auges stehen zueinander im richtigen Verhältnis.

Emodine: 1,8-Dihydroxydervivate der Anthrachinone* mit abführender Wirkung.

Emollientia: erweichende Mittel, z. B. warme Umschläge, Fett, Seife, Species* emollientes.

Empfängnisverhütung: s. Antikonzeptiva; vgl. Pearl-Index.

Empfindlichkeit: 1. (allg.) Grenzkonzentration*. **2.** (instrumentell-analyt.) Steigung der Bezugsfunktion*, z. B. bei der AAS (s. Spektroskopie) die Steigung dA/dc (A = Absorption, c = Konzentration).

Emphysem: Aufblähung; Ansammlung von Luft in ungewöhnl. Maß in bereits lufthaltigen Geweben (z. B. Lungenemphysem) od. in Geweben ohne Luftgehalt (z. B. Hautemphysem) od. auch von Gasen (z. B. als Fäulnisemphysem durch gasbildende Bakterien).

Emplastra: Pflaster; ÖAB90, zum äußerl. Gebrauch bestimmte Arzneizubereitung, deren Grundmasse in der Regel aus Bleisalzen höherer Fettsäuren besteht. Zu ihrer Herst. finden außer Bleioxid, Ölen u. Fetten ggf. auch Wachse, Harze u. Balsame evtl. unter Zusatz von Arzneistoffen Verwendung. E. sind bei Zimmertemp. fest u. in der Hand knetbar; beim Erwärmen werden sie flüssig. Sie kommen als Tafeln, Stangen od. Stücke von versch. Form in den Handel. Früher dermatolog. bedeutend. Nach dem Erwärmen konnten die Pflaster auf eine geeignete Unterlage gestrichen werden.

Emplastra adhaesiva: Collemplastra, Heftpflaster; Ph.Eur.4, E. a. dienen als Fixiermittel zum Befestigen von Wundauflagen auf der Haut u. enthalten keine Wirkstoffe. Sie bestehen aus einer Klebemasse (stark klebend auf trockener Haut, jedoch ohne Hautschädigung entfernbar), aufgetragen in gleichmäßiger Schicht auf einen Träger aus Gewebe, Vliesstoff od. Kunststofffolie. Die Klebeschicht (z. T. auch bei aufgerollten E.) ist mit einer Schutzfolie abgedeckt. E. können perforiert, starr, dehnbar od. elast. sein, ferner wasserdicht, jedoch dampfdurchlässig, od. wasser-, dampf- u. luftdurchlässig. Vorgeschrieben sind nach Ph.Eur.4 Prüfungen auf Klebekraft, Reißkraft (nicht zu prüfen bei elast. E. a. u. solchen mit Kunststofffolie), Wasserundurchlässigkeit, Wasserdampfdurchlässigkeit, Elastizität (elastische Pflaster), Dehnbarkeit (dehnbare Pflaster mit Kunststofffolie). Lagerung unter Lichtschutz nicht über 25 °C. **Anw.:** Fixieren von Wundverbänden; vgl. Wundschnellverband.

Emplastra transcutanea: s. Systeme, transdermale therapeutische.

Emplastrum Cantharidum ordinarium: Spanischfliegenpflaster, Blasenpflaster; Zstzg.: DAB6, 2 T. mittelfein gepulverte span. Fliegen, 1 T. Erdnußöl, 4 T. gelbes Wachs, 1 T. Terpentin. **Anw.:** Antirheumatikum; obsolet.

Emplastrum Cantharidum perpetuum: Immerwährendes Spanischfliegenpflaster; Zstzg.: DAB6, 14 T. Colophonium, 7 T. Terpentin, 10 T. gelbes Wachs, 4 T. Hammeltalg, 4 T. span. Fliegen, 1 T. mittelfein gepulvertes Euphorbium. **Anw.:** Antirheumatikum, obsolet.

Emplastrum Cantharidum pro usu veterinario: Spanischfliegenpflaster für tierärztl. Gebrauch; Zstzg.: DAB6, 6 T. Colophonium, 6 T. Terpentin, 3 T. span. Fliegen, 1 T. mittelfein gepulvertes Euphorbium.

Emplastrum diachylon: s. Emplastrum Plumbi.

Emplastrum Hydrargyri: Quecksilberpflaster, Merkurialpflaster; Geh.: 18.7-20.1 % Hg. Zstzg.: DAB6, 6 T. Bleipflaster, 1 T. gelbes Wachs, 1 T. Wollwachs, 2 T Quecksilber; obsolet.

Emplastrum Lithargyri: s. Emplastrum Plumbi.

Emplastrum Lithargyri compositum: Emplastrum Plumbi compositum, gelbes Zugpflaster; Zstzg.: DAB6, 24 T. Bleipflaster, 3 T. gelbes Wachs, 2 T. Ammoniakgummi (Dorema* ammoniacum), 2 T. Galbanum, 2 T. Terpentin; obsolet.

Emplastrum Plumbi: Plumbi emplastrum, Emplastrum Lithargyri, Emplastrum diachylon, Bleipflaster; Bleigehalt mind. 29.0 u. max. 32.5 %; grauweiße bis gelbl. Masse. Herst.: DAC86, 1 T. Blei(II)-oxid wird in 2 T. Olivenöl (60 °C) dispergiert, unter ständigem Umrühren auf 105-110 °C erhitzt u. durch Zugabe von heißem Wasser in kleinen Anteilen bei 110 °C (max. 120 °C) das Pflaster gebildet. Die Pflasterbildung ist abgeschlossen, wenn eine Probe sich in kaltem Wasser kneten lässt ohne zu kleben. Das gebildete Glycerol wird bei 40 °C in Wasser ausgeknetet u. das E. p. bei 95 °C getrocknet. Lagerung: dicht verschlossen, unter Lichtschutz, max. 1 Jahr lang nach Herstellung. Bestandteil in Unguentum* Plumbi oxydati. **Emplastrum Plumbi simplex:** einfaches Bleipflaster, Emplastrum diachylon; Herst.: ÖAB90, gleiche Teile Schweineschmalz, Erdnußöl u. fein gepulvertes Bleioxid werden wie unter Emplastrum Plumbi zum Pflaster umgesetzt.

Emplastrum saponatum: Seifenpflaster; Bleigehalt mind. 22.7 u. max. 26.5 %. Herst.: ÖAB90, 80 T. einfaches Bleipflaster u. 10 T. weißes Wachs werden zusammengeschmolzen. Die Verreibung von 5 T. Natronseife, 1 T. Campher in 4 T. Erdnußöl wird in die halb erkaltete Mischung eingearbeitet.

Emplastrum saponatum salicylatum: Salicylseifenpflaster; Herst.: ÖAB81, 80 T. Seifenpflaster u. 10 T. weißes Wachs werden zusammengeschmolzen. In die halberkaltete Mischung werden 10 T. fein gepulverte Salicylsäure dispergiert.

Empleurum serrulatum: Fam. Rutaceae (Südafrika). Stpfl. von **Empleurum-Blätter:** Die Blätter ähneln denen von Barosma* serratifolia. **Inhaltsst.:** Diosphenol*, Methylnonylketon, Hesperidin*, Diosmin* u. a.; **Anw.:** vielfach (als Verfälschung) der Handelsware Folia Bucco beigemischt; s. Barosma betulina.

Empleurum unicapsulare (L.f.) Skeels: Fam. Rutaceae (Südafrika). Stpfl. von **Empleurum-Blätter:** Die Blätter ähneln denen von Barosma* serratifolia. **Inhaltsst.:** Diosphenol*, Methylnonylketon, Hesperidin*, Diosmin* u. a.; **Anw.:** vielfach (als Verfälschung) der Handelsware Folia Bucco beigemischt; s. Barosma betulina.

Empyem: Eiteransammlung in vorgebildeten Körperhöhlen, z. B. Gelenkempyem.

empyreumatisch: durch trockene Destillation od. Verkohlung entstanden, von brenzligem Geruch u. Geschmack.

Emser Salz: s. Sal anticatarrhale compositum.

Emulgatoren: molekular lösl. Stoffe mit lyobipolarem Charakter (s. Tenside). Je nachdem ob der hydrophile, wasserlösl., od. der lipophile (oleophile), öllösl., Molekülanteil überwiegt, lösen sich E. in einer der beiden nicht mischbaren Phasen (z. B. Wasser u. Öl) besser, reichern sich orientiert in der Grenzfläche zw. diesen Phasen an, setzen die Grenzflächenspannung herab u. vermögen elast. Emulgatorfilme auszubilden. E. gehören in die große Gruppe der grenzflächenaktiven Substanzen, der Tenside. In Abhängigkeit von den Konzentrationsverhältnissen der Wasser-, Öl- u. Emulgatorphase können kolloid-physik. komplexere Systeme vorliegen (z. B. mizellare Lösungen, flüssig-kristalline Bereiche). E. dienen der Herst. u. Stabilisierung von Emulsionen, Suspensionen u. Salben (abhängig von den Eigenschaften u. der Konz. der Emulgatoren). Sie verringern die nötige Emulgierarbeit, d. h. setzen den Energiebedarfs durch die Erniedrigung der Oberflächen- bzw.

Grenzflächenspannung herab. Der resultierende Emulsionstyp (s. Emulsionen) wird durch den Emulgator u. dessen Affinität (d. h. Löslichkeit) zur äußeren Phase mitbestimmt. **O/W-Emulgatoren:** u. a. stark hydrophile, schwach alkal. reagierenden Alkali- od. Triethanolamin-Salze von Fettsäuren (Seifen), die zur Herst. kosmet. verwendeter Stearatcremes (Tagescremes, vanishing cream) Anw. finden, mit Erdalkalimetall-Ionen jedoch schwer wasserlösl. Seifen (wirken als W/O-Emulgatoren) bilden; weitere anion. E. sind Alkylsulfate* der Kettenlänge C_{12} bis C_{18} in Form von Natriumlauryl-, -cetyl- od. –stearylsulfat (s. Natriumcetylstearylsulfat), Alkylsulfonate* u. andere saure Verbindungen u. deren Salze wie saure Saponine, Cholate. Die Emulgierwirkung wird durch das starke Hydratationsvermögen der Alkali-Kationen am anion. Carboxyl-, Sulfat- od. Sulfonatrest bestimmt. Diese anion. E. können z. B. mit großen org. Arzneistoffkationen inkomp. sein, d. h. schwer lösliche Salze ausbilden. Kationische E. (Invertseifen, z. B. Benzalkoniumchlorid, -bromid, Alkoniumchlorid, Cetrimidum, Cetylpyridiniumchlorid) zeigen diese Inkomp. nicht, werden jedoch nur in Ausnahmefällen eingesetzt, da sie sich physiol. nicht indifferent verhalten (starke Eiweißbindung, antisept. Wirkung). Zu den ionischen E. können auch die amphoteren E. gezählt werden, die im Molekül sowohl anion. als auch kation. Gruppen enthalten (z. B. Betaine, Proteine, Lecithin, Gelatine, Casein u. a.; vgl. Ampholytseifen) u. als O/W- u. W/O-Emulgatoren wirken. Am häufigsten werden nichtionogene E. vom Typ der Ester u. Ether der Polyethylenglykole mit höheren Fettsäuren bzw. Fettalkoholen herangezogen; z. B. die Polysorbat-Typen (Tweens®), Polyoxyethylenglycerolmonostearat (Tagat® S2), weiterhin Polyethylenglykolstearate u. Polyethylenglykolfettalkoholether. Durch Verknüpfung des hydrophilen mit dem lipophilen Molekülanteil über mehrwertige Alkohole lassen sich die amphiphilen Eigenschaften über die Kettenlänge u. die Anzahl der hydrophilen u. lipophilen Anteile in weiten Grenzen verändern. Nichtionogene O/W-E. stellen synthesebedingt Gemische von homologen Verbindungen od. von Anteilen mit abweichendem Veresterungsgrad dar. Im Ggs. zu den ion. E. sind Inkomp. mit phenol. Substanzen zu erwarten. Für stabile O/W-Emulsionssalben benötigt man meist ein Emulgatorgemisch (**Komplexemulgator**) aus O/W-E. u. einem W/O-E. (s. unten). Solche Emulgatorkomplexe bilden einen besonders stabilen Film aus (z. B. emulgierender Cetylstearylalkohol, Kombinationen von nichtionischen O/W-E. mit Cetylstearylalkohol od. Glycerolmonostearat; self emulsifying waxes). Zum Nachw. des Emulgatortyps von O/W-E. in Emulsionen bzw. abwaschbaren Salben eignet sich ein Zusatz von 5 %iger Rivanollösung (Brechen des Emulsionssystems bei Anwesenheit eines anion. Emulgators) u. von 5 %iger Tanninlösung (Brechen des Systems bei Anwesenheit von nichtion. E. mit Polyethylenglykolanteil im Molekül). **W/O-Emulgatoren:** amphiphile* Verbindungen mit mäßig hydrophilen, schwach hydratisierten OH-Gruppen u. ausgeprägt lipophilen Gruppen (Kohlenwasserstoffketten od. Steringerüst). Zu diesem Emulgatortyp gehören die Wollwachsalkohole (s. Wollwachs), Cholesterol u. die Sorbitanfettsäureester (Spans®), deren hydrophiles-lipophiles Gleichgewicht durch Zahl u. Länge der Fettsäurereste variiert werden kann. Cetylstearylalkohol* u. Glycerolmonostearat sind W/O-E. mit geringerem Emulgiervermögen u. werden überwiegend in Komplexemulgatoren u. zur Verbesserung der Gelstruktur von Fettphasen herangezogen. E. sind enthalten in Absorptionsgrundlagen* (vorwiegend Wollwachs, Wollwachsalkohole sowie hydrophile nichtionische u. anion. Tenside).

E

Emulgendum: seltene Bez. für den unlösl. Bestandteil einer Emulsion* (Öl, Harz, Balsam).

Emulgor: Emulsionsmaschine; Homogenisierapparat zur Herst. von Emulsionen*.

Emulsin: Sammelbez. für die Enzyme der Bitteren Mandeln u. a. Pflanzen, die Cyanglykoside* enthalten; s. Amygdalin.

Emulsio ammoniata: s. Linimentum ammoniatum.

Emulsio ammoniata-camphorata: s. Linimentum ammoniato-camphoratum.

Emulsio Calcis: s. Linimentum Calcariae.

Emulsionen (lat. emulgere, ausmelken; bezieht sich auf Milch, eine natürliche Emulsion): Emulsiones (ÖAB90), Emulsiones orales (Ph.Helv.7), Emulsionen zum Einnehmen (Ph.Eur.4); E. sind disperse, mehr od. weniger dickflüssige, zur äußerl. od. innerl. Anwendung bestimmte Zuber., die aus 2 od. mehreren ineinander nicht lösl. Flüss. bestehen, von denen eine wässrig ist. Der Tröpfchendurchmesser liegt i. Allg. zwischen 1 u. 20 µm, vgl. Mikroemulsionen. Liegen 2 miteinander nicht mischbare Flüss. vor u. handelt es sich um einfache Emulsionssysteme, kann man 2 Typen von Emulsionen unterscheiden: **Öl-in-Wasser-Emulsionen** (O/W-E.), bei denen das Öl als innere, offene od. disperse Phase u. das Wasser als äußere od. geschlossene Phase (Dispersionsmittel) vorliegt, u. **Wasser-in-Öl-Emulsionen** (W/O-E.), bei denen das Wasser als innere Phase u. das Öl als äußere Phase vorliegt. Grundsätzlich steht W für hydrophile Phasen u. O für lipophile Phasen. E. enthalten in der Regel zur Erhöhung ihrer Stabilität noch bestimmte, dem Emulsionstyp entsprechende **Emulgatoren*** (O/W- bzw. W/O-Emulgatoren), häufig auch viskositätserhöhende Zusätze zur äußeren Phase u. manchmal feinste Feststoffe als Emulsionsförderer (Bentonit, Magnesiumtrisilicat, Magnesiumhydroxid, Aluminiumhydroxid u. a., erzeugen sog. Pickering-E. od. armierte E.). Der sich bildende Emulsionstyp ist neben der chem. Struktur der eingesetzten Emulgatoren auch vom Volumenverhältnis der Phasen, von der Viskosität der Phasen u. von der Herstellungstechnologie abhängig. Bei peroralen E. handelt es sich gewöhnlich um O/W-Emulsionen. Dabei ist in vielen Fällen das Öl selbst der Wirkstoff od. er ist in der öligen Phase gelöst (Lebertranemulsion, Paraffinemulsion).

Herst.: **1. Suspensionsmethode**: kontinentale Methode; Dispergieren des Emulgators in derjenigen Phase, in der er nicht lösl. ist (innere Phase), u. Verarbeiten mit vorerst nur einem Teil der anderen Phase (äußere Phase, in der der Emulgator lösl., zumindest aber benetzbar ist) bis zur Bildung eines Emulsionskerns (Primäremulsion, Linctus) u. anschließendem Vermischen mit der restl. äußeren Phase; **2. Lösungsmethode**: engl. Methode; Auflösen des Emulgators bzw. seiner Bestandteile (aus denen er sich während der Emulgierung bildet) in der äußeren Phase u. anschließendes portionsweises Einemulgieren der inneren Phase. Die disperse Phase ist so fein zu verteilen u. zu stabilisieren, dass nach der Herst. mind. für einen Zeitraum von 24 h keine Entmischungserscheinungen auftreten u. für einen Zeitraum von 6 Monaten kein Brechen der E. erfolgt. Im Anschluss an die Emulgierung wird die Emulsion mit den übrigen Rezepturbestandteilen gemischt, wobei leicht lös. Stoffe in der Regel in einem kleinen, zurückgehaltenen Anteil einer der Flüss. gelöst u. schwer lösl. mit einer kleinen Menge der Emulsion sorgfältig angerieben werden. E. sind vor der Abgabe u. vor dem Gebrauch zu schütteln. Das Emulgieren wird bei kleineren Ansätzen zunächst durch Rühren in der Reibschale od. Schütteln in geräumigen Flaschen vorgenommen. Zur feineren Dispergierung der inneren Phase, d.h. zur Erhöhung der Stabilität der E. auch für größere Mengen, dienen schnelllaufende Rührwerke (z.B. Ultra-Turrax-Geräte), Schüttelmaschinen, Kolloidmühlen, Homogenisiermaschinen (Pressen durch verstellbare Düsen, s. Abb.) od. Ultraschallgeräte. Feindisperse u. haltbare E. sind umso leichter herzustellen (d.h. mit weniger Emulgierarbeit), je stärker die Emulgatoren die Grenzflächenspannung erniedrigen. E. sind physik. instabile Zubereitungen, da die in ihnen verteilten Öltröpfchen zum Zusammenlagern (Agglomerieren) u. zum Aufrahmen od. zum Absetzen (Sedimentieren) neigen (s. Aufrahmen, Koaleszenz). Zur Aufrechterhaltung des Zerteilungszustandes u. zur Verhinderung ungleichmäßiger Wirkstoffverteilung werden Stabilisatoren, sog. **Quasi-** od. **Pseudoemulgatoren**, z.B. Tragant, Gelatine, Agar-Agar, Alginate, halbsynthet. Celluloseether, Bentonite, Polyacrylsäure, Povidon eingesetzt. Diese erhöhen die Viskosität u. verzögern od. verhindern das Entstehen von Inhomogenitäten. Unter **Phasenumkehr** (Phaseninversion) versteht man die Vertauschung von innerer u. äußerer Phase, z.B. unter dem Einfluss von Temperaturänderungen od. Zugabe eines Emulgators vom entgegengesetzten Typ. O/W.-E. sind anfällig gegenüber Mikroorganismen (Bakterien, Schimmelpilze) u. müssen deshalb mit Konservierungsmitteln (meist *p*-Hydroxybenzoesäureester, Sorbinsäure), gegen Verderbnis geschützt werden, vgl. Konservierung. Sofern erforderl., werden auch Antioxidanzien* eingesetzt. **Linimente*** sind zur kutanen Verw. bestimmte Lsg. u. Emulsionen. Auch andere Arzneiformen wie Salben u. Zäpfchen können im physik. Sinne E. darstellen. **Trockenemulsionen** od. Xeroemulsionen (z.B. Trockenmilch) werden durch Zerstäubungstrocknung (Sprühtrocknung*) hergestellt. **Bestimmung des Emulsionstyps**: zur Vorhersage dient die Bancroft*-Regel, bestimmt wird die Phasenverteilung mit folgende Prüfverfahren: **1. Färbemethode:** Farbstoffe, die in der äußeren Phase lösl. sind, färben die ganze Emulsion einheitlich an. O/W-Emulsionen werden mit wässrigen Lösungen von Methylenblau bzw. Malachitgrün u. W/O-Emulsionen mit einer öligen Lsg. von Sudan III homogen gefärbt. **2. Verdünnungsmethode:** Emulsionen lassen sich nur in der äußeren Phase verdünnen, d.h. O/W-Emulsionen mit Wasser u. W/O-Emulsionen mit lipophilen Flüssigkeiten. **3. Leitfähigkeitsmessung:** Nur O/W-Emulsionen leiten den elektr. Strom. Sicherste Methode zur Ermittlung des Emulsionstyps.

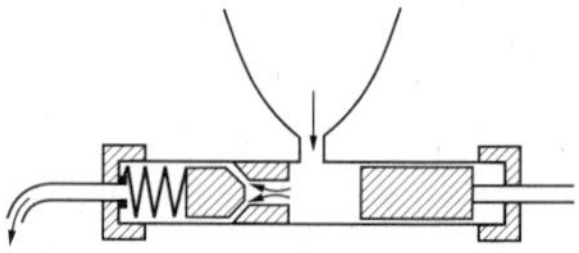

Emulsionen: Funktionsprinzip des Düsenhomogenisators

Emulsionen, multiple: komplexe Emulsionssysteme, in denen Tröpfchen der dispergierten Phase selber zusätzl. kleinere Tröpfchen enthalten, die sowohl ident. als auch verschieden von der kontinuierl. Phase seien können. Prinzipiell sind 2 Basisvarianten denkbar. Wasser-in-Öl-in-Wasser (W/O/W) bzw. seltener Öl-in-Wasser-in-Öl (O/W/O). Multiple Emulsionen haben die Tendenz während der Lagerung in einfache Emulsionen (O/W bzw. W/O) umzuschlagen. **Anw.:** W/O/W-Emulsionen im kosmet. Bereich für die Feuchtigkeitspflege u. im Lebensmittelbereich, z.B. Leichtmayonnaisen. Vgl. Oleosomen.

Emulsionsgele: s. Gele.

Emulsionsphasenverteilung: s. Emulsionen (Bestimmung des Emulsionstyps).

Emulsionspolymerisation: s. Eudragit.

Emulsionssalben: s. Unguenta.

Emulsio Olei Amygdalae: Mandelölemulsion; ÖAB90, 10 T. Mandelöl, 5 T. Gummi arab. (enzymfrei) u. 85 T. gereinigtes Wasser werden mit Hilfe der Suspensionsmethode (s. Emulsionen; Herst.) zu einer O/W-Emulsion verarbeitet. Stets frisch zu bereiten. Vor Gebrauch umzuschütteln. **Anw.:** innerl. als reizlinderndes Mittel bei Darmaffektionen; Excipiens für öllösl. Arzneistoffe; vgl. Emulsio oleoso-saccharata.

Emulsio Olei Jecoris Aselli: Lebertranemulsion; ÖAB90, mind. 300 I.E. Vitamin A pro g Emulsion. 1 T. Gummi arab. (enzymfrei) u. 1 T. Tragant werden mit 8 T. Glycerol (85 %) angerieben, mit 49 T. warmem gereinigtem Wasser (darin 0.01 T. Saccharin-Na gelöst) versetzt u. 3 h quellen gelassen. Danach werden 40 T. Lebertran* (darin 0.01 T. äther. Zimtöl gelöst) einemulgiert u. eine Lsg. von 0.01 T. Gallussäurelaurylester in 1 T. Ethanol zugesetzt. Dickflüssige O/W-Emulsion. Vor Gebrauch umzuschütteln. **Anw.:** Vitamin-A- u. -D-Therapie, GED 20-30 g.

Emulsio Olei Jecoris Aselli composita: zusammengesetzte Lebertranemulsion; Geh.: 40 % Lebertran. Zstzg.: DAB6, 400 T. Lebertran, 5 T. fein gepulvertes arab. Gummi, 5 T. fein gepulvertes Tragant, 1 T. weißer Leim, 5 T. Calciumphypophosphit, 100 T. Zimtwasser, 75 T. Glycerol, 409 T.

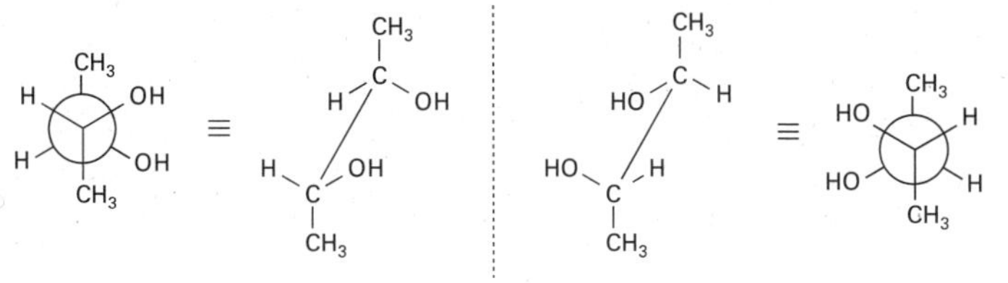

Enantiomere: E. des 2,3-Butandiols als Beispiel [1]

Wasser, 0.1 T. Saccharin, 0.15 T. Benzaldehyd; vgl. Emulsio Olei Jecoris Aselli.

Emulsio Olei Ricini: Rizinusölemulsion; Zstzg.: ÖAB90, 5 T. Gummi arab. (enzymfrei) u. 2 T. Tragant werden mit einer Mischung aus 0.04 T. Vanillin, 1 T. Ethanol u. 40 T. Rizinusöl angerieben, die Lsg. von 0.02 T. Saccharin-Na in 20 T. gereinigtes Wasser zugegeben u. die restl. 32 T. gereinigtes Wasser unter Schütteln hinzugefügt. Dickflüssige O/W-Emulsion. Stets frisch zu bereiten. Vor Gebrauch umzuschütteln. **Anw.**: mildes, sicher wirkendes Laxans, GED 1-2 Esslöffel.

Emulsio oleoso-saccharata: gezuckerte Mandelöl-Emulsion; Zstzg.: Ph.Helv.6, 10 T. Mandelöl, 10 T. Gummi arabicum, 10 T. Orangenblütenwasser, 15 T. Sirupus simplex u. 55 T. Wasser werden mit Hilfe der Suspensionsmethode (s. Emulsionen, Herst.) zu einer O/W-Emulsion verarbeitet. Stets frisch zu bereiten. Vor Gebrauch umzuschütteln. **Anw.**: s. Emulsio Olei Amygdalae.

Emulsio Paraffini liquidi: Paraffini liquidi emulsio orales, Paraffinemulsion; Zstzg.: ÖAB90 (bis 1996), zur Anreibung von 1 T. Gummi arab. (enzymfrei) u. 1 T. Tragant mit 10 T. Glycerol (85 %) wird die erwärmte Lsg. von 0.1 T. Benzoesäure u. 0.01 T. Saccharin-Na in 47.9 T. gereinigtes Wasser gegeben u. die Mischung 3 h der Quellung überlassen. Danach werden 40 T. flüssiges Paraffin einemulgiert. Ph.Helv.7, 1.0 T. Benzoesäure u. 1.0 T. Saccharin-Na werden bei ca. 70 °C in 455.0 T. gereinigtem Wasser gelöst; 2.0 T. Methylcellulose 4000 werden mit der Hälfte der noch warmen Lsg. unter Umschütteln gemischt, nach dem Abkühlen mit der zweiten Hälfte versetzt, u. 16 h im Kühlschrank quellen gelassen. 1.0 T. Vanillin werden in 40.0 T. Glycerol (85 %) gelöst u. mit der Methylcellulose gemischt. Nach Zusatz von 200.0 T. Sorbitol (70 %) werden 300.0 T. dickflüssiges Paraffin portionsweise unter kräftigem Rühren in die wässrige Phase einemulgiert. **Anw.**: Laxans, obsolet; bei längerer Anw. Fremdkörperreaktionen möglich; vor Gebrauch umzuschütteln.

-en: s. Alkene.

Enalapril INN: (2*S*)-1-(2*S*)-2-[[(1*S*)-1-(Ethoxycarbonyl)-3-phenylpropyl]amino]propanoyl-pyrrolidin-2-carbonsäure; $C_{20}H_{28}N_2O_5$, M_r 376.45. **Anw.**: Antihypertensivum*, Hemmer des Angiotensin-Converting-Enzyms (ACE*-Hemmer); HWZ 11 h. **Enalaprilmaleat** INN: Enalaprili maleas Ph.Eur.4; CAS-Nr. 76095-16-4; $C_{24}H_{32}N_2O_9$, M_r 429.5. Schmp. 143-144.5 °C. Lösl. in Wasser, leicht lösl. in Methanol.

Enantat: chem. Kurzbez. für Heptanoat; internationaler Freiname für Salze u. Ester der Heptansäure (Oenanthsäure).

Enanthem: entzündl. Veränderungen auf der Schleimhaut.

Enantiomere: opt. Antipoden, Antimere; Stereoisomere*, die linear polarisiertes Licht um den gleichen Betrag in entgegengesetzte Richtung drehen (s. Aktivität, optische; Polarisation des Lichtes). Damit ein Molekül in enantiomeren Formen auftreten kann, dürfen sein Bild u. Spiegelbild nicht deckungsgleich sein (s. Chiralität, Kohlenstoffatom, asymmetrisches; s. Abb). Das E., das linear polarisiertes Licht nach rechts, im Uhrzeigersinn, dreht, wird mit dem Präfix (+)-, das linksdrehende mit (–)- versehen (vgl. Racemat; Racematspaltung). E. unterscheiden sich nicht in allen anderen physik. Eigenschaften, jedoch oft sehr stark in ihrer physiol. und pharmakolog. Wirkung (vgl. Enantioselektivität). (+)- und (–)- lassen keine Aussage über die tatsächl. Konfiguration* zu. Die ursprüngl. Nomenklatur enantiomerer Formen ging von den bd. spiegelbildl. Glycerolaldehyden als Standardsubstanzen aus. Eindeutig definiert wird die Konfiguration durch die Fischer*-Projektion (bei Zuckern und Aminosäuren) u. die universelle R/S*-Nomenklatur; vgl. Diastereomere.

Enantiomerentrennung: s. Racematspaltung.

Enantiomorphie: Stereoisomerie, bei der die Enantiomere* auch in spiegelbildl. Kristallen existieren (enantiomorphe Formen).

Enantioselektivität: **1.** Stereoselektivität* einer Reaktion, bei der ein achirales Ausgangsprodukt durch einen chiralen Katalysator (z. B. ein Enzym) od. Reagens (z. B. D-Epichlorhydrin*) in ein chirales Produkt überführt wird, das mehrheitl. aus einem der beiden Enantiomere* besteht (enantioselektive asymmetr. Synthese; vgl. Racematspaltung). **2.** unterschiedl. physiol. (pharmakodynam., pharmakokinet., toxikol.) Verhalten von Enantiomeren*; z. B. viele enantioselektiv wirkende Arzneistoffe.

Enantiotopie: Prochiralität; stereochem. Beschreibung eines prochiralen Atoms, das durch Austausch od. Addition eines 4. Liganden in ein asymmetr. Zentrum übergehen kann. 2 Liganden mit zueinander spiegelbildl. Umgebung, die sich durch eine Drehspiegelung ineinander überführen lassen, sind enantiotop: Einem angreifenden Reagens erscheinen die bd. Seiten eines solchen Moleküls wie Bild u. Spiegelbild, aus einer Reaktion entstehen enantiomere Produkte. Die bd. Substituenten werden gemäß der R/S*-Nomenklatur mit pro-R od. pro-S bezeichnet. Bei einem trigonalen, sp^2-hybridisierten C-Atom wird auf gleiche Weise verfahren, die beiden enantiotopen Seiten werden mit Re u. Si bezeichnet (s. Abb.).

Enantiotropie: Form der Polymorphie*, bei der die Modifikationen eines Stoffes einen Umwandlungspunkt (Temp., bei der die Modifikationen die gleiche freie Enthalpie*, d.h. den gleichen Dampfdruck od. Löslichkeit aufweisen) unter ihrem Schmp. haben. Gibt es unter dem Schmp. keinen Umwandlungspunkt, spricht man von Monotropie*.

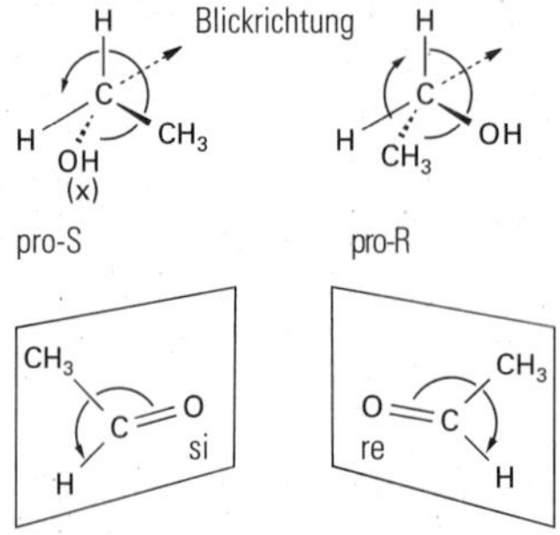

Enantiotopie

Enclomifen INN: s. Clomifen.

Endemie (gr. endemo zubauen): ständiges Vork. einer Erkrankung in einem begrenzten Gebiet; vgl. Epidemie.

endergon: endergonisch; Bilanz einer Reaktion, für deren Ablauf Energie zugeführt werden muss, z.B. in Form von Arbeit; vgl. endotherm, exergon, Gibbs-Helmholtz-Gleichung.

Endiole: Dienole, Reduktone; Verb. mit 2 Hydroxylgruppen an 2 doppelt gebundenen C-Atomen (s. Abb.), z.B. Ascorbinsäure (s. Vitamine, Vitamin C). Endiole sind außerordentl. leicht, oft schon durch Luftsauerstoff oxidierbar.

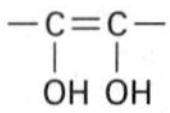
Endiole

Endivie: s. Cichorium endivia.

Endoamylase: s. Amylasen.

Endodermis: (bot.) scheidenförmige Zellenschicht in Wurzeln u. (bisweilen) auch in Sprossen, die deren zentrale Gefäßbündel einzeln od. (z.B. bei den Rhizomen monokotyler Pfl.) in ihrer Gesamtheit vom benachbarten Gewebe abgrenzt. Bei einer Wurzel* folgt auf die E. (als der innersten Zellschicht der primären Rinde) nach innen das Perizykel*. Die Endodermiszellen sind charakterist. gebaut; sie haben Caspary*-Streifen od. sind (bei der tertiären E. der Wurzeln monokotyler Pfl.) U-, V- bzw. O-förmig verdickt. Dazwischen liegen vereinzelt (über Xylemsträngen) Durchlasszellen*.

Endoenzyme: früher Bez. für Enzyme*, die im Zellinneren wirken; heute bezeichnet man als E. solche Enzyme, die die Substratmoleküle von innen her abbauen; s. Amylasen, vgl. Exoenzyme.

endogen (gr. endon drinnen, genes hervorbringend): im Körper selbst entstanden, nicht von außen zugeführt; Ggs. exogen*.

Endokarditis: Herzinnenhautentzündung, die durch entzündl. Veränderungen der Klappensegel zu Herzklappenfehlern führt. **Urs.:** früher häufig rheumat. Fieber, heute zunehmend nach operativem Klappenersatz u. bei intravenöser Drogenabhängigkeit; **Formen: 1.** nichtinfektiöse E.; z.B. rheumat. E. als infektallerg. Mitbeteiligung der Herzklappen nach Infektion mit Streptokokken der Gruppe A, z.B. nach Angina tonsillaris; **2.** infektiöse E. durch eine Besiedlung der schlecht mit Blut versorgten, oft vorgeschädigten Herzklappen od. des Endokards als **a)** akute E.: häufig nach schweren Operationen u. bei allg. Abwehrschwäche, Erreger meist Staphylokokken, seltener Enterokokken, andere gramnegative Bakt., Pilze (z.B. Candida-Species); **b)** subakute E.: häufig nach Zahnextraktionen auftretend; Erreger meist Streptokokken (Streptococcus viridans); schlechte Abwehrlage prädisponierend; **Ther.:** Behandlung der Grunderkrankung, Antibiotikagabe nach Erregernachweis; **Prophylaxe:** bei Pat. mit Herzfehlern Antibiotikabehandlung bei diagn. od. therap. Eingriffen, bei denen es zu einer Bakteriämie kommen kann.

Endokarp: (bot.) innere Schicht der Fruchtwand (entspricht der oberen Epidermis des Blattes), s. Fruchtformen.

Endolysine (gr. endos drinnen, lys zerstören, beseitigen): in Zellen vorkommende Lysine, meist Bakteriolysine; s. Lysozym.

Endomembransystem: Gesamtheit aller inneren Membranen, mit Ausnahme der Mitochondrien- u. Plastidenmembran, die ein Kontinuum bilden (Plasmalemma*, Tonoplast, endoplasmatisches Retikulum*, Golgi-Körper* u. Kernhülle*) mit dem endoplasmatischen Retikulum als primärem Bildungsort.

Endometriose: Vork. von endometriumähnl. Gewebe außerhalb der physiol. Schleimhautauskleidung der Uterushöhle, das ähnl. zykl. Veränderungen unterworfen ist wie das Endometrium*. **Ther.:** operativ od. Hormonbehandlung mit Gestagenen*, Danazol* od. Gonadorelin* u. Analoga.

Endometrium: Gebärmutterschleimhaut; Schleimhaut, die den Uterus auskleidet; s. Menstruationszyklus. **Endometritis**: Entzündung des Endometriums.

Endomid: [1R-(2-*endo*,3-*exo*)]-*N,N,N,N*-Tetraethylbicyclo[2.2.1]hept-5-en-2,3-dicarboxamid; CAS-Nr. 4582-18-7; $C_{17}H_{28}N_2O_2$, M_r 292.42. **Anw.:** Analeptikum*; kaum mehr verwendet.

endoneural: im Innern der Nerven.

Endonuclease: s. Nucleasen.

Endoparasit (gr. endos drinnen; parasitos mitspeisend): innerhalb des Organismus einer anderen Spezies lebender tier. Schmarotzer. E. des Menschen sind z.B. Protozoen*, Helminthes* u. Arthropoden*. Ggs. Ektoparasit*.

Endopeptidasen: s. Proteasen.

Endophlebitis: Entzündung der innersten Schicht der Venenwand.

Endoplasma: die innere Plasmaschicht, s. Protoplasma.

Endoprothese: Ersatzstück aus Fremdmaterial (Metall z.B. Titan, Vitallium, Chrom-Nickel, Edelstahl, Kunststoff od. Keramik), das einem erkrank-

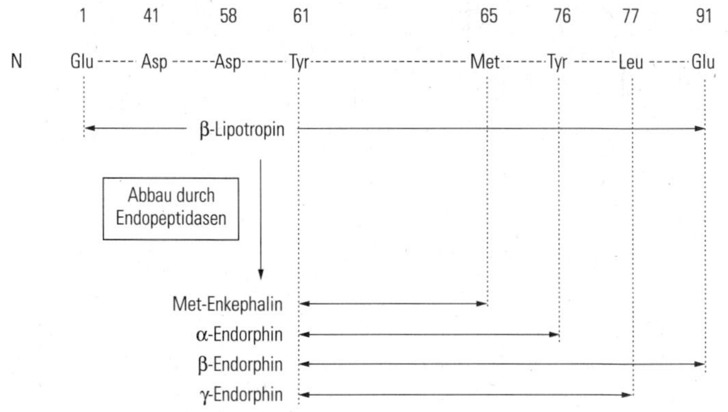

Endorphine: β-Lipotropin als Vorstufe der Endorphine [3]

ten od. zerstörten Gewebe- bzw. Körperteil nachgebildet ist u. operativ in das Körperinnere eingebracht wird. **Anw.**: Herzklappen, Gefäßersatz, Gelenkersatz (s. Arthroplastik), Totalendoprothesen (TEP) als Ersatz des Hüftgelenkkopfs u. der Gelenkpfanne, Hemiendoprothesen (HEP) nur Ersatz des Hüftgelenkkopfs.

Endorphine: körpereigene, schmerzblockierende Poly- u. Oligopeptide, die mit Opioidrezeptoren* reagieren. Der Name leitet sich von „endogene Morphine" ab, da ihre Wirk. in vitro u. in vivo mit der Wirk. des Morphins vergleichbar ist. Als erstes E. wurde 1975 das Pentapeptid Met-Enkephalin entdeckt, das genau der Aminosäuresequenz 61-65 des β-Lipotropins (s. Lipotropine) entspricht. Inzwischen sind viele E. u. deren Vorläuferpeptide bekannt. Man unterscheidet je nach Vorstufe: **Enkephaline** (Pentapeptide); Met-Enkephalin* u. Leu-Enkephalin* kommen als Teilsequenzen in anderen E. vor; Hauptvorstufe ist Prä-Pro-Enkephalin A (v. a. im Nebennierenmark); **Endorphin-Familie** (Polypeptide); z. B. α-, β- u. γ-Endorphin sind in der Sequenz 61-91 von β-Lipotropin, dem Abkömmling von Prä-Pro-Opiomelanocortin* (Hypophyse), enthalten; besitzen als N-terminale Sequenz Met-Enkephalin; wirksamster Vertreter ist β-Endorphin (31 Aminosäuren); α- u. β-Neoendorphin leiten sich wie die **Dynorphine*** von Prä-Pro-Enkephalin B (Hypothalamus) ab u. enthalten als N-terminale Sequenz Leu-Enkephalin. Gemeinsames Strukturelement der E. ist die Aminosäurensequenz Tyr-Gly-Gly-Phe, wobei v. a. das terminale Tyrosin wegen der Ähnlichkeit mit dem hydroxylierten aromat. Ring im Morphinmolekül für die Agonistenwirkung an Opioidrezeptoren* wichtig zu sein scheint. Die analget. Wirk. kann durch Opiat-Antagonisten vollkommen aufgehoben werden. Wegen der suchterzeugenden Wirk. können sie aber nicht als Ersatz der starken Analgetika* verwendet werden. E. werden mit anderen, an Opioidrezeptoren* angreifenden Peptiden unter dem Begriff Opioidpeptide* zusammengefasst.

Endosmose: s. Osmose.

Endosperm: Nährgewebe des Samens; **primäres Endosperm:** haploid, schon vor der Befruchtung gebildet, bei Gymnospermae*; **sekundäres Endosperm:** triploid, aus sekundärem Embryosackkern (Verschmelzung zweier Embryosackkerne mit einem Spermakern) u. Embryosackplasma gebildet; nur bei Angiospermae*.

Endosporen: s. Sporen.

Endosulfan: 6,7,8,9,10,10-Hexachlor-1,5,5a,6,9,9a-hexahydro-6,9-methano-2,4,3-benzodioxa-thiepin-3-oxid; CAS-Nr. 1215-29-7; Cyclodien-Insektizid aus der Gruppe der chlorierten Kohlenwasserstoffe; s. Schädlingsbekämpfungsmittel, Tabelle. **Anw.**: breit wirkendes Kontakt-u. Fraßgift für Arzneipflanzenbau, Ackerbau u. Forst. E. hat nützlingschonende Eigenschaften u. ist bienenungefährlich. Das techn. E. besteht aus 70 % α-Endosulfan u. 30 % β-Endosulfan. Es wird u. a. zum Endosulfansulfat metabolisiert.

Endothecium: (bot.) Faserzellschicht (Faserschicht) unter der Epidermis der Pollensäcke mit mechan. Funktion bei der Entleerung des Pollens.

Endothel: einschichtiges Plattenepithel als Innenauskleidung der Gefäße.

Endothelinantagonisten: durch Blockade der Endothelinrezeptoren (ET-Rezeptoren) eine blutdrucksenkende Wirkung erzeugende Substanzen. Vgl. Endotheline.

Endotheline: Peptide aus je 21 Aminosäuren, die im Endothel* enzymat. aus entspr. Vorläuferproteinen aufgebaut werden. Mit Endothelin-1 wurde 1988 der erste Vertreter der E. isoliert, später folgten Endothelin-2 u. Endothelin-3. E. wirken auf den Gefäßtonus u. die Zellproliferation (s. Entzündung) u. beeinflussen die Hormonproduktion sowie die Entstehung von Herz- u. Gefäßkrankheiten.

Endothelzellen: (bot.) dünnwandige, polygonale Zellen, die die Ölstriemen (z. B. der Apiaceae*-Früchte) auskleiden.

endotherm: endothermisch; Prozesse (z. B. chem. Reaktionen, Phasenumwandlungen), die unter Verbrauch von Wärmeenergie ablaufen (negative Wärmetönung); vgl. exotherm.

Endotoxine: s. Toxine.

Endozytose (gr. endos innen, kytos Höhle, Gefäß, Zelle): Aufnahme von Material in Zellen mittels Einstülpung der Plasmamembran. Die Einstülpung führt zu kleinen sackartigen Bläschen, die von der Plasmamembran abgeschnürt werden u. zusammen mit dem eingeschlossenen Material ins Zytoplasma transportiert werden. s. Phagozytose, Pinozytose.

Endpunkt: s. Titrationsgrad.

Endrin: 1,2,3,4,10,10-Hexachlor-6,7-epoxy-1,4,4a,5,6,7,8,8a-octahydro-1,4-*endo*-5,8-*endo*-dimethanonaphthalin; CAS-Nr. 72-20-8. Insektizid; s. Aldrin.

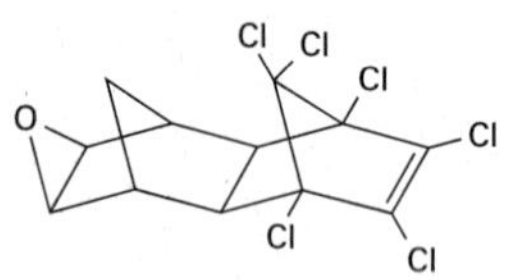

Endrin

Enematum: s. Klistier.

Energie: Symbol E; die Fähigkeit eines Systems, Arbeit* zu leisten. SI-Einheit: Joule* (J). Alle Energieformen, z. B. chem., elektr., potentielle Energie, Wärmestrahlungs- u. Kernenergie sind prinzipiell ineinander umwandelbar. Hierbei bleibt (nach der klass. Physik) die Summe aller Energien erhalten (s. Hauptsätze der Thermodynamik). Nach der **Einstein-Beziehung**, $E = m \cdot c^2$, sind Masse m u. Energie ineinander umwandelbar (c = Lichtgeschwindigkeit* im materiefreien Raum); z. B. wurde bei der Explosion der Atombombe in Hiroshima am 6. August 1945 ca. 1 g Masse in Energie umgewandelt.

Energiedosis: s. Dosimetrie.

Energiequanten: s. Strahlung, elektromagnetische.

Energiequotient: Abk. EQ; Begriff aus der Ernährungslehre; Quotient aus der Zufuhr von Kalorien od. Joule u. Körpergewicht.

Energine: veraltete Sammelbez. für Hormone, Vitamine, Enzyme.

Enfleurage: Enfleurage-Verfahren, Blütenöl-Extraktionsverfahren; schon in der Antike angewandtes Verfahren zur Gew. von äther. Öl. Das frische Pflanzenmaterial, i. Allg. Blüten, wird auf fettbestrichene (Rindertalg od. Schweinefett) Glasplatten gestreut, die in Holzrahmen gespannt sind u. zu Kästen gestapelt werden. Von Zeit zu Zeit werden die Blütenblätter erneuert; das Fett resorbiert das ätherische Öl; beide zus. ergeben die Blütenpomade. Reines Öl wird durch Alkoholextraktion gewonnen. E. wird bes. bei Pfl. angewandt, in denen das äther. Öl nicht in eigenen Behältern, sondern diffus verteilt ist (z. B. Rosen- u. Jasminblüten).

Enfluran INN: Ethran; 2-Chlor-1,1,2-trifluorethyl-(difluormethyl)ether; CAS-Nr. 13838-16-9; $C_3H_2ClF_5O$, M_r 184.50. Sdp. 56.5 °C (101 kPa). $n_D^{20\,°C}$ 1.3025. d_{25}^{25} 1.5167. Mischbar mit org. Flüss. sowie Fetten u. Ölen. **Anw.:** Inhalationsnarkotikum; rascher Wirkungseintritt ohne Excitationsstadium; **UAW:** erhöhte Krampfbereitschaft bei sehr hoher Dosierung.

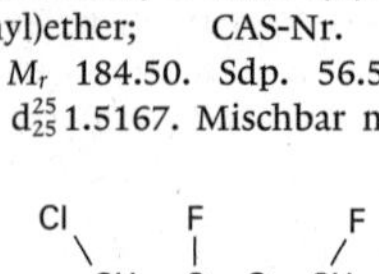

Enfluran

Engelblumen: s. Arnica montana.

Engelstrompete: s. Burgmansia spec.

Engelsüß: s. Polypodium vulgare.

Engelwurz, Chinesische: s. Angelica sinensis.

Engelwurzel: s. Angelica archangelica.

Engelwurz, Sibirische: s. Angelica dahurica.

Englische Krankheit: s. Rachitis.

Englische Methode: s. Emulsionen.

Englisches Salz: s. Magnesiumsulfat.

Enhancer: DNA-Sequenzen im flankierenden Bereich eukaryont. u. viraler Gene, die die Effizienz der Transkription erhöhen; E. können selbst über Distanzen von einigen Kilobasen ihre Wirk. entfalten. E. stellen relativ große Elemente von oft mehreren hundert Basenpaaren Länge dar, die unabhängig funktionierende, wiederholte Sequenzbereiche enthalten können. Um den Enhancer-Elementen Wirk. zu verleihen, müssen Proteinfaktoren vorhanden sein, die mit den DNA-Sequenzen spezif. Protein-DNA-Interaktionen eingehen. Dies verändert die Promotorregion des regulierten Gens insofern, als die Bindung anderer Transkriptionsfaktoren od. der RNA-Polymerase erleichtert wird.

Enilconazol INN: Enilconazolum ad usum veterinarium Ph.Eur.4, Enilconazol für Tiere; CAS-Nr. 35554-44-0; $C_{14}H_{14}Cl_2N_2O$; M_r 297.19; klare, gelbl., ölige Flüss. od. feste gelbl. Masse, sehr schwer lösl. in Wasser, leicht lösl. in Ethanol, Methanol, Toluol. **Anw.:** Antimykotikum bei Tieren.

Enkephalin: s. Endorphine.

Enolase: Enzym (Hydratase) der Glykolyse*, das zwei Moleküle Phosphoglycerinsäure durch Wasserabspaltung in Phosphoenolbrenztraubensäure überführt u. bei der Gluconeogenese die Reaktion in umgekehrter Richtung katalysiert.

Enole: org. Verb. mit der Gruppe –CH=C(OH)–.

Enolpyruvat: s. Pyruvat.

Enoxacin INN: 1-Ethyl-6-fluor-1,4-dihydro-4-oxo-(1-piperazinyl)-1,8-naphthyridin-3-carbonsäure; CAS-Nr. 74011-58-8; $C_{15}H_{17}FN_4O_3$, M_r 320.32. Strukturformel s. Ciprofloxacin (Abb.). **Wirk.** u. **Anw.:** Gyrasehemmer*, Nieren-, Harnweg- u. Atemweginfektion; **UAW:** Übelkeit, zentralnervöse Störungen, Schwindel; **Kontraind.:** Schwangerschaft; **Dos.:** 400-800 mg/d, nicht länger als 14 Tage.

Enoxaparin-Natrium INN: Enoxaparinum natricum Ph.Eur.4; Natriumsalz eines niedermolekularen Heparins*; M_r 4000-6000. **Gew.:** alkal. Depolymerisierung des Benzylesters von Heparin aus der Intestinalschleimhaut von Schweinen; **Wirk.** u. **Anw.:** Antikoagulans*; vgl. Heparin; **UAW:** Blutergüsse, Schleimhautblutungen.

Enoximon INN: 1,3-Dihydro-4-methyl-5-[4-(methylthio)benzoyl]-2*H*-imidazol-2-on; CAS-Nr. 77671-31-9; $C_{12}H_{12}N_2O_2$, M_r 248.3. Schmp. 255-258 °C (unter Zers.). **Wirk.:** Phosphodiesterasehemmer mit positiv inotroper u. vasodilator. Wirk.; **Anw.:** Koronartherapeutikum zur kurzzeitigen Behandlung einer schweren Herzinsuffizienz; **UAW:** Herzarrhythmien, Hypotonie, gastrointestinale Beschwerden; **Kontraind.:** Schwangerschaft u. Stillzeit, Vorsicht bei schweren Leber- u. Nierenerkrankungen; **Dos.:** 0.5-1.0 mg/kg KG.

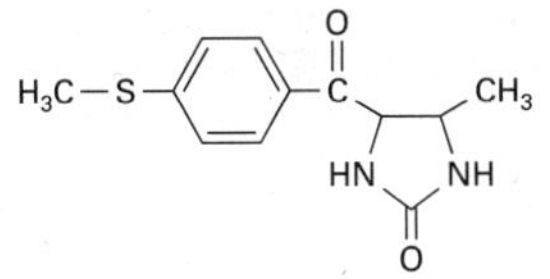

Enoximon

Enoxolon INN: Enoxolonum Ph.Eur.4, Acidum glycyrrhetinicum, Glycyrrhetinsäure; CAS-Nr. 471-53-4; $C_{30}H_{46}O_4$; M_r 470.68; Schmp. 296 °C; weißes bis fast weißes krist. Pulver, unlösl. in Wasser, lösl. in wasserfreien Ethanol, wenig lösl. in Dichlormethan; zeigt Polymorphie. **Anw.:** Ulkustherapie, Wundbehandlungsmittel.

Enslin-Apparatur: s. Aufsaugvermögen von Pulvern.

Enslin-Zahl: s. Aufsaugvermögen von Pulvern.

Entacapon INN: (*E*)-α-Cyano-*N,N*-diethyl-3,4-dihydroxy-5-nitrocinnamamid; CAS-Nr. 130929-57-6; $C_{14}H_{15}N_3O_5$, M_r 305.0. Schmp. 155 °C. **Wirk.:** reversibler COMT*-Hemmer; **Anw.:** Antiparkinsonmittel*, zusätzl. zur Levodopa*-Standardther.; **UAW:** Dyskinesien, Übelkeit; **Kontraind.:** MAO-Hemmer-Ther., Schwangerschaft, Stillzeit; **Dos.:** 200 mg p. o. gleichzeitig mit jeder Dos. Levodopa/Decarboxylase-Inhibitor; max. 200 mg/d; HWZ 30 min.

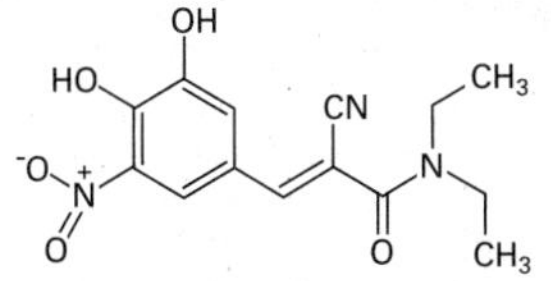

Entacapon

Entamoeba histolytica: Erreger der Amöbenruhr*. **Erscheinungsformen:** 1. vegetative apathogene Darmlumenform (Minutaform), bildet Zysten; 2. Dauerform od. Zyste, im Stuhl nachweisbar; entsteht aus Minutaform; wird bei Infektion oral übertragen; 3. vegetative, aus Minutaform hervorgegangene pathogene Gewebeform mit phagozytierten Erythrozyten; nachweisbar im Stuhl Erkrankter sowie in Geschwüren der Darmwand u. selten in Abszessen versch. Organe.

Ente: Urinflasche für Männer aus Glas, Polyethylen, Polypropylen od. Celluloseacetat, mit od. ohne Graduierung.

Entenbürzeldrüsenfett, natürliches: EZ 130.2, D. 20 0.8485, n_D^{20} 1.4510, reines Oberflächenfett, soll den Fettmantel der menschl. Haut in biol. Weise ergänzen; gute Spreitung. Da n. E. nicht okklusiv wirkt, ist es zur Herst. versch. Präparate zur Behandlung von Dermatosen u. a. geeignet.

Enteneier: s. Ei.

Entenfußbaum: s. Ginkgo biloba.

enteral (gr. enteros Darm): die Eingeweide betreffend.

Enteramin: s. Serotonin.

enteric coated tablets: s. Arzneiformen, magensaftresistente.

Enteritis: Darmentzündung; entzündl. Erkrankung des Dünndarms durch Infektion mit Viren, Bakterien od. deren Toxinen. Bei Mitbeteiligung des Magens: Gastroenteritis, des Dickdarms: Enterokolitis.

Enterobacter: Gattung gramnegativer, peritrich begeißelter, aerober Stäbchenbakterien der Fam. Enterobacteriaceae. **Vork.:** ubiquitärer Boden-, Wasser- u. Pflanzenkeim; im Intestinaltrakt von Mensch u. Tier; opportunist. Erreger von Harnweginfekten, Pneumonie, Meningitis u. Sepsis.

Enterobacteriaceae: Fam. gramnegativer, meist bewegl., fakultativ anaerober Stäbchenbakt. mit großer Stoffwechselaktivität u. Invasinen, Endo- u. Exotoxinen als Pathogenitätsfaktoren. Erreger von intestinalen Infektionen, v. a. Nosokomialinfektionen.

Enterobius vermicularis: Oxyuris vermicularis, Madenwurm; zu den Nematodes* zählender Darmparasit im untersten Dünn-, Blind- u. Dickdarm. **Oxyurasis:** Enterobiasis; Darminfektion mit E. v.; mit Analpruritus, Stuhldrang, Gewichtsverlust; **Ther.:** Mebendazol, Albendazol.

Enterogastron: s. Hormone (Gewebehormone).

Enteroglucagon: chem., biologisch u. immun. analog zu Glucagon*. **Wirk.:** wird bei enteraler Glucosezufuhr aus der duodenalen Darmwand freigesetzt; stimuliert die glucoseunabhängige Insulinfreisetzung.

Enterokinase: syn. Enteropeptidase; im Sekret der Darmschleimhaut, bes. des Duodenums, vorkommendes Enzym, das die Vorstufen Trypsinogen u. Chymotrypsinogen in Trypsin u. Chymotrypsin umwandelt. E. besteht aus zwei kovalent gebundenen Glykopeptiden.

Enterokokken: Gattung grampositiver, unbewegl., sporenloser Kokken der Fam. Streptococcaceae. Vork. im Darm von Mensch u. Tier; wichtige humanpathogene Spezies sind Enterococcus faecalis, Enterococcus faecium u. Enterococcus durans.

Enterotoxine: s. Toxine.

Enterovirus: zu den Picornaviridae gehörendes Genus säurestabiler, enteropathogener RNA-Viren. Verbreitung weltweit bei Mensch, Nagern, Schwein, Rind u. versch. Affenarten; Infektionen verlaufen häufig inapparent od. mit v. a. gastrointestinaler Symptomatik. **Einteilung:** Poliomyelitis-Viren (s. Poliomyelitis); Coxsackie*-Viren; ECHO*-Viren; neuere Enterovirusisolate wurden als humane Enteroviren klassifiziert.

Enthaarungsmittel: s. Depilatorien.

Enthalpie: Symbol H; thermodynam. Zustandsfunktion*, die den Wärmeinhalt eines Systems bei konstantem Druck angibt. SI-Einheit: Joule* (J). H ist definiert als die Summe der inneren Energie U u. der Volumenarbeit $p \cdot V$ (p=Druck, V=Volumen):

$H = U + p \cdot V.$

Reaktionsenthalpie: Symbol ΔH; Änderung der E. bei isobaren u. isothermen Vorgängen; s. Gibbs-Helmholtz-Gleichung; Temperaturabhängigkeit von H, s. Enthalpie, freie (Abb.).

Enthalpie, freie: Gibbs-Energie, freie Gibbs-Energie; Symbol G; von Gibbs eingeführte thermodynam. Zustandsfunktion* (Gibbs-Funktion), die durch

$G = H - T \cdot S$

definiert ist (T = absolute Temperatur*, S = Entropie*, H = Enthalpie*). **Freie Reaktionsenthalpie:** Symbol ΔG; Änderung der f. E. bei isobaren u. isothermen Vorgängen; s. Gibbs-Helmholtz-Gleichung.

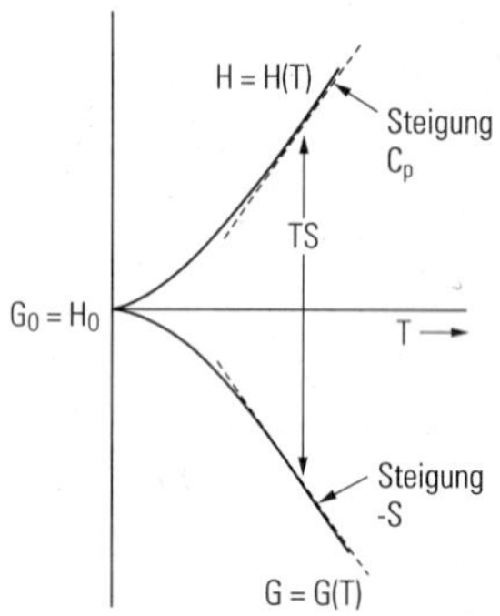

Enthalpie, freie: Änderung der Gibbs-Energie G u. der Enthalpie H eines reinen Stoffes mit der Temp. T bei konstantem Druck p (S = Entropie, C_P = Wärmekapazität); die Grenzwerte der Steigung der beiden Kurven bei T → 0 sind Null, so dass C_P und S → 0, wenn T → 0 [18]

Entkeimungsfiltration: s. Keimfiltration, Sterilisation, Verfahren, aseptische.

Entmischung: s. Mischen.

Entomogamie: s. Bestäubung.

Entropie: Symbol S; thermodynam. Zustandsfunktion*, die ein Maß für den thermodynam. Ordnungszustand eines Systems bzw. für die Irreversibilität eines Vorganges in einem abgeschlossenen System darstellt; SI*-Einheit: Joule/Kelvin ($J \cdot K^{-1}$). Die Zahl der Anordnungsmöglichkeiten der Moleküle wird als thermodynam. Wahrscheinlichkeit W bezeichnet, welche über die Boltzmann*-Konstante k mit der Entropie in Beziehung steht:

$S = k \cdot \mathit{ln}\, W$

Reaktionsentropie: Symbol ΔS; die Änderung der E. ΔS während einer isobaren u. isothermen Reaktion; s. Gibbs-Helmholtz-Gleichung. Reaktionsentropien (Entropiedifferenzen), die bei isothermen u. isobaren Vorgängen (z. B. beim Schmelzen) auftreten, lassen sich leicht ermitteln. Für die Schmelzentropie ΔS_f (in $kJ \cdot mol^{-1} \cdot K^{-1}$) beim Schmp. T_f (in Kelvin) gilt:

$\Delta S_f = \Delta H_f / T_f$

(ΔH_f = molare Schmelzenthalpie in $kJ \cdot mol^{-1}$).

Entschäumer: s. Antischaummittel.

Entseuchung: s. Dekontamination.

Entwesung: Desinfestation; Maßnahme zur Vernichtung schädl. Kleintiere u. Insekten (Desinsektion), die Gesundheits-, Wohnungs-, Haus-, Lebensmittel-, Vorrats- u. Pflanzenschädlinge sind, z. B. durch trockene Hitze, Clofenotan* od. Druckentwesung. E. ist keine Desinfektion*, sie richtet sich gegen höher organisierte Lebewesen; Bakterien u. Bakteriensporen werden nicht vernichtet.

Entwöhnungsmittel: Anticravingmittel; umfassen u. a. Alkohol- od. Tabakentwöhnungsmittel. Z. B. Disulfiram*, Acamprosat*, nicotinhaltige Kaugummis u. Pflaster (s. Systeme, transdermale therapeutische), Bupropionhydrochlorid (syn. Amfebutamon), lobelinhaltige Tropfen (s. Lobelin); vgl. Sucht.

Entzündung: Abwehrreaktion des Organismus mit dem Ziel, das schädigende Agens u. seine Folgen zu beseitigen. **Urs.:** **1.** physik. u. chem. Urs.: z. B. Reibung, Druck, Fremdkörper, Temperatur, Strahlung, Säuren, Basen; **2.** Mikroorganismen: Viren, Bakterien, Pilze, Parasiten; **3.** körpereigene (autogene) Reize: z. B. Urämie*, Zerfall von Zellen bei bösartigen Tumoren*; **Ablauf der lokalen Entzündungsreaktion:** Als Folge der Schädigung von Zellen u. Gewebe kommt es zu lokalen Durchblutungs- u. Permeabilitätsstörungen, die durch die Freisetzung von Mediatoren wie z. B. Histamin*, Serotonin*, Prostaglandine*, Kinine* u. Leukotriene* vermittelt werden. Es kommt zum Austritt von Blutplasma (Transsudation) u. Blutzellen (Transmigration) sowie zur Vermehrung stark wachsender ortsständiger Zellen (Proliferation). **Symptome:** Rubor (Rötung); Calor (Hitze); Tumor (Schwellung); Dolor (Schmerz); Functio laesa (gestörte Funktion). **Allg. Entzündungsreaktion:** **1.** beschleunigte Bildung von Granulozyten; **2.** Zunahme der Synthese bestimmter Plasmaeiweiße (Entzündungskonstellation); **3.** Steigerung des Stoffwechsels (Fieber*); **4.** Auslösung von Immunreaktionen; **5.** versch. subjektive Erscheinungen wie Krankheitsgefühl, Abgeschlagenheit; **Einteilung:** **1.** nach zeitl. Ablauf: perakute E., akute E., subakute E., chron. E., rezidivierende E.; **2.** nach Ausbreitung u. Lokalisation: lokalisierte E., generalisierte E., metastasierende E.; **3.** nach der Verlaufsform: z. B. exsudative E., granulomatöse E., proliferative E.; **Prognose:** abhängig von Stärke, Art u. Dauer des Entzündungsreizes, von der örtl. u. allg. Reaktion des Organismus.

E-Nummern: Nummern der EU für Lebensmittelzusatzstoffe* (s. Tab.).

Enuresis: syn. monosymptomat. E. nocturna; Einnässen in der Nacht nach dem 5. Lebensjahr; unwillkürl. Reflexmiktion während des Schlafs ohne gleichzeitig vorliegendes Einnässen am Tag. **Urs.:** Reifungsverzögerung der neurogenen Blasenkontrolle, gestörter Tag-Nacht-Rhythmus der Sekretion von ADH, psychosoziale Probleme.

Enzephalitis: Encephalitis; Entzündung des Gehirns; als Entzündung der grauen Substanz (Polioenzephalitis), der weißen Substanz (Leukenzephalitis) od. des gesamten Gehirns (Panenzephalitis), evtl. mit Beteiligung der Hirnhäute (Meningoenzephalitis). **Einteilung:** **1.** akute Enzephalitis: z. B. durch Viren, Bakt., Pilze, Protzoen, Würmer od. immunolog. bedingt als postinfektiöse E.; **2.** chron. Enzephalitis: z. B. bei Slow*-virus-Infektionen, chron. bakt. Infektionen (z. B. Syphilis*) od. immunolog. bedingt (z. B. Multiple* Sklerose).

Enzianextrakt: s. Extractum Gentianae.

Enziangewächse: s. Gentianaceae.

Enziantinktur: s. Tinctura Gentianae.

Enzianwurzel: s. Gentiana lutea.

Enzymaktivität: wichtiges Hilfsmittel zur Diagnosestellung (s. Enzymdiagnostik) u. zur Verlaufskontrolle von Krankheiten. Die Aktivität eines Enzyms wird in Enzymeinheiten angegeben; s. Anlage, Tabellen der physiol. Normbereiche. **Enzymeinheiten:** Eine internationale Einheit ist die Enzymmenge, welche die Umwandlung von 1 mol Substrat (bzw. 1 μmol Substrat) in der Zeiteinheit (s bzw. min) unter Standardbedingungen katalysiert (Standardbedingungen sind z. B. bei einer Temp. von 25 °C, Einhalten eines pH-Optimums u. bei Substratsättigung gegeben). Zwei Definitionen, eine ältere u. eine dem SI entsprechende, sind gebräuchlich: **1.** eine Einheit (U, Unit) ist die Enzymmenge, welche die Umwandlung von 1 μmol Substrat pro min katalysiert; **2.** eine katalytische Einheit (kat, Katal) ist die Enzymmenge, welche die Umwandlung von 1 mol Substrat pro Sekunde katalysiert. Für prakt. Zwecke verwendet man bevorzugt Mikro- (μkat) od. Nanokatal (nkat).
1 U = 1/60 μkat (16.67 nkat)
1 nkat = 0.06 U
Ist das Substrat ein Protein, Polysaccharid od. ein anderes Molekül, bei dem mehr als eine Bindung angegriffen werden kann, so tritt in dieser Definition der Begriff 1 μmol bzw. 1 mol Äquivalente der betr. (durch das Enzym veränderten) Gruppe anstelle des Ausdruckes 1 μmol bzw. 1 mol Substrat. Als Maß der Reaktion wird die Zahl der gespaltenen Peptid- od. Glykosidbindungen genommen u. nicht die Zahl der vollständig gespaltenen Moleküle. Im Falle einer bimolekularen Reaktion, z. B. A + B = B + C, wird logischerweise 1 μmol Substrat A od. B als Bezugsbasis genommen, nur wenn zwei ident. Substratmoleküle miteinander reagieren (A = B), bezieht sich die Aktivitätsangabe auf 2 μmol Substrat/min bzw. 2 mol Substrat/s. Die Einführung einer internationalen Einheit hat den Vorteil, dass Aktivitäten versch. Enzyme miteinander verglichen werden können. Da sich die Aktivitäten der einzelnen Enzyme auch bei Zugrundelegung der genannten Definition oft beträchtl. unterscheiden, werden Enzymeinheiten auch in Millieinheiten (mU) bzw. Mikroeinheiten (μkat) od. Nanoeinheiten (nkat) ausgedrückt. Die spezif. Aktivität eines Enzyms bezeichnet die Einheiten/mg bzw. kg Protein (U/mg Protein bzw. μkat/kg Protein). Sie ist ein direktes Maß für die Reinheit des Enzyms. Die molekulare Aktivität eines Enzyms gibt die Zahl der Substratmoleküle (od. der äquivalenten Gruppen) an, die in einer Minute bzw. einer Sekunde von einem Enzymmolekül (bei optimalem Substratangebot) umgesetzt werden. Die Konz. einer Enzymaktivität in Lsg. wird in Einheiten/Volumen (U/L, mU/L bzw. μkat/L) angegeben.

Enzymdiagnostik: klin.-diagnost. Nutzung der quantitativ-analyt. Bestimmung der Aktivitätsspiegel einer Vielzahl von Enzymen im Serum. Die E. beruht auf der Tatsache, dass jeder Zellzerfall, aber auch jede reversible Schädigung der Membranfunktion, zum Austreten zelleigener Substanzen u. damit auch der Enzyme führt, die dann im Serum nachweisbar werden. Hinweise auf die Herkunft aus einem bestimmten Organ ergeben die Relation bestimmter Enzyme zueinander u. der Nachw. organspezif. Enzyme. Dabei besteht ein Zusammenhang zw. der Höhe des Anstiegs der Enzymaktivität* u. dem Umfang der Schädigung. Diagnost. relevant ist der Anstieg der Serumenzyme bei Herzinfarkt, akuter u. chron. Hepatitis, bei Muskelerkrankungen.

Enzyme (gr. en darin; zyme Hefe Sauerteig): syn. Fermente; hochmolekulare Eiweißkörper, die als Biokatalysatoren im lebenden tier. u. pflanzlichen Organismus für die Reaktionen im intermediären Stoffwechsel unerlässl. sind u. auch außerhalb des Organismus wirken. Die Funktion eines Enzyms ist an die Unversehrtheit seines räuml. Aufbaus gebunden, wobei durch die Anordnung mehrerer benachbarter Aminosäurereste das Aktivitätszentrum gebildet wird. Die an der Reaktion beteiligten Substanzen (Substrate) werden dort angelagert u. das Produkt nach Ablauf der Reaktion abgelöst. Das Aktivitätszentrum kann auch durch ein Coenzym mit Nichtproteincharakter repräsentiert sein. Das Coenzym verbindet sich mit dem allein nicht wirksamen Enzymprotein (Apoenzym) zum aktiven Enzym (Holoenzym, Symplex). Viele Coenzyme sind Derivate von Vitaminen*. Es gibt versch. Enzyme, die Metall-Ionen als Cofaktor benötigen, die sog. Metallproteide od. Metallenzyme (z. B. die eisenhaltigen Atmungsenzyme od. die kupferhaltigen Oxidasen). E. sind kolloider Natur u. diffundieren nicht durch Membranen; durch neutrale Salze werden sie ausgefällt. Erhitzen auf über 60 °C, Zusatz von Schwermetallen, starke Säuren od. Basen machen sie unwirksam, indem sie das Enzymprotein chem. verändern.
Die E. einer Stoffwechselkette sind meistens in bestimmten Zellräumen zusammengefasst (Kompartimentierung), z. B. Atmungskette in den Mitochondrien, Glykolyse im Zytoplasma, Proteinbiosynthese an den Ribosomen. Ein Enzym kann jeweils nur eine der für ein Substrat mögl. Reaktionen katalysieren (Wirkungsspezifität), es ist substratspezifisch. Sie werden nach dem Substrat bezeichnet, zu dem sie Affinität besitzen, indem man an den Stamm des Substratnamens die Endung -ase anhängt, z. B. heißt das E., das Maltose spaltet, Maltase. Man kennt aber auch E., die ähnl. gebaute Substrate angreifen, diese bezeichnet man als gruppenspezifisch. Ein Maß für die Affinität zwischen Enzym u. Substrat (Abhängigkeit der Reaktionsgeschwindigkeit von der Substratkonzentration) ist die Michaelis-Konstante, die man mit Hilfe der Michaelis*-Menten-Gleichung empirisch ermitteln kann. Die Arbeitsgeschwindigkeit eines Enzyms (z. B. bezogen auf Masse, Volumen od. Stoffmenge) wird durch die Enzymaktivität* (Maßeinheit: Katal*) veranschaulicht. Entscheidend für die Enzymaktivität ist u. a. der optimale pH-Bereich, (s. Tab). Die Einteilung der E. erfolgt nach ihrer Wirkungsspezifität in sechs Hauptklassen. International gültig ist das System der Enzyme Commission (E. C.-Nomenklatur) der International Union of Biochemistry (IUB) von 1972.
1. Oxidoreduktasen: z. B. H_2-übertragende E. (Dehydrogenasen) u. Oxidasen; **2. Transferasen:**

Gruppen übertragende E. für C_1-, Aldehyd-, Keto-, Acyl-, Amino-, Glykosyl- u. a. Gruppen (z. B. Transaminasen, Kinasen); **3. Hydrolasen:** hydrolytisch spaltende E. für Ester-, Ether-, Peptid-, Glykosid- u. a. -Bindungen, z. B. Esterasen, Phosphatasen, Glykosidasen, Proteasen; **4. Lyasen:** E., die vom Substrat unter Bildung von Doppelbindungen Gruppen abspalten (z. B. folgende Bindungen lösen: C–C, C–O, C–N, C–S), z. B. Dehydratasen, Decarboxylasen od. die Anlagerung einer Gruppe an eine Doppelbindung bewirken (Synthasen); **5. Isomerasen:** E., die die Umwandlung isomerer Verbindungen katalysieren z. B. Racemasen, Epimerasen u. Isomerasen. **6. Ligasen:** Synthetasen; E., die zw. zwei Substraten unter Energieverbrauch (z. B. ATP-Abbau) neue Bindungen (z. B. zw. C–C, C–O, C–N, C–S u. a.) knüpfen, z. B. Carboxylasen, Phosphorylasen. **Gesch.:** Fermentative Vorgänge wie Gärung u. Fäulnis waren wahrscheinl. schon in prähistor. Zeit bekannt; die Natur der Enzymwirkungen erkannte 1834 Jöns Jacob Berzelius (1779-1848). 1815 fand Alexander Marzet (1770-1822) das Steapsin u. die Lipase, 1817 Heinrich August von Vogel (1778-1867) das Emulsin; 1836 isolierte Theodor Schwann (1810-1882) das Pepsin aus dem Magensaft, 1894 isolierte Emil Fischer (1852-1919) Maltase u. Lactase, 1897 isolierte Eduard Buchner (1860–1917) die Zymase; 1867 gelang Willy Kühne (1837-1900) die erste Reindarstellung von Enzymen; 1911 erkannten Albert Prescott Mathews u. Glenn, dass E. ein Coenzym u. ein Apoenzym enthalten. 1926 stellte James Sumner (1887-1955) das erste krist. Enzym (Urease) dar, 1930 gewann John Howard Northrop (1891-1987) krist. Pepsin u. Trypsin, 1934 Eugen Bamann (1900-1981) u. Laeverenz krist. Lipase.

Enzyme
pH-Optimum einiger Enzyme

Enzym	pH-Optimum
Arginase	9.0-9.5
Pankreaslipase	8
Erepsin	7.8
Trypsin	7.8-8.7
Urease	7
Katalase	7
Pepsin	1.5-1.6

Enzymeinheit: s. Enzymaktivität.

Enzymhemmung: s. Enzyminhibition.

Enzym-Immunoassay: Abk. EIA; empfindl. u. spezifische immun. Methode zur Bestimmung antigener Substanzen (z. B. Proteine, Hormone, Antikörper, Tumormarker, Viren, Pharmaka) in Flüss. (z. B. Serum) unter Verw. enzymmarkierter spezif. Antikörper od. Antigene vom gleichen Typ wie das zu bestimmende Antigen*. **Prinzip:** Kombination von Immunoassay (Antigen-Antikörper-Reaktion) u. spezif. Enzymreaktionen, z. B. als ELISA*; vgl. Radioimmunoassay.

Enzyminduktion: allmähl. sich steigernde Aktivität von Enzymen, die dadurch zustande kommt, dass die Strukturen in den Leberzellen zunehmen, an denen Enzyme lokalisiert sind, die zur Elimination der Arzneistoffe durch Metabolisierung führen. Dadurch kommt es zu beschleunigtem Abbau von bestimmten Arzneistoffen u. zu Toleranz*. Beispiele für Stoffe, die zu E. führen: Barbiturate, Glutethimid, Tolbutamid, Nicethamid. Die Biotransformation kann auf diese Weise vom betr. Arzneistoff selbst (Autoinduktion, Eigeninduktion) od. von anderen Arzneistoffen (Fremdinduktion) beeinflusst werden.

Enzyminhibition: Hemmung der Aktivität von Enzymen durch kompetitive od. nichtkompetitive Mechanismen (s. Antagonismus) od. durch Überangebot an Substrat (Substrathemmung). Hemmung u. Aktivierung bestimmter Enzyme spielen bei der Steuerung des Stoffwechsels sowie bei der Metabolisierung von Arzneistoffen eine große Rolle. Folgen der Hemmung von Enzymen, die an der Metabolisierung von Arzneistoffen beteiligt sind, können verlängerte HWZ, Erhöhung des Serumspiegels, Wirkungsverstärkung u. -verlängerung sowie eine Verstärkung der UAW u. der Toxizität des Stoffes sein. Arzneimittelwechselwirkungen (s. Arzneimittelinteraktionen) beruhen oft auf diesem Prinzip, z. B. Verstärkung der UAW von Phenytoin wegen verminderter Verstoffwechselung bei gleichzeitiger Verabreichung von Dicoumarol. Daneben beruht die Wirkung vieler Arzneimittel auf dem Prinzip der E.; s. Enzyminhibitoren.

Enzyminhibitoren: Stoffe, die spez. Enzyme hemmen können. Dazu gehören eine große Zahl von Arzneimitteln wie Cholinesterasehemmer (indirekte Parasympathomimetika*), Carboanhydrasehemmer (s. Diuretika), Proteasehemmer*, Xanthinoxidasehemmer*, HMG*-CoA-Reduktasehemmer, Protonenpumpenblocker*. Als E. wirken auch viele Gifte, z. B. Alkylphosphate* u. verschiedene Schwermetalle (z. B. Quecksilber); vgl. Enzyminhibition.

Enzymkinetik: s. Michaelis-Menten-Gleichung.

Enzymregulationen: nat. Mechanismen, die die Enzymwirk. steuern, wie Induktion, Repression, allosterische Effekte, kovalente Modifikationen von Enzymen.

Enzymsättigung: Zustand, bei dem alle aktiven Stellen eines Enzyms mit Substrat abgesättigt sind u. somit die maximale Reaktionsgeschwindigkeit erreicht ist. Weitere Zugabe von Substrat kann die Reaktionsgeschwindigkeit nicht mehr erhöhen. Handelt es sich beim Substrat um einen Arzneistoff, der enzymat. Veränderungen unterliegt, kann sich die E. in einer nichtlinearen Dosis/Wirkungs-Beziehung auswirken.

EOB: Abk. für (engl.) *end of bombardement;* Endzeitpunkt der Bestrahlung des Targets* bei der Produktion von Radionukliden; vgl. Zerfallskorrektur, EOS.

EOS: Abk. für (engl.) *end of synthesis;* Zeitpunkt des Syntheseendes bei der Produktion von radioaktiv markierten Substanzen; vgl. Zerfallskorrektur, EOB.

Eosin: **1.** E., gelbl.: Natriumsalz des Tetrabromfluoresceins; $C_{20}H_6Br_4Na_2O_5$, M_r 691.9. Schmp. 295-296 °C. Rotes, krist. Pulver, lösl. in Wasser,

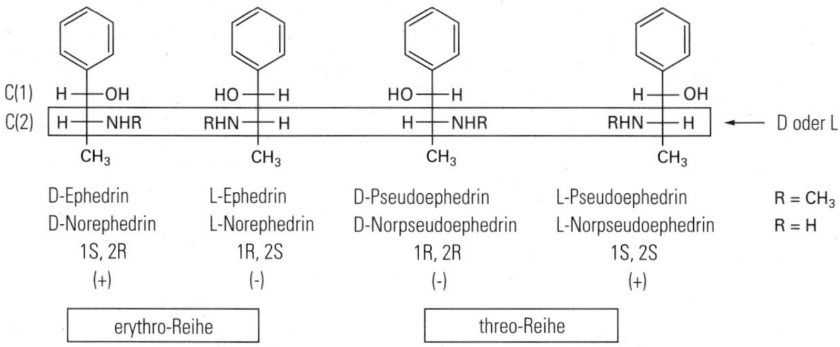

Ephedrine: Gegenüberstellung der Ephedrin- u. Norephedrin-Stereoisomeren

Ethanol. **Anw.**: als Farbstoff für Lippenstifte, Lacke, auch für Genussmittel; in der Mikroskopie zur Anfärbung von Präparaten, als Reagens, s. Jenner-Eosin-Methylenblau-Lösung. **2.** E., bläul.: Natriumsalz des Dibromdinitrofluoresceins; $C_{20}H_6Br_2N_2Na_2O_9$. M_r 624.1. Rotbraunes, krist. Pulver. **Anw.**: zum Färben von Wolle, Baumwolle, Papier, in der Mikroskopie.

Ep.: s. Erstarrungspunkt.

EP: Abk. für Epoxidharze*.

Epeira diatema: s. Araneus diadematus.

Ephedra distachya L. **ssp. distachya:** Ephedra vulgaris L. C. Rich.; Fam. Ephedraceae (Mittelmeergebiet bis Indien). **Inhaltsst.**: D-Pseudoephedrin* u. wenig L-Ephedrin*.

Hom: *Ephedra distachya (HAB1.5),* Ephedra vulgaris: frische, oberird. Teile.

Hom: *Ephedra distachya spag. Zimpel (HAB1.2):* frisches Kraut.

Ephedra equisetina Bunge: s. Ephedra sinica.

Ephedra shennungiana Tang: s. Ephedra sinica.

Ephedra sinica Stapf: Ephedra, Meerträubchen, Ma Huang; Fam. Ephedraceae (China, Tibet, Indomalaiischer Archipel). Ephedra sinica u. andere Ephedra-Arten wie E. equisetina u. E. shennungiana sind Stpfl. von **Ephedrae herba:** Herba Ephedrae, Ephedrakraut, Meerträubelkraut, Ma Huang; die im Herbst gesammelten, jungen Rutenzweige. **Off.**: DAB2003; **Inhaltsst.**: L-Ephedrin*, D-Pseudoephedrin*, L-Methylephedrin*, D-Methylpseudoephedrin, L-Norephedrin*, D-Norpseudoephedrin* (Gesamtalkaloidgeh. über 1 %), ferner Saponine, Gerbstoffe; **Anw.**: bei Atemwegerkrankungen mit leichtem Bronchospasmus; techn. zur Herst. von Ephedrin*.

Ephedra vulgaris: s. Ephedra distachya L. ssp. distachya.

Ephedrin: L-(−)-*erythro*-Ephedrin, Phenylmethylaminopropanol; (1*R*,2*S*)-2-Methylamino-1-phenylpropan-1-ol. Strukturformel s. Ephedrine (Abb.). Alkaloid aus Ephedra-Arten. Off. sind: **wasserfreies Ephedrin**: Ephedrinum anhydricum Ph.Eur.4; CAS-Nr. 299-42-3; $C_{10}H_{15}NO$, M_r 165.2. Schmp. ca. 38 °C. **Ephedrin-Hemihydrat**: Ephedrinum hemihydricum Ph.Eur.4; CAS-Nr. 50906-05-3; $C_{10}H_{15}NO \cdot 0.5\,H_2O$, Schmp. 40-43 °C. Weißes, krist. Pulver od. farblose Kristalle, geruchlos od. schwach aromat. Geruch. Lösl. in Wasser, Ethanol, Ether, Chloroform, Glycerol, Paraffin u. Vaselinöl. **Anw.**: fast ausschließl. als Ephedrinhydrochlorid*.

ψ-Ephedrin: s. Pseudoephedrine.

Ephedrine: Phenylalkylaminalkaloide; nat., z. B. in Ephedra-Arten u. Catha* edulis, sind die Diastereomere L-Ephedrin* u. D-Pseudoephedrin* sowie D-Norpseudoephedrin*. Herst. von L-Norephedrin*, der jeweiligen Enantiomere u. Racemate, z. B. Ephetonin*, erfolgt synthetisch.

Ephedrinhydrochlorid: Ephedrini hydrochloridum Ph.Eur.4, Ephedrinum hydrochloricum, salzsaures Ephedrin; (1*R*,2*S*)-2-Methylamino-1-phenyl-1-propanol-hydrochlorid; CAS-Nr. 50-98-6; $C_{10}H_{16}ClNO$, M_r 201.7. Schmp. 217-220 °C. $[\alpha]_D^{20\,°C}$ −34 bis −35°C (c=5 in Wasser). Farblose Kristalle od. weißes, krist. Pulver von bitterem Geschmack; lösl. in 4 T. Wasser, lösl. in Ethanol, sehr schwer lösl. in Chloroform. **Inkomp.**: mit Silbersalzen; **Wirk.** u. **Anw.**: indirekes Sympathomimetikum* mit schwächerer zentraler Wirk.; Ind.: Asthma bronchiale, Husten, Rhinitis, allerg. Erkrankungen wie Heuschnupfen u. a., bei Kreislaufschwäche; **Dos.**: p. o. 20 mg, MED 0.1 g, MTD 0.3 g; s. c. 10 mg, MED 40 mg, MTD 120 mg; Nasentropfen 0.1 %, Nasensalbe 3 %; HWZ 3-6 h. **Racemisches Ephedrinhydrochlorid**: s. Ephetonin; vgl. Norephedrin.

Ephedrinhydrochlorid-Tabletten: s. Compressi Ephedrini hydrochlorici.

Ephedrin, salzsaures: s. Ephedrinhydrochlorid.

Ephedrin, schwefelsaures: s. Ephedrinsulfat.

Ephedrinsulfat: Ephedrinum sulfuricum, schwefelsaures Ephedrin; CAS-Nr. 134-72-5; $(C_{10}H_{15}ON)_2 \cdot H_2SO_4$. Schmp. 238-245 °C. Weiße Kristalle od. krist., polymorphes Pulver, leicht lösl. in Wasser, lösl. in Ethanol. **Anw.** u. **Dos.**: s. Ephedrinhydrochlorid.

Ephedrinum hydrochloricum: s. Ephedrinhydrochlorid.

Ephedrinum sulfuricum: s. Ephedrinsulfat.

Ephelides: Sommersprossen, hyperpigmentierte Flecken auf lichtexponierter Haut, bes. bei Rotblonden, durch verstärkte Melaninsynthese ohne erhöhte Melanozytenzahl.

Ephetonin: Ephedrini racemici hydrochloridum Ph.Eur.4, Racephedrinhydrochlorid (Abk. REH); salzsaures racem. Ephedrin*. Schmp. 186-188 °C. Weißes, krist. Pulver, leicht lösl. in Wasser, lösl. in Ethanol. **Anw.** u. **Dos.**: s. Ephedrinhydrochlorid.

Epi-: Wortteil mit der Bedeutung auf, über, oberhalb, an, in, bei, nach, durch.

Epicatechin: s. Catechine.

Epichlorhydrin: Chlormethyloxiran; 1-Chlorpropan-2,3-epoxid, C_3H_5ClO, M_r 92.53. DL-Form: Sdp. 117 °C. D. 1.18. Stechend riechende, giftige Flüss., wenig lösl. in Wasser, mischbar mit org. Lösungsmitteln. E. bildet explosive Gemische mit Luft. **Anw.**: wegen des reaktiven Oxiranringes für org. Synthesen, z. B. zur Herst. der Epoxidharze* u. Derivaten von Stärke (absorbable* dusting powder), Dextrinen (Cadexomer*-Iod) u. Dextranen (Dextranomer*). **Tox.**: karzinogen, neurotox., nierenschädigend.

E

Epicillin INN: Dihydroampicillin, Spectacillin, α-Amino-3,6-dihydrobenzylpenicillin, 6-[D-2-Amino-2-(1,4-cyclohexadienyl)acetamido]penicillansäure; 6-[D-2-Amino-2-(1,4-cyclohexadien-1-yl)acetamido]-3,3-dimethyl-7-oxo-4-thia-1-azabicyclo[3.2.0]heptan-2-carbonsäure; CAS-Nr. 26774-90-3; $C_{16}H_{21}N_3O_4S$, M_r 351.43. Schmp. 202 °C (unter Zers.; Hemihydrat). Lösl. in Wasser 1:250. **Wirk.** u. **Anw.**: Antibiotikum*; halbsynthet. Penicillin mit erweitertem Wirkungsspektrum; hemmt neben den benzylpenicillinempfindl. Keimen auch Haemophilus influenzae, Enterokokken u. Listerien; heute selten verwendet; **Dos.**: p. o. 3-4×0.5-1.0 g/d; Kinder 2-6 Jahre 3×0.5 g/d; Kinder 1-2 Jahre 3×0.375 g/d; parenteral (i. m., i. v.) 3×1.0 g/d; Kinder 6-14 Jahre 3×0.75 g/d; Säuglinge 2×0.25 g/d; HWZ 1 h; vgl. Antibiotika (Tab.). Gebräuchl. ist auch Epicillin-Natrium.

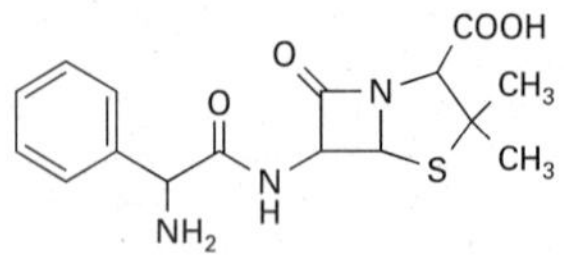

Epicillin

Epidemie (gr. epidemos im Volk verbreitet): stark gehäuftes, örtl. u. zeitl. begrenztes Vork. einer Erkrankung (v. a. Infektionskrankheiten); vgl. Endemie.

Epidemiologie: Wissenschaftszweig, der sich mit der Verteilung von übertragbaren u. nichtübertragbaren Krankheiten u. deren physik., chem., psych. u. sozialen Determinanten u. Folgen in der Bevölkerung befasst.

Epidermis: Oberhaut. **1.** (bot.) primäres Abschlussgewebe*; äußerste, meist einzell. Schicht von Blättern u. jungen Sproßachsen; Gewebeart, die die Pflanze vor äußeren Einwirk. od. übermäßigem Wasserverlust abschirmt. Die Epidermis der Wurzeln hat eine andere Funktion, s. Rhizodermis. **2.** (med.) die gefäßlose, äußerste Schicht der Haut ektodermaler Herkunft. Sie besteht aus mehrschicht. verhornten Plattenepithel u. ihre Dicke beträgt je nach Körperregion 30 µm-4 mm.

Epiduralanästhesie: s. Periduralanästhesie.

Epigastrium: Magengrube, Oberbauchgegend; die Region zw. Rippenbögen u. Schwertfortsatz des Brustbeins.

epigyn: (bot.) unterständig, s. Blüte.

Epikotyl: (bot.) oberer Teil der Embryoachse (Keimlingsachse) bzw. erstes Internodium oberhalb der Kotyledonen.

Epikrise (gr. epikrisis Beurteilung, Entscheidung): zusammenfassender, krit. Abschlussbericht über den Verlauf einer Erkrankung im Krankenhaus. Enthält Angabe u. Begründung einer Diagnosestellung sowie Empfehlungen zu weiter durchzuführender Therapie.

Epilation: Haarentfernung. Dauerhaft durch Elektrolyse; temporär mittels mechan. od. chem. Verfahren, vgl. Depilatorien.

Epilepsie: Fallsucht; paroxysmale zerebrale Funktionsstörung infolge exzessiver Entladungen von Neuronen. Insgesamt erleiden ca. 5 % aller Menschen in ihrem Leben einen epilept. Anfall. Die Manifestation resultiert i. d. R. aus dem Zusammenwirken exogener u. endogener Faktoren. **Nosolog. Einteilung: 1.** Gelegenheitsanfälle (okkasionelle Anfälle) als Reaktion auf einen Reiz (z. B. Schlafentzug) od. als unmittelbares Symptom einer Erkrankung des Gesamtorganismus od. des Gehirns, z. B. Fieberkrämpfe; **2.** chron. rezidivierende Anfälle (Epilepsie i. e. S.) ohne auslösenden akuten Reiz. **Klassifikation: 1.** lokalisationsbezogene (fokale, partielle) Epilepsien u. Syndrome; **2.** generalisierte Epilepsien u. Syndrome; **3.** Epilepsien u. Syndrome mit unklarer Zuordnung (fokal od. generalisiert); **4.** spezielle Syndrome. **Ther.: 1.** Beseitigung der Urs. bei fassbaren Hirnerkrankungen (z. B. Hirntumor); **2.** Vermeidung charakterist. Auslösefaktoren wie z. B. Schlafmangel, Stroboskoplicht; **3.** Langzeitther. mit Antiepileptika*, durch die heute 60-70 % der Patienten anfallsfrei werden; **4.** bei fokaler E. u. unzureichender Wirksamkeit der medikamentösen Ther.: operative Behandlung; **5.** Verhaltensther. einschließl. Biofeedback.

Epilobium-Arten: Weidenröschen; Fam. Onagraceae (Oenotheraceae) (Europa); verwendet werden neben **Epilobium angustifolium L.** (Chamaenerion angustifolium (L.) Scop.), Schmalblättriges Weidenröschen (oft auch als Verfälschung angesehen), v. a. (unbegründeterweise) die kleinblütigen Arten: **Epilobium parviflorum Schreb.**, Kleinblütiges Weidenröschen; **Epilobium montanum L.**, Berg-Weidenröschen; **Epilobium roseum Schreb.**, Rosarotes Weidenröschen; **Epilobium collinum C. C. Gmel.**, Hügel-Weidenröschen. Stpfl. von **Herba Epilobii:** Herba Chamaenerii angustifolii, Weidenröschenkraut. **Inhaltsst.**: Gerbstoffe, Flavonoide* (z. B. ein Myricetinglururonid), Schleim, Anthocyane*, Triterpensäuren u. noch (weitgehend) unbekannte Stoffe; **Anw.** volkstüml.: bei benigner Prostatahyperplasie*; die therap. Wirk. ist jedoch wissenschaftl. nicht gesichert; die Prostaglandinbildung wird beeinflusst.

Epimere: Diastereomere* mit mehreren Asymmetriezentren, die sich aber nur an einem von diesen unterscheiden (z. B. Lysergsäure u. Isolysergsäure); vgl. Kohlenhydrate (z. B. D-Glucose u. D- Mannose).

Epimestrol INN: 3-Methoxyestra-1,3,5(10)-trien-16α,17α-diol; CAS-Nr. 7004-98-0; $C_{19}H_{26}O_3$, M_r 302.42. **Anw.**: Estrogen*, Ovulationsstimulans, bei Infertilität u. Amenorrhoe.

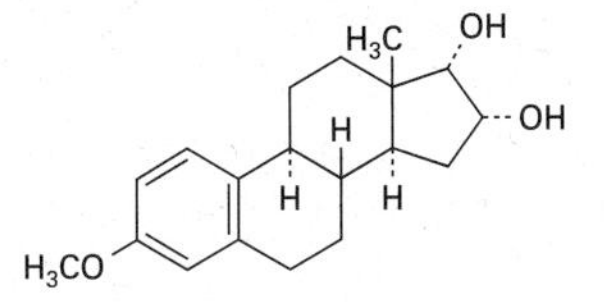

Epimestrol

Epinephrin INN: s. Adrenalin.
Epinephrin-Augentropfen, neutrale: s. Augentropfen (Adrenalin-Augentropfen).
Epinephrinhydrogentartrat: s. Adrenalinhydrogentartrat.
Epiphyse: **1.** Zirbeldrüse (dorsal* am Zwischenhirn befestigt); syn. Glandula pinealis, Corpus pineale; Bildungsort von Melatonin*; s. Hormone. **2.** Gelenkende, proximal u. distal gelegene Endstücke der langen Röhrenknochen.
Epiphyt: (bot.) Organismus, der auf einem anderen wächst, aber nicht auf diesem parasitiert, z. B. Algen, Flechten, Moose, Orchideen u. Bromelien.
Epirubicin INN: CAS-Nr. 56420-45-2; $C_{27}H_{29}NO_{11}$, M_r 543.54. Antibiotikum der Anthracyclin-Gruppe aus Streptomyces peucetius var. caesius. **Anw.**: Zytostatikum*; HWZ 24-52 h. **Epirubicinhydrochlorid:** Epirubicini hydrochloridum Ph.Eur.4; M_r 56390-09-1; $C_{27}H_{30}ClNO_{11}$; M_r 578.98; Schmp. 185 °C (unter Zers.); orangerotes Pulver, lösl. in Wasser u. Methanol, schwer lösl. in wasserfreiem Ethanol, unlösl. in Aceton. **Dos.**: parenteral i. v. 60-90 mg/m^2 Körperoberfläche als Einzeldosis alle 3 Wochen; Totaldosis: 0.9-1 g/m^2 Körperoberfläche.
Episome: Plasmide*, die eigenständig existieren od. in die Wirts-DNA integriert werden können.
Epistase: Geninteraktion, bei der ein Gen bestimmt, ob der durch ein anderes, nicht alleles Gen desselben Gentyps gegebene Phänotyp ausgebildet wird od. nicht.
Epistaxis (gr. staxo tröpfeln, triefen): Nasenbluten. **1.** sog. habituelles Nasenbluten v. a. bei Kindern durch lokale Urs. wie Gefäßverletzung, andere physik. od. chem. Schädigung der Nasenschleimhaut od. Nasenfremdkörper; **2.** als Symptom einer Allgemeinerkrankung z. B. bei akuten Infektionskrankheiten, Gefäß- u. Kreislauferkrankungen u. Vitamin-K-Mangel; **Ther:** Hochlagerung des Oberkörpers, evtl. medikamentöse Senkung des Blutdrucks; Nasentamponade; elektro- od. laserchirurg. Verschluss der Blutungsquelle.
Epithelgewebe: geschlossener, ein- od. mehrschicht. Zellverband (platt, kub. od. zylindr.), der die inneren od. äußeren Körperoberflächen bedeckt u. dem Schutz, dem Stoffaustausch u. der Reizaufnahme dient.
Epithelkörperchen: Glandulae parathyreoideae; Nebenschilddrüsen (enthalten Parathormon* u. Calcitonin*); s. Hormone (Schilddrüse).
Epithelzylinder: s. Harnzylinder.
Epitope: antigene Determinanten; Stellen (Aminosäurenreste) auf Antigenen, an die Antikörper binden.
EPO: Abk. für Epoetin*.
Epoetin INN: Erythropoetin, Erythropoietin, Abk. EPO; CAS-Nr. 11096-26-7; $C_{809}H_{1301}N_{229}O_{240}S_5$, M_r ca. 30 000; nicht artspezif. Gewebehormon, aus Erythropoetinogen unter dem Einfluss von Erythrogenin (Gewebehormon der Niere) gebildet; Glykoprotein aus 165 Aminosäuren u. 4 Zuckermolekülen, das insbes. bei Sauerstoffmangel die Erythropoese* im Knochenmark stimuliert. **Rekombinantes humanes EPO**: r-HuEPO; unterschiedl. Glykosilierung gekennzeichnet durch gr. Buchstaben: **1. Epoetin alfa (INN)**: CAS-Nr. 113427-24-0; **2. Epoetin beta (INN)**: rekombinantes humanes EPO, r-HuEPO, EPOCH; CAS-Nr. 122312-54-3; **3. Epoetin gamma:** CAS-Nr. 130455-76-4; **4. Epoetin delta:** CAS-Nr. 48363-16-0; **Anw.**: Antianämikum, z. B. zur Substitution bei Niereninsuffizienz. **Erythropoietin-Lösung, konzentrierte**: Erythropoietini solutio concentrata Ph.Eur.4; enthält eine Gruppe naher verwandter Glykoproteine, die sich hinsichtl. ihrer Aminosäurefrequenz sowie im durchschnittl. Glykosilierungsmuster nicht vom nat. (urinalen) E. vom Menschen unterscheiden u. in Konz. von 0.5-10 mg/mL vorliegt. Sie kann Puffersubstanzen u. andere Hilfsstoffe enthalten. Ihre Wirksamkeit beträgt mind. 100 000 I.E./mg aktiver Substanz.
Epóna: s. Virola calophylloidea (Yakée).
Epoxide: Alkenoxide, Oxirane; cycl. Ether, die infolge der starken Spannung des Dreiringsystems sehr reaktionsfähig sind u. wesentl. rascher aufgespalten werden als acycl. u. ungespannte cycl. Ether. **Vork.**: nat. vorkommende E. sind selten, z. B. Valepotriate*, Violaxanthin*, Fosfomycin*. **Anw.**: E., z. B. Epichlorhydrin*, Ethylenoxid*, Glycidol (2,3-Epoxy-1-propanol), sind in der chem. Synthese weit verbreitet.
Epoxidharze: Abk. EP, Duroharze; entstehen durch Vernetzung von Epichlorhydrin mit aromat. Hydroxyverbindungen (z. B. Bisphenol*-A) unter Zusatz von Alkalilauge mit geeigneten Härtern. Verw. für hochbeanspruchte Behälter, Rohrleitungen, als lufttrocknende korrosionsfeste Anstriche, Korrosionsschutzlacke an Tuben u. Dosen (Aushärtung bei ca. 300 °C, Einbrennlackierung).
Epoxy-: Bez. der Gruppierung –O– als Überbrückung einer od. mehrerer C–C-Bindungen, z. B. bei Epoxiden*, Eucalyptol*, Cantharidin*.
Eprazinon INN: 3-[4-(β-Ethoxyphenethyl)-1-piperazinyl]-2-methyl-propiophenon; CAS-Nr.

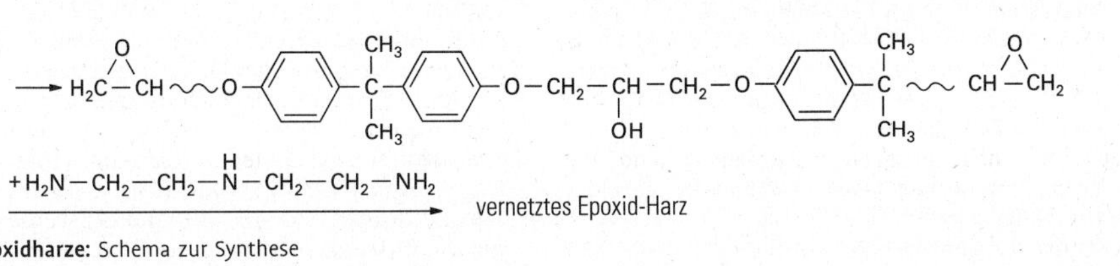

Epoxidharze: Schema zur Synthese

10402-90-1; $C_{24}H_{32}N_2O_2$, M_r 380.51. **Anw.:** Mukolytikum*, Expektorans*, Antitussivum*; HWZ 2-3 h.

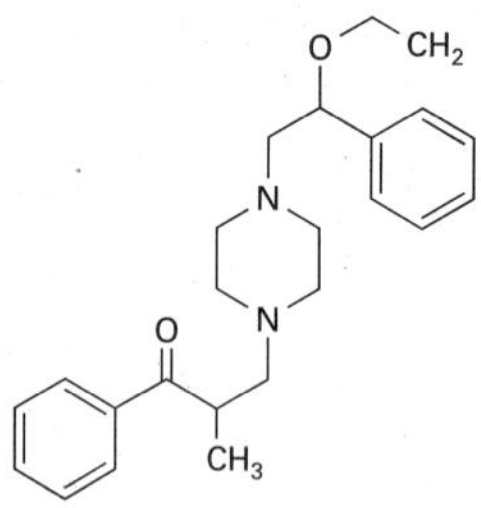

Eprazinon

Eprosartan INN: (*E*)-α-[2-butyl-1-[(4-carboxyphenyl)methyl]-1*H*-imidazol-5-yl]methylen-2-thiophenpropansäure; CAS-Nr. 133040-01-4; $C_{23}H_{24}N_2O_4S$, M_r 424.5. Schmp. 260 °C. logP 5.0; pKs 3.3; schwer lösl. in Wasser. **Wirk.:** Angiotensin*-II-Blocker; schlechte Resorption; Bioverfügbarkeit 13 %; **Anw.:** Antihypertensivum*; **UAW:** s. Losartan, Valsartan; **Dos.:** 600-800 mg/d p.o.; HWZ 5-9 h.

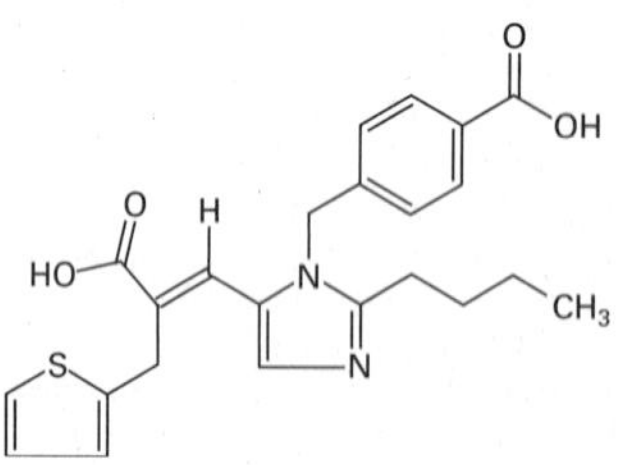

Eprosartan

Epsom-Salz: s. Magnesiumsulfat.

Epstein-Barr-Virus (Michael A. E., Pathol., Bristol, geb. 1921, Murray L. B., Anat., Ontario, geb. 1908): Abk. EBV; DNA-Virus der Gammasubfamilie der Herpes*-Viren; Erreger der infektiösen Mononukleose*.

Eptifibatid INN: N^6-Amidino-N^2-(3-mercaptopropionyl)-L-lysylglycyl-L-α-aspartyl-L-tryptophyl-L-prolyl-L-cysteinamid; CAS-Nr. 148031-34-9; $C_{35}H_{49}N_{11}O_9S_2$, M_r 832.0. **Wirk.:** Glykoprotein-IIb/IIIa-Antagonist; Hemmung der Thrombozytenaggregation; **Anw.:** Antikoagulans* zur Prävention des Myokardinfarkts bei instabiler Angina* pectoris; Anw. in Kombination mit Acetylsalicylsäure u. Heparin; **UAW:** Blutungen; **Dos.:** 180 µg/kg als i.v. Bolus, anschließend Dauerinfusion von 2.0 µg/kg/min bis zu 72 h; HWZ 2.5 h.

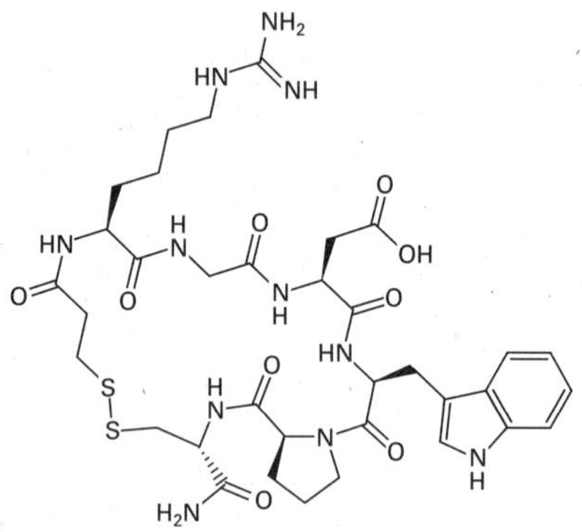

Eptifibatid

Equilin INN: 3-Hydroxyestra-1,3,5(10),7-tetraen-17-on; CAS-Nr. 517-09-9; $C_{18}H_{20}O_2$, M_r 268.3. Schmp. 238-240 °C. Lösl. in Alkohol, Aceton, wenig lösl. in Wasser. **Wirk. u. Anw.:** Estrogen (s. Hormone); bei klimakter. Beschwerden; **UAW:** Übelkeit, gastrointestinale Beschwerden.

Equisetum arvense L.: Ackerschachtelhalm, Katzenwedel, Schachtelhalm, Scheuerkraut, Zinnkraut, Kannenkraut; Fam. Equisetaceae (Europa). Stpfl. von **Equiseti herba:** Herba Equiseti, Schachtelhalmkraut, Zinnkraut; besteht aus den getrockneten, sterilen Sprossen der Pflanze. **Off.:** Ph.Eur.4.02, ÖAB90, Ph.Helv.8; **Inhaltsst.:** 8-14 % Kieselsäure (s. Silicium), lösl. Kieselsäure ca. 0.5-1 %, andere anorg. Stoffe (v. a. Kaliumchlorid); ferner Flavonglykoside (Isoquercitrin, Galuteolin, Equisetrin), Polyensäuren, höhere Dicarbonsäuren (z. B. Equisetolsäure, mit insgesamt 30 C-Atomen), Bitterstoff, Harz, oberflächenaktive Stoffe (z. B. Derivate höherer Fettsäuren; nicht vorhanden sind Saponine, früher als Equisetonin bezeichnet); **Zuber:** Spec. urologicae; **Anw.:** zur Durchspülung bei bakteriellen u. entzündl. Erkrankungen der ableitenden Harnwege u. bei Nierengrieß; volkstüml.: früher auch bei Lungenleiden, Arteriosklerose, als Hämostyptikum (Presssaft); äußerl.: Behandlung von Wunden, Ekzemen, Erysipel, Bartflechte u. a.; die lösl. Kieselsäure soll zu einer Steigerung der Leukozytentätigkeit führen (evtl. als oral anwendbares Immunstimulans).

Hom: *Equisetum arvense:* frische, im Spätsommer gesammelte Pfl. mit sterilen Stängeln.

Equisetum hyemale L.: Großer Schachtelhalm, Winterschachtelhalm; Fam. Equisetaceae (Europa). Stpfl. von **Herba Equiseti majoris: Inhaltsst.:** fettes Öl, Kieselsäure, Zucker; **Anw.** volkstüml.: harntreibende Droge.

Hom: *Equisetum hyemale:* frische Pfl.; verord. z. B. bei Enuresis nocturna, Reizblase, Nierensteinen.

Equisetum palustre L.: Sumpfschachtelhalm, Duwock; Fam. Equisetaceae (Europa). **Inhaltsst.:** das Hauptalkaloid Palustrin ist für die Giftwirk. verantwortlich.

Er: (chem.) Symbol für Erbium*.

Erbelkraut: s. Fragaria vesca (Fragariae folium).

Erbfaktor: s. Gen.

Erbgrind: s. Favus.

Erbium (von Ytterby, dem schwed. Fundort des Minerals Gadolinit): Symbol Er; A_r 167.26, OZ 68. D. 9.066. Schmp. 1522 °C. Sdp. 2859 °C. Silbrig glänz., weiches, 3-wertiges Lanthanoid*-Metall; an der Luft relativ beständig, leicht lösl. in verd. Säuren. **Anw.:** Herst. von Lasern, Bauteilen von Mikrowellengeräten, Ferritblasenspeichern; **Gesch.:** Er wurde 1843 als einer der 3 Hauptbest.

der Yttererden von Carl Gustav Mosander (1797-1858) in Form des unreinen Oxids isoliert. Reines Er_2O_3 wurde erst 1905 von Georges Urbain (1872-1938) u. Charles James (1880-1928) hergestellt. 1934 gelang Kelm u. Blommer die Reduktion von $ErCl_3$ mit Kaliumdampf zum metall. Er; vgl. Yttrium.

Erbrechen: Emesis, Vomitus; komplexer Vorgang, bei dem nach Verschluss des Pylorus u. Relaxation von Fundus u. Kardia der Magen-, evtl. auch der Ösophagusinhalt durch Kontraktionen der Bauch- u. Zwerchfellmuskulatur entleert wird. **Urs.**: z. B. gastrointestinale Erkrankungen, Infekte, sog. Überlauferbrechen durch Stenosen im Magen-Darm-Trakt od. bei Insuffizienz des Magenverschlusses. **Schwangerschaftserbrechen**: bei ca. 50 % aller Schwangeren in der Frühschwangerschaft auftretend und i. d. R. zw. 12. u. 16. Schwangerschaftswoche abklingend; überwiegend als morgendl. Nüchtern-Erbrechen (Vomitus matutinus).

Erbsenstärke: s. Amylum Pisi.

Erdalkalimetalle: Erdalkalien; Elemente der 2. Hauptgruppe des Periodensystems: Beryllium, Magnesium, Calcium, Strontium, Barium, Radium. Mit Ausnahme von Radium sind alle E. Leichtmetalle.

Erdanziehung: s. Schwerkraft.

Erdatmosphäre: Gashülle der Erde. Sie wird in mehrere Zonen unterteilt: **Troposphäre**: 0-10 km; **Stratosphäre**: 10-50 km; **Mesosphäre**: 50-100 km, **Thermosphäre**: 100-500 km; **Exosphäre**: über 500 km.

Erdbeerblätter: s. Fragaria vesca (Fragariae folium).

Erdbeschleunigung: s. Fallbeschleunigung.

Erdbirne: s. Helianthus tuberosus.

Erdbrot: s. Cyclamen purpurascens (Rhizoma Cyclaminis).

Erdefeu: s. Glechoma hederacea.

Erden: hochschmelzende Metalloxide wie Al_2O_3 (Tonerde), BeO od. TiO_2. **Saure E.**: Vanadium-, Niob- u. Tantalpentaoxid. **Alkalische E.**: Oxide von Barium, Calcium, Magnesium, Strontium. **Seltene E.**: Oxide der Seltenerdmetalle*.

Erden, alkalische: veraltete Bez. für die Oxide von Barium*, Calcium*, Strontium*, Magnesium*.

Erden, seltene: Oxide der Seltenerdmetalle*.

Erdgas: s. Leuchtgas.

Erdkraut: s. Fumaria officinalis (Fumariae herba).

Erdmann-Reagens: Zuber. für den Färbenachw. von Alkaloiden: Mischung aus 20 mL Schwefelsäure u. 0.5 mL Salpetersäure 0.15 %.

Erdmetalle, seltene: Lanthanoide*.

Erdmoos: s. Lycopodium clavatum.

Erdnuß: s. Arachis hypogaea.

Erdnußöl: s. Arachis hypogaea (Arachidis oleum).

Erdnußöl, Gehärtetes: s. Arachis hypogaea (Arachidis oleum hydrogenatum).

Erdöl: s. Oleum Petrae.

Erdölbenzin: s. Benzin.

Erdpech: s. Asphalt.

Erdphosphate: im Harnsediment* vorkommende Tricalcium- u. Trimagnesiumphosphate.

Erdrauch: 1. s. Fumaria officinalis. 2. s. Adlumia fungosa.

Erdstrahlung: s. Strahlung, terrestrische.

Erdwachs: s. Ozokerit, Paraffinum solidum.

ERE: Abk. für (engl.) *estrogen response element.*

Erechthites: s. Pyrrolizidinalkaloide.

Erektion: Anschwellen u. Aufrichten von Penis od. Klitoris durch einen Fremdreflex auf einen mechan., visuellen, olfaktor. od. psych. Reiz. Vgl. Erektionsstörungen.

Erektionsstörung: syn. erektile Dysfunktion, erektile Impotenz; fehlende Erektion* des Penis bei sexueller Erregung. Formen: **1.** primäre E.; **2.** sekundäre E. (spontan u. situativ auftretend). Während vorübergehende E. häufig psych. bedingt sind, ist die längerfristig bestehende E. meist org. Ursprungs (arteriell, venös, neurogen, hormonell). **Risikofaktoren**: u. a. Diabetes* mellitus, Hyperlipidämie*, Hypertonie*, Nicotinkonsum. **Ther.**: **1.** Beseitigung der Risikofaktoren; **2.** Behandlung org. Urs.; **3.** Psychother.; **4.** medikamentöse Ther.; u. a. **a)** Phosphodieesterasehemmer*, z. B. Sildenafil, Tadalafil; **b)** zentral wirksame Substanzen, z. B. Yohimbin*, Apomorphin*; **c)** Injektionsther., z. B. SKAT (Schwellkörperautoinjektionstherapie) od. intraurethrale Applikation mit, Alprostadil*; **5.** ggf. chirurg. Intervention (Revaskularisation, Penisvenenligatur, Vakuumpumpe, Penisprothese).

Erepsin: alte Bez. für die im Darmsekret vorkommenden Peptidasen (Aminopolypeptidase, Dipeptidase, Prolinase).

Erfassungsgrenze: Abk. EG; die meist in µg angegebene Masse eines Stoffs, die durch eine bestimmte Analysenmethode gerade noch nachgewiesen werden kann (vgl. Grenzkonzentration).

erg: nicht mehr zulässige Maßeinheit der Energie bzw. Arbeit aus dem CGS-System: $1\,\text{erg} = 1\,\text{dyn} \cdot \text{cm} = 10^{-7}\,\text{Joule}$.

Ergänzungsstoffe: Nahrungsergänzungsstoffe; Vitamine*, Spurenelemente*, Ballaststoffe*; vgl. Nahrungsergänzungsmittel.

Ergin: Lysergsäureamid; halluzinogenes Säureamidalkaloid; Strukturformel s. Secale cornutum (Abb. 2). **Vork.**: Ascomycetes (Schlauchpilze, z. B. Claviceps purpurea) u. Convolvulaceae (Windengewächse, z. B. Rivea* corymbosa u. Ipomoea* violacea).

Ergine: Ergone, Energine; veraltete Sammelbezeichnungen für Enzyme, Hormone u. Vitamine.

Ergobasin: s. Secale cornutum.

Ergocalciferol INN: s. Vitamine (Vitamin D_2).

Ergocalciferol-Tropfenflüssigkeit, orale: Ergocalciferoli guttae orales 15 mg/mL; Lsg. von Ergocalciferol in einem geeigneten vegetabil. Öl. Geh.: Ph.Helv.7, 12.7-17.2 mg Ergocalciferol je mL. **Anw.**: s. Vitamine (Vitamin D).

Ergocornin: s. Secale cornutum.

Ergocristin: s. Secale cornutum (Tab.).

Ergocryptin: Peptidalkaloide; man unterscheidet α-Ergocryptin u. β-Ergocryptin; Strukturformeln s. Secale cornutum (Tab.). Best. von Ergotoxin*.

Ergolin: Grundgerüst der Ergotalkaloide; Strukturformel s. Secale cornutum (Abb. 1).

Ergometer: Gerät zur Messung körperl. Leistung, mit dem eine dosierbare Belastung vorgenommen werden kann; z. B. Fahrradergometer, Ergostat (Handgerät mit drehbarer Kurbel).

Ergometrin INN: Ergobasin, Ergonovin; CAS-Nr. 60-79-7; $C_{19}H_{23}N_3O_2$, M_r 325.41. Säureamidalkaloid aus Secale cornutum. **Wirk. u. Anw.**: Gynäkologikum, Alphasympatholytikum; bei verzögerter Lsg. der Plazenta, bei Blutungen nach Lsg. der Plazenta, bei mangelnder Rückbildung des Uterus im Wochenbett; die Wirk. am Uterus tritt schnell ein u. klingt auch schnell wieder ab; auf den Sympathikus prakt. ohne Wirk.; E. wird wie Methylergometrin* also hauptsächl. in der Nachgeburtsphase eingesetzt; vor der Geburt des Kindes besteht die Gefahr einer Dauerkontraktion des Uterus. Weitere Angaben u. Strukturformel s. Secale cornutum (Abb. 2). **Ergometrinmaleat**: Ergometrini maleas Ph.Eur.4; CAS-Nr. 129-51-1; $C_{23}H_{27}N_3O_6$, M_r 441.47; Schmp. 167 °C (Zers.); weißes bis schwach gefärbtes, krist. Pulver, wenig lösl. in Wasser, schwer lösl. in Ethanol, unlösl. in Ether. **Dos.**: oral 0.2-0.4 mg/6-12 h; parenteral s. c., i. m. 0.1-0.2 mg/2-4 h; langsam i. v. 0.05-0.1 mg (Ph.Eur.Komm).

Ergometrinhydrogenmaleat: Ergometrini maleas Ph.Eur.4, Ergometrinmaleat, Ergometrinum maleicum; CAS-Nr. 129-51-1; $C_{23}H_{27}N_3O_6$; M_r 441.5; weißes, krist. Pulver, lösl. ca. 25 g/L in Wasser; schwer lösl. in Ethanol, prakt. unlösl. in Chloroform u. Ether. **Anw.**: s. Ergometrin.

Ergometrinmaleat: s. Ergometrin.

Ergone: s. Ergine.

Ergonin: s. Secale cornutum (Wirkstoffe).

Ergonovin: s. Ergometrin.

Ergopeptine: s. Secale cornutum.

Ergoptin: s. Secale cornutum.

Ergosin: s. Secale cornutum.

Ergostane: s. Steroide.

Ergosterin: s. Vitamine (Provitamin D_2).

Ergostin: s. Secale cornutum.

Ergotalkaloide: Mutterkornalkaloide, Secalealkaloide; eine Gruppe von mehr als 30 Indolalkaloiden* mit Ergolin* als Grundgerüst, s. Secale cornutum.

Ergotamin INN: CAS-Nr. 113-15-5; $C_{33}H_{35}N_5O_5$, M_r 581.65. Schmp. 214-216 °C (unter Zers.). Peptidalkaloid aus Secale cornutum. Unlösl. in Wasser, schlecht lösl. in Benzol, gut lösl. in Chloroform, Pyridin, Eisessig; lösl. in ca. 70 T. Methanol u. 150 T. Ethanol. **Anw.**: Migränetherapeutikum*, Vasokonstriktor*; HWZ 20-34 h. Weitere Angaben u. Strukturformel s. Secale cornutum (Abb. 2).

Ergotamintartrat: Ergotamini tartras Ph.Eur.4, Ergotaminum tartaricum; CAS-Nr. 379-79-3; $C_{70}H_{76}N_{10}O_{16}$, M_r 1313. Schmp. ca. 203 °C (unter Zers.). Weißes, krist. Pulver, schwach hygroskop.; lösl. ca. 2 g/L Wasser, schwer lösl. in Ethanol u. Chloroform; wässrige Lsg. trüben sich allmähl. durch Hydrolyse, was durch Zusatz von Weinsäure verhindert werden kann; auch als Dimethanolat (Kristallform mit 2 Mol Methanol pro Mol E.). **Anw.**: s. Ergotamin, Secale cornutum.

Ergotinum: s. Secale cornutum (Zubereitung).

Ergotismus: s. Secale cornutum.

Ergotoxin: Gemisch aus den Ergopeptinen (Mutterkorn-Peptidalkaloiden) Ergocristin, α- u. β-Ergocryptin sowie Ergocornin; s. Secale cornutum.

Ergotropie: Wirk. im Sinne einer Mobilisierung der zur Selbsterhaltung in der Auseinandersetzung mit der Umwelt notwendigen Energie (Eingreifen des adrenerg., sympath. Systems).

Ergovalin: s. Secale cornutum.

Erhaltungsdosis: Dosis, die bei Mehrfachapplikation* eines Arzneistoffes die Aufrechterhaltung eines gewünschten Blutspiegels ermöglicht; liegt niedriger als die Initialdosis*.

$$D_e = D_i \cdot (1 - e^{-k_e \cdot \tau})$$

D_e: Erhaltungsdosis; D_i: Initialdosis; k_e: Geschwindigkeitskonstante der Elimination; τ: Dosierungsintervall.

Erhitzen, fraktioniertes: Tyndallisieren; Methode zur Sterilisation von Lsg., die nicht über 100 °C erhitzt werden dürfen. **Durchführung:** Zyklen (2- bis 4-mal) von mehrmaligen Erhitzen bei Temp. von 70-80 °C, in den Zwischenzeiten wird eine Auskeimzeit von ca. 26 h zugelassen. Beruht auf der Annahme, dass Sporen, die bei einer geringen Erhitzung nicht abgetötet werden, während einer Zwischenzeit auskeimen u. dann als vegetative Formen bei erneuter Erhitzung geschädigt werden können. Es wird zu den Verfahren mit fragl. Wirksamkeit gezählt. Vgl. Konservierung (physik. Verfahren); Sterilisationsverfahren (feuchte Hitze).

Ericaceae: Heidekrautgewächse; Fam. der Od. Ericales (überwiegend in gemäßigten u. kalten Regionen); Holzpflanzen, Zwergsträucher, ca. 2000 Arten. Blätter häufig immergrün, meist wechselständig, ungeteil, oft nadelförmig mit ledriger Konsistenz; Blüten radiär, 5-zählig; Fruchtknoten ober- od. unterständig; Kapsel, Steinfrucht od. Beere. **Chem. Merkmale:** polymere Phenole (Catechin-Gerbstoffe), Phenolglucoside (z. B. Arbutin), Vaciniin (6-Benzoyl-D-glucose). **Wichtige Gattungen**: Arctostaphylos, Calluna, Gaultheria, Kalmia, Ledum, Oxydendrum, Rhododendron, Vaccinium.

Erigeron canadensis: s. Conyza canadensis.

Erika: im Arzneidrogenhandel übl. u. traditionelle Bez. für Herba Callunae, s. Calluna vulgaris.

Erinnerungswerbung: Begriff aus dem Heilmittelwerbegesetz. Eine Erinnerungswerbung liegt vor, wenn ausschließl. mit der Bez. eines Arzneimittels od. zusätzl. mit dem Namen, der Firma, der Marke des pharmaz. Unternehmers od. dem Hinweis „Wirkstoff" geworben wird. Weitere Aussagen, die nicht auf die Eigenschaft als Arzneimittel bezogen sind, wie z. B. der Preis, sind möglich.

Eriobothrya japonica: s. Mispel, Japanische.

Eriochromschwarz T: Natriumsalz der 3-Hydroxy-4-[1-hydroxy-(2-naphthyl)-azo]-7-nitro-1-naphthalinsulfonsäure; $C_{20}H_{12}N_3NaO_7S$, M_r 461.4. Bräunl. schwarzes Pulver. **Anw.**: Reagens für die komplexometr. Maßanalyse (s. Chelate), Umschlagsbereiche: weinrot unterhalb pH 6, blau bei pH 8-12, orange über pH 13; mit Mg, Cd, Pl, Hg weinrote Komplexsalze.

Eriodictyol: 3',4',5,7-Tetrahydroxyflavanon; Strukturformel s. Flavonoide (Tab.). Z. B. in Eriodictyon* californicum, Lophophytum* leandri. Eriodictin ist das 7-L-Rhamnosid.

Eriodictyon californicum (Hook. et Arn.) Torr.: Eriodictyon glutinosum Benth., Santa-

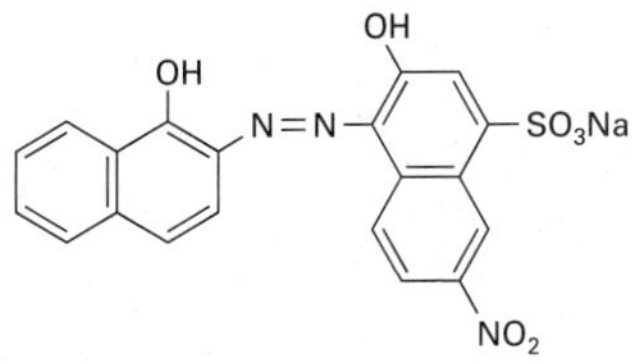
Eriochromschwarz T

kraut; Fam. Hydrophyllaceae (Nordamerika, Kalifornien). E. californicum u. weitere Eriodictyon-Arten sind Stpfl. von **Folia Eriodictyonis:** Herba Eriodictyonis, Herba Santa, Folia Santa, Eriodictyonblätter, Santakraut. **Inhaltsst.:** Flavonoide wie Eriodictyol u. Homoeriodictyol, Chrysoeriol u. a.; **Anw.** volkstüml.: innerl. bei Erkrankungen der oberen Atemwege; äußerl. bei stumpfen Verletzungen.
Hom: *Eriodictyon californicum (HAB1.4),* Herba santa: frisches, blühendes Kraut.

Erisimin: s. Helveticosid.

Erkrankungen des rheumatischen Formenkreises: Oberbegriff für Erkrankungen unterschiedl. Urs. mit Manifestation am Stütz- u. Bindegewebe des Bewegungsapparats häufig mit system. Beteiligung des Bindegewebes innerer Organe. Erkrankungen des rheumatischen Formenkreises i. e. S. sind Kollagenosen, Vaskulitiden u. Entzündungen an Gelenken u. Wirbelsäule (z. B. rheumatoide Arthritis*, Spondylitis ankylosans, rheumat. Fieber u. Arthritis psoriatica).

Erlenmeyer-Bromwasser (Emil E., 1825–1909): Solutio Erlenmeyer; Lsg. von je 4 g Kaliumbromat, Natriumbromat u. 2 g Ammoniumbromat in 750 g nat. kohlensäurehaltigem Mineralwasser. **Anw.:** Sedativum; obsolet.

Erlenmeyerkolben: pyramidenförmiger Glaskolben (s. Kolben) mit flachem Boden.

Erlenmeyer-Plöchl-Azlactonsynthese: Verfahren zur Herst. von α-Aminosäuren. Carbonylverb. setzen sich in Gegenwart von Essigsäureanhydrid mit Acylglycinen zu Azlactonen um, die zu ungesättigten α-Acylaminosäuren hydrolysiert werden. Anschließende Hydrierung führt zu α-Aminosäuren (s. Abb.).

Erlenmeyer-Regel: besagt, dass 2 Hydroxylgruppen an einem Kohlenstoffatom i. Allg. nicht existieren können, da intramolekulare Protonenübergänge stattfinden, die zur Abspaltung von Wasser führen. Beispiel: Zerfall der Kohlensäure (s. Abb.).

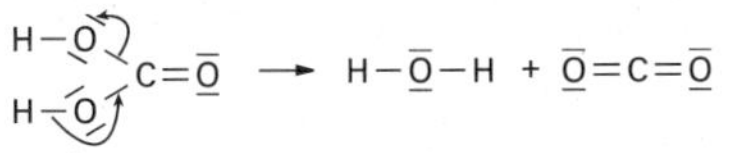
Erlenmeyer-Regel

Erlenrinde: s. Alnus glutinosa (Cortex Alni).

Ernährung, alternative: neben der Vollwerternährung gibt es die Ernährung mit ausschließl. pfl. Lebensmitteln u./od. die Vermeidung von Zusatzstoffen u. übermäßig verarbeiteten Lebensmitteln; s. Vegetarismus; Vollkost, ovolaktovegetabile.

Ernährung, gesunde: ist v. a. bedarfsdeckend. Folgende 10 Regeln sind für eine g. E. zu beachen: **1.** vielseitig, aber nicht zu viel. Je vielfältiger, umso besser wird der Körper mit lebensnotwendigen Nährstoffen versorgt u. eine Belastung durch unerwünschte Stoffe wie Pestizide u. Schwermetalle in der Nahrung vermindert; **2.** weniger Fett u. fettreiche Lebensmittel, denn zu viel Fett macht fett. Fett liefert doppelt so viele Joule wie die gleiche Menge an Kohlenhydraten od. Eiweiß. Versteckte Fette sind in Fleisch, Wurst, Eiern, Sahne, Nüssen, Kuchen u. Schokolade enthalten; **3.** würzig aber nicht salzig, zu viel Salz kann den Blutdruck erhöhen; **4.** wenig Süßes, denn Süßigkeiten verursachen Karies; zu viel Zucker wird vom Körper in Fett umgewandelt; **5.** mehr Vollkornprodukte; sie liefern wichtige Ballaststoffe, Vitamine, Minderalstoffe u. Spurenelemente; **6.** reichl. Obst, Gemüse u. Kartoffeln; **7.** weniger tier. Eiweiß. Pfl. Eiweiß ist so wichtig wie tier. Eiweiß. Fleisch, Wurst u. Eier enthalten relativ viel Fett, Cholesterol u. Purine. Sie sollten nicht tägl. gegessen werden, eher auf Fisch od. fleischlose Speisen ausweichen; **8.** trinken mit Verstand, der Körper braucht Wasser, aber keinen Alkohol; mindestens 1 1/2 L Wasser am Tag; **9.** öfters kleinere Mahlzeiten, z. B. 5 kleinere. Große Mahlzeiten belasten die Verdauungsorgane u. machen müde; **10.** schmackhaft u. nährstoffschonend zu-

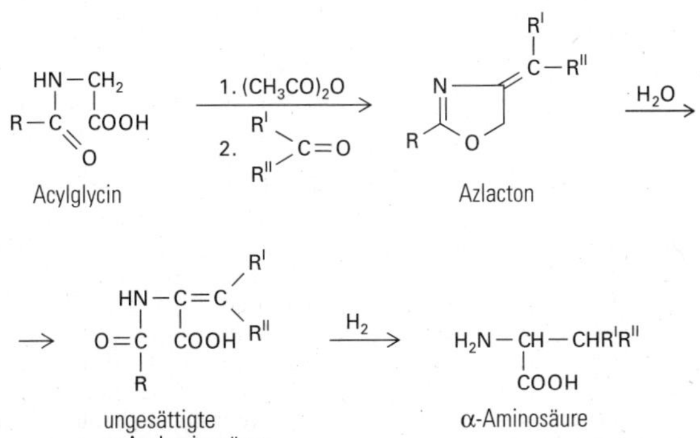

Erlenmeyer-Plöchl-Azlactonsynthese

bereiten, mit wenig Wasser u. Fett kurz garen, Nährstoffe bleiben auf diese Weise erhalten.

Ersatzfasern: (bot.) verdickte, faserartige, lebende Zellen, die anstelle der Holzfasern Funktionen pfl. Stützgewebes im Holz der Samenpflanzen erfüllen.

Erstarrungspunkt: Abk. Ep., Gefrierpunkt; diejenige Temp., bei der die Erstarrung während des Temperaturabfalles beginnt. Bei einheitl. Substanzen ist der Ep. mit dem Schmp. identisch. Zur Bestimmung der Ep. werden z. B. 6-8 g des zu untersuchenden Stoffes in einem Reagenzglas, in dem sich ein Thermometer befindet, vorsichtig geschmolzen. Durch Eintauchen in Wasser, dessen Temp. ca. 5 K niedriger ist als der zu erwartende Ep., wird die Schmelze auf ca. 2 K unter dem Ep. abgekühlt u. anschließend durch Rühren mit dem Thermometer, nötigenfalls durch Einimpfen eines kleinen Kristalls des zu untersuchenden Stoffes, zum Erstarren gebracht. Beim Übergang in den. festen Aggregatzustand tritt durch die freiwerdende Schmelzwärme ein vorübergehender Temperaturanstieg ein (Erstarrungswärme). **Erstarrungstemperatur:** die während des Erstarrens beobachtete höchste Temp.; **Anw.:** Charakterisierung von Fetten, fettähnl. Stoffen, Salbengrundlagen (Cetylstearylalkohol, Hartparaffinen, Vaselinen); vgl. Thermometer, rotierendes.

Erstarrungswärme: s. Erstarrungspunkt; Schmelzwärme.

Erstmilch: s. Kolostrum.

Ertapenem INN: (4*R*)-[3(3*S*,5*S*),4*α*,5*β*,6*β*(*R*)]-3-{5-[(3-carboxyphenyl)amino]carbonyl-3-pyrrolidinyl}thio-6-(1-hydroxyethyl)-4-methyl-7-oxo-1-azabicyclo[3.2.0]hept-2-en-2-carboxylsäure-Natriumsalz; CAS-Nr. 153832-38-3; $C_{22}H_{24}N_3O_7SNa$, M_r 497.5. Schmp. 192 °C. **Wirk.:** Antibiotikum* vom Carbapenem*-Typ, wirksam geg. ein breites Spektrum aerober u. anaerober Bakterien; **Anw.:** früher zur Behandlung von intraabdominellen u. gynäkolog. Infektionen sowie nosokomialen Pneumonien; HWZ ca. 4 h.

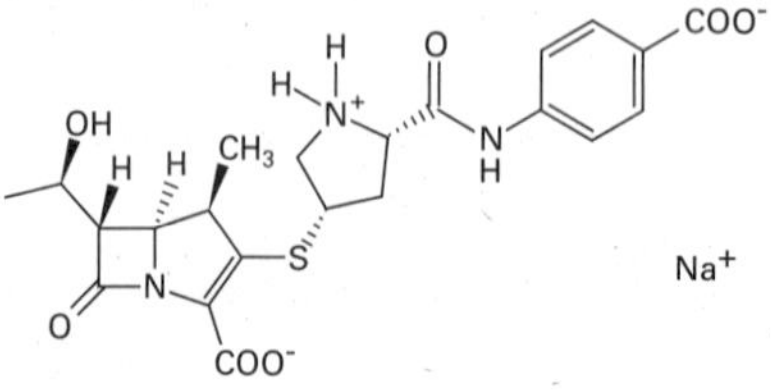

Ertapenem

Erucamid: *Z*-13-Docosenamid; $C_2H_{43}NO$, M_r 337.6. Schmp. ca. 70 °C. Gelbl. bis weißes Pulver od. Körner. Prakt. unlösl. in Wasser, leicht lösl. in Dichlormethan, lösl. in Ethanol. **Anw.:** Reagens Ph.Eur.4.

Erucasäure: *cis*-13-Docosensäure;
$CH_3-(CH_2)_7-CH=CH-(CH_2)_{11}-COOH$;
$C_{22}H_{42}O_2$; M_r 338.6; Schmp. 34 °C; Sdp. 255 °C; weiße, amorphe Masse; lösl. in Ethanol u. Ether, unlösl. in Wasser. Nat. als Glycerolester, in Oleum Rapae (s. Brassica napus), im fetten Öl der Senfsamen, im Traubenkernöl u. Dorschleberöl. Die stereoisomere Brassidinsäure (*trans*-13-Docosensäure) kommt nicht nat. vor.

Erwinia-Arasparaginase: L-Asparaginamidohydrolase, Colaspase, Crisantaspase; CAS-Nr. 9015-68-3, M_r 138 kDalton, Asparaginase* aus Erwinia chrysanthemi. **Anw.:** Zytostatikum; HWZ: 10.5 h, deutl. kürzer als die der Asparaginase aus E.coli; **UAW:** häufig allerg. Reaktionen u. hepatotox. Begleiterscheinung.

Eryngium campestre L.: Feldmannstreu; Fam. Apiaceae (Umbelliferae) (Mittelmeergebiet, Mitteleuropa). Stpfl. von **Herba Eryngii campestris:** Mannstreukraut. **Inhaltsst.:** Saponine, Gerbstoff, äther. Öl; **Anw.** volkstüml.: z. B. bei Bronchialkatarrh, Durchspülung bei Entzündungen der ableitenden Harnwege; **Radix Eryngii:** Mannstreuwurzel. **Inhaltsst.** u. **Anw.:** wie Herba Eryngii.

Eryngium maritimum L.: Meerstranddistel; Fam. Apiaceae (Umbelliferae) (Nord- u. Ostseeküsten). **Inhaltsst.:** Saponine.
Hom: *Eryngium maritimum:* frische, blühende Pflanze.

Eryngium planum L.: Flachblättriger Mannstreu; Fam. Apiaceae (Umbelliferae) (östl. Deutschland bis Südrussland, Transkaukasien, Ural, Altai, Kaschmir). Stpfl. von **Herba Eryngii plani:** Mannstreukraut. **Radix Eryngii:** Mannstreuwurzel. **Inhaltsst.** und **Anw.** s. Eryngium campestre.

Erysimin: s. Helveticosid.

Erysimol: Cardenolid mit dem Aglykon k-Strophanthidol. Strukturformel s. Glykoside, herzwirksame (Tab. 2). Nat. z. B. im Samen einiger Strophanthus*-Arten, z. B. Strophanthus hispidus, Strophanthus kombe.

Erysimosid: Cardenolid mit dem Aglykon k-Strophanthidin; Strukturformel s. Glykoside, herzwirksame (Tab. 2). Nat. z. B. im Samen versch. Strophanthus*-Arten (z. B. Strophanthus hispidus, Strophanthus kombe), in Cheiranthus* cheiri u. in Erysimum-Arten (s. Erysimum crepidifolium).

Erysimum crepidifolium Rchb.: Bleicher Schöterich, Gänsesterbekraut, Sterbekraut; Fam. Brassicaceae (Cruciferae) (heim. u. kult. Mittel- u. Osteuropa). Stpfl. von **Herba Erysimi:** Schöterichkraut. **Inhaltsst.:** im Kraut sind ca. 1 % (u. mehr) Cardenolide (herzwirksame Glykoside) mit k-Strophanthidin* als Aglykon, wie Helveticosid u. Erysimosid (Strukturformeln s. Glykoside, herzwirksame, (Tab. 2); ferner Glucosinolate*, z. B. Glucoraphanin u. Glucoerysolin; die Samen enthalten ca. 3.5 % Cardenolide. **Anw.:** Gew. von Helveticosid; auch andere Erysimum-Arten enthalten herzwirksame Glykoside, z. B. Erysimum diffusum, Grauer od. Graublättriger Hederich.

Erysimum officinale: s. Sisymbrium officinale.

Erysipel: Erysipelas, Gesichtsrose, Wundrose; akute Entzündung der Dermis, die mit u. a. hohem Fieber, Schüttelfrost, schmerzhafter u. ödematöser Rötung mit flammenförmigen Ausläufen, oft Bläschen u. Blasen einhergeht. Meist durch betahämolysierende Streptokokken der Gruppe A ausgelöst. Auftreten bes. bei Erwachsenen u. im

Winter. Die Erreger dringen über Hautverletzungen wie Rhagaden in den Zwischenzehenräumen od. im Gesicht ein u. breiten sich über die Lymphspalten aus. **Ther.**: Ruhigstellung des erkrankten Körperteils; lokal desinfizierend (Chinolinol, Clioquinol), Mitbehandlung der Eintrittspforte; systemisch Penicilline od. Erythromycin.

Erysipeloid: Rotlauf, Schweinerotlauf; hauptsächl. bei Arbeitern in Fleisch-, Geflügel- u. Fischbetrieben vorkommende Infektion mit Erysipelothrix rhusiopathiae mit deutl. abgegrenzten, juckenden, bläulichroten, lokalen Schwellungen. Die Infektion erfolgt durch kleine Verletzungen (fast immer Hände od. Unterarme).

Erythem: Erythema; entzündl. Rötung der Haut, bedingt durch Hyperämie. **Erythema migrans**: durch Zeckenbiss u. Infektion mit Borrelia burgdorferi hervorgerufenes, meist von der Bissstelle zentrifugal fortschreitendes Erythem; hellroter, langsam wachsender Ring mit zentraler Abblassung; vgl. Lyme-Borreliose.

Erythraea centaurium: s. Centaurium erythraea.

Erythraea chilensis: s. Centaurium chilensis.

Erythrina: s. Benzylisochinolinalkaloide.

Erythrina piscipula: s. Piscidia piscipula.

***meso*-Erythrit:** Erythritol, Erythrol, Tetrahydroxybutan, Phycit, Erythritum; 1,2,3,4-Butantetrol, $C_4H_6(OH)_4$, M_r 122.1. Schmp. 120 °C. Sdp. 330 °C. Weiße Kristalle, etwa doppelt so süß wie Saccharose; leicht lösl. in Wasser, wenig lösl. in Ethanol. Opt. inaktives Zuckeralkoholderivat von D-Erythrose. **Vork.**: Inhaltsstoff einiger Flechten (z. B. Rocella* tinctoria), Algen u. Pilze.

Erythrittetranitrat: Erythritum tetranitricum, Erythritylis tetranitras, Nitroerythritol, Salpetersäureester des Erythrit, Erythrolnitrat; Erythroltetranitrat; $C_4H_6O_{12}N_4$, M_r 302.08. Farblose, explosive Kristalle, lösl. in Ethanol u. siedendem Wasser. **Anw.**: Vasodilatator*, prophylakt. bei Angina pectoris (sublingual); nicht zur Behandlung eines akuten Anfalls. Wird E. verordnet, so sind für 1 Teil E. 4 Teile E.-Verreibung abzugeben. Der Wirkungseintritt erfolgt sublingual erst nach 5-10, p. o. nach 20-30 min; die Wirksamkeit hält bei entspr. Dosierung 4-6 h an.

Erythrittetranitrat-Verreibung: Nitroerythrolum trituratum, Erythritylis tetranitras trituratus; ÖAB90, Verreibung von 24.5-26 % Erythrittetranitrat* mit Lactose; vgl. Pentaerythrittetranitrat-Verreibung. **Dos.**: 0.06-0.1 g; MED 0.1 g; MTD 0.3 g; **Anw.**: s. Erythrittetranitrat.

***erythro*:** s. Konfiguration, *erythro-/threo-*.

Erythroblasten: kernhaltige Vorstufen der Erythrozyten*. Während ihrer Entw. durch Reifung u. Teilung (s. Erythropoese) wird der Kern pyknot. u. schließl. aus der Zelle als Ganzes ausgestoßen; im Zytoplasma findet gleichzeitig die Hämoglobinbildung statt.

Erythroblastose, fetale: immunhämolyt. Anämie des Fetus mit Auftreten von Erythroblasten im peripheren Blut infolge gesteigerter Erythrozytenregeneration. **Urs.**: mütterl., meist im Rahmen einer Rh-inkompatiblen Schwangerschaft gebildete irreguläre Blutgruppenantikörper (IgG) gegen kindl. Rhesus-Blutgruppen (vgl. Blutgruppen).

Erythrodextrine: s. Dextrine.

Erythrogenin: s. Epoetin.

Erythrolnitrat: s. Erythrittetranitrat.

Erythromycin INN: Erythromycinum Ph.Eur.4, (2*R*,3*S*,4*S*,5*R*,6*R*,8*R*,10*R*,11*R*,12*S*,13*R*)-3-(2,6-Didesoxy-3-*C*,3-*O*-dimethyl-α-L-ribo-hexopyranosyloxy)-5-(3,4,6-trideoxy-3-dimethylamino-β-D-xylo-hexopyranosyloxy)-6,11,12-trihydroxy-2,4,6,8,10,12-hexamethyl-9-oxopentadecan-13-olid; CAS-Nr. 114-07-8 (Erythromycin A); $C_{37}H_{67}NO_{13}$, M_r 733.9. Schmp. 190-193 °C. Weißes, krist., polymorphes Pulver; lösl. in Wasser 1:1000, schlechter bei höherer Temp.; lösl. in 5 T. Ethanol, Chloroform u. Ether; lösl. in Methanol u. verd. Salzsäure. Makrolid-Antibiotikum (s. Antibiotika) aus Streptomyces erythreus-Stämmen; Mischung von Erythromycin A mit geringen Anteilen von Erythromycin B u. C. **Wirk.** u. **Anw.**: das Wirkungsspektrum umfasst v. a. grampositive Keime, daneben auch gramnegative wie Neisseria, Haemophilus influenzae, Bordetella pertussis, einige Rickettsien, Chlamydien u. Spirochäten; Hauptind.: Alternative zu Penicillinen (s. Antibiotika) bei deren Unverträglichkeit; gut verträgl., aber sekundäre Resistenzentwicklung bei längerer Anw. mögl.; **Dos.**: p. o. als Ethylsuccinat (s. u.) 1 g/d; Kinder 30 mg/kg KG/d in 4 ED; bei Niereninsuffizienz keine Dosisreduzierung notwendig; i. v. als Lactobionat od. Glucoheptonat 1-2 g/d; Kinder 20-30 mg/kg KG/d; HWZ 2-3 h; vgl. Antibiotika (Tab.). **Erythromycinethylsuccinat**: Erythromycini ethylsuccinas Ph.Eur.4; CAS-Nr. 41342-53-4; $C_{43}H_{75}NO_{16}$, M_r 862. Weißes, krist. Pulver; fast unlösl. in Wasser, leicht lösl. in Aceton, Chloroform, wasserfreiem Ethanol u. Methanol. **Erythromycinstearat**: Erythromycini stearas Ph.Eur.4, Erythromycinum stearicum; CAS-Nr. 643-22-1; $C_{55}H_{103}NO_{15}$, M_r 1018. Löslichkeit wie E.-ethylsuccinat (s. o.). **Erythromycinestolat**: Erythromycini estolas Ph.Eur.4; CAS-Nr. 3521-62-8; $C_{52}H_{97}NO_{18}S$, M_r 1056. Schmp. 135-140 °C. Fast unlösl. in Wasser u. verd. Salzsäure, leicht lösl. in Chloroform u. Ethanol, lösl. in Aceton. Ferner werden u. a. verwendet: E.-Lactobionat, -Glucoheptonat, -Ethylcarbonat, -Propionat. **Erythromycinlactobionat**: Erythromycini lactobionas Ph.Eur.4; CAS-Nr. 3847-29-8; $C_{49}H_{89}NO_{25}$; M_r 1092.18; Schmp. 145-150 °C; weißes bis schwach gelbes, hygroskopisches Pulver, lösl. in Wasser, leicht lösl. in wasserfreien Ethanol u. Methanol, sehr schwer lösl. in Aceton u. Dichlormethan, unlösl. in Ether.

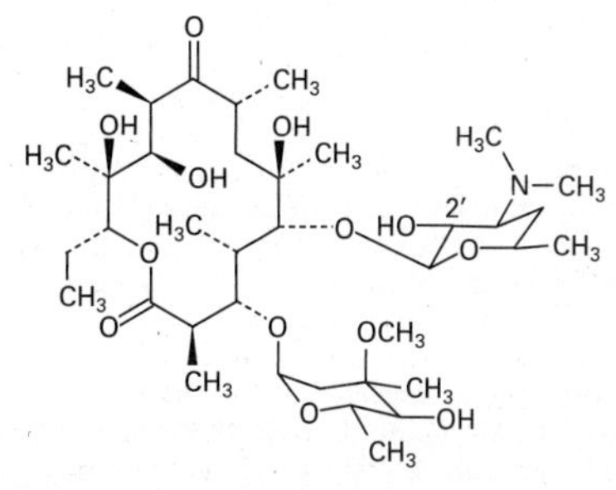

Erythromycin

Erythrophleum suaveolens (Guill. et Perrott.) Brenan: Erythrophleum guineense G. Don, Rotwasserbaum; Fam. Caesalpiniaceae (Afrika, bes. Sierra Leone). E. suaveolens u. andere Erythrophleum-Arten sind Stpfl. von **Cortex Sassy:** Cortex Erythrophlei, Rotwasserbaumrinde, Sassyrinde. **Inhaltsst.:** Diterpenalkaloide (Hauptalkaloid Cassein), die digitalisartige Wirk. zeigen; **Anw.** volkstüml.: Herzmittel, auch Pfeilgift.

Erythropoese (gr. erytros rot, poiesis machen, tun): Bildung u. Entwicklung der Erythrozyten* i. R. der Blutbildung. Stimuliert durch Erythropoetin* erfolgt im Knochenmark die Differenzierung von der pluripotenten Stammzelle über kernhaltige Erythroblasten* zu den Erythrozyten. Unter bestimmten pathol. Bedingungen z. B. als gesteigerte E. (z. B. nach Blutverlust u. bei hämolyt. Anämien); verminderte E. (z. B. bei aplastischen Anämien u. aplastischem Syndrom); megaloblastischer E. (bei Cobalamin- od. Folsäuremangel); vgl. Hämatopoese.

Erythropoetin: s. Epoetin.

Erythropsin: s. Rhodopsin.

Erythrose: D-Erythrose; $C_4H_8O_4$; M_r 120.1; rechtsdrehend (langsame Mutorotation); eine süß schmeckende Aldotetrose. Erwärmen mit Salzsäure ergibt Milchsäure. Fehling-Lösung wird in der Kälte langsam reduziert. Erythrose-4-phosphat hat Bedeutung als Intermediärprodukt im Kohlenhydratstoffwechsel*.

Erythrosin: Dinatrium-2,4,5,7-tetraiodfluoresceinat; Dinatrium-2-(2,4,5,7-tetraiod-6-oxido-3-oxo-3*H*-xanthen-9-yl)benzoat; CAS-Nr. 16423-68-0; $C_{20}H_6I_4Na_2O_5$, M_r 879.92. Lösl. in Wasser u. Ethanol. UV_{max} in Wasser 524 nm; in 95 % Ethanol 531 nm; in Säuren kirschrot, in Alkalien gelbbraun. **Anw.:** Gallenblasen-Röntgenkontrastmittel; Farbstoff für Lebensmittel u. Kosmetika; Indikator; als Zahnplaque*-Indikator zur Sichtbarmachung mikrobieller Plaques in der Dentalmedizin. Gebräuchl. ist auch Erythrosin-Monohydrat.

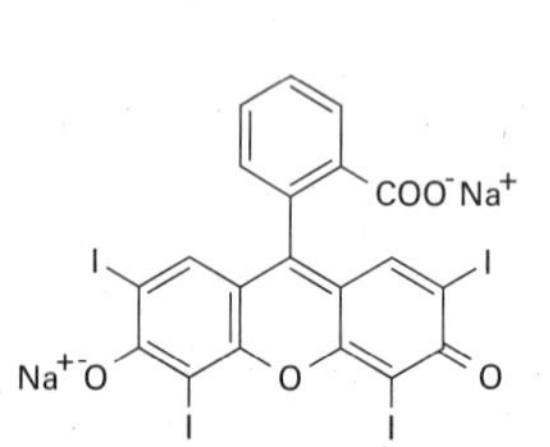

Erythrosin

Erythrotin: s. Vitamine (Vitamin B_{12}).

Erythroxylum coca Lam.: Strauch aus der Fam. Erythroxylaceae (heim. u. kult. in den Anden von Peru u. Bolivien; kult. in Ecuador, Kolumbien, Brasilien, Indien, Java); mehrere Varietäten. Stpfl. von **Folia Cocae:** Folia Erythroxyli cocae, Cocablätter, Kokablätter. **Inhaltsst.:** 3 Gruppen versch. Alkaloide (0.7-2.5 %): **1.** Derivate von Ecgonin* wie Cocain* (Hauptbest., bis ca. 1 %), Cinnamoylcocain, Benzoylecgonin, α- u. β-Truxillin* (Cocamine); **2.** Derivate des Tropins* u. Pseudotropins wie (bes. in der auf Java kult. Pfl.) Tropacocain* (Biosynthese u. Strukturformeln s. Tropanalkaloide, Abb. 2); **3.** Hygrin u. Derivate wie Cuskhygrin*; ferner 0.02-0.13 % äther. Öl (mit Methylsalicylat), Flavonolglykoside, Chlorogensäure, Wachs; **Anw.:** hauptsächl. zur Herst. von Cocain*; Folia Cocae unterliegen dem Betäubungsmittelrecht; volkstüml.: als Genussmittel zum Kauen gemischt mit Kalk (s. Cocaismus).

Erythrozyten: rote Blutkörperchen; im ungefärbten Blutausstrich runde, blasse, kernlose Zellen mit zentraler Aufhellung u. einem Durchmesser von ca. 8.4 µm. Der gesunde Erwachsene besitzt ca. 25 000 Milliarden E. mit ca. 650 g Hämoglobin*; **Entw.:** im Rahmen der Erythropoese* aus Erythroblasten*, Lebensdauer ca. 120 d, überalterte E. werden in der Milz abgebaut; **Funktion:** Transport von Sauerstoff u. Kohlendioxid, Beteiligung an der pH-Regulation des Blutplasmas (s. Blut) durch das Hämoglobin; dessen Gehalt als MCH* angegeben wird. **Pathol. Veränderungen:** betreffen u. a. Zahl (Anämie*, Polyglobulie), Größe (Mikro-, Makro-, Anisozytose), Form od. Hämoglobingehalt (Hypo-, Hyperchromie); vgl. Blutersatz.

Erythrozytenkonzentrat: s. Blutersatz (Blutkonserven).

Erzengelwurzel: s. Angelica archangelica.

Es: (chem.) Kurzzeichen für Einsteinium*.

Esbach-Reagens: Esbach-Lsg.; Reagens (1 T. Pikrinsäure u. 2 T. Citronensäure in 97 T. Wasser) zum Nachw. von Eiweiß im Harn. Ausführung: 10 mL mit Essigsäure angesäuerter Harn werden mit 10 mL E.-R. versetzt; positiv, wenn Trübung od. Fällung eintritt. Auch zur quantitativen Eiweißbestimmung im Esbach-Albuminometer; ungenau u. nicht eindeutig, daher nicht mehr gebräuchlich. **Gesch.:** entwickelt von dem Arzt Georges Hubert Esbach (1843-1890).

Eschenblätter: s. Fraxinus excelsior (Folia Fraxini).

Eschendornblüten: s. Prunus spinosa (Flores Pruni spinosae).

Eschenmanna: s. Fraxinus ornus (manna).

Eschenrinde: s. Fraxinus excelsior (Cortex Fraxini).

Escherichia (Escherich, Theodor, Arzt, Graz u. Wien, 1857-1911): Gattung gramnegativer, bewegl. od. unbewegl. Stäbchenbakt. der Fam. Enterobacteriaceae. Wichtigste Spezies: **Escherichia coli. 1.** extraintestinale Symptomatik: häufigster bakt. Erreger von Harnweginfektionen; **2.** intestinale Symptomatik: **a)** enteropathogene E.-c.-Stämme (Abk. EPEC): verursachen die Säuglingsenteritis; **b)** enterotox. E.-c.-Stämme (Abk. ETEC): verursachen choleraähnliche Durchfallerkrankung (Reisediarrhö) bei Säuglingen, Kindern u. Erwachsenen durch Bildung zweier Enterotoxine; **c)** enteroinvasive E.-c.-Stämme (Abk. EIEC): verursachen shigelloide Durchfallerkrankung (Bakterienruhr) v. a. bei Kindern u. Erwachsenen; **d)** enterohämorrhag. E.-c.-Stämme (Abk. EHEC): verursachen hämorrhag. Kolitis u. können bes. bei Kindern das hämolyt.-uräm. Syndrom auslösen; Nachw. von EHEC ist meldepflichtig; E. c. ist sensitiv für Aminopenicilline, Cephalosporine, Chinolone, Cotrimoxazol.

Eschscholzia californica Cham.: Kalifornischer Mohn, Schlafmützchen (Kalifornien); Fam. Papaveraceae. Stpfl. von **Herba Eschscholziae:** Eschscholzienkraut. **Inhaltsst.:** ca. 0.1 % Alkaloide wie Chelidonin*, β- u. γ-Homochelidonin, Chelerythrin, Sanguinarin*, Protopin*, ferner Xanthophylle* u. Rutosid* (Flavonglykosid); **Anw.** volkstüml.: Unruhezustände, Schlafstörungen; Negativmonographie Kommission E; auch als Zierpflanze.

Eschweiler-Clarke-Reaktion: Methode zur Methylierung primärer od. sekundärer Amine mittels Formaldehyd u. Ameisensäure. Beispiel: Umsetzung von Dimethylamin zu Trimethylamin (s. Abb.); vgl. Leuckart-Wallach-Reaktion.

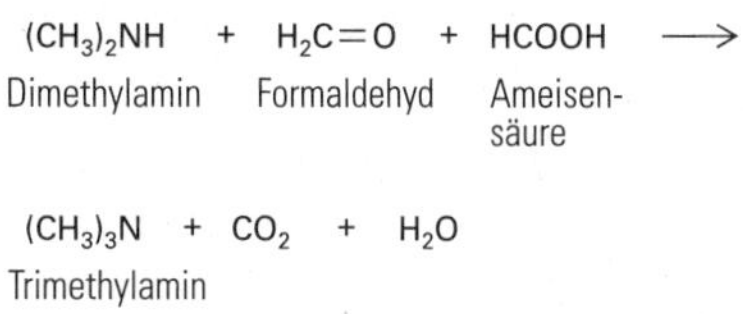

Eschweiler-Clarke-Reaktion: Bildung von Trimethylamin

Escin: s. Aescin.

Escin-Gel: s. Mucilago Escini.

ESCP: Abk. für (engl.) *european society of clinical pharmacy*; 1979 von Pharmazeuten aus versch. europ. Länder gegründete internationale Gesellschaft. Ziel der ESCP ist es, den rationalen u. angemessenen Gebrauch von Arzneimitteln u. Medizinprodukten durch Individuen u. die Gesellschaft zu fördern, insbes. durch Förderung der Aus-, Fort- u. Weiterbildung klin. Pharmazeuten; s. Klinische Pharmazie.

Esdragon: s. Artemisia dracunculus.

Eselsgurke: s. Ecballium elaterium.

Eseresamen: s. Physostigma venenosum (Semen Calabar).

Eseridin: $C_{15}H_{21}N_3O_3$, M_r 291.3. Schmp. 132 °C. Farblose Kristalle, fast unlösl. in Wasser, lösl. in Ethanol, Ether, Chloroform u. Säuren. Alkaloid aus den Samen von Physostigma* venenosum. **Anw.** med.: wie Physostigmin*, aber weniger giftig, indirektes Parasympathomimetikum*; **Dos.:** MED 5 mg, MTD 15 mg.

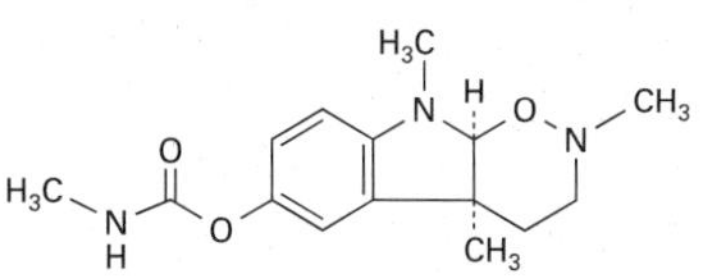

Eseridin

Eseridintartrat: Eseridinum tartaricum, weinsaures Eseridin; $C_{15}H_{21}O_3N_3 \cdot C_4H_6O_6$. Farblose Kristalle, lösl. in Wasser u. Ethanol. **Anw.** med.: s. Physostigmin.

Eserin: s. Physostigmin.

Eserinum salicylicum: s. Physostigminsalicylat.

Eserinum sulfuricum: s. Physostigminsulfat.

Eserolin: s. Physostigmin.

Esilat: chem. Kurzbez. für Ethansulfonat.

Esmolol: (+)-Methyl-*p*-[2-hydroxy-3-(isopropylamin)propoxy]hydrocinnamat; (+)-4-[2-Hydroxy-3-[(1-methylethyl)amino]-propoxy]benzenpropancarbonsäuremethylester; CAS-Nr. 84057-94-3; $C_{16}H_{25}NO_4$, M_r 295.38. Schmp. 48-50 °C. **Wirk.** u. **Anw.:** Betarezeptorenblocker, der relativ selektiv an Beta-1-Rezeptoren wirkt; verwendet zur Behandlung spezieller Formen von Herzrhythmusstörungen; **UAW:** häufig Blutdruckabfall, gelegentl. Bradykardie, Erbrechen u. Müdigkeit. **Esmololhydrochlorid:** Schmp. 85-86 °C. **Dos.:** zu Beginn 500 µg/kg KG/min; Erhaltungsdos. 50 µg/kg KG/min.

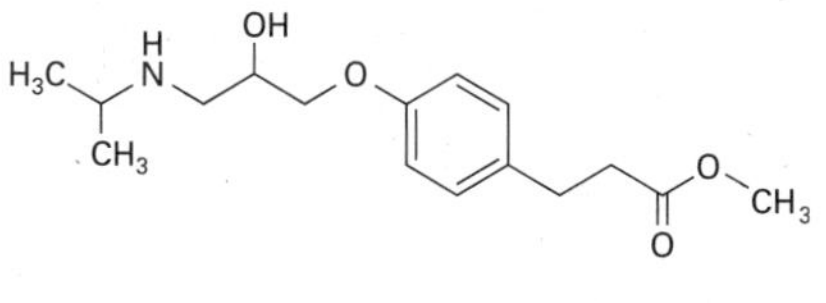

Esmolol

Esocin: aus Hechtsperma gewonnenes Protamin, s. Protamine.

Esomeprazol INN: (*S*)-5-Methoxy-2-(4-methoxy-3,5-dimethylpyrid-2-yl)methylsulfinyl-benzimidazol; CAS-Nr. 119141-88-7; $C_{17}H_{19}N_3O_3S$, M_r 345.4. Strukturformel s. Omeprazol (Abb.). (*S*)-Enantiomer des Racemats Omeprazol*. **Wirk.:** Protonenpumpenblocker*; **Anw.:** Rezidivpropylaxe nach geheilter Ösophagitis; gastroösophagealer Reflux, zusätzl. bei Eradikation von Helicobacter pylori; **UAW:** Kopf-, Bauchschmerzen, Durchfall; **Dos.:** 20-40 mg/d.

Espeletia grandiflora: Espeletia schultzii Wedd.; Fam. Asteraceae (Compositae) (Anden). **Inhaltsst.:** in Blättern u. Blüten: Harz mit Kauran- u. Kauradienverbindungen.
Hom: *Espeletia,* Espeletia schultzii: Blätter u. Blüten; verord. z. B. bei Angina pectoris, Durchblutungsstörungen.

Essbrechsucht: s. Bulimia nervosa.

Essences absolues: s. Aetherolea.

Essences concretes: s. Aetherolea.

essential oils: s. Aetherolea.

essentiell: **1.** (biol.) wesentl., lebensnotwendig; Kennzeichnung von Stoffen, die für den Körper lebensnotwendig sind, die er aber nicht selbst zu erzeugen vermag, so dass sie von außen, d. h. mit der Nahrung, zugeführt werden müssen, z. B. essentielle Aminosäuren*, essentielle Fettsäuren* sowie Vitamine u. gewisse Spurenelemente. **2.** (med.) ohne erkennbare Ursache (der Entstehung einer Krankheit), vgl. idiopathisch.

Essenzen: konz., meist alkoholische Auszüge od. Lösungen von äther. Ölen u. anderen Duftstoffen.

Essig: Acetum; klare, farblose bis gelbl. Flüss. von saurem Geschmack u. saurem, leicht aromat. Geruch. E. entsteht, wenn man verd. alkoholhaltige Flüss., wie Wein, Bier, vergorene Fruchsäfte, dem Luftzutritt aussetzt. Hierbei wird durch Essigbakterien (Acetobacter aceti) die sog. Essig-Gärung bewirkt, d. h. der Ethanol zu Essigsäure oxidiert. Essigbakterien sind vorwiegend gramnegative Kurzstäbchen, die in langen Ketten zusammenhängen. Bei einem Geh. von 15 % Alkohol od. 14 % Essigsäure der Flüss. sterben die Bakterien ab. Industriell erfolgt die Essigherst., indem man alkoholhaltige Maische mehrmals über mit Essigbakterien besiedelte Buchenholzspäne laufen lässt (Schnellessigfabrikation). Der übl. Handelsessig wird meist durch Verdünnen von Essigsäure mit Wasser hergestellt, evtl. unter Zusatz von Aromastoffen (Kunstessig). Die Prüfung erstreckt sich auf Schwermetallsalze, Salpeter-, Schwefel- u. Salzsäure bzw. deren Salze sowie auf evtl. scharfmachende Zusätze wie Paprika. 10 g durch Essiggärung gewonnener E. sollen max. 0.5 g Rückstand hinterlassen, der weder scharf noch bitter schmecken darf u. der beim Glühen eine alkal. reagierende Asche ergeben muss (freie Mineralsäuren). Die **Handelssorten** sollen mind. 5 g, jedoch max. 15 g wasserfreie Essigsäure in 100 mL enthalten. Flüss. mit über 15.5 g Essigsäure in 100 mL müssen als Essigsäure bezeichnet werden. **Echter Weinessig** darf nur aus Wein, Traubenmost od. Traubenmaische hergestellt werden. Wird dem Wein Branntweinmaische zugesetzt, so muss das Produkt als sog. Weinessigverschnitt deklariert werden. Die handelsüb. Weinessige bestehen meist aus 1 T. echtem Weinessig u. 4 T. Branntweinessig (Spritessig). **Gärungsessige** sind z. B. echter Weinessig (Traubenessig), Branntweinessig, Malzessig, Obstessig. Es sollen an wasserfreier Essigsäure in 100 mL enthalten sein: echter Weinessig (Traubenessig) 6 g, Speise- od. Tafelessig mind. 5 g, Einmachessig mind. 5 g, Doppelessig mind. 7 g, Dreifachessig mind. 10.5 g, Essigsprit (Branntweinessig) mind. 10.5 g, Spritessig (aus Branntwein) mind. 3.5 g. **Essigessenz** ist reine od. mit Aromen versetzte, bisweilen auch gefärbte Essigsäure, Geh. 60-80 % reine Essigsäure (Acid. aceticum). **Kräuter-**, Frucht-, Gewürz-, Blütenessige (z. B. Estragon-, Himbeer-, Birnen-, Apfel-, Pflaumen-, Rosenessig) werden durch Ausziehen der Kräuter, Früchte, Gewürze od. Blüten mit E. hergestellt. Auch das Vermischen von E. od. Essigsäure mit Fruchtsäften ist möglich. E. darf nicht in Metallgefäßen aufbewahrt werden, da die Essigsäure allmählich die Metalle löst (z. B. Zink, Kupfer), auch emaillierte Gefäße sind zu vermeiden. In verdünnten Essigen bilden sich häufig durch Essigälchen od. sonstige Mikroorganismen hervorgerufene Trübungen. Durch kurzes Erwärmen auf 50 °C können diese Mikroorganismen abgetötet werden. **Toilette-Essig** ist eine meist leicht gefärbte Mischung von Essigsäure mit äther. Ölen od. sonstigen Aromastoffen (z. B. Ol. Lavandulae 5.0 T., Ol. Rosae 1.0 T., Acid. acet. 40.0 T., Wasser 434.0 T., Spiritus 500.0 T.). **Holzessig**, s. Holzessig; **Bleiessig**, s. Blei(II)-acetat; **Sabadillessig**, s. Acetum sabadillae.

Essigbakterien: s. Essig.

Essigbaum: s. Rhus typhina.

Essigessenz: s. Essig.

Essigester: s. Essigsäureethylester.

Essigether: s. Essigsäureethylester.

Essiggeist: s. Aceton.

Essigrose: s. Rosa damascena (Rosa gallica).

Essigsäure: Methancarbonsäure, Acidum aceticum; Ethansäure, $H_3C-COOH$, M_r 60.05. **Vork.:** tritt bei vielen nat. (enzymat.) Oxidationsprozessen u. im Stoffwechsel als Acetyl*-Coenzym-A (aktivierte Essigsäure) auf. **Darst.:** **1.** trockene Dest. von Holz; s. Holzessig; **2.** Oxidation von Ethanol (Essig-Gärung); **3.** großtechn. aus Calciumcarbid über Acetylen u. Acetaldehyd als Zwischenprodukte. **Eisessig:** wasserfreie Essigsäure; Schmp. 16.6 °C. Sdp. 117-119 °C. D. 1.049-1.051. pK_S 4.74. Klare, farblose, ätzende Flüss. von stechendem Geruch od. eisähnl. Kristalle; hygroskop., mischbar mit Wasser, Ethanol, Ether, Chloroform, Glycerin; Dämpfe sind leicht entzündl.; **Essigsäure/Wassergemische:** ihre Dichte steigt bis zu einem E.-Geh. von 80 % an, sinkt dann wieder; so können Dichten zw. 1.0498 u. 1.0700 zwei Konz. entsprechen. Um den genauen E.-Geh. festzustellen, titriert man unter Zugabe von Phenolphthalein-Lsg. mit Natronlauge, 1 mol/L (1 mL Natronlauge, 1 mol/L entspr. 60.05 mg $C_2H_4O_2$). E. ist in den versch. Arzneibüchern in unterschiedl. Konz. angeführt: **1. Essigsäure, wasserfreie:**Ph.Eur.4, Reagens, mind. 99.6 % (m/m) $C_2H_4O_2$; **2. Essigsäure 99%, Acidum aceticum glaciale**Ph.Eur.4: Acidum aceticum 99 per centum, Acidum aceticum (HAB1.4); **3. Essigsäure 98%:** Ph.Eur.4, Reagens, Acidum aceticum 98 per centum,Acidum aceticum concentratum ÖAB90, konz. E. (enthält 96-100 % E.); **4. Essigsäure 35%:** Acidum aceticum ÖAB90, Essigsäure; **5. Essigsäure 30%:** Ph.Eur.4, Reagens, Acidum aceticum 30 per centum Ph.Helv.7. **6. Essigsäure 12%:** Ph.Eur.4, Reagens, Acidum aceticum dilutum ÖAB90, verd. Essigsäure; **7. Essigsäure 6%:** Acetum DAB6, Essig. **Anw.** med.: äußerl. als Ätzmittel bei Warzen u. Hühneraugen (konz. E.), zu Umschlägen bei Entzündungen u. Quetschungen (5-6 %ig); als Hyperämisierungsmittel, zu Abreibungen bei Nachtschweiß u. als Antidot bei Laugenverätzungen (1-3 %ig), innerl. als Antidot (1-2 %ig), Antiseptikum (1-5 %ig); techn.: zur Herst. von Speiseessig (s. Essig); in großem Umfang zur Herst. von Acetylcellulosen, Acetatseide, Farbstoffen u. Arzneimitteln (meist als Essigsäureanhydrid, als Acetylchlorid od. Ester). **Tox.:** ätzend bzw. stark ätzend auf Haut u. Schleimhäute ab ca. 30 %; LD (innerl.) ca. 25 g Eisessig. MAK: 10 ppm bzw. 25 mg/m^3. **Nachw.:** **1.** durch den charakterist. Geruch; **2.** nach Neutralisierung mit Natronlauge werden Lsg. von E. u. essigsauren Salzen durch Eisenchloridlsg. tief rot gefärbt; die Färbung verschwindet nach Zusatz von Salzsäure.

Hom: *Acidum aceticum (HAB1.4):* Essigsäure 99 %; verord. z. B. bei Diarrhö, Magengeschwür, Ödemen, starker Schwäche und Abmagerung.

Essigsäure, aktivierte: s. Acetyl-Coenzym A.

Essigsäureanhydrid: Acetanhydrid; $H_3C-CO-O-CO-CH_3$, $C_4H_6O_3$, M_r 102.09. Sdp. 136-138 °C. D. 1.079-1.082. Klare, farblose, stechend riechende Flüss., lösl. in Ethanol, Ether, Chloroform, leicht lösl. in heißem Wasser. **Anw.** techn.: anstelle von Essigsäure*, zur Acetylierung*.

Essigsäurebenzylester: s. Benzylacetat.

Essigsäurebornylester: s. Bornylacetat.

Essigsäurebutylester: s. Butylacetat.

Essigsäurechlorid: s. Acetylchlorid.

Essigsäureethylester: Essigester, Ethylacetat, Ethylethanoat, Ethylis acetas Ph.Eur.4, Aethylium aceticum; (Essigether, Essigäther und Aether aceticus sind alte, falsche Bez., da E. chem. kein Ether ist.) CAS-Nr. 141-78-6; $CH_3-CO-O-C_2H_5$, M_r 88.1. D. 0.90. Schmp. −82.4 °C. Sdp. 77.1 °C. Farblose, leicht entzündbare Flüss. von angenehmem, fruchtigem Geruch; lösl. in Ethanol, Ether, in fetten u. äther. Ölen, wenig lösl. in Wasser. **Darst.**: Dest. von Alkohol, Essigsäure u. konz. Schwefelsäure. **Anw.** med.: äußerl. bei Neuralgien u. rheumat. Beschwerden; techn.: Lösungsmittel (bei der Herst. von Cellophan, Celluloid, Collodiumwolle, Lacken, Kunstharz), zur Extraktion von Antibiotika; zum Aromatisieren von Likören, Bonbons, Limonaden u. Arzneizubereitungen. **Tox.**: MAK: 400 mL/m^3 Luft.

Essigsäuregärung: s. Gärung.

Essigsäureisoamylester: s. Isoamylacetat.

Essigsäuremethylester: s. Methylacetat.

Essigsaure Tonerde: s. Aluminiumacetat.

Essigsaure-Tonerde-Gel: Zstzg. u. Herst.: NFA, 10.0 T. Aluminiumacetat*-tartrat-Lösung werden in 82.0 T. heißem, destilliertem Wasser dispergiert u. 1 Stunde quellen gelassen. Dann wird die Mischung in E. zugesetzt u. bis zur vollständigen Quellung (mind. 3 h) stehengelassen. **Anw.**: Sonnenbrand, Insektenstich.

Essig-weinsaure Tonerde: s. Aluminiumacetat-tartrat.

Esslöffel: s. Volumenangaben, empirische.

Essstörungen, psychogene: Störungen der Nahrungsaufnahme ohne organ. Urs., die u. U. zu extremen Abweichungen des Körpergewichts führen. Einteilung: **1.** extreme Magerkeit durch Fasten (Anorexia* nervosa); **2.** Anorexia nervosa mit Erbrechen, Diuretika- od. Laxanzienabusus* (bulim. Magersucht); **3.** Bulimia* nervosa; **4.** latente Adipositas*; **5.** Adipositas mit vermehrter Nahrungsaufnahme.

Estarinum®: s. Hartfett.

Ester: Verb., die durch Vereinigung eines Alkohols mit einer Säure unter Wasseraustritt entstehen. Mit mehrbasigen Säuren entstehen saure u. neutrale Ester. Man unterscheidet E. der Mineralsäuren, z. B. Schwefelsäureethylester, $(C_2H_5)_2SO_4$, u. E. der org. Säuren, z. B. Essigsäureethylester*. E. des Glycerins mit den höheren Fett- u. Ölsäuren sind Fette*; **Anw.**: u. a. als Duftstoffe u. Fruchtessenzen, z. B. Bornylacetat*, Buttersäureethylester*.

Esteralkaloide: mit Pflanzensäuren veresterte Pseudoalkaloide*, z. B. Aconitin*, Veratrumalkaloide*.

Esterasen: Enzyme (Gruppe der Hydrolasen), die Ester sowohl zu spalten wie auch zu synthetisieren vermögen. Z. B. Cholesterolesterase die Ester des Cholesterols; Lipasen Fette; Lecithinasen (in gewissen Schlangengiften) Lecithin; Phosphatasen spalten die esterartig gebundene Phosphorsäure aus den Nucleotiden, den Phosphatiden u. den Zuckerphosphorsäuren ab; Cholinesterase spaltet Acetylcholin in Essigsäure u. Cholin; Sulfatasen spalten Schwefelsäure-Ester (Chondroitinsulfat, Phenolschwefelsäure, Indican); vgl. Enzyme.

Esterzahl: Abk. EZ; gibt an, wieviel Milligramm KOH zur Verseifung der in 1 g äther. Öl, Wachs u. a. vorhandenen Ester verbraucht werden, u. errechnet sich aus der Differenz zw. Verseifungszahl* u. Säurezahl*.

Estolat: Estolas; chem. Kurzbez. für Propionat-laurylsulfat.

Estolide: intermolekular veresterte Hydroxysäuren, z. B. Milchsäureester (Lactylmilchsäure).

Estradiol INN: syn. Östradiol, Estradiolum, Dihydroöstron; **17β-Estradiol**: Dihydrofollikulin, Dihydro-Follikelhormon; 1,3,5(10)-Estratrien-3,17β-diol; CAS-Nr. 50-28-2; $C_{18}H_{24}O_2$, M_r 272.37. Körpereigenes Follikelhormon, Strukturformel s. Hormone (Estrogene; Abb. 3). Schmp. 173-179 °C (polymorph). $[\alpha]_D^{25\,°C}$ +76 bis +83° (Dioxan). Fast unlösl. in Wasser; lösl. in Ethanol 1:28, in Aceton 1:17, in Chloroform 1:435, in Ether 1:150, in Dioxan u. Lsg. von alkal. Hydroxiden; wenig lösl. in fetten Ölen. **Anw.**: Substitutionsther., z. B. bei primärer Amenorrhö, verzögertem Pubertätseintritt, ferner zur Behandlung von Karzinomen der Prostata u. der Brust nach dem Eintritt der Menopause; bei klimakter. Beschwerden (sog. Menopausensyndrom) u. der damit auftretenden Osteoporose. **Estradiol-Hemihydrat**: Estradiolum hemihydricum Ph.Eur.4; $C_{18}H_{24}O_2 \cdot 0.5\,H_2O$, M_r 281.4. Gebräuchl. ist auch Estradiolbenzoat*, Estradiol-(17β)-17-butyrylacetat, Estradiol-17β-cipionat, Estradiol-3,17β-dienantat, Estradiol-3,17β-dipropionat, Estradiol-17β-(3-phenylpropionat), Estradiolundecylenat, Estradiolvalerat*, Estradiolenantat. **17α-Estradiol**: 1,3,5(10)-Estratrien-3,17α-diol, CAS-Nr. 57-91-0; $C_{18}H_{24}O_2$, M_r 272.37. Schmp. 220-225 °C, Reagens Ph.Eur.4. **Anw.**: topisch, 5α-Reduktasehemmer; zur Verminderung von androgenet. bedingtem Haarausfall bei Mann u. Frau.

Estradiolbenzoat INN: Estradioli benzoas Ph.Eur.4, Oestradiolum benzoylatum, Oestradioli benzoas, Östradiolbenzoat, Benzoylöstradiol; Estradiol-(17β)-3-benzoat; CAS-Nr. 50-50-0; $C_{25}H_{28}O_3$, M_r 376.50. Schmp. 191-196 °C (kristallisiert aus Ethanol; polymorph). $[\alpha]_D^{20\,°C}$ +57 bis +63° (c=1 in Dioxan). Fast unlösl. in Wasser; lösl. in Ethanol 1:150, in Aceton 1:50, in Erdnußöl 1:500, in Chloroform 1:5, in Ether 1:150, in Ethyloleat 1:200, in Dioxan; schwer lösl. in fetten Ölen; unlösl. in Alkalihydroxid-Lösungen. **Anw.**: s. Estradiol; **Dos.**: p. o. 0.1 mg perlingual; parenteral i. m. 5 mg/4 d, s. c. 1×10 mg zw. 4. u. 7. Zyklustag; HWZ 2-5 d.

Estradioldipropionat: Estradioli dipropionas, Oestradiolum dipropionylatum, Oestradiolum dipropionicum, Dipropionylöstradiol; $C_{24}H_{32}O_4$, M_r 384.5. Schmp. 104-109 °C. $[\alpha]_D^{20\,°C}$ +36 bis +40° (c=1 in Dioxan). Weißes, krist., polymorphes Pulver; fast unlösl. in Wasser, lösl. in Aceton u. Ethanol, wenig lösl. in fetten Ölen. **Off.**: ÖAB90 (bis 1996), Ph.Helv.7; **Anw.**: s. Estradiol.

Estradiolundecylat INN: Oestradioli undecylas, Estradioli undecylas; Estradiol-17-undecylat; CAS-Nr. 3571-53-7; $C_{29}H_{44}O_3$, M_r 440.66. Schmp. 108-111° C (polymorph). $[\alpha]_D^{20\,°C}$ +42° (Chloroform). **Anw.**: s. Estradiol; **Dos.**: parenteral depot i. m. 1×0.1 g alle 2-3 Wochen.

Estradiolvalerat INN: syn. Estradiol-17β-valerianat, Estradioli valeras Ph.Eur.4; CAS-Nr. 979-32-8; $C_{23}H_{32}O_3$, M_r 356.50. Schmp. 144-145 °C (poly-

E

morph). Fast unlösl. in Wasser, lösl. in Benzylbenzoat, Dioxan, Methanol, Rizinusöl, wenig lösl. in Erdnußöl u. Sesamöl. **Anw.:** s. Estradiol; **Dos.:** p.o. 1-2 mg/d; parenteral i.m. 5-40 mg alle 1-3 Wochen; parenteral i.m. 40 mg alle 2-3 Wochen; HWZ 24 h.

Estragol: s. Methylchavicol.

Estragon: s. Artemisia dracunculus.

Estramustin INN: 17*β*-Hydroxy-1,3,5(10)estratrien-3-yl-*N*,*N*-bis(2-chlorethyl)carbamat; CAS-Nr. 2998-57-4; $C_{23}H_{31}Cl_2NO_3$, M_r 440.41. Schmp. 104-105 °C (kristallisiert aus Benzol/Petrolether). $[\alpha]_D^{20\,°C}$ +50° (in Dioxan). UV_{max} (Ethanol) 270.7, 276.5 nm. **Anw.:** Zytostatikum*, Alkylans, bei Prostatakarzinom; **Dos.:** parenteral i.v. 1×0.3 g/d 20 Tage lang, dann 2×0.45 g/Woche. Kontrolle der Leberfunktion erforderlich. Gebräuchl. ist auch Estramustin-17*β*-dihydrogenphosphat, Estramustin-17*β*-dihydrogenphosphat-Dinatriumsalz, Estramustin-17*β*-dihydrogenphosphat-Megluminsalz.

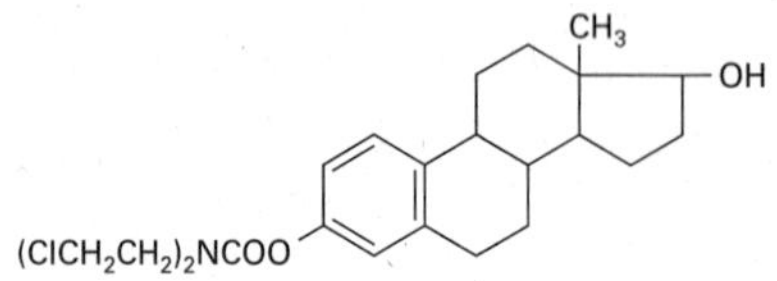

Estramustin

Estrane: s. Steroide.

Estriol INN: Estriolum Ph.Eur.4, *α*-Follikelhormonhydrat; 1,3,5(10)-Estratrien-3,16*α*,17*β*-triol; CAS-Nr. 50-27-1; $C_{18}H_{24}O_3$, M_r 288.37. Strukturformel s. Hormone (Abb. 3). Schmp. 282 °C. d 1.27. $[\alpha]_D^{25\,°C}$ +58°±5° (c=4 in Dioxan). Fast unlösl. in Wasser; lösl. in Ethanol (1:500), Aceton, Chloroform, Dioxan, Ether, fetten Ölen; leicht lösl. in Pyridin, in Lsg. von Alkalihydroxiden. Ein nat. vorkommendes Estrogen (s. Hormone). **Wirk.** u. **Anw.:** s. Estradiol, bessere p.o., vaginale u. parenterale Verfügbarkeit; **Dos.:** 0.25-3 mg/d p.o.; parenteral i.m. 2×1 mg/7 d; HWZ 0.5-1 h; vgl. Estriolsuccinat.

Estriolsuccinat INN: Estrioli succinas; CAS-Nr. 514-68-1; $C_{26}H_{32}O_9$, M_r 488.53. **Anw.:** s. Estradiol; **Dos.:** p.o. 1×1 mg/d 3 Wochen, dann 1 Woche Pause; parenteral (i.m., i.v.) 20 mg; HWZ 5-6 h. Gebräuchl. ist auch Estriol-succinat-Dinatriumsalz.

Estrogene: Östrogene, Follikuline; weibl. Sexualhormone; s. Hormone.

Estrogenrezeptor: Vertreter der Steroidhormonrezeptoren, der die Wirkung der Estrogene vermittelt. Estrogene binden im Zytoplasma an den E., es entsteht ein Hormon-Rezeptor-Komplex, der in den Zellkern wandert u. an eine spezif. DNA-Sequenz, das ERE (engl. estrogen response element), bindet. Der E. besteht aus 595 Aminosäuren.

Estrogenrezeptormodulatoren: s. SERM.

Estron INN: syn. Östron, Oestronum, 3-Hydroxy-1,3,5(10)-estratrien-17-on; 1,3,5(10)-Estratrien-3-ol-17-on; CAS-Nr. 53-16-7; $C_{18}H_{22}O_2$, M_r 270.36. Ein nat. Estrogen, Strukturformel s. Hormone (Estrogene, Abb. 3). Schmp. 251-254 °C (DL-Form, kristallisiert aus Aceton). Schmp. 254-256 °C (nat. D-Form; kristallisiert aus Aceton; polymorph). $[\alpha]_D^{22\,°C}$ +152° (c=0.995 in Chloroform). Fast unlösl. in Wasser; lösl. in Ethanol 1:250, in kochendem Ethanol u. Aceton bei 50 °C 1:50, in Chloroform 1:110, in fetten Ölen 1:800, in Dioxan; schwer lösl. in absolutem Ethanol, Ether, Alkalihydroxid-Lösungen. Nat. D-Form lösl. in Wasser bei 25 °C 30 mg/L, in Ethanol (96%) bei 15 °C 1 g/25 mL, in kochendem Ethanol 1 g/50 mL, in Aceton bei 15 °C 1 g/50 mL, in kochendem Benzol 1 g/145 mL; lösl. in Pyridin. **Off.:** Ph.Eur.1, ÖAB90 (bis 1996); **Wirk.** u. **Anw.:** s. Estradiol; **Dos.:** parenteral i.m. 0.2-5 mg/7 d; p.o. 2-3×2.5 mg/d. Gebräuchl. ist auch Estron-3-hydrogensulfat-Natriumsalz.

Estrongruppe: Gesamtheit der Follikelhormone; s. Hormone (Estrogene).

Etacrynsäure INN: Acidum etacrynicum Ph.Eur.4, 2,3-Dichlor-4-(2-ethylacryloyl)phenoxyessigsäure; [2,3-Dichlor-4-(2-methylenbutyryl)phenoxy]-essigsäure; CAS-Nr. 58-54-8; $C_{13}H_{12}Cl_2O_4$, M_r 303.15. Schmp. 121-122 °C. Weißes, krist. Pulver; sehr schwer lösl. in Wasser; lösl. 1:1.6 in Ethanol, 1:6 in Chloroform, 1:3.5 in Ether. pK_S 3.5 (20 °C). **Wirk** u. **Anw.:** Diuretikum* (Schleifendiuretikum), Ödeme; **UAW:** Hypokaliämie, Hypourikämie, Ansteigen des Blutzuckerspiegels; **Kontraind.:** Hyponatriämie, Hypokaliämie, Leberkoma, Niereninsuffizienz; **WW:** Herzglykoside (Wirk. wird verstärkt), Antidiabetika, Cefalosporine, Aminoglykoside, Lithiumsalze (Toxizität verstärkt); **Dos.:** p.o. 0.05-0.1 g/d (zum Essen), Dos. bis 0.4 g/d, steigerbar; parenteral i.v. Infusion 0.5-1 mg/kg KG; HWZ 1-4 h. Gebräuchl. ist auch Natrium-etacrynat.

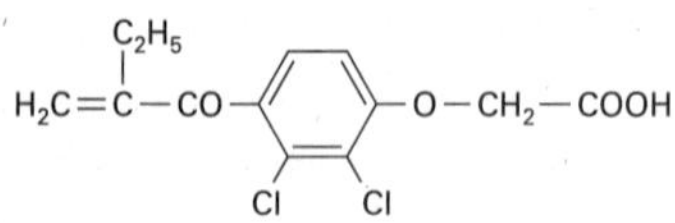

Etacrynsäure

Etafedrin INN: syn. Etaphedrin, Nethamin, L-*N*-Ethylephedrin; (1*R*,2*S*)-2-(*N*-Ethyl-*N*-methylamino)-1-phenyl-1-propanol; CAS-Nr. 7681-79-0; $C_{12}H_{19}NO$, M_r 193.28. **Anw.:** Broncholytikum*, Sympathomimetikum*; ähnl. Ephedrinhydrochlorid*; nur noch selten in Kombinationspräparaten bei Asthma bronchiale. **Etafedrinhydrochlorid:** Schmp. 182-187 °C (polymorph).

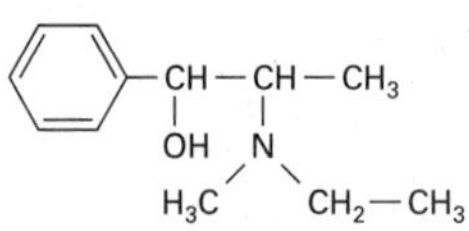

Etafedrin

Etafenon INN: 2'-(2-Diethylaminoethoxy)-3-phenylpropiophenon; CAS-Nr. 90-54-0; $C_{21}H_{27}NO_2$, M_r 325.43. Sdp. 264-268 °C (40 kPa). **Wirk.:** Die muskulotrop-spasmolyt. Wirk. von E. auf die Herzkranzgefäße soll eine erhöhte Sauerstoffzufuhr bewirken. **Anw.:** früher als Koronartherapeutikum* bei Durchblutungsstörungen; **Dos.:** p.o. 2-3×75 mg/d; parenteral (i.m., i.v.) 10 mg. **Etafenonhydrochlorid:** $C_{21}H_{28}ClNO_2$. Schmp. 129-130 °C.

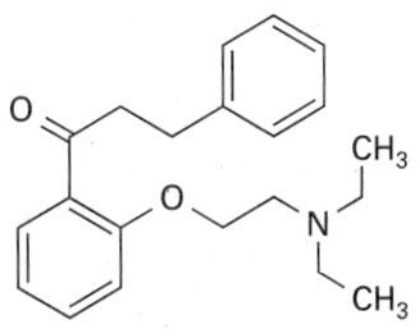

Etafenon

Etamiphyllin INN: syn. Etamphyllin, Diaethamiphyllin, Paraphyllin, 7-(2-Diethylaminoethyl)theophyllin; 7-(2-Diethylaminoethyl)-1,2,3,6-tetrahydro-1,3-dimethyl-2,6-purindion; CAS-Nr. 314-35-2; $C_{13}H_{21}N_5O_2$, M_r 279.34. Schmp. 75 °C. Sehr leicht lösl. in Wasser, Aceton; schwer lösl. in Ethanol, Ether. **Anw.:** Antiasthmatikum*, Analeptikum*, Diuretikum*, Spasmolytikum*; wird kaum noch verwendet; **UAW, Kontraind.** u. **WW:** s. Cholintheophyllinat. Gebräuchl. sind auch Etamiphyllinhydrochlorid, Etamiphyllin-Camphersulfonat.

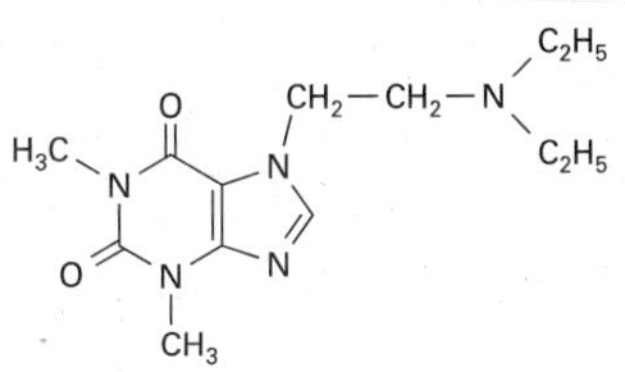

Etamiphyllin

Etamivan INN: N,N-Diethylvanillamid; Vanillinsäurediethylamid; CAS-Nr. 304-84-7; $C_{12}H_{17}NO_3$, M_r 223.27. Schmp. 95-95.5 °C (kristallisiert aus Ligroin; polymorph). Lösl. 1:100 in Wasser, 1:2 in Ethanol, 1:3 in Aceton, 1:1.5 in Chloroform, 1:50 in Ether. pH einer 1%igen wässrigen Lsg. 5.7-7. **Anw.:** früher Kreislauf- u. Atemanaleptikum mit kurzer Wirkungsdauer; gebräuchl. war Etamivanhydrochlorid; **UAW:** s. Nicethamid.

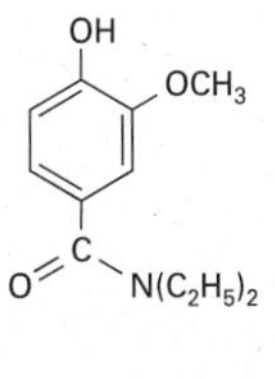

Etamivan

Etamsylat INN: Etamsylatum Ph.Eur.4, Cyclonamin; Diethylammonium-2,5-dihydroxybenzolsulfonat; CAS-Nr. 2624-44-4; $C_{10}H_{17}NO_5S$, M_r 263.33. Schmp. 125 °C (kristallisiert aus Ethanol). **Anw.:** Hämostatikum; Ind.: Ther. u. Prophylaxe von Sickerblutungen der Haut u. der inneren Organe, Weichteilschwellungen nach Operationen u. Verletzungen; HWZ 3.7 h.

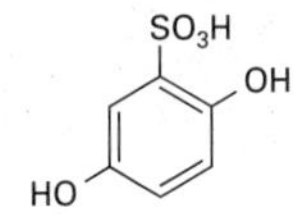

Etamsylat

Etanercept INN: Tumor*-Nekrose-Faktor-Rezeptor-Fusionsprotein; M_r ca. 150 000 (934 Aminosäuren). **Anw.:** Behandlung der rheumatoiden Arthritis* u. juvenilen chron. Arthritis, wenn die Basisther., v.a. mit Methotrexat*, unzureichend ist; **UAW:** Reaktionen an der Einstichstelle, Infektionsanfälligkeit; **Dos.:** 25 mg 2-mal wöchentl. s.c.; HWZ 70 h.

Étard-Reaktion: Verfahren zur Synthese aromat. Aldehyde durch partielle Seitenketten-Oxidation von Methylgruppen aromat. Kohlenwasserstoffe mit Chromylchlorid (CrO_2Cl_2). Beispiel: aus Toluol wird Benzaldehyd gebildet (s. Abb.).

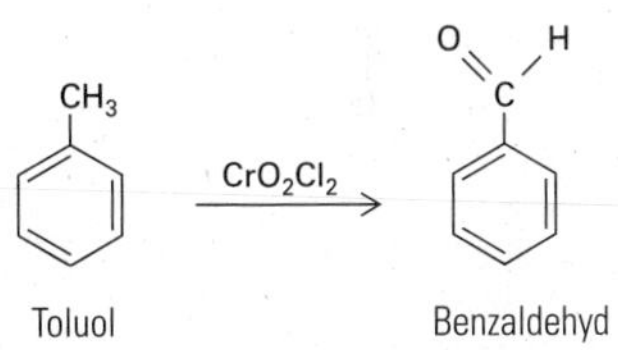

Étard-Reaktion: Bildung von Benzaldehyd

Ethacridin INN: 6,9-Diamino-2-ethoxyacridin; CAS-Nr. 442-16-0; $C_{15}H_{15}N_3O$, M_r 253.29. Schmp. 226 °C (kristallisiert aus Ethanol 50%). **Anw.:** Antiseptikum*, u.a. bei Wundinfektionen, Angina, Pyodermien, Erysipel, Konjuktivitis; Desinfiziens, Durchfälle, spast. Obstipation, Harnweginfektionen; **Dos.:** p.o. Ther. 3×0.1 g/d; zur Prophylaxe 1×0.1 g/d; parenteral zur Tiefenantisepsis s.c. 0.05% in 5%iger Glucose-Lsg.; topisch Pinselung 2.5%, Spülung 0.03%, Salbe 0.5%, Pulver 2.5%. Gebräuchl. ist auch Ethacridinlactat*.

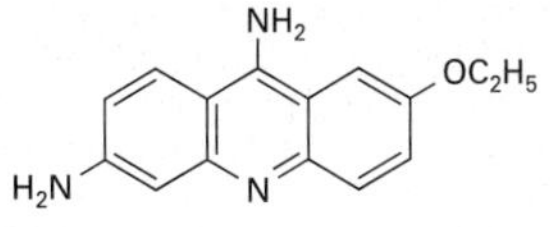

Ethacridin

Ethacridinlactat: Ethacridini lactas monohydricus Ph.Eur.4, Äthacridinum lacticum; 2-Ethoxy-6,9-diaminoacridinlactat (vgl. Acridin); CAS-Nr. 1837-57-6; $C_{18}H_{21}N_3O_4 \cdot H_2O$, M_r 361.4 (wasserfrei: M_r 343.39). Gelbes krist. Pulver von bitterem Geschmack, lösl. in Wasser, wenig lösl. in Ethanol. **Anw.:** s. Ethacridin.

Ethadion: 3-Ethyl-5,5-dimethyl-2,4-dioxooxazolidin; CAS-Nr. 520-77-4; $C_7H_{11}NO_3$, M_r 157.2. Schmp. 76-77 °C. **Anw.:** Antiepileptikum* bei Petit mal u. Absenzen; **UAW:** Hautausschläge, Schwindel.

Ethambutol INN: 2,2'-(Ethylendiamino)dibutanol; CAS-Nr. 74-55-5; $C_{10}H_{24}N_2O_2$, M_r 204.31. Schmp. 87.5-88.8 °C. pK_S der konjugierte Säure 6.6, 9.5. **Anw.:** Antituberkulotikum* mit bakteriostat. Wirk. auf proliferierende Keime; Ind.: Kombinationsther. der Tuberkulose, auch bei therapieresistenten Infektionen durch atyp. Mycobacterien*; **UAW:** Sehstörungen beginnend mit einer Farbsinnstörung; Resistenzentwicklung langsam; **Dos.:** p. o. morgens 25 mg/kg KG/d; parenteral i. m. 25 mg/kg KG/d, Infusion i. v. 25 mg/kg KG/d, Instillation 10 % 1-5mL; HWZ 3 h. **Ethambutoldihydrochlorid:** Ethambutoli hydrochloridum Ph.Eur.4; CAS-Nr. 1070-11-7; $C_{10}H_{26}Cl_2N_2O_2$, M_r 277.2. Schmp. 195-200 °C (polymorph). Leicht lösl. in Wasser, lösl. in Ethanol, sehr schwer lösl. in Ether.

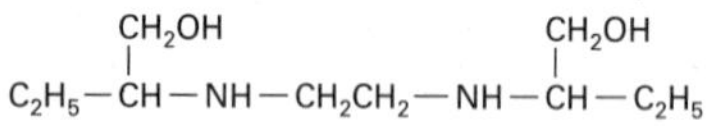

Ethambutol

Ethambutoli hydrochloridum: s. Ethambutol (Ethambutoldihydrochlorid).

Ethan: C_2H_6, M_r 30.07. Kohlenwasserstoff der Alkanreihe. Farb- u. geruchloses Gas, lösl. in Ethanol, wenig lösl. in Wasser, brennt mit schwach leuchtender Flamme. **Vork.:** nat. im Erdöl. **Anw.:** zur Herst. von Acetaldehyd* und Essigsäure* durch katalyt. Oxidation.

Ethanal: s. Acetaldehyd.

Ethandisäure: s. Oxalsäure.

Ethanol: Ethanolum anhydricum Ph.Eur.4, Ethanolum absolutum, Ethylalkohol, wasserfreies Ethanol, absoluter Alkohol, absoluter Weingeist; CAS-Nr. 64-17-5; CH_3CH_2OH, C_2H_6O, M_r 46.07. Schmp. −114.1 °C. Sdp. 78.32 °C. Ep. <−130 °C. $n_D^{20\,°C}$ 1.361; Heizwert 29.68 kJ/g; vgl. Ethanol, absolutes. **Ethanol 96 %:** Ethanolum 96 per centum Ph.Eur.4, Alkohol, Alcohol aethylicus, Spiritus, Spiritus vini rectificatissimus, Spiritus vini rectificatus, Weingeist; azeotropes Gemisch mit 4.43 % (m/m) Wasser. Geh. mind. 96.0 u. max. 97.2 % (V/V), entspr. 93.8-95.6 % (m/m). Sdp. 78.2 °C. D. 0.804-0.809. Flammpunkt 9-11 °C. Klare, farblose, brennend schmeckende, leicht entzündl. Flüss., die mit schwach bläul., nicht rußender Flamme brennt; mischbar mit Wasser, Ether, Chloroform. Beim Vermischen mit Wasser tritt Erwärmung u. Volumenverminderung ein (s. Ethanol-Wasser-Gemische). **Wirk.:** E. besitzt bakterizide Wirk., Sporen werden nicht abgetötet; **Anw.:** umfangreiche Anw. in Pharmazie u. Industrie, in größtem Umfang zur Herst. alkohol. Getränke; gutes Lösungsmittel für Harze, äther. Öle, Wachse, Fettsäuren u. zahlreiche andere Substanzen; als Konservierungsmittel u. Desinfiziens (70 %ig).

Darst.: **1.** Vergärung von Zuckerarten mit Hefe (s. Gärung); techn. fast ausschl. aus Kartoffeln, wobei die Stärke erst durch die Diastase* der hinzugesetzten, gekeimten Gerste in Maltose verwandelt u. diese dann durch das Hefeenzym Zymase vergoren wird. Das vergärfähige Produkt wird als Maische u. deren Rückstand als Schlempe* bezeichnet. Aus der vergorenen Maische mit ca. 10 % Alkoholgehalt wird durch Rektifikation reines E. gewonnen, während das durch Abbau der Aminosäuren entstehende Fuselöl* zurückbleibt. **2.** Synthet. Darst.: **a)** Verseifung von Ethylschwefelsäure (gewonnen aus Ethylen mit Schwefelsäure); **b)** Anlagerung von H_2O an Acetylen unter Quecksilbersalz-Katalyse; der gebildete Acetaldehyd wird katalyt. mit Wasserstoff u. Nickel zu E. reduziert; **c)** aus Ethylen durch direkte katalyt. Hydratisierung bei hoher Temp. u. hohem Druck, s. Alkohole.

Bestimmung des Ethanolgehaltes: flüss. (Arznei-)Zubereitungen werden destilliert u. die Dichte des Destillats gemessen; Destillationsapparatur nach Ph.Eur.4 s. Abbildung. Die Dichtemessung des Destillates erfolgt, wie in Ethanol*-Wasser-Gemischen, mittels Senkspindel (Aräometer, s. Dichtebestimmungsmethoden) od. mit Hilfe eines Pyknometers (vgl. Alkoholzahl). **Pharmakokinetik:** Die Resorption erfolgt sowohl im Magen als auch im Dünndarm. Die Geschwindigkeit ist wesentl. von der Magen-Darm-Füllung abhängig (nüchtern erfolgt Resorption in wenigen Minuten). CO_2-haltige Getränke beschleunigen die Resorption. Sofort nach der Zufuhr beginnt die Elimination des E., 90-96 % werden in den Leberzellen mit Hilfe der Alkoholdehydrogenase* (ADH) über Acetaldehyd in Essigsäure umgewandelt. Diese wird überwiegend in CO_2 u. H_2O gespalten. Der Abbau erfolgt mit einer konstanten Rate (Reaktion 0. Ordnung), unabhängig von der Alkoholkonz. (beim Mann 0.1, bei der Frau 0.085 g/kg KG/h). Das relative Verteilungsvolumen* (V) von E. beträgt beim Mann 0.68 u. bei der Frau 0.55, d. h. dass die Blutalkoholkonz. (b) beim Menschen stündl. um 0.15 g/kg (Promille) abnimmt.

Ethanoldosis (in g) = b · V · KG.

1 g E. liefert 29.7 kJ (7.1 kcal) Energie.

Bestimmung der Blutalkoholkonzentration: **1.** nach Widmark, durch Oxidation des E. mit Kaliumdichromat u. anschließende iodometr. Bestimmung; **2.** enzymat., s. ADH-Methode; **3.** gaschromatographisch. **Tox.:** Die akute Ethanolwirk. zeigt sich in erster Linie am ZNS. Mit E. lassen sich alle Stadien der Narkose erreichen. Wegen fehlender Steuerbarkeit u. geringer Narkosebreite wird E. nicht als Narkosemittel verwendet. Ab ca. 0.3 μg/mL (‰, Promille) Blutalkoholgehalt treten erste Gangstörungen auf (Beeinträchtigung der Kleinhirnfunktionen). Es kommt zunehmend zur Verminderung der Konzentrationsfähigkeit u. der motor. Leistungen mit Verlängerung der Reaktionszeit, Einschränkung der Selbstkritik u. Erhöhung des Selbstbewusstseins. Die anfängl. psychomotor. Erregung geht allmähl. in Antriebslosigkeit über. Ab 2-2.5 ‰ tritt meist Narkose ein. Blutwerte von 3.5-5 ‰ gelten als tödl. (entspr. einer aufgenommenen Menge von 200-300 mL). Die Grenze der Fahrtüchtigkeit wurde vom Gesetzgeber mit 0.5 ‰ festgelegt. E. bewirkt außerdem eine Erweiterung der Hautgefäße (Wärmegefühl, Ge-

fahr der Unterkühlung durch zu große Wärmeverluste). Ferner wird durch Hemmung der Vasopressin*-Ausschüttung im Hypophysenhinterlappen die Diurese gesteigert. Der **chronische Alkoholismus** ist gekennzeichnet durch chron. Gastritis (E. wirkt schleimhautreizend), Fettleber, die in eine Leberzirrhose übergehen kann, Störungen der exokrinen Pankreasfunktion, Polyneuritis (Vitamin B_1-Mangel) sowie durch körperl. u. psych. Abhängigkeit. Als Zeichen einer tox. Gehirnschädigung kann es u. a. zum Delirium tremens kommen.
Spiritus denaturatus: denaturierter Weingeist, Brennspiritus, vergällter Branntwein; Ethanolgehalt 92.4% (m/m) entspr. 95.0% (V/V). Als amtl. Vergällungsmittel diente früher eine Mischung von 9 T. Methanol u. 1 T. Pyridinbasen, die zu 2% dem Branntwein zugesetzt wurde. Statt dessen wurde in der Bundesrepublik Deutschland seit dem 15.03.1962 Ethylmethylketon* als allg. u. vollständiges Vergällungsmittel eingeführt: 0.75 L auf 100 L Weingeist unter Zufügung von Pyridinbasen. Ethylmethylketon ist toxikol. unbedenkl. (letale Dosis oral 50 g). Auch dürfte bei äußerl. Anw. keine Sensibilisierung eintreten. Unter **Sekunda-Sprit** versteht man ein wenig gereinigtes E., das noch Fuselöle, Säuren u. Aldehyde enthält u. für techn. Zwecke verwendet wird. **Ethanolum ketonatum**: Aethanolum ketonatum; Industriesprit; eine Mischung von Ethanol 96% mit 2% (m/m) Ethylmethylketon. **Gesch.**: Durch Gärung* erzeugte alkohol. Getränke (Obstwein, Honigwein) waren schon in der Steinzeit bekannt. Aristoteles kannte „brennbare Dämpfe", die bei Erhitzung aus starken Weinen entwichen; Babylonier u. Griechen kannten den Palmwein u. die Bierherst.; Alkoholgew. im 11. Jahrhundert in Italien (Salerno). Cardanus erwähnt erstmals 1554 reinen, absoluten E. (u. Ether). 1787 fand Antoine Laurent Lavoisier (1743-1794), dass bei der Gärung aus Zucker E. u. CO_2 entsteht. 1796 erfolgte erstmals die Darst. von absolut. E. durch Johann Tobias Lowitz (1757-1804), Hofapotheker u. Prof. in St. Petersburg.

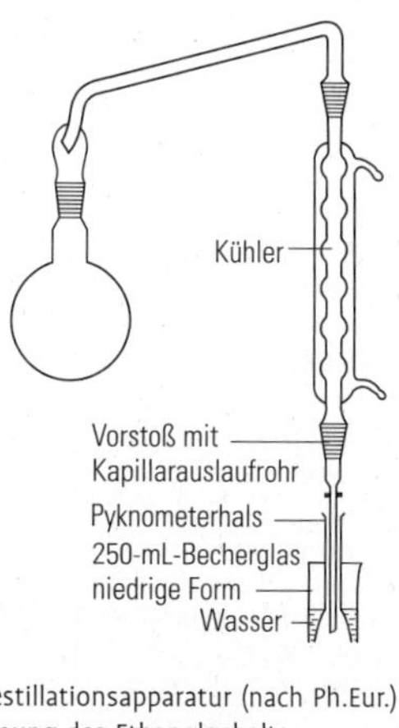

Ethanol: Destillationsapparatur (nach Ph.Eur.) zur Bestimmung des Ethanolgehalts

Ethanol, absolutes: Ethanolum absolutum, Ethanolum anhydricum Ph.Eur.; wasserfreies Ethanol, Geh. nach Ph.Eur. mind. 99.5% (V/V). D. 0.7905-0.7938. **Herst: 1.** Dest. über gebranntem Kalk, wasserfreiem, geglühtem Kupfersulfat od. Kaliumsulfat; **2.** Dest. mit Trichlorethylen od. Benzol als Schleppmittel, wobei zuerst das Wasser azeotrop* entfernt wird; nach abdest. des zugesetzten Lösungsmittels bleibt a. E. zurück.

Ethanol, aldehydfreies: reinstes Ethanol ohne Spuren von Acetaldehyd*. **Herst.**: 1200 mL Ethanol werden mit einer Lsg. von 2 g Silbernitrat in 5 mL Wasser u. einer Lsg. von 5 g KOH in 10 mL Wasser versetzt, einige Tage stehengelassen, dann filtriert u. destilliert. Die zugesetzten Silberionen werden durch vorhandenes Aldehyd zu metall. Silber reduziert. **Anw.**: Reagens Ph.Eur.4, z. B. zur Herst. von ethanol. KOH-Lsg. u. zur Gehaltsbest. von Dexamethason*.

Ethanolamin: 2-Aminoethanol, 2-Hydroxyethylamin, Colamin; CAS-Nr. 141-43-5; C_2H_7NO, M_r 61.1. Schmp. ca. 11 °C. Sdp. 171 °C. d_{20}^{20} ca. 1.04. $n_D^{20\,°C}$ ca. 1.454. Klare, farblose bis gelbl., viskose Flüss., die schwach nach Ammoniak riecht; wirkt ätzend auf die Schleimhäute. In jedem Verhältnis mischbar mit Wasser, Ethanol, Chloroform. **Vork.**: entsteht im Organismus als Spaltungsprodukt von Phosphatiden u. bei der Decarboxylierung von Serin*; **Off.**: ÖAB90; **Anw.**: in Kombination mit Ölsäure zur Behandlung von Varizen; **Dos.**: Ethanolaminoleat i. v. 2-5 mL; **Anw.** techn.: Reagens Ph.Eur.3; als Puffer, zur Entfernung von CO_2 u. H_2S aus Gasgemischen, als Fettsäureester in Tensiden u. als Weichmacher.

Ethanolum ketonatum: Industriesprit; mit Ketonen versetztes Ethanol*.

Ethanol-Wasser-Gemische: DAB10: **Ethanol 90% (V/V):** 85.7%(m/m), D. 0.828-0.832; **Ethanol 80% (V/V):** 73.5% (m/m), D. 0.859-0.862; **Ethanol 70% (V/V):** 62.4% (m/m), D. 0.887-889; **Ethanol 60% (V/V):** 52.1% (m/m), D. 0.910-0.912; **Ethanol 50% (V/V):** 42.4% (m/m), D. 0.931-0.932; **Ethanol 45% (V/V):** 37.8% (m/m), D. 0.941-0.942.

Ethaverin INN: 6,7-Diethoxy-1-(3',4'-diethoxybenzyl)isochinolin; CAS-Nr. 486-47-5; $C_{24}H_{29}NO_4$, M_r 395.48. Schmp. 99-101 °C (kristallisiert aus Ethanol/Ether). Unlösl. in Wasser; gut lösl. in heißem Ethanol; schlecht lösl. in Ether u. Chloroform. **Anw.**: Spasmolytikum* vergleichbar mit Papaverin*; Ind.: supraventrikuläre Herzarrhythmien, Spasmen der Koronargefäße, Angina pectoris. Gebräuchl. ist auch Ethaverinhydrochlorid; Ethaverinamidosulfat.

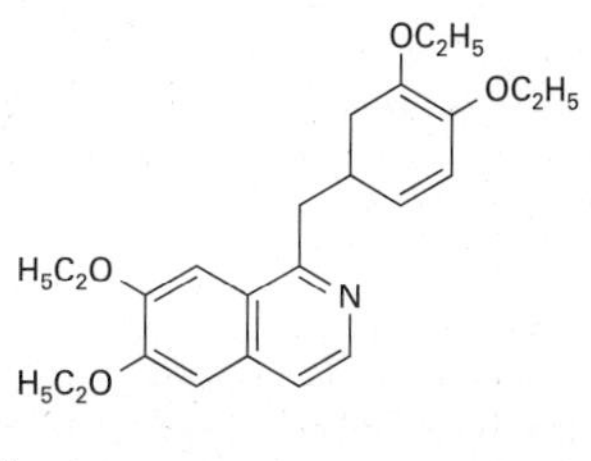

Ethaverin

Ethazol: s. Sulfaethidol.

Ethen: Ethylen; $H_2C{=}CH_2$, M_r 28.05. Sdp. –101 °C. Krit. Temp. +13 °C. Süßl. riechendes Gas, brennbar, wenig lösl. in Wasser, lösl. in Ethanol u. Ether. Bildet mit Sauerstoff (Luft) explosive Gemische. **Anw.** med.: Inhalationsnarkose; techn.: Herst. von Kunststoffen, Schmierstoffen, Waschmitteln, ferner zur Ausreifung unreif geernteter Früchte, wie Bananen, Tomaten, Apfelsinen, Zitronen; vgl. Alkene.

Ethenzamid INN: 2-Ethoxybenzamid; CAS-Nr. 938-73-8; $C_9H_{11}NO_2$, M_r 165.19. Schmp. 132-134 °C. Fast unlösl. in kaltem Wasser; schwer lösl. in kochendem Wasser u. Ether; lösl. in Ethanol u. Aceton; leicht lösl. in Chloroform. **Off.:** DAC86, ÖAB90; **Anw.:** Analgetikum*, Antiphlogistikum*, Antipyretikum*; **Dos.:** p.o. 2-3 × 0.25 g/d.

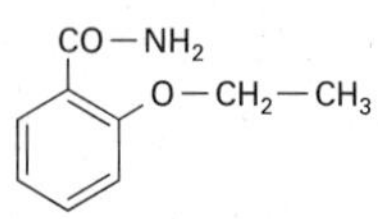

Ethenzamid

Ether: syn. Äther; der Ersatz bd. H-Atome des Wassers durch Alkyl-Reste führt (formal) zu den Ethern, R–O–R. Sie können auch als Anhydride der Alkohole aufgefasst werden, die entstehen, wenn sich 2 gleiche od. versch. Alkohole unter Wasseraustritt verbinden (Beispiel s. Abb.). Die Reaktivität der E. ist nicht sehr groß. Mit starken Säuren ergeben sie wasserlösl. Dialkyloxoniumsalze. Einige cycl. Ether, bes. 1,4-Dioxan* u. Tetrahydrofuran*, dienen als Lösungsmittel. **Nomenklatur:** Anhängen der Gruppenbez. -ether an den Namen der bd. am O-Atom befindl. Alkyl-Gruppen. Sind bd. Alkyl-Reste gleich, spricht man von Dialkylethern. E. mit kompliziertem Alkyl-Rest können als Alkoxyderivat des komplizierteren Molekülteils benannt werden, z. B. 3-Ethyl-2-methoxypentan. Ist der Sauerstoff in ein Ringsystem eingebaut, spricht man von einem Heterocyclus (vgl. Verbindungen, heterocyclische). **Ether:** Aether Ph.Eur., Ethylether, Äthyläther, Ether ethylicus; Diethylether; CAS-Nr. 60-29-7; $C_2H_5{-}O{-}C_2H_5$, M_r 74.12. D. 0.714-0.716. Schmp. –113 °C. Sdp. 34-35 °C. Klare, farblose, flüchtige Flüss., sehr leicht entzündbar, an Luft u. Licht leicht oxidierend; mischbar mit Ethanol 90 %, Chloroform, Benzin, fetten u. äther. Ölen. 100 g Ether nehmen bei 20 °C ca. 1.3 g Wasser auf. MAK 400 cm^3/m^3 Luft. **Darst.:** Dest. von Ethylalkohol mit konz. Schwefelsäure (deshalb früher Schwefelether, Ether sulfuricus, genannt); **Vorsicht:** beim längeren, nicht lichtgeschützten Stehenlassen von Ether od. beim Destillieren kann es zur Anreicherung von explosiven Peroxiden* kommen. Etherdämpfe sind schwerer als Luft u. bilden mit atmosphär. Luft ein explosives Gemisch, daher muss das Umfüllen größerer Mengen Ether mit größter Vorsicht geschehen! **Anw.** techn.: Lösungs- u. Extraktionsmittel, u. a. von Alkaloiden, Harzen, Ölen, Phosphor, Iod; med.: zur Inhalationsnarkose sowie zur Lokalanästhesie, heute kaum noch verwendet, jedoch bei Notoperationen am einfachsten; früher innerl. als Analeptikum* bei Ohnmachten, Kollaps, Hysterie (vgl. Spiritus aethereus); **UAW:** über das parasympath. Nervensystem reflektor. bedingter Atemstillstand (Atropinprämedikation unbedingt nötig), stark ausgeprägte Excitationsphase, Darmatonie; Vorteile: keine Beeinflussung des kardiovaskulären Systems, Muskelrelaxation. **Ether zur Narkose:** Aether anaestheticus Ph.Eur., Aether ad narcosim, Aether pro narcosi, Narkoseether; Diethylether, der ein geeignetes, nicht flüchtiges Antioxidans in bestimmter Konz. enthalten kann. Narkoseether ist in braunen, trockenen, fast ganz gefüllten u. gut verschlossenen Flaschen von max. 150 mL Inhalt, kühl u. vor Licht geschützt aufzubewahren. **Darst.:** wiederholte Dest. von Ether über Natrium; **Gesch.:** 1540 erstmals von u. a. Valerius Cordus (1515–1544) als Ol. Vitrioli dulce beschrieben; betäubende Wirk. 1818 von Michael Faraday (1791-1867) entdeckt, die zuerst von Horace Wells 1846 angewandte Ethernarkose wurde durch William Thomas Green Morton (1819-1868) in die Therapie eingeführt.

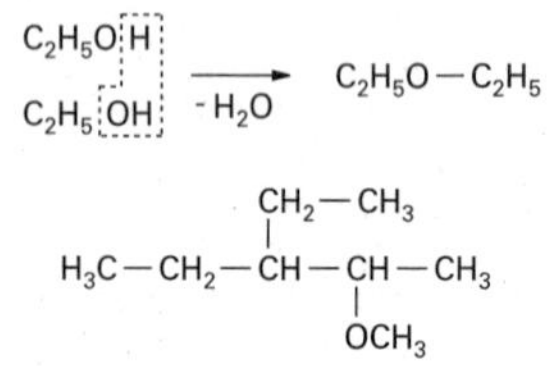

Ether: Entstehung durch Verb. zweier Alkohole (oben) u. 3-Ethyl-2-methoxypentan (unten) als Beispiel

Etheralkohol: s. Spiritus aethereus.

Etherweingeist: s. Spiritus aethereus.

Ethidiumbromid: 3,8-Diamino-5-ethyl-6-phenylphenanthridiniumbromid; org. Farbstoff, der durch Interkalation in die DNA als Mutagen u. als Inhibitor der DNA-Synthese wirkt. **Anw.:** Detektion von DNA nach Gelelektrophorese durch Fluoreszenz (590 nm) im UV-Licht (Anregungswellenlänge 254 od. 366 nm).

Ethin: s. Acetylen.

Ethinylestradiol INN: syn. Aethinylestradiol, 17α-Ethinyl-estradiol, Ethinylestradiolum Ph.Eur.; 19-Nor-17α-pregna-1,3,5(10)-trien-20-in-3,17-diol; CAS-Nr. 57-63-6; $C_{20}H_{24}O_2$, M_r 296.39. Schmp. 182-184 °C (wasserfrei), Schmp. 141-146 °C (Hemihydrat); polymorph. $[\alpha]_D^{20\,°C}$ –27.0 bis –30.0° (c = 5 in Pyridin). Fast unlösl. in Wasser; lösl. in pfl. Ölen u. Alkalihydroxid-Lsg.; lösl. 1:6 in Ethanol, 1:4 in Ether, 1:5 in Aceton, 1:4 in Dioxan, 1:20 in Chloroform. **Anw.** u. **Dos.:** synthet. Estrogen; Wirk. u. Anw. wie Estradiol*, nur viel potenter. In Kombination mit Norgestrel* od. Levonorgestrel* wird es bei der hormonellen Kontrazeption* verwendet, weiterhin bei klimakter. Beschwerden in einer Dos. von 0.02-0.05 mg/d, bei Prostata- u. Mammakarzinomen nach der Menopause in einer Dosierung von 0.1-2 mg/d, bei Amenorrhö, bei habituellem od. drohendem Abort, bei Akne von Frauen; HWZ ca. 24 h.

Ethinyltestosteron: s. Ethisteron.

Ethion: *S,S*-Methylenbis(*O,O*-diethyldithiophosphat); CAS-Nr. 563-12-2; $C_9H_{22}O_4P_2S_4$, M_r 384.5. Cholinesteraseinhibitor. **Anw.** techn.: Akarizid*, Insektizid; s. Schädlingsbekämpfungsmittel (org. Phosphorverb.), Tabelle.

Ethionamid: Ethionamidum Ph.Eur.; 2-Ethylthioisonicotinsäureamid; CAS-Nr. 536-33-4; $C_8H_{10}N_2S$, M_r 166.25. Schmp. 160-163 °C. Gelbl. polymorphe Kristalle, sehr schwer lösl. in Wasser, wenig lösl. in Ethanol. **Anw.**: Tuberkulostatikum bei pulmonaler u. extrapulmonaler Tuberkulose; **UAW:** bisweilen Übelkeit, Erbrechen, Kopfschmerzen, Inappetenz; **Kontraind.**: Schwangerschaft; **Dos.**: p. o. Erwachsene 3×500 mg/d, Kinder je nach Alter 15-25 mg/kg KG/d.

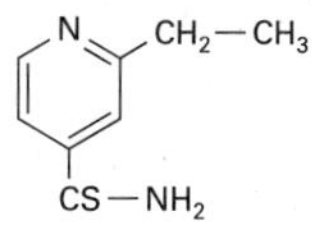

Ethionamid

Ethisteron INN: Ethisteronum Ph.Eur., Ethinyltestosteron, Pregneninolon, Pregnin; 17-Hydroxy-17*α*-pregn-4-en-20-in-3-on; CAS-Nr. 434-03-7; $C_{21}H_{28}O_2$, M_r 312.5. Schmp. 274 °C (unter Zers.). $[\alpha]_D^{20\,°C}$ +29 bis +33 (c=1 in Pyridin). Weißes, krist. Pulver; fast unlösl. in Wasser, wenig lösl. in Pyridin, schwer lösl. in Chloroform, sehr schwer lösl. in Ethanol. **Wirk.** u. **Anw.**: Gestagen* (vgl. Hormone, Progesteron); **Dos.**: p. o. 25-100 mg/d.

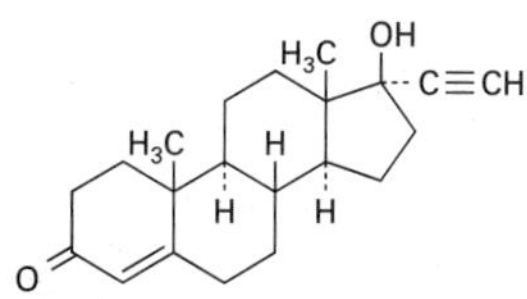

Ethisteron

Ethoform: s. Benzocain.

Ethorphin: s. Etorphin.

Ethosuximid INN: Ethosuximidum Ph.Eur., 2-Ethyl-2-methylsuccinimid; 3-Ethyl-3-methyl-2,5-pyrrolidindion; CAS-Nr. 77-67-8; $C_7H_{11}NO_2$, M_r 141.17. Schmp. 64-65 °C (kristallisiert aus Aceton/Ether). Weiße, wachsartige Masse od. mikrokrist. Pulver, schwacher eigenartiger Geruch; leicht lösl. in Wasser, Chloroform, Ethanol u. Ether. **Anw.**: Antiepileptikum*, bes. bei Petit mal u. psychomotor. Anfällen; **UAW:** gastrointestinale Störungen wie Übelkeit, Erbrechen, Appetitlosigkeit, Müdigkeit, Lethargie, Photophobie, Parkinson-Syndrom, Blutbildveränderungen, Änderungen des psych. Verhaltens (Euphorie, Depression, Psychosen); **Dos.**: p. o. initial 2×0.25 g/d, alle 4-7 Tage um 0.25 g steigern bis max. 4×0.25 g/d; Kinder unter 6 Jahren initial 1×0.25 g; HWZ 33-55 h.

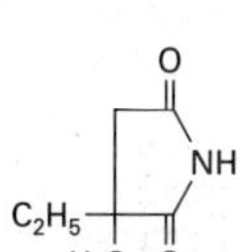

Ethosuximid

Ethoxazorutosid INN: 2-Morpholinoethylrutin, 3',5,7-Trihydroxy-4'-(2-morpholinoethoxy)-4-oxoflaven-3-yl-rutinosid; 2-[3-Hydroxy-4-(2-morpholinoethoxy)phenyl]-5,7-dihydroxy-3-(6-*O*-*α*-L-rhamnopyranosyl-*β*-D-glucopyranosyloxy)-4-chromenon; CAS-Nr. 30851-76-4; $C_{33}H_{41}NO_{17}$. **Anw.**: Kapillartherapeutikum bei Durchblutungsstörungen; Vorsicht bei Glaukom.

4-Ethoxyacetanilid: s. Phenacetin.

Ethoxyaniline: s. Phenetidine.

2-Ethoxybenzamid: s. Ethenzamid.

Ethoxzolamid: 6-Ethoxy-2-benzothiazolsulfonamid; CAS-Nr. 452-35-7; $C_9H_{10}N_2O_3S_2$, M_r 258.3. Schmp. 188 °C. **Anw.**: Carboanhydrasehemmer, Diuretikum*, Glaukomther.; **UAW:** s. Acetazolamid.

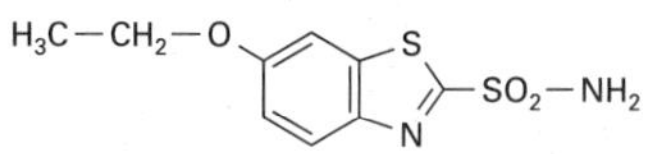

Ethoxzolamid

Ethran: s. Enfluran.

Ethulose: s. Ethylhydroxyethylcellulose.

Ethyl-: Bez. für die Gruppe $-CH_2CH_3$.

Ethylacetat: s. Essigsäureethylester.

Ethylacrylat: Acrylsäureethylester, Ethylpropenoat; $C_5H_8O_2$, M_r 100.1. Schmp. ca. –71 °C. Sdp. ca. 99 °C. $n_D^{20\,°C}$ ca. 1.406. **Anw.**: Reagens Ph.Eur.4. Zum Nachw. von Monomeren in Poly(ethylacrylat-methylmethacrylat)-Dispersion.

Ethylaldehyd: s. Acetaldehyd.

Ethylalkohol: s. Ethanol.

Ethylamin: Aminoethan; $H_3C-CH_2-NH_2$, C_2H_7N, M_r 45.08. D. 0.7. Schmp. –84 °C. Sdp. 18 °C. Nach Ammoniak* riechende Flüss.; stärker basisch als Ammoniak. **Anw.**: in Synthesen von Farbstoffen u. Pharmaka, in versch. techn. Prozessen.

***α*-Ethylbenzylakohol:** s. Phenylpropanol.

Ethylbromid: Bromethyl, Monobromethan, Aether bromatus, Aethylium bromatum; Brommethan, H_3C-CH_2-Br, C_2H_5Br, M_r 108.98. Sdp. 36-38.5 °C. Klare, farblose Flüss., unlösl. in Wasser, mischbar mit Ethanol, Ether, Chloroform. **Anw.**: früher als lokales Anästhetikum u. als Inhalationsnarkotikum (Rauschnarkose). **Tox.**: MAK: 200 cm^3/m^3 Luft. Vorsicht vor Verwechslungen mit dem giftigeren Ethylenbromid*.

Ethylcellulose: Ethylcellulosum Ph.Eur.4, Abk. EC; CAS-Nr. 9004-57-3. Ethylether der Cellulose mit einem mittleren Substitutionsgrad* (MS) 2.0-2.6. Ethoxylgehalt 44-51 %. Herst. durch Einwirken von Ethylchlorid auf Alkalicellulose. Schwer lösl. in Methanol, Ethanol, Ethylacetat, Benzol, Aceton; lösl. in Dichlormethan u. einer Mischung von 20 g Ethanol u. 80 g Toluol; Sorten mit MS ab 2.0 sind prakt. unlösl. in Wasser, Glycerol, Propylenglykol. Wasserlösl. Typen sind niedrig substituiert (MS unter 1.5) u. besitzen ähnl. Eigenschaften wie Methylcellulose*. Wassergehalt max. 3 %; thermoplastisch (vgl. Spritzgießen). Viskosität wird mit einer 5 %igen Lsg. in Ethanol/Toluol (20/80) mit dem Kapillarviskosimeter bestimmt. Inkomp.: Paraffin. In Lösung stabil. **Anw.**: Bindemittel bei Granulierung (behindert u. U. die Auflösung von Wirkstoffen); Lacküberzug bei Tablettencoating (Retardüberzüge); Verdickungsmittel für flüss. u. halbfeste Arzneiformen.

Ethylchlorid: Aethylchlorid, Chloraethyl, Monochlorethan, Ethylis chloridum, Aethylium chloratum, Aether chloratus; Chlorethan, H_3C-CH_2-Cl, C_2H_5Cl; CAS-Nr. 75-00-3; M_r 64.52. Schmp. −138.7 °C. Sdp. 12.3 °C (101 kPa), 32.5 °C (203 kPa), 180.5 °C (507 kPa). D. 0.9214. Löslichkeit: 0.574 g/100 mL in Wasser von 20 °C, 48.3 g/100 mL Ethanol; mischbar mit Ether. **Darst.**: Einw. von Chlorwasserstoff auf Ethanol. **Off.**: DAB7, ÖAB90. Aufbewahrung in zugeschmolzenen Glasröhren, Spraydosen od. in Spritz-Ampullen. **Anw.**: Kälteanästhetikum, Lösungs- u. Treibmittel, nur noch selten als Inhalationsnarkotikum; **UAW:** bei system. Anw. vermehrter Speichelfluss, Bronchitis*, Erregungszustände; **Kontraind.** für system. Anw.: Verdacht auf Phäochromozytom*, Herz- u. Lungeninsuffizienz, Leberfunktionsstörungen. **Tox.**: MAK: 1000 cm^3/m^3 Luft.

Ethyldimethylmethanol: s. Amylenhydrat.

Ethylen: s. Ethen.

Ethylenbromid: Aethylenum bromatum, Ethylendibromid; 1,2-Dibromethan; CH_2Br-CH_2Br; M_r 187.89; D. 2.179; Schmp. 10 °C; Sdp. 131.4 °C. Farblose, chloroformartig riechende u. brennend schmeckende Flüss., sehr schwer lösl. in Wasser, mischbar mit Ethanol u. Ether. **Anw.**: früher bei Epilepsie, Dos. 0.1-0.3 g. Als Fungizid (s. Schädlingsbekämpfungsmittel) z. B. in Citrusplantagen. Techn. als Lösungsmittel für u. a. Harze, Celluloid, Gummi; **Tox.**: Irritation von Augen, Haut u. Schleimhaut; wird durch die Haut resorbiert; bei Inhalation Depression des ZNS, Nieren-, Leberschäden; im Tierexperiment kanzerogen.

Ethylenchlorhydrin: s. Chlorhydrine.

Ethylenchlorid: Ethylendichlorid, Elaylchlorid, Aethylenum chloratum, Elaylum chloratum; 1,2-Dichlorethan, $ClCH_2-CH_2Cl$, $C_2H_4Cl_2$, M_r 98.97. D. 1.255. Schmp. −36 °C. Sdp. 83.5-86 °C. Ölige, farblose, nach Chloroform riechende, sehr leicht entflammbare Flüss. von süßl. brennendem Geschmack; sehr schwer lösl. in Wasser, mischbar mit Ethanol, Aceton, Ether, Chloroform. **Darst.**: aus Ethylen u. Chlorgas. **Anw.** med.: früher innerl. als Anästhetikum u. Antispasmodikum, äußerl. zu Einreibungen; techn.: Lösungsmittel für Harze, Fette, Kautschuk, Öle; als Schädlingsbekämpfungsmittel. **Tox.**: Schleimhautreizungen, Dermatiden, Leber-, Nierenschädigung, zentrale Depression, kanzerogen; MAK: 400 mg/m^3.

Ethylendiamin: Ethylendiaminum Ph.Eur.4; 1,2-Diaminoethan; CAS-Nr. 107-15-3; $H_2N-CH_2-CH_2-NH_2$, $C_2H_8N_2$, M_r 60.10. D. 0.9. Schmp. 8.5 °C. Sdp. 116.5 °C. Nach Ammoniak riechende, farblose, an der Luft rauchende, hygroskop. Flüss., mischbar mit Wasser u. Ethanol. **Darst.**: aus Ethylenchlorid u. alkohol. Ammoniak. **Anw.**: Schädlingsbekämpfungsmittel, zur Herst. von Kunstharzen u. -wachsen. Von dieser Verb. leiten sich ferner zahlreiche Antihistaminika* ab, vgl. Theophyllin-Ethylendiamin (Aminophyllin).

Ethylendiamin-Monohydrat: Ethylendiaminhydrat, Aethylendiaminum hydratum; CAS-Nr. 6780-13-8. Schmp. 10 °C. **Off.**: ÖAB90.

Ethylendiamintetraessigsäure: s. Edetinsäure.

Ethylendiamintetraessigsäure-Dinatriumsalz: s. Natriumedetat.

Ethylenglykol: Glykol, Glykolum; Ethan-1,2-diol; $HOCH_2CH_2OH$, M_r 62.07. Farblose, sirupartige, süß schmeckende, giftige Flüssigkeit. D. 1.11-1.13. Schmp. −155 °C. Sdp. 196-198 °C. $n_D^{20°C}$ 1.430-1.433. Mischbar mit Wasser, Ethanol (96 %), mit Glycerol, Aceton, wenig lösl. in Ether u. Benzin. **Anw.** techn.: Gefrierschutzmittel, in der Kunstharz- u. Celluloseindustrie als Weichmacher, auch zur Raumdesinfektion. Als Ersatz für Glycerol* zu med. u. kosmet. Zwecken sowie in der Lebensmittelherstellung darf E. nicht verwendet werden. Von E. leiten sich eine Reihe veretherter u. veresterter Produkte ab, die in kosmetischen u. pharmaz. Produkten Verw. finden, z. B. Ethylenglykolmethylether (s. 2-Methoxyethanol), Ethylenglykolethylether*. **Tox.**: Kleine Mengen (25 g wurden oral ohne Vergiftungssymptome vertragen) gelten als unschädlich. Die orale Aufnahme großer Dosen kann akut zu Trunkenheit, Krämpfen, Schock u. zum Tod führen, bei Überleben kann eine Nierenschädigung auftreten. Als mittlere letale Dosis gelten 1.4 mL/kg KG.

Ethylenglykolethylether: Cellosolve; M_r 90.12. D. 0.931. Schmp. −100 °C. Sdp. 135 °C. **Anw.**: Lösungsmittel, Weichmacher; vgl. 2-Methoxyethanol.

Ethylenglykolmonomethylether: s. 2-Methoxyethanol.

Ethylenglykolmonopalmitostearat: Ethylenglycoli monopalmitostearas Ph.Eur.4; Gemisch von Mono- u. Diestern des Ethylenglykols mit Stearin- u. Palmitinsäure; mind. 50.0 % Monoester, durch Kondensation von Ethylenglykol mit Stearinsäure 50 pflanzl. od. tierischen Ursprungs; weiße, wachsartige, feste Substanz; prakt. unlösl. in Wasser, lösl. in Aceton u. heißem Ethanol. Schmelztemp. 54-60 °C. SZ max. 3.0, IZ max. 3.0. VZ 170-195. Stearinsäure 40.0-60.0 %. Summe der Gehalte an Palmitin- u. Stearinsäure mind. 90.0 %. Freies Ethylenglykol max. 5.0 %. **Anw.**: Emulsionsstabilisator u. Hilfsemulgator. Dient in Verbindung mit nichtion. od. ionischen Tensiden zur Herst. geschmeidiger, glatter Cremes u. stabiler, dickflüssiger Lotionen vom Typ O/W. Mit E. lassen sich auch Emulsionsshampoos herstellen.

Ethylenglykolmonostearat: Ethylglykolstearat; CAS-Nr. 111-60-4, $C_{17}H_{35}COOC_2H_4OH$. E. ähnelt in seinen Eigenschaften dem Glycerolmonostearat. Prakt. unlösl. in Wasser, in der Wärme lösl. in Ethylalkohol, Testbenzin, Toluol u. Paraffinöl. Schmp. 53-59 °C, D. 0.96, n_D^{20} 1.4411, SZ ca. 3, VZ 170-195, OHZ 200, IZ ca. 3, Monoestergehalt 55-60 %, HLB-Wert 2.7-3.2. **Anw.**: Emulsionsstabilisator u. Hilfsemulgator. In Verbindung mit hydrophilen Tensiden zur Herst. von stabilen Salben- u. Emulsionssystemen vom Typ O/W.

Ethylenglykolsalicylat: Ethylenglycoli salicylas, Glykolmonosalicylat; Salicylsäure-2-hydroxyethylester; CAS-Nr. 87-28-5; $C_9H_{10}O_4$, M_r 182.2. Schmp. ca. 26 °C. Sdp. 169-172 °C (1.6 kPa). $n_D^{20\,°C}$ 1.548-1.551. Farblose, ölige Flüss. od. farblose, krist. Masse; schwer lösl. in Wasser, leicht lösl. in Ethanol, Ether, fetten Ölen. **Anw.**: rheumat. Beschwerden, Gelenk- u. Muskelschmerzen; **Dos.**: 5-10 %ig in Salben od. Lösungen.

Ethylenoxid: Oxiran; C_2H_4O. Schmp. −111 °C. Sdp. +12.5 °C. Nach Ether riechende, giftige Flüss., lösl. in Wasser, Ethanol, Ether, bildet mit Luft explosive Gemische. **Anw.**: **1.** Schädlingsbekämpfung (T-Gas); **2.** Sterilisation von med. Geräten, chirurg. Instrumenten, Infusionsbestecken, Entkeimungsfiltern, Behältnis- u. Verschlussmaterialien aus Kunststoff, Behandlung von Produkten, die in gas- u. wasserdampfdurchlässige Folien (Weichpolyethylen, ca. 100 µm dick) eingeschweißt sind. Eine Sterilisation mit Ethylenoxid darf nur erfolgen, wenn kein anderes geeignetes Sterilisationsverfahren zur Verfügung steht (Ph.Eur.4) Bei der Entkeimung von Arzneistoffen kommt es häufig zu unerwünschten Alkylierungsreaktionen; Überdruck ist bei Verwendung von niedrigkonzentrierterem Ethylenoxidgas notwendig. Die Wirksamkeit des Verfahrens ist mittels Bioindikatoren zu validieren. Verfahrensparameter müssen gemessen u. aufgezeichnet werden. Ethylenoxidrückstände u. -abwandlungsprodukte, insbes. Ethylenchlorhydrin, müssen so weit entfernt worden sein, dass das Sterilisationsgut gefahrlos verwendet werden kann. Die notwendigen Desorptionszeiten sinken unter vermindertem Druck; wegen toxikol. Bedenken Anw. vielfach in Frage gestellt bzw. verboten; **3.** durch Polymerisation gelangt man zu Stoffen (z. B. Fettalkoholethersulfate, ethoxylierte Sorbitanester, Fettalkohol- u. Fettsäureglyceridethoxylate), die als Emulgatoren, Waschmittel, Weichmacher, Kunststoffe, Wachse, Lederöle u. a. Verw. finden. **Tox.**: stark augen- u. schleimhautreizend, bei hohen Konz. Lungenödem.

Ethylentetrachlorid: s. Tetrachlorethylen.

Ethylentrichlorid: s. Trichlorethylen.

Ethylenvinylacetat-Copolymere: Abk. EVA, Poly(ethylen-vinylacetat); CAS-Nr. 24937-78-8, Copolymer aus Ethylen u. Vinylacetat. Es enthält eine definierte Menge von höchstens 25 % Vinylacetat als Material für Behältnisse u. höchstens 30 % als Material für Schläuche. Zur Optimierung ihrer chem., physik. und mechan. Eigenschaften wird den Polymeren eine bestimmte Anzahl von Zusatzstoffen mit max. zulässigen Gehaltsangaben zugesetzt. E. ist prakt. unlösl. in Wasser, lösl. in heißen aromat. Kohlenwasserstoffen, prakt. unlösl. in wasserfreiem Ethanol, Methanol u. Hexan (je nach Polymerisationsgrad). Die Temp., bei der die Substanz erweicht, verändert sich mit dem Vinylacetat-Gehalt. Sie nimmt von etwa 100 °C bei Gehalten von einigen Prozent bis etwa 70 °C ab bei Gehalten von 30 %. Die Vinylacetatkomponente erhöht die Elastizität u. verbessert: **1.** Witterungsbeständigkeit; **2.** Spannungsrissbeständigkeit; **3.** gummielast. Eigenschaften. Die Chemikalienfestigkeit sinkt gegenüber Polyethylen. **Anw.**: Dichtungen, Faltenbälge od. Verschlüsse. Grundlage für die Herst. plastischer Filme, denen hautwirksame Wirkstoffe zugesetzt u. die bei einer Filmstärke von ca. 100 µm insbes. auf die Gesichtshaut aufgelegt werden u. während dieser Kontaktzeit die inkorporierten Wirkstoffe in die Haut permeieren lassen. Ausgangsstoff für Behältnisse u. Schläuche für Infusionslsg. zur totalen parenteralen Ernährung (Ph.Eur.4).

Ethylethanoat: s. Essigsäureethylester.

Ethylether: s. Ether.

Ethylformiat: s. Ameisensäureethylester.

2-Ethyl-1,3-hexandiol: s. Repellents.

Ethylhexansäurecetylstearylester: s. Cetearyloctanoat.

Ethylhydrogenfumarat: s. Fumarsäure.

Ethylhydrokuprein: s. Optochin.

Ethylhydrokupreinhydrochlorid: s. Optochin (Optochinhydrochlorid).

Ethyl-4-hydroxybenzoat: s. *p*-Hydroxybenzoesäureethylester.

Ethylhydroxyethylcellulose: Abk. EHEC, Ethulose; nichtionogener Celluloseether, hergestellt durch gleichzeitiges Einwirken von Ethylenoxid u. Ethylchlorid auf Alkalicellulose. Die eingeführten Reste sind Ethyl-, Hydroxyethyl- u. Diethylenglykol-Gruppen. Lösl. in kaltem Wasser u. in Gegenwart von Lösungsmitteln, die mit Wasser mischbar sind, in heißem Wasser unlöslich (s. Methylcellulose). Geringe Oberflächenaktivität. **Anw.**: verschieden viskose Typen als Verdickungsmittel (salbenartige Gele in Konz. von 10-15 %), Schaumstabilisierungsmittel, Filmbildner; **Inkomp.**: phenol. Stoffe, Gerbsäure.

Ethylidenchlorid: Aethylidenum chloratum; 1,1-Dichlorethan, CH_3-CHCl_2, $C_2H_4Cl_2$. Schmp. −97 °C. Sdp. 57 °C. Farblose, nach Chloroform riechende Flüss., sehr leicht lösl. in Ethanol u. Ether, wenig lösl. in Wasser. **Anw.** med.: früher als Inhalationsanästhetikum, äußerl. als Analgetikum.

Ethylidendiethylether: s. Acetale.

Ethylidenmilchsäure: s. Milchsäure.

Ethyliodid: Iodethyl, Aether jodatus, Aethylium jodatum; Monoiodethan, C_2H_5I, M_r 156.0. D. 1.916-1.926. Sdp. 72 °C. Farblose, beim Aufbewahren sich braunrot färbende Flüss., sehr schwer lösl. in Wasser, mischbar mit Ethanol, Ether, Chloroform. **Anw.** med.: früher bei Keuchhusten, Bronchitis, Asthma; äußerl. bei Hautaffektionen.

Ethylis acetas: s. Essigsäureethylester.

Ethylisoamylbarbitursäure: s. Amobarbital.

Ethylis oleas: s. Ethyloleat.

Ethylis parahydroxybenzoas: s. *p*-Hydroxybenzoesäureethylester.

Ethyllinolat: (*Z*,*Z*)-9,12-Octadecadiensäureethylester; CAS-Nr. 544-35-4. **Anw.**: Dermatikum bei rauher, trockener Haut; vgl. Fettsäuren, essentielle.

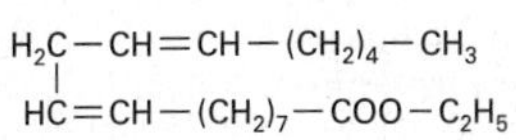

Ethyllinolat

2-Ethyl-2-methylbernsteinsäure: (*RS*)-2-Ethyl-2-methylbutandisäure; $C_7H_{12}O_4$, M_r 160.2. Schmp. ca. 104-107 °C. **Anw.**: Reagens Ph.Eur.4. Zur Reinheitsprüfung von Ethosuximid*.

Ethylmethylbutylbarbitursäure: s. Pentobarbital.

Ethyl-methylbutyl-thiobarbitursaures Natrium mit Natriumcarbonat: s. Thiopental-Natrium.

Ethylmethylketon: Methylethylketon; 2-Butanon, C_4H_8O, M_r 72.1. Schmp. −86 °C. Sdp. 79.6 °C. d_{20}^{20} ca. 0.81. Klare, farblose, ether. riechende, entflammbare Flüss.; lösl. in Wasser zu ca. 30 %, mischbar mit Ethanol u. Ether. **Anw.:** Vergällungsmittel für Branntwein (s. Ethanol); Reagens Ph.Eur.4.

Ethylmorphinhydrochlorid: Ethylmorphini hydrochloridum Ph.Eur., Aethylmorphinum hydrochloricum; 4,5*α*-Epoxy-3-ethoxy-17-methyl-7-morphinen-6*α*-ol-hydrochlorid; CAS-Nr. 125-30-4; $C_{19}H_{24}ClNO_3 \cdot 2\,H_2O$, M_r 385.90. Schmp. 122-124 °C. $[\alpha]_D^{20\,°C}$ −102 bis −105° (c = 2.0 in Wasser). Weißes, krist. Pulver, geruchlos, von bitterem Geschmack; lösl. in ca. 12 T. Wasser, ca. 25 T. Ethanol (90 %); fast unlösl. in Ether u. Chloroform. **Anw.** u. **Dos.:** bei Husten, Keuchhusten, Asthma bronchiale; MED 0.1 g, MTD 0.3 g; äußerl. in der Ophthalmologie bei Hornhauttrübungen (2-5 %ige Lsg.); suchterzeugende Wirk. gering, kann aber zur Gewöhnung führen; unterliegt dem Betäubungsmittelgesetz*.

Ethylmorphinhydrochlorid-Augentropfen: s. Augentropfen.

Ethylnitrit: s. Salpetrige Säure.

Ethyloleat: Ölsäureethylester, Ethylis oleas Ph.Eur.4, Aethylium oleinicum; CAS-Nr. 11-62-6. D. 0.866-0.874. Ölige Flüss., unlösl. in Wasser, mischbar mit Ethanol, Ether, fetten Ölen; Viskosität: 5 mPa · s (30 °C); SZ max. 0.5, VZ 177-188; IZ 75-90; POZ max. 10.0; sterilisierbar (1 h bei 150 °C). **Anw.:** parenteral eingesetztes Lösungsmittel für Steroidhormone, injizierbare Antibiotika u. Vitamine; **Inkomp.:** Kautschuk (Quellung); wird durch Luft bei Lichteinwirkung rascher oxidiert; Lagerung unter Inertgas, Lichtschutz.

Ethylparaben: s. *p*-Hydroxybenzoesäureethylester.

5-Ethyl-5-phenylbarbitursäure: s. Phenobarbital.

1-Ethylpiperidin: $C_7H_{15}N$, M_r 113.2. D. 0.822-0.825. Sdp. 127-130 °C. $n_D^{20\,°C}$ 1.442-1.444. Farblose Flüss. von charakterist. Geruch, lösl. in Wasser, mischbar mit Ethanol u. Isoamylacetat. **Anw.:** Reagens DAB8 zur Gehaltsbestimmung von Penicillinsalzen.

Ethylpropenoat: s. Ethylacrylat.

Ethylsalicylat: s. Salicylsäureethylester.

Ethylundecylenoat: s. Undecylensäureethylester.

Etidocain INN: (±)-2-(*N*-Ethylpropylamino)-2',6'-dimethylbutyranilid; CAS-Nr. 36637-18-0; $C_{17}H_{28}N_2O$, M_r 276.42. Strukturformel s. Lokalanästhetika (Abb. 2). **Anw.:** langwirksames Lokalanästhetikum; **Dos.:** parenteral in der Leitungsanästhesie, s. c. 0.5 %, max. 0.3 g; HWZ 2.6 h.

Etidronsäure INN: Acidum etidronicum; (1-Hydroxyethyliden)diphosphonsäure; CAS-Nr. 2809-21-4; $C_2H_8O_7P_2$, M_r 206.03. Strukturformel s. Biphosphonate (Abb.). **Anw.:** Morbus Paget des Skeletts (s. Ostitis); **UAW:** Schwindel, leichter Durchfall, gelegentl. Verschlimmerung der Knochenentzündung; **Dos.:** 20 mg/kg KG/d mind. 6 Monate, aber nicht länger als 12 Monate; HWZ 24 h. Gebräuchl. ist auch Dinatriumetidronat.

Etifelmin INN: 2-(Diphenylmethylen)butylamin; 2-Ethyl-3,3-diphenylallylamin; CAS-Nr. 341-00-4; $C_{17}H_{19}N$, M_r 237.33. **Anw.:** früher Antihypotonikum*; **Etifelminhydrochlorid:** Schmp. 228-234 °C (polymorph). **Etifelminnicotinat:** Schmp. 180 °C (polymorph).

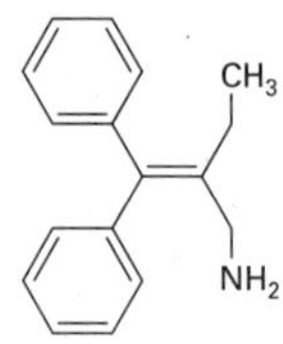

Etifelmin

Etifenin INNv: *N*-(Carboxymethyl)-*N*-{2-(2,6-diethylphenyl)amino-2-oxoethyl}glycin; CAS-Nr. 63245-28-3; $C_{16}H_{22}N_2O_5$, M_r 322.36. **Anw.:** diagnost Hilfsstoff, s. Technetium-[^{99m}Tc]-Etifenin-Injektionslösung.

Etilefrin INN: Ethyladrianol, *α*-Ethylaminomethyl-3-hydroxy-benzylalkohol; DL-1-(3'-Hydroxyphenyl)-2-ethylaminoethanol; CAS-Nr. 709-55-7; $C_{10}H_{15}NO_2$, M_r 181.23. **Wirk.:** lokale Vasokonstriktion, system. Erhöhung des peripheren Gefäßwiderstands u. des Blutdrucks, zusätzl. Erhöhung des Herzminutenvolumens; **Anw.:** Alphasympathomimetikum, oral anwendbares Antihypotonikum*; bei Hypotonie*, Kreislaufkollaps, hypotonen Kreislaufstörungen; **UAW:** Herzklopfen, Tachykardie, Schlaflosigkeit, Unruhe, Magenunverträglichkeit, pectanginöse Beschwerden, ventrikuläre Rhythmusstörungen; **Kontraind.:** Thyreotoxikose, Koronarinsuffizienz, Hypertonie, Phäochromozytom*, Ther. mit MAO-Hemmern; HWZ 2.5 h. **Etilefrinhydrochlorid:** Etilefrini hydrochloridum Ph.Eur.4; $C_{10}H_{16}ClNO_2$, M_r 217.7. Weißes, krist. Pulver; sehr leicht lösl. in Wasser, lösl. in Ethanol. Hingewiesen sei auch auf (+)-Etilefrin u. Etilefrin-Poly(styrol,divinylbenzol)sulfonat.

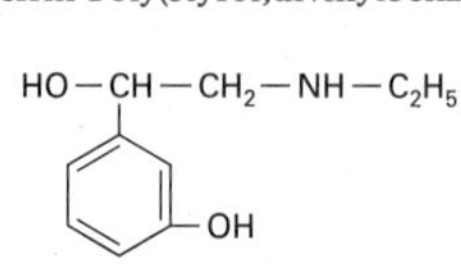

Etilefrin

Etiocholane: alte Bez. für 5*β*-Androstane.

Etiolierung: (bot.) Prozesse, die bei Pfl. zu verstärktem Längenwachstum der Sprossachse, kümmerl. Blattentwicklung u. Fehlen von Chlorophyll führen. E. tritt bei Pfl. auf, die im Dunkeln od. bei stark reduziertem Licht herangezogen wurden.

Etiroxat INN: *α*-Methyl-DL-thyroxinethylester; 3,3',5,5'-Tetraiod-*α*-methyl-DL-thyroninethyles-

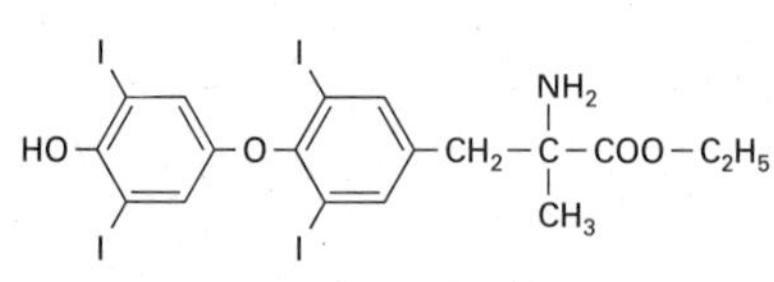

Etiroxat

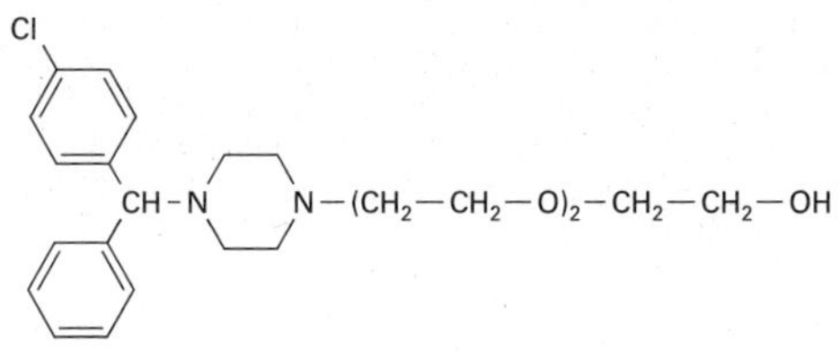

Etodroxizin

ter; CAS-Nr. 17365-01-4; $C_{18}H_{17}I_4NO_4$, M_r 818.95. **Anw.:** früher bei Hyperlipoproteinämien (s. Lipidsenker), bes. Hypercholesterolämie; gebräuchl. war Etiroxathydrochlorid.

Etodolac INN: Etodolacum Ph.Eur.4, Etodolsäure; 1,8-Diethyl-1,3,4,9-tetrahydropyrano[3,4-b]indol-1-essigsäure; CAS-Nr. 41340-25-4; $C_{17}H_{21}NO_3$; M_r 287.37; Schmp. 144-150 °C aus Hexan/Chloroform; weißes bis fast weißes, krist. Pulver, unlösl. in Wasser, leicht lösl. in Aceton u. wasserfreiem Ethanol. **Anw.:** Analgetikum, nicht steroidales Antiphlogistikum; **Dos.:** oral 0.2-0.4 g/6-8 h, maximal 1 g/d.

Etodroxizin INN: 2-(2-{2-[4-(4-Chlor-α-phenylbenzyl)-1-piperazinyl]ethoxy}ethoxy)ethanol; CAS-Nr. 17692-34-1; $C_{23}H_{31}ClN_2O_3$, M_r 418.98. Sdp. 250 °C (1.33 Pa). **Anw.:** kaum mehr verwendetes Schlafmittel*, Sedativum*; **Etodroxizindihydrogenmaleat:** $C_{31}H_{39}ClN_2O_{11}$, M_r 651.1.

Etofenamat INN: Etofenamatum Ph.Eur.4; 2-(2-Hydroxyethoxy)ethyl-*N*-(3-trifluormethylphenyl)anthranilat; CAS-Nr. 30544-47-9; $C_{18}H_{18}F_3NO_4$, M_r 369.35. Blassgelbe, viskose Flüss., fast unlösl. in Wasser, mischbar mit org. Lösungsmitteln. **Anw.:** Antiphlogistikum*; Antirheumatikum*; **Dos.:** topisch Gel 5 %.

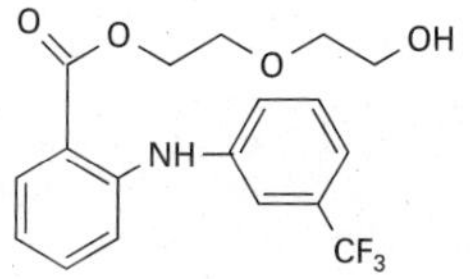

Etofenamat

Etofibrat INN: 2-[2-(4-Chlorphenoxy)-2-methylpropionyloxy]ethyl-nicotinat; CAS-Nr. 31637-97-5; $C_{18}H_{18}ClNO_5$. Weißes bis gelbl. krist. Pulver. **Off.:** DAC86; **Anw.:** Senkung erhöhter Serumlipidwerte (Triglyceridämien, Hypercholesterolämien), s. Lipidsenker; **UAW:** Übelkeit, Schwindel, Blutdruckabfall; **Kontraind.:** Gallenblasen-, Leber- u. Nierenerkrankungen, Schwangerschaft; **WW:** Antikoagulanzien*; **Dos.:** p. o. 3×0.3 g/d; HWZ 16 h (Metaboliten); vgl. Bezafibrat, Clofibrat, Clofibrid, Clofibrinsäure, Fenofibrat (Abb.).

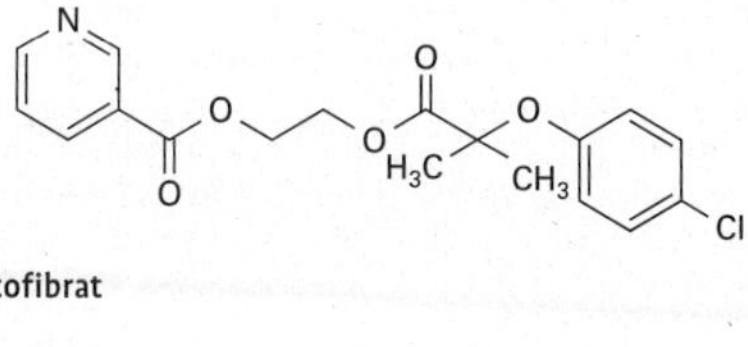

Etofibrat

Etofyllin INN: Etofyllinum Ph.Eur.4; 7-(2-Hydroxyethyl)-1,3-dimethyl-2,6(1*H*,3*H*)-purindion; CAS-Nr. 519-37-9; $C_9H_{12}N_4O_3$, M_r 224.22. Schmp. 163 °C (Mod. I; polymorph). Lösl. in Wasser; schwer lösl. in Ethanol; pH einer 5 %igen wässrigen Lsg. 6.5-7.0. **Anw.:** Diuretikum*, Kardiotonikum, Muskelrelaxans*; **UAW, WW** u. **Kontraind.:** s. Cholintheophyllinat; **Dos.:** p. o. 2-3×0.1 g/d; parenteral (i. m., i. v.) 0.1 g; rektal 0.25 g; HWZ 4-7 h. Gebräuchl. ist auch Etofyllinnicotinat.

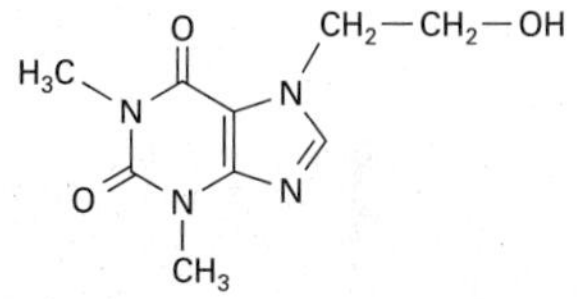

Etofyllin

Etofyllinclofibrat INN: Etofyllini clofibras; 2-(7-Theophyllinylethyl)-2-(4-chlorphenoxy)-2-methylpropionat; CAS-Nr. 54504-70-0; $C_{19}H_{21}ClN_4O_5$, M_r 420.85. **Anw.:** Senkung erhöhter Serum-Lipidspiegel, vgl. Lipidsenker; **UAW, Kontraind.** u. **WW:** s. Clofibrat.

Etoglucid INN: Triethylenglycoldicyclodiether; CAS-Nr. 1954-28-5; $C_{12}H_{22}O_6$, M_r 262.3. Schmp. −15 bis −10 °C. **Anw.:** früher Zytostatikum* bei Harnblasenkarzinomen; **UAW:** Blutbildungsstörungen.

Etomidat INN: Etomidatum Ph.Eur.4; (+)-Ethyl-1-(α-methylbenzyl)-5-imidazolylcarboxylat; CAS-Nr. 33125-97-2; $C_{14}H_{16}N_2O_2$, M_r 244.29. **Anw.:** Hypnotikum, Kurznarkotikum; **UAW:** Husten, Schluckauf, Myoklonie, Dyskinesien, kurzzeitiger Anstieg von Blutdruck u. Herzfrequenz; **Dos.:** parenteral i. v. 300 µg/kg KG über 30 s; Narkosedauer 4-8 min, keine Muskelrelaxation, Atem- u. Kardiodepression; HWZ 0.5-1.25 h bzw. 4.5 h (Metaboliten). Gebräuchl. ist auch Etomidathydrogensulfat, Etomidathydrochlorid.

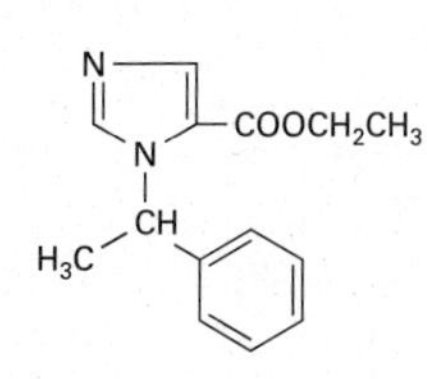

Etomidat

Etonogestrel INN: 13-Ethyl-17-hydroxy-11-methylen-18,19-dinor-17α-pregn-4-en-20-in-3-on; CAS-Nr. 54048-10-1; $C_{22}H_{28}O_2$, M_r 324.5. logP 4.2,

pK_S 13.0 (ber.); schwer lösl. in Wasser. **Wirk.:** Hemmung der Ovulation u. Viskositätserhöhung des Zervikalschleimes; **Anw.:** Antikonzeptivum*; Gestagen*-Implantat zur s. c. Applikation in den Oberarm; **UAW:** s. Kontrazeption, hormonelle; **Dos.:** Hormonabgabedauer über 3 Jahre; Freisetzungsrate zu Beginn 60-70 µg/d, am Ende des 1. Jahres 35-45 µg/d, am Ende des 2. Jahres 30-40 µg/d u. am Ende des 3. Jahres 25-30 µg/d.

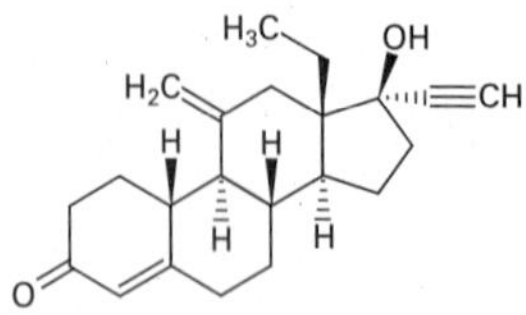

Etonogestrel

Etoposid INN: Etoposidum Ph.Eur.4; 4'-Desmethylepipodophyllotoxin-9-(4,6-*O*-ethyliden-*β*-D-glucopyranosid); CAS-Nr. 33419-42-0; $C_{29}H_{32}O_{13}$, M_r 588.56. Schmp. ca. 250 °C. Weißes, krist. Pulver; fast unlösl. in Wasser. Derivat von Podophyllotoxin (s. Podophyllin). **Wirk.:** Mitosegift; **Anw.:** Zytostatikum*, bei Bronchialkarzinomen, Morbus Hodgkin, Leukämie; **Dos.:** individuell, oral u. p. o.; HWZ 11.5 h.

Etorphin: Ethorphin, Propylorvinol; 7,8-Dihydro-7*α*-[1(R)-hydroxy-1methylbutyl]-6,14-endo-ethenomorphin; CAS-Nr. 14521-96-1; $C_{25}H_{23}NO_4$, M_r 411.52. Schmp. 215 °C. **Anw.:** Betäubungsmittel für große Tiere (auch zus. mit Acepromazinmaleat); ca. 1000-mal wirksamer als Morphin, hohes Suchtpotential.

Etox: mikrobizides Gasgemisch; 90 % Ethylenoxid (EO), 10 % CO_2. **Anw.:** Gassterilisation bei 5.33 kPa (40 Torr); s. Sterilisationsverfahren (Sterilisation mit mikrobiziden Gasen).

Etoxiat: mikrobizides Gasgemisch; 50 % Ethylenoxid, 50 % Methylformiat. **Anw.:** Gassterilisation bei 5.33 kPa (40 Torr); s. Sterilisationsverfahren (Sterilisation mit mikrobiziden Gasen).

Etozolin INN: Ethyl-3-methyl-4-oxo-5-piperidino-2-thiazolanylidenacetat; CAS-Nr. 73-09-6; $C_{13}H_{20}N_2O_3S$, M_r 284.39. Schmp. 140 °C (kristallisiert aus Methanol). Die eigentl. Wirksubstanz ist Ozolinon, es entsteht durch Verseifung. **Anw.:** Diuretikum* (Schleifendiuretikum), Ödeme; **UAW, Kontraind.** u. **WW:** s. Etacrynsäure; HWZ 8.5 h bzw. 6.5 h (Metaboliten).

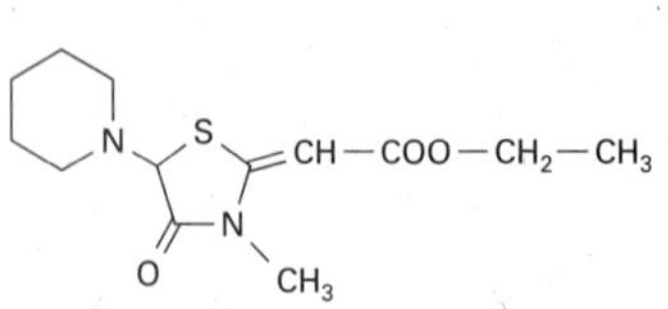

Etozolin

Etretin: s. Acitretin.

Etretinat INN: Ethyl-(all-*E*)-9-(4-methoxy-2,3,6-trimethylphenyl)-3,7-dimethyl-2,4,6,8-nonatetraenoat; CAS-Nr. 54350-48-0; $C_{23}H_{30}O_3$, M_r 354.47. Strukturformel vgl. Acitretin (Abb.). **Anw.:** Dermatotherapeutikum bei Hyperkeratosen, Psoriasis; **UAW:** Hautabschälungen, Trockenheit der Mund- u. Nasenschleimhäute, Haarausfall, evtl. Erhöhung der Leberfunktionswerte; wirkt teratogen, deshalb bei Frauen Empfängnisverhütung während der Ther. notwendig; **WW:** Phenytoin.

Etynodiol INN: 19-Nor-17*α*-pregn-4-en-20-in-3*β*,17-diol; CAS-Nr. 1231-93-2; $C_{22}H_{28}O_2$, M_r 300.42. **Anw.:** Gestagentherapie; stärkere Wirksamkeit als Progesteron*. Gebräuchl. ist auch Etynodioldiacetat.

Eu: (chem.) Symbol für Europium*.

EU: s. Europäische Union.

EuAB: s. Arzneibuch (Europäisches Arzneibuch).

Eucalyptol: Cineolum, Eucalyptolum, Zineol, 1,8-Cineol; 1,8-Oxido-*p*-menthan; CAS-Nr. 470-82-6; $C_{10}H_{18}O$; M_r 154.3; D. 0.923-0.926; Schmp. 1.5 °C; Sdp. 175-177 °C; farblose, campherartig riechende Flüss., lösl. in Ether, Chloroform, Ethanol, Terpentinöl, fetten Ölen; fast unlösl. in Wasser. **Vork.:** Hauptbest. des äther. Öles von Eucalyptus* globulus u. a. Eucalyptus- u. Melaleuca-Arten; ferner in größeren Mengen enthalten im äther. Öl von Salvia* triloba, Laurus* nobilis, Rosmarinus vulgaris, Artemisia* abrotanum, Artemisia* vulgaris, Elettaria* cardamomum, Achillea- u. Lavandula-Arten u. a.; **Off.:** DAC, Ph.Helv.8. Reagens Ph.Eur.4. **Anw.** med.: Antiseptikum, Expektorans, Anthelminthikum; **Dos.:** 0.1-1 g, MTD 3 g.

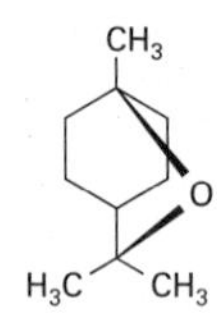

Eucalyptol

Eucalyptus fruticetorum: s. Eucalyptus globulus.

Eucalyptus globulus Labill.: Eukalyptusbaum, Fieberbaum, Blaugummibaum; Fam. Myrtaceae (heim. Australien, kult. Südeuropa, Afrika, Mittelmeergebiet). Stpfl. von **Eucalypti folium:** Folia Eucalypti, Eukalyptusblätter; die getrockneten Sichelblätter (Folgeblätter von älteren Bäumen, s. Heterophyllie). **Off.:** Ph.Eur.4; **Inhaltsst.:** 1.5-3.5 % (mind. 2.0 %) äther. Öl, Gerbstoff (Angaben über Menge sehr schwankend), 2-4 % Triterpene* (Ursolsäurederivate), Flavonoide*; **Anw.:** Erkältungskrankheitenn der Luftwege; hauptsächl. aber zur Gew. von äther. Öl; **Dos.:** 1-3 g; **Eucalypti aetheroleum** Ph.Eur.4: Oleum Eucalypti, Eucalyptusöl; D. 0.906-0.925; Sdp. 177-179 °C; $\alpha_D^{20\,°C}$ 0 bis +10°; $n_D^{20\,°C}$ 1.458-1.470; farblose bis gelbl. Flüss. von angenehmem Geruch; äther. Öl aus Eucalyptus-Arten, die vorwiegend Cineol (s. Eucalyptol) enthalten. Das sind neben Eucalyptus globulus z. B.: Eucalyptus fruticetorum F. v. Muell. ex Miq. (Eucalyptus polybractea R.T. Bak.), Eucalyptus smithii R. T. Bak. Zur Gew. von Eukalyptusöl dienen noch zahlreiche andere Eucalyptus-Arten bzw. chem. Rassen. Diese Öle unterscheiden sich z. T.

stark durch den Phellandren- u. Cineol-Geh., einige enthalten auch Piperiton* (v. a. E. dives), das zur Herst. von Thymol verwendet wird, einige enthalten Citral*, Citronellol*, Citronellal*, Geranylacetat u. finden Verw. in der Parfümerie. **Inhaltsst.**: 1,8-Cineol (Eucalyptol*) mind. 70% (nach Ph.Eur.4 bestimmt mit Hilfe des Erstarrungspunktes der Molekülverb. mit *o*-Cresol*); 2-8% α-Pinen*, höchstens 0.5% β-Pinen, höchstens 0.1% Campher, höchstens 1.5% α-Phellandren (wegen unerwünschter Herzwirk. möglichst wenig), 4-12% Limonen u. a.; **Gew.**: durch Wasserdampfdest. der Blätter od. frischen Zweigspitzen; das Rohöl muss wegen der die Atemwege reizenden Aldehyde (Butyl-, Valeryl-, Caprylaldehyd) rektifiziert werden; **Wirk.**: sekretomotorisch, expektorierend, antimikrobiell; **Anw.**: innerl. u. äußerlich bei Erkältungskrankheiten der Luftwege; zur Inhalation bei Bronchialkatarrh, Hautreizmittel zu Einreibungen bei Erkrankungen des rheumat. Formenkreises, (früher auch Wurmmittel); **Dos.**: 5-20 Tr. mehrmals tägl.; die Elimination des Eucalyptusöls erfolgt auch über die Lunge, so dass, von der Applikation unabhängig, immer eine desinfizierende u. sekretomotor. Wirk. vorhanden ist. Nicht bei Kindern unter 2 Jahren anwenden.

Hom: *Eucalyptus globulus (HAB1.3):* getrocknete Blätter älterer Zweige (mind. 1.5% äther. Öl); verord. z. B. bei Bronchitis, Nierenbeckenentzündung, Grippe.

Eucalyptus polybractea: s. Eucalyptus globulus.

Eucalyptus smithii: s. Eucalyptus globulus.

Eucerin®: s. Unguentum Alcoholum Lanae.

Eucerinum® anhydricum: s. Unguentum Alcoholum Lanae.

Eucerinum® cum Aqua: s. Unguentum Alcoholum Lanae aquosum.

Eucerit®: s. Wollwachs (Wollwachsalkohole).

Eucheuma muricatum: Euchema spinosum; Fam. Solieriaceae (Rhodophyta) (Java, Makassar); dient neben Gelidium- u. Gracillaria-Arten vielfach als zusätzl, aber nicht ganz geeigneter Rohstoff zur Gew. von Agar*.

Euchinin: Chininum aethylcarbonicum (EB6); Ethylkohlensäureester des Chinins; $C_2H_5O-CO-OC_{20}H_{23}N_2O$, M_r 396.48. Schmp. 91-92 °C. Weißes, leichtes Pulver, aus verfilzten Nadeln bestehend, leicht lösl. in Ethanol, Ether, Chloroform. **Anw.**: früher wie Chinin bei Malaria, Grippe, Keuchhusten. **Dos.**: 0.05-0.4 g; da fast geschmacklos, bes. in der Kinderpraxis gebräuchlich.

Euchromatin: Chromatin*, das weniger kondensiert als Heterochromatin* ist.

Eucupin: s. Euprocin.

Eucupin bihydrochloricum: s. Euprocindihydrochlorid.

Eudalin: zweifach ungesättigter Sesquiterpenkohlenwasserstoff mit der Grundstruktur des Eudesmans*.

Eudesman: syn. Selinan (nicht mehr gebräuchl.); Grundgerüst bicycl. Sesquiterpene*.

Eudesmin: Pinoresinoldimethylether; ein Lignan.

Eudesmol: α- u. β-Eudesmol sind einfach ungesättigte, tertiäre Sesquiterpenalkohole mit der Grundstruktur des Eudesmans*.

Eudesmolid: Sesquiterpenlacton* mit der Grundstruktur eines bicycl. Sesquiterpens vom Eudalin*-Typ; vgl. Bitterstoffe.

Eudiometer: einseitig geschlossenes, graduiertes Glasrohr zum Auffangen u. Abmessen von Gasen.

Eudragit®: Handelsbezeichnung für Acrylharze, verw. als vollsynthet. Dragierlacke u. Filmbildner, Bindemittel für die Granulierung u. als Gerüststoffe für Retardtabletten. Gew. durch Polymerisation von Acryl- u. Methacrylsäure od. deren Ester (z. B. Butylester od. Dimethylaminoethylester). Die Polymere besitzen eine M_r ≥100 000. Es stehen die Typen E, L, S, RL, RS (s. Abb. 1) als 12.5%ige org. Lösungen (in Isopropanol/Aceton od. Isopropanol, ohne u. mit Dibutylsebacat u. Natriumlaurylsulfat als Weichmacher) od. lösungsmittelfreie Feststoffe, die Typen NE, L, FS, RL u. RS. als 30%ige wässrige Acrylharzdispersionen zur Verfügung (X30D).

Eudragit-E-Typen: Die Bez. (E: Endlack) bezieht sich auf das Hauptanwendungsgebiet als Endüberzüge für perorale Arzneiformen (Tabletten, Dragees, Kapseln). Eudragit Typ E ist ein kation. Copolymerisat auf der Basis von Dimethylaminoethylmethacrylat u. neutralen Methacrylsäureestern (Poly(butylmethacrylat-co-(2-dimethylaminoethyl)methacrylat-co-methylmethacrylat) 1:2:1, M_r 150 000. Lösl. in polaren org. Lösungsmitteln; unlösl. in Wasser, Speichel; quillt u. löst sich im sauren Bereich durch Salzbildung. Technolog. verw. in der Filmdragierung als magensaftlösl. Lacküberzug; 5-20% als Bindemittel für die Granulierung. **Eudragit-L- u. -S-Typen:** Die Bez. kommt von **l**eicht bzw. **s**chwer lösl. im Darmsaft. Es sind anion. Copolymerisate aus Methacrylsäure u. Methacrylsäureestern (s. Methacrylsäure-Methylmethacrylat-Copolymer Ph.Eur.4). Eudragit Typ L enthält 50%, Eudragit Typ S ca. 30% freie Carboxylgruppen. Lösl. in polaren org. Lösungsmitteln; unlösl. in Wasser; Eudragit. Typ L: quillt nicht unter pH .7, löst sich über pH 6 (Salzbildung mit Alkalien); Eudragit Typ S: quillt nicht unter pH 6.5, löst sich über pH 7 (Salzbildung mit Alkalien). Für die Filmdragierung als magensaftresistente Überzüge mit unterschiedl. Löslichkeit verwendet; 5-20% als Bindemittel für die Granulierung. 10% Weichmacherzusatz für Überzüge wird empfohlen. **Eudragit FS 30 D:** Poly(Methylacrylat-co-methylmethacrylat-co-methacrylsäure) 7:3:1 (M_r 400 000). **Eudragit-RL- u. -RS-Typen:** Die Bez. kommt von R für **r**etard. Copolymerisate aus Acryl- u. Methacrylsäureestern, die z. T. quaternäre Ammoniumgruppen enthalten (RS: 5%, RL: 10% Trimethylammoniummethacrylatchlorid); Poly(ethylacrylat-co-methylmethacrylat-co-trimethylammonioethylmethacrylatchlorid (1:2:0.2 RL u. 1:2:0.1 RS). Lösl. in Isopropanol/Aceton-Gem.; quellen in wässrigem Milieu, abhängig vom pH u. dem Anteil an quaternären Gruppen (RL quillt stärker). Für die Filmdragierung als wasserunlösl. jedoch permeable Filmüberzüge, deren Permeabilität pH-unabhängig ist, zur verzögerten Wirkstofffreigabe (RL-Überzüge sind durchlässiger als RS-Filme); als Bindemittel für die Granulierung. **Eudragit NE30D u. L30D:** Durch Emulsionspolymerisation (s. Abb. 2) erhaltene, 30 %ige wässrige Dispersionen; milchig weiße, niedrigviskose Flüssigkeiten. Mit Wasser in jedem Verhältnis mischbar. Inkomp.: lösl. Elektrolyte u. speziell bei L30D Alkohol (Koagulation der Dispersion). Eudragit Typ NE30D ist ein Copolymerisat mit neutralem Charakter auf der Basis von Acrylsäureethylester u. Methacrylsäuremethylester (70:30), Polyethylacrylat*-methylmethacrylat-Dispersion 30 % Ph.Eur. Die wasserunlösl. Lackfilme benötigen keine Weichmacher, sind in Wasser quellbar u. unabhängig vom pH permeabel (Retardpräparate*, Substained-release-Typ; für Matrixstrukturen). Zusatz für alle Eudra-

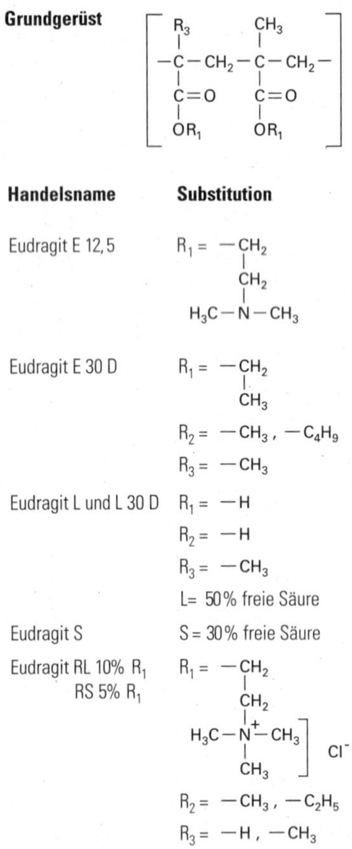

Eudragit Abb. 1: versch. Typen

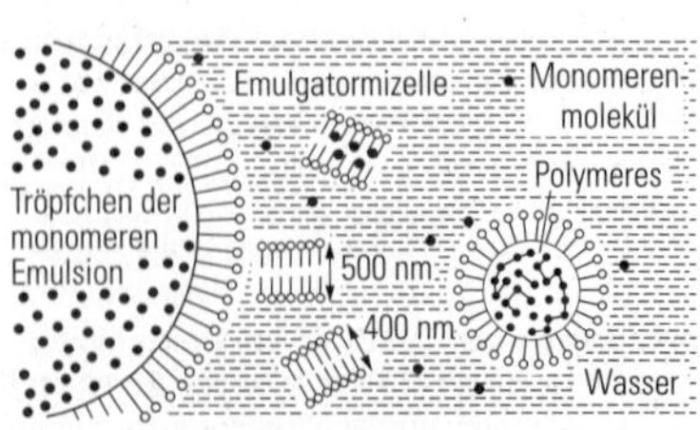

Eudragit Abb. 2: Mechanismus der Emulsionspolymerisation [16]

git-Dispersionen. Durch wasserlösl. od. in Wasser quellbare Zusätze lässt sich die Quellung u. Permeabilität soweit steigern, dass schnellzerfallende Überzüge entstehen. Eudragit Typ L30D ist ein anion. Copolymerisat (50:50) auf der Basis von Methacrylsäure u. Acrylsäuremethylester. Weichmacherzusatz erforderlich. Durch Salzbildung mit Alkalien ab pH 5.5 löslich. Für magensaftresistente, dünndarmlösl. Filmüberzüge.

EUFEPS: Abk. für (engl.) *European Federation for Pharmaceutical Sciences;* 1991 gegründet, um die pharmaz Wissenschaften u. die Arzneimittelforschung in Europa zu fördern sowie um die wissenschaftl. Interessen u. die Wissenschaftler im Arzneimittelwesen in allen Bereichen zu vertreten.

Eugenia caryophyllata: s. Syzygium aromaticum.

Eugenia jambos: s. Syzygium jambos.

Eugenol: Eugenolum; 2-Methoxy-4-(2-propenyl)-phenol, 4-Allylbrenzkatechin-2-methylether, 4-Allyl-2-methoxyphenol; $C_{16}H_{12}O_2$; Strukturformel s. Phenylpropanderivate (Abb.); M_r 164.2; D. 1.066-1.069; $n_D^{20°C}$ 1.540-1.542; Schmp. –7 bis –9 °C; Sdp. 252 °C; opt. inaktiv; farblose bis schwach gelbl. Flüss. (wird an Luft u. Licht allmähl. dunkler u. dickflüssiger), stark nach Nelkenöl riechend u. sehr scharf schmeckend; leicht lösl. in Ethanol 70 %, Ether, Chloroform, Eisessig, prakt. unlösl. in Glycerol; Inkomp.: Eisen(III)-salze (Verfärbung), oxidierende Stoffe (Zers.). **Off.:** Ph.Eur.4, Ph.Helv.7; **Vork.:** E. ist Hauptbest. des äther. Nelkenöls (Caryophylli floris aetheroleum, s. Syzygium aromaticum) u. anderer äther. Öle wie Bay-, Piment-, Lorbeer-, Kalmus-, Rosen-, Zimtrinden-, Nelkenwurzelöl. **Anw.** med.: wie Nelkenöl, Anästhetikum in der Zahnheilkunde, zu Salben geg. Ausschläge in 10 %iger Konz.; techn.: in der Mikroskopie zum Aufhellen der Präparate; in der Parfümerie; in großem Umfang wird E. zur Herst. von Vanillin verwendet: E. wird zunächst durch Alkalien in Isoeugenol umgelagert u. dieses mit Ozon od. Nitrobenzol u. Alkali od. $KMnO_4$ zu Vanillin oxidiert.

Euglena-Test: Test zur Bestimmung der Serum-Konzentration an Vitamin B_{12} (s. Vitamine). Da Vitamin B_{12} in geringster Konz. ein Wachstumsfaktor für gewisse Mikroorganismen, Bakterien, Grünalgen, Protisten ist, benutzt man Euglena gracilis (ein zu den Flagellaten gehöriger, grüner, einzelliger Organismus), um Vitamin B_{12} u. die Konz. in der zu untersuchenden Flüss. nachzuweisen.

Euhydrie: s. Augentropfen.

Eukalyptusblätter: s. Eucalyptus globulus (Eucalpyti folium).

Eukalyptusöl: s. Eucalyptus globulus (Eucalypti aetheroleum).

Eukaryonten: Eukaryoten; Organismen, deren Zellen einen echten Zellkern mit Kernhülle, membranbegrenzte Organellen u. Chromosomen besitzen, in denen die DNA mit Proteinen vergesellschaftet ist; vgl. Prokaryonten, Zelle.

Euler-Zahl: s. e.

Eumycota: s. Pilze.

Euonymus atropurpurea Jacq.: Pfaffenhütchen, Spindelbaum, Spillbaum; Fam. Celastraceae

(Nordamerika). Stpfl. von **Cortex Evonymi atropurpureae radicis:** Pfaffenhütchen-Wurzelrinde. **Inhaltsst.:** Cardenolide der Digitoxigeninreihe, Tannin*, Furan-β-carbonsäure, Bitterstoff (Evonimin), Harz.

Hom: *Evonymus atropurpureus,* Euonymus atropurpureus: frische Rinde der Zweige u. Wurzeln.

Euonymus europaea L.: Evonymus europaea, Europäisches Pfaffenhütchen, Spindelbaum; Fam. Celastraceae (heim. Nordamerika; eingeschleppt nach Europa, Asien). Stpfl. von **Pfaffenhütchen-Früchte: Inhaltsst.:** in den Samen sind Alkaloide (Bitterstoffe), z. B. Evonin, ferner Evonosid (schwach herzwirksames Glykosid) u. a. von Digitoxigenin abgeleitete Digitaloide, Farbstoffe (Carotinoide), Gerbstoffe, Phlobaphene; im fetten Öl der Samen Triacetin (Glyceroltriacetat); **Anw.** volkstüml.: Abkochung der Früchte geg. Krätze u. Ungeziefer; **Tox.:** Zweige u. Früchte sind sehr giftig, 30-40 Früchte sollen tödl. sein. Bei Vergiftung: Magenspülung, symptomat. Behandlung (z. B. Analeptika).

Hom: *Euonymus europaea (HAB1.5),* Evonymus europaea: frische, reife Früchte.

Euosmophore: s. Gruppen, osmophore.

Eupaletin: Flavonolderivat; Strukturformel s. Flavonoide (Tab.).

Euparin: 5-Acetyl-6-hydroxy-2-isopropenyl-benzofuran; $C_{13}H_{12}O_3$; Inhaltsst. in Eupatorium-Arten z. B. Eupatorium* perfoliatum.

Eupatoletin: Flavonolderivat, Strukturformel s. Flavonoide (Tab.).

Eupatorin: 3',5-Dihydroxy-4',6,7-trimethoxyflavon; Strukturformel s. Flavonoide (Tab.). E. ist z. B. in Eupatorium* perfoliatum u. Orthosiphon* aristatus enthalten.

Eupatorium cannabinum L.: Wasserhanf, Wasserdost(en), Lämmerschwanz, Kunigundenkraut; Fam. Asteraceae (Compositae) (Europa, Nordafrika, Syrien, Kleinasien, Persien, Westsibirien, Kaukasien). Stpfl. von **Herba Eupatorii cannabini:** Herba Cannabinae aquaticae, Wasserhanfkraut, Kunigundenkraut. **Inhaltsst.:** Eupatoriopicrin (bitteres Glykosid), Euparin*, Pyrrolizidinalkaloide*, Triterpene, Gerbstoffe; **Anw.** volkstüml.: z. B. bei Leber- u. Gallenleiden, Wundheilmittel.

Hom: *Eupatorium cannabinum:* frisches, blühendes Kraut.

Eupatorium perfoliatum L.: Wasserdost(en); Fam. Asteraceae (Compositae) (Nordamerika). Stpfl. von **Herba Eupatorii perfoliati:** Wasserdostenkraut. **Inhaltsst.:** bitter schmeckende Sesquiterpenlactone u. Flavonoide wie Eupatorin*; **Anw.** volkstüml.: z. B. Grippemittel, Amarum, Diaphoretikum, unspezif. Immunstimulans.

Hom: *Eupatorium perfoliatum (HAB1.3):* frisches, bei Blütebeginn gesammeltes Kraut; verord. z. B. bei grippalen Infekten mit Gliederschmerzen u. Husten, Migräne.

Eupatorium purpureum L.: Wasserdost; Fam. Asteraceae (Compositae) (Nordamerika). **Inhaltsst.:** Euparin*, Sesquiterpene*, die Epoxid- u. Lactongruppierungen enthalten.

Hom: *Eupatorium purpureum (HAB1.4):* frischer, im Herbst gesammelter Wurzelstock; verord. z. B. bei Reizblase, Prostatahyperplasie.

Euphorbiaceae: Wolfsmilchgewächse; Fam. der Od. Euphorbiales; Kräuter, Sträucher, Bäume u. Stammsukkulente, vorwiegend in trop. Gebieten. Die (weibl. u. männl.) Blüten sind sehr unterschiedl. gebaut, oft stark (z. B. bis auf ein Staubblatt) reduziert u. zu einem Pseudanthium, als Cyathium bezeichnet, vereinigt. Häufig Milchsaft (mit knochenförmiger Reservestärke) führend (typ. für die größte Gattung, Euphorbia, sind ungegliederte Milchröhren); ohne Milchsaft z. B. Mercurialis u. Ricinus; auch Gerbstoffschläuche kommen vor. **Chem. Merkmale:** Alkaloide*, cyanogene Verb., im Milchsaft Kautschuk*, in den Samen fettes Öl (z. B. Rizinusöl), z. T. giftige Lektine (z. B. Ricin* in Ricinus* communis, Curcin in Jatropha* curcas). **Wichtige Gattungen:** Acalypha, Croton, Euphorbia, Hevea, Hippomane, Jatropha, Mallotus, Manihot, Mercurialis, Ricinus, Stillingia.

Euphorbia cerifera: s. Candelillawachs.

Euphorbia cyparissias L.: Tithymalus cyparissias, Zypressenwolfsmilch; Fam. Euphorbiaceae (Europa, Nordafrika). **Inhaltsst.:** im Milchsaft Euphorbon (N-freies Lacton), ferner bis 15 % Harz, tox. (tumorpromovierende, hautreizende) Diterpene*, ca. 2 % Kautschuk, Gummi, Euphorbin; im Kraut Gerbstoff, Cholin, in der Blüte Luteolin, im Samen fettes Öl; **Anw.** volkstüml.: innerl. z. B. als Abführmittel (daher auch als Bauernrhabarber bezeichnet); äußerl. als Hautreizmittel; der eingedickte Milchsaft wurde früher als Brech- u. Abführmittel verwendet (Scammonium europaeum); **Tox.:** Die ganze Pflanze ist, wie andere Euphorbiaceen, stark giftig. Bei Berührung führt sie zu starken Hautentzündungen mit Geschwürbildung, am Auge zu starker Bindehautentzündung, innerl. zu Krämpfen, Erbrechen u. heftigen Durchfällen, Kreislaufschwäche u. Kollaps, Tod nach 2-3 Tagen. **Bei Vergiftung:** Entleerung des Magen-Darm-Kanals, schleimhaltige Mittel, Uzara, Analeptika.

Hom: *Euphorbia cyparissias (HAB1.4):* Zypressenwolfsmilch; ganzes, frisches, blühendes Kraut; verord. z. B. bei Katarrhen der Atemwege, Magenkolik u. Diarrhö, Ekzemen, Psoriasis; weitere hom. gebräuchl. Euphorbia-Arten: E. amygdaloides, E. corollata, E. esula, E. villosa; alle E.-Arten sind giftig.

Euphorbia resinifera Berger: Fam. Euphorbiaceae (Marokko, an den Abhängen des Atlas). Stpfl. von **Euphorbium:** Gummiresina Euphorbium; der eingetrocknete Milchsaft aus Stamm u. Zweigen; unregelmäßige, leicht zerreibl., gelbl. gelbbraune Stücke, geruchlos u. von brennendem Geschmack, in siedendem Ethanol fast völlig löslich. **Inhaltsst.:** ca. 40 % Euphorbole (Triterpenderivate) u. ca. 40 % Harz; ferner Kautschuk, Bitterstoff, Säuren; **Anw.** vet.: Rubefaziens; giftig, reizt stark die Schleimhäute; **Zuber.:** nach DAB6: Emplastrum Cantharidum perpetuum, Emplastrum Cantharidum pro usu veterinario.

Hom: *Euphorbium (HAB1.4):* erhärteter Milchsaft; verord. z. B. Erysipel, Gangrän der Haut, ergänzend zur Schmerzther. bei Karzinomen.

Euphorbium: s. Euphorbia resinifera.

Euphrasia officinalis: s. Euphrasia rostkoviana.

E

Euphrasia rostkoviana Hayne: Euphrasia officinalis L.p.p., Euphrasia stricta, Augentrost; Fam. Scrophulariaceae (Europa). E. rostkoviana u. andere Euphrasia-Arten sind Stpfl. von **Euphrasiae herba:** Herba Euphrasiae, Augentrostkraut. **Off.:** DAC; **Inhaltsst.:** Iridoidglykoside wie Aucubin*, Catepol u. Euphrosid, sowie u. a. Gerbstoff, Bitterstoff, äther. Öl; **Anw.** volkstüml.: bei Augenleiden, bes. Bindehaut- u. Hornhautentzündungen, bei Husten u. Schnupfen, ferner bei Gelbsucht u. als Magenmittel.
Hom: *Euphrasia officinalis (HAB1.3),* Euphrasia officinalis ferm 33c (HAB1.4): ganze, frische, blühende Pfl.; verord. z. B. bei Augenentzündungen.

Euphrasia stricta: s. Euphrasia rostkoviana.

Euprocin INN: Eucupin, Eucupin basicum, Isoamylhydrokuprein; (9*R*)-10,11-Dihydro-6-(3-methylbutoxy)cinchonan-9-ol; $C_{24}H_{34}N_2O_2$, M_r 382.3. Weißes Pulver, leicht lösl. in Ethanol, Ether, Chloroform u. in heißen Fetten. **Anw.** med.: früher äußerl. als Lokalanästhetikum, in Salben od. Öl; **UAW:** bei Einnahme sehr tox.; Sehstörungen u. Blindheit.

Euprocindihydrochlorid: Eucupin bihydrochloricum, Eukupindihydrochlorid, Isoamylhydrokupreindihydrochlorid; $C_{24}H_{34}N_2O_2 \cdot 2\,HCl \cdot H_2O$, M_r 473.2. Farblose Kristalle, leicht lösl. in Wasser u. Ethanol. **Anw.:** früher als 0.1%ige Lsg. in Ohrentropfen; lokalanästhet. mit gewisser bakterizider Wirkung.

Europäische Arzneimittel-Agentur: s. EMEA.

Europäische Gemeinschaften: s. EG.

Europäisches Arzneibuch: s. Arzneibuch.

Europäische Union: Abk. EU; gegründet im Februar 1992 mit der Unterzeichnung der Maastrichter Verträge (benannt nach einer Stadt in den Niederlanden) durch die Außen- u. Finanzminister der EG-Staaten (s. EG). Nach Ratifizierung durch alle EG-Mitglieder traten die Maastrichter Verträge im November 1993 in Kraft. Ziele der EU ist die Einigung auf polit., wirtschaftl. u. sozialer Ebene u. die enge Zusammenarbeit in der Außen- u. Sicherheitspolitik. Die EU besitzt keine jurist. Persönlichkeit.

Europäische Zulassungsagentur: s. EMEA.

European Medicines Evaluation Agency: s. EMEA.

Europium: Symbol Eu; A_r 151.96; OZ 63. D. 5.243. Schmp. 1090 °C. Sdp. 1798 °C. Silbrig glänzendes Lanthanoid*, weich u. leicht verformbar. Es reagiert an der Luft unter Oxidbildung, mit Wasser unter Hydroxidbildung u. löst sich leicht in verd. Mineralsäuren. **Vork.:** Best. der Minerale Monazit u. Bastnäsit. **Herst.:** Reduktion von Eu_2O_3 mit Lanthan. **Anw.:** in Moderatorstäben der Kernreaktoren u. in Phosphoren (rote Komponente von Fernsehbildschirmen). **Gesch.:** 1901 erstmals in Form des Oxids Eu_2O_3 von Eugène Anatole Demarcay (1852-1903) isoliert.

Eurotransplant: Eurotransplant International Foundation; E. ist für Vermittlung und Allokation von Organspendeverfahren in Österreich, Belgien, Deutschland, Luxemburg, den Niederlanden u. Slowenien verantwortlich. Beteiligte an dieser internationalen Kooperation sind die Transplantationszentren, Gewebetypisierungslabors u. Krankenhäuser, in denen Organentnahmen stattfinden. Die wichtigste Aufgabe von Eurotransplant ist die Registrierung der Patienten, die sich für eine Transplantation eignen.

Euryangium sumbul: s. Ferula moschata.

Euscorpius italicus Herbst: Scorpio italicus Herbst, Scorpio europaeus L., Europäischer Skorpion; Fam. Chactidae (Od. Scorpiones) (Südeuropa). Lieferant von **Skorpiongift: Inhaltsst.:** Toxine, Enzyme u. Amine.
Hom: *Scorpio europaeus:* verwendet wird die Tinktur.

Euspongia officinalis L.: Meerschwamm; (zoolog.) Fam. Spongidae. Lieferant von **Spongia marina:** Badeschwamm; das elast.-weiche, entfleischte, saugfähige Skelett des Meeresschwamms. Hauptgewinnungsgebiete Mittelmeer u. Westindien; **Inhaltsst.:** Spongin, ein Skleroprotein, das die Aminosäuren Arginin, Glycin, Lysin, Serin, Valin u. Cystin sowie 0.4-0.5% Brom u. 0.5-1.2% Iod enthält, ferner als Einlagerungen mikroskop. kleine Kieselsäure- u. Kalkkristalle.
Hom: *Euspongia officinalis (HAB 2001),* Spongia: gerösteter Meerschwamm (mind. 0.4% Iod); verord. z. B. bei Heiserkeit mit nächtl., trockenem Husten, Struma (Kropf).

Eutektikum: inniges feinkrist. Gemenge zweier od. mehrerer (in flüss. Zustand, nicht aber in festem Zustand miteinander mischbarer) Stoffe von konstanter Zusammensetzung u. dem niedrigsten mögl. Schmp. dieses Gemenges. Löst man in einer Flüss. A einen Stoff B od. umgekehrt in Flüssigkeit B den Stoff A in steigenden Mengen, so werden die Schmp. je nach dem Gehalt an B od. A sinken. Trägt man die erhaltenen Schmp. in ein Koordinatensystem ein (Ordinate: Schmp.; Abszisse: Stoffmengenanteil als Molprozente A bzw. B), so erhält man ein Schmelzdiagramm mit 2 abfallenden Kurven, die sich schließl. in einem tiefsten Punkt, dem eutektischer Punkt, schneiden (s. Abb.). Dies ist der niedrigste mögl. Erstarrungspunkt bzw. Schmp. eines Gemisches aus A u. B.

Eutomer: s. Verhältnis, eudismisches.

Eutrophie: guter Ernährungszustand des Säuglings; vgl. Dystrophie.

eV: (physik.) Einheitenzeichen für Elektronvolt*.

EVA: s. Ethylenvinylacetat-Copolymere.

Evakolation: Perkolation* unter Vakuum.

Evakuieren: s. Vakuumapparat; Vakuumpumpen.

Evaporation: Verdampfung, Verdunstung.

Evaporationszentrifuge: Gerät zum schnellen u. schonenden Entfernen von Lösungsmitteln aus zur Schaumbildung neigenden Phasen. Das Lösungsmittel wird bei Niederdruck entfernt, zur Vermeidung von Gasblasen wird gleichzeitig zentrifugiert, z. B. Speed-Vac®.

Evasion: umfasst alle Prozesse, die zur Verringerung der Arzneistoffkonzentration am Wirkungsort führen.

Evawurzel: s. Gladiolus communis (Bulbus Victorialis rotundae).

evidence based medicine: s. Medizin, evidenzbasierte.

Evodia rutaecarpa (Juss.) Benth.: (chin) Wu zhu yu, Stinkeschenfrüchte; Fam. Rutaceae. Stpfl. von **Evodiae fructus:** eine in der TCM gebräuchl.

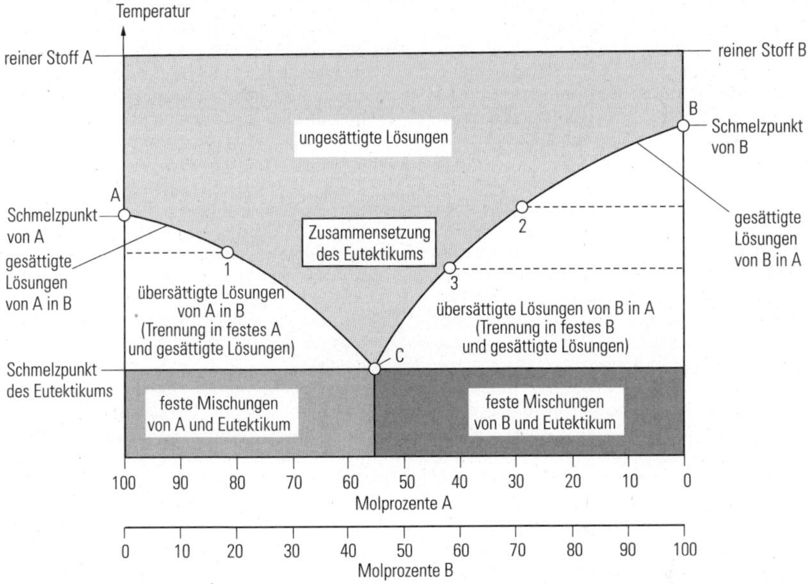

Eutektikum: Abscheidung reiner Stoffe ohne Verbindungsbildung im Schmelzdiagramm [11]

Fruchtdroge. **Inhaltsst.:** Alkaloide mit Indolo(2',3':3,4)pyrido(2,1-b)chinazolin-Grundgerüst (u. a. Evodiamin, Rutaecarpin) sowie Chinolonalkaloide (u. a. Evocarpin) u. Bitterstoffe wie z. B. Limonin (=Evedol); **Wirk.:** Rutaecarpin zeigt im Tierversuch eine uterustonisierende Wirkung. Evodiamin wirkt blutdrucksenkend. **Anw.:** in der TCM u. a. bei Erbrechen, Bluthochdruck, Gastritis, Magenschmerzen.

Evolution: **1.** (biol.) Veränderung des Eigenschaftsgefüges von Lebewesen in der Generationenfolge, die sich in Populationen vollzieht. **2.** (chem.) allmähl. Entstehung von Biomolekülen auf der Urerde (vor dem Einsetzen der biol. Evolution) aus den Komponenten der Uratmosphäre u. der Urmeere (Ursuppen).

Evonymus atropurpurea: s. Euonymus atropurpurea.

Evonymus europaea: s. Euonymus europaea.

Evosin: Parmycin; antibiot. wirkendes Gemisch aus Flechten (Usneaceae u. Parmeliaceae); hauptsächl. wirksam geg. Tbc-Bazillen, Staphylokokken, Streptokokken.

E-Wert: s. Natriumchloridäquivalent.

EWG: s. EG.

EWR-Vertragsstaaten: Abk. für Vertragsstaaten des Abkommens über den Europäischen Wirtschaftsraum; zu ihnen gehören: Belgien, Dänemark, Deutschland, Finnland, Frankreich, Griechenland, Irland, Island, Italien, Liechtenstein, Luxemburg, Niederlande, Norwegen, Österreich, Portugal, Schweden, Spanien, Großbritannien u. Nordirland.

examaratus: f: examarata, f: examaratum; entbittert.

Exanthem: entzündl. Hautveränderung auf großen Bereichen der äußeren Haut, die einem bestimmtem zeitl. Ablauf folgen, währenddessen versch. Effloreszenzen auftreten können.

Exazerbation: Verschlimmerung, Steigerung, Wiederaufbrechen einer Krankheit.

Excipienten: s. Hilfsstoffe.

Exclusivprivilegien: s. Apothekenwesen.

Exemestan INN: 6-Methylenandrosta-1,4-dien-3,17-dion; CAS-Nr. 107868-30-4; $C_{20}H_{24}O_2$, M_r 296.4. **Wirk.:** steroidaler Aromatasehemmer*; **Anw.:** Zytostatikum* bei fortgeschrittenem Mammakarzinom in der Postmenopause; **UAW:** Hitzewallungen, Übelkeit; **WW:** mit estrogenhaltigen Arzneimitteln; **Dos.:** 1×25 mg/d p. o. nach dem Essen; HWZ 24 h.

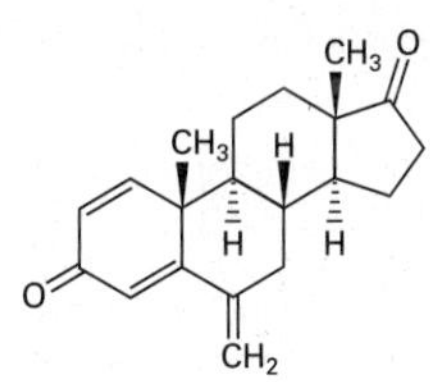

Exemestan

exergon: exergonisch; Bilanz einer Reaktion, bei deren Ablauf Energie freigesetzt wird; vgl. endergon; exotherm; Gibbs-Helmholtz-Gleichung.

Exine: (bot.) äußere, sehr widerstandsfähige Haut des Pollenkorns*; weist artspezif. Oberflächenstrukturen (u. a. glatt, gewarzt, stachelig) auf; besteht im Unterschied zur Intine* v. a. aus bestimmten Polyterpenen, den Sporopolleninen.

Exitus: Tod; Exitus letalis: tödl. Ausgang einer Krankheit. Vgl. Mors.

Exkrement: Ausscheidung im Sinn von Kot, Harn.

Exkret: 1. s. Sekret. 2. vgl. Exkretionsgewebe.

Exkretbehälter: s. Exkretionsgewebe.

Exkretion: Ausscheidung. 1. (med.) s. Elimination, vgl. Metabolismus; 2. (bot.) s. Exkretionsgewebe.

Exkretionsgewebe: pfl. Ausscheidungsgewebe; Exkrete sind Produkte des Sekundärstoffwechsels (vgl. Metaboliten, sekundäre) wie äther. Öle, Calciumoxalat, Gerbstoffe, Milchsaft, Harze, Phytomelan*, die vom E. gebildet u. dann entw. im Zellraum (s. Idioblast) od. außerhalb von diesem in Interzellularen (s. Milchröhren, Ölgänge, Ölbehälter) od. unter die Cuticula (Drüsenhaare) ausgeschieden werden. Eine Unterscheidung zw. pfl. Sekreten u. Exkreten ist wenig sinnvoll. **Ölzellen**: Idioblasten* (Ölidioblasten), die äther. Öl akkumulieren. Ihre Zellwände sind auf der Innenseite durch eine Korkschicht abgedichtet. Charakterist. für Lauraceae (z. B. Cinnamomum), Illiciaceae, Myristicaceae, Aristolochiaceae (Asarum), Piperaceae, Arecaceae (Acorus), Zingiberaceae; bei Poaceae lang gestreckt; **lysigene Ölbehälter**: Exkretzellen degenerieren u. lösen sich auf. Sie sind charakteristisch z. B. für Rutaceae (z. B. Ruta, Citrus); **schizogene Ölbehälter**: Ölgänge; Interzellularraum entsteht durch Auflösung der Mittellamelle u. Auseinanderweichen der Exkretzellen (Bildung eines Drüsenepithels). Kugelige, schizogene Ölbehälter sind charakterist. für Myrtaceae (z. B. bei Syzygium, Pimenta), Hyperiaceae, Cupressaceae, (z. B. Juniperus). Lang gestreckte schizogene Ölgänge sind charakterist. für Pinaceae, Apiaceae (in Früchten u. Wurzeln), Asteraceae, (z. B. Infloreszenzgewebe, Wurzeln). **Drüsenhaare** liegen an der Oberfläche des Pflanzenkörpers. Die Exkretzellen scheiden ihr äther. Öl durch die Zellwand unter die Cuticula ab, die sich dabei etwas von der Zellwand abhebt. Charakterist. sind die Drüsenschuppen der Lamiaceae (Labiatendrüsenschuppen) u. Asteraceae (Compositendrüsenschuppen).

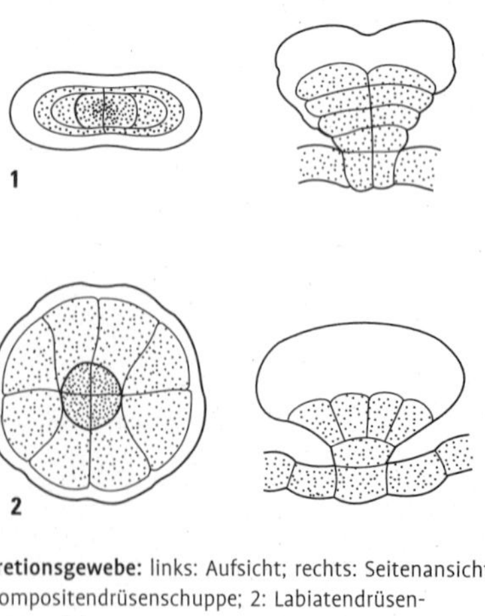

Exkretionsgewebe: links: Aufsicht; rechts: Seitenansicht; 1: Compositendrüsenschuppe; 2: Labiatendrüsenschuppe [6]

Exkretzellen: s. Exkretionsgewebe.

Exoamylase: s. Amylasen.

Exocarpium Mali domesticae: s. Malus domestica.

Exodermis: Abschlussgewebe* der Wurzel nach Verlust der Rhizodermis*.

Exoenzyme: Enzyme*, die die Substratmoleküle vom Ende her abbauen; s. Amylasen, vgl. Endoenzyme. Früher waren E. synonym für Ektoenzymen*.

exogen (gr. ex aus, außen; genesis Entstehung): außen entstanden od. entstehend, von außen eingeführt; Ggs. endogen*.

Exogonium purga: s. Ipomoea purga.

Exogonsäure: s. Glykoretine.

Exokarp: s. Fruchtformen.

Exon: codierender Bereich eines eukaryont. Gens, der in der mRNA repräsentiert ist. Versch. Exons sind durch Introns* unterbrochen. Erst auf der Stufe der mRNA-Bildung werden die versch. Exons durch den Spleißvorgang miteinander verschmolzen.

Exon-Intron-Übergang: Konsensussequenz, die an 5'- u. 3'-Spleißstellen als Signal für das Spleißen von nucleären, Protein codierenden precursor-mRNAs vieler Eukaryonten dient; vgl. Intron.

Exonucleasen: Enzyme (Phosphodieseterasen), die Nucleinsäuren von den Kettenenden her schrittweise hydrolyt. zu Mononucleotiden abbauen.

Exopeptidasen: s. Proteasen.

Exophthalmus (gr. mit hervorstehenden Augen): Glotzauge; ein- od. beidseitiges Hervortreten des Augapfels mit Bewegungseinschränkung. Häufig als Symptom einer Hyperthyreose*, v. a. bei der Basedow*-Krankheit.

Exosmose: s. Osmose.

Exosphäre: s. Erdatmosphäre.

Exosporen: Ektosporen; durch Abschnürung od. Ablösung von Zellen entstandene Keime, s. Sporen.

exotherm: exothermisch; Bilanz einer Reaktion, die unter Wärmeabgabe erfolgt (positive Wärmetönung); vgl. endotherm; exergon.

Exotoxine: s. Toxine.

Exozytose: Export von Substanzen aus Zellen in Vesikeln od. speziellen Vakuolen; z. B. Antransport von Substanzen in Golgi-Vesikeln für die Zellwandsynthese; umgekehrte Endozytose*.

Expektoranzien: Auswurf fördernde Mittel. E. verstärken die physiol. Expektoration durch direkte od. reflektor. Steigerung der Bronchialsekretion od. durch Verringerung der Viskosität des Bronchialsekrets, die tatsächliche med. Bedeutung ist umstritten. Jedenfalls sollten sie i. Allg. nicht mit Antitussiva* (indiziert nur bei trockenem Reizhusten) kombiniert werden. Die folgende Unterteilung ist nicht als scharfe Trennung zu betrachten: **1. Sekretolytika:** bewirken eine Verflüssigung des Bronchialsekrets, z. B. Emetika (Emetin, Rad. Ipecacuanhae, Mixtura Ipecacuanhae), anorganische Salze (Ammoniumchlorid), Saponindrogen (Rad. Primulae, Rad. Senegae, Hedera helix, z. B. Mixtura* solvens), synth. Seifen (Cetylpyridiniumchlorid) od. **Mukolytika*** (*N*-Acetylcystein, Ambroxol, Bromhexin, Carbocistein, Eprazinon, Mesna, Dornase alfa); **2. Sekretomotorika:** verstärken den Abtransport des Bronchialschleims, z. B. äther. Öle (z. B. anisölhaltige Ammoniaklösung*, Balsamum contra tussim, Sir. Thymi compositus, Ungt. contra tussim; vgl. Aetherolea, Tab. 1), die auch antibakteriell wirken, u. Kaliumiodid (z. B.

Mixtura Kalii iodati) sowie Phenolderivate (Guajakol u. -derivate wie Guaifenesin); **3. Broncholytika:** haben expektorationsfördernde Wirkungskomponenten (z. B. Beta-2-Sympathomimetika), s. Broncholytika; **4. Mucilaginosa:** überziehen die entzündeten Schleimhäute mit einer Schutzschicht: schleimhaltige Drogen (z. B. Rad. Althaeae, Sem. Foenugraeci sowie Spec. pectorales u. a. Zuber., s. Schleimdrogen, Tabelle).

Explosion: chem. außerordentl. schnelle, schlagartig ablaufende Reaktion, verbunden mit enormer Drucksteigerung durch gebildete heiße Gase.

Explotab®: Natriumglykolat der Kartoffelstärke; CAS-Nr. 9063-38-1; M_r 500 000 bis 1 000 000; ca. 25 % der Glucose-Anteile sind carboxymethyliert; Substitutionsgrad 0.18-0.25 (entspricht den Anforderungen der NF für Sodium Starch Glykolate). Weißes Pulver mit mittelmäßigen Fließeigenschaften, der Korngrößenbereich entspricht dem der Kartoffelstärke; mittlere Korngröße 35-45 μm. Wassergehalt (1 h, 105 °C) max. 10 %, Schüttdichte 1.4; Stampfdichte 1.06. Gehalt an Natrium (als Na-Stärkeglykolat) 2.8-4.2 %, an Natriumchlorid max. 7 %, Viskosität 100 mPa · s (2 %ige Lösung). E.-Körnchen nehmen ca. 300 % Wasser auf; Iodreaktion positiv. **Anw.:** Tablettensprengmittel (0.5-8 %, höhere Zusätze verringern die Sprengwirkung).

Exponentialfunktionen, zusammengesetzte: s. Abschälmethode.

Expositionsprophylaxe: Maßnahmen zur Verringerung der Infektionsgefahr durch die Umwelt. Z. B. durch persönl. Hygiene, Lebensmittelhygiene, Beachten der Hygienevorschrift in Bereichen mit Gefahr der Übertragung infektiöser Erkrankungen (Sanitärbereich, Sauna), Desinfektion*, Isolierung Erkrankter u. deren Kontaktpersonen od. Quarantäne*; vgl. Dispositionsprophylaxe.

Expression: Exprimieren; s. Genexpression.

Expressionsfaktoren: Phagen od. Plasmide, die durch Einbau von cDNA Molekülen in Vektoren entstehen u. eine wirkungsvolle Expression der cDNA in Wirtszellen (z. B. E. coli) ermöglichen.

Exsiccantia: austrocknende Mittel.

Exsikkator: luftdicht abschließbares Glasgefäß, gefüllt mit hygroskop. Stoffen, z. B. ungelöschtem Kalk, Blaugel*, Calciumchlorid*, geglühtem Natriumsulfat*, Kaliumcarbonat* od. konz. Schwefelsäure, zum Trocknen von Chemikalien u. Drogen. Gefäßrand u. Deckel sind plangeschliffen u. werden zur Abdichtung mit Vaseline eingefettet. Auch heizbare E. u. Vakuum-E. sind im Gebrauch.

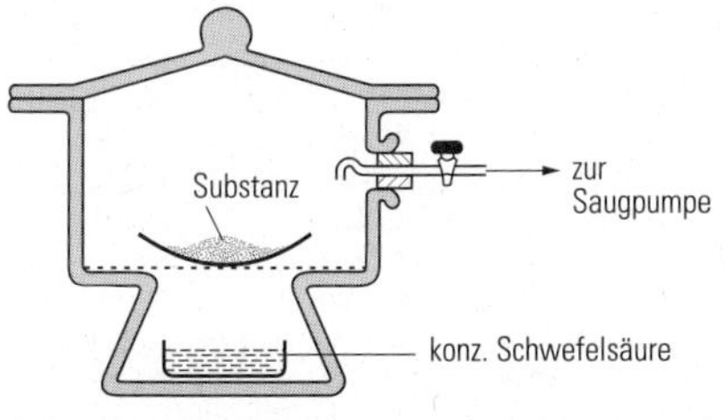

Exsikkator: Funktionsprinzip eines Vakuumexsikkators [11]

Exsikkose: Austrocknung; Abnahme des Gesamtkörperwassers durch inadäquaten Ersatz der Wasserverluste. **Vork:** z. B. bei Diabetes* insipidus, Diabetes* mellitus, Diarrhö*, Erbrechen; **Symptome:** u. a. trockene Schleimhäute, Oligurie*, Durst; häufig gleichzeitig Bewusstseinsstörungen.

Exstirpatio: operative Entfernung eines (erkrankten) Organs, Organteils od. eines gut abgegrenzten Tumors.

Exsudat (lat. sudare schwitzen): durch Entzündung hergerufener Austritt von Flüss. u. Zellen aus den Blut- u. Lymphgefäßen; je nach Zstzg. serös, serös-eitrig, fibrinös, hämorrhag. (blutig) od. jauchig; vgl. Transsudat.

Extensometer: s. Spreitung.

Externa: äußerl. anzuwendende Arzneimittel.

Extinktion: **1.** Auslöschung od. Veränderung eines stoffl. Zustands, z. B. feinste Verteilung von Quecksilber* in Fett. **2.** früher verwendeter Begriff für (Licht)-Absorption; s. Absorptionskoeffizient.

Extinktionskoeffizient: s. Absorptionskoeffizient.

Extracta Ph.Eur.4: Extrakte; konzentrierte, ggf. auf einen bestimmten Wirkstoffgeh. eingestellte Zuber. aus Drogen. Sämtl. Herstellungsvorgänge sind mit Apparaturen aus indifferentem Material, das geg. das Lösungsmittel u. die Drogeninhaltsstoffe beständig ist, durchzuführen. Die Herst. von E. erfolgt entw. durch **Mazeration*** (vgl. Tincturae) od. **Perkolation***. Bei der Extraktherst. sind auch andere Methoden zulässig, sofern die erhaltenen E. in ihren Kennzahlen u. sonstigen Eigenschaften mit den durch Perkolation od. Mazeration gewonnenen übereinstimmen. Nach der Beschaffenheit werden verschiedene E. unterschieden: **Fluidextrakte:** Extracta fluida; werden mit Ethanol od. Mischungen aus Ethanol u. gereinigtem Wasser, so hergestellt, dass 1 T. Ausgangsdroge 1 T. Fluidextrakt entspricht. Art u. Konz. des verwendeten Extraktionsmittels sind anzugeben. Nach ÖAB90 werden Fluidextrakte entweder durch Extraktion von Drogen nach dem Perkolationsverfahren od. durch Lösen von Trockenextrakten in einer Mischung von Ethanol u. gereinigtem Wasser hergestellt. Zur Einstellung der Fluidextrakte u. Tinkturen auf einen bestimmten Wirkstoffgeh. dient folgende Formel:

$x = 100 \cdot A/a - F$

F: zu verdünnende Menge Flüssigkeit in g; A: in F enthaltene Menge Wirkstoffe in g; a: geforderter Geh. in %; x: zuzufügende Menge Lösungsmittel in g. A. reicht zur Bereitung von $100 \cdot A/a$ g Fluidextrakt (bzw. Tinktur); somit muss F mit $(100 \cdot A/a) - F$ g Lösungsmittel verdünnt werden. **Dünnextrakte:** Extracta tenua; teilweise eingeengte, aber noch flüssige Extrakte, meist sehr anfällig gegen Mikroorganismen (nicht offizinell); **Dickextrakte:** Extracta spissa; zähflüssige Extrakte, Spissumextrakte; durch Einengen erhaltene, zähflüssige od. plast. Massen, mikrobiolog. sehr anfällig; **Trockenextrakte:** Extracta sicca; durch Einengen u. Trocknen flüssiger Drogenauszüge unter schonenden Bedingungen hergestellt; sie sind meist hygroskop. u. daher dicht verschlossen über Trockenmittel aufzubewahren. Trockenextrakte sind thermoplast., d. h. sie erweichen meist schon bei gelinder Wärmezufuhr u. werden klebrig. Sie müssen daher in kaltem Zustand pulverisiert werden. Lsg. von Trockenextrakten dürfen nicht vorrätig gehalten werden. Um ein Trockenextrakt durch Auflösen des Verdünnungsmittels in der Extraktbrühe einzustellen, ermittelt man dessen Wirkstoffgehalt u. Trockenrückstand u. berechnet den zuzusetzenden Hilfsstoff (Lactose, Dextrin od. Rohrzucker) unter der Annahme eines durchschnittl. Feuchtigkeitsgeh. von 3% nach folgender Formel:

$x = 95 \cdot a/b - T$

a: in der Extraktbrühe enthaltene Menge Wirkstoffe in g; b: geforderter Geh. in %; T: Trockenrückstand in g; x: zuzufügende Menge Verdünnungsmittel in g. Es ist zulässig, von Trockenextrakten Verreibungen mit Milchzucker im Verhältnis 1:1 vorrätig zu halten.

Extractum Absinthii: Wermutextrakt; Herst.: DAB6, durch Extraktion von 2T. grobgepulvertem Wermut mit einer Mischung von 3T. Ethanol 96% u. 12T. Wasser. **Anw.:** Magenmittel.

Extractum Alkannae: s. Alkannin.

Extractum Aloes: Aloes extractum, Aloeextrakt; Herst.: ÖAB90 (bis 1996), durch Heißwasserextraktion, mind. 22% u. max. 33% Aloin; lösl. in warmem Wasser, verd. Ethanol od. Ethanol; vgl. Aloe. **Anw.:** chron. Obstipation; bei hohen Dosen Gefahr von Nierenschädigung; **Kontraind.:** Schwangerschaft, Menstruation, bei Hämorrhoiden; **Dos.:** ED 0.1 g.

Extractum Aloes siccum: Aloetrockenextrakt; Herst.: Ph.Helv.6, durch Mazeration mit Aceton, Geh.: 18-22% Aloin; leicht lösl. in Ethanol (63%). **Anw.:** s. Extractum Aloes, GED 0.05 g, GTD 0.1 g.

Extractum Aloes siccum normatum: Aloes extractum siccum normatum, Extr. Aloes titratum, eingestellter Aloetrockenextrakt; Herst.: Ph.Eur.4, aus Curaçao-Aloe, Kap-Aloe (s. Aloe) od. einer Mischung beider durch Heißwasserextraktion; falls erforderl. mit Saccharose, auf einen Geh. von 19.0-21.0% Hydroxyanthracen-Derivaten, ber. als wasserfreies Aloin, eingestellt. **Anw.:** s. Extractum Aloes.

Extractum Aurantii amari fluidum: Aurantii amari extractum liquidum normatum, Bitterorangenfluidextrakt, eingestellter Pomeranzenliquidextrakt, Pomeranzenfluidextrakt; Herst.: ÖAB94, durch Perkolation* mit verd. Ethanol, Bitterwert* mind. 500; mit verd. Ethanol klar, mit Ethanol u. Wasser trüb mischbar; Ph.Helv.7, durch Mazeration* wird mit verd. Ethanol (20%) unter Weinsäurezusatz extrahiert, dann das Filtrat eingedampft u. mit Ethanol 70% entsprechend verdünnt u. eingestellt; Bitterwirkung mind. 8 u. max. 12 Ph.Helv.7-Einheiten; mit Ethanol 96% trüb, mit Wasser klar mischbar. **Anw.:** Stomachikum, Aromatikum.

Extractum Belladonnae: Belladonnae extractum, Belladonnaextrakt, Tollkirschenextrakt; Herst.: ÖAB94, durch Perkolation* mit verd. Ethanol; Geh.: 1.40-1.60% Alkaloide, ber. als Hyoscyamin; braunes, hygroskop., stark bitter schmeckendes Pulver; lösl. in Wasser od. verd. Ethanol, unlösl. in Ethanol 90%; vgl. Atropa belladonna. **Anw.:** Spasmolytikum; MED 0.05 g, MTD 0.15 g; **Inkomp.:** alkal. Stoffe, Gerbstoffe, Iod; **Dos.:** 0.01-0.025 g.

Extractum Belladonnae siccum normatum: Belladonnae folii extractum siccum normatum (Ph. Eur.4), eingestellter Belladonnatrockenextrakt; Herst.: DAB10, Perkolation* der Blätter mit Ethanol 70% (V/V); Ph.Helv.7, mit einer Ethanol-Aceton-Mischung. Geh.: 1.30-1.45% (DAB10), 0.95-1.05% (Ph.Helv.7) Alkaloide, ber. als Hyoscyamin; Ph.Eur.4, Extrakt wird aus der Droge u. Ethanol 70% nach einem geeigneten Verfahren hergestellt. **Anw.:** s. Extractum Belladonnae.

Extractum Betae vulgaris: sprühgetrockneter Saft der Roten Rübe. **Inhaltsst.** u. **Anw.:** s. Beta vulgaris ssp. vulgaris var. conditiva.

Extractum Capsici: Paprikaextrakt, Cayennepfefferextrakt; Herst.: ÖAB94, durch Perkolation* mit Aceton; mind. 2.5% Capsaicin; viskose rote Flüss.; mit Fetten, fetten Ölen od. Vaselin mischbar; mit Ethanol nur teilweise, mit Wasser nicht mischbar; vgl. Capsicum frutescens. **Anw.:** früher bei Verdauungsschwäche, äußerl. als antirheumat. Einreibung.

Extractum Capsici acris spissum normatum: eingestellter Cayennepfefferdickextrakt; Herst.: DAC86, mit Ethanol 80%; Geh. an Capsaicinoiden: 2.0-2.4%, ber. als Capsaicin*; rotbraune, zähflüssige Masse, Haut u. Schleimhaut stark reizend.

Extractum Capsici fluidum titratum: Capsici extractum liquidum normatum, eingestellter Cayennepfefferliquidextrakt; Herst.: Ph.Helv.7, wie Extractum* Capsici; ÖAB90, nach dem Abdestillieren des Acetons Ethanol (96%)-Zusatz zur Klärung u. neuerl. Eindampfen. Dabei Einstellung auf 1.8-2.2% Capsaicin; mischbar mit Aceton, Ethanol 96%.

Extractum Castaneae fluidum: Kastanienfluidextrakt; EB6, vgl. Aesculus hippocastanum. **Anw.:** Durchblutungsstörungen, Varizen, venösen Stauungen. **Dos.:** 5.0 g.

Extractum Centaurii: Tausendgüldenkrautextrakt; EB6, Herst.: zweimalige Extraktion mit heißem Wasser (s. Centaurium erythraea Rafn.). **Anw.:** Amarum bei Dyspepsien; **Dos.:** 0.5 g.

Extractum Cepae: s. Allium cepa var. cepa.

Extractum Chamomillae fluidum: Matricariae extractum fluidum (Ph.Eur.4), Kamillenfluidextrakt; Herst.: ÖAB94, Perkolation* mit 250T. verd. Ethanol, 237.5T. gereinigtem Wasser u. 12.5T. Ammoniak; mind. 0.3% blaues, äther. Öl; Ethanolgehalt: mind. 38-53% (V/V); mit verd. Ethanol klar mischbar; vgl. Chamomilla recutita. **Anw.:** äußerl. bei Dermatitis, Furunkel, banalen Wunden, Badezusatz; innerl. bei leichten Magen-Darm-Katarrhen, Gastritis, Enteritis.

Extractum Chamomillae fluidum normatum: Matricariae extractum liquidum normatum, eingestellter Kamillenliquidextrakt; Geh.: 0.12-0.18% äther. Öl; Herst.: Ph.Helv.7, Perkolation* mit einer Mischung von Ammoniak-Lsg. 10%, Wasser u. Ethanol 96% (Verhältnis 1:19:20). **Anw.:** s. Extractum Chamomillae fluidum.

Extractum Chinae: Extr. Cinchonae, Chinaextrakt; Herst.: ÖAB94, Perkolation* mit einem Ethanol/Wasser-Gemisch unter Zusatz von Ameisensäure (leicht flüchtig beim Eindampfen), Alkaloidgeh.: 15.8-16.2% (ber. als äquimolekulares Gemisch von Chinin u. Cinchonin); vgl. Cinchona pubescens.

Anw.: Amarum; **Inkomp.:** alkal. reagierende Stoffe, Eisensalze, Gerbstoffe, Iod, Iodide; **Dos.:** 0.2 g.

Extractum Chinae fluidum: Extr. cinchonae fluidum, Chinafluidextrakt; Herst.: ÖAB94, Perkolation* mit einem Gemisch aus Ethanol u. gereinigtem Wasser, unter Ameisensäurezusatz; Ethanolgehalt: mind. 40 % (V/V); Alkaloidgeh.: 4.4-4.6 % (ber. als äquimolekulares Gemisch von Chinin u. Cinchonin); vgl. Cinchona pubescens. **Anw.:** s. Extractum Chinae; **Inkomp.:** s. Extractum Chinae; **Dos.:** 0.5-1.0 g.

Extractum Chinae spirituosum: weingeistiger Chinaextrakt; Herst.: DAB6, durch Mazeration* von 1 T. grobgepulverter Chinarinde mit 10 T. Ethanol 70 %.

Extractum Cinchonae: s. Extractum Chinae.

Extractum Cinchonae fluidum: s. Extractum Chinae fluidum.

Extractum Cinchonae siccum titratum: Cinchonae extractum siccum normatum, eingestellter Chinaextrakt; Herst.: Ph.Helv.7, Perkolation* mit einer Mischung aus Ethanol-Wasser-Ameisensäure (Verhältnis 4.6:5.0:0.4); Gesamtalkaloidgeh.: 18.0-22.0 %, ber. als Mittelwert Chinin u. Cinchonin. **Anw.:** s. Extractum Chinae.

Extractum Colae: Kolaextrakt; Herst.: ÖAB94, Perkolation* mit einem Ethanol/Wasser-Gemisch, Gesamtalkaloidgeh.: 9.75-10.25 %; lösl. in Ethanol; s. Cola nitida. **Anw.:** s. Extractum Colae fluidum; **Dos.:** 0.2-0.3 g.

Extractum Colae fluidum: Kolafluidextrakt; Herst.: ÖAB94, durch Auflösen des Trockenextrakts in einem Ethanol-Wasser-Gemisch, Gesamtalkaloidgeh: 1.4-1.6 %, Alkoholgehalt mind. 48 % (V/V), mit verd. Ethanol klar mischbar; vgl. Cola nitida. **Anw.:** früher als Anregungsmittel bei Abgespanntheit, Appetitlosigkeit, Roborans; **Dos.:** 2.0-5.0 g.

Extractum Condurango fluidum: Condurango extractum liquidum, Kondurangofluidextrakt; Herst.: ÖAB94, Ph.Helv.7, Perkolation* mit einem Ethanol/Wasser-Gemisch (Verhältnis 1:3), mit der gleichen Menge verd. Ethanol klar mischbar; Ethanolgehalt mind. 25 % (V/V); Glykosidgeh.: mind. 0.4 % (m/m); vgl. Marsdenia condurango. **Anw.:** früher bei Gastritis, Appetitlosigkeit. Condurangin fällt in der Wärme aus, daher Extraktion der Droge bei Zimmertemperatur; **Dos.:** 0.5-1.0 g.

Extractum Crataegi fluidum: Weißdornfluidextrakt; Herst.: DAB10, aus Weißdornblättern u. Blüten u. Ethanol 70 % (V/V) vorzugsweise durch Perkolation*; Flavonoid-Gehalt 0.5 %, ber. als Hyperosid. **Anw.:** leichtes Herztonikum.

Extractum Crataegi siccum normatum: eingestellter Weißdorntrockenextrakt; Herst.: Ph.Helv.7, Perkolation* mit einer Mischung aus 2/3 Ethanol u. 1/3 Wasser, mit Lactose auf vorgeschriebenen Geh. eingestellt; Flavonoid-Geh.: 0.8-1.2 %, ber. als Hyperosid. **Anw.:** leichtes Herztonikum; **Inkomp.:** alkal. reagierende Stoffe, Eisensalze, Säuren.

Extractum Faecis: Hefe-Trockenextrakt; DAB7, ÖAB94, der aus Presshefe nach Selbstverdauung gewonnene, mit gärunfähiger Trockenhefe versetzte u. zur Trocknung eingedampfte Extrakt; vgl. Faex. **Anw.:** Hautkrankheiten, Verdauungsbeschwerden; früher Pillengrundmasse.

Extractum Faecis spissum: Hefe-Dickextrakt; DAB7, der aus entbitterter Bierhefe od. Presshefe nach Selbstverdauung gewonnene Dickextrakt; vgl. Faex.

Extractum Fellis Bovis: s. Fel.

Extractum Ferri pomati: eisenhaltiges Apfelextrakt; Herst.: DAB6, 50 T. reife, saure Äpfel, 1 T. gepulvertes Eisen, Farbe grünschwarz, in Wasser lösl.; vgl. Tinctura Ferri pomati.

Extractum Filicis maris: Extr. filicis siccum, Wurmfarnextrakt; Herst.: Ph.Helv.6, Perkolation von 100 g Wurmfarn (frisch gepulvert) u. 2 g Natriumsulfit mit Ether; Ether wird entfernt u. 100 T. Extrakt mit 10 T. Natriumsulfit (Oxidationsschutz) versetzt u. mit 200 T. Magnesiumoxid (Bildung von wasserlösl. Magnesiumsalzen der Phloroglucinderivate) verrieben. Mischung mit Trinkwasser mehrmals extrahiert. Aus diesen Auszügen Rohfilicin mit Essigsäure ausgefällt u. Niederschlag. getrocknet; mind. 20 % Flavaspidsäure. Abgegeben nur in Form von öligen Lsg., Wirksamkeit nimmt durch Oxidation ab; s. Dryopteris filix-mas. **Anw.:** früher als Bandwurmmittel.

Extractum Frangulae: Extr. frangulae siccum, Faulbaumextrakt; Herst.: ÖAB90, Perkolation* mit verd. Ethanol; Geh. an Anthracenderivaten: mind. 7.5 %, ber. als 1,8-Dihydroxyanthrachinon; in verd. Ethanol klar löslich; vgl. Rhamnus frangula. **Anw.:** Abführmittel bei chron. Obstipation; **Dos.:** 0.2-0.5 g.

Extractum Frangulae fluidum: Faulbaumfluidextrakt; Herst.: ÖAB94, durch Auflösen von 33 T. Faulbaumextrakt in 78 T. verd. Ethanol; Geh. an Anthracenderivaten: mind 2.5%, ber. als 1,8-Dihydroxyanthrachinon; Ethanolgeh.: mind. 50 % (V/V). **Anw.:** Abführmittel bei chron. Obstipation; **Dos.:** 0.5-2.0 g.

Extractum Frangulae siccum normatum: Frangulae corticis extractum siccum normatum (Ph.Eur.4), eingestellter Faulbaumrindentrockenextrakt; Herst.: Ph.Helv.7, Perkolation* mit Methanol, nach dem Eindampfen wird mit Saccharose auf den vorgeschriebenen Geh. eingestellt; Geh. an Glucofranguline: 15.0-17.0 %, ber. als Glucofrangulin A; Ph. Eur.4; Extrakt wird aus getrockneter zerkleinerter Rinde u. Ethanol (50-80 % V/V) durch ein geeignetes Verfahren hergestellt. **Anw.:** s. Extractum Frangulae.

Extractum Gentianae: Enzianextrakt; Herst.: ÖAB94, Perkolation* mit verd. Ethanol; Bitterwert* mind. 40 000; in verd. Ethanol löslich; vgl. Gentiana lutea. **Anw.:** Appetitlosigkeit, Dyspepsien; **Dos.:** 0.2 g.

Extractum Gentianae siccum normatum: eingestellter Enziantrockenextrakt; Herst.: Ph.Helv.7, Perkolation* mit einer Mischung von Ethanol u. Wasser (Verhältnis 2:1), wird mit Saccharose auf einen Bitterwert* von 400-500 Ph.Helv.-Einheiten eingestellt. **Anw.:** s. Extr. Gentianae.

Extractum Hamamelis liquidum normatum: eingestellter Hamamelisliquidextrakt; Herst.: Ph.Helv.7, Perkolation* mit einer Mischung von 1 T. Ethanol 96 % u. 2 T. Wasser; rotbraune, klare

Flüssigkeit; mischbar mit Wasser, in verd. Ethanol löslich; Gerbstoffgeh.: 3.5-4.5%; vgl. Hamamelis virginiana. **Anw.:** Venenerkrankungen, Hämorrhoiden, Kosmetik; **Dos.:** 1.0-3.0 g.

Extractum Hippocastani siccum normatum: eingestellter Roßkastaniensamentrockenextrakt; Herst.: DAB10, aus zerkleinerten Roßkastaniensamen mit Ethanol (40-60%) od. Methanol nach einem für Extracta* geeignetem Verfahren; gelbe bis gelbraune pulverförmige od. pulverisierbare Masse; lösl. in Wasser od. 50%igem Ethanol.; Geh.: 16-20% Triterpensaponine, ber. als Aescin; vgl. Aesculus hippocastanum. **Anw.:** Schwellungen bei Verletzungen u. Veneninsuffizienz; s. Aescin.

E

Extractum Hydrastis fluidum: Hydrastisfluidextrakt; Fluid-Extrakt aus den Rhizomen von Hydrastis* canadensis.

Extractum Hyoscyami: Bilsenkrautextrakt; EB6, Hyoscyamin-Geh.: 0.47-0.55%; vgl. Hyoscyamus niger. **Anw.:** früher als Antineuralgikum u. Antirheumatikum, bei spast. Obstipation; MED 0.15 g.

Extractum Ipecacuanhae: Ipecacuanhae extractum, Ipecacuanhaextrakt; Herst.: Perkolation* mit Ethanol 70%. **Anw.:** s. Extractum Ipecacuanhae fluidum.

Extractum Ipecacuanhae fluidum: Ipecacuanhae extractum fluidum, Ipecacuanhafluidextrakt, Brechwurzelfluidextrakt; Herst.: DAC86, Perkolation* aus 1 T. gepulverter Ipecacuanhawurzel u. Ethanol 70% n. B; Alkaloidgeh.: 1.9-2.1%, ber. als Emetin, vgl. Cephaelis ipecacuanhae. **Anw.:** früher als Expektorans, selten als Emetikum; **Dos.:** 0.05 g.

Extractum Ipecacuanhae siccum normatum: eingestellter Ipecacuanhatrockenextrakt, Brechwurzeltrockenextrakt; Herst.: DAB10, nach einem für Trockenextrakte (s. Extracta) beschriebenem Verfahren der Perkolation* der Ipecacuanhae radix; Ph.Helv.7, durch Perkolation* mit einer Mischung von Ethanol, Wasser, Ameisensäure 25% (48:11:1); eingestellt durch Verreiben mit Lactose od. Dextrin (DAB10) bzw. Mannitol (Ph.Eur.4); Alkaloidgeh.: DAB10, 1.9-2.10%; Ph.Helv.7, 7.5-8.5 %, ber. als Emetin; vgl. Cephaelis ipecacuanhae. **Anw.:** s. Extractum Ipecacuanhae fluidum.

Extractum Liquiritiae: Süßholzextrakt; Herst.: ÖAB94, Perkolation* einer Mischung aus gereinigtem Wasser u. Ammoniak (95:5); trüb lösl. in Wasser; vgl. Glycyrrhiza glabra. **Anw.:** Expektorans bei Husten; selten bei Spasmen im Magen-Darm-Trakt, Gastritis; **Dos.:** 1.0 g.

Extractum Liquiritiae fluidum: Liquiritiae extractum fluidum, Liquiritiae extractum liquidum, Süßholzfluidextrakt, Süßholzliquidextrakt; Herst.: ÖAB94, Ph.Helv.7, Perkolation* mit gereinigtem Wasser u. Ammoniak (95:5, ÖAB94; 60:1, Ph.Helv.7) u. nachträgl. Zusatz von Ethanol; Ethanolgeh.: mind. 10% (V/V); klar mischbar mit Wasser od. verd. Ethanol; vgl. Glycyrrhiza glabra. **Anw.:** s. Extractum Liquiritiae; **Dos.:** 2.5 g.

Extractum Liquiritiae fluidum normatum: Liquiritiae extractum fluidum ethanolicum normatum (Ph.Eur.4), eingestellter Süßholzfluidextrakt; Herst.: durch geeignete Verfahren aus pulverisierter Süßholzwurzel mit Ethanol 70%; Geh.: 4.0-5.0% Glycyrrhizinsäure; vgl. Glycyrrhiza glabra. **Anw.:** s. Extractum Liquiritiae; **Dos.:** 2.5 g.

Extractum Lupuli: Hopfenextrakt; Herst.: EB6, vgl. Humulus lupulus. **Anw.:** Tagessedativum; **Dos.:** 0.2 g.

Extractum Malti: Malzextrakt; wässriger, bis zur Sirupdicke od. zur völligen Trockne eingedampfte Auszug aus Malz (vgl. Maltum); enthält bis zu 70% Maltose, 10-16% Dextrin, 10-12% Glucose, 4-6% Eiweiß, daneben Mineralbestandteile, aktive Diastase, Vitamine. **Anw.:** Kräftigungsmittel bes. für Kinder, bei Husten, Bronchitis; als Geschmackskorrigens.

Extractum Nucis vomicae: s. Extractum Strychni.

Extractum Opii: Extr. Opii siccum, Opiumextrakt; Geh.: ÖAB94, Ph.Helv.7, 19.0-21.0% Morphin; in Wasser leicht lösl.; vgl. Opium. **Anw.:** früher bei starken Spasmen im Magen-Darm-Trakt, Gallen- u. Nierenkoliken, Ruhigstellung des Darms bei starken Diarrhöen mit spast. Zuständen. **Dos.:** 0.025-0.05 g; MED 0.075 g, MTD 0.25 g.

Extractum Pini: Fichtennadelextrakt; EB6, jungen Fichtenzweigen wird abdestilliertes äther. Öl (mind. 1%) zugesetzt; vgl. Pinus silvestris. **Anw.:** Badezusatz; **Dos.:** ca. 150-500 g auf ein Vollbad.

Extractum Primulae: Primelextrakt; Herst.: ÖAB94, Perkolation* von Rad. Primulae (vgl. Primula veris) und einem Gemisch aus Ethanol und gereinigtem Wasser (1:1), mit Ammoniak neutralisiert; lösl. in verd. Ethanol; hämolyt. Index 9000-11 000. **Anw.:** Expektorans, früher bei Bronchitiden, Reiz- u. Krampfhusten; **Dos.:** 0.1-0.2 g.

Extractum Primulae fluidum: Primelfluidextrakt; Herst.: ÖAB94, durch Lösen des Trockenextrakts, in einem Gemisch von Ethanol, gereinigtem Wasser u. Glycerol; s. Extractum Primulae; hämolyt. Index 2700-3300. Ethanolgeh.: mind. 35% (V/V). **Anw.:** s. Extractum Primulae; **Dos.:** 0.5 g.

Extractum Ratanhiae siccum normatum: eingestellter Ratanhia-Trockenextrakt; Herst.: Ph.Helv.7, Perkolation* von Rad. Ratanhiae mit 54%igem Ethanol, eingestellt mit Zucker auf einen Geh. von 18.0-22.0% Gerbstoff; vgl. Krameria triandra. **Anw.:** Adstringens in Pulvern, Kapseln, Tabletten, Salben u. Suppositorien.

Extractum Rhei: Rhei extractum, Rhabarberextrakt; Herst.: ÖAB94, Perkolation* von Rad. Rhei mit Ethanol 70%; lösl. in verd. Ethanol; Geh.: mind. 6.5% Anthracenderivate, ber. als 1,8-Dihydroxyanthrachinon; s. Rheum officinale. **Anw.:** Laxans*; in kleinen Dosen Stomachikum; **relative Kontraind.:** Gicht, Zystitis u. Oxalurie (hoher Oxalsäuregehalt des Extraktes); **Dos.:** 0.3-1.0 g.

Extractum Rhei siccum normatum: eingestellter Rhabarbertrockenextrakt; Herst.: Ph.Helv.7, Perkolation* von Rhei radix (s. Rheum officinale) mit Methanol, eingestellt mit Mannitol auf einen Geh. von 6.5-8.5% Hydroxyanthracen-Derivate, ber. als Rhein (s. Anthrachinone), eingestellt mit Lactose od. Dextrin; DAB10, Geh.: 4.0-6.0% Hydroxyanthracen-Derivate, ber. als Rhein. **Anw.:** s. Extractum Rhei.

Extractum Secalis cornuti fluidum: Mutterkornfluidextrakt; Herst.: DAB6, grob gepulvertes Mutterkorn, Mischung aus gleichen Teilen Ethanol 96% u. Wasser; vgl. Secale cornutum. **Anw.:** gelegentl. in der Gynäkologie u. Geburtshilfe: aton. Uterusblutungen, Menorrhagie u. Metrorrhagien; selten zur Sympathikolyse, bei Hyperthyreosen u. Migräne; **Dos.:** 3-mal tägl. 15-25 Tr.

Extractum Senegae siccum titratum: Polygalae extractum siccum normatum, eingestellter Senegatrockenextrakt; Herst.: Ph.Helv.7, Perkolation* von Rad. Senegae mit Ethanol 42.5%; Ammoniakzusatz verbessert die Löslichkeit der Inhaltsstoffe; hämolyt. Wirksamkeit 16-24 Ph.Helv.-Einheiten/g. **Anw.:** Expektorans.

Extractum Strychni: Extractum Nucis vomicae, Brechnußextrakt; Herst.: ÖAB94, Perkolation* aus Semen Strychni mit verd. Ethanol, mit Ether entfettet; sehr bitter schmeckendes Pulver, in verd. Ethanol lösl.; Alkaloidgeh.: 15.75-16.25%, ber. als äquimolares Gemisch von Strychnin u. Brucin. **Anw.:** heute keine therap. Bedeutung mehr; hauptsächl. verwendet zum Vergiften von Tieren (Strychninköder für Mäuse u. Ratten), Krampfgift.

Extractum Strychni siccum normatum: eingestellter Brechnußtrockenextrakt; Herst.: Ph.Helv.7, Perkolation* mit einer Mischung aus Ethanol u. Wasser (2:1); Alkaloidgeh.: 9.5-10.5%, ber. als Mittelwert von Brucin u. Strychnin. **Anw.:** s. Extractum Strychni.

Extractum Thymi fluidum: Thymi extractum fluidum, Thymianfluidextrakt; Herst.: DAB10, Mazeration* mit einer Mischung aus 1 T. Ammoniak-Lsg. 10%, 20 T. Glycerol 85%, 70 T Ethanol 90% u. 109 T. Wasser; Geh.: mind. 0.03% Phenole, ber. als Thymol; klar mischbar mit Wasser od. der gleichen Menge verd. Ethanol; ÖAB94, die Droge wird mit einer Mischung aus Ethanol, gereinigtem Wasser u.Glycerol 85% (2:2:1) gleichmäßig durchfeuchtet, danach folgt die Perkolation* mit einem Gemisch aus Ethanol u. gereinigtem Wasser (1:4); Ethanolgehalt: mind. 33%; vgl. Thymus vulgaris. **Anw.:** Bronchitis, Pertussis, Reizhusten; selten bei subaziden Gastropathien; für Mundwässer zum Gurgeln bei Gingivitis, Angina, Affektionen der Mundschleimhaut. **Dos.:** p.o. 2.0 g.

Extractum Thymi fluidum normatum: Thymi extractum liquidum normatum, eingestellter Thymianliquidextrakt; Herst.: Ph.Helv.7, die Droge wird mit einer Mischung aus Ethanol 96%, Wasser u. Glycerol 85% (2:2:1) gleichmäßig durchfeuchtet, dann folgt die Perkolation* mit einer Ethanol-Wasser-Mischung (1:5); Geh.: 0.015-0.025% wasserdampfflüchtige Phenole, ber. als Thymol. **Anw.:** s. Extractum Thymi fluidum.

Extractum toxiferum americanum: s. Curare.

Extractum Valerianae siccum: Valerianae extractum siccum, Baldrianwurzeltrockenextrakt; Herst.: DAB10, aus Rad. Valerianae mit Ethanol 70% (V/V) nach einem off. Verfahren, Droge/Extrakt = 4-7/1. **Anw.:** s. Valeriana officinalis.

Extrahieren (lat. extraho): Herauslösen eines od. mehrerer Stoffe aus einem festen od. flüssigen Substanzgemisch (Extraktionsgut) mittels eines geeigneten Lösungsmittels (Extraktionsmittel), wobei zw. dem Extraktionsmittel u. den extrahierten Stoffen mögl. keine chem. Reaktionen stattfinden sollen. Als Extraktionsmittel benutzt man, je nach der Löslichkeit der herauszulösenden Stoffe: Wasser, Alkohol, Ether, Chloroform, Petrolether, Tetrachlorkohlenstoff, Benzol u. a., bisweilen auch warme Fette (s. Aetherolea). Die Extraktion erfolgt durch Mazerieren, zweifach Mazerieren (bei Zimmertemperatur), Digerieren (bei ca. 35-40 °C), Schüttelmazerieren, Turboextrahieren, Ultraschallextrahieren, Infundieren, Perkolieren, Reperkolieren, Ausschütteln im Scheidetrichter od. in kontinuierl. arbeitenden Apparaten (Kolben mit Rückflusskühler, Soxhlet-Apparat), in denen das Extraktionsgut mit immer neuem Lösungsmittel ausgezogen wird (s. Abb. 1 u. 2). **Vorgehen:** **1.** Behandlung des Extraktionsgutes mit dem Extraktionsmittel; **2.** Trennung des mit den herausgelösten Stoffen beladenen Extraktionsmittels von dem zurückbleibenden Restgut mittels Dekantieren, Filtern, Zentrifugieren; **3.** Trennung des gelösten Stoffes vom Extraktionsmittel durch Destillation od. Verdampfung; **4.** bei festen Rohstoffen Entfernung der Extraktionsmittelreste aus den Rückständen. Vgl. Mazeration, Digestion, Perkolation, Extracta.

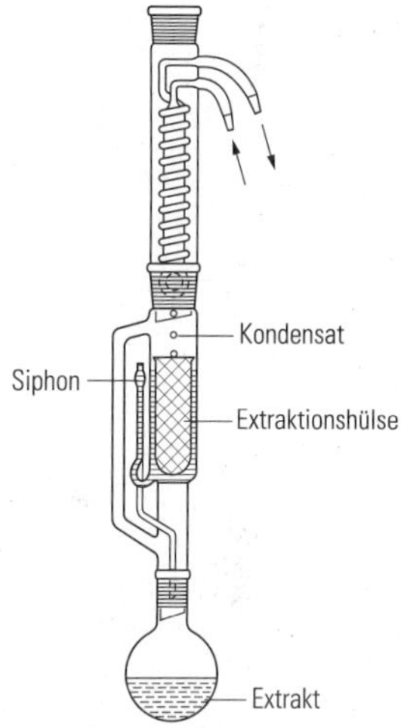

Extrahieren Abb. 1: Soxhlet-Extraktionsapparat [1]

Extrakte: s. Extracta.

Extraktion mit überkritischen Gasen: syn. Fluidextraktion; umweltfreundl. Extraktionsverfahren mit unterschiedl. Gasen bes. für lipophile org. Verbindungen, Fraktionierung möglich. Oberhalb der krit. Temperatur von Gasen wird durch Druckerhöhung über den krit. Druck hinaus ein überkrit. Zustand herbeigeführt. Durch die dabei auftretende beachtl. Erhöhung der Dichte u. der Dielektrizitätskonstanten geeigneter Gase (CO_2, NH_3, N_2O u. Edelgase) lässt sich deren Lösungsvermögen steigern u. durch Druckminderung wieder herabsetzen. Kohlendioxid wird bes. häufig eingesetzt, da es umweltfreundl., unbrennbar u. preisgünstig ist. Man arbeitet überwiegend im überkrit. Bereich zwischen 35-40 °C u. im Druckbereich von 7.3-35 MPa. Extrahierbar sind lipo-

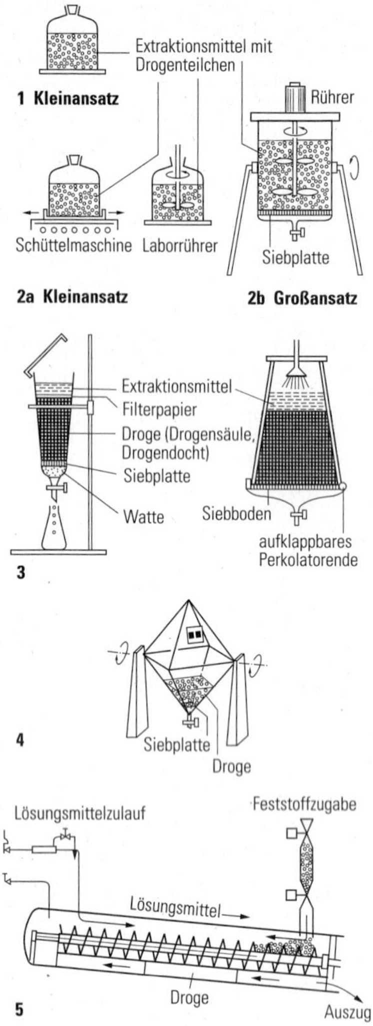

Extrahieren Abb. 2: versch. Extraktionsverfahren; 1: ruhende Mazeration; 2: Schüttelmazeration; 3: Perkolation; 4: Kombination von Mazeration u. Perkolation mittels kubischer Perkolatoren; 5: Gegenstromextraktion

phile org. Verbindungen mit relativ geringer Polarität (Ester, Ether, Lactone) bereits im Druckbereich von 7.0-10 MPa. Verbindungen mit stark polaren funktionellen Gruppen (OH−, COOH−Gruppen) erschweren die Extrahierbarkeit. Stark polare Substanzen, wie Zucker und Aminosäuren, sind nicht mehr extrahierbar. Bei Substanzen mit stärkeren Polaritätsunterschieden ist durch Änderung des Druckes eine Fraktionierung möglich. **Anw.:** Gewinnung von Fetten u. fetten Ölen (Sojaöl, Kakaobutter) u. Inhaltsstoffen aus Arzneipflanzen (Kamillenblüten, Baldrianwurzeln, Mohnkapseln), Entcoffeinierung von Kaffee u. Tee, Extraktion von Hopfen u. Entfernung von Pestiziden (z. B. bei Ginsengwurzeln).

Extranase: s. Bromelaine.

Extrasystolen: Abk. ES; außerhalb des regulären Grundrhythmus vorzeitig auftretende Herzschläge, einzeln od. gehäuft, anteilig gefolgt von kompensatorischer Pause.

Extremwerte: **1.** höchster u. niederster Wert einer Zahlenfolge, z. B. von Messwerten (sog. Ausreißer). **2.** Maxima u. Minima von Funktionen. Bei Extremwerten ist die erste Ableitung der Funktion =0, d. h. die Tangenten an der Kurve der Funktion verlaufen parallel zur x-Achse.

Extrinsic-Faktor: s. Vitamine (Vitamin B_{12}) vgl. Intrinsic-Faktor.

Extrudieren: (engl.) *extrusion moulding*; Strangpressen; Vorgang bei der Verarbeitung von thermoplast. Kunststoffen, wobei die erweichte Masse aus einer Druckkammer durch ein entspr. profiliertes Werkzeug (Strangpresswerkzeug) ins Freie gepresst wird. Der **Extruder** ist eine Strangpressmaschine mit einer Schnecke als Förder- u. Plastifizierelement. Pulverförmige Kunststoffe werden auf einem Doppelschnecken-Extruder verarbeitet. Strangpresswerkzeuge sind z. B. Rohrköpfe für Rohre u. Schläuche; Folienblasköpfe für Blasfolien, Breitschlitzdüsen für Platten u. Folien.

Extrusionsblasen: (engl.) *blow moulding*; Hohlkörperblasen, Blasformen; Produktion von Kunststoffbehältnissen, indem aus einem horizontal angeordneten Extruder (s. Extrudieren) mit Schlauchkopf durch eine Umlenkdüse kontinuierl. ein Schlauch senkrecht nach unten extrudiert wird. Aus dem Schlauch wird in einem Formwerkzeug durch Aufblasen ein Hohlkörper geformt, dieser vom Schlauch abgeschnitten u. nach dem Abkühlen u. Öffnen des Formwerkzeugs ausgestoßen.

Exzenterpresse: Tablettenpresse, bei der der Komprimiervorgang wie bei der Rundläuferpresse* in einer Matrize zw. Ober- u. Unterstempel (Presswerkzeug für versch. Formen von Tabletten) stattfindet. Der Oberstempel wird von einem Exzenter (einstellbar auf den gewünschten Pressdruck) auf- u. abbewegt u. ist meist allein am Pressvorgang (tiefste Stellung) aktiv beteiligt. Durch Verändern der untersten Position des Unterstempels in der Matrize wird das gewünschte Füllvolumen in der Matrize eingestellt. Der Unterstempel bildet das Gegenlager während des Pressvorganges, schiebt anschl. die Tablette aus der Matrize, um neuerlich für den Füllvorgang in seine tiefste Stellung zurückzufallen. Die Matrize inkl. Matrizentisch ist fest installiert; der Füllschuh gleitet auf dem Matrizentisch hin u. her u. sorgt für die ständige Neufüllung der Matrize. Die Stundenleistung ist wesentl. geringer (ca. 2000 Tabletten/h) als die der Rundläuferpressen.

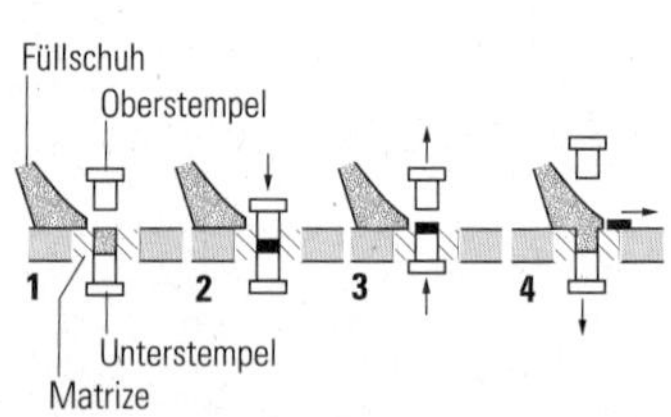

Exzenterpresse: Schema des Pressvorgangs

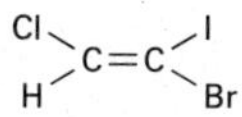

(Z)-1-Brom-2-chlor-1-iodethylen

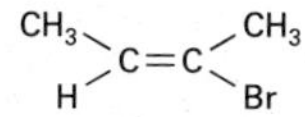

(E)-2-Brom-2-buten

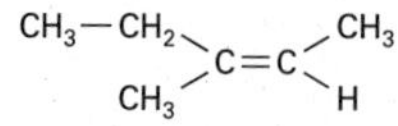

(Z)-3-Methyl-2-penten

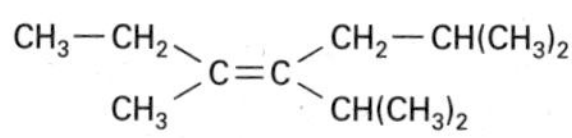

(E)-4-Isopropyl-3,6-dimethyl-3-hepten

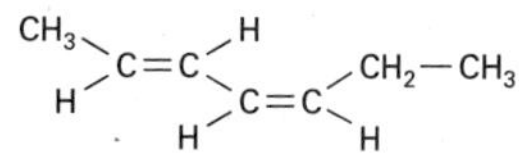

(E,Z)-2,4-Heptadien

***E/Z*-Nomenklatur:** Beispiele

Exzitanzien: Stimulanzien; anregende, belebende Mittel.

EZ: Abk. für **E**ster**z**ahl*.

***E/Z*-Nomenklatur:** System zur eindeutigen Benennung von Verb., v.a. Alkenen*, die mit 3 od. 4 versch. Liganden substituiert sind. Stehen die Liganden höherer Priorität zusammen auf der gleichen Seite, so spricht man von (*Z*)-Konfiguration, befinden sie sich auf entgegengesetzter Seite, so liegt eine (*E*)-Konfiguration vor (s. Abb.).

F

f: 1. Vorsatzzeichen für Femto-*. 2. Symbol für Anzahl der Freiheitsgrade*.

f.: Abk. für (auf Rezepten) fiat, fiant es ist/sind anzufertigen. **f. l. a.** (fiat **l**ege **a**rtis): es möge kunstgerecht angefertigt werden.

F: 1. (chem.) Symbol für Fluor*. 2. (physik.-chem.) Abk. für Fusionspunkt; s. Schmelzpunkt. 3. (physik.) Einheitenzeichen für Fahrenheit; s. Thermometer; Fahrenheit-Grade.

FA: Abk. für **F**ormulae **A**ustriacae; s. Magistralformeln.

fab: Abk. für (engl.) ***f**ragment **a**ntigen **b**inding;* ein Antigen bindendes Fragment, s. Immunglobuline.

Faba (pl fabae): Bohne.

Faba Calabaricae: s. Physostigma venenosum.

Fabaceae: Papilionaceae (früher gebräuchl.), Schmetterlingsblütler, Schmetterlingsblütengewächse; Fam. der Od. Fabales* (alle Klimazonen); ca. 11.000 Arten (ca. 800 in Europa); Kräuter, Stauden, Holzpflanzen, die z. T. Balsame liefern (vgl. Balsamum peruvianum, Balsamum tolutanum). Die Blätter sind wechselständig, gefiedert, gefingert, häufig 3-zählig, mit Nebenblättern. Die Blüten (Schmetterlingsblüten) sind 5-zählig, der Kelch zweilippig, die Krone besteht meist aus sog. Fahne, 2 Flügeln u. dem aus 2 verwachsenen Kronblättern gebildeten Schiffchen. Von den 10 Staubblättern sind oft 9 röhrig verwachsen; der Fruchtknoten ist oberständig, einblättrig u. die Frucht meistens eine vielsamige Hülse. Die Fabaceae leben in Symbiose mit Bakterien (Rhizobium), die zur N_2-Fixierung fähig sind, weshalb sie auch auf stickstoffarmen Böden gedeihen. Die Samen enthalten meist viel Eiweiß u. Stärke (Bohne, Erbse, Linse) od. Öl (Soja, Erdnuß). **Chem. Merkmale:** Chinolizidinalkaloide* u. a. Alkaloide, Isoflavone (z. B. Rotenoide*), Saponine*, nichtproteinogene, ungewöhnl. Aminosäuren (z. B. Canavanin*), häufig tox. Eiweißkörper (vgl. Lektine) in den Samen (z. B. Phasin*, Abrin*). **Wichtige Gattungen:** Abrus, Anagyris, Andira, Anthyllis, Arachis, Aspalathus, Astragalus, Baptisia, Canavalia, Castanospermum, Cyamopsis, Cytisus, Derris, Dipteryx, Galega, Genista, Glycine, Glycyrrhiza, Gymnocladus, Indigofera, Laburnum, Lathyrus, Lens, Lespedeza, Medicago, Melilotus, Mucuna, Myroxylon, Ononis, Phaseolus, Physostigma, Piptadenia, Piscidia, Pisum, Pterocarpus, Robinia, Sophora, Trifolium, Trigonella, Ulex, Vicia.

Faba de Tonca: s. Dipteryx odorata (Semen Tonca).

Fabae Pichurim: s. Ocotea puchury-major.

Faba febrifuga: s. Strychnos ignatii.

Fabales: Pflanzenordnung, die die 4 Familien Fabaceae (Leguminosae, Leguminosen; mit den Unterfamilien Caesalpinioideae, Mimosoideae u. Faboideae), Polygalaceae, Quillajaceae u. Surianaceae umfasst. Kennzeichnend sind häufig Nebenblätter u. ein meist apokarpes Gynoeceum, das häufig aus nur einem Fruchtblatt besteht. Die Samen besitzen einen großen, i. Allg. grünen Embryo.

Faba Physostigmatis: s. Physostigma venenosum (Semen Calabar).

Faba St. Ignatii: s. Strychnos ignatii (Semen Ignatii).

Fabiana imbricata Ruiz. et Pav.: Fam. Solanaceae (Bolivien, Chile, Peru). Stpfl. von **Herba Fabianae:** Summitates Fabianae, Herba Pichi-Pichi, Fabianakraut, Pichi-Pichi-Kraut. **Inhaltsst.:** äther. Öl mit Fabianol, ferner Fabianin (Alkaloid), Scopoletin, Fabiatrin; **Anw.** volkstüml.: früher z. B. bei Entzündungen der Harnblase, Bettnässen. **Lignum Fabianae:** Lignum Pichi-Pichi, Pichi-Pichi-Holz. **Inhaltsst.:** Fabianin, Fabiatrin; **Anw.:** wie Herba Fabianae imbricatae.
Hom: *Pichi-Pichi:* getrocknete Zweigspitzen; verord. z. B. bei chron. Blasen- u. Prostataentzündung, Bandscheibenschäden.

Fabianakraut: s. Fabiana imbricata (Herba Fabianae imbricatae).

Fachinformation: Deutschland: spezielle Gebrauchsinformation eines Medikamentes für Fachkreise, die der Hersteller eines Fertigarzneimittels auf Anforderung zur Verfügung stellen muss. Die F. eines Fertigarzneimittels enthält neben den in der Gebrauchsinformation enthaltenen Informationen u. a. auch Angaben zu pharmakol.-toxikol. Eigenschaften, Pharmakokinetik, Bioverfügbarkeit, Notfallmaßnahmen bei Überdosierung. Aufbau u. Inhalt der F. sind in §11a AMG geregelt. **Österreich:** s. Austria-Codex-Fachinformation. **Schweiz:** Gemäß der VO des Schweizerischen Heilmittelinstituts über die Anforderungen an die Zulassung von Arzneimitteln („Arzneimittel-Zulassungsverordnung", AMZV, SR 812.212.22) muss der Zulassungsinhaber die Arzneimittel-Fachinformation u. -Patienteninformation auf geeignete Weise zur Verfügung stellen. Er erfüllt diese Pflicht, indem er eine entspr. Publikation im Arzneimittelkompendium mit einer Fach- u. Publikumsausgabe (Herausgeber Documed AG) veranlasst.

Fachkräfte, pharmazeutische: s. pharmazeutisches Personal.

Fachkreise: nach dem Heilmittelwerbegesetz (Deutschland) sind dies Angehörige der Heilberufe od. des Heilgewerbes, Einrichtungen, die der Gesundheit von Mensch u. Tier dienen, od. sonstige Personen, soweit sie mit Arzneimitteln, Verfahren, Behandlungen, Gegenständen od. anderen Mitteln Handel treiben od. diese in Ausübung ihres Berufes anwenden. Das sind insbesondere Ärzte, Zahnärzte, Tierärzte, Apotheker, Heilpraktiker. Die Vorschriften zur Heilmittelwerbung unterscheiden zw. Werbung für Laien u. für Fachkreise. Bei Werbung für Fachkreise müssen im Ggs. zur Laienwerbung u. a. die Zstzg. des beworbenen Arzneimittels, UAW*, Kontraindikationen* u. WW genannt werden. Für verschreibungspflichtige Arzneimittel darf nur in Fachkreisen geworben werden.

Fachzeitschriften, pharmazeutische: **Deutschland:** Pharmazeutische Zeitung (gegründet 1856, jetzt Organ der ABDA*, seit 1988 mit der Wissenschaftsausgabe PZ Wissenschaft); Deutsche Apothekerzeitung (seit 1886), vereinigt mit der Süddeutschen Apothekerzeitung (gegründet 1860) u. der Apotheker-Zeitung (gegründet 1953); Pharmazeutische Zentralhalle für Deutschland (von 1859 bis 1969); Archiv der Pharmazie (seit 1822, vgl. Deutsche Pharmazeutische Gesellschaft); Die Pharmazie (seit 1946); Arzneimittelforschung (seit 1951); Pharmazeutische Rundschau (1959 bis 1973 offizielles Organ des Bundesverbandes Deutscher Apotheker e.V.); Pharmazie in unserer Zeit (seit 1972); Acta Pharmaceutica Technologica (seit 1955, im European Journal of Pharmaceutics and Biopharmaceutics inkorporiert); Die Pharmazeutische Industrie (seit 1933); Krankenhauspharmazie (seit 1979); Arzneitelegramm (seit 1970). **Österreich:** Zeitschrift für Pharmazie (1847 bis 1862); Zeitschrift des Allgemeinen Österreichischen Apothekervereins (1863 bis 1921, seit 1868 vereinigt mit der Pharmazeutischen Post); Wiener Pharmazeutische Wochenschrift (1938 bis 1943); Österreichische Apothekerzeitung (seit 1947); Scientia Pharmaceutica (seit 1932). **Schweiz:** Schweizer Apothekerzeitung (gegründet 1863 als Schweizerische Wochenschrift für Pharmazie, offizielles Informationsorgan des Schweizerischen Apothekervereins); Pharmaceutica Acta Helvetiae (seit 1926 im European Journal of Pharmaceutical Sciences inkorporiert).

Facies: Gesicht; (anat.) Flächen von Organen u. Regionen nach ihrer Lage zu angrenzenden Teilen u. Richtungen. **F. hippocratica:** Gesichtsausdruck des Sterbenden mit blasser, spitzer Nase, eingesunkenen Augen u. Wangen, graublasser Haut u. kaltem Schweiß auf der Stirn. **facialis:** zum Gesicht gehörend.

factitius: factitia, factitium; künstlich; z. B. Sal Carolinum factitium, künstl. Karlsbader Salz.

Factor VIII coagulationis sanguinis humani cryodesiccatus: s. Blutgerinnungsfaktor VIII.

Factor IX coagulationis sanguinis humani cryodesiccatus: s. Blutgerinnungsfaktor IX.

FAD: Abk. für **F**lavin-**a**denin-**d**inucleotid; Wirkgruppe (prosthet. Gruppe) vieler Flavinenzyme*. Die Abb. zeigt den Elektronenakzeptor im oxidierten (FAD) u. im reduzierten ($FADH_2$) Zustand; Adenosinmonophosphat u. Riboflavinphosphat sind durch eine Pyrophosphatbindung verknüpft.

Fadenmaterial, chirurgisches: chirurg. Nahtmaterial, dessen Einteilung nach Stärke, Aufbau od. Material erfolgt. **1.** Fadenstärke: **a)** nach USP (fadenmaterialabhängige Bez.): Standardfaden des jeweiligen Materials werden immer mit Stärke 1, dickere Fäden des jeweiligen Materials mit dem Vielfachen bezeichnet, z. B. Vicryl-2. Dünnere Fäden des jeweiligen Materials werden mit dem

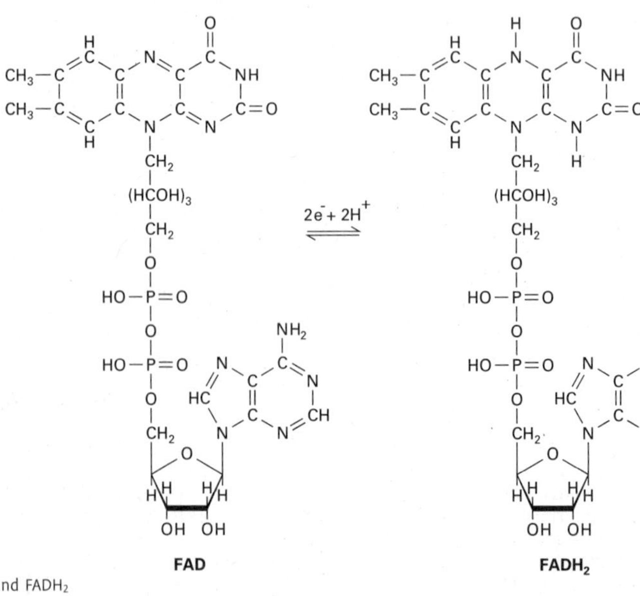

FAD: FAD und $FADH_2$

F

Fadenmaterial, chirurgisches	
Typ, deutsche Bezeichnung/Handelsname	lateinische Bezeichnung/Ph.Eur.4
resorbierbares Fadenmaterial	
vollständiger Abbau durch proteolytische Enzyme im Körper	
steriles Catgut (Kollagen aus Submucosa von Säugetieren)/im Fadenspender DAB 10	Chorda* resorbilis sterilis/in fuso DAB 10
sterile, resorbierbare, einfädige, synthetische Fäden	Fila resorbilia synthetica monofilamenta sterilia
sterile, resorbierbare, mehrfädige, geflochtene, synthetische Fäden	Fila resorbilia synthetica torta sterilia
nicht resorbierbares Fadenmaterial	
nicht abbaubar, hohe Reißfestigkeit, oft eingefärbt, kommt auch nichtsteril und im Fadenspender (in fuso) in den Handel	
sterile, nicht resorbierbare, synthetische Fäden	Fila* non resorbilia sterilia
steriler Polyesterfaden	Filum Ethyleni polyterephthalici sterile
steriler Polyamid-6-Faden	Filum polyamidicum-6 sterile*
steriler Polyamid-6/6-Faden	Filum* polyamidicum-6/6 sterile
steriler Polypropylenfaden	Filum propylenicum
steriler Leinenfaden	Filum* Lini sterile
steriler, geflochtener Seidenfaden	Filum bombycis tortum sterile*

Teilungsfaktor 0 bezeichnet: z. B. Prolene 4-0 = ¼ des Durchmessers des Standardfadens Prolene. **b)** nach Ph.Eur.4: Einteilung u. Bez. in 0.1 mm-Schritten für alle Materialien, z. B. Nr. 1 = 0.1 mm Durchmesser. Einheitl. Länge: 3.5 m. **2.** Fadenaufbau: **a)** monofil (einfädig): glatte Oberfläche, gute Gleitfähigkeit im Gewege; Nachteil: geringe Rutschsicherheit von Knoten; **b)** torta (geflochten, mehrfädig): geschmeidiger, fester Knoten, flexibel u. bruchfest; Nachteil: Docht- u. Sägewirkung; **c)** pseudomonofil (mehrere überzogene Fäden): Eigenschaften wie a) u. b), aber mit minimierten Nachteilen. **3.** Fadenmaterial: s. Tab. chirurg. Fadenmaterial. F. kommt lose od. im Fadenspender (in fuso) – wegen des Kontaminationsrisikos krit. zu bewerten – bei Menschen od. Tier (ad usum veterinarium) zur Anwendung. Catgut bovinen Ursprunges ist im Zuge der BSE-Epidemie verboten worden.

Fadenwürmer: s. Nematodes.

Fächerblattbaum: s. Ginkgo biloba.

Fäden, sterile, nicht resorbierbare: s. Fila non resorbilia sterilia.

Fällung: Ausscheidung einer gelösten Substanz durch Zugabe einer anderen Lsg. od. eines Lösungsmittels.

Fällungssalben: s. Pultiformsalben.

Fällungstitrationen: Verfahren der Maßanalyse*, die auf einer Fällungsreaktion beruhen, v. a. die Argentometrie*.

Färbekoeffizient: s. MCH.

Färbemethode: Bestimmung der Phasenverteilung, s. Emulsionen.

Färbemittel: s. Farbstoffe.

Färberdistel: s. Carthamus tinctorius.

Färberginster: s. Genista tinctoria.

Färberkrapp: s. Rubia tinctorum.

Färberkrautwurzel: s. Alkanna tuberculata.

Färberröte: s. Rubia tinctorum.

Färberwaid: s. Indigo.

Färbung: Durchtränkung hämatologisch, histolog., zytolog. u. bakteriol. Präparate z. B. mit neutralen, sauren od. basischen Farbstoffen. Beseitigung der überschüssigen Farbe durch Auswaschen, auch als Einfach- (Fettfärbung, Methylenblau-Färbung) od. Mehrfachfärbung (Kontrastfärbung); vgl. Gram-Färbung, Giemsa-Färbung; **Färbung von Flüssigkeiten:** nach dem Ph.Eur.4 erfolgt die Prüfung der Farbstärke einer Flüss. im Bereich der Farben Braun, Gelb u. Rot durch visuelle Vergleiche mit Referenzlösungen.

Fäulnis: Abbau stickstoffhaltiger Substanzen durch bakt. Enzyme; bes. von Proteinen unter Entw. von z. T. stinkenden Gasen u. Verb. (z. B. Indol, Skatol, NH_3, CO_2, H_2, H_2S) mit teilweise ausgesprochener Giftwirkung.

Fäulnisbakterien: Bakt., die den Abbau von Proteinen bewirken (Eiweißfäulnis); verhalten sich antagonist. zu Säurebakterien (vergären Kohlenhydrate) u. Schimmelpilz-Arten (aerobe Vermehrung bei genügender Luftfeuchtigkeit). Hauptvertreter sind aerobe Spezies von Proteus u. Pseudomonas, aerobe Sporenbildner (z. B. Bacillus subtilis, Bacillus mesentericus, Bacillus mycoides) sowie anaerobe Sporenbildner (z. B. Clostridium botulinum, Clostridium histolyticum, Clostridium putrificum, Clostridium sporogenes); vgl. Ptomaine.

Faex: (engl.) *yeast*; Bärme, Hefe, Hefepilze, Lie; Stpfl.: Saccharomyces cerevisiae Meyen emend. Hansen, Fam. Saccharomycetaceae (vgl. Pilze); Sprosspilze, welche die alkohol. Gärung* verursachen. Einzelzellen od. wenigzellige Verbände (die Saccharomycetaceen bilden noch kein echtes Mycel); nur in Kultur bekannt; es gibt versch. Stämme od. Rassen, die für unterschiedl. Zwecke gezüchtet u. kult. werden, z. B. Weinhefen, Branntweinhefen (ergeben hohen Ethanolgehalt bei der Gärung), Bäckerhefe (Backhefe, bewirkt starke Kohlendioxidentwicklung) sowie obergärige u. untergärige Bierhefe, welche neben der

Presshefe zur Gew. der medizin. Hefe dient. Presshefe (Germ) besteht meistens aus entwässerter Bäckerhefe (nicht entwässerte Hefe enthält ca. 70 % Wasser). Als Stpfl. für F. gilt auch Candida* utilis; vgl. Torulahefe. **Best.**: insgesamt ca. 50 % Proteine, 36 % Kohlenhydrate (Glucane, Mannane), 1-2 % Lecithin, ca. 5 % Fett u. ca. 7-8 % Mineralsalze (davon die Hälfte Phosphate), auf wasserfreie Hefe bezogen; **Inhaltsst.**: **1.** Enzyme: Invertase*, Maltase*, Amylase* usw. (früher als Zymase bezeichneter Enzymkomplex, der an der alkohol. Gärung zuckerhaltiger Flüss. beteiligt ist); **2.** Vitamine*: vor allem Vitamin B_1, B_2 u. B_6, Biotin, Folsäure, Pantothensäure, Thiamin, Pyridoxin, Riboflavin, Nicotinsäureamid, Ergosterin (Provitamin D_2), Inosit, ferner Orotsäure u. sämtl. essentiellen Aminosäuren*, Glutathion*; **Faex medicinalis (siccata)** Trockenhefe, medizinische; hellbräunl., eigenartig (angenehm brotartig) riechendes Pulver aus toten u. lebenden Zellen bestehend; ausgewaschene, entbitterte, untergärige Bierhefe; nach ÖAB90 mit Rohrzucker (5 T.) verriebene u. bei 35-40 °C getrocknete Presshefe (100 T.); nach Ph.Helv.6 auch von Candida utilis, Candida-Hefe (nicht sporenbildender Hefepilz); **Wirk.**: im Wesentl. auf Vitamin-B-Komplex zurückzuführen (s. Vitamine); ferner hemmt Hefe im Gastrointestinaltrakt u. in der Vagina sowie äußerl. die Entw. unerwünschter Mikroorganismen; antibakt. Prinzip vermutl. komplexes Derivat der Glutarsäure; **Anw.**: bei Hautkrankheiten (Akne, Ekzeme, Furunkulose); als leichtes Laxans u. a.; **Dos.**: GED 2.0 g (3-mal tägl.); **Trockenhefe zur Pillenherstellung** Faex medicinalis pro pilulis ÖAB90, Faex desenzymata siccata Ph.Helv.6: Zur Pillenbereitung darf nur Med. Hefe verwendet werden, die 2 Std. lang im Trockenschrank auf 120 °C erhitzt worden ist u. die bei der Gärprobe innerhalb 3 Std. keine Gärung hervorruft. **Zuber.**: Extr. Faecis spissum (Hefedickextrakt), Extr. Faecis (Hefeextrakt).

Faex torula: s. Torulahefe.

Fäzes: s. Kot.

Fagaceae: Buchengewächse; Fam. der Od. Fagales; ca. 900 Arten, davon ca. 30 in Europa. Anemogame, einhäusige Laubbäume mit eingeschlechtigen Blüten, männl. Blüten in Kätzchen; die Früchte sind einsamige Nüsse ohne Endosperm mit Cupula (Fruchtbecher). **Chem. Merkmale:** Gerbstoffe.**Wichtige Gattungen** z.B. Castanea, Fagus, Quercus.

FAGAK: Abk. für **F**amilien*- und **G**ehaltsausgleichs**k**asse.

Fagopyrismus: s. Fagopyrum esculentum.

Fagopyrum esculentum Moench: Fagopyrum sagittatum Gilib., Buchweizen, Heidekorn; Fam. Polygonaceae (heim. Nord- u. Ost-Asien, kult. in Europa). **Inhaltsst.**: in der Blüte u. Samenhülle Naphthodianthronderivate, v. a. Fagopyrin (vgl. Hypericin), als Photosensibilisatoren*, rufen bei Mensch u. Tier Vergiftungserscheinungen (Fagopyrismus) hervor; im Samen Stärke (bis 50 %), fettes Öl (bis 32 %), Eiweiß, Kieselsäure; im Kraut bis zu 6 % Rutosid* (Rutin); **Anw.**: Nahrungsmittel (Samen u. Samenstärke); Rutingewinnung (das Kraut). **Hom:** *Fagopyrum esculentum (HAB1.4)*: frische, vor der Fruchtreife geerntete Pfl.; verord. z. B. bei Haut- u. Schleimhauterkrankungen.

Fagopyrum tataricum (L.) Gaertn.: Tatarischer Buchweizen, Französischer Buchweizen; Fam. Polygonaceae (heim. Mittelasien, Sibirien, Himalaja; kult. USA). **Anw.**: Rutingew. wie Fagopyrum* esculentum, v. a. in USA.

Fagus sylvatica L.: Buche, Rotbuche; Fam. Fagaceae (Westeuropa). Stpfl. von **Oleum Fagi silvaticae:** Bucheckernöl. **Anw.**: Speiseöl, in der Margarine- u. Seifenindustrie; Bucheckern (die Samen) enthalten bis zu 45 % fettes Öl u. ca. 23 % Eiweißstoffe. **Oleum Fagi empyreumaticum:** Buchenteer EB6; s. Pix Fagi; Buchenholzteerkreosot s. Kreosot.

Fahamtee: s. Angraecum fragrans.

Fahne: s. Blüte (Blütenformen).

Fahrenheit-Grade (Daniel Gabriel Fahrenheit, deutscher Instrumentenbauer u. Physiker, 1686-1736): Temperaturskala; Fundamentalpunkte sind der Schmp. des Eises (32 °F) u. Sdp. des Wassers (212 °F), so dass der Fundamentalbereich in 180 Grade eingeteilt ist. Die Skala hat nur im angelsächs. Bereich Bedeutung; s. Thermometer.

Faktendatenbank: Zusammenfassung u. Bewertung der entsp. Literatur von Experten in regelmäßig aktualisierten Monographien in elektron. Form. Z. B. Datenbanken mit Arzneistoffmonographien, die detaillierte Angaben zur Pharmakodynamik u. Pharmakokinetik einzelner Arzneistoffe enthalten (vgl. Literaturdatenbank).

Faktor: Titer (s. Maßlösung).

Faktor, antihämophiler: s. Blutgerinnungsfaktor VIII.

Faktoren, alipotrope: s. Stoffe, lipotrope.

Faktor, endothelialer hyperpolarisierender: s. EDHF.

Faktor, endothelialer relaxierender: s. EDRF.

Faktoren, edaphische (gr. edapos Grund, Boden): Bodenfaktoren, die das Pflanzenwachstum beeinflussen.

Faktor, fibrinstabilisierender: s. Blutgerinnungsfaktor XIII.

Faktor, koloniestimulierender: s. CSF.

Falcarinol: s. Polyine.

Falcarinon: s. Polyine.

Fallaxrinde: s. Rhamnus alpinus ssp. fallax.

Fallbeschleunigung: Schwerebeschleunigung, Erdbeschleunigung; Symbol g; die Beschleunigung eines im Vakuum fallenden Körpers. Auf der Erde bei 45° geograph. Breite u. auf Meeresniveau gilt: $g=9.80665\,m/s^2$. Die F. macht sich durch das Gewicht* eines Körpers bemerkbar.

Fall, dringender: Regelung in der VO über verschreibungspflichtige Arzneimittel in Deutschland. Wenn telefon. Rücksprache mit dem Arzt, Zahnarzt od. Tierarzt genommen wurde, dürfen in dringenden Fällen Arzneimittel auch ohne Vorlage eines Rezepts durch Apotheken abgegeben werden. Ein dringender Fall liegt immer dann vor, wenn sich der Apothekenkunde in einer lebensbedrohl. Situation befindet od. allg. eine Lebens- od. Gesundheitsgefährdung besteht.

Fall-Kontroll-Studie: s. Pharmakoepidemiologie.

Fallkrautblüten: s. Arnica montana (Arnicae flos).

Fallpauschalengesetz: Abk. FPG; Gesetz zur Einführung des Diagnose-orientierten Fallpauschalensystems für Krankenhäuser vom 23.4.2002 (BGBl. I S.1412). Es sieht die Einführung eines neuen Abrechnungssystems für die Erstattung der Ausgaben bei der stationäre Patientenversorgung vor. Zum 1.1.2003 wurde ein pauschalierendes Entgeltsystems auf freiwilliger Basis eingeführt, das zum 1.1.2004 für nahezu alle Krankenhäuser verbindl. wurde. Jeder stationär aufgenommene Patient wird aufgrund der Diagnose, der Begleiterkrankungen u. dem Verlauf des Krankenhausaufenthaltes einer Gruppe zugeordnet, der ***diagnosis related group*** (Abk. DRG), für die eine entspr. Vergütung vorgesehen ist. Grundlage für die Erstattung sind die *australian refined diagnosis related groups*. Einzelheiten regelt die VO zum Fallpauschalensystem für Krankenhäuser (Abk. KFPV) vom 19.09.2002 (BGBl. I S. 3674).

Fallsucht: s. Epilepsie.

Faltblattstruktur: s. Proteine.

Faltentintling: s. Antabuseffekt.

Falzen: Zusammenfügen der Ränder dünnwandiger Bleche, wobei sie zunächst so umgebogen werden, dass sie sich ineinanderhaken lassen u. dann zusammengedrückt u. gekröpft werden.

Famciclovir INN: 2-[2-(2-Amino-9H-purin-9-yl)ethyl]-1,3-propandiol-diacetat; CAS-Nr. 104227-87-4; $C_{14}H_{19}N_5O_4$, M_r 321.34. **Wirk.:** wird nach p.o. Applikation zum aktiven Metaboliten Penciclovir* metabolisiert; **Anw.:** Virostatikum, wirkt geg. Herpes* simplex-Viren I u. II, Varicella-Zoster-, Epstein-Barr-, Zytomegalie- u. Hepatitis-B-Viren; zur Frühbehandlung von akutem Herpes zoster; **UAW:** Kopfschmerz u. Übelkeit; **Kontraind.:** Schwangerschaft u. Stillzeit, Jugendl. unter 18 Jahren; immunsupprimierte Patienten; Dialysepatienten; **Dos.:** p.o. 3×250 mg/d; HWZ 10-20 h.

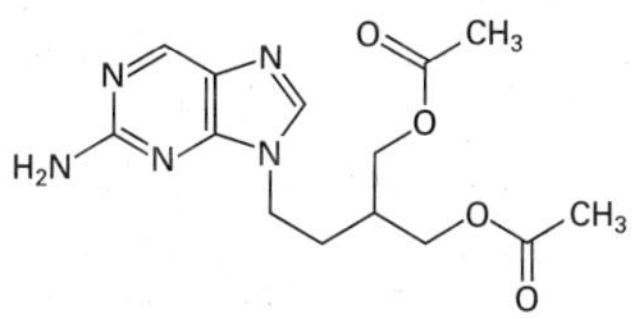

Famciclovir

Familie: taxonom. Einheit zw. Ordnung (ordo) u. Gattung (genus). Bei Tieren u. heterotrophen Protisten endet der Familienname auf -idae, bei allen anderen Organismen, so auch bei Pflanzen u. Pilzen, auf -aceae.

Familien- und Gehaltsausgleichskasse: Abk. FAGAK; Wohlfahrtseinrichtung einiger Apothekerkammern in Deutschland, die einen sozialen Ausgleich zw. älteren u. jüngeren in öffentl. Apotheken tätigen pharmaz. Mitarbeitern sowie solchen mit u. ohne Familie bewirken soll. Wurde von den meisten Apothekerkammern durch Nothilfefonds ersetzt, welche die Aufgabe haben, Apothekerinnen, Apothekern sowie deren Witwer, Witwen u. Waisen Unterstützung zu gewähren, wenn sie unverschuldet in wirtschaftl. Not geraten sind.

Famotidin INN: Famotidinum Ph.Eur.4; 3-[2-(Diaminomethylenamino)-4-thiazolyl]methylthio-N^2-sulfamoylpropamidin; CAS-Nr. 76824-35-6; $C_8H_{15}N_7O_2S_3$, M_r 337.43. Schmp. ca. 170 °C (Mod. I) bzw. Schmp. 162 °C (Mod. II, jeweils unter Zers.). Weißes, krist. Pulver; sehr schwer lösl. in Wasser u. Ethanol; schwer lösl. in Methanol, fast unlösl. in Ether u. Ethylacetat. **Anw.:** Ulkustherapeutikum*, Histamin-H_2-Rezeptorantagonist (s. Antihistaminika). **UAW:** geringer als bei den höher zu dosierenden H_2-Antagonisten; vgl. Cimetidin; **Dos.:** 0.04 g/d; HWZ ca. 3 h.

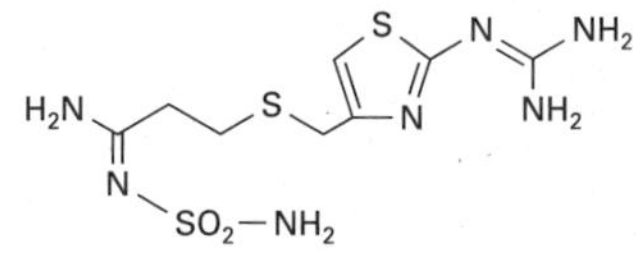

Famotidin

Famprofazon INN: 4-Isopropyl-2-methyl-3-[N-methyl-N-(α-methylphenethyl)amino]methyl-1-phenyl-3-pyrazolin-5-on; CAS-Nr. 22881-35-2; $C_{24}H_{31}N_3O$, M_r 377.51. **Anw.** u. **Wirk.:** früher Analgetikum*, Antipyretikum* meist in Kombination mit anderen Analgetika, soll schwach sympathomimet. wirken.

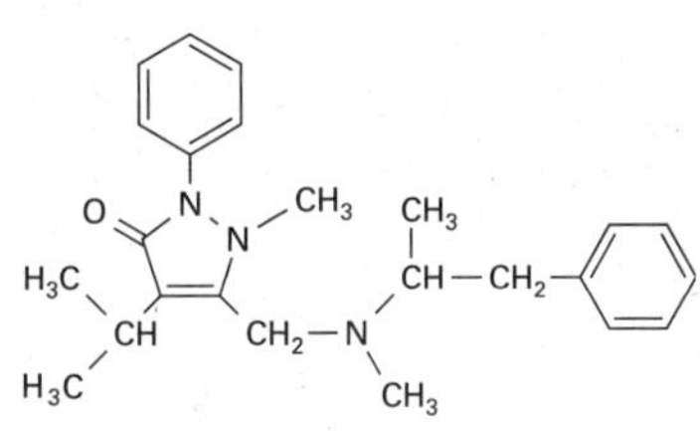

Famprofazon

Fango (ital. Schmutz, Schlamm): Mineralschlamm (Heilpeloid) aus vulkan. Quellenablagerungen , z. B. aus der Eifel, Pystian od. Abano. **Anw.:** äußerl. als Bad od. Packung bei rheumat. Beschwerden.

Fannings: s. Camellia sinensis (Schwarztee).

Fantaschale: s. Patene.

FAO: Abk. für (engl.) *Food and Agriculture Organization;* Ernährungs- u. Landwirtschaftsorganisation der UNO mit der Aufgabe, die Erzeugung u. Verteilung von Nahrungsmitteln zu verbessern.

Farad (Michael Faraday, engl. Physiker u. Naturphilosoph, 1791-1861): Symbol F; SI*-Einheit für die elektr. Kapazität. Ein Kondensator besitzt die Kapazität von 1 F, wenn er durch die Elektrizitätsmenge 1 Coulomb (C) auf die Spannung 1 Volt (V) aufgeladen wird: 1 F = 1 C/V.

Faraday-Gesetz: s. Coulometrie.

Faradisation: Reizstrombehandlung mit niederfrequenten Gleichstromimpulsen als Exponentialstrom mit einer Frequenz von 50 Hz (Impulsdauer 1 ms). **Anw.:** z. B. zu wiederholten Kontraktionen bei kompletten u. inkompletten Denervationen, bei schlaffen Paresen.

Farblacke: Buntpigmente; synthet., wasserunlösliche org. Farbpigmente, die aus wasserlösl. sauren Farbstoffen mit Metallsalzen (Al-, Ca-Salze) ausgefällt od. auf org. Verbindungen in Anwesenheit von geeignetem feinem, unlösl. Substrat (Al-Oxidhydrat, Kieselsäure) aufgezogen werden. Neben anorg. Farbpigmenten auch in Komb. mit diesen häufig zur Färbung pharmaz. Präparate, z.B. Tabletten, Dragees, Filmtabletten u. Suppositorien herangezogen.

Farbstoffe: Färbemittel; die zur Färbung von Arzneimitteln verwendet Stoffe unterliegen strengen gesetzl. Regelungen. Es müssen je nach den Zielmärkten nationale u./od. internationale Listen der zugelassenen Lebensmittel- od. Arzneimittelfarbstoffe beachtet werden. Die bekanntesten Listen sind die FDC (Food, Drug and Cosmetic Colors) sowie die DC-Liste (externe Zuber.) der FDA*. Es gibt prakt. kaum noch Farbstoffe, die weltweit ohne Einschränkungen zugelassen sind; vgl. Lebensmittelzusatzstoffe. **Anw.**: in der Pharmazie zur Identifizierung, als Warnfärbung für nicht zur peroralen Einnahme bestimmte Zuber., zur Homogenitätskontrolle. Aus pharmaz.-technolog. Sicht unterscheidet man lösl., nicht lösl. (Pigmente wie Titandioxid, Eisenoxidfarbstoffe u. Aluminiumlacke) sowie nat. Farbstoffe. Synth. wasserlösl. Farbstoffe haben meist anion. Charakter. Nichtlösl. Farbstoffe haben den Vorteil, dass sie beim Trocknen von Drageedecken keine scheckigen Überzüge verursachen. Aluminiumlacke werden aus lösl. Farbstoffen durch Bindung an Aluminiumhydroxid erhalten. Nat. Farbstoffe, z.B. öllösliche Carotinoide od. Chlorophyll, bringen bei der Anw. oft hohe Stabilitätsprobleme mit sich. **Deutschland:** für Arzneimittel gilt die Arzneimittelfarbstoffverordnung*; **Österreich:** Zusatz von Farbstoffen zu Lebensmitteln u. Verzehrprodukten geregelt durch die „Farbstoffverordnung" von 1996 i.d.F. von 2002; außerdem: „Kosmetik-Farbstoffverordnung" von 1995; **Schweiz:** geregelt durch Anhang 3 der VO des Schweizerischen Heilmittelinstituts über die Anforderungen an die Zulassung von Arzneimitteln („Arzneimittel-Zulassungsverordnung", AMZV, SR 812.212.22).

Farbstoffe, substantive: s. Direktfarbstoffe.

Farfara: s. Tussilago farfara.

Farfarae folium: s. Tussilago farfara.

Farina (lat): Mehl.

Farina Amygdalarum: Mandelkleie, der Pressrückstand bei der Gew. des fetten Mandelöls, Amygdalae oleum virginum (s. Prunus dulcis). **Anw.**: in der Kosmetik u. Parfümerie.

Farina Lini: s. Linum usitatissimum (Placenta Seminis Lini).

Farinzucker: unreiner, gelbbraun gefärbter Zucker. Abfallprodukt bei der Zuckerraffination; wird von Bäckereien z.B. für Honigkuchen verwendet.

Farne: s. Pteridophyta.

Farnesol: 3,7,11-Trimethyl-2,6,10-dodecatrien-1-ol; $C_{15}H_{26}O$; M_r 222.4; aliphat. Sesquiterpenalkohol; Strukturformel von Farnesyldiphosphat s. Sesquiterpene (Abb.); farbloses, nach Maiglöckchen riechendes Öl; in äther. Ölen z.B. in Tiliae flos, Flor. Convallariae. **Anw.**: in der Parfümerie.

Farnesylpyrophosphat: Zwischenprodukt der Biosynthese der Isoprenoide.

Farnextrakt: s. Extractum Filicis maris.

Farnhaare: s. Cibotium barometz.

Farnpflanzen: s. Pteridophyta.

Farnwurzel: s. Dryopteris filix-mas.

Faselrübe: s. Bryonia alba (Radix Bryoniae).

Faserbanane: s. Musa textilis.

Fasercellulose: s. Cellulosepulver.

Faserproteine: s. Skleroproteine.

Faserschicht: s. Endothecium.

Faserzellschicht: s. Endothecium.

fast protein liquid chromatography: s. Chromatographie.

Faszikularkambium: faszikuläres Kambium, Leitbündelkambium; (bot.) im Ggs. zum interfaszikulären Kambium innerhalb eines Leitbündels gelegenes Kambium*.

Faulbaumextrakt: s. Extractum Frangulae.

Faulbaumfluidextrakt: s. Extractum Frangulae fluidum.

Faulbaumgewächse: s. Rhamnaceae.

Faulbaumrinde: s. Rhamnus frangula (Frangulae cortex).

Faulbaumrinde, Amerikanische: s. Rhamnus purshiana (Rhamni purshianae cortex).

Favismus: Bohnenkrankheit, besondere Form des erbl. Glucose*-6-phosphat-Dehydrogenase-Mangels.

Favorskii-Umlagerung: α-Halogenketone lagern sich beim Erhitzen unter basischer Katalyse zu Carbonsäuren um. **Wallach-Reaktion:** cycl. α-Halogenketone bilden unter Ringverengung Carbonsäuren; z.B. liefert 2-Chlor-cyclohexanon Cyclopentan-carbonsäure (s. Abb.).

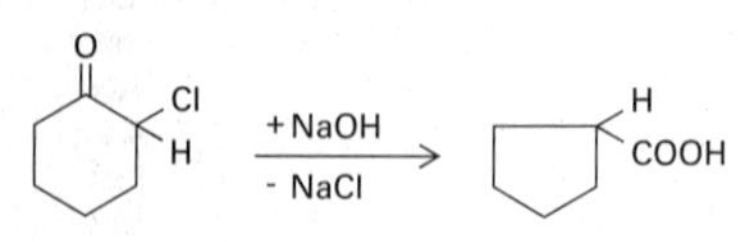

2-Chlor-cyclohexanon — Cyclopentancarbonsäure

Favorskii-Umlagerung: Bildung von Cyclopentancarbonsäure

Favus: Erbgrind, Kopfgrind, Pilzgrind; ansteckende, chron. Pilzinfektion, bes. bei Kindern vorkommend; vgl. Mykosen.

Fc: Abk. für (frz.) *fragment crystalline*; s. Immunglobuline.

FCKW: Abk. für Fluor-Chlor-Kohlenwasserstoffe; s. Treibgase.

FD: Froschdosen*.

FDA: Abk. für (engl.) *Food and Drug Administration;* für das Lebens- u. Arzneimittelwesen zuständige Behörde der USA, Sitz Washington DC.

FDG: s. Fludeoxyglucose[^{18}F]-Injektionslösung.

Fe: (chem.) Symbol für Eisen*.

Febrifuga: veraltete Bez. für hauptsächl. pflanzliche, fiebersenkende od. vor Fieber schützende Mittel. Z.B pfl. Diaphoretika sowie Pflanzen mit (meist zweifelhafter) unspezif. Wirk. auf das Immunsystem; Baptisia tinctoria, Chionanthus virginicus, Echinacea angustifolia, Eucalyptus globulus, Salix-Arten (vgl. Antipyretika), Sideritis-Arten, Stachys recta, Dichroa febrifuga.

Febrifugin: β-Dichroin; $C_{16}H_{19}N_2O_3$; M_r 301.34; Schmp. 140 °C od. 156 °C (polymorph); Chinazolinalkaloid* aus Hydrangea-Arten (Hortensien, Fam. Hydrangeaceae) u. Dichroa* febrifuga.

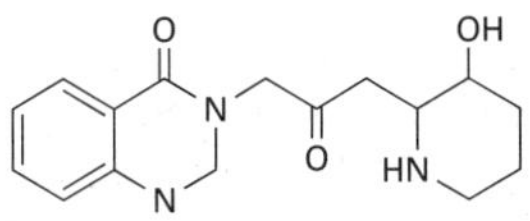

Febrifugin

febril: fieberhaft.

Febris: s. Fieber.

Febuprol INN: 1-Butoxy-3-phenoxy-2-propanol; CAS-Nr. 3102-00-9; $C_{13}H_{20}O_3$, M_r 224.3. Farbloses Öl. **Anw.:** Choleretikum*; **UAW:** leichte Durchfälle; **Kontraind.:** 1. Trimenon der Schwangerschaft, Stillzeit, Magen- od. Darmerkrankungen.

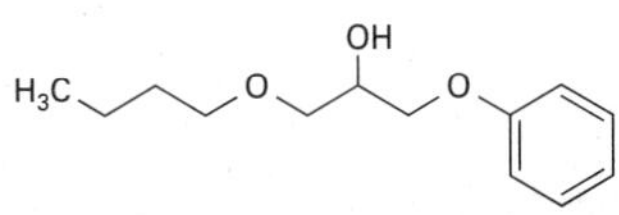

Febuprol

Federalaun: s. Asbest.

Fédération Internationale Pharmaceutique: s. FIP.

Federharz: s. Kautschuk.

Federweiß: s. Asbest.

Fedia: s. Valepotriate.

Fedrilat INN: (1-Methyl-3-morpholinopropyl)tetrahydro-4-phenyl-2*H*-pyran-4-carboxylat; CAS-Nr. 23271-74-1; $C_{20}H_{29}NO_4$. **Anw.:** früher Antitussivum*, bei akuter u. chron. Bronchitis (in Kombination mit Tetracyclinhydrochlorid); gebräuchl. war auch Fedrilathydrogenmaleat.

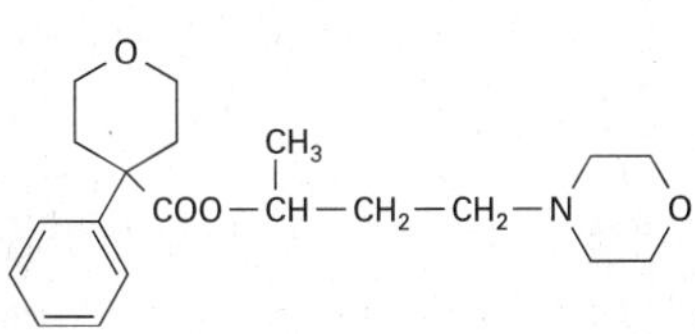

Fedrilat

Feedback-Mechanismus: Art der Signalübertragung bei der biol. Stoffwechselregulation, bei der Metaboliten die Signale sind. Ein Feedback-Mechanismus ist eine Kontrollmöglichkeit von Enzymen, die sich auf die Enzymaktivität, dic -synthese u. den -abbau erstreckt. Als Feedback-Regulation wird eine positive od. negative Rückkoppelungskontrolle verstanden: ein positives Feedback kann die Förderung der Aktivität od. Synthese eines Enzyms od. mehrerer Enzyme einer Reaktionskette durch ein Endprodukt bedeuten, ein negatives Feedback eine irgendwie geartete Endprodukthemmung. Der F.-M. ist wie andere Mechanismen Bestandteil der intrazellulären Stoffwechselregulation.

Fehlerrechnung: Verfahren zur Abschätzung der Güte eines Messergebnisses. Bei der Bestimmung einer physik. Größe od. der Durchführung einer Analyse kann i. Allg. nicht erwartet werden, dass der sich ergebende Wert gleich dem wahren Wert ist. Daher ist es wichtig, einen Hinweis über die Genauigkeit bzw. Zuverlässigkeit der Messergebnisse in Form einer Fehlerangabe anzubringen. Ohne die Angabe eines Fehlers ist z. B. die Angabe eines Mittelwertes oft sinnlos. Die F. gilt nur für zufällige Fehler, die mit gleicher Wahrscheinlichkeit positive u. negative Werte annehmen u. mit Hilfe der Statistik abgeschätzt werden können. Sie gilt nicht für systemat. Fehler, verursacht durch immer im gleichen Sinne wirkende Mängel der Messmethode. Sie gilt ebenfalls nicht für persönl. Fehler, die durch die Neigung des Beobachters, immer im gleichen Sinne etwas unkorrekt abzulesen, entstehen können. **Mittelwert** u. **Standardabweichungen:** Wenn n Messungen derselben Größe, z. B. die Dichte eines Arzneistoffes, durchgeführt wurden u. alle Einzelmessungen untereinander gleichwertig, d. h. normalverteilt sind, dann ist der wahrscheinlichste Wert der gemessenen Größe der arithmet. Mittelwert:

$\bar{x} = \Sigma x/n$

Die Standardabweichung s lässt sich dann auf folgende Weise berechnen:

$$s = \sqrt{\frac{\Sigma(x-\bar{x})^2}{(n-1)}}$$

Dabei ist zu beachten, dass s nur ein Schätzwert der wahren Standardabweichung σ ist, die aus einer sehr großen, theoret. unendl. Zahl von Einzelmessungen, der Grundgesamtheit, ermittelt wird. Die Standardabweichung ist eine statist. Güteziffer für das Messverfahren u. besagt im Einzelfall ledigl., dass bei einer in der Regel vorliegenden Zufallsverteilung (Normalverteilung*) 68.3 % aller Messwerte innerhalb des Streubereichs von ±σ um den Mittelwert liegen. Will man die Ergebnisse mit einer größeren statist. Sicherheit P angeben, muss der Bereich auf k · σ vergrößert werden; P sollte dann immer auch angegeben werden; s. Tab. 1. **Vertrauensbereich des Mittelwertes:** Der Vertrauensbereich (Mutungs- od. Konfidenzintervall/-bereich) des Mittelwertes gibt die Grenzen zu einem gefundenen Wert $\bar{x}$ an, innerhalb derer sich der wahre Wert mit einer gegebenen statist. Sicherheit P befindet.

Fehlerrechnung Tab. 1

Fehler in den Grenzen ± k · σ	statistische Sicherheit P
0.675 · σ	50.00 %
1.000 · σ	68.30 %
1.640 · σ	90.00 %
1.960 · σ	95.00 %
3.000 · σ	99.70 %
3.290 · σ	99.90 %
4.000 · σ	99.99 %

Fehlerrechnung Tab. 2
Werte für t und $t/\sqrt{n}$

Anzahl n der Einzelwerte	1-σ-Regel P = 68.3 % t	$t/\sqrt{n}$	3-σ-Regel P = 99.73 % t	$t/\sqrt{n}$	P = 95 % t	$t/\sqrt{n}$	P = 99 % t	$t/\sqrt{n}$
(2)	(1.8)	(1.3)	(235.0)	(166.0)	(12.7)	(9.0)	(64.0)	(45.0)
3	1.32	0.76	19.2	11.1	4.30	2.5	9.92	5.73
4	1.20	0.60	9.2	4.6	3.18	1.6	5.84	2.92
5	1.15	0.51	6.6	3.0	2.78	1.24	4.60	2.06
6	1.11	0.45	5.5	2.3	2.57	1.05	4.03	1.65
7	1.09	0.41	4.9	1.85	2.45	0.92	3.71	1.40
8	1.08	0.38	4.5	1.6	2.37	0.84	3.50	1.24
9	1.07	0.36	4.3	1.4	2.31	0.77	3.36	1.12
10	1.06	0.34	4.1	1.29	2.26	0.72	3.25	1.03
20	1.02	0.23	3.4	0.77	2.09	0.47	2.86	0.64
30	1.02	0.19	3.3	0.60	2.05	0.37	2.76	0.50
50	1.01	0.14	3.16	0.45	2.00	0.28	2.78	0.38
100	1.00	0.10	3.10	0.31	2.00	0.20	2.62	0.26
200	1.00	0.07	3.04	0.22	1.97	0.14	2.60	0.18
>200	1.00	0.00	3.00	0.00	1.96	0.00	2.58	0.00

Der Vertrauensbereich VB kann nach der folgenden Gleichung berechnet werden:

$$VB = \pm t \cdot s/\sqrt{n}$$

Der Faktor t (t-Verteilung nach Student, Studentverteilung*) hängt von der gewählten statist. Sicherheit P u. der Anzahl n der Messwerte (bzw. der Freiheitsgrade*) ab; s. Tab. 2. **Darstellung eines Endergebnisses E:** Angabe des Vertrauensbereichs VB:

$$E = \bar{x} \pm VB = \bar{x} \pm s \cdot t/\sqrt{n}$$

Als Maß für den relativen, zufälligen Fehler wird häufig auch der relative VB (prozentuale VB) angegeben.

Fehling-Reagens: Fehling-Lösung; alkal. Kupfertartrat-Lsg. zum qualitativen u. quantitativen Nachw. von reduzierenden Zuckern u. Aldehyden z. B. im Harn; vgl. Tollens-Reagens. 2 Lsg., die getrennt aufbewahrt u. erst unmittelbar vor der Probe zu gleichen T. gemischt werden: F. I besteht aus 7 g reinem krist. Kupfersulfat in Wasser zu 100 mL, F. II. aus 35 g Kaliumnatriumtartrat u. 10 g Natriumhydroxid in Wasser zu 100 mL. Die Reaktion beruht auf der Reduktion von Kupferhydroxid, wobei Kupfer(I)-oxid (Cu_2O) als feinkörniger gelbroter, kupferroter od. rotbrauner Niederschlag ausfällt. **modifiziertes F.**: nur aus einer Lsg. bestehend; **Zuber.:** 2 g Kupfersulfat, 10 g Triethanolamin, 5 g Kaliumhydroxid u. dest. Wasser ad 100 g **Gesch.:** benannt nach Hermann von Fehling, Prof. für Chemie, Stuttgart 1811-1885.

Fehlkorn: Begriff aus der Siebtechnik, umfasst Unter-, Überkorn. Je kleiner die Menge an F., desto schärfer ist die Trennung. Die in der Praxis durchgeführten Absiebungen verlaufen nie so vollkommen, dass eine absolute Trennung von Grob u. Fein in bezug auf die Sieböffnung erfolgt. Der über das Sieb sich bewegende Grobkornanteil, auch Siebrückstand, Siebüberlauf, Siebgrobes genannt, enthält immer noch Feines, sog. **Unterkorn.** Im durch die Sieböffnungen tretenden Feinkorn, auch Siebdurchgang, Siebunterlauf, Siebfeines genannt, finden sich u. U. gröbere Teile, sog. **Überkorn.** Ist der Anteil an Unterkorn zu groß, ist die Siebung als Klassierverfahren ungeeignet. Das Auftreten von Überkorn hat seine Ursache in ungleichmäßiger Kornform. Längl. Partikeln können sich während des Siebvorganges aufrichten u. durch eine Sieböffnung fallen. Bes. schwierig abzusieben ist das **Grenzkorn,** das größte Korn, das gerade noch durch die Siebmaschen fällt, auch Trennkorngröße genannt, deren Abmessungen sich denen der Sieböffnungen so sehr nähern, dass es sich festsetzen kann.

Feige: s. Ficus carica.

Feigenbaum: s. Ficus carica.

Feigensirup, zusammengesetzter: s. Sirupus Caricae compositus.

Feigwarzen: s. Kondylome.

Feigwurz: s. Ranunculus ficaria.

Feinbürette: Bürette* von ca. 60 cm Länge, die 10 mL Flüss. fasst u. deren Skala in 1/50 mL unterteilt ist. Die Abflussvorrichtung der Feinbürette muss so beschaffen sein, dass ca. 40 Tr. 1 mL entsprechen.

Fekrumeter: Gerät zur Bestimmung des wahren Volumens V_p (s. Porosität) einer bekannten Masse eines Schüttgutes. Das Messprinzip beruht auf dem Boyle*-Mariotte-Gesetz. Durch die Pulverprobe in der Messkammer A (Anhängeglas) ist dort die Luftmenge verringert u. die Manometerflüssigkeit in einem angeschlossenen U-Rohr sinkt nicht so stark ab wie bei leerer Messkammer (Abb). Das F. ist vor der ersten Messung mit versch. Mengen Wasser in der Messkammer zu kalibrieren.

Fel: syn. Bilis; Galle*. **Fel Tauri** EB6 (Tauri fel, Fel Bovis, Rindergalle, Ochsengalle): D. 1.018-1.028 (15 °C); bräunl. -grüne, schleimige Flüss. von eigentüml. Geruch u. außerordentl. bitterem Geschmack. **Inhaltsst.:** Gallensäuren, Gallenfarbstoffe (Bilirubin, Biliverdin), Cholesterol, Lecithin, Fette, Harnstoff, Mineralstoffe [NaCl, $Ca_3(PO_4)_2$,

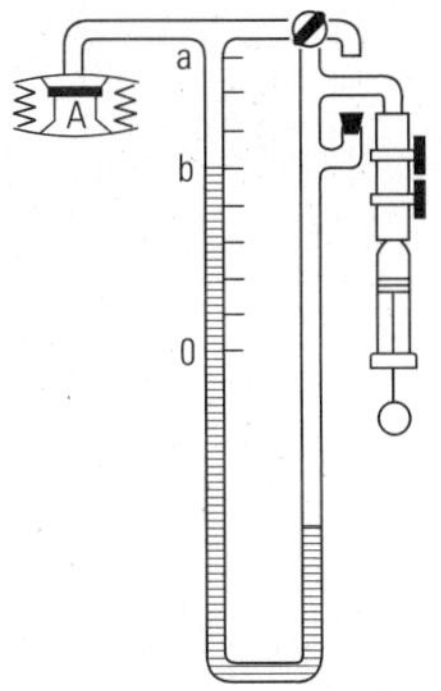

Fekrumeter: das in der Messkammer A befindliche Pulver senkt den Spiegel der Manometerflüssigkeit von a auf b; bei leerer Messkammer fällt der Spiegel auf 0

$FePO_4$]; **Fel Tauri inspissatum**: eingedickte Ochsengalle; **Fel Bovis depuratum**: gereinigte Rindergalle; **Fel Tauri depuratum siccum**: gereinigte u. getrocknete Ochsengalle, Extr. Fellis Bovis; **Off.**: ÖAB90; 1 T. Extrakt entspr. 10 T. frischer Galle (es sind alle Best. der Galle enthalten, die in konz. Ethanol lösl. sind). **Anw.**: zur Substitution bei Gallen-, Lebererkrankungen; vielfach in Arzneispezialitäten, zus. mit Verdauungsenzymen; anstelle der Galle werden oft die reinen Gallensäuren eingesetzt, die für die cholagoge Wirk. der Galle verantwortl. sind. **Dos.**: 0.2-0.5 g.
Hom: *Fel Tauri (HAB1.3):* frische Rindergalle; verord. z. B. bei Leber- u. Gallenstörungen.

Felbamat INN: 2-Phenyl-1,3-propandioldicarbamat; CAS-Nr. 25451-15-4; $C_{11}H_{14}N_2O_4$, M_r 238.24. Strukturformel vgl. Meprobamat (Abb.). **Anw.**: Antiepileptikum*, zur Kombinationsbehandlung bei Erwachsenen u. Kindern über 4 Jahren mit Lennox-Gastaut-Syndrom (Form einer generalisierten Epilepsie*); **UAW**: aplast. Anämie, Leberfuntionsstörungen, Übelkeit; **Kontraind.**: Bluterkrankungen, Leberfunktionsstörungen, Schwangerschaft u. Stillzeit, Patienten unter 4 u. über 65 Jahren; **Dos.**: p. o. über 14 Jahre anfangs 2-3×0.6-1.2 g/d, Steigerung bis max. 3.6 g/d in 3-4 ED; zw. 4 u. 14 Jahren anfangs 2- bis 3-mal tägl. 7.5-15 mg/kg KG, Steigerung bis max. 45 mg/kg KG tägl. in 3-4 ED; MTD 3.6 g; HWZ 15-23 h.

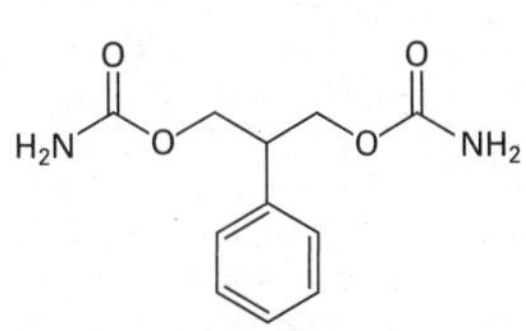

Felbamat

Felbinac INN: 1,1-Biphenyl-4-essigäure; CAS-Nr. 5728-52-9; $C_{14}H_{12}O_2$, M_r 212.25. Schmp. 164-165 °C (kristallisiert aus Diethylether). Weißes, krist. Pulver. pKs 3.9. **Wirk.** u. **Anw.**: nichtsteroidales Antiphlogistikum* zur topischen, symptomat. Behandlung enzündl. Erkrankungen des Bewegungsapparates, Weichteilverletzungen, Arthrosen der Kniegelenke; **UAW**: lokale Erytheme, Dermatitis; HWZ 10-17 h. **Kontraind.**: Schwangerschaft u. Stillzeit; Anw. bei Kleinkindern; **Dos.**: topisch 3 %iges Gel 2- bis 4-mal tägl. einreiben (entspr. 1-2 g Felbinac).

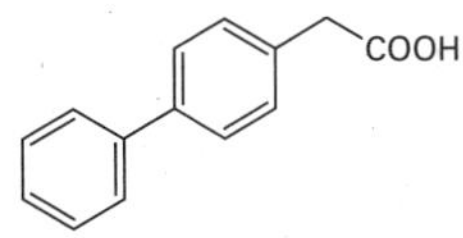

Felbinac

Fel Bovis: s. Fel.
Feldgarbe: s. Achillea millefolium.
Feldkamillen: s. Chamomilla recutita (Matricariae flos).
Feldkümmel: s. Thymus serpyllum.
Feldmannstreu: s. Eryngium campestre.
Feldmohnblüten: s. Papaver rhoeas.
Feldthymian: s. Thymus serpyllum.
Feldwinde: s. Convolvulus arvensis.
Felodipin INN: Felodipinum Ph.Eur.4; 4-(2,3-Dichlorphenyl)-1,4-dihydro-2,6-dimethyl-3,5-pyridindicarbonsäureethylmethylester; CAS-Nr. 72509-76-3; $C_{18}H_{19}CL_2NO_4$, M_r 384.3. Strukturformel s. Nifedipin (Abb.). Schmp. 145 °C. Weißes, krist. Pulver; fast unlösl. in Wasser; leicht lösl. in Aceton, Ethanol u. Methanol. **Wirk.** u. **Anw.**: Antihypertensivum*; Calciumantagonist mit langsamer Eliminationsgeschwindigkeit; **UAW**: Beinödeme, Flush, Kopfschmerzen; **Dos.**: 1×5 mg/d.
Felsenmoos: s. Carrageen.
Fel Tauri: s. Fel.
Felypressin INN: Phe2-Lys8-vasopressin; 2-(Phenylalanin)-8-lysinvasopressin; CAS-Nr. 56-59-7; $C_{46}H_{65}N_{13}O_{11}S_2$, M_r 1040.26. **Anw.**: Vasokonstriktor; vergleichbar mit Vasopressin*, allerdings geringere antidiuret. u. koronargefäßkonstriktor. Wirk.; **Dos.**: parenteral zur Gewebeinfiltration 2-5 I.E. in 2-50 mL isoton. NaCl-Lsg.; Zusatz zur Lokalanästhesie 5-10 I.E. in 30-100 mL; bei Ösophagus-Varizenblutung i. v. Infusion 10 I.E. in 200 mL; Blutersatz bei Kollaps 10 I.E. in 500 mL.
Feminell: s. Crocus sativus.
Femto-: Symbol f; gesetzl. Vorsatz für das 10^{-15}fache einer Einheit; vgl. SI-Einheiten.
Femur: Oberschenkelknochen. **femoralis**: zum Oberschenkelknochen gehörend.
Fenamate: s. Analgetika (schwache).
Fenbendazol INN: Fenbendazolum ad usum veterinarium Ph.Eur.4; Methyl-5-(phenylthio)-1*H*-benzimidazol-2-ylcarbamat; CAS-Nr. 43210-67-9; $C_{15}H_{13}N_3O_2S$, M_r 299.35. Weißes Pulver, fast unlösl. in Wasser. **Anw.** vet.: Anthelminthikum* vom Benzimidazoltyp mit guter Wirk. geg. Zestoden u. Nematoden.

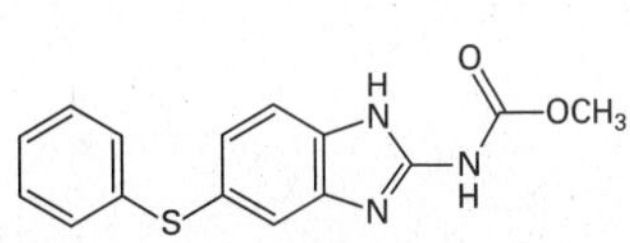

Fenbendazol

Fenbufen INN: Fenbufenum Ph.Eur.4; 3-(4-Biphenyl-carbonyl)propionsäure; CAS-Nr. 36330-85-5; $C_{16}H_{14}O_3$, M_r 254.29. Schmp. ca. 180 °C (polymorph). **Anw.**: Analgetikum*, Antiphlogistikum*, Antirheumatikum*; **UAW:** ähnl. Ibuprofen*; **Dos.**: p. o. 400-600 mg/d ; HWZ 10-12 h.

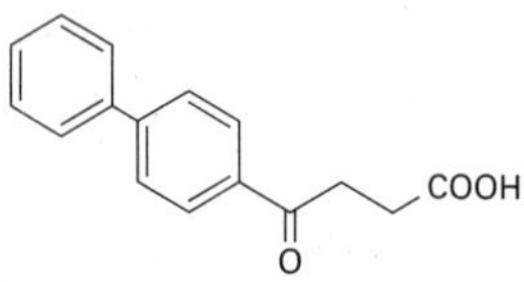

Fenbufen

Fenbutrazat INN: 2-(3-Methyl-2-phenylmorpholino)ethyl-2-phenylbutyrat; CAS-Nr. 4378-36-3; $C_{23}H_{29}NO_3$, M_r 367.47. Sdp. 235-240 °C (6.7 Pa). Lösl. in Methanol. **Anw.**: früher zentrales Stimulans, Appetitzügler*; in Ausnahmefällen u. nur kurzzeitig bei Übergewicht, rascher Ermüdbarkeit, depressiven Verstimmungszuständen; nicht mehr zugelassen. Gebräuchl. ist auch Fenbutrazathydrochlorid.

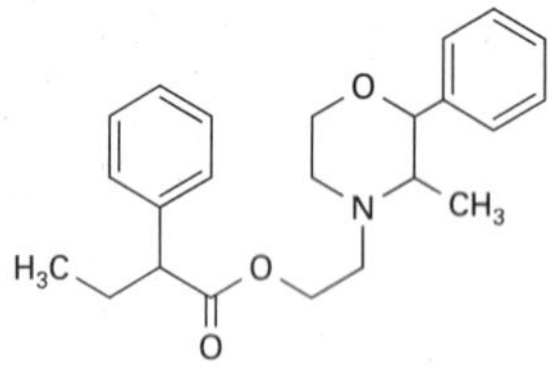

Fenbutrazat

Fencamfamin INN: 3-Phenyl-*N*-ethyl-2-norbornanamin, 2-Ethylamino-3-phenylnorcamphan, Fencamphamin; *N*-Ethyl-3-phenyl-8,9,10-trinorbornan-2-amin; CAS-Nr. 1209-98-9; $C_{15}H_{21}N$, M_r 215.33. Sdp. 128-131 °C (1.333 Pa). **Anw.**: früher psychotropes Energetikum (Weckamin*) mit geringer Kreislaufwirkung bei Übelkeit u. depressiven Zuständen; **Dos.**: p. o. 1-2×10 mg/d. Gebräuchl. war auch Fencamfaminhydrochlorid.

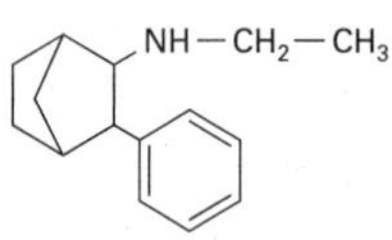

Fencamfamin

Fencarbamid INN: Penacarbamid; *S*-(2-Diethylaminoethyl)diphenylthiocarbamat; CAS-Nr. 3735-90-8; $C_{19}H_{24}N_2OS$, M_r 328.49. Schmp. 48-49 °C. Sdp. 120-126 °C (1.4 Pa). Fast unlösl. in Wasser; leicht lösl. in Methanol, Ether, Chloroform; lösl. in Petrolether. **Anw.**: früher Analgetikum*, Spasmolytikum*, Anticholinergikum*; gebräuchl. war auch Fencarbamidnapadisilat.

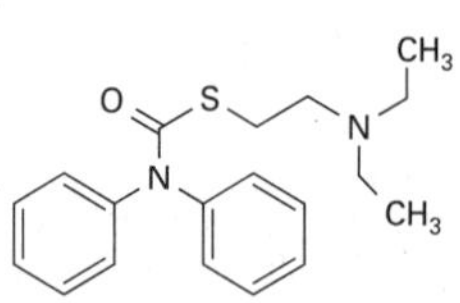

Fencarbamid

Fenchel, Bitterer: s. Foeniculum vulgare ssp. vulgare var. vulgare.

Fenchelholz: s. Sassafras albidum var. molle (Lignum Sassafras).

Fenchelholzrinde: s. Sassafras albidum var. molle (Cortex Sassafras radicis).

Fenchelöl: s. Foeniculum vulgare ssp. vulgare var. vulgare (Foeniculi amari aetheroleum).

Fenchel, Römischer: s. Foeniculum vulgare ssp. vulgare var. dulce.

Fenchel, Süßer: s. Foeniculum vulgare ssp. vulgare var. dulce.

Fenchelwasser: s. Aqua Foeniculi.

Fenchon: D-Fenchon: (1*S*,4*R*)-1,3,3-Trimethylbicyclo[2.2.1]heptan-2-on; $C_{10}H_{16}O$, M_r 152.2; Schmp. 6 °C; Sdp. 193 °C; D. 0.947; farbloses, campherartig riechendes Öl, mit Campher* isomeres Reagens Ph.Eur.4; nat. im Fenchelöl; **L-Fenchon**: nat. im Thujaöl.

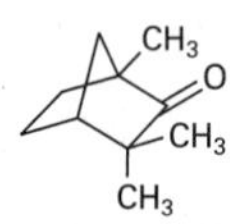

Fenchon: D-Fenchon

Fendilin INN: Phenazaxan; 3,3-Diphenyl-*N*-(1-phenylethyl)-propylamin; CAS-Nr. 13042-18-7; $C_{23}H_{25}N$, M_r 315.46. Sdp. 206-210 °C (40 Pa). **Anw.**: Calciumantagonist*, Koronartherapeutikum*; zur Nachbehandlung des Herzinfarktes; **Dos.**: p. o. 2-3×50 mg/d; HWZ 20 h. **Fendilinhydrochlorid**: Schmp. 192-205 °C (polymorph).

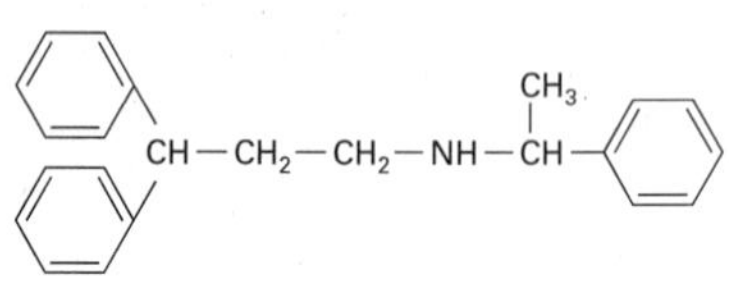

Fendilin

Fendizoat: Fendizoas; chem. Kurzbez. für *o*-(2'-Hydroxy-4-biphenylyl)carbonyl-benzoat.

Fenetyllin INN: 7-{2-[(α-Methylphenethyl)amino]-ethyl}theophyllin, *N*-[β-(7-Theophyllinyl)-ethyl]-amphetamin; 1,3-Dimethyl-7-[2-(α-methylphenethylamino)ethyl]-2,6-(1*H*,3*H*)-purindion; CAS-Nr. 3736-08-1; $C_{18}H_{23}N_5O_2$, M_r 341.40. Theophyllinderivat von Amfetamin*. **Anw.**: zentrales Stimulans (Weckamin*); Ind.: bei durch schwere Erkrankungen, Schädeltraumen, Alter u. a. bedingten Antriebsstörungen, ferner bei Narkolepsie u. hyperkinet. Verhaltensstörungen bei Kindern; **UAW:** Herzklopfen, Herzrhythmusstörungen, Erregungszustände; Abhängigkeit vom Amfetamin-Typ; **Dos.**: p. o. 2-3×25 mg/d; HWZ 1.5 h. **Fenetyllinhydrochlorid**: Schmp. 232-237 °C (polymorph).

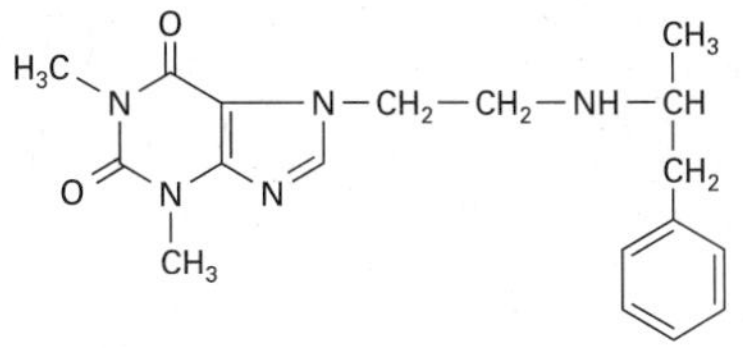

Fenetyllin

Fenfluramin INN: syn. DL-Fenfluramin, Phenfluramin, *N*-Ethyl-α-methyl-3-(trifluormethyl)phenethylamin, 3-Trifluormethyl-ethylamphetamin; 1-(3-Trifluormethylphenyl)-2-ethylaminopropan; CAS-Nr. 458-24-2; $C_{12}H_{16}F_3N$, M_r 231.27. Sdp. 108-112 °C (1.6 kPa, freie Base). **Anw.**: Appetitzügler*; Sympathomimetikum*, in therap. Dosen ohne zentralstimulierendem Effekt; Ind.: Übergewichtige mit kardiovaskulären Erkrankungen bzw. Beschwerden im Bereich der Wirbelsäule, Diabetes mellitus Typ II; **UAW:** Übelkeit, Durchfall, Kopfschmerzen, Sedation, Mundtrockenheit, Müdigkeit, Schlafstörungen, hämolyt. Anämie; **Dos.**: p. o. 2×20 mg/d, Steigerung auf 3×40 mg/d mögl.; Kinder 6-8 Jahre 1×20 mg/d; HWZ 20 h. Gebräuchl. ist Fenfluraminhydrochlorid; vgl. Dexfenfluramin. **Hinweis:** wegen Herzklappenschädigung seit 1997 nicht mehr im Handel.

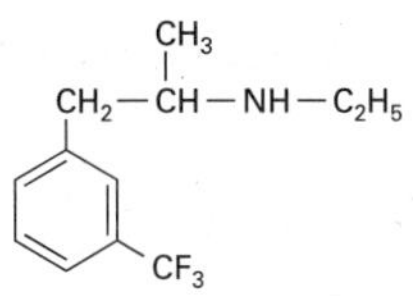

Fenfluramin

Fenipentol INN: α-Butylbenzylalkohol; 1-Phenylpentanol; CAS-Nr. 583-03-9; $C_{11}H_{16}O$, M_r 164.25. Sdp. 123-124 °C (1.5996 kPa). $n_D^{20\,°C}$ 1.5112. Mischbar mit org. Lösungsmitteln., fast unlösl. in Wasser. **Anw.**: Choleretikum*, Spasmolytikum*; **Kontraind.**: schwere Gallen- u. Lebererkrankungen; **Dos.**: p. o. 3×0.2 g/d nach den Mahlzeiten.

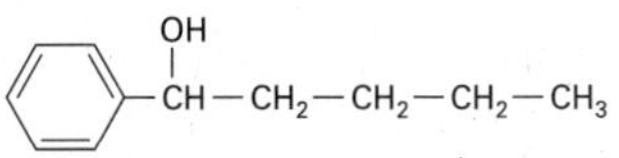

Fenipentol

Fenitrothion: *O,O*-Dimethyl-*O*-(3-methyl-4-nitrophenyl)thiophosphat; CAS-Nr. 122-14-5; $C_9H_{12}NO_5PS$; M_r 277.2. Cholinesteraseinhibitor. **Anw.** techn.: Insektizid; s. Schädlingsbekämpfungsmittel (org. Phosphorverb.), Tabelle.

Fenofibrat INN: Fenofibratum Ph.Eur.4; 1-Methylethyl-2-[4-(4-chlorbenzoyl)phenoxy]-2-methylpropionat; CAS-Nr. 49562-28-9; $C_{20}H_{21}ClO_4$, M_r 360.84. **Anw.**: Senkung des Serum-Lipidspiegels, vgl. Lipidsenker; **Dos.**: 0.2-0.4 g/d p. o. in 2 Dosen; **UAW, WW** u. **Kontraind.**: s. Clofibrat.

Fenoprofen INN: 3-Phenoxyhydratropasäure; (±)-DL-2-(3-Phenoxyphenyl)propionsäure; CAS-Nr. 31879-05-7; $C_{15}H_{14}O_3$, M_r 242.28. Strukturformel

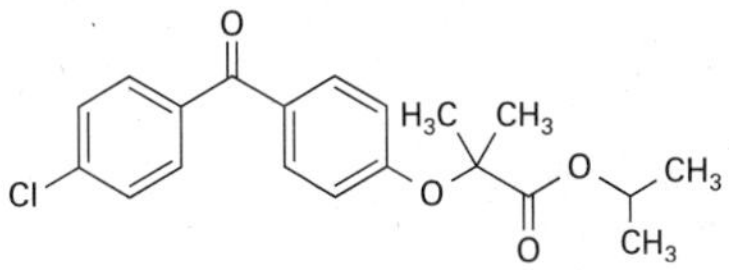

Fenofibrat

s. Analgetika (Abb.). Sdp. 168-171 °C (146.66 Pa). $n_D^{25\,°C}$ 1.5742. Viskose Flüss.; pK_S 4.5. **Anw.**: Analgetikum, Antipyretikum*, Antiphlogistikum*; **UAW:** s. Ibuprofen, sowie allerg. Haut/Schleimhautreaktionen (Stevens-Johnson-Syndrom); **Dos.**: p. o. 3-4×0.3 g/d; HWZ 1.5-3 h. Gebräuchl. ist auch Fenoprofen-Calcium.

Fenoterol INN: 3,5-Dihydroxy-α-(4-hydroxy-α-methylphenethyl)aminomethyl-benzylalkohol; 1-(3,5-Dihydroxyphenyl)-2-[1-(4-hydroxyphenyl)-2-propyl]amino-ethanol; CAS-Nr. 13392-18-2; $C_{17}H_{21}NO_4$, M_r 303.47. **Anw.**: Bronchodilatator, bei spast. Bronchitis u. Asthma bronchiale; Betasympathomimetikum (s. Sympathomimetika); Tokolytikum, vgl. Gynäkologika (Uterusmittel); **UAW:** Herzklopfen, Tremor; HWZ 3.2 h. **Fenoterolhydrobromid**: Fenoteroli hydrobromidum Ph.Eur.; $C_{17}H_{22}BrNO_4$, M_r 384.3. Weißes, krist. Pulver; lösl. in Wasser u. Ethanol.

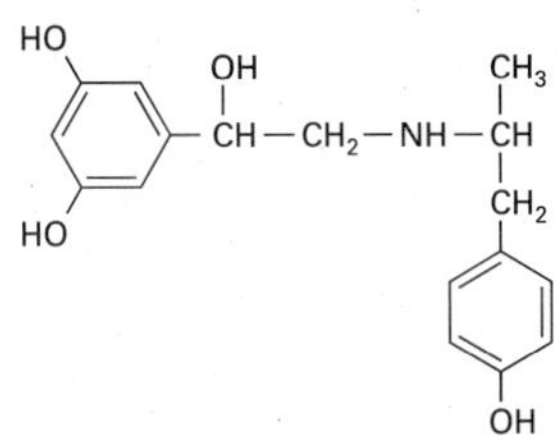

Fenoterol

Fenoxazolin INN: syn. Phenoxazolin; 2-(2-Isopropylphenoxymethyl)-2-imidazolin; CAS-Nr. 4846-91-7; $C_{13}H_{18}N_2O$, M_r 218.29. **Anw.**: früher Vasokonstriktor*, Alphasympathomimetikum (s. Sympathomimetika); Ind.: lokal bei Schnupfen, Heuschnupfen, Nasennebenhöhlenentzündung; **UAW:** s. Oxymetazolin; **Prednazolin** INN: eine 1:1- Molekülverbindung* von Fenoxazolin mit Prednisolon; CAS-Nr. 6693-90-9. Gebräuchl. war auch Fenoxazolinhydrochlorid.

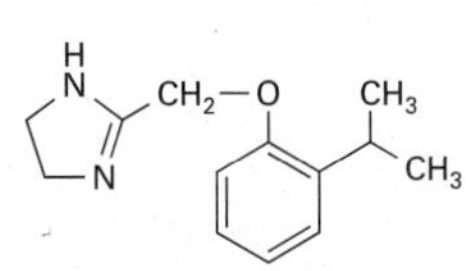

Fenoxazolin

Fenpipramid INN: syn. Phenpipramid; 2,2-Diphenyl-4-piperidinobutyramid; CAS-Nr. 77-01-0; $C_{21}H_{26}N_2O$, M_r 322.43. Schmp. 188 °C. **Anw.**: früher Spasmolytikum*, Parasympatholytikum*; vgl. Fenpiveriniumbromid. Gebräuchl. war auch Fenpipramidhydrochlorid.

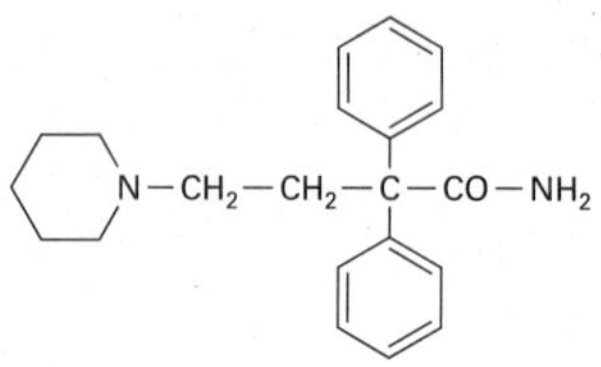

Fenpipramid

Fenpiveriniumbromid INN: Fenpiverinii bromidum; 1-(3-Carbamoyl-3,3-diphenylpropyl)-1-methylpiperidiniumbromid; CAS-Nr. 125-60-0; $C_{22}H_{29}BrN_2O$, M_r 417.41. Schmp. 177.5-178.5 °C bzw. Schmp. 216-216.5 °C (polymorph). Leicht lösl. in Wasser. **Anw.:** Spasmolytikum*; Ind.: zus. mit Analgetika* bei Koliken der Gallen- u. Harnwege; kaum noch verwendet.

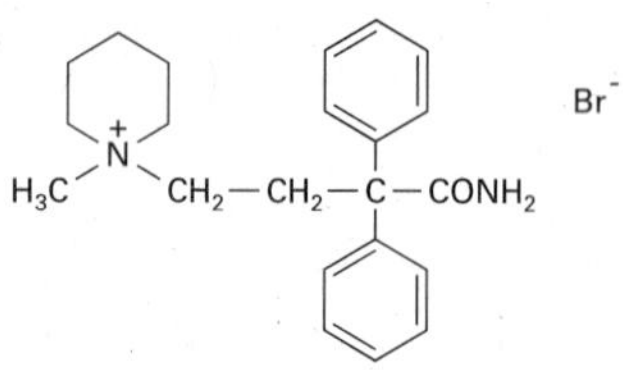

Fenpiveriniumbromid

Fenproporex INN: 3-(1-Phenyl-2-propyl)aminopropionitril; CAS-Nr. 15686-61-0; $C_{12}H_{16}N_2$, M_r 188.3. **Anw.:** Appetitzügler*, bei nahrungsbedingtem Übergewichtig nur in Ausnahmefällen; **UAW:** Suchtgefahr! In EU-Ländern nicht mehr zugelassen. **Fenproporexhydrochlorid:** Schmp. 145-151 °C (polymorph).

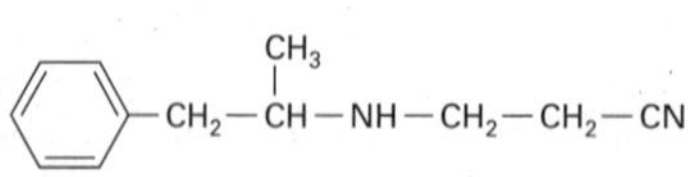

Fenproporex

Fentanyl INN: Fentanylum Ph.Eur.4; *N*-Phenyl-*N*-[1-(2-phenylethyl)piperidin-4-yl]propanamid; CAS-Nr. 437-38-7; $C_{22}H_{28}N_2O$, M_r 336.46. Schmp. 83-84 °C. Weiße Körner od. weißes, glänz. krist. Pulver, geruchlos, bitterer Geschmack; zeigt Polymorphie. **Anw.** u. **Wirk.:** ca. 60- bis 100-mal stärker wirkendes Analgetikum als Morphin*; zur Neuroleptanalgesie* (in Kombination mit einem Neuroleptikum); analget. u. atemdepressive Wirk. sehr stark, Wirkungsdauer ca. 30 Min.; auch als TTS (s. Systeme, transdermale therapeutische) bei starken Schmerzen; **UAW:** längere Anw. führt zur Abhängigkeit; weitere UAW s. Morphin; mit Atropin* können vagale Effekte des F. wie Bradykardie verhindert, evtl. auftretende Muskelsteifheit durch ein Muskelrelaxans gemildert werden; HWZ 2-4 h; vgl. Alfentanil, Sufentanil. **Fentanylcitrat:** Fentanyli citras Ph.Eur.4; CAS-Nr. 990-73-8; $C_{28}H_{36}N_2O_8$, M_r 528.60, Schmp. 152 °C (unter Zers.); weißes bis fast weißes Pulver, lösl. in Wasser, leicht lösl. in Methanol, wenig lösl. in Ethanol; **Dos.:** parenteral, Neuroleptanalgesie, Prämedikation i. m. 78-157 µg 30-60 min vor Anästhesieeinleitung; Dosierung abhängig von angewandter Technik; Allgemeinanästhesie: 2-50 µg/kg KG; Monoanästhetikum: 50-150 µg/kg KG Ph.Eur.Komm.

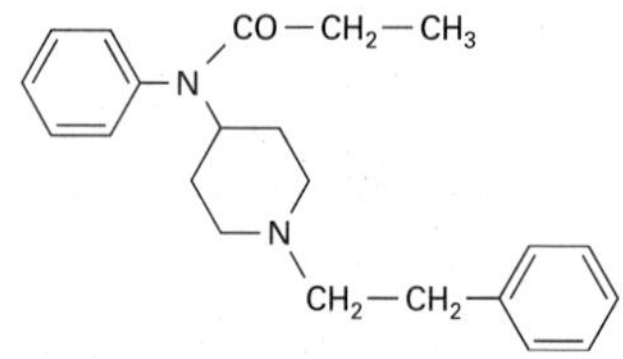

Fentanyl

Fentiazac INN: 4-(4-Chlorphenyl)-2-phenyl-5-thiazol-essigsäure; CAS-Nr. 18046-21-4; $C_{17}H_{12}ClNO_2S$, M_r 329.8. Schmp. 161-162 °C. Farblose Nadeln. **Anw.:** Antirheumatikum*, Antiphlogistikum*; **UAW:** gastrointestinale Störungen; **Dos.:** 200 mg/d.

Fenticlor INN: 4,4'-Dichlor-2,2'-thiodiphenol; CAS-Nr. 97-24-5; $C_{12}H_8Cl_2O_2S$, M_r 287.18. Schmp. 175 °C (kristallisiert aus Toluol). Weißes, geruchloses, krist. Pulver; lösl. in wässrigen NaOH-Lsg., Ethanol, heißem Benzol; fast unlösl. in Wasser. **Anw.:** Antimykotikum*; bei Dermatophyten- u. Candida-Infektionen von Haut u. Schleimhaut; **UAW:** Photosensibilisierung der Haut; **Dos.:** topisch Salbe, Hautlsg. 5 %. Gebräuchl. ist auch Fenticlordiacetat.

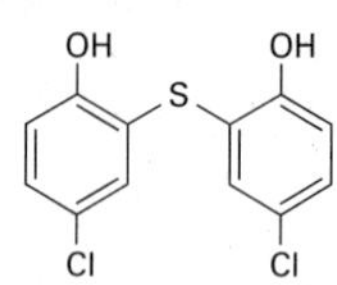

Fenticlor

Fenticonazol INN: (±)-1-(2,4-Dichlor-*β*-[4-(phenylthio)benzyloxy]-phenethyl)imidazol; CAS-Nr. 72479-26-6; $C_{24}H_{20}Cl_2N_2OS$, M_r 455.40. **Wirk.:** fungistat. u. in hohen Konz. fungizid durch Hemmung der Lanosterol-Demethylase der Pilzzelle; führt zur Einlagerung von Ergosterol u. andere 14-Methylsterole statt des physiol. Ergosterols in die Zytoplasmamembran; **Anw.:** lokales Antimykotikum*; bei Pilzerkrankungen der Haut u. Infektionen durch Dermatophyten u. Hefen;

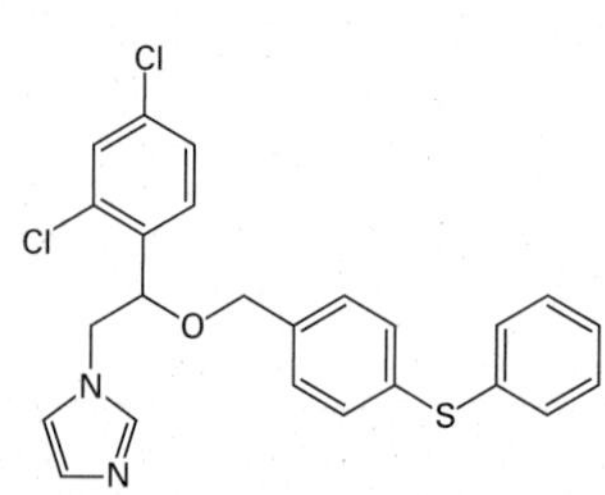

Fenticonazol

UAW: Erythembildung, Jucken, Brennen; **Kontraind.:** Anw. an der Brust während der Stillzeit, Schwangerschaft; Anw. bei Kleinkindern u. Säuglingen; **Dos.:** topisch 2%ige Creme od. Lsg. 1-2× tägl. dünn auf die Haut auftragen. **Fenticonazolnitrat:** Fenticonazoli nitras Ph.Eur.4; CAS-Nr. 73151-29-8; $C_{24}H_{20}Cl_2N_2OS \cdot HNO_3$, M_r 518.42. Schmp. 136 °C. Weißes, krist. Pulver; leicht lösl. in Dimethylformamid, Ethanol, Methanol, Chloroform; wenig lösl. in Wasser, Ethylether; pK_s 6.54.

Fentoniumbromid INN: Fentonii bromidum; 8-(4-Phenylphenacyl)-3*α*-[(–)-tropoyloxy]-1*αH*,5*αH*-tropaniumbromid; CAS-Nr. 5868-06-4; $C_{31}H_{34}BrNO_4$, M_r 564.53. Schmp. 203-205 °C (unter Zers.). $[\alpha]_D^{23\,°C}$ −5.68° (c=5 in DMF). $[\alpha]_D^{25\,°C}$ −4.7° (c=5 in DMF). **Anw.:** Anticholinergikum*, Ulkustherapeutikum*. Nicht mehr im Handel.

Fenton-Reaktion: Methode zur Herst. von *α*-Ketosäuren aus *α*-Hydroxysäuren durch Oxidation mit Wasserstoffperoxid u. Eisen(II)-sulfat (Fenton-Reagens).

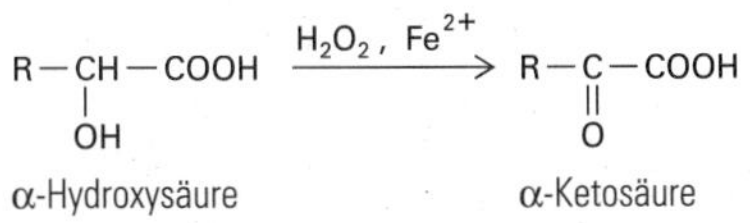

Fenton-Reaktion

Fenvalerat: [(*RS*)-α-Cyano-3-phenoxybenzyl]-(*RS*)-2-(4-chlorophenyl)-3-methylbutyrat; CAS-Nr. 51630-58-1; $C_{25}H_{22}ClNO_3$; M_r 419.9. **Anw.** techn.: Insektizid (Pyrethroid*), Akarizid*; vgl. Schädlingsbekämpfungsmittel, Tabelle.

Fenyramidol INN: syn. Phenyramidol, *α*-(2-Pyridylaminomethyl)benzylalkohol; 1-Phenyl-2-(2-pyridylamino)ethanol; CAS-Nr. 553-69-5; $C_{13}H_{14}N_2O$, M_r 214.26. Schmp. 82-85 °C (kristallisiert aus verd. Methanol). **Anw.:** früher Muskelrelaxans*, Analgetikum*; **UAW:** gastrointestinale Störungen, Müdigkeit, Hauterscheinungen, Blutdruckabfall; **WW:** kann Wirk. von Cumarinen*, Antidiabetika* u. Phenytoin* vermindern; gebräuchl. war auch Fenyramidolhydrochlorid.

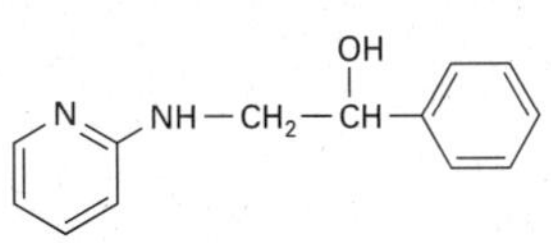

Fenyramidol

Feprazon INN: Prenazon; 4-(3-Methyl-2-butenyl)-1,2-diphenyl-3,5-pyrazolidindion; CAS-Nr. 30748-29-9; $C_{20}H_{20}N_2O_2$, M_r 320.4. Schmp. 156.5 °C. Leicht lösl. in Ethanol, Ether, unlösl. in Wasser. **Anw.:** Antirheumatikum*; **UAW:** gastrointestinale Störungen (Hyperazidität, Aufstoßen), Schwindel; **Dos.:** 400 mg/d.

Fer: s. Eisen.

Fermentation (lat. fermentum Sauerteig, Gärung): Fermentierung; durch Enzyme* (Fermente) bewirkte chem. Umwandlung bzw. Zerlegung bestimmter Stoffe (biochem. Reaktionen), speziell Gärung. Bei der F. pfl. Stoffe (Tee, Kakao, Tabak, Kaffee usw.) wirken wahrscheinl. in den Pfl. enthaltene Enzyme u. Mikroorganismen zusammen. Vielfach werden Enzyme künstl. kombiniert, um eine effizientere u. schnellere F. zu erreichen.

Fermentdiagnostik: s. Enzymdiagnostik.

Fermente (lat. fermentum, fervere aufwallen): s. Enzyme.

fermentieren: s. Fermentation.

Fermentum Kefir: s. Kefir.

Fermium: Eka-Erbium; Symbol Fm; OZ 100; 3-wertiges Element, mind. 18 Isotope. **Gesch.:** benannt nach Enrico Fermi [1901-1954]. 1953 entdeckt, 1954 (mit Einsteinium) bei der Einw. von Neutronen auf metall. Plutonium ($^{239}_{94}Pu$) sowie bei der Beschießung von $^{238}_{92}U$ mit Sauerstoffkernen gewonnen.

Fernambukholz: s. Caesalpinia echinata.

Ferrate: Verb. mit komplexen Anionen u. Eisen als Zentralatom, z. B. Kaliumhexacyanoferrat(III), $K_3[Fe(CN)_6]$. Im engeren Sinn die Salze der (hypothet.) Eisensäure H_2FeO_4.

Ferredoxine: Eisen-Schwefel-Proteine mit niedriger relativer Molmasse. Sie fungieren als Elektronenüberträger zw. Enzymsystemen, ohne eigene Enzymaktivität zu besitzen. F. sind an zahlreichen Stoffwechselreaktionen beteiligt. So nehmen 8-Fe-Ferredoxine u. 4-Fe-Ferredoxine an vielen Elektronenübertragungsprozessen in Photosynthese- u. Gärungsbakterien teil. 2-Fe-Ferredoxine haben Bedeutung für Grünalgen u. höhere Pflanzen. Sie wirken als Elektronentransferkatalysatoren bei der zykl. u. nichtzykl. Photophosphorylierung*.

Ferret-Durchmesser: s. Korngrößenanalyse.

Ferriacetat: s. Eisen(III)-acetat.

Ferriammoniumcitrat, braunes: s. Ammoniumeisen(III)-citrat.

Ferriammoniumcitrat, grünes: s. Ammoniumeisen(III)-citrat.

Ferriammoniumcitrat mit arsenigsaurem Ammonium: s. Ammoniumeisen(II)-citrat mit Ammoniumarsenit.

Ferriammoniumsulfat: s. Ammoniumeisen(III)-sulfat.

Ferriarsenit: s. Eisen(III)-arsenit.

Ferribromidlösung: s. Eisen(III)-bromid-Lösung.

Ferrichlorid: s. Eisen(III)-chlorid.

Ferrichloridlösung: s. Solutio Ferri chlorati.

Ferricitrat: s. Eisen(III)-citrat.

Ferricyankalium: s. Kaliumhexacyanoferrat(III).

Ferriferrocyanid: s. Berliner Blau.

Ferriglycerophosphat: s. Eisenglycerophosphat.

Ferrihämoglobin: s. Hämoglobin (Hämoglobinderivate).

Ferrihämoglobinbildner: s. Methämoglobinbildner.

Ferrihypophosphit: s. Eisen(III)-phosphinat.

Ferrikakodylat: s. Eisen(III)-kakodylat.

Ferrikalium cyanatum rubrum: s. Kaliumhexacyanoferrat(III).

Ferrimalat: s. Eisenmalat.

Ferrinitrat: s. Eisen(III)-nitrat.

Ferrioxid: s. Eisen(III)-oxid.

Ferri oxidum saccharatum liquidum: s. Eisenzucker, flüssiger.

Ferripeptonat: s. Eisenpeptonat.
Ferriphosphat: s. Eisen(III)-phosphat.
Ferripyrophosphat: s. Eisen(III)-diphosphat.
Ferrirhodanid: s. Eisen(III)-thiocyanat.
Ferrisaccharat: s. Eisenzucker.
Ferristen: magnet. Eisenoxidkristalle, die in die Oberfläche von polymeren Teilchen (Albumin, Silikon) eingelagert sind. **Anw.:** Kontrastmittel für die MRT; **UAW:** Obstipation, gelegentl. Erbrechen u. Diarrhö; **Kontraind.:** Perforationen u. intestinale Obstruktionen des GIT; entzündl. Darmerkrankungen, Anw. bei Kindern u. Jugendl.; **Dos.:** p.o. 0.2 g für das obere u. 0.4 g für das gesamte Abdomen; Einahme je 0.1 g F. mit 300 mL Wasser, jeweils in 30 Min. Abstand vor der Untersuchung.
Ferrisulfat: s. Eisen(III)-sulfat.
Ferrisulfocyanid: s. Eisen(III)-thiocyanat.
Ferritin: eisenhaltiges Protein, das sich in der Darmschleimhaut, in der Milz, im Knochenmark u. in der Leber findet u. das durch Anlagerung von dreiwertigem Eisen an den Eiweißkörper Apoferritin entsteht (Geh. ca. 23 % Eisen). Funktion: Speicherung u. Abgabe alimentären (mit Nahrung in den Darm gelangten) Eisens. Eisen ist im F. als basisches Eisen(III)-phosphat enthalten; Eisen-Vorrat: 16 % vom gesamten Körperbestand.
Ferri-Verbindungen: Eisen(III)-Verbindungen.
Ferro-Ammoniumsulfat: s. Ammoniumeisen(II)-sulfat.
Ferroarsenat: s. Eisen(II)-arsenat.
Ferrocarbonat: s. Eisen(II)-carbonat.
Ferrocarbonat, zuckerhaltiges: s. Eisen(II)-carbonat, (Ferrum carbonicum cum Saccharo).
Ferrochelatase: in den Mitochondrien lokalisiertes Enzym, das Eisen in Protoporphyrin-Moleküle inkorporiert.
Ferrochlorid: s. Eisen(II)-chlorid.
Ferrocyankalium: s. Kaliumhexacyanoferrat(II).
Ferrocyanwasserstoffsäure: s. Hexacyanoeisen(II)-säure.
Ferrohypophosphit: s. Eisen(II)-phosphinat.
Ferroin: Eisen(II)-Phenanthrolinkomplex; Redoxindikator, s. Phenanthrolinhydrochlorid.
Ferroiodid: s. Eisen(II)-iodid.
Ferrokalium cyanatum flavum: s. Kaliumhexacyanoferrat(II).
Ferrolactat: s. Eisen(II)-lactat.
Ferrometrie: Verfahren der Maßanalyse*, bei dem mit Eisen(II)-Maßlösung titriert wird. Dabei wird Fe(II) zu Fe(III) oxidiert. **Anw.:** Bestimmung von Chrom* u. Vanadium*.
Ferrophosphat: s. Eisen(II)-phosphat.
Ferrosi gluconas: s. Eisen(II)-gluconat.
Ferrosi sulfas: s. Eisen(II)-sulfat.
Ferrosulfat: s. Eisen(II)-sulfat.
Ferrosulfid: s. Eisen(II)-sulfid.
Ferrosum gluconicum: s. Eisen(II)-gluconat.
Ferrosum sulfuricum heptahydricum: s. Eisen(II)-sulfat.
Ferrosum sulfuricum sesquihydricum: s. Eisen(II)-sulfat (Ferrum sulfuricum siccatum).
Ferro-Verbindungen: Eisen(II)-Verbindungen.
Ferrum: s. Eisen.
Ferrum aceticum: s. Eisen(III)-acetat.
Ferrum albuminatum: s. Eisenalbuminat.
Ferrum albuminatum solutum: s. Liquor Ferri albuminati.
Ferrum arseniato-citricum ammoniatum: s. Ammoniumeisen(II)-citrat mit Ammoniumarsenit.
Ferrum arsenicicum: s. Eisen(II)-arsenat.
Ferrum arsenicosum: s. Eisen(III)-arsenit.
Ferrum borussicum: s. Berliner Blau.
Ferrum bromatum: s. Eisen(II)-bromid.
Ferrum carbonicum: s. Eisen(II)-carbonat.
Ferrum chloratum: s. Eisen(III)-chlorid.
Ferrum citricum ammoniatum fuscum: s. Ammoniumeisen(III)-citrat.
Ferrum citricum ammoniatum viride: s. Ammoniumeisen(III)-citrat.
Ferrum citricum oxydatum: s. Eisen(III)-citrat.
Ferrum cyanatum: s. Berliner Blau.
Ferrum gluconicum: s. Eisen(II)-gluconat.
Ferrum glycerinophosphoricum: s. Eisenglycerophosphat.
Ferrum hydrogenio reductum: s. Eisen, reduziertes.
Ferrum hypophosphorosum oxydatum: s. Eisen(III)-phosphinat.
Ferrum hypophosphorosum oxydulatum: s. Eisen(II)-phosphinat.
Ferrum in filis pro analysi: Eisendraht zur chem. Analyse.
Ferrum iodatum: s. Eisen(II)-iodid.
Ferrum kakodylicum: s. Eisen(III)-kakodylat.
Ferrum lacticum: s. Eisen(II)-lactat.
Ferrum malicum: s. Eisenmalat.
Ferrum metallicum: s. Eisen.
Ferrum muriaticum: s. Eisen(III)-chlorid.
Ferrum nitricum: s. Eisen(III)-nitrat.
Ferrum oxychloratum: s. Eisenchlorid, basisches.
Ferrum oxydato-oxydulatum: s. Magnetit.
Ferrum oxydatum cum Saccharo: s. Eisenzucker.
Ferrum oxydatum cum Saccharo liquidum: s. Eisenzucker, flüssiger.
Ferrum oxydatum fuscum: s. Eisen(III)-hydroxid.
Ferrum oxydatum hydricum: s. Eisen(III)-hydroxid.
Ferrum oxydatum rubrum: s. Eisen(III)-oxid.
Ferrum oxydulatum nigrum: s. Eisenmohr.
Ferrum peptonatum: s. Eisenpeptonat.
Ferrum perchloratum: s. Eisen(III)-chlorid.
Ferrum phosphoricum oxydatum: s. Eisen(III)-phosphat.
Ferrum phosphoricum oxydulatum: s. Eisen(II)-phosphat.
Ferrum picrinicum: s. Eisen(II)-picrat.
Ferrum pomatum: s. Eisenmalat.
Ferrum porphyrisatum: s. Eisenpulver.
Ferrum pulveratum: s. Eisenpulver.
Ferrum pyrophosphoricum: s. Eisen(III)-diphosphat.
Ferrum pyrophosphoricum cum Ammonio citrico: s. Eisen(III)-diphosphat mit Ammoniumcitrat.
Ferrum reductum: s. Eisen, reduziertes.
Ferrum rhodanatum: s. Eisen(III)-thiocyanat.
Ferrum sesquibromatum solutum: s. Eisen(III)-bromid-Lösung.
Ferrum sesquichloratum cristallisatum: s. Eisen(III)-chlorid.
Ferrum sidereum: s. Eisen.
Ferrum sulfuratum: s. Eisen(II)-sulfid.

Ferrum sulfuricum: s. Eisen(II)-sulfat.

Ferrum sulfuricum oxydatum: s. Eisen(III)-sulfat.

Ferrum sulfuricum oxydatum ammoniatum: s. Ammoniumeisen(III)-sulfat.

Fertigarzneimittel: **Deutschland:** Nach § 4 Abs. 1 AMG Arzneimittel, die im voraus hergestellt u. in einer zur Abgabe an den Verbraucher bestimmten Packung in den Verkehr gebracht werden; vgl. Arzneispezialität. **Österreich:** F. werden durch das AMG geregelt u. als Arzneispezialität bzw. apothekeneigene Arzneispezialität bezeichnet.

Fertignährböden: vorgefertigte Nährmedien zur In-vitro-Züchtung von Mikroorganismen. **Flüssignährboden:** Nährbouillon, flüss. Kulturmedium aus Fleischextrakt mit Zusatz von peptisch od. tryptisch verdautem Protein, Salzen u. Puffersubstanzen. **Feste Nährböden:** Agarnährböden, Flüssignährböden werden zur Verfestigung mit Agar-Agar, Gelatine od. einem anderen Geliermittel versetzt; die Mikroorganismen wachsen makroskopisch erkennbar als Kolonien. Durch Zugabe von Hemmsubstanzen, die das Wachstum unerwünschter Begleitbakt. hemmen, kann man selektiv eine Bakterienart züchten (Selektivnährboden). Durch gezielte Zugabe von Zuckerarten, Proteinen u. Aminosäuren ist es möglich, die biochem. Aktivitäten der einzelnen Bakterienarten zu überprüfen u. zu identifizieren (s. Bunte Reihe).

fertil: fruchtbar.

Fertilisation: Befruchtung einer Eizelle; **In-vitro-Fertilisation:** künstl., außerhalb des Organismus vorgenommene Befruchtung einer Eizelle.

Fertilitäts-Vitamin: s. Vitamine (Vitamin E).

Ferula assa-foetida L.: Stinkasant; Fam. Apiaceae (Umbelliferae) (Iran, Afghanistan). F. assa-foetida u. a. Ferula-Arten, darunter Ferula narthex Boiss. (Himalaja) u. Ferula jaeschkaena sind Stpfl. von **Gummiresina Asa foetida:** Asant, Stinkasant, Teufelsdreck, Stercus diaboli; der eingetrocknete Milchsaft der Wurzeln; gelbbraune, lose od. verklebte Körner od. Klumpen mit widerl., knoblauchartigem Geruch. **Best.:** 24-65 % Harz* mit ca. 60 % Ester der Ferulasäure*, ca. 30 % Gummi*, 5-20 % äther. Öl (mit Lauchölen*), Vanillin*, Umbelliferon* u. a. Cumarine; der starke Geruch ist v. a. auf schwefelhaltige Verb. (Disulfide, z. B. Isobutylpropenyldisulfid) zurückzuführen. **Anw.** volkstüml.: früher z. B. bei Hysterie, Krämpfen, Kolik.
Hom: *Asa foetida (HAB1.4):* Gummiharz versch. Ferula-Arten, z. B. F. assa-foetida u. F. foetida (Bunge) Regel; verord. z. B. bei Gastritis mit Aufstoßen.

Ferula foetida: s. Ferula assa-foetida.

Ferula gummosa Boiss.: Ferula galbaniflua Boiss. et Buhse; Fam. Apiaceae (Umbelliferae) (Iran). F. gummosa u. a. Ferula-Arten sind Stpfl. von **Galbanum:** Mutterharz, Gummiresina Galbanum, Galbensaft; Gummiharz aus den Sektretbehältern der Stängel; walnußgroße, unregelmäßige, harzartige, meist verklebte Körner von bräunlich gelber Farbe u. würzigem Geruch u. Geschmack. **Best.:** ca. 70 % Harz*, ca. 20 % Gummi*, 10-20 % äther. Öl mit Cadinen*, Pinen* u. a.; **Anw.** volkstüml.: z. B. bei Erkrankungen des rheumat. Formenkreises, zu Pflastern.

Ferula jaeschkaena: s. Ferula assa-foetida.

Ferula moschata (Reinsch) Kozo-Polj.: Ferula sumbul (Kauffm.) Hook. f., Euryangium sumbul Kauffm., Sumbulus moschatus; Fam. Apiaceae (Umbelliferae) (Zentralasien, Turkestan). Stpfl. von **Radix Sumbuli:** Sumbulwurzel, (Persische) Moschuswurzel. **Inhaltsst.:** bis 1 % äther. Öl, nach Moschus riechendes Harz, Angelicasäure, Bitterstoffe, fettes Öl, Umbelliferon u. a. Hydroxycumarine; **Anw.** volkstüml.: z. B. bei Bronchitis, Brechdurchfällen; techn. in der Parfümerie als Fixateur.
Hom: *Sumbulus moschatus:* getrocknete Wurzel; verord. z. B. bei nervösen Herzstörungen.

Ferula narthex Boiss.: s. Ferula assa-foetida.

Ferulasäure: 4-Hydroxy-3-methoxy-zimtsäure; $C_{10}H_{10}O_4$; M_r 194.18; Schmp. 174 °C (*trans*-Form). Best. (verestert) von Gummiresina Asa foetida (s. Ferula assa-foetida), von Benzharzen (s. Harze) u. charakterist. Best. der Zellwände der Caryophyllales.

fervidus (lat.): siedend, kochend.

Festanode: s. Röntgenröhre.

Festigkeit fester Arzneiformen, mechanische: Merkmal fester Arzneiformen, das z. B. durch Abrieb*, Bruchfestigkeit*, Biegefestigkeit, Härte od. Friabilität charakterisiert wird.

Festigungsgewebe: (bot.) Stützgewebe; neben dem Turgor* sind für die Festigkeit der Pfl. 2 spezielle Gewebetypen verantwortl.; das aus lebenden Zellen bestehende Kollenchym* u. das aus toten Zellen bestehende Sklerenchym*.

Festkörper: Stoffe im festen Aggregatzustand. Sie besitzen ein bestimmtes Volumen u. Form, deren Änderung schwerer durchführbar ist als bei Flüss. (od. Gasen). In krist. F. sind die Bausteine regelmäßig, auf Gitterpositionen, angeordnet (s. Kristalle). In amorphen F. (z. B. Glas) ist diese Ordnung auf kleine Bereiche beschränkt (Nahordnung). Treten einkomponentige F. in versch. Kristallgittern auf, spricht man von Polymorphie*.

Festkörperdosimeter: s. Dosimeter.

Festkörperreaktionen: Sammelbez. für chem. Reaktionen, bei denen feste Stoffe miteinander reagieren. Beispiel: Bildung von Spinell aus Zinkoxid u. Aluminiumoxid ($ZnO + Al_2O_3 \rightarrow ZnAl_2O_4$). F. sind Grenzflächenreaktionen. Da eine Durchmischung der reagierenden Moleküle im Ggs. zu Gasen u. Flüss. bei Festkörpern nicht mögl. ist, laufen sie in der Regel erst bei höherer Temp. ab. Der Transport der Reaktionspartner zu den Grenzflächen erfolgt durch Diffusion, Fehlstellen im Kristallgitter sind dabei von wesentl. Bedeutung. **Anw.:** F. spielen eine wichtige Rolle bei der Herst. keram. Stoffe.

Festphasenextraktion: (engl.) *solid phase extraction (Abk. SPE)*; selektive Isolierung von Substanzen od. Anreicherung von Stoffen aus verd. Lsg., wobei unterschiedl. WW zw. Sorbens*, Eluent u. Probemolekülen ausgenützt werden.

Festucae Caryophyllorum: s. Syzygium aromaticum.

fetal: s. Fetus.

Fettabbau: Lipolyse; biochem. Hydrolyse der Esterbindung von Neutralfetten zu Fettsäure u. Diacylglycerol, das weiter zu Fettsäuren u. Glycerol abgebaut wird. Die Reaktion wird durch Lipasen katalysiert, die in größeren Mengen im Pankreas, in der Darmwand u. in der Leber lokalisiert sind. Glycerol u. Fettsäuren unterliegen weiteren Abbaureaktionen.

Fettalkohole: höhere 1-wertige Alkohole mit 8-18 C-Atomen in vorwiegend unverzweigten Ketten aus den entspr. Fettsäuren, z. B. Laurinalkohol, $C_{12}H_{25}OH$, u. Myristylalkohol, $C_{14}H_{29}OH$. Die höhermolekularen Alkohole, die hauptsächl. durch Verseifung in Wachsen entstehen, nennt man **Wachsalkohole** (z. B. Cetylalkohol, $C_{16}H_{33}OH$, Cerylalkohol, $C_{26}H_{53}OH$). F. sind neutrale, ölige Flüssigkeiten od. weiche, farblose Massen, leicht lösl. in Ethanol u. Ether, sehr schwer lösl. in Wasser (aber leicht damit emulgierbar). Bei der Sulfonierung der F. mittels konz. Schwefelsäure entstehen die **Fettalkoholsulfonate**, die in großem Umfang als Wasch- u. Reinigungsmittel Anw. finden.

F

Fettalkoholphosphorsäureester: Mono-, Di- od. Triester der Phosphorsäure mit Fettalkoholen od. deren Gemische. Bei manchen Verbindungen ist der Fettalkohol über eine Ethylenglykolbrücke mit Phosphorsäure verknüpft. **Anw.:** F. sind je nach Zstzg. O/W- od. W/O-Emulgatoren; einige W/O-Typen bilden in 2-3 %iger Konz. stabile Emulsionen. Häufig in kosmet. Präparaten.

Fettalkoholschwefelsäureester: s. Alkylsulfate.

Fettbiosynthese: Triacylglycerolbiosynthese; Biosynthese von Neutralfetten aus Fettsäuren u. Glycerol. Fettsäuren u. Glycerol werden auf getrennten Wegen synthetisiert u. nachfolgend über eine Reihe von Reaktionen miteinander vereinigt (s. Abb.). Dabei werden die Acylhälften der Acyl-CoA-Derivate der Fettsäuren auf Glycerinphosphate übertragen. Diese Reaktion wird durch die Glycerinphosphatacyltransferase katalysiert, deren Aktivität bei C_{16}- bis C_{18}-Fettsäuren am größten ist. Nach Entfernen des Phosphatrestes von 1,2-Diacylglycerophosphat (Phosphatidsäure) kann eine dritte Fettsäure mit Glycerol verestert werden.

Fette: Triacylglyceride; Glycerolester gesättigter u. ungesättigter Fettsäuren*. F. sind neutrale Verbindungen. Bekannt sind Mono-, Di- u. Triglyceride, wobei die nat. vorkommenden F. nahezu ausschließl. aus Triglyceridgemischen bestehen. Als Begleitstoffe sind Phospholipide, Sterole, Triterpene, Carotinoide, Tocopherole, aliphat. Alkohole, Fettsäuren, Kohlenwasserstoffe u. andere hydrophobe Substanzen zu finden. Die Fettsäuren der nat. F. sind fast ausnahmslos unverzweigt mit einer geraden Anzahl von C-Atomen (meist 4-26). In den pfl. F. sind die primären Hydroxylgruppen an den C-Atomen 1 u. 3 des Glycerols i. Allg. mit gesättigten Fettsäuren verestert, während die Position 2 mit einer ungesättigten Fettsäure besetzt ist. Eine Ausnahme ist Kokosfett, das wie ein tier. Fett ein nahezu vollständig gesättigtes Fett darstellt. Bisher sind ca. 50 versch. Fettsäuren als Esterbestandteile der nat. F. identifiziert worden. Weit verbreitet sind die gesättigte Palmitin- (C_{16}) u. Stearinsäure (C_{18}) u. die ungesättigte Öl-, Linol- u. Linolensäure (alle C_{18}). Bei hydrolyt. Spaltung der F. durch Alkalien (Verseifung) od. durch Lipasen entstehen als Endprodukte Glycerol u. Fettsäuren bzw. deren als Seifen bezeichnete Alkalisalze. Die F. unterscheiden sich in ihrer Konsistenz. Der Schmelzpunkt der F. hängt von der Natur ihrer Fettsäuren ab. F. mit einem hohen Grad an ungesättigten Fettsäuren sind bei Raumtemperatur flüssig, solche mit einem hohen Grad an gesättigten Fettsäuren fest od. halbfest, da ungesättigte Fettsäuren einen niedrigeren Schmelzpunkt als gesättigte besitzen. Dabei werden die bei Raumtemperatur flüssigen F. als **fette Öle**, Olea pinguia, bezeichnet (ÖAB90). Diese werden entspr. ihrer unterschiedl. Tendenz zur autokatalyt. Oxidation in Gegenwart von Sauerstoff in trocknende, halbtrocknende u. nicht trocknende Öle unterteilt. Das Trocknen od. Verharzen der fetten Öle beruht auf einer Polymerisation u. Vernetzung mehrfach ungesättigter Fettsäuren durch Sauerstoff-, Peroxy- u. Kohlenstoffbrücken. Lein- u. Mohnöl sind trocknende Öle, Erdnuß- u. Rapsöl sind halbtrocknende Öle, u. Olivenöl ist ein nichttrocknendes Öl. Pflanzenöle unterliegen, da sie antioxidativ wirkende Tocopherole enthalten, weniger der Autoxidation als tier. Öle. Nach ihrer Herkunft kann man analyt. zw. Pflanzenfetten u. Tierfetten unterscheiden, da sie als Begleitstoffe unterschiedl. Sterole enthalten: Phytosterol bei Pflanzenfetten, Cholesterol bei tier. Herkunft. **Pflanzenfette** finden sich weit verbreitet v. a. in Samen, z. B. 40-45 % in Raps, Mohn u. Lein. Oliven enthalten bis zu 25 % Fett. Die wichtigsten Fruchtfette sind Palmöl u. Olivenöl; die bedeutendsten Samenfette sind Kokosfett, Palmkernfett u. Kakaobutter. Ebenfalls von wirtschaftl. Bedeutung sind die Samenöle von Baumwolle, Mais, Sonnenblumen, Erdnüssen, Sojabohnen, Mandeln, Sesam-, Lein-, Mohn-, Raps-, Senf- u. Ricinussamen.**Tierfette** werden im Unterhautgewebe, im Netzgewebe, in der Bauchhöhle u. im Bereich der Nieren gespeichert. Von ökonom. Bedeutung sind das Körperfett von Schwein, Rind, Schaf u. Gans, das Fett von Seetieren (Robben-, Fischleber- u. Spermöl) sowie die Milchfette von Kuh, Ziege u. Schaf. Die Untersuchung der F. erstreckt sich auf die Bestimmung der Fettkennzahlen*. **Gew.:** aus geeigneten Rohstoffen durch Auspressen, Ausschmelzen od. Extraktion mit Lösungsmitteln, wie Benzol od. Trichlorethylen. Speisefette werden zur Verbesserung von Aussehen, Geschmack, Geruch u. Haltbarkeit gereinigt (raffiniert). Flüssige Öle können durch Hydrierung ihrer Doppelbindungen sowie durch Umesterung u. Fraktionierung od. auch durch Abtrennen von niederschmelzenden Fraktionen in feste F. überführt werden (gehärtete Öle od. Fette), z. B. für Margarine. F. sind relativ leicht verderblich. Durch Hydrolyse können Fettsäuren freigesetzt werden; ungesättigte Fettsäuren oxidieren leicht zu Aldehyden u. Ketonen, sie werden ranzig. Antioxidanzien, Schwermetalle od. Sauerstofffänger können diesen Prozess verlangsamen. F. liefern viel mehr Energie (s. Brennwert, physiologischer) als Kohlenhydrate od. Proteine. Sie haben im Körper Bedeutung als Wärmeisolator, als Organschutz u. als Bestandteil von Zellmembranen. Außer als Lebensmittel dienen die F. auch zur Herst. von Fettsäuren, Glycerol, Seifen, Sal-

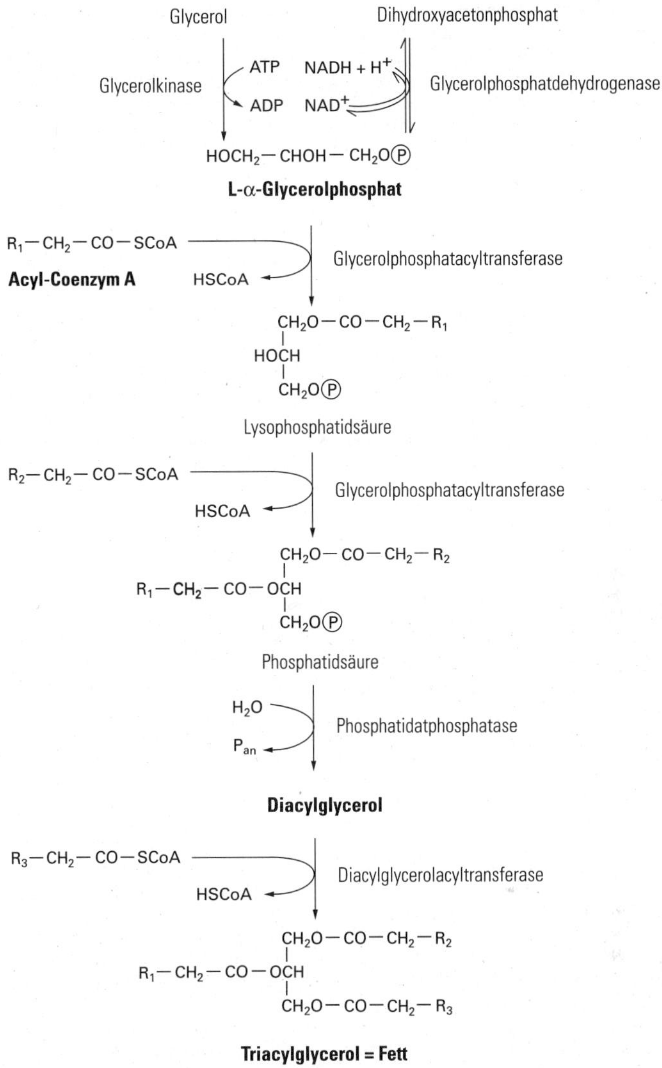

Fettbiosynthese: R_1, R_2, R_3: versch. Alkyl- od. Alkenylreste [23]

ben, Kerzen, Heiz-, Beleuchtungs- u. Schmiermitteln. Die trocknenden Öle werden zur Herst. von Lacken, Firnissen, Malerfarben u. Textilfarbstoffen verwendet.

Fettemulsion, parenterale: Zubereitung als Teil der TPN*. Fette werden als Energieträger in der TPN i.v. in Form von 10%igen u. 20%igen O/W-Emulsionen mit einer Tröpfchengröße <<1 µm infundiert, wobei 40-50% des Energiebedarfs gedeckt werden sollten (tägl. Bedarf eines Erwachsenen ca. 1 g/kg KG). **Vorteile: 1.** hohe Energiedichte (1 g Fett=9.3 kcal, 1 g Kohlenhydrate=4.1 kcal); **2.** Verringerung der Kohlenhydratbelastung; **3.** Verringerung der osmot. Belastung; **4.** Möglichkeit der periphervenösen Applikation. Als Ölkomponente höchster Reinheit wird i. Allg. Sojaöl verwendet, z. T. im Gemisch mit mittelkettigen Triglyceriden (s. MCT-Fette). Zukünftig sollen mit Omega-3-Fettsäuren angereicherte parenterale Fettemulsionen in den Handel kommen. **Herst.:** Zur Stabilisierung der hochdispersen F. wird in der Regel Lecithin in einer Konzentration von 1.2% eingesetzt. Antioxidanzien erhöhen die Stabilität der Präparation. Glycerol od. Xylit dient der Isotonisierung. Bei der Herst. von TPN-Mischungen wird empfohlen, die Fettemulsion als letzte Komponente zuzugeben (geringste Erniedrigung des Zeta-Potentials*). Auf Veränderungen des Dispersitätsgrades im Hinblick auf Autoklavieren sowie bei der Lagerung ist zu achten. Als Dispersionsmedium dient Wasser für Injektionszwecke, dem meist Glucose od. Sorbitol zugesetzt wird. Die Homogenisierung erfolgt mit Ultraschall, Ultra-Turrax, Kolloidmühlen bzw. speziellen hochtourigen Homogenisierungseinrichtungen, die eine Dispergierung auf den erforderl. Feinheitsgrad gewährleisten. Prüfungen auf Keim- und Pyrogenfreiheit sind erforderlich. Parenterale Fettemulsionen lassen sich auch als Träger für in Wasser schwerlösliche u./od. wasserunlösliche Wirkstoffe in einer neuen u. aufgrund ihrer guten Verträglichkeit vorteilhaften Arzneiform einsetzen. Der Einfluss des Wirkstoffes auf die Stabilität der wirkstoffhaltigen Fettemulsion ist i. Allg. eher gering. Tritt jedoch eine Destabilisierung der Fettemulsion durch die Aufnahme eines Wirkstoffes in die Ölphase auf, ist dies meistens schon direkt nach dem Homogenisierungsprozess durch ein Brechen der Emulsion zu erkennen. **Zuber.**: Für die Formulierung wirkstoffhaltiger Fettemulsionen sollten die folgenden Punkte beachtet werden: **1.** Stabilität des ausgewählten Wirkstoffes unter den Sterilisationsbedingungen; **2.** Löslichkeit des Wirkstoffes in der Ölphase in der gewünschten Konzentration; **3.** Kompatibilität u. Stabilität von Wirkstoff u. Fettemulsion bzgl. Herstellung u. Lagerung; **4.** potentielle Abbauprodukte des Wirkstoffe; **5.** Analytik zur Bestimmung des Wirkstoffes u. dessen Abbauprodukten. Die physik. Stabilität kann durch das Mischen mit Elektrolyten stark leiden, so dass die Herstellung von kompletten parenteralen Mischungen zur Ernährung in Abhängigkeit von der Zusammensetzung problemat. sein kann. Parenterale Fettemulsionen allein besitzen eine physik. Stabilität über mehrere Jahre.

Fettgeschwulst: s. Lipom.

Fetthenne, Große: s. Sedum acre.

Fettkennzahlen: werden zur Qualitätsbeurteilung u. Kennzeichnung von Fetten, Ölen u. Wachsen ermittelt; dazu gehören Säurezahl*, Verseifungszahl*, Esterzahl*, Verhältniszahl*, Buchnerzahl*, Iodzahl*, Peroxidzahl*, unverseifbare Anteile*, ferner Schmelzpunkt, Dichte u. Brechungsindex.

fettlöslich: s. Lipophilie.

Fettsäureabbau: biol. Abbauweg für Fettsäuren. Der wichtigste ist die β-Oxidation; weniger Bedeutung haben α- u. ω-Oxidation: **1.** β-Oxidation: stufenweiser Abbau von Fettsäuren, bei dem vom Carboxylende ausgehend jeweils 2 C-Atome als Acetyl-CoA abgespalten werden. Dabei wird das β-C-Atom oxidiert. Die Initialreaktion ist die Aktivierung der Fettsäure durch Coenzym A mittels einer Acyl-CoA-Synthetase, ein Vorgang der ATP benötigt. In der Folge werden zur Abspaltung je eines Acetyl-CoA-Restes 4 enzymat. Stufen benötigt: **a)** Dehydratation der C-Atome 2 u. 3 durch die FAD-abhängige Acyl-CoA-Dehydrogenase; **b)** Wasseranlagerung an die resultierende 2,3-*trans*-Doppelbindung durch die Enoylhydratase; **c)** Oxidation mittels einer NAD^+-abhängigen Dehydrogenase; **d)** thioklast. Spaltung des gebildeten β-Ketoacyl-CoA durch die Thiolase zur Bildung von Acetyl-CoA u. dem um 2 C-Atome verkürzten Fettsäure-CoA-Ester. Dieser kann dann erneut den Zyklus durchlaufen (Fettsäurespirale, s. Abb.). Acetyl-CoA kann über den Tricarbonsäurezyklus* bis zum CO_2 weiter oxidiert werden od. auch zu Synthesen verwendet werden. Vollständige Oxidation von einem Molekül Stearinsäure liefert 148 Moleküle ATP (18 C-Atome ergeben neun Acetyl-CoA; ein Acetyl-CoA liefert über den Tricarbonsäurezyklus 12 Moleküle ATP; dazu kommen je 5 Moleküle ATP, die bei jedem der 8 β-Oxidationsschritte gebildet werden). **2.** α-Oxidation von Fettsäuren tritt v. a. in keimenden Pflanzensamen auf. Eine Fettsäureperoxidase katalysiert die Decarboxylierung u. gleichzeitige Bildung des Aldehyds. Der Aldehyd kann entw. durch Oxidation in eine verkürzte Fettsäure od. durch Reduktion in einen Fettalkohol* überführt werden. **3.** ω-Oxidation, die durch tier. od. mikrobielle Enzyme katalysierte Oxidation der endständigen Methylgruppe von Fettsäuren (ω-Stellung). Substrate sind besonders C_8- bis C_{12}-Säuren, die über ω-Hydroxyfettsäuren zu Dicarbonsäuren umgewandelt werden.

Fettsäurebiosynthese: stufenweiser Aufbau der Fettsäuren aus Acetyleinheiten. Die Synthese der gesättigten, geradzahligen Fettsäuren gliedert sich in die Startreaktion, die Kettenverlängerung u. die Abschlussreaktion. Acetyl*-Coenzym A wird in der Startreaktion auf ein spezif., SH-Gruppen enthaltendes Protein, das acyl* carrier protein (ACP), des Multienzymkomplexes der Fettsäuresynthetase* transferiert. Anschließend erfolgt in der Kettenverlängerung ein Malonyltransfer. Eine aus Malonyl-CoA stammende Malonylgruppe wird auf eine reaktive, zentrale SH-Gruppe des Enzyms übertragen u. reagiert mit Acetyl-S-ACP unter Bildung von Acetoacetyl-S-ACP u. CO_2. Durch Reduktion, anschließende Dehydratation u. weitere Reduktion unter Beteiligung von NADPH entsteht ein gesättigter Fettsäurerest. Sechs weitere Moleküle Malonyl-S-ACP reagieren nacheinander mit dem Carboxylende der wachsenden Fettsäurekette, so dass Palmityl-S-ACP als Endprodukt entsteht. Bei der Abschlussreaktion wird die Acylgruppe nicht auf die SH-Gruppe des Multienzymkomplexes übertragen, sondern auf die SH-Gruppe des Coenzym A. Aus Palmitinsäure können dann durch Kettenverlängerung Stearinsäure u. Fettsäuren mit mehr als 18 C-Atomen gebildet werden, entw. durch Reaktion mit Acetyl-CoA in Mitochondrien od. mit Malonyl-CoA in Mikrosomen. Bei der Synthese von ungeradzahligen Fettsäuren wird bei der Startreaktion anstelle von Acetyl-CoA Propionyl-CoA am Enzym gebunden. Die einfach ungesättigten Fettsäuren, Palmitoleinsäure u. Ölsäure, werden aus Palmitin- bzw. Stearinsäure unter Einw. von mischfunktionellen Oxygenasen, die NADPH benötigen, aufgebaut. Diese ungesättigten Fettsäuren sind Vorstufen für mehrfach ungesättigte Fettsäuren. Linolsäure u. Linolensäure, die essentiellen Fettsäuren, können leicht von Pflanzen, jedoch nicht von Säugetieren

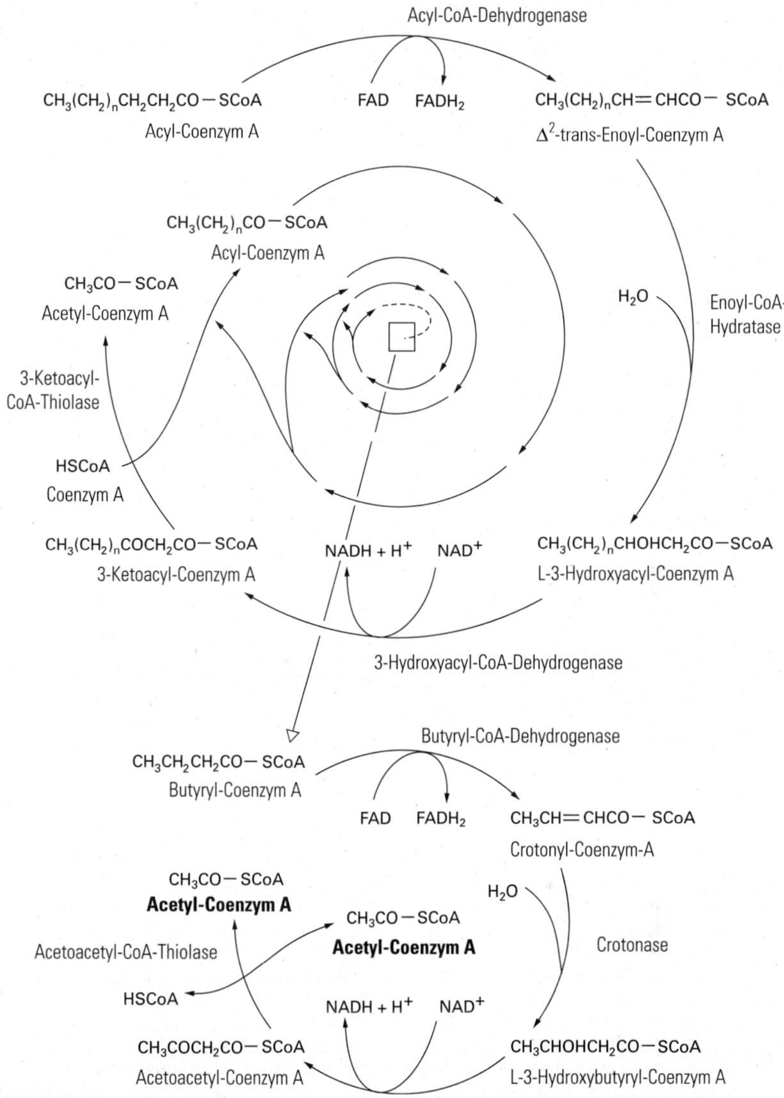

Fettsäureabbau: Fettsäurespirale [23]

gebildet werden. Diese müssen sie mit der Nahrung aufnehmen.

Fettsäuren: höhere, aliphat. Monocarbonsäuren, die nat. in Ölen, Fetten u. Wachsen vorkommen, wo sie esterartig an Glycerol od. an hochmolekulare Alkohole gebunden sind. Unterschieden werden gesättigte u. ungesättigte F., kurz- u. langkettige, geradkettige u. verzweigte, geradzahlige u. ungeradzahlige. Daneben gibt es F. mit ungewöhnl. Strukturen. Man bezeichnet die F. nach der Art ihres nat. Vorkommens mit Trivialnamen, wie Essigsäure, Buttersäure od. Palmitinsäure; ihre systemat. Namen werden gebildet, indem man der Endung -carbonsäure die Namen der Alkane vorsetzt, also z. B. Propancarbonsäure für $CH_3CH_2CH_2COOH$ (Buttersäure); Strukurformeln s. Carbonsäuren (Tab.). **1. Gesättigte Fettsäuren:** allg. Formel $C_nH_{2n}O_2$; z. B. Ameisen-, Essig- od. Stearinsäure. Die niedrigen Glieder der Fettsäurenreihe sind leicht bewegl. Flüss. mit stechendem Geruch, mit Wasser leicht mischbar u. können bei gewöhnl. Druck unzersetzt destilliert werden. Die mittleren Glieder von C_4 bis C_9 besitzen einen widerwärtigen Geruch u. sind nur begrenzt mit Wasser mischbar. Die höheren Glieder, ab C_{10}, sind feste, paraffinartige Körper, geruchlos, sie werden von Wasser kaum aufgenommen u. können nur im Vakuum unzersetzt destilliert werden. Nat. sind die höheren F. weit verbreitet u. können in diesem Sinne tatsächl. als Fettsäuren bezeichnet

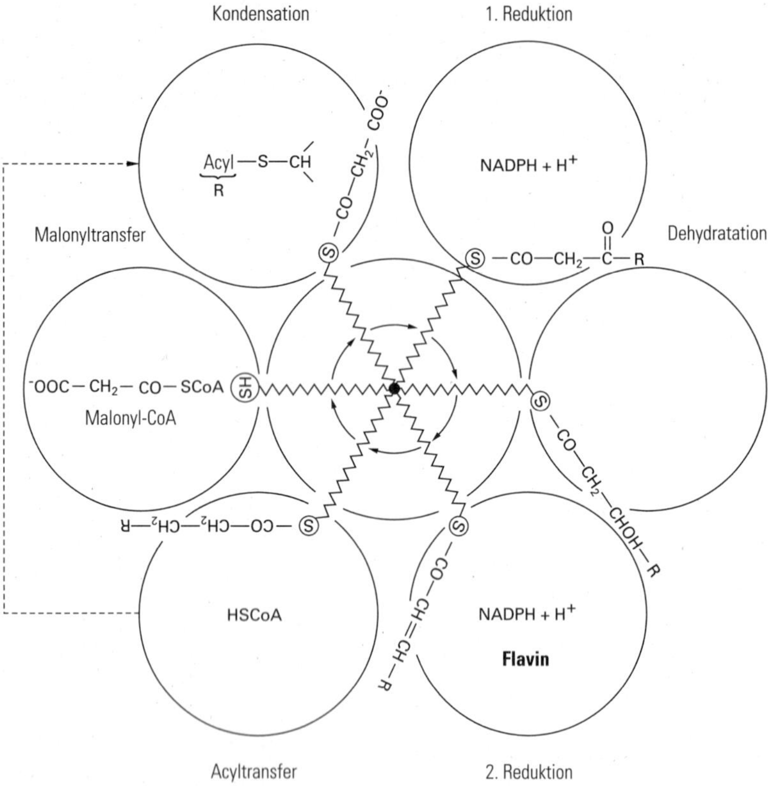

Fettsäurebiosynthese: Mechanismus der Synthese an der Fettsäuresynthetase; die Zickzacklinie symbolisiert den beweglichen Pantetheinarm des acyl carrier proteins als Träger der zentralen SH-Gruppe. Die sieben Kreise stellen die einzelnen Enzyme des Systems dar [23]

werden; die nat. Fette enthalten fast ausschließl. F. mit einer geraden Zahl von C-Atomen. Von ihnen sind am wichtigsten Palmitin- u. Stearinsäure, die als Glycerolester die Hauptbest. aller tier. u. pflanzl. Fette sind. Bei der hydrolyt. Spaltung dieser Ester mit Alkalien (Verseifung) entstehen die Alkalisalze der F., die Seifen. **2. Ungesättigte Fettsäuren:** allg. Formel $C_nH_{2n-x}O_2$ mit einer od. mehreren Doppelbindungen (Anzahl: x); z. B. Ölsäure, Linolsäure, Linolensäure. Die meisten ungesättigten F. besitzen all-cis-Konfiguration. Sie finden sich v. a. in pflanzl. Ölen u. Fischölen. **Mehrfach ungesättigte Fettsäuren:** s. Fettsäuren, essentielle; **3. Fettsäuren mit ungewöhnl. Strukturen:** weit verbreitet sind Mono- u. Dihydroxy-F. in niederen u. höheren Pflanzen, z. B. die Ricinolsäure, eine 12-Hydroxy-ölsäure. Epoxy-F. sind in Pflanzen der Asteraceen- u. Euphorbiaceen-Familie gefunden worden, z. B. die Vernolsäure, eine 12,13-Epoxyölsäure. Ringsysteme haben z. B. Cyclopenten*-Fettsäuren u. die Sterculiasäure*.

Fettsäuren, essentielle: Vitamin F; mehrfach ungesättigte Fettsäuren, die im Organismus nicht synthetisiert werden können u. daher mit der Nahrung zugeführt werden müssen. Sie werden oft auch nach Anzahl u. Position ihrer Doppelbindungen gekennzeichnet; so bedeutet z. B. die Schreibweise C_{18}:2ω-6 (für Linolsäure), dass die Säure 18 C-Atome u. zwei Doppelbindungen aufweist u. dass sich, vom Methylende an gezählt, die erste Doppelbindung am sechsten C-Atom befindet. Von bes. Bedeutung sind die Omega-6-Fettsäuren (ω-6-Fettsäuren), wie die γ-Linolensäure* u. Linolsäure* als Best. pfl. Öle, sowie die Omega-3-Fettsäuren (ω-3-Fettsäuren), die sich in Kaltwasserfischen wie Hering od. Lachs u. den daraus hergestellten Fischölen finden. Die α-Linolensäure, C_{18}:3ω-3, ist auch im Leinöl, s. Linum usitatissimum, u. im Portulak, s. Portulaca oleracea, enthalten. Der tier. Organismus kann eine ungesättigte Fettsäure vom Methylende bis zur ersten Doppelbindung nicht verändern, so dass diese bd. Reihen auch der Verstoffwechselung entsprechen. Die hoch ungesättigten Fettsäuren mit 20 C-Atomen, wie Arachidonsäure (C_{20}:4ω-6), Eicosapentaensäure (C_{20}:5ω-3) u. Docosahexaensäure (C_{22}:6ω-3), sind Muttersubstanzen der Eicosanoide* (Prostaglandine, Thromboxane, Leukotriene). **Wirk.:** Mangel an e. F. führt zu Hautveränderungen u. Wachstumsstörungen. **Anw.:** bei Ekzemen, Psoriasis, Verbrennungen, Furunkeln sowie in der Kosmetik. Omega-3-Fettsäuren u. die entspr. Fischöle* werden zur Prophylaxe von Herz-Kreislauf-Erkrankungen u. Störungen des Fettstoffwechsels empfohlen u. wirken sich positiv auf das Krankheitsbild der rheumatoiden Arthritis* aus.

Fettsäuresorbitanester: s. Sorbitanfettsäureester.

Fettsäurespirale: s. Fettsäureabbau.

Fettsäuresynthetase: Multienzymkomplex, der aus Hefe, Bakterien, Pflanzen, Tauben- u. Rattenleber isoliert wurde. Er besteht aus sieben Enzymen u. dem niedermolekularen acyl carrier protein u. wird durch hydrophobe Wechselwirkungen u. elektrostat. Kräfte stabilisiert; vgl. Fettsäurebiosynthese.

Fettstoffwechsel: i. e. S. Metabolismus der Neutralfette, i. w. S. syn. für Lipidstoffwechsel. Die Resorption der Fettsäuren* u. Monoacylglycerole erfolgt nach Emulgierung u. hydrolyt. Spaltung der Nahrungsfette durch Triacylglycerollipasen aus Magen, Dünndarm u. Pankreas im Dünndarm (Verdauung). Fettsäuren mit weniger als 12 C-Atomen werden als freie Fettsäuren an Albumin* gebunden transportiert; Fettsäuren mit 12 od. mehr C-Atomen werden in der Darmschleimhaut mit Monoacylglycerolen zu Triacylglycerolen (Triglyceride*) resynthetisiert, als Chylomikronen* über die Lymphe abtransportiert u. im Serum an Lipoproteine* gebunden. Im Fettgewebe werden Triacylglycerole zus. mit Cholesterolestern gespeichert u. bei Bedarf mobilisiert. Die Biosynthese der Fette erfolgt insbes. in Leber, Fettgewebe, Niere, Lunge u. Milchdrüsen. Die erforderl. Fettsäuren werden aus Acetyl-CoA, das v. a. aus dem Abbau von Glucose stammt, synthetisiert (s. Fettsäurebiosynthese). Die beim katabolen Abbau der Neutralfette im Fettgewebe (s. Fettabbau) freiwerdenden Fettsäuren unterliegen in fast allen Geweben der Betaoxidation (s. Fettsäureabbau). Cholesterol* wird in der Leber zu Gallensäuren* abgebaut.

Fettsucht: s. Adipositas.

Fettverderb: qualtitätsmindernder Vorgang; Problem für die Arzneistoffstabilität, da Fette u. Öle wichtige Grund- u. Hilfsstoffe sind. Beim Fettverderb handelt es sich um ein komplexes Geschehen von chem. Umsetzungen (Hydrolysen, Oxidationen) u. mikrobiol. bzw. biochemischen Vorgängen (s. Abb.). Unter Anwesenheit von Wasser entstehen durch hydrolyt. Spaltung Glycerol u. freie Fettsäuren. Öle u. Fette, insbes. solche mit einem hohen Gehalt an ungesättigten Fettsäuren, unterliegen zudem einer oxidativen Zersetzung, eine zu Beginn radikalisch verlaufende Autoxidation. Da aber die Peroxide als labile Zwischenprodukte einem weiteren Zerfall unterliegen, sind mit der Peroxidzahl nur bedingt, v. a. in den Anfangsstadien, Aussagen über das Ausmaß des Verdorbenseins zu erheben. Die durch Molekülabbau weiter entstehenden Endprodukte, v. a. Ketone, Säuren u. Aldehyde geringer Kettenlänge besitzen einen intensiver Geruch u. Geschmack. In dieser Phase kann zusätzl. ein Molekülaufbau durch Polymerisations- u. Kondensationsvorgänge stattfinden, der zu Verdickung u. Firnisbildung führt. Beim biochem. Abbau greifen fettspaltende Enzyme (Lipoxidasen) spez. mehrfach ungesättigte Fettsäuren an. Die im Zuge des Fettabbaus entstehenden Spalt- u. Folgeprodukte rufen z. T. Sensibilisierungen u. krankhafte Hautveränderungen hervor. Kenntnis der beim Fettverderb ablaufenden Reaktionen ist wichtig zur Lösung von Instabilitäten von Polyenen (z. B. Vitamin A, Carotine), die aufgrund ihres ähnl. chem. Baues einen analogen Abbau erfahren.

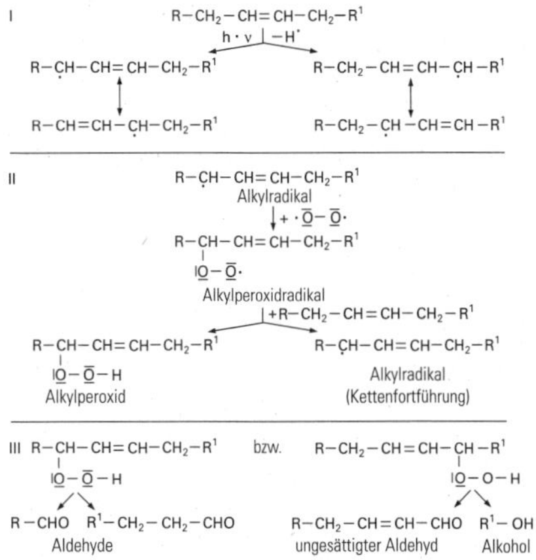

Fettverderb

Fetus: Bez. für die Frucht im Mutterleib ab dem 61. Gestationstag. **fetalis:** zum Fetus gehörig.

Feuchthaltemittel: setzen den Dampfdruck des Wassers entscheidend herab u. verhindern so ein zu starkes Austrocknen z. B. von Hydrogelen (Stärkekleister, Cellulosederivate), von Granulaten zur Tablettierung; s. Glycerol, Sorbitol, Ethylenglykol, Propylenglykol.

Feuchtigkeit: Flüssigkeit, v. a. Wasser, die an Festkörpern, insbes. Pulvern sorbiert (vgl. Wassergehaltsbestimmung; Hygroskopizität; Punkt, hygroskopischer; Trocknen) od. in anderen Flüss. od. Gasen enthalten ist; s. Hygrometer, Luftfeuchtigkeit, Mollier-h,x-Diagramm; Sorptionsisothermen. Je nach Bindungsart unterscheidet man z. B. Haftwasser*, Kapillarwasser*, Quellungswasser*, Hydratwasser*.

Feuchtigkeit, absolute: s. Mollier-h,x-Diagramm.

Feuerblumen: s. Papaver rhoeas.

Feuerschwamm: s. Fomes fomentarius (Fungus Chirurgorum).

Feulgen-Reaktion: dient zur Anfärbung von Zellkernen. Heiße 1 N Salzsäure löst die RNA aus der Zelle heraus u. setzt die Aldehydgruppen der DNA frei. Die freien Aldehydgruppen werden mit Schiff-Reagens nachgewiesen.

Fexofenadin: *α,α*-Dimethyl-4-{1-hydroxy-4-[4-(hydroxydiphenylmethyl)-1-piperidinyl]butyl}phenylessigsäure; CAS-Nr. 83799-24-0; $C_{32}H_{39}NO_4$, M_r 501.67. Schmp. 142 °C. **Wirk.:** selektives, nicht sedierendes H_1- Antihistaminikum* ohne zentralnervöse, anticholinerge od. *α*-adrenerge Wirk.; aktiver Metabolit von Terfenadin*, ohne Herzwirk. infolge Interaktionenen mit Chemotherapeutika; **Anw.:** z. B. Rhinitis* allergica; **Dos.:** p. o. 2×60 mg/d.

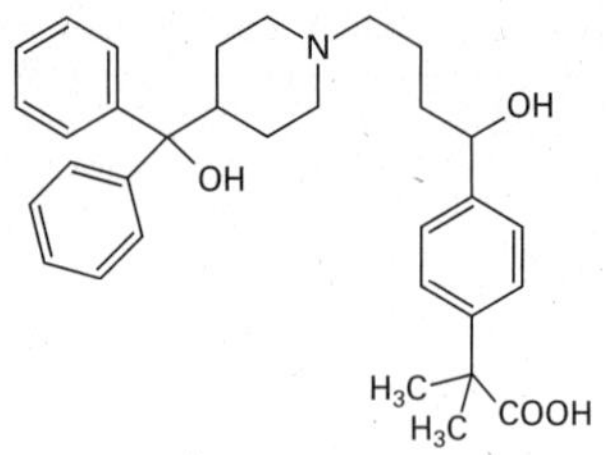

Fexofenadin

F-Faktor: Fertilitätsfaktor; episomale DNA bei Bakterien.

F1-Generation: Abk. F_1-G.; Filialgeneration; erste Tochtergeneration bei jeder beliebigen Kreuzung zwischen zwei Eltern (P). F_2 u. F_3 sind die zweite bzw. dritte Tochtergeneration.

FGF: Abk. für (engl.) *fibroblast growth factor;* Fibroblasten-Wachstumsfaktor; Bezeichnung für eine Gruppe nahe verwandter Proteine (saurer FGF, bas. FGF, int-2, hast/kFGF, FGF-5, FGF-6, KGF) mit hoher Homologie (33-55 %). **Funktion:** sie wirken mitogen auf viele mesodermale u. neuroektodermale Zellen, induzieren bei versch. Zellen die Differenzierung u. sind an der Angiogenese beteiligt.

FH: **1.** Abk. für **F**ollikel**h**ormon, s. Hormone (Estrogene). **2.** Abk. für **F**ormularium **H**elveticum; Magistralformeln*, 1984 vom schweizerischen Apotheker-Verein herausgegeben.

fiat: s. f.

Fibrate: s. Lipidsenker.

Fibrille (lat. fibrilla Fäserchen): faserförmige Strukturelemente. **Einteilung:** **1.** kollagene F. im Knochen; **2.** Myofibrillen im Muskelgewebe; **3.** Neurofibrillen im Nervengewebe; **4.** Tonofibrillen im Epithelgewebe.

Fibrin (lat. fibra Faser, Faserstoff): hochmolekulares, wasserunlösl. Proteinpolymer mit zahlreichen Quervernetzungen. Endprodukt der Blutgerinnung*, das in Anwesenheit von Ca^{2+} aus Fibrinogen* durch proteolyt. Aktivität von Thrombin* entsteht; wird z. B. durch Plasmin* wieder abgebaut; vgl. Fibrinolyse.

Fibrinkleber: Glutinum Fibrini Ph.Eur.4, Gewebekleber; konzentriertes (ca. 30fach) Human-Fibrinogen-Lyophilisat zur Fibrinklebung. **Wirk.:** Bildung eines Fibrinnetzes nach Mischung der beiden Komponenten Fibrinogen* u. Blutgerinnungsfaktor* XIII einerseits u. Thrombin* u. Ca^{2+}-Ionen andererseits (2. Phase der Blutgerinnung*); **Anw.:** zur intraoperativen Blutstillung, z. B. bei diffuser Gewebeblutung od. Blutung aus parenchymatösen Organen (Milzkapselverletzung, Leberruptur) od. zur Fixation kleiner Knochenfragmente.

Fibrinogen INN: Blutgerinnungsfaktor I; CAS-Nr. 9001-32-5; M_r ca. 340 000 (dimere Form). Blutgerinnung förderndes Globulin im Blut, bestehend aus 3 miteinander durch mehrere Disulfidbrücken verbundene Peptidketten. **Fibrinogen vom Menschen:** Fibrinogenum humanum Ph.Eur.4. **Physiologie:** F. ist ein v. a. in der Leber gebildetes Glykoprotein, das zu den Akute-Phase-Proteinen zählt; als Substrat für Thrombin* die Vorstufe von Fibrin* (vgl. Blutgerinnung); wirkt regulierend bei der Thrombozytenaggregation; **Gew.:** Plasmafraktionierung* aus menschl. Blut; **Anw.:** Substitution bei angeborenem u. erworbenem Fibrinogenmangel; **UAW:** allerg. Reaktionen bis zum Schock, Sensibilisierung, selten Temperaturanstieg, hämolyt. Reaktionen; HWZ 72-96 h.

Fibrinogen[^{125}I] vom Menschen (gefriergetrocknet): Fibrinogenum humanum iodinatum[^{125}I] cryodesiccatum Ph.Eur.3; sterile, pyrogenfreie Zuber. aus Fibrinogen* vom Menschen, das mit Iod*-125 markiert ist. Fibrinogen vom Menschen wird aus dem Plasma gesunder Spender hergestellt. Insbes. müssen Prüfungen auf Hepatitis-B-Oberflächenantigen u. HIV-Antikörper mit Hilfe geeigneter, empfindl. Methoden durchgeführt werden u. in beiden Fällen zu negativen Ergebnissen führen. Das Herstellungsverfahren muss ein Endprodukt mit einem Mindestgeh. von 80 % Fibrinogen, bezogen auf den Gesamtproteingeh., ergeben. Anteil an Iod-126 max. 1.0 % der Gesamtradioaktivität. **Anw.:** früher zur Thrombenlokalisation durch den Radiofibrinogentest. Aufgrund versch. Nachteile praktisch bedeutungslos u. aus dem AB gestrichen.

Fibrinogenum humanum cryodesiccatum: s. Fibrinogen.

Fibrinolyse: proteolyt. Abbau von Fibrin* durch Plasmin*. **Bedeutung:** Aufrechterhaltung des dynam. hämostat. Gleichgewichts durch Neutralisierung der kontinuierl. ablaufenden Blutgerinnung* in WW mit Fibrinolyseinhibitoren*; Lösung von Fibrin aus Thromben; **Anw.:** pharmakol. kann die F. durch Fibrinolytika* aktiviert u. durch Fibrinolyseinhibitoren gehemmt werden.

Fibrinolyseinhibitoren: Antifibrinolytika, Fibrinolysehemmstoffe; Hemmstoffe der Fibrinolyse*. **1.** intrins. (plasmatische) Antiplasmine, z. B. Alpha-2-Antiplasmin, zur Begrenzung der fibrinolyt. Wirkung von Plasmin*; **2.** extrins. (gewebeständige) Plasminogenaktivator-Inhibitoren; **3.** therap. F. wie Aprotinin* u. synthet. Plasminogenaktivator-Inhibitoren *p*-Aminomethylbenzoesäure* u. Tranexamsäure*, früher auch Epsilonaminocapronsäure*; **Anw.:** v. a. als Antidote bei therap. Fibrinolyse, bei primärer od. sek. Hyperfibrinolyse.

Fibrinolysin: s. Plasmin.

Fibrinolytika: Substanzen, die über eine Aktivierung der Fibrinolyse* intravasale Thromben auflösen können. **Wirkstoffe:** z. B. Streptokinase*, Urokinase*, Gewebeplasminogenaktivator* u. Plasmin* **Anw.:** Auflösung von Thromben od. bei verstärkter Gerinnungsneigung.

Fibrinschwamm: durch Einblasen von Luft in Rinderblut ausgefälltes, gewaschenes u. getrocknetes, schwammartiges Fibrin*. Aufgrund seines Aufsaugvermögens kann man dieses Produkt zum Tamponieren von Wunden (bei chirurg. Eingriffen) verwenden. Es wird dann vollständig resorbiert.

Fibroblasten: Vorstufe der Fibrozyten*; bilden Fibronectin*.

Fibroblasten-Interferon: s. Interferone.

Fibroblasten-Wachstumsfaktor: s. FGF.

Fibrom: gutartige Geschwulst, die aus gefäßreichem Bindegewebe besteht.

Fibronectin: Glykoprotein, M_r 450 000, aus zwei Polypeptidketten, die über zwei Disulfidbrücken verbunden sind. F. ist Oberflächenbest. von Bindegewebezellen, das von den Fibroblasten* erzeugt u. abgegeben wird. Es hat die Fähigkeit, zahlreiche Makromoleküle (z. B. Kollagen, Fibrinogen) sowie einige Bakterien zu binden (Molekülkleber).

Fibrose: Vermehrung des Bindegewebes.

Fibrose, zystische: s. Mukoviszidose.

Fibrozyten: spindelförmige Zellen des Bindegewebes mit langen Fortsätzen; bilden sich aus Fibroblasten.

Fibula: Wadenbein. Schwächerer der beiden Unterschenkelknochen, vgl. Tibia.

Ficaria verna: s. Ranunculus ficaria.

Fichte: s. Picea abies.

Fichtenharz: s. Terebinthina.

Fichtennadelextrakt: s. Extractum Pini.

Fichtennadelöl: s. Picea abies (Piceae aetheroleum).

Fichtennadelöl, Schwedisches: s. Pinus sylvestris (Pini aetheroleum).

Fichtennadelöl, Sibirisches: s. Abies sibirica (Piceae aetheroleum).

Fichtensprossen: s. Pinus sylvestris (Turiones Pini).

Ficin: Protease, die ähnl. wie Papain* u. die Bromelaine* durch Cystein aktiviert wird. **Vork.:** im frischen Milchsaft von Ficus-Arten (Ficus lamifolia, Ficus glabrata), Fam. Moraceae; **Wirk.:** 4- bis 10-mal so aktiv wie Papain; **Anw.:** ähnl. wie Papain*, in der Lebensmittelindustrie, zur Herst. kälteresistenten Bieres, in der Leder- u. Textilindustrie, zur Bestimmung des Rh-Faktors.

Ficksche Diffusionsgesetze: s. Diffusion.

Ficus carica L.: Feigenbaum; Fam. Moraceae (Mittelmeergebiet, kult. in allen warmen Zonen). Stpfl. von **Caricae:** Carica, Caricae fructus, Pseudofructus caricae, Feige; der getrocknete Fruchtstand (mit den Steinfrüchtchen). **Off.:** Ph.Helv.8, EB6; **Inhaltsst.:** ca. 50 % Invertzucker, Fett, org. Säuren, Eiweißstoffe, Vitamin A, B, C, D u. Enzyme; **Anw.:** Geschmackskorrigens, zu Teemischungen, mildes Abführmittel; geröstet zur Herst. von Kaffee-Ersatz (Feigenkaffee); vgl. Ficin.

Ficus elastica: s. Kautschuk.

Fieber: Febris; Erhöhung der Körpertemperatur* als Folge einer Sollwertverstellung im hypothalam. Wärmezentrum*. **Einteilung:** bis 38 °C subfebrile Temp., bis 39 °C mäßiges F., über 39 °C hohes F.; Die Messung der Temp. erfolgt mit einem Fieberthermometer*. Säuglinge u. Kleinkinder können bei F. infolge einer Infektion mit Fieberkrämpfen reagieren; bei älteren Kindern wird Fieberanstieg begleitet von Frösteln, kühlen Gliedern u. Kreislaufzentralisation; bei Erwachsenen von Schüttelfrost. Nach Erreichen der sog. Fieberhöhe kann es gelegentl. zu Bewusstseinsstörungen kommen. **Urs.:** u. a. **1.** endogene Pyrogene, z. B. Interleukin-1 aus Tumorzellen; **2.** exogene Pyrogene (Endotoxine) bei Infektionen; **3.** inkorporiertes körperfremdes Protein, wobei endogene Pyrogene über eine Kaskade von Prozessen (z. B. Steigerung der Prostaglandinsynthese) zur Sollwertverstellung der Körpertemp. in den Wärmezentren führen. F. kann Abwehrvorgänge des Körpers unterstützen, z. T. über eine Beschleunigung biochem. Reaktionen. **Fiebersenkung:** physik. durch Verbesserung der Wärmeabgabe, medikamentös s. Antipyretika.

Fieberbaum: **1.** s. Alstonia constricta. **2.** s. Eucalyptus globulus.

Fieberbläschen: s. Herpes simplex.

Fieberklee: s. Menyanthes trifoliata.

Fieberkraut: s. Centaurium erythraea.

Fiebermittel: s. Antipyretika.

Fiebermücke: s. Anopheles.

Fieberrinde, Australische: s. Alstonia scholaris (Cortex Alstoniae scholaris).

Fieberrinde, Falsche: s. Croton eluteria (Cortex Cascarillae).

Fieberrinde, Mexikanische: s. Croton niveus (Cortex Copalchi).

Fieberteststreifen: s. Fieberthermometer.

Fieberthermometer: geeichte Instrumente zur Messung der. Körpertemp. mit einem Messbereich von 35-42 °C auf (mind.) 0.1 K genau, (Ausnahmen: Frühgeborenen-Thermometer: 26-42 °C, Frauenthermometer*: 36.3-37.5 °C). Versch. Typen: Glasthermometer, meist Einschlussthermometer aus Quecksilber; heute i. Allg. elektron. Thermometer mit Infrarotsensor. Einteilung nach Messort: Rektalthermometer, Ohrthermometer, Schnullerthermometer, Stirnthermometer mit Messfühlern für die Stirn. Fieberteststreifen (Kunststofffolie mit temperaturempfindl. Flüssigkristallsystemen), sog. Einmalthermometer, sind ungenau u. nicht eichfähig.

Fieberwurzel: s. Alpinia officinarum (Galangae rhizoma).

Fiedern: s. Blattformen.

Fiehes-Reaktion: Nachw. von Invertzucker in Naturhonig als Reinheitsprobe. **Durchführung:** 5 g Honig verreibt man mit reinem, wasserfreiem Ether, gibt den Etherauszug in ein Porzellanschälchen u. lässt ihn verdunsten. Den Rückstand befeuchtet man mit einigen Tr. einer frisch bereiteten Lsg. von 1 g Resorcin in 100 g rauchender Salzsäure (D. 1.19 g/mL). Bei Anwesenheit von künstl. Invertzucker tritt eine kirschrote Färbung auf, die auf der Bildung von Hydroxymethylfurfurol beruht und mind. eine Stunde anhalten muss; eine Rosa- od. Orangefärbung, die rasch verschwindet, ist kein ausreichender Nachweis.

Fila collagenis resorbilia sterilia DAB 1996: sterile, resorbierbare Kollagenfäden; resorbierbares, chirurgisches Fadenmaterial*. Die Fäden werden nach Durchmesser (0.01-0.9 mm) u. der damit verbundenen Reißkraft (bis max. 70 N) mit einer Fadennummer (0.1-8) bezeichnet. **Herst.:** aus Kollagen, welches vorwiegend von Muskelsehnen gesunder Säugetiere stammt, durch Extrahieren u. Wiederverfestigen, Sterilisieren; sie dürfen mit chem. Mitteln, wie z. B. Chromsalzen zur Resorptionsverzögerung od. Glycerol zur Erhöhung der Geschmeidigkeit behandelt werden. **Anw.:** in der Augenheilkunde; wird gleichmäßiger als Catgut (s. Chorda resorbilia sterilis) resorbiert.

Filamentum: (bot.) der fadenförmige Teil des Staubblattes. Filament, s. Blüte.

Fila non resorbilia sterilia Ph.Eur.4: Suturamenta chirurgica irresorbilia; sterile, nicht resorbierbare Fäden; nicht resorbierbares, chirurgisches Fadenmaterial*, das im lebenden Organismus nicht abgebaut wird. Die Fäden bestehen aus tier., pflanzlichen od. synthet. Material u. kommen als zylindrische Monofilamente od. Multifilamente in den Handel. Die Multifilamente sind aus Elementarfasern aufgebaut, die zu einem Faden gedreht od. geflochten sind, evtl. ummantelt. Die Einzelfadenlänge von nicht resorbierbaren Fäden darf 350 cm nicht überschreiten. Die Fäden sind zum einmaligen Gebrauch unmittelbar nach Öffnen der sterilen Packung bestimmt. Eine Imprägnierung zur Verhinderung der Kapillarität ist gestattet, ebenso eine Färbung mit zugelassenen Farbstoffen od. Pigmenten. Anschließend werden die Fäden sterilisiert. **Fila non resorbilia sterilia in fuso ad usum veterinarium**: sterile, nicht resorbierbare Fäden im Fadenspender für Tiere. Der Faden wird in einem Fadenspender in Verkehr gebracht, der die Sterilität des Fadens sichert, auch wenn nur ein Teil des Fadens entnommen wird.

Fila resorbilia synthetica monofilamenta sterilia Ph.Eur.4: sterile, resorbierbare, synthet. Fäden, die aus einem od. mehreren synthet. Polymeren oder Copolymeren bestehen u. im lebenden Organismus resorbiert werden, ohne eine unerwünschte Gewebereaktion hervorzurufen. Es handelt sich um Monofilamente, die aus vollständig polymerisiertem Material bestehen. **Anw.**: Wundverschluss in der Chirurgie. Als resorbierbare Fäden halten sie das Gewebe während der Heilungsphase zusammen u. verlieren anschließend ihre Zugfestigkeit durch Hydrolyse.

Fila resorbilia synthetica torta sterilia Ph.Eur.4: sterile, resorbierbare, geflochtene, synthet. Fäden. Im Unterschied zu Fila* resorbilia synthetica monofilamenta sterilia sind diese Fäden aus Elementarfasern geflochten.

Filarien (lat. filum Faden): Sammelbez. für 8 Arten von Fadenwürmern (Nematoden), die im Menschen parasitieren können (Tropen u. Subtropen). Vermutlich sind über 1 Milliarde Menschen betroffen.Humanpathogen sind: **1.** Wuchereria bancrofti. **2.** Brugia malayi. **3.** Brugia timori. **4.** Loa loa. **5.** Onchocerca volvulus. **6.** Mansonella streptocerca. Nicht humanpathogene Arten sind Mansonella perstans u. Mansonella ozzardi. Entw. vom Ei über 4 Larvenstadien (Mikrofilarien) zum adulten (reifen, erwachsenen) Wurm (Makrofilarien). Zwischenwirte u. Überträger sind blutsaugende Insekten. F. besiedeln Lymphsystem u. Bindegewebe des Menschen u. sind die Verursacher gefürchteter Krankheiten wie Elephantiasis* (Wucheria bancrofti u. Brugia malayi), Loiasis* (Loa loa) u. Onchozerkose* (Onchocerca volvulus). Filarieninfektionen werden unter dem Sammelbegriff Filariose* bzw. Filariasis zusammengefasst.

Filariose: Infektionen mit Filarien*, die das Lymphgefäßsystem u. das Bindegewebe des Menschen besiedeln u. deren Larven durch Insekten übertragen werden. **Ther.**: Diethylcarbamazin*, Suramin, Benzimidazole (Mebendazol*, Flubendazol) u. Ivermectin*.

filarizid: gegen Filarien* wirksam.

Filgrastim: rekombinanter humaner Granulozytenkolonienstimulierender Faktor (G-CSF, s. CSF); CAS-Nr. 121181-53-1; M_r 18799. Aus E. coli K12 gentechn. hergestelltes Zytokin*. **Wirk.**: F. erhöht wie Lenograstim* die Bildung funktionsfähiger neutrophiler Granulozyten u. deren Freisetzung aus dem Knochenmark, gleichzeitig kommt es zum Konzentrationsanstieg von Monozyten im Blut. **Anw.**: Immunstimulans*, zur Verkürzung der Dauer von Neutropenien (Verminderung der Granulozyten im Blut) bei myelosuppressiver Chemother.; **UAW:** u. a. Knochen- u. Muskelschmerzen, Miktionsbeschwerden, Blutdruckabfall; **Dos.**: parenteral s. c. 0.5 Mio E. (entspr. 5 mg)/kg KG; HWZ 3.5 h.

Filialapotheke: Deutschland: Seit 1.1.2004 kann der Betreiber einer Apotheke in Deutschland neben der von ihm persönl. zu leitenden Hauptapotheke bis zu 3 Filialapotheken besitzen. Diese müssen innerhalb desselben od. benachbarten Kreises liegen. Für jede Filialapotheke ist schriftl. ein Verantwortlicher zu benennen, der die Verpflichtungen eines Apothekenleiters hat. Funktion u. Ausstattung müssen einer Vollapotheke entsprechen. Eine Verpachtung durch den Erlaubnisinhaber ist nur in der Gesamtheit Hauptapotheke mit Filialapotheken möglich. **Österreich:** Sonderform der Apotheke* in Österreich. Nach § 24 des österreich. Apothekengesetzes* kann dem Inhaber einer öffentl. Apotheke auf Antrag der Betrieb einer F. gestattet werden. Voraussetzung dafür ist, dass in der Ortschaft keine öffentl. Apotheke od. ärztl. Hausapotheke* vorhanden ist u. Bedarf besteht. Die F. darf nur im Zusammenhang mit der öffentl. Apotheke, für die sie bewilligt wurde, betrieben werden. Die §§ 25-27 des Apothekengesetzes regeln die weiteren Voraussetzungen wie die Dauer der Erlaubnis u. räuml. Erfordernisse; vgl. Zweigapotheken.

Filicin: Filixsäure; Inhaltsstoff der Rhizoma Filicis, s. Dryopteris filix-mas.

Filipendula ulmaria (L.) Maxim.: Spiraea ulmaria L., Echtes Mädesüß, Geißbart; Fam. Rosaceae (Mitteleuropa). Stpfl. von **Spiraeae flos:** Flores Spiraeae, Flores Ulmariae, Spierblumen, Mädesüßblüten. **Off.**: DAC; **Inhaltsst.**: 0.3-0.5 % Phenylglykoside, Spiraein u. Gaultherin* mit ihren Aglyka, 0.2 % äther. Öl (mit Salicylsäuremethylester, freier Salicylsäure*, Salicylaldehyd), Spuren von Heliotropin* u. Vanillin*, 1-5 % Flavonoide* wie Spiraeosid, Gerbstoffe; **Anw.**: bei Erkältungskrankheiten; volkstüml.: als schweißtreibendes Mittel, bei rheumat. Beschwerden; **Filipendulae ulmariae herba:** Herba Spiraeae ulmariae, Mädesüßkraut, Spierkraut. **Off.**: Ph.Eur.4.04; **Inhaltsst.**: Salicylaldehyd, versch. Flavonoide sowie Ellagitannine; nach Ph.Eur. mind. 0.1 % wasserdampfflüchtige Substanzen (bezogen auf das Trockengewicht); **Anw.**: wie Spiraeae flos.

Hom: *Filipendula ulmaria (HAB1.4)*, Spiraea ulmaria: frische Wurzel; verord. z. B. bei akutem Muskel- u. Gelenkrheumatismus mit Ödemen.

Hom: *Filipendula ulmaria ferm 34c (HAB1.4)*: frisches, blühendes Kraut.

Filix: s. Dryopteris filix-mas.

Filixamaurose: s. Dryopteris filix-mas.

Filixsäure: s. Dryopteris filix-mas.

Filmcoating: Coating, Filmdragieren; Aufbringen von Filmüberzügen (Lackierung) meist mit einer Dicke von 40-50 µm auf feste Arzneiformen wie Tabletten, gewölbte Drageekerne, Kapseln od. Pellets. Die Lackierung erfolgt entweder im Dragierkessel mit Kelle od. Sprühpistole od. im Wirbelbett (vgl. Dragieren). Überzüge aus Eudragit®*, Ethylcellulose* od. Celluloseacetatphthalat* ermöglichen eine Magensaftresistenz od. eine verzögerte Wirkstofffreisetzung (langsame Diffusion durch den Überzug); vgl. Filmtabletten.

Filmdosimeter: s. Dosimeter.

Filmdragees: s. Filmtabletten.

Filmdragieren: s. Filmcoating.

Filmtabletten: Filmdragees, Lackdragees, Lacktabletten; meist schwach gewölbte Tabletten, die mit einer dünnen Lackschicht überzogen sind; vgl. Compressi obducti. Durch entspr. Auswahl des Filmüberzugs kann dieser die Freisetzung u. damit die Resorptionsgeschwindigkeit u. den Resorptionsort des Wirkstoffs steuern. Für das Überziehen von Tabletten mit Filmen haben sich heute Sprühmethoden durchgesetzt, die im Dragierkessel, in Vertikaltrommeln od. in Wirbelschichtgeräten angewendet werden. Von den Filmbildnern kommen vorwiegend in Wasser unlösl. makromolekulare Verbindungen zum Einsatz: Cellulosederivate wie Methylhydroxypropylcellulose, Ethylcellulose, Celluloseacetatphthalat, Hydroxypropylmethylcellulosephthalat (die letzten beiden für Magensaftresistenz) u. synthet. Polymere (Polymerisate aus Acrylsäure, Methacrylsäure u. deren Ester). Filmbildner werden als Lösung (in org. Lösungsmitteln) od. vielfach auch als Suspension eingesetzt. Zunehmend werden wässrige Kunststoffdispersionen (kolloide Systeme, gew. durch Emulsionspolimerisation) zum Überziehen benutzt. Neben den Filmbildnern benötigt man meist noch weitere Hilfsstoffe wie Hydrophilisatoren (Film wird wasserdurchlässig od. zerfällt in Wasser), Weichmacher (erhöhen Flexibilität u. Elastizität des Films), Tenside (verbessern Benetzungsvermögen u. Spreitbarkeit des Films), Farbstoffe u. Weißpigmente (Farbaufhellung), Geschmackskorrigenzien, Löse- od. Dispersionsmittel (Tensid-, Peptisatorzusatz zum Stabilisieren), Glanz- u. Gegenklebemittel; vgl. Compressi.

Filmüberzüge: s. Filmcoating.

Filter, elektrostatische: Anlegen eines elektr. Feldes (hochgespannter Gleichstrom) beim Durchleiten der Luft. Staub u. Mikroorganismen werden an der Niederschlagselektrode abgeschieden; s. Asepsis, Verfahren, aseptische.

Filter, gehärtete: s. Filtrieren.

Filterkerzen: als Kerzen ausgebildete Keramikfilter (s. Tiefenfilter) od. Membranfilter*. F. können als Chargenfilter eingesetzt werden, mehrere Kerzen werden in ein Filtergehäuse eingesetzt.

Filterpressen: Filterplatten, z. B. Seitz Entkeimungsfilter*.

Filtration, glomuläre: s. Elimination.

Filtrieren: Trennung eines festen Stoffs von einer Flüss. mittels Filter, entweder um eine Flüss. von festen Bestandteilen zu befreien od. um die in einer Flüss. enthaltenen festen Stoffe, z. B. Niederschläge, zu sammeln. Die durch das Filter laufende Flüss. heißt Filtrat, der auf dem Filter verbleibende feste Stoff wird als Rückstand bezeichnet. **Filtermaterialien:** **1.** Filterpapier: ungeleimtes Papier mit Poren von ca. 0.005 mm Weite, das für quantitative Analysen eine bestimmte Saugfähigkeit u. einen bekannten Aschengehalt haben muss. **Durchführung:** das Papier wird entweder kegelförmig gefaltet glatt in den Trichter gelegt (Filtertüte) od. gefaltet (Faltenfilter), wobei inf. der vergrößerten Oberfläche das F. rascher vonstatten geht. Um bei größeren Flüssigkeitsmengen ein Zerreißen des Filters zu vermeiden, legt man in den Trichter unter die Filterspitze einen Watte- od. Gazebausch od. einen kleinen glatten Filter; **2.** gehärtete Filter: Filterpapiere, die in Schwefelsäure-Salpetersäure getaucht (pergamiert) wurden. **Anw.:** Abtrennung feinster Niederschläge; **3.** Glasfaserfilter: werden in der präparativen u. analyt. Chemie eingesetzt. **Vorteil:** mehrfach verwendbar; **4.** weitere Materialien: Gewebe (Filtertücher; s. Kolieren), Glaswolle, Asbest, Sand, Porzellan, Ton, Quarz, Kieselgur, Kohle od. Brei aus zerrupftem u. befeuchtetem Filterpapier. **Saugfiltern:** mittels einer Saugpumpe, z. B. einer Wasserstrahlpumpe*, wird unter dem Filter ein luftleerer Raum erzeugt, so dass durch Druck- od. Saugwirkung ein schnelleres F. ermöglicht wird. Hierzu benutzt man im Labor Saugflasche u. Filter-Nutschen*. Auf die Siebplatte der Nutsche wird ein rund geschnittenes, gehärtetes glattes Filter gelegt, z. B. Filterpapier, ein Stück Gewebe, Leinen, Perlon od. Nylon. **Druckfiltern:** Filterpressen; dabei wird das Filtergut in geschlossenen Apparaten mittels Druckluft durch den Filter gepresst. **Filterkerzen:** Filtriervorrichtungen in Form von Hohlzylindern, bei denen die Flüss. von außen durch die Wandungen dringt, in denen die festen Stoffe festgehalten werden, im inneren Hohlraum hochsteigt u. von da abgesaugt wird. **Goochtiegel:** Filtertiegel; kleine Porzellantiegel mit Siebplatte, unter die fasriger, gereinigter Asbest od. Filterbrei gelegt wird. **Anw.:** quantitatives Sammeln von Niederschlägen; **Heißfiltration:** dabei werden mit Wasser od. Dampf heizbare doppelwandige Trichter eingesetzt; **Anw.:** Filtrieren von z. B. geschmolzenen Fetten od. Wachsen; **Membranfilter:** früher Zsigmondy-Filter; erfunden 1918 von Richard Zsigmondy, Göttingen (Nobelpreis für Chemie 1925, Aufklärung der heterogenen Natur kolloidaler Lösungen).

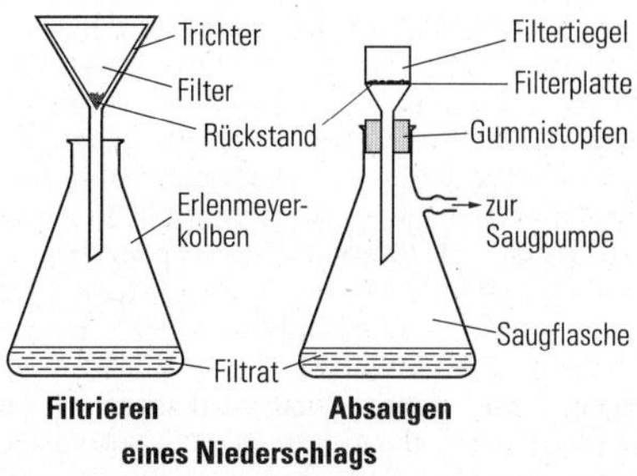

Filtrieren [11]

Filum bombycis tortum sterile DAB1996: steriler, geflochtener Seidenfaden; Seidenfäden bestehen aus Seidenfibroin*, einem Faserprotein. **Herst.**: durch Flechten einer dem Durchmesser entspr. Anzahl ausgekochter Seidenfäden, die durch Abhaspeln der Kokons des Seidenspinners, Bombyx* mori, gewonnen werden; die Seidenfäden dürfen vor der Sterilisation mit zugelassenen Farbstoffen gefärbt werden. **Anw.**: nicht resorbierbares, chirurgisches Fadenmaterial*; **Filum bombycis tortum sterile in fuso ad usum veterinarium Ph.Eur.4**: steriler geflochtener Seidenfaden im Fadenspender für Tiere.

F

Filum Ethyleni polyterephthalici sterile in fuso ad usum veterinarium: s. Fadenmaterial, chirurgisches.

Filum lini sterile DAB1996: Filum Lini asepticum, steriler Leinenfaden; aus den Bastfasern von Linum* usitatissimum gewonnener Faden. **Herst.**: Fasern von 2.5-5 cm Länge werden zu Bündeln von 30-80 cm zusammengefasst u. zu kontinuierl. Fäden bis zum gewünschten Durchmesser gesponnen. Der Leinenfaden ist i. Allg. cremeweiß u. kann mit zugelassenen Farbstoffen gefärbt sein. Anschließend wird er sterilisiert. **Anw.**: nicht resorbierbares, chirurgisches Fadenmaterial*; **Filum lini sterile in fuso ad usum veterinarium** Ph.Eur.4: steriler Leinenfaden im Fadenspender für Tiere; **Filum lini sterile in receptaculo** DAB2001: steriler Leinenfaden im Fadenspender.

Filum polyamidicum-6 sterile DAB1996: steriler Polyamid-6-Faden; Faden aus gesponnenem Kunststoff, der durch Polymerisation von ε-Caprolactam* hergestellt wird. Er besteht aus zylindrischen, glatten Monofilamenten, geflochtenen Multifilamenten od. einem leicht verdrehten, mit demselben Material überzogenen Faden, der mit zugelassenen Farben od. Pigmenten gefärbt werden kann u. anschließend sterilisiert wird. Er ist prakt. unlösl. in den übl. org. Lösungsmitteln, wird nicht von verd. 10 %igen Alkalihydroxidlösungen (m/V) angegriffen, jedoch von verd. 2 %igen Mineralsäuren (m/V) u. in der Wärme von Essigsäure 98 % u. von 70 %iger Ameisensäure (m/m). **Anw.**: nicht resorbierbares, chirurgisches Fadenmaterial*; **Filum polyamidicum-6 sterile in fuso ad usum veterinarium** Ph.Eur.4: steriler Polyamid-6-Faden im Fadenspender für Tiere; **Filum polyamidicum-6 sterile in receptaculo** DAB2002: steriler Polyamid-6-Faden im Fadenspender.

Filum polyamidicum-6/6 sterile DAB1996: steriler Polyamid-6/6-Faden; Faden aus gesponnenem Kunststoff, der durch Polykondensation von Hexamethylendiamin* u. Adipinsäure* hergestellt wird. Er besteht aus zylindr. glatten Monofilamenten od. einem leicht verdrehten, mit demselben Material überzogenen Faden. Er kann vor der Sterilisation mit zugelassenen Farbstoffen od. Pigmenten gefärbt werden. Er ist prakt. unlösl. in den übl. org. Lösungsmitteln u. wird nicht angegriffen von verd. Alkalihydroxid-Lsg., jedoch von verd. Mineralsäuren u. in der Wärme von Essigsäure 98 % u. von 80 %iger Ameisensäure (m/m). **Anw.**: nicht resorbierbares, chirurgisches Fadenmaterial*; **Filum polyamidicum-6/6 sterile in fuso ad usum veterinarium** Ph.Eur.4: steriler Polyamid-6/6-Faden im Fadenspender für Tiere; **Filum polyamidicum-6/6 sterile in receptaculo** DAB2002: steriler Polyamid-6/6-Faden im Fadenspender.

Filum polyestericum sterile: s. Fadenmaterial, chirurgisches (Filum ethyleni polyterephthalici sterile in fuso ad usum veterinarium Ph.Eur.4), Tabelle.

Filzlaus: s. Läuse.

Finasterid INN: Finasteridum Ph.Eur.4; *N-tert*-Butyl-3-oxo-4-aza-5α-androst-1-en-17β-carboxamid; CAS-Nr. 98319-26-7; $C_{23}H_{36}N_2O_2$, M_r 372.55. Schmp. 252-254 °C. $[\alpha]_D^{20\,°C}$ −59°. Weißes, krist. Pulver; leicht lösl. in Chloroform, Dimethylsulfoxid, Ethanol, Methanol, *n*-Propanol, wenig lösl. in Propylenglykol 400, schwer lösl. in Salzsäure (c = 1 mol/L), Natronlauge (c = 0.1 mol/L) u. Wasser. **Wirk.**: 5α-Reduktasehemmer; **Anw.**: Prostatamittel; bei benigner Prostatatahyperplasie*. **UAW:** gelegentl. Impotenz, verminderte Libido, vermindertes Ejakulationsvolumen, Gynäkomastie; **Kontraind.**: Anw. bei Frauen u. Kindern, Patienten mit häugfiger Harnentleerung; **Hinweis:** F. während der Schwangerschaft eingenommen führt zu Fehlbildungen der äußeren Geschlechtsorgane männl. Feten. Frauen, die schwanger od. möglicherweise schwanger sind, sollten daher jeglichen Kontakt mit der Substanz vermeiden; z.B. mit zerbrochenen Filmtabletten. Selbst der Kontakt mit Sperma eines therapierten Mannes kann schädlich sein; **Dos.**: p. o. 5 mg/d; HWZ 30 d.

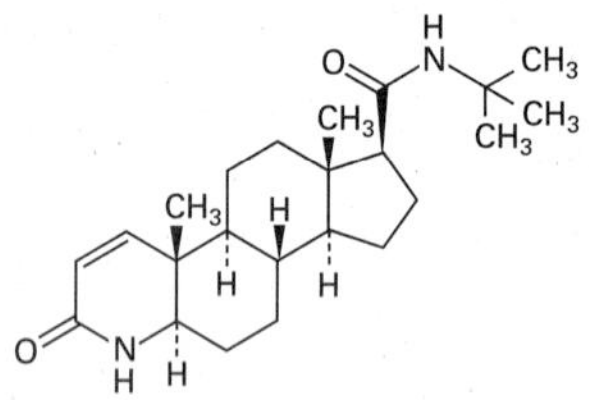

Finasterid

Fingerhutblätter: s. Digitalis purpurea (Digitalis purpureae folium).

Fingerhut, Gelber: s. Digitalis lutea.

Fingerhut, Großblütiger: s. Digitalis grandiflora.

Fingerhut, Roter: s. Digitalis purpurea.

Fingerhuttinktur: s. Tinctura Digitalis lanatae.

Fingerhut, Wolliger: s. Digitalis lanata.

Fingerkraut: s. Potentilla anserina.

Fingerkraut, Kriechendes: s. Potentilla reptans.

fingerprinting: zweidimensionale chromatograph. Auftrennung komplexer Substanzgemische, z. B. Aminosäuren, Peptide, Oligonucleotide.

Finkelstein-Reaktion: Umhalogenierungsmethode zur Herst. von Alkyliodiden aus Alkylchloriden od. -bromiden mit Natriumiodid in Aceton als Lösungsmittel (s. Abb.).

Finne: Entwicklungsstufe des Bandwurms, Cestodes*.

Finnenausschlag: s. Akne.

FIP: Abk. für (franz.) **F**édération **I**nternationale **P**harmaceutique; International Pharmaceutical Fe-

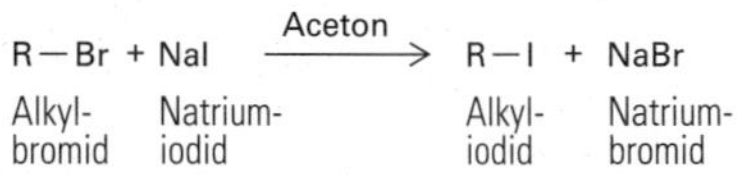

Finkelstein-Reaktion

deration; 1912 in Den Haag gegründete internationale pharmaz. Vereinigung, der bereits mehr als 60 Länder angehören. Nach Art. 2 ihres Statuts hat sie zum Ziel die Pharmazie auf internationalem Boden sowohl als Berufsstand als auch als angewandte Wissenschaft zu entwickeln u. die Rolle des Pharmazeuten im Gesundheitswesen auszubauen. Sie ist Herausgeberin des International Pharmacy Journal.

FIR: Abk. für fernes Infrarot; s. Infrarot.

Firnis: ein mit Sikkativen* (1-5 %) versetztes trocknendes Öl, meist Leinöl. F. soll, auf eine undurchlässige Fläche gestrichen, innerhalb 12-24 h zu einer festen, elast., nicht klebenden Haut eingetrocknet sein.

first messenger: (engl.) *erster Bote*; Hormone* u. Neurotransmitter* deren physiol. Reaktion nach Bindung an spezif. Membranrezeptoren der Zielzelle durch Botenstoffe (s. second messenger) im Intrazellularraum vermittelt wird. Sie können selbst nicht in den Intrazellularraum gelangen. Dazu gehören viele Gewebehormone u. Peptidhormone, Catecholamine*, Histamin* u. Acetylcholin*.

First-pass-Effekt: Abk. FPE, Effekt der ersten (Leber-)Passage, präsystemische Elimination; bewirkt, dass ein Teil der resorbierten Arzneistoffmenge bereits bei der ersten Passage der Darmwand u. bes. der Leber metabolisiert od. zurückgehalten wird, so dass die Menge, welche in die system. Zirkulation gelangt, entsprechend verringert ist. Der FPE tritt v. a. nach peroraler, z. T. auch nach rektaler Applikation auf. Da der Effekt durch Enzyme der Biotransformation* verursacht wird, folgt er der Michaelis*-Menten-Gleichung. Der FPE führt zu einer Herabsetzung der absoluten Bioverfügbarkeit* u. zu einer nichtlinearen (dosisabhängigen) Kinetik. Substanzen mit hohem FPE sind einige Betablocker (z. B. Propranolol, Metoprolol, Alprenolol), Lidocain od. Glyceroltrinitrat. Quantitative Angaben erfolgen in Prozent der gegebenen Dosis.

Fischbandwurm: Diphyllobothrium latum, Grubenkopfbandwurm; Dünndarmparasit des Menschen u. fischfressender Säugetiere. **Vork.:** Binnenseegebiete Mitteleuropas, Donaudelta, Ostseeländer, Sibirien u. Wolgabecken, Japan, Nordamerika; **Fischbandwurminfektion:** Genuss ungekochten, finnenhaltigen Fischfleisches führt zu Leibschmerzen, Durchfall u. Appetitlosigkeit; **Ther.:** Praziquantel*; **Prophylaxe:** Vermeidung nicht ausreichend gekochter Fischgerichte, Tiefgefrieren für 24 h bei -18 °C.

Fischbein, Weißes: s. Sepia officinalis (Ossa Sepiae).

Fischblase: s. Acipenser huso (Ichthyocolla).

Fischer-Gatsch: s. Gatsch.

Fischer-Hepp-Umlagerung: sekundäre aromat. Nitrosamine lagern sich in alkohol. Salzsäure in *p*-Nitrosoarylamine um. Beispiel: aus *N*-Nitroso-*N*-methylanilin entsteht *p*-Nitroso-*N*-methylanilin.

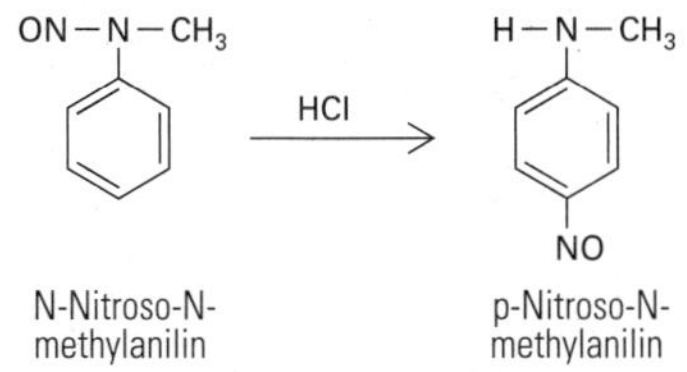

Fischer-Hepp-Umlagerung: Bildung von *p*-Nitroso-N-methylanilin

Fischer-Peptidsynthese: Methode zur Synthese von Peptiden*. Ein α-Halogensäurechlorid wird mit einem Aminosäureester umgesetzt, zur Säure hydrolysiert u. anschließend das α-Halogen mit Ammoniak gegen eine Aminogruppe ausgetauscht.

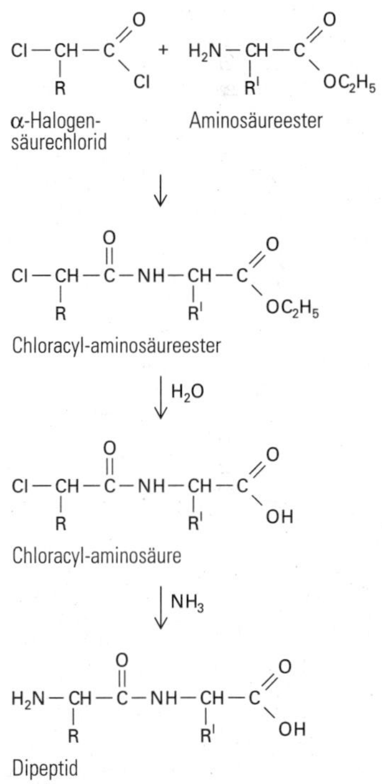

Fischer-Peptidsynthese

Fischer-Phenylhydrazinsynthese: Methode zur Herst. von Phenylhydrazin*. Diazoniumsalze werden mit überschüssigem Natriumsulfit bei erhöhter Temp. behandelt, das gebildete Diazosulfonat zum Natriumsalz der Phenylhydrazinsulfonsäure reduziert u. mit Salzsäure hydrolysiert (s. Abb.).

Fischer-Projektion: zweidimensionale Molekülprojektion zur Def. der Konfiguration*. Waa-

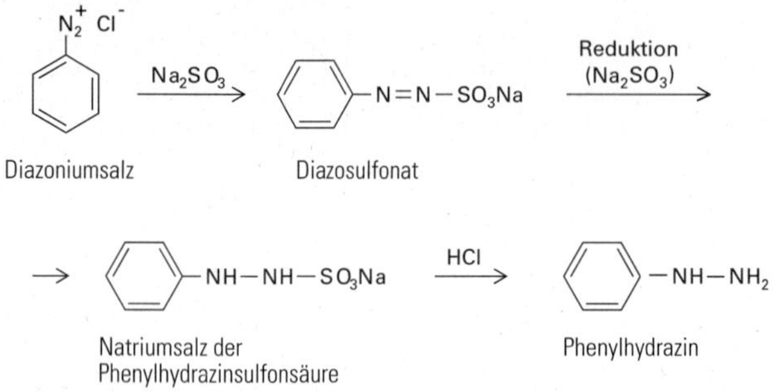

Fischer-Phenylhydrazinsynthese

gerechte Bindestriche eines zentralen C-Atoms kennzeichnen die vor der Papierebene, senkrechten Bindestriche die hinter der Papierebene befindl. Liganden (s. Abb.). In der F.P. werden zur Beschreibung der Konfiguration von Enantiomeren*, v. a. von Kohlenhydraten* u. Aminosäuren*, die Präfixe D- (lat. dexter rechts) u. L- (lat. laevus links) verwendet; Bezugssubstanz ist Glycerinaldehyd. D- und L- haben keinen Bezug zur Drehrichtung des linear polarisierten Lichts. Wegen der gelegentl. Zweideutigkeit der D/L-Nomenklatur wurde für asymmetr. Verb. die R/S-Nomenklatur* entwickelt.

Prinzip der F.P.: 1. Das Molekül wird so dargestellt, dass sich eine möglichst lange C-Kette mit zumindest einem asymmetr. C-Atom ergibt; das C-Atom mit der höchsten Oxidationszahl steht oben. **2.** Bei Zuckern ist das Bezugs-C-Atom für die D/L-Nomenklatur das unterste asymmetr., bei Aminosäuren das oberste asymmetr. C-Atom der gedachten Kette. **3.** Die Konfiguration, in der die HO-, bzw. die NH_2-Gruppe rechts von der senkrechten Kette liegt, heißt D-Form, die andere L-Form.

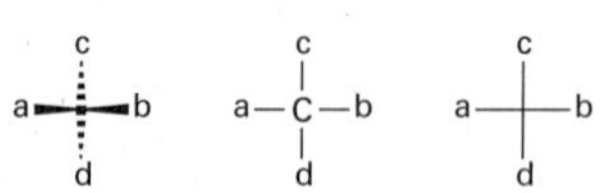

Fischer-Projektion: 3 gleichwertige Formulierungen des asymetr. C-Atoms; links u. Mitte: Projektionsformeln, rechts: Fischer-Projektion

Fischer-Speier-Veresterung: Veresterung von Carbonsäuren durch Kochen mit überschüssigem Methanol od. Ethanol unter saurer Katalyse mit 3 %iger Salzsäure. Beispiel: aus Essigsäure u. Ethanol erhält man Essigsäureethylester (s. Abb.).

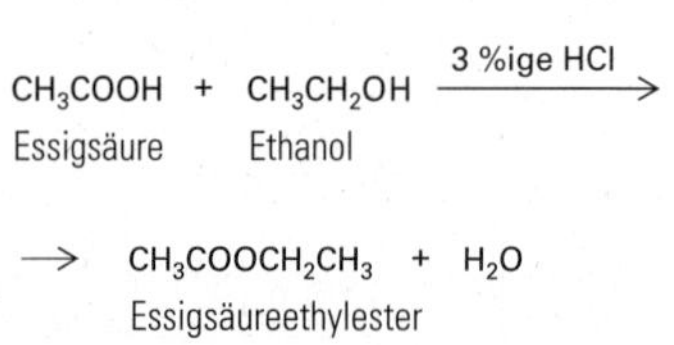

Fischer-Speier-Veresterung: Bildung von Essigsäureethylester als Beispiel

Fischkörner: s. Anamirta cocculus.

Fischleim: s. Acipenser huso (Ichthyocolla); **Japanischer Fischleim** (Vegetabilischer Fischleim) s. Agar.

Fischöle: 1. Öle, oft aus dem ganzen Körper von v. a. Kaltwasserfischen; reich (bis zu 75 %) an ungesättigten Fettsäuren, v. a. Omega-3-Fettsäuren (s. Fettsäuren, essentielle). **2.** Fischleberöle, s. Lebertran.

Fischrinde: s. Piscidia piscipula (Cortex Piscidiae radicis).

Fischvergiftung: s. Lebensmittelvergiftung.

Fisetin: Flavonolderivat; Strukturformel s. Flavonoide (Tab.).

Fisole: s. Phaseolus vulgaris ssp. vulgaris var. vulgaris.

Fissur: Einriss der Haut od. Schleimhaut, z. B. Rhagade, Analfissur.

Fistel: 1. angeborene od. erworbene röhrenförmige Verb. zw. Körperhöhlen u. Hohlorganen (innere F.) od. der Körperoberfläche (äußere F.); z. B. Analfistel, Darmfistel. **2.** operativ angelegte Kurzschlussverb. zw. einer Extremitätenarterie u. -vene, die eine ausreichende Blutentnahme zur Durchführung einer Hämodialyse ermöglicht.

Fixiernatron: s. Natriumthiosulfat.

Flachs: s. Linum usitatissimum.

Flacourtiaceae: Fam. der Od. Violales; die Vertreter enthalten Cyclopenten*-Fettsäuren.

Flächendesinfektion: Scheuerdesinfektion* erfolgt in allen Krankenhäusern, Lebensmittelbetrieben, pharmaz. Betrieben entweder im Zusammenhang mit einer Infektionskrankheit od. als prophylakt. Maßnahme. Bevorzugte Wirkstoffe sind Aldehyde, Quats, Alkohole, Phenole, Amphotenside, Aktivchlor, Guanidine (Liste BGA u. DGHM).

Flächengesetz: s. Gesetz der korrespondierenden Flächen.

Fläche unter der Kurve: s. AUC, Bateman-Funktion.

Fläche zwischen den Kurven: s. ABC.

Flagellata: s. Protozoen.

Flagellen: extrazelluläre Anhänge (Geißeln), die um ihre Achse rotieren u. der Fortbewegung dienen. F. kommen bei Bakterien, eukaryont. Einzellern u. Geschlechtszellen vielzelliger Organismen vor.

Flagellocystenreaktion: mikroskop. Nachw. von Salzen der Mecon- od. Chelidonsäure, die mit einer 0.5 %igen wässrigen Tanninlsg. charakterist. Färbungen ergeben (härchenartige Gebilde).

Flammenphotometrie: s. Spektroskopie.

Flammpunkt: Abk. Fp.; der Entflammungspunkt, d. h. die Temp., bei der sich über einer brennbaren Flüss. durch Verdunstung so viel Dampf gebildet hat, dass dieser durch eine angenäherte Flamme entzündet wird, ohne dass die Flüss. weiterbrennt. Bei etwas höherer Temp., dem Brennpunkt*, entzündet sich dann die ganze Flüss.; **Anw.**: Prüfung von z. B. Erdöl, Benzin, Schmierölen.

Flammutoxin: s. Hämolysine, pilzliche.

Flaschenglas: s. Glas.

Flaschenlack: Siegellack (s. Schellack) od. Celluloselack.

Flash-back: Rauschzustand lange nach der Einahme von Rauschmitteln , der sich in der Symtomatik nicht vom Rausch kurz nach der Zufuhr unterscheidet. (s. Lysergsäurediethylamid).

Flatulenz: Aufblähung des Magens od. Darms; nervös, org. od. nahrungsbedingt; mit reichl. Abgang von Darmgasen.

Flaumeiche: s. Quercus pubescens.

Flavan (lat. flavus gelb): 2-Phenylchroman; Grundstruktur der Flavonoide* (Tab.).

Flavanole: **1.** Flavan-3-ole s. Catechine **2.** Flavan-3,4-diole s. Leukoanthocyanidine; Strukturformeln vgl. Flavonoide (Tab.).

Flavanone: farblose Flavonoide*, die sich vom Ringsystem des Flavanons (2,3-Dihydroflavon) ableiten. Hydroxylierte Flavanone sind in freier od. glykosid. Form in höheren Pflanzen verbreitet, bes. in den Fam. Rosaceae, Fam. Rutaceae u. Fam. Asteraceae. Flavanone mit einer Hydroxylgruppe in Position 3 werden Flavanonole (z. B. Taxifolin) genannt. Strukturformeln einiger Vertreter s. Flavonoide (Tab.).

Flavanonollignane: Flavanolignane; Kondensationsprodukte aus Flavanonolen od. Flavanolen, z. B. aus Taxifolin (2,3-Dihydroquercetin), Coniferylalkohol od. aus ähnl. Verbindungen. Ein Beispiel ist Silibinin*, das in Mariendistelfrüchten enthalten ist, s. Silybum marianum (Cardui mariae fructus).

Flavedo: äußere, gelbe Schicht der Fruchtschale (Perikarp) von Arten der Gattung Citrus* im Ggs. zur inneren, weißen Schicht, der Albedo.

Flavedo Aurantii amari: s. Citrus aurantium ssp. aurantium (Aurantii amari epicarpium et mesocarpium).

Flavedo aurantii dulcis recens: s. Citrus sinensis (Aurantii dulcis flavedo recens).

Flavedo citri recens: s. Citrus limon (Limonis flavedo recens).

Flavin-adenin-dinucleotid: s. FAD.

Flavine: Lyochrome; gelbe, wasserlösl. Farbstoffe, die sich vom Isoalloxazin (Flavin), Struktur s. Flavinenzyme (Abb.), ableiten. Riboflavin (Vitamin* B_2) ist das wichtigste Derivat.

Flavinenzyme: Flavoproteine; eine Gruppe weit verbreiteter Oxidoreduktasen, die als Wirkgruppe (prosthet. Gruppe) meistens FAD* (Flavin-adenin-dinucleotid) od. weniger häufig FMN (Flavin-mononucleotid) aufweisen (s. Abb.). Das Isoalloxazin-Ringsystem, das Grundgerüst von Riboflavin, wirkt als Redoxsystem. Die Metalloflavoenzyme enthalten zusätzl. Metalle wie Fe, Mg, Cu, Mo. Zu den F. gehören: **1. Oxidasen:** benutzen Sauerstoff als Elektronenakzeptor. Dazu gehören z. B. Glucoseoxidase*, Xanthinoxidasen*, Aminosäureoxidasen*, Laccase*, Ascorbinsäureoxidase*; **2. Reduktasen:** reagieren hauptsächl. mit Cytochromen, z. B. einige Cytochromreduktasen, Glutathionreduktase, Nitratreduktasen*; **3. Dehydrogenasen:** der Wasserstoffakzeptor einiger Vertreter dieser Gruppen ist noch nicht bekannt. Beispiele sind Succinatdehydrogenase*, Acyl-CoA-Dehydrogenase, NADH- u. NADPH-Dehydrogenase.

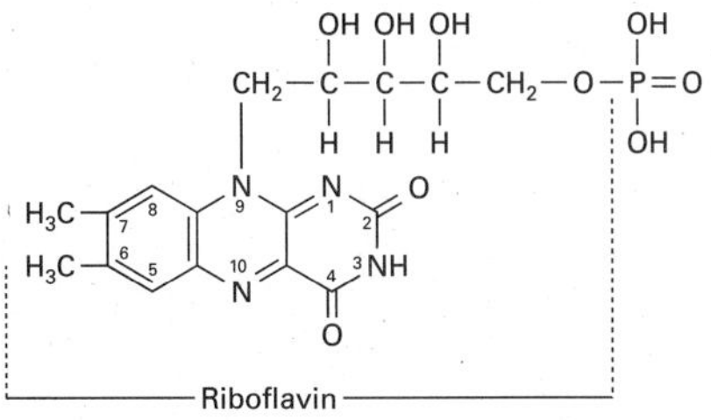

Flavinenzyme: Flavinmononucleotid als Beispiel

Flavin-mononucleotid: s. Flavinenzyme.

Flavinnucleotide: s. Flavinenzyme.

Flavobacterium: Gelbkeime; Gattung gramnegativer, unbewegl., sporenloser, aerober Stäbchenbakterien; noch keiner Fam. zugeordnet; bilden gelben Farbstoff. **Vork.:** weit verbreiteter Wasser- u. Bodenkeim; isoliert aus rohem Fleisch, Milch u. gelegentl. aus Untersuchungsmaterial; med. relevant ist F. meningosepticum, ein seltener Erreger von Meningitis.

Flavodoxin: Elektronen übertragendes Protein, enthält Flavin-mononucleotid. Ähnl. Ferredoxin*.

Flavon: 2-Phenylbenzo-γ-pyron, 2-Phenylchromon; Schmp. 99-100 °C; farblose Nadeln, prakt. unlösl. in Wasser; Grundkörper vieler gelber Blüten- u. Kernholzfarbstoffe; s. Flavonoide (Tab.).

Flavone: 2-Phenylchromone, Derivate des Flavons; zus. mit den **Flavonolen** (Derivate des Flavonols) wichtige Pflanzenfarbstoffe, die zu den Flavonoiden* (Tab.) gehören. Alle F. bestehen aus 2 verschieden substituierten Phenylringen, sowie dem γ-Pyronring, der für die typ. Reaktionen der F. wie basisches Verhalten u. Salzbildung verantwortl. ist u. ein System konjugierter Doppelbindungen aufweist. Flavon entsteht durch Dehydrierung aus Flavanon, während Flavonol durch Dehydrierung aus Flavanonol gebildet wird. Wie andere Flavonoide kommen die meisten F. als wasserlösl. Glykoside vor, z. B. Rutosid* (Rutin), Hyperosid* u. Quercitrin (Glykoside von Quercetin), Hesperidin*, Morin*, Luteolin*, Kämpferol*, Chrysin*. Sie treten vielfach als Copigmente der Anthocyane* auf. Das Zusammenspiel beider Farbstofftypen erklärt das gleichzeitige Auftreten von Gelb u. Rot in versch. Blüten.

Flavonoiddrogen: Drogen mit hohem Geh. (ca. 0.5-3 %) an Flavonoiden*, z. B. Birkenblätter (s. Betula pendula), Weißdornblätter u. -blüten (s. Crataegus-Arten), Holunderblüten (s. Sambucus nigra). Bes. hoch ist der Geh. an Flavonoiden im Buchweizen (s. Fagopyrum esculentum) mit ca. 6 % u. in Schnurbaumknospen (s. Sophora japoni-

Flavonoide
Grundkörper, Aglyka

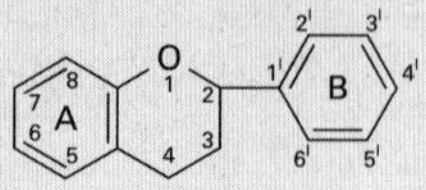

Flavan

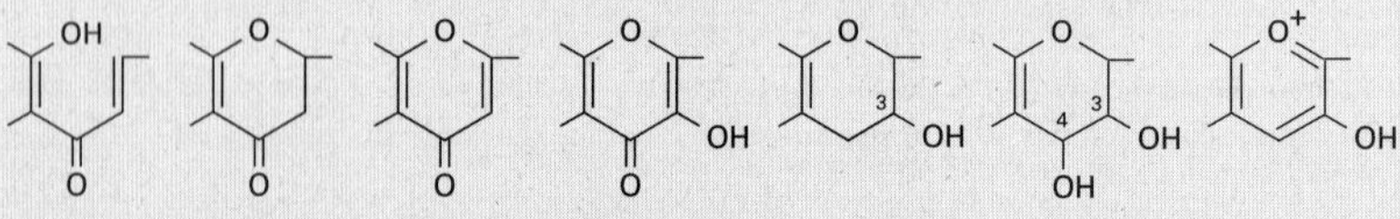

Chalkon Flavanon Flavon Flavonol Catechin Flavan-3,4-diol Anthocyanidin

Name	C-3	C-5	C-6	C-7	C-3'	C-4'	C-5'
Flavanon	H	H	H	H	H	H	H
Eriodictyol	H	OH	H	OH	OH	OH	H
Hesperetin	H	OH	H	OH	OH	OCH_3	H
Liquiritigenin	H	H	H	OH	H	OH	H
Naringenin	H	OH	H	OH	H	OH	H
Pinocembrin	H	OH	H	OH	H	H	H
Flavanonol	OH	H	H	H	H	H	H
Taxifolin	OH	OH	H	OH	OH	OH	H
Flavon	H	H	H	H	H	H	H
Apigenin	H	OH	H	OH	H	OH	H
Chrysin	H	OH	H	OH	H	H	H
Diosmetin	H	OH	H	OH	OH	OCH_3	H
Eupatorin	H	OH	OCH_3	OCH_3	OH	OCH_3	H
Luteolin	H	OH	H	OH	OH	OH	H
Scutellarein	H	OH	OH	OH	H	OH	H
Scutellareintetramethylether	H	OCH_3	OCH_3	OCH_3	H	OCH_3	H
Sinensetin	H	OCH_3	OCH_3	OCH_3	OCH_3	OCH_3	H
Flavonol	OH	H	H	H	H	H	H
Axillarin	OCH_3	OH	OCH_3	H	OH	OH	H
Chrysoplenetin	OCH_3	OH	OCH_3	OCH_3	OCH_3	OH	H
Chrysoplenol	OCH_3	OH	OCH_3	OCH_3	OH	OH	H
Eupaletin	OH	OH	OCH_3	OCH_3	H	OH	H
Eupatoletin	OH	OH	OCH_3	OCH_3	OH	OH	H
Fisetin	OH	H	H	OH	H	OH	OH
Galangin	OH	OH	H	OH	H	H	H
Gossypetin	OH	OH	OH	OH	OH	OH	H
Isorhamnetin	OH	OH	H	OH	OCH_3	OH	H
Jaceidin	OCH_3	OH	OCH_3	H	OCH_3	OH	H
Kampferol	OH	OH	H	OH	H	OH	H
Myricetin	OH	OH	H	OH	OH	OH	OH
Patuletin	OH	OH	OCH_3	H	OH	OH	H
Quercetagenin	OH	OH	OH	OH	OH	OH	H
Quercetin	OH	OH	H	OH	OH	OH	H
Rhamnetin	OH	OH	H	OCH_3	OH	OH	H
Robinetin	OH	H	H	OH	H	OH	H
Spinacetin	OH	OH	OCH_3	H	OCH_3	OH	H

ca) mit ca. 25 % Rutosid* (Rutin). Durch hohen Flavonoidgeh. zeichnen sich auch die Blüten folgender Pfl. aus: Tilia-Arten (z. B. Tilia* cordata), Gelbes Katzenpfötchen (Helichrysum* arenarium), Ringelblume (Calendula* officinalis), Filipendula-Arten (z. B. Filipendula* ulmaria, Johanniskraut (Hypericum* perforatum), Gartenraute (Ruta* graveolens), Goldrute (Solidago* virgaurea), Arnica* montana, Königskerze (Verbascum*-Arten), Primula-Arten (z. B. Primula veris). Zum Teil abgewandelte Flavonoide finden sich in Mariendistelfrüchten (s. Silybum marianum), Ginkgoblättern

(s. Ginkgo biloba), Hauhechelwurzeln (s. Ononis spinosa), Pomeranzenschalen (s. Citrus aurantium ssp. aurantium). **Anw.:** Venenmittel, Spasmolytika, Diuretika u. Leberschutzmittel; vgl. Flavonoide u. die einzelnen Stammpflanzen.

Flavonoide: veraltet Citrin, Permeabilitäts-Faktor, Permeabilitäts-Vitamin, Vitamin P; weit verbreitete Gruppe von sekundären Pflanzenstoffen (s. Tab.) mit Phenylchroman-Grundgerüst. Nach Stellung des Phenylrestes unterscheidet man zw. Flavanen, Isoflavanen u. Neoflavanen, also den 2-, 3- u. 4-Phenylchroman-Derivaten. Je nach Oxidationsgrad des Pyranringes unterteilt man in Flavone* bzw. Isoflavone (s. Isoflavonoide) u. Flavanone* (2,3-Dihydroflavonderivate). Aus biochem. u. strukturchem. Gründen zählen die Chalkone*, Aurone*, Catechine* (Flavan-3-ole), Anthocyanidine* u. Leukoanthocyanidine* (Flavan-3,4-diole) ebenfalls zu den Flavonoiden. Die Biogenese der Aglyka erfolgt teils über den Shikimiat-, teils über den Polyketid-Weg (s. Aromatenbiosynthese). **Vork.:** fast ausnahmslos in den oberird. Teilen von Blütenpfl. (s. Flavonoiddrogen), vielfach als gelbe, orange, rote, blaue od. schwarze Farbstoffe für die Färbung von Blüten, Blättern, Früchten u. a. Pflanzenteilen verantwortlich. Die meisten F. sind lösl. in Wasser; in der Pfl. liegen F. als *O*- od. (selten) als *C*-Glykoside (Glykosile, z. B. Vitexin* od. in Lespedeza* capitata) vor. Als Kohlenhydratreste treten einfache Hexosen u. Pentosen auf, die mono-, aber auch di- u. trisaccharidisch gebunden sein können. Auch diese versch. Glykosidifizierungsmöglichkeiten bedingen eine breite Palette von Flavonoidstrukturen. Bei Aufarbeitung der Drogen können F. auch hydrolisiert werden, so dass die Aglyka vorliegen. Es gibt auch einige lipophile F. wie Scutellareintetramethylether od. Sinensetin (in Orthosiphon* aristatus), die meist methoxyliert sind. **Wirk.** u. **Anw.:** F. sind an pfl. Oxidoreduktase-Systemen beteiligt, sie wirken als Lichtschutzstoffe u. Phytoalexine. Sie können versch. Enzyme, z. B. die Hyaluronidase (daher kapillarabdichtende Wirk., z. B. von Rutinosid u. Hesperidin*), hemmen. Sie wirken als Antioxidanzien, was ihre „Vitaminwirk." begründet. In-vitro zeigen sie antivirale u. geringe antibakt. Eigenschaften. **Nachw.:** Wilson*-Tauböck-Reaktion u. Shinoda*-Test.

Flavonole: s. Flavone, Flavonoide (Tab.).

Flavoproteine: s. Flavinenzyme.

Flavoxat INN: 2-Piperidinomethyl-3-methyl-4-oxo-2-phenyl-4*H*-1-benzopyran-8-carboxylat; CAS-Nr. 15301-69-6; $C_{24}H_{25}NO_4$, M_r 391.45. **Anw.:** Spasmolytikum*, Ind.: Spasmen des Urogenitaltraktes; Parasympatholytikum* mit entspr. UAW; HWZ 3 h bzw. 8 h (Metaboliten). Gebräuchl. ist auch Flavoxathydrochlorid.

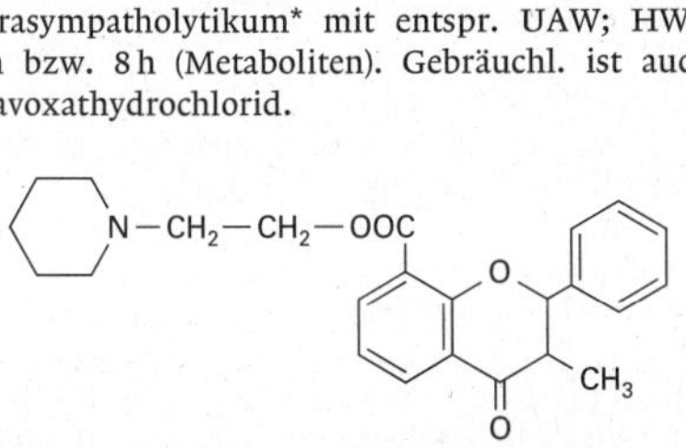

Flavoxat

Flecainid INN: (*RS*)-*N*-(Piperidin-2-ylmethyl)-2,5-bis-(2,2,2-trifluorethoxy)benzamid; CAS-Nr. 54143-55-4; $C_{17}H_{20}F_6N_2O_3$, M_r 414.36. **Anw.:** Antiarrhythmikum*. **Flecainidacetat:** Flecainidi acetas Ph.Eur.4; CAS-Nr. 54143-56-5; $C_{19}H_{24}F_6N_2O_5$, M_r 474.39. Weißes, krist., sehr hygroskop. Pulver, lösl. in Wasser.

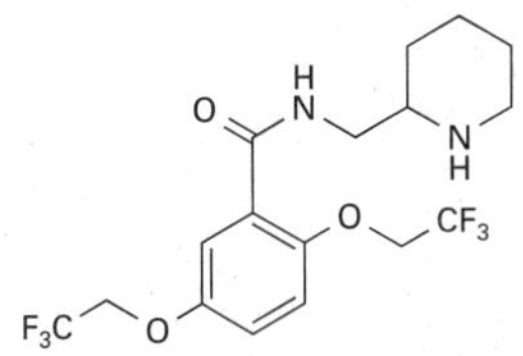

Flecainid

Flechte, Isländische: s. Cetraria islandica.

Flechten: **1.** (bot.) s. Lichenes. **2.** (med.) s. Dermatomykosen.

Flechtensäuren: für Flechten (Lichenes*) charakterist., z. T. bakteriostat. wirkende u. bittere Verbindungen. Es handelt sich dabei um Depside od. Depsidone von Phenolcarbonsäuren (z. B. Cetrarsäure* in Lichen islandicus, s. Cetraria islandica), Derivate des Orcin* (Dihydroxytoluol) wie Orsellinsäure* od. Dibenzofuranderivate (z. B. Usninsäure*).

Flechtenstärke: s. Lichenin.

Flechtgewebe: s. Plectenchym.

Fleckenkraut: s. Pulmonaria officinalis.

Fleckfieber: Infektionskrankheit, die durch Rickettsien* hervorgerufen wird. Beispiele: **1.** Epidem. F.: Läusefleckfieber, klassisches F., durch Läuse übertragene, schwere Infektionskrankheit mit hoher Leatlität; **2.** murines F.: Rattenfleckfieber, endem. F., durch Rattenflöhe übertragene Infektionskrankheit mit milderem Verlauf. Vgl. Rickettsiosen, Arthropoden.

Fleckschierlingkraut: s. Conium maculatum (Herba Conii).

Fleischpepton: s. Peptone.

Fleischvergiftung: s. Lebensmittelvergiftung.

Fleming, Alexander: s. Antibiotika (Geschichte).

Fleroxacin INN: 6,8-Difluoro-1-(2-fluoroethyl)-1,4-dihydro-7-(4-methyl-1-piperazinyl)-4-oxo-3-chinolincarbonsäure; CAS-Nr. 79660-72-3; $C_{17}H_{18}F_3N_3O_3$, M_r 369.34. **Wirk.:** Gyrasehemmer*; **Anw.:** Antibiotikum* mit hoher Wirksamkeit gegen aerobe gramnegative Keime (v. a. Enterobateriaceae) u. grampositive Keime wie Staphylokokken; **UAW:** u. a. gastrointestionale Beschwerden, Kopfschmerzen, psych. Störungen, Blutbildveränderungen; **Kontraind.:** Epilepsie, Anw. bei Kindern, Schwangerschaft u. Stillzeit; **Dos.:** p. o.

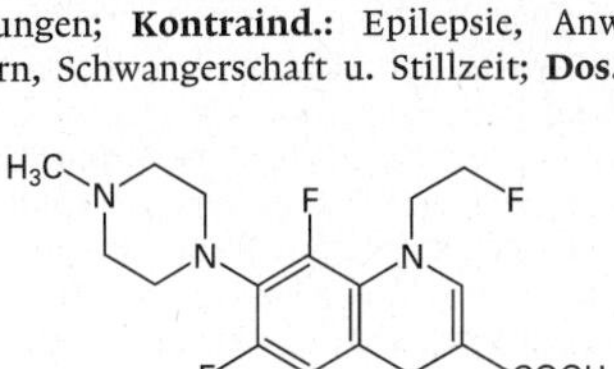

Fleroxacin

F

Erwachsene 400 mg/d; HWZ 9-13 h. **Fleroxacinhydrochlorid:** $C_{17}H_{18}F_3N_3O_3 \cdot HCl$, M_r 405.80. Schmp. 269-271 °C (kristallisiert aus Wasser).

Flieder, Deutscher: s. Sambucus nigra.

Flieder, Gewöhnlicher: s. Syringa vulgaris.

Fliegen: Brachycera, Kurzfühler; Insektengruppe aus der Od. der Diptera (Zweiflügler) mit meist kurzen, dreigliedrigen Fühlern u. gedrungenem Körperbau. Entw. über Ei, Larve (Made), Tönnchenpuppe zur Imago; einige Arten übertragen Infektionskrankheiten, v. a. Tsetse-Fliegen (Gattung Glossina) die Afrikanische Schlafkrankheit (s. Trypanosomiasis), andere sind Erreger der Myiasis*.

F

Fliegenholz: **1.** s. Quassia amara (Lignum Quassiae surinamense). **2.**. s. Picrasma excelsa (Lignum Quassiae jamaicense).

Fliegenmadenkrankheit: s. Myiasis.

Fliegenpfeffer: s. Piper longum.

Fliegenpilz: s. Amanita muscaria.

Fliegen, Spanische: s. Canthariden.

Fließeigenschaften von Schüttgütern: Fließfähigkeit (Rieselfähigkeit) von Pulvern u. Granulaten, beeinflusst durch die interpartikuläre Reibung. Untersuchung durch: **1.** Bestimmung der Fließgeschwindigkeit durch geeignete Trichter (nach Ph.Eur.4) mit od. ohne Rohr sowie versch. Winkeln u. Öffnungsdurchmessern (vgl. Auslauftrichter nach Maly); **2.** Böschungswinkel*; **3.** Zugfestigkeitstester*; **4.** Scherzellen*; **5.** Pulverrheometer*.

Fließgeschwindigkeit: s. Fließeigenschaften von Schüttgütern.

Fließgleichgewicht: (engl.) *steady state*; Zustand, in dem der Blutspiegel konstant bleibt, weil sich resorbierte u. eliminierte Arzneistoffmenge entsprechen. In der Praxis nur bei Dauerinfusion* erreicht, bei Mehrfachapplikation* schwankt die Konzentration zw. einem Maximalwert $C_{ss,max}$ u. einem Minimalwert $C_{ss,min}$.

Fließpunkt: Temp., die das Schmelzverhalten von Fetten charakterisiert.

Fließregulierungsmittel: (engl.) *glidants*; verbessern in geeigneter Konz. die Rieselfähigkeit pulverförmiger, v. a. kohäsiver Schüttgüter (Beweglichkeit der Pulverteilchen) durch Anlagerung an die Oberfläche der Teilchen (partikulär od. als dünner Film) unter Reduktion der interpartikulären Haftkräfte. Die Folge ist ein gleichmäßigeres Fließen u. eine höhere Abteilgenauigkeit (Dosierungsgenauigkeit) z. B. bei der Tablettenherstellung u. Kapselabfüllung. Als F. eignen sich u. a. hochdisperses Siliciumdioxid, Stärke (getrocknet) u. Metallseifen.

Flintglas: stark lichtbrechendes Bleiglas für opt. Zwecke; s. Glas.

Flip-flop-Kinetik: tritt auf, wenn die Resorption eines Arzneistoffs langsamer erfolgt als die Elimination. Die halblogarithm. Bateman*-Funktion weist im terminalen Bereich eine Gerade auf, die jedoch von der Resorption bestimmt wird. Somit kann die Elimination nach der Abschälmethode* ermittelt werden. Klarheit gibt der Vergleich mit der Plasmaspiegelkurve nach i. v.-Applikation. Beispiele sind Stoffe mit schneller Elimination (z. B. einige Penicilline wegen tubulärer Sekretion) und v. a. Retardpräparate*.

Flippasen: spezielle Phospholipid-Translokatoren, die auf der Plasmaseite der Membran synthetisierte Membranlipide unter Energieaufwand durch den hydrophoben Membranbereich transportieren.

Flockung: s. Aufrahmen.

Floctafenin INN: 2,3-Dihydroxypropyl-*N*-[8-(trifluormethyl)-4-chinolyl]-anthranilat; CAS-Nr. 23779-99-9; $C_{20}H_{17}F_3N_2O_4$, M_r 406.37. Schmp. 179-180°C (kristallisiert aus Methanol). Gelbl. weißes Pulver; lösl. in Ethanol; sehr schwer lösl. in Ether, Chloroform, Methylenchlorid; unlösl. in Wasser. **Anw.:** selten Analgetikum*, Antirheumatikum*; **UAW:** gastrointestinale Störungen, Müdigkeit, Schwindel, Kopfschmerzen; **Dos.:** p. o. 0.2 g, zur Milderung leichter Schmerzen, 4×0.2-0.4 g/d bei . Erkrankungen des rheumat. Formenkreises.

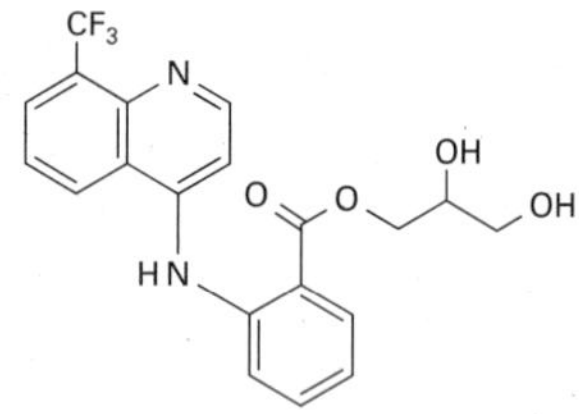

Floctafenin

Flöhe: max. 1-7 mm große Insekten; blutsaugende Arthropoden*, z. T. wichtige Krankheitsüberträger*. **Formen:** **1.** Menschenfloh: pathogene Bedeutung gering; **2.** Hunde- u. Katzenfloh: gehen auch auf den Menschen über, gelegentl. Überträger von Rickettsien, Zwischenwirt von Bandwürmern; **3.** tropischer Rattenfloh: wichtigster Pestfloh; Überträger von Yersinien* auf den Menschen; **4.** nord. Rattenfloh: seltener Pestfloh; **5.** Sandfloh: Blutsauger bei Mensch u. Schwein.

Flohblume: s. Stachys officinalis.

Flohsamen: s. Plantago afra (Psyllii semen).

Flohsamen, Indische: s. Plantago ovata (Plantaginis ovatae semen).

Flohsamenschalen, Indische: s. Plantago ovata (Plantaginis ovatae seminis tegumentum).

Flohwegerich: s. Plantago afra.

Flor de Piedra: s. Lophophytum leandri.

Florentiner Flasche: Vorrichtung zur Trennung von Flüss., bes. bei der Gewinnung äther. Öle.

Florentium: s. Promethium.

Flores: Abk. Flor.; s. Blüte.

Flores Acaciae farnesianae: s. Acacia farnesiana.

Flores Acaciae germanicae: s. Prunus spinosa (Pruni spinosae flos).

Flores Acaciae nostratis: s. Prunus spinosa (Pruni spinosae flos).

Flores Alceae: s. Alcea rosea (Malvae arboreae flos).

Flores Althaeae: s. Althaea officinalis.

Flores Anthos: s. Rosmarinus officinalis (Flores Rosmarini).

Flores Anthyllidis vulnerariae: s. Anthyllis vulneraria.

Flores Arnicae: s. Arnica montana (Arnicae flos).

Flores Aurantii: s. Citrus aurantium ssp. aurantium (Aurantii flos).

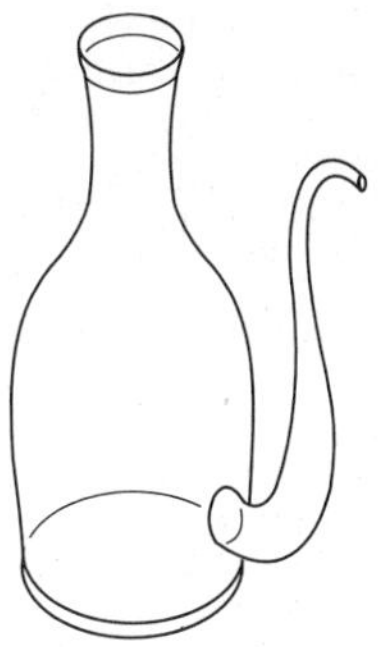

Florentiner Flasche

Flores Balaustii: s. Punica granatum (Flores Granati).
Flores Bellidis: s. Bellis perennis.
Flores Bismalvae: s. Althaea officinalis (Flores Althaeae).
Flores Brayerae: s. Hagenia abyssinica (Flores Koso).
Flores Calcatrippae: s. Delphinium consolida.
Flores Calendulae: s. Calendula officinalis (Calendulae flos).
Flores Calendulae sine Calycibus: s. Calendula officinalis (Calendulae flos).
Flores Capparidis: s. Capparis spinosa.
Flores Carthami: s. Carthamus tinctorius.
Flores Caryophylli: s. Syzygium aromaticum (Caryophylli flos).
Flores Cassiae: s. Cinnamomum aromaticum.
Flores Chamomillae hortensis: s. Chamaemelum nobile (Chamomillae romanae flos).
Flores Chamomillae majoris: s. Chamaemelum nobile (Chamomillae romanae flos).
Flores Chamomillae nobilis: s. Chamaemelum nobile (Chamomillae romanae flos).
Flores Chamomillae odorati: s. Chamaemelum nobile (Chamomillae romanae flos).
Flores Chamomillae romanae: s. Chamaemelum nobile (Chamomillae romanae flos).
Flores Chamomillae vulgaris: s. Chamomilla recutita (Matricariae flos).
Flores Cheiranthi cheiri: s. Cheiranthus cheiri.
Flores Chrysanthemi cinerariifolii: s. Tanacetum cinerariifolium (Pyrethri flos).
Flores Chrysanthemi persici: persische Insektenblüten; s. Tanacetum cinerariifolium, Tanacetum coccineum, Chrysanthemum marschallii.
Flores Cinae: s. Artemisia cina (Cinae flos).
Flores Cinnamomi: s. Cinnamomum aromaticum (Flores Cassiae).
Flores Convallariae: s. Convallaria majalis.
Flores Crataegi oxyacanthae: s. Crataegus-Arten (Crataegi flos).
Flores Croci: s. Crocus sativus (Crocus).
Flores Cyani: s. Centaurea cyanus (Cyani flos).
Flores Delphinii consolidae: s. Delphinium consolida (Flores Calcatrippae).
Flores Farfarae: s. Tussilago farfara.
Flores Genistae: s. Cytisus scoparius (Flores Sarothamni scoparii).
Flores Gnaphalii: s. Antennaria diocia.
Flores Graminis: Blüten(stände) versch. Poaceae (Gramineen), s. Heublumen.
Flores Granati: s. Punica granatum.
Flores Helianthi annui: s. Helianthus annuus.
Flores Helichrysi: s. Helichrysum arenarium (Helichrysi flos).
Flores Hibisci sabdariffae: s. Hibiscus sabdariffa (Hibisci flos).
Flores Hippocastani: s. Aesculus hippocastanum.
Flores Humuli Lupuli: s. Humulus lupulus (Lupuli flos).
Flores Hyperici recentes: s. Hypericum perforatum.
Flores Koso: s. Hagenia abyssinica.
Flores Lamii albi: s. Lamium album (Lamii albi flos).
Flores Lavandulae: s. Lavandula angustifolia ssp. angustifolia (Lavandulae flos).
Flores Lavandulae romana: s. Lavandula stoechas (Flores Stoechados arabicae).
Flores Liliorum: s. Lilium candidum.
Flores Lonicerae: s. Lonicera caprifolium.
Flores Macidis: s. Myristica fragrans (Macis).
Flores Malvae: s. Malva sylvestris (Malvae sylvestris flos).
Flores Malvae arboreae: s. Alcea rosea (Malvae arboreae flos).
Flores Malvae hortensis: s. Alcea rosea (Malvae arboreae flos).
Flores Matricariae discoideae: s. Chamomilla suaveolens.
Flores Millefolii: s. Achillea millefolium.
Flores Naphae: s. Citrus aurantium ssp. aurantium (Aurantii flos).
Flores Napi: s. Brassica napus.
Flores Paeoniae: s. Paeonia officinalis (Paeoniae flos).
Flores Papaveris rhoeados: s. Papaver rhoeas (Rhoeados flos).
Flores Pedis cati: s. Antennaria dioica (Flores Ganphalii).
Flores Primulae cum calycibus: s. Primula veris (Primulae flos cum calyce).
Flores Primulae sine calycibus: s. Primula veris (Primulae flos sine calyce).
Flores Pruni spinosae: s. Prunus spinosa (Pruni spinosae flos).
Flores Pyrethri: s. Tanacetum cinerariifolium (Pyrethri flos).
Flores Rhoeados: s. Papaver rhoeas (Rhoeados flos).
Flores Rosae: s. Rosa centifolia.
Flores Rosae benedictae: s. Paeonia officinalis (Paeoniae flos).
Flores Rosmarini: s. Rosmarinus officinalis.
Flores Sambuci: s. Sambucus nigra (Sambuci flos).
Flores Sarothamni scoparii: s. Cytisus scoparius.
Flores Sophorae: s. Sophora japonica.
Flores Spartii scoparii: s. Cytisus scoparius (Flores Sarothamni scoparii).
Flores Spicae: s. Lavandula latifolia.
Flores Spiraeae: s. Filipendula ulmaria (Spiraeae flos).
Flores Stoechados: s. Helichrysum arenarium (Helichrysi flos).
Flores Stoechados arabicae purpureae: s. Lavandula stoechas.

Flores Sulfuris: Sulfur sublimatum; Schwefelblüten; s. Schwefel.
Flores Tanaceti: s. Tanacetum vulgare.
Flores Tiliae: s. Tilia cordata (Tiliae flos).
Flores Ulmariae: s. Filipendula ulmaria (Spiraeae flos).
Flores Verbasci: s. Verbascum-Arten (Verbasci flos).
Flores Violae odoratae: s. Viola odorata.
Flores Zinci: s. Zinkoxid, rohes.
Florideenstärke: Reservekohlenhydrat der Rotalgen*.
Florigen: Blühhormon; hypothet. Pflanzenhormon, das die Pfl. zur Blüte bringt.

Flos: s. Blüte.
Flotation: in Flüss. das Aufsteigen von Emulsionströpfchen mit geringerer Dichte als das Dispersionsmittel an die Oberfläche, aber auch von Feststoffteilchen od. deren Agglomeraten*; Ggs. zur Sedimentation (s. Suspensionen). F. in Wasser tritt bei hydrophoben (aerophilen), mit Wasser ungenügend benetzbaren (s. Benetzbarkeit) u. somit schlecht dispergierbaren Pulvern auf, die Luft an der Partikeloberfläche adhärieren od. Luft in Agglomeraten einschließen u. daher trotz größerer Dichte aufsteigen. Beispiele für aerophile Substanzen: Schwefel, Graphit, Sulfide, Talk, Mg-Stearat, Sulfonamide.
Fluanison INN: Haloanison; 4'-Fluor-4-[4-(2-methoxyphenyl)-1-piperazinyl]butyrophenon; CAS-Nr. 1480-19-9; $C_{21}H_{25}FN_2O_2$, M_r 356.45. Schmp. 73-75 °C (polymorph). Lösl. in Chloroform; wenig lösl. in Methanol; schwer lösl. in Ether; fast unlösl. in Wasser. **Anw.:** Neuroleptikum (s. Psychopharmaka), Ind.: psychomotor. Unruhe; als Sedativum bei schmerzhaften Erkrankungen, Nervosität, Einschlafstörungen; **UAW:** s. Psychopharmaka; vermindertes Reaktionsvermögen; **Kontraind.:** u. a. Schwangerschaft; **Dos.:** p. o. als Sedativum 3×1.5 mg/d; als Hypnotikum 3 mg/d; parenteral i. m. 0.02-0.04 g/d.

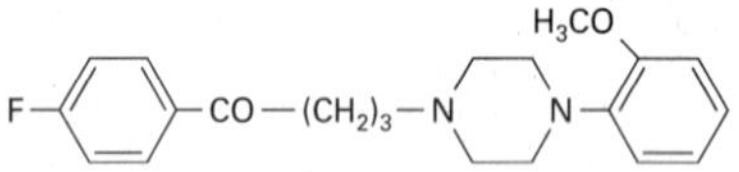

Fluanison

Flubendazol INN: Flubendazolum Ph.Eur.4, Fluoromebendazol; 5-(*p*-Fluorobenzoyl)-2-benzimidazolcarbaminsäuremethylester; CAS-Nr. 31430-15-6; $C_{16}H_{12}FN_2O_3$, M_r 313.3. Schmp. 260 °C; weißes bis fast weißes Pulver, unlösl. in Wasser, Dichlormethan u. Ethanol; zeigt Polymorphie. **Anw.:** Breitband-Anthelminthikum*, hemmt die Glucoseaufnahme in die Parasitenzelle.
Flucloxacillin INN: (2*S*,5*R*,6*R*)-6-[3-(2-Chlor-6-fluorphenyl)-5-methylisoxazol-4-yl]carbonyl-amino-3,3-dimethyl-7-oxo-4-thia-1-azabicyclo[3.2.0]heptan-2-carbonsäure; CAS-Nr. 5250-39-5; $C_{19}H_{17}ClFN_3O_5S$, M_r 453.88. **Wirk.** u. **Anw.:** Antibiotikum, penicillinasestabiles Isoxazolyl-Penicillin; säurestabil u. wasserlösl.; gut wirksam geg. Penicillinase (s. Betalactamasen) bildende Staphylokokken; **Dos.:** 3-4×0.5 g/d p. o.; penteral (i. m., i. v.) 4×0.5 g/d; Kinder 0.03-0.06 g/kg KG/d auf 4 ED verteilt; HWZ 0.7-1 h; vgl. Antibiotika (Tab.).
Flucloxacillin-Natrium-Monohydrat: Flucloxacillinum natricum Ph.Eur.4; CAS-Nr. 32214-51-2; $C_{19}H_{16}ClFN_3NaO_5S \cdot H_2O$, M_r 493.9. Weiße, hygroskop. Kristalle; leicht lösl. in Wasser u. Methanol.

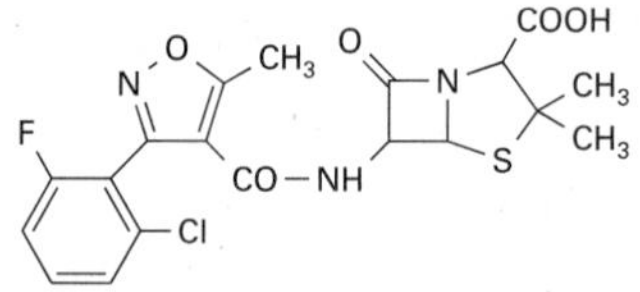

Flucloxacillin

Fluconazol INN: 2-(2,4-Difluorphenyl)-1,3-bis(1*H*-1,2,4-triazol-1-yl)-propan-2-ol; CAS-Nr. 86386-73-4; $C_{13}H_{12}F_2N_6O$, M_r 306.3. Schmp. 138-140 °C. **Wirk.** u. **Anw.:** Breitband-Antimykotikum* zur oralen u. parenteralen Anw., v. a. bei Candidosen; **UAW:** gastrointestinale Beschwerden, Übelkeit; **Dos.:** 1×150 mg.

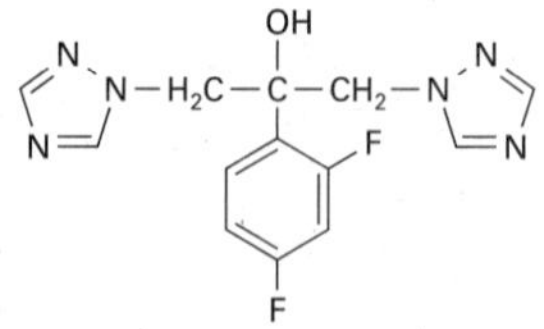

Fluconazol

Flucytosin INN: Flucytosinum Ph.Eur.4, 5-Fluorcytosin; 4-Amino-5-fluor-2(1*H*)-pyrimidinon; CAS-Nr. 2022-85-7; $C_4H_4FN_3O$, M_r 129.09. Schmp. 295-297 °C (unter Zers.). Lösl. in Wasser bei 25 °C 1.5 g/100 mL; schwer lösl. in Ethanol; fast unlösl. in Chloroform, Ether. $pK_{S,1}$ (Säure) 10.71, $pK_{S,2}$ (konjugierte Säure) 2.90. UV_{max} (Salzsäure, 0.1 mol/L): 285 nm (ε 8900). **Anw.:** Chemotherapeutikum* geg. system. Mykosen; Fungistatikum mit guter Wirksamkeit geg. Candida u. Cryptococcus neoformans; Hauptind.: schwere system. Infekte durch Candida, Cryptococcus; Infekte des Urogenitaltraktes; Kombination mit Amphotericin* B, um resistente Stämme zu erfassen; **UAW:** häufig gastrointestinale Beschwerden; **Dos.:** p. o. 2.5 g/6 h (0.15 g/kg KG/d); parenteral i. v. Infusion 0.15 g/kg KG innerhalb 20-30 min; topisch Salbe 10 %, mit Einnahme kombiniert; HWZ 3-5.3 h.

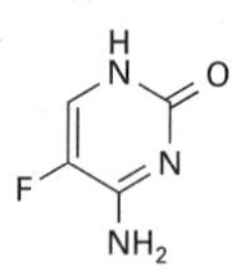

Flucytosin

Fludarabin: 9-*α*-D-Arabinofuranosyl-2-fluor-9*H*-purin-6-amin; CAS-Nr. 21679-14-1; $C_{10}H_{12}FN_5O_4$, M_r 285.23. Schmp. 260 °C. **Wirk.:** Antimetabolit (Purinanalogon); ein fluoriertes Vidarabin*; **Anw.:** Zytostatikum*, bei chron.-lymphat. Leukämie, nach Versagen der Standardther.;

UAW: u. a. Blutbildschäden (Verminderung neutrophiler Granulozyten), Immunsupression; **WW:** sehr stark mit Pentostatin*. **Fludarabin-5'-dihydrogenphosphat:** Fludarabinphosphat; CAS-Nr. 75607-67-9; $C_{10}H_{13}FN_5O_7P$, M_r 365.2. **Dos.:** i. v. 25 mg/m^2 Körperoberfläche, in Abständen von 28 d jeweils 5 d hintereinander.

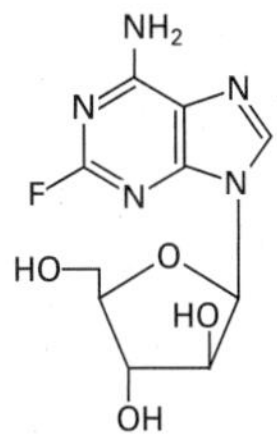

Fludarabin

Fludeoxyglucose[^{18}F]-Injektionslösung: Fludeoxyglucosi[^{18}F] solutio iniectabilis Ph.Eur.4, Abk. FDG; sterile Injektionslsg. von 2-[^{18}F]Fluor-2-deoxy-D-glucose. **Anw.:** Anreicherung in Zellen mit erhöhtem Energiestoffwechsel. Wichtiger Tracer in der PET* für onkolog., neurolog. u. kardiolog. Fragestellungen; s. Fluor-18; vgl. blocked metabolism.

Fludrocortison INN: 9-Fluor-11β,17,21-trihydroxy-4-pregnen-3,20-dion; CAS-Nr. 127-31-1; $C_{21}H_{29}FO_5$, M_r 380.46. Schmp. 260-262 °C (unter Zers.). $[\alpha]_D^{23\,°C}$ +139° (c=0.55 in 95 % Ethanol). Lösl. in Wasser 0.14 mg/mL. **Anw.:** synthet. Corticosteroid mit glucocorticoider u. mineralcorticoider Wirk.; indiziert bei primärer (Morbus Addison) u. sekundärer NNR-Insuffizienz; bei schwerer orthostat. Dysregulation; **Dos.:** allg. parenteral u. in entzündetes Gewebe 0.3 %; konjunktival Augensalbe 0.05 %; topisch Salbe 0.1 %; p. o. Initialdos. 2×0.1 mg morgens, 1×0.1 mg mittags, dann sinkend auf 2×0.1 mg/d; HWZ 1 h bzw. 4.8 h (Metaboliten). **Fludrocortison-21-acetat:** Fludrocortisoni acetas Ph.Eur.4; CAS-Nr. 514-36-3; $C_{23}H_{31}FO_6$, M_r 422.5. Schmp. 233-234 °C (polymorph). Weißes, krist. Pulver; fast unlösl. in Wasser, wenig lösl. in wasserfreiem Ethanol.

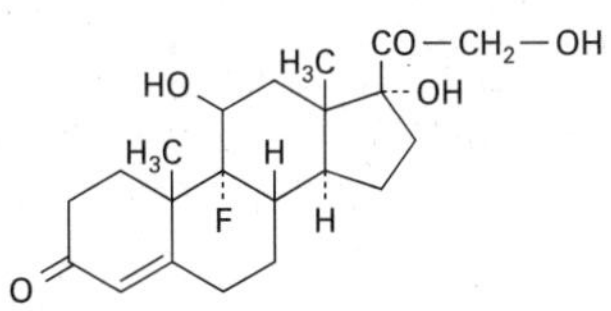

Fludrocortison

Fludroxycortid INN: Fluradrenolid; 16α,17-Dimethylmethylendioxy-6α-fluor-11β,21-dihydroxy-4-pregnen-3,20-dion; CAS-Nr. 1524-88-5; $C_{24}H_{33}FO_6$, M_r 436.52. Schmp. 247-255 °C (kristallisiert aus Aceton/Hexan; polymorph). $[\alpha]_D^{20\,°C}$ +140 bis +150° (Chloroform). Fast unlösl. in Wasser u. Ether; lösl. in Methanol; wenig lösl. in Ethanol; leicht lösl. in Chloroform. **Anw.:** lokale Corticosteroidther.; **Dos.:** topisch Folie 4 µg/cm^2; Salbe, Creme 0.025 %; Lotion 0.05 %.

Flügel: s. Blüte (Blütenformen).

Flügelkanüle: Venenpunktionskanüle zum längeren Verbleib; je nach Anwendung mit Hahn od. flexiblem Zuleitungsschlauch, z. B. für Anschluss von Infusionspumpen.

Flüssigkeiten, kristalline: s. Flüssigkristalle.

Flüssigkeiten, strukturviskose: s. Rheologie.

Flüssigkeit, extrazelluläre: s. Flüssigkeitskompartimente.

Flüssigkeitsbarometer: s. Barometer.

Flüssigkeitskompartimente: hypothet. Volumenbereiche des Organismus, die in ihrer Summe das Gesamtkörperwasser beinhalten. Das Gesamtkörperwasser macht ca. 60% des Körpergewichtes aus (Neugeborene: ca. 75 %) u. besteht aus intrazellulärer u. extrazellulärer Flüssigkeit (s. Tabelle). Die F. stehen in Beziehung zu den pharmakokin. Begriffen Kompartiment* u. Verteilungsvolumen*.

Flüssigkeitskompartimente

Flüssigkeitskompartimente	Prozent des Körpergewichts
intrazelluläre Flüssigkeit (IZF)	ca. 33
extrazelluläre Flüssigkeit (EZF)	ca. 27
davon intravasale Flüssigkeit	4.3
davon interstitielle Flüssigkeit, leicht zugänglich	9
davon interstitielle Flüssigkeit, schwer zugänglich	11
transzelluläre Flüssigkeit (z. B. Magen-, Darmsaft, Augenkammerwasser)	2.5

Flüssigkeitsszintillationszähler: s. Szintillationszähler.

Flüssigkristalle: (engl.) *liquid crystals (Abk. LC)*; flüssige Kristalle, kristalline Flüssigkeiten, anisotrope Flüssigkeiten, Mesophasen, mesomorphe Phasen; Flüss., die infolge einer sehr regelmäßigen Anordnung der Moleküle im flüss. Zustand bestimmte, normalerweise für Kristalle charakterist. Eigenschaften aufweisen, z. B. Doppelbre-

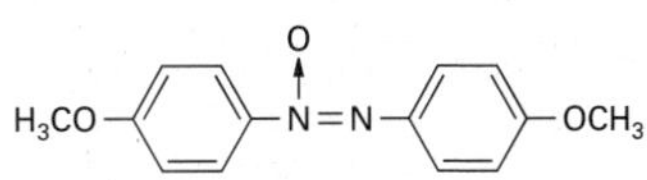

p-Azoxyanisol

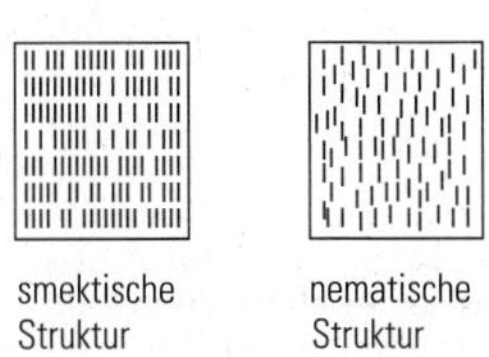

Flüssigkristalle [18]

chung. Zur Bildung von F. neigen v.a. stäbchenförmige org. Verb. wie *p*-Azoxyanisol. Je nach Ordnungsgrad der Moleküle unterscheidet man: **1.** nematische F. mit parallelen, aber nicht in Schichten angeordneten Molekülen; **2.** smektische F. mit voneinander getrennten, parallelen Schichten; deren Moleküle auch in unterschiedl. Schichten die gleiche Orientierung haben (s. Abb.); **3.** cholesterische F., die wie smekt. F. geordnete Schichten haben, deren Orientierung sich jedoch von Schicht zu Schicht etwas ändert. **Anw.:** in großem Umfang für Flüssigkristallanzeigen (**li**quid **c**rystal **d**isplays, LCD), die den Effekt ausnutzen, dass eine cholester. Flüssigkeitskristallschicht einen Polarisationsfilter darstellt, dessen Sperrrichtung sich beim Anlegen eines elektr. Feldes ändert.

Flüssig-Mosaik-Modell: s. fluid mosaic model.

Flüssigszintillationszähler: s. Szinitillationszähler.

Flufenaminsäure INN: Acidum flufenamicum INN, *N*-(α,α,α-Trifluor-3-tolyl)anthranilsäure; 2-(3-Trifluormethylanilino)benzoesäure; CAS-Nr. 530-78-9; $C_{14}H_{10}F_3NO_2$, M_r 281.24. Schmp. 125 °C (kristallisiert aus 50 % Ethanol; polymorph). Blassgelbes, geruchloses, krist. Pulver; fast unlösl. in Wasser; lösl. 1:7 in Chloroform, 1:3 in Ether, 1:4 in Ethanol. **Off.:** DAC86; **Anw.:** Antiphlogistikum, Antirheumatikum; **UAW:** gastrointestinale Störungen, Hauterscheinungen, Schwindel, Depression, Leukopenie; **Dos.:** p.o. Initialdos. 3×0.2 g/d, Erhaltungsdos. 3×0.1 g/d; Patienten unter 45 kg 0.01 g/kg KG/d; Hautgel 2.5 % 2- bis 3-mal tägl.; HWZ ca. 2 h.

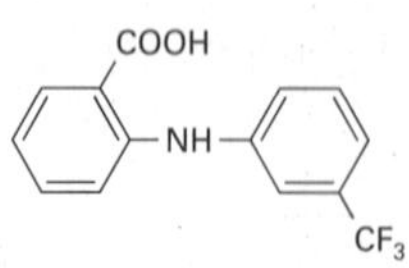

Flufenaminsäure

Fluid (fluidus flüssig): flüssiges Mittel, z.B. Einreibung.

Fluidchromatographie, überkritische: s. Chromatographie.

Fluidextrakte: s. Extracta.

fluid mosaic model: Flüssig-Mosaik-Modell; Modell zur Beschreibung biol. Membranen (vgl. Biomembran). Demnach besteht die Membran aus einer fluiden Lipid-Doppelschicht (phospholipid-bilayer), in die hinein od. durch die hindurch von bd. Seiten Proteinmoleküle reichen (Lipid-Protein-Mosaikstruktur). Die Proteinmoleküle, die auch die Funktion von Carriern* wahrnehmen können, sind nicht regelmäßig angeordnet, können jedoch in Komplexen organisiert sein. Wahrscheinl. ist die Membran unsymmetrisch. Die äußere Oberfläche der Plasmamembran von eukaryont. Zellen trägt Oligosaccharidketten, die aus den Glykolipiden u. Glykoproteinen herausragen (s. Abb.). **Gesch.:** entwickelt 1972 von S. J. Singer und G. L. Nicolson.

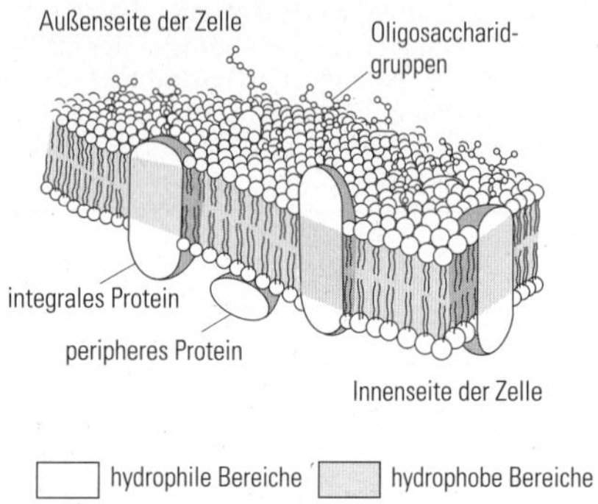

fluid mosaic model [17]

Flumazenil INN: Flumazenilum Ph.Eur.4; Ethyl-8-fluor-5-methyl-6-oxo-5,6-dihydro-4*H*-imidazo[1,5-*a*][1,4]benzodiazepin-3-carboxylat; CAS-Nr. 78755-81-4; $C_{15}H_{14}FN_3O_3$, M_r 303.29. **Wirk.** u. **Anw.:** spezif. Benzodiazepin*-Antagonist; hebt die zentralnervösen Effekte, die über Benzodiazepinrezeptoren vermittelt werden, auf; Barbiturat-, Meprobamat- u. Alkoholwirk. bleiben unbeeinflusst; antagonist. Wirk. gleich den agonist. Wirk. von Diazepam*, jedoch hält der Effekt nur 2-3 h an. **UAW:** Übelkeit, Schwindel, Angst, Herzklopfen. **Flumazenil(*N* – [^{11}C]methyl)-Injektionslösung:** Flumazenil(*N* – [^{11}C]methyl) solutio iniectabilis Ph.Eur.4; **Anw.:** Radiodiagnostikum.

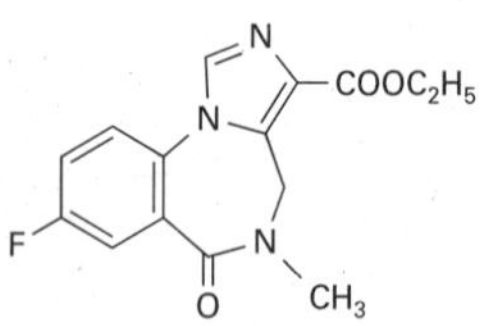

Flumazenil

Flumedroxonacetat: 6-α-Trifluoromethyl-17-α-acetoxiprogesteron; CAS-Nr. 987-18-8; $C_{24}H_{31}F_3O_3$, M_r 440.5. Schmp. 206 °C. Wenig lösl. in Wasser. Synthet. Steroid, Wirk. wie Progesteron*; vgl. Hormone (Gestagene).

Flumequin INN: Flumequinum Ph.Eur.4; 9-Fluor-6,7-dihydro-5-methyl-1-oxo-1H,5H-pyrido[3,2,1-ij]chinolin-2-carbonsäure; CAS-Nr. 42835-25-6; $C_{14}H_{12}FNO_3$; M_r 261.26; Schmp. 253-255 °C; weißes, mikrokrist. Pulver, unlösl. in Wasser, leicht lösl. in verd. Alkalihydroxidlösung, wenig lösl. in Dichlormethan, sehr schwer lösl. in Methanol. **Anw.:** Chemotherapeutikum, Desinfektionsmittel (Harnwege); **Dos.:** oral bei Harnwegsinfektionen: 3×0.4 g/d.

Flumetason INN: 6α,9-Difluor-11β,17,21-trihydroxy-16α-methyl-3,20-dioxopregna-1,4-dien; CAS-Nr. 2135-17-3; $C_{22}H_{28}F_2O_5$, M_r 410.46. **Anw.:** lokale Corticosteroid-Ther.; **Dos.:** topisch 0.02 %ige Salbe, Creme, Lotion, Schaum. **Flumetason-21-pivalat:** Flumetasoni pivalas Ph.Eur.4; CAS-Nr. 2002-29-1; $C_{27}H_{36}F_2O_6$, M_r 494.6. Weißes krist. Pulver; fast unlösl. in Wasser, lösl. in Aceton u. Dioxan, schwer lösl. in Ethanol u. Ether.

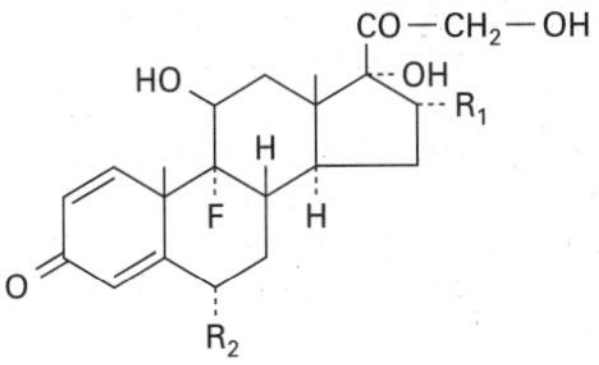

	R_1	R_2
Flumetason	$-CH_3$	$-F$
Dexamethason	$\cdots CH_3$	$-H$
Betamethason	$-CH_3$	$-H$
Diflorason	$-CH_3$	$\cdots F$

Flumetason: Derivate

Flunarizin INN: 1-Cinnamyl-4-[bis(4-fluorphenyl)-methyl]piperazin; CAS-Nr. 52468-60-7; $C_{26}H_{26}F_2N_2$. **Anw.:** peripherer u. zentraler Vasodilatator*; **Dos.:** p. o. 1×10 mg/d; in schweren Fällen initial 2×10 mg/d über 4 Wochen; HWZ 1-3 Wochen. **Flunarizindihydrochlorid**: Flunarizini hydrochloridum Ph.Eur.4; CAS-Nr. 30484-77-6; $C_{26}H_{28}Cl_2F_2N_2$; M_r 477.42; Schmp. 251.5 °C (aus 2-Propanol/Ethanol). **Dos.:** oral 6-12 mg gewöhnl. abends.

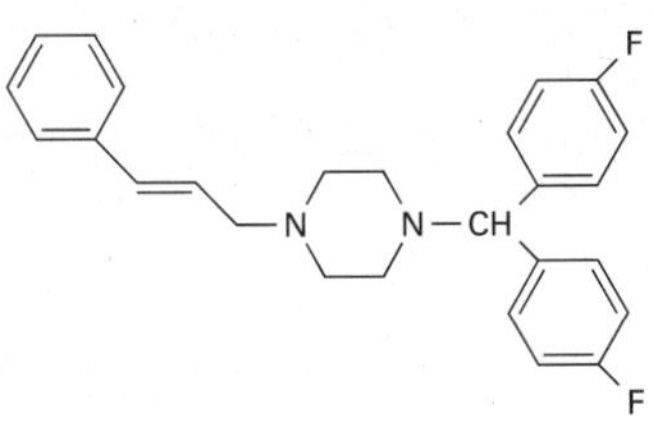

Flunarizin

Flunisolid INN: 16*α*,17-Dimethylmethylendioxy-6*α*-fluor-11*β*,21-dihydroxy-1,4-pregnadien-3,20-dion; CAS-Nr. 3385-03-3; $C_{24}H_{31}FO_6$, M_r 434.50. **Anw.:** Corticoidther., als Nasenspray zur Prophylaxe u. Behandlung der Rhinitis* allergica. Gebräuchl. ist auch Flunisolidacetat.

Flunitrazepam INN: Flunitrazepamum Ph.Eur.4; 5-(2-Fluorphenyl)-1,3-dihydro-1-methyl-7-nitro-2*H*-1,4-benzodiazepin-2-on; CAS-Nr. 1622-62-4; $C_{16}H_{12}FN_3O_3$, M_r 313.30. Schmp. 166-167 °C (kristallisiert aus Methylenchlorid/Hexan). Wenig lösl. in Wasser, sofort lösl. in Ethanol. **Anw.:** Schlafmittel*, Muskelrelaxans*; vgl. Benzodiazepine; HWZ 10-20 h.

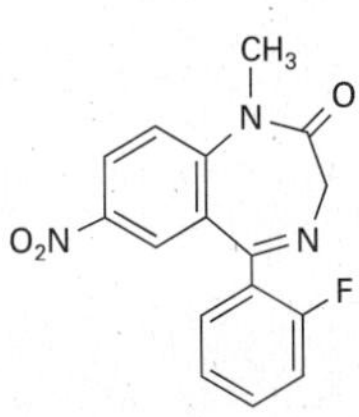

Flunitrazepam

Flunixin INN: 2-[2-Methyl-3-(trifluormethyl)phenyl]amino-3-pyridincarboxylsäure; CAS-Nr. 38677-85-9; $C_{14}H_{11}F_3N_2O_2$, M_r 296.2. Schmp. 226-228 °C. Gebräuchlich ist **Flunixin Meglumin:** F.-Salz mit *N*-Methylglucamin; CAS-Nr. 42461-84-7; $C_{21}H_{28}F_3N_3O_7$, M_r 491.5. Schmp. 136-139 °C. **Anw.:** nur vet. als Analgetikum*, Antiphlogistikum*.

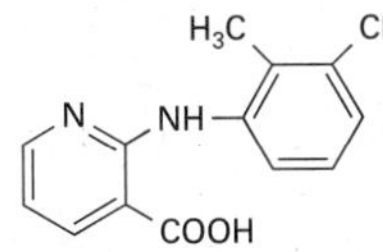

Flunixin

Fluocinolonacetonid INN: Fluocinoloni acetonidum Ph.Eur.4; 6*α*,9*α*-Difluor-11*β*,21-dihydroxy-16*α*,17-isopropylidendioxy-1,4-pregnadien-3,20-dion; CAS-Nr. 67-73-2; $C_{24}H_{30}F_2O_6$, M_r 452.50. Schmp. 265-266 °C (kristallisiert aus Aceton/Hexan). $[\alpha]_D^{20\,°C}$ +92 bis +96° (c=1 in Dioxan). Unlösl. in Wasser; lösl. 1:10 in Aceton, 1:26 in absolutem Ethanol, 1:15 in Chloroform, in Methanol; wenig lösl. in Propylenglykol; schwer lösl. in Ether; fast unlösl. in Leichtpetroleum. **Anw.:** lokale Corticosteroidther.; **Dos.:** topisch als Salbe, Creme, Lotion, Gel 0.025 %; vgl. Fluocinonid.

Fluocinonid INN: Fluocinolonacetonid-21-acetat; 6*α*,9*α*-Difluor-11*β*,21-dihydroxy-16*α*,17-isopropylidendioxy-1,4-pregnadien-3,20-dion-21-acetat; CAS-Nr. 356-12-7; $C_{26}H_{32}F_2O_7$, M_r 494.55. Schmp. 308-311 °C (kristallisiert aus Methanol). $[\alpha]_D^{20\,°C}$ +83° (Chloroform). Weißes bis schwach gelbes feinkrist. Pulver; fast unlösl. in Wasser, Leichtpetroleum; lösl. 1:70 in Ethanol, 1:10 in Aceton 1:10 in Chloroform; schwer lösl. in Methanol; sehr schwer lösl. in Ether. **Off.:** DAC86; **Anw.:** lokale Corticosteroidther.; **Dos.:** topisch als Salbe, Pinselung 0.05 %.

Fluocortinbutylester INN: Fluocortinbutyl; Butyl-(6*α*-fluor-11*β*-hydroxy-16*α*-methyl-3,20-dioxo-1,4-pregnadien-21-oat); CAS-Nr. 41767-29-7; $C_{26}H_{35}FO_5$, M_r 427.56. **Anw.:** lokale Corticoidtherapie. Hingewiesen sei auch auf Fluocortin.

Fluocortolon INN: 6α-Fluor-16α-methyl-1-dehydrocorticosteron; 6*α*-Fluor-11*β*,21-dihydroxy-16*α*-methyl-1,4-pregnadien-3,20-dion; CAS-Nr. 152-97-6; $C_{22}H_{29}FO_4$, M_r 376.47. Schmp. 200-213 °C (polymorph). $[\alpha]_D^{20\,°C}$ +100° (in Dioxan). Löslichkeit 295 mg/L in Wasser (37 °C), 120 mg/L in Ethanol (20 °C), 440 mg/L in Toluol (20 °C). **Anw.:** Corticosteroid-Ther.; **Dos.:** p. o. Initialdos.

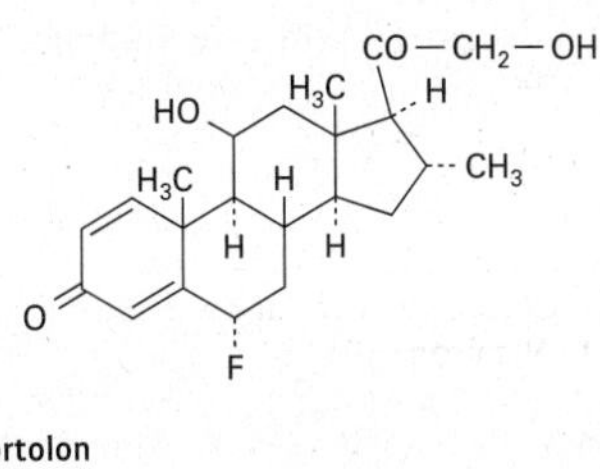

Fluocortolon

20-100 mg/d, Erhaltungsdos. 5-20 mg/d; bei Kindern 1-2 mg/kg KG; topisch Salbe u. Creme 0.5 %, Spray 0.25 %; HWZ 12-24 h. **Fluocortolonpivalat:** Fluocortoloni pivalas Ph.Eur.4; CAS-Nr. 29205-06-9; $C_{27}H_{37}FO_5$; M_r 460.59; Schmp. 187 °C; weißes bis fast weißes, krist. Pulver, unlösl. in Wasser, leicht lösl. in Dichlormethan u. Dioxan, wenig lösl. in Ethanol. Gebräuchl. sind auch Fluocortolon-Monohydrat u. Fluocortolon-21-hydrogensulfat-Natriumsalz. Hingewiesen sei auch auf Fluocortolon-21-hexanoat.

Fluor: Fluorum; Symbol F; A_r 18.9984, OZ 9. Schmp. −219.61 °C, Sdp. −188.1 °C. Oxidationszahl: −1; elementar F_2, ein schwach gelbgrünes, sehr giftiges Gas von stechendem Geruch. Als Flüss. hellgelb (D. 1.5127). Reaktionsfähigstes Element, ein Halogen. **Vork.:** nat. nur in Form der Verb., z. B. im Flussspat (CaF_2, Fluorit, s. Calciumfluorid), Kryolith (Na_3AlF_6), Apatit, Topas, ferner in den Knochen u. Zähnen sowie in Pfl. (z. B. Camellia* sinensis); **Darst.:** Elektrolyse von wasserfreien Hydrogenfluoridschmelzen; **Fluor in der Zahnmedizin:** Der gesunde Zahnschmelz enthält ca. 0.01-0.1 % Fluorid (F^-), je nach Schicht des Schmelzes u. exogener F^--Zufuhr. Verminderter Gehalt erhöht die Anfälligkeit für Karies*. Die Wirkungsweise von F^- als Kariesprophylaktikum ist nicht völlig geklärt, doch kommt es zu einer Erhöhung der Säureresistenz des Schmelzes durch Austausch von OH^- gegen F^- im Hydroxylapatit* $[Ca_3(PO_4)_2]_3 \cdot Ca(OH)_2$. Als eine Art der Kariesentstehung gilt die Schädigung der Zahnhartsubstanzen durch Säuren, die von Bakterien der Zahnplaque* aus Zuckern gebildet werden. Zur Kariesprophylaxe muss Fluorid nicht nur während bestimmter Perioden der Zahnentwicklung, sondern auch laufend nach dem Durchbruch der Zähne zugeführt werden. In letzterem Fall wirkt F^- direkt od. über den Speichel an der Zahnoberfläche. Der tägl. Bedarf liegt bei ca. 1.5 mg F^-. Mit der Nahrung werden ca. 0.2-0.5 mg F^-/d aufgenommen (Milch, Fisch, Hirse, grünes Gemüse u. a.). Das Trinkwasser enthält meist F^--Mengen unter 0.2 mg/L (ausgenommen fluorendische. Gebiete). Zusätzl. Fluoridgabe durch: **1.** Trinkwasserfluoridierung (WHO-Empfehlung 1975: 1 mg/L; Fluorendemiegebiete bis zu 8 mg F^-/L Trinkwasser); **2.** Fluoridtabletten (z. B. Natrium- od. Calciumfluorid): 6. Lebensmonat bis Ende 2. Lebensjahr (LJ): 0.25 mg/d, 3. u. 4. LJ: 0.50 mg F^-/d, 5. LJ: 0.75 mg F^-/d, ab 6. LJ: 1 mg F^-/d; **3.** Kochsalzfluoridierung (250 mg/kg); **4.** lokale Applikation (z. B. Zahnpasten, Mundwässer). Ausscheidung fast ausschließl. durch die Nieren; **Tox.:** MAK für Fluor 0.1 mL/m^3 (ppm) Luft. LD (oral, NaF, akut): 30-60 mg F^-/kg KG; chron.: in therap. Dosen keine F^--Akkumulation u. keine fluorbedingten Allgemeinerkrankungen bekannt; höhere Dosen: Fluorose (Osteosklerose, Versteifung von Gelenken). Während der Zahnentwicklung kann längere F^--Aufnahme über 2 mg/d zu Schmelzflecken führen (Dentalfluorose). **Gesch.:** 1886 von Henri Ferdinand-Frédérice Moissan (1852-1907) erstmals elektrolyt. dargestellt. **Nachw.** von Fluoriden: durch die ätzende Wirkung auf Glas (Kriechprobe): man erhitzt Fluoride mit konz. Schwefelsäure im Reagenzglas; der entstandene Fluorwasserstoff* bildet mit dem SiO_2 des Glases gasförmiges Siliciumtetrafluorid (SiF_4), wobei das Glas angeätzt wird.

Fluor-18: Symbol ^{18}F; OZ 9; Radionuklid mit einer HWZ von 110 min; zerfällt unter β+-Emission (97 %; s. Betazerfall) u. Elektroneneinfang (K*-Einfang) zu Sauerstoff-18. **Herst.:** am Zyklotron; wichtigste Kernreaktion: $^{18}O(p,n)^{18}F$; **Anw.:** eines der wichtigsten Nuklide für die Positronenemissionstomographie (s. PET).

Fluorammonium: s. Ammoniumfluorid.

Fluorcalcium: s. Calciumfluorid.

Fluor-Chlor-Kohlenwasserstoffe: s. Treibgase.

1-Fluor-2,4-dinitrobenzol: s. Mannich-Bestimmung.

Fluorescein: Resorcinphthalein; 2-(6-Hydroxy-3-oxo-3*H*-xanthen-9-yl)-benzoesäure, $C_{20}H_{12}O_5$, M_r 332.32. Rotes krist. Pulver, fast unlösl. in Wasser, Chloroform u. Ether, lösl. in Ethanol, Eisessig, Alkalihydroxid- u. -carbonatlösungen. Die Lsg. zeigen intensiv gelbgrüne Fluoreszenz, die noch in starken Verd. nachweisbar ist (1:10^8). F. liegt in 2 Formen vor, als stabile rote Kristalle u. als instabile gelbe amorphe Verb.; der letzteren wird die Lactonform zugeschrieben (s. Abb.). **Darst:** Erhitzen von Resorcin mit Phthalsäureanhydrid mehrere Stunden auf ca. 300 °C, Lösen der Schmelze in verd. Natronlauge, Filtrieren u. Ausfällen des F. mit Salzsäure. Reduktion von F. mit Natronlauge u. Zink ergibt Fluorescin*. **Anw.:** zur Bestimmung der Kreislaufzeit bei peripheren Durchblutungsstörungen; zur Diagnose von Hornhautdefekten; in der analyt. Chemie als Indikator; zum Nachw. unterird. Wasserläufe; als Farbzusatz für Badetabletten. F. solubile (Uranin): s. Fluoresceinnatrium. **Fluoresceinpapier** (nach Dr. Zellner): mit F. getränktes schwarzes Papier für den sehr empfindl. Nachw. von Alkalien u. Ammoniak, bes. in Brunnenwässern.

Fluoresceindilaurat: 3',6'-Dihydroxy-spiro-(phthalan-1,9'-xanthen)-3-on-dilaurat; 1,3-Dihydro-3-oxo-spiro[isobenzofuran-1,9'-xanthen]-3',6'-ylen-dilaurat-3,6-bis(lauroyloxy)-9-phenylxanthylium-2-carboxylat; $C_{44}H_{56}O_7$. **Anw.:** Farbstoff, Pankreas-Diagnostikum; **UAW:** Blutdrucksenkung; **Kontraind.:** akute nekrotisierende Pankreatitis.

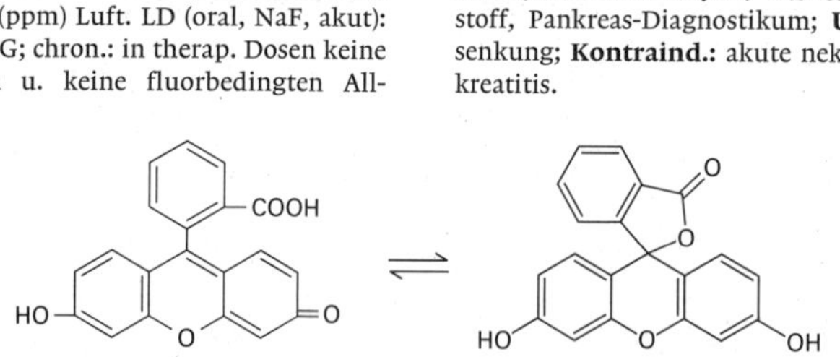

Fluorescein

Fluoresceinkalium: Kalium fluoresceinicum; $C_{20}H_{10}K_2O_5$. Rotbraunes, metall. glänz. Pulver; lösl. in Wasser. **Anw.** med.: in der Augenheilkunde zur Diagnose von Kornealdefekten.

Fluoresceinnatrium: Uranin gelb, Fluoresceinum natricum Ph.Eur.; 2-(6-Hydroxy-3-oxo-3*H*-xanthen-9-yl)-benzoesäure, Dinatriumsalz; CAS-Nr. 518-47-8; $C_{20}H_{10}Na_2O_5$, M_r 376.27. Orangerotes, geruchloses Pulver, leicht lösl. in Wasser mit gelbroter Farbe, wenig lösl. in Ethanol. Die wässrige Lsg. ist von starker gelbgrüner Fluoreszenz, auch in stärkster Verd. (1:ca. 40 Millionen). Die Fluoreszenz verschwindet beim Ansäuern u. tritt auf Zusatz von Alkali wieder auf. **Anw.** med.: zur Diagnose von Kornealdefekten am Auge (lokal in 2%iger Lsg., oral 2-3 g), als diagnost. Hilfsmittel bei Gallenblasen- u. Darmoperationen; techn.: zur Untersuchung unterird. Wasserläufe, zur Beobachtung von Verunreinigungen durch Abwässer.

Fluorescin: Reduktionsprodukt von Fluorescein*. F. oxidiert leicht zu Fluorescein.

Fluoreszenz: s. Spektroskopie.

Fluoreszenz-Antikörper-Technik: s. Immunfluoreszenztest.

Fluoreszenzmikroskopie: Auflichtmikroskopie fluoreszierender bzw. fluochromisierter Objekte, die bei Bestrahlung mit kurzwelligem od. ultraviolettem Licht infolge Anregung fluoreszierender Stoffe Licht einer längeren Wellenlänge abstrahlen u. (nach Abfilterung des anregenden Lichts) auf dunklem Hintergrund aufleuchten. Objekte können auch mit sog. Fluorochromen (fluoreszierende Farbstoffe, wie z. B. Acridinorange, Auramin, Berberinsulfat, Thioflavin, Primulin) angenfärbt werden.

Fluoreszenzspektroskopie: s. Spektroskopie.

Fluor genitalis: meist unblutiger Ausfluss aus den äußeren weibl. Geschlechtsteilen.

Fluoridbehandlung: s. Fluor; Karies (Kariesprophylaxe).

Fluoride: Salze der Fluorwasserstoffsäure, s. Fluor.

Fluorimetrie: s. Spektroskopie.

Fluorit: s. Calciumfluorid.

Fluornatrium: s. Natriumfluorid.

Fluorochrome: fluoreszierende Farbstoffe, zur Verwendung bei der Fluorochromisierung, das ist die Bindung von fluoreszierenden Farbstoffen an Objekte, die unter dem Fluoreszenzmikroskop* beobachtet werden sollen. **Beispiele: 1.** Acridinorange (s. Acridin), Auramin*: Tuberkelbakt., Geißeldarst.; **2.** Berberinsulfat: Spirochaeta recurrentis; **3.** Thioflavin u. Primulin: Thrombozyten, Protozoen, Viren; **4.** Fluoresceinisothiocyanat zur Immunfluoreszenz.

Fluorometholon INN: 21-Desoxy-6α-methyl-9α-fluorprednisolon; 9-Fluor-11β,17-dihydroxy-6α-methyl-1,4-pregnadien-3,20-dion; CAS-Nr. 426-13-1; $C_{22}H_{29}FO_4$, M_r 376.47. Schmp. 292-303 °C (kristallisiert aus Aceton). Fast unlösl. in Wasser; schwer lösl. in Ethanol; sehr schwer lösl. in Chloroform, Ether. **Anw.:** lokale Corticosteroidtherapie; **Dos.:** konjunktival Augentropfen 0.1%.

Fluorose: s. Fluor (Tox.).

Fluorouracil INN: Fluorouracilum Ph.Eur.4; 5-Fluor-2,4(1*H*,3*H*)-pyrimidindion; CAS-Nr. 51-21-8; $C_4H_3FN_2O_2$, M_r 130.08. Schmp. 282-283 °C (unter Zers.; kristallisiert aus Wasser od. Methanol/Ether). Wenig lösl. in Wasser; schwer lösl. in Ethanol; fast unlösl. in Chloroform, Ether. **Anw.:** Zytostatikum*, Antimetabolit; bei Keratosen, oberflächl. Basaliomen, Palliativbehandlung von Mamma-, Rektum-, Kolon-, Magen- u. Ovarialkarzinom; in Kombination mit Levamisolhydrochlorid* zur Ther. von Kolonkarzinom; **Dos.:** topisch als Creme, Salbe u. Lsg. nach Behandlungsschema; parenterale i. v. Infusion 12 mg/kg KG/d über 4-5 d, nach 4 Wochen 12 mg/kg KG/7 d; HWZ 0.3 h bzw. 70 h (Metaboliten).

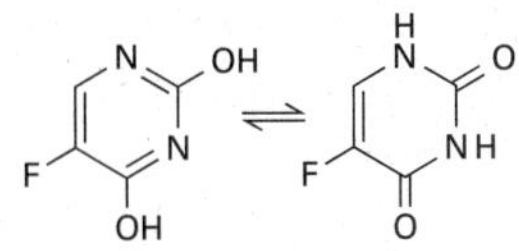

Fluorouracil

3-Fluortyrosin: Metafluortyrosin; CAS-Nr. 139-24-4; $C_9H_{11}NO_3$, M_r 181.19. **Wirk.** u. **Anw.:** früher als Thyreostatikum* bei Hyperthyreose, Basedow*-Krankheit.

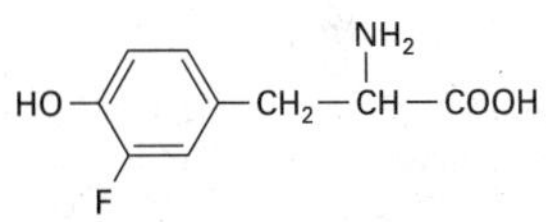

3-Fluortyrosin

Fluorum: s. Fluor.

Fluorwasserstoff: Hydrogenfluorid; HF, M_r 20.0. Schmp. −83.07 °C. Sdp. 19.6 °C. Farbloses Gas bzw. farblose rauchende, stark giftige Flüss.; lösl. in Wasser zu Fluorwasserstoffsäure (s. Flusssäure; Salze: Fluoride, s. Fluor). **Darst.:** Erwärmen von CaF_2 mit H_2SO_4.

Fluorwasserstoffsäure: s. Flusssäure; vgl. Fluorwasserstoff.

Fluostigmin: Diisopropylfluorphosphat (Abk. DFP); CAS-Nr. 55-91-4; $(C_3H_7O)_2FPO$. D. 1.055. Ölige Flüss.; lösl. in Ethanol u. pflanzl. Ölen, sehr schwer lösl. in Wasser. **Anw.:** Miotikum* bei Glaukom* als 0.025 %ige Augensalbe.

Fluoxetin INN: *N*-methyl-3-(*p*-trifluormethylphenoxy)-3-phenylpropylamin; CAS-Nr. 54910-89-3; $C_{17}H_{18}F_3NO$, M_r 309.3. **Wirk.** u. **Anw.:** Serotoninwiederaufnahme*-Hemmer; Antidepressivum (s. Psychopharmaka); **UAW:** Übelkeit, Nervosität, Schlaflosigkeit, Kältegefühl, Mundtrockenheit, Diarrhö; **WW:** MAO-Hemmer sind mind. 2 Wochen vor Therapiebeginn abzusetzen; **Dos.:** 1×20 mg/d. **Fluoxetinhydrochlorid:** Fluoxetini hydrochloridum Ph.Eur.4; CAS-Nr. 59333-67-4;

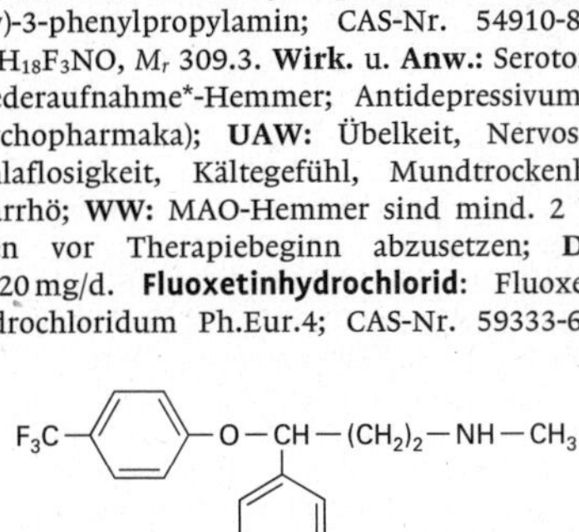

Fluoxetin

$C_{17}H_{19}ClF_3NO$; M_r 345.79; Schmp. 155-158 °C (polymorph); weißes bis fast weißes, krist. Pulver, wenig lösl. in Wasser, leicht lösl. in Methanol, wenig lösl. in Dichlormethan. **Dos.:** oral 22.4 mg/d, steigerbar bis maximal 2×44.8 mg/d; Bulimia nervosa: 67.2 mg/d; Zwangsneurose: Initialdosis 22.4 mg/d, nach einigen Wochen steigerbar auf 67.2 mg/d.

Fluoxymesteron INN: 9α-Fluor-11β-hydroxy-17α-methyltestosteron; 9-Fluor-11β,17β-dihydroxy-17-methyl-4-androsten-3-on; CAS-Nr. 76-43-7; $C_{20}H_{29}FO_3$, M_r 336.45. Schmp. 270 °C (unter Zers.). $[\alpha]_D^{20\,°C}$ +109° (Ethanol). Fast unlösl. in Wasser; lösl. 1:70 in Ethanol, 1:200 in Chloroform. **Anw.:** s. Testosteron, bei männl. Hypogonadismus, bei Mammakarzinomen in der Postmenopause; obsolet.

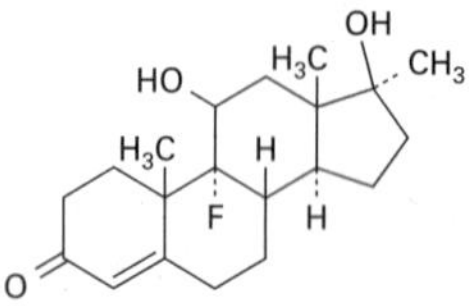

Fluoxymesteron

Flupentixol INN: 4-[3-(2-Trifluormethyl-9-thioxanthenyliden)propyl]-1-piperazinethanol; CAS-Nr. 2709-56-0; $C_{23}H_{25}F_3N_2OS$, M_r 434.54. **Anw.:** Neuroleptikum (s. Psychopharmaka); Ind.: schizophrene Psychosen, Angst- u. Verstimmungszustände; **UAW:** s. Psychopharmaka; vermindertes Reaktionsvermögen! **Dos.:** p. o. 1-3×1 mg/d, nach Bedarf 3×2 mg/d; parenteral i. m. 1×20 mg/14-28 d, nach Bedarf bis 60 mg; HWZ 30 h. **Flupentixoldihydrochlorid**: Flupentixoli dihydrochloridum Ph.Eur.4; CAS-Nr. 2413-38-9; $C_{23}H_{27}Cl_2F_3N_2OS$, M_r 507.4; weißes bis fast weißes Pulver, sehr leicht lösl. in Wasser, lösl. in Ethanol, unlösl. in Dichlormethan. **Dos.:** oral (berechnet als Flupentixol) 2×3-9 mg/d, max. 18 mg/d. **Flupentixoldecanoat**: CAS-Nr. 30909-51-4; $C_{33}H_{43}F_3N_2OS$, M_r 588.8. Für i. m. Depotpräparate; HWZ 150 h.

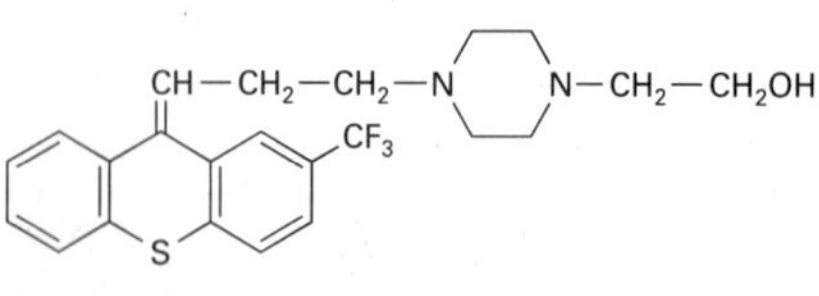

Flupentixol

Fluphenazin INN: 4-[3-(2-Trifluormethylphenothiazin-10-yl)propyl]-1-piperazinethanol; CAS-Nr. 69-23-8; $C_{22}H_{26}F_3N_3OS$, M_r 437.52. Sdp. 268-274 °C (67 Pa), Sdp. 250-252 °C (40 Pa). pK_S der konjugierten Säure 3.90, 8.1 (20 °C). **Anw.:** Neuroleptikum (s. Psychopharmaka); Ind.: endogene u. exogene Psychosen, Schizophrenie, Manie, zentrales Erbrechen, Angst- u. Erregungszustände, tranquillierende Ther. bei Erkrankungen wie Gastritis, Magengeschwüren, Angina pectoris; auch in Form von Depotpräparaten; **UAW:** s. Psychopharmaka; vermindertes Reaktionsvermögen; **Dos.:** p. o. als Tranquilizer 1×1 mg morgens; als Schlafmittel 1×2 mg abends; oral retard 1×3 mg/d; parenteral Depot i. m. 27-75 mg alle 3 Wochen; HWZ 15 h. **Fluphenazindihydrochlorid**: Fluphenazini dihydrochloridum Ph.Eur.4; CAS-Nr. 46-56-5; $C_{22}H_{28}Cl_2F_3N_3OS$, M_r 510.4. Schmp. 225 °C bzw. Schmp. 236 °C (polymorph). Weißes, krist. Pulver; hygroskop. u. lichtempfindl.; lösl. in 7 T. Wasser, wenig lösl. in Ethanol. **Fluphenazindecanoat**: Fluphenazini decanoas Ph.Eur.4; CAS-Nr. 5002-47-1; $C_{32}H_{44}F_3N_3O_2S$, M_r 591.8. Schmp. 30-32 °C. Blassgelborange viskose Flüss., kristallisiert langsam bei Raumtemp.; sehr leicht lösl. in Chloroform, Ether, Cyclohexan, Methanol, Ethanol, unlösl. in Wasser; HWZ 80 h. **Fluphenazinenantat**: Fluphenazini enantas Ph.Eur.4; CAS-Nr. 2746-81-8; $C_{29}H_{38}F_3N_3O_2S$, M_r 549.7. Blassgelbe bis gelborange viskose Flüss. od. ölige Kristalle; fast unlösl. in Wasser, lösl. in Methanol.

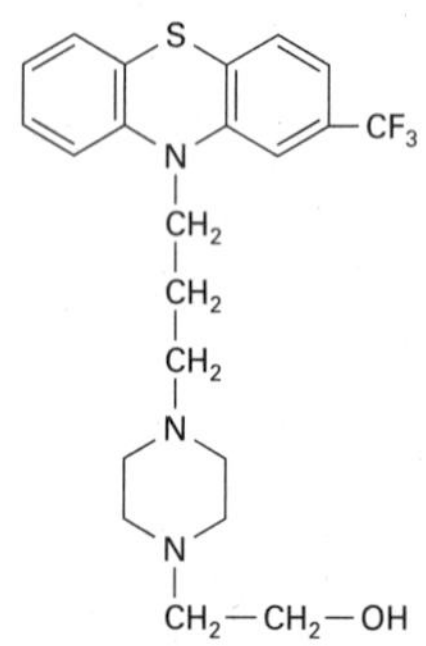

Fluphenazin

Flupirtinhydrochlorid INN: Ethyl-2-amino-6-(4-fluorbenzyl)amino-3-pyridincarbaminat-hydrochlorid; CAS-Nr. 56995-20-1; $C_{15}H_{17}FN_4O_2$. **Anw.:** früher Analgetikum*; HWZ 8-11 h.

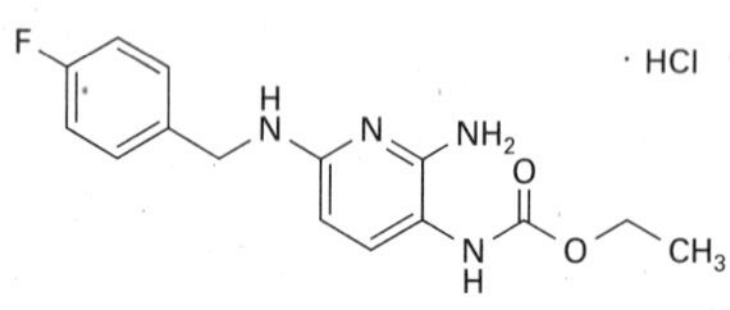

Flupirtinhydrochlorid

Flupredniden INN: Fluprednyliden; 9-Fluor-11β,17,21-trihydroxy-16-methylen-1,4-pregnadien-3,20-dion; CAS-Nr. 2193-87-5; $C_{22}H_{27}FO_5$. **Anw.:** lokale Corticosteroidtherapie. Gebräuchl. ist auch Flupredniden-21-acetat.

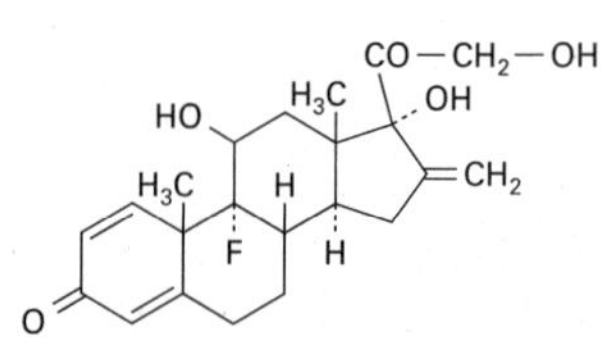

Flupredniden

Fluprednisolon INN: syn. 6α-Fluorprednisolon; CAS-Nr. 53-34-9; $C_{21}H_{27}FO_5$, M_r 378.4. Schmp. 208-213 °C. **Anw.**: Glucocorticoid (s. Hormone). **Fluprednisolonacetat**: Schmp. 235-238 °C.

Fluradrenolid: s. Fludroxycortid.

Flurazepam INN: 7-Chlor-1-(2-diethylaminoethyl)-5-(2-fluorphenyl)-1,3-dihydro-2*H*-1,4-benzodiazepin-2-on; CAS-Nr. 17617-23-1; $C_{21}H_{23}ClFN_3O$, M_r 387.89. **Anw.**: Schlafmittel*, Tranquilizer; vgl. Benzodiazepine; nur als ED bei akuten Krankheitszuständen da Kumulationsgefahr; HWZ 1.5 h bzw. bis zu 100 h (Metaboliten). **Flurazepamhydrochlorid**: Flurazepami monohydrochloridum Ph.Eur.4; $C_{21}H_{24}Cl_2FN_3O$, M_r 4243. Weißes, krist. Pulver; sehr leicht lösl. in Wasser. Gebräuchl. ist auch Flurazepamdihydrochlorid.

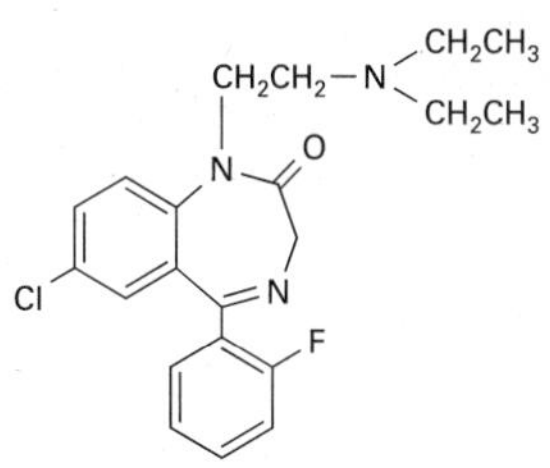

Flurazepam

Flurbiprofen INN: Flurbiprofenum Ph.Eur.4; 2-(2-Fluor-4-biphenylyl)propionsäure; CAS-Nr. 5104-49-4; $C_{15}H_{13}FO_2$, M_r 244.26. Strukturformel s. Analgetika (Abb.). Schmp. 110 °C. Schwer lösl. in Wasser; sofort lösl. in vielen org. Lösungsmitteln. **Anw.**: Analgetikum, Antiphlogistikum*, Antirheumatikum*; **UAW**: s. Ibuprofen; **Dos.**: 150-200 mg/d verteilt auf mehrere ED, im akuten Schub 300 mg/d; HWZ 3-4 h.

Flush-Syndrom: s. Karzinoid.

Fluspirilen INN: Fluspirilenum Ph.Eur.4; 8-[4,4-Bis(4-fluorphenyl)butyl]-1-phenyl-1,3,8-triazaspiro[4,5]decan-4-on; CAS-Nr. 1841-19-6; $C_{29}H_{31}F_2N_3O$, M_r 475.59. Schmp. 189-191 °C (polymorph). Fast unlösl. in Wasser u. Hexan; leicht lösl. in Chloroform; wenig lösl. in Aceton; schwer lösl. in Ethanol u. Ether. **Anw.**: Langzeit-Neuroleptikum (s. Psychopharmaka); Ind.: Langzeitther. u. Rezidivprophylaxe bei schizophrenen Psychosen; Angst- u. Spannungszustände, psychosomat. Beschwerden; **UAW**: anfängl. Müdigkeit u. Akkomodationsstörungen, selten Störungen des Menstruationszyklus, weitere UAW s. Psychopharmaka; vermindertes Reaktionsvermögen; **Dos.**: parenteral ambulant i. m. 1×2 mg/7 d; stationär i. m. 1×4 mg/7 d; HWZ 7-14 d.

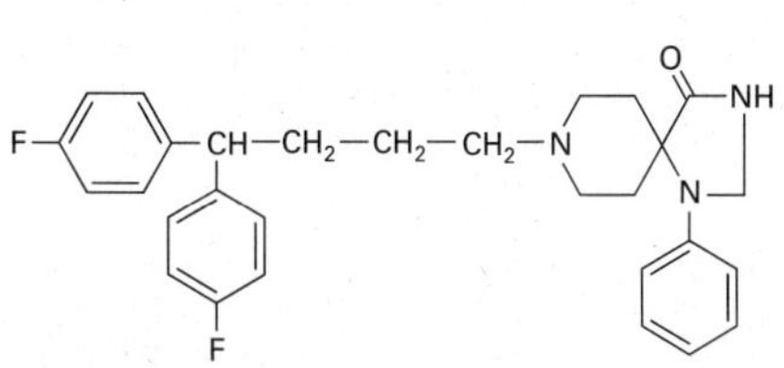

Fluspirilen

Flusskrebs: s. Astacus fluviatilis.

Flusssäure: Acidum hydrofluoricum, Fluorwasserstoffsäure; wässrige Lsg. von Fluorwasserstoff*. **Hom:** *Acidum hydrofluoricum (HAB1.5)*: Flusssäure mit mind. 38.0 % HF; verord. z. B. bei chron. Ekzemen, Karies, Drüsenverhärtungen, Bindegewebeschwäche.

Flussspat: s. Calciumfluorid.

Flutamid INN: Flutamidum Ph.Eur.4; 2-Methyl-*N*-[4-nitro-3-(trifluormethyl)phenyl]propanamid; CAS-Nr. 13311-84-7; $C_{11}H_{11}F_3N_2O_3$, M_r 276.22. Schmp. 111 °C (polymorph). **Anw.**: Zytostatikum*, Antiandrogen*; HWZ 5-6 h.

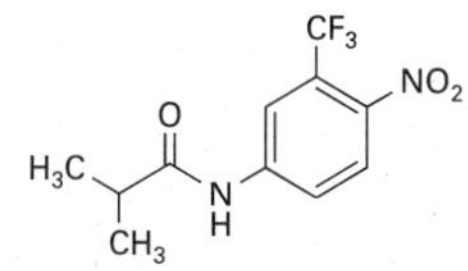

Flutamid

Fluticason: *S*-(Fluormethyl)-6α,9α-difluor-11β,17α-dihydroxy-16α-methyl-3-oxoandrost-1,4-dien-17β-carbothioat; CAS-Nr. 90566-53-3; $C_{22}H_{27}F_3O_4S$, M_r 444.51. **Wirk. u. Anw.**: Glucocorticoid (s. Hormone) zur topischen Anw.; bei Hauterkrankungen wie Psoriasis vulgaris u. Ekzeme; bei Asthma u. chron. obstruktiven Lungenerkrankungen zur Trockeninhalation; **UAW:** lokale Hautreaktionen, vgl. Hormone; **Kontraind.**: u. a. Akne vulgaris, Infektionen der Haut; **Dos.**: topisch 0.05 %ige Creme 2-mal tägl. dünn auf die Haut auftragen auf max. 50 % der Körperoberfläche; pro Woche max. 150 g einer 0.05 %igen Salbenzubereitung anwenden; zur Trockeninhalation 2-mal tägl. 0.5 mg. **Fluticason-17-propionat:** Fluticasoni propionas Ph.Eur.4; *S*-(Fluormethyl)-6α,9α-difluor-11β,17α-dihydroxy-16α-methyl-3-oxoandrost-1,4-dien-17β-carbothioat-17-propionat; CAS-Nr. 80474-14-2; $C_{25}H_{31}F_3O_5S$, M_r 500.57; Schmp. 272-273 °C (unter Zers.); weißes bis fast weißes Pulver, unlösl. in Wasser, wenig lösl. in Dichlormethan, schwer lösl. in Ethanol. **Anw.**: Antiallergikum, Antiasthmatikum bei chronisch obstruktiven Lungenerkrankungen; **Dos.**: pulmonal, Inhalation: Initialdosis 2×0.1-0.25 mg/d, 2×0.5-1 mg/d bei schwerem Asthma; Kinder >4 Jahre: Initialdosis 2×0.05-0.1 mg/d; intranasal 1×0.1 mg/d in jedes Nasenloch, steigerbar auf 2×0.1 mg/d in jedes Nasenloch; Kinder >4 Jahre: 1/2 Dosis.

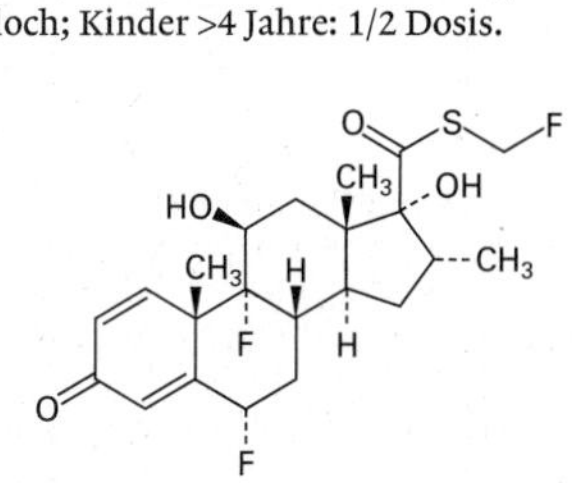

Fluticason

Flutrimazol INN: Flutrimazolum Ph.Eur.4; 1-[(2-Fluorophenyl)(4-fluorophenyl)phenylmethyl]-1*H*-imidazol; CAS-Nr. 119006-77-8; $C_{22}H_{16}F_2N_2$;

M_r 346.37; Schmp. 161-166 °C; weißes bis fast weißes Pulver, unlösl. in Wasser, leicht lösl. in Tetrahydrofuran, lösl. in Methanol. **Anw.**: Antimykotikum.

Fluvastatin INN: (±)-(3*R*,5*S*,6*E*)-7-[3-(*p*-Fluorophenyl)-1-isopropyl-2-indolyl]-3,5-dihydroxy-6-heptensäure; CAS-Nr. 93957-54-1; $C_{24}H_{26}FNO_4$, M_r 411.47. Strukturformel u. Wirk. s. HMG-CoA-Reduktasehemmer (Abb.). **Anw.**: Lipidsenker*; **UAW:** u. a. gastrointestinale Beschwerden, Hautauschläge, selten Impotenz; **Kontraind.**: schwere Niereninsuffizienz, Schwangerschaft u. Stillzeit, Anw. bei Kindern u. Jugendl. unter 18 Jahren; **Dos.**: p. o. 40 mg/d (abends); HWZ 2-3 h. **Fluvastatin-Natrium**: CAS-Nr. 93957-55-2; $C_{24}H_{25}FNNaO_4$, M_r 433.45.42.12 mg F.-Natrium entspr. 10 mg Fluvastatin.

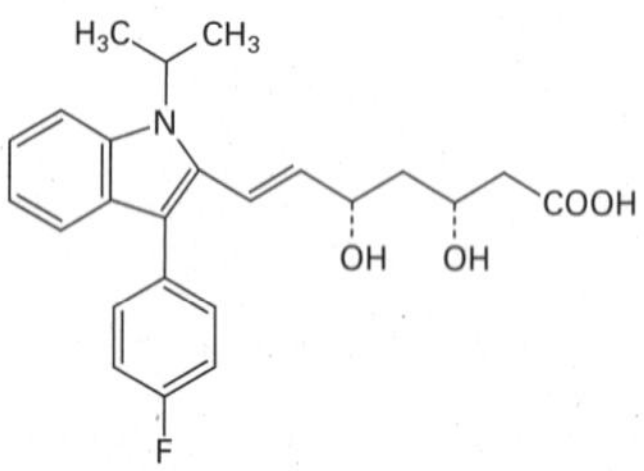

Fluvastatin

Fluvoxamin INN: (*E*)-5-Methoxy-1-[4-(trifluormethyl)-phenyl]-1-pentanon-*O*-(2-aminoethyl)oxim; CAS-Nr. 54739-18-3; $C_{15}H_{21}F_3N_2O_2$, M_r 318.35. **Wirk.**: Serotoninwiederaufnahme*-Hemmer; **Anw.**: s. Antidepressivum. **Fluvoxaminmaleat**: $C_{19}H_{25}F_3N_2O_6$. Schmp. 119-122 °C (polymorph).

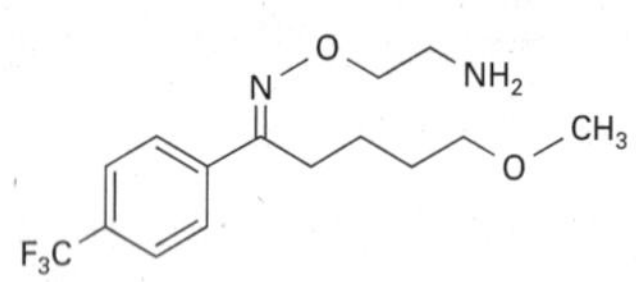

Fluvoxamin

Flux: Symbol J; Größe, die die Permeation eines transdermalen therap. Systems* enthaltenen Arzneistoffs durch die Haut charakterisiert.

$J = A^{-1} \cdot {}^{dm}/_{dt}$

dm/dt ist der Anstieg des Permeationsprofils, d. h. die freigesetzte Arzneistoffmasse in Abhängigkeit von der Zeit u. A die Permeationsfläche.

Fm: (chem.) Symbol für Fermium*.

FMB: Abk. für **F**ormulae **M**agistrales **B**erolinensis; s. Magistralformeln.

FMN: Abk. **F**lavin**m**ono**n**ucleotid; s. Flavinenzyme.

Föhre: s. Pinus sylvestris.

Föhrensprossen: s. Pinus sylvestris (Turiones Pini).

Fölling-Krankheit: Morbus Fölling; s. Phenylalanin.

Fölling-Probe: Probe zum Nachw. von Phenylalanin u. Phenylbrenztraubensäure im Harn; s. Phenylalanin. Dem angesäuerten Urin wird eine Eisen(III)-chloridlösung zugegeben, wobei sich ein instabiler, grüner Farbstoff bildet, der wahrscheinl. eine Komplexverbindung von Fe^{3+} mit Phenylbrenztraubensäure darstellt.

Foeniculum dulce: s. Foeniculum vulgare ssp. vulgare var. dulce.

Foeniculum vulgare Miller **ssp. vulgare var. vulgare:** Foeniculum vulgare ssp. capillaceum (Gilibert) Holmboe var. vulgare, Gewöhnlicher Fenchel, Wilder Fenchel, Bitterfenchel; Fam. Apiaceae (Umbelliferae) (heim. Mittelmeergebiet, westl. Asien; kult. Galizien, Rumänien u. a. südost- u. südeurop. Ländern, in Mitteleuropa bei Leipzig u. Weißenfels). Stpfl. von **Foeniculi amari fructus** Ph.Eur.4: Fructus Foeniculi (amari), (Bitterer) Fenchel; die getrockneten, reifen Früchte. **Inhaltsst.**: 2-6 % äther. Öl, nach Ph.Eur.4 mind. 4.0 % äther. Öl, davon mind. 60.0 % (*trans-*) Anethol* sowie mind. 15.0 % Fenchon* u. max. 5.0 % Estragol (Methylchavicol*, vgl. Foeniculum vulgare ssp. vulgare var dulce); ca. 20 % fettes Öl (mit antioxidativen Stoffen), ca. 5 % Zucker, ca. 20 % Eiweiß, Flavonoide*, Furanocumarine* (Spuren); **Anw.**: schleimlösendes, blähungtreibendes Mittel (Fencheltee u. Fenchelhonig, in der Pädiatrie), Galaktagogum u. Aromatikum sowie zu Augenwässern (Aq. Foeniculi); **Zuber.**: Pulvis Liquiritiae compositus, Spec. laxantes, Spec. majales; **Foeniculi amari aetheroleum:** Oleum Foeniculi amari, Bitteres Fenchelöl; das durch Wasserdampfdest. gewonnene äther. Öl von Foeniculi amari fructus, farblos, von würzigem Geruch u. Geschmack. D. 0.961-0.972; $\alpha_D^{20°C}$ +10 bis +24°; $n_D^{20°C}$ 1.528-1.539 (1.548); Ep. nicht unter +5 °C (entspr. einem Geh. an *trans*-Anethol von ca. 55 %); **Off.**: DAB2003, ÖAB90, Ph.Helv.8; **Inhaltsst.**: 55-75 % *trans*-Anethol* (süßer Geschmack), max. 0.5 % *cis*-Anethol, 12-25 % D-(+)-Fenchon* (bitterer u. campherartiger Geschmack), höchstens 6 % Methylchavicol* (Estragol), 1-10 % α-Pinen*, sowie u. a. Isoanethol, D-Limonen*, Phellandren, Foeniculin, Camphen*, Anissäure, Anisaldehyd; **Foeniculi amari fructus aetheroleum:** Bitterfenchelöl. **Off.**: Ph.Eur.4.04; **Inhaltsst.**: s. o.; **Wirk.** u. **Anw.**: wie Foeniculi amari fructus; 1 g Öl entspr. ca. 46 Tr.; **Zuber.**: Aq. carminativa, Aq. Foeniculi. **Hom:** *Foeniculum vulgare (HAB1.5),* Foeniculum: getrocknete, reife Früchte (mind. 4 % äther. Öl). **Hom:** *Foeniculum vulgare, ethanol. Decoctum (HAB1.3):* getrocknete, reife Früchte (mind. 4 % äther. Öl).

Foeniculum vulgare ssp. vulgare var. azoricum (Mill.) Thell.: Gemüsefenchel, Zwiebelfenchel; Fam. Apiaceae. **Anw.**: Gemüse.

Foeniculum vulgare ssp. vulgare var. dulce (Mill.) Batt. et Trab.: Foeniculum dulce Mill., Süßer Fenchel, Römischer Fenchel, Gewürzfenchel; Fam. Apiaceae (Umbelliferae) (Südfrankreich, Südeuropa). Stpfl. von **Foeniculi dulcis fructus** Ph.Eur.4: Fructus Foeniculi dulcis, Fructus Foeniculi romani, Süßer Fenchel; die getrockneten, reifen Früchte: mind. 2.0 % äther. Öl mit mind. 80.0 % *(trans-)* Anethol* u. max. 10.0 % Estragol (Methylchavicol*) sowie max. 7.5 % Fenchon*. **Inhaltsst.**: 1.5-3 % äther. Öl mit 80-95 % *trans*-Anethol u. ca. 1 % Fenchon (daher nicht bitter bis campherartig schmeckend, sondern süß), sehr wenig andere Monoterpene, ca. 20% fettes Öl, ca. 30% Eiweiß, Flavonoide*, Furanocumarine* (Spuren); **Anw.:** wie Gewöhnlicher (Bitterer) Fenchel, s. Foeniculum vulgare ssp. vulgare var. vulgare.

Foenum graecum: s. Trigonella foenum-graecum.

foetidus: foetida, foetidum; stinkend; z.B. Asa foetida*.

Fötor: übler Geruch. Foetor ex ore: übler Mund- od. Atemgeruch.

Fokalinfektion: Herdinfektion; sekundäre Erkrankung, die durch Bakt. verursacht wird und die mit zeitl. Latenz nach einer lokalen Infektion z.B. im Hals-Nasen-Ohren-Bereich auftritt. Erreger u. Toxine gelangen durch septische Metastasierung bzw. schubweise Ausschüttung aus dem Ausgangsherd über den Blutkreislauf zu entfernten Organen u. verursachen dort entzündl. bzw. allerg. Krankheitsprozesse.

Fokus: **1.** (physik.) Brennpunkt*. **2.** (med.) Herd, Sitz einer Krankheit; s. Fokalinfektion.

Fokussierung, isoelektrische: Abk. IEF; Trennung von zwitterionischen Verb., z.B. von Proteinen, aufgrund ihrer unterschiedl. isoelektr. Punkte in einem pH-Gradienten durch Elektrophorese*. Nach Ausbildung des Gradienten wandern die zu trennenden Proteine während der Elektrophorese entspr. ihrem pI-Wert bis zu einer bestimmten Stelle u. sind dort fokussiert. **Anw.:** Aufkonzentrieren von Proben; Proteinreinigung, s. Elektrophorese (Kapillarelektrophorese).

Folescutol INN: 6,7-Dihydroxy-4-(morpholinomethyl)cumarin; 6,7-Dihydroxy-4-(morpholinomethyl)-2*H*-chromen-2-on; CAS-Nr. 15687-22-6; $C_{14}H_{15}NO_5$, M_r 277.28. Schmp. 232 °C (kristallisiert aus 50% Ethanol). **Anw.:** Vasoprotektor. Gebräuchl. ist auch Folescutolhydrochlorid.

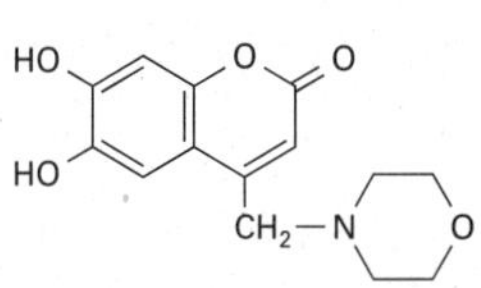

Folescutol

Folgereaktion: Elementarreaktion, bei der die Edukte teilweise od. ganz, erst in einer anderen, gleichzeitig ablaufenden Reaktion gebildet werden. Z.B. ist bei

$$A \xrightarrow{k_1} B \xrightarrow{k_2} C$$

der 2. Reaktionsschritt B → C eine F. der Reaktion A → B. Jede einzelne Reaktion hat ihre Reaktionsgeschwindigkeitskonstante* (k) u. ihre Reaktionsordnung*. Die Reaktion mit der geringsten Geschwindigkeit ist bestimmend für die Geschwindigkeit des Gesamtablaufs; vgl. Parallelreaktion.

Folgeuntersuchungen: s. Haltbarkeit.

Folia: Abk. Fol.; s. Blatt.

Folia Aconiti: s. Aconitum napellus napellus (Herba Aconiti).

Folia Adhatodae: s. Adhatoda vasica.

Folia Adianti: s. Adiantum capillus-veneris (Herba Capilli veneris).

Folia Agavae: **1.** s. Agave americana. **2.** s. Agave sisalana.

Folia Agrimoniae: s. Agrimonia eupatoria (Agrimoniae herba).

Folia Aloysiae: s. Aloysia triphylla (Herba Verbenae odoratae).

Folia Althaeae: s. Althaea officinalis (Althaeae folium).

Folia Alypi: s. Globularia alypum.

Folia Anthos: s. Rosmarinus officinalis (Rosmarini folium).

Folia Aquifoliae: s. Ilex aquifolium.

Folia Arctostaphyli: s. Arctostaphylos uva-ursi (Uvae ursi folium).

Folia Aurantii: s. Citrus aurantium aurantium.

Folia Balsami palustris: s. Mentha aquatica (Folia Menthae aquaticae).

Folia Belladonnae: s. Atropa belladonna (Belladonnae folium).

Folia Berberidis: s. Berberis vulgaris.

Folia Bergeniae: s. Bergenia crassifolia.

Folia Betulae: s. Betula pendula (Betulae folium).

Folia Bismalvae: s. Althaea officinalis (Althaeae folium).

Folia Boldo: s. Peumus boldus (Boldi folium).

Folia Bucco: s. Barosma betulina.

Folia Buxi: s. Buxus sempervirens.

Folia Capilli: s. Adiantum capillus-veneris (Herba Capilli veneris).

Folia Caricae papayae: s. Carica papaya.

Folia Carobae: s. Jacaranda procera.

Folia Castaneae: s. Castanea sativa (Castaneae folium).

Folia Ceanothi: s. Ceanothus americanus.

Folia Cerasi: s. Prunus cerasus.

Folia Citronellae: s. Melissa officinalis (Melissae folium).

Folia Cocae: s. Erythroxylum coca.

Folia Coryli avellanae: s. Corylus avellana.

Folia Crataegi cum floribus: s. Crataegus-Arten (Crataegi folium cum flore).

Folia Crataegi oxyacanthae: s. Crataegus-Arten.

Folia Cynarae: s. Cynara cardunculus ssp. flavescens.

Folia Damianae: s. Turnera diffusa var. aphrodisiaca.

Folia Daturae: s. Datura stramonium (Stramonii folium).

Folia Digitalis lanatae: s. Digitalis lanata (Digitalis lantae folium).

Folia Digitalis purpureae: s. Digitalis purpurea (Digitalis purpureae folium).

Folia Djamboe: s. Psidium guajava.

Folia Ebuli: s. Sambucus ebulus (Herba Ebuli).

Folia Eriodictyonis: s. Eriodictyon californicum.

Folia Erythroxyli cocae: s. Erythroxylum coca (Folia Cocae).

Folia Eucalypti: s. Eucalyptus globulus (Eucalypti folium).

Folia Faham: s. Angraecum fragrans.

Folia Farfarae: s. Tussilago farfara (Farfarae folium).

Folia Fragariae: s. Fragaria vesca (Fragariae folium).

Folia Fraxini: s. Fraxinus excelsior.

Folia Gaultheriae: s. Gaultheria procumbens.

Folia Ginkgo: s. Ginkgo biloba (Ginkgo folium).

Folia Gymnemae sylvestris: s. Gymnema sylvestre.

Folia Hamamelidis: s. Hamamelis virginiana (Hamamelidis folium).
Folia Harongae: s. Harungana madagascariensis.
Folia Hederae helicis: s. Hedera helix (Hederae helicis folium).
Folia Hennae: s. Lawsonia inermis.
Folia Hippocastani: s. Aesculus hippocastanum.
Folia Hyoscyami: s. Hyoscyamus niger (Hyoscyami folium).
Folia Indigoferae tinctoriae: s. Indigofera tinctoria.
Folia Jaborandi: s. Pilocarpus-Arten.
Folia Jacarandae: s. Jacaranda procera (Folia Carobae).

F

Folia Juglandis: s. Juglans regia (Juglandis folium).
Folia Kalmiae: s. Kalmia latifolia.
Folia Lauri: s. Laurus nobilis.
Folia Laurocerasi: s. Prunus laurocerasus.
Folia Malvae: s. Malva neglecta (Malvae folium).
Folia Mate: s. Ilex paraguariensis.
Folia Mate tosta: s. Ilex paraguariensis (Mate folium tostum).
Folia Matico: s. Piper angustifolium.
Folia Melissae: s. Melissa officinalis (Melissae folium).
Folia Menthae aquaticae: s. Mentha aquatica.
Folia Menthae crispae: s. Mentha crispa.
Folia Menthae japonicae: s. Mentha arvensis var. piperascens.
Folia Menthae piperitae: s. Mentha x piperita (Menthae piperitae folium).
Foliamenthin: s. Menyanthes trifoliata.
Folia Menyanthidis: s. Menyanthes trifoliata (Menyanthidis trifoliatae folium).
Folia Millefolii: s. Achillea millefolium (Herba Millefolii).
Folia Myrti: s. Myrtus communis.
Folia Myrti brabantici: s. Myrica gale.
Folia Myrtilli: s. Vaccinium myrtillus.
Folia Nerii: s. Nerium oleander (Oleandri folium).
Folia Nicotianae: s. Nicotiana tabacum.
Folia Oleae: s. Olea europaea.
Folia Oleandri: s. Nerium oleander (Oleandri folium).
Folia Orthosiphonis staminei: s. Orthosiphon aristatus (Orthosiphonis folium).
Folia Patchouli: s. Pogostemon cablin.
Folia Petasites: s. Petasites hybridus.
Folia Pilocarpi: s. Pilocarpus-Arten (Folia Jaborandi).
Folia Pimentae: s. Pimenta racemosa.
Folia Piperis betle: s. Piper betle.
Folia Plantaginis: s. Plantago lanceolata.
Folia Psidii pyriferi: s. Psidium guajava (Folia Djamboe).
Folia Rhododendri chrysanthi: s. Rhododendron chrysanthum.
Folia Rhododendri ferruginei: s. Rhododendron ferrugineum.
Folia Rhois toxicodendri: s. Toxicodendron quercifolium (Folia Toxicodendri).
Folia Ribis nigri: s. Ribes nigrum (Ribis nigri folium).
Folia Roris marini: s. Rosmarinus officinalis (Rosmarini folium).
Folia Rosmarini: s. Rosmarinus officinalis (Rosmarini folium).
Folia Rubi fruticosi: s. Rubus fruticosus (Rubi fruticosi folium).
Folia Rubi idaei: s. Rubus idaeus (Rubi idaei folium).
Folia Rutae: s. Ruta graveolens.
Folia Salviae: s. Salvia officinalis (Salviae officinalis folium).
Folia Salviae trilobae: s. Salvia triloba (Salviae trilobae folium).
Folia Sambuci: s. Sambucus nigra.
Folia Saniculae: s. Sanicula europaea (Herba Saniculae).
Folia Santa: s. Eriodictyon californicum (Folia Eriodictyonis).
Folia Scopoliae carniolicae: s. Scopolia carniolica.
Folia Sennae: **1.** s. Cassia angustifolia (Sennae folium). **2.** s. Cassia senna (Sennae folium).
Folia Spinaciae: s. Spinacia oleracea.
Folia Stramonii: s. Datura stramonium (Stramonii folium).
Folia Stramonii nitrata: Asthmakraut; Herst.: DAB6, 600 T. Stechapfelblätter werden mit einer Lsg. von 1 T. Kaliumcarbonat, 4 T. Kaliumchlorat, 200 T. Kaliumnitrat in 400 T. Wasser befeuchtet u. getrocknet; vgl. Datura stramonium. **Anw.:** Asthmamittel.
Folia Taraxaci: s. Taraxacum officinale (Herba Taraxaci).
Folia Theae: s. Camellia sinensis.
Folia Toxicodendri: s. Toxicodendron quercifolium.
Folia Trifolii fibrini: s. Menyanthes trifoliata (Trifolii fibrini folium).
Folia Urticae: s. Urtica-Arten (Urticae folium).
Folia Uvae ursi: s. Arctostaphylos uva-ursi (Uvae ursi folium).
Folia Verbasci: s. Verbascum-Arten.
Folia Visci: s. Viscum album.
Folia Vitis-idaei: s. Vaccinium vitis-idaea.
Folia Vitis viniferae: s. Vitis vinifera.
Folien: dünne Metall- od. Kunststoffblätter. Metallfolien sind zu dünnem Blech gewalztes Metall (Aluminiumfolie*, Zinnfolie/Stanniol). Kunststofffolien werden durch Gießen, Walzen, Spritzen od. Folienblasen* hergestellt. F. dienen u. a. zur Auskleidung von Behältern u. zu Verpackungszwecken.
Folien, biaxial gereckte: s. Recken.
Folienblasen: Herst. breiter, dünner, papierähnl. Folien aus thermoplast. Kunststoff auf Folienblasanlagen. Über eine Ringschlitzdüse wird ein Schlauch extrudiert, der von innen durch Luft bis zum 5fachen Durchmesser aufgeblasen u. gestützt wird. Anschließend wird der aufgeweitete Schlauch durch Quetschwalzen flachgelegt u. aufgewickelt. Eine geeignete Abstimmung von Aufblasverhältnis (Querreckung), Abzugsgeschwindigkeit (Längsreckung) u. Temperaturführung ermöglicht es, die mechanischen Eigenschaften der Folien in gewissem Umfang zu beeinflussen (Schrumpffolien). Vgl. Recken.
Folinerin: Oleandrin; Glykosid aus den Blättern von Nerium* oleander.
Folinsäure: aktive Form der Folsäure; 5-Formyltetrahydrofolsäure, s. Vitamine (Folsäure).
Folins-Reagens: Reagens zur Wertbestimmung von Pepsin*. Lsg. von Natriumwolframat, Natrium-

molybdat, Phosphor- u. Salzsäure, Lithiumsulfat u. Brom; Blaufärbung mit Tyrosin.

Folium: s. Blatt.

Folliculi Sennae: **1.** s. Cassia angustifolia (Sennae fructus angustifoliae). **2.** s. Cassia senna (Sennae fructus acutifoliae).

Folliculus: (bot.) Balgfrucht; s. Fruchtformen.

Follikel: kleiner Schlauch, Bläschen; u. a. Haarbalg u. F. im Eierstock. **Follikulitis**: Entzündung eines Haarfollikels als gerötetes, schmerzhaftes Knötchen mit zentraler, von einem Haar durchbohrter Pustel; evtl. Entwicklung eines Furunkels*.

Follikelhormone: weibl. Keimdrüsenhormone; s. Hormone (Estrogene).

Follikelsprung: s. Ovulation.

follikelstimulierendes Hormon: s. Hormone (gonadotrope Hormone).

Follitropin: s. Hormone (Hypophysenvorderlappen); vgl. Urofollitropin.

Follitropin alpha INN: gentechn. hergestelltes follikelstimulierendes Hormon (FSH); s. Hormone. **Wirk., Anw.** u. **UAW:** wie Urofollitropin* od. Follitropin* beta.

Follitropin beta INN: gentechn. hergestelltes follikelstimulierendes Hormon (FSH); s. Hormone (gonadotrope Hormone). **Anw.:** zur Behandlung der weibl. Unfruchtbarkeit bei Anovulation, wenn die Behandlung mit Clomifen* nicht anspricht; zur künstl. Befruchtung (Induktion multipler Follikel); **Wirk.:** wie Urofollitropin* (jedoch mit höheren Schwangerschaftsraten); **UAW:** Überstimulation, leichte Reaktionen an der Injektionsstelle, erhöhtes Risiko für Mehrlingsschwangerschaften; **Kontraind.:** Ovarien-, Brust-, Uterus-, Hypophysen- u. Hypothalamustumor, Schwangerschaft u. Stillzeit.

Follow-up-Stabilität: s. Haltbarkeit.

Folsäure: s. Vitamine.

Folsäureantagonisten: i. e. S. Analoga der Folsäure, die als Antimetaboliten* wirken, z. B. Methotrexat* u. Aminopyrin als Zytostatika*. Antidot: Calciumfolinat*. Als F. wirken auch die als Chemotherapeutika* eingesetzten Sulfonamide u. Diaminopyrimidin-Derivate, z. B. Trimethoprim*.

Fomentatio: Fomentum; früher gebräuchl. Ausdruck für Umschläge mit flüss. Arzneimitteln zum Lindern, Erweichen, Kühlen.

Fomes fomentarius (L.) Fr.: Polyporus fomentarius Fr., Wundschwamm, Echter Zunderschwamm; Fam. Polyporaceae (Mitteleuropa); Pilz an Laubholzbäumen wie alten Buchen u. Birken. Stpfl. von **Fungus Chirurgorum:** Boletus Chirurgorum, Fungus Quercinus, Fungus Ignarius, Wundschwamm, Blutschwamm, Feuerschwamm; die mittlere Schicht des Fruchtkörpers. **Inhaltsst.:** Fomentarsäure, Mannofucogalactan, Glucuronoglucan; **Anw.** volkstüml.: früher (äußerl.) Blutstillungsmittel; (innerl.) bei Blasenleiden; techn.: mit Salpeter (Kaliumnitrat, früher Natriumnitrat) getränkt als Feuerschwamm (Fungus Ignarius, Boletus Ignarius praeparatus) od. Zunder.

Fomes officinalis Faull.: Polyporus officinalis Fries, Fomes laricis Jacq., Laricifomes officinalis (Vill. Fr.) Kotl. u. Pouz., Fungus Laricis, Lärchenschwamm; (bot.) Fam. Polyporaceae (Tirol, Schweiz, Ungarn, Südfrankreich, Norditalien sowie Nordrussland, Sibirien, bes. Archangelsk); Pilz, der auf Larix* decidua u. auf Larix sibirica schmarotzt. Stpfl. von **Fungus Laricis:** Laricis fungus, Boletus laricis, Agaricus albus, Lärchenschwamm, Purgierschwamm; der getrocknete Fruchtkörper des Pilzes. **Off.:** EB6; **Inhaltsst.:** Agaricinsäure* (bis 18 %), Harz, Triterpen-, Ricinol-, Oxal-, Phosphor- u. a. Säuren, Gummi, Wachs, Bitterstoffe; **Anw.** volkstüml.: Abführmittel sowie geg. Erkrankungen des rheumat. Formenkreises, Lungenleiden, Nachtschweiß; **Anw.** (techn.): Bittermittel in der Likörindustrie.

Hom: *Laricifomes officinalis (HAB1.5)*, Boletus laricis: getrockneter, vom Hymenium u. den derben Randschichten befreiter Fruchtkörper.

F

Fominoben INN: 3'-Chlor-2'-{*N*-methyl-*N*-(morpholinocarbonyl)methyl-aminomethyl}benzanilid; CAS-Nr. 18053-31-1; $C_{21}H_{24}ClN_3O_3$, M_r 401.89. Schmp. 122.5-123 °C (Base). **Anw.:** Atemstimulans bei Atembeschwerden, chron. Bronchitis, akuten Atemstörungen (z. B. postoperativ), akutem Reizhusten; **UAW:** gastrointestinale Beschwerden; **Dos.:** p. o. Initialdos. 3×0.16 g/d, Erhaltungsdos. 2×0.16 g/d, nach den Mahlzeiten; parenteral i. v. 2-3×0.04 g/d. Gebräuchl. ist auch Fominobenhydrochlorid.

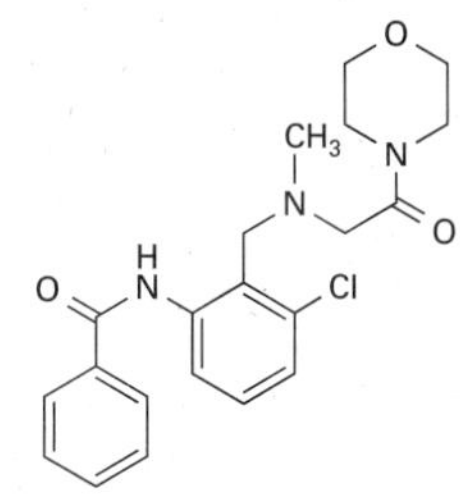

Fominoben

Fomivirsen: Fomivirsenum; CAS-Nr. 144245-52-3, Phosphorothioat-Oligonucleotid, 21 Nucleotide 5'-GCG TTT GCT CTT CTT CTT GCG-3', $C_{204}H_{243}N_{63}O_{114}P_{20}S_{20}Na_{20}$, M_r 6682.9. Weißes, hygroskop., amorphes Pulver; Antisense*-Oligonucleotid. **Wirk.:** F. ist komplementär zu einer spezif. Sequenz der mRNA des CMV. Dadurch entsteht sequenzspezif. ein Doppelstrang aus synthet. Oligonukleotid u. RNA, so dass die CMV-Boten-RNA nicht mehr von Ribosomen abgelesen u. von Ribonucleasen abgebaut werden kann. F. hemmt die CMV-Virusreplikation in vitro etwa 40fach stärker als Ganciclovir*. **Anw.:** CMV-Retinitis bei HIV-Erkrankten, als intravitreale* Injektion (vgl. Zytomegalie, Retinitis); **UAW:** Augenentzündungen, erhöhter Augeninnendruck, intraokulare Entzündung, Netzhautablösung, Photophobie, Photopsie, Glaskörpertrübung; **Dos.:** intravitreal 165-330 μg/Auge/Woche. Vgl. HIV-Erkrankung.

Fomocain INN: *N*-[3-(4-Phenoxymethylphenyl)propyl]morpholin; CAS-Nr. 17692-39-6; $C_{20}H_{25}NO_2$, M_r 311.4. **Anw.:** Oberflächenanästhetikum bei Juckreiz, Hauterkrankungen; **Dos.:** topisch Salbe, Creme 4 %. **Fomocainhydrochlorid**: Fomocaini hydrochloridum; $C_{20}H_{26}ClNO_2$, M_r 347.9. Weißes, krist. Pulver; leicht lösl. in Wasser, lösl. in Chloroform, schwer lösl. in Ethanol. **Off.**: DAC86.

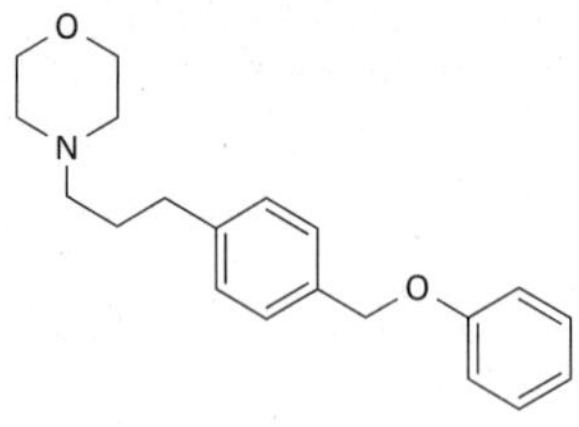

Fomocain

Fondaparinux-Natrium INN: CAS-Nr. 114870-03-0; $C_{31}H_{43}N_3Na_{10}O_{49}S_8$, M_r 1728.2. Sulfatiertes Pentasaccharid, synthet. Heparin*-Analogon. **Wirk.**: Antikoagulans*; **Anw.**: Prophylaxe venöser thrombot. Ereignisse nach orthopäd. Operationen; **UAW**: Anämie, Blutungen, Thrombozytopenie; **Dos.**: s. c. 1×2.5 mg/d.

Fonofos: *O*-Ethyl-*S*-phenyl-(*RS*)-ethyldithiophosphonat; CAS-Nr. 944-22-9; $C_{10}H_{15}OPS_2$, M_r 246.3. **Anw.** techn.: Insektizid; s. Schädlingsbekämpfungsmittel (org. Phosphorverb.), Tabelle.

Fontanelle: Knochenlücke am kindl. Schädel. Große F. zw. Stirn u. Scheitelbein; kleine F. zw. Scheitel- u. Hinterhauptsbein.

footprinting (engl. footprint Fußabdruck): Methode zur Lokalisierung von Proteinbindungsstellen an der DNA. Dazu werden endmarkierte DNA-Fragmente allein od. zus. mit dem interessierenden Protein einer DNA-Strangbruch-Reaktion mittels Nuclease DNAase I unterworfen, wobei Proteinbindung die DNA-Spaltung an der entspr. Stelle behindert. Die unterschiedl. langen DNA-Bruchstücke werden über ein Polyacrylamidgel nach ihrer Größe aufgetrennt. Bestimmte Fragmentgrößen im Ansatz mit Protein im Vergleich zum Ansatz ohne Protein fehlen im Fragmentmuster, da das Protein die DNA-Spaltung verhindert hat. Die visualisierte Nucleotidleiter enthält eine Lücke, einen footprint.

forensisch (lat. forum Markt, Gericht): gerichtlich.

Formaldehyd: Formaldehydum, Formalin, Ameisensäurealdehyd, Methanal, Oxymethylen; HCHO, M_r 30.03. D. 0.815. Sdp. −19.2 °C. Schmp. −92 °C; farbloses, stechend riechendes Gas; leicht lösl. in Wasser u. Ethanol; unlösl. in Ether; große Polymerisationsfähigkeit. Die im Handel erhältl. Lsg. sind häufig mit Methanol zur Stabilisierung versetzt. **Darst.**: Dehydrierung von Methylalkohol; **Wirk.**: starkes Antiseptikum, Protoplasmagift; tötet Milzbrandbazillen in Verd. 1:2000 innerhalb einer Stunde; **Anw.**: in wässriger Lsg. (s. Formaldehydlösung 35 %, Solutio Formaldehydi saponata) u. in seinen polymeren Formen (s. Paraformaldehyd); als Munddesinfiziens in Tablettenform, zur Konservierung anatom. Präparate u. Pflanzen, äußerl. gegen übermäßige Schweißsekretion (2 %ige ethanol. Lsg.), zum Beizen von Saatgetreide (2.5 g/L Wasser); zur Raumdesinfektion bringt man die wässrige Lsg. zur Verdampfung (5 g F. in 30 g Wasser für 1 m³ Raum, 12 h einwirken lassen) od. erhitzt festes Paraformaldehyd (F. wirkt nur auf Bakterien u. Pilzsporen ein, nicht auf Ungeziefer); **Anw.** techn.: (früher) zur Herst. vieler Kunststoffe (Lanitalwolle, Galalith durch Härtung von Milcheiweiß mit F.), Kunstharze (u. a. Phenoplaste, Bakelit), ferner zur Synthese von Fuchsin, Acridin- u. Pyroninfarbstoffen, in der Küpenfärberei (Rongalit C); für die chem. Analyse zum Nachw. u. a von Cholesterol, Indol, Fuchsin, Heroin, Dionin, Codein; **Tox.**: Formaldehyddämpfe sind stark schleimhautreizend (Augen, Atemwege). Bei langdauernder Aufnahme kommt es durch Sensibilisierung zu Bronchialasthma-Anfällen. Trinken von F.-Lsg. führt zur Härtung der betroffenen Schleimhäute u. somit zu schwerer Schädigung des Verdauungstraktes. 10-30 g einer 35 %igen Lsg. gelten als tödl. orale Dosis. Durch die stark sensibilisierende Wirk. kann es zu hartnäckigen Ekzemen kommen. F. erwies sich im Tierversuch als karzinogen. MAK: 1 ppm.

Formaldehydlösung 35 %: Formaldehydi solutio (35 per centum), Solutio Formaldehydi, Formaldehydi solutio aquosa, Liquor Formaldehydi, Formalin; Ph.Eur.4; CAS-Nr. 50-00-0; wässrige Lsg. mit ca. 10 % Methanol; klare, farblose Flüss.

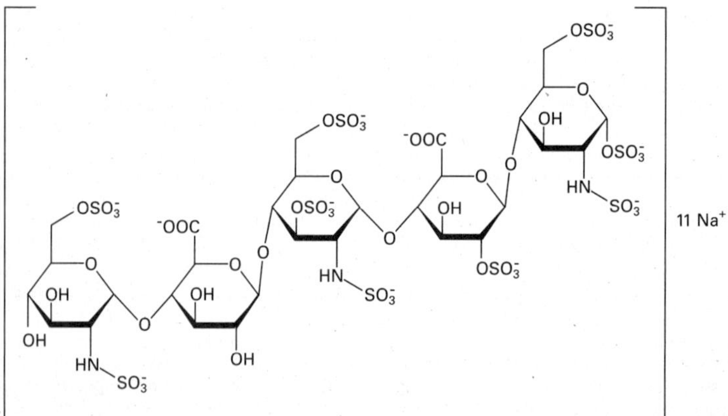

Fondaparinux-Natrium

von charakterist., stechendem Geruch, die sich beim Aufbewahren (vor Licht geschützt, nicht unter 9 °C, möglichst bei 15-25 °C) trüben kann; mischbar mit Wasser u. Ethanol; Geh. an Formaldehyd: 34.5-38 % (m/m); D. 1.077-1.088. In der Lsg. liegt Formaldehyd teils als Hydrat, teils auch als Polymer vor, wobei der Methanolzusatz die Bildung schwer lösl. Polymere verhindert. Bei tiefen Temp. (unter 9 °C) kann sich auch cycl. Trioxymethylen krist. abscheiden. Dieses braucht nicht abfiltriert zu werden, da das Polymerisat durch langsames Erwärmen wieder zu Formaldehyd depolymerisiert; **Anw.:** Desinfektionsmittel zur Grobdesinfektion, Konservierung histolog. Präparate (Eiweiß wird denaturiert, Gewebestrukturen aber nicht zerstört), früher zur Raumdesinfektion; in 2 %ige alkohol. Lsg. als Antihidrotikum; kann hautreizend wirken. Wenn Formaldehyd verordnet ist, so ist die Formaldehydlsg. abzugeben.

Formaldehydnatriumsulfoxylat: Rongalit C, Hyraldit; $HOCH_2-S-ONa \cdot 2H_2O$. Wasserlösl. Kristalle. **Anw.:** Reduktionsmittel bei der Küpenfärberei, s. Indigo.

Formaldehyd-Schwefelsäure: 2.0 mL Formaldehyd-Lsg. mit 100 mL Schwefelsäure 96 % *R* gemischt. **Anw.:** Reagens Ph.Eur.4 zur allg. Farbreaktion von Penicillinen u. Cefalosporinen, Identitätsprüfung von Morphinalkaloiden u. Opiumtinktur.

Formaldehydseifenlösung: s. Solutio Formaldehydi saponata.

Formaldehydum polymerisatum: s. Paraformaldehyd.

Formalin: s. Formaldehydlösung 35 %.

Formamid: Ameisensäureamid; $HCO-NH_2$. D. 1.133. Schmp. 2.5 °C. Sdp. 210 °C (unter Zers.). Farblose, viskose, geruchlose Flüss., mischbar mit Wasser, Ethanol, Methanol, Glycerol, wenig lösl. in Benzol, Chloroform, unlösl. in Ether. Löst u. a. Stärke, Tannin, Glucose, Gelatine, Celluloseacetat, Casein sowie viele anorg. Salze. **Anw.:** zu org. Synthesen, als Lösungsmittel, zur Analyse.

Formanilid: Phenylformamid; $C_6H_5-NH-CHO$, C_7H_7NO, M_r 121.14. D. 1.14. Farblose bis gelbl. Kristalle, lösl. in Wasser u. Ethanol. **Anw.** med.: früher als Hämostatikum u. Anästhetikum.

Formel, empirische: Summenformel, Bruttoformel, Molekularformel; gibt die quantitative Elementezusammensetzung eines Moleküls an. Beispiele: NH_3, H_2O; vgl. Strukturformel.

Formentrennmittel: (engl.) *antisticking agents*; Gegenklebemittel; verhindern das Kleben der Tablettiermasse od. der Tablette an den Stempeln u. an der Matrizeninnenwand der Tablettenmaschine. Viele Schmiermittel* sind auch Formentrennmittel. F. u. Schmiermittel, die bes. nach längerem Zumischen einen nichtpartikulären Film um die Teilchen der Tablettiermasse ausbilden, können u. U. die mechan. Eigenschaften von Tabletten in einem unzulässigen Ausmaß verschlechtern. Eingesetzt wird z. B. Talk (Schmiermittel), dessen formentrennende Wirk. gering ist, sich aber durch Imprägnieren mit höheren Fettalkoholen od. Siliconöl deutl. verbessern lässt.

Formestan INN: 4-Hydroxyandrost-4-en-17-dion; CAS-Nr. 566-48-3; $C_{19}H_{26}O_3$, M_r 302.41. **Wirk.** u. **Anw.:** Zytostatikum*; Aromatasehemmer*; bei fortgeschrittenem Mammakarzinom bei Frauen nach der Menopause; **UAW:** u. a. lokale Irritationen an der Injektionsstelle, Haarausfall, Schwindel, Krämpfe; **Kontraind.:** Frauen vor der Menopause, in Schwangerschaft u. Stillzeit; Anw. bei Kindern; **Dos.:** parenteral i. m. 250 mg in 2-wöchigen Abständen; HWZ 5-10 d.

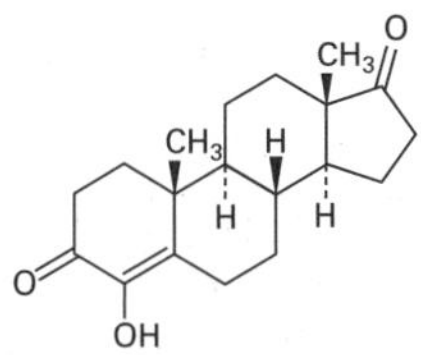

Formestan

Form-, Füll- und Verschließmaschinen: Maschinen, die Behältnisse kurz vor dem Füllvorgang herstellen, füllen u. sofort verschließen. Vgl. Bottle-pack-Verfahren, Verpackungsmaschinen.

Formiate: Salze der Ameisensäure*.

Formica rufa L.: Rote Waldameise; Fam. Formicidae, Od. Hymenoptera (Hautflügler), Klasse Insecta. Lieferant von **Sekret: Best.:** ca. 70 % Ameisensäure, äther. Öl (Markierungssubstanzen), fettes Öl; **Anw.:** früher, in einigen Ländern noch heute, zur Herst. von Spiritus* Formicarum, DAB6, Acidi formici solutio spirituosa; **Ova Formicarum:** Ameisenpuppen; fälschl. Ameiseneier. **Hom:** *Formica rufa (HAB1.4):* ungeflügelte Arbeiterameisen mit 90 %igem Ethanol getötet, zerquetscht u. mazeriert; verord. z. B. bei Muskelrheumatismus, Allergien.

Formmassen: ungeformte Erzeugnisse aus Kunststoff, die unter Einw. mechan. Kräfte innerhalb eines bestimmten Temperaturbereiches durch spanlose Formung bleibend zu Formteilen* od. Halbzeug geformt werden können. F. werden z. T. vorgeformt (z. B. tablettiert od. granuliert) verarbeitet, ohne dass durch die Verformung ihre plast. Formbarkeit wesentl. beeinträchtigt wird.

Formocortal INN: 3-(2-Chlorethoxy)-16α,17-dimethylmethylendioxy-9-fluor-11β,21-dihydroxy-20-oxo-3,5-pregnadien-6-carbaldehyd-21-acetat; CAS-Nr. 2825-60-7; $C_{29}H_{38}ClFO_8$, M_r 569.07. Schmp. 180-182 °C (kristallisiert aus Ether/Petrolether). $[\alpha]_D^{20\,°C}$ +26° (Chloroform). Unlösl. in Wasser u. Ether; lösl. in Ethanol, Aceton, Ethylacetat, Methanol. **Anw.:** lokale Corticosteroidtherapie.

Formoltoxoid: s. Toxoid.

Formophthalylsulfacarbamid: s. Sulfaloxinsäure.

Formosacampher: s. Campher.

Formosulfathiazol: Polymethylen-Sulfathiazol; schwer lösl. Kondensationsprodukt aus Formaldehyd u. Sulfathiazol*; CAS-Nr. 13968-86-0; $(C_{10}H_9N_3O_2S_2)_x$. Strukturformel s. Sulfonamide (Abb. 2). **Anw.:** Chemotherapeutikum*, bei gastrointestinalen Infektionen.

Formoterol INN: (α)-*N*-{2-Hydroxy-5-[1-hydroxy-2-[2-(4-methoxyphenyl)-1-methylethyl]amino-

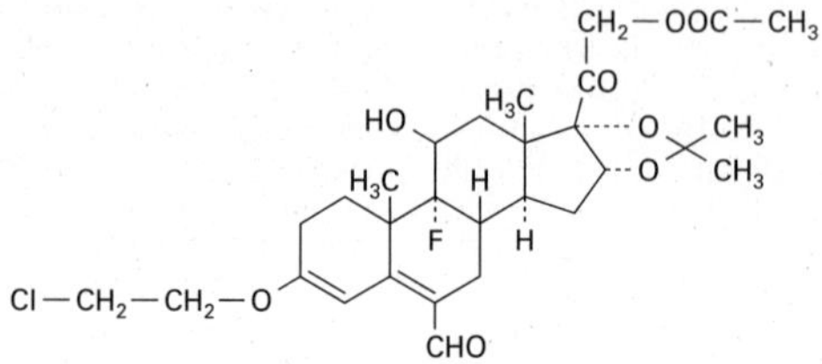

Formocortal

ethyl]phenyl}formamid, Gemisch der (–)-(*R,R*)- u. (+)-(*S,S*)-Enantiomeren; CAS-Nr. 73573-87-2; $C_{19}H_{24}N_2O_4$, M_r 344.41. **Wirk.**: Beta-2-Sympathomimetikum, s. Sympathomimetika; **Anw.**: Broncholytikum*, Antiasthmatikum*; zur Langzeitbehandlung des schwereren Asthma bronchiale; **Dos.**: Inhalation 19.6 bis max. 39.2 µg/d. **Formoterolfumarat-Dihydrat**: CAS-Nr. 43229-80-7; $C_{19}H_{24}N_2O_4 \cdot 2\,C_4H_4O_4 \cdot 2\,H_2O$. 2 Enantiomerenpaare bilden Racemat A, Schmp. 138 -140 °C (kristallisiert aus Isopropanol), u. Racemat B, Schmp. 154-155 °C.

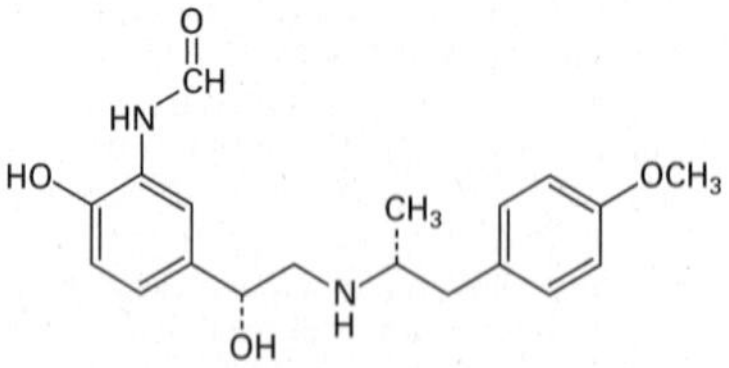

Formoterol: (*R,R*)-Enantiomer des Formoterol

Formteile: Teile aus Kunststoff, die aus Formmassen* durch spanlose Formung (Pressen, Spritzpressen od. Spritzgießen) in allseitig geschlossenen Werkzeugen hergestellt werden.

Formulae magistrales Berolinenses: s. Magistralformeln.

Formularium Helveticum: Abk. FH; Sammlung von Formulierungen für die Magistralrezeptur mit dem Ziel, eine Normierung sowohl der Qualität als auch der Verpackungs-u. Abgabeart anzustreben. In Ergänzung zu den aktuellen PM (Praescriptiones magistrales) enthält das FH Ausweichformulierungen für nicht mehr gehandelte Arzneispezialitäten u. Monographien von in Spitälern häufig verwendeten Präparaten. Die FH-Formulierungen bilden eine Ergänzung zu industriellen Arzneimitteln, insbes. für sehr beschränkt haltbare od. individuelle Zuber., die frei von unerwünschten Hilfsstoffen od. Konservierungsmittel sein sollten. Das FH ist alphabet. aufgebaut, jeder Formulierung wird eine FH Nummer zugeordnet. Sie besteht aus der Abk. der Formulierung durch den ersten Buchstaben der lat. Bezeichnung u. einer Nummer.

Formyl-: Aldehydo-; Bez. für die Gruppe –CH=O in org. Verbindungen.

Formylchlorid: s. Chloroform.

Formylsäure: s. Ameisensäure.

Formyltriiodid: s. Iodoform.

Formylum tribromatum: s. Bromoform.

Formylum trichloratum: s. Chloroform.

Foromacidin: s. Spiramycin.

Forskolin: s. Colforsin.

Forster-Decker-Reaktion: Methode zur Herst. sekundärer Amine durch Kondensation primärer Amine mit Benzaldehyd, Addition eines Alkylhalogenids an die gebildeten Iminoverb. u. anschließende Hydrolyse (s. Abb.).

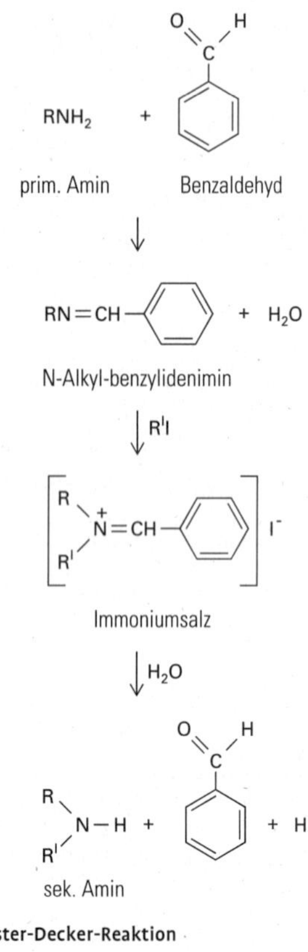

Forster-Decker-Reaktion

Forsythia suspensa (Thunb.) Vahl: (chin) Lian qiao, Hängende Forsythie, Goldglöckchen; Fam. Oleaceae (heim. Nordchina u. Japan); 2-4 m hoher Baum. Stpfl. von **Forsythiae fructus:** eine Fruchtdroge der TCM. **Inhaltsst.:** Phenolglykoside (u. a. Forsythosid A), Lignane* (u. a. Phillygenin, Pinoresinol, Matairesinol, Arctigenin), Triterpene* (Betulin- u. Oleanolsäurederivate), cycl. Alkohole; **Wirk.**: Forsythosid wirkt antibakteriell, Piniresinol u. Piniresinolglucosid hemmen die cAMP-Phosphodiesterase. **Anw.**: in der TCM bei Erkältungskrankheiten, Halsentzündungen, Entzündungen der ableitenden Harnwege.

Forsythie, Hängende: s. Forsythia suspensa.

Fortbildung: s. Weiterbildung.

forte (lat.): stark.

Fortunella japonica (Thunb.) Swingle: Citrus japonica, Kumquat, Marumi-Kumquat, Japanische Orange; Fam. Rutaceae (SO-Asien), die Früchte (Durchmesser 2-3 cm, 4-5 Fächer) ähneln in Inhaltsst. u. Geschmack Orangen; sie werden mit der Schale gegessen.

Forum Pharmazie: Verein für angestellte Apothekerinnen u. Apotheker in Österreich; gegründet 2000.

Foscarnet-Natrium INN: Phosphonomethansäure, Phosphonoameisensäure; Trinatrium-Phosphonoformat; CAS-Nr. 63585-09-1; CNa_3O_5P, M_r 192.0. Schmp. >250 °C. **Wirk.** u. **Anw.**: Virostatikum* zur Behandlung von erworbener Immunschwäche (HIV*-Erkrankung) u. lebens- u. augenlichtbedrohl. Erkrankungen durch Zytomegalie*-Viren; wirkt durch direkte Hemmung viraler DNA-Polymerasen u. reverser Transkriptase; **UAW:** Übelkeit, Hautreaktionen, Nierenfunktionsstörungen, Blutbildveränderungen. **Foscarnet-Natrium-Hexahydrat:** Foscarnetum natricum hexahydricum Ph.Eur.4; CAS-Nr. 34156-56-4; $CNa_3O_5P \cdot 6\ H_2O$; M_r 300.07; Schmp. >250 °C; weißes, krist. Pulver, lösl. in Wasser, unlösl. in Ethanol.

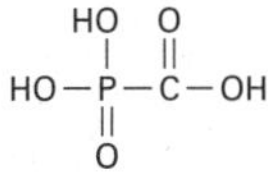

Foscarnet-Natrium

Fosfestrol INN: Diethylstilbestroldiphosphat; *trans*-α,β-Diethyl-4,4'-stilbendiylbis(dihydrogenphosphat); CAS-Nr. 522-40-7; $C_{18}H_{22}O_8P_2$, M_r 428.32. Schmp. 204-206 °C (unter Zers.; kristallisiert aus verd. Salzsäure). Wenig lösl. in Wasser; lösl. in Ethanol u. verd. Laugen. **Wirk.**: synthet. Estrogen (s. Hormone); HWZ 0.5 h; vgl. Diethylstilbestrol. **Fosfestrol-Natrium:** Fosfestrolum natricum, Fosfestrol-Tetranatriumsalz; CAS-Nr. 23519-26-8; $C_{18}H_{18}Na_4O_8P_2$, M_r 516.2. Schmp. 250 °C (unter Zers.). Weißes, krist., hygroskop. Pulver; leicht lösl. in Wasser, fast unlösl. in Ethanol, Ether, Chloroform. **Off.**: DAC86; **Anw.**: Zytostatikum* bei Prostatakarzinom; **Dos.**: p.o. 2-3×0.12 g/d; Behandlungsschema 3×0.36 g für 15-20 d, dann 3×0.12 g/d, später 2-1× (od. wöchentl. 0.36 g); parenteral i.v. 1×0.3-0.6 g/d für 15-30 d, dann umstellen auf oral.

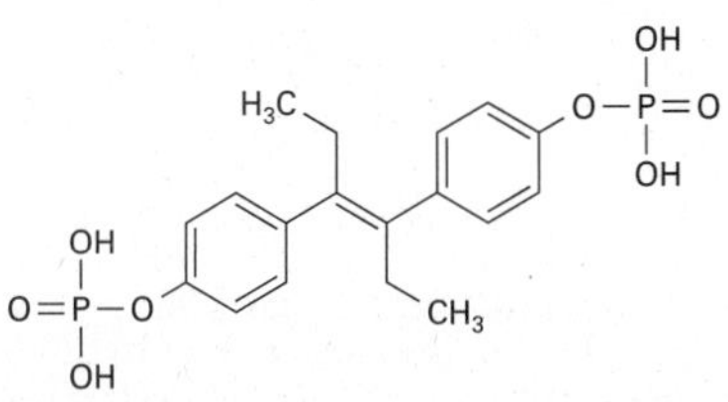

Fosfestrol

Fosfomycin INN: Phosphonomycin; (2*R*,3*S*)-3-Methyloxiran-2-yl-phosphonsäure; CAS-Nr. 23155-02-4; $C_3H_7O_4P$, M_r 138.06. Schmp. ca. 94 °C. Lösl. in Wasser, unlösl. in Ethanol. **Wirk.**: Epoxid-Struktur; chem. mit keinem anderen Antibiotikum verwandt; bakterizide Wirk. durch Hemmung der Zellwandbiosynthese aufgrund eines anderen Mechanismus als bei den Betalactam-Antibiotika; Wirkungsspektrum: Staphylokokken, Gonokokken, Haemophilus influenzae, Salmonellen, Shigellen, E. coli, Proteus mirabilis; **Anw.**: Breitband-Antibiotikum, wegen der geringen Resorption nur parenterale Applikation mögl.; **Kontraind.**: Schwangerschaft; **Dos.**: i.v. Kurzinfusion 2-3×3-5 g/d; bei Nierenfunktionsstörung Reduktion der Dos.; HWZ ca. 2 h; vgl. Antibiotika (Tab.). **Fosfomycin-Dinatrium:** Fosfomycinum natricum Ph.Eur.4; CAS-Nr. 26016-99-9; $C_3H_5Na_2O_4P$; M_r 182.02; weißes bis fast weißes, sehr hygroskopisches Pulver, sehr leicht lösl. in Wasser, wenig lösl. in Methanol, unlösl. in Dichlormethan u. wasserfreiem Ethanol. **Anw.**: Breitband-Antibiotikum; **Dos.**: parenteral, i.v., i.m. Erwachsene, Jugendliche bei empfindlichen Erregern 6-9 g/d, bei mässig empfindlichen Erregern 10-15 g/d, die Tagesdosis kann bis 20 g erhöht werden; Kinder 1-12 Jahre (10-40 kg KG): 100-200(-300) mg/kg KG tägl. in 3 Einzeldosen. **Fosfomycin-Calcium-Monohydrat:** Fosfomycinum calcicum Ph.Eur.4; $C_3H_5CaO_4P \cdot H_2O$; M_r 194.15; weißes bis fast weißes Pulver, schwer lösl. in Wasser, unlösl. in Aceton, Dichlormethan u. Methanol. **Anw.**: Breitband-Antibiotikum; **Dos.**: oral Erwachsene 2-4 g/d aufgeteilt in Einzeldosen, Kinder 40-120 mg/kg KG tägl. (Ph.Eur.Komm). **Fosfomycinum-Trometamol:** Fosfomycinum trometamol Ph.Eur.4; CAS-Nr. 78964-85-9; $C_7H_{18}NO_7P$; M_r 259.23; weißes bis fast weißes, hygroskopisches Pulver, sehr leicht lösl. in Wasser, schwer lösl. in Ethanol u. Methanol, unlösl. in Aceton. **Anw.**: Breitband-Antibiotikum; **Dos.**: oral (berechnet als Fosfomycin) Erwachsene: 1×3 g/d, Kinder über 5 Jahre: 1×2 g/d.

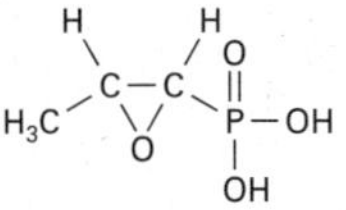

Fosfomycin

Fosinopril: (4*S*)-4-Cyclohexyl-1-{[(*RS*)-2-methyl-1-(propionyloxy)propoxy]-(4-phenylbutyl)phosphinoylacetyl}-L-prolin; CAS-Nr. 98048-97-6; $C_{30}H_{46}NO_7P$, M_r 563.67. **Wirk.** u. **Anw.**: ACE*-Hemmer; Antihypertensivum* bei essentieller Hypertonie; **UAW:** gelegentl. Salz- u. Flüssigkeitsmangel, Herzinsuffizienz, Bronchitis; **Kontraind.**: Schwangerschaft u. Stillzeit, Anw. bei Kindern, prim. Hyperaldosteronismus, Dialyse; **Dos.**: p.o. 10 mg/d (morgens) u.U. Steigerung bis

MTD 40 mg; HWZ 12 h. **Fosinopril-Natrium:** CAS-Nr. 88889-14-9; $C_{30}H_{45}NNaO_7P$, M_r 585.65. Schmp. 149-153 °C. $[\alpha]_D^{20\,°C}$ −24° (c = 1 in Methanol).

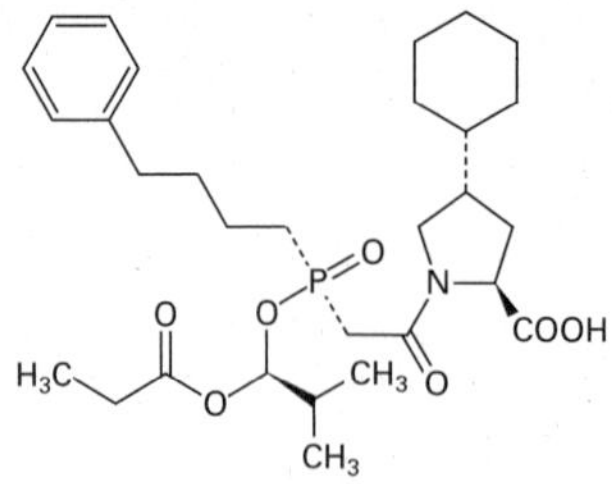

Fosinopril

Fotemustin: (±)-Diethyl-1-[3-(2-chloroethyl)-3-nitrosoureido]ethyl-phosphonat; {1-[(2-Chlorethyl)nitrosoamino-carbonyl]amino-ethyl}phosphonsäurediethylester; CAS-Nr. 92118-27-9; $C_9H_{19}ClN_3O_5P$, M_r 315.69. Schmp. 85 °C. **Wirk.:** Alkylans aus der Gruppe der Nitrosoharnstoffe; **Anw.:** Zytostatikum*; zur Behandlung maligner Melanome, inklusive Hirn- u. Lebermetastasen; **Dos.:** i. v. 100 mg/m² Körperoberfläche über mehrere Wochen.

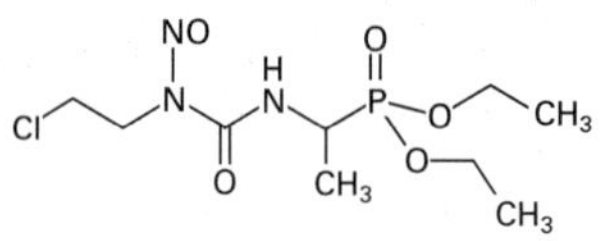

Fotemustin

Fourier-Transformation: mathemat. Operation, um aus einem zeitl. Signalverlauf f(t) das Spektrum des Signals F(ω) zu erhalten; z. B. wird in der Fourier-Transformations-Infrarot-Spektroskopie (FT-IR) aus dem Signal des Interferometers durch F.-T. ein IR-Spektrum gewonnen. Der zeitl. Signalverlauf wird durch Überlagerung der Grundfrequenz u. höherer Harmonischer (Obertöne, s. Frequenz) von sin- u. cos-Funktionen dargestellt. Der Beitrag, den die einzelnen Harmonischen zum zeitl. Signal beisteuern, entspr. der Intensität dieser Frequenzen im Spektrum (s. Spektroskopie).

Fourier-Transformations-IR-Spektroskopie: s. Spektroskopie.

Fowler-Lösung: s. Solutio Kalii arsenicosi.

Fp.: **1.** Abk. für **F**lamm**p**unkt*. **2.** Abk. für **F**usions**p**unkt; s. Schmelzpunkt.

FPLC: Abk. für (engl.) *fast protein liquid chromatography*; s. Chromatographie.

Fragaria vesca L.: Walderdbeere, Erdbeere; Fam. Rosaceae (Europa). F. vesca u. F. moschata West. (Moschuserdbeere), F. viridis West. (Hügelerdbeere), F. x ananassa (Duch.) Guedes (Gartenerdbeere) u. andere Fragaria-Arten sowie ihre Hybriden sind Stpfl. von **Fragariae folium:** Folia Fragariae, Herba Fragariae, Erdbeerblätter, Erdbeeerkraut, Erbelkraut; die während der Blütezeit gesammelten Laubblätter. **Off.:** DAC; **Inhaltsst.:** Gerbstoffe, Flavonoide* (Quercetin*, Quercitrin, Kämpferol*), Leukoanthocyanine; **Anw.** volkstüml.: sog. Blutreinigungsmittel, Adstringens, hauptsächl. als Schwarztee-Ersatz; **Fructus Fragariae:** Erdbeere, Walderdbeere. **Inhaltsst.:** Zucker, Säuren, Pektin; **Anw.:** zu Teemischungen, in der Likörindustrie; **Rhizoma Fragariae:** Radix Fragariae, Erdbeerwurzel, Walderdbeerwurzel. **Inhaltsst.:** bis 10 % Gerbstoffe; **Anw.** volkstüml.: Adstringens.

Fraktionieraufsätze: Kolonnen*, die auf den Siedekolben aufgesetzt werden, um bei der Destillation* Flüss. versch. Siedepunkte zu trennen.

Fraktionieraufsätze [1]

Fraktionierkolben: Siedekolben mit seitl. Ansatzrohr, an das ein Kühler angeschlossen wird, vgl. Destillation.

Fraktur: Knochenbruch; Kontinuitätsunterbrechung eines Knochens unter Bildung von Fragmenten.

frameshift: Rastermutation; Verschiebung des Leserasters bei der Transkription* durch Insertion* od. Deletion* einer (Punktmutation) od. mehrerer DNA-Basen. Es kommt zum Kettenabbruch od. zu einem funktionsuntüchtigen Genprodukt.

Framycetin INN: Neomycin B; Aminoglykosid-Antibiotikum (aus Streptomyces-Arten); CAS-Nr. 119-04-0; $C_{23}H_{46}N_6O_{13}$, M_r 614.66. Wasserlöslich.

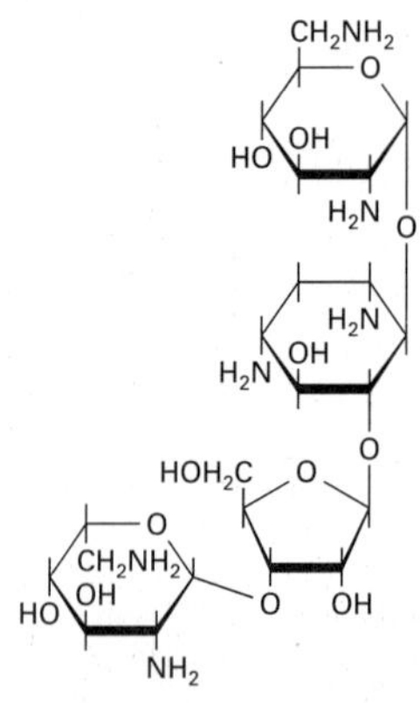

Framycetin

Anw.: aufgrund der hohen Oto- u. Nephrotoxizität nur noch lokal angewandtes Antibiotikum zur Behandlung infektiöser Haut- u. Schleimhauterkrankungen; **Dos.**: topisch als Spray 0.5% einmal tägl., Salbe 2%; vgl. Antibiotika (Tab.).

Framycetinsulfat: Framycetini sulfas Ph.Eur.4, Framycetinum sulfuricum; $C_{23}H_{46}N_6O_{13} \cdot x\,H_2SO_4$. $[\alpha]_D^{20\,°C}$ +52.5 bis +55.5 (c=10 in Wasser). Weißes, hygroskop. Pulver; leicht lösl. in Wasser, sehr schwer lösl. in Ethanol, fast unlösl. in Aceton, Chloroform u. Ether. Hingewiesen sei auch auf Neomycin*.

Franciscea uniflora: s. Brunfelsia uniflora.

Francisella tularensis: Pasteurella tularensis; Gattung gramnegativer, unbewegl., kokkoider od. stäbchenförmiger Bakt. (noch keiner Fam. zugeordnet). Die humanpathogene Spezies F. tularensis verursacht die Tularämie*; Übertragung durch Arthropoden (v.a. Zecken), Inhalation, Ingestion u. Mensch-zu-Mensch-Kontakt.

Francium: Symbol Fr; OZ 87, radioaktives Alkalimetall; mind. 31 Isotope der Massenzahlen 201-231; längstlebiges Isotop mit einer HWZ von 21.8 min ist $^{223}_{87}Fr$. **Gesch.**: 1938 durch Marguerite Perey (1909-1975) als Abzweigungsprodukt der nat. radioaktiven Actiniumreihe entdeckt.

Frangula alnus: s. Rhamnus frangula.

Frangulaemodin: s. Rhamnus frangula.

Frangula purshiana: s. Rhamnus purshiana.

Frangulin: s. Rhamnus frangula.

Franzbranntwein: s. Spiritus Vini gallici.

Franzbranntwein-Gel: Zstzg.: NFA, 0.6 T. Carbomer* 940, 1.6 T. Triethanolamin 50% ad 100 T. Franzbranntwein (s. Spiritus Vini gallici). Polyacrylsäure wird in ca. 10 g Franzbranntwein dispergiert, mit der 50%igen Triethanolaminlösung versetzt u. 10 min lang quellen gelassen, der restl. Franzbranntwein wird portionsweise hinzugefügt. **Anw.**: kühlend, erfrischend, durchblutungsfördernd bei Sportverletzungen, Verspannungen u. Müdigkeit.

Franzbranntwein-Gel mit Menthol: Zstzg.: NFA, 0.6 T. Carbomer* 940, 1.6 T. Triethanolamin (50%ig) ad 100 T. Franzbranntwein mit Menthol (Spir. Vini gallici cum Mentholo 1%). **Herst.** u. **Anw.**: s. Franzbranntwein-Gel.

Franzosenholz: s. Guaiacum officinale (Lignum Guajaci).

Franzosenwurzel: s. Anacyclus pyrethrum (Radix Pyrethri romani).

Franzzelle: Diffusionszelle nach Franz; gebräuchlichstes In-vitro-Modell zum Studium des dermalen Wirkstofftransports. Besteht aus einer temperierbaren Glaskammer mit Rührer, die die Akzeptorflüssigkeit enthält, u. einem exzidierten Hautstück auf Filtergaze, das die nat. Penetrationsbarriere simuliert. Darauf können top. Zubereitungen wie z.B. Salben appliziert werden. Das sehr realitätsnahe Modell liefert nach Präparation der versch. Hautschichten u. analyt. Konzentrationsbestimmung wertvolle Aussagen zur Penetrationskinetik u. Eindringtiefe von Substanzen.

Frasera carolinensis Walt.: American Columbo; Fam. Gentianaceae (Nordamerika, Virginia). Stpfl. von **Radix Fraserae:** Radix Colombo spuria, Radix Colombo falsa, Radix Colombo americana, Amerikanische Colombowurzel. **Inhaltsst.**: Gerbsäure, Gentiopicrin, Glucose, Farbstoff; **Anw.**: in USA Ersatz für Radix Colombo; s. Jateorhiza palmata.

Hom: *Frasera carolinensis*: frische, im Oktober u. November gesammelte, 2-jährige od. im März u. April gesammelte, 3-jährige Wurzel; verord. z.B. bei Obstipation, Erbrechen.

Frauendistel: s. Silybum marianum.

Frauendusche: Gummiball Gr. 7 (Gr. 5 bei Reisedusche) mit Mutterrohr* zur Scheidenspülung. Auch zur Darmspülung verwendbar mit ca. 5 cm kurzem, dünnerem Darmrohr mit nur einer Öffnung an der Spitze (s. Klistier).

Frauenfarn: s. Adiantum capillus-veneris.

Frauenflachs: s. Linaria vulgaris.

Frauenhaar: s. Adiantum capillus-veneris.

Frauenjahr: Bezugsgröße zur Berechnung der Sicherheit versch. Verfahren der Empfängnisverhütung (s. Antikonzeptiva); vgl. Pearl-Index.

Frauenkondom: Kombination aus Kondom u. Pessar mit einem inneren Ring, der vor die Portio geschoben wird, einem tütenartigen Polyurethanschlauch u. einem äußeren Ring, der die Labia bedeckt.

Frauenmantelkraut: s. Alchemilla vulgaris (Alchemillae herba).

Frauenmilch: s. Muttermilch.

Frauenminze: s. Hedeoma pulegioides.

Frauenschuh, Amerikanischer: s. Cypripedium calceolus var. pubescens.

Frauenthermometer: Thermometer mit begrenztem Messbereich (36.3-37.5° C) u. gespreizter Skala zur Messung der morgendl. Aufwachtemp. (Basaltemp.) in der Scheide. **Anw.**: zur sog. natürl. Kontrazeption, weiterentwickelt zum Zykluscomputer*.

Fraunhofer-Linien: dunkle Absorptionslinien im kontinuierl. Sonnenspektrum. F.-L. kommen dadurch zustande, dass die in der Sonnenatmosphäre enthaltenen Elemente, z.B. Na, H, He, O, Ca, die für sie charakterist. Frequenzen des kontinuierl., von der Oberfläche des Sonnenkerns ausgesandten Spektrums absorbieren.

Fraxin: 7,8-Dihydroxy-6-methoxycumarin-8-β-D-glucosid; $C_{16}H_{18}O_{10}$; gelbe, bitter schmeckende Kristallnadeln, in Lsg. blaugrün fluoreszierend; Cumaringlykosid in Fraxinus- u. Aesculus-Arten. F. ergibt bei Hydrolyse mit verd. Säuren Glucose u. das Aglykon Fraxetin; Strukturformel s. Cumarine (Abb.).

Fraxinol: s. Cumarine (Abb.).

Fraxinus americana L.: Fraxinus alba Marsh., Weißesche, Amerikanische Esche; Fam. Oleaceae (Nordamerika). **Inhaltsst.**: Sterole, Triterpene.

Hom: *Fraxinus americana:* frische Rinde; verord. z.B. bei gutartigen Uterustumoren.

Fraxinus excelsior L.: Fraxinus excelsa Salisb., Esche; Fam. Oleaceae (Europa, Nordasien). Stpfl. von **Cortex Fraxini:** Eschenrinde. **Inhaltsst.**: Cumarinderivate wie Fraxin*, Fraxinol, Aesculin*, ferner Mannitol*, Gerbstoffe; **Anw.** volkstüml.: bei rheumat. Beschwerden; **Fraxini folium:** Folia Fraxini, Eschenblätter; Stpfl. ist auch Fraxinus oxyphylla M. Bieb. **Off.**: Ph.Eur.4; **Inhaltsst.:** Rutin, Quercitrin u. andere Flavonoide, Gerbstof-

fe, Inosit, Mannitol, Iridoide, Hydroxyzimtsäuren, Sterole, Triterpene, äther. Öl mit Terpenen; Gehalt nach Ph.Eur. mind. 2.5 % Hydroxyzimtsäure-Derivate, ber. als Chlorogensäure (bezogen auf das Trockengewicht); **Anw.** volkstüml.: harntreibendes Mittel, Abführ-, Fieber- u. Rheumamittel.
Hom: *Fraxinus excelsior:* frische Rinde; verord. z. B. bei Gicht u. Erkrankungen des rheumat. Formenkreises.

Fraxinus ornus L.: Ornus europaea Pers., Manna-Esche, Blumenesche; Fam. Oleaceae (Mittelmeergebiet, bes. Sizilien, auch bei Innsbruck u. als Zierpflanze). Stpfl. von **Manna:** Manna canellata; der durch Einschnitte in die Rinde gewonnene u. getrocknete Saft (nicht ident. mit dem in der Bibel genannten Manna*); gelbl., innen weiße, krist., runde Stücke, leicht lösl. in Wasser. **Best.:** ca. 40-90 % D-Mannitol*, Glucose, Fructose, Mannotriose u. a. Zucker, Harz, wenig Fraxin*, Schleim; **Off.:** DAC, ÖAB90; **Anw.:** mildes Laxans, bes. in der Pädiatrie; auch als Hilfsstoff in der Pharmazie; Nährboden für Bakterienkulturen; **Dos.:** ca. 20 g; **Zuber.:** Sir. Mannae, Infusum Sennae compositum.

Fraxiparin: Calciumsalze der Heparinfraktion aus Schweinemukosa, M_r 4000-5000. **Wirk.** u. **Anw.:** Antikoagulans* mit langanhaltender Wirk.; **UAW:** Schleimhautblutungen; vgl. Heparin.

Free-Wilson-Analyse: s. QSAR.

freeze drying: s. Gefriertrocknung.

Freiheitsgrade: **1.** (physik.) unter einem F. eines Systems versteht man eine Größe (Druck, Temp., Konz.), die man variieren kann, ohne dass eine Phase des Systems verschwindet; s. Gibbs-Phasengesetz. **2.** (statist.) die Anzahl f der F. einer Zufallsgröße ist gegeben durch die Zahl der frei verfügbaren Messwerte. f ergibt sich, wenn man die Anzahl der zu bestimmenden Parameter vom Umfang n der Stichprobe abzieht. Wird z. B. aus 5 Messwerten eine Gerade geschätzt (s. Ausgleichsrechnung), so ist f = 3, da 2 Parameter (Steigung u. Achsenabschnitt) ermittelt werden müssen.

Freiname: nicht wortgeschützte Bez. für einen Arzneistoff. F. werden von versch. Institutionen vorgeschlagen. Oft werden unter diesem Begriff die von der Weltgesundheitsorganisation vergebenen F. verstanden, s. INN. Neben den Arzneibuchnamen (z. B. nach Ph.Eur., DAB, Ph.Helv., ÖAB, USP) sind auch BAN (**B**ritish **A**pproved **N**ames), DCF (**D**énominatons **C**ommunes **F**rançaises) u. USAN (**U**nited **S**tates **A**doptet **N**ames) gebräuchlich.

Freisamkraut: s. Viola tricolor.

Freisetzung: s. Wirkstofffreisetzung.

Fremdbesitz: Besitz einer Apotheke von einer Firma od. einer Person, die keine Approbation als Apotheker u. kein nach dem Apothekengesetz erlaubtes EG-Apothekerdiplom hat. In Deutschland verboten, auch der Betrieb einer Apotheke ist verwehrt.

Fremdinduktion: s. Enzyminduktion.

Freon®: s. Treibgase.

Frequenz: Symbol ν; Zahl der Schwingungen (zeitl. und/oder räuml. periodische Vorgänge) pro Sekunde; $\nu = 1/\lambda$ (λ = Wellenlänge der elektromagnetischen Strahlung*). Die reziproke F. ist die Schwingungsdauer T ($T = 1/\nu$). Die SI-Einheit ist s^{-1} bzw. Hertz. **Harmonische:** Obertöne einer gegebenen Grundfrequenz. Sie haben ein ganzzahliges Vielfaches der Zahl der Schwingungen pro Sekunde.

Fresszellen: s. Phagozyten.

FRH: Abk. für **F**ollikel**r**eifungs**h**ormon, s. Hormone (Hypophysenvorderlappen).

Friabilität: s. Abrieb.

Friedel-Crafts-Acylierung: Verfahren zur Synthese von Ketonen durch Acylierung aromat. Verb. mit aliphat. od. aromat. Säurehalogeniden od. Säureanhydriden in Gegenwart von Aluminiumchlorid od. Zinkchlorid als Katalysator. Beispiel: aus Benzol u. Acetylchlorid erhält man Acetophenon (s. Abb.); vgl. Friedel-Crafts-Alkylierung.

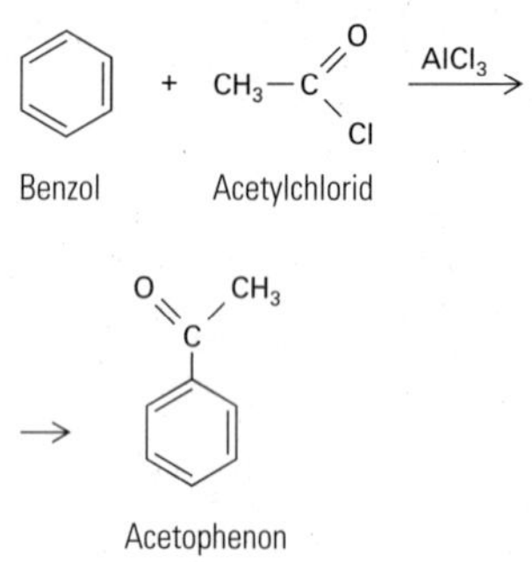

Friedel-Crafts-Acylierung: Bildung von Acetophenon als Beispiel

Friedel-Crafts-Alkylierung: Verfahren zur Alkylierung aromat. Verb. mit Alkylhalogeniden, Alkenen od. Alkoholen in Gegenwart von Aluminiumchlorid od. Zinkchlorid als Katalysator. Beispiel: aus Benzol u. Ethylen entsteht Ethylbenzol (s. Abb.); vgl. Friedel-Crafts-Acylierung.

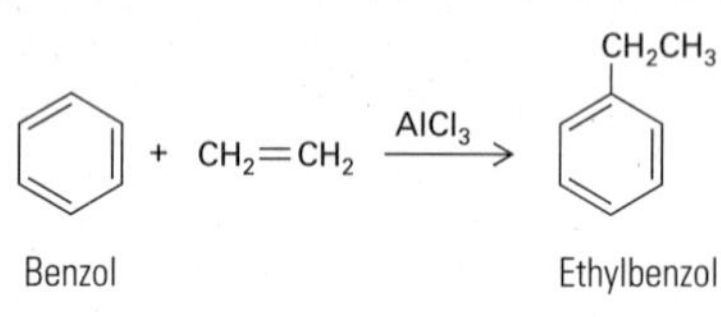

Friedel-Crafts-Alkylierung: Bildung von Ethylbenzol

Fries-Umlagerung: Verfahren zur Herst. von. *o*- u. *p*-Acylphenolen durch Erwärmen der Phenylester aliphat. u. aromat. Carbonsäuren mit Aluminiumchlorid od. Zinkchlorid als Katalysator. Unter 100 °C entsteht vorwiegend die *p*-Verb., über 100 °C die *o*-Isomere.

Frigen®: s. Treibgase.

Friktion: Reibung, Einreibung.

Frischplasma, gefrorenes: s. Blutersatz.

Fritillaria imperialis L.: Kaiserkrone; Fam. Liliaceae (Iran, Afghanistan, Kaukasus, Frankreich). Stpfl. von **Kaiserkronen-Zwiebeln: Inhaltsst.:** ca. 23 % Stärke (Amylum bulbi coronae imperialis, Amylum Fritillariae), Steroidalkaloide*, vgl. Veratrumalkaloide; **Anw.** volkstüml.: Schmerz- u.

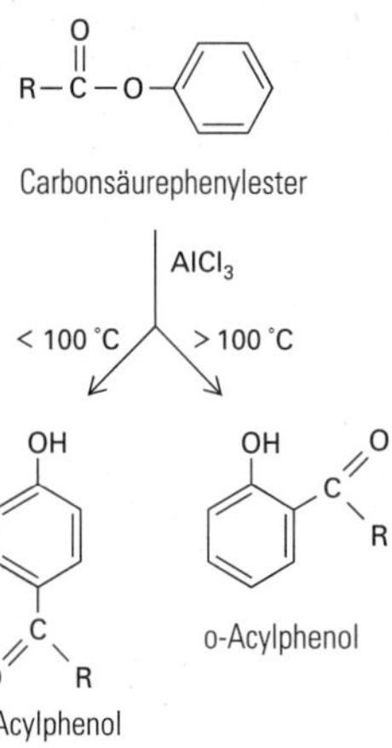

Fries-Umlagerung

Fiebermittel in Ostasien, auch Fritillaria roylii Hook. u. Fritillaria verticillata Willd. var. thimbergii Bak.; in Frankreich zur Stärkegewinnung.

Fröhde-Reagens: Molybdän-Schwefelsäure. **Zuber.:** 5 mg Ammoniummolybdat werden in 1 mL konz. Schwefelsäure gelöst. **Anw.:** Nachw. von Alkaloiden.

Frondes Thujae: s. Thuja occidentalis (Summitates Thujae).

Froschdosis: Abk. FD; früher verwendete biolog. Einheit für die Wirkung von herzwirksamen Glykosiden* (Wertbestimmung).

Froschlöffel: s. Alisma plantago-aquatica.

Frovatriptan INN: (6*R*)-5,6,7,8-Tetrahydro-6-methyl-aminocarbazol-3-carboxamid; CAS-Nr. 158747-02-5; $C_{14}H_{17}N_3O$, M_r 243.3. logP 0.8; pK_S 10.3; leicht lösl. in Wasser. **Wirk.:** selektiver $5\text{-}HT_1$-Rezeptoragonist; Wirkungseintritt erst nach 4 Std., jedoch geringes Potential für WW, da F. weder die Monoaminooxidase* noch Cytochrom*-P-450-Isoenzyme hemmt; **Anw.:** Migränetherapeutikum* zur Akutbehandlung von Migräneanfällen; **UAW:** s. Sumatriptan; **Dos.:** 2.5 mg p. o. bei Bedarf; HWZ ca. 26 h.

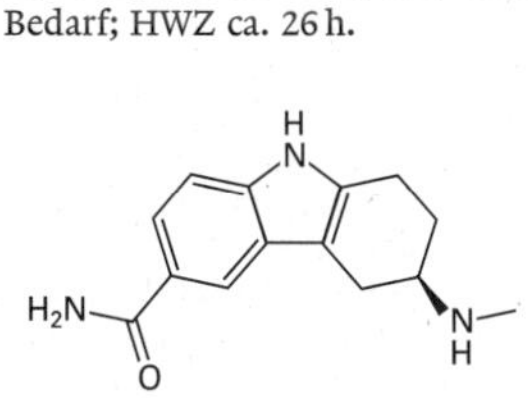

Frovatriptan

Frucht: s. Fruchtformen.

Fruchtbarkeits-Vitamin: s. Vitamine (Vitamin E).

Fruchtblatt: s. Blüte, Fruchtformen.

Fruchtformen: (bot.) eine Frucht ist eine Blüte im Zustand der Samenreife; sie bildet sich nach der Befruchtung der Samenanlage(n) während der Samenbildung aus dem durch Verwachsung eines od. mehrerer Karpelle (Fruchtblätter) entstandenen Fruchtknoten allein (echte Früchte) od. zus. mit anderen Blütenteilen (Scheinfrüchte). An der Fruchtwand (Perikarp) kann man vielfach eine äußere (Exokarp) bzw. innere (Endokarp) u. eine mittlere (Mesokarp) Schicht unterscheiden. Diese Schichten entsprechen der unteren bzw. oberen Blattepidermis u. dem Mesophyll der Fruchtblätter u. dienen entspr. ihrer Ausbildung u. Funktion der Einteilung der Früchte in die verschiedenen Fruchtformen: **I. Einzelfrüchte A: Springfrüchte**: Perikarp trocken, bei der Reife sich öffnend; **1.** Balgfrucht (Balgkapsel): Perikarp aus 1 Karpell hervorgegangen, an der Bauchnaht (Verwachsungsnaht) aufspringend (z. B. Sternanis); **2.** Hülse: Perikarp ebenfalls aus 1 Karpell hervorgegangen, an der Bauch- u. Rückennaht aufspringend (z. B. Fabales); **3.** Schote: Perikarp aus 2 Karpellen hervorgegangen; zw. den Karpellen bildet sich eine falsche Scheidewand aus, u. es entstehen 2 Fächer; Öffnung erfolgt, indem sich die Fruchtblätter von der falschen Scheidewand ablösen; die Samen befinden sich an den Rändern der Scheidewand (z. B. Senf u. a. Brassicaceae). Man unterscheidet zw. Schote (mind. 3-mal so lang wie breit) u. Schötchen (max. 3-mal so lang wie breit); **4.** Kapsel: Perikarp aus 2 bis mehreren Karpellen hervorgegangen, ein od. mehrfächerig. Je nach Öffnungsmechanismus unterscheidet man: **a)** Spaltenkapsel: eine lokulizide Kapsel öffnet sich längs der Mittelrippe der ehemaligen Karpelle (z. B. Iris); eine septizide Kapsel öffnet sich längs der Verwachsungsnähte der ehemaligen Karpelle (z. B. Hypericum); **b)** Porenkapsel (z. B. Papaver, Anthyrrinium majus); **c)** Deckelkapsel (z. B. Hyoscyamus, Anagallis arvensis); **B: Schließfrüchte**: öffnen sich nicht bei der Reife; Frucht bleibt geschlossen; **1.** saftige Schließfrüchte: **a)** Beere: Perikarp fleischig; aus 1 bis mehreren Karpellen u. mit 1 (z. B. Myristica) bis mehreren Samen (z. B. Trauben, Tomaten, Bananen, Kürbis, Tollkirsche); **b)** Steinfrüchte: Exokarp häutig, Mesokarp fleischig, Endokarp hart (z. B. Prunus, Juglans); **2.** trockene Schließfrüchte: **a)** Nuß: Perikarp hart, meist einsamig; **b)** Karyopse: einsamig, trockenes Perikarp, mit der Samenschale verwachsen; aus oberständigem Fruchtknoten hervorgegangen (z. B. Poales); **c)** Achäne: einsamig, trockenes Perikarp, mit der Samenschale verwachsen; aus unterständigem Fruchtknoten hervorgegangen (z. B. Asterales, Apiaceae); **d)** Spaltfrüchte (Teilfrüchte, Merikarpien): Karpelle lösen sich bei der Fruchtreife voneinander, zerfallen bei Reife also in mehrere Teilfrüchte: Nüsse (Klausenfrüchte der Lamiaceae), Achänen (Doppelachänen der Apiaceen).

II. Sammelfrüchte: zahlreiche freie Früchte gehen aus einem apokarpen Gynoeceum hervor, die bei Reife wie Einzelfrüchte aussehen u. auch wie Einzelfrüchte abfallen. Vielfach ist auch die Blütenachse an der Sammelfruchtbildung beteiligt. Man kennt z. B. Sammelsteinfrüchte (z. B. Brombeere, Himbeere), Sammelnußfrüchte (z. B. Erdbeere), Sammelbalgfrüchte (z. B. Sternanis); **III. Fruchtstände**: gehen aus einem Blütenstand hervor; ein Fruchtstand nimmt bei Reife das Aussehen einer Einzelfrucht an u. fällt auch wie eine Einzelfrucht ab (z. B. Maulbeere, Feige).

Fruchtknoten: s. Blüte (Blütenteile).

Fruchtkörper: geht aus dem Hyphengeflecht vieler Pilze* hervor, das das Substrat durchwächst; z. B. Ascokarp* bei Ascomycetes (Schlauchpilze); Basidiokarp* bei Basidiomycetes (Ständerpilze).

Fruchtmus: Pulpa; feste od. teigartige Zuber. von zäher Konsistenz zur innerl. Anwendung. Hergestellt durch Zerquetschen von Früchten nach Entfernung der harten Bestandteile u. anschließendem Wasserentzug bis zur gewünschten Konsistenz. Heute selten verwendet. Vgl. Tamarindus indica (Pulpa Tamarindorum).

Fruchtsirupe: Sirupi*, aus Presssäften mit Zucker hergestellt; Geschmackskorrigens.

Fruchtstände: s. Fruchtformen.

Fruchtträger: s. Karpophor.

Fruchtzucker: s. Fructose.

Fructane: Fructosane, Polyfructosane; hochmolekulare Polysaccharide aus vier bis 40 1,2- od. 2,6-glykosidisch verknüpften D-Fructoseeinheiten; häufig eine endständige Glucose-Einheit. Im Pflanzenreich weit verbreitet. Beispiele sind Inulin* (1,2-Fructosan, typisch für Asteridae) u. Phlein* (1,6-Fructosan, z. B. bei Poaceae) sowie die verzweigten Fructane Triticin, Hordecin u. Graminin.

Fructokinase: Enzym, das Fructose phosphoryliert. Bei Mensch u. Tier wird die OH-Gruppe an C1, bei Pflanzen auch an C6, phosphoryliert.

Fructose: syn. D-Fructose, Fructosum Ph.Eur.4, Laevulosum, Lävulose, Fruchtzucker; CAS-Nr. 57-48-7; $C_6H_{12}O_6$, M_r 180.16. Schmp. 103-105 °C. $[\alpha]_D^{20\,°C}$ −135° bis −92° (Wasser). Eine Ketohexose; sehr leicht lösl. in Wasser, lösl. in Ethanol, Glycerol, Methanol, schwer lösl. in Ether, Chloroform, Benzol. F. schmeckt süßer als alle anderen Kohlenhydrate u. wird von Hefe vergoren. Sie liegt in krist. Form als β-Pyranose vor, geht aber Verb. als Furanose ein, s. Kohlenhydrate. Reduktion ergibt D-Sorbitol* u. D-Mannitol* im Verhältnis 1:1. Ihre wichtigen Derivate im Stoffwechsel sind Fructose-1,6-diphosphat u. Fructose-6-phosphat. F. findet man zus. mit Glucose u. Saccharose in vielen süßen Früchten u. im Honig. Sie ist Best. zahlreicher Oligosaccharide, wie Saccharose, Raffinose, Stachyose, Planteose u. Gentianose, u. versch. Polysaccharide wie Inulin u. Lävan. **Anw.:** neben Glucose* zur Ther. von Leberintoxikationen, zu Nähr- u. Dauertropfinfusionen bei Hypoglykämien u. bei akuter Alkoholvergiftung; F. dient Diabetikern als Süßstoff, da auch größere Mengen den Blutzuckerspiegel nicht wesentl. erhöhen. **Zuber.:** Fructose-Infusionslsg. 50 g/L, Fructosi solutio infundibilis 50 g/L (Ph.Helv.7); Lävulose-Infusionslsg., Laevulosi solutiones infundibilis u. Lävulose-Injektionslsg., Laevulosi solutiones iniectabies (DAC79). **Stoffwechsel:** F. wird durch eine Ketohexokinase zu Fructose-1-phosphat phosphoryliert. Fructose-6-phosphat entsteht nur in geringen Mengen. In der Leber wird Fructose-1-phosphat in Dihydroxyacetonphosphat, das direkt in die Glykolyse* mündet, u. in Glycerinaldehyd gespalten, der entweder unter NAD^+ u. ATP-Verbrauch in 2-Phosphoglycerinsäure od. Glycerinaldehyd-3-phosphat übergeht. Mit diesen bd. Produkten ist der Anschluss an den allg. Kohlenhydratstoffwechsel gegeben. Die vom Glucoseabbau abweichenden Reaktionen des Fructosestoffwechsels erlauben eine getrennte Regulation bd. Prozesse. In der Leber kann F. über den Zuckeralkohol Sorbitol* in Glucose umgewandelt werden.

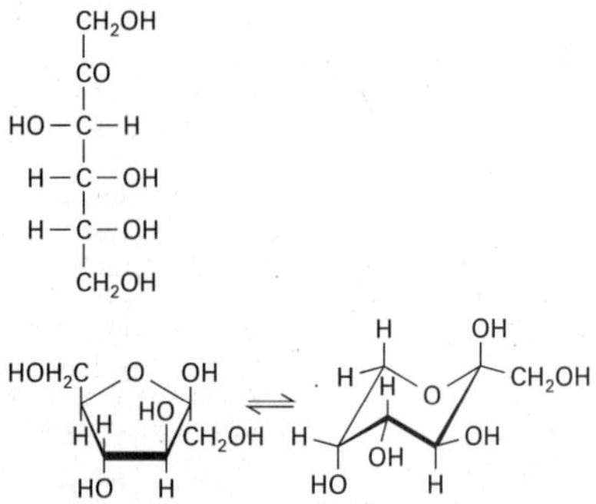

Fructose: D-Fructose (oben); β-D-Fructofuranose (unten links) u. β-D-Fructopyranose (unten rechts)

Fructose-1,6-diphosphat: Harden-Young-Ester; Fructosederivat, bei dem die OH-Gruppen an den C-Atomen 1 u. 6 mit Phosphorsäure verestert sind; ist ein wichtiges Intermediärprodukt der Glykolyse*.

Fructosediphosphataldolase: ein zu den Lyasen zählendes, tetrameres Enzym, das Fructose-1,6-diphosphat reversibel in die beiden Triosephosphate Dihydroxyacetonphosphat u. D-Glycerin-3-phosphat spaltet. Die Reaktion verläuft analog einer Aldolkondensation, daher der Name. Im Gleichgewicht liegen 89 % Fructose-1,6-diphosphat u. 11 % Triosephosphat vor. Von den tier. u. menschl. Organen hat der Skelettmuskel die höchste Aldolaseaktivität: fünfmal so viel wie Gehirn, Leber od. Herzmuskel.

Fructose-6-phosphat: Neuberg-Ester; ein Phosphorsäureester der Fructose u. Zwischenstufe der Glykolyse*, die entweder durch Isomerisierung aus Glucose-6-phosphat od. bei der Transketolierung aus Erythrose-4-phosphat entsteht.

β-Fructosidase: s. Invertase.

Fructus: s. Fruchtformen.

Fructus Agni casti: s. Vitex agnus-castus.

Fructus Ajowan: s. Trachyspermum ammi.

Fructus Alkekengi: s. Physalis alkekengi.

Fructus Ammi majoris: s. Ammi majus.

Fructus Ammi visnagae: s. Ammi visnaga (Ammeos visnagae fructus).

Fructus Amomi: s. Pimenta dioica (Fructus Pimentae).

Fructus Anacardii occidentalis: s. Anacardium occidentale.

Fructus Anacardii orientalis: s. Semecarpus anacardium.

Fructus Anethi: s. Anethum graveolens.

Fructus Anisi: s. Pimpinella anisum (Anisi fructus).

Fructus Anisi stellati: s. Illicium verum (Anisi stellati fructus).

Fructus Anisi vulgaris: s. Pimpinella anisum (Anisi fructus).

Fructus Apii graveolentis: s. Apium graveolens.
Fructus Aurantii immaturi: s. Citrus aurantium ssp. aurantium (Aurantii fructus immaturus).
Fructus Avenae excorticatus: s. Avena sativa.
Fructus Belae indicae: s. Aegle marmelos.
Fructus Berberidis: s. Berberis vulgaris (Berberidis fructus).
Fructus Bruceae: s. Brucea amarissima.
Fructus Cannabis: s. Cannabis sativa.
Fructus Capsici: s. Capsicum annuum.
Fructus Capsici frutescentis: s. Capsicum frutescens (Capsici fructus acer).
Fructus Cardamomi: s. Elettaria cardamomum (Cardamomi fructus).
Fructus Cardui Mariae: s. Silybum marianum (Cardui mariae fructus).
Fructus Carvi: s. Carum carvi (Carvi fructus).
Fructus Caryophylli: s. Syzygium aromaticum (Anthophylli).
Fructus Cassiae fistulae: s. Cassia fistula.
Fructus Cerasi acidi: s. Prunus cerasus (Fructus Pruni cerasi).
Fructus Ceratoniae: s. Ceratonia siliqua (Ceratoniae fructus).
Fructus Citri: s. Citrus limon.
Fructus Cocculi: s. Anamirta cocculus.
Fructus Colocynthidis: s. Citrullus colocynthis.
Fructus Colocynthidis praeparati: s. Citrullus colocynthis.
Fructus Conii: s. Conium maculatum.
Fructus Coriandri: s. Coriandrum sativum (Coriandri fructus).
Fructus Crataegi oxyacanthae: s. Crataegus-Arten (Crataegi fructus).
Fructus Cubebae: s. Piper cubeba.
Fructus Cumini: s. Cuminum cyminum.
Fructus Cynosbati cum Semine: s. Rosa canina (Rosae pseudofructus cum fructibus).
Fructus Cynosbati sine Semine: s. Rosa canina (Rosae pseudofructus).
Fructus Dauci: s. Daucus carota.
Fructus Ebuli: s. Sambucus ebulus.
Fructus Elaterii: s. Ecballium elaterium (Fructus Ecballii).
Fructus Foeniculi amari: s. Foeniculum vulgare ssp. vulgare var. vulgare (Foeniculi amari fructus).
Fructus Foeniculi dulcis: s. Foeniculum vulgare ssp. vulgare var. dulce (Foeniculi dulcis fructus).
Fructus Foeniculi romani: s. Foeniculum vulgare ssp. vulgare var. dulce (Foeniculi dulcis fructus).
Fructus Fragariae: s. Fragaria vesca.
Fructus Hordei decorticatus: s. Hordeum vulgare.
Fructus Jujubae: s. Zizyphus jujuba.
Fructus Juniperi: s. Juniperus communis (Juniperi pseudo-fructus).
Fructus Lauri: s. Laurus nobilis.
Fructus Lolii: s. Lolium temulentum.
Fructus Luffae: s. Luffa aegyptiaca.
Fructus Mali: s. Malus domestica.
Fructus Momordicae: s. Momordica balsamina.
Fructus Mori: s. Morus alba.
Fructus Myrtilli: s. Vaccinium myrtillus (Myrtilli fructus).
Fructus Oleae: s. Olea europaea.
Fructus Papaveris immaturi: s. Papaver somniferum.
Fructus Pastinacae: s. Pastinaca sativa.
Fructus Petroselini: s. Petroselinum crispum.
Fructus Phaseoli sine Semine: s. Phaseolus vulgaris ssp. vulgaris var. vulgaris (Phaseoli pericarpium).
Fructus Phellandrii: s. Oenanthe aquatica.
Fructus Phytolaccae decandrae: s. Phytolacca americana.
Fructus Pimentae: s. Pimenta dioica.
Fructus Piperis albi: s. Piper nigrum.
Fructus Piperis cayennense: s. Capsicum frutescens (Capsici fructus acer).
Fructus Piperis longi: s. Piper longum.
Fructus Piperis nigri: s. Piper nigrum.
Fructus Pruni cerasi: s. Prunus cerasus.
Fructus Pruni domesticae: s. Prunus domestica (Fructus Prunorum).
Fructus Pruni spinosae: s. Prunus spinosa.
Fructus Rhamni catharticae: s. Rhamnus catharticus (Rhamni cathartici fructus).
Fructus Rhamni catharticae recentes: s. Rhamnus catharticus.
Fructus Ribis nigri: s. Ribes nigrum.
Fructus Rubi idaei: s. Rubus idaeus.
Fructus Sabalis serrulatae: s. Serenoa repens.
Fructus Sambuci: s. Sambucus nigra.
Fructus Sennae: **1.** s. Cassia angustifolia. **2.** s. Cassia senna.
Fructus Sorbi: s. Sorbus aucuparia.
Fructus Stizilobii: s. Mucuna pruriens.
Fructus Syzygii jambolani: s. Syzygium jambos.
Fructus Tamarindi: s. Tamarindus indica (Pulpa Tamarindorum cruda).
Fructus Urticae: s. Urtica-Arten.
Fructus Vanillae: s. Vanilla planifolia.
Fructus Vitis-idaeae: s. Vaccinium vitis-idaea.
Fructus Xylopiae: s. Xylopia aethiopica.
Früchte: s. Fruchtformen.
Frühholz: das zuerst gebildete Holz eines Jahresrings*. Es enthält größere Zellen u. ist weniger dicht als das danach gebildete Spätholz*. Das F. geht allmähl. ins Spätholz über, wohingegen zw. Spätholz des einen u. F. des nächsten Jahresrings stets eine scharfe Grenze besteht (Jahresringgrenze).
Frühlingsadoniskraut: s. Adonis vernalis.
Frühlingsschlüsselblume: s. Primula veris.
Frühlingsteufelsauge: s. Adonis vernalis.
Frühsommer-Meningoenzephalitis: s. FSME.
fruticosus: (lat.) strauchig, buschig.
FSH: Abk. für **F**ollikel **s**timulierendes **H**ormon, s. Hormone (Hypophysenvorderlappen).
FSME: Abk. für **F**rüh**s**ommer-**M**eningo**e**nzephalitis; durch Zecken übertragene, im Sommer auftretende Enzephalitis. **Vork.:** Süddeutschland, Österreich, Skandinavien, Balkan, Westrussland; **Erreger:** FSME-Virus, s. Arboviren; **Verlauf:** nach grippeähnl. Symptomen fieberfreies Intervall von 1-20 Tagen, dann erneuter Fieberanstieg u. Entw. einer Meningitis (günstige Prognose), Meningoenzephalitis (Letalität ca. 1-2 %, häufig Defektheilung) od. Meningoenzephalomyelitis (häufig Defektheilung); **Prophylaxe:** aktive Immunisierung gefährdeter Personen (Vaccinum encephalitidis ixodibus advectae inactivatum Ph.Eur.); s. Schutzimpfung.

FST-Komplex: Gleitmittel*. Hilfsstoffmischung aus Fließregulierungs-, Schmier- u. (Formen-)Trennmittel.

FTIR-Spektroskopie: Abk. für Fourier-Transformations-IR-Spektroskopie, s. Spektroskopie.

Fuchsbandwurm: s. Echinococcus.

Fuchsin: 3-Methylparafuchsin, Diamantfuchsin, Magenta; 4-[(4-Aminophenyl)-(-4-imino-2,5-cyclohexadien-1-yliden)-methyl]-2-methylanilin; $C_{20}H_{19}N_3$, M_r 301.39; ein Triphenylmethan-Farbstoff, techn. hauptsächl. ein Gemisch von F.-Hydrochlorid ($C_{20}H_{20}ClN_3$, M_r 337.9), Parafuchsin-Hydrochlorid ($C_{19}H_{18}ClN_3 \cdot 4H_2O$, M_r 395.9) u. geringen Mengen höher methylierter Homologer. Grünrote, durchscheinend metall. glänz. Kristalle, lösl. in Ethanol 96 %, Isoamylalkohol, Essigsäure, sehr schwer lösl. in Wasser mit tiefroter Farbe. Durch Dehydratation entsteht an Fuchsin Rosanilin ($C_{20}H_{21}N_3O$). **Off.:** DAC86. **Anw.** med.: Antiseptikum in 0.4- bis 1.0-%iger Lsg. gegen grampositive Bakterien u. einige Pilze; vgl. Solutio Castellani; techn.: zum Färben von Seide, Wolle, Leder u. tannierter Baumwolle (leuchtend rot, nicht lichtecht); vgl. Schiff-Reagens.

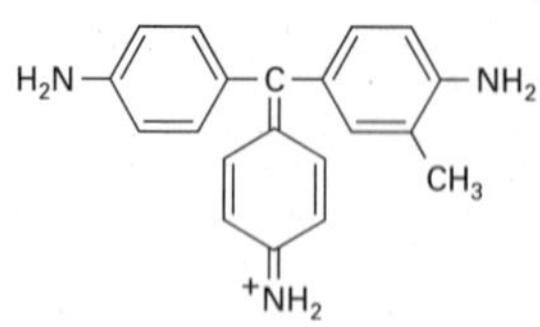

Fuchsin: protoniertes Fuchsin

Fuchsinlösung 4 %, ethanolische: Herst.: NRF, 2.0 g Fuchsin u. 48.0 g Ethanol 70 % in einem Iodzahlkolben vor Licht geschützt u. ohne Erwärmen schütteln od. rühren bis das Fuchsin fast vollständig gelöst ist, in das für die Lagerung vorgesehene Gefäß filtrieren, bei Ansatzmengen unter 50 mL das erste Filtrat verwerfen; mindestens 6 Monate haltbar. **Anw.:** u. a. zur Herst. von Solutio* Castellani.

Fuchsinpapier: mit alkohol. Fuchsinlsg. getränktes Papier zum Nachw. von schwefeliger Säure (Entfärbung).

Fuchskreuzkraut: s. Senecio nemorensis ssp. fuchsii.

Fuchslungenkraut: s. Pulmonaria officinalis (Pulmonariae herba).

Fuchsschwanzgewächse: s. Chenopodiaceae (Amaranthaceae).

Fucoidine: heterogene Polysaccharide, die vorwiegend aus sulfatierter 1,2-α-glykosid. verknüpfter L-Fucose* bestehen. **Vork.:** Best. der Zellwände von Braunalgen wie dem Knotentang Ascophyllum* nodosum od. dem Blasentang Fucus* vesiculosus; **Wirk.:** In vitro zeigen F. eine starke Hemmung der Thrombozytenaggregation. Im Tierexperiment (Kaninchen) war der antithrombot. Effekt der F. nach i.v. Applikation mit dem von Heparin vergleichbar.

Fucose: L-Fucose; 6-Desoxy-L-galactose; M_r 164; Schmp. 140 °C (α-Form); $[\alpha]_D^{20\,°C}$ −153° → −76° (Wasser); Desoxyzucker. **Vork.:** Komponente der Blutgruppensubstanzen A, B u. 0 sowie versch. Oligosaccharide in der Muttermilch, im Blasentang (s. Fucus vesiculosus) u. in Pflanzenschleimen; ferner findet man F. in versch. Glykosiden u. Antibiotika. Letztere können auch die D-Form enthalten.

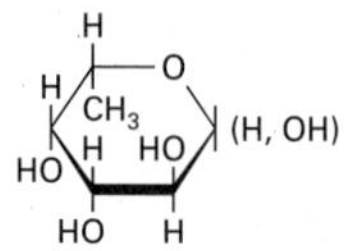

Fucose

Fucosterol: Fucosterin; M_r 412.67; Schmp. 124 °C; ein Phytosterol, das für Braunalgen charakterist. ist; mögl. Ausgangssubstanz für Steroidsynthesen.

Fucoxanthin: mengenmäßig das am meisten verbreitete nat. vorkommende Carotinoid*; mit 1 Epoxy- u. 1 Carbonylgruppe, 2 freien u. 1 acetylierten Hydroxylgruppe. F. ist ein charakterist. Farbstoff vieler Algen, v. a. der Braunalgen*.

Fucus: Tang, Seetang; s. Fucus serratus (Sägetang), s. Fucus vesiculosus (Blasentang, Tang Ph.Eur.4), s. Ascophyllum nodosum (Knotentang).

Fucus crispus: s. Carrageen.

Fucus irlandicus: s. Carrageen.

Fucus islandicus: s. Cetraria islandica.

Fucus quercus marina: s. Fucus vesiculosus.

Fucus serratus L.: Sägetang; Fam. Fucaceae (Atlantikküsten Europas u. Kanadas). **Inhaltsst.:** Alginsäure*, bis 20 % Laminarin*, Mannitol*, Fucose* u. a.; **Anw.:** wie Fucus* vesiculosus.

Fucus vesiculosus L.: Fucus quercus marina, Alga vesiculosa, Blasentang, Meereiche; Fam. Fucaceae (Braunalgen*) (Küsten des Atlantiks, des Stillen Ozeans, der Nord- u. Ostsee). F. vesiculosus u. Ascophyllum* nodosum sind Stpfl. von **Fucus** Ph.Eur.4: Tang; die ganze getrocknete Alge. **Inhaltsst.:** 0.03-0.2 % Iod (z. T. proteingebunden, bezogen auf die getrocknete Droge), 0.015 % Brom, β-Carotin, carotinoide Farbstoffe wie Fucoxanthin*, Xanthophyll*, bis 30 % Alginsäure*, bis 60 % Fucoidan (ein Membranschleim, ergibt nach Hydrolyse bis 60 % Fucose*), Laminarin*, Trehalose, Glucose, Fructose; **Geh.:** mind. 0.05 % u. max. 0.1 % Gesamtiod sowie mind. 0.02 % proteingebundenes Iod; **Anw.** volkstüml.: Best. von (nicht empfehlenswerten) Schlankheitspräparaten (Wirk. infolge Stimulation der Schilddrüsentätigkeit, Erhöhung des Grundumsatzes, Stoffwechselsteigerung); bei Arteriosklerose, Kropf; techn.: zur Gew. von Alginaten, als Viehfutter u. Düngemittel; **Fucus vesiculosus tostus:** Gerösteter Blasentang, Aethiops vegetabilis, Vegetabilischer Mohr. **Anw.** volkstüml.: früher wie Fucus (s. o.), bes. bei Kropf.

Hom: *Fucus vesiculosus:* getrockneter, gereinigter Blasentang; verord. z. B. bei Adipositas, Struma.

Füllschuh: Teil einer Tablettenmaschine zum Füllen des Matrizenfüllraumes. Das Pressgut gelangt vom Fülltrichter über den F. in die Matrizenöffnung. Nach dem Pressvorgang schiebt der F. (aktiv od. passiv) den Pressling über den Matrizentisch in den Ablauf. Je nach Maschinentyp bewegt sich der F. entweder im Rhythmus des Pressvorganges auf dem starren Matrizentisch vor u. zurück (Exzenterpresse*) od. der Matrizentisch gleitet kontinuierl. unter dem unbewegl. F. vorbei (Rundläuferpresse*).

Fünffingerkraut: **1.** s. Potentilla reptans (Herba Pentaphylli). **2.** s. Agrimonia eupatoria (Agrimoniae herba).

Fütterungsarzneimittel: s. Arzneimittel-Vormischungen zur veterinärmedizinischen Anwendung.

Fugu: s. Tetrodotoxin.

Fuligo: Ruß, Kienruß; reiner, fein verteilter amorpher Kohlenstoff. **Gew.:** Verbrennung kohlenstoffreicher Substanzen, z. B. Harze, Terpentinöl, Kienholz, bei ungenügendem Luftzutritt. **Anw.** techn.: zur Herst. von Tusche u. Druckerschwärze. **F. splendens:** Glanzruß, glänz. Masse, die sich bei Holzfeuerungen absetzt.

Fullerene: allotrope Modifikationen des Kohlenstoffs*; vgl. Allotropie. F. sind hochsymmetrisch, z. T. sphärisch (C_{60}, fußballartig; C_{70}), helikale (C_{76}) u. andere netzwerkartige Gebilde. **Herst:** in He-Atmosphäre durch Verdampfen von Kohlenstoff aus Graphitelektroden bei 6000 K im Lichtbogen. **Anw.:** Katalysatormaterial, Alkalimetall dotierte F. als Supraleiter.

Fullererde: Bleicherde; kolloidales Aluminiummagnesiumsilicat. **Anw.:** wird wegen seiner hohen Adsorptionsfähigkeit als Klärmittel, bes. für Mineralöle, Fette u. Wachse genutzt.

Fulminate (lat. fulmen Blitz): Salze der Knallsäure*. Beispiele: Knallsilber*, Knallquecksilber*.

Fumarase: Hydratase, die im Tricarbonsäurezyklus* die Wasseranlagerung an die Doppelbindung von Fumarat u. damit die Bildung von L-Malat (Äpfelsäure) erleichtert.

Fumaria officinalis L.: Erdrauch, Krätzheil; Fam. Fumariaceae (bzw. Fam. Papaveraceae) (Europa, Asien). Stpfl. von **Fumariae herba:** Herba Fumariae, Erdrauchkraut, Erdkraut, Grindkraut. **Off.:** DAB2003; **Inhaltsst.:** ca. 0.13 % Protopin* (Fumarin) u. a. Isochinolinalkaloide* (insges. mind. 0.4 % ber. als Protopin), ferner Bitterstoff, Harz, Schleim, Flavanoide*, Fumarsäure*; **Wirk.:** spasmolyt. Effekte im oberen Verdauungstrakt u. im Bereich der Gallenwege; **Anw.:** krampfartige Beschwerden im Bereich der Gallenblase u. der Gallenwege sowie des Magen-Darm-Traktes; volkstüml.: z. B. bei Verstopfung, Hautleiden.
Hom: *Fumaria officinalis (HAB1.3):* frisches, blühendes Kraut.
Hom: *Fumaria officinalis spag. Krauss (HAB1.3):* ganze, frische, blühende Pflanze.

Fumarprotocetrarsäure: s. Cetraria islandica.

Fumarsäure: Acidum fumaricum; *trans*-Butendisäure; CAS-Nr. 110-17-8; $C_4H_4O_4$, M_r 116.07. HOOC–CH=CH–COOH. Schmp. 287 °C. D. 1.625. Stereoisomer der Maleinsäure* (*cis*-Butendisäure). Farblose Kristalle, die ab ca. 200 °C sublimieren; sehr schwer lösl. in Wasser u. Ether, lösl. in Ethanol, sehr schwer lösl. in Chloroform u. Benzol. **Vork.:** nat. in vielen Pfl., so im Erdrauch (Fumaria* officinalis), in Boletus- u. Agaricus-, Corydalis-Arten, in Cetraria* islandica. F. ist außer im pfl. auch im tierischen u. menschl. Stoffwechsel ein wichtiges Zwischenprodukt, vgl. Tricarbonsäurezyklus; **Off.:** DAC86; außerdem sind im DAC86 beschrieben: Dimethylfumarat u. Ethylhydrogenfumarat sowie dessen Calcium-, Magnesium- u. Zinksalz; **Anw.:** Balneotherapeutikum*, Dermatikum* (bei Psoriasias, aber umstritten); **UAW:** (auch der Salze u. Ester) Nierenschädigungen mit Proteinurie.

Fumigation: Räucherung zu Desinfektionszwecken, z. B. Fumigatio Formaldehydi.

Functio laesa: gestörte Funktion; z. B. als Kardinalsymptom einer Entzündung* od. Fraktur*.

Functional Food: Lebensmittel mit einer besonderen Zstzg. od. Wirkung. Sie haben neben dem Ernährungs- od. Genusszweck eine zusätzl. Funktion. Nach nach einer Arbeitsdefinition der Deutschen Gesellschaft für Ernährung sollen sie „durch Zugabe best. Nährstoffe od. Zutaten spezifische gesundheitsfördernde Wirkungen, Nutzen oder Vorteile bringen“; z. B. Zusatz von Omega-3-Fettsäuren bei Herz-Kreislauferkrankungen, Stärkung des Immunsystems durch Antioxidanzienzusatz, pro- u. prebiotische Produkte zur Darmgesundheit, Calciumanreicherung zur Förderung der Knochengesundheit. Durch die Bez. sollen sie in der EU von Arzneimitteln abgegrenzt werden. Diese Produkte dürfen dann keine gesundheitl. vorbeugende Wirk. anzeigen, sondern ledigl. auf eine mögl. Verringerung des Risikos für Erkrankungen hinweisen. Eine lebensmittelrechtl. Definition des Begriffes F. F. gibt es in Europa nicht.

Fundamentalpunkte des Thermometers: physik. sehr genau reproduzierbare Zustände zur Festlegung von Temperaturskalen; s. Thermometer; Celsius-Skala; Eispunkt.

Fungi: s. Pilze.

Fungicidin: veraltet für Nystatin*.

fungiformis: pilzförmig.

Fungi imperfecti: Pilze*, die sich nur ungeschlechtl. vermehren od. deren geschlechtl. Fortpflanzung unbekannt ist (wahrscheinl. meist Ascomyzeten). Einige sind von großer wirtschaftl. oder med. Bedeutung.

Fungistatika: das Wachstum von Pilzen hemmende Mittel; s. Antimykotika.

Fungizide: Stoffe, die Pilze u. deren Sporen abtöten; s. Schädlingsbekämpfungsmittel.

fungös: schwammig, pilzartig.

Fungus Cervinus: s. Elaphomyces cervinus.

Fungus Chirurgorum: s. Fomes fomentarius.

Fungus Cynosbati: s. Rosa canina.

Fungus Ignarius: s. Fomes fomentarius (Fungus Chirurgorum).

Fungus Laricis: s. Fomes officinalis.

Fungus Quercinus: Fomes fomentarius (Fungus Chirurgorum).

Fungus Secalis: s. Secale cornutum.

Funiculus: **1.** (bot.) Nabelstrang, Stielchen, an dem die Samenanlage sitzt. **2.** (med.) kleiner Strang; **Funiculus umbilicalis:** Nabelstrang; **Funiculus spermaticus:** Samenstrang; **Funiculi medullae spinalis** (Fasciculus): Rückenmark.

Funktion: (mathemat.) Zuordnung von Werten einer Veränderlichen (x) zu Werten einer anderen Veränderlichen (y): y = f(x). y ist die abhängige Veränderliche u. x die unabhängige Veränderliche.

Die Gleichung besagt, dass zwischen x u. y eine Beziehung besteht. Es wird aber über die Art der Beziehung noch keine Aussage getroffen.

Funtumia latifolia Stapf.: Fam. Apocynaceae (Afrika). **Inhaltsst.**: Funtumin (3-α-Amino-5α-pregnan-20-on) u. a. Steroidalkaloide (Terpenalkaloide*), auch als Funtuminalkaloide bezeichnet, die sich von Pregnan ableiten.

Furan: Furfuran; C_4H_4O, M_r 68.07. Schmp. –85.6 °C. Sdp. 31.3 °C. D. 0.944. Strukturformel s. Verbindungen, heterocyclische (Abb.). Farblose, chloroformartig riechende Flüss., leicht lösl. in Ethanol u. Ether, unlösl. in Wasser, leicht zersetzbar durch Säuren; färbt mit Salzsäure befeuchteten Fichtenspan grün. **Vork.**: Grundgerüst vieler heterocycl. Verb., z. B. der Furanocumarine*. **Darst.**: aus Furfural*.

2-Furancarbonsäure: Brenzschleimsäure; $C_5H_4O_3$, M_r 112.08. Schmp. 133 °C (polymorph). Sdp. 232 °C. Farblose Kristalle; gut lösl. in org. Lösungsmitteln u. kochendem Wasser.

2,5-Furandion: s. Maleinsäureanhydrid.

Furanochromone: Furochromone; tricycl. Ringsysteme, wobei ein Furanring linear mit Chromon (Benzo-γ-pyranon) verknüpft ist. **Vork.**: Fam. Apiaceae z. B. in Ammi* visnaga (z. B. Khellin, Visnagin).

Furanocumarine: Furocumarine; tricycl. Ringsysteme, wobei der Furanring entw. linear od. angular mit Cumarinum* (Benzo-α-pyranon) verknüpft ist (s. Abb.). Lineare **7,6-Furanocumarine**, auch als Psoralene bezeichnet, sind Photosensibilisatoren*, v. a. Psoralen*, Bergapten*, Ammoidin* (Xanthotoxin) u. Imperatorin*; vgl. PUVA. Vertreter der angularen **7,8-Furanocumarine** sind z. B. Angelicin*, Isobergapten*, Pimpinellin*. **Vork.**: F. findet man wie auch die einfachen Cumarine* bes. häufig in Apiaceae* (Ammi, Petroselinum, Pimpinella, Angelica, Heracleum u. a.), Rutaceae* (Citrus, Ruta) u. Fabaceae*. Sie zeigen z. T. auch mutagene Wirkung. Auch die Aflatoxine* haben Furanocumarinstruktur; vgl. Pyranocumarine.

Furanogermacrene: s. Commiphora molmol.

Furanose: s. Kohlenhydrate.

Furfur: (lat.) Kleie.

Furfural (lat. furfur Kleie): Furfurol, 2-Furaldehyd, Furfuraldehyd, α-Furfurylaldehyd; 2-Furancarbaldehyd; $C_5H_4O_2$. Schmp. –36.5 °C. Sdp. 161.7 °C. D. 1.161. Farblose Flüss., leicht lösl. in Ethanol u. Ether, lösl. in Wasser. F. zerfällt leicht per Disproportionierung in Furfurylalkohol* u. 2-Furancarbonsäure (vgl. Cannizarro-Reaktion). **Vork.**: nat. in Kleie, Maiskolben, Hafer- u. Erdnußschalen, auch in Erdölen, Rohholzessig, Wein, Cognac. **Darst.**: Dest. von Kleie, Maiskolben, Hafer- od. Erdnußschalen mit verd. Schwefelsäure od. Erhitzen von Pentosen mit Salzsäure. **Anw.** chem.: Reagens zum Nachw. von Sesamöl, z. B. in Margarine, Sesamölreaktion, s. Sesamum indicum (Oleum Sesami); als Selektivlösungsmittel für org. Synthesen, bei der Herst. von Furanharzen. **Tox.**: MAK: 5 mL/m³ Luft.

Furfuraldehyd: s. Furfural.

Furfuralkohol: s. Furfurylalkohol.

Furfurylalkohol: 2-Furanmethanol, Furfuralkohol; $C_5H_6O_2$; M_r 98.1. Sdp. 170-171 °C. D. 1.13. Gelbl., schwach riechende Flüss., lösl. in Wasser u. Etha-

7,6 Furanocumarine

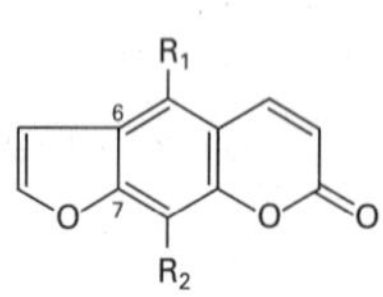

Furanocumarin	R_1	R_2
Psoralen	H	H
Bergapten	OCH_3	H
Ammoidin	H	OCH_3
Xanthotoxol	H	OH
Isopimpinellin	OCH_3	OCH_3
Imperatorin	H	$-OCH_2-CH=C(CH_3)_2$
Isoimperatorin	$-OCH_2-CH=C(CH_3)_2$	H
Oxypeucedanin	$-OCH_2-CH\overset{O}{-}C(CH_3)_2$	H
Oxypeucedaninhydrat	$-OCH_2-CH(OH)-CH(OH)(CH_3)_2$	H

7,8 Furanocumarine

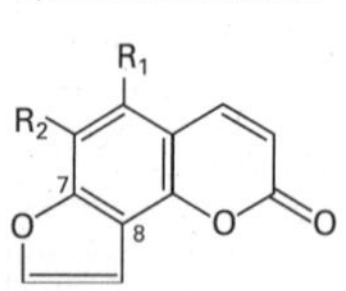

Furanocumarin	R_1	R_2
Angelicin	H	H
Isobergapten	OCH_3	H
Sphondin	H	OCH_3
Pimpinellin	OCH_3	OCH_3

Furanocumarine: Übersicht

nol. **Vork.:** nat. in Gewürznelkenöl u. im Extrakt aus gebranntem Kaffee; entsteht durch Reduktion von Furfural*. **Anw.:** Lösungs- u. Netzmittel, zur Herst. kalthärtender Kleber. **Tox.:** MAK: 200 mg/m^3 Luft.

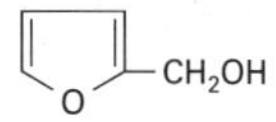

Furfural R = CHO
Furfurylalkohol R = CH_2OH

Furfurylalkohol

Furochromone: s. Furanochromone.
Furocumarine: s. Furanocumarine.
Furoguajacinblau: s. Guajakprobe.
Furosemid INN: Furosemidum Ph.Eur.4; 4-Chlor-*N*-furfuryl-5-sulfamoylanthranilsäure; CAS-Nr. 54-31-9; $C_{12}H_{11}ClN_2O_5S$, M_r 330.77. Schmp. 206 °C (kristallisiert aus wässrigem Ethanol). Schwer lösl. in Wasser, Chloroform; Methanol, Dimethylformamid; lösl. in Ethanol 1:75, in Ether 1:850, in Aceton 1:15. pK_S 3.9. **Anw.:** Saluretikum (Schleifendiuretikum, s. Diuretika), Ödeme; **UAW, Kontraind.** u. **WW:** s. Etacrynsäure; **Dos.:** p. o. zur Ödemtherapie 1×40 mg morgens, bei Erfolglosigkeit nach 6 h 80 mg; nach Mobilisierung der Ödeme 1×40 mg jeden 2. Tag; bei essentiellem Hochdruck 1×40 mg/d; Kinder 1-3 mg/kg KG/d; parenteral i. v. 40 mg, bei Lungenödem u. U. nach 20 min wiederholbar; HWZ ca. 1 h. Gebräuchl. sind auch Furosemid-2,2'-iminodiethanolsalz; Furosemid-Natrium.

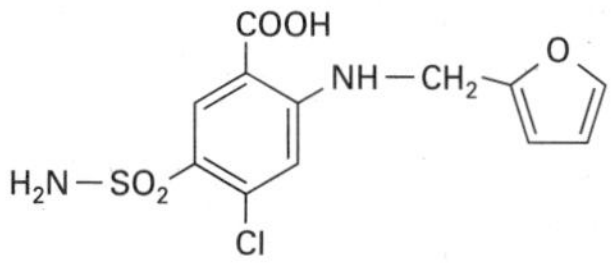

Furosemid

Furostanol-Typ: s. Saponine.
Fursultiamin INN: Thiamintetrahydrofurfuryldisulfid; *N*-(4-Amino-2-methyl-5-pyrimidinyl)methyl-*N*-[4-hydroxy-1-methyl-2-(tetrahydrofurfuryl)dithio-1-butenyl]formamid; CAS-Nr. 804-30-8; $C_{17}H_{26}N_4O_3S_2$, M_r 398.56. Schmp. 132 °C (unter Zers.). Wenig lösl. in Wasser; lösl. in org. Lösungsmitteln u. verd. Mineralsäuren. **Anw.:** Vitamin-B_1-Ther.; neurotropes Analgetikum*; **Dos.:** p. o. 2-3×50 mg/d. Gebräuchl. ist auch Fursultiaminhydrochlorid.

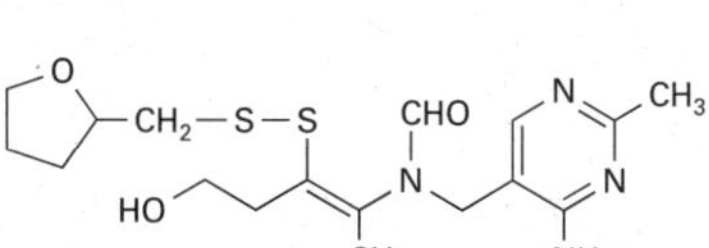

Fursultiamin

Furunkel (lat. furunculus): meist aus einer Follikulitis (s. Follikel) hervorgehende akute eitrige Entzündung eines Haarfollikels u. seiner Talgdrüse. Schmerzhafter, bis zu einigen Zentimetern großer, geröteter Knoten mit zentralem Eiterpfropf u. starkem Ödem der Umgebung.
Fusafungin INN: CAS-Nr. 1393-87-9. Schmp. 125-129 °C, stabil bis 180 °C. Fast unlösl. in Wasser; lösl. in Glykolen u. Fetten. **Wirk.** u. **Anw.:** Antibiotikum*(Polypeptidantibiotika) aus Fusarium lateritium u. anderen Fusarium-Arten; wirksam geg. versch. grampositive u. gramnegative Keime sowie Candida albicans; besitzt außerdem antiinflammator. Eigenschaften; Hauptind.: Infekte der oberen Luftwege; **Dos.:** Dosieraerosol 1% 4×2 Stöße/d (1 Sprühstoß entspr. 0.5 mg F.); Kinder 2-12 Jahre 2×1 Stoß/d.
Fusarenon: s. Mykotoxine (Tab.).
Fusarium: zu den Fungi imperfecti gezählte Pilzgattung; s. Pilze. Häufiger Verderber von Lebensmitteln u. Rohstoffen, bildet das Fusariumtoxin (s. Mykotoxine); vgl. Fusafungin.
Fusariumtoxine: s. Mykotoxine.
Fusarsäure: 5-*n*-Butyl-pyridin-2-carbonsäure; $C_{10}H_{13}NO_2$, M_r 179.2. Schmp. 111 °C (99 °C polymorph). **Gew.:** aus Kulturen des Pilzes Fusarium heterosporum (syn. Gibberella fujikuroi). **Anw.:** im Pflanzenschutz als Welkstoff eingesetzt; wegen hemmender Wirk. auf die Dopamin-β-Hydroxylase von pharmakol. Interesse.
Fuselöl: Alcohol amylicus; Gemisch von höheren Alkoholen*, die bei der alkohol. Gärung neben Ethanol* entstehen, hauptsächl. Butylalkohol* u. Amylalkohol*. Gelbl. braune Flüss. mit unangenehmem Geruch.
Fusidinsäure INN: Acidum fusidicum Ph.Eur.4; 16β-Acetoxy-3α,11α-dihydroxy-29-nor-5α,8α,9β,13α,14β-dammara-17(20),24-dien-21-säure; CAS-Nr. 6990-06-3; $C_{31}H_{48}O_6$, M_r 516.69. Schmp. 192-193 °C (kristallisiert aus Ether od. Benzol). $[\alpha]_D^{20\,°C}$ −9° (Chloroform). Antibiotikum* mit Steroidstruktur aus Fusidium coccineum. Lösl. in Ethanol, Aceton, Chloroform, Pyridin, Dioxan; wenig lösl. in Wasser, Ether, Hexan. pK_S 5.35. **Wirk.** u. **Anw.:** bakteriostat. wirksam durch Hemmung der Proteinbiosynthese; hemmt Staphylococcus aureus, Corynebacterium diphteriae, versch. Clostridien- u. Neisseria-Stämme; wirksam geg. Myobacterium tuberculosis; Hauptind.: therapieresistente Staphylokokkeninfektionen; Kombination mit Betalactam-Antibiotikum mögl.; **UAW:** allg. gute Verträglichkeit, gastrointestinale Irritationen mögl., Resistenzentwicklung selten; **Dos.:** p. o. 3×0.5 g/d, in schweren Fällen initial 3×1.0 g für 2 Tage; parenteral i. v. Infusion

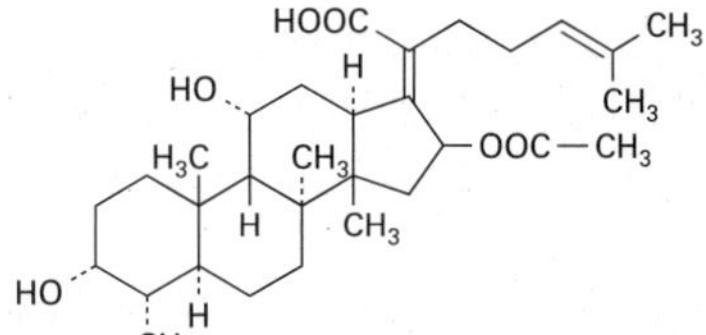

Fusidinsäure

1.5-2.0 g; Kinder 20 mg/kg KG/d, verteilt auf 2-3 Infusionen; topisch als Salbe, Gel 2 %, 2- bis 3-mal tägl.; Lsg. für Umschläge u. Spülungen 0.5 %; HWZ 4-6 h. **Natriumfusidat:** Natrii fusidas Ph.Eur.4; CAS-Nr. 751-94-0; $C_{31}H_{47}NaO_6$, M_r 538.7. Weißes, krist., schwach hygroskop. Pulver; leicht lösl. in Wasser u. Ethanol. Gebräuchl. ist auch u. 2,2'-Iminodiethanolfusidat.

Fusionspunkt: Abk. Fp.; s. Schmelzpunkt.

Fußblatt: s. Podophyllum peltatum.

Fußpilz: Tinea pedis; s. Dermatomykosen.

Fustikextrakt: s. Chlorophora tinctoria (Lignum citrinum).

Fustikholz: s. Chlorophora tinctoria (Lignum citrinum).

fusus: fusa, fusum; ausgegossen, geschmolzen.

F_0-Wert: Wert, der die Vergleichbarkeit der Letalität eines Sterilisationsverfahrens mit dem Standardverfahren bei 121 °C ermöglicht. Der F-Wert (Gesamtletalität) bezeichnet allg. den Zeitraum in Min., der erforderl. ist, um die in einer Suspension vorhandenen Sporen einer bestimmten Mikroorganismenart unter genau festgelegten Bedingungen (z. B. Prozesstemp., Strahlendosis) um eine gegebene Anzahl von Zehnerpotenzen in ihrem Endbehältnis abzutöten (Ph.Eur.4). Der F_0-Wert eines Sterilisationsverfahrens mit gesättigtem gespannten Wasserdampf ist die Letalität bezogen auf Mikroorganismen, die einen Z-Wert von 10 besitzen, bei einer Temperatur von 121 °C, der die Zuber. in ihrem Endbehältnis durch das Verfahren ausgesetzt ist. Der F_0-Gesamtwert eines Verfahrens berücksichtigt die Anheiz- u. Abkühlphasen des Zyklus. Der Wert kann durch Integration der Letalitätsraten unter Berücksichtigung der Zeit von getrennten Temperaturintervallen berechnet werden. Falls eine Dampfsterilisation aufgrund des F_0-Konzepts angewendet wird, muss sichergestellt werden, dass ein angemessener Sterilitätssicherheitswert fortlaufend erzielt wird. Zusätzl. zur Validierung des Verfahrens kann eine kontinuierl. strenge mikrobiol. Überwachung während der Routineproduktion erforderl. sein, um zu belegen, dass die mikrobiol. Parameter innerhalb der festgelegten Toleranzen liegen (sterility assurance level $\leq 10^{-6}$). Zur Berechnung des F-Wertes wird der dazugehörende D*-Wert benötigt.

$F = D - (\log N_A - N_E)$

wobei N_A die Ausgangskeimzahl, N_E die Endkeimzahl bedeutet. Vgl. Z-Wert.

Fytinsäure INN: syn. Phytinsäure, Acidum fyticum, *myo*-Inositol-hexakis(dihydrogenphosphat), Inositolhexaphosphorsäureester; *myo*-Inosithexaphosphat; CAS-Nr. 83-86-3; $C_6H_{18}O_{24}P_6$, M_r 660.08. Hexaphosphorsäureester von *myo*-Inositol*.

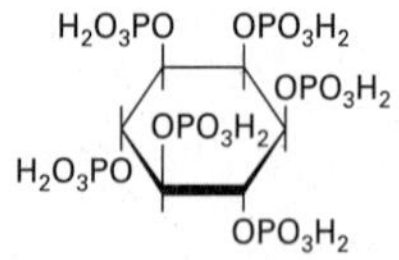

Fytinsäure

Mischbar mit Wasser, 95 %igem Ethanol, Glycerol; lösl. in Wasser, das Ethanol/Ether-Mischungen enthält; sehr schwer lösl. in absolutem Ethanol, Methanol; fast unlösl. in wasserfreiem Ether, Benzol, Chloroform. pH einer 10 %igen wässrigen Lsg. 0.86. **Anw.:** Alkalosetherapie; **Dos.:** p. o. 2-3 × 0.05 g/d. Gebräuchl. sind auch Nonanatriumfytat, Fytinsäure-Dodecanatriumsalz.

G

γ: gr. Kleinbuchstabe gamma; alte Bez. für Mikrogramm (μg, 10^{-6} g).

g: **1.** Einheitenzeichen für Gramm*. **2.** (physik.) Symbol für Fallbeschleunigung*.

G: **1.** Vorsatzzeichen für Giga-*. **2.** (physik.) Symbol für Freie Gibbs-Energie, s. Enthalpie, freie. **3.** Abk. für Gauge; s. Kanüle.

Ga: (chem.) Symbol für Gallium*.

GA_3: s. Gibberelline.

GABA: Abk. für (engl.) *gamma aminobutric acid;* 4-Aminobuttersäure; $H_2N-CH_2-CH_2-CH_2-COOH$; M_r 103.12; Schmp. 202 °C. Eine nicht proteinogene Aminosäure. GABA wird durch primäre Decarboxylierung von Glutaminsäure mittels Glutaminsäuredecarboxylase im Gamma*-Aminobutyrat-Weg gebildet. Der Abbau erfolgt durch Transaminierung zu Bernsteinsäuresemialdehyd u. nachfolgende Oxidation zu Bernsteinsäure über den Tricarbonsäurezyklus*. GABA ist ein inhibitor. wirkender Neurotransmitter u. dient u. a. zur Behandlung von Epilepsie, Hirnbluten.

GABA-Agonisten: Substanzen, welche über den GABA-Rezeptor einen Chloridionenkanal stimulieren u. folgl. einen erhöhten Chlorideinstrom induzieren, was zur Hyperpolarisation von Nervenzellen führt. Zu dieser Gruppe gehören die Benzodiazepine* u. Barbiturate*, deren hypnot. Wirkung durch Angriff an unterschiedl. Bindungsstellen am $GABA_A$-Rezeptorkomplex entsteht.

Gabapentin INN: 1-(Aminomethyl)cyclohexanessigsäure; CAS-Nr. 60142-96-3; $C_9H_{17}NO_2$, M_r 171.24. **Wirk.:** GABA-mimetisch, da mit GABA* strukturverwandt, kann aber im Ggs. zu GABA die Blut-Hirn-Schranke durchdringen; **Anw.:** Antiepileptikum*; bei partiellen Anfällen mit od. ohne sekundärer Generalisierung als Zusatztherapie; **UAW:** Müdigkeit, Schwindel, Tremor, Mundtrockenheit; **Dos.:** p. o. Anfangs- u. Erhaltungsdos. am 1. Tag 3×100 mg, am 2. Tag 3×200 mg, am 3. Tag 3×300 mg, ab dem 4. Tag Steigerung bis zu 3×400 mg/d; MTD 2.4 g in 3 ED; HWZ 5-7 h.

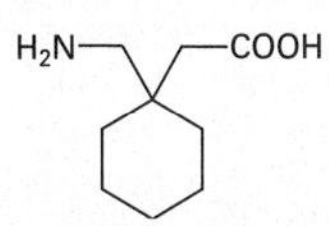

Gabapentin

Gabelmücke: s. Anopheles.

Gabriel-Marckwald-Ethyleniminmethode: Verfahren zur Herst. von Ethylenimin (Aziridin) aus α-Bromethylamin durch Bromwasserstoff-Abspaltung mit Kaliumhydroxid od. Silberoxid.

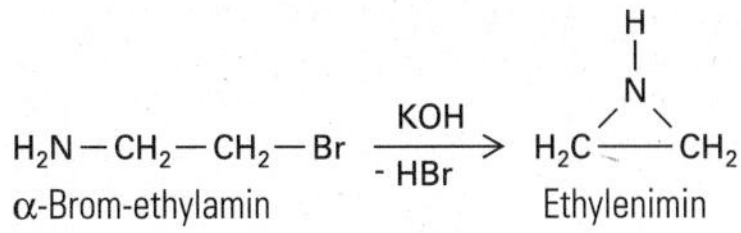

Gabriel-Marckwald-Ethyleniminmethode

Gabriel-Synthese: Methode zur Herst. primärer Amine durch Umsetzung von Alkylhalogenid mit Phthalimidkalium u. Hydrolyse des gebildeten N-Alkylphthalimids.

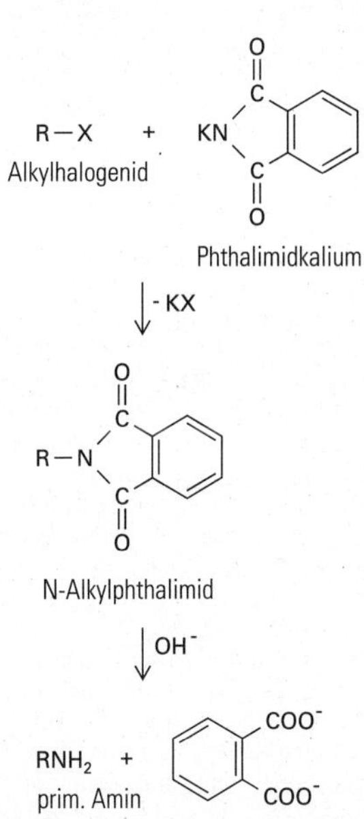

Gabriel-Synthese

Gadobensäure INN: 4-Carboxy-5,8,11-tris(carboxymethyl)-1-phenyl-, gadolinium-Komplex; CAS-Nr. 113662-23-8; $C_{22}H_{28}GdN_3O_{11}$, M_r 667.7. Verwendung als Dimegluminsalz* (G.-Dimeglumin). **Anw.:** paramagnet. Kontrastmittel für die Magnetresonanztomographie* zur Erkennung fokaler

Leberläsionen; **UAW:** Hypertonie, Empfindungsveränderungen; **Dos.:** i. v. 0.05 mmol/kg KG.

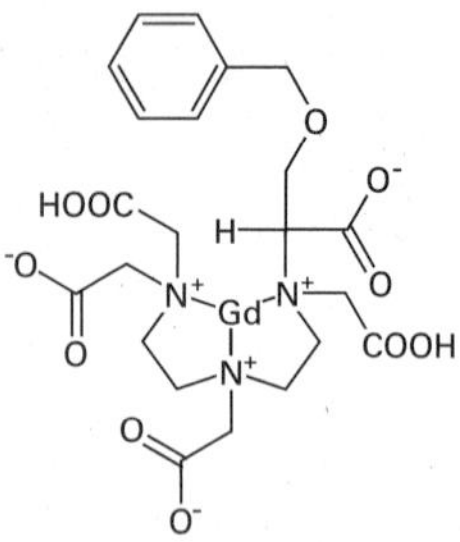

Gadobensäure

Gadobutrol INN: 1,4,7,10-Tetraazacyclododecan, gadolinium-Komplex, Gemisch der (1*R*,2*S*)- u. (1*S*,2*R*)-Enantiomeren; CAS-Nr. 138071-82-6; $C_{18}H_{31}GdN_4O_9$, M_r 604.7. **Anw.:** paramagnet. Kontrastmittel für die Magnetresonanztomographie* (MRT) u. zur Kontrastverstärkung bei der kranialen u. spinalen MRT; **UAW:** evtl. Schwindel, Übelkeit, Luftnot; **Dos.:** 0.1 mmol/kg KG i. v. als Bolusinjektion.

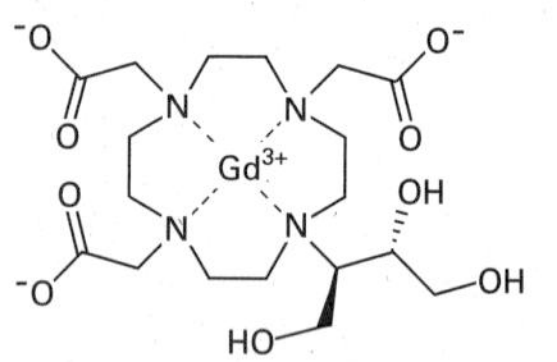

Gadobutrol

Gadodiamid INN: Gadolinium-diethylentriaminpentaessigsäure-bismethylamid; 5,8-Bis(carboxymethyl)-11-[2-(methylamino)-2-oxoethyl]-3-oxo-, gadolinium-Komplex; CAS-Nr. 131410-48-5, $C_{16}H_{26}GdN_5O_8$, M_r 573.66. **Anw.:** paramagnet. Kontrastmittel zur kranialen u. spinalen Magnetresonanztomographie*, vgl. Gadoteridol; Magnetopharmaka.

Gadolinium: Symbol Gd; A_r 157.25, OZ 64. D. 7.900. Schmp. 1312 °C. Sdp. 3262 °C. Oxidationsstufen: 2, 3. Das silbrig metall.-glänz., weiche, duktile, 3-wertige Lanthanoid* ist ferromagnetisch. In trockener Luft ist es beständig, korrodiert aber im Feuchten rasch; gut lösl. in verd. u. konz. Mineralsäuren. **Vork.:** in Gadolinit , Monazit und Bastnäsit. **Herst.:** Reduktion von GdF_3 mit Calcium. **Anw.:** in Kontrollstäben für Kernreaktoren und als Wirt für Lanthanoidphosphore; als Zusatz zu Hochtemperaturstählen. **Gesch.:** 1880 von Jean Charles Galissard de Marignac (1817-1894) aus der Yttererde* in Form des Oxids isoliert (benannt nach dem finn. Chemiker J. Gadolin, 1760-1852).

Gadopentetsäure INN: Acidum gadopenteticum, Gadolinium-DTPA; Gadoliniumkomplex mit Pentetsäure*; CAS-Nr. 80529-93-7; M_r 550.6. **Gadopentetsäure-Dimegluminsalz:** **Anw.:** paramagnet. Kontrastmittel für die Magnetresonanztomographie* des GIT; **UAW:** lokale Wärme- u. Schmerzgefühle.

Gadoteridol INN: 1,4,7,10-Tetraazacyclododecan-1,4,7-triessigsäure, 10-(2-hydroxypropyl)-, gadolinium-Komplex; CAS-Nr. 120066-54-8; $C_{17}H_{29}GdN_4O_7$, M_r 558.69. Nichtion. Gadolinium(III)-Komplex. **Wirk. u. Anw.:** Kontrastmittel bei der Magnetresonanztomographie* des Gehirns, des Rückenmarks u. des umgebenden Gewebes; **UAW:** u. a. metall. Geschmack, Übelkeit, Hypotonie; **Kontraind.:** Jugendl. unter 18 Jahre, strenge Indikationsstellung während Schwangerschaft u. Stillzeit; **Dos.:** parenteral i. v. 0.1 mmol/kg KG; HWZ 1.57 h.

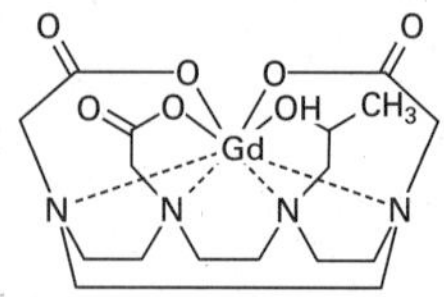

Gadoteridol

Gadus morrhua L.: Dorsch, Kabeljau; Lieferant des Lebertrans*. Junge u. kleinwüchsige Tiere sowie Ostseefische werden i. Allg. als Dorsch, größere an der norweg. Küste, den Lofoten u. an der Küste Neufundlands als Kabeljau bezeichnet.

Gänseblümchen: s. Bellis perennis.

Gänsefingerkraut: s. Potentilla anserina.

Gänsefußgewächse: s. Chenopodiaceae.

Gänsefußkraut, Wohlriechendes: s. Chenopodium ambrosioides var. ambrosioides (Herba Chenopodii ambrosioidis).

Gänsefuß, Stinkender: s. Trimethylamin.

Gänsefuß, Wohlriechender: s. Chenopodium ambrosioides var. ambrosioides.

Gänsekraut: s. Artemisia vulgaris (Artemisiae herba).

Gänsekresse: s. Capsella bursa-pastoris (Bursae pastoris herba).

Gänserich: s. Potentilla anserina.

Gänsesterbekraut: s. Erysimum crepidifolium.

Gärsalz: Nährsalz; Ammoniumphosphat od. dieses enthaltende Gemische. G. wird den Gärflüssigkeiten, bes. Obstwein, zugesetzt, um die Hefezellen mit Stickstoff u. Phosphor zu versorgen u. damit eine kräftigere u. kontinuierl. Gärung herbeizuführen (30-40 g auf 100 L).

Gärung: unter der Einw. unterschiedl. Enzymsysteme erfolgender Abbau bestimmter org. Verb.; i. e. S. der enzymat. Abbau von Kohlenhydraten, i. w. S. auch der von Carbonsäuren, nicht aromat. Aminosäuren, Purinen u. a., wobei die beteiligten Enzyme meist von Mikroorganismen wie Hefezellen, Bakterien od. Schimmelpilzen stammen. Man unterscheidet i. Allg. zwischen anaerober G., die ohne Mitwirkung von Sauerstoff vor sich geht (z. B.alkohol. G., Milchsäure-G.), u. aerober G. unter Mitwirkung von Sauerstoff (z. B. Citronensäure-G., Essigsäure-G.). Bestimmte Formen der anaeroben G. dienen zur Gew. von Energie. Bezogen auf die Substrateinheit liefert die G. weitaus weniger Energie als die Atmungskette*. So werden bei der alkohol. G. der Hefezelle pro

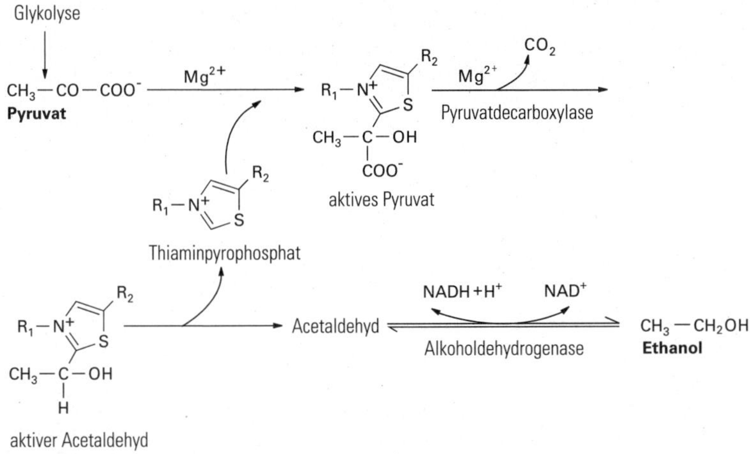

Gärung: Bildung von Ethanol aus Pyruvat [23]

Molekül Glucose nur zwei Moleküle ATP gebildet, während bei der vollständigen Oxidation von einem Molekül Glucose 38 Moleküle ATP entstehen. **Alkoholische Gärung:** die anaerobe Bildung von Ethanol u. CO_2 aus Glucose. Am wichtigsten sind die Enzymsysteme von Hefen u. anderen Mikroorganismen. Sie dient den Zellen unter anaeroben Bedingungen zur Energiegewinnung. Ausgangspunkt für die alkohol. G. ist Glucose-6-phosphat, das durch die Reaktionen der Glykolyse* zu Pyruvat umgewandelt wird. Pyruvat bildet die Verzweigungsstelle für die letzte Stufe des Kohlenhydratabbaus u. wird durch Pyruvatdecarboxylase zu Acetaldehyd decarboxyliert, das durch Alkoholdehydrogenase zu Ethanol reduziert wird (s. Abb.). Die alkohol. G. ist die am längsten bekannte u. techn. wichtigste Gärungsform. Die bedeutendsten Substrate sind die Monosaccharide D-Glucose, D-Fructose, D-Mannose u. manchmal D-Galactose. Vereinzelt können auch die Disaccharide Saccharose u. Maltose sowie das Polysaccharid Stärke als Substrat dienen. **Gesch.:** Die Bruttogleichung der alkohol. Gärung $C_6H_{12}O_6 = 2\ CO_2 + 2\ CH_3{-}CH_2OH$ wurde 1815 von Gay-Lussac aufgestellt (Gay-Lussac-Gleichung). 1857 vertrat Pasteur die Auffassung, dass die alkohol. G. nur von lebenden Organismen ausgeführt werden kann. 1897 widerlegte Buchner diese Annahme. Ihm gelang der Nachw. einer alkohol. G. in einem zellfreien Hefepresssaft. Seine Entdeckung der zellfreien G. war Ausgangspunkt der Enzymchemie. Das abgetrennte, ursprüngl. als einheitl. angenommene Enzymsystem wurde als Zymase bezeichnet. 1905 wurde von Harden u. Young die Rolle des Phosphats beschrieben. 1912 stellte Neuberg das erste Gärungsschema auf, das 1933 von Embden u. Meyerhof verbessert wurde. **Milchsäure-Gärung:** 1. Milchgerinnung*; enzymat. Abbau der Lactose* in Milch (süße Molken) zu Milchsäure*, verursacht u. a. durch Lactobacillus lactis; 2. letzter Schritt der Glykolyse*; Pyruvat wird durch Lactatdehydrogenase zu Lactat (Milchsäure) reduziert; 3. syn. Glykolyse*. **Essigsäure-Gärung:** Ethanol wird unter Einw. von Sauerstoff durch Bakterien der Gattung Acetobacter zu Essigsäure vergoren.

Gärungsamylalkohol: s. Amylalkohol.

Gärungsprobe: früher verwendeter Nachw. von Glucose im Harn. Harn wird mit Hefe versetzt. Positiv, wenn nach einigen Stunden CO_2-Entwicklung sichtbar ist. Nachweisgrenze ca. 0.05 % Glucosegehalt.

Gärungssaccharimeter: Einhorn-Gärungsröhrchen zum Nachw. der CO_2-Entwicklung bei der Gärungsprobe*.

Gagat (Gages, Fluss in Kleinasien): Pechkohle; schwarze Braunkohle. **Vork.:** in bituminösem Schiefer u. Mergel.

Gagelstrauch: s. Myrica gale.

Galactane: aus D-Galactose aufgebaute, unverzweigte, hochmolekulare Polysaccharide, die in Pflanzen vorkommen, z. B. Agar-Agar, Carrageenan.

Galactitol: Galactit; s. Dulcitol.

Galactocerebroside: Cerebroside, die D-Galactose als polare Gruppe in β-glykosidischer Bindung tragen.

Galactomannane: stark quellfähige, pfl. Polysaccharide. Hauptvertreter sind Guaran*, das den Hauptanteil des Guar-Gummi ausmacht u. Carubin (s. Ceratonia siliqua), dem wesentl. Bestandteil des Johannisbrotkernmehls. Derivate sind Carboxymethyl-Carubin u. Carboxymethyl-Guar. **Anw.:** Sprengmittel für die Tablettierung; hohe Anteile von G. führen zur Ausbildung einer Retardmatrix. Die für Tablettenhilfsstoffe erforderl. Stabilität gegen pH- u. enzymbedingte Abbauerscheinungen soll gegeben sein. Das Verhältnis Mannose zu Galactose liegt bei Johannisbrotbaum-Galaktomannan bei 4:1, bei Tara-Galactomannan bei 3:1 und bei Guar-Galactomannan bei 2:1. Johannisbrotbaum-Galactomannan besitzt weniger seitl. Galactoseabzweige von der Polymannose-Hauptkette als die beiden anderen.

Galactometer: Aräometer zur Milchuntersuchung; s. Dichtebestimmungsmethoden.

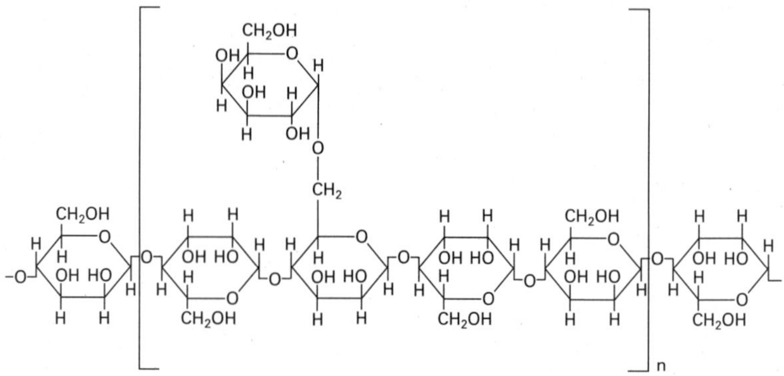

Galactomannane

Galactosämie: erbl. bedingte Stoffwechselerkrankung, die auf einem Mangel an Galactose-1-phosphat-uridyl-transferase beruht. Durch Anhäufung od. Ablagerung von Galactose-1-phosphat im Gewebe kommt es zu Schädigungen in Leber, Niere, Hirn u. Augenlinse.

Galactosamin: Chondrosamin; 2-Amino-2-desoxy-D-galactose; Aminozucker, M_r 179.17; Schmp. des Hydrochlorids 185 °C. $[\alpha]_D^{20°C}$ +125° bis 98° (Wasser). G. leitet sich von D-Galactose ab, wobei die OH-Gruppe am C-Atom 2 durch eine Aminogruppe ersetzt ist. Nat. meist in Form des *N*-Acetylderivats; Best. einiger Mukopolysaccharide wie Chondroitinsulfat, außerdem in Mukoproteinen.

Galactose: Lactogulose, D-Galactose, Galactosum Ph.Eur.; CAS-Nr. 59-23-4; $C_6H_{12}O_6$, M_r 180.16; Schmp. 167 °C aus Wasser od. Ethanol. Aldohexose, die in D- u. L-Form vorkommt. ***α*-Form:** $[\alpha]_D^{20°C}$ +151° → +80° (Wasser). 1 : 0.5 in Wasser lösl., Endlöslichkeit in Wasser (25 °C) 68 %; lösl. in Pyridin; schwer lösl. in Ethanol (s. Abb.). ***β*-Form:** $[\alpha]_D^{20°C}$ +53° → +80° (Wasser). 1 : 1.7 in Wasser (17 °C) lösl. **Off.:** DAC86, Ph.Helv.7. G. ist bes. im Tierreich weit verbreitet u. ist ein Baustein von Oligosacchariden, wie Lactose, von Cerebrosiden u. Gangliosiden tier. Nervengewebe. In Pflanzen ist G. ein Best. von Melibiose, Raffinose, Planteose u. Stachyose sowie der Galactane (wie Agar-Agar); ist auch als Zuckerkomponente an Glykosiden beteiligt. G. wird als Uridindiphosphat (UDP-Galactose) aus UDP-Glucose synthetisiert. **Anw.:** Diagnostikum zur Prüfung der Leberfunktion (vermehrte Ausscheidung von G. zeigt Leberschaden an). **Dos.:** oral: 1 × 40 g/d (20 %ige Lsg.).

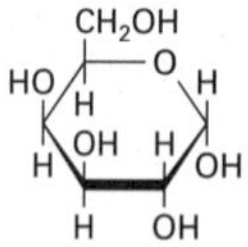

Galactose: *α*-Galactose

***β*-Galactosidase:** s. Lactase.

Galacturonsäure: M_r 194.14; Schmp. 159 °C. Eine von D-Galactose abgeleitete Uronsäure; *α*-Form: $[\alpha]_D^{20°C}$ +98° → +50.8° (Wasser); *β*-Form: $[\alpha]_D^{20°C}$ +27° → +50.8° (Wasser). Pektine bestehen zu 40-60 % aus G., die auch Best. anderer pfl. Polysaccharide ist.

Galaktagoga (gr.galaktos Milch, ago treiben, fördern): fördern die Milchabsonderung; s. Laktagoga.

Galalith: Kunsthorn; hergestellt aus Casein*, das mit Formaldehyd gehärtet wird.

Galambutter: s. Vitellaria paradoxa.

Galanga: s. Alpinia officinarum.

Galangae rhizoma: s. Alpinia officinarum.

Galanga major: s. Alpinia galanga.

Galangaroot: s. Alpinia officinarum.

Galangin: 3,5,7-Trihydroxyflavon; Strukturformel s. Flavonoide (Tab.); Flavonolderivat z. B. in Alpinia* officinarum.

Galantamin INN: (4a*S*,6*R*,8a*S*)-4a,5,9,10,11,12-Hexahydro-3-methoxy-11-methyl-6*H*-benzofuro-[3a,3,2-*e,f*][2]-benzazepin-6-ol; CAS-Nr. 357-70-0; $C_{17}H_{21}NO_3$, M_r 287.4. Schmp. 126 °C. logP 2.1; pK_S 14.0; schwer lösl. in Wasser. Alkaloid aus der Zwiebel des Kaukasischen Schneeglöckchens, Galanthus woronowii, Fam. Amaryllidaceae. **Wirk.:** Cholinesterasehemmer; zusätzl. Wirk. durch Modulation nicotinerger ACh-Rezeptoren; **Anw.:** symptomat. Behandlung der leichten bis mittelschweren Alzheimer*-Krankheit; **UAW:** Übelkeit, Erbrechen, Diarrhö; **Dos.:** Anfangsdosis 8 mg/d, Erhaltungsdosis 16 mg/d, p. o.; HWZ 7-8 h.

Galantaminhydrobromid: $C_{17}H_{21}NO_3 \cdot HBr$, M_r 368.3. Wenig lösl. in Wasser, fast unlösl. in Ethanol, Chloroform u. Ether. **Wirk.:** Parasympathomimetikum, Cholinesterasehemmer; **Anw.:** Behandlung von Myasthenia* gravis pseudoparalytica, Poliomyelitis* u. der Alzheimer*-Krankheit.

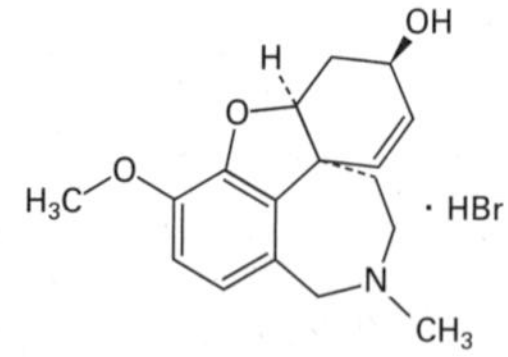

Galantamin: Galantaminhydrobromid

Galanthin: s. Amaryllidaceenalkaloide.
Galanthus woronowii: s. Galantamin.
Galbanum: s. Ferula gummosa.
Galbensaft: s. Ferula gummosa (Galbanum).
Galega officinalis L.: Geißraute, Geißklee, Suchtkraut; Fam. Fabaceae (Leguminosae) (Mittel- u. Südeuropa). Stpfl. von **Herba Galegae officinalis:** Galegae officinalis herba, Geißrautenkraut, Bockskraut. **Inhaltsst.:** Galegin (Isoamylenguanidin, 3-Methyl-but-2-en-guanidin) u. 4-Hydroxygalegin (wirken als Derivate des Guanidin* blutzuckersenkend), Canavanin*, Peganin (ein Chinazolinalkaloid, s. Vasicin), Saponine*, Galuteolin (Glykosid), Luteolin*, Gerbstoff; **Anw.** volkstüml.: z.B. bei Diabetes mellitus, Harnweginfektionen; Droge u. Zuber. sind nicht empfehlenswert.
Hom: *Galega officinalis e seninibus sicc. (HAB1.5):* getrocknete, reife Samen.
Galegin: s. Galega officinalis.
Galenik: Wissenschaft von der Formgebung u. der technolog. Prüfung der Arzneimittel; in der G. wird aus einem Wirkstoff ein Arzneimittel. G. wird auch syn. mit der international übl. Bez. Pharmazeutische* Technologie, die sich aus der eher empir. Galenik entwickelt hat, od. mit dem Unterrichtsfach Arzneiformenlehre* verwendet. **Gesch.:** (Galenos; gr. Arzt in Rom, 131-201); erweiterte den Arzneischatz um zahlreiche Mittel u. Kombinationen, stellte seine Arzneimittel, die Galenischen Mittel, in eigener sog. Apotheca her u. bewahrte sie in geschlossenen Holzbüchsen auf.
Galenika: galenische Mittel; Arzneimittel, die durch Mischungen od. durch einfache pharmaz. Manipulationen hergestellt werden. Als G. gelten z.B. Pulver, Kräutertees, gemischte Pflanzensäfte, Salben, Tinkturen, Extrakte, Latwergen, Pflaster, Mazerationen, Infusa, Schleime; vgl. Galenik.
Galenit: s. Bleisulfid.
Galeopsis ochroleuca: s. Galeopsis segetum.
Galeopsis segetum Neck.: Galeopsis ochroleuca Lam., Hohlzahn; Fam. Lamiaceae (Labiatae) (Mittel- u. Südeuropa). Stpfl. von **Herba Galeopsidis:** Galeopsidis herba, Hohlzahnkraut, Blankenheimer Tee, Liebersche Kräuter. **Off.:** ÖAB9, EB6; **Inhaltsst.:** Kieselsäure (bis 0.9 %, davon 0.1-0.2 % lösl. Kieselsäure), ein glykosidischer Bitterstoff, neutrale u. saure Saponine, ca. 5-10 % Gerbstoffe, Zucker, äther. Öl; **Anw.** volkstüml.: z.B. bei Lungenleiden, Blutarmut.
Gale palustris: s. Myrica gale.
Galgant: s. Alpinia officinarum.
Galgant, Großer: s. Alpinia galanga.
Galipea officinalis Hancock: Cusparia officinalis (Wlld.) Engl., Cusparia angustura, Angustura cusparia, Angosturabaum; Fam. Rutaceae (Südamerika). Stpfl. von **Cortex Angosturae:** Angosturae Cortex, Cortex Cuspariae, (Echte) Angosturarinde. Die Rinde von Cusparia* febrifuga gilt als Verfälschung. **Inhaltsst.:** ca. 2 % Chinolinalkaloide* (Cusparin, Cusparein, Galipin, Galipoidin); ferner 1-2 % äther. Öl mit Sesquiterpenen wie Galipol (für Geruch hauptverantwortl.) u. Cadinen*; als Bitterstoff Angosturin (ein Esterglykosid); **Anw.** volkstüml.: als Stomachikum u. Amarum; in der Likörindustrie; früher auch Ersatz für Chinarinde (s. Cinchona pubescens); **Zuber.:** Tct. Angosturae.
Hom: *Galipea officinalis (HAB1.5),* Angustura: getrocknete Zweigrinde (mind. 0.6 % äther. Öl); verord. z.B. bei Erkrankungen des rheumat. Formenkreises, Magen-Darm-Katarrh.
Galipol: s. Galipea officinalis (Cortex Angosturae).
Galipot: s. Terebinthina (Resina pini).
Galitzenstein, blauer: s. Kupfer(II)-sulfat.
Galitzenstein, weißer: s. Zinksulfat.
Galium aparine L.: Klebendes Labkraut, Klebkraut; Fam. Rubiaceae (Europa, Asien). Stpfl. von **Herba Galii aparinis:** Klebendes Labkraut, Klettenlabkraut. **Inhaltsst.:** s. Galium verum; **Anw.** volkstüml.: bei Hautleiden u. als harntreibendes Mittel.
Hom: *Galium aparine (HAB1.5):* frische, oberird. T. blühender Pflanzen.
Galium odoratum (L.) Scop.: Asperula odorata L., Waldmeister; Fam. Rubiaceae (Europa, Westasien, Nordafrika). Stpfl. von **Herba Asperulae (odoratae):** Asperulae herba, Herba Matrisilvae, Waldmeisterkraut. **Inhaltsst.:** Cumarinum* (charakterist. Geruch, entsteht Melilotosid* durch Hydrolyse beim Verwelken), Asperulosid (Iridoidglykosid); wenig Anthrachinonderivate, Gerbstoffe (Kaffee-, Gallussäure); **Anw.** volkstüml.: Aromatikum sowie bei Gallen- u. Steinleiden (mit zweifelhafter Wirk.), Hydrops; frisch zur Bereitung von Waldmeisterbowle (Cumarinum* in größeren Dosen giftig, daher max. 3 g Kraut auf 1 L Bowle).
Hom: *Galium odoratum (HAB1.3):* frische, vor Blütebeginn gesammelte oberirdische Teile.
Hom: *Galium odoratum spag. Zimpel (HAB1.3):* frische, blühende, oberirdische Teile.
Galium verum L.: Käselabkraut; Fam. Rubiaceae (Europa). Stpfl. von **Galii lutei herba:** Herba Galii lutei, Echtes Labkraut, Gelbes Labkraut; das zur Blüte gesammelte, getrocknete Kraut. **Off.:** DAC; **Inhaltsst.:** eine dem Labenzym ähnl. Substanz (bis 10 mg/kg), die Trioxyanthrachinonglykoside Galiosin u. Rubiadinglykosid, die Iridoidglykoside Asperulosid u. Aucubin, etwas äther. Öl; **Anw.** volkstüml.: harntreibendes Mittel; techn. zur Käsebereitung.
Hom: *Galium verum:* frische, blühende Pflanze.
Galla: s. Gallen.
Gallae chinenses et japonicae: Chinesische und Japanische Gallen, Zackengallen; Wucherungen, die von der Blattlaus Melaphis chinensis (Aphis chinensis, Schlechtendalia sinensis) an den Zweigspitzen u. Blattstielen von Rhus chinensis Mill. (Rhus semialata Murr., Gallensumach) (Ostasien, bes. China u. Japan) verursacht werden. Sie enthalten bis 80 % Tannin*, Gallussäure*, Fett u. Harz.
Galläpfel: s. Gallen.
Galläpfeltinktur: s. Tinctura Gallae.
Gallae turcicae: s. Gallen.
Gallamintriethiodid: Gallamini triethiodidum Ph.Eur.4, Gallaminium triaethojodatum; *N,N,N*-(1,2,3-Benzoltriyltrioxy-triethylen-)tris(triethyl-ammonium-)triiodid; CAS-Nr. 65-29-2; $C_{30}H_{60}I_3N_3O_3$, M_r 891.6. Schmp. 152-153 °C. Fast weißes, geruchloses, hygroskop. Pulver von schwach bitterem Geschmack; sehr leicht lösl. in Wasser, lösl. in Ethanol, schwer lösl. in Aceton, sehr schwer lösl. in Chloroform. **Anw.:** stabilisierendes peripheres Muskelrelaxans*; bei Operatio-

nen, bei Reposition von Knochenbrüchen u. Luxationen, beim Elektroschock; 5-mal schwächer als Tubocurarinchlorid*; Wirkdauer 15 min; **UAW:** keine Histaminfreisetzung, aber häufig Sinustachykardie; vgl. Tubocurarinchlorid; bei geburtshilflichen Operationen nicht brauchbar; in Deutschland nicht mehr im Handel; **Dos.:** 1-2 mg/kg KG i. v.; bei Wiederholung ist äußerste Vorsicht geboten.

Gallate: Gallussäureester; s. Antioxidanzien.

Galle: Bilis; Lebersekret, das in der Gallenblase gesammelt u. durch Wasserrückresorption konzentriert wird. **Best.:** Gallensäuren*, Phospholipide*, Gallenfarbstoffe*, Hormone*, Cholesterol*. Medikamente, die einem enterohepat. Kreislauf* unterliegen, finden sich verstärkt im Gallensekret wieder. Arzneimittel, die die Sekretion der Galle in der Leber od. die Entleerung der Gallenblase u. -wege fördern s. Cholagoga. Vgl. Fel.

G

Galleiche: s. Gallen.

Gallen: Galla, Gallae, Galläpfel, Eichäpfel, Eichengallen, Gallae halepenses, Gallae quercinae; Wucherungen an den jungen Trieben der Galleiche, Quercus infectoria Oliv, verursacht durch Stich u. Eiablage der Gallwespe, Andricus gallaetinctoria (Cynips tinctoria Hartig) (östl. Mittelmeergebiet, v. a. Kleinasien). Im Handel unterscheidet man Aleppische, Türkische, Levantinische G. (Gallae halepensis) u. a., die allesamt aus Kleinasien stammen. Deutsche G. stammen von anderen Wespen u. a. Eichenarten, ebenso die Serbischen u. Tripolis-Gallen. **Off.:** ÖAB90, DAB6; **Inhaltsst.:** 60-70 % Tannin* (Gallusgerbsäure, Gallotannin), daneben 3 % Gallussäure*, 2 % Ellagsäure*, 3 % Zucker, 2 % Stärke, Harz, Gummi, äther. Öl; **Anw.:** selten als Adstringens zu Pinselungen geg. Frostbeulen u. bei Zahnfleischerkrankungen; hauptsächl. zur Gew. von Tannin u. früher zur Herst. von Tinten sowie in der Färberei; **Zuber.:** Tct. Gallae ÖAB90; Tct. Gallarum DAB6.
Hom: *Gallae turcicae (HAB1.3):* enthalten mind. 20 % mit Hautpulver fällbare Gerbstoffe, berechnet als Pyrogallol.

Gallenblase: Vesica fellea; dünnwandiger Schleimhautsack; Fassungsvermögen 50 mL. **Funktion:** Reservoir für die Galle*.

Gallen, Chinesische: s. Gallae chinenses et japonicae.

Gallenfarbstoffe: Abbauprodukte von Porphyrinen*, v. a. des Häms*. Durch Abspaltung des Tetrapyrrolringes des Hämoglobins*, Abspaltung des Globins u. Oxidoreduktion entsteht Biliverdin (lat. bilis Galle, viridis grün; $C_{33}H_{34}N_4O_6$, M_r 582.63), das weiter zu Bilirubin (lat. ruber rot; $C_{33}H_{36}N_4O_6$, M_r 584.65) reduziert wird. Hellorange bis tiefrote Kristalle, in Lsg. grün mit roter Fluoreszenz im ultravioletten Licht. Bilirubin (s. Abb.) wird v. a. aus dem Hämoglobin alter Erythrozyten* im retikuloendothelialen System (s. System, mononukleäres phagozytäres), Knochenmark u. Leber gebildet. Bei perniziöser Anämie kann es auch durch Abbau von Myoglobin* u. Cytochromen* entstehen. Bilirubin wird an Serumalbumin gebunden in die Leber transportiert. Es ist in freier Form hochtoxisch. In der Leber wird es freigesetzt, in den Leberzellen konzentriert, mit zwei Glucuronsäurereste konjugiert u. in dieser Form mit der Galle (Farbe) ausgeschieden, wo es z. T. an Lecithin od. Gallenproteine gebunden wird. Im Darm erfolgt durch Darmbakterien die Dekonjugierung u. der Abbau zu Urobilinogen*, Stercobilinogen u. Mesobilirubinogen. Diese farblosen Verbindungen werden zu Stercobilin* u. Urobilin* oxidiert, die den Fäzes (Kot) die braune Farbe geben, u. z. T. auch in Dipyrrole, z. B. Bilileukan u. Bilifuszin gespalten. Ein kleiner Teil wird rückresorbiert u. gelangt erneut in die Galle (enterohepat. Kreislauf) od. wird über die Niere ausgeschieden (Bestimmung als Urobilinogen).

Gallen, Indische: über Bombay exportierte Gallen*.

Gallen, Japanische: s. Gallae chinenses et japonicae.

Gallenkraut, Weißes: s. Gratiola officinalis.

Gallenmittel: s. Cholagoga, vgl. Hepatika.

Gallensäuren: wichtige, nat. vorkommende Steroide, die von den Leberzellen aus Cholesterol gebildet werden; sie sind die biol. bedeutendsten Best. der Galle*; vgl. Fel. 1 L Galle enthält ca. 30 g Gallensäuren. Die meisten G. sind Derivate der 5β-Cholan-24-säure (Cholansäure), die sich v. a. durch die α-Hydroxylgruppen in den Stellungen 3, 7 u. 12 unterscheiden; fast alle G. besitzen eine 3α-Hydroxylgruppe. Die Ringe A u. B des Steroidgerüstes sind *cis*-verknüpft. Die vier wichtigsten beim Menschen vorkommenden G. sind: Cholsäure (3,7,12-Trihydroxycholansäure, mengenmäßig vorherrschend), Deoxycholsäure (3,12-Dihydroxycholansäure), Chenodeoxycholsäure* (3,7-Dihydroxycholansäure) u. Lithocholsäure* (3-Monohydroxycholsäure). Die G. werden in Form von wasserlösl., grenzflächenaktiven Derivaten an die Aminosäuren Glycin* od. Taurin* gebunden, als gepaarte Gallensäuren in den Dünndarm sezerniert u. je nach Aminosäure als Glykocholsäuren od. Taurocholsäuren klassifiziert (s. Abb.). **Biosynthese:** in der Leber ausgehend von Cholesterol durch 7α-Hydroxylierung, Reduktion der Doppelbindung in Stellung 5 u. Epimerisierung in Stellung 3; die C_{27}-Seitenkette wird durch β-Oxidation (s. Fettsäureabbau) verkürzt. Tägl. Produk-

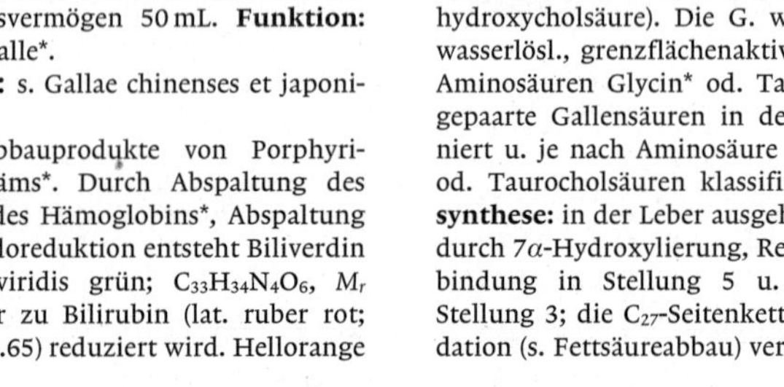

Gallenfarbstoffe: Bilirubin als Beispiel

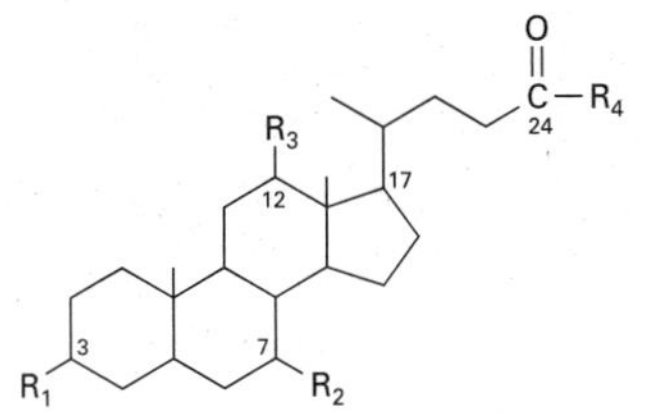

	R1	R2	R3	R4
Lithocholsäure	OH	H	H	OH
Chenodeoxycholsäure	OH	OH	H	OH
Deoxycholsäure	OH	H	OH	OH
Cholsäure	OH	OH	OH	OH
Glykocholsäuren				NH—CH$_2$—COOH
Taurocholsäuren				NH—CH$_2$—CH$_2$—SO$_3$H

Gallensäuren

tion beim Menschen 20-30 g. Nach Entleerung der Galle in den Darm werden die G. zu 90 % wieder resorbiert u. gelangen (wie die Gallenfarbstoffe) wieder in die Leber (enterohepat. Kreislauf), wo sie die Gallenproduktion anregen. **Bedeutung:** Beteiligung an der Emulgierung der Fette, wodurch der Fettabbau* durch die Lipasen erleichtert wird, sowie an der Resorption von Fettsäuren; pH-Verschiebung im Dünndarm; wahrscheinl. Anregung der Peristaltik des Dickdarms u. Hemmung der des Dünndarms. **Anw.:** als Choleretika bei gestörtem Gallenfluss u. als Cholelitholytika (Mittel zur Auflösung von Gallensteinen), z. B. mit Chenodeoxycholsäure* od. der epimeren Ursodeoxycholsäure*; ferner als Ausgangsprodukte für die Partialsynthese von Steroidhormonen. Die Natriumsalze der gepaarten G., oft Gallensalze (Cholate) genannt, sind wichtige Detergenzien.

Gallensalze: Cholate; Salze der Gallensäuren*.

Gallensteine: Konkrementbildung der übersättigten Galle* um einen Kristallisationskern in Gallengängen od. Gallenblase. **Formen:** **1.** Cholesterolsteine; **2.** Pigmentsteine: v. a. Bilirubinsteine; **3.** Calciumbilirubinatsteine; vgl. Cholelithiasis.

Gallensumach: s. Gallae chinenses et japonicae.

Gallen, Türkische: s. Gallen.

Gallerta saponata camphorata: Opodeldok; Herst.: ÖAB90, 5 T. Schweineschmalz werden mit 2.5 T. konz. Natriumhydroxidlsg u. 2.5 T. Ethanol in der Wärme unter Rückfluss verseift, danach werden 75 T. Ethanol (heiß), 6 T. gereinigtes Wasser, 2.5 T. Campher, 1 T. äther. Rosmarinöl, 0.5 T. äther. Thymianöl u. 5 T. Ammoniak zugesetzt; Alkoholgehalt: mind. 70 %; bei Raumtemp. erstarrt die Mischung zu einer gallertigen, opalisierenden Masse, die sich bei Handwärme verflüssigt; DAB6, s. Linimentum saponato-camphoratum. **Anw.:** Einreibemittel gegen rheumat. Beschwerden.

Gallerten: s. Gelatinae, Gelatine, Gele.

Gallertfestigkeit: s. Gelatine.

Gallii[^{67}Ga] citratis solutio iniectabilis: s. Gallium-67-citrat-Injektionslösung.

Gallium: Symbol Ga; A_r 69.72, OZ 31. D. 5.9. Schmp. 29.78 °C. Sdp. 2403 °C. Weißes, dehnbares, weiches, meist 3-wertiges Metall. **Vork.:** nat. nur in sehr geringen Mengen in Zinkblenden; **Anw.:** u. a. wegen seines hohen Sdp. zu Thermometerfüllungen. Ga-Verb. wie GaAs, GaP u. GaN werden als Halbleiter verwendet: **Gesch.:** 1875 von Paul-Emile Lecoq de Boisbaudran (1838-1912) entdeckt, bereits 1871 von Dimitri Iwanowitsch Mendelejev (1834-1907) als Eka-Aluminium vorausgesagt.

Gallium-67: Symbol ^{67}Ga; OZ 31; Radioisotop des Galliums*, emittiert Gammastrahlen, HWZ 3.26 d. **Herst.:** durch Bestrahlung von Zink (kann mit Zink-68 angereichert sein) mit Protonen geeigneter Energie; Abtrennung vom Zink durch Lösungsmittelextraktion od. durch Säulenchromatographie; **Anw.:** zur Herstellung von z.B. Gallium-67-citrat-Injektionslösung für die nuklearmedizin. Entzündungsdiagnostik.

Gallium-67-citrat-Injektionslösung: Gallii[^{67}Ga] citratis solutio iniectabilis Ph.Eur.4; sterile Lsg. von Gallium-67 in Form von Gallium(III)-citrat. Max. 0.2 % der Gesamtradioaktivität entspricht Gallium-66. Sie kann durch Zugabe von Natriumchlorid u. Natriumcitrat isotonisch gemacht werden u. ein Konservierungsmittel wie Benzylalkohol enthalten. **Anw.:** Diagnostik von Lungenkarzinomen, Abschätzung der Ausbreitung von Lymphomen u. des Morbus Hodgkin sowie Lokalisation entzündl. Prozesse.

Gallopamil INN: 5-(3,4-Dimethoxyphenethyl)methylamino-2-isopropyl-2-(3,4,5-trimethoxyphenyl)pentannitril; CAS-Nr. 16662-47-8; $C_{28}H_{40}N_2O_5$, M_r 484.62. **Anw.:** Koronardilatator*, Calciumantagonist*; HWZ 3.5-8 h. Gebräuchl. ist auch Gallopamilhydrochlorid.

Gallotannine: s. Gerbstoffe, pflanzliche.

Gallseife: mit Ochsengalle (8-10 %) versetzte Kernseife. **Anw.:** Waschmittel, u. a. zur Entfernung von fett- u. eiweißhaltigen Flecken.

Galltropfen: s. Tinctura amara.
Gallusgerbsäure: s. Tannin.
Gallussäure: Acidum gallicum; 3,4,5-Trihydroxybenzoesäure; $C_6H_2(OH)_3-COOH$, M_r 170.1. Schmp. ca. 240 °C (unter Zers.). Farblose bis schwach gelbl. Nadeln od. krist. Pulver, lösl. in Wasser, leicht lösl. in siedendem Wasser, Ethanol, Glycerol, wenig lösl. in Ether. Baustein der hydrolisierbaren pflanzlichen Gerbstoffe* (Gallotannine). **Vork.**: nat. in Eichenrinden, Galläpfeln, Granatwurzeln, Divi-Divi, Sumach in Form von Tannin*; **Biosynthese:** direkt aus Shikimisäure, s. Aromatenbiosynthese; **Darst.**: Kochen von Tannin mit Salzsäure od. enzymat. Hydrolyse mittels Schimmelpilzen (Penicillium glaucum, Aspergillus niger); **Anw.** med.: Antiseptikum*, Adstringens*; früher als Antioxidans in Ölen u. Fetten, heute in Form seiner Ester in versch. Nahrungsmitteln; techn. zur Herst. von Eisengallustinten (gibt mit Eisensalzen blauschwarze Niederschläge) u. von Farben.
Gallussäureester: Gallate; s. Antioxidanzien.
Gallussäurelaurylester: Laurylum gallicum, Dodecylis gallas, Dodecylgallat, Laurylgallat; CAS-Nr. 1166-52-5; $C_{19}H_{30}O_5$, M_r 338.4. Schmp. 95-97 °C; polymorph. Weißes bis gelbl., schwach fettig anzufühlendes Pulver; unlösl. in Wasser, lösl. in 3 T. Ethanol od. Ether, in 100 T. fettem Öl. **Off.**: ÖAB90. **Anw.**: Antioxidans* in einer Konz. von 0.015 %.
Galmei: s. Zinkcarbonat, basisches (Tutia grisea).
Galphimia glauca: s. Thryallis glauca.
Galuteolin: s. Luteolin.
Gamander: s. Teucrium chamaedrys.
Gamanderkraut: s. Teucrium montanum.
Gambir: s. Uncaria gambir.
Gambir-Catechu: s. Uncaria gambir.
Gamboge: s. Garcinia hanburyi.
Gambogia: s. Garcinia hanburyi.
Gametangiogamie: (bot.) geschlechtl. Fortpflanzung, bei der es nicht mehr zur Ausbildung von Gameten* kommt, sondern die unter Verschmelzung von vielkernigen Gametangien* stattfindet.
Gametangium: (bot.) bei Algen u. Pilzen einzelliger, bei Moosen u. Farnen mehrzelliger Behälter, in dem die Gameten* entstehen. Mikrogametangien enthalten männl. Mikrogameten, Makrogametangien weibl. Makrogameten.
Gameten: (bot.) reife, haploide Geschlechtszellen (Sexualzellen), also Ei- u. Samenzellen, deren Kerne bei der Befruchtung verschmelzen, wobei eine diploide Zelle, die Zygote*, entsteht. Isogameten sind morpholog. gleich; andernfalls treten Anisogameten auf: Der männliche Gamet (Mikrogamet, Spermatozoid) ist kleiner als der weibl. Gamet (Makrogamet oder Ei, Ovium, wenn unbewegl.); dementspr. wird die Fortpflanzung als Isogamie bzw. als Anisogamie bezeichnet.
Gametophyt: (bot.) bei Pfl. mit Generationswechsel die haploide* (1n), gametenbildende Generation.
Gamma-: s. a. γ-.
Gamma-Aminobuttersäure: s. GABA.
Gamma-Aminobutyrat-Weg: γ-Aminobutyratweg; ein Nebenweg bei der oxidativen Decarboxylierung von α-Ketoglutarat im Tricarbonsäurezyklus*. Spielt v. a. im Gehirnstoffwechsel eine Rolle. Ca. 25 % des in den Gehirnzellen gebildeten α-Ketoglutarats werden in GABA* umgewandelt.
gamma counter: s. Szintillationszähler.
Gammaglobuline: γ-Globulin; frühere Bez. für Immunglobuline*; heterogene, überwiegend Antikörper* enthaltende Fraktion der Globuline des Plasmas.
Gamma-Hydroxbutyrat: s. γ-Hydroxybuttersäure.
Gammaspektrometrie: Analysenmethode zur Identifizierung von Radionukliden* u. zur Abschätzung ihrer radionuklearen Reinheit. Die G. macht sich die Eigenschaft bestimmter Substanzen (Szintillatoren*) zunutze, bei Gammabestrahlung Licht auszusenden. Die Lichtausbeute ist proportional der zugeführten Strahlungsenergie. Durch Umwandlung des Lichtes in elektr. Impulse u. Verarbeitung des Ausgangsimpulses erhält man ein charakterist. Energiespektrum der Strahlenquelle. Da die Größe des Peaks als Funktion der HWZ abnimmt, lässt sich auch die Zerfallsgeschwindigkeit der Radioaktivität feststellen.
Gammastrahlen: s. Radioaktivität.
Gammastrahler: Isotop, das Gammastrahlen aussendet.
Gammaübergang: s. Isomerenübergang.
Gammazerfall: s. Isomerenübergang.
Gamolensäure: s. Linolensäuren.
Gamone: pfl. Sexuallockstoffe der weibl. (Gynogamone) od. männl. Geschlechtszellen (Androgamone).
Ganciclovir INN: 9-(1,3-Dihydroxy-2-propoxy)methyl-guanin; CAS-Nr. 82410-32-0; $C_9H_{13}N_5O_4$, M_r 255.2. Schmp. 250 °C (unter Zers). **Wirk.** u. **Anw.**: Virostatikum bei lebens- u. augenlichtbedrohl. Erkrankungen durch Zytomegalie-Virus, z. B. bei HIV*-Erkrankung; **UAW:** Fieber, Kopfschmerz, allerg. Reaktionen, Durchfall, gastrointestinale Beschwerden, Gelenk- u. Muskelschmerzen; potentielles Karzinogen, teratogen; vgl. Aciclovir.

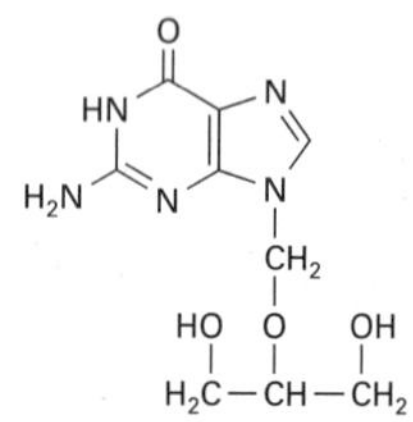

Ganciclovir

Ganglienblocker: Ganglioplegika; Pharmaka, welche die Erregungsübertragung an sympath. u. parasympath. Ganglien hemmen. Die Blockade erfolgt: **1.** durch Stabilisierung der postsynapt. Membran, z. B. Hexamethonium*, Tetraethylammonium*; **2.** nach initial gesteigerter Erregung durch länger anhaltende Depolarisation der postsynapt. Membran, z. B. Nicotin*. Therap. nur noch selten, z. B. bei malignen Blutdruckkrisen; früher bei Hypertonie, peripheren Durchblutungsstörungen, Koronarinsuffizienz, Magen- u. Darmgeschwüren, gewissen Schmerz- u. Krampfzuständen; **UAW:** Blutdruckabfall, Tachykardie, Mundtrockenheit, Atonie von Harnblase, Magen u. Darm. Zahlreich, da mit den sympath. gleichzeitig die parasympath. Ganglien blockiert werden.

Ganglienzellen: Nervenzellen.

Ganglion: **1.** Überbein; einzeln od. multipel vorkommende, von Sehnescheiden od. Gelenkkapseln ausgehende Gallertzyste. **2.** Nervenknoten; in den Verlauf peripherer Nerven* eingeschaltete Anhäufung von Ganglienzellen*.

Ganglioplegika: s. Ganglienblocker.

Ganglioside: s. Glykolipide.

Gangrän: Form der ischämischen Nekrose* mit Autolyse des Gewebes u. Verfärbung durch Hämoglobinabbau.

Ganirelix INN: *N*-acetyl-3-(2-naphthyl)-D-alanyl-*p*-chloro-D-phenylalanyl-3-(3-pyridyl)-D-alanyl-L-seryl-L-tyrosyl-*N*-(*N*,*N*-diethylamidino)-D-Lysyl-L-Leucyl-*N*-(*N*,*N*-diethylamidino)-L-Lysyl-L-prolyl-D-alaninamid; CAS-Nr. 124904-93-4; $C_{80}H_{113}ClN_{18}O_{13}$, M_r 1570.3. **Wirk.:** Gonadorelin*-Antagonist; **Anw.:** Gynäkologikum* zur Vermeidung eines vorzeitigen LH-Anstieges (s. Hormone, luteinisierendes Hormon) bei Frauen, die sich einer ovariellen Hyperstimulation im Rahmen einer künstl. Befruchtung unterziehen; **UAW:** gelegentl. Kopfschmerzen, Übelkeit; **Dos.:** 1×0.25 ml/d subkutan, beginnend am 6. Tag der FSH-Gabe (s. Hormone, Follikelreifungshormon).

Ganja: s. Cannabis sativa (Herba Cannabis).

gap junctions: Zellkontakte, die der metabol. Kooperation von Zellen dienen. In fast allen tier. Geweben vorhanden. Moleküle bis etwa M_r 1500 können gap junctions ungehindert passieren.

Garantieverschluss: Garantieverpackung, Originalitätssicherung; Verschlusskonstruktion, bei der beim ersten Öffnen eine irreversible Veränderung eintritt (s. Abb.). Ist diese leicht erkennbare Beschädigung nicht vorhanden, hat der Verbraucher die Sicherheit, das Produkt in der Originalform, d.h. unversehrt, vor sich zu haben. Einen G. bieten alle Behältnisse, welche mit einem Aufreiß-, Durchdrück-, Abdreh- od. Abbrechverschluss-System ausgerüstet sind, u. die meisten Einzeldosispackungen. Für Behältnisse mit G., die wiederverwendet werden sollen, kommen in Frage: **1.** Schraubverschlüsse aus Metall od. Kunststoff, die einen zusätzl., nur an einzelnen Stegen an der Schraubkappe befestigten Ring (Garantiering) aufweisen, der unter einem am Flaschenhals angebrachten Wulst angebördelt ist (vgl. Bördeln). Wird die Schraubkappe beim ersten Gebrauch geöffnet, wird der Garantiering von der Kappe getrennt u. bleibt auf dem Flaschenhals

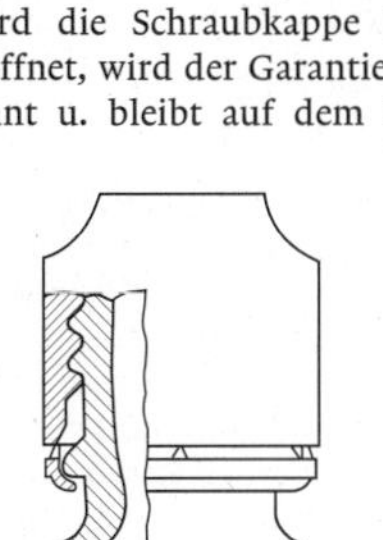

Garantieverschluss: Kunststoffverschluss mit angebördeltem Garantiering

zurück (Pilferproof-Verschluss, Anrollverschluss). **2.** Aluminiumkappen mit Aufreißlappen, auf Stopfenverschlüsse aufgesteckt u. angebördelt (Injektionsflaschen). Beim erstmaligen Gebrauch wird der Aufreißlappen entfernt (Capsolutverschluss). **3.** Fest auf der Behältnismündung fixierte Kunststoffsteckverschlüsse, versehen mit einer Aufreißlasche rund um den Verschluss, die zum Öffnen entfernt werden muss.

Garcinia hanburyi Hook.: Gummi-Guttibaum; Fam. Hypericaceae (Guttiferae) (Siam, Kotschinchina, Kambodscha, Sri Lanka, Borneo). Die Pfl. ist neben anderen Garcinia-Arten (z.B. G. morella Desr.) Stpfl. von **Gutti:** Gummigut, Gummiresina Gutti, Gambogia, Cambogia, Gummi Cambogiae, Gamboge; das Gummiharz aus der Rinde des Baumes; gelbe, walzenförmige Stücke od. Klumpen, geruchlos; lösl. in Wasser, Ethanol, Ether. Auf Zusatz von Alkalien färbt sich die gelbe Lsg. dunkelrot. **Inhaltsst.:** ca. 23 % Gummi, 70-75 % Harz, das größtenteils aus Garcinolsäure(n) u. Gambogasäure besteht; **Anw.:** vet. Laxans, früher drast. Abführmittel; früher auch als Farbmittel für Lacke u. Aquarellfarben; **Dos.:** MED 0.3 g, MTD 1 g.

Hom: *Garcinia (HAB1.5)*, Gutti: durch Einschnitte in die Rinde versch. Garcinia-Arten gewonnenes Gummiharz; verord. z.B. bei Diarrhö.

Gardjanbalsam: s. Balsamum Gurjunae.

Gardschanbalsam: s. Balsamum Gurjunae.

Gargarisma: Gurgelwasser, -mittel.

Gargarisma adstringens: adstringierendes Gurgelmittel; Zstzg.: NFA, 10 T. Tct. Ratanhiae, 20 T. Tct. Chamomillae, 20 T. Tct. Salviae. **Anw.:** Entzündungen des Mund- u. Rachenraumes.

Gargarisma Chlorhexidini: Chlorhexidindigluconat-Mundspüllösung (0.1 %, 0.2 %); Zstzg.: NRF, 1.33 (2.66) g Chlorhexidindigluconat-Lösung 20 %, 90 g Sorbitollösung 70 % (nichtkristallisierend), 0.5 g Pfefferminz-Farbmittel-Konzentrat „Blau" od. 250 g gereinigtes Wasser. **Anw.:** zur asept. Spülung in der Mundhöhle; 2- bis 3-mal tägl. spülen.

Gartenbohne: s. Phaseolus vulgaris ssp. vulgaris var. vulgaris.

Gartenkresse: s. Lepidium sativum.

Gartenkürbis: s. Cucurbita pepo.

Gartenlattich: s. Lactuca sativa.

Gartenmelde: s. Atriplex hortensis.

Gartenquendel: s. Satureja hortensis (Herba Saturejae).

Gartenraute: s. Ruta graveolens.

Gartenrhabarber: s. Rheum officinale (Rhei radix).

Gartensalbei: s. Salvia officinalis.

Gartenschierling: s. Aethusa cynapium.

Gas: Aggregatzustand* eines Stoffes, in dem die Moleküle sich relativ frei bewegen können. Gase füllen das zur Verfügung stehende Volumen gleichmäßig, sind leicht komprimierbar u. zeigen bei konstantem Druck eine starke Abhängigkeit des Volumens von der Temperatur. Gase sind vollständig miteinander mischbar. Ideale Gase verhalten sich gemäß der idealen Gasgesetzen*, während reale Gase z.T. größere Abweichungen von diesen Gesetzen zeigen, die auf Anziehungskräfte zw. den Gasmolekülen od. -atomen bzw. deren Eigenvolumen zurückzuführen sind.

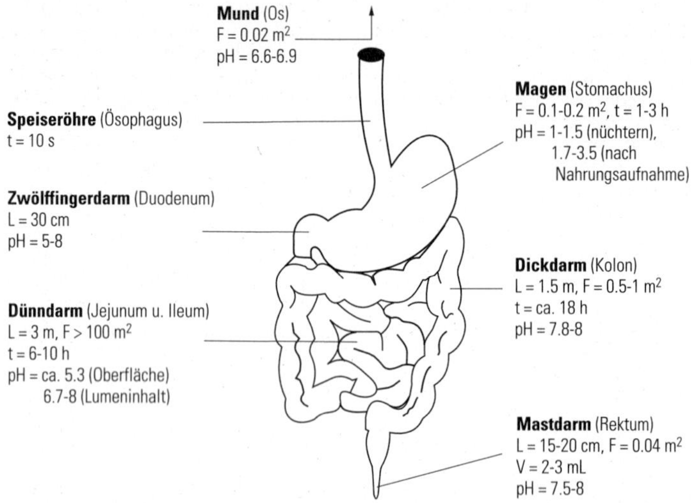

Gastrointestinaltrakt: biopharmazeutisch wichtige Einflussgrößen; l: Länge; F: Fläche; V: durchschnittl. Flüssigkeitsmenge; t: Entleerungszeit

Gasadsorption: s. BET-Gleichung, Adsorptionsmethode nach Brunauer, Emmet u. Teller.

Gasanalyse: Bestimmung der chem. Zstzg. von Gasen. Bei der qualitativen Gasanalyse wird untersucht, welche Gassorten im Gas enthalten sind, bei der quantitativen Gasanalyse bestimmt man den genauen Anteil der im Gas vorhandenen Bestandteile.

Gasbrand: Gasödemerkrankung; schwere Wundinfektion, die durch hochgradige Toxämie* u. ausgedehntes lokales Ödem mit unterschiedl. ausgeprägter Gasbildung charakterisiert ist. **Erreger:** Clostridium* perfringens; **Ther.:** Herbeiführen aerober Wundverhältnisse, Sauerstoff-Überdrucktherapie, Chemotherapie, (z. B. Metronidazol, Clindamycin, Penicillin G); **Prognose:** Letalität 30-50 %; **Antitoxine:** **1.** Gasbrand-Antitoxin (Novyi): Gasbrand-Antitoxin oedematiens, Immunoserum gangraenicum (Clostridium novyi) Ph.Eur.4, Immunoserum anticlostridium oedematiens; Nativserum mit antitox. Globulinen gegen das Alphatoxin von Clostridium novyi; gew. aus dem Serum von Pferden od. anderen Säugetieren; **2.** Gasbrand-Antitoxin (perfringens): Immunoserum gangraenicum (Clostridium perfringens) Ph.Eur.4, Immunoserum anticlostridium perfringens; Nativserum mit antitox. Globulinen gegen das Alphatoxin von Clostridium perfringens; **3.** Gasbrand-Antitoxin (septicum): Immunoserum gangraenicum (Clostridium septicum) Ph.Eur.4, Immunoserum anticlostridium septicum; Nativserum mit antitox. Globulinen gegen das Alphatoxin von Clostridium septicum; **4.** Gasbrand-Antitoxin (polyvalent): Immunoserum gangraenicum mixtum Ph.Eur.4, Immunoserum anticlostridium mixtum; Mischung aus Antitoxinen (perfringens, Novyi, septicum); neutralisiert die von Clostridium Novyi, Clostridium perfringens u. septicum gebildeten Alphatoxine. Die Wirksamkeit des Gasbrand-Antitoxins ist umstritten, da die lokale Anw. Gewebeschäden bewirken u. damit die Ausbreitung des Gasödems wiederum begünstigen kann.

Gasbrandbazillen: s. Clostridium.

Gaschromatographie: s. Chromatographie.

Gasdichte: s. Dampfdichte.

Gasentwicklungsapparat: s. Kipp-Apparat.

Gasgesetze, ideale: Gesetze, die die gegenseitige Abhängigkeit der Zustandsgrößen Druck p, Volumen V, thermodynam. Temp. T u. Stoffmenge n beschreiben. Die G. gelten nur dann genau, wenn zw. den Atomen od. Molekülen des Gases keine Anziehungskräfte wirken u. ihr Eigenvolumen vernachlässigt werden kann. **Gesetz von Boyle-Mariotte** für isotherme Vorgänge (T = konstant):

$p \cdot V = \text{konstant}$

Gesetz von Charles u. Gay Lussac für isobare Vorgänge (p = konstant):

$p/T = \text{konstant}$

allgemeines Gasgesetz:

$p \cdot V = n \cdot R \cdot T$

(R = allgemeine Gaskonstante*).

Gashydrate: s. Einschlussverbindungen.

Gaskonstante, allgemeine: Symbol R; Konstante, die im allg. Gasgesetz (s. Gasgesetze, ideale) u. in vielen anderen physik.-chem. Gleichungen vorkommt; $R = 8.3143\ J \cdot mol^{-1} \cdot K^{-1}$ bzw. $m^3 \cdot Pa \cdot mol^{-1} \cdot K^{-1}$ ($1.985\,82\ cal \cdot mol^{-1} \cdot K^{-1}$) od. $0.083\,143\ L \cdot bar \cdot mol^{-1} \cdot K^{-1}$ ($0.080\,820\,56\ L \cdot atm \cdot mol^{-1} \cdot K^{-1}$); vgl. Boltzmann-Konstante.

Gasödemerkrankung: s. Gasbrand.

Gasolin: s. Petrolether; Benzin.

Gasphase: s. Gas.

Gassterilisation: s. Sterilisationsverfahren (Sterilisation mit mikrobiziden Gasen).

Gastheorie, kinetische: erklärt des Verhalten von Gasen mit der Modellvorstellung, dass ein Gas aus einer großen Anzahl von Molekülen bzw. Atomen besteht, die weit voneinander entfernt sind u. sich gegenseitig nicht anziehen. Ihr Eigenvolumen ist, verglichen mit dem gesamten Volumen des Gases, vernachlässigbar klein. Die Moleküle (Atome) bewegen sich sehr rasch. Zusammenstöße untereinander u. mit der Wand verlaufen vollkommen elast., d. h. ohne Energieverlust. Bei Temperaturerhöhung vergrößert sich die kinet. Energie der Atome u. Moleküle. Aus der k. G. lassen sich z. B. die idealen Gasgesetze* ableiten.

Gastralgie: Magenschmerz.

Gastricin: (engl.) *gastricsin*; Pepsin C; dem Pepsin A sehr ähnl., proteolyt. Enzym im Magensaft; M_r 31 500; für die Bildung von Paracasein (unlösl. Casein) aus lösl. Casein verantwortlich; pH-Optimum 3.0.

Gastrin: s. Hormone (Gewebehormone).

Gastritis: Entzündung der Magenschleimhaut. **Formen: 1.** Typ A (ca. 5 %): Autoimmunkrankheit, führt zu Achlorhydrie u. perniziöser Anämie; **2.** Typ B (ca. 80 %): chron. aktive G. durch eine Infektion mit Helicobacter* pylori; ätiopathogenet. Faktor für die Entstehung eines Ulcus ventriculi od. duodeni u. die Entw. eines Magenkarzinoms; **3.** Typ C (ca. 10 %): durch alkal. duodenogastr. Gallereflux; **Ther.:** Eradikationsther. bei Ulcus ventriculi u. Ulcus duodeni mit Säuresuppression u. zweifacher Antibiotikather., z. B. Omeprazol*, Clarithromycin* plus Amoxicillin* od. Metronidazol*. Tripelther.: Bismutsalz plus Amoxicillin u. Metronidazol (Versagerschema). Vgl. Ulkustherapeutika. Die Ulkusrezidivquote liegt bei 0-10 %.

Gastroenteritis: Schleimhautentzündung von Magen u. Dünndarm, ggf. auch unter Einbeziehung des Dickdarms, mit direkter od. indirekter Übertragbarkeit von Mensch zu Mensch. **Erreger:** z. B. Salmonellen, Campylobacter, Yersinien, Kolibakterien, Shigellen.

Gastrointestinaltrakt: Abk. GIT, Magen-Darm-Trakt; Sammelbezeichnung für die anat. Strukturen zw. Magenmund u. Anus. Bei peroraler Applikation bestimmen Zustand u. Eigenschaften des GIT in hohem Maße die Resorption* und z. T. Metabolisierung von Arzneistoffen.

Gastrokinetika: Mittel zur Beschleunigung der Magenentleerung. Z. B. Metoclopramid*, Domperidon*, Bethanecholchlorid* u. Cisaprid*.

Gastromyzeten: s. Pilze (Basidiomycetes).

Gatifloxacin INN: (*RS*)-1-Cyclopropyl-6-fluor-1,4-dihydro- 8-methoxy-7-(3-methylpiperazin-1-yl)-4-oxo-chinolin-3-carbonsäure; CAS-Nr. 160738-57-8; $C_{19}H_{22}FN_3O_4$, M_r 375.4. logP 1.6; pK_S 8.8 (ber.); lösl. in Wasser. **Wirk.:** Gyrasehemmer*; **Anw.:** Antibiotikum* zur Behandlung von Atemweg- u. Harnweginfektionen; **UAW:** gelegentl. Übelkeit, Erbrechen, Bauchschmerzen; vgl. Gyrasehemmer; **Dos.:** 1 × 400-500 mg/d für 1-14 Tage; HWZ 7-8 h.

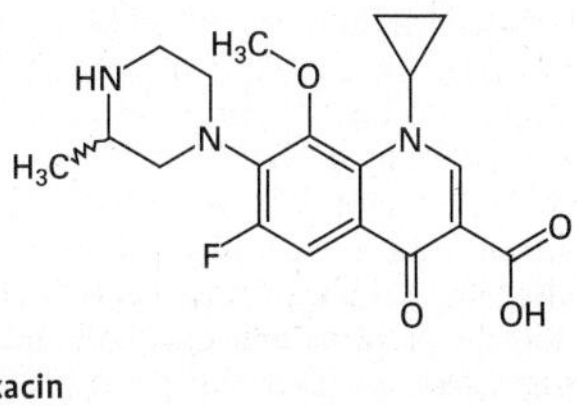

Gatifloxacin

Gatsch: Fischer-Gatsch; weißes festes Paraffin*, das nach dem Fischer-Tropsch-Verfahren aus Kohlenmonoxid u. Wasserstoff bei einem Druck von 5-20 at gewonnen wird (Mitteldrucksynthese). **Anw.:** durch Oxidation kann G. in feste, gesättigte Fettsäuren umgewandelt werden, die man zu Seifen u. Speisefetten verarbeitet.

Gatschvaselin: s. Vaselinum.

Gattermann-Aldehydsynthese: Methode zur Herst. von aromat. Aldehyden durch Einführung der Formylgruppe in Phenole od. Phenolether mit Cyanwasserstoff u. Chlorwasserstoff unter Aluminium- bzw. Zinkchlorid-Katalysator. Beispiel: aus Anisol ensteht Anisaldehyd (s. Abb.).

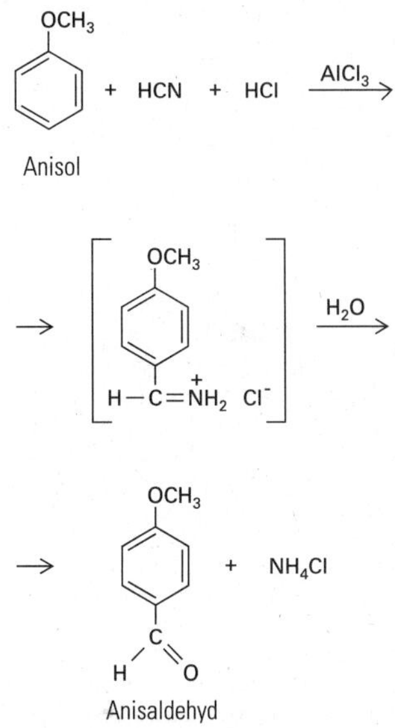

Gattermann-Aldehydsynthese: Bildung von Anisaldehyd als Beispiel

Gattermann-Koch-Reaktion: Methode zur Einführung der Formylgruppe in Benzol od. Alkylbenzole mit Hilfe von Kohlenmonoxid u. Chlor-

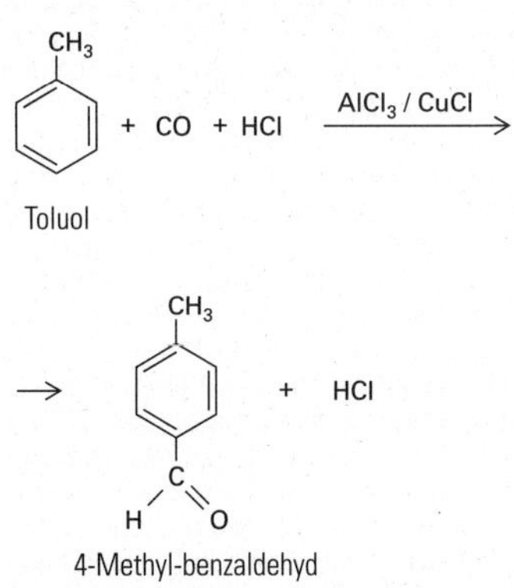

Gattermann-Koch-Reaktion: Bildung von 4-Methylbenzaldehyd als Beispiel

wasserstoff in Gegenwart von Aluminiumchlorid bzw. Kupfer(I)-chlorid als Katalysator. Beispiel: aus Toluol ensteht 4-Methyl-benzaldehyd (s. Abb.).

Gattung: s. Genus.

gauche: s. Konformation.

Gauchheil: s. Anagallis arvensis.

Gauge: s. Kanüle.

Gaultheria procumbens L.: Amerikanisches Immergrün; Fam. Ericaceae (Nordamerika). Stpfl. von **Folia Gaultheriae:** Wintergrünblätter, Kanadischer Tee. **Inhaltsst.:** bis 0.8 % äther. Öl (Methylsalicylat*), Arbutin*, Gaultherin*, Ericolin (Glykosid), Gerbsäure; **Anw.:** Genussmittel, zur Gew. des äther. Öles; **Oleum Gaultheriae:** Gaultheriae aetheroleum, Gaultheriaöl, Wintergrünöl; D. 1.174-1.187; $\alpha_D^{20°C}$ 0 bis −2°; das äther. Öl der Blätter; farblos bis gelbl., von starkem, eigenartigem Geruch u. süßl. Geschmack. **Off.:** EB6; **Best.:** bis zu 99 % Methylsalicylat*; **Anw.** volkstüml.: bei rheumat. Beschwerden; ferner in der Parfümerie u. Getränkeindustrie; **Dos.:** innerl. 10-20 Tr. in Kapseln od. äußerl. als Einreibung (ca. 20 %) in Salben, Spiritus od. Öl.

Hom: *Gaultheria aetheroleum (HAB1.5)*, Oleum gaultheriae: äther. Öl der frischen Blätter mit mind. 96 % u. max. 98 % Methylsalicylat.

Hom: *Gaultheria procumbens:* getrocknete Blätter; verord. z. B. bei Gelenkrheumatismus, Neuralgie.

Gaultherin: Monotropitosid, Methylsalicylat-Primverosid; $C_{19}H_{26}O_{12}$. Bei Säurehydrolyse (z. B. mit 15 %iger Schwefelsäure) entsteht jeweils 1 Mol Methylsalicylat*, D-Glucose u. D-Xylose, während enzymat. Hydrolyse Methylsalicylat u. Primverose (ein Disaccharid aus Xylose u. Glucose) ergibt. **Vork.:** z. B. in Gaultheria* procumbens, Betula* lenta, Filipendula-Arten.

Gaumen: Palatum.

Gauß-Normalverteilung: s. Normalverteilung.

Gay-Lussac-Gasgesetz: s. Gasgesetze, ideale (Gesetz von Charles u. Gay Lussac).

Gaze: (engl.) *gauze;* früher Bezeichnung für weitmaschigen Verbandmull*.

Gazebinde aus Baumwolle: s. Tamponadebinde.

Gazebinden aus Baumwolle und Zellwolle: s. Tamponadebinde.

GC: Abk. für **G**aschromatographie, s. Chromatographie.

GC box: Guanin* u. Cytosin*-reiches Element in Promotoren u. Enhancern, das meist sechs dieser Basenpaare umfasst (z. B.GGGCGG). Die GC box dient als Bindungsstelle für den Transkriptionsfaktor Sp1 u. ist v. a. im Promotorbereich von Haushaltsgenen hintereinandergeschaltet.

GC-MS: Abk. für **G**aschromatographie-**M**assen**s**pektroskopie, s. Chromatographie, Spektroskopie.

GCP: Abk. für **G**ood **C**linical **P**ractice; Verordnungen der US Food and Drug Administration (FDA) für die klin. Forschung, die die Qualität u. Integrität von Daten aus klin. Studien sicherstellen sollen. Die GCP fordern u. a.Rechtsschutz u. Sicherheit für Probanden; sie beinhalten Verpflichtungen für Auftraggeber, Inspektoren u. Prüfer sowie die Tätigkeit der Ethik-Kommissionen; vorgesehen sind administrative Maßnahmen bei Nichteinhaltung der GCP; vgl. Studie, klinische.

G-CSF: s. CSF.

Gd: (chem.) Symbol für Gadolinium*.

GDP: Abk. für **G**uanosin-5'-**diph**osphat; s. Guanosin.

Ge: (chem.) Symbol für Germanium*.

Gebärmutterschleimhaut: s. Endometrium.

Gebrauch, äußerlicher: Anw. auf Haut, Haaren oder Nägeln.

GED: Abk. für **g**ebräuchliche **E**inzel**d**osis.

Gedächtniszellen: s. memory cells.

Gefäßbündel: s. Leitbündel.

Gefäßbündelscheide: s. Endodermis.

Gefäße: (bot.) wasserleitende Zellen, die entw. 1. die Zellquerwände behalten (unechte Gefäße, Tracheiden) od. 2. die Zellquerwände auflösen u. daher lange Röhren bilden (echte Gefäße, Tracheen); vgl. Leitbündel. Verschiedenartige Tüpfel* u. Wandverdickungen sind oft charakterist.; man spricht dann z. B. von Ring-, Spiral-, Schrauben-, Leiter-, Treppen-, Tüpfel-, Hoftüpfel- u. Netzgefäßen (od. -tracheen bzw. -tracheiden).

Gefäßpflanzen: Pflanzen, die Gefäße* zum Transport von Wasser u. Assimilaten aufweisen. Dazu gehören die Pteridophyta* (Farnpflanzen) u. Spermatophytina* (Samenpflanzen).

Gefahrensymbole: jeder Gefahrstoff muss mit einem der in Anh. I Nr. 2 Gefahrstoffverordnug aufgeführten, schwarz auf orangegelbem Grund gehaltenen Gefahrensymbolen gekennzeichnet werden. Die Größe der G. richtet sich nach der Größe des Behältnisses bzw. der Verpackung, muss jedoch mind. 1 cm^2 betragen. Den Gefahrensymbolen zugeordnet sind 10 Kennbuchstaben als Abk. für die Gefahrenbezeichnungen.

Gefahrensymbole

Rauminhalt der Verpackung	Abmessung der Kennzeichnung
≤0.25 L	angemessen (≥1 cm^2)
>0.25 L- 3.00 L	≥52 mm · 74 mm
>3.00 L- 50.00 L	≥74 mm · 105 mm
>50.00 L-500.00 L	≥105 mm · 148 mm
>500.00 L	≥148 mm · 210 mm

Gefahrstoffrecht: Gesamtheit der Regelungen, die dem Schutz von Mensch u. Umwelt vor gefährl. Stoffen dienen sollen. **Deutschland:** Das G. unterscheidet insbes. das Chemikaliengesetz, das Gerätesicherheitsgesetz, das Bundesimmissionsschutzgesetz, das Wasserhaushaltsgesetz u. das Abfallgesetz. Auf Verordnungsebene ist geltendes Recht die Gefahrstoffverordnung, die Chemikalien-Verbotsverordnung, die VO brennbare Flüssigkeiten, die Druckbehälterverordnung, die Störfallverordnung u. die VO über Anlagen wassergefährdender Stoffe. Anweisungen für die Praxis ergeben sich meist aus den techn. Regeln, welche die VO im einzelnen ausgestalten, so die Technischen Regeln Gefahrstoffe (TRGS), die Technischen Regeln brennbarer Flüssigkeiten (TRbF), die Technischen Regeln Druckbehälter (TRB), die

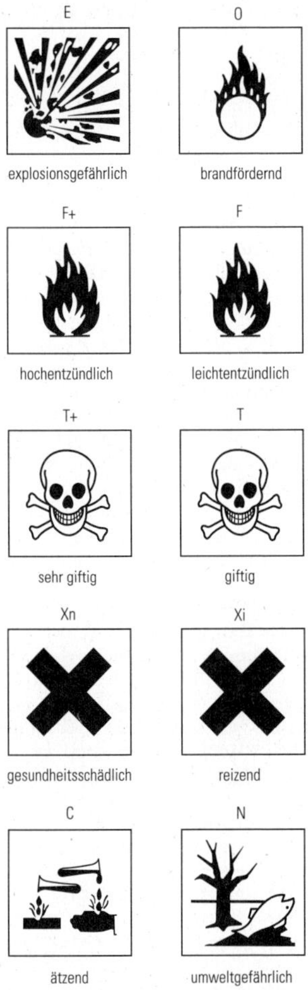

Gefahrensymbole: G. u. Gefahrenbezeichnungen (schwarzer Aufdruck auf orangegelbem Grund)

Technischen Regeln Druckgase (TRG) u. die Verwaltungsvorschrift Technische Anleitung Luft (TA-Luft). **Österreich:** geregelt durch das Chemikaliengesetz von 1996, BGBl. Nr. 53/1997, i. d. F. 2001; **Schweiz:** geregelt durch die Chemikalien- u. Umweltschutzgesetzgebung; s. Chemikaliengesetz.

Gefahrstoffverordnung: Abk. GefStoffV; VO zum Schutz von Mensch u. Umwelt vor stoffbedingten Gesundheitsgefahren. **Deutschland:** VO zum Schutz vor gefährl. Stoffen vom 26.10.1993, BGBl. I S. 1782, 2049, zuletzt geändert 29.8.2003, BGBl. I S. 1697. Sie regelt den Umgang mit gefährl. Stoffen u. Zuber. einschließl. ihrer Kennzeichnung, Verpackung, Aufbewahrung, Lagerung u. Vernichtung. Die früher in der GefStoffV enthaltenen Verkehrsverbote u. die Vorschriften über den Handel mit gefährl. Stoffen u. Zuber. sind heute in der Chemikalien*-Verbotsverordnung geregelt. Die GefStoffV gilt nicht für Arzneimittel nach § 2 Arzneimittelgesetz*. Die Kennzeichnungspflicht nach § 14 Abs. 5 Apothekenbetriebsordnung* bleibt davon unberührt. Daneben bestehen Regelungen, die den Verkehr mit giftigen Stoffen betreffen od. berühren, z. B. das Chemikaliengesetz*, das Pflanzenschutzgesetz* u. die Pflanzenschutzmittel-Anwendungsverordnung.
Die GefStoffV setzt an die Stelle des alten Begriffs Gift den Begriff Gefahrstoff. Das ehemalige Giftbuch* bleibt als Gefahrstoff-Abgabebuch erhalten. Über die Abgabe von sehr giftigen (T^+) u. giftigen (T) Stoffen u. Zuber. (s. Gefahrensymbole) sind Aufzeichnungen (Datum der Abgabe, Art u. Menge des Gefahrstoffs, Verwendungszweck, Name u. Anschrift des Erwerbers, Name des Abgebenden) zu führen. Dabei muss der Erwerber den Empfang durch Unterschrift bestätigen (§ 3 Abs. 3 Chemikalien*-Verbotsverordnung). Von besonderer prakt. Bedeutung ist Anhang I der GefStoffV. Er regelt die Einstufung u. die Kennzeichnung gefährl. Stoffe u. Zuber., die in der EG-Gefahrstoffliste* aufgeführt sind. So müssen bei der Abgabe nach § 6 GefStoffV auf der Verpackung folgende Angaben gemacht werden: **1.** chem. Bez. des Stoffes; **2.** Gefahrensymbole* u. Gefahrenbez.; **3.** Hinweise auf bes. Gefahren (s. R-Sätze); **4.** Sicherheitsratschläge (s. S-Sätze); **5.** Name, Anschrift u. Telefonnummer des Herstellers, Importeurs od. Vertriebsunternehmers; **6.** zugeordnete EWG-Nummern u. ggf. zusätzliche Angaben, z. B. für krebserzeugende, erbgutverändernde u. fortpflanzungsgefährdende Stoffe. Hersteller, Importeure u. Inverkehrbringer gefährl. Stoffe müssen nach Artikel 14 Nr. 2.1 Buchstabe b der Richtlinie 1999/45/EG dem gewerbl. Abnehmer ein Sicherheitsdatenblatt in deutscher Sprache nach Maßgabe der Richtlinie 91/155/EWG übermitteln. Dieses muss u. a. folgende Informationen über gefährl. Stoffe enthalten: Name u. Anschrift des Herstellers, chem.-physik. Charakterisierung des Gefahrstoffs (EG-Nummer, CAS-Nummer, Angaben zu physik.-chem. Eigenschaften), Hinweise auf mögl. Gefahren, Erste-Hilfe-Maßnahmen, Maßnahmen zur Brandbekämpfung, Angaben zur Toxikol. u. Ökologie, Hinweise zum Transport u. zur Entsorgung. Vorratsgefäße von Gefahrstoffen müssen ebenfalls entspr. den Vorschriften der GefStoffV gekennzeichnet werden. In Apotheken, wissenschaftl. Instituten u. Laboratorien genügen für Standgefäße bis zu einem Fassungsvermögen von einem Liter, in denen gefährl. Stoffe enthalten sind, folgende Angaben: die Bez. des Gefahrstoffs, das Gefahrensymbol* u. die Gefahrenbezeichnung. Mit T+ od. T gekennzeichnete Gefahrstoffe sind unter Verschluss zu lagern. In Apotheken gelten die Kennzeichnungsvorschriften der Apothekenbetriebsordnung* u. des Deutschen Arzneibuchs* (§ 16 Abs. 3 ApBetrO) für vorsichtig zu lagernde (Separanda) u. sehr vorsichtig zu lagernde (Venena) Arzneistoffe. **Österreich:** ähnl. geregelt; u. a. durch die Chemikalienverordnung von 1989 in der Fassung 2002, Giftverordnung von 2000, Giftliste-Verordnung von 2002, Giftliste-Meldeverordnung von 1999; **Schweiz:** s. Chemikaliengesetz; **Gesch.:** Ansätze eines Giftgesetzes enthält bereits das Medicinaledikt Friedrichs II. (um 1238). Erste gesetzl.

Bestimmungen über den Verkehr mit Giften finden sich in der Constitutio Criminalis Carolina (1553). Ein Giftverkaufsbuch (vgl. Giftbuch) wurde bereits durch die Württembergische Medizinalverordnung von 1756 eingeführt.

Gefahrstoffverzeichnis: Deutschland: Nach § 16 Abs. 3a Gefahrstoffverordnung* ist ein Arbeitgeber, in dessen Betrieb mit Gefahrstoffen umgegangen wird, verpflichtet, ein Verzeichnis zu erstellen, das kurzfristig verfügbar sein muss. Folgende Angaben zu allen im Betrieb verwendeten Gefahrstoffen müssen darin enthalten sein: Bez. des Gefahrstoffs, Angabe der gefährl. Eigenschaften, Mengenbereiche des Gefahrstoffs im Betrieb, Arbeitsbereiche, in denen mit dem Gefahrstoff umgegangen wird. Diese Vorschrift betrifft auch Apotheken im Hinblick auf die vorhandenen Reagenzien, Prüfmittel u. Rezeptur-Arzneistoffe. Die Mindestanforderungen zur Erstellung eines G. sind in der Gefahrstoffverordnung u. in der Technischen Regel für Gefahrstoffe TRGS 222 festgelegt. **Österreich:** Gemäß Chemikaliengesetz ist dem Empfänger bei der ersten Lieferung grundsätzl. ein Sicherheitsdatenblatt kostenlos zu übermitteln. Es muss dem Empfänger ermöglichen, die notwendigen Maßnahmen für den Gesundheitsschutz, die Sicherheit am Arbeitsplatz u. den Umweltschutz zu ergreifen.

Geflügel-Enzephalomyelitis-Virus: s. Infektiöse-aviäre-Enzephalomyelitis-Lebend-Impfstoff für Geflügel.

Geflügelpest-Lebendimpfstoff, atypische: s. Newcastle-Krankheit-Lebendimpfstoff (gefriergetrocknet).

Geflügelpocken-Lebend-Impfstoff (gefriergetrocknet): Vaccinum variolae gallinaceae vivum cryodesiccatum Ph.Eur.4; Zuber. aus einem od. mehreren Stämmen des Taubenpocken-, Geflügelpocken- od. Putenpockenvirus. Die Herst. des Impfstoffs beruht auf einem Saatvirussystem. Die Virussuspensionen werden geerntet u. mit einer geeigneten Stabilisatorlösung verdünnt, danach wird die Mischung gefriergetrocknet.

Gefrierätztechnik: Verfahren zur Darstellung der Skulptur von Bruchflächen durch Zellen u. Zellmembranen in der Durchlicht-Elektronenmikroskopie.

Gefrierpunkt: s. Erstarrungspunkt.

Gefrierpunkterniedrigung: Gefriertemperaturerniedrigung; alle Lsg. haben einen niedrigeren Gefrierpunkt als die reinen Lösungsmittel, wogegen die Sdp. der Lsg. höher liegen, als die der reinen Lösungsmittel. Dies ist bedingt durch die Dampfdruckerniedrigung über der Lsg. (s. Abb. 1; vgl. Druck, osmotischer). **Raoult-Gesetz:** Die G. bzw. Siedepunkterhöhung Δt ist proportional der Konz. des gelösten Stoffes (Anzahl Mole n pro kg Lösungsmittel) u. umgekehrt proportional seiner Molekülmasse u. dient daher zu deren Bestimmung:

$\Delta t = E/n$

Der Proportionalitätsfaktor E beträgt z.B. für Wasser 1.860 (kryoskop. Konstante, Gefrierpunkterniedrigung.) bzw. 0.511 K · kg/mol (ebullioskop. Konstante, Siedepunkterhöhung). Neben einem Osmometer* dient zur Bestimmung der G. (Kryoskopie) sowie auch der Siedepunkterhöhung (Ebullioskopie) der Beckmann-Apparat mit dem Beckmann-Thermometer (s. Abb. 2), dessen Skala umfasst nur 6 K, welche in 1/100 K (Kelvin) eingeteilt sind. Der Nullpunkt der Skala kann willkürl. auf beliebige Temp. eingestellt werden, so dass ein einziges Thermometer für alle Messbereiche ausreicht. Als Lösungsmittel verwendet man Wasser, für wasserunlösl. org. Substanzen z.B. Benzol, Campher (kryoskop. Konstante 40 K · kg/mol).

Gefrierschutzmittel: s. Kryoprotektivum.

Gefriertrocknung: (engl.) *freeze drying*; Lyophilisation, Sublimationstrocknung; bes. schonendes Trocknungs- u. Konservierungsverfahren für thermolabile, hochwertige Arzneistoffe (Antibiotika, Vitamine, Hormone, Blutplasma, Seren, Impfstoffe, Enzyme, Pflanzenteile, Extrakte aus tier. u. pflanzlichem Material, Trockenampullenpräparate u. a.), aber auch für Nähr- u. Genussmittel (z. B. Milch, Kaffee- u. Teeextrakte, Instantprodukte). **Lyophilisate** (gefriergetrocknete Materialien) sind meist stark hygroskop. u. müssen unter trockener Luft, Inertgas od. unter Vakuum dicht verpackt werden. Für Trockenampullen werden Lyophilisierungsstopfen* verwendet. Die G. läuft in

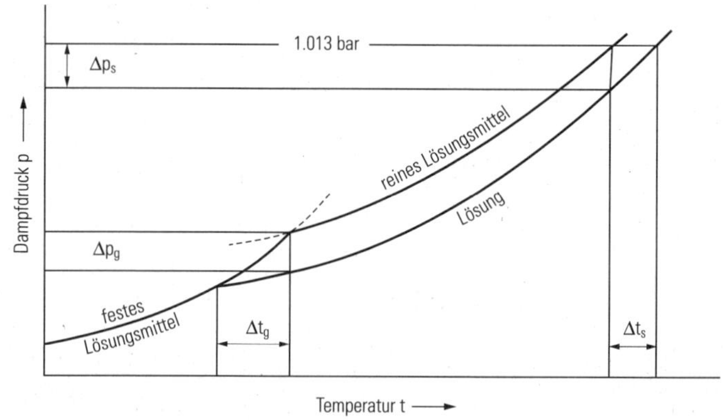

Gefrierpunkterniedrigung Abb. 1: Gefrierpunkterniedrigung Δt_g, Siedepunkterhöhung Δt_s u. Dampfdruckerniedrigung Δp

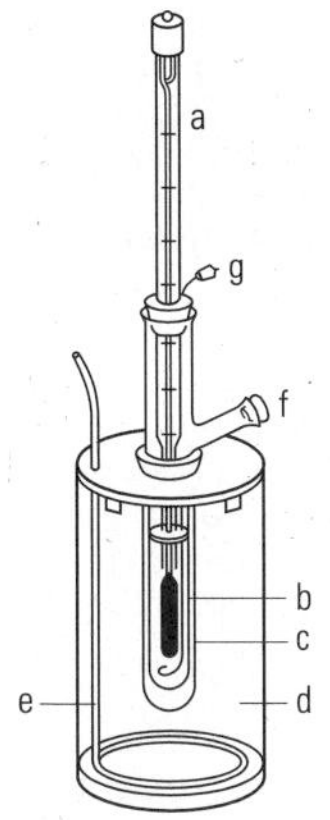

Gefrierpunkterniedrigung Abb. 2: Bestimmung mittels Beckmann-Apparat; a: Beckmann-Thermometer; b: Gefriergefäß mit der zu untersuchenden Substanz; c: Luftmantel; d: Glasgefäß mit Kältemischung, die einige Grade unter dem erwarteten Gefrierpunkt liegt; e: Rührer; f: Füllansatz; g: Rührer aus Platindraht zum Durchmischen der Probe

3 Schritten ab: **1.** Genügend rasches **Einfrieren** des Produkts in dünner Schicht unter Normaldruck je nach Gefrierverhalten auf eine so tiefe Temp. (ca. –50 °C), dass alle flüss. Anteile erstarrt sind (ca. 20 °C unter der eutektischen Temp., od. falls diese nicht ermittelbar ist, die z. B. durch Leitfähigkeitsmessung aufgefundene Temp. für vollständiges Gefrieren). Für sterile Lyophilisate werden keimfiltrierte Lsg., keimfreie Geräte, Behältnisse u. Gefriertrocknungsanlagen benötigt. **2. Primärtrocknung:** eigentliche G.; Entfernen der Hauptmenge des gefrorenen Wassers (bzw. eines anderen Lösungsmittels) durch Sublimation (endothermer Übergang vom festen Zustand direkt in die Dampfphase) im Vakuum mit Hilfe einer Wärmequelle (benötigte Sublimationswärme). Der Wasserdampf über dem Produkt wird durch Trockenmittel od. besser durch Absaugen u./od. durch Kondensation an tiefgekühlten Flächen entfernt. Je nach Feststoffanteil des eingesetzten Produktes entsteht dabei ein mehr od. weniger voluminöses, poröses Lyophilisat mit großer Oberfläche, das im Falle der späteren Wiederherstellung einer Lsg. sich rasch u. leicht in gewünschter Konz. auflöst (lyophile Eigenschaft). **3. Sekundärtrocknung** zur Entfernung des am stärksten gebundenen Wassers, des adsor-

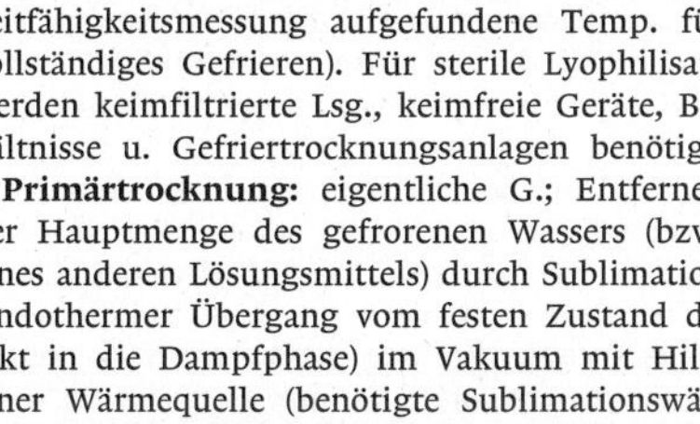

Gefriertrocknung

bierten Wassers im Vakuum bei einer dem Produkt zumutbaren Temperatur.

Gefrierverfahren: s. Konservierung (physik. Verfahren).

GefStoffV: s. Gefahrstoffverordnung.

Gegenanzeige: s. Kontraindikation.

Gegengift: s. Antidot.

Gegenklebemittel: s. Formentrennmittel.

Gegenmittel: s. Antidot.

Gegenprobe: der von der Behörde zurückgelassene Teil einer amtl. Probe eines Arzneimittels. Der Betriebsinhaber erhält damit Gelegenheit, diese Probe durch einen amtl. bestellten Gegenproben-Sachverständigen untersuchen zu lassen u. kann somit den Gegenbeweis stellen. Der Probenehmer muss eine Gegenprobe zurücklassen, wenn nicht ausdrückl. darauf verzichtet wird.

Gegenproben-Sachverständiger: amtl. bestellter privater Sachverständiger zur Untersuchung von Arzneimittelproben. Er benötigt die Sachkenntnis als Herstellungs- od. Kontrollleiter nach dem AMG, geeignete Räume u. Einrichtungen für die beabsichtigten Untersuchungen. Er darf die amtl. Versiegelung einer Gegen- od. Zweitprobe brechen, untersuchen u. begutachten.

Gegenstromdestillation: Destillation* mit Kolonne* (Rektifikation), für die Trennung von Flüssigkeitsgemischen mit kleinen Siedepunktdifferenzen. Dem Dampf, der in der Kolonne nach oben steigt, fließt im Gegenstrom ein Teil des Kondensats entgegen. Dabei kondensieren schwererflüchtige Komponenten aus dem Dampf u. leichterflüchtige Komponenten aus dem Kondensat verdampfen. Es ergibt sich ein Trenneffekt, wie er thermodynam. nur durch mehrfache einfache Destillationsschritte (Gleichstromdestillation*) aus Verdampfen u. Kondensieren erreicht wird.

Gegenstromextraktion: Perkolationsverfahren mit langsamem, aber kontinuierl. Transport der Droge durch Schnecken, Schaufeln o. ä. gegen den Strom des Extraktionsmediums (Menstruum).

Gehalt: chem. allg. Überbegriff für Konzentration* u. Anteil; Verhältnisgröße für Stoffmengenanteil*, Massenanteil, Volumenanteil. Die quantitative Zusammensetzung einer Mischung od. Lsg. lässt sich mit Hilfe der Größen Masse* m, Stoffmenge* n od. Volumen* V beschreiben. Zu berücksichtigen ist, dass die Stoffmenge von der Teilchenart u. das Volumen von der Temperatur abhängt.

Gehaltsgleichförmigkeit: s. Gleichförmigkeit des Gehaltes; vgl. content uniformity.

Gehirnanhangdrüse: Hypophyse; s. Hormone.

Gehirnerschütterung: s. Commotio cerebri.

Gehirnhautentzündung: s. Meningitis.

Gehirn-Rückenmark-Flüssigkeit: s. Liquor cerebrospinalis.

Geierpflanze: s. Marsdenia condurango.

Geigenharz: s. Colophonium.

Geiger-Müller-Zählrohr: s. Strahlenmessgeräte.

Geiger-Zähler: s. Strahlenmessgeräte.

Geißbart: s. Filipendula ulmaria.

Geißblatt: s. Lonicera caprifolium.

Geißblattgewächse: s. Caprifoliaceae.

Geißeln: fadenförmige, ektoplasmat. Organellen, die der Fortbewegung bestimmter Bakterien* u. Protozoen* dienen. Die Benennung der Bakt.

erfolgt je nach Zahl u. Anordnung der G. als monotrich, amphitrich, lophotrich, peritrich u. atrich.

Geißeltierchen: s. Protozoen.

Geißfuß: s. Aegopodium podagraria.

Geißklee: s. Galega officinalis.

Geißraute: s. Galega officinalis.

Geisteskrankheit: (engl.) *mental illness*; veraltete Bez. für eine pathol. Störung der psych. Funktion. I. e. S. Bez. für Psychose* od. Schizophrenie*, im Ggs. zu Gemütskrankheit*.

Gel, antihidrotisches: s. Mucilago contra hyperhidrosim.

Gelatinae: Gallerten, Gelees; halbfeste Arzneizubereitungen, die neben Glycerol u. Wasser aus Gelatine*, Carragen, Tragant (s. Astragalus-Arten, Tragacantha) bestehen u. Zusätze von Arzneistoffen (z. B Iodoform) enthalten.

Gelatinase: Pepsin B; Protease im Magensaft, M_r 36 000, an der Hydrolyse von Gelatine beteiligt.

Gelatina Zinci: s. Zinkleim.

Gelatine: Gelatina Ph.Eur.4, Gelatina alba (gebleichte Gelatine), Gelatina animalis, Colla animalis, Glutin, Leim; CAS-Nr. PM9000-70-8. Gereinigtes Peptidgemisch mit breiter Molmassenverteilung (M_r 15 000-250 000). Biol. minderwertiges Eiweiß wegen des geringen Gehalts an Methionin u. Tyrosin u. des Fehlens von Cystin u. Tryptophan. Gew. durch partielle Hydrolyse des in Knochen, Bindegewebe, Haut, Sehnen u. Knorpeln enthaltenen unlösl. Kollagens* (Zstzg. s. Tab.). Unter Verw. von Schweineschwarten entsteht in einem sauren Aufschlussverfahren bei erhöhter Temp. Gelatine vom **Typ A** (acid), die in wässriger Lsg. vorwiegend NH_3^+-Gruppen aufweist u. daher einen pH-Wert von 3.8-6.0 besitzt. Aus Rinderknochen u. Häuten erhält man in einem alkal. Aufschlussverfahren bei erhöhter Temp. Gelatine vom **Typ B** (basic). Sie enthält in wässriger Lsg. vorwiegend COO^--Gruppen u. besitzt einen pH-Wert von 5.0-7.6. G. kann auch aus einer Mischung beider Typen bestehen. **Eigenschaften:** Dünne, farblose, elast., glasartig glänzende Blätter od. gelbl. weißes, grobkörniges, in trockener Form stabiles Pulver. G. ist feuchtigkeitsempfindl. u. enthält ca. 12 max. 15 % Wasser. Bei zu trockener Lagerung wird die G. spröde, bei zu feuchter quillt sie an, wird klebrig u. ist äußerst anfällig gegenüber Mikroorganismen. Gelatinekapseln verhalten sich unter extremen Lagerungsbedingungen ähnlich. G. ist unlösl. in Ethanol u. Ether, löst sich unter 0.5 % in kaltem Wasser, quillt in höherer Konz. (über 0.5 %) in kaltem Wasser um das 5- bis 10fache auf, ohne sich zu lösen, u. löst sich in warmem Wasser unter Quellungserscheinungen zu einer mehr od. weniger viskosen Flüss., die ab ca. 1 % G. beim Erkalten (unter 35-40 °C) durch teilweise Rückbildung der nativen Konformation des Kollagens zu einer elast. Gallerte erstarrt u. sich bei höheren Temp. wieder verflüssigen lässt (thermoreversible Gelbildung). **Gallertfestigkeit:** Bloom*; Typ A: 75-300 Bloom; Typ B: 75-275 Bloom. Für die Granulierung eignet sich Gelatine mit 150-280 Bloom. Zur Herst. von Hartgelatinekapseln wird G. Typ B mit einem Bloom-Wert von ca. 250 eingesetzt. Nach Ph.Eur. muss G. zur Herst. von Vaginalkugeln, Suppositorien u. Zinkleim* folgendes **Gelbildungsvermögen** erfüllen: 150-250 g. Diese Angabe in g beschreibt, dass unter Verw. eines Gelometers (s. Bloom) mit einem Stempel von 12.7 mm Durchmesser bei einem bei 10 °C gealterten Gel (6.67 % Gelatine) eine 4 mm tiefe Verformung entsteht. G. ist aufgrund der bas. Aminogruppen u. sauren Carboxylgruppen amphoter. Der **isoionische Punkt** liegt bei Typ A zw. pH 6.3-9.2, bei Typ B zw. pH 4.7-5.2. Am isoionischen (isoelektr.) Punkt haben beide Typen die geringste Löslichkeit (Unterscheidungsmöglichkeit zw. den Typen), unterhalb dieses Punktes sind beide Typen kationenaktiv, oberhalb anionenaktiv. Der Ladungszustand der G., der durch pH-Änderung variiert werden kann, nimmt Einfluss auf die innere Struktur der gelösten G.-Moleküle, in der Folge auf die Viskosität u. Quellung. G. ist in gequollenem Zustand auch in mehrwertigen Alkoholen lösl. (Glycerol, Propylenglykol, Sorbitol). **Inkomp.:** Härtung (Verschlechterung der Löslichkeit bis zur Fällung) durch z. B. Alaun, Formaldehyd, Ethanol, $HgCl_2$, Tannin, Gerbstoffe, 3-wertigen Metallsalze. Diese bewirken durch Vernetzung der G. Ausflockung u. Unlöslichkeit. Mischungen von Gelatinelösungen der Typen A u. B sowie hohe Elektrolytkonz. können auch zu Ausflockungen führen (vgl. Herst. von Mikrokapseln*). G. vom Typ B eignet sich nicht zur Verarbeitung saurer od. kation. Arzneistoffe. Typ A ist mit alkal. od. anionischen Stoffen inkompatibel. Kleine Mengen Säuren, Basen, Salze verbessern die Quellung u. Löslichkeit. Durch Zusätze von Erdalkalichloriden, Harnstoff, Thioharnstoff wird der Sol-Gel-Umwandlungspunkt (eine bestimmte Temp. während der Abkühlung) unter die Raumtemp. herabgesetzt, d. h. es tritt keine Gelbildung mehr ein. Zu langes Erwärmen (über 60 °C, therm. Abbau) od. ein Überschuss an Säure (unter pH 5) od. Alkali hydrolisiert die G. weiter, d. h. die Viskosität u. das Gelbildungsvermögen nehmen ab. **Anw.:** **1.** 1- bis 2 %iger Zusatz beim Granulieren in Form von 2- bis 20 %igen wässrigen Lösungen; **2.** Hüllmaterial bei der Koazervationstechnik (Mikroverkapselung); **3.** Umhüllung für ölige od. feste Substanzen (Perlen, Beads), gew. mittels Sprühtechnik; **4.** Herst. von Hart- u. Weichgelatinekapseln; **5.** Verdickungsmittel für flüss. u. halbfeste Arzneiformen (z. B. auch in wässrigen Augentropfen), als Gelbildner in Hy-

Gelatine
Aminosäurenzusammensetzung

Aminosäure	Anteil in mol-%
Alanin	11.2-11.7
Arginin	4.8- 4.9
Glycin	33.0-33.5
Hydroxyprolin	9.1- 9.3
Methionin	3.6- 3.9
Prolin	12.4-13.2
Serin	3.3- 3.5
Asparaginsäure	4.6- 2.9
sonstige (jeweils)	<3.0

drogelen, Gallerten, Suppositorien u. Ovula; **6.** Blutplasmaexpander in Form von Derivaten (z. B. Oxypolygelatine*); **7.** Ausgangsmaterial für Nährböden in der Bakteriologie in 12 %iger Konz.; **8.** Bestandteil von Zinkleim. Gelatinelösungen müssen wegen der großen Anfälligkeit gegenüber Mikroorganismen entweder konserviert sein od. frisch bereitet werden. Nach Ph.Eur. sind max. 10^3 koloniebildende, aerobe Keime je Gramm in der Ausgangsstubstanz erlaubt. Escherichia coli u. Salmonellen dürfen nicht vorhanden sein.

Gelatine, Chinesische: s. Agar.

Gelatinehydrolysat: s. Kollagenhydrolysat.

Gelatine, Japanische: s. Agar.

Gelatinekapseln: s. Capsulae.

Gelatum polyacrylatum aquosum: s. Mucilago Polyacrylati cum Aqua.

Gelatum polyacrylatum cum Isopropanolo: s. Mucilago Polyacrylati cum Alcohole isopropylico.

Gelbbeeren: s. Rhamnus catharticus (Rhamni cathartici fructus).

Gelbfieber: virale Infektionskrankheit; Übertragung erfolgt durch Aedes* (Mücken). G. tritt im tropischen Mittel- u. Südamerika sowie in Afrika südlich der Sahara auf. **Erreger:** Arboviren*; **Prophylaxe:** Schutzimpfung (aktive Immunisierung*) mit attenuiertem G.-Virus (Stamm 17D), s. Gelbfieber-Lebend-Impfstoff.

Gelbfieber-Lebend-Impfstoff: Vaccinum febris flavae vivum Ph.Eur.4; gefriergetrocknete Zuber. des 17D-Stammes des Gelbfiebervirus. Gezüchtet in befruchteten Hühnereiern; Antiobiotika können zugesetzt werden.

Gelbholz: s. Zanthoxylum fraxineum.

Gelbholzrinde: **1.** s. Rhamnus frangula (Frangulae cortex). **2.** s. Zanthoxylum fraxineum (Cortex Xanthoxyli).

Gelbildner: s. Verdickungsmittel.

Gelbildungsvermögen von Gelatine: s. Gelatine.

Gelbkali: s. Kaliumhexacyanoferrat(II).

Gelbkörper: s. Corpus luteum.

Gelbkörperhormon: s. Progesteron, Hormone (Gestagene).

Gelborange S: E 110; rotfärbender Azofarbstoff, mit Tartrazin* strukturverwandt; ist in zahlreichen Ländern für Lebensmittel u. Medikamente zugelassen. In Langzeitstudien wurden an Mäusen in Hochdosisversuchen substanzspezifische, kanzerogene Wirkungen deutlich. Aus diesem Grund ist E 110 in einigen Ländern (Schweden, Norwegen) verboten.

Gelbveiglein: s. Cheiranthus cheiri.

Gelbwurzel: s. Curcuma longa.

Gelbwurzel, Javanische: s. Curcuma zanthorrhiza (Curcumae xanthorrhizae rhizoma).

Gelbwurzel, Kanadische: s. Hydrastis canadensis.

Gelbwurzelstock: s. Curcuma longa (Curcumae longae rhizoma).

Gelchromatographie: s. Chromatographie.

Gelcreme: halbfeste Arzneiform, bei der die wässrige Phase einer O/W-Creme durch Hydrogelbildner gelifiziert ist, zB. Diclofenac-Natrium Gelcreme. Vgl. Unguenta.

Gele: Mucilagines; feindisperse Systeme aus mind. zwei Phasen, flüssig u. fest (Lyogele) od. gasförmig u. fest (Xerogele), bei denen die feste disperse Phase im Ggs. zu den flüss. (verdünnten) kolloiden Lösungen (Sole) u. Suspensionen als zusammenhängendes dreidimensionales Gerüst (Textur, Matrix) vorliegt, in dem die Flüssigkeit bzw. das Gas eingeschlossen ist. Beide Phasen durchdringen sich vollständig, d. h. sie sind **bikohärent** (Phasenkohärenz). Für den Aufbau des Gerüstes sind unterschiedl. Verknüpfungskräfte verantwortlich. Am stabilsten sind **Hauptvalenzgele** (z. B. Kautschuk, andere Elastomere, manche Kieselsäuregele), die nicht in den Sol-Zustand überführt werden können. **Nebenvalenzgele** werden durch schwächere intermolekulare Bindungskräfte* zusammengehalten. Beispiele dafür sind Hydrogele (Salben aus z. B. Cellulosederivaten, Stärken, synthet. Quellstoffen, Bentonit), Organogele (Kohlenwasserstoffgele wie Vaselin, Lipogele wie nat. Fette, emulgatorhaltige Emulsionsgele) u. die Polyethylenglykolgele. **Gelbildung:** Die zur Gelbildung benötigte Konz. an fester Phase ist u. a. von deren Struktur abhängig. Aus Stoffen mit fadenförmigen Molekülen lassen sich bereits in geringerer Konz. G. herstellen als mit symmetr. geformten Feststoffpartikeln. Infolge des unterschiedl. Aufbaus der Gelbildner existieren versch. Gerüsttypen von Nebenvalenzgelen. Makromolekulare Gelbildner mit Fadenmolekülen bilden ein Linearkolloidgerüst, plättchenförmige Partikeln, z. B. von Bentonit, ein Laminarkolloidgerüst u. kugelförmige Teilchen, z. B. vom hochdispersen Siliciumdioxid, ein Sphärokolloidgerüst. **Eigenschaften:** Die Eigenschaften der Nebenvalenzgele, deren Umwandlung, reversibel od. irreversibel, in Sole (Peptisation) u. umgekehrt (Koagulation), sind von der Konzentration, der Teilchengröße u. -form der festen Phase, der Temp., von den Wechselwirkungskräften u. von der Art des Dispersionsmittels abhängig. In den meisten Fällen wird ein kleinerer Teil des Dispersionsmittels an den Feststoff angelagert (Lyosorption, Solvatation). Die größere, aufgrund von mechan. od. thermischen Einflüssen od. selbsttätig durch Verdichtung des Gelgerüsts durch Reifung (Synärese) zu einem geringen Teil abtrennbare Flüssigkeitsmenge wird durch mechan. Einschluss u. Kapillarwirkung festgehalten. Die meisten Gele besitzen eine Fließgrenze u. weisen darüber ein plast. Fließverhalten auf (z. B. Salben). G. verhalten sich strukturviskos u. zeigen meist thixotropes Verhalten. Sie werden auf rheolog. Verhalten (s. Viskosität), Geliervermögen (s. Gelatine) u. evtl. auf Gallertfestigkeit (s. Gelatine) geprüft. **Typen:** Besonders formstabile G. mit ausgeprägter Elastizität, aufgebaut aus org. Makromolekülen, bezeichnet man **Gallerten** (Gelatine; diese G. eignen sich nicht für Salben). Unter **Magma** versteht man häufig anorg. G. (z. B. aus Bentonit*, Aluminiumhydroxid). **Xerogele** (Trockengele) erhält man durch Entfernen der mechan. festgehaltenen flüss. Phase, vorausgesetzt, sie ist flüchtig. Xerogele quellen unter Zugabe eines geeigneten Dispersionsmittels entweder kaum (Silicagel), nur begrenzt unter Volumenzunahme (z. B. Stärke, Amylum*), od. aber unbegrenzt (z. B. Methylcellulose*). Nach Ph.Eur.4 sind **hydrophobe Gele** (Oleogele) i. Allg. zusammengesetzt aus flüss. Paraffin mit Polyethylenen od. fetten Ölen, die mit kolloider Kieselsäure od. Aluminium- od. Zinkseifen verdickt werden. **Hydrophile Gele** (Hydrogele) bestehen i. Allg. aus Wasser, Glycerol od. Propylenglykol; diese werden mit Quellstoffen wie Tragant, Stärke, Cellulosederivaten, Carboxyvinyl-Polymeren u. Magnesium-Aluminium-Silicaten zu Gelen verarbeitet. **Herst.**: Bei unbegrenzter Quellung eines Feststoffes entsteht in geeigneter Konz. ein Gel bzw. durch weiteres Verdünnen isotherm ein Sol. Die zweite Möglichkeit ein Gel (meist ein Xerogel) mit einem solchen Feststoff herzustellen, geht über den durch Erwärmen hervorgerufenen Sol-Zustand. Dabei macht man sich die thermoreversible Umwandlung Sol-Gel der Nebenvalenzgele zunutze. Der Quellstoff wird in geeigneter Konz. in der Wärme kolloidal gelöst u. erstarrt während des Abkühlens zum Gel. Organogele u. Polyethylenglykolgele werden durch Zusammenschmelzen der festen u. flüssigen Phase nach dem Abkühlen erhalten.

G

Gelée royale: Weiselfuttersaft, Bienenköniginnenfuttersaft; Futtersaft, der den Honigbienen Apis* mellifera zur Ernährung der Larven u. der Bienenkönigin (Weisel) dient. Das Sekret wird von jungen Arbeitsbienen in ihren Kopfdrüsen (Schlund- u. Oberkieferdrüsen) produziert u. besteht zu ca. einem Drittel aus Trockenmasse. **Best.**: 18 % Eiweiß, 5 % Fett, 10-15 % Zucker, Mineralstoffe, Acetylcholin* u. Vitamine* (B-Gruppe, C, E, Biotin, Folsäure, Panthothensäure) sowie Biopterin* u. Neopterin* (wovon im Arbeiterinnenfuttersaft, der sonst gleich zusammengesetzt ist, weniger enthalten ist); **Anw.** volkstüml.: z. B. bei Stoffwechselkrankheiten; Stärkungsmittel; äußerl. auch für Kosmetika.

Gelees: s. Gelatinae.

Geleitzellen: (bot.) lebende Zellen, die die Siebröhren* begleiten; s. Phloem.

Gelelektrophorese: Methode zur Auftrennung von Gemischen elektr. geladener hochmolekularer Stoffe, bes. Nucleinsäuren, Proteine sowie deren Fragmente. Diese wandern dabei innerhalb eines Gels unter der Wirkung eines elektr. Feldes in Abhängigkeit von Ladungszahl u. Molekülmasse unterschiedl. schnell. Meist werden Agarose- od. Polyacrylamidgele verwendet.

Gelfiltration: Verfahren zur Fraktionierung hochmolekularer Substanzen. Eingesetzt werden meist unterschiedl. stark quellende, makromolekulare Stoffe in Perlform, die sich durch ihren Vernetzungsgrad voneinander unterscheiden, z. B. modifizierte Polysaccharide (Dextrane). Die versch. Typen trennen innerhalb eines bestimmten Bereiches der relativen Molmassen (Fraktionierbereich). Dieser ist durch den Quellungsgrad des Gels festgelegt. Beim säulenchromatograph. Arbeiten wandern die Moleküle, die größer als die Poren im Gel sind, ungehindert durch die Säule u. werden zuerst eluiert. Vgl. Chromatographie (Gelchromatographie).

Gel für Mundschleimhaut, adstringierendes: Zstzg. nach NFA: 1.0 T. Rhabarberextrakt (s. Extractum Rhei), 0.2 T. Salicylsäure, 6.0 T. Ethanol, 1.6 T. Carboxymethylcellulose-Natrium ad 20 T. dest. Wasser. **Anw.**: Entzündungen des Zahnfleisches u. der Mundschleimhaut, Aphthen, Zahnungsbeschwerden, Druckstellen von Zahnprothesen.

Gelidium-Arten: (bot.) Rotalgen; Stpfl. von Agar*.

Gellan: Gellan gum, E418; CAS-Nr. 71010-52-1. Gelierendes, lineares anion. Polysaccharid mit großer Molmasse, ähnlich Carrageenan*, ohne Sulfatgruppen. Leicht lösl. in Wasser; bildet mit Kationen (2- u. 1-wertige) thermoreversible Gele. **Herst.**: biotechnolgisch mit Hilfe von Pseudomonas (Auromonas) elodea; **Anw.**: Stabilisator, Verdickungsmittel; ähnl. Xanthangummi*.

Gelometer: s. Bloom.

Gelpermeationschromatographie: s. Chromatographie.

Gelseals®: banderolierte Gelatinekapseln.

Gelsemin: Gelseminum; CAS-Nr. 509-15-9; $C_{20}H_{22}N_2O_2$; M_r 322.4; Strukturformel s. Gelsemium sempervirens (Abb.); Schmp. 178 °C; farblose Kristalle, wenig lösl. in Ethanol, Ether, Chloroform, Benzol, Aceton. Iridoides Oxindolalkaloid aus Wurzel u. Rhizom von Gelsemium* sempervirens (bisweilen wird auch das Harz als G. bezeichnet). **Wirk.**: strychninartig, sehr giftig; **Anw.** med.: früher als Antineuralgikum (bei Trigeminusneuralgie u. Migräne), Spasmolytikum; **Dos.**: 0.0005 g.

Gelsemium sempervirens (L.) Jaume St.-Hil.: Gelber Jasmin, Giftjasmin; Fam. Loganiaceae (Nord- u. Mittelamerika). Stpfl. von **Rhizoma Gelsemii:** Radix Gelsemii, Gelsemiumwurzelstock, Gelbe Jasminwurzel. **Inhaltsst.**: insgesamt bis ca. 0.5 % Indolalkaloide* mit Yohimbangerüst (z. B. Sempervirin* u. Oxindolalkaloide wie Gelsemin* (s. Abb.), Gelsemicin (Atemzentrum lähmend), Gelsedin u. Gelsemoidin; **Tox.**: außerordentl. toxisch! **Anw.** volkstüml.: z. B. bei Unruhezuständen, Krämpfen, Erkrankungen des rheumat. Formenkreises; Droge u. Zuber. sind nicht empfehlenswert; Negativmongraphie Kommission E.
Hom: *Gelsemium sempervirens (HAB1.3),* Gelsemium, Gelsemium sempervirens, ethanol. Decoctum (HAB1.4): frischer Wurzelstock; Konstitutionsmittel; verord. z. B. bei Migräne, Herzarrhythmie, Augenmuskel-, Blasenlähmung, Dysmenorrhö, Angstsyndrom.

Gelsemiumtinktur: s. Tinctura Gelsemii.

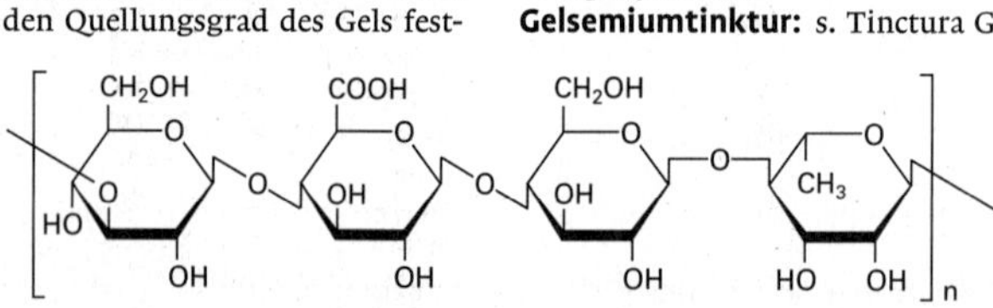

Gellan: Tetrasaccharid-Grundeinheit, bestehend aus β-D-Dlucose, β-D-Glucuronsäure u. β-L-Rhamnose (2:1:1)

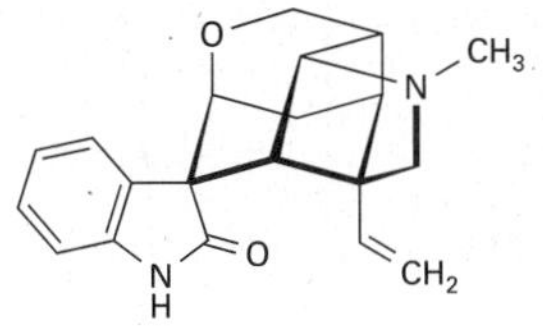

Gelsemin

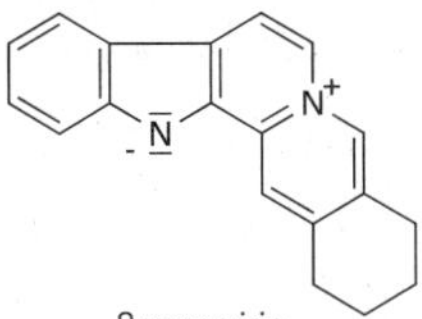

Sempervirin

Gelsemium sempervirens

Gelsemiumwurzelstock: s. Gelsemium sempervirens (Rhizoma Gelsemii).

Gel-Sol-Gel-Umwandlung: s. Thixotropie.

gem- (lat. geminus Zwilling): Abk. für geminal; Präfix in der org. Nomenklatur zur Bez. zweier Substituenten am selben Kohlenstoffatom; s. Halogenalkane.

Gemcitabin INN: 2'-Deoxy-2',2'-difluorcytidine; 4-Amino-1-(2-deoxy-2,2-difluor-*β*-D-ribofuranosyl)pyrimidin-2(1*H*)-on; CAS-Nr. 95058-81-4; $C_9H_{11}F_2N_3O_4$, M_r 263.20. **Wirk.:** Nucleosid*-Antimetabolit (Desoxycytidin); Störung der DNA-Synthese; **Anw.:** Zytostatikum*, bei fortgeschrittenem od. metastasierendem od. auch bei Fluorouracil*-refraktärem Pankreaskarzinom; **UAW:** u. a. gelegentl. Anämie, Leukopenie; Erbrechen; **Kontraind.:** Schwangerschaft u. Stillzeit; Anw. bei Kindern; Nieren- u. Leberfunktionsstörungen; **Dos.:** parenteral 1 g/m^2 Körperoberfläche, als Infusion (30 min); zu Beginn während 7 Wochen einmal wöchentl., dann 1 Woche Pause, anschließend während 3 Wochen einmal wöchentl. u. dann 1 Woche Pause; HWZ 14 h (Metaboliten).

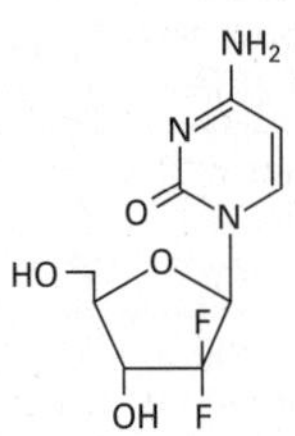

Gemcitabin

Gemeindeapotheke: s. Notapotheke; Apothekenwesen.

Gemeprost INN: CAS-Nr. 64318-79-2; $C_{23}H_{38}O_5$, M_r 384.5. Synthet. Prostaglandin E_1-Derivat, wird als Ester appliziert. **Wirk. u. Anw.:** Hormonpräparat zur Zervixdilatation bei der Vorbereitung gynäkolog. Eingriffe; **UAW:** Vaginalblutungen, Schmerzen im Bereich des Uterus; **Dos.:** 1 mg 3-6 h vor dem Eingriff.

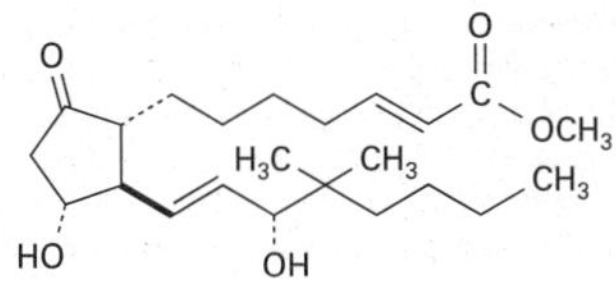

Gemeprost

Gemfibrozil INN: 2,2-Dimethyl-5-(2,5-xylyloxy)-valeriansäure; CAS-Nr. 25812-30-0; $C_{15}H_{22}O_3$, M_r 250.4. Schmp. 61 °C. **Anw.:** Lipidsenker*; **UAW:** Schwindel, Übelkeit, Durchfälle.

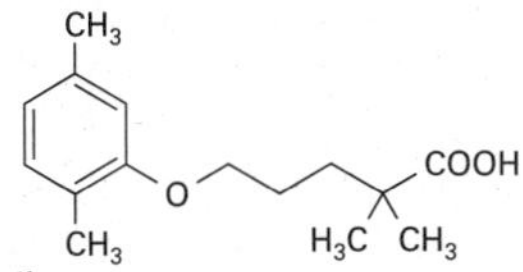

Gemfibrozil

Gemma: **1.** Knospe. **2.** Edelstein.

Gemmae Capparidis: s. Capparis spinosa (Flores Capparidis).

Gemmae Populi: s. Populus-Arten.

Gemmae Sophorae: s. Sophora japonica (Flores Sophorae).

Gemtuzumab ozogamicin: humanisierter monoklonaler Antikörper*, der gegen das CD33 Oberflächenprotein von AML-Zellen (s. Leukämie) gerichtet ist. Bei G. o. ist der Antikörper direkt mit einem Zytostatikum, dem Calicheamicin, gekoppelt. Mit Hilfe des Antikörpers soll das Zytostatikum spezif. an die Tumorzellen herangeführt werden. **Dos.:** 9 mg/m2 i. v. alle 14 Tage; **UAW:** u. a. infusionsbedingte Reaktionen wie Schüttelfrost, Fieber u. Knochenmarkdepression.

Gemütskrankheit: (engl.) *affective illness*; Bez. für affektive Psychose (s. Psychose, bipolare). Früher verwendet im Ggs. zu Geisteskrankheit* als Bez. für eine das Gefühlsleben, nicht aber das Denken betreffende Krankheit.

Gen (gr. genesis das Werden, Entstehung): in einem Chromosom lokalisierter Träger einer Erbanlage, das heißt eines Erbfaktors. Die Gesamtheit der Gene bezeichnet man als Genotypus (Idiotypus). Ein G. ist ein Abschnitt auf einem Chromosom*, der für die Bildung eines Proteins benötigt wird. Neben den codierenden Bereichen enthält er eine Reihe anderer Regionen, z. B. Promotoren*, Introns* u. Terminatoren*; springendes Gen, s. Transposon.

Gena: Wange, Backe.

Gen-Aktivierung: spezif. Aktivierung der Transkription einzelner Gene in Abhängigkeit von Umwelteinflüssen bzw. vom biophysik. und biochem. Zustand der Zelle.

Gen, dominantes: ein Gen, das einen bestimmten Phänotypus zur Ausbildung bringt, gleichgültig, welchen allelen Partner es hat; also ein Gen, das die Wirk. seines Allels (des rezessiven Gens*) verdeckt.

Gendosis: Anzahl der Kopien eines Gens* in einer Zelle bzw. einem Genom*; u. a. abhängig vom Ploidiegrad*.

Gen-Duplikation: Vorgang der Verdoppelung eines bestimmten Gens auf einer der bd. bei der Replikation entstehenden Schwesterchromatiden durch ungleiches Crossing-over.

Generationswechsel: **1.** (biol.) Entwickl. eines Lebewesens über versch. Fortpflanzungsarten; häufig verbunden mit Organ- bzw. Wirtswechsel. **2.** (bot.) ein Entwicklungszyklus, in dem eine haploide (1 n) Generation, der Gametophyt*, Gameten bildet, die zu Zygoten verschmelzen, aus denen dann eine diploide (2 n) Generation, die Sporophyten*, hervorgehen. Jeder Sporophyt bildet Meiosporen, aus denen neue Gametophyten entstehen. Sehen haploide u. diploide Form gleich aus, spricht man von einem isomorphen G.; sind sie deutlich voneinander unterscheidbar, handelt es sich um einen heteromorphen Generationswechsel.

Generator: Radionuklidgenerator; Einrichtung zur Gew. von Radionukliden. Einige in der Nuklearmedizin eingesetzte Radionuklide entstehen als kurzlebiges Tochternuklid durch Zerfall eines an ein Adsorptionsmaterial gebundenen, langlebigen Mutternuklids; s. Mutter-Tochter-Nuklid. Das Tochternuklid kann als Isotop eines anderen Elementes mit anderen chem. Eigenschaften leicht eluiert werden; vgl. Technetium-99m.

Generatorgas: Luftgas; Mischung von Stickstoff (ca. 70 %) u. Kohlenmonoxid (ca. 25 %). **Darst.:** Einblasen von Luft in glühenden Koks; **Anw.:** Heiz- u. Kraftgas.

generic name: s. INN.

Generika: Imitationsarzneimittel, Analogpräparate, Nachahmerpräparate; zulassungspflichtige (§ 21 AMG) pharmaz. Produkte bzw. Fertigarzneimittel*, deren Wirkstoff mit dem eines originalen Fertigarzneimittels ident. ist u. die meist unter ihrer Wirkstoffbez. (s. INN) od. andere warenrechtl. nicht geschützte Bez., in den Handel kommen; vgl. Me-too-Präparate.

Genese (gr. genesis das Werden, Entstehung): Entstehung, Entw. z. B. einer Krankheit.

Genetik: Erblehre; umfasst auch die Keimentwicklung des Einzelwesens (Ontogenese*) u. die Stammesentwicklung (Phylogenese*).

genetischer Code: s. Code, genetischer.

Genexpression (lat. exprimere, expressus herausdrücken): Ausbildung der in einem Gen* festgelegten Eigenschaft.

Genine: s. Glykoside.

Genippkraut: s. Achillea erba-rotta (Herba Ivae moschatae).

Genista scoparia: s. Cytisus scoparius.

Genista tinctoria L.: Spartium tinctorium Roth., Färberginster; Fam. Fabaceae (Leguminosae) (Europa). Stpfl. von **Genistae herba:** Herba Genistae tinctoriae, Färberginsterkraut. **Off.:** DAC; **Inhaltsst.:** ca. 0.33 % Chinolizidinalkaloide* (Cytisin*, N-Methylcytisin, Lupanin, Anagyrin), Gerbstoff, äther. Öl; in der Blüte Flavonoide* wie Luteolin* u. Genistein*; **Anw.** volkstüml.: harntreibendes Mittel; früher als gelbes Färbemittel. **Hom:** *Genista tinctoria (HAB1.3):* blühende, oberird. Pflanzenteile.

Genistein: 5,7,4'-Trihydroxyisoflavon; $C_{15}H_{10}O_5$; M_r 270.23; Aglykon von Sophorabiosid u. Sophoricosid; s. Sophora japonica.

Genisteinalkaloid: s. Cytisus scoparius (Inhaltsst.).

Gen-Karte: Unterteilung eines Genoms, Gens od. DNA-Abschnitts in definierte kleinere Abschnitte.

Gen-Konversion: Umwandlung eines Allels in ein anderes während der Rekombination zw. zwei DNA-Molekülen, auf denen die beiden allelen Formen des betr. Gens liegen.

Genmanipulation: s. Gentechnologie.

Genom: das gesamte genet. Material eines Organismus, d. h. seine Erbsubstanz.

Genomorphin: Morphin-N-oxid; $C_{17}H_{19}O_3-NO$, M_r 301.3. Weiße Kristalle, fast unlösl. in Chloroform u. Aceton, wenig lösl. in Wasser u. Ethanol, leicht lösl. in Ammoniaklösung. **Anw.:** starkes Analgetikum; Suchtgefahr (unterliegt dem Betäubungsmittelgesetz).

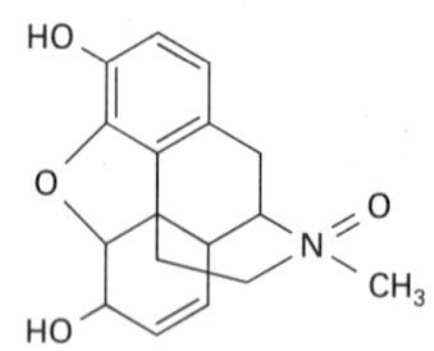

Genomorphin

Genotyp: Genotypus; die für einen Organismus charakterist. Ausstattung mit Erbanlagen (Genen u. genet. Elementen), die im Zusammenwirken mit Umweltfaktoren den Phänotyp* bestimmen.

Genregulation: Veränderung von Art u./od. Geschwindigkeit zellulärer Prozesse durch Kontrolle der Aktivität bestimmter Gene od. Gruppen funktionell verwandter Gene, um biochem. Reaktionen an gegebene Situationen anzupassen. G. führt dazu, dass Gene u. Genprodukte nur zu einem bestimmten Zeitpunkt, in bestimmten Zell- od. Gewebetypen od. unter bestimmten physiol. Bedingungen aktiviert werden. Die Regulation kann auf der Ebene der DNA, RNA od. Proteine stattfinden.

Gen, rezessives: Gen, dessen Effekt im Phänotyp nicht zum Ausdruck kommt, sondern durch ein dominantes Gen maskiert wird. Heterozygote Organismen, die für ein Merkmal ein rezessives u. ein dominantes Allel besitzen, sind phänotyp. von homozygot dominanten Organismen nicht zu unterscheiden.

Gentamicin INN: syn. Gentamycin; CAS-Nr. 1403-66-3. Schmp. 102-108 °C. $[\alpha]_D^{25\,°C}$ +146° (c=1 in Wasser). Aus Kulturen von Micromonospora purpurea u. M. echinospora isolierter Komplex von Aminoglykosid-Antibiotika (s. Antibiotika); enthält im wesentl. die einander sehr ähnl. G.-Fraktionen C_1 (25-35 %), C_{1a} (20-31 %) u. C_2 (40-45 %). Spuren anderer G.-Komponenten können enthalten sein. Leicht lösl. in Wasser; lösl. in Pyridin, DMF, unter Salzbildung in sauren Lösungsmitteln; mäßig lösl. in Methanol, Ethanol, Aceton; fast unlösl. in Benzol, halogenierten Kohlenwasserstoffen. **Anw.:** Antibiotikum; gut wirksam geg. Staphylokokken, Enterobacter aerogens, Pseudomonas aeruginosa, Klebsiella pneumoniae, E. coli, Proteus vulgaris; mäßige Wirk. auf Haemophilus influenzae, Gonokokken, Proteus mirabilis, Salmonellen. Standardpräparat der Aminoglykosid-Ther.; angewandt geg. Sepsis, Endocarditis, Pneumonie durch gramnegative Erreger, Harnweginfekte; **Dos.:** parenteral (i. m., i. v.) 2 mg/kg KG/d in 2-3 ED, in schweren Fällen bis 5 mg/kg KG/d; intrathekal 5 mg/d; topisch Creme, Puder 2-3×0.1 %; konjuktival Augentropfen, -salbe 2-3×0.5 %; HWZ 1.8-2.4 h; vgl. Antibiotika (Tab.). **Gentamicinsulfat:** Gentamicini sulfas Ph.Eur.4, Gentamycin sulfuricum; CAS-Nr. 1405-41-0. Weißes Pulver; leicht lösl. in Wasser, unlösl. in Chloroform, Ethanol, Ether.

Gentechnikgesetz: Abk. GenTG; **Deutschland:** „Gesetz zur Regelung der Gentechnik" vom 20.6.1990, i. d. F. der Bekanntmachung vom 16.12.1993. Es regelt: **1.** die Durchführung gentechn. Arbeiten in Gewerbe u. Forschung; **2.** die Freisetzung gentechn. veränderter Organismen; **3.** das Inverkehrbringen von Produkten, die solche Organismen enthalten od. aus diesen bestehen. Das Gesetz regelt nicht die Anw. gentechn. Verfahren am Menschen. **Österreich:** „Gentechnikgesetz" (GTG) von 1994 i. d. F. von 2002; regelt das Arbeiten mit genet. veränderten Organismen, das Freisetzen u. Inverkehrbringen von gentechn. veränderten Organismen u. die Anw. von Genanalyse u. Gentherapie am Menschen.

Gentechnologie: Gentechnik, DNA-Rekombinationstechnik, genetic engineering; Teilgebiet der Genetik, das sich mit der experimentellen Übertragung von Genen zw. Eukaryonten-Zellen u. (meistens) Bakterien-Zellen befasst. Im Vordergrund steht dabei die direkte prakt. Nutzung, z. B. menschliches Eiweiß preiswert herzustellen. So können durch Einführung der passenden Gene in Bakterien bestimmte Peptid- od. Polypeptidhormone z. B. Somatostatin, Somatotropin, Insulin, Glucagon, Erythropoetin sowie Interferone, CSF, Gewebeplasminogen-Aktivator (rtPA), OKT3 (monoklonaler Antikörper), Hepatitis-B-Vakzine u. Blutgerinnungsfaktor VIII (ist damit z. B. auch gesichert HIV-frei) synthetisiert werden (s. DNA-rekombinationstechnisch hergestellte Produkte). Als Trägermoleküle (Vehikel bzw. Vektoren) zur Einschleusung eines Fremdgens (s. Abb.) in Zellen (Gentransfer) können u. a. Viren*, Bakteriophagen* (v. a. bei E. coli als Wirtsbakterium) od. geeignete Plasmide* dienen. Die Vektor-DNA u. die DNA des Fremdgens werden gleicherweise mit sequenzspezif. Endonucleasen (s. Nucleasen) bzw. Restriktionsenzymen* geschnitten, wobei kohärente (aufeinander abgestimmte) Enden entstehen. Mit Hilfe einer DNA-Ligase werden die isolierten DNA-Fragmente in vitro miteinander verknüpft (Rekombination*, DNA-Neukombination). Nach Einbringen einer so rekombinierten DNA in geeignete Wirtszellen (Transformation) werden diese kultiviert (Klonierung der DNA). Das Produkt wird dann durch Extraktion u. Reinigung gewonnen. Die vor der Aufnahme des Vektors vorliegende Zelle od. der Mikroorganismus wird als Wirtszelle bezeichnet, die im Herstellungsprozess verwendete stabile Verbindung der bd. als Wirt-Vektor-System. I. w. S. versteht man unter G. alle Versuche, die sich mit der Veränderung genet. Materials auf einem spezif., vorbestimmten Weg befassen. Mit der Entwicklung der G. ergeben sich neue Probleme für die Sicherheit u. Gesundheit des Menschen, die strenge Sicherheitsvorkehrungen erfordern u. hohe Anforderungen an die moralische Verantwortung der Wissenschaftler stellen; s. Gentechnikgesetz.

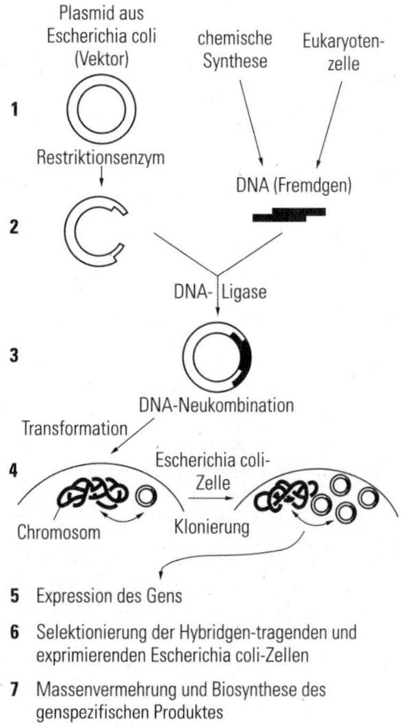

Gentechnologie: vereinfachtes Schema

GenTG: s. Gentechnikgesetz.

Gentherapie: kausale Behandlung (s. Therapie) sog. Erbkrankheiten (genet. Krankheiten, z. B. Hämophilie*), einschließl. (z. B. viral) erworbener genet. Krankheiten, indem molekulare Defekte der DNA* korrigiert werden; vielfach im experimentellen Stadium. Die Korrektur erfolgt **1.** durch Substitution des defekten Gens; **2.** durch Einbringen eines neuen Gens; **3.** durch Blockade (z. B. durch Oligonucleotide) des defekten Gens. Gentherapie wird an isolierten Zellen außerhalb des Körpers (ex vivo) durch Gentransfer (s. Gentechnologie) vorgenommen, danach werden die Zellen wieder infundiert. Der Einsatz von Carriern* ermöglicht es, korrigierte Gene direkt in jenes Gewebe einzuschleusen, in dem sie benötigt werden (in situ-Verfahren). Ideal wären in vivo-Verfahren, die aber (noch) nicht zur Verfügung stehen: **1. Somatische G.:** Korrektur nur in den Zellen, die den Defekt exprimieren; wirkt sich nicht auf die Nachkommen aus. **2. Keimbahntherapie:** Korrektur in allen Zellen (Körper- u. Keimzellen); an menschl. Ei- od. Samenzellen verboten.

Gentianaceae: Enziangewächse; Fam. aus der Od. Gentianales; ca. 1000 Arten; Kräuter od. Stauden.

Meist mit gegenständigen, einfachen, selten 3-zähligen, ungeteilten Blättern, Blüten radiär, 5-zählig mit verwachsenen Kron- u. Kelchblättern, einem Staubblattkreis, Fruchtknoten oberständig, zweiblättrig; die Frucht ist eine einfächrige Kapsel. Bikollaterale Leitbündel u. intraxyläres Phloem (nicht bei der nahe verwandten Fam. Menyanthaceae mit den Gattungen Menyanthes u. Nymphoides). **Chem. Merkmale:** Bitterstoffe*, dabei überwiegend Terpene* u. Iridoidglykoside (s. Iridoide), fast immer Loganin*; statt Stärke bei ausdauernden Arten das Trisaccharid Gentianose* als Reservestoff. **Wichtige Gattungen:** Centaurium, Frasera, Gentiana, Swertia.

Gentianae tinctura: s. Tinctura Gentianae.

Gentianae tinctura normata: s. Tinctura Gentianae titrata.

Gentiana lutea. L.: Gelber Enzian; Fam. Gentianaceae (Gebirge Mittel- u. Südeuropas, Kleinasien). Stpfl. von **Gentianae radix** Ph.Eur.4: Radix Gentianae, Enzianwurzel; die getrockneten unterird. Organe von Gentiana lutea. Frühere Arzneibuchmonographien umfassen auch **Gentiana pannonica Scop.**, Ungar. Enzian (Ostalpen, Böhmerwald); **Gentiana purpurea L.**, Purpurner Enzian (Alpen, Apennin, S-Norwegen); **Gentiana punctata L.**, Gefleckter Enzian (Alpen, Balkan); **Gentiana asclepiadea L.**, Schwalbenwurzenzian (Alpen u. a. Gebirge). **Inhaltsst.:** die glykosid. Bitterstoffe (mit Secoiridoidstruktur) Amarogentin* (0.05 %, Bitterwert 58×10^6, der bitterste Naturstoff, fehlt in G. asclepiadea), Swertiamarin*, Swerosid u. Gentiopikrin* (3 %, Bitterwert: 12 000); ferner Farbstoffe (wie Gentisin, ein Dihydroxymethoxyxanthon, s. Xanthone), Gentianin*, Gentioflavoside, Gerbstoff, bitter schmeckende Zucker (Gentianose*, Gentiobiose*), Saccharose u. a.; Schleim, Pektin; Stärke fehlt. Ph.Eur.4: Extraktgehalt mind. 33 %, Bitterwert mind. 10 000. In G. pannonica, G. punctata u. G. purpurea kommen neben Gentiopikrin u. Amarogentin zusätzlich noch die Bitterstoffe Amaropanin (Bitterwert 20×10^6) u. Amaroswerin (Bitterwert 58×10^6) vor (Strukturformeln s. Amarogentin), die in G. asclepiadea ebenfalls fehlen; **Anw.:** Stomachikum, Amarum, Tonikum; bei Leber- u. Gallenleiden; **Zuber.:** Extr. Gentianae, Spec. amaricantes, Gentianae tct. Ph.Eur.4, Tct. Absinthii comp., Tct. Aloes comp., Tct. amara, Tct. Chinae comp.

Hom: *Gentiana lutea (HAB1.4):* frische Wurzeln; verord. z. B. bei Verdauungsstörungen.

Gentianaviolett B: s. Methylviolett.

Gentianin: $C_{10}H_9NO_2$; M_r 175.18; Schmp. 82-83 °C; Pyridinalkaloid, nat. in vielen Gentianaceae*-Arten; bildet sich in Anwesenheit von Ammoniumionen leicht aus Gentiopikrin*.

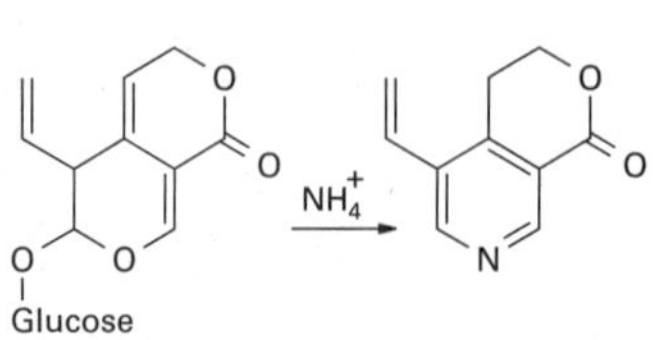

Gentianin: Bildung aus Gentiopikrin

Gentianose: Schmp. 211 °C; $[\alpha]_D^{20°C}$ +33.4° (Wasser); ein nichtreduzierendes Trisaccharid aus 2 Molekülen D-Glucose u. 1 Molekül D-Fructose; bitter schmeckend; Reservestoff in den Wurzeln von Gentianaceae*.

Gentiobiose: M_r 342.20; ein reduzierendes Disaccharid, bei dem 2 Moleküle D-Glucopyranose β-1,6-glykosid. verknüpft sind. G. unterscheidet sich von Isomaltose nur durch die β-glykosid. Bindung anstelle einer α-glykosidischen. **Vork.:** nat. nur in gebundener Form, z. B. in Glykosiden wie Amygdalin* u. als Esterkomponente des Crocins.

Gentiopikrin: M_r 356.32; Schmp. 191 °C (wasserfrei); Gentiopikrosid, Strukturformel s. Gentianin (Abb.). Auch als Hemihydrat; ein Iridoidglucosid; Bitterstoff z. B. in Gentiana* lutea u. Centaurium* erythraea, von dem sich z. B. Swerosid* (Dihydrogentiopikrin) u. Swertiamarin* (Hydroxyswerosid) ableiten.

Gentisin: 1,7-Dihydroxy-3-methoxy-9H-xanthen-9-on; in Gentiana* lutea.

Gentisinsäure: 2,5-Dihydroxybenzoesäure, 5-Hydroxysalicylsäure; CAS-Nr. 490-79-9; $C_7H_6O_4$; M_r 154.1; Schmp. 200 °C (Mod.II) bzw. 205 °C (Mod.I); pK_S 2.93; lösl. in Wasser bei 5 °C ca. 1 : 200; prakt. unlösl. in Chloroform u. Benzol; Metabolit der Salicylsäure. **Wirk. u. Anw.:** wie Salicylsäure* als Antiphlogistikum; gebräuchl. ist auch Natriumgentisat*.

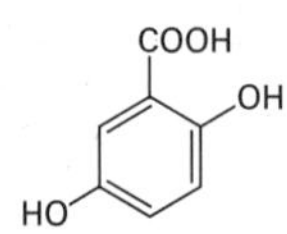

Gentisinsäure

Gentransfer: s. Gentechnologie.

Gentrogenin: Steroidsapogenin, Strukturformel s. Saponine (Tab. 2).

Genus: Gattung; taxonom. Einheit zw. Art (Species) u. Familie (Familia); umfasst eine od. mehrere Arten mit bestimmten gemeinsamen Merkmalen.

Genussmittel: s. Lebensmittel- und Bedarfsgegenständegesetz.

Geoffroyrinde: s. Andira inermis (Cortex Andirae inermis).

Geotropismus: (bot.) Wachstumsbewegung der Pflanzen, die durch die Erdschwerkraft bedingt ist.

Gepefrin INN: (+)-(*S*)-3-(2-Aminopropyl)phenol; CAS-Nr. 18840-47-6; $C_9H_{13}NO$, M_r 151.20. **Anw.:** Sympathomimetikum*, Antihypotonikum*; HWZ 2.5 h; Gebräuchl. ist auch Gepefrin-(*R,R*)-hydrogentartrat.

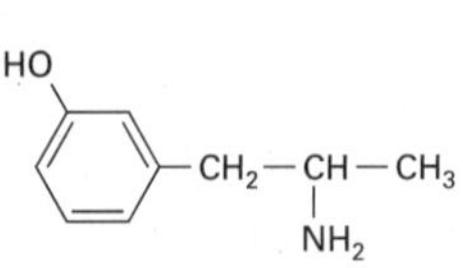

Gepefrin

Gerätedesinfektion: Abtöten von Erregern in u. auf Geräten. Mit Peressigsäure: für Viren 0.2 %, 2-4 min Einwirkzeit; für vegetative Keime u. Sporen 0.01 %, 0.5 bis 1 min Einwirkzeit. Aldehyde: 2-3 %, 1 Stunde Einwirkzeit. Phenole: 1-4 %, 1 Stunde Einwirkzeit. Auch Kombinationspräparate werden verwendet.

Geranial: s. Citral.

Geraniol: *trans*-3,7-Dimethyl-2,6-octadien-1-ol; $C_{10}H_{17}OH$; M_r 154.24; D. 0.88; Schmp. unter −15 °C; Sdp. 230 °C; farblose ölige Flüss. von rosenartigem Geruch; lösl. in Ethanol u. Ether, unlösl. in Wasser, oxidiert leicht an der Luft unter Veränderung des Geruchs. Ein Monoterpenalkohol, *trans*-Form von Nerol*, isomer mit Linalool*; G. ist frei od. in Form von Estern in zahlreichen äther. Ölen enthalten, so im Palmarosaöl (ca. 95 %), im Rosenöl, Neroli-, Geranium-, Citronell-, Jasmin-, Lemongrasöl. G. kann auch künstl. aus Linalool od. Citral* hergestellt werden. Als Diphosphat (Geranylpyrophosphat, Strukturformel s. Monoterpene, Abb.), wichtiges Zwischenprodukt beim Aufbau der Terpene*. **Anw.**: Grundstoff in der Parfümerie.

Geraniumgras: s. Cymbopogon martinii var. motia.

Geranium maculatum L.: Gefleckter Storchenschnabel; Fam. Geraniaceae (Neufundland, Nordamerika). Stpfl. von **Radix Geranii maculati:** Alaunwurzel, Storchschnabelwurzel. **Inhaltsst.**: Gerbstoff (bis 30 %), Gallussäure*; **Herba Geranii maculati:** geflecktes Storchschnabelkraut. **Inhaltsst.**: s. o.; **Anw.** volkstüml.: z. B. bei Diarrhö, Hämorrhoiden.
Hom: *Geranium maculatum:* frischer Wurzelstock.

Geranium odoratissimum: s. Pelargonium-Arten.

Geraniumöl: s. Pelargonium-Arten (Oleum Granii).

Geraniumöl, Indisches: s. Cymbopogon martinii var. motia (Oleum Palmarosae).

Geranium robertianum L.: Fam. Geraniaceae (Europa, Nordamerika u. a.). Stpfl. von **Herba Geranii robertiani:** Herba Ruperti, Ruprechtskraut. **Inhaltsst.**: äther. Öl, Flavonoide, Geraniin (Bitterstoff), ca. 5 % Gerbstoff, Ellagsäure*; **Anw.** volkstüml.: Diarrhö.
Hom: *Geranium robertianum (HAB1.5):* frische, oberird. Teile der blühenden Pflanze.

Geranylgeranylpyrophosphat: s. Terpene (Abb.).

Geranylpyrophosphat: Geranyldiphosphat, s. Geraniol; Strukturformel s. Monoterpene (Abb.).

Gerbermyrte: s. Myrica gale.

Gerbsäure: s. Tannin.

Gerbstoffe: Stoffe, die tier. Haut in Leder überführen können. Dazu gehören (heute für die Ledererzeugung hauptsächl. verwendete) anorgan. Stoffe (Alaun, Chromsalze) u. pflanzl. Substanzen (vgl. Gerbstoffe, pfl.), die pharmaz. von Interesse sind. Es handelt sich um Polyhydroxyverbindungen, die mit dem Kollagen* der Haut (Aminosäuren) in Wechselwirkung treten.

Gerbstoffe, pflanzliche: wasserunlösl., schwach sauer reagierende, phenolische Substanzen. M_r 500-3000, Vorkommen v. a. in Pinaceae, Polygonaceae, Fagaceae, Rosaceae, Ericaceae, Mimosaceae, Caesalpiniaceae, Fabaceae, Anacardiacaea u. Lamiaceae. Pfl. Gerbstoffe kann man in 4 Hauptgruppen einteilen, wobei es auch Übergänge u. Abweichungen von den Grundmustern gibt. **1.** Hydrolysierbare G.: werden bei Behandlung mit verd. Säuren in kleinere Moleküle gespalten; **a)** Gallotannine: ein od. mehrere Gallussäuremoleküle sind mit Zuckern (z. B. Glucose) od. Zuckeralkoholen verestert (s. Abb. 1). Anstelle von Gallussäure* (biogenet. Vorstufe ist Shikimisäure, s. Aromatenbiosynthese) können auch dimere (z. B. Galloylgallussäure, ein Depsid*) od. trimere Gal-

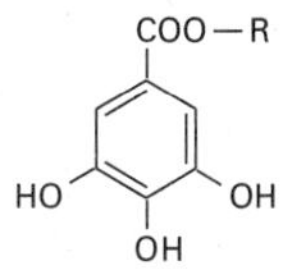

Gallussäure: R = H
Galloyl-β-D-Glucose: R = Glucose

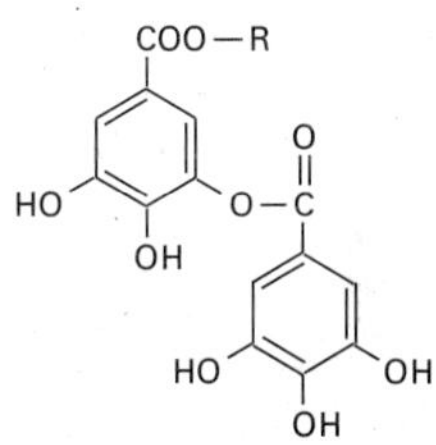

m-Digallussäure: R = H
m-Digalloyl-β-D-Glucose: R = Glucose

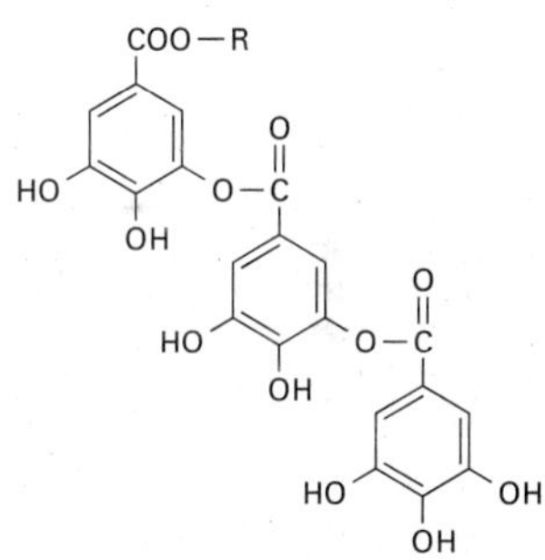

m-Trigallussäure: R = H
m-Trigalloyl-β-D-Glucose: R = Glucose

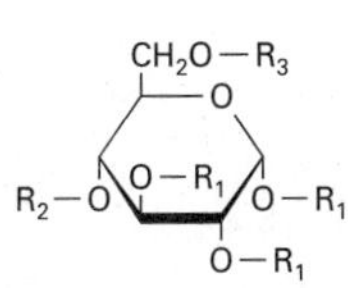

D-Glucose: $R_1 = R_2 = R_3 = H$
Octagalloyl-glucose: R_1 = Galloyl, R_2 = Digalloyl, R_3 = Trigalloyl

Gerbstoffe, pflanzliche Abb. 1: hydrolisierbare Gerbstoffe, Gallotannine

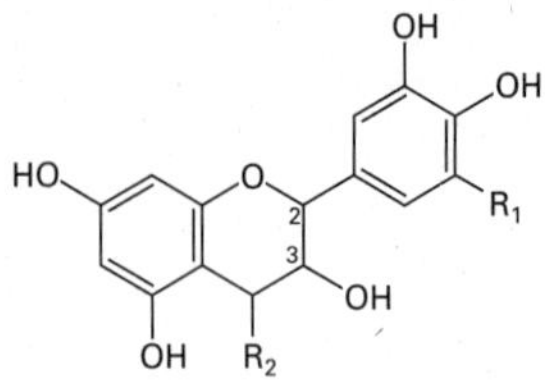

			Konfiguration	
	R_1	R_2	C_2	C_3
(+) Catechin	H	H	R	S
(+) Gallocatechin	OH	H	R	S
(-) Epicatechin	H	H	R	R
(-) Epigallocatechin	OH	H	R	R
Leukocyanidin	H	OH		

–monomere

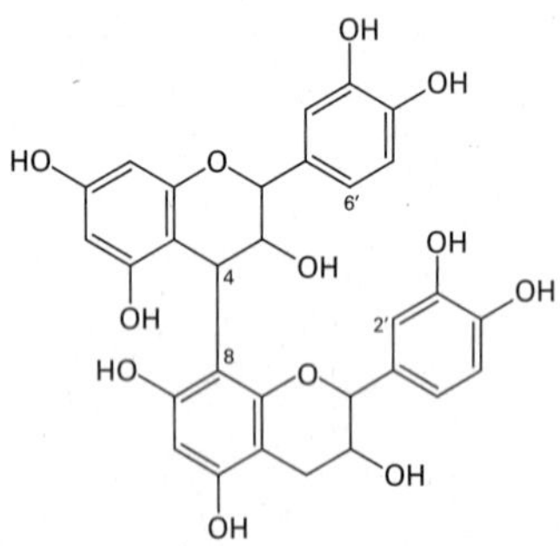

–dimere

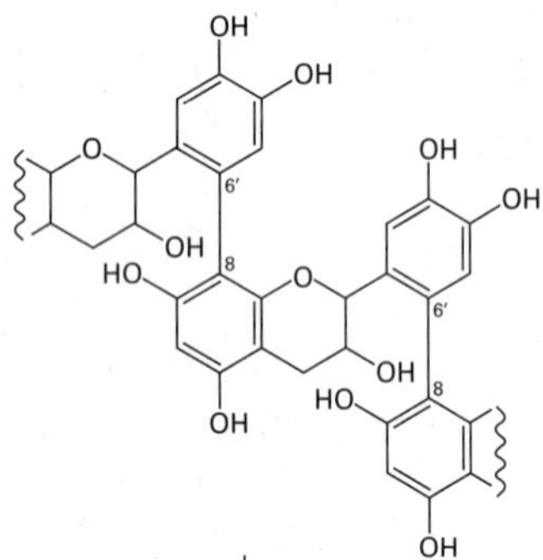

–polymere

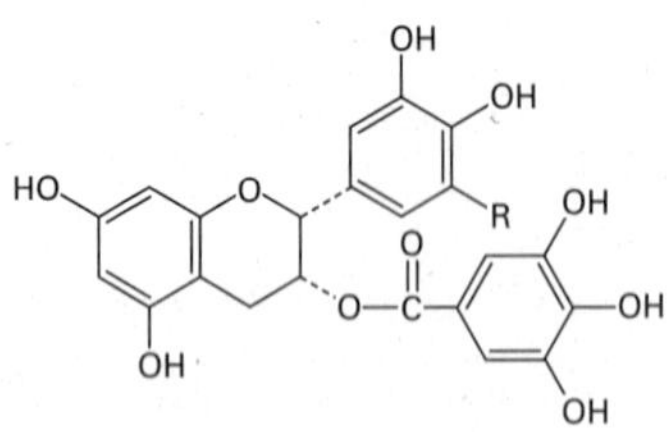

Epicatechin-3-gallat: R = H

Epigallocatechin-3-gallat: R = OH

– kondensiert-hydrolisierbare

Gerbstoffe, pflanzliche Abb. 2: kondensierte Gerbstoffe

lussäuren treten (z. B. Tannin); **b)** Ellagitannine: Ellagen-Gerbstoffe; die Hexahydroxydiphensäure, aus der sich durch Wasseraustritt die (genuin nicht vorhandene) Ellagsäure* bildet, tritt anstelle der Gallussäuren; **2.** nicht hydrolysierbare G.: kondensierte G., Catechingerbstoffe; bei Behandlung mit verd. Säuren kommt es teilweise zur Polymerisation; zum anderen Teil werden Anthocyanidine abgespalten (daher auch als Proanthocyanidine* bezeichnet). Grundbausteine sind hauptsächl. Catechine* wie Catechin u. Isomere (Epicatechin) sowie 4-Hydroxycatechin (Leucocyanidin), die in oligomere, C–C-verknüpfte Proanthocyanidine* überführt werden (s. Abb. 2). Aus diesen wasserlösl. Gerbstoffen entstehen, v. a. bei der Aufbereitung u. Lagerung von Drogen, die unlösl., polymeren Gerbstoffrote od. Phlobaphene*; **3.** komplexe G.: enthalten Strukturelemente der hydrolysierbaren u. der kondensierten Gerbstoffe; **4.** Kaffeesäure- u. Phloroglucin-Derivate: haben eine schwächere Gerbstoffwirkung; **a)** Depside* u. Depsidone: mit verd. Säuren hydrolysierbare Kaffeesäurederivate wie die Chlorogensäure* od. die Labiatengerbstoffe (Lamiaceengerbstoffe, z. B. Rosmarinsäure*); **b)** Polyhydroxyphenylether: in Algen. **Gerbstoffdrogen** sind Arzneidrogen, die wegen ihres Geh. an Gerbstoffen in der Heilkunde eingesetzt werden (s. Tab.). **Gehaltsbestimmung:** z. B. mittels der Hautpulvermethode*, Fällung mit Bleiacetat od. Casein sowie Farbreaktionen (Eisen(III)-Ionen, Wolframphosphorsäure u. a.); **Wirk. u. Anw.:** in der Heilkunde u. Kosmetik v. a. wegen der Eigenschaft der Gerbstoffe, Eiweißstoffe der obersten Gewebeschichten der Schleimhäute u. der Bindegewebe unter Bildung einer zusammenhängenden, fest anhaftenden Membran auszufällen (adstringierender Effekt). Damit wird die Reizempfindung der Nervenendigungen he-

Gerbstoffe, pflanzliche
Beispiele für Gerbstoffdrogen

Pflanze	Familie	Drogen	Art der Gerbstoffe[1]	Gehalt ca. %
Acacia* catechu	Mimosaceae	Catechu	C	40
Agrimonia* eupatoria	Rosaceae	Agrimoniae herba	C und G	5
Alchemilla* vulgaris	Rosaceae	Alchemillae herba	C und E	7
Camellia* sinensis	Theaceae	Folia Theae	C	17
Castanea* sativa	Fagaceae	Castaneae folium	diverse	9
Fragaria* vesca	Rosaceae	Fragariae folium	G	5
Hamamelis* virginiana	Hamamelidaceae	Hamamelidis cortex	G	8
Juglans* regia	Juglandaceae	Juglandis folium	E und G	5
Krameria* triandra	Krameriaceae	Ratanhiae radix	C	10
Potentilla* erecta	Rosaceae	Tormentillae rhizoma	C	17
Potentilla* anserina	Rosaceae	Anserinae herba	G	6
Pterocarpus* marsupium	Fabaceae	Kino	C	75
Quercus* infectoria	Fagaceae	Gallae	G	50
Quercus* robur	Fagaceae	Quercus cortex	C u. a.	15
Rubus* fruticosus	Rosaceae	Rubi fruticosi folium	G	8
Sanguisorba* officinalis	Rosaceae	Herba Sanguisorbae	C	5
Uncaria* gambir	Rubiaceae	Gambir	C	75
Vaccinium* myrtillus	Ericaceae	Myrtilli fructus	C u. a.	7

[1]**C**atechingerbstoffe, **E**llagitannine, **G**allotannine

rabgesetzt, d. h. G. wirken reizmildernd, entzündungshemmend u. leicht lokalanästhetisch. Ferner verhindern sie die Resorption tox. Eiweißabbauprodukte u. hemmen die Entw. u. das Eindringen von Bakterien in das Gewebe. G. entfalten ihre Wirk. sowohl bei innerl. als auch bei äußerl. Anwendung. **Tox.**: Überdosierungen wirken schleimhautreizend, brecherregend u. bei Resorption leberschädigend.

Gerbstoffe, synthetische: Syntane; Herst. (häufig) durch Sulfonierung wasserlösl. Aldehydkondensationsprodukte aromat. Grundkörper, z. B. Phenol*, Cresol*, Naphthalin*, Naphthol; wirken eher fällend als gerbend, weshalb sie einen erhebl. Anteil im gegerbten Leder darstellen. **Anw.** med.: anstelle nat. Gerbstoffe, da weniger UAW (z. B. Allergien) u. keine Polymerisationstendenz.

Geriatrie (gr. geron Alter, Greis; iatros Arzt): Lehre von den Erkrankungen des alten Menschen; fächerübergreifendes Gebiet der Medizin.

Geriatrika: zur Behandlung von Altersbeschwerden od. Prophylaxe u. Ther. des frühzeitigen Alterns genutzte Arzneimittel, deren Wirksamkeit z. T. zweifelhaft ist (z. B. Procain*). **Zuber.**: v. a. aus Pflanzen; z. B. Ginkgo* biloba, Piper* methysticum, Panax* ginseng, Viscum* album, Allium* sativum, Crataegus*-Arten u. Gelée* royale. **Inhaltsst.**: z. B. Vitamine*, Mineralstoffe*.

Gerinnung: s. Koagulation; vgl. Blutgerinnung.

Gerinnungsfaktoren: s. Blutgerinnung.

Germ: Presshefe; s. Faex.

Germacranolid: Sesquiterpenlacton* mit der Grundstruktur eines monocycl., 10-gliedrigen Sesquiterpens* vom Germacrantyp; vgl. Bitterstoffe.

Germanium: Symbol Ge; A_r 72.59, OZ 32. D. 5.329. Schmp. 947.4 °C. Sdp. 2830 °C. Grauweißes, sehr sprödes, 2- u. 4-wertiges Metall mit Halbleitereigenschaft. **Gesch.**: 1886 vom deutschen Chemiker Clemens Winkler (1838-1904) in dem sächs. Silbermineral Argyrodit entdeckt. 1871 von Dimitri Iwanowitsch Mendelejev (1834-1907) als Eka-Silicium vorausgesagt.

Germer: s. Veratrum album.

Gerontologie: Wissenschaft, die sich mit den biol., somatischen, psych. u. sozialen Grundlagen des Alterns beschäftigt; vgl. Geriatrie.

Gerstenmalz: s. Maltum.

Gerstenstärke: s. Amylum Hordei.

Gerüsteiweiß: s. Skleroproteine.

Gerüstmodelle: s. Molekülmodelle.

Gerüst-Tabletten: s. Matrixtabletten.

Gesamtkörperwasser: s. Flüssigkeitskompartimente.

Geschlechtskrankheiten: venerische Erkrankungen; durch Geschlechtsverkehr übertragene Krankheiten. Klass. G. sind Syphilis*, Gonorrhö*, Ulcus molle u. Lymphogranuloma venerum. Unter dem Begriff STD* sind alle sexuell übertragbaren Erkrankungen zusammengefasst.

Geschmackskorrigenzien: Stoffe, die (per)oral einzunehmenden Arzneimitteln od. Roboranzien zugesetzt werden, um den Eigengeschmack von eingearbeiteten Wirk- u. Hilfsstoffen zu verbessern od. weitgehend zu überdecken (maskieren) u. damit die Applikation zu erleichtern, aus Compliancegründen bes. wichtig für Kinder u. ältere Patienten. Es handelt sich entw. um nat. vorkommende Stoffe od. solchen nachgebildete Substanzen, jedoch mit besserer Reproduzierbarkeit u. Stabilität, od. um künstl. Geschmacksstoffe. Meist sind G. auch für Lebensmittel zugelassen. Zur Aromatisierung kommen äther. Öle, Essenzen, Aquae aromaticae, Ölzucker, Fruchtaromen, aromat. Drogenextrakte u. eine fast unbegrenzte Zahl künstl. zusammengesetzter Aromastoffe (Aromen) in Betracht. Zur Geschmacksverbesserung werden auch Süßmittel* eingesetzt. Zur Geschmacksmaskierung eignen sich Zusätze von neutral schmeckenden Verdickungsmitteln (behindern das Geschmacksempfinden), Abfüllen in Kapselhüllen, überzogene Arzneiformen (z. B. Dragees, Filmtabletten) od. Mikroverkapselung (s. Mikrokapseln) von Wirkstoffkristallen.

Geschmacksverstärker: s. Natriumglutamat.

Geschmackswandler: z. B. Miraculin, s. Synsepalum dulciferum.

Gesetz der korrespondierenden Flächen (von F. H. Dost formulierte Beziehung): Dost-Flächensatz; mathemath. Beziehung, nach der die Fläche unter der Plasmaspiegel-Zeit-Kurve (AUC*) dem resorbierten Anteil der Dosis proportional u. vom zeitl. Verlauf der Resorption sowie dem Applikationsweg unabhängig ist. Voraussetzung dafür ist eine lineare Kinetik* (Elimination nach 1. Ordnung, kein First*-pass-Effekt).

G

Gesichtsrose: s. Erysipel.

Gestagene: weibl. Sexualhormone. I. e. S. Steroide*, die der Entstehung u. Erhaltung der Schwangerschaft (Gestation) dienen; i. w. S. natürliche u. synthet. Hormone mit unterschiedl. stark ausgeprägten Partialwirkung des Progesterons*; s. Hormone.

Gestoden INN: (17α)-13-Ethyl-17-hydroxy-18,19-dinorpregna-14,15-dien-20-yn-3-on; CAS-Nr. 60182-87-3; $C_{21}H_{26}O_2$, M_r 310.42. Unterscheidet sich strukturell von Levonorgestrel* durch die zusätzl. Doppelbindung zw. C-15 u. C-16. **Wirk. u. Anw.:** Gestagenkomponente in Antikonzeptiva* (vgl. Kontrazeption, hormonelle); sehr hohe Affinität zum Progesteronrezeptor; erstes stark wirksames Gestagen (s. Hormone) mit antimineralocorticoider Wirk. (flüssigkeitsretinierende Wirk. des Estrogens wird kompensiert); **UAW:** gastrointestinale Beschwerden, Spannungsgefühl in den Brüsten.

Gestonoroncaproat INN: Gestonoroni caproas, 17-Hydroxy-19-norpregn-4-en-3,20-dion-caproat; 3,20-Dioxo-19-norpregn-4-en-17-yl-hexanoat; CAS-Nr. 1253-28-7; $C_{26}H_{38}O_4$, M_r 414.59. Schmp. 123-124 °C. $[\alpha]_D^{20\,°C}$ +13° (Chloroform). **Anw.:** Gestagen-Therapie, bei Endometriumkarzinom; **Dos.:** parenteral i. m. 0.2-0.4 g/5-7 d; HWZ ca. 10 d.

Gestose: Präeklampsie; früher übl. Bez. für alle durch eine Schwangerschaft bedingten Krankheitszustände; wird heute auch als hypertensive Schwangerschaftserkrankung bezeichnet u. ist eine der häufigsten geburtshilfl. Komplikationen (bei ca. 10 % aller Schwangeren). **Sympt.:** u. a. Hypertonie*, Proteinurie*, Ödeme*, ggf. Eklampsie*; **Ther.:** Blutdrucksenkung, Ödemausschwemmung, bei Proteinurie proteinreiche Ernährung, bei drohender Eklampsie antikonvulsive Therapie.

Gesundheit: nach einem Postulat der WHO* Zustand vollkommenen körperl., geistigen u. sozialen Wohlbefindens u. nicht allein das Fehlen von Krankheiten u. Gebrechen; vgl. Krankheit.

Gesundheitsämter: Deutschland: staatl. Landessonderbehörden der unteren Verwaltungsstufe. Die G. gehen auf das „Gesetz über die Vereinheitlichung des Gesundheitswesens" vom 3. 7. 1934 (RGBl I S. 531) mit Durchführungsverordnungen aus dem Jahre 1935 zurück. Sie stehen unter der Leitung eines staatl. Amtsarztes u. sind mit der erforderl. Zahl von Ärzten u. Hilfspersonal besetzt. Ihnen obliegen u. a. die Durchführung der ärztl. Aufgaben der Gesundheitsbildung, der Schulgesundheitspflege u. der Mütter- u. Kinderberatung sowie die amts-, gerichts- u. vertrauensärztl. Tätigkeiten, soweit nicht die med. Dienste zuständig sind; s. Vertrauensarzt. Die Tätigkeit der G. beschränkt sich auf ärztl. Feststellungen u. die Begutachtung. Die Durchführung entspr. Maßnahmen ist Aufgabe der zuständigen Behörden. **Österreich u. Schweiz:** s. Gesundheitswesen.

Gesundheitsökonomie: s. Pharmakoökonomie.

Gesundheitswesen: Das G. ist Bestandteil der allg. Verwaltung u. besteht aus Gesundheitsbehörden auf verschiedenen Verwaltungsebenen.

Deutschland: Gesundheitsbehörden auf Bundesebene sind das Bundesministerium für Gesundheit u. Soziale Sicherung, das Bundesinstitut* für Arzneimittel und Medizinprodukte, das Bundesinstitut* für Infektionskrankheiten und nicht übertragbare Krankheiten, das Bundesamt für Gesundheitlichen Verbraucherschutz und Lebensmittelsicherheit, der Bundesgesundheitsrat* u. das Paul*-Ehrlich-Institut. Die Gesundheitsbehörden auf Landesebene, denen in der Regel auch die Ausführung von Bundesgesetzen zukommt (Art. 83 GG) gliedern sich in oberste Landesgesundheitsbehörden, höhere Landesgesundheitsbehörden (Mittelbehörden) u. untere Gesundheitsbehörden. Oberste Landesgesundheitsbehörden sind die Landesgesundheitsministerien. Sie bearbeiten u. a. sämtl. Verwaltungsvorgänge, die für das betreffende Bundesland von grundsätzl. Bedeutung sind u. wirken über den Bundesrat an gesetzgeber. Maßnahmen mit. Sie üben die Dienstaufsicht über nachgeordneten Behörden aus. Die Arbeitsgemeinschaft der leitenden Medizinalbeamten der Länder (AGLMB) gewährleistet eine bundeseinheitl. Interpretation arzneimittel- u. apothekenrechtl. Vorschriften. Höhere Landesgesundheitsbehörden sind die Regierungspräsidien od. Bezirksregierungen. Bei ihnen liegt die eigentl. Exekutive, v. a. die Überwachung nach dem Arzneimittelgesetz*, dem Apothekengesetz*, dem Heilmittelwerbegesetz*, dem Betäubungsmittelgesetz* u. der Gefahrstoffverordnung* sowie die Ausbildung u. Prüfung der Pharmazeutisch*-technischen Assistenten. Auch das Landesprüfungsamt für Medizin u. Pharmazie ist mit Ausnahme von Hessen, wo es der Obersten Landesbehörde (Sozialminister) untersteht, in das Regierungspräsidium eingegliedert. In den Stadtstaaten Bremen, Hamburg u. Berlin sowie in Schleswig-Holstein fehlen die Mittelbehörden. Deren Aufgaben werden vom Senator für Gesundheit bzw. vom Gesundheitsministerium wahrgenommen. Untere Verwaltungsbehörden sind die Landratsämter. Als Landessonderbehörden sind die staatl. Gesundheitsämter* eingerichtet, die alle Zuständigkeiten auf dem Gebiet des Gesundheitswesens der unteren Verwaltungsstufe innehaben, die Medizinaluntersuchungsämter*, die chem. Landesuntersuchungsanstalten u. die staatl. tierärztl. Untersuchungsämter.

Österreich: Das G. untersteht hauptsächl. der Kompetenz des Bundes. Zu den wichtigsten histor. Grundlagen gehört das „Reichssanitätsgesetz" (RSG) von 1867, durch das in Österreich zum ersten Mal das Gesundheitswesen unter zentrale staatl. Aufsicht gestellt wurde. Wegen dieses Gesetzesnamens bezeichnet man in der österreich. Rechtssprache das Gesundheitswesen auch als Sanitätswesen. Aufgrund der Verfassungsordnung ist das Gesundheitswesen in 3 Kompetenzkomplexe aufgegliedert: **1.** Die Länder sind ermächtigt, Gesetze über das Leichen- u. Bestattungswesen, den Gemeindesanitätsdienst u. das Rettungswesen zu beschließen. Sie sind zum Vollzug ihrer eigenen Gesetze verpflichtet. **2.** Dem Bund obliegt die Grundsatzgesetzgebung hinsichtl. der Krankenanstalten (mit Ausnahme der sanitären Aufsicht), des Kurortewesens u. der Ausnutzung der natürl. Heilvorkommen. Die Länder beschließen die dazugehörigen Ausführungsgesetze u. nehmen den Vollzug wahr. **3.** Alle weiteren Angelegenheiten fallen in die Kompetenz des Bundes. So z. B. die Aufsicht über die Krankenanstalten, die Kurorte, die gesetzl. Regelung des Ärztewesens, Arzneimittelwesens, Apothekenwesens u. Hebammenwesens, die Erlassung von Impfgesetzen. Für die Angelegenheiten des öffentl. G., deren Vollzug in die Kompetenz des Bundes fallen, ist in Österreich das Bundesministerium für Gesundheit und Frauen zuständig. Es sind auch eine Reihe von Personalvertretungen, Kommissionen, Beiräten u. Untersuchungsanstalten eingerichtet. Eine wichtige Institution ist der Oberste Sanitätsrat als beratendes u. begutachtendes Organ. Auf Landesebene untersteht der Vollzug in Gesundheitsangelegenheiten entspr. der Verwaltungsordnung entw. dem Landeshauptmann in der mittelbaren Bundesverwaltung od., in Landesangelegenheiten, der Landesregierung selbst. Beim Amt jeder Landesregierung besteht ein Landessanitätsrat, der das beratende u. begutachtende Organ zur Unterstützung der entspr. Aufgaben des Landeshauptmannes ist. Am Sitz jeder Bezirksverwaltungsbehörde, also einer Bezirkshauptmannschaft od. dem Magistrat einer Statutarstadt (z. B. Landeshauptstädte), besteht ein Bezirksgesundheitsamt, das unter der verantwortl. Leitung eines Amtsarztes od. Bezirksarztes steht. Zu den Aufgaben des Bezirksarztes od. Amtsarztes gehört auch die Wahrnehmung des staatl. Aufsichtsrechtes über das Apothekenwesen.
Schweiz: Die Schweiz hat entspr. der föderalist. Staatsordnung eine zentrale Bundesverwaltung u. 26 kantonale Verwaltungen. Das Gesundheitswesen wird teils durch Bundesgesetze, teils durch kantonale Gesetze geregelt. In vielen Fällen sind die Kantone in den Vollzug des Bundesrechts eingebunden. Auf Bundesebene sind im Gesundheitssektor wesentl. Teilbereiche geregelt, z. B. der Verkehr mit Heilmitteln, Betäubungsmitteln, Giften u. Lebensmitteln, die Bekämpfung von Epidemien sowie das Sozialversicherungswesen. Für den Vollzug der Gesundheitsgesetzgebung sind auf Bundesseite vorwiegend das Bundesamt für Gesundheit (BAG), das Schweizerische Heilmittelinstitut (s. Swissmedic) u. das Bundesamt für Sozialversicherung (BSV) zuständig. Auf Kantonsseite sind dies die einzelnen Gesundheitsdirektionen bzw. Sanitätsdirektionen mit ihren Fachbehörden. Am 1. Januar 2002 wurden wesentl., bisher unter kantonales bzw. interkantonales Recht fallende Bereiche der Heilmittelkontrolle an den Bund abgetreten. Neu regelt das Heilmittelgesetz* die Kompetenzausscheidung zw. den Behörden der Kantone u. jenen des Bundes. In die Bundeszuständigkeit (Schweizerischen Heilmittelinstitut) fällt nun u. a. die Arzneimittelzulassung u. die Bewilligung der Herstellungs- u. Grosshandelsbetriebe. Die Betriebsinspektionen werden zu einem großen Teil durch akkreditierte Organe der Kantone sichergestellt, die seit dem Jahre 2001 in 4 regionale Kontrollstellen zusammengefasst sind. Für die Inspektionen von Betrieben in den Bereichen immunolog. Arzneimittel, Blut u. Blutprodukte ist Swissmedic zuständig. Weiterhin sind die kantonalen Behörden alleine zuständig für die Überwachung u. die Bewilligung von Herstellungsbetrieben im Bereich Rezeptur u. Defektur sowie im Bereich Detail- u. Versandhandel. Unter die Hoheit der Kantone fallen ebenfalls die Spitalplanung, die Prävention u. die Bewilligung zur Ausübung der Berufe im Gesundheitswesen. Zur Koordination u. Vereinheitlichung der kantonalen Regelungen u. deren Umsetzung, haben sich die Kantone in der Schweizerischen Sanitätsdirektorenkonferenz zusammengeschlossen, welche entsprechende Empfehlungen abgibt. Die ab 1. Juni 2002 in Kraft getretenen bilateralen Verträge mit der EU sehen vor, dass z. B. EU-Medizinaldiplome auch in der Schweiz anerkannt werden können.

Getreidebranntwein: s. Spiritus Frumenti.

Getreidekeimöl: das aus den Keimen kalt gepresste, fette Öl. Weizenkeime enthalten davon 6-9 %, Roggenkeime 10-12 %, Reiskeime ca. 24 %, Maiskeime 30-50 %. **Weizenkeimöl** enthält ca. 0.15 % Vitamin E (α- u. β-Tocopherol), ferner die Vitamine A, B_1, B_2, B_6, Pantothensäure, Provitamine D u. essentielle Fettsäuren* (Vitamin F); SZ 20 bis 30; **Anw.:** in der Vitamin-Ther. (auch veterinär), in Wundsalben, Hautölen, Pudern, Seifen, zu Gesichtspackungen.

Getreideproteine: s. Prolamine, Gluteline.

Geum rivale L.: Bachnelkenwurz; Fam. Rosaceae (Europa, Asien, Nordamerika). **Inhaltsst.** u. **Anw.:** ähnl. Geum* urbanum, aber wesentl. weniger Eugenol*.
Hom: *Geum rivale:* frische, blühende Pflanze.

Geum urbanum L.: Echte Nelkenwurz, Mauernelkenwurz, Benediktenkraut; Fam. Rosaceae (Europa, Asien, Nordamerika). Stpfl. von **Radix Caryophyllatae:** Rhizoma Caryophyllatae, Radix Gei urbani, Nelkenwurzel, Benediktenwurzel, Allerweltsheilwurzel. **Inhaltsst.:** Glykosid* Gein, aus dem durch Hydrolyse äther. Öl mit überwiegend Eugenol* entsteht; bis 30 % pflanzliche Gerbstoffe* vom Gallotannintyp, Bitterstoffe*; **Anw.** volkstüml.: Antidiarrhoikum u. Adstringens bei Schleimhaut- und Zahnfleischentzündung, gelegentl. als Tonikum u. Stomachikum.
Hom: *Geum urbanum (HAB1.4),* Geum urbanum, eth. Decoct; (HAB1.3): frische, unterird. Teile.

G

Gewebe: Zellverband mit bestimmter Funktion. Bei Pfl. unterscheidet man u. a. Grund-, Stütz- od. Festigungs-, Leitungs-, Exkretions-, Abschlussgewebe. Beim tier. u. menschlichen Körper spricht man von Epithel-, Binde-, Knorpel-, Knochen-, Muskel-, Nervengewebe u. Blut.

Gewebeaffinität: Eigenschaft eines Wirkstoffs, sich aus dem Blut in versch. Gewebe (z. B. Muskel, Fettgewebe) zu verteilen. Eine hohe G. bedingt ein großes Verteilungsvolumen*. Von Bedeutung ist ferner die Bindung an Gewebeproteine, die einen Depoteffekt verursachen kann.

Gewebehormone: s. Hormone.

Gewebekleber: s. Fibrinkleber.

Gewebekultur: Verfahren zur Züchtung von Geweben od. Organteilen (Organkultur) in künstl. Nährmedien. **Anw.:** **1.** Krebsforschung: Züchtung gesunder od. kranker Gewebezellen, z. B. menschl. Krebsgewebes, zur Prüfung von Zytostatika*; **2.** Mikrobiologie u. Virologie: Züchtung von Viren u. anderen Kleinlebewesen, Zugabe von Virussuspension führt zur Zerstörung der Zellen (zytopath. Effekt), kann im Neutralisationstest durch Antikörpergabe verhindert werden; **3.** Arznei- u. Nutzpflanzenzucht: Gewebeproben aus Wurzel, Spross od. Blatt werden auf einen Nährboden gebracht, der Kohlenhydrate, anorg. Salze, Vitamine u. Phytohormone* enthält. Es bildet sich ein Kallus*, der zur Herst. von Suspensionskulturen dient od. aus dem durch geeignete Maßnahmen die ganze Pflanze wieder regeneriert werden kann. In Suspensionskulturen teilen sich die Zellen im flüss. Nährmedium besonders schnell, was nach Zugabe der geeigneten Nährstoffe zur Produktion sekundärer Pflanzeninhaltsstoffe genützt werden kann; vgl. Gentechnologie.

Gewebeplasminogenaktivator: (engl.) *tissue type plasminogen activator (Abk. t-PA)*; körpereigenes, menschl. Glykoprotein mit 527 Aminosäuren; M_r ca. 65 000. **Wirk.** u. **Anw.:** proteolyt. Enzym, das bevorzugt am Fibrin eines Gerinnsels wirksam wird (endogenes Fibrinolytikum); zur Wiedereröffnung verschlossener Koronararterien beim akuten Herzinfarkt; wird vorwiegend über die Leber eliminiert; **UAW:** anaphylakt. Reaktionen, Blutungen, Kopf- u. Rückenschmerzen, vorübergehende Temperaturerhöhung; **Kontraind.:** u. a. Blutungen u. erhöhte Blutungsneigung, Bluthochdruck, Leberzirrhose, schwerer Diabetes mellitus, hohes Alter. **rt-PA:** (engl.) *recombinant tissue type plasminogen activator*; gentechn. produzierter Gewebeplasminogenaktivator.

Gewicht: Gewichtskraft; Symbol G; die Erdanziehungskraft (Schwerkraft*) auf einen Körper, die sich aus der (ortsabhängigen) Fallbeschleunigung* g u. der Masse m des Körpers ergibt: $G = m \cdot g$. Der Begriff G. wird im tägl. u. kaufmänn. Sprachgebrauch häufig anstelle von Masse* (vgl. SI-Einheiten) gebraucht.

Gewichtsanalyse: gravimetr. Methode der quantitativen Analyse, s. Gravimetrie.

Gewichtskonstanz: s. Massekonstanz.

Gewicht, spezifisches: Wichte; Symbol γ; Verhältnis zw. Gewichtskraft (Gewicht*) G u. Volumen V bei einer bestimmten Temp. t: $\gamma = G/V$; Einheit: N/m^3, N/L. Von geringer Bedeutung, da der Zahlenwert, genau wie die Erdbeschleunigung g, von der geograph. Breite abhängt; vgl. Dichte.

Gewichtssatz: Zusammenstellung herkömml. Gewichte für in Apotheken übl. mechan. Waagen. Ein G. besteht aus folgenden Gewichten: 1-mal 1 g, 2-mal 2 g, 1-mal 5 g, 1-mal 10 g, 2-mal 20 g, 1-mal 50 g, 1-mal 100 g, 2-mal 200 g, 1-mal 500 g. Milligrammgewichte stehen zusätzl. zur Verfügung u. haben versch. Formen, damit man sie besser voneinander unterscheiden kann.

Gewürze: s. Aetherolea (Tab. 2).

Gewürz, Englisches: s. Pimenta dioica (Fructus Pimentae).

Gewürzkörner: s. Pimenta dioica (Fructus Pimentae).

Gewürznelken: s. Syzygium aromaticum (Caryophylli flos).

Gewürzsumachwurzelrinde: s. Rhus aromatica (Cortex Rhois aromaticae Radicis).

GF: Abk. für (engl.) *growth factor;* Wachstumsfaktor.

GH: Abk. für (engl.) *growth hormone;* s. Somatropin.

Ghamrawy-Test: Nachw. von Haschisch (Cannabis* sativa), das beim Erwärmen mit *p*-Dimethylaminobenzaldehyd in schwefelsaurer Lsg. eine Rotfärbung gibt. Beim Abkühlen tritt Blaufärbung ein, die rasch verblasst.

GHRH: Abk. für (engl.) *growth hormone releasing hormone;* s. Somatoliberin.

Giardia lamblia: Lamblia intestinalis (veraltet); zu den Flagellata (s. Protozoen) zählender Parasit des Dünndarms von Menschen u. Haustieren, der chron.-rezidivierende Diarrhö verursacht.

Gibban: s. Gibberelline (Abb.).

Gibberellan: tetracycl. Diterpengrundgerüst, z. B. von Gibberellinen*; Strukturformel s. Diterpene (Abb.).

Gibberella zeae: s. Mykotoxine (Tab.).

Gibberellinantagonisten: Hemmstoffe, die die Wirk. von Gibberellinen* auf Pfl. hemmen u. deren Wirk. zumindest teilweise durch Gibberelline aufgehoben werden kann. Zu den G. zählen z. B. das Phytohormon Abscisinsäure*, eine Reihe von Retardanzien*, wie Chlorcholinchlorid*, Morphaktine*, AMO* 1618, Bernsteinsäuremono-N-dimethylhydrazid sowie andere nat. Pflanzeninhaltsstoffe, z. B. Tannine*.

Gibberelline: eine Gruppe von weit verbreiteten Phytohormonen*, die v. a. das pfl. Längenwachstum fördern. Alle ca. 60 bisher bekannten G. leiten sich vom tetracycl. Gibban-Skelett (s. Abb.) her. Neben den freien G. wurden gut wasserlösl., gebundene G. od. Gibberellinkonjugate aus Pfl. isoliert (G.-glucoside u. -glucoseester). Sie stellen wahrscheinl. Transport- u. Vorratsformen der biol. aktiven, freien G. dar. **Wirk.:** Die einzelnen G. weisen in den verschiedensten Biotests sehr unterschiedl. Wirksamkeit auf. Als bedeutendste Wirk. der G. ist die Stimulation des Streckungswachstums u. der Zellteilung zu nennen. G. hemmen weiterhin das Wurzelwachstum u. beeinflussen Ruheperioden u. Samenkeimung. Weitere physiol. Effekte der G. betreffen Blütenbildung u. Fruchtwachstum (z. B. Auslösung der Blütenbildung bei Zierpflanzen, Gew. großer Früchte). **Gesch.:** Das erste Gibberellin wurde 1938 aus dem Pilz Gibberella fujikuroi (Fusarium moniliforme), dem Erreger der Bakanae*-Krankheit, isoliert. Das erste reine Gibberellin, das Gibberellin A_3 (G. A_3, Gibberellinsäure) wurde 1954 gewonnen; heute wird es techn. aus Gibberella fujikuroi-Kulturfiltraten erhalten. Dieser wichtigste Vertreter der G. zeigt in vielen Experimenten die höchste biol. Aktivität.

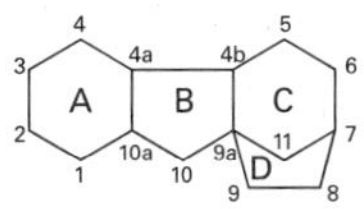

Gibban

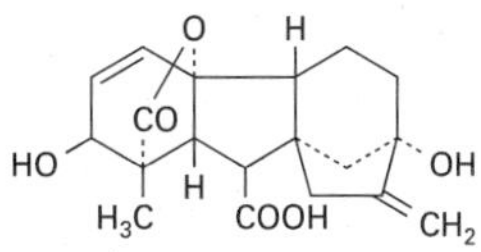

Gibberellinsäure

Gibberelline

Gibberellinsäure: s. Gibberelline.

Gibbs-Energie: s. Enthalpie, freie.

Gibbs-Funktion: s. Enthalpie, freie.

Gibbs-Helmholtz-Gleichung: fundamentale Gleichung der chem. Thermodynamik; sie ermöglicht z. B. die Berechnung der freien Reaktionsenthalpie ΔG einer Umsetzung (s. Enthalpie, freie); bei konstantem Druck p wird sie auch als **Reaktionsisobare** bezeichnet. Für die Änderung zw. 2 Zuständen (z. B. flüss. Phase/krist. Phase od. Produkte/Edukte) lässt sich nach ihr bei konstanter Temp. T angeben:

$\Delta H = \Delta G + T \cdot \Delta S(p)$.

Die Reaktionsenthalpie ΔH ist die gesamte mit der Umsetzung verbundene Energieänderung des Systems u. $T \cdot \Delta S$ der nicht nutzbare Anteil davon (gebundene Energie; ΔS = Reaktionsentropie); ΔG ist der als Arbeitsleistung gewinnbare Anteil (max. Arbeit). Wird für eine Zustandsänderung ΔG negativ, handelt es sich um eine exergone* Reaktion, die freiwillig abläuft u. Energie freisetzt. Ist ΔG jedoch positiv, handelt es sich um eine endergone* Reaktion. Im Gleichgewicht zw. 2 Zuständen (z. B. flüss.-fest beim Schmp.) gilt $\Delta G = 0$, so dass auf diese Weise die mit der Zustandsänderung verbundene Entropieänderung ΔS ermittelt werden kann, wenn ΔH (in diesem Fall die Schmelzwärme) bekannt ist (vgl. Entropie). Die für die **Reaktionsisochore**, der entspr. Zustandskurve bei konstantem Volumen V geltende Beziehung lautet (ΔU = Reaktionsenergie; ΔF = freie Reaktionsenergie):

$\Delta U = \Delta F + T \cdot \Delta S(V)$.

Gibbs-Phasengesetz: Phasengesetz, Phasenregel; die Anzahl der Freiheitsgrade* F eines Systems ist:

$F = B - P + 2$

B = Anzahl der unabhängigen Best. (Komponenten), P = Anzahl der Phasen*.

Gicht: Urikopathie; in akuten Schüben od. primär chron. verlaufende Purinstoffwechselstörung, die durch Abscheidung von Salzen der Harnsäure* an versch. Körperstellen, bes. im Bereich der Gelenke (Arthritis urica) charakterisiert ist. **Akuter Gichtanfall:** Beginn meist nachts od. frühmorgens mit heftigen Schmerzen, das betroffene Gelenk (am häufigsten Großzehengrundgelenk) ist hochrot, oft teigig geschwollen, heiß u. sehr druckschmerzhaft; Beispiele: Podagra*, Chiragra*, Gonagra*; vgl. Gichttherapeutika.

Gichtbeeren: s. Ribes nigrum (Fructus Ribis nigri).

Gichtkraut: **1.** s. Gratiola officinalis (Herba Gratiolae). **2.** s. Chimaphila umbellata (Herba Pirolae umbellatae).

Gichtrosensamen: s. Paeonia officinalis (Semen Paeoniae).

Gichtrosenwurzel: s. Paeonia officinalis (Radix Paeoniae).

Gichtrübe: s. Bryonia alba (Radix Bryoniae).

Gichttherapeutika: zur akuten u. dauerhaften Behandlung der Gicht* geeignete Mittel. **1.** Dauertherapie im symptomfreien Intervall od. bei der chron. Gicht*: **a) Urikosurika:** bewirken eine vermehrte Harnsäureausscheidung durch Hemmung der tubulären Rückresorption; um die Bildung von Harnsäurekristallen in den Tubuli der Niere zu verhindern, wird gleichzeitig viel Flüssigkeit zugeführt u. der pH-Wert des Harns, z. B. mit Kaliumcitrat, erhöht; **Wirkstoffe:** Probenecid*, Sulfinpyrazon*, Benzbromaron*; **b) Urikostatika:** Xanthinoxidasehemmer* führen zu einer verminderten Harnsäurebildung durch kompetitve Hemmung der Xanthinoxidase*, die Hypoxanthin in Xanthin u. weiter in Harnsäure oxidiert; zusätzl. bewirkt die dadurch erhöhte Hypoxanthinkonzentration eine Hemmung der Purinsynthese; **2.** im akuten Anfall: **a)** Colchicin*: 0.5 mg/h bis zum Abklingen der Symptome bis max. 5 mg/d, hemmt die Phagozytoseaktivität der Leukozyten u. damit die Entstehung der Entzündung; **b)** nichtsteroidale Antiphlogistika, s. Analgetika (schwache): Phenylbutazon*, Indometacin*; **c)** Glucocorticoide, s. Hormone; z. B. Prednisolon*.

Giemsa-Färbung (Gustav G., Chemiker, Hamburg, 1867-1948): histolog. Kontrastfärbung mit Giemsa*-Lösung. **Ausführung:** nach dreiminütiger Fixierung des Präparats mit Methylalkohol Übergießen mit Giemsa-Lsg. (1-2 Tr. auf 1 mL gepuffertes Wasser, pH 6.8-7.2); 20-25 min färben, dann kräftig mit Aqua dest. abspülen u. trocknen lassen.

Giemsa-Lösung: DAB6, 3 T. Azur-II-Eosin u. 0.8 T. Azur II sind in 250 T. Glycerol bei 60 °C zu lösen u. nach dem Abkühlen mit 250 T. Methylalkohol zu vermischen. **Anw.:** Untersuchung des Blutes zur Differenzierung der weißen Blutkörperchen, s. Giemsa-Färbung.

Giersch: s. Aegopodium podagraria.

Gießbecher nach König: s. Suppositoria.

Gießen: Umformverfahren, bei dem Materialien in flüss. Zustand in vorbereitete Hohlräume (Gießformen) gegossen werden, darin erstarren u. so ihre endgültige Form od. eine Form für die nachfolgende Weiterverarbeitung annehmen.

Gießen von Kunststoffen: Verfahren zur Herst. von Kunststoff-Formteilen od. -Halbzeug, indem man flüss., pastöse od. aufgeschmolzene Vorprodukte (Gießharze, vernetzende Elastomere, polymerisierbare Monomere, gelierende PVC-Pasten) in Gießformen durch chem. Umwandlung od. durch Erkalten zu harten bis gummiartig weichen

Körpern erstarren lässt. Im Rotationsguss fertigt man Hohlkörper (Behälter) aus PVC-Pasten od. PE-Pulver; dabei lässt man die Formen im Heißluftofen mäßig schnell um 2 Achsen rotieren, damit sich das Material gleichmäßig verteilt. Beim Schleuderguss (für Rohre) mit schnellrotierenden Formen wird die Gussmasse durch die Fliehkraft an die Formwand gedrückt.

Gießformverpackung: zum einmaligen Gebrauch bestimmte Suppositorienverpackung. Verwendet werden gezogene, meist vorgeformte Kunststoffgießformen aus PE od. PVC, in die die geschmolzene Zäpfchenmasse direkt eingegossen wird. Die Gießformen dienen nach dem Versiegeln od. Anbringen von Schiebedeckeln als Verpackung; s. Abbildung.

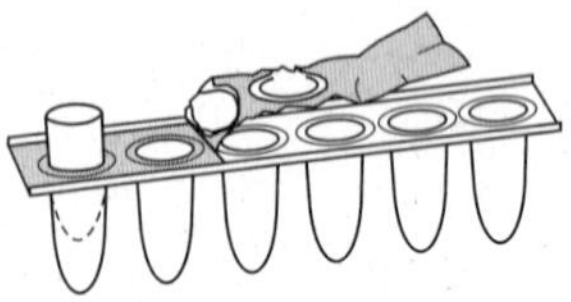

Gießformverpackung

Gießharze: Reaktionsharze; lösungsmittelfreie, flüss. od. bei leichtem Erwärmen verflüssigbare, meist härtbare Kunstharze auf der Basis von z. B. Phenol-, Formaldehyd-, Epoxid- od. ungesättigten Polyesterharzen. Sie lassen sich nach Zusatz von Härtern (wenn notwendig) bei relativ niedrigen Temp. härten.

Gießkannenschimmel: s. Aspergillus.

Gießverfahren: s. Suppositoria.

Giftaron: s. Dieffenbachia seguine.

Giftbuch: **Deutschland:** nach der früheren Giftverordnung waren in einem G. Aufzeichnungen über die Abgabe von Giften zu machen. Es wurde ersetzt durch das Gefahrstoff-Abgabebuch; s. Gefahrstoffverordnung. **Österreich:** Aufzeichnungspflicht von Giften geregelt durch das Chemikaliengesetz* u. die Giftverordnung*.

Gifte (althochdeutsch gift Gabe): G. sind chem. Stoffe, die schon in kleinen Mengen nach Einwirken auf den Organismus zu Schädigungen, Funktionsstörungen od. zum Tod führen können. Nach Paracelsus entscheidet die Dosis, ob ein Stoff als Gift wirkt (Sola dosis facit venenum). Die Giftwirk. ist aber auch abhängig von der Applikationsweise sowie von Art, Geschlecht, Alter u. Empfindlichkeit des Organismus. Gifte wirken **lokal** (z. B. Hautschädigung) od. **systemisch** nach Aufnahme über Schleimhäute, Haut, Lungen od. nach parenteraler Aufnahme. Ihre Wirk. können **reversibel** od. **irreversibel**, **akut** (oft von der Dosis abhängig) od. **chronisch** (nach langfristiger Aufnahme geringer Konz. z. B. von Schwermetallen, Pflanzenschutzmitteln) sein. Prinzipiell besteht kein Unterschied in der Wirk. von Arzneistoffen u. Giftstoffen. Das Ausmaß der Giftwirkung kann direkt proportional der jeweils zugeführten Menge sein (vgl. Konzentrations-Wirkungs-Kurve). Bestimmte Stoffe (z. B. Digitalisglykoside) kumulieren, zeigen also keine lineare Beziehung zw. Wirkungsstärke u. Dosis. Außer den **exogenen** gibt es auch **endogene** G.: Stoffwechselprodukte, die im Organismus entstehen u. zu Gesundheitsschäden führen können, wenn sie nicht vom Körper ausgeschieden od. entgiftet werden. Die Empfindlichkeit des Organismus für bestimmte Giftstoffe ist genet. festgelegt. Unterschiede gibt es zw. den einzelnen Arten, aber auch innerhalb der Spezies. Angeborene Überempfindlichkeitsreaktionen auf bestimmte Stoffe nicht allerg. Natur bezeichnet man als Idiosynkrasie*. Der Organismus ist auch befähigt, sich an gewisse Gifte zu gewöhnen, d. h. bei wiederholter Zufuhr mit verminderter Empfindlichkeit zu reagieren (Toleranz). G. können nach ihrem Hauptangriffspunkt im Körper z. B. in Herz-, Blut-, Leber-, Nieren-, Nerven- od. Ätzgifte eingeteilt werden. Die **Therapie** einer Vergiftung erfolgt meistens symptomat., eine spezif. Behandlung mit Hilfe von Antidoten* ist auf relativ wenige Gifte beschränkt. Die max. zulässigen Konz. bestimmter Gefahrstoffe am Arbeitsplatz bzw. in der Umwelt werden vom Gesetzgeber bestimmt; s. Gefahrstoffverordnung, MAK, MIK.

Giftefeu: s. Toxicodendron quercifolium.

Giftesche: s. Chionanthus virginicus.

Gifte, tierische: s. Zootoxine.

Giftgetreide: mit Strychninnitrat (0.5 %), mit Thalliumsalzen od. gelbem Phosphor getränkte u. mit Fuchsin rot gefärbte Körner von Weizen, Hafer od. Roggen zur Vergiftung von Ratten u. Mäusen; s. Avena venenata.

Gifthahnenfuß: s. Ranunculus sceleratus.

Giftheber: Heber zum Aussaugen u. Umfüllen giftiger u. ätzender Flüssigkeiten. **Funktionsweise:** Bei geschlossenem Hahn wird die Flüssigkeit vom linken Ende des Gifthebers bis zur Rohrerweiterung (rechts) angesaugt. Dann öffnet man den Hahn, wodurch die Flüssigkeit ohne zusätzliche Hilfe vom Auslass des Gifthebers (unter dem Hahn) austritt. Dies geschieht so lange, bis entweder der Hahn wieder geschlossen wird od. vom Einlass des Gifthebers keine Flüssigkeit mehr angesaugt wird.

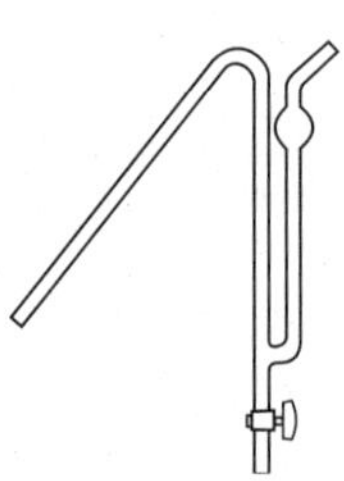

Giftheber

Gifthonig: s. Rhododendron ponticum.

Giftjasmin: s. Gelsemium sempervirens.

Giftlattich: s. Lactuca virosa.

Giftpetersilienkraut: s. Conium maculatum (Herba Conii).

Giftpilze: s. Pilze.

Giftprimel: s. Primelkrankheit.

Giftschlangen: s. Schlangen, Schlangengifte.
Giftspinnen: s. Spinnen, Spinnengifte.
Giftsumach: s. Toxicodendron quercifolium.
Giftsumachblätter: s. Toxicodendron quercifolium (Folia Toxicodendri).
Giftsumachtinktur: s. Tinctura Toxicodendri.
Giftverordnung: Deutschland: den Giftverkehr in Deutschland betreffende handelsrechl. VO, die 1986 durch die bundeseinheitl. Gefahrstoffverordnung* abgelöst wurde. **Österreich:** BGBl. Nr. 24/2001, VO zum Chemikaliengesetz*.
Giftwulstling: s. Amanita phalloides.
Giga-: Symbol G; gesetzl. Vorsatz für das 10^9fache einer Grundeinheit. $1\,GW = 10^9\,W$ (Watt) = 1 Mio. kW (Kilowatt); vgl. SI-Einheiten.
Gigartina stellata: s. Carrageen.
GIH: Abk. für (engl.) *growth* ***i****nhibiting* ***h****ormone;* s. Somatostatin.
Gilchrist-Verband: Schulter-Arm-Verband zur Ruhigstellung bei Verletzungen im Bereich des Schultergürtels, z. B. bei Oberarmschaftfraktur.
Gileadbalsam: s. Balsamum de Mecca.
Ginger: s. Zingiber officinale (Radix Zingiberis).
Ginger Oil: s. Zingiber officinale (Oleum Zingiberis).
Gingerole: s. Zingiber officinale (Inhaltsst.).
Gingivitis: akute od. chron. Entzündung des Zahnfleisches.
Ginkgetin: s. Bisflavonoide (Abb.).
Ginkgo biloba L.: Ginkgobaum, Entenfußbaum, Fächerblattbaum; Fam. Ginkgoaceae (Ostasien, in Europa kult.). Stpfl. von **Gingko folium:** Folia Ginkgo, Folia Ginkgonis, Ginkgoblätter. **Off.:** Ph.Eur.4; **Inhaltsst.:** ca. 0.3 % Flavonolglykoside (nach Ph.Eur.4 mind. 0.5 %), z. B. Kämpferol- u. Quercetinglucorhamnosid, z. T. mit *p*-Cumarsäure verestert, Bisflavonoide, z. B. Amentoflavon u. Ginkgetin (Strukturformel s. Bisflavonoide Abb.), ca. 0.2 % Terpenlactone, v. a. Ginkgolide (s. Abb., käfigartig gebaute Diterpenalkohole mit 3 Lactongruppen) u. Bilobalid (ein ungewöhnl. gebauter Sesquiterpenalkohol mit 3 Lactongruppen u. 1 Cyclopentanring); ca. 2 % Alkylphenolderivate, sog. Ginkgole u. Ginkgolsäuren (Ginkgolsäure ist z. B. eine Salicylsäure mit einer $(CH_2)_7-CH=CH-C_6H_{13}$-Seitenkette); **Wirk.** u. **Anw.:** (alkylphenolfreie) standardisierte Spezialextrakte (z. B. EGb 761 mit 24 % Flavonolglykosiden u. 6 % Terpenlactonen) werden wegen der Verminderung der Plasmaviskosität, der Hemmung der Erythrozyten- u. Thrombozytenaggregation u. damit der gefäßerweiternden u. durchblutungsfördernden Eigenschaften (im peripheren u. zerebralen Bereich) verwendet. Häufig Bestandteil von Geriatrika; die von der harzig-fleischigen Samenschale befreiten Samen werden in Ostasien ebenfalls als Arzneimittel verwendet. Die Samenschalen enthalten Alkylphenole (hautirritierende Stoffe) sowie tox. 4'-Methoxypyridoxin u. riechen stark ranzig (Buttersäure). **Gingko extractum siccum normatum:** Eingestellter Gingkotrockenextrakt; hergestellt aus den getrockneten Blättern der Pfl.; hellgelbbraune bis gelborange, pulverförmige od. pulverisierbare Masse; Auszugsmittel: Aceton 60 % (m/m). **Inhaltsst.:** nach DAB mind. 22.0 % u. höchstens 27.0 % Flavonoide sowie mind. 5 % u. höchstens 7.0 % Terpenlactone, davon 2.8-3.4 % Gingkolide A, B u. C sowie 2.6-3.2 % Bilobalid. **Hom:** *Ginkgo biloba (HAB1.4),* Gingko: frische Blätter; verord. z. B. bei Durchblutungsstörungen, Zerebralsklerose, Schwindel.

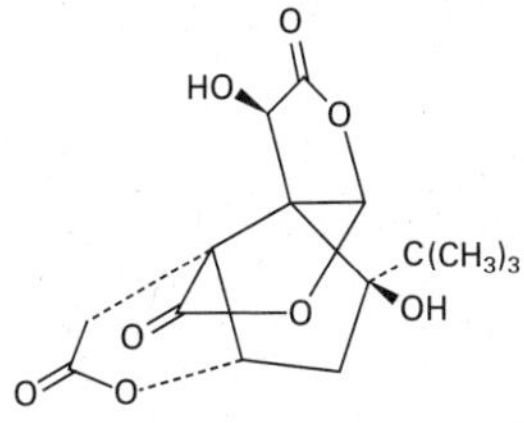

Bilobalid

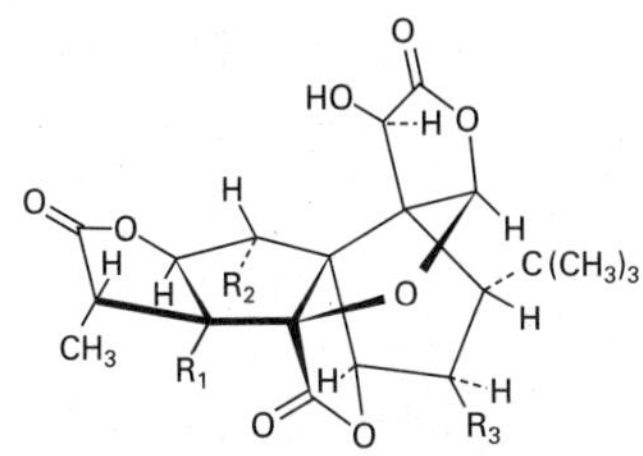

Ginkgolide

R_1	R_2	R_3	Ginkgolid
OH	H	H	A
OH	OH	H	B
OH	OH	OH	C
OH	H	OH	J
H	OH	OH	M

Ginkgo biloba

Ginkgolide: s. Ginkgo biloba (Abb.).
Ginseng, Sibirischer: s. Eleutherococcus senticosus (Eleutherococci radix).
Ginsengwurzel: s. Panax ginseng (Ginseng radix).
Ginster: **1.** Färberginster, s. Genista tinctoria. **2.** Besenginster, s. Cytisus scoparius. **3.** Stechginster, s. Ulex europaeus. **4.** Auch andere Pflanzen (z. B. der Gattungen Laburnum, Retama, Spartium) werden als Ginster bezeichnet.
GIP: Abk. für **g**astrisches **i**nhibitorisches **P**eptid*.
Gips: s. Calciumsulfat.
Gipsbinde: Mullbinde od. Idealbinde mit Calciumsulfat-Hemihydrat zur Ruhigstellung von Körperteilen od. Frakturen; vgl. Calciumsulfat.
Gips, gebrannter: s. Calciumsulfat.
Girard-Reagens P: Pyridyl-acethydrazid-chlorid; $[C_5H_5N-CH_2-CO-NH-NH_2]^+Cl^-$, $C_7H_{10}ClN_3O$, M_r 187.63. Weißes bis gelbl., krist. Pulver, fast geruchlos, lösl. in Wasser, Ethanol, Methanol, Eisessig, unlösl. in hydroxylfreien org. Lösungsmitteln. **Girard-Reagens T:** Trimethylammonium-acethydrazid-chlorid; $[(CH_3)_3N-CH_2-CO-NH-NH_2]^+Cl^-$, $C_5H_{14}ClN_3O$, M_r 167.64. Weißes bis schwach gelbl., hygroskop. krist. Pulver mit ammoniakal.-fischartigem (Trimethylamin ähnl.) Geruch; leicht lösl. in Wasser, lösl. in Methanol,

Ethanol, Eisessig, unlösl. in hydroxylfreien org. Lösungsmitteln. **Anw.:** Überführung von Carbonyl*-Verb. in Hydrazone*; bd. Reagenzien in der analyt. u. präparativen org. Chemie zu Nachw., Isolierung u. Reindarstellung von Verb., die Aldehyd- od. Ketogruppen enthalten, z. B. Ketosteroide, Sexualhormone, Vitamine, Bestandteile äther. Öle.

GIT: Abk. für **G**astro**i**ntestinal**t**rakt*.

Gitaloxin: s. Glykoside, herzwirksame (Tab. 2); Digitalis purpurea (Digitalis purpureae folium).

Githagenin: s. Gypsogenin.

Gitoformat INN: Gitoxin-3',3'',3''',4''',16-pentaformiat, Pentaformylgitoxin; CAS-Nr. 10176-39-3; $C_{46}H_{64}O_{19}$. **Anw.:** herzwirksames Glykosid*, bei Herzinsuffizienz; **Dos.:** individuell, mittelschnelle Sättigung; HWZ ca. 200 h.

Gitogenin: Steroidsapogenin, Strukturformel s. Saponine (Tab. 2).

Gitonin: Saponin* in Digitalis* purpurea.

Gitoxigenin: Aglykon von Gitoxin, vgl. Glykoside, herzwirksame.

Gitoxin: s. Glykoside, herzwirksame (Tab. 2); Digitalis purpurea; Digitalis lanata.

GITS: Abk. für **g**astro**i**ntestinales **t**herapeutisches **S**ystem; s. OROS.

Gitter: s. Kristallgitter.

Gitterenergie: Energie, die bei der Bildung einer kristallisierten Substanz aus ihren Bausteinen (Ionen, Atomen, Molekülen) freigesetzt wird; Einheit kJ/mol. Die G. ist aufzuwenden, um den Kristall in seine (unendl. weit voneinander entfernten) Einzelbausteine zu zerlegen. Sie ist deshalb ein Maß für die Kräfte, die den Kristall zusammenhalten u. steigt i. Allg. mit zunehmender Härte des Kristalls.

GK: Abk. für **G**renz**k**onzentration*.

$GKID_{50\%}$: s. Dosis infectiosa.

GKV: Abk. für **G**esetzliche **K**ranken**v**ersicherung.

GKV-Modernisierungsgesetz: Gesundheitssystem-Modernisierungsgesetz (Abk. GMG); „Gesetz zur Modernisierung der gesetzl. Krankenversicherung" vom 14.11.2003, BGBl. I S. 2190. Großes gesetzl. Regelwerk zum Umbau der gesetzl. Krankenversicherung u. des Sozialsystems in Deutschland mit Wirkung zum 01.01.2004. erfaßt sind u. a. Maßnahmen zur Stärkung der Patientensouveränität, zur Verbesserung der Patientenversorgung, zur Weiterentwicklung der Versorgungsstrukturen (Zulassung von medizin. Versorgungszentren, Integrierter Versogung, Teilöffnung der Krankenhäuser zur ambulanten Versorgung), zur Neugestaltung der Vergütung im ambulanten Bereich, zur Reform der Organisationsstrukturen, zur Neuordnung der GKV u. ihrer Finanzierung. Wesentl. Veränderungen ergeben sich bei der Versorgung mit Arzneimitteln.: **a)** patentgeschützte Arzneimittel, die keine nennenswerte therap. Verbesserung bewirken wurden in die Festbetragsregelung mit einbezogen, die Bildung von Festbetragsgruppen wurde erleichtert; **b)** nicht verschreibungspflichtige Arzneimittel sind grundsätzl. aus der Leistungspflicht der GKV ausgeschlossen, mit Ausnahme bei Verordnungen für Kinder bis zum 12. Lebensjahr, für Jugendliche mit Entwicklungsstörungen u. bei der Behandlungen schwerwiegender Erkrankungen; **c)** grundlegend umgestaltet wurde die Arzneimittelpreisverordnung*; **d)** Erleichterungen enthält das GMG für die aut* idem-Regelung; **e)** Zulassung des Versandhandels von Arzneimitteln; **f)** Einschränkung der Mehrbesitzverbots, s. Apothekengesetz Weitere für Patienten wichtige Eckpunkte: Die Eigenbeteiligung im Krankenhaus od. einer Anschlussheilbehandlung beträgt 10 Eur. pro Tag Aufenthalt bis zum 28. Tag pro Jahr. Bei ambulanter ärztl. od. zahnärztlicher Behandlung wird eine Praxisgebühr von 10 Eur. pro Quartal für den erstbehandelnden Arzt/Zahnarzt erhoben, ausgenommene Vorsorge od. Überweisung aus demselben Quartal. Bei allen Leistungen wird grundsätzl. eine Zuzahlung von 10 % erhoben, mindestens jedoch 5 Eur., höchstens 10 Euro. Sehhilfen werden nur noch bis zum 18. Lebensjahr od. bei einer schweren Sehbehinderung erstattet. Ab 2005 wird der Zahnersatz aus dem Leistungskatalog der gesetzl. Krankenversicherung ausgegliedert; dieser muss dann separat versichert werden. Weitere Leistungen, wie Entbindungsgeld, Sterbegeld, Leistungen bei einer Sterilisation, sowie Fahrtkosten bei einer ambulanten Behandlung entfallen. Arbeitnehmer müssen künftig das Krankengeld durch einen zusätzl. Beitragssatz von 0.5 % selbst tragen. Mutterschaftsgeld, Haushaltshilfe od. Krankengeld bei Erkrankung eines Kindes werden künftig aus Steuermitteln finanziert.

Gladiolus communis L.: Fam. Iridaceae (Mittel- u. Südeuropa). G. communis u. G. palustris sind Stpfl. von **Bulbus Victorialis rotundae:** Radix Victorialis rotunda, Runder Allermannsharnisch, Evawurzel, Runde Siegwurz. **Inhaltsst.:** äther. Öl (die Blätter enthalten ca. 0.5 % Vitamin C); **Anw.** volkstüml.: gegen Skrofulose, Vitaminträger; vgl. Allium victorialis.

Gläser, vergütete: Glas*, dessen Oberfläche durch Behandlung mit Wasserdampf, NH_4Cl od. SO_2 an Kieselsäure angereichert wurde (quarzglasähnl. Oberfläche); eine Hydrophobisierung erreicht man auch durch Einbrennen von Siliconöl; vgl. Ampullen.

Glätten: s. Dragieren.

Glafenin INN: 2,3-Dihydroxypropyl-*N*-(7-chlor-4-chinolyl)anthranilat; *N*-(7-Chlor-4-chinolyl)-anthranilsäure-2,3-dihydroxypropylester; CAS-Nr. 3820-67-5; $C_{19}H_{17}ClN_2O_4$, M_r 372.83. Schmp. 166-169 °C (polymorph). Weißes od. gelbl., krist. Pulver; fast unlösl. in Wasser; schwer lösl. in Aceton, Ethanol, Ether, Benzol, Chloroform; lösl. in verd. wässrigen Basen u. Säuren. **Anw.:** Analgetikum*; **Dos.:** p. o. Initialdos. 0.4 g, Erhaltungsdos. 0.2 g/2-3 h, MTD 1.2 g, bei längerer Anw. MTD 0.8 g; Kinder ab 5 Jahre 0.1-0.6 g/d. Gebräuchl. ist auch Glafeninhydrochlorid.

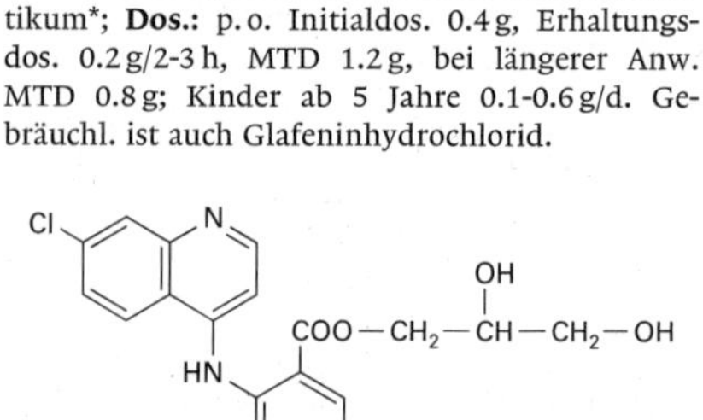

Glafenin

Glandes Quercus excorticatae: s. Quercus robur (Semen Quercus).

Glandes Quercus tostae: s. Quercus robur (Semen Quercus tostum).

Glandula: 1. (anat.) Drüse. 2. (bot.) Drüsenhaar; s. Exkretionsgewebe.

Glandulae Lupuli: s. Humulus lupulus.

glanduläre Hormone: Hormone der Drüsen mit innerer Sekretion; s. Hormone (Hypothalamus-Hypophysen-System), vgl. Hormone (Gewebehormone, aglanduläre H.).

Glandulae Rottlerae: s. Mallotus philippinensis (Kamala).

Glandulae suprarenales: s. Hormone; Organtherapeutika.

Glandulae Thyreoideae siccatae: s. Thyreoidea siccata; Organtherapeutika.

Glandula parathyreoidea: s. Hormone; Organtherapeutika.

Glandula pinealis: s. Hormone; Organtherapeutika.

Glandula pituitaria: s. Hypophyse; Hormone; Organtherapeutika; Hypophysis cerebri pars posterior.

Glandula Thymi: s. Hormone; Organtherapeutika.

Glas: amorphe, d.h. ohne Kristallisation erstarrte (metastabile), beim Erwärmen nur allmähl. erweichende, unterkühlte Schmelze („eingefrorene Flüssigkeit"), die umso leichter erhalten wird, je langsamer Kristallkeime sich ausbilden u./od. je geringer die Kristallwachstumsgeschwindigkeit ist u. je rascher die Schmelze abgekühlt wird. Im engeren Sinn ist G. ein erstarrtes Schmelzmischprodukt aus sauren Oxiden wie Siliciumdioxid, Bortrioxid, Aluminiumtrioxid od. Phosphorpentaoxid u. bas. Oxiden wie Na-, K-, Mg-, Ca-, Pb(II)- od. Zn-oxid. Der Hauptbestandteil des Gemisches ist in der Regel SiO_2. Der Gehalt an 1-wertigen Kationen bewirkt eine stärkere Erweichungs- u. Schmelzpunktabsenkung als äquivalente Mengen von 2-wertigen. Besonders breite Erweichungsintervalle ergeben sich durch den teilweisen Austausch von Silicium gegen Bor, Aluminium od. Phosphor. **Herst.:** Die Rohstoffmischung (Glassatz) wird bei Temperaturen von meist 1000 °C geschmolzen u. bei bis zu 1550 °C geläutert (gereinigt u. rektifiziert). Die Eigenschaft der Glasschmelze, beim Erkalten allmähl. immer zäher zu werden, bis völliges Erstarren eingetreten ist, gestattet die Verarbeitung des Glases durch Biegen (von Glasrohren), Blasen, Auswalzen od. Pressen in Formen. Eine nachträgl. Behandlung der festen Oberfläche erfolgt durch Schleifen, Mattieren od. durch Ätzen mit Flusssäure. Gefärbt wird G. durch Zusätze von Metalloxiden (echte Lösung) od. Metallen (kolloidale Lösung). Eine braune Farbe erhält man durch Fe(III)-oxid u. Braunstein. Trübungsmittel (für Milchglas, Opalglas) sind feinste Teilchen, die im Glas eingelagert werden u. eine andere Lichtbrechung als dieses aufweisen. Verwendet werden Calciumphosphat, Zinndioxid, Kryolith, Titan- od. Zirkoniumdioxid. Zu den getrübten Gläsern gehört auch die Emaille. **Glassorten: Natron-Kalk-Glas,** Normalglas, Fensterglas, Tafelglas, Flaschenglas, Spiegelglas; $Na_2O \cdot CaO \cdot 6\,SiO_2$ (12.9 % Na_2O, 11.6 % CaO, 75.5 % SiO_2). Zur Herst. von Ampullenglas u. Infusionsbehältnissen ungeeignet, da es gegen Wasser u. wässrige Lösungen nur eine geringe Resistenz aufweist (Ionenaustauscherfunktion: Abgabe von Na^+ an die Lsg., gleichzeitig Aufnahme von H^+ aus der Lsg., auch Ca^{2+} gegen 2 H^+ u. Ca^{2+} gegen 2 Na^+ möglich). **Kali-Kalk-Glas,** Kaliglas, Kronglas; $K_2O \cdot CaO \cdot 8\,SiO_2$. Schwerer schmelzbar als Normalglas, Anw. zu opt. Zwecken. **Natron-Kali-Kalk-Glas,** Thüringer Glas, hat eine Erweichungstemp. von 550-600 °C. **Bor-Tonerde-Glas** hat durch den Boroxidzusatz einen im Vergleich zu Natron- u. Kali-Glas verringerten Ausdehnungskoeffizienten u. damit eine geringere Empfindlichkeit gegen rasches Erhitzen u. Abkühlen u. eine verbesserte Widerstandsfähigkeit gegen Wasser u. Säuren. Der Aluminiumoxidzusatz setzt die Sprödigkeit herab u. vermindert die Gefahr des Auskristallisierens (Entglasen). Bekannte Gläser mit diesen Eigenschaften sind Duran®-Glas (74.5 % SiO_2, 8.5 % Al_2O_3, 4.6 % B_2O_3, 7.7 % Na_2O, 3.9 % BaO, 0.8 % CaO, 0.1 % MgO; Erweichungstemperatur 600-700 °C), Jenaer Glas®, Pyrexglas®, Silexglas®, Resistaglas®, Duraxglas®. Diese Gläser sind zur Aufnahme von Injektions- u. Infusionslösungen geeignet. Für noch höhere Temp. eignet sich das Supremaxglas (56.4 % SiO_2, 20.1 % Al_2O_3, 8.9 % B_2O_3, 8.7 % MgO, 4.8 % CaO, 0.6 % K_2O, 0.6 % Na_2O; Erweichungstemperatur über 1000 °C). **Kali-Blei-Glas,** Bleikristallglas, Flintglas; starkes Lichtbrechungsvermögen u. hohe Dichte. Durch weitere Variation bzw. Zusatz neuer Bestandteile gewinnt man Spezialgläser für besondere Aufgaben, z.B. das bis 253 nm UV-durchlässige Uviolglas mit Zusätzen von Bariumphosphat u. Chromoxid. Zur Absorption von langsamen Neutronen eignet sich neben Boroxid Cadmiumoxid u. Fluorid, zur Absorption von γ-Strahlen Wolframphosphat. Nach der Ph.Eur.4 wird die Qualität von Glasbehältnissen (Ampullen*, Flaschen, Spritzen, Spritzampullen sowie Behältnisse zur Aufnahme von Blut u. Blutprodukten) durch Prüfung auf hydrolyt. Resistenz ermittelt. Man unterscheidet: 1. Glasart I: Neutralglas, Borsilicatglas; hohe hydrolyt. Resistenz (bedingt durch die Glaszusammensetzung); für Zuber. zur parenteralen Anwendung; 2. Glasart II: besteht üblicherweise aus Natronkalk-Silicatglas, besitzt aufgrund geeigneter Oberflächenbehandlung große hydrolyt. Resistenz; für Zubereitungen zur parenteralen Anw.; 3. Glasart III: mittlere hydrolyt. Resistenz; für nicht wässrige Zuber. zur parenteralen Anw., Pulveres parenterales u. andere nicht parenterale Zubereitungen; 4. Glasart IV: geringe hydrolyt. Resistenz; für feste u. einige flüssige od. halbfeste Zuber. zur nicht parenteralen Anwendung. Eine Unterscheidung der Glasarten I u. II erfolgt entw. durch Prüfung der hydrolyt. Resistenz der Behältnisinnenfläche bzw. von pulverisiertem Glas (Grießmethode) od. nach Behandlung mit Flusssäure. Darüber hinaus wird geprüft auf: Arsen, auf Lichtdurchlässigkeit von gefärbten, vor Licht schützenden Glasbehältnissen u. bei Behältnisse für Blut u. Blutprodukten auf Resistenz gegen Temperaturschock u. beim Zentrifugieren.

Glaskeramiken wie Cordierit ($2MgO \cdot 2Al_2O_3 \cdot 5SiO_2$), Hochspodumen ($Li_2O \cdot Al_2O_3 \cdot 4SiO_2$) od. Hocheukryptit ($Li_2O \cdot Al_2O_3 \cdot 2SiO_2$) zeichnen sich durch hohe Biegezugfestigkeit u. besonders hohe Temperaturwechselbeständigkeit aus. Man verwendet sie für astronomische Spiegel, Mahlkugeln, Haushaltsgeschirr u. Herdkochflächen. Hergestellt werden sie aus den Gläsern entsprechender Zstzg. durch nachträgl. Wärmebehandlung, die zur Teilkristallisation (im Glas eingebettete Mikrokristalle) führt. Sie sind im Ggs. zu den Tonkeramiken gasdicht.

Glasätztinte: Lsg. von Ammoniumfluorid in verd. Schwefelsäure.

Glasbehältnisse, Qualität von: s. Glas.

Glaselektrode: s. pH-Meter (Abb.), Potentiometrie.

G

Glasfaserfilter: s. Filtrieren.

Glaskeramik: s. Glas.

Glaskopf, roter: s. Eisen(III)-oxid.

Glaspulvermethode: s. Glas (Grießmethode).

Glassinterfilter: s. Tiefenfilter.

Glasübergangstemperatur: Einfriertemperatur, Transformationstemperatur; Symbol T_g; Temperaturbereich, innerhalb dessen sich der Wechsel vom Festkörper zur Flüssigkeit u. umgekehrt mehr od. minder deutl. vollzieht; Eigenschaft amorpher Körper. Unterhalb dieser Temp. liegen amorphe Körper als Gläser vor. Sowohl unterkühlte Schmelzen als auch Stoffe im Glaszustand weisen ein isotropes Verhalten auf, d.h. ihre Eigenschaften sind im Gegensatz zu vielen Kristalleigenschaften nicht richtungsabhängig. Der Übergang von der Schmelze in den Glaszustand u. umgekehrt geschieht ohne Phasenänderung. Unterkühlte Schmelze u. Glaszustand sind durch ein größeres Volumen u. durch eine höhere Entropie gekennzeichnet als kristalline. Die G. ist eine charakterist. Kenngröße filmbildender Polymere für das Übergangsstadium zw. kautschukelast. und festem, glasartigem Zustand. Die Mindestfilmbildetemp. (MFT) steht im Zusammenhang mit dem T_g-Bereich der amorphen Polymere. Die MFT gibt die Temp. an, bei der Filmbildnerpartikeln noch eine so hinreichende Plastizität bzw. plast. Fließfähigkeit besitzen, dass Koaleszenz zu einem klaren Film eintreten kann. Besitzen Filmbildnerpartikeln diese Eigenschaft bei pharmaz. anwendbaren Temp. noch nicht, müssen Weichmacher zur Absenkung der MFT zugesetzt werden.

Glatiramer INN: synthet. Polypeptid aus L-Glutamin, L-Alanin, L-Tyrosin und L-Lysin. CAS-Nr. 028704-27-0; M_r 4700-13 000. Verwendung des Acetatsalzes. **Herst.:** Die Polymerisierung erfolgt nach dem Zufallsprinzip, daher muss jede neue Charge auf Wirksamkeit geprüft werden. **Wirk.:** Wirksamkeit mit Interferon* beta vergleichbar; **Anw.:** Immunmodulator* zur Behandlung der schubförmig remittierenden Multiplen* Sklerose; **UAW:** Reaktionen an den Einstichstelle, Postinjektionsreaktionen (Luftnot, Herzjagen, Gefäßerweiterung); **Dos.:** s.c. 20 mg/d.

Glatt-Verfahren: s. Dragieren.

Glaubersalz: s. Natriumsulfat.

Glaucin: D-(+)-Glaucin; 1,2,9,10-Tetramethoxyaporphin; Boldindimethylether; CAS-Nr. 475-81-0; $C_{21}H_{25}NO_4$; M_r 355.42; Strukturformel s. Aporphinalkaloide (Abb.); Schmp. 120 °C. **Vork.:** nat. in Liriodendron* tulipifera, Glaucium flavum Crantz (Hornmohn, Fam. Papaveraceae) sowie in Dicentra- u. Corydalis-Arten (Fumariaceae).

Glaucium flavum: s. Glaucin.

Glaukom (gr. glaukos leuchtend, bläulich, grünlich): Glaucom, grüner Star; Sammelbez. für versch. Erkrankungen des Auges, die mit einer vergrößerten Ausbuchtung des Netzhaut im Bereich des Sehnerveneintritts u. meist einer Erhöhung des Augeninnendrucks einhergehen. Eine der häufigsten Erblindungsursachen in Industrieländern; vgl. Amaurose; **Ther.:** Antiglaukomatosa*, Lasertherapie, Operation.

GLC: Abk. für (engl.) *gas liquid chromatography*; s. Chromatographie.

Glechoma hederacea L.: Gundermann, Gundelrebe, Erdefeu; Fam. Lamiaceae (Labiatae) (Europa, Asien). Stpfl. von **Glechomae herba:** Herba Hederae terrestris, Herba Glechomae, Gundelrebenkraut; die während der Blüte gesammelten u. getrockneten oberird. Teile. **Off.:** DAC; **Inhaltsst.:** ca. 0.03-0.06 % äther. Öl, 1-2 % Rosmarinsäure, Flavonoide, Triterpensäuren, Hydroxyfettsäure; Geh. an fällbaren Polyphenolen mind. 0.5 % (ber. als Pyrogallol); **Anw.** volkstüml.: innerl. bei Magen-Darm-Katarrhen, Diarrhö, Husten; äußerl. bei schlecht heilenden Wunden.

Gleichförmigkeit der abgegebenen Dosis von Inhalanda Ph. Eur.: Prüfung zur Qualitätssicherung von Inhalanda, Druckgas-Dosierinhalatoren u. Pulverinhalatoren. Die Apparatur zur Aufnahme der Dosen muss die abgegebene Dosis vollständig auffangen können. Sie ist dicht zusammengesetzt aus einem Filterhalter mit Filterscheibe, Sammelrohr, Mundstückadapter u. Vakuumstutzen. Dieser wird mit einem Vakuuum erzeugende System verbunden u. mit einem Durchflussregulator versehen. Die Luft wird durch das gesamte System, einschließlich Filter u. zu prüfendem Inhalator, mit einer Durchflußrate von 28.3 ± 1.5 L/min gesaugt. Sie muss gleichmäßig strömen, um Wirkstoffverluste in die Umgebung zu vermeiden. Der Inhalator entspricht der Prüfung, wenn, bezogen auf den Durchschnittswert, 9 der 10 Dosen zw. 75-125 % u. alle Dosen zw. 65-135 % liegen. Wenn 2 od. 3 Dosen außerhalb der Grenzen von 75-125 % liegen, wird die Prüfung mit 2 weiteren Inhalatoren wiederholt. Höchstens 3 der 30 Dosen dürfen außerhalb der Grenzen von 75-125 % u. keine Dosis darf außerhalb der Grenzen von 65-135 % liegen.

Gleichförmigkeit der Masse: Prüfung nach Ph.Eur.4 für einzeldosierter Arzneiformen. Von 20 zufällig nach dem Stichprobenverfahren entnommenen Einheiten od. bei Zuber. in Einzeldosisbehältnissen der Inhalt von 20 Behältnisse werden Einzel- u. Durchschnittsmasse bestimmt. Die Einzelmasse von max. 2 Einheiten darf um einen höheren Prozentsatz von der Durchschnittsmasse abweichen, als in der entsprechenden Tabelle (Ph.Eur.4) angegeben ist. Keine Einheit darf um mehr als das Doppelte dieses Prozentbetrages abweichen. **Kapseln:** zur zusätzlichen Prüfung werden 20 volle Kapseln einzeln gewogen. Die

Gleichförmigkeit der Masse		
Arzneiform	Durchschnittsmasse (mg)	höchstzulässige Abweichungen von der Durchschnittsmasse (%)
nicht überzogene Tabletten, Filmtabletten	≤80	10
	80-250	7.5
	≥250	5
Kapseln, nicht überzogene Granulate und Pulver	<300	10
	≥300	7.5
Pulver für Augentropfen	<300	10
Pulver für Augenbäder	≥300	7.5
Pulver zur Herstellung von Parenteralia[1] (in Einzeldosisbehältnissen)	>40	10
Suppositorien und Vaginalkugeln	ohne Unterscheidung der Massen	5

[1]Wenn die Durchschnittsmasse ≤40 mg ist, wird die Zubereitung nicht dieser Prüfung auf Gleichförmigkeit der Masse, sondern der Prüfung auf Gleichförmigkeit des Gehaltes unterzogen.

Kapseln werden vorsichtig geöffnet u. der Inhalt möglichst vollständig entfernt. Die Hüllen werden bei den Weichgelatinekapseln gereinigt. Die Hüllen werden einzeln gewogen u. das Gewicht des Inhalts als Differenz beider Wägungen errechnet. **Pulver zur Herst. von Parenteralia:** ergänzend werden 20 entetikettierte, außen gesäuberte u. getrocknete Behältnisse geöffnet u. sofort samt Inhalt gewogen. Nach möglichst vollständigem Entleeren u. notfalls Waschen werden die Behältnisse bis zur Gewichtskonstanz getrocknet u. gewogen. Das Gewicht des Inhalts wird als Differenz beider Wägungen errechnet.

Gleichförmigkeit der Masse der abgegebenen Dosen aus Mehrdosenbehältnissen Ph. Eur.4: Prüfung zur Qualitätssicherung von Mehrdosenbehältnissen. Mit Hilfe der integrierten Dosiervorrichtung werden 20 Einzeldosen nach dem Zufallsprinzip entnommen u. die Einzelmassen sowie die durchschnittl. Masse bestimmt. Höchstens 2 Einzelmassen dürfen um mehr als 10% u. keine Einzelmasse darf um mehr als 20% von der durchschnittl. Masse abweichen.

Gleichförmigkeit des Gehaltes: Prüfverfahren bei einzeldosierten Arzneiformen, (vgl. content uniformity), wird bei z.B. Compressi, Capsulae, Suppositoria durchgeführt; schreibt vor, dass der Durchschnittsgehalt einer Stichprobe innerhalb der festgelegten Grenzen liegen muss. Multivitaminpräparate u. Zuber. aus Spurenelementen werden nicht geprüft. **Prüfungen:** Ph.Eur.4; von 10 zufällig nach dem Stichprobenverfahren entnommenen Einheiten wird einzeln der Wirkstoffgehalt bestimmt. **Prüfung A:** Tabletten, Pulver zur Herst. von Parenteralia u. Suspensionen zur Injektion entspr. der Prüfung, wenn jeder einzelne Geh. zw. 85-115% des Durchschnittsgehaltes liegt. Liegt ein Einzelgehalt außerhalb dieser Grenzen, aber überschreitet nicht den Durchschnittsgehalt von 75-125%, so werden erneut 20 Einheiten untersucht, deren Geh. zw. 85-115% liegen muss, um der Prüfung zu entsprechen. **Prüfung B:** Kapseln, Pulver u. Granulate zur oralen Anw., Suppositorien u. Vaginalzäpfchen entspr. der Prüfung, wenn nur ein Einzelgehalt außerhalb 85-115% des Durchschnittsgehaltes liegt u. keiner 75-125% überschreitet. Liegen bis zu 3 Einzelgehalte über 85-115%, aber innerhalb von 75-125%, so müssen 20 weitere Einheiten einzeln geprüft werden. Die Zuber. entspricht, wenn nicht mehr als 3 Einzelgehalte der 30 Einheiten außerhalb 85-115%, aber innerhalb 75-125% des Durchschnittsgehaltes liegen. **Prüfung C:** transdermale Pflaster entspr. der Prüfung, wenn der Durchschnittsgehalt von 10 Pflastern zw. 90-110% des angegebenen Gehalts u. der Einzelgehalt jedes Pflasters zw. 75-125% des Durchschnittsgehalts liegt.

Gleichförmigkeit des Gewichtes: inkorrekte Bez. für Gleichförmigkeit* der Masse.

Gleichgewicht: besteht, wenn die Summe aller auf das System einwirkender Kräfte =0 ist, sich also alle äußeren u. inneren Einflüsse gegenseitig aufheben. Beispiele: mechanisches, chemisches, thermodynam. Gleichgewicht.

Gleichgewichtsfeuchte fester Füllgüter: Kennzahl fester Füllgüter für ihre Eignung zur weiteren Verarbeitung. Die Gleichgewichtsfeuchte stellt sich in einem geschlossenen Prüfgefäß zw. Pulvern od. Granulaten u. der darüber befindl. Luft (meist 40-60% relative Feuchte) ein u. wird mit einem Hygrometer gemessen. Die Bestimmung wird bei Raumtemp. durchgeführt. Die Gleichgewichtsfeuchte des Füllguts u. der Kapselhülle führt zu nachteiligen WW zw. beiden.

Gleichgewichtslöslichkeit: s. Phasenlöslichkeitsanalyse.

Gleichstromdestillation: einfache Destillation*, therm. Stofftrennverfahren, bei dem die verdampfte Flüss. im Kühler* kondensiert u. das gesamte Kondensat in die Vorlage geleitet wird. Dampf und Kondensat haben die gleiche Fließrichtung. Vgl. Gegenstromdestillation.

Gleitmittel: Lubrikanzien, Lubricantia; **1.** Überbegriff für pharmaz. Hilfsstoffe, die zu den Fließregulierungsmitteln*, Schmiermitteln* u./od. For-

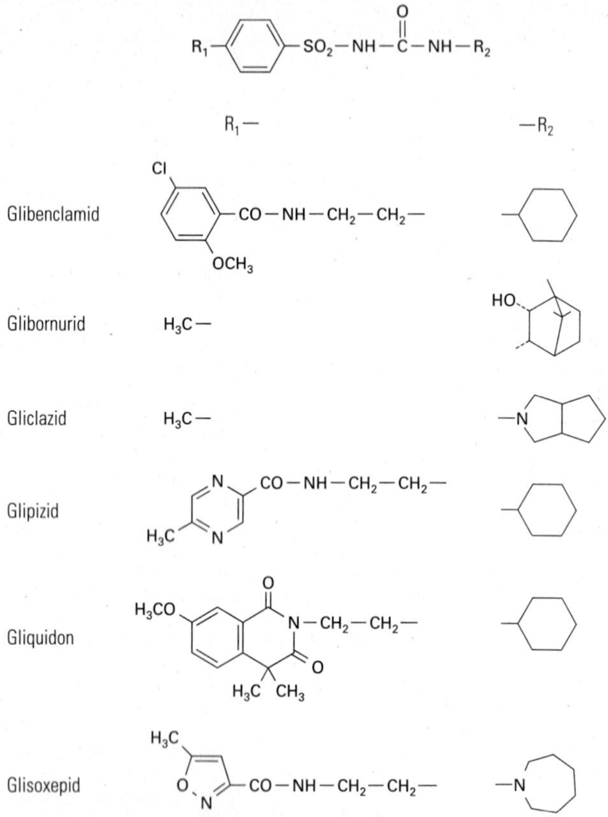

Glibenclamid: G. u. strukturverwandte Antidiabetika

mentrennmitteln* gehören u. aus techn. Gründen einer Tablettiermasse zugesetzt werden müssen. **2.** s. Abführmittel. **3.** s. Kathetergleitmittel.

Gleitreibung: s. Haftreibung.

Gliadine: Prolamine* aus Weizen u. Roggen; enthalten kein Lysin; vgl. Zöliakie.

Gliadin-Überempfindlichkeit: s. Zöliakie.

Glibenclamid INN: Glibenclamidum Ph.Eur.4, Glybencyclamid; 1-{4-[2-(5-Chlor-2-methoxybenzamido)ethyl]phenylsulfonyl}-3-cyclohexylurea; CAS-Nr. 10238-21-8; $C_{23}H_{28}ClN_3O_5S$, M_r 494.00. Schmp. 169-170 °C (kristallisiert aus Ethanol/DMF), Schmp. 172-174 °C (kristallisiert aus Methanol). Fast unlösl. in Wasser u. Ether; lösl. in Ethanol 1:330, in Chloroform 1:36, in Methanol 1:250. **Anw.:** orales Antidiabetikum* der 2. Generation; **UAW, Kontraind.** u. **WW:** s. Antidiabetika; **Dos.:** p.o. Initialdos. 1×2.5 mg/d, dann individuell erhöhen; HWZ 2.5 h.

Glibornurid INN: 1-(2-*endo*-Hydroxy-3-*endo*-bornyl)-3-(4-tolylsulfonyl)urea; CAS-Nr. 26944-48-9; $C_{18}H_{26}N_2O_4S$, M_r 366.48. Strukturformel s. Glibenclamid (Abb.). Schmp. 195-198 °C. $[\alpha]_D^{20\,°C}$ +63.8° (Ethanol). **Anw.:** orales Antidiabetikum* der 2. Generation; **UAW, Kontraind.** u. **WW:** s. Antidiabetika; **Dos.:** p.o. Initialdos. 12.5 mg/d nach dem Frühstück, MED 50 mg; HWZ 8 h.

Gliclazid INN: Gliclazidum Ph.Eur.4; 1-(3-Azabicyclo[3.3.0]oct-3-yl)-3-4-tolylsulfonyl)urea; CAS-Nr. 21187-98-4; $C_{15}H_{21}N_3O_3S$, M_r 323.42. Strukturformel s. Glibenclamid (Abb.). Schmp. 180-182 °C (kristallisiert aus wasserfreiem Ethanol). **Anw.:** orales Antidiabetikum*; **Dos.:** 1×0.08-0.16 g/d morgens; HWZ 12 h.

Gliederfüßer: s. Arthropoden.

Gliederzypresse: s. Cupressaceae.

Gliedkraut: s. Sideritis hirsuta (Herba Sideritidis).

Glimepirid INN: *trans*-3-Ethyl-4-methyl-*N*-{4-[3-(4-methylcyclohexyl)ureidosulfonyl]phenethyl}-2-oxo-3-pyrrolincarboxamid; CAS-Nr. 93479-97-1;

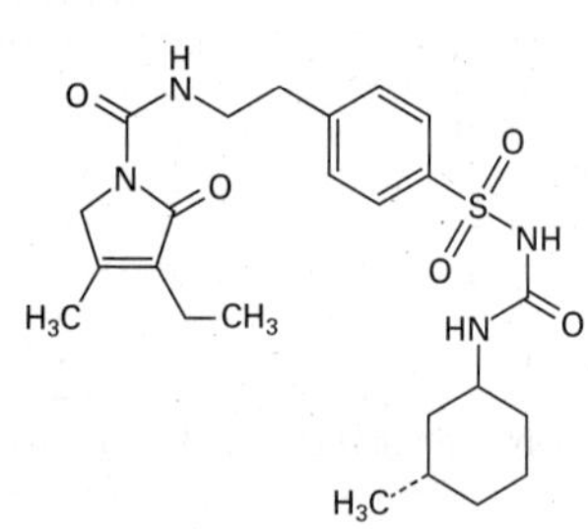

Glimepirid

$C_{24}H_{34}N_4O_5S$, M_r 490.62. Schmp. 207 °C. **Wirk.** u. **Anw.**: Antidiabetikum* (Sulfonylharnstoffderivat); **UAW:** s. Antidiabetika; **Dos.**: Einstellung des Diabetikers durch den Arzt notwendig; initial 1×1 mg/d, auf max. 6 mg/d erhöhen (Einnahme unmittelbar vor dem Frühstück); HWZ 5-8 h.

Gliotoxin: $C_{13}H_{14}N_2O_4S_2$; fungistat. wirkendes Antibiotikum. **Gew.**: aus versch. Pilzen (Aspergillus fumigatus, Cliocladium fimbriatum, Penicillium jenense u. a.); **Anw.**: Saatbeize.

Glipizid INN: Glipizidum Ph.Eur.4, Glydiazinamid; 1-Cyclohexyl-3-({4-[2-(5-methylpyrazin-2-carboxamido)ethyl]phenyl}sulfonyl)urea; CAS-Nr. 29094-61-9; $C_{21}H_{27}N_5O_4S$, M_r 445.55. Strukturformel s. Glibenclamid (Abb.). Schmp. 208-209 °C (krisitallisiert aus Ethanol). Fast unlösl. in Wasser, Ethanol u. chlorierten Lsg.; wenig lösl. in Aceton. **Anw.**: orales Antidiabetikum* der 2. Generation; **UAW, Kontraind.** u. **WW:** s. Antidiabetika; **Dos.**: p. o. 2.5-3.0 mg/d; HWZ 4 h.

Gliquidon INN: 1-Cyclohexyl-3-{4-[2-(1,2,3,4-tetrahydro-7-methoxy-4,4-dimethyl-1,3-dioxo-2-isochinolyl)ethyl]phenylsulfonyl}urea; CAS-Nr. 33342-05-1; $C_{27}H_{33}N_3O_6S$, M_r 527.6. Strukturformel s. Glibenclamid (Abb.). **Anw.**: orales Antidiabetikum* der 2. Generation; **Dos.**: p. o. 1×15 mg/d zu Beginn der Einstellung, n. B. erhöhen um jeweils 15 mg; HWZ 1.5 h.

Glisoxepid INN: 3-(1-Azepanyl)-1-{4-[2-(5-methyl-3-isoxazolylcarboxamido)ethyl]phenylsulfonyl}urea; CAS-Nr. 25046-79-1; $C_{20}H_{27}N_5O_5S$, M_r 449.54. Strukturformel s. Glibenclamid (Abb.). Schmp. 189 °C (kristallisiert aus Ethanol). **Anw.**: orales Antidiabetikum* der 2. Generation; **Dos.**: p. o. Initialdos. 1×2 mg/d; HWZ 1.5-2 h; vgl. Antidiabetika.

Glitazone: s. Antidiabetika (orale).

Gln: Abk. für Glutamin*.

Globex-Verfahren: s. Tropf- od. Blasverfahren.

Globin: s. Hämoglobin.

Globoid: (bot.) kugeliges Gebilde im Aleuronkorn*, aus Calcium- u. Magnesiumsalzen der Inositphosphorsäure bestehend.

Globosid: Glykolipid*; neutrales Ceramidoligosaccharid aus Ceramid, Lactose, Galactose u. N-Acetylgalactosamin; ähnl. dem Gangliosid.

Globularia alypum L.: Kugelblumenstrauch; Fam. Globulariaceae (Mittel- u. Südeuropa). Stpfl. von **Folia Alypi:** Kugelblumenstrauchblätter. **Inhaltsst.**: Iridosidglucoside, Globularin, Catapol, Globularidin u. a., Carbonsäuren, Flavonoide (z. B. Globulariacitrin), Gerbstoffe u. der Bitterstoff Pikroglobularin **Wirk.** u. **Anw.** volkstüml.: z. B. bei Verstopfung, Harnweginfekten; **UAW:** Globularin bewirkt Erbrechen, Koliken, starke Diarrhöen, Kopfschmerzen u. Schwindel; Globularetin wirkt in Dosen von 0.1-0.3 g stark abführend u. diuretisch; **Tox.**: tox. Symptome treten ab einer Dosis von 0.5 g Globularetin auf.

Globuli: **1.** s. Globuli vaginales. **2.** Globuli velati, s. Homöopathie.

γ-Globulin: s. Gammaglobuline.

Globulin, antihämophiles: s. Blutgerinnungsfaktor VIII.

Globuline: umfassendste u. heterogenste Gruppe der einfachen Proteine, die in reinem Wasser unlösl., in verdünnten Salzlsg. jedoch lösl. sind. Sie kommen in allen tier. u. pflanzl. Zellen u. Körperflüss. vor, z. B. in Serum, Milch, Plasma. Zu den G. gehören zahlreiche Enzyme sowie biol. wichtige Proteine u. die meisten Glykoproteine. Sie sind im Ggs. zu den Albuminen höhermolekular. Am besten untersucht sind die Plasmaglobuline (s. Plasmaproteine), die sich elektrophoret. in die Fraktion der α-, β- u. γ-Globuline (vgl. Gammaglobulin) auftrennen lassen (s. Elektrophorese, Abb. 1).

Globuli vaginales: Suppositoria vaginalis, Ovula, Vagitoria, Vaginalkugeln, Scheidenzäpfchen; G. sind einzeldosierte, feste Arzneizuber. mit in der Grundmasse gelösten od. feinen, gleichmäßig verteilten Arzneistoffen zur lokalen Behandlung der Vagina (entzündungshemmend, antiseptisch). Sie werden auch zur Kontrazeption eingesetzt. Ihre Grundmassen können in Wasser lösl., unlösl. od. in Wasser dispergierbar sein u. entsprechen i. Allg. den Grundmassen für Suppositorien od. Tabletten. Form (ei-, kugel-, torpedoförmig), Volumen u. Konsistenz sind dem Einführen in die Scheide angepasst. Ihr Gewicht liegt zwischen 1 u. 15 g. Sie verflüssigen sich in der Vagina mit Hilfe des Vaginalsekrets od. bilden einen Schaum. Zur Benetzung der Vaginalschleimhaut eignen sich am besten hydrophile Grundlagen mit kurzen Auflösungszeiten, bevorzugt Glycerol-Gelatine. **Herst.**: Gemisch aus 1 T. Gelatine, 2 T. Wasser u. 5 T. Glycerol (85 %). Die Gelatine lässt man in Wasser quellen, setzt das Glycerol zu, erwärmt bis max. 65 °C zur Lsg., ergänzt das verdunstete Wasser u. mischt durch. In die noch flüss. Masse werden die Arzneistoffe eingearbeitet u. die Mischung in Globuliformen ausgegossen, s. Suppositoria. Die für die geeignete Konsistenz vorgeschlagene Gelatinekonz. (12.5 %), muss bei höherem Pulveranteil erniedrigt (bis 7 %) bzw. bei hygroskopischen od. konsistenzerniedrigenden Zusätzen erhöht werden (bis 22 %). Wegen der Anfälligkeit gegenüber Mikroorganismen ist bei längerer Lagerung ein geeignetes Konservierungsmittel zuzusetzen. Auch Hartfette bes. mit erhöhtem Partialestergehalt, ethoxylierte Partialglyceride u. Polyethylenglykol-Gemische eignen sich für Vaginalkugeln. Schaumbildende Globuli vaginales haben eine ähnl. Zstzg. wie Vaginalbrausetabletten, s. Vaginaltabletten. G.v. müssen der Zerfallsprüfung* (geprüft wird nach 60 min) u. der Prüfung auf Gleichförmigkeit* der Masse einzeldosierter Arzneiformen entsprechen. Globuli mit weniger als 2 mg od. 2 % Wirkstoff bezogen auf die Gesamtmasse müssen der Prüfung auf Gleichförmigkeit* des Gehaltes entsprechen. Sie sind in geeigneten Folien verpackt abzugeben; vgl. Capsulae.

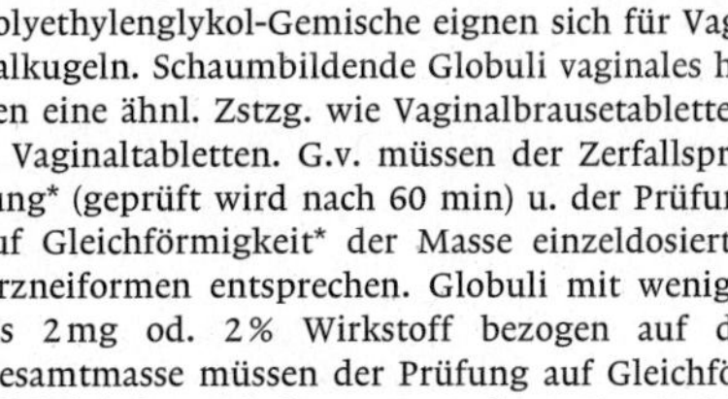

Globuli vaginales: Gießform für Vaginalkugeln, an den Einfüllöffnungen entstehen Gusszapfen

G

Globuli velati: Streukügelchen; s. Homöopathie.
Glockenbilsenkraut: s. Scopolia carniolica.
Glonoinum: s. Solutio Nitroglyceroli spirituosa.
Gloriosa superba L.: Hakenlilie; Fam. Liliaceae (bzw. Fam. Colchicaceae) (trop. Afrika u. Asien). Stpfl. von **Tubera Gloriosae:** Gloriosaknollen. **Inhaltsst.:** Colchicin* u. ähnl. Verbindungen; **Anw.:** zur Gew. von Colchicin.
Glossa: Zunge.
Glossinidae: s. Fliegen.
Glottis: der stimmbildende, aus den Stimmfalten bestehende Teil des Kehlkopfes.
GLP: Abk. für (engl.) *Good Laboratory Practice;* vom OECD*-Rat am 12.05.1981 formulierte Grundsätze zur Guten Labor-Praxis. Mit den EG-Richtlinien 87/18/EWG, 88/320/EWG u. 90/18/EWG hat die Europäische Gemeinschaft die Anw. der GLP-Grundsätze verbindl. gemacht u. ihre Mitgliedstaaten verpflichtet, diese in nationales Recht zu überführen. Das deutsche Recht berücksichtigt die GLP-Grundsätze im Sechsten Abschnitt des Chemikaliengesetzes* (§§ 19a ff.). Die GLP befasst sich mit dem organisator. Ablauf u. den Bedingungen, unter denen Laborprüfungen geplant, durchgeführt u. überwacht werden sowie mit der Aufzeichnung u. Berichterstattung der Prüfung. Die GLP-Grundsätze finden Anw. für die Prüfung von Chemikalien, Arzneimitteln u. Pflanzenschutzmitteln, um Daten über deren Eigenschaften u. deren Unbedenklichkeit für die menschl. Gesundheit od. die Umwelt zu gewinnen.
Glu: Abk. für Glutaminsäure*.
Glucagon INN: Glucagonum humanum Ph.Eur.4; CAS-Nr. 16941-32-5; $C_{153}H_{225}N_{43}O_{49}S$; M_r 3482; weißes Pulver, fast unlösl. in Wasser u. den meisten org. Lösungsmitteln; blutzuckersteigerndes peptidhormon aus den α-Zellen der Langerhans-Inseln der Bauchspeicheldrüse (von Rind od. Schwein). G. besteht aus 29 Aminosäuren; wird durch Emiozytose* nach Absinken des Blutglucosespiegels (vgl. Hypoglykämie) freigesetzt; **Wirk.:** G. fördert die Gluconeogenese*, steigert die hepat. Glykogenolyse u. ist am Herzen positiv inotrop wirksam. Es fördert die Verwertung der entstehenden Glucose durch direkte (glucoseunabhängige) Insulinsekretion; vgl. Enteroglucagon. **Anw.:** Antihypoglykämikum, diagnostisch bei Glykogenosen; **Dos.:** parenteral, s.c., i.v., i.m. 0.5-1 mg, nach 20 min wiederholbar (Ph.Eur.Komm).
Glucametacin INN: 1-(*p*-Chlorbenzoyl)-5-methoxy-2-methylindol-3-ylessigsäureglucosamid; CAS-Nr. 52443-21-7; $C_{25}H_{27}ClN_2O_8$, M_r 519.0; meist als Monohydrat vorliegend. **Anw.:** Antirheumatikum*, Antiphlogistikum*.
Glucane: s. Kohlenhydrate (Homoglykane).
Gluceptat: Gluceptas; chem. Kurzbez. für Glucoheptonat, Salz der Glucoheptonsäure*.
Glucinium: s. Beryllium.
Glucitol: s. Sorbitol.
Glucobrassicin: s. Glucosinolate (Tab.).
Glucoconvallosid: Cardenolid mit dem Aglykon k-Strophanthidin*; Strukturformel s. Glykoside, herzwirksame (Tab. 2). **Vork.:** nat. z.B. in Convallaria-Arten.
Glucocorticoide: Hormone der Nebennierenrinde, die bes. auf den Kohlenhydrat- u. Proteinstoffwechsel einwirken, s. Hormone.
Glucoerysolin: s. Glucosinolate (Tab.).
Glucoheptonsäure: D-Glycero-D-guloheptonsäure; $C_7H_{14}O_8$, M_r 226.18 (s. Abb.). **Herst:** Addition von Blausäure an Glucose u. anschließende Hydrolyse des Cyanhydrins. Stabiler als die freie Säure sind deren Salze, die Glucoheptonate, z.B. Calciumglucoheptonat*.

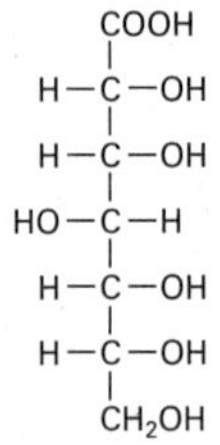

Glucoheptonsäure

Gluconasturtiin: s. Glucosinolate (Tab.); Armoracia rusticana; Nasturtium officinale (Herba Nasturtii).
Gluconeogenese: Glucose-Neubildung; die Synthese von Glucose aus Pyruvat u. Aminosäuren. Die G. erfolgt nicht durch einfache Umkehrung der Glykolyse*, da unter normalen physiolog. Bedingungen die Gleichgewichte für diese Reaktionen recht ungünstig liegen. Bei der G. wird Pyruvat direkt od. indirekt über Malat zu Oxalacetat carboxyliert (s. Carboxylierung). Anschließend wird Oxalacetat mittels Phosphoenolpyruvatdecarboxylase zu Phosphoenolpyruvat decarboxyliert u. phosphoryliert. Durch Umkehr der Glykolysereaktion entsteht aus Phosphoenolpyruvat Fructose-1,6-diphosphat. Die Phosphofructokinasereaktion ist nicht reversibel; stattdessen wird eine Phosphatgruppe durch Fructosediphosphatase abgespaltet; es entsteht Fructose-6-phosphat, die zu Glucose-6-phosphat umgewandelt wird. Bei niedrigem Blutzuckerspiegel wird Glucose-6-phosphat mittels Glucose-6-phosphatase zu Glucose hydrolysiert, sonst wird es direkt zur Synthese von Glykogen verwendet. Gesamtreaktion: 2 Pyruvat (2 $CH_3-CO-COO^-$) + 2 NADH + 4 H^+ + 6 ATP $\rightarrow$ Glucose ($C_6H_{12}O_6$) + 2 NAD^+ + 6 ADP + 6 P_i Die erforderl. Energie wird durch die vollständige Oxidation von 20-30 % des Lactats zu CO_2 u. H_2O bereitgestellt. G. aus Aminosäuren beruht auf deren Umwandlung zu C_4-Carbonsäuren (glucoplastische Aminosäuren*). Diese können als Zwischenprodukte des Tricarbonsäurezyklus* zu Oxalacetat umgebildet werden. G. findet hauptsächl. in der Leber u. Niere statt. Wichtig v.a. bei starkem Lactatanfall durch Muskelarbeit u. bei Hunger zur Aufrechterhaltung des Blutglucosespiegels. Dabei werden v.a. glucoplast. Aminosäuren herangezogen. Die Stimulierung der G. erfolgt durch Glukagon, die Hemmung durch Insulin.
Gluconsäure: D-Gluconsäure, Dextronsäure; eine Polyhydroxymonocarbonsäure, die aus Glucose durch Oxidation an C1 entsteht. Analog entsteht aus Glucose-6-phosphat durch Glucose-6-phos-

phatdehydrogenase das Gluconsäure-6-phosphat, ein Intermediärprodukt des Pentosephosphatzyklus*. **Anw.:** med.: Salze (Gluconate) wie Calciumgluconat* od. Eisengluconat; techn.: als Gerb- u. Beizmittel.

Glucoraphanin: s. Glucosinolate (Tab.).

Glucosamin: syn. D-Glucosamin, Chitosamin, 2-Amino-2-desoxy-D-glucose; 2-Amino-2-desoxy-β-D-glucopyranose; CAS-Nr. 4316-24-8; $C_6H_{13}NO_5$, M_r 179.17. α-D-Glucosamin: Schmp. 88 °C. $[\alpha]_D^{20\,°C}$ +100° → +47.5° (nach 30 min). β-D-Glucosamin: Schmp. 110 °C (unter Zers.). $[\alpha]_D^{20\,°C}$ +28° → +47.5° (nach 30 min, Wasser). Die β-Form ist sehr leicht lösl. in Wasser; lösl. 1:38 in kochendem Methanol; wenig lösl. in kaltem Methanol, Ethanol; fast unlösl. in Ether, Chloroform. **Vork.:** nat. in Chitin, Mukoproteinen, Mukopolysacchariden; **Darst.:** aus Chitin isoliert od. synth. hergestellt; **Anw.:** Antirheumatikum*, Antarthritikum*, Chondroprotektivum*; **Dos.:** p. o. retard 2×0.25 g/d; parenteral (i. v., i. m.) 0.4 g/2 d über 4 Wochen. Gebräuchl. sind auch Glucosaminhydrochlorid, Glucosaminhydroiodid, Glucosaminsulfat.

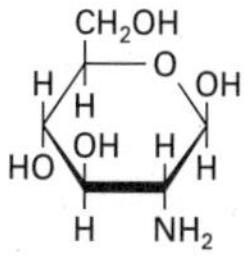

Glucosamin: β-D-Glucosamin

Glucose: Hexose, die nat. nur in der D-Konfiguration vorkommt u. überwiegend als ringförmige Pyranose in den 2 anomeren Formen α-D- u. β-D-Glucopyranose. Die spiegelbildl. L-Glucose wurde in der Natur nicht nachgewiesen. **D-Glucose:** Dextrose, Traubenzucker, Saccharum amylaceum; CAS-Nr. 50-99-7; $C_6H_{12}O_6$, M_r 180.16. α-D-Glucose (wasserfrei): Schmp. 146 °C. $[\alpha]_D^{20\,°C}$ +112.2° → +52.7° (c=10 in Wasser). β-D-G.: Schmp. 148-155 °C. $[\alpha]_D^{20\,°C}$ +18.7° → +52.7° (c=10 in Wasser). Schmelzen unter Schwarzfärbung u. Entwicklung des Geruchs nach Karamel. G. liegt als Pyranose in Sesselform (s. Konformation) vor, wobei alle OH-Gruppen in der thermodynam. stabileren β-Form äquatorial angeordnet sind. In der β-Form sind die OH-Gruppen an C-Atom 1 u. 2 *trans*-ständig, in der α-Form *cis*-ständig (OH-Gruppe am C-1 daher axial) angeordnet. In wässriger Lsg. ergibt sich ein Gleichgewicht aus 64 % β- u. 36 % α-Glucose (vgl. Mutarotation). Zur Formelschreibweise der Fischer-Projektion s. Kohlenhydrate (Abb. 2). Die β-Form erhält man aus heißen Lsg. der α-Form in Eisessig od. Pyridin. Unter 50 °C kristallisiert das α-Diastereomere in Wasser als Monohydrat, in absolutem Ethanol als Anhydrat; lösl. in ca. 1.5 T. Wasser, wenig lösl. in Ethanol (ca. 1:50), schwer lösl. in Chloroform, Aceton, Methanol; hygroskop. Punkt 81% rel. Feuchte. **Vork.:** G. gehört zu den am weitesten verbreiteten nat. vorkommenden org. Verb. u. stellt das wichtigste Monosaccharid des tier. Organismus dar. In freier Form findet man G. in zahlreichen süßen Früchten, im Honig u. Nektar sowie im Blut (bis zu 0.1 %; patholog. vermehrt bei Diabetes mellitus). G. ist versch. anaeroben u. aeroben Gärungen* zugängl., wie alkohol. Gärung, Milchsäure-, Essigsäure- od. Citronensäuregärung. G. ist ferner Baustein vieler Oligo- u. Polysaccharide (Saccharose, Lactose, Maltose, Stärke, Glykogen, Cellulose) sowie der Glykoside; v. a. die Phosphorsäureester der G. sind bes. wichtige Intermediärprodukte des Stoffwechsels. Die aktivierte Form, die ADP-G., spielt bei der Stärkesynthese in Pfl. eine Rolle; UDP-G. ist der Glucosedonator bei der Synthese vieler Zucker (s. Nucleosiddiphosphatzucker). **Gew.:** saure od. enzymat. Hydrolyse von Kartoffel- od. Maisstärke bzw. Cellulose; **Wirk.** u. **Anw.:** parenterale Ernährung, Behandlung u. Prophylaxe der Dehydration, zeitweise Erhöhung des Blutvolumens, Beseitigung des hypoglykäm. Komas; peroral auch zur Beseitigung von Schwächezuständen, für Mastkuren. Durch die rasche Resorption der G. steigt der Blutzuckergehalt. Dies bewirkt die Sekretion von Insulin* u. eine Hypoglykämie, die von Hungergefühl begleitet wird. **Pharmaz.-technolog. Verwendung:** Füll- u. Bindemittel speziell für Kau-, Lutsch- u. Vaginaltabletten; ferner zum Süßen von Getränken. Eine 5.05 %ige Lsg. wasserfreier bzw. 5.51 %ige Lsg. hydratisierter G. ist isoosmot. mit dem Serum. **Inkomp.:** starke Basen (Braunfärbung), verd. Alkalien in der Hitze, Vitamin-B-Komplex beim Erwärmen; Aldehydreaktion mit Aminen, Amiden, Aminosäuren, Peptiden u. Proteinen (Braunfärbung). **Glucosum anhydricum Ph.Eur.4:** wasserfreie Glucose, Dextrosum anhydricum, wasserfreie Glucose zur parenteralen Anwendung, Dextrosum anhydricum ad usum parenterale, Glucosum anhydricum ad injectionem. **Glucosum monohydricum Ph.Eur.4:** Glucose-Monohydrat, Dextrosum monohydricum, Glucose-Monohydrat zur parenteralen Anwendung, Dextrosum monohydricum ad usum parenterale; Glucosum monohydricum ad injectionem, α-D-Glucopyranose-Monohydrat; CAS-Nr. 5996-10-1; $C_6H_{12}O_6 \cdot H_2O$, M_r 198.17. Wassergehalt 7.0-9.5 %. **Glucosesirup:** Glucosum liquidum Ph.Eur.4; wässrige Zuber. einer Mischung von Glucose, Di- u. Polysacchariden, enthält mind. 70.0 % Trockensubstanz. Der Hydrolysegrad, ausgedrückt als Glucoseäquivalent (Dextrose-Äquivalent), ist mind. 20 % u. weicht höchstens um 10 % von dem in der Beschriftung angegebenen Wert ab; farblose bis braune, klare, viskose Flüssigkeit, mischbar mit Wasser; fester Sirup verflüssig sich durch Erwärmen auf 50 °C. **Sprühgetrocknete Glucoselösung:** Glucosum liquidum dispersione desiccatum Ph.Eur.4; weißes bis fast weißes Pulver od. Körner, schwach hygroskopisch, leicht lösl. in Wasser.

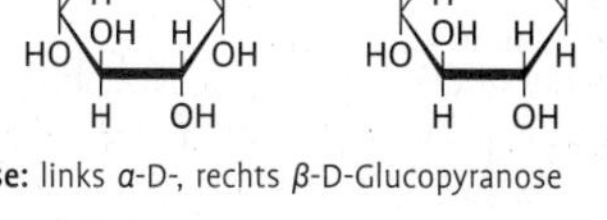

Glucose: links α-D-, rechts β-D-Glucopyranose

Glucose, aktive: s. Nucleosiddiphosphatzucker.

Glucose-Augentropfen 40%: s. Augentropfen.

Glucose-Elektrolyt-Mischung: s. Mixtura Dextrosi-Electrolyti.

Glucose-Monohydrat: s. Glucose (Glucosum monohydricum Ph.Eur.).

Glucoseoxidase: Abk. GOD; Enzym zum Glucosenachweis; ein in Pfl. u. Mikroorganismen (z.B. Aspergillus-Arten) vorkommendes Flavoprotein, das spezif. die *β*-D-Glucose in Anwesenheit von Sauerstoff zu Gluconolacton oxidiert. Das dabei entstehende Wasserstoffperoxid wird unter dem Einfluss einer Peroxidase mit einem Chromophor (z.B. *o*-Toluidin) umgesetzt. Der dabei entstehende Farbstoff zeigt ein positives Ergebnis an. G. aus Aspergillus stellt ein dimeres Flavoglykoprotein dar (16% Kohlenhydrate, M_r 160000, zwei FAD pro Molekül, zwei Untereinheiten mit je M_r 80000). G. wird durch Quecksilberbenzoat gehemmt.

Glucose-1-phosphat: Cori-Ester; wird bei der Phosphorolyse von Glykogen* u. Stärke (s. Amylum) gebildet u. durch das Enzym Phosphorglucomutase in Glucose*-6-phosphat umgewandelt.

Glucose-6-phosphat: Robinson-Ester; das stoffwechselaktive Derivat der D-Glucose; Schlüsselenzym im Kohlenhydratstoffwechsel*.

Glucose-6-phosphat-Dehydrogenase: Abk. GPDH; Schlüsselenzym des Pentosephosphatzyklus*, das im Tier- u. Pflanzenreich weit verbreitet ist. Für GPDH kann die Entstehung des aktiven Enzyms aus inaktiven Vorstufen nachgewiesen werden. GPDH ist ein tetrameres Enzym, M_r 206000 (bei Neurospora) bis 240000 (in Erythrozyten). Seine Dimeren werden durch NADP zusammengehalten. Beim Menschen sind 50 genet. Varianten der Erythrozyten-GPDH bekannt. In manchen Fällen kommt es durch Genuss bestimmter Leguminosen (z.B. von Saubohnen), durch Einatmen von Bohnenblütenstaub od. durch bestimmte Medikamente zu einem Mangel an GPDH, der eine schwere hämolyt. Anämie zur Folge hat (Favismus, Bohnenkrankheit). Der Favismus ist v.a. im Mittelmeerraum, Asien u. Amerika verbreitet.

Glucosesirup: s. Stärkesirup.

Glucosesirup, sprühgetrockneter: Glucosum liquidum dispersione desiccatum Ph.Eur.4; Mischung von Glucose, Di- u. Polysacchariden, die durch partielle Hydrolyse von Stärke gewonnen wird (s. Stärkesirup). Der Hydrolysegrad, ausgedrückt als Glucoseäquivalent, muss mind. 20% betragen u. darf max. um 10% von dem in der Beschriftung angegebenen Wert abweichen. Mit Hilfe einer Glucosereferenzlösung wird das Glucoseäquivalent mit Fehling*-Reagens ermittelt. Weisses Pulver od. Körner, schwach hygroskop.; leicht lösl. in Wasser. Trocknungsverlust max. 6.0%; max. 10^3 koloniebildende, aerobe Bakterien u. 10^2 Pilze je g Substanz. Escherichia coli u. Salmonellen dürfen nicht vorhanden sein.

Glucosetest: s. Glucoseoxidase.

Glucosidasehemmer: s. Glykosidasehemmer.

Glucosidasen: s. Glykosidasen.

Glucoside: Glykoside*, die als Zucker nur Glucose enthalten.

Glucosinolate: Senfölglucoside, Thioglucoside; *S*-(*β*-D-1-Glucopyranosyl)-alkyl- od. -arylalkylthiohydroxamsäure-*O*-sulfate); *β*-Glucoside von Thiohydroximsäuren bzw. deren Sulfaten. In den meisten Fällen liegen die G. als Kaliumsalze vor, bei Sinalbin* wird das Kation von Sinapin* (Cholinester von Sinapinsäure) gestellt. Enzymat. Hydrolyse der C-S-Bindung bei pH 6-7 durch Myrosinase (eine *β*-Thioglucosidase mit Sulfataseaktivität) nach Aktivierung durch Ascorbinsäure u. anschließend eine Art Lossen*-Umlagerung (s. Sinigrin) ergibt Glucose, Hydrogensulfat u. die freien Isothiocyanate* (Senföle), die antibakteriell wirksam sind (s. Abb. 1). Erfolgt die Hydrolyse im stärker sauren Bereich (pH 3-4), unterbleibt die Umlagerung, u. es entstehen ein Nitril, Schwefel, Hydrogensulfat u. Glucose. Das einfachste Glucosinolat ist Glucocaparin, das prakt. in allen Fam. der Capparales vorkommt u. das bei Hydrolyse als Senföl Methylisothiocyanat liefert. Die Myrosinase

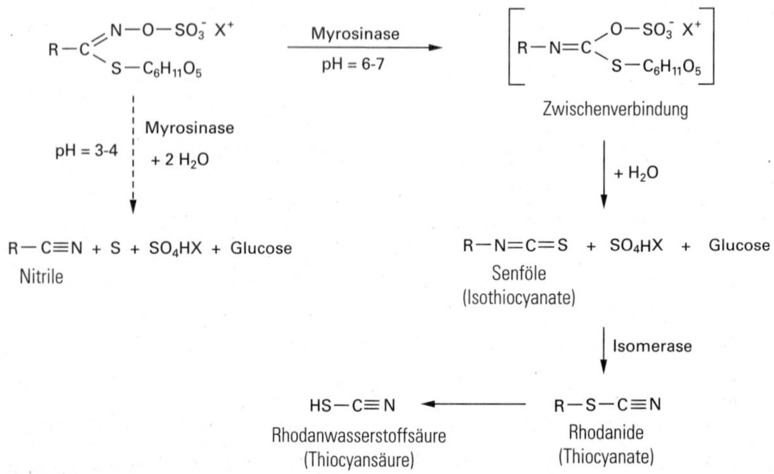

Glucosinolate Abb. 1: enzymatischer Abbau (R: Alkyl- od. Arylrest)

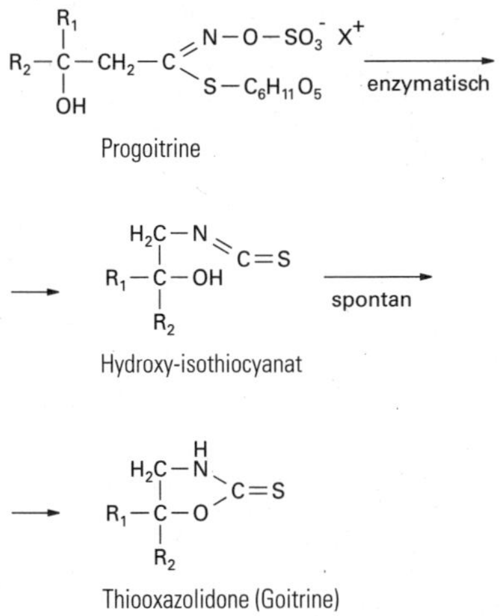

Glucosinolate Abb. 2: Bildung von Goitrinen aus Progoitrinen (R_1, R_2: versch. Reste)

ist ein komplexes Enzymsystem u. liegt, im Gewebe von den Glucosiden getrennt, in Ideoblasten vor. Erst wenn die Gewebestruktur zerstört wird, kann der enzymat. Prozess unter Anwesenheit von Wasser ablaufen. Unter bes. Bedingungen können aus Glucosinolaten auch Thiocyanate (Rhodanide) gebildet werden, die wie die Goitrine antithyreotisch (thyreostatisch) wirksam u. somit strumigen (kropfbildend, engl.: *goitrogen*) sind. **Goitrine** (engl.: *goiter Kropf*) sind Thiooxazolidone (Oxazolidinthione), die infolge einer spontanen Cyclisierung von β-Hydroxysenfölen entstehen; (s. Abb. 2). Diese liegen genuin ebenfalls in glucosidierter Form vor, z. B. in Kohlarten, u. wurden daher früher als Brassica-Faktoren, heute aber meistens als Progoitrine bezeichnet. **Vork.:** charakterist. Inhaltsst. der Capparales (Fam. Capparidaceae, Fam. Brassicaceae, Fam. Resedaceae), vereinzelt bei Fam. Tropaeolaceae, Fam. Moringaceae u. Fam. Euphorbiaceae (s. Tab.); **Biosynthese:** der Glucosinolat-Aglyka erfolgt ausgehend von α-Aminosäuren über Aldoxime, in die auf einem noch nicht eindeutig geklärten Weg Schwefel eingebaut wird. Die dabei entstehenden Thiohydroximsäuren werden nun noch vor dem letzten Schritt, dem Einbau der $-OSO_3$-Gruppe, glucosidiert. **Wirk.** u. **Anw.** volkstüml.: Wegen der bakteriziden Wirk. der Senföle werden Glucosinolat-Drogen u. Zuber. daraus (Senföle) bei Bronchitiden, als Harnwegdesinfizientia u. bei grippalen Infekten eingesetzt. Sie wirken cholekinetisch u. fördern die Magensaftsekretion. Äußerl. dienen sie als Scharfstoffe (s. Scharfstoffdrogen) zur Bereitung von Hautreizmitteln*.

Glucosum liquidum: s. Stärkesirup.

Glucosurie: Glukosurie; erhöhte Ausscheidung von Glucose* im Harn*. **Vork.:** v. a. bei Diabetes* mellitus, nach kohlenhydratreicher Mahlzeit, bei Nierenerkrankungen od. medikamentös bedingt; vgl. Blutzucker.

Glucosinolate
Einige Beispiele

Glucosinolat	Senföl -i.: -isothiocyanat	Vorkommen (Beispiele)	
Sinigrin*	Allyl-i.	Brassica* nigra	Schwarzer Senf
		Armoracia* rusticana	Meerrettich
Glucotropaeolin	Benzyl-i.	Tropaeolum* majus	Kapuzinerkresse
Sinalbin*	4-Hydroxybenzyl-i.	Sinapis* alba	Weißer Senf
Gluconasturtiin	Phenylethyl-i.	Armoracia* rusticana	Meerrettich
		Nasturtium* officinale	Brunnenkresse
Glucocochlearin	sec.-Butyl-i.	Cochlearia* officinalis	Löffelkraut
Gluconapin	3-Butenyl-i.	Brassica* napus	Raps
		Brassica rapa	Rübsen
Glucobrassicin	3-Indolylmethyl-i.	Brassica* oleracea	Kohl-Arten
Glucoraphanin	Sulforaphen	Raphanus* sativus	Rettich-Arten
		Erysimum* crepidifolium	Schöterich
Glucocheirolin	Methylsulfonylpropyl-i.	Cheiranthus* cheiri	Goldlack
Glucoerysolin	Methylsulfonylbutyl-i.	Erysimum* crepidifolium	Schöterich

Glucotropaeolin: s. Glucosinolate (s. Tab.); Tropaeolum majus (Herba Tropaeoli).

Glucurolacton INN: syn. D-Glucuronsäure-γ-lacton; D-Glucofuranuronsäure-6,3-lacton; CAS-Nr. 63-29-6; $C_6H_8O_6$, M_r 176.12. Schmp. 176-178 °C, Handelschargen: Schmp. 172 °C. $[\alpha]_D^{25\,°C}$ +19.8° (c=5.19 in Wasser). d_4^{30} 1.76. Lösl. in Wasser 26.9 g/100 mL; 2.8 g/100 mL in Methanol; 0.7 g/100 mL in Ethanol; 0.3 g/100 mL in Eisessig. pH einer 10 %igen wässrigen Lsg. 3.5, pH 2.5 nach einer Woche. **Anw.** u. **Wirk.**: zur physiol. Entgiftung (Förderung der Glucuronsäure-Synthese).

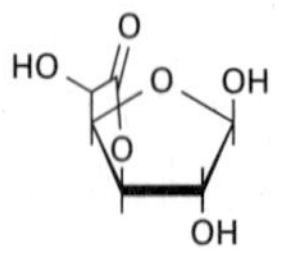

Glucurolacton

Glucuronatweg: Glucuronat-Xylulose-Zyklus, D-Glucuronat-L-Gulonat-Weg; ein zykl. Reaktionsweg im Kohlenhydratstoffwechsel*, der für die Synthese u. den Abbau von Ascorbinsäure u. Myo-Inosit Bedeutung hat (s. Abb.). Glucose wird in Stellung 6 zu D-Glucuronat oxidiert. Die Reaktion verläuft über UDP-Glucose (s. Nucleosiddiphosphatzucker). Glucuronat dient als Ausgangsstoff für die Synthese von Glucuroniden. Es wird durch Reduktion zum L-Gulonat abgebaut. Hierbei erfolgt ein Übergang zur L-Konfiguration (das C-Atom 6 des Glucuronats bildet das C-Atom 1 des L-Gulonats). L-Gulonat gelangt entw. in den Ascorbinsäurestoffwechsel od. wird zu 3-Keto-L-gulonat oxidiert, aus dem unter Decarboxylierung L-Xylulose entsteht. Xylulose wird zum Zuckeralkohol Xylitol reduziert, der dann wieder zu D-Xylulose oxidiert wird. Der abermalige Wechsel der Konfiguration erfolgt durch die Bildung des C-Atoms 5 der D-Xylulose aus dem C-Atom 1 des Xylitols. Mit der D-Xylulose, die zu Xylulose-5-phosphat umgewandelt wird, ist der Anschluss zum Pentosephosphatzyklus* hergestellt. Über diesen erfolgt die Regeneration des Glucose-6-phosphats, der Vorstufe von UDP-Glucose, aus Xylulose-5-phosphat.

Glucuronat-Xylulose-Zyklus: s. Glucuronatweg.

Glucuronide: Verb. der Glucuronsäure* mit endo- u. exogenen Substanzen (Glykoside*). Die Bindung an Glucuronsäure (Glucuronidierung) ist eine wichtige Entgiftungsreaktion in der Leber. Neben körperfremden Stoffen, v. a. Arznei- u. Giftstoffen mit (phenol.) Hydroxylgruppen, werden auch körpereigene Stoffe wie Hormone u. Bilirubin auf diese Weise in eine physiol. inaktive u. wasserlösl. Form gebracht u. können über Urin od. Galle ausgeschieden werden. Die Konjugation mit der auszuscheidenden Substanz erfolgt über die aktive Glucuronsäure, die UDP-Glucuronsäure, katalysiert, durch die Glucuronyltransferase* (UDP-Glucuronyltransferase).

Glucuronidierung: s. Glucuronide.

Glucuronsäure: M_r 194.14; Schmp. 165 °C; $[\alpha]_D^{20\,°C}$ + 11.7° → +36.3° (c = 6 in Wasser). Strukturformel s. Glucuronatweg. Derivat der D-Glucose; Best. der Mukopolysaccharide, wie Hyaluronsäure u. Chondroitinsulfat. Bei Tieren ist G. ein wichtiger Konjugationspartner für körperfremde u. -eigene Stoffe, v. a. von Phenolen, die in Form von Glucuroniden* ausgeschieden werden (Entgiftung). G. entsteht im Stoffwechsel aus D-Glucose. Bei den meisten Tierarten ist G. die Ausgangsbasis für die Synthese von Ascorbinsäure (außer bei Mensch u. Affen u. wenigen anderen Tieren, die Ascorbinsäure nicht selbst synthetisieren können).

D-Glucuronsäure-γ-lacton: s. Glucurolacton.

Glucuronyltransferase (lat. transferre übertragen): syn. UDP-Glucuronyltransferase; ein Enzym, das die aktive Glucuronsäure (UDP-Glucuronsäure) mit körpereigenen sowie zugeführten Verb. (z. B. Medikamenten) koppelt. Die neuen Verb. werden Glucuronide* genannt.

Gluk-: s. a. Gluc-.

Glutae-: Wortteil mit der Bedeutung Gesäß, Hinterbacke.

Glutamat: s. Natriumglutamat.

Glutamat-Antagonist: Stoffe, die durch Hemmung der Glutamat*-Rezeptoren als Antiparkinsonmittel (z. B. Amantadin*, Budipin*), bei Ohrengeräuschen (Tinnitus), neurodegenerativen Erkrankungen (Riluzol*), Kopfschmerz, Alkoholentzug (Acamprosat*) eingesetzt werden können.

Glutamat-Dehydrogenase: Enzym in den Mitochondrien; katalysiert die NAD^+-abhängige Dehydrierung von Glutamat zu β-Ketoglutarat u. Ammoniak. G.-D. katalysiert auch die für die Bildung von Glutamat wichtige Umkehrreaktion.

Glutamate: s. Glutaminsäure.

Glutamat-Rezeptoren: über das ganze ZNS verteilte Sensoren für den erregenden Neurotransmitter Glutamat. Die versch. Unterklassen erfüllen unterschiedl. Funktionen, z. B. Gedächtnisleitung. Zu den wichtigsten Subtypen der G.-R. zählt der NMDA*-Rezeptor.

Glutamin: Abk. Gln, Laevoglutamid; L-Glutaminsäure-5-amid; opt. aktiv. γ-Halbamid der Glutaminsäure; CAS-Nr. 56-85-9; $C_5H_{10}N_2O_3$, M_r 146.2. Strukturformel s. Aminosäuren (Abb.). Schmp. 184-185 °C. L-Glutamin spielt eine zentrale Rolle im Stickstoffmetabolismus u. ist für das Gehirn ein wichtiger Nährstoff. Da es mit seiner Amidgruppe (wird durch Transamidierung übertragen) an der Biosynthese von Hexosaminen beteiligt ist, fördert es die Regeneration von Mukoproteinen u. Darmepithel. **Off.:** DAB10. **Anw.:** wie Glutaminsäure* bei Erschöpfungszuständen, in Infusionslösungen.

Glutaminase: Enzym, das Glutamin in Ammoniak u. Glutaminsäure spaltet.

Glutaminsäure INN: syn. L-(+)-Glutaminsäure, Abk. Glu, Acidum glutamicum Ph.Eur.4, Acidum glutaminicum, L-α-Aminoglutarsäure, (*S*)-2-Aminoglutarsäure; (*S*)-(+)-2-Aminopentan-1,5-disäure; CAS-Nr. 6899-05-4; $C_5H_9NO_4$, M_r 147.13. Strukturformel s. Aminosäuren (Abb.). Schmp. 247-249 °C (unter Zers.). $[\alpha]_D^{20\,°C}$ +30.5° (c=1 in Salzsäure 6 mol/L). d_4^{20} 1.538. Weißes, krist. Pulver. Löslichkeit in Wasser (g/L): 8.64 (25 °C), 21.86 (50 °C), 55.32 (75 °C), 140.0 (100 °C); fast unlösl. in Methanol, Ethanol, Ether, Aceton, kaltem Eisessig. $pK_{S,1}$ 2.19 (konjugierte Säure), $pK_{S,2}$ 4.25

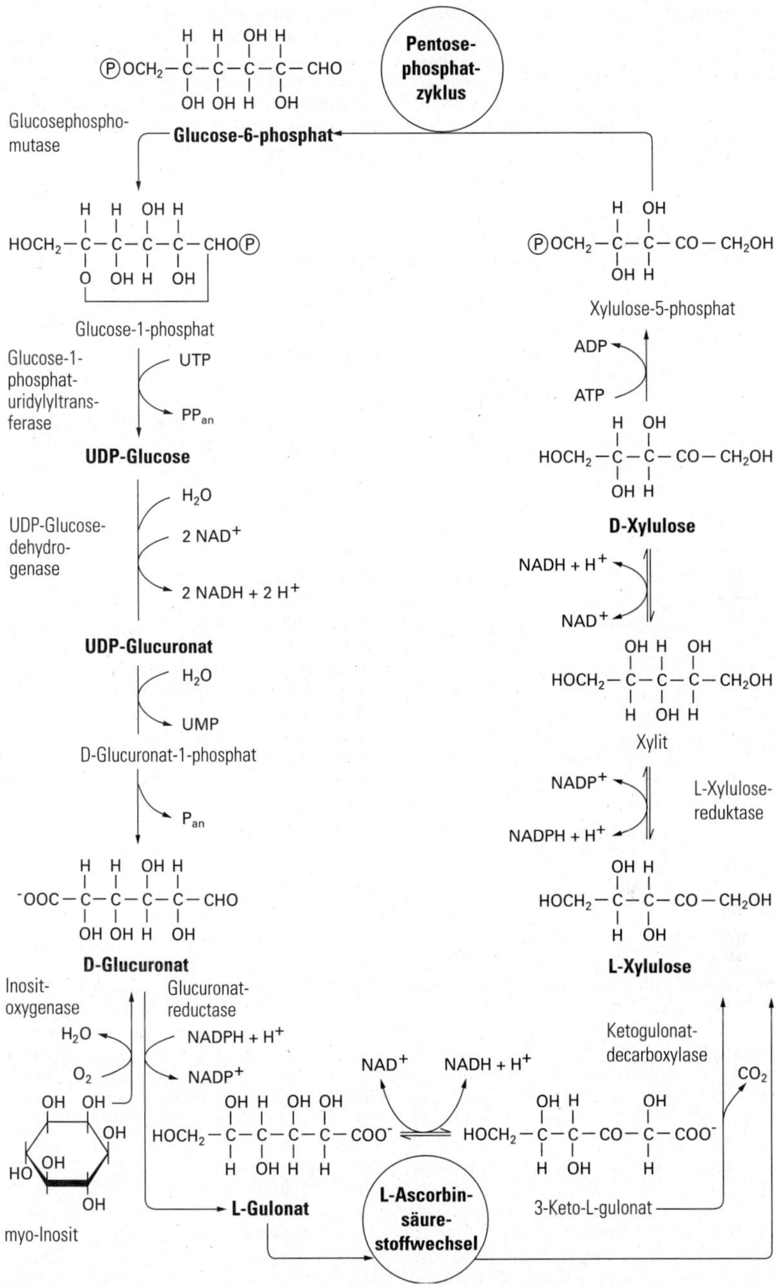

Glucuronatweg [23]

(Säure), $pK_{S,3}$ 9.67 (Säure). Eine saure, proteinogene Monoaminodicarbonsäure, ihre Salze heißen Glutamate. **Vork.:** L-Glu. ist in fast allen Proteinen, bes. in Samenproteinen enthalten; es ist eine glucoplast., nichtessentielle Aminosäure von großer physiol. Bedeutung. **Physiologie:** L-Glu. nimmt im Stoffwechsel der Aminosäuren eine Schlüsselstellung ein u. ist u. a. der wichtigste Donator der Aminogruppe bei der Transaminierung. Im ZNS wird L-G. mittels L-Glutaminsäure-decarboxylase zu γ-Aminobuttersäure (GABA*) decarboxyliert; **Anw.** med.: Antiepileptikum (obsolet); Hyperammonämie; zur Erhöhung der geistigen Spannkraft u. Leistungsfähigkeit, in Infusionslsg.; lebensmitteltechn.: Mononatriumglutamat (s. Natriumglutamat), wird in großem Umfang als Geschmacksverstärker verwendet; **Dos.:** p.o. 5-12 g/d in geteilten Dosen; parenteral i.v. 25 g/d als Natriumsalz. Gebräuchl. ist auch Glutaminsäurehydrochlorid*, Kaliumglutamat, Natriumglutamat (Geschmackskorrigens), Calciumglutamat.

Glutaminsäurehydrochlorid: Acidi glutamici hydrochloridum; CAS-Nr. 138-15-8; $C_5H_{10}ClNO_4$, M_r 183.6. Schmp. 214 °C (unter Zers.). Weißes krist. Pulver, leicht lösl. in Wasser. **Anw.:** s. Glutaminsäure; **Off.:** DAB10.

Glutamin-Synthetase: Enzym, das in vielen Geweben einschließl. des Gehirns die Umsetzung von Ammoniak mit Glutamat zu Glutamin katalysiert.

Glutaral INN: Glutardialdehyd; 1,5-Pentandial; CAS-Nr. 111-30-8; $OHC-(CH_2)_3-CHO$; $C_5H_8O_2$, M_r 100.1. Sdp. 187 °C. **Anw.:** Desinfektionsmittel* zur Instrumentendesinfektion.

Glutaraldehyd: 1,5-Pentandial; giftige Verb., die aufgrund der Reaktivität ihrer bd. Aldehydgruppen ein wichtiges Ausgangsmaterial bei der Synthese cycl. u. heterocycl. Verb. ist. Glutaraldehyd wird auch als Fixativ von biol. Geweben in der Mikroskopie verwendet sowie als unspezifischer chem. Quervernetzer von Proteinen.

Glutarsäure: Pentandisäure; 1,3-Propandicarbonsäure; $C_5H_8O_4$, M_r 132.11. Eigenschaften s. Carbonsäuren (Tab.). **Vork.:** Abbauprodukt von Lysin*.

Glutathion: Abk. GSH, SH-Glutathion; Glutamylcysteinyl-glycin; M_r 307.34; Schmp. 190-192 °C unter Zersetzung. Ein Tripeptid, das aus je einem Mol der Aminosäuren Glutaminsäure, Cystein u. Glycin besteht; linksdrehend. Weiße Kristalle, leicht lösl. in Wasser, unlösl. in Ethanol u. anderen org. Lösungsmitteln. GSH spielt als Sulfhydrilkörper bei den Oxidations- u. Reduktionsprozessen in den Zellen sowie als Aktivator versch. Enzyme eine Rolle. GSH kommt in fast allen lebenden Zellen vor, bes. in Hefe, Muskeln u. Leber, u. kann auch synthet. gewonnen werden. Es wirkt z.B. in Anwesenheit von Glutathionperoxidase* als Reduktionsmittel gegenüber zellschädigenden Peroxidasen* u. bildet dabei Glutathiondisulfid (GSSG), welches durch die $NADH_2$-abhängige Glutathionreduktase wieder in die SH-Form überführt wird: $2\ GSH + ROOH \rightarrow GSSG + ROH + H_2O$. Unter dem Einfluss von Glutathion-S-transferase bildet GSH Konjugate mit elektrophilen Substanzen RX: $RX + GSH \rightarrow HX + RSG$. Dieser Reaktion (Glutathion-Konjugation) kommt vielfach die Bedeutung einer Entgiftung zu; z.B. können alkylierende Substanzen auf diese Weise inaktiviert werden. An den entstandenen Konjugaten wird dann die Tripeptidkette teilweise hydrolisiert, wobei wasserlösl. Metaboliten wie Mercaptursäuren (Acetylcysteinderivate) entstehen, die eliminiert werden können. G. senkt den Blutzuckerspiegel u. scheint eine günstige Wirk. als Strahlenschutzmittel* z.B. gegen Radium zu besitzen.

Glutathiondisulfid: Abk. GSSG; s. Glutathion.

Glutathion-Konjugation: s. Glutathion.

Glutathionperoxidase: selenhaltiges Enzym, katalysiert den Abbau von Wasserstoffperoxid, H_2O_2, das in den Erythrozyten bei der laufenden Bildung von Methämoglobin (s. Hämoglobin, Hämoglobinderivate) unter Einw. von Superoxiddismutasen* entsteht. Dabei dient, i.Ggs. zu unter Katalase* gesteuerten Reaktionen, Glutathion* als Wasserstofflieferant. Ferner katalysiert G. auch die Umsetzung anderer Peroxide, z.B. von HPETE zu HETE (s. Eicosanoide).

Gluteline: Gruppe einfach gebauter Getreideproteine, z.B. Glutenin (Weizen), Avenin (Hafer), Zeanin (Mais) u. Oryzenin (Reis). Sie bestehen aus bis zu 45 % Glutaminsäure; unlösl. in Wasser, Salzlösungen u. Ethanol 70 % (i. Ggs. zu den Prolaminen*).

Gluten: Kleber, Klebereiweiß; Getreideprotein, das aus einer Mischung von etwa gleichen Teilen (alkoholunlösl.) Glutelinen* u. (alkohollösl.) Prolaminen* besteht. G. bewirkt (durch Prolamingehalt) die Backfähigkeit des Mehles. Da G. in Reis fehlt, ist er zum Backen nicht geeignet.

Glutenin: s. Gluteline.

Glutethimid INN: Glutethimidum Ph.Eur.3; 3-Ethyl-3-phenyl-2,6-piperidindion; CAS-Nr. 77-21-4; $C_{13}H_{15}NO_2$, M_r 217.26. Schmp. 84 °C (kristallisiert aus Ether od. Ethylacetat/Petrolether, DL-Form). Leicht lösl. in Ethylacetat, Aceton, Ether, Chloroform; lösl. in Ethanol, Methanol; fast unlösl. in Wasser. **Anw.:** Schlafmittel*, Sedativum*; Wirkungsdauer entspr. mittellang wirksamen Barbituraten*; **UAW:** Übelkeit, Agitiertheit, Hangover, evtl. Überempfindlichkeitsreaktionen, exfoliative Dermatitis; Intoxikation ähnl. Barbituraten; längere Anw. kann zu Abhängigkeit führen; **Dos.:** p.o. 2-3×0.25 g/d; Kinder unter 6 Jahren 0.125 g; HWZ der Elimination 5-22 h; keine Vorteile gegenüber Barbituraten.

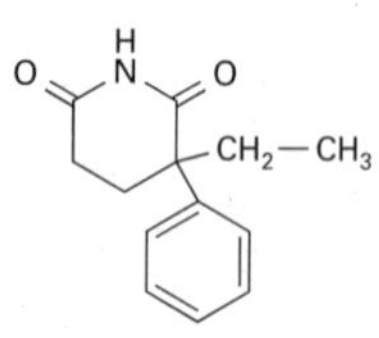

Glutethimid

Glutinum Fibrini: s. Fibrinkleber.

Glyceride: Ester des Glycerols.

Glycerin: s. Glycerol.

Glycerin-: s.a. Glycerol-.

Glycerinaldehyd-3-phosphat: Zwischenprodukt der Glykolyse*, der alkohol. Gärung*, der Gluconeogenese* u. im Calvin*-Zyklus.

Glycerin-Ersatz: s. Glycerol.

Glycerinphosphatide: s. Lecithine.

Glycerinsalbe: s. Unguentum Glycerini.

Glycerinseife, flüssige: s. Sapo glycerinatus liquidus.

Glyceroguloheptonsäure: s. Glucoheptonsäure.

Glycerol INN: Glycerin, Glyzerin, Trioxypropan; 1,2,3-Propantriol; CAS-Nr. 56-81-5; $C_3H_8O_3$, M_r 92.09. **G., wasserfrei:** Glycerolum Ph.Eur.4, Glycerinum anhydricum, Glycerolum 98 %; Schmp. 17.8 °C. Sdp. 290 °C (101 kPa), 263.0 °C (53 kPa),

240.0 °C (26.6 kPa), 220.1 °C (13.3 kPa), 208.0 °C (8 kPa), 182.2 °C (2.6 kPa), 167.2 °C (1.3 kPa), 153.8 °C (0.7 kPa), 125.5 °C (0.13 kPa). $n_D^{15\,°C}$ 1.4758, $n_D^{20\,°C}$ 1.4746, $n_D^{25\,°C}$ 1.4730. d_{15}^{15} 1.26557, d_{20}^{20} 1.26362, d_{25}^{25} 1.26201. Klare, fast farblose, geruchlose, sirupartige, stark hygroskop. Flüss. von süßem Geschmack; mischbar mit Wasser, Ethanol; 1:11 in Ethylacetat; 1:500 in Ether; unlösl. in Benzol, Chloroform, Tetrachlorkohlenstoff, Schwefelkohlenstoff, Petrolether, Ölen. **Vork.:** G. ist die alkohol. Komponente aller nat. Fette u. fetten Öle u. der Phosphatide, z. B. des Lecithins, u. ist daher von größter Bedeutung beim Aufbau der Nahrung. Es entsteht auch als Nebenprodukt bei der alkohol. Gärung (Wein enthält 0.2-2 % G.) u. beim Abbau der Kohlenhydrate im Organismus. Das entstehende G. wird vom Körper aufgenommen u. vollständig verwertet. **Nachw.:** Beim Erhitzen mit Kaliumhydrogensulfat entsteht unter Dunkelfärbung das stechend riechende Akrolein*, dessen Dämpfe ein mit Neßler*-Reagens getränktes Filterpapier schwärzen (Identitätsprüfung). **Darst.:** Spaltung der Fettsäureglycerolester der Fette bei der Seifenherstellung od. durch bes. Vergärung des Zuckers im Protolverfahren, vollsynthet. heute aus Propen (aus Kokereigasen); **Anw.** med.: Laxans* (als Mikroklysmen), Otologikum, Hilfsstoff; **Dos.:** rektal Suppositorien 2.0 g mit Seife od. Gelatine; Klysma 5.0 g unverd.; p. o. 1-1.5 g/kg KG zur Reduktion des intraokularen Drucks. **Glycerolum (85 per centum) Ph.Eur.4:** Glycerol 85 %; $n_D^{20\,°C}$ 1.449-1.455; Wassergehalt 11.5-16.5 %; wird steriles G. 85 % verordnet, so ist nach dem Heißluftverfahren sterilisiertes G. zu verwenden. **Anw.** med.: Koronardilatator*; techn.: Lösungsmittel für zahlreiche org. u. anorganische Stoffe, z. B. Borax, Alkalien, Alkaloide; als Glyceroltrinitrat* in der Sprengstoffindustrie, in der Textil- u. Kunststoffindustrie, in der Kosmetik, zur Herst. von Schuhcremen, Klebstoffen, Schmiermitteln, Kopiertinten; zur Konservierung von Nahrungsmitteln, zur Füllung von Gasuhren, als Gefrierschutzmittel, Feuchthaltemittel, in der Tabakindustrie. **Austauschstoffe für G.:** nur für techn. Zwecke werden u. a. Ethylenglykol*, Natriumlactat*, Sorbitol*, Methylcellulose* u. 1,2,4-Butantriol* verwendet. Glycerolersatz ist eine farblose, wässrige Lsg. von Calcium- u. Natriumlactat. Unterscheidung von G. u. Glykol (s. Ethylenglykol): letzteres löst Iod mit rotbrauner Farbe, G. wird nur schwach gelb gefärbt; Gentianaviolett färbt Glykol blau, G. wird nicht gefärbt. **Tox.:** wenig giftig; große Mengen (ca. 100 mL), vor allem unverd. eingenommen, wirken durch Wasserentzug im Magen-Darm-Trakt schleimhautreizend; es können Benommenheit, Nierenschmerzen, blutige Durchfälle u. a. auftreten; **Gesch.:** 1779 von Carl Wilhelm Scheele (1742-1786) bei der Herst. von Bleipflaster entdeckt; der Name Glycerin stammt von Michel Eugène Chevreul (1786-1889), der erkannte, dass die Fette Glycerolester der Fettsäuren darstellen.

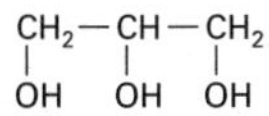

Glycerol

Glycerola: glycerolhaltige Zuber. von halbfester Konsistenz, gehören zu den Salben; vgl. Unguenta.

Glycerol-Boluspaste: s. Pasta Boli glycerolata.

Glyceroldibehenat: Glyceroli dibehenas Ph.Eur.4; Gemisch von Diacylglycerolen, hauptsächl. Dibehenoylglycerol, mit unterschiedl. Mengen von Mono- u. Triacylglycerolen. Herst. durch Veresterung von Glycerol mit Behensäure. Prakt. unlösl. in Wasser, lösl. in Dichlormethan u. teilweise lösl. in heißem Ethanol. Schmp. 65-77 °C. SZ max. 4.0, IZ max. 3.0, VZ 145-165. **Zstzg.:** 13.0-21.0 % Monoacylglycerole, 40.0-60.0 % Diacylglycerole u. 21.0-35.0 % Triacylglycerole. Freies Glycerol max. 1.0 %; Fettsäuren: Palmitinsäure max. 3.0 %; Stearinsäure max. 5.0 %; Arachinsäure max. 10.0 %; Behensäure mind. 83.0 %; Lignocerinsäure max. 3.0 %; Erucasäure max. 3.0 %, Wasser max. 1.0 %.

Glyceroldistearat: Glyceroli distearas Ph.Eur.4; Gemisch von Distearoylglycerol mit unterschiedl. Mengen von Mono- u. Triacylglycerolen. Weisse Schuppen od. fettiges Pulver, prakt. unlösl. in Wasser, lösl. in Dichlormethan u. teilweise lösl. in heißem Ethanol. Schmp. 50-60 °C (Typ I u. II), 50-70 °C (Typ III). SZ max. 6.0, IZ max. 3.0, VZ 165-195. **Zstzg.:** 8.0-22.0 % Monoacylglycerole, 40.0-60.0 % Diacylglycerole, 25.0-35.0 % Triacylglycerole; freies Glycerol max. 1.0 %, Wasser max. 1.0 %; s. Tabelle. **Herst.:** partielle Glycerolyse pflanzl. Öle, die hauptsächl. Triacylglycerole der Palmitin- u. Stearinsäure* enthalten, od. durch Veresterung von Glycerol mit Stearinsäure 50 (Typ I), mit Stearinsaure 70 (Typ II) od. mit Stearinsäure 95 (Typ III). Die Fettsäuren können pflanzl. oder tierischen Ursprungs sein.

Glycerolformal: Methylidenglycerol; $C_4H_8O_3$, M_r 104.0. Gemisch von 4-Hydroxymethyl-1,3-dioxolan u. 5-Hydroxy-1,3-dioxan (cycl. Formaldehydacetale von Glycerol). d_4^{20} 1.215. Sdp. 192-195 °C. $n_D^{20°C}$ 1.4513. **Darst.:** azeotrope Destillation eines

Glyceroldistearat
Fettsäurenzusammensetzung

Glyceroldistearat	Herstellung durch Veresterung mit	Fettsäurenzusammensetzung	
		Stearinsäure	Summe der Gehalte an Palmitin- und Stearinsäure
Typ I	Stearinsäure 50	40.0-60.0 %	≥90.0 %
Typ II	Stearinsäure 70	60.0-80.0 %	≥90.0 %
Typ III	Stearinsäure 95	90.0-99.0 %	≥96.0 %

Gemisches von Glycerol, Formaldehydlösung (35%) u. konz. Schwefelsäure mit Benzol. **Anw.**: Lösungsmittel u. -vermittler für Arzneistoffe, auch für innerl. Anw. geeignet. An Ratten wurde eine teratogene Wirk. nachgewiesen.

Glycerolgel: Glyceroli mucilago, Mucilago Glyceroli, Glycerolsalbe; Herst.: DAC86, 4.5 T. Hydroxyethylcellulose 300 werden mit 30 T. Glycerol (85 %) angerieben. Unter vorsichtigem Rühren setzt man 65.5 T. frisch abgekochtes u. wieder abgekühltes Wasser zu u. lässt die Mischung so lange aufquellen bis ein klares, farbloses Gel entstanden ist. G. kann mit max. 0.1 % Sorbinsäure konserviert werden. Das Konservierungsmittel wird in Wasser gelöst; vgl. Unguentum Glyceroli. **Inkomp.**: Phenole, Gerbstoffe, Oxidationsmittel.

G

Glycerol-Gelatine: s. Globuli vaginales.

Glyceroli monostearas: s. Glycerolmonostearat.

Glyceroli trinitratis guttae spirituosae: s. Guttae Nitroglycerini spirituosae.

Glyceroli trinitratis solutio spirituosa: s. Solutio Nitroglyceroli spirituosa.

Glycerolmonoisostearat: Glyceroli monoisostearas; CAS-Nr. 32057-14-0. Ein Gemisch von hauptsächl. Monoglyceriden, vorwiegend der Isostearinsäure. **Off.**: DAC86; **Anw.**: Emulgator.

Glycerolmonolinoleat: Glyceroli monolinoleas Ph.Eur.4; Gemisch von Monooleoyl- u. Monolinoleoylglycerol, mit unterschiedl. Mengen von Di- u. Triacylglycerolen. Bernsteinfarbene, ölige Flüss., bei Raumtemp. teilw. in fester Form; prakt. unlösl. in Wasser, leicht lösl. in Dichlormethan; SZ max. 6.0, IZ 100-140. VZ 160-180; **Zstzg.**: 32.0-52.0 % Monoacylglycerole, 40.0-55.0 % Diacylglycerole u. 5.0-20.0 % Triacylglycerol; freies Glycerol max. 6.0 %, Wasser max. 1.0 %; Fettsäurezstzg.: Palmitinsäure 4.0-20.0 %, Stearinsäure max. 6.0 %, Ölsäure 10.0-35.0 %, Linolsäure mind. 50.0 %, Linolensäure max. 2.0 %, Arachinsäure max. 1.0 %, Eicosensäure max. 1.0 %; **Herst.**: partielle Glycerolyse pflanzl. Öle, die hauptsächl. Triacylglycerole der Linolsäure enthalten. Ein geeignetes Antioxidans kann zugesetzt sein; Lichtschutz erforderlich.

Glycerolmonooleate: Glyceroli monooleates Ph.Eur.4, Glycerolum monooleicum, Monooleinum; CAS-Nr. 25496-72-4. Gemisch von vorwiegend Glycerolmonoestern höherer, ungesättigter Fettsäuren, hauptsächl. Ölsäure, mit wechselnden Mengen Di- u. Triestern. Ph.Eur., DAC86: 3 Typen, definiert durch den Geh. an Glycerol-1-fettsäureester von 40, 60 u. 90 %. Monoacylglycerole 32.0-52.0, 55.0-65.0, 90.0-101.0. Diacylgycerole 30.0-50.0,15.0-35.0, <10.0. Triacylglycerole 5.0-20.0, 2.0-10.0, <2.0. Gelbl., ölige Flüss. od. salbenartige Masse. Prakt. unlösl., aber dispergierbar in Wasser, mischbar mit Ethanol, Ether, Chloroform, fetten Ölen od. flüss. Paraffin. VZ 157-177; IZ 65-95; SZ max. 6; POZ max. 12. Freies Glycerol max. 6.0 %. HLB-Wert 3.3. **Anw.**: fast ausschließl. als Emulgator für W/O-Salbenemulsionen; z. B. bewirken 5-10 % Monoolein in Vaselin eine Steigerung der WZ von 10 auf 300-350. Komplexemulgator (s. Emulgatoren) in Komb. mit O/W-Emulgatoren; 2 %iger Zusatz zu Ölen u. Fetten als Antioxidans; **Inkomp.**: alkal. reagierende Stoffen (Verseifung); Aufbewahrung dicht u. unter Lichtschutz, geeignetes Antioxidans kann zugesetzt sein.

Glycerolmonostearat 40-55 %: Glyceroli monostearas 40-55 Ph.Eur.4, Glycerolum monostearicum, Monostearinum, Abk. GMS; CAS-Nr. 31566-31-1. Gemisch von Monoglyceriden der Stearin- u. Palmitinsäure mit wechselnden Mengen Di- u. Triglyceriden. Enthält 40-55 % Monoglyceride, 30.0-45.0 % Diacylglycerole u. 5.0-15.0 % Triacylglycerole. Durch Verw. von Stearinsäure* 50 % (Typ I), 70 % (Typ II) bzw. 95 % (Typ III) für die Herst. (Veresterung) entstehen 3 versch. Typen. Max. 6 % freies Glycerol. Weiße, wachsartige Masse; prakt. unlösl. in Wasser, leicht lösl. in Chloroform, lösl. in Ethanol (60 °C), Ether, Benzol; Steigschmp. 54-64 °C; SZ max. 3; IZ max. 3; VZ 158-177; Wassergehalt max. 2 %; HLB-Wert 3.8. G. hat schwach emulgierende (W/O), stabilisierende (auf O/W-Emulsionen in ca. 1 %iger Konz.), dispergierende u. plastifizierende Eigenschaften. **Inkomp.**: stärker alkal. reagierende Stoffe (Verseifung). G. ist auch im Handel in selbstemulgierender Form (mit 1- bis 3 %igen Zusätzen von O/W-Emulgatoren wie Na-, K-Seifen, Fettalkoholsulfate, -sulfonate od. Polyoxyethylenmonostearat); Anw. als O/W-Emulgator (Komplexemulgator; vom Typ self emulsifying waxes).

Glycerolnitrat: s. Glyceroltrinitrat.

Glycerolphosphorsäure: Glycerinphosphorsäure, Glycerophosphorsäure, Phosphoglycerinsäure, Acidum glycerophosphoricum, Acidum glycerinophosphoricum; $C_3H_5(OH_2)O-PO(OH)_2$. Farblose Flüss., mischbar mit Wasser u. Ethanol. Im Handel in 20-, 25-, 50 %iger Lsg. (zerfällt beim Eindampfen in Glycerol u. Phosphorsäure). **Vork.**: nat. in den Phosphatiden (in Kephalinen α-G., in den Lecithinen β-G.); nur in wässrigen Lsg. bekannt; **Darst.**: Einwirken von Phosphorsäureanhydrid auf Glycerol; **Anw.** med.: Nervinum*, Tonikum*; Salze: Glycerophosphate, z. B. Calciumglycerophosphat*.

Glycerolpolyoxyethylen-triricinoleat 35: s. Macrogol-1500-glyceroltriricinoleat.

Glycerolsäure: Glycerinsäure; 2,3-Dihydroxypropansäure; $HOCH_2-CHOH-COOH$, M_r 106.1. Farblose, ölige Flüss.; lösl. in Wasser u. Ethanol, unlösl. in Ether. Geht beim Erhitzen in Brenztraubensäure* über. **Darst.**: Oxidation von Glycerol* mit HNO_3.

Glycerolsäure-3-phosphat: 3-Phosphoglycerinsäure; wichtiges Zwischenprodukt bei der alkohol. Gärung* u. der Glykolyse*.

Glycerolsalbe: **1.** s. Unguentum Glyceroli. **2.** s. Glycerolgel.

Glycerol-Seifen-Gele: formbeständige hygroskop. Gele; **Herst.**: Ph.Helv.7 (Suppositoria Glyceroli), Auflösen von Na-stearat (9 %) in Glycerol (98 %) bei 110-120 °C; ÖAB90 (Suppositorium Glyceroli) Umsetzung von Na_2CO_3 (4 T.) u. Stearinsäure (7 T.) in 100 T. Glycerol (85 %) unter gelindem Erwärmen (beide Methoden in USP). **Anw.**: ohne weiteren Zusatz als mildes Laxans (osmot. Reiz); Feuchtigkeitsschutz (Einwickeln in Folie, Eintauchen in geschmolzenes Paraffin) notwendig.

Glycerol-Suppositorien: s. Suppositoria Glyceroli.

Glycerol-Suppositorien für Kinder: Zstzg.: NRF (Ansatzmenge für 10 Suppositorien von ca. 1.5 g), 0.5 g Natriumstearat, 2.0 g Macrogol 300, 17.5 g Glycerol 85 %, gereinigtes Wasser auf 20.0 g; Herst.: vgl. Suppositoria Glyceroli. **Anw.:** Laxans, stark hygroskopisch.

Glyceroltriacetat: s. Triacetin.

Glyceroltrinitrat: Abk. GTN, syn. Glycerolnitrat, Nitroglycerin, Nitroglycerinum, Nitroglycerol, Trinitroglycerol, Salpetersäureglycerolester, Trinitrin, Glonoinum; 1,2,3-Propantrioltrinitrat; CAS-Nr. 55-63-0; $C_3H_5N_3O_9$, M_r 227.09. Schmp. 2.8 °C (metastabile Kristallform), Schmp. 13.5 °C (stabile Kristallform). $n_D^{15\,°C}$ 1.474. Löslichkeit 1 g/800 mL Wasser, 1 g/4 g Ethanol, 1 g/18 g Methanol, 1 g/120 g Schwefelkohlenstoff; mischbar mit Ether, Aceton, Eisessig, Ethylacetat, Benzol, Nitrobenzol, Pyridin, Chloroform, Ethylenbromid, Dichlorethylen; wenig lösl. in Petrolether, Leichtpetroleum, Glycerol, 1:6 in Mandelöl. **Darst.:** langsames Eintragen von Glycerol in eine Mischung von konz. Schwefelsäure u. rauchender Salpetersäure unter Kühlung. Vorsicht, äußerst explosiv, evtl. schon beim Erwärmen! Unterliegt dem Sprengstoffgesetz, vgl. Dynamit; **Anw.:** Koronardilatator*; wirkt bei sublingualer Applikation innerhalb 1-2 min u. wird deshalb bei akuten Angina pectoris-Anfällen eingesetzt; die Wirk. lässt allerdings schon nach 10-30 min nach; führt zu einer Dilatation aller Gefäße u. damit zu einer besseren Blutversorgung des Herzens. Die Retardpräparate sind umstritten, da eine hohe Metabolisierungsrate in der Leber zu kaum wirksamen Blutspiegeln führt. **UAW:** Rötungen des Gesichtes, Kopfschmerzen, gastrointestinale Störungen, Erbrechen, rasche Enzyminduktion; bei Überdosierung reflektor. Tachykardie, Nitratsynkope (Herzstillstand); **Kontraind.:** Niereninsuffizienz, Antihypertensiva, Glaukom; **Dos.:** p. o. 3-4×0.5-1 mg/d; bei Anfällen p. o. od. sublingual 1×0.2 mg; oral retard 2×2.5 mg/d, n. B. 3-4×2.5 mg/d; Dosierspray 0.4 mg/Dos.; rektal 0.8 mg; topisch 3- bis 4-mal tägl. Salbe 2 %; HWZ 2.3 ± 0.6 min. **Glyceroltrinitrat-Lösung:** Glyceroli trinitratis solutio Ph.Eur.4; farblose bis schwach gelbe, klare Lsg., mischbar mit Aceton u. wasserfreiem Ethanol; muss stets mit wasserfreiem Ethanol verdünnt werden, um das Abscheiden von Tröpfchen reinen Glyceroltrinitrats in der Lsg. zu verhindern.

Hom: *Nitroglycerinum (HAB1.2),* Glonoinum: 1 %ige Lsg. in Ethanol; verord. z. B. bei Angina pectoris, Kopfschmerzen.

Glyceroltrinitratlösung, alkoholische: s. Solutio Nitroglyceroli spirituosa.

Glyceroltrinitrat-Tropfen, alkoholische: s. Guttae Nitroglycerini spirituosae.

Glyceroltripalmitat: s. Tripalmitin.

Glycerolum monostearicum: s. Glycerolmonostearat 40-55 %.

Glycerophosphate: Salze u. Ester der Glycerolphosphorsäure*.

Glycerophospholipide: s. Phosphatide.

Glycid: Glycidol, Oxiranmethanol; 2,3-Epoxy-1-propanol; CAS-Nr. 556-52-5; $C_3H_6O_2$, M_r 74.08. D. 1.114. Schmp. −54 °C. Sdp. 163 °C. Farblose, klare, geruchlose, nicht süß schmeckende Flüss.; mit Wasser, Alkoholen, Ketonen, Ethern mischbar, lösl. in Benzol, Toluol, unlösl. in Benzin. **Herst.:** z. B. aus Epichlorhydrin* mit Kaliumacetat; **Wirk.:** fungizid, bakterizid, insektizid; **Anw.:** Herst. von Glycidestern, Glycidethern (z. B. BADGE*), Tensiden, Kunstharzen, als Konservierungs- u. Sterilisationsmittel; **Tox.:** stark haut- u. augenreizend (auch die Dämpfe), wird über die Haut resorbiert; wirkt zunächst erregend, dann lähmend auf das ZNS; wahrscheinl. kanzerogen; MAK 50 ppm.

Glycidester: α,β-Epoxycarbonsäureester; s. Darzens-Erlenmeyer-Claisen-Kondensation.

Glycin: Abk. Gly, Glycinum, Glykokoll, Aminoessigsäure, Leimsüß, Leimzucker, Acidum aminoaceticum; Ph.Eur.4; CAS-Nr. 56-60-6; H_2N-CH_2-COOH, $C_2H_5NO_2$; M_r 75.1; Schmp. 233 °C unter Zersetzung. Süße, monokline Prismen (aus Ethanol). $pK_{S,1}$ (konjugierte Säure) 2.34, $pK_{S,2}$ 9.60. Einfachste proteinogene Aminosäure, glucoplastisch. G. erfüllt wichtige Stoffwechselfunktionen. Natürlich bes. reichl. im Kollagen* und z. B. als inhibitorischer Neurotransmitter* in glycinergen Neuronen. Das α-C-Atom u. der Aminostickstoff werden bei der Biosynthese der Porphyrine genutzt u. dienen somit auch der Hämbildung für das Hämoglobin*. Durch Methylierung von G. werden Sarkosin* u. Betain* gebildet. **Anw.** med.: in Form von 10-20 %igem Puder als Wundheilmittel; zur parenteralen Ernährung; in Kombination mit Antazida.

Glycine max (L.) Merr.: Glycine soja Sieb. et Zucc., Soja hispida Moench, Sojabohne; Fam. Fabaceae (Leguminosae) (kult. in Ostasien, bes. Mandschurei sowie in Nordamerika); ca. 800 Varietäten. Stpfl. von **Semen Sojae:** Fabae Sojae, Sojabohne. **Best.:** 20 % Fett, 2 % Lecithin, ca. 40 % Eiweiß, 25-30 % Kohlenhydrate, Vitamine, Enzyme, Mineralstoffe, Saponin, Sterine, Flavonglykoside, Phasin (Lektin) sowie ein Bitterstoff; **Anw.:** die Sojabohne ist wegen ihres hohen Eiweiß- u. Fettgehaltes eine der wichtigsten Weltwirtschaftspflanzen; sie ist der Hauptlieferant für Lecithin*; Sojabohnenmehl dient zur Herst. versch. Lebensmittel, ferner u. a. zur Herst. von Klebstoffen. Sojasaucen werden mit Hilfe bestimmter Aspergillus-Arten (A. oryzae) hergestellt. Das Sojaeiweiß findet ferner Verw. zur Herst. von Kunstharzen. **Sojae oleum** Ph.Eur.4: Oleum Sojae, Sojaöl; D. 0.919-0.925; SZ max. 0.5; POZ max. 10.0 (für Parenteralia max. 5.0); UA max. 1.5; das raffinierte, fette, klare, blassgelbe Öl aus den Samen. **Best.:** Glyceride der Linol-, Linolen- u. Ölsäure (ca. 80 % ungesättigte Fettsäuren), Sterine*, Vitamine*, Enzyme; **Anw.:** Speiseöl, in der Kosmetik sowie für Parenteralia; **Sojae oleum hydrogenatum** Ph.Eur.4: hydriertes Sojaöl, (engl.) *hydrogenated soybean oil (INCI)*; CAS-Nr. 8016-70-4; durch Reinigen, Bleichen, Hydrieren u. Desodorieren erhaltenes Öl; prakt. unlösl. in Wasser, leicht lösl. in Dichlormethan u. in Toluol, nach Erwärmen in Petroläther, sehr schwer lösl. in Ethanol; weiße Masse, schmilzt beim Erhitzen zu einer klaren, hellgelben Flüssigkeit. **Best.:** hauptsächl. Triglyceride der Palmitin- u. Stearinsäure; **Anw.:** Salbengrundlage; **Sojae oleum raffinatum** Ph.Eur.4: raffiniertes Sojaöl; D. 0.922, Brechungsindex etwa 1.475, SZ max. 0.5, POZ max. 10.0; max. 5.0 zur Herst. von Parenteralia; UA max. 1.5 %; durch Extraktion gewonnenes u. raffiniertes fettes Öl, klare, blassgelbe Flüss.; mischbar mit Petroläther, prakt. unlösl. in Ethanol; ein geeignetes Antioxidans kann zugesetzt sein. **Fettsäurenzstzg.**: gesättigte Fettsäuren mit einer Kettenlänge < C_{14} max. 0.1 %, Myristinsäure* max. 0.2 %, Palmitinsäure* 9.0-13.0 %, Palmitoleinsäure (äquivalente Kettenlänge auf Macrogoladipat 16.3) max. 0.3 %, Stearinsäure* 3.0-5.0 %, Ölsäure* (äquivalente Kettenlänge auf Macrogoladipat 18.3) 17.0-30.0 %, Linolsäure* (äquivalente Kettenlänge auf Macrogoladipat 18.9) 48.0-58.0 %, Linolensäure* (äquivalente Kettenlänge auf Macrogoladipat 19.7) 5.0-11.0 %, Arachinsäure*: max. 1.0 %, Eicosensäure (äquivalente Kettenlänge auf Macrogoladipat 20.3) max. 1.0%, Behensäure* max. 1.0%; **Anw.**: Fett-Rohstoff, Nahrungsmittel, für die Herst. injizierbarer Fettemulsionen geeignet; Lichtschutz in dem Verbrauch angemessenen, möglichst vollständig gefüllten Behältnissen unter 25 °C.

Glycin-Succinat-Zyklus: s. Succinat-Glycin-Zyklus.

Glycocholsäure: s. Gallensäuren.

Glycodiazin-Natrium: s. Glymidin-Natrium.

Glycolipide: s. Glykolipide.

Glycopyrroniumbromid INN: 3-(α-Cyclopentylmandeloyloxy)-1,1-dimethyl-pyrrolidiniumbromid; 3-(Cyclopentylhydroxyphenylacetyl)oxy-1,1-dimethylpyrrolidiniumbromid; CAS-Nr. 596-51-0; $C_{19}H_{28}BrNO_3$, M_r 398.36. Schmp. 193-195 °C. **Anw.**: Parasympatholytikum*, Spasmolytikum* bei Spasmen u. Koliken im GIT; **UAW:** vgl. Atropin (Tox.).

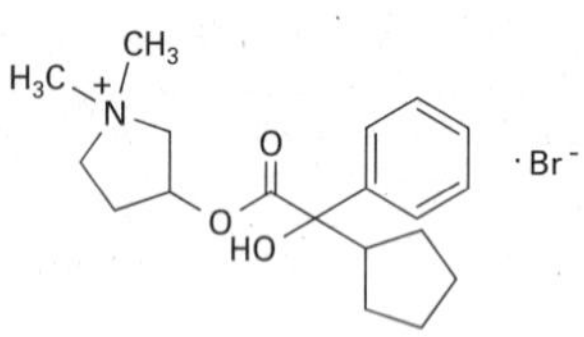

Glycopyrroniumbromid

Glycosmis-Arten: s. Carbazol.

Glycyrrhetinhemisuccinat: s. Carbenoxolon.

Glycyrrhetinsäure: $C_{30}H_{46}O_4$; M_r 470.7; Aglykon von Glycyrrhizin u. anderen Saponinen; s. Glycyrrhiza glabra. Eine pentacycl. Triterpensäure, die keine glucocorticoide Aktivität, aber mineralocorticoide Wirk. aufweist; saponinähnl., aber nur schwach hämolyt. wirksam.

Glycyrrhiza glabra L.: Süßholzstrauch; Fam. Fabaceae (Leguminosae); **Glycyrrhiza glabra var. typica** (heim. Südeuropa bis Mittelasien, kult. Italien, Spanien, Südfrankreich); **Glycyrrhiza glabra var. glandulifera** (SO-Europa, Vorderasien, hauptsächl. Russland). Stpfl. von **Liquiritiae radix** Ph.Eur.4: Radix Liquiritiae, Süßholzwurzel, Lakritzenwurzel, Süßholz; die ungeschälten od. geschälten, getrockneten Wurzeln u. Ausläufer.

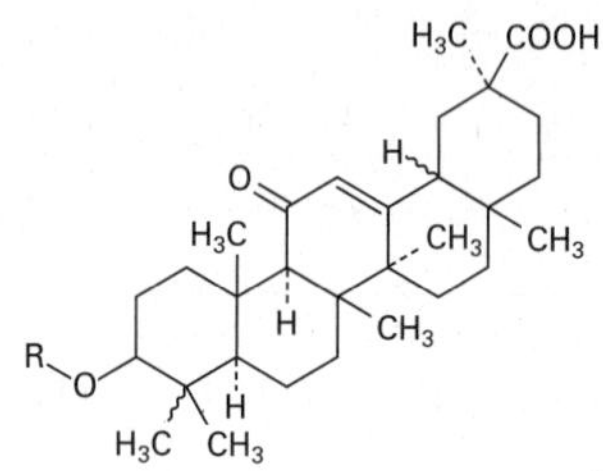

Glycyrrhetinsäure R = H—

Carbenoxolon R = HOOC—CH_2CH_2CO—

Glycyrrhetinsäure

Inhaltsst.: 2-15 % (mind. 4.0 %) Glycyrrhizin* (z. T. als Kalium- u. Calciumsalze vorliegend); Mannitol*, Glucose, Saccharose; Flavonglykoside, z. B. Liquiritin (4',7-Dihydroxyflavanonglucosid) mit seinem Aglykon, dem spasmolyt. wirkendem Liquiritigenin, welches mit Hilfe von Säure (Schwefelsäure) in Isoliquiritigenin (einem als Kation roten Chalkonglykosid) überführbar ist (s. Abb.); Cumarinderivate, z. B. Umbelliferon* u. Herniarin*; L-Asparagin*, Harz*, Gummi*, 20-30 % Stärke, Bitterstoffe*; **Wirk.**: sekretolyt.-expektorierend, antiphlogistisch, antiulzerogen, antiviral, spasmolytisch; **Anw.**: Katarrhe der Atemwege, Magengeschwür u. als Geschmackskorrigens; techn. hauptsächl. zur Herst. von Succus Liquiritiae; **Zuber.**: Extr. Liquiritiae fluidum (normatum), Extr. Liquiritiae, Sir. Liquiritiae, Pulvis Liquiritiae comp., Pulv. gummosus, Spec. Althaeae, Spec. diureticae, Spec. lignorum, Spec. pectorales, Elixir e Succo Liquiritiae. **Succus**

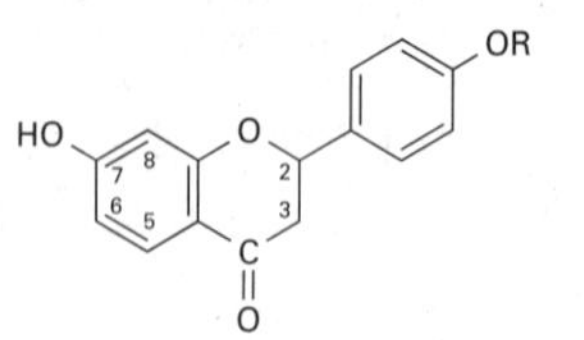

Liquiritin (Liquiritigenin-4'-glucosid)

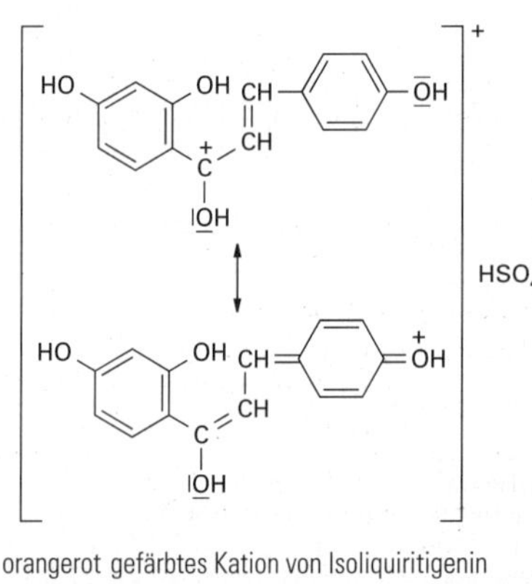

orangerot gefärbtes Kation von Isoliquiritigenin

Glycyrrhiza glabra: R = Glucose

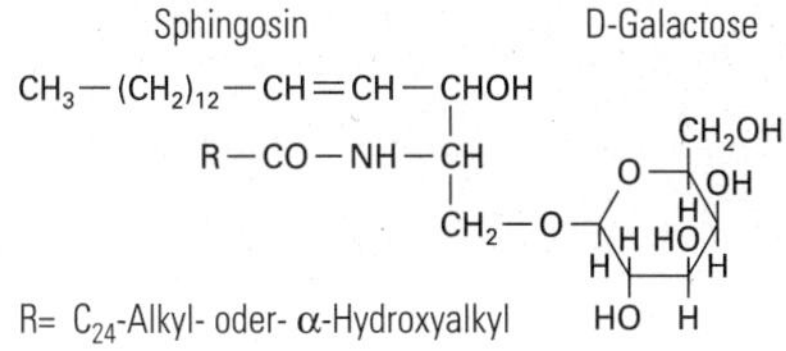

1

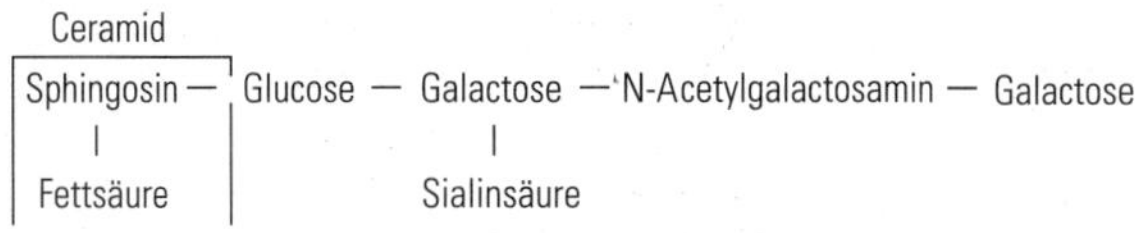

2

Glykolipide: 1: Cerebroside; 2: Hirngangliosid [23]

Liquiritiae: Liquiritiae succus, Süßholzsaft, Lakritzensaft, Bärensaft; schwarze, harte, glänzende Stangen, die in der Wärme etwas erweichen, beim Bruch scharfkantige Stücke ergeben. **Herst.**: Kochen mit Wasser u. Eindampfen; **Geh.**: ca. 12-30% Glycyrrhizin*; **Anw.**: bei Ulcus ventriculi u. (weniger eindeutig) bei Ulcus duodeni; **Dos.**: 40-60 g/d, in einem Glas Wasser auflösen u. davon stündl. einen Schluck trinken, ab 12. Tag nur noch 12 g/d; Dauer der Kur 3-4 Wochen; **Succus Liquiritiae deglycyrrhizinatus:** deglycyrrhizinierter Succus Liquiritiae. **Anw.**: bei Magengeschwür; ohne auf Glycyrrhetinsäure zurückzuführende, mineralcorticoide UAW; vgl. Carbenoxolon. **Succus Liquiritiae depuratus** DAB6: Gereinigter Süßholzsaft; durch Ausziehen von Süßholzsaft mit Wasser bei Zimmertemp. u. Eindampfen der filtrierten, klaren Flüss. bereiteter dicker Extrakt.

Glycyrrhiza uralensis: Asiatisches Süßholz; Fam. Fabaceae (Leguminosae) (Sibirien). Stpfl. von **Liquiritiae radix:** Asiatisches Süßholz (z.B. in Japan); s. Glycyrrhiza glabra.

Glycyrrhizin: Glycyrrhizinsäure; Diglucuronid der Glycyrrhetinsäure*, ca. 150-mal süßer als Saccharose; s. Glycyrrhiza glabra.

Glykämie: Glycämie; Bez. für den Zuckergeh. des Blutes; s. Blutzucker.

Glykane: s. Kohlenhydrate (Polysaccharide).

Glykoalkaloide: s. Steroidalkaloide, Alkaloide.

Glykocholsäure: s. Gallensäuren.

Glykogen: tier. Stärke, Leberstärke; M_r 10^6-10^7; Polysaccharid, das dem Amylopektin (s. Amylum) der Pflanzenstärke sehr ähnl., jedoch stärker verzweigt u. kompakter ist. G. ist in allen tier. Zellen vorhanden, hauptsächl. in der Leber, ferner in den Muskeln (0.5-2%) u. im Blutserum (3-70 mg/100 mL). Es dient im Körper als Reservekohlenhydrat u. wird in den Muskeln zur Gew. von Muskelenergie abgebaut (Glykogenolyse). Auch die Zellen der Hefen u. anderer Pilze enthalten G. als Reservestoff anstelle von Stärke. Durch Hydrolyse wird G. zu D-Glucose, durch Amylase zu Maltose abgebaut. G. bildet ein weißes, geschmackloses Pulver, das mit Wasser zu einer opalisierenden kolloidalen Lösung aufquillt. G. reduziert Fehling-Reagens nicht, von Iod wird es rotbraun gefärbt.

Glykogenolyse: Abbau von Glykogen*; vgl. Glykolyse.

Glykogenphosphorylase: Enzym, das Glykogen phosphorolyt. spaltet u. durch Phosphorylierung u. verschiedene allosterische Faktoren wie AMP reguliert wird.

Glykogensynthase: s. Glykogen.

Glykokoll: s. Glycin.

Glykol: s. Ethylenglykol.

Glykolatweg: s. Photorespiration.

Glykole: s. Alkohole.

Glykolipide: Glykosphingolipide; Lipide*, die einen Kohlenhydrat-Anteil enthalten, der glykosidisch am Aminoalkohol Sphingosin* gebunden ist. Sie sind wichtige Membranbestandteile, v.a. im Nervengewebe. G. werden in Cerebroside u. Ganglioside eingeteilt. **1. Cerebroside** enthalten Sphingosin, das amidartig mit einer gesättigten C_{24}-Fettsäure od. einer entsprechenden α-Hydroxyfettsäure verbunden ist. Charakterist. Bestandteil ist der über die primäre Alkoholgruppe des Sphingosins glykosidisch am C-Atom 1 gebundene Glucose- od. Galactoserest. Beispiele, die in reiner Form isoliert werden konnten, sind: Kerasin (Lignocerinsäure), Phrenosin (Cerebronsäure); Nervon (Nervonsäure), Hydroxynervon (2-Hydroxynervonsäure). Cerebroside machen 11% der Trockensubstanz des Gehirnes aus; sie sind ferner in geringer Menge in Leber, Milz, Niere, Nebenniere, Lunge u. Eigelb enthalten. Die als **Sulfatide** bezeichneten schwefelhaltigen Cerebroside enthalten am C-Atom 6 des Zuckerteils einen esterartig gebundenen Schwefelsäurerest. **2. Ganglioside** sind den Cerebrosiden strukturähnlich. Sie zeigen folgendes Bauprinzip: Sphingosin* ist amidartig mit einem Molekül Fettsäure verbunden (wird als Ceramid bezeichnet). Dieses Ceramid ist über die primäre Hydroxylgruppe glykosidisch mit dem Kohlenhydratteil verknüpft, der sich aus Glucose, Galactose, Fucose, *N*-Acetylgalactosamin od. *N*-Acetylglucosamin (max. 4 Zuckerreste) zusammensetzt. Mit diesem Zuckerteil sind ein od. mehrere Moleküle Sialinsäure (*N*- od. *O*-acylierte Neuraminsäure*) verbunden. Ganglioside findet man v.a. in der grauen Hirnsubstanz u. in der Milz, aber auch in Erythrozyten, Leukozyten, Serum, Nieren, Nebennieren u. anderen Organen. S. Abb.

Glykolmonomethylether: s. 2-Methoxyethanol.

Glykolmonosalicylat: s. Ethylenglykolsalicylat.

Glykolum: s. Ethylenglykol.

Glykolylharnstoff: s. Hydantoin.

Glykolyse: Embden-Meyerhof-Parnas-Weg; bedeutendster anaerober Abbauweg der Kohlenhydrate sowohl bei Tieren als auch bei Pflanzen u. Mikroorganismen. Von je einem Mol umgesetzter Glucose werden 150.72 kJ Energie erhalten, die zur Nettosynthese von zwei Mol ATP dienen. Ausgangsmaterial ist Glykogen od. Stärke, das zu Glucose-1-phosphat od. Glucosemonomeren hydrolysiert bzw. phosphoryliert wird. Die G. lässt sich in vier Phasen unterteilen (s. Abb. 1): **1.** Die Bildung von zwei Molekülen Triosephosphat (Glycerinaldehyd-3-phosphat u. Dihydroxyacetonphosphat) aus einem Molekül Hexose unter Verbrauch von zwei Molekülen ATP. **2.** Dehydrierung des Triosephosphats zu 2-Phosphoglycerat; NAD^+ wird dabei zu NADH reduziert, ein Molekül ATP pro Molekül Triosephosphat wird gewonnen; **3.** die Umwandlung des 2-Phosphoglycerats zu Pyruvat über Phosphoenolpyruvat unter abermaliger ATP-Synthese (mit Hilfe der Pyruvatkinase*); **4.** Reduktion des Pyruvats zur Regeneration von NAD^+. Im Muskel wird Pyruvat zu Lactat umge-

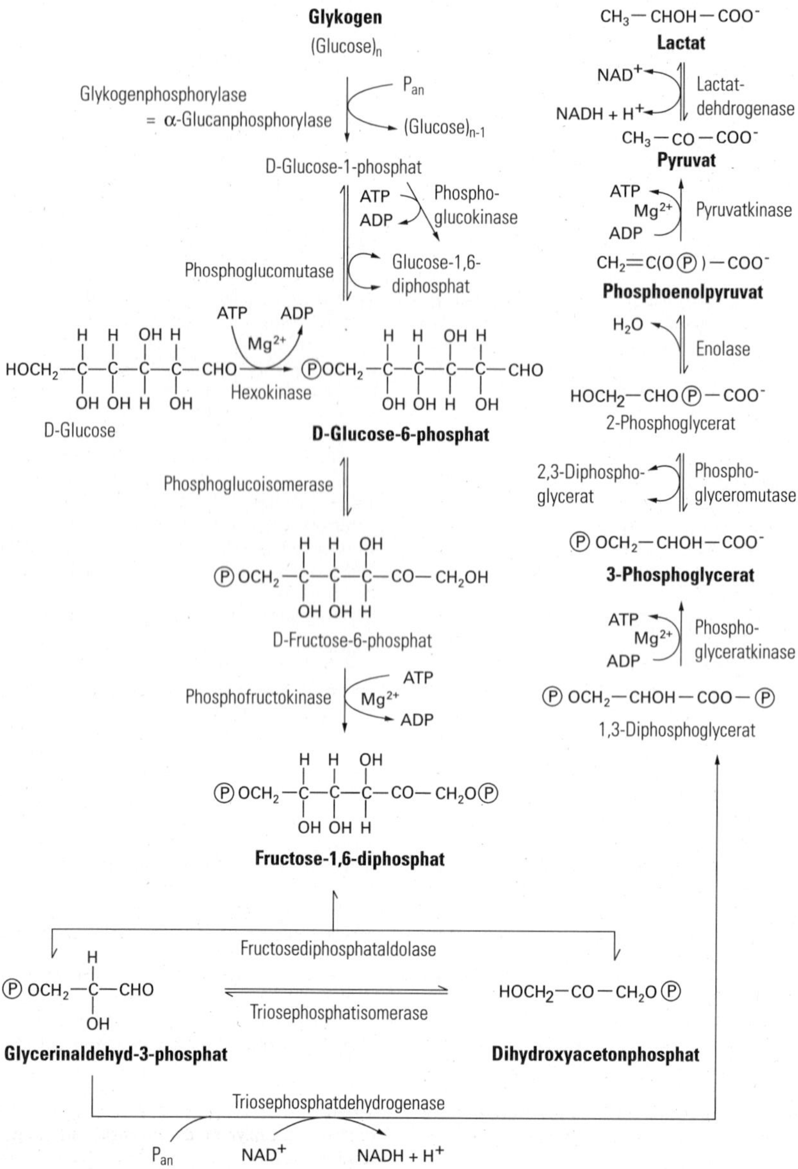

Glykolyse Abb. 1: Abbau von Glykogen zu Lactat [23]

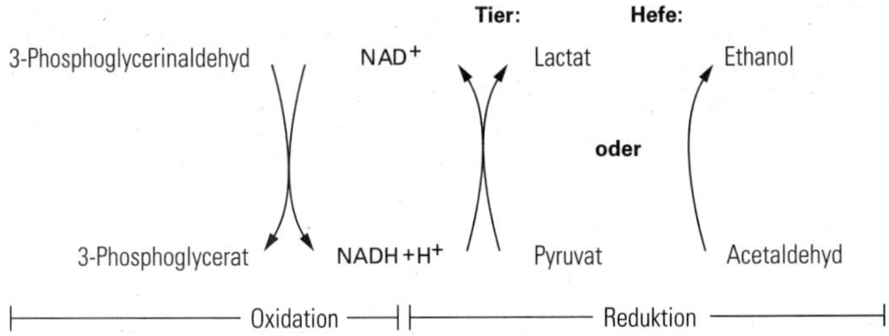

Glykolyse Abb. 2: Oxidoreduktionszyklus der Glykolyse [23]

wandelt, in der Hefe unter Decarboxylierung zu Ethanol (s. Gärung). In aeroben Organismen wird NADH letztlich in der Atmungskette* oxidiert u. Pyruvat im Tricarbonsäurezylus*. Unter anaeroben Bedingungen kann die G. nur durch den Redoxzyklus kontinuierl. gestaltet werden (s. Abb. 2). Bilanz: Glucose ($C_6H_{12}O_6$) + 2 P_i + 2 ADP → 2 Lactat ($C_3H_6O_3$) + 2 ATP. Ist das Ausgangsmaterial Glykogen, das zu Glucose-1-phosphat abgebaut wird, ist die Ausbeute drei Moleküle ATP pro Molekül Glucose-1-phosphat. Regulation: Schlüsselenzym der G. ist die Phosphofructokinase*, die durch hohe Mengen ATP gehemmt u. durch ADP od. AMP aktiviert wird. Das Produkt der Phosphofructokinasereaktion, Fructose-1,6-diphosphat, stimuliert die Pyruvatkinaseaktivität. Eine weitere Regulationsmöglichkeit ist durch den Pasteur*-Effekt gegeben.

Glykopeptide: kleinere Glykoproteine*, die die Mureinsynthese hemmen u. auf grampositive Keime wirken z. B. auch Antibiotika wie Teicoplanin, Vancomycin.

Glykophorine: Glykoproteine* der Erythrozytenmembran mit einem Kohlenhydratanteil von etwa 60 % der gesamten Molekülmasse. Die exakte Funktion der G. ist noch ungeklärt.

Glykoproteine: Glykoproteide; Glykopeptide*, Eiweißzucker; zu den zusammengesetzten Proteinen (Proteide) zählende, in Tier- u. Pflanzenreich weit verbreitete Gruppe. Sie sind charakterist. für die sezernierten, extrazellulären od. an Oberflächenstrukturen gebundenen Proteine, die von Drüsen od. Zellen abgegeben werden. Hierzu gehören zahlreiche Enzyme, die meisten Proteohormone, Plasmaproteine, alle Antikörper, Komplementfaktoren, Blutgruppen- u. Schleimsubstanzen u. viele Membranproteine (vgl. Rezeptoren) sowie Lektine. G. sind kovalente Komplexe aus Polypeptidketten u. meist mehreren kurzen Heterosaccharidketten. Die drei häufigsten Typen sind: **1.** *O*-Glykosidbindung mit OH-Gruppen des Serins bzw. Threonins od. mit der OH-Gruppe des Hydroxylysins im Kollagen*; **2.** *N*-Glykosidbindung mit der Amidgruppe des Asparagins (in den meisten Plasmaproteinen); **3.** Esterglykosidbindung unter Beteiligung der freien COOH-Gruppen der Asparagin- od. Glutaminsäurereste. **Eigenschaften u. Aufgaben:** G. sind aufgrund ihrer hohen Viskosität geeignete Schmier- od. Schutzstoffe, z. B. gegenüber proteolyt. Enzymen, sowie Inhibitoren von Bakterien u. Viren. Sie sind mit verantwortl. für zelluläre Adhäsion u. Kontakthemmung beim Wachstum von Zellen in Gewebekulturen. Sie sind ebenso verantwortl. für die zelluläre Erkennung von Fremdgewebe u. können an der tumorspezif., antigenen Aktivität beteiligt sein. Bei allen erwähnten Glykoproteinfunktionen soll der Kohlenhydratanteil die Rolle eines Erkennungssignals für einen Rezeptor spielen; z. B. bei der Glykoproteinsynthese fungiert der Kohlenhydratanteil als Erkennungssignal zur Sekretion der Glykoproteine.

Glykoretine: für den Milchsaft von Convolvulaceae* charakterist. Esterglykoside mit laxierender Wirkung. Sie bestehen aus einer (z. T. auch veresterten) Mono- od. Dihydroxyfettsäure (ca. 12-16 C-Atome), die glykosid. mit einem Oligosaccharid (Bausteine: Glucose, Rhamnose u. a.) verbunden ist, welches seinerseits mit kurzkettigen Fettsäuren (Essigsäure, Propionsäure, Buttersäure, Valeriansäure u. deren Isomeren) verestert ist (s. Abb.). Als Hydroxyfettsäuren kommen z. B. in Frage: Jalapinolsäure (11-Hydroxypalmitinsäure), Convolvulinolsäure (3,12-Dihydroxypalmitinsäure), Ipurolsäure (3,11-Dihydroxymyristicinsäure) od. Exogonsäure (3,6,6,8-Diepoxydecansäure).

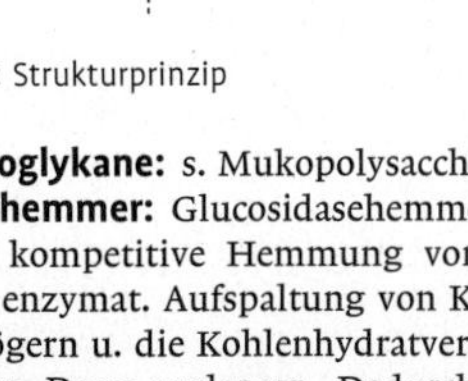

Glykoretine: Strukturprinzip

Glykosaminoglykane: s. Mukopolysaccharide.

Glykosidasehemmer: Glucosidasehemmer; Stoffe, die durch kompetitive Hemmung von Glykosidasen* die enzymat. Aufspaltung von Kohlenhydraten verzögern u. die Kohlenhydratverdauung in den unteren Darm verlagern. Dadurch wird die Hyperglykämie nach den Mahlzeiten niedrig gehalten u. der Insulinbedarf sinkt. **Anw.:** Diabetes* mellitus; **Wirkstoffe:** z. B. Acarbose*.

Glykosidasen: Glucosidasen; eine Gruppe von Hydrolasen (s. Enzyme), die glykosid. Bindungen in Kohlenhydraten*, Glykoproteinen* u. Glykolipiden* spalten. Sie haben keine hohe Spezifität. G. unterscheiden nur die Art der Bindung, z. B. *O*-

od. *N*-glykosidisch, u. die Konfiguration, α- od. β-glykosidisch. Beispiele für α-G. sind: Amylasen, Oligo-1,6-glucosidase, Amylo-1,6-glucosidase u. Disaccharidasen. Vertreter der β-G. sind Cellulasen u. Invertase.

Glykoside: Gruppe von in der Natur weit verbreiteten org. Verb., in denen die OH-Gruppe am C-Atom 1 (od. 2) der Cyclohalbacetalform von Monosacchariden mit alkohol. od. phenolischen Hydroxylgruppen von Pflanzeninhaltsst. od. anderen geeigneten Reaktionspartnern acetalartig (zum Vollacetal) verknüpft ist (meist β-glykosidisch). **Holoside**: Es werden ausschließl. Zuckermoleküle miteinander glykosid. verknüpft. Dabei handelt es sich um Di-, Tri-, Tetra-, Oligo- od. Polysaccharide (Glykane; s. Kohlenhydrate). Saure od. enzymat. Hydrolyse von **Heterosiden** (oft Glykosiden gleichgesetzt) führt zur Spaltung in Zucker u. Nicht-Kohlenhydrat-Anteil, der als Aglykon od. Genin bezeichnet wird. Anstelle eines Aglykons mit OH-Gruppe(n) können sich auch solche mit Amino- od. Mercapto-Gruppen mit dem Zucker verbinden. Bei Verknüpfung **1.** mit der OH-Gruppe eines anderen Monosaccharids entsteht ein Disaccharid (z. B. Saccharose*); **2.** mit der OH-Gruppe eines Nicht-Kohlenhydrats ein *O*-Glykosid (z. B. Strophanthin*); **3.** mit einer NH_2-Gruppe ein *N*-Glykosid (z. B. Nucleotide*, RNA, DNA); **4.** mit einer SH-Gruppe ein *S*-Glykosid (Thioglykosid; z. B. Sinigrin*); **5.** mit einer CH-Gruppe ein *C*-Glykosid (Glykosil; z. B. Vitexin* od. Aloin*). Zu den G. gehören viele pfl. Geruchstoffe (z. B. Cumarine*), Farbstoffe (z. B. Anthocyane*, Flavonglykoside), pflanzliche Gerbstoffe* u. pharmakol. wirksame Stoffe (herzwirksame Glykoside*, Saponine*, Anthraglykoside*, Glykoalkaloide, Senfölglykoside u. a.). Man bezeichnet die G. durch Anhängen der Silbe „-id" an den Namen des betreffenden Zuckers, z. B. Glucosid, das Glykosid der Glucose.

Glykoside, cyanogene: s. Cyanglykoside.

Glykoside, genuine: in ihrer ursprüngl. Form vorliegende, d. h. nicht enzymat. gespaltene Glykoside. Z. B. sind die Purpurea-Glykoside A u. B genuine Glykoside, Digitoxin u. Gitoxin deren Spaltprodukte.

Glykoside, herzwirksame: Herzglykoside; aus Pflanzen gewonnene zuckerhaltige Verbindungen mit Steroidring zur Förderung der Kontraktionskraft der Herzmuskulatur. Neben h. G. aus Convallaria* majalis, Adonis* vernalis, Helleborus* viridis, Urginea* maritima u. Strophanthusglykosiden werden heute fast ausschließl. Digitalisglykoside zur Ther. verwendet. Bedingt durch die komplizierte chem. Struktur (Steroidgerüst mit einem Zuckeranteil) sind die Herzglykoside bis heute nicht durch Synthetika ersetzt worden. Es werden jedoch in der Ther. weitgehend Reinglykoside eingesetzt, da sie eine exakte Dosierung, definierte Wirk., gleichmäßige Resorption sowie gute Haltbarkeit aufweisen. **Vork.:** in Ranunculaceae*, Brassicaceae*, Fabaceae*, Celastraceae, Euphorbiaceae*, Scrophulariaceae* (nur in Gattung Digitalis), Apocynaceae*, Liliaceae*; **Wirkungen:** **1.** Steigerung der Kontraktionskraft des Myokards (positiv-inotrope Wirk.) u. Vermehrung des Schlagvolumens; **2.** Herabsetzung der Herzschlagfrequenz (negativ-chronotrope Wirk.); **3.** Verlangsamung der Erregungsleitung (negativ-dromotrope Wirk.); **4.** Steigerung der Erregbarkeit, v. a. der Kammermuskulatur (positiv-bathmotrope Wirk.). Als Folge der verstärkten Kontraktion u. damit Senkung des enddiastol. Druckes u. der Vorhofdrücke kommt es zu einer Abnahme der Herzfrequenz. Das vermehrte Schlagvolumen führt zu einer verbesserten Nierendurchblutung u. erhöhten Diurese; ferner wird der venöse Druck vermindert, Ödeme werden abgebaut.

Struktur: H. G. besitzen ein Steroidgerüst mit 21 C-Atomen (Pregnangerüst), verknüpft mit einem Lactonring am C-17. Bei einem 5-gliedrigen, einfach-ungesättigtem γ-Lactonring (Butenolidring) spricht man von **Cardenoliden**; **Bufadienolide** haben einen 6gliedrigen δ-Lactonring mit 2 Doppelbindungen (Cumalinring), s. Tab. 1. Biogenet. Vorstufe der beiden Gruppen ist Pregnenolon, das durch oxidativen Abbau der Seitenkette von Cholesterol entsteht. Für die Wirk. der h. G. sind folgende Strukturmerkmale wichtig: **1.** Verknüpfung der Ringe A mit B u. C mit D *cis*, hingegen B u. C *trans*; **2.** β-Konfiguration der OH-Gruppe bzw. Glykosidbindung in Stellung 3; **3.** ungesättigter γ- od. δ-Lactonring in Stellung 17 (β-Konfiguration); **4.** β-Stellung der OH-Gruppe am C14; **5.** Zuckerreste (für Verteilung im Organismus entscheidend), bestehend aus Glucose, Rhamnose u. vor allem den charaterist. Desoxyzuckern*: Digitoxose (2,6-Didesoxy-ribohexose), Digitalose (6-Desoxy-3-*O*-methylgalactose, 3-Methyl-D-fucose), Cymarose (3-Methyldigitoxose), Oleandrose (2-Desoxy-3-*O*-methyl-L-rhamnose), Thevetose (6-Desoxy-3-*O*-methylglucose) u. Sarmentose (2,6-Didesoxy-3-*O*-methyl-xylo-hexose). S. Tab. 2.

Wirkmechanismus: herzwirksame Glykoside hemmen die Na^+/K^+-aktivierbare Membran-ATPase (s. Adenosintriphosphatase) des Herzens. Dadurch kommt es im Zellinneren zu einer Erhöhung der Natriumionenkonzentration (s. Ionenpumpe). Die Ca^{2+}-Konz. nimmt zu, was zu einer Verbesserung der elektromechan. Kopplung führt. Die fast ausschließl. Wirk. auf das Herz wird damit erklärt, dass sich die h. G. an bestimmte Rezeptorproteine der Herzmuskelmembran binden, wobei Kalium um dieselben Rezeptoren konkurriert. Das bedeutet eine erhöhte Empfindlichkeit bei niedrigem Kaliumspiegel; Calciumionen verstärken die Wirkungen der herzwirksamen Glykoside. **Pharmakokinetik:** alle h. G. wirken pharmakodynam. gleich. Hinsichtl. ihrer Resorption, Proteinbindung, Wirkungseintritt u. Elimination unterscheiden sie sich erheblich; s. Tab. 3. Die Resorption ist um so vollständiger, je lipophiler das Molekül ist, was durch Abspaltung von Zuckermolekülen u. Veretherung od. Veresterung von Hydroxylgruppen erreicht werden kann. Die Proteinbindung (Bindung an Plasmaeiweißstoffe) ist um so größer, je kürzer die Zuckerkette u. je kleiner die Zahl der Hydroxylgruppen am Grundgerüst ist. Digitoxin wird bis zu 80 % in der Leber metabolisiert. Digoxin wird zu ca. 80 % u. g-Strophanthin zu 95 % unverändert v. a. renal ausgeschieden. Die enterale Resorption kann u. a.

Glykoside, herzwirksame			Tab. 1
Untergruppe	Aglyka	C17-Lactonring	Vorkommen (Beispiele)
Cardenolide	23 C-Atome	5 C-Atome, 1fach ungesättigt	Digitalis, Nerium, Thevetia, Strophanthus, Adonis, Convallaria
Bufadienolide	24 C-Atome	6 C-Atome, 2fach ungesättigt	Helleborus (nicht H. niger), Urginea, Bufo

mit Aktivkohle u. Colestyramin* verhindert werden. Bei Leberfunktionsstörungen u. Niereninsuffizienz ist mit einer Kumulation der h. G. zu rechnen. Bei der Dosierung müssen die Vollwirkdosis*, die Erhaltungsdosis* u. die Abklingquote* berücksichtigt werden. **Anw.:** alle Formen der Herzinsuffizienz*, tachykarde Arrhythmien (vgl. Antiarrhythmika), Vorhofextrasystolen. **UAW:** **1.** gastrointestinale Störungen, Erbrechen; **2.** Benommenheit, Schläfrigkeit, Sehfeldstörungen, Farbensehen; **3.** Herzrhythmusstörungen mit Extrasystolen, AV-Block (geringe therap. Breite); **WW:** Gefahr (z. B. Hypokaliämie) bei der Gabe von Diuretika*, Abführmitteln*, NNR-Hormonen, (s. Hormone, Nebennierenhormone), Thyroxin* u. a.; Calciumsalze verursachen eine Wirkungsverstärkung. Kombinationspräparate von h. G. entbehren meist jeder wissenschaftl. Grundlage u. sind abzulehnen. **Nachweisreaktionen:** **a)** Nachw. des Butenolidringes unter Ausbildung eines Meisen-

Glykoside, herzwirksame Tab. 2
Vergleichende Gegenüberstellung herzwirksamer Glykoside und ihrer Aglyka (Cardenolid-Schema)

Ringverknüpfung:

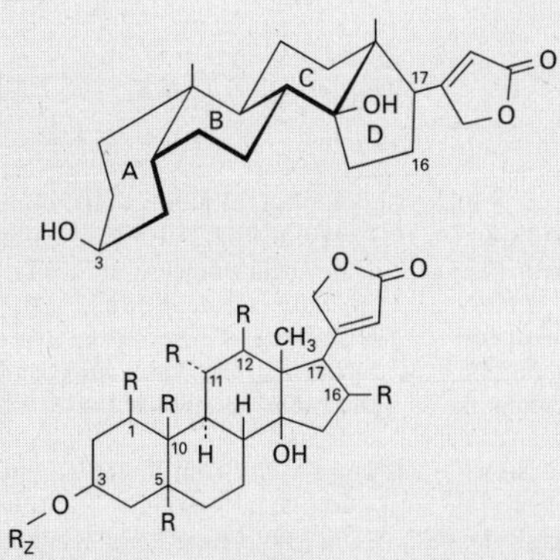

Cy = Cymarose
Dx = Digitoxose
(Ac) = Acetyl-
(M) = 4-Methyl-
Dl = Digitalose
Gl = D-Glucose
Rh = L-Rhamnose
Th = L-Thevetose
Ol = L-Oleandrose
Gb = Gentiobiose

Substituenten:
R an C–

	1	5	10	11	12	3 (R_Z)
natürlich vorkommende Glykoside						
Digitoxigenin			$-CH_3$			
Digitoxin						–Dx–Dx–Dx
Purpureaglykosid A						–Dx–Dx–Dx–Gl
Lanatosid A						–Dx–Dx–Dx(Ac)–Gl
Digoxigenin			$-CH_3$		–OH	
Digoxin						–Dx–Dx–Dx
Lanatoxid C						–Dx–Dx–Dx(Ac)–Gl
Gitoxigenin			$-CH_3$			
Gitoxin						–Dx–Dx–Dx
Purpureaglykosid B						–Dx–Dx–Dx–Gl
Lanatosid B						–Dx–Dx–Dx(Ac)–Gl
Digitalinum verum						–Dl–Gl
Gitaloxigenin			$-CH_3$			
Gitaloxin						–Dx–Dx–Dx
Glucogitaloxin						–Dx–Dx–Dx–Gl
Glucoverodoxin						–Dl–Gl

Fortsetzung nächste Seite

Fortsetzung von Seite 671

Cannogenin			−CHO			
Peruvosid						−Th
Thevetin A						−Th−Gb
Apocannosid						−Cy
Cynocannosid						−Ol
Adonitoxigenin			−CHO			
Adonitoxin						−Rh
k-Strophanthidin		−OH	−CHO			
Helveticosid						−Dx
Erysimosid						−Dx−Gl
Cymarin (k-Strophanthin-α)						−Cy
k-Strophanthin-β						−Cy−β-Gl
k-Strophanthin-γ						−Cy−β-Gl−α-Gl
Convallatoxin						−Rh
Convallosid						−Rh−Gl
Glucoconvallosid						−Rh−Gl−Gl
Strophanthidol		−OH	$-CH_2OH$			
Helveticosol						−Dx
Erysimol						−Dx−Gl
Cymarol						−Cy
Convallatoxol						−Rh
Convallatoxolosid						−Rh−Gl
g-Strophanthidin	−OH	−OH	$-CH_2OH$	−OH		
g-Strophanthin (Ouabain)						−Rh
halbsynthetische Glykoside						
Metildigoxin			$-CH_3$		−OH	−Dx−Dx−Dx(M)

heimer*-Komplexes mit Baljet*-Reagens od. mit der Kedde*-Reaktion; **b)** Nachw. der 2,6-Didesoxyzucker (Digitoxose) mit der Keller-*Kiliani-Reaktion; **c)** Nachw. des Steroidgerüstes mit Liebermann*-Burchard-Reaktion. **Wertbestimmung:** kann mittels chem. (chromatograph. Auftrennung, z. B. HPLC) od. bevorzugt biol. Methoden erfolgen, eine Korrelation zw. den Methoden gibt es nicht. Die biol. Wertbestimmungsmethoden basieren z. B. auf der Ermittlung der Dosis, die notwendig ist, um bei Fröschen (alte Methode, Froschdosis), Katzen, Meerschweinchen od. Tauben einen systol. Herzstillstand zu bewirken. Es kann auch direkt die positiv inotrope Wirk. an isolierten intakten Papillarmuskeln (befinden sich an der Innenwand der Herzkammern) eines Versuchstieres gemessen werden. **Gesch.:** s. Digitalis purpurea.

Glykosile: s. Glykoside.

Glykosphingolipide: s. Glykolipide.

Glykosylierung: Ausbildung der Bindung zw. einem Zuckermolekül u. einem zweiten Molekül (Aglykon, Protein u. a.), z. B. Übertragung von aktivierten Zuckerresten (Nucleosiddiphosphatzucker) auf die Aglykone* der entspr. Glykoside* unter der katalyt. Wirkung von Glykosyl-Transferasen.

Glymidin-Natrium INN: Glymidinum natricum, Glycodiazin-Natrium; Natriumsalz von *N*-[5-(2-Methoxyethoxy)-2-pyrimidinyl]benzolsulfonamid; CAS-Nr. 3459-20-9; $C_{13}H_{14}N_3NaO_4S$, M_r 331.3. Schmp. 221-226 °C. Bildet ein Monohydrat; wenig lösl. in Ethanol; lösl. in Wasser bei 37 °C zu 70.5 %. **Anw.:** Sulfonamid*-Antidiabetikum der 1. Generation zur oralen Anw.; **UAW** u. **WW:** s. Antidiabetika (orale A.); **Dos.:** p. o. 0.5-1.5 g/d; HWZ ca. 4 h.

Glykoside, herzwirksame Tab. 3
Pharmakokinetische Parameter

Arzneistoff	WE i.v. min	WE oral min	HWZ h	RQ %	PB %	AQ %/d	EQ %/d
Digitoxin	30	3 -5	170	100	90	7-10	5
Digoxin	30	3	35	75	30	30	40
g- und k-Strophanthin	10	–	15	<5	<10	40	70
Metildigoxin	5-20	30	33	>90	12	30	40
α-, β-Acetyldigoxin	5-20	0.3	33	70-80	30	30	40

WE: Wirkungseintritt; HWZ: Halbwertzeit; RQ: Resorptionsquote; PB: Proteinbindung; AQ: Abklingquote; EQ: Eliminationsquote

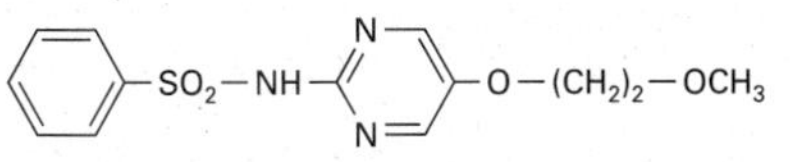

Glymidin-Natrium: Glymidin

Glyoxal: Oxalaldehyd; Ethandial, OHC–CHO, $C_2H_2O_2$, M_r 58.04. Schmp. 15 °C. Sdp. 51 °C. Gelbe Kristalle, mit großer Polymerisationsfähigkeit (ähnl. wie Formaldehyd*). Einfachster Dialdehyd. **Darst.:** Oxidation von Ethanol od. Glykol mit Salpetersäure. **Anw.:** Herst. von Kunststoffen, Kunstfasern, knitterfesten Geweben.

Glyoxalbishydroxyanil: 2,2'-(Ethandilydendinitrilo)diphenol; $C_{14}H_{12}N_2O_2$, M_r 240.3. Schmp. ca. 200 °C. Lösl. in heißem Ethanol. **Anw.:** Nachw. von Calcium*.

Glyoxalin: s. Imidazol.

Glyoxylatzyklus: Krebs-Kornberg-Zyklus; ein Nebenweg des Tricarbonsäurezyklus* in Mikroorganismen u. Pflanzen, der dem Aufbau von Oxalacetat aus Acetyl-Coenzym A dient. Schlüsselenzyme sind Isocitratlyase (Isocitratase) u. Malatsynthase. Bilanz: 2 Acetyl-CoA + NAD^+ + 2 H_2O → Succinat + 2 CoA + NADH + H^+. Die Zwischenprodukte des G. fungieren als Ausgangsmaterial versch. Synthesewege. Succinat hat als Vorstufe bei der Gluconeogenese* Bedeutung. Der G. dient Pflanzensämlingen zur Verwertung ihrer Fettreserven u. ermöglicht das Wachstum von Mikroorganismen auf Fettsäuren od. Essigsäure als einziger Kohlenstoffquelle. Da Isocitratlyase u. Malatsynthase in tier. Organismen fehlen, läuft der G. in Säugetieren nicht ab.

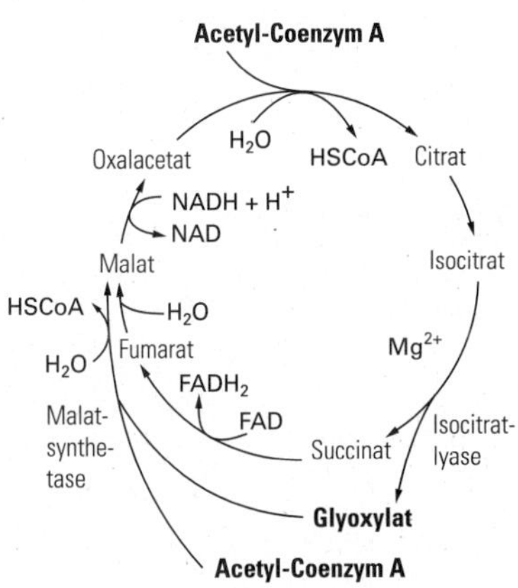

Glyoxylatzyklus [23]

Glyoxylsäure: Glyoxalsäure; CHO–COOH. Eine Carbonsäure, die v. a. in unreifen Früchten, Keimpflanzen u. jungen Blättern vorkommt. In bestimmten Pflanzen (z. B. Ahorn, Boretsch, Roßkastanie) liegt G. in Form der Glyoxylsäureureide Allantoin u. Allantoinsäure vor, die beim Purinabbau entstehen. Im Stoffwechsel entsteht G. durch oxidative Desaminierung od. Transaminierung von Glycin od. Sarkosin. G. ist Schlüsselsubstanz im Glyoxylatzyklus*.

Glyoxylsäurediureid: s. Allantoin.

Glyoxysomen: Microbodies*, die Enzyme zur Umwandlung von Fetten in Kohlenhydraten, z. B. bei der Keimung vieler Samen, enthalten.

Glypressin: s. Terlipressin.

Glyptale: Kunstharze*, v. a. Phthalat- u. Maleatharze. **Anw.:** Rohstoffe für Lacke.

Glyzerin: s. Glycerol.

GM-CSF: s. CSF.

GMP: **1.** Abk. für **G**uanosin-5'-**m**ono**p**hosphat, s. Guanosin. **2.** Abk. für **G**ood **M**anufacturing **P**ractice; von 1968 von der WHO* herausgegebenen Grundregeln für die Herst. von Arzneimitteln u. die Sicherung ihrer Qualität (Draft Requirements for Good Manufacturing Practice in the Manufacture and Quality Control of Drugs and Pharmaceutical Specialities; später überarbeitet als Quality Control of Drugs). Die wesentl. Aussage der GMP-Regeln ist, dass die Qualität in ein Arzneimittel hineinproduziert werden muss u. Kontrollen eine Bestätigung der sachgerechten Herst. sind. Grundlage der GMP-Regeln ist ein funktionierendes Qualitätssicherungssystem. Die EU hat mit einer Richtlinie die Anwendung der GMP-Regeln für die industrielle Arzneimittelherst. gefordert u. 1992 einen eigenen GMP-Leitfaden mit Leitlinien in Kraft gesetzt. Die Forderung GMP-gemäßer Arzneimittelherst. ist Grundlage internationaler Übereinkommen zur gegenseitigen Anerkennung pharmaz. Überwachungssysteme u. des WHO*-Zertifikatssystems.

GMS: Abk. für **G**lycerol**m**ono**s**tearat*.

Gnadenkraut: s. Gratiola officinalis (Herba Gratiolae).

Gnaphalium arenarium: s. Helichrysum arenarium.

Gnaphalium dioicum: s. Antennaria dioica.

Gnaphalium obtusifolium: s. Pseudognaphalium obtusifolium.

GnRH: s. Gonadorelin.

Goa-Baum: s. Andira araroba.

Goa-Pulver: s. Andira araroba (Chrysarobin).

Götterbaum: s. Ailanthus altissima.

Goitrine: s. Glucosinolate.

Gold: Aurum; Symbol Au; A_r 196.9665, OZ 79. D. 19.3. Schmp. 1063 °C. Sdp. 2660 °C. Härte 2.5-3. Gelbes, glänz., weiches, dehnbares, 1- u. 3-wertiges, seit frühesten Zeiten bekanntes Metall. Au ist außerordentl. widerstandsfähig gegen Luft, Wasser, Säuren u. Alkalien, lösl. in Königswasser* od. in Kaliumcyanid-Lsg. in Gegenwart von Luftsauerstoff. **Vork.:** nat. meist gediegen, von Silber od. anderen Metallen begleitet, in krist. Gesteinen, im Flusssand. Größte Goldvorkommen: Südafrika, Australien, Kalifornien, Alaska, Ural; im Meerwasser ca. 0.01-0.044 mg Au/m^3; Goldgeh. aller Weltmeere zus. ca. 8 Millionen Tonnen; **Gew.:** Ausschlämmung od. Amalgamierung mit Quecksilber* od. Behandlung der Erze mit Kaliumcyanid-Lsg. bei Luftzutritt; **Anw.:** Schmuckstücke, Münzen u. Zahnersatz; Vergolden, z. B. von Bronzeskulpturen, elektr. Kontakten u. Pillen. Der Goldgeh. wird in Karat od. in Tausendsteln (Feingeh.) ausgedrückt: 24 Karat od. 1000/1000 (reines Au); 18 Karat od. 750/1000; 14 Karat od. 585/1000, 12 Karat od. 500/1000, 8 Karat od.

333/1000 Goldgehalt. Wegen seiner Weichheit wird Au in Legierungen, meist mit Silber u. Kupfer verwendet. Es lässt sich zu Blattgold von 0.1 µm Dicke auswalzen, das für grünes Licht durchlässig ist. Unechtes Blattgold (Rauschgold), das aus Tombak* besteht, wird von HNO_3 leicht gelöst, im Ggs. zu echtem Blattgold. **Tox.:** bei der med. Verwendung org. Au-Verb. (z. B. bei Erkrankungen des rheumat. Formenkreises) werden in ca. 20-30 % der Fälle tox. Reaktionen beobachtet (u. a. Hautveränderungen, Blutungsneigung, Leber- u. Nierenschäden, Bronchitis); häufig kommt es zu allerg. Reaktionen mit Thrombozytopenie; **Nachw.** von Au-Verb.: **1.** aus Goldsalz-Lsg. wird durch Metalle u. viele reduzierende Stoffe, (z. B. As_2O_3, SO_2, Oxalsäure) Au als braunes Pulver gefällt; **2.** H_2S fällt aus neutralen u. sauren Lsgn. schwarzes Gold(I)-sulfid u. Gold(III)-sulfid, lösl. in Königswasser u. Alkalisulfid-Lsg.; **3.** Zinn(II)-chlorid-Lsg. fällt purpurrote Gemische von Zinnhydroxiden u. kolloidalem Au (Cassius-Goldpurpur), er dient zum Färben von Porzellan, Glas (Goldrubinglas).

Hom: *Aurum metallicum (HAB1.1):* Herst.: 1 T. Tetrachlorogold(III)-säure in 10 T. H_2O mit 75 T. Eisen(II)-sulfat versetzt; Konstitutionsmittel; verord. z. B. bei Schwindel, Kopfschmerzen, Hypertonie, Sklerose, Augenerkrankungen, Erkrankungen des rheumat. Formenkreises, Myokarddegeneration, Depressionen.

Hom: *Aurum colloidale:* s. Gold, kolloidales.

Gold-198: Symbol ^{198}Au, Radiogold; OZ 79; radioaktives Nuklid mit einer HWZ von 2.7 d, das als Goldseeds* od. als kolloidale, mit Gelatine stabilisierte u. mit unterschiedl. Reduktionsmitteln versetzte Injektionslsg. verwendet wird (kolloidale Gold [^{198}Au]-Injektionslösung, Auri colloidalis [^{198}Au] solutio iniectabilis Ph.Eur.3, bis 1995). **Darst.:** Bestrahlung von Gold-197 im Kernreaktor (n,γ-Prozess). Es zerfällt unter Abgabe von Beta- u. Gammastrahlung in das stabile Quecksilber-198. Bei der Aktivierung von stabilem Gold-197 mit therm. Neutronen entsteht außer Gold-198 über einen weiteren n,γ-Prozess gleichzeitig Gold-199, das über einen β^-, γ-Zerfall (HWZ 3.15 d) in Quecksilber-199 übergeht:

$$^{197}Au(n,\gamma)\,^{198}Au \xrightarrow[2.7d]{\beta^-,\gamma} {}^{198}Hg$$

$$^{197}Au(n,\gamma)\,^{198}Au(n,\gamma)\,^{199}Au \xrightarrow[3.15d]{\beta^-,\gamma} {}^{199}Hg$$

Zur Herst. des Kolloids wird Goldchlorid (aus metall. Radiogold) mit Ascorbinsäure od. alkal. Glucoselsg. reduziert sowie stabilisiert. **Anw.:** kolloidale Injektionslsg. in der Med. sowohl für diagnost. Zwecke (z. B. Leberszintigraphie, Lymphszintigraphie) als auch zur Therapie. Dabei spielt die Teilchengröße (Bestimmung ist nur elektronenmikroskop. mögl.) eine wichtige Rolle bei der Verteilung im Organismus. Nach der i.v.-Injektion wird das Kolloid von den Zellen des mononukleären phagozytären Systems* durch Phagozytose aufgenommen (80 % in der Leber, der Rest in Milz, Knochenmark, Lymphsystem u. a.). Kleine Teilchen (5 nm) zeigen eine langsamere u. etwas geringere Leberspeicherung als größere (üblicherweise 20-30 nm), die wiederum nach s.c.-Injektion nicht in das Lymphsystem abtransportiert werden u. deshalb nicht zur nuklearmed. Lymphknoten-Darst. geeignet sind.

Goldäther: Tetrachlorogoldsäure gelöst in Ether; vgl. Gold(III)-chlorid.

Goldafter: Euproctis chrysorrhoea, Bombyx chrysorrhoea; hom. Tinktur.

Hom: aus der giftigen Raupe Fam. Lymantriidae (Trägspinner).

Goldamalgam: Mercurius auratus; Amalgam aus Gold* u. Quecksilber* (1:2).

Goldblume: s. Calendula officinalis.

Gold(III)-bromid: Aurum tribromatum, Auribromid; Goldtribromid, $AuBr_3$. Braunschwarzes Pulver, wenig lösl. in Wasser, Ethanol, Glycerol, lichtempfindlich. **Darst.:** Lösen von Gold in Brom; **Anw.:** früher bei Epilepsie u. Migräne.

Goldbronze: Muschelgold; **1.** echte G.: Verreibung von Blattgold mit Honiglösung. **2.** unechte G.: Kupfer-Zink-Legierung.

Gold(III)-chlorid: Aurum trichloratum, Aurichlorid; Goldtrichlorid, $AuCl_3$. Gelbbraune zerfließl. Kristalle, sehr leicht lösl. in Wasser mit braunroter Farbe, wenig lösl. in Ethanol u. Ether; in HCl löst sich $AuCl_3$ mit hellgelber Farbe unter Bildung von **Tetrachlorogoldsäure**: Gold(III)-chlorid-chlorwasserstoffsäure, $H(AuCl_4) \cdot 4\,H_2O$, hellgelbe, leicht zerfließl. Kristallnadeln, leicht lösl. in Wasser u. Ethanol (Goldtinktur) sowie in Ether (Goldäther); die wässrige Lsg. färbt die Haut unter Blasenbildung purpurviolett. **Anw.** med.: selten als Ätzmittel, früher bei Syphilis*; techn.: Fotografie (Goldtonbäder), Galvanotechnik, Herst. keramischer Goldfarbe u. a. Goldverbindungen.

Hom: *Aurum chloratum (HAB1.3),* Aurum muriaticum: mind. 49 % Gold.

Gold(III)-chlorid-Chlornatrium: s. Natriumtetrachloroaurat(III).

Goldchlorid-Natrium: s. Natriumtetrachloroaurat(III).

Goldchloridwasserstoffsäure: s. Gold(III)-chlorid.

Goldfaden: s. Coptis trifolia.

Goldglätte: s. Blei(II)-oxid.

Goldglöckchen: s. Forsythia suspensa.

Goldhaar: s. Polytrichum commune (Herba Adianti aurei).

Gold(I)-iodid: Goldmonoiodid, AuI, M_r 323.9. Gelbes bis gelbl. grünes Pulver, das sich bei Raumtemp. langsam zersetzt; unlösl. in Wasser, lösl. in Alkaliiodid u. -cyanidlösungen.

Hom: *Aurum jodatum (HAB1.4):* Gemisch von Gold(I)- u. Gold(III)-iodid.

Gold(I)-Kaliumcyanid: s. Kaliumdicyanoaurat(I).

Gold, kolloidales: Aurum colloidale; löst sich in Wasser mit tiefblauer bis tiefroter Farbe. **Darst.:** Einw. von Reduktionsmitteln (Formaldehyd, Hydrazinhydrat) auf Gold(III)-chloridlsg. od. durch elektr. Zerstäubung; **Anw.** med.: mit Eiweißstoffen als Schutzkolloide bei Erkrankungen des rheumat. Formenkreises.

Hom: *Auri solutio colloidalis (HAB1.5),* Solutio Auri colloidalis, Aurum colloidale: kolloide Goldlsg. mit mind. 0.15 u. max. 0.20 % Au; Herst. aus Natrium tetrachloroauratum, s. Natriumtetrachloroaureat(III), Natriumhydrogencarbonat, vgl. Gummi arabicum.

Goldkraut: s. Chelidonium majus (Chelidonii herba).
Goldlack: s. Cheiranthus cheiri.
Goldlackblüten: s. Cheiranthus cheiri (Flores Cheiranthi cheiri).
Goldlösung, kolloide: s. Gold, kolloidales.
Goldmelisse: s. Monarda didyma.
Goldorange: s. Methylorange.
Goldorange, Japanische: s. Aucuba japonica.
Gold, radioaktives: s. Gold-198.
Goldregen, Traubiger: s. Laburnum anagyroides.
Goldrute: s. Solidago virgaurea.
Goldrute, Kanadische: s. Solidago gigantea.
Goldrutenkraut: s. Solidago virgaurea (Solidaginis virgaureae herba).
Goldschwefel: s. Antimon(V)-sulfid.
Goldseeds (engl.: seeds, Samenkörner): radioaktives, metallisches Gold*-198 in Form kleinerer Stücke von dünnem Golddraht. **Anw.:** interstitielle Tumortherapie (Zunge, Augen, Lippe, nicht radikal zu operierendes Bronchialkarzinom).
Goldsiegelwurzel: s. Hydrastis canadensis (Rhizoma Hydrastis).
Goldthioglucose: s. Aurothioglucose.
Goldtinktur: Tetrachlorogoldsäure gelöst in Ethanol; s. Gold(III)-chlorid.
Goldtribromid: s. Gold(III)-bromid.
Goldtrichlorid: s. Gold(III)-chlorid.
Gold, trinkbares: Aurum potabile; ein von Magie u. Mystik umwittertes Präparat, dessen Herst. schon zur Zeit der Scholastiker (12. Jh.) versucht wurde u. Paracelsus angebl. gelungen ist. Vgl. Gold, kolloidales.
Goldwurz: s. Chelidonium majus.
Golgi-Apparat: s. Golgi-Körper.
Golgi-Körper: Dictyosom (bei Pflanzen); Zellorganell der Eukaryonten*; besteht aus einer Gruppe flacher, scheibenförmiger, membranumgrenzter Hohlräume (Zisternen), die oft am Rande stern- od. netzförmig sind, u. den Vesikeln, die sich davon abschnüren. Er dient der Zelle als Sammel- u. Verpackungszentrum u. spielt bei der Sekretion eine Rolle. Die Gesamtheit aller G.-K. einer Zelle wird als Golgi-Apparat bezeichnet.
Gomberg-Bachmann-Reaktion: Verfahren zur Herst. von Diphenylverb. aus Diazoniumsalzen u. aromat. Verbindungen in wässriger Natronlauge (s. Abb.).
Gomberg-Radikalreaktion: Bildung freier Radikale* durch Einw. von Zink od. Silber auf Triarylmethylhalogenide in Benzol. Aus Triphenylmethylchlorid (Tritylchlorid) entstehen z. B. Triphenylmethyl-(Trityl)-Radikale (s. Abb).

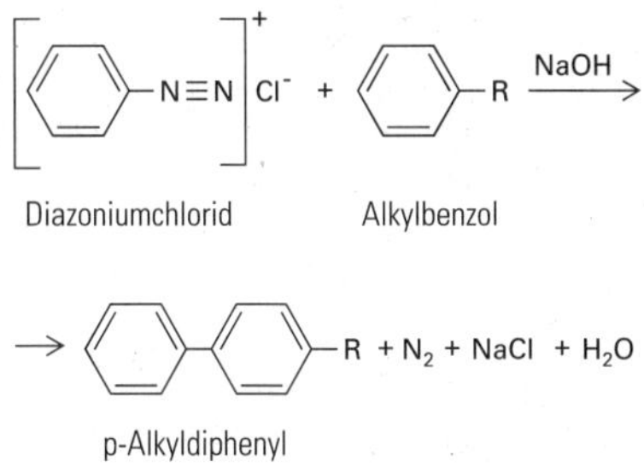

Gomberg-Bachmann-Reaktion

Gonaden (gr. gone Zeugung, Geburt; aden Drüsen): Geschlechtsdrüsen, Keimdrüsen; Ovarium* u. Hoden*.
Gonadorelin INN: Gonadorelinum Ph.Eur., Luteinisierungshormon-Releasing-Faktor (Abk. LH-RF), LH-RH, Gonadotropin-Releasing-Faktor, GnRH, Gonadoliberin; 5-Oxo-L-histidyl-L-tryptophyl-L-seryl-L-tyrosyl-glycil-L-leucil-L-arginyl-L-prolyl-glycinamid; CAS-Nr. 33515-09-2; $C_{55}H_{75}N_{17}O_{13}$, M_r 1182.33. $[\alpha]_D^{25\,°C}$ −50° (c = 1 in 1% Essigsäure). Leicht lösl. in Wasser, lösl. in Ethanol. **Wirk.:** physiol. wird G. als Freisetzungsfaktor für gonadotrope Hormone* vom Hypothalamus gebildet. In hohen Dosen wird über die Hypophyse die Freisetzung von Testosteron gehemmt (Downregulation der GnRH-Rezeptoren); **Anw.:** Stimulierung des Luteinisierungshormons, Diagnostikum zur Differenzierung hypothalam., hypophysärer u. gonadaler Störungen; gelegentl. auch bei Sterilität u. Kryptorchismus; **Dos.:** zur Diagnose i. v. 1×0.1 mg; HWZ 6 min. Gebräuchl. sind auch Gonadorelinhydrochlorid, Gonadorelindiacetat (auch als Tetrahydrat). Gonadorelinanaloga sind Buserelin*, Gonadorelin[6-D-Trp]*, Leuprorelin*, Nafarelin*. **Gonadorelinacetat:** Gonadorelini acetas Ph.Eur.4; weißes bis schwach gelbl. Pulver, lösl. in Wasser u. in 1%iger Lsg. (V/V) von Essigsäure 99%, wenig lösl. in Methanol.
Gonadorelin[6-D-Trp]: 6-D-Tryptophan-gonadorelin; CAS-Nr. 57773-63-4; $C_{64}H_{82}N_{18}O_{13}$. Analogon zu Gonadorelin*, ein sog. Superagonist; gegenüber spezif. Rezeptoren hat dieses Peptidhormon eine ca. 40fach höhere Affinität als das nat. vorkommende Gonadorelin. **Anw.:** fortgeschrittenes, hormonabhängiges Prostatakarzinom; HWZ unter 10 min.
gonadotrop: auf die Keimdrüsen wirkend.
Gonadotropine: s. Hormone (Hypophysenvorderlappen); vgl. Serumgonadotropin, Choriongonadotropin, Urogonadotropin.

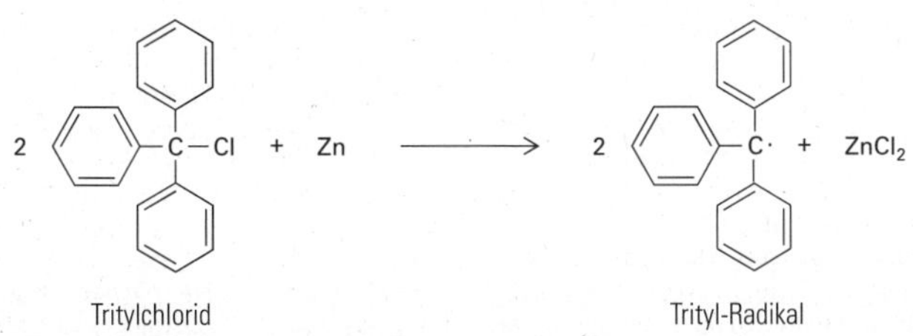

Gomberg-Radikalreaktion: Bildung von Trityl-Radikalen als Beispiel

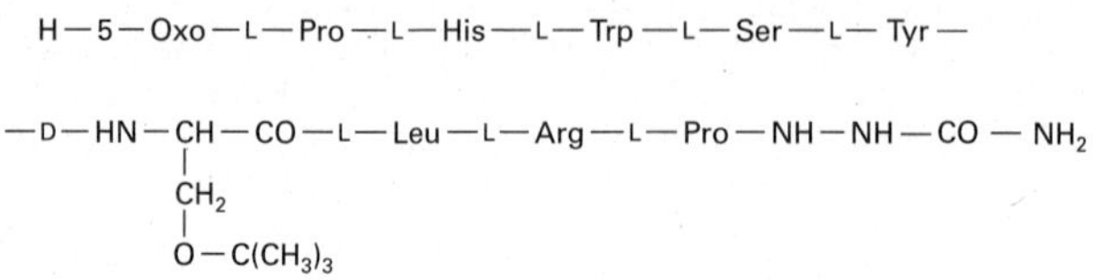

Goserelin

Gonadotropin-Releasing-Faktor: s. Gonadorelin.
Gonadotropinum chorionicum: s. Choriongonadotropin.
Gonadotropinum hypophysicum: s. Urogonadotropin.
Gonadotropinum sericum: s. Serumgonadotropin.
Gonagra: Schmerzen im Knie bei Gicht*.
Gonane: s. Steroide.
Gone: s. Meiose.
Goniometer: Winkelmessgerät zur Bestimmung des Neigungswinkels zweier Ebenen, z. B. von Kristallflächen.
Goniometerdiffraktometer: s. Kristallstrukturanalyse.
Gonitis: Gonarthritis; Kniegelenkentzündung.
Gonoblennorrhö: durch Neisserien* verursachte eitrige Bindehautentzündung. **Vork.:** bei Neugeborenen, deren Mütter an Gonorrhö* erkrankt sind; **Ther.** u. **Prophylaxe:** Penicilline od. Cephalosporine; Vorbeugung s. Credé-Prophylaxe.
Gonokokken: Erreger der Gonorrhö*; s. Neisseria.
Gonorrhö: Tripper; häufigste Geschlechtskrankheit; Kontakt- od. Schmierinfektion der Schleimhäute von Urethra, Vagina, Zervix, Rektum, Pharynx od. Konjunktiven mit Neisseria gonorrhoeae (s. Neisserien). **Ther.:** bei unkomplizierter G. einmalige Behandlung mit Ceftriaxon, alternativ Cefixim, Spectinomycin, Ofloxacin, Ciprofloxacin; bei ausgedehnteren Formen u. U. für mehrere Wochen Cephalosporine.
Goochtiegel: s. Filtrieren.
good clinical practice: s. GCP, Studie, klinische.
Good Laboratory Practice: s. GLP.
Good Manufacturing Practices: s. GMP.
Good Storage Practice: s. GSP.
Good Validation Practice: s. GVP.
Goserelin: Goserelinum Ph.Eur.4; (engl.) 6-[O-(1,1-Dimethylethyl)-D-serin]-10-deglycinamideluteinizing hormone-releasing factor (pig) 2-(aminocarbonyl)hydrazid; CAS-Nr. 65807-02-5; $C_{59}H_{84}N_{18}O_{14}$, M_r 1269.4; ein dem Hypothalamus-Decapeptid Gonadorelin* analoges, synthetisches Nonapeptid; durch chem. Synthese gewonnen u. in der Acetat-Form in Verkehr gebracht. **Wirk.** u. **Anw.:** Gonadorelinagonist bei hormonabhängigem Prostatakarzinom, Brustkrebs in der Menopause; **Dos.:** 1×250 µg/d s. c. od. 3.6 mg für 28 Tage als Depotform.
Gossypetin: Flavonolderivat; Strukturformel s. Flavonoide (Tab.). G. ist z. B. in Hibiscus* sabdariffa enthalten.
Gossypii oleum hydrogenatum Ph.Eur.: hydriertes Baumwollsamenöl; aus den Samen von Kulturpflanzen untersch. Varietäten von Gossypium* hirsutum L. od. anderer Arten von Gossypium durch Reinigen u. Hydrieren gew. Öl. Praktisch unlösl. in Wasser, lösl. in Dichlormethan u. Toluol, sehr schwer lösl. in Ethanol. Schmp. 57-70 °C. SZ max. 0.5, POZ max. 5.0, UA max. 1.0 %. Lichtschutz. **Zstzg.:** Triglyceriden der Palmitin- u. Stearinsäure; Fettsäurezstzg.: gesättigte Fettsäuren mit einer Kettenlänge kleiner als C_{14} max. 0.2 %, Myristinsäure max. 1.0 %, Palmitinsäure 19.0-26.0 %, Stearinsäure 68.0-80.0 %, Ölsäure u. Isomere max. 4.0 %, Linolsäure u. Isomere max. 1.0 %, Arachinsäure max. 1.0 %, Behensäure max. 1.0 %, Lignocerinsäure max. 0.5 %. **Anw.:** i. v. Gabe von Fettemulsionen als Infusion zur künstl. Ernährung; Voraussetzung hoher Reinheitsgrad, niedrige POZ, SZ u. freie Fettsäuren.
Gossypium: Baumwolle; Fam. Malvaceae; die Kapselfrüchte enthalten Samen mit 4-6 cm langen Haaren, welche als Baumwolle bezeichnet werden. Neben anderen Arten u. Bastarden v. a.: **Gossypium arboreum L.** (wild nicht bekannt, kult. Bengalen); **Gossypium barbadense L.** in 2 Kultursorten: 1. Sea-Island (Westindien, Georgia, nordöstl. Florida) u. 2. Ägyptische Baumwolle (Ägypten, Zentralasien, Südwesten der USA); **Gossypium herbaceum L.** (heim. wahrscheinl. Arabien, Kleinasien, kult. Asien, Arabien, Kleinasien, südl. Europa); **Gossypium hirsutum L.** (wild nicht bekannt, kult. in versch. Varietäten) 1. Amerikanische Upland-Baumwolle; 2. Mexikan. Baumwolle; 3. Dharwar-Baumwolle in Indien; 4. Hindu-Baumwolle in Ägypten; 5. Amerikan. Varietäten in China u. Afrika Stpfl. von **Lanugo gossypii absorbens** Ph.Eur.4: Gossypium depuratum; Samenhaare von G.-Arten; vgl. Verbandwatte. **Best.:** bis 92 % Cellulose*, ca. 0.4 % Fett, 7 % Wasser; **Anw.:** Verbandmittel, vielfach mit Arzneistoffen imprägniert. **Gossypium depuratum et Cellulosum depuratum:** Lanugo gossypii et cellulosi absorbens DAB2003; s. Verbandwatte. **Cortex Gossypii radicis:** Baumwollwurzelrinde, stammt hauptsächl. von G. herbaceum. **Inhaltsst.:** tox. Polyphenole z. B. Gossypol*, Gerbstoffe; **Anw.:** früher zur Blutstillung; **Zuber.:** Extr. Gossypii, Extr. Gossypii fluidum; **Oleum Gossypii:** Baumwollsamenöl, Cottonöl; D. 0.922-0.930; Schmp. −2 °C; bräunl. (raffiniert gelbl.), gereinigtes, geruchloses, fettes Öl der Samen versch. G.-Arten. **Inhaltsst.:** Glyceride der Öl- (ca. 30 %), Palmitin-, Linol- (ca. 45 %) u. Linolensäure, Gossypol*, hoher Vitamin-E-Gehalt; **Anw.** techn.: zur Speiseöl- u. Margarine-Herst. (nach Entfernung von giftigem Gossypol) sowie zur Gew. des Vitamins E (Tocopherol); med. bei Vitamin-E-Mangelerscheinungen, s. Vitamine. **Gossypii oleum hydrogenatum** Ph.Eur.4: Hydriertes Baumwollsamenöl; Schmp. 57-70 °C; SZ max. 0.5; POZ max. 5.0; UA max. 1 %; weiße Masse od. weißes Pulver, das

beim Schmelzen eine klare, hellgelbe Flüss. ergibt. **Best.**: Triglyceride der Palmitin- u. Stearinsäure. **Hom:** *Gossypium herbaceum:* frische, innere Wurzelrinde; verord. z. B. bei Schwangerschafts- u. Menstruationsbeschwerden.

Gossypium depuratum: s. Verbandwatte; vgl. Gossypium.

Gossypium depuratum et Cellulosum depuratum: s. Verbandwatte; vgl. Gossypium.

Gossypium haemostaticum: blutstillende Watte; Herst.: EB6, 1000 T. Gossypium depuratum werden mit einer Mischung aus 500 T. Solutio Ferri chlorati u. 1100 T. Wasser gleichmäßig durchtränkt u. getrocknet. **Anw.**: Blutstillung.

Gossypol: $C_{30}H_{30}O_8$; M_r 518.54; Schmp. 214, 199 od. 184 °C, polymorph. **Vork.**: nat. in den Samen u. der Wurzelrinde von Gossypium*-Arten (auch Bez. für ein Gemisch ähnl. Polyphenole); **Wirk.**: G. hemmt versch. Enzyme des Energiestoffwechsels, besitzt zytotox., antioxidative, insektizide u. spermizide Eigenschaften; es hemmt die Beweglichkeit u. Neubildung der Spermien*. Bei der Anw. als orales Kontrazeptivum für den Mann bestehen erhebliche UAW.

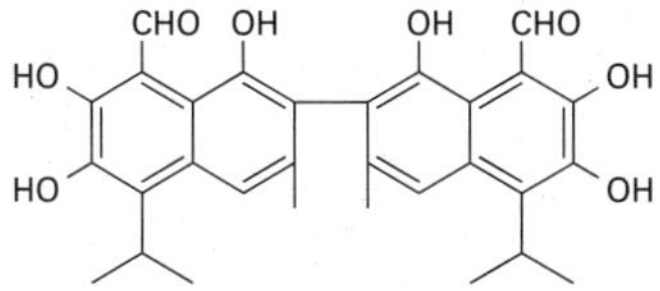

Gossypol

GOT: Abk. für **G**lutamat-**O**xalacetat-**T**ransaminase; s. Transaminasen.

Gottesgnadenkraut: s. Gratiola officinalis.

Goudron: s. Asphalt.

Goulard-Bleiwasser: s. Aqua Plumbi „Goulard".

Gozzi-Goldsalz: s. Natriumtetrachloroaurat(III).

GPC: Abk. für **G**el**p**ermeations**c**hromatographie; s. Chromatographie.

GP-IIb/IIIa-Inhibitoren: Substanzen, welche die Aktivierung von GP-IIb/IIIa-Rezeptoren auf Thrombozyten verhindern. Aktivierte (Glykoprotein-) GP-IIb/IIIa-Rezeptoren binden Fibrinogen u. induzieren die Thrombozytenaggregation. Man unterscheidet peptidische GP-IIb/IIIa-Inhibitoren wie Abciximab* u. Eptifibatid* von nichtpeptidischen wie Tirofiban*. **Anw.**: Thrombozytenaggregationshemmer* zur Prävention bei drohendem Myokardinfarkt.

G-Proteine: Guaninnucleotid-bindende Proteine, GTP-bindende Proteine; bestehen aus einer α-, β- u. γ-Untereinheit; die α-Untereinheit hat eine Bindungsstelle für Guaninnucleotide (s. Guanosin) u. vermag die Hydrolyse von GTP zu GDP zu katalysieren. Die β- u. γ-Untereinheit binden das Protein an die Zellmembran. Dieses System der G-Proteine spielt eine Rolle bei der Signalübertragung u. Rezeptorbindung (z. B. Adenylatzyklaseaktivierung), s. Rezeptoren (G-Protein-gekoppelte Rezeptoren).

GPT: Abk. für **G**lutamat-**P**yruvat-**T**ransaminase; s. Transaminasen.

Gracilaria lichenoides: s. Agar.

Gram-Färbung (Hans C. G., Pharmakologe, Arzt, Kopenhagen 1853-1938): Methode zur Einfärbung mikrobiol. Präparate. **Technik: 1.** Färbung mit Karbolgentianaviolett-Lsg. u. Lugol-Lsg.; **2.** Differenzierung mit Ethanol (Entfernen des blauen Farbstoffs aus gramneg. Bakt.); **3.** Gegenfärbung mit verd. Karbolfuchsinlösung. **Schnellmethode:** Färbung mit Kristallviolett- u. Gram-Iod-Lsg., Gegenfärbung mit Safraninlösung. Grampositive Bakt. erscheinen durch Fixierung des Farbstoffes in den Mureinschichten der Bakterienwand alkoholbeständig blau gefärbt; bei gramnegativen Bakt. wird der Farbstoff aus der einschichtigen Mureinschicht durch Ethanol wieder herausgelöst, die Bakt. erscheinen durch die Gegenfärbung mit Karbolfuchsin rot; vgl. Gram-Verhalten.

Gramicidin INN: Gramicidinum Ph.Eur.4; Polypeptid-Antibiotikum aus Kulturen von Bacillus brevis od. gleiche, auf anderem Weg hergestellte Verbindung; Polypeptidgemisch aus L-Tryptophan, D-Leucin, 2 D-Valin, 2 L-Alanin, Glycin u. Ethanolamin. Schmp. ca. 230 °C. Best. des Tyrothricins*. Weißes krist. Pulver, fast unlösl. in Wasser, wenig lösl. in Ethanol. **Anw.**: Polypeptid-Antibiotikum (s. Antibiotika) zur lokalen Behandlung.

Gramin: s. Arundo donax (Rhizoma Arundinis donacis).

Graminin: s. Fructane.

Gramm: Symbol g; Einheit der Masse. 1 g = 1/1000 kg (Kilogramm); s. SI-Einheiten (Kilogramm).

Gramm-Äquivalent: Gramm-Atom, Gramm-Molekül; Menge eines Stoffes, die dessen Äquivalent- od. Atom- od. Molekular-Gewicht entspricht, z. B. 1 Grammäquivalent Sauerstoff = 8 g, 1 Grammatom Silber = 107.88 g, 1 Gramm-Molekül H_2SO_4 = 98 g. Heute ersetzt durch Mol*, die SI*-Einheit für die Stoffmenge.

Gram-Verhalten: Eigenschaft von Bakt., die eine Differenzierung mit Hilfe der Gram*-Färbung ermöglicht. **Einteilung: 1.** gramnegativ, z. B. Neisseriaceae, Enterobacteriaceae, Pseudomonadaceae; **2.** grampositiv, z. B. Micrococcaceae, Lactobacillaceae, Corynebacterium, Bacillaceae; **3.** gramlabil (gramvariabel), z. B. ältere Kulturen u. durch Chemotherapie modifizierte Erreger.

Gran: Grain; altes Medizinalgewicht, entspr. 0.0609 g.

Grana (lat. granum Korn): Strukturen in einem Chloroplasten*, die im Lichtmikroskop wie grüne Körnchen aussehen u. sich im Elektronenmikroskop als Thylakoidstapel erweisen; sie enthalten die Chlorophylle* u. Carotinoide* u. sind Orte der Lichtreaktionen der Photosynthese*.

Grana paradisi: s. Aframomum melegueta (Semen paradisi).

Granatapfelschalen: s. Punica granatum (Pericarpium Granati).

Granatillkörner: s. Croton tiglium (Semen Crotonis).

Granatrinde: s. Punica granatum (Granati cortex).

Grand mal: primär od. sekundär generalisierter Anfall mit tonisch-klon. Krämpfen; vgl. Epilepsie.

Granisetron INN: *endo*-1-Methyl-N-(9-methyl-9-aza-bicyclo[3.3.1]non-3-yl)-1*H*-indazol-carboxamid; CAS-Nr. 109889-09-0; $C_{18}H_{24}N_4O$, M_r 312.4.

Wirk. u. **Anw.:** Antiemetikum* bei zytostatikainduziertem Erbrechen, Serotoninantagonist* (5-HT_3-Antagonist); **UAW:** Durchfall od. Obstipation, Kopfschmerzen, Schwindel.

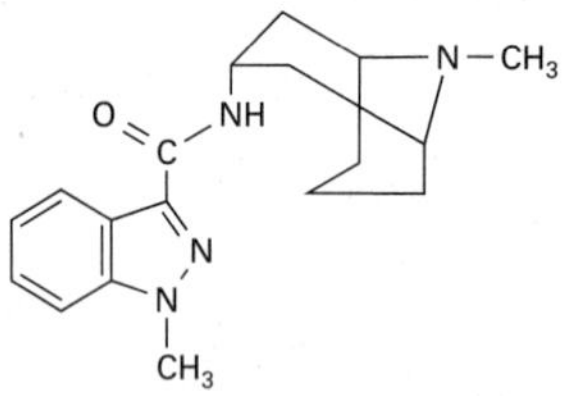

Granisetron

G

Granula: **1.** Körner, Kügelchen aus Saccharose* od. Lactose*, mit Arzneistoffen imprägniert, hauptsächl. für hom. Arzneien (auch Globuli); vgl. Homöopathie. **2.** mikroskop. kleine Körnchen in Zellen, z. B. in Leukozyten (Granulozyten).

Granulate: Granulata Ph.Eur.4, Pulveres granulati; zur oralen Einnahme bestimmte feste Arzneizubereitungen od. Zwischenprodukte bei der Herst. von Compressi* u. Capsulae*. G. sind gut rieselfähige körnige Aggregate von Pulvern (mittlerer Durchmesser um 0.6-2 mm u. darüber), die sich aus versch. geformten Granulatkörnern (auch Granula od. Pellets genannt) mit ausreichender mechan. Festigkeit zusammensetzen, wobei bei der Herst. der Granulate (s. Granulieren) ein mögl. enger Korngrößenbereich (ansonsten Entmischungsgefahr in grobe u. feine Anteile) bei annähernd einheitl. geometrischer Form der Körner angestrebt wird. G. weisen ein definiertes Schütt- u. Fließverhalten auf, die Entmischungstendenz Wirkstoff/Hilfsstoff u. die Neigung zum Zusammenbacken ist gegenüber Pulvern vermindert u. die Benetzbarkeit der Wirk- u. Hilfsstoffe kann verbessert sein. Bei den Granulatkörnern handelt es sich um mehr od. weniger poröse Aggregate pulverförmiger Arzneistoffe u./od. Hilfsstoffe (ev. zusätzlich Farb- u. Aromastoffe) mit einer meist unebenen u. gezackt aufgerauhten Oberfläche. G. mit Instanteigenschaften u. Brausegranulate* eignen sich zur raschen Herst. von Lösungen. Durch Überziehen mit geeigneten Hilfsstoffen (Zucker, Lack) kann die Einnahme weiter erleichtert werden (Ph.Eur., überzogene Granulate) od. eine Magensaftresistenz (Ph.Eur., magensaftresistente Granulate; vgl. Arzneiformen, magensaftresistente) erzielt werden. Eine veränderte (verlängerte od. verkürzte) Wirkstofffreisetzung wird unter Einsatz von spez. Hilfsstoffen, besonderen Verfahren od. von beidem hergestellt, um Geschwindigkeit, Zeitpunkt od. Ort der Freisetzung gezielt zu verändern (Ph.Eur., Granulate mit veränderter Wirkstofffreisetzung; vgl. Retardpräparate). Bzgl. der Wirkstoffverteilung, Rieselfähigkeit (Böschungswinkel*), Festigkeit (Abrieb*) u. Wirkstofffreisetzung müssen entspr. Anforderungen gestellt werden. G. zum Tablettieren müssen eine geeignete Korngrößenverteilung (Siebanalyse*), Bindefähigkeit, Plastizität, Feuchtigkeitsgehalt u. Zerfallbarkeit aufweisen. Nach Ph.Eur. müssen Einzeldosiszubereitungen auf Gleichförmigkeit*des Gehaltes bei Wirkstoffgehalt unter 2 mg bzw. 2 % u. auf Gleichförmigkeit* der Masse (ausgenommen überzogene G.) geprüft werden. G. zur oralen Einnahme sind i. Allg. hochdosierte, toxikol. wenig krit. Arzneimittel, die trocken od. in Wasser gelöst bzw. suspendiert eingenommen werden; Mehrdosenzubereitungen werden entw. mit einem Messlöffel od. einem Dispensersystem dosiert; bei Einzeldosiszubereitungen wird jede Dosis in einem Einzelbehältnis (vgl. Sachets) abgepackt.

Granulatum Carbonis: Carbo adsorbens granulatus, Kohlegranulat; granulierte aktivierte Kohle für innerl. Zwecke; Herst.: ÖAB90, 100 T. Carbo adsorbens werden mit Gummi-arabicum-Schleim (20 T.) verrieben u. mit Wasser n. B. zu einer feuchten Masse verarbeitet, durch ein geeignetes Sieb granuliert u. unter 50 °C getrocknet, feinere Anteile werden abgetrennt. Prüfungen: Zerfallsprüfung* u. Adsorptionsvermögen* (Methylenblau). **Anw.:** Durchfällen u. Intoxikationen; **Dos.:** GED 5-15 g.

Granulatum simplex ad tabulettas: Tablettenhilfsgranulat ohne Wirkstoffe, ein Abbaugranulat, Klebstoff- u. z. T. Krustengranulat. **Herst.:** Pharm. Nordica 1963; Befeuchtung einer Amylum Solani/ Lactosum-Mischung (7:3) mit einer 4 %igen Gelatinelösung (enthält 2 % Glycerol als Feuchthaltemittel), Zerteilung auf die gewünschte Korngröße (Siebe, Lochscheiben) u. Trocknung bei max. 35 °C bis zur Gewichtskonstanz; **Anw.:** Direktverpressung von zugemischten Wirkstoffen.

Granulieren: Überführen von Pulvermischungen in Granulate*, um bei deren Verw. als selbständige Arzneiform eine bessere Einnahme (weniger staubend) u. eine exaktere Dosierbarkeit zu erreichen bzw. um als Zwischenprodukt bei der Kapselfüllung u. Tablettierung unter Verringerung der Oberfläche besser fließende u. solche Schüttgüter zu erhalten, die sich im Vergleich zu Pulvern zu mechan. festeren Komprimaten verpressen lassen. Das G. erfolgt entw. auf trockenem (bei empfindl. Stoffen) od. häufig auf feuchtem Wege, was zu unterschiedl. Bindungsmechanismen führt (Abb. 1). **Feuchte Herst.:** Vom Prinzip der Bindung her wird unterschieden zw. **Krustengranulaten** (Ausbildung von Festkörperbrücken, Kristallkrusten, zw. den Pulverpartikeln durch Kristallisation teilweise gelöster Pulverbestandteile od. als Lösung zugegebener Hilfsstoffe nach Verdunsten des Wassers, Ethanol od. Isopropanol), **Klebstoffgranulaten** (Ausbildung von Bindemittelbrücken durch Befeuchtung mit Lösungen meist makromolekularer Stoffe, z. B. Povidon*, Cellulose-Derivate, Gelatine, Stärkekleister) u. **Sintergranulaten** (Ausbildung von Feststoffbrücken durch Schmelzen u. anschließendes Erstarren von Bestandteilen der Pulvermischung). Werden Granulate durch direkte Kornvergrößerung aus der Pulvermischung bis zur gewünschten Granulatkorngröße hergestellt, spricht man von **Aufbaugranulaten,** diese sind in der Regel von rundl. Form. Zu den aufbauenden Verfahren gehört die Dragierkesselmethode, die ein Mischen der Pulverkomponenten vor u. ein Trocknen der feuchten Granulatkörner nach dem Besprühen mit Granulier-

Granulieren
Bindungsmechanismen in Granulaten

Feststoffbrücken

1

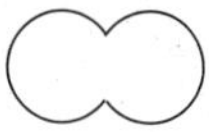

Nach plastischem Fließen, durch Sintern oder Schmelzhaftung unter Druckeinwirkung, bewirkt durch teilweises Schmelzen und Wiedererstarren, eventuell mit nachfolgender chemischer Reaktion
Beispiel: **Trockengranulierung**

2

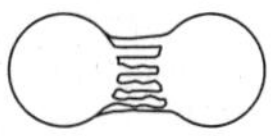

Durch erhärtende Bindemittel beim Eintrocknen von Lösungen polymerer Bindemittel oder Rekristallisation von niedermolekularen Bindemitteln
Beispiel: **Feuchtgranulierung**

Flüssigkeitsbrücken
von nicht frei beweglichen Flüssigkeiten

3 1 2

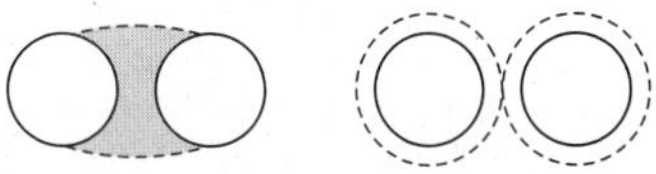

3.1: Brücken aus hochviskosen Bindemitteln können als Vorstufen zu 2 aufgefasst werden. Bindung durch Kohäsionskräfte des Bindemittels
3.2: Dünne Adsorptionsschichten von Flüssigkeiten erhöhen die Kohäsion zwischen den Partikeln durch die Ausfüllung von Unebenheiten
Beispiel: **Feuchtgranulierung**

Flüssigkeitsbrücken
von frei beweglichen Flüssigkeiten

4

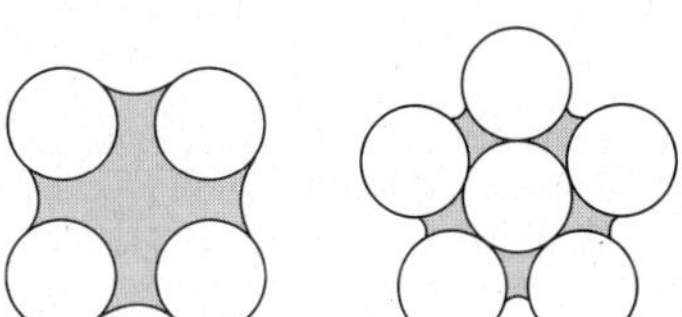

Durch Kapillarflüssigkeiten in ganz oder teilweise ausgefüllten Poren, kapillare Haftkräfte
Vorstufe bei Feuchtgranulierungen

ohne Brücken

5

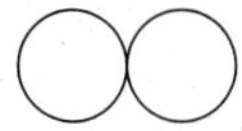

Van*-der-Waals-Kräfte bei sehr engem Abstand der Grenzflächen, geringe Reichweiten von nur etwa 10 nm

6

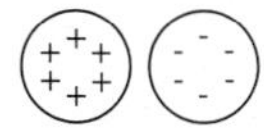

7

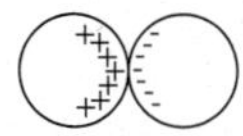

Coulomb*-Kräfte. Elekrostat. Kräfte durch Übertritt von Ladungen, z. B. durch Reibungen bei leitenden Stoffen (6) und bei nicht leitenden (7). Bei letzteren sind die Anziehungskräfte größer, da sich die Ladungen im Kontaktbereich konzentrieren.

8

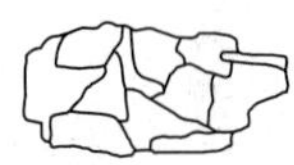

Formschlüssige Packungen durch Verhaken oder Verfilzen von sperrigen oder faserartigen Teilchen unter Druck

Granulieren Abb. 1

flüssigkeit erlaubt. Eine weitere Methode ist das G. in einer leicht geneigten, rotierenden Trommel, durch die die zu granulierende Pulvermasse kontinuierl. in axialer Richtung wandert u. dabei mit Granulierflüssigkeit besprüht wird. Mit Hilfe nachgeschalteter Siebe wird klassiert u. im Anschluss daran getrocknet. Ein rationelles Verfahren, das bei kontinuierl. Betrieb gleichzeitig klassiert, ist die **Tellergranulierung** (Pelletisierverfahren, s. Abb. 2). Das zu granulierende Pulver wird kontinuierl. über eine Dosiereinrichtung auf einen flachen mit einem Rand versehenen, in Schräglage rotierenden Teller (Pelletierteller) aufgebracht u. bedüst. Nach Erreichen einer bestimmten Granulatkorngröße läuft das sehr einheitl. kugelige Granulat über den Tellerrand. Die erhaltene Korngröße ist von der Konstruktion des Tellers u. den Granulierbedingungen (Drehzahl, Neigungswinkel, Art u. Menge der Granulierflüssigkeit etc.) abhängig. Besondere Bedeutung besitzt die **Wirbelschichtgranulierung** (s. Abb. 3). Bei diesem Wirbelbettverfahren (WSG-Verfahren, Wurster-Verfahren) wird die Pulvermischung, die durch einen aufwärts gerichteten Warmluftstrom in Schwebe gehalten wird, im Gleich- od. Gegenstrom besprüht u. getrocknet (Kombination Wirbelschichttrocknung mit Sprühbefeuchtung). Ab einer bestimmten Korngröße der Granulatkörner fallen diese nach unten aus dem Wirbelbett auf den Siebboden. Wird anstelle des Siebbodens ein Konus od. eine Rotorscheibe verwendet (Rotor-Wirbelschichtgranulator), wird im Wirbelbett ein intensiverer Partikelkontakt erreicht; dies führt zu dichteren Granulatstrukturen. Auch mit Hilfe der **Sprühtrocknung*** u. **Sprüherstarrung** können Granulate erhalten werden. Bei der Sprüherstarrungsgranulierung wird im Gerät für die Sprühtrocknung eine Schmelze versprüht u. in Kaltluft erstarren gelassen. Ein weiteres immer häufiger angewandtes Verfahren ist die **Mischergranulierung.** Es werden Mischer eingesetzt, die mit starren od. rotierenden Einsätzen (Mischarm) versehen sind u. im Idealfall in einem Arbeitsgang

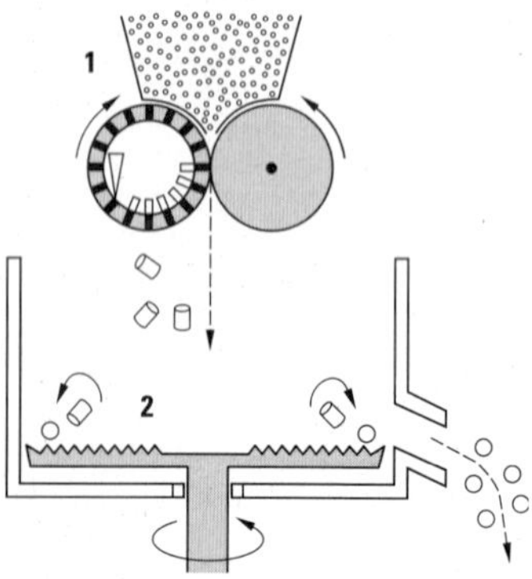

Granulieren Abb. 2: Pelletieranlage, bestehend aus einem Lochwalzenkompaktor (1), der aus einem feuchten Pulver Zylindergranulate formt, u. einem Pelletierbehälter mit rotierender Bodenscheibe (2), auf der die Zylindergranulate zu Pellets rolliert werden (Prinzip Marumerizer u. Spheronizer)

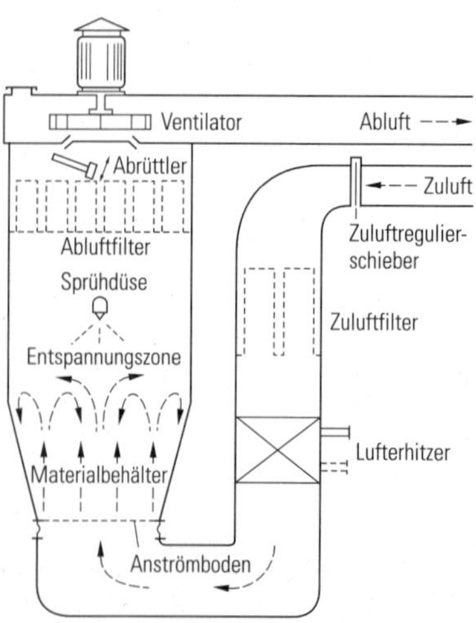

Granulieren Abb. 3: Wirbelschichtgranulator [8]

Mischen, Granulieren u. Trocknen (besonders schonend u. staubfrei der Vakuum-Rotationsmischtrockner od. der Topogranulator). **Abbaugranulate** erhält man hingegen durch Zerteilung (Desaggregierung) einer gemischten u. befeuchteten Pulvermasse auf die gewünschte Granulatkorngröße u. anschließender Trocknung (an der Luft, im Trockenschrank, in Wirbelschichttrocknern) u. Klassierung (konventionelle Feuchtgranulierung). Die Granulatbildung erfolgt entweder durch Schütteln od. Pressen durch Siebe, Matrizen od. Lochscheiben, –walzen. Lochscheiben- u. Pressgranulate sind stäbchenförmig, lassen sich nachträgl. aber abrunden. Abbaugranulate können auch trocken hergestellt werden. **Trockene Herst.:** Brikettgranulierung; Herst. stäbchenförmiger Komprimate zw. 2 gegenläufig rotierenden Kompaktierwalzen mit geeigneter Verzahnung. Abbaugranulate erhält man durch Zerkleinerung mittels Brechern von auf Tablettenmaschinen od. hydraul. Pressen brikettierten Pulverpresslingen. Der Unterkornanteil wird erneut kompaktiert. Das Kompaktieren kann auch zw. Walzenpressen erfolgen, an die eine Zerkleinerungsvorrichtung nachfolgt (z. B. Stachelwalzen). **Thermoplastgranulierung:** Schmelzgranulierung; körniges Thermoplastmaterial wird mit Arzneistoffen vermischt in einer Strangpresse od. einem Schneckenextruder durch einen beheizten Spritzkopf gepresst u. der entstehende Strang zerkleinert. Diese Art der Granulierung wird vorwiegend für Depotarzneiformen benötig.

Granulom: knötchenförmige Neubildung als Gewebereaktion auf allergisch-infektiöse od. chronisch-entzündliche Prozesse.

Granulozyten: s. Leukozyten.

Granulozytenkonzentrat: s. Blutersatz.

Granulozytopenie: s. Leukopenie.

Graphit (gr. graphein schreiben): Graphites (Carbo mineralis), Plumbago, Reißblei, Wasserblei, Pottlot; Mod. des Kohlenstoffs*. D. 2.1-2.3. Härte 0.5-1; in reinem Sauerstoff verbrennt er bei ca. 690 °C. G. kristallisiert hexagonal; im Handel als feines, schwarzgraues, silbriges, unlösl. Pulver; in der Technik verwendet man sog. künstl. Graphit, gewonnen nach dem Acheson-Verfahren durch Erhitzen von Koks in Gegenwart von Silicium im elektr. Ofen; **Vork.:** nat. in grauschwarzen, amorphen, undurchsichtigen Massen, die sich fettig anfühlen u. einen schwachen Metallglanz besitzen; Hauptfundorte sind Sri Lanka, Madagaskar, Kanada, Finnland, Steiermark; **Anw.:** Herst. von Bleistiften, Schmelztiegeln, Schmiermitteln, Graphitelektroden, Graphitstäben u. -kontakten für Schmelzöfen in der Stahlindustrie, Korrosionsschutz; **Graphites depuratus** EB6: gereinigter Graphit.

Hom: *Graphites (HAB1.4):* Konstitutionsmittel; verord. z. B. bei Verdauungsstörungen, Obstipation, Ekzemen, Gerstenkorn.

Graphites depuratus: s. Graphit.

GRAS: Abk. für general recognized as safe; GRAS-Status; Einstufung von Inhalts- od. Zusatzstoffen in Lebensmitteln als unbedenklich, z. B. Kochsalz, Aromen.

Graswurzel: s. Agropyron repens (Graminis rhizoma).

Gratiola officinalis L.: Gottesgnadenkraut; Fam. Scrophulariaceae (Mittel- u. Südeuropa, Mittelasien, südl. Nordamerika). Stpfl. von **Herba Gratiolae:** Gottesgnadenkraut, Weißes Gallenkraut, Gnadenkraut, Gichtkraut, Purgierkraut. **Inhaltsst.**: abführend wirkende Cucurbitacine, z. B. Elaterinid (Aglykon Cucurbitacin E, Strukturformel s. Cucurbitacine), ferner Triterpene* (Gratiosid, Gratiolon) u. Gratiotoxin (digitalisähnl.); **Anw.** volkstüml.: Abführmittel, zur Durchspülungstherapie bei Erkrankungen der ableitenden Harnwege; **Dos.**: Dos. ca. 0.2 g.

Hom: *Gratiola officinalis (HAB1.3)*: frisches, blühendes Kraut.

Hom: *Gratiola officinalis e radice (HAB1.3)*: frische Wurzeln als ethanol. Decoct; verord. z. B. bei Diarrhö.

Graue Salbe: s. Unguentum Hydrargyri cinereum.

Graukalk: s. Calciumacetat.

Grauspießglanz: s. Antimon(III)-sulfid.

Graveolin: s. Ruta graveolens (Folia Rutae).

Gravidität: s. Schwangerschaft.

Gravimetrie: Gewichtsanalyse; Methode der quantitativen Analyse, bei der die Masse eines Reaktionsprodukts einer Fällungsreaktion bestimmt wird. **Durchführung:** Bei allen gravimetr. Bestimmungsverfahren wird der zu bestimmende Stoff unter festgelegten Arbeitsbedingungen durch Zufügen einer geeigneten Reagenslösung zur Analysenlösung als eine schwer lösl. Verb. gefällt. Der Niederschlag wird abgetrennt u. nach geeigneter Behandlung, z. B. Trocknung mittels eines Exsikkators*, ausgewogen. Das jeweilige Reagens muss immer im Überschuss zugegeben werden, um die quantitative Abscheidung des zu bestimmenden Stoffs zu erreichen. **Voraussetzungen für den Einsatz: 1.** Die Ausfällung muss quantitativ erfolgen, d. h. der in der Lsg. verbleibende Rest des zu bestimmenden Stoffs muss so klein sein, dass seine Masse unterhalb der Ablesbarkeit der benutzten Analysenwaage liegt; **2.** der Niederschlag muss eine konstante u. bekannte stöchiometr. Zstzg. aufweisen od. in eine Verb. übergeführt werden können, die diese Bedingung erfüllt; **3.** der Niederschlag muss eine genaue Massenbestimmung zulassen, d. h. er darf sich auf der Waage nicht verändern.

Gravitation: s. Schwerkraft.

gravity duration: s. Verweildauer, mittlere.

Gray: s. Dosimetrie.

Grayanotoxine: giftige Diterpene in versch. Rhododendron-, Kalmia- sowie Leucothoe-Arten (Fam. Ericaceae) u. a., die mit röm. Ziffern bezeichnet werden. Die wichtigsten sind die ersten 3 dieser Reihe, also Grayanotoxin I, II u. III, die mit Acetylandromedol*, Anhydroandromedol u. Andromedol ident. sind.

Greiskraut: s. Senecio.

Grenzfläche: Flächen, die gasförmige, flüss. od. feste Phasen voneinander trennen. An Grenzflächen ändern sich physik. Eigenschaften, z. B. Lichtbrechung od. Wärmeleitfähigkeit, diskontinuierlich.

Grenzflächenpolymerisation: Polymerisationsverfahren bei dem die Wandbildung aus monomeren od. oligomeren Ausgangsstoffen an der Grenzfläche einer W/O-Emulsion erfolgt. Die Polymerisation der wasserunlösl. Monomeren, die mit Hilfe eines Emulgators in Wasser emulgiert vorliegen, startet an der Grenzfläche zw. Dispersionsmittel u. disperser Phase, da sich der Polymerisationsinitiator in der Wasserphase befindet. Es entstehen Latices od. Dispersionen mit sehr feinen Latexteilchen (40-400 nm). **Anw.**: Herst. von Mikro- oder Nanokapseln. Überzugstechnik bei festen Arzneiformen ohne Einsatz org. Lösungsmittel. Beim Verdunsten des Wassers der Dispersion vereinigen sich die Latexteilchen zunächst zu einer dichten Kugelpackung. Bedingt durch die zw. den Teilchen auftretenden Kapillarkräfte deformieren die kugelförmigen Teilchen immer stärker u. fließen unterhalb der Mindestfilmbildetemperatur (s. Glasübergangstemperatur) unter Ausbildung eines geschlossenen rissfesten Polymerfilmes zusammen.

Grenzflächenspannung: SI-Einheit: $N \cdot m^{-1}$ ($1\ N \cdot m^{-1} = 1\ kg \cdot s^{-2} = 10^3\ dyn \cdot cm^{-1}$); Kraft pro Längeneinheit, die nötig ist, um die nach dem Inneren einer Phase gerichtete resultierende Kraft gerade aufzuheben. Eine Grenzfläche ist die Berührungsfläche zweier miteinander nicht mischbarer Stoffe (Phasen). Liegt eine der beiden Phasen gasförmig vor, so wird die Grenzfläche als Oberfläche bezeichnet, die Spannung als Oberflächenspannung. Diese ist immer größer als die Grenzflächenspannung. Die an der Grenzfläche zw. ungleichartigen Molekülen wirksamen Kohäsionskräfte sind gegenüber denjenigen zw. gleichartigen Molekülen (z. B. im Inneren der Phasen) verschieden. Darauf beruhen Grenzflächenphänomene wie Adsorption*, Kapillarität, Diffusion, Benetzbarkeit*. Die Moleküle der einen Phase werden an der Grenzfläche von den Molekülen der anderen Phase weniger stark angezogen als von der einen Phase (am stärksten ausgeprägt an einer Oberfläche). Im Inneren der Phasen werden die Moleküle nach allen Richtungen durch gleiche Kräfte beansprucht. Dies führt dazu, dass an der Grenzfläche eine Kraft nach dem Inneren jener Phase wirkt, in der stärkere intermolekulare Kohäsionskräfte wirken, was bei formveränderl. (flüss.) Phasen zu einer Verkleinerung der Grenzfäche (im Idealfall zur Kugelgestalt) führt. Grenzflächenaktive Stoffe (Emulgatoren*) setzen die G. herab. Dies ist von großer Bedeutung bei der Herst. von Suspensionen (Benetzbarkeit*, Erniedrigung des Kontaktwinkels, Erfolg der Dispergierung) u. Emulsionen (Überwindung der G. bei der Zerteilung der inneren Phase). Da es keine einfache u. bequeme Methode gibt, die Oberflächen- od. Grenzflächenspannung fest/gasförmig bzw. fest/flüssig zu bestimmen, werden in der Folge nur Methoden beschrieben, die sich zur Messung der Oberflächen- od. Grenzflächenspannung flüssig/gasförmig bzw. flüssig/flüssig eignen. Für genauere Messungen (±0.1 mN/m) sind thermostatisierte Bedingungen einzuhalten, da die Oberflächenspannung der meisten Flüssigkeiten i. Allg. linear mit steigender Temp. abnimmt (Wasser: 0 °C $75.6 \cdot 10^{-3}$ N/m, 75 °C $63.5 \cdot 10^{-3}$ N/m). **Messmethoden: Tensiometermethode nach Lecompte du Noüy:** Ringmethode; genaueste u.

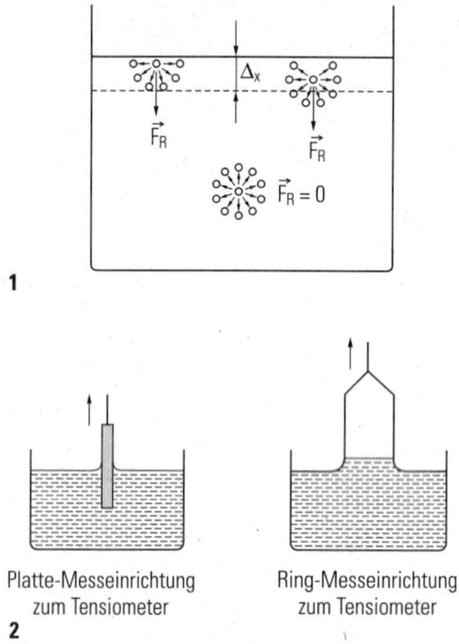

Grenzflächenspannung Abb. 1: 1: Resultierende Kraft $\vec{F}_R$ auf Oberflächenmoleküle (Δx 10^{-9}m); 2: Messung der Grenzflächenspannung mittels Tensiometers

gebräuchlichste Methode (s. Abb.1). In die Grenzfläche bzw. auf die Oberfläche wird ein Platin-Iridium-Ring bzw. eine Pt-Ir-Platte mit def. Dimensionen eingehängt u. die Kraft, die erforderl. ist, diesen Ring od. die Platte aus der Grenz- bzw. Oberfläche zu ziehen, über die Verdrillung eines Torsionsdrahtes auf einer Kreisscheibe (Verdrillungswinkel) ermittelt. Das Tensiometer wird mit Wasser (Oberflächenspannung $\sigma_{20\,°C} = 72.8 \cdot 10^{-3}$ N/m) geeicht. **Kapillarsteigmethode:** Steighöhenmethode; mit dieser Methode können nur

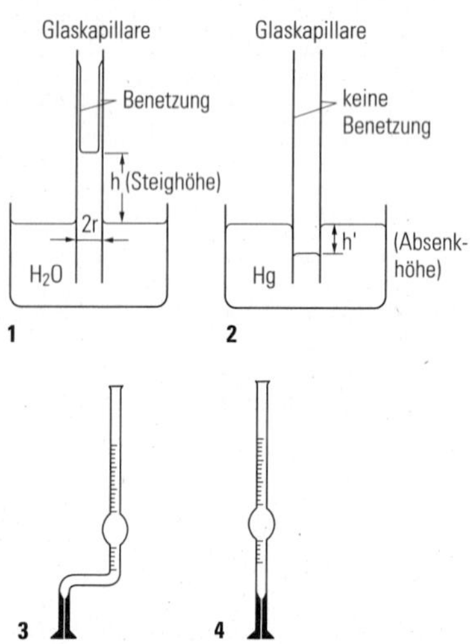

Grenzflächenspannung Abb. 2: 1 u. 2: Messung mittels Kapillarsteigmethode; 1: Kapillarattraktion; 2: Kapillardepression; 3 u. 4: Stalagmometer nach Traube

Oberflächenspannungen bestimmt werden (s. Abb. 2). Taucht man eine Kapillare in eine Flüss., so steigt die Flüss. im Falle der Benetzung in der Kapillare so hoch (Aszension), bis das Gewicht der Flüssigkeitssäule ($r^2 \cdot \pi \cdot h \cdot \rho \cdot g$) der nach oben ziehenden Kraft ($2 \cdot \pi \cdot r \cdot \sigma$) entspricht, wobei r der Radius, h die Höhe der Flüssigkeitssäule, ρ die Dichte, σ die Oberflächenspannung der Flüss. u. g die Erdanziehung bedeuten. Daraus leitet sich ab:

$\sigma = 0.5\, r \cdot h \cdot \rho \cdot g$

Sind hingegen die Kohäsionskräfte (zw. gleichartigen Molekülen) in der Flüss. größer als die Adhäsionskräfte zw. den Molekülen der Flüss. u. des Glases der Kapillare, so tritt keine Benetzung ein u. die Flüss. (z. B. Quecksilber) weicht aus der Kapillare zurück (Depression). **Stalagmometermethode:** aus dem Stalagmometer nach Traube, einem graduierten Rohr mit einem innen zur Kapillare verengten, außen zu einer horizontalen, kreisrunden, plangeschliffenen Abtropffläche verbreiterten Ausflussende lässt man zur Ermittlung der Oberflächenspannung die zu untersuchende Flüss. austropfen, bzw. zur Bestimmung der G. die spezif. schwerere Flüss. in die spezif. leichtere Flüss. eintropfen. Je kleiner die Tropfenzahl einer bestimmten Menge abgetropfter Flüss. ist bzw. je schwerere Tropfen sich bilden, desto größer ist die Oberflächen- od. Grenzflächenspannung. Aus der Tropfenzahl Z, der Dichte ρ der Messflüssigkeit u. der Tropfenzahl des Wassers Z_W als Vergleichsflüss. mit bekannter Oberflächenspannung σ_W errechnet sich σ der Messflüss. wie folgt:

$\sigma = Z_W \cdot \rho \cdot \sigma_W / Z$

od. aus der Tropfenmasse:

$\sigma = m\,g / (2 \cdot r \cdot \pi \cdot F)$

m = Masse, g = Erdbeschleunigung, r = Radius der Abtropffläche, F = Korrekturfaktor zur Berücksichtigung des realen Tropfengewichtes (kleiner 1)

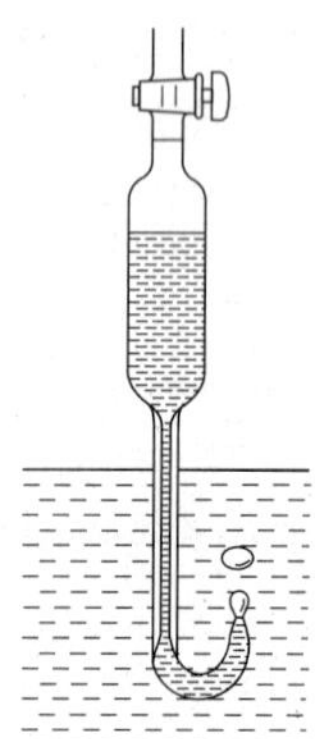

Grenzflächenspannung Abb. 3: Messung mittels Pipette

nach Harkins u. Brown (ist Tabellen zu entnehmen). Die Grenzflächenspannung γ errechnet sich aus:

$\gamma = V \cdot (\rho_1 - \rho_2) \cdot g / (2 \cdot \pi \cdot r \cdot F)$

wobei V das Volumen des Tropfens (errechnet aus dem def. Volumen des Stalagmometerinhalts dividiert durch die Tropfenzahl) u. r im Ggs. zur Bestimmung der Oberflächenspannung nicht den Radius der Abtropffläche, sondern den Radius des Lumens der Kapillare darstellt. **Pipette nach Donnan:** ist im Ggs. zum Stalagmometer am Abtropfende nach oben gekrümmt, misst die Grenzflächenspannung (s. Abb. 3). Die Tropfen der spezif. leichteren Flüss. treten in Tropfenform aus der Pipette aus u. steigen in der spezif. schwereren Flüss. auf. Je geringer die G., desto größer die Tropfenzahl; s. **Blasendruckmethode.**

Grenzkohlenwasserstoffe: s. Kohlenwasserstoffe.

Grenzkonzentration: Abk. GK; die Mindestkonzentration eines Stoffes, bei der er durch eine bestimmte Analysenmethode gerade noch nachgewiesen werden kann. Der negative dekadische Logarithmus der GK (Einheit kg/L) wird als pD-Wert bezeichnet.

Grenzkorn: s. Fehlkorn.

Grenzleitfähigkeit: s. Leitfähigkeit, elektrische.

Grepafloxacin INN: (RS)-1-Cyclopropyl-6-fluoro-1,4-dihydro-5-methyl-7-(3-methyl-1-piperazinyl)-4-oxo-3-chinolincarbonsäure; CAS-Nr. 119914-60-2; $C_{19}H_{22}FN_3O_3$, M_r 359.39. Schmp. 190-192 °C; bildet Dihydrat. **Grepafloxacin hydrochlorid:** CAS-Nr. 161967-81-3; $C_{20}H_{22}ClFN_3O_3$, M_r 395.86; bildet Sesquihydrat. **Anw.:** Gyrasehemmer*; Antibiotikum* geg. grampositive Bakterien (Hämophilus, Legionellen, Mykoplasmen, Chlamydien u. a), insbes. bei Atemweginfektionen; **UAW:** gastrointestinale Beschwerden, Kopfschmerzen, Schwindel, Müdigkeit; **Dos.:** p. o. 400-600 mg/d über 7-10 Tage; HWZ 10-12 h.

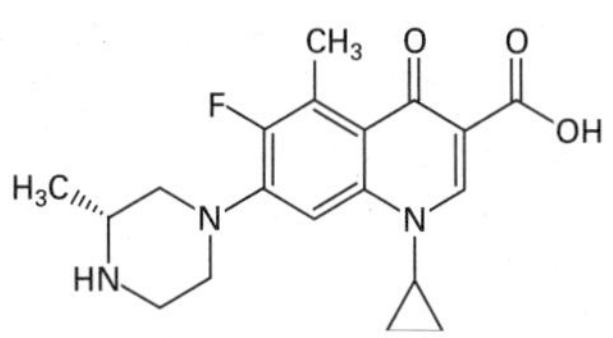

Grepafloxacin

Grey-Syndrom: Grau-Syndrom; Krankheitsbild (blasse Zyanose, aufgetriebener Leib) bei Neugeborenen infolge Kumulation von Chloramphenicol*, das vom unreifen Organismus noch nicht durch Konjugation mit Glucuronsäure metabolisiert werden kann.

Griess-Diazotierung: Methode zur Herst. aromat. Diazoniumsalze aus primären aromat. Aminen durch Umsetzung mit Natriumnitrit in kalter wässriger Säure (s. Abb.).

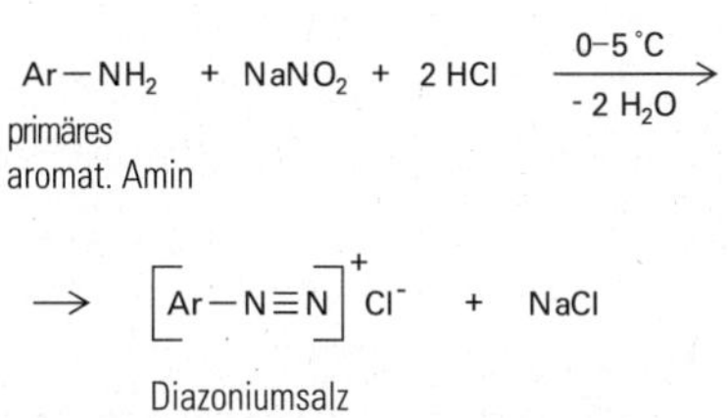

Griess-Diazotierung

Griess-Ilosvay-Probe: s. Nitritnachweis im Harn.

Grieswurzel: **1.** s. Collinsonia canadensis (Radix Collinsoniae canadensis). **2.** s. Chondodendron tomentosum (Radix Pareirae bravae).

Grignard-Reaktion (nach François Auguste Victor Grignard, 1871-1935): C–C-Knüpfungsreaktion:
1. Addition von Grignard*-Verbindungen (RMgX, X=Halogenid, R=Alkyl) an Carbonylverb.:
$RMgX + R'R''C{=}O \rightarrow RR'R''C{-}OMgX$.
2. Hydrolyse setzt unter Abspaltung von HOMgX die entspr. Hydroxy-Verb. $RR'R''C{-}OH$ frei (R',R''=H, Alkyl, OR).
Anw.: Die G.-R. hat für die synth. org. Chemie außerordentl. Bedeutung, da sich mit ihr zahlreiche Kohlenwasserstoffe, Aldehyde, Ketone, Alkohole, Carbonsäuren, Ether, Phenole u. a. Verb. aufbauen lassen; vgl. Silicone.

Grignard-Verbindungen: magnesiumorganische Verbindungen; Alkylmagnesiumhalogenide, RMgX (X=Halogenid, R=Alkyl). **Darst.:** in vollkommen trockenem Ether lässt man Halogenalkyle (RX) auf metall. Magnesium einwirken:
$C_2H_5I + Mg = C_2H_5MgI$
Zugabe von Wasser zersetzt die magnesiumorg. Verb.:
$2\ C_2H_5MgI + H_2O = 2\ C_2H_6 + MgO + MgI_2$
Anw.: s. Grignard-Reaktion.

Grindelia robusta Nutt.: Grindeliakraut; Fam. Asteraceae (Compositae) (Nordamerika, Brasilien, Russland). G. robusta u. Grindelia squarrosam (Mittelamerika) sind Stpfl. von **Herba Grindeliae:** Grindeliakraut. **Inhaltsst.:** äther. Öl, Harz mit Grindeliasäure; Grindelanditerpene, Saponine*, Tannin*; **Wirk.:** antimikrobiell, spasmolytisch, entzündungshemmend; **Anw.:** bei Katarrhen der oberen Atemwege.
Hom: *Grindelia robusta (HAB1.4):* getrocknetes, blühendes Kraut; verord. z. B. bei Asthma, Bronchitis, Milzschwellung.

Grindkraut: **1.** s. Senecio vulgaris. **2.** s. Knautia arvensis. **3.** s. Fumaria officinalis (Fumariae herba).

Grindometer: nach Hegman; dient für orientierende Routineuntersuchungen des Feinheitsgrades von Feststoffen in Suspensionssalben. **Durchführung:** Die Salbe wird in eine Rinne, die in Form einer schiefen Ebene mit einer Tiefe von 0-125 µm in einen Metallblock eingefräst u. mit einer entsprechenden Messskala versehen ist, eingestrichen. Der Überschuss der Salbe wird mittels eines scharfen Schabers in einem Zug entfernt. Anhand beginnender Schleifspuren (Partikelgröße entspricht Rinnentiefe) kann die Korngröße der größten Partikeln an der Messskala abgelesen werden (s. Abb.). Längl. Teilchen können sich ausrichten u. werden dann nicht erfasst.

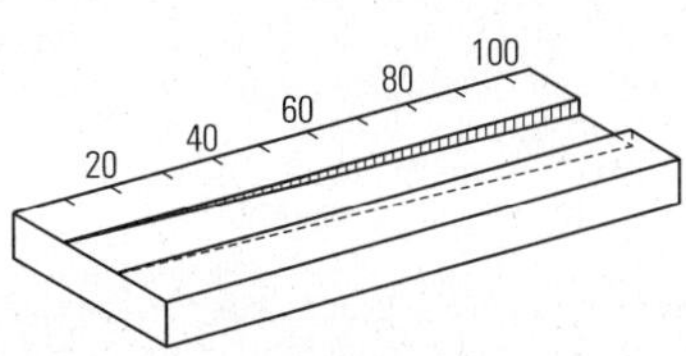

Grindometer

Grippe: Influenza, Virusgrippe; akute, endemisch, epidemisch od. pandemisch auftretende schwere Infektionskrankheit des Respirationstrakts. **Erreger:** Influenzavirenus, s. Virusklassifikation; Influenzaviren werden immunolog. in 3 Haupttypen (A, B, C) u. zusätzlich in mehrere Subtypen (A_0, A_1, A_2) unterteilt; **Ther.:** symptomat. (antipyretisch, antiphlogistisch, s. Grippemittel); bei tox. Verlauf Rekonvaleszentenserum, Antiinfluenza-Hyperimmunglobulin, Virostatika (Amantadin, Zanamivir); bei Sekundärinfektion Antibiotika; **Prophylaxe:** Grippe*-Schutzimpfung.

Grippemittel: Pharmaka, die gegen grippale Infekte u. Erkältungskrankheiten sowie begleitende Symptome (Kopf-, Gliederschmerzen, Kreislaufstörungen, Husten, Schnupfen u. a.) eingesetzt werden. **Wirkstoffe: 1.** symptomat. Ther.: fiebersenkende u. Schmerzmittel aus der Klasse der Analgetika* (schwache), Expektoranzien*, Antitussiva*, Antihistaminika*, Sympathomimetika*, Rhinologika* u. Chinin* (nicht mehr vertretbar, geringer therap. Nutzen, starke UAW); **2.** ursächl. Ther.: Neuraminidasehemmer wie Zanamivir* u. Oseltamivir*, hemmen die Freisetzung von Influenzaviren aus infizierten Zellen; Amantadin*, Antiinfluenza-Hyperimmunglobulin (vgl. Hyperimmunglobulin), Interferon*, Vitamin C (in hohen Dosen bis zu 2 g/d, auch prophylakt.) u. Immunstimulanzien* (v. a. Echinacea-haltige Präparate). Die Wirksamkeit von Diaphoretika* u. physik. Wärmeapplikation ist nicht erwiesen. Wegen der fehlenden Wirksamkeit von Antibiotika gegen Influenzaviren ist deren Einsatz nur bei Sekundärinfektionen (z. B. Grippepneumonie) sinnvoll. Immunolog. Maßnahmen s. Grippeschutzimpfung.

Grippe-Schutzimpfung: Impfstoff aus inaktivierten Influenza-Viren (s. Virusklassifikation), meist A u. B kombiniert, od. Subunitimpfstoff aus Virusbest. (Spaltimpfstoff) od. Virusantigenbestandteilen. Die Impfstämme werden getrennt in Bruteiern von Hühnern gezüchtet u. anschließend inaktiviert u. sollen mit epidemiol. relevanten Erregern möglichst ident. od. nahe verwandt sein. Impfung: möglichst vor Beginn der Influenzasaison; jährl. Wiederimpfung; Impfschutz: ca. 1 Jahr; **Impfstoffe: 1.** Influenza Impfstoff (inaktiviert): Vaccinum influenzae ex viris integris praeparatum inactivatum Ph.Eur.4; Totimpfstoff; Vollvirus-Impfstoff; die Inaktivierung erfolgt so, dass die antigenen Eigenschaften erhalten bleiben; **2.** Influenza-Spaltimpfstoff (inaktiviert): Vaccinum influenzae inactivatum ex virorum fragmentis praeparatum Ph.Eur.4; Totimpfstoff; Inaktivierung u. Behandlung erfolgen so, dass die Viruspartikel gespalten werden, ohne ihre antigenen Eigenschaften des Hämaglutinin- u. Neuraminidase-Antigens zu verändern; **3.** Influenza-Spaltimpfstoff aus Oberflächenantigenen (inaktiviert): Vaccinum influenzae inactivatum ex corticis antigeniis praeparatum Ph.Eur.4; Totimpfstoff; Inaktivierung u. Behandlung erfolgen so, dass die Zuber. hauptsächl. aus Hämaglutinin- u. Neuraminidase-Antigen besteht, ohne die antigenen Eigenschaften zu verändern (Subeinheitenimpfstoff); **4.** Fluad-Influenza-Impfstoff: Subunitimpfstoff, der das Adjuvans MF59C.1 zusätzlich enthält. Ist geeignet bei Personen, die ein erhöhtes Risiko für Influenza assoziierte Komplikationen aufweisen.

Griseofulvin INN: Griseofulvinum Ph.Eur.4; (1'*S*,6'*R*)-7-Chlor-2',4,6-trimethoxy-6'-methylspiro-[benzofuran-2(3*H*),1'-(2)cyclohexen]-3,4'-dion; CAS-Nr. 126-07-8; $C_{17}H_{17}ClO_6$, M_r 352.8. Schmp. 218-224 °C. 1938 aus Kulturlsg. von Penicillium griseofulvum isoliert. Weißes bis schwach gelbes Pulver, i. Allg. eine Teilchengröße von max. 5 µm, gelegentl. jedoch über 30 µm; fast unlösl. in Wasser, leicht lösl. in Dimethylformamid u. Tetrachlorethan, schwer lösl. in Ethanol. **Wirk.:** Die Resorption ist abhängig von der Korngröße. Bei Teilchendurchmessern von 0.8-2.7 µm ist Resorption um den Faktor 2-3 gegenüber einem Durchmesser von 10-12 µm verbessert. G. wird selektiv in das neugebildete Keratin der Haarwurzel, in die Nagelmatrix u. Epidermis resorbiert, das Pharmakon dringt aber erst allmähl. aus den unteren Schichten der Haut an die Oberfläche, weshalb nur bei ausreichend langer Ther. ein Fortschreiten der Pilzerkrankung verhindert werden kann; Latenzzeit 30 d; **Anw.:** Antimykotikum* zur oralen Anw. (nicht bei Hefe- u. Schimmelpilzinfektionen); Ther. sollte durch andere antimykot. Maßnahmen unterstützt werden; **UAW:** evtl. Magen-Darm-Beschwerden, Kopfschmerzen; **Kontraind.:** Leber- u. Nierenschäden, Schwangerschaft; **Dos.:** 0.5 g/d (Korndurchmesser 2.5 µm), 1 g (Korndurchmesser 10-20 µm); HWZ 22 h.

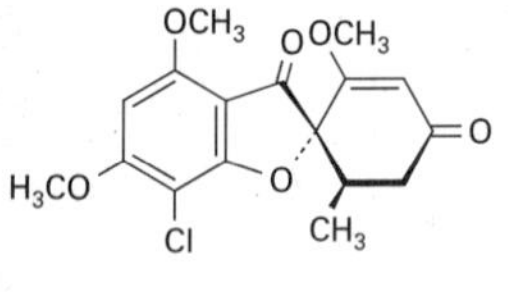

Griseofulvin

griseus: grisea, griseum; grau.

Größenausschlusschromatographie: s. Chromatographie (Gelchromatographie).

Größen, extensive: physik. Größen, die auf die Stoffmenge bezogen sind u. sich daher additiv verhalten. Die Werte für ein System werden aus der Summe der Einzelwerte erhalten. E. G. sind z. B. Teilchenzahl, Volumen*, Masse*; vgl. Größen, intensive.

Größen, intensive: physik., nicht additive Größen, die von der Ausdehnung des Systems unabhängig sind. Beispiele: Temperatur*, Druck*, Lichtabsorptionsmaximum; vgl. Größen, extensive.

Größen, kritische: kritische Daten; thermodynam. Sammelbegriff für krit. Temp., krit. Druck u. krit. Dichte. **Kritische Temperatur**: die Maximaltemp., oberhalb derer die Verflüssigung eines Gases durch hohen Druck nicht möglich ist. **Kritischer Druck**: der Druck, bei dem unter der krit. Temp. die Verflüssigung vor sich geht. **Kritische Dichte**: die am krit. Punkt, d. h. bei der krit. Temp. u. beim krit. Druck gemessene Dichte; an diesem Punkt ist die Dichte des Dampfes genauso groß wie die der Flüssigkeit.

Größen, kritische
Übersicht der kritischen Größen einiger Substanzen

Substanz	kritische Temperatur (°C)	kritischer Druck (bar)	kritische Dichte (g/mL)
Sauerstoff	−118.8	78.74	0.430
Wasserstoff	−239.9	12.55	0.031
Stickstoff	−147.1	32.85	0.311
Ammoniak	+132.4	109.8	0.236
Chlor	+143.5	74.63	0.573

Großhandelsvertrieb von Arzneimitteln: Nach der Richtlinie 2001/83 EG des Europäischen Parlaments u. des Rates ist dies jede Tätigkeit, die in der Beschaffung, der Lagerung, der Lieferung od. der Ausfuhr von Arzneimitteln besteht, mit Ausnahme der Abgabe von Arzneimitteln an die Öffentlichkeit. Die Betriebsverordnung für Arzneimittelgroßhandelsbetriebe regelt in Deutschland Anwendungsbereich, Qualitätssicherungssystem, Personal, Beschaffenheit, Größe u. Einrichtung der Betriebsräume, Umfüllen, Abpacken u. Kennzeichnen von Arzneimitteln, Lagerung, Auslieferung, Dokumentation, Rückrufplan, Rückrufe von Arzneimitteln, Rücknahme von Arzneimitteln, Selbstinspektion, Dienstbereitschaft in Krisenzeiten sowie die Voraussetzungen für den Großhandel mit Tierarzneimitteln.

Großhandelszuschlag: zusammen mit dem Herstellerabgabepreis u. dem Apothekenzuschlag ist er ein Faktor bei der Ermittlung des Apothekenabgabepreises. Die Zuschläge sind Höchstzuschläge u. dürfen unterschritten, aber nicht überschritten werden. Rabatte, Skonti, Boni sind bei der Abgabe von Arzneimitteln an Apotheken möglich. Das GKV*-Modernisierungsgesetz hat ab 1.1.2004 die Großhandelszuschläge für Fertigarzneimittel neu festgelegt; diese gelten nicht für Tierarzneimittel.

growth hormone releasing hormone: s. Hormone (Hypophysenvorderlappen).

Grubengas: s. Methan.

Grubenotter, Malayische: s. Agkistrodon rhodostoma.

Grünalgen: s. Algen.

Grünkern: s. Triticum spelta.

Grünspan: s. Kupfer(II)-acetat, basisches.

Grundgesamtheit: s. Stichprobe.

Grundgewebe: (bot.) Zellen, deren meist nur schwach verdickte Zellwände aus elast. Celluloseschichten bestehen u. selten verholzt sind. Das G. wird in Assimilations-, Durchlüftungs-, Speicher- u. Leitungsgewebe eingeteilt.

Grundheil: s. Achillea millefolium.

Grundumsatz: Abk. GU, Ruheumsatz; Energieproduktion, die zur Erhaltung der Organfunktionen notwendig ist. Abhängig von Alter, Geschlecht, Körperoberfläche, Hormonfunktion, Art der Ernährung; vgl. Brennwert, physiologischer.

Gruppen, funktionelle: Eigenschaften u. reaktives Verhalten prägende Atomgruppen einer meist org. Verbindung (s. Tab.). Die funktionelle Gruppe ist der Nichtkohlenwasserstoffteil eines org. Moleküls.

Gruppen, osmophore (gr. osme Geruch, phores tragen): funktionelle Gruppen in org. Verb., die für den Geruch einer Verb. verantwortl. sind. **Euosmophore** (gr. ey gut): Carbonylgruppen (Aldehyde, Ketone), Carbonsäureestergruppen, Ethergruppen, Nitrilgruppen u. Nitrogruppen; **Kakosmophore** (gr. kakos schlecht, übel): z. B. Thiole.

Gruppe, pharmakophore: gemeinsames Strukturelement einer Gruppe von Wirkstoffen, das in einer bestimmten räuml. Anordnung für den Angriff dieser Pharmaka an einen bestimmten Rezeptor verantwortl. ist u. damit die pharmakolog. Wirk. bestimmt; z. B. Element mit anion. u. esteratischem Zentrum bei direkten Parasympathomimetika*.

G

Gruppe, prosthetische (gr. prosthesis hinzufügen, Zusatz): in zusammengesetzten Proteinen derjenige Teil, der selbst keinen Proteincharakter hat, z. B. die Farbkomponente Häm im Hämoglobin. Die prosthetische Gruppe von Enzymen nennt man Coenzym od. (veraltet) Agon.

GSC: Abk. für (engl.) *gas solid chromatography;* s. Chromatographie.

GSH: Abk. für SH-Glutathion; s. Glutathion.

GSH-Reduktase: Enzym, das Elektronen mittels FAD von NADPH + H^+ auf oxidiertes Glutathion* überträgt.

GSP: Abk. für (engl.) *Good Storage Practice*; Empfehlungen der FIP* über zweckmäßige Lagerung u. Transport in der Arzneimittelherstellung verwendeten Ausgangsmaterialien u. Arzneimitteln. Orientieren sich an den GMP*-Richtlinien der Weltgesundheitsorganisation (WHO). Beinhaltet die Anforderungen an Lagerräume, Lagerungs-, Hygienevorschriften, Vorschriften für die Aufbewahrung von Rohmaterial, Zwischenprodukten u. Verpackungsmaterial, Lagerung u. Transport von Fertigerzeugnissen.

GSSG: Abk. für Glutathiondisulfid; s. Glutathion.

GTD: Abk. für gebräuchliche Tagesdosis.

GTN: Abk. für Glyceroltrinitrat*.

GTP: Abk. für Guanosin-5'-triphosphat; s. Guanosin.

GTP-bindende Proteine: s. G-Proteine.

GU: Abk. für Grundumsatz*.

Guaiacolum: s. Guajakol.

Guaiacum officinale L.: Guajakbaum; Fam. Zygophyllaceae (Florida, Antillen, Guayana, Venezuela, Kolumbien). G. officinale u. Guaiacum* sanctum sind Stpfl. von **Lignum Guajaci:** Lignum sanctum, Guajakholz, Franzosenholz, Pockholz. **Inhaltsst.:** Harz (im Kernholz ca. 25 %, im Splintholz ca. 3 %), Saponine*, äther. Öl (mit Guajakol*), Spuren von Vanillin; **Anw.:** zur Gew. von Resina Guajaci durch Ausschmelzen des Kernholzes; volkstüml. als Blutreinigungsmittel, bei rheumat. Beschwerden. **Resina Guajaci:** Guajakharz, Gummi Guajaci; Erweichungstemp. ca. 90 °C; lösl. in Ethanol, Ether, Amylalkohol, Chloroform, Alkalilauge; dunkelgrüne bis braunschwarze Massen, auch in haselnußgroßen Körnern od. Tränen im Handel. **Inhaltsst.:** α- u. β-Guajaconsäure, Struk-

Gruppen, funktionelle
Benennung der wichtigsten funktionellen Gruppen

Verbindungsklasse	charakteristische Gruppe[1]	Gruppenbezeichnung		
		Präfix	Suffix substitutiv	Suffix radikofunktionell
Halogen-Verbindungen	−F, −Cl, −Br, −I	Halogen-	–	-halogenid
Alkohole	−OH	Hydroxy-	-ol	-hydroxid
Ether	−O−R	Alkoxy-	–	–
	−O−	–	–	-ether
Carbonsäureester	−COOR	Acyloxy-	–	Name des Anions
Aldehyde	−CH=O	Formyl-	–	-carbaldehyd
	=O	Oxo-	-al	–
Ketone	=O	Oxo-	-on	–
Carbonsäuren	−COOH	Carboxy-	-carbonsäure	–
carbonsaure Salze	−COOM[2]	M-Carboxylato-[2]	-carboxylat	–
Carbonsäurechloride	−CO−Cl	Chloroformyl-	–	-carbonylchlorid
Carbonsäureamide	$-CO-NH_2$	Carbamoyl-	–	-carboxamid
Mercaptane, Thiole	−SH	Mercapto-	-thiol	–
Thioether	−S−R	Alkylmercapto-	–	–
	−S−	–	–	-sulfid
Sulfonsäuren	$-SO_3H$	Sulfo-	-sulfonsäure	–
Amine	$-NH_2$	Amino-	–	-amin
Ammoniumionen	$-NR_3^+$	-ammonio-	–	-ammonium-
Nitrile	−C≡N	Cyan-	-carbonitril	-cyanid
	≡N	–	-nitril	–

[1]Für Aldehyde, Carbonsäuren und Nitrile bestehen 2 verschiedene Benennungsmöglichkeiten in Abhängigkeit davon, ob das Gruppen-C-Atom als Bestandteil des Stammsystems oder der funktionellen Gruppe betrachtet wird.
[2]M: Metall.

turformel s. Guajakprobe (Abb.); Guajaretsäure (s. Abb.) u.a. Lignane, Guajakol, Vanillin, Spuren Saponin, äther. Öl; **Anw.:** Antioxidans; Reagens (Ph.Eur.4); zum Nachw. von okkultem Blut im Stuhl, s. Guajakprobe; **Zuber.:** Tct. Guajaci (Guajaktinktur, zur Prüfung von Gummi* arabicum). **Guajakholzöl:** das äther. Öl. **Gew.:** durch Wasserdampfdest.; **Best.:** hauptsächl. Guajol (Guaiol), aus dem durch Aromatisierung des hydrierten Azulen-Ringsystems dieses Alkohols u. Wasserabspaltung Guajazulen* (ein Analogon von Chamazulen) hergestellt werden kann; Strukturformeln s. Azulene (Abb. 2).
Hom: *Guaiacum (HAB1.1):* durch Ausschmelzen des Kernholzes gewonnenes Harz von G. officinale u. G. sanctum; verord. z.B. bei Tonsillitis, Reizhusten, Gelenkrheumatismus.

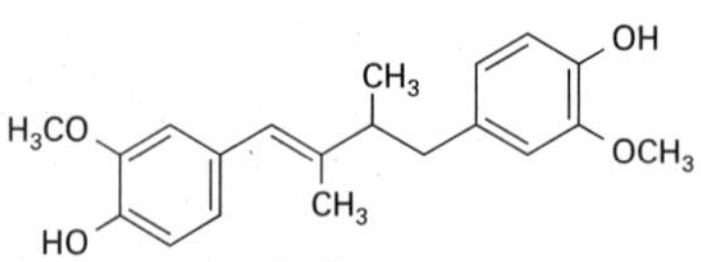

Guajaretsäure

Guaiacum officinale

Guaiacum sanctum L.: Fam. Zygophyllaceae (Florida, Bahamas, Antillen, Haiti, Yukatan). Der Baum u. die verwandte Art Guaiacum* officinale liefern Lignum Guajaci, Resina Guajaci sowie Guajakholzöl; s. Guaiacum officinale.

Guaian: Guajan; 7-Isopropyl-1,4-dimethyldecahydroazulen; Grundstruktur bicycl. Sesquiterpene*.
Guaianolid: Guajanolid; tricycl. Sesquiterpenlacton* mit Guaian* als Grundstruktur.
Guaiazulen: s. Guajazulen.
Guaifenesin INN: Guaifenesinum Ph.Eur.4, Guajakolglycerolether, Guajacolum glycerolatum; (*RS*)-3-(2-Methoxyphenoxy)propan-1,2-diol; CAS-Nr. 93-14-1; $C_{10}H_{14}O_4$, M_r 198.21. Schmp. 88-90 °C (polymorph; kristallisiert aus Ether). Sdp. 215 °C (2.5 kPa). Lösl. 1 g/20 mL Wasser bei 25 °C, besser lösl. in heißem Wasser; leicht lösl. in Ethanol; lösl. in Chloroform, Glycerol, Propylenglykol, DMF; mäßig lösl. in Benzol; fast unlösl. in Petrolether. **Anw.:** Antiasthmatikum*, Expektorans*, Spasmolytikum*, Sedativum*; **Dos.:** p.o. 2-3×0.25 g/d; parenteral i.v. 2-3×2 g/d; rektal 2-3×1 g/d.

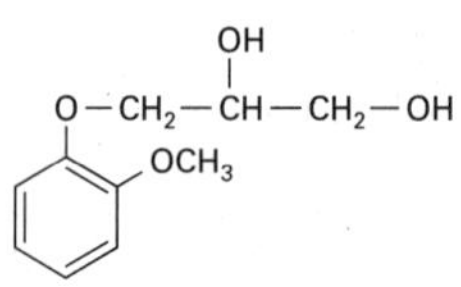

Guaifenesin

Guaiol: s. Guaiacum officinale (Guajakholzöl); Strukturformel s. Azulene (Abb. 2).
Guajacol-: s.a. Guajakol-.
Guajaconsäure: s. Guaiacum officinale (Resina guajaci); Strukturformel s. Guajakprobe (Abb.).

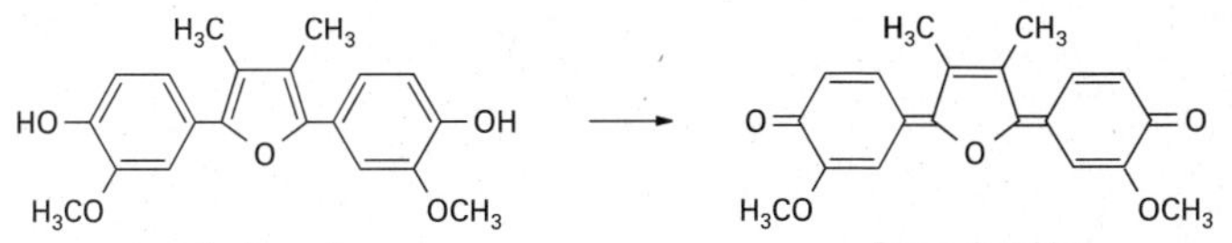
α-Guajaconsäure → Furoguajacinblau

Guajakprobe

Guajakharz: s. Guaiacum officinale (Resina Guajaci).

Guajakharzlösung, 2 %: Lsg. zum Nachw. von Blut (s. Guajakprobe); Herst.: bei Bedarf 1 T. Guajakharz in 49 T. absolutem Ethanol lösen.

Guajakholz: s. Guaiacum officinale (Lignum Guajaci).

Guajakol: syn. Guajacol, Guajacolum, Guaiacolum, Brenzcatechinmonomethylether; 2-Methoxyphenol; CAS-Nr. 90-05-1; $C_7H_8O_2$, M_r 124.13. D. 1.128, Schmp. 28.2 °C. Sdp. 205 °C. Farblose Kristalle od. gelbl., ölige, lichtbrechende Flüss. von würzigem Geruch u. brennendem Geschmack; leicht lösl. in Ethanol, Ether, Schwefelkohlenstoff, Ölen, Glycerol, wenig lösl. in Wasser. **Vork.:** Best. des Kreosots*; **Gew.:** Dest. von Guajakharz u. Buchenholz; **Darst.:** partielle Methylierung von Brenzcatechin*; **Off.:** Ph.Helv.7; **Anw.** med.: Antiseptikum, Antipyretikum, Expektorans bei Husten, Bronchialkatarrh, Grippe u. a.; früher auch als zweifelhaftes, viel verwendetes Mittel bei Tbc.; techn.: Herst von Vanillin*; **Dos.:** 0.1-0.5 g; äußerl. bei Ekzemen, Furunkulose, Erysipel. **Guajacolum liquidum** EB6: flüss., fast reines G. (verflüssigt durch kleine Beimengungen anderer Phenole). D. 1.141-1.137. Sdp. 200-205 °C. Farblose bis gelbl., klare Flüss., lösl. wie Guajacol. **Dos.:** MED 0.5 g, MTD 2.5 g.

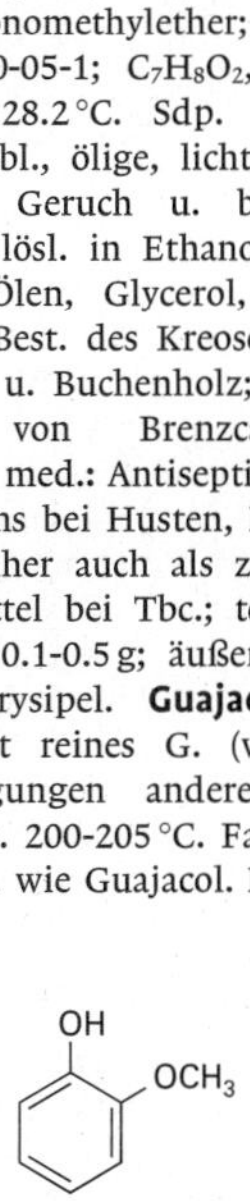
Guajakol

Guajakolbenzoat: Benzoesäureguajakolester, Guajacolum benzoicum; $C_6H_5-C(O)-O-C_6H_4-OCH_3$. Farblose Kristalle, lösl. in Ethanol, Ether, Chloroform, fast unlösl. in Wasser.

Guajakolcarbonat: Guajacolum carbonicum, Kohlensäure-Diguajacolester; M_r 274.28. Schmp. 86-88 °C. Weißes, krist. Pulver, leicht lösl. in heißem Ethanol u. Chloroform, wenig lösl. in kaltem Ethanol u. Ether, unlösl. in Wasser. **Darst.:** Einw. von Carbonylchlorid auf Guajakol-Natrium; **Dos.:** 0.2-0.5 g.

Guajakolglycerolether: s. Guaifenesin.

Guajakolphenylacetat: 2-Methoxyphenyl-phenylacetat; $C_{15}H_{15}O_4$, M_r 242.3. **Anw.:** Expektorans* (Sekretolytikum).

Guajakolphosphat: Guajacolum phosphoricum, Phosphorsäure-Guajakolester; $PO(OC_6H_4-OCH_3)_3$, M_r 416.35. Farblose Kristalle, unlösl. in Wasser, lösl. in Ethanol, Ether, Chloroform, Aceton.

Guajakolsalicylat: Guajacolum salicylicum, Salicylsäure-guajakolester; $C_6H_4(OH)-CO-O-C_6H_4-OCH_3$. Weißes, krist. Pulver, unlösl. in Wasser, lösl. in Ethanol, Ether, Chloroform.

Guajakolvalerianat: Guajacolum valerianicum, Valeriansäureguajakolester; $C_6H_4(OCH_3)-O-CO-C_4H_9$. D. 1.050-1.065. Sdp. 265-280 °C. Farblose, ölige Flüssigkeit. **Anw.:** Expektorans*; **Dos.:** 0.2-1 g; MED 1 g, MTD 3 g.

Guajakprobe: Heller-Almén-Blutprobe, Weber-Deen-Probe; Test zum qual. Blutnachweis z. B. in Fäzes, Urin od. Magensaft. **Prinzip:** Farbreaktion durch Umwandlung von Guajakharz infolge der Peroxidasewirk. des Hämoglobins*, ergibt mit Wasserstoffperoxid in Anwesenheit von Hämoglobin blaue Farbstoffe u. Wasser; die Blaufärbung ist auf chinoides Guajakblau (Furoguajacinblau) zurückzuführen, das sich infolge Oxidation aus α-Guajaconsäure bildet (s. Abb.); **Anw.:** v. a. zum Nachweis von okkultem Blut im Stuhl, z. B. als Suchtest mittels Testbriefchen; vgl. Guaiacum officinale.

Guajaktinktur: s. Tinctura Guajaci.

Guajaretsäure: s. Guaiacum officinale (Resina Guajaci) (Abb.).

Guajazulen: Guaiazulen; 7-Isopropyl-1,4-dimethylazulen; CAS-Nr. 489-84-9, $C_{15}H_{18}$, M_r 198.29. Halbsynthet. gewonnenes Azulenderivat; im Unterschied zu Chamazulen ist am C-7 an Stelle der Ethylgruppe eine Isopropylgruppe; Strukturformel s. Azulene (Abb. 2); vgl. Guaiacum officinale (Guajol). Blaue Flüss., Sdp. 165-170 °C. **Anw.:** Antiphlogistikum* anstelle des (teureren) Chamazulen, Dermatikum*.

Guajazulensulfonsäure, Natriumsalz: s. Natriumgualenat.

Guajol: s. Guaiacum officinale (Guajakholzöl); Strukturformel s. Azulene (Abb. 2).

Guanabenz INN: (2,6-Dichlorbenzyliden)aminoguanidin; CAS-Nr. 5051-62-7; $C_8H_8Cl_2N_4$, M_r 231.1. Schmp. 227-229 °C (unter Zers.). **Anw.:** Antihypertensivum*, zentrales Alphasympathomimetikum. **UAW:** Mattigkeit, Schwindel, gelegentl. Übelkeit u. Erbrechen, Sehstörungen, ängstl. u. depressive Verstimmungen, Schlafstörungen, Herzarrhythmien, bei plötzl. Absetzen Rebound; vermindertes Reaktionsvermögen; **WW:** Schlaf-

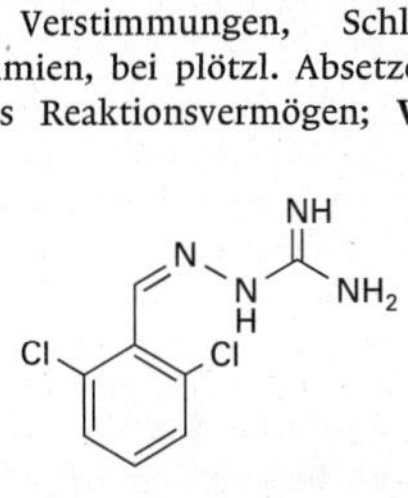
Guanabenz

mittel*, Neuroleptika (s. Psychopharmaka), Benzodiazepine*, Ethanol*; HWZ 6-10 h. **Guanabenzmonoacetat:** CAS-Nr. 23256-50-0; $C_{10}H_{12}Cl_2N_4O_2$, M_r 291.1. Schmp. 192.5 °C (unter Zers.).

Guanethidin INN: 2-(1-Azocinyl)ethylguanidin; CAS-Nr. 55-65-2; $C_{10}H_{22}N_4$, M_r 198.31. **Wirk.:** blutdrucksenkend, beruht auf **1.** einer Reserpin* ähnl. Entspeicherung der noradrenergen Vesikel; **2.** einer durch Hemmung der Impulsleitung vom Zellkörper zur Nervenendigung (Depolarisationshemmung) verbunden mit einer Verminderung der Noradrenalinfreisetzung; **3.** einer Blockade der vegetativen Blutdruckregelkreise über periphere Angriffspunkte. Zentrale Wirk. sind nicht vorhanden, dennoch ist G. nur bei akuten, hypertonen Zuständen indiziert. **Anw.:** Antihypertensivum*; bei Glaukom; **UAW:** Blutvolumenzunahme durch vermehrte Natriumionen- u. Wasserretention, Orthostasensyndrom; **WW:** Wirk. tricycl. Antidepressiva u. indirekter Sympathomimetika werden durch G. abgeschwächt; **Dos.:** p. o. Initialdos. 2×5 mg/d, Erhaltungsdos. n. B. langsam auf 30-60 mg/d steigern; HWZ 40-210 h. **Guanethidinmonosulfat:** Guanethidini monosulfas Ph.Eur.4, Guanethidinum monosulfuricum; CAS-Nr. 645-43-2; $C_{10}H_{24}N_4O_4S$, M_r 296.4. Schmp. 250 °C (unter Zers.). Farbloses, krist. Pulver, leicht lösl. in Wasser, fast unlösl. in Ethanol, Chloroform. **Guanethidinsulfat:** Guanethidini sulfas; CAS-Nr. 60-02-6.

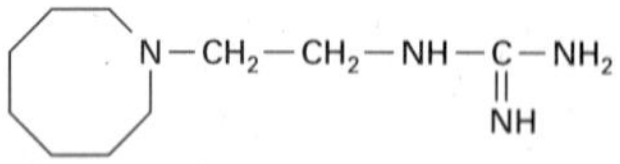

Guanethidin

Guanfacin INN: *N*-Amidino-2-(2,6-dichlorphenyl)acetamid; (2,6-Dichlorphenylacetyl)guanidin; CAS-Nr. 29110-47-2; $C_9H_9Cl_2N_3O$, M_r 246.1. **Anw.:** Antihypertensivum*; die blutdrucksenkende Wirk. wird durch zentralen u. peripheren Alpha-2-sympathomimet. Rezeptorenbesatz erzielt; nachhaltige periphere Vasodilatation; Ind.: Blutdruckkrisen; **UAW:** Sedierung, Bradykardie, Obstipation, starke Reboundphänomene; HWZ 20 h. Gebräuchl. ist auch Guanfacinhydrochlorid.

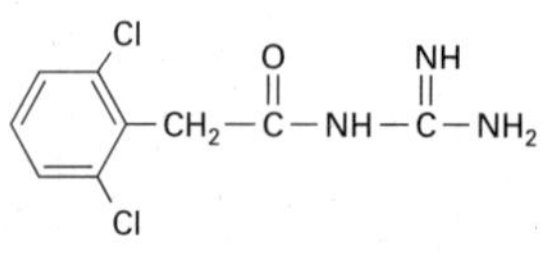

Guanfacin

Guanidin: Iminoharnstoff, Carbamidsäureamidin; $NH{=}C(NH_2)_2$. Weiße hygroskop. Kristalle, leicht lösl. in Ethanol u. Wasser. **Vork.:** Derivate des G. sind u. a. die Aminosäuren Arginin, Kreatin u. Kreatinin; auch in Pfl. kommen G.-Derivate vor, z. B. in Galega* officinalis. **Gew.:** ursprüngl. (Strecker 1861) durch Oxidation der im Guano vorkommenden Purinbase Guanin*; **Herst.:** heute durch Erhitzen von Kalkstickstoff mit festem Ammoniumnitrat od. Erhitzen von Ammoniumthiocyanat auf ca. 180 °C; **Anw.** techn.: Herst. von Seifen (mit Fettsäuren gibt Guanidin gut emulgierende Seifen), Emulsionen, Kunstharzen, Sprengstoffen; med. wurden G.-Derivate zur Behandlung von Diabetes* mellitus benutzt, heute noch das Biguanidin Metformin*; andere G.-Derivate sind z. B. das Aminoguanidin-Antihypertensivum Guanabenz* od. das Biguanidin-Antiseptikum Chlorhexidin*.

Guanin: Abk. G; 2-Amino-6-hydroxypurin; M_r 151.1; Schmp. 365 °C. Als Baustein von Nucleinsäuren weit verbreitet; Best. niedermolekularer Nucleotidcoenzyme u. Ausgangsprodukt für die Biosynthese wichtiger Naturstoffe wie Pterine u. Vitamine, z. B. Folsäure u. Riboflavin.

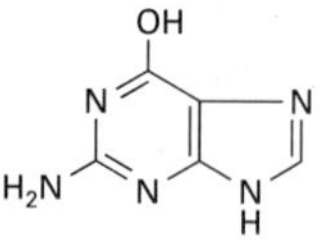

Guanin

Guaninnucleotide: s. Guanosin.

Guano: Exkremente von Vögeln, bes. der Kormorane; verwendet als Düngemittel; in riesigen Lagern an der Küste Südamerikas (Peru-Guano). **Best.:** 20-30 % Calciumphosphat u. ca. 15 % Stickstoff, letzter hauptsächl. als Ammoniumurat.

Guanosin: Nucleosid* aus Guanin* u. Ribose*; Baustein der RNA*. DNA enthält als Baustein das Desoxyguanin (Nucleosid aus Guanin u. Desoxyribose). Die Guaninnucleoside bilden mit Phosphorsäure die Guaninnucleotide (Guanosinphosphate, s. Nucleotide) Guanosin-5'-monophosphat (GMP, Guanylsäure), Guanosin-5'-diphosphat (GDP); Guanosin-5'-triphosphat (GTP); analog heißen die Desoxyribonucleotide dGMP, dGDP, dGTP. GTP ist als energiereiche Verb. an der Proteinbiosynthese u. an der Gluconeogenese beteiligt. Cycl. Guanosin-3',5'-monophosphat, cGMP, spielt eine bedeutende Rolle bei der Signalübertragung von Hormonen u. Neurotransmittern in die Zelle; wird aus GTP durch Guanylatcyclasen gebildet; s. second messenger. Guanosinmonophosphat (Guanylsäure) u. dessen Salze dienen auch als Geschmacksverstärker.

Guanosindiphosphatzucker: Abk. GDPG; s. Nucleosiddiphosphatzucker.

Guanosinphosphate: s. Guanosin.

Guanylsäure: s. Guanosin.

Guanylylcyclase: Guanylatcyclase; Enzym, das die Bildung von cycl. Guanosin-3,5-monophosphat aus Guanosin-5-triphosphat katalysiert. Im Ggs. zur Adenylylcyclase unterscheidet man zw. einer an die Membran gebundenen u. einer lösl. Form. Die G. reguliert u. a. die cGMP-Spiegel in Stäbchenzellen der Retina.

Guao: s. Comocladia dentata (Cortex Comocladiae).

Guar: s. Cyamopsis tetragonaloba.

Guaran: Polysaccharid (Schleimstoff) aus Cyamopsis* tetragonoloba.

Guarana: s. Paullinia cupana.

Guayava: s. Psidium guayava (Folia Djamboe).

Guayulekautschuk: s. Kautschuk.

Guedel-Schema: Schema der Narkosestadien nach Guedel, s. Narkose.

Günsel: s. Ajuga reptans.

Günzburg-Reagens (Alfred Günzburg, Internist, Frankfurt a. M., 1887): Lsg. von 2 T. Phloroglucin u. 1 T. Vanillin in 30 T. absolutem Ethanol; es ist besser, Phloroglucin u. Vanillin getrennt zu lösen u. beide Lsg. erst zum Gebrauch zusammenzugießen, da sich bei längerem Stehen die Lsg. leicht zersetzt (Braunfärbung). **Anw.**: Untersuchung des Mageninhalts auf freie Salzsäure, s. Günzburg-Reaktion.

Günzburg-Reaktion: empfindl. Nachw. freier Salzsäure im Magensaft. **Durchführung:** 3-4 Tr. Günzburg*-Reagens werden mit der gleichen Menge filtrierten Mageninhalts in einer Porzellanschale auf dem Wasserbad vorsichtig u. langsam zur Trockne eingedampft. Noch bei einer Konz. von 0.01 % freier Salzsäure entsteht ein roter Spiegel.

Guerbet-Reaktion: Verfahren zur techn. Herst. verzweigter primärer Alkohole durch Erhitzen primärer Alkohole mit Natrium od. Kupfer bei erhöhtem Druck, wobei Alkohol-Selbstkondensation erfolgt. Beispiel: aus *n*-Butylalkohol erhält man 2-Ethyl-hexan-1-ol (s. Abb.).

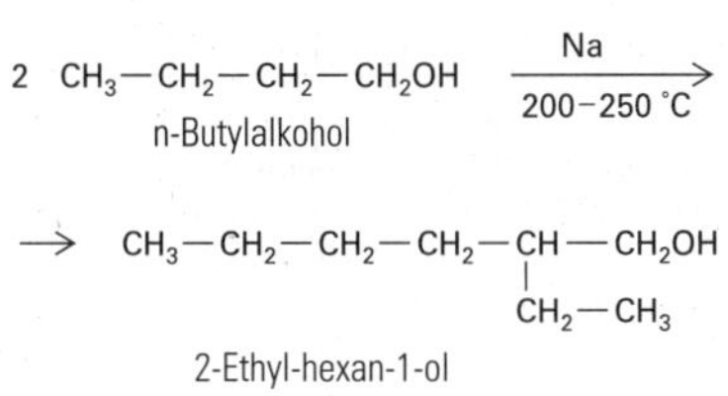

Guerbet-Reaktion: Bildung von 2-Ethyl-hexan-1-ol als Beispiel

Gürtelrose: s. Zoster.

Guidelines: Leitlinien; z. B. Harmonised Guidelines, s. Internationale Harmonisierungskonferenz.

Guilandina echinata: s. Caesalpinia echinata.

Gulitol: s. Sorbitol.

Gulose: eine Hexose, Strukturformel s. Kohlenhydrate.

Gummen: s. Gummi.

Gummi: **1.** der G. (Plur. Gummis), s. Kautschuk. **2.** das G. (Plur. Gummen), viskose Lsg. von Gemischen von Polysacchariden (Heteropolysacchariden, vgl. Polyuronide), die (meist) bei Verletzung von Pflanzen gebildet werden, aus diesen austreten u. an der Luft erstarren.

Gummi Acaciae: s. Gummi arabicum.

Gummi ammoniacum: s. Dorema ammoniacum (Ammoniacum).

Gummi arabicum: Arabisches Gummi, Acaciae gummi, Gummi Acaciae, Akaziengummi, Gummi senegalense, Kordofangummi; rundl., weiße bis gelbl. u. bräunl. Stücke, geruchlos, außen matt u. rissig, in kleinmuschelige, leicht irisierende Stücke zerbrechend; langsam lösl. in 2 T. Wasser zu einem klebenden, gelbl., schwach sauer reagierenden Schleim (kolloidale Lsg.); in Ethanol unlösl.; das Gummi bildet sich in der Rinde der Bäume auf nat. Weise od. nach Einschneiden infolge Vergummung von Cellulose, verursacht wahrscheinl. durch Bakterien. Gummi arabicum stammt von mehreren in Afrika heim. Acacia-Arten Fam. Mimosaceae (Leguminosae), hauptsächl. von Acacia* senegal (L.) Willd. (Mittelafrika, von Nubien bis zum Senegal, Ostafrika, Arabien, Belutschistan bis Indien), A. nilotica (L.) Del (A. arabica (Lam.) Willd.) (Nilgebiet), A. karroo Hayne (A. horrida auct. non Willd.) (Südwestafrika); **Off.**: Ph.Eur.4; **Best.**: hauptsächl. saure Ca-, Mg- u. K-Salze der Arabinsäure, eines verzweigten Polysaccharids, das bei Hydrolyse D-Glucose, L-Arabinose, L-Rhamnose u. Aldobionsäure ergibt, die weiter in D-Galactose u. D-Glucuronsäure zerlegt wird; ferner enthält Gummi arabicum mehrere oxidierende Enzyme (Oxidase, Peroxidase, Amylase) u. ein dem Emulsin ähnl. Enzym, ferner etwas Stärke u. Zucker; **Inkomp.**: viele Arzneistoffe; sie werden durch Oxidasen u. Peroxidasen inaktiviert, was durch vorheriges Kochen der Gummilsg. verhindert werden kann (Gummi* arabicum desenzymaticum). Frische Gummilösung bläut Guajaktinktur (Tinctura Guajaci, s. Guaiacum officinale), gekochte Gummilösung nicht. **Acaciae gummi dispersione desiccatum** (Gummi arabicum dispersione desiccatum, sprühgetrocknetes Arabisches Gummi): aus einer Lösung von G. a. hergestellt; hat den Vorteil der besseren Wasserlöslichkeit (vollständig lösl. in der doppelten Menge an Wasser) u. ist frei von Peroxidasen; **Off.**: Ph.Eur.4; **Anw.** med.: reizmilderndes Mittel (Mucilaginosum) bei Katarrhen der Atmungswege u. des Darmes sowie als Geschmackskorrigens; techn. als Bindemittel für Emulsionen, Pillen; in Form eines 10-20 %igen Schleims als Bindemittel bei der Tablettenherst. (Granulierung), beim Andecken von Dragierkernen, für Pastillen; anionenaktiver O/W-Emulgator, auch für Emulsionen zum innerl. Gebrauch, jedoch höhere Konz. erforderl. (über 5 %), in Kombination mit Tragant auch in geringeren Konz. verwendet (Entquellung von Tragant); **Zuber.**: Mucilago Gummi arabici, Pulvis gummosus, Emulsio Olei Jecoris Aselli comp.; **Anw.** techn.: hauptsächl. als Klebstoff sowie in großen Mengen in der Textil- u. Seidenindustrie zum Appretieren, Bindemittel für Wasserfarben u. Tinten, Schutzkolloid für kolloidale Metalllsg., als Verdickungsmittel in der Druckerei.

Gummi arabicum desenzymatum: enzymfreies, arabisches Gummi; Herst.: ÖAB90, Auflösen in Wasser (langwierig), anschließend 30 Minuten im strömenden Wasserdampf erhitzen (Inaktivierung der Oxidasen u. Peroxidasen), unter vermindertem Druck bei 60 °C eindampfen u. fein pulvern. Einfacher lässt sich durch Erhitzen mit Ethanol desaktivieren. **Anw.**: Emulgator.

Gummi, Arabisches: s. Gummi arabicum.

Gummi, Armenisches: s. Dorema ammoniacum (Ammoniacum).

Gummibaum: s. Kautschuk (Vork.).

Gummi Cambogiae: s. Garcinia hanburyi (Gutti).

Gummi Cerasorum: s. Prunus avium.

Gummi Copal: s. Copal.

Gummi elasticum: s. Kautschuk.

Gummi Guajaci: s. Guaiacum officinale (Resina Guajaci).

Gummiharze: s. Harze.
Gummi Kino: s. Pterocarpus marsupium (Kino).
Gummilack: s. Schellack.
Gummi Ladanum: s. Ladanum.
Gummi Mastix: s. Pistacia lentiscus (Mastix).
Gummimixtur: s. Mixtura gummosa.
Gummi Olibanum: s. Boswellia bhaw-dajiana (Olibanum).
Gummi Opopanax: s. Opopanax chironium (Opopanax).
Gummipflaster: s. Emplastrum Lithargyri compositum.
Gummi plasticum: s. Guttapercha.
Gummipulver, zusammengesetztes: s. Pulvis gummosus.
Gummiresina Ammoniacum: s. Dorema ammoniacum (Ammoniacum).
Gummiresina Asa foetida: s. Ferula assa-foetida.
Gummiresinae: s. Harze.
Gummiresina Euphorbium: s. Euphorbia resinifera (Euphorbium).
Gummiresina Galbanum: s. Ferula gummosa (Galbanum).
Gummiresina Gutti: s. Garcinia hanburyi (Gutti).
Gummiresina Myrrha: s. Commiphora molmol (Myrrha).
Gummiresina Olibanum: s. Boswellia bhaw-dajiana (Olibanum).
Gummiresina Opopanax: s. Opopanax chironium (Opopanax).
Gummis: s. Kautschuk.
Gummi Sanguis Draconis: s. Daemonorops draco (Resina Draconis).
Gummischleim: s. Mucilago Gummi arabici.
Gummi senegalense: s. Gummi arabicum.
Gummi Tacamahaca: s. Calophyllum inophyllum (Tacamahaca).
Gummi Tragacantha: s. Astragalus-Arten (Tragacantha).
Gummi Tragacantha indica: s. Sterculia urens.
Gummiwurz: s. Opopanax chironium.
Gummi Xanthani: s. Xanthangummi.
Gundelrebenkraut: s. Glechoma hederacea (Glechomae herba).
Gurgelmittel: s. Gargarisma.
Gurgelmittel, adstringierendes: s. Gargarisma adstringens.
Gurjunbalsam: s. Balsamum Gurjunae.
Gurke: s. Cucumis sativus.
Gurkenbaum: s. Averrhoa bilimbi.
Gurkenkraut: **1.** s. Borago officinalis. **2.** s. Anethum graveolens.
Gurunuß: s. Cola nitida (Colae semen).
gutartig: benigne.
Guthrie-Test: Bluttest zum Nachw. erhöhter Phenylalaninkonz. im Blut, v. a. bei Phenylketonurie; s. Phenylalanin. Blut wird auf einen Agar-Nährboden aufgetragen, dem 2-Thienylalanin zugegeben wurde. Phenylalanin hebt die Hemmwirkung von 2-Thienylalanin auf das Wachstum von Bacillus subtilis auf, so dass der Keim wächst. Die Trübungszone um die Blutprobe, die dem Bakterienwachstum entspricht, ist proportional zur Menge Phenylalanin.
Gutta: ein all-*trans*-Polyisopren; Hauptbest. von Guttapercha*.
Guttae: Tropfen, Abk. auf Rezepten gtt.; nach Ph.Helv.7 sind G. (Tropfflüssigkeiten) flüss. Arzneipräparate zur peroralen Verw. in Form von Lsg., Tinkturen, Fluidextrakten, Emulsionen od. Suspensionen, die meist tropfenweise mit Hilfe eines Tropfers (seltener volumenmäßig mit einer Messeinrichtung) dosiert werden; s. Normaltropfenzähler.
Guttae Cholecalciferoli orales: s. Colecalciferol-Tropfenflüssigkeit, orale.
Guttae Haloperidoli: Haloperidoli guttae, Haloperidol-Tropfen; Zstzg.: NRF, 0.06 g Haloperidol, 0.06 g Milchsäure, 3.0 g Propylenglykol, Wasser ad 30 g. **Anw.:** starkes Neuroleptikum; **Dos.:** 3-mal tägl. 10-30 Tr. entspr. 1-3 mg Haloperidol.
Guttae Kalii iodati: s. Kaliumiodid-Tropfen 0.05 %.
Guttae Metoclopramidi: Metoclopramidi guttae, Metoclopramid-Tropfen; Zstzg.: NRF, 0.12 g Metoclopramidhydrochlorid, 0.03 g Citronensäure-Monohydrat, 0.03 g Saccharin-Natrium, konserviertes Wasser ad 30 g. **Anw.:** Antiemetikum; **Dos.:** 3-mal tägl. 25-50 Tr. entspr. 5-10 mg Metoclopramid.
Guttae Morphini hydrochlorici 1.0 per centum: Morphini hydrochloridi guttae 1.0 per centum, Morphinhydrochlorid-Tropfen 1.0 %; Zstzg.: NRF, 0.2 g Morphinhydrochlorid, 0.004 g Natriumedetat, 0.01 g Natriumdisulfit, konserviertes Wasser (mit Nipaestern) ad 20 g. **Anw.:** starkes Analgetikum bei Karzinompatienten.
Guttae Natrii fluorati: s. Natriumfluorid-Tropfen.
Guttae Nicethamidi 250 mg/mL: Nicethamidi guttae orales 250 mg/mL, orale Nicethamid-Tropfenflüssigkeit 250 mg/mL; Zstzg.: Ph.Helv.7, 25.0 T. Nicethamid, 5.0 T. Milchsäure, mit Wasser auf 100.0 mL. **Anw.:** s. Nicethamid.
Guttae Nitroglycerini spirituosae: Glyceroli trinitratis guttae spirituosae, alkoholische Glyceroltrinitrat-Tropfen; Zstzg.: 3.0 g alkohol. Glyceroltrinitratlsg., 17.0 g Ethanol 70 % (V/V). **Anw.:** akute Angina pectoris Anfälle; **Dos.:** 10-20 Tr. auf Zucker; entspr. 0.33-0.66 mg Glyceroltrinitrat.
Guttae ophthalmicae: s. Augentropfen.
Guttae pectorales Thymi: Thymi guttae pectorales, Thymian-Hustentropfen; Zstzg.: NRF, Thymianfluidextrakt 10.0 g, Primelwurzelfluidextrakt 2.0 g, Kamillenfluidextrakt 3.0 g, Kaliumcitrat 0.15 g, Brustelixier (s. Elixir e Succo Liquiritiae) ad 30.0 g. **Dos.:** Säuglinge mehrmals tägl. 2-3 Tr., Kinder mehrmals tägl. 5-10 Tr., Erwachsene mehrmals tägl. 10-15 Tropfen.
Guttapercha (malaiisch getah Gummi, Pertcha Sumatra): Gummi von Sumatra, Percha lamellata, Gummi plasticum; der koagulierte Milchsaft versch. Bäume aus der Fam. Sapotaceae, bes. Palaquium-Arten, v. a. Palaquium oblongifolium, (Sumatra, Malakka, Borneo) u. P. treubii (Banka) sowie Payena-Arten, früher Palaquium gutta; D. 0.960-0.990; Schmp. 150 °C; gelbbraune bis graubraune od. grauweiße Stücke, zäh u. biegsam, bei 45 °C knetbar, bei 60-70 °C formbar, bei 100 °C klebrig; in heißem Wasser erweichend u. knetbar, beim Erkalten wieder erhärtend; lösl. in heißem Chloroform, Benzol, Schwefelsäure, Terpentinöl, Toluol. **Best.:** bis 85 % Gutta $(C_{10}H_{16})_n$ (ein all-

trans-Polyisopren, Kautschuk* ist ein all-*cis*-Polyisopren), 10-48 % Harze*, Gerbstoffe, Farbstoffe; **Anw.**: zu Pflastern, als Guttaperchapapier (Guttapercha lamellata), zu wasserdichten Verbänden; in Chloroform gelöst (Traumaticinum DAB6) zum Verschließen kleiner Wunden, in der Zahnmed. für u. a. Wurzelkanalfüllungen, provisor. Füllungen, als Abformmasse.

Guttaplast®: medikamentöse Pflaster, die früher vorwiegend auf Guttapercha* gestrichen wurden, heute aber aus luftundurchlässigem Pflasterstoff bestehen; nur Salicylguttaplast findet noch Verwendung; s. Salicylsäure.

Guttation (lat. gutta Tropfen): (bot.) Abgabe von Wassertropfen über die Blätter aufgrund des Wurzeldrucks. Sie treten nicht aus den Stomata aus, sondern aus speziellen Öffnungen, die an Spitzen u. Rändern von Blättern gelegen sind.

Gutti: s. Garcinia hanburyi.

Gutzeit-Reaktion: Nachweisreaktion für Arsen. **Durchführung**: in Anwesenheit von Arsen entsteht mit Zink u. Salzsäure Arsenwasserstoff (Arsin, AsH_3), das feuchtes, mit Silbernitrat getränktes Filterpapier braun färbt, da metall. Silber entsteht. Anstelle von Silbernitrat wird auch Quecksilber(II)-bromid verwendet, aus dem gelbbraunes As_2Hg_3 entsteht.

GVP: Abk. für **G**ood **V**alidation **P**ractice; von der FIP* erarbeitete Richtlinien für die Validierung der Herstellungsschritte. Die Validierung beginnt bei der Produktentwicklung in der die Verfahrens- u. Prüfvorschriften ausgearbeitet u. erprobt werden. Bei der Produktion müssen vor allem Maschinen u. Produktionsbedingungen validiert werden. Bei Änderung der Zstzg. des Verfahrens u. der Ausrüstung ist in der Regel eine Revalidierung erforderlich. Für Validierung ist der Hersteller verantwortlich.

Gy: Symbol der SI-Einheit Gray für die Energiedosis; s. Dosimetrie.

Gymnema sylvestre (Willd.) R.Br.: Fam. Asclepiadaceae (Westafrika, Australien). Stpfl. von **Folia Gymnemae sylvestris**: Merasingiblätter. **Inhaltsst.**: ca. 6 % Gymnemasäure (Glucosid von mit kurzkettigen Fettsäuren verestertem Gymnagenin, einem Triterpensapogenin), Gymnamin (Alkaloid); **Anw.**: Geschmackskorrigens, Gymnemasäure hebt die Empfindung für bitter u. süß auf.

Gymnocladus dioicus (L.) K. Koch: Gymnocladus canadensis Lam.; Fam. Fabaceae (Leguminosae) (östl. Nordamerika, in Europa angebaut). **Inhaltsst.**: Glykoaraban (gummiartiges Kohlenhydrat), Glucose u. Saccharose, ca. 8 % fettes Öl; **Anw.**: die Samen (saponinhaltig) als Kaffeesurrogat (Kentucky Coffee).

Hom: *Gymnocladus canadensis*: frisches, in der Frucht enthaltenes Mark (Schusserfruchtmark).

Gymnospermae: Nacktsamige Samenpflanzen, Nacktsamer; (bot.) Samenpflanzen (Spermatophytina*), deren Samenanlagen im Ggs. zu Angiospermae*, den Bedecktsamigen Samenpflanzen, sich nicht im geschlossenen Fruchtblattgehäuse befinden; G. bilden daher keine (echten) Früchte. G. werden in Coniferophytina (Gabel- u. Nadelblättrigen Nacktsamer) u. Cycadophytina (Fiederblättrige Nacktsamer) untergliedert.

Gynäkologie: Frauenheilkunde.

Gynäkologika: in der Frauenheilkunde u. Geburtshilfe verwendete Medikamente. Man unterscheidet folgende Gruppen: **1. Antiabortiva**: Estrogen-Progesteron-Kombination zur Erhaltung einer bedrohten Schwangerschaft; **2. Uterusmittel**: **a)** wehenhemmend wirken Tokolytika, die zur Verhinderung einer Frühgeburt verwendet werden, wie Sympathomimetika* (Betasympathomimetika), z. B. Terbutalin*, Hexoprenalin*, Ritodrin*, Buphenin*; **b)** wehenauslösend u. uteruskontrahierend wirken Oxytocin*, Sulproston* u. Prostaglandine*, zur Geburtseinleitung u. zur Tonisierung der Gebärmutter bei Blutungen nach einer Geburt od. Ausschabung; **c)** blutungsstillend wirken Mutterkornalkaloide, z. B. Ergometrin*, Methylergometrin*; **3. Antikonzeptiva***: z. B. hormonelle Kontrazeption*, intrauterin liegende Kunststofffremdkörper mit Kupferbeschichtung (IUP), s. Pessare; **4. Vaginaltherapeutika**: zur lokalen Ther. von Infektionen der Scheide; **a)** Antimykotika* (z. B. Clotrimazol*, Nystatin*, Miconazol*); **b)** Antibiotika* (v. a. Sulfonamide, Tetracycline), Trichomonacida (Tinidazol*, Metronidazol*); **c)** Antiseptika* (z. B. Borsäure, Milchsäure, Kamillenextrakte); **d)** Hormone (Estrogene) zum Aufbau einer normalen Schleimhaut auch bei Atrophien im Klimakterium; **5. Hormone**: zur Regulierung eines gestörten Zyklus, bei klimakter. Beschwerden, bei hormonsensitiven Neoplasien, zur Antikonzeption; s. Hormone (Keimdrüsen- u. Sexualhormone); **6. Antidysmenorrhoika**: bei übermäßig schmerzhaften Menses finden v. a. Analgetika, Spasmolytika, pfl. Mischpräparate sowie Organextrakte aus Ovarien tier. Herkunft Verw., bei starken Blutungen Mutterkornalkaloide; **7. Klimakteriumtherapeutika**: Androgen-Estrogen Kombinationen zur Hormonsubstitution, daneben symptomat. mit z. B. Belladonna-, Secalepräparate, pfl. Extrakte (Cimicifugae Rhiz., s. Cimicifuga racemosa); **8. Ovulationsauslöser**: s. Ovulationsstimulanzien; **9. Laktationshemmer**: s. Abstillmittel; **10. Emmenagoga**: menstruationsfördernde Mittel; z. B. Apiol*, Myristicin* (in starker Verdünnung), früher Juniperus* sabina (durch Überdosierung u. missbräuchl. als Abortivum*), vgl. Aetherolea; **11. andere G.**: bei Entzündungen der Geschlechtsorgane werden bei bakterieller Genese Antibiotika*, sonst Antiphlogistika* (v. a. Ammoniumbituminosulfat) verwendet. In der Tumortherapie: Zytostatika*.

Gynocardiaöl: s. Hydnocarpus kurzii (Oleum Chaulmoograe).

Gynoeceum: s. Blüte (Blütenteile).

Gynogamone: s. Gamone.

Gynostegium: (bot.) durch Verwachsung von Antheren mit dem Narbenkopf entstandenes Gebilde, z. B. bei Fam. Asclepiadaceae.

Gynostemium: (bot.) Staubblätter u. Griffel sind zu einem Säulchen verwachsen, z. B. bei Orchidaceae*.

Gynotermone: s. Termone.

Gypsogenin: Githagenin; 3β-Hydroxy-23-oxoolean-12-en-28-säure; $C_{30}H_{46}O_4$; M_r 470.67; Schmp. 274-276 °C; Triterpensapogenin, Strukturformel s. Saponine (Tab. 1). Aglykon von Saponinen aus

G

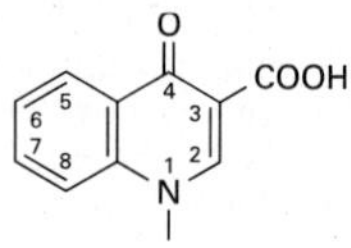

Chinolon-carbonsäure

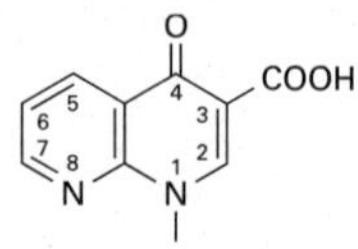

Naphthyridin-carbonsäure

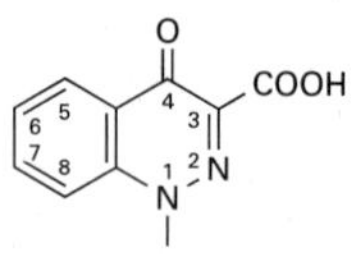

Cinnolon-carbonsäure

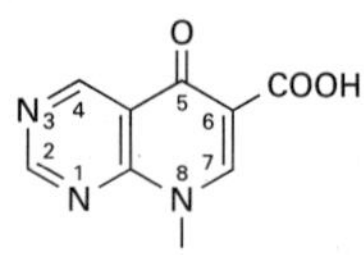

Pyrido-pyrimidin-carbonsäure

Gyrasehemmer: Grundstrukturen

Gypsophyla*-Arten; Saponaria* officinalis; Agrostemma* githago.

Gypsogensäure: Triterpensapogenin, Strukturformel s. Saponine (Tab. 1).

Gypsophila-Arten: Fam. Caryophyllaceae. Gypsophila paniculata L. Schleierkraut (Osteuropa), Gypsophila arrostii (Süditalien, Spanien) u. a. G.-Arten sind Stpfl. von **Radix Saponariae alba:** Weiße Seifenwurzel, Levantinische Seifenwurzel, Spanische Seifenwurzel, Russische Seifenwurzel, Ägyptische Seifenwurzel; (Rad. Saponariae rubra stammt von Saponaria* officinalis). **Inhaltsst.:** Saponine* (bis 20 %); im Hauptsaponin (Gypsosid A) ist das Aglykon Gypsogenin* mit Arabinose*, Rhamnose*, Glucose* u. Galactose* verbunden. **Wirk.:** sekretomotorisch, antmikrobiell; **Anw.:** Katarrhe der oberen Luftwege; techn. zum Waschen; zur Gew. von Saponin, auch (neben Quillaja* saponaria) zur Gew. von Saponin-Referenzsubstanz (Saponin, Reagens DAB1996; z. B. zur DC-Prüfung von Primelwurzel).

Gyrase: DNA-Gyrase; eine Topoisomerase* (Typ II) bei Prokaryonten*, die durch vorübergehendes Spalten u. Wiederzusammenfügen der DNA-Stränge die schnelle Entspiralisierung des Elternstranges ermöglicht (ca. 4 500 Umdrehungen pro min). G. ist ein wichtiges Enzym bei der DNA-Replikation, -Transkription, -Rekombination u. -Reparatur.

Gyrasehemmer: Gyraseinhibitoren; Pharmaka, die das Enzym Gyrase* hemmen u. dadurch bakterizid wirken. G. unterscheiden sich in ihren chem. Strukturen stark von anderen antibakteriellen Wirkstoffen. Grundstruktur der meisten G. ist das 4-Oxo-1,4-dihydroisochinolin (Kurzbezeichnung: 4-Chinolon od. Chinolon); ein essentielles Strukturelement ist die Säurefunktion in Stellung 3. **Wirkstoffe:** Chinolone (Chinolonderivate, Chinoloncarbonsäurederivate) wie Norfloxacin*, Ofloxacin*, Oxolinsäure*, Sparfloxazin* u. Ciprofloxacin*. Ältere Vertreter sind 1,8-Naphthyridin-Derivate (Nalidixinsäure*, erster Vertreter der Substanzklasse) u. Pyridopyrimidincarbonsäure-Derivate (Pipemidsäure*, Piromidsäure*) sowie Cinnoloncarbonsäure-Derivate (Cinoxacin*, Rosoxacin*). **Anw.:** bei bestimmten Infektionen der Niere, Harnwege, Geschlechtsorgane, Atemwege, des Bauchraumes u. der Haut; **UAW:** z. B. Neurotoxizität (u. a. Krampfanfälle), Gelenkknorpelschäden (daher kontraindiziert bei Kindern u. Schwangeren), allerg. Reaktionen, Blutbildschäden. Die Antibiotika Novobiocin*, Coumamycin (Coumermycin) sind Cumarinderivate, wirken allerdings ähnlich wie Gyrasehemmer.

H

h: **1.** Vorsatzzeichen für Hekto-*. **2.** Symbol für Stunde, (lat. hora). **3.** (physik.) Symbol für Planck*-Wirkungsquantum.

H: **1.** (chem.) Symbol für Wasserstoff*. **2.** (physik.-chem.) Symbol für Enthalpie*.

HA-1A: humaner monoklonaler IgM-Antikörper, s. Antikörper, monoklonale. **Wirk.:** bindet spezif. an die Lipid-A-Region von Endotoxinen (s. Toxine); **Anw.:** gramnegative Bakteriämie insbes. mit sept. Schock; **UAW:** Flush, lokalisierte Urtikaria u. Hypotonie; **Kontraind.:** Überempfindlichkeit gegen murine Proteine; wiederholte Verabreichung von HA-1A; **Dos.:** parenteral i. v. 100 mg (Einmalinfusion über 15-30 min); Hinweis: bei 2-8 °C lagern, nicht schütteln; HWZ 16.2 h.

Haarausfall: s. Alopezie.

Haare: **1.** (med.) Hautanhanggebilde; Lanugohaare während der Fetalzeit, nach der Geburt Vellushaare am ganzen Körper u. Terminalhaare im Bereich von Kopf, Augenbrauen, Wimpern u. sexualhormonabhängig im Bart-, Achsel-, Brust-, Schambereich, im äußeren Gehörgang u. am Naseneingang. **2.** (bot.) s. Trichome.

Haarentfernungsmittel: s. Depilatorien.

Haarhygrometer: s. Hygrometer.

Haarwuchsmittel: Mittel, die die Glatzenbildung hemmen u./od den Haarwuchs stimulieren, z. B. Minoxidil*, Finasterid* od. Aminexil.

HAB: Homöopathisches Arzneibuch; s. Arzneibuch, vgl. Homöopathie.

habituell: gewohnheitsmäßig.

Habitus: **1.** (bot.) Aussehen, das Äußere der Pflanze. **2.** (med.) die äußere Körperbeschaffenheit eines Menschen. **3.** (phys.) Kristallhabitus; s. Kristallgestalt.

HACCP-System: Abk. für (engl.) *hazard analysis and critical control points;* Verfahren zur Gewährleistung der Unbedenklichkeit von Lebensmitteln u. Kosmetika durch die Anw. folgender Grundsätze. **1.** Analyse der potenziellen Risiken für Lebensmittel in den Prozessen eines Lebensmittelunternehmens; **2.** Identifizierung der Punkte in diesen Prozessen, an denen Risiken für Lebensmittel auftreten können; **3.** Festlegung, welche dieser Punkte für die Lebensmittelsicherheit kritisch („kritische Punkte") sind; **4.** Feststellung u. Durchführung wirksamer Prüf- u. Überwachungsverfahren für diese krit. Punkte; **5.** Überprüfung der Gefährdungsanalyse für Lebensmittel, der krit. Kontrollpunkte u. der Prüf- u. Überwachungserfahrungen in regelmäßigen Abständen u. bei jeder Änderung der Prozesse in dem Lebensmittelunternehmen.

Hachimycin: Trichomycin; CAS-Nr. 1394-02-1; $C_{61}H_{84}N_2O_{20}$, M_r 1165.3. Antimikrobielle Verb. aus Streptomyces hachijoensis; fast unlösl. in Wasser, Ethanol, Aceton. **Anw.:** Antibiotikum* mit Polyenstruktur; Antimykotikum*, wirksam geg. pathogene Pilze u. Hefen einschließl. Aspergillus, Candida, Trichophyten u. Trichomonas vaginalis; heute nur noch top. Applikation bei Candidiasis u. Trichomoniasis.

Hadrom: s. Xylem.

Häm: Sammelbez. für Eisen-(II)-Protoporphyrin-Komplexe mit Farbstoffcharakter, die als prosthet. Gruppen Best. der Hämoproteine* sind. **Funktionen:** **1.** Sauerstoffbindung (Hämoglobin*, Myoglobin*); **2.** Sauerstofftransport (Hämoglobin); **3.** Sauerstoffübertragung (z. B. Peroxidasen*); **4.** Elektronentransport (Cytochrome*); Biosynthese: s. Porphyrine; Abbau: s. Gallenfarbstoffe.

Hämagglutination (gr. aima Blut, glutos Ballen): durch Hämagglutinine (z. B. Alloagglutinine, Lektine*) verursachte sichtbare Verklumpung von Erythrozyten*. **1.** direkte H. durch spezif., gegen Oberflächenantigene der Erythrozyten gerichtete Antikörper; **2.** indirekte H. nach Beladung von Erythrozyten mit einem Antigen durch spezif., gegen das entspr. Antigen gerichtete Antikörper. Die Stärke einer H. wird mit einem Zahlenwert als Titer (Verdünnungsstufe des getesteten Serums, bei der gerade noch eine H. ablesbar ist) angegeben.

Hämagglutination-Hemmtest: Abk. HAH; auf der Hemmung einer Hämagglutination* beruhender serolog. Test zum Nachw. von Antikörpern* od. Antigenen*. **1.** direkter HAH, z. B. zum Nachw. neutralisierender Antikörper im Serum* als Nachw. einer viralen Infektion; **2.** indirekter HAH, z. B. zum Nachw. von Antigenen im Serum durch Mischung einer Serumprobe mit einem spezif. Antiserum u. Inkubation mit Testerythrozyten, die mit dem gesuchten Antigen beladen sind.

Hämagoga: blutungsförderndes Mittel; die Blutgerinnung hemmende Stoffe, wie z. B. Heparin*, Hirudin*.

Haemanthus albiflos: s. Amaryllidaceae.

Hämatein: s. Hämatoxylin.

Hämatemesis: Bluterbrechen; bei frischer Blutung im Bereich des oberen Magen-Darm-Trakts hellrotes, bei Einwirk. von Magensäure kaffeesatzartiges Bluterbrechen. **Vork.:** z. B. bei Ulcus ventriculi u. Ösophagusvarizenblutung.

Hämatin: Ferriprotoporphyrinhydroxid, Hydroxyhämin, neutrales Hämin, Oxyhämin; $C_{34}H_{33}FeN_4O_5$, M_r 633.49. Eisen-(III)-Protoporphyrin-Komplex, in dem eine Koordinationsstelle von Fe^{3+} mit einer Hydroxylgruppe (OH^-) besetzt ist. **Entstehung:** Einw. von Salzsäure auf Hämoglobin* (s. Hämatemesis) od. von Alkalien auf Hämin*; **Vork.:** in Methämoglobin (s. Hämoglobin), Cytochromen*, als prosthet. Gruppe einiger Peroxidasen* u. Monooxygenasen.

Hämatit: s. Eisen(III)-oxid.

Hämatokrit: Abk. HK; Anteil der zellulären Best. am gesamten Blutvolumen, ausgedrückt als Hämatokritwert in Vol.-%. Der H. beträgt bei Frauen ca. 40 % u. bei Männern ca. 45 %.

Hämatologie: Spezialgebiet der Inneren Medizin, das sich mit Diagnostik u. Ther. von Bluterkrankungen u. der Erforschung der zugehörigen pathophysiol. Grundlagen befasst.

H

Hämatom: Bluterguss; durch Trauma entstandene Blutansammlung im Weichteilgewebe od. in einer vorgebildeten Körperhöhle. Bei längerem Bestehen erfolgt eine bindegewebige Umbildung zum organisierten Hämatom.

Hämatopoese: Blutbildung. **embryonale H.:** **1.** mesoblast. Periode: bis Ende des 3. Embryonalmonats; **2.** hepat. Periode: vom 2. Embryonalmonat an; **3.** hepatolienale Periode: ab 4. Fetalmonat; **4.** lienomyelopoet. Periode: ab 6. Fetalmonat in Milz u. Knochenmark; **5.** myelopoet. Periode: ab 7. Fetalmonat v. a. im Knochenmark; **H. bei Erwachsenen:** im Mark der kleinen u. platten Knochen (myeloisches System) sowie im lymphat. System; enthalten undeterminierte Stammzellen mit der Fähigkeit, in alle Blutzelllinien auszureifen u. determinierte Stammzellen, die nur noch in einer Blutzelllinie entwicklungsfähig sind u. die nachgeordneten Proliferationsspeicher auffüllen, im Reifungsspeicher reifen die Zelllinien aus u. beliefern den Funktionsspeicher mit funktionsfähigen ausgereiften Zellen (Erythrozyten*, Leukozyten*, Thrombozyten*), die in das Blut ausgeschwemmt werden. Vgl. Erythropoese.

Hämatoporphyrin: $C_{34}H_{38}N_4O_6$, M_r 598.68. Künstl. Abbauprodukt von Hämoglobin*, Hämin* u. Hämatin*, violette Blättchen, unlösl. in Wasser, lösl. in Ethanol, wenig Ether u. Chloroform, lösl. in Aceton. Entsteht durch Addition von H_2O an die ungesättigten Seitenketten (Vinylgruppen) des Protoporphyrins, (s. Porphyrine), z. B. bei Einw. von konz. Schwefelsäure od. Eisessig-Bromwasserstoff auf Blut od. Hämin.

Hämatorrhö: s. Blutsturz.

Hämatoxylin: $C_{16}H_{14}O_6 \cdot 3\ H_2O$; M_r 356.32; Schmp. 120-140 °C unter Wasserverlust; farblose bis blassgelbl. Kristalle, sehr leicht lösl. in Ethanol, leicht lösl. in Boraxlsg. u. heißem Wasser, wenig lösl. in kaltem Wasser u. Ether. Inhaltsst. von Haematoxylum* campechianum (Lignum Campechianum); H. gibt mit Alkalien eine tiefpurpurrote Farbe, die an der Luft in Blauviolett umschlägt. H. oxidiert an der Luft zu rotem Hämatein (Hydroxybrasilein, Oxy-Brasilein; $C_{16}H_{12}O_6$, braunrote metall. dunkelgrün glänzende Kristalle). **Anw.:** Indikator, s. Hämatoxylinpapier; als Färbemittel in der Mikroskopie.

Hämatoxylinpapier: mit Hämatoxylin*-Lsg. getränktes Filtrierpapier. **Anw.:** Nachw. von Ammoniak, Alkalien, alkal. Erden (intensive Rotfärbung infolge Bildung von Hämatein).

Haematoxylum campechianum L.: Fam. Caesalpiniaceae (Leguminosae) (Mexiko, Westindien). Stpfl. von **Lignum Campechianum:** Lignum Haematoxyli, Blauholz, Campecheholz, Blauspäne; hartes, schweres, außen blauschwarzes, innen rotbraunes Holz von schwachem, aber charakterist. Geruch. **Inhaltsst.:** Hämatoxylin* (bis 12 %), das durch Oxidation in das rote Hämatein übergeht, ferner äther. Öl, 10 % Gerbstoffe, Brasilin, Harz, Phlobaphene*; **Anw.** volkstüml.: Adstringens; techn. zur Herst. von Beizen u. Tinten; Blauholzextrakt (Extr. campechianum) ist ein Beizenfarbstoff (bes. für Seide u. Kattun).

Hämaturie: pathol. Ausscheidung von Erythrozyten* im Harn.

Hämiglobin: s. Hämoglobin (Hämoglobinderivate).

Hämin: Ferriprotoporphyrinchlorid, syn. Chlorhämin, salzsaures Hämatin; $C_{34}H_{32}ClFeN_4O_4$, M_r 651.96. Eisen-(III)-Protoporphyrin-Komplex, bei dem eine Koordinationsstelle von Fe^{3+} mit einem Chloridion (Cl^-) besetzt ist. **Bedeutung:** **1.** als neutrales Hämin (syn. Hämatin*); **2.** als salzsaures Hämatin Best. der Teichmann-Kristalle, die beim Erwärmen von Hämoglobin* mit Kochsalz u. Eisessig (Teichmann-Häminprobe) entstehen u. zum mikroskop. Blutnachweis geeignet sind.

Hämochromogene: Hämochrome; Abbauprodukte von Hämoglobin*, bei denen das Eisenion von Häm* mit Basen od. Proteinen komplexiert ist.

Hämodiafiltration: extrakorporales Blutreinigungsverfahren*, bei dem Hämodialyse* u. Hämofiltration* kombiniert werden. **Anw.:** v. a. bei chron. Niereninsuffizienz.

Hämodiafiltrationslösung: s. Hämofiltrationslösung.

Hämodialyse: extrakorporale Dialyse, Blutwäsche; extrakorporales Blutreinigungsverfahren* zur Dialysebehandlung*. Das dem Pat. über einen zentralen Gefäßzugang od. Shunt entnommene u. zur Verhinderung der Blutgerinnung heparinisierte Blut (s. Heparin) wird mit Hilfe von Blutpumpen in das „arterielle" Schlauchsystem des Dialysegeräts gepumpt, durchströmt den Dialysator (sog. künstl. Niere), wo niedermolekulare, harnpflichtige Substanzen entsprechend dem Konzentrationsgefälle zw. Blut u. Spülflüss. durch eine semipermeable Membran das Blut verlassen u. wird über das „venöse" Schlauchsystem in den Blutkreislauf des Patienten zurückgeleitet.

Hämodialyselösung: Solutiones ad haemodialysim, Ph.Eur.4; Elektrolytlsg. mit einer Konz., die ungefähr der Elektrolytzstzg. der normalen extrazellulären Körperflüss. entspricht. H. können zusätzl. Glucose enthalten. Aufgrund der großen verwendeten Mengen werden sie i. Allg. durch Verdünnung konz. Lsg. mittels automat. Dosiergeräte hergestellt. Es werden Acetat- od. Lactat-Konzentrate u. saure Konzentrate zur Einstellung des pH-Wertes eingesetzt. Die in den konz. Lsg. vorhandenen Salzmengen sind so bemessen, dass die Ionenkonz. von Acetat- od. Lactat-Lösungen (saure Lsg.) i. Allg. in folgenden Grenzen liegt:

Natrium 130-145 (80-110), Kalium 0-3.0, Calcium 0-2.0, Magnesium 0-1.2, Acetat od. Lactat 32-45 (0), Essigsäure 0 (2.5-10), Chlorid 90-120 u. Glucose 0-12.0 mmol/L. **Anw.:** Hämodialyse*.

Hämofiltration: extrakorporales Blutreinigungsverfahren*, das v. a. bei chron. Niereninsuffizienz u. akutem Nierenversagen zur Elimination harnpflichtiger Substanzen u. a. Stoffwechselendprodukte u. zum Flüssigkeitsentzug sowie bei Vergiftungen zur Elimination tox. Substanzen alternativ zur Dialysebehandlung* angewendet wird. **Formen:** **1.** kontinuierl. venovenöse H.: Abscheidung eines Ultrafiltrats durch reine Druck- bzw. Ultrafiltration über hochpermeable Membranen (Hämofilter) bei gleichzeitigem Flüssigkeits- u. Elektrolytersatz durch Infusion von Elektrolytlsg. (Hämofiltrationslösung*); **2.** kontinuierl. arteriovenöse H. unter Zwischenschaltung des Hämofilters zw. eine große Körperarterie u. -vene. Vgl. Hämodialyse.

Hämofiltrationslösung: Solutiones ad haemocolaturam Ph.Eur.4; Elektrolytlsg. mit einer Konz. u. Zstzg., die dem Plasma entspricht u. wie die Hämodiafiltrationslsg. zur parenteralen Anw. (s. Hämofiltration) geeignet ist. Kann zusätzl. Glucose enthalten; vgl. Hämodialyselösung, Peritonealdialyselösung.

Hämoglobin: Abk. Hb, roter Blutfarbstoff; eisenhaltiges, Sauerstoff transportierendes Chromoprotein der Wirbeltiere; tetrameres Hämoprotein, M_r 64 500, das Globin als Apoprotein u. vier Häm* als prosthet. Gruppe enthält. **Vork.:** v. a. in Erythrozyten*; in geringer Menge auch im Plasma als freies Hb; der Organismus eines Erwachsenen enthält ca. 950 g Hb; Erythroblasten* bilden tägl. ca. 57 g Hb, Normwerte: Männer: 140-180 g/L, Frauen: 120-160 g/L; **Funktionen:** **1.** Bindung u. Transport von Sauerstoff, der in der Lunge unter Bildung von Oxyhämoglobin aufgenommen u. in den Kapillaren in das Gewebe abgegeben wird; **2.** Beteiligung an der pH-Regulation des Blutplasmas; **Abbau:** erfolgt in den Zellen des retikuloendothelialen Systems, der Protoporphyrinring des Häms wird aufgespalten, s. Gallenfarbstoffe. **Hämoglobinderivate:** **1.** Oxyhämoglobin, Oxihämoglobin (HbO_2): Anlagerung von je einem Molekül O_2 an das Eisenatom des Häm, wird als Oxygenierung des Hb bezeichnet; **2.** Carboxyhämoglobin (HbCO): Bildung schon bei Vorhandensein kleiner CO-Mengen in der Atemluft, da CO eine ca. 300-mal größere Affinität zu Hb hat als Sauerstoff; Vergiftung s. Kohlenmonoxid; **3.** Methämoglobin, syn. Hämiglobin, syn. Ferrihämoglobin: geht aus Hb durch Oxidation des zweiwertigen Häm-Eisens zu Fe^{3+} hervor; entsteht tox. z. B. durch Oxidanzien wie Anilin, Sulfonamide, Nitrite (vgl. Methämoglobinbildner) sowie durch Spontanoxidation in Gegenwart von O_2, weshalb es im Blut physiol. mit einem Anteil von 0.5-2.0 % am Gesamt-Hb nachweisbar ist; **4.** Sulfohämoglobin: nach Gabe von aromat. Giften u. Sulfonamiden od. durch die intestinale Bildung von Schwefelwasserstoff bei Darmkrankheiten; **5.** Methämoglobin-Cyanid: dabei ist anstelle der Hydroxylgruppe des Methämoglobins eine Cyanidgruppe am dreiwertigen Eisenatom vorhanden; Cyanwasserstoffvergiftung s. Blausäure. Die unter 2. bis 5. genannten Hb-Derivate können keinen Sauerstoff transportieren.

Hämoglobinometer: Hämometer; Gerät zur kolorimetr. Bestimmung des Hämoglobingehaltes des Blutes.

Hämoglobinurie: Ausscheidung von Hämoglobin* im Harn* nach Überschreiten der Bindungskapazität von Haptoglobin. **Urs.:** akute, schwere Hämolyse*, z. B. bei Transfusionszwischenfällen u. hämolyt. Anämien.

Hämogramm: s. Blutbild.

Hämolyse: Auflösung von Erythrozyten* infolge Zerstörung der Zellmembran. **1.** physiol. H.: intravasale H. nach ca. 120 Tagen; **2.** gesteigerte H.: beschleunigter Abbau von Erythrozyten, d. h. verkürzte Erythrozytenlebensdauer, z. B. bei hämolyt. Anämien; **3.** H. in vitro: infolge Änderung des osmot. Druckes, in stark saurem od. alkal. Milieu od. infolge Einw. von **Hämolysinen:** Substanzen, die eine H. verursachen, **a)** Antikörper; die bei Bindung an Erythrozytenantigen Komplement aktivieren; **b)** Substanzen, die direkt die Erythrozytenmembran schädigen, z. B. Saponin*, Streptolysine*, tier. Gifte (von Schlangen, Insekten).

Hämolysine: s. Hämolyse.

Hämolysine, pilzliche: hitzelabile, tox. Proteine in Pilzen, u. a. Phallolysin, Flammutoxin, Pleurotolysin, Rubes-censlysin. **Wirk.:** Pilzliche Hämolysine bilden in der Membran submikroskop. kleine hydrophile Poren u. bewirken einen Kaliumausstrom aus Erythrozyten sowie einen osmot. Wassereinstrom. Das hämolyt., gastrointestinale Syndrom äußert sich in Magen- u. Darmbeschwerden, Blässe, Kreislaufkollaps, Tachykardie, Atemnot sowie Ausscheidung von Blutfarbstoff im Urin. **Cave:** Pilze sollten grundsätzl. nicht roh verzehrt werden.

Hämoperfusion: extrakorporales Blutreinigungsverfahren* unter Verw. von Adsorbenzien (beschichtete Aktivkohle od. Neutralharze) mit einem hohen Adsorptionsvermögen für lipophile u. eiweißgebundene Substanzen. Die Adsorbenzien befinden sich als Granula in einer vom Blut perfundierten Hämoperfusionssäule; je geringer Verteilungsvolumen u. Plasmaproteinbindung des Giftstoffs, umso wirkungsvoller die H., die in ihrer techn. Durchführung der Hämodialyse* ähnelt. **Anw.:** Methode der Wahl bei schweren exogenen Intoxikationen, z. B. mit Hypnotika, Psychopharmaka, Digitoxin, Insektiziden, Pilzgiften.

Hämophilie: Bluterkrankheit; erbl. Blutgerinnungsstörung. **Formen:** **1.** echte H.: X-chromosomal-rezessiv erbl. Blutgerinnungsdefekt: **a)** **Hämophilie A:** klass. H., entsteht durch Mangel an Blutgerinnungsfaktor* VIII (antihämophiles Globulin); **b)** **Hämophilie B:** Christmas disease, entsteht durch Mangel an Blutgerinnungsfaktor* IX (Christmas-Faktor); ca. 25-40 % der H. entstehen durch Neumutationen; weibl. Merkmalträger erkranken i. d. R. nicht (Konduktorinnen), haben jedoch in ca. 30 % der Fälle Gerinnungsstörungen unterschiedl. Ausprägung; **2.** andere H.: z. B. autosomal erbl. Erkrankung mit autosomal-rezessivem Erbgang; Parahämophilie; Angiohämophilie, syn.

Willebrand-Jürgens-Syndrom; **Symptome:** häufige Blutungen, z. B. nach banalen Mikrotraumen; Gelenkblutungen führen zum sog. Blutergelenk mit erhebl. Bewegungseinschränkungen u. Deformierungen; **Diagnose:** da die meisten Globaltests (Blutungs-, Gerinnungszeit, Quick-Test) normal ausfallen, Untersuchung von Gerinnungsfaktoren; **Ther.:** Notversorgung akuter Blutungen; Substitution mit gerinnungsaktiven Plasmakonzentraten; bei der Hämophilie A Faktor-VIII-Konzentrat (HWZ 6-12 h), bei der Hämophilie B Faktor-IX-Konzentrat (HWZ 12-24 h); Risiken der parenteralen Anw. von Plasmakonzentraten: s. Blutersatz (UAW).

Haemophilus: Gattung gramnegativer, sehr kleiner, unbewegl. Stäbchenbakt. der Fam. Pasteurellaceae; obligate Parasiten der Schleimhaut von Mensch u. Tier. Kultur auf Nährböden mit Blut- od. Hämoglobinzusatz, da hämophile Bakt. zur Vermehrung Wachstumsfaktoren aus Blut benötigen; med. relevante Arten: H. influenzae u. H. ducreyi.

H

Haemophilus-Influenzae-b-Konjugat: Vaccinum haemophili stirpe b conjugatum Ph.Eur.; gereinigtes Kapselpolysaccharid von Haemophilus influenzae Typ b (s. Haemophilus) u. gereinigtes Diphtherietoxoid (Konjugatimpfstoff). **Anw.:** aktive Immunisierung gegen Haemophilus influenzae Typ b bei Kindern ab dem 3. Monat; ein Impfschutz geg. Diphtherie wird nicht erreicht; **UAW:** lokale Reaktionen, Temperaturerhöhung; **Kontraind.:** akute Erkrankungen, Rekonvaleszenz; **Dos.:** parenteral: 0.5 mL (1 Impfdosis) im Abstand von 6-8 Wochen; 3. Dos. einmalig zu Beginn des 2. Lebensjahres; Kinder über 1.5 Jahre erhalten nur eine Dosis.

Hämoproteine: ubiquitär vorkommende Chromoproteine, die als Atmungspigmente beim Sauerstofftransport (s. Hämoglobin) u. bei der Sauerstoffspeicherung (s. Myoglobin) beteiligt sind. Als Katalasen u. Peroxidasen dienen sie zur Reduktion der Peroxide, als Cytochrome* zum Elektronentransport zw. Dehydrogenasen u. terminalen Akzeptoren. Als prosthet. Gruppe besitzen sie Eisenporphyrin IX od. Häm, das fest an die Proteinkomponente gebunden ist.

Hämoptoe: s. Lungenblutung.

Hämoptyse: s. Lungenblutung.

Hämorrhagie: Austritt von Blut aus den Gefäßen in das umgebende Gewebe od. an die Körperoberfläche. **Hämorrhagische Diathese:** Neigung zu Blutungen; z. B. bei Störung der Blutgerinnung od. therap. Anw. von Antikoagulanzien* u. Fibrinolytika*.

Hämorrhagine: Proteasen, z. B. in Schlangengiften*, die relativ spezif. auf den Halteapparat der Gefäße einwirken, was zur Bildung von Hämatomen führt.

Hämorrhoidalsalbe: s. Unguentum haemorrhoidale.

Hämorrhoidalsuppositorien: s. Suppositoria haemorrhoidalia.

Hämorrhoiden: knotenförmige Erweiterungen des arteriell u. venös durchbluteten Schwellkörpers im Übergangsbereich zw. Rektum und Analkanal. **Ther.:** konservativ mit Stuhlregulierung, Analhygiene, ggf. Gewichtsreduktion, Hämorrhoidenmitteln* od. operativ.

Hämorrhoidenmittel: Arzneimittel zur Ther. von Hämorrhoiden*. Durch H. können keine Hämorrhoidalknoten beseitigt werden. Ziel einer Ther. mit H. ist es, z. B. Schmerzen, Juckreiz u. Brennen zu beseitigen, die Durchblutung in den Gefäßen zu verbessern, Entzündungen zu beseitigen u. ekzematöse Reaktionen zu verhindern. Lokale Behandlung, meist in Form von Suppositorien (vgl. Suppositoria haemorrhoidalia), Salben (vgl. Unguentum haemorrhoidale) od. Cremes; **Wirkstoffe:** u. a. Antiphlogistika* (z. B. Corticoide, Azulene), Lokalanästhetika*, Adstringenzien*, Vasokonstriktoren*, Gefäße u. Kapillaren abdichtende Stoffe wie Rutosid*, Aescin* (s. Venenmittel), Antikoagulanzien*, antimikrobielle Stoffe, Emollientia*. Alternativen zur Lokaltherapie sind Behandlung mit Venenverödungsmitteln*, Anlegen einer elast. Ligatur*, Infrarotkoagulation, diätet. Maßnahmen (ballaststoffreiche Nahrung, Laxanziengabe bei verhärtetem Stuhl, Alkohol- u. Nicotinverzicht) sowie operative Eingriffe.

Hämosiderin (gr. aima Blut, sideros Eisen): wasserunlösl. Eisen-Eiweiß-Verbindung mit ca. 37 % Eisenanteil; neben Ferritin Speicherform des Eisens im Organismus. Durch die goldgelbe Farbe ist es z. B. in ungefärbten Knochenmarkausstrichen sichtbar; vgl. Hämosiderose.

Hämosiderose: vermehrte Eisenablagerung im Organismus. **Vork.:** bei erhöhter oraler od. parenteraler Eisenzufuhr, z. B. Bluttransfusionen von >100 Erythrozytenkonzentraten, infolge chron. intravasaler Hämolyse od. bei Leberparenchymschaden.

Hämostase: Prozess der Beendigung einer Blutung. Abhängig von intakter Blutgerinnung*, regelrechter Funktion von Endothel u. Thrombozyten* sowie der im Gleichgewicht befindl. Fibrinolyse* u. Wirkung der Antithrombine*. **Einteilung:** **1.** primäre H., sog. Blutstillung: WW zw. Kollagen des verletzten Gewebes u. Thrombozyten (sowie Thrombin) führt zur Thrombozytenaggregation u. Kontraktion der betroffenen Gefäßabschnitte; **2.** sekundäre H.: Blutgerinnung; **3.** i. w. S. ist als dritte Phase die Fibrinolyse zur H. zu rechnen.

Hämostatika: Hämostyptika, Antihämorrhagika; zur lokalen Blutstillung angewendete Substanzen. Z. B. Thrombin* mit Fibrinogen*, Kollagen* od. vasoaktive Substanzen wie Adrenalon*.

Hämostyptika: s. Hämostatika.

Händedesinfektion: Maßnahme zur Vermeidung der manuellen Übertragung von Krankheitserregern. **1.** hygien. H.: (erst desinfizieren, dann reinigen) zur Entfernung der auf die Haut gelangten Keime nach Kontakt mit kontaminierten Objekten, infektiösen Personen, Blut u. Exkreten; vorzugsweise sind hierfür Mittel auf Alkoholbasis zu verwenden; **2.** chirurg. H.: (erst reinigen, dann desinfizieren) insbes. vor chirurgischen Eingriffen, Injektionen u. Punktionen; vgl. Desinfektion, Desinfektionsmittel.

Härte des Wassers: s. Aqua (Härte).

Härteliter: s. Ionenaustauscher.

Härten von Kunststoffen: die durch chem. Reaktionen herbeigeführte Überführung eines weichen od. durch Wärme erweichbaren Zustandes in eine nicht mehr erweich- od. schmelzbare Form. Die gehärteten Produkte sind gegen die Einw. von Chemikalien sehr beständig, in org. Lösungsmitteln nicht lösl. u. besitzen eine hohe mechan. Festigkeit. Das Härten beruht auf der Ausbildung räuml. vernetzter Makromoleküle (Vernetzung). Selbsthärtende Harze härten durch Weiterreaktion chem. eingebauter, besonders reaktionsfreudiger Molekülgruppen; dazu gehören z. B. bestimmte Formaldehydkondensate von Phenolen (Phenolharze) u. die Anfangskondensate der Aminoplaste. Auch nicht von alleine härtende Kunstharze können in Verbindung mit einem Härtungsmittel vernetzt werden. Beispiele dafür sind Epoxidharze, Polyurethane u. ungesättigte Polyester. Letztere härten inf. einer durch Peroxide ausgelösten Copolymerisation. Die Härtung tritt entweder durch mehr od. weniger langes Erwärmen auf ca. 80-200 °C (Wärmehärtung, Heißhärtung) od. durch Zusatz von besonders reaktionsfähigen Härtern schon bei Raumtemp. ein (Kalthärtung, Säurehärtung). Je nach der Reaktivität der Harze (Härtungsneigung), den verwendeten Härtern u. der gewählten Temp. kann der Härtevorgang von wenigen Sekunden bis Tagen dauern. Insbesondere Pressmassen (Formmassen*) werden in geschlossenen Formen unter hohem Druck gehärtet. Die nahezu od. völlig drucklos durchgeführte Härtung findet weite Anwendung, z. B. beim Oberflächenschutz als Einbrennlackierung, bei Leim- u. Klebevorgängen u. bei Gießharzen.

Härteskala: Mohs-Härteskala; zur Bestimmung der Härte von Mineralien: 10 Härtestufen, von denen jede Stufe die vorhergehende ritzt. Härte 1 Talk, 2 Gips od. Steinsalz, 3 Kalkspat, 4 Flußspat, 5 Apatit, 6 Feldspat, 7 Quarz, 8 Topas, 9 Korund, 10 Diamant; **Gesch.:** 1812 von Friedrich Mohs (1773-1839) aufgestellt.

Härte von Tabletten: Widerstandskraft der Tablettenoberfläche gegen das Eindringen spitzer od. kugelförmiger Dorne; Maß für die Oberflächenfestigkeit von Tabletten. Bei Prüfung wird die der Prüfseite gegenüberliegende Ober- od. Unterseite unterstützt (im Ggs. zum Test auf Biegefestigkeit, s. Biegung). Da Tabletten keine homogene Oberfläche aufweisen, ist die Beurteilung der H. eher zweifelhaft.

Härtung von Ölen: s. Fette.

Häufigkeitsverteilung: statist. Darst. od. Angabe der (absoluten od. relativen) Häufigkeit einer zufälligen Variablen. Beispiel: Anzahl gleicher Messwerte in Abhängigkeit vom Messwert. Die graph. Darst. ergibt meist typische Glockenkurven, die symmetr. od. unsymmetrisch (bei schiefen Verteilungen) sein können; s. Normalverteilung; Studentverteilung; Binomialverteilung; Poisson-Verteilung.

Häutungshormone: s. Ecdysone.

Hafer: s. Avena sativa.

Hafergrütze: s. Avena sativa (Fructus Avenae excorticatus).

Haferstärke: s. Amylum Avenae.

Hafico-Tinkturenpresse: s. Tincturae (Abb.).

Hafnium: Symbol Hf; A_r 178.49, OZ 72. D. 13.31. Schmp. 2222 °C. Sdp. 3200 °C. Leicht schmied-, walz- u. hämmerbares, 4-wertiges Metall. **Vork.:** nat. in Begleitung des Zirconium*; **Gesch.:** 1923 von György de Hevesy (1885-1966) u. Dirk Coster (1889-1950) entdeckt.

Haftmittel für Zahnersatz: Medizinprodukte; als haftvermittelnde Substanzen dienen beispielsweise Alginate, Tragant, Carboxymethylcellulose od. andere chem. Polymerbildner. Sie quellen mit dem Speichel u. bilden einen dünnen elast. Film, der die Haftung zw. Prothese u. Kiefer hervorruft. Sie kommen üblicherweise flüssig, als Haftcreme od. Haftpulver in den Verkehr.

Haftreibung: in der Schüttguttechnologie Maß für den Widerstand von Haufwerken (Pulvern, Granulaten), vom Ruhe- in den Fließzustand überzugehen. Die geringere **Gleitreibung** (z. T. überlagert durch Rollreibung) hingegen beschreibt die Reibung zw. den Teilchen, die während des Fließens wirksam ist. Haft- u. Gleitreibung können anhand von Fließcharakteristika für das beginnende bzw. stationäre Fließen, erhalten mit geeigneten Fließmessmethoden, ermittelt werden.

Haftwasser: Wasser, das sich an der Oberfläche sowie in größeren Hohlräumen im Inneren von Feststoffen befindet. Es ist durch Adhäsion gebunden, jedoch frei beweglich. Ausschlaggebend für das Vorhandensein ist eine gute Benetzbarkeit des Feststoffes (niedrige Grenzflächenspannung); der Dampfdruck des H. entspricht dem des ungebundenen Wassers. Ein Beispiel sind nasse Festkörperoberflächen.

Hagebutten: s. Rosa canina (Rosae pseudofructus cum fructibus).

Hagedorn: s. Crataegus-Arten.

Hagelzucker: grobkristalliner, weißer Zucker.

Hageman-Faktor: Faktor XII der Blutgerinnung*.

Hagenia abyssinica (Bruce) J. F. Gmel.: Brayera anthelmintica, Bankesia abyssinica; Baum aus der Fam. Rosaceae (Abessinien, Kilimandscharo, Usambara-Berge). Stpfl. von **Flores Koso:** Koso flos, Flores Brayerae, Kosoblüten, Kussoblüten; die weibl. Blüten. **Off.:** DAB6; **Inhaltsst.:** Kosotoxin, eine Mischung aus α-Kosin u. β-Kosin — über eine Methylenbrücke dimerisierte Acylphloroglucinderivate, vgl. Rottlerin, Dryopteris filix-mas (Inhaltsst.) — u. (trimere) Zersetzungsprodukte (Kosidin, Protokosin), 24 % Gerbstoffe, Gummi, Harz, äther. Öl; **Anw.:** früher als Bandwurmmittel.

Hagen-Poiseuille-Gesetz: s. Kapillarviskosimeter.

Hahnemann, Samuel (Meissen, 1755-1843): Arzt, Begründer der Homöopathie*.

Hahnenfußgewächse: s. Ranunculaceae.

Hahnenfuß, Scharfer: s. Ranunculus acris.

Haines-Lösung: Herst.: 2 g Kupfersulfat werden in 15 g Wasser gelöst u. mit 15 g Glycerol u. 150 g Kaliumhydroxidlsg. (5 %) versetzt. Nachw. nach Pond u. Webster: 5 g Kupfersulfat, 250 mL Glycerol, 20 g Kalium- od. Natriumhydroxid, Aq. dest. ad 1000 g. Das Kupfersulfat wird in Wärme in 250 mL Glycerol u. 250 mL Aq. dest. gelöst, das Alkali getrennt in 200 mL Wasser; die Lsg. werden vereinigt u. mit Aq. dest. zu 1 L aufgefüllt. **Anw.:** Reagens zum Nachw. von Zucker im Harn; Re-

H

aktion beruht wie bei der Fehling-Lsg. auf der Reduktion von Kupferhydroxid u. Abscheidung von Kupfer-(I)-oxid.

Hainkreuzkraut: s. Senecio nemorensis ssp. nemorensis.

Hakenlilie: **1.** s. Gloriosa superba. **2.** s. Amaryllidaceae (Crinum amabile).

Hakenwurm: s. Ankylostoma (Ankylostoma duodenale).

Halazuchromreaktion: s. Valepotriate.

Halbacetale: s. Acetale.

Halbaminale: Stickstoffanaloge der Halbacetale, vgl. Aminale.

Halbantigen: s. Antigen.

Halbkonserven: s. Konservierung (physik. Verfahren).

Halbleiterdetektoren: s. Strahlenmessgeräte.

Halbmetalle: versch. Elemente der 3. bis 6. Hauptgruppe des Periodensystems* (B, Si, Ge, As, Sb, Bi, Se, Te, Po). Ihre Eigenschaften liegen zw. denen der Metalle u. Nichtmetalle.

Halbreaktion: Potential* bestimmender Vorgang in einer Halbzelle*.

Halbschattenapparat: s. Polarimeter.

Halbwertzeit: Abk. HWZ, $t_{1/2}$; **1.** (allgem.) Zeitspanne, in der eine abfallende physik. Größe auf die Hälfte ihres Anfangswertes abgesunken ist. **2.** In der **Radiologie** unterscheidet man: **a)** physikalische HWZ: Zeit, in der die Hälfte der ursprünglich vorhandenen radioaktiven Atomkerne zerfallen ist; **b)** biologische HWZ: Zeit, in der die Hälfte eines in den Organismus eingebrachten Radionuklids wieder ausgeschieden ist; **c)** effektive HWZ: berücksichtigt die physik. (P) u. die biol. (B) HWZ u. lässt sich nach folgender Formel berechnen:

$HWZ_{eff} = {}^{P \cdot B}/_{(P+B)}$.

3. in der **Pharmakokinetik** u. **Biopharmazie** versteht man unter HWZ die Plasmahalbwertzeit (auch Eliminationshalbwertzeit genannt) eines Arzneistoffs (s. Elimination). Diese ist stets umgekehrt proportional der Geschwindigkeitskonstanten der Elimination. Bei Kinetik 0. Ordnung ist sie darüber hinaus proportional zur Anfangskonzentration C_0, bei 1. Ordnung konzentrationsunabhängig u. bei 2. Ordnung umgekehrt proportional zu C_0 (vgl. Reaktionsordnung). Da die Elimination insbes. zu Beginn von Verteilungsvorgängen überlagert sein kann, gibt man i.d.R. die terminale Plasmahalbwertzeit an. Die Plasma-HWZ ist ein anschaul. pharmakokinet. Sekundärparameter, der von den Primärgrößen Clearance u. Verteilungsvolumen abhängt. Streng zu unterscheiden ist die Wirkhalbwertzeit, d.h. die Zeit in der die Wirkung eines Arzneistoffs auf die Hälfte abgefallen ist.

Halbzelle: Teilraum um eine der bd. Elektroden einer elektrochem. Zelle. Eine elektrochem. Redoxreaktion, z.B. $Cu^{2+} + Zn \rightarrow Cu + Zn^{2+}$, kann in die bd. Halbreaktionen $Cu^{2+} + 2e^- \rightarrow Cu$ (Reduktion) u. $Zn \rightarrow Zn^{2+} + 2e^-$ (Oxidation) geteilt werden. Die Reduktion läuft an der Kathode* ab, die Oxidation an der Anode*. Verbindet man 2 H., so dass ein geschlossener Stromkreis entsteht (Elektroden mit Draht, Elektrolyte über ein Diaphragma od. ein Stromschlüssel), dann laufen die bd. Halbreaktionen ab u. die frei werdende Energie kann als elektr. Arbeit genutzt werden. Wenn die bd. Halbreaktionen reversibel sind, kann man durch Anlegen einer Gegenspannung, die größer als die Potentialdifferenz der bd. H. ist, die Elektrodenvorgänge umkehren; vgl. Akkumulator.

Halcinonid INN: 21-Chlor-9α-fluor-11β-hydroxy-16α,17-isopropylidendioxy-4-pregnen-3,20-dion; CAS-Nr. 3093-35-4; $C_{24}H_{32}ClFO_5$, M_r 454.97. Schmp. 264-265 °C (unter Zers.; kristallisiert aus Aceton/Petrolether) $[\alpha]_D^{25\,°C}$ +155° (Chloroform). **Anw.:** lokale Corticosteroidther.; **Dos.:** topisch Salbe 1 %, initial 2-mal täglich auftragen, dann 1-mal tägl..

Half-change-Methode: Methode zur Bestimmung der Arzneimittelfreisetzung bei Retardpräparaten*. **Verfahren:** Während der Versuchsdauer wird stündl. die Prüflösung (zu Beginn reiner, künstlicher Magensaft von 37 °C, pH ca. 1) zur Hälfte durch einen künstl. Darmsaft (pH-Wert 8.3) ersetzt. Dadurch wird versucht, die Verhältnisse

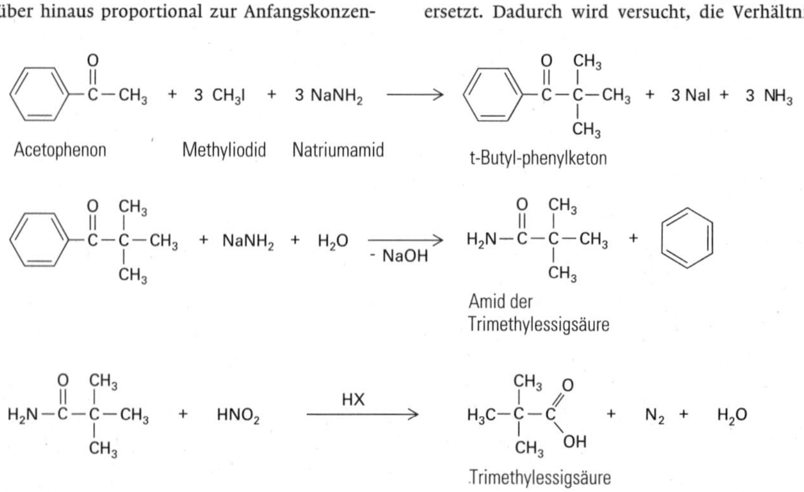

Haller-Bauer-Reaktion

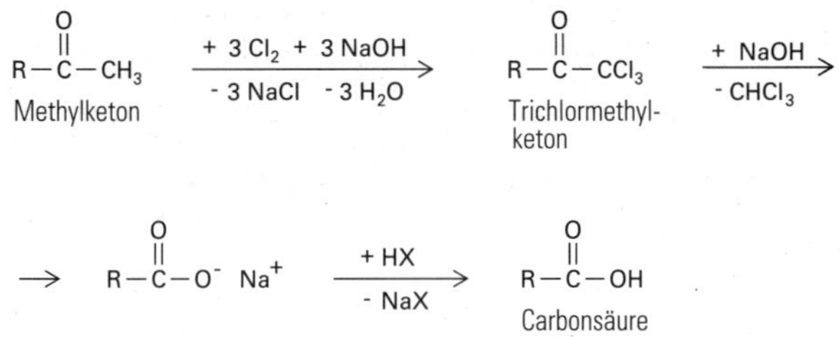

Haloform-Reaktion

im Magen-Darm-Trakt zu imitieren. Der pH-Wert ändert sich dabei vom stark sauren (künstl. Magensaft) bis zum schwach alkal. Milieu (künstl. Darmsaft). In den stündl. entnommenen Mengen der Prüflösung wird der gelöste Wirkstoff bestimmt.

half value duration: s. Retardpräparate.

Halide: s. Halogene.

Haller-Bauer-Reaktion: Methode zur Herst. von Trialkylessigsäure aus einem Phenylalkylketon. Das Keton wird mit Alkylhalogenid u. Natriumamid alkyliert u. dann abgebaut, wobei das Amid der Trialkylessigsäure gebildet wird, das mit salpetriger Säure die Trialkylessigsäure liefert. Beispiel: aus Acetophenon entsteht *tert*-Butyl-phenylketon, bevor es zu Trimethylessigsäure abgebaut wird (s. Abb.).

Hallersches Sauer: s. Mixtura sulfurica acida.

Halluzinogene: s. Psychopharmaka (Psychotomimetika).

Halo: Untergrundstrahlung; Röntgendiffraktogramm eines amorphen Stoffes, das aus schwachen, sehr breiten Maxima besteht; s. Röntgenbeugung.

Halocarban INN: Cloflucarban, 4,4'-Dichlor-3-(trifluormethyl)carbanilid; 1-(4-Chlorphenyl)-3-(4-chlor-3-trifluormethylphenyl)urea; CAS-Nr. 369-77-7; $C_{14}H_9Cl_2F_3N_2O$, M_r 349.15. Schmp. 214-215 °C. Unlösl. in Wasser; gut lösl. in org. Lösungsmitteln. **Anw.:** Desinfektionsmittel*.

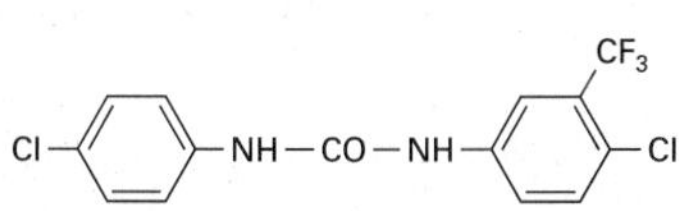

Halocarban

Halofantrin INN: 1,3-Dichlor-α-[2-(dibutylamin)ethyl]-6-(trifluormethyl)-9-phenanthrenmethanol; 3-(Dibutylamino)-1-[1,3-dichlor-6-(trifluormethyl)-9-phenanthryl]-1-propanol; CAS-Nr. 69756-53-2; $C_{26}H_{30}Cl_2F_3NO$, M_r 500.43. **Wirk.** u. **Anw.:** Antimalariamittel für die Akuttherapie bei Infektionen mit Plasmodium falciparum u. P. vivax (s. Plasmodium), nicht zur Prophylaxe; Wirk. erfolgt durch Hemmung des erythrozytären Stadiums der Erreger; **UAW:** Übelkeit, Kopfschmerzen, Diarrhö u. leichte Hautreaktionen; **Dos.:** 3×0.5 g/d. **Halofantrinhydrochlorid:** Halofantrini hydrochloridum Ph.Eur.4CAS-Nr. 36167-63-2. Schmp. 93-96° C (Mod. I), 203-204 °C (Mod. II); weißes bis fast weißes Pulver, unlösl. in Wasser, leicht lösl. in Methanol, wenig lösl. in Ethanol; zeigt Polymorphie.

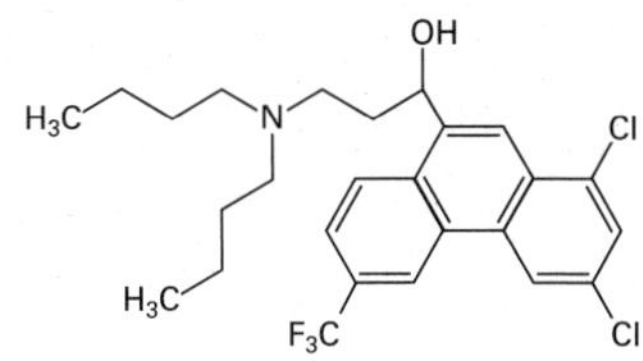

Halofantrin

Haloform-Reaktion: Methode der Oxidation von Methylketonen durch Halogene u. Alkalihydroxide zum Alkalisalz einer Carbonsäure u. Haloform (Trihalogenmethan; s. Abb.). Beispiel: Bildung von Iodoform*. **Anw.:** analytischer Nachw. von Methylketonen.

Halogenalkane: Halogenderivate der Alkane. In Wasser unlösl. Verb., deren Reaktivität von den mit Iod substituierten Halogenalkanen zu den Fluor-substituierten abnimmt. **IUPAC:** Der Name des Halogens wird als Präfix dem Namen des Grundkohlenwasserstoffs vorangestellt; sind mehrere funktionelle Gruppen vorhanden, werden sie in alphabet. Reihenfolge mit Stellungsangabe genannt, z. B. 7-Brom-2-chlor-5-isopropyl-2,7-dimethylnonan. Für die Kennzeichnung der häufig vorkommenden 1,1- u. 1,2-Disubstitutionsprodukte sind auch die alten Präfixe gem*- u. vic*-

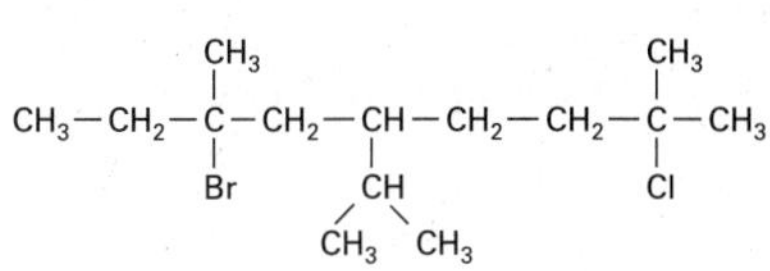

7-Brom-2-chlor-5-isopropyl-2,7-dimethylnonan

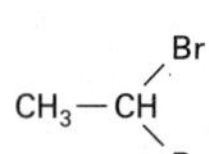

1,1-Dibromethan (gem-Dibromethan)

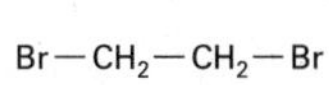

1,2-Dibromethan (vic-Dibromethan)

Halogenalkane: Beispiele

gebräuchl., z. B. 1,1-Dibrommethan (*gem*-Dibrommethan) bzw. 1,2-Dibrommethan (*vic*-Dibrommethan, s. Abb.). Häufig verwendete Trivialnamen sind Methylenchlorid* für Dichlormethan u. Chloroform* für Trichlormethan.

Halogene: Salzbildner; 7. Hauptgruppe des Periodensystems* der Elemente: Fluor*, Chlor*, Brom*, Iod* u. das unbeständige radioaktive Zerfallsprodukt des Urans Astat*. Die wässrigen Lsg. der Halogenwasserstoffe heißen Halogenwasserstoffsäuren u. deren Salze **Halogenide**. Mit Ausnahme der 3 Edelgase Helium, Neon u. Argon bilden alle Elemente des Periodensystems Halogenide, meist in mehreren Oxidationsstufen. Die H. kommen in den Oxidationsstufen −1 (z. B. NaCl), 0 (Cl_2), +1 (ClO^-), +3 (ClO_2^-), +5 (ClO_3^-) u. +7 (ClO_4^-) vor u. können 1-7 konvalente Bindungen bilden. Bei den **Halogenkohlenwasserstoffen** sind die Wasserstoffatome ganz od. teilweise durch H. ersetzt. Untereinander zeigen die H. große Ähnlichkeiten u. eine gesetzmäßige Abstufung in ihren physik. u. chem. Eigenschaften. **Physik. Eigenschaften:** Fluor ist ein Gas, Chlor ein leicht zu verflüssigendes Gas, Brom flüss., Iod u. Astat fest. Die Halogene sind Nichtmetalle. Der metall. Charakter nimmt zum Astat hin zu. **Chem. Eigenschaften:** Die Affinität zu Wasserstoff als elektropositivstem Element nimmt mit fallender Atommasse des Halogens zu. Die Affinität zum Sauerstoff (einem elektronegativen Element) nimmt vom Fluor zum Iod hin zu. Fluor ist das reaktionsfähigste aller Elemente. Die übrigen H. sind sehr reaktionsfähig, aber in der Richtung vom Chlor zum Astat hin zunehmend weniger aktiv als Fluor.

Halogenide: unterteilt in salzartigeVerbindungen (s. Halogene), u. kovalente, z. B. Methylbromid* (CH_3Br), Chloroform* ($CHCl_3$).

Halogenierung: chem. Reaktion (Addition, Substitution od. Austauschreaktion), bei der eine Halogenverb. entsteht.

Halogenkohlenwasserstoffe: s. Halogene, Halogenalkane.

Halogensäuren: Sauerstoffsäuren der Halogenide. HXO: Halogen(I)-säure, hypohalogenige Säure; HXO_2: Halogen(III)-säure, halogenige Säure; HXO_3: Halogen(V)-säure, Halogensäure; HXO_4: Halogen(VII)-säure, Perhalogensäure; (X = F, Cl, Br, I).

Halogenwasserstoffsäuren: s. Halogene.

Haloide: veraltet für Halogene*.

Halometason INN: 2-Chlor-6α,9-difluor-11β-,17,21-trihydroxy-16α-methylpregna-1,4-dien-3,20-dion; CAS-Nr. 50629-82-8; $C_{22}H_{27}ClF_2O_5$, M_r 444.9. **Wirk.** u. **Anw.:** stark wirksames Corticosteroid (s. Hormone), das kaum resorbiert wird; zur lokalen, topischen Anw. (Dermatosen); **UAW:** Hautatrophie, Juckreiz.

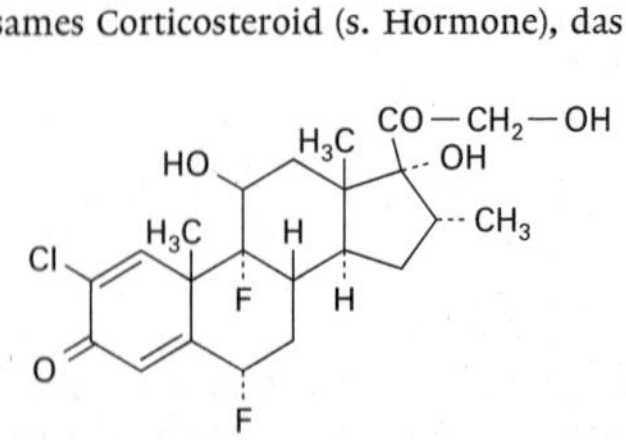

Halometason

Haloperidol INN: Haloperidolum Ph.Eur.4; 4-[4-(4-Chlorphenyl)-4-hydroxypiperidin-1-yl]-1-(4-fluorphenyl)butan-1-on; CAS-Nr. 52-86-8; $C_{21}H_{23}ClFNO_2$, M_r 375.88. Schmp. 149 °C. Weißes, krist. Pulver; fast unlösl. in Wasser, schwer lösl. in Ethanol, lösl. in Chloroform, Methanol, Aceton, Benzol, verd. Säuren. **Anw.:** Neuroleptikum; Ind.: Schizophrenie, Manien, agitierende Depressionen, auch psychotische, emotionale Störungen, Angst, Spannungszustände, zentrales Erbrechen, Entzugserscheinungen bei Alkoholkranken u. Drogenabhängigen; **UAW:** s. Psychopharmaka (Neuroleptika); vermindertes Reaktionsvermögen; **Dos.:** ambulant 2-3 × 0.5 mg/d p. o.; stationär 2-3 × 1 mg/d; parenteral (i. v., i. m.) 2-3 × 5 mg/d. **Haloperidoldecanoat (INNv):** Haloperidoli decanoas Ph.Eur.; CAS-Nr. 740-50-97-8; $C_{31}H_{41}ClFNO_3$, M_r 530.1. Weißes Pulver, unlösl. in Wasser.

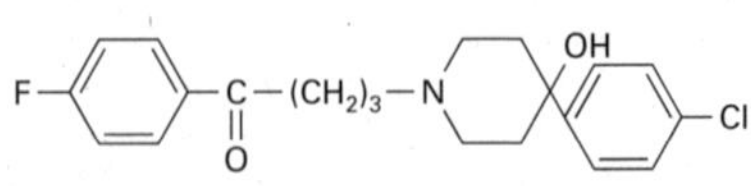

Haloperidol

Haloperidoli guttae: s. Guttae Haloperidoli.

Haloprogin INN: (3-Iod-2-propinyl)-(2,4,5-trichlorphenyl)ether; CAS-Nr. 777-11-7; $C_9H_4Cl_3IO$, M_r 361.41. Schmp. 113-114 °C, Zers. bei 190 °C. Weißes od. schwach gelbes, krist. Pulver; leicht lösl. in Methanol, Ethanol; sehr schwer lösl. in Wasser. **Anw.:** Antimykotikum*; u. a. bei Fadenpilzinfektionen der Haut; **UAW:** lokale Reaktionen wie Hautreizung, Hautjucken, Blasenbildung, Verschlimmerung bestehender Läsionen; **Dos.:** topisch als Salbe, Lotion 1 %; HWZ 13-30 h.

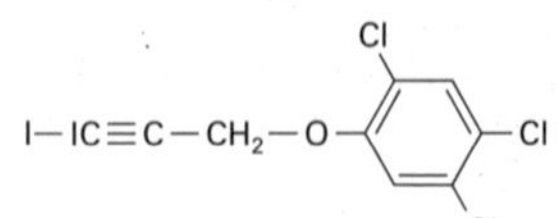

Haloprogin

Halosteroide: Mineralocorticoide, vgl. Hormone (Nebennierenrindenhormone).

Halothan INN: Halothanum Ph.Eur.4; 2-Brom-2-chlor-1,1,1-trifluorethan; CAS-Nr. 151-67-7; $C_2HBrClF_3$, M_r 197.39. Sdp. 50.2 °C (101.3 kPa), 20 °C (31.2 kPa); $n_D^{20\,°C}$ 1.3696; d_4^{20} 1.871. Klare, farblose, schwere, nicht entflammbare Flüss. (0.01 % Thymol zugesetzt). Lösl. 1:400 in Wasser; mischbar mit wasserfreiem Ethanol, Chloroform, Ether, Trichlorethylen, festen u. flüchtigen Ölen; lösl. in Gummi. **Anw.:** meist verwendetes Inhalationsnarkotikum, nur in Kombination mit anderen Narkotika* anwendbar; **UAW:** Blutdruckabfall, Atemdepression, Herzreizleitungsstörungen, Gefahr der malignen Hyperthermie*, Gefahr der Leberschädigung durch Abspaltung von Bromidionen bei wiederholter Applikation (Wiederholung frühestens nach 3 Monaten), Häufung von Spontanaborten bei Krankenhauspersonal, das häufig Halothandämpfen ausgesetzt ist.

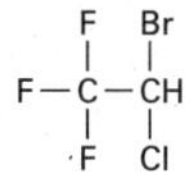

Halothan

Halothermen: warme Kochsalzquellen, s. Aquae minerales.

Halphen-Probe: nach DAB9 zum Nachw. von Baumwollsamenöl, (s. Gossypium, Oleum Gossypii), welches Sterculiasäure* u. giftige Polyphenole wie Gossypol* enthält. **Durchführung:** mit Schwefel gesättigter u. mit Isoamylalkohol versetzter Schwefelkohlenstoff, CS_2, ergibt bei Anwesenheit von Baumwollsamenöl eine Rotfärbung.

Haltbarkeit: bedeutet, dass bis zum Ende der Laufzeit eines Präparates die Untersuchungsergebnisse innerhalb der Toleranzgrenzen der Prüfungsvorschriften liegen. Der Wirkstoffgehalt eines Arzneimittels soll i. Allg. bis zum Ende der Laufzeit 90 % des deklarierten Wertes nicht unterschreiten. Geschieht dies in einem Zeitraum unter 3 Jahren, muss ein Verfalldatum angegeben werden. Bei weniger stark wirksamen Wirkstoffen sind Stabilitätszuschläge (bis 10 %) erlaubt. Arzneimittel können chemischen (durch Hydrolyse, Oxidation, Reduktion, Decarboxylierung, Veresterung, Polymerisation, Depolymerisation u. a. bedingt), physikalischen (verursacht durch z. B. mechan. Festigkeit von Tabletten, Zerfallszeit, Polymorphie u. Pseudopolymorphie, Bildung von Eutektika, Verdampfen od. Sublimation, Änderung der Korngrößenverteilung, Veränderung der Homogenität in dispersen Systemen) u. mikrobiol. Veränderungen unterliegen. Der Wirkstoff kann sich zersetzen, in WW mit den Hilfsstoffen od. dem Primärpackmittel treten. Diese Instabilitäten können verstärkt od. ausgelöst werden durch Temperaturbelastung, Wasser, Licht od. Sauerstoff. **Haltbarkeitsprüfungen:** Es muss gewährleistet sein, dass der Verbraucher voll wirksame u. unbedenkl. Arzneimittel erhält. Dazu sind umfangreiche Stabilitätsuntersuchungen (Haltbarkeitstests) mit dem betreffenden Präparat u. ev. seinen Ausgangs- u. Zwischenprodukten erforderlich. Die Stabilitätsbeurteilung bezieht sich auf den Wirkstoffgehalt, die Reinheit, organolept. wahrnehmbare, physik.-chemische u. ggf. mikrobiologische Eigenschaften. Man unterscheidet zw. Belastungsversuchen, Langzeitprüfungen u. Folgeuntersuchungen (follow-up-stability). Die Belastungsversuche (Stresstests), besonders unter therm. Belastung (s. Arrhenius-Gleichung), dienen v. a. dazu, möglichst frühzeitig verbindl. Haltbarkeitsfristen ableiten zu können. Die Ergebnisse der Langzeitprüfung bilden die Basis zur Festlegung der Laufzeit. Unter Follow-up-Stabilität versteht man eine Stabilitätsannahme, die man durch stichprobenweise Prüfung des Fertigarzneimittels nach dem Inverkehrbringen absichern will.

Hamamelis virginiana L.: Virginischer Zauberstrauch, Hamamelis, Hexenhasel, Zauberhasel, Viginische Zaubernuß, Zaubernuß, Zauberstrauch; Fam. Hamamelidaceae (Atlant. Nordamerika). Stpfl. von **Hamamelidis folium:** Folia Hamamelidis, Hamamelisblätter. **Off.**: Ph.Eur.4; **Inhaltsst.**: 3-10 % pfanzliche Gerbstoffe* (nach Ph.Eur. mind. 3 % Gerbstoffe, ber. als Pyrogallol u. bezogen auf die getrocknete Droge), hauptsächl. oligomere Proanthocyanidine* u. wenig β- u. γ-Hamamelitannin (Ester aus Gallussäure u. Hamamelose*), ferner Ellagitannine, Flavonglykoside, Saponine*, bis 0.5 % äther. Öl (mit Safrol, α- u. β-Jonon, aliphat. Alkoholen u. Carbonylverb. wie Hex-2-enal), Cholin; **Wirk.**: adstringierend; **Anw.**: leichte Hautverletzungen, lokale Entzündungen der Haut u. Schleimhaut; Hämorrhoiden, Krampfaderbeschwerden. **Hamamelidis cortex:** Cortex Hamamelidis, Hamamelisrinde. Außen silberweiße, innen braune Rinde; **Off.**: DAC; **Inhaltsst.**: neben β- auch α- u. γ-Hamamelitannin, Cholin, Saponin, Spuren fettes u. äther. Öl; **Geh.**: mind. 4.0 % mit Hautpulver fällbare Gerbstoffe (DAC); **Anw.**: wie die Blätter; Hamamelispräparate aus Rinde u. Blättern kommen auch in Form von Destillaten u. Extrakten innerl. u. äußerl. zur Anw. bei Krampfadern, lokalen Entzündungen, Phlebitis, Hämorrhoiden sowie in Salben, Hautcremes u. Gesichts- u. Haarwässern.

Hom: *Hamamelis virginiana e foliis (HAB1.3):* frische Blätter.

Hom: *Hamamelis virginiana, ethanol. Decoct. (HAB1.3):* ethanol. Decoct. der getrockneten Rinde, der Stämme u. Zweige (mind. 2.5 % Pyrogallol).

Hom: *Hamamelis-Extrakt Hazeline:* Destillat aus frischen, im Spätherbst gesammelten, blühenden Zweigen.

Hom: *Hamamelis virginiana (HAB1.4):* frische Wurzel u. Zweigrinde; verord. z. B. bei venösen Blutungen, Hämorrhoiden, Venenentzündungen, Metrorrhagie.

Hom: *Hamamelis virginiana e cortice et ex summitatibus (HAB1.4):* Gemisch aus 1 T. frischer Zweigrinde u. 2 T. frischer Zweigspitzen.

Hamamelose: 2-C-Hydroxymethyl-D-ribose; $C_6H_{12}O_6$; M_r 180.16; Monosaccharid-Bestandteil des Gerbstoffs in Hamamelis* virginiana.

Hammeltalg: s. Sebum ovile.

Hammett-Gleichung (L.P. Hammett, (USA) 1935): Beziehung zur quantitativen Bestimmung des Substituenteneinflusses an aromat. Ringen auf die Reaktivität der Seitenkette:

$$\log K - \log K_0 = \rho \cdot \sigma$$

K Dissoziationskonstante einer substituierten Benzoesäure, K_0 Dissoziationskonstante der nichtsubstituierten Benzoesäure, ρ sog. Reaktionskonstante (= 1 für die Dissoziation der Benzoesäure unter normierten Bedingungen), σ Substituentenkonstante.

Ein negatives Vorzeichen der Substitutionskonstante bedeutet elektronenliefernd, ein positives elektronenanziehend (s. Tab.). Die Hammet-Gleichung ist u. a. wichtig für QSAR*-Methoden.

Hancornia speciosa: s. Kautschuk (Vork.).

Handverkauf: (engl.) *over the counter (Abk. OTC)*; Abgabe von nicht verschreibungspflichtigen Arzneimitteln in Apotheken an den Endverbraucher ohne Mitwirkung eines Arztes.

H

Hammett-Gleichung
Hammett-σ-Konstanten einiger wichtiger Substituenten

Substituent	σ_{para}	σ_{meta}
NH_2	−0.66	−0.16
$N(CH_3)_2$	−0.60	−0.21
O^-	−0.52	−0.71
OH	−0.37	+0.12
OCH_3	−0.27	+0.12
$C(CH_3)_3$	−0.20	−0.10
CH_3	−0.17	−0.07
H	0	0
F	+0.06	+0.34
Cl	+0.23	+0.37
Br	+0.23	+0.39
COOH	+0.27	+0.36
$COCH_3$	+0.50	+0.38
CN	+0.66	+0.56
NO_2	+0.78	+0.71

Hanf: Amerikanischer Hanf s. Apocynum cannabinum; **Indischer Hanf** s. Cannabis sativa; **Manilahanf** s. Musa textilis.

Hanffrüchte: s. Cannabis sativa (Fructus Cannabis).

Hanfkörner: s. Cannabis sativa (Fructus Cannabis).

Hanfsamen: s. Cannabis sativa (Fructus Cannabis).

Hanfwurzel, Gelbe: s. Datisca cannabina (Akalbir).

Hangover: s. Schlafmittel.

Hansch-Analyse: s. QSAR.

Hansley-Prelog-Stoll-Acyloinkondensation: Methode zur Synthese makrocycl. α-Hydroxyketone (Acyloine) durch Umsetzung von Dicarbonsäureestern mit flüss. Natrium (s. Abb.).

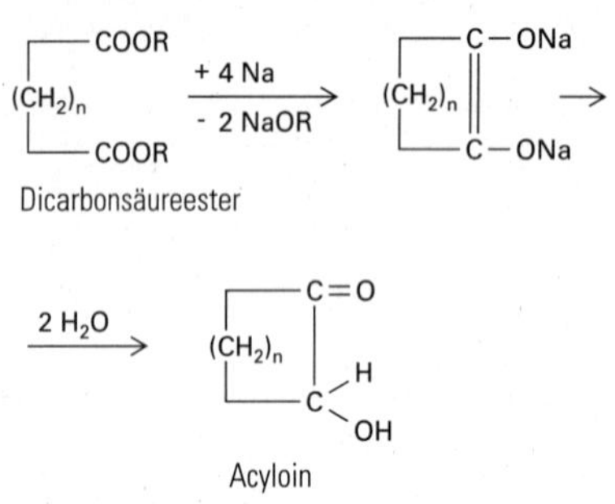

Hansley-Prelog-Stoll-Acyloinkondensation

Hans-Meyer-Medaille: s. Deutsche Apothekertage.

H-Antagonisten: s. Antihistaminika.

haploid (gr. einfach): haploide Zellen enthalten wie die Geschlechtszellen (Keimzellen) nur einen Chromosomensatz; vgl. diploid, Polyploidie.

Haplopappus baylahuen Remy: Fam. Asteraceae (Compositae) (Chile). Stpfl. von **Herba Baylahuen:** Baylahuenkraut. **Inhaltsst.:** äther. Öl, Harz, Gerbstoffe, Flavonoide; **Anw.:** ausschließl. in der traditionellen indianischen Medizin Chiles u. Argentiniens, z. B. bei Magen-Darm-Beschwerden, Lebererkrankungen.

Hom: *Haplopappus baylahuen (HAB1.4):* getrocknete Blätter; verord. z. B. bei Hypotonie, Kreislauflabilität, Erschöpfungszuständen.

Hapten: s. Antigen.

Hapteren: (bot.) spatelförmige, hygroskop. Bänder, die den Schachtelhalmsporen außen ansitzen. H. dienen der Verbreitung u. gruppenweisen Verkettung der Sporen.

Harden-Young-Ester: s. Fructose-1,6-diphosphat.

Hardwickia pinnata: s. Balsamum Hardwickiae.

Hardy-Weinberg-Gesetz: besagt, dass in einer unendl. großen (idealen) Population — in Abwesenheit von Kräften, die das Verhältnis zweier Allele A und a stören — das ursprüngl. Verhältnis von dominanten zu rezessiven Allelen von Generation zu Generation konstant bleibt.

Harmanalkaloide: Carbolinalkaloide*, Indolalkaloide mit einem β-Carbolinringsystem als Grundgerüst, Strukturformel s. Abbildung. **Vork.:** z. B. in Peganum* harmala, Banisteriopsis* caapi; **Wirk.:** Monoaminooxidasehemmer*, in hohen Dosen wirken sie psychomimetisch. Pfl. Drogen mit diesen Alkaloiden werden z. B. von Indianern des trop. Amerikas als Rauschmittel verwendet. **Harman:** Passiflorin; $C_{12}H_{10}N_2$; M_r 182.22; **Harmol:** 7-Hydroxyharman, vgl. Harmin; **Harmalol:** 3,4-Dihydroharmol.

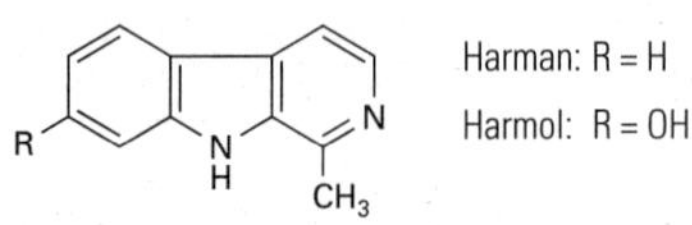

Harmanalkaloide

Harmelraute: s. Peganum harmala.

Harmin: Banisterin, Yagein; 7-Methoxyharman; CAS-Nr. 442-51-3; $C_{13}H_{12}N_2O$; M_r 212.25; farblose Prismen, lösl. in Ethanol, Ether, Chloroform, wenig lösl. in Wasser. Harmanalkaloid* aus Peganum* harmala, Banisteria* caapi u. a. Banisteria-Arten; **Anw.:** die Eingeborenen Südamerikas (Brasilien, Venezuela, Columbien) stellen aus Banisteriopsis-Arten ein Rauschgetränk her, den Ayahuasca- od. Yage-Trank.

Harmol: s. Harmanalkaloide.

Harn: Urin; Flüss., die von den Nieren durch die Harnwege abgesondert wird u. mit der harnpflichtige Substanzen (v. a. Harnstoff*, Harnsäure*, Kreatin* u. Kreatinin) ausgeschieden werden. Harn dient u. a. zur Regulation des Flüssigkeits-, Elektrolyt- u. Säure-Basen-Gleichgewichts; bei Gesunden klar, bernsteingelb. Frischer H. reagiert leicht sauer (pH 5-7). Alkal. Reaktionen sind bei überwiegend vegetar. Kost, bestimmten bakt. Infektionen der Harnwege u. durch bakt. Harnstoffspaltung beim längeren Stehenlassen nachweisbar. Spezif. Gewicht 1.001-1.035; tägl. Menge 1-1.5 L je nach Trinkmenge, Schweißsekretion u. a. Flüssigkeitsverlusten (z. B. Erbrechen, Diarrhö). 1 L Harn enthält ca. 60 g Feststoffe (ca. 30 g Harnstoff, 1.2 g Kreatinin, 1 g Harnsäure, 1.5 g Aminosäuren, 4.6 g Na^+, 2.5 g K^+, 0.3 g Ca^{2+}, 0.15 g Mg^{2+}, 5.5 g Chlorid, 5 g Sulfat, 5 g Phosphat sowie Oxalat, Citrat, Lactat, Abbauprodukte von Steroidhormonen u. Gallenfarbstoffen).

Harnantiseptika: Urodesinfiziens; Arzneimittel zur Behandlung von unkomplizierten Harnweginfektionen. **Wirkstoffe:** z. B. Methenamin*, Arbutin*.

Harnausscheidungskurve: Harnspiegelkurve; graph. Darstellung der Menge des Arzneistoffes (od. dessen Metaboliten) im Urin gegen die Zeit (kumulativ). Die Kurve nähert sich einem Maximalwert an, der der insgesamt in den Urin ausgeschiedenen Menge des Arzneistoffes U entspricht. Die Fläche zwischen den Kurven (s. ABC) ist ein Maß für das Verweilen des Stoffs im Organismus (vgl. Verweildauer, mittlere). Die Bezeichnung Harnspiegel ist irreführend, da es nicht sinnvoll ist, die Konz. im Urin aufzutragen (wechselnde Volumina). Bei halblogarithm. Auftragung der Differenz von U_∞ u. der zum jeweiligen Zeitpunkt ausgeschiedenen Menge gegen die Zeit erhält man (Einkompartimentmodell; Elimination 1. Ordnung) eine abfallende Gerade, aus deren Anstieg sich die Eliminationskonstante k_e ermitteln lässt (vgl. Sigma-minus-Plot).

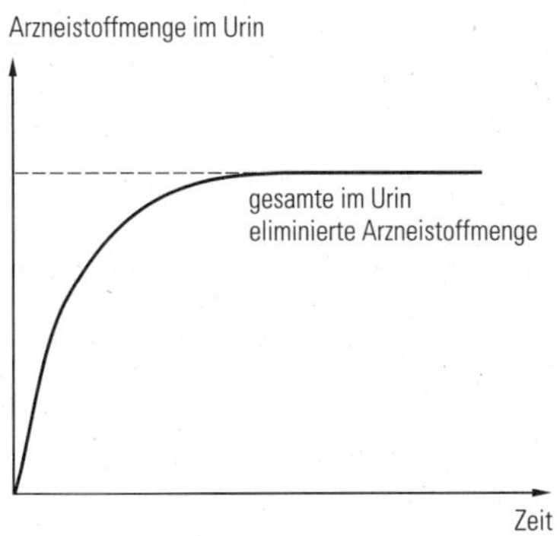

Harnausscheidungskurve: kumulative Harnausscheidungskurve

Harnblase: Vesica urinaria; muskulöses Hohlorgan; Harnreservoir mit einem physiol. Fassungsvermögen von 300-500 mL.

Harnblasenentzündung: s. Zystitis.

Harnblume: s. Helichrysum arenarium (Helichrysi flos).

Harngrieß: Harnsand; kleine u. kleinste Harnkonkremente, s. Urolith.

Harn-Indican: s. Indican.

Harninkontinenz: gestörte Reservoirfunktion der Harnblase mit unwillkürl. Harnabgang. **Formen:** z. B. Stress-; Drang-; Reflex- u. Überlaufinkontinenz; **Ther.:** Parasympatholytika*, z. B. Oxybutynin*, Trospiumchlorid*; vgl. Enuresis.

Harnkraut: **1.** s. Herniaria-Arten (Herniariae herba). **2.** s. Chimaphila umbellata (Herba Pirolae umbellatae).

Harnkrautwurzel: s. Ononis spinosa (Ononidis radix).

Harnleiter: s. Ureter.

Harnröhre: Urethra; Ausscheidungsweg des Harns* zur Blasenentleerung. Bei der Frau ca. 2.5-5 cm, beim Mann ca. 24 cm lang.

Harnröhrenentzündung: s. Urethritis.

Harnsäure: Trioxypurin, Acidum uricum; 7,9-Dihydro-1*H*-purin-2,6,8(3*H*)-trion, 2,6,8-Trihydroxypurin; $C_5H_4N_4O_3$; M_r 168.11; D. 1.893. Weißes, geruch- u. geschmackloses Pulver, fast unlösl. in Wasser, unlösl. in Ethanol, Ether, Chloroform, sehr leicht lösl. in Alkalilaugen. Kommt in Lactim- u. Lactamform vor, s. Abb.; zersetzt sich beim Erhitzen, ohne zu schmelzen, unter Bildung von Cyanwasserstoff (Vorsicht!). Die Salze heißen Urate. Vorkommen nat. als Endprodukt des tier. Eiweißstoffwechsels in den Exkrementen bes. der Vögel u. Reptilien, aus denen sie gewonnen wird (Guano*). Im Harn wird wenig ausgeschieden; der Mensch scheidet tägl. ca. 0.5-1 g H. als Endprodukt des Purinstoffwechsels aus. Patholog. in den Gichtknoten, Blasen- u. Nierensteinen. Nachw. s. Murexid.

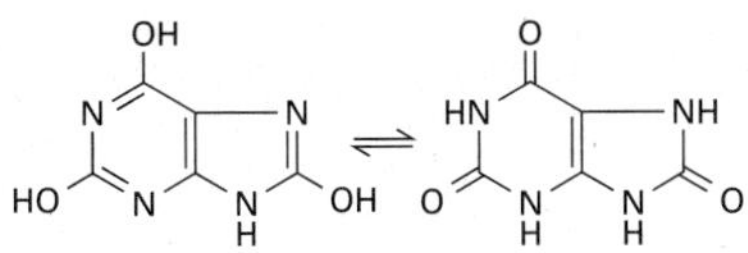

Harnsäure: Lactim- (links) u. Lactamform (rechts)

Harnsäuresteine: s. Urolith.

Harnsediment: feste Best. des Harns (z. B. Zellen, Harnzylinder* od. Bakterien), die sich als Bodensatz beim Zentrifugieren od. nach längerem Stehen absetzen u. mikroskop. untersucht werden können.

Harnsepsis: s. Urosepsis.

Harnspiegelkurve: s. Harnausscheidungskurve.

Harnstein: s. Urolith.

Harnstoff: Ureum Ph.Eur.4, Carbamid, Carbamidum, Urea pura; CAS-Nr. 57-13-6; CH_4N_2O, M_r 60.1. Diamid der Kohlensäure. Strukturformel s. Harnstoffzyklus (Abb.). D. 1.335. Schmp. 132-133 °C. Farblose, geruchlose, salpeterartig schmeckende Kristalle, leicht lösl. in Wasser u. Ethanol. Beim Erhitzen von H. auf ca. 140 °C bildet sich Biuret*. **Physiologie:** H. ist das Endprodukt des Eiweißstoffwechsels. Im normalen Tagesharn eines Erwachsenen werden ca. 30 g H. tägl. ausgeschieden. Er wird über versch. Stoffwechselwege gebildet: **1.** über den Harnstoffzyklus*; **2.** durch oxidativen Purinabbau; **3.** durch enzymat. Hydrolyse von Arginin u. anderen Guanidinderivaten; **4.** durch versch. weitere Stoffwechselwege, die weniger bedeutend sind. Mit Hilfe des Enzyms Urease* (in Pfl. u. Mikroorganismen) wird Harnstoff in Ammoniak u. Kohlendioxid zerlegt; **Darst.:** Eindampfen einer wässrigen Lsg. von Ammoniumcyanat; **Herst.:** techn. durch Erhitzen von Ammoniak u. Kohlendioxid bei hohem Druck; **Anw.:** H. wird in 6- bis 8-molarer Lsg. als Denaturierungsmittel für Proteine verwendet; med.: Diuretikum* bei Leberzirrhose u. bei Pleuritis; äußerl. als Creme u. a. bei Fischschuppenkrankheit (Ichthyosis). Eine 10 %ige wässrige Lsg. von H. wirkt bakterizid u. wird in Wundsalben verwendet; die Toxizität von H. für die Haut ist noch nicht vollständig geklärt; techn.: Dünger sowie zur Herst. von Harnstoff-Formaldehyd-Kunstharzen (Aminoplaste*).

Gesch.: Den bereits 1729 von Hermann Boerhaave (1668-1738) im menschl. Urin entdeckten H. stellte 1828 Friedrich Wöhler (1800-1882) synthet. aus Ammoniumcyanat her. Es war die erste künstl. erzeugte org. Substanz aus anorg. Material.

Harnstoffharze: Kunstharze* aus Harnstoff* u. Formaldehyd*.

Harnstoffsalbe 40 %: s. Unguentum contra onychiam.

Harnstoffsalbe 10 % mit Milchsäure: Zstzg.: NFA, 10.0 T. Harnstoff, 5.0 T. Milchsäure ad 100 T. hydrophile Creme. **Anw.:** bei trockener u. hyperkeratot. veränderter Haut, bei Fischschuppenkrankheit, zur unterstützenden Behandlung bei durch Überempfindlichkeit entstandenem Ekzem vom Soforttyp.

Harnstoffsalbe 10 % mit Natriumchlorid: Zstzg.: NFA, 10.0 T. Harnstoff, 10.0 T. Natriumchlorid ad 100 T. hydrophile Creme. **Anw.:** zur unterstützenden Behandlung von Ichthyosis u. Hyperkeratose; bei trockener, rissiger Haut; zur Nachbehandlung abgeklungener Hauterkrankungen.

Harnstoff, salpetersaurer: s. Carbamidnitrat.

Harnstoffzyklus: Ornithinzyklus; Stoffwechselzyklus (s. Abb.), über den aus Kohlendioxid, Ammoniak u. dem Stickstoff der α-Aminogruppe der L-Asparaginsäure Harnstoff gebildet wird, wobei ATP verbraucht wird. In Säugetieren u. Amphibien auf dem Lande wird der Aminostickstoff als Harnstoff ausgeschieden. Dieser wird u. a. über den H. gebildet, u. zwar in der Leber durch die Wirk. der Arginase* aus Arginin*. Das andere Spaltprodukt ist Ornithin*. Arginin wird aus Ornithin rückgebildet durch Carbamylierung von Ornithin zu Citrullin* auf Kosten von Carbamylphosphat. Es folgt die Anlagerung einer von der Asparaginsäure* stammenden Aminogruppe an das Citrullin. Die meisten Fische scheiden ihren Aminostickstoff als Ammoniak aus, das durch die Hydrolyse von Glutamin* in den Nieren gebildet wird. Vögel u. auf dem Land lebende Reptilien scheiden ihren Aminostickstoff als Harnsäure*, einem Purinderivat, aus.

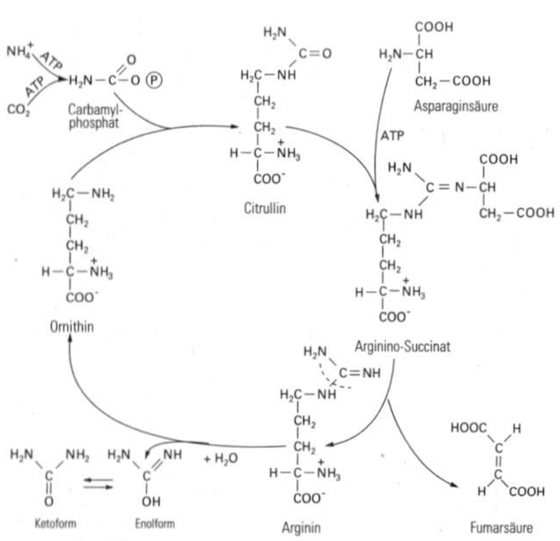

Harnstoffzyklus [30]

Harnvergiftung: s. Urämie.

Harnverhaltung: Ischurie; Unvermögen, die gefüllte Harnblase spontan zu entleeren. **Urs.:** **1.** mechan.: z. B. benigne Prostatahyperplasie, Operation, protrahierter Geburtsverlauf; **2.** neurogen: z. B. Querschnittläsion od. Bandscheibenvorfall; **Formen:** **1.** akute H. mit schmerzhaftem Harndrang u. sichtbarem Unterbauchtumor; **2.** chron. H. mit schmerzloser Überlaufinkontinenz; **Ther.:** Katheterableitung od. suprapub. Blasenfistel.

Harnzeitvolumen: Harnminutenvolumen; Urinmenge, die pro Minute (Zeiteinheit) ausgeschieden wird; vgl. Clearance.

Harnzucker: s. Glucosurie.

Harnzylinder: zylindr. Gebilde im Harnsediment*, die Eiweißausgüsse der Harnkanälchen der Niere darstellen. Man unterscheidet z. B. hyaline Zylinder (glashell), Wachs-, Epithel-, Blut- u. Fett-Zylinder.

Haronga-Baum: s. Harungana madagascariensis.

Haronga madagascariensis (Lam. ex Poir.) Choisy: s. Harungana madagascariensis.

Harpagid: bitter schmeckendes Iridoid. **Vork.:** Harpagophytum* procumbens, Scrophularia* nodosa.

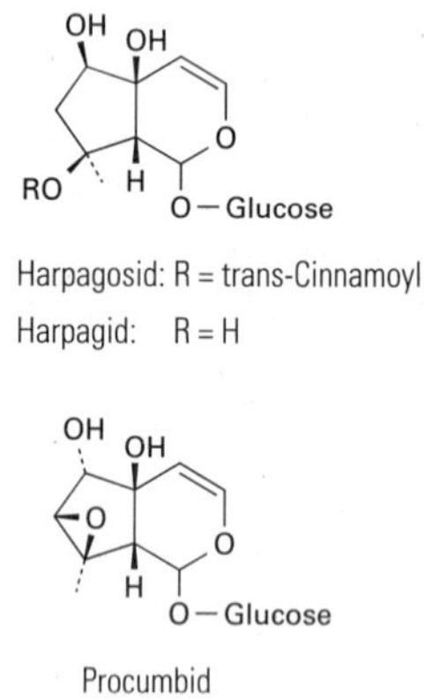

Harpagid: Harpagid, Harpagosid, Procumbid

Harpagophytum procumbens (Burch.) DC.: Teufelskralle; Fam. Pedaliaceae (eng verwandt mit Fam. Scrophulariaceae) (Südafrika). Stpfl. von **Harpagophyti radix:** Radix Harpagophyti (procumbentis), Teufelskrallenwurzel; die knolligen Sekundärspeicherwurzeln. **Off.:** Ph.Eur.4; **Inhaltsst.:** Iridosidglykoside wie Harpagosid (nach Ph.Eur.4 mind. 1.2 %), Harpagid u. Procumbid (Strukturformeln s. Harpagid, Abb.), ferner u. a. Flavonoide, Phenylethylderivate, Raffinose, Stachyose, Monosaccharide; **Wirk.:** entzündungshemmend; **Anw.:** Appetitlosigkeit u. dyspept. Beschwerden; zur unterstützenden Ther. degenerativer Erkrankungen des Bewegungsapparates. **Hom:** *Harpagophytum procumbens (HAB1.5)*, Harpagophytum: verord. z. B. bei Gelenkerkrankungen, Erkrankungen des rheumat. Formenkreises, Gicht.

Harpagosid: s. Harpagid.

Hartbast: s. Bast.

Hartfett: Adeps solidus Ph.Eur.4, Adeps neutralis, Neutralfett; besteht im wesentl. aus Triglyceriden gesättigter Fettsäuren (C_{10} bis C_{18}, überwiegend C_{12}, Laurinsäure) mit einem je nach Sorte kleineren od. größeren Anteil an Mono- u. Diglyceriden (nichtionogene W/O-Emulgatoren); gew. normalerweise aus Kokosfett u. Palmkernöl durch Fettspaltung, fraktionierte Destillation der Fettsäuren, Hydrierung der C_{10}- bis C_{18}-Fettsäurefraktion u. Veresterung mit Glycerol im Überschuss, wobei neben Triglyceriden auch Mono- u. Diglyceride entstehen. Weiße, spröde, fast geruchlose, sich fettig anfühlende Masse; prakt. unlösl. in Wasser, leicht lösl. in Ether, wenig lösl. in Ethanol; geschmolzen bildet H. mit dem gleichen Volumen warmen Wassers bei kräftigem Schütteln eine weiße Emulsion. Steigschmp. 33-45 °C, SZ max. 0.5, OHZ max. 50, IZ max. 3, POZ max. 3, VZ 210-260, UA max. 0.6 %. **Anw.:** halbsynthet. Suppositoriengrundmasse; nach Ph.Eur. für die Herst. von Rektalsuppositorien vorgeschrieben (sofern nichts anderes verordnet), gut haltbar (Iodzahl!), kaum Ausbildung metastabiler Modifikationen, durch den Emulgatorgehalt leichte Einarbeitung flüss. u. fester Anteile u. gute Spreitung im Rektum, hohe Kontraktibilität (keine Trennmittel nötig), neben Standardsorten auch Spezialtypen mit erhöhtem Schmelzbereich (für schmelzpunktdepressive Stoffe u. trop. Länder), mit erhöhtem Partialglyceridgehalt (zur besseren Dispergierung) u. Sorten zur Verarbeitung in Gießautomaten (mit Kühlung).

Hartgelatine-Kapseln: s. Capsulae.

Hartgummi: s. Kautschuk.

Hartheu: s. Hypericum perforatum.

Hartmann-Lösung: s. Natriumlactatlösung, einmolare.

Hartparaffin: s. Paraffinum solidum.

Hart-PE: s. Polyolefine.

Harungana madagascariensis Lam. ex Poir.: Haronga madagascariensis (Lam. ex Poir.) Choisy, Drachenblutbaum, Harongabaum; Fam. Hypericaceae (Guttiferae) (trop. Afrika, Madagaskar). Stpfl. von **Folia Haronga:** Folia Harunganae, Harongablätter. **Inhaltsst.:** Anthranoide wie Madgascarin, Pseudohypericin, Hypericin, Proanthocyanidine, Flavonylglykoside, Epicatechin, wenig äther. Öl; **Wirk.:** verdauungsfördernd, antihepatotoxisch, antimikrobiell; **Anw.:** zur Steigerung der Magensaftproduktion u. des Gallenflusses, bei gestörter Pankreasfunktion; **Cortex Haronga:** Cortex Harunganae, Harongarinde; Inhaltsst. und Anw. wie Folia Haronga; nach Kommission E wird eine Mischung aus Blättern u. Rinde verwendet.

Hom: *Harungana madagascariensis (HAB1.4):* 1 T. getrocknete Blätter u. 2 Teile getrocknete Zweigrinde.

Harze (lat. resina Harz): feste, amorphe od. zähflüssige Ausscheidungstoffe vieler Pfl. (meist Bäume), die entw. spontan od. nach künstl. Verwundung ausfließen; vielfach erhärten sie erst nach dem Ausfließen. Gelb bis dunkelbraun gefärbte Gemenge verschiedener Substanzen; meist unlösl. in Säuren u. Wasser, lösl. in Ethanol, Ether, Chloroform, äther. Ölen. Harzreiche Pflanzenfamilien sind z. B. Fam. Pinaceae, Fam. Burseraceae, Fam. Styraceae, Fam. Apiaceae. **Einteilung:** 1. **Hart-Harze** (Resinae): bei gewöhnl. Temp. hart u. spröde, z. B. Colophonium*, Mastix, Copal*, Benzoe*, Sandarak; 2. **Weich-Harze** (Balsame), z. B. Elemi, Terpentin, Copaivabalsam, Perubalsam, Styrax*; 3. **Gummi- od. Schleimharze** (Gummiresinae), z. B. Ammoniacum, Galbanum, Asa* foetida, Gutti; 4. **fossile Harze** z. B. Bernstein*, Erdwachs, Asphalt*; **Best.:** chem. gesehen handelt es sich bei H. ähnl. wie bei äther. Ölen (Aetherolea*) um Mischungen, die hauptsächl. aus Terpenen u. aromat. Verb. bestehen. Man unterscheidet: 1. Resinolsäuren (Harzsäuren): hydroaromat. Diterpene u. Triterpene, die sauer reagieren. Eine der wichtigsten Harzsäuren ist Abietinsäure*, aus der u. deren Anhydrid zum großen Teil Colophonium* besteht. Harzsäuren lösen sich in Alkalilaugen zu Harzseifen, den sog. Resinaten (Metallsalze der Harzsäuren); 2. Resinole (Harzalkohole): Triterpenalkohole (z. B. β -Amyrin*) u. Phenylpropanderivate*; 3. Resinotannole: Phenole od. andere Hydroxyverbindungen mit Gerbstoffcharakter; 4. Resine: Ester von Harzsäuren u. Harzalkoholen wie z. B. Coniferylbenzoat; 5. Resene: indifferente, amorphe Stoffe, meist sauerstoffhaltig u. C-reich; 6. Gummen, Schleime, äther. Öle, Bitterstoffe u. a.; das führt auch zur Einteilung in 3 Gruppen: **Terpenharze** setzen sich vorwiegend aus Resinolsäuren u. Triterpenalkoholen zusammen. Beispiele: Colophonium*, Dammar (s. Shorea wiesneri), Elemi (s. Canarium luzonicum), Mastix (s. Pistacia lentiscus), Olibanum (s. Boswellia bhaw-dajiana) u. a.; **Benzharze** bestehen zu einem großen Teil aus meist veresterten Phenylpropankörpern wie Coniferylalkohol*, Zimt- u. Ferulasäure* (3-Methoxy-4-hydroxyzimtsäure), Lignanen*, Xanthonen* u. Cumarin-Polymerisaten. Beispiele: Ammoniacum (s. Dorema ammoniacum), Balsamum* peruvianum, Benzoe*, Resina Guajaci (s. Guaiacum officinale); **Gummiharze** bestehen wie z. B. Myrrhe (s. Commiphora molmol) od. Ammoniacum nur etwa zu 1-2 Dritteln aus Terpenharz-u./od. Benzharz-Bestandteilen; die übrigen Inhaltsst. sind äther. Öle u. Polysaccharide. Das bedeutet, dass ein Teil dieser Produkte wasserlösl. ist.

Harzgänge: Harzkanäle; (bot.) mehr od. weniger weite, lang gestreckte Gänge in Rinde u. Holz, die Harze, Gummiharze od. Balsame führen. Sie entstehen schizogen u. sind zuweilen mit sezernierenden Epithelzellen ausgekleidet, in denen das Harz gebildet wird; vgl. Exkretionsgewebe.

Harzpflaster: Emplastrum Picis; Gemisch von Fetten u. Harzen.

Harzsäuren: s. Harze.

Harzseifen: s. Harze.

Haschisch: s. Cannabis sativa.

Haselnußblätter: s. Corylus avellana (Folia Coryli avellanae).

Haselnußöl: s. Corylus avellana (Oleum Coryli avellanae).

Haselnußrinde: s. Corylus avellana (Cortex Coryli avellanae).

Haselwurz: s. Asarum europaeum.

Haselwurz, Kanadische: s. Asarum canadense.

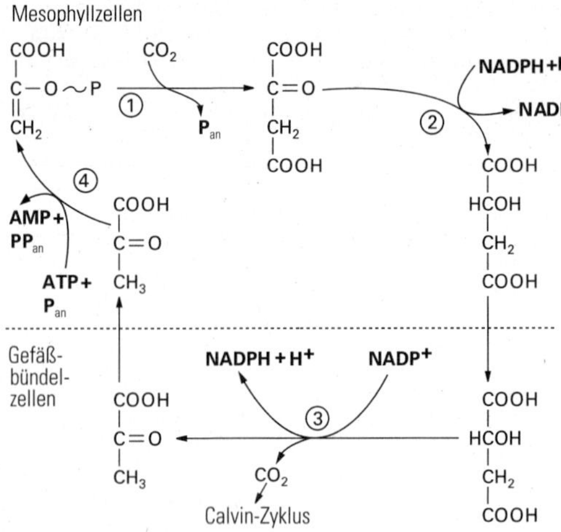

Hatch-Slack-Kortschak-Zyklus: 1: Phosphoenolpyruvatcarboxylase; 2: Malatdehydrogenase; 3: Malatdehydrogenase (decarboxylierend); 4: Pyruvatphosphatdikinase [23]

Hasenlattich: s. Prenanthes serpentaria.

Hasenöhrlein: s. Asarum europaeum.

Hasenohr, Chinesisches: s. Bupleurum chinense.

Hasenpest: s. Tularämie.

Hatch-Slack-Kortschak-Zyklus: HSK-Zyklus, C_4-Säurenzyklus; der photosynthet. Reaktionszyklus in C_4*-Pflanzen, s. Abbildung. Das photosynthet. Carboxylierungsenzym ist die Phosphoenolpyruvatcarboxylase, die Phosphoenolpyruvat (PEP) zu Oxalacetat carboxyliert. Oxalacetat wird durch die NADP-abhängige Malatdehydrogenase zu L-Malat reduziert. L-Malat verlässt die Mesophyllzellen von C_4-Pflanzen u. wird in den Gefäßbündelzellen oxidativ zu Pyruvat decarboxyliert. CO_2, das einleitend in den Mesophyllzellen als β-Carboxylgruppe des Oxalacetats fixiert wurde, wird damit wieder frei u. kann über die Reaktionen des Calvin*-Zyklus assimiliert werden. Pyruvat als 2. Reaktionsprodukt gelangt wieder in die Mesophyllzellen, wo es unter ATP-Verbrauch durch die Pyruvatphosphatdikinase in Phosphoenolpyruvat (PEP) rückverwandelt wird.

Haudorn: s. Ononis spinosa.

Hauhechel: s. Ononis spinosa.

Hauhechelwurzel: s. Ononis spinosa (Ononidis radix).

Hauptgruppenelemente: s. Periodensystem der Elemente.

Hauptquantenzahl: Symbol n; ein Maß für den Kernabstand u. damit für die Energie eines Elektrons in einem Orbital*. Die H. gibt die Gesamtzahl der vorhandenen Knotenflächen an, einschließl. einer im Unendl. liegenden. Eine **Knotenfläche** kann als Fläche aufgefasst werden, auf der die Wahrscheinlichkeit, das Elektron anzutreffen, =0 ist. Die H. ist immer ganzzahlig u. positiv.

Hauptsätze der Thermodynamik: der **1. Hauptsatz** besagt, dass die Summe aller Energien* in einem abgeschlossenen System erhalten bleibt. Nach dem **2. Hauptsatz** können nur Vorgänge, bei denen die Entropie* eines abgeschlossenen Systems zunimmt, von selbst ablaufen. Der **3. Hauptsatz** sagt, dass der absolute Temperaturnullpunkt aufgrund der dort verschwindenden Entropie nicht erreichbar ist.

Hauptvalenzgele: s. Gele.

Hauptwurzel: s. Wurzel.

Hausapotheke: **1.** Vorrat von Arzneimitteln, die in privaten Haushalten vorhanden sind. **2. Deutschland:** ärztl. (Dispensierrecht) u. tierärztl. Abgabestellen (Tierärztliche H.), die den Vorschriften des Arzneimittelgesetzes* unterliegen. Rechtsgrundlage für die Tierärztliche H. sind v. a. §§ 54, 56a. Arzneimittelgesetz u. die VO über Tierärztliche Hausapotheken (TÄHAV) vom 1.7.1978 i. d. F. vom 10.8.2001. Danach dürfen entgegen dem Apothekenmonopol* Tierärzte Arzneimittel für Tiere vorrätig halten u. an Halter der von ihnen behandelten Tiere abgeben. Die TÄHAV enthält Vorschriften über Erwerb, Herst., Prüfung, Aufbewahrung u. Abgabe von Arzneimitteln in Ausübung des tierärztl. Dispensierrechts. **Österreich:** § 29 Apothekengesetz* sieht für prakt. Ärzte die Bewilligung zur Haltung einer ärztl. H. vor. Voraussetzung ist, dass der Berufssitz eines Arztes von der nächsten öffentl. Apotheke mehr als 6 km entfernt ist. Die H. muss vom Arzt selbst geführt werden; eine Verpachtung ist ausgeschlossen. Hilfskräfte zum selbstständigen Dispensieren von Arzneien sind nicht gestattet. Sämtl. Drogen, chem. u. pharmazeutische Präparate sowie sonstige arzneiliche Zuber. dürfen nur aus einer Apotheke im Europäischen Wirtschaftsraum bezogen werden. Die Bewilligung zur Führung einer H. muss zurückgenommen werden, wenn eine öffentl. Apotheke errichtet wird, die vom Berufssitz des Arztes weniger als 4 km entfernt ist u. ein Versorgungspotential von mind. 5500 Personen aufweist. **Schweiz:** syn. Apotheke.

Hausen: s. Acipenser huso.

Hausenblase: s. Acipenser huso (Ichthyocolla).

Hausenblase, Japanische: s. Agar.

Hausmittel: traditionell verwendete Behandlungsform; z. B. Tee, Wadenwickel.

Hausner-Faktor: Verhältnis Stampfdichte/Schüttdichte. Isometr. Partikel zeigen keine od. nur sehr geringfügige Unterschiede zw. Stampfdichte u. Schüttdichte (s. Dichte von Pulvern) u. haben daher einen kleinen Hausner-Faktor; vgl. Pigmentvolumenkonzentration.

Hausspezialität, unechte: Fertigarzneimittel*, das für mehrere Apotheken hergestellt u. unter deren Namen u. unter einer einheitl. Bez. an Verbraucher abgegeben wird. Die Zulassung ist nach § 21 Abs. 3 AMG vom Hersteller zu beantragen.

Haustee: aus meist einheimischen Drogen (Kräutern) hergestellter Tee, auch als Hausmittel* eingesetzt. Zumeist verstanden als Tee-Ersatz (für Schwarztee, s. Camellia sinensis), z. B. Apfelschalen (s. Malus domestica), Brombeerblätter (s. Rubus fructicosus), Himbeerblätter (s. Rubus idaeus), Erdbeerkraut (s. Fragaria vesca), Sauerkirschenstiele (s. Prunus cerasus), Hagebutten (s. Rosa canina), evtl. auch Kakaoschalen (s. Theobroma cacao), Rooibos-Tee (s. Aspalathus linearis), Mate-Tee (s. Ilex paraguariensis).

Haustorien: (bot.) Saugorgane, z. B. bei Schmarotzern.

Hauswurz: s. Sempervivum tectorum ssp. tectorum.

Haut: Kutis; oberflächengrößtes Organ des Körpers (1.5-2 m^2). **Aufbau:** Epidermis*, Dermis*, Subkutis, (s. Abb.); **Aufgaben:** physikalischer, chem., immunolog. Schutz, Wärmeregulation, Aufnahme von Sinnesreizen.

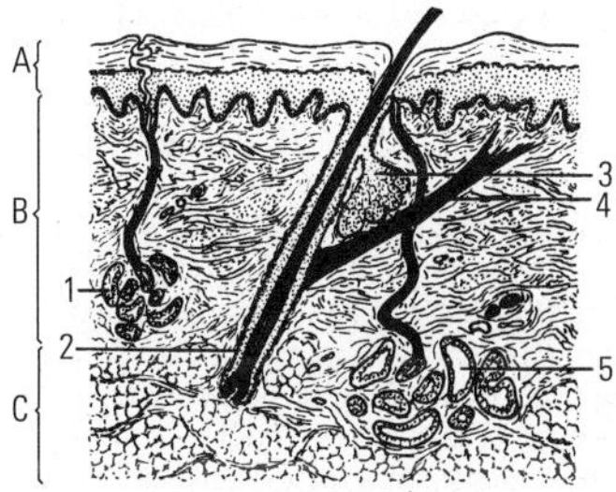

Haut: A: Epidermis; B: Dermis; A u. B: Kutis; C: Subkutis. 1: merokrine Schweißdrüsen (Knäueldrüsen); 2: Haartasche mit Haar; 3: Talgdrüse; 4: M. arrector pili; 5: apokrine Schweißdrüsen (Duftdrüsen) [21]

Hautblutungen: Austritt von Blut aus den Gefäßen in Haut u. Schleimhaut infolge Trauma od. Blutungsneigung. Formen: z. B. Petechien, Purpura, Sugillation, Suffusion, Hämatom.

Hautbräunungsmittel: syn. Selbstbräunungsmittel; kosmet. Mittel, die ohne Einwirkung von UV-Strahlen eine Hautbräunung hervorrufen. Enthalten Wirkstoffe wie Dihydroxyaceton*, die mit den Aminosäuren der Hornschicht unter Braunfärbung reagieren. Der entstehende Farbton ist auf die applizierte Hautstelle begrenzt, nicht abwaschbar, oft ungleichmäßig verteilt u. bietet keinen Sonnenschutz. Neben Betacarotin, das nach oraler Verabreichung eine gelbl. Verfärbung der Haut v. a. im Gesicht, an Händen u. Füßen bewirkt, werden auch α-Naphtochinone* (z. B. Henna, s. Lawsonia inermis, u. Juglon, s. Juglans regia, Juglandis folium) verwendet.

Hautdesinfektion: Desinfektion von Hautstellen vor Impfungen, Injektionen, Blutentnahmen od. Vorbereitung eines Operationsfeldes. Verw. von 70-80 %igem Ethanol, anderen Alkoholen, alkohol. Iodlsg., Iodophore u. Sepsotinktur.

Hauteinheitsdosis: s. HED.

Hautfirnis: s. Vernisium.

Hautjucken: s. Pruritus.

Hautkeime: Keime, die auf der Haut des Menschen normalerweise vorkommen. Am weitesten verbreitet sind Staphylococcus epidermidis, versch. Spezies der Gattung Streptococcus*, Corynebacterium* u. Faex*.

Hautkleber: flüssiger Klebstoff zum Befestigen von Kompressionsstrümpfen od. Stomaplatten auf der Haut. H. wird hergestellt aus Kunststoffpolymer, z. B. Polyvinylpyrrolidon/Vinylacetat, oft mit Feuchthalte- od. Pflegemittel.

Hautpilzerkrankungen: s. Dermatomykosen.

Hautpulvermethode: Methode zur quantitativen Bestimmung von pflanzlichen Gerbstoffen* in Drogen; beruht auf der Bindung von Gerbstoffen an das Kollagen von Hautpulver. Die H. gilt für die Bestimmung des Gerbstoffgeh. von Drogen als veraltet, da damit nur die Gerbwirkung bestimmt wird, nicht aber die (allein wertbestimmende) adstringierende Wirk. von Gerbstoffdrogen auf die Schleimhäute, die sich wegen ihres Geh. an Glykoproteinen von Kollagenfasern wesentl. unterscheiden. Die H. wird daher auch häufig mit anderen z. B. photometr. Methoden eingesetzt wie die Reduktion von Wolframatophosphorsäure* zu Wolframblau* durch phenol. OH-Gruppen.

Hautreizmittel: entzündungserregende Arzneimittel zum Auftragen (Einreiben od. als Pflaster etc.) auf die Haut. Man unterscheidet zw. **1.** Haut rötenden (Rubefazientien); **2.** ableitenden (Derivantia, z. B. Senfmehlumschlag); **3.** Gewebeflüssigkeit ziehenden (Zugmittel, Suppuranzien od. Epispastika); **4.** Blasen ziehenden (Vesikanzien); **5.** Exanthem erzeugenden (Pustulanzien, z. B. Crotonöl, Canthariden) Mitteln. Vgl. Scharfstoffdrogen, vgl. Reizkörpertherapie.

Hautschutzsalben: (engl.) *barrier creams, protective creams*; halbfeste Zubereitungen zum Schutz der Haut gegen unterschiedl. Noxen. Gegen schädigende Einflüsse hydrophiler Natur schützen hydrophobe Salbengrundlagen (z. B. Vaselin, Lipogele, Absorptionsbasen); gegen lipophile Noxen sind Hydrogele, Polyethylenglykolsalben u. O/W-Emulsionssalben (s. Unguenta) geeignet. Als Mittel der Wahl gelten siliconhaltige Salben.

HAV: Abk. für **H**epatitis-**A**-**V**iren; s. Hepatitis-Viren.

Hayem-Lösung: Zstzg.: Lsg. von 5 T. Natriumsulfat, 1 T. Natriumchlorid u. 0.5 T. Quecksilberchlorid in 200 T. Wasser. **Anw.:** Reagens; Zählung u. Konservierung der roten Blutkörperchen.

Hazeline: s. Hamamelis virginiana (Hom.).

Hb: Abk. für **H**ämoglo**b**in*.

HBAg: Abk. für **H**epatitis-**B**-**A**ntigen, s. Hepatitis-Viren.

HBcAg: Abk. für **H**epatitis-**B**-**c**ore-**A**ntigen, s. Hepatitis-Viren.

HBsAg: Abk. für **H**epatitis-**B**-**s**urface-**A**nti**g**en, s. Hepatitis-Viren.

HBV: Abk. für **H**epatitis-**B**-**V**iren, s. Hepatitis-Viren.

HCB: Abk. für **H**exa**c**hlor**b**enzol*.

HCG: Abk. für (engl.) *human chorionic gonadotropin*, s. Hormone (Plazentahormone).

HCH: Abk. für **H**exa**c**hlorcyclo**h**exan*; s. Lindan.

HCV: Abk. für **H**epatitis-**C**-**V**iren, s. Hepatitis-Viren.

Hcy: Abk. für **H**omo**cy**stein*.

HDL: Abk. für **h**igh **d**ensity **l**ipoprotein, s. Lipoproteine.

He: (chem.) Symbol für Helium*.

Head-Drop-Einheit: HDE; Wirkungseinheit für Curare*. Eine HDE entspricht 0.15 mg D-Tubocurarinchlorid-Pentahydrat.

Headspace-Analyse: Dampfraumanalyse; gaschromatograph. Analyse (s. Chromatographie) der gasförmigen Phase, die mit einer festen od. flüss. Probe in einem geschlossenen System im Gleichgewicht steht. **Anw.:** Bestimmung von z. B. Lösungsmittelrückständen (wie Wasser, Lebensmittel od. Arzneistoffe) od. Blutalkohol.

Head-Zonen: Hautareale, in denen bei Erkrankungen innerer Organe Schmerzen auftreten können, da sie aus demselben spinalen Segment innerviert werden wie das erkrankte Organ. Umgekehrt besteht die Möglichkeit, durch eine Ther. über ein Hautsegment (z. B. durch Anw. von Pflastern, Wärme u. hyperämisierenden Salben) ein bestimmtes inneres Organ zu beeinflussen.

Hebelwaage: s. Waagen.

Heber: **1.** i. w. S. Gerät zum Umfüllen von Flüssigkeiten. **2.** i. e. S. Giftheber*.

Hebrasalbe: s. Unguentum Plumbi oxydati.

HEC: Abk. für **H**ydroxy**e**thyl**c**ellulose*.

Heckendornblüten: s. Prunus spinosa (Flores Pruni spinosae).

Heckenkirsche, Rote: s. Lonicera caprifolium (Lonicera xylosteum).

Heckenrose, Gemeine: s. Rosa canina.

Hecogenin: Steroidsapogenin, Strukturformel s. Saponine (Tab. 2); z. B. in Agave* sisalana.

HED: Abk. für **H**aut**e**inheits**d**osis der Röntgenstrahlen (nach Seitz u. Wintz); Hauterythemdosis, Röntgenerythemdosis; ist dadurch charakterisiert, dass nach Bestrahlung eines Hautfeldes von 6×8 cm aus 23 cm Fokus-Hautabstand (FHD) mit harter Strahlung nach 8 Tagen eine leichte Röte, nach 6 Wochen deutl. Bräunung der bestrahlten Hautstelle auftritt. 1 HED entspricht 550 R, gemessen in freier Strahlung für gesunde Haut.

Hedeoma pulegioides (L.) Pers.: American Pennyroyal, Pennyroyal; Fam. Lamiaceae (Nordamerika). Stpfl. von **Herba Hedeomae:** Herba Pulegii americana, Frauenminze, Amerikanische Poleiminze. **Inhaltsst.:** 1-3 % äther. Öl, Diosmin*, Gerbstoffe; **Anw.** volkstüml.: z. B. schweißtreibendes Mittel; zur Gew. des äther. Öls; **Oleum Hedeomae:** Oleum Pulegii americanum, Amerikan. Poleiöl; d_{25}^{25} 0.92-0.94; $[\alpha]_D^{20°C}$ +18-22°; $n_D^{20°C}$ 1.482. **Best.:** ca. 50 % (–)-Menthon* u. (+)-Isomenthon, 24 % Pulegon*, 8 % (–)-1-Methylcyclohexan-3-on, Isoheptansäure, L-Limonen*, Dipenten u. a.; **Anw.** volkstüml.: z. B. Aromatikum, schweißtreibendes Mittel.

Hederagenin: Triterpensapogenin, Strukturformel s. Saponine (Tab. 1).

Hedera helix L.: Fam. Araliaceae (Europa). Efeu, Eppich Stpfl. von **Hederae helicis folium:** Folia Hederae helicis, Herba Hederae helicis, Efeukraut, Efeublätter; die 3- bis 5-eckigen Blätter nicht blühender Pflanzen. **Off.:** DAC; **Inhaltsst.:** ca. 5 % Triterpensaponinglykoside (höchster Geh. in den Früchten), z. B. die (neutralen) Bisdesmoside (s. Saponine) Hederacosid C (hauptsächl.) u. B (Aglyka sind Hedaragenin u. Oleanolsäure), aus denen durch Esterhydrolyse die sauren Monodesmoside α- u. β-Hederin entstehen, die wesentl. stärker tox. u. hämolyt. wirken als die genuinen Saponine; ferner Chlorogensäure*, Kaffeesäure, Scopolin*, Rutin, Vitamine, Polyine* wie Falcarinol u. a.; **Wirk.:** expektorierend, sekretolyt., spasmolyt.; **Anw.:** bei Katarrhen der Luftwege; volkstüml. bei Leber- u. Gallenleiden, Gicht, Erkrankungen des rheumat. Formenkreises.

Hom: *Hedera helix (HAB1.3):* frische, unverholzte Triebe; verord. z. B. bei Asthma bronchiale, Erkrankungen des rheumat. Formenkreises, Leber- u. Gallenerkrankungen, Struma (Kropf).

Hederich, Graublättriger: s. Erysimum crepidifolium (Erysimum diffusum).

Hederich, Grauer: s. Erysimum crepidifolium (Erysimum diffusum).

Hefe: s. Faex.

Hefe-Dickextrakt: s. Extractum Faecis spissum.

Hefepilze: Hefen; Pilze*, die sich hauptsächl. durch Zellsprossung vermehren, Pseudomyzelien bilden u. Gärung* verursachen. Zur Sammelgruppe H. (keine nat. Gruppe) gehören v. a. Arten der Gattungen Saccharomyces (s. Faex), Candida* u. Torulahefe*.

Hefe-Trockenextrakt: s. Extractum Faecis.

Heftpflaster: s. Wundschnellverband.

Heidekorn: s. Fagopyrum esculentum.

Heidekraut: s. Calluna vulgaris (Herba Callunae).

Heidekrautgewächse: s. Ericaceae.

Heidelbeerblätter: s. Vaccinium myrtillus (Myrtilli folium).

Heidelbeeren: s. Vaccinium myrtillus (Myrtilli fructus).

Heil aller Schäden: s. Sanicula europaea.

Heilbuttleberöl: s. Lebertran.

Heildolde: s. Sanicula europaea.

Heilerde: Ton, Lehm, pulverisierte Moorerde u. a. von wechselnder Zstzg., größtenteils aus Aluminiumsilicat* bestehend. **Wirk.:** beruht innerl. wie äußerl. (in Form eines Breies als Packung) auf Adsorptionsvorgängen, Ionenaustausch u. Wärmekapazität; vgl. Ton, weißer; **Anw.** volkstüml.: bei infektiösen Darmerkrankungen, äußerl. u. a. bei Entzündungen, Quetschungen, zu zerteilenden Umschlägen (Lehmpackungen), bei Venenentzündung, Verbrennungen, Ekzemen; auch in der Kosmetik.

Heilmittelgesetz: Abk. HMG; Bundesgesetz der Schweiz über Arzneimittel u. Medizinprodukte (Heilmittelgesetz SR 812.21, vom 15. Dezember 2000). Es trat am 1. Januar 2002 in Kraft u. führte zu grundlegenden Veränderungen in der Heilmittelkontrolle. In die Zuständigkeit des Bundes fallen nun sämtl. Heilmittel, d. h. Blut u. Blutprodukte, Impfstoffe, Arzneimittel chemischen od. biol. Ursprungs, Pflanzenheilmittel, Erzeugnisse der Komplementärmedizin sowie Medizinprodukte. Der Bund schuf, gestützt auf das HMG, als eidgenöss. Kontrollorgan das Schweizerische Heilmittelinstitut (Swissmedic), welches aus der bisherigen Interkantonalen Kontrollstelle für Heilmittel u. der Facheinheit Heilmittel des Bundesamtes für Gesundheit hervorging. Das HMG u. die darauf basierenden VO regeln im Wesentlichen folgende Belange: **1.** Zulassung von verwendungsfertigen Arzneimitteln durch Swissmedic u. Ausnahmen von der Zulassungspflicht; **2.** Erteilung der Betriebsbewilligungen für Herstellungs- u. Grosshandelsfirmen von Arzneimitteln in verwendungsfertiger u. nicht verwendungsfertiger Form (z.B. pharmaz. Wirkstoffe) sowie für Blutentnahmestellen durch Swissmedic, ferner die Kompetenzausscheidung zw. Swissmedic u. den kantonalen Stellen bei der Durchführung der Inspektionen; **3.** Ein- u. Ausfuhr von Arzneimitteln; **4.** Parallelimporte von Arzneimitteln mit abgelaufenem Patentschutz im Rahmen eines vereinfachten Zulassungsverfahrens; **5.** Abgabe von Arzneimitteln, insbes. die Festlegung der kantonalen Entscheidungskompetenzen; **6.** Versandhandel von ärztl. verschriebenen Arzneimitteln; **7.** Meldepflicht für unerwünschte Wirk. u. Qualitätsmängel durch Fachpersonen des Gesundheitswesens u. Arzneimittelbetriebe; **8.** klin. Versuche.

Heilmittelverzeichnis: Abk. HMV; herausgegeben vom Hauptverband der österreichischen Sozialversicherungsträger; Verzeichnis über: **1.** Arzneispezialitäten, die mit Angabe der Kassenpreise ohne ärztl. Bewilligung abgegeben werden dürfen; **2.** frei verschreibbare Arzneispezialitäten mit Angabe der Zstzg. u. der Kassenpreise; **3.** Stoffe für magistrale Zuber., die nur mit vorheriger chef(kontroll)ärztl. Bewilligung abgegeben werden dürfen.

Heilmittelwerbegesetz: Deutschland: Gesetz über die Werbung auf dem Gebiet des Heilwesens, Neufassung vom 19.10.1994, BGBl. I S. 3069, zuletzt geändert 14.11.2003, BGBl. I S. 2191. Das Gesetz enthält Regelungen über die Werbung für Arzneimittel, Heilverfahren, Medizinprodukte u. kosmet. Mittel (vgl. Kosmetik-Verordnung) sowie Mittel für die Körperpflege. Das H. verbietet die Werbung für Heilmittel nicht, soll aber durch Einschränkung der Werbemöglichkeiten die Gesundheit der Bevölkerung schützen. So enthält es Vorschriften über stets erforderl. Grundinformationen in der Werbung für Arzneimittel, etwa den Namen des Herstellers, die Bez. u. die Zstzg. des Medikamentes, die Anwendungsgebiete, die Auflistung der UAW* u. der Gegenanzeigen. Bei einer Werbung in audiovisuellen Medien besteht darüber hinaus die Verpflichtung, den Satz „Zu Risiken und Nebenwirkungen lesen Sie die Packungsbeilage und fragen Sie Ihren Arzt od. Apotheker" einzublenden; unzulässig ist die Werbung, Arzneimittel auf dem Wege des Teleshopping zu beziehen. Die Verbote u. Einschränkungen des Gesetzes dienen v.a. dem Zweck, Selbstmedikation u. übermäßigen Arzneimittelkonsum einzuschränken. Irreführende Heilmittelwerbung ist strafbar (Vergehen; andere Verstöße werden als Ordnungswidrigkeiten geahndet). Für verschreibungspflichtige Mittel sowie für Arzneimittel, die dafür bestimmt sind, beim Menschen die Schlaflosigkeit od. psych. Störungen zu beseitigen od. die Stimmungslage zu beeinflussen, darf nur in Fachkreisen geworben werden. Die Werbung für Betäubungsmittel wird durch das Betäubungsmittelgesetz* verboten od. eingeschränkt (Verbot der Werbung für BtM d. Anl.I BtMG, Werbung für BtM d. Anl.II u. III nur in Fachkreisen). **Österreich:** Werbebeschränkungen für Arzneimittel sind durch das Arzneimittelgesetz geregelt. **Schweiz:** Die VO über die Arzneimittelwerbung (Arzneimittel-Werbeverordnung, AWV, SR 812.212.5) regelt, gestützt auf das Heilmittelgesetz*, die Belange der Fach- u. der Publikumswerbung, insbes. die Werbeeinschränkungen sowie die Abgabe von Muster an Medizinalpersonen u. das Publikum.

Heilpraktiker: in Deutschland geschützte Berufsbezeichnung für Personen, denen nach Maßgabe der Durchführungsbestimmungen die Erlaubnis erteilt wurde, den Beruf der Heilkunde auszuüben ohne Arzt zu sein. Rechtsgrundlage ist das **Heilpraktikergesetz** (HPG) vom 17.2.1939, RGBl. I S. 251, zuletzt geändert 23.10.2001, BGBl. I S. 2702, 2705. Unter Ausübung der Heilkunde versteht man alle Tätigkeiten zur Feststellung, Heilung od. Linderung von Krankheiten, Leiden od. Körperschäden bei Menschen. Die Erlaubnis berechtigt nicht zur Behandlung meldepflichtiger Krankheiten, Geburtshilfe, Leichenschau, Verordnung von verschreibungspflichtigen Medikamenten u. Betäubungsmitteln u. zur eigenverantwortl. Anw. von Röntgenstrahlen sowie zur Ausübung der Zahnheilkunde u. zur Ausübung der Heilkunde im Umherziehen.

Heilserum: s. Serum.

Heilwasser: das Arzneimittelgesetz (Deutschland) verwendet diesen Begriff, ohne ihn zu definieren. H. ist Wasser, das aufgrund einer ihm gegebenen Zweckbestimmung nach § 2 Abs. 1 AMG ein Arzneimittel ist. Es kommt frei auslaufend mit Anpreisungen zur Vorbeugung, Linderung od. Heilung in Kurbetrieben, meist in Trinkhallen, in den Verkehr od. aber im Wege eines Fertigarzneimittels, d.h. in Flaschen abgefüllt. Heilwässer sind grundsätzl. freiverkäuflich. Es handelt sich um mineralisiertes Wasser aus einer oder mehreren unterird. Quellen, das in seiner ursprüngl. Reinheit belassen wird. Behandlungen zur Entschwefelung u. Enteisenung sind meist erforderl. u. zulässig. Wirksame Bestandteile sind die wertbestimmenden Anionen u. Kationen, aus denen die Zweckbestimmung abgeleitet wird. Heilwassergewinnung u. Abfüllung ist Arzneimittelherst.; Heilwasser in Flaschen als Fertigarzneimittel ist zulassungspflichtig. In Deutschland gibt es eine Richtlinie für die Überwachung von Heilwasserbetrieben u. Heilquellen, die von den Behörden der Bundesländer angewandt wird.

Heilwurzel: s. Althaea officinalis (Althaeae radix).

Heilziest: s. Stachys officinalis.

Heimia salicifolia: s. Rauschdrogen.

Heinrich, Guter: s. Chenopodium bonus-henricus.

Heißluftsterilisation: s. Sterilisationsverfahren (Sterilisation durch Hitze).

Heißsiegeln: Verbinden thermoplast., leicht schmelzender Folien (Schmelzschichten) von Packstoffen (z. B. Verbundfolien*) durch Heißpressen. H. wird z. B. zum Schließen von Verpackungen (s. Abb.) häufig verwendet.

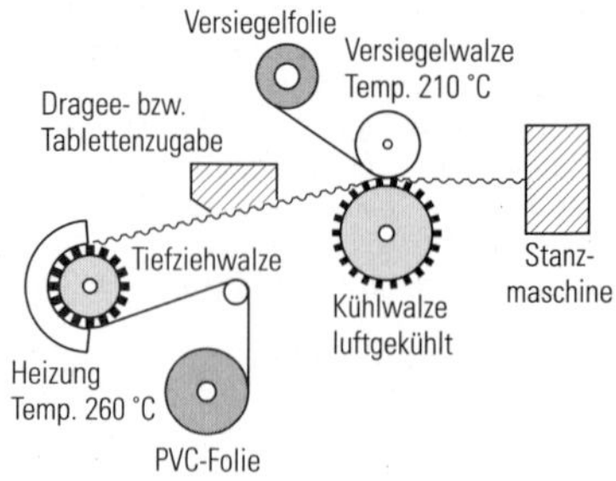

Heißsiegeln: Schema der Versiegelung

Hekla-Lava:
Hom: Lava des Hekla-Vulkans (Island); verordnet z. B. bei Knochenerkrankungen.

Hekto-: Symbol h; gesetzl. Vorsatzzeichen für das 100fache einer Einheit; vgl. SI-Einheiten.

Helch-Reaktion: Nachweisreaktion für Pilocarpin*. In schwefelsaurer Lsg. bildet sich in Gegenwart von Wasserstoffperoxid, Chloroform u. Kaliumdichromat ein Pilocarpin-Chrompentoxid-Addukt, das die org. Phase blauviolett färbt.

Helenalin: s. Arnica montana (Arnicae flos, Inhaltsst.).

Helenenkrautwurzel: s. Inula helenium (Rhizoma Helenii).

Helenin: Heleninum, Alantkampfer; Schmp. 76 °C; Sdp. 192 °C; farblose, nadelförmige Kristalle, leicht lösl. in Ethanol u. Ether, fast unlösl. in Wasser; Best. des äther. Öls von Rhizoma Helenii, s. Inula helenium (Oleum Helenii). H. ist ein Gemisch versch. Alantolactonderivate (Sesquiterpene), darunter Alantolacton u. Isoalantolacton; Strukturformeln s. Abbildung. **Wirk.:** Der γ-Lactonring mit der außerhalb liegenden Methylengruppe ist nicht nur für die antibiot. u. anthelminthische, sondern auch für die allergisierende Wirkung (Kontaktekzeme) der Alantwurzel bedeutsam.

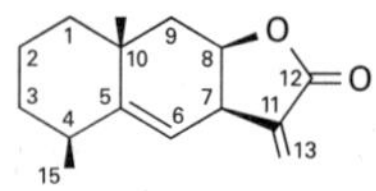

Alantolacton

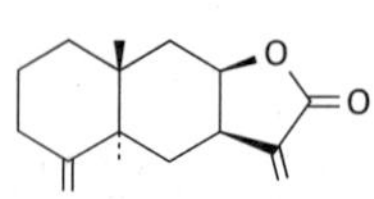

Isoalantolacton

Helenin

Helenkrautwurzel: s. Inula helenium (Rhizoma Helenii).

Helferzellen: s. Leukozyten.

Helianthemum canadense: Sonnenröschen; Fam. Cistaceae (Nordamerika). **Inhaltsst.:** ca. 10 % Gerbstoff.
Hom: *Cistus canadensis:* frische, blühende Pfl.; verord. z. B. bei Entzündungen der Mund- u. Rachenschleimhaut.

Helianthin: s. Methylorange.

Helianthus annuus L.: Sonnenblume; Fam. Asteraceae (Compositae) (aus Mexiko stammend, überall kult.). Stpfl. von **Flores Helianthi annui:** Sonnenblumen. **Inhaltsst.:** Quercimeritrin (Flavonglykosid), Cyanidinmonoglykosid (Anthocyan), Xanthophyll*, Cholin*, Betain*, Saponine*; **Anw.** volkstüml.: Fiebermittel. **Fructus (Semen) Helianthi annui:** Sonnenblumenkerne. **Inhaltsst.:** 40-50 % fettes Öl, Lecithin*, Cholin*, Betain*, Gerbstoffe, 24 % Eiweiß (histidinreich), Saccharose; **Anw.** volkstüml.: schleimlösendes Mittel; techn. zur Gew. des fetten Öls. **Helianthi annui oleum raffinatum:** Raffiniertes Sonnenblumenöl; das hellgelbe bis dunkle fette Öl aus den reifen Früchten. D. ca. 0.921; SZ bis 0.5; POZ bis 10.0; UA bis 1.5 %; n 1.474; fast unlösl. in Wasser u. Ethanol, mischbar mit Petrolether, in Ethanol schwer lösl., leicht lösl. in Benzol, Chloroform, Tetrachlorkohlenstoff; ein geeignetes Antioxidans kann zugesetzt sein. **Off.:** Ph.Eur.4; **Gew.:** durch halbes Auspressen od. Extraktion; **Best.:** Ölsäure*, α-Linolsäure*, 13 % β-Linolsäure, ca. 4 % Glycerol*, ca. 9 % gesättigte Säuren (Palmitin*-, Stearin*-, Arachin*-, Linocerinsäure), Carotinoide*, Lecithin* u. a.; nach Ph.Eur. enthält die Fettsäurefraktion 48-74 % Linolsäure, 14-40 % Ölsäure, 4.0-9.0 % Palmitinsäure, 1.0-7.0 % Stearinsäure; **Anw.:** Füllmaterial für Weichgelatinekapseln, zur Herst. von Cremes u. Salben; das Öl gilt als vorzügl. u. wertvolles Speiseöl, es wird zur Herst. von Margarine sowie in der Kosmetik, in der Seifen- u. Lackindustrie verwendet. Lichtschutz in dicht verschlossenen, dem Verbrauch angemessenen, möglichst vollständig gefüllten Behältnissen.
Hom: *Helianthus annuus (HAB1.5):* reife Früchte; verord. z. B. bei Magenerkrankungen, äußerl. zur Wundbehandlung.

Helianthus tuberosus L.: Topinambur, Knollige Sonnenblume, Erdbirne, Jerusalemartischocke; Fam. Asteraceae (Compositae) (heim. nördl. Südamerika, kult. Europa, v. a. Frankreich). **Inhaltsst.:** in den kartoffelähnl. Knollen (im Herbst) 14-20 % Inulin*, 3-5 % Zucker, keine Stärke, ca. 3 % Proteine; **Anw.:** Nahrungsmittel (in Form von Trockenschnitzel, Mehl u. Malz), zur Gew. von Inulin, zur Herst. von Fructose u. Ethanol.
Hom: *Helianthus tuberosus (HAB1.5):* frische, im Spätherbst geerntete Knollen.

Helicasen: Enzyme, die unter ATP-Spaltung die Stränge eines ATP-Doppelstrangs entwinden u. damit zu den Elementen der Replikationsmaschinerie gehören.

Helichrysum arenarium (L.) Moench: Gnaphalium arenarium, Gelbes Katzenpfötchen, Harnblume, Strohblume, Sandstrohblume; Fam. Asteraceae (Compositae) (Europa, Mittelasien). Stpfl. von

Helichrysi flos: Flores Stoechados (citrinae), Stoechados flos, Flores Gnaphalii arenarii, Flores Helychrysi, Ruhrkrautblüten, Gelbe Katzenpfötchen(blüten), Gelbe Immortellen, Harnblume, Strohblume. **Off.:** DAC, Ph.Helv.9; **Inhaltsst.:** unter 0.05 % äther. Öl, Flavonoide* (mind. 0.6 % ber. als Hyperosid), Glykoside des Naringenins* (Bitterstoffe), Gerbstoffe; **Anw.** volkstüml.: bei (chron.) Cholecystitis, Blasen- u. Nierenleiden; in Teemischungen auch als Schönungsmittel.

Hom: *Gnaphalium arenarium:* frische, blühende Pfl.; verord. z. B. bei Ischias.

Helicobacter pylori: Campylobacter pylori (veraltet); gramnegatives, spiralig gekrümmtes, mikroaerophiles Bakterium, das die Magenschleimhaut kolonisiert u. infiziert. Mehrere genet. heterogene Stämme mit unterschiedl. Virulenz sind bekannt. H. p. ist Erreger der Gastritis* (Typ B) u. wesentl. ätiopathogenet. Faktor bei der Entstehung von Ulcus ventriculi u. Ulcus duodeni; es besteht eine pathogenet. Beziehung zw. einer H. p.-Besiedlung u. dem Auftreten von Magenkarzinom. Vgl. Ulkus, Ulkustherapeutika.

helikal: spiralig angeordnetes Molekül, s. Helix.

Heliosis: s. Insolation.

Heliosupin: Cynoglossophin; $C_{20}H_{31}NO_7$; M_r 397.46; hepatotox. Pyrrolizidinalkaloid* in Boraginaceae. **Vork.:** z. B. in Ochsenzungenkraut (s. Anchusa officinalis, Herba Anchusae) od. in Hundszungenwurzel (s. Cynoglossum officinale, Radix Cynoglossi).

Heliotropin: Piperonal, Methylenprotokatechualdehyd; 3,4-(Methylendioxy)-benzaldehyd; $C_8H_6O_3$; M_r 150.1; Schmp. 35-36 °C; Sdp. 263 °C; farblose, heliotropartig riechende Kristalle; leicht lösl. in Ethanol u. Ether, in 70 %igem Ethanol zu 50 %, sehr schwer lösl. in Wasser; färbt sich an Licht u. Luft allmähl. dunkel. **Vork.:** natürlich u. a. in den äther. Ölen von Filipendula* ulmaria u. Robinia* pseudo-acacia; **Anw.:** Lösungsmittel; techn. in der Parfümerie u. als Reagens.

Heliotropismus: s. Phototropismus.

Heliotropium: s. Pyrrolizidinalkaloide.

Helium: Symbol He; A_r 4.00260; OZ 2. D. 0.069. Schmp. −272.1 °C. Sdp. −268.98 °C. Edelgas*. **Vork.:** nat. in der Sonne, in der Luft, in Quellgasen, seltenen Erden, ferner als Abspaltungsprodukt radioaktiver Stoffe (s. Alphastrahlen); **Anw.** techn.: Tieftemperaturtechnik, Schutz- u. Trägergas (z. B. in der Gaschromatographie), Füllgas von Luftschiffen u. Ballons; med.: mit Sauerstoff gemischt als sog. Heliumluft für Taucher u. zur Asthmabehandlung; **Gesch.:** 1868 von Pierre Jules Cesar Janssen in der Sonnenatmosphäre entdeckt, wurde 1895 von William Ramsay (1852-1916) aus dem Mineral Cleveit isoliert.

Helix: spiralige Molekülstruktur, z. B. der Proteine* (α-Helix); Doppelhelix u. Superhelix s. DNA. **helikal:** spiralig angeordnetes Molekül.

Helizität: s. Chiralität.

Helleborin: $C_{28}H_{36}O_6$; farblose Kristalle, lösl. in Ethanol, unlösl. in Wasser; Saponinglykosid(gemisch), hauptsächl. aus Steroidsaponinen, in Helleborus* niger.

Helleborus foetidus L.: Stinkende Nieswurz; Fam. Ranunculaceae (Südwest- u. Mitteleuropa). Stpfl. von **Radix Hellebori foetidi:** Wirk. u. Anwendung s. Helleborus niger.

Helleborus niger L.: Schwarze Nieswurz, Christrose; mehrere Unterarten Fam. Ranunculaceae (Gebirge Südeuropas, Italien, Balkan, Russland). Stpfl. von **Rhizoma Hellebori nigri:** Radix Hellebori, Nieswurzelstock, Schwarze Nieswurz, Schwarze Christwurz, Schneerosenwurzel (Weiße Nieswurz, s. Veratrum album). **Inhaltsst.:** Saponingemisch aus Helleborin* u. Protoanemonin*, Aconitsäure*, Spuren äther. Öls; nicht vorhanden sind nach neuesten Erkenntnissen herzwirksame Bufadienolide (z. B. Helleborein u. Hellebrin) sowie Alkaloide. **Anw.:** wegen des komplexen Wirkungsspektrums nicht mehr eingesetzt; früher bei Herzinsuffizienz, ferner bisweilen als Emetikum; volkstüml.: als Laxans, Diuretikum u. Anthelminthikum sowie Abortivum; ferner zu Niespulvern (Schneeberger).

Hom: *Helleborus:* getrockneter Wurzelstock mit anhängenden Wurzeln; verord. z. B. bei Entzündungen des Gehirns, Nierenentzündung nach Infektionskrankheiten (Scharlach, Masern).

Helleborus odorus Waldst. et Kit.: Fam. Ranunculaceae (Ost- u. Südeuropa). **Inhaltsst.:** in den unterird. Teilen u. a. Hellebrin*, β-Sitosterol, Helleborin*, Helleborein.

Helleborus trifolia: s. Coptis trifolia.

Helleborus viridis L.: Grüne Nieswurz; Fam. Ranunculaceae (Mitteleuropa). Stpfl. von **Rhizoma Hellebori (viridis):** Radix Hellebori viridis, Grüne Nieswurzel, Grüne Christwurzel, Wrangenwurzel. **Inhaltsst.:** 0.6-1 % Helleborin*, Hellebrin* sowie die Alkaloide Celliamin, Sprintillamin, Sprintillin, Harz, Fett, Farbstoff; **Anw.** volkstüml.: z. B. zum Erbrechen, bei Niespulvern.

Hom: *Helleborus viridis:* getrockneter Wurzelstock ohne Wurzeln.

Hellebrin: $C_{36}H_{52}O_{15}$; M_r 724.82; Schmp. 283-284 °C; farblose Kristalle; Glucorhamnosid des Hellebrigenin, Hauptglykosid in Helleborus* viridis u. Helleborus* odorus. Ein Bufadienolid, das in seiner Herzwirksamkeit den Strophanthusglykosiden entspricht; der Unterschied zw. Hellebrigenin u. k-Strophanthidin besteht ledigl. im Lactonring.

Heller-Almén-Blutprobe: s. Guajakprobe.

Hell-Volhard-Zelinsky-Reaktion: Methode zur Herst. aliphat. α-Halogencarbonsäuren aus den Carbonsäuren mit Halogen (Chlor od. Brom) u. rotem Phosphor. Das gebildete Carbonsäurehalogenid wird in α-Stellung halogeniert u. dann umhalogeniert (s. Abb.).

Helminthagoga: s. Anthelminthika.

Helminthes (gr. Wurm): Eingeweidewürmer; Sammelbez. für mehrzellige, endoparasit. Organismen, die zwei völlig versch. Tierstämmen angehören. **1.** Plathelminthes (Plattwürmer): Trematodes* (Saugwürmer), Cestodes* (Bandwürmer); sowie Nemathelminthes (Fadenwürmer): Nematodes*; **2.** die zu den Arthropoden gehörenden Pentastomida (Zungenwürmer).

Helminthiasis: s. Wurmerkrankungen.

Helminthochorton: s. Alsidium helminthochorton.

Helmitol: s. Methenamin, anhydromethylencitronensaures.

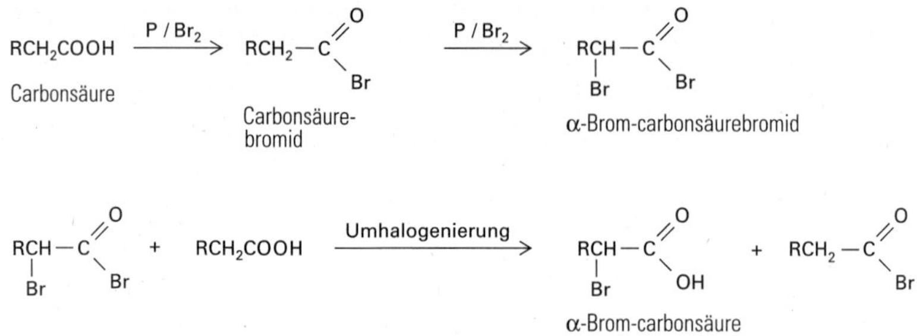

Hell-Volhard-Zelinsky-Reaktion: Bildung einer α-Bromcarbonsäure

Helmkraut: s. Scutellaria lateriflora.

Helmlocktanne: s. Tsuga canadensis.

Helonias dioica: s. Chamaelirium luteum.

H

Heloniaswurzel: s. Chamaelirium luteum (Radix Heloniadis dioicae).

Helveticosid: Erysimin, Erisimin, Alleosid A; k-Strophanthidin-digitoxosid; CAS-Nr. 630-64-8; $C_{29}H_{42}O_9$; M_r 534.63; Schmp. ca. 157 °C; Strukturformel s. Glykoside, herzwirksame (Tab. 2). **Vork.:** nat. in einigen Erysimum-Arten z. B. Erysimum* crepidifolium.

Helveticosol: Cardenolid mit dem Aglykon k-Strophanthidol; Strukturformel s. Glykoside, herzwirksame (Tab. 2). **Vork.:** nat. im Samen versch. Strophanthus*-Arten.

HEMA: Abk. für **H**ydroxy**e**thyl**m**et**a**crylat; s. Kontaktlinsen.

Hemeralopie: s. Nachtsichtigkeit.

Hemi-: Wortteil mit der Bedeutung halb, einseitig.

Hemicellulosen: aus Aldosen* aufgebaute hochmolekulare Polysaccharidkomplexe, die neben Cellulose* im verholzten Teil von Pfl. auftreten; unlösl. in H_2O, aber lösl. in verd. Alkalien; daher wird auch β-Cellulose* zu den H. gezählt. H. bestehen aus β-1,4-glykosid. verknüpften Hexose- od. Pentoseresten u. enthalten vielfach Uronsäuren*. Sie dienen als Gerüstsubstanzen, manchmal als Reservestoffe. Mensch u. Tier können sie nicht verdauen. Wichtige H. sind Arabane*, Xylane*, Glucane, Galactane*, Fructane* u. Mannane.

Hemicholinum: 2,2'-(1,1'-Biphenyl)-4,4'-diyl-bis(2-hydroxy-4,4-dimethyl-morpholinum-hydroxid); $C_{24}H_{36}N_2O_6$. **Anw.** u. **Wirk.:** Anticholinergikum*, hemmt Aufnahme des Cholins in die Nervenzelle u. unterbindet somit die Neusynthese von Acetylcholin; nur von experimentellem Interesse.

Hemikranie: s. Migräne.

Hemiplegie (gr. plege Schlag, Stoß): vollständige Lähmung einer Körperhälfte; z. B. infolge eines Schlaganfalls*.

Hemiterpene: kleine Gruppe der Terpene*, die aus einer Isopreneinheit (C_5H_8) aufgebaut sind. Wichtigster Vertreter ist Isopren, das durch Abspaltung von Pyrophosphat aus Isopentenylpyrophosphat (aktivem Isopren) gebildet wird.

Hemmhof: unbewachsener Hof innerhalb eines Bakterienrasens, der bei der Bestimmung der Empfindlichkeit (Resistenz) von Bakt. gegen Chemotherapeutika od. Antibiotika u. der Prüfung dieser Substanzen in Körperflüss. (Serumspiegel, Harnspiegel) durch die Hemmstoffe entsteht; vgl. Resistenzbestimmung.

Hemmstoffe: Antagonisten der Wuchsstoffe (Auxine*), vgl. Blastokoline.

Hemmung, kompetitive: s. Antagonismus.

Henderson-Hasselbalch-Gleichung: s. Puffer.

Henkel-Reaktion: Verfahren zur techn. Herst. von Terephthalsäure durch Erhitzen von Kaliumphthalat in Gegenwart von Cadmium u. Ansäuern der abgekühlten Schmelze (s. Abb.).

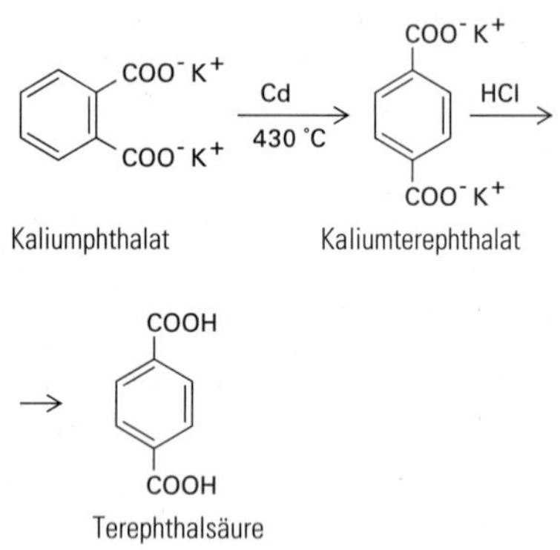

Henkel-Reaktion

Henle-Schleife: Kanälchenabschnitte, die in den Markstrahlen u. den Pyramiden der Niere verlaufen. Best. des Nephrons, der kleinsten funktionellen Einheit der Niere.

Henna: s. Lawsonia inermis (Folia Hennae).

Henry-Gesetz: beschreibt, dass die Löslichkeit eines Gases in einer Flüss. bei konstanter Temp. proportional dem Partialdruck* des Gases über der Flüssigkeit ist.

Henry-Konstante: Symbol K_B; Proportionalitätsfaktor zw. dem Partialdruck p_B eines Gases, gelöst in einem Lösungsmittel B u. seinem Molenbruch x_B darin (Henry*-Gesetz): $p_B = K_B \cdot x_B$. Das Gesetz gilt für ideal verd. Lsg.; mit steigendem Molenbruch x_B nehmen die Abweichungen zu, außerdem ist K_B temperaturabhängig; vgl. Henry-Gesetz.

HEP: Abk. für **H**emi**e**ndo**p**rothese; s. Endoprothese.

HEPA-Filter: s. Hochleistungs-Schwebstoff-Filter.

Hepar (gr.): Leber. **1.** Hepar siccatum; getrocknete Leber, s. Organtherapeutika; **2.** Hepar sulfuris (kalinum), s. Kaliumsulfid; **3.** Hepar sulfuris (hom.), s. Kalkschwefelleber.

Heparin INN: Heparinum; Glucosamin-*N*-sulfat-, Glucosamin-*O*-sulfat-, Glucuronsäure-*O*-sulfat-mukopolysaccharid, M_r 6000-25 000 je nach Herkunft u. Präparation. Saures, rechtsdrehendes Mukopolysaccharid mit spezif. blutgerinnungshemmenden Eigenschaften. 1 g lösl. in 20 mL Wasser, fast unlösl. in Ethanol, Aceton, Benzol, Chloroform u. Ether. pH einer 1 %igen Lsg. 6.0-7.5. **Vork.:** in Mastzellen u. basophilen Granulozyten versch. Organe, z. B. Lunge u. Leber von Säugetieren gebildet; **Gew.:** aus biol. Material, z. B. Rinderlungen; **Wirk.:** **1.** hemmt die Wirk. von Thrombin auf Fibrinogen (Antithrombin); **2.** hemmt die Wirk. von Thrombokinase u. damit die Umwandlung von Prothrombin in Thrombin; **3.** hemmt die Zusammenlagerung von Thrombozyten; **4.** wirkt hemmend auf die Blutgerinnungsfaktoren V, IX u.XII; **5.** aktiviert die Lipoproteinlipase (klärfaktoraktivierende Wirk. bei Arteriosklerose); **6.** spielt eine Rolle in der Abwehr von allerg. u. anaphylakt. Reaktionen. **Heparin-Calcium:** Heparinum calcicum Ph.Eur.4; CAS-Nr. 37270-89-6. **Heparin-Natrium:** Heparinum natricum Ph.Eur.4. Beide Substanzen sind weiße, schwach hygroskop. Pulver, in Wasser leicht löslich. Die Wirksamkeit zur parenteralen Anw. muss mind. 150 I.E./mg betragen, berechnet auf die getrocknete Substanz. Dient die Heparin-Verb. nicht zur parenteralen Anw., so muss sie mind. 120 I.E./mg betragen. 1 mg H. entspr. ca. 100-130 I.E.; als Richtwert gilt, dass ca. 200 I.E. die Gerinnung von ca. 100 mL Blut in vitro verhindern. **Zuber.:** (früher nach ÖAB81) Heparin-Injektionslsg., Injectio Heparini: sterile Lsg. von H. in isotoner Natriumchlorid-Lösung. **Anw.:** **1.** Antikoagulans; Thrombose, Thromboembolien (Prophylaxe u. Ther.), Frühbehandlung von Herzinfarkt, Verbrauchskoagulopathien, Arteriosklerose; extrakorporaler Kreislauf (künstliche Niere, Herz-Lungen-Maschine); Heparin wirkt sofort nach Applikation (i. v. als Dauerinfusion od. s. c. intermittierend). HWZ 2 h. Kontrolltest: Thrombinzeit*; **2.** äußerl. Anw. als Heparin-Natrium-Salben bei oberflächl. Blutergüssen u. Venenentzündungen, Furunkeln, zur Narbenpflege. **UAW:** allerg. Reaktionen, nach langer Anw. Osteoporose, spontane Knochenbrüche, Haarausfall, erhöhte Blutungsgefahr, Rebound (verstärkte Thrombosegefahr) bei abruptem Absetzen der Therapie; vgl. Blutgerinnung; **Antidot:** Protamin*. **Niedermolekulare Heparine:** Heparina massa molecularis minoris Ph.Eur.4; M_r 4000-8000; z. B. Tinzaparin*-Natrium (gewonnen durch enzymat. Spaltung aus Schweinedarmmukosa mit Heparinase) u. Reviparin*-Natrium; haben eine höhere HWZ u. weniger UAW (Blutungsneigung) als Heparin. **Anw.:** Thromboseprophylaxe; Haupteinsatzgebiet orthopäd. Chirurgie.

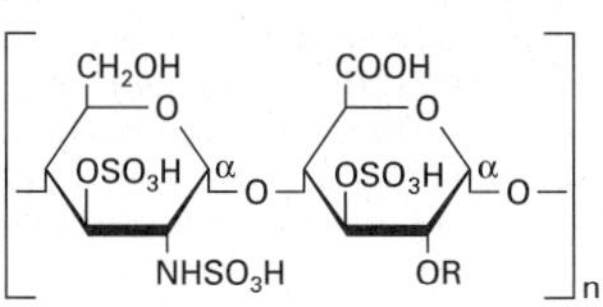

Heparin

Heparincofaktor: s. Antithrombine.

Heparin-Gel 50 000 I.E.: s. Mucilago Heparini 50 000 I.E.

Heparinoide: halbsynthet. Polysaccharid-Schwefelsäureester (z. B. Pentosanpolysulfat*, Mukopolysaccharidpolysulfat), die wie Heparin* gerinnungshemmend wirken. Sie enthalten im Ggs. zum Heparin keinen Stickstoff, sind weniger wirksam u. besitzen eine kleinere therap. Breite. I. w. S. werden auch andere heparinähnl. wirkende Substanzen wie Hirudin* als H. bezeichnet. **Anw.:** wie Heparin, aber vorwiegend äußerl. (in Form von Salben od. Gelen) bei Hämatomen, Prellungen, Verrenkungen u. a.; die Wirksamkeit bei dieser Anw. ist jedoch umstritten; vgl. Heparin.

Heparprobe: zum Nachw. von Schwefel in Verb., s. Schwefel.

Hepar sulfuris: s. Kaliumsulfid; Hom.: s. Kalkschwefelleber.

Hepar sulfuris calcareum: s. Kalkschwefelleber.

Hepar sulfuris kalium: s. Kaliumsulfid.

Hepatica nobilis Gars.: Anemone hepatica L., Hepatica triloba Chaix., Leberblümchen; Fam. Ranunculaceae (Europa, Nordamerika). Stpfl. von **Herba Hepaticae nobilis:** Leberkraut, Leberblümchenkraut. **Inhaltsst.:** Protoanemonin* (Anemonol), Hepatrilobin (Glykosid), Emulsin, Gerbstoff; **Anw.** volkstüml.: Aufguss als Hautreizmittel, als Tonikum u. bei Leberleiden; Protanemonin reizt Haut u. Schleimhaut.
Hom: *Hepatica triloba:* frische Blätter.

Hepatica triloba: s. Hepatica nobilis.

Hepatika: Hepatoprotektiva, Leberschutzmittel, Lebertherapeutika; zur Ther. u. Prophylaxe von tox. u. infektiösen Leberschäden wie Hepatitis od. Zirrhose verwendete Stoffe od. Zuber. einer heterogenen Arzneistoffgruppe mit z. T. zweifelhafter therap. Wirksamkeit. **Wirkstoffe:** u. a. Cholin*, Betain*, Aminosäuren*, Vitamine* (Vit. E, C, B_{12}, Folsäure) u. Antioxidanzien*, Phospholipide* (z. B. Sojabohnenlecithin) sowie Zucker* u. Zuckeralkohole* wie Inosit, Lactitol u. Fructose, hepatotrope Pflanzenstoffe (z. B. Silybum* marianum), Pyrimidin- u. Purinderivate (Orotsäure*, Inosin*), einige Steroidhormone, Immunsuppressiva*, Gallensäuren*. Vgl. Stoffe, lipotrope.

Hepatitis-A+B-Impfstoff: s. Hepatitis-Kombinationsimpfstoff.

Hepatitis-A-Immunglobulin vom Menschen: Immunoglobulinum humanum hepatitidis A Ph.Eur.4; flüss. od. gefriergetrockete Zuber. von Immunglobulinen* (vorwiegend IgG) aus Plasma od. Serum von ausgesuchten Spendern, die Antikörper gegen Hepatitis-A-Viren besitzen. **Anw.:** Prophylaxe einer Hepatitis-A-Infektion, z. B. bei Reisenden in Endemiegebiete.

Hepatitis-A-Impfstoff: inaktivierter Impfstoff mit Hepatitis-A-Virusprotein, gezüchtet in Kulturen menschl. diploider Zellen. **Anw.:** aktive Immunisierung gegen Hepatitis-A-Viren; **UAW:** lokale Reaktionen, gelegentl. Fieber, Übelkeit, allerg. Reaktionen; **Dos.:** parenteral: Grundimmunisie-

H

rung: 2 Impfungen mit je 720 Antigen-Einheiten im Abstand von 4 Wochen od. mind. 2 Wochen i.m. (Oberarm); für Langzeitschutz (bis zu 10 Jahren): 3. Impfung nach 6-12 Monaten.

Hepatitis, akute: akute diffuse Entzündung des Leberparenchyms; klin. meist syn. für akute Hepatitis durch Hepatitis*-Viren. **Formen:** **A:** akute Hepatitis durch Hepatitis-Viren: **1. Hepatitis A:** syn. Hepatitis epidemica; Erreger Hepatitis-A-Virus; häufigste infektiöse a. H. in Deutschland, typ. Reisekrankheit; die Übertragung erfolgt fäkal-oral, Inkubationszeit 15-45 Tage; häufig symptomat., niemals chron. Verlauf; Prophylaxe: allg. Hygienemaßnahmen, aktive Immunisierung mit Hepatitis*-A-Impfstoff, Hepatitis*-Kombinationsimpfstoff od. passive Immunisierung mit humanem Hepatitis*-A-Immunoglobulin; **2. Hepatitis B:** Erreger Hepatitis-B-Virus; zweithäufigste infektiöse a. H. in der Bundesrepublik Deutschland; die Übertragung erfolgt zunehmend häufiger sexuell (ca. 50 %, mit hoher Effektivität), parenteral od. perinatal; erhöhtes Infektionsrisiko besteht v. a. bei Drogenabhängigen, Empfängern von Blutprodukten, med. Personal, engem Kontakt mit HBsAg-Trägern, Promiskuität; Inkubationszeit 40-160 Tage, meist asymptomat. Verlauf, Entw. einer chron. Hepatitis* in ca. 10 % der Fälle; **Prophylaxe:** **a)** primäre Prophylaxe: allg. Desinfektionsmaßnahmen, serol. Screening von Blutspendern, enge Indikationsstellung bei Gabe von Blutprodukten, Verw. von Präservativen; aktive (Hepatitis*-B-Impfstoff, Hepatitis*-Kombinationsimpfstoff) bzw. passive Immunisierung (Hepatitis*-B-Immunoglobulin); **b)** postexpositionelle Prophylaxe nach krit. Exposition mit HBV-haltigem Material: entspr. aktuellem HBV-Antikörper-Titer (Anti-HBs-Wert) (s. Tab.); **3. Hepatitis C:** Erreger Hepatitis-C-Virus; häufigste Form (ca. 90 %) der Posttransfusionshepatitis; weltweites Vork.; die Übertragung erfolgt v. a. parenteral, selten sexuell; Risikogruppen sind v. a. Drogenabhängige u. Empfänger von Blutprodukten u. Organtransplantaten; Inkubationszeit 2-26 Wochen, meist asymptomatomatisch, Entw. einer chron. Hepatitis in 70-80 % der Fälle; Ther.: Interferon-a (Peginterferon) in Komb. mit Ribavirin; Prophylaxe: wie bei Hepatitis B, keine Immunisierung möglich; **4. Hepatitis D:** Erreger Hepatitis-D-Virus; Auftreten nur in Kombination mit Hepatitis-B-Virus-Infektion entw. als Simultaninfektion (häufig; oft unbemerkt) od. als Superinfektion (selten; fast immer chron., meist schwerer Verlauf); Übertragung, Inkubationszeit u. Prophylaxe wie bei Hepatitis B; **5. Hepatitis E** Erreger: Hepatitis-E-Virus; Übertragung, Inkubationszeit, Infektiosität u. Prophylaxe wie bei Hepatitis A, jedoch schwerer Verlauf bei Infektion während der Schwangerschaft; **6. Hepatitis G:** Erreger: Hepatitis-G-Virus; 1995 entdeckte Form der a. H. mit vielen Ähnlichkeiten mit Hepatitis C u. häufigen Simultan- od. Superinfektionen mit Hepatitis-B- od. -C-Virus-Infektion; **7. Hepatitis, Agens unbekannt:** a. H. durch Infektion mit vermuteten, bislang unbekannten Viren, bei der der Nachw. der Hepatitis-Viren A-G nicht gelingt; **B:** toxische akute Hepatitis: medikamenten- (z. B. durch Zytostatika, Methyldopa, Isoniazid) od. alkoholinduziert; **C:** akute Hepatitis im Rahmen system. Infektionskrankheiten u. anderer Lebererkrankungen.

Hepatitis, akute

aktueller Anti-HBs-Wert (IE/L)	erforderlich ist die Gabe von: HBV-Impfstoff	Anti-HBV-IgG
≥100	nein	nein
10-99	ja	nein
<10	ja	ja
nicht innerhalb von 48 h zu bestimmen	ja	ja

Hepatitis-B-Antigen: s. Hepatitis-Viren.

Hepatitis-B-Immunglobulin vom Menschen: Immunoglobulinum humanum hepatitidis B Ph.Eur.4; flüss. od. gefriergetrocknete Zuber. von Immunglobulinen* (vorwiegend IgG) aus Plasma od. Serum von ausgesuchten Spendern, die Antikörper gegen Hepatitis-B-Virus besitzen. **Anw.:** Postexpositionsprophylaxe nach Kontakt mit Hepatitis-B-Virus-haltigem infektiösem Material (z. B. Blut, Verletzung mit gebrauchten Kanülen), bei Neugeborenen infizierter Mütter.

Hepatitis-B-Impfstoff: Vaccinum hepatitidis B (ADNr) Ph.Eur.4; Zuber., die das nichtinfektiöse Hepatitis-B-Oberflächenantigen (HBsAg, s. Hepatitis-Viren) enthält. Das Antigen wird gentechn. erzeugt; **Anw.:** Grundimmunisierung schützt gegen Hepatitis-B u. -D 3-5 Jahre.

Hepatitis-B-Oberflächenantigen: s. Hepatitis-Viren.

Hepatitis, chronische: diffuse Leberentzündung, die länger als 6 Monate anhält. **Formen:** **1.** ch. H.: durch Infektion mit Hepatitis-Viren*; **2.** autoimmune ch. H.: Autoimmunkrankheit mit familiärer Disposition; **3.** toxische ch. H.: induziert durch Alkohol, Medikamente (z. B. Isoniazid, Methyldopa) od. Gefahrstoffe; **Sympt.:** häufig asymptomat., evt. Bild einer akuten Hepatitis, Entw. einer Leberzirrhose.

Hepatitis-Kombinationsimpfstoff: Hepatitis-A+B-Impfstoff; Impfstoff gegen Hepatis A u. B. **Zstzg.:** 1 mL Suspension enthält 720 ELISA-Einheiten inaktiviertes Hepatitis-A-Virus u. 20 µg rekombinantes HBsAg-Protein; **Anw.:** bei erhöhtem Risiko für eine Hepatitis-A- u. Hepatitis-B-Infektion; **Dos.:** Grundimmunisierung: 1. Dosis am Tag der Wahl, 2. Dosis nach 4 Wochen, 3. Dosis nach 6 Monaten; Auffrischungsimpfung (wahrscheinl.) nach 5 Jahren.

Hepatitis-Lebend-Impfstoff für Hunde (gefriergetrocknet), infektiöse: Vaccinum hepatitidis contagiosae caninae vivum cryodesiccatum Ph.Eur., Vaccinum hepatitidis canis contagiosae cryodesiccatum; Suspension eines od. mehrerer lebender, attenuierter Stämme des Hunde-Adenovirus. Prüfung der Wirksamkeit durch direkte Belastungsmethode; wird meist in Form einer Kombinationsimpfung gegen die versch. Hundekrankheiten angewendet.

Hepatitis-Viren: Erreger einer beim Menschen auftretenden, ansteckenden Allgemeininfektion, die sich u. a. an der Leber manifestiert (akute Hepatitis*, chronische Hepatitis*); s. Virusklassifikation. **1. Hepatitis-A-Virus (HAV):** Erreger der Hepatitis A; zur Gattung Hepatovirus gehörendes kub. RNA-Virion (Ø 27 nm); **2. Hepatitis-B-Virus (HBV):** Erreger der Hepatitis B; kub. Virus (Ø 42-45 nm) mit ringförmig doppelsträngiger DNA der Familie Hepadnaviridae; Struktur: die äußere Hülle des HBV wird vom Hepatitis-B-Oberflächen(surface)-Antigen (HBsAg), gebildet; der Innenkörper (core) enthält das Kernantigen HBcAg (Ø 27 nm), dessen krypt. Form (HBeAg), eine DNA-Polymerase sowie eine Phosphokinase. Es wird vermutet, dass nur komplettes HBV (nicht HBsAg allein) infektiös ist; **3. Hepatitis-C-Virus (HVC):** Erreger der Hepatitis C; Virus (Ø 50-60 nm) der Fam. Flaviviridae mit hoher Mutagenität, die Urs. für die häufige Chronifizierung von HCV-Infektionen sein könnte; **4. Hepatitis-Delta-Virus (HDV):** Erreger der Hepatitis D; Virusoid; bildet den Genus Deltavirus der Hepadnaviridae; besteht aus einzelsträngigem, zirkulärem RNA-Genom, das mit dem Hepatitis-Delta-Antigen (HDAg) komplexiert ist (Ø 19 nm) u. für die Replikation die Hülle von HBV (HBsAg) benötigt (Ø 35 nm); **5. Hepatitis-E-Virus (HEV):** Erreger der Hepatitis E; klassifiziert als eigene Gattung der Fam. Caliciviridae, (Ø 30-34 nm) mit Ähnlichkeit zu HAV; **6. Hepatitis-G-Virus (HGV):** Erreger der Hepatitis G; Virus der Fam. Flaviviridae mit Ähnlichkeit zu HCV; verursacht nur selten eine Leberentzündung. Versch. Untersuchungen weisen auf die Existenz weiterer Hepatitis-Viren hin.

hepatogen: in der Leber entstehend, von der Leber ausgehend.

Hepatoprotektiva: s. Hepatika.

Hepatotoxine: Lebergifte; für die Leber giftige (hepatotox.) Stoffe; z. B. halogenierte Kohlenwasserstoffe (Chloroform* etc.), Aflatoxine*, Pyrrolizidinalkaloide*, Ethanol*, Amanitatoxine (s. Amanita phalloides).

Hepta- (gr.): Präfix für sieben.

Heptabarb INN: Heptabarbital; 5-(1-Cycloheptenyl)-5-ethylbarbitursäure; CAS-Nr. 509-86-4; $C_{13}H_{18}N_2O_3$, M_r 250.29. Strukturformel s. Barbiturate (Abb. 2). Schmp. 174 °C (polymorph). Sehr wenig lösl. in Wasser; lösl. in alkal. Lsg.; 1:30 in Ethanol; 1:20 in Aceton; 1:75 in Chloroform. **Anw.:** Schlafmittel*, Sedativum*; praktisch obsolet; **Dos.:** p. o. Schlafmittel 0.2 g/d; Sedativum 0.05 g/d.

Heptachlor: 1,4,5,6,7,8,8-Heptachlor-3a,4,7,7a-tetrahydro-4,7-methanoinden; CAS-Nr. 76-74-8. Ein Cyclodien-Insektizid aus der Gruppe der chlorierten Kohlenwasserstoffe; s. Schädlingsbekämpfungsmittel (Tab.). **Anw.:** Fraß-u. Kontaktgift gegen Bodeninsekten; metabolisiert zum Epoxid (Heptachlorepoxid), das ebenfalls als Insektizid wirkt. H. ist wie andere chlorierte Kohlenwasserstoffe in der Anw. eingeschränkt od. untersagt.

Heptaminol INN: 6-Amino-2-methyl-2-heptanol; CAS-Nr. 372-66-7; $C_8H_{19}NO$, M_r 145.24. **Anw.:** Kardiakum, Sympathomimetikum; indiziert bei Hypotonie, Altersherz, zur Unterstützung einer Digitalistherapie; **UAW:** Blutdruckerhöhung; **Kontraind.:** Hypertonie, Tachykardie; **Dos.:** p. o. 2-3 × 0.15 g/d; oral retard 2 × 0.2 g/d (alle 8-10 h); parenteral (i. m., i. v.) bis 4 × 0.3 g/d. **Heptaminolhydrochlorid:** Heptaminoli hydrochloridum Ph.Eur.4; CAS-Nr. 543-15-7; $C_8H_{20}ClNO$, M_r 181.70; Schmp. 178-180 °C. Weißes bis fast weißes, krist. Pulver, leicht lösl. in Wasser, Ethanol, unlösl. in Dichlormethan. Hingewiesen sei auch auf Heptaminol-7-theophyllinylacetat.

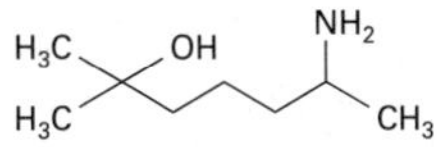

Heptaminol

Heptan: aliphat. Kohlenwasserstoff, C_7H_{16}. M_r 100.2. D. 0.683. Schmp. −90 °C. Sdp. 98.4 °C. Farblose, leicht brennbare Flüss., lösl. in Ethanol, Ether, Chloroform, Benzol, Tetrachlorkohlenstoff. **Gew.:** Dest. von Erdöl (9 Isomere). **Anw.:** Lösungsmittel, Treibstoff.

Heptandisäure: Pimelinsäure; Pentandicarbonsäure, $HOOC-(CH_2)_5-COOH$. Eigenschaften s. Carbonsäuren (Tab.).

1-Hepten: α-Heptylen; $CH_3-(CH_2)_4-CH=CH_2$, C_7H_{14}, M_r 98.19. D. 0.69. Schmp. −119.2 °C. Sdp. 93.3 °C. Farblose Flüss., brennt mit stark rußender Flamme.

Heptosen: Monosaccharide mit 7 C-Atomen. Die 7-Phosphate von D-Mannoheptulose u. D-Sedoheptulose haben im Kohlenhydratstoffwechsel Bedeutung.

Heptyl-: Bez. für die Gruppe $-C_7H_{15}$.

HER2: Abk. für (engl.) ***human epidermal growth factor receptor-2;*** syn. c-neu, ErbB-2; humaner epidermaler Wachstumsfaktor-Rezeptor 2. Eine Überexpression von HER2 ist bei Mammakarzinomen zu beobachten. Gegen HER2 ist der monoklonale Antikörper Trastuzumab* gerichtet.

Heracleum sphondylium L.: Wiesenbärenklau, Bärenklau; Fam. Apiaceae (Umbelliferae) (Europa, Asien). Stpfl. von **Herba Heraclei (sphondylii):** Herba Brancae (ursinae), Wiesenbärenklaukraut, Bärenklaukraut. **Inhaltsst.:** Furanocumarine*, äther. Öl (in den Früchten bis 3 %) mit *n*-Octylacetat, *n*-Hexylbutyrat u. a.; **Anw.** volkstüml.: bei Magen-Darm-Beschwerden. **Radix Heraclei (sphondylii):** Bärenklauwurzel. **Anw.** volkstüml.: bei Verdauungsbeschwerden, Geschwüren; die frische Pfl. löst bei Kontakt mit der Haut u. nachfolgender Sonneneinstrahlung eine phototox. Dermatitis aus; vgl. Furanocumarine.

Herba: Kraut; im pharmakognost. Sinne die während od. kurz nach der Blüte gesammelten u. getrockneten oberird. Teile (Stängel, Blätter, Blüten) einer meist krautigen Pfl., wobei bisweilen auch Teile der Wurzel vorhanden sein können (z. B. Herba Polygalae amarae cum Radicibus). Auch die Sprossspitzen strauchartiger Pfl. werden als H. bezeichnet (z. B. Herba Sabinae, Herba Cannabis). In der Hom. werden das Kraut od. die ganze Pfl. od. bestimmte Teile davon meistens frisch verarbeitet.

Herba Abrotani: s. Artemisia abrotanum.

Herba Absinthii: s. Artemisia absinthium (Absinthii herba).
Herba Acalyphae indicae: s. Alcalypha indica.
Herba Acanthi: s. Acanthus mollis.
Herba Achilleae moschatae: s. Achillea erba-rotta ssp. moschata (Herba Ivae moschatae).
Herba Aconiti: s. Aconitum napellus ssp. napellus.
Herba Adianti aurei: s. Polytrichum commune.
Herba Adonidis aestivalis: s. Adonis aestivalis.
Herba Adonidis vernalis: s. Adonis vernalis (Adonidis herba).
Herba Aegopodii podagrariae: s. Aegopodium podagraria.
Herba Aethusae: s. Aethusa cynapium.
Herba Agrimoniae: s. Agrimonia eupatoria (Agrimoniae herba).
Herba Ajugae: s. Ajuga reptans.
Herba Alchemillae: s. Alchemilla vulgaris (Alchemillae herba).
Herba Allii ursini: s. Allium ursinum.
Herba Alsines: s. Stellaria media (Herba Stellariae media).
Herba Ambrosiae: s. Ambrosia artemisiifolia.
Herba Anagallidis: s. Anagallis arvensis.
Herba Anagyris: s. Anagyris foetida.
Herba Anchusae: s. Anchusa officinalis.
Herba Andrographidis: s. Andrographis paniculata.
Herba Anemone nemorosae: s. Anemone nemorosa.
Herba Anethi: s. Anethum graveolens var. hortorum.
Herba Anserinae: s. Potentilla anserina (Anserinae herba).
Herba Antirrhini: s. Linaria vulgaris (Herba Linariae).
Herba Apii: s. Apium graveolens.
Herba Aquilegiae: s. Aquilegia vulgaris.
Herba Arenariae rubrae: s. Spergularia rubra.
Herba Aristolochiae: s. Aristolochia clematitis.
Herba Artemisiae: s. Artemisia vulgaris (Artemisiae herba).
Herba Aspalathi: s. Aspalathus linearis.
Herba Asperulae: s. Galium odoratum.
Herba Atriplicis: s. Atriplex hortensis.
Herba Ballotae lanatae: s. Leonurus lanatus.
Herba Ballotae nigrae: s. Ballota nigra.
Herba Basilici: s. Ocimum basilicum (Basilici herba).
Herba Baylahuen: s. Haplopappus baylahuen.
Herba Beccabungae: s. Veronica beccabunga.
Herba Bellidis: s. Bellis perennis.
Herba Betonicae: s. Stachys officinalis.
Herba Boraginis: s. Borago officinalis.
Herba Brancae ursinae: **1.** s. Heracleum sphondylium (Herba Heraclei sphonylii). **2.** s. Acanthus mollis (Herba Acanthi).
Herba Buglossi: s. Anchusa officinalis (Herba Anchusae).
Herba Bursae pastoris: s. Capsella bursa-pastoris (Bursae pastoris herba).
Herba Calendulae: s. Calendula officinalis (Herba Calendulae).
Herba Callunae: s. Calluna vulgaris.
Herba Calthae palustris: s. Caltha palustris.
Herba Canchalaguae: s. Centaurium chilensis.
Herba Cannabinae aquaticae: s. Eupatorium cannabinum (Herba Eupatorii cannabini).
Herba Cannabis indicae: s. Cannabis sativa.
Herba Capilli veneris: s. Adiantum capillus-veneris.
Herba Cardamines: s. Nasturtium officinale (Herba Nasturtii).
Herba Cardui benedicti: s. Cnicus benedictus (Cnici benedicti herba).
Herba Centaurii: s. Centaurium erythraea (Centaurii herba).
Herba Centellae asiaticae: s. Centella asiatica.
Herba Cerefolii: s. Anthriscus cerefolium.
Herba Cerefolii hispanici: s. Myrrhis odorata.
Herba Chamaedrys: s. Teucrium chamaedrys.
Herba Chamaedrys aquaticae: s. Teucrium scordium (Herba Scordii vulgaris).
Herba Chamaenerii angustifolii: s. Epilobium-Arten (Herba Epilobii).
Herba Chelidonii: s. Chelidonium majus (Chelidonii herba).
Herba Chenopodii ambrosioidis: s. Chenopodium ambrosioides var. ambrosioides.
Herba Chimaphilae: s. Chimaphila umbellata (Herba Pirolae umbellatae).
Herba Chirettae indicae: s. Swertia chirata.
Herba Cicutae virosae: s. Cicuta virosa.
Herba Clematidis: s. Clematis recta.
Herba Cochleariae: s. Cochlearia officinalis.
Herba Columbariae: s. Verbena officinalis (Verbenae herba).
Herba Conii: s. Conium maculatum.
Herba Consolidae sarracenicae: s. Solidago virgaurea (Solidaginis virgaureae herba).
Herba Convallariae: s. Convallaria majalis (Convallariae herba).
Herba Convolvuli: s. Convolvulus arvensis.
Herba Crataegi: s. Crataegus-Arten (Crataegi folium cum flore).
Herba Dentariae: s. Plumbago europaea (Herba Plumbaginis).
Herba Dictamni cretici: s. Origanum dictamnus.
Herba Dionaeae recens: s. Dionaea muscipula.
Herba Dracunculi: s. Artemisia dracunculus.
Herba Droserae: s. Drosera rotundifolia.
Herba Droserae ramentaceae: s. Drosera ramentacea.
Herba Ebuli: s. Sambucus ebulus.
Herba Echinaceae purpureae: s. Echinacea purpurea.
Herba Eichhorniae: s. Eichhornia crassipes.
Herba Ephedrae: s. Ephedra sinica (Ephedrae herba).
Herba Epilobii: s. Epilobium-Arten.
Herba Equiseti: s. Equisetum arvense (Equiseti herba).
Herba Equiseti majoris: s. Equisetum hyemale.
Herba Ericae: s. Calluna vulgaris (Herba Callunae).
Herba Erigeronis canadensis: s. Conyza canadensis.
Herba Eriodictyonis: s. Eriodictyon californicum (Folia Eriodictyonis).
Herba Eryngii campestris: s. Eryngium campestre.
Herba Eryngii plani: s. Eryngium planum.
Herba Erysimi: s. Erysimum crepidifolium.
Herba Eschscholziae: s. Eschscholzia californica.

Herba Eupatoriae: s. Agrimonia eupatoria (Agrimoniae herba).
Herba Eupatorii cannabini: s. Eupatorium cannabinum.
Herba Eupatorii perfoliati: s. Eupatorium perfoliatum.
Herba Euphrasiae: s. Euphrasia rostkoviana (Euphrasiae herba).
Herba Fabianae: s. Fabiana imbricata.
Herba Fragariae: s. Fragaria vesca (Fragariae Folium).
Herba Fumariae: s. Fumaria officinalis (Fumariae herba).
Herba Galegae: s. Galega officinalis.
Herba Galeopsidis: s. Galeopsis segetum.
Herba Galii aparinis: s. Galium aparine.
Herba Galii lutei: s. Galium verum (Galii lutei herba).
Herba Genippi veri: s. Achillea erba-rotta ssp. moschata (Herba Ivae moschatae).
Herba Genistae scopariae: s. Cytisus scoparius (Sarothamni scoparii herba).
Herba Geranii maculati: s. Geranium maculatum.
Herba Geranii robertiani: s. Geranium robertianum.
Herba Glechomae: s. Glechoma hederacea (Glechomae herba).
Herba Gratiolae: s. Gratiola officinalis.
Herba Grindeliae: s. Grindelia robusta.
Herba Hedeomae: s. Hedeoma pulegioides.
Herba Hederae helicis: s. Hedera helix (Hederae helicis folium).
Herba Hederae terrestris: s. Glechoma hederacea (Glechomae herba).
Herba Hepaticae nobilis: s. Hepatica nobilis.
Herba Heraclei sphondylii: s. Heracleum sphondylium.
Herba Herniariae: s. Herniaria-Arten (Herniariae herba).
Herba Hydropiperis: s. Polygonum hydropiper (Herba Polygoni hydropiperis).
Herba Hyoscyami: s. Hyoscyamus niger (Hyoscyami folium).
Herba Hyperici: s. Hypericum perforatum (Hyperici herba).
Herba Hyssopi: s. Hyssopus officinalis.
Herba Iberidis: s. Iberis amara.
Herba Ilicis paraguariensis: s. Ilex paraguariensis (Mate folium tostum).
Herba Intybi angusti: s. Lactuca virosa (Herba Lactucae virosae).
Herba Ivae moschatae: s. Achillea erba-rotta ssp. moschata.
Herba Jaceae: s. Viola tricolor (Violae tricoloris herba).
Herba Knautiae arvensis: s. Knautia arvensis (Herba Scabiosae).
Herba Lactucae virosae: s. Lactuca virosa.
Herba Lamii albi: s. Lamium album (Lamii alba herba).
Herba Lappulae hepaticae: s. Agrimonia eupatoria (Agrimoniae herba).
Herba Ledi palustris: s. Ledum palustre.
Herba Leontopodii: s. Alchemilla vulgaris (Alchemillae herba).
Herba Leonuri cardiacae: s. Leonurus cardiaca (Leonuri cardiacae herba).
Herba Leonuri lanati: s. Leonurus lanatus (Herba Ballotae lanatae).
Herba Lepidii recens: s. Lepidium sativum.
Herba Lespedezae: s. Lespedeza capitata.
Herba Levistici: s. Levisticum officinale.
Herba Linariae: s. Linaria vulgaris.
Herba Lini cathartici: s. Linum catharticum.
Herba Lippiae citriodorae: s. Aloysia triphylla (Herba Verbenae odoratae).
Herba Lobeliae: s. Lobelia inflata.
Herba Lycopi: s. Lycopus europaeus.
Herba Lycopodii: s. Lycopodium clavatum.
Herba Majoranae: s. Origanum majorana.
Herba Mari veri: s. Teucrium marum (Herba Teucri).
Herba Marrubii: s. Marrubium vulgare (Marrubii herba).
Herba Matico: s. Piper angustifolium (Folia Matico).
Herba Matricariae: s. Tanacetum parthenium.
Herba Matrisilvae: s. Galium odoratum (Herba Asperulae odoratae).
Herba Medicago sativae: s. Medicago sativa.
Herba Meliloti: s. Melilotus officinalis (Meliloti herba).
Herba Melissae: s. Melissa officinalis (Melissae folium).
Herba Menthae arvensis: s. Mentha arvensis var. arvensis.
Herba Mercurialis: s. Mercurialis annua.
Herba Millefolii: s. Achillea millefolium.
Herba Monardae: s. Monarda didyma.
Herba Musci clavati: s. Lycopodium clavatum (Herba Lycopodii).
Herba Myrti brabantini: s. Myrica gale (Folia Myrti brabantini).
Herba Napelli: s. Aconitum napellus ssp. napellus (Herba Aconiti).
Herba Nasturtii: s. Nasturtium officinale.
Herba Nepetae catariae: s. Nepeta cataria.
Herba Ocimi: s. Ocimum basilicum (Basilici herba).
Herba Oenanthe crocatae: s. Oenanthe crocata.
Herba Oenotherae biennis: s. Oenothera biennis.
Herba Origani: s. Origanum vulgare.
Herba Origani cretici: **1.** s. Origanum creticum. **2.** s. Origanum onites.
Herba Parthenii: s. Tanacetum parthenium (Tanaceti partenii herba).
Herba Passiflorae: s. Passiflora incarnata (Passiflorae herba).
Herba Patchouli: s. Pogostemon cablin (Folia Patchouli).
Herba Petroselini: s. Petroselinum crispum ssp. crispum.
Herba Pichi-Pichi: s. Fabiana imbricata (Herba Fabianae imbricatae).
Herba Pirolae umbellatae: s. Chimaphila umbellata.
Herba Plantaginis lanceolatae: s. Plantago lanceolata (Plantaginis lanceolatae herba).
Herba Plantaginis majoris: s. Plantago major.
Herba Plumbaginis: s. Plumbago europaea.
Herba Podagrariae: s. Aegopodium podagraria (Herba Aegopodii podagrariae).

Herba Polygalae amarae cum Radicibus: s. Polygala amara.
Herba Polygoni avicularis: s. Polygonum aviculare (Polygoni avicularis herba).
Herba Polygoni hydropiperis: s. Polygonum hydropiper.
Herba Prenanthes serpentariae: s. Prenanthes serpentaria.
Herba Ptarmicae: s. Achillea ptarmica.
Herba Pulegii: s. Mentha pulegium.
Herba Pulegii americana: s. Hedeoma pulegioides (Herba Hedeomae).
Herba Pulmonariae: s. Pulmonaria officinalis (Pulmonariae herba).
Herba Pulmonariae arboreae: s. Lobaria pulmonaria (Lichen Pulmonarius).
Herba Pulsatillae: s. Pulsatilla pratensis.
Herba Rhois toxicodendri: s. Toxicodendron quercifolium (Folia Toxicodendri).

H

Herbarium: Herbar; Sammlung getrockneter, meist gepresster u. auf Papierbögen geklebter Pflanzen(teile). Wichtige Dokumentation für Pflanzensystematik (Herbarblätter dienen als Belegexemplare für neu gefundene Pflanzenarten).
Herba Rorellae: s. Drosera rotundifolia (Herba Droserae).
Herba Rosmarini silvestris: s. Ledum palustre (Herba Ledi palustris).
Herba Rubi Idaei: s. Rubus idaeus (Rubi idaei folium).
Herba Rumicis acetosae: s. Rumex acetosa.
Herba Ruperti: s. Geranium robertianum (Herba Geranii robertiani).
Herba Rutae: s. Ruta graveolens.
Herba Sabinae: s. Juniperus sabina (Summitates Sabinae).
Herba Sanguinalis: s. Verbena officinalis (Verbenae herba).
Herba Sanguinariae: s. Capsella bursa-pastoris (Bursae pastoris herba).
Herba Sanguisorbae: s. Sanguisorba officinalis.
Herba Saniculae: s. Sanicula europaea.
Herba Santa: s. Eriodictyon californicum (Folia Eriodictyonis).
Herba Sarothamni scoparii: s. Cytisus scoparius (Sarothamni scoparii herba).
Herba Saturejae: s. Satureja hortensis.
Herba Scabiosae: s. Knautia arvensis.
Herba Scordii vulgaris: s. Teucrium scordium.
Herba Scrophulariae: s. Scrophularia nodosa.
Herba Sedi acri: s. Sedum acre.
Herba Senecionis jacobaeae: s. Senecio jacobaea.
Herba Senecionis vulgaris: s. Senecio vulgaris.
Herba Serpylli: s. Thymus serpyllum (Serpylli herba).
Herba Sideritidis: **1.** s. Stachys recta. **2.** s. Sideritis hirsuta.
Herba Solani nigri: s. Solanum nigrum.
Herba Soldanellae: s. Calystegia soldanella.
Herba Solidaginis aureae: s. Solidago virgaurea (Solidaginis virgaureae herba).
Herba Solidaginis giganteae: s. Solidago gigantea (Solidaginis herba).
Herba Spartii scoparii: s. Cytisus scoparius (Sarothamni scoparii herba).
Herba Spigeliae: s. Spigelia anthelmia.
Herba Spilanthis oleraceae: s. Spilanthes oleracea.
Herba Spiraeae ulmariae: s. Filipendula ulmaria.
Herba Stellariae mediae: s. Stellaria media.
Herba Stramonii recens: s. Datura stramonium.
Herba Symphyti: s. Symphytum officinale.
Herba Tabaci: s. Nicotiana tabacum (Folia Nicotianae).
Herba Tanaceti: s. Tanacetum vulgare.
Herba Taraxaci: s. Taraxacum officinale.
Herba Teucrii: **1.** s. Teucrium marum. **2.** s. Teucrium montanum. **3.** s. Teucrium polium ssp. polium.
Herba Teucrii chamaedryos: s. Teucrium chamaedrys (Herba Chamaedrys).
Herba Teucrii scorodoniae: s. Teucrium scorodonia.
Herba Thujae occidentalis: s. Thuja occidentalis (Summitates Thujae).
Herba Thymi: s. Thymus vulgaris (Thymi herba).
Herba Tropaeoli: s. Tropaeolum majus.
Herba Tussilaginis: s. Tussilago farfara (Farfarae folium).
Herba Urticae: s. Urtica-Arten (Urticae herba).
Herba Verbasci: s. Verbascum-Arten (Folia Verbasci).
Herba Verbenae: s. Verbena officinalis (Verbenae herba).
Herba Verbenae odoratae: s. Aloysia triphylla.
Herba Veronicae: s. Veronica officinalis (Veronicae herba).
Herba Vincae pervincae: s. Vinca minor.
Herba Violae odoratae: s. Viola odorata.
Herba Violae tricoloris: s. Viola tricolor (Violae herba cum floris).
Herba Virgaureae: s. Solidago virgaurea (Solidaginis virgaureae herba).
Herba Visci albi: s. Viscum album (Visci herba).
Herbivore: Pflanzenfresser.
Herbizide: chem. Unkrautvertilgungsmittel; s. Schädlingsbekämpfungsmittel.
Herbstzeitlose: s. Colchicum autumnale.
Herbstzeitlosenknollen: s. Colchicum autumnale (Bulbus Colchici).
Herbstzeitlosensamen: s. Colchicum autumnale (Colchici semen).
Herdinfektion: s. Fokalinfektion.
hereditär: erblich.
Hermaphroditismus: Intersexus, Zwitterbildung; Bez. für die Kombination des normalen männl. od. weibl. Karyotyps* mit versch. Anomalien des gonadalen u. genitalen Geschlechts.
Herniaria-Arten: Harnkraut, Bruchkraut; Fam. Caryophyllaceae. **Herniaria hirsuta L.**, Behaartes Bruchkraut (Süd- u. Mitteleuropa) u. **Herniaria glabra L.**, Kahles Bruchkraut (nördl. Europa bis Südskandinavien u. Schottland) sind Stpfl. von **Herniariae herba:** Herba Herniariae, Bruchkraut, Harnkraut, Tausendkorn. **Off.:** ÖAB90, DAC; **Inhaltsst.:** ca. 3 bis über 10 % Triterpensaponine (Bisdesmoside der Medicagensäure, daneben auch der 16-α-Hydroxymedicagensäure, Gypsogensäure* als Aglyka, Strukturformeln s. Saponine, Tab. 1), ca. 0.2-1.2 % Flavonoide, ca. 0.8 % Cumarine* wie Herniarin*, Gerbstoffe, äther. Öl; **Anw.:** Harnwegdesinfiziens; volkstüml.: als Blutreinigungsmittel; **Zuber.:** Spec. urologicae.

Herpes-Viren
Humanpathogene Herpes-Viren und deren typische Krankheitsbilder

Typ	Herpes-Virus	synonym	typische Krankheitsbilder
HHV-1	Herpes-simplex-Virus Typ 1 (α-Herpes-Viren)	HSV-1	Stomatitis aphtosa, ulcerosa, Herpes labialis, nasalis; Keratitis herpetica; Enzephalitis
HHV-2	Herpes-simplex-Virus Typ 2 (α-Herpes-Viren)	HSV-2	Herpes genitalis, Meningitis; cave: klinische Krankheitsbilder dieser beiden HSV-Typen nicht immer streng getrennt
HHV-3	Varizella-Zoster-Virus (α-Herpes-Viren)	VZV	Varizellen, Zoster; prä- und perinatale Infektionen
HHV-4	Zytomegalie-Virus (β-Herpes-Viren)	CMV	Hepatitis; pränatale Erkrankungen mit ZNS-Defekten; bei AIDS: generalisierte Infektionen (Pneumonie, Retinitis, Kolitis); seltener Mononukleose-ähnliche Verläufe
HHV-5	Epstein-Barr-Virus (γ-Herpes-Viren)	EBV	infektiöse Mononukleose (Pfeiffersches Drüsenfieber), Hepatitis
HHV-6	Humanes-Herpes-Virus Typ 6 ·(β-Herpes-Viren)	HHV-6	Drei-Tage-Fieber (Exanthema subitum oder Roseola infantum); Mononukleose-ähnliches Syndrom
HHV-7	Humanes-Herpes-Virus Typ 6 (β-Herpes-Viren)	HHV-7	Erstbeschreibung 1991; Pityriasis rosea (?), unklare Fieberzustände
HHV-8	Humanes-Herpes-Virus Typ 8 (γ-Herpes-Viren)	HHV-8	Hauptfaktor bei der Entstehung des Karposi-Sarkoms bei AIDS-Patienten

Hom: *Herniaria glabra (HAB1.4)*: frisches, blühendes Kraut.

Herniarin: Umbelliferonmethylether, Strukturformel s. Cumarine (Abb.).

Hernie: Bruch; i.e.S. Eingeweidebruch mit sackartiger Ausstülpung des parietalen Bauchfells durch Bauchwandlücken od. -schwachstellen u. Hervortreten von Eingeweiden od. Organteilen aus der Bauchhöhle.

Heroin: s. Diacetylmorphinhydrochlorid.

Herpes simplex: Viruserkrankung durch Primärinfektion mit Herpes-simplex-Virus od. durch Reaktivierung von in Ganglien persistierenden Viren; vgl. Herpes-Viren. **Symptome:** Juckreiz u. Spannungsgefühl, dann gruppierte Bläschen auf gerötetem Grund, die zu Krusten eintrocknen u. nach 8-10 Tagen narbenlos abheilen; **Lokalisation:** meist Lippen (Herpes labialis) od. Vulva bzw. Penis (Herpes genitalis), aber auch im Gesicht (v.a. Naseneingang); **Ther.:** z.B. mit Nucleosid*-Antimetaboliten wie Idoxuridin, Moroxidin, Vidarabin, Aciclovir, Famciclovir, Penciclovir; ferner Carbenoxolon, geeignete hydrophile Zuber. aus Melissa officinalis, Zinksulfat*-Gel.

Herpes-Viren: Herpesviridae; Fam. kub. DNA-Viren mit einer Hüllmembran u. linear-doppelsträngiger DNA. **Übertragung:** direkte u. indirekte Kontaktinfektion; diaplazentar; einige Herpes-Viren sind in ihren nat. Wirten od. in Versuchstieren onkogen; **Unterteilung:** **1.** Alphavirinae: u.a. Herpes-simplex-Virus (HSV-1 u. -2 bzw. HHV-1 u. -2, s. Herpes simplex) u. Varicella-Zoster-Virus (=HHV-3, s. Windpocken, Zoster); **2.** Betavirinae: u.a. Zytomegalie-Virus bei Mensch (=HHV-5, Zytomegalie; **3.** Gammavirinae: u.a. Epstein*-Barr-Virus, s. Mononukleose, infektiöse; s. Tabelle.

Herpes zoster: s. Zoster.

Herrgottslöffel: s. Drosera rotundifolia (Herba Droserae).

Herstellungsprotokoll: schriftl., vollständige Protokollierung der Herst. einer Arzneimittelcharge, die vom Herstellungsleiter mit Datum u. Unterschrift zu versehen ist. Damit wird bestätigt, dass das Arzneimittel entspr. der Herstellungsanweisung hergestellt u. mit der vorgeschriebenen Packungsbeilage versehen wurde. Die weiteren Anforderungen an die Dokumentation der Herst. ergeben sich aus dem GMP*-Leitfaden.

Hertz: s. Frequenz.

Herz: muskuläres Hohlorgan mit der Aufgabe, durch wechselnde Kontraktion (Systole*) u. Erschlaffung (Diastole*) von Vorhöfen u. Kammern den Blutstrom in den Gefäßen in Bewegung zu halten. Das H. unterliegt einem autonomen Erregungsbildungs- u. Erregungsleitungssystem (s. Sinusknoten, AV-Knoten), seine Tätigkeit wird aber auch durch Sympathikus* u. Parasympathikus* beeinflusst.

Herzblock: Störung der Erregungsleitung des Herzens. **atrioventrikulärer Herzblock:** s. AV-Block.

Herzgespann: s. Leonurus cardiaca.

Herzglykoside: s. Glykoside, herzwirksame.

Herzheil: s. Leonurus cardiaca.

Herzinfarkt: Myokardinfarkt; Nekrose* eines umschriebenen Herzmuskelbezirks meist als akut auftretende Komplikation bei koronarer Herzkrankheit*. **Urs.:** anhaltende krit. Mangeldurchblutung bei Koronarinsuffizienz* od. Koronargefäßspasmen; **Ther.:** **1.** Schmerzbekämpfung mit Nitroglycerol u. Analgetika* (v.a. Opiate, Opioide), evtl. Sedierung (Benzodiazepinderivate); **2.** bei Vorliegen der Voraussetzungen möglichst frühzeitige koronare Thrombolyse (z.B. mit Streptokinase) od. Herzkatheterisierung u. Koronarangiographie mit Aufweitung der Koronararterien durch Ballonkatheter, Laser od. Ultrafräsen, ggf. in Kombination mit der Implantation einer Gefäßprothese; **3.** medikamentös: evtl. Atropin; Nitropräparate (z. B. Isosorbiddinitrat), Betarezeptorenblocker, ACE*-Hemmer, ggf. zusätzl. Antihypertensiva* (z. B. Urapidil) u. Antiarrhythmika*, evtl. antiarrhythm. Prophylaxe (z. B. mit Lidocain), positiv inotrope Substanzen (Dopamin-/Dobutamininfusion); zur Thromboseprophylaxe Antikoagulanzien*; **4.** nach Abschluss der Akutther. Durchführung einer Koronarangiographie zur Klärung der weiteren Therapie (medikamentös, Angioplastie, Bypass-Operation); **Prognoseverbesserung:** Acetylsalicylsäure*, Betarezeptorenblockern u. ACE-Hemmer.

Herzinsuffizienz: syn. Myokardinsuffizienz, Herzmuskelschwäche; unzureichende Funktion des Herzens, bei der das Herz nicht mehr imstande ist, eine den Anforderungen entspr. Förderleistung zu erbringen. **Einteilung:** **1.** nach dem betroffenen Herzabschnitt in Rechts-, Links- od. Globalinsuffizienz; **2.** nach der Stabilität eines durch physiol. u. therap. Mechanismen beeinflussten Gleichgewichts in kompensierte u. dekompensierte H.; **3.** nach dem Verlauf in akute u. chron. H.; **4.** nach dem Schweregrad in Ruhe- od. Belastungsinsuffizienz; **5.** nach der New York Heart Association (Abk. NYHA) in vier Schweregrade; **Urs.:** z. B. Herzinfarkt*, Herzrhythmusstörungen*, koronare Herzkrankheit*, Klappenfehler; **Ther.:** z. B. ACE*-Hemmer, Diuretika*, Glykoside*, herzwirksame; positiv inotrope Substanzen, organische Nitrate.

H

Herzklappe, künstliche: Endoprothese* als Ersatz für eine defekte Herzklappe. **1.** aus Kunststoff bestehend, meist als Kippscheibenprothese, Doppelflügelklappe od. Kugelklappe; **2.** als Bioprothese von Organspendern od. Schweinen.

Herzkrankheit, koronare: Abk. KHK, ischäm. Herzerkrankung; Erkrankung uneinheitl. Ätiologie, die pathophysiol. durch ein Missverhältnis zw. Sauerstoffangebot u. -bedarf des Herzmuskelgewebes gekennzeichnet ist. **Urs.:** v. a. Arteriosklerose der Herzkranzgefäße (s. Koronarsklerose); **Risikofaktoren:** z. B. Nicotinkonsum, Hypertonie*, Hyperlipidämie*, Diabetes* mellitus, Adipositas*, Bewegungsmangel, Stress*; **Manifestationen:** z. B. Angina* pectoris, Herzinfarkt*, Herzinsuffizienz*, Herzrhythmusstörungen*, akuter Herztod; **Ther.:** **1.** Pharmakother. mit org. Nitraten*, Molsidomin*, Calciumantagonisten*, Betarezeptorenblocker (s. Sympatholytika); prophylaktisch Acetylsalicylsäure*; **2.** Revaskularisation durch z. B. Koronarangioplastie (PTCA), Stent-Implantation, aortokoronarer Bypass.

Herzmittel: s. Kardiaka.

Herzrhythmusstörungen: Bez. für alle Veränderungen der elektr. Herztätigkeit, die durch eine unregelmäßige Abfolge der Erregungen (Arrhythmie), eine Abweichung von der normalen Herzfrequenz od. eine Störung des zeitl. Ablaufs der einzelnen Herzaktionen gekennzeichnet sind. **Einteilung:** anhand **1.** Herzfrequenz: bradykard, tachykard; **2.** Lokalisation: supraventrikulär, ventrikulär; **3.** Entstehungsmechanismus: Erregungsbildungsstörungen u. Erregungsleitungsstörungen; **Urs.:** **1.** org. Herzerkrankungen; **2.** Elektrolytstörungen; **3.** vegetative u. psychosomat. Störungen; **4.** Medikamente (z. B. herzwirksame Glykoside*, Psychopharmaka); **5.** endokrinolog. Störungen (v. a. der Schilddrüsenfunktion); **Ther.:** z. B. Antiarrhythmika*.

Herzsamen: s. Cardiospermum halicacabum.

Herzschrittmacher: Sinusknotenersatz; elektron., batteriebetriebener Impulserzeuger, dessen elektr. Impulse über Elektroden im Herz das Myokard anregen. Typen: **1.** temporäre H.: der Impulsgeber liegt außerhalb des Körpers (Bettruhe erforderl.); **2.** permanente H.: der Impulsgeber wird operativ in einer Hauttasche im Bereich des rechten Brustmuskels eingesetzt, meist als Demand-Schrittmacher (Bedarfs-Schrittmacher): **a)** Einkammerschrittmacher: nur eine Sonde im Vorhof od. in der Kammer; **b)** Zweikammerschrittmacher: je eine Sonde in Vorhof u. Kammer, auch AICD (automatic implantable cardioverter defibrillator); der Tachykardien erkennen u. selbständig mit Elektroschocks behandeln kann (Defibrillation).

Hesperetin: 3',5,7-Trihydroxy-4'-methoxy-flavanon; $C_{16}H_{14}O_6$; Flavanonderivat, Strukturformel s. Flavonoide (Tab.). Aglykon des Hesperidins*; farblose Kristalle, unlösl. in Wasser, lösl. in Ethanol u. Ether.

Hesperidin: Hesperetin-7-rhamnoglucosid, Hesperetin-7-rutinosid; $C_{28}H_{34}O_{15}$; M_r 610.55; unlösl. in Wasser, Ether, Chloroform, wenig lösl. in Ethanol, lösl. in verd. Alkalilaugen u. in Pyridin. **Vork.:** z. B. in Apfelsinen, Pomeranzen, Zitronen, Paprikaschoten; **Wirk.:** antiödematös; **Anw.:** Venenerkrankungen.

HETE: Abk. für **H**ydroxy-**e**icosa**te**traensäure, s. Eicosanoide; vgl. Hormone (Gewebehormone).

Hetero- (gr. verschieden, andersartig): Vorsilbe, die die Uneinheitlichkeit ausdrücken soll, vgl. Homo-.

Heteroantikörper: Antikörper, heterologe; **1.** Xenoantikörper; gegen artfremde Antigene gerichtete spezif. Antikörper*. **2.** von einer anderen Tierspezies stammende Antikörper.

Heteroatome: Nichtkohlenstoffatome (mit Ausnahme von Wasserstoff), die in org. Ring- od. Kettenverb. eingebaut sind, z. B. Stickstoff, Sauerstoff od. Schwefel; vgl. Verbindungen, heterocyclische.

Heteroauxin: s. Auxine.

heterochlamydeisch: s. Blüte (Blütenteile).

Heterochromatin: hoch kondensierte Form des Chromatins*; vgl. Euchromatin.

heterözisch: Eigenschaft von Organismen, die 2 Wirtsorganismen zur vollständigen Entwicklung benötigen, z. B. Rostpilze.

heterogen (gr. eteros verschieden, anders; genesis Entstehung): verschiedenartig; Ggs. homogen*.

Heteroglykane: s. Kohlenhydrate.

Heterolyse: Spaltung einer kovalenten Bindung, so dass das bindende Elektronenpaar bei einem Spaltprodukt verbleibt u. ein Anion u. ein Kation entsteht; vgl. Homolyse.

heteromorph: verschiedengestaltig; **heteromorpher Generationswechsel** s. Generationswechsel.

Heterophyllie: (bot.) das Auftreten völlig versch. aussehender Blätter an einer Pflanze; Beispiele sind die Jugend- u. Altersblätter bei Hedera- od. Eucalyptus-Arten; vgl. Anisophyllie.

Heteroseren: Testseren mit bekannten Antikörpern gegen artfremde Antigene.

Heteroside: Glykoside*, die aus Zucker u. Aglykon bestehen. Im Ggs. dazu setzen sich Holoside nur aus glykosid. miteinander verbundenen Zuckermolekülen (Monosaccharide) zusammen.

Heterosis: Hybridisierung, bei der die F_1-Generation eine bessere Wüchsigkeit besitzt als beide Eltern.

Heterosporie: Verschiedensporigkeit; H. liegt vor, wenn Organismen zweierlei Sporen, Mikro- u. Makrosporen (Megasporen), bilden. Sie findet sich bei allen Samenpflanzen u. bei einigen Farnen.

Heterotheca inuloides Cass.: Mexikanische Arnika; Fam. Asteraceae (Compositae) (Mexiko); v. a. die Blüten werden zur Verfälschung von Arnica* montana verwendet. Heterotheca inuloides enthält keine Sesquiterpenlactone u. kein Phytomelan.

Heterotrophie: Abbauernährung, Umbauernährung; artfremde Ernährung von Mensch u. Tier durch tier. u. pflanzliches Material, im Ggs. zu der autotrophen Ernährung der Pflanzen (Photosynthese). **Heterotrophe Bakt.** leben vom Abbau org. C- u. N-Verb. (Saprophyten u. Parasiten); vgl. Autotrophie.

heterozygot: gemischterbig; Eigenschaft von Organismen, die an demselben Genort ihrer homologen Chromosomen zwei versch. Allele besitzen. Ggs.: homozygot*.

Heublumen: Flores Graminis; die Infloreszenzen versch. Poaceae (Gramineen) mit einem je nach Herkunft, Erntezeit u. a. schwankenden Anteil an Haaren von Blütenspelzen (dem Staub). **Inhaltsst.:** Spuren von äther. Öl u. Gerbstoff, Carotine u. Vit. D in wechselnden Mengen; die Zstzg. ist abhängig von der Art der Gew., dem Zeitpunkt der Ernte u. der Provenienz. **Anw.** volkstüml.: Kneippmittel, zu Bädern u. Packungen (feuchtheiße Kompressen) mit schmerzstillender Wirk. bei Erkrankungen des rheumat. Formenkreises, Hexenschuss u. Erfrierungen; zur Inhalation, für Extrakte u. Salben; **UAW:** Allergien.

Heufieber: s. Pollinosis.

Heusamen: s. Plantago afra (Psyllii semen).

Heusamen, Griechischer: s. Trigonella foenumgraecum (Trigonellae foenugraeci semen).

Heuschnupfen: s. Rhinitis allergica.

Hevea brasiliensis: Stpfl. von Kautschuk*.

Hexa- (gr.): Präfix für sechs.

Hexachlorbenzol: Abk. HCB, Perchlorbenzol; C_6Cl_6; CAS-Nr. 118-74-1; M_r 284.8; Schmp. 231 °C, Sdp. 323-326 °C. Weiße, sublimierbare Nadeln; prakt. unlösl. in Wasser, wenig lösl. in Ethanol, lösl. in Chloroform u. Ether. H. ist aufgrund der früheren Anw. als Fungizid (z. B. zum Beizen von Getreide) u. wegen der Entstehung bei der Verbrennung versch. Stoffe z. B. in Müll od. Industrieabfall ein ubiquitäres Biozid*, das sich auch in Lebensmitteln u. Muttermilch nachweisen lässt, da es biol. kaum abgebaut wird; s. Schädlingsbekämpfungsmittel (chlorierte Kohlenwasserstoffe), Tabelle.

Hexachlorcyclohexan: Abk. HCH; mehrere Isomere. **1.** α-HCH: 158 °C aus Ethanol; unlösl. in Wasser; lösl. 1:22.8 in Chloroform bei 15.25 °C; 1:15.4 in Benzol bei 18.25 °C. **2.** β-HCH: 312 °C aus Ethanol; lösl. 1:775 in Chloroform bei 20 °C; 1:213 in Benzol bei 17.25 °C. **3.** γ-HCH: Lindan*; Schmp. 112.5 °C; lösl. 1:13.5 in Chloroform bei 20 °C, 1:19 in Ethanol, 1:2 in Aceton, 1:5.5 in Ether, 1:3 in Benzol; unlösl. in Wasser; Strukturformel u. weitere Angaben s. Lindan; Schädlingsbekämpfungsmittel (chlorierte Kohlenwasserstoffe), Tabelle.

Hexachlorethan: Perchlorethan, Carboneum trichloratum, Carboneum sesquichloratum, Carboneum sesquichloratum; C_2Cl_6, M_r 236.76. Schmp. 186.8 °C, sublimiert. D. 2.091. Weiße, campherähnl. riechende Kristalle od. Pulver, lösl. in Ethanol, Chloroform, Benzol, unlösl. in Wasser. **Off.:** ÖAB81. **Anw.** techn.: Ersatz zur Herst. von Celluloid* u. Sprengstoffen, zu Mottenmitteln; vet.: Anthelminthikum*. **Tox.:** nieren- u. leberschädigend.

H

Hexachlorophen INN: 2,2'-Methylen-bis(3,4,6-trichlorphenol); $C_{13}H_6Cl_6O_2$, M_r 406.92. Schmp. 160-164 °C (polymorph). Weißes, krist. Pulver, unlösl. in Wasser, lösl. in Aceton, Ether, Ethanol, Vaselin, Lanolin u. in fetten Ölen. Stark bakterizide Substanz. Das Wachstum von Staphylococcus aureus auf Agar wird durch H. noch in einer Verd. von 1:8 Mio verhindert. **Off.:** DAC79, ÖAB81; **Anw.:** zur Desinfektion u. Desodorierung der Haut, in Seifen u. Salben 1-2 %. Aufgrund seiner Neurotoxizität wird die Anw. eingeschränkt; es sollte nur noch verwendet werden, wenn es auf Dioxine geprüft wurde.

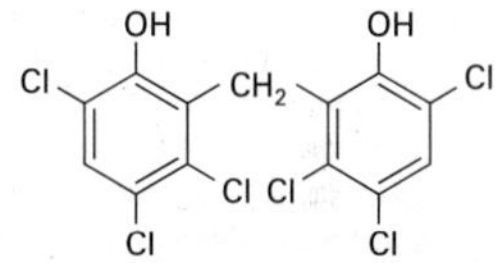

Hexachlorophen

Hexachloro-platin(IV)-säure: s. Platin(IV)-chlorid.

Hexachloroplatin(IV)-wasserstoffsäure: s. Platin-(IV)-chlorid.

Hexacyanoeisen(II)-säure: Ferrocyanwasserstoffsäure, Eisen(II)-cyanwasserstoffsäure, Cyanoeisen(II)-säure, Acidum ferrohydrocyanicum; $H_4[Fe(CN)_6]$. Weißes, krist. Pulver, das sich an der Luft infolge Zers. bläut, leicht lösl. in Wasser u. Ethanol, beim Kochen mit verd. Salzsäure entwickelt es Blausäure. Das Kaliumsalz der H. ist das gelbe Blutlaugensalz Kaliumhexacyanoferrat(II)*.

Hexacyanoeisen(III)-säure: Ferricyanwasserstoffsäure, Eisen(III)-cyanwasserstoffsäure; $H_3[Fe(CN)_6]$. Das Kaliumsalz der H. ist das rote Blutlaugensalz Kaliumhexacyanoferrat(III)*.

Hexacyanoferrate: Eisen-Cyanid-Komplexe. Beispiel: Berliner* Blau.

n-Hexadecylsäure: s. Palmitinsäure.

Hexadienoestrol: s. Dienestrol.

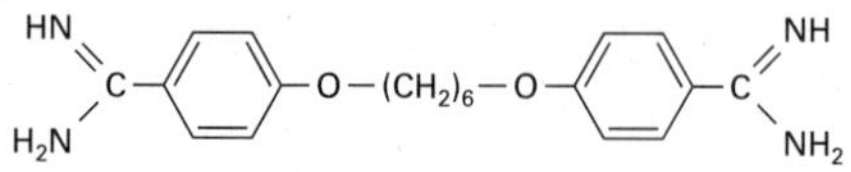

Hexamidin

Hexafluorokieselsäure: Acidum hydrosiliciofluoricum, Fluorokieselsäure, Kieselflusssäure, Fluorkieselsäure, Kieselfluorwasserstoffsäure, Silicium-Fluorwasserstoffsäure; $H_2(SiF_6)$, M_r 144.11. Farblose rauchende Flüssigkeit. Die wässrigen Lsg. können in Glasgefäßen aufbewahrt werden, da die Säure Glas nicht angreift. Ihre Salze heißen Hexafluorosilicate od. Silicofluoride, die techn. Produkte bezeichnet man meist als Fluate. **Anw.:** in der Analyse zum Nachw. von Kalium u. Barium; ferner dienen die Säure u. ihre Salze als Holzschutzmittel (s. Holzschutz), als Reinigungsmittel für Kupfer- u. Messinggefäße sowie zur Entkeimung (in Verd. 1 : 1 Mill.).

H

Hexafluorosilicate: Salze der Hexafluorokieselsäure*.

hexagonal: s. Kristalle.

Hexahydroadiphenin: s. Drofenin.

Hexahydrobenzol: s. Cyclohexan.

Hexahydropyridin: s. Piperidin.

Hexahydroxydiphensäure: s. Ellagsäure.

Hexal: s. Methenamin, saures sulfosalicylsaures.

Hexalin: s. Cyclohexanol.

Hexamethoniumbromid INN: Hexamethonii bromidum, C6; CAS-Nr. 55-97-0; $C_{12}H_{30}Br_2N_2$, M_r 362.21. Schmp. 274-276°C. Sehr leicht lösl. in Wasser, 1:60 in Ethanol; unlösl. in Aceton, Chloroform, Ether. **Anw.:** Ganglienblocker, früher Hypotensivum; durch kompetitive Hemmung sympath. Ganglien wird die periphere Durchblutung erhöht, der Blutdruck aber gesenkt; daneben lähmt das Pharmakon Harnblase u. Darm; nur noch von experimenteller Bedeutung; **UAW:** orthostat. Dysregulation, Darmatonie, Akkomodationsstörungen; **Dos.:** parenteral initial (s.c., i.m.) 5-15 mg/d, kann bis max. 0.5 g/d gesteigert werden; oral Initialdos. 0.5 g/d in 2-4 geteilten Dosen. Gebräuchl. ist auch Hexamethonium.

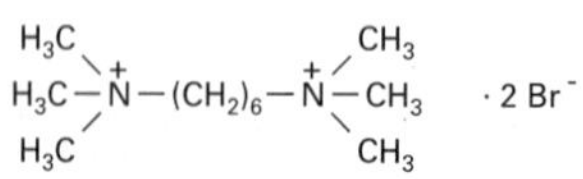

Hexamethoniumbromid

Hexamethylen: s. Cyclohexan.

Hexamethylendiamin: 1,6-Hexandiamin; $H_2N-(CH_2)_6-NH_2$. Schmp. 39 °C. Sdp. 196 °C. Seidenglänz. Blättchen, lösl. in Wasser u. Ethanol. **Anw.:** wichtiger Rohstoff für die Nylon-Herst.; s. Adipinsäure.

Hexamethylentetramin: s. Methenamin.

Hexamidin INN: 4,4'-(Hexamethylendioxy)dibenzamidin; CAS-Nr. 3811-75-4; $C_{20}H_{26}N_4O_2$, M_r 354.4. **Anw.:** lokales Chemotherapeutikum* mit bakteriziden, bakteriostat. u. fungistat. Eigenschaften; verwendet wird eine 1%ige Lsg. bei Infektionen der Augen, Ohren, Haut u. Schleimhäute (Mundspülungen). **Hexamidindiisetionat:** Hexamidini diisetionas Ph.Eur.4; CAS-Nr. 659-40-5; $C_{24}H_{38}N_4O_{10}S_2$, M_r 607. Wenig lösl. in Wasser; schwer lösl. in Ethanol, praktisch unlösl. in Dichlormethan.

Hexamin: s. Methenamin.

Hexan: C_6H_{14}, M_r 86.17. Sdp. 69 °C. **Vork.:** Best. des Steinkohlenteers u. Petroleums. **Anw.:** Lösungsmittel.

1,6-Hexandicarbonsäure: s. Suberinsäure.

Hexandisäure: s. Adipinsäure.

Hexcarbacholinbromid INN: Hexcarbacholini bromidum, Cholin-bromid-hexamethylendicarbamat, *N,N*-Hexamethylen-bis(*O*-carbamoylcholin)dibromid; *N,N,N,N,N,N*-Hexamethyl-4,13-dioxo-3,14-dioxa-5,12-diazahexadecamethylendiammonium-dibromid; CAS-Nr. 306-41-2; $C_{18}H_{40}Br_2N_4O_4$, M_r 536.38. Schmp. 174-176 °C (kristallisiert aus Ethanol). **Anw.:** früher peripheres, depolarisierendes Muskelrelaxans*; aufgrund der langen Wirkdauer (1-2 h) nur bei Tetanus.

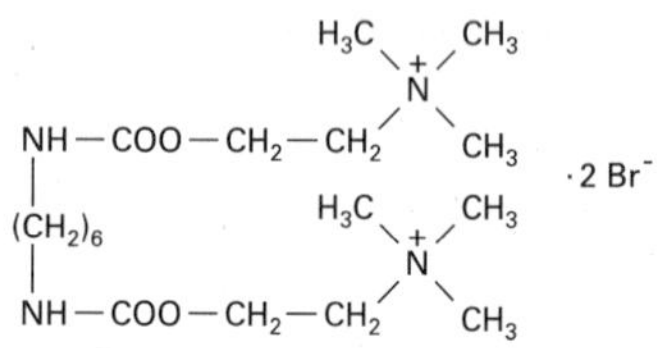

Hexcarbacholinbromid

Hexenbesen: s. Pilze (Ascomycetes).

Hexenhasel: s. Hamamelis virginiana.

Hexenkraut: **1.** s. Lycopodium clavatum. **2.** s. Hypericum perforatum.

Hexenmehl: s. Lycopodium clavatum (Lycopodium).

Hexenmilch: Lac neonatorum; milchähnl. Flüss., die sich aus den Brustdrüsen Neugeborener beiderlei Geschlechts auf Druck entleert. **Urs.:** Wirkung mütterl. Hormone.

Hexenschuss: s. Lumbago.

Hexestrol: Hexoestrolum, Hexanöstrolum, Dihydrostilböstrol, Synestrol; *meso*-3,4-Di-(*p*-hydroxyphenyl)-hexan; CAS-Nr. 84-16-2; $C_{18}H_{22}O_2$, M_r 270.4. Weißes, krist. Pulver; unlösl. in Wasser, leicht lösl. in Ethanol, Ether. **Anw.:** s. Estradiol.

Hexetidin INN: Hexetidinum Ph.Eur.4; 5-Amino-1,3-bis(2-ethylhexyl)-hexahydro-5-methylpyrimidin; CAS-Nr. 141-94-6; $C_{21}H_{45}N_3$, M_r 339.59. Sdp.

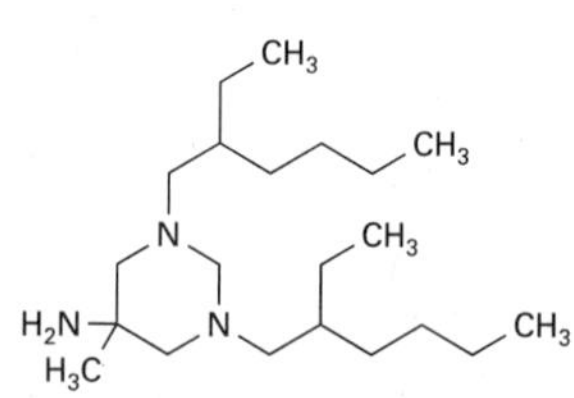

Hexetidin

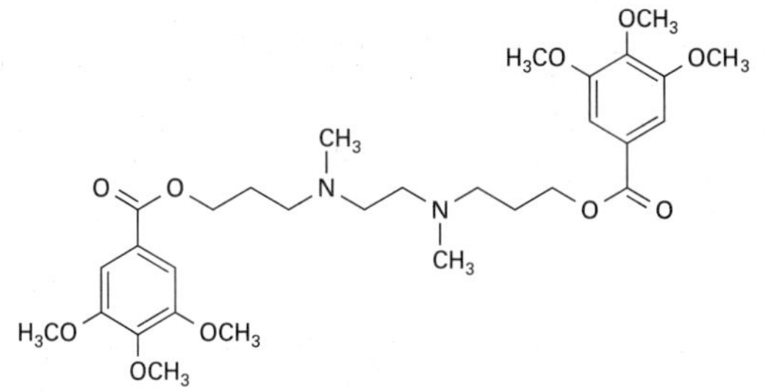

Hexobendin

160 °C (53.3 Pa). $n_D^{20°C}$ 1.4668; d_{20}^{20} 0.8889. Farblose Flüss., schwach aminartiger Geruch; lösl. in Petrolether, Methanol, Benzol; leicht lösl. in Ethanol, Chloroform, lösl. in Wasser 1:10 000. **Anw.**: Desinfiziens, Mundhygiene; **UAW:** Geschmacksirritation (Mund- u. Rachenraum); **Dos.**: Mundspülung 0.1 %, Rachenspray 0.2 %.

Hexetylamincitrat: Hexetylamini citras, Hexetylaminum citricum; DL-2-Diethylaminoethyl-α-cyclohexylbutyrat-dihydrogencitrat; $C_{22}H_{39}NO_9$, M_r 461.6. Schmp. 132-135 °C. Weißes, krist. Pulver; lösl. in Wasser, Ethanol. **Off.**: DAC86; **Anw.**: Spasmolytikum*, Antihistaminikum*; **Dos.**: 2-4 mg.

Hexite: 6-wertige Alkohole, Kohlenwasserstoffe mit 6 OH-Gruppen, der allg. Formel $HOCH_2-(CHOH)_4-CH_2OH$. Reduktionsprodukte der Hexosen*, sie reduzieren jedoch Fehling*-Reagens nicht u. sind nicht vergärbar; gut kristallisierende, süß schmeckende Substanzen, z. B. Mannitol*, Sorbitol*.

Hexobarbital INN: Hexobarbitalum Ph.Eur.4, Acidum methylcyclohexenylmethylbarbituricum; 5-(1-Cyclohexenyl)-1,5-dimethylbarbitursäure; CAS-Nr. 56-29-1; $C_{12}H_{16}N_2O_3$, M_r 236.3. Strukturformel s. Barbiturate (Abb. 1, N-Methylbarbitursäurederivate). Schmp. 143-145 °C. Weißes, krist. Pulver, geruchlos, ohne od. mit schwach bitterem Geschmack. Wenig lösl. in Ethanol u. Ether, leicht lösl. in Chloroform, sehr schwer lösl. in Wasser, lösl. in verd. Alkalilaugen unter Salzbildung. **Anw.**: Einschlafmittel; **Dos.**: p. o. 0.25 g. MTD 1.5 g; HWZ 3-7 h. **Hexobarbital-Natrium**: Hexobarbitalum natricum, Natrium methyl-cyclohexenylmethylbarbituricum; CAS-Nr. 50-62-4; $C_{12}H_{15}N_2NaO_3$, M_r 258.3. Schmp. 143-146 °C. Weißes, krist., sehr hygroskop. Pulver; sehr leicht lösl. in Wasser u. Ethanol. **Anw.**: Injektionsnarkotikum (s. Narkotika; vgl. Barbiturate); **Dos.**: i. v. individuell; in 10 %iger Lösung.

Hexobendin INN: 4,7-Dimethyl-4,7-diazadecamethylenbis(3,4,5-trimethoxybenzoat); CAS-Nr. 54-03-5; $C_{30}H_{44}N_2O_{10}$, M_r 592.57. Schmp. 75-77 °C. **Anw.**: Koronartherapeutikum zur Früh- u. Langzeitbehandlung der Koronarinsuffizienz; **Dos.**: p. o. 2-3 × 60 mg/d; parenteral (i. m., i. v.) 5 mg/d, nur in Ausnahmefällen i. v. Infusion von 20 mg in 500 mL Infusionslsg. innerhalb 2-4 h. Gebräuchl. ist auch Hexobendin-dihydrochlorid.

Hexogen: Trimethylentrinitramin; 1,3,5-Trinitro-1,3,5-triazinan, $C_3H_6N_6O_6$, M_r 221.1. **Darst.**: Nitrierung von Methenamin* mit 98 %iger Salpetersäure. **Anw.**: hoch explosiver Sprengstoff, z. B. für Torpedos; Nagergift.

Hexokinase: Enzym, das den ersten Schritt der Glykolyse, die Phosphorylierung von Glucose zu Glucose-6-phosphat katalysiert.

Hexonbasen: veraltete Bez. für die bas. Aminosäuren Arginin, Lysin u. Histidin (mit je 6 C-Atomen).

Hexoprenalin INN: 1,12-Bis(3,4-dihydroxyphenyl)-3,10-diaza-1,12-dodecandiol; CAS-Nr. 3215-70-1; $C_{22}H_{32}N_2O_6$, M_r 420.51. Schmp. 162-165 °C (Hemihydrat). **Wirk.** u. **Anw.**: Broncholytikum*, Antiasthmatikum*, Tokolytikum bei drohender Frühgeburt, bei operativen Eingriffen am graviden Uterus. Dimeres Isoprenalin*-Derivat, selektiv auf Beta-2-Rezeptoren wirksam, lang anhaltender Schutz bei cholinerg bedingten Konstriktionen der Bronchialmuskulatur; **UAW:** Tachykardie, Hyperglykämie, nach i. v. Anw. für wenige Minuten starke Blutdrucksenkung, Brechreiz, Kopfschmerzen, Schwindel; **Kontraind.**: starke Blutungen (Vaginalblutungen), tachykarde Arrhythmie, Thyreotoxikose, Hypotonie, Myokarditis; **Dos.**: p. o. 2-3 × 0.25 mg/d während od. nach den Mahlzeiten; Dosieraerosol 0.2 mg, wiederholbar nach frühestens 5 min; nicht mehr als 12 ED/d; HWZ 0.5 h. Gebräuchl. ist auch Hexoprenalinsulfat u. Hexoprenalindihydrochlorid.

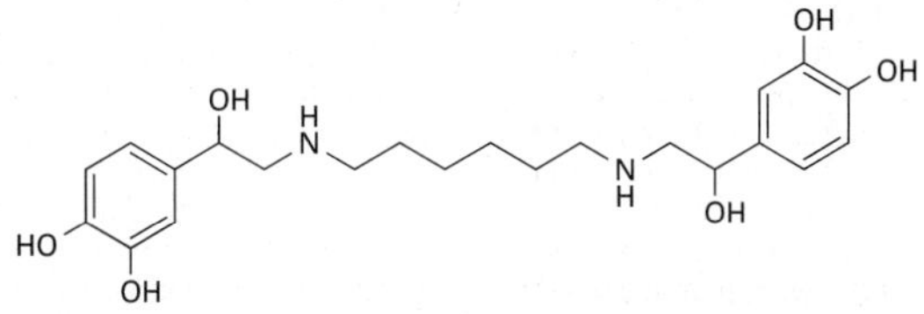

Hexoprenalin

Hexosamin: s. Glucosamin.

Hexosane: hochmolekulare Polysaccharide, die zu den Homoglykanen* gehören, aus Hexosen bestehen u. in Pflanzen verbreitet vorkommen. Beispiele sind Glucane (bestehen aus Glucose), Fructane, Mannane u. Galactane.

Hexosemonophosphatweg: s. Pentosephosphatzyklus.

Hexosen: aus sechs C-Atomen aufgebaute Aldosen, die die bedeutendste Gruppe der Monosaccharide (s. Kohlenhydrate) bilden. Alle mögl. stereoisomeren Aldohexosen (vier asymmetr. C-Atome) sind isoliert bzw. synthetisiert worden. Nat. sind D-Glucose, D-Mannose, D-Galactose sowie L- u. D-Talose sowohl als freie Zucker als auch in gebundener Form weit verbreitet. Bes. Bedeutung haben manche phosphorylierten Hexosen. H. sind ebenfalls die bd. 6-Desoxyzucker L-Rhamnose u. L-Fucose. Die den Aldohexosen entspr. Ketohexosen werden als **Hexulosen** bezeichnet. Zu ihnen gehören die nat. vorkommenden Monosaccharide D-Fructose u. L-Sorbose. H. werden von gewöhnl. Hefen vergoren. Beim Erhitzen mit verdünnten Säuren entsteht 5-Hydroxymethylfurfural, das unter Wasseraufnahme in Lävulinsäure u. Ameisensäure zerfällt.

Hexosidasen: zu den Glykosidasen gehörende Enzyme, die Glykoside od. Disaccharide, die Hexosen enthalten, spalten, z. B. Fructosidase; s. Enzyme.

Hexulosen: s. Hexosen.

Hexylresorcin: Hexylresorcinolum Ph.Eur.4; 4-Hexylbenzol-1,3-diol; CAS-Nr. 136-77-6; $C_{12}H_{18}O_2$, M_r 194.3. Schmp. 67-70 °C (polymorph). Weißes, gelbl. od. rötl., krist. Pulver von sehr schwachem Geruch; sehr schwer lösl. in Wasser, sehr leicht lösl. in Ethanol, Ether u. Methanol, leicht lösl. in Olivenöl, Rizinusöl. **Anw.:** als Anthelminthikum* obsolet; Antiseptikum **Hinweis:** in höheren Konz. Hautirritationen, Haut- u. Schleimhautverätzungen sowie Kontaktdermatitis möglich.

Hf: (chem.) Symbol für Hafnium*.

HFA: Abk. für **H**ydro**f**luor**a**lkane*.

Hg: (chem.) Symbol für Quecksilber*.

HGB: Handelsgesetzbuch.

HGH: Abk. für (engl.) ***h**uman **g**rowth **h**ormon;* s. Hormone (Hypophysenvorderlappen), Somatropin.

HHL: Abk. für **H**ypophysen**h**interlappen; s. Hormone (Hypothalamus-Hypophysen-System), Hormone (Hypophysenmittellappen).

H.I.: s. Index, hämolytischer.

Hibenzat: chem. Kurzbez. für *o*-(4-Hydroxybenzoyl)-benzoat.

Hibernation, artifizielle (lat. hibernare überwintern): syn. kontrollierte Hypothermie, pharmakol. Hibernisation, künstl. Winterschlaf; künstl. Herabsetzen der Körpertemp. des (narkotisierten) Menschen auf ca. 32-25 °C. Die Abkühlung erfolgt entw. äußerl. (Kühldecken, Eisbeutel) od. innerl. (Kühlen des Bluts), um die Hypoxietoleranz von Organen bei operativ notwendiger Reduktion der Durchblutung, spez. bei Herzoperationen, zu erreichen. Anw. finden Narkosegemische, sog. Cocktail lytique (Winterschlafcocktail), mit lytisch wirkenden Phenothiazinderivaten, z. B. Promethazin*, Pethidin* u. Dihydroergotamin; vgl. Narkose.

Hibiscus abelmoschus: s. Abelmoschus moschatus.

Hibiscus sabdariffa L.: Sabdariffeibisch, Rama; Fam. Malvaceae (Ägypten, Äthiopien, Nubien, in Indien kult., Sri Lanka, Java, Sumatra). Stpfl. von **Hibisci sabdariffae flos:** Flores Hibisci sabdariffae, Hibiscusblüten, Afrikanische Malvenblüten, Sudantee, Nubiablüten, Karkade, Rosella; die Droge besteht aus den fleischigen Innen- u. Außenkelchen. **Off.:** Ph.Eur.4; **Inhaltsst.:** 15-30 % Pflanzensäuren (Ascorbin-, Äpfel-, Wein-, Citronensäure u. a.), bis zu 28 % Hibiscussäure (Lacton einer Hydroxycitronensäure), Oxalsäure, Protocatechusäure* (Ph.Eur.4: mind. 13.5 % Säuren, ber. als Citronensäure), ca. 1-2 % Anthocyane wie Hibiscin (Delphinidin-3-xylosylglucosid, Delphinidin-3-sambubiosid) als rote u. Flavonoide wie Gossypetin u. Hibiscetin als gelbe Farbstoffe, ferner Schleimpolysaccharide u. (wenig) Pektine; **Anw.:** Aromatikum, zu Erfrischungsgetränken, zu Teegemischen, mild laxierend (die org. Säuren sind schwer resorbierbar); zur Herst. von Lebensmittelfarbstoffen.

Hom: *Sabdariffa:* getrocknete Blüten; verord. z. B. bei Venenleiden.

Hidrotika: s. Diaphoretika.

Hilfsstoffe: Adjuvanzien, Excipienten; Substanzen, die es ermöglichen, Arzneistoffe in entsprechende Arzneiformen zu überführen. Neben der reinen Trägerfunktion als Grundstoff bzw. Grundlage (engl. excipients), die der Arzneiform ihre charakterist. Eigenschaften verleiht (z. B. Vaseline als Salbengrundlage, Hartfett als Zäpfchenmasse), steuern od. optimieren H. in vielen Fällen zusätzl. die Arzneistoffwirkung. Daneben werden H. zur Änderung der äußeren Beschaffenheit wie Farbe, Geruch, Geschmack, zur Verbesserung der Haltbarkeit sowie für die Entwicklung neuer Arzneiformen eingesetzt. Manche Arzneistoffe erfüllen in geeigneter reduzierter Konz. auch eine Hilfsstofffunktion, z. B. α-Tocopherol, Ascorbinsäure. H. müssen therap. indifferent u. atoxisch sein. Ihre physiolog. Unbedenklichkeit (Verträglichkeit, Fehlen von reizenden, karzinogenen, teratogenen u. allergenen Eigenschaften) muss gewährleistet sein. In Abhängigkeit von der Arzneiform ist eine Abwesenheit von Mikroorganismen, zumindest jedoch Keimarmut erforderlich. Weiterhin müssen physik., chemische u. physik.-chemische Unverträglichkeiten (Inkompatibilität*) mit Arzneistoffen, weiteren H. u. den Behältnis- od. Verschlussmaterialien fehlen. H. sollten eine ausreichende chem., physikalische u. mikrobielle Stabilität (Haltbarkeit) aufweisen (Oxidation von Fetten u. Ölen, Ausbleichen von Farbstoffen, Zers. von Aromastoffen, Feuchtigkeitsschutz für Brausezubereitungen, mikrobieller Befall von z. B. Gelatine), Gehalts- bzw. Wertbestimmungen nicht stören u. keine negative Wirkungsbeeinflussung ausüben. Ihr Einfluss auf das Liberations- u. Resorptionsverhalten der Wirkstoffe sollte bekannt sein. Dazu kommen z. T. arzneiform- u. arzneistoffspezif. Aspekte. Für H. gelten ähnl.

Reinheitskriterien wie für Wirkstoffe, zu prüfen ist z. B. auf Schwermetalle, Feuchtigkeit, Asche, Keimgehalt, biol. Verunreinigungen (z. B. Pyrogene in Hilfsstoffe für Iniectabilia*). H. sollten eine definierte chem. Zusammensetzung u. physik. Eigenschaften besitzen, wie z. B. Schmp., Erstarrungspunkt, Viskosität*, pH*-Wert, Korngröße, Kornverteilung, spez. Drehung, Brechzahl, Säurezahl*, Iodzahl*, Peroxidzahl*, Hydroxylzahl*, Verseifungszahl*. Je nach **Verwendungszweck** unterscheidet man: **1.** Lösungsmittel, -vermittler, -beschleuniger; **2.** Salzbildner, Salze, Puffersubstanzen; **3.** Viskositäts- u. Konsistenzbeeinflusser (Verdickungsmittel, Sedimentationsverzögerer), Gelbildner (nat., halbsynthet., synthet. Makromoleküle); **4.** Tenside (Emulgatoren, Solubilisatoren, Benetzer, Entschäumer, Spreitmittel); **5.** Lipide; **6.** Antioxidanzien, Synergisten, Schutzgase u. Komplexbildner; **7.** Konservierungsmittel; **8.** Füll- u. Trägerstoffe für feste Arzneiformen, Adsorptionsmittel; **9.** Binde- u. Sprengmittel, Zerfallsbeschleuniger; **10.** Gleit- u. Schmiermittel, Formentrennmittel, Fließregulierungsmittel; **11.** Lackier- u. Dragiermittel (Filmbildner, Weichmacher, Antiklebstoffe, Dragiersirupbestandteile, Poliermittel); **12.** Retardierungsmittel; **13.** Farbstoffe u. Pigmente; **14.** Geruchs- u. Geschmackskorrigenzien; **15.** Resorptionsbeschleuniger; **16.** Feuchthaltemittel; **17.** Peptisatoren.

Hilfstaxe: s. Arzneimittelpreisverordnung.

Hill-Reaktion: lichtabhängige Sauerstoffentwicklung mit einem künstl. Oxidationsmittel (Elektronenakzeptor) bei der Photosynthese. Die natürliche H.-R. ist die Photolyse des Wassers, das nat. Hill-Reagens ist das oxidierte NADP. **Gesch.:** R. Hill beobachtete diese Reaktion erstmals an belichteten, isolierten Chloroplasten in Abwesenheit von CO_2 u. bei Verw. von Eisen-(III)-oxalat als Oxidationsmittel.

Hilum: (bot.) Nabel, Ablösungsstelle des reifen Samens vom Nabelstrang.

Himbeerblätter: s. Rubus idaeus (Rubi idaei folium).

Himbeersirup: s. Sirupus Rubi idaei.

Himmelsleiter: s. Polemonium caeruleum.

Himmelstau: s. Drosera rotundifolia.

Hinsberg-Reaktion: Hinsberg-Test; Test zur Unterscheidung zw. primären u. sekundären Aminen u. zur Abtrennung von tertiären Aminen mit Hilfe von Benzolsulfonylchlorid. Die aus primären Aminen gebildeten Sulfonamide sind in verd. Natronlauge lösl., die Sulfonamide der sekundären Amine hingegen unlösl.; tertiäre Amine reagieren nicht mit Benzolsulfonylchlorid (s. Abb.).

Hippeastrum vittatum: s. Amaryllidaceae.

Hippocastanaceae: Roßkastaniengewächse; Fam. der Od. Sapindales; Holzpflanzen, Blätter gegenständig, fingerförmig gefiedert; Blüten 5-zählig, zygomorph, mit freien Kronblättern, 5-8 Staubblättern u. oberständigen Fruchtknoten; Früchte 1- bis 3-fächrige Kapseln, oft stachelig. **Chem. Merkmale:** pflanzliche Gerbstoffe* u. Triterpensaponine. **Wichtige Gattung:** z. B. Aesculus.

Hippoglossi iecoris oleum: s. Lebertran (Heilbuttleberöl).

Hippoglossus hippoglossus L.: Heilbutt, s. Lebertran.

Hippomane mancinella L.: Manzanillbaum; Fam. Euphorbiaceae (Tropen); der giftige Milchsaft wurde bzw. wird als Pfeilgift verwendet. Die Berührung der Pflanze ruft Hautblasen hervor. **Inhaltsst.:** Hippomanin A u. B, Harz, Fett. **Hom:** *Mancinella:* frische Blätter, Rinde u. Früchte zu gleichen T.; verord. z. B. bei Hautausschlägen.

Hippophae rhamnoides L.: Sanddorn; Fam. Eleagnaceae (Europa). **Inhaltsst. der Beeren:** 0.2-0.9 % Vitamin C (je nach Herkunft u. Reifungsgrad) u. andere Vitamine, Äpfelsäure*, Flavonoide*, Xanthophyll*, Physalin, fettes Öl, Mannitol*, Paeoin (Anthocyan); **Anw.:** für Vit. C-haltige Sirupe u. Säfte; zur Vitaminisierung u. Aromatisierung zahlreicher Lebensmittel u. Verzehrprodukte; Stpfl. von **Sanddornöl: Anw.:** bei Magengeschwüren u. als Schutz- u. Heilmittel bei Strahlenschäden u. -behandlungen.

Hippuricase: Hippurase; Enzym (Desaminase), das Hippursäure in Glycin u. Benzoesäure zerlegt (nat. in vielen tier. Organen).

Hippursäure: N-Benzoylglycin, Benzamidoessigsäure; $C_9H_9NO_3$; M_r 179.17; Schmp. 187-188°C. Leicht lösl. in heißem Wasser u. Ethanol, unlösl. in Benzol; entsteht aus Glycin* u. Benzoesäure; im menschl. Harn normalerweise nur in Spuren vorhanden. H. tritt vermehrt nach Genuss von Stoffen auf, die im Organismus Benzoesäure bilden (Pflaumen, Birnen, Preiselbeeren u. a.) sowie bei Eiweißfäulnis.

Hirn: s. Cerebrum.

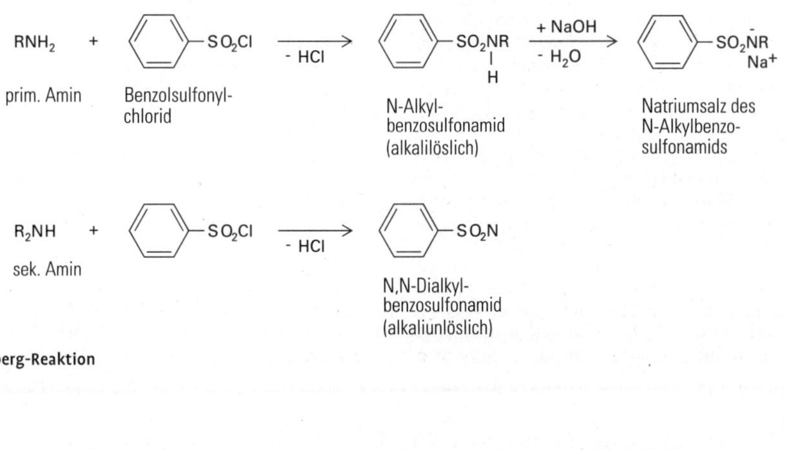

Hinsberg-Reaktion

Hirnanhangdrüse: Hypophyse*, vgl. Hormone (Hypothalamus-Hypophysen-System).

Hirnhautentzündung: s. Meningitis.

Hirnleistungsstörungen: s. Nootropika.

Hirschbrunst: s. Elaphomyces cervinus (Fungus Cervinus).

Hirschhorn: s. Cornu Cervi raspatum.

Hirschhorngeist: s. Ammoniaklösung 10 %.

Hirschhornöl: s. Oleum animale.

Hirschhornsalz: s. Ammoniumcarbonat.

Hirschkolbensumach: s. Rhus typhina.

Hirschtrüffel: s. Elaphomyces cervinus (Fungus Cervinus).

Hirsutismus: verstärkte, dem männl. Behaarungstyp entsprechende Pubes-, Körper- u. Gesichtsbehaarung bei Frauen. Symptomat. Therapie z. B. mit Antiandrogenen*.

Hirtentäschelkraut: s. Capsella bursa-pastoris (Bursae pastoris herba).

Hirudin: durch Inhibierung des Thrombins die Blutgerinnung hemmender Best. im Speichel des Blutegels (Hirudo* medicinalis), der während des Saugaktes abgegegeben wird; Polypeptid mit hohem Anteil an Dicarbonsäuren ohne Tryptophan, Methionin u. Arginin, M_r ca. 10 800. **Gew.**: aus Blutegeln od. gentechnologisch; **Anw.**: äußerl. bei oberflächl. Blutergüssen, Venenentzündungen, Entzündungen im Bereich von Krampfadern.

Hirudo: Blutegel; zur Klasse Hirudinea, Tierstamm Ringelwürmer (Annelida), gehörende Gattung; parasitäre Blutsauger.

Hirudo medicinalis L.: Sanguisuga medicinalis Sav., Sanguisuga officinalis Sav., Medizinischer Blutegel; Fam. Hirudinidae (Europa, Nordafrika, Kleinasien; stehende Gewässer); zwittriger, bis 20 cm langer Ringelwurm mit Saugnäpfen an beiden Körperenden. Der Medizinische Blutegel saugt bis zu 15 g Blut aus Warmblütern; kann mehr als ein Jahr hungern u. ca. 25 Jahre alt werden. **Anw.**: lebend zum Absaugen des Blutes bei Entzündungen, Blutstockungen, Hämorrhoiden u. a. (Ansetzen am besten im Blutegel-Ansatzglas); getrocknet zur Herst. von Salben (s. Hirudin); Lieferant von Hirudin.

Histamin: 2-(4-Imidazolyl)-ethylamin; $C_5H_9N_3$, M_r 114.14. Schmp. 83-84 °C. Sdp. 209-210 °C. Leicht lösl. in Wasser u. Ethanol, wenig lösl. in Ether. H. entsteht bei der Decarboxylierung von L-Histidin (Histidindecarboxylase); Gewebehormon, biogenes Amin; weit verbreitet im Pflanzen- (z. B. Brennhaare von Brennessel*) u. Tierreich (Bienengift), kommt in allen Geweben des menschl. Organismus vor. Seine Wirk. beruht auf der Stimulierung der Histaminrezeptoren (H_1- u. H_2-Rezeptoren; vgl. Antihistaminika). Über die Erregung der **H_1-Rezeptoren** führt es: **1.** zur Erweiterung der Gefäße (wichtig für gesteigerten Blutfluss u. abnehmenden Blutdruck); **2.** lokal zu einer Kapillarpermeabilitätserhöhung mit sofortiger Hautrötung, Flush (nach ca. 30 sec.) u. Quaddelbildung (triple response); **3.** Bronchokonstriktion (Gefahr bei Asthma bronchiale); **4.** Motilitätserhöhung der glatten Darmmuskulatur. Durch Stimulation der **H_2-Rezeptoren** kommt es: **1.** zu einer verstärkten Sekretion der Magenschleimhaut; **2.** zur Erhöhung der Herzfrequenz. Histamin wird im Körper in biol. inaktiver Form an Heparin* u. ein bas. Protein gebunden, in den Mastzellen u. basophilen Leukozyten* gespeichert. Bei Kontakt von Antigenen* mit dem an der Mastzellenoberfläche lokalisierten Immunglobulin* E (Ig E) kommt es zur Degranulation der Mastzellen* u. dadurch zur Freisetzung von Histamin. H. wird auch bei Verletzungen, z. B. Verbrennungen, u. durch Histaminliberatoren* freigesetzt. Der **Abbau** erfolgt über 3 Wege: **1.** durch die Histamin-N-Methyltransferase (HNMT) zum N-Methylhistamin u. über das 1-Methylimidazol-(4)-acetaldehyd zur 1-Methylimidazolylessigsäure (v. a. Niere u. Gehirn); **2.** mit Hilfe der Monoaminooxidase* (MAO) u. der Diaminooxidase (DAO) zur Imidazolylessigsäure (v. a. Magen, Darm); **3.** durch eine Acetylase zum Acetylhistamin (durch versch. Mikroorganismen im Darm). **Anw.**: therap. keine; wird diagnost. zur Funktionsprüfung der Magensekretion verwendet. **Histamindihydrochlorid:** Histamini dihydrochloridum Ph.Eur.4, Histaminum dihydrochloricum; Cas-Nr. 56-92-9; $C_5H_{11}Cl_2N_3$, M_r 184.1. Weißes, krist. Pulver, hygroskop.; sehr leicht lösl. in Wasser, lösl. in Ethanol. **Histaminphosphat:** Histamini phosphas Ph.Eur.4, Histaminum diphosphoricum; Cas-Nr. 51-74-1; $C_5H_{15}N_3O_8P_2H_2O$, M_r 325.2. Farblose, längl. prismat. Kristalle; leicht lösl. in Wasser, schwer lösl. in Ethanol.

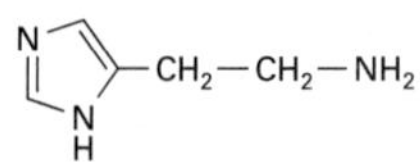

Histamin

Histaminantagonisten: s. Antihistaminika.

Histaminasen: Enzyme zum Abbau von Histamin*.

Histaminliberatoren: Verbindungen, die Histamin freisetzen können. Man unterscheidet unspezif. H. wie Triton-X-100, das nur in der experimentellen Pharmakologie Verw. findet, u. spezif. Histaminliberatoren, wie Morphin*, iodhaltige Röntgenkontrastmittel*, Curare*, Propanidid*, Thiopental* u. Plasmaexpander (z. B. Dextrane* u. Povidon*). Eine allerg. Überempfindlichkeitsreaktion vom Typ 1 wird durch IgE Antikörper vermittelt, die sich in der Zellmambran von Mastzellen od. basophilen Granulzyten befinden. Durch Bindung von Antigenen (Allergene) kommt es zur Degranulation mit schweren Funktionsstörungen.

Histaminrezeptorenblocker: s. Antihistaminika.

Histapyrrodin INN: N-Benzyl-N-2-(1-pyrrolidinyl)ethyl-anilin; N-Pyrrolidylethyl-N-phenylbenzylamin; CAS-Nr. 493-80-1; $C_{19}H_{24}N_2$, M_r 280.40. Sdp. 198-205 °C (133 Pa). **Anw.**: früher Antihistaminikum*, Antiallergikum*; **UAW:** s. Azatadin.

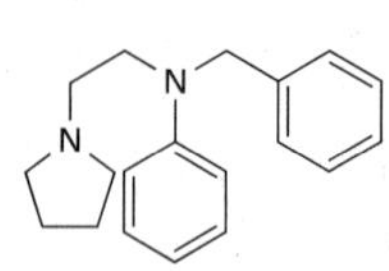

Histapyrrodin

Histapyrrodinhydrochlorid: $C_{19}H_{25}ClN_2$. Schmp. 196-197 °C (polymorph). Lösl. in Wasser 2 g/100 mL (18 °C). Gebräuchl. war auch Histapyrrodinundecylenat.

Histidase: Enzym, das Histidin in Ammoniak u. Glutaminsäure spaltet (nat. besonders in der Leber der Wirbeltiere).

Histidin: Abk. His, Histidinum Ph.Eur.4, *β*-Imidazolylalanin; (*S*)-2-Amino-3-(imidazol-4-yl)propansäure; CAS-Nr. 71-00-1; $C_6H_9N_3O_2$, M_r 155.2; Schmp. 277 °C. Weißes, krist. Pulver, lösl. in Wasser. **Vork.**: opt. aktive, proteinogene, halbessentielle Aminosäure*; bes. reichl. im Hämoglobin enthalten, Baustein von Carnosin* u. Anserin*. Häufig ist L-Histidin im aktiven Zentrum von Enzymproteinen beteiligt u. hat Bedeutung für die Pufferung im physiol. pH-Bereich. In der Leber wird L-H. durch Histidase über Urocansäure* zu Glutaminsäure u. Ammoniak metabolisiert; **Anw.**: Behandlung von Allergien u. Anämien, in Infusionslsg. zur parenteralen Ernährung. **Histidinhydrochlorid-Monohydrat**: Histidini hydrochloridum monohydricum Ph.Eur.4; $C_6H_{10}ClN_3O_2 \cdot H_2O$, M_r 209.6. Weißes Pulver, leicht lösl. in Wasser.

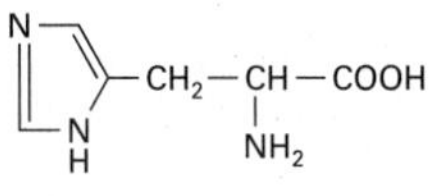

Histidin

Histogramm: graph. Darst. von Daten, z. B. Messwerten, die gemäß ihrer Häufigkeit gruppiert sind. Auf der x-Achse werden die gruppierten Meswerte, auf der y-Achse die Klassenhäufigkeit, d. h. die Anzahl der Einzelwerte der jeweiligen Klassen, aufgetragen; s. Normalverteilung.

Histologie: Lehre von den Geweben des Körpers.

Histon-Deacetylase: Enzym, das eine Abspaltung von Acetylresten aus acetylierten Histonen katalysiert. Der Acetylierungsgrad der Histone im Chromatin unterliegt einem dynam. Gleichgewicht, wobei die Deacetylierung die Aktivierung von Chromatindomänen u./od. die Transkription von Genen induziert.

Histone: nicht gewebespezif., basische, einfache, niedermolekulare Proteine der Zellkerne. Nat. in allen eukaryont. Organismen; H. bilden reversible Komplexe mit der DNA, die Nucleohistone; ihnen wird eine Rolle als nichtspezif. Genrepressoren zugeschrieben, indem sie durch Konformationsänderungen in der Chromosomenstruktur die Transkription der DNA unspezif. begrenzen.

Histopathologie: Lehre von den krankhaften Veränderungen der Körpergewebe.

Hitzeresistenz: Resistenz von Mikroorganismen* gegen Hitzeeinwirkung. S. Tabelle.

Hitzeschockproteine: (engl.) *heat-shock proteins;* Abk. HsP; schnell u. koordiniert verstärkt exprimierte Proteine, mit denen alle pro- u. eukaryont. Zellen auf einen Hitzeschock (oder anderen Zellstress) reagieren, Abwehrreaktion auf eine plötzliche Temperatur bzw. Milieuänderung. HsP gewährleisten, dass auch unter Stressbedingungen zahlreiche zelluläre Prozesse normal ablaufen.

HIV: Abk. für (engl.) *human immunodeficiency virus;* syn. HI-Virus, humanes Immundefizienzvirus; seitens des International Committee of Taxonomy of Viruses 1986 empfohlene einheitl. Bez. für das zuvor als HTLV-III bzw. LAV-I (heute HIV-1) bezeichnete, seit 1983 bekannte Retrovirus aus der Gruppe der Lentiviren (s. Virusklassifikation, Tab.), das die HIV*-Erkrankung u. AIDS* verursacht. Man unterscheidet HIV-1 mit den Subtypen A-I u. dem Subtyp HIV-0 sowie HIV-2 (Schwerpunkt des Vorkommens in Ostafrika, in Europa kaum vertreten). HIV zeigt ausgeprägte genet. Polymorphie*; wird durch übl. Desinfektionsmaßnahmen rasch inaktiviert.

HIV-Erkrankung: Syndrom der durch die neuro- u. lymphotropen Viren HIV-1 u. HIV-2 ausgelösten Erkrankungen. Charakterisiert durch rezidiv. Dermatosen u. a. autoimmunologische Phänomene, Entw. eines Immundefekts* mit Verminderung der zellulären Immunität, gehäuftes Auftreten von Erkrankungen an opportunist. Erregern u. spezif. Malignome wie Kaposi*-Sarkom u. Lymphome, s. AIDS. Der Verlauf weist große interindividuelle Unterschiede auf. **Epidemiol.**: erste Erkrankungsfälle 1981 in den USA, zunächst bei homosexuellen Männern, i. v.-Drogenabhängigen, Hämophiliepatienten; weltweit ca. 427 Mio. mit HIV-1 infiziert (Stand 2004), in der Bundesrepu-

Hitzeresistenz
Resistenzstufen

Resistenzstufe	Verfahren	Temperatur (°C)	Zeit (min)	Erreger
I	Pasteurisieren	61.5	30	Mycobakterien
		72	0.25	pathogene Streptokokken, Poliomyelitisviren
II	Erhitzen	80	30	die meisten vegetativen Bakterien, Hefen, Schimmelpilze, Viren (außer Hepatitisviren)
III	Kochen	100	5	Hepatitisviren
		100	15 -30	Bacillus anthracis-Sporen, die meisten Pilzsporen
IV	gespannter Dampf	105	5	Bacillus anthracis-Sporen
V	gespannter Dampf	121	8 -12	Bazillen- und Clostridiensporen
VI	gespannter Dampf	134	≤360	hochresistente Sporen aus Fadenagar

blik Deutschland zurzeit ca. 40 000 HIV-Infizierte; jährl. ca. 2000 neu diagnostizierte Fälle; **Ätiologie/Pathologie:** Infektion mit HIV-1 od. -2 (s. HIV); Zielzellen: Helferzellen (Subpopulation der T-Lymphozyten, auch CD4-Zellen, CD4-Lymphozyten), sowie Zellen des Monozyten-Makrophagen-Systems, infizierte u. ruhende (nicht replizierende) Zellen v. a. im lymphat. System gelten als Reservoir von HIV im Organismus; **Infektion:** Nachw. von HIV in lymphat. Gewebe, Blut, Samenflüss., Vaginalsekret, Speichel, Muttermilch u. a. Körperflüss. infizierter Personen; Übertragung durch parenterale u. enterale Inokulation von erregerhaltigen Körperflüss. (außer Speichel), Blut bzw. Blutbest., d. h. insbes. beim Geschlechtsverkehr, durch Injektionen bzw. Transfusionen; prä-, peri- u. postnatale (durch Stillen) Übertragung ist möglich; **Inkubationszeit:** 2-6 Wochen nach einer HIV-Infektion mononukleoseartiges Krankheitsbild, Entw. eines klin. manifesten Immundefekts nach 6 Monaten bis 10 Jahren; **Klassifikation:** in 3 klin. (A, B, C) u. 3 Laborkategorien (1, 2, 3) nach den Centers for Disease Control; **Diagn.:** klin. unter Zugrundelegen bestimmter definierender Kategorien; quant. Bestimmung der CD4-Lymphozyten; Nachw. spezif. Antikörper, HIV-Komponenten, Messung der Viruslast; die Konz. von Viren im Serum ist entscheidend für die Wahl der antiretroviralen Ther.; Nachw. von HIV-Antigenen, -Nucleinsäure od. -Antikörpern ist nach dem Infektionsschutzgesetz beim Robert-Koch-Institut pseudonymisiert zu melden; **Ther.:** antiretrovirale Kombinationsther. mit **1.** nucleosid. Reverse*-Transkriptase-Hemmern, Nucleosid- u. Nucleotidanaloga (Nucleosid*-Antimetaboliten), die die HIV-spezif. reverse Transkriptase hemmen wie Abacavir, Zidovudin, Didanosin, Zalcitabin, Lamivudin, Stavudin, Tenofovir, Emtricitabin; **2.** nichtnucleosid. Reverse*-Transkriptase-Hemmer wie Nevirapin, Efavirenz, Delavirdin; **3.** HIV*-Proteasehemmer wie Amprenavir, Fos-Amprenavir, Indinavir, Ritonavir, Saquinavir, Nelfinavir, Atazanavir, Lopinavir; **4.** Fusionsinhibitoren wie Enfuviritid; zurzeit wird die Ther. der Deutsch-Österreichischen Konsensusempfehlung von 2002 zufolge zumeist mit einer Komb. von 3 od. 4 antiretroviralen Substanzen begonnen; bei Unverträglichkeit individuelle Anpassung, bei Therapieversagen Wechsel der Kombination; **Primär- bzw. Sekundärprophylaxe:** werden v. a. bei zu spätem Therapiebeginn bei Helferzellen <200/mL bis zur Stabilisierung des Immunsystems durch die antiretrovirale Ther. durchgeführt; prophylakt. Behandlung möglich gegen Pneumocystis-Pneumonie: Pentamimidin* od. Pyrimethamin u. Cotrimoxazol*; Toxoplasmoseschutz durch Anw. von Dapson*; Zytomegalie-Retinitis; Histoplasmose; Kryptokokkose; atyp. Mykobakteriose; vgl. Antiprotozoenmittel; **Expositionsprophylaxe:** Kontakt mit Blut, Blutprodukten, Vaginalsekret u. Sperma sowie von Nadelstichverletzungen vermeiden; Kontrolle von HIV-Antikörpern bzw. Virusbestandteilen bei Blut-, Plasma- u. Organspendern u. strenge Indikationsstellung bei Transfusionen; Safer Sex (konsequente Verw. von Präservativen bei Anal- u. Vaginalverkehr sowie Vermeiden von Ejakulationen in den Mund bei Oralverkehr); Safer Use (Einmalgebrauch von Spritzen bei i. v.-Drogenkonsum). Bei HIV-positiven Schwangeren kann durch eine medikamentöse Proph. (ab der 32. SSW), elektive Sectio in der 37. SSW, eine medikamentöse Prophylaxe (Retrovir) von 4 Wochen für das Neugeborene und Stillverzicht das Übertragungsrisiko von 25-30 % (ohne Prophylaxe) auf unter 2 % gesenkt werden. **Postexpositionsprophylaxe:** nach Expositionsrisiko (z. B. Schnittverletzung eines Chirugen bei OP eines HIV-pos. Patienten, „Kondomunfall" bei HIV-diskordanten Sexualpartnern) 4-wöchige Postexpositionsprophylaxe zur Verhinderung einer Infektion; **Prognose:** variiert erhebl., abhängig von der virol. u. immunologische Ausgangslage, Therapie u. individuellen Faktoren; konsequente Behandlung der HIV-Infektion u. Prophylaxe opportunist. Infektionen führen zu erhebl. Verbesserungen der Lebensqualität u. Verlängerung der Lebenszeit; in Einzelfällen besteht auch 15-20 Jahre nach Infektion keine Therapiebedürftigkeit.

HIV-Proteasehemmer: zur Therapie der HIV*-Erkrankung verwendete Proteasehemmer* von peptidähnl. Struktur. Die HIV-Protease ist für die Produktion infektiöser HI-Viren wichtig, bei ihrer Blockierung entstehen nur nichtinfektiöse Partikel, u. a. mit reduzierter Aktivität der reversen Transkriptase*. **Wirkstoffe:** z. B. Indinavir*, Ritonavir*, Saquinavir*.

HLA-System: Abk. für (engl.) ***h**uman **l**eukocyte **a**ntigen system;* komplexes, autosomal-codominant erbl. System von Histokompatibilitätsantigenen des Menschen, die auf der Oberfläche fast aller Zellen vorkommen u. von Lymphozyten erkannt werden. **Bedeutung:** **1.** HLA-Antigene auf Transplantaten können als „Nichtselbst" erkannt werden u. eine immunolog. Abstoßungsreaktion beim Transplantatempfänger verursachen; **2.** versch. HLA-Typen u. bestimmte Erkrankungen sind miteinander assoziiert; z. B. HLA-DR3, -DR7 mit Zöliakie*, HLA-Dw21, -DR3, -DR4 mit juvenilem Diabetes* mellitus, HLA-DR 2, HLA-DW 2 mit Multipler* Sklerose.

HLB-Wert: Abk. für **h**ydrophiler-**l**ipophiler **B**alance-Wert; (engl.) *hydrophilic lipophilic balance*; Wert zur Beschreibung der hydrophilen/lipophilen (amphiphilen) Eigenschaften nichtionogener Emulgatoren (allgemein: nichtionogener Tenside). Bekanntester Wert ist der HLB-Wert nach Griffin. Der HLB-Wert ermöglicht es, die oberflächenaktiven Stoffe entsprechend ihrem Verwendungszweck zu klassifizieren. Er ist ein empirisch ermittelter dimensionsloser Zahlenwert zw. 1 u. 20 (20 entspricht einem hydrophilen Anteil von 100 %), der sich aus dem Verhältnis der Molekülmassen des lipophilen u. hydrophilen Anteils im Molekül annähernd errechnen lässt (M_0 = Molekülmasse des hydrophoben Anteils, M = Gesamtmolekülmasse des oberflächenaktiven Stoffes):

$$HLB = 20 \cdot (1 - M_0/M)$$

Der HLB-Wert nichtionogener grenzflächenaktiver Ester (z. B. Glycerolmonostearat) lässt sich nach folgender Formel berechnen (S = Verseifungszahl des Esters, A = Säurezahl der Fettsäure):

$$HLB = 20 \cdot (1 - S/A)$$

Ist S u. A nicht eindeutig bestimmbar u. besteht der hydrophile Teil nur aus Polyethylenglykolen, gilt (E = Polyethylenglykolanteil in Gewichtsprozent):
HLB = E/5
HLB-Werte von ionogenen Tensiden u. Substanzen, die Propylenoxid, Stickstoff u. a. enthalten, aber auch von vielen komplexen nat. Emulgatoren, lassen sich nicht nach den angeführten Formeln ermitteln. Man bestimmt die HLB-Werte experimentell durch Herst. u. Beobachtung einer Reihe von Emulsionen u. bringt sie mit dem Griffin-HLB-System in Einklang. So besitzt Natriumlaurylsulfat im Vergleich zu anderen Tensiden einen „scheinbaren" HLB-Wert von 40. Liegen Mischungen versch. Emulgatoren vor, so können als Orientierungshilfe die HLB-Werte unter Berücksichtigung der Mengenverhältnisse der Komponenten addiert werden. **Erforderlicher HLB-Wert** (*required HLB*): Der Wert, den ein Tensid (Emulgator, -gemisch) aufweisen muss, um eine bestimmte lipophile Phase mit Wasser optimal dispers u. stabil zu emulgieren. Häufig stimmen der erforderl. HLB-Wert für ein Öl u. der HLB-Wert des für eine stabile Emulsion am besten geeigneten Emulgators (-gemisches) nicht überein, da der erforderl. HLB-Wert vom Öl-Wasser-Verhältnis, von der chem. Natur u. Konz. des Emulgators u. von der Art u. der Konz. der in der Wasserphase gelösten Elektrolyte abhängt. Neben der Methode nach Griffin wird der HLB-Wert auch nach anderen Variationen ermittelt, die jedoch ebenfalls Schwächen aufweisen. Es gibt derzeit keine allgemein gültige Methode, um ein optimal stabilisierendes od. solubilisierendes Gemisch grenzflächenaktiver Stoffe mit Sicherheit vorauszubestimmen.

HLB-Wert
Bereiche und Anwendungen

Bereich	Anwendung
1 - 3	Antischaummittel
3 - 6	W/O-Emulgatoren
6.5 - 9	Netzmittel
8 - 18	O/W-Emulgatoren
12.5 - 15	waschaktive Substanzen
15 - 18	Lösungsvermittler
0 - 10	überwiegend lipophil
10 - 20	überwiegend hydrophil

HMG: 1. Abk. für (engl.) ***h**uman **m**enopausal **g**onadotropin,* s. Hormone (Hypophysenvorderlappen). 2. Abk. für β-**H**ydroxy-β-**m**ethyl**g**lutarsäure, vgl. Terpene (Biosynthese).

HMG-CoA-Reduktase: Abk. für β-**H**ydroxy-β-**m**ethyl**g**lutaryl-Coenzym-A-Reduktase; wichtiges Schlüsselenzym bei der Cholesterolbiosynthese; katalysiert die Reduktion der aus 3 Molekülen Acetyl-CoA gebildeten β-Hydroxy-β-methylglutaryl-CoA zu Mevalonsäure, s. Terpene (Biosynthese). HMG-CoA-Reduktase wird von den Statinen kompetitiv gehemmt, die daher als Cholesterolsenker therap. Anw. finden.

HMG-CoA-Reduktasehemmer: Cholesterol-Synthese-Enzym-Hemmer (Abk. CSE-Hemmer), Statine; Stoffe, die durch kompetitive Hemmung der HMG*-CoA-Reduktase die Synthese von Cholesterol hemmen u. daher zum Abfall der intrazellulären Cholesterolkonzentration führen. In der Folge steigt die Anzahl der LDL-Rezeptoren (LDL) an der Zelloberfläche, wodurch der Abbau der LDL (s. Lipoproteine) aktiviert wird u. die Plasmacholesterolkonzentration sinkt. **Wirkstoffe:** Atorvastatin*, Fluvastatin* (anderer Abbauweg), Lovastatin*, Mevastatin*, Pravastatin*, Simvastatin*; s. Abbildung. **Anw.:** Lipidsenker* der zweiten Wahl, v. a. bei essentieller, familiärer Hypercholesterolämie (s. Hyperlipoproteinämien). Physiolog. Hemmer sind in entspr. hohen Konz. das Cholesterol selbst u. Mevalonsäure*. **WW:** Gemfibrozil* (Fibrate), Nicotinsäure*, Ciclosporin*, Makrolidantibiotika, Mibefradil*, Azol-Antimykotika, Cimetidin* u. a. Cytochrom-344-Hemmer (vgl. Cytochrome); **UAW:** Risiko von Myopathie u. Rhabdomyolyse.

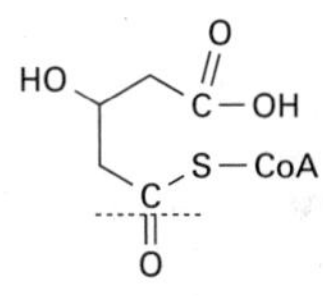

HMG-CoA

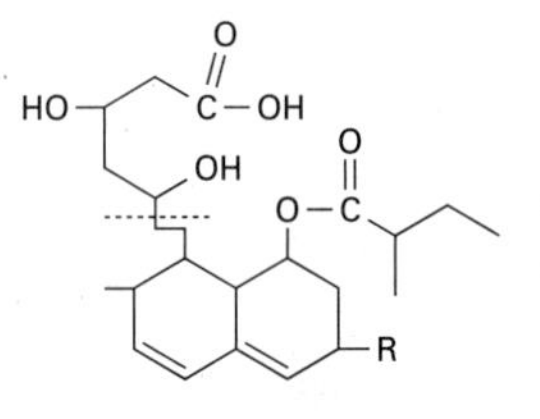

Compactin: R = H
Lovastatin: R = CH_3

HMG-CoA-Reduktasehemmer: Strukturvergleich von HMG-CoA u. HMG-CoA-Reduktasehemmern

HML: Abk. für **H**ypophysen**m**ittel**l**appen, s. Hormone.

HNANBV: Abk. für **H**epatitis-**n**on-**A**-**n**on-**B**-**V**iren; Erreger einer Hepatitis, die nicht durch Hepatitis-A-Virus od. Hepatitis-B-Virus verursacht wird; s. Hepatitis, akute.

Ho: (chem.) Symbol für Holmium*.

Hoang Nau: Pfeilgift, s. Strychnos gaultheriana.

Hochdruckflüssigkeitschromatographie: s. Chromatographie.

Hochdruckhomogenisation: Verfahrensschritt zur Herst. von über einen best. Zeitraum lagerstabiler u. anwendbarer Dispersionen aus grob- oder heterodispersen Emulsionen bzw. Liposomen. Eine kontinuierl. Produktion mit hoher Durchsatzleistung ist möglich. Eingesetzt werden Hochdruckhomogenisatoren (Kolben-Spalt-Homogenisator) mit einem Druckgradienten von bis zu mehreren Hundert bar. Bei der H. von Liposomen

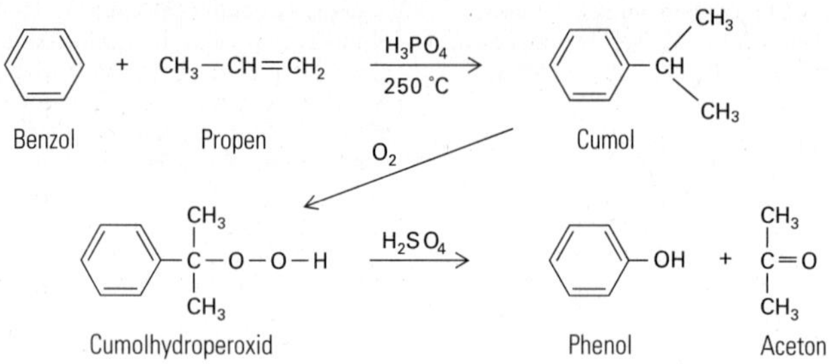

Hock-Lang-Synthese

kommt es zur Homogenisierung mit gleichzeitiger Reduzierung der Vesikelgröße u. der Vesikellamellarität, was auch durch Druckfiltration z. B. durch Polycarbonatfilter od. Ultraschall erreicht wird. Anw. z. B. zur Herst. fester Lipidnanopartikel*.

Hocheukryptit: s. Glas (Glaskeramiken).

Hochfrequenztitration: Sonderfall der Titration mit konduktometr. Endpunktbestimmung (s. Konduktometrie), bei der die Elektroden zur Leitfähigkeitsmessung nicht in die Probelsg. eintauchen, sondern außen am Gefäß angebracht sind. An die Elektroden wird eine Wechselspannung hoher Frequenz angelegt. **Anw.:** bei Zstzg. der Probelsg., die die Leitfähigkeitsmessung zw. den eintauchenden Elektroden stört; Titrationen in nicht wässrigen Lösungsmitteln.

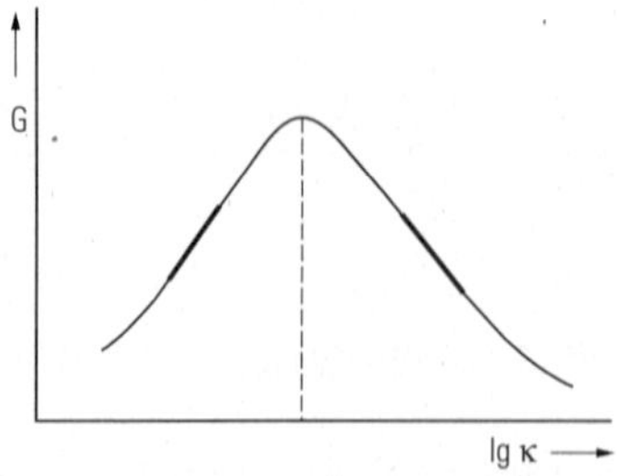

Hochfrequenztitration: Kennkurve des Wirkkomponentenverfahrens; G: Wirkkomponente des Wechselstromleitwerks; κ: Leitfähigkeit [14]

Hochfrequenztrocknung: Trocknung durch Einbringen eines Stoffes in das Wechselfeld eines elektr. Kondensators. Das Trocknungsgut wird durch die elektr. Verschiebungsströme gleichmäßig erwärmt. Die Wärmezufuhr lässt sich durch die Hochfrequenzspannung am Generator od. durch den Luftspalt zw. Gut u. Elektroden regeln.

Hochleistungs-Schwebstoff-Filter: (engl.) *high efficiency particulate tie filter (Abk. HEPA-Filter)*; Hosch-Filter; Filter, die sog. reine Räume für das asept. Arbeiten durch Sterilfiltration der Luft (Rückhaltevermögen: Teilchen über 0.5 μm) aufrecht erhalten. Mit Hosch-Filtern gereinigte Luft in turbulenzarmer Verdrängungsströmung wird als laminar-flow air bezeichnet. Vgl. Laminarflow-Bank.

Hochpotenzen: s. Homöopathie.

Hock-Lang-Synthese: Verfahren zur techn. Herst. von Phenol aus Benzol. Benzol wird mit Propen durch Friedel*-Crafts-Alkylierung zu Isopropylbenzol (Cumol) alkyliert und durch Oxidation mit Luft zum Cumolhydroperoxid umgesetzt, das anschließend mit Säuren zu Phenol u. Aceton gespalten wird (s. Abb.).

Hoden: Testes; paarige männl. Geschlechts- od. Keimdrüse, befindet sich im Hodensack. Hodenentzündung: Orchitis.

Höchstgaben von Arzneimitteln: s. Maximaldosis.

Höchstmengen: (engl.) *maximal residual levels*; Abk. MRL; obere zulässige Grenzwerte für Gifte, Schädlingsbekämpfungs- u. Pflanzenschutzmittel in Nahrungsmitteln.

Höhenformel, barometrische: s. Luftdruck.

Höhenstrahlung: s. Strahlung, kosmische.

Höllenstein: s. Silber(I)-nitrat.

Hoffmann-Lebensbalsam: s. Mixtura oleoso-balsamica.

Hoffmann-Magenelixier: s. Elixir Aurantii compositum.

Hoffmannsgeist: s. Spiritus aethereus.

Hoffmannstropfen: s. Spiritus aethereus.

Hofmann-Abbau: Methode zur Herst. primärer Amine durch Erhitzen von Carbonsäureamiden mit Natronlauge u. Brom (s. Abb.). Die Reaktion verläuft über ein Isocyanat; das Produkt enthält ein C-Atom weniger als die Ausgangsverbindung.

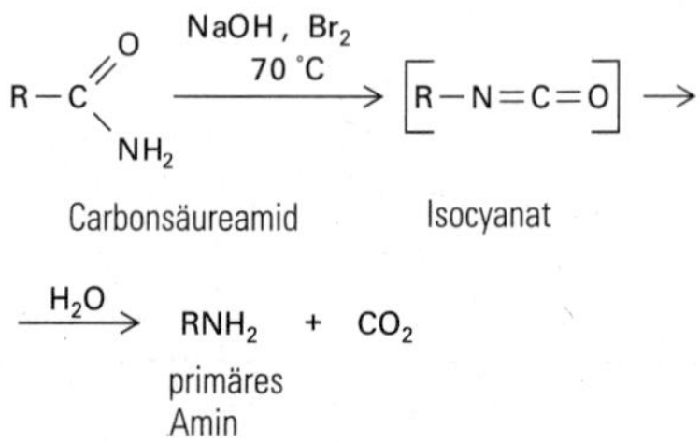

Hofmann-Abbau

Hoftüpfel: (bot.) speziell ausgebildete Tüpfel* (mit ventilartiger Funktion) von in Holzpfl. vorkommenden Gefäßen*. Hoftüpfel kommen v. a. in den Tracheiden der Coniferophytina (s. Gymnospermae) vor; dort besitzen sie in der Mitte der Schließhaut, die den Tüpfelkanal (Porus) abschließt, noch eine verdickte Stelle, den Torus.

Hohes Traubenkraut: s. Ambrosia artemisiifolia.

Hohlstopfengefäß: Standgefäß mit eingeschliffenem Glas- od. Kunststoffstopfen, dessen Kopf hohl ist u. zum Füllen mit Blaugel dient.

Hohlsuppositorien: Hohlkugeln; längl. od. kugelige Kapseln aus Gelatine od. Kakaobutter, die mit reiner Arzneisubstanz gefüllt u. mit Gelatine bzw. Kakaobutter verschlossen werden, vgl. Arzneiformen.

Hohlzahnkraut: s. Geleopsis segetum (Herba Galeopsidis).

Holarrhena pubescens (Buch.-Ham.) Wall. ex G. Don: Holarrhena antidysenterica Wall.; Fam. Apocynaceae (Indien, Westafrika). Stpfl. von **Cortex Holarrhenae antidysentericae:** Kurchirinde, Conessirinde. **Inhaltsst.:** Conessin, Conessidin, Kurchicin, Conkurchin (Alkaloide); **Anw.** volkstüml.: z. B. geg. Amöbenruhr.

Holler: s. Sambucus nigra.

Holmium (lat. Holmia Stockholm): Symbol Ho; A_r 164.93032, OZ 67. Oxidationsstufe: 3. Silbrig weiß glänz., duktiles Lanthanoid*-metall; an der Luft beständig, schnell lösl. in verd. Säuren. **Vork.:** im Monazit und Gadolinit. **Darst.:** Reinigung von $HoCl_3$ im Ionenaustauscher und anschließende Reduktion des wasserfreien Salzes mit Calcium. **Gesch.:** 1879 von Per Theodor Cleve (1840-1905) als Oxid aus der Yttererde* gewonnen. Reindarst. des Oxids gelang erst 1911 durch I.L. Soret u. Homberg.

Holmiumperchlorat-Lösung: Lsg. mit Anteilen an Holmiumoxid u. Perchlorsäure. Holmiumsalze sind bräunl. gelb gefärbt; sie haben charakterist. Absorptionsbanden im sichtbaren u. nahen ultravioletten Bereich des Spektrums. **Anw.:** Reagens Ph.Eur.4; Überprüfung der Wellenlängenskala von Spektralphotometern.

Holobasidiomycetidae: s. Pilze (Basidiomycetes).

Holoenzym: Holoferment; s. Enzyme.

Holoside: Glykoside*, die sich nur aus Zuckermolekülen zusammensetzen. Im Ggs. dazu bestehen Heteroside aus einem Aglykon u. einem Zuckeranteil.

Holunder: s. Sambucus nigra.

Holunderblüten: s. Sambucus nigra (Sambuci flos).

Holunder, Roter: s. Sambucus racemosa.

Holz: **1.** warenkundl.-pharmakognost.: Lignum; das Gewebe aus den Wurzeln od. Sprossen älterer dikotyler Pflanzen od. Koniferen, das innerhalb des Kambiums liegt, also mit (relativ wenig) primärem Xylem u. Mark; alles was außerhalb ist, heißt Rinde*. **2.** botan.-histolog.: sekundäres Xylem*; Laubholz besteht aus Holz- (u. Markstrahl-)parenchymzellen, Holzfasern u. Gefäßen*; im Koniferenholz fehlen Tracheen u. Holzfasern, deren Funktion allein von den Tracheiden übernommen wird. In trop. Hölzern findet man keine Jahresringe* (sichtbarer Wechsel zw. Frühholz* u. Herbstholz). Man unterscheidet zw. dem (noch lebenden) Splintholz* u. dem (nur noch der Festigung dienenden, inneren) Kernholz*. **3.** chem.: H. setzt sich aus Cellulose* (ca. 45 %), Hemicellulosen* (ca. 25 %) u. Lignin* (ca. 30 %) zusammen. Lignin ist mit Cellulose (Hemicellulosen) chem. u. physikalisch verbunden; die Einlagerung von Lignin in das Cellulose-Gerüst wird als Lignifizierung bezeichnet; mikrochem. Nachw. mit Wiesner*-Reagens (Phloroglucin/Salzsäure).

Holzessig: Acetum pyrolignosum; Gemisch von ca. 75 % Wasser, 8-10 % Essigsäure*, 10 % gelöstem Teer sowie geringen Anteilen Carbonsäure-Homologe, Methanol, Aceton u. Methylacetat. **Gew.:** trockene Dest. von Holz, hauptsächl. Fichten- u. Buchenholz. **Roher H.:** Acetum pyrolignosum crudum DAB6, Geh. mind. 8.4 % Essigsäure, braune, nach Teer u. Essigsäure riechende, sauer u. etwas bitter schmeckende Flüss., aus der sich allmähl. teerartige Stoffe abscheiden. **Gereinigter H.:** Acetum pyrolignosum rectificatum DAB6, Geh. mind. 5.4 % Essigsäure. Gelbl., nach Teer u. Essigsäure riechende, sauer u. bitter schmeckende Flüss. mit geringen Anteilen Aceton u. Methanol. **Anw.:** früher als Adstringens u. Desinfiziens, hauptsächl. in der Tierheilkunde; techn.: zur sog. Schnellräucherung, s. Konservierung.

H

Holzgeist: s. Methanol.

Holzkohle: s. Carbo activatus.

Holzschutz: Maßnahmen zur Konservierung von geschlagenem Holz u. Bauholz. Das Holz soll geg. Angriffe von Pilzen, Bakterien u. Insekten, aber auch gegen Feuer möglichst geschützt sein.

Holzschutzmittel: lassen sich in wasserlösl., meist anorg. Mittel (z. B. Hydrogenfluoride, Salze der Hexafluorokieselsäure*, Borverb., Alkaliarsenate), u. ölartige Mittel wie Carbolineum*) einteilen. Bessere Holzschutzwirkung haben Lsg. od. Emulsionen, die Insektizide u. Fungizide enthalten. Zu diesen Wirkstoffen gehören org. Phosphorverb., Carbamate, zinn- u. quecksilberorganische Verb., Metallnaphthenate, Polychlorphenole (z. B. das in einigen Ländern nicht mehr zugelassene Pentachlorphenol*) u. die polychlorierten Biphenyle (s. PCB), die stark tox. sind u. zu den globalen Umweltschadstoffen zählen.

Holzstrahlen: (bot.) sekundäre Markstrahlen* im Holz*.

Holztee: s. Species Lignorum.

Holzteer: s. Pix Pinacearum.

Holzteil: s. Xylem.

Holzterpentinöl: s. Terebinthina.

Holzverzuckerung: s. Cellulose.

Holzzucker: s. Xylose.

Homatropin: Tropinester der Mandelsäure; $C_{16}H_{21}NO_3$, M_r 275.33. Schmp. 99 °C. Farblose Kristalle, fast unlösl. in Wasser, leicht lösl. in Ethanol, Ether, Chloroform. **Anw.:** med. verwendet werden nur die Salze des Homatropin; s. Homatropinhydrobromid.

Homatropinhydrobromid: Homatropini hydrobromidum Ph.Eur.4, , Homatropinum hydrobromicum, bromwasserstoffsaures Homatropin; CAS-Nr. 51-56-9; $C_{16}H_{22}BrNO_3$, M_r 356.3. Schmp. 213-218 °C (unter Zers.). Farblose Kristalle od. weißes Pulver, leicht lösl. in Wasser (in ca. 7 T.), wenig lösl. in Ethanol 90 % (in ca. 40 T.). **Anw.:** Mydriatikum* wie Atropin*; **Dos.:** Augentropfen 0.5 bis (max.) 1.0 %, p. o. 0.5-1 mg. Ähnl. Anw. finden Homatropinchlorid u. Homatropinsulfat. **Homatropinmethylbromid:** Homatropini methylbromidum Ph.Eur.4; CAS-Nr. 80-49-9; $C_{17}H_{24}BrNO_3$, M_r 370.29; Schmp. 190 °C. Weißes, krist. Pulver od. farblose Kristalle, leicht lösl. in Wasser, lösl. in Ethanol, unlösl. in Ether.

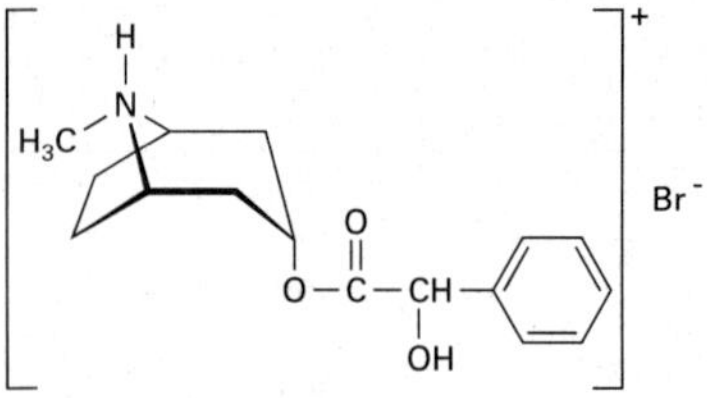

Homatropinhydrobromid

Homerianatee: s. Polygonum aviculare (Polygoni avicularis herba).

Homo- (gr. der Gleiche, ebenderselbe): gleichartig, ähnlich; Präfix, z. B. in der org. Chemie; vgl. Hetero-.

H

Homobasidiomycetidae: s. Pilze (Basidiomycetes).

homochlamydeisch: s. Blüte (Blütenteile).

Homocystein: Abk. Hcy; α-Amino-γ-mercaptobuttersäure; ein höheres Homologes von Cystein mit einer zusätzl. Methylengruppe in der Kohlenstoffkette; steht physiol. im Gleichgewicht mit seinem Dimeren, dem **Homocystin,** u. wird bei Cysturie im Harn ausgeschieden.

Homöopathie (gr. homoion pathos ein ähnliches Leiden): Heilverfahren, begründet 1797 von Dr. Samuel Hahnemann (1755–1843). Die H. behandelt Krankheiten mit Arzneimitteln in spezieller Zubereitung (sog. Potenzen). Grundlage ist das **Ähnlichkeitsgesetz:** similia similibus curentur, das bedeutet, eine Krankheit kann durch diejenige Arznei in niedrigen Dosen geheilt werden, die am gesunden Menschen in hoher Dosis ähnl. Symptome hervorruft, wie sie am Kranken zu beobachten sind. Die Arzneien stammen aus dem gesamten Bereich der Natur (z. B. Mineralien, Pflanzen, Tiergifte) Sie werden in einem speziellen Verfahren zubereitet (**Potenzierung** = Abfolge von Verdünnung u. Verschüttelung od. Verreibung). Die Wirksamkeit dieser Arzneien wird durch **Arzneimittelprüfung** (AMP) am gesunden Menschen nachgewiesen, der durch die Einnahme potenzierter Arzneien subjektive u. objektive, reversible Veränderungen erleidet. Das **Arzneimittelbild** beinhaltet das gesamte Wissen über eine Arznei, z. B. bei einer Pflanze Botanik, Toxikologie, Pharmakologie, AMP am Gesunden, klin. Erfahrungen am Patienten. Moderne AMP werden nach strengen wissenschaftl. Studienkriterien durchgeführt (Doppelblindverfahren, Randomisierung, Crossover; vgl. Studie, klin.). Für den klinische Wirkungsnachw. der H. eignen sich nur Outcome-Studien (Vergleich des therap. Gesamterfolgs versch. Verfahren). **Homöopathische Arzneimittel** (Homöopathika, homöopathische Zuber., Praeparationes homoeopathicae): aus Pflanzen- u. Tierdrogen, Mineralien, synth. Chemikalien od. Organpräparaten nach hom. Vorschriften (früher Paragraphen) in Form von Lösungen, Urtinkturen oder festen Verreibungen hergestellt. Maßgebend für die Herst. von hom. Arzneimitteln ist das Homöopathische Arzneibuch (HAB) 1978 u. seine fünf Nachträge (Best. des DAB, s. Arzneibuch) od. des Europ. Arzneibuch Nachtrag 1999. **Homöopathische Arzneigrundstoffe** (Ausgangsstoffe) dienen zur Herst. hom. Arzneimittel im Sinne des AMG. Pflanzen od. -teile sind frisch od. getrocknet zu verarbeiten, bei Tieren sind die einschlägigen Vorschriften des AMG od. der Tierschutzvorschriften zu beachten. Bei tox. Substanzen gelten die entspr. Schutzvorschriften. **Arzneiträger** sind Hilfsstoffe wie gereinigtes Wasser, Ethanol u. Ethanol/Wasser-Mischungen, Glycerol u. Lactose-Monohydrat. Sie müssen dem Arzneibuch entsprechen u. dienen der Herst. konz. Zubereitungen (z. B. Urtinkturen) od. für die Potenzierung. **Urtinkturen**, gekennzeichnet durch „TM“ od. „Ø“, sind Mischungen pfl. Presssäfte mit Ethanol (od. Wasser, Glycerol) od. Auszüge von Pflanzen od. Tieren, deren Absonderungen od. deren Teile. Die Urtinkturen werden (wie ihre flüss. Verd.) mit flüss. Arzneiträgern wie Ethanol versch. Konz. (m/m), Wasser oder Glycerol bereitet. **Potenzierung:** durch stufenweise Verdünnungen u. Verschüttelung (Potenzierung) erhält man aus konz., flüssigen Zuber. Verd. (Dilutionen, dil.) u. aus festen Zuber. Verreibungen (Triturationen, trit.). Die jeweilige Potenzierungsstufe wird nach der Dezimalmethode D (D1 = 1 : 10, D2 = 1 : 100) od. der Centimalmethode C (C1 = 1 : 100, C2 = 1 : 10 000) durch schrittweises Verdünnen u. Verschütteln hergestellt; es entstehen D(Dezimal)- od. C(Centesimal)-Potenzen. LM-Potenzen (Quinquagintamillesimal-Potenzen) werden in einem speziellen Verfahren hergestellt und haben einen rechner. Verdünnungsgrad von 1 : 50 000. Arzneipotenzen bis D6/C6 nennt man Tiefpotenzen, von D6/C6 bis D30/C30 mittlere, ab D30/C30 Hochpotenzen. Hochpotenzen ab der D200/C200 bis zur 1000., 10 000. und 50 000sten Potenz werden ab der C30 als Einglas-Potenzen hergestellt, d. h. die ganze Verdünnungsreihe in einem Gefäß (im Gegensatz zur Mehrglasmethode). **Spezielle Herstellungsverfahren: 1.** RH-Urtinkturen: Presssäfte werden einem tageszeitl. Warm-Kalt-Rhythmus („RH“) unterworfen, **2.** spagyrische Urtinkturen nach Zimpel: (s. Spagyrik) nach dem Hom. Arzneibuch (HAB1) Urtinkturen, zu deren Gew. pflanzl. Material mit Wasser u. Hefe versetzt u. vergoren wird. Danach erfolgt Wasserdampfdestillation in ethanol. Vorlage. Der Destillationsrückstand wird abgepresst, getrocknet u. verascht; die Asche wird zum Destillat gegeben, das nach Filtration die Urtinktur darstellt; Kennzeichnung: „spag. Zimpel“; **3.** Spagyrische Urtinkturen nach Krauß: nach den Vorschriften des Hom. Arzneibuchs wird Pflanzenmaterial mit Hefe, Wasser u. Saccharose bei 35 °C vergoren. Der vom Presssaft getrennte Pressrückstand wird einer Perkolation mit 85 %igem Ethanol unterworfen. Die Mischung von 2 T. Presssaft, 1 T. Perkolat, 7 T. 30 %igem Ethanol ergibt die Urtinktur; Kennzeichnung: „spag. Krauß“; **4.** Spagyrische Urtinkturen: nach dem Hom. Arzneibuch Urtinkturen, zu deren Gew. die Pflanzenmasse unter Zusatz von Wasser u. Hefe vergoren u. anschließend auf einen bestimmten Ethanolgehalt eingestellt wird; anschließend wird im Vakuum destilliert, der Rückstand verascht, die heiße Asche mit dem Destillat vermischt, die Mischung erneut bei Normaldruck destilliert, der Rückstand verascht, mit dem Destillat vermischt u. nach 48 h filtriert; diese Urtinktur trägt die Kennzeichnung „spag. bidest"; **5.** wässrige Urtinkturen mit Wärmebehandlung ohne u. mit Fermentation, Bezeichnung z. B. „ferm 33a" (nach Vorschrift 33a des HAB) od. „ferm cum Zinco" sowie wässrige Urtinkturen mit Kältebehandlung („K"). **Homöopathische Darreichungsformen (Arzneiformen):** **1.** Tabletten (tabl.): werden aus Verreibungen u. max. 10 % Stärke sowie max. 2 % Calciumbehenat od. Magnesiumstearat hergestellt; **2.** Streukügelchen (Globuli velati): mit homöopath. Lsg. imprägnierte Saccharosekügelchen (Globuli sacchari) versch. Größe (1-10; 40-50 Streukügelchen der Größe 5 wiegen 5 g); **3.** Injektionslsg.: mit Natriumchlorid isotonisierte, sterile hom. Lsg. ohne Zusatz von Konservierungsmitteln; **4.** flüss. Einreibungen (Externa): mit Ethanol (versch. Konz.) gemischte Urtinkturen od. Lsg. u. Öle (nach versch. Verfahren hergestellt) zum äußeren Gebrauch; Zusatz von 10 % Glycerol erlaubt; **5.** Salben: 10 %ig aus Urtinktur, Dilution oder Trituration hergestellt, Salbengrundlage meist 10 %iger Wollwachsalkohol, jede andere Salbengrundlage ist möglich; **6.** Suppositorien: 10 %ig aus Urtinktur, Dilution od. Trituration mit Hartfett durch Pressen hergestellt, Erhitzen und Gießen unzulässig; **7.** Augentropfen: sterile, isotone, wässrige Flüss. zur Anw. am Auge, hergestellt durch Potenzieren von flüss. Zubereitungen. Das HAB kennt ferner noch Mischungen (Komplexmittel), Nasentropfen u. flüss. weinige Verdünnungen.

Homöopathika: s. Homöopathie.

Homöopathisches Arzneibuch: s. Arzneibuch.

Homöopathische Zubereitungen: s. Homöopathie.

Homöostase: Aufrechterhaltung eines relativ stabilen inneren physiol. Milieus od. Gleichgewichts in einem Organismus, einer Population od. einem Ökosystem.

Homofenazin INN: 2-Trifluormethyl-10-{3-[4-(β-hydroxyethyl-1-hexahydro-1,4-diazepinyl]-propyl}-phenothiazin; Perhydro-4-[3-(2-trifluormethyl-10-phenothiazinyl)propyl]-1,4-diazepin-1-ethanol; CAS-Nr. 3833-99-6; $C_{23}H_{28}F_3N_3OS$, M_r 451.56. Sdp. 230-240 °C (133 Pa). **Anw.:** früher Sedativum*; **Dos.:** p. o. 2-3×3 mg/d, n. B. vor dem Schlafengehen 6 mg. Gebräuchl. war auch Homofenazindihydrochlorid ($C_{23}H_{30}Cl_2F_3N_3OS$) u. Homofenazinmonohydrochlorid.

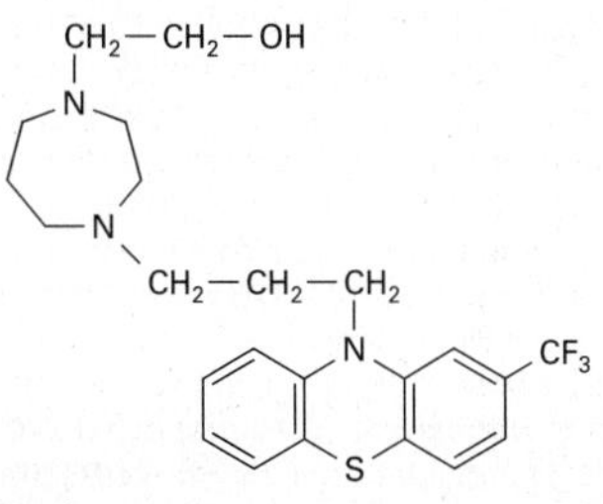

Homofenazin

homogen (gr. gleichartig): im Ggs. zu heterogen.

Homogenisieren: fein u. völlig gleichmäßig Machen; das innige Vermischen von Flüss. versch. Dichte, meist mit Hilfe von Rühr- u. Mischmaschinen (Homogenisiermaschine, Homogenisator), angewendet bei Emulsionen u. Suspensionen. H. vermeidet eine Entaggregierung von Sekundärpartikeln. Düsen-, Prallapparaturen dienen dem H. von Emulsionen. Suspensionen werden evtl. durch Ultraschall, am besten durch Kolloidmühlen homogenisiert.

Homoglykane: verzweigte od. unverzweigte Polysaccharide (s. Kohlenhydrate), die aus nur einem Monosaccharid aufgebaut sind. H. sind in Gemüsen weit verbreitet. Zu den Homoglykanen gehören z. B. Arabane, Xylane, Glucane, Fructane, Mannane, Galactane, die Stärkebestandteile Amylose u. Amylopektin, Cellulose u. Glykogen.

homolog (gr. übereinstimmend): **1.** (chem.) homologe Reihen: org. Verb., die sich nur durch ein bestimmtes Kettenglied unterscheiden. Beispiel: die allg. Summenformel der Alkane C_nH_{2n+2}; die Glieder dieser homologen Reihe unterscheiden sich stets um CH_2 od. ein Vielfaches, z. B. CH_4 Methan, C_2H_6 Ethan, C_3H_8 Propan; die einzelnen Verb. einer solchen Reihe, die homologen Verb., zeigen ähnl. chemische u. physik. Eigenschaften **2.** (med.) homologe Organe: Organe, die ihrer Anlage nach gleichen Ursprungs sind, aber ganz versch. Funktionen ausüben u. ganz verschieden gestaltet sein können.

Homolyse: Spaltung einer kovalenten Bindung, so dass jedes Spaltprodukt ein ungepaartes Elektron enthält u. zwei Radikale entstehen; vgl. Heterolyse.

Homopolymere: s. Polymere.

Homorottlerin: Bestandteil des Kamalas; s. Mallotus philippinensis.

homorrhiz: Zustand eines faserartigen Wurzelsystems, dessen Primärwurzel nicht mehr vorhanden ist; alle (sprossbürtigen) Adventivwurzeln sind gleichwertig u. weisen kein sekundäres Dickenwachstum* auf. Homorrhize Wurzeln sind charakterist. für monokotyle Pfl.; vgl. allorrhiz.

Homosporie: Isosporie, Gleichsporigkeit; Eigenschaft von Organismen, die nur eine Sorte Sporen bilden. H. findet sich bei den primitiven Gefäßpflanzen, z. B. bei fast allen Farnen.

Homosulfamidum: s. Mafenid.

Homosulfanilamidhydrochlorid: s. Mafenid (Mafenidhydrochlorid).

homozygot: reinerbig; sind Organismen, die an demselben Genort ihrer homologen Chromosomen ident. Allele besitzen. Ggs.: heterozygot*.

Homozystein: s. Homocystein.

Hondurasbalsam: s. Liquidambar orientalis (Balsamum indicum album).

Hondurasrinde: s. Picramnia antidesma (Cortex Cascarae amargae).

Honduras-Sarsaparille: s. Smilax regelii.

Honig: s. Mel.

Honigklee: s. Melilotus officinalis (Meliloti herba).

Honigtauhonig: s. Mel.

Hook-Gesetz: gilt für die elast. Verformung von Körpern. Die z. B. durch Stauchung hervorgerufene Längenänderung Δl eines elast. Körpers ist direkt proportional seiner Länge l u. der einwirkenden Kraft F u. verhält sich umgekehrt proportional zum Elastizitätsmodul E des Materials u. der Querschnittsfläche A.

$$\Delta l = \frac{F \cdot l}{E \cdot A}$$

In der pharmaz. Technologie wird mittels instrumentierter Tablettenmaschinen der Druckverlauf an den Presswerkzeugen durch deren geringe Längenänderungen bei der Kompression (folgen dem Hook-Gesetz) mittels aufgeklebter Dehnungsmessstreifen* gemessen.

Hopea-Arten: s. Shorea wiesneri.

Hopfen: s. Humulus lupulus.

Hopfendrüsen: s. Humulus lupulus (Glandulae Lupuli).

Hopfenextrakt: s. Extractum Lupuli.

Hopfenöl, Spanisches: s. Origanum creticum (Oleum Origani cretici).

Hopfenseide: s. Cuscuta europaea.

Hopfen, Spanischer: **1.** s. Origanum creticum. **2.** s. Origanum onites.

Hopfenzapfen: s. Humulus lupulus (Lupuli flos).

Hora (lat.): Stunde. **hor. un. spat.** (Abk. für **h**orae **un**ius **spat**io) auf Rezepten: in einstündigen Abständen, stündlich.

Hordecin: s. Fructane.

Hordein: Kleberprotein der Gerste; s. Prolamine.

Hordenin: Dimethyltyramin; β-(4-Hydroxyphenyl)-ethyl-dimethylamin; $C_{10}H_{15}NO$; M_r 165.23; Schmp. 118 °C; Sdp. 173 °C; farblose Kristalle, lösl. in Wasser, Ethanol, Chloroform, Säuren u. Laugen. **Vork.:** in Gerstenkeimen während der Keimung, in falsch gelagertem Hafer u. in Kakteen.

Hordeninsulfat: Hordeninum sulfuricum; $(C_{10}H_{15}NO)_2 \cdot H_2SO_4 \cdot 2\,H_2O$. Farblose Kristalle, lösl. in Wasser, sehr schwer lösl. in Ethanol. **Anw.** med.: früher als Herztonikum (peripheres Kreislaufmittel, Sympathomimethikum); **Dos.:** 0.5 g (s.c. 0.25 g), bei Dysenterie 0.5-5 g.

Hordeolum: Gerstenkorn; Abszess der Liddrüsen. **Ther.:** Wärmeapplikation, evtl. lokal Antibiotika; ggf. Stichinzision.

Hordeum vulgare L.: Hordeum sativum Jess., Gerste; Fam. Poaceae (Gramineae) (kult. Europa, Mittelmeergebiet) u. Convarietäten. Stpfl. von **Fructus Hordei decorticatus:** Semen Hordei decorticatum, Geschälte Gerste. **Best.:** ca. 60 % Stärke u. Schleimstoffe sowie ca. 2 % Fett. **Amylum Hordei:** Gerstenstärke, Gerstenmehl. **Anw.** volkstüml.: Gerstenschleim bei entzündl. Magen- u. Darmerkrankungen; vgl. Hordeninsulfat, Maltum. **Gerstenkeime: Inhaltsst.:** Die nicht ruhenden, gekeimten Samen enthalten neben Hordenin* reichl. Vitamine*, v.a. Vit. A, B_1, D, E sowie Betain*, Cholin* u. Enzyme.

Hormonantagonisten: s. Antihormone.

Hormone (gr. in Bewegung setzen, antreiben): org. Verbindungen, die als interzelluläre Signalstoffe dienen, mit dem Blut in freier od. gebundener Form zu ihren Erfolgsorganen gelangen u. in extrem geringer Konz. (10-15 mol/mg Gewebe) Funktion u. Stoffwechsel von Geweben charakterist. beeinflussen. Die spezif. Wirkungen von H. vermitteln Hormonrezeptoren. Zwischen Hormonen, Vitaminen* u. Enzymen* bestehen enge Zusammenhänge; man fasst sie unter dem Sammelbegriff Biokatalysatoren* zusammen. H. kommen in menschlichen, tier. u. pflanzlichen. Organismen vor. **Einteilung:** **1.** nach Bildungsort: **a) H. der Drüsen:** Drüsenhormone, glanduläre H.; innere Sekretion (endokrine Drüsen); unmittelbar in das Blut od. in die Lymphe abgeschieden; **b) H. der Gewebe:** Gewebehormone, Lokalhormone, aglanduläre H.; von den Geweben ausgeschiedenen, entfalten ihre Wirkung an dem Ort, an dem sie gebildet werden, od. in seiner nächsten Umgebung. **2.** nach chem. Struktur: **a) Proteohormone, Peptidhormone:** H. mit Eiweißkörper od. einem eiweißähnl. Charakter, z.B. Insulin, Hypophysenhormone u. Parathormon; **b) Nichtproteohormone:** H. die keine Eiweißkörper sind, sich strukturchem. von den Sterinen* ableiten lassen (Steroidhormone) u. vielfach partialsynth. hergestellt werden können, z.B. die H. der Nebennieren u. der Keimdrüsen. Die Schilddrüsenhormone müssen beiden Gruppen zugerechnet werden. Die meisten endokrinen Drüsen arbeiten auf das engste zusammen u. bilden ein sehr fein abgestimmtes endokrines System, dem die Hypophyse als Zentralorgan übergeordnet ist. Regelkreise kontrollieren die komplexen WW zwischen H., hormonabhängigen Metaboliten u. Nervensystem.

I. H. des Hypothalamus-Hypophysen-Systems: der **Hypothalamus** ist das übergeordnete Zentrum der endokrinen Drüsen. Über die Releasing-H. (releasing factors) steuert er die „-tropen" H. des Hypophysenvorderlappens, die die hormonproduzierenden Drüsen stimulieren (s. Abb. 1). Endokrines Pankreas*, Nebenschilddrüse u. Nebennierenmark sind unabhängig von hypophysären Einfluss. Gleichzeitig empfängt der Hypothalamus Informationen von Sinnesorganen, vom ZNS u. vegetativen Nervensystem, von Stoffwechselvorgängen u. vom Endokrinium selbst, die auf die Bildung u. Sekretion von Releasing-H. Einfluss nehmen. Ferner werden im Hypothalamus die H. Vasopressin* u. Oxytocin* produziert. Sie gelangen über Nervenwege zur Neurohypophyse (Hypophysenhinterlappen), wo sie gespeichert u. bei Bedarf direkt in das Blut abgegeben werden. Die **Hypophyse*** (Hirnanhangdrüse, Glandula pituitaria), eine etwa haselnußgroße Drüse mit einem Gewicht von ca. 0.5 g, liegt an der Hirnbasis im sog. Türkensattel (Sella turcica) u. besteht aus 2 Hauptteilen, dem Vorderlappen (HVL, Pars anterior) u. dem Hinterlappen (HHL, Pars posterior), wobei zw. den beiden noch ein weiteres (beim Menschen rudimentäres) Gebilde, der Mittellappen (HML, Pars intermedia) liegt. Die Hypophyse bildet zweierlei Arten von H.: einerseits solche mit selbständiger Funktion, andererseits die glandotropen H. des Hypophysenvorderlappens, welche die Funktion anderer endokriner Drüsen regulieren. Von den 3 Teilen der Hypophyse (HVL, HML, HHL) hat jeder seine ganz bestimmten Funktion u. sondert bestimmte Hormone ab.

A: H. des Hypophysenvorderlappen (HVL): adenotrope H., glandotrope H.; **1. Wachstumshormon:** Somatropin*, somatotropes H., STH; art-

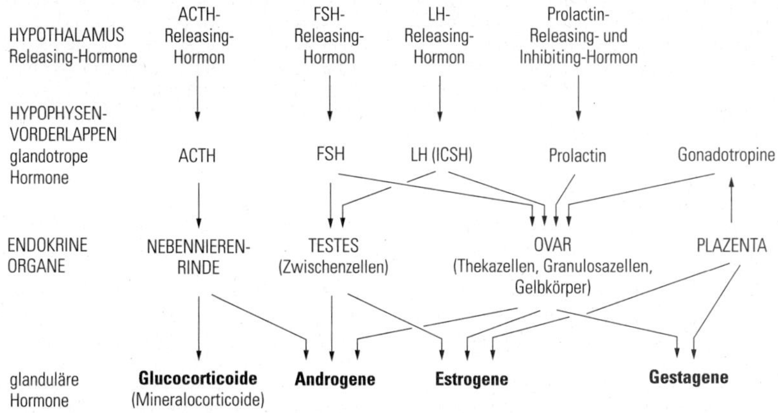

Hormone Abb. 1: Kontrolle der Hormone im Hypothalamus-Hypophysen-System [3]

spezif. Proteohormon aus 191 Aminosäuren. Die Tagesproduktion des Erwachsenen liegt bei 4 mg. Es wird von 2 hypothalamischen H. kontrolliert. Das STH-Releasing-Hormon (Somatoliberin, growth hormone releasing hormone, GH-RH) stimuliert die Synthese u. Abgabe von STH im HVL. Somatostatin*, ein Tetrapeptid, hat einen konträren Effekt. Das Knochenwachstum wird nicht von STH selbst, sondern durch Somatomedine, die unter der spezif. Wirkung von STH in der Leber u. Niere gebildet werden, vermittelt. Die Wachstumswirkung erstreckt sich auch auf innere Organe. Ferner hat STH eine proteinanabole, lipolyt. u. blutzuckersteigernde Wirkung. Beim Heranwachsenden führt eine Überproduktion von STH, z. B. durch einen HVL-Tumor, zum proportionierten Riesenwuchs, beim Erwachsenen zur Akromegalie*. Aus einem STH-Mangel resultiert ein proportionierter Minderwuchs, der durch artgleiches STH (Wachstumshormon vom Menschen zur Injektion, s. Somatropin) behandelt werden kann.

2. gonadotrope Hormone: Gonadotropine; neben den folgenden hypophysären Gonadotropinen gibt es solche, die von der Plazenta gebildet werden; (s. u., Plazentahormone). **a) Follikelreifungshormon**: follikelstimulierendes Hormon, FSH, Follitropin (vgl. Urofollitropin, Follitropin alpha u. beta), Prolan A; ein artspezif. Glykoproteid. Es fördert bei der Frau das Wachstum u. die Reifung der Follikel bis zum Graaf-Follikel, beim Mann die Spermatogenese; **b) luteinisierendes Hormon:** LH, zwischenzellstimulierendes H., (engl. *interstitial cell stimulating hormone,* Abk. ICSH), Prolan B; ein artspezif. Glykoproteid. Zus. mit FSH bewirkt es bei der Frau die Eireifung u. induziert Ovulation (Eisprung) u. Gelbkörperbildung (Corpus luteum). Beim Mann stimuliert es die Leydig-Zwischenzellen im Hoden, den Bildungsort des Testosterons u. geringer Estrogenmengen. Die Ausschüttung wird zusammen mit FSH über den Estrogenspiegel (wahrscheinl. auch beim Mann) im Rahmen eines Feedback-Mechanismus gesteuert. **HMG** (engl. *human menopausal gonadotropin,* humanes Menopausengonadotropin) ist ein Gem. aus (vorwiegend) FSH u. LH, gew. aus dem Harn von Frauen in der Postmenopause. **Anw.**: weibl. Sterilität; **c) luteotropes Hormon:** LTH, lactogenes H., Prolactin*; ein artspezif. Protein. Seine Produktion wird über ein hypothalam. Releasing Hormon (engl. *Prolactin releasing factor,* Abk. PRF) u. einen inhibierenden Faktor (PIF) gesteuert. Der Saugreiz ist der adäquate Reiz für die LTH-Freisetzung. LTH bewirkt die Reifung der milchbildenden Drüsenzellen in der Brust. Bei Vögeln löst es Brutinstinkte aus. Hohe Estrogendosen hemmen die LTH-Produktion, dies wird therap. beim Abstillen ausgenützt. Über einen Rückkoppelungseffekt hemmt LTH die Ausschüttung des LH-Releasing-Faktor (Gonadorelin*). Dies ist die Urs. für Amenorrhö u. fehlenden Ovulation bei der stillenden Frau.

3. thyreotropes Hormon: TSH, Thyrotrophin*; ein artspezif. Glykoproteid. Es fördert die Iodaufnahme in die Schilddrüse, weiterhin wird die Bildung der Schilddrüsenhormone angeregt u. ihre enzymat. Freisetzung beschleunigt. Für TSH gibt es keine therap. Indikation; Verw. für diagnost. Zwecke; *long acting thyroid stimulator* (Abk. LATS) wirkt länger als TSH u. wird nicht wie dieses im HVL gebildet. Er unterliegt nicht wie TSH einer negativen Rückkoppelung, so dass Schilddrüsenwachstum u. -funktion unkontrolliert stimuliert werden u. zur Basedow*-Krankheit führen;

4. corticotropes Hormon: Corticotropin*, adrenocorticotropes Hormon, Abk. ACTH, kontrainsuläres Hormon; ACTH ist ein Proteohormon aus 39 Aminosäuren. Es stimuliert in der Nebennierenrinde die Produktion u. Abgabe von Glucocorticoiden; die Produktion von Aldosteron wird nur im geringen Ausmaß von ACTH beeinflußt. Anw.: für diagnost. Zwecke zur Überprüfung der Nebennierenrinden-Funktion. Therap. wird ACTH bei sekundärer Nebennierenrinden-Insuffizienz (verminderte ACTH-Bildung im HVL) od. in den seltenen Fällen einer Corticoidunverträglichkeit gegeben. Nach langfristiger Corticoidtherapie wird ACTH zur Nebennierenrinden-Stimulierung gegeben.

B: H. des Hypophysenmittellappen (HML): im HML wird das Melanophorenhormon Intermedin (Melanotropin, Melanozyten stimulierendes Hormon, Abk. MSH), gebildet, ein Proteohormon. Beim Säuger kommen 2 Formen vor, das biol. aktive α-MSH u. das β-MSH, das Bestandteil des ACTH-Moleküls ist. MSH fördert die Ausbreitung der Pigmentgranula in der Haut. Gegenspieler ist das Melatonin (Epiphysenhormon).

C: H. des Hypophysenhinterlappen (HHL): dient als Speicherorgan für 2 vom Hypothalamus gebildete Peptidhormone: **1. Vasopressin***: Adiuretin, antidiuret. Hormon, Abk. ADH, Tonephin; ein Nonapeptid mit antidiuret. Wirkung. Sein Angriffspunkt liegt im distalen Tubulus. Die Ausschüttung wird durch Volumenrezeptoren im linken Vorhof u. Osmorezeptoren im Hypothalamus gesteuert. In unphysiol. hohen Dosen bewirkt Vasopressin eine Kontraktion der Arteriolen u. Kapillaren (hypertensive Wirkung). Bei Vasopressinmangel kommt es zum Krankheitsbild des Diabetes* insipidus. **Anw.:** zentraler Diabetes insipidus, Oesophagusvarizenblutung, operative Eingriffe zur Verminderung der Durchblutung im Operationsgebiet; **2. Oxytocin***: bewirkt Milchauspressung aus der Brustdrüse durch Kontraktion glatter Muskelzellen. Am Uterus fördert es die Kontraktionsfrequenz u. -stärke. Bedingt durch hohen Gestagenspiegel während der Schwangerschaft geringes Ansprechen des Uterus auf Oxytocin. Erst gegen Ende der Schwangerschaft (Gestagenabfall) erhöht sich die Sensibilität für Oxytocin u. erreicht während u. unmittelbar nach der Geburt ihr Maximum. Adäquate Reize für die Oxytocinausschüttung sind Saugen an der laktierenden Brust, Psyche (z.B. Kinderschreien) u. Zervixdilatation. **Anw.:** zur Geburtseinleitung bei Wehenschwäche od. aus anderen Gründen, bei Plazentaretention, bei postpartaler Uterusatonie.

II. Keimdrüsen- u. Sexualhormone: Hoden (Testes) u. Eierstöcke (Ovarien) produzieren H., die für eine normale Geschlechtsentwicklung unentbehrl. sind.

A: Androgene: zur Biosynthese s. Abb. 2. Der Produktionsort dieser C_{19}-Steroide sind die Hoden. Histolog. besteht der Hoden aus Samenkanälchen, in denen die Spermatogenese abläuft. Zw. diesen liegen Gefäße u. die Leydig-Zwischenzellen. Die tägl. Produktionsmenge eines erwachsenen Mannes liegt bei ca. 6-8 mg Testosteron. In biol. bedeutungslosen Mengen werden Androgene auch in der NNR u. im Ovar gebildet. Der wichtigste Vertreter ist Testosteron*. Das chem. verwandte Androsteron* ist wesentl. schwächer wirksam. **Wirk.:** Androgene bewirken die Ausbildung u. Erhaltung der männl. Geschlechtsorgane

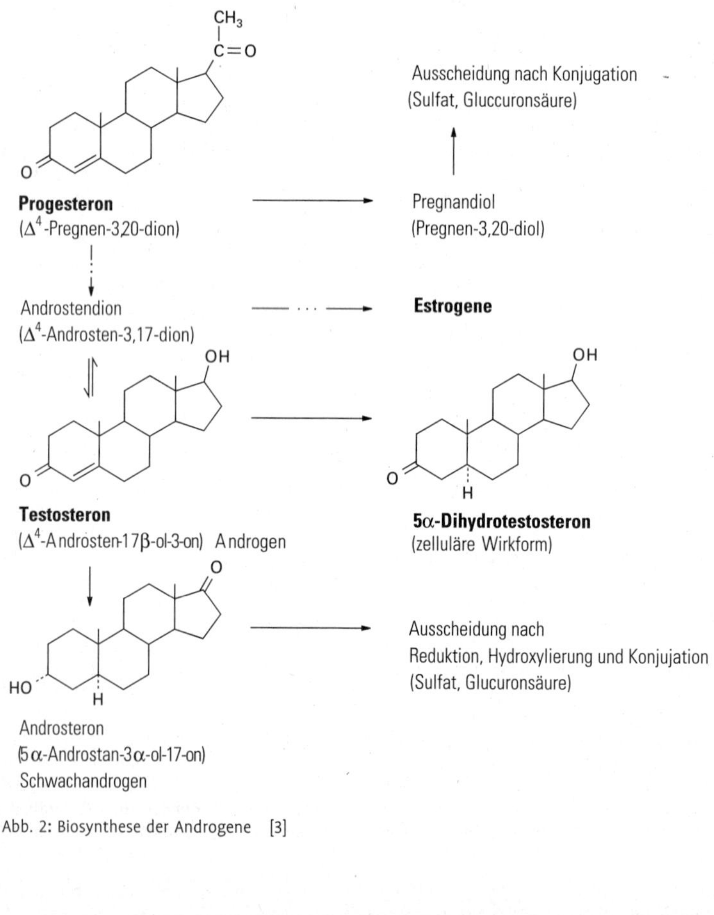

Hormone Abb. 2: Biosynthese der Androgene [3]

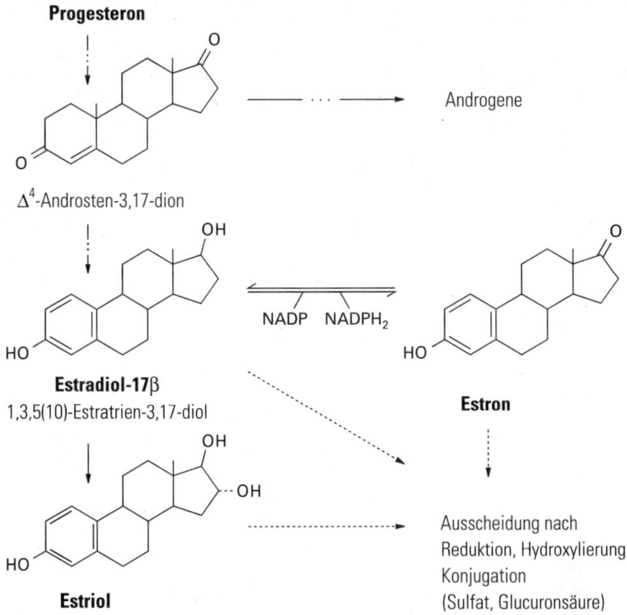

Hormone Abb. 3: Biosynthese der Estrogene [3]

(Hoden, Prostata etc.) u. der sekundären Geschlechtsmerkmale (tiefe Stimme, Behaarung etc.). Weiterhin haben sie anabole Wirk. u. führen beim Pubertierenden zum Wachstumsschub. Durch Schluss der Epiphysenfugen beenden sie schließl. das Längenwachstum. Ausfall der Keimdrüsen vor der Pubertät bedingt eine fehlende Ausbildung der sekundären Geschlechtsmerkmale u. verspäteten Epiphysenschluss (hypogonadaler Riesenwuchs). Nach der Pubertät zeigt sich bei verminderter Testosteronproduktion eine herabgesetzte Fertilität. **Anw.:** Hypogonadismus, nicht sicher ist der positive Effekt bei normalem Androgenspiegel auf die Fertilität. Wegen der antiestrogenen Wirk. werden Androgene bei inoperablen Brust- u. Gebärmutterkarzinomen eingesetzt.

B: Antiandrogene: heben die Wirkung von Androgenen auf; z. B. Cyproteron*, ein Gestagen, das die Gonadotropinsekretion hemmt u. kompetitiv antagonist. Wirk. hat. **Anw.:** Hypersexualität, zu frühem Pubertätsbeginn u. bei Prostatatumoren;

C: Estrogene: syn. Follikelhormone, Follikuline; zur Biosynthese s. Abb. 3. Diese C_{19}-Steroide werden v. a. in den Thekazellen der Follikel gebildet, jedoch auch im Gelbkörper, in der Plazenta u. in geringen Mengen in der Nebennierenrinde u. in den Hoden. Von den Estrogenen sind über 20 Vertreter bekannt. Die wichtigsten sind 17-β-Estradiol, Estron u. Estriol. Estrogene sind bei sämtl. Säugetieren (mit Ausnahme des Menschen) brunstauslösend. Sie dienen alleine od. zus. mit anderen H. der Ausbildung u. Erhaltung der sekundären weibl. Geschlechtsmerkmale. Ferner greifen sie in Stoffwechselvorgänge ein. Sie wirken proteinanabol, fördern die Resorption von Calcium, Phosphor u. Natrium, bewirken eine Wasserretention, senken den Plasmacholesterolspiegel, fördern die Knochenreifung u. beschleunigen den Schluß der Epiphysenfuge. Estrogene bedingen außerdem eine Zunahme der Gerinnungsfähigkeit des Blutes, was sich in einer erhöhten Thromboseneigung während der Schwangerschaft äußert. Man hat auch in Pflanzen, Kohle, Torf, Petroleum u. Asphalt Substanzen aufgefunden, welche die gleichen Wirkungen wie Follikelhormone haben, die sog. **estrogenen Stoffe**. Auch zahlreiche künstl. gewonnene estrogene Stoffe haben die gleiche Wirk., obwohl sie chem. eine ganz andere Konstitution haben (also keine Steroide sind), so z. B. Derivate des Diethylstilbestrol*. **Anw.:** Ausfallserscheinungen des Hormons wie Infantilismus od. klimakter. Störungen; bei drohendem od. habituellem Abort; in der Ther. des Prostatakarzinoms; beim nach der Menopause auftretenden Mammakarzinom.

D: Gestagene: physiol. Progesteron*, Gelbkörperhormon, Corpus-luteum-Hormon; wird vorwiegend im Gelbkörper sowie in der Plazenta gebildet. Es ist der Hauptvertreter dieser C_{21}-Steroide u. für die Vorbereitung u. Erhaltung der Schwangerschaft (gestatio) verantwortlich. Es bewirkt an der Gebärmutterschleimhaut die Überführung der estrogenbedingten Proliferationsphase in die Sekretionsphase u. schafft somit die Voraussetzung für die Einnistung des befruchteten Eies. **Wirk.:** Progesteron wirkt leicht katabol u. bedingt die geringgradige Temperaturerhöhung in der zweiten Zyklushälfte. **Anw.:** benigne Prostatahyperplasie; Endometriumkarzinom; drohender Abort, Polymenorrhö u. zur Menstruationsverschiebung.

E: Plazentahormone: neben Steroidhormonen wie Progesteron u. Estrogen werden nach Befruchtung eines Eies 2 weitere gonadotrope Glykoproteinhormone gebildet. Das **HCG** (human chorionic gonadotropin, Choriongonadotropin) hat weitgehend die gleiche Wirkung wie FSH u. LH. Das **HPL** (human placental lactogen, Plazentalaktogen) ist in seiner Wirkung dem Prolactin ähnlich. Beide dienen zur Erhaltung des Gelbkörpers. Auf dem Nachw. dieser H. im Harn beruhen die modernen Schwangerschaftstests*. **Relaxin** ist ein Peptidhormon des Corpus luteum od. der Plazenta, dessen Aufgabe die Erweiterung des Uterushalses u. Lockerung der Symphyse vor der Geburt ist.

III. Nebennierenhormone: Glandulae suprarenales (Nebennieren); 2 den oberen Polen der Nieren aufliegende endokrine Drüsen. Sie bestehen aus 2 Geweben mit völlig unterschiedl. Funktion: der gelblich braunen Rinde u. dem braunroten Mark. Die Nebennierenrinde (NNR) ist aus 3 histolog. unterschiedl. Schichten zusammengesetzt: **A:** Zona glomerulosa: liegt unter der NNR-Kapsel, Produktion von Aldosteron; **B:** Zona fasciculata: ist die mächtigste Schicht; Produktion vorwiegend von Glucocorticoiden; **C:** Zona reticularis: grenzt an das Nebennierenmark, dem Bildungsort von Catecholaminen (v. a. Adrenalin) u. von Androgenen. Das Grundgerüst der NNR-Hormone ist ein Cyclopentanophenanthrenring. Von den bisher ca. 40 aus der NNR isolierten Steroiden sind beim Menschen physiol. wichtig die Glucocorticoide Cortisol (s. Hydrocortison) u. im geringeren Ausmaß Corticosteron* sowie das Mineralocorticoid Aldosteron* (Halosteroide).

A: Glucocorticoide: vom physiol. wichtigstem Glucocorticoid Cortisol werden ca. 15-40 mg/d sezerniert. Die Sekretion unterliegt einem circadianen Rhythmus* mit Maximalwerten morgens u. Minimalwerten in der Nacht. Die circadiane Rhythmik wird vom Hypothalamus über ACTH gesteuert. Glucocorticoide beeinflussen den Kohlenhydrat-, Fett- und Eiweißstoffwechsel sowie den Wasser- u. Elektrolythaushalt. Sie sind bei diesen Stoffwechselprozessen an der Aufrechterhaltung des biol. Gleichgewichts (z. B. zwischen Anabolismus u. Katabolismus) beteiligt, Nebenniereninsuffizienz führt unbehandelt in kurzer Zeit zum Tod. **Wirk.:** **1.** diabetogen: bei höheren therapeutischen Dosen u. längerer Anw. nimmt Glucosetoleranz ab; **2.** katabol: Förderung des Proteinabbaus, Wirkung auf Bindegewebe, Muskulatur, Knochengrundsubstanz u. insbes. auf das lymphat. System (Abfall der Lymphozyten u. eosinophilen Granulozyten); **3.** hyperglykäm.: erhöhte Gluconeogenese in der Leber; **4.** mineralocorticoid: Ausscheidung von Kalium wird gefördert, die von Natrium gehemmt; **5.** Vitamin-D-antagonistisch: Reabsorption von Calcium in der Niere u. im Darm wird gehemmt; **6.** antiphlogist.: Ansprechbarkeit auf Catecholamine wird erhöht. **Anw.:** Substitutionstherapie bei primärer (Addison*-Krankheit) u. sekundärer NNR-Insuffizienz, als Antiphlogistikum u. Antiallergikum, als Immunsuppressivum; Verabreichung p. o., parenteral u. topisch. Synthet. Glucocorticoide haben erhöhte glucocorticoide Wirk. bei verminderter mineralocorticoider Wirk., z. B. Prednisolon, Prednison, Triamcinolon, Dexamethason, Betamethason, Deflazacort. Bei Langzeittherapie mit hohen Dosen von Glucocorticoiden kommt es zum Auftreten von z. T. schweren **UAW:** Cushing*-Syndrom, Magen- u. Zwölffingerdarmgeschwüre, infektiöse Komplikationen, psych. Symptome wie z. B. Depressionen od. Euphorie, Hypokaliämie, Verschlechterung od. Manifestation eines Diabetes* mellitus, Thrombembolien, atroph. Hautveränderungen (bei system. u. top. Anw.), am Auge können Linsentrübungen u. Glaukome entstehen. Die Glucocorticoidtherapie ist langsam auszuschleichen, da bei zu raschem Absetzen ein Cortisonentzugssyndrom mit Schwindel, allg. Schwäche u. psychische Symptomen auftritt.

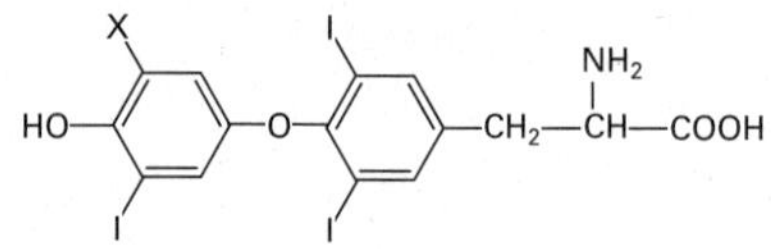

Hormone Abb. 4: die Schilddrüsenhormone Thyroxin (X = I) bzw. 3,3',5'-Triiodthyronin (X = H)

B: Mineralocorticoide: das wichtigste physiol. M. ist Aldosteron*, es bewirkt eine Natriumretention u. eine Kaliumausscheidung. Hauptwirkungsort sind die distalen Tubuli der Niere. Mineralocorticoide Wirk. hat zudem 11-Desoxycorticosteron (DOC, s. Desoxycorton). **Anw.:** Substitutionstherapie bei primärer NNR-Insuffizienz. Kompetitiv gehemmt wird Aldosteron durch Spironolacton*, das sich als Diuretikum bei kardialem u. hepatalem Ödem gut bewährt hat.

IV. H. der Schilddrüse: die Schilddrüse (Glandula thyreoidea, Thyreoidea) ist eine ca. 25 g schwere hufeisenförmige Drüse, liegt vor der Luftröhre unterhalb des Kehlkopfes. In der Drüse sind große Hohlräume (Follikel), die mit einschichtigem Epithel ausgekleidet sind. In den Follikeln werden die Schilddrüsenhormone 3',5',3,5-Tetraiodthyronin (Thyroxin, T_4) u. 3',3,5-Triiodthyronin (T_3, Liothyronin), gebunden an Thyreoglobulin, gespeichert (s. Abb. 4). Bei der Hydrolyse werden neben anderen Iodverbindungen T_4 u. T_3 freigesetzt, im Blut aber wieder an ein spezif. Globulin (engl. *thyroxin binding globuline*; Abk. TBG) gebunden. Für die Hormonwirkung als solche ist das T_3 entscheidend (T_4 wird in Geweben in das hormonell wirksame T_3 umgewandelt. Beim Menschen werden tgl. zw. 0.1-0.3 mg sezerniert (90 % T_4, 10 % T_3). Iodaufnahme u. Hormonbildung werden durch TSH (Thyrotropin*) gesteuert. **Wirk.:** **1.** calorigen: durch T_3 u. T_4 wird der Grundumsatz gesteigert; **2.** hyperglykäm.: erhöhte Glykogenolyse in Leber u. Muskel; **3.** katabol u. anabol: physiol. Dosen wirken anabol*, hohe Dosen katabol*; **4.** Ansprechbarkeit auf Catecholamine wird erhöht; **5.** permissives Wachstumshormon; **6.** lipolytisch. Bei Überfunktion der Schilddrüse (Hyperthyreose) findet man: Gewichtsabnahme, Heißhunger, feuchte heiße Haut, Tachykardie, Nervosität. Ther. mit Thyreostatika*. Bei Unterfunktion (Hypothyreose) fällt eine verminderte Kältetoleranz, Müdigkeit, Lethargie, Gesichtsödem u. struppiges Haar auf. Iodmangel während der embryonalen Entwicklung führt zu Kretinismus (Zwergwüchsigkeit). In der Schilddrüse wird auch **Calcitonin***in den parafollikulären Zellen (C-Zellen)gebildet. Calcitonin besteht aus 32 Aminosäuren. **Wirk.**: Senkung des Calciumspiegels im Blut durch Hemmung des Knochenabbaus u. durch Calciumeinlagerung in die unverkalkte Knochenmatrix. **Anw.**: synthetisiertes Calcitonin bei Hypercalcämien, z. B. osteolyt. Metastasen od. Vit.-D-Intoxikation.

V. H. der Nebenschilddrüse: die Nebenschilddrüse (Glandula parathyreoidea, Epithelkörperchen) ist der Bildungsort des **Parathormons**. Parathormon ist ein Proteohormon aus 84 Aminosäuren. Es erhöht den Calciumspiegel, Plasmakonz. ca. 0.1 mg/mL (10 mg %), durch: **1.** vermehrte Calciumresorption im Dünndarm; **2.** Calciummobilisierung aus den Knochen; **3.** vermehrte Calciumreabsorption in der Niere. Für die Wirk. an Darm u. Knochen ist Vit. D notwendig. Die Sekretion des Parathormons wird durch die Höhe des Blutcalciumspiegels bestimmt. Niedrige Calcium- u. hohe Phosphatspiegel fördern die Inkretion. Ein übergeordnetes „-tropes" Hormon ist nicht bekannt, so dass angenommen werden muss, dass die Zellen der Nebenschilddrüse selbst die Änderungen des Calcium- u. Phosphatspiegels registrieren u. darauf reagieren.

VI. H. der Epiphyse: die an der Hirnbasis lokalisierte Drüse (Glandula pinealis, Zirbeldrüse) besitzt eine noch ungeklärte Hormonfunktion. Das einzige bislang bekannte Epiphysenhormon ist Melatonin, ein Antagonist des MSH (Melanozyten stimulierendes Hormon); es bedingt eine Aufhellung der Hautfarbe durch Aggregation der Melaningranula in den Melanozyten. Beim Warmblüter hemmt Melatonin* die Entwicklung der Gonadenfunktion bei Jungtieren. Die Rolle des Melatonin beim Menschen ist noch nicht exakt geklärt, vermutl. greift es regulierend in die circadiane Rhythmik ein.

VII. H. des Thymus: der Thymus bildet u. sezerniert Polypeptid- od. Glykopeptidhormone, die die Geschwindigkeit u. Reifung selektiver Lymphzellenpopulationen u. ihre Aufgabe bei der spezif. Immunabwehr kontrollieren. Dazu gehören Thymosin, homöostat. Thymushormon, Thymopoietin I u. II sowie der sog. humorale Thymusfaktor.

VIII. Gewebehormone: aglanduläre H.; **A: gastrointestinale H.:** die Sekretion der für den normalen Ablauf des Verdauungsprozesses im Gastrointestinaltrakt notwendigen Enzyme wird z. T. durch lokal stimulierende Wirk. der Nahrungsbestandteile selbst, z. T. durch das autonome Nervensystem des Intestinaltraktes, z. T. durch eine Reihe von Peptidhormonen gesteuert, die im Intestinaltrakt gebildet werden. **1.** Gastrin I, ein Heptadecapeptid, stimuliert die Salzsäureproduktion u. Sekretion im Magenfundus; **2.** Gastrin II wirkt histaminähnl.; **3.** Sekretin, ein Polypeptid aus 27 Aminosäuren, stimuliert die Produktion u. Abgabe von Pankreassekret u. Galle u. hemmt die Gastrinproduktion; **4.** Vascular-Intestinal-Peptide (VIP) hemmen die Magensaft- u. Salzsäuresekretion; **5.** Enterogastron hemmt die Magensaft- u. Salzsäuresekretion u. fördert die Insulinfreisetzung; **6.** Motilin stimuliert die Pepsinsekretion; **7.** Cholecystokinin (Pankreozymin), ein Polypeptid aus 33 Aminosäuren, stimuliert die Enzymsekretion des Pankreas* u. regt die Kontraktion der Gallenblase an; **8.** pankreat. Polypeptid, hemmt die Magen- u. Pankreassekretion; **9.** Pentagastrin, ein synthet. Pentapeptid, wird zur Magensekretionsanalyse u. zur diagnost. Anregung der Salzsäuresekretion verwendet; **10.** Glucagon-like peptide 1 (GLP 1), ein Peptidhormon, das nach Ingestion von Kohlenhydraten von den L-Zellen der Darmmukosa freigesetzt wird, stimuliert glucoseabhängig die Insulinsekretion u. hemmt die Freisetzung von Glucagon.

B: Plasmakinine: Bradykinin, Kallidin (Lysylbradykinin) u. Methylkallidin sind hochwirksame Oligopeptide. **Wirk.**: an der glatten Muskulatur der Bronchien, des Magen-Darm-Traktes sowie des Uterus bewirken sie eine Kontraktion. Die glatte Muskulatur der Gefäße v. a. im Kapillarbereich wird von den Plasmakininen erweitert. Dies führt zu einer Hypotension. Weiterhin erhöhen die Plasmakinine die Gefäßpermeabilität. Die Freisetzung der Plasmakinine aus der α_2-Globin-Fraktion des Blutplasmas wird durch Kallikrein* bewirkt. Kallikrein findet sich in einer inaktiven Vorstufe (Kallikreinogen) in Pankreas, Speicheldrüsen u. Darmwand. Eine erhöhte Bradykinin- u. Prostaglandinkonzentration (s. Eicosanoide) führt durch Absenkung der Schmerzschwelle an den Nozirezeptoren zu einer Schmerzreaktion.

C: Eicosanoide: mehrere Gewebehormone werden von der Arachidonsäure u. anderen ungesättigten C_{20}-Fettsäuren abgeleitet: die Prostaglandine*, Thromboxane*, Hydroxy-eicosatetraensäuren (HETE) u. Leukotriene*, von denen einige den slow* reacting substances of anaphylaxis (SRS-A) entsprechen; vgl. Eicosanoide.

D: Lymphokine*.

E: Histamin*.

F: Serotonin*.

G: Gewebehormone der Niere: **1. Renin:** ein proteolyt. Enzym, das von den juxtaglomerulären Zellen der Niere gebildet wird. Bei Blutdruckabfall kommt es über Aktivierung des sympath. Nervensystems (β-Rezeptoren) zur Reninfreisetzung. Auch Änderung des NaCl-Angebotes im Primärharn führt zur Reninfreisetzung; **2. Angiotensin:** syn. Hypertensin; Renin spaltet aus **Angiotensinogen**, einem Protein der α_2-Globin-Fraktion, Angiotensin I ab. Dieses wird durch das Konversionsenzym (engl. *angiotensin converting enzyme*, Abk. ACE) in Angiotensin II umgewandelt. Angiotensin II greift durch seine stark gefäßkontrahierende Wirk. u. über die direkte Freisetzung von Aldosteron in die Regulation des Blutdruckes ein. Substanzen, die durch Hemmung des ACE die Umwandlung von Angiotensin I in Angiotensin II od. welche die Rezeptoren für Angiotensin II blockieren (Angiotensin*-II-Blocker), werden in der Bluthochdruckbehandlung eingesetzt; s. ACE-Hemmer; **3. Epoetin** : Erythropoetin; bei Sauerstoffmangel wird in der Niere das Enzym Erythrogenin gebildet, das aus der α_2-Globin-Fraktion des Blutplasmas das Epoetin* freisetzt. Epoetin bewirkt im Knochenmark eine Beschleunigung der Ausreifung der roten Blutkörperchen (Erythropoese*).

H: **Gewebehormone des ZNS:** Neurotransmitter* u. Neurotenside, z. B. Acetylcholin*, GABA*, Serotonin*, Histamin*, Opioidpeptide*, DSIP* (delta sleep inducing peptide).

Hormone, aglanduläre: s. Hormone, (Gewebehormone).

Hormone, natriuretische: Peptidhormone, die bei der Regulation des Salz- u. Wassergehaltes sowie des Blutdrucks eine Rolle spielen; vgl. Peptid, atriales natriuretisches.

Hornblendeasbest: s. Asbest.

Hornhautpflaster: s. Hühneraugenpflaster.

Hornkleesamen: s. Trigonella foenum-graecum (Trigonellae foenugraeci semen).

Hornmohn: s. Glaucin (Glaucium flavum).

Hornstoff: s. Keratine.

Horsemint, American: s. Monarda didyma.

Hortensie: s. Febrifugin.

Hosch-Filter: s. Hochleistungs-Schwebstoff-Filter.

Hospitalismus: Bez. für alle durch od. während eines Krankenhaus- od. Heimaufenthalts auftretenden Schädigungen. **Urs.:** Ernährungs- od. Pflegefehler, sekundäre Infektionen od. psych. Einwirkungen; **Formen:** **1.** infektiöser H.: Auftreten von Nosokomialinfektionen durch Hospitalkeime; begünstigend wirken Selektion u. Ausbreitung multiresistenter Erreger im Krankenhaus durch unkritische Chemotherapie (v. a. mit Breitbandantibiotika), ungenügende Händehygiene, Mängel in Raum- u. Medizintechnik, Betriebsorganisation u. Pflegetechnik, höhere Anzahl infektionsanfälliger älterer u. polytraumatisierter Patienten; **2.** psych. H.: Schädigung, die infolge fehlender affektiver Zuwendung (Deprivation) auftritt; Vork. v. a. bei Säuglingen u. Kleinkindern, auch bei Langzeitpatienten in Krankenhäusern u. Heimen.

Houben-Hösch-Reaktion: Methode zur Herst. phenol. Ketone durch Umsetzung mehrwertiger Phenole od. Phenolether mit Nitrilen in Gegenwart saurer Katalysatoren (Salzsäure, Zinkchlorid od. Aluminiumchlorid). Beispiel: aus Phloroglucin u. Acetonitril bildet sich ein isolierbares Ketimmoniumchlorid, das mit heißem Wasser zu Phloracetophenon hydrolysiert wird (s. Abb.).

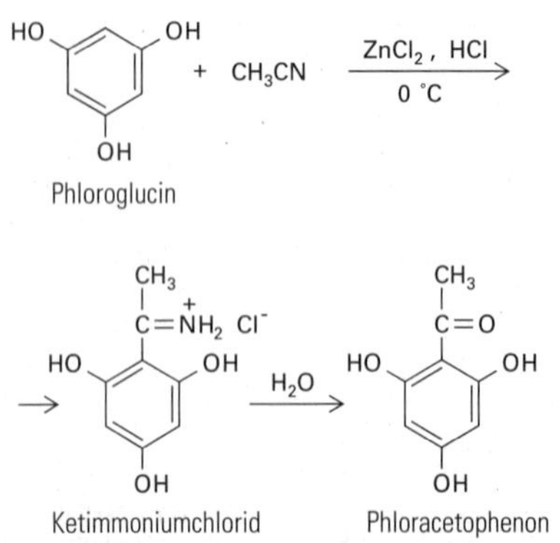

Houben-Hösch-Reaktion: Bildung von Phloracetophenon

Houttuynia cordata Thunb.: (chin.) Yu xing cao, Houttuyniakraut; Fam. Saururaceae; 15-50 cm hohe Staude. Stpfl. von **Houttuyniae herba:** eine Krautdroge der TCM. **Inhaltsst.:** äther. Öl, gesättigte u. ungesättigte Fettsäuren, Flavonglykoside (u. a. Afzelin), Aporphinalkaloide (u. a. Aristolactam A II), Lignane (u. a. Sesamin); **Wirk.:** das äther. Öl wirkt antibakt., antiviral u. hemmt die Prostaglandinbiosynthese; **Anw.:** in der TCM bei Infekten der oberen Atemwege u. der Harnwege.

HPETE: Abk. für **H**ydro**p**eroxy**e**icosa**te**traensäure; s. Eicosanoide.

HPL: Abk. für (engl.) *human placental lactogen;* s. Hormone (Plazentahormone).

HPLC: Abk. für (engl.) *high-performance liquid chromatography;* s. Chromatographie.

HPTLC: Abk. für (engl.) *high performance thin layer chromatography;* s. Chromatographie.

H-Rezeptorenblocker: s. Antihistaminika.

H-Substanz: Kurzbez. für heterogenet. Grundsubstanz. Ausgangssubstanz der Blutgruppenantigene der ABNull-Blutgruppen (s. Blutgruppen).

5-HT: Abk. für 5-**H**ydroxy**t**ryptamin, s. Serotonin.

5-HT$_3$-Antagonisten: s. Serotoninantagonisten.

5–HT$_{1B/1D}$-Agonisten: s. Triptane.

HTLV-III/LAV: s. HIV.

5-HTP: Abk. für 5-**H**ydroxy-L-**t**ry**p**tophan; s. Oxitriptan.

5-HT$_3$-Rezeptoren: s. Serotonin.

Hückel-Regel: cycl. konjugierte, ebene Verb. zeigen aromat. Charakter, wenn die Zahl der π-Elektronen $z=4\cdot n+2$ ist, wobei n eine ganze Zahl od. Null ist.

Hüfte: Koxa.

Hügel-Weidenröschen: s. Epilobium-Arten (Epilobium collinum).

Hühnerauge: s. Clavus.

Hühneraugenpflaster: lokal anzuwendende Arzneiform gegen Hühneraugen (Clavi), die z. B. Salicylsäure auf einem dem Wundschnellverband* ähnlichen Trägermaterial enthält.

Hühnerei: s. Ei.

Hülse: (bot.) s. Fruchtformen.

Hüttenrauch: s. Arsen(III)-oxid.

Huflattich: s. Tussilago farfara.

Human-: Wortteil mit der Bedeutung menschlich.

human chorionic gonadotropin: s. Hormone (Plazentahormone), Schwangerschaftstest.

Humaninsulin: s. Insulin.

human menopausal gonadotropin: s. Hormone (Plazentahormone).

human placental lactogen: s. Hormone (Plazentahormone).

humidus: humida, humidum; feucht.

Huminsäuren: Humussäuren; hochmolekulare Polyhydroxycarbonsäuren (M_r 600-1000), die als heterogen aufgebaute Polykondensate (M_r bis 500 000) stark in Wasser quellen u. Schwermetall-Ionen u. versch. andere Stoffe komplex binden können; wesentl. Best. von Ackerboden, Humus u. insbes. Torf; s. Torfmoose. H. zersetzen sich im Laufe der Zeit an der Luft mit Hilfe von Mikroorganismen zu Kohlendioxid u. Wasser; ihre Salze heißen Huminate.

Humor: Feuchtigkeit.

Humoralpathologie: Krankheitslehre, die nach Hippokrates die Entstehung aller Krankheiten aus fehlerhafter Zstzg. des Blutes u. der Körpersäfte (Dyskrasie) erklärt.

Humulene: Sesquiterpene mit ungewöhnl. Ringstruktur; isomer mit Caryophyllenen*; Strukturformeln s. Sesquiterpene (Abb.). **Vork.:** in vielen äther. Ölen, v. a. auch in Humulus* lupulus.

Humulon: α-Hopfenbittersäure; $C_{21}H_{30}O_5$; M_r 362.45; Strukturformel s. Humulus lupulus (Abb.); aus den Hopfendrüsen (ca. 5 %) isolierter antimikrobieller Stoff (Phytonzid); vgl. Humulus lupulus.

Humulus lupulus L.: Hopfen; Fam. Cannabaceae (Europa, Mittelasien, Nordamerika, in Deutschland v. a. in Bayern kult.); zweijährige, diöz. Schlingpflanze. In Kultur vegetative Vermehrung der weibl. Pflanzen; Stpfl. von **Glandulae Lupuli:** Lupuli glandula, Lupulinum, Hopfendrüse(n); die Drüsenschuppen auf der Innenseite der Deckblätter der getrockneten weibl. Bütenstände bzw. der Fruchtstände. **Off.:** ÖAB90; **Inhaltsst.:** ca. 50 % Harzsubstanzen, aus denen Humulon* (α-Hopfenbittersäure) u. Lupulon* (β-Hopfenbittersäure) u. ähnl. Acylphloroglucide (s. Abb.) isoliert wurden; sie werden während der Lagerung oxidativ schnell zu den sog. Bittersäuren abgebaut, wobei u. a. (Iso-)Baldriansäure entsteht u. ein baldrian- od. käseartiger Geruch auftritt. Ferner sind enthalten 1-3 % äther. Öl, das u. a. Humulen (s. Sesquiterpene), Caryophyllen, Myrcen, Farnesen enthält u. das Aroma bestimmt, im Übrigen aber eine geringe sedative Wirk. besitzt, sowie am Geschmack mitbeteiligte Gerbstoffe (2-4 % oligomere Procyanidine) sowie u. a. Flavonoide (Derivate von Kämpferol u. Quercetin), Cholin, Asparagin, Glucose u. a.; **Wirk.:** die sedative Wirk. ist möglicherweise auf aus Humulon u. Lupulon postmortal entstehendes (bis ca. 0.15 %), aber flüchtiges 2-Methyl-3-buten-2-ol zurückzuführen (vgl. Methylpentynol); Hopfenbitterstoffe haben auch antibiot. u. estrogene Wirkung. **Anw.:** bei Unruhe, Angstzuständen, Schlafstörungen; techn.: in größtem Umfang in der Brauerei als konservierender u. aromatisierender Zusatz zum Bier; **Dos.:** GED 0.1-1 g; **Zuber.:** Extr. Lupuli. **Lupuli flos:** Strobuli Lupuli, Lupulus strobuli, Flores Humuli lupuli, Hopfenzapfen; die getrockneten weibl. Blütenstände. **Off.:** Ph.Eur.4; **Inhaltsst.:** wie Glandulae Lupuli, jedoch nur ca. 0.3-1.5 % äther. Öl, ca. 15-30 % Harz u. ca. 1 % Flavonoide; nach Ph.Eur. mind. 25 % Extraktgeh.; **Anw.:** vgl. Glandulae Lupuli; volkstüml. als Kräuterkissen bei Schlafstörungen, Teeaufgüsse zur Appetitabregung.

Hom: *Lupulinum:* Hopfendrüsen; verord. z. B. bei Schlaflosigkeit, Bläschendermatitis.

Hom: *Humulus lupulus (HAB1.3),* Lupulus: frische, vor der Samenreife gesammelte Fruchtzapfen.

Hundebandwurm: s. Echinococcus.

Hundemilch: s. Lac caninum.

Hunderterregel: umgangssprachl. für eine arzneimittelrechtl. Regel, die besagt, dass es der Zulassung eines Arzneimittels nicht bedarf, wenn es zur Anw. beim Menschen bestimmt ist u. aufgrund nachweisl. häufiger ärztl. od. zahnärztlicher Ver-

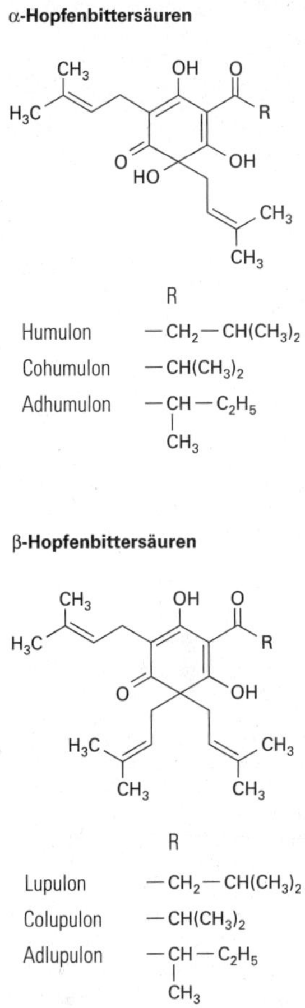

Humulus lupulus: Inhaltsstoffe

schreibung in den wesentl. Herstellungsschritten im Rahmen des übl. Apothekenbetriebes in einer Apotheke hergestellt wird. Dabei darf die Menge von bis zu 100 abgabefertigen Packungen an einem Tag nicht überschritten werden u. die Arzneimittel müssen zur Abgabe in der herstellenden Apotheke bestimmt sein.

Hundsgiftgewächse: s. Apocynaceae.

Hundspetersilie: s. Aethusa cynapium.

Hundsrose: s. Rosa canina.

Hundswürger, Hanfartiger: s. Apocynum cannabinum.

Hundswurz: s. Anacamptis pyramidalis.

Hundszungenwurzel: s. Cynoglossum officinale (Radix Cynoglossi).

Hunteria eburnea Pichon: Fam. Apocynaceae (trop. Ostafrika); s. Hunteriamin.

Hunteriamin: $C_{39}H_{48}N_4O_2$; aus der Wurzel der trop. Pfl. Hunteria* eburnea gewonnenes Alkaloid. **Wirk.:** blutdrucksenkend.

Huperzia selago (L.) Bernh. ex Schrank et Mart.: Lycopodium selago L., Tannenbärlapp, Purgierbärlapp, Purgiermoos; Fam. Lycopodiaceae, Pteridophyta (Europa, hauptsächl. Alpen). **Inhaltsst.**: Lycopodin, Selagin u. andere Alkaloide sowie ein Bitterstoff; **Wirk.**: auf der Haut Entzündungen u. Pusteln; innerl. Erbrechen, Krämpfe u. Bewusstlosigkeit; **Anw.** volkstüml.: früher als drastisches Abführmittel bei Wurmbefall sowie äußerl. in Abkochung als Antiparasitikum, bes. beim Vieh.

Husten: Tussis; forcierte Exspiration gegen die zunächst verschlossene, dann plötzlich geöffnete Glottis; wobei die ausströmende Atemluft Geschwindigkeiten von bis zu 1000 km/h erreicht. Reflektor. Antwort auf die Reizung der tracheobronchialen Schleimhaut (Hustenreflex) od. patholog. Symptom; Vork. bei den meisten intrathorakalen Erkrankungen u. bei sensibler Vagusreizung. Mittel gegen Husten s. Antitussiva.

Hustenbalsam: s. Balsamum contra tussim.

Hustenblocker: s. Antitussiva.

Hustenmittel: s. Expektoranzien, Antitussiva.

Hustensalbe: s. Unguentum contra tussim.

Hutpilze: Basidiomycetes; Klasse der Pilze* mit Basidiokarp*.

HVL: Abk. für **H**ypophysen**v**order**l**appen, s. Hormone.

HWZ: Abk. für **H**alb**w**ert**z**eit*.

hyalin: durchscheinend, glasig; hyaline Zylinder, s. Harnzylinder.

Hyaline: veraltete Bez. für Mukopolysaccharide*.

Hyalogene: veraltete Bez. für Gerüst- u. Stützsubstanzen bei niederen Tieren, die durch Alkalien in Eiweißstoffe u. Hyaline (Mukopolysaccharide*) zerlegt werden.

Hyaloplasma: Grundmasse des Plasmas, die völlig klar u. durchsichtig ist u. auch ultramikroskop. nahezu leer erscheint.

Hyaluronidase INN: Hyaluronidasum Ph.Eur.4, Hyaluronat-Lyase; CAS-Nr. 9001-54-1. Enzymkomplex (*spreading factor*) mit mind. 300 I.E./mg. **Vork.**: nat. in vielen menschl. u. tierischen Organen, vor allem in Hoden u. im Sperma, in der Haut, Milz, Hypophyse, ferner in der Leber, Niere, Lunge, im Ovar, Uterus u. a., auch in Bakterien, Schlangen- u. Insektengiften; **Gew.**: Extraktion aus den Hoden von Säugetieren, z. B. aus Rinderhoden; **Wirk.**: setzt durch Spaltung die Viskosität der Hyaluron-, Mukoitin- u. Chondroitinschwefelsäure, der Hauptbest. der interzellulären Kittsubstanz mesodermaler Gewebe (Grundsubstanz), herab, wodurch sich die Permeabilität des Bindegewebes steigert. H. ist auch für den Befruchtungsvorgang wichtig, da durch H. der Verband der das Ei umgebenden Zellschicht gelöst u. dadurch das Eindringen des Samens in die Eizelle ermöglicht wird. Auf die Blutgefäße wirkt H. dilatierend u. permeabilitätssteigernd; **Anw.**: Resorptionsbeschleunigung subkutaner u. rektaler Infusionen sowie subkutaner u. intramuskulärer Injektionen; bei der Leitungs- u. Infiltrationsanästhesie erfolgt schnellerer Wirkungseintritt; 1 I.E. = 0.1 mg des internationalen Standards.

Hyaluronsäure: Polysaccharid, das aus Acetylglucosamin u. Glucuronsäure (1:1) aufgebaut ist; eine stark viskose Substanz, die im Körper ein wesentl. Best. der interzellulären Kittsubstanz ist. Die Oberfläche des Eis wird durch H. zusammengehalten, sie kommt ferner im Glaskörper des Auges u. in der Nabelschnur vor. **Gew.**: z. B. aus Hahnenkämmen; vgl. Hyaluronidase. **Natriumhyaluronat: Anw.**: in der Ophthalmologie zur Volumensubstitution, bei chirurg. Eingriffen am Auge.

Hybrid: Bastard; **1.** (bot.) Nachkomme zweier Eltern, die sich in einem od. in mehreren Merkmalen unterscheiden. **2.** (bot.) Nachkomme zweier Varietäten od. Arten.

Hybridisierung: **1.** (biol., klass. Genetik) Bastardisierung; Kreuzung zweier genet. ungleicher Eltern. **2.** (molekulargenet.) die experimentelle Bindung von RNA an komplementäre einsträngige DNA od. das Einfügen fremder Gene in die Wirts-DNA. **3.** (chem.) von Linus C. Pauling eingeführtes Konzept zur Beschreibung der Bindungen in Kohlenstoff- u. Übergangsmetallkomplex-Verbindungen. Mit der chem. Bindung* einhergehende Linearkombination von Atomorbitalen am gleichen Atom; dabei ergeben sich neue Orbitale*, Hybridorbitale (orthogonale, gerichtete Atomorbitale), die für die räuml. Ausrichtung der Bindungen im Molekül günstiger sind. Das vierbindige Kohlenstoff-Atom weist im Grundzustand (s. Abb. 1) die Elektronenkonfiguration $2s^2 2p^2$ auf, in der nur zwei ungepaarte Elektronen vorhanden sind. Um vier Bindungen ausbilden zu können, muss es in einen energet. angeregten Zustand überführt werden, indem eines der 2s-Elektronen in das leere 2p-Orbital angehoben (promoviert) wird. In diesem Zustand wären drei Bindungen des Kohlenstoffs gleichwertig (drei 2p-Elektronen), eine Bindung (2s-Elektron) würde einen geringeren Energiebetrag enthalten (s. Abb. 1). Experimentell werden jedoch keine unterschiedl. Bindungsstärken festgestellt. Vier energet. gleichwertige sp^3-Hybridorbitale (Valenzzustand) ergeben sich durch Linearkombination des 2s-Orbitals u. der drei 2p-Orbitale; sie zeigen in die Ecken

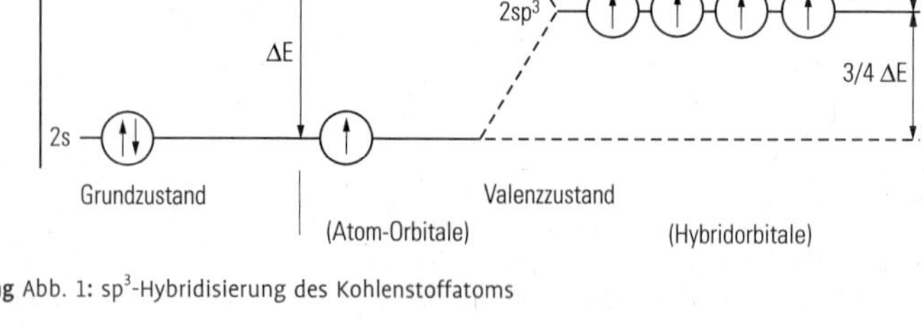

Hybridisierung Abb. 1: sp^3-Hybridisierung des Kohlenstoffatoms

eines Tetraeders (s. Abb. 2). Eine auf gleiche Weise durchgeführte Linearkombination von einem s- u. einem p-Orbital am gleichen Atom führt zu zwei gleichwertigen (linearen) sp-Hybridorbitalen. Ähnl. gilt für die Bildung von planaren sp^2-Hybridorbitalen. Die Orientierung eines Hybridorbitals indiziert die bevorzugte Bindungsrichtung u. erklärt Strukturen von Molekülen mit Mehrfachbindungen, z. B. Ethen u. Ethin, durch den Einsatz von sp^2- u. sp-Hybridorbitalen (s. Abb. 2). Die H. ist kein physik. Prozess, sondern eine Transformation der Atomorbitale, die keine Änderung der Gesamtenergie zur Folge hat; sie ist nicht auf s- u. p-Orbitale beschränkt.

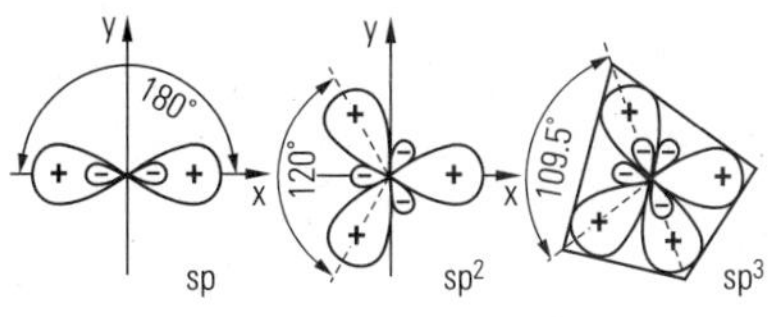

Hybridisierung Abb. 2: sp-, sp^2- und sp^3-Hybridorbitale

Hybridkonstante: Makrokonstante; übergeordnete Geschwindigkeitskonstante pharmakokin. Prozesse, die 2 od. mehrere Mikrokonstanten einschließt. Sie entspricht keinem biol. Vorgang, sondern ergibt sich aus dem pharmakokin. (Rechen-)Modell. s. Kompartimentmodelle.

Hybridom: Zellkultur von Hybridzellen*; dient z. B. zur Herst. monoklonaler Antikörper* wie OKT3 (s. Muromonab-CD3) od. HA-1A.

Hybridorbitale: s. Hybridisierung.

Hybridzellen: syn. Doppelzellen, Zwillingszellen; durch Kreuzung genetisch versch. Zelllinien* entstandene Zellen.

Hyclat: Hyklat; chem. Kurzbez. für Monohydrochlorid-hemiethanolat-hemihydrat.

Hydantoin: Hydantoinum, Glykolylharnstoff; Imidazolidin-2,4-dion, $C_3H_4O_2N_2$. Schmp. 220-221 °C. Farblose Kristalle, leicht lösl. in Wasser. **Vork.:** u. a. in der Zuckermelasse. **Anw.:** früher gegen Epilepsie; arzneil. verwendete Hydantoinderivate sind z. B. Phenytoin*, Allantoin*, Nitrofurantoin*, Dantrolen*.

Hydathoden: s. Wasserspalten.

Hydnocarpus kurzii (King.) Warb.: Taraktogenos kurzii; Fam. Flacourtiaceae (Indien). Stpfl. von **Oleum Chaulmoograe:** Oleum Gynocardiae, Oleum Hydnocarpi, Chaulmoograöl, Gynokardiaöl; das fette Öl der Samen; gelbbraunes, weiches Fett mit krist. Ausscheidungen u. eigenartigem Geruch. **Best.:** bis 50 % Glyceride der Palmitin- u. Arachinsäure, Cyclopenten*-Fettsäuren (Strukturformeln s. dort) wie Hydnocarpus- u. Chaulmoograsäure (die eigentl. Wirkstoffe), Phytosterin, Eiweißstoffe; **Anw.** volkstüml.: (früher) innerl. u. äußerl. als Spezifikum geg. Lepra sowie bei Hauttuberkulose (s. Lupus erythematodes).

Hydragoga: die Wasserausscheidung (Harn, Schweiß, Stuhlgang) vermehrende Mittel.

Hydralazin INN: 1-Hydrazinophthalazin, 1-Phthalazinylhydrazin; CAS-Nr. 86-54-4; $C_8H_8N_4$, M_r 160.18. Schmp. 172-173 °C (bei schnellem Erhitzen; kristallisiert aus Methanol). Lösl. 1 g/3 mL Essigsäure 2 mol/L; 1 g/12 mL warmes Methanol. pK_S der konjugierten Säure 0.5, 7.1. **Anw.** u. **Wirk.:** Antihypertensivum*; Blutdrucksenkung ausschließl. durch Senkung des peripheren Gefäßwiderstandes, nur sinnvoll in Kombination mit Betarezeptorenblockern u. Diuretika; starker First-pass-Effekt; **UAW:** Hautreaktionen, Tachykardie, Lupus erythematodes; **Dos.:** p. o. 0.02-0.1 g/d; HWZ 2-3 h; vgl. Dihydralazin. **Hydralazinhydrochlorid:** Hydralazini hydrochloridum Ph.Eur.4; $C_8H_9ClN_4$, M_r 196.6. Schmp. 275 °C (unter Zers.); vgl. Dihydralazin.

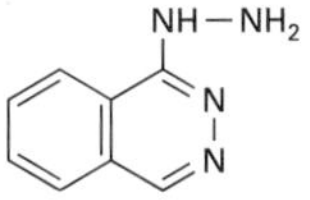

Hydralazin

Hydrangea-Arten: s. Febrifugin.

Hydrargillit: s. Aluminiumhydroxid.

Hydrargyri amidochloridi unguentum: s. Unguentum Hydrargyri album.

Hydrargyri amidochloridum: s. Quecksilber(II)-amidochlorid.

Hydrargyri chloridum corrosivum: s. Quecksilber(II)-chlorid.

Hydrargyri cyanidum: s. Quecksilber(II)-cyanid.

Hydrargyri dichloridum: s. Quecksilber(II)-chlorid.

Hydrargyri [^{197}Hg] dichloridi solutio iniectabilis: s. Quecksilber(II)-chlorid [^{197}Hg].

Hydrargyri oxidum rubrum: s. Quecksilber(II)-oxid, rotes.

Hydrargyri oxycyanidum: s. Quecksilberoxycyanid.

Hydrargyri perchloridum: s. Quecksilber(II)-chlorid.

Hydrargyri periodidum: s. Quecksilber(II)-iodid.

Hydrargyri sulfidum rubrum: s. Quecksilber(II)-sulfid, rotes.

Hydrargyri-Verbindungen: s. Quecksilber (Quecksilber(II)-Verbindungen).

Hydrargyrosi chloridum: s. Quecksilber(I)-chlorid.

Hydrargyrosi nitras: s. Quecksilber(I)-nitrat.

Hydrargyrosis: s. Quecksilber (Tox.).

Hydrargyro-Verbindungen: Quecksilber(I)-Verb., vgl. Quecksilber.

Hydrargyrum: s. Quecksilber.

Hydrargyrum aceticum oxydatum: s. Quecksilber(II)-acetat.

Hydrargyrum aceticum oxydulatum: s. Quecksilber(I)-acetat.

Hydrargyrum amidato-bichloratum: s. Quecksilber(II)-amidochlorid.

Hydrargyrum ammoniatum: s. Quecksilber(II)-amidochlorid.

Hydrargyrum bichloratum: s. Quecksilber(II)-chlorid.

Hydrargyrum bichloratum ammoniatum: s. Quecksilber(II)-amidochlorid.

Hydrargyrum biiodatum: s. Quecksilber(II)-iodid.

Hydrargyrum bromatum: s. Quecksilber(I)-bromid.

Hydrargyrum chloratum: s. Quecksilber(I)-chlorid.

H

Hydrargyrum chloratum amidatum: s. Quecksilber(II)-amidochlorid.
Hydrargyrum chloratum mite: s. Quecksilber(I)-chlorid.
Hydrargyrum chloratum vapore paratum: s. Quecksilber(I)-chlorid.
Hydrargyrum chloratum via humida paratum: s. Quecksilber(I)-chlorid.
Hydrargyrum cyanatum: s. Quecksilber(II)-cyanid.
Hydrargyrum diiodparaphenolsulfonicum: s. Quecksilberoxid, diiodparaphenolsulfonsaures.
Hydrargyrum extinctum: s. Quecksilber.
Hydrargyrum iodatum: s. Quecksilber(I)-iodid.
Hydrargyrum metallicum:
Hom: s. Quecksilber.
Hydrargyrum nitricum oxydatum: s. Quecksilber(II)-nitrat.
Hydrargyrum nitricum oxydulatum:
Hom: *Hydrargyrum nitricum oxydulatum:* s. Quecksilber(I)-nitrat.

H

Hydrargyrum oleinicum: s. Quecksilberoleat.
Hydrargyrum oxycyanatum: s. Quecksilberoxycyanid.
Hydrargyrum oxycyanatum verum: s. Quecksilberoxycyanid, wahres.
Hydrargyrum oxydatum rubrum: s. Quecksilber(II)-oxid, rotes.
Hydrargyrum oxydatum via humida paratum: Hydrargyrum oxydatum flavum via humida paratum; s. Quecksilber(II)-oxid, gelbes.
Hydrargyrum oxydulatum nitrico-ammoniatum: Quecksilber*, nach Hahnemann, lösliches.
Hydrargyrum praecipitatum album: s. Quecksilber(II)-amidochlorid.
Hydrargyrum rhodanatum: s. Quecksilber(II)-thiocyanat.
Hydrargyrum salicylicum: s. Quecksilbersalicylat.
Hydrargyrum sozoiodolicum: s. Quecksilberoxid, diiodparaphenolsulfonsaures.
Hydrargyrum stibiato-sulfuratum: s. Aethiops antimonialis.
Hydrargyrum subcyanatum: s. Quecksilberoxycyanid.
Hydrargyrum subsulfuricum: s. Quecksilber(II)-sulfat, basisches.
Hydrargyrum sulfocyanatum: s. Quecksilber(II)-thiocyanat.
Hydrargyrum sulfuratum nigrum: s. Quecksilber(II)-sulfid, schwarzes.
Hydrargyrum sulfuratum rubrum: s. Quecksilber(II)-sulfid, rotes.
Hydrargyrum sulfuricum: s. Quecksilber(II)-sulfat.
Hydrargyrum sulfuricum basicum: s. Quecksilber(II)-sulfat, basisches.
Hydrargyrum sulfuricum oxydulatum: s. Quecksilber(I)-sulfat.
Hydrargyrum tannicum oxydulatum: s. Quecksilber(I)-tannat.
Hydrastin: Hydrastinum; $C_{21}H_{21}NO_6$; M_r 383.49; Schmp. 132 °C; Phthalidtetrahydroisochinolinalkaloid aus dem Rhizom von Hydrastis* canadensis; weiße, glänzende Kristalle, lösl. in Ethanol, Ether, Chloroform. 8-Methoxhydrastin ist Noscapin*; oxidative Spaltung von H. führt zu Hydrastinin* u. Opiansäure*; Anw. finden Hydrastinhydrochlorid* od. Hydrastininhydrochlorid*.
Hydrastinhydrochlorid: Hydrastinum hydrochloricum, salzsaures Hydrastin; $C_{21}H_{22}ClNO_6$, M_r 419.7. Weißes bis schwach gelbl., hygroskop., krist. Pulver, leicht lösl. in Wasser u. Ethanol, wenig lösl. in Chloroform, fast unlösl. in Ether. **Anw.:** früher Hämostatikum* bei uterinen Blutungen (selten, statt dessen wird fast ausschließl. Hydrastininhydrochlorid* verwendet); ferner äußerl. in Salben bei Hämorrhoiden, Akne, Seborrhö.
Hydrastinin: $C_{11}H_{13}NO_3$; Spaltprodukt des Hydrastins*; farblose bis schwach gelbl. Kristalle, sehr schwer lösl. in Wasser, leicht lösl. in Ethanol, Ether, Chloroform. 8-Methoxyhydrastinin ist Cotarnin*; Anw. findet Hydrastininhydrochlorid*.
Hydrastininhydrochlorid: syn. Hydrastininchlorid, Hydrastininium chloratum, Hydrastininium hydrochloricum, salzsaures Hydrastinin; $C_{11}H_{13}NO_2Cl$, M_r 225.56. Schwach gelbl., nadelförmige Kristalle od. gelbl. weißes, krist. Pulver, leicht lösl. in Wasser u. Ethanol, wenig lösl. in Ether u. Chloroform. **Anw.:** früher gefäßkontrahierendes Mittel bei uterinen Blutungen; vgl. Cotarninhydrochlorid.
Hydrastininium chloratum: s. Hydrastininhydrochlorid.
Hydrastinin, salzsaures: s. Hydrastininhydrochlorid.
Hydrastin, salzsaures: s. Hydrastinhydrochlorid.
Hydrastinum: s. Hydrastin.
Hydrastinum hydrochloricum: s. Hydrastinhydrochlorid.
Hydrastis canadensis L.: Kanadische Gelbwurzel; Fam. Ranunculaceae (Kanada, Arkansas, Kentucky, West-Virginia, Ohio, Indiana). Stpfl. von **Rhizoma Hydrastis:** Hydrastis rhizoma, Hydrastisrhizom, Kanadische Gelbwurzel, Blutkrautwurzel, Goldsiegelwurzel. **Off.:** DAB6; **Inhaltsst.:** Alkaloide wie 1.5-4% Hydrastin*, ca. 3% Berberin*, ca. 1% Canadin (Tetrahydroberberin), Meconin sowie Phytosterin, Zucker, Harz, Fett; **Anw.:** Hämostatikum bei uterinen Blutungen, Secale-Ersatz; s. Hydrastinhydrochlorid.
Hom: *Hydrastis canadensis (HAB1.4),* Hydrastis: getrockneter Wurzelstock mit Wurzeln; verord. z.B. bei eitrigen Entzündungen des Nasen-Rachen-Raumes, Schleimhautgeschwüren.
Hydrastisfluidextrakt: s. Extractum Hydrastis fluidum.
Hydratasen: s. Enzyme.
Hydratation: Hydration; Anlagerung von Wassermolekülen an gelöste Stoffe wie Ionen od. Kolloide durch Nebenvalenzen. Bei Ionen wird durch H. die Anziehungskraft zw. Anionen u. Kationen herabgesetzt, wodurch das Lösen erst ermöglicht wird; hydrophile Kolloide werden stabilisiert.
Hydratationswärme: Hydrationswärme, positive Lösungswärme; beim Lösen wasserfreier Salze können bei der Hydratation* des Kations merkliche Energiemengen frei werden, wenn die Wassermoleküle fest in der Hydrathülle gebunden werden. Diese Verb. kristallisieren meist mit Kristallwasser. Um dieses aus dem Kristall entfernen zu können, muss die H. wieder aufgewendet werden.
Hydratcellulose: Produkte aus Cellulose, die die gleiche chem. Zstzg. aufweisen, aber im physik. Aufbau verändert wurden. Dazu gehören Quel-

lungsprodukte der Cellulose wie Pergamentpapier u. Vulkanfiber, sowie die regenerierte Cellulose, die aus Lsg. der Cellulose in Tetraammincuprat(II)-Lsg. od. v. a. aus Viskose (Lsg. von Cellulosexanthogenat in Natronlauge) in Form von Spinnfasern, Folien (Zellglas) u. a. wieder ausgefällt wird.

Hydrate: kristalline Solvate; Stoffe, die Hydratwasser* (Kristallwasser) als Koordinationswasser* od. Strukturwasser* enthalten; H. können einen stöchiometrischen (vgl. Peritektikum) od. unstöchiometr. Anteil an Wasser besitzen. **Kovalente H.**: Wasser wird chem. in ein Molekül eingebaut; z. B. Acetalbildung.

Hydratwasser: Wasser, das Strukturelement des Kristallgitters eines Stoffes ist; durch die starke Bindung ist eine Entfernung nur durch höhere Temp. unter Zerstörung des Kristalls möglich.

Hydrazide: Säurehydrazide, Carbonsäurehydrazide; allg. Formel R–C(O)–NH–NH_2. Feste, kristalline, in Wasser lösl. Verb., die ammoniakal. Silbernitrat-Lsg. reduzieren; s. Isoniazid. **Darst.**: durch Wasserabspaltung beim Erhitzen von Hydrazinsalzen.

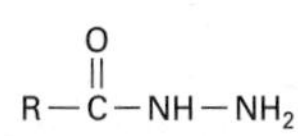

Hydrazide

Hydrazin: Diamid; NH_2-NH_2, N_2H_4. M_r 32.05. D. 1.01. Schmp. 1.4 °C. Sdp. 113.5 °C. Farblose, rauchende Flüss., lösl. in Wasser u. Ethanol, beim Erhitzen explosiv. Starkes Reduktionsmittel, bildet mit Säuren Hydrazoniumsalze. **Darst.**: Oxidation von Ammoniak, z. B. mit Natriumhypochlorit. **Anw.**: mit H_2O_2 od. flüss. Sauerstoff als Raketentreibstoff.

Hydrazingelb: s. Tartrazin.

Hydrazinsulfat: $H_6N_2O_4S$, M_r 130.1. Farblose Kristalle; wenig lösl. in kaltem Wasser, lösl. in Wasser von 50 °C, leicht lösl. in siedendem Wasser, prakt. unlösl. in Ethanol. **Anw.**: Reagens Ph.Eur.4.

Hydrazone: Reaktionsprodukte von Hydrazin* od. seinen Substitutionsprodukten (z. B. Phenylhydrazin) mit Aldehyden od. Ketonen; Iminoderivate des Hydrazins, allg. Formel $R_2C=N-NH_2$. Mit wässrigen Säuren werden H. zu Hydrazinen u. Carbonylverbindungen hydrolisiert.

Hydrazoniumsalze: s. Hydrazin.

Hydriatrie: s. Hydrotherapie.

Hydride: Verb., die nur aus Wasserstoff u. einem anderen Element bestehen, z. B. Wasser, Schwefelwasserstoff, Halogenwasserstoffe.

Hydrierung: chem. Anlagerung von Wasserstoff an org. Verbindungen.

Hydrinden: s. Indan.

Hydrine: Bez. für α-substituierte Alkohole. Beispiele: Chlorhydrine*, Cyanohydrine*.

Hydro-: Wortteil mit der Bedeutung Wasserstoff*.

Hydroacridane: s. Psychopharmaka (Antidepressiva).

Hydrocarbonatwässer: s. Aquae minerales.

Hydrocarbonsäure: s. Ameisensäure.

Hydrochinin: Hydrochininum; $C_{20}H_{26}N_2O_2$. Farblose Kristalle, leicht lösl. in Ethanol, Ether, Chloroform. **Vork.**: Best. der Chinarinde. **Darst.**: Reduktion von Chinin. **Anw.** (H. u.Hydrochinin-Hydrochlorid): s. Chinin.

Hydrochinon: *p*-Dihydroxybenzol; 1,4-Dihydroxybenzol, $C_6H_6O_2$, M_r 110.1. D. 1.33. Schmp. 172.3 °C. Sdp. 285 °C. Farblose Nadeln, lösl. in Wasser, leicht lösl. in Ethanol, Ether. Wässrige Lsg. färben sich an Luft bräunl. rot (Autoxidation der Phenole). H. reduziert Fehling*-Reagens u. alkal. Silbersalz-Lsg. unter Bildung von 1,4-Benzochinon; s. Chinone. H. kann Clathrate* u. mit 1,4-Benzochinon zus. den Komplex Chinhydron* bilden. **Vork.**: nat. als Glucosid Arbutin* od. Methylarbutin, u. a. in Bärentrauben-, Preiselbeer-, Heidelbeerblättern; **Darst.**: Reduktion von Chinon mit Natriumhydrogensulfit; **Anw.**: früher als Antiseptikum u. Antipyretikum, Dos. 0.2-0.5 g; in der Kosmetik zu Depigmentierung der Haut, z. B. bei Sommersprossen (nur auf intakter Haut); als Antioxidans; in der Fotografie als Entwickler, da starkes Reduktionsmittel; **Tox.**: MAK 2 mg/m^3, reizt Haut u. Atemwege; wird im Organismus zum Methämoglobinbildner* 1,4-Benzochinon oxidiert.

Hydrochlorothiazid INN: Hydrochlorothiazidum Ph.Eur.4; 6-Chlor-7-sulfamoyl-3,4-dihydro-2*H*-1,2,4-benzo-thiadiazin-1,1-dioxid; CAS-Nr. 58-93-5; $C_7H_8ClN_3O_4S_2$, M_r 297.75. Weißes, krist. Pulver, fast unlösl. in kaltem Wasser, lösl. in heißem Wasser, Ethanol, Aceton, Methanol, verd. Alkalihydroxid-Lösungen. **Anw.**: perorales Diuretikum* (Saluretikum); HWZ 6-14 h bzw. 13-15 h (Metaboliten).

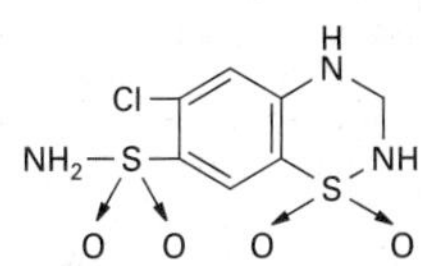

Hydrochlorothiazid

Hydrocodon INN: Dihydrocodeinon; 4,5-Epoxy-3-methoxy-*N*-methyl-6-oxomorphinan; CAS-Nr. 125-29-1; $C_{18}H_{21}NO_3$, M_r 299.36. Schmp. 198 °C (kristallisiert aus Ethanol). Lösl. in Ethanol, verd. Säuren; unlösl. in Wasser. pK_S der konjugierten Säure 8.3 (20 °C). **Anw.**: Antitussivum*; **UAW:** Suchtgefahr, Obstipation; **Dos.**: p. o. 2-3 × 5 mg/d; parenteral s. c. 10 mg. Gebräuchl. sind auch Hydrocodonhydrochlorid u. Hydrocodonhydrogentartrat*.

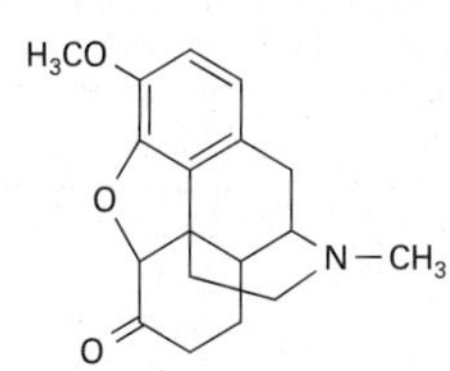

Hydrocodon

Hydrocodonhydrogentartrat: Hydrocodoni tartras, Hydrocodeinoni bitartras, Dihydrocodeinonhydrogentartrat, Dihydrocodeinonum bitartaricum, Hydrocodeinonbitartrat; CAS-Nr. 34195-34-1; $C_{22}H_{27}NO_9 \cdot 2.5\,H_2O$, M_r 494.5. $[\alpha]_D^{20\,°C}$ −87.5 bis −90.5° (c=5 in Wasser). Weißes, krist. Pulver von bitterem Geschmack, lösl. in ca. 10 T. Wasser, wenig lösl. in Ethanol 90 %. **Off.:** DAB10, ÖAB90, Ph.Helv.7; **Anw.:** Analgetikum* u. hustenstillendes Mittel; unterliegt dem Betäubungsmittelgesetz*; **Dos.:** MED 15 mg, MTD 50 mg.

Hydrocortison INN: Hydrocortisonum Ph.Eur.4, 17-Hydroxycorticosteron, Compound F, Cortisol; 11β,17α,21-Trihydroxy-4-pregnen-3,20-dion; CAS-Nr. 50-23-7; $C_{21}H_{30}O_5$, M_r 362.5. Schmp. 208-222 °C (polymorph). Weißes, geruchloses, krist. Pulver; fast unlösl. in Wasser u. Ether, lösl. in 40 T. Ethanol, in 80 T. Aceton. Nat. Glucocorticoid, NNR-Hormon (s. Hormone). H. wird leicht aus dem GIT resorbiert; auch gute kutane Resorption. **Anw.:** zur Substitutionsther. bei primärer NNR-Insuffizienz (Morbus Addison), bei chron. NNR-Insuffizienz; parenterale Anw. in Notfällen wie Status Asthmaticus, allerg. Sofortreaktionen mit Laryngospasmus u. Schock; weiterhin topische Anw. bei versch. Hauterkrankungen; **Dos.:** in der Substitutionsther. 20-30 mg/d p. o.; HWZ 1.5 h; **Gesch.:** 1937 erstmals von Reichstein aus NNR-Extrakten isoliert. **Hydrocortisonacetat:** Hydrocortisoni acetas Ph.Eur.4, Hydrocortisonum acetylatum; CAS-Nr. 50-03-3; $C_{23}H_{32}O_6$, M_r 404.5. Schmp. 220 °C (unter Zers.). Weißes, krist. Pulver, fast unlösl. in Wasser, schwer löslich in Chlorofom, Ethanol. . **Hydrocortisonhydrogensuccinat:** Hydrocortisoni hydrogenosuccinas Ph.Eur.4; CAS-Nr. 2203-97-6; $C_{25}H_{34}O_8$; M_r 462.54; Schmp. 170-173 °C, 210-214 °C. Weißes bis fast weißes, hygroskopisches Pulver, unlösl. in Wasser, leicht lösl. in Aceton u. wasserfreiem Ethanol, lösl. in verd. Alkalicarbonat- u. Alkalihydroxid-Lösung. Gebräuchlich sind auch Hydrocortisonbutyrat, -phosphat, -pentanoat, -caprylat.

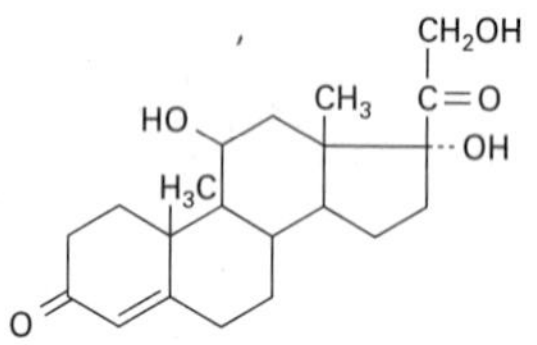

Hydrocortison

Hydrocortison-Creme: s. Cremor Hydrocortisoni.

Hydrocotyle asiatica: s. Centella asiatica.

Hydroflumethiazid INN: Metforylthiadiazin, Metforylthiazidin; 3,4-Dihydro-6-(trifluormethyl)-2*H*-1,2,4-benzothiadiazixin-7-sulfonamid-1,1-dioxid; CAS-Nr. 135-09-1; $C_8H_8F_3N_3O_4S_2$, M_r 331.29. Schmp. 272-273 °C. Wenig lösl. in Wasser: 0.033 % bei 25 °C; 1:50 in Ethanol; 1:4 in Aceton; fast unlösl. in Chloroform, Ether. pK_S 8.5, 10.0 (20 °C). **Anw.:** früher Saluretikum (s. Diuretika), Antihypertensivum*, Ödeme. **UAW, Kontraind.** u. **WW:** s. Bendroflumethiazid; **Dos.:** p. o. 0.025-0.1 g/d.

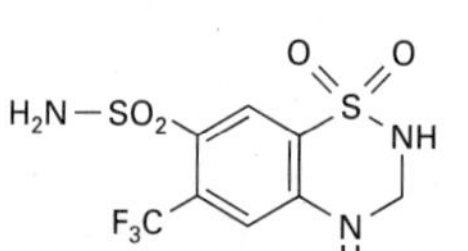

Hydroflumethiazid

Hydrofluoralkane: Abk. HFA, HFKW, FKW; unchlorierte Fluorkohlenwasserstoffe, nicht ozonschädlich. Alternative zu den Treibgasen* aus FCKW; eignen sich aufgrund ihrer physikochem. u. toxikologische Eigenschaften als Treibmittel für Dosieraerosole. HFA unterscheiden sich ihren Eigenschaften deutl. von FCKW, daher sind andere Rezepturen, Ventile u. Dichtungen sowie eine veränderte Technologie zur Abfüllung erforderlich. Vertreter dieser Gruppe: Tetrafluorethan (HFA 134a) u. Heptafluorpropan (HFA 227).

Hydrogamie: s. Bestäubung.

Hydrogele: meist streichbare, nicht fettende halbfeste Zubereitungen mit hohem Wassergehalt (ca. 80-90 %) u. Kühleffekt durch Verdunsten des Wassers. Hergestellt durch begrenzte Quellung von makromolekularen org. (Stärkekleister, Cellulosederivate, Gelatine, Tragant, Pektin, Alginate u. a.) Substanzen (Hydrokolloide) od. anorg. Verbindungen (hochdisperses Siliciumdioxid, Bentonit). In Abhängigkeit vom Wassergehalt resultieren unterschiedliche rheolog. Eigenschaften. Mit wenig Wasser werden Gallerten mit elast. Eigenschaften erhalten. Weitere Wasserzugabe führt zu **Hydrogelsalben**, Systeme mit plast. Verformbarkeit, zu verflüssigten Zuberereitungen (Hydrosole). Neben Quellstoff u. Wasser enthalten typ. Hydrogelsalben ein Feuchthaltemittel (z. B. Glycerol od. Sorbitol gegen Austrocknung, gleichzeitig als Weichmacher) u. ein Konservierungsmittel (gegen mikrobiellen Befall) u. werden am besten in Tuben abgefüllt; vgl. Gele.

Hydrogelsalben: s. Hydrogele.

Hydrogencarbonate: Bicarbonate, saure Carbonate, primäre Carbonate; doppeltkohlensaure Salze, z. B. Natriumhydrogencarbonat ($NaHCO_3$), Calciumhydrogencarbonat ($Ca(HCO_3)_2$). Beim Erhitzen gehen die H. unter Abspaltung von CO_2 in Carbonate über. Hydrogencarbonate sind mit Ausnahme von Natriumhydrogencarbonat in Wasser leichter lösl. als Carbonate.

Hydrogenii peroxidum dilutum: s. Wasserstoffperoxid-Lösung 3 %.

Hydrogenii peroxidum 27 per centum: s. Wasserstoffperoxid-Lösung 27 %.

Hydrogenii peroxidum 30 per centum: s. Wasserstoffperoxid-Lösung 30 %.

Hydrogenium: s. Wasserstoff.

Hydrogenium hyperoxydatum solutum: s. Wasserstoffperoxid-Lösung 30 %, Wasserstoffperoxid-Lösung 27 %, Wasserstoffperoxid-Lösung 3 %.

Hydrogenium peroxidatum: s. Wasserstoffperoxid, Wasserstoffperoxid-Lösung 30 %, Wasserstoffperoxid-Lösung 27 %, Wasserstoffperoxid Lösung 3 %.

Hydrogenium peroxidatum concentratum: s. Wasserstoffperoxid-Lösung 30 %.

Hydrogenium sulfuratum: s. Schwefelwasserstoff.

Hydrogenium superoxidatum solutum: s. Wasserstoffperoxid, Wasserstoffperoxid-Lösung 30 %, Wasserstoffperoxid-Lösung 27 %, Wasserstoffperoxid-Lösung 3 %.

Hydrogensalze: saure Salze, z.B. Natriumhydrogensulfat.

Hydrogensulfide: Sulfhydrate (veraltet); die sauren Salze des Schwefelwasserstoffs, z.B. Kaliumhydrogensulfid.

Hydrokolloide: s. Hydrogele.

Hydrokolloidmatrix-Tabletten: Hydrokolloid-Retardtabletten; Depotarzneiform, die bei der Einnahme nicht zerkleinert werden darf. Hergestellt durch Vermischen der Wirkstoffe mit über 25% hydrophilen Quellstoffen (Cellulosederivate, Stärkederivate, Alginate, Galaktomannan, Polyacrylsäure, Gummen, Ethylenglykolmonomethacrylat) u. anschließendes Verpressen. Bei Kontakt mit Wasser (Verdauungssäften) wird ein Teil der Wirkstoffe rasch freigesetzt; gleichzeitig wird der Quellstoff aber hydratisiert, geliert beginnend an der Grenzfläche zu Wasser (Ausbildung einer viskosen Gelbarriere), bis die ganze Matrix durchfeuchtet ist (verklebte, schleimartige Matrix) u. behindert in der Folge die Liberation (Diffusion) der Wirkstoffe. Je nach den Eigenschaften des Schleimstoffes wird dieser langsam von den H.-T. abgelöst od. die Matrix wird in gequollener Form ausgeschieden.

Hydrolasen: s. Enzyme.

Hydrolyse: Spaltung chem. Verb. unter Wasseraufnahme (formal nimmt ein Spaltprodukt das OH^--, das andere das H^+-Ion auf). Die Bildung von OH^--Ionen in den wässrigen Lsg. von Salzen schwacher Säuren mit starken Basen od. von H^+-Ionen in den Lsg. von Salzen starker Säuren mit schwachen Basen wird ebenfalls als H. bezeichnet (hydrolyt. Dissoziation). In der org. Chemie bezeichnet man als Hydrolyse u.a. die Zerlegung von Estern in Säuren u. Alkohole (Verseifung*), die Spaltung von Cellulose, Stärke, Malzzucker, Rohrzucker u. die Zerlegung von Eiweißstoffen.

Hydromorphon INN: Dihydromorphinon, Laudacon, 4,5-Epoxy-3-hydroxy-N-methyl-6-oxomorphinan; 4,5α-Epoxy-3-hydroxy-17-methyl-6-morphinanon; CAS-Nr. 466-99-9; $C_{17}H_{19}NO_3$, M_r 285.33. Schmp. 266-267 °C (kristallisiert aus Ethanol). $[\alpha]_D^{25\,°C}$ −194° (c=0.98 in Dioxan). Schwer lösl. in Wasser; leicht lösl. in Ethanol; sehr leicht lösl. in Chloroform. **Anw.:** starkes Analgetikum*; stärker aber kürzer wirksam als Morphin*; **UAW:** Abhängigkeit (Morphintyp), Entzugserscheinungen treten früher u. intensiver auf als bei Morphin, weitere UAW wie Morphin*; **Dos.:** p.o. 2-3×2.5 mg/d; parenteral s.c. 2-3×2 mg/d; rektal 2-3×2.5 mg/d; HWZ 1.9-2.5 h. **Hydromorphonhydrochlorid:** Hydromorphoni hydrochloridum, Dihydromorphinonum hydrochloricum; CAS-Nr. 71-68-1; $C_{17}H_{20}ClNO_3$, M_r 321.8. Weißes, krist. Pulver; leicht lösl. in Wasser, lösl. in ca. 30 T. Ethanol 96%. **Off.:** DAB10, ÖAB90.

Hydronalium: Aluminium*-Legierung mit 3-12% Magnesium sowie geringen Mengen Mangan, Silicium, Zink, Kupfer, Nickel u.a. Metallen. H. hat eine hohe Korrosionsbeständigkeit, die durch Eloxieren noch erhöht werden kann.

Hydroperoxidasen: veraltete Bez. für Peroxidasen*.

hydrophil: Wasser liebend; s. Hydrophilie.

Hydrophilie: syn. Oxophilie; Eigenschaft von Stoffen, die sich entw. in Wasser u. polaren Lösungs-

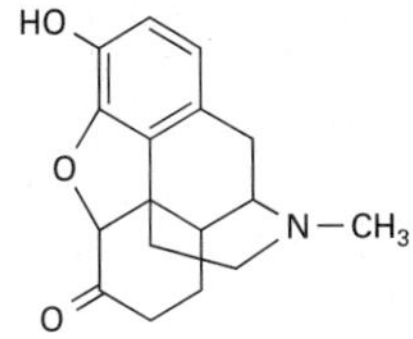

Hydromorphon

mitteln lösen od. gut benetzen lassen (z.B. $CaCO_3$, $BaSO_4$, TiO_2). Ggs. Lipophilie*.

hydrophob: Wasser meidend; s. Hydrophobie.

Hydrophobie (gr. hydor Wasser; phobos Furcht): Wasserscheu; **1.** Furcht, Wasser zu trinken wegen der Erwartung von Schluckkrämpfen; Symptom bei Tollwut*. **2.** Eigenschaft einer Verb., Wasser abzustoßen; Ggs. Hydrophilie*. **hydrophobe Gruppen:** langkettige u. aromat. Kohlenwasserstoffreste; tragen zur Stabilität der Raumstruktur bei, indem sie Mizellen bilden u. sich so gegen Wasser abschirmen; vgl. Lipophilie.

Hydrophobisierung: s. Gläser, vergütete.

Hydrophyten: Wasserpflanzen; Pfl., die ganz od. teilweise unter Wasser leben.

Hydrops: Wassersucht. I.e.S. vermehrte Flüssigkeitsansammlung in vorgebildeten Höhlen; i.w.S. auch im Gewebe (vgl. Ödem).

Hydroschweflige Säure: s. Thioschwefelsäure.

Hydrosole: s. Kolloide.

Hydrosulfide: s. Hydrogensulfide.

Hydrosulfit: s. Natriumdithionit.

Hydrotalcit INN: Hydrotalcit-Tetrahydrat, Aluminium-Magnesium-hydroxid-carbonat-hydrat; Dialuminium-hexamagnesiumcarbonat-hexadecahydroxid-tetrahydrat; CAS-Nr. 12304-65-3; $CH_{16}Al_2Mg_6O_{19} \cdot 4\,H_2O$, $Mg_6Al_2(OH)_{16}CO_3 \cdot 4\,H_2O$. Unlösl. in Wasser. **Anw.:** Antacidum*; **Dos.:** p.o. 3-4×0.5-1 g/d.

Hydrotherapie: Hydriatrie; method. Anw. von Wasser versch. Temperatur u. Erscheinungsform. **Formen:** **1.** fest (Kryotherapie); **2.** flüssig (Waschungen, Wickel u. Auflagen, Packungen, Gussbehandlungen, med. Bäder u. Teilbäder); **3.** Wasserdampf.

Hydrotropie (gr. hydor Wasser; tropos Wendung): Fähigkeit, Stoffe in Wasser lösl. zu machen, die sonst in Wasser unlösl. od. sehr schwer lösl. sind (z.B. Eiweiße, Phenole, höhere Alkohole). Hydrotrope Stoffe heften sich an wasserunlösl. Stoffe u. machen sie auf diese Weise wasserlösl., ohne jedoch eine chem. Verb. mit ihnen einzugehen. Es sind hauptsächl. Alkalisalz-Lsg. gewisser org. Säuren, die hydrotrop wirken, man nennt sie hydrotrope Lösungen. H. spielt in der Technik z.B. bei der Herst. von Waschmitteln, Netzmitteln (Entspannung des Wassers) u. Emulgatoren sowie bei Extraktionen eine große Rolle. In der physiol. Chemie sind hydrotrope Stoffe wichtig für die Resorption, z.B. wirken Gallensäuren hydrotrop, indem sie sich mit Fettsäuren, Cholesterol, Carotinen u.a. verknüpfen u. so ihre Resorption ermöglichen od. erleichtern; s. Lösungsvermittlung.

Hydroxamsäuren: org. Säuren, die durch Umsetzung von Carbonsäuren od. deren Derivaten, z.B.

Ester, mit Hydroxylamin* gebildet werden (s. Abb). Mit Hilfe der Lossen*-Umlagerung können H. in Isocyanate u. anschließend in Amine überführt werden. **Hydroxamatreaktion** (Hydroxamsäurereaktion): quantitativen Nachw. von Carbonsäuren od. Estern. H. ergeben mit Metall-Ionen fünfgliedrige, cycl. Komplexe. Sie spielen beim Eisenstoffwechsel mancher Organismen eine wichtige Rolle. Die braun bis rotvioletten Eisen(III)-Ringkomlexe lassen sich photometrisch auswerten.

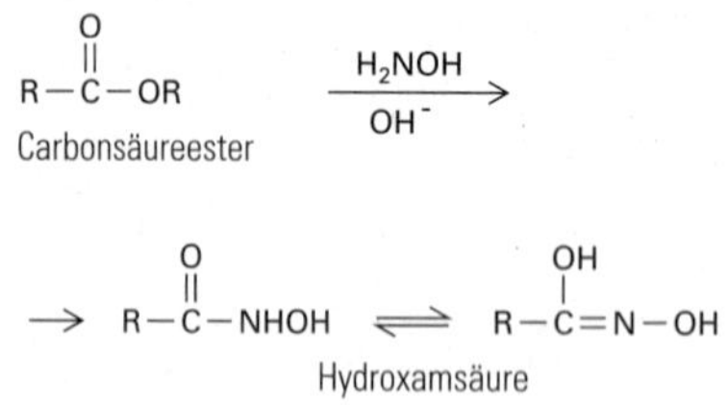

Hydroxamsäuren: Hydroxamsäurereaktion u. tautomere Formen von Hydroxamsäuren

Hydroxamsäurereaktion: s. Hydroxamsäuren.

Hydroxide: Verb. mit einer od. mehreren OH-(Hydroxid-)Gruppen, z. B. KOH, $Ba(OH)_2$, $Al(OH)_3$. Die H. der Metalle bilden meist Basen, die H. der Nichtmetalle Säuren, z. B. Borsäure. Einige H., wie $Al(OH)_3$, haben amphoteren Charakter (s. Stoffe, amphotere); in der Regel werden nur basische u. amphotere Metallhydroxide als H. bezeichnet.

Hydroxocobalamin INN: Vitamin B_{12a}; α-(5,6-Dimethylbenzimidazolyl)-hydroxocobamid; CAS-Nr. 13422-51-0; $C_{62}H_{89}CoN_{13}O_{15}P$, M_r 1346.41. **Anw.:** Vitamin-B_{12}-Hypovitaminose; s. Vitamine; **Dos.:** parenteral bei Vitamin B_{12}-Mangel i. m. 5×1 mg mit Intervallen von 2-3 Tagen; Erhaltungsdos. 1 mg alle 2 Monate; parenteral bei akuten u. chron. Neuritiden (i. m., i. v.) 1×1 mg alle 2-4 Tage. **Hydroxocobalaminacetat:** Hydroxocobalamini acetas Ph.Eur.4; $C_{64}H_{93}CoN_{13}O_{17}P$, M_r 1406. Dunkelrotes, krist. Pulver; sehr hygroskop., zersetzt sich teilweise beim Trocknen; lösl. in Wasser. **Hydroxocobalaminhydrochlorid:** Hydroxocobalamini chloridum Ph.Eur.4; $C_{62}H_{90}ClCoN_{13}O_{15}P$, M_r 1383. Aussehen u. Eigenschaften s. H.-acetat. **Hydroxocobalaminsulfat:** Hydroxocobalamini sulfas Ph.Eur.4; $C_{124}H_{180}Co_2N_{26}O_{34}P_2S$, M_r 2791. Aussehen u. Eigenschaften s. Hydroxocobalaminacetat.

Hydroxy-: Bez. für die einwertige funktionelle Gruppe* –OH; vgl. Hydroxyl-.

Hydroxyanthracenglykoside: s. Anthraglykoside.

Hydroxyanthrachinone: s. Anthrachinone.

Hydroxyanthraglykoside: s. Anthraglykoside.

Hydroxyanthrone: s. Anthraglykoside.

2-Hydroxybenzaldehyd: s. Salicylaldehyd.

2-Hydroxybenzamid: s. Salicylamid.

2-Hydroxybenzoesäure: s. Salicylsäure.

***p*-Hydroxybenzoesäurebutylester:** s. Butyl-4-hydroxybenzoat.

***p*-Hydroxybenzoesäureethylester:** Ethylis parahydroxybenzoas Ph.Eur.4, Ethyl-4-hydroxybenzoat, Aethylium *p*-oxybenzoicum, Ethylparaben; 4-Hydroxybenzoesäureethylester; CAS-Nr. 120-47-8; $C_9H_{10}O_3$, M_r 166.2. Schmp. 115-118 °C. Weißes, krist., geruch- u. geschmackloses Pulver; sehr schwer lösl. in Wasser (ca. 1.5:1000), leicht lösl. in Ethanol, Aceton, Ether. **Anw.:** Konservierung* (0.05-0.1 %) od. als Gemisch der Natrium-Verbindungen des Ethyl- (60 %) u. Propyl- (40 %) Esters (0.05-0.1 %).

***p*-Hydroxybenzoesäuremethylester:** Methylis parahydroxybenzoas Ph.Eur.4, Methylium para-oxybenzoicum, Methyl-4-hydroxybenzoat, 4-Hydroxybenzoesäuremethylester, Methylparaben; CAS-Nr. 99-76-3; $C_8H_8O_3$, M_r 152.2. Schmp. 125-128 °C. Weißes, krist. Pulver, schwach brennender Geschmack, leicht anästhesierend; leicht lösl. in Ethanol, Ether, Aceton, lösl. in Chloroform, in 500 T. Wasser von 20 °C, 16 T. Wasser von 100 °C, sehr schwer lösl. in Petrolether, lösl. in Alkalilaugen unter Salzbildung, lösl. in 50 T. Erdnußöl. **Anw.:** Konservierung* (fungistat., weniger wirksam gegenüber Bakterien) in 0.1-0.3 %iger Konzentration. Nicht geeignet für parenterale u. ophthalmolog. Zubereitungen. In pharmaz. Zuber. häufig im Gemisch mit dem Propylester (z. B. 7:3); auch ein Zusatz von Propylenglykol begünstigt die Wirksamkeit. Wirkungsminderung durch Tenside, Makromoleküle (bes. Polyethylenglykole), Alkalien, Eisensalze. Allergisierende Wirk. möglich. Wirkungsoptimum im Sauren. Gebräuchl. ist auch *p*-Hydroxybenzoesäuremethylester-Natrium (Methylis parahydroxybenzoas natricum Ph.Eur.).

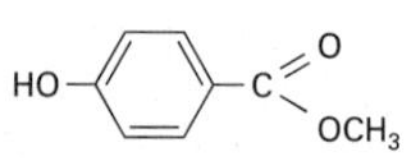

p-Hydroxybenzoesäuremethylester

Hydroxybenzoesäuren: s. Phenolcarbonsäuren.

***p*-Hydroxybenzoesäurepropylester:** Propylis parahydroxybenzoas Ph.Eur.4, Propyl-4-hydroxybenzoat, Propylparaben; CAS-Nr. 94-13-3; $C_{10}H_{12}O_3$, M_r 180.2. Schmp. 96-99 °C. Weißes, krist., sehr schwach bitter schmeckendes Pulver, sehr leicht lösl. in Ethanol, Ether, Aceton, lösl. in Chloroform, ca. 2500 T. Wasser von 20 °C, ca. 120 T. Wasser von 100 °C, sehr schwer lösl. in Petrolether, lösl. in Alkalilaugen unter Salzbildung. **Anw.:** Konservierung* (fungistatisch) in 0.05-0.2 %iger Konzentration. Inkomp.: s. *p*-Hydroxybenzoesäuremethylester. Gebräuchl. ist auch *p*-Hydroxybenzoesäurepropyl-Natrium (Propylis parahydroxybenzoas natricum Ph.Eur.).

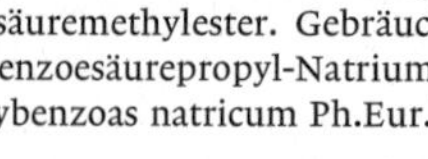

p-Hydroxybenzoesäurepropylester

4-Hydroxybenzylisothiocyanat: s. Glucosinolate.

***p*-Hydroxybenzylsenföl:** 4-Hydroxybenzylisothiocyanat; s. Glucosinolate, Sinalbin.

β-Hydroxybuttersäure: β-Oxybuttersäure (veraltet); $H_3C-CH(OH)-CH_2-COOH$, $C_4H_8O_3$; vgl. Ketonkörper.

γ-Hydroxybuttersäure: Abk. GHB; 4-Hydroxybutansäure, $HOCH_2-CH_2-CH_2-COOH$. Farblose Flüssigkeit. **Wirk.** u. **Anw.**: analget. u. druckstabilisierend; das Natriumsalz (Natriumoxybutyrat, γ-Hydroxbutyrat) wird auch als intravenöses Anästhetikum* u. missbräuchlich oral als Sucht- u. Rauschgift verwendet.

Hydroxycarbamid INN: Hydroxycarbamidum Ph.Eur.4, Hydroxyurea; Hydroxyharnstoff; CAS-Nr. 127-07-1; $H_2N-CO-NH-OH$; $CH_4N_2O_2$, M_r 76.06. Schmp. 133-136 °C (kristallisiert aus Ethanol). Leicht lösl. in Wasser u. heißem Ethanol; schwer lösl. in kaltem Ethanol. **Wirk.**: hemmt die Ribonucleosiddiphosphatreduktase; **Anw.**: Zytostatikum*, bei versch. Karzinomen; **Dos.**: p. o. 1×20-30 mg/kg KG/d od. 1×80 mg/kg KG/3 d; HWZ 3-4 h.

8-Hydroxychinolin: 8-Chinolinol, Chinolin-8-ol, 8-Oxychinolin, Oxin; C_9H_7NO, CAS-Nr. 148-24-3; M_r 145.15. Schmp. 76 °C. Sdp. 267 °C. Farblose Kristallnadeln, leicht lösl. in Ethanol, Aceton, Chloroform, Benzol, Essigsäure, Alkalien, wenig lösl. in Wasser u. Ether, bildet mit Metallionen Komplexsalze. **Anw.**: **1.** Desinfektionsmittel (8–Hydroxychinolinsulfat* u. 8-Hydroxychinolinsulfat-Kaliumsulfat); **2.** Nachw. u. quantitative Bestimmung zahlreicher Elemente, bes. von Aluminium, Magnesium sowie von Molybdän, Cadmium, Titan, Kupfer, Bismut, Eisen, Zink. Die gebildeten Komplexe können gravimetr. od. bromometrisch bestimmt werden.

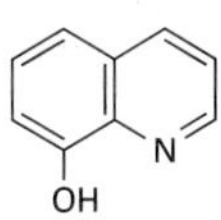

8-Hydroxychinolin

8-Hydroxychinolinsulfat: Hydroxychinolinum sulfuricum, Chinolinoli sulfas, Oxychinolini sulfas, Oxychinolinsulfat, Bis(8-hydroxychinolin)-sulfat-hydrat; 8-Chinolinolsulfat-Monohydrat; $C_{18}H_{16}N_2O_6S \cdot H_2O$. M_r 406.4. Kräftig gelbes Pulver; leicht lösl. in Wasser, wenig lösl. in Glycerol, schwer lösl. in Ethanol u. Chloroform, fast unlösl. in Ether. **Off.**: Ph.Helv.7; **Anw.**: Desinfektionsmittel.

8-Hydroxychinolinsulfat-Kaliumsulfat: Hydroxychinolinium Kalium sulfuricum, Kalii hydroxychinolinii sulfas, Chinolinoli et kalii sulfas, Chinosol, Chinolinolsulfat-Kaliumsulfat; Kaliumhydroxychinolinsulfat; ein äquimolares Gemisch (Molekülverb.) von 8-Hydroxychinolinsulfat*, $(C_9H_7NO)_2 \cdot H_2SO_4 \cdot H_2O$ (M_r 406.4, nach ÖAB90 ohne Kristallwasser), u. Kaliumsulfat, K_2SO_4 (M_r 174.3). Enthält mind. 50.0, max. 53.0% 8-Hydroxychinolin*. Gelbes, krist. Pulver, eigenartiger Geruch; lösl. in 2 T. Wasser, teilweise lösl. in Ethanol, unlösl. in Ether. **Off.**: DAB9, ÖAB90; **Inkomp.**: Schwermetall- u. Erdalkali-Ionen (Bildung schwer lösl. Oxinate), alkal. reagierende u. oxidierende Stoffe, Iod, Iodide, Quecksilber(II)-chlorid, kolloide Silberlsg.; **Anw.**: Desinfektions- u. Gurgelmittel (bakteriostat. Wirk. noch in Lsg. 1:2000), Antimykotikum; gegen sekundäre Infektionen bei Ekzemen (0.1% zur Hautdesinfektion, 0.5-1% in Hautsalben u. -pudern); Konservierungsmittel in Augentropfen (0.05%); Fungizid im Weinbau.

Hydroxychloroquin INN: 7-Chlor-4-[4-(*N*-ethyl-*N*-2-hydroxyethylamino)-1-methylbutylamino]chinolin; 2-{*N*-[4-(7-Chlor-4-chinolylamino)-4-methylbutyl]ethylamino}ethanol; CAS-Nr. 118-42-3; $C_{18}H_{26}ClN_3O$, M_r 335.87. Schmp. 89-91 °C (kristallisiert aus Ethylenchlorid). pK_S 5.0, 9.9 (20 °C). **Anw.**: (rheumatoide) Arthritis, Lambliasis, Lupus erythematodes; als Antimalariamittel* wie Chloroquin*; **Dos.**: p. o. Initialdos. 3×0.2 g/d, Erhaltungsdos. 2×0.2 g/d; HWZ 52 h. Gebräuchl. ist Hydroxychloroquinsulfat.

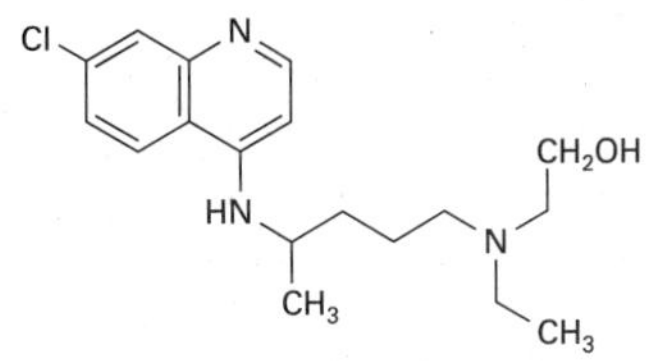

Hydroxychloroquin

Hydroxycolecalciferol: s. Alfacalcidol, Calcitriol.

3-β-Hydroxycompactin: s. Pravastatin.

17-Hydroxycorticosteron: s. Hydrocortison, Hormone (Nebennierenhormone).

Hydroxycumarine: s. Cumarine; **4-Hydroxycumarine** vgl. Antikoagulanzien.

Hydroxydianthrone: s. Anthraglykoside.

Hydroxydihydrocodeinonum hydrochloricum: s. Oxycodonhydrochlorid.

6-Hydroxydopamin: $C_8H_{11}NO_3$, M_r 169.2. Farblose, instabile Substanz, bei 5 °C im Exsiccator zu lagern. Sehr toxisch. Führt nach spezif. Aufnahme in noradrenerge u. dopaminerge Neuronen sowie durch nichtenzymat. Oxidation zu *p*-Chinonen u. zu einer Degeneration dieser Neuronen (chem. Sympathektomie).

Hydroxy-eicosatetraensäuren: s. Eicosanoide, Hormone.

***p*-Hydroxyephedrin:** s. Oxilofrin.

Hydroxyethylamin: s. Ethanolamin.

Hydroxyethylcellulose: Abk. HEC, Hydroxyethylcellulosum Ph.Eur.4, Hydroxyaethylcellulosum, Celluloseglykolether; CAS-Nr. 9004-62-0. Partiell hydroxyethylierte Cellulose. Eigenschaften im wesentl. abhängig vom mittleren Substitutionsgrad* u. der Kettenlänge des Moleküls. Prakt. unlösl. in Aceton, Ethanol (wasserfrei), Ether u. Toluol. Im Handel sind versch. viskose Sorten. Viskosität einer 2%igen Lsg. mit dem Rotationsviskosimeter gemessen. Konservierte Lösungen sind haltbar. Sehr gute Verträglichkeit gegenüber Elektrolyten. Inkomp.: s. Ethylhydroxyethylcellulose. **Herst.**: Veretherung der Cellulose mit Ethylenoxid. Nach dem Quellen in Wasser (auch oberhalb 50 °C) entsteht langsam ein Gel bzw. bei weiterem Verdünnen eine kolloidale Lösung.

Hydroxyethylcellulosegel: s. Mucilago Hydroxyethylcellulosi.

Hydroxyethylmethylcellulose: s. Methylhydroxyethylcellulose.

Hydroxyethylsalicylat: Hydroxyethylis salicylas Ph.Eur.4; 2-Hydroxybenzoesäure-2-hydroxyethylester; $C_9H_{10}O_4$, M_r 182.2. Fast farblose, geruchlose Flüssigkeit. **Anw.:** Rubefaziens*, hyperämisierendes Mittel.

Hydroxyethylstärke: Plasmaersatzstoff aus Stärkemolekülen; s. Blutersatz. Durch Hydroxyethylierung von hochverzweigten Amylopektinen wird der schnelle enzymat. Abbau durch die im Serum vorhandene Alphaamylase verzögert.

Hydroxyethyltheophyllin: s. Etofyllin.

Hydroxyharnstoff: s. Hydroxycarbamid.

5-Hydroxyindol: 5-Indolol; C_8N_7NO, M_r 133.13. Schmp. 105-107 °C. Farblose Kristalle. **Vork.:** Grundgerüst biol. wichtiger Substanzen wie Serotonin* u. Melatonin*.

Hydroxyl-: Bez. für die OH-Gruppe in org. Verb, die im Verbindungsnamen korrekt mit Hydroxy-* (früher Oxy-) bezeichnet wird, z. B. Hydroxychinolin.

Hydroxylamin: Oxyammoniak; NH_2OH, M_r 33.03. D. 1.204. Schmp. 33 °C (unter Zers.). Sdp. 56.5 °C (2.9 kPa). Farblose, hygroskop. Kristalle, sehr leicht lösl. in Wasser u. Ethanol, sehr schwer lösl. in Ether, Chloroform, Benzin; explosiv.

Hydroxylaminhydrochlorid: Hydroxylaminum hydrochloricum; $[NH_3OH]^+Cl^-$, M_r 69.5. D. 1.67. Schmp. 151 °C. Farblose Kristalle, leicht lösl. in Wasser, lösl. in Ethanol u. Glycerol. **Anw.** med.: früher bei Hautleiden; techn.: als Reduktionsmittel, Entwickler, Antioxidans; als Reagens Ph.Eur.4 zum Nachw. von Estern, zur oximtitrimetr. Bestimmung (Oximtitration, vgl. Oxime) von Verb. mit C=O-Gruppen, z. B. in äther. Ölen, s. Aetherolea. **Tox.:** sehr giftig.

Hydroxylapatit: Calciumphosphathydroxid; $3\,Ca_3(PO_4)_2 \cdot Ca(OH)_2$; biokompatible anorg. Verb. mit hexagonalem Kristallgitter. **Bedeutung:** Hauptbestandteil von Knochen u. (neben Fluorapatit) Zähnen.

Hydroxylzahl: Abk. OHZ, HZ; Maßzahl zur Charakterisierung von Stoffen mit OH-Gruppen, z. B. von Fetten, Ölen od. Lösungsmitteln. **Bestimmung:** nach Ph.Eur.4 **1.** Acetylierung* von 1 g Substanz u. Messung, wie viel mg Kaliumhydroxid der benötigten Essigsäure äquivalent sind; **2.** Acylierung mit Propionsäureanhydrid u. nachfolgend Zugabe von Anilin u. Titration mit Perchlorsäure in nicht wässrigem Medium, um die Anzahl der gebundenen Propionsäureäquivalente zu bestimmen.

o-Hydroxymethylbenzoesäurelacton: s. Phthalide.

β-Hydroxy-β-methylglutaryl-Coenzym-A-Reduktase: s. HMG-CoA-Reduktase.

Hydroxymethylnicotinamid: *N*-(Hydroxy-methyl)-3-pyridincarboxamid; CAS-Nr. 3569-99-1; $C_7H_8N_2O_2$, M_r 152.15. Schmp. 141-142 °C. Leicht lösl. in heißem Ethanol u. Wasser. **Anw.:** früher Cholagogum*.

4-Hydroxymethylprolin: s. Prolin.

Hydroxynervonsäure: 2-Hydroxy-15-tetracosensäure; $C_{24}H_{46}O_3$. Eine hydroxylierte, ungesättigte Fettsäure; Best. der Cerebroside (s. Glykolipide).

Hydroxyphenylbutazon: s. Oxyphenbutazon.

2-Hydroxypiperiton: s. Diosphenol.

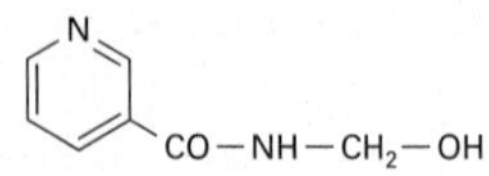

Hydroxymethylnicotinamid

Hydroxyprogesteron INN: Oxiprogesteronum; CAS-Nr. 68-96-2; $C_{21}H_{30}O_3$, M_r 330.45. Schmp. 222-223 °C (bei raschem Erhitzen), Schmp. 276 °C (bei langsamem Erhitzen). $[\alpha]_D^{17\,°C}$ +105.6° (c=1.0417 in Chloroform). **Anw.:** Gestagen*-Therapie; **Dos.:** i. m. 250-500 mg/Woche. Gebräuchl. sind auch Hydroxyprogesteronacetat, Hydroxyprogesteronenantat u. Hydroxyprogesteroncaproat*.

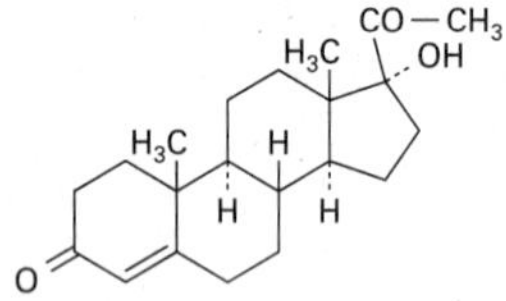

Hydroxyprogesteron

Hydroxyprogesteroncaproat INN: Hydroxyprogesteroni caproas; 3,20-Dioxo-4-pregnen-17α-ylhexanoat; CAS-Nr. 630-56-8; $C_{27}H_{40}O_4$, M_r 428.59. Schmp. 119-121 °C (kristallisiert aus Isopropylether od. Methanol). $[\alpha]_D^{20\,°C}$ +61° (c=1 in Chloroform). Lösl. in Sesamöl 25-29 mg/mL, in Levulinsäurebutylester 350-400 mg/mL; unlösl. in Wasser, lösl. in Ethanol 1:10, in Chloroform 1:0.4, in Ether 1:10. **Anw.:** Gestagen*-Therapie; **Dos.:** parenteral i. m. 1×0.25 g/7 d; bei Abortus imminens 1×0.5 g/d bis zum Blutungsstillstand; vgl. Hydroxyprogesteron.

Hydroxyprolin: Abk. Hyp, 4-Hydroxy-L-prolin, Oxyprolin, Oxypyrrolidincarbonsäure; 4-Hydroxypyrrolidin-2-carbonsäure; Schmp. 270 °C; wichtige Eiweißaminosäure mit 2 asymmetr. C-Atomen; nat. Form linksdrehend. **Vork.:** nat. bes. reichlich im Kollagen*, daneben in geringer Menge 3-Hydroxy-L-prolin; Zur Biosynthese des H. wird Vitamin C benötigt.

4-Hydroxypropiophenon: $C_2H_5-CO-C_6H_4-OH$, $C_9H_{10}O_2$. M_r 150.17. Schmp. 149 °C. Farblose Kristalle, schwer lösl. in Wasser, lösl. in Ethanol u. Ether. **Anw.:** wirksam bei Hyperthyreose.

Hydroxypropylcellulose: Abk. HPC, Hydroxypropylcellulosum Ph.Eur.4, Hyprolose; CAS-Nr. 9004-64-2. Partiell hydroxypropylierte Cellulose, hergestellt aus Alkalicellulose u. Propylenoxid; mit max. 0.6 % Siliciumdioxid. Weißes, hygr. Pulver. Lösl. in Wasser unter 40 °C, Ethanol, Propylenglykol, Methanol, Chloroform u. Essigsäure 98 % unter Bildung einer kolloidalen Lösung; schwer lösl. in Aceton u. Toluol, prakt. unlösl. in heißem Wasser, in aliphat. Kohlenwasserstoffen, Glycerol, Ölen; lösl. in heißen Schmelzen von Polyethylenglykolen, Glyceriden; lösl. in Magen- bzw. Darmsaft. Thermoplastisch. Versch. Viskositätstypen erhältlich. Die wässrige Lösung ist oberflächenaktiv. Inkomp.: hohe Konz.

an Elektrolyten (Aussalzen); erhöhte Viskosität in Kombination mit Carboxymethylcellulose* u. Na-Alginat, erniedrigte in Kombination mit Methylcellulose*. Wässrige Lsg. sind hydrolyseempfindlich. **Anw.**: Bindemittel (2-4 %) bei der Granulierung; Filmbildner bei der Dragierung (5 %ige Lsg. in CH_2Cl_2 od. Isopropanol); Filme mit nur geringer Feuchte- u. Gasdurchlässigkeit, auch ohne Weichmacher flexibel. Verdickungsmittel in halbfesten Zubereitungen. Zur Viskositätserhöhung in wässrigen Augentropfen. Geeignet für die Mikroverkapselung, Kapselherstellung durch Spritzgussverfahren (s. Spritzgießen).

Hydroxypropylmethylcellulose: Abk. HPMC, Methylhydroxypropylcellulosum Ph.Eur.4, Hydroxypropyl Methylcellulose USP, Hypromellose; CAS-Nr. 9004-65-3; M_r 10 000-150 000. Gemischter, nichtionogener Ether der Cellulose mit 19-30 % Methoxylgruppen u. 3-12 % Hydroxypropylgruppen. Hergestellt durch Einwirken von Methylchlorid u. Propylenoxid auf Alkalicellulose. Weißes, fasriges od. körniges Pulver; kolloidal lösl. in Wasser bis 60 °C (Lsg. klarer als die mit Methylcellulose, weniger ungelöste Fasern), in binären u. ternären Gemischen (Ethanol, halogenierte Kohlenwasserstoffe, Ketone), geeignet für den wasserfreien Auftrag einer wasserlösl. Überzugsschicht bei feuchtigkeitsempfindl. Komprimaten; unlösl. in Wasser über 60 °C (je höher der Gehalt an Methoxyl umso tiefer die Geliertemperatur), unlösl. in Aceton, Ethanol, Chloroform, Ether u. Toluol. Versch. Viskositätstypen sind erhältlich (3-30 000 mPa · s, bezogen auf eine 2 %ige wässrige Lsg.). Wässrige Lsg. sind empfindl. gegenüber höheren Elektrolytkonzentrationen. **Anw.**: Bindemittel für die Tablettierung; für die Filmdragierung (auch ohne Weichmacher); Alternative zu Gelatine zur Herst. von Steckkapseln, Verdickungsmittel in Augentropfen; Emulgierhilfs-, Suspendier- u. Stabilisiermittel in Gelen u. Salben; Klebstoff in Gipsverbänden. Herst. einer wässrigen Lsg. s. Methylcellulose.

Hydroxypropylmethylcellulosephthalat: Abk. HPMCP, Hypromellosi phthalas Ph.Eur.4, Hydroxypropylmethylcellulosi phthalas, Methylhydroxypropylcellulosi phthalas, Methylhydroxypropylphthalylcellulosum; anion. Cellulosederivat, hergestellt durch Veresterung von Hydroxypropylmethylcellulose mit Phthalsäureanhydrid. Nach Ph.Eur.4 Methoxygruppen, 2-Hydroxypropoxygruppen u. 21.0-35.0 % Phthaloylgruppen enthalten. Lösl. in Aceton/Ethanol-, Aceton/Methanol-, Methanol/Dichlormethan-Gemischen (Verhältnis 1:1), in Pufferlösungen mit pH über 5; prakt. unlösl. in Wasser u. wasserfreiem Ethanol. Durch gezielte Veränderung der Mengenverhältnisse der Substituenten werden versch. Typen von Filmbildnern erhalten, die sich bei unterschiedl. pH-Werten lösen (z. B. Sorte HP 45, HP 50 u. HP 55). **Anw.**: magensaftresistenter, dünndarmlösl. Lacküberzug. Meist kein Weichmacherzusatz erforderlich. Verwendet wird eine 6- bis 8.5 %ige Lsg. in den oben angeführten Lösungsmittelgemischen. Vorteilhafter beim Auftragen u. in der Anw. als Celluloseacetatphthalat*. Als Bindemittel für die Granulierung.

Hydroxypropyltheophyllin: s. Proxyphyllin.

6-Hydroxypurin: s. Hypoxanthin.

Hydroxysäuren: früher auch als Oxysäuren bezeichnete, org. Säuren, die außer der Carboxylgruppe –COOH auch die Hydroxygruppe –OH enthalten, z. B. $CH_3CH(OH)COOH$, Milchsäure. Je nach der Anzahl der OH-Gruppen unterscheidet man Mono-, Di- u. Polyhydroxysäuren u. nach der Stellung der OH-Gruppe zur COOH-Gruppe α-, β-, γ-Hydroxysäuren.

5-Hydroxysalicylsäure: s. Gentisinsäure.

Hydroxysalze: veraltete Bez. für basische Salze. Beispiel: Aluminiumhydroxysulfat ($Al(OH)SO_4$, basisches Aluminiumsulfat); der gültige Name ist Aluminiumhydroxidsulfat.

Hydroxytetracyclin: s. Oxytetracyclin.

1-Hydroxytriacontan: s. Myricylalkohol.

2-Hydroxytriethylamin: s. 2-Diethylaminoethanol.

5-Hydroxytryptamin: Abk. 5-HT; s. Serotonin; **5-HT-Antagonisten:** s. Serotoninantagonisten.

5-Hydroxytryptophan: Abk. 5-HTP; s. Oxitriptan.

Hydroxyzimtsäuren: s. Phenolcarbonsäuren, vgl. Cumarsäure.

Hydroxyzin INN: 1-*p*-Chlorbenzhydryl-4-[2-(2-hydroxyethoxy)-ethyl]-diethylen-diamin; $C_{21}H_{27}ClN_2O_2$, M_r 374.92. **Hydroxyzinhydrochlorid:** Hydroxyzini hydrochloridum Ph.Eur.4; $C_{21}H_{29}Cl_3N_2O_2$, M_r 447.8. Schmp. ca. 200 °C (unter Zers.). Weißes, krist., hygroskop. Pulver; leicht lösl. in Wasser. **Anw.**: Sedativum*, Tranquilizer (s. Psychopharmaka), Antiemetikum*; HWZ 7-20 h.

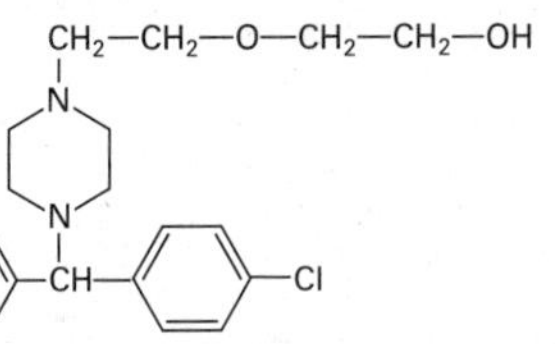

Hydroxyzin

Hydrozele: Hydrocele; Ansammlung seröser Flüss. in einer Ausstülpung des Bauchfells durch den Leistenkanal, z. B. als Hydrocele testis bei Neugeborenen.

Hydrozephalus (gr. hydor Wasser; kephale Kopf): Hydrocephalus, Wasserkopf; Erweiterung der Liquorräume. **Vork.**: z. B. bei Zirkulationsstörungen des Liquor* cerebrospinalis aufgrund von Fehlbildungen od. Tumoren.

Hydrozyklon: Zentrifugalabscheider zum Trennen, Eindicken u. Entwässern fest/flüssiger Mischphasen. Im Ggs. zur Zentrifuge besitzt der Hydrozyklon keine rotierenden Teile. Bei ihm lässt man die Suspension unter Druck tangential einströmen. Im Inneren entsteht so ein radiales Strömungsfeld, in dem die Festteilchen nach unten gerissen werden, während die klare Flüssigkeit oben durch ein Überlaufrohr abfließt.

Hygiene (gr. hygieinos gesund, heilsam): med. Fachgebiet, das die Wechselbeziehungen zw. Mensch u. Umwelt, insbes. den Einfluss der Umwelt auf die Gesundheit untersucht, aus ärztl. Sicht wertet u. wissenschaftl. begründete Kriterien, Anforderungen u. Maßnahmen für den Umweltzustand u. das kollektive u. individuelle Verhalten erarbeitet. Ziel ist die primäre Prävention, um Gesundheitsstörungen u. Krankheiten zu verhüten u. zu bekämpfen sowie Wohlbefinden u. Leistungsfähigkeit des Menschen zu erhalten u. zu steigern.

Hygrin: einfaches Pyrrolidinalkaloid, Strukturformel s. Cuskhygrin (Abb.).

Hygrometer: Hygroskop; Gerät zur Bestimmung des Wassergehaltes der Luft. **Typen: 1.** thermometr. Messmethode: **a)** Taupunktmessung: Luft wird so weit abgekühlt, bis der Sättigungsdampfdruck des Wassers erreicht ist u. sich der Tau auf einem Spiegel niederschlägt. Diese Temp. (vgl. Taupunkt) ist in absolutes Maß für die Luftfeuchtigkeit, die bei der Ausgangstemp. herrschte. Der Beschlag kann visuell bestimmt od. photoelektr. abgetastet werden; **b)** Psychrometrie: Luft wird an einem mit Wasser benetzten Thermometer vorbeigeleitet, wobei sich die Messoberfläche je nach Feuchtigkeitsgehalt der Luft abkühlt. Die Temperaturdifferenz wird psychrometr. Differenz genannt; sie ist bei feuchter Luft größer als bei trockener. Die Ausgangstemp. wird mit einem nicht befeuchteten Thermometer bestimmt; **c)** Lithiumchlorid-Taupunktmessung: LiCl nimmt bei feuchter Luft Wasser auf, verflüssigt sich (über 20 % relativer Luftfeuchtigkeit*) u. wird dadurch elektr. leitend; die Leitfähigkeit u. so die bei einer konstanten Spannung fließende Stromstärke hängen von der Luftfeuchtigkeit ab. Gemessen wird die durch den Stromfluss bewirkte Temperaturerhöhung. **2.** hygroskop. Methode: **a)** Haarhygrometer: beruhen auf der Längenänderung von Haaren od. synthet. Fasern in feuchter Luft; müssen von Zeit zu Zeit regeneriert (Einwickeln in ein feuchtes Tuch) u. neu geeicht werden (gesättigte Salzlösungen, vgl. Hygrostat); **b)** Farbindikatoren: Substanzen, die ab einem gewissen Wassergehalt ihre Farbe ändern, meist Cobaltsalze; sehr ungenau; **c)** elektr. H.: nützen die Änderung des Stromwiderstandes bei Feuchtigkeit aus.

hygroskopisch: wasseranziehend.

Hygroskopizität: Eigenschaft von Stoffen, Wasserdampf aus der Luft anzuziehen. Beispiele: viele wasserfreie Salze, wie Calciumchlorid* ($CaCl_2$) od. Magnesiumchlorid* ($MgCl_2$), ferner konz. Schwefelsäure* (H_2SO_4) u. Alkalimetallhydroxide wie NaOH u. KOH. Hygroskop. Stoffe werden als Trocknungsmittel* od. wie Glycerol u. Sorbitol*-Lsg. als Feuchthaltemittel*, Weichmacher* u. Antistatika* verwendet. Bes. hygroskopisch sind Trockenextrakte u. Lyophilisate. Die H. ist nicht nur stoffspezif., sondern auch eine Funktion der Oberfläche u. des Kristallgitters (vgl. Polymorphie) bzw. des Ordnungsgrades (ein Stoff ist amorph hygroskopischer als kristallin). Je nach Bindungsart des Wassers unterscheidet man versch. Ursachen (s. Feuchtigkeit). Feuchtigkeitsempfindl. Stoffe, die mit der Luftfeuchte chem. reagieren (z. B. $CaO + H_2O \rightarrow Ca(OH)_2$) werden gewöhnl. nicht den hygroskop. Stoffen zugerechnet.

Hygrostat: Raum konstanter relativer Luftfeuchtigkeit*. Meist werden Exsikkatoren* verwendet, die mit gesättigten Salzlsg. (s. Tab. 1), Glycerol od. Schwefelsäure versch. Konz. (s. Tab. 2) auf eine gewünschte relative Luftfeuchtigkeit eingestellt wurden. Schwefelsäure- u. Glycerol-Lsg. versch. Konzentrationen sind empfindl. gegenüber Änderungen der eingestellten Luftfeuchtigkeiten, z. B. beim kurzzeitigen Öffnen der Hygrostate. Bei gesättigten Lsg. sollte die feste Phase den Flüssigkeitsspiegel überragen od. besser aus feuchten Pulvermassen bestehen.

Hygrostat Tab. 1
Relative Luftfeuchtigkeit über einigen gesättigten Lösungen

feste Phase	relative Luftfeuchtigkeit in Prozent (24 °C)
Kaliumhydroxid	9
Lithiumchlorid	12
Kaliumacetat	23
Calciumchlorid	30
Natriumrhodanid	36
Kaliumcarbonat	43
Kaliumrhodanid	46
Magnesiumnitrat	53
Ammoniumnitrat	61
Natriumchlorid	75
Kaliumchlorid	84
Kaliumnitrat	92
Kaliumsulfat	97

Hygrostat Tab. 2
Relative Luftfeuchtigkeit über Schwefelsäurelösung

Schwefelsäure Gewichtsprozent	relative Luftfeuchtigkeit in Prozent (20 °C)
77.6	3.2
60.2	19
50.5	37
45.3	47
39.7	58
33.8	70.4
27.7	80.5
16.1	94

Hymecromon INN: Hymecromonum Ph.Eur.4, 4-Methyl-umbelliferon, β-Methylumbelliferon; 7-Hydroxy-4-methylcumarin; CAS-Nr. 90-33-5; $C_{10}H_8O_3$, M_r 176.16. Schmp. 194-195 °C (kristallisiert aus Ethanol). Weiße bis gelbl. Kristalle; lösl. in Methanol, Aceton u. Alkalilsg.; schwer lösl. in Ether, Chloroform; fast unlösl. in kaltem Wasser. **Anw.** med.: Spasmolytikum*, Choleretikum*; fer-

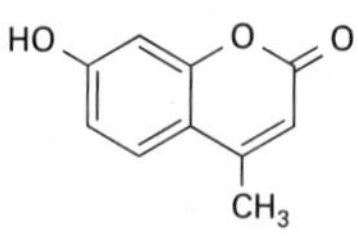

Hymecromon

ner zur Fluoreszenzanalyse, zu Sonnenschutzmitteln (absorbiert Ultraviolett); **Kontraind.**: schwere Leber- u. Gallenerkrankungen; **Dos.**: p. o. 2-3×0.2 g/d; HWZ 1 h.

Hymen (gr. Häutchen, Band): Jungfernhäutchen; Schleimhautfalte am Scheideneingang mit kleiner Öffnung.

Hymenium: (bot.) Fruchtschicht eines Ascokarps* od. Basidiocarps*, also eines Fruchtkörpers der Ascomyzeten bzw. Basidiomyzeten; s. Pilze. Das H. besteht aus sterilen Hyphen (Parahyphen) u. Asci bzw. Basidien.

Hyoscin: s. Scopolamin.

Hyoscinbutylbromid: s. Butylscopolaminiumbromid.

Hyoscinhydrobromid: s. Scopolaminhydrobromid.

Hyoscinhydrochlorid: s. Scopolaminhydrochlorid.

Hyoscyamin: syn. L-(–)-Hyoscyamin, Hyoscyaminum, L-Atropin, Duboisin; L-Tropasäureester von Tropin*; $C_{17}H_{23}NO_3$, M_r 289.36. Strukturformel s. Atropin (Abb.). Schmp. 106-108 °C (polymorph). Alkaloid aus Hyoscyamus-Arten (s. Hyoscyamus niger, H. muticus) u. aus anderen Solanaceae (s. Atropa belladonna, Datura stramonium). Weiße, verfilzte Nadeln; leicht lösl. in Ethanol, Ether, Chloroform u. verd. Säuren, wenig lösl. in Wasser. **Off.**: EB6; **Anw.**: s. Atropin (DL-Hyoscyamin); **Dos.**: 0.1-0.5 mg; MED 1 mg, MTD 3 mg.

Hyoscyamin, bromwasserstoffsaures: s. Hyoscyaminhydrobromid.

Hyoscyamin, chlorwasserstoffsaures: s. Hyoscyaminhydrochlorid.

Hyoscyaminhydrobromid: bromwasserstoffsaures Hyoscyamin, Hyoscyaminum hydrobromicum, Hyoscinum hydrobromicum; $C_{17}H_{23}NO_3 \cdot HBr$. Schmp. 152 °C. Weiße hygroskop. Kristalle, leicht lösl. in Wasser u. Ethanol. **Off.**: EB6; **Anw.**: s. Atropin; **Dos.**: s. Hyoscyaminhydrochlorid.

Hyoscyaminhydrochlorid: Hyoscyaminum hydrochloricum, chlorwasserstoffsaures Hyoscyamin; $C_{17}H_{23}NO_3 \cdot HCl$. Schmp. 149-151 °C. Weiße Kristalle, leicht lösl. in Wasser, lösl. in Ethanol. **Anw.**: s. Atropin; **Dos.**: 0.15-0.5 mg; MED 1 mg, MTD 3 mg.

Hyoscyamin, schwefelsaures: s. Hyoscyaminsulfat.

Hyoscyaminsulfat: Hyoscyamini sulfas Ph.Eur.4, Hyoscyaminum sulfuricum, schwefelsaures Hyoscyamin; CAS-Nr. 6835-16-1; $(C_{17}H_{23}NO_3)_2 \cdot H_2SO_4 \cdot 2\,H_2O$, M_r 713. Schmp. ca. 203 °C. $[\alpha]_D^{20\,°C}$ –24 bis –29° (c=5 in Wasser). Weiße, hygroskop. Nadeln, leicht lösl. in Wasser u. Ethanol, wenig lösl. in Ether u. Chloroform. **Anw.**: s. Atropin; **Dos.**: 0.15-0.5 mg; MED 5 mg, MTD 10 mg.

Hyoscyamus muticus L.: Ägyptisches Bilsenkraut; Fam. Solanaceae (Ägypten, Arabien, Persien); enthält 1.2-1.4 % Hyoscyamin* u. wird daher hauptsächl. zur Alkaloidgew. verwendet.

Hyoscyamus niger L.: Bilsenkraut, Tollkraut, Saubohne, Saukraut, Zigeunerkraut, Schlafkraut; Fam. Solanaceae (Europa, hauptsächl. Balkan, Russland, Indien, Nordafrika, Nordamerika); je nach Varietät einjähriges (var. annuus) od. zweijähriges Kraut (var. niger u. var. pallidus). Stpfl. von **Hyoscyami folium** Ph.Eur.4: Folia Hyoscyami, Hyoscyamusblätter, Bilsenkrautblätter, Herba Hyoscyami; die getrockneten Blätter mit od. ohne blühende Zweigspitzen, evtl. mit vereinzelten Früchten. **Inhaltsst.**: 0.03-0.2 % Alkaloide wie L-Hyoscyamin* (Ph.Eur.4: mind. 0.05 % Gesamtalkaloide, ber. als Hyoscyamin u. bezogen auf die bei 100-105 °C getrocknete Droge) u. Atropin* (DL-Hyoscyamin), Apoatropin (in alter Droge), L-Scopolamin* u. Atroscin* (DL-Scopolamin), Cuskhygrin*, ferner Cholin* u. Spuren äther. Öls, Gerbstoffe; Bilsenkrautblätter sind die Solanaceen-Droge mit dem höchsten Scopolamin-Geh. (entspricht etwa dem Hyoscyamin-Geh.); daher sedative Wirk.; **Anw.**: früher als Spasmolytikum u. Narkotikum wie Atropa* belladonna (Belladonnae folium) u. Datura* stramonium (Stramonii folium), bei Asthma als Räuchermittel; die Droge bzw. Zuber. werden nicht mehr verordnet. **Hyoscyami pulvis normatus** Ph.Eur.4: Eingestelltes Hyoscyamuspulver, Folium Hyoscyamii titratum, Eingestelltes Bilsenkrautblatt; gepulverte Hyoscyamusblätter, die, falls erforderl., auf einen Gesamtalkaloidgeh. von 0.05-0.07 % mit Hilfe gepulverter Lactose od. von gepulverten Hyoscyamusblättern mit geringerem Alkaloidgeh. eingestellt wurden. Berechnung als Hyoscyamin. **Anw.**: obsolet; **Semen Hyoscyami:** Bilsenkrautsamen; sehr kleine, 1-1.5 mm lange, nierenförmige, netzgrubige, matt graubräunl. Samen mit weißem Endosperm. **Inhaltsst.**: Hyoscyamin, Scopolamin, Atroscin, Hyoscypicrin (Bitterstoff), fettes Öl (Alkaloidgeh. 0.05-0.3 %); **Anw.**: nicht mehr verordnet. **Radix Hyoscyami:** Bilsenkrautwurzel. **Inhaltsst.**: wie bei Hyoscyami folium angegeben; **Anw.**: zur Gew. der Alkaloide.

Hom: *Hyoscyamus niger (HAB1):* ganze, frische, blühende Pflanze; Konstitutionsmittel; verord. z. B. bei hochgradiger Erregung mit Halluzinationen, Manie, Hysterie, Lähmung von Schließmuskeln (Blase, Darm).

Hyoscyamuspulver, Eingestelltes: s. Hyoscyamus niger.

Hyoscyni hydrobromidum: s. Scopolaminhydrobromid.

Hyp-: Hypo-; Wortteil mit der Bedeutung unter, unterhalb (der Norm).

Hypacidität: Subacidität*.

Hypalgesie: Herabsetzung der Schmerzempfindung; vgl. Analgesie.

Hypanthium: (bot.) Blütenbecher; becherförmig emporgewölbtes Receptaculum*.

Hyper-: Wortteil mit der Bedeutung über (hinaus), oberhalb; bezeichnet ein Übermaß.

Hyperacidität: gesteigerte Produktion von Salzsäure* in der Magenschleimhaut. Vgl. Magensaft.

Hyperämie: Blutreichtum; Blutüberfüllung eines Organs; arteriell od. venös.

Hyperämika: s. Rubefazienzien.

Hyperästhesie: Überempfindlichkeit für Schmerz-, Temperatur- u. Berührungsreize, i. e. S. nur für Berührungsreize.

Hyperaldosteronismus: verstärkte Sekretion von Aldosteron*. **Pathoanatomie:** Grundlage für diese Autonomie der Aldosteronsekretion ist eine knotig-hyperplast. Umwandlung der Nebennierenrinde. **Pathophysiologie:** Folgen sind Hypernatriämie, Hypokaliämie, Hypomagnesiämie u. Alkalose. Dementsprechend kommt es zu paroxysmalen (in Anfällen auftretenden) Lähmungen, Muskelschmerzen, Obstipation.

Hyperalgesie: Überempfindlichkeit für Schmerzreize; Form der Hyperästhesie*.

Hypercholesterolämie: Hypercholesterinämie; erhöhte Cholesterolkonz. im Serum, die ein bedeutsamer Risikofaktor für arteriosklerotisch bedingte, kardiovaskuläre Erkrankungen ist.

Hyperemesis: übermäßig starkes Erbrechen. H. gravidarum: übermäßiges Schwangerschaftserbrechen im ersten Trimenon; vgl. Erbrechen.

Hyperfiltration: s. Umkehrosmose.

Hyperforin: stickstofffreies Phloroglucinolderivat, das zu 2-5 % im Johanniskraut Hypericum* perforatum vorliegt. Die Substanz ist oxidations- u. lichtempfindlich. **Wirk.:** H. u. die strukturanaloge Verbindung Adhyperforin hemmen die synaptosomale Wiederaufnahme der Neurotransmitter Gammaaminobuttersäure (GABA*), Dopamin, L-Glutamat, Noradrenalin u. Serotonin.

Hyperglykämie: Erhöhung der Konz. von Glucose im Blut auf >6.7 mmol/L (>120 mg/dL); vgl. Blutzucker. **Vork.:** z. B. bei Diabetes* mellitus u. Basedow*-Krankheit.

Hyperhidrosis: übermäßiges Schwitzen. Vgl. Antihidrotika.

Hypericin: Hypericumrot; Hexahydroxy-dimethylnaphthodianthron; der rote Farbstoff des Johanniskrauts Hypericum* perforatum; lösl. in Chloroform mit tiefroter Farbe u. mit starker Fluoreszenz. H. ist ein starker Photosensibilisator*.

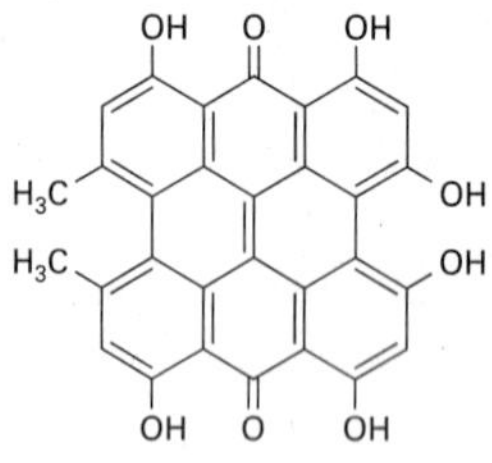

Hypericin

Hypericum perforatum L.: Johanniskraut, Hexenkraut, (Tüpfel-)Hartheu; Fam. Hypericaceae (Guttiferae) (Europa, Mittelasien, Nordafrika). Stpfl. von **Hyperici herba:** Herba Hyperici, Johanniskraut; die Triebspitzen. **Off.:** Ph.Eur.4; **Inhaltsst.:** in Gewebelücken die roten Farbstoffe Hypericin* (mind. 0.05 %) u. Pseudohypericin (nach Ph.Eur. mind. 0.08 % Gesamthypericin), Flavonoide wie Hyperosid* u. Quercitrin, Phloroglucine, v. a. Hyperforin u. Adhyperforin, ferner ca. 10 % Procyanidine u. Catechingerbstoffe, Pektin, Cholin, Fett, Phlobaphene (kein Saponin) u. 0.05-1 % äther. Öl mit Terpenen (z. B. α-Pinen, Myrcen) u. Sesquiterpenen in schizogenen, kugeligen Exkretbehältern; **Anw.:** bei leichten bis mittelschweren Depressionen; als Wirkstoff muss der Gesamtextrakt angesehen werden; volkstüml.: bei dyspept. Beschwerden, als Wurmmittel; durch das photosensibilisierende Hypericin kann die sog. Lichtkrankheit der Weidetiere hervorgerufen werden (brandblasenähnl. Erkrankungen hellfarbiger Tiere); vgl. Photosensibilisatoren. **Oleum Hyperici:** Johanniskrautöl; im durchscheinenden Licht rubinrotes, im auffallenden Licht fluoreszierend dunkelrotes bis gelbrotes, aromat. riechendes Öl; zeigt unter der Analysenquarzlampe eine ziegelrote Fluoreszenz. **Herst.:** nach EB6: 250 T. frische Blüten werden zerquetscht, mit 1000 T. Olivenöl gemischt u. unter wiederholtem Umschütteln an einem warmen Ort sich selbst überlassen. Dann verschließt man das Gefäß u. lässt es in der Sonne stehen, bis das Öl leuchtend rot geworden ist (ca. 6 Wochen). Danach wird abgepresst, das Öl nach einigem Stehen von der wässrigen Schicht abgehebert, mit 60 T. getrocknetem Natriumsulfat getrocknet u. filtriert. **Anw.** volkstüml.: innerl. (in starker Verd.) bei Leber- u. Gallenleiden, bei leichten Formen nervöser Störungen u. als allgem. Anregungsmittel; äußerl. als Wundöl (wegen Gerbstoffe), bei Hämorrhoiden; gegebenenfalls in entspr. Verd. als Zusatz z. B. zu kosmet. Hautölen, Massageölen. **Flores Hyperici recentes:** Frische Johanniskrautblüten. **Inhaltsst.:** ähnl. wie in Hyperici herba; **Anw.:** zur Gew. von Oleum Hyperici.

Hom: *Hypericum perforatum (HAB1.2):* ganze, frische, blühende Pflanze.

Hom: *Hypericum perforatum Rh (HAB1.3):* frische, blühende, oberird. T.; verord. z. B. bei schmerzhaften Verletzungen von Gehirn u. Nerven, depressiven Zuständen.

Hyperimmunglobulin: Immunglobulinpräparat*, das von selektierten Spendern mit hohen Antikörpertitern gegen bestimmte Krankheitserreger, Bakteriengifte od. humane Rh-positive Erythrozyten gewonnen wird; vgl. Immunserum.

Hyperkoagulabilität: vermehrte Gerinnbarkeit des Bluts; kann zu Thrombose*, Embolie* od. Verbrauchskoagulopathie führen. **Urs.:** **1.** gesteigerte Aktivierung der Blutgerinnung* z. B. durch zerfallende Malignome, Verbrennung, postoperativ u. postpartal; **2.** Mangel an Hemmstoffen der Blutgerinnung (Antithrombin III, Heparin-Cofaktor-II, Protein C, Protein S) od. Überschuss an Gerinnungsfaktoren; **3.** Mangel an Fibrinolyseinhibitoren*.

Hyperlipidämie: Vermehrung der Lipide im Blut. Oberbegriff für Hypercholesterolämie* u. Hypertriglyceridämie. Da Lipide im Blut in Form von Lipoproteinen transportiert werden, auch als Hyperlipoproteinämie* bezeichnet.

Hyperlipoproteinämien: Fettstoffwechselstörungen mit erhöhter Konz. bestimmter Lipoproteine* im Serum u. evtl. Verschiebung der Lipoproteinanteile. **Formen:** **1.** primäre H.: autosomal vererbte Erkrankungen, die nach Fredrickson in die Typen I-V eingeteilt werden; **2.** sekundäre H.: Vork. z. B. bei Diabetes mellitus, Adipositas, nach Alkoholkonsum, fettreicher Mahlzeit od. medikamentös bedingt, z. B. durch hormonale Antikonzeptiva; **Ther.:** ggf. Behandlung einer Grundkrankheit, Gewichtsreduktion, Diät, evtl. Lipidsenker* od. Plasmapherese*.

Hyperlysinämie: angeborene Stoffwechselstörung, bei der durch einen Mangel an Saccharopin-Dehydrogenase die Lysin-Konzentration im Plasma erhöht ist.

Hypermangansäure: veraltet für Permangansäure ($HMnO_4$).

Hypermetropie: Übersichtigkeit; Form der Fehlsichtigkeit, bei der parallel laufende Strahlen im nicht akkommodierenden Auge hinter der Netzhaut vereinigt werden. **Formen:** **1.** Achsenhypermetropie mit zu kurzer Bulbusachse; **2.** Brechungshypermetropie mit zu geringem Brechwert des opt. Apparats, z. B. bei Abflachung der Hornhaut od. Verlust der Linse.

Hyperosid: syn. Hyperin; Quercetin-3-β-D-galactopyranosid, 3-O-Galactosyl-quercetin, 2-(3,4-Dihydroxyphenyl)-3-β-D-galactopyranosyloxy-5,7-dihydroxy-4-chromenon; CAS-Nr. 482-36-0; $C_{21}H_{20}O_{12}$, M_r 464.4. Schmp. ca. 240 °C (unter Zers.). Flavonosidglykosid (auch als Hemipentahydrat); hellgelbe Nadeln; lösl. in Methanol. **Vork.:** z. B. in Birkenblätter (s. Betula pendula), Crataegus*-Arten, Johanniskraut (s. Hypericum perforatum), Passionskraut (s. Passiflora incarnata), Holunderblüten (s. Sambucus nigra). **Anw.:** Reagens Ph.Eur.4.

hyperosmotisch: s. isoosmotisch.

Hyperoxid: Hyperoxid-Ion; O_2^-, Zwischenprodukt bei der Reduktion von Sauerstoff zu Wasser, die in Einelektronenschritten zunächst über O_2^- (bzw. HO_2, dem Protonenaddukt) erfolgt:

$O_2 + e^- \leftrightarrows O_2^-$.

Das äußerst giftige O_2^- findet sich in allen Sauerstoff verbrauchenden Zellen; es wird mit Hilfe von Superoxiddismutasen* (korrekt Hyperoxiddismutasen) zersetzt:

$2\,O_2^- \leftrightarrows O_2 + O_2^{2-}$

Das Peroxid*-Ion O_2^{2-}, ebenfalls einfach (HO_2^-) od. zweifach als Wasserstoffperoxid* H_2O_2 protoniert, geht schließlich in Wasser über.

Hyperoxiddismutase: s. Superoxiddismutasen.

Hypersekretion: vermehrte Ausscheidung eines Drüsensekrets, z. B. Magensaft*.

Hyperserotonismus: s. Karzinoid.

Hypersexualität: s. Cyproteron.

Hypertensin: s. Hormone (Gewebehormone der Niere).

Hypertension: s. Hypertonie.

Hyperthermie: Erhöhung der Körpertemperatur* ohne Sollwertverstellung im hypothalam. Wärmezentrum* (im Ggs. zu Fieber*). **Urs.:** vermehrte Wärmezufuhr od. -bildung od. verminderte Wärmeabgabe; vgl. Hyperthermie, maligne.

Hyperthermie, maligne: selten auftretende (1 : 50 000 bis 1 : 15 000), akute Komplikation einer Narkose* mit extremer Steigerung wärmeproduzierender Stoffwechselvorgänge u. fulminantem Anstieg der Körpertemperatur von ca. 1 °C pro 5 min auf über 43 °C. **Urs.:** wahrscheinl. genet. bedingte Störung des Calciumtransports im Myoplasma; Auslösung bei Prädisponierten meist durch Gabe von Inhalationsanästhetika (s. Narkotika) u. depolarisierend wirkenden Muskelrelaxanzien*.

Hyperthyreose: Thyreotoxikose, Thyroidismus; Überfunktion der Schilddrüse mit gesteigerter Produktion u. Sekretion der Schilddrüsenhormone, s. Hormone (Schilddrüse). Führt zu pathol. gesteigertem Stoffwechsel im gesamten Organismus (Hypermetabolismus); vgl. Basedow-Krankheit.

Hypertonie: Hypertonus, Hypertension; dauernde Erhöhung des Blutdrucks* auf Werte von systol. >140 mmHg u. diastol. >90 mmHg. **Formen:** **1.** primäre, essentielle H.: ohne erkennbare Urs.; **2.** sekundäre, symptomat. H.: z. B. bei Nierenerkrankungen, Phäochromozytom*, Hyperthyreose* u. Gestose*; **Ther.:** symptomat. mit Antihypertensiva u. zusätzl. unspezif. Behandlung v. a. durch Normalisierung des Körpergewichts, Verminderung von Stressoren, Ausdauersportarten.

hypertonisch: s. isotonisch.

Hypertrichose: lokalisiert od. generalisiert auftretende, vermehrte Körperbehaarung; vgl. Hirsutismus.

Hypertrophie: Vergrößerung von Geweben od. Organen durch Zunahme des Zellvolumens bei gleichbleibender Zellzahl.

Hyperurikämie: erhöhte Harnsäurekonz. im Blut (bei Frauen >400 mmol/L, bei Männern >440 mmol/L); prädisponierend für Gicht*.

Hypervitaminosen: s. Vitamine.

Hypervolämie: erhöhtes zirkulierendes Blutvolumen bei einem Überschuss an Gesamtkörperwasser; physiol. H. in der Schwangerschaft.

Hyphen: Pilzfäden, s. Pilze.

Hyphomyzeten: Gruppe myzelbildender Fungi imperfecti, die Schimmelpilze, Dermatophyten u. Pflanzenparasiten umfasst; s. Pilze.

Hypnagoga: s. Schlafmittel.

Hypnoanalgetika: s. Analgetika (starke).

Hypnose: Veränderung des Bewusstseins mit Einengung der Aufmerksamkeit, Minderung des Realitätsbezugs u. gesteigerter Suggestibilität, die durch bestimmte Reize, z. B. verbale Suggestion, hervorgerufen werden kann. **Formen:** **1.** oberflächl. H.: dem Wachzustand ähnl.; **2.** tiefe H.: schlafähnl. Zustand, oft mit posthypnot. Amnesie*; **Anw.:** Hypnotherapi bei entspr. vorhandener Suggestibilität, z. B. als symptomgerichtete Ther., Heilschlafbehandlung od. Schmerztherapie.

Hypnotika: s. Schlafmittel.

Hypochlorhydrie: verminderte Salzsäureabsonderung des Magens.

Hypochlorige Säure: Unterchlorige Säure; HOCl, nur in wässrigen Lsg. bekannt. Die verd. wässrigen Lsg. der Hypochlorigen Säure sind farblos, die konz. gelbgrünl. mit eigenartigem Geruch. Die Lsg. zersetzen sich rasch im Licht, bes. im Sonnenlicht, unter Bildung von HCl u. O_2. HOCl gehört zu den stärksten Oxidations- u. Bleichmitteln. Die Salze heißen Hypochlorite (s. Natriumhypochlorit, Kaliumhypochlorit). **Darst.:** Einleiten von Chlor in Wasser u. Auffangen des gleichzeitig entstehenden HCl mit Quecksilberoxid.

Hypochondrium: der seitl. unter den Rippenknorpeln liegende Teil der Oberbauchgegend.

Hypodermis: (bot.) Zellschicht unter der Epidermis.

Hypogeusie: herabgesetzte Geschmacksempfindung.

Hypoglycin: s. Blighia sapida.

Hypoglykämie: Verminderung der Konz. von Glucose* im Blut unter einen dem jeweiligen Lebens-

H

alter entspr. Wert, z. B. für Erwachsene <2.8 mmol/L (<150 mg/dL) im Blutplasma od. <2,2 mmol/L (<40 mg/L) im Vollblut; vgl. Blutzucker. **Urs.:** **1.** gesteigerte Glucoseverwertung, z. B. bei insulinproduzierenden Tumoren; **2.** verminderte Glucoseproduktion, z. B. bei Leberfunktionsstörungen, Alkoholintoxikation; **3.** pharmakol. z. B. durch Insulin*, Antidiabetika* (Sulfonylharnstoffe); **Ther.:** Glucosezufuhr.

hypogyn: (bot.) oberständig (Fruchtknoten); s. Blüte (Blütenteile).

Hypokinese: **1.** verminderte Willkür- u. Reaktivbewegungen sowie physiol. Mitbewegungen bei Erkrankungen des extrapyramidalen Systems (z. B. Parkinson*-Syndrom) u. bei Stirnhirnerkrankungen. **2.** verminderte od. verlangsamte Bewegung von Herzwandabschnitten während der Systole*.

H

Hypokotyl: der Sprossteil von Samenpflanzen, der sich unter den Keimblättern u. über der Wurzel befindet.

hypoosmotisch: s. isoosmotisch.

Hypophosphite: veralteter Name für Phosphinate; s. Phosphinsäure.

Hypophosphorige Säure: s. Phosphinsäure.

Hypophyse: Hypophysis cerebri, Hirnanhangdrüse; an der knöchernen Schädelbasis lokalisiertes kirschgroßes Organ, das direkt mit dem Hypothalamus verbunden ist u. mit diesem eine morphol. u. funktionelle Einheit darstellt. **Aufbau:** **1.** Hypophysenvorderlappen (Abk. HVL): sog. Adenohypophyse; endokrine Drüse, die mit dem Zwischenhirn über ein spez. Gefäßsystem verbunden ist; bisher wurden 6 im HVL gebildete Proteohormone nachgewiesen; **2.** Hypophysenmittellappen (Abk. HML): beim Menschen nur rudimentär angelegt; Bildungsort des Melanozyten-stimulierenden Hormons; **3.** Hypophysenhinterlappen (Abk. HHL): sog. Neurohypophyse; steht über Nervenfasern mit dem Hypothalamus in Verbindung, die beiden dort gebildeten Hormone Oxytocin u. Vasopressin (ADH) werden im HHL gespeichert u. durch Exozytose freigesetzt; vgl. Hypophysis cerebri pars posterior; vgl. Hormone (Hypothalamus-Hypophysen-System).

Hypophysis cerebri pars posterior: Pituitarium posterius, Hypophysenhinterlappen; der gereinigte, getrocknete u. gepulverte Hinterlappen der Hypophyse von Rindern, Schweinen od. Schafen. **Off.:** ÖAB90 (bis 1996); gelbl. od. graubraunes, amorphes, sehr hygr. Pulver, in Wasser teilweise lösl.; **Anw.:** Organtherapeutikum* (obsolet); vgl. Oxytocin.

Hyposalpetrige Säure: Untersalpetrige Säure; $H_2N_2O_2$. Farblose, explosive Kristalle, lösl. in Wasser u. Ethanol. Wässrige Lsg. zerfallen in Distickstoffmonoxid u. Wasser.

Hyposensibilisierung: Desensibilisierung; schrittweises Herabsetzen einer allergenspezif. IgE-vermittelten Reaktionsbereitschaft (s. Allergie) durch regelmäßige, über einen längeren Zeitraum erfolgende subkutane Injektion od. orale Zufuhr des auslösenden Allergens* in unterschwelligen, langsam ansteigenden Konzentrationen. **Ind.:** z. B. allerg. Rhinokonjunktivitis, exogen-allerg. Asthma bronchiale.

Hyposmie (gr. hypo herunter, herab, osme Geruch): herabgesetztes Geruchsvermögen.

Hypothalamus (gr. hypo unter; thalamos kleiner Raum, Kammer): unterhalb des Thalamus* gelegene zentralnervöse Region, Teil des Zwischenhirns. Im H. finden sich dem vegetativen Nervensystem übergeordnete Zentren, welche die wichtigsten Regulationsvorgänge des Organismus wie Wärmeregulation, Wach- u. Schlafrhythmus, Blutdruck- u. Atmungsregulation, Nahrungsaufnahme (Hunger- u. Sättigungszentrum), Fettstoffwechsel, Wasserhaushalt, Sexualfunktion u. Schweißsekretion koordinieren. Im H. werden versch. endokrin wirksame Substanzen, die Hypothalamushormone, gebildet; s. Hormone (Hypothalamus-Hypophysen-System).

Hypothermie: Unterkühlung, Absinken od. Senken der Körpertemperatur*. Kontrollierte H.: artifizielle Hibernation*.

Hypothyreose: Unterfunktion der Schilddrüse u. unzureichende Versorgung der Körperzellen mit Schilddrüsenhormonen; s. Hormone (Schilddrüse).

Hypotonie: Hypotension, Hypotonus; Druck-, Spannungs- od. Tonuserniedrigung. **Formen:** **1. H. des arteriellen Blutdrucks:** bei Blutdruckmessung* unter Ruhebedingungen systol. Druck beim Mann <110 mmHg, bei der Frau <100 mmHg u. diastol. Druck <60 mmHg; **a)** konstitutionelle H.: hypotone Kreislaufregulation mit Kollapsneigung, s. funktionelle Kreislaufstörungen, Synkope; **b)** symptomat. H.: Folge von Erkrankungen, z. B. Herzinsuffizienz*; **c)** orthostat. H.: s. Orthostasesyndrom; **Therapieoptionen:** Antihypotonika*, Sympathomimetika*, Kreislaufmittel*; **2. H. der Muskulatur:** herabgesetzter Ruhetonus eines Muskels od. der gesamten Muskulatur.

hypotonisch: s. isotonisch.

Hypovitaminosen: s. Vitamine.

Hypovolämie: Verminderung der zirkulierenden Blutmenge. **Urs.:** **1.** Blutverluste nach außen, in Körperhöhlen od. Gewebe; **2.** Plasmaverluste, z. B. nach Verbrennungen; **3.** Flüssigkeitsverluste, z. B. bei Diarrhö * od. durch Medikamente (Diuretika*).

Hypoxanthin: Sarkin; 1,7-Dihydro-6*H*-purin-6-on; (tautomere Form: Purin-6-ol, 6-Hydroxypurin); $C_6H_4N_4O$; M_r 136.11. Zers. bei 150 °C, ohne zu schmelzen. Weißes, krist. Pulver od. farblose Kristalle, sehr schwer lösl. in Wasser, unlösl. in Ethanol u. anderen org. Lösungsmitteln, leicht lösl. in Mineralsäuren u. Alkali. Nat. weit verbreitete Purinbase in pfl. Geweben u. tier. Organen. H. entsteht im Laufe des aeroben Purinabbaus durch Desaminierung von Adeninverb. od. durch Hydrolyse von Inosinverb. (bildet mit Ribose u. Phosphat das Nucleosid Inosin*). Die Oxidation von H. führt zu Harnsäure (Enzym Xanthinoxidase*). H. hat sich für manche Mikroorganismen als Wachstumsfaktor erwiesen u. vermag bei Lactobacillus-Arten die Hemmwirkung von Sulfonamiden aufzuheben; vgl. Purin.

Hypoxie: Verminderung des Sauerstoffpartialdrucks im arteriellen Blut od. verminderte Sauerstoffversorgung im Gesamtorganismus od. bestimmter Körperregionen.

Hypoxis rooperi Moore: Fam. Hypoxidaceae (Amaryllidaceae) (Südafrika). Stpfl. von **Radix Hypoxi-**

dis: Tubera Hypoxidis, Hypoxisknollen; Verw. finden Extrakte. **Inhaltsst.:** Kohlenhydrate, Phytosterole wie β-Sitosterol u. -glykosid, Norlignane wie Hypoxosid; **Anw.** volkstüml.: z. B. bei Prostataerkrankungen, chron. Polyarthritis.

Hyprolose: s. Hydroxypropylcellulose.

Hypromellose: s. Hydroxypropylmethylcellulose.

Hypromellosephthalat: s. Hydroxypropylmethylcellulosephthalat.

Hypsochromie: Verschiebung der Absorption eines Chromophors* zu kürzeren Wellenlängen inf. Erschwerung seiner Elektronenanregung. Gegenteil von Bathochromie*.

Hypsometer: s. Barometer.

Hyssopus officinalis L.: Ysop, Hyssop; Fam. Lamiaceae (Labiatae) (Mittelmeergebiet, Mittelasien). Stpfl. von **Herba Hyssopi:** Hyssopi herba, Ysopkraut, Ispenkraut, Josefskraut. **Inhaltsst.:** 0.3-1 % äther. Öl (Oleum Hyssopi), 5-8 % Gerbstoffe, Harz, Zucker, 3-6 % Diosmin*, 5-5 % Hesperidin u. a. Flavonoide; **Anw.** volkstüml.: bei Erkältungkrankheiten (wirkt expektorierend u. spasmolyt.), zum Gurgeln; als Gewürz. **Oleum Hyssopi:** Hyssopi aetheroleum, Ysop-Öl; D. 0.927-0.97; das würzig riechende äther. Öl; sehr schwer lösl. in Ethanol. **Best.:** L-Pinocamphen (50 %), Pinen*, Sesquiterpene*; **Anw.:** Gurgel- u. Augenwässer; Gewürzindustrie.

Hysterese: Zurückbleiben einer Wirkung hinter dem jeweiligen Wert der sie bedingenden veränderl. Kraft; z. B. Sorptionsisotherme*. **Kolloidchem. H.:** sekundäre Verfestigung von Kolloiden* infolge Abnahme ihrer elektr. Ladung u. dadurch bedingter Verringerung der Hydratation; Alterungsprozess.

Hyvermectin: s. Ivermectin.

I

I: **1.** (chem.) Symbol für Iod*. **2.** röm. Zahl für 1.

i. a.: **1.** Abk. für **i**ntra**a**rteriell*. **2.** Abk. für **i**ntra**a**rtikulär*.

iatrogen: durch den Arzt verursacht; z. B. infolge diagnost. od. therap. Einwirkungen.

Iatrorrhiza palmata: s. Jateorrhiza palmata.

Ibandronsäure INN: [1-Hydroxy-3-(methylpentylamino)propyliden]diphosphonsäure. Strukturformel s. Biphosphonate (Abb.). **Wirk.:** Calciumstoffwechselregulator; **Anw.:** bei tumorinduzierter Hyperkalzämie mit u. ohne Metastasen; **Dos.:** je nach Schweregrad der Hyperkalzämie u. der Art des Tumors 1×2 mg bzw. 4 mg als i. v. Infusion ED; HWZ 10-16 h. Gebräuchl. ist Natriumimbandronat-Monohydrat.

Iberis amara L.: Bitterer Bauernsenf, Bittere Schleifenblume; Fam. Brassicaceae, Cruciferae (Europa). Stpfl. von **Herba Iberidis:** Schleifenblumenkraut; verwendet werden auch die Samen. **Inhaltsst.:** Ibamarin (Mischung bitterer Cucurbitacine*, bes. in den Samen), Flavonole, Glucoiberin u. a. Glucosinolate*; **Anw.** volkstüml.: z. B. als Bittermittel, bei Magen-Darm-Erkrankungen; Iberis amara totalis ist Best. von Fertigarzneimitteln.

Hom: *Iberis amara (HAB1.5):* reife, getrocknete Samen; verord. z. B. bei Herzerkankungen.

Ibogain: CAS-Nr. 83-74-9, $C_{20}H_{26}N_2O$, M_r 310.42, Schmp. 152-153 °C. Farblose Kristalle, unlösl. in Wasser, lösl. in Ethanol, Ether u. Benzol. Indolalkaloid* aus Wurzeln u. Rinden von Tabernanthe iboga Baill., Fam. Apocynaceae (trop. Zonen Westafrikas). **Wirk.:** auf das ZNS; beim Menschen sedierend.

Ibotensäure: Pantherin; 5-α-Alanyl-3-hydroxyisoxazol; CAS-Nr. 2552-55-8; $C_5H_6N_2O_4$; M_r 148.11; Schmp. 152 °C. Strukturformel s. Amanita muscaria. Bildet auch ein Monohydrat. Eine α-Aminocarbonsäure mit dem heterocycl. Substituenten Isoxazol, der in Stellung 3 hydroxyliert ist. Nat. nur in wenigen Amanita-Arten (in Frischpilzen ca. 0.05 %). **Wirk.:** psychotrop, schwach insektizid; gehört zus. mit seinem Decarboxylierungsprodukt Muscimol* zu den Fliegenpilzgiften.

Ibuprofen INN: Ibuprofenum Ph.Eur.4; (*RS*)-2-(4-Isobutylphenyl)propionsäure; CAS-Nr. 15687-27-1; $C_{13}H_{18}O_2$, M_r 206.27. Strukturformel s. Analgetika (Abb.). Schmp. 74-76 °C. Weißes od. fast weißes Pulver od. Kristalle mit charakterist. Geruch; fast unlösl. in Wasser, gut lösl. in den meisten org. Lösungsmitteln; pK_S 4.4. **Anw.:** Analgetikum*, Antirheumatikum*, Antarthritikum*; **UAW:** beobachtet wurden z. B. gastrointestinale Störungen, Ulzerationen u. Blutungen im Magen-Darm-Trakt, Kopfschmerzen, Schwindel, Ohrensausen, Schlaflosigkeit, Hauterscheinungen, Ödeme, Sehstörungen, Leber- u. Nierenfunktionsstörungen, Agranulozytose, Thrombozytopenie; **Dos.:** p. o. 2-3×0.2 g/d, akut 3×0.4 g/d; der max. Plasmaspiegel (Blutspiegelmaximalzeit t_{max}) tritt nach 1-2 h auf; HWZ 1.8-3.5 h. Gebräuchl. sind auch Ibuprofen-Aluminium u. Ibuprofen-Lysinsalz.

Dexibuprofen: (+)-(*S*)-Enantiomer des Racemates; (+)-(*S*)-2-(4-Isobutylphenyl)propionsäure; CAS-Nr. 51146-56-6. $[\alpha]_D^{20\,°C}$ +64.25° (c=2 g/dL Dichlormethan). Schmp. 50 °C. logP 3.7; pK_S 4.4 (ber.); lösl. in Wasser. **Anw.:** Analgetikum*, Antiphlogistikum*; **UAW:** geringer als bei (*RS*)-Ibuprofen; **Dos.:** 600-900 mg/d p. o., verteilt auf 3 ED; Plasmaeiweißbindung 99 %; HWZ 1.8-3.5 h.

ICD: s. Internationale Klassifikation der Krankheiten.

Ice: Ausdruck der sog. Drogenszene für die Base von Methylphenidat*.

ICH: s. Internationale Harmonisierungskonferenz.

Ichthammolum: s. Ammoniumbituminosulfonat.

Ichthyocolla: s. Acipenser huso.

ICSH: Abk. für **i**nterstitial **c**ell **s**timulating **h**ormone, s. Hormone (Hypophysenvorderlappen).

Icterus neonatorum: Neugeborenengelbsucht. **Urs.:** physiol. Ikterus* infolge transitor. Unreife der Transport- u. Koppelungssysteme in der Leber; beim Neugeborenen kommt es zu einer beträchtl. enteralen Rückresorption von nicht konjugiertem Bilirubin (s. Gallenfarbstoffe); v. a. bei Frühgeborenen treten höhere Serumbilirubinkonz. auf u. der Ikterus bleibt länger bestehen; die Bilirubinkonz. bei gestillten Kindern liegt insgesamt höher als bei anderweitig ernährten, wahrscheinl. aufgrund der hohen Taurinkonz. der Muttermilch*, welche die Bilirubinrückresorption aus dem Darm begünstigt (Muttermilchikterus).

Id: s. Gen.

ID: Abk. für **i**nfektiöse **D**osis; s. Dosis infectiosa.

Idarubicin INN: Anthracyclin-Antibiotikum, das sich von Daunorubicin* durch das Fehlen der Methoxygruppe in C4-Position unterscheidet; $C_{26}H_{27}NO_9$, M_r 497.5. **Wirk.** u. **Anw.:** Zytostatikum* bei akuter Leukämie oft in Kombination mit Cytarabin*. **UAW:** Knochenmarkdepression, Haarausfall, Übelkeit, kardiotox. Reaktionen.

Idealbinde: elastische Binde; Verbandmaterial für Kompressionstherapie, zum Stützen u. Entlasten u. zur Fixierung von Schienen. Nach DIN 61632

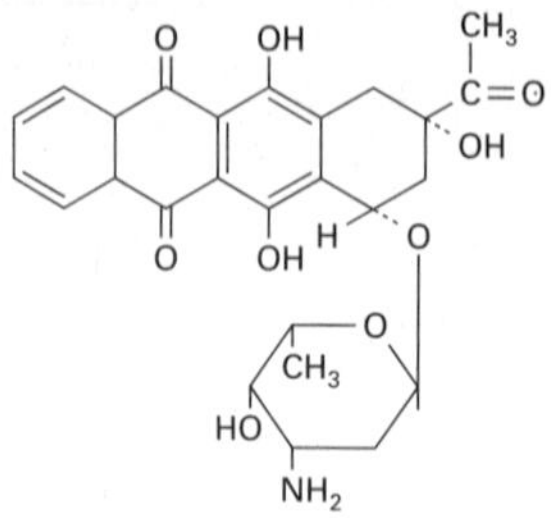

Idarubicin

aus stark überdrehten Baumwoll-Fäden bestehend, bis max. 33 % Viskosefasern im Schuss erlaubt, meist als Schlingkant-, seltener als Webkantbinde.

Idealkörpergewicht: Abk. IKG; KG ohne überschüssigen Fettanteil. Abschätzung des IKG erfolgt empirisch, z. B. durch die Formel nach Devine (1974):
Frauen: IKG [kg] = 45.5 kg + 0.9 kg/cm · (Körpergröße[cm] − 152.4 cm)
Männer: IKG [kg] = 50 kg + 0.9 kg/cm · (Körpergröße[cm] − 152.4 cm)
Berechnung des IKG ist wichtig für die Dosisindividualisierung*; vgl. Body-mass-Index, Broca-Formel.

idealviskos: s. Viskosität.

Identitätsreaktion: chem. Reaktion, mit deren Hilfe eine gesuchte Substanz erkannt od. die Identität zweier Verb., z. B. zweier Antigene* gegenüber einem Antikörper*, festgestellt werden kann.

Idioblast: (bot.) Zelle, die sich von dem sie umgebenden Zellverband in ihrer Form od. Funktion wesentl. unterscheidet, z. B. Ölzelle, Milchsaftzelle, Schleimzelle, Steinzelle, Asteroskleireide (verzweigte, große Steinzelle), kristallhaltige Zelle u. gerbstoffhaltige Zelle.

idiopathisch: ohne erkennbare Urs. entstanden, Urs. nicht nachgewiesen; med. oft gleichbedeutend mit essentiell* gebraucht.

Idioplasma: Keimplasma; veraltete Bez. für die Substanz, die die Erbanlagen enthält; s. Chromatin.

Idiosomen: s. Chromosomen.

Idiosynkrasie: angeborene Überempfindlichkeit gegenüber bestimmten Stoffen bereits beim ersten Kontakt, z. B. Iod, Eiweiß, Cocain, Coffein. **Urs.:** Enzymdefekt; nicht zu verwechseln mit Allergie*.

Idiotypus: Genotypus; s. Gen.

IDL: Abk. für **i**ntermediate **d**ensity **l**ipoprotein; Abbauprodukte der VLD- bzw. Vorstufen der LD-Lipoproteine; s. Lipoproteine.

Idose: Hexose; Strukturformel s. Kohlenhydrate.

Idoxuridin INN: Idoxuridinum Ph.Eur.4, 2'-Desoxy-5-ioduridin, 5-Iod-2'-desoxyuridin, 5-Ioduracil-3-(2'-desoxy)ribosid; 1-(2-Desoxy-β-D-ribofuranosyl)-5-ioduracil; CAS-Nr. 54-42-2; $C_9H_{11}IN_2O_5$, M_r 354.12. Schmp. 160 °C (unter Zers.; kristallisiert aus Wasser; schwankende Angaben: 190-195 °C, 240 °C, >175 °C). $[\alpha]_D^{25\,°C}$ +7.4° (c = 0.108 in Wasser). Lösl. bei 25 °C in mg/mL: 2.0 in Wasser, 2.0 in Salzsäure 0.2 mol/L, 74.0 in Natronlauge 0.2 mol/L, 4.4 in Methanol, 2.6 in Ethanol, 0.014 in Ether, 0.003 in Chloroform; 1.6 in Aceton, 1.8 in Ethylacetat, 5.7 in Dioxan. pK_S 8.25. **Anw.:** Virostatikum*, herpet. Hornhauterkrankungen, Herpes-simplex-Infektionen der Haut u. des Übergangsepithels; **Dos.:** topisch Salbe 0.2 % mind. 3-mal tägl.; konjunktival Augentropfen 0.1 % tags alle 1 h, nachts alle 2 h, 5 Tage über Abheilung hinaus bei doppeltem Intervall; Augensalbe 0.5 % alle 4 h.

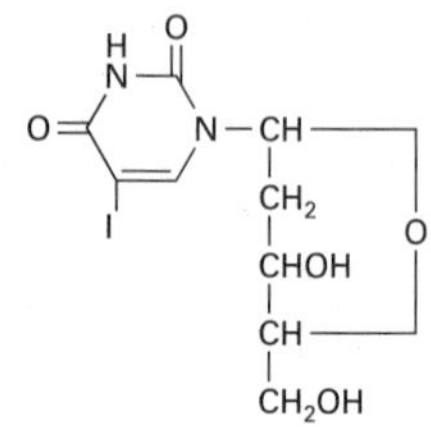

Idoxuridin

I.E.: **1.** Abk. für **I**nternationale **E**inheit; Maß für die Wirksamkeit von Antibiotika, Enzymen od. Hormonen. Diejenige Menge eines Antibiotikums, die in 1 mL Nährmedium das Wachstum eines Testkeimes zu hemmen vermag. **2.** Abk. für **I**nsulin**e**inheit; s. Insulin. **3.** Abk. für **I**mmunitäts**e**inheit; s. Antitoxineinheit.

IEF: Abk. für **i**so**e**lektrische **F**okussierung; s. Fokussierung, isoelektrische.

IES: Abk. für *β*-**I**ndolyl-3-**e**ssig**s**äure; s. Auxine.

IFA-GmbH: Abk. für **I**nformationsstelle **f**ür **A**rzneispezialitäten GmbH; Gesellschafter sind die Bundesvereinigung Deutscher Apothekerverbände (ABDA), der Bundesverband der Pharmazeutischen Industrie (BPI) u. der Bundesverband des Pharmazeutischen Großhandels (PHAGRO). Er hebt in einer Datenbank wirtschaftl. und rechtl. Daten über Arzneimittel u. apothekenübl. Waren. Auf Antrag erhalten Hersteller od. Vertreiber für jeden ihrer Artikel eine eindeutige Nummer: die Pharmazentralnummer*. Diese Identifikationsnummer ist in Wirtschaft, Logistik u. Krankenkassenabrechnung anerkannt.

IFN: Abk. für **I**nter**f**ero**n***.

Ifosfamid INN: Ifosfamidum Ph.Eur.4; 3-(2-Chlorethyl)-2-(2-chlorethyl)amino-tetrahydro-2*H*-1,3,2-oxazaphosphinan-2-oxid; CAS-Nr. 3778-73-2; $C_7H_{15}Cl_2N_2O_2P$, M_r 261.10. Weißes bis fast weißes, feines, krist., hygroskopisches Pulver, lösl. in Wasser, leicht lösl. in Dichlormethan. **Anw.:** Zytostatikum* (Alkylans), u. a. bei Bronchialkarzinomen, Hodentumoren aller histolog. Varianten u. malignen Lymphomen; **Dos.:** parenteral i. v. 50 mg/kg KG/d über 5 d, dann 4 Wochen Pause; HWZ 6-8 h bzw. 4-7 h (Metaboliten).

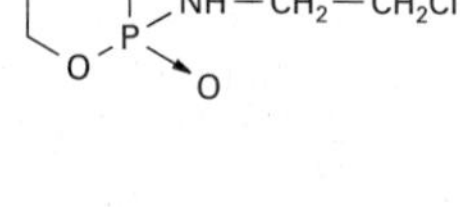

Ifosfamid

Ig: Abk. für Immunglobulin*.

Igelkopf: s. Echinacea angustifolia.

IGF: Abk. für Insulin*-like growth factor.

IgM-Antikörper, humaner monoklonaler: s. HA-1A.

Ignatia: s. Strychnos ignatii.

Ignatiusbohne: s. Strychnos ignatii (Semen Ignatii).

Ikterus: Gelbsucht; hell- bis dunkelgelbe Hautfarbe infolge Übertritts von Gallenbestandteilen (Gallenfarbstoffe* u. Gallensäuren*) ins Blut (Cholämie*), in die Haut, die Konjunktiven u. das übrige Körpergewebe. **Vork.:** z.B. bei Lebererkrankungen u. als Icterus* neonatorum.

Il: Abk. für Interleukine*.

Ileostomie: operative Anlage eines Anus* praeternaturalis im Bereich des Ileums.

Ileum: s. Darm.

Ileus: Störung der Darmpassage infolge Darmlähmung od. Darmverschluss.

Ilex aquifolium L.: Stechpalme; Fam. Aquifoliaceae (Mittel- u. Südeuropa). Stpfl. von **Folia Aquifoliae:** Folia Ilicis aquifolii, Stechpalmenblätter, Christdornblätter. **Inhaltsst.:** der Bitterstoff Ilicin, Ilexsäure, Flavonoide, Gerbstoffe, Kieselsäure u. Zucker; **Anw.** volktüml.: z.B. gegen Fieber, Krämpfe u. Koliken. Die (giftigen) Früchte werden/wurden als Laxans benutzt.

Hom: *Ilex aquifolium:* im Juni gesammelte, frische Blätter.

Hom: *Ilex aquifolium e foliis siccatis (HAB1.4):* getrocknete Blätter.

Ilex paraguariensis St.-Hil.: Mate-Teestrauch; Fam. Aquifoliaceae (trop. u. subtropisches Südamerika, Paraguay, Brasilien, kult. in Parana). Neben anderen Ilex-Arten Stpfl. von **Mate folium tostum:** Folia Mate tosta, Herba Ilicis paraguariensis, Mate, geröstete Mateblätter, Paraguaytee, Jesuitentee, Paranatee; die (über offenem Feuer) gerösteten Blätter. **Off.:** DAC; **Inhaltsst.:** 0.5-1.5 % Coffein (mind. 0.4 % nach DAC), ca. 0.4 % Theobromin u. wenig Theophyllin, ca. 12 % Chlorogensäure, 4-16 % Gallotannine u. Catechingerbstoffe, ca. 0.3 % äther. Öl, Flavonoide, Triterpene u. Triterpensaponine; **Anw.** volkstüml.: harntreibendes Mittel, hauptsächl. Genussmittel an Stelle des chinesischen Tees (bes. in Argentinien). **Mate folium viride:** Folia Mate, grüne Mateblätter; die vorgerösteten, getrockneten Blätter. **Off.:** DAC; **Inhaltsst.:** mind. 0.6 % Coffein (DAC), s. oben.

Hom: *Mate:* getrocknete Blätter.

Illicium anisatum L.: Illicium religiosum Sieb. et Zucc., Japanischer Sternanis; Fam. Illiciaceae (Japan, Korea). Die Früchte (Shikimifrüchte) sind sehr ähnl. den Sternanisfrüchten (s. Illicium verum, Anisi stellati fructus), enthalten aber neben Shikimisäure die giftigen Sesquiterpenlactone Anisatin u. Neoanisatin u. kein Anethol. Sie riechen daher nicht nach Anis (früher häufig bis zu 50 % in der übl. Sternanisware vorhanden, es ist deshalb Vorsicht geboten).

Illicium verum Hook. f.: Sternanisbaum; Fam. Illiciaceae (heim. südl. u. südwestl. China, hauptsächl. Provinz Kwangtsi, Tongking, Hainan; in manchen Tropengebieten kult.). Stpfl. von **Anisi stellati fructus:** Fructus Anisi stellati, Sternanis(früchte), Badian. **Off.:** Ph.Eur.4, ÖAB90; **Inhaltsst.:** 5-10 % (Ph.Eur.4: mind. 7.0 %, ÖAB90: mind. 5.0 %) äther. Öl in Ölzellen des Perikarps, ca. 20 % fettes Öl im Samen (Endosperm), Shikimisäure u. Protocatechusäure*; **Anw.:** Karminativum u. Aromatikum (ähnl. wie Fructus Anisi von Pimpinella* anisum). Verwechslung mögl. mit den giftigen Shikimifrüchten von Illicium* anisatum. **Oleum Anisi stellati:** Sternanisöl; das äther. Öl der Früchte. **Inhaltsst.:** bis 90 % Anethol* u.a. Phenylpropanderivate, darunter Foeniculin (nicht im äther. Öl von Pimpinella anisum) sowie ca. 5 % Monoterpene; **Anw.:** wie Oleum Anisi, s. Pimpinella anisum; **Anisi aetheroleum:** Oleum Anisi, Anisöl; das äther. Öl der reifen Früchte von Pimpinella* anisum u. I. verum. **Off.:** Ph.Eur.4.

Hom: *Anisum stellatum:* getrocknete Früchte.

Illinium: s. Promethium.

Illipe mallabrorum: Bassia mallabrorum; Fam. Sapotaceae (Malabar, Sri Lanka). Zus. mit **I. latifolia** (Roscb.) F. Mueller, Bassia latifolia (Roxb.) (Vorderindien bis Himalaja), **Madhuca longifolia** (L.) Macbr., Bassia longifolia L., u. **Diploknema-Arten** Stpfl. von **Bassiaöl** u.a. haltbaren Speisefetten: das Fett aus den Samen. **Anw.:** Seifen- u. Kerzenfarbikation; raffiniert in der Margarine- u. Schokoladenindustrie.

Illurinbalsam: s. Balsamum Copaivae africanum.

Ilmenit: Titaneisenerz, $FeTiO_3$; vgl. Titandioxid.

Iloprost INN: chem. stabiles, oral einsetzbares Prostaglandin*; $C_{22}H_{30}O_4$, M_r 357.9. **Zuber.:** Vasodilatator*, Thrombozytenaggregationshemmer; **Anw.:** arterielle Verschlusskrankheiten, Raynaud-Syndrom; **UAW:** Flush, Kopfschmerz, Übelkeit, Schwindel.

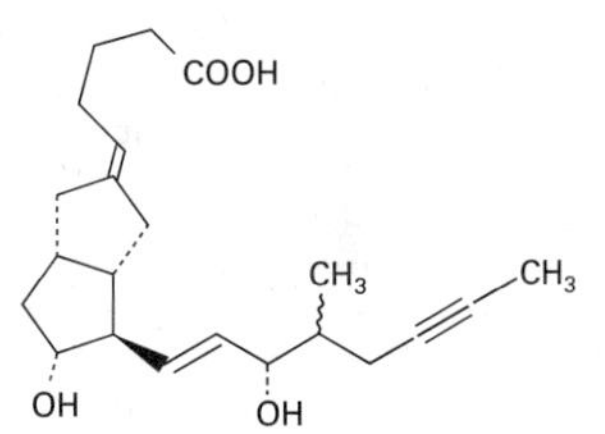

Iloprost

i. m.: Abk. für intramuskulär*.

Imatinib INN: 4-(4-Methyl-1-piperazinyl)methyl-*N*-[4-methyl-3-[4-(3-pyridinyl)-2-pyrimidinyl]amino-phenyl]benzamid; CAS-Nr. 152459-95-5; $C_{29}H_{31}N_7O$, M_r 589.7. logP 1.9; pK_S 13.3 (ber.);

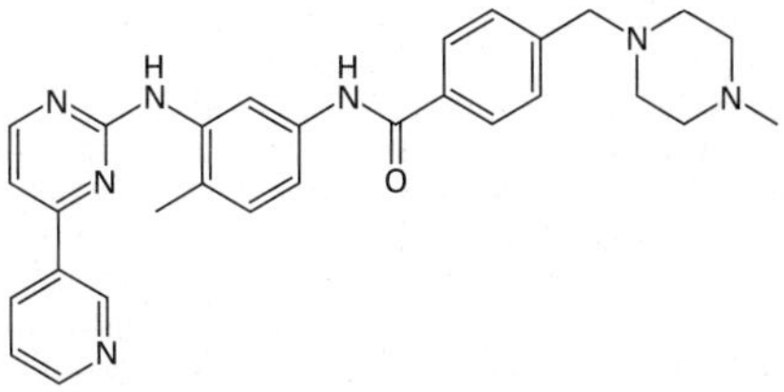

Imatinib

schwer lösl. in Wasser. **Wirk.**: Tyrosinkinase-Inhibitor; **Anw.**: Zytostatikum* zur Behandlung von chron. myeloischer Leukämie (CML); **UAW**: häufig Übelkeit, Erbrechen, Durchfall; **Dos.**: je nach Krankheitsstadium 400-800 mg/d p. o.; HWZ 18 h.

Imazalil: 1-(2-(2,4-Dichlorphenyl)-2-(2-propenyloxy)-ethyl)-imidazol; $C_{14}H_{14}Cl_2N_2O$; CAS-Nr. 35554-44-0; M_r 297.18. Löslichkeit in Wasser: 1.4 g/L, lösl. in den meisten org. Lösungsmitteln. **Anw.**: system. Fungizid, Nacherntebehandlungsmittel für Zitrusfrüchte; s. Schädlingsbekämpfungsmittel (Fungizide).

Imbibition: Durchtränkung.

Imidapril INN: (4*S*)-3-{*N*-(*S*)-1-ethoxycarbonyl-3-phenylpropyl-L-alanyl}-1-methyl-2-oxo-4-imidazolidincarbonsäure; CAS-Nr. 89371-37-9; $C_{20}H_{27}N_3O_6$, M_r 405.4. Schmp. 139 °C. logP 1.1; pK_S 3.5; lösl. in Wasser. Verwendung als Hydrochlorid. **Wirk.**: ACE*-Hemmer; **Anw.**: Behandlung essentieller Hypertonie; **UAW**: angebl. weniger husteninduzierend als Enalapril*; ferner Schwindel, Müdigkeit; **Kontraind.**: Schwangerschaft, Stillzeit; **Dos.**: 5-20 mg/d p. o.; HWZ initial 7-9 h, terminal >24 h.

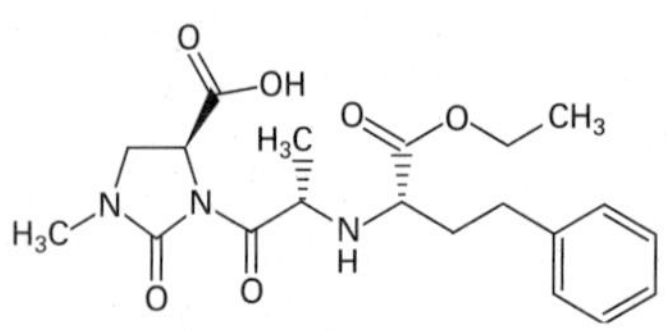

Imidapril

Imidazol: Glyoxalin; 1,3-Diazol, $C_3H_4N_2$. Schmp. 90 °C. Sdp. 257 °C. Strukturformel s. Verbindungen, heterocyclische (Abb.). Farblose Prismen, leicht lösl. in Wasser. **Vork.**: Kernstruktur vieler nat. u. künstl. Stoffe, z. B. von Pilocarpin*, Histamin*, Histidin*; auch im Ringsystem der Purine* enthalten.

Imidazolalkaloide: seltene Alkaloide* mit Imidazol* als Grundgerüst. **Wichtigster Vertreter:** Pilocarpin*; einen Imidazolring enthalten auch Purin* u. die davon abgeleiteten Methylxanthine*; **Biosynthese:** wahrscheinl. über Histamin.

Imidazolidin-2,4-dion: s. Hydantoin.

Imidazolinrezeptoragonisten: Wirkstoffe mit Affinität zu im ZNS liegende Imidazolinrezeptoren. **Wirk.**: blutdrucksenkend; einige Alpha-2-Agonisten (s. Sympathomimetika, Alphasympatomimetika) wie Clonidin* u. Moxonidin* besitzen hohe Affinität zu Imidazolinrezeptoren, nach neueren Erkenntnissen soll die blutdrucksenkende Wirk. dieser Substanzen v. a. auf der Aktivierung von Imidazolinrezeptoren beruhen.

Imide: Säureimide; Stickstoff-Analoga der Carbonsäureanhydride*. Verb. mit der Gruppe –CO–NH–CO–, die sich formal durch die Substitution der OH-Funktionen zweier COOH-Gruppen durch –NH– ergeben. Aus Dicarbonsäuren können entspr. cycl. Imide gebildet werden, z. B. Succinimid, Phthalimid.

Imido-: Präfix für chem. Verb., die die =NH-Gruppe enthalten.

Imidoharnstoff: s. Guanidin.

Imidol: s. Pyrrol.

Imiglucerase INN: 495-L-Histinglucosylceramidase; gentechn. hergestellte *β*-Glucocerebrosidase; CAS-Nr. 154248-97-2; $C_{2532}H_{3843}N_{671}O_{711}S_{16}$, M_r 55 580.0. **Anw.**: langfristige Enzymsubstitution bei Morbus Gaucher (rezessiv vererbter Mangel an Glucocerebrosidase); **UAW**: evtl. Überempfindlichkeit, z. B. Pruritus, Flush; **Dos.**: initial 60 U/kg KG alle 2 Wochen i. v. Infusion.

Imine: Stickstoffanaloga der Aldehyde (Aldimine) u. Ketone (Ketimine, s. Abb.); allg. Formel: $R_2C{=}NH$. Imine bilden sich bei der Umsetzung eines Aldehyds od. Ketons mit NH_3. Bei der Umsetzung mit primären Aminen NH_2R' entstehen Schiff*-Basen, allg. Formel: $R_2C{=}NR'$.

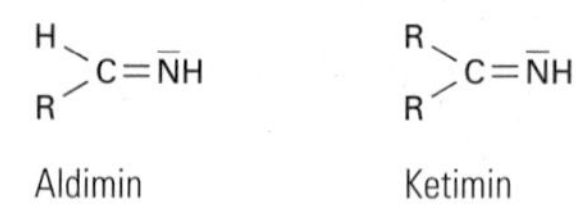

Imine: Beispiele

Iminium: Bez. für ein Kation mit Imin-Struktur.

Iminosäuren: entstehen durch Dehydrierung aus Aminosäuren u. sind am Aufbau der Proteine beteiligt; allg. Formel R–C(=NH)–COOH.

Imipenem INN: Imipenemum Ph.Eur.4; *N*-Formamidoylthienamycin; CAS-Nr. 64221-86-9 (I.-Monohydrat: CAS-Nr. 74431-23-5); $C_{12}H_{17}N_3O_4S$, M_r 317.4. **Wirk.** u. **Anw.**: Betalactam-Antibiotikum aus der Gruppe der Carbapeneme*; Breitband-Antibiotikum mit hoher Wirksamkeit gegen gramnegative u. hoher Aktivität gegen grampositive Keime; Ind.: komplizierte Harnweginfekte; **Dos.**: 3-4×0.5 g/d, MTD 0.05 g/kg KG; meist in Kombination mit Cilastatin*, da I. in den Tubuluszellen der Nieren durch die Dehydropeptidase I inaktiviert wird; HWZ 1 h; vgl. Antibiotika (Tab.).

Imipramin INN: 5-(3-Dimethylaminopropyl)-10,11-dihydro-5*H*-dibenz[*b,f*]azepin; CAS-Nr. 50-49-7; $C_{19}H_{24}N_2$, M_r 280.40. Schmp. 172-174 °C (polymorph). Sdp. 160 °C (13.3 Pa, freie Base). pK_s der konjugierten Säure 9.5 (24 °C). **Anw.**: Thymoleptikum*, tricycl. Antidepressivum; Ind.: Psychosen u. andere depressive Zustände, Alkoholismus, Parkinsonismus, chron. Schmerzzustände; s. Psychopharmaka (Antidepressiva); **Dos.**: p. o. 2-3×25 mg/d; parenteral i. m. 25 mg; HWZ 7-26 h bzw. 15 h (Metaboliten). **Imipraminhydrochlorid**: Imipramini hydrochloridum Ph.Eur.4, Imipraminum hydrochloricum; CAS-Nr. 113-52-0; $C_{19}H_{25}ClN_2$, M_r 316.9. Schmp. 174-175 °C (polymorph). Weißes, krist. Pulver, leicht lösl. in Wasser, lösl. in Ethanol, wenig lösl. in Aceton.

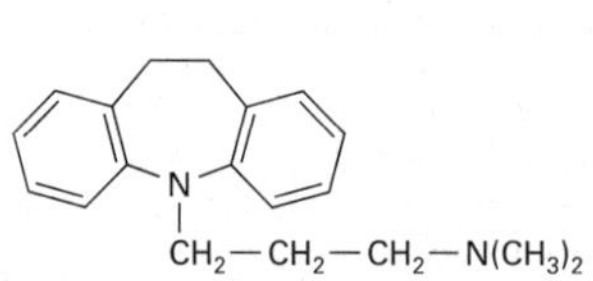

Imipramin

Imiquimod INN: 4-Amino-1-isobutyl-1*H*-imidazo[4,5-*c*]quinolin; CAS-Nr. 99011-02-6; $C_{14}H_{16}N_4$, M_r 240.3. Schmp. 292 °C. logP 2.6; pK_S 9.0 (ber.); schwer lösl. in Wasser. **Wirk.**: Immunmodulator*; **Anw.**: lokale Behandlung äußerl. Feigwarzen (s. Kondylome) im Genital- und Perinanalbereich bei Erwachsenen; **UAW**: örtl. Hautreizungen; **Dos.**: 12.5 mg I. als Creme 3-mal wöchentl. in einer dünnen Schicht auftragen und 6-10 h auf der Haut belassen.

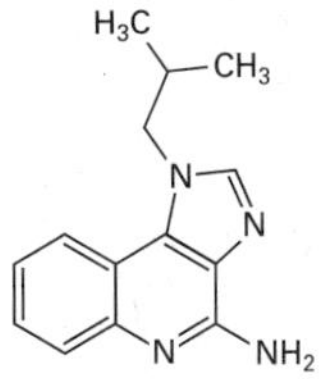

Imiquimod

Imitationsarzneimittel: s. Generika.
immaturus: unreif.
Immergrünkraut: s. Vinca minor (Herba Vincae pervincae).
Immersion: **1.** Ölimmersion; Verfahren in der Mikroskopie, bei dem der Raum zw. Deckglas u. Objektivfrontlinse mit einer Immersionsflüssigkeit* ausgefüllt wird; führt zu einer Verringerung der Ablenkung der aus dem Deckglas austretenden Lichtstrahlen u. ermöglicht besseres Auflösungsvermögen u. stärkere Vergrößerung. Die Verw. von Flüss., die den gleichen Brechungsindex wie das Glas der Linse haben (z. B. Zedernholzöl), bezeichnet man als **homogene Immersion**. Vgl. Mikroskop (Abb. 2.). **2.** Eintauchen eines Gewebes in eine Flüssigkeit zur Fixierung.
Immersionsflüssigkeiten: Flüssigkeiten, die zur Verbesserung der Auflösung eines Mikroskops* dienen; vgl. Immersion. **Beispiele:** Wasser ($n_D^{20°C}$ 1.333), Glycerol ($n_D^{20°C}$ 1.475 bzw. wasserfrei 1.45, bzw. 85 %), Zedernholzöl (s. Juniperus virginiana; $n_D^{20°C}$ 1.51, entspr. dem Brechungsindex von Glas), Anisol ($n_D^{20°C}$ 1.515), Diiodmethan ($n_D^{20°C}$ 1.74).
Immission: durch Emission* entstandene Umweltveränderungen mit potentiell schädl. Wirkung auf Menschen, Tiere u. Pflanzen.
Immissionskonzentration, maximale: s. MIK.
Immortellen, Gelbe: s. Helichrysum arenarium (Helichrysi flos).
Immortellen, Rosa: s. Antennaria dioica (Flores Gnaphalii).
Immortellen, Weiße: s. Antennaria dioica (Flores Gnaphalii).
immun (lat. immunis frei, unberührt): unempfänglich, gefeit; s. Immunität.
Immunabwehr: Fähigkeit des lebenden Organismus, Antigene* (Immunogene) spezif. abzuwehren. Die I. kann aktiv (z. B. Erkrankung, Schutzimpfung) od. passiv (Serumgabe) erworben sein. Sie ist funktionell in zelluläre, vom Thymus abhängige T-Zellen, u. humorale Immunabwehr (antikörperproduzierende B-Zellen) zweigeteilt; s. Immunsystem.
Immunadjuvanzien: unspezif. wirkende Stoffe, die die spezif. Immunabwehr* verstärken. Sie werden zus. mit einem spezif. Impfstoff (s. Vakzine) gegeben; vgl. Immunstimulanzien.
Immunantwort: Reaktion eines Organismus auf die Zufuhr eines Immunogens*. Kann zu: **1.** Antikörperbildung (humorale Immunität*); **2.** Bildung von Lymphozyten, die im Stande sind, mit dem Antigen spezif. zu reagieren (zellvermittelte Immunität); **3.** Immuntoleranz* führen. Als **primäre I.** (meist von IgM, dann IgG, s. Immunglobuline) wird der Erstkontakt, als **sekundäre I.** (gesteigerte IgG-Antikörper) wird die auf erneuten Antigenkontakt erfolgende, i. d. R. durch eine rascher einsetzende, länger anhaltende Antikörperbildung gekennzeichnete Reaktion des Immunsystems* bezeichnet.
Immundefekt: (engl.) *immune deficiency*; Immunmangelkrankheit; zu einer inadäquaten Immunantwort* bei Einwirkung immunogener Reize (s. Immunogen) auf den Organismus führende Störungen des Immunsystems*. **Formen:** **1.** primäre (angeborene) I. infolge von Störungen der Entwicklung od. Differenzierung immunkompetenter Zellen, v. a. der Stammzellen im Knochenmark, B-Lymphozyten u. T-Lymphozyten; **2.** sekundäre (erworbene) I.: Auftreten bei versch. Erkrankungen (u. a. bei Virusinfektionen, Leukämie, s. HIV-Erkrankung, Lymphogranulomatose, Verbrennungen) od. als z. T. erwünschte Folge bestimmter therap. Maßnahmen (Behandlung mit Immunsuppressiva*, Zytostatika*, Strahlentherapie*).
Immundefizienzvirus, humanes: s. HIV.
Immunelektrophorese: s. Elektrophorese.
Immunfluoreszenztest: Fluoreszenz-Antikörper-Technik; immunolog. Methode zum mikroskop. Nachw. von Antigenen od. Antikörpern zur Differenzierung von Zellen u. versch. Gruppen von Immunglobulinen*. **Prinzip:** Nachw. antigener Substanzen in vitro durch Antigen*-Antikörper-Reaktion unter Verw. fluoreszenzmarkierter Antikörper; die fluoreszierenden Immunkomplexe können in der Fluoreszenzmikroskopie* sichtbar gemacht od. durch Fluoreszenzphotometrie quantitativ ausgewertet werden.
Immunglobuline: Abk. Ig; Glykoproteine mit gemeinsamer Grundstruktur, die nach Kontakt des Organismus mit einem Antigen* von B-Lymphozyten od. Plasmazellen (s. Immunsystem) gebildet werden u. als Antikörper* in Blut, Gewebeflüss. u. Körpersekreten die Effektormoleküle für die humorale Immunität* darstellen. I. bestehen aus 2 großen (H-Ketten, engl. *heavy*) u. 2 kleinen Polypeptid-Ketten (L-Ketten, engl. *light*), s. Abbildung.
Immunglobulinfragmente: nach Aufspaltung durch proteolyt. Enzyme entstehen versch. Immunglobulinfragmente: **1.** durch Papain* 2 ident. monovalente **Fab-Fragmente** (antigenbindende Fragmente, die jedoch keine Agglutination od. Präzipitation) u. ein **Fc-Fragment** (frz. fragment crystalline, für bestimmte biol. Funktionen, z. B. Bindung an zelluläre Rezeptoren u. von Komplementproteinen verantwortlich); **2.** durch Pepsin* ein bivalentes sog. F(ab')2-Fragment (bewirkt nach Antigenbindung eine Agglutination* od. Präzipi-

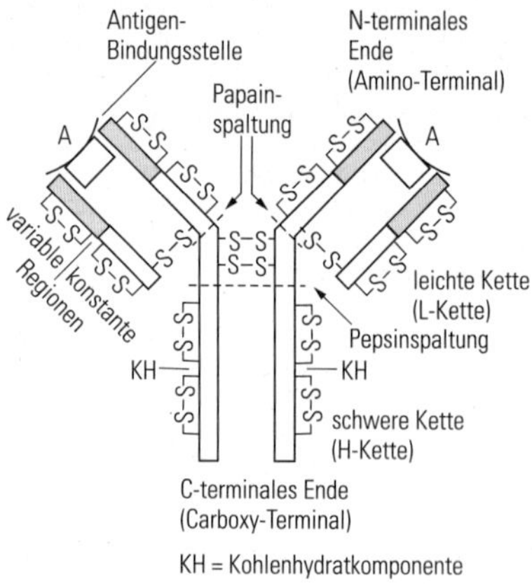

Immunglobuline: schemat. Aufbau (Struktur eines IgG-Antikörpers) [21]

tation*) u. neben kleineren Bruchstücken ein Fc'-Fragment; **Einteilung:** in 5 Klassen nach physikochem., antigenen u. physiol. Eigenschaften der H-Ketten (mit α, δ, ε, γ u. μ bez.): IgA, IgD, IgE, IgG u. IgM, s. Tab.; eine Unterteilung in Subklassen entspr. der Aminosäurensequenz im konstanten Teil ist möglich. Die leichten Ketten werden aufgrund ihrer Primärstruktur u. antigenen Eigenschaften in zwei Typen (κ u. λ) unterteilt u. sind nicht klassenspezifisch. Ig sind aufgrund ihrer Proteinstruktur selbst Antigene.

Immunglobulinpräparate: Immunoglobulinum Ph.Eur.4, Gammaglobulinpräparate (veraltet); Arzneimittel, die Immunglobuline* als Antikörper* enthalten. **Gew.:** nach dem Cohn-Verfahren (s. Plasmafraktionierung) aus dem Serum od. Plasma von Menschen od. bestimmten Haustieren (bevorzugt des Pferdes), die mit Antigenen Kontakt hatten; **Unterscheidung:** Ph.Eur.4 unterscheidet zw. Immunglobulin* vom Menschen (homologe Antikörper* enthaltend) u. den durch die Immunisierung von Tieren stammenden Immunsera für Menschen (heute weniger bedeutend, enthalten heterologe Antikörper) u. für Tiere (s. Immunserum). Es gibt unspezif. (Immunoglobulinum humanum normale) u. spezif., die in bes. Fällen angewendet werden (s. Tabelle). I. sind ohne weitere Aufarbeitung nur i. m. applizierbar. Bei i. v.-Anw. ist mit schweren anaphylakt. Reaktionen zu rechnen, welche von oligomeren IgG-Aggregaten verursacht werden; vgl. Immunglobulin vom Menschen zur intravenösen Anwendung.

Immunglobulin vom Menschen: Immunoglobulinum humanum normale Ph.Eur.4; sterilfiltrierte, flüss. od. gefriergetrocknete Zuber., zur i. m.-Injektion. Sie enthält vorwiegend Immunglobulin* G (IgG), andere Proteine können vorhanden sein. **Prüfung:** die Protein-Zstzg. wird mittels Zonenelektrophorese geprüft; **Herst.:** aus Plasma gesunder Spender, muss der Arzneibuchmonographie „Plasma vom Menschen zur Fraktionierung" entsprechen; **Anw.:** prophylakt. zum Schutz vor versch. Viruserkrankungen, z. B. Hepatitis A (s. Hepatitis, akute, vgl. Hepatitis-A-Immunglobulin vom Menschen, Hepatitis-A-Impfstoff).

Immunglobulin vom Menschen zur intravenösen Anwendung: Immunoglobulinum humanum normale ad usum intravenosum Ph.Eur.4; bewirkt sofortigen Anstieg des IgG-Spiegels. Die i. v.-Verträglichkeit wird durch spezielle Verfahren (chem., enzymat. Zusätze) erreicht, die das Fc-Fragment des Moleküls (s. Immunglobuline) verändern. Weitere Angaben s. Immunglobulin vom Menschen.

Immunisierung: durch Zufuhr eines Immunogens* nat. oder künstl. hervorgerufene aktive, od. durch Zufuhr von spezif. Antikörpern* herbeigeführte passive Immunität*. **1. aktive I.:** erfolgt durch das Überstehen einer Krankheit od. durch künstl. Zufuhr von Immunogenen, das heißt durch Applikation von lebenden, abgeschwächten, vermehrungsfähigen od. toten Erregern, Toxoiden* bzw. Antigenen der Erreger. Die Applikation kann lokal durch Einreiben auf Haut u. Schleimhäuten, p. o. od. parenteral erfolgen; s. Schutzimpfung. **2. passive I.:** erfolgt durch Applikation von spezif. Antikörpern (s. Immunglobulinpräparate, Immunsera* für Menschen, Immunsera* für Tiere). Die Immunseren können aus aktiv immunisierten Tieren (Pferd, Rind, Hammel) gewonnen werden od. humane Seren (Hyperimmunglobulin*) sein; s. Serumprophylaxe, Serumtherapie; **3.** simultane Durchführung einer aktiven u. passiven I.: z. B. bei Verletzungen bei nicht gegen Tetanus geimpften Personen. Das Immunserum verhindert den Ausbruch der Krankheit (passive Immunisierung), der Impfstoff (Toxoidgabe) führt zum Aufbau einer aktiven Immunität.

Immunglobuline
Einteilung der Immunglobulinklassen des Menschen

Bezeichnung	Funktion	M_r	S[1]	Vorkommen
IgG	Spätantikörper	150 000	7	Serum, Milch
IgM	Frühantikörper	900 000	19	Serum
IgA[2]	Schleimhautbarriere	160 000	7	Serum, Sekrete
		385 000	11	
IgD	unbekannt	175 000	7	Serum
IgE	Allergie-Antikörper, Reagine	190 000	8	Serum, Sekrete

[1]Sedimentationskonstante (s. Svedberg-Einheit)
[2]kommt in monomerer und dimerer Form vor

Immunglobulinpräparate
Lateinische und deutsche Bezeichnungen (nach Ph.Eur.4)

Immunoglobulinum humanum	aufgeführt unter
Anti-D	Anti*-D-Immunglobulin vom Menschen
hepatitidis A	Hepatitis*-A-Immunglobulin vom Menschen
hepatitidis B	Hepatitis*-B-Immunglobulin vom Menschen
morbillicum	Masern*-Immunglobulin vom Menschen
normale	Immunglobulin* vom Menschen
normale ad usum intravenosum	Immunglobulin* vom Menschen zur intravenösen Anwendung
rabicum	Tollwut*-Immunglobulin vom Menschen
rubellae	Röteln*-Immunglobulin vom Menschen
tetanicum	Tetanus*-Serum, Tetanus-Immunglobulin vom Menschen
varicellae	Varizellen*-Immunglobulin vom Menschen

Immunität: Unempfänglichkeit des Organismus für eine Infektion mit pathogenen Mikroorganismen* (antiinfektiöse I.) bzw. Schutz vor der Wirk. mikrobieller Stoffwechselprodukte, pflanzlicher od. tier. Gifte (antitox. Immunität) aufgrund unspezif. Abwehrmechanismen bzw. einer adäquaten Immunantwort* des Immunsystem*. **I. unspezifische I.:** konstitutionelle I., genet. I.; kommt durch versch. physikalische (v. a. Haut-Schleimhaut-Barriere) u. biol. Schutzmechanismen (z. B. antimikrobiell wirksame Enzyme u. a. Substanzen in Zellen, Geweben u. auf Schleimhäuten, Phagozytose, Mikrobizidie, Komplement) zustande u. äußert sich u. a. als nat. Resistenz* einer Spezies. **II. spezifische I.:** erworbene I.; wird durch selektiv zu einer immunologischen Reaktion mit dem entspr. Antigen befähigte spezif. Antikörper* in Körperflüssigkeiten (humorale I.) sowie durch spezif. sensibilisierte T-Lymphozyten, Makrophagen u. a. immunkompetente Zellen (zellvermittelte I.) gewährleistet: **1. aktiv erworbene spezif. I.: a)** auf nat. Weise durch Überstehen einer Infektionskrankheit (postinfektiöse I.); **b)** durch künstl. aktive Immunisierung*, (s. Schutzimpfung); **2. passiv erworbene spezif. I.: a)** auf nat. Weise, z. B. durch diaplazentar übertragene Antikörper (Mutter-Kind); **b)** auf künstl. Weise, z. B. durch Antikörpergabe (Applikation von Immunglobulinpräparaten*). Als **angeborene I.** werden alle unspezif. u. spezif. Abwehrmechanismen verstanden, die zur Zeit der Geburt bestehen. Der Begriff der **natürlichen I.** bezieht sich auf das Vorhandensein nat. Antikörper im Organismus ohne Kontakt zu dem entspr. Antigen (Bildung wahrscheinl. auf kreuzreagierende Antigene in Darmflora u. Nahrung zurückzuführen).

Immunitätseinheit: s. Antitoxineinheit.

Immunmodulation: Veränderung der Immunantwort durch versch. Substanzen im Sinn einer positiven Unterstützung (Immunstimulation*) od. negativen Beeinflussung (Immunsuppression*); vgl. Immunstimulanzien.

Immunmodulatoren: Wirkstoffe mit stimulierender od. hemmender Wirk. auf das Immunsystem. Zu den körpereigenen I. gehören versch. Stoffe wie Interleukine*, Interferone*, Tumor*-Nekrose-Faktor alpha u. die koloniestimulierenden Faktoren (s. CSF).

Immunoaffinitätschromatographie: s. Chromatographie (Affinitätschromatographie).

Immunoassay: Sammelbez. für die versch. Analysemethoden, die sich zur Bestimmung biol. aktiver Substanzen (z. B. Hormone, Arzneistoffe, Opiate, Proteine) der spezif. Antigen*-Antikörper-Reaktion (AAR) bedienen; an die Stelle von Vollantigenen können auch Haptene (s. Antigen) treten. Zur quantitativen Bestimmung mittels AAR muss eine gut nachweisbare Markierungssubstanz mit einem Reaktionspartner so gekoppelt werden, dass seine immunolog. Eigenschaften erhalten bleiben (vgl. ELISA, Enzymimmunoassay, Radioimmunoassay).

Immunogen (gr. genesis Entstehung): Substanz (Antigen*), die zu zellvermittelter od. humoraler Immunität* führt.

Immunoglobulinum: s. Immunglobulinpräparate.

Immunologie (gr. logos Wort, Lehre): Lehre von den Erkennungs- u. Abwehrmechanismen des Organismus für körperfremde, unter bestimmten Bedingungen auch für körpereigene Substanzen.

Immunosera ad usum humanum: s. Immunsera für Menschen.

Immunosera ad usum veterinarium: s. Immunsera für Tiere.

Immunoserum: nach Ph.Eur. lat. Bez. für Immunserum*.

Immunprophylaxe: prophylakt. Maßnahmen zur Verhinderung eines Krankheitsausbruchs durch aktive u. passive Immunisierung*. Vgl. Expositionsprophylaxe, Chemoprophylaxe.

Immunreaktion: 1. s. Antigen-Antikörper-Reaktion. **2.** s. Immunantwort.

Immunsera für Menschen: Immunosera ad usum humanum Ph.Eur.4; Zuber. gereinigter Immunglobuline* aus dem Serum immunisierter Tiere (also Immunglobuline vom Tier, vgl. Immunglobuline vom Menschen). Diese Immunglobuline können tier. Gifte od. von Bakterien gebildete Toxine spezifisch neutralisieren. Geeignete Konservierungsmittel dürfen zugesetzt werden. **Anw.:** zur passiven Immunisierung*; Schutz zeitl. begrenzt, kürzer als nach Gabe von humanen Immunglobulinen; **UAW:** da diese Zuber. speziesheterologe Antikörper (artfremdes Eiweiß für den Menschen) enthalten, kann es bei wiederholter Gabe z. B. zur Serumkrankheit* u. anaphylakt. Schock* kommen. Aus diesem Grund werden die

I

nativen Immunsera z. B. durch Enzymbehandlung von unspezif. Proteinen weitgehend befreit u. als Fermoserum bezeichnet.

Immunsera für Tiere: Immunosera ad usum veterinarium Ph.Eur.4; Zuber., die Immunglobuline* enthalten, welche die entspr. Antigene* od. Toxine* spezifisch neutralisieren können. Zusatz von geeigneten Konservierungsmitteln ist erlaubt. **Anw.:** passive Immunisierung* des Empfängertiers.

Immunserum: durch nat. oder künstl. Immunisierung* von Tieren (heterologes I.) od. von Menschen (homologes I., meist Rekonvaleszentenserum) gewonnenes Antiserum mit hohem Gehalt (Titer) an spezifischen Antikörpern*. **Anw.:** Testseren in der Diagnostik (z. B. Blutgruppenbestimmung, Bakteriendiagnostik), Serumprophylaxe*, Serumtherapie*, Hyperimmunglobulin*; **Off.:** nach Ph.Eur.4; z. B. Immunsera* für Menschen, Immunsera* für Tiere, (s. Tab.).

Immunstimulanzien: Paramunitätsinduktoren; chem. od. biol. Stoffe, die die Aktivität des Immunsystems* (v. a. die Paraimmunität*) erhöhen od. die Immunantwort* auf Antigene* verstärken, wobei sie selbst keine od. nur geringe antigene Wirk. besitzen (vgl. Immunadjuvanzien). **Vertreter:** zu den körpereigenen I. gehören versch. Zytokine* wie Interferon* gamma u. die Interleukine* 1, 2 u. 6. Zu den körperfremden I. gehören Bakterienlysate u. hochmolekulare Best. der versch. Mikroorganismen. Ferner: anorg. Stoffe wie Aluminiumsalze, niedermolekulare synthet. Stoffe wie Levamisol* u. nat. vorkommende org. Verb. wie Aristolochiasäure*, Lektine*; Extrakte aus tier. Organen u. Pflanzen (z. B. Echinacea* purpurea, Mistelpräparate); Impfstoffe mit paraspezifischer Wirk. (s. Paraimmunität); vgl. Immunmodulatoren, Reizkörpertherapie. Der therap. Nutzen ist umstritten.

Immunstimulation: Form der Immuntherapie* zur Aktivierung des Immunsystems*, die zur Förderung der Immunabwehr u. bei Immundefektzuständen angewendet wird, vgl. Immunstimulanzien.

Immunsuppression (lat. suppressio Unterdrückung): Unterdrückung od. Abschwächung der Immunreaktionen eines Organismus durch physik. Maßnahmen (z. B. ionisierende Strahlen, Strahlentherapie*) oder Verw. chem. und biol. Substanzen (Immunsuppressiva*).

Immunsuppressiva: chem. od. biol. Substanzen, die zur Immunsuppression* führen. **Wirkstoffe:** z. B. Corticosteroide (s. Hormone, Nebennierenhormone), Zytostatika* (z. B. Azathioprin*, Mercaptopurin), Ciclosporine*, Tacrolimus*, Mycophenolatmofetil*, Antilymphozytenglobulin (Antilymphozytenserum*); **Anw.:** Autoimmunerkrankungen, Organtransplantationen.

Immunsystem: syn. Immunitätssystem; komplexes funktionelles System (der Vertebraten) zur Erhaltung der Individualstruktur durch Abwehr körperfremder Substanzen (Antigen*) u. kontinuierl. Elimination anomaler (z. B. maligne entarteter) Körperzellen (sog. immun. Überwachung). Am Immunsystem sind die Organe des lymphat. Systems, im gesamten Organismus verteilte Zellen (v. a. Leukozyten, Zellen des Monozyten-Makrophagen-Systems) u. Moleküle (Immunglobuline, Lymphokine) beteiligt. Für die Abwehr (Erkennen, Antworten, Erinnern) körperfremder Strukturen stehen dem Menschen 4 Gruppen von Abwehrmechanismen zur Verfügung (s. Abb. 1); vgl. Immunität. **1. unspezif. humorale Abwehrmechanismen:** z. B. Interferone*, Lysozym*, Komplement* u. Properdin; **2. spezif. humorale Abwehrmechanismen:** Antigen*-Antikörper-Reaktion; humorale Faktoren, zirkulierende Immunglobuline*, reagieren spezif. mit Antigenen; die B- u. T-Lymphozyten sind somit nicht nur Träger der spezif. humoralen, sondern auch der zellulären Immunität*; **3. angeborene zelluläre Abwehrmechanismen:** Fähigkeit von Makrophagen u. Granulozyten (s. Leukozyten), sich Bakt. od. Partikel durch Phagozytose* einzuverleiben u. durch

Immunserum
Lateinische und deutsche Bezeichnungen (nach Ph.Eur.4)

Immunoserum	aufgeführt unter
für Menschen	
botulinicum	Botulismus*-Antitoxin
contra venena viperarum europaearum	Schlangengift*-Immunserum (Europa)
diphthericum	Diphtherie*-Antitoxin
erysipelatis suillae	Schweinerotlauf*-Serum
gangraenicum (Clostridium novyi)	Gasbrand*, Gasbrand-Antitoxin (Novyi)
gangraenicum (Clostridium perfringens)	Gasbrand*, Gasbrand-Antitoxin (perfringens)
gangraenicum (Clostridium septicum)	Gasbrand*, Gasbrand-Antitoxin (septicum)
gangraenicum mixtum	Gasbrand*, Gasbrand-Antitoxin (polyvalent)
tetanicum ad usum humanum	Tetanus-Antitoxin (s. Tetanus-Serum)
für Tiere	
clostridii novyi alpha ad usum veterinarium	Clostridium*-Novyi-Alpha-Antitoxin für Tiere
clostridii perfringentis beta ad usum vet.	Clostridium*-Perfringens-Beta-Antitoxin für Tiere
clostridii perfringentis epsilon ad usum veterinarium	Clostridium*-Perfringens-Epsilon-Antitoxin für Tiere
tetanicum ad usum veterinarium	Tetanus-Antitoxin für Tiere (s. Tetanus-Serum)

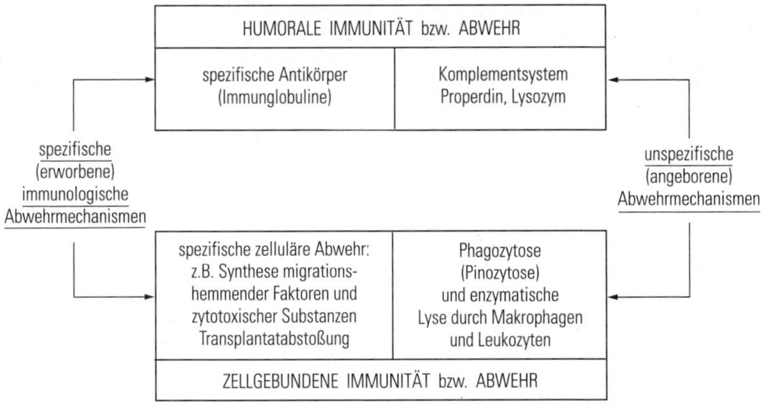

Immunsystem Abb. 1: Übersicht über Immunmechanismen u. Abwehrreaktionen des Menschen [3]

ihre lysosomalen Enzyme aufzulösen; Makrophagen u. Granulozyten sind hierfür mit bes. Erkennungsregionen auf ihrer Zellmembran ausgerüstet; Makrophagen phagozytieren oft die Antigene, bauen sie teilweise ab u. bieten sie dann in geeigneter Form an ihrer Oberfläche den immunkompetenten Lymphozyten an; **4. spezif. zelluläre Abwehrmechanismen:** Ausbildung einer spezif. Immunität des Organismus findet in den lymphoretikulären Organen statt u. ist an lymphoide Zellen gebunden; diese zelluläre Basis der Immunantwort* wird durch 4 Zelltypen gewährleistet: **a)** Stammzelle des Knochenmarkes, deren Reifung von einem Polypeptidhormon der epithelialen Zellen des Thymus stimuliert wird u. die folgenden Zellen liefert; **b)** immunkompetente Zelle, die aufgrund zahlreicher Rezeptoren ($2 \cdot 10^4$) an der Oberfläche die Fähigkeit hat, ein Antigen zu erkennen; **c)** sensibilisierte Zelle, hat eine Antigeninformation aufgenommen u. ein Gedächtnis dafür entwickelt (memory cell); **d)** antikörperbildende Zelle, T-Lymphozyt, mit zellständigem Antikörper od. aus den B-Lymphozyten hervorgegangene Plasmazelle, die humorale Antikörper* bildet. Nach den Zelltypen unterscheidet man 2 **zelluläre Immunsysteme**, die durch Mittler (z. B. T4-Helferzellen u. T8-Suppressorzellen) eng zusammenarbeiten (s. Abb.2): **1.** T-Zellen-System, thymusabhängiges Immunsystem: etwa 60-70 % der Blutlymphozyten sind T-Lymphozyten. Die thymusabhängigen Lymphozyten reagieren selbst mit dem Antigen u. führen zur Reaktion vom verzögerten Typ. Sie produzieren keine Antikörper, sind aber durch Synthese versch. Faktoren (chemotakt., zytotoxische u. mitogene Substanzen) für die zelluläre Immunität wesentlich. Außerdem werden sie z. T. in sog. killer cells (Krebsabwehr!) umgewandelt; **2.** B-Zellen-System, thymusunabhängiges Immunsystem: 10-30 % der Blutlymphozyten des Menschen sind B-Zellen. Der Begriff des B-Zellen-Systems leitet sich von der Bursa Fabricii ab, ein bei Vögeln in der Nachbarschaft der Kloake gelegenes Gebilde. Die B-Lymphozyten differenzieren sich nach Aktivierung durch den Kontakt mit einem Antigen zu Plasmazellen, welche spezif. Antikörper* bilden.

Immuntherapie: Beeinflussung immunolog. Reaktionen durch Behandlung. Beeinflussung erfolgt durch: **1.** Zufuhr von Immunglobulinen*; **2.** Immunsuppression*; **3.** aktive, spezif. oder unspezif. Immunstimulation*.

Immuntoleranz: fehlende od. nur partielle Immunantwort* nach Kontakt mit einem bestimmten Antigen* (Tolerogen), wobei die Reaktion gegenüber anderen Antigenen vorhanden ist (im Ggs. zum Immundefekt*). Die I. kann u. a. durch Kontakt mit dem Antigen entstehen, wenn das

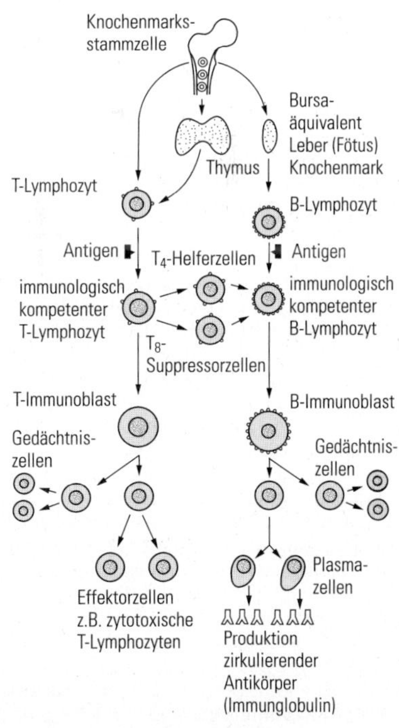

Immunsystem Abb. 2: B- u. T-Zellen-System

Immunsystem* noch nicht ausgereift ist (embryonal induzierte I.), od. durch Einwirkung hoher Mengen des Antigens.

Immunzellen: immunolog. kompetente Zellen, immunkompetente Zellen, Immunozyten; Zellen, die zu immunolog. Reaktionen fähig sind wie T- u. B-Lymphozyten u. Plasmazellen (s. Leukozyten). Makrophagen sind i. e. S. keine Immunzellen, doch sind sie an der Verarbeitung der Antigene (Zerkleinerung großer Moleküle, Speicherung von antigenem Material) beteiligt; s. Immunsystem.

Imolamin INN: 4-(2-Diethylaminoethyl)-5-imino-3-phenyl-δ2-1,2,4-oxadiazolin; 4-(2-Diethylaminoethyl)-4,5-dihydro-5-imino-3-phenyl-1,2,4-oxadiazol; CAS-Nr. 318-23-0; $C_{14}H_{20}N_4O$, M_r 260.33. Sdp. 165 °C (26.7 Pa). **Anw.:** kaum noch verwendetes Koronartherapeutikum bei allen Formen der Koronarinsuffizienz; senkt den Sauerstoffbedarf des Herzmuskels; **Dos.:** p. o. Initialdos. 3×20 mg/d; Erhaltungsdos. 3×10 mg/d. **Imolaminhydrochlorid:** $C_{14}H_{21}ClN_4O$, Schmp. 154-155 °C.

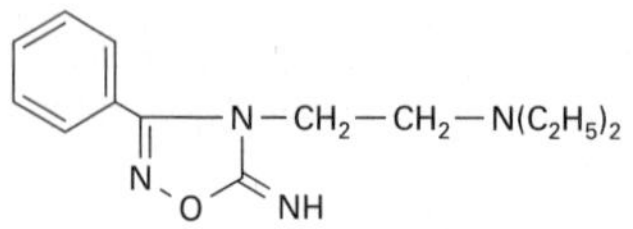

Imolamin

Impact-Faktor: drückt die durchschnittl. Zitierrate der Artikel einer Zeitschrift aus u. wird im Journal Citation Reports veröffentlicht. Ein I.-F.von >20 (sehr häufige Zitierung) bedeutet, dass jeder Artikel, der in den vergangenen 2 Jahren in einer Zeitschrift veröffentlicht wurde, im Durchschnitt mehr als 20-mal im Jahr zitiert wurde. Der I.-F. gilt als Qualitätsmerkmal. Beispiele (aus Journal Citation Reports, 2002): Archiv der Pharmazie: 0.6; Journal of Biological Chemistry: 6.7; Angewandte Chemie (International Edition) 7.7; New England Journal of Medicine: 31.7.

Impaktion: Depositionsmechanismus; Abscheidung großer u. schneller Teilchen an Gabelungen od. Verengungen, z. B. in der Lunge bei der Applikation von Aerosolen. I. erfolgt, wenn Partikeln od. Tröpfchen den Richtungsänderungen des Luftstromes (60 Ll/min) nicht folgen können, sondern sich aufgrund ihrer Trägheit u. der einwirkenden Zentrifugalkräfte gradlinig fortbewegen. Partikel über 10 µm werden überwiegend im Mund- u. Rachenraum, im Kehlkopf od. in den oberen Bronchialästen durch I. abgelagert. Deshalb sollte die Teilchengröße bei Sprays für den Nasen-, Mund- oder Rachenraum >30 µm liegen, um zu verhindern, dass Arzneistoffe in die Lunge gelangen. Der optimale Teilchenbereich für die Applikation in den Alveolen hingegen liegt zw. 0.5-5 µm. Vgl. Diffusion, Inhalation.

Impaktor: (engl.) *impactor, impinger*; scheidet feste Partikel aus Luft (z. B. Aerosole*) od. anderen Trägergasen ab. Das Material (Durchmesser der Teilchen ca. 3-30 µm) wird in mehrere Fraktionen zerteilt (Kaskadenimpaktor) u. die Korngrößenverteilung des Feststoffanteils analysiert. **Anw.:** Luftüberwachung, Laboranalytik, Messung des resorbierbaren (lungengängigen) Anteils eines Aerosols, s. Dosierinhalator.

Imperatoria ostruthium: s. Peucedanum ostruthium.

Imperatorin: Marmelosin, Pentosalen, Ammidin; 8-Isoamylenoxypsoralen, $C_{16}H_{14}O_4$, M_r 270.27, Schmp. 102 °C. Ein Furanocumarin* (s. Abb.). **Vork.:** u. a. in Peucedanum* ostruthium, Angelica* archangelica, Aegle* marmelos, Pastinaca* sativa.

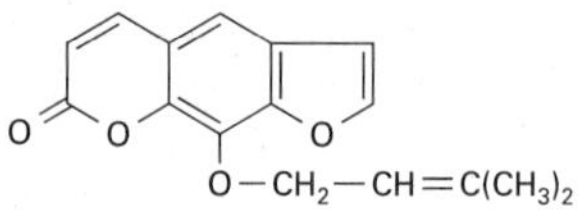

Imperatorin

Imperial-Tee: grüne Sorte des chinesischen Tees (s. Camellia sinensis, Schwarztee).

impermeabel: undurchlässig, s. Osmose.

Impetigo: Eiterflechte, Grindflechte; nichtfollikuläre, oberflächl. Pyodermie* mit Blasenbildung.

Impfkalender: Impfprogramm, Impfplan; Empfehlungen der Ständigen Impfkommission (STIKO, Stand Juli 2003) für Säuglinge, Kinder, Jugendliche u. Erwachsene (s. Tab.). Umfasst in festgelegter Reihenfolge die empfohlenen Schutzimpfungen* für Säuglinge, Kinder u. Jugendliche mit dem Ziel einer Immunität gegen wichtige Infektionskrankheiten. Für Erwachsene u. bestimmte Personengruppen gelten bes. Empfehlungen für Auffrisch- u. Indikationsimpfungen (z. B. vor Reisen, bei Risikogruppen).

Impfkommission: s. STIKO.

Impfprophylaxe: Maßnahme zur Verhinderung einer Infektionskrankheit (s. Infektion) durch aktive Immunisierung*; vgl. Serumprophylaxe.

Impfschutz: s. Schutzimpfung.

Impfstoff: s. Vakzine, vgl. Schutzimpfung.

Impfstoffe für Menschen: s. Vakzine.

Impfstoffe für Tiere: s. Vakzine.

Impfstoffe, multipartiale: Vakzine* aus versch. Stämmen einer Bakterienart.

Impfung: **1.** Schutzimpfung*. **2.** Übertragung lebender Mikroorganismen auf Nährmedien.

Impinger: s. Impaktor.

Implantate: **1.** Implantanda Ph.Eur.; feste sterile Retardpräparate* geeigneter Größe u. Form, einzeln in sterilen Behältnissen abgefüllt, z. B. kleine Tabletten, die mittels chirurg. Eingriff in versch. Gewebe meist nach Inzision in das Unterhautgewebe eingebracht (implantiert) werden, dort eine gute Verträglichkeit aufweisen u. während wenigstens einiger Monate den Wirkstoff allmähl. freigeben. Die am häufigsten eingesetzten I., die sog. Implantationstabletten*, sind sterile, zylindr. Formlinge, bestehen nur aus Wirkstoff od. aus einer Kombination von Wirkstoff u. physiol. abbaubarem Hilfsstoff (z. B. Polymilchsäure) u. können vollständig absorbiert werden. Dagegen sind I. mit nicht absorbierbarem Gerüst (Matrix aus Kunststoff) od. Überzug (Kunststoffmembran), welche die Diffusion des Arzneistoffes steuern, nach Abklingen der Wirkung wieder aus dem Gewebe zu entfernen. Mit I. werden hauptsächl.

Impfkalender [13]
Empfehlungen der Ständigen Impfkommission (STIKO, Stand Juli 2003) für Säuglinge, Kinder, Jugendliche und Erwachsene

Impfstoff/Antigen-kombination	Geburt	Alter in vollendeten Monaten 2	3	4	11-14	15-23 s. a)	Alter in vollendeten Jahren 5-6 s. a)	9-17 s. a)	ab 18	≥60
DTaP[1]		1.	2.	3.	4.					
Dt/Td b)							A	A	A[3]	A[3]
aP								A		
Hib[1]		1.	s. c)	2.	3.					
IPV[1]		1.	s. c)	2.	3.			A		
HB[1]	s. d)	1.	s. c)	2.	3.			G		
MMR[2]					1.	2.				
Influenza[4]										S
Pneumokokken[5]										S

Um die Zahl der Injektionen möglichst gering zu halten, sollten vorzugsweise Kombinationsimpfstoffe verwendet werden. Impfstoffe mit unterschiedlichen Antigenkombinationen von D/d, T, aP, HB, Hib, IPV sind bereits verfügbar. Bei Verwendung von Kombinationsimpfstoffen sind die Angaben des Herstellers zu den Impfabständen zu beachten.

A Auffrischimpfung: Diese sollte möglichst nicht früher als 5 Jahre nach der vorhergehenden letzten Dosis erfolgen.
G Grundimmunisierung aller noch nicht geimpften Jugendlichen bzw. Komplettierung eines unvollständigen Impfschutzes
S Standardimpfungen mit allgemeiner Anwendung = Regelimpfung

a) Zu diesen Zeitpunkten soll der Impfstatus unbedingt überprüft und ggf. vervollständigt werden.
b) Ab einem Alter von 5 bzw. 6 Jahren wird zur Auffrischung ein Impfstoff mit reduziertem Diphterietoxid-Gehalt (d) verwendet.
c) Antigenkombinationen, die eine Pertussiskomponente (aP) enthalten, werden nach dem für DTaP angegebenen Schema benutzt.
d) bei Neugeborenen von HBsAg-positiven Müttern sollte unmittelbar (innerhalb von 12 Std.) post partum die Immunisierung mit HB-Impfstoff und HB-Immunglobulin durchgeführt werden; Wiederimpfung nach 1 und 6 Monaten; bei Neugeborenen von Müttern mit nicht bekanntem HBsAg-Status wird unabhängig vom Geburtsgewicht ebenfalls unmittelbar post partum die Grundimmunisierung mit HB-Impfstoff begonnen; bei nachträglicher Feststellung der HBsAg-Positivität der Mutter kann beim Neugeborenen innerhalb von 7 Tagen postnatal die passive Immunisierung nachgeholt werden; nach Abschluss der Grundimmunisierung serologische Kontrolle erforderlich

[1] Abstände zwischen den Impfungen mindestens 4 Wochen; Abstand zwischen vorletzter und letzter Impfung mindestens 6 Monate
[2] Mindestabstand zwischen den Impfungen 4 Wochen
[3] jeweils 10 Jahre nach der letzten vorangegangenen Dosis
[4] jährlich mit dem von der WHO empfohlenen aktuellen Impfstoff
[5] Impfung mit Polysaccharid-Impfstoff, Wiederimpfung im Abstand von 6 Jahren

Hormone (z.B. Ovulationshemmer, Prostaglandine) verabreicht, aber auch Antibiotika. Weitere Möglichkeiten zur Erzielung eines Depoteffektes ergeben sich durch implantierbare therapeutische Systeme (ITS) wie mit Treibgas gefüllte Miniatur-Infusionspumpen mit einer Abgaberate bis zu 3 mL/d für Zytostatika u. Morphin in der Krebstherapie. Vgl. Parenteralia. 2. Bez. für Stoffe u. Teile aus toter Materie (Kunststoff, Metall, Mineralien), die zur vorübergehenden od. dauerhaften Übernahme von Funktionen in den Körper eingebracht werden, z.B. Gefäßimplantate, Mammaplastik aus Kunststoff, künstl. Herzklappen, Herzschrittmacher, Zahnersatz (vgl. Endoprothese).

Implantation: Einbringen od. Einpflanzen von körperfremden Materialien in den Organismus; vgl. Transplantation.

Implantationstabletten: syn. Pellets; feste Arzneiformen, die ohne Verw. von Hilfsstoffen aus sterilem Wirkstoff unter asept. Bedingungen durch starkes Komprimieren od. durch Schmelzen bzw. Sintern hergestellt u. in sterilen Einzeldosispackungen* abgegeben werden. Z.B. in der Britischen Pharmakopöe od. dem Ergänzungsbuch zur USP (National Formulary) Desoxycorticosterone Acetate Pellets (125 mg), Estradiol Pellets (25 mg), Testosterone Pellets (75 mg). Vgl. Compressi.

Import von Arzneimitteln: s. Einzelimport von Arzneimitteln.

Impotenz: Zeugungsunvermögen; Unfähigkeit zur Fortpflanzung. I. w. S. das Unvermögen, den Beischlaf auszuüben. Vgl. Erektionsstörungen.

Imprägnieren: s. Dragieren.

Impulsverfahren: s. Coulter-Counter-Verfahren.
-in: s. Alkine.
In: (chem.) Symbol für Indium*.
Inacidität: s. Anacidität.
inaktiv: unwirksam; vgl. Aktivität, optische.
Inappetenz: fehlendes Verlangen, z. B. nach Nahrung.
INCB: Abk. für **I**nternational **N**arcotics **C**ontrol **B**oard; Internationale Suchtstoffkontrollbehörde. Institution der Vereinten Nationen (UNO) mit Sitz in Wien; eingerichtet z. B. zum Vollzug des Einheitsübereinkommens über Suchtstoffe von 1961 (EinhÜbk., Convention 1961), des Übereinkommens über psychotrope Stoffe von 1971 (PsychÜbk., Convention 1971) u. des Übereinkommens gegen den illegalen Verkehr von Sucht- u. psychotropen Stoffen von 1988 (Convention 1988); s. Betäubungsmittelrecht.
INCI: Abk. für (engl.) *International Nomenclature of Cosmetic Ingredients;* internationale Nomenklatur, nach der Angaben über die Bestandteile kosmet. Mittel auf der Verpackung gemacht werden. Die Nomenklatur bezieht sich auf eine neue internationale Terminologie, die von COLIPA* entwickelt wurde.
Incision: Einschnitt.
Incontinentia: s. Harninkontinenz.
incurabilis (lat.): inkurabel, unheilbar.
Indan: Hydrinden; 2,3-Dihydroxyinden, C_9H_{10}, M_r 118.17. Schmp. −51 °C. Sdp. 177 °C. Farblose Flüss., unlösl. in Wasser, mischbar mit apolaren Lösungsmitteln. **Vork:** Grundkörper von Wirkstoffen.
Indanazolin INN: 2-(4-Indanylamino)-2-imidazolin; CAS-Nr. 40507-78-6; $C_{12}H_{15}N_3$, M_r 201.27. **Anw.:** Vasokonstriktor*, Alphasympathomimetikum; Ind.: lokal bei Schnupfen; **UAW:** Oxymetazolin*. Gebräuchl. ist auch Indanazolinhydrochlorid.

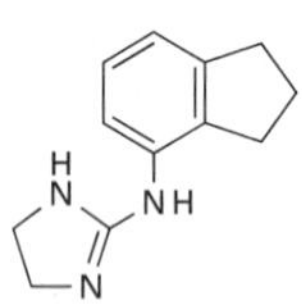

Indanazolin

Indanthren®: Handelsbez. für eine große Anzahl sehr licht- u. farbechter Farbstoffe aller Farbstoffklassen, bes. für Anthrachinon-Küpenfarbstoffe. **Gesch.:** Der Name ist aus Indigo u. Anthracen zusammengezogen, weil der Entdecker René Bohn (1862-1922) annahm, dass der von ihm im Jahre 1901 zuerst gewonnene I.-Farbstoff, das Indanthren-Blau, ein Analogon des Indigo sei.
Indanthrendunkelblau: s. Violanthron.
Indapamid INN: Indapamidum Ph.Eur.4; 4-Chlor-N-(2-methyl-1-indolinyl)-3-sulfamoylbenzamid; CAS-Nr. 26807-65-8; $C_{16}H_{16}ClN_3O_3S$, M_r 365.84. Schmp. 160-162 °C (kristallisiert aus Isopropanol/Wasser). Weißes bis fast weißes Pulver, unlösl. in Wasser, lösl. in Ethanol, schwer lösl. in Ether. **Anw.:** Diuretikum*, Antihypertensivum*; **Dos.:** p. o. 1×2.5 g/d; HWZ 18 h.

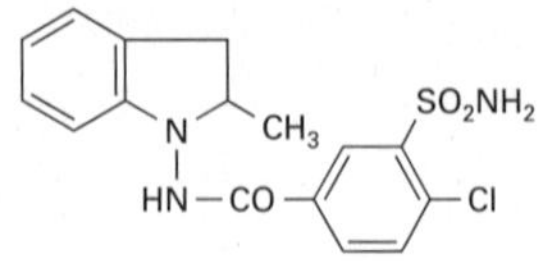

Indapamid

Indazol: 1,2-Benzodiazol; 1,2-Benzopyrazol; $C_7H_6N_2$, M_r 118.13. Schmp. 147-149 °C. Farblose Kristalle, lösl. in heißem Wasser, Ethanol, Ether. **Vork.:** Grundstruktur von Naturstoffen. Vgl. Benzydamin.
Inden: Indonaphthen; C_9H_8, M_r 116.15. Schmp. −2 °C. Sdp. 182 °C. D. 0.997. Farbloses Öl. Der aromat. Kohlenwasserstoff polymerisiert leicht bereits bei Raumtemp. u. im Dunkeln. **Vork.:** im Steinkohlenteer, Erdöl u. in einigen äther. Ölen.

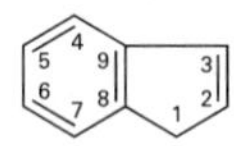

Inden

Index, chemotherapeutischer: Verhältnis der Konz. eines Mittels, das die Erreger tötet, zu der Konz., die gerade noch für den Wirt verträgl. ist. Je größer der ch. I. eines Stoffes, desto geringer ist die tox. Gefahr für den Wirt.
Index, chronotherapeutischer: optimale Applikationszeit (Timing) einer Medikation; vgl. Chronopharmakologie.
Index, hämolytischer: Abk. H.I.; dient der Grenzwertbestimmung für Saponine*; man versteht nach dem ÖAB unter dem H.I. den reziproken Wert derjenigen Verdünnung von 1 g od. 1 mL eines Arzneistoffs, einer Droge od. einer Arzneizuber., bei der unter bestimmten Versuchsbedingungen noch totale Hämolyse* eintritt. Der Messwert wird mit dem H.I. des Saponinstandards (S = 30 000) in Beziehung gesetzt, wobei a die Menge des Saponin-Standards u. b die Menge des zu prüfenden Materials ist, die totale Hämolyse bewirkt:
H.I. = S · a/b

Index, hämolytischer
Anforderungen des ÖAB90 (H. I.) und der Ph.Helv.7

Saponin	H. I.	Ph.Helv.-Einh./g
Standardsaponin	30 000	100
Cortex Quillajae	≥3000	≥8
Tinctura Quilaiae		1.5-2.5
Radix Primulae	≥3000	
Extractum Primulae	9000-11 000	
Extractum Primulae fluidum	2700- 3000	
Sirupus Primulae	135- 165	
Tinctura Primulae	490- 600	
Radix* Senegae	≥2500	
Sirupus* Senegae	90- 110	0.2-0.4
Herba Herniariae	≥1500	

Die hämolyt. Wirksamkeit wird nach der Ph.Helv.7 auf prinzipiell gleiche Weise festgestellt (s. Tab.). Dabei bedeutet 1 Ph.Helv.-Einheit die hämolyt. Wirksamkeit von 10 mg des Saponinstandards Ph.Helv. Da zw. Hämolytischem Index u. therap. Wirksamkeit kein direkter Zusammenhang besteht, verzichtet das DAB auf die Bestimmung.

Index, therapeutischer: s. Dosis-Wirkungs-Kurve.

Indican: Indikan; **1.** 3*β*-Glucosido-indol; CAS-Nr. 467-60-5; $C_{14}H_{17}NO_6$; M_r 295.28; Schmp. ca. 179 °C (Anhydrat) bzw. Schmp. 57 °C (Trihydrat). Indoxylglucosid der Indigofera-Arten (s. Indigo); farblose Kristalle. **2. Harn-Indican**, Indoxylsulfat bzw. Kalium-indoxylsulfat; CAS-Nr. 487-94-5; $C_8H_7NO_4S$; M_r 213.23. Abbauprodukt von Tryptophan; entsteht bei der Eiweißverdauung durch Darmbakterien (ca. 10 mg/d im Harn); s. Indoxylglucuronsäure; s. Abbildung.

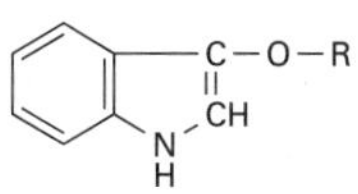

Indican: R: $-C_6H_{11}O_5$ bzw. R: $-SO_3K$ (Harn-Indican)

Indicaxanthin: s. Betalaine (Vork.).

Indicum: s. Indigo.

indifferent: ohne (starke) Wirkung, neutral, unbedenklich.

Indig: s. Indigo.

Indigestion: Verdauungsstörung.

Indigo: Indicum, Indigotin, Indig, Indigoblau; $C_{16}H_{10}O_2N_2$, M_r 262.26. **Gew.:** Die I. enthaltenden Pfl. werden einem Gärungsprozess unterworfen. Versch. Indigofera-Arten, bes. Indigofera* tinctoria, sowie der früher in Deutschland kult. Färberwaid, Isatis tinctoria, enthalten Indican*, das durch Hydrolyse mittels des gleichfalls in der Pfl. enthaltenen Enzyms Indoxylase in Glucose u. Indoxyl* zerfällt; letzteres oxidiert an der Luft zu Indigo. Nat. I. besteht bis zu 80 % aus Indigotin, dem eigentl. blauen Farbstoff, sowie aus Indigorot u. Indigobraun. **Synthetischer Indigo**, reines Indigoblau: dunkelblaues Pulver, das beim Reiben kupferrot glänz. wird; sublimiert ab ca. 300 °C (Zers. bei 390 °C), unlösl. in Wasser, Ethanol, Ether, in Chloroform, Anilin, Nitrobenzol. **Darst.:** zuerst 1875 von A. von Baeyer durch Einw. von NaOH auf Nitrobenzaldehyd u. Aceton. Heute nach dem Heumann-Verfahren (1890), bei dem man zunächst aus Anilin u. Chloressigsäure od. aus Anilin, Formaldehyd u. Blausäure Phenylglycin gewinnt, das in der Alkalischmelze Indoxyl liefert. Da diese Reaktion bei zu hoher Temp. ausgeführt werden muss, die einen Teil des gebildeten Indoxyls wieder zerstört, führte Pfleger (1901) an Stelle von NaOH das Natriumamid ($NaNH_2$) als Kondensationsmittel ein, das gestattet, die Kondensation schon bei 180-200 °C vorzunehmen. Nach der Schmelze bläst man in die alkal. Lsg. Luft ein, wodurch Indoxyl zu Indigo oxidiert wird. **Anw.:** Küpenfärberei. Da Indigo in Ethanol u. Wasser unlösl. ist, wird er durch Natriumdithionit ($Na_2S_2O_4$) od. Formaldehydnatriumsulfoxylat zu Indigoweiß (Dihydroindigo, Leukobase, $C_{16}H_{12}N_2O_2$) reduziert. Die alkal. Lsg. der Leukobase nennt man Küpe u. tränkt damit Wolle od. Baumwolle, die dann der Luft ausgesetzt wird, wodurch die Leukobase auf der Faser wieder zu Indigo oxidiert. Traditionelle Redewendungen, wie Blauer Montag und blaumachen, beziehen sich auf diesen letzten, von erzwungener Untätigkeit gekennzeichneten Produktionsabschnitt der Indigo-Färberei.

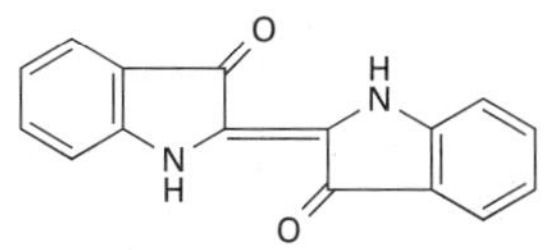

Indigo

Indigoblätter: s. Indigofera tinctoria (Folia Indigoferae tinctoriae).

Indigoblau: s. Indigo.

Indigocarmin: indigosulfonsaures Natrium, Natrium indigosulfonicum; $C_{16}H_8N_2O_2(SO_3Na)_2$, M_r 466.37. Gelbl. Pulver mit Kupferglanz, lösl. in Wasser. **Anw.:** Färbemittel; gelöst als Reagens; **Zuber.** (Indigocarmin-Lsg.): 0.2 T. I. in 100 T. Wasser, evtl. unter Zusatz von Natriumhydroxid bis zur vollständigen Lösung.

Indigofera tinctoria L.: Fam. Fabaceae, Leguminosae (Afrika, in den Tropen vielfach kult.). Stpfl. von Indigo* u. Stpfl. von **Folia Indigoferae tinctoriae:** Indigoblätter, Reng; vgl. Lawsonia inermis. **Inhaltsst.:** Indican* u. das Enzym Indoxylase; **Anw.:** Herst. von Indigo*.
Hom: *Indigo:* Indigofera tinctoria u. a. Indigoarten; verord. z. B. bei Ischias, Neurasthenie.

Indigoide: Indigofarbstoffe, Indigoderivate, die das chromophore System des Indigomoleküls (s. Indigo, Abb.) enthalten. Beispiele: Cibablau, Antiker Purpur.

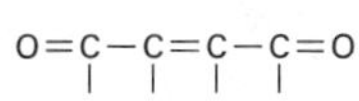

Indigoide: chromophores System der Indigoderivate

Indigotin: s. Indigo.

Indigoweiß: s. Indigo.

Indigo, Wilder: s. Baptisia tinctoria.

Indii[111In] pentetatis solutio iniectabilis: s. Indium[111In]-Pentetat-Injektionslösung.

Indikan: s. Indican.

Indikation: Abk. Ind., Indicatio, Heilanzeige; Grund der Anw. eines bestimmten diagnost. od. therap. Verfahrens in einem Erkrankungsfall, der seine Anw. hinreichend rechtfertigt. Dabei besteht grundsätzl. Aufklärungspflicht gegenüber dem Patienten. **Formen: 1.** absolute I.: zwingender Grund, insbes. bei Lebensgefahr (vitale I.); **2.** relative I.: nur bedingte Gefährdung od. alternative Maßnahmen möglich; vgl. Kontraindikation.

Indikationsimpfung: Impfung, die für Risikogruppen bei individuell (nicht berufl.) erhöhtem Expositions-, Erkrankungs- od. Komplikationsrisiko sowie zum Schutz Dritter empfohlen wird. Hierzu zählt u. a. eine FSME-Impfung bei Personen, die in FSME-Risikogebieten Zecken exponiert sind od. eine Impfung gegen Pneumokokken bei Kindern und Jugendlichen, die mit einer erhöhten gesundheitl. Gefährdung infolge einer Grundkrankheit besonders geschützt werden müssen.

Indikator: chem. Stoff, der durch seine Farbe den Zustand eines chem. Systems, z. B. pH-Wert od. Redoxpotential, anzeigt. Er wird entw. dem System in geringer Konz. zugefügt od. in Form von I.-Papieren od. I.-Stäbchen eingesetzt. **Indikatortypen: 1.** Säure-Base-Indikatoren: z. B. Lackmus*, Phenolphthalein* u. Methylorange*; **2.** Mischindikatoren: z. B. Methylrot*-Mischindikator-Lösung; **3.** Indikatoren für komplexometr. (s. Komplexbildungstitrationen) u. Fällungstitrationen*: z. B. $FeCl_3$ bei der Silbertitration; **4.** Radioindikatoren (Radiotracer): mit Radionukleotiden markierte Verbindungen. Ihre Indiktoreigenschaft ist die Radioaktivität. Mit ihrer Hilfe verfolgt man chem. od. biologische Prozesse. Als Radionuklide verwendet man: z. B. ^{3}H, ^{14}C, ^{13}N; **5.** Redox-Indikatoren: s. Redoxsystem.

Indikatorelektrode: s. Potentiometrie.

Indikatoren, radioaktive: s. Tracer.

Indinavir INN: (2*R*,4*S*)-2-Benzyl-5-[(2*S*)-2-(1,1-dimethylethyl)carbamoyl-4-(3-pyridylmethyl)piperazin-1-yl]-4-hydroxy-*N*-[(1*S*,2*R*)-2-hydroxy-2,3-dihydro-1*H*-inden-1-yl]pentanamid; CAS-Nr. 150378-17-9; $C_{36}H_{47}N_5O_4$, M_r 613.8. **Wirk.**: HIV*-Proteasehemmer. **Anw.**: Virostatikum*, in Kombination mit Reverse-Transkriptase-Hemmern zur Behandlung HIV-positiver Erwachsener mit fortgeschrittener Immunschwäche; s. HIV-Erkrankung; **Dos.**: alle 8 h 800 mg, vorzugsweise 1 h vor od. 2 h nach einer Mahlzeit, ggf. mit einer fettarmen, leichten Mahlzeit; bei gleichzeitiger Gabe von Ketoconazol* sowie bei leicht- bis mittelgradig eingeschränkter Leberfunktion Dosisreduzierung auf jeweils 600 mg; HWZ 1.8 h. Gebräuchl. ist Indinavirsulfat.

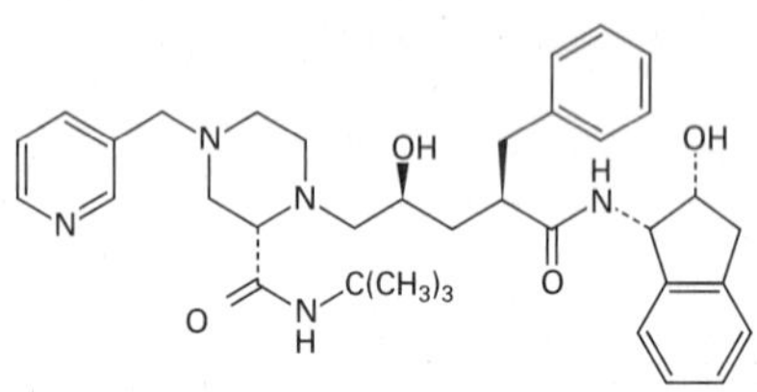

Indinavir

Indium: Symbol In; A_r 114.82, OZ 49. D. 7.31. Schmp. 156.4 °C. Sdp. 2070 °C. Meist 3-wertiges, seltenes, silberweißes, sehr weiches Metall. **Vork.**: nat. nur gebunden (In_2S_3, Indiumsulfid); **Darst.**: Elektrolyse von In-Salzen; **Anw.**: Halbleitertechnik; **Gesch.**: 1863 von Ferdinand Reich u. Theodor Richter (1825-1898) in der Freiberger Zinkblende entdeckt.

Indium (III)[^{111}In]-Chlorid-Lösung: Indii[^{111}In] chloridi solutio Ph.Eur.4; sterile Lsg. von Indiumchlorid in Salzsäure. Es sind keine Zusätze erlaubt. **Anw.**: Szintigraphie von Milz u. Knochenmark (selten); Ausgangsstoff für radioaktive Markierung von Antikörpern u. Peptiden; vgl. Indium[^{111}In]-Pentetat-Injektionslösung.

Indium[^{111}In]-Oxinat-Lösung: Indii[^{111}In]oxini solutio Ph.Eur.4; sterile Lsg. des Komplexes von Indium-111 mit 8-Hydroxychinolin. **Anw.**: Entzündungsprozesse. Leukozyten u. Thrombozyten des Patienten werden in vitro markiert u. reinjiziert; vgl. Indium[^{111}In]-Pentetat-Injektionslösung.

Indium[^{111}In]-Pentetat-Injektionslösung: Indii[^{111}In] pentetatis solutio iniectabilis Ph.Eur.4; sterile, pyrogenfreie Lsg. eines Komplexes von Indium mit Pentetsäure*. Indium-111 hat eine HWZ von 2.8 d u. emittiert Gamma- u. Röntgenstrahlen. **Herst.**: aus Cadmium (mit Cadmium-111 od. Cadmium-112 angereichert) durch Bestrahlung mit Protonen geeigneter Energie. Die Lösg. kann Calcium enthalten u. durch Zusatz von Natriumchlorid u. eines geeigneten Puffers isoton. gemacht sein; **Anw.**: in der nuklearmedizin. Liquorraumszintigraphie.

indiziert: angezeigt (bei Heilmitteln); s. Indikation.

Indol: 2,3-Benzopyrrol; C_8H_7N; M_r 117.15; Schmp. 52.5 °C; Sdp. 253-254 °C; Muttersubstanz der Indigogruppe; glänzende Kristallblättchen, lösl. in Ethanol, Ether, Wasser. In unreinem Zustand unangenehm, in reinem Zustand blumenartig riechend; nat. in Jasmin- u. Orangenblütenöl, in den Blüten von Robinia pseudacacia, in Zibet. I. ist der Grundkörper (s. Abb.) vieler Naturstoffe wie Skatol*, Bufotenin*, L-Tryptophan*, Indican* u. der Indolalkaloide*.

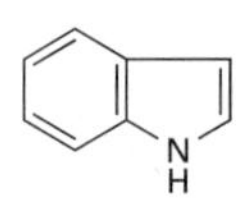

Indol

Indolalkaloide: Alkaloide* mit Indol* im Grundgerüst. Man unterscheidet versch. Gruppen, s. Tabelle. **Biosynthese:** aus Tryptophan bzw. Tryptamin, in Ergolin ist Tryptamin noch mit einem Hemiterpenrest verknüpft; **Nachw.**: eine Reihe von I., v. a. die Lysergsäurealkaloide (Secalealkaloide), sprechen auf das Van*-Urk-Reagens postiv an. **I., iridoide:** vielfach durch hervorragende pharmakol. Eigenschaften gekennzeichnet; **Biosynthese:** über Strictosidin (-Glucosid) aus Tryptamin u. Secologanin (ein Secoiridoid, s. Iridoide); nach dem Einbau von Secologanin kann das C_{10}-Gerüst (evtl. auch Abbau um 1 C) umgelagert werden, was ein Grund für die Vielfalt in dieser größten Gruppe der Alkaloide ist (s. Abb.); **Strukturtypen: 1.** Corynanthe-Strychnos-Typ: mit unverändertem Secologanin-Anteil; z. B. Rauvolfiaalkaloide (s. Rauvolfia serpentina) u. Strychnosalkaloide (im Strychnin* kommen die 2 C-Atome, die den Ring mit der Säureamidgruppe bilden, aus einer Acetateinheit); von diesem Typ leiten sich auch die Cinchonaalkaloide* ab; **2.** Aspidosperma-Typ: mit abgewandeltem Secologanin-Anteil; z. B. Vindolin, Vincamin (s. Vincaalkaloide); **3.** Iboga-Typ: ebenfalls mit abgewandeltem Secologanin-Anteil; z. B. Ibogain*, Catharanthin (s. Catharanthus roseus); **4.** dimere iridoide I.: sie können symmetr. (z. B. Toxiferin* I, s. Curare) od. unsym-

Indolalkaloide
Einteilung und Beispiele

Strukturtyp	typische Vertreter	Vorkommen
einfache Indolalkaloide	Psilocin, Psilocybin	Mycophyta (Psilocybe etc.)
Carbolin	Harmanalkaloide	Zygophyllaceae, Passifloraceae
Pyrrolidino-Indol	Physostigmin	Fabaceae
Ergolin	Lysergsäurealkaloide	Mycophyta, Convolvulaceae
iridoide Indolalkaloide	Rauvolfia-, Vinca-, Strychnos-, Curare-, Cinchonaalkaloide[1]	Gentianales (Loganiaceae, Apocynaceae, Rubiaceae)

[1]Die Cinchonaalkaloide* (Chinaalkaloide) haben zwar anstelle des Indolringsystems ein Chinolingrundgerüst, können aber aus biogenetischen Gründen ebenfalls zu den Indolalkaloiden gezählt werden.

metrisch (z.B. einige Vincaalkaloide*) aufgebaut sein.

indolent (lat. dolor Schmerz): schmerzunempfindlich, gleichgültig.

Indolin: 2,3-Dihydroindol.

Indolylbuttersäure: synthet. Auxin*.

Indometacin INN: Indometacinum Ph.Eur.4; 1-(4-Chlorbenzoyl)-5-methoxy-2-methyl-3-indolylessigsäure; CAS-Nr. 53-86-1; $C_{19}H_{16}ClNO_4$, M_r 357.81. Schmp. 155 °C bzw. 162 °C (polymorph). Weißes bis gelbbraunes, geruchloses, krist. Pulver; lösl. in Ethanol, Ether, Aceton, Rizinusöl; fast unlösl. in Wasser. **Anw.:** Antiarthritikum*, Antirheumatikum*; **UAW:** bei 35-50 % der Patienten; bei chron. Applikation häufig gastrointestinale Beschwerden, Ulzerationen im Magen-Darm-

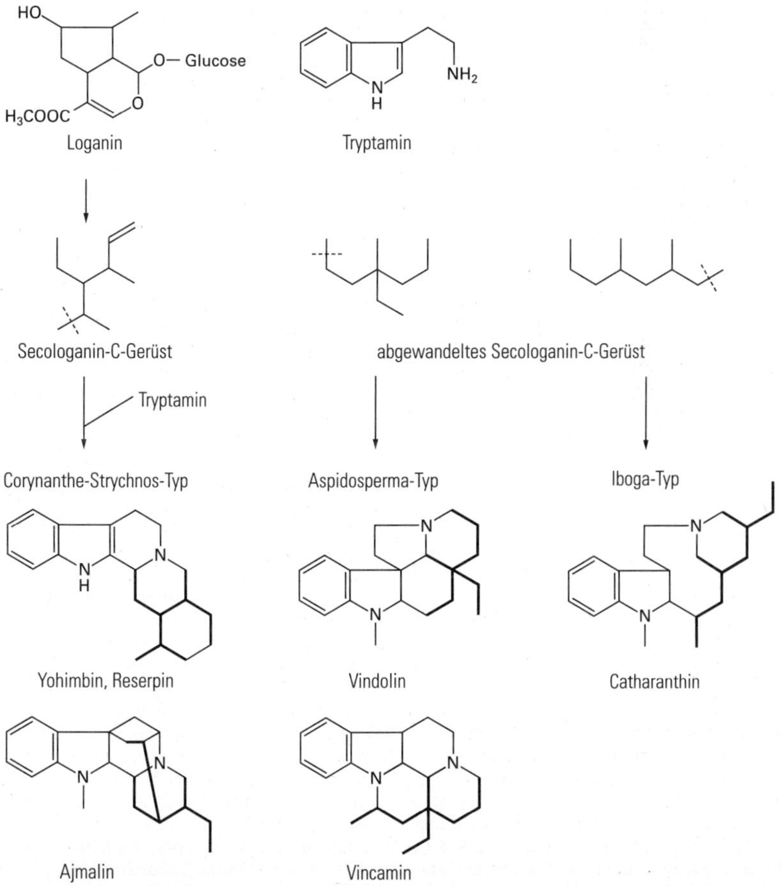

Indolalkaloide: Biosynthese u. Strukturtypen iridoider Indolalkaloide (Beispiele, Secologanin-Anteil fett hervorgehoben)

Trakt, allerg. Reaktionen, Übelkeit, starke Kopfschmerzen, Verwirrtheitszustände, Aktivierung latenter Infektionen (v. a. bei Kindern), Leukopenie, aplast. Anämie; **Dos.:** p. o. 2-3×25 mg/d, n. B. erhöhen, bis max. 0.2 g/d; rektal 2×50 mg/d; HWZ 5-10 h. Gebräuchl. sind auch Indometacin-Natrium, Indometacin-Meglumin, Indometacin-Natrium-Trihydrat.

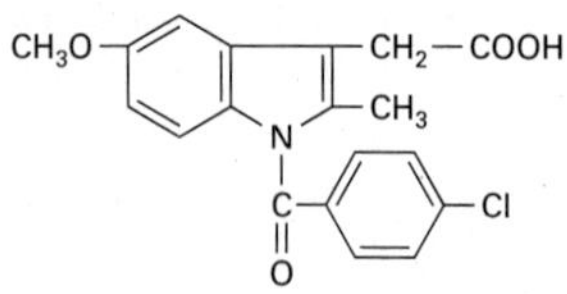

Indometacin

Indonaphthen: s. Inden.

Indophenol: *N*-(4-Hydroxyphenyl)-1,4-benzochinon-imin, M_r 199.21. Schmp. 160 °C. Rote bzw. braune Kristalle, lösl. in heißem Wasser.

Indophenolblau: *N*-(4-Dimethylaminophenyl)-1,4-naphthochinonmonoimin; $C_{18}H_{16}N_2O$, M_r 276.3. Violettschwarzes Pulver; prakt. unlösl. in Wasser, lösl. in Chloroform. **Anw.:** Reagens Ph.Eur.3.

Indoprofen INN: 4-(1-Oxo-2-isoindolinyl)hydratropasäure; 2-[4-(1-Oxo-2-isoindolinyl)phenyl]propionsäure; CAS-Nr. 31842-01-0; $C_{17}H_{15}NO_3$, M_r 281.31. Strukturformel s. Analgetika (Abb.). **Anw.:** Analgetikum*, Antiphlogistikum*, Antirheumatikum*; vgl. Ibuprofen*; **Hinweis:** Nicht mehr im Handel.

Indoramin INN: *N*-[1-[2-(1*H*-Indol-3-yl)ethyl]-4-piperidinyl]benzamid; CAS-Nr. 26844-12-2; $C_{22}H_{25}N_3O$, M_r 347.46. Schmp. 208-210 °C. **Anw.:** Antihypertensivum*, peripheres Alphasympatholytikum (s. Sympatholytika); **UAW:** Mattigkeit, Schwindel, Zunahme des KG, Orthostasesyndrom; vermindertes Reaktionsvermögen; **WW:** verstärkte Wirk. von sedierenden Pharmaka u. Alkohol; HWZ 3.5-15 h. Gebräuchl. ist auch Indoraminhydrochlorid.

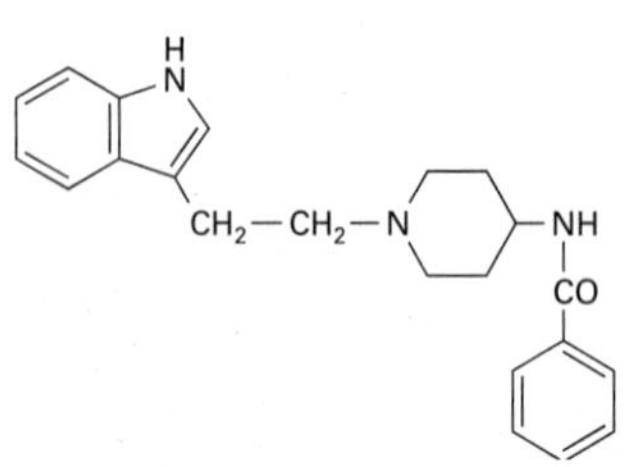

Indoramin

Indoxyl: C_8H_7ON. Schmp. 85 °C. Oxidationsprodukt des Indols*. Gelbe Kristalle, lösl. in Wasser mit gelbgrüner Fluoreszenz; vgl. Indigo.

Indoxylglucuronsäure: mit Indoxyl konjugierte Glucuronsäure; bei der Darmfäulnis gebildetes Indol wird in der Leber zu Indoxyl oxidiert u. zur Entgiftung entw. mit Schwefelsäure zu Indican* od. mit Glucuronsäure zu I. gepaart u. im Harn ausgeschieden.

Indoxylschwefelsäure: s. Indican.

induced fit: Eigenschaft eines Enzyms, wenn an seinem reaktiven Zentrum durch die Bindung des richtigen Substrats eine Konformationsänderung induziert wird, so dass sich das aktive Zentrum dem Substrat anpasst.

Indusium: häutiger Auswuchs der Epidermis* eines Farnblatts, der sich als Schleier über einen Sorus (Sporangienhaufen) breitet.

Industriesprit: s. Ethanol.

inert: reaktionsträg, neutral.

Inertbegasung: s. Schutzgase.

Infarkt (lat. infarcire hineinstopfen): Nekrose* eines Organs, Organteils od. Gewebes durch Ischämie* infolge eines akuten Arterienverschlusses bei Fehlen eines den Verschluss kompensierenden Kollateralkreislaufs; z. B. Herzinfarkt*.

infaust: ungünstig (z. B. infauste Prognose einer Krankheit).

Infektiöse-Aviäre-Enzephalomyelitis-Lebend-Impfstoff für Geflügel: Vaccinum encephalomyelitidis infectivae aviariae vivum Ph.Eur.4; Zuber., die einen immunogenen Stamm des Geflügel-Enzephalomyelitis-Virus enthält und zur Impfung von Geflügel dient. Der Impfstoff kann flüss. od. gefriergetrocknet sein.

Infektiöse-Hepatitis-Lebend-Impfstoff für Hunde (gefriergetrocknet): s. Hepatitis-Lebend-Impfstoff für Hunde (gefriergetrocknet), infektiöse.

Infektion: Infekt; Übertragung, Haftenbleiben u. Eindringen von Mikroorganismen (Viren, Rickettsien, Bakterien, Pilzen, Protozoen u. a.) in einen Makroorganismus (Pflanze, Tier, Mensch) u. Vermehrung in ihm. I. ist der Ausgangspunkt für die Entstehung einer Infektionskrankheit u. wird von den infektiösen u. pathogenen Eigenschaften des Mikroorganismus wesentl. bestimmt (Pathogenität, Virulenz*). Entstehung u. Verlauf einer Infektionskrankheit hängen außerdem von der Empfänglichkeit bzw. Unempfänglichkeit (Basisimmunität) u. von der Abwehr- u. Überwindungskraft (Immunität*) des Makroorganismus ab. **Mögl. Abläufe:** **1.** stumme I. ohne Krankheitserscheinungen (stille Feiung); **2.** abortive I. mit leichten Krankheitserscheinungen; **3.** manifeste I. mit klin. deutl. Krankheitserscheinungen; **Einteilung:** **1.** nach der Eintrittspforte des Erregers: perkutan, permukös, Inhalationsinfektion; enteral, über eine Wunde; **2.** nach Übertragbarkeit des Erregers: direkte I. von Mensch zu Mensch z. B. als Tröpfcheninfektion, Kontaktinfektion, fliegende Infektion; indirekte I.über Zwischenträger od. -wirte (Vektoren); **3.** nach dem zeitl. Ablauf: foudroyant, akut, chronisch, rezidivierend, latent; **4.** nach ätiolog. Gesichtspunkten: d. h. nach dem Krankheitserreger: Viren-, Bakterien-, Pilz-, Protozoen-Infektionen; **5.** nach der Immunitätslage: opportunistisch bei gestörter Immunabwehr; inapparent bei wirksamer Immunabwehr.

Infektion, aerogene: Infektion über die Luft, Tröpfcheninfektion.

Infektionsabwehr: physiol. Vorgänge, die der Abwehr von infektiösen Erregern (Viren, Bakt., Pilze, Protozoen, Würmer) dienen. Neben der sog. Epithelschranke erfolgt eine **unspezif. I.** durch Enzyme in Körperflüss. (z. B. Lysozym*) u. humorale Abwehrsysteme (z. B. Komplement*) sowie durch phagozytierende Zellen des Monozyten-Makrophagen-Systems u. Granulozyten. Eine **spezif. I.** durch Zellen des Immunsystems* u. Antikörper*.

Infektionskrankheiten: Krankheiten, die durch eine Infektion* entstehen, unabhängig davon, ob sie ansteckend sind od. nicht.

Infektionsschutzgesetz: Abk. IfSG; **Deutschland:** Gesetz vom 20.7.2000, BGBl. I S. 1045, trat am 1.1.2001 in Kraft. Durch die Novellierung des deutschen Seuchenrechts durch das IfSG soll der Schutz der Bevölkerung vor Infektionskrankheiten gestärkt werden. Namentl. sind zu melden der Krankheitsverdacht, die Erkrankung sowie der Tod durch: **1.** Botulismus; **2.** Cholera; **3.** Diphtherie; **4.** humane spongiformer Enzephalopathie, außer familiär-hereditärer Formen; **5.** akute Virushepatitis; **6.** enterohepat. hämolytisch-urämisches Syndrom (HUS); **7.** virusbedingtes hämorrhagisches Fieber; **8.** Masern; **9.** Meningokokken-Meningitis od. Sepsis; **10.** Milzbrand; **11.** Poliomyelitis (als Verdacht gilt jede schlaffe Lähmung, außer wenn sie traumat. bedingt ist); **12.** Pest; **13.** Tollwut; **14.** Typhus abdominalis/Paratyphus; **15.** Tuberkulose, auch wenn ein bakteriologischer Nachweis nicht vorliegt; zudem bei Behandlungsverweigerung bzw. Behandlungsabbruch von Personen, die an einer behandlungsbedürftigen Tuberkulose leiden; **16.** mikrobiell bedingte Lebensmittelvergiftung (auch im Verdachtsfall) od. akute infektiöse Gastroenteritis, wenn Personen betroffen sind, die berufl. mit bestimmten Lebensmitteln umgehen; **17.** sonstige bedrohl. Krankheit od. zwei oder mehr gleichartige Erkrankungen, bei denen ein epidemiolog. Zusammenhang wahrscheinlich ist od. vermutet wird, dass eine Gefahr für die Allgemeinheit besteht; **18.** Verletzung eines Menschen durch ein tollwutkrankes od. -verdächtiges od. ansteckungsfähiges Tier sowie die Berührung eines solchen Tieres od. Tierkörpers.
Nicht namentlich und unverzügl. ist dem Gesundheitsamt das gehäufte Auftreten nosokomialer Infektionen zu melden, bei denen ein epidemiolog. Zusammenhang wahrscheinl. ist od. vermutet wird. Meldepflichtig ist der feststellende Arzt, in Krankenhäusern ist außerdem der leitende Arzt od. der leitende Abteilungsarzt verantwortlich. Inhaltl. Vorgaben zu Meldungen bestehen. Daneben besteht auch eine Meldepflicht für die Nachweise von Krankheitserregern, z. B. für Untersuchungseinrichtungen, soweit diese auf eine akute Infektion hinweisen. Hier wird die namentl. Meldung von über 47 Krankheitserregern, z. B. FSME-Virus, Hepatitis-A-Virus, Hepatitis-B-Virus, Salmonella typhi und paratyphi (direkte Nachweise), gefordert sowie die nicht namentl. Meldung des direkten oder indirekten Nachweises folgender Krankheitserreger: **1.** Treponema pallidum; **2.** HIV; **3.** Echinococcus sp.; **4.** Plasmodium sp.; **5.** Rubellavirus (nur bei konnatalen Infektionen); **6.** Toxoplasma gondii (nur bei konnatalen Infektionen). Das IfSG schreibt dem Bundesinstitut* für Infektionskrankheiten und nicht übertragbare Krankheiten eine zentrale Verantwortung als infektionsepidemiolog. Leitstelle zu. **Österreich:** Regelungen durch: Epidemiegesetz BGBl. Nr. 186/1950, i. d. F. 2002, Tuberkulosegesetz BGBl. Nr. 127/1968, in der Fassung 2002 u. AIDS-Gesetz BGBl. Nr. 728/1993, in der Fassung 2001. **Schweiz:** vergleichbare Regelungen abgedeckt durch das Bundesgesetz über die Bekämpfung übertragbarer Krankheiten des Menschen (Epidemiengesetz, SR 818.101).

Infektkette: Übertragungsmodus von Krankheitserregern (Parasiten) bei Infektionskrankheiten, s. Infektion. **1.** homogene I.: Übertragung der Erreger von Warmblüter zu Warmblüter **a)** innerhalb einer Warmblüterart: Tröpfcheninfektion, Kontakt- od. Schmierinfektion; **b)** über mehrere Warmblüterarten: primäre Tierseuchen (Zoonosen); **2.** heterogene I.: Übertragung der Erreger auf Warmblüter durch Arthropoden* **a)** auf eine Warmblüterart; **b)** auf mehrere Warmblüterarten.

infertil: unfruchtbar, steril.

Infiltrationsanästhesie: Lokalanästhesie* mit intra- od. subkutaner od. intramuskulärer Umspritzung eines Operationsgebiets mit Lokalanästhetika*. **Anw.:** z. B. bei chirurg. Eingriffen u. Zahnbehandlung. **Wirkstoffe:** Verwendet werden v. a. Etidocain*, Lidocain*, Mepivacain*, Procain* u. Bupivacain*.

Inflammatio: s. Entzündung.

Infliximab INN: CAS-Nr. 170277-31-3; monoklonaler Antikörper gegen Tumor*-Nekrose-Faktor-α. **Wirk.:** Immunsuppressivum*; **Anw.:** Morbus Crohn (s. Crohn-Krankheit), rheumatoide Arthritis; **UAW:** allerg. Reaktionen, Dyspnö, Urtikaria, Infektionen; **Kontraind.:** Sepsis, Abszesse; **Dos.:** 5 mg/kg KG als i. v. Infusion über 2 h.

Infloreszenz: s. Blütenstand.

Influenza: s. Grippe.

Influenza-Impfstoffe: s. Grippe-Schutzimpfung.

Influenza-Impfstoff (inaktiviert) für Pferde: Vaccinum influenzae equi inactivatum Ph.Eur.4, Pferdeinfluenza-Impfstoff; Suspension eines od. mehrerer inaktivierter Stämmen des Pferdeinfluenza-Virus; geeignete Adjuvanzien u. antimikrobielle Konservierungsmittel sind erlaubt.

Informationsbeauftragter: ein pharmazeut. Unternehmer muss, wenn er ein zulassungspflichtiges Arzneimittel in den Verkehr bringen will, nach dem AMG (Deutschland) eine Person beauftragen, die die Aufgabe der wissenschaftl. Information über die Arzneimittel verantwortl. wahrnimmt. Dieser Informationsbeauftragte benötigt Sachkenntnis, d. h. ein Zeugnis über ein abgeschlossenes Hochschulstudium der Humanmedizin, Humanbiologie, Veterinärmedizin, Pharmazie, Biologie od. Chemie u. eine zweijährige Berufserfahrung od. den Nachw. der Qualifikation als Herstellungs- oder Kontrollleiter. Er ist insbesondere dafür verantwortl., dass das Verbot der Inverkehrgabe von Arzneimitteln mit irreführender Bez., Angabe od. Aufmachung beachtet wird u. die Kennzeichnung, Packungsbeilage, die Fachinformation u. die Werbung mit dem Inhalt der Zulassung übereinstimmen. Der Informationsbeauftragte ist der Aufsichtsbehörde, auch bei einem Wechsel, mit dem Nachweis der Sachkenntnis u. der Vorlage eines Führungszeugnisses zu benennen.

Infra-: Wortteil mit der Bedeutung unterhalb von, sub-.

Infrarot: Abk. IR, Ultrarot; der jenseits von Rot liegende, unsichtbare Teil des Spektrums (s. Strahlung, elektromagnetische). Hauptsächl. Wärmestrahlung; Wellenlängenbereich: 0.8-500 µm. 0.8-2.5 µm: nahes IR, Abk. NIR; 2.5-25 µm: mittleres IR, Abk. MIR; 25-500 µm: fernes IR, Abk. FIR.

Infrarotspektrophotometer: s. Spektroskopie, Infrarotspektroskopie.

Infrarotspektroskopie: s. Spektroskopie.

Infundibilia: Infusionslösungen; Ph.Eur.4, sterile, pyrogenfreie, wässrige Lsg. od. O/W-Emulsionen, die möglichst blutisoton u. zur Verabreichung in größeren Mengen bestimmt sind. Sie dürfen keine Konservierungsmittel enthalten; s. Parenteralia. Bei Emulsionen sollte der Durchmesser der Tröpfchen max. 5 µm betragen. Anforderungen an Behälter s. Arzneiflasche. I. müssen klar u. prakt. frei von Schwebeteilchen sein. Emulsionen dürfen keine Phasentrennung zeigen u. müssen nach dem Schütteln homogen aussehen. Die Größe der dispergierten Teilchen muss geprüft werden. Geprüft wird nach Ph.Eur.4 auf Sterilität, Bakterium-Endotoxin bzw. Pyrogene. Ist eine Prüfung auf Bakterien-Endotoxine vorgeschrieben, entfällt die Prüfung auf Pyrogene. Man unterscheidet: **1. Elektrolytlösungen**, z. B. Solutio* Natrii chlorati isotonica, Ringer*-Lösung, Natriumlactatlösung*; **2. Kohlenhydratlösungen**, z. B. 5- bzw. 10 %ige Glucose- od. Fructose-Lösung; **3. Plasmaexpander**, z. B. 6- bzw. 10 %ige Dextran-Lsg., Lsg. modifizierter Gelatine; **4. Nährinfusionen**, z. B. Lsg. mit Aminosäuren od. Proteinhydrolysaten, Emulsionen von Baumwollsamen- od. Sojaöl, das in sehr feiner Form (unter 1 µm) in Wasser in Anwesenheit von Lecithinen* als Emulgator verteilt vorliegt. Die Verabreichung der I. erfolgt in der Regel tropfenweise in die Vene, in bestimmten Fällen auch subkutan (Säuglinge u. Kleinkinder, Erstversorgung von Unfallverletzten zur Schockbekämpfung).

Infundierapparat: s. Dekoktorium.

Infusa: s. Aufgüsse.

Infusion: intravenöses (sehr selten intraarterielles, intraossäres, subkutanes od. rektales) Einbringen von Flüssigkeiten (>20 mL) in den Körper, meist über einen längeren Zeitraum (im Ggs. zur Injektion). Wichtig ist die i. v.-Infusion in der Intensivmedizin (Wasser-, Elektrolyt-, Blut- od. Nährstoffzufuhr); dient auch zur Verabreichung von Arzneistoffen od. Diagnostika. Vgl. Dauerinfusion.

Infusionsbesteck: Kunststoff-Verbindung zw. Infusionsflasche u. -Kanüle, bestehend aus Luer-Lock-Anschluss zum Venenkatheter, Rollenklemme, Tropfkammer, bakteriendichtem Luftfilter u. Einstichdorn.

Infusionspumpe: elektron. od. mechanisch gesteuerte Pumpe mit digitaler Einstellung zur exakten Einhaltung der Einflussrate in die Vene. **Typen:** **1.** Flüssigkeit wird aus ein od. zwei eingespannten Spritzen entnommen; **2.** Flüssigkeit wird aus Infusionsflasche od. Beutel über dem Schlauchsystem in die Vene gepumpt. Für mobile Patienten auch im Taschenformat erhältlich.

Infusionszubereitungen: Infundibilia* u. Iniectabilia*; s. Parenteralia.

Infusorienerde: s. Kieselgur.

Infusum Sennae compositum: Wiener Trank; Zstzg.: DAB6, 50 T. mittelfein zerschnittene Sennesblätter, 450 T. Wasser, 50 T. Kaliumnatriumtartrat, 1 T. Natriumcarbonat, 100 T. Manna, 25 T. Ethanol. Aufbewahrung in kleinen, luftdicht verschlossenen Flaschen. **Anw.:** Abführmittel.

Ingesta: Gesamtheit der im Verdauungstrakt befindl. Nahrung.

Ingestion: Aufnahme eines Stoffs in den Verdauungstrakt mit dem Trinkwasser od. der Nahrung.

Ingrediens: Bestandteil einer Arznei.

Ingwer: s. Zingiber officinale (Zingiberis rhizoma).

Ingwer, Deutscher: s. Acorus calamus.

Ingwergewächse: s. Zingiberaceae.

Ingwertinktur: s. Tinctura Zingiberis.

Ingwer, Wilder: s. Asarum canadense.

INH: Abk. für **I**so**n**icotinsäure**h**ydrazid, s. Isoniazid.

Inhalanda: s. Inhalationsmittel.

Inhalate: Dämpfe von Arzneistoffen mit hohem Dampfdruck, die sich bei Raumtemp. verflüchtigen u. mit Luft gemischt über die Atmungsorgane dem Körper zugeführt werden. Zur Erzeugung von Inhalaten werden versch. Geräte als Hilfsmittel eingesetzt, z. B. Dampfinhalatoren (s. Abb.) für äther. Öle. Dabei werden die wasserdampfflüchtigen Wirkstoffe bzw. ihre Lsg. mittels heißem Wasser inhaliert. Unter I. werden auch echte Aerosole* verstanden, die über einfache Düsenvernebler erzeugt werden. Dabei wird ein kräftiger Luftstrom über die Öffnung eines Kapillarröhrchens geleitet, durch das die Lsg. angesaugt u. vernebelt wird. Bei Handzerstäubern (s. Abb.) aus Glas (Nebulisator) erzeugt das Zusammendrücken eines Gummiballs den Luftstrom. Neuere stationäre Geräte sind wirkungsvollere Druckluft-Vernebler nach dem beschriebenen Prinzip (Bernoulli-Effekt), die einen Anteil an feinsten lungengängigen Tröpfchen von 1-5 µm erzeugen könnnen. Inhalate werden auch durch Ultraschallvernebler

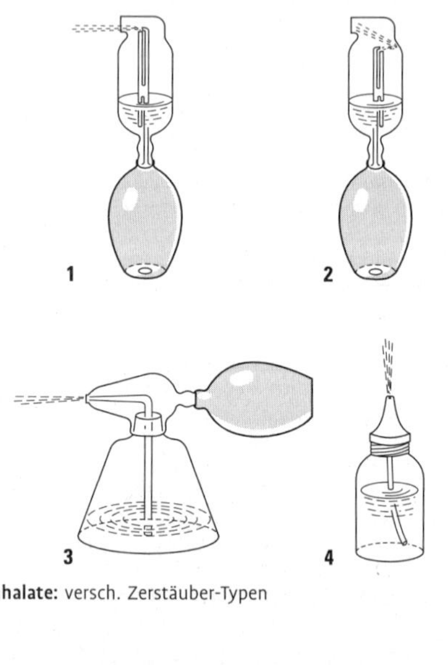

Inhalate: versch. Zerstäuber-Typen

erzeugt, bei denen ein Piezokristall durch hochfrequente Wechselspannung zu Schwingungen angeregt wird, die auf die Wirkstofflösung übertragen feinste Flüssigkeitströpfchen freisetzen. Vgl. Inhalationsmittel.

Inhalatio composita: zusammengesetzte Inhalationslösung; Zstzg.: NRF, 1.0 g Pfefferminzöl, 4.5 g Latschenkiefernöl, 4.5 g Eucalyptusöl. **Anw.**: Expektorans, nicht bei Säuglingen u. Kleinkindern. Einen Monat lang verwendbar; vgl. Inhalationsöl.

Inhalation (lat. inhalare hauchen): Einatmung; i. e. S. Aufnahme von Gasen, Dämpfen, Aerosolen u. Stäuben in den Respirationstrakt. Therapie zur top. Applikation von Wirkstoffen genutzt: z. B. Aerosoltherapie*. s. Inhalationsmittel, vgl. Inhalate.

Inhalationsaerosol: s. Aerosole, Inhalate.

Inhalationsallergie: durch Einatmen eines Allergens* zustande kommende Allergie*.

Inhalationskrankheiten: Krankheiten, die durch Einatmen schädigender Stoffe od. Erreger entstehen.

Inhalationslösung, zusammengesetzte: s. Inhalatio composita.

Inhalationsmittel: Inhalanda Ph.Eur.4; Zuber. zur Inhalation, umfassen Inhalationsflüssigkeiten (s. Inhalate) u. Pulver zur Inhalation. Sie entfalten ihre Wirkung in Form von Aerosolen* (Nebel- od. Staubaerosole) beim Eindringen mit der Atemluft entw. lokal in den unteren Atemwegen od. system. nach Absorption der Arzneistoffe. Zur Trockenzerstäubung (s. DPI) werden isobarisch verpresste Tabletten, von deren Oberfläche eine genau dosierte Menge in einer bestimmten Teilchengröße abgenommen wird, als Arzneistoffreservoir eingesetzt.

Inhalationsnarkose: Durchführung einer Narkose* unter Anw. von Inhalationsanästhetika; s. Narkotika. Meist kein alleiniger Einsatz der I. (hohe Narkosegaskonz. für ausreichende Narkosetiefe erforderlich), sondern Komb. mit anderen Narkotika als balancierte Anästhesie*.

Inhalationsnarkotika: s. Narkotika.

Inhalationsöl: Zstzg.: NFA, 1.0 T. Pfefferminzöl, 9.5 T. Latschenkieferöl, 9.5 T. Eukalyptusöl. **Anw.**: chron. Atemwegerkrankungen, mit denen eine Sekretansammlung u. Stauung einhergeht, vgl. Inhalatio composita; **Kontraind.**: akute Krankheitsprozesse.

Inhalationssalz: Zstzg.: NFA, 49.8 T. Natriumcarbonat-Monohydrat, 49.8 T. Natriumchlorid, 0.4 T. Pfefferminzöl. **Anw.**: chron. Atemwegerkrankungen; nicht bei Säuglingen u. Kleinkindern.

Inhalator: Inhalationsgerät, Vernebler; Gerät mit unterschiedl. Methoden zur Erzeugung von Aerosolen* zur Inhalation*. Bes. feine Aersole (0.5–10 μm) werden durch Compressor based Inhaler Systems (Druckluft) od. Ultrasonic Nebulizers (Ultraschall) erzeugt. Vgl. Inhalate; Dosierinhalator; Pulverinhalator.

Inhibition: Hemmung.

Inhibitoren: Hemmstoffe. **1.** (pharmakol.): s. Antagonismus. **2.** (biochem.): Hemmstoffe enzym-od./u. rezeptorspezifischer Aktivität; s. Enzyme. **3.** (neurolog.) z. B. hemmende Interneurone.

inhomogen: ungleichartig, s. homogen.

Iniectabilia: Injektionszubereitungen nach Ph.Eur.4; sterile Lösungen, Emulsionen od. Suspensionen zur parenteralen Applikation (vgl. Parenteralia). Sie werden durch Auflösen, Emulgieren od. Suspendieren der Wirkstoffe u. der evtl. zugesetzten Hilfsstoffe in Aqua* ad iniectabilia, in einer geeigneten sterilen, nicht wässrigen Flüssigkeit od. in einer Mischung der beiden Flüss. hergestellt. Wässrige I., die unter asept. Bedingungen hergestellt sind u. die in ihren endgültigen, verschlossenen Behältnissen nicht sterilisierbar sind, können eine geeignetes Konservierungsmittel in entspr. Konz. enthalten, es sei denn die ED liegt über 15 mL od. die Zuber. soll in den Liquor cerebrospinalis, intracardial, intra- od. retrooculär appliziert werden. Diese Zuber. müssen in Einzeldosisbehältnissen abgefüllt werden, deren Volumen genügend groß ist, um die Entnahme u. Verabreichung der angegebenen Dosis zu gewährleisten. **Anforderungen:** **1.** Wäßrige I. in Mehrdosenbehältnissen (vgl. Arzneiflasche) müssen ein geeignetes Konservierungsmittel in entsprechender Konz. (0.1 % Chlorocresol, 0.3 % *o*-Cresol, 1 % Benzylalkohol, 0.002 % Phenylquecksilbersalze) enthalten. **2.** I. müssen klar u. prakt. frei von Schwebeteilchen sein. **3.** Bei Emulsionen muss die Größe der dispergierten Teilchen überprüft werden, es darf keine Phasentrennung auftreten, nach dem Schütteln muss die Emulsion homogen aussehen. **4.** Suspensionen können ein Sediment zeigen, das beim Schütteln leicht in Suspension gehen muss. Die Suspension muss genügend lange stabil bleiben, um die Entnahme gleichmäßiger Anteile zu ermöglichen. **Prüfungen:** nach Ph.Eur. bei Suspensionen in Einzeldosisbehältnissen (mit einem Wirkstoffgehalt von weniger als 2 mg od. weniger als 2 % der Gesamtmasse) auf Gleichförmigkeit* des Gehaltes sowie bei einer ED von 15 mL u. mehr od. wenn das I. als pyrogenfrei bezeichnet wird auf Pyrogenfreiheit. Wenn eine Prüfung auf Bakterien-Endotoxine vorgeschrieben ist, ersetzt diese die Prüfung auf Pyrogene. Das Konservierungsmittel u. seine Konz. müssen auf dem Etikett angegeben sein. **Wirkung:** Eine intravenöse Injektion wässriger Lösungen bewirkt den schnellsten Wirkungseintritt u. die höchsten Blutspiegel aller Arzneiformen. Wird eine wässrige Injektionssuspension i. m. appliziert, bildet sie ein Depot z. B. eines schwer lösl. Wirkstoffs im Gewebe, aus dem dieser allmähl. freigesetzt wird. Die Geschwindigkeit der Freisetzung wird durch die Löslichkeit u. die Partikelgröße des Wirkstoffs bestimmt (Kombinationen versch. Partikelgrößen od. von suspendiertem u. gelöstem Wirkstoff zur gezielten Freigabe sind möglich). Öle (Sesamöl, Erdnußöl, Ethyloleat) werden als Lösungsmittel für nicht wasserlösl. Wirkstoffe (z. B. Hormone, Vitamine) verwendet od. wenn ein Depoteffekt gewünscht wird. Diese Lsg. können nur i. m. injiziert werden. Für i. v.-Applikationen eignen sich sehr fein dispergierte Emulsionen. Zur Wirkungsverlängerung (Retardierung) eignet sich die i. m.-Verabreichung von schwer lösl. Derivaten der Wirkstoffe, von in einem Polymer eingebetteten Wirkstoffen als Suspensionen, von Wirkstoffen in Mikrokapseln od.

man wählt Implantate*. **Instabilitäten:** Zersetzungen chem. instabiler Wirkstoffe werden z. B. verhindert durch die Abwesenheit von Luftsauerstoff (Begasen während der Herst. u. vor dem Verschließen der Behälter mit Inertgas), Zusatz von Antioxidanzien* od. durch die Wahl eines geeigneten pH-Wertes. **Zusätze:** Zur Verbesserung der Löslichkeit eignen sich Zusätze von z. B. Propylenglykol, Polyethylenglykol 300 (bis 50 %), Ethanol (bis 20 %), Benzylalkohol (bis 6 %, nicht für Kleinkinder), grenzflächenaktive Lösungsvermittler in Konz. von 1-5 %.

Initialdosis: (engl.) *priming dose*; erste Dosis bei Mehrfachapplikation*, zur schnelleren Erreichung des Fliessgleichgewichts* i. d. R. höher als die folgenden Erhaltungsdosen*. Soll das steady state sofort erreicht werden, berechnet sich die Initialdosis wie folgt:

$$D_i = \frac{D_e}{1 - e^{-k_e \cdot \tau}}$$

D_i: Initialdosis, D_e: Erhaltungsdosis, k_e: Geschwindigkeitskonstante, τ: Dosierungsintervall.

Initiation: Startreaktion einer chem. Kettenreaktion* od. der Proteinbiosynthese*.

Initiationsfaktoren: Abk. IF; Proteine, die als Hilfsfaktoren zur Initiation der RNA-Synthese u. Proteinbiosynthese erforderl. sind.

Injectio Oxytocini: s. Oxytocin-Injektionslösung.

Injeel®: homöopath. Ampullen. I. sind aufpotenzierte homöopath. Einzelmittel, die injiziert werden od. als Trinkampullen angewendet.

Injektion: Einspritzung; parenterale Applikation; die im Ggs. zur Infusion* schnelle Applikation von gelösten od. suspendierten Stoffen unter Umgehung von Körpergrenzflächen (Haut, Schleimhäute) direkt in das Körperinnere. Während bei intravenöser (i. v.) Gabe der Stoff sofort systemisch verfügbar ist, erfolgt nach intramuskulärer (i. m.) od. subkutaner (s. c.) I. eine verlangsamte Freigabe aus einem Depot. Seltenere Applikationsarten sind intradermal (i. d., in die Haut), intraarteriell (i. a.), intrakardial (ins Herz) od. intrathekal (in den Liquorraum); s. Abbildung.

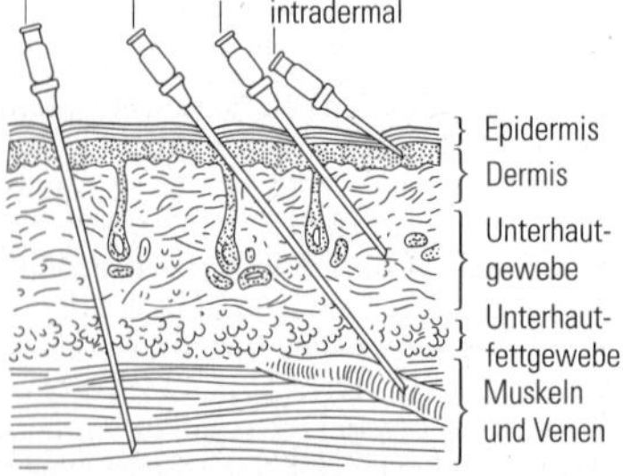

Injektion: anatomische Darstellung versch. Verfahren

Injektionsautomat: s. Pen.

Injektionslösungen: s. Iniectabilia.

Injektionsnarkotika: s. Narkotika.

Injektionsröhrchen: s. Zylinderampulle.

Injektionsspritze: s. Spritze.

Injektionstabletten: feste Arzneiform, die beim Lösen in Wasser für Injektionszwecke eine klare, sterile u. pyrogenfreie Injektionslösung bildet. Als Hilfsstoffe für eine schnelle u. vollkommene Auflösung finden vorwiegend Glucose, Lactose, Saccharose, Sorbitol u. Natriumchlorid Verwendung. Eine Direkttablettierung* ist meist mit Natriumchlorid möglich. Als Gleitmittel dienen gegebenenfalls wasserlösl. Macrogole* u. -derivate. I. müssen asept. hergestellt u. in sterile Einzeldosispackungen abgefüllt werden; vgl. Compressi.

Injektionszubereitungen: s. Iniectabilia.

Inkatee: s. Tecoma lapacho (Cortex Lapacho).

Inklusion: Einschluss von Fremdstoffen in Festkörpern; vgl. Einschlussverbindungen.

Inkompatibilität: Unverträglichkeit; unbeabsichtigte pharmakologische u. physiol. Wirkungen einer Arzneizubereitung bzw. nachteilige, wertmindernde Veränderungen u. unerwünschte WW, die zw. den Bestandteilen, aber auch mit dem Behältnis einer Zuber. bei Herst., Lagerung u. Anw. auftreten können. Ist eine I. sofort od. nach kurzer Zeit sichtbar od. leicht feststellbar, spricht man von einer manifesten Inkompatibilität. Larvierte Inkompatibilitäten werden erst nach längerer Zeit erkennbar od. sind nicht durch Sinnesprüfung wahrnehmbar. **Therapeutische I.:** UAW, unerwünschte Bioverfügbarkeit, Überdosierung, antagonistische u. synergist. Effekte der Wirkstoffe (Interaktionen), Allergisierungen, Gewöhnung u. a.; **physikalische I.:** Veränderungen der Viskosität bzw. Konsistenz (bei hydrokolloidhaltigen Zuber. durch Ethanol, pH-Änderung, Elektrolyte, Konservierungsmittel, Tenside, andere Hydrokolloide; bei Salben durch versch. Einflüsse), Beeinträchtigung des dispersen Zustandes durch Entmischung, Änderung der Kristallmodifikation, Umkristallisationen (bei Haufwerken, Emulsionen, Emulsionssalben, Suspensionen, Suspensionssalben, Pasten), Änderung der Löslichkeit (Zusatz ungeeigneter Solvenzien, Elektrolyte), Veränderung des Aggregatzustandes (Verflüssigung inf. Ausbildung eines Eutektikums), Bildung von Assoziaten (Molekülkomplexe, Adsorptionskomplexe, Mizellassoziate) durch makromolekulare Stoffe, Adsorbenzien u. Tenside sowie Sorption an Kunststoffe; **chemische I.:** u. a. Bildung schwer lösl. Verbindungen (Fällung schwacher Säuren u. Basen durch Verschiebung des pH, Fällung durch gleichionigen Zusatz, Fällung durch Bildung schwer lösl. Salze) sowie unerwünschte Redox-, Veresterungs- u. Substitutionsreaktionen.

Inkontinenz: Incontinentia; Unvermögen, Harn od. Stuhl willkürlich od. reflektor. zurückzuhalten, vgl. Harninkontinenz.

Inkorporation: Aufnahme in den Körper. Im Strahlenschutz* Aufnahme radioaktiver Substanzen entweder oral, über die Haut od. über die Lunge. Die I. radioaktiver Substanzen besitzt je nach Strahlungsart ein unterschiedl. Gefährdungspotential, insbes. inkorporierte Alphastrahler ergeben eine hohe Strahlendosis; s. Radioaktivität.

Inkrement: kleine (differentielle) Zunahme einer variablen Größe.

Inkrete: s. Hormone.

Inkubationszeit
Inkubationszeiten einiger wichtiger Infektionskrankheiten

Abdominaltyphus s. Typhus abdominalis	
AIDS	0.5 - 10 Jahre (?)
Amöbenruhr s. Ruhr	
Blattern s. Pocken	
Botulismus	1 - 3 Tage
Cholera asiatica	3 - 96 Std.
Diphtherie	2 - 7 Tage
Erysipel	1 - 7 Tage
Fleckfieber	12 - 14 (7-21) Tage
Gasbrand	1 - 5 Tage
Gehirnentzündung (Encephalitis epidemica)	2 - 10 Tage
Gelbfieber	3 - 6 Tage
Genickstarre (Meningitis cerebrospinalis epidemica)	1 - 3 Tage
Gonorrhö	1 - 3 Tage
Grippe (Influenza)	1 - 3 Tage
Hepatitis epidemica	15 - 60 Tage
homologe Serumhepatitis	40 -140 Tage
Kala Azar	3 Wochen bis mehrere Monate
Keuchhusten	7 - 14 Tage
Kinderlähmung (Poliomyelitis anterior acuta)	7 - 14 Tage
Lepra (Aussatz)	Monate bis Jahrzehnte
Lebensmittelvergiftung (bakteriell)	12 - 72 Std.
Lues s. Syphillis	
Lungenentzündung (Pneumokokken-Pneumonie)	5 - 72 Std.
Malaria quartana	3 - 6 Wochen
Malaria tertiana	8 - 20 Tage
Malaria tropica	8 - 12 Tage
Masern (Morbilli)	9 - 14 Tage
Maul- und Klauenseuche	3 - 7 Tage
Milzbrand	einige Std. bis 3 Tage
Mumps (Parotitis epidemica)	14 - 21 Tage
Papageienkrankheit (Psittakose)	7 - 14 Tage
Paratyphus	7 - 14 Tage
Pest	2 - 7 Tage
Pneumonie s. Lungenentzündung	
Pocken (Variola)	8 - 14 Tage
Rattenbissfieber	7 - 21 Tage
Röteln	12 - 21 Tage
Rückfallfieber (Febris recurrens)	5 - 7 Tage
Ruhr, Amöben	7 - 21 Tage (bis einige Monate)
Ruhr, Bakterien	2 - 7 Tage
Scharlach	1 - 10 Tage
Schlafkrankheit	10 - 20 Tage
Syphillis	14 - 28 Tage
Tetanus	4 - 14 Tage (selten mehrere Monate)
Tollwut	14 - 60 Tage (bis zu 1 Jahr)
Tuberkulose	mehrere Wochen
Tularämie	4 Tage
Trichinose	14 - 28 Tage
Typhus abdominalis	7 - 14 Tage
Windpocken (Varizellen)	12 - 21 Tage

Inkubationszeit (lat. incubare brüten): Zeit zw. der Ansteckung (Eindringen des Krankheitserregers in den Körper) bis zum Auftreten der ersten Symptome der Infektionskrankheit*. I. wichtiger Infektionskrankheiten s. Tabelle.

inkurabel: unheilbar.

INN: Abk. für **I**nternational **N**onproprietary **N**ame for Pharmaceutical Substances (internationaler Freiname* für pharmaz. Substanzen); Freiname*, Kurzname, generic name; chem. Kurzbez., dienen zur Kennzeichnung von Arznei- u. Wirkstoffen u. werden von einer Expertenkommission der WHO* erarbeitet. Am Namen ist die pharmakol. Substanzklasse erkennbar, er soll möglichst kurz u. unmissverständl. sein. Die Entwicklung erfolgt in 2 Schritten: **1.** INN**p**: proposed INN (zum Gebrauch vorgeschlagener Freiname, INNv); nach Ablauf einer Einspruchsfrist erfolgt **2.** die Bekanntgabe des INN**r**: recommended INN (zum Gebrauch empfohlener Freiname).

Innenrinde: (bot.) sekundäre Rinde, durch Kambiumtätigkeit gebildet. Die primäre Rinde wird daher auch Außenrinde genannt; vgl. Rinde.

Inokulation: Einbringen (Übertragung, Impfung) von Erreger- od. Zellmaterial in ein Nährmedium od. einen Organismus.

Inosin INN: Hypoxanthinosin, Hypoxanthinribosid; 9-*β*-D-Ribofuranosylhypoxanthin, ein *β*-glykosid. Nucleosid* von D-Ribose* u. Hypoxanthin*; CAS-Nr. 58-63-9; $C_{10}H_{12}N_4O_5$, M_r 268.23. Schmp. ab 218 °C (unter Zers.). **Vork.:** Zwischenprodukt des Purinstoffwechsels, entsteht durch Dephosphorylierung von Inosinphosphaten (z. B. Inosinsäure); freies Inosin v. a. in Fleisch, Fleischextrakten, in Zuckerrüben u. Hefe; **Anw.:** Aktivator zellulärer Funktionen zur z. B. Immunstimulation u. a. nicht gesicherter med. Anw., als Nahrungsergänzungsmittel zur Leistungssteigerung (z. B. in Energiegetränken).

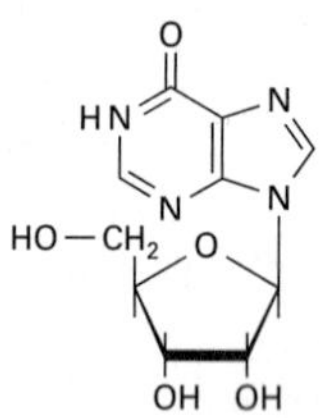

Inosin

Inosin Pranobex: Inosiplex; Komplex von 3 T. des Salzes der *p*-Acetamidobenzoesäure (Acedoben*) mit 1-(Dimethylamino)-2-propanol u. 1 T. Inosin; CAS-Nr. 36703-88-5; $C_{52}H_{78}N_{10}O_{17}$, M_r 1115.3. Lösl. in Wasser. **Anw.:** Immunstimulans bei entzündl. Erkrankungen des ZNS; **UAW:** Schwindel, Erbrechen Magenschmerzen; **Dos.:** 50-100 mg/kg KG/d.

Inosinsäure: Abk. IMP, Muskel-Inosinsäure; Inosin-5-monophosphat; $C_{10}H_{13}N_4O_8P$; M_r 348.22; ein Mononucleotid aus Phosphorsäure, D-Ribose u. Hypoxanthin. I. entsteht aus der Muskeladenylsäure durch Desaminierung u. geht nach Abspaltung von Phosphat in Inosin über; sie dient im Stoffwechsel zur Bildung von Purinbasen (z. B. Adenin, Guanin u. Purinalkaloide). **Anw.:** die Salze als Geschmacksverstärker ähnl. Natriumglutamat. **Gesch.:** Von J. Liebig im Fleischextrakt nachgewiesen (1847). Vgl. Nucleotide.

Inositol: Inosit; sechswertige, cycl. Alkohole (s. Cyclitole). Bilden acht Stereoisomere; z. B. *myo*-Inositol*.

D-*myo*-Inositol-1,4,5-trisphosphat: IP_3, ein second* messenger; s. Inositolphosphate.

Inositolhexaphosphat: s. Fytinsäure.

Inositolhexaphosphorsäureester: s. Fytinsäure.

***meso*-Inositol:** s. *myo*-Inositol.

***myo*-Inositol:** *myo*-Inosit, *meso*-Inosit (veraltet), Bios I, Cyclit; *myo*-(1,2,3,5/4,6)-Cyclohexanhexol; Hexahydroxy-cyclohexan; CAS-Nr. 87-89-8; $C_6H_{12}O_6$; M_r 180.16; Schmp. ca. 226 °C. Farblose Kristalle von süßl. Geschmack, lösl. in Wasser, wenig lösl. in Ethanol. In freier od. gebundener Form in Tieren u. Pflanzen verbreitetes Cyclitol* (cycl. Zuckeralkohol); Pflanzenwuchsstoff; wurde zum Vitamin-B_2-Komplex gerechnet. Wird aus D-Glucose synthetisiert. *myo*-I. ist ein essentieller Best. des Wuchsstoffgemisches Bios der Hefen. Kommt außerdem in Gehirnzellen, Augenlinse, Schilddrüse, Muskeln, Lunge u. Leber vor; Best. der Biomebran* (Inosit-Phosphoglyceride, s. Inositolphosphate). Bei Ratten u. Mäusen führt ein Mangel zu Haarausfall, Dermatitis, Wachstumsstillstand. Tägl. Bedarf bei Menschen ca. 1.5 mg. **Off.:** DAC86, ÖAB90. **Anw.:** bei Störungen des Leberstoffwechsels u. bei gewissen Formen von Bindegewebeentzündungen. Fytinsäure* für die Speicherung von Phosphat in pfl. Geweben wichtig, z. B. in Früchten, Pflanzensamen u. Getreide. Die gemischten Ca- u. Mg-Salze werden als Fytin bezeichnet u. sind Best. von Globoiden.

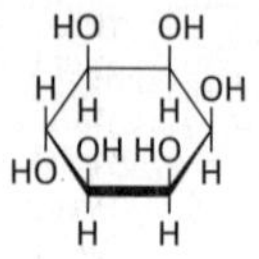

myo-Inositol

Inositolnicotinat INN: Inositoli nicotinas, Inosithexanicotinat; *myo*-Inosit-hexanicotinsäureester, CAS-Nr. 6556-11-2; $C_{42}H_{30}N_6O_{12}$, M_r 810.71. Schmp. 254-254.9 °C (polymorph). Fast unlösl. in Wasser; lösl. in verd. Säuren. **Anw.:** Vasodilatator*, Lipidsenker*; **UAW:** Flush, Schwindel, Dyspepsie, allerg. Reaktionen; **Kontraind.:** Blutungen, Herzinsuffizienz, Herzinfarkt; **WW:** Antidiabetika; **Dos.:** p. o. 2-3 × 0.4 g/d.

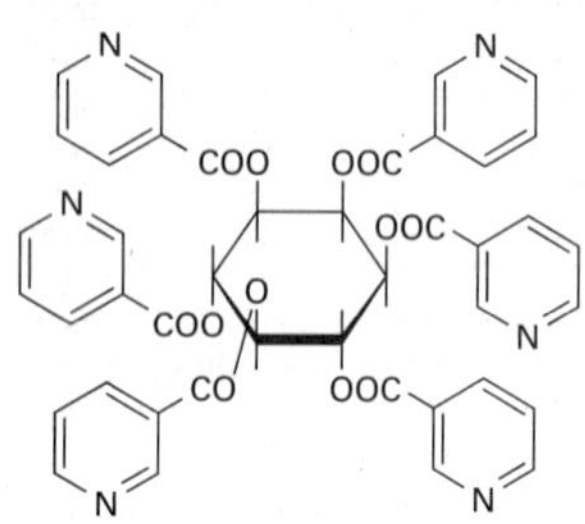

Inosit(ol)nicotinat

Inositolphosphate: Phosphorsäureester von *myo*-Inositol*; auch Best. von Phosphatidylinositen; s. Phosphatide. Inositol-1,4,5-trisphosphat (IP_3) entsteht aus Phosphatidylinositol-4,5-diphosphat ($PtdIIP_3$), wenn die Rezeptoren in der Zellmembran (z. B. für Hormone u. Neurotransmitter) besetzt werden. IP_3 scheint für die intrazelluläre Ca^{2+}-Freisetzung (endoplasmatisches Retikulum) verantwortl. zu sein, die der Stimulierung der Zelle folgt. IP_3 ist daher ein second* messenger für Acetylcholin, Vasopressin od. Peptidhormone. IP_3 wird in drei Stufen zum *myo*-Inositol abgebaut, wobei die letzte Stufe (Hydrolyse des letzten Phosphorsäuremoleküls) durch *myo*-Inositol-1-phosphatase katalysiert wird, die durch Lithium blockiert werden kann, was mit dessen Bedeutung bei manisch-depressiven Erkrankungen, (s. Psychopharmaka, Lithiumsalze), in Zusammenhang gebracht wird. Die Blockierung dieses Enzyms unterbricht den gesamten Inositolmetabolismus, da die Neubildung von $PtdIPI_3$ verhindert wird; vgl. Fytinsäure.

Inositoltriphosphat: Abk. IP_3; D-*myo*-Inositol-1,4,5-triphosphat; s. Inositolphosphate.

inotrop: die Schlagstärke od. Kontraktionskraft des Herzmuskels beeinflussend. **1.** positiv inotrop: Pharmaka mit steigernder Wirkung, z.B. herzwirksame Glykoside*, Catecholamine*, Methylxanthine*; **2.** negativ inotrop: Pharmaka mit herabsetzender Wirkung, z.B. Betarezeptorenblocker (s. Sympatholytika), bestimmte Calciumantagonisten*, Parasympathomimetika*.

Inprozess-Kontrolle: Kontrollen während der Produktion eines Arzneimittels zur Überwachung u. Steuerung eines Arbeitsablaufes.

Insania: Wahnsinn; Bez. für psych. Störungen, die mit Störungen der kognitiven u. affektiven Funktionen, Wahn u. Halluzinationen einhergehen.

Insektenblüten: s. Tanacetum cinerariifolium (Pyrethri flos).

Insektenblume, Dalmatinische: s. Tanacetum cinerariifolium.

Insektenpulver: Pulvis contra insecta, Pulvis insectorum, Pulvis florum Pyrethri, Pulvis florum Chrysanthemi, Dalmatinisches I., Persisches I., Kaukasisches I.; Schädlingsbekämpfungsmittel* (Insektizide), s. Tanacetum cinerariifolium.

Insektenvertreibungsmittel: s. Repellents.

Insektenwachs: s. Wachse (Cera chinensis).

Insektizid: s. Schädlingsbekämpfungsmittel.

Inselhormone: s. Insulin, Glucagon, Somatostatin.

Inselorgan: s. Langerhans-Inseln.

Inserenda ophthalmica: s. Inserte.

Inserte: Inserenda ophthalmica Ph.Eur.4, Augeninserte; einzeln steril verpackte, zum Einlegen in den Unterlidsack (Bindehautsack) bestimmte, dünne, poröse Scheiben od. Flocken aus inertem Material (u.a. Kollagen, Alginat, Polyamid, Polyacrylharze, Povidon, Polyvinylacetat, Polymethacrylamid, Hydroxypropylcellulose), die mit einem Arzneistoff imprägniert sind u. diesen entw. durch langsames Auflösen des Trägers (lösl. Polymere) od. unter Herauslösen aus unlösl. Polymer durch die Tränenflüssigkeit allmähl. freigeben.

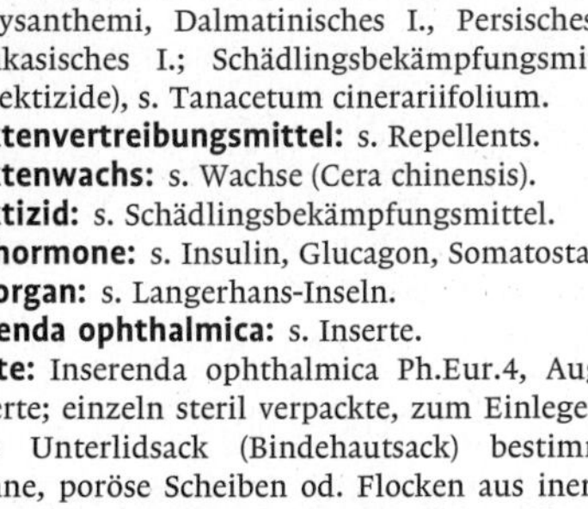

Inserte: Aufbau des Ocusert®

Im zweiten Fall muss das leere System aus dem Auge entfernt werden. Die Freisetzungsrate nimmt mit der Zeit ab (Freisetzungskinetik 1. Ordnung). **Beispiel:** Ein unlösl. System zur Dauerbehandlung von Glaukomen ist das therap. System Ocusert®, s. Abb.. Das ellipsenförmige, flexible u. durchsichtige System enthält in der Mitte Pilocarpin, in Alginsäure-Matrix eingebettet. Dieses Arzneistoffreservoir ist mit Polymermembranen bedeckt, wobei auf einer Seite eine Membran aus Ethylenvinylacetatcopolymer für eine konstante Arzneistoffabgabe nach dem Diffusionsprinzip sorgt (Freisetzungskinetik 0. Ordnung über mind. 7 d). Voraussetzung für eine konstante Wirkstofffreisetzung ist ein Überschuss an Arzneistoff (gesättigte Lsg.) im Reservoir.

Insertion: Mutation, die durch Einfügung von Basenpaaren od. Sequenzabschnitten in ein DNA-Molekül hervorgerufen wird. Insertiona entstehen spontan od. können experimentell für gentechn. Verfahren herbeigeführt werden. Vgl. Chromosomenaberration.

in situ: **1.** bezeichnet die natürliche, ursprüngl. Position in der Medizin (im Körper) u. Chemie. **2.** (chem.) am Ort entstanden.

Insolation: Heliosis; Sonnenstich; Folge unmittelbarer, längerer Einwirkung der Sonnenstrahlen bes. auf den unbedeckten Kopf u. Nacken. **Sympt.:** Kopfschmerzen, Übelkeit, Fieber, Schwindel, Kollaps.

Insomnie: s. Schlaflosigkeit.

Inspektionsübereinkommen: (engl.) *Pharmaceutical Inspection Convention*; Abk. PIC; Am 8.10.1970 von den Mitgliedstaaten der EFTA* abgeschlossenes Übereinkommen zur gegenseitigen Anerkennung von Inspektionen, die die Herst. pharmaz. Produkte betreffen. Das Übereinkommen, dem 18 Vertragsstaaten (Australien, Österreich, Belgien, Dänemark, Finnland, Frankreich, Deutschland, Ungarn, Island, Irland, Italien, Liechtenstein, Norwegen, Portugal, Rumänien, Schweden, Schweiz, Großbritannien) beigetreten waren, ist durch das Gesetz zur PIC vom 10.3.1983 für die BRD wirksam geworden. Um eine einheitl. Anw. dieses Übereinkommens zu gewährleisten, haben die Mitgliedstaaten den Leitfaden einer guten Herstellungspraxis für pharmaz. Produkte, den **PIC-GMP-Leitfaden** erstellt. Jedem Kapitel des Leitadens sind die Grundsätze der guten Herstellungspraxis (s. GMP) vorangestellt. Das Inspektionsabkommen PIC wurde 1995 durch PIC/S* abgelöst.

inspissatus: inspissata, inspissatum; eingedickt.

Instantisierung: Herstellungsprozess für leicht benetzbare u. sich schnell u. vollständig, ohne Klumpenbildung in Wasser auflösende, hochporöse Pulver od. Granulate. Löslichkeit ist durch die Kapillarwirkung der hochporösen Instantprodukte bedingt. Die I. erfolgt entw. durch Wiederbefeuchtung von im Sprühverfahren (od. durch Walzentrocknung) aus wässrigen Extraktlösungen gewonnenem Pulver u. anschließender Trocknung od. in einem Einphasenprozess durch besondere Sprühtechniken bzw. durch spezielle Vakuumtrocknung. Als Füllmittel dienen Saccharose, Lactose od. Dextrine (50-90%). Instantextrakte von Arzneipflanzen werden als sog. Pulvertees in den Handel gebracht. In Instanttees von äther. Öldrogen wird wegen der Flüchtigkeit des äther. Öls dieses nachträgl. in Form von Mikrokapseln* zugefügt. Vgl. Sprühtrocknung.

Instillation: Einträufelung. Rektale I., Tropfklistier.

Institut für Wasser-, Boden- und Lufthygiene: eines der Nachfolge-Institute des ehemaligen Bundesgesundheitsamtes* im Geschäftsbereich des Umweltbundesamts.

Insuffizienz: Schwäche, ungenügende Leistung eines Organs od. Organsystems; z. B. Herzinsuffizienz*.

Insufflatoren: s. Pulverinhalatoren.

Insulin INN: Inselhormon; CAS-Nr. 9004-10-8; M_r ca. 5 800; Schmp. 233 °C (unter Zers.); isoelektr. Punkt pH 5.3-5.35; lösl. in Wasser u. 80 %igem Ethanol sowie schwachen Säuren u. Alkalien, fast unlösl. bei pH 4.5 -7.0 u. in org. Lösungsmitteln; opt. linksdrehend; rhomboedr. Kristalle. Blutzuckersenkendes Polypeptidhormon aus den β-Zellen der Langerhans*-Inseln der Bauchspeicheldrüse. **Struktur:** I. ist artspezif. Eiweißkörper, der bes. reich an Cystin, Leucin, Tyrosin, Glutaminsäure u. a. ist, während Methionin fehlt. Es besteht aus den Polypeptidketten A u. B mit 21 bzw. 30 Aminosäureresten, die durch 2 Disulfidbrücken, zw. A7 u. B7 sowie A20 u. B19, miteinander verbunden sind. In der A-Kette befindet sich eine weitere Brücke zw. 3 Cysteinresten, Aminosäuren 6 u. 11. Schweineinsulin unterscheidet sich nur durch den Aminosäurerest B30 (Alanin statt Threonin), Rinderinsulin durch die Positionen A8 (Alanin statt Threonin) u. A10 (Valin statt Isoleucin) von Humaninsulin. Für die biol. Wirk. sind nur die Aminosäuren A1, A5, A19, A21 u. B12, B16, B24, B25, B26 entscheidend, deshalb ist die Wirk. von I. nicht artspezifisch. **Stabilität** u. **Aufbewahrung:** I. ist alkaliempfindl. in schwach saurer Lsg. u. bei pH 7.0-7.4, aber hinreichend stabil; in stark saurer Lsg. geht es in eine inaktive, renaturierbare Fibrillenform über; durch Reduktions- u. Oxidationsmittel sowie durch ultraviolettes Licht wird es rasch zerstört. Trocken ist I. einige Monate haltbar. Insulinlsg. u. -suspensionen sind bei Lagerung zw. 2 u. 10 °C einige Jahre, bei Temp. bis zu 25 °C 1-2 Monate haltbar. Höhere Temp. begünstigen den auf Desaminierungsprozessen beruhenden Aktivitätsverlust. Insulinpräparate dürfen nicht gefrieren. Saure Zuber. sind empfindl. als neutrale; Lichtschutz ist erforderlich. Bei ordnungsgemäßer Lagerung: Verfallsdatum spätestens 2 Jahre nach Herstellungsdatum. **Biosynthese:** ribosomal im endoplasmatischen Retikulum, die Bildung des aktiven Peptids erfolgt im Golgi-Apparat aus den unwirksamen Vorstufen Prä-Proinsulin (unverzweigte Kette aus 107 Aminosäureresten) u. Proinsulin (81 Aminosäurereste) durch Abspaltung des Mittelstückes (C-Peptid) zu Insulin, das als wasserunlösl. Zinkkomplex gespeichert wird; Zinkgeh. 0.3-1.0 %. **Herst.:** **1.** Isolierung aus den Bauchspeicheldrüsen von Schwein u. Rind, durch Extraktion der zerkleinerten Drüsen mit 70 %igem Ethanol bei pH 1-2; **2.** Humaninsulin, semisynthetisch aus Schweineinsulin durch Austausch des terminalen Aminosäurerestes der B-Kette durch Transaminierung; **3.** gentechnologisch. **Reinigung:** früher nur durch mehrfache Kristallisation, heute zusätzl. chromatograph. Reinigungsschritte: **1.** Gelfiltration*: Auftrennung in Fraktion a (antigene Proteine mit hohem Molekulargewicht), Fraktion b (Proinsulin, Zwischenstufe der Insulinbiosynthese, Dimere) u. Fraktion c (hauptsächl. Insulin, weniger als 10 % im Laufe der Herst. entstehende Insulinderivate, z. B. Insulinethylester), Bez. als single-peak-Insuline od. als chromatograph. rein, CR od. CS (C: chromatographiert, R: vom Rind, S: vom Schwein); anschließend **2.** Anionenaustauscherchromatographie, nach der auch mit radioimmunolog. Analysemethoden keine Verunreinigungen nachgewiesen werden können: Bez. als Monokomponenten-Insuline bzw. rare-immunogenum-insuline. **Wirk.:** Sekretion wird in erster Linie durch Glucose u. (beim Menschen von geringerer Bedeutung) andere Zucker, Aminosäuren, Fettsäuren, Stimulation von β_2-Rezeptoren, therap. durch Sulfonylharnstoffe (s. Antidiabetika) gefördert, durch Glucagon* u. α-Agonisten sowie durch Catecholamine u. I. selbst gehemmt. I. reagiert in den Erfolgsorganen (z. B. Muskel, Leber, Fettgewebe) mit einem spezifischen Rezeptor. Es verbessert die Glucoseaufnahme in die Zellen der meisten Gewebe, erhöht die Glykogenbildung in Leber u. Muskeln u. verhindert den Glykogenabbau. Es fördert die Bildung von Proteinen u. Lipiden u. bewirkt eine vermehrte RNA-Synthese u. einen erhöhten Einbau von Aminosäuren in Zellproteine. Biol. HWZ 3-10 min. **Anw.:** I. bewirkt Senkung des Blutzuckerspiegels u. dient daher zur Behandlung der Zuckerkrankheit (Diabetes* mellitus), ohne diese jedoch zu heilen; bei Unterernährung u. Magersucht, da es infolge Hypoglykämie* Hunger hervorruft; früher bei Schizophrenie* (Insulinschock-Therapie). Applikation: aufgrund des Eiweißcharakters peroral unwirksam, daher intravenös (nur Normalinsuline), subkutan u. intramuskulär. **UAW:** bei Überdosierung Hypoglykämie, die durch Nahrungsaufnahme od. bei schweren Fällen durch sofortige parenterale Glucosezufuhr behoben werden muss; allerg. Reaktionen durch Beimengungen von Proinsulin u. a. Intermediatinsulinen*, treten bei chromatographierten Insulinen seltener auf. Insulinresistenz: Wirkungsverlust durch Bildung von IgG-Antikörpern geg. Insulin. Lipodystrophie: Fettschwund, seltener geschwulstartige Fettgewebebildung an Insulininjektionsstellen bes. bei jugendl. Diabetikern, Prophylaxe: regelmäßiger Wechsel der Injektionsstelle, i. m. Injektion, Anw. von Monokomponenten-Insulinen. **Kontraind.:** Hypoglykämie. **WW:** u. a. orale Kontrazeptiva, Corticosteroide, Beta-2-Sympathomimetika. Insulin-Einheit: 1 I.E. entspr. 0.035 mg wasserfreiem Insulin.

Insuline in der Ph.Eur.4: Insulin: Insulinum; Schweineinsulin, $C_{256}H_{381}N_{65}O_{76}S_6$, M_r 5778 od. Rinderinsulin, $C_{254}H_{377}N_{65}O_{75}S_6$, M_r 5734; die gereinigte, nat. Substanz aus Rinder- od. Schweinepankreas. **Humaninsulin:** Insulinum humanum; $C_{257}H_{383}N_{65}O_{77}S_6$, M_r 5808. **Herst.:** enzymat. Mo-

Insulin
Wirkung nach s. c. Injektion

Bezeichnung von Präparatetypen	Bezeichnung der Wirkung	beginnt nach (Std.)	ausgeprägt nach (Std.)	klingt ab nach (Std.)
reguläres Insulin, Normalinsulin, Altinsulin	schnell	0.5	2 - 3	5 - 8
NPH-, Semilente-, Surfen-Insuline	intermediär	1	4 - 8	12 - 8
Ultralente-, Long-, Ultratard-Insuline	lang	2 -3	7 - 24	28 - 34

difikation von Schweineinsulin od. gentechnologisch. **Zuber.**: Neben den einfachen Insulinlsg., deren Wirkungsdauer durch s. c. Applikation gegenüber i. v.-Injektion nur in geringem Maße verlängert werden kann, befinden sich eine große Anzahl von Depot- bzw. Verzögerungsinsulinen mit protrahierter Wirk. im Handel. Der Depoteffekt beruht auf einer infolge gezielter Verminderung der Löslichkeit verlangsamten Resorption des Insulins aus einem s. c. Depot. Um eine verzögerte Insulin-Resorption zu erzielen, kommen im Prinzip folgende Möglichkeiten in Betracht: **1.** Bildung salzartiger Komplexe mit bas. Substanzen; **a)** Protamine: bas. Polypeptide aus Fischsperma (z. B. Salmin von Lachs, Skombrin von Makrele, Clupein von Hering, Iridin von Regenbogenforelle); I. bildet mit Protamin in Gegenwart von Zink-Ionen schwer lösl. Komplexe; verwendet wurden früher Protamin-Zink-Insuline (PZ-I.), neutrale Lsg. mit großem Überschuss an Protamin, Wirkungsdauer bis 70 h, schlechte Steuerbarkeit. Heute wird Neutral-Protamin-Hagedorn(NPH)-I. (Isophaninsulin, Insulinum isophanum) bevorzugt. Das sind krist. Komplexe aus isophanen Mengen I. u. Protamin. Unter Isophanie versteht man die Titration einer Insulin-Lsg. bis zum isoelektrischen Punkt*, so dass ein Überschuss an I. od. Protamin in der überstehenden Flüss. vermieden wird. Sie entspr. hinsichtl. ihrer Pharmakokinetik Intermediärinsulinen; sind in fast allen Kombinationsinsulinen enthalten; **b)** Globin: z. B. Human-Hämoglobin, Bez. im Handelsnamen: HG; **c)** Aminoquinurid*. **2.** Insulin-Zink-Suspension, der Depot-Effekt beruht darauf, dass I. bei Anwesenheit von 80 µg Zink pro 40 I.E. im neutralen Medium sehr schwer lösl. ist. Suspensionen amorphen I. neigen unter solchen Bedingungen nicht zur Kristallisation. **3.** Insulinderivate: z. B. durch Acylierung von Aminogruppen veränderte I., haben geringe Bedeutung.

Einteilung der Insulinpräparate nach ihrer Pharmakokinetik (s. Tab.): **1.** Normalinsuline: kurz wirkende I., früher Altinsuline, engl. *regular insulins*. I. in saurer (pH 3.0-3.5) od. neutraler Lsg. (pH 7.0-7.4), Wirkungseintritt 15-30 min nach s. c.-Injektion, Wirkungsmaximum nach 1-3 h, Wirkungsdauer 5-8 h. **Anw.**: zu Beginn der Insulintherapie bei Diabetes Typ I u. II, bei zusätzl. Stoffwechselbelastungen bei Diabetes Typ II (z. B. Infektions- u. a. Erkrankungen), zur Behandlung des diabet. Komas (i. v.-Injektion), in Kombination mit Verzögerungsinsulinen zur Deckung des Insulinbedarfs nach der Mahlzeit; **2.** Verzögerungs-, Depotinsuline: a) mittellang wirkende I., Intermediärinsuline: Wirkungseintritt 1-2 h nach s. c.-Injektion, Wirkungsmaximum nach 2-6 h, Wirkungsdauer 10-20 h; b) lang wirkende I., Langzeitinsuline: Wirkungseintritt 1-4 h nach s. c.-Injektion, Wirkungsmaximum 10-30 h nach der Applikation, Wirkungsdauer bis zu 30 u. mehr Stunden. Sie ermöglichen, dass stoffwechselstabile Typ-II-Diabetiker mit 1-2 Injektionen pro Tag auskommen können; Anw. zus. mit den Mahlzeiten folgenden Applikationen von Normalinsulinen in der Dauerther. von jugendl. Diabetikern des Typs I; **3.** Kombinationsinsuline: Mischungen von Normal- u. Verzögerungsinsulinen in unterschiedl. Mengenverhältnissen mit raschem Wirkungseintritt u. mittellanger Wirkungsdauer. Meist wird allerdings individuell gemischt.

Insulinzubereitungen in der Ph.Eur.4: 1. Insulinzubereitungen zur Injektion: Praeparationes insulini iniectabiles Ph.Eur.4. Diese Monographie regelt grundsätzl. Herst. u. Prüfung der folgenden Insulinzubereitungen zur Injektion, welche wiederum den Vorschriften über Parenteralia* entspr. müssen. Dabei wird v. a. auch auf die Vorschriften hinsichtl. Insulinum u. Insulinum humanum (s. o.) verwiesen; **2.** lösliches Insulin als Injektionslösung: Insulini solubilis iniectabilium Ph.Eur.4; eine neutrale Lsg. von Insulinum od. Insulinum humanum; **3.** biphasische Insulin-Suspension zur Injektion: Insulini biphasici iniectabilium Ph.Eur.4; Suspension krist. rhomboedr. Rinderinsulins in einer Lsg. von Schweineinsulin; **4.** Insulin-Zink-Kristallsuspension zur Injektion: Insulini zinci cristallini suspensio iniectabilis Ph.Eur.4; I., das mit einem geeigneten Zinksalz komplexiert ist u. krist. mit einer Teilchengröße über 10 µm, aber selten über 40 µm vorliegt; **5.** Insulin-Zink-Suspension zur Injektion: Insulini zinci suspensio iniectabilis Ph.Eur.4; Mischung von Insulin-Zink-Kristallsuspension u. amorpher Insulin-Zink-Suspension im Verhältnis von 7 : 3; **6.** amorphe Insulin-Zink-Suspension zur Injektion: Insulini zinci amorphi suspensio iniectabilis Ph.Eur.4; I., das mit einem geeigneten Zinksalz komplexiert ist u. aus uneinheitl. geformten Partikeln mit einer Teilchengröße von selten über 2 µm besteht; **7.** Isophan-Insulin-Suspension zur Injektion: Insulini isophani iniectabilium Ph.Eur.4.; sterile Suspension eines Komplexes aus Protaminsulfat (od. einem anderen geeigneten Protamin) u. Insulinum od. Insulinum humanum in isophaner Mischung, das heißt, dass der Insulin- od. Protaminüberschuss in der überstehenden Flüssigkeit minimal ist; das Verhältnis hängt vom Zinkgehalt ab; Geh.

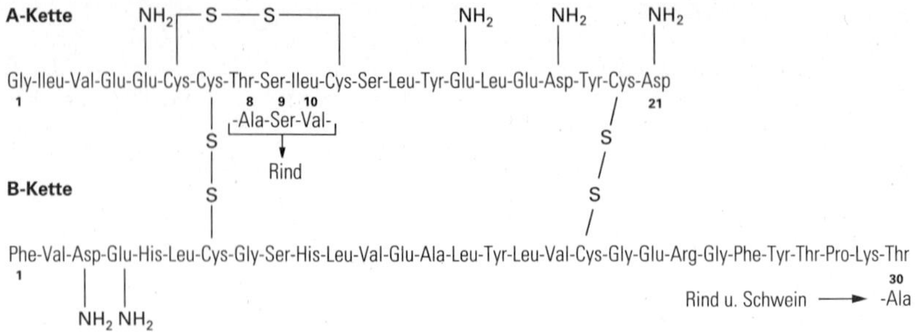

Insulin Abb. 1

mind. 0.3 u. max. 0.6 mg Protaminsulfat pro 100 I.E. Insulin; max. 0.04 mg Zink; **8.** biphasische Isophan-Insulin-Suspension zur Injektion: Insulini isophani biphasici iniectabilium Ph.Eur.4; besteht aus einer sterilen, gepufferten Isophan-Insulin-Suspension in einer Lsg. von I. derselben Art. **Insulinanaloga: 1. Insulin Aspart (INN):** an Position 28 ist Prolin durch Aparaginsäure ersetzt. **Wirk.** u. **Anw.**: Antidiabetikum* bei Diabetes mellitus; durch den sehr schnellen Wirkungseintritt (durch Veränderung der Primärstruktur von Humaninsulin) entfällt der Spritz-Ess-Abstand; sogar postprandiale Applikation ist mögl.; **UAW:** Hypoglykämie, Ödeme. **2. Insulin glargin (INN):** (engl.) 21A-glycin-30Ba-L-arginin-30Bb-L-arginin-Humaninsulin; CAS-Nr. 160337-95-1; $C_{267}H_{404}N_{72}O_{78}S_6$, M_r 6063.0. B-Kette wurde um 2 Arginine verlängert. **Wirk.** u. **Anw.**: Antidiabetikum* mit verlängerter Wirkungsdauer; durch die schlechte Löslichkeit im Subkutangewebe bilden sich Mikropräzipitate, aus denen konstant die Freisetzung in geringer Menge erfolgt. **UAW:** Hypoglykämie, evtl. Sehstörungen; **Dos.**: individuelle Dosierung einmal tägl. (abends, s. c.); **3. Insulin lispro (INN):** 28B-L-lysin-29B-L-prolin-Humaninsulin; CAS-Nr. 0133107-64-9; $C_{257}H_{383}N_{65}O_{77}S_6$, M_r 5808,41. Pro28 und Lys29 wurden gegeneinander ausgetauscht; über rekombinante DNA aus E. coli hergestellt. **Wirk.** u.

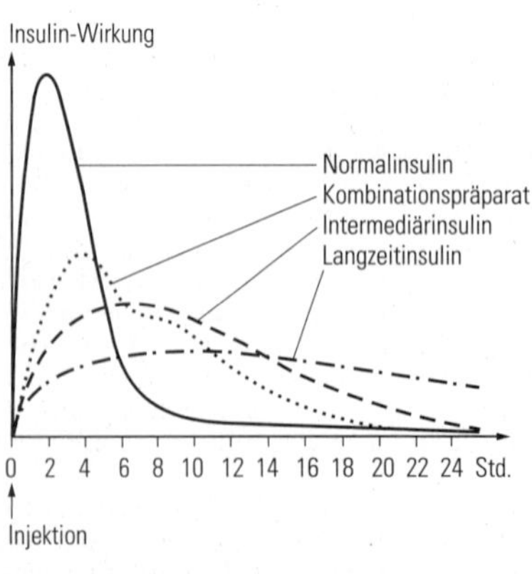

Insulin Abb. 2: Zeit-Wirkungsdiagramm versch. Insulinpräparattypen

Anw.: Antidiabetikum* mit schnellem Wirkungseintritt (innerhalb von 15 min, Wirkdauer 2-5 h); weist im Vergleich zu Normalinsulin eine deutlich reduzierte Selbstassoziation auf u. ist dadurch nach subkutaner Injektion wesentl. schneller bioverfügbar. **UAW:** Hypoglykämie;

Gesch.: I. wurde 1921 von Banting u. Best isoliert; krist. gewonnen 1926 von J. Abel.

Insulinantagonisten: diabetogene* Substanzen.

Insulindefalan: Desphenylalanin-Insulin; durch Abspalten des terminalen Phenylalanins (Aminosäure B1) modifiziertes Insulin*. **Anw.**: Antidiabetikum*; wie Normalinsuline u. in Kombinationsinsulinen.

Insulin-like growth factor: Abk. IGF; insulinartiger Wachstumsfaktor. Man unterscheidet IGF-1 (auch als Somatomedin A od. C bezeichnet) von IGF-2 (auch als MSA bezeichnet). IGF werden in der Leber u. versch. anderen Geweben gebildet u. sind mit Insulin verwandt. **Funktion:** Mitogene* für Muskel-, Knochen- und Knorpelzellen, wirken synergist. mit anderen Wachstumsfaktoren (z. B. Epoetin*, CSF*), fördern das Wachstum transformierter Zellen, spielen eine Rolle bei der Nervenregeneration u. Wundheilung.

Insulin lispro: s. Insulin.

Insulinpen: füllfederhalterähnl. Injektionsgerät als Ersatz für die konventionelle Insulinspritze. Die gewünschte Dosis wird eingestellt u. die Injektion erfolgt schmerzarm per Knopfdruck aus einer Spritzampullen* (100 I.E./mL) über eine extrem feine Nadel. Vorteile: stets spritzbereit, exakte Dos., konzentriertere Insulinlsg. als bei herkömml. Insulinen (geringere Flüssigkeitsmengen erforderl.). Die gute Stabilität des Insulins bei körpernahem Tragen im Pen sichert eine 3-wöchige Anwendungsmöglichkeit; vgl. Pen.

Insulinpumpe: akkubetriebene Injektionspumpe mit Minicomputer, Schlauchsystem, Flügelkanüle u. Insulinampulle zur programmierbaren s. c.-Gabe von Insulin.

Insulinresistenz: Stoffwechselzustand mit hohen Insulinwerten trotz normaler od. erhöhter Blutzuckerkonz. aufgrund ineffizienter Interaktion zw. Insulin* u. insulinabhängigen Geweben (z. B. Muskel-, Leber-, Fettgewebe). Die I. im Rahmen der Insulintherapie ist bedingt durch spezif. IgG-Antikörper, die einen Mehrbedarf an Insulin (>80 I.E./d) zur Stoffwechseleinstellung bei Diabetes* mellitus verursachen.

Insulinsensitizer: s. Antidiabetika (orale).
Insulinspritze: s. Spritze; vgl. Pen.
Insulin-Suspension zur Injektion, biphasische: s. Insulin (Insulinzubereitungen in der Ph.Eur.4).
Insulinum humanum: s. Insulin.
Insulinum isophanum: s. Insulin (Zuber.).
Insulin-Zink-Kristallsuspension zur Injektion: s. Insulin (Insulinzubereitungen in der Ph.Eur.4).
Insulin-Zink-Suspension zur Injektion: s. Insulin (Insulinzubereitungen in der Ph.Eur.4).
Insulin-Zink-Suspension zur Injektion, amorphe: s. Insulin (Insulinzubereitungen in der Ph.Eur.4).
Insulinzubereitungen zur Injektion: s. Insulin (Insulinzubereitungen in der Ph.Eur.4).
Insult: Anfall, z. B. apoplekt. Insult; s. Schlaganfall.
Integument: **1.** (bot.) Hülle der jungen Samenanlage, die vom Grunde der Samenanlage ringwallartig heranwächst. **2.** (med.) Integumentum, äußere Haut, z. B. Epidermis, Corium und Tela subkutanea.
Intensität: Maß für den Energiefluss; die von Strahlung, z. B. elektromagnet., in Ausbreitungsrichtung transportierte, auf eine Querschnittsfläche bezogene Leistung; SI-Einheit W/m^2.
Intention-to-treat-Population: s. Studie, klinische (Tab. 2).
Interaktionen: s. Arzneimittelinteraktionen.
intercept: s. Ausgleichsrechnung.
Interdigitalmykose: Pilzerkrankung zw. Fingern u. Zehen, vgl. Mykose.
Interfaszikularräume: Markstrahlen; (bot.) Räume zw. den Leitgewebesträngen, den sog. Faszikeln, der Sprossachse, mit parenchymat. Grundgewebe gefüllt.
Interferenz: **1.** (physik.) Überlagerung von Wellen (z. B. Licht), resultiert je nach Phasenlage in Verstärkung od. Abschwächung. **2.** (pharmakokin.) s. Arzneimittelinteraktionen.
Interferon alfa INN: Abk. IFN-α; nat. humanes Interferon*, das aus Leukozyten* von gesunden Wiederholungsspendern (36 h nach der Blutentnahme) nach Prüfung auf Abwesenheit von viralen Partikeln od. Viren hergestellt wird. **Formen:** I. alfa-2a, -2b, -2c; alle rekombiniert human; **Anw.:** Virostatika*, Immunstimulanzien*; **Ind.:** z. B. zur Behandlung versch. Leukämieformen u. Karzinome, bei Virusinfektionen des Auges u. Hepatitis B; **Wirk.:** s. Interferone. **Konzentrierte Interferon-alfa-2-Lösung:** Interferoni alfa-2 solutio concentrata Ph.Eur.4; mit DNA-Rekombinationstechnik hergestellt; klare, farblose bis schwach gelbliche Flüssigkeit. **Dos.:** parenteral, Haarzelleukämie: s. c., i. m. initial 3 Mio. I.E./d über 16-24 Wochen, Erhaltungsdosis 3×3 Mio. I.E./7d; Kaposi-Sarkom bei AIDS-Patienten: s.c., i.m. initial stufenweise Erhöhung (3, 9, 18 Mio. I.E.)-36 Mio. I.E./d über 10-14 Wochen.
Interferon alfacon-1 INN: Consensus-Interferon (Abk. CIFN); CAS-Nr. 118390-30-0; $C_{870}H_{1366}N_{236}O_{259}S_9$, M_r 19567.26. Gentechn. hergestelltes, nicht nat. vorkommendes Interferon*-α; Protein aus 166 Aminosäuren. **Struktur:** Die Aminosäuresequenz ist eine Consensussequenz von 14 nat. vorkommenden α-Humaninterferonen des Typs 1, d. h. die Sequenz entspr. den am häufigsten erscheinenden Aminosäuren an jeder Position. CIFN besitzt eine etwa 100fach höhere Bindungsaffinität an den Interferon-Rezeptor als andere α-Interferone. **Wirk.:** Bindung an IFN Typ 1-Rezeptor; die virostat. Wirkung beruht auf der Produktion mehrerer antiviral, immunmodulator. u. antiproliferativ wirksamer Genprodukte wie z. B. der 2',5'-Oligoadenylatsynthetase u. β-2-Mikroglobulin; **Anw.:** Hepatitis C; **UAW:** Fieber, Müdigkeit, Kopfschmerzen, Myalgie; **Dos.:** s. c. 9 µg 3-mal pro Woche.
Interferon beta INN: Abk. IFN-β; aus Fibroblasten hergestelltes β-Interferon. **Anw.:** Virostatikum*, Immunstimulanz*; **Ind.:** bei schweren, unbeherrschbaren virusbedingten Infektionen*; als Gel bei kleinen Feigwarzen (s. Kondylome). **Wirk.:** s. Interferone.
Interferon beta-1a: im Gegensatz zu Interferon beta-1b mit dem humanen Interferon* beta identisch. **Wirk., Anw.** u. **UAW:** s. Interferon beta-1b; **Dos.:** s.c. 22 µg 3-mal/Woche.
Interferon beta-1b: 17-L-Serin-2-166-interferon-β1; CAS-Nr. 145155-23-3; M_r 18 500. Rekombinantes, modifiziertes Interferon* beta (IFN-β). **Wirk.:** antiviral, immunregulierend, bindet an die Rezeptoren des humanen IFN-β u. hemmt dadurch die Produktion von IFN-γ u. Tumornekrosefaktor-α, s. Interferone; **Anw.:** Immuntherapeutikum zur Reduktion von Häufigkeit u. Schweregrad der klin. Schübe von Multipler* Sklerose; **UAW:** u. a. lokale Reaktionen; grippeähnl. Symptome, Bronchospasmen; **Kontraind.:** Schwangerschaft u. Stillzeit; Depressionen u. Suizidneigung in der Anamnese; Leberinsuffizienz; **Dos.:** parenteral s. c. 8 Mio E.I. (0.25 mg) jeden 2. Tag; HWZ bis zu 4 h.
Interferone: Abk. IFN; artspezif. Glykoproteine (β- u. γ-Interferone) od. reine Proteine (meist α-Interferone); Bildung erfolgt sehr schnell in menschl. u. tierischen Zellen im Rahmen der Immunantwort* gegen Infektionen durch Viren, Chlamydien, Bakt. u. einige Protozoen sowie unter Einfluss zahlreicher antigener od. Zellteilung induzierender Reize (z. B. Lektine*). M_r ca. 13 000; stabil in Temperaturbereichen bis ca. 65 °C, auch in extremen pH-Bereichen zw. 2 u. 10. Man unterscheidet 3 **Haupttypen:** **1. α-Interferone:** Abk. INF-α; von Leukozyten gebildet (daher früher auch als Leukozyten-Interferon bezeichnet). Die ca. 23 bekannten α-I. sind zwar strukturell ähnl., sind aber in der Primärstruktur nur zu ca. 80 % homolog, sie bestehen aus 150-172 Aminosäuren; **2. β-Interferone:** Abk. INF-β; von Fibroblasten gebildet (daher früher als Fibroblasten-Interferon bezeichnet), aus 166 Aminosäuren, mit α-Interferonen besteht noch eine gewisse Strukturähnlichkeit; **3. γ-Interferone:** Abk. INF-γ; von α- u. β-Interferon strukturell grundverschieden, aus 146 Aminosäuren, dimer in aktiver Form; von T-Lymphozyten gebildet; **Wirk.:** nicht direkt, sondern über die Bildung einer Zwischensubstanz, des translation inhibitory protein, das die Virusreplikation in der Wirtszelle blockiert. Die Bildung des Interferons wird durch Interferoninduktoren angeregt; hierzu werden prakt. alle Viren gerechnet, aber auch bakterielle Endotoxi-

ne, Rickettsien, Mykoplasmen, Protozoen, Pilze, Lektine u. sogar synthet. Verbindungen wie Polyinosin, Polycytidylsäure sowie Propandiamin. IFN-α u. IFN-β wirken hauptsächl. antiviral, IFN-γ wirkt stärker immunmodulator., abhängig von den Bedingungen stimulierend od. supprimierend. **Herst.**: aus humanen Blutbestandteilen sowie gentechnologisch; **Anw.**: z. B. Virostatika*, Immunstimulanzien*; **Ind.**: z. B. bei schweren Viruserkrankungen wie HIV*-Erkrankung, chron. Hepatitis* u. metastasierenden Malignomen, bei Keratokonjunktivitis herpetica u. bei Herpes zoster.

Interferon gamma INN: Abk. IFN-γ; rekombinates humanes Interferon aus Leukozyten. **Wirk.**: s. Interferone; **Anw.**: Immunstimulans*; bei rheumatoider Arthritis (chron. Polyarthritis); HWZ 1.5 h.

Interferon gamma-1b INN: Interferoni gamma-1b solutio concentrata Ph.Eur.4, konzentrierte Interferon-gamma-1b-Lösung; N^2-L-Methionyl-1-139-interferon-γ; CAS-Nr. 98059-61-1; M_r 16 500. Einkettiges Protein aus 140 Aminosäuren; Analogon von Interferon-γ (s. Interferone). **Wirk.**: steigert die Phagozytose u. Bakterizidie von Monozyten u. Makrophagen; antiproliferative Wirkung ist stärker als die von IFN-α u. -β. **Anw.**: Immunstimulans; Zusatztherapeutikum zur Verringerung der Häufigkeit von schweren Infektionen bei chron. Granulomatose; **UAW**: grippeähnl. Symptome, gelegentl. Erbrechen, lokale Irritationen an der Injektionstelle; **Kontraind.**: Schwangerschaft u. Stillzeit, Anw. bei Kinder unter 6 Monate, Herzerkrankungen; **Dos.**: parenteral s. c. Dauerther. 3-mal pro Woche 50 µg/m^2 Körperoberfläche bei Patienten mit einer Körperoberfläche von mehr als 0.5 m^2, bei weniger als 0.5 m^2 Körperoberfläche 1.5 µg/kg KG; HWZ 39 min (i. v.), 3 h (i. m.), 6 h (s. c.).

Interkalation (lat. intercalare einschalten): eine spezielle Wechselwirkung zwischen DNA u. planar gebauten Molekülen, die sich zw. benachbarte Basenpaare der DNA-Helix schieben. Dadurch wird die Helix so verändert, dass es zu einer fehlerhaften Transkription od. Replikation kommt. Interkalierende Substanzen (Interkalanzien) sind z. B. 3,6-Acridindiamin (vgl. Acridin, Abb.) od. Ellipticin*.

Interkostalfelder: (bot.) Blattspreite zw. den Blattrippen, also den größeren Gefäßbündeln (Blattadern, -nerven).

Interkostalneuralgie: Neuralgie* eines od. mehrerer Zwischenrippennerven. Urs.: häufig Teilerscheinung eines Zoster*.

Interleukine: Abk. Il; von Leukozyten* sezernierte Signalsubstanzen (Proteine), die zu den Zytokinen* gezählt werden. **Interleukin-1** (Il-1), eine dem Tumor*-Nekrose-Faktor ähnliche Substanz, wird von Makrophagen gebildet, stimuliert T- u. B-Lymphozyten u. wirkt auch als endogenes Pyrogen; induziert Prostaglandin-Freisetzung, Chemotaxis u. Tumorzelllyse durch Makrophagen. **Interleukin-2** (Il-2) wird von T-Helferzellen produziert u. aktiviert T-Lymphozyten u. Killerzellen. Gentechnolog. hergestelltes rekombinantes Il-2 wurde erfolgreich in der Ther. einiger Krebsarten eingesetzt. **Interleukin-3** (Il-3, auch multi-CSF, s. CSF) fördert die Blutbildung. Man kennt noch weitere Interleukine (Il-4 bis Il-11), welche ebenfalls von aktivierten Zellen des Immunsystems gebildet werden u. als Wachstumsfaktoren für Blutzellen od. bei der Koordination der Immunantwort* wirksam sind.

Intermediärfilament: widerstandsfähige, langlebige Proteinfaser, die sich bei vielzelligen Lebewesen im Zytoplasma befindet u. zur Gestalt u. Stabilität der Zellen u. Gewebe beiträgt. Ein I. hat einen Durchmesser von 8-12 nm. Zu den I.-Proteinen gehören u. a. Keratine u. Kernlamine.

Intermediärinsulin: Verzögerungsinsulin mit mittellanger Wirkungsdauer; s. Insulin.

Intermediärstoffwechsel: früher in der physiol. Chemie gebräuchl. Bezeichnung für alle Stoffwechselreaktionen, die zw. Nahrungsaufnahme u. Ausscheidung von Exkreten liegen. Im Wesentlichen ist der I. mit dem Primärstoffwechsel* identisch.

Intermediatinsuline: Zwischenstufen in der Biosynthese von Insulin*.

Intermedin: s. Hormone (Hypophysenmittellappen).

intermolekular: zw. Molekülen.

intern: innerlich.

Interna: innerl. anzuwendende Arzneimittel.

Internationale Harmonisierungskonferenz: (engl.) *International Conference on Harmonisation of Technical Requirements of Pharmaceuticals for Human Use (Abk. ICH)*; im Jahre 1990 von der EG-Kommission initiierte Konferenz mit dem Ziel, die Zulassungsanforderungen für Arzneimittel in Europa, USA u. Japan anzugleichen. Vertreter der pharmaz. Industrie u. der Zulassungsbehörden versuchen seither, eine größere Harmonisierung bei der Anw. einschlägiger Leitfäden u. bei den Anforderungen für Arzneimittelzulassungen zu erreichen u. Doppelprüfungen bei Forschung u. Entwicklung zu vermeiden. Dies wird vor allem durch erarbeitete Guidelines erreicht, welche die Bereiche Qualität (Quality Topics, Q), Sicherheit (Safety Topics, S), Wirksamkeit (Efficiacy Topics, E) u. übergreifende Themen (Multidisciplinary Topics, M) umfassen. Die ICH-Guidelines sind nach ihrer Verabschiedung als Stand von Wissenschaft u. Technik anzusehen, teilweise sind sie als CPMP/ICH-Guidelines direket übernommen worden. Wichtige ICH-Guidelines sind zum Beispiel Q7A (GMP for Active Pharmaceutical Ingredients), S6 (Safety Studies for Biotechnological Products), E6 (Good Clinical Practice), M3 (Timing of Pre-clinical Studies in Relation to Clinical Trials).

Internationale Klassifikation der Krankheiten: (engl.) *International Statistical Classification of Diseases and Related Health Problems (Abk. ICD)*; für medizinstatist. Zwecke entwickeltes Verzeichnis, in dem Krankheiten, Verletzungen u. Todesursachen (sechsstellig) verschlüsselt sind. Einteilung nach versch. Prinzipien (z. B. Ätiologie, Morphologie, klin. Fächer, Organe, Regionen); wird seit der 6. zehnjährl. Revision in der Verantwortung der WHO weiterentwickelt u. liegt in der 10. Revision (ICD-10) vor; Anw. zur Verschlüsselung von Diagnosen in der gesetzl. Krankenversicherung (seit dem 1.1.2000 nach §295 Abs.1 S.2 SGB V verbindl.) u. Sozialversicherung.

Internationales Arzneibuch: Die Internationale Pharmakopöe erscheint seit 1951. Versuche, ein I. A. zu schaffen, gehen auf das Jahr 1874 zurück. 1902 wurde von 19 Nationen eine Konferenz nach Brüssel einberufen, die das erste internationale Übereinkommen zur Vereinheitlichung der Zusammensetzung starkwirkender Arzneimittel (1906) erarbeitete, dem ein zweites Übereinkommen (1925/1929) mit einem ständigen Sekretariat unter Obhut des Völkerbundes folgte. Die durch den Krieg unterbrochenen Arbeiten wurden nach Art. 57 der Charta der Vereinten Nationen von der WHO* fortgesetzt. Deutsche Übersetzungen der Pharmacopoea Internationalis Editio prima erschienen 1955, 1957 u. 1960. Die 2. Ausgabe erschien 1967. Die 3. Ausgabe wurde 1979 von der WHO in Genf veröffentlicht u. enthält Volume 1: General methods of analysis. Es folgten 1981 Volume 2: Quality specifications, 1988 Volume 3: Quality specifications, 1994 Volume 4: Tests, methods, and general requirements. Quality specifications for pharmaceutical substances, excipients, and dosage forms, und 2003 Volume 5: Tests and general requirements for dosage forms. Quality specifications for pharmaceutical substances and tablets. Prakt. Bedeutung konnte das I. A. bisher nicht gewinnen, weil die Normvorschläge der WHO keinen verbindl. Charakter haben. Es wird von Staaten als Normsammlung verwendet, in denen kein nationales od. multinationales Arzneibuch gilt.

Interneuronen: Nervenzellen im ZNS, deren kurzes Axon die graue Substanz nicht verlässt. Dienen der Erregungssteuerung u. Informationsverarbeitung, indem sie lange Nervenbahnen hemmend od. bahnend miteinander verschalten.

Interneuronenblocker: Stoffe, die durch Hemmung der motor. Reizübertragung in den Interneuronen* zu verminderter Muskelspannung u. im Extremfall bei Interneuronengiften (Strychnin*, Tetanustoxin*) zu Lähmungen führen. Dazu gehören z.B. Alkohol- u. Glykolderivate mit anxiolyt. Wirk. wie Meprobamat*, Mephenesin* u. Carisoprodol* sowie Benzodiazepine*, die als zentrale Muskelrelaxanzien* verwendet werden.

Internodien: (bot.) Sprossabschnitte zw. den Sprossknoten.

Interphase: Zeitraum zw. zwei Mitosen* od. Meiosen*, in dem sich die Zelle in der stoffwechselaktiven Arbeitsform befindet.

interstitial cell stimulating hormone: s. Hormone (Hypothalamus-Hypophysen-System).

Intertrigo: Wundsein, Wolf; rote, erosive, juckende u. brennende Hautveränderungen in den Körperfalten. Durch Reibung, Okklusion, Mazeration u. sekundäre Infektion mit Bakterien* u. Candida* (Candidose der Körperfalten).

Interzellularen: (bot.) Freiräume zw. den Zellen eines Gewebes.

Interzeptiva: s. Kontrazeption, hormonelle (Nidationshemmer).

intestinal: zum Darmkanal gehörend.

Intestinum: s. Darm.

Intimpflegemittel: alkoholfreie Kosmetika od. Hautreinigungsmittel für den Genital- u. Analbereich.

Intine: (bot.) innere aus Cellulose u. Pektin bestehende Zellschicht von Pollen, wächst zum Pollenschlauch aus; vgl. Exine.

Intoleranz: Unverträglichkeit, mangelnde Widerstandsfähigkeit.

Intoxikation: Vergiftung.

Intra-: Wortteil mit der Bedeutung innerhalb, in-hinein.

intraarteriell: in einer Arterie liegend; in eine Arterie hinein; z.B. intraarterielle Injektion.

intraartikulär: im Innern eines Gelenks liegend, in einem od. in ein Gelenk hinein; z.B. intraartikuläre Injektion*.

intraglutäal: innerhalb des Gesäßmuskels, in den Gesäßmuskel hinein; z.B. intraglutäale Injektion*.

intrakutan: in der (die) Haut.

Intrakutantest: Hauttestung durch intrakutane Applikation geringer Mengen (max. 0.05 mL) einer wässrigen Antigenlösung zum Nachw. einer Allergie* durch Auslösung einer urtikariellen Reaktion (Jucken, Erythem, Quaddelbildung) am Testort.

intramolekular: innerhalb von Molekülen.

intramuskulär: Abk. i.m.; im Inneren bzw. ins Innere eines Muskels, z.B. i.m.-Injektion.

intraperitoneal: innerhalb des Bauchfells, im Bauchraum.

intrathekal: **1.** innerhalb des Bindegewebes, das das Follikelepithel der Ovarialfollikel umgibt. **2.** innerhalb der Theca medullae spinalis (Dura mater spinalis, harte Rückenmarkshaut) od. im Liquorraum.

intratracheal: in die/der Luftröhre.

intrauterin: innerhalb der od. in die Gebärmutterhöhle hinein.

Intrauterinpessare: s. Pessare.

intravasal: intravaskulär; in ein Gefäß, innerhalb eines Gefäßes.

Intravasalraum: intravaskulärer Raum; der von der Flüssigkeit in den Gefäßen eingenommene Raum; s. Flüssigkeitskompartimente.

intravenös: Abk. i.v.; in eine (einer) Vene, z.B. intravenöse Injektion od. Infusion, Einspritzung od. Eingießung in eine Vene.

intravitreal: ins Innere des Glaskörpers des Auges.

Intrazellularraum: intrazellulärer Raum, Abk. IZR; Flüssigkeitsraum innerhalb der Zellmembranen, zusammenfassender Begriff für einen der fiktiven Verteilungsräume für Stoffe im Organismus. Vgl. Flüssigkeitskompartimente.

intrinsic activity: (pharmakolog.): **1.** Fähigkeit eines Pharmakon, nach Anlagerung an einen Rezeptor einen spezif. Effekt auszulösen. **2.** Maß für die max. Wirkungsstärke eines Pharmakon; definiert als der Quotient α aus dem vom Wirkstoff (Agonist*) max. auslösbaren Effekt u. dem an einem Rezeptor erreichbaren Wirkungsmaximum; α eines vollen Agonisten beträgt somit 1; α eines Antagonisten* ist 0.

intrinsic dissolution rate: wahre Lösungsgeschwindigkeit; Größe, die die Lösungsgeschwindigkeit des reinen Arzneistoff unter definierten Bedingungen angibt. Vgl. apparent dissolution rate, Dissolutionstest.

Intrinsic-Faktor: Castle-Faktor, Apoerythein; mukoproteinartige Verb. in der Magenschleimhaut; die die Resorption von Vitamin B_{12} (Extrinsic-Faktor) ermöglicht, indem es mit diesem eine lose, für Darmbakterien jedoch untrennbare Verbindung eingeht. **Physiol. Bedeutung:** Vorhandensein ist notwendig, um eine perniziöse Anämie zu verhindern; vgl. Vitamine (Vitamin B_{12}). **Einheit:** nach USP entspricht eine Intrinsic-Faktor-Einheit einer Menge eines Präparates von nicht über 300 mg, die zus. mit 15 µg kristallinem Vitamin B_{12} als tgl. Dosis die vollständige Ausheilung der perniziösen Anämie bewirkt. 1 Apoerythein-Einheit (A.E.E.) ist die Menge an Intrinsic-Faktor, die 1 µg Vitamin-B_{12}-Komplex bindet u. vor Zerstörung schützt.

Intron: Abschnitt auf einem eukaryont. Gen, der einen codierenden Bereich (Exon*) unterbricht.

Intussusceptionswachstum: Einlagerungswachstum; (bot.) Wachstum der Zellwand, bei dem sich neu gebildete Cellulosesubstanz zw. die bereits vorhandene einschiebt.

Inula helenium L.: Alant, Helenenkraut; Fam. Asteraceae, Compositae (heim. Südosteuropa, Vorderasien, kult. in Sachsen, England, Holland). Stpfl. von **Rhizoma Helenii:** Helenii rhizoma, Radix Inulae, Radix Enulae, Alantwurzelstock, Alantwurzel, Brustalant, Helenenkrautwurzel, Helenkrautwurzel. **Inhaltsst.:** 1-3 % äther. Öl (nach EB6 mind. 1.8 %), bis 45 % Inulin*, Pektinstoffe, Bitterstoffe (Sesquiterpenlactone), Polyacetylene u. Triterpene; **Anw.** volkstüml.: z. B. bei Verdauungsstörungen, Erkrankungen der Atemwege. **Oleum Helenii:** Alantöl; äther. Öl.; von braunem Öl durchtränkte krist. Masse. **Inhaltsst.:** Alantolacton, Isoalantolacton u. Dihydroisoalantolacton (Sesquiterpene vom Eudalin- bzw. Eudesman-Typ mit 2-Methylen-γ-lacton-Gruppe, daher allergisierend; Strukturformeln s. Helenin, Abb.); unlösl. in Wasser; **Anw.** volkstüml.: z. B. bei Infektionen der ableitenden Harnwege, Erkrankungen der Atemwege.

Hom: *Inula helenium:* frische Wurzel.

Inulin: Alantstärke, Kompositenstärke; Schmp. 178 °C, $[\alpha]_D^{20°C}$ –40° (c=2 in Wasser), ein hochmolekulares pfl. Reservekohlenhydrat, gehört zur Gruppe der Fructane* u. ist β-1,2-glykosid. aus ca. 20-30 Fructofuranoseeinheiten aufgebaut (s. Abb.). Das reduzierende Ende der Kette schließt mit Glucose ab. **Vork.:** Reservestoff in den Knollen u. Wurzeln zahlreicher Kompositenarten, z. B. in Alantwurzel (s. Inula helenium, Rhizoma Helenii, daher der Name), Dahlienknollen, Topinambur (s. Helianthus tuberosus), Schwarzwurzel (s. Scorzonera hispanica, Radix Scorzonerae); **Anw.:** Nahrungsmittel; Diagnostikum (s. Elimination), da I. über die Nieren unverändert ausgeschieden wird (also nicht wie Stärke hydrolisiert u. resorbiert).

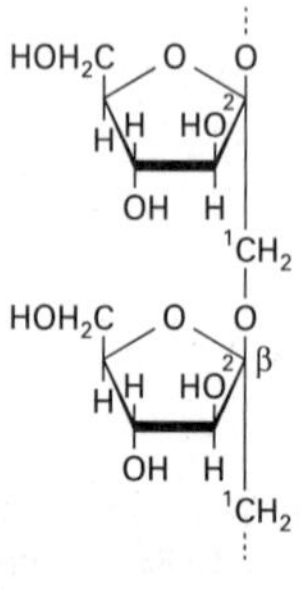

Inulin: Partialstruktur

Invasion: **1.** (pharmakokinet.) Anflutung eines Arzneistoffes am Wirkungsort nach der Applikation, umfasst die Prozesse der Wirkstofffreisetzung*, Resorption* u. Distribution*. **2.** (med.) Eindringen von Krankheitserregern wie Protozoen*, Helminthes* od. Arthropoden*. Vgl. Infektion.

Inversion: **1.** Umkehrung z. B. des Drehungssinnes von polarisiertem Licht nach Spaltung (Hydrolyse) des Rohrzuckers in Glucose u. Fructose; s. Invertzucker. **2.** Mutation durch die Verdrehung eines Chromosomenabschnittes um 180°; vgl. Chromosomenaberration.

Inversionszentrum: s. Symmetriezentrum.

Invertase: Saccharase, Invertin; β-Fructosidase; M_r 270 000. Eine Saccharose spaltende Hydrolase aus Hefe, Pilzen u. höheren Pflanzen. Hefe-Invertase ist ein dimeres Glykoprotein.

Invertomere: Konformere, die aus dem Umklappen (Inversion) von Bindungen resultieren. Die dadurch entstehenden, unterschiedl. Konformationen* werden bei Cyclohexan(derivaten) als Sessel- bzw. Wannenform bezeichnet (s. Abb.).

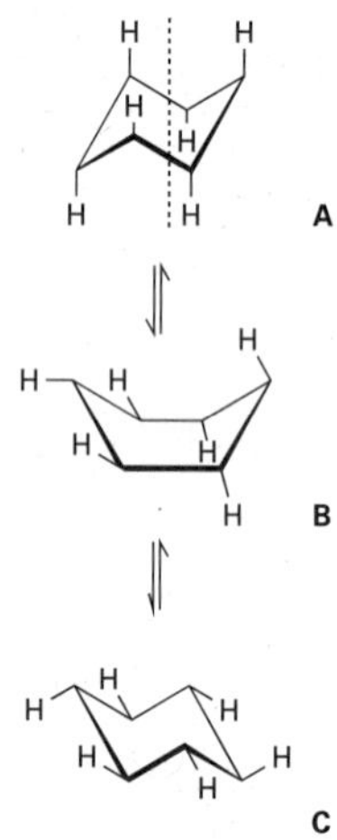

Invertomere: A: 1. Sesselform; B: Wannenform; C: 2. Sesselform [1]

Invertseifen: s. Ammoniumverbindungen, quartäre.

Invertzucker: ein zu gleichen T. aus D-Glucose u. D-Fructose bestehendes Gemisch, das bei saurer od. enzymat. Hydrolyse von Saccharose entsteht. Mit der Spaltung der rechtsdrehenden Saccharose kommt es zu einer Umkehr (Inversion) des Drehsinns, da dieser bei der linksdrehenden Fructose stärker ausgeprägt ist als bei der rechtsdrehenden Glucose. Da Bienen das Enzym Invertase besitzen, besteht Honig (s. Mel) zu 70-80% aus Invertzucker. Durch Hydrolyse von Saccharose mit Säuren wird Kunsthonig gewonnen, der 0.03-0.2% Omegahydroxymethylfurfural enthält (Nachweismöglichkeit auf künstl. Invertzucker mit Resorcinol u. Schwefelsäure durch Rotfärbung).

in vitro: im Glase, im Reagenzglas; am isolierten Organ.

In-vitro/In-vivo-Korrelation: Verfahren zur Korrelierung von Daten aus In-vitro-Modellversuchen mit In-vivo-Daten aus klin. Studien. Das Verfahren hilft, Modellversuche möglichst realitätsnah zu planen, ihre Aussagekraft zu erhöhen u. so den Aufwand an Tierversuchen u. klin. Studien zu verringern. Meist werden In-vitro-Auflösungsdaten mit In-vivo-Plasmaspiegeldaten korreliert. Es können sowohl analoge Daten korreliert werden, z.B. mittlere Auflösungszeit MDT in vitro u. mittlere Verweildauer MRT in vivo, als auch nicht analoge Daten, z.B. die zum jeweiligen Zeitpunkt in vitro aufgelösten Arzneistoffmengen mit Plasmaspiegeldaten (C_{max}, AUC). Berechnungen sind komplex u. erfordern Kenntnis des pharmakokin. Modells, z.B. In-vivo-Resorptionskurve; für Einkompartimentmodell Wagner-Nelson-Methode, für Zweikompartimentmodell Loo-Riegelman-Methode; vgl. Resorption. In-vitro/in-vivo-Korrelationen werden nach Aussagekraft in verschiedene Korrelationsniveaus klassifiziert; sie sind kritisch zu prüfen u. können In-vivo-Studien nicht ersetzen.

in vivo: am/im lebenden Organismus.

Involucrum: (bot.) Außenkelch, Hüllkelch.

Inzidenz: Maß für die Häufigkeit mit der eine Erkrankung od. ein Merkmal (z.B. UAW*) neu auftritt. Berechnet als Anzahl neuer Fälle im definierten Zeitraum geteilt durch die Gesamtzahl der Personen der betrachteten Bevölkerung. Vgl. Prävalenz.

Inzisionsfolie: semipermeabler, hochflexibler, transparenter Klebefolienverband aus Polyacryl u. Polyurethan zur Abdeckung des Operationsfeldes od. der Operationswunde. Postoperative Wundbeobachtung ist ohne Verbandwechsel mögl., auch zur Fixierung von Schläuchen u. Kanülen verwendet.

Iobenguan[^{131}I]: [3-Iod(^{131}I)benzyl]guanidin; CAS-Nr. 77679-27-7; $C_8H_{10}[^{131}I]N_3$; M_r 279.21. **Anw.:** Radiodiagnostikum, Radiotherapeutikum, Tumordiagnose. **[^{123}I]Iobenguan-Injektionslösung:** Iobenguani [^{123}I] solutio iniectabilis Ph.Eur.4; sterile, klare, farblose bis schach gelbe Lsg, frei von Bakterien-Endotoxinen; Iod-123 ist ein Radioisotop des Iods u. kann durch Protonenbestrahlung von Xenon-124 hergestellt werden, spez. Radioaktivität mind. 10 GBq Iod-123 je Gramm Iobenguan-Base; HWZ 13.2 h, emittiert Gamma- u. Röntgenstrahlung. **[^{131}I]Iobenguan-Injektionslösung für diagnostische Zwecke:** Iobenguani [^{131}I] solutio iniectabilis ad usum diagnosticum Ph.Eur.4; sterile, klare, farblose bis schach gelbe Lsg, frei von Bakterien-Endotoxinen; Iod-131 ist ein Radioisotop des Iods u. kann durch Neutronenbestrahlung von Tellur erhalten werden; spez. Radioaktivität mind. 20 GBq Iod-131 je Gramm Iobenguan-Base; HWZ 8.04 d, emittiert Beta- u. Gammastrahlen. **[^{131}I]Iobenguan-Injektionslösung für therapeutische Zwecke:** Iobenguani [^{131}I] solutio iniectabilis ad usum therapeuticum Ph.Eur.4; spez. Radioaktivität mind. 400 GBq je Gramm Iobenguan-Base.

Iobenguan[^{123}I]-Injektionslösung: Iobenguani[^{123}I] solutio iniectabilis Ph.Eur.4, Abk. [^{123}I]-MIBG; sterile Injektionslsg. von 1-(3-[^{123}I]Iodbenzyl)-guanidin mit Zusatz von Puffer, Katalysator u. Stabilisatoren. **Anw.:** SPECT*, Neuroblastome bei Kindern; s. Iod-123.

Iobenguan[^{131}I]-Injektionslösung: Iobenguani[131I] solutio iniectabilis Ph.Eur.4, Abk. [^{131}I]-MIBG; sterile Injektionslsg. von 1-(3-[^{131}I]Iodbenzyl)-guanidin mit Zusatz von Puffer, Katalysator u. Stabilisatoren. **Anw.:** Diagnose u. Ther. von neuroendokrinen Tumoren mit jeweils eigener Monographie in der Ph.Eur.

Iobenzaminsäure INN: Acidum iobenzamicum; 3-(3-Amino-2,4,6-triiod-*N*-phenylbenzamido)propionsäure; CAS-Nr. 3115-05-7; $C_{16}H_{13}I_3N_2O_3$, M_r 662.03. Schmp. 133-134.5 °C. Lösl. in Aceton, Dioxan; wenig lösl. in kaltem Ethanol, Ether, Benzol, Toluol; fast unlösl. in Wasser; lichtgeschützt aufzubewahren. **Anw.:** orales Röntgenkontrastmittel; **Dos.:** p.o. 3 g am Abend vor der Untersuchung; Kinder 0.05 g/kg KG.

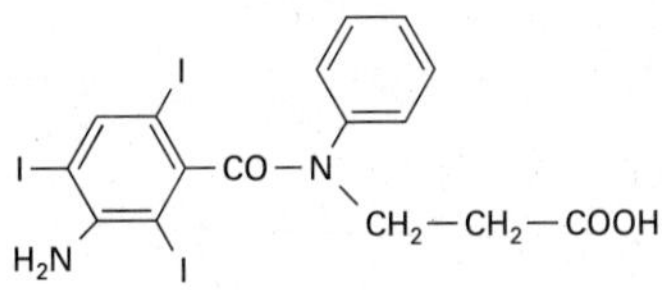

Iobenzaminsäure

Iobitridol INN: *N,N*-Bis(2,3-dihydroxypropyl)-5-[3-hydroxy-2-(hydroxymethyl)-1-oxopropyl]amino-2,4,6-triod-*N,N*-dimethyl-1,3-benzolcarboxamid; CAS-Nr. 136949-58-1; $C_{20}H_{38}I_3N_3O_9$, M_r 845.24. **Anw.:** nichtion., wasserlösl. Kontrastmittel zur intravenösen Urographie, Schädel-, Ganzkörpertomographie; abominale Arteriographie u. Angiokardiographie; **UAW:** Reaktionen an der Injektionstelle, Schmerzempfindung, Erbrechen; **Kontraind.:** Myelographie, manifeste Schilddrüsenüberfunktion.

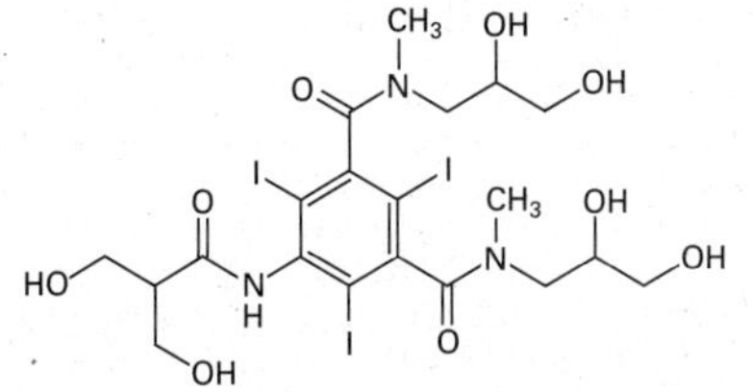

Iobitridol

Iocarminsäure INN: Acidum iocarmicum; 5,5'-(Adipoyldiamino)-bis(2,4,6-triiod-*N*-methylisophthalamidsäure); CAS-Nr. 10397-75-8; $C_{24}H_{20}I_6N_4O_8$, M_r 1253.85. Schmp. 302 °C (unter Zers., kristallisiert aus DMF). Schwer lösl. in

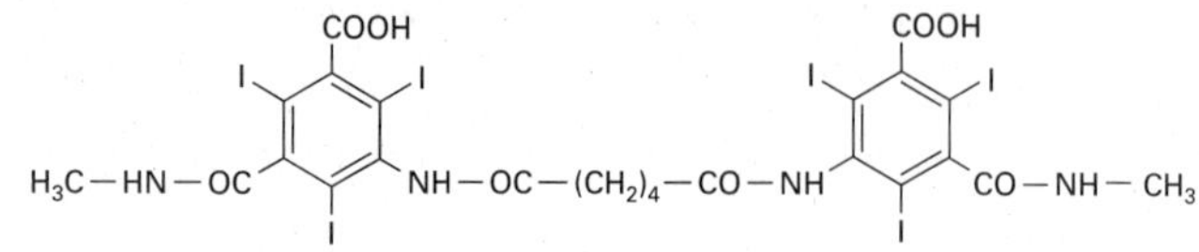

Iocarminsäure

Wasser, sehr schwer lösl. in Ethanol, lichtgeschützt aufzubewahren. **Anw.**: Röntgenkontrastmittel für die lumbale Myelographie u. Radikulographie; **Dos.**: in der umbosakrale Myelographie 5 mL (60 %). Gebräuchl. ist auch Dimegluminiocarmat.

Iocetaminsäure INN: Acidum iocetamicum; (*RS*)-N-Acetyl-*N*-(3-amino-2,4,6-triiodphenyl)-2-methyl-*β*-alanin; CAS-Nr. 16034-77-8; $C_{12}H_{13}I_3N_2O_3$, M_r 613.94. Schmp. 224-225 °C. Fast unlösl. in Wasser; etwas lösl. in Ether, Ethanol, Benzol; schwer lösl. in Aceton, Chloroform. **Anw.**: orales Röntgenkontrastmittel; **Dos.**: p. o. 3.0 g am Abend vor der Cholecystographie; Kinder unter 6 Jahren 0.15 g/kg KG.

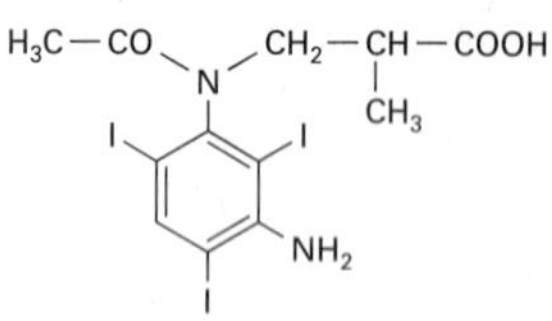

Iocetaminsäure

Iod (gr. wie Veilchen aussehend, dunkelblau): veraltet Jod (J); Symbol I; A_r 126.9045, OZ 53. Elementar (Iodum Ph.Eur.4): I_2, M_r 253.8. D. 4.942. Schmp. 113.5 °C. Sdp. 184.5 °C (mit veilchenblauen Dämpfen). Oxidationszahlen: −1, 0, +1, +3, +5, +7. Graue, metallglänz., veilchenblaue rhomb. Blättchen von eigenartigem Geruch, die schon bei Raumtemp. verdampfen, sehr schwer lösl. in Wasser (ca. 1:5500), leicht lösl. in konz. Lsg. von Iodiden, lösl. in Ethanol (1:9), Ether, Chloroform, Schwefelkohlenstoff, Benzol, Iodwasserstoffsäure, schwer lösl. in Glycerol (1:200). **Vork.**: nat. als Iodid in Meerwasser (ca. 0.0002 %), Mineralquellen, Algen, Pflanzen; der menschl. Körper enthält 10-30 mg Iod; empfohlene Zufuhr 0.1-0.15 mg/d. Iod ist ein essentielles Spurenelement für die Biosynthese der Schilddrüsenhormone (s. Hormone); **Darst.**: Auslaugen der Asche von Algen (Fucaceae) sowie aus der Chilesalpeter (Caliche); **Wirk.** u. **Anw.**: elementares Iod wirkt bakterizid u. fungizid, die Wirk. setzt schnell ein; angewandt in Form der Iodtinktur (s. Iodlösung, alkoholische; Iodlösung, wässrige), äußerl. als Antiseptikum (auch als Iodsalbe); innerl. zur Kropfprophylaxe (Zusatz zu Speisesalz ca. 20 mg/kg in Form von Iodiden); **Tox.**: lokale Iod-Applikation kann zu allerg. Hautreaktionen mit Juckreiz, Schuppung u. Bläschenbildung führen (vgl. Brom), selten sind schwere Überempfindlichkeitsreaktionen, z. B. Fieber, Schock, Bronchospasmus. Iod-Dämpfe reizen Haut u. Schleimhäute. MAK 0.1 ppm. Zufuhr hoher Iod-Dosen kann zu Iodismus führen: Schnupfen, Konjunctivitis, Kopfschmerzen, Iodnachgeschmack, Bronchitis, Gastroenteritis. Nach Einnahme von Iodsalzen kommt es bisweilen zum Auftreten von Akne an typ. Stelle (Iodakne); **Nachw.**: Iod gibt mit Stärke eine tiefblaue, beim Erwärmen sich entfärbende Einschlussverb.; in Schwefelkohlenstoff u. Chloroform löst es sich mit violetter Farbe, in Ethanol, Ether, Ketonen, Iodwasserstoff mit brauner Farbe. **Gesch.**: 1811 durch den Apotheker Bernard Courtois (1777-1838) entdeckt; erhielt seinen Namen durch Joseph-Louis Gay-Lussac (1778-1850)
Hom: *Jodum (HAB1.2):* Konstitutionsmittel, verord. z. B. bei Arteriosklerose, Bronchitis, Krupphusten, Atrophie drüsiger Organe (z. B. Brustdrüse, Schilddrüse, Hoden).

Iod-123: Symbol ^{123}I; OZ 53; Radioisotop des Iods; zerfällt unter Elektroneneinfang u. Emission von Gamma- u. Röntgenstrahlen zu stabilem Tellur-123; HWZ 13.2 h. **Herst.**: z. B. durch Protonenbestrahlung von Iod-127 u. Zerfall des dabei gebildeten Xenon-123; **Anw.**: Iod-123 hat günstige physik. Eigenschaften für diagnost. Zwecke; die Strahlenbelastung ist bedeutend geringer als bei den Iod-131-Präparaten (wichtig für Anw. bei Kindern); es kann z. B. als Natriumiodid[^{123}I]* od. in Form von iodmarkierten Verb. benützt werden; auch zur Markierung von Granulozyten.

Iod-125: Symbol ^{125}I; OZ 53; Radioisotop des Iods; zerfällt unter Elektroneneinfang u. Gamma- u. Röntgen-Emission zum stabilen Tellur-125; HWZ 59 d. **Herst.**: durch Bestrahlung von Xenon-124 im Kernreaktor (n,γ-Prozess), wobei zunächst Xenon-125 (HWZ 17 h) entsteht, das nach Elektroneneinfang unter Gammaemission in Iod-125 übergeht; **Anw.**: s. Natriumiodid[^{125}I].

Iod-131: Symbol ^{131}I; OZ 53; Radioisotop des Iods; zerfällt unter Beta- u. Gammaemission in das stabile Xenon-131. HWZ 8.06 d. **Herst.**: Bestrahlung von Tellur-130 (n,γ-Prozess) im Reaktor. Dabei entsteht zuerst Tellur-131 (HWZ 25 min), das unter Betazerfall in Iod-131 übergeht. Die Energie des charakterist. Photons von ^{131}I beträgt 0.364 MeV; **Anw.**: v. a. Diagnose von Iodstoffwechselstörungen der Schilddrüse vgl. Natriumiodid[^{131}I], Natriumiodhippurat[^{131}I], Iod[^{131}I]-methylnorcholesterol-Injektionslösung.

Iodacetat: Reagens, das zur Modifikation von Cysteinresten in Proteinen verwendet wird.

Iodamid INN: Ametriodinsäure; 3-Acetamido-5-acetamidomethyl-2,4,6-triiodbenzoesäure; CAS-Nr. 440-58-4; $C_{12}H_{11}I_3N_2O_4$, M_r 627.93. Schmp. 255-257 °C (kristallisiert aus Essigsäure). Lösl. 0.3 g/100 mL in Wasser von 22 °C; lichtgeschützt aufzubewahren. **Anw.**: Röntgenkontrastmittel.

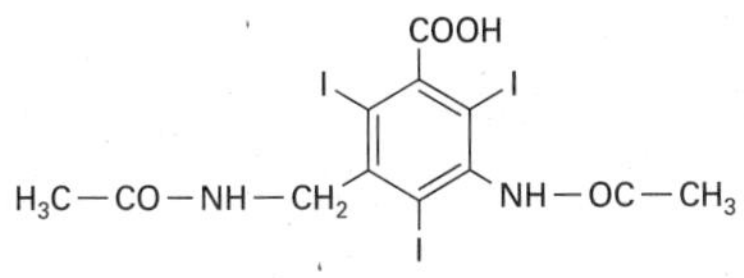

Iodamid

Gebräuchl. ist auch Iodamid-Natrium, Iodamid-Meglumin.

Iodammonium: s. Ammoniumiodid.

Iodate: Salze der Iodsäure (HIO_3).

Iodatometrie: wenig gebräuchl. Verfahren der Maßanalyse*, bei dem mit KIO_3-Maßlösung titriert wird.

Iodbarium: s. Bariumiodid.

Iodbenzin: Reagens; Lsg. von 0.1 g Iod in 100 mL Petroleumbenzin.

Iodblei: s. Blei(II)-iodid.

Iodcadmium: s. Cadmiumiodid.

Iodcalcium: s. Calciumiodid.

Iodchloroxychinolin: s. Clioquinol.

5-Iod-2'-desoxyuridin: s. Idoxuridin.

Iodeisen: s. Eisen(II)-iodid.

Iodeisensirup: s. Sirupus Ferri iodati.

Iodethyl: s. Ethyliodid.

Iodglycerol: Reagens zum mikroskop. Nachw. von Aleuronkörnern*. **Zstzg.:** 3 g Iod, 10 g Kaliumiodid, 52 g Glycerol zu 100 mL Wasser.

Iodgorgosäure: Diiodtyrosin; iodhaltiges Benzolderivat, das nat. in der Schilddrüse u. in Rindenkorallen (Gattung Gorgonia) vorkommt.

Iod-hydroxychinolin-sulfonsäure: Acidum iodoxychinolinsulfonicum, Chiniofonum; 8-Hydroxy-7-iod-chinolin-5-sulfonsäure; $C_9H_6INO_4S$, M_r 351.1. DAB7schreibt 35.2-36.4 % org. gebundenes Iod vor, ber. auf die getrocknete Substanz. Blassgelbes, fast geruchloses Pulver von schwach bitterem Geschmack, das sich oberhalb 260 °C unter Entwicklung von Ioddämpfen zersetzt; wenig lösl. in Wasser u. Ethanol, fast unlösl. in Ether, in verd. Alkalilaugen, Natriumcarbonat- u. Ammoniak-Lsg. unter Salzbildung löslich. **Anw.** med.: obsolet; früher Antiseptikum u. Desinfizienz zur Behandlung von Wunden, Furunkeln, Eiterungen (2-3 %ig), bei infektiösen Darmerkrankungen, Amöbenruhr (oral 3×0.3-1.0 g/d), in der Gynäkologie zu Spülungen; vet.: Aktinomykose der Rinder; techn.: Reagens auf Eisen(III)- u. Calciumsalze.

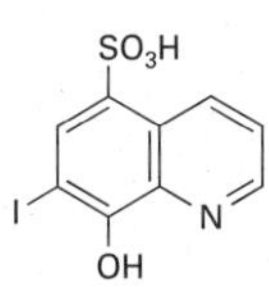

Iod-hydroxychinolin-sulfonsäure

Iodide: Salze der Iodwasserstoffsäure. Beispiel: Kaliumiodid (KI).

Iod[^{131}I]-methylnorcholesterol-Injektionslösung: Norcholesteroli iodinati[^{131}I] solutio iniectabilis Ph.Eur.4; eine sterile Lösung von 6β-[^{131}I]Iodmethyl-19-norcholest-5(10)en-3β-ol. Sie kann einen geeigneten Emulgator wie Polysorbat 80 u. ein geeignetes Konservierungsmittel wie Benzylalkohol enthalten. Die spezif. Radioaktivität liegt zw. 3.7 u. 37 GBq/g Iodmethylnorcholesterol; s. Iod-131.

Iodination: der aktive Transport von Iodid aus dem Blut in die Schilddrüse zum Zweck der Anreicherung; vgl. Iodisation, Hormone.

Iodinationshemmer: Thyreostatika*, die die Iodination* verhindern. **Wirkstoffe:** z. B. Perchlorate, Nitrite u. Thiocyanate.

Iod-Iodatlösung: Solutio Iodi iodica, Sol. hypoiodosa, Pregl-Lösung; Zstzg.: ÖAB90, 3 T. Iod, 12 T. verd. Natronlauge, 2 T. verd. Salzsäure, 8 T. Natriumchlorid, gereinigtes Wasser n. B.; Gesamtgeh. an Iod: 0.29-0.31 %; Geh. an freiem Iod: 0.04-0.06 %; Geh. an Natriumiodat ($NaIO_3$, M_r 197.9): 0.057-0.064 %.

Iodipamid: s. Adipiodon.

Iodisation: Bez. für die enzymat. katalysierte Oxidation von Iodid zu Iod durch die Iodidperoxidase in der Schilddrüse; vgl. Iodination.

Iodisationshemmer: Thyreostatika*, die durch Blockade der Peroxidase die Oxidation von Iodid zu Iod, den Einbau von Iod in Thyrosin u. die Verknüpfung von 2 Molekülen iodierten Thyrosins zu Thyronin u. Thyroxin verhindern. **Anw.:** Hyperthyreose; **Wirkstoffe:** Carbimazol*, Thiamazol*, Propylthiouracil* sowie Goitrine (s. Glucosinolate).

Iodismus: s. Iod (Tox.).

Iodi solutio aquosa 2 per centum: s. Iodlösung, wässrige.

Iodi solutio aquosa 5 per centum: s. Iodlösung, wässrige.

Iodi solutio ethanolica: s. Iodlösung, alkoholische.

Iodixanol INN: 5,5'-(2-Hydroxytrimethylen)bis-[*N*,*N*'-bis(2,3-dihydroxypropyl)-2,4,6-triiodisophthalamid; CAS-Nr. 92339-11-2, $C_{35}H_{44}I_6N_6O_{15}$, M_r 1550.19. Schmp. 240-250 °C. **Wirk.** u. **Anw.:** Diagnostikum, nichtion. Röntgenkontrastmittel; HWZ 2 h.

Iodkalium: s. Kaliumiodid.

Iodkaliumstärkepapier: Kaliumiodidstärkepapier; Filtrierpapier, das mit Stärke- u. Kaliumiodid-Lsg. getränkt ist. **Anw.:** Nachw. von Ozon, freien Halogenen u. Oxidationsmitteln (Blaufärbung).

Iodkohle: gekörnte, iodhaltige Aktivkohle zum Binden von Quecksilber(dämpfen). **Anw.:** überschichten des sorgfältig zusammengefegten Quecksilbers* mit einer ca. 1 cm starken Iodkohlenschicht.

Iodlithium: s. Lithiumiodid.

Iodlösung, alkoholische: Iodi solutio ethanolica, Sol. Iodi spirituosa, Tinctura Iodi, Iodtinktur, ethanolhaltige Iod-Lösung; Zstzg: DAB10, 2.5 T. Iod, 2.5 T. Kaliumiodid, 28.5 T. Wasser, 66.5 T. Ethanol 90 %; Iod u. Kaliumiodid werden in 5 T. Wasser gelöst u. nach vollständiger Lsg. mit dem restl. Wasser u. Ethanol gemischt, D. 0.926-0.931; Iodgeh.: 2.4-2.7 %, Kaliumiodidgeh.: 2.4-2.7 %; ÖAB90, 3 T. Iod, 1.5 T. Kaliumiodid, 3 T. gereinigtes Wasser, 92.5 T. Ethanol, Geh. an Gesamtiod 3.9-4.1 %, Geh. an freiem Iod 2.8-3 %; Ph.Helv., 6.5 T. Iod, 2.5 T. Kaliumiodid, 84.6 T. Ethanol

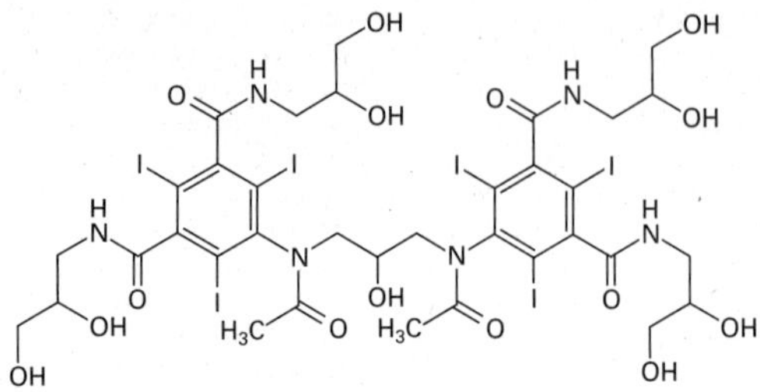

Iodixanol

96 %, 6.4 T. gereinigtes Wasser, Iodgeh.: 6.4-6.6 % Iod, Kaliumiodidgeh.: 2.4-2.6 %; klare, braunrote Flüss., die nach Iod u. Ethanol riecht. **Anw.:** Haut- u. Wunddesinfektion. Vorsicht Iodallergie.

Iodlösung, wässrige: Sol. Iodi aquosa, Sol. Lugoli, Lugolsche Iodlösung, Iodiodkalilösung; Herst.: ÖAB90, 1 T. Iod u. 2 T. Kaliumiodid in wenig Wasser auflösen, damit sich der IIK-Komplex bildet, u. dann auf 100 T. Wasser auffüllen, Gesamtgehalt an Iod: 2.4-2.5 %; Geh. an freiem Iod: 0.9-1 %; Ph.Helv.7, Iodi solutio aquosa 2 per centum, Sol. iodi aquosa 2 %, Lugol-Lösung 2 %: 2 T. Iod, 4 T. Kaliumiodid, 94 T. gereinigtes Wasser, Geh. an freiem Iod: 1.95-2.05 %, an Kaliumiodid 3.8-4.2 %; Ph.Helv.7, Iodi solutio aquosa 5 per centum, Sol. iodi aquosa 5 %, Lugol-Lösung 5 %: 5 T. Iod, 10 T. Kaliumiodid, 85 T. gereinigtes Wasser, Geh. an freiem Iod: 4.9-5.1 %, an Kaliumiodid: 9.7-10.3 %; klare, bräunl. rote Flüss., die nach Iod riecht. **Anw.:** mildes Desinfiziens u. Fungizid auf Schleimhäuten (häufig mit Glycerolzusatz); zur Gram-Färbung u. zum Stärke-Nachweis. Vorsicht Iodallergie.

Iodmonobromidlösung: 12.7 g Iod u. 8 g Brom werden in Eisessig zu 1000 mL gelöst; zur Bestimmung der Iodzahl*.

Iodnatrium: s. Natriumiodid.

Iodoform: Iodoformium, Formyltriiodid; Triiodmethan; CAS-Nr. 75-47-8; CHI_3, M_r 393.77. D. 4.008. Schmp. ca. 120 °C (unter Zers.). Glänz., zitronengelbe, fettig anzufühlende, hexagonale Kristalle von durchdringendem Geruch; fast unlösl. in Wasser, lösl. in 70 T. Ethanol, ferner in Ether, Schwefelkohlenstoff, Chloroform, Collodium, wenig lösl. in fetten Ölen. **Darst.:** Einw. von Iod u. Alkalilauge auf Ethanol od. Aceton bzw. andere Verb. die eine CH_3-CO-Gruppe aufweisen; vgl. Haloform-Reaktion; **Off.:** DAC86, ÖAB90; **Wirk.** u. **Anw.** med.: früher als Desinfektionsmittel, I. wirkt bakteriostatisch u. fäulniswidrig, durch eine Spaltung in eiweißhaltigem Gewebe, wobei Iod frei wird; **Gesch.:** I. ist seit 1832 bekannt , seine antisept. Eigenschaften wurden jedoch erst 1879 entdeckt. **Iodoform desodoratum:** RF; Herst. durch Zufügen von 2 Tr. Sassafrasöl auf 10 g I.-Pulver, jedoch wird dadurch der Geruch ledigl. etwas überdeckt, nicht aber beseitigt.

Iodoformmull: s. Tela cum Iodoformio.

Iodoform-Reaktion: eine mit Iod ausgeführte Haloform*-Reaktion.

Iodometrie: Verfahren der Maßanalyse*, bei dem mit I_2-Maßlösung titriert wird. I_2 wird dabei zu I^- reduziert. Oxidierende Stoffe werden zuerst mit einem Überschuss an I^- reduziert. Das dabei entstehende elementare I_2 wird dann mit $Na_2S_2O_3$-Maßlösung titriert. Reaktion:
$2\ S_2O_3^{2-} + I_2 \rightarrow S_4O_6^{2-} + 2\ I^-$ **Anw.:** Bestimmung von Arsen*, Antimon*, Zinn*, Quecksilber*, Kupfer*, Sulfiden*, Sulfiten*, Chloraten*, Bromaten*, Iodaten* u. Wasserstoffperoxid*.

Iodopate: Salze (Ca u. Na) der 3-[3-(Dimethylaminomethylenamino)-2,4,6-triiodphenyl]-propionsäure. **Anw.:** Röntgenkontrastmittel*, Cholecystographie; **UAW:** allerg. Hautreaktionen, gastrointestinale Beschwerden.

Iodopyracet: s. Diodon.

Iodoxaminsäure INN: Acidum iodoxamicum; 2,2',4,4',6,6'-Hexaiod-3,3'-(4,7,10,13-tetraoxahexadecandioyldiamino)-dibenzoesäure; CAS-Nr. 31127-82-9; $C_{26}H_{26}I_6O_{10}$, M_r 1287.9. **Anw.:** Röntgenkontrastmittel zur Cholangiographie u. Cholecystographie; HWZ ca. 1.5 h. Gebräuchl. ist auch Dimegluminiodoxamat.

Iod(V)-oxid: Diiodpentoxid; I_2O_5, M_r 333.8. Weißes, krist. Pulver od. weiße bis grauweiße Körnchen, hygroskop.; sehr leicht lösl. in Wasser unter Bildung von HIO_3. **Anw.:** Reagens Ph.Eur.4.

Iod, resublimiertes: Iodum resublimatum; zweifach sublimiertes, bes. reines Iod*.

Iodsäure: Acidum iodicum; HIO_3, M_r 175.9. Schmp. 110 °C. Leicht in Wasser lösl. Kristalle, die bei Lichteinwirkung dunkel werden. **Darst.:** Erhitzen von Iod in rauchender Salpetersäure, Wasserstoff-

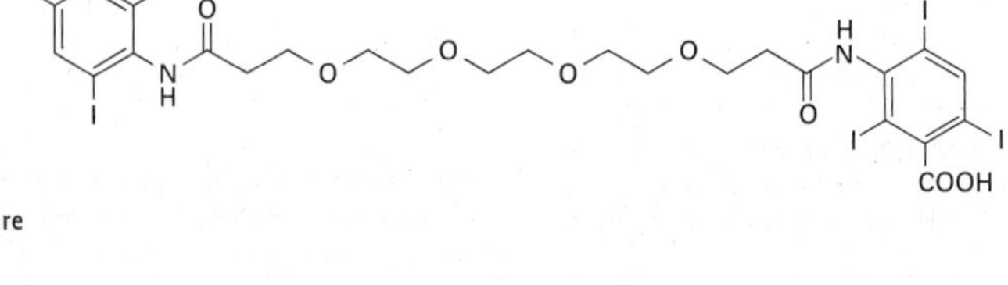

Iodoxaminsäure

peroxid; **Anw.**: früher Desinfektionsmittel; Reagens zum Nachw. von Morphin: in wässriger Lsg. scheidet sich Iod ab.

Iodschwefel: Iodum sulfuratum, Sulfur iodatum; Schmelze von 1 T. Schwefel u. 4 T. Iod; schwarzgrüne, krist. Stücke. **Darst.**: Zusammenschmelzen von gereinigtem Schwefel mit Iod (70-80 % Iod). **Hom:** *Sulfur jodatum (HAB1.4):* verord. z. B. bei Akne, chron. Schleimhaut- u. Lymphdrüsenentzündungen.

Iod-Schwefligsäure-Reagens: s. Karl-Fischer-Lösung.

Iodstärke: s. Amylum iodatum.

Iodstickstoff: NI_3. Schwarze feste Masse, in trockenem Zustand äußerst explosiv. **Darst.**: Zusammenbringen von Iod mit wässriger od. alkohol. Ammoniaklösung (Iodtinktur + Salmiakgeist).

Iodtetragnost: Tetraiodphenolphthalein-Natrium; blaugraues krist. Pulver, lösl. in Wasser, früher zur Röntgendarst. der Gallenblase; vgl. Tetragnoste.

Iodtinktur: s. Iodlösung, alkoholische.

Iodtinktur, farblose: s. Tinctura Iodi decolorata.

Iodtrichlorid: Iodum trichloratum; ICl_3, M_r 233.3. Geh. 54.4 % Iod. Gelbe bis braunrote, stechend riechende, hygroskop. Kristalle, lösl. in Wasser, Ethanol, Ether, Benzol. **Anw.** med.: Antiseptikum u. Desinfiziens in 0.1 %igen Lsg.; **Dos.**: MED 0.03 g, MTD 0.06 g.

Iodum pro analysi: chlorfreies Iod*.

Iodum resublimatum: s. Iod, resublimiertes.

Iodum sulfuratum: s. Iodschwefel.

Iodum trichloratum: s. Iodtrichlorid.

Iodwasserstoffsäure: Acidum hydroiodicum; wässrige Lsg. von Iodwasserstoff (HI), meist 10 %ig, ihre Salze heißen Iodide.

Iodzahl: Abk. IZ; Maßzahl zur Beschreibung des Gehalts ungesättigter Säuren in Fetten u. Ölen. Die IZ gibt an, wieviel g Iod von 100 g Fett od. Öl gebunden werden. Je höher der Gehalt an ungesättigten Fettsäuren ist, desto höher ist die Iodzahl. Die trocknenden Öle wie Leinöl od. Mohnöl haben eine Iodzahl zwischen 120 u. 200, die halbtrocknenden Öle wie Rüböl, Sesamöl u. Maisöl zw. 95 u. 120, die nichttrocknenden Öle unter 95Z von Ol. Olivarum: 80-88, Adeps suillus: 46-66, Ol. Arachidis: 83-100, Ol. Ricini: 82-90, Ol. Palmae: 51-58, Butterfett: 30-35, Ol. Cocos: 8-10. **Bestimmung:** **1.** nach Hanus (Methode nach Ph.Eur.4); das Reagens besteht aus einer Lsg. von Iod u. Brom (IBr) in Essigsäure 98 %.

$2\,IBr \leftrightarrows I_2 + Br_2$ (in apolarem Medium)

$IBr \leftrightarrows I^+ + Br^-$ (in polarem Medium).

Der zu untersuchende Stoff wird in Essigsäure 98 %, Chloroform od. Tetrachlorkohlenstoff gelöst. Wasser darf nicht zugegen sein. Nach einer vorgeschriebenen Zeit (zur Vermeidung von Substitutionsreaktionen) wird die Reaktion (Anlagerung von IBr an Doppelbindungen) mit einer KI-Lösung unterbrochen

$IBr \leftrightarrows I^+ + Br^- \rightarrow (+KI)\, I_2 + K^+ + Br^-$

u. das gebildete Iod mit Natriumthiosulfat titriert; **2.** nach Kaufmann (Methode nach DAB7); das Reagens besteht aus einer 0.2 N Lsg. von Brom in wasserfreiem Methanol, das mit NaBr gesättigt ist (Bildung $NaBr_3$, zur Herabsetzung des Br_2-Dampfdruckes, verhindert eine Reaktion zw. Br_2 u. Methanol). Die zu untersuchende Substanz wird in $CHCl_3$ gelöst, die Umsetzung nach einer vorgeschriebenen Zeit (zur Vermeidung merkl. Substitutionsreaktionen) mit einer KI-Lösung unterbrochen

$NaBr_3 + 2\,KI \rightarrow I_2 + 2\,K^+ + Na^+ + 3\,Br^-$

u. das gebildete Iod mit Na-Thiosulfat titriert.

Iodzahlkolben: Erlenmeyerkolben* mit eingeschliffenem Glasstöpsel.

Iodzink: s. Zinkiodid.

Iodzinkstärkelösung: Liquor Amyli cum Zinco iodato, Zinkiodid-Stärkelösung; Zstzg.: DAB96, 0.4 g lösl. Stärke u. 2 g Zinkchlorid werden in 10 mL siedendem Wasser gelöst; der erkalteten Flüss. wird die farblose, durch Erwärmen frisch bereitete Lsg. von 0.1 g Zinkfeile u. 0.2 g Iod in 1.0 mL Wasser hinzugefügt, hierauf die Flüss. zu 100 mL verdünnt u. filtriert; farblose, schwach opalisierende Flüssigkeit. **Anw.**: Reinheitsprüfung von Chloroform u. Dichlormethan.

Iodzinkstärkepapier: Filtrierpapier, das mit Iodzinkstärkelsg. getränkt ist. **Anw.**: Nachw. von Ozon, wie Iodkaliumstärkepapier*.

Iofendylat: syn. Iophendylat; Mischung der Stereoisomere von Ethyl-10-(4-iodphenyl)-undecanoat; CAS-Nr. 99-79-6; $C_{19}H_{29}IO_2$, M_r 416.3. Klare, farblose bis gelbl. viskose Flüss., Dunkelverfärbung an der Luft. Wenig lösl. in Wasser, lösl. in 2 T. Ethanol, mischbar mit Chloroform u. Ether. **Anw.**: Röntgenkontrastmittel*, vorwiegend für die Myelographie.

Ioglicinsäure INN: Acidum ioglicicum; 5-Acetamido-2,4,6-triiod-*N*-(methylcarbamoyl)methyl-isophthalamidsäure; CAS-Nr. 49755-67-1; $C_{13}H_{12}I_3N_3O_5$, M_r 670.67. **Anw.**: Röntgenkontrastmittel; HWZ 1-2 h. Gebräuchl. sind auch Megluminioglicinat u. Natriumioglicinat.

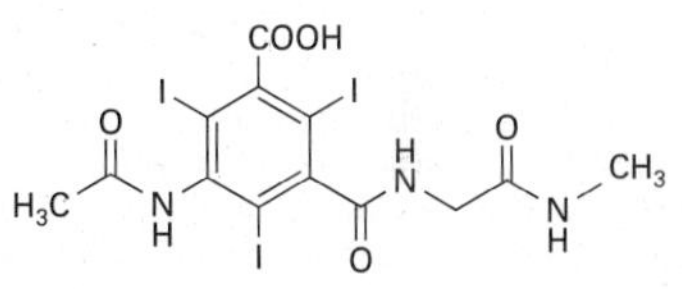

Ioglicinsäure

Ioglycaminsäure INN: Acidum ioglycamicum; *N,N*-Oxydiacetyl-bis(3-amino-2,4,6-triiod-benzoesäure); CAS-Nr. 2618-25-9; $C_{18}H_{10}I_6N_2O_7$, M_r 1127.71. **Anw.**: Cholecystangiographie. Gebräuchl. ist auch Dinatrium-ioglycamat, Meglumin-ioglycamat.

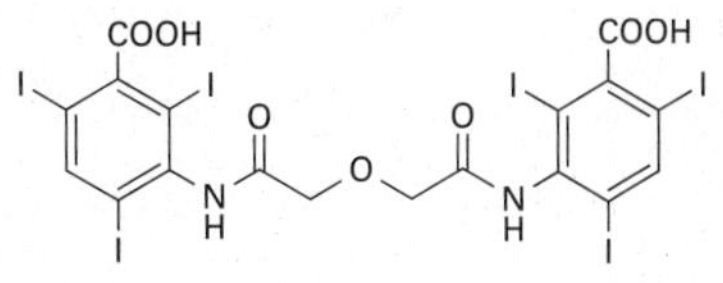

Ioglycaminsäure

Iohexol INN: Iohexolum Ph.Eur.4; *N,N*-Bis(2,3-dihydroxypropyl)-5-[*N*-(2,3-dihydroxypropyl)acetamido]-2,4,6-triiodisophthalamid; CAS-Nr. 66108-95-0; $C_{19}H_{26}I_3N_3O_9$; M_r 821.14. Weißes bis grauweißes, hygroskopisches Pulver, sehr leicht lösl. in Wasser, leicht lösl. in Methanol, unlösl. in Dichlormethan; Mischung von Diastereomeren u. Atropisomeren. **Anw.**: Röntgenkontrastmittel.

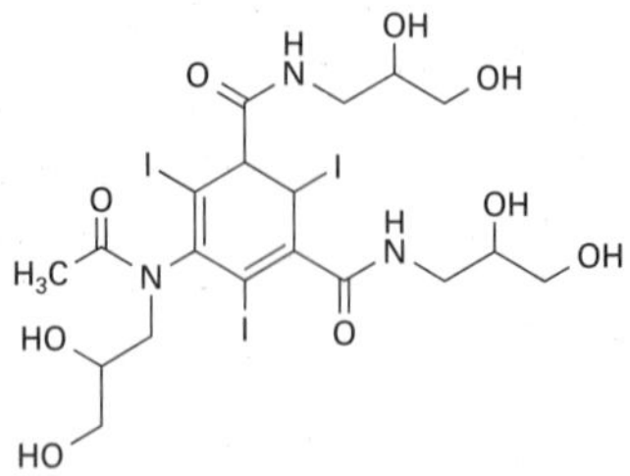

Iohexol

Iomeprol INN: *N,N*-Bis(2,3-dihydroxypropyl)-2,4,6-triiod-5-(*N*-methylglycolamido)isophthalamid; CAS-Nr. 78649-41-9, $C_{17}H_{22}I_3N_3O_8$. **Wirk.** u. **Anw.**: Diagnostikum, nichtion. Röntgenkontrastmittel; HWZ ca. 109 min.

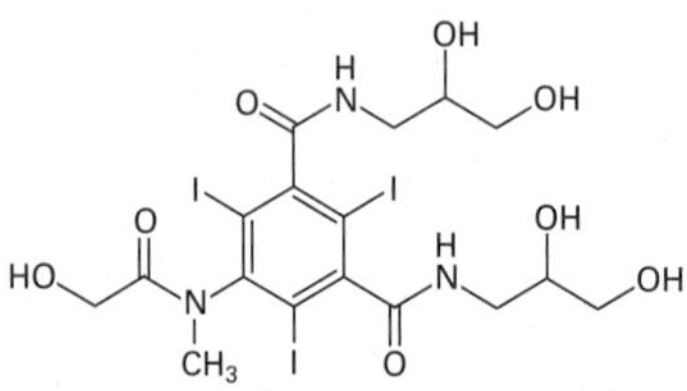

Iomeprol

Ion-Dipol-Komplexe: s. Komplexverbindungen.

Ionen: elektr. positiv od. negativ geladene Teilchen, wie sie z. B. in Salzen (z. B. Kochsalz, Na^+Cl^-) vorliegen. In Gasen entstehen I. durch Zufuhr von therm. od. elektrischer Energie od. durch ionisierende Strahlung. Beim Auflösen vieler Verb. in Wasser entstehen durch elektrolyt. Dissoziation* (Ionisation) hydratisierte Ionen. Der Dissoziationsgrad gibt an, welcher Bruchteil der gelösten Moleküle des Elektrolyten in Ionen dissoziiert ist und drückt damit die Stärke eines Elektrolyten aus. Die Ionenkonz. bestimmt den osmot. Druck einer Flüssigkeit. **Kationen:** die positiv geladenen, zur negativen Kathode wandern Teilchen, z. B. Na^+, Ag^+, Ba^{2+}, Cu^{2+}. **Anionen:** die negativ geladenen, zur positiven Anode wandernden Teilchen, z. B. Cl^-, NO_3^-, SO_4^{2-}, HCO_3^-, OH^-.

Ionenaktivitätskoeffizient: Standardpotential*. Der I. gibt das Verhältnis von Aktivität zu Konz. des Ions an u. korrigiert die Abweichungen vom idealen Verhalten bei der Elektrodenaktion in einer Halbzelle; idealerweise ist das Standardpotential nur von der Aktivität eines Potential bestimmenden Ions der Elektrolyten abhängig. Bes. bei höheren Konz. kommt es z. T. zu interion. WW.

Ionenaktivitätskoeffizient, durchschnittlicher: die Aktivitäten a_- und a_+ von Anionen u. Kationen eines Elektrolyten in Lsg. können unterschiedl. sein. Zur Berechnung des d. I. wird das Produkt der Aktivitäten a aller Ionen gebildet: $a_\pm = a_+^m \cdot a_-^n$. Die Exponenten m und n geben die stöchiometr. Zahlen der Ionen in Lsg. an. Der d. I. ergibt sich dann aus dem Verhältnis von Aktivität und Konz. c: $\gamma_\pm = a_\pm / c_+^m \cdot c_+^n$.

Ionenaustauscher: anorganische od. org., meist körnchenförmige, aus einem dreidimensionalen, wasserunlösl., aber begrenzt quellbaren Gerüst (gelartiger Charakter) bestehende Polyelektrolyte. In diesem Gerüst sind ionenbildende funktionelle Gruppen enthalten (z.B. $-AlO_3H$, $-OH$, $-COOH$, $-SO_3H$, $-NH-$, $-NH_2$, $-NH_3OH$, $-N(CH_3)_3OH$), deren Ionen (Na^+, H^+, OH^-) reversibel gegen andere Ionen in äquivalenter Menge ausgetauscht werden können. Wichtig für den Austausch ist die elektr. Ladung der Ionen. Sie werden umso leichter vom Austauscher aufgenommen, je größer ihre Ladung ist u. bei gleicher Ladung umso leichter, je höher ihre Molekülmasse ist. Anorg. Basenaustauscher wie die nat. Calcium- od. Natrium-Alumosilicate (Ionen als Aluminate gebunden), auch Zeolithe genannt, od. besser die künstl. Natrium-Alumosilicate sind zur Enthärtung von Wasser (Austausch von Na- gegen Ca- u. Mg-, aber auch Fe- u. Mn-Ionen) u. für andere Kationenaustauschverfahren geeignet. Auf diesem Wege ist allerdings nur eine partielle Entionisierung des Wassers möglich. Zum Regenerieren wird eine NaCl-Lösung verwendet (reversibler Austausch). Besondere Bedeutung haben die org. Ionenaustauscher erlangt. Man gewinnt sie aus polymeren Naturstoffen, z. B. durch Sulfonierung von bituminöser Kohle, Lignin, Kork, Dextrin, od. aber durch Polykondensation von einfach substituierten Phenolen mit Formaldehyd u. Natriumsulfit (Polythiolstyrole) bzw. Polyaminen od. besser durch Mischpolymerisation aus Styrol u. Divinylbenzol mit Hilfe von Dibenzoylperoxid u. anschließender Sulfonierung bzw. Chlormethylierung u. nachfolgender Umsetzung mit einem tertiären Amin u. Natronlauge (Polystyrolharze). Ausgehend von der Methacrylsäure erhält man die Methacrylharze. Die Verw. dieser synthet. I. (Kunstharz-I.) in Form von porösen Kügelchen mit großer innerer Oberfläche erlaubt die Entfernung aller Ionen (Vollentsalzung; s. Aqua purificata). Dabei werden Kationen gegen Protonen (stark saure Kationenaustauscher mit Sulfonsäuregruppen, s. Abb.) u. Anionen gegen Hydroxylionen (stark bas. Anionenaustauscher mit quartären Ammoniumhydroxidgruppen) ausgetauscht. Der Austausch erfolgt mit diesen künstl. hergestellten I. sehr rasch. Sie besitzen eine hohe Kapazität u. sind gegen chemische u. mechan. Einflüsse recht unempfindlich. Deionisiertes Wasser enthält u. U. Spuren an org. Substanzen aus dem I. u. kann auch mit Bakterien od. Pyrogenen verunreinigt sein (Entkeimung mit einer 0.2 %igen Peressigsäurelösung).

Methoden: Der Ionenaustausch erfolgt am häufigsten nach dem Säulenverfahren, wobei man den Austauscher in eine Röhre füllt u. die elektrolythaltige Lösung durchlaufen lässt. Weitere Möglichkeiten sind das Membranverfahren, wobei eine semipermeable Wand die Ionen austauscht, od.

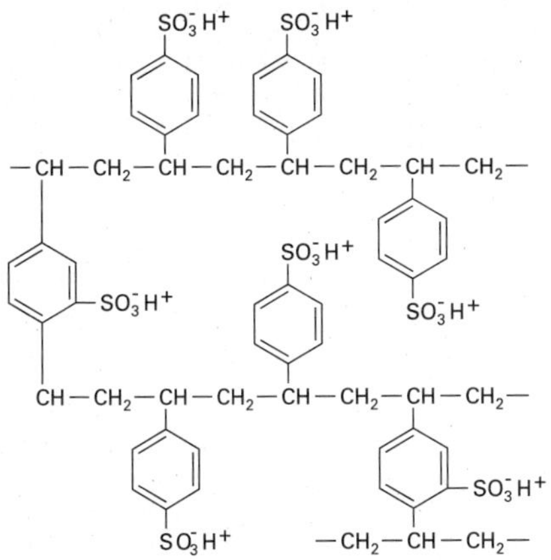

Kationenaustauscher (H^+-Form)

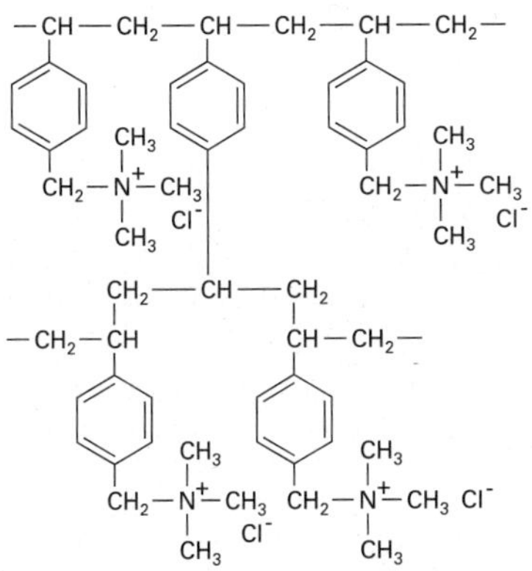

Anionenaustauscher (Cl^--Form)

Ionenaustauscher [14]

das Batchverfahren, bei dem der Austauscher mit der Elektrolytlösung solange geschüttelt wird, bis ein Gleichgewicht eingetreten ist. Zur Herst. von demineralisiertem Wasser bedient man sich sog. Getrenntbett- od. häufiger Mischbettanlagen. Bei Getrenntbettanlagen sind die I. in getrennten Säulen hintereinandergeschaltet. Der Kationenaustausch sollte zuerst erfolgen, da im umgekehrten Fall schwer lösl. Hydroxide (z. B. $Mg(OH)_2$) ausfallen können, die die Poren des Anionenaustauschers verstopfen würden. Nach der Demineralisierung (Deionisation) einer bestimmten Menge Wasser (abhängig von der Kapazität der Austauscheranlage) sind alle Ionen der eingesetzten Austauscher ersetzt u. es erfolgt ein sog. Salzdurchbruch, der auf chem. Wege (z. B. Chloridnachweis) od. besser durch Leitfähigkeitsmessungen erkannt werden kann. Die Kapazität wird durch die Stoffmenge der Ionen n(eq), die von einem Gramm Austauscher gebunden werden können, häufig auch noch in Härtelitern auf der Basis der Härte des verwendeten Wassers angegeben. Kationenaustauscher werden durch Spülen mit verd. Salzsäure, Anionenaustauscher mit verd. Natronlauge regeneriert u. danach mit reinem Wasser gewaschen. In Mischbettanlagen werden Kationen u. Anionen gleichzeitig ausgetauscht. Beide Austauschertypen liegen nebeneinander vor u. beeinflussen sich gegenseitig prakt. nicht, da die meisten funktionellen Gruppen auf der großen inneren Oberfläche der porösen Harzkügelchen sitzen. Die mit beiden Anlagentypen erhaltenen Wasserqualitäten entsprechen dem Ionengehalt nach dest. Wasser (Leitfähigkeit kleiner als 10 µS/cm), wobei Mischbettanlagen ein besonders reines Wasser (ca. 0.1-1 µS/cm) erzeugen. Die Regenerierung der I.-Mischungen hingegen ist schwieriger, da vor der Behandlung beide Austauschertypen getrennt werden müssen. Das geschieht, indem das Mischbett zuerst mit Lauge versetzt wird u. dabei der Anionenaustauscher regeneriert wird. Bei diesem Prozess quillt er stärker als der Kationenaustauscher auf u. erhält eine geringere Dichte, was beim folgenden Trennverfahren nach dem Aufwirbeln eine langsamere Sedimentation, d.h. eine Trennung beider Austauscher, zur Folge hat. Die Herst. von demineralisiertem Wasser anstelle von destilliertem ist vorteilhaft (geringere Betriebskosten, dauernde Einsatzbereitschaft der Anlage, keine Kesselsteinbildung, Regenerierfähigkeit der I.).

Anw.: vielfältig; Enthärtung u. vollständigen Entmineralisierung des Wassers (auch Meerwasser), Beseitigung von Calcium aus der Kuhmilch (für Säuglinge), Entsäuerung von Fruchtsäften, Weinen u. Branntwein, Entsalzung von Zuckersäften u. überall da, wo unerwünschte Ionen durch indifferente Ionen ersetzt werden sollen. I. dienen auch zur Anreicherung von bestimmten Ionen. In der analyt. u. präparativen Chemie verwendet man sie z. B. zur Trennung von Nukleotiden, Aminosäuren, Vitaminen u. Antibiotika, von Isotopen, von Aktinoiden u. Lanthanoiden, zum Austausch von Aldehyden u. Ketonen, zur Analyse von Alkaloiden; vgl. Chromatographie. In Medizin u. Pharmazie finden I. u. bes. Harzaustauscher Anwendung, z. B. zur Bindung überschüssiger Magensäure, bei Herz-, Nieren- u. Leberleiden, zum Austausch schädl. Natrium- u. Kaliumionen sowie zur Isolierung von γ-Globulin aus dem Blut. Geeignete ionisierbare Arzneistoffe, wie z. B. Dihydrocodeinon, können an I. salzartig gebunden u. im Magen wieder langsam abgespalten werden (Depotwirkung). Kationenaustauscher können in Mengen von 0.5-15 % als Zerfallsbeschleuniger für Tabletten eingesetzt werden. Überdies werden I. verwendet zur Einstellung eines optimalen pH-Wertes, zur Förderung der Antibiotikawirkung, zur Aufnahme von Giften u. zur Geschmacksverbesserung. Auch mikroverkapselte I. werden n. B. verabreicht.

Ionenaustauscherchromatographie: s. Chromatographie.

Ionenbindung: s. Bindung, chemische.

Ionendosis: s. Dosimetrie.

Ionenkanal: für Ionen in einer Zellmembran* selektiv durchlässige Strukturen (aus Proteinen u. Glykoproteinen) in Richtung Konzentrationsgefälle (im Ggs. zur Ionenpumpe*). Regulierung der Durchlässigkeit erfolgt u. a. durch das Membranpotential (spannungsgesteuerter I.) od. durch Liganden (Liganden-gesteuerter I., Ionenkanalrezeptor; s. Rezeptoren).

Ionenpaarresorption: Resorption ionischer hydrophiler Stoffe im Komplex mit einem Gegenion. Modellvorstellung zur Erklärung der Befunde, dass selbst stark dissoziierte od. ion. Verbindungen (z. B. quarternäre Ammoniumverbindungen) im Verbund mit Gegenionen (z. B. Gallensalze) Biomembranen überwinden können.

Ionenprodukt: Form des Massenwirkungsgesetzes* bei konstanter Konz. der undissoziiereten Verb.; das Produkt aus den Konz. c der in einer Lsg. enthaltenen Ionen. Das I. bei gesättigten Lsg. schwer lösl. Salze heißt Löslichkeitsprodukt* K_L (Beispiel: $K_L(AgCl) = c(Ag^+) \cdot c(Cl^-) = 10^{-10}\,mol^2/L^2$). Bes. Bedeutung hat das I. des Wassers (Autoprotolyse*-Konstante):

$K_W = c(H^+) \cdot c(OH^-)$

Bei 23 °C beträgt $K_W = 10^{-14}\,mol^2/L^2$. Für eine exakte Berechnung muss jeweils anstelle der Konz. c die thermodynam. Aktivität* a berücksichtigt werden. Die Abhängigkeit von K_W von der absoluten Temp. T wird durch die Interpolationsformel von R. A. Robinson angegeben:

$\log K_W = 6.8046 - 4471.33 \cdot T^{-1} - 0.01705 \cdot T$, vgl. Säurekonstante.

Ionenpumpe: **1.** biochem. Mechanismus, der den aktiven Transport* (d. h. gegen ein Konzentrationsgefälle) von Ionen durch Zellmembranen (s. Biomembran) bewirkt. Eine der wichtigsten u. am besten untersuchten derartigen Transportmechanismen ist die K^+/Na^+-Austauschpumpe (Kalium/Natrium-Pumpe), die für die unterschiedl. Konzentrationen von Na^+- u. K^+-Ionen innerhalb u. außerhalb der Zellen verantwortl. ist. Die notwendige Transportenergie wird durch die Spaltung von Adenosintriphosphat verfügbar, welche durch die Na^+/K^+-ATPase katalysiert wird (s. Adenosintriphosphatase). **2.** techn. Spezialpumpe zur Erzeugung von Hochvakuum.

Ionenstärke: eine Funktion der Ionenkonz., definiert mit dem Symbol I als die Hälfte der Summe aller Produkte, die sich aus Molalität* *b* eines jeden in der Lsg. anwesenden Ionentyps *i* mit dem Quadrat seiner Ladung *z* ergibt:

$I = 0.5 \cdot \Sigma(b_i \cdot z_i^2)$.

Für eine $CaCl_2$-Lsg. 0.1 mol/L gilt:

$I = 0.5 \times (0.1 \times 2^2 + 0.2 \times 1^2) = 0.3$.

Bei verd. Lsg. kann Molalität u. Molarität gleich gesetzt werden. Die I. von normalem menschl. Blutplasma beträgt ca. 0.16. Von der I. hängen viele Eigenschaften von Elektrolytlsg. wie Aktivitätskoeffizient*, Löslichkeit schwer lösl. Salze, Geschwindigkeiten von Ionenreaktionen ab.

Ionenwertigkeit: frühere Bez. für die Zahl der Ladungen eines Ions; ersetzt durch Ladungszahl (s. Oxidationsstufe).

Ion-Ion-Komplexe: s. Komplexverbindungen.

Ionisation: Ionenbildung; s. Ionen.

Ionisationskammer: s. Strahlenmessgeräte.

Ionisationskammer-Dosimeter: s. Dosimeter.

Ionisierungsenergie: Energie, die zum Entfernen eines Elektrons aus einem Atom unter Bildung eines positiven Ions aufgewendet werden muss. Die I. entspr. der Energiedifferenz zw. dem Zustand des energetisch höchsten Elektrons im Atom u. dem Zustand eines Elektrons in unendl. Entfernung vom Kern, das also nicht mehr von diesem angezogen wird. Innerhalb einer Periode haben Alkalimetalle die niedrigste, Edelgase die höchste Ionisierungsenergie.

Ionium: früher gebräuchl. Name für das radioaktive Thoriumnuklid $^{230}_{90}Th$. Zerfallsprodukt von ^{234}U, geht mit einer HWZ von 75 380 Jahren in Radium über.

Ionographie: s. Elektrophorese.

Ionometer: Mess- u. Warngerät bei Arbeiten mit Röntgen- u. Radiumstrahlen.

Ionone: s. Jonone.

Ionophor: Substanz, die den ungehinderten Transport (z. B. von K^+, Na^+, Ca^{2+}) durch Membranen gestattet. Zu Ionenphoren gehören auch Antibiotika wie Valinomycin und Gramicidin.

Ionophorese: syn. Iontophorese; Einführung von Ionen (oder undissoziierten Wirkstoffen) mit Hilfe von Gleichstrom durch die Haut in den Körper. Hierbei dringen die Ionen von der inaktiven Elektrode (Metallelektrode über einer mit der Arzneimittelösung getränkten Gaze-, Watte oder Filterpapierschicht) in untere Hautschichten ein und gelangen in den Blutkreislauf. Vgl. Elektrophorese.

Iontophorese: s. Ionophorese.

Iopamidol INN: Iopamidolum Ph.Eur.4; *N,N*-Bis(1,3-dihyroxy-2-propyl)-2,4,6-triiod-5-lactamidoisophthalamid; CAS-Nr. 62883-00-5; $C_{17}H_{22}I_3N_3O_8$, M_r 777.09. Weißes bis fast weißes Pulver, leicht lösl. in Wasser, sehr schwer lösl. in Methanol, unlösl. in Dichlormethan u. Ethanol. **Anw.:** Röntgenkontrastmittel*.

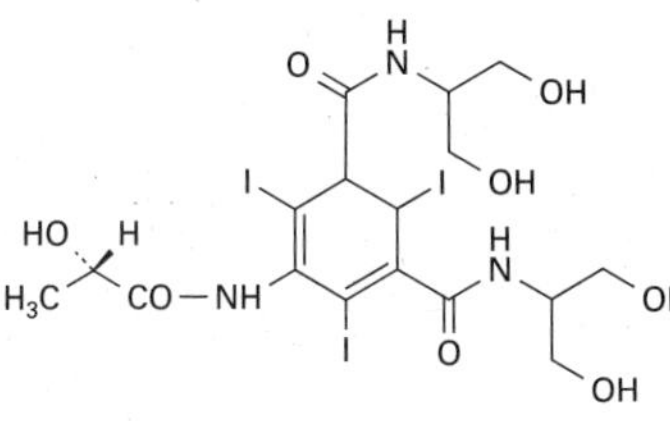

Iopamidol

Iopansäure INN: Acidum iopanoicum Ph.Eur.4; 3-(3-Amino-2,4,6-triiodphenyl)-2-ethylpropionsäure; CAS-Nr. 96-83-3; $C_{11}H_{12}I_3NO_2$, M_r 570.93. Schmp. ca. 155 °C (unter Zers.). Unlösl. in Wasser; lösl. 1:25 in Ethanol; lösl. in Aceton, Chloroform, Ether, wässrigen Lsg. von Alkalihydroxiden u. -carbonaten; Dunkelverfärbung am Licht. **Anw.:** orales Röntgenkontrastmittel* zur Darstellung des Gallentraktes (Cholecystographie); **Dos.:** p.o. 1×2-6 g 10-15 h vor Röntgenuntersuchungen.

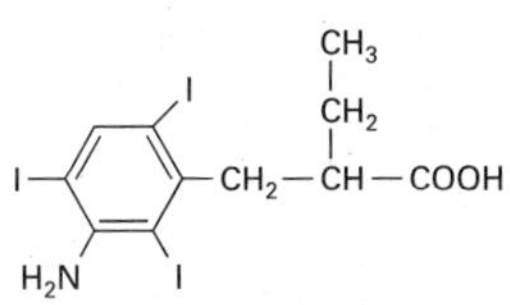

Iopansäure

Iopentol INN: (±)-*N,N*-Bis(2,3-dihydroxypropyl)-5-[*N*-(2-hydroxy-3-methoxypropyl)acetamido]-2,4,6-tri-iodisophthalamid; CAS-Nr. 89797-00-2; $C_{20}H_{28}I_3N_3O_9$, M_r 835.16. **Anw.:** Röntgenkontrastmittel für kraniale- u. Ganzkörper-Computertomographie; Uro-, Phlebo-, Arterien- u. Angiokardiographie; **UAW:** u.a. Hitzegefühl, Kopfschmerz, Erbrechen; **Kontraind.:** manifeste Hyperthyreose, Leber- u. Niereninsuffizienz, Schwangerschaft u. Stillzeit, Anw. bei Kindern; **Dos.:** parenteral 329-768 mg I. je nach Untersuchungsart (entspr. 150-350 mg Iod); HWZ 2 h.

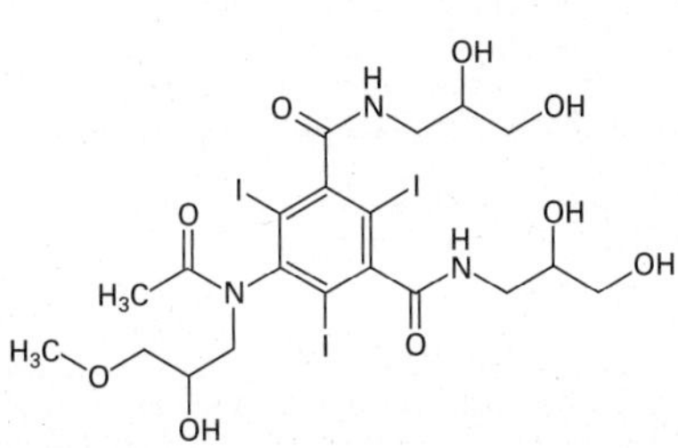

Iopentol

Iophendylat: s. Iofendylat.

Iopodate: Natrium-3-[3-(dimethylaminomethylamino)-2,4,6-triiodphenyl]-propionat, Natriumsalz der Iopodinsäure; CAS-Nr. 1221-56-3; $C_{12}H_{12}I_3N_2NaO_2$, M_r 619.9. **Anw.:** p.o. Röntgenkontrastmittel zur Darst. der Gallenwege; HWZ ca. 24 h.

Iopromid INN: *N,N*-Bis(2,3-dihydroxypropyl)-2,4,6-triiod-5-(2-methoxyacetamido)-*N*-methylisophtalamid; CAS-Nr. 73334-07-3; $C_{18}H_{24}I_3N_3O_8$. **Anw.:** Röntgenkontrastmittel*, Gefäßdarst.; **UAW:** allerg. Reaktionen.

Iopronsäure INN: 2-[2-(3-Acetamido-2,4,6-triiodphenoxy)ethoxy]methyl-butansäure; CAS-Nr. 37723-78-7; $C_{24}H_{21}I_6N_5O_8$. **Anw.:** Röntgenkontrastmittel*, Cholecystographie; **UAW:** allerg. Reaktionen.

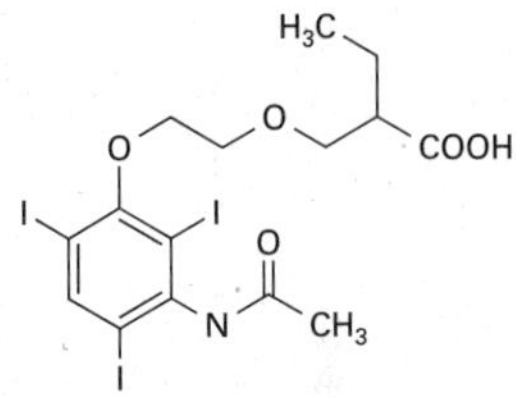

Iopronsäure

Iopydol: 1-(2,3-Dihydroxypropyl)-3,5-di-iod-4-pyridon; CAS-Nr. 5579-92-0; $C_8H_9I_2NO_3$; M_r 421.0; Schmp. 161 °C. Wenig lösl. in Wasser. **Anw.:** zus. mit Iopydon* als Röntgenkontrastmittel* für die Bronchographie.

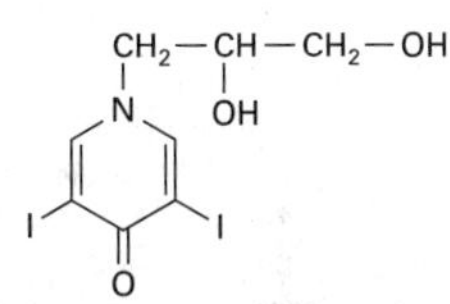

Iopydol

Iopydon INN: 3,5-Diiod-4-pyridon; CAS-Nr. 5579-93-1; $C_5H_3I_2NO$, M_r 346.91. Schmp. 321 °C (unter Zers.). Fast unlösl. in gewöhnl. Lösungsmitteln; lösl. in Ätzalkalien. **Anw.:** Röntgenkontrastmittel* zur Bronchographie; **Dos.:** in der Bronchographie u. Cystographie 46 % Iopydol* u.30.5 % Iopydon (m/V).

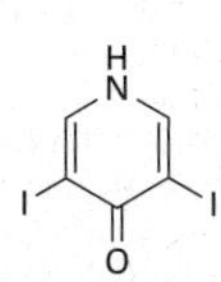

Iopydon

Iosarcol INN: 3,5-Diacetamido-2,4,6-triiod-*N*-methyl-*N*-methyl(D-gluco-2,3,4,5,6-pentahydroxyhexyl)carbamoylmethyl-benzamid; CAS-Nr. 97702-82-4; $C_{21}H_{29}I_3N_4O_9$, M_r 862.2. logP −2.9; pK_S 11.7 (ber.). **Anw.:** nichtion. Röntgenkontrastmittel*; **UAW:** s. Röntgenkontrastmittel; **Dos.:** abhängig von der Indikation (i. v.).

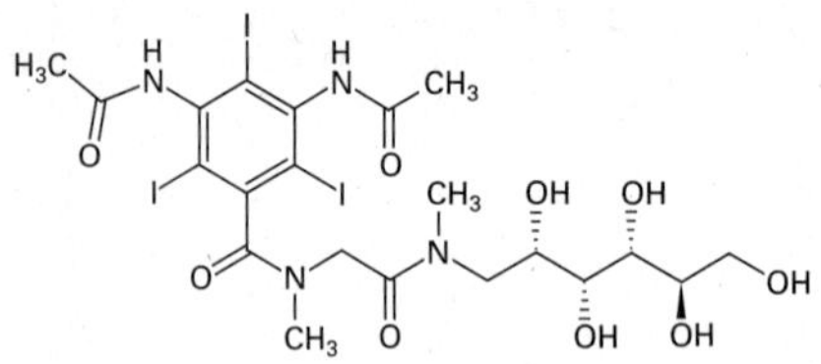

Iosarcol

Iotalaminsäure INN: syn. Iothalaminsäure, Iothalamsäure, Acidum iotalamicum Ph.Eur.4, Methalaminsäure; 5-Acetamido-2,4,6-triiod-*N*-methylisophthalamidsäure; CAS-Nr. 2276-90-6; $C_{11}H_9I_3N_2O_4$, M_r 613.94. Schmp. 285 °C (unter Zers.). Lösl. 1:400 in Wasser, 1:330 in Ethanol; fast unlösl. in Chloroform; sehr leicht lösl. in Natronlauge; lösl. auch in anderen Alkalihydroxiden; Lichtschutz erforderlich. **Anw.:** Röntgenkontrastmittel*. HWZ ca. 1.5 h. **Dos.:** parenteral Urographie i. v. 24-60 %; Spezialzwecke wie Sialographie 80 %. Gebräuchl. sind auch Megluminiotalamat, Natriumiotalamat.

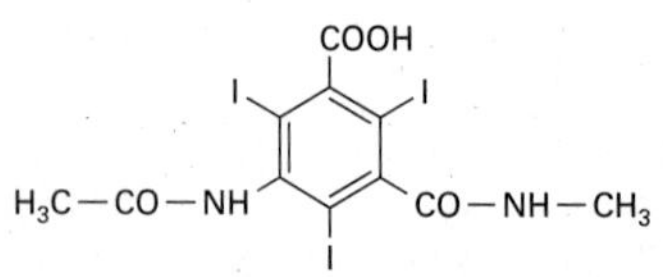

Iotalaminsäure

Iotrolan INN: Iortol; CAS-Nr. 79770-24-4; $C_{37}H_{48}I_6N_6O_{18}$, M_r 1626.6. **Wirk.** u. **Anw.:** dimeres, nichtion., hexaiodiertes Röntgenkontrastmittel* (geringe Neurotoxizität); zur Darst. von Körperhöhlen; gute Verträglichkeit durch Isoosmolarität mit Blutplasma; auch konz. Lsg. sind herstellbar; **UAW:** Kopfschmerz, Übelkeit.

Iotroxinsäure INN: Acidum iotroxicum; 3,3'-(1,11-Dioxo-3,6,9-trioxoundecamethylendiamino)-bis(2,4,6-triiodbenzoesäure); CAS-Nr. 51022-74-3; $C_{22}H_{18}I_6N_2O_9$, M_r 1215.82. **Anw.:** Röntgenkontrastmittel*; HWZ ca. 1-6 h. Gebräuchl. ist auch Dimegluminiotroxat, Dinatriumiotroxat.

Ioversol INN: *N*,*N*-Bis(2,3-dihydroxypropyl)-5-[*N*-(2-hydroxyethyl)glycolamido]-2,4,6-triiodisophthalamid; CAS-Nr. 87771-40-2; $C_{18}H_{24}I_3N_3O_9$, M_r 807.10. **Anw.:** Röntgenkontrastmittel für Angiographie, Urographie, Angiokardiographie, Computertomographie; **UAW:** Beschwerden seitens des Herz-Kreislauf- u. Nervensystems, Respirations- u. Magen-Darm-Trakt; **Kontraind.:** manifeste Hyperthyreose, dekompensierte Herzinsuffizienz, Schwangerschaft u. Stillzeit; **Dos.:** parenteral 339-741 mg I. je nach Untersuchungsart (entspr. 160-350 mg Iod); HWZ 2 h.

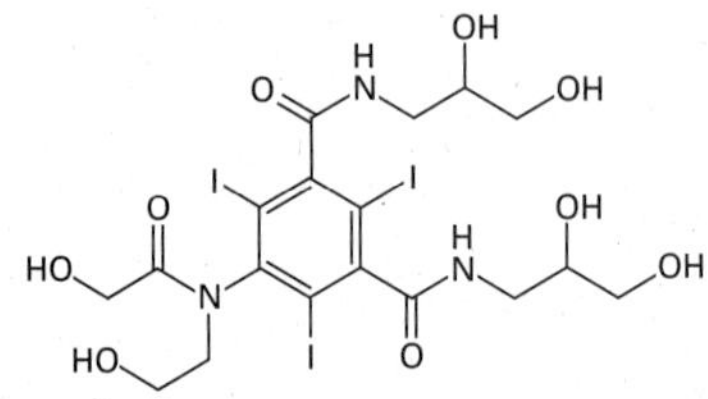

Ioversol

Ioxaglinsäure INN: Acidum ioxaglicum Ph.Eur.4; *N*-(2-Hydroxyethyl)-2,4,6-triiod-5-{2-[2,4,6-triiod-3-(*N*-methylacetamido)-5-(methylcarbamoyl)benzamido]acetamido}isophthalamidsäure; CAS-Nr. 59017-64-0; $C_{24}H_{21}I_6N_5O_8$, M_r 1268.89. Weißes bis fast weißes, hygroskopisches Pulver, sehr schwer lösl. in Wasser u. Dichlormethan, schwer lösl. in Ethanol, lösl. in verd. Alkalihydroxid-Lösung. **Anw.:** Röntgenkontrastmittel* zur Angiographie u. Urographie; HWZ ca. 1.5 h. Gebräuchl. ist auch Natriumioxaglat, Megluminioxaglat.

Ioxitalaminsäure INN: Acidum ioxitalamicum; 5-Acetamido-*N*-(2-hydroxyethyl)-2,4,6-triiodisophthalamidsäure; CAS-Nr. 28179-44-4; $C_{12}H_{11}I_3N_2O_5$, M_r 643.9. **Anw.:** Röntgenkontrastmittel zur Angiographie u. Urographie, das Megluminsalz auch zur Hysterosalpingographie; HWZ ca. 1.5 h. Gebräuchl. ist auch Megluminioxitalat, Natriumioxitalat.

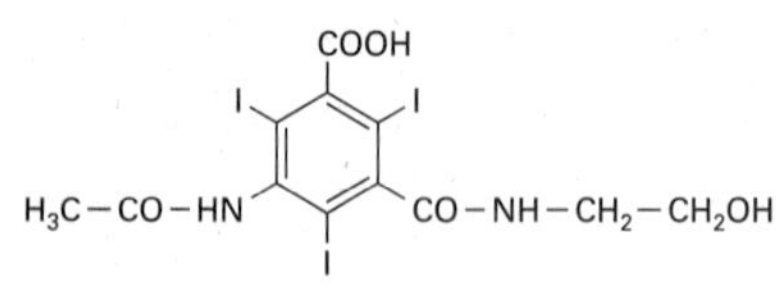

Ioxitalaminsäure

IP: Abk. für **i**soelektrischer **P**unkt; s. Punkt, isoelektrischer.

IP₃: Abk. für **I**nositoltris**p**hosphat; s. second messenger.

Ipecacuanhae pulvis normatus: s. Cephaelis ipecacuanha.

Ipecacuanhafluidextrakt: s. Extractum Ipecacuanhae fluidum.

Ipecacuanhasirup: s. Sirupus Ipecacuanhae.

Ipecacuanhatinktur: s. Tinctura Ipecacuanhae.

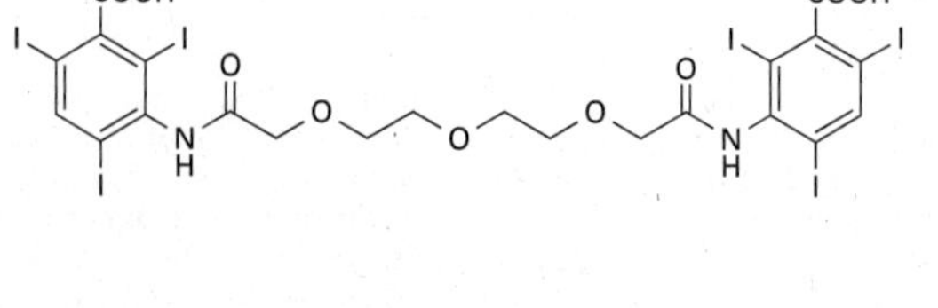

Iotroxinsäure

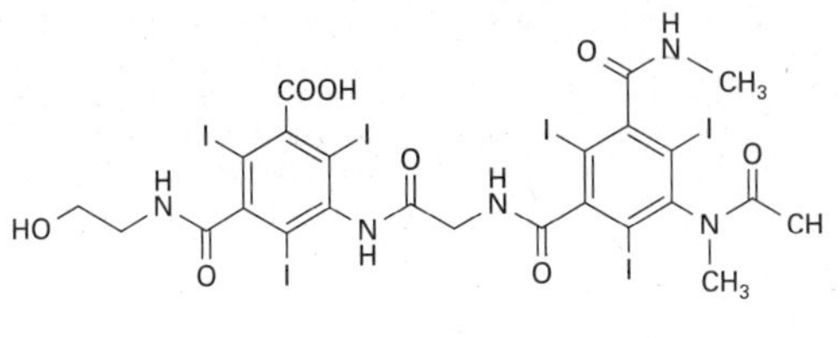

Ioxaglinsäure

Ipecacuanhatrockenextrakt, eingestellter: s. Cephaelis ipecacuanha (Ipecacuanhae extractum siccum normatum).

Ipecacuanhawurzel: s. Cephaelis ipecacuanha (Ipecacuanhae radix).

Ipomeamaron: s. Phytoallexine.

Ipomoea batatas (L.) Poir.: Süßkartoffel, Batata; Fam. Convolvulaceae (Zentral- u. Südamerika, kult. in Tropen). Knollen u. Blätter dienen als Nahrungs- u. Futtermittel. Stpfl. von Amylum* Batatae.

Ipomoea orizabensis (Pellet) Led. ex Steud.: Fam. Convolvulaceae (Mexiko). Stpfl. von **Radix Scammoniae mexicanae:** Scammoniae mexicanae radix, Radix Orizabae, Stipites Jalapae, Mexikanische Skammoniawurzel, Orizabawurzel. **Off.:** DAC; **Inhaltsst.** u. **Wirk.:** enthält weniger Glykoretine*, ist aber sonst von der gleichen Wirk. wie Tubera Jalapae (s. Ipomoea purga). **Resina Scammoniae mexicana:** Scammoniae mexicanae resina, Resina Ipomoeae, Mexikanisches Skammoniaharz. **Inhaltsst.:** tox. Scammonin (Glykosid); vgl. Convolvulus scammonia.

Ipomoea purga (Wender.) Hayne: Exogonium purga, Jalape; Fam. Convolvulaceae (heim. in den ostmexikan. Kordilleren, kult. in Ostindien, auf Sri Lanka u. Jamaika). Stpfl. von **Tubera Jalapae:** Jalapae tuber, Radix Jalapae, Jalapenwurzel, Jalapenknollen, Purgierwurzel; die getrockneten Nebenwurzelknollen. **Off.:** ÖAB9; **Inhaltsst.:** 2-20 % Harz (Resina Jalapae, mind. 8 %), ca. 19 % Zucker, Phytosterole, Mannitol, Gummi u. Scopoletin*; **Zuber.:** Pilulae* Jalapae, Resina Jalapae; **Anw.:** früher als starkes Abführmittel. **Resina Jalapae:** Jalapae resina, Jalapa, Jalapenharz; braune, leicht zerreibl. Stücke, leicht lösl. in Ethanol; SZ max. 28. **Off.:** ÖAB9; **Inhaltsst.** u. **Wirk.:** ca. 55 % Convolvulin (etherunlösl.) u. ca. 7 % Jalapin (etherlösl.), sog. Convolvulaceenharze (s. Glykoretine), die stark abführend wirken; **Gew.:** durch Ausziehen von gepulverter Jalapenwurzel mit Ethanol (1:6); **Zuber.:** Sapo* jalapinus, Extractum Rhei compositum (DAB6); **Anw.:** früher als starkes Abführmittel.

Hom: *Jalapa:* getrocknete Wurzelknolle; verord. z. B. bei Diarrhö, Koliken u. Schlafstörungen bei Kindern.

Ipomoea turpethum: s. Operculina turpethum.

Ipomoea violacea L.: Ipomoea tricolor Cav.; Fam. Convolvulaceae (Mittelamerika). Stpfl. von **Ololiuqui:** die Samen werden als halluzinogenes Rauschmittel verwendet (Dos. ca. 5 g); vgl. Rivea corymbosa. **Inhaltsst.:** ca. 0.05 % Lysergsäurederivate wie Ergin (Lysergsäureamid).

Ipomsäure: s. Sebacinsäure.

IPP: Abk. für **I**so**p**entenyl**p**yrophosphat, s. Terpene (Biosynthese).

Ipratropiumbromid INN: Ipratropii bromidum Ph.Eur.4; (1*R*,3*R*,5*S*,8*R*)-3-[(*RS*)-(3-Hydroxy-2-phenylpropanoyl)oxy]-8-methyl-8-(1-methylethyl)-8-azoniabicyclo[3.2.1.]octan-bromid; $C_{20}H_{30}BrNO_3$, M_r 412.38. Schmp. 230-232 °C. Leicht lösl. in Wasser u. Ethanol, hydrolysiert rasch in alkal. Lösungen. **Anw.:** Parasymphatholytikum zur Bronchospasmolyse.

Iproniazid INN: *N*-Isopropyl-isonicotinsäure-hydrazid; CAS-Nr. 54-92-2; $C_9H_{13}N_3O$, M_r 179.22. Schmp. 112.5 °C. Lösl. in Wasser u. Ethanol, pH-Wert einer wässrigen Lösung 6.7. **Anw.:** Antituberkulotikum*, Antidepressivum (s. Psychopharmaka; gilt als Modellsubstanz der Monoaminooxidasehemmer*), wird wegen schwerer UAW nicht mehr verwendet.

Ipurolsäure: s. Glykoretine.

Ir: (chem.) Symbol für Iridium*.

IR: Abk. für **I**nfra**r**ot*.

Irbesartan INN: 2-Butyl-3-{4-[2-(1*H*-tetrazol-5-yl)phenyl]benzyl}-1,3-diazaspiro[4.4]non-1-en-4-on; CAS-Nr. 138402-11-6; $C_{25}H_{28}N_6O$, M_r 428.5. Schmp. 180 °C. logP 4.1; pK_S 4.2 (ber.); schwer lösl. in Wasser. **Wirk.:** Angiotensin-II-Antagonist; gute Resorption, Bioverfügbarkeit 60-80 %; **Anw.:** Antihypertensivum* bei essentieller Hypertonie; **UAW:** s. Losartan; **Dos.:** 150 mg/d p. o.; HWZ 11-15 h.

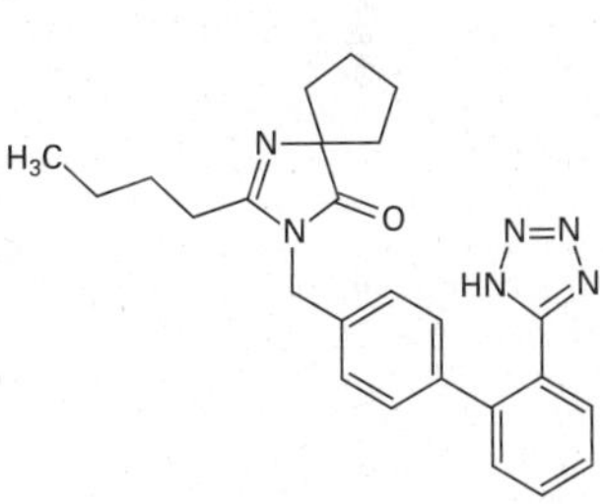

Irbesatan

Iridaceae: Schwertliliengewächse; Fam. der Od. Liliales; Stauden mit Knollen, Zwiebeln od. Rhizomen; ca. 1500 Arten, davon ca. 120 in Europa; Blätter lineal-grasartig od. schwertförmig; Blüten aus 3+3 Perigonblättern zusammengesetzt, oft versch. gebaut; 3 Staubblätter, Fruchtknoten unterständig, dreiblättrig; die Frucht ist eine Kapsel. **Chem. Merkmale:** häufig Steroidsaponine, Calciumoxalat in Form langer Prismen. **Wichtige Gattungen:** z. B. Crocus, Gladiolus u. Iris.

Iridium: Symbol Ir; A_r 192.22, OZ 77. D. 22.65. Schmp. 2454 °C. Sdp. 4530 °C. Härtegrad 7. Weißes, glänz., sprödes, 3-, 4- od. 6-wertiges Metall aus der Gruppe der Platinmetalle, unlösl. in Säuren u. Königswasser*. **Anw.**: Iridium-Platin-Legierung für chem. Gefäße, die widerstandsfähiger sind als reine Platingefäße, ferner Injektionsnadeln, Zahnersatzteilen, Füllfederspitzen; med.: Radioisotop ^{192}Ir zur Strahlentherapie; **Gesch.**: 1804 von Smithon Tennant (1761-1815) entdeckt.

Iridodial: Schlüsselsubstanz beim Aufbau der Iridoide*, die zuerst im Sekret von Ameisen der Gattung Iridomyrmex gefunden wurde. Schmp. 90-92 °C. Die Dialdehydform steht im Gleichgewicht mit der enol. Halbacetalform (s. Abb.).

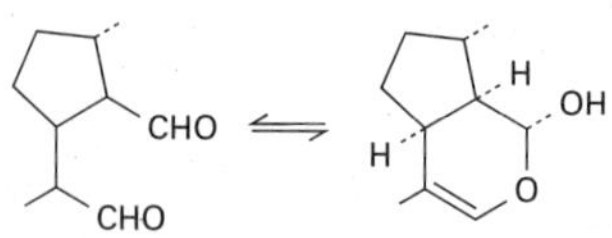

Iridodial

Iridoide: nat. vorkommende Substanzen, die **1.** biogenet. Monoterpenderivate (s. Terpene, Struktur) sind; **2.** durch ein (evtl. auch abgewandeltes) Methylcyclopentapyran-Ringsystem gekennzeichnet sind u. **3.** die sich formal von der Halbacetalform des Iridodial* ableiten lassen. Im Ggs. zu den meisten anderen Monoterpenen liegen die I. vielfach als wasserlösl. Iridoidglykoside vor (fast immer Glucoside). Die genuinen Glykoside sind jedoch oft wenig stabil, sie polymerisieren nach Hydrolyse (enzymat. od. durch Säuren bedingt, Aglyka nicht isolierbar) leicht zu blauen od. blauschwarzen Farbstoffen (I. früher daher auch als Pseudoindicane bezeichnet). **Biosynthese:** Hydroxylierung von Geranylpyrophosphat (Strukturformel s. Monoterpene, Abb.) ergibt 10-Hydroxygeraniol u. durch Isomerisierung das noch offenkettige 10-Hydroxynerol; in weiterer Folge (Ringschluss) bildet sich Iridodial, dessen Enolhalbacetal (Strukturformel s. Iridodial, Abb.) das bicycl. Grundgerüst der I. darstellt. Über mehrere Zwischenreaktionen entsteht dann Loganin*, die Ausgangssubstanz für die versch. Gruppen iridoider Verb; **Strukturtypen: 1.** C-10-Iridoide: allgemein als Glucoside verbreitet, z. B. Loganin u. Verbenalin; **2.** C-9-Iridoide: v. a. bei den Ericales, Lamiales u. Scrophulariales, z. B. Aucubin*, Catalpol* u. Harpagid*; **3.** Valepotriate*: Veresterung der reduzierten Carboxylgruppen u. Ausbildung eines Epoxidringes führt zu dieser in sich geschlossenen Gruppe; sind i. Allg. keine Glykoside u. noch keine Secoiridoide; **4.** Secoiridoide: entstehen durch Aufspaltung des Cyclopentanringes; neuerl. Ringschluss zu einem δ-Lactonring führt z. B. zu den Gentianabitterstoffen (z. B. Gentiopicrosid, Swerosid) od. ergibt die Monoterpenalkaloide*; v. a. bei Dipsacales, Gentianales u. Oleales; **5.** durch Einbeziehung in den Tryptophanstoffwechsel bilden sich auch iridoide Indolalkaloide, die bei Gentianales (Apocynaceen, Loganiaceen u. Rubiaceen) auftreten.

Iridoidglykoside: s. Iridoide.

Irinotecan INN: (+)-(*S*)-4,11-Diethyl-4,12-dihydro-4-hydroxy-3,14-dioxo-1*H*-pyrano[3',4':6,7]indolizino[1,2-*b*]chinolin-9-yl-(1,4'-bipiperidin)-1'-carboxylat; CAS-Nr. 97682-44-5; Strukturformel s. Topoisomerase-I-Inhibitoren (Abb.); $C_{33}H_{38}N_4O_6$, M_r 586.69. Schmp. 222-223 °C. logP 3.8; pK_S 11.0 (ber.); schwer lösl. in Wasser. **Wirk.**: zytostat. Topoisomerase*-I-Inhibitor; **Anw.**: Zytostatikum zur Behandlung von fortgeschrittenen, metastasierenden Kolorektalkarzinomen bei Nichtansprechen auf Fluorouracil u. Folinsäure; **UAW:** u. a. verzögerte Diarrhö, Übelkeit, Erbrechen, Anämie, Neutropenie; **Kontraind.**: Darmverschluss, Schwangerschaft, Stillzeit; **Dos.**: 350 mg/m^2 Körperoberfläche als i. v. Infusion alle 3 Wochen.

Iris: 1. (med.) Regenbogenhaut des Auges. **2.** (bot.) Schwertlilie, Gattung der Fam. Iridaceae. **3.** (hom.) s. Iris versicolor.

Irisbutter: s. Iris germanica (Oleum Iridis).

Iris germanica L.: Schwertlilie; Fam. Iridaceae. **I. germanica var. florentina** Dykes (I. florentina auct. vix L.) u. **I. germanica var. germanica** (heim. Mittelmeergebiet, kult. in der Toskana bei Verona u. in Marokko) sowie **I. pallida** Lam. (Norditalien, verwildert in Mitteleuropa) sind Stpfl. von **Rhizoma Iridis:** Radix Iridis, Veilchenwurzel, Iriswurzel, Zahnwurzel. **Off.**: DAB6; **Inhaltsst.**: äther. Öl (Oleum Iridis, s. unten); Flavonoide, v. a. Isoflavone wie Irilon u. Irisolon; mono- u. bicycl. (!) Triterpene, z. B. Irigermanal; Schleim; Stärke (bis 50 %); Eiweißstoffe; Gerbstoffe u. Zucker; **Anw.** volkstüml.: Aromatikum, z. B. zu Teemischungen, Zahnpulver u. Zahnpasten; Erkrankungen der Atemwege, (früher) hauptsächl. als Beißwurzel für zahnende Kinder verwendet als Rhizoma (Radix) Iridis tornatum (mundatum) u. Rhizoma (formatum) Iridis pro infantibus; wegen der Verunreinigung u. des günstigen Nährbodens für Mikroorganismen abzulehnen. **Oleum Iridis:** äther. Veilchenwurzelöl, Irisbutter, Irisöl; gelblich weiße bis gelbl., zieml. feste Masse, stark nach Veilchen riechend; Schmp. 40-50 °C; SZ 204-236. **Inhaltsst.**: u. a. Myristinsäure* (85 %) u. deren Methylester, ca. 12 % Iron* (veilchenähnl. duftend, Gemisch aus α-, β- u. γ-Iron) als Hauptduftträger, Ölsäure, Iridinsäure, Furfural*, aromat. u. höhere aliphat. Aldehyde u. Terpene; **Gew.**: Dest. von Rhizoma Iridis, Ausbeute ca. 0.1-0.2 %; zur Gewinnung des Irons werden die Wurzeln mit Benzin, Alkohol od. Butan ausgezogen; **Anw.**: in der Parfümerie.

Hom: *Iris:* frischer, ungeschälter Wurzelstock; verord. z. B. bei Migräne, Magenbeschwerden, Erkrankungen der Bauchspeicheldrüse.

Iris pallida: s. Iris germanica.

Iris versicolor L.: Buntfarbige Schwertlilie; Fam. Iridaceae (östl. Nordamerika). Stpfl. von **Rhizoma Iridis versicoloris:** Amerikanische Iriswurzel. **Inhaltsst.**: äther. Öl, Gerbstoffe, Zucker, Harz u. Spuren von Salicylsäure; **Anw.** volkstüml.: früher als Abführmittel, bei Nieren- u. Leberaffektionen, bei Migräne.

Hom: *Iris versicolor (HAB1.5),* Iris: frische, unterird. Teile.

Iriswurzel: s. Iris germanica (Rhizoma Iridis).

Iriswurzel, Amerikanische: s. Iris versicolor (Rhizoma Iridis versicoloris).

IRMS: Abk. für (engl.) *isotope ratio mass spectroscopy;* s. Spektroskopie.

Irone: $C_{14}H_{22}O$, Schmp. 144 °C, D. 0.94; ein Gemisch von Methylhomologen der Jonone*. Man unterscheidet α-, β- u. γ-Iron. Farbloses Öl, lösl. in Ethanol, unlösl. in Wasser. **Vork.:** Best. des äther. Öls der Veilchenwurzel (s. Iris germanica, Rhizoma Iridis); u. a. auch in Veilchen, Schneeglöckchen, Levkojen u. Seidelbast; **Anw.:** in der Parfümerie.

irreversibel: nicht umkehrbar (bei chem. Reaktionen); vgl. reversibel.

Irrigator: Spülkanne; Gefäß, aus dem durch einen Schlauch Flüssigkeit unter (je nach Flüssigkeitsmenge u. Höhe der Ausflussöffnung) versch. hydrostat. Druck ausfließt; z. B. zur Darmreinigung; s. Klistier.

Irritantia: Reizmittel für die Haut, z. B. Senföl*, Campher*.

Irrtumswahrscheinlichkeit: (statist.) wird z. B. als Untersuchungsergebnis ein Mittelwert mit seinem 95 %-VB (Vertrauensbereich mit der statist. Sicherheit P = 95 %, s. Fehlerrechnung) angegeben, so entspr. das gleichzeitig einer I. von 5 %. Das bedeutet, dass das Untersuchungsergebnis in 5 von 100 Fällen außerhalb des angegebenen 95 %-VB liegen wird, wenn man die Untersuchung unter gleichwertigen Bedingungen sehr häufig wiederholen würde.

IR-Spektrometer: IR-Spektralphotometer, s. Spektroskopie.

IR-Spektroskopie: s. Spektroskopie.

ISA: **1.** Abk. für **i**ntravenöse **S**ubtraktions**a**ngiographie. **2.** Abk. für **i**ntrinsische **s**ympathomimetische **A**ktivität.

Isatin: Indol-2,3-dion, $C_8H_5NO_2$. M_r 147.13. Schmp. 203.5 °C. Gelbrote Kristalle, lösl. in heißem Wasser u. Ether mit rotbrauner Farbe, lösl. in Ethanol, Benzol u. Alkalilaugen mit violetter Farbe, die später in Gelb übergeht. I. ist ein Oxidationsprodukt des Indigo*. **Anw.** chem.: Reagens auf Kupferionen; techn.: Küpenfarbstoff.

Isatis tinctoria: Färberwaid; Fam. Brassicaceae, Cruciferae (Europa); s. Indigo.

Ischämie (gr. ischein zurückhalten; aima Blut): Verminderung od. Unterbrechung der Durchblutung eines Organs, Organteils od. Gewebes infolge mangelnder arterieller Blutzufuhr. **Vork.:** z. B. bei Thrombose*, Embolie*, Tumoren*; **Folge:** Hypoxie*, bei längerem Bestehen Nekrose*; vgl. Infarkt.

Ischialgie: Schmerzen im Versorgungsbereich des Nervus ischiadicus. **Ischiassyndrom:** akut od. subakut auftretende radikuläre Reizsymptomatik mit Schmerzausstrahlung in das Bein, Abschwächung der Muskeleigenreflexe u. Störung der Willkürmotorik.

Ischurie: s. Harnverhaltung.

ISE: **1.** Abk. für **i**onen**s**ensitive **E**lektroden*; vgl. Potentiometrie. **2.** abzulehnende Abk. für Internationales System der Einheiten; korrekt ist SI*.

Isenthalpe: Kurven od. Flächen mit konstantem Wärmeinhalt; s. Mollier-h,x-Diagramm.

Isepamicin: CAS-Nr. 58152-03-7, *O*-6-Amino-6-desoxy-α-D-glucopyranosyl-(1→4)-*O*-[3-desoxy-4-*C*-methyl-3-(methylamino)-β-L-arabinopyranosyl-(1→6)]-2-desoxy-N-[(S)-isoseryl]-D-streptamin, $C_{22}H_{43}N_5O_{12}$; M_r 569.61; Antibiotikum* (Aminoglykosid-Antibiotikum) der Reserve.

Isethionat: chem. Kurzbez. für 2-Hydroxyethansulfonat; Salze der Isethionsäure mit einer Base.

Iso-: Wortteil mit der Bedeutung gleich, ähnlich, z. B. isomer.

ISO: Abk. für (engl.) *International Organization for Standardization.* Die ISO erarbeitet Normen (ISO-Normen) mit dem Ziel, den Handel zw. den Staaten zu erleichtern u. ein gegenseitiges Verständnis auf wissenschaftlichem, techn. u. wirtschaftl. Gebiet zu erreichen. International geht das Bestreben dahin, ISO-Normen als nationale Normen (z. B. DIN in Deutschland) zu übernehmen.

Isoabsinthin: s. Artabsin (Abb.).

Isoalloxacin: bildet den Grundbaustein der Flavine u. Flavinnucleotide.

Isoaminil INN: 4-Dimethylamino-2-isopropyl-2-phenylvaleronitril; CAS-Nr. 77-51-0; $C_{16}H_{24}N_2$, M_r 244.37. Sdp. 138-146 °C (399.9 Pa). **Anw.:** Antitussivum*; **Dos.:** p. o. 2-3 × 40 mg/d, Kleinkinder 2-3 × 25 mg/d, Säuglinge 2-3 × 12.5 g/d.

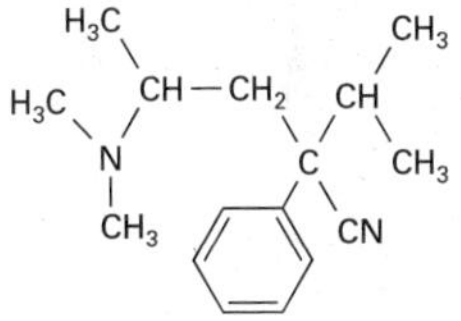

Isoaminil

Isoamygdalin: s. Amygdalin (Vork.).

Isoamyl-: Isopentyl-; Bez. für die Gruppe $(H_3C)_2CH-(CH_2)_2-$.

Isoamylacetat: Isopentylacetat, Essigsäureisoamylester, Birnenäther, Amylium aceticum; $H_3C-COO-(CH_2)_2-CH(CH_3)_2$, M_r 130.19. D. 0.869-0.872, Sdp. 142.5 °C. Farblose Flüss. von birnenartigem Geruch u. Geschmack; lösl. in Ethanol, Ether, Amylalkohol, Essigsäure, Benzol, sehr schwer lösl. in Wasser. **Anw.** techn.: Herst. von Fruchtessenzen, Auflösen von Nitrocellulose, Celluloid, Campher, Lacken; Reinigung von Penicillin.

Isoamylenguanidin: s. Galega officinalis (Herba Galegae, Inhaltsst.).

Isoamylhydrokuprein: s. Euprocin.

Isoamylhydrokupreindihydrochlorid: s. Euprocindihydrochlorid.

Isoanethol: s. Methylchavicol.

Isoantigen: s. Alloantigen.

Isoantikörper: s. Alloantikörper.

Isoasaron: s. Asaron.

Isoascorbinsäure: Isovitamin C; $C_6H_8O_6$. M_r 176.12. Weiße Kristalle, lösl. in Wasser u. Ethanol. Als epimere Verb. der Ascorbinsäure (s. Vitamine, Vitamin C) hat sie zwar die gleiche reduzierende Wirk., jedoch nur 5 % der Vitaminaktivität. **Anw.:** Konservierung von Lebensmitteln u. Bier.

Isobaldriansäureisoamylester: s. Isovaleriansäureisoamylester.

isobar: gleichen Druck habend od. ohne Druckänderung ablaufend; vgl. Enthalpie.

Isobare: **1.** Verbindungslinie gleichen Drucks (z. B. Luftdrucks). **2.** Atome, die versch. viele Protonen (u. damit unterschiedl. OZ), aber insgesamt gleich viel Nukleonen (gleiche Massenzahl) aufweisen; vgl. Isotope.

Isobebeerin: s. Isochondodendrin.

1,3-Isobenzofurandion: s. Phthalsäureanhydrid.

Isobergapten: ein angulares Furanocumarin; Strukturformel s. Furanocumarine (Abb.). **Vork.** : nat. z. B. in der Bibernellwurzel, s. Pimpinella major (Radix Pimpinellae).

D-(−)-Isoborneol: s. Borneol.

Isobornylacetat: s. Bornylacetat.

Isobutylalkohol: s. Butylalkohol, *iso*-Butylalkohol.

Isobutylmethylketon: C_6H_2O, M_r 100.2. D. 0.80. Sdp. ca. 115 °C. Farblose, klare Flüss., schwer lösl. in Wasser, mischbar mit den meisten org. Lösungsmitteln. **Anw.:** Reagens Ph.Eur.4, z. B. zum Nachw. von Blei in Zuckern od. Schwermetallen in anorg. Substanzen.

Isobutylnitrit: $(H_3C)_2CH-CH_2-O-N=O$, M_r 103.12. Farblose Flüss., mischbar mit Ethanol, zersetzt sich langsam in Wasser. **Anw.:** Gemisch mit Butylnitrit Best. des Schnüffelstoffs Poppers.

Isochinolin: Benzo[*c*]pyridin, 2-Benzazin; 3,4-Benzopyridin, C_9H_7N. D. 1.098, Schmp. 26.4 °C. Strukturformel s. Verbindungen, heterocyclische (Abb.). Nach Benzaldehyd riechende, farblose Flüss. od. Kristalle, unlösl. in Wasser. Starke Base. **Vork.:** im Steinkohlenteer entdeckt; Grundgerüst der Isochinolinalkaloide*.

Isochinolinalkaloide: eine sehr große Gruppe von in höheren Pfl. vorkommenden Alkaloiden* mit (Tetrahydro-) Isochinolin* als Grundgerüst. **Biogenese:** gewöhnl. mit Hilfe einer Art Mannich-Kondensation aus einem Phenylethylaminderivat u. einer Verb. mit CO-Gruppe über Tetrahydroisochinolinderivate. Weitere Veränderungen dieses Gerüsts führen zu folgenden wichtigen Gruppen von Alkaloiden: Amaryllidaceenalkaloide*, Aporphinalkaloide*, Berberin- u. Protopinalkaloide, Benzylisochinolinalkaloide* (z. B. in Papaver-Arten) u. a. Opiumalkaloide (s. Opium), Bisbenzylisochinolinalkaloide* (Curarealkaloide), Benzophenanthridinalkaloide (z. B. in Chelidonium* majus, Chelidonii herba, u. Sanguinaria* canadensis), Phenylethylisochinolinalkaloide (Colchicumalkaloide) sowie iridoide Isochinolinalkaloide (z. B. Ipecacuanhaalkaloide).

Isochondodendrin: Isobebeerin; $C_{36}H_{38}N_2O_6$, M_r 594.68; dimeres Benzylisochinolinalkaloid aus Chondodendron* tomentosum. **Anw.** med.: (früher) Spasmolytikum; **Dos.:** 3-4×0.03 g/d, vgl. Curare.

isochor: gleiches Volumen habend od. ohne Volumenänderung ablaufend.

isochrom: gleichfarbig.

Isocitratdehydrogenase: ein zu den Dehydrogenasen zählendes Enzym, das im Tricarbonsäurezyklus* Isocitrat an der sekundären Hydroxylgruppe reduziert. Gleichzeitig katalysiert I. die reversible Decarboxylierung des entstehenden Oxalsuccinats zu α-Ketoglutarat. Der Wasserstoff wird auf NAD^+ od. $NADP^+$ übertragen. I. wird durch ADP allosterisch aktiviert, durch ATP gehemmt u. katalysiert die Reaktion nur in Richtung α-Ketoglutarat.

Isoconazol INN: Isoconazolum Ph.Eur.4; (*RS*)-1-[2,4-Dichlor-β-(2,6-dichlorbenzyloxy)phenethyl]-imidazol; CAS-Nr. 27523-40-6; $C_{18}H_{14}Cl_4N_2O$, M_r 416.13. Schmp. 111-115 °C. Weißes Pulver; fast unlösl. in Wasser. **Wirk.** u. **Anw.:** Antibiotikum*, Antimykotikum*; wirkt geg. Candida, Dermatophyten u. Schimmelpilze; **Dos.:** topisch 1 %ig.

Isoconazolnitrat: Isoconazoli nitras Ph.Eur.4 (Racemat); $C_{18}H_{15}Cl_4N_3O_4$, M_r 479.1. Schmp. 178-182 °C. Sehr schwer lösl. in Wasser u. Ethanol.

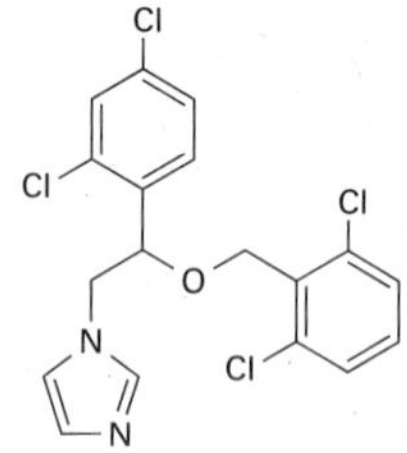

Isoconazol

Isocyanate: $R-N=C=O$, Stickstoffanaloga der Ketene. Formal kann man I. als Monoimide des CO_2 bezeichnen; sie werden leicht von Nucleophilen am ungesättigten C-Atom angegriffen.

Isocyanide: Isonitrile (veraltet); org. Verb. mit der funktionellen Gruppe R−NC (s. Abb.). I. sind sehr reaktionsfähig u. haben einen widerwärtigen, intensiven Geruch.

$$R-\overset{+}{N}\equiv\overset{-}{C}$$

Isocyanide

Isocyansäure: s. Cyansäure.

Isocyanwasserstoffsäure: s. Thiocyansäure.

isodiametrisch: Zellen mit annähernd gleichem Durchmesser in alle Richtungen.

Isoelemicin: s. Asaron (Vork.).

Isoenzym: Isozym; Form eines Enzyms mit derselben Substratspezifität wie ein anderes Enzym, aber genet. bedingten Unterschieden in der Primärstruktur (Aminosäurensequenz). I. unterscheiden sich z. B. auch in ihrem isoelektr. Punkt, in katalyt. Aktivität, Temperaturoptimum, immunolog. Verhalten, Verteilungsmuster in versch. Geweben u. lassen sich elektrophoret. trennen. Von Glucose-6-phosphat-Dehydrogenase sind z. B. 50 genet. Varianten bekannt. I. sind der Grund für die unterschiedl. Reaktionen von Einzelpersonen od. ganzen Bevölkerungsgruppen auf gewisse Arzneimittel u. sind Gegenstand der Pharmakogenetik*.

Isoephedrin: syn. D-Isoephedrin; s. Pseudoephedrine (D-(−)-(1*R*,2*R*)-Pseudoephedrin); vgl. Ephedrin.

Isoetarin INN: Etyprenalinum; 1-(3,4-Dihydroxyphenyl)-2-isopropylaminobutan-1-ol; CAS-Nr. 530-08-5; $C_{13}H_{21}NO_3$, M_r 239.31. **Anw.:** früher Broncholytikum* bei Bronchialasthma, chron. Bronchitis u. a. Atemwegerkrankungen; Betasympathomimetikum vergleichbar mit Isoprenalin*;

UAW: Herzklopfen, Herzrhythmusstörungen, Unruhe, Angina pectoris; **Dos.:** oral retard 3-4×10 mg/d. Gebräuchl. waren auch Isoetarinhydrochlorid, Isoetarinmesilat.

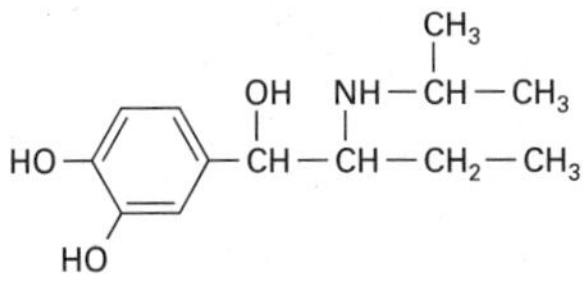

Isoetarin

Isoeugenol: 2-Methoxy-4-propenylphenol; $C_{10}H_{12}O_2$, Strukturformel s. Phenylpropanderivate (Abb.), M_r 164.2. **Vork.:** nat. in *trans-* u. *cis*-Form als Best. äther. Öle, z. B. von Asarum* europaeum (Asari radix); auch in Form von Derivaten wie Isoeugenolmethylether (im äther. Öl von Calymi Rhizoma, s. Acorus calamus) od. versch. Estern, z. B. im äther. Öl von Radix Pimpinellae, (s. Pimpinella major).

Isoferulasäure: s. Phenolcarbonsäuren (Tab.).

Isoflavone: s. Isoflavonoide.

Isoflavonoide: nat. vorkommende Flavonoide*, die sich vom 3-Phenylchromon herleiten lassen u. sich von den übl. Flavonoiden durch die Stellung ihres Phenylringes (Position 3) unterscheiden. **Biogenese:** wahrscheinl. aus Flav(an)onderivaten inf. einer Wanderung der Phenylgruppe; **Strukturtypen:** ca. 100 nat. vorkommende Isoflavone u. ihre strukturell verwandten Verb. wie Isoflavanone u. Isoflavane wurden bisher aus höheren Pflanzen, v. a. aus Fabaceae, isoliert. I. kommen oft als Glykoside vor, wobei als Zuckerrest meist Glucose u. Rhamnose vorherrschen; **Beispiele:** Genistein* in Genista* tinctoria u. Sophora-Arten (als Glykoside), Ononin u. Trifolirhizin in Ononis* spinosa; ferner das tetracycl. Rotenon* (in Derris* elliptica u. Piscidia* piscipula) sowie Pterocarpin*.

Isofluran INN: Isofluranum Ph.Eur.4; 1-Chlor-2,2,2-trifluorethyl-difluormethylether; CAS-Nr. 26675-46-7; $C_3H_2ClF_5O$, M_r 184.5. Sdp. 48.5 °C. Klare, farblose, schwach riechende Flüss.; nicht brennbar; leicht mischbar mit org. Flüss. einschließl. Fetten u. Ölen. **Wirk.** u. **Anw.:** Inhalationsnarkotikum (s. Narkotika); schneller Wirkungseintritt, ausreichend analget. u. gut muskelrelaxierend, leicht steuerbar, nur geringe Metabolisierung; **UAW:** nur gering kardiodepressiv, jedoch periphere Vasodilatation, Blutdrucksenkung, Atemdepression.

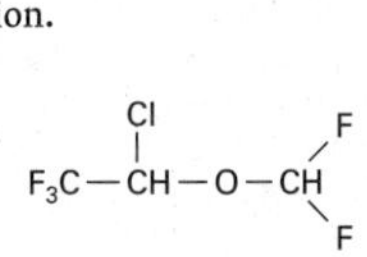

Isofluran

Isofraxidin: s. Cumarine (Abb.).

Isogamie: geschlechtl. Fortpflanzung bei Algen u. Pilzen, bei der die verschiedengeschlechtigen Gameten* (od. Gametangien) äußerl. gleich sind. Gegenteil: Anisogamie*.

Isohydrie: s. isohydrisch, Augentropfen.

isohydrisch: Lösungen mit gleichem pH-Wert.

Isoimperatorin: ein lineares Furanocumarin; Strukturformel s. Furanocumarine (Abb.). **Vork.:** z. B. in Wurzelpetersilie (s. Petroselinum crispum, Petroselinum crispum ssp. tuberosum), od. in Meisterwurz, s. Peucedanum ostruthium.

isoionischer Punkt: pH-Wert der wässrigen Lösung eines isoionisch eingestellten Ampholyten, z. B. einer Gelatinelösung mit gleichviel ionisierten Amino- u. Carboxyl-Gruppen. Entspricht dem isoelektrischen Punkt; vgl. Kolloide.

isokolligativ: Lösungen mit den gleichen kolligativen Eigenschaften*.

Isokomplex-Heilweise: s. Spagyrik.

isokryoskopisch: physik.-analyt. Begriff für isoosmotisch* u. isotonisch* (in den meisten Fällen), da die Bestimmung des osmot. Druckes einer Lösung in praxi meist über die Erfassung ihrer Gefrierpunkterniedrigung* gegenüber reinem Wasser erfolgt. s. Kryoskopie.

isolateral: gleichseitig.

Isoleucin: Abk. Ile, Isoleucinum; Ph.Eur.4; L-α-Amino-β-methylvaleriansäure; CAS-Nr. 73-32-5; $C_6H_{13}NO_2$; M_r 131.2; Strukturformel s. Aminosäuren (Abb.). Schmp. 285-286 °C (Zers.). Optisch aktive, aliphat., neutrale, proteinogene Aminosäure. Wenig lösl. in Wasser, prakt. unlösl. in Ethanol u. Ether. I. ist essentiell u. zugleich gluco- u. ketoplastisch. I. kommt in relativ großen Mengen in Hämoglobin, Edestin*, Casein* u. Serumproteinen sowie in Zuckerrübenmelasse vor, aus der es 1904 von F. Ehrlich erstmals isoliert wurde. **Anw.** med.: in Infusionslösungen zur parenteralen Ernährung.

Isolichenin: s. Lichenin.

Isoliquiritigenin: s. Glycyrrhiza glabra (Liquiritiae radix, Inhaltsst.).

Isomalt: Isomaltum Ph.Eur.4; äquimolare Mischung der stereoisomeren Disaccharidalkohole α-D-Glucopyranosido-1,6-mannitol u. α-D-Glucopyranosido-1,6-sorbitol. **Herst.:** **1.** enzymat. Umlagerung von Saccharose in Isomaltulose; **2.** Hydrierung der Isomaltulose im Festbettreaktor an Formkörperkatalysatoren (ca. 300 bar Wasserstoffdruck, 80-110 °C); **Anw.:** Süßmittel* (Zuckeraustauschstoff), aufgrund der großen chem. Beständigkeit (inert gegenüber Arzneistoffen, nicht hygroskop.) u. der guten Eignung für Diabetiker als Grundstoff, z. B. für Tabletten u. Dragees.

Isomaltose: ein reduzierendes Disaccharid u. ein Stereoisomeres der Gentiobiose, das α-1,6-glykosidisch aus zwei Molekülen D-Glucopyranose aufgebaut ist. I. entsteht beim enzymat. Abbau verzweigter Polysaccharide, z. B. Amylopektin.

Isomaltulose: s. Isomalt.

Isomerasen: s. Enzyme.

Isomere: chem. Verb. mit gleicher quantitativer u. qualitativer Zusammensetzung, die sich in chem., physikalischer u. biol. Hinsicht verschieden verhalten (versch. Dichten, Schmelz- u. Siedepunkte). Man unterscheidet Stereo- u. Strukturisomere*. Zu den Stereoisomeren* gehören Enantiomere*, Diastereomere*, Konformere* u. Konfigurationsisomere (s. Konfiguration).

Isomerenübergang: Vorgang beim radioaktiven Zerfall, wobei der Atomkern in einem energiereicheren Zwischenzustand verbleibt, aus dem er unter Energieabgabe — meist in Form von Gammastrahlung — zum energieärmeren Zustand übergeht; s. Technetium-99m. Die Kernladungszahl u. die Massenzahl des Kerns verändern sich dabei nicht, Ausgangs- u. Endkern sind also Isomere.

Isomethepten INN: Isometheptdrin, *N*-1,5-Trimethyl-4-hexenylamin; 2-Methylamino-6-methylhept-5-en; CAS-Nr. 503-01-5; $C_9H_{19}N$, M_r 141.25. Sdp. 176-178 °C (101 kPa), 58-59 °C (931 Pa). $n_D^{15\,°C}$ 1.4472. Fast unlösl. in Wasser; leicht lösl. in Ethanol, Ether, Aceton, Chloroform. **Anw.**: Spasmolytikum*, aufgrund seiner vasokonstriktor. Wirk. bei Migräne; Sympathomimetikum*; HWZ 1-4 h. Gebräuchl. sind auch Isometheptengalactarat, Isomethepten-(*R*,*R*)-hydrogentartrat, Isometheptenamidosulfat, Isometheptenhydrochlorid.

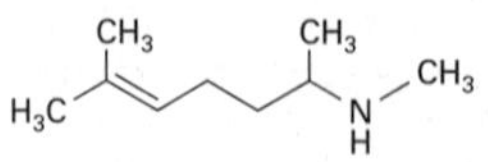

Isomethepten

isometrisch: **1.** die gleiche Längenausdehnung beibehaltend. **2.** (med.) Spannungsänderung eines Muskels bei gleichbleibender Länge.

isomorph: von gleicher Form, gleichem Äußeren. Beispiel: Stoffe, die chem. verschieden sind, aber in gleicher Kristallform auftreten. Isomorphe Stoffe bilden Mischkristalle*.

Isonaphthol: s. 2-Naphthol.

Isoniazid INN: Isoniazidum Ph.Eur.4, Isonicotinsäurehydrazid (Abk. INH, INAH), Isonicotinoylhydrazinum; Pyridin-4-carbonsäurehydrazid; CAS-Nr. 54-85-3; $C_6H_7N_3O$, M_r 137.1. Schmp. 170-174 °C. Farb- u. geruchloses krist. Pulver od. farblose Kristalle von leicht süßem, dann bitterem Geschmack, leicht lösl. in Wasser, wenig lösl. in Ethanol 90 %, sehr schwer lösl. in Ether u. Chloroform. Die trockene Substanz kann durch einstündiges Erhitzen bei 150 °C sterilisiert werden; eine Lsg. (in Kochsalzlsg.) durch halbstündiges Erhitzen bei 120 °C. **Wirk.** u. **Anw.**: Tuberkulostatikum, 0.05-0.1 µg/mL Nährlsg. wirken bereits spezif. tuberkulostat.; bakteriostatische, in hoher Konz. auch bakterizide Wirk.; Mittel der Wahl, in allen Stoffkombinationen, die zur Behandlung der Tuberkulose eingesetzt werden; rasche Resistenzentwicklung bei Monotherapie, daher nur in Kombinationen mit anderen Tuberkulostatika, z. B. Ethambutol*, Streptomycin*, Rifampicin*, 4-Aminosalicylsäure*; **UAW:** Bei ca. 10 % der Patienten treten Störungen des zentralen u. peripheren Nervensystems mit Schwindel, Kopfschmerzen, Benommenheit u. Neuritiden auf, die durch Gabe von Pyridoxin od. Glutamin z. T. verhinderbar sind. Gelegentl. kommt es zu Magen-Darm-Störungen, allerg. Reaktionen u. Leberschäden. **Kontraind.**: Psychosen, Epilepsie, Leber- u. Nierenerkrankungen; unverträgl. mit Alkohol; **Dos.:** 4-5 mg/kg KG über mehrere ED verteilt; bei tuberkulöser Hirnhautentzündung u. Miliartuberkulose mehrere Tage lang 10 mg/kg KG/d, auch durch intramuskuläre Injektion, dann 4-5 mg/kg KG/d; MTD 1.5 g; HWZ 1.3 h; vgl. Antituberulotika.

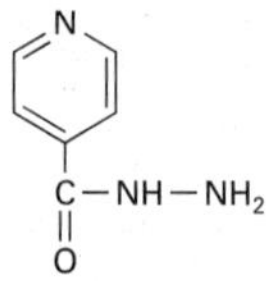

Isoniazid

Isonicotinoylhydrazinum: s. Isoniazid.

Isonicotinsäurehydrazid: s. Isoniazid.

Isonitrile: s. Isocyanide.

5-Isonitrosobarbitursäure: s. Violursäure.

Isooctan: 2,2,4-Trimethylpentan, C_8H_{18}, M_r 114.22. Sdp. 99.3 °C. Leicht entflammbare, farblose Flüss., prakt. unlösl. in Wasser, lösl. in absolutem Ethanol, Benzol, Ether. **Anw.**: in der Spektroskopie, zur Bestimmung der Octanzahl* von Treibstoff.

Isoölsäuren: ungesättigte Säuren, die bei der Fetthärtung neben der Elaidinsäure anfallen; vgl. Olea medicata.

isoosmotisch: physik.-chem. Begriff für die gleiche osmot. Wirksamkeit (s. osmotischer Druck) von Lösungen. Die Höhe des osmot. Druckes ist allein von der Anzahl der in Lsg. vorhandenen Teilchen abhängig. Deshalb besteht zw. Lsg. undissoziierter Verb. mit gleicher Molalität Isoosmose, sie sind isoosmotisch. Bei Elektrolytlösungen ist neben der molaren Konz. auch der Dissoziationsgrad für den osmot. Druck entscheidend. Eine Lsg. ist hyperosmot. gegenüber einer verdünnteren u. hypoosmotisch gegenüber einer konzentrierteren Lösung.

Isopelletierin: s. Punica granatum (Granati cortex, Inhaltsst.).

Isopentenylpyrophosphat: s. Terpene (Biosynthese).

Isopentylacetat: s. Isoamylacetat.

Isophaninsulin: s. Insulin (Zuber.).

Isophan-Insulin-Suspension zur Injektion: s. Insulin (Insulinzubereitungen in der Ph.Eur.4).

Isophan-Insulin-Suspension zur Injektion, biphasische: s. Insulin (Insulinzubereitungen in der Ph.Eur.4).

Isophthalsäure: 1,3-Benzoldicarbonsäure, $C_8H_6O_2$, M_r 166.13. Farblose Kristalle, schwer lösl. in Wasser. **Anw.**: Herst. von Polyestern* u. Kunstharzen*.

Isopimpinellin: ein lineares Furanocumarin; Strukturformel s. Furanocumarine (Abb.). **Vork.** : nat. z. B. in der Bibernellwurzel, s. Pimpinella major (Radix Pimpinellae).

Isoplethe: in graph. Darst. Verbindungslinie zw. Orten gleicher Zahlenwerte.

Isopolysäuren: anorg. Polysäuren, die durch Kondensation mehrerer gleicher Säuremoleküle entstehen u. daher nur eine Sorte von Zentralatomen enthalten. Beispiel: Polykieselsäuren (s. Silicium).

Isopren: 2-Methyl-1,3-butadien, C_5H_8; s. Terpene.

Isopren, aktives: Isopentenylpyrophosphat; s. Terpene.

Isoprenalin INN: (3,4-Dihydroxy)-α-isopropylaminomethyl-benzylalkohol; DL-1-(3,4-Dihydroxyphenyl)-2-isopropylaminoethanol; CAS-Nr. 7683-59-2; $C_{11}H_{17}NO_3$, M_r 211.24. Schmp. 155.5 °C (kristallisiert aus Ethanol). pK_S der konjugierten Säure 8.64 (20 °C). **Wirk.** u. **Anw.**: Antiasthmatikum, Bronchodilatator, Antipruriginosum; wenig selektives Betasympathomimetikum mit guten bronchodilator. Eigenschaften, aber auch starken β_1-bedingten kardialen UAW; Ind.: Asthma bronchiale (lokal durch Inhalation); **Dos.**: lingual (Anfallverhütung) 10 mg, i. v. 0.1 mg; Infusion i. v. 10 µg/min bis zu 2 mg am 1. Tag; Dosieraerosol 0.1 mg mehrmals tägl. 1-2 Stöße; Inhalation 0.1 %; topisch (Salbe) 0.2 %; HWZ 2.5 h. **Isoprenalinsulfat:** Isoprenalini sulfas Ph.Eur.4; CAS-Nr. 6700-39-6; $C_{22}H_{36}N_2O_{10}S \cdot 2\,H_2O$, M_r 556.6. Schmp. ca. 128 °C (unter Zers.). Weißes, krist. Pulver; leicht lösl. in Wasser, sehr schwer lösl. in Ethanol. **Isoprenalinhydrochlorid:** Isoprenalini hydrochloridum Ph.Eur.4; CAS-Nr. 51-30-9; $C_{11}H_{18}ClNO_3$, M_r 247.7. Schmp. 166-170 °C. Leicht lösl. in Wasser, wenig lösl. in Ethanol. Hingewiesen sei auch auf Isoprenalin-Guajakolglycerolether.

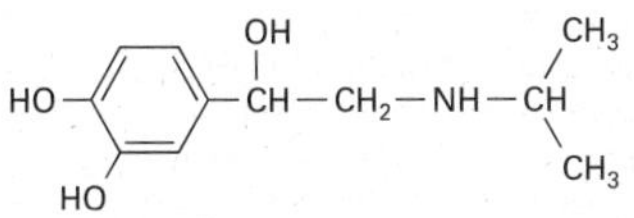

Isoprenalin

Isoprenoide: s. Terpene.

Isoprenregel: s. Terpene.

Isopropamidiodid INN: γ-(Aminocarbonyl)-N-methyl-N,N-bis(1-methylethyl)-γ-diphenylpropylammoniumiodid; CAS-Nr. 71-81-8; $C_{23}H_{33}IN_2O$, M_r 480.4. Schmp. 198-201 °C (unter Zers.). Lichtempfindl.; leicht lösl. in kochendem Wasser, in Methanol, Ethanol, Chloroform, fast unlösl. in Ether; Schmp. der freien Base 84-86 °C. **Anw.**: Parasympatholytikum*, Spasmolytikum*; wird kaum noch verwendet.

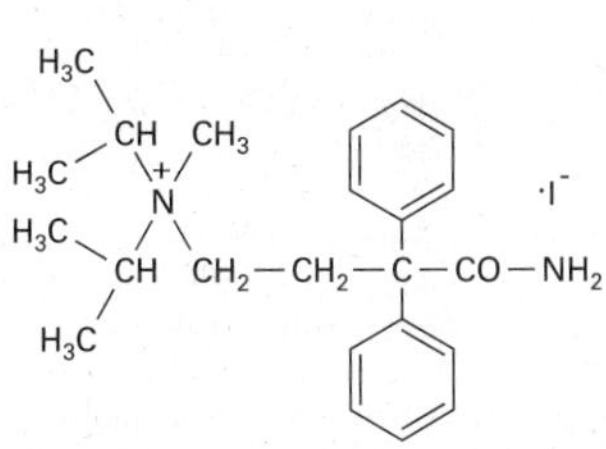

Isopropamid(iodid)

Isopropylalkohol: Isopropanol, sekundärer Propylalkohol, Dimethylcarbinol, Isopropanolum, Alcohol isopropylicus Ph.Eur.4; 2-Propanol, $H_3C-CH(OH)-CH_3$, C_3H_8O, M_r 60.10. D. 0.785. Sdp. 81-83 °C. $n_D^{20\,°C}$ 1.376-1.379. Farblose, brennbare Flüss. von acetonähnl. Geruch, mischbar mit Wasser, Ethanol, Ether. **Anw.**: Reagens, zur Gehaltsbestimmung von Vitamin-A-Präparaten; als Lösungsmittel, auch in der Parfümerie; in der Chromatographie als Elutions- u. Steigflüss., in der Mikroskopie als Konservierungs- u. Einbettmittel; als Treibstoffzusatz; med. darf I. zu innerl. Medikamenten nicht verwendet werden.

Isopropylaminophenazon: Ramifenazon, Isopyrin; 4-(Isopropylamino)-2,3-dimethyl-1-phenyl-3-pyrazolin-5-on; CAS-Nr. 3615-24-5; $C_{14}H_{19}N_3O$, M_r 245.32. Schmp. 80 °C (kristallisiert aus Aceton/Essigsäure). **Anw.**: Analgetikum* in Kombinationspräparaten.

Isopropylbromallylbarbitursäure: s. Propallylonal.

Isopropylchlorid: 2-Propylchlorid, Isopropylis chloridum, Isopropylum chloratum; 2-Chlorpropan; CAS-Nr. 75-29-6; C_3H_7Cl, M_r 78.5. Sdp. 34.5-36.5 °C. Farblose, flüchtige Flüss. von angenehm äther. Geruch; leicht entflammbar, brennt mit rußender, grün gesäumter Flamme unter Bildung von Chlorwasserstoff; schwer lösl. in Wasser, in jedem Verhältnis mischbar mit Ethanol, Ether. **Off.**: ÖAB90 (bis 1996).

I

Isopropyl-β-D-1-Thiogalactosid: synthet. Verbindung, die aufgrund ihrer strukturellen Ähnlichkeit anstelle von Lactose an den Lactose-Repressor binden kann. Da es jedoch im Ggs. zur Lactose nicht gespalten wird, führt es längerfristig zur Derepression. Häufig zur Induktion von Genen genutzt, die unter Kontrolle des Promotors des Lactose-Operons stehen.

Isopropylessigsäure: s. Isovaleriansäure.

Isopropylether: Aether isopropylicus; 2,2'-Oxy-bis-[propan], $(CH_3)_2HC-O-CH(CH_3)_2$, $C_6H_{14}O$. M_r 102.17. D. 0.7258. Schmp. −60 °C. Sdp. 68.5 °C. Farblose, äther. riechende, brennbare Flüss., wenig lösl. in Wasser, mischbar mit Ethanol, Ether, Benzol, Chloroform, Schwefelkohlenstoff. **Anw.**: Lösungsmittel für Öle, Fette, in der Lack- u. Gummiindustrie. **Tox.**: MAK 500 mL/m^3 Luft.

Isopropylmyristat: Isopropylis myristas Ph.Eur.4, Isopropylum myristicum, Isopropyltetradecanoat, Myristinsäureisopropylester; CAS-Nr. 110-27-0; $H_3C-(CH_2)_{12}-COO-CH(CH_3)_2$, $C_{17}H_{34}O_2$, Gehalt mind. 90 %; M_r 270.5. Ep. ca. 5 °C. Sdp. 300 °C. D. 0.850-0.857. $n_D^{20\,°C}$ 1.434-1.437. Farbloses, niedrigviskoses Öl; ein flüss. Wachs, dem Bürzeldrüsenfett* ähnl.; chem. stabil; prakt. unlösl. in Wasser od. Glycerol, lösl. in 3 T. Ethanol, mischbar mit Ether, Chloroform, Petrolether, flüss. Paraffin, fetten Ölen. Viskosität 5-6 mPa · s; EZ 205.5-210; SZ max. 1.0; VZ 202-212; IZ max. 1; sterilisierbar 2 h bei 160 °C. Inkomp.: Kautschuk (Quellung, teilw. Auflösung), Kunststoffe, z. B. Nylon, Polyethylen (Quellung). **Anw.**: in Salben u. Emulsionen als hautverträgl., toxikol. unbedenkliches Lösungsmittel (Lösungsvermittler), gutes Spreitungsvermögen; Verbesserung der Resorption durch die Haut; Lösungsmittel für diverse Steroidhormone, öllösl. Vitamine, für Antibiotika-Suspensionen, für i.m.-Injektionen (kein Zusatz zur Stabilisierung od. Konservierung).

Isopropylpalmitat: Isopropylis palmitas Ph.Eur.4, Palmitinsäureisopropylester; $H_3C-(CH_2)_{14}-COO-CH(CH_3)_2$; $C_{19}H_{38}O_2$, Gehalt mind. 90 %; M_r 298.5. D. ca. 0.854. $n_D^{20\,°C}$ 1.436-1.440. Klare, farblose, ölige Flüss.; mischbar mit org. Lösungsmitteln, nicht mischbar mit

Wasser. Viskosität 5-10 mPa·s; VZ 183-193; SZ max. 1.0; IZ max. 1.0. **Anw.**: s. Isopropylmyristat.

Isopropyltetradecanoat: s. Isopropylmyristat.

Isopsychre: Kurve od. Fläche gleicher relativer Luftfeuchtigkeit; vgl. Mollier-h,x-Diagramm.

Isopulegol: ein Monoterpenalkohol, Strukturformel s. Mentha arvensis var. piperascens (Abb.).

Isoquercitrin: s. Quercetin.

Isorhamnetin: ein Flavonolderivat, Strukturformel s. Flavonoide (Tab.). **Vork.**: z. B. in Cheiranthus* cheiri (Flores Cheiranthi cheiri).

Isorhodanwasserstoffsäureallylester: s. Allylsenföl.

Isosafrol: 1,2-(Methylendioxy)-4-propenylbenzol, $C_{10}H_{10}O_2$, M_r 162.18. Farblose Flüss., lösl. in Ethanol, Ether u. Benzol. **Anw.**: in der Riechstoffindustrie zur Geruchsverbesserung von Seifen; vgl. Safrol.

Isosorbiddinitrat INN: Isosorbidi dinitras; 1,4:3,6-Dianhydro-D-glucitol-dinitrat; CAS-Nr. 87-33-2; $C_6H_8N_2O_8$, M_r 236.14. Schmp. 70 °C. $[\alpha]_D^{20\,°C}$ +135° (Ethanol); $[\alpha]_D^{20\,°C}$ +135° (Ethanol). Weißes, feines, krist. Pulver, sehr schwer lösl. in Wasser, sehr leicht lösl. in Aceton, wenig lösl. in Ethanol. Cave: unverdünntes I. kann auf Schlag od. bei großer Hitze explodieren; nur kleine Mengen dürfen verwendet werden. **Anw.**: Ther. u. Prophylaxe des Angina pectoris-Anfalls; Rehabilitationsbehandlung nach Myokardinfarkt; Wirk. fast genauso schnell wie bei Glyceroltrinitrat*, hält jedoch ca. 3 h an; **Dos.**: sublingual 5 mg im Anfall u. zur Kupierung; oral retard 2×20 mg/d; HWZ 0.5-0.7 h bzw. 2-3 (5) h (Metaboliten). **Verdünntes Isosorbiddinitrat**: Isosorbidi dinitras dilutus Ph.Eur.4; trockenes Gemisch mit Lactose-Monohydrat od. Mannitol. **Anw.** u. **Dos.**: schwere Herzinsuffizienz: oral 2-3×10 mg/d, maximal 360 mg/d, um eine Toleranzentwicklung zu vermeiden, intermittierende Therapie mit 12-14 h Intervallen ohne Medikation empfehlenswert; Angina pectoris: sublingual 2.5-10 mg alle 2-3 h.

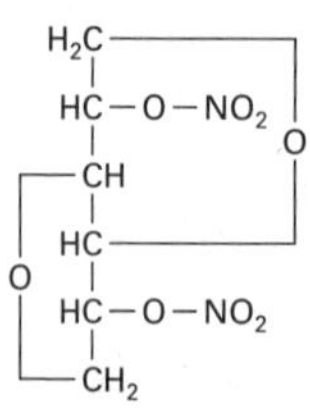

Isosorbiddinitrat

Isosorbidmononitrat INN: Isosorbid-5-nitrat; 1,4:3,6-Dianhydro-D-glucitol-5-nitrat; CAS-Nr. 16051-77-7; $C_6H_9NO_6$; M_r 191.1. Metabolit von Isosorbiddinitrat*; weißes, krist. Pulver, leicht lösl. in Wasser, Aceton, Dichlormethan u. Ethanol. **Anw.**: Langzeitbehandlungen koronarer Durchblutungsstörungen; Vorbeugung gegen Angina pectoris-Anfälle; **Dos.**: oral 2×20-60 mg/d; maximal 80 mg/d; oral retard: maximal 240 mg/d (Ph.Eur.Komm); HWZ 5 h**Verdünnte Isosorbidmononitratlösung**: Isosorbidi mononitras dilutus Ph.Eur.4; trockenes Gemisch mit Lactose-Monohydrat od. Mannitol.

Isospartein: s. Cytisus scoparius (Flores Sarothamni scoparii, Inhaltsst.).

Isospora: zu den Kokzidien gehörende Sporozoengattung (vgl. Protozoen). Parasiten des Darmepithels bei Mensch u. Karnivoren, Erreger der Kokzidiose*.

Isosporie: s. Homosporie.

Isostere: Moleküle mit gleicher Atom- u. Elektronengesamtzahl u. gleichen elektr. Ladungen, wie CO und N_2. I. zeigen ähnl. physikalische u. biol. Eigenschaften, z. B. hinsichtlich Schmp. u. Siedepunkt, krit. Temp. und kritischem Druck, Löslichkeit in Wasser; vgl. Bioisosterie.

Isotachophorese: s. Elektrophorese.

isotherm: mit gleich bleibender Temp. od. ohne Temperaturänderung; vgl. Enthalpie.

Isotherme: Kurve (Verbindungslinie zw. Punkten) od. Fläche gleicher Temperatur; vgl. Mollier-h,x-Diagramm.

Isothiocyanate: Senföle; Ester der Isothiocyansäure (HNCS); R–N=C=S. Meist scharf riechende u. hautreizende Stoffe. Nicht flüchtig u. daher geruchlos ist z. B. *p*-Hydroxybenzylsenföl (s. Sinalbin). Bildung: durch enzymat. Hydrolyse der nat. Glucosinolate* (Enzym: Myrosinase, pH-Optimum: ca. 6 bis 7); bei längerer Aufbewahrung bilden I. Oxidations- u. Zersetzungsprodukte, z. B. Thiocyanate*, Schwefelwasserstoff*, Diamine* u. Xanthogenate*; vgl. Allylsenföl.

Isothipendyl INN: 10-(2-Dimethylaminopropyl)-10*H*-pyrido[3,2-*b*][1,4]benzothiazin; CAS-Nr. 482-15-5; $C_{16}H_{19}N_3S$, M_r 185.42. **Anw.**: kaum noch verwendetes Antiallergikum, Antihistaminikum*; **UAW**: Sedierung, Beeinflussung des Reaktionsvermögens; **WW**: Alkohol u. Psychopharmaka; **Dos.**: p. o. 3-4×4 mg/d; oral retard 2-3×12 mg/d; topisch Hautgelee 0.75 %. Gebräuchl. ist auch Isothipendylhydrochlorid.

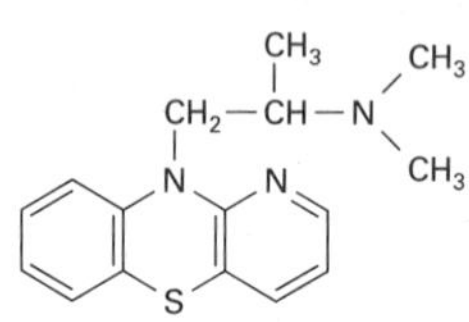

Isothipendyl

Isotonie: klin. angestrebter Zustand des osmot. Ausgleichs mit Körperflüssigkeiten im Sinne der Isoosmose* (bei Vorliegen echter semipermeabler Membranen, z. B. am Auge). Isoosmose ist nicht immer mit I. gleichzusetzen. Wenn sich die Zellwände der Erythrozyten gegenüber manchen gelösten Stoffen nicht wie semipermeable Membranen verhalten, sind isoosmot. Lsg. gegenüber dem Blut hypoton (Hämolysegefahr). Da hypertone Lösungen besser verträgl. sind, ist es in diesem Fall sinnvoll, Arzneistoffe direkt in physiol. Kochsalzlsg. aufzulösen. Dadurch erhält man eine gegenüber dem Blut isotone bis schwach hypertone u., allerdings ohne Belang, stärker hyperosmot. Lösung. Die Prüfung der

Isotonie erfolgt prakt. immer durch Ermitteln der Gefrierpunkterniedrigung* (s. Eigenschaften, kolligative) einer Lösung gegenüber reinem Wasser. Die Messungen erfolgen mit einem Osmometer*.

isotonisch: syn. Bez. im physiol.-klin. Bereich für isoosmotisch*, wenn semipermeable Membranen vorliegen (z. B. am Auge, vgl. Isotonie). Eine 0.9 %ige Lsg. von Natriumchlorid* besitzt annähernd den gleichen osmot. Druck wie Blut, Lymphe, Liquor u. Tränenflüssigkeit (6.5-8 bar). Höher konzentrierte Lösungen nennt man **hyperton**, niedriger konzentrierte **hypoton**. Eine hypotone Lsg. eines Arzneistoffes A mit dem Gehalt n % kann z. B. durch einen nach folgender Formel berechneten Hilfsstoffzusatz HZ (%) isotonisch gemacht werden:

$HZ = 0.52 - n \cdot \Delta T_A/\Delta T_H$.

Die Werte für ΔT_H u. ΔT_A entnimmt man Tab. 1 u. Tab. 2; 0.52 ist die Gefrierpunkterniedrigung* der Tränenflüssigkeit bzw. des Serums gegenüber reinem Wasser in K (Kelvin).

isotonisch Tab. 1

Gefrierpunktserniedrigung (ΔT_H) 1 %iger wässriger Lösungen wichtiger Hilfsstoffe gegenüber reinem Wasser in K

Hilfsstoff	ΔT_H
Borsäure	0.28
Glucose (Monohydrat)	0.09
Glucose (wasserfrei)	0.10
Kaliumchlorid	0.43
Kaliumnitrat	0.32
Mannitol	0.10
Natriumchlorid	0.58
Natriumnitrat	0.40
Natriumtetraborat (Dekahydrat)	0.28

Isotope: Atomarten (Nuklide*) eines chem. Elements mit der gleichen Anzahl an Protonen (Ordnungszahl*, Kernladungszahl) aber unterschiedl. Neutronenzahl; (vgl. Massenzahl). Dies führt (im

I

isotonisch Tab. 2

Gefrierpunktserniedrigung (ΔT_A) 1 %iger wässriger Lösungen wichtiger Augenarzneistoffe gegenüber reinem Wasser in K

Augenarzneistoff	ΔT_A	Augenarzneistoff	ΔT_A
Aceclidinhydrochlorid	0.16	Kupfersulfat (Pentahydrat)	0.10
Acetylcholinchlorid	0.19	Lidocainhydrochlorid (Monohydrat)	0.12
Adenalonhydrochlorid	0.12	Methyltropiniumnitrat	0.10
Aluminiumkaliumsulfat 12 H_2O	0.08	Morphinhydrochlorid (Trihydrat)	0.08
Antazolinhydrochlorid	0.11	Naphazolinhydrochlorid	0.14
Ascorbinsäure	0.10	Naphazolinnitrat	0.12
Atropinsulfat (Monohydrat)	0.07	Natriumacetat (Trihydrat)	0.26
Bacitracin	0.03	Natriumdihydrogenphosphat H_2O	0.21
Benzylpenicillin-Natrium	0.10	Natriumedetat (Dihydrat)	0.15
Bezylalkohol	0.10	Natriumhydrogencarbonat	0.38
Calciumchlorid (Dihydrat)	0.30	Natriumiodid	0.22
Calciumchlorid (Hexahydrat)	0.20	Natriumpropionat	0.35
Carbachol	0.20	Natriumsalicylat	0.21
Chloramphenicolsuccinat-Natrium	0.08	Natriumthiosulfat (Pentahydrat)	0.17
Chlortetracyclinhydrochlorid	0.06	Neomycinsulfat	0.06
Clonidinhydrochlorid	0.13	Neostigminbromid	0.12
Cocainhydrochlorid	0.19	Oxybuprocainhydrochlorid	0.11
Dexamethasonphosphat Dinatrium	0.10	Oxytetracyclinhydrochlorid	0.08
Dihydrostreptomycinsulfat	0.03	Phenylephrinhydrochlorid	0.19
Diphenhydraminhydrochlorid	0.12	Physostigminsalicylat	0.09
Ephedrinhydrochlorid	0.16	Pilocarpinhydrochlorid	0.14
Epinephrinhydrogentartrat	0.11	Pilocarpinnitrat	0.14
Ergometrintartrat	0.09	Polymyxin-B-sulfat	0.05
Ethylmorphinhydrochlorid 2 H_2O	0.09	Prednisolonsuccinat-Natrium	0.09
Fluorescein-Natrium	0.18	Procainhydrochlorid	0.12
Fructose	0.10	Rescorcinol	0.16
Gerbsäure	0.02	Saccharose	0.06
Guanethidinsulfat	0.14	Scopolaminhydrobromid (Trihydrat)	0.07
Harnstoff	0.33	Silbereiweiß	0.05
Histidinhydrochlorid	0.15	Silbereiweiß-Acetyltannat	0.10
Homatropinhydrobromid	0.10	Silbernitrat	0.19
Hydrocortisonsuccinat-Natrium	0.09	Sulfacetamid-Natrium (Monohydrat)	0.14
Hyoscyaminhydrobromid	0.10	Sulfadiazin-Natrium	0.13
Kaliumdihydrogenphosphat	0.24	Tetracainhydrochlorid	0.11
Kaliumiodid	0.20	Tolazolinhydrochlorid	0.19
Kaliummonohydrogenphosphat	0.26	Zinksulfat (Heptahydrat)	0.09

Ggs. zu den Isobaren*) zu unterschiedl. relativen Atommassen. Sämtliche I. haben annähernd ganzzahlige relative Atommassen, die größeren Abweichungen von der Ganzzahligkeit bei vielen Elementen kommen daher, dass diese aus 2 od. mehr Isotopen bestehen. Bekannt sind ca. 300 stabile u. mehr als 1000 instabile Isotope. Die Angabe der Nukleonenzahl (Massenzahl) eines Isotops erfolgt links oben neben dem Elementsymbol, die Kernladungszahl steht links unten: $^{35}_{17}Cl$ od. $^{131}_{53}I$. Allg. schriftl. Wiedergabe: Chlor-35 od. ^{35}Cl, Iod-131 od. ^{131}I. **Nachw.:** Der Massenspektrograph (konstruiert 1919 von Francis Will. Aston) nutzt die Ablenkung von Kanalstrahlen im elektr. od. magnet. Feld zur Bestimmung: Die Spektrallinien u. -banden von Isotopen sind ein wenig gegeneinander verschoben. Die Trennung der I. erfolgt hauptsächl. im Trennrohrverfahren nach Klaus Clusius (1938), das auf der Thermodiffusion beruht, bei der sich die leichteren Isotope in dem erwärmten Teil, die schweren im gekühlten Teil des Rohres ansammeln. Das Diffusionsverfahren beruht darauf, dass leichte Gasteilchen rascher durch eine Membran diffundieren als schwere. Beim Destillationsverfahren schließl. erwärmt man das Isotopengemisch, wobei die leichten Isotope schneller verdampfen als die schwereren. **Anw.:** reine I. sind biol. von Wichtigkeit, da man mit ihrer Hilfe den Weg bestimmter Stoffe im Körper bis ins Einzelne verfolgen kann; bes. die radioaktiven I. sind zur Markierung geeignet; vgl. Tracer. So dienen Isotope u. a. zum Studium der Assimilation u. Dissimilation, zum Nachw. der Spurenelemente, der Wirkungsweise von Bakterien od. zur Feststellung des Angriffspunktes, der Wirkungsdauer u. der Ausscheidung von Arzneimitteln. In der Nuklearmedizin werden radioaktive Isotope zur Diagnostik u. Tumortherapie verwendet (vgl. Radioiodtherapie, Radionuklidtherapie, Radioimmuntherapie).

Isotretinoin INN: Isotretinoinum Ph.Eur.4, 13-*cis*-Vitamin-A-säure, 13-*cis*-Retinsäure; (2*Z*,4*E*,6*E*,8*E*)-3,7-Dimethyl-9-(2,6,6-trimethyl-1-cyclohexenyl)-2,4,6,8-nonatetraensäure; CAS-Nr. 4759-48-2; $C_{20}H_{28}O_2$, M_r 300.4. Gelbes bis orangegelbes, krist. Pulver; fast unlösl. in Wasser, lösl. in Dichlormethan, schwer lösl. in Ethanol; bes. in Lsg. gegenüber Luft, Wärme u. Licht empfindlich. **Anw.:** Aknetherapeutikum; vgl. Tretinoin.

isotrop: sind Körper, die nach allen Richtungen gleiche physik. Eigenschaften besitzen, also alle amorphen Körper, Glas, Flüss. sowie die im kub. System kristallisierenden Stoffe. Vgl. Anisotropie.

Isovaleriansäure: Isopropylessigsäure, Acidum isopropylaceticum; 3-Methylbuttersäure, $(CH_3)_2CH-CH_2-COOH$, $C_5H_{10}O_2$, M_r 102.13. Schmp. −29.3 °C. Sdp. 177 °C. D. 0.93. Ölige, farblose Flüss., die nach Baldrian riecht. **Vork.:** frei in größerer Menge in der Baldrianwurzel (Valeriana* officinalis), verestert in vielen äther. Ölen. **Gew.:** Dampfdest. od. Auskochen der Baldrianwurzeln mit Soda; vgl. Valeriansäure

Hom: *Acidum isovalerianicum (HAB1.5)*, Acidum valerianicum.

Isovaleriansäureisoamylester: Isoamylisovalerianat, Amylium valerianicum; $C_{10}H_{20}O_2$. D. 0.858. Sdp. 194 °C. Farblose Flüss. von apfelartigem Geruch. **Anw.** med.: früher als Sedativum; techn.: zu Fruchtessenzen.

Isovaleriansäurementhylester: s. Menthylvalerianat.

Isovaltrat: s. Valepotriate (Abb. 1).

Isovanillinsäure: s. Phenolcarbonsäuren (Tab.).

Isovitamin C: s. Isoascorbinsäure.

Isoxanthopterin: 2-Amino-4,7-dihydroxypteridin; $C_6H_5O_2$; M_r 179.14. Farblose Kristalle. Vork.: in Flügeln von Schmetterlingen, in Schleimpilzen.

Isoxicam INN: 4-Hydroxy-2-methyl-*N*-(5-methyl-3-isoxazolyl)-2*H*-1,2-benzothiazin-3-carboxamid-1,1-dioxid; CAS-Nr. 34552-84-6; $C_{14}H_{13}N_3O_5S$, M_r 335.33. Schmp. 265-271 °C. **Anw.:** Antirheumatikum*, Antiphlogistikum*. **Hinweis:** Nicht mehr im Handel.

Isoxsuprin INN: 1-(4-Hydroxyphenyl)-2-(1-methyl-2-phenoxyethylamino)propan-1-ol; CAS-Nr. 395-28-8; $C_{18}H_{23}NO_3$, M_r 301.37. Schmp. 103 °C. **Anw.:** Betasympathimimetikum (s. Sympathomimetika), peripherer Vasodilatator; **UAW:** Herzrhythmusstörungen, Verwirrtheit; **Dos.:** p. o. 2-3 × 10 mg/d; oral retard 2 × 40 mg; parenteral i. m. 2-3 × 10 mg. Gebräuchl. sind auch Isoxsuprinlactat, Isoxsuprin-Polystyrolsulfonat u. Isoxsuprinacefyllinat. **Isoxsuprinhydrochlorid:** Isoxsuprini hydrochloridum Ph.Eur.4; CAS-Nr. 579-56-6; $C_{18}H_{24}ClNO_3$, M_r 337.85; Schmp. 205 °C (Zersetzung). Weißes bis fast weißes, krist. Pulver, wenig lösl. in Wasser u. Ethanol, unlösl. in Dichlormethan u. Ether. **Dos.:** oral 3-4 × 10-20 mg/d; oral retard 2 × 40 mg/d; parenteral i. m. 3-4 × 5-10 mg/d (Ph.Eur.Komm).

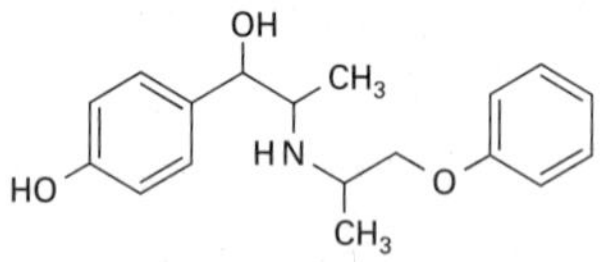

Isoxsuprin

Isozym: s. Isoenzym.

Ispaghula-Samen: s. Plantago ovata (Plantaginis ovatae semen).

Ispaghula-Samenschalen: s. Plantago ovata (Plantaginis ovatae seminis tegumentum).

Ispenkraut: s. Hyssopus officinalis (Herba Hyssopi).

Isradipin INN: 4-(4-Benzofurazanyl)-1,4-dihydro-2,6-dimethyl-3,5-pyridindicarboxylsäure-methyl-1-methylethyl-ester; CAS-Nr. 75695-93-1; $C_{20}H_{20}N_3O_5$, M_r 382.40. **Wirk.** u. **Anw.:** Calciumantagonist* mit vaskulärer Selektivität, zur Behandlung von Angina pectoris, zur Senkung der

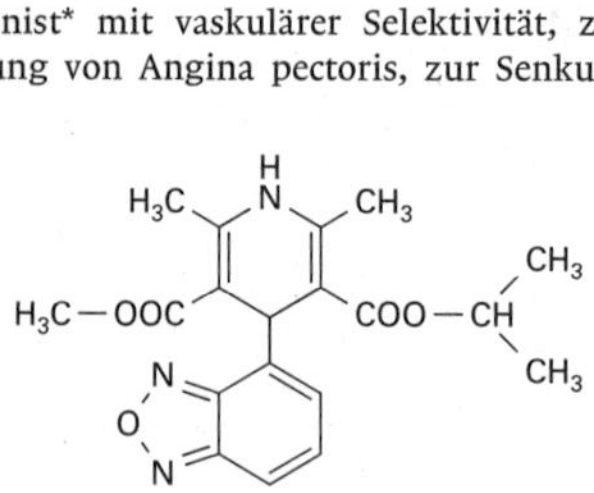

Isradipin

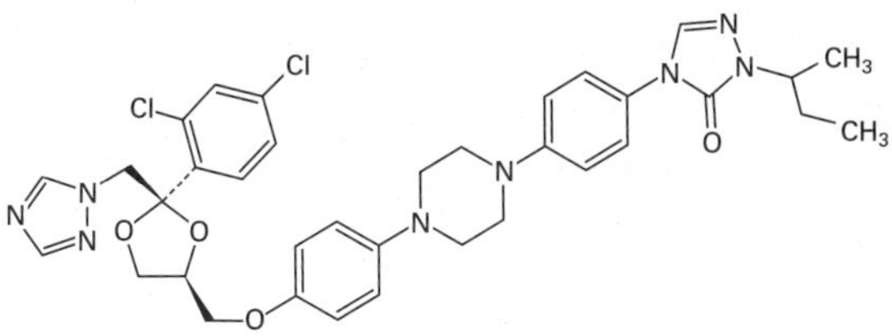

Itraconazol

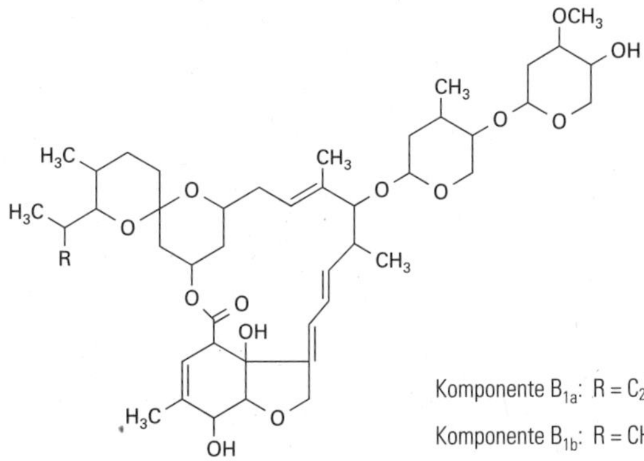

Ivermectin

Nachlast bei Herzinsuffizienz; **UAW:** Kopfschmerzen, Übelkeit; **Dos.:** 3×2.5-7.5 mg/d.

Itai-Itai-Krankheit: s. Cadmium (Tox.).

iteratur: Abk. it.; (auf Rezepten) Erneuerung einer Arzneiverordnung. **iteretur, reiteretur:** es werde wiederholt.

ITP: Abk. für **I**so**t**acho**p**horese; s. Elektrophorese.

Itraconazol INN: Itraconazolum Ph.Eur.4; 4-[4-[4-[4-[*cis*-2-(2,4-Dichlorphenyl)-2-(1*H*-1,2,4-triazol-1-ylmethyl)-1,3-dioxolan-4-yl]methoxy-phenyl]piperazin-1-yl]phenyl]-2-[(1*RS*)-1-methylpropyl]-2,4-dihydro-3*H*-1,2,4-triazolin-5-on; CAS-Nr. 84625-61-6; $C_{35}H_{38}Cl_2N_8O_4$, M_r 705.64. Schmp. 166 °C (kristallisiert aus Toluol). **Anw.:** oral applizierbares Antimykotikum*, das auch geg. Aspergillus-Arten wirkt; gute Verträglichkeit aufgrund des selektiven Angriffes an der Lanosteroldemethylase; **UAW:** gastrointestinale Beschwerden u. Kopfschmerzen; **Kontraind.:** Schwangerschaft, Stillzeit, Lebererkrankungen.

ITS: Abk. für **I**mplantierbares **T**herapeutisches **S**ystem; s. Implantate.

Iuniperi fructus: s. Juniperus communis (Juniperi pseudo-fructus).

IUP: Abk. für **I**ntra**u**terin**p**essar; s. Pessare.

IUPAC: Abk. für **I**nternational **U**nion for **P**ure and **A**pplied **C**hemistry Organisation, die u. a. Regeln für die internationale chem. Nomenklatur* aufstellt (IUPAC-Regeln).

i. v.: Abk. für **i**ntra**v**enös*.

Ivablüten: s. Achillea erba-rotta ssp. moschata.

Ivakraut: s. Achillea erba-rotta ssp. moschata (Herba Ivae moschatae).

Ivaöl: s. Achillea erba-rotta ssp. moschata (Oleum Ivae moschatae).

Ivarancusawurzel: s. Vetiveria zizanioides (Radix Vetiveriae).

Ivermectin INN: Ivermectinum Ph.Eur., Hyvermectin, 22,23-Dihydroavermectin; CAS-Nr. 70161-11-4; halbsynth. Derivat nat. vorkommender Avermectine*; bestehend aus einem Gem. von ca. 80 % 22,23-Dihydroavermectin B_{1a} (R=-Ethyl, $C_{48}H_{74}O_{14}$) u. weniger als 20 % 22,23-Dihydroavermectin B_{1b} (R=-Methyl, $C_{47}H_{72}O_{14}$); weißes bis gelblich weißes, krist., schwach hygroskopisches Pulver, unlösl. in Wasser, leicht lösl. in Dichlormethan, lösl. in Ethanol. **Anw.:** Makrolidantibiotikum (s. Antibiotika), Anthelminthikum* (stark filarizide Wirk., v. a. bei Onchozerkose*, s. Filarien). **Dos.:** oral bei Onchozerkose: 1×0.15-0.2 mg/kg KG jährlich; bei Strongyloidiasis: 0.2 mg/kg KG als einmalige Gabe; topisch bei Ektoparasiten: Lösung 0.8 % (Ph.Eur.Komm.).

J

J: **1.** (physik.) Symbol für Joule*. **2.** (chem.) veraltetes Symbol für Jod, jetzt: I*.

J-: s. a. I-.

Jaborandiblätter: s. Pilocarpus-Arten (Folia Jaborandi).

Jacaranda procera Spreng.: Jacaranda copaia; Fam. Bignoniaceae (Brasilien). Zus. mit anderen Arten, z. B. **Jacaranda caroba** (Vell.) DC (Brasilien), Stpfl. von **Folia Carobae:** Folia Jacarandae, Karobablätter, Karaibablätter. **Inhaltsst.:** das Alkaloid Carobin, Carobasäure, Harz sowie Bitterstoffe; **Anw.** volkstüml.: harntreibendes Mittel.

Jaceidin: ein Flavonolderivat; Strukturformel s. Flavonoide (Tab.).

Jacobson-Organ: s. Organ, vomeronasales.

Jahresringe: (bot.) im Stammquerschnitt der Dikotylen mit bloßem Auge bereits sichtbare, ringförmige Grenzen zw. Frühjahrs- u. Herbstholz. **Jahresring, falscher:** 2. Zuwachsschicht des Holzes innerhalb eines Jahres entsteht aufgrund einer Unterbrechung des Wachstums innerhalb einer Vegetationsperiode durch Krankheit, Frost od. Trockenheit u. spätere Wiederaufnahme des Wachstums.

Jakob-Creutzfeldt-Krankheit: s. Creutzfeldt-Jakob-Krankheit.

Jakobskraut: s. Senecio jacobaea.

Jakobsleiter: s. Polemonium caeruleum.

Jakobslilie: s. Amaryllidaceae.

Jalapa: s. Ipomoea purga (Resina Jalapae).

Jalapenharz: s. Ipomoea purga (Resina Jalapae).

Jalapenknollen: s. Ipomoea purga (Tubera Jalapae).

Jalapenpillen: s. Pilulae Jalapae.

Jalapenwurzel: s. Ipomoea purga (Tubera Jalapae).

Jalapinolsäure: s. Glykoretine.

Jamaika-Bitterholz: s. Picrasma excelsa (Lignum Quassiae jamaicense).

Jamaika-Pfeffer: s. Pimenta dioica (Fructus Pimentae).

Jamaika-Wurmrinde: s. Andira inermis (Cortex Andirae inermis).

Jambolanapflaume: s. Syzygium cumini.

Jambosa caryophyllus: s. Syzygium aromaticum.

Jambosa vulgaris: s. Syzygium jambos.

Jambulbaum: s. Syzygium jambos.

Jambulfrüchte: s. Syzygium jambos (Fructus Syzygii jambolani).

Jambulrinde: **1.** s. Syzygium cumini (Cortex Syzygii cumini). **2.** s. Syzygium jambos (Cortex Syzygii jambolani).

Jambulsamen: s. Syzygium cumini (Semen Syzygii cumini).

Jambusen: s. Syzygium jambus (Fructus Syzygii jambolani).

Janetspritze: Einmalspritze (100 ml) zur Blasenspülung mittels Katheter.

Januskinasen: Abk. Jak; Familie von Proteinkinasen (Jak1, Jak2, Jak3 und Tyk2), die mit Rezeptoren assoziiert sind. J. enthalten Tyrosinkinase ähnliche Domänen u. werden von INF-Rezeptoren direkt phosphoryliert u. aktiviert.

Japancampher: s. Campher.

Japanholz: s. Caesalpinia echinata (Lignum Fernambusi).

Japantang: s. Laminaria.

Japanwachs: s. Wachse (Cera japonica).

Jasmin, Gelber: s. Gelsemium sempervirens.

Jasminöl: s. Jasminum grandiflorum (Oleum Jasmini).

Jasminum grandiflorum L.: Fam. Oleaceae (v. a. Südfrankreich, Italien, Marokko, überall kultiviert). Zus. mit **J. officinale** L. Stpfl. von **Oleum Jasmini:** Jasminöl; das äther. Öl aus den Blüten. **Best.:** Benzylacetat, Linalylacetat, Benzylbenzoat, Jasmon, Geraniol, Nerol, Eugenol, Farnesol, *p*-Creseol u. a.; kommt in versch. Qualitäten in den Handel; **Anw.:** in der Parfümerie.

Jasminum officinale: s. Jasminum grandiflorum.

Jasminwurzel, Gelbe: s. Gelsemium sempervirens (Rhizoma Gelsemii).

Jasmolin: s. Tanacetum cinerariifolium (Pyrethri flos).

Jasmon: 3-Methyl-2-(*cis*-2-pentenyl)-2-cyclopenten-1-on, $C_{11}H_{16}O$, M_r 164.24, Sdp. 248 °C. Gelbl. ölige Flüss.; unlösl. in Wasser, lösl. in Ethanol. **Anw.:** in der Parfümindustrie.

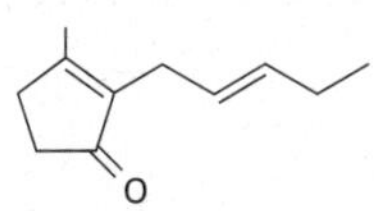

Jasmon

Jateorhiza palmata (Lam.) Miers: Jatrorrhiza palmata; Fam. Menispermaceae (trop. Ostafrika, Indien, Südamerika). Stpfl. von **Radix Colombo:** Colombo radix, Radix Kolumbo, Colombowurzel, Kalumbawurzel. **Inhaltsst.:** die Protoberberinalkaloide Jatrorrhizin, Palmatin (Methyljatrorrhizin) u. Columbamin; Diterpenbitterstoffe, z. B. Columbin* (Diterpenlacton), Chasmanthin u. Palmarin (Hydronaphthalinderivate); ferner Schleim, äther. Öl (thymolhaltig) u. Stärke; **Anw.**

volkstüml.: bei Verdauungsstörungen mit Diarrhö, dyspeptische Bechwerden.
Hom: *Jateorhiza palmata (HAB1.5),* Columbo: getrocknete Wurzel.

Jatropha curcas L.: Croton purgans; Fam. Euphorbiaceae (trop. Südamerika). Stpfl. von **Semen Jatrophae:** Semen Ricini majoris, Purgierstrauchsamen, Curcasnüsse; die ca. 17 mm langen, eiförmigen Samen. **Inhaltsst.:** 40 % fettes Öl, die tox. Lektine Curcin I u. II, Diterpenester; **Anw.:** Gew. des fetten Öls. **Oleum Jatrophae:** Oleum Ricini majoris, Curcasöl, Purgiernußöl. **Inhaltsst.:** Glyceride der Palmitin-, Myristin- u. Curcanolsäure, Diterpenester; **Anw.** volkstüml.: drastisches Abführmittel (von der Anw. wird dringend abgeraten).
Hom: *Jatropha curcas:* reife Samen; verord. z. B. bei choleraartigen Brechdurchfällen.

Jatrorrhiza palmata: s. Jateorhiza palmata.

Jauert: s. Joghurt.

Javatee: s. Orthosiphon aristatus (Orthosiphonis folium).

Javelle-Lösung: s. Kaliumhypochlorit (Liquor Kalii hypochlorosi).

Jejunum: s. Darm.

Jelängerjelieber: s. Lonicera caprifolium.

Jenner-Eosin-Methylenblau-Lösung: Zstzg.: Mischung von 25 mL einer 0.5 %igen Lsg. von Eosin in Methylalkohol u. 20 mL einer 0.5 %igen Lsg. von Methylenblau in Methylalkohol; entspricht May-Grünwald-Färbung. **Anw.:** Reagens; Färbung der Blutzellen.

Jerusalemartischocke: s. Helianthus tuberosus.

Jervasäure: s. Chelidonsäure.

Jerveratrumalkaloide: s. Veratrumalkaloide.

Jervin: s. Veratrumalkaloide (Jerveratrumalkaloide).

Jesuitentee: **1.** s. Ilex paraguariensis (Mate folium tostum). **2.** s. Chenopodium ambrosioides var. ambrosioides (Herba Chenopodii ambrosioidis).

Jesuiterbalsam: s. Balsamum Copaivae.

jetmills: s. Mühlen.

Joch: s. Blattformen.

Jochpilze: s. Pilze (Kl. Zygomycetes).

Jod-: s. Iod-.

Joghurt (türk.: ja-urt): Yoghurt, Jugurt, Jauert; Uursprüngl. eine durch Impfung warmer Ziegen-, Schaf- oder Büffelmilch mit dem Maja-Ferment (Podkwassa) gewonnene Sauermilch, in der das Casein in bes. fein geflockter Form vorliegt. Das Maja-Ferment besteht im Wesentl. aus Lactobacillus bulgaricus u. Streptobacterium thermophilus. Hauptsächl. in der Türkei u. Bulgarien gebräuchlich. Heute benutzt man i. Allg. Kuhmilch, die man etwas eindampft, dann schnell auf ca. 45 °C abkühlt, ca. 5 % des Enzympräparates hinzufügt u. ca. 2.5-3 h bei 45 °C bis zur Gerinnung hält. Dann lagert man das so gewonnene J. 12-14 h lang bei 4-5 °C. J. ist im Ggs. zu Kefir u. Kumys fast alkoholfrei. **Anw.:** Magen- u. Darmstörungen, nach (bei) peroraler Antibiotikatherapie.

Johannisbeerblätter, Schwarze: s. Ribes nigrum (Ribis nigri folium).

Johannisbeeren, Schwarze: s. Ribes nigrum (Fructus Ribis nigri).

Johannisblume: s. Arnica montana.

Johannisbrot: s. Ceratonia siliqua (Ceratoniae fructus).

Johannisbrotkernmehl: s. Ceratonia siliqua.

Johanniskraut: s. Hypericum perforatum.

Johanniskrautöl: s. Hypericum perforatum (Oleum Hyperici).

Johanniswurzel: s. Dryopteris filix-mas (Rhizoma Filicis).

Johimbin: s. Yohimbin.

Jojobaöl: s. Simmondsia chinensis (Simmondsiae cera liquida).

Jonone: Ionone; $C_{13}H_{20}O$. Farblose Flüss., lösl. in Ethanol u. Ether, wenig lösl. in Wasser. Man unterscheidet α-, β- u. γ-Jonon. α-Jonon riecht konz. nach Zedernholz, in starker Verd. nach Veilchen. Künstl. J., hergestellt aus Citral u. Aceton, besteht aus α- u. β-Jonon. **Vork.:** nat. in verschiedenen äther. Ölen; **Anw.:** in der Parfümerie, β-Jonon zur Herst. von Vit. A.

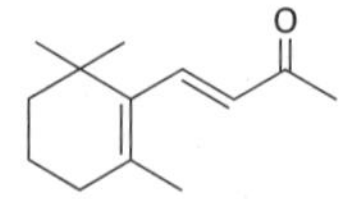

Jonone: β-Jonon als Beispiel; α-, β- u. γ-Jonon unterscheiden sich durch die Lage der Doppelbindung im Cyclohexanring

Jontophorese: s. Ionophorese.

Josamycin INN: Josamycinum Ph.Eur.4; 3-Acetoxy-5-[3,6-didesoxy-4-*O*-(2,6-didesoxy-4-*O*-isovaleryl--3-*C*-methyl-α-L-ribo-hexopyranosyl)-3-dimethylamino-β-D-glucopyranosyloxy]-6-formylmethyl-9-hydroxy-4-methoxy-8-methylhexadecan-10,12-dien-15-olid; CAS-Nr. 16846-24-5; $C_{42}H_{69}NO_{15}$, M_r 828.0. Gelbl. weißes, bitter schmeckendes Pulver; gut lösl. in Ethanol, Chloroform u. Ether. **Wirk. u. Anw.:** orales Makrolid-Antibiotikum (s. Antibiotika); breites Wirkungsspektrum mit bes. Wirksamkeit geg. Bacteroides fragilis, Staphylokokken, Chlamydien, Mykoplasmen; **UAW:** gastrointestinale Störungen; langsame Resistenzentwicklung; **Dos.:** p. o. 0.6-2 g/d. Vgl. Antibiotika (Tab.). **Josamycinpropionat:** Josamycini propionas Ph.Eur.4; CAS-Nr. 56111-35-4; $C_{45}H_{73}NO_{16}$; M_r 884.19. Weißes bis schwach gelbliches, krist. Pulver, unlösl. in Wasser, leicht lösl. in Dichlormethan u. Methanol.

Josefskraut: s. Hyssopus officinalis (Herba Hyssopi).

Joule (James Prescott Joule, engl. Physiker, 1818-1889): Symbol J; abgeleitete SI*-Einheit für die Arbeit* (vgl. Energie, Enthalpie). $1\,J = 1\,Nm$ (Newtonmeter) $= 1\,kg \cdot m^2 \cdot s^{-2} = 1\,W \cdot s$ (Wattsekunde) $= 1\,V \cdot A \cdot s$. $1\,J = 10^7$ erg $= 0.238846\,cal$ (Kalorien) $= 6.24146 \cdot 10^{18}\,eV$ (Elektronvolt) $= 2.77777 \cdot 10^{-7}\,kWh$ (Kilowattstunden) $= 9.86895\,L \cdot$ atm (Literatmosphären) bzw. $m^3 \cdot Pa$ (Pascal).

journal citation reports: s. Impact-Faktor.

Juckbohnen: s. Mucuna puriens (Fructus Stizolobii).

Jucken: s. Pruritus.

Judenkirsche: s. Physalis alkekengi.

Juglans cinerea L.: Graue Walnuß, Butternuß; Fam. Juglandaceae (Nordamerika). Stpfl. von **Cortex Juglandis cinereae:** Butternußrinde, (engl.) *Butternut Bark*; die innere Wurzelrinde. **Inhaltsst.:**

Juglon (s. Juglans regia, Juglandis folium), Tannine sowie äther. u. fettes Öl; **Anw.** volkstüml.: z. B. bei Leberleiden.

Hom: *Juglans cinerea:* im Mai u. Juni gesammelte, frische, innere Rinde der Äste, des Stammes u. der Wurzeln; verord. z. B. bei Hauterkrankungen mit Leberleiden, Kopfschmerzen.

Juglans regia L.: Walnußbaum; Fam. Juglandaceae (heim. Kleinasien, kult. Mitteleuropa, Nordafrika, Nordamerika, Japan). Stpfl. von **Juglandis folium:** Folia Juglandis, Walnußblätter. **Off.:** DAC; **Inhaltsst.:** Juglon (Strukturformel s. α-Naphthochinon, Tab.), entsteht aus Hydrojuglonglucosid, nur in frischen Blättern; ferner ca. 6-10% Gerbstoffe (Ellagitannine), wenig äther. Öl; nach DAC mind. 2% (mit Hautpulver fällbare) Gerbstoffe; **Anw.** volkstüml.: z. B. bei Diarrhö, Hautleiden; zur Vertreibung von Wanzen u. Läusen. **Cortex Juglandis regiae nucum:** Cortex Juglandis fructus, Walnußschalen. **Inhaltsst.:** in den frischen Schalen α- u. β-Hydrojuglon(glucosid), die wie Juglon der Blätter Haare u. Haut braun färben; Säuren; Emulsin; Zucker; Calciumphosphat u. -oxalat; außerordentl. viel Vit. C (bis 1.5% in frischen Schalen); **Anw.** volkstüml.: z. B. bei Vit.-C-Mangelerscheinungen, Karies, Hautausschlägen; die frischen Schalen zu Haarfärbemitteln. **Oleum Juglandis:** Walnußöl; das aus den Kernen ohne Anwendung von Wärme gepresste, hellgelbe bis grünlich gelbe, fette Öl. D. 0.920-0.924; IZ 141-153; SZ ≤8, VZ 188-196. **Inhaltsst.:** u. a. Glyceride der Leinölsäuren, Ölsäure u. Myristinsäure; **Anw.:** Speiseöl. **Oleum Juglandis nucum infusum:** Walnußschalenöl; das kosmet. verwendete Nußöl, ein mit Arachidis oleum (s. Arachis hypogaea) in der Wärme hergestellter Auszug aus Walnußschalen.

Hom: *Juglans:* frische Fruchtschalen u. Blätter zu gleichen T.; verord. z. B. bei Akne vulgaris, nässenden Hautekzemen.

Juglon: s. Juglans regia (Juglandis folium); Strukturformel s. α-Naphthochinon (Tab.).

Jugurt: s. Joghurt.

Jujuben: s. Zizyphus jujuba (Fructus Jujubae).

Julep: Julapium; ein im Mittelalter von den Arabern verwendeter, meist mit Zucker, Sirup od. Honig gesüßter Drogenauszug als Kühltrank (Refrigerantium).

Jumella fragrans: s. Angraecum fragrans.

Jungfer im Grünen: s. Nigella damascena.

Jungfernöl: s. Olea europaea (Olivae Oleum virginum, Best.).

Juniperus communis L.: Wacholder, Machandel, Kranewitt; Fam. Cupressaceae (fast alle Gebiete der gemäßigten u. kalten Zonen der nördl. Halbkugel). Stpfl. von **Juniperi pseudofructus:** Fructus Juniperi, Juniperi fructus, Baccae Juniperi, Pseudofructus iuniperi, Wacholderbeeren, Machandelbeeren, Kaddigbeeren, Kranewittbeeren; die getrockneten, reifen Beerenzapfen. **Off.:** Ph.Eur.4, ÖAB90, Ph.Helv.8; **Inhaltsst.:** 0.2-2% (mind. 1.0%) äther. Öl, 7% Invertzucker (trocken bis 30%), 3-4% Catechingerbstoffe, Proanthocyanidine, Flavonoide, Harz, Pektin, Säuren, Inosit u. Gummi; **Anw.:** innerl. bei dyspeptischen Beschwerden; äußerl. bei rheumat. Beschwerden (kontraind. bei Nierenentzündung u. Schwangerschaft); vor Anw. Früchte quetschen od. (besser) durch Sieb reiben; vgl. Juniperus oxycedrus (Pix Juniperi); vielfach auch als Gewürz u. zur Herst. von Spirituosen (Gin, Genever); **Zuber.:** Species* diureticae, Succus Juniperi inspissatus. **Juniperi aetheroleum:** Oleum Juniperi, Wacholderöl, Wacholderbeeröl, ätherisches Wacholderöl; das äther. Öl aus den reifen Beerenzapfen. (Ph.Helv.8: mit einem geeigneten Antioxidans konserviert). Farblose bis blassgelbl. Flüss.; $\alpha_D^{20°C}$ −1 bis −15°, D. 0.856-0.876, $n_D^{20°C}$ 1.472-1.484. **Off.:** Ph.Eur.4.01, ÖAB90, Ph.Helv.8; **Inhaltsst.:** ca. 82% α- u. β-Pinen*, Camphen*, Cadinen* (nicht immer vorhanden), α-Terpineol*, Terpinen-4-ol (für diuret. Wirk. verantwortlich, steigert die glomeruläre Filtrationsrate) sowie u. a. Junipen, Stearopten u. Junen; **Wirk.:** diuretisch, choleretisch, antimikrobiell; **Anw.:** innerl. wie Wacholderbeeren; äußerl. hautreizendes Mittel, zu Einreibungen; **Zuber.:** Spiritus* Juniperi, Spiritus* Angelicae compositus, Unguentum* aromaticum, Unguentum* Rosmarini compositum. **Lignum Juniperi:** Wacholderholz; das getrocknete Wurzel-, Stamm- u. Astholz. **Inhaltsst.:** andere Wirkstoffe als in den Scheinfrüchten, ungewöhnl. Diterpene (Sugiol, Xanthoperol, Communissäure), Sesquiterpene (Thujopsen, Pygmaein); in der Rinde Longifolin, Gerbstoffe u. Lignane, u. a. Podophyllotoxin (s. Podophyllin); **Anw.** volkstüml.: harn- u. schweißtreibendes Mittel; Blutreinigungsmittel. **Oleum Juniperi e Ligno:** Wacholderholzöl; nach EB6 das äther. Öl aus dem Holz u. den Zweigen, meist jedoch nur über Wacholderzweige destilliertes Terpentinöl. **Anw.** volkstüml.: zu Einreibungen. **Succus Juniperi inspissatus:** Roob Juniperi, Wacholderbeermus, Wacholderbeersaft, Wacholdermus; trübe, braun u. von süßem, würzigem Geschmack, in Wasser nicht klar löslich. **Herst.** nach DAB6: 1 T. zerquetschte Beeren werden mit 4 T. Wasser übergossen, 12 Std. unter wiederholtem Umrühren stehengelassen, dann ausgepresst, durchgeseiht u. zu einem dünnen Mus eingedampft; **Anw.** volkstüml.: hauptsächl. Roborans u. Blutreinigungsmittel.

Hom: *Juniperus communis (HAB1.3):* frische, reife Beerenzapfen.

Hom: *Juniperus communis e fructibus siccatis (HAB1.3):* reife, getrocknete Beerenzapfen; verord. z. B. bei Nierenerkrankungen.

Juniperus oxycedrus L.: Baumwacholder, Spanische Zeder; Fam. Cupressaceae (Mittelmeergebiet). Stpfl. von **Pix Juniperi** DAB6: Juniperi pix, Oleum Juniperi empyreumaticum, Oleum Cadinum, Wacholderteer, Kaddigöl, Kranewittöl; sirupartige, rot- bis schwarzbraune Flüss. von durchdringendem Geruch; lösl. in Chloroform u. Ether, teilw. lösl. in Ethanol u. Petrolether. **Inhaltsst.:** Guajakol*, Cresol* u. a. Phenole, Cadinen* sowie Harze; **Gew.:** durch trockene Dest. aus dem Holz u. den Zweigen; **Anw.** volkstüml.: Beschwerden des rheumatischen Formenkreises, Krätze, Flechten u. Ekzemen.

Juniperus sabina L.: Sadebaum, Sevenbaum; Fam. Cupressaceae (Mittel- u. Südeuropa, Alpengebiete, Kaukasus, Nordasien, Nordamerika). Stpfl. von

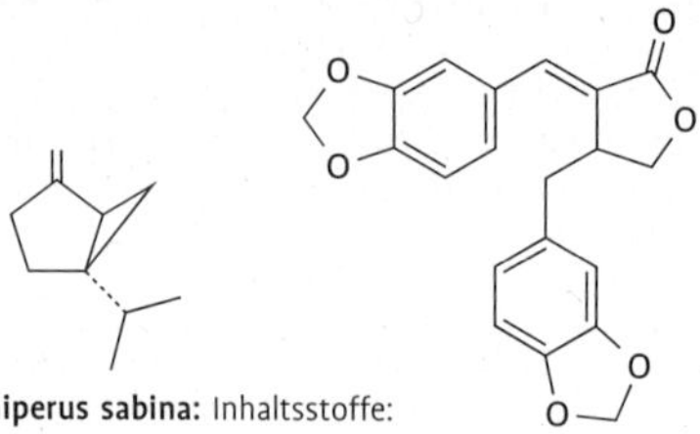

Juniperus sabina: Inhaltsstoffe: Sabinen (links), Savinin (rechts)

Summitates Sabinae: Herba Sabinae, Turiones Sabinae, Sadebaumspitzen, Sadebaumkraut, Sevikraut, Sevenkraut. **Inhaltsst.:** s. u. (Sabinae herba ad usum veterinarium); **Anw.:** früher als Emmenagogum; äußerl. in Salben bei Kondylomen (nässenden Hautknötchen in der Genitalgegend). **Sabinae herba ad usum veterinarium** (Ph.Helv.8): Sevikraut für vet. Zwecke; die getrockneten, jüngsten Zweigspitzen. **Inhaltsst.:** 3-5 % (Ph.Helv.8: mind. 2.0 %) äther. Öl, Lignane, z. B. Savinin u. Podophyllotoxin (s. Podophyllin); **Anw.:** zum Ablösen der Nachgeburt u. zum Verkalben, obsolet. **Oleum Sabinae:** Sadebaumöl; das äther. Öl aus den Zweigspitzen u. Blättern; farblose bis gelbl. Flüss. von unangenehmem Geruch. D. 0.902-0.925; opt. rechtsdrehend ($\alpha_D^{20\,°C}$ 38-62°). **Inhaltsst.:** Sabinol u. Sabinylacetat (zus. ca. 50 %), ca. 20 % L-Sabinen, D-Sabinen, Cadinen, Citronellol, Linalylacetat, *n*-Decylaldehyd, Terpinen u. Geraniol; **Anw.:** wie Summitates Sabinae, MED 0.2 g, MTD 0.5 g; hauptsächl. äußerl. zu Einreibungen (1 %, davon nicht mehr als 20 g).

Hom: *Juniperus sabina, Sabina (HAB1.3)*: frische Zweigspitzen mit Blättern; verord. z. B. bei Menstruationsstörungen, Gicht, Reizblase, Blutungen in der Schwangerschaft.

Juniperus virginiana L.: Virginischer Wacholder, Virginische Zeder; Fam. Cupressaceae (Nordamerika). Stpfl. von **Lignum Cedri:** Zedernholz. **Inhaltsst.:** Harz, äther. Öl (Borneol, Terpene); **Anw.** traditionell: zu Räucherzwecken. **Oleum Ligni Cedri:** Zedernholzöl; farbloses dickflüss. Öl. D. 0.943-0.961. **Inhaltsst.:** Cedrol (Zedernkampfer) u. Sesquiterpene; **Gew.:** durch Dest. aus dem Holz; **Anw.:** in der Mikroskopie als Immersionsöl, ferner zum Aufhellen der Präparate; in der Parfümerie.

Justicia adhatoda: s. Adhatoda vasica.

Justieren: syn. Abgleichen; ein Messgerät, z. B. eine Uhr, od. eine Maßverkörperung, z. B. ein Gewichtstück, so einstellen od. abgleichen, dass die Ausgangsgröße, z. B. die Skalenanzeige, mit dem richtigen Wert übereinstimmt od. die Abweichungen innerhalb des zulässigen Fehlers liegen. Im Ggs. zum Kalibrieren* erfordert das J. einen Eingriff, der das Messgerät oft bleibend verändert (s. Eichen). **Beispiele:** J. eines elektr. Widerstands durch Ändern der Drahtlänge. J. eines Gewichtsstücks durch Einfüllen von Bleischrot.

Jute: die gelbbräunl. Bastfasern von Corchorus* capsularis u. a. Corchorus-Arten.

Jutesamenöl: s. Corchorus capsularis.

Juvenilhormone: die Häutung der Insekten auslösende Stoffe, z. B. Derivate von Farnesol*; vgl. Ecdysone.

Juwelierborax: s. Borax, oktaedrischer.

K

k: **1.** Vorsatzzeichen für Kilo-*. **2.** (physik.) Symbol für Boltzmann*-Konstante. **3.** (physik.-chem.) Symbol für Reaktionsgeschwindigkeitskonstante*.

K: **1.** (chem.) Symbol für Kalium*. **2.** (thermodynam.) Symbol für Kelvin*. **3.** (physik.-chem.) Symbol für die Gleichgewichtskonstante im Massenwirkungsgesetz*. Die Art der Gleichgewichtsreaktion wird durch Indizes bezeichnet. **Beispiele:** K_w (Ionenprodukt* des Wassers), K_s (Säurekonstante*), K_b (Basekonstante*), K_L (Löslichkeitsprodukt*); vgl. pK.

Kabeljau: s. Gadus morrhua.

Kachexie (gr. kachexia schlechter Zustand): Kachexia; schwere Form der Abmagerung mit allg. Atrophie*.

Kadaverin: s. Cadaverin.

Kaddigbeeren: s. Juniperus communis (Juniperi pseudo-fructus).

Kaddigöl: s. Juniperus oxycedrus (Pix Juniperi).

Kadmium: s. Cadmium.

Käfigeinschlussverbindungen: s. Einschlussverbindungen.

Kältemischungen: Mischungen aus Salzen od. Trockeneis (Kohlensäureschnee) mit Wasser, Eis od. org. Flüss., die sich bei ihrer Herst. abkühlen; die verwendeten Salze lösen sich unter Wärmeverbrauch. **Zusammensetzungen:** s. Tabelle.

Kämpferol: 3,4',5,7-Tetrahydroxyflavon, 4'-Hydroxyapigenin; $C_{15}H_{10}O_6$, Strukturformel s. Flavonoide (Tab.), M_r 286.23. **Vork.:** in zahlreichen Pfl., z. B. in Sennesblättern, in den Blüten von Prunus spinosa u. in den Früchten von Rhammus-Arten; meist in Form von Glykosiden, z. B. als 3-Glucosid (vgl. Astragalin).

Käselabkraut: s. Galium verum.

Käsepappel, Große: s. Malva sylvestris.

Kätzchen: s. Blütenstand.

Kaffee: s. Coffea.

Kaffeekohle: s. Carbo activatus (Carbo Coffeae).

Kaffeelöffel: s. Volumenangaben, empirische.

Kaffeesäure: 3,4-Dihydroxyzimtsäure; vgl. Chlorogensäure.

Kaffeestrauch: s. Coffea.

Kaffein: s. Coffein.

Kahmhaut: s. Mycoderma.

Kahmhefe: s. Mycoderma.

Kainit: Kalium-Magnesium-Mineral; s. Magnesium.

Kaiserblau: Königsblau, Cobaltblau, Smalte, Schmalte; Kalium-Cobalt-Silicat. **Anw.:** Malerfarbe, Färben von Glas u. Keramik.

Kaiserling: s. Amanita caesarea.

Kaiserling-Lösung (Kaiserling, Karl; Pathologe, Königsberg 1869-1942): Flüss. zur Erhaltung von anatom. Präparaten in nat. Farben. Herst.: **1.** 3 T. Kaliumnitrat in 188 T. Wasser lösen, die Lsg. mit 18 T. Solutio* Kalii acetici u. 40 T. Formaldehydlsg. (35 %) versetzen; **2.** 80 %iges Ethanol. **3.** 3 T. Sol. Kalii acetici, 8 T. dest. Wasser, 2 T. Glycerol. Die Präparate werden mehrere Tage in Lsg. 1 gelegt, dann so lange in Ethanol, bis die Farben wieder hervortreten u. werden dann in Lsg. 3 aufbewahrt. Sehr umfangreiche u. dicke Organe kann man mit folgender Lsg. durch Injektion konservieren: 3 g Kaliumnitrat, 5 g Kaliumacetat, 40 mL Formaldehydlsg. u. 100 mL Wasser.

Kajeputbaum: s. Melaleuca leucadendra var. cajeputi.

Kältemischung

Temperatursenkung bis	Mischung (Angaben in Gewichtsteilen)
−15 °C	1 T. Ammoniumchlorid + 4 T. Schnee (Eis) oder 1 T. Ammoniumnitrat + 1 T. Wasser
−20 °C	1 T. Kochsalz + 2 T. Schnee (Eis) oder 2 T. verdünnte Salpetersäure + 3 T. Natriumnitrat
−25 °C	5 T. kristallines Calciumchlorid + 3 T. Wasser
−30 °C	2 T. kristallines Calciumchlorid + 1 T. Schnee (Eis) oder 2 T. verdünnte Schwefelsäure + 3 T. Schnee (Eis)
−40 °C	4 T. verdünnte Salpetersäure + 5 T. Ammoniumnitrat + 6 T. Natriumsulfat
−50 °C	3 T. kristallines Calciumchlorid + 2 T. Schnee (Eis)
−60 °C	Kohlensäureschnee + Ethylchlorid
−82 °C	Kohlensäureschnee + Methylchlorid
−100 °C	Kohlensäureschnee + Ethylether (im Vakuum)

Kajeputöl: s. Melaleuca leucadendra var. cajeputi (Oleum Cajeputi).
Kakaobaum: s. Theobroma cacao.
Kakaobutter: s. Theobroma cacao (Cacao oleum).
Kaki-Pflaume: s. Diospyros kaki.
Kakodyl: **1.** Tetramethyldiarsan; $(CH_3)_2As-As(CH_3)_2$. **2.** Präfix im Namen von Verb., die die Dimethylarsinogruppe $(CH_3)_2As-$ enthalten; s. Kakodylsäure, vgl. Arsine.
Kakodylsäure: Dimethylarsinsäure, Acidum kakodylicum; $(CH_3)_2AsOOH$, M_r 137.99. Weiße, geruchlose Kristalle, leicht lösl. in Wasser u. Ethanol, lösl. in Eisessig, unlösl. in Ether. **Anw.:** früher gegen Hautkrankheiten.
Kakosmie: unangenehme Geruchsillusion.
Kakosmophore: s. Gruppen, osmophore.
Kakothelin: Bis-desmethyl-nitrobrucin-hydrat-nitrat; $C_{21}H_{21}N_3O_7 \cdot HNO_3$. M_r 490.4. **Anw.:** Redoxindikator u. zum Nachw. von Eisen(II)-, Zinn(II)-, Vanadin(III)-Salzen sowie Thiosulfaten.
Kaktuskraut: s. Selenicereus grandiflorus.
Kaktusschildlaus: s. Dactylopius coccus.
Kala-Azar: s. Leishmaniasen.
Kalabarbohne: s. Physostigma venenosum (Semen Calabar).
Kalabarsamen: s. Physostigma venenosum (Semen Calabar).
Kalanchoe daigremontiana Hamet et Perr. de la Bathie: Bryophyllum taigremontiana (Hamet et Perr. de la Bathie) Berger; Staude, Fam. Crassulaceae (Südwest-Madagaskar). **Inhaltsst.:** leicht zersetzbare, tox. Substanzen.
Hom: *Kalanchoe (HAB1.2):* im ersten Vegetationsjahr geerntete Blätter, auch von K. pinnata.
Hom: *Kalanchoe Rh(HAB1.2).*
Kalander: Maschine mit weichen (z.B. aus Baumwolle) od. harten (aus Hartguss od. Stahl), auch heizbaren, gegeneinander rotierenden Walzen. Dient der Verbesserung der Oberfläche von Papier u. textilen Flächen u. zur kontinuierl. Herst. von Gummiplatten u. Kunststofffolien (0.1-0.8 mm).
Kalappusöl: s. Cocos nucifera (Oleum Cocos).
Kalialaun: s. Kaliumalaun.
Kaliaturholz: s. Pterocarpus santalinus (Lignum Santali rubrum).
Kali, blausaures: s. Kaliumcyanid.
Kali-Blei-Glas: s. Glas.
Kali borussicum: s. Kaliumhexacyanoferrat(II).
Kalibrieren: syn. Einmessen; Ermitteln des Zusammenhangs zw. richtigem u. angezeigtem Wert eines Messgerätes. Im Ggs. zum Eichen* nach den gesetzl. Vorschriften mit befristeter Geltungsdauer betr. das Kalibrieren den nicht eichpflichtigen Bereich im industriellen Messwesen. Die Kalibrierung erfolgt i. Allg. nach den gesetzl. SI*-Einheiten. Die Prüfergebnisse werden in einem Kalibrierschein dokumentiert; vgl. Justieren.
Kali causticum fusum: s. Kaliumhydroxid.
Kali, chlorsaures: s. Kaliumchlorat.
Kali, doppeltchromsaures: s. Kaliumdichromat.
Kaliglas: s. Glas.
Kalihydrat: s. Kaliumhydroxid.
Kalii aspartas racemicus hemihydricus: s. Kaliumhydrogenaspartat-Hemihydrat, racemisches.
Kalii bromidum: s. Kaliumbromid.
Kalii chloridum: s. Kaliumchlorid.
Kalii citras: s. Kaliumcitrat.
Kalii dihydrogenphosphas: s. Kaliumdihydrogenphosphat.
Kalii et Stibii Tartras: s. Antimonyl-Kaliumtartrat.
Kalii hydrogenocarbonas: s. Kaliumhydrogencarbonat.
Kalii hydroxidi solutio: s. Solutio Kalii hydroxydati.
Kalii hydroxychinolinii sulfas: s. 8-Hydroxychinolinsulfat-Kaliumsulfat.
Kalii iodidi compressi 65 mg: s. Compressi Kalii iodati 65 mg.
Kalii iodidum: s. Kaliumiodid.
Kalii lactatis solutio monomolaris: s. Solutio Kalii lactici monomolaris.
Kalii monohydrogenphosphas: s. Kaliummonohydrogenphosphat.
Kalii orotas: s. Kaliumorotat.
Kalii permanganas: s. Kaliumpermanganat.
Kalii sorbas: s. Kaliumsorbat.
Kali-Kalk-Glas: s. Glas.
Kali, kaustisches: s. Kaliumhydroxid.
Kalilauge: s. Solutio Kalii hydroxydati.
Kalilauge, verdünnte: s. Solutio Kalii hydroxydati diluta.
Kalisalpeter: s. Kaliumnitrat.
Kaliseife: Sapo kalinus, Schmierseife; weiche Kaliumseife, s. Sapo.
Kaliseifengeist: s. Spiritus Saponis kalini.
Kaliseifenspiritus: s. Spiritus Saponis kalini.
Kali, übermangansaures: s. Kaliumpermanganat.
Kalium: Potassium; Symbol K; A_r 39.0983, OZ 19. D. 0.86. Schmp. 63.5 °C. Sdp. 753.8 °C. Silbriges, wachsweiches, einwertiges Alkalimetall, das an der Luft schnell oxidiert (Aufbewahrung unter Petroleum); mit Wasser reagiert es zu Kaliumhydroxid* u. Wasserstoff. **Vork.:** in Abraumsalzen*, Meerwasser, Böden u. Gesteinen (ca. 2.4 % K in der Erdkruste); **Physiologie:** der menschl. Körper enthält ca. 150 g K; Konz. in den Zellen ca. 160 mmol/L, im Serum u. im interzellularen Raum nur ca. 4 mmol/L; K ist notwendig zur Steuerung der elektrochem. Prozesse in Nerven u. Muskeln u. des osmot. Drucks in den Zellen, sowie als Enzymaktivator (Pyruvatkinase*, Carbamoylphosphat-Synthetase); **Darst.:** Elektrolyse von geschmolzenem Kaliumhydroxid; **Nachw.** von K-Verb.: **1.** sie färben die nichtleuchtende Flamme violett; **2.** Platinchlorid-Lsg. fällt gelbes, krist. Kaliumtetrachloroplatinat (K_2PtCl_6), unlösl. in Ethanol; **3.** Weinsäure im Überschuss fällt krist. Kaliumhydrogentartrat (Weinstein, $C_4H_5KO_6$); **4.** Fällung mit Tetraphenylborat; **Gesch.:** 1807 von Humphry Davy (1778-1829) entdeckt.
Kaliumacetat: essigsaures Kalium, Kalium aceticum; CH_3COOK, M_r 98.14. D. 1.8. Schmp. 292 °C. Weißes, krist., hygroskop. Pulver, sehr leicht lösl. in Wasser, lösl. in Ethanol. **Darst.:** Lösen von Kaliumhydrogencarbonat in Essigsäure; **Off.:** DAC86; **Anw.:** Behandlung od. Verhinderung von Kaliummangel, in Lsg. Hämodialyse u. Peritonealdialyse, früher als Diuretikum; **Dos.:** 1.0 g od. in 33.3 %iger Lsg., s. Solutio Kalii acetici.
Kaliumacetatlösung: s. Solutio Kalii acetici.

Kalium aceticum: s. Kaliumacetat.

Kaliumalaun: Kaliumaluminiumsulfat, Aluminiumkaliumsulfat, Alumen Ph.Eur.4, Alumen kalicum, Aluminium-Kalium sulfuricum, Alaun, Kalialaun; $KAl(SO_4)_2 \cdot 12H_2O$, M_r 474.40. Farblose, oktaedr. Kristalle od. weißes, krist. Pulver, von süßl. adstringierendem Geschmack, lösl. in 9 T. Wasser, leicht lösl. in Glycerol u. verd. Säuren, unlösl. in Ethanol. **Darst.:** **1.** Brennen von nat. Alaunstein; **2.** Aufschließen geglühter Tone u. Bauxite mit Schwefelsäure; **3.** Auskristallisieren einer Lsg. von Aluminiumsulfat u. Kaliumsulfat; **Anw. med.:** früher innerl. selten bei Diarrhö u. Darmblutungen; äußerl.: Ätzmittel; techn.: in der Gerberei. **Alumen ustum:** gebrannter Alaun; $KAl(SO_4)_2$, M_r 258.12. Weiße Krusten od. weißes Pulver, lösl. in 30 T. Wasser; **Anw.** med.: als Ätzmittel; techn.: zum Klären.
Hom: *Aluminium-kalium-sulfuricum (HAB1.5),* Alumen: verord. z. B. bei Magen- u. Darmkoliken mit Übelkeit, Obstipation.

Kaliumaluminat: $K_2Al_2O_4$. Weiße Kristalle, lösl. in Wasser. **Anw.:** Abdichten von Beton, z. B. im Brücken- u. Tunnelbau.

Kaliumaluminiumsulfat: s. Kaliumalaun.

Kaliumammoniumtartrat: Kalium-Ammonium tartaricum, Tartarus ammoniatus, Ammoniakweinstein, Weinsteinsalmiak; $KNH_4(C_4H_4O_6) \cdot 0.5H_2O$. Farblose Kristalle, leicht lösl. in Wasser. **Darst.:** Auflösen von Kaliumhydrogentartrat u. Ammoniumcarbonat in 10%iger Ammoniaklsg.; **Anw.** med.: Diuretikum*, Laxans*.

Kaliumantimonyltartrat: s. Antimonyl-Kaliumtartrat.

Kalium arsenicosum: s. Kaliumarsenit.

Kaliumarsenit: Kaliummetarsenit, Kalium arsenicosum; $KAsO_2$; ungefähre Zstzg. des sauren K.: $KAsO_2 \cdot HAsO_2 \cdot H_2O$. **Darst.:** in siedende konz. Kaliumcarbonat-Lsg. wird solange Arsentrioxid eingetragen, bis die CO_2-Entwicklung aufhört; dann lässt man erkalten, filtriert u. überschichtet das Filtrat mit Ethanol 96 %, wobei das Salz sich allmähl. krist. abscheidet.
Hom: *Kalium arsenicosum:* verord. z. B. bei Psoriasis (Schuppenflechte), Herzerkrankungen.

Kaliumbicarbonat: s. Kaliumhydrogencarbonat.

Kalium bicarbonicum: s. Kaliumhydrogencarbonat.

Kalium bichromicum: s. Kaliumdichromat.

Kaliumbioxalat: s. Kaliumhydrogenoxalat.

Kalium biphthalicum: s. Kaliumhydrogenphthalat.

Kaliumbismutiodidlösung: s. Dragendorff-Reagens.

Kaliumbisulfat: s. Kaliumhydrogensulfat.

Kalium bisulfuricum: s. Kaliumhydrogensulfat.

Kalium bitartaricum: s. Kaliumhydrogentartrat.

Kaliumbitartrat: s. Kaliumhydrogentartrat.

Kaliumborhydrid: Kaliumboranat; $K[BH_4]$, M_r 53.95. Farbloses Pulver, lösl. in Wasser. **Anw.:** Reduktion von Aldehyden u. Ketonen.

Kaliumbromat: bromsaures Kalium, Kalium bromicum; $KBrO_3$, M_r 167.0. D. 3.42. Weiße Kristalle, leicht lösl. in Wasser. **Darst.:** Auflösen von Brom in Kalilauge; **Anw.:** Bromatometrie.

Kalium bromatum: s. Kaliumbromid.

Kalium bromatum effervescens: brausendes Bromsalz; Herst.: 10 T. Kaliumbromid, 46 T. Natriumhydrogencarbonat, 24 T. Weinsäure, 16 T. Citronensäure u. 16 T. Saccharose werden gut gemischt, auf ca. 100 °C unter ständigem Umrühren erhitzt, die entstandene krümelige Masse durch ein Sieb geschlagen u. bei 40-50 °C getrocknet. **Anw.:** s. Kaliumbromid.

Kalium bromicum: s. Kaliumbromat.

Kaliumbromid: Bromkalium, Kalium bromatum, Kalii bromidum Ph.Eur.4; CAS-Nr. 7758-02-3; KBr, M_r 119.0. Farblose Kristalle od. weißes, krist. Pulver von scharf salzigem Geschmack; leicht lösl. in Wasser (in ca. 2 T.), wenig lösl. in Ethanol 90 % von 20 °C, lösl. in siedendem Ethanol. **Anw.** techn.: Entwickler in der Fotografie, Tönungslsg., Silberbromidemulsionen; Herst. von Presslingen für die Aufnahme von IR-Spektren; med.: nicht mehr gebräuchl. Sedativum.
Hom: *Kalium bromatum (HAB1.4):* verord. z. B. bei psych. Erkrankungen, Bronchitis, Akne.

Kalium, bromsaures: s. Kaliumbromat.

Kaliumcanrenoat INN: Kalii canrenoas; CAS-Nr. 2181-04-6; $C_{22}H_{29}KO_4$, M_r 396.57. Lösl. in Wasser bei od. über pH 8.5. **Anw.:** Antihypertensivum*, Aldosteronantagonist, Diuretikum*, bei Störungen des Elektrolythaushaltes; **UAW:** Hyperkaliämie, Impotenz, Stimmveränderungen; **Kontraind.:** Hyperkaliämie u. -natriämie, eingeschränkte Nierentätigkeit; **WW:** Acetylsalicylsäure erniedrigt die Wirk. von K.; mit Kaliuretika wird die Kalium sparende Wirk. erhöht; **Dos.:** p. o. bei Ödemen 2-4×0.1 g/d über 3-6 d, Dauerbehandlung 1×0.1 g/d od. 1×0.1 g/2d; parenteral Injektion i. v, Infusion i. v. 0.4 g (Blutkaliumspiegel kontrollieren!); HWZ 10-18 h. Gebräuchl. ist auch Canrenoinsäure.

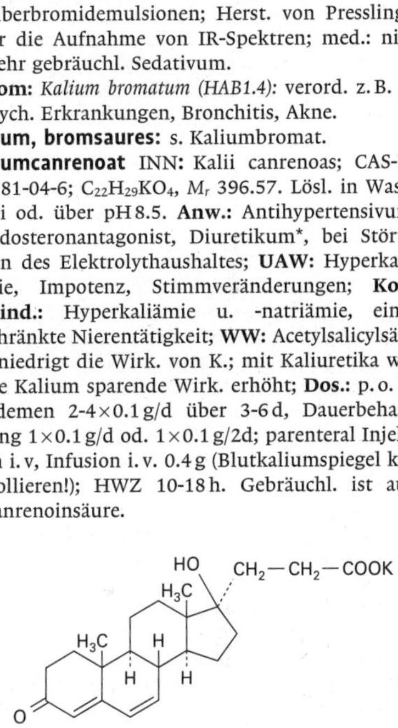

Kaliumcanrenoat

Kaliumcarbonat: kohlensaures Kalium, Kalii carbonas, Kalium carbonicum; K_2CO_3, M_r 138.21. D. 2.4. Schmp. 891 °C. Weißes, körniges, hygroskop. Pulver, leicht lösl. in Wasser, unlösl. in Ethanol. Die Substanz verwandelt sich an der Luft unter CO_2-Aufnahme langsam in das schwerer lösl. Kaliumhydrogencarbonat*. **Darst.:** Erhitzen von Kaliumhydrogencarbonat; **Herst.:** einleiten von CO_2 in Kalilauge; **Off.:** ÖAB90, Ph.Helv.7, DAC86; **Anw.** med.: früher bei Gicht, sonst nur noch äußerl. zur Hautentfettung. **K. carbonicum crudum:** rohes Kaliumcarbonat, Pottasche; Geh. mind. 89.8 % K_2CO_3. Weißes, körniges, hygroskop. Pulver, leicht lösl. in Wasser; **Gew.:** s. oben u. aus der Schlempekohle u. Wollschweiß; früher durch Auslaugen von Holzasche u. Eindampfen in eisernen Töpfen (daher der Name Pottasche); **Anw.:**

z. B. zur Herst. von Seifen, Gläsern, Kaliwasserglas, Salzen, Farben.

Hom: *Kalium carbonicum (HAB1.3):* getrocknetes Kaliumcarbonat, (2. Dezimalverreibung bei Bedarf frisch herzustellen), Konstitutionsmittel; verord. z. B. bei Bronchitis, Herzmuskelschwäche, Nebenhöhlenentzündungen, Arthrosen.

Kalium causticum: s. Kaliumhydroxid.

Kaliumchlorat: chlorsaures Kalium, Kalii chloras, Kalium chloricum; $KClO_3$, M_r 122.55. D. 2.34. Schmp. 370 °C. Farblose, glänz. Kristalle od. krist. Pulver, leicht lösl. in 15 T. Wasser, in 2 T. heißem Wasser, in 130 T. Ethanol. **Darst.:** Umsetzen von Calciumchlorat mit Kaliumchlorid od. Elektrolyse von Kaliumchlorid in heißer Lsg.; **Sicherheitshinweis:** Vorsicht beim Reiben, Stoßen, Erhitzen mit oxidierbaren Stoffen — Explosionsgefahr! **Off.:** DAB6, Ph.Helv.7; **Anw.** med.: früher als Gurgelwasser in 2-5 %iger Lsg.; techn.: u. a. Sprengstoffe, Feuerwerkerei, Sicherheitszündhölzer; **Tox.:** Vorsicht bei innerl. Anw., Kaliumchlorat kann zu schweren u. tödl. Vergiftungen führen, Methämoglobinbildner*; LD 5-15 g.

Hom: *Kalium chloricum:* verord. z. B. bei Magen- od. Darmentzündung, chron. Nephritis.

Kalium chloricum: s. Kaliumchlorat.

Kaliumchlorid: Chlorkalium, Kalii chloridum Ph.Eur.4, Kalium chloratum; CAS-Nr. 7447-40-7; KCl, M_r 74.56. Farblose Kristalle od. weißes, krist. Pulver von salzigem, schwach bitterem Geschmack, lösl. in 3 T. Wasser, unlösl. in Ethanol. **Anw.:** Infusionslsg., Kaliummangel, früher Fiebermittel (Sal febrifugum Sylvii). Ph.Eur.4: Reagens zur potentiometr. pH-Messung; **Sicherheitshinweis:** Vorsicht vor Verwechslung mit Kaliumchlorat* ($KClO_3$); auf Rezepten das Wort *chloratum* ausschreiben!

Hom: *Kalium chloratum (HAB1.3),* Kalium muriaticum: verord. z. B. bei Entzündungen des Hals-Nasen-Ohren-Bereiches, Bindehautentzündung.

Kaliumchlorid-Pulver 0.75 od. 1.5 g: s. Pulvis Kalii chlorati 0.75 aut 1.5 g.

Kalium, chlorsaures: s. Kaliumchlorat.

Kalium-Chromalaun: s. Chrom(III)-kaliumsulfat.

Kaliumchromat: gelbes Kaliumchromat, gelbes chromsaures Kalium, Chromkalium, Kalium chromicum flavum; K_2CrO_4, M_r 194.2. D. 2.74. Gelbe Kristalle, lösl. in Wasser, unlösl. in Ethanol. **Herst.:** Umsetzung von K_2CO_3 mit $K_2Cr_2O_7$; **Anw.** techn.: Färberei, Tintenfabrikation; chem.: Maßanalyse; med.: früher äußerl. in 5-10 %igen Lsg. als Verbandwasser bei Geschwüren, Exanthemen; innerl.: selten als Emetikum; **Dos.:** MED 0.03 g, MTD 0.06 g. **Rotes K.:** Kaliumdichromat*.

Kalium chromicum flavum: s. Kaliumchromat.

Kalium chromicum rubrum: s. Kaliumdichromat.

Kalium, chromsaures gelbes: s. Kaliumchromat.

Kaliumchrom(III)-sulfat: s. Chrom(III)-kaliumsulfat.

Kaliumcitrat: Kalii citras Ph.Eur.4, Trikaliumcitrat, Kalium citricum, citronensaures Kalium; CAS-Nr. 6100-05-6; $C_3H_4(OH)(COO)_3K_3 \cdot H_2O$, M_r 324.42. Farblose, hygroskop. Kristalle od. krist. Pulver, leicht lösl. in Wasser, sehr schwer lösl. in Ethanol, verkohlt beim Erhitzen. **Darst.:** Neutralisieren einer Lsg. von Citronensäure mit Kaliumhydrogencarbonat; **Anw.** med.: Diaphoretikum* u. Refrigerans* bei fieberhaften Zuständen, auch bei rheumat. Erkrankungen u. Gicht; **Dos.:** 0.5-2.0 g mehrmals täglich.

Kalium citricum: s. Kaliumcitrat.

Kalium, citronensaures: s. Kaliumcitrat.

Kaliumcyanat: cyansaures Kalium, Kalium cyanicum; KOCN, M_r 81.12. D. 2.05. Farblose Kristalle, lösl. in Wasser, unlösl. in Ethanol. **Darst.:** Oxidation von KCN durch Erhitzen an der Luft od. Erwärmen mit Braunstein, Kaliumpermanganat od. Einleiten von Chlor od. Brom in konz. KCN-Lösung. **Anw.:** Unkrautvertilgung.

Kalium cyanatum: s. Kaliumcyanid.

Kalium cyanicum: s. Kaliumcyanat.

Kaliumcyanid: Zyankalium, Kalium hydrocyanicum, Cyankalium, Kalium cyanatum, blausaures Kali; KCN, M_r 65.11. D. 1.56. Schmp. 624 °C. Weiße, zerfließliche Stücke od. grobkörniges Pulver od. weiße, zerfließl. Stäbchen; leicht lösl. in Wasser, sehr schwer lösl. in Ethanol. Lsg. riechen nach Blausäure u. zersetzen sich bei längerem Stehen od. Erhitzen zu NH_3 u. Kaliumformiat. Mit Säuren (auch mit Magensäure) entweicht Blausäure; an der Luft geht KCN infolge CO_2-Einw. allmähl. in das ungiftige Kaliumcarbonat über. **Darst.:** Schmelzen von Kaliumhexacyanoferrat(II) mit Kaliumcarbonat od. durch Einleiten von Blausäure in Kalilauge sowie nach zahlreichen patentierten Verfahren; **Anw.** med.: früher als Sedativum u. Spasmolytikum. MED 0.03 g; techn.: hauptsächl. als Kalium cyanatum crudum in der Photographie; Galvanisation; Reinigen von Gold u. Silber; Insektenvertilgung. **Tox.:** KCN ist eines der stärksten Gifte. LD 0.1-0.3 g; in die Blutbahn gebracht, wirkt es schon in wesentl. geringerer Dosis tödlich! Daher beim Arbeiten mit KCN äußerste Vorsicht vor kleinsten Verwundungen, z. B. Ritzen durch Glasscherben, sowie beim Zusammenbringen mit Säuren wegen des Freiwerdens von Blausäure*. Tod erfolgt durch Atmungslähmung. **Antidote:** künstl. Beatmung, Magenspülungen mit 0.1 %iger Kaliumpermanganatlsg. od. Wasserstoffsuperoxidlsg. 3:1000, Glucose i. v., Einatmen von Amylnitritdämpfen in zweiminütigem Abstand; bei Bewusstlosen langsame Injektion (1 mL/min) von 10 mL 3 %iger Natriumnitritlsg., Adrenalin 1 mg i. m., danach Injektion von 50 mL 3 %iger Natriumthiosulfatlsg.; cobalthaltige Verbindungen.

Kaliumdichromat: rotes Kaliumchromat, saures chromsaures Kalium, pyrochromsaures Kalium, doppeltchromsaures Kalium, Kalium dichromicum, Kalium bichromicum, Kalium chromicum rubrum; $K_2Cr_2O_7$, M_r 294.22. D. 2.7. Schmp. 396 °C. Große dunkelgelbrote Kristalle, die beim Erhitzen zu einer braunroten Flüss. schmelzen, lösl. in 8 T. Wasser, unlösl. in Ethanol. **Darst.:** aus Chromeisenstein ($FeCr_2O_4$) od. durch Umsetzen von Natriumdichromat-Lsg. mit KCl-Lsg.; **Anw.** med.: früher äußerl. Ätzmittel bei Kondylomen u. syphilit. Geschwüren; techn.: Härten anatom. Präparate.

Hom: *Kalium bichromicum (HAB1.2):* verord. z. B. bei chron. Nebenhöhlenentzündungen.

Kalium dichromicum: s. Kaliumdichromat.

Kaliumdicyanoaurat(I): Gold(I)-Kaliumcyanid, Kaliumgold(I)-cyanid, Kaliumaurocyanid, Kaliumgoldcyanür, Aurum-Kalium cyanatum; $KAu(CN)_2$. Weißes, giftiges Pulver, Goldgeh. ca. 68 %; leicht lösl. in Wasser, lösl. in Ethanol, sehr schwer lösl. in Glycerol, unlösl. in Ether. **Anw.** techn.: Galvanotechnik; med.: früher i. v. bei Lungentuberkulose, Lupus u. Syphilis; **Dos.**: 1-5 mg; **Tox.**: MAK 2.77 mg Staub/m^3 Luft.

Kaliumdihydrogenphosphat: primäres, einbasisches od. saures Kaliumphosphat, Kalii dihydrogenophosphas Ph.Eur.4, Kalium dihydrogenphosphoricum, Kalium phosphoricum acidum, Kalii phosphas monobasicus; Monokaliumdihydrogenphosphat, KH_2PO_4, M_r 136.1, CAS-Nr. 7778-77-0. D. 2.33. Farblose Kristalle, leicht lösl. in Wasser, unlösl. in Ethanol. **Darst.**: Auflösen von Kaliumcarbonat in Phosphorsäure im Überschuss; **Anw.**: Störungen des Kalium- u. Phosphatstoffwechsels, für Pufferlösungen, früher Abführmittel.
Hom: *Kalium phosphoricum (HAB1.1):* verord. z. B. bei Neurasthenie, Erschöpfungszuständen.

Kalium dihydrogenphosphoricum: s. Kaliumdihydrogenphosphat.

Kalium diiodparaphenolsulfonicum: s. Kalium, diiodparaphenolsulfonsaures.

Kalium, diiodparaphenolsulfonsaures: Kalium diiodparaphenolsulfonicum, Kalium sozoiodolicum, Sozoiodol-Kalium; $C_6H_2I_2(OH)SO_3K$, M_r 464.0. Farblose Kristalle od. Pulver, wenig lösl. in Wasser, fast unlösl. in Ethanol u. Ether. **Anw.** med.: sektretionshemmender u. austrocknender Wundpuder (10 %) od. in Salben.

Kaliumdisulfit: Kaliumpyrosulfit, Kaliummetabisulfit, Kalium metabisulfurosum, Kalium pyrosulfurosum; $K_2S_2O_5$, M_r 222.3. Geh. mind. 90 %. Farblose Kristalle, lösl. in Wasser, unlösl. in Ethanol. **Darst.**: Einleiten von SO_2 in heiße Kaliumsulfit-Lsg.; **Anw.** techn.: Sterilisieren bei der Most- u. Weinbereitung.

Kalium, doppeltchromsaures: s. Kaliumdichromat.

Kalium, doppeltkohlensaures: s. Kaliumhydrogencarbonat.

Kaliumeisen(II)-cyanid: s. Kaliumhexacyanoferrat(II).

Kaliumeisen(III)-cyanid: s. Kaliumhexacyanoferrat(III).

Kaliumeisencyanür: s. Kaliumhexacyanoferrat(II).

Kalium, essigsaures: s. Kaliumacetat.

Kalium ferricyanatum: s. Kaliumhexacyanoferrat(III).

Kaliumferricyanid: s. Kaliumhexacyanoferrat(III).

Kaliumferricyanid-Lösung: Zstzg.: bei Bedarf ist 1 T. Kaliumferricyanid (zuvor mit Wasser gewaschen) in 19 T. Wasser zu lösen. **Anw.**: Reagens.

Kaliumferriferrocyanid: s. Berliner Blau.

Kalium ferrocyanatum: s. Kaliumhexacyanoferrat(II).

Kaliumferrocyanid: s. Kaliumhexacyanoferrat(II).

Kalium fluoratum: s. Kaliumfluorid.

Kalium fluoresceinicum: s. Fluoresceinkalium.

Kaliumfluorid: Fluorkalium, Kalium fluoratum; KF. D. 2.48. Weißes, leicht zerfließl., hygroskop., giftiges Pulver, leicht lösl. in Wasser. **Darst.**: Neutralisation von Pottasche (K_2CO_3) mit Flusssäure* u. Eindampfen; **Anw.**: Holzkonservierungsmittel, zum Glasätzen, Antiseptikum, Gärungstechnik.

Kaliumgold(I)-cyanid: s. Kaliumdicyanoaurat(I).

Kaliumgoldcyanür: s. Kaliumdicyanoaurat(I).

Kalium guajakolsulfonicum: s. Sulfoguaiacol.

Kalium, guajakolsulfosaures: s. Sulfoguaiacol.

Kaliumhexacyanoferrat(II): Kaliumeisen(II)-cyanid, Kaliumferrocyanid, Ferrocyankalium, Cyaneisenkalium, Kaliumeisencyanür, gelbes Blutlaugensalz, Kalium ferrocyanatum, Ferrokalium cyanatum flavum, Kali zooticum, Kali borussicum; $K_4[Fe(CN)_6] \cdot 3\,H_2O$. M_r 422.41. D. 1.83. Zitronengelbe, nicht giftige Kristalle od. Pulver, sehr leicht lösl. in Wasser, unlösl. in Ethanol u. Ether. Die wässrige Lsg. zersetzt sich am Licht allmähl. unter Abscheidung von Eisen(III)-hydroxid. **Darst.**: früher durch Glühen stickstoffhaltiger tier. Abfälle (Blut, Horn, Leder, Klauen) mit Kaliumcarbonat* u. Eisenpulver, heute aus der cyanhaltigen Reinigungsmasse der Leuchtgasfabriken; im Labor durch Umsetzung von KCN-Lsg. mit Eisen(II)-Salzlsg. (Eisensulfat); **Anw.**: Reagens auf Eisen(III)-Salze u. Kupfersalze; techn.: in der Färberei u. Druckerei, Herst. von Berliner* Blau, Härtemittel, sowie zum Schönen von Wein.

K

Kaliumhexacyanoferrat(III): Kaliumeisen(III)-cyanid, Kaliumferricyanid, rotes Blutlaugensalz, Kalium ferricyanatum, Ferricyankalium, Ferrikalium cyanatum rubrum, Rotkali; $K_3[Fe(CN)_6]$, M_r 329.26. Rote, glänz. Kristalle od. Pulver, sehr leicht lösl. in Wasser, unlösl. in Ethanol. Die wässrige Lsg. ist unbeständiger als die des Kaliumhexacyanoferrat(II)* u. wirkt durch die spurenweise Abgabe von Blausäure, bes. im Magen, giftig. **Darst.**: Einleiten von Chlor od. Brom in Kaliumhexacyanoferrat(II)-Lsg; **Anw.** techn.: Reagens auf Eisen(III)-Salze, Färbemittel (zur Herst. von Berliner* Blau).

Kaliumhexahydroxoantimonat(V): Kaliumpyroantimonat, Kalium pyrostibicum; $K[Sb(OH)_6]$, M_r 262.9. Weißes, krist. Pulver, lösl. in ca. 50 T. Wasser. **Darst.** K.-Lsg. nach Ph.Eur.4: 2 g K. werden in 95 mL heißem Wasser gelöst, schnell abgekühlt u. eine Lsg. von 2.5 g KOH in 50 mL Wasser u. 1 mL verd. NaOH-Lsg. 8.5% zugefügt, nach 24 h filtriert u. mit Wasser zu 150 mL verdünnt; **Anw.**: Nachw. von Natriumionen, Identitätsprüfungen von Natriumhydrogencarbonat-Tabletten u. Penicillin-G-Natrium, Reinheitsprüfungen von KBr, $KHCO_3$ u. KI.

Kaliumhexanitrocobaltat(III): Kaliumcobalt(III)-nitrit; $K_3[Co(NO_2)_6] \cdot 1.5\,H_2O$, M_r 479.30. Gelbe Kristalle, schwer lösl. in Wasser. **Anw.**: Nachw. von Kaliumionen, Farbpigment.

Kalium hydricum: s. Kaliumhydroxid.

Kalium hydrocyanicum: s. Kaliumcyanid.

Kaliumhydrogenaspartat-Hemihydrat: Kalii hydrogenoaspartas hemihydricus Ph.Eur.4; Kaliumsalz der (*S*)-2-Aminobernsteinsäure (Asparaginsäure*); $C_4H_6KNO_4 \times 0.5\,H_2O$, M_r 180.2. Weißes Pulver leicht lösl. in Wasser.

Kaliumhydrogencarbonat: doppeltkohlensaures Kalium, Kaliumbicarbonat, Kalii hydrogenocarbonas, Kalium bicarbonicum; CAS-Nr. 298-14-6;

$KHCO_3$, M_r 100.1. D. 2.17. Farblose Kristalle od. weißes, krist. Pulver von salzigem, schwach laugenartigem Geschmack; lösl. in 4 T. Wasser, sehr schwer lösl. in Ethanol. **Darst.**: Einleiten von CO_2 in Kaliumcarbonat-Lsg.; **Off.**: DAB10, Ph.Helv.7; **Anw.** med.: früher Antazidum, bei Kaliummangel; **Dos.**: 2 g mehrmals täglich.

Kaliumhydrogenoxalat: Kaliumbioxalat, Kalium bioxalicum, Kleesalz; $KHC_2O_4 \cdot H_2O$; M_r 146.14. Weiße Kristalle od. Pulver, wenig lösl. in Wasser u. Ethanol. **Anw.**: Entfernen von Tinten- u. Rostflecken, Beize in der Textilindustrie; vgl. Kaliumtetraoxalat.

Kaliumhydrogenphosphat: s. Kaliummonohydrogenphosphat.

Kaliumhydrogenphthalat: Kaliumbiphthalat, Kalium biphthalicum; $C_8H_5KO_4$, M_r 204.2. Farblose Kristalle od. weißes, krist. Pulver, lösl. in ca. 10 T. Wasser, prakt. unlösl. in Ethanol. **Anw.**: Reagens Ph.Eur.4, z. B. zur Herst. von Pufferlösungen.

Kaliumhydrogensulfat: Kaliumbisulfat, Kalium bisulfuricum; $KHSO_4$, M_r 136.2. Farblose, hygroskop. Kristalle, leicht lösl. in Wasser. **Anw.**: Identitätsprüfung von Cyanocobalamin, Glycerol, Glycerolmonostearat; techn.: Reinigen von Platintiegeln, Aufschließen schwer lösl. Verbindungen.

K

Kaliumhydrogensulfid: Kaliumhydrosulfid, Kaliumsulfhydrat; KHS. Farblose Kristalle, wasserfrei eine gelbl., nach H_2S riechende Masse, leicht lösl. in Wasser. **Darst.**: Sättigen von KOH mit H_2S; **Anw.**: in der Analyse zur Trennung von Schwermetallen.

Kaliumhydrogentartrat: Kaliumbitartrat, saures weinsaures Kalium, gereinigter Weinstein, Kaliumhydrogentartaricum, Kalium bitartaricum, Tartarus depuratus, Cremor Tartari; $KH(C_4H_4O_6)$, M_r 188.18. Weißes, krist. Pulver, wenig lösl. in kaltem Wasser, lösl. in heißem Wasser, leicht lösl. in NaOH, unlösl. in Ethanol, verkohlt beim Erhitzen unter Karamelgeruch. **Vork.**: nat. in Weinbeeren u. anderen Früchten (Weinstein), scheidet sich bei der Weingärung an den Wänden der Fässer, zus. mit Calciumtartrat, ab; **Darst.**: Reinigung des rohen Weinsteins; **Off.**: DAC86, ÖAB90; **Anw.** med.: früher mildes Diuretikum, techn.: Färberei, Herst. von Backpulver*.

Kaliumhydrosulfid: s. Kaliumhydrogensulfid.

Kaliumhydroxid: Ätzkali, Kalihydrat, kaustisches Kali, Kalii hydroxidum Ph.Eur.4, Kalium hydroxydatum, Kalium hydricum, Kali causticum fusum, Lapis causticus chirurgorum; KOH, M_r 56.11. D. 2.04. Schmp. 410 °C. Sdp. 1324 °C. Geh. mind. 85% KOH; weiße Stücke, Stangen, Tafeln od. Pulver, leicht zerfließend, lösl. in 0.5 T. Wasser, in 2.5 T. Ethanol. **Darst.**: Kochen einer Lsg. von Kaliumcarbonat mit Calciumhydroxid od. Elektrolyse einer wässrigen Lsg. von Kaliumchlorid; im Handel als K. crudum, depuratum, purum (Alcohole depuratum) u. purissimum (DAC86); **Anw.** med.: als Causticum* Hahnemanni; techn.: Herst. von Schmierseife; als Reagenzien in Ph.Eur.4: ethanol. 2 N KOH-Lsg. (ca. 10 %ig), ethanol. u. carbonatfreie KOH-Lsg. 7 %, ethanol. KOH-Lsg. 3 %, 0.5 N KOH-Lsg. in Ethanol 10 % (V/V). Im DAB9: **Kaliumhydroxid-Lösung** 20 % RN: zur mikroskop. Untersuchung von Pomeranzenschalen u. zur Reinheitsprüfung von $KHCO_3$; **methanolische Kaliumhydroxid-Lösung**: 10.0 g KOH werden in 30 ml gelöst u. mit Methanol zu 100 ml verd.; Gehaltsbestimmung von Mariendistelfrüchten; **verdünnte Kaliumhydroxid-Lösung**: Solutio Kalii hydroxydati diluta ÖAB90, Liquor Kali caustici dilutus, verdünnte Kalilauge; die wässrige Lsg. von KOH, Geh. 10 %. D. 1.090-1.093; vgl. Solutio Kalii hydroxydati (Kaliumhydroxidlösung 15 % DAB6); **Anw.** med.: äußerl. erweichende Waschungen u. Pinselungen; Herst. von Sapo kalinus u. Spiritus saponatus.

Kaliumhydroxychinolinsulfat: s. 8-Hydroxychinolin-Kaliumsulfat.

Kalium hydroxydatum: s. Kaliumhydroxid.

Kaliumhydroxydlösung, verdünnte: s. Solutio Kalii hydroxydati diluta.

Kalium hyperchloricum: s. Kaliumperchlorat.

Kalium hypermanganicum: s. Kaliumpermanganat.

Kaliumhypochlorit: Liquor Kalii hypochlorosi, unterchlorigsaures Kalium, Kalium hypochlorosum; KClO. **Darst.**: Einleiten von Chlor in Kalilauge od. Umsetzen von Chlorkalk mit Pottasche; nur in Lsg. bekannt als **Liquor Kalii hypochlorosi**: Kaliumhypochlorit-Lösung, Eau de Javelle, Javelle-Lösung; **Anw.**: Bleichen, Desinfektion; vgl. Natriumhypochlorit.

Kaliumhypochlorit-Lösung: s. Kaliumhypochlorit (Liquor Kalii hypochlorosi).

Kalium hypochlorosum: s. Kaliumhypochlorit.

Kaliumhypophosphit: s. Kaliumphosphinat.

Kalium hypophosphorosum: s. Kaliumphosphinat.

Kaliumiodat: iodsaures Kalium, Kalium iodicum; KIO_3, M_r 214.0. D. 3.9. Schmp. 560 °C. Kleine, harte, weiße Kristalle, leicht lösl. in Wasser. **Darst.**: Lösen von Iodsäure in 10 %iger Kaliumcarbonat-Lsg.; **Anw.** med.: früher bei Diphtherie; Reagens.

Kaliumiodatsalbe: s. Unguentum Kalii iodati.

Kaliumiodatstärkepapier: Filtrierpapier, das mit einer Lsg. von 0.1 T. Kaliumiodat (KIO_3) u. 1 T. lösl. Stärke in 100 T. Wasser getränkt ist. **Anw.**: Reagens DAB8 auf reduzierende Substanzen (Blaufärbung).

Kalium iodatum: s. Kaliumiodid.

Kalium iodicum: s. Kaliumiodat.

Kaliumiodid: Kalii iodidum Ph.Eur.4, Kalium iodatum, Iodkalium; CAS-Nr. 7681-11-0; KI, M_r 166.0. D. 3.12. Schmp. 677 °C. Sdp. 1325 °C. Farblose, würfelige Kristalle, sehr leicht lösl. in Wasser, lösl. in Ethanol u. Glycerol. **Darst.**: Lösen von Iod in Kalilauge unter Erwärmen, hierbei entsteht KI u. Kaliumiodat, letzteres wird nach Verdampfen der Lsg. u. Schmelzen des Rückstandes mit Kohle zu KI reduziert. Ferner durch Neutralisieren von Iodwasserstoffsäure mit Kaliumcarbonat; **Anw.** u. **Dos.**: früher Expektorans* (0.1-0.5 g mehrmals tägl.), Strumaprophylaxe (0.05 mg tägl.), Prophylaktikum in Hinblick auf die Verhinderung der Einlagerung von radioaktiven Iodisotopen (z. B. Iod-131 nach Reaktorunfällen, s. Compressi Kalii iodidi); früher bei Arteriosklerose u. Lues. Vorsicht, bei Darreichung von KI tritt häufig Iodismus, s. Iod auf; äußerl.: als Ungt. Kalii iodati, früher ferner auch in Form von Klistieren, Augenwässern, Inhalationen.

Hom: *Kalium iodatum (HAB1):* verord. z. B. bei Schnupfen, Bronchialerkrankungen, Hauterkrankungen.

Kaliumiodid-Augentropfen: s. Augentropfen.

Kaliumiodidlösung: Zstzg.: Ph.Eur.4; Lsg. I: 16.6 %ige Lsg. von Kaliumiodid; Lösung II: gesättigte Lsg. von Kaliumiodid in kohlendioxidfreiem Wasser (keine gelösten Kristalle). **Anw.**: Reagens; Bestimmung der Peroxidzahl*.

Kaliumiodidsalbe: s. Unguentum Kalii iodati.

Kaliumiodidstärkepapier: s. Iodkaliumstärkepapier.

Kaliumiodid-Tabletten 65 mg: s. Compressi Kalii iodidi 65 mg.

Kaliumiodid-Tropfen 0.05 %: Herst.: NRF, 28 g frisch abgekochtes Wasser wird mit 20.0 g Glycerol 85 %, 0.25 g Natriumcitrat u. 0.05 g Sorbinsäure versetzt u. unter Erwärmen gerührt, bis sich die Sorbinsäure gelöst hat. In dem Ansatz wird 0.25 g wasserfreie Citronensäure u. 0.025 g Kaliumiodid gelöst. Nach dem Erkalten wird 1 g einer Mischung von 1 T. Orangenflüssigaroma mit 9 T. Ethanol 70 % hinzugefügt, mit frisch abgekochtem Wasser auf 50.0 g ergänzt u. falls erforderlich filtriert. **Anw.**: Prophylaxe der Iodmangelstruma u. bei Neugeborenenstruma; **Dos.**: Säuglinge unter 6 Monaten mit Neugeborenenstruma: 1-mal tägl. 5-8 Tr.; zur Prophylaxe: 1-mal tägl. 5 Tr., Säuglinge 2 Tr. ggf. mit etwas Flüss. einnehmen.

Kalium, iodsaures: s. Kaliumiodat.

Kaliumkanalblocker: Substanzen, welche durch Blockade von Kaliumkanälen die Aktionspotenzialdauer verlängern. **Anw.**: als Klasse III Antiarrhythmika*, Antidiabetika* (orale); **Vertreter:** Sotalol*, Amiodaron*, Sulfonylharnstoffe.

Kalium, kieselsaures: s. Kaliumsilicat.

Kalium, kohlensaures: s. Kaliumcarbonat.

Kalium, kreosotsulfonsaures: Kalium sulfokreosoticum; besteht aus den Kaliumsalzen von Sulfonsäuren der im Kreosot* enthaltenen Phenole, bes. aus guajakolsulfonsaurem Kalium (s. Sulfoguaiacol). Bräunl. od. graubraunes, schwach nach Kreosot riechendes Pulver, lösl. in Wasser. **Gew.**: aus Kreosot (vgl. Guajacol); **Anw.** med.: Bronchitis, Lungentuberkulose; **Dos.**: 0.5 g mehrmals täglich.

Kaliumlactatlösung, einmolare: s. Solutio Kalii lactici monomolaris.

Kaliummetabisulfit: s. Kaliumdisulfit.

Kalium metabisulfurosum: s. Kaliumdisulfit.

Kaliummetantimoniat: s. Antimonoxid, schweißtreibendes.

Kaliummetarsenit: s. Kaliumarsenit.

Kaliummetasilicat: s. Kaliumsilicat.

Kaliummonohydrogenphosphat: Kaliummonophosphat, phosphorsaures Kalium, Dikaliumorthophosphat, sekundäres od. zweibasisches Kaliumphosphat, Dikalii phosphas Ph.Eur.4, Kalium phosphoricum (bibasicum), Kalii phosphas dibasicus, Kalii monohydrogenophosphas; Dikaliummonohydrogenphosphat, K_2HPO_4, M_r 174.18; CAS-Nr. 7758-11-4. Weißes, hygroskop. Pulver od. Stücke, sehr leicht lösl. in Wasser, sehr schwer lösl. in Ethanol. **Darst.**: Neutralisieren von Kaliumcarbonat-Lsg. mit Phosphorsäure; **Anw.**: wie Kaliumdihydrogenphosphat*.

Kaliummonophosphat: s. Kaliummonohydrogenphosphat.

Kalium, myronsaures: s. Sinigrin.

Kalium/Natrium-Pumpe: s. Ionenpumpe.

Kalium-Natrium tartaricum: s. Kaliumnatriumtartrat.

Kaliumnatriumtartrat (Elie Seignette (1632-1698), Apotheker aus La Rochelle): weinsaures Kalium-Natrium, Kalii natrii tartras, Kalium-Natrium tartaricum, Tartarus natronatus, Rochellesalz, Seignettesalz; $C_4H_4KNaO_6 \times 4\,H_2O$, M_r 282.20. D. 1.79. Große, farblose, rhomb. Kristalle, leicht lösl. in Wasser, fast unlösl. in Ethanol. **Darst.**: Sättigen von Kaliumhydrogentartrat-Lsg. mit Natriumcarbonat u. abdampfen; **Off.**: DAC86, ÖAB90, Ph.Helv.7; **Anw.** med.: früher Diuretikum u. Laxans (DAB6: Infusum Sennae compositum, ÖAB90: Spec. laxantes).

Kalium-Natrium, weinsaures: s. Kaliumnatriumtartrat.

Kalium, neutrales weinsaures: s. Kaliumtartrat.

Kaliumnitrat: salpetersaures Kalium Ph.Eur., Kalisalpeter, Salpeter, Nitrum, Kalii nitras, Kalium nitricum; KNO_3, M_r 101.11. D. 2.11. Schmp. 333 °C. Farblose, durchsichtige Kristalle od. Pulver, sehr leicht lösl. in Wasser, fast unlösl. in Ethanol. **Vork.**: nat. im Erdboden, bes. warmer Länder (Ägypten, Indien); **Darst.**: Umsetzen von Natriumnitrat (Chilesalpeter) mit Kaliumchlorid (Konversionssalpeter) od. Einw. der aus dem Stickstoff der Luft gewonnenen Stickoxide auf Kalilauge; **Anw.** med.: früher Diuretikum, Antipyretikum, Asthmamittel (Charta nitrata); techn.: Pökelsalz, Feuerwerkerei, Herst. von Sprengstoffen, Kältemischungen*, Düngemitteln.

Hom: *Kalium nitricum (HAB1.4):* verord. z. B. bei Nierenerkrankungen, Asthma bronchiale, Ödemen.

Kalium nitricum: s. Kaliumnitrat.

Kalium nitricum fusum: s. Brunellenstein.

Kaliumnitrit: salpetrigsaures Kalium, Kalium nitrosum; KNO_2, M_r 85.1. D. 1.92. Schmp. 407 °C. Geh. mind. 90 %. Weiße od. schwach gelbl., zerfließl. Stäbchen, sehr leicht lösl. in Wasser. **Darst.**: Schmelzen von Kaliumnitrat mit Blei; **Anw.** med.: früher innerl. bei Angina pectoris, Asthma; **Inkomp.**: zahlreiche Arzneistoffe; **Dos.**: 0.2 g.

Kalium nitro-prussicum: s. Kaliumnitroprussid.

Kaliumnitroprussid: Nitroprussidkalium, Dikaliumnitrosopentacyanoferrat(II), Kalium nitro-prussicum; $K_2[FeNO(CN)_5] \cdot 2\,H_2O$. Rote, hygroskop. Kristalle, sehr leicht lösl. in Wasser, lösl. in Ethanol. **Anw.**: Reagens zum Nachw. von Aceton im Harn (vgl. Legal-Probe), Reagens auf Metallsulfide (Violettfärbung).

Kalium nitrosum: s. Kaliumnitrit.

Kaliumorotat: Kalii orotas; Kaliumsalz der 1,2,3,6-Tetrahydro-2,6-dioxo-4-pyrimidincarbonsäure (Orotsäure*); CAS-Nr. 24598-73-0; $C_5H_3KN_2O_4$, M_r 194.2. Weißes Pulver, schwer lösl. in Wasser, fast unlösl. in org. Lösungsmitteln, lösl. in verd. Alkalihydroxid-Lösungen. **Off.**: DAC96; **Anw.**: s. Orotsäure.

K

Kaliumoxalat: neutrales Kaliumoxalat, oxalsaures Kalium, Kalium oxalicum (neutrale); $(KOOC)_2 \cdot H_2O$, M_r 184.2. Farblose Kristalle, lösl. in Wasser. **Darst.:** Neutralisieren einer Oxalsäure-Lsg. mit Kaliumhydrogencarbonat-Lsg.; **Anw.** techn.: Fotografie, Galvanoplastik. **Saures K.:** s. Kaliumhydrogenoxalat. **Übersaures K.:** s. Kaliumtetraoxalat.

Kalium oxalicum: Kalium oxalicum neutrale; s. Kaliumoxalat.

Kalium, oxalsaures: s. Kaliumoxalat.

Kaliumperchlorat: überchlorsaures Kalium, Kalii perchloras, Kalium perchloricum, Kalium hydroperchloricum, Kalium superchloricum; CAS-Nr. 7778-74-7; $KClO_4$. D. 2.52. Schmp. 610 °C. Farblose Kristalle, lösl. in kaltem Wasser, leicht lösl. in heißem Wasser, unlösl. in Ethanol. **Darst.:** Schmelzen von Kaliumchlorat; **Off.:** DAC86; **Anw.** med.: früher bei Malaria; techn.: Feuerwerkerei, Fotografie (Blitzlicht, mit Magnesium gemischt; explosiv).

Kalium perchloricum: s. Kaliumperchlorat.

Kaliumperiodat: KIO_4, M_r 230. Farblose Kristalle, mäßig lösl. in Wasser. **Anw.:** Oxidationsmittel, chem. Analysen.

Kaliumpermanganat: übermangansaures Kalium, Chamäleon violett, Kalii permanganas Ph.Eur.4, Kalium permanganicum, Kalium supermanganicum, Kalium oxymanganicum, Kalium hypermanganicum; CAS-Nr. 7722-64-7; $KMnO_4$, M_r 158.03. D. 2.7. Dunkelviolette, fast schwarze, stahlblau glänz. Prismen, lösl. in 16 T. kaltem, in 3 T. siedendem Wasser mit blauroter Farbe; bei starkem Erhitzen zersetzt es sich unter Sauerstoffentwicklung; mit Salzsäure entwickelt es Chlor; K.-Lsg. wird von H_2O_2-Lsg., die mit verd. Schwefelsäure angesäuerter wurde, unter Sauerstoffentwicklung entfärbt. **Wirk.:** $KMnO_4$ ist ein starkes Oxidationsmittel; im Sauren Reduktion von Mn(VII) zu Mn(II), im Alkalischen von Mn(VII) zu Mn(IV); Lsg. dürfen nicht durch Papier filtriert werden, sondern durch Glaswolle od. Asbest. Viele org. Stoffe, wie Glycerol, Ethanol, äther. Öle, Zucker, Acetaldehyd, Benzaldehyd reagieren mit trockenem K. unter Entflammung od. Explosion. K. wirkt zerstörend auf Fäulniserreger u. desodorierend auf Fäulnisprodukte, pathogene Keime werden weniger beeinflusst. 0.05-0.1 %ige Lsg. wirken adstringierend u. antisept.; **Darst.:** anodische Oxidation von Kaliummanganat-Lsg.; **Anw.:** Desodorans zu Waschungen unreiner, übelriechender Wunden, bei Ozäna, Fluor albus; Mundwässer, Antidot bei Vergiftungen mit Morphin, Phosphor, Kaliumcyanid, bei Schlangenbissen (s. c. um die Bissstelle); zur Trinkwasserdesinfektion, als 2 %ige Lsg.; zur Hautbräunung; ferner in der Manganometrie*. **Tox.:** s. Mangan.

Kaliumpermanganat-Phosphorsäure: Zstzg. nach Ph.Eur.4: 3 g Kaliumpermanganat* werden in einer Mischung von 15 mL Phosphorsäure 85 % u. 70 mL Wasser zu 100 mL verd.; Zstzg. nach DAB96: 2.0 g Kaliumpermanganat werden in 60 mL Wasser gelöst, vorsichtig mit 12 mL Phosphorsäure 85 % gemischt u. nach dem Abkühlen mit Wasser auf 200 mL aufgefüllt. **Anw.:** Grenzprüfung auf Methanol, Reinheitsprüfung von Ethanol 96 %.

Kalium permanganicum: s. Kaliumpermanganat.

Kaliumperoxodisulfat: Kaliumpersulfat, überschwefelsaures Kalium, Anthion, Kalium persulfuricum; $K_2S_2O_8$. Weiße Kristalle, lösl. in Wasser. **Darst.:** Elektrolyse von Kaliumhydrogensulfat; **Anw.:** Fotografie (Abschwächer), Bleichmittel; med.: früher Antiseptikum zu Umschlägen (0.5-2 %ig).

Kaliumpersulfat: s. Kaliumperoxodisulfat.

Kalium persulfuricum: s. Kaliumperoxodisulfat.

Kaliumphosphat: neutrales Kaliumphosphat, tertiäres Kaliumphosphat, Trikaliumphosphat, dreibasisches phosphorsaures Kalium, Kalium phosphoricum tribasicum (neutrale), Kalii phosphas tribasicus; K_3PO_4, M_r 212.28. D. 2.56. Weißes, zerfließl., körniges Pulver, sehr leicht lösl. in Wasser. **Darst.:** Lösen von Phosphorsäure in Kaliumcarbonat-Lsg.; **Anw.:** Dünger, Reinigungsmittel.

Kaliumphosphat, primäres: s. Kaliumdihydrogenphosphat.

Kaliumphosphat, saures: s. Kaliumdihydrogenphosphat.

Kaliumphosphat, tertiäres: s. Kaliumphosphat.

Kaliumphosphinat: Kaliumhypophosphit, unterphosphorigsaures Kalium, Kalium hypophosphorosum; KPH_2O_2, M_r 104.2. Weiße, zerfließl. Kristallmasse, Blättchen od. Pulver, sehr leicht lösl. in Wasser, lösl. in Ethanol. **Anw.:** früher bei Knochenerweichung, Lungenleiden. **Dos.:** 0.2-2.0 g.

Kalium phosphoricum acidum: s. Kaliumdihydrogenphosphat.

Kalium phosphoricum bibasicum: s. Kaliummonohydrogenphosphat.

Kalium phosphoricum monobasicum: s. Kaliumdihydrogenphosphat.

Kalium phosphoricum tribasicum (neutrale): s. Kaliumphosphat.

Kalium, phosphorsaures: s. Kaliummonohydrogenphosphat.

Kaliumpyroantimonat: s. Kaliumhexahydroxoantimonat(V).

Kalium, pyrochromsaures: s. Kaliumdichromat.

Kalium pyrostibicum: s. Kaliumhexahydroxoantimonat(V).

Kaliumpyrosulfit: s. Kaliumdisulfit.

Kalium pyrosulfurosum: s. Kaliumdisulfit.

Kalium rhodanatum: s. Kaliumthiocyanat.

Kaliumrhodanid: s. Kaliumthiocyanat.

Kalium, salpetersaures: s. Kaliumnitrat.

Kalium, salpetrigsaures: s. Kaliumnitrit.

Kalium, saures chromsaures: s. Kaliumdichromat.

Kalium, saures weinsaures: s. Kaliumhydrogentartrat.

Kalium, schwefelsaures: s. Kaliumsulfat.

Kaliumsilicat: Kaliummetasilicat, kieselsaures Kalium, reines Kaliwasserglas, Kalium silicicum (purum); K_2SiO_3, M_r 154.62. Weißes, körniges, hygroskop. Pulver, lösl. in Wasser. **Darst.:** Zusammenschmelzen von reinem Kaliumcarbonat mit reinem Quarz; **Anw.:** Glas- u. Keramikherst., Herst. künstl. Mineralwässer. **Liquor Kalii silicici** EB6: Kalium silicicum solutum, Kaliwasserglas-Lsg.; eine wässrige Lsg. von Kaliumdisilicat ($K_2Si_2O_5$), M_r 214.38. D. 1.246-1.296. Dicke, farblose, klare

Flüss.; Doppelwasserglas ist eine Mischung von Kalium- u. Natriumwasserglas, s. Natriumsilicat; **Anw.** med.: Verbände; techn.: zum Eiereinlegen, Herst. von Kitten, feuersicher imprägnieren; **Hinweis:** Aufbewahrung in Flaschen mit Kork- od. Kautschukstopfen.

Kalium silicicum (purum): s. Kaliumsilicat.

Kalium silicicum solutum: s. Kaliumsilicat (Liquor Kalii silicici).

Kaliumsorbat: Kalii sorbas Ph.Eur.4, Kalium sorbinicum; CAS-Nr. 590-00-1; $H_3C-CH=CH-CH=CH-COOK$; $C_6H_7KO_2$, M_r 150.2. Weißes Pulver od. Granulat; leicht lösl. in Wasser u. Propylenglykol, wenig lösl. in Ethanol, unlösl. in fetten Ölen u. Ether. **Anw.:** meist in Kombination mit Sorbinsäure* als Konservierungsmittel.

Kalium sorbinicum: s. Kaliumsorbat.

Kalium sozoiodolicum: s. Kalium, diiodparaphenolsulfonsaures.

Kalium stibicum: s. Antimonoxid, schweißtreibendes.

Kalium stibyltartaricum: s. Antimonyl-Kaliumtartrat.

Kaliumsulfat: Kalii sulfas, Kalium sulfuricum, schwefelsaures Kalium; K_2SO_4, M_r 174.27. D. 2.67. Weiße, harte Kristalle od. krist. Krusten, lösl. in Wasser, unlösl. in Ethanol. **Darst.:** Umsetzen von Kaliumchlorid mit Magnesiumsulfat; **Off.:** DAC86, ÖAB90, Ph.Helv.7; **Anw.** techn.: Düngemittel, Glasherstellung; med.: früher Abführmittel wie Natriumsulfat; **Dos.:** 1-2.5 g.

Hom: *Kalium sulfuricum (HAB1.3):* verord. z. B. bei chron. Entzündungen der Ohren, Nebenhöhlen, Bronchien.

Kaliumsulfhydrat: s. Kaliumhydrogensulfid.

Kaliumsulfid: Kalium sulfuratum, Hepar sulfuris (kalinum), Kalium sulfuratum (pro balneo), Schwefelleber; Gemisch von Kaliumpolysulfiden K_2S_n (n=2-5) u. Kaliumthiosulfat ($K_2S_2O_3$). Leberbraune, später gelbgrüne Stücke, die schwach nach H_2S riechen, lösl. in Wasser. **Darst.:** Zusammenschmelzen von Schwefel mit Kaliumcarbonat; **Anw.** med.: für Bäder bei Hauterkrankungen, Ekzemen, Psoriasis; **Zuber.:** 50-100 g auf ein Vollbad, unter Zusatz von 50-250 g Gelatine, um den Hautreiz zu mildern.

Kalium sulfocyanatum: s. Kaliumthiocyanat.

Kaliumsulfocyanid: s. Kaliumthiocyanat.

Kalium sulfoguajacolicum: s. Sulfoguaiacol.

Kalium sulfokreosoticum: s. Kalium, kreosotsulfosaures.

Kalium sulfuratum: s. Kaliumsulfid.

Kalium sulfuricum: s. Kaliumsulfat.

Kalium superchloricum: s. Kaliumperchlorat.

Kalium supermanganicum: s. Kaliumpermanganat.

Kalium tartaricum: s. Kaliumtartrat.

Kalium tartaricum boraxatum: s. Boraxweinstein.

Kaliumtartrat: Kalium tartaricum, Tartarus tartarisatus, neutrales weinsaures Kalium; $K_2C_4H_4O_6 \cdot 0.5H_2O$, M_r 235.38. Farblose Kristalle od. weißes, krist. Pulver, sehr leicht lösl. in Wasser, wenig lösl. in Ethanol. **Darst.:** Auflösen von Kaliumhydrogentartrat in einer Kaliumcarbonat-Lsg. u. Auskristallisieren lassen; **Off.:** DAC86; **Anw.** med.: früher als Diuretikum u. Laxans; **Dos.:** 3-10 g.

Kaliumtetracyanocadmat: Cadmiumkaliumcyanid; $K_2[Cd(CN)_4]$. Farblose Kristalle, leicht lösl. in Wasser. **Anw.:** Galvanotechnik.

Kaliumtetracyanoniccolat(II): Nickel(II)-kaliumcyanid, Niccolum-Kalium cyanatum; $K_2[Ni(CN_4)] \cdot H_2O$. Orangegelbe Nadeln, wasserfrei rotgelb, leicht lösl. in Wasser. **Anw.:** Galvanotechnik.

Kaliumtetraoxalat: übersaures Kaliumoxalat, Kalium tetraoxalicum, Bitterkleesalz, Kleesalz; Komplex aus Kaliumhydrogenoxalat u. Oxalsäure; $KHC_2O_4 \cdot H_2C_2O_4 \cdot 2H_2O$. Farblose Kristalle, lösl. in Wasser. **Darst.:** Versetzen einer Oxalsäure-Lsg. mit Kaliumhydrogencarbonat; **Anw.:** Entfernen von Rost- u. Tintenflecken. **Kleesalz:** Oxalium EB6, Sal Acetosellae; besteht aus einem Gemisch von Kaliumhydrogenoxalat u. K. oder auch nur aus Kaliumtetraoxalat; das Syn. Kalium bioxalicum (EB6) ist falsch.

Kalium tetraoxalicum: s. Kaliumtetraoxalat.

Kaliumthiocyanat: Kaliumrhodanid, Kaliumsulfocyanid, Rhodankalium, Schwefelcyankalium, Kalium rhodanatum, Kalium sulfocyanatum; KSCN, M_r 97.18. Farblose, zerfließl., ungiftige Kristalle, leicht lösl. in Ethanol, sehr leicht lösl. in Wasser unter starker Temperaturerniedrigung (bis ca. –34 °C). **Darst.:** Zusammenschmelzen von Kaliumcyanid u. Schwefel; **Off.:** ÖAB90; **Anw.** techn.: Kältemischungen*, Reagens auf Eisen(III)-Salze (blutrote Färbung).

Kalium, überchlorsaures: s. Kaliumperchlorat.

Kalium, übermangansaures: s. Kaliumpermanganat.

Kalium, überschwefelsaures: s. Kaliumperoxodisulfat.

Kalium, unterchlorigsaures: s. Kaliumhypochlorit.

Kalium, unterphosphorigsaures: s. Kaliumphosphinat.

Kaliumxanthogenat: xanthogensaures Kalium, Kalium xanthogenicum; $C_2H_5O \cdot CSSK$. Gelbl. Kristalle, leicht lösl. in Wasser, wenig lösl. in Ethanol, unlösl. in Ether. **Darst.:** Einw. von CS_2 auf alkohol. KOH; **Anw.:** Reagens, Schädlingsbekämpfungsmittel; vgl. Xanthogensäure.

Kalium xanthogenicum: s. Kaliumxanthogenat.

Kalium, xanthogensaures: s. Kaliumxanthogenat.

Kaliumzitrat: s. Kaliumcitrat.

Kaliwasserglas: s. Kaliumsilicat.

Kali zooticum: s. Kaliumhexacyanoferrat(II).

Kalkammoniak: Ammoniak-Stickstoff-Dünger, besteht aus Ammoniumchlorid u. Calciumcarbonat. Geh. ca. 35 % Kalk u. ca. 15 % Stickstoff.

Kalkammoniumphosphate: stickstoff- u. phosphorhaltige Düngesalze.

Kalkammonsalpeter: Dünger, Mischung von Kalk ($CaCO_3$) u. Ammoniumnitrat (NH_4NO_3). Geh. ca. 35 % Kalk u. ca. 20 % Stickstoff.

Kalkaneus: Calcaneus; Fersenbein.

Kalk, doppeltkohlensaurer: s. Calciumhydrogencarbonat.

Kalk, gebrannter: s. Calciumoxid.

Kalk, gelöschter: s. Calciumhydroxid.

Kalkhydrat: s. Calciumhydroxid.

Kalkliniment: s. Linimentum Calcariae.

Kalkmilch: s. Calciumoxid (Kalkmilch).

Kalksalpeter: s. Calciumnitrat.

Kalkschwefelleber:

Hom: *Hepar sulfuris (vgl. Kaliumsulfid),* Calcium sulfuratum Hahnemanni, Hepar sulfuris calcareum, Kalkschwefelleber nach Hahnemann: **Herst.:** Gemisch gleicher T. des feingepulverten weißen Inneren der Austernschalen u. Schwefelblumen wird längere Zeit im geschlossenen Tiegel in Weißglühhitze gehalten, nach dem Erkalten in verschlossenen Gläsern aufbewahrt (1., 2. u. 3. Dezimalverreibung riecht deutl. nach H_2S); **Anw.:** Konstitutionsmittel; verord. z. B. bei Eiterungen an Haut und Schleimhäuten, Otitis media, Bronchitis, Verdauungsstörungen.

Kalkspat: bes. reines Calciumcarbonat* in mineral. Form.

Kalkstein: s. Calciumcarbonat.

Kalkstickstoff: Calciumcyanamid, Calciumcarbimid; CaNC≡N. Geh. 17-22 % Stickstoff u. ca. 65 % Kalk. Feines, grauschwarzes Pulver. **Darst.:** Einw. von Stickstoff auf Calciumcarbid im elektr. Ofen; **Anw.:** Dünge- u. Pflanzenschutzmittel; **Tox.:** Vorsicht, giftig! Stark erhöhte Alkoholunverträglichkeit (Kalkstickstoffkrankheit, Antidot: Cysteinhydrochlorid); beim Streuen: Schutzbrille, Gesicht u. Hände einfetten, keine offenen Wunden oder kleine Hautrisse im Gesicht u. an den Händen; vgl. Cyanamid.

K

Kalkwasser: s. Solutio Calcii hydroxydati.

Kallidin: s. Hormone (Gewebehormone); vgl. Bradykinin.

Kallidinogenase INN: CAS-Nr. 9001-01-8. Serin-Protease, die durch Abspaltung von Aminosäuren aus Kallidinogen (Plasmaprotein der α_2-Globulinfraktion) das Kallidin (vgl. Kallikrein) freisetzt; leicht lösl. in Wasser, Ethanol 50 %, unlösl. in Ethanol 95 % u. gebräuchl. org. Lösungsmitteln. **Gew.:** aus Pankreas u. Harn von Säugetieren; **Anw.:** Vasodilatator*, zur Erhöhung der Spermatozoenzahl u. -beweglichkeit bei Fertilitätsstörungen des Mannes; **Dos.:** parenteral i. m. bis 80 E./d (Depotinjektion in geteilten Dosen), langsam reduzieren auf bis zu 40 E./Woche; p. o. 3×10 E./d.

Kallikrein: Protease*, die als Kininogenase aus Kininogen Kinine* freisetzt, welche physiol. Wirkungen auslösen (Erregung glatter Muskeln; Dilatation der peripheren u. Koronargefäße). Die Kininfreisetzung wird z. B. durch Aprotinin* gehemmt. **Vork.:** Speicheldrüse, Pankreas, Harn, Plasma; s. Hormone (Plasmakinine). Anstelle von K. können auch andere Stoffe Kinine freisetzen. Dazu gehören: Trypsin*, Plasmin*, Pepsin*, Schlangengifte*, bakterielle Enzyme*; vgl. Kallidinogenase.

Kallus: Callus; **1.** (bot.) Zellwucherung, um eine Wunde am Stamm zu verschließen, meist unter Bildung von Kork; **2.** (med.) Schwiele, Knochenverdickung; **3.** in der Gewebezucht Aggregat von ungeordnet wachsenden Zellen.

Kalmia latifolia L.: Berglorbeer; Fam. Ericaceae (Nordamerika). Stpfl. von **Folia Kalmiae:** Berglorbeerblätter. **Inhaltsst.:** Diterpene vom Grayanotoxintyp (z. B. Lyanol A), Flavonoide, z. B. Phlorizin*, Hyperosid; **Anw.:** nur noch homöopathisch.

Hom: *Kalmia latifolia (HAB1.4),* Kalmia: frische Blätter; verord. z. B. bei Erkrankungen des rheumat. Formenkreises, Neuralgien, Myokarditis.

Kalmus: s. Acorus calamus.

Kalmusöl: s. Acorus calamus (Calami aetheroleum).

Kalmustinktur: s. Tinctura Calami.

Kalomel: s. Quecksilber(I)-chlorid.

Kalomelelektrode: s. Potentiometrie.

Kalorie (lat. calor Wärme): Symbol cal; frühere Wärmeeinheit, wurde definiert als die Wärmemenge, die nötig ist, um 1 g Wasser um 1 °C, von 14.5 °C auf 15.5 °C, zu erwärmen. 1 cal entspr. der Arbeit von 4.186 Joule. K. dienten auch als Maßstab des menschl. Energieumsatzes (s. Grundumsatz) u. zur Feststellung des Nährwertes der Nahrungsmittel (s. Brennwert, physiologischer).

Kalorimeter: Gerät zur Durchführung kalorimetr. Messungen; vgl. Kalorimetrie. **1. Flüssigkeits-K.** nehmen eine bei einem physik. od. chem. Prozess umgesetzte Wärme in einer Flüss. auf, deren Temperaturänderung gemessen wird; **2. Metall-K.** nehmen die zu bestimmende Wärmemenge in einem gut leitenden Metallkörper (z. B. Cu, Ag, Al) auf, dessen Temperaturänderung bestimmt wird; **3. Differenz-Temperatur-Scanning-K.:** Abk. DTSC, (engl.) *difference temperature scanning calorimeter*, Wärmestrom-DSC; Wärmeleitungs-K., bei denen Wärme infolge eines Temperaturgefälles zw. einer Probe u. einer therm. inerten Referenzsubstanz (z. B. einem Ofen) ausgetauscht wird; gemessen wird die Temperaturdifferenz; s. Differentialthermoanalyse; **4. Differenz-Leistungs-Scanning-K.:** Abk. DPSC, (engl.) *difference power scanning calorimeter*, Leistungskompensations-DSC; arbeiten mit je einem getrennt regelbaren Ofen für Probe u. Referenzsubstanz. Auf wärmetönende Prozesse in der Probe reagiert die Steuereinheit des Gerätes mit unterschiedl. Zuführung von elektr. Energie zur Aufrechterhaltung der Isothermie zw. bd. Öfen; gemessen wird die Energieänderung pro Zeiteinheit; s. DSC. **Mikrokalorimeter*** dienen zur Messung sehr geringer Wärmeänderungen.

Kalorimetrie: Messung der Wärmekapazität od. Wärmemenge, die bei physik. u. chem. Vorgängen verbraucht wird od. entsteht; vgl. DSC; Kalorimeter.

Kalorimetrie, differentielle: s. DSC.

Kalottenmodelle: s. Molekülmodelle.

Kaltfüllung: s. Druckgaspackungen.

kalt lagern: nach Ph.Eur. Lagerung bei 8-15 °C.

Kaltlichtleuchtstoffröhren: Kunststoffröhrchen, die einen Oxalsäureester, einen Fluoreszenzfarbstoff u. in einem Glasröhrchen eingeschmolzen H_2O_2 als Oxidationsmittel enthalten. Wird das H_2O_2 durch Brechen des Glasröhrchens freigesetzt, entsteht bei der Oxidation des Oxalsäureesters Chemilumineszenzlicht, das mehrere Stunden anhält. **Anw.:** Notlichtquelle; vgl. Luminol.

Kalumbawurzel: s. Jateorhiza palmata (Radix Colombo).

Kalyptra: Hülle; **1.** (bot.) Wurzelhaube. **2.** (bot.) Haube auf der Sporenkapsel der Moose.

Kalyx: Kelch; Gesamtheit der Kelchblätter; vgl. Blüte.

Kalzinieren: s. Calcinieren.

Kalzium: u. Kalzium-Verb.: s. Calcium.
Kamala: s. Mallotus philippinensis.
Kambium: (bot.) Bildungsgewebe (Meristem) beim sekundären Dickenwachstum* der Pflanzen.
Kambium, interfaszikuläres: (bot.) zw. den Leitbündeln (z. B. der Sprossachse dikotyler Pfl.) gelegenes Kambium*, das sich vor dem sekundären Dickenwachstum* bildet.
Kameldorn: s. Manna.
Kamille, Echte: s. Chamomilla recutita.
Kamille, Gemeine: s. Chamomilla recutita.
Kamillenblüten: s. Chamomilla recutita (Matricariae flos).
Kamillenfluidextrakt: s. Extractum Chamomillae fluidum.
Kamillenöl: s. Chamomilla recutita (Matricariae aetheroleum).
Kamillentinktur: s. Tinctura Chamomillae.
Kamille, Römische: s. Chamaemelum nobile.
Kamille, Strahlenlose: s. Chamomilla suaveolens.
Kammergesetze: s. Apothekerkammern.
Kammersäure: 60-70 %ige Schwefelsäure, die sich am Boden der Bleikammern bei der Schwefelsäurefabrikation nach dem Bleikammerverfahren ansammelt. D. 1.5-1.62.
Kampfer: s. Campher.
Kampferspiritus: s. Spiritus camphoratus.
kampylotrop: s. Samenanlage.
Kanadabalsam: s. Balsamum canadense.
Kanamycin INN: 6-*O*-(3-Amino-3-desoxy-α-D-glucopyranosyl)-4-*O*-(6-amino-6-desoxy-α-D-glucopyranosyl)-2-desoxy-D-streptamin; CAS-Nr. 59-01-8; $C_{18}H_{36}N_4O_{11}$. Antibiotikum aus Streptomyces kanamyceticus. **Wirk.** u. **Anw.**: Aminoglykosid-Antibiotikum (s. Antibiotika), früher Tuberkulostatikum; hemmt die Proteinbiosynthese; wirksam v. a. geg. Staphylokokken, E. coli, Enterobacter aerogenes, Klebsiella pneumoniae; z. T. auch geg. Proteus- u. Serratia-Stämme; aufgrund der hohen Ototoxizität nur noch lokale Anw.; vgl. Antibiotika (Tab.). **Kanamycinmonosulfat**: Kanamycini monosulfas Ph.Eur.4, Kanamycinum monosulfuricum; CAS-Nr. 133-92-6; $C_{18}H_{38}N_4O_{15}S \cdot H_2O$, M_r 601. Lösl. in 8 T. Wasser, fast unlösl. in Ethanol, Aceton, Chloroform, Ether. Einheit von Kanamycinmonosulfat: 1 I.E. entspr. 1.232 µg, 1 mg entspr. 750 I.E. **Saures Kanamycinsulfat**: Kanamycini sulfas acidus Ph.Eur.4, Kanamycinum disulfuricum; eine Form von Kanamycinsulfat, die durch Zugabe von Schwefelsäure zu einer Kanamycinmonosulfat-Lsg. hergestellt u. auf geeignete Weise getrocknet wird. Weißes, hygroskop. Pulver, lösl. in ca. 1 T. Wasser, fast unlösl. in Ethanol, Chloroform, Aceton. 1 mg entspr. 670 I.E.
Kanangaöl: s. Canaga odorata (Oleum Canangae).
Kandiszucker: s. Saccharose (Gew.).
Kaneel: s. Cinnamomum aromaticum (Cortex Cinnamomi cassiae).
Kaneelblüten: s. Cinnamomum aromaticum (Flores Cassiae).
Kaneel, Echter: s. Cinnamomum verum (Cinnamomi cortex).
Kaninchentest: Test auf Anwesenheit von pyrogenen Stoffen in parenteralen Zubereitungen. Beträgt die Temperaturerhöhung von 3 Kaninchen nach parenteraler Zufuhr der zu testenden Zuber. in Summe weniger als 1.15 K, so gilt der Test als bestanden, beträgt die Temperaturerhöhung in Summe mehr als 2.65 K, so entspricht die Testsubstanz nicht den Anforderungen. Liegt der gefundene Wert der Temperaturerhöhung dazwischen, ist der Test an weiteren Gruppen zu je 3 Kaninchen zu wiederholen. Dieser Test deckt alle bekannten u. noch unbekannte Pyrogene ab, jedoch reagiert das Kaninchen nicht auf alle für den Menschen pyrogenen Stoffe gleichermaßen.
Kanipfeffer: s. Xylopia aethiopica (Fructus Xylopiae).
Kannenkraut: s. Equisetum arvense.
Kanthariden: s. Canthariden.
Kantharidenkampfer: s. Cantharidin.
Kantharidenöl: s. Oleum Cantharidis.
Kanüle: Hohlnadel zur Injektion von Flüss. od. Abnahme von Körperflüss., z. B. Injektionskanüle bzw. Venenpunktionskanüle. V. a. als Einmalartikel aus rostfreiem V2A-Stahl mit unterschiedl. gefärbtem Kunststoffansatz. Die Einteilung u. Farbkodierung (s. Tab.) erfolgt anhand von Länge u. Durchmesser nach Pravaz (deutsch) od. Gauge (international). Länger in der Vene verbleibende

K

Kanüle
Normgrößen und Farbkodierung von Einmalkanülen

Pravaz	Gauge	Außendurchmesser in mm	Länge in mm	Farbe	Verwendung
–	19	1.10	25	elfenbein	Aufziehkanüle
1	20	0.90	40	gelb	i. v.; i. m. für dickflüssige Lösungen
			70		tief i. m.
2	21	0.80	40	grün	i. v., i. m.
			50-60		i. m. bei Übergewicht
12	22	0.70	30	schwarz	s. c.; i. m. Oberschenkel
14	23	0.65	30-32	violett	s. c.; i. m. Oberschenkel
16	24	0.55	25	enzianblau	s. c.
18	25	0.45	25	braun	s. c.
			12		Insulin
20	27	0.42	20	lichtgrau	s. c.
			12-16		Insulin

Kanülen werden als Venenverweilkanülen (z.B. Flügelkanüle*) bezeichnet.

Kanukaöl: s. Kunzea ericoides.

Kanutillawachs: s. Candelillawachs.

kanzerogen: krebserzeugend.

Kanzerogenese: Entstehung maligner Tumoren* unter Beteiligung versch. Faktoren (z.B. Kanzerogene, Hormone, onkogene Viren, Immundefekte). **Phasen:** **1.** Initiierung: Auslösung einer Mutation* in einer Zelle u. ihre irreversible molekulare Transformation; **2.** Latenzperiode (ca. 15-20 Jahre): Proliferation der initiierten Zelle, weitere Mutationen u. Bildung von Tumorzellen, die der Vernichtung durch das Immunsystem entgehen; **3.** klin. Manifestation des Tumors: infiltrierendes Wachstum u. Bildung von Metastasen*.

Kaolin: s. Ton, weißer.

Kaolini pasta glycerolata: s. Pasta Boli glycerolata.

Kaolinum ponderosum: s. Ton, weißer.

Kap-Aloe: s. Aloe.

Kapaunenkamm-Einheit: syn. Kapauneinheit; biol. Messgröße für Androgene; s. Hormone.

Kapern: s. Capparis spinosa (Flores Capparidis).

Kapillärsirup: s. Stärkesirup.

kapillar: haarfein; s. Kapillare.

K

Kapillaranalyse: qualitative analyt. Untersuchungsmethode für gemischte, v.a. homöopathische Lösungen. Dabei wird die Flüss. durch Filtrierpapierstreifen aufgesogen, um sie dann zu verdunsten. Die gelösten Stoffe scheiden sich meist in der Reihenfolge ihrer Löslichkeit ab u. bilden charakterist. Zonen u. Farbsäume, die verglichen werden (s. Kapillarität, Chromatographie). **Voraussetzungen:** gleich bleibende Temp., Luftfeuchtigkeit u. gleiche Filtrierpapiersorte.

Kapillarchromatographie: s. Chromatographie (Gaschromatographie).

Kapillare: haardünnes Röhrchen, s. Blutkapillare.

Kapillarelektrochromatographie: Kombination von Chromatographie* u. Elektrophorese*. Dabei versucht man, die Vorteile der Selektivität der Chromatographie u. des elektrophoret. Antriebs zu nutzen. **Apparativer Aufbau:** ähnl. der Elektrophorese, doch befindet sich in der Kapillare zw. dem Kapillareinlass u. dem Detektorfenster eine stationäre Phase als Trennmedium, z B. Silica- od. Polymerphasen.

Kapillarelektrophorese: s. Elektrophorese.

Kapillar-GC: s. Chromatographie (Gaschromatographie).

Kapillargelelektrophorese: s. Elektrophorese.

Kapillarität: taucht man ein Kapillarrohr in eine Flüss. ein, so stellt sich die Flüss. in dem Kapillarrohr höher od. tiefer als die umgebende Flüss. (im Ggs. zum Gesetz der kommunizierenden Gefäße), es bildet sich ein konkaver od. konvexer Meniskus (s. Abb.). Benetzt die Flüss. die Glaswand des Rohres, so steht die Flüss. höher als im Gefäß (Kapillaraszension); benetzt die Flüss. die Wand nicht, so steht sie tiefer (Kapillardepression), z.B. Quecksilber; vgl. Grenzflächenspannung. Je enger das Kapillarrohr ist, desto größer ist der Höhenunterschied der Flüss. innerhalb u. außerhalb des Rohres. Die Kapillarität beruht auf der Adhäsion der Flüss.-Teilchen an festen Körpern u. ihrer Kohäsion untereinander. Zur genauen Feststellung des Meniskus dient die Meniskus-Visierblende. Man benutzt diese Erscheinung auch zur Kapillaranalyse*, da die Steighöhe versch. Flüssigkeiten u. Lsg. unterschiedlich ist.

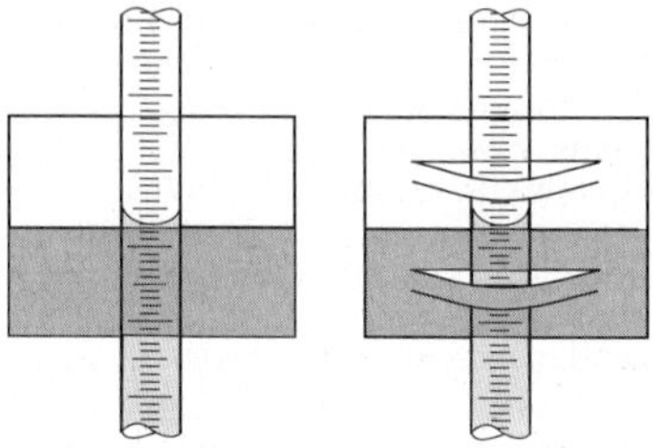

Kapillarität: Meniskus-Visierblende [14]

Kapillarkondensation: Art der Sorption*, bei der sich das Sorptiv in den Kapillaren eines Stoffes abscheidet; die Kondensation erfolgt bei umso geringerem Dampfpartialdruck je kleiner der Kapillardurchmesser ist; z.B. kondensiert Wasser in eine Kapillare von 2 nm Durchmesser bereits bei einer relativen Luftfeuchtigkeit von ca. 50 %.

Kapillarsteigmethode: s. Grenzflächenspannung.

Kapillarviskosimeter: Gerät zur Bestimmung der Viskosität*; nach Ph.Eur.4 wird bei idealviskosen Flüss., wenn nicht anderes angegeben, mit Hilfe eines U-förmigen K. nach Ubbelohde (s. Abb.) bestimmt. Nach dem Hagen-Poiseuille-Gesetz ist bei laminarer Strömung die Auslaufzeit t der Messflüssigkeit zw. 2 Messmarken aus einer genormten Kapillare direkt proportional seiner Viskosität* (η bzw. ν):

$$\eta = \rho \cdot k \cdot t$$

$$\nu = k \cdot t$$

ρ: Dichte der Flüssigkeit; k: Gerätekonstante, enthält u.a. die Kapillardimensionen, Länge der Fließstrecke, Druck der Flüssigkeitssäule.

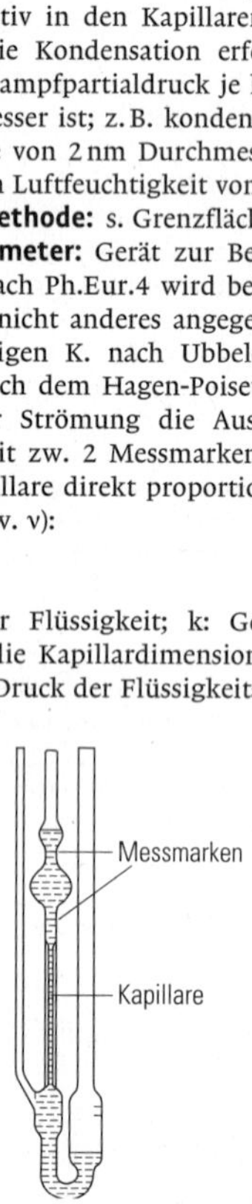

Kapillarviskosimeter: K. nach Ubbelohde

Kapillarwasser: Haftwasser* in Makrokapillaren über 0.1 µm. Diese werden bei Wasserdampfsättigung od. bei Kontakt mit Wasser gefüllt, Mikrokapillaren kleiner als 0.1 µm hingegen schon bei tieferen relativen Feuchtigkeiten; vgl. Kapillarkondensation.

Kaposi-Sarkom: Sarcoma idiopathicum multiplex haemorrhagicum, Retikuloangiomatose; bräunlich livide Effloreszenzen im Bereich von Haut u.

Bindegewebe; später Beteiligung von Schleimhäuten u. inneren Organen (z.B. Leber, Milz, Knochen, Gehirn). **Ätiologie:** induziert durch Herpes-Virus Typ 8 (s. Herpes-Viren); **Formen:** **1.** chronisches K.-S.: v.a. bei Männern aus Osteuropa u. Italien nach dem 50. Lebensjahr auftretende sog. klass. Form; **2.** K.-S. bei Pat. mit HIV*-Erkrankung: deutl. aggressivere Form, oftmals mit Erstlokalisation im Bereich der Mundhöhle u. der Schleimhäute des Magen-Darm-Trakts u. mit Lymphknoten- u. Organbefall; **3.** andere K.-S.; **Ther.:** keine etablierte antivirale Ther.; lokale Chemo- od. Immunther. mit Vinblastin od. Interferon-α, Kryo- u. Laserchirurgie, Radiotherapie; bei HIV-Erkrankung Kombination von antiretroviraler Ther. u. Interferon-α; Ther. der Grunderkrankung; symptomat. Therapie.

Kaprylsäure: s. Caprylsäure.

Kapseals®: banderolierte Hartgelatinekapseln.

Kapsel: **1.** (mikrobiol.) extrazelluläre Hülle kapselbildender Bakt., die einen Schutz vor Phagozytose vermittelt; chem. handelt es sich meist um Polysaccharide. **2.** (bot.) s. Fruchtformen. **3.** (pharmaz.) Arzneiform, s. Capsulae.

Kapseln, magensaftresistente: s. Capsulae, Arzneiformen, magensaftresistente.

Kapselpulver: einfachste Form einzeldosierter Arzneimittel, die als gemischtes Pulver in der Apotheke abgegeben wird. K. werden entw. einzeln rezeptiert od. auf einmal hergestellt u. dann einzeln ausgewogen. Anschließend werden sie in Papier-, Stärkemehl- od. Gelatinesteckkapseln abgefüllt; s. Chartae, Capsulae.

Kapsenbergschmiere: etherbeständiges Schmiermittel für Schliffe, bestehend aus Glycerol u. Stärke.

Kapsid: Capsid, Viruskapsid; stäbchenförmige od. sphär. Proteinumhüllung der viralen Nucleinsäuren; s. Viren. M_r bis 40 Mio. Dalton, besteht aus zahlreichen, meist ident. Untereinheiten, den Kapsomeren mit M_r 13-60 kDalton.

Kap-Sonnentau: s. Drosera ramentacea.

Kapuzinerkresse: s. Tropaeolum majus.

Karaibablätter: s. Jacaranda procera (Folia Carobae).

Karambola: s. Averrhoa carambola (Anw.).

Karamel: s. Saccharose (Anw.).

Karat: s. Gold.

Karaya-Gummi: s. Sterculia urens (Gummi Tragacantha indica).

Karbide: s. Carbide.

Karbinol: s. Methanol.

Karbol: s. Phenol.

Karbolfuchsin: Färbemittel für mikroskop. Präparate, s. Karbolfuchsinlösung.

Karbolfuchsinlösung, verdünnte: Reagens, DAB6, für die Gram*-Färbung; Zstzg.: 1 T. Ziehl*-Neelsen-Karbolfuchsinlösung, 9 T. Wasser.

Karbol-Gentianaviolettlösung: Zstzg.: 1 T. gesättigte weingeistige Gentianaviolettlsg., 10 T. 2.5 %ige wässrige Lsg. von Phenol. **Anw.:** Reagens; s. Gram-Färbung.

Karbolineum: s. Carbolineum.

Karbolkalk: s. Phenolkalk.

Karbolsäure: s. Phenol. Rohe K.: s. Cresol.

Karbolwasser: s. Aqua phenolata.

Karbonate: s. Carbonate.

Karbonathärte: s. Carbonathärte; vgl. Aqua.

Karbonsäuren: s. Carbonsäuren.

Karborundum: s. Siliciumcarbid.

Karbunkel: durch Bakt. der Gattung Staphylococcus* verursachte Entzündung mehrerer benachbarter Haarbälge (Furunkel*) mit Abszedierung, Nekrose u. Einschmelzung des dazwischenliegenden Gewebes. **Vork.:** z.B. bei Diabetes* mellitus.

Kardamomen: s. Elettaria cardamomum (Fructus Cardamomi).

Kardia: Cardia; Mageneingang. Hauptfunktion: gastroösophagealer Verschluss.

Kardiaka: syn. Cardiaca, Herzmittel, Kardiotonika; weitläufiger Sammelbegriff für Substanzen mit Wirkung auf das Herz. I.e.S. herzwirksame Glykoside*; Antiarrhythmika*, Calciumantagonisten*, Catecholamine*, Koronartherapeutika*. Pflanzliche K. mit milder Herzwirkung liefern Crataegus*-Arten, Arnica* montana, Ammi* visnaga.

kardial: zum Herzen gehörend, das Herz betreffend.

Kardinalsblume, Blaue: s. Lobelia siphilitica.

Kardiolipin: Diphosphatidylglycerin; Phospholipid der Bakterienmembran u. der inneren Membran von Mitochondrien. K. kann aus Rinderherzen gewonnen werden u. dient als künstl. Antigen für immunolog. Tests auf Syphilis-Erkrankungen.

Kardiotoxine: herzschädigende Stoffe. V.a. überdosierte herzwirksame Glykoside* u. bestimmte, stark bas. Peptide aus Schlangengiften*.

Kardobenediktenkraut: s. Cnicus benedictus (Cnici benedicti herba).

Karies (lat caries Fäulnis): Zahnkaries, Caries denticum; häufigste Zahnerkrankung infolge Störung des lokalen Gleichgewichts zw. entkalkenden u. remineralisierenden Komponenten im Speichel. **Verlauf:** reversibles Frühstadium: Entkalkung des kristallinen Zahnschmelzes durch Säuren, die im bakt. Zahnbelag (Zahnplaque*) aus Zuckern gebildet werden; Fortschreiten der anfangs reversiblen Entkalkung bis zum Einbruch der Zahnhartsubstanzen u. damit Bildung kariöser Defekte. **Kariesprophylaxe:** vorbeugende Maßnahmen zur Verhütung od. Verminderung der Karies. **1.** Verminderung der unvermeidl. tägl. Mikroentkalkungen infolge Säurebildung der Bakt. im Zahnplaque durch gute Mundhygiene mit regelmäßiger Plaqueentfernung, z.B. durch Antiplaquemittel*, u. Beschränkung der Häufigkeit der Zuckeraufnahme; **2.** Unterstützung der Remineralisation durch häufige Fluoridierung lokal durch Fluoridzahnpasten, Pinseln der Zähne mit fluoridhaltigen Lsg., Lacken od. Gelen; **3.** system. Fluoridzufuhr z.B. Tabletten, Zusatz zu Speisesalz, Milch, Trinkwasser.

Karitéfett: s. Vitellaria paradoxa (Sheabutter).

Karkade: s. Hibiscus sabdariffa (Hibisci flos).

Karl-Fischer-Lösung: Karl-Fischer-Reagens, Iod-Schwefligsäure-Reagens; Reagens für die Karl*-Fischer-Titration zur Bestimmung des Wassergehalts einer Probe. **Zstzg.:** (Ph.Eur.4) 700 mL Pyridin, 700 mL Ethylenglykolmonomethylether, 220 g Iod, 190 mL flüss. Schwefeldioxid.

Karl-Fischer-Titration (Karl Fischer, 1901-1958): Abk. KF-Methode; maßanalyt. Halbmikrometho-

K

de (s. Mikroanalyse) zur direkten Bestimmung des Wassergehalts einer Probe. Die KF-Methode (1935 entwickelt) basierte auf dem von Bunsen gefundenen Prinzip, dass Iod, ein Oxidationsmittel, im Beisein von Wasser durch Schwefeldioxid reduziert wird: $2\,H_2O + SO_2 + I_2 \rightleftharpoons H_2SO_4 + 2\,HI$.
Nach heutigen Kenntnissen (Eugen Scholz, 1980) vom Reaktionsablauf wird jedoch 1 mol Wasser mit 1 mol Iod in Gegenwart eines geeigeten Alkohols (R – OH) u. einer geeigneten Base (R' – N) umgesetzt:
$ROH + SO_2 + R'N \rightarrow [R'NH]SO_3R$
$H_2O + I_2 + [R'NH]SO_3R + 2\,R'N \rightarrow [R'NH]SO_4R + 2\,I^- + 2\,R'NH$
Bestimmung des Endpunkts: visuell (ungenau) od. mit Hilfe der Dead*-Stop-Methode (sehr genaue Methode, relativer Fehler <±1%). **Durchführung:** Vor jeder Versuchsreihe sollte der Titer*, der angibt, wie viel mg Wasser durch 1 mL Titriermittel umgesetzt werden, bestimmt werden. Mit Störungen ist bei Aldehyden, Ketonen, Mercaptanen, stark reduzierenden Substanzen sowie stark sauren u. bas. Stoffen zu rechnen. **Karl-Fischer-Reagenzien:** Nach Ph.Eur.4 (s. Karl-Fischer-Lösung) meist 2 getrennte Lösungen: **1.** methanol. Iodlösung (Titriermittel); **2.** Lsg. von Schwefeldioxid u. Pyridin in Methanol (Lösungsmittel); statt Pyridin werden heute auch andere Basen wie Diethanolamin od. das geruchlose Imidazol verwendet. Titrier- u. Lösungsmittel können auch kurz vor der Titration gemischt werden (Einkomponenten-Reagens). Im Handel befinden sich pyridinhaltige u. pyridinfreie Zweikomponenten-Reagenzien u. (ca. 2 Jahre haltbare) Einkomponenten-Reagenzien. **Karl-Fischer-Titration, coulometrische:** das für die Reaktion notwendige Iod wird elektrolyt. erzeugt u. mit dem vorhandenen Wasser quantitativ umgesetzt. Der Stromverbrauch, der zur Erzeugung des Iods aufgewendet werden muss, gilt als direktes Maß für den Wassergehalt der Probe (s. Coulometrie).

Karlsbader Salz: s. Sal Carolinum.

Karlsbader Salz, brausendes: s. Sal Carolinum factitium effervescens.

Karlsbader Salz, künstliches: s. Sal Carolinum factitium.

Karlsdistelwurzel: s. Carlina acaulis (Carlinae radix).

Karmelitergeist: s. Spiritus Melissae compositus.

Karminativa: blähungstreibende Mittel (v. a. bei Säuglingen). **Drogen:** z. B. Menthae Fol., Anisi Fruct., Foeniculi Fruct., Chamomillae Flos u. a. ätherische Öldrogen bzw. deren äther. Öle (s. Aetherolea). Sie wirken gärungswidrig u. auf die glatte Muskulatur spasmolyt., besitzen z. T. antiphlogistische Eigenschaften u. wirken beruhigend auf die Mobilität des Verdauungstraktes, womit Blähungen (Gasabgang aus Magen od. Enddarm) entgegengewirkt wird; s. Antiflatulenzien.

Karminrot: s. Carmin.

Karnaubawachs: s. Wachse (Cera carnauba).

Karnitin: s. Carnitin.

Karobablätter: s. Jacaranda procera (Folia Carobae).

Karoben: s. Ceratonia siliqua (Semen Ceratoniae).

Karotin: s. Carotine.

Karotis: Carotis, Kopfschlagader; Kurzbez. für Arteria carotis; die große, zum Kopf führende Halsarterie.

Karotte: s. Daucus carota.

Karpell: (bot.) Fruchtblatt, s. Blüte (Blütenteile).

Karpophor: (bot.) Fruchtträger, der die Teilfrüchtchen (Merikarpien) der Umbelliferen-Früchte trägt.

Karthäusertee: s. Chenopodium ambrosioides var. ambrosioides (Herba Chenopodii ambrosioidis).

Kartoffel: s. Solanum tuberosum.

Kartoffelkäfer, Amerikanischer: s. Leptinotarsa decemlineata.

Kartoffelmehl: s. Amylum Solani.

Kartoffelrose: s. Rosa.

Kartoffelstärke: s. Amylum Solani.

Karton: aus einer od. mehreren zusammengegautschten od. nachträgl. zusammengeklebten Faserstofflagen bestehendes Produkt im Flächengewichtsbereich von ca. 150-450 g/m^2. Schwerere Qualitäten werden als Pappe bezeichnet. Einseitig gestrichener K. heißt Chromo-Karton. Faltschachtel-K. dient zur Herst. von Verpackungen. Die Bezeichnung Karton ist auch syn. für Schachtel gebräuchlich.

Kartonagen: aus Karton, Pappe od. Wellpappe gefertigte Umhüllungen.

Karunkula: Caruncula; (bot.) Vergrößerung der Samenschale durch Zunahme des Zellvolumens bei gleich bleibender Zellzahl; (wulstförmige) Auswüchse am Nabel (od. Nabelstrang) der Samen, z. B. bei Rizinussamen, Herbstzeitlosensamen.

Karyogamie: Verschmelzung der beiden haploiden Kerne zum diploiden Zygotenkern bzw. Vereinigung der Chromosomenbestände beider Gameten bei der Befruchtung.

Karyokinese: indirekte Zellkernteilung, s. Mitose.

Karyoplasma (gr. karyon Nuss, Kern; plasma Gebilde): syn. Nucleoplasma; Protoplasma des Zellkerns.

Karyopse: s. Fruchtformen.

Karyotyp: Karyogramm; Chromosomenbestand einer Zelle, eines Gewebes od. eines Individuums, definiert durch Chromosomengröße u. -zahl.

karzinogen: ein Karzinom* erzeugend.

Karzinogene: Stoffe od. Faktoren, die ein Karzinom* verursachen können; unspezif. Zellgifte, die strukturelle Änderungen u. damit den Verlust physiol. Aktivitäten an einer größeren Zahl von Rezeptoren der Stoffwechselregulation u. metabol. Kontrollstellen herbeiführen. Die betroffenen Zellen scheren aus der physiol. Ordnung des Organismus aus u. reagieren mit unkontrolliertem, unbegrenztem Wachstum. **1. chem. Karzinogene:** wie polycycl. Kohlenwasserstoffe (z. B. in Ruß, Teer etc.), aromat. Amine (Anilin), Azofarbstoffe, N-Nitrosoverbind., alkylierende Substanzen, Buttergelb, Lost, Benzo[a]pyren, Benzol, Thioharnstoff, Hydrochinon, Thioacetamid, Asbest, Nickel, Chrom, Arsen; **2. nat. vorkommende Karzinogene:** aus Pflanzen u. Pilzen wie Safrol, β-Asaron u. Cycasin; die mikrobiellen Produkte Patulin, Griseofulvin, Aflatoxine, Penicillin G u. Actinomycin G; **3. Hormone:** stellen wichtige Kokarzinogene in endokrin gesteuerten Geweben

u. den endokrinen Drüsen dar; **4. ionisierende Strahlung**, z. B. Röntgenstrahlen, Radiumstrahlen u. UV-Strahlen; **5. Viren:** onkogene Viren, Tumorviren, RNA-Tumorviren, DNA-Tumorviren. **Einteilung:** nach Gefahrstoffverordnung* in der EG-Gefahrstoffliste* unter „Einstufung" als „Carc. Cat." angegeben: **Kat. 1:** Stoffe, die beim Menschen bekanntermaßen krebserzeugend wirken (u. a. Asbest, Benzidin, Benzol); **Kat. 2:** Stoffe, die aufgrund hinreichender Anhaltspunkte als krebserzeugend für den Menschen angesehen werden sollten (Benzo[a]pyren, Ethylenoxid, Hydrazin u. a.); **Kat. 3:** Stoffe, die wegen mögl. krebserregender Wirkung beim Menschen Anlass zur Besorgnis geben, über die jedoch nicht genügend Informationen für eine befriedigende Beurteilung vorliegen (u. a. Clofenotan, Anilin, Dichlormethan, Formaldehyd, Tetrachlorkohlenstoff).

Karzinoid: neuroendokriner Tumor*, der v. a. im Magen-Darm-Trakt u. Bronchialsystem lokalisiert ist. **Karzinoid-Syndrom:** Krankheitsbild, das durch die Ausschwemmung vasoaktiver Substanzen (z. B. Serotonin*, Histamin, Neurokinine) aus dem Tumor in das Blut verursacht wird; z. B. Flush mit anfallartiger rotblauer Verfärbung des Oberkörpers u. der Extremitäten, verbunden mit Hitzewallungen, Diarrhöen* u. asthmaähnl. Bronchokonstriktion.

Karzinom (gr. karkinos Krebs, Krankheit): Carcinom; vom Epithelgewebe* ausgehender maligner Tumor*.

Karzinostatika: s. Zytostatika.

Kaschunüsse: s. Anacardium occidentale (Fructus Anacardii occidentalis).

Kasein: s. Casein.

Kaskarille: s. Croton eluteria (Cortex Cascarillae).

Kaskarillrinde: s. Croton eluteria.

Kaskarilltinktur: s. Tinctura Cascarillae.

Kassavamehl: s. Amylum Manihot.

Kassenrabatt: s. Apothekenabschlag.

Kassiakölbchen: s. Cassiakolben.

Kassiaöl: s. Cinnamomum aromaticum (Cinnamomi cassiae aetheroleum).

Kassiterit: Zinnstein; s. Zinn.

Kastanie, Echte: s. Castanea sativa.

Kastanienbaum, Australischer: s. Castanospermum australe.

Kastanienblätter: s. Castanea sativa (Castaneae folium).

Kastanienfluidextrakt: s. Extractum Castaneae fluidum.

Kastanienstärke, Australische: s. Castanospermum australe.

Kastoröl: s. Ricinus communis (Ricini oleum virginum).

Kastorsamen: s. Ricinus communis (Semen Ricini).

Kasuistik: s. Pharmakoepidemiologie.

kat: Symbol für die SI-Einheit Katal*.

Kat: s. Catha edulis.

katabol: zum Abbaustoffwechsel gehörig.

katabolisieren: biol. (im Körper) abbauen, u. zwar vollständig od. bis zu im Körper vorhandenen Stoffen; s. Katabolismus.

Katabolismus: Abbaustoffwechsel, Dissimilation; Ggs. Anabolismus *.

Katadyn-Verfahren: Entkeimung von Wasser durch fein verteiltes Silber. Wird entweder direkt dem Wasser zugefügt od. auf Filtermasse (Kies) niedergeschlagen od. Silberelektroden werden in das Wasser eingetaucht, durch das ein schwacher elektr. Strom fließt.

Katal: Symbol kat; internationale katalyt. Einheit (SI*) für die Enzymaktivität*; ersetzt die Internationale Einheit (I. E.) bzw. Unit (U). 1 U=16.67 nkat (Nanokatal).

Katalase: Catalase; Wasserstoffperoxid-Oxidoreduktase; CAS-Nr. 9001-05-2; M_r 245 000; ein Häm-Enzym, das den Abbau von Wasserstoffperoxid, das mit Hilfe von Superoxiddismutase* beim Zellstoffwechsel entsteht (s. Hyperoxid) u. ein Zellgift darstellt, in H_2O u. O_2 katalysiert (Methämoglobin, s. Hämoglobin, Hämoglobinderivate) u. bei niederen H_2O_2-Konzentrationen zudem als Peroxidase wirkt (s. Peroxidasen). Alle bisher isolierten Katalasen bestehen aus 4 tetraedrisch angeordneten Untereinheiten, M_r je 60 000, aus jeweils einer Polypeptidkette mit einer Häm-Gruppe als prosthetische Gruppe (Eisen(II)-protoporphyrin-Gruppe). Katalasen kommen in allen tier. u. pflanzlichen Zellen vor. Isolierung aus Rinderleber.

Katalyse: Beschleunigung od. Verzögerung eines chem. Vorgangs durch Substanzen, die meist nur in geringer Menge vorhanden zu sein brauchen u. selbst nicht durch die Reaktion verändert werden (Katalysatoren). Beispiele: Enzyme (biol. Katalysatoren), viele Metalle in kolloider Form (Silber, Platin).

Katamnese: Bericht über eine Erkrankung u. ihren Verlauf nach Abschluss der Behandlung; vgl. Epikrise.

Kataphorese: s. Kolloide; vgl. Elektrophorese.

Kataplasma: Cataplasma; warmer od. heißer Breiumschlag auf pflanzl. od. mineralischer Basis; auch als Fertigpackung. **Anw.:** Schmerzlinderung.

Katarakt (gr. katarrhaktes herabschmettern, herabstürzen): Cataracta, grauer Star; Trübung der Augenlinse unabhängig von ihrer Ursache. Häufigste Form: Altersstar mit Kombination von Rinden- u. Kerntrübung. Eine Sonderform des Altersstars ist der schwarzer Star mit bräunl. schwarzer Kerntrübung.

Katechu: s. Acacia catechu (Catechu).

Katechutinktur: s. Tinctura Catechu.

Katemfe: s. Thaumatococcus daniellii.

Katgut: s. Catgut.

Kathartika: s. Laxanzien.

Kathepsine: Proteasen*, die vornehml. in den Lysosomen lokalisiert sind u. zu den Endopeptidasen gehören. Sie können nach Kathepsin A, B, C, D, E u. L unterschieden werden. Kathepsine A bis E haben ein pH-Optimum von 2.5 bis 6 u. spalten (mit Ausnahme von D u. E) auch synthet. Substrate mit kleiner Molmasse. Andere K. sind nur im neutralen pH-Bereich wirksam u. spalten ausschließl. Proteine; sie sind verantwortl. für den Eiweißumsatz in den Zellen, zudem für die Autolyse.

Katheter: schlauchförmiges, starres od. flexibles Instrument zum Einführen in Körperhöhlen, Hohlorgane od. Gefäße zur Spülung, Drainage

(Entleerung), Probengewinnung, zum Einbringen von Flüss., zur Diagnose od. Therapie. Merkmale: **1.** Materialien: Metall, Gummi (Latex), z. B. Nelaton-K. (gerade, weich, 1-2 Augen), Kunststoffe, z. B. Silicon od. Silicolatex; **2.** Einmal-, Dauer- (DK) u. Verweilkatheter (über mehrere Tage bis Wochen), z. B. suprapubischer Blasenkatheter*, Porthkatheter*, Ballonkatheter mit zwei Lumina u. endständig aufblasbarem Teil (Ballon) zum Befestigen des DK-Blasenkatheters, z. B. zum Dehnen der Herzklappe; **3.** Länge: z. B. Blasenkatheter 20 cm (Frauen, Kinder), 40 cm (Frauen, Männer); **4.** Stärken: Maßeinheit Charrière (1 Ch = ⅓ mm), z. B. Blasenkatheter: Kinder Ch 8, Frauen Ch 12-14, Männer Ch 18-22, bei Ballon-DK Unterscheidung über Farbcodierung mögl., z. B. Ch 8 hellblau, Ch 12 weiß, Ch 14 mittelgrün, Ch 18 rot, Ch 20 gelb, Ch 22 violett; **5.** Form der Katheterspitze: z. B. Tiemann-Spitze, Mercier-Spitze; **6.** Anzahl u. Anordnung der Öffnungen (Katheteraugen): z. B. ohne Auge: Bougie*; **7.** Anzahl der Wege: 2-Wege-Katheter mit Hauptlauf u. Auffüllkanal, 3-Wege-Katheter mit einem zusätzl. Spülkanal.

Kathetergleitmittel: schleimhaltige Zuber., die das Einführen des Katheters erleichtern. Verboten sind pflanzl., tierische u. mineral. Fette u. Öle; s. Mucilago antisepticus.

K

Kathode: negativ geladene Elektrode, an der Elektronen in die benachbarte Phase (Elektrolyt, Gas, Vakuum) übertreten; s. Elektrolyse. Positiv geladene Ionen (Kationen) wandern zur Kathode; vgl. Anode.

Kathodenstrahlen: Elektronenstrahlen, die aus der Kathode von Elektronenröhren austreten, sich geradlinig fortpflanzen u. durch elektr. od. magnet. Felder abgelenkt werden können; vgl. Röntgenstrahlen.

Kathodenzerstäubung: Herausschlagen von Teilchen atomarer Größe aus einer Kathode* durch den Aufprall positiver Teilchen. **Anw.:** Herst. von Metallüberzügen auf Werkstoffen.

kationaktiv: syn. kationenaktiv, kationogen; Eigenschaft bestimmter grenzflächenaktiver Stoffe, in Wasser positive Ionen zu bilden; vgl. Tenside; Emulgatoren.

Kationen: positiv geladene Ionen*.

Kationenaustauscher: s. Ionenaustauscher.

Kationseifen: s. Ammoniumverbindungen, quartäre.

Kationtenside: s. Tenside.

Katoptrik: Lehre von der Reflexion (Spiegelung) des Lichtes.

Katzenbart: s. Orthosiphon aristatus.

Katzenblutkraut: s. Verbena officinalis (Verbenae herba).

Katzengamander: s. Teucrium marum.

Katzenkralle: s. Uncaria elliptica.

Katzenkraut: **1.** s. Teucrium marum. **2.** s. Nepeta cataria.

Katzenminze: s. Nepeta cataria.

Katzenpfötchen: **1.** Gelbes K.: s. Helichrysum arenarium. **2.** Weißes od. Rotes K.: s. Antennaria dioica (Flores Gnaphalii).

Katzenwedel: s. Equisetum arvense.

Katzenwurzel: s. Valeriana officinalis (Valerianae radix).

kaudal: schwanzwärts, fußwärts, abwärts liegend. Ggs. kranial*.

Kaudragees: s. Compressi obducti.

Kaugummi: unlösl., kaubares Erzeugnis meist aus Chicle-Gummi (s. Manilkara zapota, Gummi Sapotae). Das gereinigte Gummi wird mit Paraffin, Tolubalsam, Perubalsam, Zucker, Zimt, Schokolade, Ingwer u. sonstigen Gewürzen verknetet. Auch Crêpekautschuk (s. Kautschuk) u. synthet. Polymere werden zu Kaugummi verarbeitet.

Kaugummis, wirkstoffhaltige: Masticabilia gummis medicata Ph.Eur.4; feste Einzeldosiszubereitungen mit einer geschmacklosen, knetbaren Gummigrundmasse (nat. oder synthet. Elastomere), nur zum Kauen bestimmt für die lokale Behandlung von Krankheiten der Mundhöhle, die system. Behandlung nach der Absorption durch die Mundschleimhaut od. aus dem Verdauungstrakt. Wirkstoffhaltige Kaugummis können Füllstoffe, Weichmacher, Süßungsmittel, Geschmackskorrigenzien, Stabilisatoren, Stoffe zur Erhöhung der Plastizität u. zugelassene Farbmittel enthalten. Sie werden durch Verpressen, Erweichen od. Schmelzen der Gummigrundmasse u. Zusetzen der anderen Substanzen hergestellt. Sie können zum Schutz vor Feuchtigkeit u. Licht einen Überzug bekommen. **Prüfungen:** Nachweis der erforderl. Wirkstofffreisetzung; bei K. mit weniger als 2 mg od. weniger als 2 % Wirkstoff, bezogen auf die Gesamtmasse, Prüfung auf Gleichförmigkeit* des Gehalts; höher dosierte K. Prüfung auf Gleichförmigkeit* der Masse.

Kaukapseln: s. Capsulae.

Kauran: s. Diterpene.

Kauri-Butanol-Zahl: Abk. KBZ; Kennzahl für das Lösungsvermögen flüss. Lösungsmittel; Zahl der verbrauchten mL des zu untersuchenden Lösungsmittels bei Titration einer Lsg. von Kauri-Kopal (s. Copal) in Butanol.

Kaurifichte: s. Copal.

Kausalbehandlung: s. Behandlung, spezifische.

Kautabletten: Spezialtabletten, die zerbissen u. ohne Flüssigkeitsaufnahme geschluckt werden können. Enthalten Geschmackskorrigenzien, Zucker u. einen hohen Bindemittelanteil; vgl. Compressi.

Kautschuk: Gummi elasticum depuratum, Resina elastica depurata, Cautschuc, Gereinigter Parakautschuk, Caoutschuc, Federharz, Gummi; die Kautschuksubstanz, der zum Gerinnen gebrachte u. gereinigte **Latex** (s. Milchsaft), ist ein unverzweigtes, hochmolekulares Polymerisationsprodukt des Isoprens*, dessen Doppelbindungen im Ggs. zu anderen Polyterpenen *cis*-orientiert sind (s. Abb.). Das Kautschukmolkül besteht aus ca. 10^4-3×10^4 Isopren-Einheiten. Unter K. versteht man stets das nicht vulkanisierte Rohprodukt (Wildkautschuk), während das vulkanisierte Produkt (s. u.) als „der Gummi" bezeichnet wird, im Unterschied zu Pflanzengummiarten, wie z. B. Gummi* arabicum u. Kirschgummi (s. Prunus avium var. avium, Gummi Cerasorum), die als „das Gummi" bezeichnet werden. Nat. K. ist wechselnd zusammengesetzt; nach dem Reinigen entsprechen jedoch alle K-Arten der allg. Summenformel $(C_5H_8)_n$. **Vork.:** Zahlreiche Arten aus den Familien der Euphorbiaceae, Moraceae, Apocynaceae u. Cichoriaceae liefern Kautschuk. Die wichtigste Kautschukpflanze ist **Hevea brasiliensis**, ein 10-20 m hoher Baum der Fam. Euphorbiaceae (heim. im trop. Südamerika, Amazonasgebiet, kult. auf der Malaienhalbinsel u. auf den Inseln des Malaiischen Archipels, Brasilien, Westafrika, Indien u. Kongo). Weitere Lieferanten sind: **1. Manihot glaziovii**, Fam. Euphorbiaceae (heim. u. kult. in Brasilien), liefert den Cearakautschuk; **2. Castilla elastica**, Fam. Moraceae (heim. in Zentralamerika, Mexiko; kult. in den Tropen); **3. Ficus elastica**, Gummibaum, Fam. Moraceae (heim. in Ostindien, Assam u. Burma; kult. in Sumatra, Java u. Penang); **4. Kickxia elastica**, Fam. Apocynaceae (heim. in Westafrika, von der Goldküste bis zum Kongo, dort auch kult. sowie in Kamerun u. Indien); **5. Hancornia speciosa**, Fam. Apocynaceae (Bahia, Pernambuco), liefert den Mangabeirakautschuk; **6. Landolphia-Arten**, Fam. Apocynaceae (Liberia, Guinea, Zentralkongo); **7. Raphionacme utilis**, Fam. Asclepiadaceae (Westafrika); **8. Parthenium argentatum**, Fam. Asteraceae, Compositae (Mexikan. Hochland), liefert den Guayulekautschuk, der im Ggs. zu den vorgenannten Pfl. nicht in den Milchröhren, sondern in den Markzellen, Markstrahlen u. im Holzparenchym gebildet wird; **9. Taraxacum kok-saghyz**, Fam. Asteraceae, Compositae (Russ. Zentralasien); **Gew.**: durch Anschneiden der Rinde; der ausfließende Latex (pro Baum u. Zapfung 20-80 mL) wird in unterschiedl. Verfahren zu Rohkautschuk verarbeitet: **1.** durch Eindicken über stark rauchigem Feuer u. Trocknen bis zu Paraballen; **2.** durch Sprühtrocknung zu Sprühkautschuk; **3.** durch Koagulation: **a)** mit Ameisen- od. Essigsäure sowie Natriumhexafluorosilicat (Plantagenverfahren) waschen u. auswalzen zu 3 m langen Fellen von Crêpekautschuk; **b)** durch Ausflocken in erhitzten Flachpfannen (Räucherverfahren), waschen u. auswalzen zu Platten, den smoked sheets; **Kautschuktypen: A: Parakautschuk:** der von Hevea-Arten stammende Rohkautschuk; er gilt als beste Sorte. Parakautschuk (D. 0.93-0.96) wird bei ca. 145 °C klebrig u. schmilzt bei ca. 180-200 °C; kolloidal lösl. in Benzol, Leichtbenzin, Chloroform, Tetrachlorkohlenstoff, Schwefelkohlenstoff, Ether sowie in Terpentinöl u. Leinöl; **B: Cautschuc**DAB6: gereinigter Parakautschuk von Hevea brasiliensis; nach DAB6 soll 1 g K. in 6 g Petroleumbenzin innerhalb weniger Std. eine gleichmäßige, trübe, dickl. Flüss. ergeben. **Anw.**: (pharmaz.) zur Herst. von Pflastern (s. Collemplastrum adhaesivum, Collemplastrum Zinci); (techn.) zur Herst. von sanitären Gummiwaren u. zahlreichen anderen Gebrauchsgegenständen; **C: K., vulkanisierter:** elastischer, reißfester, dehnbarer u. temperaturbeständiger als Wildkautschuk. Man unterscheidet: **1.** Heißvulkanisation: mit Schwefel bei 140-150°C erhitzter K., wobei auch Füllmaterialien, z. B. Talk, Kaolin u. Kreide, u. Farbstoffe, z. B. Antimonpentasulfid, Zinnober u. Lithopone, zugesetzt werden; Schwefelgeh.: 1-5 %; bei größerem Schwefelzusatz (25-40 %) u. längerem Erhitzen entsteht der hornartige Hartgummi (Ebonit); **2.** Kaltvulkanisation: Einlegen von Kautschukmaterial für einige Min. in eine Lsg. von Chlorschwefel in Schwefelkohlenstoff (Benzin, Benzol); **Verw.**: fast ausschl. zur Herst. von Gummigegenständen; diese dürfen nicht zu warm u. nicht zu kalt aufbewahrt werden, am besten in feuchter Luft bei ca. 15 °C; Fette u. Öle verderben den K.; **D: K., synthet.**: hergestellt durch Polymerisation von Butadien; Butadien ist ein Gas von der Formel $H_2C{=}CH-CH{=}CH_2$ (Sdp. −4.5 °C; Schmp. −108.7 °C), das bei der Erdöldest. anfällt. Zum synthet. K. gehören weiterhin Polybutadien, Butadien-Styren-Polymerisate, Butadien-Acrylnitril-Polymerisate, Polychlorbutadien (Chloroprenkautschuk), Polyisopren, Polyisobutylen, Polysulfidkautschuk u. Siliconkautschuk (vgl. Silicone); **Gesch.**: K. (indian. cahutchu) wurde bereits bei den Mayas in Mexiko zu Gummibällen u. Flaschen verarbeitet. 1536 beschrieb Gonzales Fernandez de Oviedo y Valdez (1478-1557) die Eigenschaften des indianischen Kautschuk. 1745 brachte Charles Marie de la Condamine (1701-1774) die ersten Proben nach Europa. 1832 erfand Friedrich Wilhelm Lüderdorf (1801-1860) das Vulkanisieren u. 1840 Charles Goodyear (1800-1860) die Heißvulkanisation. 1909 erfolgte die Synthese des Methylkautschuks aus Dimethylbutadien durch Fritz Hofmann (1866-1956).

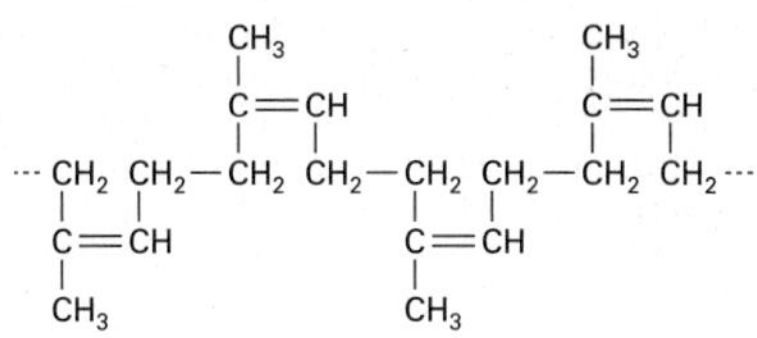

Kautschuk

Kavain: syn. Kawain; (±)-5,6-Dihydro-4-methoxy-6-styryl-2-pyron; CAS-Nr. 500-64-1; $C_{14}H_{14}O_3$, Strukturformel s. Piper methysticum (Abb.), M_r 230.25, Schmp. 147 °C (DL-Kavain) bzw. Schmp. 106 °C (D-(+)-Kavain, in Piper methysticum). Fast unlösl. in Wasser, sehr wenig lösl. in *n*-Hexan, lösl. in Aceton, Ether u. Methanol. **Anw.**: früher Psychotonikum, s. Psychopharmaka (Psychostimulanzien).

Kava-Kava: s. Piper methysticum (Piperis methystici rhizoma).

Kavitation: syn. Hohlsog; Hohlraumbildung in strömenden Flüss. (z. B. an Schiffsschrauben od. Rührern) infolge Entgasung od. Dampfbildung durch örtl. Druckabfall unter den Dampfdruck der Flüssigkeit. Das schlagartige Zusammenbrechen der Hohlräume (Implosionen) führt zu lokalen Druckschwankungen von mehreren tausend Bar u. zu Korrosion* der Werkstoffe.

KBE: Abk. für **K**olonie**b**ildende **E**inheit; s. Kolonie.

KBR: Abk. für **K**omplement**b**indungs**r**eaktion*.

KBV: Abk. für **K**assenärztliche **B**undes**v**ereinigung.

Kebuzon INN: Cetophenylbutazon, Ketophenylbutazon; 4-(3-Oxobutyl)-1,2-diphenyl-3,5-pyrazolidindion; CAS-Nr. 853-34-9; $C_{19}H_{18}N_2O_3$, M_r 322.35. Schmp. 116 °C od. 128 °C (polymorph). **Anw.**: Antirheumatikum*; **UAW:** Nieren- u. Leberschäden; **Dos.**: p. o. 1×0.25-1 g/d; rektal 0.25 g/d.

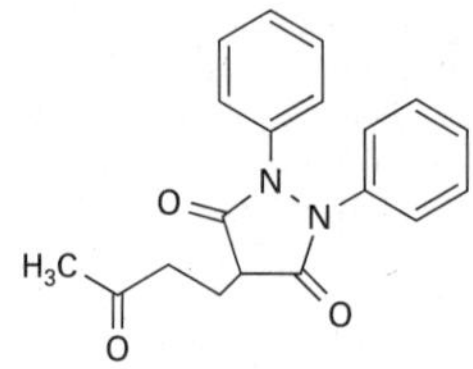

Kebuzon

Kedde-Reaktion: Nachw. für Cardenolide (s. Glykoside, herzwirksame). Mit 3,5-Dinitrobenzoesäure entsteht ein charakterist. Farbkomplex (Meisenheimer*-Komplex; s. Abb.).

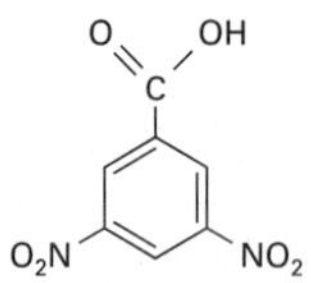

3,5-Dinitrobenzoesäure

Kedde-Reaktion: 3,5-Dinitrobenzoesäure als Reagens

Keesom-Kräfte: s. Bindungskräfte, intermolekulare.
Kefir: Kefyr, Kephir; durch Kefirferment (Saccharomyces kefir, Candida kefyr) alkohol. vergorene Stutenmilch od. Kuhmilch. Unter Arzneikefir versteht man mit Arzneistoffen (z. B. Kaliumiodid, Guajakol) versetzten Kefir; vgl. Kumys, Joghurt.
Kegelblume: s. Echinacea angustifolia.
Kegelpenetration: s. Penetrometer.
Kegelschliffe: s. Schliffe.
Kehlkopf: Larynx.
Keilstrichdarstellung: stereochem. Darst. eines Moleküls. Die Keilstriche deuten an, dass sich ein Ligand vor der Papierebene befindet; eine gestrichelte Linie symbolisiert einen Liganden hinter der Papierebene (s. Abb.).

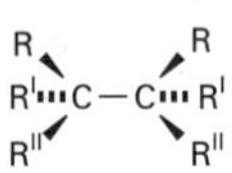

Keilstrichdarstellung

Keiltheorie: Theorie, die aufgrund des geometr. Baues von Emulgatoren die Ausbildung von O/W- bzw. W/O-Emulsionen erklärt. Bei wasserlösl. Emulgatoren ist der hydrophile Anteil raumfüllend. Dadurch wird die Rundung des Emulgatorfilms in eine bestimmte Richtung erzwungen, d. h. die Ölphase wird leichter in Form von Tröpfchen vom Emulgator umhüllt u. dessen hydrophiler Anteil befindet sich außen; es ensteht eine O/W-Emulsion. Bei lipophilen Emulgatoren verhält es sich umgekehrt.
Keim: s. Embryo.
Keimbahntherapie: s. Gentherapie.
Keimblätter: s. Kotyledonen.
Keimdrüsenhormone: s. Hormone.
Keimfiltration: Abtrennung der in Flüss. (wässrig, ölig) u. Gasen vorhandenen Mikroorganismen mit Hilfe geeigneter Filter, Ziel ist ein sterliles Filtrat. **Beispiele:** Einsatz von Membranfiltern*, Kombinationsfiltern*; für Abtrennung der Viren sind nur bestimmte Tiefenfilter* mit Adsorptionseffekt sowie Ultrafeinfilter verwendbar.
keimfrei: s. steril.
Keimöl: s. Getreidekeimöl.
Keimruhe: s. Dormanz.
Keimträger: **1.** mit Testkeimen beschickte Materialien zur Austestung, dienen zur Prüfung der Oberflächenwirkung von Desinfektionsmitteln*. **2.** Personen, die ohne vorausgegangene klin. Erkrankung, vor Auftreten typ. Symptome od. nach Genesung von Infektionskrankheiten noch Erreger ausscheiden (z. B. bei Salmonellen, Shigellen, Poliomyelitis, Scharlach); vgl. Dauerausscheider.
Keimung: Beginn od. Wiederaufnahme des Wachstums von Sporen u. Samen.
Keimzahl: Anzahl der in einer Maßeinheit (z. B. 1 mL) vorhandenen Keime (v. a. Bakterien); vgl. Keimzahlbestimmung.
Keimzahlbestimmung: Messung der Dichte einer Bakteriensuspension. **1.** Mikroskopische Direktzählungen: **a)** Zählkammerverfahren: Auszählung erfolgt am Mikroskop bei 400- bis 500facher Vergrößerung; **b)** mikroskopische Membranfilter-Direktmethode: Anreicherung auf Membranfilter, Anfärbung der Filterschicht, Auszählung im Mikroskop; **2.** Kulturverfahren: Zählung der Koloniebildenden Einheiten (KBE), Lebendzellzahl z. B. durch Membranfiltermethode, Gussplattenmethode, MPN-Methode (most probable number); **3.** physik. Partikelzählmethoden: Messung der Widerstandsänderung im elektr. Feld, Trübungsmessungen mit Fotozellen: **a)** Coulter-Counter-Verfahren: Widerstandsmessung; **b)** Turbidimetr. Methoden; **4.** indirekte Methoden: turbidimetr. u. kolorimetr. Messungen; die Eichung dieser Methoden erfolgt über Direktzählungen. Die K. dient sowohl zur Beurteilung der mikrobiellen Reinheit bei Lebensmitteln sowie Rohstoffen u. Fertigprodukten als auch zur Charakterisierung eines Kulturverlaufs.
K-Einfang: (engl.) *electron capture (Abk. EC)*; syn. Elektroneneinfang; eine Kernreaktion*, die bei Nukliden* auftreten kann, bei denen im Vergleich zur Zahl der Neutronen zu viele Protonen vorliegen. Beim K-E. reagiert ein Proton des Atomkerns mit einem Elektron der kernnächsten Elektronenschale (K-Schale, s. Orbitale) unter Bildung eines Neutrons. Dabei sinkt die Kernladungszahl um 1, d. h. ein anderes chem. Element wird gebildet. Der leere Platz in der K-Schale wird durch ein Elektron aus einer der äußeren Schalen unter Abstrahlung von Energie aufgefüllt.
Kelch: s. Blüte (Blütenteile).
Kelgin®: s. Alginate.
Kellerhals: s. Daphne mezereum.
Keller-Kiliani-Reaktion: Nachw. von Digitoxose* (2,6-Didesoxyzucker) in Cardenoliden (s. Glykoside, herzwirksame) mit Hilfe von Eisen(III)-chlorid, Essigsäure u. Unterschichtung mit konz. Schwefelsäure. An der Phasengrenze tritt zunächst eine Grün-, dann eine Blaufärbung ein.

Kelp: 1. s. Macrocystis pyrifera. 2. Varec(h), Asche versch. Seetangarten, z. B. Fucus* vesiculosus, aus der Iod gewonnen wird.

Kelvin (Lord Kelvin, brit. Physiker, 1824-1907): Symbol K; SI-Basiseinheit der thermodynam. Temp.; Definition s. SI-Einheiten; vgl. Temperatur, absolute.

Kelzan®: s. Xanthangummi.

Kennzeichnungspflicht: nach § 10 AMG müssen Fertigarzneimittel u. a. mit folgenden Angaben versehen sein: Name od. Firma u. Anschrift des pharmaz. Unternehmers, die Bez. des Arzneimittels, die Zulassungsnummer, die Chargenbez. od. das Herstellungsdatum, die Darreichungsform, der Inhalt nach Gewicht, Rauminhalt od. Stückzahl, die Art der Anw., die wirksamen Best. nach Art u. Menge, das Verfalldatum, der Hinweis „verschreibungspflichtig“ od. „apothekenpflichtig“, bei Mustern der Hinweis „unverkäufliches Muster“ u. der Hinweis, dass Arzneimittel unzugängl. für Kinder aufbewahrt werden sollen.

Kentranthus ruber: s. Centranthus ruber.

Kentucky Kaffee: s. Gymnocladus dioicus.

Kephaline: Cephaline; Phospholipide, die zus. mit den Lecithinen die Gruppe der Esterphosphatide bilden, da sie mit Glycerol veresterte Fettsäuren enthalten. Während die Lecithine Cholin beinhalten, kommen in den K. Colamin (Ethanolamin*) u. Serin* vor. K. finden sich neben den Lecithinen in der Hirnsubstanz sowie im Blutserum; sie sind als thromboplast. Substanzen an der Auslösung der Gerinnung beteiligt.

Kephir: s. Kefir.

Keramikfilter: bestehen aus Porzellanerde u. Quarzsand; s. Tiefenfilter.

Kerasin: s. Glykolipide.

Keratenchym: Hornprosenchym, Hornbast; (bot.) unter dem Mikroskop hornartig (glänzend) aussehende Gewebekomplexe aus obliterierten (zusammengedrückten) Zellen, v. a. von Siebröhren* in den äußeren T. der sekundären Rinde*.

Keratine (gr. keras Horn): unlösl., cystinreiche intrazelluläre Strukturproteine im Epithelgewebe der Landwirbeltiere. Die α-Keratine kommen v. a. in Epidermis, Pelz, Haar, Wolle, Krallen, Hufen, Hörnern, Schuppen, Schnäbeln u. Federn vor. Die Grundstruktur der stabilen u. zugleich stark dehnbaren α-K. ist eine α-Helix (M_r 10 000 bis 50 000), die durch intramolekulare Wasserstoff- u. interhelikale Disulfidbrücken Elastizität u. Festigkeit erhält. Die α-K., z. B. der Haare, können im feuchten Zustand auf das Doppelte ihrer Länge gedehnt werden. Dabei tritt eine Konformationsänderung von der α-Helix in eine gestreckte β-Ketten- od. Faltblattstruktur ein. Eines der wichtigsten β-K. ist das Seidenfibroin*. K. sind sehr schwer aufspaltbar, werden auch von Proteasen nicht angegriffen u. sind daher ohne Nährwert. **Keratinum:** Keratin für pharm. Zwecke; bräunl. gelbes, geruch- u. geschmackloses Pulver od. durchscheinende Lamellen; in Wasser u. verd. Säuren unlösl., lösl. in Eisessig u. verd. Alkalilauge. **Gew.:** aus Federspulen, die man durch Waschen mit Ether-Ethanol entfettet u. von verdaul. Stoffen durch Behandlung mit Pepsin-Salzsäure-Lösung befreit. Diese gereinigten Federspulen werden mit Eisessig ca. 30 h erhitzt, dann filtriert u. die Lsg. auf Sirupdicke eingedampft u. getrocknet. **Anw.:** zum Überziehen von festen Arzneistoffen, zur Herst. magensaftresistenter Dragees, Tabletten, Pillen; die Überzüge werden erst im Darm vom Trypsin gelöst; ferner in Haarwuchsmitteln.

Keratitis: Hornhautentzündung des Auges.

Keratolytika: hornhautlösende Mittel. Zur Behandlung von u. a. Schwielen, Verrucae*, Akne; **Wirkstoffe:** z. B. Milchsäure, Salicylsäure, Alkali- u. Erdalkalisulfide, Harnstoff, Resorcin, Benzoylperoxid; **Zuber.:** z. B. Lösung, Salbe (z. B. Unguentum* contra verrucas) od. Gel (z. B. Mucilago* benzoylperoxidi) od. Pflaster (z. B. Hühneraugenpflaster*).

Keratose: Verhornung.

Kerbelkraut: s. Anthriscus cerefolium.

Kermesbeere: s. Phytolacca americana.

Kernbausteine: Nukleonen; Protonen* u. Neutronen*; vgl. Elementarteilchen.

Kernchemie: Zweig der Chemie, der das Vorkommen, die Isolierung u. Abtrennung, die Reindarstellung, die Eigenschaften u. die Reaktionsweise von Stoffen zum Gegenstand hat, die sich durch ihre Kerneigenschaften wie Masse u. Radioaktivität* von anderen chem. Substanzen unterscheiden.

K

Kernenergie: Energie, die bei Kernumwandlungen* umgesetzt wird. Energie wird frei beim radioaktiven Zerfall von Nukliden (s. Radioaktivität), bei der Kernspaltung* u. bei der Kernfusion*.

Kernfusion: Verschmelzung von leichten Atomkernen zu schwereren, wobei große Energiemengen freigesetzt werden. Techn. angewandt in der H-Bombe. Von zentraler Bedeutung als Energielieferant in Sternen.

Kernholz: totes, meist dunkel gefärbtes Holz*, in dem kein Wassertransport stattfindet; es ist von (hellem, noch wasserleitendem) Splintholz* umgeben.

Kernhülle: Doppelmembran, die den Zellkern umhüllt; an vielen Stellen geht die äußere Membran in das endoplasmatische Retikulum* über.

Kernisomerie: selten verwendeter Begriff für die Stellungsisomerie am Benzol*-Ring. Beispiel: 1,2-, 1,3- u. 1,4-Dichlorbenzol.

Kernit: $Na_2B_4O_7 \cdot 4H_2O$, wichtigstes Bormineral; vgl. Bor.

Kernkräfte: Kräfte, die für den Zusammenhalt der Protonen* u. Neutronen* im Atomkern verantwortl. sind; s. Atom.

Kernladung: s. Elemente, chemische.

Kernladungszahl: s. Ordnungszahl.

Kernlestee: s. Rosa canina (Semen Cynosbati).

Kernmembran: s. Kernhülle.

Kernproteine: im Zellkern vorkommende Proteine (z. B. Histone, Transkriptionsfaktoren), die meist Aufgaben bei DNA-Replikation, -Reparatur, Transkription u. RNA-Processing haben.

Kernreaktion: künstl. Kernumwandlung*; kann durch Beschuss eines Atomkerns mit Elementarteilchen*, Atomen* od. Ionen* ausgelöst werden.

Kernreaktor: techn. Anlage, die als Neutronenquelle im Forschungsbereich od. zur Energieerzeugung genutzt wird. Schwere Atomkerne (Uran-235, Plutonium-238) werden nach Neutroneneinfang in kleinere Atomkerne aufgespalten. Dabei kommt es zur Freisetzung von Neutronen u. Energie. Die Reaktortypen arbeiten nach unterschiedl. Funktionsprinzipien. Eine Einteilung kann nach Art des Brennstoffes, des Moderators od. des Kühlmittels erfolgen. Leistungsreaktoren dienen v. a. der Energiegewinnung. Forschungsreaktoren mit kleiner Leistung werden zur Ausbildung, Entwicklung neuer Reaktorkonzepte od. für Bestrahlungsexperimente genutzt (z. B. für die Nuklidproduktion durch Neutronenbestrahlung). Zu diesem Zweck sind die K. mit versch. Bestrahlungseinrichtungen ausgerüstet (z. B. Kanäle, Neutronenfenster, Rohrpostanlagen). Der Neutronenfluss variiert von 10^{10}-$10^{16}\,cm^{-2}\,s^{-1}$. Die Leistung bewegt sich etwa zw. 10 kW u. 100 MW.

Kernresonanzspektroskopie: s. Spektroskopie.

Kernseife: s. Sapo.

Kernspaltung: Zerfall von schweren Atomkernen in kleinere Spaltstücke entw. spontan (s. Radioaktivität) od. durch äußere Einwirkung, z. B. durch Einfang eines Neutrons u. Übergang in einen instabilen Kernzustand.

Kernspin: Drehimpuls von Atomen, mit magnet. Kernmoment verknüpft. Atomkerne mit gerader Massenzahl u. gerader Kernladungszahl (z. B. ^{12}C, ^{16}O) besitzen keinen Drehimpuls u. kein magnet. Kernmoment. **Anw.:** NMR-Spektroskopie (s. Spektroskopie).

Kernspinresonanz: s. Magnetresonanz.

Kernspinresonanztomographie: s. Magnetresonanztomographie.

Kernteilung: s. Mitose.

Kernumwandlungen: durch äußere Einw. ausgelöste od. spontane Umwandlungen von Atomkernen in Kerne anderer Nuklide*. Umfasst Kernreaktionen* u. den Zerfall radioaktiver Atomkerne, s. Radioaktivität.

Kernzerfall: (engl.) *spontaneous fission*; Atomkerne, die schwerer als Uran sind, können spontan in andere Atomkerne unter Emission von Neutronen u. anderer radioaktiver Strahlung zerfallen.

Kerogen: s. Ölschiefer.

Kerosin: Petroleum; die bei der Erdöldest. zw. 150 u. 300 °C übergehende Fraktion. **Anw.:** Lösungsmittel, Brenn- u. Treibstoff u. für Beleuchtungszwecke.

Kerr-Effekt: opt. Anisotropie* durchsichtiger, nichtkrist. Substanzen (Gase, Flüss., Gläser) unter dem Einfluss eines elektr. Feldes. Voraussetzung ist, dass die Moleküle der entspr. Substanz Dipole* sind: Diese Elementardipole werden unter dem Einfluss des elektr. Feldes parallel ausgerichtet, wodurch makroskop. eine Doppelbrechung des Lichtes auftritt. Dabei wird der einfallende Lichtstrahl in 2 Strahlen zerlegt, deren Schwingungsebenen senkrecht aufeinanderstehen u. deren Ausbreitungsgeschwindigkeit verschieden groß ist. **Gesch.:** 1875 von dem schott. Physiker John Kerr (1824-1907) entdeckt.

Kerria lacca: s. Schellack.

Kerrolsäure: s. Schellack.

Kesseldragierung: s. Dragieren.

Kesselstein: Steinkruste, die sich in Kesseln u. Kochtöpfen beim Verdampfen harten Wassers allmähl. absetzt; sie besteht meist aus Calcium- u. Magnesiumcarbonat (Carbonathärte). Zur Entfernung des K. verwendet man verd. Säuren, z. B. 5 %ige Ameisensäure, Milchsäure, Essigsäure; enthärtet wird Kesselwasser vor dem Einfüllen mit Kalk/Soda, Trinatriumphosphat od. einem Ionenaustauscher*.

Kessowurzel: s. Valeriana officinalis var. angustifolia.

Kessylalkohol: s. Valeriana officinalis var. angustifolia.

Ketamin INN: 2-(2-Chlorphenyl)-2-(methylamino)cyclohexanon; CAS-Nr. 6740-88-1; $C_{13}H_{16}ClNO$, M_r 237.74. Schmp. 92-93 °C (kristallisiert aus Pentan/Ether). **Anw.:** Anästhetikum*, analept. u. neuroleptisch wirksam; bes. indiziert bei Patienten, bei denen man einen starken Blutdruckabfall befürchtet, z. B. bei Verunglückten, da auch blutdrucksteigernd u. zur i. m.-Applikation geeignet; missbräuchl. auch als Halluzinogen verwendet; **Kontraind.:** Hypertonie, Herzinsuffizienz, Angina pectoris, Arteriosklerose; **Dos.:** parenteral i. m. 8 mg/kg KG (6.5-13 mg/kg KG); i. v. 2 mg/kg KG (1-4.5 mg/kg KG); HWZ 2-4 h. **Ketaminhydrochlorid:** Ketamini hydrochloridum Ph.Eur.4; $C_{13}H_{17}Cl_2NO$, M_r 274.2. Zers. ab 260 °C. Weißes, krist. Pulver; leicht lösl. in Wasser u. Methanol, lösl. in Ethanol.

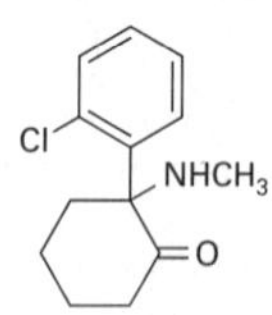

Ketamin

Ketanserin INN: 3-{2-[(*p*-Fluorobenzoyl)-1-piperidino]ethyl}-2,4(1*H*,3*H*)-chinazolindion; CAS-Nr. 74050-98-9; $C_{24}H_{22}N_3O_3F$, M_r 419.46. **Wirk.** u. **Anw.:** Antihypertensivum*, selektiver Serotoninantagonist* (5-HT_2-Antagonist). **UAW:** Müdigkeit, Konzentrationsschwäche; **Dos.:** 2 × 20-40 mg/d trotz einer Eliminationshalbwertzeit von 12-20 h.

Ketazolam INN: 11-Chlor-8,12b-dihydro-2,8-dimethyl-12b-phenyl-4*H*-[1,3]oxazino[3,2-*d*][1,4]-benzodiazepin-4,7(6*H*)-dion; CAS-Nr. 27223-35-4; $C_{20}H_{17}ClN_2O_3$, M_r 368.82. **Anw.:** Tranquilizer, s. Psychopharmaka, vgl. Benzodiazepine; HWZ 2 h, Metaboliten bis 90 h.

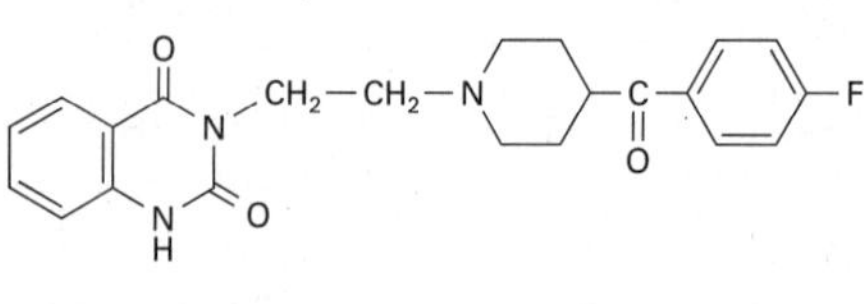

Ketanserin

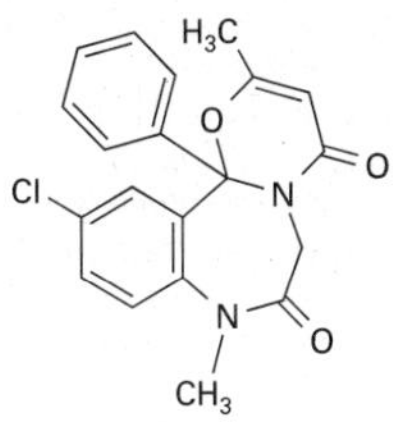

Ketazolam

Ketene: allg. Formel $R_1R_2C=C=O$; K. entstehen formal durch Abspaltung eines Moleküls Wasser aus einer Carbonsäure (s. Abb.). Das einfachste K. ist das durch therm. Zers. von Essigsäureanhydrid gebildete Keten (Carbomethylen): $H_2C=C=O$; die K. sind unbeständige, leicht polymerisierende Verbindungen.

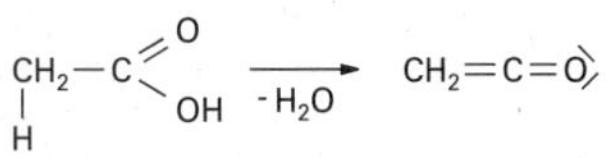

Ketene: Bildung von Keten aus Essigsäure

Ketimin: s. Imine.

Ketira-Gummi: s. Cochlospermum gossypium.

Keto-: s. Ketone.

Ketoacidose: durch Ketonkörper verursachte metabol. Acidose (s. Ketogenese). Eine K. entwickelt sich durch die Bildung größerer Mengen an Ketonkörpern im Plasma bei gesteigerter Lipolyse im Muskel- u. Fettgewebe. s. Diabetes mellitus.

Ketoconazol INN: Ketoconazolum Ph.Eur.4; (±)-1-Acetyl-4-(4-{[*cis*-2-(2,4-dichlorphenyl)-2-(1-imidazolylmethyl)-1,3-dioxolan-4-yl]-methoxy}phenyl)piperazin; CAS-Nr. 65277-42-1; $C_{26}H_{28}Cl_2N_4O_4$, M_r 531.44. Weißes Pulver; fast unlösl. in Wasser, lösl. in Methanol, leicht lösl. in Dichlormethan. **Anw.**: oral anwendbares Breitband-Antimykotikum; Hemmung der Ergosterinsynthese der Pilzzellmembranen, fungistatisch ab 0.01 µg/mL; ausgezeichnete Wirksamkeit bei Systemmykosen, Candida-Infektionen des Mundes u. des GIT, rezidivierenden Vaginalmykosen u. großflächigem Dermatophytenbefall der Haut; **UAW:** Lebertoxizität; HWZ 2 h bzw. 6-10 h (Metaboliten).

Keto-Enol-Tautomerie: s. Tautomerie.

Ketogenese: Bildung von Ketonkörpern bei Kohlenhydratmangel od. Störung im Kohlenhydratabbau (z. B. Diabetes mellitus).

α-Ketoglutaratdehydrogenasekomplex: ein Multienzymkomplex, der aus drei Teilenzymen besteht, einer FAD-haltigen Dehydrogenase, einer Decarboxylase u. einer Transferase, die als Transsuccinylase für die Succinatübertragung verantwortl. ist. Für diese Übertragung dient ein kovalent über die ε-NH_2-Gruppe des Lysins der Transferaseuntereinheit verbundener Liponsäurerest. Außer ihrer katalyt. Funktion hat die Transferasekomponente auch eine zentrale strukturelle Bedeutung; an ihr lagern sich die beiden anderen Teilenzyme an.

α-Ketoglutarsäure: Alpha-Ketoglutarsäure, α-Oxoglutarsäure; $HOOC-CO-CH_2-CH_2-COOH$; Schmp. 113-114 °C. Eine Ketodicarbonsäure, die einen wichtigen Verzweigungspunkt im Tricarbonsäurezyklus* darstellt; vgl. Ornithin-α-ketoglutarat.

Ketohexose: Hexose, die eine Ketogruppe enthält, z. B. Fructose; vgl. Ketosen.

Ketolide: s. Antibiotika.

-keton: s. Ketone.

Ketone: Oxidationsprodukte sekundärer Alkohole; die charakterist. Carbonylgruppe C=O (Oxo-Gruppe) ist mit zwei Kohlenwasserstoffresten verbunden. Bei einfachen K. sind beide Alkylgruppen gleich, z. B. $CH_3-CO-CH_3$ (Dimethylketon, Aceton); Beispiel für ein gemischten K.: $CH_3-CO-C_2H_5$ (Methylethylketon). Die K. entspr. in ihrem chem. Charakter den Aldehyden*, wirken aber nicht reduzierend; sie bilden mit Hydroxylamin unter H_2O-Austritt Ketoxime u. mit Mercaptanen Mercaptole. **Darst:** Oxidation sekundärer Alkohole; aliphat. K. werden auch aus Säurechloriden mit cadmiumorg. Verb. u. aromat. K. aus Säurechloriden mit Hilfe der Friedel-Crafts-Reaktion gewonnen. **IUPAC:** **1.** durch Anhängen des Suffixes -on an den Namen des Stammsystems. Die Stellungsbez. mit einer möglichst niederen Nummer wird dem Namen der Verb. vorangestellt; **2.** wenn sich mehrere funktionelle Gruppen im Molekül befinden, kann die Carbonylfunktion durch die Präfixe Oxo- od. Keto- mit der vorangestellten niedrigstmöglichen Ziffer benannt werden; **3.** die Namen der Kohlenwasserstoffreste an der Carbonylgruppe werden in alphabetischer Ordnung dem Wortteil -keton vorangestellt.

Ketonkörper: Verbindungen, die bei Lipolyse u. Abbau ketoplast. Aminosäuren durch Ketogenese* entstehen. Acetessigsäure entsteht bei Spaltung von β-Hydroxymethylglutaryl-CoA u. wird durch β-Hydroxybutyrat-Dehydrogenase zu β-Hydroxybuttersäure reduziert od. durch Acetoacetat-De-

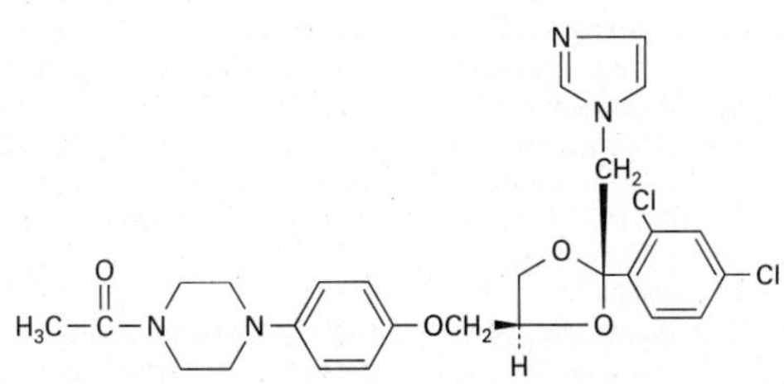

Ketoconazol

carboxylase zu Aceton decarboxyliert. **Vork.**: vermehrte Bildung z. B. bei Insulinmangel (Diabetes* mellitus), erhöhter Glucagonkonz. u. Hunger. **Nachw.**: im Urin durch Legal-Probe; vgl. Ketonurie.

Ketonurie: Ausscheidung von Ketonkörpern* im Harn*. **Urs.**: Glykogenarmut der Leber infolge Versagens des Kohlenhydratstoffwechsels*; **Vork.**: z. B. bei Diabetes* mellitus, Erbrechen, Hungerzustand.

Ketopentosen: s. Pentosen.

Ketoprofen INN: Ketoprofenum Ph.Eur.4, 3-Benzoylhydratropasäure; 2-(3-Benzoylphenyl)propionsäure; CAS-Nr. 22071-15-4; $C_{16}H_{14}O_3$, M_r 254.29. Strukturformel s. Analgetika (Abb.). Schmp. 94 °C (kristallisiert aus Benzol/Petrolether 3:10). Weißes, krist. Pulver; fast unlösl. in Wasser, leicht lösl. in Aceton, Dichlormethan u. Ethanol. **Anw.**: Antirheumatikum*, Antiphlogistikum*; **UAW**: s. Ibuprofen; **Dos.**: p. o. 2-3 × 50 mg/d; HWZ 1.5-2.5 h. Gebräuchl. ist auch Ketoprofen-Natrium.

α-Ketopropansäure: s. Brenztraubensäure.

Ketorolac INN: (±)-5-Benzoyl-2,3-dihydro-1*H*-pyrrolo[1,2-*a*]pyrol-carbonsäure; CAS-Nr. 74103-06-3; $C_{15}H_{13}NO_3$, M_r 255.27. Schmp. 160-161 °C (kristallisiert aus Ethylacetat/Diethylether). pK_S 3.49. **Wirk. u. Anw.**: peripher wirkendes Analgetikum* mit starker Wirk. (vergleichbar mit der von Morphin*, ohne an Opiatrezeptoren zu binden); antipyret., gering antiphlogist. u. thrombozytenaggregationshemmend; **UAW**: u. a. gastrointestinale Störungen, Erbrechen, Juckreiz, Ohrensausen; **Kontraind.**: Blutbildstörungen, erhöhte Blutbildneigung, Schwangerschaft u. Stillzeit, Jugendl. unter 16 Jahren, Empfindlichkeit geg. Acetylsalicylsäure u. a. Prostaglandinsynthesehemmer; **Dos.**: p. o. 4 × 10 mg/d, MTD 40 mg; parenteral, je nach Stärke der postoperativen Schmerzen, 10-30 mg i. m. (einmalige Applikation), MTD 120 mg; HWZ 5-6 h. **Ketorolac-Trometamol**: K.-Salz mit Trometamol* (1:1); CAS-Nr. 74103-07-4; $C_{19}H_{24}N_2O_6$, M_r 376.41.

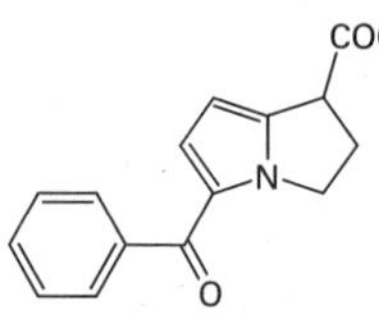

Ketorolac

die nicht terminale –C=O Gruppe, der bei systemat. Bezifferung die niedrigst mögliche Zahl zukommt. K. sind formal auf Dihydroxyaceton zurückzuführen. Alle bisher bekannten nat. K. enthalten die Carbonylgruppe in der Stellung 2. In Abhängigkeit von der Anzahl der Kettenkohlenstoffatome wird in Tetrulosen, Pentulosen usw. unterteilt. Sie werden entweder durch die Endung -ulose, z. B. Ribulose, od. wie die D-Fructose mit Trivialnamen bezeichnet. **Nachw.**: s. Seliwanoff-Reagens.

17-Ketosteroide: Abk. 17-KS; im Harn ausgeschiedene Metabolite von Steroidhormonen mit einer Ketogruppe am C17-Atom. 17-KS stammen zum größten Teil aus dem Cortisolabbau, bei Männern außerdem zu etwa 1/3 aus den Hodenandrogenen, bei Frauen in geringer Menge aus ovariellen Androgenen.

Ketotifen INN: 9,10-Dihydro-4-(1-methyl-4-piperidyliden)-4*H*-benzo[4,5]cyclohepta[1,2-*b*]thiophen-10-on; CAS-Nr. 34580-13-7; $C_{19}H_{19}NOS$, M_r 309.4. **Wirk.**: Histamin- u. Serotoninantagonist mit gleichzeitiger Hemmung der Mediatorfreisetzung; **Anw.**: Antihistaminikum*, Antiasthmatikum*, Antiallergikum*, Asthmaprophylaktikum, Langzeitprophylaxe bei allerg. Bronchitis u. Rhinitis, lokal bei chron. Urtikaria; **UAW**: Schwindel, stark zentral dämpfend, Mundtrockenheit; **Kontraind.**: nur bei strenger Indikationsstellung während der Schwangerschaft u. Laktation; **WW**: Wirk. von Sedativa, Alkohol, Hypnotika kann verstärkt werden; HWZ 0.7 h. **Ketotifenfumarat**: Ketotifeni fumaras Ph.Eur.4; CAS-Nr. 34580-14-8; $C_{23}H_{23}NO_5S$; M_r 425.50; Schmp. 192 °C (Zersetzung). Weißes bis bräunl. gelbes, feines, krist. Pulver, wenig lösl. in Wasser, schwer lösl. in Methanol, sehr schwer lösl. in Acetonitril. **Dos.**: oral 2 × 1.38 mg/d mit einer Mahlzeit, Erhaltungsdosis 2 × 2.76 mg/d; Kinder über 2 Jahre: 2 × 1.38 mg/d.

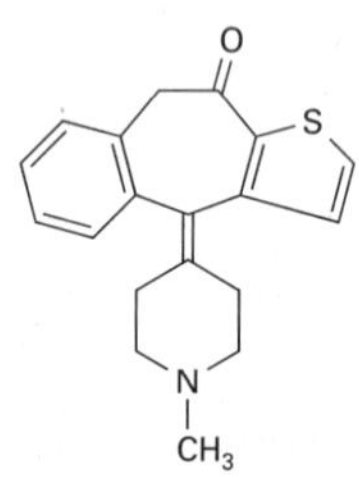

Ketotifen

Ketosäuren: syn. Ketonsäuren, Oxocarbonsäuren, Ketocarbonsäuren; zu den Oxosäuren gehörende Carbonsäurederivate mit einer od. mehrern Ketogruppen –CO–. Je nach der Stellung der CO-Gruppe unterscheidet man α-, β-, u. γ-Ketosäuren. **Vork.**: entstehen z. T. durch Transaminierung aus Aminosäuren*. **Anw.**: die Ester der β-Ketosäuren (β-Ketosäureester), z. B. Acetessigsäureethylester* (β-Ketobuttersäureethylester), haben große Bedeutung für org. Synthesen.

Ketosen: Polyhydroxyketone; Untergruppe der Monosaccharide neben Aldosen*. Charakterist. ist

Ketoxime: s. Ketone.

Kettenmoleküle: syn. Fadenmoleküle, Linearmoleküle; Sammelbez. für Moleküle mit Kettenstruktur, in denen Atome od. Atomgruppen durch kovalente Bindungen aneinandergereiht sind; Verzweigungen sind möglich. Beispiele sind natürliche u. künstl. Polymere, Makromoleküle, Amylum*, Polyamide*, Fettsäuren*, Polysulfide*.

Kettenreaktion: chem. Reaktion, bei dessen Startreaktion zunächst Radikale gebildet werden, die mit den Ausgangsstoffen so reagieren, dass neben den Endprodukten weitere Radikale entstehen.

Eine einmal in Gang gekommene Reaktion kann nun von selbst weiterlaufen (Fortpflanzungsreaktion). Kettenabbruch erfolgt durch Reaktion der Radikale untereinander od. mit dem Reaktionsgefäß. Neben diesen radikal. K. sind auch ionische K. möglich.

Keuchhusten: Pertussis, Stickhusten; Infektionskrankheit, die mit charakterist. Hustenanfällen einhergeht. **Erreger:** Bordetella* pertussis; **Übertragung:** Tröpfcheninfektion, postinfektiöse Immunität, lässt innerhalb von Jahrzehnten nach; **Prophylaxe:** Schutzimpfung*.

Keuschlamm: s. Vitex agnus-castus.

KF-Methode: s. Karl-Fischer-Titration.

KH: Abk. für Kohlen**h**ydrate*.

Khat-Tee: s. Catha edulis.

Khellakraut: s. Ammi visnaga.

Khella-Tinktur: s. Tinctura Ammi visnagae.

Khellin INN: Visammin; 4,9-Dimethoxy-7-methyl-5*H*-furo[3,2-*g*][1]benzopyran-5-on; CAS-Nr. 82-02-0; $C_{14}H_{12}O_5$, M_r 260.24. Furanochromon aus den Früchten von Ammi* visnaga. Schmp. 154-155 °C. Grünl. weiße Kristallnadeln, unlösl. in Wasser, lösl. in ca. 130 T. Ethanol (95 %) von 25 °C, lösl. in Chloroform, Ether u. verd. Mineralsäuren. **Off.:** ÖAB90 (bis 1996); **Anw.:** Spasmolytikum*, bes. bei koronaren Durchblutungsstörungen (K. erweitert die Herzkranzgefäße), bei Angina pectoris, Asthma bronchiale; **Dos.:** 3 × 50-100 mg/d.
Hom: *Khellinum (HAB1.5).*

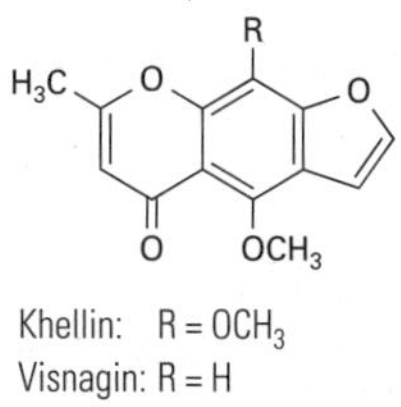

Khellin

Khellosid INN: Khellolglucosid, Khellinin; 7-(*β*-D-Glucopyranosyloxymethyl)-4-methoxy-5*H*-furo[3,2-*g*][1]benzopyran-5-on; CAS-Nr. 17226-75-4; $C_{19}H_{20}O_{10}$, M_r 408.35. Furanochromonglucosid aus den Früchten von Ammi* visnaga. Schmp. 179 °C (kristallisiert aus Ethanol). Lösl. in Essigsäure, heißem Ethanol; schwer lösl. in heißem Methanol; fast unlösl. in Aceton, Ethylacetat, Chloroform, Ether, kalten Alkalien. **Anw.:** Koronardilatator, weniger wirksam als Khellin* bei Angina pectoris, Asthma bronchiale.

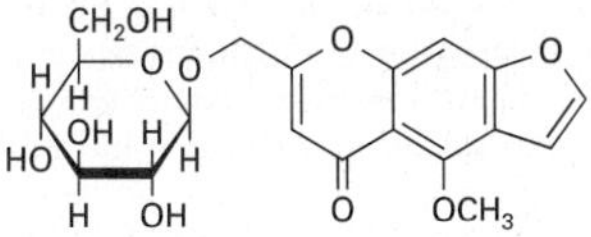

Khellosid

Kickxia elastica: Stpfl. von Kautschuk*.

Kiefer: s. Pinus sylvestris.

Kieferngewächse: s. Pinaceae.

Kiefernharz: s. Terebinthina.

Kiefernnadelöl: s. Pinus sylvestris (Pini aetheroleum).

Kiefernsprossen: s. Pinus sylvestris (Turiones Pini).

Kieffer-Reaktion: Nachw. von Morphin* mit Kaliumhexacyanoferrat(III) u. Eisen(III)-chlorid: Morphin reduziert Kaliumhexacyanoferrat(III) zu Kaliumhexacyanoferrat(II), das mit Eisen(III)-chlorid Berliner* Blau bildet.

Kienöl: s. Terebinthina.

Kieselalgen: Diatomeen, Diatomeae (Diatomales); ca. 6000 Arten umfassende Klasse (bzw. Ordnung) meist einzelliger Meeresalgen, bei denen Chlorophyll (ähnl. wie bei den Braunalgen*) durch Xanthophylle u. Carotinoide ersetzt ist. In den Zellwänden ist Kieselsäure eingelagert; Lieferanten von Kieselgur*.

Kieselerde: s. Kieselgur.

Kieselfluornatrium: s. Natriumhexafluorosilicat.

Kieselfluorwasserstoffsäure: s. Hexafluorokieselsäure.

Kieselflusssäure: s. Hexafluorokieselsäure.

Kieselgel: s. Silicagel.

Kieselgur: Terra silicea (purificata); mikroskop. kleine Gerüstpanzer abgestorbener Kieselalgen*, die zum größten Teil aus amorpher Kieselsäure (SiO_2) bestehen u. eine sehr poröse Struktur aufweisen; enthält ca. 3-12 % Wasser u. geringe Mengen Metalloxide. **Vork.:** fossile Ablagerungen (Infusorienerde, Kieselerde, Diatomeenerde), bes. in der Lüneburger Heide, Brandenburg, Böhmen, Australien, Kalifornien (vgl. Silicium). 1 mL reine Kieselgur besteht aus ca. 10^9 Kieselalgenpanzern; **Anw.:** wegen ihres starken Aufnahmevermögens, ca. das Vierfache der eigenen Masse, als Verpackungsmaterial für Säureballons (Korbflasche, Glasballon); K.-Filtrierhilfsmittel (Reagens Ph.Eur.4), Entkeimung von Wasser (Berkefeld-Filter); früher zur Herst. von Dynamit; zur Chromatographie* wird auch besonders gereinigte u. präparierte K. verwendet; vgl. Kieselgur G; Silicagel.

Kieselgur G: Reagens (Ph.Eur.4), mit Salzsäure gereinigte u. geglühte Kieselgur* mit ca. 15% **G**ips (daher K. G), der die Haftfestigkeit auf Glas gewährleistet. **Anw.:** Dünnschichtchromatographie*.

Kieselsäure: s. Silicium.

Kieselsäureanhydrid: s. Siliciumdioxid; vgl. Silicium.

Kieselsäure, gefällte: s. Siliciumdioxid, gefälltes.

Kieselsäuregel: s. Siliciumdioxid, hochdisperses.

Kieselsäure, hochdisperse: s. Siliciumdioxid, hochdisperses.

Kieserit: $MgSO_4 \cdot H_2O$; s. Schwefel.

Killerzellen: s. Leukozyten.

Kilo-: Symbol k; gesetzl. Vorsatzzeichen für das 1000fache einer Einheit; vgl. SI-Einheiten.

Kilogramm: Symbol kg; Einheit für die Masse; Def. s. SI-Einheiten.

Kinasen: Phosphotransferasen; s. Enzyme.

Kindbettfieber: s. Puerperalfieber.

Kinderlähmung: s. Poliomyelitis.

Kinderlöffel: s. Volumenangaben, empirische.

Kinderpulver: s. Pulvis Magnesiae cum Rheo.
Kinesin: Protein, das zur Mikrotubuli-Bewegung u. damit zum Organellentransport in der Zelle beiträgt.
Kinetik: physik. Bewegungslehre; die chem. Kinetik beschreibt den Ablauf chem. Vorgänge; vgl. Pharmakokinetik.
Kinetik, lineare: Proportionalität zw. applizierter Dosis u. gemessenem Plasmaspiegel. Normalfall wegen der i. d. R. im Verhältnis zum Verteilungsvolumen* niedrigen Dosierung von Pharmaka. Die lineare Kinetik kann als Grenzfall einer nichtlinearen Kinetik* für kleine Konz. angesehen werden.
Kinetik, nichtlineare: pharmakokin. Verhältnisse, bei denen keine Proportionalität zw. applizierter Dosis u. gemessenem Plasmaspiegel besteht. Während im unteren Konzentrationsbereich meist eine lineare Kinetik* vorliegt, kann diese bei Erhöhung der Dosis in eine nichtlineare übergehen. Dabei ist sowohl ein überproportionaler Anstieg der Plasmaspiegel möglich (z. B. Sättigung der Gewebebindung, Sättigung von Enzymen der Biotransformation, Sättigung Carrier-vermittelter Ausscheidungsprozesse) als auch eine Abflachung des Plasmaspiegelanstiegs u. z. T. Erreichung einer Sättigungskonzentration (z. B. verringerte Liberationsgeschwindigkeit, Sättigung aktiver Transportprozesse bei der Resorption). Diese Vorgänge sind als Reaktionen 0., 2. od. gemischter Ordnung (s. Michaelis-Menten-Gleichung) beschreibbar.

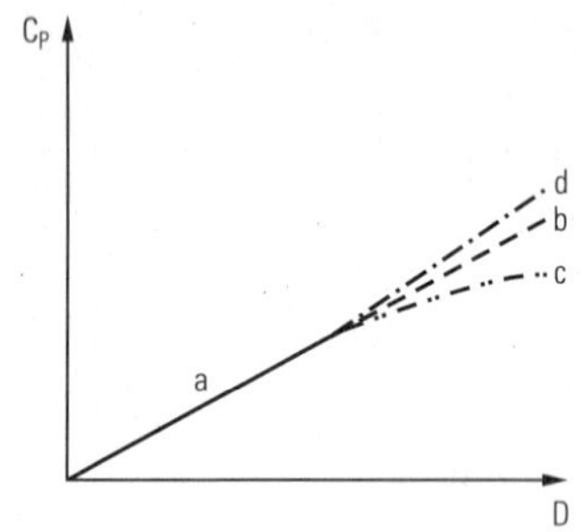

Kinetik, nichtlineare: c_P: Plasmaspiegel; D: applizierte Dosis; a: Bereich scheinbar linearer Kinetik; b: extrapolierte lineare Kinetik; c,d: nichtlineare Kinetik

Kinetin: 6-Furfurylaminopurin; ein Zytokinin*; Vork. in höheren Pflanzen und Hefe.
Kinetochor: s. Zentromer.
Kingiodendron pinnatum: Stpfl. von Balsamum* Hardwickiae.
Kinine: Peptidwirkstoffe, Gewebehormone wie Bradykinin u. Kallidin; s. Hormone.
Kino: s. Pterocarpus marsupium.
Kipp-Apparat (Kipp, Jacobus Petrus, Apotheker in Delft, 1808-1864): Apparat zur Herst. u. Entnahme von Gasen für Laborbedarf. Die Abb. zeigt den Apparat mit Füllung zur Entwicklung von Wasserstoff aus Zink u. Salzsäure. Bei Öffnung des Hahns an der mittleren Kugel fließt infolge Überdrucks der Flüssigkeitssäule Säure aus der oberen Kugel (Kugel-Trichter) in die untere, bis sie sich mit den Zinkspänen in der mittleren Kugel berührt u. die Reaktion eingeleitet wird: $Zn + HCl \rightarrow ZnCl_2 + H_2$. Nach Schließung des Hahns wird die Säure durch die anhaltende Gasentwicklung in die obere Kugel zurückgedrängt, so dass die Berührung zw. Säure u. Metall unterbrochen wird u. die Gasentwicklung aufhört. Auf gleiche Weise lassen sich CO_2 aus Marmor u. HCl, Chlor aus Chlorkalk u. HCl, Schwefelwasserstoff aus Eisensulfid u. HCl herstellen. Die mittlere Kugel enthält stets die feste Substanz, die obere u. untere Kugel die Flüssigkeit.

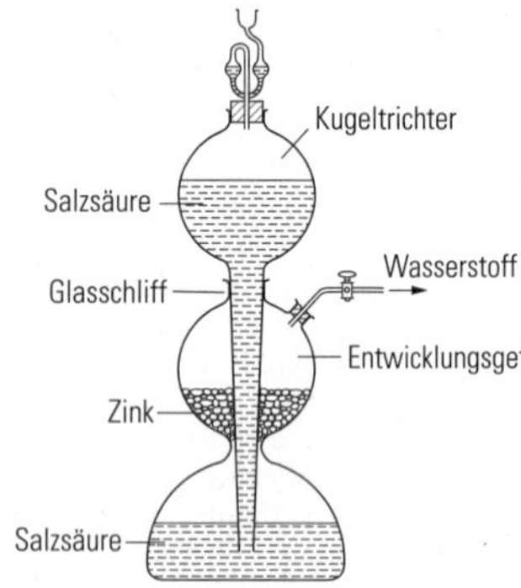

Kipp-Apparat

Kirschblätter: s. Prunus cerasus (Folia Cerasi).
Kirsche: s. Prunus avium var. avium, Prunus cerasus, Prunus padus, Atropa belladonna.
Kirschenstiele: s. Prunus cerasus (Stipites Cerasi acidi).
Kirsche, Westindische: s. Malpighia punicifolia.
Kirschgummi: s. Prunus avium var. avium.
Kirschlorbeer: s. Prunus laurocerasus.
Kirschlorbeerwasser: s. Aqua Laurocerasi.
Kirschsirup: s. Sirupus Cerasi.
Kiwi: s. Actinidia chinensis (Kiwifrucht).
Kjeldahl-Kolben (Johan Kjeldahl, 1849-1900, Chemiker, Kopenhagen): Kolben aus schwer schmelzbarem Glas mit langem Hals.
Kjeldahl-Methode: Verfahren zur Bestimmung des Stickstoffs, z. B. in Amiden*, Imiden* oder Aminosäuren*. Die Bestimmung beruht darauf, dass der Stickstoff, als Ammoniumion vorliegend, durch Zugabe von Natronlauge im Überschuss als gasförmiges Ammoniak ausgetrieben u. in einem Überschuss von Säure aufgefangen wird. Der Überschuss wird rücktitriert. Liegt der Stickstoff nicht als Ammoniumion vor, muss er durch entspr. Reaktionen in dieses umgewandelt werden, nach Ph.Eur.4 z. B. durch Aufschluss mit konz. Schwefelsäure u. Kaliumsulfat sowie mit Kupfer(II)-sulfat u. Selen als Katalysatoren. **Anw.:** z. B. Rest-Stickstoff-Bestimmung im Blutserum od. -plasma.
Klapperschlangenwurzel: s. Polygala senega (Polygalae radix).
Klarschmelzverfahren: s. Cremeschmelzverfahren.
Klasse: taxonom. Einheit zwischen Abteilung (divisio) u. Ordnung (ordo).

Klassieren: Auftrennen eines Schüttgutes durch Sieben od. Sichten in einzelne Fraktionen (Kornklassen) mit engem Korngrößenbereich u. definierten Ober- u. Untergrenzen (Klassengrenzen).

Klassifizierungssystem, biopharmazeutisches: (engl.) *biopharmaceutics classification system*; Abk. BCS; Einteilung von Arzneistoffen nach den für die Resorption maßgeblichen Parametern Löslichkeit u. Permeabilität durch Membranen. 4 Klassen werden angegeben: **1.** Klasse I: gute Löslichkeit/gute Permeabilität (z. B. Metoprololtartrat), **2.** Klasse II: schlechte Löslichkeit/gute Permeabilität (z. B. Ketoconazol), **3.** Klasse III: gute Löslichkeit/schlechte Permeabilität (z. B. Captopril), **4.** Klasse IV: schlechte Löslichkeit/schlechte Permeabilität (z. B. Hydrochlorothiazid).

Klathrate: s. Einschlussverbindungen (Käfigeinschlussverbindungen).

Klatschmohn: s. Papaver rhoeas.

Klatschpräparat: **1.** Aufdrücken eines Deckglases auf Oberflächenkolonien von Bakt.; Methode, die Lagerung der Keime im Kolonieverband mikroskop. zu untersuchen; vgl. Abklatschverfahren. **2.** Erfassung von Kontaminationskeimen auf Oberflächen mittels nähragarbeschichteten Folien.

Klatschrosenblüten: s. Papaver rhoeas.

Klatschtest: s. Vaselinum album.

Klauenöl: Rinderklauenöl, Rinderfußöl, Klauenfett, Oleum Pedi Tauri; weißgelbl., dickflüssiges Öl; fast geruchlos, von geringem, nicht unangenehmem Geschmack. Schmp. 0-1.5 °C. VZ 189-203; IZ 65-75. Gew. durch Auskochen von Rinder- od. Hammelklauen od. Pferdefüßen. **Pedi tauri oleum raffinatum:** Oleum Pedi Tauri raffinatum, raffiniertes Rinderfußöl; **Off.:** DAC; **Best.:** Öl-, Stearin-, Palmitin-, Linolsäure u. a.; **Anw.:** Schmiermittel.

Klausenfrüchte: einsamige Teilfrüchte der längs u. quer zerfallenden Spaltfrüchte (s. Fruchtformen) von Lamiaceae u. Boraginaceae. Spaltfrüchte gehen aus einem aus 2 Fruchtblättern entstandenen Fruchtknoten hervor.

Klebereiweiß: s. Gluten.

Klebkraut: s. Galium aparine.

Klebsiella: Gattung gramnegativer, unbewegl., fakultativ anaerober, bekapselter Stäbchenbakt. der Fam. Enterobacteriaceae* mit 4 Spezies. **Vork.:** Boden, Wasser, Getreide; Intestinaltrakt von Mensch u. Tier; resistent gegen Penicillin; med. relevant: K. pneumoniae, opportunist. Erreger von Nosokomialinfektionen, Atem- u. Harnweginfektionen.

Klebstoffgranulate: s. Granulieren.

Klee: s. Anthyllis vulnerarias, Galega officinalis, Lespedeza capitata, Melilotus officinalis, Menyanthes trifoliata, Trigonella foenum-graecum, Trifolium pratense.

Kleeblattstruktur: Sekundärstruktur von Transfer-RNA.

Kleesäure: s. Oxalsäure.

Kleesalz: s. Kaliumhydrogenoxalat; Kaliumtetraoxalat.

Kleeseide: s. Cuscuta europaea.

Kleie: beim Mahlprozess des Getreides auftretende Zelltrümmer des Speicherparenchyms u. Teile der Frucht- u. Samenschale, die vom Mehl* abgetrennt werden. **Inhaltsst.:** Cellulose, Vitamine, Fett, Eiweiß, Stärke. **Anw.:** Futtermittel; Herst. von Ballaststoffe* enthaltenden Nahrungsmitteln (z. B. Kleiebrot).

Kleister: s. Amylum.

Kleistothecium: geschlossener, kugeliger Fruchtkörper (Ascocarp*) bei Ascomyceten (s. Pilze).

Klette: s. Arctium-Arten.

Klettendistelwurzel: s. Arctium-Arten.

Klettenlabkraut: s. Galium aparine.

Klettenwurzel: s. Arctium-Arten.

Klimakterium (gr. klimakter krit. Punkt im menschl. Leben): Klimax, Wechseljahre der Frau; Übergangsphase ab dem Beginn unregelmäßiger Blutungen bis hin zur Postmenopause, die durch das Erlöschen der zykl. Ovarialfunktion bedingt ist. Die letzte Menstruation* (Menopause) fällt in diese Zeit. Ca. ein Drittel aller Frauen im K. ist subjektiv symptomfrei; ein Drittel leidet unter vegetativen Beschwerden, ein Drittel unter dem Menopausensyndrom mit Hitzewallungen, Schwindel, Schweißausbrüchen sowie psych. u. somatischen Störungen, z. B. Schlafstörungen* u. Osteoporose*.

Klimax: s. Klimakterium.

Klinik: **1.** Krankenhaus (häufig spez. Universitätsklinik). **2.** gesamte Symptomatik u. Verlauf einer Erkrankung.

Klinische Pharmazie: Disziplin der Pharmazie, die aufbauend auf pharmaz. naturwissenschaftl. Kenntnissen die Optimierung der Arzneimittelanw. am u. durch den Patienten zum Inhalt hat. Die K. Ph. strebt folgende Ziele an: **1.** Maximierung des therap. Effekts der Arzneimittelbehandlung; **2.** Minimierung der Risiken der Arzneimittelanwendung; **3.** Minimierung der Therapiekosten; **4.** Berücksichtigung der Patientenwahlfreiheit bei der Arzneimitteltherapie. Diese werden in der Praxis in Form von patientenorientierten pharmaz. Dienstleistungen umgesetzt, vgl. pharmazeutische Betreuung. In der Approbationsordnung von 2001 (Deutschland) wurde K. Ph. als Prüfungsfach des Zweiten Abschnitts der Pharmazeutischen Prüfung aufgenommen.

Klistier: Klysma, Enematum, Darmeinlauf; Darmspülung durch rektales Einbringen einer Flüssigkeit in den Mastdarm mit Hilfe einer Klistierspritze (birnenförmiger Gummiball mit Hartgummirohr), Darmrohren (10 cm od. 30 cm Länge) od. Einmalklysmen (für hohe Einläufe). **Anw.:** zur Darmreinigung od. Zufuhr von Arzneimitteln zur lokalen od. system. Behandlung.

Klon: Zellklon; Kolonie genet. einheitl. Zellen od. Mikroorganismen, die sich von einer einzigen Zelle ableiten.

klonieren: ungeschlechtl. vermehren; führt zu genet. ident. Individuen. Die Möglichkeit zu klonieren liegt in der Tatsache begründet, dass alle Zellen eines Organismus die gleiche genet. Ausstattung besitzen.

Klonierungsvektor: s. Vektor.

Klysma: s. Klysmen.

Klysma phosphati: Phosphati clysma, Phosphatklysma; Zstzg.: NRF, 60 g Natriummonohydrogenphosphat-Dodecahydrat, 160 g Natriumdihydrogenphosphat-Dihydrat, 1 g Sorbinsäure, Wasser ad 1000 g. **Anw.:** Obstipationen; zur Darmreinigung vor Operationen. **Dos.:** 120 g; Abgabe in quetschbarer Klysmaflasche mit Applikationsrohr u. Verschlusshütchen.

Klysmen (Sing. klysma) *pl*: arzneistoffhaltige Flüss., die als Einlauf (vgl. Klistier) rektal appliziert werden. Zur Herst. von gebrauchsfertigen K. sind Klistiertabletten im Handel. **Makroklysmen:** in verformbaren Plastikflaschen (100 mL) zum einmaligen Gebrauch abgefüllt. **Mikroklysmen:** mit wässrigen od. öligen Arzneistofflsg. gefüllte elast. Plastikbehälter (3-5 mL) mit angesetzter Kunststoffkanüle; vgl. Mikroklistier.

KMK: Abk. für **k**ritische **M**izellbildungs**k**onzentration*.

Knabenkraut: **1.** s. Dactylorhiza maculata. **2.** s. Orchis morio.

Knackweide: s. Salix-Arten.

Knallgas: Gemisch aus 2 Volumenteilen H_2 u. 1 Volumenteil O_2, das entzündet mit heftigem Knall explodiert, wobei Wasserdampf entsteht. Im weiteren Sinn werden alle explosionsfähigen H_2/Luft-Gemische (H_2-Volumenant. mehr als 4 % u. weniger als 75.6 %) als K. bezeichnet. Chlorknallgas ist ein explosives Gemisch aus Cl_2 u. H_2. Beim **Knallgasgebläse** werden H_2 u. O_2 getrennt voneinander einer gemeinsamen Austrittsöffnung mittels des Daniell-Hahns zugeführt u. dort entzündet, wobei 3100-3300 °C erreicht werden.

K

Knallgaselement: Brennstoffzelle zur Erzeugung von elektr. Strom durch Reaktion von Wasserstoff u. Sauerstoff unter Bildung von Wasser. Formal stellt diese Reaktion die Umkehrung der Elektrolyse des Wassers dar, bei welcher durch elektr. Strom Wasser in Wasserstoff u. Sauerstoff zerlegt wird.

Knallquecksilber: Quecksilbercyanat, Quecksilberfulminat; $Hg(CNO)_2$. Weißgraues, sehr giftiges Pulver, lösl. in heißem Wasser, Ethanol, HNO_3, unlösl. in kaltem Wasser. **Darst.:** Einw. von Alkohol auf salpetersaure Lsg. von Quecksilber; **Sicherheitshinweis:** explodiert bei Stoß, Schlag, Reibung od. Erhitzung; **Anw.:** Initialsprengstoff (Explosionserreger).

Knallsäure: HC≡NO. Isomer mit Cyansäure*, unbeständig, nach Blausäure riechend, stark giftig, nur in Lsg. darstellbar; bildet mit Metallen äußerst explosive Salze, die Fulminate*.

Knallsilber: Silberazid; AgN_3. **Darst.:** aus Silbernitrat- u. Natriumazid-Lsg.; bildet sich auch bei längerem Stehenlassen von Silbersalzen in Ammoniaklösung.

Knautia arvensis (L.) Coult.: Scabiosa arvensis L., Ackerwitwenblume, Ackerskabiose, Grindkraut, Krätzkraut; Fam. Dipsacaceae (Europa). Stpfl. von **Herba Scabiosae:** Herba Knautiae arvensis, Skabiosenkraut, Grindkraut. **Inhaltsst.:** Bitterstoff, Gerbstoff, Zucker; **Anw.** volkstüml.: bei Hautleiden.

Hom: *Knautia arvensis (HAB1.5)*: frische, oberird. T. blühender Pflanzen.

Knoblauch: s. Allium sativum.

Knoblauchgamander: s. Teucrium scordium.

Knoblauchtinktur: s. Tinctura Allii sativi.

Knochengeist: s. Liquor Ammonii carbonici pyrooleosi.

Knochenkohle: s. Carbo activatus (Carbo ossium).

Knochenkohle, gereinigte: s. Carbo medicinalis (Carbo ossium depuratus).

Knochenmark, getrocknetes: s. Organtherapeutika (Medulla ossium rubra siccata).

Knochenöl: das durch Auskochen od. durch Extraktion (z. B. mit Trichlorethylen) gewonnene, gereinigte u. gebleichte Knochenfett, das man man ausfrieren lässt. Das auch in der Kälte flüssige Öl wurde als Schmiermittel, hauptsächl. für Uhren u. Nähmaschinen verwendet (ersetzt u. a. durch Paraffinöl).

Knochenphosphorsäure: Acid. phosphoricum ex ossibus; s. Phosphorsäuren.

Knochenzement: Zweikomponentenklebesystem auf Polymethylmetacrylatbasis zur Verankerung von Endoprothesen od. Ausbesserung von Knochendefekten.

Knöllchenbakterien: s. Wurzelknöllchen.

Knöterich: s. Polygonum amphibium, Polygonum aviculare, Polygonum bistorta.

Knöterichgewächse: s. Polygonaceae.

Knoevenagel-Kondensation: Methode zur Herst. von α,β-ungesättigten Säuren durch Umsetzung von Aldehyden od. Ketonen mit Malonsäure od. Malonsäureestern in Gegenwart schwach basischer Katalysatoren (Ammoniak, primäre od. sekundäre Amine, Pyridin mit einer Spur Piperidin). Beispiel: aus Benzaldehyd entsteht Zimtsäure (s. Abb.).

Knolle: Tuber; (bot.) aus Wurzel od. Spross (Rhizom, Ausläufer) hervorgegangenes Organ, das der Stoffspeicherung dient. **Sprossknollen:** kurze, fleischig angeschwollene Sprossteile, in denen Reservestoffe gespeichert sind; meist vom Hypokotyl (unterste Sprossachse zwischen Wurzelhals

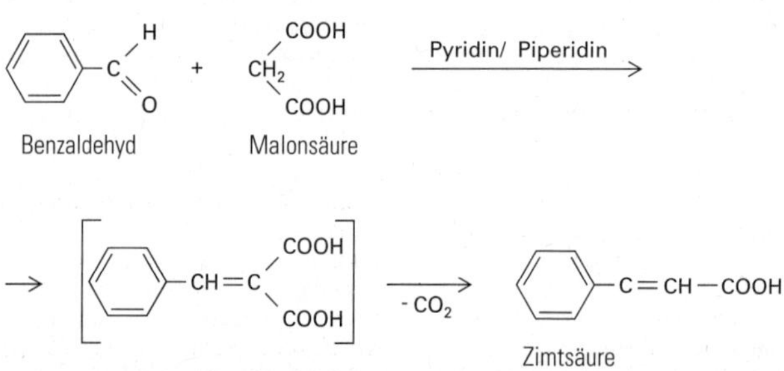

Knoevenagel-Kondensation: Bildung von Zimtsäure als Beispiel

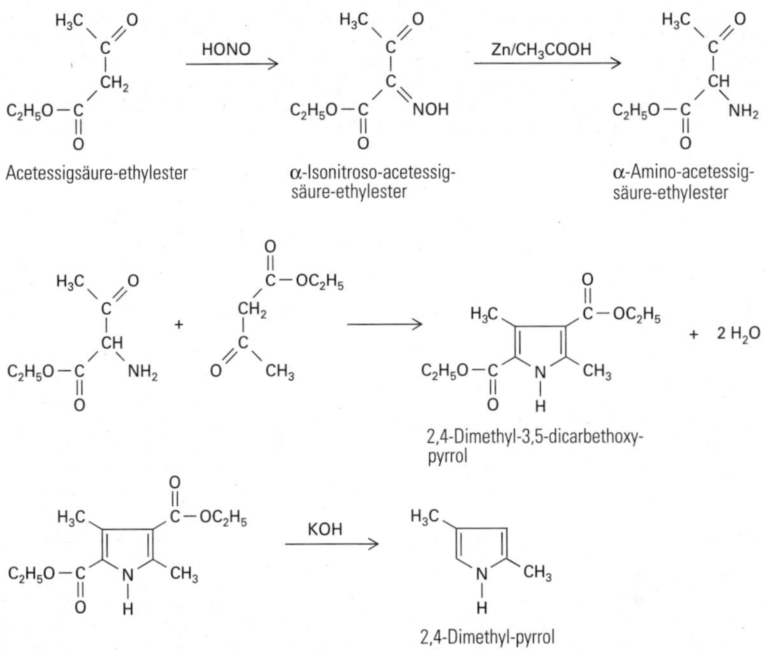

Knorr-Pyrrolsynthese

u. Keimblätter) od. höheren Sprossteilen gebildet; z. B. Radieschen, Rote Bete, Kohlrabi. Unterschied zu Rhizomen: dicker u. meist ohne Wurzeln. Kartoffelknollen entstehen durch Anschwellung von Enden der unterird. Seitentriebe (Ausläufer). **Wurzelknollen:** meist keulenförmig od. rundl.; im Ggs. zu den Sprossknollen keine Blattreste u. keine Knospen. Trotzdem ähneln sie oft Sprossknollen, haben aber eine Wurzelhaube (z. B. Orchis* morio).

Knollenblätterpilz, Grüner: s. Amanita phalloides.

Knollenhahnenfuß: s. Ranunculus bulbosus.

Knollenpetersilie: s. Petroselinum crispum.

Knollige Sonnenblume: s. Helianthus tuberosus.

Knolliges Steinkraut: s. Sedum acre (Sedum telephium).

Knorpelbaum: s. Chondodendron tomentosum.

Knorpelmoostang: Knorpeltang, s. Carrageen.

Knorr-Pyrrolsynthese: Methode zur Herst. von Pyrrol-Derivaten durch Doppel-Kondensation eines α-Aminoketons mit Carbonylverb., die aktive Methylengruppen enthalten. Synthese des α-Aminoketons u. Kondensation kann in einem Arbeitsgang erfolgen: aus Acetessigsäure-ethylester entsteht mit salpetriger Säure α-Isonitroso-acetessigsäure-ethylester, der mit Zink u. Eisessig zum α-Amino-acetessigsäure-ethylester reduziert u. mit Acetessigsäure-ethylester zum 2,4-Dimethyl-3,5-dicarbethoxy-pyrrol kondensiert wird; anschließende Hydrolyse u. Decarboxylierung führen zu 2,4-Dimethyl-pyrrol (s. Abb.).

Knospe: (bot.) der von Blättern od. deren Teilen u. Blattanlagen umgebene Sprossvegetationskegel. Die Knospenhüllen, die eine derbe Textur besitzen, nennt man Knospenschuppen. Der Stellung nach unterscheidet man zwischen der Endknospe u. den Achselknospen, die in den Achseln der Blätter sitzen. Blattknospen enthalten nur Blattanlagen, enthält die K. Anlagen einer od. mehrerer Blüten, so nennt man sie Blütenknospe, enthält sie Anlagen von Blättern u. Blüten, so nennt man sie gemischte Knospe.

Knospenruhe: s. Dormanz.

Knotenfläche: s. Hauptquantenzahl.

Knotentang: s. Ascophyllum nodosum.

Koagulation: Gerinnung, Eiweißgerinnung; Ausflockung von Kolloiden (Wechsel von Sol zu Gel). Teilchen einer kolloiden Lösung können sich reversibel od. irreversibel zu größeren Aggregaten (Trübung, Niederschlag, Gel) zusammenschließen (koagulieren). Bei feinen suspendierten od. emulgierten Teilchen (Suspension, Emulsion) wird dieser Vorgang Flockung genannt. Das Überführen von koagulierten Kolloiden in kolloide Lösungen (reversible Koagulation) wird als Peptisation bezeichnet. Ist dieser Vorgang irreversibel, spricht man von Koaleszenz* (vgl. Aufrahmen). Eine ausreichend gleichsinnige Ladung u. eine starke Solvatschicht (Solvatation, Anlagerung von Lösungsmittelmolekülen) um die Teilchen, bei Emulsionen zusätzl. ein elast. u. stabiler Emulgatorfilm wirken der K. u. Koaleszenz entgegen.

Koagulations-Vitamine: s. Vitamine (Vitamin-K-Gruppe).

Koaguline: **1.** syn. Präzipitine*. **2.** gerinnungserregende Stoffe aus den Geweben u. in Schlangengiften*.

Koaleszenz: Verhalten von tröpfchenförmigen flüssigen Stoffen aufgrund unterschiedl. Oberflächenspannungen u. Ladungen, Verbindungen unter der Bildung größerer Tropfen einzugehen. **Koaleszenzschutz:** Verhinderung von K. durch Anreicherung von Emulgatormolekülen an der Phasengrenzfläche, die so einen mechan. Schutz bieten. Bes. effektiv ist die Wirkung des Emulgatorfilms, wenn dessen Moleküle bei mögl. großer Packungsdichte fest in der dispersen Phase verankert vorliegen. Eine hohe Elastizität des Films bietet auch bei der Kollision von Tropfen Koaleszenzschutz. Alle Maßnahmen, die die kinet. Energie der Tropfen reduzieren od. ein Zusammenstoßen verhindern, schützen ebenfalls vor K.; z. B. Erhöhung der Viskosität, elektrostat., sterische od. elektroster. Stabilisierung. So soll verhindert werden, dass 2 sich annähernde Tropfen einer Emulsion bis in den Bereich der Van-der-Waals-Kräfte gelangen; vgl. DLVO-Theorie.

Koazervation: Koazervierung; Entmischung einer stark solvatisierten Kolloidlösung durch partielle Desolvatation (Verringerung der Löslichkeit) in 2 flüssige voneinander abgegrenzte Phasen, von denen die eine viel, die andere wenig od. gar keine Kolloidteilchen enthält. Die kolloidreiche Phase mit den dicht zusammengedrängten Teilchen, das Koazervat, kann in der Folge ein Gel ausbilden. **Einfache K.** wird durch Zugabe von Elektrolyten, aber auch Nichtelektrolyten (z. B. Isopropanol), durch pH-Änderung od. Temperaturänderung (Absenken der Temp. des erwärmten Sols, s. Gele, thermische Sol-Gel-Umwandlung) erreicht. Bei der **komplexen K.** bilden 2 versch. geladene Kolloidlösungen (z. B. Gelatinesol mit positiver, arab. Gummisol mit negativer Ladung) durch Vermischen unter Ladungsausgleich eine kolloidreiche Phase, das Koazervat. Die K. nutzt man für Umhüllungen (s. Mikrokapseln).

Kobalt-: s. Cobalt-.

Kobra: s. Naja naja.

Kobratoxin: s. Schlangengifte.

Kochpunkt: s. Siedepunkt.

Kochsalz: s. Natriumchlorid.

Kochsalzersatz: s. Natriumchlorid.

Kochsalz, iodiertes: s. Natriumchlorid.

Kochsalzlösung, physiologische: s. Solutio Natrii chlorati isotonica.

Kochsalzthermen: warme nat. Kochsalzquellen, s. Aquae minerales.

Koeffizient, osmotischer: Symbol g; Faktor, der angibt, um wieviel der gemessene Druck von dem einer idealen Lsg. gleicher Konz. abweicht. Er ist ein Maß für die intermolekularen WW, wie Assoziation* u. Dissoziation (s. Dissoziationsgrad) der gelösten Teilchen.

Kölnisch Wasser: s. Spiritus coloniensis.

Koemis Koetjing: s. Orthosiphon aristatus.

Königin der Nacht: s. Selenicereus grandiflorus.

Königsblau: s. Kaiserblau.

Königschinarinde: s. Cinchona officinalis.

Königskerze: s. Verbascum-Arten.

Königskraut: s. Ocimum basilicum.

Königsnelken: s. Syzygium aromaticum (Antophylli).

Königsrinde: **1.** K., Gelbe: s. Cinchona officinalis (Cortex Chinae calisayae). **2.** K., Rote: s. Cinchona pubescens (Cinchonae cortex).

Königsrot: roter Kupferoxid-Überzug (CuO). **Darst.:** Einw. von geschmolzenem Natriumnitrit ($NaNO_2$) auf Kupfer.

Königssalbe: s. Unguentum basilicum.

Königstropfen, dänische: s. Elixir e Succo Liquiritiae.

Königswasser: Acidum nitro-hydrochloricum, Acidum chloronitrosum, Aqua regis; Mischung aus 1 T. konz. Salpetersäure u. 3 T. konz. Salzsäure. **Anw.:** Auflösung von Gold u. Platin.

Köpfchen: (bot.) s. Blütenstand.

Köpfchenschimmel: s. Mucor.

Körnerlack: s. Schellack.

Körper, dilatante: s. Rheologie.

Körperoberfläche: Abk. KO; die von der Haut bedeckte Oberfläche des gesamten Körpers; med. wichtige physiol. Bezugsgröße. Die KO wird zur Dosisberechnung bei Arzneistoffen wie Zytostatika* benutzt, unter der nicht für alle Arzneistoffe belegten Annahme, dass die Gesamtclearance (s. Clearance) mit der KO in Beziehung steht (vgl. Dosisindividualisierung). **Berechnung:** Abschätzung der KO erfolgt häufig nach Nomogrammen*, die nach der Dubois*-Formel erstellt werden:

$KOF\,[m^2] = Körpergewicht\,[kg]^{0.425} \cdot Körpergröße\,[cm]^{0.725} \cdot 0.007184\,[m^2/kg/cm]$

Der Durchschnittswert beträgt $1.73\,m^2$ für Erwachsene. Die Formel ist bei Kindern aufgrund ihrer unterschiedl. Proportionen nicht gültig.

Körper, plastische: s. Rheologie.

Körper, pseudoplastische: s. Rheologie.

Körper, rheopexe: s. Rheologie.

Körpertemperatur: zur Aufrechterhaltung aller Lebensvorgänge notwendige Wärme. Unterschieden werden Kern- u. Oberflächentemperatur. Messung der K. mittels Fieberthermometer* vorzugsweise oral (sublingual, normal ca. 36.7 °C), aber auch rektal (ca. 37 °C), axillar (ca. 36.5 °C) od. vaginal (s. Frauenthermometer); vgl. Fieber.

Körper, viskoelastische: s. Rheologie.

Koffein: s. Coffein.

Kofler-Heizbank: s. Schmelzpunkt.

kohärent: zusammenhängend. Beispiele: **a)** kohärente Phase bei dispersen Systemen ist das Dispersionsmittel (äußere Phase) während die innere fein verteilt (dispers) ist; **b)** kohärente Strahlung ist Strahlung gleicher Wellenlänge (monochromatisch*) u. gleicher Phase* der Photonen; **c)** bei kohärenter Streuung hat die gestreute Strahlung dieselbe Wellenlänge wie die Primärstrahlung; **d)** kohärente Kristallgitter zeigen an jedem Ort dieselbe Gitterordnung bzw. besitzen keine Gitterstörungen.

Kohärenz: Begriff aus der Optik; kohärente Strahlung besitzt sowohl eine einheitl. Wellenlänge (Monochromasie) als auch eine einheitl. Schwingungsphase. Nur kohärente Strahlung zeigt das Phänomen der Interferenz*; vgl. Strahlung, elektromagnetische.

Kohäsion: s. Adhäsion.

Kohäsionskräfte: s. Adhäsion.

Kohle: s. Carbo activatus.

Kohle, medizinische: s. Carbo activatus.

Kohlendioxid: Kohlenstoffdioxid, Kohlensäureanhydrid, Carboneum dioxydatum, Carbonei dioxidum Ph.Eur.4; CO_2, M_r 44.01. Farbloses, nicht

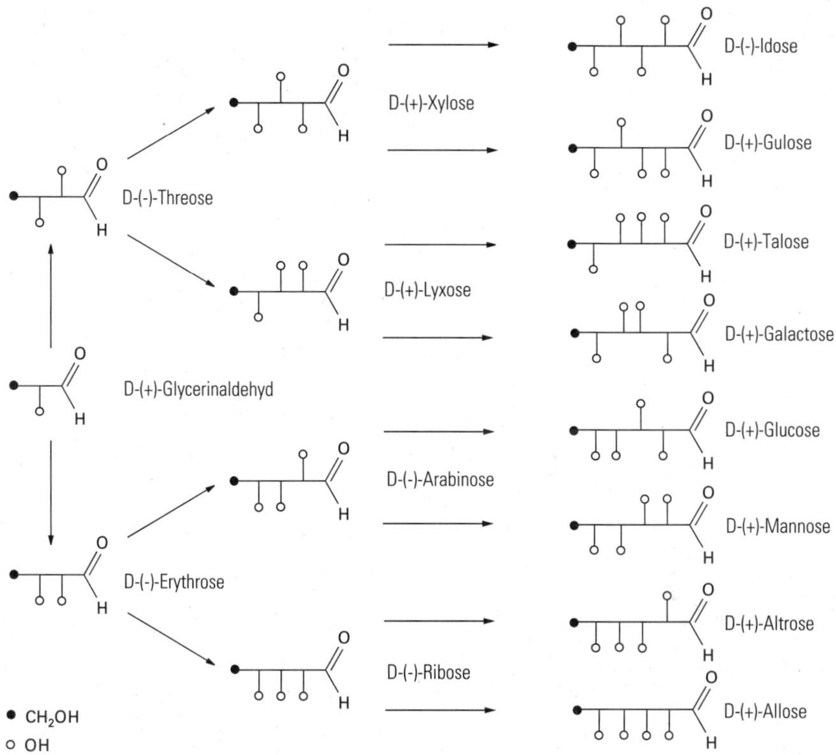

Kohlenhydrate Abb. 1: schemat. Darstellung von D-Aldosen

brennbares Gas von säuerl. Geruch u. Geschmack. CO_2 sinkt im Vergleich zu Luft aufgrund seiner D. 1.9768 (0 °C, 1.013 bar) zu Boden, z. B. in Gärkellern, Schächten. Krit. Temp. 31.0 °C, krit. Druck 76.6 bar, krit. Dichte 0.464 g/mL. 1 L Wasser löst bei 20 °C 0.9 L u. bei 0 °C 1.7 L CO_2 von Atmosphärendruck (1.013 bar). CO_2 absorbiert im infraroten Bereich des Spektrums, was für den Wärmehaushalt der Erdoberfläche bedeutsam ist. Sichtbare Sonnenstrahlen können von CO_2 ungehindert die Erdoberfläche erreichen, während die Wärmeabstrahlung des Bodens durch den CO_2-Gehalt der Atmosphäre behindert wird (Treibhauseffekt). CO_2 ist in der Luft zu 0.04 % enthalten, ferner gelöst in zahlreichen Mineralwässern, als Carbonat in vielen Mineralien. **Darst.** von CO_2-Gas: Zerlegen von Calciumcarbonat (Marmor) im Kipp-Apparat*; **Herst.** techn.: Brennen von Carbonaten (Kalkstein, Dolomit) in Kalköfen od. aus CO_2-reichen Mineralwässern (Oberlahnstein, Hönnigen); **Herst.** von festem CO_2: beim Ausströmen von flüssigem CO_2 aus einer Druckflasche in ein Tuch od. Gefäß bildet sich **festes K.** (Kohlensäureschnee, Trockeneis; Kondensationspunkt −78.5 °C, Sublimationsenthalpie 573.2 kJ/g); **Anw.**: Kohlensäureschnee zur Anästhesie (Vereisung) bei kleinen Operationen, Hautleiden; zur Druckentwesung* u. im überkrit. Zustand zur Wirkstoffextraktion (z. B. Coffein) aus Drogen; Herst. von Mineralwässern; Kälteerzeugung, Feuerlöschgeräte. **Kohlensäure**: H_2CO_3, nur in Salzform (Carbonate) u. als wässrige Lösg. von CO_2 bekannt.

Kohlendioxidassimilation: s. Photosynthesecarboxylierung.

Kohlendisulfid: s. Schwefelkohlenstoff.

Kohlenhydrat-Drogen: Drogen*, die größere Mengen Kohlenhydrate* enthalten u. daher bevorzugt in der Heilkunde verwendet werden, z. B. die Früchte von Ficus* carica, Tamarindenmus (s. Tamarindus indica), Radix Cichorii (s. Cichorium intybus), Honig (s. Mel) sowie Faserstoffe wie Cellulosum (s. Verbandzellstoff, hochgebleichter); häufig werden auch die reinen Kohlenhydrate verwendet, z. B. Glucose*, Fructose*, Galactose*, Mannitol*, Sorbitol*, Xylitol*, Inositol*, Saccharose*, Lactose*, Amylum*, Inulin*. I. w. S. werden auch Drogen, die Polyuronide* enthalten, z. B. Schleimdrogen*, dazugezählt.

Kohlenhydrate: Saccharide; umfangreiche Klasse von Naturstoffen, die strukturchem. zu den Polyhydroxycarbonylverb. (Monooxopolyhydroxyverbindungen) u. deren Derivaten gehört. K. entsprechen im Allg. der Zstzg. $C_n(H_2O)_n$. Sie wurden ursprüngl. als hydratisierte Form des Kohlenstoffs aufgefasst. Der Name hat sich erhalten, obwohl er vom chem. Standpunkt falsch ist u. heute auch Verb. zu den K. gezählt werden, die eine abweichende Summenformel aufweisen wie Aldonsäuren*, Uronsäuren*, Desoxyzucker*, od. zusätzl. andere Elemente enthalten wie Aminozucker*,

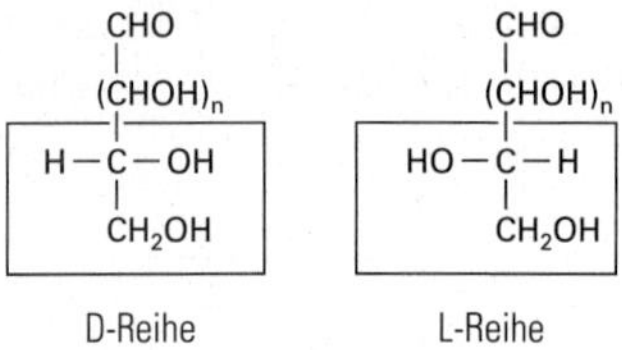

Kohlenhydrate Abb. 2: Fischer-Projektion von D- u. L-Kohlenhydraten

Mukopolysaccharide*. **Biologie:** K. sind in jeder pflanzlichen od. tier. Zelle enthalten u. stellen mengenmäßig den größten Anteil der auf der Erde vorkommenden org. Verb. dar, wobei Stärke u. Cellulose neben anderen Polysacchariden vorherrschen. Sie bilden zus. mit Fetten u. Eiweißen die org. Nährstoffe für Mensch u. Tier. Ausgangssubstanz für fast alle Saccharide ist Glucose. Sie entsteht in den grünen Pflanzen aus der Kohlendioxidassimilation (s. Photosynthese) od. durch Gluconeogenese*. Als Produkte des Primärstoffwechsels unterliegen K. einem ständigen Auf-, Um-, u. Abbau (s. Kohlenhydratstoffwechsel). Die K. werden nach ihrer Molekülgröße in Mono-, Oligo- u. Polysaccharide eingeteilt.

1. Monosaccharide (einfache Zucker) können nicht mehr weiter hydrolysiert werden. Sie sind als primäre Oxidationsprodukte von aliphat. Polyalkoholen mit meist unverzweigten Kohlenstoffketten aufzufassen, was auch zu einem Einteilungsprinzip führt: Erfolgt die Oxidation an der terminalen primären Alkoholgruppe, so entsteht ein als Aldose* bezeichneter Polyhydroxyaldehyd, z.B. Mannose, Glucose, Galactose (s. Abb. 1). Bei der Oxidation einer sekundären OH-Gruppe, meist am C-Atom 2, entsteht ein Polyhydroxyketon, eine Ketose*, z.B. Fructose; häufig als -ulose, z.B. Ribulose, bezeichnet. Nach der Zahl der C-Atome unterscheidet man bei den Aldosen Triosen (3 C), Tetrosen (4 C), Pentosen (5 C) u. Hexosen (6 C), bei den Ketosen aber Tetrulosen (4 C), Pentulosen (5 C) u. Hexulosen (6 C). Monosaccharide mit einer noch höheren Anzahl an C-Atomen, etwa Heptosen od. Heptulosen (7 C), sind selten, aber als Zwischenprodukte im Stoffwechsel wichtig.

a) Struktur: Beinahe alle nat. vorkommenden Monosaccharide weisen unverzweigte Kohlenstoffketten auf. (Verzweigte Ketten haben z.B. Hamamelose, Streptose u. Apiose.) Die Konfigurationsangabe erfolgt durch die Vorzeichen D u. L (s. Abb. 2), wobei diese Bez. nichts mit dem opt. Drehvermögen zu tun hat (s. Fischer-Projektion). Dieses wird nach Wohl u. Freudenberg durch (+) od. (–) angegeben, z.B. D-(+)-Glucose. Jedes Kohlenstoffatom der K. trägt im Allg. eine Hydroxylgruppe bzw. eine von ihr abgeleitete Funktion. Bei Ersatz der Hydroxylgruppe durch Wasserstoff entsteht ein Desoxyzucker*; bei Ersatz durch eine Aminogruppe ein Aminozucker*. K. sind durch eine Vielzahl von Asymmetriezentren charakterisiert. Die Anzahl der stereoisomeren Formen eines Monosaccharids ist 2^n, wobei n die Zahl der asymmetr. C-Atome ist. In den Projektionsformeln nach Fischer werden die K. vertikal u. in Form von Ketten geschrieben, wobei die Aldehydgruppe am Kopfende u. die Hydroxymethylgruppe am Fußende steht. Diese Darstellung ist zwar leicht verständl., aber sie gibt nicht die räuml. Struktur der Monosaccharide wieder; zudem entsprechen dieser offenkettigen Form nicht alle Eigenschaften der Monosaccharide, z.B. reagieren Natriumhydrogensulfit od. Ammoniak nicht mit der Aldehydgruppe einer Aldose. Nach Tollens ist dies dadurch begründet, dass die Monosaccharide nicht od. nur zum geringen Teil in offenkettiger Form vorliegen. Vielmehr bildet die Carbonylgruppe mit einer Hydroxylgruppe eine Halbacetalbindung, so dass ein sauerstoffhaltiger Ring entsteht. Bei einer Halbacetalbindung vom C-Atom 1 bis zum C-Atom 4 entsteht die fünfgliedrige Furanose, ein sechsgliedriger Ring (vom

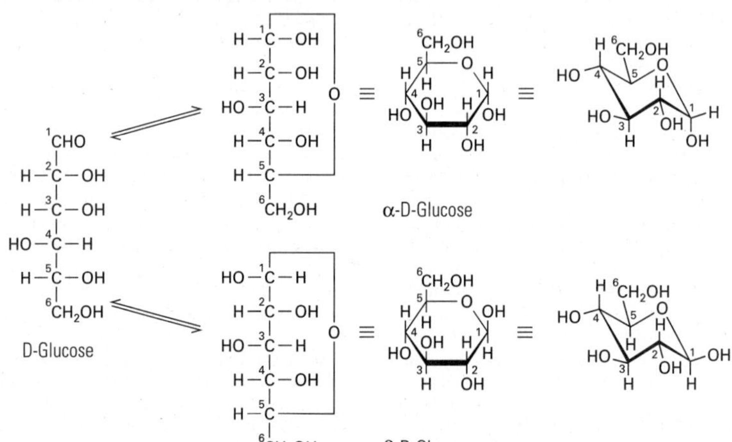

Kohlenhydrate Abb. 3: Formelschreibweisen der Kohlenhydrate von links nach rechts nach Fischer, Tollens u. Haworth; ganz rechts Darstellung der Konformation durch die Sesselform

C-Atom 1 zum C-Atom 5) wird als Pyranose bezeichnet. Die meisten Monosaccharide liegen als Pyranosen vor; die furanoide Form tritt in manchen Oligosacchariden, z. B. in der Saccharose*, u. in einigen Polysacchariden auf. Die Darstellung dieser cycl. Halbacetalform erfolgt entweder nach Tollens od. besser u. übersichtlicher nach Haworth (s. Abb. 3). Die jeweiligen Substituenten stehen senkrecht zur Ringebene. Räuml. liegen bei Pyranosen ähnl. Verhältnisse vor wie beim Cyclohexan*. Die durch den Heterosauerstoff bedingte Asymmetrie ermöglicht zwei Sessel- u. sechs Wannenformen. Pyranosen liegen jedoch meist in der energet. günstigeren Sesselform vor. Von den zehn Substituenten an den fünf Ringatomen sind fünf axial u. fünf äquatorial angeordnet (s. Abb.

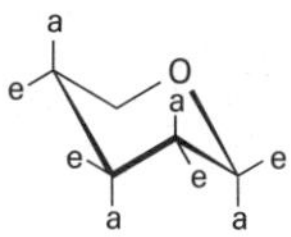

Kohlenhydrate Abb. 4: Sesselform der Pyranosen; a: axiale, e: äquatoriale Anordnung der OH-Gruppen

4); in der β-D-Glucose sind z. B. alle Hydroxylgruppen u. die Hydroxymethylgruppe äquatorial. Die gezeigten Konformationsformeln kommen der Wirklichkeit am nächsten, da sie die räuml. Anordnung der Substituenten am besten zum Ausdruck bringen u. so ein besseres Verständnis für die chem. u. biochem. Reaktionen u. die phys. Eigenschaften der K. ermöglichen. Durch die Ringbildung entsteht am ursprüngl. Carbonylkohlenstoffatom (bei Aldosen am C-Atom 1, bei Ketosen am C-Atom 2) ein neues Asymmetriezentrum. Dadurch treten zwei weitere Isomere auf, die als α- u. β-Formen bezeichnet werden. In Lösungen stehen α- u. β-Isomere über die offenkettige Form im Gleichgewicht (Oxo-cyclo-Tautomerie). Die als Mutarotation* bezeichnete Erscheinung, dass sich der Drehwert einer frisch bereiteten wässrigen Lösung bis zu einem konstanten Endwert verändert, beruht auf der Gleichgewichtseinstellung zwischen α- u. β-Form. Anomere ist die Bez. für zwei Diastereomere*, die sich nur durch die Konfiguration am C-Atom 1 unterscheiden, z. B. α- u. β-Glucose. Epimere sind diastereomere Monosaccharide, die sich nur durch die entgegengesetzte Konfiguration einer Hydroxylgruppe unterscheiden, z. B. D-Glucose u. D-Mannose am C-Atom 2, od. D-Galactose u. D-Glucose am C-Atom 4.

b) Reaktionen: Die chem. Eigenschaften der Monosaccharide beruhen auf dem Vorhandensein reaktionsfähiger Keto- bzw. Aldehydgruppen u. den alkohol. Hydroxylgruppen. Aldosen u. Ketosen ergeben mit einem Überschuss Phenylhydrazin od. Hydroxylamin Osazone bzw. Oxime. Diese Verb. eignen sich sehr gut zur Charakterisierung. Milde Oxidation führt zu Aldonsäuren*, stärkere Oxidation zu Aldarsäuren. Geeignete Oxidation von Glykosiden, bei denen die empfindl. Carbonylfunktion geschützt ist, ergibt Uronsäuren*. Reduktion eines Glykosids unter Aufnahme von

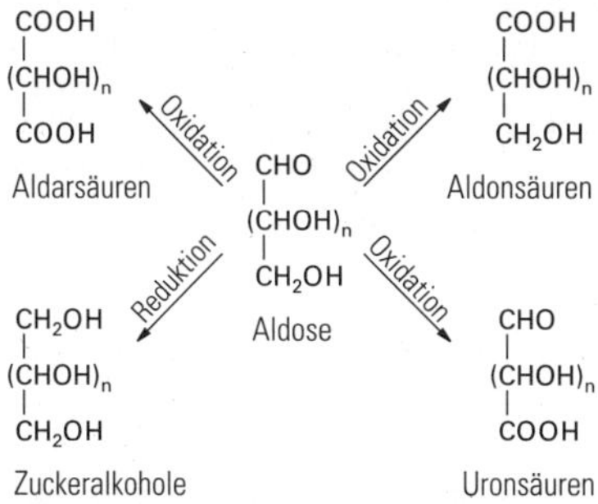

Kohlenhydrate Abb. 5: Oxidation u. Reduktion von Monosacchariden [23]

zwei Molekülen Wasserstoff ergibt Zuckeralkohole* (s. Abb. 5). Die glykosid. Hydroxylgruppe des Halbacetals ist bes. reaktiv u. reagiert mit OH-, NH- u. SH-Gruppen zu Glykosiden*, die Vollacetale darstellen. Die alkohol. Hydroxylgruppen bilden Ester od. Ether.

c) Nachw. u. Bestimmung: Monosaccharide werden im Allg. mit geeigneten chromatograph. Methoden (z. B. HPLC) u. durch Elektrophorese isoliert u. identifiziert. Die Nachweisreaktionen beruhen meistens auf Farbreaktionen mit Phenolen wie α-Naphthol (violett) od. Resorcin (grün). Eine wichtige biochem. Reaktion ist die Fermentation durch Hefe. Da Pentosen meist nicht vergoren werden, ist eine Unterscheidung zu den Hexosen möglich.

d) Vork.: Monosaccharide findet man in der Natur in freier Form, v. a. D-Glucose u. D-Fructose, u. gebunden als Grundbausteine von vielen Oligo- u. Polysacchariden. Einige spielen in Form ihrer Phosphorsäureester als Zwischenprodukte bei Stoffwechselprozessen eine entscheidende Rolle. Besondere Bedeutung haben Pentosen* u. Hexosen*.

2. Oligosaccharide sind α- od. β-glykosidisch aus 2-10 Monosaccharideinheiten aufgebaut, wobei man Di-, Tri-, Tetrasaccharide usw. unterscheidet. Sie können durch saure od. enzymat. Hydrolyse in ihre Grundbausteine zerlegt werden, denen sie auch in ihren chem. u. physikalischen Eigenschaften ähneln. Oligosaccharide sind im Pflanzen- u. Tierreich weit verbreitet. Besondere Bedeutung besitzen die aus zwei gleich- od. verschiedenartigen Monosaccharidresten aufgebauten Disaccharide. Je nach Art der glykosid. Bindung unterscheidet man den Trehalose- u. den Maltosetyp. Beim Trehalosetyp sind die beiden halbacetalischen Hydroxylgruppen zweier Monosaccharide glykosidisch miteinander verknüpft (am C-Atom 1 bei Aldosen, am C-Atom 2 bei Ketosen) u. werden daher von Fehling*-Reagens nicht mehr oxidiert, Mutarotation sowie Osazon- u. Oximbildung sind nicht mehr möglich. Saccharose* u. Trehalose* sind typ. Vertreter dieser Gruppe nichtreduzierender Zucker. Beim Maltosetyp ist dagegen die glykosidische Hydroxylgruppe eines Monosaccharids mit einer alkohol. Hydroxylgruppe eines zweiten Monosaccharidmoleküls verbunden, meist über eine 1,4- od. 1,6-Verknüpfung; sie sind

Fehling-positiv. Vertreter dieses Strukturtyps reduzierender Zucker sind Maltose*, Cellobiose* u. Gentiobiose*. Andere Oligosaccharide sind die Trisaccharide Raffinose*, Gentianose*, Planteose* u. a., das Tetrasaccharid Stachyose* u. das Pentasaccharid Verbascose.

3. Polysaccharide, auch als Glykane bezeichnet, bilden eine sehr große Gruppe von K.; es sind 10 od. mehr Monosaccharideinheiten nach dem gleichen Bauprinzip wie bei den Oligosacchariden, α- od. β-glykosidisch, zu verzweigten od. unverzweigten Ketten verbunden. Die Ketten können linear, schrauben- od. kugelförmig angeordnet sein. Bausteine sind v. a. die Hexosen D-Glucose, D-Fructose, D-Galactose u. D-Mannose, die Pentosen D-Arabinose u. D-Xylose sowie der Aminozucker D-Glucosamin. Polysaccharide haben eine sehr hohe relative Molmasse u. zeigen andere chem. u. physikalischen Eigenschaften als die jeweiligen Mono- bzw. Oligosaccharide. Wasserlöslichkeit, Reduktionsfähigkeit u. Süßigkeit nehmen mit steigender Molekülgröße ab. Polysaccharide sind im Tier- u. Pflanzenreich als Reservestoffe (z. B. Amylose u. Amylopektin, s. Amylum) od. Gerüstsubstanzen (z. B. Cellulose*) weit verbreitet. **Homoglykane:** (Homopolysaccharide) aus gleichartigen Monosaccharidbausteinen zusammengesetzte Glykane; z. B. Amylose, Amylopektin, Cellulose, Glykogen*, Arabane, Fructane*, Glucane (z. B. Lichenin*), Mannane. **Heteroglykane:** (Heteropolysaccharide) aus verschiedenartigen Monosaccharideinheiten aufgebaut; z. B. Chitin*, Pektin*, Pflanzenschleime (s. Schleimstoffe), Gummen (s. Gummi).

Kohlenhydratstoffwechsel: der ständige Auf-, Um- u. Abbau der Kohlenhydrate* im Organismus. **Aufbau:** Pflanzen sind die Hauptproduzenten der Kohlenhydrate in der Natur. Bei der Photosynthese* entstehen durch eine Reihe enzymat. Reaktionen phosphorylierte Monosaccharidderivate, die in freie Zucker hydrolysiert od. in Nucleosiddiphosphatzucker* umgewandelt werden können. Bei der Biosynthese von Polysacchariden werden die Monosaccharideinheiten durch die Bildung von Nucleotidderivaten aktiviert u. in dieser Form mittels geeigneter Enzyme auf eine nicht aktivierte, sich verlängernde Polysaccharidkette übertragen. Unter bestimmten Bedingungen können Kohlenhydrate aus ihren Abbauprodukten synthetisiert werden. Ausgangsmaterial für diese Gluconeogenese* sind Lactat u. Aminosäuren. **Abbau:** Oligo- u. Polysaccharide werden im Organismus hydrolyt. od. phosphorolytisch mittels spezif. Enzyme (Hydrolasen bzw. Phosphorylasen) metabolisiert. **Umbau:** Die wichtigsten Reaktionen sind **1.** gegenseitige Umwandlungen zw. den polymeren Speicherformen (Glykogen u. Stärke) u. der monomeren Transport- u. Substratform (Glucose); **2.** Reaktionen des Kohlenhydratabbaus u. Umwandlung sowie Glykogensynthese; **3.** Reaktionen zur Synthese von Glucose aus Nichtkohlenhydratverbindungen (Aminosäuren, Fette). Dabei kommt dem Glucose-6-phosphat eine zentrale Stellung im gesamten K. zu. Unter Vernachlässigung von Seitenwegen (z. B. Glucuronatweg*) ergeben sich für das Glucose-6-phosphat 4 Hauptwege: **1.** Glykolyse*; **2.** Glykogensynthese; **3.** Pentosephosphatzyklus*; **4.** enzymat. Hydrolyse zu freier Glucose. Die Effektivität dieser Hauptwege hängt im tier. Organismus von der Funktion des jeweiligen Gewebes ab. Im K. kann man 3 versch. Phasen unterscheiden (s. Abb.): **1. Mobilisierung:** Poly-, Oligo- u. Disaccharide werden zerlegt u. phosphoryliert zu Hexosephosphaten, bes. zu Glucose-6-phosphat. Bei der Verdauung erfolgt die Spaltung durch Hydrolyse; **2. Interkonversionen:** An der gegenseitigen Umwandlung der Monosaccharide sind folgende Reaktionen beteiligt: **a)** Epimerisierung; **b)** Isomerisierung; **c)** Übertragung von C_3- (Transaldolierung) u. C_2-Bruchstücken (Transketolierung); **d)** Oxidation einer Aldose zur Säure u. nachfolgende Decarboxylierung. In dieser zweiten Phase des K. werden die Intermediärprodukte der ersten Phase unvollständig abgebaut. Hauptprodukte sind Triosephosphate. Dabei wird ein Teil der frei werdenden Energie zur Synthese von ATP verwendet; **3. amphibolische Reaktionsketten:** in Form von Pyruvat u. Acetyl-Coenzym A fließen die Abbauprodukte des K.s in den allg. Stoffwechsel ein. **Regulation:** Der K. ist gekennzeichnet durch enge, über Stoffwechselprodukte vermittelte Wechselbeziehungen zw. den einzelnen Stoffwechselwegen. So wird z. B. die Glykolyse* durch die Enzyme Phosphofruktokinase u. Pyruvatkinase kontrolliert. Der Kontrollfaktor ist dabei das ADP/ATP-Verhältnis. Zwischenprodukte des Pentosephosphatzyklus* wirken hemmend auf das einleitende Enzym der Glykolyse, die Phosphoglucoisomerase, was zu einer Verminderung des glykolyt. Abbaus führt.

Kohlenmonoxid: Kohlenoxid, Kohlenstoffmonooxid; CO. Schmp. −205.06 °C. Sdp. −191.5 °C. Krit. Temp. −140.2 °C; krit. Druck 34.97 bar. Entsteht bei ungenügender Verbrennung von Kohlenstoff (z. B. in schlecht ziehenden Öfen); u. a. in Leuchtgas (5-22 %), Wassergas, Vulkangasen, Auspuffgasen, Tabakrauch enthalten, etwas leichter als Luft; farb- u. geruchloses Gas, das zwar die Verbrennung nicht unterhält, aber selbst mit bläul. Flamme brennt. **Darst.:** Erwärmen von Ameisensäure mit Schwefelsäure (Vorsicht: Ameisensäure langsam in heiße Schwefelsäure tropfen!); techn.: in Form von Generatorgas* u. Wassergas* bei der Umsetzung von Kohlenstoff mit Luft od. Wasserdampf, auch im Gichtgas der Hochöfen; **Tox.:** CO ist ein äußerst giftiges Gas. Es wird wie Sauerstoff an das 2-wertige Eisen im Hämoglobin* (Hb) gebunden u. schaltet Hb für den Sauerstofftransport aus. Die Affinität von CO zu Hb ist ca. 200-mal größer als die von O_2. Das bedeutet, dass schon bei einem K.-Gehalt der Luft von 0.1 % (entspricht 0.5 % des O_2-Gehaltes) gleichviel HbCO (Carboxyhämoglobin) wie HbO_2 im Blut entsteht. Dadurch wird die Sauerstoffversorgung der Gewebe beträchtl. eingeschränkt; **Vergiftungssymptome:** Vergiftungserscheinungen sind erst dann zu beobachten, wenn mehr als ca. 10 % des Hb im Blut als HbCO vorliegen. Es treten zuerst Kopfschmerzen, Müdigkeit, Herzklopfen, schließlich Schwindel, Benommenheit, Bewusstlosigkeit u. ab ca. 60 % HbCO Koma, Krämpfe u. Atemlähmung ein. Bei über 70 % HbCO kommt es

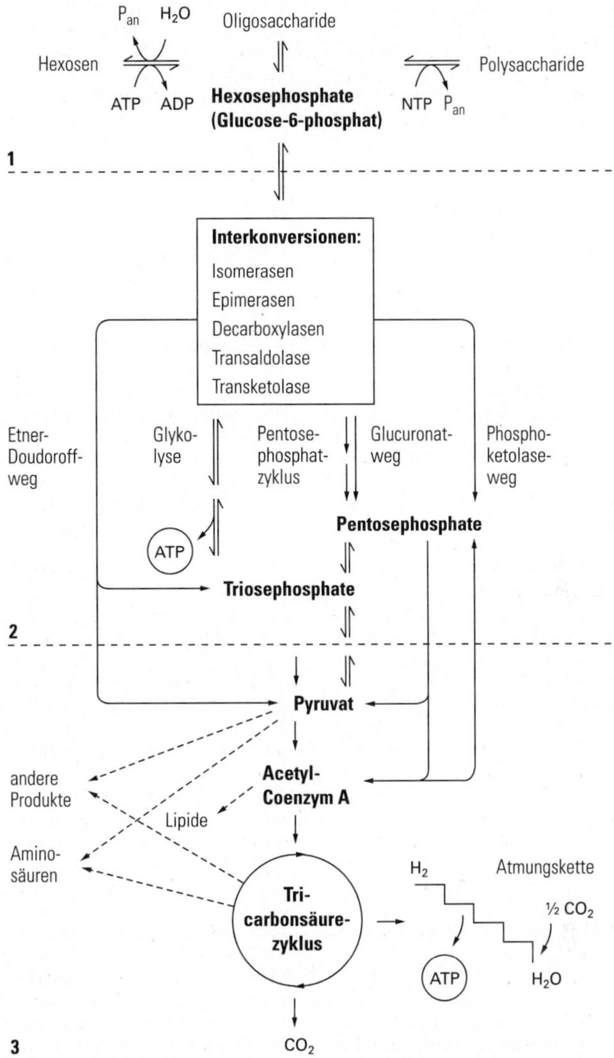

Kohlenhydratstoffwechsel: die 3 Phasen des Kohlenhydratstoffwechsels; NTP: Nucleotidtriphosphat [23]

in wenigen Minuten zum Tod. Die Haut ist rosafarben, bedingt durch die hellrote Farbe von HbCO. Da Sauerstoff u. CO um die Bindungsstelle des Hb konkurrieren, lässt sich CO durch ein erhöhtes Angebot von O_2 kompetitiv verdrängen (vgl. Antagonismus). Darauf beruht auch die wichtigste therap. Maßnahme bei CO-Vergiftungen, nämlich die O_2-Beatmung. Als Spätschäden sind Herzmuskelnekrosen sowie aus Schädigungen des Gehirns resultierende Epilepsien, Lähmungen u. Parkinsonismus bekannt; **Nachw.:** ammoniakal. Silbernitrat- od. Palladium(II)-chloridlsg. wird durch CO schwarz gefärbt (Metallabscheidung). In den Kohlengruben verwendet man besondere Spürgeräte (nach Auer u. Dräger) od. einen Infrarotdetektor.

Kohlenmonoxid[^{15}O]: Carbonei monoxidum[^{15}O] Ph.Eur.4; Mischung von [^{15}O]Kohlenmonoxid mit Trägergas (z. B. Luft); s. Sauerstoff-15. **Anw.:** Darstellung des lokalen Blutflusses mit PET*.

Kohlenoxid: s. Kohlenmonoxid.

Kohlenoxidhämoglobin: Carboxyhämoglobin; Verb. von Kohlenmonoxid* mit dem Hämoglobin des Blutes, wodurch der Sauerstofftransport durch Hämoglobin verhindert wird (Kohlenmonoxidvergiftung).

Kohlenoxychlorid: s. Phosgen.

Kohlensäure: s. Kohlendioxid.

Kohlensäureanhydrid: s. Kohlendioxid.

Kohlensäureschnee: s. Kohlendioxid.

Kohlenstoff: Carboneum; Symbol C; A_r 12.011, OZ 6. Schmp. ca. 4000 °C (1.013 bar). Verdampfung im elektr. Flammenbogen. Mehrere (allotrope) Formen: **1. Diamant**, kubisch, D. 3.51. Härte 10; **2. Graphit***, hexagonal, D. 2.26. Härte 1; **3. amorpher K.**, Kohle, Carbo, Ruß, D. 1.5-2.3; **4. Fullerene*** (C_{60}, C_{70}, C_{76}, C_{78}, C_{82}, C_{84}, C_{90}). Graphit ist ein guter elektr. Leiter, während amorpher K. weniger u. Diamant gar nicht leitet. Die 4-wertigen C-Atome können sich kettenförmig od. ringförmig verbinden; vgl. Kohlenwasserstoffe. Mit Metallen vereinigt sich C bei hoher Temp. zu Carbiden*. **Vork.**: eines der meistverbreiteten Elemente: in Carbonaten (Kalkstein, Marmor, Dolomit), in Erdöl, Erdgas, Luft u. in org. Verb.; C ist ein wesentl. Best. aller tier. u. pflanzlichen Organismen; **Nachw.**, quantitativ: Oxidation zu CO_2 mittels Kupferoxid u. Auffangen der Gase in Kalilauge (Elementaranalyse). **Kohlen** sind fossile, pflanzl. Zersetzungsprodukte, deren C-Gehalt mit steigendem Alter zunimmt u. deren sog. Inkohlung über Torf, Braunkohle u. Steinkohle zum Anthrazit mit 90-96 % C führt. **Ruß** ist reinster K. in amorpher Form (C-Gehalt mind. 99 %). Durch künstl. Verkohlung von tier. u. pflanzlichen Stoffen gelangt man zu Tier-, Blut-, Knochen- u. Holzkohle (s. Carbo activatus).

K

Kohlenstoff-11: Symbol ^{11}C; Radionuklid des Kohlenstoffs; HWZ 20.3 min, zerfällt unter β^+-Emission (99.8 %) u. K*-Einfang zu Bor-11. **Herst.**: am Zyklotron durch Bestrahlung von Stickstoff-14 mit Protonen: $^{14}N(p,\alpha)^{11}C$; **Anw.**: wichtige Rolle in der PET* als reiner Positronenstrahler.

Kohlenstoff-14: Symbol ^{14}C; Radionuklid des Kohlenstoffs; HWZ 5736 Jahre, zerfällt unter β^--Emission zu Stickstoff-14. Kohlenstoff-14 (^{14}C) entsteht durch WW der kosm. Strahlung mit der Atmosphäre über Neutroneneinfang an Stickstoff-14 (n,p-Kernreaktion). Das sind 2,4 ^{14}C-Atome pro s und cm^2 Erdoberfläche. Die Best. der Menge an K.-14 ist Grundlage der wichtigsten Methode zur Atersbestimmung in kohlenstoffhaltigen (insbes. organ.) Substanzen, da in einer abgeschlossenen Probe der ^{14}C-Gehalt mit der HWZ von K.-14 abklingt. Da in Kernreaktoren u. durch nukleare Explosionen ^{14}C zusätzlich erzeugt wird, ist diese Form der Altersbestimmung zu Datierungen in der Neuzeit gestört. **Herst.**: am Reaktor; **Anw.**: zur Altersbestimmung mit der Radiokarbonmethode*.

Kohlenstoffatom, asymmetrisches: asymmetr. C-Atom; ein mit 4 versch. Liganden besetztes C-Atom, das die Asymmetrie des ganzen Moleküls bewirkt. Für die 4 Liganden gibt es 2 versch. Anordnungsmöglichkeiten, die sich wie Bild u. Spiegelbild verhalten und nicht deckungsgleich sind. Die opt. Antipoden dieser Spiegelbildisomere werden als Enantiomere* bezeichnet.

Kohlenstoffatom, primäres: ein C-Atom wird als primär bezeichnet, wenn es mit einer Valenz an ein anderes C-Atom gebunden ist, z. B. Ethan (H_3C-CH_3). Dementspr. sind sekundäre, tertiäre u. quartäre C-Atome über zwei, drei bzw. vier Valenzen mit anderen C-Atomen verknüpft.

Kohlenstoffdisulfid: s. Schwefelkohlenstoff.

Kohlenstoffisotope: nat. vorkommender C ist zusammengesetzt aus den Isotopen ^{12}C (98.9%), ^{13}C (1.1%) u. Spuren von ^{14}C. **Verwendung: 1.** ^{14}C (β-Strahler): Grundlage der Erforschung org. Reaktionsmechanismen mit der Radiokarbonmethode*; **2.** ^{13}C: NMR-Spektroskopie, IRMS (s. Spektroskopie).

Kohlenstofftetrabromid: s. Tetrabromkohlenstoff.

Kohlenstofftetrachlorid: s. Tetrachlorkohlenstoff.

Kohlenwasserstoffe: Abk. KW; Verb. von Kohlenstoff C mit Wasserstoff H; sie bilden die Grundlage der org. Chemie. Je nach der Anordnung der C-Atome unterscheidet man: **1.** KW, deren C-Atome kettenförmig verbunden sind: acycl. od. aliphat. KW, unterteilt in gesättigte u. ungesättigte KW; **2.** KW, deren C-Atome ringförmig verbunden sind: iso- u. heterocycl. KW. **Acyclische KW: 1.** gesättigte KW: Alkane*, Grenz-KW od. Paraffin-KW, Summenformel C_nH_{2n+2}; **2.** ungesättigte KW: **a)** Alkene* (Alkylene) mit Doppelbindung, Summenformel C_nH_{2n}; Olefine (Ölbildner), weil sie mit Chlor u. Brom leicht zu öligen, mit Wasser nicht mischbaren Flüss. zusammentreten; Diene (Diolefine) mit zwei u. Polyene* mit zahlreichen Doppelbindungen; **b)** Alkine* (Acetylene), mit Dreifachbindung, Summenformel C_nH_{2n-2}; Polyine* mit zahlreichen Doppelbindungen. Bei allen diesen KW kann die Kohlenstoffkette unverzweigt od. verzweigt (Isoverbindungen) sein. **Cyclische K.: 1.** aromat. KW: lassen sich vom Benzol* ableiten, s. Verbindungen, aromatische; **a)** isocycl. od. carbocycl. Kohlenwasserstoffe; **b)** heterocycl. K., enthalten außer C-Atomen noch sog. Heteroatome wie O, N, S, s. Verbindungen, heterocyclische; **2.** alicycl. KW: isocycl. Verb. mit aliphat. Charakter; auch Cycloalkane, Cycloalkene od. Naphthene, C_nH_{2n}.

Kohlenwasserstoffe, aromatische: (formal) ungesättigte cycl. Kohlenwasserstoffe* mit (formal) konjugierten Doppelbindungen; s. Verbindungen, aromatische. Beispiele: Benzol*, Toluol*, Xylol*, Naphthalin*.

Kohlenwasserstoffe, polycyclische aromatische: Abk. PAK; aromat. Verb. mit kondensierten Ringsystemen. Sie enstehen durch unvollständige Verbrennung von org. Material u. sind Inhaltsstoffe von Ruß u. Teer. Sie treten z. B. beim Rauchen, Grillen, Räuchern von Speck auf sowie bei Hausbrand u. Müllverbrennung bei zu niedrigen Temperaturen. Es gibt ca. 300 PAK, die mit zunehmendem Molekulargewicht weniger wasserlösl., weniger flüchtig u. stärker lipophil werden. Nicht alle PAK sind stark kanzerogen, die meisten fördern aber eine kanzerogene Wirkung anderer Chemikalien. Der bekannteste PAK ist Benzopyren*; weitere sind Phenanthren*, Anthracen*, Fluoranthen.

Kohlenwasserstoffgele: Carbogele; spezielle Gruppe pharmaz. Gele, zu der weißes u. gelbes Vaselinum*, flüss. Paraffin u. Hartparaffin gehören. Wasserfreie Salbengrundlagen, weitgehend chem. indifferent u. von hoher Haltbarkeit. Konservierungsmittelzusätze sind nicht erforderlich. Hautareale werden durch K. feuchtigkeitsundurchlässig abgedeckt. Dies bewirkt eine Mazeration des Stratum corneum. Enthaltene Wirkstoffe können meist gut in tiefere Hautschichten penetrieren. **Anw.**: chron. Dermatosen.

Kohlenwasserstoffwachs: s. Paraffinum microcristallinum.
Kohle, vegetabilische: s. Carbo activatus (Carbo Ligni pulveratus).
Kohlrose: s. Rosa centifolia.
Kohortenstudie: s. Pharmakoepidemiologie.
Koinzidenz: Zusammentreffen zweier Ereignisse. In der PET*-Messtechnik wird die Eigenschaft des Positroniums* genutzt, in 2 Gammaquanten zu zerfallen, die in einem Winkel von 180° auseinanderfliegen. Ringförmig angeordnete Detektoren werden in Koinzidenz geschaltet u. registrieren ein Ereignis immer dann, wenn 2 gegenüberliegende Detektorelemente gleichzeitig einen Gammaimpuls aufzeichnen.
Kojisäure: 5-Hydroxy-2-(hydroxymethyl)-4*H*-4-pyron, $C_6H_6O_4$, M_r 142.11. Schmp. 152-154 °C. pK_S 7.90, 8.03. Gelbl. Kristalle von karamelartigem Geruch; leicht lösl. in Wasser, Ethanol, Aceton, Ethylacetat, wenig lösl. in Ether, Chloroform, Pyridin, prakt. unlösl. in Benzol. **Vork.:** K. ist ein Stoffwechselprodukt von Aspergillus*-Arten (japan. Koji, Reisschimmel, Aspergillus oryzae) mit antibiot. Eigenschaften. **Anw.:** gibt mit einigen Schwermetallsalzen, z. B. Uran, Eisen, Kupfer, farbige Komplexsalze u. wird daher in der Chromatographie* verwendet.

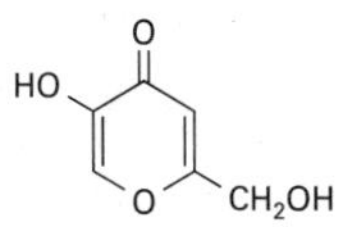

Kojisäure

Kokablätter: s. Erythroxylum coca.
Kokain: s. Cocain.
Kokkelskörner: s. Anamirta cocculus.
Kokken (gr. kokkos Kern, Kugel): kugelförmige Bakt.; je nach Lagerung unterscheidet man Einzel-, Diplo-, Ketten- (Strepto-), Tetraden-, Haufen- (Staphylo-) sowie Paketkokken. Vgl. Staphylococcus, Streptococcus.
Kokosaldehyd: s. Abricolin.
Kokusbutter: s. Cocos nucifera.
Kokusnußöl: s. Cocos nucifera.
Kokzidiose: Infektionskrankheit durch Kokzidien. I. e. S. von Isospora* belli u. Sarcocystis verursachte Infektion des Dünndarmepithels; meist symptomlos od. mit leichter Diarrhö; selten schwerer Verlauf; opportunist. Infektion bei Immundefekten*; **Ther.:** Cotrimoxazol.
Kolaextrakt: s. Extractum Colae.
Kolafluidextrakt: s. Extractum Colae fluidum.
Kolanuß: s. Cola nitida.
Kolasamen: s. Cola nitida.
Kolatinktur: s. Tinctura Colae.
Kolatur: s. Kolieren.
Kolben: **1.** (chem.) Glasgerät zum Arbeiten mit Flüssigkeiten. **Beispiele:** **a)** Rundkolben mit gewölbtem Boden; **b)** Spitzkolben mit zugespitztem Boden; **c)** Stehkolben mit ebenem Boden; **d)** Erlenmeyerkolben*. u. Iodzahlkolben* mit schräger Wand u. flachem Boden; **e)** Extraktionskolben mit weitem Hals; **f)** Kjeldahl*-Kolben mit langem Hals; **g)** Cassiakolben* mit graduiertem, langen Hals. **2.** (bot.) Ähre mit fleischiger Blütenachse, s. Blütenstand.
Kolbenbürette: Bürette*, bei der Maßlösung* nicht durch die Schwerkraft ausfließt, sondern durch einen Kolben aus einem Zylinder in die Probelsg. gedrückt wird, wobei der Auslauf der K. direkt in diese eintaucht (s. Abb.). Der Kolbenvorschub kann manuell od. elektr. erfolgen. Mit einem geeigneten Registriergerät gekoppelt, z. B. einem x,y-Schreiber, lässt sich direkt die Titrationskurve* aufzeichnen. **Anw.:** Bestandteil von Titrierautomaten.

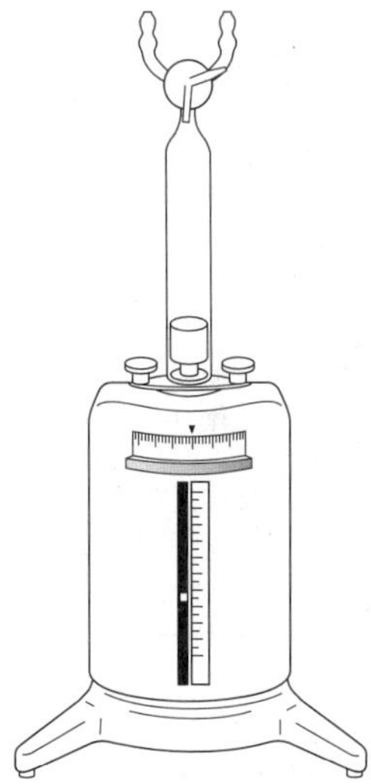

Kolbenbürette [14]

Kolbe-Nitrilsynthese: Verfahren zur Herst. von Nitrilen durch Umsetzung primärer Alkylhalogenide mit Natriumcyanid in wässriger alkohol. Lösung. Beispiel: aus *n*-Butylbromid entsteht Valeronitril (s. Abb.).

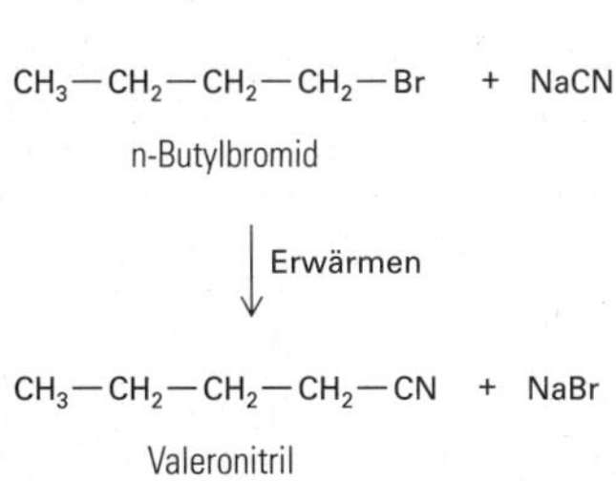

Kolbe-Nitrilsynthese: Bildung von Valeronitril

Kolbe-Nitromethansynthese: Herst. von Nitromethan durch Erhitzen des Natriumsalzes der Chloressigsäure mit Natriumnitrit u. anschließender Wasserdampfdestillation (s. Abb.).
Kolbenschimmel: s. Aspergillus.
Kolbe-Schmitt-Reaktion: Umsetzung von Phenolaten mit Kohlendioxid zu aromat. Hydroxysäu-

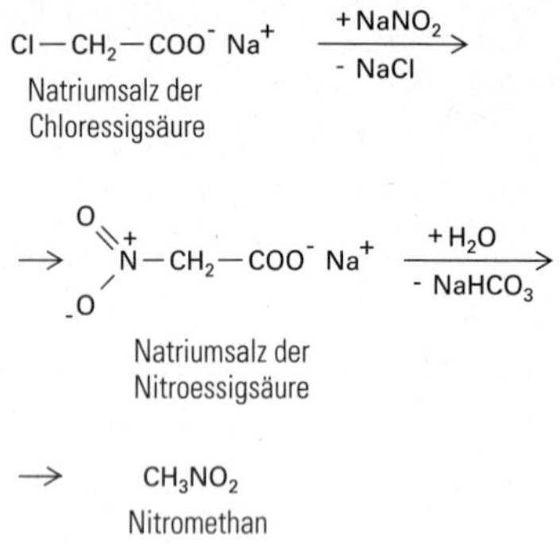

Kolbe-Nitromethansynthese

ren (Phenolcarbonsäuren) bei erhöhter Temp. u. erhöhtem Druck. Beispiel: aus Natriumphenolat ensteht Salicylsäure (s. Abb.).

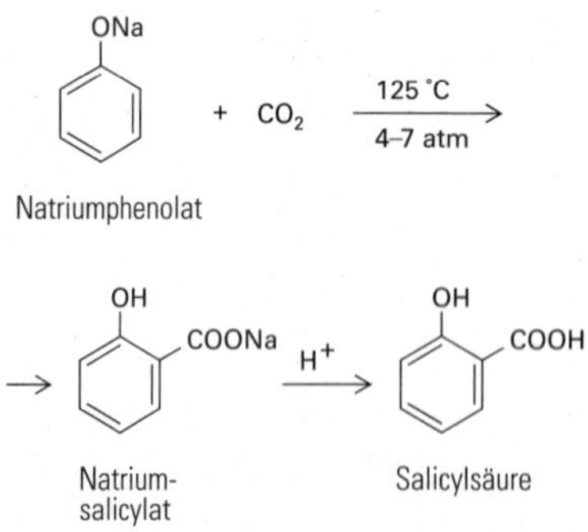

Kolbe-Schmitt-Reaktion: Bildung von Salicylsäure

Kolchizin: s. Colchicin.

Koleoptile: (bot.) Keimscheide, T. des Keimblattes einkeimblättriger Gräser.

Koleorhiza: (bot.) Scheide, die die Radicula des Grasembryos umhüllt.

Kolibakterien: s. Escherichia.

Kolieren: Durchseihen durch ein Koliertuch, das auf einen Kolierrahmen (Tenakel, ein mit 4 spitzen Nägeln od. Klammern versehener Holzrahmen) gespannt ist. Kolatur: das Durchgeseihte.

Kolitis: Colitis; Entzündung des Dickdarms.

Koliurie: Ausscheidung von Kolibakterien (s. Escherichia) im Harn*; vgl. Bakteriurie.

Kollagen (gr. kolla Leim): Leimbildner, nat. Gerüsteiweiß, Skleroprotein v. a. in Knorpel, Bindegewebe, Sehnen, Lederhaut. Mit 25-30 % des Gesamtproteins ist K. das am weitesten verbreitete tierische Protein. Es fehlt Pflanzen u. Mikroorganismen. K. besteht aus Kollagenfibrillen, die aus Tropokollagenbausteinen aufgebaut sind. Tropokollagen ist ein stäbchenförmiges Molekül, es ist ca. 300 nm lang u. 1.5 nm dick (M_r ca. 360 000). Es besteht aus drei linearen, schraubenförmig angeordneten u. miteinander zu einer Überschraube (Superhelix) verdrillten Peptidketten (s. Abb.). Wasserstoffbrücken zw. den Ketten ergeben eine stabile Struktur. Nach der Anheftung von Kohlenhydrat (der Kohlenhydratgehalt der K. beträgt 1-2 %) werden die Tropokollagenmoleküle in den Extrazellularraum sezerniert, wo sie sich zu den unlösl. Kollagenfibrillen formieren. Die Tropokollagenmoleküle sind dann Kopf-an-Schwanz zu parallelen Bündeln angeordnet. Das führt zu einem für K. charakterist. Muster aus Querstreifen in Intervallen von ca. 64 nm. Die Aminosäurezusammensetzung des K. ist bei Säugetieren sehr konstant u. unterscheidet sich durch den hohen Prolin- u. Hydroxyprolingehalt von allen anderen Strukturproteinen. Am Aufbau sind hauptsächl. Glycin*, Prolin*, Hydroxyprolin*, Glutaminsäure*, Alanin*, Arginin*, Asparaginsäure* beteiligt, dagegen fehlen Tyrosin*, L-Tryptophan* u. Cystin*. Beim Kochen mit Wasser geht K. in Glutin od. Leim über. Ein Charakteristikum der K. ist ihre leichte Denaturierbarkeit durch mildes Erwärmen od. durch bestimmte Salze infolge der Zerstörung der Struktur der Tripelhelix. Das erkaltete wasserlösliche Produkt bezeichnet man als Gelatine*.

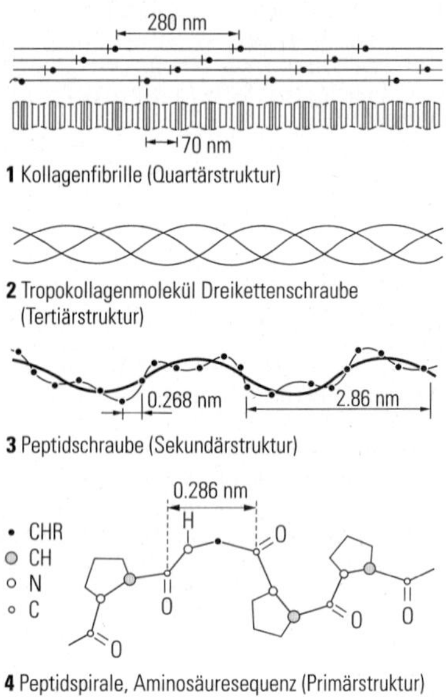

Kollagen: Feinstruktur u. chemischer Aufbau

Kollagenase: Clostridiopeptidase A; ein proteolyt. Enzym, das als einziges in der Lage ist, Kollagen zu niedermolekularen Peptiden abzubauen. Gew. aus Kulturen von Clostridium histolyticum. **Anw.:** in Dermatika (zus. mit Chloramphenicol als Salbe), zur enzymat. Wundreinigung, bei Ulzerationen u. Nekrosen.

Kollagenfäden: s. Fila collagenis resorbilia sterilia.

Kollagenhydrolysat: Gelatinehydrolysat; Polypeptide unterschiedl. Kettenlänge, gew. durch gezielte Hydrolyse (chem.-physik. oder biochem.) von tier. Kollagen. M_r 400-30 000. Weißl. bis gelbl., hygroskopisches Pulver; leicht lösl. in Wasser (20 °C). **Off.:** DAC86; **Anw.:** Trockenbindemittel zur Feuchtgranulierung, Stabilisator für Emulsionen u. Suspensionen.

Kolloide
Bezeichnungen von Kombinationen verschiedener Aggregatzustände

disperse Phase	Dispersionsmittel	Bezeichnung
fest	fest	feste Suspensionen, Suspensionszäpfchen
flüssig	fest	feste Emulsionen, Emulsionszäpfchen
gasförmig	fest	Xerogele, Gelatinefolie
fest	flüssig	Suspensionen, Gellösungen (Schleime), Schüttelmixturen und -pinselungen, Lotionen
fest	halbflüssig	Zinkoxidpaste, Salben, Gallerten, Hydrogelsalben und -zäpfchen, Globuli, Vaselin, Salbengrundlagen (Triglycerid- bzw. PEG-Basis)
flüssig	flüssig	Emulsionen, Linimente, Mayonnaisen
gasförmig	flüssig	Schäume
fest	gasförmig	Staubaerosole, Rauch
flüssig	gasförmig	Aerosole, Nebel

Kollaps: plötzl. auftretende, passagere Kreislaufinsuffizienz infolge akuter Verminderung des venösen Blutrückstroms zum Herzen. **Urs.**: funktionelle Kreislaufstörungen*; **Sympt.**: kurzzeitige Bewusstlosigkeit od. Bewusstseinsstörung (vgl. Synkope).

Kollargol: s. Silber, kolloides.

kollateral: seitl., auf derselben Seite des Körpers befindl., benachbart; Ggs.: kontralateral*. s. Leitbündel.

Kollenchym: (bot.) Festigungsgewebe in jungen, noch wachstumsfähigen Pfl., dessen lebende Zellen charakterist. Verdickungen der Zellwand aufweisen.

Kollidine: Trimethylpyridine; s. Pyridin.

Kollidon®: s. Povidon.

Kollimator : Filtervorsatz zur Ortsauflösung bei bildgebenden Strahlenmesssystemen. Der K. besteht aus strahlungsabsorbierendem Material (z. B. Bleiplatten) mit Öffnungen. Nur die senkrecht zur Bildebene (parallel zur Kollimatoröffnung) einfallenden Strahlen können durch den K. auf den Detektor gelangen, die übrigen werden aborbiert. Eine Spezialform ist der Pinhole-K., bei dem durch eine einzelne trichterförmige Bohrung ein Vergrößerungseffekt in der Abbildungsebene erreicht wird.

Kollodium: s. Collodium.

Kollodium, elastisches: s. Collodium elasticum.

Kolloide: dispersoide Stoffe, die bei der Osmose* nicht od. nur schwer durch die Membran diffundieren u. die keine echten Lsg. bilden können, sondern kolloidale Lösungen (Sole od. Dispersionen), d. h. sie befinden sich in der Flüssigkeit, dem Dispersionsmittel, in äußerst feiner, kolloiddisperser od. kolloidaler Verteilung, wobei die verteilten Moleküle od. Aggregate (10^3-10^9 Atome pro Teilchen) einen Durchmesser von ca. 10^{-4} bis 10^{-7}cm (1 µm-1 nm) haben u. damit zu groß sind, um durch Membranen zu diffundieren. Disperse Phase u. Dispersionsmittel können sich in verschiedenen Aggregatszuständen befinden (s. Tabelle). Die alte Einteilung (nach Graham) in K. (leimartige Stoffe) u. Kristalloide ist nach heutigen Anschauungen nicht mehr aufrechtzuerhalten, da sich gezeigt hat, dass die kolloidalen Lösungen nicht auf einzelne Stoffe beschränkt sind, sondern dass kolloidale Lösungen einen bestimmten Zustand der Materie darstellen. Es kommt ledigl. auf den Zerteilungsgrad, den **Dispersionsgrad**, des gelösten Stoffes an. Kolloidale Lösungen stehen zwischen den echten Lsg. u. den Aufschlämmungen. Nach dem Zerteilungszustand unterscheidet man: **Molekulardisperse Systeme** (mit Teilchengrößen unter 1 nm): echte Lösungen, die Teilchen (Amikronen) sind weder mit freiem Auge noch durch das Mikroskop sichtbar, auch nicht durch das Ultramikroskop, sie werden weder von Filterpapier noch von semipermeablen Membranen zurückgehalten, diffundieren schnell, zeigen erhebl. osmot. Druck, starke Siedepunkterhöhung u. Gefrierpunkterniedrigung. **Kolloiddisperse Systeme** (1-100 nm): kolloidale Lösungen (Lyosole), deren Teilchen (Submikronen) zwar nicht mit dem Mikroskop, aber durch den Faraday-Tyndall-Effekt sichtbar gemacht werden können. Der Faraday-Tyndall-Effekt beruht darauf, dass ein einfallender Lichtstrahl in einer echten Lösung unsichtbar bleibt, in einer kolloidalen Lösung an den suspendierten Partikelchen gestreut wird, so dass in der Lsg. eine leuchtende Trübung (der Tyndall-Kegel) entsteht. Im Ultramikroskop werden die beleuchteten Teilchen einzeln sichtbar (bis zu einer Größe von 10 nm). Aus echten u. kolloidalen Lösungen lässt sich die disperse Phase (der feste Bestandteil) nicht durch die gebräuchl. Filter vom Dispersionsmittel trennen, sondern nur durch Membranen. Diese Trennung bezeichnet man als Dialyse (vgl. Osmose). **Grobdisperse Systeme** (Teilchengröße über 0.5 µm; Suspensionen*, Emulsionen*): Die Teilchen (Mikronen) sind z. T. mit freiem Auge sichtbar, laufen nicht durch Papierfilter, diffundieren u. dialysieren nicht. Zwischen den 3 Systemen können keine genauen Grenzen gezogen werden, es erfolgt vielmehr ein allmähl. Übergang von den echten über die kolloidalen Lösungen zu den Suspensionen, der mit einer steten Eigenschaftsveränderung verbunden ist. **Einteilung: Molekülkolloide:** Es liegen Moleküle in kolloider Größe vor (kovalente Bindun-

K

gen zw. den Atomen). **Mizellkolloide:** Zw. Atomen u. kleineren Molekülen existieren Nebenvalenzkräfte; man bezeichnet sie je nach ihrer Entstehung als **1.** Dispersionskolloide: unipolar (Einteilung in lyophile u. lyophobe Sole) u. werden durch Zerteilung größerer Molekülverbände gebildet; **2.** Assoziationskolloide: kommen durch Zusammentreten (Mizellbildung) kleinerer Moleküle einer echten Lsg. zustande; z. B. Tenside (lyobipolare Stoffe) in bestimmter Konz. (s. Abb.); **3.** komplexe Systeme: Kombination von 1. u. 2. Dispersionskolloide sind weniger stabil u. neigen zur Koagulation (makroskopische Phasentrennung). Nach dem Dispersionsmittel unterscheidet man u. a.: **1.** Hydrosole (Wasser); **2.** Alkosole (Alkohol); **3.** Organosole (org. Mittel); **4.** Vitreosole (fest); **5.** Aerosole (Luft, Gas); **6.** Etherosole (Ether). In **Solen** sind die Teilchen des dispersen Anteils nicht zusammenhängend u. weitgehend voneinander unabhängig. Man teilt die Sole ein in lyophile u. lyophobe, od., wenn Wasser das Dispersionsmittel ist, in hydrophile u. hydrophobe Sole. **Lyophile (hydrophile) Sole** zeigen große Affinität zw. der dispersen Phase u. dem Dispersionsmittel, vielfach enstehen Bindungen zw. den Teilchen u. dem Dispersionsmittel (Solvatation od. Hydratation). Die Solvatation bedingt stark erhöhte Viskosität u. oft verminderte Oberflächenspannung, die Lösungsmittelmoleküle schieben sich gleichsam zw. die Kolloidteilchen; z. B. Leim, Gelatine, Gummi, Stärke, Eiweiß, Seife. **Bei lyophoben (hydrophoben) Solen** werden die Teilchen der dispersen Phase durch elektr. Kräfte in Lösung gehalten u. zeigen geringe Affinität zum Dispersionsmittel. Lyophobe Sole sind sehr empfindl. gegen elektr. Einflüsse, z. B. führen Zusätze von Elektrolyten od. entgegengesetzt geladenen Kolloiden zur Ausflockung (Koagulation); z. B. Schwermetallsulfide, Oxide, Farbstoffe. Wichtig für die Stabilität der Lsg. ist die elektr. Ladung. Die Teilchen werden durch den elektr. Strom ähnl. wie die Ionen beeinflusst, sie wandern je nach ihrem Ladungssinn zur Anode od. Kathode (Elektrophorese*, Kataphorese). Bei einer Kompensation der elektr. Ladung der Kolloidteilchen durch Zusatz von Elektrolyten od. entgegengesetzt geladenen Kolloiden koagulieren die Kolloide u. fallen als Gele* aus (Hydrogele, Alkogele usw.), es tritt eine weitgehende gegenseitige Bindung der Teilchen ein (Gallerte). Den Punkt, an dem die elektr. Ladung des Kolloids neutralisiert ist u. es ausflockt, nennt man den **isoelektrischen Punkt.** Sind die Gele wieder in Wasser lösl., so bezeichnet man sie als reversible Gele, sind sie nicht mehr lösl., nennt man sie irreversible Gele. K., die einer Ausflockung entgegenwirken bzw. sie verhindern, nennt man Schutzkolloide, z. B. Casein od. Gelatine. Metallsole, die mit einem solchen Schutzkolloid versehen sind, lassen sich trocknen u. gehen mit Wasser wieder in Lsg., ohne einen Metallniederschlag zu erzeugen (z. B. Collargol, mit Eiweiß-Schutzkolloid versehenes Silber). Kolloidale Lsg. zeigen im Ggs. zu echten Lsg. nur einen außerordentl. geringen osmot. Druck u. eine äußerst geringe Siedepunkterhöhung u. Gefrierpunkterniedrigung, die jedoch messbar sind. Der kolloidale Verteilungszustand ist für das Leben von außerordentlicher Bedeutung: Die Zellmembranen des tierischen u. pflanzl. Körpers, der Zellinhalt, die Eiweißstoffe, die Cellulose, die Stärke u. die Milch sind kolloidale Systeme. Der Ackerboden besteht aus einer Mischung kolloiddisperser Stoffe. K. u. kolloidchemische Vorgänge spielen auch in Nahrungsmitteln, Gelees, in Arzneimitteln, Lacken, Reinigungsmitteln u. a. eine große Rolle; vgl. Gele, Hydrogele.

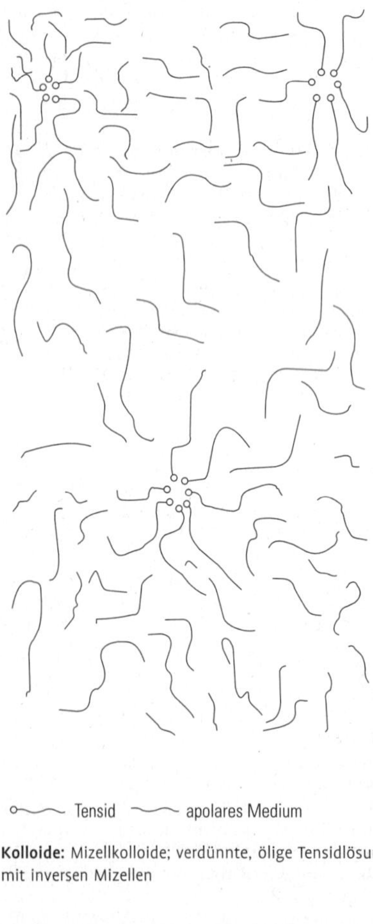

Kolloide: Mizellkolloide; verdünnte, ölige Tensidlösung mit inversen Mizellen

Kolloidmühlen: s. Mühlen.

Kolombowurzel: s. Jateorhiza palmata.

Kolombowurzel, Amerikanische: s. Frasera carolinensis.

Kolon: s. Darm.

Kolonie: durch Vermehrung aus einem Einzelkeim entstehende, makroskop. sichtbare Anhäufung von Bakt. nach Aufbringung einer verdünnten Bakteriensuspension auf einen Nährboden. Koloniebildung ist eine Voraussetzung für diagn. Verfahren in der Bakteriologie.

Kolonnen: turm- od. säulenförmige Geräte für die Stofftrennung durch Destillation*, Rektifikation*, Extraktion (s. Extrahieren), Absorption* od. Adsorption*. Die Ausführung der K. hängt von der Art u. Schwierigkeit der Trennung ab, bei der Rektifikation z. B. von der relativen Flüchtigkeit der zu trennenden Komponenten; s. Abbildung.

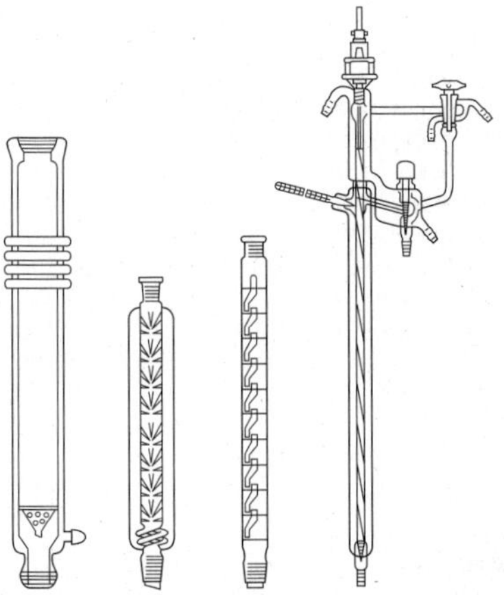

Kolonnen: 1: Füllkörperkolonne mit Vakuummantel; 2: Vigreux-Kolonne mit Vakuummantel; 3: Siebbodenkolonne; 4: Drehbandkolonne

Kolophonium: s. Colophonium.

Koloquinten: s. Citrullus colocynthis.

Kolorimetrie: Verfahren zur quantitativen Bestimmung von gelösten farbgebenden Substanzen mit Hilfe der Lichtabsorption. **Verfahrensweisen:** **1. Kolorimetrie, vergleichende:** Analysenverfahren zur Bestimmung der Konz. durch Vergleich der Farbtiefe einer farbigen Lsg. gesuchter Konz. mit einer Vergleichslsg. bekannter Konzentration. Nach dem Lambert-Beer-Gesetz (s. Absorptionskoeffizient) haben 2 Lsg. des gleichen Stoffs in versch. Konz. dann die gleiche Lichtabsorption, wenn sich die Schichtdicken der Lsg., meist in einer Küvette, umgekehrt proportional zu ihren Konz. verhalten. Mit Hilfe besonderer Kolorimeter, z. B. Eintauchkolorimeter, werden die Schichtdicken der Lsg. so lange verändert, bis beide Lsg. Farbgleichheit aufweisen. **2. Kolorimetrie, absolute:** Analysenverfahren, bei dem man den Absorptionskoeffizienten* ermittelt u. danach die Konz. einer Lsg. ohne Vergleichslsg. bestimmt. Dieses Verfahren ist bequemer u. korrekter als die vergleichende Kolorimetrie.

Kolostomie: operatives Anlegen einer äußeren Dickdarmfistel; s. Anus praeternaturalis.

Kolostomiebeutel: Kunststoffbeutel zum Auffangen von Stuhl u. Gasen am künstl. Darmausgang (Anus* praeternaturalis). Die Fixierung erfolgt durch Klebesysteme od. Ringverschluss.

Kolostrum: Colostrum, Vormilch, Erstmilch; das bereits während der Schwangerschaft u. reichlicher in den ersten Tagen nach der Entbindung von der weibl. Brustdrüse produzierte Sekret. Unterscheidet sich von der reifen Muttermilch* u. a. durch höheren Eiweiß- u. Mineralstoffgehalt.

Kolpitis: syn. Vaginitis, Colpitis; akute od. chron. Scheidenentzündung.

Koma: Coma; schwerste Form der quantitativen Bewusstseinsstörung*, bei der der Betroffene durch äußere Reize nicht mehr zu wecken ist. **Vork.:** z. B. bei Schädelhirntrauma od. bei Stoffwechselerkrankungen als diabet. K. (Coma diabeticum), hepat. od. urämisches Koma.

Kombé: Gombi; afrikan. Bez. für Pfeilgift aus Strophanthus-Samen. Ursprung der Bez. Strophanthus kombe sowie k-Stropanthin.

Kombe-Strophanthin: s. k-Strophanthin.

Kombe-Strophanthussamen: s. Strophanthus kombe (Semen Strophanthi kombe).

Kombinationsfilter: Filter zur Vor- u. Entkeimungssfiltration. K. bestehen aus 2 od. mehreren Filterschichten unterschiedl. Materialzstzg; z. B. Cellulosefaser-Membranschichten, kombiniert mit Aktivkohle.

Kombinationspräparate: Arzneimittel, die mehrere Wirkstoffe enthalten; vgl. Arzneistoffkombinationen.

Kombinationstherapie: Therapie mit Kombinationspräparaten* od. durch Arzneistoffkombinationen*. **Antivirale K.:** Kombination mehrerer Virostatika*, deren Wirkungsmechanismen od. Angriffsorte unterschiedl. sind; Methode zur Vermeidung von Resistenzentwicklung gegen antivirale Therapeutika; Beispiele: Komb. von Amantadin u. Rimantadin bei Influenza-A-Infektion im Falle eines lebensbedrohenden Infektionsverlaufs; Komb. von Zidovudin*, Zalcitabin* u. Saquinavir* bei HIV-Infektion (nach dem Auftreten resistenter Virusmutanten wird Zalcitabin durch Didanosin* ersetzt).

Kombu: s. Laminaria (Anw.).

Kombucha: sog. Teepilz. Gelatineartige Masse, die aus einer symbiot. Lebensgemeinschaft versch. Hefepilze u. Essigsäurebakterien gebildet wird. Zur Herst. des Kombuchagetränkes wird gezuckerter schwarzer, grüner od. Kräutertee für mehrere Tage mit dem Teepilz angesetzt. **Inhaltsst.:** Glucuron- u. Milchsäure, Vit. der B-Gruppe (B_1, B_2, B_3, B_6, B_{12}), Vitamin C, Folsäure sowie Aminosäuren, Enzyme, antibiot. Stoffe u. geringe Mengen Alkohol entstehen durch Gärungs- u. Oxidationsprozesse. **Anw.** volkstüml.: in der asiat. Volksmedizin seit Jahrtausenden als Universalheilmittel bekannt; zur Regeneration des Körpers, Verbesserung des Stoffwechsels, Vitalisierung u. Stärkung der körpereigenen Abwehrkräfte sowie zur positiven Beeinflussung vieler Krankheitsbilder.

Komedonen: Comedones, Mitesser; erweiterte, mit Keratin u. Talg gefüllte Haarfollikel; primäre nichtentzündl. Leiteffloreszenz der Akne*.

Kommabakterien: veralterter Begriff für gewundene Stäbchen der Gattung Vibrio*.

Kommensalismus: Zusammenleben zweier artverschiedener Organismen, bei der eine Art (Kommensale) von der Nahrung der anderen Art (Wirt) profitiert, ohne dem Wirt zu schaden od. zu nützen; vgl. Symbiose, Parasiten.

Kompaktieren: syn. Trockengranulieren; Verdichten von Pulvern z. B. zwischen 2 gegenläufig rotierenden glatten Kompaktierwalzen zu dichten zusammengepresseten Pulverschichten, die beim Ausstoß zu gröberen Schuppen (Schülpen) zerbrechen od. mit Spezialverzahnung zu stäbchenförmigen Komprimaten (vereinfachtes Granulierverfahren im Vergleich zum übl. Brikettierverfahren); vgl. Granulieren. Unter K. wird auch das Verdichten von Pulvern in einem Dosierröhrchen während des Abfüllens von Gelatinesteckkapseln (s. Capsulae) auf Hochleistungsmaschinen verstanden.

Kompartiment: **1.** (biochem.) Kompartimentierung. **2.** (pharmakokin.) fiktiver Raum im Körper, in dem ein Stoff homogen verteilt vorliegt; steht häufig in Beziehung zu morpholog. Räumen wie Blut, anderen Flüssigkeitskompartimenten* od. Geweben; stellt ein vereinfachtes Modell dar. **Offenes Kompartiment:** relevantes K.; K. mit Ausgang (Abfluss); nur offene K. sind pharmakokin. relevant. **Zentrales Kompartiment:** Intravasalraum; Bereich der system. Zirkulation; steht mit allen anderen Flüssigkeitsräumen u. Geweben im Stoffaustausch. **Tiefes Kompartiment:** engl. deep compartment; K., aus dem ein Arzneistoff od. Xenobiotikum wesentl. langsamer heraus als hinein diffundiert u. sich daher dort anreichert. Urs. ist die Affinität zu bestimmten Geweben aufgrund physikochem. Eigenschaften (z. B. Anreicherung von lipophilen Stoffen im Fettgewebe od. von Ca^{2+}-Ionen im Knochen). **Periplasmatisches Kompartiment:** Spalt zw. der Plasmamembran u. der Zellwand gramnegativer Bakterien.

Kompartimentmodelle: Kompartimentsysteme; Rechenmodelle, bei denen die Verteilung des Arzneistoffes in einem od. mehreren Kompartimenten* dargestellt wird. Plasma- u. Harnspiegeldaten lassen sich meist durch Ein-, Zwei- od. Dreikompartimentmodells interpretieren, obwohl der Organismus physiol. ein Multikompartimentsystem ist. Bei i. v.-Applikation liegt der Arzneistoff sofort im zentralen Kompartiment vor. Bei extravasaler Applikation muss die Resorption ins zentrale Kompartiment berücksichtigt werden. Das Eingangskompartiment (Input-Kompartiment) muss rechner. nicht berücksichtigt werden, wenn der Stoff dieses nur verlässt. **Einkompartimentsystem:** einfachstes pharmakokin. Modell; der gesamte Körper wird als ein Flüssigkeitsraum angesehen. Flüssigkeits- od. Gewebekompartimente können mit dem zentralen Kompartiment zusammengefasst werden, wenn der Stoffaustausch ausreichend schnell ist. Die Geschwindigkeitskonstanten von Elimination (k_e) u. Resorption (k_a) können (Kinetik 1. Ordnung) aus dem Anstieg der Geraden ermittelt werden, die man aus der halblogarithm. Blutspiegel/Zeit-Kurve durch Extrapolation od. mit Hilfe der Abschälmethode* erhält (vgl. Bateman-Funktion). **Zweikompartimentsystem:** Dieses Modell enthält ein peripheres Kompartiment (Gewebe), aus dem der Stoff langsamer wieder heraus diffundiert. Zusätzlich zu Resorption u. Elimination ist ein Verteilungsvorgang zu berücksichtigen. Die mit Hilfe der Abschälmethode* gewonnenen Geradenanstiege liefern zunächst die Hybridkonstanten* α u. β (Makrokonstanten), aus denen sich die eigentl. Geschwindigkeitskonstanten (Mikrokonstanten) k_a, k_d u. k_e der überlagerten Einzelprozesse Resorption, Distribution u. Elimination berechnen lassen. **Dreikompartimentsystem:** Zusätzl. zu zentralem u. peripherem Kompartiment liegt ein tiefes Kompartiment vor, das mit dem zentralen Kompartiment nur in sehr langsamem Austausch steht.

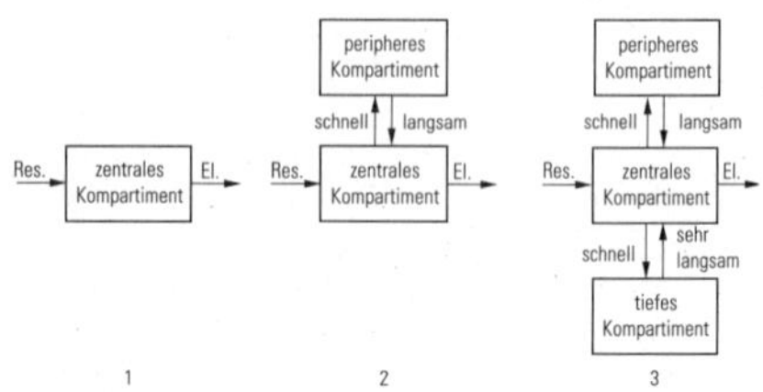

Kompartimentmodelle Abb. 1: 1: Einkompartimentsystem; 2: Zweikompartimentsystem; 3: Dreikompartimentsystem; El.: Elimination; Res.: Resorption

Kompartiment, periplasmatisches: Spalt zw. der Plasmamembran u. der Zellwand gramnegativer Bakterien.

Kompensationsverfahren: Messung einer elektr. Spannung, indem der zu messenden Spannung eine variable, aber bekannte Spannung derart gegengeschaltet wird, dass der resultierende Strom verschwindet. **Anw.:** Potentiometrie*.

Komplement (lat. complementum Ergänzung Vervollständigung): syn. Komplementsystem, Abk. C; Bez. für die mind. 20 thermolabilen Serumproteine, die bei Säugern das Komplementsystem bilden u. nacheinander aktiviert werden, um eingedrungene Fremdstoffe zu inaktivieren. Vorwiegend im Blut, aber auch in anderen Körperflüss. nachweisbar. Bei der schrittweisen Aktivie-

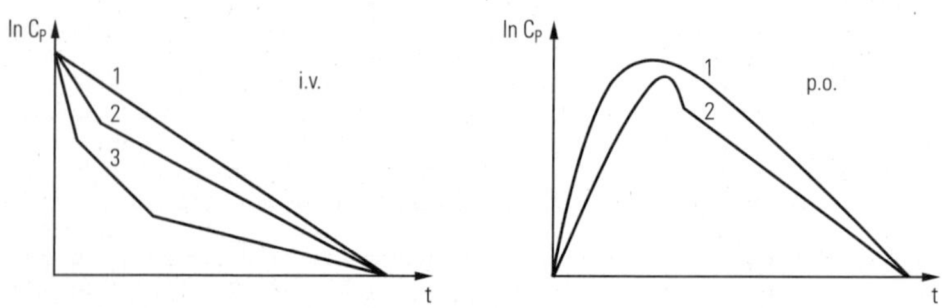

Kompartimentmodelle Abb. 2: halblogarithmische Plasmaspiegelkurven nach intravenöser (links) bzw. peroraler Applikation (rechts); 1: Einkompartimentsystem; 2: Zweikompartimentsystem; 3: Dreikompartimentsystem

rung der insgesamt 9 Faktoren (11 Proteine) entstehen in den einzelnen Stufen biol. aktive Substanzen. Die einzelnen K.-Komponenten werden mit C1-C9 bezeichnet. Diese Zahlen geben mit Ausnahme von C4 auch die Reihenfolge an, in der die K.-Proteine aktiviert werden. C4 reagiert unmittelbar nach C1 (histor. bedingte Nummerierung). Aktivierte Komplementfaktoren sind hochspezif. Proteasen*. **Aktivierung:** **1.** klass. Weg, ausgelöst durch Ca^{2+}-abhängige Bindung von C1 an die Fc-Region IgG- od. IgM-haltiger Immunkomplexe; Beteiligung von C2, C4, C3; **2.** alternativer Weg, ausgelöst durch IgA- u. IgE-Antikörper, hochmolekulare Polysaccharide von Bakt. u. Pilzen, Zellwandbest. von Protozoen u. a. Aktivatoren; Beteiligung von Properdin, Faktor B, D u. C3; **3.** gemeinsame Endstrecke führt zum lytischen Komplex aus C5b, C6, C7, C8, C9; **Hauptwirk.:** **1.** Lyse fremder Zellen durch Komplexe, die aus bestimmten Komplementfaktoren gebildet werden; **2.** Aktivierung immunkompetenter Zellen durch die bei Spaltung von Komplementproteinen entstehenden Peptide; **3.** Opsonisierung durch Anlagerung des C3 an Antigen-Antikörper-Komplexe, wodurch deren Phagozytose* begünstigt wird; **Anw.:** im Rahmen der Serodiagnostik zur Verstärkung serol. Nachweisreaktionen (s. Komplementbindungsreaktion).

Komplementärfarben: 2 Spektralfarben, die zus. weißes Licht ergeben: rot/blaugrün, orange/cyanblau, gelb/indigo, grüngelb/violett, grün/purpur.

Komplementärmedizin: (engl.) *complementary medicine, complemetary and alternative medicine (Abk. CAM)*; Alternativmedizin, biologische Medizin, Ganzheitsmedizin, holistische Medizin; Bereiche u. Methoden der modernen Medizin, die neben der konventionellen, etablierten, v. a. westlich orientierten Medizin stehen bzw. diese ergänzen. Die K. umfasst individuelle diagnost. u. therapeutische Verfahren sowie teilweise systematische und umfassende Konzepte von Gesundheit u. Krankheit. Grundlagen bilden versch. Gesichtspunkte von Selbstheilungsvorgängen, deren Anregung u. Förderung, Adaptation, Förderung der Widerstandskräfte u. Autonomie, Empowerment, Reiz-Reaktions-Prinzipien od. Normalisierung. Die Zuordnung zu konventionellen bzw. unkonventionellen Bereichen der Medizin ist geschichtlich gesehen flexibel u. kulturabhängig. **Verfahren:** z. B. anthroposophische Medizin, TCM* (einschließlich Akupunktur u. Akupressur), Ayurveda*, Naturheilkunde*, vielfältige Verwendung von Arznei- u. Heilpfl. (Phytotherapie, Aromatherapie, Spagyrik od. Bachblütentherapie), Ernährungstherapien, vielfältige körperorientierte Therapieverfahren (z. B. Entspannungsverfahren, Relaxation u. Visualisierung) od. auch Formen des geistigen Heilens.

Komplementbindungsreaktion: Abk. KBR; serolog. Methode zum Nachw. von Antikörpern u. Antigenen, z. B. von Viren mit Hilfe spezif. Antiseren. **Prinzip:** Immunkomplexe binden Komplement*, wenn an der Antigen*-Antikörper-Reaktion Immunglobuline* der Klasse IgG u. IgM beteiligt sind. Der Komplementverbrauch kann mit Hilfe eines standardisierten sog. hämolyt. Systems nachgewiesen u. durch Vergleich mit Seren bekannter Komplementaktivität quantitativ bestimmt werden. Erfolgt keine Antigen-Antikörper-Reaktion im Testsystem, so werden die später hinzugefügten Testerythrozyten unter dem Einfluss des noch unverbrauchten Komplements lysiert (negative KBR), bei Komplementverbrauch infolge Antigen-Antikörper-Reaktion erfolgt keine od. eine abgeschwächte Hämolyse (positive KBR).

Kompletine: veraltetes Syn. für Vitamine*.

Komplex (lat. complexus Umfassen): **1.** (chem.) Komplexverbindung* od. Komplexsalz*. **2.** (psycholog.) affektgeladene Vorstellung, meist mit negativen Gefühlsqualitäten verbunden, z. B. Minderwertigkeitskomplex.

Komplexbildungstitrationen: in ihrer Gesamtheit als Komplexometrie* od. Chelatometrie* bezeichnete Verfahren der Maßanalyse*, denen eine Komplexbildungsreaktion zugrunde liegt. Die in der Praxis verwendeten Komplexbildner, wie z. B. Edetinsäure* (Abk. EDTA) u. Nitrilotriessigsäure (Abk. NTA), bilden mit den zu bestimmenden Metallionen sehr stabile Chelate*; sie sind unter Handelsnamen wie Komplexon, Titriplex* od. Idranal erhältlich. **Anw.:** Bestimmung sehr vieler Metalle wie Calcium, Magnesium, Mangan, Kobalt, Nickel, Kupfer, Zink u. Cadmium; Bestimmung der Wasserhärte (s. Aqua).

K

Komplexchemie: syn. Koordinationslehre; die Wissenschaft vom Aufbau u. den Reaktionen der Komplexe*. Erste grundlegende Arbeiten aus dem Jahr 1893 stammen von dem Züricher Chemiker Alfred Werner. Eine moderne Theorie der Komplexchemie ist die Ligandenfeldtheorie*, eine Weiterentwicklung der Kristallfeldtheorie. Vgl. Komplexverbindungen.

π-Komplexe: s. Pi-Komplexe.

Komplexemulgatoren: s. Emulgatoren.

Komplexkoazervation: s. Koazervation.

Komplexmittel:

Hom: Mischungen zweier od. mehrerer hom. Einzelmittel in gleichen od. verschiedenen Potenzen. Die meisten hom. Fertigarzneimittel sind Komplexmittel. Die Anw. erfolgt nach klin. Indikationen (z. B. Mittel für Husten, Schnupfen, Verletzungen) und nicht nach dem Ähnlichkeitsgesetz.

Komplexometrie: Sammelbez. für Komplexbildungstitrationen*.

Komplexsalze: Salze mit Metallkomplexen. Bei der elektrolyt. Dissoziation bleiben die Ionenkomplexe erhalten; z. B. Kaliumhexacyanoferrat(II): $K_4[Fe(CN)_6] \rightarrow 4\,K^+ + [Fe(CN)_6]^{4-}$.

Komplex, synaptonemaler: Paarungskomplex; s. Chromosomenpaarung.

Komplexverbindungen: Komplexe; chem. Verb. höherer Ordnung, d. h. Verb. von meist versch. Molekülen od. Ionen zu einer funktionellen Einheit; vgl. Komplexsalze; Komplexchemie. Die chem. Eigenschaften eines Komplexes sind anders als die seiner Bausteine. Man unterscheidet zw. Koordinationsverbindungen (K. im engeren Sinn) u. einer Vielzahl anderer, komplexer Molekülverbindungen*.

Koordinationsverbindungen bestehen aus einem Zentralteilchen, dem Koordinationszentrum, meist einem Kation aus einem od. mehreren Atomen (häufig Übergangsmetalle), u. den Liganden (häufig Halogenid-Ionen, OH^- u. CN^- od. H_2O, NH_3, CO). Die Zahl der Liganden (zw. 1 u. 12, am häufigsten 4 od. 6) wird als Koordinationszahl bezeichnet. Je nach Bindungsverhältnissen kennt man, in der Reihenfolge zunehmender Stabilität: **1.** Anlagerungskomplexe wie Ion-Dipol-Komplexe, z. B. viele Solvate (Hydrate*, Alkoholate etc.), od. Ion-Ion-Komplexe, z. B. $[HgI_4]^{2-}$; **2.** Durchdringungskomplexe wie z. B. $[Fe(CN)_6]^{4-}$; **3.** Chelatkomplexe (s. Chelate), in denen koordinative u. kovalente chem. Bindungen* vorkommen; zw. Doppelsalzen* u. Koordinationsverb. gibt es keine scharfe Grenze.

Komponenten: s. Gibbs-Phasengesetz.

Kompositen: s. Asteraceae.

Kompositenstärke: s. Inulin.

Kompresse: mehrfach gelegter od. gefalteter 18-, 20-fädiger Verbandmull od. Vliesstoff. Man unterscheidet: **1.** Standard-K.: Schnittkanten nach innen gelegt, beim Aufklappen ensteht nächst größeres Format; **2.** kombinierte K. (Universal-K.): Kern mit stark saugenden Stoffen wie Zellstoff, Vliesstoff od. Watte; **3.** Saug-K.: dreiteilig, zum Abpolstern u. Aufsaugen von stark sezernierenden Wunden. Materialien: wundfreundl. Hüllvliesstoff, Zellstoff hoher Festigkeit (Tissue-Zellstoff), Fluff (Saugkörper aus Cellulose).

Kompressionsstrumpf: therap. Strumpf aus hochelast. Textilfasern zur Prophylaxe u. Ther. von Krampfadern, tiefen Venenthrombosen, Lymphödemen. Der Kompressionsdruck fällt von unten (Fessel) nach oben (Oberschenkel) ab. Meist wird der Strumpf individuell angepasst. Je nach Krankheitsbild variieren die Strumpflängen (Schenkel-, Halbschenkel-, Wadenstrumpf, Socke od. Strumpfhose). Einteilung in Kompressionsklassen: s. Tabelle.

Kompressionsstrumpf
Einteilung in Kompressionsklassen

Kompressionsklassen	Kompressionsdruck kPa	mm Hg
I	2.5	ca. 20 (18.4-21.2)
II	3.8	ca. 30 (25.1-32.1)
III	5.5	ca. 40 (36.4-46.5)
IV	8.0	>60

Kompressionsverhalten von Pulvern: die während der Kompression (Zusammenpressung, Verdichtung) mehr od. weniger stark auftretenden elast. Verformungen, die bei weiterer Erhöhung des Pressdrucks (wenn möglich) in Abhängigkeit von der Anzahl an Defekten im Kristallaufbau der Pulverpartikeln in plast. irreversible Verformungen übergehen. Es entstehen dabei Gitterdeformationen, z. B. durch Gleitvorgänge in Kristallen, plast. Fließen in amorphen bzw. viskosen Stoffen sowie Bruchvorgänge. Das Verhalten ist abhängig von den kristallograph. Eigenschaften des Pulvers. Eine überwiegend elast. Verformung bei der Tablettierung ist für den Zusammenhalt des Presslings von entscheidendem Nachteil. Das Kompressionsverhalten (elast., plast.) ist abhängig von **1.** den physik. Eigenschaften der verwendeten Wirk- u. Hilfsstoffe (Teilchengröße, -verteilung, Kristallform, -struktur, -härte, Elastizitätsmodul); **2.** der Aufbereitungstechnik des Pressgutes (Sieben, Granulieren, Trocknen); **3.** den Bedingungen während des Pressvorganges (Typ der Tablettenmaschine, Pressgeschwindigkeit und v. a. Pressdruck).

Komprimate: s. Compressi.

Kondensation: **1.** (chem.) Reaktion von mind. 2 Molekülen unter Austritt eines kleineren Moleküls, z. B. Wasser. **2.** (physik.) Verflüssigen von Gasen od. Dämpfen durch Abkühlen od. Komprimieren (Verdichten).

Kondensator: 2 durch einen Nichtleiter (Dielektrikum) getrennte Metallplatten od. -folien; befinden sie sich auf unterschiedl. Potential, wird Ladung auf ihnen gespeichert: $Q=C \cdot U$ (Q=Ladung, C=Kapazität des Kondensators, U=Spannung). **Anw.:** Speicherung von elektr. Ladung u. Energie.

Kondensor: s. Mikroskop.

Kondom: s. Präservativ.

Konduktometrie: Leitfähigkeitsmessung; Untersuchung von Reaktionsabläufen in Lsg. durch Messen der Leitfähigkeit, die sich mit der Konz. freier Ionen ändert. **Maßanalyt. Verwendung:** Titrationen mit konduktometr. Endpunktbestimmung (s. Maßanalyse), sog. Leitfähigkeitstitrationen, wobei die Leitfähigkeit in Abhängigkeit vom zugesetzten Volumen der Maßlösung* gemessen wird. Der Endpunkt wird durch einen Knick in der Leitfähigkeitskurve erkannt (s. Abb.), s. Hochfrequenztitration. **Anw.:** Ermittlung von Aciditätskonstanten (s. Säurekonstante); Löslichkeitsbestimmung schwer lösl. Salze; Verfolgung der Kinetik chem. Reaktionen, bei denen Ionen unterschiedl. Beweglichkeit auftreten; Reinheitsbestimmung von Wasser (s. Aqua).

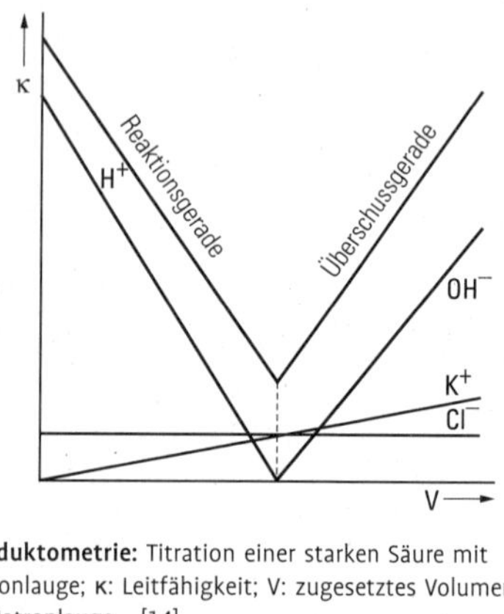

Konduktometrie: Titration einer starken Säure mit Natronlauge; κ: Leitfähigkeit; V: zugesetztes Volumen an Natronlauge [14]

Kondurangofluidextrakt: s. Extractum Condurango fluidum.

Kondurangorinde: s. Marsdenia condurango.

Kondylome: Condyloma; Hyperplasien des Plattenepithels im Anogenitalbereich. **Formen:** z. B. **1.** Condylomata acuminata (Feigwarzen) durch In-

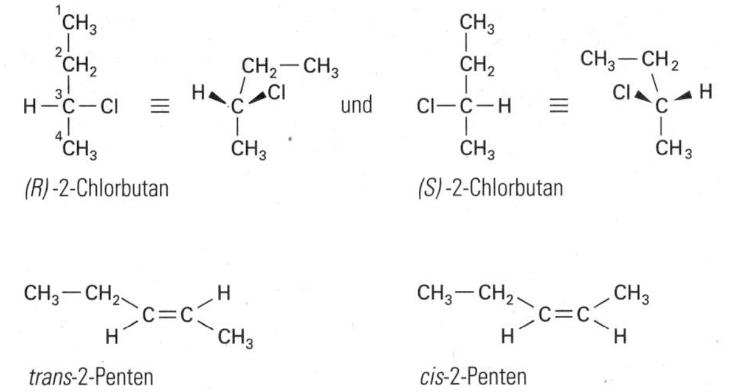

Konfiguration: Stereoisomere von 2-Chlorbutan u. *cis-/trans*-Isomere von 2-Penten als Beispiele [1]

fektion mit Papillomaviren; **2.** Condylomata lata durch Infektion mit Treponema pallidum, s. Syphilis.

Konfektionieren: Begriff aus der Galenik, der das verkaufsfertige Herrichten von Arzneimitteln beschreibt, z. B. Abfüllen von flüss. Arzneimitteln in Flaschen, Etikettieren, Sterilisieren, Beigabe von Trockenmittel.

Konfidenzintervall: s. Fehlerrechnung (Vertrauensbereich des Mittelwertes).

Konfiguration: die Position von Atomen od. Atomgruppen im Raum um ein Zentralatom, meist ein asymmetr. Kohlenstoffatom*, od. an einer C=C-Doppelbindung (*cis-/trans-* bzw. E/Z-Nomenklatur*); vgl. Enantiomere, Diastereomere. Die **relative K.** entspr. den unterschiedl. Anordnungen der Atome in Diastereomeren*, z. B. der K. eines chiralen Molekülfragmentes relativ zu anderen Gruppen im selben Molekül. Die **absolute K.** legt die räuml. Anordnung der Liganden in einem Molekül fest (vgl. ORD). Der Begriff K. wird bei der Charakterisierung getrennt isolierbarer Stereoisomeren* benutzt, der Begriff Konformation* bei Molekülsystemen, die leicht durch Drehung um eine C–C-Einfachbindung ineinander überführt u. daher i. Allg. nicht voneinander getrennt werden können. Für die Wirkung eines Arzneistoffes ist seine K. oft von größter Bedeutung, z. B. bei Betasympatholytika (Sympatholytika*).

Konfiguration, *erythro-/threo-*: Diastereomere*, in deren Newman*-Projektion sich Sätze ident. od. vergleichbarer Substituenten in einer der drei eklipt. Konformationen decken, nennt man *erythro*-Diastereomere. In der Fischer*-Projektion müssen die bd. benachbarten Substituenten der *erythro*-Form auf der selben Seite liegen. Ist die Geometrie der *erythro*-Form nicht gegeben, spricht man von *threo*-Diastereomeren (s. Abb.). Historisch leitet sich die Bez. von den Tetrosen Erythrose* u. Threose* ab.

Konformation: durch Drehung um eine Einfachbindung veränderbare Gestalt eines Moleküls, auch wenn infolge nichtbindender Wechselwirkungen dieses Drehvermögen stark beschränkt od. völlig blockiert ist (Atropisomere*); oft sind die einzelnen Konformere nicht isolierbar; vgl. Konfiguration. Man unterscheidet mehrere charakterist. K., wie gestaffelte (*anti-*) u. eklipt. (*gauche-, syn-*) Stellung (s. Abb. 1), die sich in ihrer potentiellen Energie unterscheiden: im Gleichgewicht sind die weniger sterisch gehinderten K. stärker vertreten. Alicycl. C_6-Ringsysteme können wegen des tetraedr. Bindungscharakters ihrer C-Atome nicht eben sein. Durch die Sessel- u. Wannenform wird im Cyclohexan und seinen Derivaten die Baeyer*-Spannung verringert. Auch eine eklipt. Stellung aller H-Atome des Ringes und damit eine erhöhte Pitzer*-Spannung wird in

K

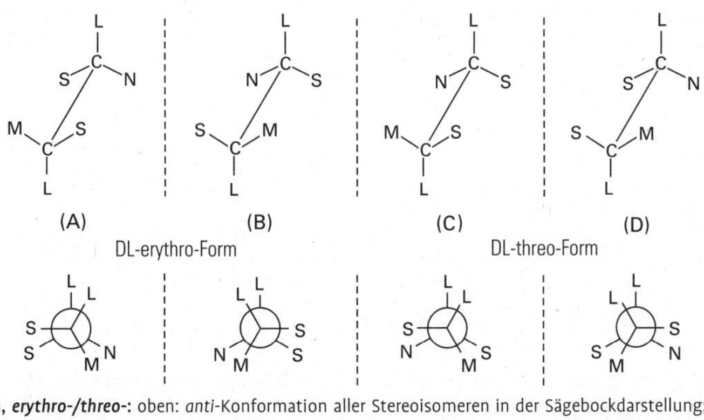

Konfiguration, *erythro-/threo-*: oben: *anti*-Konformation aller Stereoisomeren in der Sägebockdarstellung; unten: jeweils eine der 3 mögl. eklipt. Konformationen des gleichen Stereoisomeren (Newman-Projektion); die Substituenten M u. N sind ähnl., aber nicht identisch

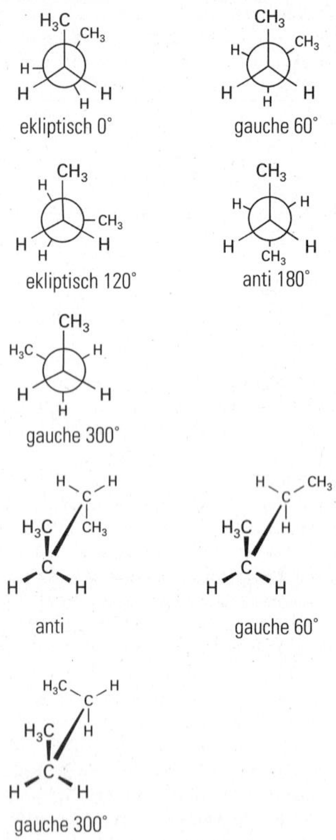

Konformation Abb. 1: Butan als Beispiel

diesen bd. K. vermieden. Die H-Atome bzw. die Substituenten lassen sich in axiale (a), senkrecht zur fiktiven C-Ringebene stehende, u. in äquatoriale (e), ungefähr in der fiktiven Ringebene liegende, einteilen. Bei der Wannenform stehen 4 Paare von H-Atomen eklipt. zueinander. Das führt zu einer Pitzer-Spannung, die diese K. labiler macht als die Sesselform, bei der alle H-Atome bzw. Substituenten gestaffelt sind (s. Abb. 2). Konformationsänderungen führen z.B. bei Enzymen, Rezeptoren, Ionenkanälen zu Änderungen ihrer biol. Aktivität.

Konformere: Konformationsisomere; s. Konformation.

Konformitätsbescheinigung: besagt nach dem Medizinproduktegesetz, dass die Konformität eines Medizinproduktes mit geltenden Normen in einem Bewertungsverfahren bestätigt wurde. Sie

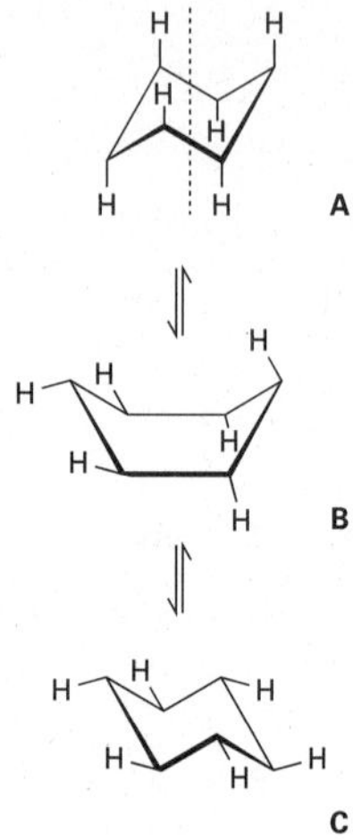

Konformation Abb. 2: Cyclohexan als Beispiel für 1. u. 2. Sesselform (A u. C) bzw. Wannenform (B) [1]

ist für die Verkehrsfähigkeit u. für das Anbringen der CE-Kennzeichnung erforderlich.

Kongestion (lat. congere, congestus anhäufen): arterielle Blutüberfüllung als Folge von Entzündungsreizen.

Konglomerat: **1.** sedimentäres Trümmergestein. **2.** Gemenge aus versch. krist. Substanzen; vgl. Racemat.

Konglutination: s. Agglutination.

Kongokaffee: s. Coffea.

Kongo-Kubeben: s. Piper guineense.

Kongopapier: Filtrierpapier, das mit einer 0.01 %igen Lsg. von Kongorot* getränkt ist. **Anw.:** Nachw. freier Säuren (unter pH 3 blau).

Kongorot: Natriumsalz der Benzidin-diazo-bis-1-naphthylamin-4-sulfonsäure, $C_{32}H_{22}N_6Na_2O_6S_2$, M_r 696.67. Rotes Pulver, das sich in kaltem u. heißem Wasser mit blutroter Farbe löst, die auf Zusatz von Säuren in Blau umschlägt. **Anw.** techn.: Färberei; Indikator* in der Maßanalyse (Umschlagsbereich: pH 3.0-5.2, blauviolett — rotorange), Titrieren von Anilin u. Pyridin, Nachw. freier Mineralsäuren; med.: Untersuchung des Magensaftes auf freie Säure. Kongorot-Lsg. 1:1000 zur Prüfung der Tribromethanol*-Lsg. auf freien Bromwasserstoff. **Kongorot puriss. pro injectione**: früher zur Blutmengenbestimmung nach Heilmeyer, zur Leberfunktionsprüfung; in 1 %iger Lsg. Hämostyptikum i. v. (Lungenblutungen, typhöse Darmblutungen, in der Gynäkologie), falls erforderl. Wiederholung in 12-24h; bakt. Nährbodenzusatz.

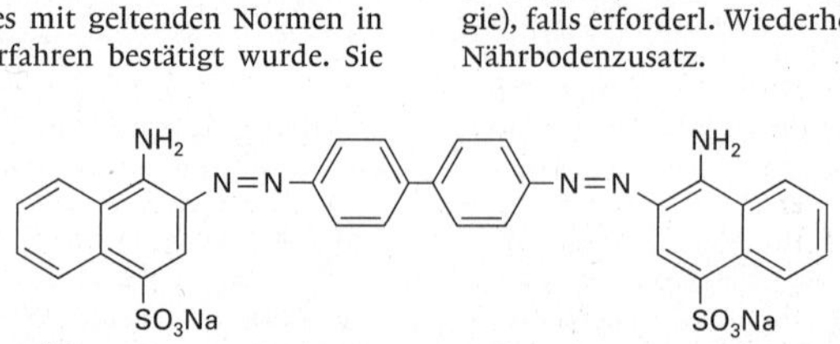

Kongorot

Konidien: (bot.) ungeschlechtl. Keimzellen (Sporen), die aus dem Zellverband losgelöst od. abgeschnürt werden (auch Exosporen genannt), z. B. bei vielen Pilzen*.

Koniferen: s. Coniferopsida.

Konjacpflanze: s. Amorphophallus konjac.

Konjugation: **1.** (biol.) Verschmelzung des männl. mit dem weibl. Zellkern bei der Befruchtung. **2.** (genet.) Zusammentreten homologer Geschlechtschromosomen vor der Reduktionsteilung. **3.** (chem.) benachbarte Lage von Doppelbindungen im Molekül, die durch eine Einfachbindung getrennt sind. Die π-Elektronen dieser konjugierten Doppelbindungen sind über alle beteiligten Atome delokalisiert. **4.** (bakt.) Übertragung von genet. Material durch Bildung einer Plasmabrücke zw. Spenderzelle, die einen sog. Konjugationsfaktor* besitzt, u. der Empfängerzelle.

Konjugationsfaktor: extrachromosomale doppelsträngige DNA, die eine Konjugation verursachen kann, z. B. F*-Faktor, R*-Faktor.

konjunktival: Applikation eines Arzneimittels am Bindehautsack des Auges.

Konjunktivitis: Conjunctivitis; Entzündung der Augenbindehaut.

konkav: ausgehöhlt, nach innen gewölbt. Vgl. konvex.

Konkavlinse: Zerstreuungslinse; s. Brennpunkt.

Konnektiv: (bot.) steriles Mittelstück der Anthere, s. Blüte.

Konservierung: Verfahren, um ein Produkt (Nahrungs-, Genuss- od. Arzneimittel) über einen langen Zeitraum möglichst unverändert zu erhalten, d. h. um schädigende u. verderbende Einflüsse zu vermeiden. Produktschädigende Einflüsse: **1. chem.-physik. Einflüsse** wie z. B. Oxidation, Feuchtigkeit, Hydrolyse, Fremdstoffe aus Verpackungsmaterial; **2. mikrobielle Einflüsse** wie z. B. Fäulnis, Gärung, Ranzigwerden, Toxinbildung, Verfärbung, Konsistenzänderung, sichtbarer Befall; **3. enzymat. Einflüsse.** Zur Vermeidung der mikrobiellen Einflüsse durch Abtötung von Mikroorganismen, Ausschalten der Vermehrung u. Verhinderung der Wiederbesiedlung dienen zahlreiche Verfahren: **I. physik. Verfahren: A: therm. Verfahren:** die Temperatur ist einer der wichtigsten äußeren Faktoren, die das Wachstum von Mikroorganismen beeinflussen. Bei niedrigen Temp. kommt das Wachstum völlig zum Stillstand, ohne Abtötung von Mikrooganismen. Enzymat. Prozesse werden ebenfalls gehemmt. Bei höheren Temp. werden Mikroorganismen abgetötet. **1. Anw. von Kälte:** unterhalb der sog. minimalen Wachstumstemperatur kommt das Wachstum zum Stillstand. Kühle Lagerung bis max. 15 °C, gekühlte Lagerung bei max. 6 °C (Kühlschrank), tiefgekühlte Lagerung bis max. −18 °C (Tiefkühlung). Entscheidend für die Qualität tiefgekühlter Produkte ist ein möglichst schnelles Einfrieren bei sehr tiefen Temp. (Schockfrieren) u. Einhaltung der Tiefkühlkette bei Lagerung u. Transport. Wichtiges Gefrierverfahren ist die Gefriertrocknung*; **2. Anw. von Hitze: a)** Pasteurisieren*: Kurzzeiterhitzung für Produkte, deren Beschaffenheit durch höhere Temp. leidet. Erfasst werden nur bestimmte Keimarten; Einsatz zur Kurzzeitkonservierung von Milch, Bier, Wein, Obstsäften; Herst. von Halbkonserven, Zusatzbehandlung zu asept. Verfahren; **b)** Tyndallisieren: fraktioniertes Erhitzen* von thermolabilen Substanzen, vgl. Sterilisationsverfahren (feuchte Hitze); **c)** Sterilisation*: Abtötung aller Mikroorganismen. Durch Sterilisation entstehen haltbare Produkte (bei Nahrungsmitteln sog. Vollkonserven). Voraussetzung dafür sind geeignete Behältnisse, die gut schließbar u. widerstandsfähig gegen Temp., Druck u. Füllgut sind. Dosen aus verzinntem Blech (Weißblech*) od. mit einem Innenschutz aus Lack (verniert) finden Verwendung. **B: Trocknen:** durch die Verminderung des Wassergehaltes wird die Vermehrung von Mikroorganismen verhindert. Die mikrobiellen Verhältnisse entsprechen der Kälteanwendung. Techn. angewendet werden Sprüh*- u. Gefriertrocknung* (z. B. Impfstoffe). **C: Bestrahlung:** mit ionisierenden Strahlen (meist γ-Strahlen mittels Radionuclid ^{60}Co für Sterilisationszwecke), UV-Strahlen (Pasteurisierung*). Die Anw. von ionisierender Strahlung* bei Lebensmitteln ist in den meisten Ländern verboten bzw. stark eingeschränkt; nur erlaubt, wenn keine anderen Sterilisationsverfahren angewendet werden können. **II. chem. Verfahren: A: Lebensmittel: 1. Salzen:** die Wirkung beruht überwiegend auf Wasserentzug; **2. Pökeln:** Behandlung mit Pökelsalz (Zusatz von Nitrit* od. Nitrat*), die Wirkung beruht überwiegend auf Wasserentzug; **3. Räuchern:** die keimvermindernde od. hemmende Wirkung beruht auf der mikrobiziden Wirkung der Rauchinhaltsstoffe (z. B. Formaldehyd*, Guajakol*, Cresol*, Phenol*) u. Wasserentzug; **4. Zusatz von Konservierungsmitteln:** der Zusatz von Konservierungsstoffen bei Lebensmitteln ist in den Lebensmittelgesetzen* od. den Konservierungsmittelverordnungen der Länder geregelt. Als Konservierungsstoffe werden z. B. eingesetzt: **a)** Säuren wie Ameisensäure, Essigsäure, Propionsäure, Milchsäure, Citronensäure, Sorbinsäure, (0.01-0.1 %), Benzoesäure u. schwefelige Säure (nur für Wein u. Trockenobst); **b)** *p*-Hydroxybenzoesäurealkylester, Hexamethylentetramin (s. Methenamin), Biphenyl, *o*-Phenylphenol; **c)** Dimethyl- bzw. Diethyldicarbonat sind heute aufgrund ihrer kanzerogenen UAW verboten. **B: Arzneimittel:** antimikrobiell wirksame Substanzen, die zur Konservierung von Arzneimitteln, wie Iniectabilia, Augen- u. Nasentropfen, peroralen Liquida, Weichgelatinekapseln sowie Dermatika, eingesetzt werden, gehören versch. chem. Gruppen an. Dementsprechend ist auch ihr Wirkungsspektrum unterschiedlich. Die meisten Konservierungsmittel sind amphiphile Stoffe (s. Tenside), wobei der lipophile Charakter überwiegt. Quartäre Ammoniumverbindungen* sind hingegen sehr gut wasserlösl. mit kationenaktiven Eigenschaften. Die Konservierung von Emulsionssystemen ist wegen der leichten Inaktivierbarkeit der meisten Konservierungsmittel durch deren Lipidlöslichkeit bzw. ihre Einlagerung in Mizellen von Netzmitteln schwierig. Auch die häufig vorkommende Ad- bzw. Absorption an Kautschuk u. Kunststoffen mit Weichmacherzusatz erschwert die Anwendung.

Die wichtigsten **Konservierungsmittel** für Arzneizubereitungen: **1.** Cresole (v.a. *ortho-* u. *para-*Cresol) in 0.2-0.4%iger Konz. für wässrige Injektionspräparate; bakteriostat. bis bakterizid, weniger wirksam bei pH über 8.5. Inkomp. mit z.B. kationenaktiven Stoffen; **2.** *p*-Chlor-*m*-Cresol (0.1-0.2%) für Parenteralia, mikrobistat. bis mikrobizid, eingesetzt unter pH 8.5, Sorptionsneigung an Elastomere; **3.** Benzylalkohol (1-2% u. darüber) für wässrige u. ölige kutane, parenterale, z.T. ophthalmologische Arzneizubereitungen; **4.** Phenylethylalkohol (0.7-1.5%) für wässrige u. ölige Injektionspräparate, Dermatika, Ophthalmologika; nur mikrobistatisch; **5.** Phenoxyethylalkohol (1-1.5%) für Dermatika; **6.** Chlorbutanol (0.3-0.5%) für Injektionspräparate, auch für die kutane, nasale u. ophthalmolog. Applikation, bakteriostat. bis bakterizid, instabil über pH 5, adsorbiert stark an Elastomere*; **7.** *p*-Hydroxybenzoesäuremethyl- (0.15-0.2%), -ethylester (0.07%) u. -propylester (0.03%), für p.o.-Liquida, Weichgelatinekapselhüllen, O/W- u. W/O-Emulsionen, Schleime u. Dermatika; meist wird ein Gemisch aus 65% Methyl- u. 35% Propylester eingesetzt; weniger wirksam u. instabil über pH 8, bei Emulsionen z.T. höhere Konz. erforderl.; in Komb. mit Benzylalkohol breiteres Wirkungsspektrum; **8.** Benzalkoniumchlorid od. andere quartäre Ammoniumverbindungen (0.002-0.02%) für Augen-, Nasen- u. Ohrentropfen u. für Schleime (0.1%, kutan); wegen des kationenaktiven Charakters viele Inkomp.; hohe Sorptionsneigung; im Alkal. bessere Wirksamkeit. Chlorhexidin-diacetat od. -digluconat (0.005-0.01%) für Augen-, Nasen- u. Ohrentropfen, für Schleime (0.05%); viele Inkomp., hohe Sorptionsneigung; im Alkalischen bessere Wirksamkeit. Wegen der unzureichenden Wirk. oft in Kombiantion mit EDTA-Na; **9.** Phenylquecksilber-Verbindungen (Borat, Nitrat, Acetat) (0.002-0.005%) für Nasen- u. Ohrentropfen, rektale u. vaginale Applikation, auch für ophthalmolog. Zwecke; wirksamer im Alkalischen, Adsorption an Polyethylen u. Elastomere; **10.** Thiomersal (0.002-0.015%) für Nasen-, Augen- u. Ohrentropfen, wässrige Injektionspräparate; Adsorption an Polyethylen u. Elastomere, instabil im neutralen u. alkal. Bereich, lichtempfindl., wirkt am besten unter pH 6; **11.** Benzoesäure u. Natriumbenzoat (0.1-0.2%) für p.o.-Liquida; weniger wirksam über pH 4; **12.** Sorbinsäure u. deren Salze (0.1-0.15%) für p.o.-Liquida, Dermatika; weniger über pH 5, oxidationsempfindich; **13.** Ethanol, 1,2-Propylenglykol (über 15%), Glycerol (über 30%) u. Sorbitol (über 70%) für p.o.-Liquida u. Dermatika, meist in Kombination z.B. mit *p*-Hydroxybenzoesäureestern. Sterilen u. inaktivierten Impfstoffen (s. Vakzine) u. Sera* darf nach Ph.Eur. ein geeignetes Konservierungsmittel zugesetzt werden (Organoquecksilberverbindungen, Aminoessigsäure, 2-(Ethylmercurithio)-benzoesäure-Natriumsalz, Phenol u. Formaldehyd). Enthält ein Impfstoff Phenol, so darf die Phenolkonzentration 0.25% (m/V) nicht überschritten werden. Bei der Herst. von Toxoiden* darf im Präparat nicht mehr als 0.02% (m/V) Formaldehyd verbleiben.

Konservierungsmittel: s. Konservierung.

konsistent: fest, dickflüssig.

Konsistometer nach Haake: Viskosimeter für höherviskose Flüssigkeiten (10^4-10^{13} m·Pas), dient auch der Bestimmung der Elastizität, Plastizität, Druck- u. Biegefestigkeit, Wärmeformbeständigkeit von solchen Materialien (Hochpolymere, Bitumen, Wachse, Seifen), deren rheolog. Eigenschaften nicht od. nur schwer mit den übl. Viskosimetern (s. Viskosität) bestimmt werden können. Mit Hilfe eines Hebelarms u. versch. Gewichte wird eine definierte Belastung G über einen durchbohrten Messkörper mit geeigneten Dimensionen auf die in einem zylindr. Gefäß (angepasst an den Messkörper) befindl. Probe ausgeübt. Die so belastete Substanz entweicht durch die Bohrung nach oben u. der Messkörper sinkt nach der Zeit t eine bestimmte Strecke S ein. Für die Viskosität η gilt (K = Apparatekonstante): $\eta = G \cdot t \cdot K/S$.

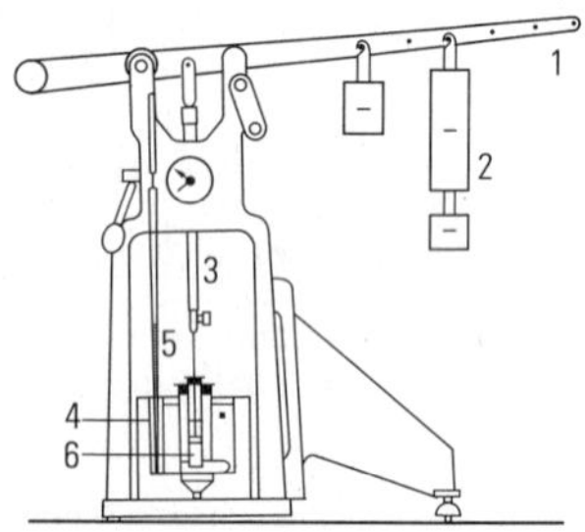

Konsistometer nach Haake: 1: Hebelarm kurz od. lang, je nach erforderlicher Belastung; 2: Gewichte; 3: Schubstange zum Übertragen der Kraft auf die Messeinrichtungen; 4: Temperiergefäß; 5: Kontrollthermometer; 6: austauschbare Messeinrichtungen

Konstantan: Kupfer-Nickel-Legierung für elektr. Widerstände u. Thermoelemente*. **Zstzg.:** 55-70% Kupfer, 30-45% Nickel; **Eigenschaft:** Ein Draht aus 45% Ni u. 55% Cu besitzt einen 33-mal höheren spezif. Widerstand als reines Cu u. zeigt gleichzeitig fast keine Temperaturabhängigkeit des Widerstands (daher der Name). **Anw.:** In Kombination mit Eisen- od. Kupferdraht findet die Legierung Anw. als Thermoelement im Bereich −200 bis 700 °C.

Konstante, ebullioskopische: Siedepunkterhöhung pro Mol gelöster Substanz; s. Gefrierpunkterniedrigung.

Konstipation: s. Obstipation.

Konstituens: Constituens; formgebender, indifferenter Bestandteil einer Arznei, z.B. bei Tabletten, Pillen, Salben. Bei Flüssigkeiten bezeichnet man das indifferente od. nur wenig wirksame Lösungsmittel als Vehikel*.

Konstitution: **1.** (chem.) Form der Bindung u. die Reihenfolge der Atome im Molekül; vgl. Strukturisomere. **2.** (physiol.) der Zustand des menschl. Körpers.

Konstitutionsformel: s. Strukturformel.

Konstitutionsisomere: s. Strukturisomere.

Konstitutionsmittel:

Hom: Arzneimittel, die nach dem Ähnlichkeitsgesetz die Konstitution eines Menschen im Rahmen seiner genet. Möglichkeiten verbessern. Konstitution ist die angeborene oder erworbene Reaktions- und Regulationsfähigkeit eines Menschen. s. Homöopathie.

Kontagiosität: Ansteckungsfähigkeit; Ansteckungskraft eines Erregers als Vorraussetzung für die Fähigkeit zur Infektion*.

Kontaktekzem: exogen ausgelöstes Ekzem*. **Formen:** **1.** tox. K.: Schädigung der Hautbarriere durch Kontakt mit Säuren u. Basen, Mineralölen, org. Lösungsmitteln, oxidierenden u. reduzierenden Substanzen sowie infolge UV-Überdosierung; **2.** kumulativ-subtox. K.: Hautschädigung mit Fissur- u. Rhagadenbildung; die Austrocknung der Haut, bes. durch Wasser, begünstigt eine Kontaktallergie; Vork. z. B. bei Friseuren, Bäckern, Pflegepersonal; **3.** allerg. K.: Allergie* vom Spättyp; durch Kontakt mit einem Allergen erworbene Überempfindlichkeit. Häufige auslösende Allergene sind z. B. Nickelsulfat, Cobaltchlorid, Kaliumdichromat, *p*-Phenylendiamin, Duftstoffe, Thiurame, Formaldehyd, Perubalsam, Kolophonium, Parabene u. a. Konservierungsstoffe, Wollwachsalkohole, Epoxidharz, Benzocain, Neomycin, Pflanzeninhaltsstoffe (z. B. Latexproteine); **4.** aerogenes K.: Sonderform des K. durch Einwirken allergenpotenter Stäube, Dämpfe od. Gase (u. a. Holzstäube, Terpentin, Friseurchemikalien) auf luftexponierte Hautareale (bes. Gesicht, Hals u. Dekolleté).

Kontaktinfektion: Übertragung von Krankheitserregern durch Berührung eines infizierten Menschen od. Tiers od. durch Berührung kontaminierter Gegenstände; vgl. Infektion.

Kontaktinsektizide: s. Schädlingsbekämpfungsmittel.

Kontaktlinsen: syn. Kontaktgläser, Haftschalen; der Hornhaut od. dem vorderen Augapfel angepasste durchsichtige Schalen, die aus Kunststoffmaterial, selten aus Glas bestehen. Sie dienen dem Ausgleich von Refraktionsfehlern (Myopie, Hyperopie, Astigmatismus) u. verbessern die Sehschärfe. **Weiche, hydrophile Kontaktlinsen** bestehen aus Copolymeren von Hydroxyethylmethacrylat (HEMA) u. N-Vinylpyrrolidon (NVP) od. Methacrylsäure (MA) in Form flüssigkeitsreicher, elast. Gele mit hoher mechan. Festigkeit u. Benetzbarkeit, hoher Sauerstoffdurchlässigkeit u. müssen vor Austrocknung geschützt werden. Statt HEMA kann Methylmethacrylat (MMA) für die Polymerisation eingesetzt werden. Sauerstoffdurchlässige K. können über einen längeren Zeitraum getragen werden. **Harte K.** wurden früher aus Polymethylmethacrylat (PMMA) gefertigt. Heutzutage werden sie aus Copolymeren von MMA mit fluor- u./od. silikonhaltigen Methacrylaten gefertigt. Sie haben einen geringen Wassergehalt u. sind weniger flexibel als weiche Kontaktlinsen.

Kontaktlinsenpflegemittel: dienen zur Reinigung (Entfernung von Verschmutzungen, die durch Ablagerungen von Proteinen u. Lipiden bedingt sind), Desinfektion, Aufbewahrung von Kontaktlinsen (Schutz vor Austrocknung während des Nichttragens, speziell bei weichen Linsen) u. zur Benetzung von Kontaktlinsen (um Reibung zw. Linsen u. Hornhaut herabzusetzen). **Off.:** Ph.Helv.7 Solutiones pro lentibus ophthalmicis, Kontaktlinsenflüssigkeiten (Reinigungs-, Aufbewahrungs-, Spül- u. Benetzungsflüssigkeiten). Die Zstzg. der einzelnen Lsg. richtet sich in erster Linie nach der Art des Linsenmaterials (s. Kontaktlinsen). Es gelten die gleichen mikrobiellen Reinheitsanforderungen wie bei Augenwässern. Zur Aufbewahrung dienen konservierte, isotone, wässrige Lösungen. Gebräuchl. Konservierungsmittel sind Chlorhexidingluconat u. Thiomersal sowie Kombinationen untereinander u. mit EDTA-Na. Eine weitere Möglichkeit der Desinfektion ergibt sich durch den Einsatz einer 3 %igen wässrigen Wasserstoffperoxidlösung, wobei nach dem Reinigungsprozess u. vor dem Einsetzen ins Auge der H_2O_2-Überschuss mit Brenztraubensäure (CO_2-Entwicklung) entfernt wird.

Kontaktwinkel: s. Benetzbarkeit.

Kontamination (lat. contaminare besudeln): Verunreinigung, Verschmutzung, Verseuchung. **1.** Belastung der Umwelt mit schädigenden Substanzen; **2.** radioaktive Belastung (z. B. bei Atomkraftwerken, Isotopenlabors); **3.** mikrobielle Belastung von Lebensmitteln, pharmaz. Zuber. u. a.; **4.** Verunreinigung von Arzneimitteln durch andere Stoffe.

kontinentale Methode: s. Emulsionen.

Kontraindikation: Gegenanzeige; Umstand, der die Anw. eines diagnost. od. therapeutischen Verfahrens bei gegebener Indikation* in jedem Fall verbietet (absolute K.) od. nur unter strenger Abwägung sich dadurch ergebender Risiken zulässt (relative Kontraindikation).

kontrainsuläres Hormon: s. Hormone (Hypophysenvorderlappen).

kontralateral: auf der entgegengesetzten Seite, gekreuzt; Ggs.: kollateral*.

Kontrastclips: s. Büretten.

Kontrastmittel: s. Röntgenkontrastmittel; für die Magnetresonanztomographie* s. Magnetopharmaka.

Kontrazeption, hormonelle: Empfängnisverhütung durch Hormonpräparate (vgl. Hormone, Keimdrüsen- u. Sexualhormone). **1. Kombinationspräparate;** Einphasenpräparate, Pinkus Pille; gleichbleibende Konz. von Estrogen u. Gestagen, die vom 5.-25. Zyklustag (s. Menstruationszyklus) eingenommen wird. Anschließend 7 Tage Pause od. Placebotabletten; **Wirk.:** Ovulationshemmung durch Unterdrückung der Gonadotropinsekretion, Veränderung des Zervixschleims (Spermienaufstieg wird gehemmt) u. des Endometriums; Pearl*-Index: 0.2-0.5; **2. Sequentialpräparate:** Zweiphasenpräparate; in der ersten Zyklushälfte wird ein Estrogen allein od. mit einer niedrigen Gestagendosis eingenommen, in der zweiten Zyklushälfte ein Estrogen-Gestagen-Gem. mit hohen Gestagendosen; **Wirk.:** v. a. zentral durch Hemmung der Gonadotropinsekretion; Pearl-Index: 0.2-0.7; **3. Dreiphasenpräparate:** um dem normalen Zyklus gerechter zu werden u. UAW zu reduzieren, werden Estrogene u. Gestagene in 3 Phasen unterschiedl. hoch dosiert eingenommen; Pearl-Index: 0.2-0.5; **4. Minipille***, Pearl-Index: 0.5-4.3; **5. Depotpräparate:** i. m. Injektion eines Depotgestagens, meist Medroxyprogesteronacetat, in einer Dosis von 150 mg alle 3 Monate. **Wirk.**: Hemmung der Gonadotropinsekretion, später auch über Beeinflussung des Zervixschleims u. des Endometriums. Kontrazeptiver Schutz über 3 Monate, jedoch unkontrolliert bis zu einem Jahr. Pearl-Index: 0.03-2; **6. Nidationshemmer:** Interzeptiva, morning after pill, sog. Pille danach; postkoital werden hohe Estrogendosen (5 mg) über 3-5 d gegeben. Eine Einnahme muss 24-48 h post coitum beginnen. **Wirk.**: Hemmung der Nidation* des befruchteten Eies (eth. Problematik, vgl. Mifepriston); **UAW:** **1.** estrogenbedingte Beschwerden: Hypermenorrhö, Ödemneigung, Übelkeit, Varizenbeschwerden, Fluor; **2.** gestagenbedingte Beschwerden: Hypermenorrhö, Depressionen, Libidoverlust, Appetitsteigerung, fette Haut, Akne, Blutdrucksteigerung. **Cave:** bei Raucherinnen, bes. über dem 35. Lebensjahr, verbietet sich die Einnahme oraler Kontrazeptiva wegen der in hohem Maße zunehmenden Thromboseneigung.

Kontrazeptiva: s. Antikonzeptiva.

Kontrollbereich: s. Strahlenbereich.

kontundieren: zerstoßen, zerquetschen (von Vegetabilien).

Kontusion: Prellung, Quetschung durch direkte stumpfe Gewalteinwirkung.

K

Konvarietät: Convarietät, Abk. convar.; (bot.) Kulturpflanzensippe, die mehrere Sortengruppen enthält u. in wichtigen Merkmalen übereinstimmt.

Konvektion: Bewegung von Molekülen in Gasen od. Flüss. aufgrund äußerer Kräfte, wie Pumpen od.Rühren (erzwungene K.) bzw. aufgrund von temperaturbedingten Unterschieden in der Dichte (freie K.).

Konversionssalpeter: s. Kaliumnitrat.

konvex: gewölbt. **bikonvex:** zweiseitig gewölbt; vgl. konkav.

Konvexlinse: Sammellinse; s. Brennpunkt.

Konvulsionen: tonisch-klonische Krämpfe*, z. B. infolge von Vergiftungen (s. Konvulsiva) od. bei Epilepsie*. Vgl. Antikonvulsiva.

Konvulsiva: Krampfgifte; Substanzen, die durch direkte Erregung von Neuronensystemen od. durch Beseitigung hemmender Einflüsse die Aktivität gewisser Zentren im ZNS steigern u. daher die Krampfbereitschaft erhöhen. Wegen ihrer erregenden Wirkung auf vasomotor. Zentren wurden Konvulsiva z. T. als Analeptika* verwendet. Nach den Angriffsorten der K. unterscheidet man: **1. Stammhirnkonvulsiva:** z. B. Pentetrazol*, Nicethamid*, Bemegrid*; stimulieren direkt vegetative Zentren in der Medulla oblongata, während Picrotoxin* die Hemmwirkung der GABA* an den Stammhirnneuronen blockiert. Mit Pentetrazol* u. Bemegrid* können epilept. Anfälle hervorgerufen werden; **2. Rückenmarkkonvulsiva:** Strychnin* u. Tetanustoxin*; blockieren den inhibitator. Neurotransmitter Glycin im Rückenmark. Bei Überdosierung führen bereits geringe Reize zur gleichzeitigen Kontraktion von Beuge- u. Streckmuskeln bei vollem Bewusstsein.

Konzentrate zur Bereitung von Injektions- und Infusionszubereitunge: s. Parenteralia diluenda.

Konzentration: Größe, die den Gehalt* eines Bestandteiles i einer Lsg. (Mischung) auf ihr Volumen V bezieht; zu unterscheiden sind Massenkonz. ($\beta_i = m_i/V$), Stoffmengenkonzentration* ($c_i = n_i/V$), Volumenkonz. ($\sigma_i = V_i/V$).

Konzentration, minimale effektive : s. MEC.

Konzentrationsangaben: nach Ph.Eur. sind für den Ausdruck Prozent (%) 4 versch. Bez. möglich: **1.** %(m/m) = g Substanz in 100 g Endprodukt; **2.** %(m/V) = g Substanz in 100 mL Endprodukt (z. B. bei flüss. Injektionspräparaten); **3.** %(V/V) = mL Substanz in 100 mL Endprodukt (20 °C); **4.** %(V/m) = mL Substanz in 100 g Endprodukt (z. B. zur Angabe des Geh. an äther. Öl in Drogen). Die in der Medizin oft verwendete Angabe mg% bedeutet meist mg Substanz in 100 mL Substrat, ist in dieser Form nicht exakt u. sollte vermieden werden. Die K. ppm (parts per million) bedeutet 1 Teil in 1 000 000 Teilen. Promille bedeutet 0.1% (1 Teil in 1000 Teilen). Weitere K.: Molarität* (s. Stoffmengenkonzentration), Molalität*, Normalität*. Bei Elektrolytinfusionslsg. ist die Angabe mval/L gebräuchlich. Angaben von Internationalen Einheiten (I. E.) sind z. B. für Seren u. Antibiotikalsg. üblich.

Konzentrations-Wirkungs-Kurve: graph. Darst. der Beziehung zw. Konzentration u. Wirk. eines Pharmakons. Die meisten Pharmaka zeigen eine nichtlineare Abhängigkeit der Wirk. von der Konzentration (Plasmaspiegel), d. h. bei Konzentrationsverdoppelung verdoppelt sich das Wirkungsausmaß nicht; vgl. Dosis-Wirkungs-Kurve. Werden für diesen Fall die Werte arithmeth. aufgetragen (Abszisse: Konzentration; Ordinate: % des max. mögl. Effekts), so ergibt sich eine Kurve etwa von der Form der Abb. oben. Eine erkennbare Wirk. tritt erst nach Überschreiten einer Schwellenkonzentration auf. Bei weiterer Konzentrationserhöhung kommt es zuerst zu einer raschen, dann langsameren Zunahme des Wirkungsausmaßes bis schließl. das Wirkungsmaximum erreicht wird. Weitere Zufuhr des Pharmakons bringt keine Steigerung der untersuchten Wirk. mit sich, es können aber andere Effekte in Erscheinung treten. Wird die Konz. in logarithm. Maßstab aufgetragen, so wird die Kurve im mittleren Teil annähernd gerade (Abb. Mitte). Die Steilheit der Kurve ist ein Maß dafür, wie schnell die Wirk. bei Konzentrationssteigerung zunimmt. Bei steilem Kurvenverlauf führen schon geringe Konzentrationserhöhungen des Pharmakons zu raschem Wirkungsanstieg. Dies erfordert im Vergleich zu flach verlaufenden Kurven sehr feine Konzentrationsabstufungen, die in der Praxis oft nicht durchführbar sind. Die Abb. unten zeigt die Konzentrations-Wirkungs-Kurven von 4 versch. Pharmaka. a u. b sind imstande, gleiche max. Wirk. zu erzeugen, allerdings bei unterschiedl. hohen Konzentrationen. b ist also bei gleicher Dosis schwächer wirksam als a. Will man aus diesem Wirkungsstärkenvergleich bei einer bestimmten Konzentration den Schluss ziehen, dass a insgesamt das stärker wirksame Pharmakon ist, so kann dies nur zulässig sein, wenn die beiden Kurven annähernd parallel verlaufen. Die Pharmaka b u. c zeigen bei gleicher Dosis jeweils 50% ihrer max. Wirk., was ohne Kurvenvergleich dazu führen könnte, sie generell

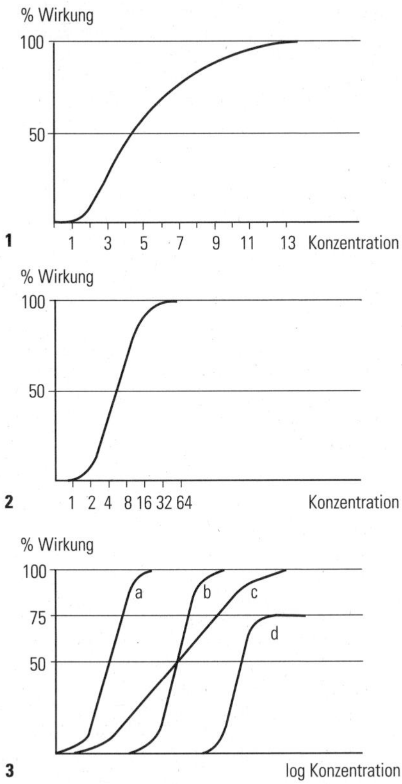

Konzentrations-Wirkungs-Kurve: 1 u. 2: häufigste Form; 1: mit arithmet. Abszisse; 2: mit logarithm. Abszisse; 3: 4 versch. Pharmaka im Vergleich (s. Text)

als gleich stark wirksam zu bezeichnen. Substanz d führt auch bei hoher Konz. nicht zum gleichen Effekt wie a od. b.

Konzeption: Empfängnis; Verschmelzung von Eizelle u. Spermium zu einer Zygote*.

Konzession: s. Apothekenwesen.

Koordinationslehre: s. Komplexchemie.

Koordinationswasser: einzelnen Ionen eines Kristallgitters sind in stöchiometrischem Ausmaß Wassermoleküle zugeordnet (Hydrathülle); z. B. Kationen wie Mg^{2+}.

Koordinationszahl: Anzahl der Liganden in einer Komplexverbindung* od. Anzahl der nächsten Nachbarn in Kristallstrukturen.

Kopaivabalsam: s. Balsamum Copaivae.

Kopal: s. Copal.

Kopfgrind: s. Favus.

Kopfsalat: s. Lactuca sativa.

Kopfschlagader: s. Karotis.

Kopf-Schwanz-Kondensation: s. Terpene.

Kopfweide: s. Salix-Arten.

Kopoubohnenwurzel: s. Pueraria lobata.

Kopr-: Wortteil mit der Bedeutung Mist, Schmutz, Kot (gr. kopros Kot); z. B. Kopragogum: ein kottreibendes Mittel (z. B. Agar*).

Kopra: das getrocknete Fruchtfleisch der Kokosnuß, s. Cocos nucifera.

Koproporphyrin: s. Porphyrine.

Korallenbaum: s. Benzylisochinolinalkaloide.

Korallenmoos: s. Alsidium helminthochorton.

Korallenschlange: s. Elaps corallinus.

Korallenwurzel: s. Polypodium vulgare.

Koralle, Rote: s. Corallium rubrum.

Korbblütler: s. Asteraceae.

Kordofangummi: s. Gummi arabicum.

Koriander: s. Coriandrum sativum.

Korinthen: s. Vitis vinifera (Passulae minores).

Korium: s. Dermis.

Kork: **1.** (bot.) s. Phellem. **2.** (pharmaz.) Lignum suberinum, Flaschenkork; Borke* der Korkeiche (s. Quercus suber).

Korkeiche: s. Quercus suber.

Korkholz: s. Alstonia scholaris.

Korkkambium: s. Phellogen.

Korkporen: s. Lentizellen.

Korkrinde: s. Phelloderm.

Korksäure: Suberinsäure; Octan-1,8-disäure, s. Carbonsäuren (Tab.).

Korksubstanz: s. Suberin.

Korkwarzen: s. Lentizellen.

Kormophyten: s. Cormobionta.

Kormus: (bot.) Pflanzenkörper, der in Spross u. Wurzeln gegliedert ist; vgl. Thallus.

Kornblume: s. Centaurea cyanus.

Kornea (lat. cornea cutis Hornhaut): Cornea; Hornhaut des Auges, durchsichtiger Abschnitt der Augapfelhülle, der in die weiße Augenhaut übergeht.

Korngrößenanalyse: Analysemethoden zur Feststellung von Korngröße, -verteilung bzw. der Oberfläche von Schüttgütern (Wirkstoffe u. Hilfsstoffe). Diese Eigenschaften sind von entscheidender Bedeutung für deren technolog. Verhalten u. beeinflussen die biopharmaz. Eigenschaften in weiterverarbeiteter Form (in Granulaten, Tabletten, Salben, Zäpfchen, Emulsionen, Suspensionen). Je nach Feinheitsgrad u. Löslichkeit des zu untersuchenden Materials (physik.-chem. Eigenschaften) ist eine geeignete Analysenmethode auszuwählen. **Teilchengrößenbestimmung:** Hierzu dienen Siebanalyse* (geeignet für Schüttgüter über 40 μm), Sichtung* (Schwerkraftsichtung 10-100 μm, Fliehkraftsichtung 2-15 μm), mikroskop. Methoden (Lichtmikroskop 0.5-250 μm, Elektronenmikroskop 0.001-10 μm), Lichtstreuungsverfahren (0.05-30 μm), Lichtbeugungsverfahren (Diffraktionsverfahren, 1-190 μm), Sedimentationsanalyse* u. Coulter*-Counter-Verfahren (Impulsverfahren). Siebanalyse u. Sichtung werden häufig auch präparativ eingesetzt. Beim **Streulichtverfahren** (light scattering, Lichtstreuungsverfahren) wird die Intensität des an den Einzelteilchen (suspendiert in einem Gas od. einer Flüss.) gestreuten Lichtes, die neben den opt. Eigenschaften des Materials auch von der geometr. Größe der Teilchen abhängt, gemessen. Korngrößen- u. Tröpfchengrößenverteilungen von Suspensionen u. Emulsionen in beliebigen Dispersionsmitteln, auch Feststoffverteilung in Gasen, lassen sich auch mit Hilfe der **Lichtbeugungsmessung** bestimmen. Z. B. beim Cilas Granulometer® wird ein Lichtstrahl aus einem Helium-Neon-Laser durch die Probe geleitet u. die

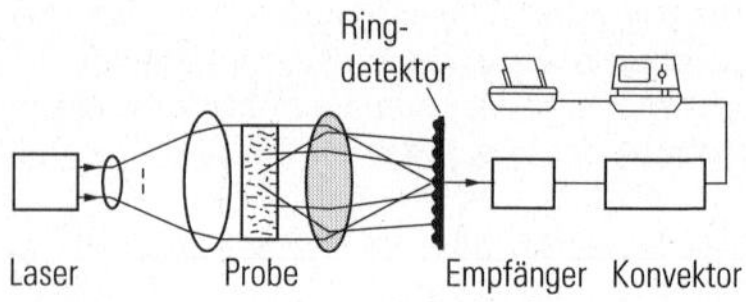

Korngrößenanalyse Abb. 1: Schema eines Partikelgrößenmessgerätes nach dem Prinzip der Laserlichtbeugung (Malvern Particle Sizer)

Verteilung der Lichtenergie in den entstandenen Beugungsringen, deren Durchmesser umgekehrt proportional der Korngrößen in der Probe sind, gemessen (s. Abb. 1). **Auswertung:** Eine isometr. Kornform erleichtert die K. disperser Feststoffe. Zur Auswertung können die Ergebnisse der K. entw. in Form eines Histogramms, einer Dichteverteilungskurve od. Summenverteilungskurve dargestellt werden od. in ein Normalverteilungs-, Lognormalverteilungs- od. RRSB*-Netz eingetragen (Versuch der Linearisierung der Korngrößenverteilung) u. die gewünschten Körnungsparameter ermittelt werden (s. Abb. 2). Die mikroskop. Methoden erlauben, in einer möglichst repräsentativen u. in monopartikulärer Schicht präparierten Probe neben der Größe der Teilchen auch deren Gestalt u. eine mögl. Agglomeration* zu beurteilen. Das zeitraubende Ausmessen vieler Einzelteilchen für eine hohe Aussagesicherheit u. die Auswertung der Ergebnisse kann von automat. Analysegeräten über ein mikroskop. Bild od. einen Bildschirm ausgeführt werden. Da die Teilchen häufig von der Kugelform abweichen, gibt es versch. Möglichkeiten den mittleren Korndurchmesser eines Teilchens zu ermitteln: **1.** Ferret-Durchmesser d_{Fer} (Messung der größten Ausdehnung zw. 2 zur Beobachtungsrichtung senkrechten Linien); **2.** Martin-Durchmesser d_M (Messung der die Teilchenflächen halbierenden Linie in Beobachtungsrichtung); **3.** Flächenmessung (Planimetrieren) der Partikel u. Angabe des Durchmessers d_F des flächengleichen (flächenäquivalenten) Kreises.

Kornrade: s. Agrostemma githago.

Korolle: (bot.) Blumenkrone, s. Blüte.

Koronarangiographie: röntgenolog. Darst. der Herzkranzgefäße nach Injektion eines Kontrast-

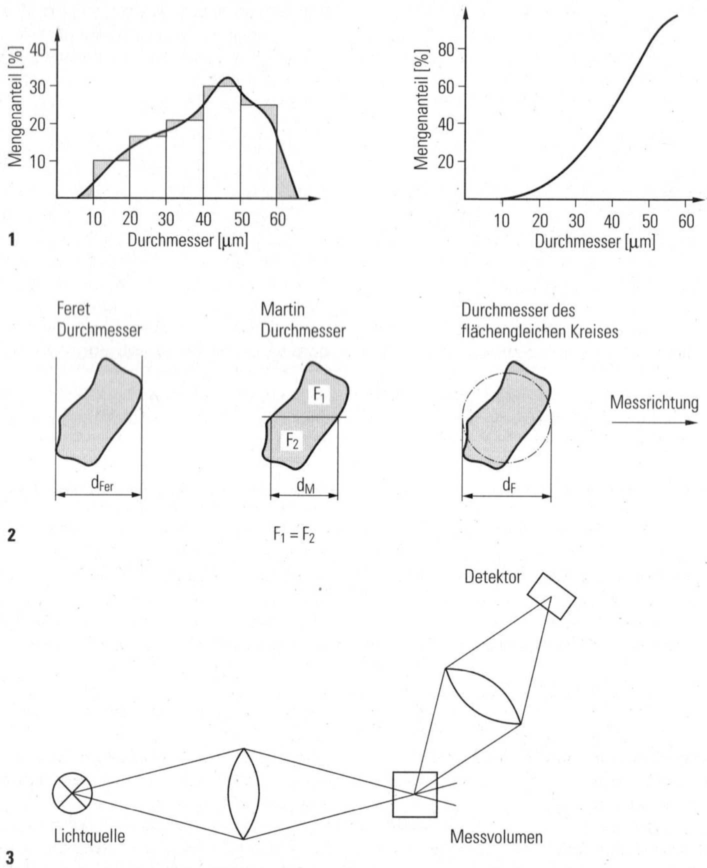

Korngrößenanalyse Abb. 2: 1: Histogramm u. Dichteverteilungskurve (links), Summenverteilungskurve (rechts); 2: Charakterisierung des Teilchendurchmessers; 3: Lichtstreuungsverfahren

mittels. Invasive Methode zur bildl. Darst. u. zur Kontrolle des Zustandes der Koronararterien.

Koronararterien: arterielle Kranzgefäße des Herzens, s. Arterien.

Koronardilatatoren: Substanzen, die eine gefäßerweiternde Wirkung, v. a. auf die Herzkranzgefäße, ausüben sollen. Wirk. zweifelhaft, da eine Vasodilatation nur an einem nicht sklerot. Gefäß mögl. ist. Es besteht die Gefahr eines Steal*-Phänomens. **Wirkstoffe:** z. B. Carbocromen*, Dipyridamol*, Lidoflazin*, Hexobendin* u. Enoximon*.

Koronarinfarkt: s. Herzinfarkt.

Koronarinsuffizienz: rel. od. absolut unzureichende Durchblutung der Koronararterien*. Das klin. Bild der K. ist die koronare Herzkrankheit*. **Urs.:** meist stenosierende Prozesse an den Koronargefäßen (insbes. Koronarsklerose*).

Koronarsklerose: Arteriosklerose* der Koronararterien* mit Verengung od. Verschluss der Gefäße. Häufigste Urs. der Koronarinsuffizienz* u. damit der koronaren Herzkrankheit*.

Koronartherapeutika: Antianginosa; Stoffe, die das Mißverhältnis zw. Sauerstoffbedarf u. Sauerstoffangebot im Herzmuskel bei der koronaren Herzkrankheit* verbessern. Zu den K. gehören: **1.** org. Nitrate*; **2.** Calciumantagonisten*; **3.** Betasympatholytika (s. Sympatholytika); **4.** Koronardilatoren* (Anw. umstritten); **5.** Phytopharmaka, s. Crataegus-Arten, Ammi visnaga. **Wirk.:** beruht auf Erniedrigung der Kontraktilität (2., 3.) u. Frequenz (3.) des Herzens, Verringerung des Füllungsvolumes (s. Vorlast) des Herzens (1., 2.) sowie Reduktion des peripheren Widerstandes (s. Nachlast, 1., 2.) mit der Folge einer erniedrigten Wandspannung des Herzmuskels.

Korotkow-Ton: pulssynchrones Strömungsgeräusch, das bei der auskultator. Blutdruckmessung bei sinkendem Manschettendruck distal von der Manschette auftritt. Zeigt die obere Grenze des systol. Drucks an u. wird bei Erreichen des diastol. Blutdrucks deutlich leiser; vgl. Blutdruckmessung.

Korpuskularstrahlen (lat. corpusculum Körperchen): Strahlen, die aus winzigen Materieteilchen bestehen. Beispiele: Alphastrahlen*, Betastrahlen, Kathodenstrahlen*.

Korrelation in-vitro/in-vivo: s. In-vitro/In-vivo-Korrelation.

Korrigenzien: s. Geschmackskorrigenzien.

Korrosion: nachteilige u. qualitätsvermindernde Veränderung eines Werkstoffes; im engeren Sinne Oxidation von metall. Werkstoffen.

Kortexon: s. Desoxycorton.

kortikal (lat. cortex Rinde): von der Gehirnrinde ausgehend, in der Gehirnrinde lokalisiert. kortikalis: Rinden-; subkortikalis: unterhalb der Rinde gelegen.

Kortikosteroide: s. Corticosteroide; s. Hormone (Nebennierenrindenhormone).

kortikotropes Hormon: s. Corticotropin; s. Hormone (Glucocorticoide).

Kortison: s. Cortison.

Korund: s. Aluminiumoxid.

Korynebakterien: s. Corynebacterium.

Koschenille: s. Dactylopius coccus.

Koschenillekaktus: s. Opuntia cochenillifera.

Kosin: s. Hagenia abyssinica.

Kosmetik, dekorative: unterliegt den Vorschriften der Kosmetikverordnung; zumeist eine Kombination farbgebender Stoffe und pflegender Bestandteile.

Kosmetik-Verordnung: Deutschland: VO über kosmet. Mittel vom 7.10.1997, BGBl. I S. 2410, zuletzt geändert 29.9.2003, BGBl. I S. 1951. Sie regelt die Verw. chem. Stoffe (u. a. Farbstoffe, Konservierungsstoffe) in Körperpflegemitteln u. enthält Verwendungsverbote u. -beschränkungen (z. B. dürfen Borsäure u. Hexachlorophen nicht mehr in Kinderpflegeprodukten enthalten sein) sowie Hinweispflichten auf bestimmte Inhaltsstoffe (z. B. Ammoniak, Formaldehyd, Hexachlorophen, Phenol, Resorcin, Fluoride, Amine, Quecksilberverbindungen). **Österreich:** Kosmetikverordnung BGBl. Nr. 166/1996, in der Fassung von 2003; außerdem: u. a. Kosmetikkennzeichnungsverordnung BGBl. Nr. 891/1993 in der Fassung von 1996, VO über Kontrollmaßnahmen betr. kosmet. Mittel, BGBl. Nr. 168/1996. **Schweiz:** VO über Gebrauchsgegenstände (GebrV, SR 817.04) u. VO über kosmet. Mittel (Vkos, SR 817.042.1); enthalten insbes. Regelungen betr. Angaben auf den Verpackungen sowie Listen der zulässigen bzw. unzulässigen Inhaltsstoffe sowie Anwendungseinschränkungen.

Kosoblüten: s. Hagenia abyssinica.

Kosten-Effektivitäts-Analyse: s. Pharmakoökonomie (Tab.).

Kosten-Nutzen-Analyse: s. Pharmakoökonomie (Tab.).

Kosten-Nutzwert-Analyse: s. Pharmakoökonomie (Tab.).

Kostuspflanze: s. Costunolid.

Kot: Fäzes, Exkrement, Stuhl; Ausscheidungsprodukt des Darms. **Zstzg:** **1.** körpereigene Substanzen (abgestoßene Epithelien, Verdauungsenzyme, Schleim u. Gallenfarbstoffe*, welche die gelbl. bräunl. Farbe bedingen); **2.** Darmbakt.; **3.** nicht resorbierte Reste der Nahrungsstoffe (Wasser, bakt. Abbauprodukte, von denen v. a. Skatol* u. Indol* den typ. Geruch verursachen). Die stark variierende Menge des K. hängt weitgehend von der Ernährung ab; kleine Mengen (<200 g/d) bei schlackenarmer, große bei ballaststoffreicher Ernährung. Vgl. Obstipation, Diarrhö.

Kotarnin: s. Cotarnin.

Kotorinde, Echte: s. Aniba coto.

Kotorinde, Falsche: s. Aniba pseudocoto.

Kotyledonen: (bot.) Keimblätter, das erste Blatt od. die ersten Blätter, die am Embryo der Samenpflanzen gebildet werden.

Koxa (lat. coxa): Hüfte.

Koxalgie: Coxalgia; Hüftschmerz, oft bei Koxarthrose u. Koxitis*.

Koxitis: Coxitis; Hüftgelenkentzündung (bakt., rheumat. od. als Begleitarthritis im Rahmen von Allgemeininfektionen).

Kp.: Abk. für Kochpunkt; s. Siedepunkt.

Kr: (chem.) Symbol für Krypton*.

Kräfte, zwischenmolekulare: s. Bindungskräfte, intermolekulare.

Krähenauge: s. Strychnos nux vomica.

Krämpfe: unwillkürl. Muskelkontraktionen. **Formen:** **1.** klonische K.: rasch aufeinanderfolgende, kurzdauernde, rhythm. Zuckungen antagonist. Muskeln; **2.** tonische K.: Kontraktion von starker Intensität u. langer Dauer, z. B. bei Tetanus*; **3.** tonisch-klonische K.: als generalisierte K. (Konvulsionen) z. B. bei Epilepsie* (Grand mal), Eklampsie*, Urämie* u. als psychogene K. bei Neurosen*; **4.** lokalisierte K. einzelner Muskeln od. Muskelgruppen: z. B. fokal-motor. epilept. Anfall od. Wadenkrampf.

Krätze: s. Scabies.

Krätzeliniment: s. Linimentum contra scabiem.

Krätzesalbe: s. Unguentum contra Scabiem.

Krätzheil: s. Fumaria officinalis.

Krätzkraut: s. Knautia arvensis.

Kräuter: s. Herba.

Kräuter, erweichende: s. Species emollientes.

Kräuteressig: s. Essig.

Kräuter, gewürzhafte: s. Species aromaticae.

Kraft: Symbol F; eine Größe, die an ihrer Auswirkung (auf einen Körper) erkennbar ist; statt von Kräften spricht man daher auch von WW; SI*-Einheit: Newton, $1\,N = 1\,kg \cdot m \cdot s^{-2}$; früher dyn*. Eine auf einen Körper wirkende Kraft bewirkt entweder eine Änderung seines Bewegungszustandes (Kraft = Masse · Beschleunigung) od. dessen elast. od. plast. Deformation; vgl. Schwerkraft; s. Arbeit.

Kraftaufnehmer, piezoelektrischer: piezoelektrischer Druckgeber; Teil von Tablettenpressen zur Messung der Presskräfte. Einsatz finden Kristalle (z. B. Quarz, Bariumtitanat), die bei einseitiger Zug- od. Druckbelastung an der Oberfläche durch Kristallgitterverspannungen eine der Belastung proportionale Ladung entstehen lassen (piezoelektr. Druckaufnahme). Diese wird über die an 2 Seiten aufgedampften Elektroden mit einem entsprechenden Messgerät registriert. Solche Kraftaufnehmer sind gegenüber Temperatureinflüssen prakt. unempfindlich.

Kraft, elektromotorische: Abk. EMK; Spannung (Potentialdifferenz) an den Elektroden einer elektrochem. Zelle im stromlosen Zustand. Hintergrund ist die Vorstellung, dass eine chem. Kraft die Ladungstrennung an den Elektroden bewirkt.

Kraftkonstante: Maß für die Stärke einer Feder; der Quotient aus Kraft u. Längenänderung (SI-Einheit Nm^{-1}). Die K. einer chem. Bindung*, die Valenzkraftkonstante, ist ein Maß für die Bindungsstärke.

Kraftpapier: Papier hoher Festigkeit aus gebleichtem od. ungebleichtem Sulfatzellstoff.

Kraftstoffe: Sammelbegriff für Brennstoffe (meist in flüss. od. gasförmiger Form), die zum Betrieb von Verbrennungsmotoren benötigt werden.

Kraftwurzel: s. Panax ginseng (Ginseng radix).

Krallendornwurzel: s. Uncaria tomentosa.

Krameria triandra Ruiz et Pav.: Krameria lappacea (Domb.) Burd. et Simp., Payta-Rathiana, Peru-Ratanhia; Fam. Krameriaceae (bzw. Fam. Caesalpiniaceae) (Strauch in den peruan. Anden). Stpfl. von **Ratanhiae radix:** Radix Ratanhiae, Radix Krameriae, Ratanhiawurzel, Radix Krameriae; getrocknete Wurzeln der Pfl., ohne Rhizome. **Off.:** Ph.Eur.4; **Inhaltsst.:** 10-15 % Ratanhia-Gerbsstoffe (Catechingerbstoff, der hauptsächl. in der Wurzelrinde lokalisiert ist), die bei der Hydrolyse Glucose u. Ratanhiarot (wasserunlösl. u. unwirksam) ergibt; Gerbstoffgehalt nach Ph.Eur.4 mind. 5 %; ferner Catechin, Neolignane, Stärke, Wachs, Gummi; **Anw.** volkstüml.: Adstringens, zu Mund- u. Gurgelwässern, in Zahnpasten (zusammen mit Myrrhe, s. Commiphora molmol), gegen Hämorrhoiden u. Frostschäden; **Zuber.:** Tct. Ratanhiae. **Hom:** *Ratanhia (HAB1.3):* getrocknete Wurzel; verordnet z. B. bei Hämorrhoidalbeschwerden mit Obstipation.

Kramperltee: s. Cetraria islandica.

Krampfader: s. Varizen.

Krampfkraut: s. Potentilla anserina.

Krampftropfen: s. Tinctura Valerianae aetherea.

Kranewittbeeren: s. Juniperus communis.

Kranewittöl: s. Juniperus oxycedrus.

kranial: zum Kopf gehörend, kopfwärts; s. Cranium. Ggs. kaudal*.

Krankenhausapotheke: Funktionseinheit eines Krankenhauses, der die Sicherstellung der ordnungsgemäßen Versorgung von einem od. mehreren Krankenhäusern mit Arzneimitteln obliegt; vgl. Apotheke. **Deutschland:** Nach § 14 Apothekengesetz ist dem Träger eines Krankenhauses die Erlaubnis zum Betrieb einer K. von der zuständigen Behörde zu erteilen, wenn er die Anstellung eines Apothekers* als Apothekenleiter u. die nach der Apothekenbetriebsordnung* für Krankenhausapotheken vorgeschriebenen Räume nachweist. Der Inhaber einer Erlaubnis für den Betrieb einer Krankenhausapotheke ist verpflichtet, zur Versorgung weiterer Krankenhäuser mit Arzneimitteln einen schriftl. Vertrag zu schließen, es sei denn, dass die zu versorgenden Krankenhäuser ebenfalls vom Inhaber der Erlaubnis getragen werden. Ein solcher Versorgungsvertrag muss von der zuständigen Behörde genehmigt werden. **Österreich:** Bez. für Krankenhausapotheke lautet Anstaltsapotheke; ansonsten ähnl. geregelt, gesetzl. Grundlage sind Apothekengesetz u. Apothekenbetriebsordnung. **Schweiz:** Bez. für Krankenhausapotheke lautet Spitalapotheke. Die Betriebe unterstehen der Aufsicht durch die Kontrollorgane der kantonalen Gesundheitsbehörden. Zur Sicherstellung der GMP*-konformen Herst. im Bereich Rezeptur u. Defektur in Apotheken u. Drogerien wurden im Dezember 2001 gestützt auf Artikel 7 des Bundesgesetzes über Arzneimittel und Medizinprodukte (Heilmittelgesetz, HMG; SR 812.21) Regeln der Guten Herstellungspraxis für Arzneimittel in kleinen Mengen erarbeitet, durch die Eidgenössische Pharmakopöekommission (EPK) verabschiedet u. durch das Schweizerische Heilmittelinstitut Swissmedic veröffentlicht. Sie sollen nach einer Versuchsphase von 2 Jahren in die Ph.Helv. aufgenommen werden.

Krankenkassen: s. Sozialversicherung (Krankenversicherung).

Krankenpflegeartikel: s. Medizinprodukte.

Krankenversicherung: s. Sozialversicherung.

Krankheit: Störung der Lebensvorgänge in Organen od. im gesamten Organismus. Folge sind subjektiv empfundene bzw. objektiv feststellbare körperliche, geistige od. seel. Veränderungen; vgl. Gesundheit.

Krankheitsüberträger: Überträger von Krankheitserregern. **Einteilung:** **1.** aktive K.: als End- od. Zwischenwirt fungierender Überträger von Krankheitserregern, die sich in ihm weiterentwickelt od. vermehrt haben; vgl. Arthropoden; **2.** passive K.: Organismus, der Bakt., Viren, Wurmeier u. a. mechanisch überträgt (z. B. durch Exkrementabsetzung auf Lebensmittel); vgl. Fliegen.

Krapp: s. Rubia tinctorum.

Krapprot: s. Alizarin.

Krappwurzel, Ostindische: s. Rubia cordifolia.

Kratzbeere: s. Rubus fruticosus.

Krauseminze: s. Mentha crispa.

Krauseminzöl: s. Mentha crispa (Menthae crispae aetheroleum).

Krauß, Theodor: s. Spagyrik.

Kreatin: *N*-(Aminoiminomethyl)-*N*-methylglycin; CAS-Nr. 60-27-5; $C_4H_9N_3O_2$, M_r K. wird in der Leber aus Arginin u. Glycin gebildet u. wird mit Fleischnahrung (auch Fleischbrühe) aufgenommen. Bisweilen wird es im Harn ausgeschieden, meist jedoch als Kreatinin, dem Anhydrid von Kreatin. Nachw. im Blut u. Harn mittels Pikrinsäurelösung: blutrote Färbung.

Kreatinin: s. Kreatin.

Kreatinurie: Auftreten von Kreatin* im Harn*. **Vork.:** z. B. bei Muskelerkrankungen, Hyperthyreose*, Diabetes* mellitus, Cushing-Syndrom, Akromegalie*.

Krebs: **1.** (med.) allg. Bez. für eine bösartige Geschwulst. Man unterscheidet hauptsächl. das Karzinom* (bösartige epitheliale Geschwulst) u. das Sarkom* (bösartige mesenchymale Geschwulst). **2.** Flusskrebs, s. Astacus fluviatilis.

Krebsauge: Lapis cancrorum, Calculi cancrorum, Oculi cancrorum, Krebsstein; die vom Flusskrebs **Astacus* fluviatilis** während seiner Häutungszeit im Magen abgelagerten, linsenförmigen weißen Körperchen, bestehend aus ca. 63 % Calciumcarbonat, 17 % Calciumphosphat, Magnesiumphosphat u. Eiweiß. **Anw.** volkstüml.: früher zum Entfernen von Fremdkörpern aus den Augen; knochenbildendes Mittel, zu Zahnpulvern, gegen Magensäure u. Sodbrennen.

Krebs-Kornberg-Zyklus: s. Glyoxylatzyklus.

Krebs-Zyklus: s. Tricarbonsäurezyklus.

Kreide, natürliche: Calcium carbonicum nativum, Calcium carbonicum praeparatum naturale; **1. Creta praeparata:** (gereinigte) Schlämmkreide; s. Calciumcarbonat. **2. Tafelkreide:** Gips, Calciumsulfat* ($CaSO_4 \cdot 2\,H_2O$).

Kreisbeschleuniger: s. Teilchenbeschleuniger.

Kreislauf, enterohepatischer: zyklischer pharmakokinet. Prozess, der zur Verlangsamung der biliären Elimination* führen kann. Stoffe, die über die Galle in den Darm ausgeschiedenen wurden, können von dort rückresorbiert werden, so dass sie über die Pfortader wiederum in die Leber gelangen u. der Kreislauf von neuem beginnt. Dies gilt v. a. für lipophile Stoffe u. Glucuronide, die durch Darmbakterien gespalten werden können; Beispiele sind körpereigene Substanzen wie Gallensäuren u. Steroidhormone sowie Arzneistoffe wie Digitoxin od. Phenprocoumon.

Kreislaufmittel: Kreislaufanaleptika; den Blutkreislauf beeinflussende Stoffe; durch peripheren Angriff an der Gefäßmuskulatur od. zentral am Vasomotorenzentrum. Werden v. a. zur Blutdruckregulation (Hoch- od. Niederdruck, vgl. Antihypertensiva, Antihypotonika) u. bei Durchblutungsstörungen angewendet (vgl. Mittel, durchblutungsfördernde). **Wirkstoffgruppen:** peripherer Angriff: Vasodilatoren*, Vasokonstriktoren*, versch. Kardiaka*; zentraler Angriff: Analeptika*.

Kreislaufstörungen, funktionelle: passagere od. prolongierte, u. U. anfallartig auftretende Funktionsstörungen des Herz-Kreislauf-Systems ohne nachweisbare org. Erkrankung, häufig psychosomat. u. durch Umwelteinflüsse bedingt. **Formen:** **1.** hyperdynamische funktionelle Kreislaufstörungen: hyperkinetisches Herzsyndrom mit Neigung zu Dauertachykardie, vergrößerter Blutdruckamplitude u. vegetativen Begleitsymptomen; **2.** hypodynamische funktionelle Kreislaufstörungen: Hypotonie*, Synkope*.

Krempelprozess: Vorgang bei der Herst. von Watte. Beim K. werden die einzelnen Baumwollfasern auf den sog. Krempeln, einem System von Trommeln u. Walzen, die mit unzähligen kleinen Drahthäkchen bürstenartig bedeckt sind, ausgekämmt u. in die gleiche Richtung gelegt.

K

Kremserweiß: s. Bleicarbonat, basisches.

Kren: s. Armoracia rusticana.

Kreosol: Methylbrenzcatechin; 2-Methoxy-4-methylphenol; CAS-Nr. 93-5-6; $C_8H_{10}O_2$, M_r 138.16. D. 1.092 (25 °C). Sdp. 220 °C. $n_D^{25\,°C}$ 1.5353. Farblose bis gelbl. Flüss., etwas lösl. in Wasser, mischbar mit org. Lösungsmitteln. **Vork.:** Best. von Kreosot*.

Kreosot: Kreosotum, Buchenholzteerkreosot; Gem. aus Guajakol, Kreosol u. Cresolen. D. 1.075. Sdp. 200-220 °C. Klare, schwach gelbl., ölige Flüss., lösl. in Ether, Ethanol, Schwefelkohlenstoff, sehr schwer lösl. in Wasser. **Darst.:** durch Dest. des Buchenholzteers; **Anw.:** früher (Pilulae Kreosoti a 0.05 g) innerl. als Antiseptikum bei Lungentuberkulose. MED 0.5 g, MTD 1.5 g.

Hom: *Kreosotum (HAB1.2):* verord. z. B. bei Folgezuständen von Diabetes (Pruritus, Gangrän), Karies, Schleimhautgeschwüren mit Blutungen, Hyperemesis.

Kreosotpillen: s. Pilulae Kreosoti.

Kreosotum carbonicum: Kreosotcarbonat; nach DAB6 Kohlensäureester der Phenole des Kreosots. Zähe, farblose bis gelbe, schwach nach Kreosot riechende Flüss., lösl. in Ethanol, fetten u. äther. Ölen, unlösl. in Wasser. **Darst.:** Einw. von Carbonylchlorid auf Kreosot-Natrium; **Anw.** med.: wie Kreosot*, geschmacklos u. reizlos; **Dos.:** 0.2-1 g.

Kresalole: Salicylsäureester der Cresole*.

Kresol: s. Cresol.

Kresolharze: Kunstharze*, Cresol*-Formaldehyd-Kondensationsprodukt.

o-Kresolphthalein: $C_{22}H_{18}O_4$. Gelbl. weißes Pulver, lösl. in Ethanol, sehr schwer lösl. in Wasser. **Anw.:** Indikator* in der Maßanalyse; Umschlagsbereich: pH 8.2-9.8, farblos — rot-lila.

Kresolpurpur: *m*-Cresolsulfonphthalein; $C_{21}H_{18}O_5S$. Grünl., glänz. Pulver, lösl. in Ethanol, wenig lösl. in Wasser, unlösl. in Ether. **Anw.:** Indikator*,

Umschlagsbereiche pH 1.2-2.8, rot — gelb u. pH 7.4-9, gelb — purpur.

Kresol, rohes: s. Cresol.

Kresolrot: *o*-Cresolsulfonphthalein; $C_{21}H_{18}O_5S$. Rotbraunes Pulver, leicht lösl. in Ethanol, wenig lösl. in Wasser. **Anw.**: Indikator*, Umschlagsbereiche pH 0.2-1.8, rot — gelb u. pH 7.0-8.8, gelb — purpur.

Kresolseife: s. Sapo Cresoli.

Kresolseifenlösung: s. Sapo Cresoli.

***m*-Kresolsulfonphthalein:** s. Kresolpurpur.

***o*-Kresolsulfonphthalein:** s. Kresolrot.

Kresolsulfonsäure: s. *m*-Cresolsulfonsäure.

Kresolwasser: s. Aqua cresolica.

Kresotinsäure: Hydroxy-methylbenzol-carbonsäuren (*m*-K., *o*-K., *p*-K.); $C_8H_8O_3$. Farblose Kristalle, wenig lösl. in Wasser, leicht lösl. in Ethanol, Ether, Chloroform. **Anw.**: s. Salicylsäure.

Kretinismus: **1.** Schädigung des Fetus infolge eines Schilddrüsenhormonmangels, verursacht durch Iodmangel u./od. Hypothyreose der Mutter. Dabei kommt es zu irreparablen Schädigungen u. Entwicklungsstörungen des ZNS, Skeletts u. anderer Organe. **2.** angeborene od. intrauterin erworbene Neugeborenenhypothyreose. Entwicklungsstörungen ähnl. wie unter 1.

K

Kreuzallergie: auf einer Kreuzreaktion* beruhende Allergie*, z. B. gegen Penicilline u. Cefalosporine.

Kreuzbeeren: s. Rhamnus catharticus.

Kreuzblütler: s. Brassicaceae.

Kreuzblume: s. Polygala amara.

Kreuzblumenkraut, Bitteres: s. Polygala amara.

Kreuzdorn: s. Rhamnus catharticus.

Kreuzdornbeeren: s. Rhamnus catharticus (Rhamni cathartici fructus).

Kreuzdornbeeren, Frische: s. Rhamnus catharcticus (Fructus Rhamni cathartici recentes).

Kreuzdornbeersirup: s. Sirupus Rhamni catharticae.

Kreuzdorngewächse: s. Rhamnaceae.

Kreuzkraut: s. Senecio, Senecio vulgaris.

Kreuzkraut, Goldenes: s. Senecio aureus.

Kreuzkrautwurzel, Bittere: s. Polygala amara (Radix Polygalae amarae).

Kreuzkümmel: s. Cuminum cyminum.

Kreuzotter: s. Vipera berus.

Kreuzprobe: durch Richtlinien der Bundesärztekammer festgelegte Prüfung der serol. Verträglichkeit von Spender- u. Empfängerblut vor einer Bluttransfusion*, v. a. durch Erfassung irregulärer Blutgruppenantikörper, die von einem Arzt durchzuführen od. zu beaufsichtigen ist. **Majortest**: Kompatibilität von Spendererythrozyten u. Empfängerserum; zusätzl. Bestimmung der Blutgruppen* (ABNull, Rhesus) aus dem Patientenblut obligat. **Minortest**: Verträglichkeit von Empfängererythrozyten u. Spenderserum.

Kreuzraute: s. Ruta graveolens.

Kreuzreaktion: immunologische Reaktion spezif. Antikörper* bzw. spezif. sensibilisierter T-Lymphozyten mit heterologen Antigenen* (Fremdsubstanzen mit ähnl. oder ident. Epitopen wie das homologe Antigen). Diese Reaktion ist zurückzuführen auf weitgehende strukturelle Ähnlichkeiten zw. dieser Substanz u. dem ursprüngl. Immunogen od. auf das Vork. ident. Strukturen, d. h. auf den Besitz gemeinsamer antigener Determinanten auf beiden Substanzen; s. Antibiotika.

Kreuzspinne: s. Araneus diadematus.

Kribbelkrankheit: s. Secale cornutum (Tox.).

Kriebelkorn: s. Secale cornutum.

Kriechprobe: Ätzprobe; qualitativer Nachw. von Fluoriden; s. Fluor (Nachw.).

Krimpen: (engl.) *crimp*; syn. Bördeln; Umbiegen des Gefäßrandes unter Druck, z. B. bei Druckgaspackungen* werden die Deckel gekrimpt.

Kristalle: Körper von einer bestimmten regelmäßigen, ihm eigentüml. Gestalt; Ggs. amorpher, d. h. gestaltloser Körper. Die Kristallform* wird bestimmt durch die Anzahl der Flächen, die unter bestimmten Winkeln gegeneinander geneigt sind. Man kann die versch. Kristallformen in 7 **Kristallsysteme** (kristallograph. Achsensysteme, s. Abb.) einteilen; als Grundlage dafür dient die Geometrie der Elementarzelle, die das Raumgitter eines K. (Kristallgitter) aufbaut:

1. kubisches System: reguläres System; 3 gleichlange Achsen, alle rechtwinklig zueinander (Oktaeder, Würfel, Kochsalz, Kaliumiodid); **2.** hexagonales System: 4 Achsen, davon 3 gleich lang u. sich in einem Winkel unter 60° schneidend, die vierte länger od. kürzer, senkrecht zur Ebene der 3 anderen (Bergkristall, Quarz, Kalkspat); **3.** rhomboedrisches System: 3 gleichlange Achsen, sich alle unter dem gleichen, aber von 90° abweichenden Winkel schneidend; **4.** tetragonales System: 3 Achsen, davon 2 gleichlang, die dritte (Hauptachse) länger od. kürzer, alle rechtwinklig zueinander (Quadratoktaeder, Prisma); **5.** orthorhombisches System: 3 versch. lange Achsen, alle rechtwinklig zueinander (Rhombenoktaeder, Magnesiumsulfat, Kaliumnitrat); **6.** monoklines System: 3 versch. lange Achsen, davon 2 schiefe, mit der dritten aber rechte Winkel bildend (Glaubersalz, Soda, Gips, Zucker, Borax); **7.** triklines System: 3 versch. lange Achsen, die sämtl. schief aufeinander stehen (Kupfersulfat).

Kristalle, flüssige: s. Flüssigkristalle.

Kristallfeldtheorie: s. Komplexchemie.

Kristallform: **1.** eine polymorphe od. pseudopolymorphe Modifikation, s. Polymorphie; Kristallsolvate. **2.** Gesamtheit aller Kristallflächen, die aus einer Kristallfläche durch Anw. sämtl. Symmetrieoperationen einer Punktgruppe* des Kristalls hervorgehen.

Kristallgestalt: im Ggs. zum Begriff Kristallform* bezieht sich die K. auf das äußere Erscheinungsbild eines Kristalls. Man unterscheidet zw. dem **Kristallhabitus** (z. B. nadelförmig, würfelig, blättchenförmig) u. der **Kristalltracht** (Gesamtheit der am Kristall auftretenden Kristallflächen). Kristalle mit unterschiedl. Tracht od. Kristalle mit versch. Kristallgittern können demnach denselben Kristallhabitus haben.

Kristallgitter: die regelmäßige, dreidimensionale Anordnung der Bausteine (Atome, Moleküle, Ionen) eines Kristalls* auf sog. Gitterpositionen od. -plätzen.

Kristallhabitus: s. Kristallgestalt.

Kristallinitätsgrad: Kristallinitätsindex, Ordnungsgrad; prozentueller Anteil krist. Substanz

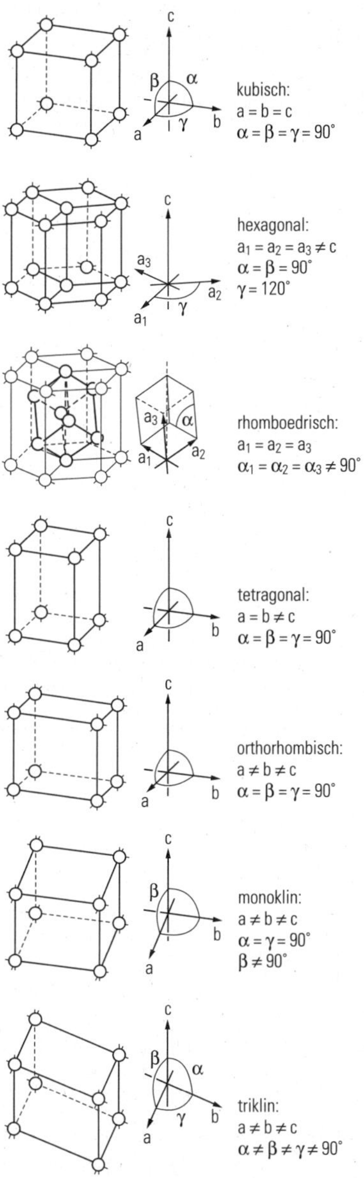

Kristalle: die 7 kristallograph. Achsensysteme [2]

in einer Probe, die sowohl krist. als auch amorphe Teile enthält. Ein völlig krist. Stoff besitzt einen K. von 1, sind 50 % amorphe Anteile dabei ist der K. 0.5. Der K. ist das zentrale Interesse der Molekulargalenik*.

Kristallisation: Übergang eines Stoffes aus der flüss. od. gasförmigen in den festen, krist. Zustand. **Anw.:** Reinigen (s. Umkristallisation) od. Trennen gelöster Substanzen, indem man einen Stoff aus einer heißen gesättigten Lsg. durch Erkalten od. Verdunsten des Lösungsmittels auskristallisieren lässt od. indem man einer Lsg. eine andere Flüss. zusetzt, in der der Stoff unlösl. od. schwer lösl. ist (Ausfällen); vgl. Rekristallisation.

Kristallit: sehr kleiner Einzelkristall.

Kristallographie: Wissenschaft, die sich mit den physik.-chem. Eigenschaften von nat. u. künstlichen Kristallen* beschäftigt. Teilgebiete sind die Kristallgeometrie (Symmetrie u. Struktur von Kristallen), Kristallphysik (Kristalloptik, z. B. Doppelbrechung, Polarisation, Interferenzerscheinungen) u. die Kristallchemie (Zusammenhänge zw. Atomanordnung in K. u. ihrer chem. Zusammensetzung).

Kristalloide: veralterte Bez. für kristallisierbare Stoffe, die bei der Osmose durch die Membran leicht diffundieren. Ggs.: Kolloide*. Vgl. Osmose.

Kristallsoda: s. Natriumcarbonat (Natriumcarbonat-Decahydrat).

Kristallsolvate: kristalline Solvate, Lösungsmitteladdukte; Molekülverbindungen* (Komplexe) aus Feststoffen u. Lösungsmitteln, die zwar (meistens) stöchiometr. definiert, aber mehr od. weniger labil sind. Ist das Lösungsmittel Wasser, so werden sie als Hydrate* bezeichnet. Die Fähigkeit zus. mit Lösungsmitteln zu kristallisieren wird auch als Pseudopolymorphie bezeichnet (s. Polymorphie).

Kristallstrukturanalyse: Feinstrukturanalyse; Verfahren zur Ermittlung der dreidimensionalen Anordnung von Atomen in Kristallen* mit Hilfe von Strahlen, deren Wellenlängen etwa den Atomabständen im Kristallgitter entspr. (Röntgen-, Elektronen-, od. Neutronenstrahlen). Das verbreitetste Verfahren zur K. ist die **Röntgendiffraktion** (Röntgenbeugung), bei der Röntgenstrahlung durch Beugung* u. Interferenz* an den Elektronenwolken der Kristallgitterbausteine zu auswertbaren Bildern, sog. Röntgendiffraktogramme, umgesetzt wird. Die Beugungserscheinungen werden dabei z. B. fotografisch od. mit Hilfe von Strahlenmessgeräten* (Zählrohre) registriert u. auf mathemat. Wege aus den Winkellagen u. Intensitäten der Beugungsreflexe auf die exakte Position der Beugungszentren (Atome des Kristalls) zurückgeschlossen. Die Grundlage für die Berechnung bildet die Bragg*-Gleichung. Je nach Art der Probenpräparation kann man zw. **Pulverkristallmethoden** u./od. **Einkristallmethoden** unterscheiden, nach Art der Registrierung zw. Verfahren mit fotograf. Auswertung u. Zählrohrverfahren. Die wichtigsten Varianten sind das Laue-, Bragg- u. das Debye-Scherrer-Verfahren.

Laue-Verfahren: älteste Methode der K., entwickelt 1912 vom deutschen Physiker Max von Laue (1879-1960, Nobelpreis 1914). Ein einziger Kristall wird mit einem gebündelten Strahl weißen Röntgenlichts versch. Wellenlängen (0.01-10 nm) durchstrahlt u. die gebeugte Strahlung auf einem planen fotograf. Film hinter dem Kristall registriert. Aus dem Beugungsbild, bestehend aus symmetr. angeordneten Punkten, lassen sich Rückschlüsse auf die verursachende Gitterstruktur ziehen. Dieses Verfahren wird nur noch in Spezialfällen (Kristallorientierung, Beugungssymmetrie) eingesetzt. Zur K. dienen heute v. a. Methoden, die homogene monochromat. Röntgenstrahlung verwenden.

Bragg-Verfahren: Drehkristallmethode; ebenfalls ein Einkristallverfahren, bei der ein auf einem drehbaren, rechnergesteuerten Tischchen befestigter Kristall mit monochromat. Röntgenlicht bestrahlt wird. Durch Drehung des Kristalls werden die Netzebenen* nacheinander in Reflexionsstellung gebracht u. die reflektierte Strahlung auf einem halbkreisförmig angeordneten Film od. meist mit Zählrohren aufgezeichnet. Mit Hilfe der Bragg*-Gleichung lassen sich so die Kristallgitterkonstanten errechnen.

Debye-Scherrer-Verfahren: ermöglicht die Analyse von Kristallpulvern, die nach enstspr. Präparation mit einem monochromat. Röntgenstrahlenbündel bestrahlt werden. Dabei entstehen durch Reflexion an den Atomen der Kristallite Interferenzkegel, die auf einem um die Probe zylindr. angeordneten Film in Form von typ. konzentr. Ringen abgebildet werden (s. Abb. 1 unten). Aus dem Abstand zw. den Beugungsringen u. dem unreflektierten Primärstrahl, sowie dem Abstand zw. Probe u. Film, lässt sich der Netzebenenabstand bestimmen.

Goniometer- od. Zählrohrdiffraktometer: Am meisten verbreitet sind heute Zählrohverfahren v. a. nach dem Bragg-Brentano-Fokussierungsprinzip (s. Abb. 2), die für routinemäßige Aufnahmen sehr gut geeignet sind. Die Pulverprobe befindet sich in einer Vertiefung eines Kunststoff- od. Metallprobenträgers, der drehbar um eine Achse befestigt ist. Streng monochromat. u. mit Hilfe von Schlitzblenden in parallele Teilstrahlen zerlegte Röntgenstrahlung wird auf dem ebenen Präparat gebeugt u. gelangt nach Passieren von weiteren Schlitzblenden zum Zählrohr (s. Strahlenmessgeräte) od. Szintillationszähler*. Der Detektor bewegt sich mit der doppelten Winkelgeschwindigkeit um die Präparateachse u. registriert nacheinander die gebeugte Strahlung. Die Bewegung des Präparates u. des Zählrohrs laufen synchron mit dem Schreibpapier des Kompensationsschreibers. Zählrohrdiffraktometer werden in der Pharmazie vielfach zur qualitativen u. quantitativen Bestimmung von kristallinen Arznei- u. Hilfstoffen, zur Untersuchung auf Polymorphie* sowie zur Prüfung bestimmter Arzneiformen herangezogen.

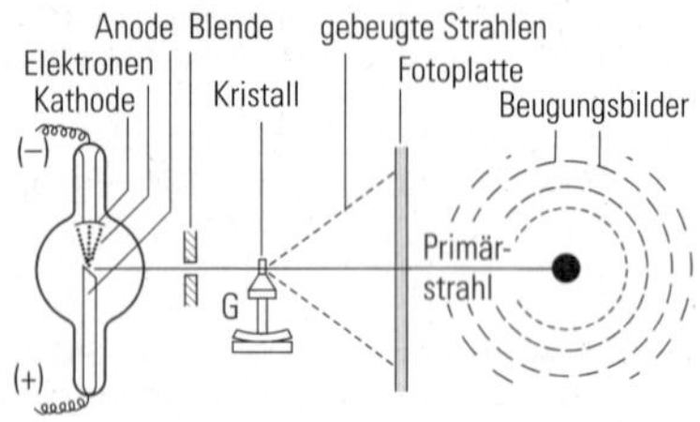

Laue-Verfahren

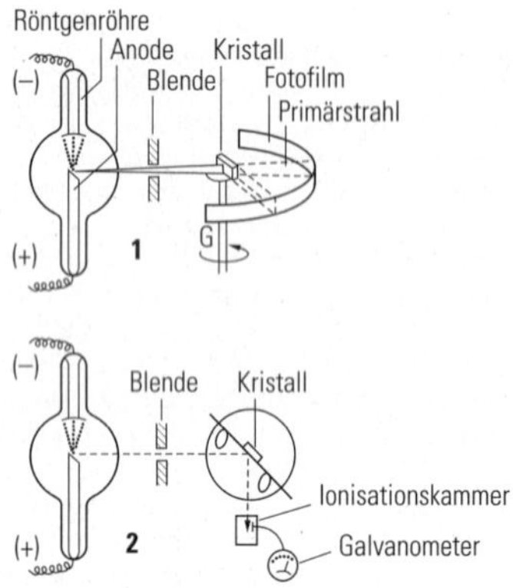

Bragg-Verfahren

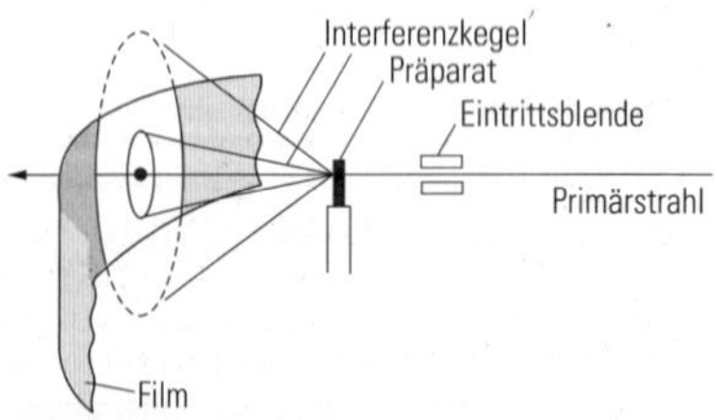

Debye-Scherrer-Verfahren

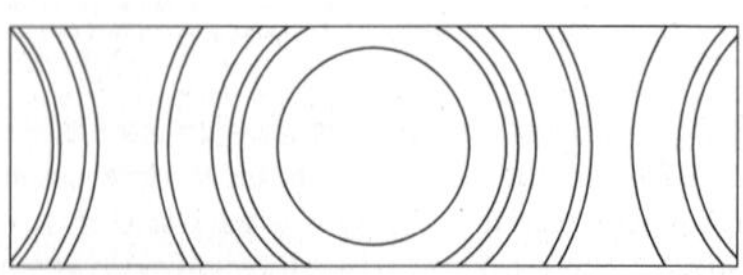

Debye-Scherrer-Diagramm

Kristallstrukturanalyse Abb. 1: Röntgenbeugungsmethoden

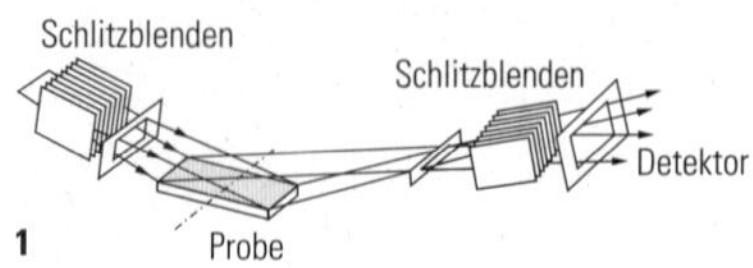

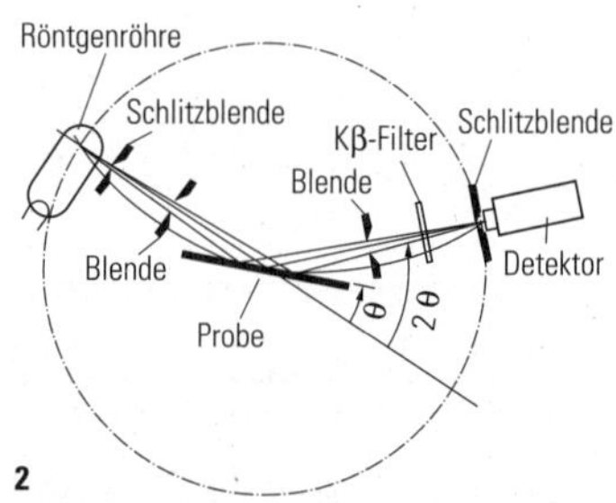

Kristallstrukturanalyse Abb. 2: Zählrohrdiffraktometer, Bragg-Brentano-Fokussierungsprinzip [25]

Kristallsystem, quadratisches: veraltet für tetragonales Kristallsystem; s. Kristalle.

Kristallsystem, reguläres: kubisches Kristallsystem; s. Kristalle.

Kristallsystem, rhombisches: s. Kristalle.
Kristalltracht: s. Kristallgestalt.
Kristallviolett: s. Methylviolett.
Kristallwasser: s. Hydrate.
Krötengifte: Bufotoxin, s. Bufo bufo.
Krötentest: veraltete Form des Schwangerschaftsnachweises.
Krokus: s. Crocus sativus.
Krone: syn. Kronenether; Trivialbez. für makrocycl. Polyether (s. Verbindungen, makrocyclische). Der Name geht zurück auf die an eine Krone erinnernde Zickzack-Anordnung der Ringatome (s. Abb.).

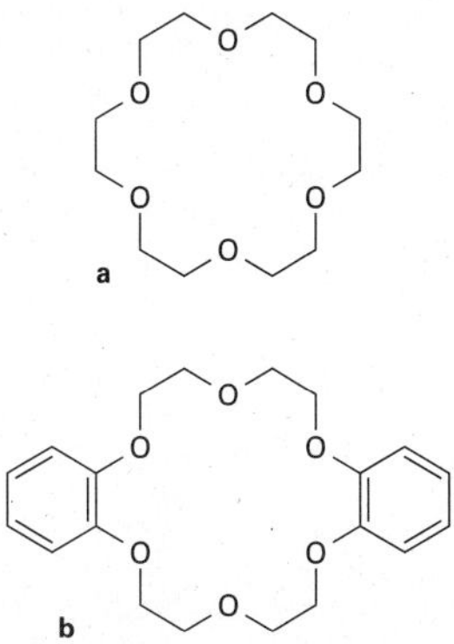

Krone: a: [18]Krone-6: 1,4,7,10,13,16-Hexaoxacyclooctadecan; b: Dibenzo-[18]Krone-6: Octahydrodibenzo[b,k]-1,4,7,10,13,16-Hexaoxacyclooctadecan

Kronenverbindungen: Coronate; Molekülverbindungen* aus Kronenethern und z. T. selektiv komplex gebundenen Metallkationen. In unpolaren Lösungsmitteln führt diese Komplexierung der Kationen zu sehr reaktiven, nicht solvatisierten, sog. nackten Anionen.
Kronglas: s. Glas (Kali-Kalk-Glas).
Kronsbeeren: s. Vaccinium vitis-idaea (Fructus Vitis-idaeae).
Kropf: s. Struma.
Kropfsalbe: s. Unguentum Kalii iodati.
Krotonöl: s. Croton tiglium (Oleum Crotonis).
Kruke: Abgabebehälter aus Porzellan, Glas od. Kunststoff für eine halbfeste Arzneizubereitung.
Krummdarm: s. Darm.
Krummholzkiefer: s. Pinus mugo.
Krummholzöl: s. Pinus mugo.
Krupp: Croup; bes. bei Säuglingen u. Kleinkindern auftretende Einengung der Atemwege im Bereich des Kehlkopfes mit inspiratorischem Stridor*. **Formen:** **1.** echter K.: Kehlkopfentzündung bei Diphtherie*; **2.** andere Kruppsyndrome: s. Pseudokrupp.
Krustengranulat: s. Granulieren.
Kryolith: s. Natriumhexafluoroaluminat.
Kryoprotektivum: Gefrierschutzmittel v. a. zur Konservierung lebender Zellen; auch für die in-vitro-Fertilisation bei Kälte (Kryokonservierung) verwendet z. B. Dimethylsulfoxid (c = 1.5 mol/L).
Kryoskopie: Methode zur Bestimmung der molaren Masse mittels Gefrierpunkterniedrigung*.
Kryoskopiekonstante: s. Osmolalität, Gefrierpunkterniedrigung.
Kryostat: s. Thermostat.
Kryptanden: Azapolyether; makrocyclische Verbindungen*, die wie Kronenether (s. Krone) aufgebaut sind, jedoch zusätzl. Überbrückungen durch Stickstoffatome aufweisen. K. sind aufgrund der speziellen Konstitution extrem starke Komplexliganden; s. Komplexverbindung.

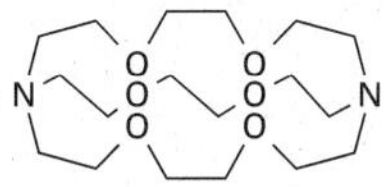

Kryptanden: [2.2.2.]-Kryptand (4,7,13,16,21,24-Hexaoxa-1,10-diazabicyclo-[8.8.8.]-hexacosan)

Kryptate: Komplexverbindungen* aus Kryptanden* u. ionischen Verb., zumeist einfachen Metallkationen. Diese extrem starken Komplexe sind so aufgebaut, dass das Ion in einem durch den Kryptanden gebildeten Hohlraum völlig abgeschirmt ist (s. Abb.). Da die Kryptanden ihre apolare Teile nach außen orientieren, sind solche Komplexe auch in apolaren Lösungsmitteln wie Benzol löslich.

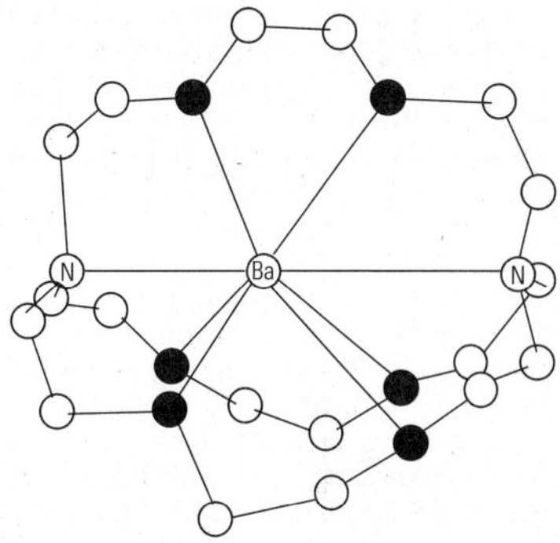

Kryptate

Kryptoaescin: s. Aescin.
Kryptogamen: blütenlose Sporenpflanzen (im Ggs. zu den Phanerogamen, s. Spermatophytina); zu den Kryptogamen gehören die Thallophyta (Bakterien, Schleimpilze, Kieselalgen, Flagellaten, Grünalgen, Braunalgen, Armleuchtergewächse, Algenpilze, höhere Pilze), Bryophyta (Moospflanzen) u. Pteridophyta (Farnpflanzen, Schachtelhalme, Bärlappe).
Krypton: Symbol Kr; A_r 83.80, OZ 36. Schmp. −157.2 °C. Sdp. −153.3 °C. Edelgas*; krit. Temp. −63.8 °C; krit. Druck 55.0 bar; krit. D. 0.908 g/cm^3. **Vork.:** Best. der Luft (0.000108 V/V); **Gesch.:** 1898 von William Ramsay (1852-1916) spektroskop. nachgewiesen.
Krypton-85: Symbol ^{85}Kr; OZ 36; Radioisotop des Kryptons; kann durch Abtrennung von den anderen Produkten der Uranspaltung erhalten werden; HWZ 10.7 Jahre; emittiert Beta- u. Gammastrahlen. **Zuber.:** Verwendet wird eine sterile, mit

Natriumchlorid isotonisierte Injektionslsg., Kryptoni [^{85}Kr] solutio iniectabilis Ph.Eur.3, [^{85}Kr]Krypton-Injektionslösung. **Anw.:** Darst. der Lungenperfusion, der regionalen myocardialen Perfusion u. der zerebralen Durchblutung, heute nicht mehr eingesetzt.

Kryptoni[^{85}Kr] solutio iniectabilis: s. Krypton-85.

Krypton[^{81m}Kr] zur Inhalation: Kryptonum[^{81m}Kr] ad inhalationem Ph.Eur.4; Mischung von Krypton-81m mit Trägergas (z.B. Luft). ^{81m}Kr ist ein Gammastrahler mit einer HWZ von 13.1 s. **Herst.:** in einem Generator* durch Zerfall von Rubidium-81; **Anw.:** szintigraph. Untersuchung der Lungenventilation.

Kryptoxanthin: Serumcarotinoid mit Provitamin-A-Eigenschaften; vgl. Vitamine (Vitamin A).

Kubeben: s. Piper cubeba.

Kubebenpfeffer: s. Piper cubeba.

Kubikwurzelgesetz nach Hixson-Crowell: s. Auflösungsgeschwindigkeit.

Kuckucksblume: s. Orchis morio.

Kuckucksstendel: s. Platanthera bifolia.

Küchenschelle: s. Pulsatilla pratensis.

Küchenzwiebel: s. Allium cepa var. cepa.

Kühler: Vorrichtung zum Abkühlen u. Kondensieren von Dämpfen bei der Destillation. Man unterscheidet zw. Rückflusskühlern*, z.B. Kugelkühler, bei denen das Kondensat wieder in den Siedekolben zurückfließt u. Produktkühlern, z.B. Liebig-Kühler u. Schlangenkühler, die bei einer Destillation das Kondensat in das Auffanggefäß, die Vorlage ableiten. Der Dimrothkühler ist dem Schlangenkühler ähnl., jedoch fließt das Kühlmittel durch die Schlange u. erzielt einen höheren Wirkungsgrad. Sonderformen sind der Kühlfinger od. der mit Kühlmitteln füllbare Städeler-Kühler, die in den Dampfraum eingehängt werden; s. Abbildung.

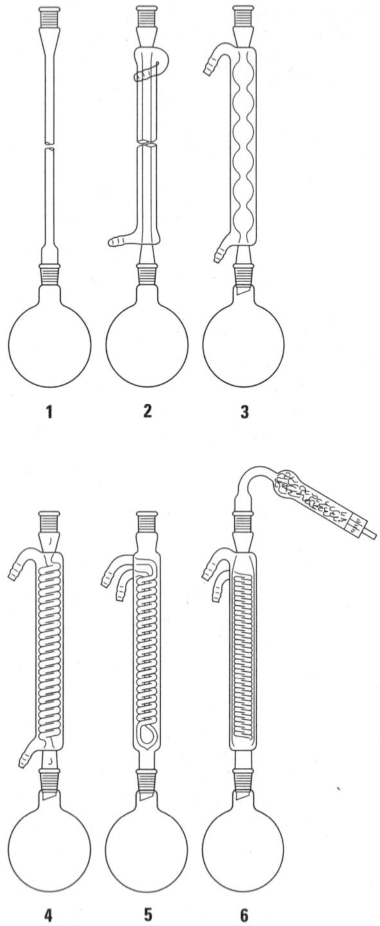

Kühler: 1-Liter-Kolben mit 1: Steigrohr (natürl. Länge ca. 1 m); 2: Liebig-Kühler (natürl. Länge mind. 40 cm); 3: Kugelkühler; 4: Schlangenkühler; 5: Dimrothkühler; 6: Intensivkühler u. Trockenrohr [9]

Kühlkette: Kühlung von Arzneimitteln auf den Transportwegen durch Kühlbox u. Akku mit anschließender Lagerung im Kühlschrank bei vorgeschriebener Temperatur. In Deutschland unterliegen z.B. aktive Impfstoffe gegen Hepatitis B, Röteln, Masern, Mumps, Poliomyelitis, Typhus abdominalis u. Varizellen der Kühlkette.

kühl lagern: lagern bei 8-15 °C.

Kühlsalbe: s. Unguentum leniens.

Kühlschranktemperatur: entspr. 2-8 °C.

Kühlverfahren: s. Konservierung.

Kümmel: s. Carum carvi.

Kümmelöl: s. Carum carvi (Carvi aetheroleum).

Kümmel, Römischer: s. Cuminum cyminum (Fructus Cumini).

Küpenfärberei: s. Indigo.

Kürbisgewächse: s. Cucurbitaceae.

Kürbissamen: s. Cucurbita pepo (Cucurbitae semen).

Küvette: meist kleiner Behälter mit planparallelen Fenstern aus Quarzglas, Glas od. Kunststoff, der v.a. zur Aufnahme flüss. od. gasförmiger Substanzen zu Zwecken der Spektroskopie*, Kolorimetrie* od. Photometrie* dient.

Kugelblumenstrauch: s. Globularia alypum.

Kugelblumenstrauchblätter: s. Globularia alypum (Folia Alypi).

Kugelfallviskosimeter: Viskosimeter zur Bestimmung der dynam. Viskosität* η (SI-Einheit: Pa·s) idealviskoser Flüssigkeiten. Gemessen wird die Fallzeit t einer Kugel unter isothermen Bedingungen in einem mit der Prüfflüssigkeit gefüllten Fallrohr zw. den beiden Messmarken. Für den Fallvorgang gilt das Stokes-Gesetz (s. Sedimentationsanalyse). Unter Berücksichtigung einer Gerätekonstante k gilt:

$\eta = k \cdot (\rho_K - \rho_{Fl}) \cdot t$

ρ_K: Dichte der Kugel, ρ_{Fl}: Dichte der untersuchten Flüssigkeit. Beim K. nach Höppler wird die Kugel durch die Schräglage des Messrohres exakt geführt (s. Abb.).

Kugelfisch: s. Tetrodotoxin.

Kugelmühle: Kugeltrommel; Maschine zum Zerkleinern u. Mischen von Drogen.

Kugelstrauch: s. Caesalpinia bonducella.

Kugelstrauchsamen: s. Caesalpinia bonducella (Semen Bonducellae).

Kuhblume: s. Taraxacum officinale.

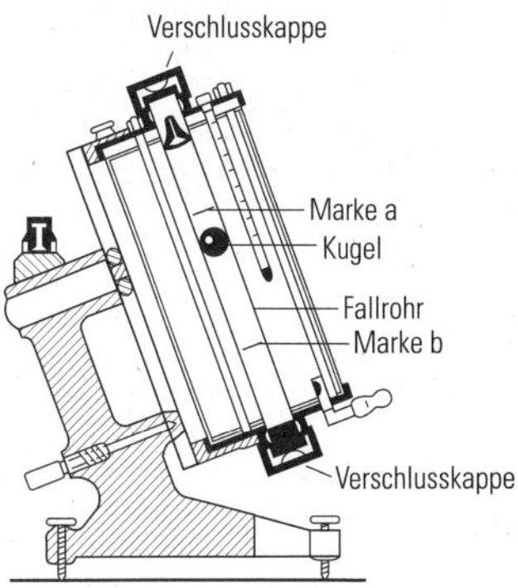

Kugelfallviskosimeter: Modell nach Höppler

Kuhhornkleesamen: s. Trigonella foenum-graecum (Trigonellae foenugraeci semen).

Kuhmilch: s. Milch.

Kuhpocken: Variola vaccina; akuter pustulöser Hautausschlag bei Kühen durch Kuhpockenvirus*; beim Melken auf den Menschen übertragbar. Durch ein gezieltes Impfprogramm der WHO gelten die K. seit 1977 als ausgerottet.

Kuhpockenlymphe: Inhalt von Pusteln von Kälbern, die mit Kuhpocken* infiziert wurden. Historische Bedeutung: s. Kuhpockenvirus.

Kuhpockenvirus: Poxvirus bovis; Erreger der Kuhpocken*; s. Pockenviridae. **Gesch.:** hinterlässt beim Menschen postinfektiöse gekreuzte Immunität, die von Jenner erkannt u. 1796 experimentell ausgetestet wurde. Beginn der aktiven Immunisierungsmaßnahmen gegen Pocken*.

Kuhschelle: s. Pulsatilla pratensis.

Kukuruz: s. Zea mays.

Kulturverfahren: Sammelbez. für zahlreiche unterschiedl. Methoden zur Anzucht von Mikroorganismen*. Z. B. **anaerobe Kulturverfahren:** Verfahren zur Züchtung von obligat anaerob* wachsenden Bakterien, heute meist im Anaerobier-Topf od. Anaerobier-Schrank.

Kummerfeld-Waschwasser: s. Aqua cosmetica „Kummerfeld".

Kumquat: s. Fortunella japonica.

Kumulation: Akkumulation; Anhäufung eines Arzneistoffes bei Mehrfachapplikation*, wenn eine neue Dosis gegeben wird, ehe die vorherige vollständig ausgeschieden ist. Charakterist. bei langsamer Elimination (z. B. manche Barbiturate, Schwermetalle) od. zu kurzem Dosierungsintervall. Problemat. bei geringer therap. Breite, z. B. Herzglykoside (s. Dosis-Wirkungs-Kurve). Der Blutspiegel steigt nach jeder Dosierung schubweise an u. nähert sich einem Fließgleichgewicht*. Hierfür gilt:

$$C_{ss,max} = \frac{C_0}{1-e^{-k_e \cdot \tau}}$$

$$C_{ss,min} = \frac{C_0 \cdot e^{-k_e \cdot \tau}}{1-e^{-k_e \cdot \tau}}$$

$C_{ss,max}$: max. Plasmakonzentration im Fließgleichgewicht; $C_{ss,min}$: minimale Plasmakonzentration im Fließgleichgewicht; C_0: Anfangskonzentration; k_e: Geschwindigkeitskonstante der Elimination; τ: Dosierungsintervall.
Der Kumulationsfaktor gibt an, um wie viel höher das Blutspiegelmax. im Fließgleichgewicht ist gegenüber dem Maximum nach Einfachdosierung:

$$R = \frac{C_{ss,max}}{C_{max}} = \frac{1}{1-e^{-k_e \cdot t}}$$

R: Kumulationsfaktor; C_{max}: maximale Konzentration.

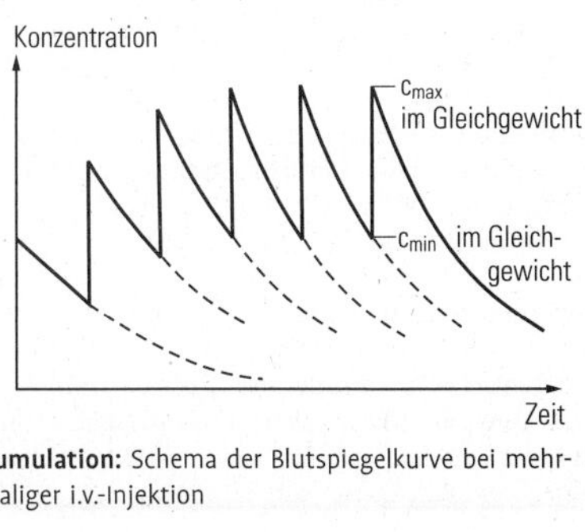

Kumulation: Schema der Blutspiegelkurve bei mehrmaliger i.v.-Injektion

Kumys: mit Bierhefe vergorene Kuhmilch od. Stutenmilch, Alkoholgehalt ca. 3 %, Milchzucker 5-6 %. Hauptsächl. in Ostfriesland u. in Sibirien gebräuchl.; vgl. Kefir, Joghurt.

Kunigundenkraut: s. Eupatorium cannabinum.

Kunstharzbinde: Kunststoff-Steifverband, Kunststoff-Gips, Cast; leichter, stabiler, röntgenstrahlendurchlässiger, wasserfester Verband aus Kunststoff wie z. B. Glasfaser, Polyester od. Polypropylen mit Polyurethan-Harz. Dient zur Ruhigstellung von Körperteilen od. Versorgung von Frakturen, hat gegenüber Gipsverband ein geringes Gewicht, ruft aber z. T. Hautunverträglichkeiten hervor.

Kunstharze: künstl. hergestellte harzartige Stoffe, die bei Raumtemp. flüssig, zähflüssig-weich od. fest sein können. In festem Zustand sind sie glasig amorph; in bestimmten Temperaturbereichen erweichen sie od. verflüssigen sich allmähl. im Ggs. zu den härtbaren Harzen, die in der Wärme od. nach Härterzusatz durch Vernetzung unlösl. u. unschmelzbar werden (s. Härten von Kunststoffen). Nicht gehärtete K. sind in bestimmten org. Lösungsmitteln lösl. u. damit verdünnbar. K. werden ähnl. hergestellt wie Kunststoffe. Sie dienen als Bindemittel in Formmassen, als Gießharze, zur Herst. von Lacken, Klebstoffen u. für Imprägnierungen. Wichtigste K. sind die durch Polykondensation gebildeten Phenolharze, Harnstoff- u. Melaminharze, Polyester-, Alkyd-, Epoxid- u. Ketonharze sowie Silicone. Vinyl- u. Acrylharze zählen zu den durch Polymerisation erhaltenen Kunstharzen.

Kunsthonig: s. Mel; vgl. Fiehes-Reaktion.

Kunsthorn: s. Galalith.

Kunstrum: s. Buttersäureethylester.

Kunstseiden: frühere Bez. für Fasern aus Celluloseestern* (z. B. Acetatseide*, Celluloseacetat*) od. aus regenerierter Cellulose (s. Viskosefasern). Begriff erklärt sich aus ähnl. physik. Eigenschaften wie der Naturseide; K. bestehen nicht aus eiweißähnl. Verbindungen. K. aus Cellulose besitzen ein größeres Quellvermögen u. sind leichter verdaul. als K. aus Baumwollcellulose, da sie aus kleineren Molekülen aufgebaut sind. Im Ggs. zur Naturseide zeigen K. eine glatte, glasartig glänzende, straffe Oberfläche.

Kunststoffadditive: Stoffe, die Kunststoffeigenschaften nach Bedarf beeinflussen; dazu gehören Stabilisatoren, Hilfsstoffe, Weichmacher, Füllstoffe u. Verstärkungsmittel. K. können, sofern sie niedrigmolekular sind, aus Kunststoffprimärpackmitteln austreten u. in Arzneiformen übertreten.

Kunststoffe: Stoffe, deren wesentl. Bestandteile makromolekulare org. Verb. sind, die synth. od. durch Abwandlung von Naturstoffen entstehen. Sie sind in der Regel unter bestimmten Bedingungen von Temperatur u. Druck schmelz- u. formbar; vgl. Polymere.

Kunststoffpapier: synthetisches Papier; Bez. für papierähnl. Folien. Hergestellt aus einer Mischung von Polystyrol, Kaolin u. Elastomeren mit Niederdruck-Polyethylen. Fett- u. wasserunempfindlich, gas- u. aromadicht, chem. beständig sowie schweißbar. K. dient v. a. zur Verpackung, aber auch für spezielle Druckzwecke (u. a. Etiketten, Plakate).

K

Kunststoffschweißen: Verbinden zweier Kunststoffe in plast. Zustand durch Wärme u. Druck mit od. ohne Zugabe von Zusätzen. Man unterscheidet: Warmgas-, Heizelement-, Reib-, Hochfrequenz- u. Ultraschallschweißen.

Kunstvaselin: s. Vaselinum.

Kunzea ericoides (A.Rich.) Thompson: (engl.) *Kanuka, burgan*; Fam. Myrtaceae (Neuseeland), ein bis zu 20 m hoher Baum. Stpfl. von **Kanukaöl:** äther. Öl, das aus den Blättern und Zweigen der Pflanze durch Wasserdampfdest. gewonnen wird. **Inhaltsst.:** Monoterpene wie α-Pinen (ca. 71 %), *p*-Cymen (ca. 5 %), 1,8.Cineol (3-4 %), Limonen (1-2 %), γ-Terpinen (ca. 4 %), Terpinen-4-ol (1 %), Sesquiterpene wie z. B. Aromadendren (0,5 %), Viridifloren (ca. 1 %), Calamen (ca. 1 %); **Anw.** volkstüml.: aufgrund der antisept. Wirk. bei Erkältungskrankheiten u. leichten Hautunreinheiten.

Kupfer: Cuprum (metallicum); Symbol Cu; A_r 63.546, OZ 29. D. 8.93, Schmp. 1083 °C, Sdp. 2595 °C. Hellrotes, zähes, dehnbares 1- u. 2-wertiges Schwermetall; lösl. in Salpetersäure u. siedender Schwefelsäure; überzieht sich an feuchter Luft mit grünem bas. Kupfer(II)*-carbonat (Patina). **Vork.:** nat. gediegen od. gebunden, Rotkupfererz (Cu_2O), Kupferglanz (Cu_2S), Kupferkies ($Cu_2S \cdot Fe_2S_3$), Kupferlasur ($2\,CuCO_3 \cdot Cu(OH)_2$); **Darst.:** **1.** Glühen der Carbonate u. Oxide mit Kohle; **2.** Rösten der Sulfide; **3.** Elektrolyse; **Physiologie:** Cu ist ein lebenswichtiges Spurenelement, das für Blutbildung bzw. zur Bildung von Chlorophyll essentiell ist. Der menschl. Körper enthält 0.1-0.15 g Cu; empfohlene Zufuhr 1-3 mg/d. Cu ist Best. zahlreicher Enzyme, z. B. der Katalase*, Peroxidase*, Cytochromoxidase*, Tyrosinase*, Monoaminooxidase*, Lysyloxidase, Ascorbinsäureoxidase*; **Anw.** techn.: Gefäße u. Apparate sowie Legierungen, z. B. Messing (Kupfer-Zink), Bronze (Kupfer-Zinn); **Tox.:** Cu ist für niedere Organismen, z. B. Bakterien u. Algen, ein starkes Gift, Menschen u. höhere Tiere vertragen dagegen größere Mengen ohne Schaden; MAK: 1 mg/m^3 Luft; **Nachw.** von Cu-Verb.: **1.** sie färben die nicht leuchtende Flamme grün od. blau; **2.** H_2S fällt braunschwarzes Kupfer(II)-sulfid, unlösl. in verd. Säuren; **3.** NH_3 fällt grünblaue bas. Kupfer(II)-salze, im Überschuss des NH_3 mit tiefblauer Farbe lösl.; **4.** Zink od. Eisen scheiden metall. Cu ab, das sich auf ihnen als roter Überzug niederschlägt; **Gesch.:** Cu ist seit etwa 5000 v. Chr. bekannt; um diese Zeit gewannen es die Ägypter am Sinai aus Malachit*. Ebenso alt dürfte die Cu-Gew. auf Zypern sein (daher der Name: aes cyprium); erste Cu-Gew. in Deutschland um 960 n. Chr. auf dem Rammelsberg im Harz. Bronze (Kupfer/Zinn) stellten die Sumerer bereits 3000 v. Chr. her.

Hom: *Cuprum metallicum (HAB1.1):* Gew. durch Reduktion von gepulvertem reinen Kupferoxid; Konstitutionsmittel; verord. z. B. bei Krampfneigung der glatten u. quergestreiften Muskulatur, Epilepsie, Asthma bronchiale.

Kupfer(II)-acetat: Cuprum aceticum neutrale, Cupriacetat, essigsaures Kupfer, krist. Grünspan; $Cu(CH_3COO)_2 \cdot H_2O$, M_r 199.65. D. 1.882. Leicht lösl. in Wasser, lösl. in Ethanol u. Glycerol, wenig lösl. in Ether. **Anw.** med.: früher Adstringens u. mildes Ätzmittel; **Dos.** nach EB6: MED 0.1 g, MTD 0.3 g, als Augenwasser 0.2 %.

Hom: *Cuprum aceticum (HAB1.2):* verord. z. B. bei Angina pectoris, Asthma bronchiale.

Kupfer(II)-acetat, basisches: Grünspan, Cuprum subaceticum; $Cu(CH_3COO)_2 \cdot CuO \cdot 6\,H_2O$ (im Handel in wechselnder Zstzg.). Blaue od. grüne Kristalle, in Wasser teilweise lösl., in verd. Schwefel- u. verd. Essigsäure vollständig löslich. **Anw.** med.: früher in Salben u. Pflastern.

Kupferalaun: Cuprum aluminatum DAB6, Lapis divinus, Lapis ophthalmicus, Alumen cupricum, Augenstein; hellgrünlich blaue Stücke, Stäbchen od. Pulver, nach Campher riechend, lösl. in Wasser. Darst.: durch Zusammenschmelzen von 16 T. Kupfersulfat, 17 T. Alaun, 16 T. Kaliumnitrat u. 1 T. Campher. **Anw.:** mildes Ätzmittel.

Kupfer(II)-ammoniumsulfat: s. Tetraamminkupfer(II)-sulfat.

Kupfer, arsenigsaures: s. Kupferarsenit.

Kupferarsenit: arsenigsaures Kupfer, Cupriarsenit, Cuprum arsenicosum; $Cu_3(AsO_3)_2$. Gelbgrünes Pulver, unlösl. in Wasser u. Ethanol, lösl. in verd. Säuren. **Anw.** med.: früher Antiseptikum u. Insektizid; techn.: hauptsächl. Malerfarbe (Scheele-Grün ist ein Gemisch von Kupferarsenit mit bas. Kupfercarbonat).

Hom: *Cuprum arsenicosum (HAB1.5):* verord. z. B. bei Gefäßspasmen, Enteritis, Asthma, ergänzend bei Urämie.

Kupferarsenit-acetat: s. Kupfer, essigarsenigsaures.

Kupfer(II)-carbonat: basisches Kupfercarbonat, Cuprum carbonicum, Cuprum subcarbonicum; $CuCO_3 \cdot Cu(OH)_2$. Grünblaues Pulver, unlösl. in Wasser, lösl. in verd. Säuren u. Ammoniaklösung. **Anw.** med.: früher bei Neuralgien; techn.: Malerfarbe (Azurblau, Lasurblau, Kupferblau).

Kupfer(I)-chlorid: Cuprochlorid, Kupferchlorür, Cuprum (mono)chloratum; CuCl. D. 3.53, Schmp. 422 °C. Unlösl. in Wasser u. Ether, lösl. in konz. Salzsäure u. wässriger Ammoniaklösung. **Anw.** techn.: in der Gasanalyse zum Nachw. von Arsen- u. Antimonwasserstoff, Fett- u. Seifenherst., Katalysator, Pyrotechnik.

Kupfer(II)-chlorid: Cuprichlorid, Cuprum bichloratum; $CuCl_2 \cdot 2\,H_2O$. Blaugrüne, hygroskop. Kristalle, leicht lösl. in Wasser, Ethanol, Aceton. **Darst.:** Auflösen von Kupferoxid in Salzsäure u. Eindampfen; **Anw.** med.: früher Adstringens u. Fungizid; techn.: Sauerstoffüberträger bei Farbstoffsynthesen; Feuerwerkerei (Grünfeuer).

Kupferchlorür: s. Kupfer(I)-chlorid.

Kupfer(I)-cyanid: Cuprocyanid, Kupfercyanür, Cuprum cyanatum; CuCN. Farblose Kristalle, leicht lösl. in konz. Säuren, Ammoniak, Ammoniaksalz-Lsg., Alkalicyanid-Lsg., unlösl. in Wasser. **Anw.:** galvanische Verkupferungen.

Kupfer, essigarsenigsaures: Kupferarsenit-acetat, Cuprum acetico-arsenicosum; $Cu(C_2H_3O_2)_2 \cdot 3\,Cu(AsO_2)_2$. **Anw.:** früher als Malerfarbe verwendet (Schweinfurter Grün, Uraniagrün, Kaisergrün); heute wegen seiner Giftigkeit nicht mehr in Gebrauch.

Kupferglanz: Cu_2S; s. Kupfer.

Kupferkalkbrühe: Bordelaiser Brühe, Bordeauxbrühe; Mischung von Kalkmilch mit einer Lsg. von Kupfersulfat. 2 kg Kupfersulfat werden in 50 L Wasser gelöst u. langsam 50 L Kalkmilch aus 1 kg gelöschtem Kalk zugegossen, die K. muss alkal. reagieren; auch mit Zusatz von Schmierseife (1 %) od. Zucker (0.3 %). Wird als Schädlingsbekämpfungsmittel im biol. Landbau eingesetzt. Früher auch mit Arsen (Schweinfurter Grün, Natrium-, Calciumarsenat, 0.1-0.2 %): Arsenkupferkalkbrühe. Die Burgunderbrühe wird statt mit Kalkmilch mit Soda hergestellt (Kupfer-Soda-Brühe). **Anw.:** zum Spritzen geg. Pflanzenschädlinge, bes. gegen Echten u. Falschen Mehltau der Weinreben, Kräuselkrankheit, Blattfallkrankheit.

Kupferkies: $Cu_2S \cdot Fe_2S_3$; s. Kupfer.

Kupferlasur: $2\,CuCO_3 \cdot Cu(OH)_2$; s. Kupfer.

Kupferlegierungen: s. Kupfer.

Kupfernatriumcitrat: Cupro-Natrium citricum; Geh. mind. 10 % Kupfer. Blaugrüne Kristallnadeln, leicht lösl. in Wasser u. Ethanol. **Anw.** med.: Augenwässer (2 %).

Kupfer(II)-nitrat: Cuprinitrat, salpetersaures Kupferoxid, Cuprum nitricum; $Cu(NO_3)_2 \cdot 3\,H_2O$. Tiefblaue, hygroskop. Kristalle, leicht lösl. in Wasser u. Ethanol. **Darst.:** Auflösen von Kupferoxid in Salpetersäure u. Eindampfen; **Anw.** techn.: Brünieren von Eisen; med.: früher innerl. u. äußerl. bei Syphilis; **Dos.:** MED 0.025 g, MTD 0.1 g.

Kupferoxidammoniak: s. Schweizer-Reagens.

Kupfer(I)-oxid: Kupferoxydul, Cuprum oxydulatum; Cu_2O; gelbl. bis bräunl. Pulver od. Kristalle, lösl. in Ammoniaklsg., Salzsäure u. verd. Schwefelsäure, unlösl. in Wasser. **Darst.:** **1.** Oxidation von fein verteiltem Cu; **2.** Erwärmen von Cu(I)-chlorid mit Laugen; **3.** Nebenprodukt beim Nachw. von Glucose mit Fehling-Lsg.; **Anw.:** Pflanzenschutzmittel, Galvanotechnik, Rotfärben von Glas.

Kupfer(II)-oxid: Cuprioxid, Cuprum oxydatum; CuO, M_r 79.54. D. 6.45. Schwarzes, amorphes Pulver; leicht lösl. in verd. Salpetersäure, unlösl. in Wasser u. Ethanol. **Darst.:** Glühen von bas. Kupfercarbonat; **Anw.** techn.: Elementaranalyse, Herst. von Kupferrubinglas; med.: äußerl. früher zur Zerteilung von Geschwüren, innerl. als Wurmmittel; **Dos.:** 0.05-0.1 g mehrmals tägl. (saure Speisen vermeiden!). MED 0.3 g, MTD 0.8 g.

Kupferoxydul: s. Kupfer(I)-oxid.

Kupferparaphenolsulfonat: Cuprum phenolsulfonicum, Cuprum sulfocarbolicum, *p*-phenolsulfonsaures Kupferoxid; $[C_6H_4(OH)SO_3]_2Cu \cdot 5\,H_2O$. Hellgrüne Kristalle, lösl. in Ethanol u. Wasser. **Anw.** med.: äußerl. als Antiseptikum* zu Umschlägen u. zu Spülungen.

Kupferrauch, weißer: s. Zinksulfat.

Kupferron: s. Phenylnitroso-hydroxylamin.

Kupfer(II)-sulfat: rohes Kupfersulfat, roher Kupfervitriol, blauer Galitzenstein, Cuprum sulfuricum crudum; **1. wasserfreies Kupfer(II)-sulfat:** Cupri sulfas anhydricus; $CuSO_4$, M_r 159.6. Hellgraues bis hellgraugrünes, hygroskop. Pulver, das unter Feuchtigkeitseinfluss blau wird; leicht lösl. in Wasser. **Off.:** DAB10. **2. Kupfer(II)-sulfat-Pentahydrat:** Cupri sulfas pentahydricus; Ph.Eur.4, Cuprum sulfuricum; $CuSO_4 \cdot 5\,H_2O$, M_r 249.7. Blaue, durchscheinende, wenig verwitternde Kristalle od. blauweißes Pulver, lösl. in Wasser (1:3.5), wenig lösl. in Ethanol. **Off.:** DAC86, ÖAB90, Ph.Helv.7; **Anw.** med.: früher äußerl. als Ätzmittel, Adstringens in der Wundbehandlung; innerl. als Brech- u. Blutstillungsmittel, Gegenmittel bei akuter Phosphorvergiftung; techn.: 0.5-1 ppm in Wasserreservoirs u. Schwimmbecken zur Verhinderung des Algenwachstums, Schädlingsbekämpfung (Kupferkalkbrühe*), Getreidebeizung, Holzkonservierung, Herst. von Kupferfarben; **Dos.:** 0.004-0.025 g; MED 0.25 g.
Hom: *Cuprum sulfuricum (HAB1.2):* s. Kupfer.

Kupfer(II)-sulfat-Ammoniak: s. Tetraamminkupfer(II)-sulfat.

Kupfervitriol: s. Kupfer(II)-sulfat.

Kupferzahl: die Menge Kupfer in Gramm, die von den in 100 g getrockneter Watte enthaltenen, reduzierenden Stoffen als Kupfer(I)-oxid abgeschieden wird. Die K. dient zum Nachw. von Faserschädigungen bei Bleichen der Watte u. Feststellung ihrer Güte u. Lagerfähigkeit.

Kupferzink-Lösung: s. Solutio zinco-cuprica composita.

kupieren: eine Krankheit am Beginn unterdrücken od. abkürzen.

Kurare: s. Curare.

Kurchirinde: s. Holarrhena pubescens.

Kurella-Brustpulver: s. Pulvis Liquiritiae compositus.

Kurkumagelb: s. Curcumin.

Kurkumapapier: s. Curcumapapier.

Kurkumastärke: s. Amylum Curcumae.

Kurkumawurzel, Lange: s. Curcuma longa (Curcumae longae rhizoma).

Kuru: in Papua-Neuguinea auftretene Form der Prionkrankheiten*. **Erreger:** Prionen*; **Übertragung:** Ingestion infektiösen Materials (z. B. Hirngewebe) u. parenterale Übertragung über Hände bei der Zubereitung kannibalischer Mahlzeiten, erklärt den endem. Charakter der K.; vgl. BSE, Creutzfeldt-Jakob-Krankheit.

Kurukraut: s. Picrorhiza kurroa.

Kurzname: s. INN.

Kurzsichtigkeit: s. Myopie.

Kurztagpflanzen: Pflanzen, die erst beim Unterschreiten einer kritischen Tageslänge zur Blüte kommen; blühen im zeitigen Frühjahr od. Herbst; vgl. Langtagpflanzen, Pflanzen, tagneutrale.

Kurzzugbinde: dauerelast. Stütz- u. Kompressionsbinde aus Polyamid u. umsponnenen Gummi- od. Polyurethanfäden mit einer Dehnbarkeit <100 %, die starke Tiefenwirkung ausübt. Vgl. Langzugbinde.

Kusauzuknollen: s. Aconitum napellus ssp. napellus.

Kussoblüten: s. Hagenia abyssinica.

kutan: cutan; die obersten Hautschichten betreffend. Die beiden obersten Hautschichten (Corium u. Epidermis) bezeichnet man als Kutis. Vgl. Haut.

Kutikula: Cuticula; (bot.) zarte, äußerste Membranlamelle über den Außenwänden der Epidermiszellen.

Kutira-Gummi: s. Cochlospermum gossypium.

Kutis: s. Haut.

KW: Abk. für Kohlenwasserstoffe*.

K-Wert: Materialkonstante für polymere Substanzen, die mit deren M_r in engem Zusammenhang steht. Der K-Wert ermöglicht es, zw. den Konzentrationen u. Viskositäten von Lsg. solcher Stoffe eine rechner. Beziehung aufzustellen. Bei gegebener Konz. des gelösten Produktes u. der zugehörigen relativen Viskosität der Lösung lässt sich der K-Wert nach Fikentscher berechnen od. aus einer Tabelle ermitteln.

kWh: Einheitenzeichen für Kilowattstunde; abgeleitete Einheit für die Arbeit*. 1 kWh=3600 kJ (Kilojoule).

Kybernetik: Zweig der modernen Naturwissenschaften, der sich mit den Steuerungs- u. Regelungsverhältnissen in Technik u. Biologie befasst. Die K. wurde aus Ergebnissen versch. Disziplinen wie Physiologie u. Ingenieurwissenschaften entwickelt u. hat fächerübergreifende Bedeutung erlangt in technischen, biol. u. soziologischen Forschungsmethoden. Sie führte zur Klärung zahlreicher biol. Vorgänge, z. B. in der Genetik u. bei der Proteinsynthese. **Gesch.:** 1948 von Norbert Wiener (1894-1964) entwickelt.

Kynurenin: Zwischenprodukt des L-Tryptophan*-Abbaus. Bei Vitamin-B_6-Mangel erfolgt kein weiterer Abbau, sondern Ausscheidung als Kynorensäure im Harn.

Kyphose: Buckel; nach dorsal konvexe Krümmung der Wirbelsäule, physiol. angedeutet in der BWS; pathol. verstärkt u. fixiert.

L

λ (gr. Kleinbuchstabe lambda): (physik.) Symbol für Wellenlänge; s. elektromagnetischer Strahlung.

l: 1. Symbol für Länge; s. SI-Einheiten (Meter). **2.** (chem.) Symbol für linksdrehend; bei opt. aktiven Stoffen (veraltet). **3.** (physik.-chem.) Symbol für Nebenquantenzahl*.

L: 1. (chem.) Symbol für die Konfiguration* eines Moleküls; s. Fischer-Projektion. **2.** Einheitenzeichen für Liter. **3.** (chem.-physik.) Symbol für Löslichkeitsprodukt*. **4.** (chem.-physik.) Symbol für Avogadro*-Konstante. **5.** (biochem.) Symbol für Leucin*. **6.** röm. quinquaginta; die Zahl Fünfzig.

L.: Abk. für Carl von **Linné***.

l. a.: Abk. für **lege*** **artis**.

La: (chem.) Symbol für Lanthan*.

Lab: Labferment, Chymosin, Rennin; proteolyt. Enzym im Magen von Säuglingen u. Kleinkindern (nicht aber Erwachsenen) u. aus dem Labmagen saugender Kälber (vierter Kälbermagen, Abomasus), das Milchgerinnung ohne Mitwirkung von Säuren bewirkt; es ist auch im Magen anderer Säugetiere enthalten sowie in Fischen, Krebsen, Vögeln u. in manchen Pflanzen (Galium verum, Datteln, Feigen), auch in Bakterien u. Hefen. Proteolyt. Mechanismus dem Pepsin ähnl., aus Prorennin, der inaktiven Vorstufe (M_r 36 200), bildet sich das aktive Enzym (M_r 30 700), das in Gegenwart von Ca^{2+}-Ionen Phosphoamidbindungen von Casein* hydrolisiert (pH-Optimum 4.0); es bilden sich die unlösl. Calciumsalze von Paracasein. **Labpulver:** wird aus zerkleinerten (getrockneten) Kälbermägen extrahiert u. getrocknet. Es ist meist so eingestellt, dass 1 g in 30-40 min bei 35-40 °C 100 Liter (1:100 000) bis 300 Liter (1:300 000) Milch zur Gerinnung bringt; s. Casein. **Labessenz:** Liquor seriparus EB6, Molkenessenz; Flüss., die Labferment enthält. Herst.: durch Ausziehen zerkleinerter Kälber-Labmägen mit verd. Salzsäurelsg. od. Natriumchloridlsg.

Labarraque-Lauge: s. Natriumhypochlorit.

Labdan: bicycl. Diterpengrundgerüst; Strukturformel s. Diterpene.

Labdanum: s. Ladanum.

Labetalol INN: 2-Hydroxy-5-[1-hydroxy-2-(1-methyl-3-phenylpropyl)amino]ethyl-benzamid; CAS-Nr. 36894-69-6; $C_{19}H_{24}N_2O_3$, M_r 328.40. **Anw.** u. **Wirk.:** Antihypertonikum; Senkung des peripheren Gefäßwiderstandes durch gleichzeitige β- u. α-blockierende Wirk.; **UAW:** orthostat. Dysregulation, Übelkeit, Müdigkeit, Gliederschmerzen; **Dos.:** 3×0.1 g/d p.o., langsam erhöhen auf 0.6-1.6 g/d; HWZ 4 h. **Labetalolhydrochlorid:** Labetaloli hydrochloridum Ph.Eur.4; $C_{19}H_{25}ClN_2O_3$, M_r 364.9. Weißes Pulver; wenig lösl. in Wasser u. Ethanol.

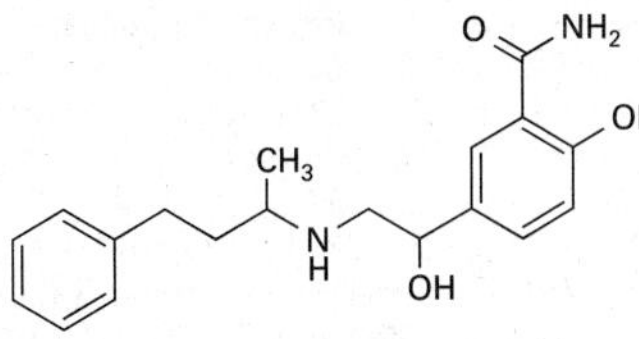

Labetalol

Labiatae: s. Lamiaceae.

Labiatendrüsen: s. Exkretionsgewebe (Drüsenhaare u. Abb.).

Labiatengerbstoffe: s. Gerbstoffe, pflanzliche (Lamiaceengerbstoffe).

Labium: Lippe. labialis, zu den Lippen gehörig.

Labkraut, Gelbes: s. Galium verum.

Labkraut, Klebendes: s. Galium aparine.

Laborfiltergeräte: s. Vakuumfiltergeräte, Druckfiltergeräte.

Laborpraxis, gute: s. GLP.

Laburnum anagyroides Medicus.: Cytisus laburnum L., L. vulgare Presl., Traubiger Goldregen, Bohnenbaum; Fam. Fabaceae (Leguminosae) (heim. Südeuropa, vielfach kult.). Stpfl. von **Folia Laburni** u. **Semen Cytisi laburnum: Inhaltsst.:** in allen Organen das sehr giftige Cytisin* (in den Samen 1.5-3 %, Blätter 0.3 %, Blüten 0.2 %) u. a. Chinolizidinalkaloide*, z. B. das weniger giftige N-Methylcytisin; in den Samen Lektine, Cholin u. fettes Öl, in den Blüten Violaxanthin* (carotinoider Farbstoff); **Anw.** volkstüml.: früher die Blätter als schleimlösendes u. abführendes Mittel; die Samen z. B bei Verstopfung, zum Erbrechen, bei Asthma.

Hom: *Laburnum anagyroides (HAB1.5),* Cytisus laburnum: frische Blätter u. Blüten zu gleichen T.; verordnet z. B. bei Magen-Darm-Entzündung.

Lac: s. Milch.

Lac Bismuthi: Magma Bismuthi, Wismutmilch; eine Aufschwemmung von bas. Bismutcarbonat u. Bismuthydroxid, Geh. 5.6-6.2 % Bi_2O_3.

Lacca: s. Schellack.

Lacca alba: gebleichter Schellack, s. Schellack.

Laccainsäure: s. Schellack.

Lacca Musci: s. Lackmus.

Lac caninum: Hundemilch; Gemisch zu gleichen T. aus frischer Milch u. 90 %igem Ethanol (Milcheiweiß wird gefällt).

L

Hom: *Lac caninum:* verordnet z. B. bei Erkrankungen des rheumat. Formenkreis mit Seitenwechsel des Schmerzes, chron. Sinusitis, Migräne.

Laccase: Monophenolmonooxygenase; ein kupferhaltiges Flavinenzym*.

Laccifer lacca: s. Schellack.

Lacerta agilis: Zauneidechse; Fam. Lacertidae (Europa), 20-25 cm lange Eidechse.

Hom: *Lacerta agilis:* Tier wird betäubt, zerquetscht u. mit 90 %igem Ethanol mazeriert.

Lachenknoblauch: s. Teucrium scordium.

Lachesis muta L.: Buschmeister, Sururuku; Fam. Crotalidae (Mittel- u. Südamerika); Giftschlange, Biss ist tödl.; Best. des Giftes: Hämagglutinine u. Hämolysine; s. Schlangengifte.

Hom: *Lachesis mutus (HAB1.5),* Lachesis: schonend getrocknetes Schlangengift, Konstitutionsmittel; verord. z. B. bei Infektionskrankheiten (sept. Prozesse), Abszessen, Venenentzündungen, Gelenkrheumatismus, Dysmenorrhö.

Lachgas: Nitrogenii oxidum Ph.Eur.4, Nitrogenium oxydulatum, Stickstoffoxydul, Stickoxydul; Distickstoffmonoxid; N_2O, M_r 44.01. D. 1.5224. Schmp. −102.4 °C. Sdp. −89.5 °C. Farbloses, angenehm riechendes u. süßl. schmeckendes Gas; bei 20 °C u. einem Druck von 101.3 kPa löst sich 1 Volumteil Gas in ca. 1.5 Volumteilen Wasser. **Darst.:** trockenes Erhitzen von Ammoniumnitrat; **Anw.** med.: L. besitzt starke analget., aber nur schwache narkot. Wirkung. Verw. im Gemisch mit mind. 25 % Sauerstoff als Analgetikum bei Myocardinfarkt, in der Geburtshilfe, bei kleinen Operationen z. B. in der Zahnmedizin; häufig als Zusatz bei kombinierter Narkose; **Gesch.:** 1776 von Joseph Priestley (1733-1804) entdeckt, die narkot. Wirk. erkannte 1799 Humphry Davy (1778-1829), der Zahnarzt Horace Wells (1815-1848) wandte 1844 das Gas erstmals bei Zahnextraktionen an.

Lachnanthes tinctoria: Wollnarzisse; Fam. Haemodoraceae (Nordamerika). **Anw.** techn.: Färbemittel (Reed Root).

Hom: *Lachnanthes tinctoria:* frische, blühende Pflanze; verord. z. B. bei Kopfneuralgie, Zervikobrachial-Syndrom.

Lacidipin INN: Diethyl-4-[(*E*)-2-(*tert*-butyloxycarbonyl)vinyl]phenyl-1,4-dihydro-2,6-dimethyl-3,5-pyridindicarboxylat; CAS-Nr. 103890-78-4; $C_{26}H_{33}NO_6$, M_r 455.5. Schmp. 174 °C. **Wirk.:** lang wirksamer Calciumantagonist* vom Dihydropyridintyp (Wirkungsdauer 24 h) infolge langsamer Freisetzung aus den Lipidspeichern der Zellmembran; **Anw.:** Antihypertensivum*; **UAW:** Calciumantagonisten*; **Dos.:** p. o. 2-4 mg/d morgens.

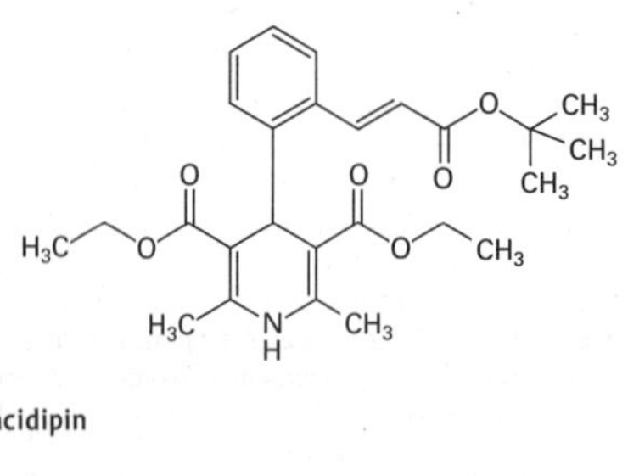

Lacidipin

Lackbaum, Japanischer: s. Toxicodendron vernicifluа.

Lackdragees: s. Filmtabletten.

Lackharz: s. Schellack.

Lackmoid: Resorcinblau; $[C_6H_3(OH)_2][C_6H_2(OH)_3]_2N$. Dunkelviolette Lamellen; lösl. in Ethanol, Ether, Aceton, wenig lösl. in Wasser. **Darst.:** Schmelzen von Resorcin mit Natriumnitrit. **Anw.:** Indikator* wie Lackmus*, jedoch empfindl., Umschlagsbereich pH 4.4-6.4, rot — blau.

Lackmus: Lacca Musci (Musica); Farbstoff versch. Flechten. Dunkelblaue Würfel, die beim Erhitzen Ammoniak entwickeln; löst sich in Wasser zu dunkelblauer Flüss., die sich bei Zusatz von Säuren rot u. von Alkalien wieder blau färbt. **Vork.:** v. a. in Rocella tinctoria (Felsen mediterraner u. westafrikan. Küsten), Rocella fuciformis (Felsenküsten der Kanaren, Azoren, Mittelmeerküsten, Afrika), Ochrolechia tartarea (auf Steinen u. an Felsen in der gemäßigten Zone). **Herst.:** fast ausschließl. in Holland, indem man die gemahlenen Flechten unter Zusatz von Kalk, Pottasche, Ammoniak, auch Harn, der Gärung überlässt, bis sich der Farbstoff entwickelt u. dann die Masse mit Kreide od. Gips verdickt. **Best.:** versch. Farbstoffe, u. a. Azolitmin*, Erythrolitmin, Spaniolitmin. **Anw.:** Indikator* u. Reagens, bes. als Lackmuspapier u. -tinktur; Umschlagsbereich: pH 5-7, rötlich — violett. **Zuber.** wässrige Lackmuslsg. (Reagens DAB6): 1 T. L. wird 3-mal mit je 5 T. Alkohol ausgekocht, der Rückstand mit 10 T. Wasser 24 Std. lang bei Zimmertemp. ausgezogen u. filtriert. Die fertige Indikatorlsg. muss vor Licht geschützt aufbewahrt werden, jedoch sollte die Luft Zutritt haben, man verschließt daher nur mit loser Watte.

Lackmuspapier Ph.Eur.4: **1.** blaues L.: mit einer schwach alkal. Lsg. des Lackmusfarbstoffes imprägniertes, saugfähiges Papier zur Prüfung saurer od. neutraler Reaktionen; **2.** rotes L.: mit einer schwach sauren Lsg. von L. imprägniertes, saugfähiges Papier zur Prüfung auf alkal. od. neutrale Reaktionen.

Lackschildlaus: s. Schellack.

Lacksumach: s. Wachse (Cera japonica).

Lacktabletten: s. Filmtabletten.

Lac Mulierum: s. Muttermilch.

lac-Operon: Abk. für Lactose-Operon; ein etwa 5000 Basenpaare langer Abschnitt auf der DNA von Escherichia coli, der eine Gruppe von drei benachbarten u. gemeinsam regulierten Genen umfasst, die für Enzyme der Lactose-Verwertung codieren.

Lac Sulfuris: s. Schwefel (Sulfur praecipitatum).

Lact-: siehe auch Lakt-.

Lactalbumin: Laktalbumin; in der Milch* enthaltener Eiweißkörper; extrem hitzestabil, Bestandteil der Lactosesynthetase; besteht aus 123 Aminosäuren, M_r 14 176, mit vier Disulfidbrücken.

Lactame: cycl. Carbonsäureamide*, die beim Erhitzen von γ-, δ-, ε-Aminosäuren durch H_2O-Abspaltung entstehen u. beim Kochen mit Säuren od. Alkalien wieder zu den Aminosäuren aufgespalten werden. Die Benennung erfolgt analog den Lactonen*. **Anw.:** ε-Caprolactam ist der Ausgangsstoff für die Kunstfaser Perlon (s. Kunstseiden).

Lactarius: s. Pilze (Basidiomycetes).

Lactase: β-Galactosidase; Enzym, das Lactose in Glucose u. Galactose zerlegt. Nat. weit verbreitet (z. B. in Darmsaft, Milchzuckerhefen, Kefirpilzen).

Lactatdehydrogenase: Abk. LDH; Milchsäuredehydrogenase; Enzym der Glykolyse*, das die Reduktion des Pyruvats zu Lactat katalysiert. Wasserstoff lieferndes Coenzym ist NADH. LDH ist absolut spezif. für L-(+)-Lactat. Sie dient zur Diagnose des Herzinfarkts u. der Hepatitis, da bei diesen Krankheiten der LDH-Spiegel erhöht ist. Gereinigte LDH dient in gekoppelten opt. Tests zur Bestimmung anderer Enzyme, z. B. Pyruvatkinase, u. Metaboliten wie ADP, ATP, Pyruvat.

Lactate: Salze der Milchsäure*.

Lactationshormon: s. Prolactin, Hormone (Plazentahormone).

Lactitol: Lactit, Lactositol, Lactobiosit, 4-Galactosylsorbitol; 4-*O*-β-D-Galactopyranosyl-D-glucitol; CAS-Nr. 585-86-4; $C_{12}H_{24}O_{11}$, M_r 344.31. Bildet auch ein Mono- u. Dihydrat. **Wirk.:** L. wird nicht resorbiert, es passiert unverändert das Kolon u. wird durch die Dickdarmflora zu Essig-, Propion- u. Buttersäure, Kohlendioxid, Methan u. Wasserstoff abgebaut (pH sinkt von 6.5 auf 5.6). **Anw.:** osmot. wirkendes Laxans*; nicht resorbierbares Disacchardid mit struktureller Verwandtschaft u. gleicher pharmakodynam. Wirk. wie Lactulose*; **UAW:** Flatulenz, Meteorismus, Bauchschmerzen od. -krämpfe, gelegentl. Übelkeit; **Kontraind.:** Ileus, künstl. Darmausgang, org. Erkrankungen des GIT, Blut im Stuhl, Elektrolytstörungen, Diarrhö; **Dos.:** p. o. bei Obstipation Erwachsene 20 g, Kinder 0.25 g/kg KG; Einnahme morgens od. abends mit reichl. Flüss. (400 mL) zu einer Mahlzeit; bei hepatischer Enzephalopathie 0.5-0.7 g/kg KG in 3 ED. **Lactitolmonohydrat:** Lactitoli monohydricum Ph.Eur.4; CAS-Nr. 81025-04-9; $C_{12}H_{24}O_{11} \cdot H_2O$; M_r 362.33. **Dos.:** oral bei hepatischer Enzephalopathie: initial 500 mg/kg KG/d in 4 Einzeldosen; bei Obstipation: Normdosis: 10-20 g/d, Kinder 1×0.25 g/kg KG täglich. Einnahme mit bis zu 400 mL Flüssigkeit (Ph.Eur.Komm.).

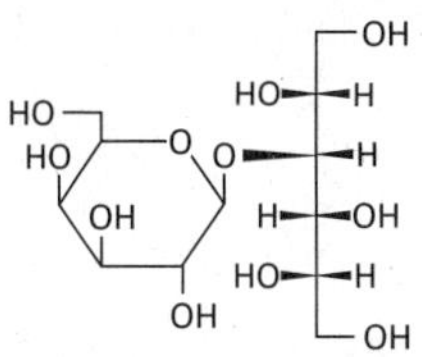

Lactitol

Lactobacillus: Milchsäurebakterien der Fam. Lactobacteriaceae; grampositive, nichtsporenbildende, anaerobe bis fakultativ anaerobe, z. T. mikroaerophile Prokaryonten, die Kohlenhydrate fermentativ abbauen u. meist kokken- od. stäbchenförmiges Aussehen haben. **1.** L. brevis: unbewegl. Stäbchen, säuretolerant; zur heterofermentativen Gärung (z.B. Sauerkraut); es ensteht Milchsäure, außerdem Ethanol; **2.** L. delbrueckii Beijerinck: unbewegl. Stäbchen, säuretolerant; zur homofermentativen Gärung, s. Milchsäure; **3.** L. acidophilus: obligat anaerobe, mikroaerophile, nicht-sporenbildende, grampositive Stäbchen; Bestandteil der physiol. Flora versch. Standorte. Häufiger Bestandteil der Probiotika.

Lactobacillus bifidus: Bifidobacterium bifidus; s. Bifidus-Faktor.

Lactobacteriaceae: Lactobacillaceae; Fam. von Milchsäurebakt., morpholog. uneinheitlich, grampositiv. **Vorkommen:** **1.** Milch u. deren Produkte (Lactobacillus lactis, bulgaricus, helveticus, brevis; Streptococcus lactis); **2.** intakte u. sich zersetzende Pflanzen (Lactobacillus plantarum, delbrueckii, fermenti); **3.** Darm u. Schleimhäute von Mensch u. Tier (z. B. Lactobacillus acidophilus, Bifidusbacterium bifidus).

Lactobiose: s. Lactose.

Lactobutyrometer: Instrument zur Bestimmung des Fettgehaltes der Milch.

Lactoferrin: s. Siderophiline.

Lactoflavin: s. Vitamine (Vitamin B_2).

lactogenes Hormon: s. Hormone (Hypophysenvorderlappen).

Lactoglobulin: β-Lactoglobulin; in der Milch* von Wiederkäuern enthaltenes Protein; besteht aus zwei ident. Polypeptidketten (162 Aminosäuren, M_r 18 363 pro Kette).

Lactone: cycl. Carbonsäureester, innere Ester von Hydroxycarbonsäuren (s. Abb.). Die Ringgröße wird durch gr. Buchstaben entspr. der Position der Hydroxylgruppe, die mit der Carboxylgruppe kondensiert ist, angegeben. Die spannungsfreien 5- u. 6-gliedrigen γ- u. δ-Lactone kommen in der Natur am häufigsten vor, speziell in Pflanzen.

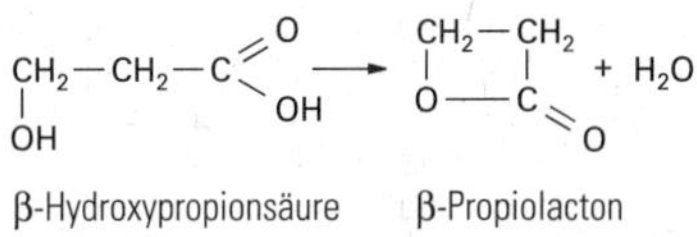

Lactone: Bildung eines β-Lactons aus β-Hydroxypropionsäure

Lactose: Saccharum lactis, Lactobiose, Milchzucker; 4-*O*-β-D-Galactopyranosyl-D-glucopyranose; CAS-Nr. 63-42-3; $C_{12}H_{22}O_{11}$, M_r 342.3. Ein reduzierendes Disaccharid (Maltosetyp), 1 Molekül Galactose ist β-1,4-glykosidisch mit einem Molekül Glucose verknüpft, wobei beide Monosaccharidreste als Pyranosen vorliegen. Kommt in 2 Anomeren (α- u. β-Form) vor. Off.: Ph.Eur.4. **Gew.:** aus der süßen Molke der Kuhmilch (enthält ca. 4.5 % L.) nach Abtrennen des Milchalbumins bei pH 6.2 unter Erhitzen, nach dem Neutralisieren u. Eindicken im Vakuum durch Kristallisation. Bei gewöhnlicher Temp. scheidet sich dabei die (weniger lösliche) wasserhaltige α-Form (Lactose-Monohydrat), oberhalb 93 °C das wasserfreie β-Isomere (nicht off.) ab. Im Handel ist α-Lactose in vielen Feinheitsgraden als Monohydrat in kristalliner u. sprühgetrockneter (z. T. amorpher) od. wasserfreier Form (wasserfreie α-Lactose) erhältl., die sich in ihren (technolog.) Eigenschaften unterscheiden. $[\alpha]_D^{20\,°C}$ +90° (α-Form), +35° (β) u. nach Ph.Eur.4

+54.4 bis +55.9° (c=10 in Wasser; Mutarotationsgleichgewicht nach ca. 24 h). **Lactose-Monohydrat:** Lactosum monohydricum Ph.Eur.4; 4-*O*-*β*-D-Galactopyranosyl-*α*-D-glucopyranose-Monohydrat; CAS-Nr. 64044-51-5; $C_{12}H_{22}O_{11} \cdot H_2O$, M_r 360.3. Schmp. 201-202 °C (schnell erhitzt). Weißes, krist. od. körniges Pulver von schwach süßem Geschmack. D. 1.53. Leicht, aber langsam lösl. in Wasser; wenig lösl. in 90 %igem Ethanol, unlösl. in Ether, Chloroform, absol. Ethanol. Kaum hygroskop. (hygroskop. Punkt* 25 °C, 93 %); Wassergehalt ca. 5 %, setzt sich zusammen aus dem Kristallwasser (entfernbar ab 120 °C) u. dem adsorptiv gebundenen Wasser (ca. 0.1-0.2 %, entfernbar bei 80 °C). ***α*-Lactose:** Lactosum anhydricum; 4-*O*-*β*-D-Galactopyranosyl-*α*-D-glucopyranose. Schmp. 222.8 °C. Lösl. in 5 T. kaltem u. 2.6 T. siedendem Wasser. Geht langsam bei über 70 % relative Luftfeuchte in das Monohydrat über. ***β*-Lactose:** 4-*O*-*β*-D-Galactopyranosyl-*β*-D-glucopyranose. Schmp. 252.2 °C. Lösl. in 2.2 T. kaltem u. 1.1 T. siedendem Wasser. Nimmt erst nahe 100 % relativer Luftfeuchtigkeit Wasser auf, wobei das *α*-Lactose-Monohydrat gebildet wird. **Anw.:** Zusatz zu Säuglingsnährmitteln, mildes Laxans in Gaben von 9-15 g. Technisch verwendet für die Tablettierung u. Kapselabfüllung als Füll-, Binde- (Trockengranulierung) u. Adsorptionsmittel (für flüss. Arzneistoffe). Tabletten mit hohem L.-Gehalt härten meist nach u. zerfallen schlecht nach längerem Lagern. Sprühgetrocknete u. wasserfreie L. lässt sich gut direkttablettieren, dies gelingt auch mit gewöhnl. grobkristalliner L. evtl. unter Zusatz von hochdispersem Siliciumdioxid. Verwendet in Pulvermischungen, zum Einstellen eines vorgeschriebenen Wirkstoffgehalts (z. B. Drogenpulver, Extrakte), in homöopath. Zuber. als Füllmittel. **Inkomp.:** als reduzierender Zucker mit Substanzen mit primären u. z. T. auch sekundären Aminogruppen, Aminen, Aminosäuren, Peptiden (Braunfärbung, Maillard*-Reaktion, bes. in feuchtem Milieu u. in der Wärme; sprühgetrocknete L. ist reaktiver), mit Säuren (Spaltung) u. Nitroglycerol (Zers.). L. nimmt leicht Fremdgerüche an. Bei Inkomp. dient in der technolog. Anw. meist Mannitol als Ersatz.

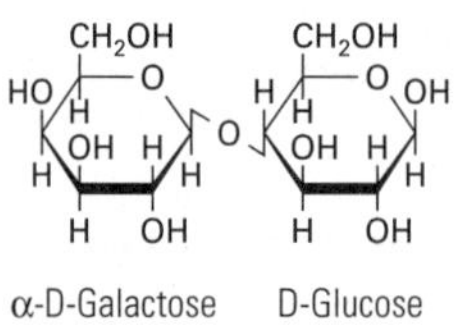

Lactose

Lactose-Intoleranz: Kohlenhydrat-Malabsorption; angeborene od. erworbene Störung von Kohlenhydrataufnahme od. -abbau. Charakterist. sind osmot. od. durch Gärungsvorgänge bedingte Durchfälle.

lactotropes Hormon: s. Prolactin, Hormone (Hypophysenvorderlappen).

Lactucarium germanicum genuinum: Deutsches Laktukarium; der eingetrocknete Milchsaft von Lactuca* virosa. **Best.:** 3-10 % der nichtglykosid., für die Giftwirkung verantwortl. Sesquiterpenlacton-Bitterstoffe Lactucin u. Lactucopikrin (*p*-Hydroxyphenylessigsäureester von Lactucin), bis 27 % Lactucerin (Ester), ca. 50 % *α*- u. *β*-Lactucerol (Triterpenalkohol), Mannitol, Oxalsäure, Äpfelsäure, Citronensäure, Kautschuk, Asparagin, Harz; **Anw.** volkstüml.: früher als harntreibendes Mittel, bei Hustenreiz, nervösen Erregungen, Neuralgien. **Lactucarium gallicum:** Französisches Laktukarium, stammt von Lactuca sativa var. capitata.

Lactuca sativa L.: Gartenlattich; als Gemüsepflanze angebaut, Fam. Cichoriaceae (Compositae); Kopfsalat ist L. sativa var. capitata. **Inhaltsst.:** Äpfelsäure, Citronensäure, Oxalsäure, Lactucerin (Lactucin), Lactucopicrin, *α*- u. *β*-Lactucerol, Glukokinine, Eisen, Vitamine A, B_1, B_2, C (100 mg/kg), E; äther. Öl.

Lactuca virosa L.: Giftlattich; Fam. Cichoriaceae (Compositae) (südwestl. Europa, Nordafrika, Moseltal, Österreich, Russland). Stpfl. von **Herba Lactucae virosae:** Herba Intybi angusti, Giftlattichkraut. **Inhaltsst.:** s. Lactucarium germanicum genuinum; **Anw.** volkstüml.: z. B. bei Keuchhusten, Reizhusten, als Schlafmittel.

Hom: *Lactuca:* ganze, frische, blühende Pflanze; verord. z. B. bei Schlaflosigkeit, Milchmangel der Wöchnerinnen.

Lactulose INN: 4-*O*-*β*-D-Galactopyranosyl-D-fructose; CAS-Nr. 4618-18-2; $C_{12}H_{22}O_{11}$, M_r 342.30. Schmp. 169.0 °C (1 K/min). Synthet. Disaccharid; Löslichkeit in Wasser (m/m) bei 30 °C 76.4 %, bei 60 °C 81 %, bei 90 °C >86 %. **Anw.** u. **Wirk.:** Laxans (Anregung der Darmperistaltik), auch für schwangere Frauen u. Diabetiker, vgl. Abführmittel; Hepatikum* (Verhinderung der Ammoniakresorption); **Dos.:** Initialdos. 1×20.0 g/d p. o., Erhaltungsdos. 1×10.0 g/d; Kinder Initialdos. 10.0 g/d, Erhaltungsdos. 5.0 g/d.

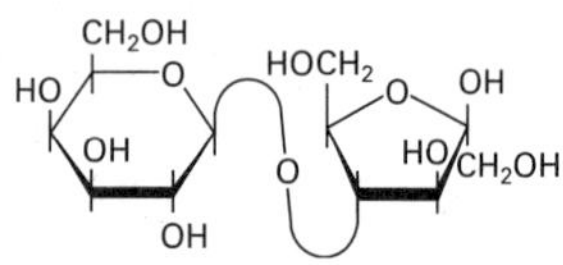

Lactulose

Lactulose-Lösung: Lactulosi solutio, Sol. Lactulosi; Zstzg.: NRF, 0.25 g Erdbeerflüssigaroma in 250.0 g Lactulose-Lsg. 50 %. L. enthält neben mind. 62 % (m/V) Lactulose Anteile anderer Zucker (Galactose, Lactose, Epilactose, Tagatose). Die Lsg. kann ein geeignetes Konservierungsmittel enthalten. Da sie übersättigt ist, können Kristalle in ihr vorkommen. **Anw.:** Behandlung der portalen system. Encephalopathie bei schwerer Leberinsuffizienz, Laxans*, chron. Obstipation u. bei Salmonellen-Enteritiden; **Dos.:** Erwachsene verteilt auf mehrere Einzelgaben bis zu 150 mL/d; als Laxans: Kinder 2.5-5 mL, Erwachsene 1-2×5-7.5 mL/d.

Lactulose-Sirup: Lactulosum liquidum; Ph.Eur.4, wässrige Lactulose*-Lösung.
Lactylmilchsäure: s. Milchsäure.
Lactylphenetidin: Laktyl-*p*-phenetidin, Milchsäure-*p*-phenetidid; M_r 209.1. Schmp. 117-118 °C. Farblose Kristalle, lösl. in ca. 400 T. Wasser von 20 °C, in ca. 45 T. siedendem Wasser, in 6 T. Ethanol. **Darst.:** Erhitzen einer Mischung von *p*-Phenetidin* u. Milchsäure; **Anw.** med.: Antipyretikum*, Antineuralgikum*; **Dos.:** 0.2-0.75 g, MTD 3.0 g. **Hinweis:** Nicht mehr im Handel.

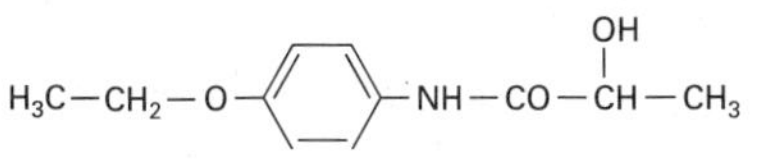

Lactylphenetidin

Lac vaccinum defloratum: abgerahmte Kuhmilch. **Hom:** verord. z. B. bei Migräne, Schwangerschaftserbrechen, Milchallergie.
Ladanharz: s. Ladanum.
Ladanum: Labdanum, Ladanharz, Resina Ladanum, Gummi Ladanum; das Harz versch. Cistus-Arten, Fam. Cistaceae, Zistrose: **Cistus incanus** L. **ssp. creticus** (L.) Heyw. (Kreta, Zypern, Naxos, Ägypten, Brasilien), **C. ladanifer** L. (u. a. Spanien, Portugal), **C. laurifolius** L. (SW-Europa, Mittelitalien). Dunkelbraunrote bis schwarze, zähe, zwischen den Fingern klebrig werdende Masse od. Stangen von ambraähnl. Geruch u. balsamisch bitterem Geschmack, unlösl. in Wasser, teilweise lösl. in Ethanol. **Inhaltsst.:** Harz, äther. Öl, Wachs, Säuren, Gummi; **Anw.:** zu Pflastern in der Parfümerie u. Kosmetik (als beste Sorte gilt das ägypt. Ladanum).
LADME: Abk. für **L**iberation (s. Wirkstofffreisetzung), **A**bsorption (s. Resorption), **D**istribution*, **M**etabolismus* u. **E**limination* eines verabreichten Arzneistoffes. Das LADME-Modell beschreibt den Weg des Pharmakons durch den Organismus.
Ladungszahl: s. Oxidationsstufe; Elemente, chemische.
Lämmerschwanz: s. Eupatorium cannabinum.
Lärche: s. Larix decidua.
Lärchengummi: s. Arabinogalactan.
Lärchenschwamm: s. Fomes officinalis.
Lärchenterpentin: s. Terebinthina (T. laricina).
Laesio: Läsion; Verletzung, Störung einer Funktion.
Laetril: s. Amygdalin.
Läuse: Anoplura; flügellose, abgeflachte, 1-6 mm große Insekten, die ektoparasitisch vom Blut von Säugetieren leben; fast 400 (in Mitteleuropa ca. 20) Arten. Die **Nissen** sind die an Haaren des Wirtes festgeklebten Eier. Man unterscheidet (als Fam.) Tierläuse u. Menschenläuse. **Menschenläuse: Pediculidae**, wichtige Krankheitsüberträger beim Menschen. **1.** Pediculus humanus (P. vestimentorum P. corporis, P. vestimenti): Kleiderlaus; Überträger von Rickettsien, Borrelia*, Yersinia* (Y. pestis); **2.** Pediculus humanis capitis: Kopflaus; Überträger von Yersinia* (Y. pestis); **3.** Phthirus pubis (P. inguinalis): Filzlaus, Schamlaus. **Bekämpfung:** s. Läusemittel.
Läuseessig: s. Acetum Sabadillae.
Läusekörner: s. Delphinium staphisagria (Semen Staphisagriae).
Läusemittel: Pedikulizide, Antipedikulosa; Mittel zur Ther. der Pedikulose (Läusebefall). Vorgehen: Entfernen der Nissen (s. Läuse) mit einem feinen Kamm (Läusekamm) nach Einweichen der Haare mit Essigwasser, Desinfektion der Kleidungsstücke, Aufsprühen od. Auftragen von L. auf Haare u. Haut. **Wirkstoffe:** z. B. Malathion* od. Lindan* in geeigneter Zubereitung; vgl. Antiparasitika.
Läuserückfallfieber: s. Rückfallfieber.
Läusesamen: s. Schoenocaulon officinale (Semen Sabadillae).
laevigatus: f: laevigata, n: laevigatum; geschlämmt, fein zerrieben, geglättet.
Laevo-: s. a. Levo-.
Laevoglutamid: s. Glutamin.
Laevomycetin: s. Chloramphenicol.
Laevothyroxin: s. Levothyroxin.
Lävulose: s. Fructose.
Lävulosurie: Fructosurie; Auftreten von Fructose* im Harn. Z. B. nach reichl. Genuss von Rohr- od. Fruchtzucker, bei Leberparenchymschäden. s. Melliturie.
Lagerpflanzen: s. Thallophyten.
Lagerungsvorschriften: nach Ph.Eur. müssen Arzneimittel so gelagert werden, dass sie gegen Substanzverlust sowie Beeinträchtigung der Reinheit u. der Wirksamkeit geschützt sind. Behältnisse, die zur Lagerung von Arzneimitteln dienen, einschließl. der Verschlüsse, müssen so beschaffen sein, dass sie den Inhalt nicht verändern können. Hinweise gibt es unter folgenden Fundstellen im Wörterbuch: dicht* verschlossen, luftdicht* verschlossen, vor* Feuchtigkeit geschützt, vor* Licht geschützt, vorsichtig* zu lagern, sehr* vorsichtig zu lagern, tiefgekühlt* lagern, Kühlschranktemperatur*, kalt* lagern u. Raumtemperatur*.
lag-time: Verzögerungszeit; Zeitspanne, die z. B. bei Auflösungs- od. Blutspiegelkurven eine Verschiebung der Kurve in Zeitrichtung bedingt. Diese muss bei den Berechnungsformeln ggf. berücksichtigt werden.
LAK: Abk. für **L**andes**a**potheker**k**ammer; s. Apothekerkammern.
Laki-Lorand-Faktor: Faktor XIII der Blutgerinnung*.
Lakritze: s. Glycyrrhiza glabra.
Lakritzensaft: s. Glycyrrhiza glabra.
Lakritzenwurzel: s. Glycyrrhiza glabra.
Lakt-: s. a. Lact-.
Laktafuga: s. Abstillmittel.
Laktagoga: die Milchsekretion fördernde Mittel. **Wirkstoffe:** z. B. Prolactin*, Gonadotropine (s. Hormone; gonadotrope). Vgl. Gynäkologika.
Laktation: Produktion u. Sekretion von Muttermilch* durch die weibl. Brustdrüse.
Laktodensimeter: s. Laktometer, Dichtebestimmungsmethoden.
Laktoferrin: s. Siderophiline.
Laktoglucose: Lactoglucose; s. Galactose.
Laktometer: Aräometer; Senkspindel zur Bestimmung der Dichte von Milch; vgl. Dichtebestimmungsmethoden.
Laktone: s. Lactone.

Laktoskop: Galaktoskop; Apparat zur Prüfung der Milch nach ihrer Durchsichtigkeit.

Laktukarium, Deutsches: s. Lactucarium germanicum genuinum.

Laktukarium, Französisches: s. Lactucarium germanicum genuinum (Lactucarium gallicum).

LAL-Test: s. Limulustest.

Lambert-Beer-Gesetz: s. Absorptionskoeffizient, Spektroskopie.

Lamblia intestinalis: s. Giardia lamblia.

Lamellen: Lamellae; zu den Inserten* gehörende Arzneiform; obsolet. Flache runde od. quadrat. Plättchen auf Gelatinebasis mit inkorporiertem Wirkstoff, die befeuchtet unter das Augenlid od. in den Bindehautsack eingelegt werden u. sich in der Tränenflüssigkeit langsam auflösen sollen.

Lamiaceae: syn. Labiatae, Lippenblütler; Fam. der Od. Lamiales; ca. 3500 Arten, Kräuter, Stauden od. Halbsträucher. Der Stängel ist 4-kantig. Die Blätter kreuzgegenständig od. quirlig. Stets zygomorphe Blüten mit 5 Blütenblättern, von denen 2 die Oberlippe u. 3 die Unterlippe bilden. Meistens 4 Staubblätter, Didynamie*, aus dem oberständigen Fruchtknoten entwickeln sich 4 Klausenfrüchte; diazyt. Spaltöffnungen. **Chem. Merkmale:** äther. Öl (bes. Monoterpene u. Sesquiterpene), in Drüsenschuppen (Labiatendrüsen, s. Exkretionsgewebe, Abb.) od. Drüsenhaaren lokalisiert; Bitterstoffe (Diterpene) u. pflanzliche Gerbstoffe* (Labiatengerbstoffe). V. a. wegen des äther. Öls werden viele Arten als Gewürz- u. Arzneipflanzen verwendet. **Wichtige Gattungen:** z. B. Ajuga, Ballota, Coleus, Collinsonia, Galeopsis, Glechoma, Hedeoma, Hyssopus, Lamium, Lavandula, Leonurus, Lycopus, Marrubium, Melissa, Mentha, Monarda, Nepeta, Ocimum, Origanum, Orthosiphon, Perilla, Pogostemon, Rosmarinus, Salvia, Satureja, Scutellaria, Sideritis, Stachys, Teucrium, Thymus.

Lamiaceengerbstoffe: s. Gerbstoffe, pflanzliche.

Lamina (lat. Blatt, dünne Platte, Schicht): **1.** (med.) Schicht, z. B. Lamina epithelialis u. Lamina propria mucosae (s. Schleimhaut). **2.** (bot.) Blattspreite*.

Laminarflow-Bank: (engl.) *clean bench*; Laminarstrombox; Werkbank mit turbulenzarmer Verdrängungsströmung (ca. 0.45 m/s), z. B. zur Vermeidung einer Kontamination bei der Prüfung auf Sterilität od. bei der asept. Herst. von Arzneimitteln, z. B. Augentropfen.

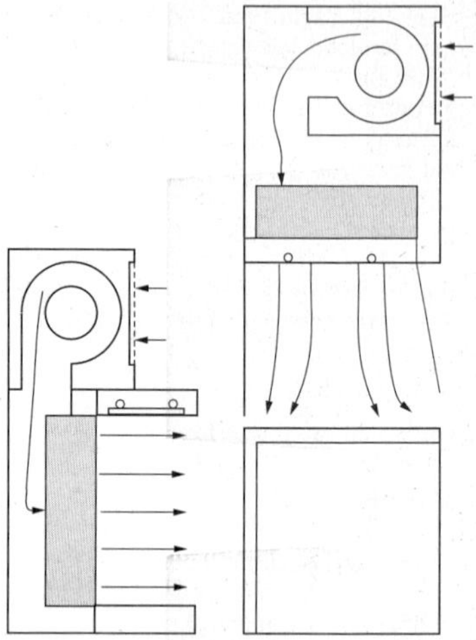

Laminarflow-Bank: Abluftreinigung durch HOSCH-Filter; 1: Querstrom; 2: Fallstrom

Laminaria: Fam. Laminariaceae (Od. Laminariales, zu den Braunalgen* gehörend). **Laminaria hyperborea** (Gunn.) Foslie (L. cloustoni Edm.), Palmentang, u. **Laminaria digitata**, Fingertang (Küsten der Nordsee u. des Atlantiks von Spitzbergen bis Spanien). Zus. Stpfl. von **Laminaria:** Stipites Laminariae, Laminariastiele; der mittlere, stängelartige T. des Thallus der Alge. **Inhaltsst.:** Alginsäure 15-47 %, Laminarin (Polysaccharid, ergibt bei der Hydrolyse mit 1 %iger Salzsäure 96 % Glucose), Mannitol, Eiweiß, β-Carotin, Gerbstoff, Farbstoffe, Oxalate, Iod (0.5 %), Spuren von Brom; **Anw.:** die zylindr. zugeschnittenen Stiele wurden als Quellstifte benutzt zur Erweiterung von Wundkanälen u. Körperhöhlen; sie quellen bis zum Fünffachen ihres Volumens auf. Abgabe darf nur gegen Rezept erfolgen, da häufig als Abortivum benutzt; techn. zur Gew. von Alginsäure* u. Alginaten*. Laminariapulver wird z. T. als zerfallsförderndes Füllmittel für Tabletten verwendet. Auch andere Laminaria-Arten, z. B. **L. saccharina** (L.) J.V. Lamouroux, Zuckertang od. **L. japonica** Aresch., Japantang, werden zur Gew. von Alginsäure u. Alginaten verwendet. Versch. L.-Arten (z. B. L. japonica) dienen zur Herst. von Kombu (Sammelbegriff für Nahrungsmittel aus Algen; sie enthalten die wichtigsten, für die menschliche Ernährung notwendigen Stoffe).

Laminarin: Polyglucosid aus Braunalgen, v. a. aus Laminaria-Arten; man unterscheidet zw. löslichem u. unlöslichem Laminarin.

Laminarstrombox: s. Laminarflow-Box.

Lamium album L.: Weiße Taubnessel, Bienensaug; Fam. Lamiaceae (Labiatae) (gemäßigtes Eurasien). Stpfl. von **Lamii albi flos:** Flores Lamii albi, Weiße Taubnesselblüten, Weiße Nesselblumen, Weiße Bienensaugblüten. **Off.:** DAC; **Inhaltsst.:** Schleim, Gerbstoff, Saponin, äther. Öl., Flavonglykoside, Amine; **Anw.** volkstüml.: bei Menstruationsstörungen, Fluor albus sowie gegen Schlaflosigkeit u. als Blutreinigungsmittel; **Lamii albi herba:** Herba Lamii albi, Taubnesselkraut. **Off.:** DAC; **Anw.:** wie die Blüten.

Hom: *Lamium album (HAB1.3):* frische, blühende Triebe ohne Stängel.

Hom: *Lamium album eth. infus. (HAB1.3):* getrocknete Blumenkronen mit anhängenden Staubblättern; frische Blätter u. Blüten; verord. z. B. bei Entzündungen des Uterus u. der Blase.

Lamivudin INN: (2*R*,*cis*)-4-Amino-1-[2-(hydroxymethyl)-1,3-oxathiolan-5-yl]-pyrimidin-2(1*H*)-on; CAS-Nr. 134678-17-4; $C_8H_{11}N_3O_3S$, M_r 229.26. Schmp. 160-162 °C. **Wirk.** u. **Anw.:** Virostatikum; in Kombination mit anderen Reverse*-Transkriptase-Hemmern zur Behandlung von HIV-Infektionen; bei chron. Hepatitis B; **UAW:** Übelkeit, Kopfschmerzen, Schwächegefühl, Muskelschmerzen, periphere Neuropathien; **Dos.:** 2×150 mg/d; HWZ 5-7 h.

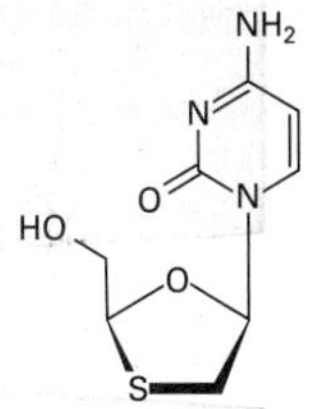

Lamivudin

Lamotrigin INN: 3,5-Diamino-6-(2,3-dichlorphenyl)-1,2,4-triazin; CAS-Nr. 84057-84-1; $C_9H_7Cl_2N_5$, M_r 256.10. Schmp. 216-218 °C (kristallisiert aus 2-Propanol). pK$_s$ 5.7. **Wirk.:** hemmt die exzessive Freisetzung von exzitator. Neurotransmittern wie Glutamat (s. Natriumglutamat) u. Aspartat*; **Anw.:** Antiepileptikum*, zur Zusatzbehandlung von partiellen u. sekundär generalisierten tonisch-klonischen Anfällen; **UAW:** Hautausschläge, Schwindel, Kopfschmerzen, Leberschädigung; **Kontraind.:** Anw. bei Jugendl. unter 12 Jahren, Schwangerschaft u. Stillzeit, Leber- u. Nierenfunktionsstörungen; **Dos.:** p. o. 2×50 mg/d während der ersten 2 Wochen, Erhaltungsdos. 2×100-200 mg/d; HWZ 29 h.

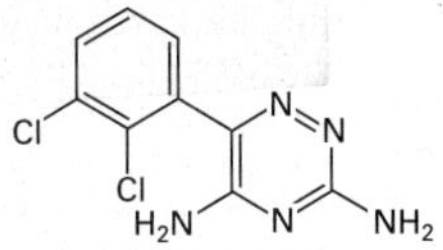

Lamotrigin

Lamoxactam: s. Latamoxef.

Lampionblume: s. Physalis alkekengi.

Lana: Wollhaar, Wolle.

Lanae alcoholes: s. Wollwachs (Wollwachsalkohole).

Lanae alcoholum unguentum: s. Unguentum Alcoholum Lanae.

Lanae alcoholum unguentum aquosum: s. Unguentum Alcoholum Lanae aquosum.

Lanae cera: s. Wollwachs.

Lanalcolum: s. Wollwachs (Wollwachsalkohole).

Lanameter: bes. Typ des Projektionsmikroskops; das mikroskop. Bild wird auf eine Mattscheibe mit einer Messskala projiziert; dient zur Durchführung von Korngrößenanalysen*.

Lanatosid C INN: Celanidum, Digilanid, 12*β*-Hydroxy-lanatosid A; 3*β*-[4-*O*-*β*-D-Glucopyranosyl-4-*O*-(3-*O*-acetyl-*β*-D-digitoxopyranosyl)-4-*O*-*β*-D-digitoxopyranosyl-*β*-D-digitoxopyranosyloxy]-12*β*,14-dihydroxy-5*β*,14*β*-card-20(22)-enolid; CAS-Nr. 17575-22-3; $C_{49}H_{76}O_{20}$, M_r 985.10. Strukturformel s. Glykoside, herzwirksame (Tab. 2). Schmp. 248-250 °C (unter Zers.; nach Trocknen im Hochvakuum bei 150 °C). $[\alpha]_D^{20\,°C}$ +32.0° bis +35.5° (c=2 in Methanol). Weißes, krist., hygroskop. Pulver; lösl. in Methanol; leicht lösl. in Pyridin, Dioxan; fast unlösl. in Wasser, Chloroform, Ether, Petrolether. Nat. Glykosid aus den Blättern von Digitalis* lanata; Vorstufe für die partialsynthet. Herzglykoside. Die Substanz unterscheidet sich von Acetyldigoxin* nur durch eine zusätzl. Glucose, die als letzte Zuckerkomponente an der acetylierten Digitoxose sitzt. **Anw.:** alle Bereiche der Digitalisther.; Herzinsuffizienz; **Dos.:** p. o. Initialdos. 0.10-0.15 mg als ED od. geteilte Gabe; Erhaltungsdos. 0.25-0.75 mg/d; parenteral (i. v., i. m.) 0.4 mg; HWZ 70 h; vgl. Deslanosid.

Lanatoside: Glykoside (A-E) aus Digitalis* lanata.

Landesapothekerkammern: s. Apothekerkammern.

Landessanitätsrat: s. Gesundheitswesen (Österreich).

Landolphia-Arten: s. Kautschuk.

Lanette® E: s. Natriumcetylstearylsulfat.

Lanette® N: s. Cetylstearylalkohol, emulgierender.

Lanette® O: s. Cetylstearylalkohol.

Langerhans-Inseln: Inselorgan; endokriner Anteil der Bauchspeicheldrüse (s. Pankreas). **Zelltypen:** **1.** A-Zellen: sezernieren Glucagon*; **2.** B-Zellen: sezernieren Insulin*; **3.** D-Zellen: sezernieren Somatostatin*; **4.** PP-Zellen: sezernieren pankreat. Peptid; die antagonist. wirkenden Hormone Insulin u. Glucagon beeinflussen Energieumsatz u. -verbrauch, eine gestörte Insulinproduktion u. -freisetzung verursacht Diabetes* mellitus.

Langtagpflanzen: Pflanzen, die erst beim Überschreiten einer kritischen Tageslänge zur Blüte kommen; blühen hauptsächl. im Sommer; vgl. Kurztagpflanzen, Pflanzen, tagneutrale.

Langzeithaltbarkeitstest: s. Haltbarkeit.

Langzeitinsulin: s. Insulin (Insuline in der Ph.Eur.4).

Langzeitpräparate: s. Retardpräparate.

Langzeitprüfung: s. Haltbarkeit.

Langzugbinde: dauerelast. Stütz- u. Kompressionsbinde aus Polyamid u. umsponnenen Gummi- od. Polyurethanfäden mit einer Dehnbarkeit >150 %. Dürfen nicht über Nacht angelegt bleiben, Gefahr des Verschlusses von Endkapillaren. Vgl. Kurzzugbinde.

Lanolimentum: s. Unguentum Alcoholum Lanae.

Lanolin: **1.** Lanolin DAB10: Lanolinum. Zstzg.: 15 T. dickflüssiges Paraffin, 20 T. Wasser u. 65 T. Wollwachs; Herst.: geschmolzenes Wollwachs wird mit dem flüssigen Paraffin u. dem frisch aufgekochten u. auf 60 °C abgekühlten Wasser zu einer salbenartigen Masse kaltgerührt (nach 24 h nochmals durchgerührt), aus der salbenartigen Emulsion darf innerhalb von 12 h kein Wasser abgeschieden werden; VZ 58-69; POZ max. 15; Wasseraufnahmevermögen: 15 g nehmen 17 mL Wasser auf. **2.** Lanolin Ph.Helv.7: Zstzg.: 10 T. Olivenöl, 20 T. gereinigt. Wasser, 70 T. Wollwachs; Herst.: s. oben. **3.** Lanolinum: syn. Cera Lanae cum Aqua composita; ÖAB90, wasserhaltiges Wollwachs; Zsztg.: 10 T. flüssiges Paraffin, 20 T. gereinigtes Wasser, 70 T. Wollwachs. POZ max. 15, Wasserzahl mind. 150; Herst.: s. unter 1. **Anw.:** fetthaltige Schutzsalbe; zur Verarbeitung von Arzneistoffen als Resorptionssalbe.

Lanolinum anhydricum: s. Wollwachs.

Lansoprazol INN: 2-Benzimidazoyl-[3-Methyl-4-(2,2,2-trifluorethoxy)-2-pyridyl]methylsulphoxid; CAS-Nr. 103577-45-3; $C_{16}H_{14}F_3N_3O_2S$, M_r 369.36. pK_S 8.82. **Wirk.** u. **Anw.**: Protonenpumpenblocker*, der in der Belegzelle ab pH 4 in die aktive Form des Sulfenamids umgelagert wird; bei Ulcus ventriculi u. duodeni, Refluxösophagitis. **UAW:** u. a. Kopfschmerz, selten gastrointestinale Beschwerden; Juckreiz; **Kontraind.**: schwere Leberfunktionsstörungen, strenge Indikationsstellung während der Schwangerschaft u. der Stillzeit; **Dos.**: p. o. 30 mg/d (morgens, nüchtern); HWZ 1-2 h.

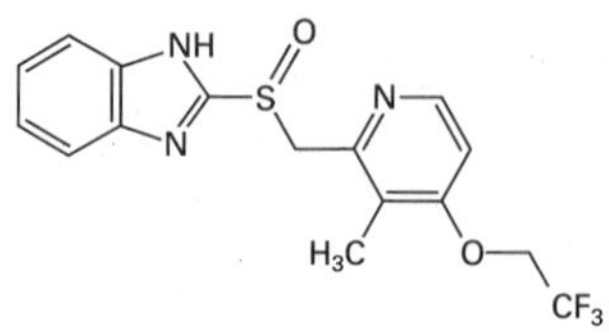

Lansoprazol

Lanthan: Symbol La; A_r 138.9055, OZ 57. D. 6.162. Schmp. 920 °C. 3-wertiges Lanthanoid*. **Vork.**: nat. hauptsächl. mit Cer* zus. im Cerit, Monazit, Orthit.

Lanthanoide: die an das Element Lanthan* anschließenden 14 Elemente mit den Ordnungszahlen 58-71: Cer*, Praseodym*, Neodym*, Promethium*, Samarium*, Europium*, Gadolinium*, Terbium*, Dysprosium*, Holmium*, Erbium*, Thulium*, Ytterbium* u. Lutetium*. Infolge des gleichen Aufbaus der äußeren Elektronenschalen haben die Seltenerdmetalle* (L. + Sc, Y, La, Ac) eine sehr große chem. Ähnlichkeit; weitgehende Isomorphieerscheinungen führen zu gemeinsamen Vorkommen. Sie ähneln sich in ihrem chem. u. physik. Verhalten so sehr, dass sie nur äußerst schwer zu trennen sind. Die L. bilden, soweit sie bisher rein dargestellt werden konnten, graue, weiche Metallmassen, die an der Luft leicht oxidieren u. Wasser unter Hydroxidbildung zersetzten; sie sind fast alle 3-wertig. Die wichtigsten L.-Minerale sind Monazit (Ce,La,Nd,Th)$[PO_4]$, (Südnorwegen) u. Bastnäsit $(M_{L})[F/CO_3]$. **Gew.**: hauptsächl. aus dem Verwitterungs- u. Ablagerungsprodukt der Minerale, dem Monazitsand (Brasilien, Südindien, Sri Lanka u. USA); die Metalle werden nach Aufschluss mit Schwefelsäure (Umwandlung der Sulfate in Oxalate u. Überführung dieser in Oxide) durch fraktionierte Kristallisation gewonnen; **Anw.**: einige L. sind Best. von hochwertigen Permanentmagneten, farbigen Gläsern u. Leuchtstoffen für Farbbildschirme; **Gesch.**: das erste der L. wurde 1794 von Johan Gadolin (1760-1852), in dem 1788 bei Ytterby in Schweden aufgefundenen Mineral Gadolinit entdeckt u. mit Yttererde bezeichnet. 1803 fand der schwed. Chemiker Jöns Jakob Berzelius (1797-1848) das Cer, das er Ceriterde nannte. Beide Erden hielt man zunächst für einheitl. Stoffe, bis es dem schwed. Chemiker Carl Gustav Mosander (1797-1858) in den Jahren 1839-1843 gelang, die Cerit- u. Yttererde weiter aufzuspalten u. daraus Lanthan, Erbium, Didym, Terbium zu isolieren. Didym wurde 1885 von Carl Auer von Welsbach (1858-1929) in Praseodym u. Neodym zerlegt. Weitere Entdecker von L. waren u. a. William Crookes (1832-1919), Lars Frederik Nilson (1840-1899) u. Jean Charles Galissard de Marignac (1817-1894).

Lanugo Cellulosi absorbens: s. Verbandwatte.

Lanugo Gossypii absorbens: s. Verbandwatte.

Lanugo gossypii et Cellulosi absorbens: s. Verbandwatte.

Lanzenotter: s. Bothrops atrox.

Lapacho: **1.** s. Tecoma lapacho. **2.** s. Tabebuia impetiginosa.

Lapachol: 2-Hydroxy-3-(3-methyl-2-butenyl)-1,4-naphthochinon; $C_{15}H_{14}O_3$, M_r 242.27. Strukturformel s. α-Naphthochinon (Tab). Schmp. 140 °C. Gelbe Prismen. Nat. in Holzpflanzen, z. B. der Bignoniaceae* (u. a. Tabebuia* impetiginosa, Tecoma* lapacho) u. Verbenaceae. **Wirk.**: (wie andere prenylierte Naphthochinone) antimikrobiell, abortiv, teratogen, blutgerinnungshemmend (vgl. Struktur mit Vitamine*, Vitamin-K-Gruppe u. Abb. 14), hautirritierend u. mit Antitumorwirkung.

Laparotomie: operative Eröffnung der Bauchhöhle.

Lapis (lat.): Stein.

Lapis albus:

Hom: *Fluorcalciumsilicat,* Gneis der Bad Gasteiner Quellen: verord. z. B. bei Entzündungen u. Tumoren der Lymphknoten u. der Schilddrüse.

Lapis Calaminaris: s. Zinkcarbonat, basisches (Lapis Calaminaris).

Lapis cancrorum: s. Krebsauge.

Lapis causticus chirurgorum: s. Kaliumhydroxid.

Lapis divinus: s. Kupferalaun.

Lapis Haematitis: s. Eisen(III)-oxid.

Lapis infernalis: s. Silber(I)-nitrat.

Lapis infernalis mitigatus: s. Silber(I)-nitrat, salpeterhaltiges.

Lapis ophthalmicus: s. Kupferalaun.

Lapis Prunellae: s. Brunellenstein.

Lapis Pumicis: s. Bimsstein.

Lapis smiridis: s. Schmirgel.

Laplace-Transformation: Laplace-Operator; mathemat. Hilfsmittel zur Lsg. gewöhnl., linearer Differentialgleichungssysteme. **Anw.**: z. B. in der Pharmakokinetik.

Lappa major: s. Arctium-Arten.

Lappa minor: s. Arctium-Arten.

Lappa tomentosa: s. Arctium-Arten.

Laricifomes officinalis: s. Fomes officinalis.

Larix decidua L.: Larix europaea DC., Lärche; Fam. Pinaceae (Mitteleuropa). Stpfl. von **Terebinthina laricina**, s. Terebinthina.

Larocainhydrochlorid: s. Dimethocain.

Larvizid: s. Schädlingsbekämpfungsmittel.

Laryngitis: Kehlkopfentzündung, evtl. in Kombination mit Pharyngitis* auftretend.

Larynx (gr. larygx Schlund, Speiseröhre): Kehlkopf; kranialer Teil der Luftröhre mit der Doppelfunktion als Pförtner der unteren Luftwege u. Apparat der Stimmbildung.

Laser: Abk. für (engl.) *light amplification by stimulated emission of radiation,* Lichtverstärkung durch stimulierte Aussendung von Strahlung; Geräte od. Materialien, die nach Anregung sehr intensives kohärentes* u. monochromatisches* Licht ausstrahlen; vgl. Maser. **Anw.**: Datenübertragung in

Glasfasern, Datenspeicherung auf CD-ROM, Lasermedizin (Augenheilkunde, Dermatologie, Chirurgie), Materialbearbeitung, Schweißen, Laserpointer.

Lassar-Paste: s. Pasta Zinci salicylata.

Lassars ölige Zinkpaste: s. Pasta Zinci oleosa „Lassar".

Lasso-Struktur: Verzweigung, die beim Spleißen von mRNA-Vorläufern auftritt.

Latamoxef INN: Moxalactam, Lamoxactam; (6*R*,7*R*)-7-[2-Carboxy-2-(4-hydroxyphenyl)acetamido]-7-methoxy-3-(1-methyl-5-tetrazolylthiomethyl)-8-oxo-5-oxa-1-azabicyclo[4.2.0]oct-2-en-2-carbonsäure; CAS-Nr. 64952-97-2; $C_{20}H_{20}N_6O_9S$, M_r 520.47. Ein Oxa-β-lactam mit hoher Stabilität gegenüber Betalactamasen. **Anw.:** Cefalosporin*-Antibiotikum mit erweitertem Wirkungsspektrum; wirksam geg. Bacteroides fragilis, Citrobacter freundii u. Enterobacter cloacae; geeignet zur ungezielten Ther. lebensbedrohender Infektionen durch Anaerobier; **UAW:** Alkoholunverträglichkeit durch Hemmung der Acetaldehyddehydrogenase; **Dos.:** Natriumsalz i.v. 3×1-2 g/d; HWZ 2.5 h; vgl. Antibiotika (Tab.). Gebräuchl. ist Latamoxef-Dinatrium.

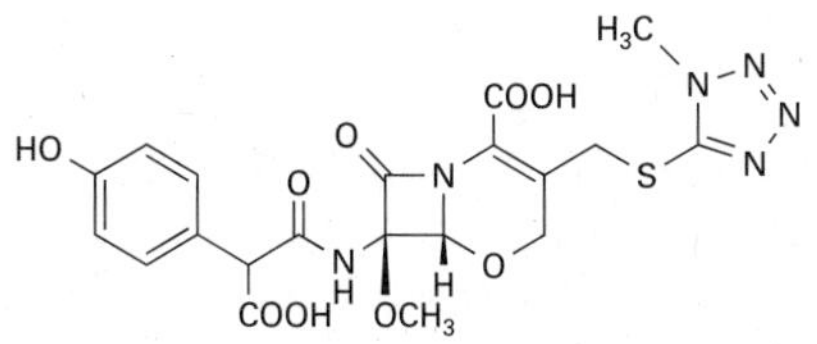

Latamoxef

Latanoprost INN: Isopropyl-(*Z*)-7-{(1*R*,2*R*,3*R*,5*S*)-3,5-dihydroxy-2-[(3*R*)-3-hydroxy-5-phenylpentyl]-cyclopentyl}-hept-5-enoat; CAS-Nr. 130209-82-4; $C_{26}H_{40}O_5$, M_r 432.6. logP 3.7; schwer lösl. in Wasser. Prostaglandin* $F_{2\alpha}$-Analogon. **Wirk.:** Antiglaukomatosum*; **Anw.:** Erhöhung des Kammerwasserabflusses; **UAW:** Veränderung der Augenfarbe, Fremdkörpergefühl; im Ggs. zu anderen Ther. angebl. keine system. UAW, insbes. nicht am Herz-Kreislaufsystem. HWZ 17 min.

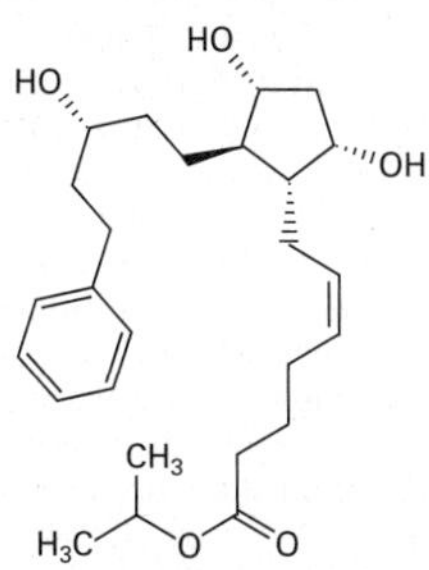

Latanoprost

latent (lat.): verborgen, unbemerkt; ohne erkennbare Symptome verlaufende Krankheit.

Latenz: Versiecktheit; zeitweiliges Verborgensein, z. B. von Krankheiten in einer symptomfreien Zeit.

Latenzzeit: **1.** symptomfreie Phase zw. dem Einwirken einer Noxe (Toxin, Kanzerogen, ionisierende Strahlung) auf einen Organismus u. dem Auftreten erkennbarer Symptome od. klin. fassbarer Manifestationen (Vergiftung, maligne Tumoren, Strahlenschäden). **2.** von der Nervenleitungsgeschwindigkeit peripherer Nerven abhängiges Zeitintervall zw. Reiz u. Reizantwort (z. B. Muskelkontraktion) bzw. Empfindung (z. B. Schmerz).

Latex: s. Milchsaft, Kautschuk.

Lathyrus sativus L.: Gemeine Platterbse, Deutsche Kichererbse; Fam. Fabaceae (Leguminosae) (Mittelmeergebiet). Die Giftigkeit der Kichererbsen (nach Verzehr kann es zu Erkrankungen kommen, die in Indien od. Äthiopien als Neuro- bzw. Osteo-**Lathyrismus** bekannt sind) beruht auf dem Vorhandensein seltener, ungewöhnl., für Fabaceae aber typ. Aminosäuren, den **Lathyrogenen**, z. B. α-, γ-Diaminobuttersäure, Canavanin* (werden durch Kochen zerstört).

Hom: *Lathyrus sativus:* reife Samen; verord. z. B. bei Rückenmarkerkrankungen mit spast. Lähmungen (Multiple Sklerose).

Latices (von Latex): Kunststoffdispersionen; Ausgangsstoffe für Überzüge fester Arzneiformen. L. sind feine, stabile, wässrige Suspensionen submikroskop., weitgehend kugelförmiger Partikel (Latexteilchen) von 0.01-1 µm Durchmesser. Ihre Gewinnung erfolgt durch Emulsionspolymerisation (s. Grenzflächenpolymerisation). Vorteil ist die Vermeidung org. Lösungsmittel bei der Überzugsbildung auf festen Arzneiformen durch Einsatz wässriger L. auf Acrylharzbasis. Wässrige Kunststoffdispersionen sind als kolloide Systeme empfindl. gegen äussere Einflüsse (Elektrolyte, pH-Änderungen, org. Lösungsmittel, starke Scherkräfte), die über Koagulation* zur Koaleszenz* führen können. Koagulierte Dispersionen sind nicht mehr redispergierbar u. somit unbrauchbar. Emulgator- u. Stabilisatorzusätze wirken derartigen Vorgängen entgegen.

Latrodectus mactans Fabr.: Schwarze Witwe; Fam. Araneidae (wärmere Gegenden); giftige Spinne, man unterscheidet mehrere Formen; nur das frische Gift ist proteolyt. wirksam. Gift wirkt neurotrop, setzt Acetylcholin u. a. Transmitter frei (bewirkt u. a. sehr großen Schmerz, Versteifung der Halsmuskulatur).

Hom: *Latrodectus mactans:* Tinktur des zerquetschten Tieres mit Ethanol 90%; verord. z. B. bei Angina pectoris.

LATS: Abk. für **l**ong **a**cting **t**hyroid **s**timulator; s. Hormone (Hypophysenvorderlappen).

Latschenkiefernöl: s. Pinus mugo.

Latwerge: s. Electuaria.

Lauchöle: Bez. für durch Wasserdampfdest. von Allium-Arten, v. a. deren Zwiebeln, gewinnbare Produkte (in Analogie zu den Isothiocyanaten*, Senföle), die aus zahlreichen, schwefelhaltigen Komponenten (Sulfide, Di- u. Polysulfide) bestehen u. sich durch einen typ., oft widerl. Geruch auszeichnen. Den äther. Ölen sind sie in Konsistenz u. Flüchtigkeit ähnl., sie haben ebenso bakterizide Eigenschaften. Wie die Senföle (vgl. Glucosinolate) liegen auch die L. nicht genuin vor,

L

sondern entstehen erst bei Verletzung des Gewebes durch enzymat. Abbau von geruchlosen, allerdings nicht glykosid. gebundenen Vorstufen (z. B. Alliin, s. Allium sativum).

Laudanum: s. Opium. L. liquidum; s. Tinctura Opii; L. liquidum Sydenhami, s. Tinctura Opii crocata.

Lauertaxe: Große Deutsche Spezialitätentaxe; von der ABDA* herausgegebene Liste der im Handel befindl. Arzneimittel. Sie enthält u. a. Angaben über Hersteller, Darreichungsformen, Packungsgrößen, Preise, Zuzahlungen, Apotheken- bzw. Verschreibungspflicht u. erscheint 2-mal monatl. in einer ergänzten u. geänderten Form als Mikrofilm, auf Disketten u. CD-ROM.

Laue-Verfahren: s. Kristallstrukturanalyse.

Laugen: wässrige Lsg. von Alkalien, Erdalkalien, Ammoniak, die Hydroxidionen enthalten u. alkal. reagieren. **Mutterlaugen**: Rückstände von Kristallisationen; in der Mineralogie Salzlsg. jeder Art. **Ablaugen**: in der Technik Lsg., die Abfallprodukte enthalten, z. B. Sulfitablaugen.

Laugensalz, flüchtiges: s. Ammoniumcarbonat.

Laugenstein: rohes Natriumhydroxid; feste Mischung aus etwa 3 T. Natriumhydroxid* u. 2 T. Soda. **Anw.**: z. B. zur Seifenherst. u. zum Abbeizen von Ölanstrichen.

Lauraceae: Lorbeergewächse; Fam. der Od. Magnoliales; ca. 2200 Arten; z. T. diözische, trop. u. subtropische Holzpflanzen. Die Blätter sind wechselständig, ganzrandig, ledrig, sie besitzen unscheinbare, radiäre, meistens 3-zählige Blüten; Blütenhülle z. T. noch nicht deutl. in Krone u. Kelch gegliedert; Staubblätter oft 9 od. 12, der Fruchtknoten ober- bis mittelständig. Die Früchte sind Beeren od. Steinfrüchte, oft in den sich weiter entwickelnden Blütenbecher (Cupula) eingebettet. **Chem. Merkmale:** äther. Öl (Terpene*, Phenylpropanderivate) in Ölzellen, Isochinolinalkaloide. **Wichtige Gattungen:** z. B. Aniba, Cinnamomum, Laurus, Ocotea, Persea, Sassafras.

Laurate: Salze der Laurinsäure*.

Laurineenkampfer: s. Campher.

Laurinsäure: *n*-Dodecansäure; CAS-Nr. 143-07-7; $CH_3(CH_2)_{10}COOH$, M_r 200.3. Schmp. 43.5 °C. Sdp. 225 °C. Farblose Kristallnadeln. Lösl. in Ethanol u. Ether, unlösl. in Wasser. Nat. als Glycerolester im Kokosnuß- u. Lorbeeröl, als Cetylester im Walrat.

Laurocerasus: s. Prunus laurocerasus.

Laurus camphora: s. Cinnamomum camphora.

Laurus nobilis L.: Lorbeer; Fam. Lauraceae (Kleinasien vielleicht heim., bes. Mittelmeergebiet); 5-8 m hoher, immergrüner Strauch od. Baum. Stpfl. von **Folia Lauri:** Lauri folium, Lorbeerblätter. **Off.**: EB6; **Inhaltsst.**: neben Bitterstoff u. Gerbstoff 1-3 % äther. Öl (Oleum Lauri aethereum) mit ca. 50 % Cineol, ca. 12 % anderen Monoterpenen (α- u. β-Pinen, Citral, Terpineol u. a.) u. Sesquiterpenlactonen wie Costunolid u. Dehydrocostuslacton (mit exocycl. Methylengruppen, z. T. verantwortl. für Kontaktallergie, s. Abb.), ferner mit Eugenol, Aceteugenol, Methyleugenol, Laurinsäure u. a.; **Anw.**: Gewürz (für Sugo, Wildbeize, Essiggurken), Aromatikum. **Fructus Lauri:** Lauri fructus, Baccae Lauri, Lorbeerfrüchte, Lorbeeren; die Steinfrüchte. **Off.**: Ph.Helv.6; **Inhaltsst.**: 1-4 % äther. Öl, bis 40 % fettes Öl, Zucker, Stärke; **Anw.** volkstüml.: als Amarum, Gewürz; zur Gew. von Oleum Lauri; **Oleum Lauri (expressum):** Lauri oleum, Lorbeeröl, Lorbeerbutter; das durch Auspressen od. Auskochen gewonnene Fett aus den Früchten; grünes, salbenartiges Gemenge von Fett u. äther. Öl. D. ca. 0.88, Schmp. ca. 36 °C, VZ 198-199, IZ 68-80. Lösl. in Ether, Benzol, sied. Ethanol. **Off.**: ÖAB90, DAB6; **Best.**: äther. Öl (ÖAB90: mind. 2.5 %), ähnl. dem äther. Öl der Blätter, aber (wahrscheinl.) mit höherem Anteil an Sesquiterpenlactonen, ferner Chlorophyll, Glyceride der Laurin-, Palmitin-, Öl- u. Linolsäure; **Anw.** volkstüml.: z. B. als hautreizende, hyperämisierende Einreibung bei Erkrankungen des rheumat. Formenkreises, Hautkrankheiten, Furunkeln (Überempfindlichkeit beachten!), Krätze; vet.: bei Kolik, als Eutersalbe, Schutzmittel gegen Insekten; **Zuber.**: Ungt. aromaticum; **UAW:** Kontaktallergien mögl., auch Kreuzallergien zu Asteraceae*.

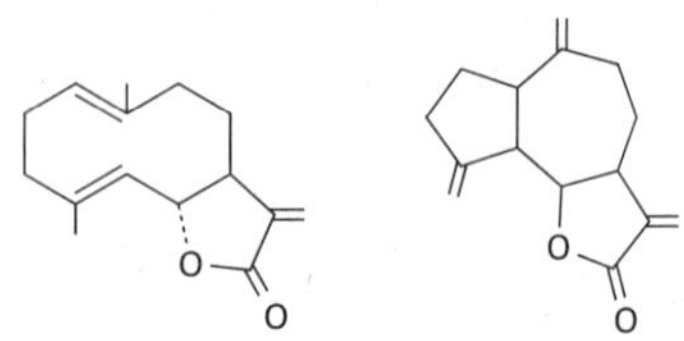

Costunolid Dehydrocostuslacton

Laurus nobilis: allergene Sesquiterpenlactone

Laurylgallat: s. Gallussäurelaurylester.

Laurylsulfat: Laurilsulfat, Laurilsulfas; chem. Kurzbez. für *n*-Dodecylsulfat.

Laurylum gallicum: s. Gallussäurelaurylester.

Lavandin: s. Lavandula hybrida.

Lavandinöl: s. Lavandula hybrida.

Lavandula angustifolia Mill. **ssp. angustifolia:** Lavandula officinalis Chaix ex Vill., Lavandula vera DC., Lavendel; Fam. Lamiaceae (Labiatae) (westl. Mittelmeergebiet, Südfrankreich, dort auch kult., ferner kult. in Spanien, Nordafrika, England). Zahlreiche Varietäten. Stpfl. von **Lavandulae flos:** Flores Lavandulae, Lavendelblüten; die noch nicht voll aufgeblühten Blüten (mit blauem Kelch). **Off.**: Ph.Helv.7, Ph.Eur.4; **Inhaltsst.**: 1-3 % (mind. 1.3 %) äther. Öl, Gerbstoffe, Sterole, Cumarine; **Anw.**: bei Nervosität, Schlafstörungen, nervösen Herzleiden, nervösen Oberbauchbeschwerden; volkstüml.: z. B. bei rheumat. Beschwerden, Migräne. **Lavandulae aetheroleum:** Oleum Lavandulae, Lavendelöl; äther. Öl aus den frischen Blüten od. Blütenständen. Farblose bis gelbl. Flüss. von charakterist. Geruch u. von brennendem, schwach bitterem Geschmack. $\alpha_D^{20\,°C}$ −3° bis −11°, $n_D^{20\,°C}$ 1.458-1.464. D. 0.875-0.892. **Off.**: Ph.Eur.4, ÖAB90, Ph.Helv.7; **Inhaltsst.**: (Ph.Eur.4) Limonen (bis 1 %), Cineol (bis 2.5 %), 3-Octanon (bis 2.5 %), Campher (bis 1.2 %), Linalool (20-45 %), Linalylacetat (25-46 %), Terpinen-4-ol (1.2-6 %), Lavandulylacetat (mind. 1 %), Lavadulol (mind. 1 %), α-Terpineol (bis 2 %), (im franz. Lavendelöl auch L-Lavandulol, D-Citronellol, Isoamylalkohol, Cuminalkohol). Geh. an Estern mind. 35 % (ÖAB90) bzw. mind. 30 u. max. 60 % (Ph.Helv.7), ber. als Linalylacetat ($C_{12}H_{20}O_2$). Lavendelöl muss besonders sorgfältig gelagert werden. **Anw.**: zu Einreibungen (in Form der Zuber.), in der Parfümerie u. als Repellent; **Zuber.**: Spir. Lavandulae, Mixtura oleoso-balsamica, Sol. Formaldehydi saponata, Ungt. aromaticum.

Hom: *Lavandula angustifolia (HAB1.3)*: frische Blüten.

Hom: *Lavandula angustifolia e floribus siccatis (HAB1.3)*: getrocknete Blüten.

Lavandula hybrida Reverch.: Lavandin; Hybride aus L. angustifolia u. L. latifolia, Fam. Lamiaceae, (westl. Mittelmeergebiet, wie L. angustifolia). Stpfl. von **Lavandinöl:** das äther. Öl der Blüten(stände). **Inhaltsst.**: ca. 15-20 % Linalylacetat, ca. 40-50 % Linalool einschließl. anderer freier Alkohole, jeweils ca. 5-8 % 1,8-Cineol u. Campher, Borneol; **Anw.**: Ersatz (Verfälschung) für Lavendelöl; in der Parfümerie.

Lavandula latifolia Medik.: Großer Speik, Narde; (Spanien). Stpfl. von **Oleum Spicae:** Speiköl, Spiköl; äther. Öl der Blüten (Flores Spicae, Gehalt ca. 0.8 %). D. 0.900-0.913. **Best.**: ca. 15 % L-Linalool u. Ester (Linalylacetat unter 1 %), bis 30 % L-Campher (im Ggs. zu Ol. Lavandulae), etwa gleich viel od. mehr 1,8-Cineol sowie Borneol. **Anw.**: Ersatz für Lavendelöl u. zu Einreibungen.

Lavandula officinalis: s. Lavandula angustifolia Mill. ssp. angustifolia.

Lavandula spica: s. Lavendula latifolia.

Lavandula stoechas L.: Schopflavendel; Fam. Lamiaceae (Mittelmeergebiet). Stpfl. von **Flores Stoechados arabicae** (purpureae): Flores Lavandulae romana. **Inhaltsst.**: äther. Öl mit Campher u. D-Fenchon.

Lavandula vera: s. Lavandula angustifolia Mill. ssp. angustifolia.

Lavendelblüten: s. Lavandula angustifolia Mill. ssp. angustifolia (Lavandulae flos).

Lavendelöl: s. Lavandula angustifolia Mill. ssp. angustifolia (Lavandulae aetheroleum).

Lavendelspiritus: s. Spiritus Lavandulae.

LAV/HTLV-III: s. HIV.

Lawrencium: Eka-Lutetium; Symbol Lr; OZ 103; mind. 10 Lr-Isotope mit den Massenzahlen 252-261; längstlebiges Isotop ^{261}Lr mit HWZ 13 min. **Gesch.**: Entdeckung 1961 nach Beschuss eines Gemisches von Californium-Isotopen mit Borkernen; benannt nach Orlando Lawrence (1901-1958), Erfinder des Zyklotrons.

Lawson: 2-Hydroxy-1,4-naphthochinon. Strukturformel s. α-Naphthochinon (Tab.). Roter, antibiotisch wirksamer Naphthochinonfarbstoff aus Lawsonia* inermis, liegt in der frischen Pfl. in Form der 2-Hydroxynaphthohydrochinonglykoside (Hennoside) vor.

Lawsonia inermis L.: Hennastrauch; Fam. Lythraceae (Afrika, Asien, Indien). Stpfl. von **Folia Hennae:** Hennablätter. **Inhaltsst.**: 5-10 % Gerbstoffe, Lawson*; **Anw.** volkstüml.: äußerl. als Adstringens, Antiseptikum; innerl. z. B. bei Amöbenruhr, Magengeschwür; die pulverisierten Blätter (Henna) sind ein oriental. Haarfärbemittel u. färben Haare u. Fingernägel rot bis braunschwarz, in Verbindung mit Reng (s. Indigofera tinctoria) blauschwarz.

Laxanzien (lat. laxare erschlaffen): Laxativa, Purgativa (lat. purgare reinigen), Kathartika (von gr. reinigen), Abführmittel; Mittel zur Förderung u. Erleichterung der Defäkation (Stuhlentleerung). L. können z. B. nach dem Wirkungsort in Dünn- u. Dickdarmmittel (veraltet, da i. Allg. in beiden Darmabschnitten wirkend), nach der Stärke in Aperitiva (schwach), Laxanzien (mittelstark), Kathartika (stark) u. Drastika (sehr stark) od. nach der Wirkungsweise eingeteilt werden: **1. Gleitmittel:** Natriumdioctylsulfosuccinat* (wirkt zusätzl. oberflächenaktiv), Paraffinöl (reiner Schmiereffekt, Gefahr von Hypovitaminosen u. Verdauungsstörungen, obsolet); **2. Füllmittel u. Quellstoffe:** vergrößern das Volumen des Darminhaltes, können als Ballaststoffe* nicht verdaut u. resorbiert werden, z. B. Lini Sem., Plantaginis ovatae Sem., Weizenkleie, Tragant, Agar; **3. Osmolaxanzien:** osmot. wirkende L.; iso- u. hypotone Lösungen (schnelle Wirkung, Aufweichen der Fäzes) sowie hypertone Lösungen (langsamer Wirkungseintritt, Gefahr von Thrombosebildung u. Exsikkation) von salinischen L. wie Natriumsulfat (Glaubersalz), Magnesiumsulfat (Bittersalz) od. von Polyhydroxyverbindungen wie Glycerol, Sorbitol, Lactose, Lactitol u. Lactulose (regt zusätzlich die Darmperistaltik an) sowie Macrogole* (z. B. PEG 3350); **4. hydragog u. antiresorptiv wirkende L.:** wirken stimulierend auf die Darmtätigkeit, da sie die Natrium- u. Wasserresorption vermindern (antiresorptiv) u. gleichzeitig den Einstrom von Ionen u. Wasser in den Darm fördern (hydragog); inaktivieren z. B. die membranständige Kalium/Natrium-ATPase, die an der energieverbrauchenden Verhinderung der Wassersekretion ins Darmlumen beteiligt ist. Hierzu zählen die Anthraglykosiddrogen (z. B. Sennae Fol. u. Fructus, Rhei Rad., Frangulae Cort., Rhamni purshiani Cort., Aloe, vgl. Anthraglykoside), Rizinusöl (Wirkprinzip beruht auf der im Dünndarm durch Lipasen freigesetzte Rizinolsäure, s. Ricinus communis), Gallensäuren* u. diphenol. Abführmittel wie Bisacodyl* (geht einen enterohepat. Kreislauf ein), Natriumpicosulfat* (wird im Darm in das freie Diphenol überführt) u. das früher häufig verwendete Phenolphthalein* (kann den Harn rosa färben); **5. den Defäkationsreflex auslösende L.:** Glycerol od. Sorbitol als Suppositorien od. Mikroklistier*, vgl. Klistier; **Wirkungseintritt:** Mikroklistiere: nach 5-12 min., Rizinusöl u. salin. L.: nach 2-4 h, alle anderen nach 8 h; **6. Drastika:** nur noch geringe Bedeutung (z. B. in der Veterinärmedizin) od. verboten (Kalomel). Stark abführend mit Wirk. im Dünn- u. Dickdarm: Harze von Convolvulaceae* (Ipomoea-Arten, Operculina* turpethum) u. von Cucurbitaceae* (Citrullus colocynthis, Bryonia-Arten); sowie Podophyllum-Arten u. Crotonöl; **Wirkmechanismus:** Reizung der Darmschleimhaut u. vermehrte Freisetzung von Mediatoren wie z. B. Histamin. **UAW:** mit Ausnahme der Füllmittel bewirken alle L. bei regelmäßigem Gebrauch teilweise starke Störungen im Elektrolythaushalt. Insbesondere Kaliumverluste können die Wirk. von Herzglykosiden verstärken

u. führen zu verminderter Darmmotilität (Circulus vitiosus), zum sog. Laxanzienkolon. Deshalb muss vor chron. Verw. gewarnt werden, vgl. Laxanzienabusus. Weitere UAW sind schwärzl. Pigmentierung der Dickdarmschleimhaut (Melanosis coli, Anthraglykoside), Fremdkörpergranulome (Paraffinöl), Darmentzündungen u. lebensbedrohl. Überempfindlichkeitsreaktionen (Phenolphthalein); akut: Blähungen (Quellstoffe) od. Bauchschmerzen (Anthraglykoside).

Laxanzienabusus: mißbräuchl. Verw. von Abführmitteln*, oft aufgrund psych. Beschwerden; betrifft in der Mehrzahl (zu ca. 90%) Frauen, bes. solche mit unbewusstem Reinigungsdrang. **Symptome:** vermehrte Kaliumausscheidung, intermittierende Hypokaliämie u. Atrophie der Darmmukosa; durch Kaliumverlust können hypokaliämische Lähmungen auftreten, Hypokaliämie fördert die Rezeptorbindung der Herzglykoside u. verstärkt deren Wirkung.

Laxanzienkolon: s. Abführmittel (UAW).

laxieren: abführen; s. Abführmittel.

Laxiermus: s. Electuarium Sennae.

LC: Abk. für (engl.) *liquid crystal;* s. Flüssigkristalle.

LCAT: Abk. für **L**ecithin-**C**holesterol-**A**cyl-**T**ransferase; s. Lipoproteine.

LCD: Abk. für (engl.) *liquid crystal display;* s. Flüssigkristalle.

L

LCT: Abk. für langkettige Triglyceride; nat. Fette u. Öle; zur Unterscheidung von den mittelkettigen Triglyceriden*.

LD: Abk. für **L**etal**d**osis; tödl. Dosis. **LD 50:** LD für 50% der Versuchstiere; charakterist. Größe bei Prüfung von Arzneimitteln.

LDL: Abk. für **l**ow **d**ensity **l**ipoprotein; s. Lipoproteine.

LDL-Rezeptor: Transmembran-Glykoprotein aus fünf unterschiedl. funktionellen Domänen, das eine wichtige Funktion bei der Regulation des Cholesterolstoffwechsels ausübt. Nach Bindung der Proteinkomponente des LDL (s. Lipoproteine) wird der LDL-Rezeptor-Komplex durch Endozytose aufgenommen. Die LDL-Aufnahme wird über die Dichte der LDL-R. auf der Zellmembran reguliert. Fehlen od. ein Mangel an funktionstüchtigen LDL-R. ist häufig Ursache der familiären Hypercholesterolämie.

LDPE: s. Polyolefine.

Lea-Zahl: s. Peroxidzahl.

Lebendimpfstoff: Impfstoff, der abgeschwächte od. virulenzschwache lebende, vermehrungsfähige Erreger enthält; s. Schutzimpfung.

Lebensbalsam: s. Mixtura oleoso-balsamica.

Lebensbaum: s. Thuja occidentalis.

Lebensbaumspitzen: s. Thuja occidentalis (Summitates Thujae).

Lebenskraut: s. Thuja occidentalis (Summitates Thujae).

Lebensmittel: gemäß EU-Recht „alle Stoffe oder Erzeugnisse, die dazu bestimmt sind oder von denen nach vernünftigem Ermessen erwartet werden kann, dass sie in verarbeitetem, teilweise verarbeitetem oder unverarbeitetem Zustand von Menschen zu Ernährungs- od. Genusszwecken aufgenommen werden" (§ 2 Lebensmittelgesetz der Republik Österreich, Änderung vom 14.08.2003).

Lebensmittelbuch: Deutschland: nach dem Lebensmittel*- und Bedarfsgegenständegesetz ist das Deutsche Lebensmittelbuch eine Sammlung von Leitsätzen, in denen Herst., Beschaffenheit od. sonstige Merkmale von Lebensmitteln, die für die Verkehrsfähigkeit von Bedeutung sind, beschrieben werden. Diese Leitsätze sind keine Gesetzesnormen, haben aber den Charakter vorgefertigter Sachverständigengutachten. Sie beschreiben die Verkehrsauffassung der am Lebensmittelverkehr Beteiligten u. definieren den redl. Handelsbrauch. Die Kommission des Deutschen Lebensmittelbuchs besteht aus Vertretern der Wissenschaft, der Lebensmittelüberwachung, der Verbraucherschaft u. der Lebensmittelwirtschaft. Fachausschüsse erarbeiten Leitsatzentwürfe, die nach Beschlussfassung amtl. veröffentlicht werden. **Österreich:** L. auch bezeichnet als Codex Austriacus. **Schweiz:** das L. ist eine, gestützt auf das Bundesgesetz über Lebensmittel u. Gebrauchsgegenstände (Lebensmittelgesetz, LMG, SR 817.0) veröffentlichte Sammlung von Empfehlungen des Bundesrates. Sie gibt vor, wie Lebensmittel, Zusatzstoffe u. Gebrauchsgegenstände zu untersuchen u. zu beurteilen sind. Der Bundesrat kann einzelne Empfehlungen als verbindl. erklären.

Lebensmittel, diätetische: Lebensmittel, die den bes. Ernährungserfordernissen bestimmter Personengruppen entsprechen, sich für den angegebenen Ernährungszweck eignen u. sich deutl. von Lebensmitteln des allg. Verzehrs unterscheiden müssen.

Lebensmittelkonservierung: s. Konservieren.

Lebensmittel, neuartige: s. Novel Food.

Lebensmittel- und Bedarfsgegenständegesetz: Abk. LMBG; **Deutschland:** amtl. Kurzbez. für das Gesetz über den Verkehr mit Lebensmitteln, Tabakerzeugnissen, kosmet. Mitteln u. sonstigen Bedarfsgegenständen in der Fassung der Bekanntmachung der Neufassung vom 8.6.1993, zuletzt geändert am 25.11.1994. Zum Regelungsbereich des LMBG gehören das Herstellen, Inverkehrbringen (z.B. auch Ankündigen), Behandeln (z.B. Verpacken) u. Verzehren (Essen, Kauen, Trinken sowie jede sonstige Zufuhr von Stoffen in den Magen) folgender Waren: **1.** Lebensmittel* (Nahrungsmittel u. Genussmittel, auch diätet. Lebensmittel, s. Diätverordnung); **2.** Zusatzstoffe (z.B. Konservierungsmittel, s. Lebensmittelzusatzstoffe); **3.** Tabakerzeugnisse; **4.** kosmet. Mittel (dazu gehören auch Mittel zur Pflege od. Verbesserung des Gebrauchs von Prothesen, s. Kosmetik-Verordnung); **5.** Bedarfsgegenstände (Gebrauchsgegenstände, z.B. Geschirr, Reinigungsmittel, Farben, Spielwaren, Brillengestelle, Körperpflegemittel, Raumsprays u. Insektenvertilgungsmittel in Wohnräumen). Nach dem LMBG ist hinsichtl. der Verw. von Stoffen i. Allg. alles verboten, was nicht ausdrückl. erlaubt ist (Verbotsprinzip). Das LMBG regelt z.B. auch die zulässigen Höchstmengen von Stoffen mit pharmakol. Wirk., die auf od. in Lebensmitteln beim Inverkehrbringen nicht überschritten sein dürfen. **Österreich:** ähnl. Regelungen durch das Lebensmittelgesetz (LMG) 1975 i.d.F. 2003, das noch den Begriff der Nahrungsergänzungsmittel* kennt.

Lebensmittelvergiftung: Intoxikationserscheinungen infolge Aufnahme verunreinigter, giftiger, zersetzter od. bakt. infizierter Nahrungsmittel. **Einteilung der Gifte: 1. bakterielle Gifte** (am häufigsten): verursachen L. durch bakt. Toxine* od. bestimmte lebende Bakt. (v. a. Staphylococcus* aureus, Salmonellen*) auf kontaminierten Nahrungsmitteln u. Getränken. Die Infektkette geht häufig von Schlachttieren aus, aber auch Milch u. Milchprodukte, Salate, Eier/Eipulver, Speiseeis, Obst, Trinkwasser, Fische u. Meeresfrüchte können kontaminiert sein. Je nachdem, ob die durch die bakt. Infektion verursachten Krankheitssymptome od. die durch Bakterientoxine ausgelösten Intoxikationserscheinungen im Vordergrund stehen, spricht man von Nahrungsmittelinfektion bzw. -intoxikation; strenge Unterscheidung oft nicht mögl., z. B. bei Salmonella-Enteritiden, wo sich durch Bakt. provozierte Erscheinung u. Toxinwirkung häufig überschneiden. Den Lebensmittelintoxikationen zuzuordnen sind die Mykotoxikosen; s. Mykotoxine; **2. natürliche Gifte:** z. B. Pilzvergiftung (s. Pilze), Mutterkornvergiftung (s. Secale cornutum), Bohnenvergiftung (Favismus), Vergiftung mit fauligem Fleisch (Ptomainismus); **3. chemische Gifte:** bestimmte Metalle wie Blei, Zink, Kupfer, Antimon, Cadmium in den Legierungen der Glasur od. Emaillierung der Kochgeräte u. Töpfe können, insbes. bei Aufbewahrung saurer Lebensmittel, herausgelöst werden u. in diese übergehen (Auslösung von Erbrechen, Durchfällen, Leibkrämpfen kurz nach der Nahrungsaufnahme); unbedenkl. ist die Verwendung von Nickel, Aluminium, Chromnickelstahl od. von anderen amtl. geprüften u. als unschädl. befundenen Legierungen. Verwendung salpetersaurer u. salpetrigsaurer Salze im Lebensmittelverkehr ist verboten (Magen-Darm-Reizungen, Erbrechen u. Durchfälle, u. U. Blutveränderungen u. Herzschädigung); ausgenommen ist Nitritpökelsalz unter bestimmten Bedingungen (s. Konservierung). **Prophylaxe:** vorschriftsmäßige Trinkwasseraufbereitung, Lebensmittelhygiene (z. B. Milch-Pasteurisierung, korrektes Sterilisieren aller Konserven, einwandfreie Lagerung von Nahrungsmitteln, Kontrolle auf Dauerausscheider u. Keimträger in Betrieben der Nahrungsmittelindustrie).

Lebensmittelzusatzstoffe: zu den L. gehören Antioxidanzien, Aromastoffe, Emulgatoren, Farbstoffe, Geliermittel, Geschmacksverstärker, Konservierungsmittel, Säuerungsmittel, Schaumverhüter, künstl. Süßstoffe, Verdickungsmittel. Zusatzstoffe im Sinne des Lebensmittel*- u. Bedarfsgegenständegesetzes sind Stoffe, die dazu bestimmt sind, Lebensmittel* (od. Futtermittel) hinsichtl. ihrer Beschaffenheit zu beeinflussen. Sie unterliegen dem Verbotsprinzip, das heißt, es sind nur solche Zusatzstoffe erlaubt, die in Positivlisten genannt sind. Die Verw. der L. regeln die Richtlinien Nr. 94/35/EG (Süßungsmittel), 94/36/EG (Farbstoffe) u. 95/2/EG (andere L.). Die Bez. der L. kann auch anhand der E-Nummern (Nummern der EG) angegeben sein; s. Tabelle.

Leberblümchen: s. Hepatica nobilis.

Leberentzündung: s. Hepatitis.

Leberkraut: s. Hepatica nobilis (Herba Hepaticae nobilis).

Leberkraut, Griechisches: s. Agrimonia eupatoria (Agrimoniae herba).

Lebermoose: s. Bryophytina.

Leberstärke: s. Glykogen.

Lebertran: Iecoris aselli oleum A u. B Ph.Eur.4.04, Oleum Jecoris (Aselli), Oleum Iecoris, Morrhuae oleum, Oleum Morrhuae; das aus frischen od. durch Kälte konservierten Lebern von Gadus-Arten gewonnene, fette Öl, das durch Unterkühlen u. Filtration bei 0 °C von den leicht erstarrenden Fettanteilen befreit wird. Zur Gew. des Lebertrans (Oleum Jecoris Aselli; Asellus major, alter Name des Dorsches) dient hauptsächl. **Gadus* morrhua** L. Hellgelbe bis goldgelbe, leicht fließende, klare, ölige Flüss. von charakterist., höchstens schwach fischartigem, aber nicht ranzigem Geruch u. Geschmack. Mischbar mit Ether, Chloroform, Benzin, wenig lösl. in Ethanol. D. 0.917-0.930. $n_D^{20°C}$ 1.477-1.484. IZ 150-180, SZ max. 2, VZ 180-197. **Off.:** Ph.Eur.4, ÖAB90 (bis 1996), Ph.Helv.8; **Best.:** ca. 85 % Glyceride ungesättigter Fettsäuren (wenig ω-3- u. ω-6-Fettsäuren) u. ca. 12-14 % Glyceride gesättigter Fettsäuren; im UA (max. 1.3 %) neben Sterinen (Cholesterol, Squalen) Vitamin A (mind. 600 I.E./g) u. Vitamin D (mind. 60 I.E./g); ferner u. a. Spuren von Iod, Brom, Chlor, Trimethylamin; Aufbewahrung in sorgfältig gereinigten, trockenen Gefäßen, die bis unter den Stopfen gefüllt sind od. ein indifferentes Gas (z. B. CO_2) enthalten, kühl u. vor Licht geschützt. Nur das Standgefäß im Apothekenraum (Offizin) kann L. auch im Anbruch enthalten. Frischer L. darf nicht zu älteren Lebertranresten gefüllt werden. **Anw.:** beruht hauptsächl. auf seinem hohen Gehalt an den Vitaminen A u. D (s. Vitamine), daher als Roborans bei chron. Erkrankungen, Rachitisprophylaxe; in der Rekonvaleszenz, da L. neben seinem hochwirksamen Gehalt an Vitaminen u. Spuren zahlreicher Elemente als leichtverdaul. Fett einen großen Brennwert von 39 kJ/g (9.3 kcal/g) hat; äußerl.: als granulationsförderndes Wundheilmittel, in Salben (10 %); auch in Hämorrhoiden- u. Augensalben; **Dos.:** 5-10 g, 1-2 × tägl. 1 Tee- bis Kinderlöffel; **Zuber.:** Emulsio* Olei Jecoris Aselli (composita). **Heilbuttleberöl:** Oleum Jecoris Hippoglossi, Hippoglossi iecoris oleum; das aus frischen od. durch Kälte konservierten Lebern von **Hippoglossus hippoglossus L.** gew. fette Öl; der Zusatz von Stabilisatoren ist gestattet. Gelbe bis bräunl. gelbe, ölige Flüss. von charakterist., schwach fischartigem, aber nicht ranzigem Geruch u. Geschmack. Mischbar mit Ether, Chloroform, Benzin, wenig lösl. in Ethanol. D. 0.919-0.928. IZ 112-155, SZ max. 6, VZ 160-180; UA mind. 7.0 u. max. 22.5 %. **Off.:** DAB8, ÖAB90 (bis 1996); **Best.:** ähnl. L., aber wesentl. mehr Vitamin A (mind. 30 000, wegen Gefahr einer Hypervitaminose max. 50 000 I.E./g) u. Vitamin D (mind. 600 I.E./g); Aufbewahrung in sorgfältig gereinigten, trockenen Gefäßen, die bis unter den Stopfen gefüllt sind od. ein indifferentes Gas (CO_2) enthalten, kühl u. vor Licht ge-

Lebensmittelzusatzstoffe
Nach E-Nummern geordnet

E-Nr.	Bezeichnung	Anw.
100	Kurkumin (Curcumin)	F
101	i) Riboflavinii	F
	ii) Riboflavin-5-phosphat	
102	Tartrazin	F
104	Chinolingelb	F
110	Sunsetgelb FCF	F
	Gelborange S	
120	Cochenille, Karminsäure, Karmin	F
122	Azurubin, Carmoisin	F
123	Amaranth	F
124	Cochenillerot A, Ponceau 4R	F
127	Erythrosin	F
128	Rot 2G	F
129	Allurarot AC	F
131	Patentblau V	F
132	Indigotin I, Indigokarmin	F
133	Brillantblau FCF	F
140	Chlorophylle und Chlorophylline	F
141	kupferhaltige Komplexe der Chlorophylle und Chlorophylline	F
142	Grün S	F
150a	einfache Zuckerkulör	F
150b	Sulfitlaugen-Zuckerkulör	F
150c	Ammoniak-Zuckerkulör	F
150d	Ammonsulfit-Zuckerkulör	F
151	Brillantschwarz BN, Schwarz PN	F
153	Pflanzenkohle (Carbò medicinalis vegetabilis)	F
154	Braun FK	F
155	Braun HT	F
160a	Carotine	F
	i) gemischte Carotine	
	ii) Beta-Carotin	
160b	Annatto, Bixin, Norbixin	F
160c	Paprikaextrakt (Capsanthin, Capsorubin)	F
160d	Lycopin	F
160e	Beta-apo-8'-carotinal	F
160f	Beta-apo-8'-carotinsäure-ethylester	F
161	Xanthophylle	F
161b	Lutein	F
161g	Canthaxanthin	F
162	Beetenrot, Betanin	F
163	Anthocyane	F
170	Calciumcarbonate	F V
	i) Calciumcarbonat	
	ii) Calciumhydrogencarbonat	
171	Titandioxid	F
172	Eisenoxide und -hydroxide	F
173	Aluminium	F
174	Silber	F
175	Gold	F
180	Litholrubin BK	F
200	Sorbinsäure	K
201	Natriumsorbat	K
202	Kaliumsorbat	K
203	Calciumsorbat	K
210	Benzoesäure	K
211	Natriumbenzoat	K
212	Kaliumbenzoat	K
213	Calciumbenzoat	K
214	Ethyl-*p*-hydroxybenzoat	K
215	Natriumethyl-*p*-hydroxybenzoat	K
216	Propyl-*p*-hydroxybenzoat	K
217	Natriumpropyl-*p*-hydroxybenzoat	K
218	Methyl-*p*-hydroxybenzoat	K
219	Natriummethyl-*p*-hydroxybenzoat	K
220	Schwefeldioxid	A K
221	Natriumsulfit	A K
222	Natriumhydrogensulfit	A K
223	Natriummetabisulfit	A K
224	Kaliummetabisulfit	A K
226	Calciumsulfit	A K
227	Calciumhydrogensulfit	A K
228	Kaliumhydrogensulfit	A K
230	Biphenyl (Diphenyl)	K
231	Orthophenylphenol	K
232	Natrium-orthophenylphenol	K
233	Thiabendazol	K
234	Nisin	K
235	Natamycin	K
236	Ameisensäure	K
237	Natriumformiat	K
238	Calciumformiat	K
239	Hexamethylentetramin	K
242	Dimethyldicarbonat	K
249	Kaliumnitrit	K
250	Natriumnitrit	K
251	Natriumnitrat	K
252	Kaliumnitrat	K
260	Essigsäure	V
261	Kaliumacetat	V
262	Natriumdiacetate	V
	i) Natriumacetat	
	ii) Natriumhydrogenacetat (Natriumdiacetat)	
263	Calciumacetat	V
270	Milchsäure	A V
280	Propionsäure	K
281	Natriumpropionat	K
282	Calciumpropionat	K
283	Kaliumpropionat	K
284	Borsäure	K
285	Natriumtetraborat (Borax)	K
290	Kohlendioxid	V
296	Apfelsäure	V
297	Fumarsäure	V
300	Ascorbinsäure	A
301	Natriumascorbat	A
302	Calciumascorbat	A
304	Fettsäureester der Ascorbinsäure	A
	i) Ascorbylpalmitat	
	ii) Ascorbylstearat	
306	stark tocopherolhaltige Extrakte	A
307	α-Tocopherol	A
308	γ-Tocopherol	A
309	δ-Tocopherol	A
310	Propylgallat	A
311	Octylgallat	A

Lebensmittelzusatzstoffe
Nach E-Nummern geordnet

E-Nr.	Bezeichnung	Anw.
312	Dodecylgallat	A
315	Isoascorbinsäure	A
316	Natriumisoascorbat	A
320	Butylhydroxyanisol (BHA)	A
321	Butylhydroxytoluol (BHT)	A
322	Lecithin	E
325	Natriumlactat	A
326	Kaliumlactat	A
327	Calciumlactat	A
330	Citronensäure	A
331	Natriumcitrate	A
	i) Mononatriumcitrat	
	ii) Dinatriumcitrat	
	iii) Trinatriumcitrat	
332	Kaliumcitrate	A
	i) Monokaliumcitrat	
	ii) Trikaliumcitrat	
333	Calciumcitrate	A
	i) Monocalciumcitrat	
	ii) Dicalciumcitrat	
	iii) Tricalciumcitrat	
334	L-(+)-Weinsäure	A
335	Natriumtartrate	A
	i) Mononatriumtartrat	
	ii) Dinatriumtartrat	
336	Kaliumtartrate	A
	i) Monokaliumtartrat	
	ii) Dikaliumtartrat	
337	Kaliumnatriumtartrat	A
338	Phosphorsäure	A V
339	Natriumphosphate	A
	i) Mononatriumphosphat	
	ii) Dinatriumphosphat	
	iii) Trinatriumphosphat	
340	Kaliumphosphate	A
	i) Monokaliumphosphat	
	ii) Dikaliumphosphat	
	iii) Trikaliumphosphat	
341	Calciumphosphate	A
	i) Monocalciumphosphat	
	ii) Dicalciumphosphat	
	iii) Tricalciumphosphat	
350	Natriummalate	V
	i) Natriummalat	
	ii) Natriumhydrogenmalat	
351	Kaliummalat	V
352	Calciummalate	V
	i) Calciummalat	
	ii) Calciumhydrogenmalat	
353	Metaweinsäure	V
354	Calciumtartrat	V
355	Adipinsäure	V
356	Natriumadipat	V
357	Kaliumadipat	V
363	Bernsteinsäure	V
380	Triammoniumcitrat	V
385	Calcium-dinatrium-ethylendiamin-tetraacetat (Calcium-dinatrium-EDTA)	V
400	Alginsäure	S
401	Natriumalginat	S
402	Kaliumalginat	S
403	Ammoniumalginat	S
404	Calciumalginat	S
405	Propylenglycolalginat	S
406	Agar-Agar	S
407	Carrageen	S
410	Johannisbrotkernmehl	S
412	Guarkernmehl	S
413	Traganth	S
414	Gummi arabicum	S
415	Xanthan	S
416	Karayagummi	S
417	Tarakernmehl	S
418	Gellan	S
420	Sorbitol	Z
	i) Sorbitol	
	ii) Sorbitolsirup	
421	Mannitol	Z
422	Glycerol	V
431	Polyoxyethylen(40)-stearat	E V
432	Polyoxyethylen-sorbitanmono-laurat (Polysorbat 20)	E
433	Polyoxyethylen-sorbitanmonooleat (Polysorbat 80)	E
434	Polyoxyethylen-sorbitanmono-palmitat (Polysorbat 40)	E
435	Polyoxyethylen-sorbitanmono-stearat (Polysorbat 60)	E
436	Polyoxyethylen-sorbitantristearat (Polysorbat 65)	E
440	Pektine	V
	i) Pektin	
	ii) amidiertes Pektin	
442	Ammoniumsalze von Phosphatid-säuren	S
444	Saccharoseacetatisobutyrat	
445	Glycerolester aus Wurzelharz	V
450	Diphosphate	S
	i) Dinatriumdiphosphat	
	ii) Tetranatriumdiphosphat	
	iii) Dikaliumdiphosphat	
	iv) Tetrakaliumdiphosphat	
	v) Dicalciumdiphosphat	
	vi) Calciumdihydrogendiphosphat	
451	Triphosphate	S
	i) Pentanatriumtriphosphat	
	ii) Pentakaliumtriphosphat	
452	Polyphosphate	S
	i) Natriumpolyphosphat	
	ii) Kaliumpolyphosphat	
	iii) Natriumcalciumpolyphosphat	
	iv) Calciumpolyphosphat	
460	Cellulose	S
	i) mikrokristalline Cellulose	
	ii) Cellulosepulver	
461	Methylcellulose	S
463	Hydroxypropylcellulose	S
464	Hydroxypropylmethylcellulose	S
465	Ethylmethylcellulose	S

Fortsetzung nächste Seite

Fortsetzung v. S. 891

Lebensmittelzusatzstoffe
Nach E-Nummern geordnet

E-Nr.	Bezeichnung	Anw.
466	Carboxymethylcellulose	S
470a	Natrium-, Kalium- und Calciumsalze von Speisefettsäuren	E
470b	Magnesiumsalze von Speisefettsäuren	E
471	Mono- und Diglyceride von Speisefettsäuren	E
472a	Essigsäureester von Mono- und Diglyceriden von Speisefettsäuren	E
472b	Milchsäureester von Mono- und Diglyceriden von Speisefettsäuren	E
472c	Citronensäureester von Mono- und Diglyceriden von Speisefettsäuren	E
472d	Weinsäureester von Mono- und Diglyceriden von Speisefettsäuren	E
472e	Mono- und Diacetylweinsäureester von Mono- und Diglyceriden von Speisefettsäuren	E
472f	gemischte Essig- und Weinsäureester von Mono- und Diglyceriden von Speisefettsäuren	E
473	Zuckerester von Speisefettsäuren	E
474	Zuckerglyceride	E
475	Polyglycerolester von Speisefettsäuren	E
476	Polyglycerol-polyricinoeat	E
477	Propylenglycolester von Speisefettsäuren	E
479b	thermooxidiertes Sojaöl mit Mono- und Diglyceriden von Speisefettsäuren	E
481	Natriumstearoyl-2-lactylat	E
482	Calciumstearoyl-2-lactylat	E
483	Stearyltartrat	E
491	Sorbitanmonostearat	E
492	Sorbitantristearat	E
493	Sorbitanmonolaurat	E
494	Sorbitanmonooleat	E
495	Sorbitanmonopalmitat	E
500	Natriumcarbonate	V
	i) Natriumcarbonat	
	ii) Natriumhydrogencarbonat	
	iii) Natriumsesquicarbonat	
501	Kaliumcarbonate	V
	i) Kaliumcarbonat	
	ii) Kaliumhydrogencarbonat	
503	Ammoniumcarbonate	V
	i) Ammoniumcarbonat	
	ii) Ammoniumhydrogencarbonat	
504	Magnesiumcarbonate	V
	i) Magnesiumcarbonat	
	ii) Magnesiumhydrogencarbonat	
507	Salzsäure	V
508	Kaliumchlorid	V
509	Calciumchlorid	V
511	Magnesiumchlorid	V
512	Zinn(II)-chlorid	V
513	Schwefelsäure	V
514	Natriumsulfate	V
	i) Natriumsulfat	
	ii) Natriumhydrogensulfat	
515	Kaliumsulfate	V
	i) Kaliumsulfat	
	ii) Kaliumhydrogensulfat	
516	Calciumsulfat	V
517	Ammoniumsulfate	V
520	Aluminiumsulfat	V
521	Aluminiumnatriumsulfat	V
522	Aluminiumkaliumsulfat	V
523	Aluminiumammoniumsulfat	V
524	Natriumhydroxid	V
525	Kaliumhydroxid	V
526	Calciumhydroxid	V
527	Ammoniumhydroxid	V
528	Magnesiumhydroxid	V
529	Calciumoxid	V
530	Magnesiumoxid	V
535	Natriumferrocyanid	V
536	Kaliumferrocyanid	V
538	Calciumferrocyanid	V
541	saures Natriumaluminiumphosphat	V
551	Siliciumdioxid	V
552	Calciumsilicat	V
553a	i) Magnesiumsilicat	V
	ii) Magnesiumtrisilicat (asbestfrei)	
553b	Talkum (asbestfrei)	V
554	Natriumaluminiumsilicat	V
555	Kaliumaluminiumsilicat	V
556	Calciumaluminiumsilicat	V
558	Bentonit	V
559	Aluminiumsilicat (Kaolin)	V
570	Fettsäuren	V
574	Gluconsäure	V
575	Glucono-δ-lacton	V
576	Natriumgluconat	V
577	Kaliumgluconat	V
578	Calciumgluconat	V
579	Eisen-II-gluconat	V
585	Eisen-II-lactat	V
620	Glutaminsäure	G
621	Mononatriumglutamat	G
622	Monokaliumglutamat	G
623	Calciumdiglutamat	G
624	Monoammoniumglutamat	G
625	Magnesiumdiglutamat	G
626	Guanylsäure (Guanosinmonophosphat)	G
627	Dinatriumguanylat	G
628	Dikaliumguanylat	G
629	Calciumguanylat	G
630	Inosinsäure	G
631	Dinatriuminosinat	G
632	Dikaliuminosinat	G
633	Calciuminosinat	G
634	Calcium-5'-ribonucleotid	G
635	Dinatrium-5'-ribonucleotid	G

Lebensmittelzusatzstoffe
Nach E-Nummern geordnet

E-Nr.	Bezeichnung	Anw.
640	Glycin und dessen Natriumsalze	G
900	Dimethylpolysiloxan	V
901	Bienenwachs, weiß und gelb	V
902	Candelillawachs	V
903	Carnaubawachs	V
904	Schellack	V
912	Montansäureester	V
914	Polyethylenwachsoxidate	V
927b	Carbamid	V
938	Argon	V
939	Helium	V
941	Stickstoff	V
942	Distickstoffmonoxid	V
948	Sauerstoff	V
950	Acesulfam K	Z
951	Aspartam	Z
952	Cyclohexansulfamidsäure und ihre Na- und Ca-Salze	Z
953	Isomalt	Z
954	Saccharin und Salze	Z
957	Thaumatin	Z
959	Neohesperidin DC	Z
965	Maltitol i) Maltit ii) Maltitsirup	Z
966	Lactitol	Z
967	Xylitol	Z
999	Quillajaextrakt	V
1105	Lysozym	K
1200	Polydextrose	V
1201	Polyvinylpyrrolidon	S
1202	Polyvinylpolypyrrolidon	V
1404	oxidierte Stärke	S
1410	Monostärkephosphat	S
1412	Distärkephosphat	S
1413	phosphatiertes Distärkephosphat	S
1414	acetyliertes Distärkephosphat	S
1420	acetylierte Stärke	S
1422	acetyliertes Distärkeadipat	S
1440	Hydroxypropylstärke	S
1442	Hydroxypropyldistärkephosphat	S
1450	Stärkenatriumoctenylsuccinat	S
1505	Triethylcitrat	V
1518	Glyceroltriacetat (Triacetin)	V

Anwendung vorwiegend als:
- A Antioxidans oder Synergist
- E Emulgator
- F Farbstoff
- G Geschmacksverstärker
- K Konservierungsmittel oder konservierend wirkender Stoff
- S Stabilisator, Verdickungsmittel oder Geliermittel
- V verschieden (z. B. Antischaummittel, Antiklumpmittel)
- Z Zuckeraustauschstoff bzw. Süßmittel (Süßungsmittel)

schützt; **Anw.:** ähnl. L., auch äußerl. in Wundsalben; **Dos.:** MTD 1.0 g (i. Allg. 2-mal tägl. 5 Tr., Achtung vor Vit.-A-Hypervitaminose, s. Vitamine).

Lebertranemulsion: s. Emulsio Olei Jecoris Aselli.

Lebertranemulsion, zusammengesetzte: s. Emulsio Olei Jecoris Aselli composita.

Leberzirrhose (gr. kirrhos gelb): Cirrhosis hepatis; diffuse chron. Lebererkrankung mit progredienter narbig-bindegewebiger Umwandlung der Leber infolge Parenchymuntergangs u. -umbaus u. Umgestaltung des Gefäßapparats. **Formen:** z. B. Alkoholzirrhose, posthepatit. L. (s. Hepatitis), stoffwechselbedingte L., Leberzirrhose aus unbekannter Ursache; **Klinik:** bei sog. kompensierter L. (ohne Aszites) anfangs Symptome wie Müdigkeit, Übelkeit, Obstipation, Fettintoleranz, Leberhautzeichen (Naevus araneus, Palmarerythem); infolge der fortschreitenden Umwandlung der Leber später portale Hypertension u. Pfortaderstauung mit Aszites*, Ausbildung von Ösophagusvarizen, Hämorrhoiden* u. Caput medusae.

Leblanc-Soda-Prozess: s. Natriumcarbonat.

Lecanora-Arten: s. Orseille, Manna (Lecanora esculenta).

Le-Chatelier-Prinzip: das Prinzip des kleinsten Zwanges — 1887 von Henry Louis Le Chatelier u. Ferdinand Braun formuliert — besagt: Jede Änderung der Parameter (Druck, Temperatur od. Konzentration der Stoffe) eines sich im Gleichgewicht befindl. Systems löst einen Vorgang aus, der das System wieder in den Gleichgewichtszustand überführt.

Lecithinalbumin: s. Lecithine.

Lecithinasen: s. Phospholipasen.

Lecithin-Cholesterol-Acyl-Transferase: s. Lipoproteine.

Lecithine: Naturstoffe aus der Gruppe der Glycerophospholipide (s. Phosphatide); Ester der Phosphatidsäure, z. B. mit Cholin (s. Abb., Lecithin im eigentl. Sinne). Fett- bis wachsähnliche, bräunl., hygroskopische Masse aus pflanzlichem u. tierischem Material, hauptsächl. in Nervensubstanz, Eigelb, Herz, Blut, Niere, Leber, Sperma; in Pflanzensamen (Sojabohne) u. -knollen. L. sind lösl. in Ethanol, Ether, Chloroform, Glycerol, fetten Ölen; in Wasser quellen L. auf. **Lecithinalbumin** ist an Eiweiß gebundenes L., hauptsächl. ein Phosphatidylcholin. **Eilecithin**: Lecithinum ex ovo; Gew. nach EB6: durch Ausziehen von frischem Eigelb mit Methylalkohol. Geh. mind. 3 % Phosphor u. 1.7-2 % Stickstoff; vgl. Ei.

Pflanzenlecithin: Lecithinum vegetabile; Gew. durch Ausziehen von Pflanzensamen (Mais, Erbsen, Lupinen, Weizenkeime, Soja) mit Methanol. **Sojalecithin**, Lecithinum ex soja; Gew. nur aus den Samen von Glycine. Gehalt an reinem L. geringer als bei Eilecithin; besteht zu 40-50 % aus Phosphatidylcholin, zu 10 % aus Colaminkephalin (Phosphatidylethanolamin), zu 5 % aus Inositkephalin (Phosphatidylinosit) u. 1-2 % Serinkephalin. **Off.:** ÖAB90 (Sojalecithin; IZ 70-90). **Wirk.** u. **Anw.:** **1.** wegen der lipidsenkenden Wirk. (Dos. einige Gramm), ferner als Roborans bei Anämie, Tuberkulose usw.; vgl. Kephaline; **2.** als Emulgator für innerl. anzuwendende Emulsionen, auch für Emulsionen zu Injektionszwecken. Die mit L. hergestellten Emulsionen sind nur begrenzt stabil, da L. im wässrigen Milieu zu Lysolecithinen hydrolisiert wird (stark hämolysierend). Um eine homogene Emulsion zu erhalten, wird L. zuerst in Ether gelöst u. dieser nach Zugabe der äußeren Phase auf dem Wasserbad abgedampft. Der amphiphile Charakter von L. ermöglicht die Ausbildung von O/W-, aber auch von W/O-Emulsionen od. Doppelemulsionen (O/W/O bzw. W/O/W). Welche Phasenverteilung sich einstellt, hängt vom Verhältnis der Phasen u. der Zusammensetzung der Ölphase ab. Ein hoher Anteil der Wasserphase führt i. Allg. zu einer O/W-Emulsion. Eine nachträgl. Änderung des Verhältnisses beider Phasen führt zu einer umgekehrten Phasenverteilung, einer W/O-Emulsion (Phasenumkehr, Emulsionsumkehr).

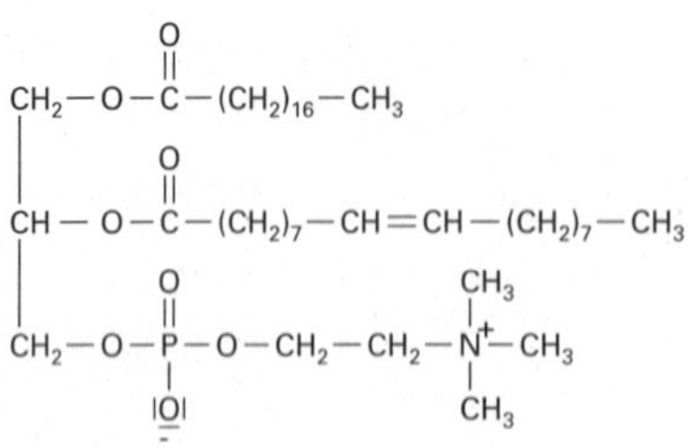

Lecithine: Lecithin

Lecithinum ex ovo: s. Lecithine.

Lecithinum ex soja: s. Lecithine.

Lecithinum vegetabile: s. Lecithine.

Lecksteine: Salzlecksteine für Tiere aus rohem Stein- od. Viehsalz mit Bindemittel.

Lecompte du Noüy: s. Grenzflächenspannung.

Lecythis ollaria Loefl.: Fam. Lecythidaceae (Od. Myrtales) (trop. Amerika); Stpfl. der **Affennuß:** Monkey nut, Coco de mono, Sapucajanuß; s. Selen.

Lederblume: s. Ptelea trifoliata.

Lederhaut: s. Dermis.

Lederzucker: Pasta Althaeae, Pasta gummosa, P. Liquiritiae, Eibischpaste, Gummipaste; teigartige, Feuchtigkeit anziehende Masse. **Anw.:** früher als Hausmittel gegen Husten u. Heiserkeit.

Ledol: Porstkampfer; $C_{15}H_{26}O$. Nat. im äther. Öl von Ledum* palustre, tricycl. Sesquiterpen. **Wirk.:** zunächst zentral erregend (rauschartige Zustände, Krämpfe), dann lähmend; **Anw.:** früher als Wanzen- u. Mottenmittel.

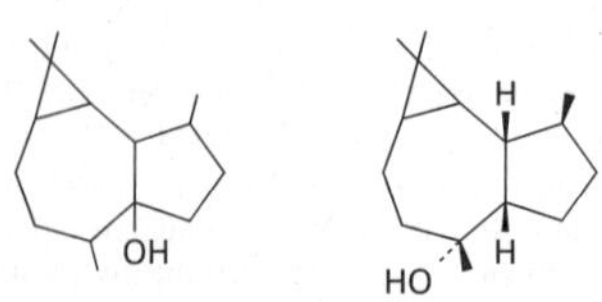

Palustrol Ledol

Ledol: Inhaltsstoffe von Ledum palustre

Ledum palustre L.: Sumpfporst, Wilder Rosmarin; Fam. Ericaceae (in Nord- u. Mitteleuropa wegen Trockenlegung feuchter Moore stark zurückgehend, Nordamerika, Nordasien). Stpfl. von **Herba Ledi palustris:** Herba Rosmarini silvestris, Sumpfporstkraut, Porschkraut, Wilder Rosmarin, Mottenkraut. **Inhaltsst.:** 0.9-2.6 % (sehr unterschiedl. zusammengesetztes) äther. Öl mit Ledol (Porstkampfer) u. Palustrol (tricycl. Sesquiterpenalkohole, Strukturformeln s. Ledol, Abb.), worauf die berauschende u. narkot. Wirk. zurückzuführen sein soll (sog. Porstbier der Wikinger). Es sind versch. chem. Rassen bekannt; **Anw.** volkstüml.: früher z. B. als Narkotikum u. Expektorans bei Keuchhusten, bei rheumat. Beschwerden, missbräuchl. auch als Abortivum (führt zu Vergiftungen); äußerl.: auf Wunden; als Motten- u. Wanzenmittel.

Hom: *Ledum palustre (HAB1.2):* getrocknete Zweigspitzen; verord. z. B. bei Insektenstichen, Blutergüssen, Erkrankungen des rheumat. Formenkreises u. Ekzemen.

LEED: Abk. für (engl.) *low energy electron diffraction,* niederenerget. Elektronenbeugung; Verfahren zur Strukturanalyse von Werkstoffoberflächen. Langsame, d. h. niederenerget. Elektronenstrahlen werden an den Atomen oberflächennaher Schichten eines Feststoffes gebeugt (s. Kristallstrukturanalyse). Aus dem Beugungsverhalten lassen sich detaillierte Einblicke v. a. in die Kristallstruktur an der Oberfläche u. in die Bindungsverhältnisse adsorbierter Moleküle an der Festkörperoberfläche erlangen.

Leflunomid INN: α,α,α-Trifluoro-5-methyl-4-isoxazolecarboxy-*p*-toluidid; CAS-Nr. 75706-12-6; $C_{12}H_9F_3N_2O_2$, M_r 270.2. Schmp. 165 °C. logP 2.0; pK_S 11.7 (ber.); schwer lösl. in Wasser. **Wirk.:** Hemmung der Proliferation von aktivierten Lymphozyten u. der T-Zell-abhängigen Autoantikörperbildung in B-Lymphozyten; **Anw.:** Antirheumatikum*, Basistherapeutikum*, Immunsuppressivum* zur Behandlung der rheumatoiden Arthritis*; **UAW:** u. a. leichte Blutdruckerhöhung, gastrointestinale Störungen, Leukopenie, Haarausfall; **Dos.:** 100 mg/d an den ersten 3 Tagen, Erhaltungsdosis 10-20 mg/d p. o.; HWZ ca. 2 Wochen.

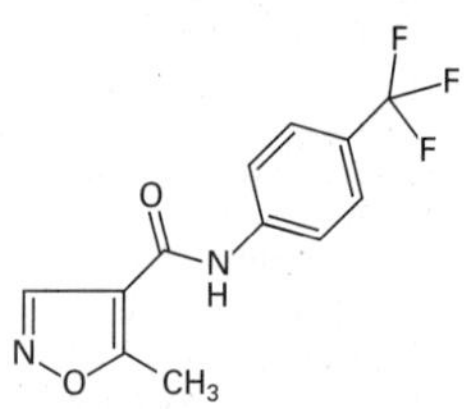

Leflunomid

Legal-Probe (Emmo Legal, 1859-1922, Arzt, Breslau): Legal-Reaktion; Nachw. von Aceton* u. Acetessigsäure, z. B. im Urin, die im alkal. Milieu mit Dinatriumpentacyanonitrosylferrat eine Violettfärbung zeigen.

lege artis: Abk. l. a.; nach den Regeln der Kunst.

Legierung: Metallgemisch, gewonnen durch Zusammenschmelzen versch. Metalle. Eine L. stellt entweder die vollständige od. teilweise Lsg. eines Metalls in einem anderen dar, es kann sich aber auch um ein einfaches mechan. Gemenge handeln, od. es können Mischkristalle od. intermetall. Verb. vorliegen. Vielfach werden auch Nichtmetalle, z. B. Kohlenstoff od. Silicium, den L. in kleinen Mengen beigefügt. Durch das Legieren werden die Eigenschaften der Grundmetalle wesentl. geändert, z. B. hinsichtl. des Schmelzpunktes (der bei einer L. meist wesentl. tiefer liegt als bei den Komponenten), der Festigkeit u. der Widerstandsfähigkeit. Legierungen mit Quecksilber heißen Amalgame*.

Legionärskrankheit: Legionellose, syn. Veteranenkrankheit; schwere Form der Lungenentzündung, die durch Legionella* pneumophila ausgelöst wird. **Klin. Symptome:** Kopf- u. Muskelschmerzen, allg. Krankheitsgefühl, hohes Fieber, Husten, Thoraxschmerzen, Diarrhö, Verwirrtheit; u. U. schwerer Verlauf mit respirator. Insuffizienz u. Nierenversagen, Letalität 15-20 %; **Ther.:** Erythromycin, evtl. zusätzl. Rifampicin od. Tetracyclin; **Gesch.:** 1976 erstmals beschrieben, als es nach einem Treffen amerikan. Kriegsveteranen in einem Hotel in Philadelphia zu einer Epidemie mit 180 Erkrankten u. 29 Todesfällen gekommen war.

Legionella pneumophila: gramnegative, pleomorphe Stäbchenbakt., ubiquitär vorkommend, häufig im Warmwasserbereich od. in Klimaanlagen anzutreffen. Erreger der Legionärskrankheit*.

Legumelin: Protein aus Leguminosen, das zu den Albuminen* gehört.

Legumin: Hülsenfruchteiweiß.

Legumina Phaseoli: s. Phaseolus vulgaris ssp. vulgaris var. vulgaris (Phaseoli pericarpium).

Leguminosae: s. Fabales.

Leguminosenschleim: annähernd einheitl. aus verzweigten Molekülen von D-Galactose u. D-Mannose bestehender Pflanzenschleim im Endosperm der Samen von Fabales. Im Ggs. zu anderen Schleimen geliert eine ca. 0.4 %ige wässrige Lsg. von L. nach geringem Zusatz von Borax. Wichtige Schleimdrogen der Fabales sind z. B. Guar (s. Cyamopsis tetragonoloba), Bockshornsamen (s. Trigonella foenum-graecum) u. Johannisbrotkernmehl (s. Ceratonia siliqua).

Leichdorn: veraltete Bez. für Clavus*.

Leichengifte: s. Ptomaine.

Leichtbenzin: s. Benzin.

Leichtmetalle: Metalle geringer Dichte, bis ca. 3.5-5 g/cm^3. Zu den Leichtmetallen zählen die Alkali*- u. Erdalkalimetalle*, Aluminium*, Scandium*, Yttrium* u. Titan*.

Leidenfrost-Phänomen (Johann Gottlieb Leidenfrost, deutscher Arzt u. Physiker, 1715-1794): Flüss. auf stark überhitzten Oberflächen, z. B. flüss. Luft auf einer Tischplatte bei Raumtemp. od. Wassertropfen auf einer heißen Herdplatte, verdampfen wegen einer sich bildenden u. stark wärmeisolierenden Dampfschicht sehr langsam u. zeigen ein charakterist. Tanzen, da sie auf der Dampfschicht dahinrollen.

Leim: s. Kollagen, Gelatine.

Leimseife: erstarrter Seifenleim*; s. Sapo.

Leim, Weißer: s. Gelatine (Gelatina alba).

Leimzucker: s. Glycin.

Lein: s. Linum usitatissimum.

Leinenfaden: s. Filum lini sterile.

Leinkraut: s. Linaria vulgaris (Herba Linariae).

Leinkuchen: s. Linum usitatissimum (Placenta seminis Lini).

Leinmehl: s. Linum usitatissimum (Placenta seminis Lini).

Leinöl: s. Linum usitatissimum (Lini oleum, Oleum Lini sulfuratum).

Leinsamen: s. Linum usitatissimum (Lini semen).

Leishmania: Gattung runder bis ovaler, 2-6 mm großer Flagellaten der Fam. Trypanosomatidae mit mehr als 10 humanpathogenen Arten und Unterarten. Erreger der Leishmaniasen*.

Leishmaniasen: durch Leishmanien* verursachte u. durch Phlebotomen (Sandmücken) übertragene Infektionskrankheiten. **Formen:** **1.** kutane L. (syn. Hautleishmaniose, Leishmaniasis cutis, Orientbeule): durch Leishmania tropica, Leishmania major, seltener auch Leishmania donovani verursachte, granulomatöse u. ulzeröse Hautläsionen; Verbreitung: Südeuropa, Vorderer Orient, Asien; Ther. meist nicht erforderlich (Spontanheilung). **2.** mukokutane L. Südamerikas (syn. südamerikan. Haut- u. Schleimhautleishmaniase, Espundia): durch Leishmania brasiliensis verursachte papulo-ulzeröse Läsion im Gesicht; nachfolgend Geschwürbildung mit Zerstörung der Haut, Muskulatur u. des Knorpels im Mund-Nasen-Rachen-Raum; geringe Heilungstendenz; **3.** kutane L. Südamerikas (syn. Chiclero-Ulkus): durch Leishmania mexicana verursachte kutane Leishmaniase, ähnl. wie 2., aber meist auf die Ohrmuschel beschränkt; Ther. von 2. u. 3.: 5-wertige Antimonverbindungen (Pentostam, Glucantime), Amphotericin B; **4.** viszerale L. (syn. Kala-Azar): durch Leishmania donovani verursachte, meist subakut bis chron. verlaufende Allgemeininfektion; Verbreitung: Asien, Afrika, Mittelmeerraum, Südamerika; verläuft unbehandelt fast immer in 6-24 Monaten tödl.; bei rechtzeitiger Ther. gute Prognose. Ther.: 5-wertige Antimonpräparate (Na-Stibogluconat, Meglumin), Pentamidin, Amphotericin B, Allopurinol (in dieser Reihenfolge, je nach Ansprechen); vgl. Antiprotozoenmittel.

Leistung: Symbol P; der Differentialquotient aus Arbeit* W u. Zeit t, dW/dt, mit der SI*-Einheit Watt* (W). Wird eine Arbeit* konstant verrichtet, gilt $P = W/t$.

Leitbündel: Gefäßbündel; (bot.) strangförmige Gewebekörper, die die Wasser u. Assimilate leitenden Gefäße Xylem* u. Phloem* in höheren Pfl. enthalten. Man unterscheidet einfache L., die nur der Wasserleitung dienen, u. zusammengesetzte L.; geschlossene L. besitzen im Ggs. zu offenen L. kein Kambium*. **Leitbündeltypen:** **1.** kollaterales L.: Xylem liegt neben dem Phloem; **2.** bikollaterales L.: Xylem in der Mitte, an 2 gegenüberliegenden Seiten je ein Phloem (charakterist. z. B. für Solanaceae, Gentianaceae, Cucurbitaceae); **3.** konzentr. L.: **a)** hadrozentrisch: Holzteil (Hadrom bzw. Xylem) innen, Phloem außen herum (charakterist. für Farne); **b)** leptozentrisch: Siebteil (Phloem bzw. Leptom) innen, Xylem außen herum (charakterist. für Liliatae); **4.** radiäres L.: Xylem zentral u. strahlenförmig, in den Strahlenwinkeln Phloem (in Wurzeln).

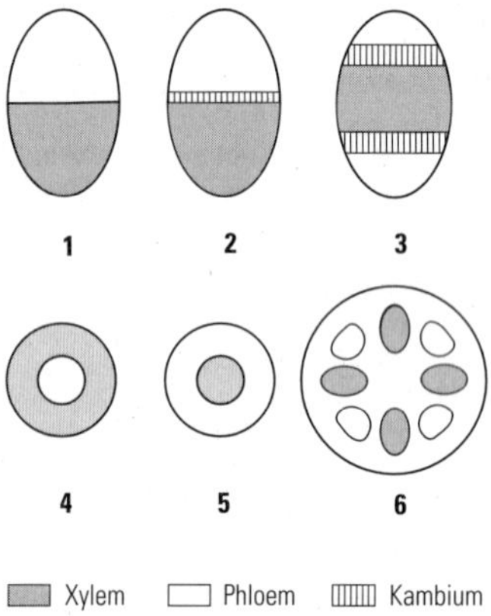

Leitbündel: Typen; 1: geschlossen kollateral; 2: offen kollateral; 3: bikollateral; 4: leptozentrisch; 5: hadrozentrisch; 6: radiär

Leitfähigkeit, elektrische: spezifische elektrische Leitfähigkeit (veraltet); Symbol Λ; definiert als Reziproke des spezifischen Widerstandes ρ; elektr. Leitwert* eines würfelförmigen Leiters; SI*-Einheit $S \cdot m^{-1}$ (Siemens pro Meter) bzw. $\Omega^{-1} \cdot m^{-1}$. Die Messung der e. L. einer Elektrolytlsg. kann in einer Leitfähigkeitsmesszelle mit 2 quadrat. Elektroden von genau 1 cm^2 Oberfläche u. 1 cm Abstand erfolgen. Der gemessene Leitwert entspr. dann genau der Leitfähigkeit in der übl. Einheit $\Omega^{-1} \cdot cm^{-1}$. Bezieht man die e. L. auf die Stoffmengenkonz. c der Lsg., erhält man die konzentrationsabhängige **molare Leitfähigkeit** $\Lambda_m(c) = \Lambda/c$; Extrapolation auf c=0 ergibt die **Grenzleitfähigkeit** Λ_0. Die Messung der L. dient z. B. in der Maßanalyse* zur Endpunkterkennung (s. Konduktometrie) u. in Wasserentsalzungsanlagen zur Qualitätsüberwachung (Leitfähigkeit in $\Omega^{-1} \cdot cm^{-1}$ bei 25 °C: reines Wasser $6.41 \cdot 10^{-8}$, dest. bzw. deionisiertes Wasser 10^{-6} bis 10^{-5}).

Leitfähigkeitsmessung: s. Konduktometrie.

Leitfähigkeitstitration: s. Konduktometrie.

Leitfähigkeitswasser: mehrfach destilliertes Wasser höchster Reinheit, mit einer Leitfähigkeit von ca. $0.05 \cdot 10^{-4} S \cdot m^{-1}$ bei 18 °C. Die Leitfähigkeit von einfach destilliertem Wasser liegt über $1 \cdot 10^{-4} S \cdot m^{-1}$.

Leitlinien: systemat. entwickelte Entscheidungshilfen über die angemessene ärztl. Vorgehensweise bei speziellen gesundheitl. Problemen. L. sind wissenschaftl. begründete u. praxisorientierte Handlungsempfehlungen u. stellen den nach einem definierten, transparent gemachten Vorgehen erzielten Konsens mehrerer Experten aus unterschiedl. Fachbereichen u. Arbeitsgruppen (ggf. unter Berücksichtigung von Patienten) dar. Method. Instrumente zur Erstellung von Leitlinien sind u. a. Konsensuskonferenzen, Delphianalysen, Therapiestudien u. Metaanalysen*. Sie dienen als Handlungs- u. Entscheidungskorridore, von denen in begründeten Fällen abgewichen werden kann oder sogar muss. L. sollen regelmäßig auf ihre Aktualität hin überprüft u. ggf. fortgeschrieben werden.

Leitungsanästhesie: Nerven- od. Leitungsblockade durch perineurale Injektion eines Lokalanästhetikums*. **Formen: 1.** periphere Nervenblockaden: L. i. e. S. am peripheren Einzelnerv (z. B. Pudendusanästhesie); **2.** zentrale Nervenblockaden (rückenmarknahe Anästhesie): Periduralanästhesie*; Spinalanästhesie*; **Anw.:** v. a. bei kleineren u. ambulanten Eingriffen, erwünschter Patientenmitarbeit (z. B. in der Geburtshilfe) od. Risikopatienten zur Vermeidung einer Narkose*. Verwendet werden v. a. Lidocain*, Procain*.

Leitungsgewebe: (bot.) pfl. Gewebe, das hauptsächl. der Beförderung von Wasser, Mineralstoffen u. Assimilaten dient, s. Leitbündel.

Leitwert, elektrischer: frühere Bez. für die elektrische Leitfähigkeit*; der Reziprokwert des elektr. Widerstandes z. B. einer Elektrolytlsg.; SI-Einheit: Siemens (S) = Ohm^{-1} (Ω^{-1}).

Lektine: Glykoproteine*, die in Samen v. a. der Fabaceae u. Euphorbiaceae vorkommen (s. Tab.); früher auch als Toxalbumine od. Phytohämagglutinine bezeichnet (auch tier. L. sind bekannt). Charakterist. ist das spezif. Bindungsvermögen gegenüber Kohlenhydraten (lat. legere auswählen). Der Begriff Phytohämagglutinine geht auf die Agglutination von Erythrozyten zurück (1888 endeckt). Die polyvalente Natur der Lektin-Proteine ermöglicht die gleichzeitige Bindung an Oberflächen-Kohlenhydrate mehrerer Zellen. Die Stabilität gegenüber Proteinasen erklärt die hohe enterale Toxizität. Die bekanntesten u. am besten untersuchten L. sind Concanavalin* A, Ricin*, Abrin*. **Anw.:** zur Identifizierung von Blutgruppensubstanzen in Körperflüssigkeiten u. z. T. zur Komplexierung von Zytostatika (gezielte Bekämpfung von Tumoren, drug targeting), ferner zur Isolierung bzw. Auftrennung von Glykoproteinen u. Glykolipiden (Affinitätschromatographie).

Lemna minor L.: Kleine Wasserlinse; Fam. Lemnaceae (Europa, Asien, Amerika). **Inhaltsst.:** Flavonoide, Vitamine (B_1, B_2, C), Harz, Schleim, Gerbstoffe; **Anw.** volkstüml.: z. B. innerl. bei Erkrankungen der oberen Atemwege, äußerl. bei rheumat. Beschwerden.

Hom: *Lemna minor (HAB1.5):* frische Pflanze; verord. z. B. bei Nasenpolypen, Schnupfen.

Lemonal: s. Citral.

Lemongrasöl: s. Cymbopogon citratus (Oleum Andropogonis citrati).

Lendrich-Verfahren: zur Herst. von magenschonendem Kaffee; s. Coffea.

Lenientia (lat. leniens lindernd): Linderungsmittel; z. B. Unguentum* leniens.

Lenitiva: milde Abführmittel, vgl. Laxanzien.

Lenograstim INN: human-identischer glykosylierter rekombinanter Granulozyten-Kolonien stimulierender Faktor (rHUG-CSF). Mit Hilfe von Ovarialzellen des chines. Hamsters gentechn. hergestelltes Zytokin*, vgl. CSF. **Wirk.** u. **Anw.:** s. Filgrastim; **UAW:** Knochenschmerzen; **Kontraind.:** gleichzeitige zytotox. Chemotherapie;

Lektine

Pflanzenart		Pflanzenfamilie	Zuckerspezifität
Abrus* precatorius	Paternostererbse	Fabaceae	Galactose
Arachis* hypogaea	Erdnuß	Fabaceae	Galactose
Canavalia* ensiformis	Schwertbohne	Fabaceae	Glucose, Mannose
Euonymus* europaea	Pfaffenhütchen	Celastraceae	Galactose
Glycine* max	Sojabohne	Fabaceae	Galactose, *N*-Acetylgalactosamin
Hordeum* vulgare	Gerste	Poaceae	Galactosamin, Glucosamin, Mannosamin
Lens* culinaris	Linse	Fabaceae	Galactose
Oryza* sativa	Reis	Poaceae	*N*-Acetylglucosamin
Phaseolus lunatus	Limabohne	Fabaceae	*N*-Acetylgalactosamin
Phytolacca* americana	Kermesbeere	Phytolaccaceae	–
Pisum* sativum	Gartenerbse	Fabaceae	Galactose
Ricinus* communis	Rizinus	Euphorbiaceae	Galactose
Solanum* tuberosum	Kartoffel	Solanaceae	*N*-Acetylglucosamin
Triticum* aestivum	Weizen	Poaceae	*N*-Acetylglucosamin
Ulex* europaeus	Stechginster	Fabaceae	L-Fucose
Urtica*-Arten	Brennessel	Urticaceae	*N*-Acetylglucosamin
Vicia* faba	Saubohne	Fabaceae	Glucose, Mannose
Vigna* unguiculata	Helmbohne	Fabaceae	*N*-Acetylglucosamin

Dos.: parenteral einmal tägl. 150 µg/m² Körperoberfläche (entspr. 5 µg/kg KG), beginnend mit dem auf die Chemotherapie folgenden Tag; HWZ 3-4 h.

Lens culinaris Medik.: Lens esculenta Moench, Evum lens L., Linse; Fam. Fabaceae (kultiv. in Vorderasien, Süd- u. Mitteleuropa). Die Samen enthalten 20-45 % Proteine (u. a. proteolyt. Enzyme), ca. 1 % Fett, ca. 60 % Kohlenhydrate (v. a. Amylum Lentis, Linsenstärke) u. werden als Nahrungs- u. Futtermittel eingesetzt.

Lentinan: Polysaccharid aus dem Speisepilz Lentinus edodes Berk, Fam. Polyporaceae (Basidiomycetae). (1→3)-β-D-Glucan, das 2 Verzweigungsstellen pro 5 Glucosemoleküle besitzt; die Seitenketten bestehen aus 1→6- u. 1→3-verknüpften Glucoseresten; M_r 1 000 000. **Wirk.:** L. ist antibakt. wirksam u. wirkt stimulierend auf das unspezif. Immunsystem; L. wird in Japan auch zus. mit Chemotherapeutika zur Tumortherapie eingesetzt; vgl. Schizophyllan.

Lentizellen: Korkwarzen, Korkporen, Rindenporen; Durchlassstellen im Korkgewebe (Periderm*) als Ersatz der Spaltöffnungen der absterbenden Epidermis.

Leonorus heterophyllus Sweet: (chin.) Yi mu cao, Chinesisches Mutterkraut; Fam. Lamiaceae, 60-100 cm hohe krautige Pflanze. Stpfl. von **Leonori herba** und **Leonori fructus:** Drogen der TCM. **Inhaltsst.:** Leonurin, Stachydrin, Leonuridin, Benzoesäure, Rutin, Stachyose; **Anw.:** in der TCM bei Menstruationsbeschwerden, Nierenentzündungen, Halsentzündungen.

Leontice thalictroides: s. Caulophyllum thalictroides.

Leonurus cardiaca L.: L. villosus Desf. ex Spreng., Löwenschwanz, Herzheil, Herzgespann, Wolfstrapp; Fam. Lamiaceae (Labiatae) (Europa, Asien). Stpfl. von **Leonuri cardiacae herba:** Herba Leonuri cardiacae, Herzgespannkraut. **Off.:** Ph.Eur.4.03; **Inhaltsst.:** Iridoide wie Ajugol (Leonurin), Diterpene, Flavonoide, 5-8 % Gerbstoffe, wenig äther. Öl (mit Mono- u. Sesquiterpenen); **Anw.** volkstüml.: z. B. bei Herzbeschwerden, klimakter. Beschwerden.

Hom: *Leonurus cardiaca (HAB1.3):* frische, blühende, oberird. Pflanzenteile; verord. z. B. bei Hyperthyreose.

Leonurus lanatus L.: Wolfstrapp, Wollige Ballote; Fam. Lamiaceae (Labiatae) (heim. Mittelasien, Sibirien, Russland). Stpfl. von **Herba Ballotae lanatae:** Herba Leonuri lanati, Wolliges Wolfstrappkraut, Wolliges Löwenschwanzkraut, Wollige Ballote. **Inhaltsst.:** Bitterstoff, ca. 10 % Gerbstoff, äther. Öl; **Anw.** volkstüml.: z. B. bei rheumat. Beschwerden.

Hom: *Ballota lanata:* getrocknetes, blühendes Kraut; verord. z. B. bei nervösen Herzbeschwerden.

Lepidium sativum L.: Gartenkresse; Fam. Brassicaceae (Cruciferae) (heim. Vorderasien, östl. Mittelmeergebiet; in Mitteleuropa kult. u. verwildert; in Indien als Ölpflanze kultiviert). Stpfl. von **Herba Lepidii (recens):** Gartenkressenkraut. **Inhaltsst.:** Glucotropaeolin (s. Glucosinolate), wenig äther. Öl mit Diallyldisulfid (s. Allium sativum); in den Samen bis 60 % fettes Öl (schwach trocknend); **Anw.** volkstüml.: wie Nasturtium* officinale, zu Frühjahrskuren.

Lepirudin INN: 1-L-Leucin-2-L-threonin-63-desulfohirudin; CAS-Nr. 138068-37-8. $C_{287}H_{440}N_{80}O_{111}S_6$; aus Hefezellen gewonnenes rekombinantes Hirudin*, bestehend aus 65 Aminosäuren. **Wirk.:** Thrombozytenaggregationshemmer*; **Anw.:** heparinassoziierte Thrombozytopenie u. thrombot. Erkrankungen; **UAW:** Blutungen; **Dos.:** je nach Anw. 0.1-0.4 mg/kg KG (i. v. Injektion od. Infusion); HWZ 1.3 h.

Lepra: durch Mycobacterium* leprae verursachte Infektionskrankheit der Haut mit Neigung zu troph. u. sensiblen Störungen, Lähmungen u. Verstümmelungen. Früher weltweit verbreitet, heute Asien, Afrika, Südamerika, vereinzelt Südeuropa.

Leprom: Lepraknoten; s. Lepra.

Leptandra virginica: s. Veronica virginica.

Leptinotarsa decemlineata: Doryphora decemlineata, Coloradokäfer, Amerikanischer Kartoffelkäfer; Fam. Chrysomelidae (Amerika, Europa). Auf Solanaceen lebender Käfer, 10 mm lang, 6-7 mm breit.
Hom: *Doryphora decemlineata:* das mit Ethanol 90 % getötete und zerriebene Tier, verord. z. B. bei Nierenleiden.

Leptom: s. Phloem.

Leptonen (gr. leptos dünn, klein): Elementarteilchen mit halbzahligem Eigendrehimpuls; s. Spinquantenzahl. Zu ihnen gehören Neutrinos*, Elektronen*, Myonen* sowie deren Antiteilchen.

Leptospermum scoparium Forst. & Forst.: (engl.) *Manuka, broom tea tree*; Fam. Myrtaceae (heim. Neuseeland); ein bis zu 2 m hoher Busch. Stpfl. von **Manukaöl:** Neuseeländisches Teebaumöl; äther. Öl aus den Blättern und Zweigen der Pflanze. **Inhaltsst.:** Monotepene wie z. B. α-Pinen (ca. 1 %), Myrcen (0.5 %), *p*-Cymen (ca. 0.2 %), 1,8-Cineol (ca. 0.3 %), γ-Terpinen (ca. 0.7 %), Terpinen-4-ol (1-2 %); Sesquiterpene wie z. B. β-Caryophyllen (2-3 %), Aromadendren (ca. 2 %), Viridifloren (4-5 %), δ-Cadinen (ca. 6 %), α-Cubeben (4-5 %), α-Copaen (6-7 %), Calamen (15-16 %); charakterist. Triketone wie Leptospermon (14-15 %) und Isoleptospermon (3-4 %); **Anw.** volkstüml.: aufgrund der antimikrobiellen u. entzündungshemmenden Wirk. bei leichten Hautinfektion, Hautunreinheiten, Fußpilz.

Leptospira (gr. speira Windung): Gattung gramnegativer, bewegl., helikal gewundener Schraubenbakt. der Fam. Leptospiraceae (Od. Spirochaetales*). Med. relevante Spezies: Leptospira interrogans; versch. Serotypen; Erreger der Leptospirosen*; L. interrogans Serotyp icterohaemorrhagiae wird zur Herst. des Leptospiroseimpfstoffes für Tiere* verwendet.

Leptospirose: durch Spirochäten der Gattung Leptospira* verursachte Infektionskrankheiten. Häufig vorkommende, weltweit verbreitete meldepflichtige Zoonosen*.

Leptospiroseimpfstoff für Tiere: Vaccinum leptospirosis ad usum veterinarium Ph.Eur.4, Vaccina leptospirae interrogantis ad usum veterinarium; inaktivierte Suspension eines od. mehrerer Serotypen von Leptospira interrogans. Adjuvanzien können zugesetzt, der Impfstoff kann auch gefriergetrocknet sein. Inaktivierung physik. od. chemisch, z. B. durch Phenol od. Formaldehyd. **Anw.:** häufig in Kombination mit Impfstoff gegen Staupe, infektiöse Hepatitis u. Tollwut.

Lercanidipin INN: (*RS*)-2-(3,3-Diphenylpropyl)methylamino-1,1-dimethylethyl-methyl-1,4-dihydro-2,6-dimethyl-4(3-nitrophenyl)pyridin-3,5-dicarboxylat; CAS-Nr. 132866-11-6; $C_{36}H_{41}N_3O_6$, M_r 611.7. Schmp. 119 °C. logP 8.1; pK_S 8.4 (ber); schwer lösl. in Wasser. **Wirk.:** Calciumantagonist* mit langer Wirksamkeit (24 h) infolge Zellmembran-Einlagerung des lipophilen Wirkstoffs; **Anw.:** Behandlung von Hypertonie; **UAW:** Calciumantagonisten*, jedoch angebl. weniger häufig Knöchelödeme; **Kontraind.:** Schwangerschaft, Stillzeit, vgl. Calciumantagonisten; **Dos.:** 1×10-20 mg/d p. o.; HWZ initial 3-4 h, terminal 8-10 h.

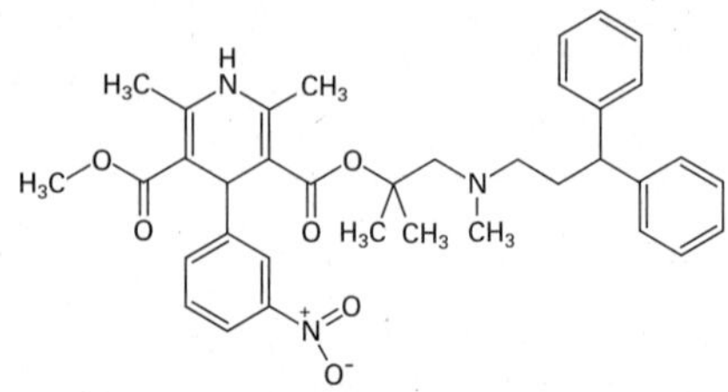

Lercanidipin

Lerchensporn, Hohler: s. Corydalis cava.

Lesmüller-Medaille: s. Deutsche Apothekertage.

Lespedeza capitata Michx.: Buschklee; Fam. Fabaceae (Nordamerika, Nordost-Asien, Australien). Stpfl. von **Herba Lespedezae:** Buschkleekraut. **Inhaltsst.:** ca. 1% Flavonoide, hauptsächl. als Glucosile (C-Glucoside), wie Orientin u. Isoorientin (6-Glucosil-luteolin), Proanthocyanidine; **Anw.** volkstüml.: bei Nierenleiden, als harntreibendes Mittel.

Lespedeza thunbergii (DC.) Nakai: L. sieboldii Miq; Fam. Fabaceae (Nordost-Asien). **Inhaltsst.:** Flavonoide.
Hom: *Lespedeza thunbergii (HAB1.4):* frisches, blühendes Kraut.

letal: tödlich. **dosis letalis:** tödl. Dosis; Abk. LD.

Letalität: Tödlichkeit einer bestimmten. Erkrankung. Letalitätsrate: das Verhältnis der Anzahl der an einer bestimmten Krankheit Verstorbenen zur Anzahl neuer Fälle; vgl. Mortalität.

Letrozol INN: 4,4'-(1*H*-1,2,4-Triazol-1-ylmethylen)bisbenzonitril; CAS-Nr. 112809-51-5, $C_{17}H_{11}N_5$, M_r 285.31. Schmp. 181-183 °C. **Wirk.:** Aromatasehemmer, vgl. Anastrozol; **Anw.:** Zytostatikum*, bei fortgeschrittenem Brustkrebs von Frauen in der Postmenopause, die vorher mit Antiestrogenen behandelt wurden; **Dos.:** p. o. 1×2.5 mg/d; HWZ 2 d.

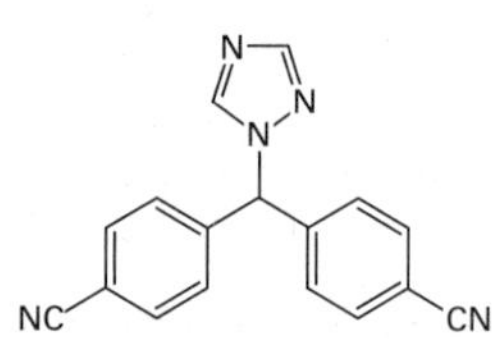

Letrozol

Leuchtbakterien: Photobakterien; Licht (Bio-, Chemolumineszenz) aussendende, saprophyt. Bakt. (Stäbchen, Kokken, Vibrionen) auf Lebensmitteln, bes. Meeresfischen. Der Leuchtvorgang ist als aerober Oxidationsprozess anzusehen (s. Biolumineszenz), die Leuchtstoffe (Luciferine) werden durch Luciferasen auf ein höheres Energieniveau gebracht, dessen Energie bei Oxidation als Licht abgegeben wird.

Leuchtfarben: Leuchtstoffe, Luminophore; geglühte Erdalkalisulfide (Calcium-, Strontium-, Bariumsulfid), denen Spuren eines Schwermetallsalzes, z. B. Bismutsulfid, als Aktivator beigemischt sind. Sie haben die Eigenschaft der Chemolumineszenz (s. Lumineszenz), d. h. nach Belichtung im Dunkeln nachzuleuchten od. bei Bestrahlung mit unsichtbaren Strahlen (Röntgen-, Elektronenstrahlen) sichtbares, sog. kaltes Licht auszusenden. **Radioaktive Leuchtmassen** bestehen aus Zinksulfid od. Zink-Cadmiumsulfid, dem minimale Mengen radioaktiver Substanzen (Radiothorium, Mesothorium) beigemengt sind. Alphastrahlen* regen das Zinksulfid zur Lumineszenz an u. erzeugen dauerndes Leuchten, vgl. Spinthariskop.

Leuchtgas: Stadtgas; künstl., meist aus Steinkohle hergestelltes, brennbares Gas. Je nach Ausgangsprodukt besteht L. aus: Wasserstoff (40-70 %), Methan (20-30 %), Kohlenmonoxid (ca. 5 %) sowie weiteren höheren Kohlenwasserstoffen. Der Geruch des Leuchtgases ist durch Senföle u. Mercaptane bedingt. **Anw.:** vielseitig in Industrie u. Haushalt verwendet; früher für Beleuchtungszwecke, daher L.; **Erdgas**, das im Ggs. zu Leuchtgas nat. vorkommt, besteht aus über 90 % Methan, sowie H_2, N_2 u. CO_2. Wegen der unterschiedl. Zstzg. der L. sind sie nicht ohne weiteres austauschbar, z. B. beim Einsatz von Bunsenbrennern.

Leuchtsternwurzel: s. Aletris farinosa.

Leuchtstoffe: s. Leuchtfarben.

Leucin: Abk. Leu, Leucinum; Ph.Eur.4; (*S*)-2-Amino-4-methylvaleriansäure, L-α-Aminoisocapronsäure; $C_6H_{13}NO_2$, M_r 131.2. Strukturformel s. Aminosäuren (Abb.); Schmp. 293-296 °C. Opt. aktive, aliphat., neutrale, proteinogene Aminosäure. L-Leucin ist essentiell u. ketoplastisch. Es findet sich bes. reichl. in Serumalbuminen u. -globulinen. Wenig lösl. in Wasser, prakt. unlösl. in Ethanol u. Ether.

Leucinocain INN: 2-Diethylamino-4-methylpentyl-4-aminobenzoat; CAS-Nr. 92-23-9; $C_{17}H_{28}N_2O_2$, M_r 292.41. **Anw.:** früher Lokalanästhetikum*; Anticholinergikum*, Sedativum*, Spasmolytikum*; **Dos.:** topisch Balsam 5 %.

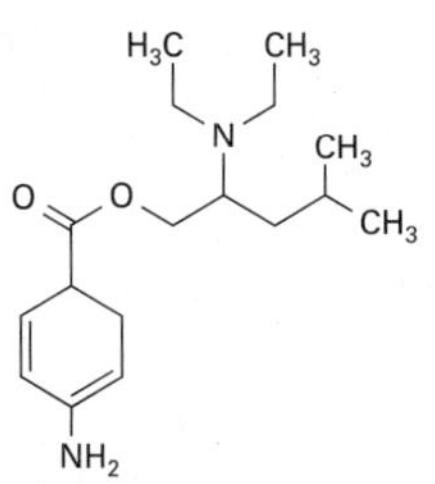

Leucinocain

Leuckart-Wallach-Reaktion: Methode der reduktiven Aminierung zur Herst. alkylierter Amine durch Erhitzen von Ammoniak, primären od. sekundären Aminen mit Carbonylverb. in Gegenwart von Ameisensäure als Reduktionsmittel. Beispiel: aus einem sekundären ensteht ein tertiäres Amin (s. Abb.).

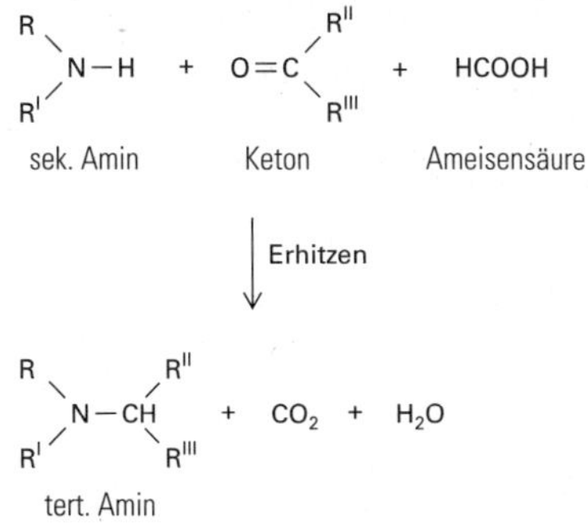

Leuckart-Wallach-Reaktion: Bildung eines tertiären Amins als Beispiel

Leuco-: s. a. Leuko-.

Leucocianidol INN: Leukocyanidin, Pyknogenol, Flavan-3,3',4,4',5,7-hexol, 2-(3,4-Dihydroxyphenyl)-3,4,5,7-chromantetrol; 3,4,5,7-Tetrahydroxy-2-(3,4-dihydroxyphenyl)-chroman; CAS-Nr. 480-17-1; $C_{15}H_{14}O_7$, M_r 306.26. Schmp. >355 °C (kristallisiert aus Ethylacetat/Petrolether). Lösl. in Wasser, Ethanol, Aceton; fast unlösl. in Ether, Chloroform, Petrolether. Naturstoff aus der Gruppe der Leukoanthocyanidine* bzw. Catechine* (vgl. Cianidanol, ein Flavanpentol); bildet ein Mono- u. ein Dihydrat. **Anw.:** früher Venentonikum, z. B. bei Krampfadern.

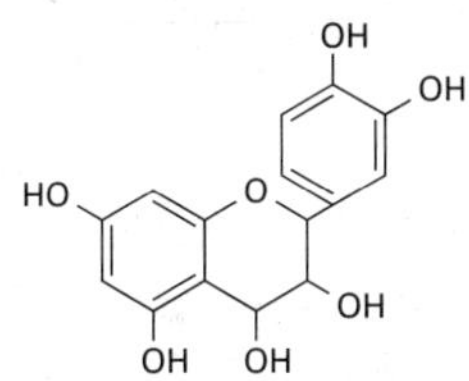

Leucocianidol

Leucocristin: s. Vincristin.

Leucopterin: 2-Amino-4,6,7-trihydroxypteridin; $C_6H_5N_5O_3$; M_r 195.14; s. Pterine.

Leu-Enkephalin: syn. Leucin-Enkephalin; Tyr-Gly-Gly-Phe-Leu; $C_{28}H_{37}N_5O_7$, M_r 553.62. Schmp. 206 °C unter Zers.; weiße kristalline Substanz. Morphinartig wirkendes Peptid; s. Endorphine.

Leukämie: Leukose (veraltet); bösartige Erkrankung der Leukozyten* durch klonale Proliferation unreifer hämatopoet. Stammzellen. **Urs.:** mehrere Faktoren, die das Erkrankungsrisiko möglicherweise erhöhen, v. a. Chemikalien (z. B. Benzol), ionisierende Strahlung, Zytostatika* u. Onkogene*, evtl. genet. Disposition; **Vork.:** jährl. ca. 50 pro 1 Mill. Einwohner; bei Kindern mit 45 % die häufigste bösartige Erkrankung; **Einteilung:** **1.** nach der Leukämiezellzahl im Blut in aleukäm. (keine Leukämiezellen), subleukäm. (einige Leukämiezellen bei normaler Gesamtleukozytenzahl) u. leukämisch (viele Leukämiezellen bei dadurch hoher Leukozytenzahl) Verlaufsformen; **2.** nach klin. Verlauf, Reifegrad u. Abstammung der pathol. veränderten Leukozyten in **a)** akute lymphat.

L. (Abk. ALL); **b)** chron. lymphat. L. (Abk. CLL); **c)** akute myeloische L. (Abk. AML); **d)** chron. myeloische Leukämie (Abk. CML).

Leuko-: Wortteil mit der Bedeutung weiß.

Leukoalizarin: s. Anthrarobin.

Leukoanthocyanidine: Leukocyanidine; farblose Flavonoide*, die sich von Flavan-3,4-diol ableiten u. sich durch Zahl u. Stellung ihrer OH-Gruppen voneinander unterscheiden, z. B. Leucocianidol*. Nat. im Pflanzenreich verbreitet, v. a. im Holz, der Rinde u. im Perikarp, Vorstufen der Anthocyanidine*. Die Di-, Oligo- u. Polymeren der L. bilden auch mit ihren Reduktionsprodukten, den Catechinen* (Flavan-3-ole), Polyphenole, die gerbend wirken; vgl. Proanthocyanidine (Procyanidine).

Leukoblasten: Vorstufen der Leukozyten*.

Leukocyanidin: s. Leucocianidol.

Leukopenie (gr. penia Armut): Leukozytopenie; Verminderung der Gesamtzahl der Leukozyten* auf unter 5000/mm^3 Blut, meist eine Verminderung insbes. der neutrophilen Granulozyten (Granulozytopenie). **Urs.:** Bildungsstörung im Knochenmark, vorzeitiger Leukozytenuntergang od. Verteilungsstörung; **Vork.:** z. B. bei toxische u. physik. Knochenmarkschädigung (z. B. durch Zytostatika, ionisierende Strahlung), Blutkrankheiten, Virusinfektionen, bakt. Infektionskrankheiten.

Leukopiper: s. Piper nigrum (Fructus Piperis albi).

Leukoplasten: (bot.) farblose Plastiden*; bilden in Speicherorganen aus Zucker Stärke (Amyloplasten); enthalten auch Eiweißkristalle u. Lipidtröpfchen.

Leukopterin: s. Pterine.

Leukorrhö: Fluor albus (veraltet), Weißfluss; vermehrte Bildung von nicht entzündl., weißlichem Scheidensekret. **Vork.:** v. a. bei jungen Mädchen (meist infolge Estrogenmangels); vgl. Fluor genitalis.

Leukose: s. Leukämie.

Leukosin: Protein aus Weizen-, Roggen- u. Gerstenkörnern, das zu den Albuminen* gehört.

Leukotrienantagonisten: s. Leukotrienrezeptorantagonisten.

Leukotriene: Derivate der Arachidonsäure*, aus 5-HPETE gebildete Gruppe körpereigener Substanzen, die als Gewebehormone wirken, s. Hormone (Eicosanoide). Sie haben eine chemotakt. Wirk. auf neutrophile u. eosinophile Granulozyten (s. Leukotriene, Granulozyten), setzen lysosomale Enzyme frei, erhöhen die Gefäßpermeabilität, regulieren den Kontraktionszustand glatter Muskeln u. spielen als Mediatorsubstanzen (SRS-A, s. Anaphylaxie) z. B. bei allerg. Reaktionen wie Asthma bronchiale eine entscheidende Rolle; Biosynthese u. Strukturformeln s. Eicosanoide.

Leukotrienrezeptorantagonisten: Substanzen, welche die Bindung der entzündungsfördernden Leukotriene* an ihrem Rezeptor blockieren. Man unterscheidet die beiden Rezeptoren für die cysteinhaltigen Leukotriene (CysLT1, CysLT2) von den Rezeptoren für das Leukotrien B_4 (BLT1, BLT2). **Wirkstoffe:** z. B. Montelukast* blockiert spezif. u. kompetetiv den CysLT1-Rezeptor u. bewirkt so die Erweiterung der glatten Muskulatur der Bronchien bei asthmat. Anfällen; ferner Pranlukast*, Zafirlukast* u. Boswelliasäuren aus Weihrauchextrakten, die die 5-Lipoxygenase hemmen; **Anw.:** Zusatztherapie bei leichtem bis mittelschwerem Asthma (s. Antiasthmatika).

Leukozyten: weiße Blutkörperchen; im Ggs. zu Erythrozyten* kernhaltige Blutzellen. **Einteilung:** **1. Granulozyten** (60-70 %): entspr. der Anfärbbarkeit eosinophile, basophile u. neutrophile Granulozyten; polymorphkernige neutrophile u. eosinophile Granulozyten werden auch als Mikrophagen bezeichnet (s. Phagozyten); hauptsächl. für die unspezif. Abwehr (s. Immunsystem) verantwortlich, Lebensdauer: Stunden bis wenige Tage; **2. Lymphozyten** (20-30 %): für spezif. Immunsystem verantwortl., L. werden im Knochenmark, Lymphozyten auch im gesamten lymphat. System gebildet; können im Bereich der postkapillären Venolen aus dem Blut ins Gewebe emigrieren; Lebensdauer um 500 Tage; **a)** T-Lymphozyten (T-Zellen): es werden T1-T12-Lymphozyten, Helferzellen, Suppressorzellen u. Killerzellen (Effektorzellen, können Antigene* zerstören) unterschieden; **b)** B-Lymphozyten (B-Zellen): können Plasmazellen bilden, die Antikörper* synthetisieren; **3. Monozyten** (2-6 %): die größten Blutzellen; differenzieren sich nach Auswanderung in versch. Organe od. Gewebe zu ortsständigen Makrophagen. Vgl. Blut.

Leukozytenultrafiltrat: standardisiertes, humanes Ultrafiltrat aus Leukozyten* gesunder Blutspender, das ein immunolog. aktives, niedermolekulares Glykopeptidyl-Polynucleotid enthält. **Anw.:** eingeschränkte Funktion des Immunsystems (primäre u. sekundäre Immundefekte), therapieresistente Pilz-, Viren-, Protozoen- u. Bakterieninfektionen; **UAW:** allerg. u. pseudoallerg. Reaktionen; **Dos.:** parenteral: Anfangsther. 1- bis 3-mal wöchentl. 1 E./kg KG (1 E. entspr. 10^9 Leukozyten) i. m., zur Erhaltung 1- bis 3-mal monatl. 1 E./10 kg KG.

Leukozytopenie: s. Leukopenie.

Leukozytose: Vermehrung der Gesamtzahl der Leukozyten* auf über 10 000/mm^3. **Vork.:** bei den meisten infektiösen Prozessen, die mit einer akuten (lokalisierten) Entzündung einhergehen, z. B. Appendizitis, Cholezystitis.

Leuprorelin INN: Leuprorelinum Ph.Eur.4; 5-Oxo-L-propyl-L-histidyl-L-tryptophyl-L-seryl-L-tyrosyl-D-leucyl-L-leucyl-L-arginyl-*N*-ethyl-L-prolinamid. **Leuprorelinacetat:** CAS-Nr. 53714-56-0; $C_{59}H_{84}N_{16}O_{12}$. **Anw.:** Zytostatikum (bei Prostatakarzinom), LH-RH-Agonist.

Levacetylmethadol INN: (–)-6-Dimethylamino-4,4-diphenyl-3-heptylacetat; CAS-Nr. 1477-40-3; $C_{23}H_{31}NO_2$, M_r 389.9. Schmp. 215 °C. logP 5.5; pK_S 9.4 (ber.); schwer lösl. in Wasser. Verwendung des Hydrochlorid-Salzes. **Anw.:** Analgetikum* zur Substitutionsther. von Opiatabhängigen, die zuvor mit Levomethadon* behandelt wurden; **UAW:** Asthenie, Rückenschmerzen, Kältegefühl, Ödeme; **Dos.:** 1.2- bis 1.3fache der Methadon-Erhaltungsdosis, meist 60-90 mg 3-mal wöchentl. p. o.; Wirkungsdauer bis zu 72 h.

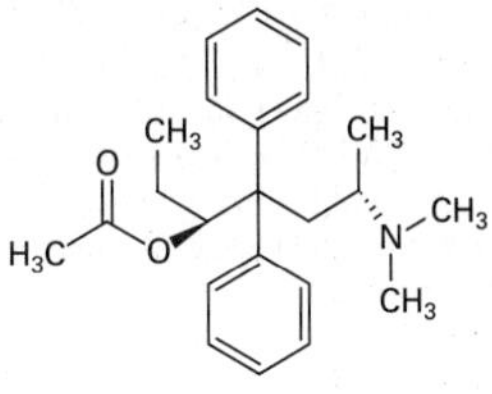

Levacetylmethadol

Levallorphan INN: (–)-9α-Allylmorphinan-3-ol-hydrogentartrat; (–)-3-N-Allyl-hydroxymorphinantartrat; $C_{19}H_{25}NO \cdot C_4H_6O_6$, M_r 433.5. Schmp. 174-177 °C. Weißes od. fast weißes, geruchloses, krist. Pulver mit intensiv bitterem Geschmack. **Wirk.**: spezif. Morphinantagonist, wirkt der Atemdepression entgegen, bei hoher Dos. auch Aufhebung der analget. Wirk. von Morphin*; **Anw.**: Opiatantagonist*, der Antagonismus erstreckt sich nicht auf eine durch Barbiturate od. Inhalationsnarkotika hervorgerufene Atemdepression. Weitere Anw. in der Geburtshilfe zus. mit Pethidin, das eine Atemdepression beim Neugeborenen verhindern soll; **Dos.**: 0.2-2 mg i. v. beim Erwachsenen.

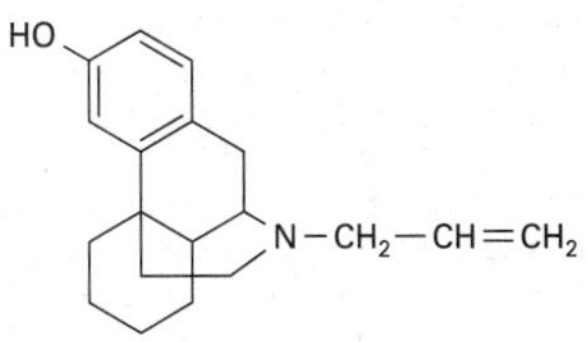

Levallorphan

Levamisol INN: (*S*)-2,3,5,6-Tetrahydro-6-phenyl-imidazo[2,1-*b*]thiazol; CAS-Nr. 14769-73-4; $C_{11}H_{12}N_2S$, M_r 204.18. **Wirk.** u. **Anw.**: Anthelminthika*, Immunstimulans*; vgl. Levamisolhydrochlorid. Vet.: Levamisolum ad usum veterinarium Ph.Eur.4; weißes bis fast weißes Pulver, schwer lösl. in Wasser, leicht lösl. in Ethanol u. Methanol; zeigt Polymorphie.

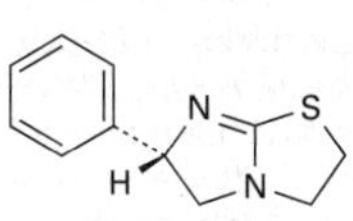

Levamisol

Levamisolhydrochlorid: Levamisoli hydrochloridum Ph.Eur.4, L-Tetramisolhydrochlorid; (*S*)-(–)-2,3,5,6-Tetrahydro-6-phenyl-imidazo[2,1-*b*]thiazol-hydrochlorid; CAS-Nr. 16595-80-5; $C_{11}H_{13}ClN_2S$, M_r 240.8. Schmp. 227-229 °C. $[\alpha]_D^{20\,°C}$ –123 bis –128° (c = 5 in Wasser). Weißes, krist. Pulver; leicht lösl. in Wasser u. Methanol, wenig lösl. in Ethanol, fast unlösl. in Ether. **Wirk.** u. **Anw.**: **1.** Anthelminthikum*, beeinflusst die neuromuskuläre Übertragung u. führt zur spast. Lähmung von Eingeweidewürmern, z. B. Askariden; **2.** Immunstimulans*, steigert Makrophagen-, T- u. B-Zellenproliferation sowie die Interferonproduktion; gilt als Prototyp eines Immunrestaurators; **3.** in Kombination mit Fluorouracil* zur adjuvanten Therapie von Kolonkarzinom (nach chirurg. Entfernung befallener Dickdarmabschnitte); **Dos.**: als Anthelminthikum (bei Askariden) eine ED von 120-150 mg, bei Kindern 1 × 3 mg/kg KG; bei Infektionen mit Hakenwürmern 2.5-5 mg/kg KG für 2-3 d.

Levantinische Gallen: s. Gallen.

Levarterenol: s. Noradrenalin.

Levetiracetam INN: (–)-(*S*)-α-Ethyl-2-oxo-1-pyrrolidin-acetamid; CAS-Nr. 102767-28-2; $C_8H_{14}N_2O_2$, M_r 170.2. logP –0.7; leicht lösl. in Wasser. **Wirk.**: Wirkungsmechanismus unbekannt; günstige Pharmakokinetik, rasche u. vollständige Resorption, leichtes Überwinden der Blut-Hirn-Schranke; **Anw.**: Antiepileptikum* zur Zusatzbehandlung; **UAW:** Somnolenz, Asthenie, Benommenheit; **WW:** kaum, da kein Metabolismus über Cytochrom-P-450; **Kontraind.**: Schwangerschaft; **Dos.**: 2 × 500-1500 mg/d p. o.; HWZ 7±1 h.

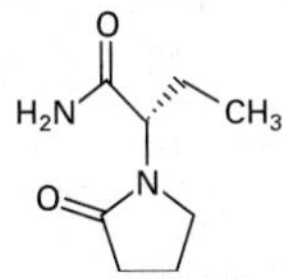

Levetiracetam

levis: leicht. **levissimus:** sehr leicht.

Levisoprenalin: L-Form von Isoprenalin*. Schmp. 164-165 °C.

Levisticum officinale W.D.J. Koch: Liebstöckel; Fam. Apiaceae (Umbelliferae) (wahrscheinl. aus Südeuropa stammend, kult. in Deutschland, bes. in Thüringen u. Franken). Stpfl. von **Herba Levistici:** Liebstöckelkraut. **Inhaltsst.**: äther. Öl, Cumarine; **Anw.** volkstüml.: z. B. bei Magen-Darm-Beschwerden; als Gewürz. **Levistici radix:** Radix Levistici, Liebstöckelwurzel. **Off.**: Ph.Eur.4, ÖAB90, Ph.Helv.7; **Inhaltsst.**: 0.6-2 % äther. Öl (Ph.Eur.: mind 0.4 %, ÖAB: mind. 0.5 %, Ph.Helv.7: mind. 0.30 %), einfache Cumarine (Cumarin, Umbelliferon) u. photosensibilisierende Furanocumarine (Bergapten, Psoralen), Harz, Gummi, Zucker (bis 7 % Invertzucker, bis 22 % Saccharose), Äpfelsäure, Angelicasäure, Stärke; **Anw.**: zur Durchspülung bei entzündlichen Erkrankungen der ableitenden Harnwege u. Nierengries; in der Likörindustrie (Magenbitter), Gewürz; **Zuber.**: Spec. diureticae. **Oleum Levistici:** Liebstöckelwurzelöl; äther. Öl, durch Dest. mit Wasserdampf aus den frischen Wurzeln, gewonnen; gelbes bis bräunl. Öl. D. 1.0-1.049, lösl. in 80 %igem Ethanol. **Inhaltsst.**: 50-70 % Alkylphthalide (s. Abb., vgl. Phthalide), davon 30 % 3-Butylphthalid (sog. Maggi-Geruch), ca. 24 % *cis*- u. *trans*-Butylidenphthalid (Ligusticumlacton) sowie *cis*- u. *trans*-Ligustilid, Senkyunolid; außerdem u. a. Phellandren, D-α-Terpineol, Carvacrol, Ester der Essig-, Baldrian- u. Benzoesäure, Sesquiterpene; v. a. in der frischen Wurzel noch Polyine (z. B. Falcarindiol); **Anw.**: wie Rad. Levistici.

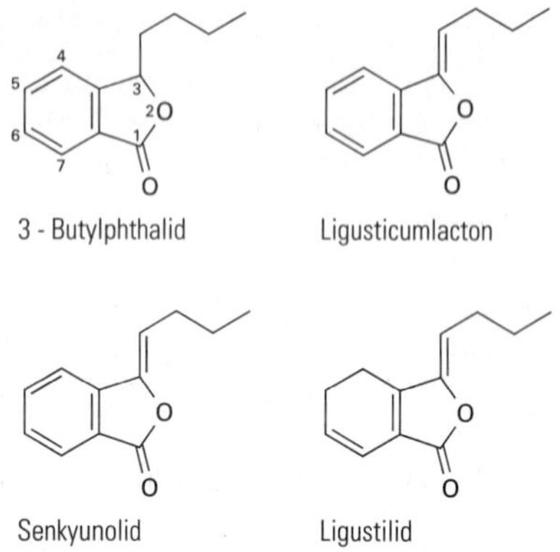

Levisticum officinale: Strukturformeln der Alkylphthalide

Hom: *Levisticum:* frischer, im Herbst gesammelter Wurzelstock mit anhängenden Wurzeln.
Hom: *Levisticum officinale ethan. decoct. (HAB1.3):* ethanol. Decoct des getrockneten Wurzelstockes; verord. z. B. bei Otitis media.

Levobunolol INN: (−)-5-(3-*tert*-Butylamino-2-hydroxypropoxy)-3,4-dihydronaphthalen-1(2*H*)-on; CAS-Nr. 47141-42-4; $C_{17}H_{25}NO_3$, M_r 291.45. Strukturformel s. Sympatholytika (Abb. 1). **Anw.:** Betasympatholytikum, u. a. bei Glaukom, u. als Antihypertensivum*; vgl. Propranolol.

Levocabastin INN: (−)-(3*S*,4*R*)-1-[*cis*-4-Cyano-4-(4-fluorphenyl)cyclohexyl]-3-methyl-4-phenyl-4-piperidincarbonsäure; CAS-Nr. 79516-68-0; $C_{26}H_{29}FN_2O_2$, M_r 420.53. **Wirk.** u. **Anw.:** Antihistaminikum* (Histamin-H_1-Antagonist) zur symptomat. Behandlung von allerg. Rhinitis u. Konjunktivitis; **UAW:** lokale Reizung der Nasenschleimhaut u. des Auges; **Kontraind.:** 1. Trimenon der Schwangerschaft; bei Glaukom nur mit bes. Vorsicht; **Dos.:** topisch 2-mal tägl. 1 Tr. pro Auge (1 Tr. entspr. 7.5 µg L.) bzw. 2 Sprühstöße pro Nasenloch (1 Sprühstoß entspr. 0.1 mg L.) HWZ 35-40 h. **Levocabastinhydrochlorid**: Levocabastini hydrochloridum Ph.Eur.4; CAS-Nr. 79547-78-7; $C_{26}H_{29}FN_2O_2 \cdot HCl$, M_r 456.99 (1 mg Levocabastin entspr. 1.08 mg Levocabastinhydrochlorid). Weißes bis fast weißes Pulver, unlösl. in Wasser, wenig lösl. in Methanol, schwer lösl. in Ethanol. **Dos.:** konjunktival, intranasal 0.05 %.

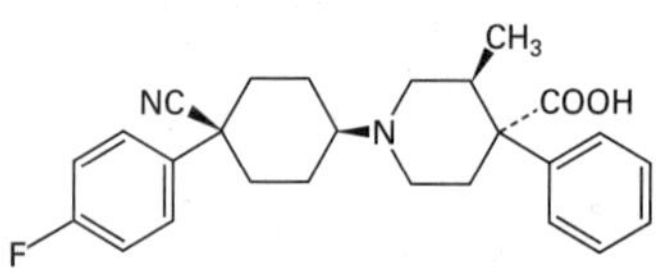

Levocabastin

Levocarnitin: Levocarnitinum Ph.Eur.4, L-Carnitin, Vitamin BT; (L-3-Carboxy-2-hydroxypropyl)trimethylammoniumhydroxid, (3R)-3-Hydroxy-4 (trimethylammonium)butanoat; CAS-Nr. 541-15-1; $C_7H_{15}NO_3$; M_r 161.20; Schmp. 197-198 °C (aus Ethanol u. Aceton; Zers.). Weißes, krist. Pulver od. farblose Kristalle, hygroskopisch, leicht lösl. in Wasser, lösl. in warmem Ethanol, unlösl. in Aceton. **Anw.:** Substitution bei Dialysepatienten, Kardiomyopathie, Carnitin-Defizit (Orphan drug); **Dos.:** oral 3×1 g/d, Tageshöchstdosis: 5 g, Kinder: 25-100 mg/kg KG täglich in mehreren Einzelgaben; nach Hämodialyse: je 1-2 g (Ph.Eur.Komm.).

Levocetirizin INN: (*R*)-2-[2-[4-[(4-chlorophenyl)-phenylmethyl]piperazin-1-yl]ethoxy]essigsäure; CAS-Nr. 130018-77-8; $C_{21}H_{25}ClN_2O_3$, M_r 388.9. logP 3.0; pK_S ca. 3.3 (ber.); schwer lösl. in Wasser. (*R*)-Enantiomer von Cetrizin*. **Wirk.:** H_1-Antihistaminikum*; **Anw.:** Antiallergikum* bei Heuschnupfen, allerg. Rhinitis, Urticaria; **UAW:** s. Antihistaminika, Cetirizin; **Dos.:** p. o. 5 mg/d.

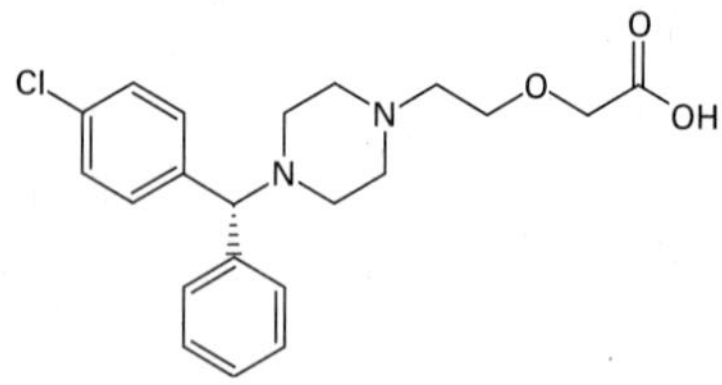

Levocetirizin

Levodopa INN: Levodopum Ph.Eur.4, L-Dopa; (−)-3-(3,4-Dihydroxyphenyl)-L-alanin; CAS-Nr. 59-92-7; $C_9H_{11}NO_4$, M_r 197.19. Schmp. 276-278 °C (unter Zers.). $[\alpha]_D^{13\,°C}$ −13.1° (c=5.12 in Salzsäure 1 mol/L). Weißes, geruchloses, krist. Pulver; sehr gut lösl. in verd. Salzsäure u. Ameisensäure; lösl. 66 mg/40 mL in Wasser, fast unlösl. in Ethanol, Benzol, Chloroform, Ethylacetat; UV_{max} (Salzsäure 1 mol/L) 220.5, 280 nm (log ε 3.79, 3.42). **Anw.:** aktivstes Antiparkinsonmittel*; wirksam geg. Akinese, psych. Störungen, Rigor u. Tremor; Wirkmechanismus u. Kombination mit Dopadecarboxylasehemmern: s. Antiparkinsonmittel; **UAW:** gastrointestinale Störungen, v. a. zu Beginn, Hypotension, orthostat. Kollapsneigung, in 20-30 % der Fälle schwerwiegend, motor. Störungen (Dyskinesen, On-off-Phänomen: plötzl. Verbesserung bzw. Verschlechterung der Motorik mehrmals tägl.), psych. Störungen, z. B. Depressionen, Halluzinationen, Schlaflosigkeit; **WW:** Wirkungsverminderung durch Vitamin B_6, Neuroleptika; Wirkungssteigerung durch Antidepressiva; **Dos.:** p. o. 1×0.25 g/d, individuell einstellen bei Steigerung in tägl. Abständen um jeweils 0.25 g, Erhaltungsdos. 2.0-4.0 g/d; HWZ unter 1 h.

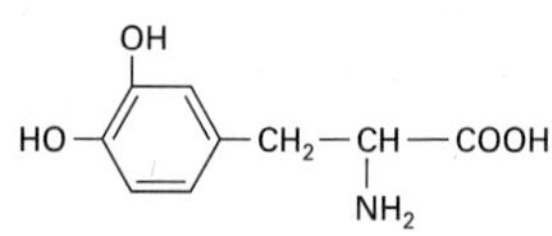

Levodopa

Levodropropizin INN: Levodropizinum Ph.Eur.4; (2*S*)-3-(4-phenylpiperazin-1-yl)-propan-1,2-diol; CAS-Nr. 99291-25-5; $C_{13}H_{20}N_2O_2$, M_r 236.2. Schmp. 101 °C. (*S*)-Enantiomer von Dropropizin*

(s. Abb.). Weißes bis fast weißes Pulver, schwer lösl. in Wasser u. Ethanol, leicht lösl. in verd. Essigsäure u. Methanol. **Wirk.** u. **Anw.**: Antitussivum* bei Reizhusten; **UAW:** gelegentl. gastrointestinale Störungen; **Dos.**: 6 mg/mL Sirup 1- bis 3-mal tägl.; HWZ 1-2 h.

Levofloxacin INN: (–)-(*S*)-9-Fluoro-2,3-dihydro-3-methyl-10-(4-methyl-1-piperazinyl)-7-oxo-7*H*-pyrido[1,2,3-*de*]-1,4-benzoxacine-6-carbonsäure, (*S*)-Enantiomer von Ofloxacin (Racemat); CAS-Nr. 100986-85-4; $C_{18}H_{20}FN_3O_4$, M_r 361.4. Schmp. 226 °C. logP 1.5; pK_S 2.3 (ber.); leicht lösl. in Wasser. (*S*)-Enantiomer von Ofloxacin*. **Wirk.** u. **Anw.**: Fluorochinolon-Antibiotikum, z. B. bei Sinusitis, Bronchitis, Pneumonie; **UAW:** häufig Übelkeit, Diarrhö; vgl. Ofloxacin; **Dos.**: 1-2×250-500 mg/d p. o. od. i. v., Behandlungsdauer 7-14 Tage; HWZ 6-8 h.

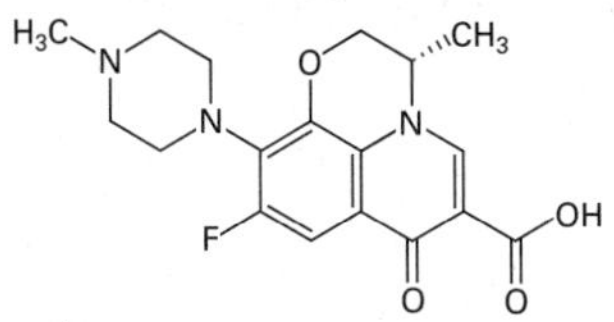

Levofloxacin

Levomenol INN: s. Bisabolol.

Levomenthol: s. Menthol.

Levomepromazin INN: *N*-(3-Dimethylamino-2-methylpropyl)-3-methoxyphenothiazin; *N,N*-Dimethyl-[3-(2-methoxy-10-phenothiazinyl)-2-methylpropyl]amin; CAS-Nr. 60-99-1; $C_{19}H_{24}N_2OS$, M_r 328.46. Schmp. ca. 126 °C. Fast unlösl. in Wasser; wenig lösl. in Ethanol; leicht lösl. in kochendem Ethanol, Chloroform u. Ether. **Anw.**: Neuroleptikum (s. Psychopharmaka); stark dämpfend bei schizophrenen Psychosen, Manien, agitierenden Depressionen, bei starken Schmerzen; **UAW:** Akkomodationsstörungen, vermindertes Reaktionsvermögen; vgl. Psychopharmaka; HWZ ca. 17 h. **Levomepromazinhydrochlorid**: Levomepromazini hydrochloridum Ph.Eur.4, Levomepromazinum hydrochloricum; $C_{19}H_{25}ClN_2OS$, M_r 364.9. Schmp. ca. 142 °C bzw. Schmp. ca. 162 °C (polymorph). Weißes, krist. Pulver, schwach hygroskop.; leicht lösl. in Wasser, Chloroform u. Ethanol, fast unlösl. in Ether; zersetzt sich bei Luft- u. Lichteinwirkung. **Levomepromazinhydrogenmaleat**: Levomepromazini maleas Ph.Eur.4; CAS-Nr. 7104-38-3; $C_{23}H_{28}N_2O_5S$, M_r 444.6. Schmp. 186 °C (unter Zers.) $[\alpha]_D^{20\,°C}$ –7.0 bis –8.5° (c=50 mg/mL DMF). Weißes, krist. Pulver; schwer lösl. in Wasser u. Ethanol, wenig lösl. in Dichlormethan, luft- u. lichtempfindl.

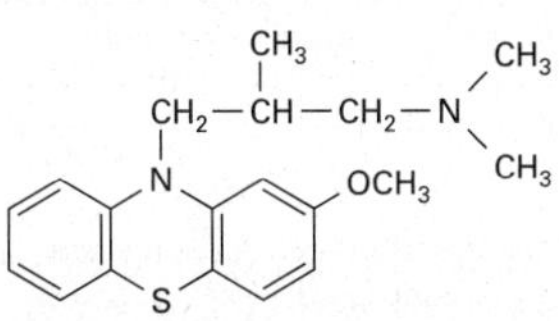

Levomepromazin

Levomethadon INN: (–)-(*R*)-6-Dimethylamino-4,4-diphenyl-3-heptanon; CAS-Nr. 125-58-6; $C_{21}H_{27}NO$, M_r 309.43. **Anw.**: Analgetikum*; HWZ 15-60 h; vgl. Methadonhydrochlorid. **Levomethadonhydrochlorid**: Levomethadoni hydrochloridum Ph.Eur.4; CAS-Nr. 5967-73-7; $C_{21}H_{28}ClNO$; M_r 345.91; Schmp. 239-242 °C. Weißes krist. Pulver, lösl. in Wasser, leicht lösl. in Ethanol.

Levonorgestrel INN: Levonorgestrelum Ph.Eur.4, D-Norgestrel; (–)-13-Ethyl-17*β*-hydroxy-18,19-dinor-4-pregnen-20-in-3-on; CAS-Nr. 797-63-7; $C_{21}H_{28}O_2$, M_r 312.44. Schmp. 239-241 °C (kristallisiert aus Methanol/Chloroform). $[\alpha]_D^{25\,°C}$ –42.5° (in Chloroform), $[\alpha]_D^{20\,°C}$ –26±5° (c=0.5 in Chloroform). Weißes, krist. Pulver; fast unlösl. in Wasser, wenig lösl. in Dichlormethan. **Anw.**: mit Ethinylestradiol* als hormonelles Kontrazeptivum; **Dos.**: 0.015-0.025 mg/d über 21 d, beginnend mit dem 5. Zyklustag; als Minipille* tägl. 0.03 mg; HWZ ca. 24 h; vgl. Norgestrel.

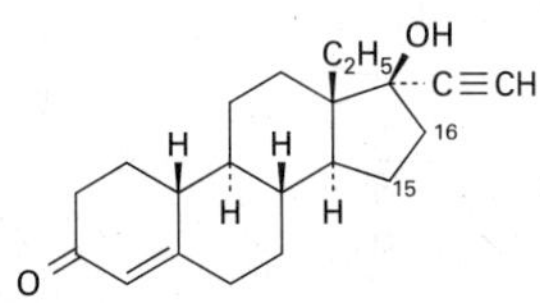

Levonorgestrel

Levopropoxyphen INN: (–)-1-Benzyl-3-dimethylamino-2-methyl-1-phenylpropylpropionat; CAS-Nr. 2338-37-6; $C_{22}H_{29}NO_2$, M_r 339.48. Schmp. 75-76 °C (kristallisiert aus Petrolether). $[\alpha]_D^{25\,°C}$ –68.2° (c=0.6 in Chloroform). **Anw.**: Antitussivum*; **UAW:** beeinflusst das Reaktionsvermögen. Hingewiesen sei auch auf Levopropoxyphendibudinat (2:1) u. Levopropoxyphennapsilat; vgl. Dextropropoxyphen.

Levopropylhexedrin INN: L-Propylhexedrin, (–)-Hexahydrodesoxyephedrin; (–)-*N*,*α*-Dimethylcyclohexanethylamin; CAS-Nr. 101-40-6 bzw. CAS-Nr. 3595-11-7 (Racemat); $C_{10}H_{21}N$, M_r 155.28. Schmp. 137-138 °C (polymorph). Sdp. 80-81 °C (1.2 kPa). Sehr wenig lösl. in Wasser; mischbar mit Ethanol, Chloroform, Ether; lösl. in verd. Säuren. **Levopropylhexedrinhydrochlorid**: CAS-Nr. 1007-33-6 bzw. CAS-Nr. 6192-98-9 (Racemat); $C_{10}H_{22}NCl$; M_r 339.5; Schmp. 127 °C (unter Zers.). Lösl. in Wasser, Ethanol. **Anw.**: früher Sympathomimetikum*, Appetitzügler*; die freie Base wird als Molekülkomplex mit Phenobarbital (1:1) bei Epilepsie verwendet; vgl. Barbexaclon.

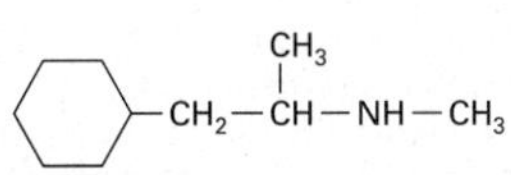

Levopropylhexedrin

Levoprotilin INN: (–)-(*R*)-*α*-[Methylamino)methyl]-9,10-ethanoanthracen-9(10*H*)-ethanol, (*R*)-Enantiomer von Oxaprotilin, einem Hydroxy-Analogon von Maprotilin*; CAS-Nr. 76496-68-9; $C_{20}H_{23}NO$, M_r 293.4. Schmp. 231-232 °C (Hydrochlorid).

Wirk. u. **Anw.**: nicht zur Marktreife entwickeltes Antidepressivum; s. Psychopharmaka.

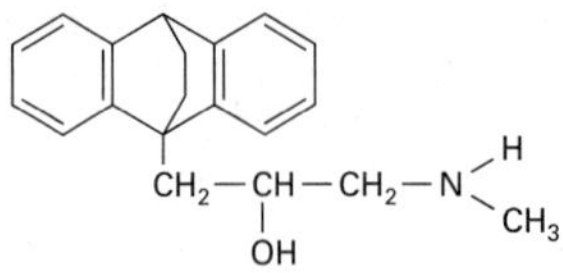

Levoprotilin

Levorphanol INN: Methorphinan; (–)-9a-Methylmorphinan-3-ol-hydrogentartrat-Dihydrat; $C_{17}H_{23}NO \cdot C_4H_6O_6 \cdot 2\,H_2O$, M_r 443.5. Schmp. 114-117 °C. Weißes od. fast weißes, krist. Pulver mit bitterem Geschmack. **Anw.**: starkes Analgetikum*, 3- bis 5-mal stärker analgetisch wirkend als Morphin*; mit verstärkter Wirk. auch Steigerung der unerwünschten UAW; das rechtsdrehende Isomer hat prakt. keine analget. Wirksamkeit; bei oraler Anw. gleich gute Wirk. wie parenteral.

Levothyroxin-Natrium INN: L-Thyroxin-Natrium (Abk. L-T_4), Levothyroxinum natricum Ph.Eur.4, Thyroxinum natricum, Thyroxini Natrium; L-β-[4-(4-Hydroxy-3,5-diiodphenoxy)-3,5-diiodphenyl]alanin-Natriumsalz; CAS-Nr. 55-03-8; $C_{15}H_{10}I_4NNaO_4$, M_r 798.85. d_4^{20} 2.381. $[\alpha]_D^{20\,°C}$ 16.0 bis 20.0° (c=2 in einer 1:4-Mischung: Salzsäure 1 mol/L u. Ethanol 96 %). Feines, schwach gefärbtes, krist. Pulver; schwer lösl. in Wasser; besser lösl. in Ethanol; sehr schwer lösl. in Chloroform, Ether; lösl. in Mineralsäuren u. Lsg. von Alkalihydroxiden u. -carbonaten. pH 8.35-9.35 (gesättigte, wässrige Lsg.). **Anw.**: Schilddrüsentherapeutikum bei Hypothyreose, euthyreoter Struma, Begleittherapie bei thyreostat. Behandlung der Hyperthyreose, Thyreoiditis, postoperativ nach Schilddrüsenkarzinomen; **Dos.**: p. o. 50-300 µg/d; HWZ 6-8 d. Gebräuchl. ist auch Levothyroxin, Strukturformel s. Hormone (Abb. 4), u. DL-Thyroxin (Thyroxinum ÖAB90, bis 1996), das gegenüber der L-Form von schwächerer Wirk. ist; vgl. Dextrothyroxin-Natrium.

Lewis: s. Säure-Base-Definition.

Leydener Blau: s. Thenard-Blau; vgl. Aluminium (Nachw. von Al-Verb.).

Lezithin: s. Lecithine.

LF-Technik: kurz für **L**aminar **f**low-Technik, s. Laminarflow-Bank, Verfahren, aseptische.

LH: Abk. für **L**uteinisierungs**h**ormon, s. Hormone (Hypophysenvorderlappen).

LH-RF: Abk. für **L**uteinisierungs**h**ormon-**R**eleasing-**f**aktor; s. Gonadorelin. Vgl. Hormone (Hypothalamus-Hypophysen-System).

Li: (chem.) Symbol für Lithium*.

Liberation: s. Wirkstofffreisetzung.

Liberationsmodelle: In-vitro-Modellsysteme zur Erfassung der Wirkstofffreisetzung*. L. für feste Arzneiformen sind standardisiert u. in Arzneibüchern offizinell (Ph. Eur. 4; s. Dissolutiontest). Für Suppositorien wird eine modifizierte Blattrührerapparatur eingesetzt. Für transdermale therapeutische Systeme* wird die Blattrührerapparatur mit Freisetzungsscheibe (engl. paddle over disk) od. Extraktionszelle angepasst. Für Pulver, Salben u. Hydrogele kann die Drehscheibenzelle eingesetzt werden. Für halbfeste Zubereitungen ist u. a. die Franzzelle* gebräuchlich.

Libidibi: s. Caesalpinia coriaria.

Libriform: Gesamtheit der Holzfasern (Libriformfasern); ca. 50-65 % im Holz*.

Lichenes: Flechten; **1.** (med.) Dermatomykosen*. **2.** (bot.) symbiot. Organismen, die aus Pilzen* (z. B. Askomyceten, Basidiomyceten) u. Algen (z. B. Cyanophyceen, Chlorophyceen) bestehen. Der Pilz ernährt sich von den durch die assimilierenden Algen erzeugten org. Stoffen über seine Hyphen u. Haustorien (Ausstülpungen der Hyphen, die durch die Zellwand der Alge dringen), während der Pilz den Algen Mineralstoffe u. Wasser liefert. L. sind dadurch imstande, auch auf extrem nährstoffarmem Untergrund (Steinen, Felsen u. in Polarländern) zu existieren. Der Pilz vermehrt sich durch Sporen, die Alge durch Teilung. L. sind in zahlreichen Arten über die ganze Erde verbreitet. Nach ihrer äußeren Form unterscheidet man Krusten-, Faden-, Gallert-, Blatt- u. Strauchflechten. **Anw.**: wegen des Gehaltes an Gallerten u. Flechtenstärke (Lichenin*) als Nahrungs- u. Futtermittel sowie wegen ihres Gehaltes an antibiot. wirkenden u. bitter schmeckenden Flechtensäuren* als Arzneimittel (Cetraria* islandica, Lobaria* pulmonaria), auch als Farbstofflieferant (s. Orseille, Lackmus).

Lichenin: Flechtenstärke, Moosstärke; ein β-Glucan aus 150-200 D-Glucose-Einheiten, M_r 25 000 bis 30 000; regelmäßige Abfolge von 2 bis 10 (1-4)- u. einem (1-3)-β-D-Glucopyranosylrest. Der Cellulose ähnl. Reserve- u. Strukturpolysaccharid in vielen Flechten, z. B. Cetraria* islandica, Usnea barbata. Weißes Pulver, in kochendem Wasser kolloidal lösl., bildet beim Erkalten eine Gallerte; mit Iod keine Blaufärbung; für Menschen unverdaulich. **Isolichenin** (Dextrolichenin) ist ein α-Glucan (für Menschen daher verdaul.) aus ca. 40 D-Glucoseeinheiten, die ebenfalls 1→4 u. 1→3 (im Verhältnis 1:1 bis 1:2) miteinander verknüpft sind; der Amylose ähnlich; lösl. bereits in kaltem Wasser; Blaufärbung mit Iod.

Lichen islandicus: s. Cetraria islandica.

Lichen islandicus desamaratus: s. Cetraria islandica.

Lichen pulmonarius: s. Lobaria pulmonaria.

Licht: s. Strahlung, elektromagnetische.

Lichtabsorption: s. Absorption.

Lichtatmung: s. Photorespiration.

Lichtbeugungsmessung: s. Korngrößenanalyse.

Lichtbrechung: s. Brechungsgesetz, Refraktometrie.

Lichtdermatosen: Photodermatosen, Lichtkrankheiten; akute od. chron. Veränderungen der Haut infolge von Lichteinwirk., bes. durch ultraviolette Strahlung. Vgl. Photosensibilisatoren.

Lichtgeschwindigkeit: Ausbreitungsgeschwindigkeit elektromagnet. Wellen im materiefreien Raum (Vakuum). Sie beträgt ca. $3 \cdot 10^5\,km \cdot s^{-1}$, exakt: 299 792 458 $m \cdot s^{-1}$ (s. SI-Einheiten, Meter); unabhängig von der Frequenz, die oberste Grenze aller Geschwindigkeiten; vgl. Strahlung, elektromagnetische.

Lichtreaktionen: s. Photosynthese.

Lichtschutzfaktor: Abk. LSF, (engl.) *sun protection factor (Abk. SPF)*; Kennzahl für die Schutzwirkung von Sonnenschutzpräparaten*, gibt das Verhältnis (Q) der Erythemschwellenzeit mit Sonnenschutzmittel zu der Erythemschwellenzeit ohne Sonnenschutzmittel an. LSF 3 bedeutet also, dass die Haut mit aufgetragenem Sonnenschutzpräparat 3-mal so lange der Sonne ausgesetzt werden kann wie ungeschützte Haut. Mittel mit Q-Werten unter 1 sensibilisieren die Haut (s. Photosensibilatoren), Präparate mit Q über 10 werden wegen der starken Schutzwirkung als Sun-Blocker bezeichnet. Faktoren die den LSF verändern sind u. a. Jahreszeit, Meereshöhe u. geograph. Breite, Schichtdicke des aufgetragenen Präparates, Art der galen. Zubereitung. Der auf Sonnenschutzpräparaten angegebene LSF bezieht sich nur auf UVB-Strahlen, nicht jedoch auf UVA-Strahlen, die Langzeiteffekte auf die Haut besitzen. Der weltweit einzige Standard zur Bestimmung eines UVA-Schutzfaktors, der Australische Standard AS 2604:93, fordert von Sonnenschutzprodukten eine UVA-Strahlen-Absorption von mind. 90 %.

Lichtschutzsubstanzen: UV-Absorber; Stoffe, die energiereiches Licht (v. a. ultraviolettes* Licht) ganz od. teilweise absorbieren u. in Wärme umwandeln. Sie werden zum Schutz der menschl. Haut od. von techn. Produkten (z. B. Kautschuk, Kunststoffe) vor der schädigenden Einw. der Strahlung verwendet. Darunter fallen auch Lichtschutzfilter, sie werden europaweit einheitl. nach Art u. Einsatzmenge geregelt. Voraussetzung für die Absorptionswirkung ist das Vorhandensein anregbarer Elektronen (konjugierte Doppelbindungen, freie Elektronenpaare) die durch die absorbierten UV-Strahlen in höhere Energiezustände gehoben werden u. über mehrere Zwischenstufen auf ihren alten Energiezustand zurückfallen, wobei energieärmeres Licht ausgesandt wird. L. für die Anw. auf der menschl. Haut sollen durch selektives Herausfiltern der UV-B-Strahlen eine Erythembildung (Sonnenbrand) verhindern u. die Gefahr einer Karzinombildung vermindern. **Wirkstoffe: 1.** UV-B-Filter: Absorptionsbereich ca. 280-320 nm; z. B. *p*-Aminobenzoesäure* u. deren Derivate, Salicylsäureester, Zimtsäureester, Anthranilsäureester, 2-Phenylbenzimidazol-5-sulfonsäure, Cumarinderivate (z. B. 7-Hydroxycumarin) u. 3-(4-Methyl-benzyliden)-campher; **2.** UV-A-Filter: Absorptionsbereich ca. 320-400 nm; z. B. Dibenzoylmethan u. dessen Derivate; **3.** Breitbandfilter: Absorptionsbereich ca. 250-380 nm; z. B. Benzophenonderivate wie 2,2'-Dihydroxy-4,4'-dimethoxy-benzophenon, werden häufig für industriellen Lichtschutz verwendet. Vgl. Lichtschutzfaktor, Sonnenschutzpräparate.

Lichtstreuungsverfahren: s. Korngrößenanalyse.

Lidocain INN: Lidocainum Ph.Eur.4, Lignocain; 2-Diethylamino-2',6'-dimethylacetanilid; CAS-Nr. 137-58-6; $C_{14}H_{22}N_2O$, M_r 234.33. Schmp. 68-69 °C (kristallisiert aus Benzol od. Ethanol). Sdp. 180-182 °C (522 Pa), 159-160 °C (266 Pa). Unlösl. in Wasser; lösl. in Ethanol, Ether, Benzol, Chloroform, Ölen. pK_S der konjugierten Säure 7.9 (25 °C). **Anw.:** Koronartherapeutikum, Antiarrhythmikum*, bei ventrikulären Extrasystolen u. Tachykardien, bes. bei Herzinfarkt; Lokalanästhetikum*, zur Infiltrations- u. Oberflächenanästhesie wie Procain*, wirkt jedoch stärker, rascher u. länger anhaltend u. verträgt auch langes Kochen; **UAW:** Euphorie od. Schläfrigkeit, Zuckungen einzelner Muskelfasern, in hohen Dosen: Krämpfe, Dyspnoe, Atemlähmung; **Kontraind.:** Schenkel- od. AV-Block, Leberschädigungen; **WW:** synergist. mit anderen Lokalanästhetika, neuromuskuläre Blockade mit Muskelrelaxanzien verstärkt; **Dos.:** parenteral zur Infiltrationsanästhesie s. c. 0.5 %, zur Leitungsanästhesie s. c. 1 %, zur Oberflächenanästhesie s. c. 4 %, max. 5 mL; bei Herzarrhythmie i. v. 0.05-0.1 g, Infusion i. v. 3 mg/mL; topisch Salbe 5 %; HWZ 1.8 h bzw. 3.5 h (Metaboliten). Gebräuchl. ist Lidocainhydrochlorid*.

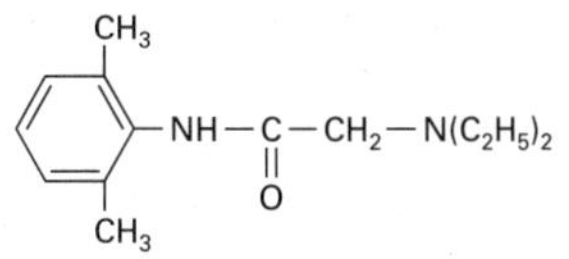

Lidocain

Lidocainhydrochlorid: Lidocaini hydrochloridum Ph.Eur.4, Lidocainum hydrochloricum; 2-Diethylamino-2',6'-dimethylacetanilid-hydrochlorid; CAS-Nr. 6108-05-0; $C_{14}H_{23}ClN_2O \cdot H_2O$, M_r 288.8. Schmp. 76-79 °C; Schmp. 127-129 °C (Anhydrat). Weißes, krist. Pulver, schwach bitter; sehr leicht lösl. in Wasser, leicht lösl. in Ethanol, lösl. in Chloroform. **Anw.:** s. Lidocain.

Lidocainhydrochlorid-Zahnfleischgel: Zstzg.: NFA, 0.40 T. Lidocainhydrochlorid, 0.02 T. Benzalkoniumchlorid, 0.60 T. Hydroxyethylcellulose ad 20 T. destilliertes Wasser. Die Hydroxyethylcellulose wird in ca. 10 g heißem destilliertem Wasser dispergiert, dann fügt man die Lsg. von Lidocainhydrochlorid u. Benzalkoniumchlorid der restlichen Menge destillierten Wassers hinzu u. lässt bis zur vollständigen Quellung (mind. 3 h) stehen. **Anw.:** Zahnfleischbeschwerden, schmerzhafte u. entzündl. Erkrankungen im Bereich des Zahnfleisches u. der Mundschleimhaut.

Lidoflazin INN: 2-{4-[4,4-Bis(4-fluorphenyl)butyl]-1-piperazinyl}-2',6'-dimethylacetanilid; CAS-Nr. 3416-26-0; $C_{30}H_{35}F_2N_3O$, M_r 491.63. Schmp. 159-161 °C. Lösl. unter 0.01 % in Wasser; unter 50 % in Chloroform; erhebl. schlechter lösl. in anderen org. Lösungsmitteln. **Wirk.:** Hemmung des Adenosinabbaus; **Anw.:** Koronartherapeutikum*, Anfallsprophylaxe u. Langzeitbehandlung der Angina pectoris; **Dos.:** p. o. 1 × 60 mg/d in der 1. Behandlungswoche, dann n. B. steigern bis 3-mal tägl.; HWZ 16-24 h.

Lidsalben: halbfeste Zuber. zur Behandlung des erkrankten Augenlides. Infolge der Nähe von Binde- u. Hornhaut sind L. bezüglich galenischer u. mikrobiologischer Anforderungen weitgehend den Augensalben anzugleichen. Die Mehrheit der Präparate machen Suspensionssalben aus, die für die gewünschte streng lokale Wirkung (keine Penetration durch das Lid hindurch) Vaselin als Grundlage enthalten.

Lie: s. Faex.

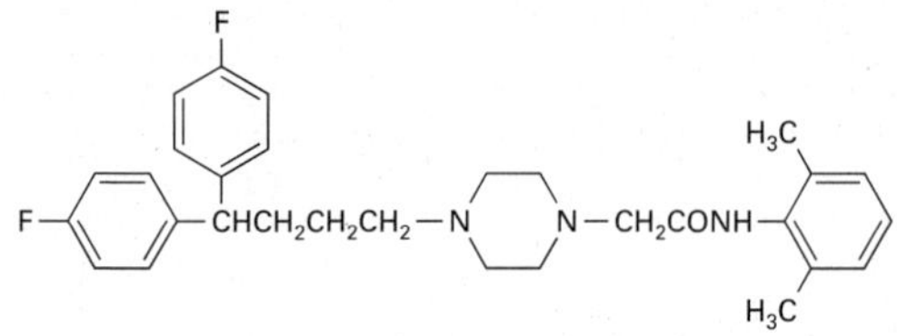

Lidoflazin

Lieben-Reaktion: Nachw. von Aceton, das mit Iod in Gegenwart von Ammoniak Iodoform bildet.

Lieber-Kräuter: s. Galeopsis segetum (Herba Galeopsidis).

Liebermann-Burchard-Reaktion: Nachw. von Cholesterol* u. anderen Triterpenen, v. a. ungesättigten Sterinen. **Durchführung:** die in Chloroform gelöste Probe wird mit Essigsäureanhydrid versetzt od. direkt in Essigsäureanhydrid gelöst. Nach Zugabe wenig konz. Schwefelsäure entsteht ein roter Farbstoff, der rasch über Violett u. Blau nach Grün umschlägt.

Liebstöckel: s. Levisticum officinale.

Liebstöckelwurzel: s. Levisticum officinale (Levistici radix).

Liebstöckelwurzelöl: s. Levisticum officinale (Oleum Levistici).

L

Lien: Milz; lienalis: zur Milz gehörend.

Lifibrol INN: (α)-*p*-[4-(*p*-*tert*-Butylphenyl)-2-hydroxybutoxy]benzoesäure; CAS-Nr. 96609-16-4; $C_{21}H_{26}O_4$, M_r 342.4. **Wirk.** u. **Anw.**: Lipidsenker*; noch nicht zur Therapie zugelassen.

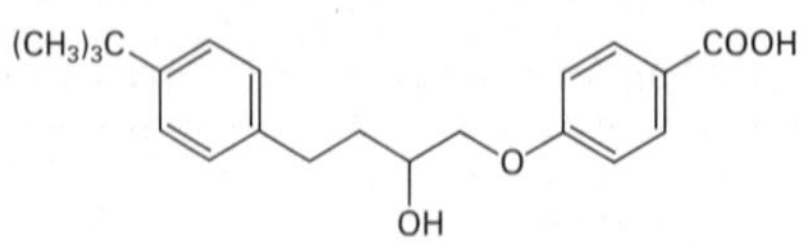

Lifibrol

Liganden: **1.** (chem.) elektronisch neutrale Moleküle od. neg. geladene Ionen, die um ein Zentralatom od. -ion gebunden sind (s. Komplexverbindungen). **2.** (biochem.) Moleküle, gebunden an bestimmten Stellen makromolekularer Strukturen, z. B. Glykoproteine; s. Rezeptoren.

Ligandenfeldtheorie: quantenchem. Theorie, die v. a. zur Erklärung der physik.-chem. Eigenschaften von Übergangsmetall-Komplexen entwickelt wurde. Sie beschreibt den Einfluss von Liganden auf die Elektronen des Zentralions u. damit zusammenhängende physik. u. chemische Eigenschaften. Sie ist eine Erweiterung der Kristallfeldtheorie, in der der Einfluss der umgebenden Ionen im Kristall rein elektrostat. betrachtet wurde; s. Periodensystem der Elemente; Komplexchemie.

Ligasen: s. Enzyme.

Ligatur: Ligatura; Unterbindung eines Blut- od. Lymphgefäßes od. eines anderen Hohlorganes. Die **elastische L.** ist die Umschnürung von Gliedmaßen mit Gummischlauch od. -binde zur vorübergehenden Blutleere od. indirekten Blutstillung. Unter Ligaturen versteht man auch die für die Unterbindung verwendeten Behelfe.

light scattering: s. Korngrößenanalyse.

Lign.: Abk. für Lignum, s. Holz.

Lignane: (biogenet.) Dimere von Phenylpropanderivaten*, Verknüpfung über das β-C-Atom der C_3-Seitenkette; das Kohlenstoffgerüst besteht aus 18 C-Atomen. L. finden sich in vielen Hölzern, sind oft ein wesentl. Bestandteil der Harze*, v. a. der Benzharze; charakterist. z. B. in Sesamöl (s. Sesamum indicum). L. enthaltende Pfl. finden sich v. a. unter den Cupressaceae (s. Juniperus sabina), Piperaceae (Cubebin in Piper* cubeba), Berberidaceae (Podophyllum-Arten), Zygophyllaceae (s. Guaiacum officinale). **Neolignane** sind ebenfalls Dimere von Phenylpropanen, die nicht über das β-C-Atom miteinander verknüpft sind; verbreitet sind sie z. B. unter Magnoliaceae, Myristicaceae, Lauraceae, Piperaceae; vgl. Flavanonollignane.

Lignin: Gerüstsubstanz der Pfl., neben Cellulose* die mengenmäßig wichtigste org. Substanz; ein hochmolekulares Polymerisat aus versch. komplexen Alkoholen wie Coniferyl-, Sinapyl- u. *p*-Cumarylalkohol, deren Biogenese über den Shikimisäure-Chorisminsäure-Weg (s. Aromatenbiosynthese) erfolgt. Die Mengenverhältnisse der Komponenten können je nach Alter u. (phylogenet.) Abstammung der Pflanze stark variieren (z. B. überwiegt bei den Farnen u. Coniferen Coniferylalkohol u. bei den Angiospermen Sinapylalkohol als Ligninbaustein). Der (mikroskop.) Nachw. erfolgt mit Phloroglucin/Salzsäure (Wiesner*-Reagens). Unter dem Einfluss der Salzsäure kondensieren freie Aldehyd-Gruppen des L. mit Phloroglucin zu mesomeren Kationen roter Farbstoffe.

Lignocain: s. Lidocain.

Lignocerinsäure: *n*-Tetrakosansäure; $CH_3(CH_2)_{22}COOH$; M_r 368.6. Schmp. 84 °C. **Vork.:** als Fettsäure Glyceridbest. in geringer Konz. (meist unter 3 %) in Samenfetten, Cerebrosiden, Phosphatiden u. Wachsen.

Lignum: s. Holz.

Lignum brasiliense rubrum: s. Caesalpinia echinata (Lignum Fernambusi).

Lignum Campechianum: s. Haematoxylum campechianum.

Lignum Cedri: s. Juniperus virginiana.

Lignum citrinum: s. Chlorophora tinctoria.

Lignum Fabianae: s. Fabiana imbricata.

Lignum Fernambuci: s. Caesalpinia echinata.

Lignum Floridum: s. Sassafras albidum var. molle (Lignum Sassafras).

Lignum Guajaci: s. Guaiacum officinale.

Lignum Haematoxyli: s. Haematoxylum campechianum (Lignum Campechianum).

Lignum Juniperi: s. Juniperus communis.

Lignum Muira-puama: s. Ptychopetalum-Arten.

Lignum Nyssae: s. Nyssa sylvatica (Lignum Tupelo).

Lignum Pichi-Pichi: s. Fabiana imbricata (Lignum Fabianae).

Lignum Pterocarpi: s. Pterocarpus santalinus (Lignum Santali rubrum).

Lignum Quassiae (jamaicense): s. Picrasma excelsa.

Lignum Quassiae (surinamense): s. Quassia amara.

Lignum Quebracho: s. Aspidosperma quebracho-blanco (Cortex Quebracho).

Lignum sanctum: s. Guaiacum officinale (Lignum Guajaci).

Lignum Santali album (citrinum): s. Santalum album.

Lignum Santali rubrum: s. Pterocarpus santalinus.

Lignum Sassafras: s. Sassafras albidum var. molle.

Lignum suberinum: s. Kork, Quercus suber.

Lignum Tupelo: s. Nyssa sylvatica.

Ligroin: Destillationsprodukt aus rohem Erdöl; s. Oleum Petrae.

Liguliflorae: s. Asteraceae.

Ligusticumlacton: s. Levisticum officinale (Oleum Levistici, Inhaltsst.).

***trans*-Ligustilid:** s. Levisticum officinale (Oleum Levistici, Inhaltsst.).

Ligustrum vulgare L.: Gemeiner Liguster, Rainweide, Tintenbeere; Fam. Oleaceae (Europa). Zierpflanze. **Inhaltsst.:** Seco-Iridoid-Bitterstoff, z. B. Ligustrosid, Oleuropein; **Tox.:** die Beeren gelten als giftig, es fehlen aber zweifelsfreie Belege; beim Verzehr von einer od. mehrerer Beeren tritt vereinzelt Unwohlsein, Erbrechen, Diarrhö u. ä. auf. Bei Aufnahme von >10 Beeren (v. a. Kinder) primäre Giftentfernung empfohlen.

Likariöl: s. Oleum Linaloes.

Likörwein: s. Vinum.

Liliaceae: Liliengewächse; Fam. der Od. Liliales; ca. 3500 Arten. Meistens Kräuter od. Stauden, deren Zwiebeln, Knollen od. Rhizome überwintern, selten Holzpflanzen. Blätter meist parallelnervig, oft grundständig. Die Blüten häufig radiär mit 6 (selten 4) kronblattartigen, verwachsenen od. freien Perigonblättern; meist 6 Staubblätter, der Fruchtknoten ist dreiblättrig, oberständig (s. Blütendiagramm, Abb.). Die Früchte sind Kapseln od. Beeren. **Chem. Merkmale:** Steroidsaponine, bei einigen Unterfamilien Steroidalkaloide (Veratrum) od. herzwirksame Glykoside* (Convallaria, Urginea), Anthracenderivate (Aloe), Lauchöle* (Allium) od. Colchicine. **Wichtige Gattungen:** z. B. Aletris, Allium, Aloe, Asparagus, Asphodelus, Chamaelirium, Colchicum, Convallaria, Cypripedium, Fritillaria, Gloriosa, Lilium, Paris, Schoenocaulon, Smilax, Trillium, Urginea, Veratrum.

Liliatae: s. Monokotyledonae.

Liliengewächse: s. Liliaceae.

Lilienöl: **1.** s. Lilium candidum (Oleum Liliorum). **2.** s. Olea europaea (Oleum Olivarum album).

Lilium album: s. Lilium candidum (Hom).

Lilium candidum L.: Weiße Lilie; Fam. Liliaceae (Syrien, Palästina). Stpfl. von **Flores Liliorum:** Weiße Lilienblüten. **Anw.** volkstüml.: gegen Epilepsie; **Inhaltsst.:** Steroidalkaloide, Saponine. **Oleum Liliorum:** Lilienöl; Auszug der Lilienblüten mit Olivenöl (1:6). **Anw.** volkstüml.: z. B. bei Brandwunden, Geschwüren, Ekzemen, Quetschungen, Erkrankungen des rheumat. Formenkreises.

Hom: *Lilium album:* frische, blühende Pflanze.

Lilium lancifolium Thunb.: L. tigrinum Ker-Gawl., Tigerlilie, Große Türkenbundlilie; Fam. Liliaceae(China, Japan). **Inhaltsst.:** Steroidalkaloide, Saponine; **Anw.** volkstüml.: Zwiebel wird in China u. Japan als Hustenmittel verwendet.

Hom: *Lilium lancifolium (HAB1.2):* frische, blühende Pflanze ohne Zwiebel; verord. z. B. bei Uteruserkrankungen.

Lilium tigrinum: s. Lilium lancifolium.

Limatura Martis praeparata: s. Eisenpulver.

Limax ater: s. Arion empiricorum.

Limettin: s. Citrus limon (Limonis aeetheroleum, Best.).

Limettöl: s. Citrus aurantiifolia (Oleum Limettae).

Limone: s. Citrus limon (Fructus Citri).

Limonen: *p*-Mentha-1,8-dien, Cinen; 1-Methyl-4-(1-methylethenyl)cyclohexen; $C_{10}H_{16}$, M_r 136.2. **D-Form:** (R)-(+)-Limonen; CAS-Nr. 5989-27-5. $[\alpha]_D^{20°C}$ +123°; **L-Form:** (S)-(−)-Limonen; CAS-Nr. 5989-54-8. $[\alpha]_D^{20°C}$ −101°. Nat. z. B. in Abies-Arten; **Racemat:** DL-Limonen, Dipenten, Carven; nat. in vielen äther. Ölen (Bergamotte-, Citronen-, Dill-, Kümmel-, Pomeranzen-, Fichtennadelöl u. a.); angenehm zitronenartig riechende Flüssigkeit; **Anw.:** in der Parfümerie; das Racemat auch als Lösungsmittel in der Lackindustrie.

Limonenöl: s. Citrus limon (Limonis aetheroleum).

Limonette, Saure: s. Citrus aurantiifolia.

Limonin: $C_{26}H_{30}O_8$, M_r 470.5. Ein Triterpendilacton, als Bitterstoff zus. mit ähnl. aufgebauten Stoffen (**Limonoide**) auch für den bitteren Geschmack von Quassia* amara sowie von Citrus-Früchten, Citrus* aurantium ssp. aurantium (Aurantii pericarpium), u. a. Rutaceen verantwortlich. **Vork.:** Bei den Citrus-Früchten findet sich L. im Flavedo u. in den Samen. Es liegt nicht genuin vor, sondern wandelt sich erst im sauren Milieu, z. B. im Saft, zum bitteren Dilacton um.

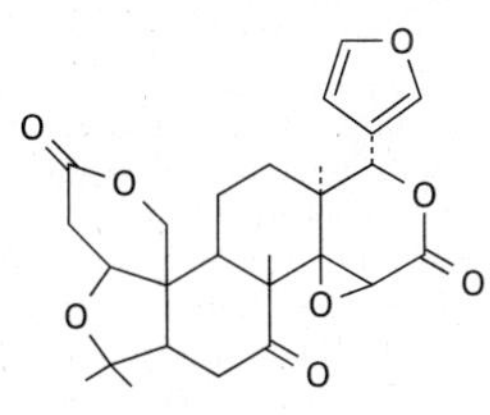

Limonin

Limonis aetheroleum: s. Citrus limon.

Limonis flavedo recens: s. Citrus limon.

Limonis sirupus: s. Sirupus citri.

Limulustest: Limulus-polyphemus-Lysat-Test, Limulus-Amöbozyten-Lysat-Test (Abk. LAL-Test); Nachweismethode für Pyrogene* u. Endotoxine (s. Toxine) gramneg. Bakterien. Der Test basiert auf der Tatsache, dass ein wässriger Extrakt von lysierten Amöbozyten des Pfeilschwanzkrebses ein Enzym enthält, das in Gegenwart von sehr kleinen Mengen von Endotoxinen (ca. 0.01-0.14 µg/ml) u.

divalenten Kationen (Calcium, Magnesium) aktiviert wird u. zur Bildung eines trüben Proteingels führt.

Linaloeöl: s. Oleum Linaloes.

Linalool: 2,6-Dimethyl-2,7-octadien-6-ol; CAS-Nr. 78-70-6; $C_{10}H_{18}O$, M_r 154.2. Mit Geraniol* u. Nerol* isomerer, acycl. Monoterpenalkohol. Nach Maiglöckchen riechende, opt. aktive, farblose Flüssigkeit. **Vork.**: in vielen äther. Ölen (z. B. Linaloe-, Koriander-, Bergamotte-, Lavendel-, Rosen-, Zimt-, Thymianöl); **Anw.**: in der Parfümerie, Reagens Ph.Eur.4.

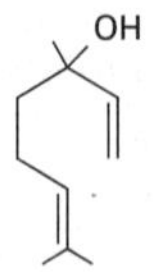

Linalool

Linalylacetat: 3,7-Dimethyl-1,6-octadien-3-yl-acetat, Bergamol; $C_{10}H_{17}OOCCH_3$, M_r 196.3. Mit Ethanol u. Ether mischbare Flüss. mit Bergamottegeruch. Best. des Bergamotte- u. Lavendelöls u. a. ätherischer Öle. **Anw.**: in der Parfümerie.

Linamarin: 2-(β-D-Glucopyranosyloxy)-2-methylpropannitrol, Phaseolunatin; $C_{10}H_{17}NO_6$, M_r 247.24. Ein Acetoncyanhydringlucosid (Strukturformel s. Cyanglykoside, Tab). Nat. in Linum* usitatissimum, Phaseolus* lunatus, Hevea brasiliensis. Farblose Kristalle; lösl. in Wasser, wenig lösl. in Ethanol.

Linamentum: Verbandmull.

Linaria vulgaris Mill.: Antirrhinum linaria, Leinkraut, Ackerlein, Gelbes Löwenmaul, Frauenflachs; Fam. Scrophulariaceae (Europa). Stpfl. von **Herba Linariae:** Herba Antirrhini, Leinkraut, Ackerleinkraut, Gelbes Löwenmaulkraut. **Inhaltsst.**: Linarin, Pectolinarin (Flavonylykoside), Peganin (Alkaloid); **Anw.** volkstüml.: z. B. als harntreibendes Mittel, gegen Hämorrhoiden; **Zuber.**: Unguentum Linariae, Leinkrautsalbe.

Lincomycin INN: Methyl-6,8-didesoxy-6-(1-methyl-4-propyl-2-pyrrolidincarboxamido)-1-thio-D-*erythro*-α-D-galacto-octopyranosid; CAS-Nr. 154-21-2; $C_{18}H_{34}N_2O_6S$, M_r 406.56. Antibiotikum* aus Kulturen von Streptomyces lincolnensis. Lösl. in Methanol, Ethanol, Butanol, Isopropanol, Ethylacetat, *n*-Butylacetat, Amylacetat, Aceton, Methylethylketon, Isopropyl-*n*-butyl-keton, Methylenchlorid, Chloroform, Ethylendichlorid; etwas lösl. in Wasser. pK_S der konjugierten Säure 7.5. **Wirk.** u. **Anw.**: Lincomycin-Antibiotikum; wirkt bei therap. erreichbarer Konz. bakteriostat. durch Hemmung der Proteinbiosynthese; wirksam v. a. gegen grampositive Erreger sowie Anaerobier. Hauptind.: therapieresistente Infektionen durch Staphylokokken u. andere grampositive Keime; **UAW:** s. Antibiotika, gastrointestinale Störungen bis zur tödl. Enterokolitis möglich; **Dos.**: p. o. 3-4×0.5 g/d; Kinder über 1 Monat 0.03-0.06 g/kg KG/d, auf 3 Dosen verteilt; parenteral i. m. 0.6 g/12-24 h; Infusion i. v. 0.6 g/8-12 h; Kinder über 1 Monat 0.01 g/kg KG/d auf 2-3 ED verteilt; Reduzierung der Dos. bei Nierenschädigung; HWZ 4.6 h; vgl. Antibiotika (Tab.). Gebräuchl. ist Lincomycinhydrochlorid*.

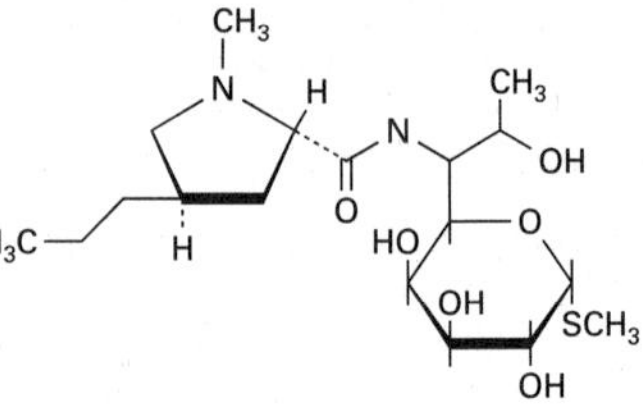

Lincomycin

Lincomycinhydrochlorid: Lincomycini hydrochloridum Ph.Eur.4; CAS-Nr. 7179-49-9; $C_{18}H_{35}ClN_2O_6S \cdot H_2O$, M_r 461.0. Schmp. 145-147 °C. $[\alpha]_D^{25\,°C}$ +137° (Wasser). Sehr leicht lösl. in Wasser, schwer lösl. in Ethanol, sehr schwer lösl. in Aceton, fast unlösl. in Chloroform u. Ether. **Wirk., Anw.** u. **Dos.**: s. Lincomycin.

Lincosamide: s. Antibiotika (Lincomycin-Antibiotika).

Linctus: 1. Lecksaft, Looch, Lohoch; alte Bez. für süß schmeckende, sirupartige Arzneiform, die auf die Lippen gestrichen wird; kann auch unlösl. Stoffe suspendiert enthalten. Früher in der Kinderpraxis gebräuchlich. 2. Emulsionskern, Primäremulsion; s. Emulsionen.

Lindan INN: Lindanum Ph.Eur.4, γ-Benzolhexachlorid, γ-Hexachlorcyclohexan (Abk. HCH), Gammexan; γ-1,2,3,4,5,6-Hexachlorcyclohexan; CAS-Nr. 58-89-9; $C_6H_6Cl_6$, M_r 290.85. Eines der Isomere von Hexachlorcyclohexan*. **Anw.** med.: Antimykotikum*, Desinfektionsmittel*, Antiparasitikum* (geg. Krätzmilben); **Dos.**: topisch Puder 0.1 %, Emulsion 1 %; rektal Tampon 0.3 %; **Anw.** techn.: Insektizid aus der Gruppe der chlorierten Kohlenwasserstoffe, s. Schädlingsbekämpfungsmittel (chlorierte Kohlenwasserstoffe), vgl. Tab. Es wirkt als Kontakt-, Fraß- u. Atemgift in Form von Puder, Emulsionen, Sprühmittel; tödl. für zahlreiche Insekten wie Ameisen, Flöhe, Läuse, Wanzen, Motten, Engerlinge, Drahtwürmer, Silberfische, Fliegen. L. wirkt auch gegen Borken- u. Rüsselkäfer im Forst, als Holzschutzmittel u. in der Veterinärmedizin gegen Zecken, Räudemilben; **Tox.**: auf höhere Organismen i. Allg. von geringerer tox. Wirk.; Intoxikation nach Einnahme, Inhalation u. Resorption durch die Haut; akut: Kopfschmerzen, Schwindel, Erbrechen, Durchfall, Krämpfe, Atemdepression, Kreislaufkollaps; chron.: Leberschäden im Tierexperiment, kanzerogen. LD 150 mg/kg KG; MAK-Wert ca. 0.5 mg/m³.

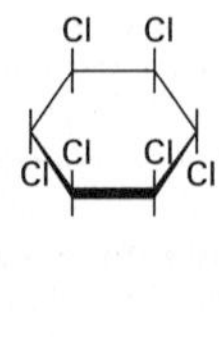

Lindan

Linde: s. Tilia cordata, Tilia tomentosa.
Lindenblüten: s. Tilia cordata (Tiliae flos).
Lindenholzkohle: s. Carbo activatus (Carbo Tiliae).
Linearbeschleuniger: s. Teilchenbeschleuniger.
Lineweaver-Burk-Diagramm: Linearisierung kinet. Daten von Enzymreaktionen durch doppeltreziproke Auftragung, um die charakterist. Parameter ablesen zu können; s. Michaelis-Menten-Gleichung.
Linezolid INN: *N*-[(*S*)-3-(3-Fluoro-4-morpholinophenyl)-2-oxo-5-oxazolidinyl]methyl-acetamid; CAS-Nr. 165800-03-3; $C_{16}H_{20}FN_3O_4$, M_r 337.4. Schmp. 179 °C. logP −0.9; pK_S 3.9 (ber.); schwer lösl. in Wasser. **Wirk.:** synthet., bakteriostat. Antibiotikum* der Oxazolidingruppe geg. grampositive Erreger; Hemmung der bakteriellen Proteinbiosynthese; **Anw.:** nosokomial erworbene Pneumonien, Haut- und Weichteilinfektionen; **UAW:** evtl. Diarrhö, Übelkeit; **Dos.:** 2×600 mg/d für 10-14 Tage, p. o. od. i. v.; HWZ 5-7 h.

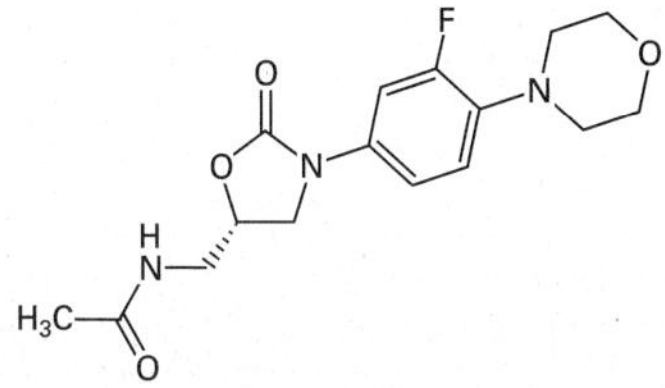

Linezolid

Lingua (lat.): Zunge. lingualis: zur Zunge gehörig.
Linienspektrum: s. Spektroskopie.
Linimente: Linimenta Ph.Eur.3 (nicht mehr seit 1995); zum äußerl. Gebrauch bestimmte flüssige, halbflüssige, suspensions-, emulsionsartige, gallertige od. bei Körpertemp. schmelzende homogene Mischungen. Sie bestehen aus Fetten, fetten Ölen, Seifen, Balsamen u. a. verseifbaren od. emulgierbaren Stoffen. Teilweise dadurch hergestellt, dass man ein festes Fett durch Zusatz von Flüss. über die Salbenkonsistenz hinaus verdünnt. Vielfach bezeichnet man flüssige Einreibungen allg. mit Liniment, z. B. eine Auflösung von Campher in Öl od. Campher, Salicylsäure, Methylsalicylat u. äther. u. fette Öle in Ethanol. Ein festes Liniment ist der Opodeldok* (s. Linimentum saponato-camphoratum, DAB6, s. Gallerta saponata camphorata, ÖAB90); vgl. Emulsionen; **Inkomp.:** Emulsionslinimente sind inkompatibel mit größeren Mengen Ethanol (Flockung des Emulgators, Zerfall der Emulgatormizellen, Brechen der Emulsion) u. sauer reagierenden Stoffen (bei Seifen als Emulgatoren).
Linimentum ammoniato-camphoratum: Emulsio ammoniata-camphorata, flüchtiges Campher-Liniment; Zstzg.: DAB6, 5 T. zerriebener Campher, 55 T. Erdnussöl, 18 T. Rizinusöl, 22 T. Ammoniakflüssigkeit, 0.1 T. med. Seife; ÖAB90, 5 T. Campher, 55 T. Erdnussöl, 15 T. Rizinusöl, 1 T. Ölsäure, 24 T. Ammoniak, O/W-Emulgator Ammoniumoleat entsteht in situ. **Anw.:** Antirheumatikum, Einreibungen.
Linimentum ammoniatum: Linimentum volatile, Emulsio ammoniata, flüchtiges Liniment, flüssiges Seifenliniment; Zstzg.: DAB6, 60 T. Erdnussöl, 18 T. Rizinusöl, 22 T. Ammoniakflüssigkeit, 0.1 T. med. Seife; ÖAB90, 60 T. Erdnußöl, 15 T. Rizinusöl, 1 T. Ölsäure, 24 T. Ammoniak, O/W-Emulgator Ammoniumoleat entsteht in situ. **Anw.:** hautreizende Einreibung.
Linimentum Bourget: Zstzg.: Ph.Helv.7, 5 T. Methylium salicylicum werden mit 2 T. Aetheroleum Eucalypti, 2 T. Oleum myristicae expressum, 2 T. Aetheroleum Salviae, 4 T. Aetheroleum Juniperi u. 20 T. Oleum Olivae gemischt. 2 T. Acidum salicylicum u. 3 T. Camphora werden in 60 T. Ethanol 96 % gelöst u. beide Mischungen vereinigt.
Linimentum Calcariae: Emulsio Calcis, Kalkliniment, Brandliniment; W/O-Emulsion, Zstzg.: DAB6, Leinöl u. Kalkwasser zu gleichen Teilen; ÖAB90 (Emulsio Calcis), 45 T. Leinöl (SZ unter 2.8: Zusatz von Ölsäure erforderlich), 5 T. Wollwachs, 50 T. Calciumhydroxidlösung; Ca-Gehalt 0.04 %. Der W/O-Emulgator (Ca-Seifen) entsteht aus den freien Fettsäuren des Leinöls und u. U. aus der zugesetzten Ölsäure mit Calciumhydroxid.
Linimentum contra scabiem: Krätzeliniment; Zstzg.: DAB6, 2 T. Perubalsam, 1 T. Rizinusöl, 1 T. Ethanol.
Linimentum Gaultheriae compositum: Wintergrünliniment; Herst.: Ph.Helv.7, 5 T. Methylsalicylat u. 95 T. Linimentum* Terebinthinae compositum werden unter kräftigem Schütteln gemischt; bei Bedarf frisch zu bereiten. **Anw.:** Einreibung bei Erkrankungen des rheumat. Formenkreises; **Inkomp.:** s. Linimente.
Linimentum salicylatum compositum: zusammengesetztes Salicylliniment; Zstzg.: Ph.Helv.7, 5 T. Methylium salicylicum werden mit 2 T. Aetheroleum Eucalypti, 2 T. Oleum myristicae aethereum, 2 T. Aetheroleum Salviae, 4 T. Aetheroleum Juniperi u. 20 T. Oleum Ricini gemischt. 2 T. Acidum salicylicum u. 3 T. Camphora werden in 60 T. Ethanol 96 % gelöst u. beide Mischungen vereinigt. **Anw.:** antirheumat. Einreibung.
Linimentum saponato-ammoniatum: flüssiges Seifenliniment; Zstzg.: DAB6, 1 T. Seifenspiritus, 1 T. Ammoniakflüssigkeit, 2 T. Wasser.
Linimentum saponato-camphoratum: Opodeldok; Zstzg.: DAB6, 40 T. med. Seife, 10 T. Campher, 420 T. Weingeist, 2 T. Thymianöl, 3 T. Rosmarinöl, 25 T. Ammoniakflüssigkeit; ÖAB90, s. Gallerta saponata camphorata. **Anw.:** antirheumat. Einreibung.
Linimentum saponato-camphoratum liquidum: flüssiger Opodeldok; Herst.: Ph.Helv.7, Verseifen von 7 T. Olivenöl mit 3.15 T. Kaliumhydroxidlsg. (40 %) u. 10 T. Ethanol; danach werden 2.2 T. Campher u. äther. Öle (1 T. Rosmarinöl, 0.5 T. Thymianöl), 38 T. Ethanol, 6.5 T. wässrige Ammoniaklsg. 10 % u. Wasser ad 100 T. zugefügt; DAB6, s. Spiritus saponato-camphoratus. **Inkomp.:** Calciumsalze u. sauer reagierende Stoffe; **Anw.:** antirheumat. Einreibung.
Linimentum Terebinthinae compositum: zusammengesetztes Terpentinliniment; Herst.: Ph.Helv.7, die Lsg. von 6 T. Kaliseife in 52.5 T. Wasser wird in die Mischung von 4.5 T. Campher, 20 T. Terpentinöl, 12.5 T. Olivenöl u. 4.5 T. Ölsäure einemulgiert; dünnflüssige O/W-Emulsion. **In-**

L

komp.: sauer reagierende Stoffe; **Anw.**: antirheumatische Einreibung.

Linker: Bez. für Molekülbestandteile, die größere Molekülfragmente verbinden. **Anw.**: Festphasensynthesen, Affinitätschromatographie (s. Chromatographie).

linksdrehend: s. Aktivität, optische.

Linksherzinsuffizienz: s. Herzinsuffizienz.

Linkszucker: s. Fructose.

Linné, Carl von: Carolus Linnaeus, Abk. L.; (1707-1778) schwed. Naturforscher; Begründer der modernen biol. Systematik u. der binären Nomenklatur* (Philosophia Botanica, 1751; Systema Naturae, 1758) mit einem Gattungs- und Artnamen.

γ-Linolensäure: s. Linolensäuren.

Linolensäuren: Octadecatriensäuren; $C_{17}H_{29}COOH$, M_r 278.4. Ungesättigte, essentielle Fettsäuren* mit 3 Doppelbindungen. **α-Linolensäure:** (Z,Z,Z)-9,12,15-Octadecatriensäure, C_{18}:3ω-3-Säure; CAS-Nr. 463-40-1. D. 0.905. Farblose Flüss., leicht lösl. in Ether, lösl. in Ethanol, unlösl. in Wasser. Nat. im Leinöl. **γ-Linolensäure:** Gamma-Linolensäure, Gamolensäure, (Z,Z,Z)-6,9,12-Octadecatriensäure, C_{18}:3ω-6-Säure, CAS-Nr. 506-26-3; **Vork.**: Samenöle von Borago* officinalis (bis 25 %), Ribes* nigrum (15-19 %), Oenothera* biennis (bis 9 %) u. in Pilzen. Δ^6-Desaturase-Produkt von Linolsäure*, biogenet. Präkursor von Prostaglandinen* mit 1 Doppelbindung, z. B. PGE_1; **Anw.**: atop. Ekzem.

L

Linolsäure: Leinölsäure, C_{18}:2ω-6-Säure; (Z,Z)-9,12-Octadecadiensäure; CAS-Nr. 60-33-2; $C_{17}H_{31}COOH$, M_r 280.45. Schmp. 11 °C. Sdp. 230 °C. D. 0.903. Eine ungesättigte, essentielle Fettsäure. Nat. als Glycerid im Leinöl, Hanföl, Mohnöl sowie im Eilecithin u. Walfett; farbloses bis hellgelbes Öl, lösl. in org. Lösungsmitteln, unlösl. in Wasser.

Linoxyn: oxidiertes (polymerisiertes) Leinöl, s. Linum usitatissimum (Oleum Lini).

Linse: **1.** (physik.) s. Brennpunkt. **2.** (bot.) s. Lens culinaris.

Linsenstärke: s. Amylum Lentis.

Lint: einseitig aufgerauhtes, weiches, 36-fädiges, 40 cm breites Baumwoll- od. Baumwoll-Zellwollgewebe. **Anw.**: in der Augenheilkunde u. für Salbenverbände (v. a. in England verbreitet).

Linum catharticum L.: Purgierlein; Fam. Linaceae (Europa). Stpfl. von **Herba Lini cathartici:** Purgierleinkraut. **Inhaltsst.**: Linin, Harz, 2 % Gerbstoff, ca. 0.15 % äther. Öl; **Anw.** volkstüml.: z. B. als harntreibendes Mittel, bei Verstopfung u. Leberleiden.

Linum usitatissimum L.: Lein, Flachs; Fam. Linaceae (heim. evtl. westliches Asien, alte Kulturpflanze in allen Erdteilen). Stpfl. von **Filum Lini asepticum:** steriler Leinenfaden; s. Filum lini sterile. **Lini semen:** Semen Lini, Leinsamen; die getrockneten reifen Samen (s. Samenbildung, Abb. 2); dürfen nicht ranzig riechen od. schmecken. **Off.**: Ph.Eur.4; **Inhaltsst.**: ca. 6 % Schleimstoffe (bei der Hydrolyse in Glucose, Galactose, Arabinose u. Xylose, Galacturon- u. Mannuronsäure spaltend), Pektin, 35-43 % fettes Öl, ca. 20 % Eiweiß, mehrere Enzyme; Linamarin*, das durch Einw. von Linamarase in Blausäure, Glucose u. Aceton zerfällt, u. Spuren anderer Cyanglykoside* wie Lotaustralin (insges. 0.1-1.5 %, Strukturformeln s. Cyanglykoside, Tab.), Zucker. QZ mind. 4 (Ganzdroge) bzw. 4.5 (zerkleinerte Droge); **Anw.**: bei katarrhal. Affektionen jeder Art, als Mucilaginosum, Abführmittel, entzündungswidriges u. krampflösendes Mittel, zu Kataplasmen; die zerkleinerte Droge höchstens 24 Std. lagern. **Placenta Seminis Lini:** Leinkuchen, Leinmehl, Farina Lini; die bei der Gew. des Leinöls erhaltenen Pressrückstände. **Inhaltsst.**: 10 % Fett, 8 % Schleim, Linamarin, 0.03 % Blausäure; **Anw.**: zu Kataplasmen. **Lini oleum virginale:** Oleum lini, natives Leinöl; das aus Leinsamen ohne Anw. von Wärme gepresste Öl. Goldgelbes oder bräunl. bis grüngelbes, schnell trocknendes, fettes Öl, leicht lösl. in Ether, Benzol, Schwefelkohlenstoff, Tetrachlorkohlenstoff, Trichlorethylen, Petrolether, sehr schwer lösl. in Ethanol. D. 0.926-0.936; Ep. −16 °C bis −28 °C; $n_D^{20\,°C}$ 1.478-1.485; IZ 170-203; VZ 186-194; SZ max. 4.0; UA max. 2.0 %. **Off.**: ÖAB90, Ph.Helv.8, Ph.Eur.4.04; **Best.**: hohe Anteile ungesättigter Fettsäuren (s. Fettsäuren, essentielle) wie 40-62 % α-Linolensäure, eine Omega-3-Fettsäure (C_{18}:3ω-3), sowie 16-25 % Linolsäure*, 14-26 % Ölsäure, ferner Palmitin- u. Stearinsäure (9-16 %). In nördl. Ländern ist das Öl reicher an ungesättigten Fettsäuren. **Anw.**: mildes Abführmittel u. in der Dermatologie; früher (mit gleichem T. Kalkwasser) als Brandliniment (Linimentum Calcariae DAB6), gegen Sonnenbrand; als Speiseöl; techn.: z. B. zur Herst. von Firnissen, Lacken, Schmierseife. Das eingetrocknete (oxidierte, polymerisierte) Leinöl heißt Linoxyn; **Zuber.**: Emulsio Calcis, Linimentum Calcariae, Sapo kalinus, Solutio Masticis composita. **Oleum Lini album:** Weißes Leinöl; das mit Kaliumpermanganat, Natriumsulfit u. Salzsäure gebleichtes Leinöl. **Oleum Lini sulfuratum:** geschwefeltes Leinöl, Schwefelbalsam, Bergöl; Darst.: EB6; 850 T. Leinöl werden in einem eisernen od. irdenen Gefäß auf ca. 130 °C erhitzt, dann allmähl. mit 150 T. getrocknetem, gereinigtem Schwefel versetzt u. unter ständigem Umrühren weiter erhitzt, bis eine zähe, rotbraune, gleichmäßige Masse entsteht, die in Terpentinöl vollkommen lösl. ist (s. Oleum Terebinthinae sulfuratum). **Anw.** volkstüml.: früher bei Tuberkulose.

Liothyronin INN: 3,3',5-Triiodthyronin (Abk. T3); (*S*)-3-[4-(4-Hydroxy-3-iodphenoxy)-3,5-diiodphenyl]alanin; CAS-Nr. 6893-02-3; $C_{15}H_{12}I_3NO_4$, M_r 651.01. Strukturformel s. Hormone (Abb. 4). Schmp. 236-237 °C (unter Zers.). $[\alpha]_D^{29,5\,°C}$ +21.5° (c = 4.75 in 1:2-Mischung von Salzsäure 1 mol/L u. Ethanol). **Anw.**: Schilddrüsenhormon, bei Iodmangel-Struma, Myxoedem, Kretinismus; **Dos.**: p. o. Initialdos. 1-3 × 0.02 mg/d, n. B. langsam erhöhen; HWZ 22 h. **Liothyronin-Natrium**: Liothyronium natricum Ph.Eur.4; CAS-Nr. 55-06-1; $C_{15}H_{11}I_3NNaO_4$; M_r 672.99. Weißes bis schwach gefärbtes Pulver, unlösl. in Wasser, schwer lösl. in Ethanol, löst sich in verd. Alkalihydroxidlösung. **Dos.**: oral Initialdosis 10-25 µg/d, mit 10-25 µg/d in Abständen von 7-14 d erhöhbar; Erhaltungsdosis: 25-100 µg/d (Ph.Eur.Komm.). Gebräuchl. ist auch Liothyroninhydrochlorid.

Lipid-Carrier des Amphotericin B
Verschiedene Carrier im Vergleich

Parameter	Amphotericin B (0.6 mg/kg i.v.)	AmBisome® (5 mg/kg i.v.)	Abelcet® (5 mg/kg i.v.)	Amphocil® (5 mg/kg i.v.)
Form/Struktur	Mizellen	unilamellare Liposomen	bandartige Struktur	Diskus
Lipide	Desoxycholat	HPC/CHOL/DSPG (2 : 1 : 0.8)	DMPC/DMPG (7 : 3)	Cholesterolsulfat
molares Verhältnis des Amphotericin B	34 %	10 %	35 %	50 %
Größe	<10 nm	80-120 nm	1.6-11 µm	122 nm
Halbwertzeit	10-37 h	9-41 h	77-173 h	23-42 h
C_{max}	1.1 µg/mL	83 µg/mL	1.7 µg/mL	3.1 µg/mL
AUC	17.1 mgxh/L	555 mgxh/L	9.5 mgxh/L	43 mgxh/L
Verteilungsvolumen	1.1-4.3 L/kg	0.11 L/kg	131 L/kg	4.3 L/kg

C_{max}: maximale Serumkonzentration
CHOL: Cholesterol, DMPC: Dimyristoylphosphatidylcholin, DMPG: Dimyristoylphosphatidylglycerol, HPC: hydriertes Phosphatidylcholin

Lipasen: Gruppe von Carboxylesterasen (Hydrolasen), die bevorzugt Triglyceride in freie Fettsäuren u. Glycerol od. Monoglyceride hydrolysieren. Für ihre Aktivität ist die Anwesenheit von Calciumionen, Aminosäuren u. Gallensäuren notwendig. Die Pankreaslipase, M_r 35 000, benötigt Taurocholsäure*. Neben der Bauchspeicheldrüse enthalten einige Pflanzensamen (z. B. Ricinussamen) hohe Anteile an L. sowie Fettgewebe, Magen u. Leber. Die schnelle Entfernung der dritten u. letzten Fettsäure aus Triglyceriden wird durch eine spezif. Monoglycerol-Lipase, die in der Darmmukosa produziert wird, katalysiert; s. Phospholipasen.

Lipid-Carrier des Amphotericin B: lipidhaltige Darreichungsformen des Amphotericin B (s. Tab.) mit deren Hilfe die akute u. subakute Tox. des Polyenantibiotikums* (insbes. Schüttelfrost, Fieber, Nephrotoxizität) reduziert werden kann. **Beispiele: 1.** AmBisome®: unilamellare Liposomen mit geringer Durchschnittsgröße, die länger im Plasma verbleiben als größere Liposomen; vergleichsweise lange Halbwertzeit, Verteilungsvolumen, das dem Intravasalraum* sehr nahe kommt, u. bessere Verträglichkeit. **Anw.:** manifeste Mykosen* **Dos.:** 3 mg/kg/d i. v. (u. mehr), Obergrenze für herkömmliche Darreichungsform i. v. 1 mg/kg/d; **2.** Abelcet® (ABLC): Lipid-Carrier, bei dem das Polyenantibiotikum in eine bandartige Phospholipid-Struktur eingebettet wurde, Durchschnittsgröße 1.6-11 µm. Wahrscheinl. relativ rasche Aufnahme des Komplexes durch Zellen des mononukleären phagozytären Systems u. so recht geringe Spitzenkonzentration im Plasma u. außerordentl. geringe AUC*. Verträglichkeit geringer als AmBisome® (Vergleichsstudie/Dos. 5 mg/kg i. v.); **3.** Amphocil® (ABCD): Anordnung zw. dem Wirkstoff u. Cholesterolsulfat, die an eine Diskusscheibe erinnert. Gegenüber herkömml. Amphotericin B zeigt es Verträglichkeitsvorteile.

Lipiddoppelschicht: Bilayer; Membran aus amphiphilen Lipiden, bei der die lipophilen Molekülteile zweier Lipidschichten (Monolayer, Leaflets) einander zugewandt sind u. einen hydrophoben Innenbereich bilden. **Anw.:** Einbau hydrophober Arzneistoffe in das Innere einer Phospholipidmembrandoppelschicht; s. Liposomen.

L

Lipide: wasserunlösl., org. Substanzen, die sich aus tier. od. pflanzlichen Geweben durch unpolare Lösungsmittel wie Chloroform, Ether, Benzol od. Trichlorethylen extrahieren lassen. Einige L. dienen als strukturelle Komponenten von Membranen, während andere Nährstoffspeicher darstellen. Es gibt versch. Klassen von L., die viele, strukturell uneinheitl. Verb. vereinigen. Man unterscheidet zw. den einfachen Lipiden, zu denen Neutralfette (Triglyceride*), Wachse* u. Terpene* (Monoterpene*, Diterpene*, Carotinoide*, Steroide*) gezählt werden, u. den komplexen Lipiden od. Lipoiden. Zu letzteren gehören die Glykolipide* u. die Phospholipide*. Glyceride u. Wachse werden auch als verseifbare Lipide, Terpene als nicht verseifbare Lipide bezeichnet.

Lipidnanopartikel, feste: (engl.) *solid lipid nanoparticles (Abk. SLN)*; Carriersystem mit einer Partikelgröße von ca. 50-1000 nm. Das Matrixmaterial besteht aus festen Lipiden, wobei vorwiegend physiol. Lipide od. Lipide aus physiol. Komponenten (z. B. Glyceride aus körpereigenen Fettsäuren) mit guter in vivo Abbaubarkeit eingesetzt werden. **Herst.:** Hochdruckhomogenisation von in Wasser dispergierten Lipiden im geschmolzenen od. festen Zustand (sog. Heißhomogenisation bzw. Kalthomogenisation). I. d. R. werden SLN in wäßriger Dispersion durch Tenside stabilisiert, eine tensidfreie Herstellung möglich. Die Wirkstoffe sind in der Lipidmatrix gelöst (feste Lösung) od. dispergiert. SLN können sowohl als wäßrige Dispersion als auch mittels Lyophilisation od. Sprühtrocknung als Trockenprodukt formuliert werden. **Vorteile: 1.** Modifikation des Freisetzungsprofils aufgrund der festen Partikelmatrix; **2.** chem. Stabilisierung; **3.** geringe Toxizität der Hilfsstoffe; **4.** industrielle Herstellung über Hochdruckhomogenisation*; **5.** bei top. Anw.: adhäsive Effekte u. Okklusionswirkung; **6.** am Auge: verlängerte Verweilzeit; **7.** bei oraler od. peroraler Applikation: verläßl. Bioverfügbarkeit; **8.** bei i. v.-Applikation: Vermeidung von UAW, z. B. kein Einsatz von Lösungsvermittlern; **9.** Möglichkeit des drug targeting.

Lipidsenker: Antilipidämika, Antilipämika, Antihyperlipidämika, antilipidämische Substanzen; Arzneistoffe zur Senkung erhöhter Serumlipidspiegel (s. Hyperlipoproteinämien). **Einteilung:** **1.** HMG*-CoA-Reduktasehemmer: Statine; Mittel der Wahl bei Hypercholesterolämien; hemmen die Cholesterolbiosynthese u. führen in Kombination mit diätetischen Maßnahmen zu einer signifikanten Reduktion des Serum-Cholesterolspiegels; **2.** Aryloxyalkancarbonsäurederivate: Fibrate; z. B. Clofibrat*, Bezafibrat*, Fenofibrat*, Etofibrat*, Gemfibrozil*. Wirkmechanismus: als PPARα-Agonisten steigern sie die Expression der Lipoproteinlipase u. vieler, am Fettsäuremetabolismus beteiligter Enzyme, was zur Senkung des Triglyceridspiegels führt; Clofibrat wird bei Hyperlipidämien des Typs III, IV u. V verabreicht, seine Analogpräparate bei Hypercholesterolämie u. Triglyceridämie. Präparate sollten nur bei strenger Indikationsstellung verschrieben werden. Fibrate senken v. a. den Triglyceridspiegel u. weniger den Cholesterolspiegel u. sollten nur bei strenger Indikationsstellung verschrieben werden; **3.** Fischöle*: wirken ebenfalls als PPARα-Agonisten u. senken bei entspr. Dosierung den Triglyceridspiegel; **4.** Nicotinsäure* u. Nicotinylalkohol: wirken insbes. bei Hyperlipoproteinämien* vom Typ II. **Wirkungsmechanismus:** Hemmung der Fettgewebelipolyse, führt zu verminderter Abgabe von Fettsäuren aus dem Fettgewebe, welche in der Leber in geringerem Umfang zu Triglyceriden synthetisiert werden. Dies führt zu Abnahme von VLDL u. LDL; **5.** Dextrothyroxin: D-Enantiomer* von L-Thyroxin*; geringere Herz- u. Kreislaufwirkung als L-Thyroxin; senkt Plasmacholesterolkonzentration; **6.** Ionenaustauscherharze: z. B. Colestyramin*, Colestipol*, werden nicht resorbiert; Gallensäuren u. Cholesterol werden z. T. an Austauscherharz gebunden, Unterbrechung des enterohepat. Kreislaufs*. Folge ist die vermehrte Gallensäuresynthese unter Verbrauch von Cholesterol; bei Hyperlipidämien vom Typ IIa; **7.** Probucol*, als Reservetherapeutikum mit unbekanntem Wirkungsmechanismus; **8.** pflanzliche L.: Guar (s. Cyamospsis tetragonaloba), Pektine*, möglicherweise auch Wirkstoffe aus Knoblauch (s. Allium sativum) u. Artischocke (s. Cynara cardunculus ssp. flavescens). Weiterhin Sitosterin* u. essentielle Fettsäuren. Indikation jegl. Lipidsenker besteht erst nach erfolgloser diätet. Behandlung (Basistherapie).

Lipochrome: gelbe bis rotviolette Farbstoffe, die zu den Lipoiden gehören; wichtigste Vertreter: Carotinoide*, Lutein*, Xanthophyll*.

Lipogele: Salbengrundlagen aus Fettsäuretriglyceriden od. lipophilen Stoffen wie flüssigen Wachsen, mit ausgeprägt fettenden Eigenschaften; vgl. Gele.

Lipoide: fettähnl. Substanzen; s. Lipide.

Lipom: gutartige, langsam wachsende Fettgewebeneubildung; gelegentl. familiär vorkommend. **Lokalisation:** meist in der Subkcutis von Stamm u. Extremitäten.

Lipomikronen: s. Chylomikronen.

α-Liponsäure: (engl.) *lipoic acid*; Thioctsäure (engl. *thioctic acid*), 6,8-Dithioctansäure, 1,2-Dithiocyclopentan-3-valeriansäure; 5-(1,2-Dithiolan-3-yl)-pentansäure; $C_8H_{14}O_2S_2$, M_r 206.32. **(*RS*)-Liponsäure**: CAS-Nr. 62-46-4; Schmp. 61 °C; Sdp. 265 °C. **(*R*)-Liponsäure/(*S*)-Liponsäure**: Schmp. 46-48 °C. Wesentl. Stoffwechselfaktor; aus Leber u. Hefe isoliert; auch synthet. dargestellt; ihre Salze heißen Lipoate. **Vork.:** nat. (R)-L. (D-Form) in fast allen Lebewesen; beim Mensch ca. 16 µg/L Serum; **Physiologie:** dieser einfach gebaute, vitaminartige Stoff kann als cycl. Disulfid u. in der reduzierten, offenkettigen Form als Dihydroliponsäure (γ-L.) vorliegen. Durch Redoxreaktionen sind diese bd. Formen rasch ineinander umwandelbar. L. wirkt als eines der Coenzyme bei der oxidativen Decarboxylierung von Pyruvat u. anderen α-Ketosäuren. **Anw.:** als Säure, Natriumsalz u. Amid bei Leberfunktionsstörungen; bei Schwermetallvergiftungen; als Antidot bei Knollenblätterpilzvergiftung umstritten; HWZ 1 h. Ferner β-Liponsäure.

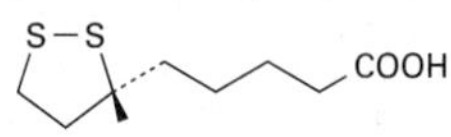

α-Liponsäure: (R)-α-Liponsäure

lipophil: carbophil; Fett liebend; s. Lipophilie.

Lipophilie: Fettlöslichkeit; Eigenschaft von Stoffen, sich in Fetten, Ölen od. fettähnl. Medien leicht zu lösen. Die für die Resorption eines Arzneistoffes wichtige L. wird durch seinen Verteilungskoeffizienten* angegeben; vgl. Hydrophilie, Hydrophobie.

Lipoproteine: wasserlösl. Protein-Lipid-Komplexe, in denen die Lipide von einer Proteinhülle umgeben sind; sie sind durch Molekülgröße, Lipidzusammensetzung, Proteinanteil sowie durch ihr Verhalten in der Ultrazentrifuge (unterschiedl. Dichte) u. ihre Wanderung im elektr. Feld (Lipoproteinelektrophorese: α-, β-, prä-β-Lipoproteine) charakterisiert. Man unterscheidet nach ihren Eigenschaften folgende Hauptgruppen: **1.** Chylomikronen*; **2.** VLDL (very low density lipoprotein, L. sehr geringer Dichte), werden in der Leber gebildet u. unter Mitwirkung von Apoproteinen in das Blut abgegeben; tauschen einen Teil ihrer Apoproteine mit den HDL aus, wobei über eine IDL-Zwischenstufe; **3.** LDL-Partikel (low density lipoprotein, L. geringer Dichte) entstehen, die durch Endozytose* von peripheren Organen u. Geweben aufgenommen werden. Beim Abbau der LDL-Partikel werden Fettsäuren u. Cholesterol freigesetzt u. für die Lipidsynthese der Zelle verfügbar gemacht; **4.** HDL (high density lipoprotein, L. hoher Dichte) nehmen im Stoffwechsel der L. eine zentrale Stellung ein; entstehen aus in der Leber bzw. Mukosazelle des Intestinaltraktes syn-

Lipoproteine
Charakteristik der Plasmalipoproteine

	Chylomikronen	very low density lipoproteins (VLDL)	low density lipoproteins (LDL)	high density lipoproteins (HDL)
Dichteklasse (g/ml)	≤0.9	≤1.006	≤1.063	≤1.21
Molekulargewicht	>20 Mio.	>3 Mio.	>2-3 Mio.	>140-360 000
Größe (Durchmesser in nm)	100 -1000	30- 70	15- 70	7.5- 10
Konzentration im Nüchternplasma (mg/100 mL)				
bei Männern	–	50-150	300-400	250 -350
bei Frauen	–	50-100	250-300	400 -500
Zusammensetzung (%)				
Eiweiß	0.8- 2.5	8- 12	20- 24	40 - 80
Phospholipide	4 - 9	16- 20	20- 24	20 - 37
Cholesterol	0.5- 1	6- 8	7- 9	2 - 7
Cholesterol-Ester	1 - 2.5	12- 14	35- 40	5 - 10
Triglyceride	87 - 94	45- 55	8- 18	1 - 5
Apo-Lipoproteine	A, B, C	A, B, C	B	A
elektrophoretische Mobilität	Start	Prä-Beta	Beta	Alpha

thetisierten HDL-Vorstufen (Nascent-HDL); sphär. Mizellen von ca. 12 nm Durchmesser. Die HDL-Vorstufe bereitet die Chylomikronen-Vorstufe u. die VLDL-Vorstufe durch Austausch von Apoproteinen u. Lipiden für den weiteren Abbau vor. Bei Kontakt mit peripheren Organen u. Geweben vermag HDL freies membranassoziiertes Cholesterol zu übernehmen u. mit Hilfe der Lecithin-Cholesterol-Acyl-Transferase (LCAT) in Cholesterolester zu überführen. Die im HDL enthaltenen Cholesterolester werden über die Galle ausgeschieden. Wegen der regulierenden Wirk. auf den Lipoproteinstoffwechsel u. der Fähigkeit zum Abtransport von freiem Cholesterol aus Organen u. Geweben wird dem HDL eine vor Arteriosklerose schützende Wirk. zugesprochen. s. Tab.

Liposomen: künstl. hergestellte Vesikel, kugelige in sich abgeschlossene Membranlamellen. L. sind Assoziate von amphiphilen Lipiden in Wasser. Sie besitzen eine od. mehrere konzentr. angeordnete 5 nm-Doppelschichten (Bilayer) aus Phospholipiden (Ei- od. Sojalecithin), Cholesterol (Stabilisator) u. Glykolipiden, die sich mit wässrigen Zwischenschichten abwechseln u. trennen einen wässrigen Innenraum von einer äußeren wässrigen Phase ab. Je nach Anzahl der Schichten u. in Abhängigkeit von Größe u. Lamellenzahl unterscheidet man zw. **small unilamellar vesicles** (SUV, Durchmesser ca. 20-50 nm), **large unilamellar vesicles** (LUV, Duirchmesser >50 nm), **oligolamellar large vesicles** (OLV, mehrere Lamellen), **multivesicular vesicles** (MVV, 2 od. mehr Vesikel von einem größeren umschlossen), u. **multilamellar large vesicles** (MLV, Durchmesser ca. 100-1000 nm, mit einer großen Zahl an konzentr. Bilayerschalen, s. Abb.). Da hydrophile Wirkstoffe in den wässrigen Innenraum, ggf. in die wässrigen Zwischenschichten u. hydrophobe in die Lipidschichten im Bilayer eingebaut werden können, wird die Anwendung als Arzneistoffträger angestrebt. **Herst.:** MLV entstehen aus einem aus org. Phospholipid-Lösung durch Vakuumtrocknung hergestellten Film durch Schütteln mit wäßriger Puffer- bzw. Wirkstofflösung (Hydratisierung). Durch Ultraschallbehandlung von MLV lassen sich die anderen erwähnten Typen herstellen. Bessere Herstellungsverfahren ergeben sich für SUV durch eine feine Verteilung (Hochdruckhomogenisation, Solvent-Injection-Methode) von ethanol. Lipoidlösungen im wässrigen Medium bzw. Dispergierung von Lipiden im wässrigen Milieu in Anwesenheit von Tensiden u. anschließender Entfernung der Tensidmoleküle. **Anw.:** L. dienen als Transportvehikel (Carrier). L. eignen sich zur Inkorporierung von z. B. Enzymen, Zytostatika, Steroiden, Insulin, Impfstoffen, Peptiden. Die eingeschlossenen Wirkstoffe werden trotz parenteraler (i. m., s. c.) Applikation verzögert freigesetzt u. werden dadurch langsamer metabolisiert bzw. ausgeschieden. L. können wegen der chem. Instabilität der Phospholipide u. der Instabilität der bimolekularen Lipidschichten nicht allgemein eingesetzt werden. Es sind erst wenige Arzneipräparate im Handel; hingegen werden seit 1987 liposomale Kosmetika (vorwiegend Niosomen, d. h. Liposomen mit synthet. nichtionischen Lipiden) eingesetzt. Seit einigen Jahren sind versch. Liposomen enthaltende Arzneimittel auf dem Markt. Zur top. Anw. sind L. mit Econazol u. Heparin im Handel. Liposomen können das Stratum corneum der Haut nicht durchdringen, jedoch durch Veränderung des Feuchtegehaltes der Haut die Wirkstoffpermeation verbessern. Zur i.v.-Injektion gegen system. Pilzinfektionen dient ein lyophilisierte Liposomenpräparat, bei dem Amphotericin B in die Membranen eingebaut ist, wodurch die Nephrotoxizität deutlich verringert ist. In liposomaler Form werden die Zytostatika Daunorubicin u. Doxorubicin eingesetzt, wodurch die Kardiotoxizität durch die liposomale Verteilung nach der i.v.-Gabe nahezu verschwindet. Viele andere liposomale eingekapselte Wirkstoffe sind in klin.

L

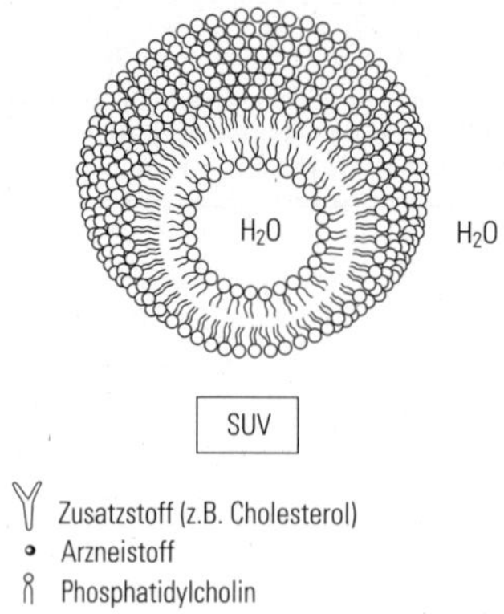

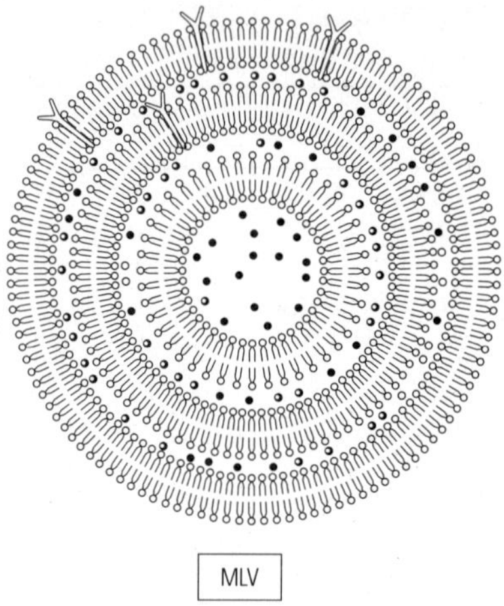

Bezeichnung	Größe (nm)	Struktur
SUV	< 80	unilamellar
MLV	< 400	multilamellar
LUV	> 80	unilamellar
LMLV	> 400	multilamellar

Liposomen: Querschnittschema

Erprobung. Röntgen- od. NMR-Kontrastmittel in Liposomen ermöglichen eine verbesserte Darstellung versch. Organe. s. Magnetopharmaka.

lipotrop: den Fettabbau beschleunigend; s. Stoffe, lipotrope, vgl. Lipotropine.

lipotrope Stoffe: s. Stoffe, lipotrope.

Lipotropine: Abk. LPH, fettmobilisierende Hormone; im Hypophysenvorderlappen vork. Gruppe von Proteohormonen (Fettstoffwechselhormone). **β-Lipotropin** besteht aus 91 Aminosäureresten, M_r 989 (Schwein), **γ-Lipotropin** aus 58 Aminosäureresten, deren Sequenz mit den Resten 1-58 von *β*-Lipotropin ident. ist. L. haben wichtige Funktionen beim Fettstoffwechsel* (Lipolyse) u. sind Vorläufer einer Reihe wichtiger endogener Stoffe (z. B. Endorphine*); s. Hormone (Hypophysenvorderlappen).

Lipoxygenase: s. Eicosanoide.

Lippe: Labium.

Lippenblütler: s. Lamiaceae.

Lippia triphylla: s. Aloysia triphylla.

Liquida ad usum dermicum : s. Zubereitungen zur kutanen Anwendung, flüssige.

Liquidambar orientalis Mill.: Fam. Hamamelidaceae (Kleinasien, Syrien). Stpfl. von **Styrax:** Styrax liquidus, Balsamum styracinum, Balsamum Styrax liquidus, Balsamum Styracis liquidum, Storax, Styrax-Balsam; ein Ausscheidungsprodukt, das sich nach dem Einschneiden im Holzkörper des Baumes bildet; trübe, klebrige, zähe Masse, grau bis braun, benzoeartig riechend, lösl. in Ethanol, Ether, Essigsäureethylester, Aceton, Amylalkohol, Chloroform. **Best.:** Zimtsäure (bis 30 %), ca. 22 % eines Gemisches mehrerer Zimtsäureester (Cinnamein*), Vanillin (ca. 2 %), Styrol*, Harz; **Anw.** volkstüml.: früher äußerl. bei Hautkrankheiten (Krätze); vet.: gegen Räude; ferner in der Parfümerie. **Styrax calamitus:** Herst. aus den Pressrückständen bei der Styraxgewinnung, dient ledigl. zu Räucherzwecken. **Balsamum indicum album:** Amerikanischer Styrax, Hondurasbalsam; stammt von **Liquidambar styraciflua** L. (östl. Nord- u. Zentralamerika.). **Best.:** wie Styrax von L. o., jedoch ohne Zimtsäureethylester.

Liquida peroralia: s. Zubereitungen zum Einnehmen, flüssige.

liquid crystal displays: s. Flüssigkristalle.

liquidus: f: liquida, n: liquidum; flüssig.

Liquiritiae Radix: s. Glycyrrhiza glabra.

Liquiritin: s. Glycyrrhiza glabra.

Liquor: 1. Flüssigkeit; i. e. S. Kurzbez. für L.* cerebrospinalis. 2. im DAB Bez. für verschiedene flüss. Arzneimittel.

Liquor Aluminii acetici: s. Aluminiumacetat, Aluminiumacetat-tartrat-Lösung.

Liquor Aluminii acetico-tartarici: s. Aluminiumacetat-tartrat-Lösung.

Liquor Ammonii acetici: s. Ammoniumacetat.

Liquor Ammonii anisatus: s. Ammoniaklösung, anisölhaltige.

Liquor Ammonii carbonici pyrooleosi: brenzliche Ammoniumcarbonatlösung, Knochengeist; Zstzg.: EB6, 1 T. brenzl. Ammoniumcarbonat (entspricht 1 T. äther. Tieröl, 32 T. Ammoniumcarbonat) u. 55 T. Wasser. **Anw.:** früher als Excitans, z. B. bei Fieber, Ohnmacht.

Liquor Ammonii caustici: s. Ammoniaklösung 10 %.

Liquor Ammonii caustici spirituosus: s. Ammoniaklösung, weingeistige.

Liquor Ammonii hydrosulfurati: Ammoniumsulfidlösung; Darst.: EB6, Einleiten von gewaschenem H_2S in Ammoniakflüss. bis zur Sättigung. **Anw.:** Reagens.

Liquor Amyli cum Zinco iodato: s. Iodzinkstärkelösung.

Liquor Burowii: s. Aluminiumacetat (Zuber.).

Liquor Calcii chlorati: Calciumchloridlösung; DAB6, Geh.: 50 % krist. Calciumchlorid,

D. 1.226-1.233, klare, farb- u. geruchlose Flüss. **Anw.**: früher s.c. bei Lungenblutung und i.v. zur Calciumtherapie*.

Liquor Calcii sulfurati: s. Solutio Calcii sulfurati.

Liquor Carbonis detergens: Lithanthracis Picis liquor, Sol. Picis Lithanthracis, Tinctura carbonis detergens, Steinkohlenteerlösung; Herst.: DAC86, aus 3 T. gepulverter Seifenrinde u. 15 T. 70 %igem Ethanol wird eine Tinktur hergestellt. 13 T. (Ph.Helv.6: 100 T.) der Tinktur werden mit 7 T. (Ph.Helv.6: 20 T.) Steinkohlenteer (Pix* Lithanthracis) gemischt; ÖAB90: 20 T. Steinkohlenteer, 5 T. Polyoxyethylen-80-sorbitanoleat, 75 T. Ethanol. 7 (Ph.Helv.6: 8 Tage) Tage unter häufigem Schütteln stehen gelassen, die überstehende Füssigkeit wird filtriert; klare, dunkelbraune bis rötlich braune Flüss. von charakterist. Geruch. **Anw.**: Hautkrankheiten, Ekzemen. Steinkohlenteer ist ein sehr komplexes Gemisch von Phenolen, Aromaten, N-haltigen Verbindungen. Es sind relativ hohe Mengen kanzerogener Kohlenwasserstoffe festgestellt worden. Die therap. Verw. sollte daher nur in begründeten u. vom Arzt ständig kontrollierten Fällen erfolgen.

Liquor cerebrospinalis: Gehirn-Rückenmark-Flüssigkeit; Flüss., die in den vier Hirnventrikeln u. im Subarachnoidalraum enthalten ist u. das ZNS gegen Stoß u. Druck von außen schützt.

Liquor Cresoli saponatus: s. Sapo Cresoli.

Liquor Ferri albuminati: Ferrum albuminatum solutum, Eisenalbuminatlösung; Geh.: 0.39-0.4 % Eisen; D. 0.982-0.992; Herst.: DAB6, 220 T. frisches Hühnereiweiß, 120 T. dialysierte Eisenoxychloridlsg., 3 T. Natronlauge, ca. 4 T. aromat. Tinktur, ca. 100 T. Zimtwasser, ca. 150 T. Ethanol 96 %, Wasser n. Bedarf. **Anw.**: früher bei Anämie; Wirk. gering, da als Eisen(III)-Verbindung nur wenig resorbierbar.

Liquor Ferri oxychlorati dialysatus: dialysierte Eisenoxidchloridlösung; Geh.: 3.3-3.6 % Eisen; D. 1.041-1.045; Herst.: DAB6, 50 T. Eisenchloridlsg, 33 T. Ammoniak. **Anw.**: früher bei Anämie.

Liquor Ferri sesquichlorati: s. Solutio Ferri chlorati.

Liquor Formaldehydi: s. Formaldehydlösung 35 %.

Liquor Formaldehydi saponatus: s. Solutio Formaldehydi saponata.

Liquor Fowleri: s. Solutio Kalii arsenicosi.

Liquor Kali caustici: s. Solutio Kalii hydroxydati.

Liquor Kalii acetici: s. Solutio Kalii acetici.

Liquor Kalii arsenicosi: s. Solutio Kalii arsenicosi.

Liquor Kalii hypochlorosi: s. Kaliumhypochlorit.

Liquor Kalii silicici: Kaliwasserglaslösung, s. Kaliumsilicat.

Liquor Natrii caustici: s. Solutio Natrii hydroxidati concentrata.

Liquor Natrii hypochlorosi: s. Natriumhypochlorit.

Liquor Natrii silicici: s. Natriumsilicat.

Liquor Picis Carbonis: s. Liquor Carbonis detergens.

Liquor Plumbi subacetici: s. Blei(II)-acetat (Liquor Plumbi subacetici).

Liquor seriparus: s. Lab (Labessenz).

Liquor Stibii chlorati: s. Antimon(III)-chlorid (Liquor Stibii chlorati).

Liriodendron tulipifera L.: Tulpenbaum; Fam. Magnoliaceae (heim. in Nordamerika, in Mitteleuropa als Parkbaum kult.). **Inhaltsst.**: in Holz u. Rinde über 40 Alkaloide, v. a. Aporphinalkaloide wie Glaucin* sowie deren Dehydro- u. Oxoderivate, die z. T., wie auch (nach Verletzung) vorkommende Lignane (z. B. Lirionol), als Phytoalexine wirken; Flavonoide, z. B. Glykoside von Quercetin u. Kämpferol; Cumarine wie Aesculetindimethylether; bis zu 0.2 % äther. Öl (v. a. in der Wurzelrinde) mit Sesquiterpenlactonen (z. B. die Germacrenolide Costunolid* u. Tulipinolid) u. Monoterpenen (z. B. Ocimen, β-Pinen, Bornylacetat sowie Phellandren u. Limonen); ferner Chinone (z. B. 2,6-Dimethoxybenzochinon, DMBC), cyanogene Verbindungen u. Cyclitole; **Anw.** volkstüml.: die Rinde, die Wurzelrinde u. das Holz früher gegen Fieber (Malaria) u. Hysterie sowie als Tonikum (wegen des bitteren Geschmacks); **Tox.**: einige Inhaltsst. (z. B. Costunolid, DMBC) haben sensibilisierende Eigenschaften, der Umgang mit dem Holz kann zur Tulpenholzallergie führen.
Hom: *Liriodendron tulipifera:* frische Rinde der jungen Zweige.

Liriosma ovata: s. Ptychopetalum-Arten.

Lisinopril INN: (*S*)-1-[*N*[2]-(1-Carboxy-3-phenylpropyl)-L-lysyl]-L-prolin; CAS-Nr. 76547-98-3 (Anhydrat); $C_{21}H_{31}N_3O_5$; M_r 405.50. **Wirk.**: ACE*-Hemmer; **Anw.**: Antihypertensivum* bei Herzinfakt, Herzinsuffizienz; **UAW:** Kopfschmerzen, Husten, Schwindel. **Lisinopriol-Dihydrat:** Lisinoprilum dihydricum Ph.Eur.4; CAS-Nr. 83915-83-7 (Dihydrat); $C_{21}H_{31}N_3O_5 \cdot 2\,H_2O$, M_r 441.52. Weißes, krist. Pulver, lösl. in Wasser, wenig lösl. in Methanol, unlösl. in Aceton u. wasserfreiem Ethanol. **Dos.**: oral Antihypertonikum: Initialdosis 5 mg/d morgens, die Dosis kann auf 10 mg erhöht werden, maximal 40 mg/d; Herzinsuffizienz: Initialdosis 2.5 mg/d morgens, maximal 40 mg/d (Ph.Eur.Komm).

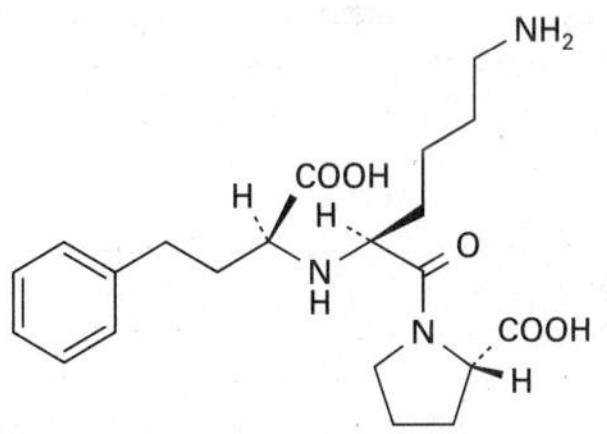

Lisinopril

Listeria (Sir Joseph Lister, Chirurg, Glasgow, London, 1827-1912): Gattung grampositiver, peritrich begeißelter, kokkoider Stäbchenbakt. mit Tendenz zur Kettenbildung, noch keiner Fam. zugeordnet. **Vork.**: ubiquitär, spez. im Kot von Mensch u. Tier, Abwasser, Kompost; Parasit von Warmblütern; humanpathogene Spezies: L. monocytogenes u. L. ivanovii; vgl. Listeriose.

Listeriose: durch Listerien* hervorgerufene Infektionskrankheit. Zoonose*, die auf den Menschen übertragen werden kann, v. a. gefährl. durch den diaplazentaren Übertritt der Erreger von infizierten Schwangeren auf das Kind während der letzten Schwangerschaftswochen.

Lisurid INN: 1,1-Diethyl-3-(9,10-didehydro-6-methyl-8α-ergolinyl)urea, 3-(9,10-Didehydro-6-methylergolin-8α-yl)-1,1-diethylurea; *N*-(D-6-Methyl-9-ergolen-8α-yl)-*N,N*-diethylharnstoff; CAS-Nr. 18016-80-3; $C_{20}H_{26}N_4O$, M_r 338.46. Strukturformel s. Bromocriptin (Abb.). Schmp. 186 °C (kristallisiert aus Benzol). $[\alpha]_D^{20\,°C}$ +313° (c=0.60 in Pyridin). Halbsynthet. Ergotalkaloid aus der Reihe der 8α-Ergoline (vgl. Bromocriptin, ein 8β-Ergolin-Derivat). **Anw.**: Prolactinhemmer*, Antihistaminikum*, Serotoninantagonist*, Migränetherapeutikum*, Antiparkinsonmittel* (in Kombination mit Levodopa*); **Dos.**: je nach Ind. zw. 0.025 mg/d (Migräneprophylaxe) u. 2 mg/d, auf mehrere Dosen verteilt (Antiparkinsonmittel); HWZ 2-3 h bzw. 10-24 h (Metaboliten). Gebräuchl. ist auch Lisuridhydrogenmaleat.

Litchibaum: s. Litchi chinensis.

Litchi chinensis Sonn.: Litchibaum, Litchipflaume, Litschipflaume, Lycheepflaume, Lychee; Fam. Sapindaceae (Südchina). Die Früchte (als Obst verwendet) bestehen aus einer dünnwandigen, rotbraunen Fruchtschale u. enthalten einen einzigen Samen, der von einem genießbaren, angenehm schmeckenden, weißem (schwarzem, wenn getrocknet), fruchtfleischartigen Samenmantel umgeben ist. **Anw.** volkstüml.: in der chines. Volksmedizin die Samen (enth. eine tox. Aminosäure) gegen Geschwülste; in der ind. Volksmedizin die Blätter bei Tierbissen.

L

Liter: Symbol L; Maßeinheit für Rauminhalte; s. Volumen.

Literaturdatenbank: Zusammenstellung von Literaturangaben relevant erscheinender Artikel aus Zeitschriften, Kongress- u. Forschungsberichten. Es erfolgt keine Aufarbeitung od. Wertung der Artikel. L. können nach Schlagworten u. bibliograph. Angaben durchsucht werden. I. Allg. ist ein Abstract einzusehen. L. stützen sich nur auf Primärliteratur* (vgl. Faktendatenbank) u. sind zumeist elektronisch verfügbar, z. B. medline.

Lithagoga: syn. Lithika; harnsteintreibende Mittel; vgl. Urolith.

Lithanthracis picis liquor: s. Liquor Carbonis detergens.

Lithanthracis pix: s. Pix Lithanthracis.

Lithanthrax: Steinkohle.

Lithargyrum: s. Blei(II)-oxid.

Lithiasis: Steinleiden; Steinbildung in Nieren, Gallen- u. Harnblase u. anderen Organen.

Lithii carbonas: s. Lithiumcarbonat.

Lithii citras: s. Lithiumcitrat.

Lithika: s. Lithagoga.

Lithium: Symbol Li; A_r 6.941, OZ 3. D. 0.534. Schmp. 180.54 °C. Sdp. 1347 °C. Einwertiges, silberweißes, weiches Metall. **Vork.**: das leichteste aller Metalle kommt nat. nur gebunden vor, meist als Silicat (Lithionglimmer, Petalit). **Nachw.**: Li-Verbindungen färben die nichtleuchtende Flamme karmesinrot, das Spektrum dieser Flamme zeigt eine rote Linie; **Darst.**: Elektrolyse von Lithiumchlorid; **Wirk.** u. **Anw.** med.: Li-Salze, z. B. Lithiumcarbonat*, fördern die Harnstoff- u. Harnsäureausscheidung, lösen aber keine Harnsäurekremente im Körper. Sie nehmen Einfluss auf den Catecholaminstoffwechsel u. hemmen z. B. die Freigabe u. die Steigerung der Wiederaufnahme in die präsynapt. Nervenendigung. Aufgrund dieser Wirk. werden sie zur Langzeitther. bei manisch-depressiven Psychosen verwendet (s. Psychopharmaka). Die Hemmung der Adenylatcyclase* wird in der Ther. bestimmter Fälle von nephrogenem Diabetes insipidus u. in der Hyperthyreose-Therapie bei thyreotox. Krisen ausgenutzt. **Gesch.**: 1818 von Johan August Arfvedson (1792-1841) entdeckt; von Humphry Davy (1778-1829) elektrolyt. dargestellt.

Lithiumbenzoat: Lithium benzoicum, benzoesaures Lithium; C_6H_5COOLi, M_r 128.0. Darst. durch Auflösen von Lithiumcarbonat u. Benzoesäure in Wasser u. Eindampfen. Weißes, krist. Pulver od. dünne, glänzende Schuppen, lösl. in 10 T. Wasser u. 3 T. Ethanol. Anw. früher als Schmiermittel beim Tablettenpressen.

Lithium benzoicum: s. Lithiumbenzoat.

Lithium bromatum: s. Lithiumbromid.

Lithiumbromid: Bromlithium, Lithium bromatum; LiBr, M_r 86.86. D. 3.46. Schmp. 547 °C. Weißes, hygroskop. Pulver, sehr leicht lösl. in Wasser, leicht lösl. in Ethanol. **Darst.**: Umsetzen von Eisen(II)-bromid mit Lithiumcarbonat; **Anw.** med.: früher als Hypnotikum wie Kaliumbromid*.

Lithiumcarbonat: Lithii carbonas Ph.Eur.4, Lithium carbonicum, kohlensaures Lithiumcarbonat, kohlensaures Lithium; CAS-Nr. 554-13-2; Li_2CO_3, M_r 73.89. D. 2.11. Schmp. 618 °C. Weißes, leichtes Pulver, leicht lösl. in verd. Säuren, wenig lösl. in Wasser, sehr schwer lösl. in Ethanol. **Darst.**: aus lithiumhaltigen Mineralien od. durch Fällen von Lithiumsalzlsg. mit Natriumcarbonat; **Anw.**: bei manisch depressiven Psychosen, s. Lithium; vgl. Psychopharmaka (Lithiumsalze).

Hom: *Lithium carbonicum (HAB1.4)*: verord. z. B. bei Gicht, Arthritis, Erkrankungen des rheumat. Formenkreises, Nierensteinen.

Lithium carbonicum: s. Lithiumcarbonat.

Lithium chloratum: s. Lithiumchlorid.

Lithiumchlorid: Chlorlithium, Lithium chloratum; LiCl, M_r 42.4. D. 2.06. Schmp. 606 °C. Weiße, würfelförmige Kristalle od. weißes, hygroskop. Pulver, leicht lösl. in Wasser u. Ethanol. **Darst.**: Umsetzen von Lithiumcarbonat mit Salzsäure; **Anw.** med.: wie Lithiumcarbonat*, zur Herst. von künstl. Mineralwasser.

Lithiumchlorid-Taupunktmessung: s. Hygrometer.

Lithiumcitrat: Lithii citras Ph.Eur.4, Lithium citricum, citronensaures Lithium; $C_3H_4OH(COO)_3Li_3 \cdot 4\,H_2O$, M_r 281.9. Farblose, hygroskop. Kristalle od. weißes Pulver, lösl. in Wasser u. Ethanol. **Darst.**: Neutralisieren einer Lsg. von Citronensäure in Wasser mit Lithiumcarbonat; **Anw.** med.: s. Lithiumcarbonat; vgl. Lithium.

Hom: *Lithium citricum (HAB1.5).*

Lithium citricum: s. Lithiumcitrat.

Lithium, citronensaures: s. Lithiumcitrat.

Lithium iodatum: s. Lithiumiodid.

Lithiumiodid: Lithium iodatum, Iodlithium; LiI, M_r 133.85. Weißes, an der Luft sich gelb färbendes, zerfließl. Pulver od. Stücke, sehr leicht lösl. in Wasser u. Ethanol. **Darst.:** Neutralisieren einer Lithiumcarbonat-Lsg. mit Iodwasserstoffsäure; **Anw.** med.: s. Lithiumcarbonat.

Lithium, kohlensaures: s. Lithiumcarbonat.

Lithiumnitrat: Lithium nitricum; $LiNO_3$. Farblose, hygroskop. Kristalle, sehr leicht lösl. in Wasser u. Ethanol. **Anw.:** Feuerwerkerei (Rotfeuer).

Lithium nitricum: s. Lithiumnitrat.

Lithiumsalicylat: Lithium salicylicum, salicylsaures Lithium; $C_6H_4(OH)COOLi$, M_r 144.0. Weißes od. grauweißes, geruchloses, hygroskop., krist. Pulver. **Darst.:** Umsetzen von Lithiumcarbonat mit Salicylsäure; **Anw.:** früher wie Natriumsalicylat* bei Erkrankungen des rheumat. Formenkreises u. Gicht.

Lithium salicylicum: s. Lithiumsalicylat.

Lithocholsäure: α-Hydroxycholansäure; $C_{24}H_{40}O_3$; M_r 376.6; Schmp. 184-186 °C. Eine Gallensäure, die hexagonale Plättchen od. Prismen bildet (Strukturformel s. Gallensäuren). L. wird aus Chenodeoxycholsäure durch Darmbakterien gebildet, resorbiert u. gelangt in die Leber. Sie wird nicht rasch an Glycin od. Taurin gebunden u. ist relativ lebertoxisch. L. kann bei der Entstehung von Leberschäden nach Gallenstauungen von Bedeutung sein.

Lithopone: weiße, lichtechte u. ungiftige Farbe, die durch Umsetzung von Bariumsulfat u. Zinksulfid erhalten wird. Mit versch. Zinksulfid-Geh. im Handel: Gelbsiegel 15 %, Rotsiegel 30 %, Grünsiegel 40 %, Bronzesiegel 50 %, Silbersiegel 60 %; als weiße Farbe zunehmend von Titandioxid-Pigmenten ersetzt.

Lithospermsäure: Depsid aus Dehydrodikaffeesäure u. α-Hydroxydihydrokaffeesäure. Inhaltsst. in Lithospermum* officinale, anderen Lithospermum-Arten sowie Lycopus-Arten (s. Lycopus europaeus) mit antigonadotroper u. antithyreotroper Wirkung.

Lithospermum officinale L.: Steinsamen, Steinhirse; Fam. Boraginaceae (Europa bis Sibirien). Stpfl. von **Semen Milii solis: Inhaltsst.:** Octadecatetraensäure, Lithospermsäure*, Pyrrolizidinalkaloide*, Scyllit, fettes Öl, Kieselsäure; **Wirk.:** die Droge (bzw. Auszüge) soll antigonadotrope u. antithyreotrope Wirkungen aufweisen; **Anw.** volkstüml.: z. B. bei Nieren- u. Blasenleiden.

Lithotripsie: Zertrümmerung von Konkrementen in Hohlorganen, v. a. bei Nephrolithiasis (s. Urolith) u. Gallensteinen. **Verfahren: 1.** extrakorporale Stoßwellenlithotripsie; **2.** instrumentell-invasive perkutane L.; **3.** bei Blasensteinen als transurethrale L. unter endoskop. Kontrolle.

Litschipflaume: s. Litchi chinensis.

Lizenz: s. Apothekenwesen.

LLC: Abk. für (engl.) *liquid liquid chromatography*; s. Chromatographie (Tab.).

LMBG: Abk. für **L**ebens**m**ittel*- und **B**edarfs**g**egenständegesetz.

LM-Potenzen: s. Homöopathie.

lobär (gr. lobos Lappen): einen Lappen betreffend.

Lobaria pulmonaria (L.) Hoffm.: Lungenmoos, Lungenflechte, Baumflechte; Fam. Stictaceae (Europa, Asien, Amerika, Afrika). Stpfl. von **Lichen pulmonarius:** Herba Pulmonariae arboreae, Sticta pulmonaria, Lungenflechte, Baummoos; der Thallus der Flechte. **Inhaltsst.:** ca. 3 % Stictinsäure, Norstictinsäure, Gerbstoffe, Schleim; **Anw.** volkstüml.: z. B. bei Lungenleiden.

Hom: *Lobaria pulmonaria (HAB1.3)*, Sticta pulmonaria: ganzer getrockneter Thallus; verord. z. B. bei Bronchitis, Reizhusten.

Lobelia inflata L.: Indianertabak, Aufgeblasene Lobelie; Fam. Lobeliaceae (Campanulaceae) (Nordamerika, in Europa kult.). Stpfl. von **Herba Lobeliae:** Lobelienkraut, Indianischer Tabak. **Off.:** ÖAB81, DAB6; **Inhaltsst.:** zahlreiche Alkaloide, insgesamt bis ca. 0.6 % (ÖAB: mind. 0.3 %, ber. als Lobelin), Hauptalkaloid Lobelin*, ferner Isolobelin, Lobelidin, Lobelanin, Lobelanidin, Norlobelanin (brecherregend) u. Norlobelanidin; Harz, äther. Öl. Die Biogenese der Lobeliaalkaloide (s. Abb.) erfolgt aus Lysin u. Phenylalanin. **Wirk.:** Lobelin wirkt als zentrales Atemstimulans; **Anw.** volkstüml.: z. B. bei Asthma, Krämpfen, Keuchhusten sowie als Brechmittel; **Zuber.:** Tct. Lobeliae.

Hom: *Lobelia inflata (HAB1.3)*: ganze, frische, blühende Pflanze; verord. z. B. bei Erbrechen, Verdauungsstörungen.

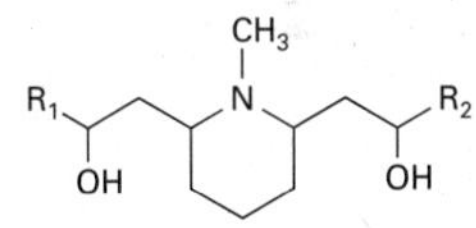

Lobelidiole

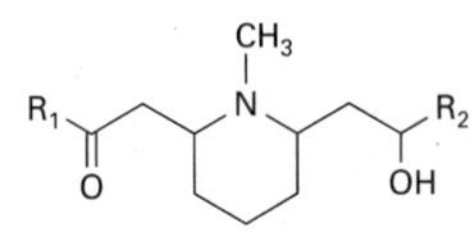

Lobelionole

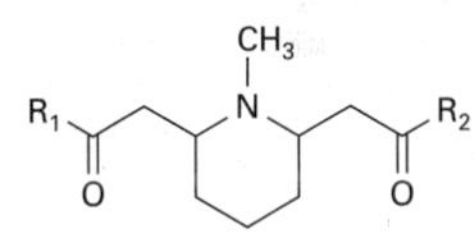

Lobelidione

Lobelia inflata: Lobeliaalkaloide: R_1 u. R_2: $-CH_3$, $-C_2H_5$ od. $-C_6H_5$

Lobelia siphilitica L.: Blaue Kardinalsblume; Fam. Lobeliaceae (Campanulaceae) (Nordamerika). **Inhaltsst.:** 0.3 % Alkaloide (kein Lobelin).

Hom: *Lobelia syphilitica:* frische Pflanze.

Lobelie: s. Lobelia inflata.

Lobelientinktur: s. Tinctura Lobeliae.

Lobelin INN: syn. (–)-Lobelin; *cis*-8,10-Diphenyllobelionol; CAS-Nr. 90-69-7, $C_{22}H_{27}NO_2$, M_r 337.47. Schmp. 130-131 °C. $[\alpha]_D^{15\,°C}$ –43° (c = 1, Ethanol). Ein Piperidinalkaloid (isoliert von Wieland, 1921), Hauptalkaloid in Lobelia* inflata. Farblose Kristalle, lösl. in Ethanol, Ether, Chloroform, sehr schlecht lösl. in Wasser. **Anw.** med.: Nicotinentwöhnungsmittel; früher als Atemanaleptikum

(Wirk. ähnl. Nicotin*), bes. bei Vergiftungen, z. B. mit Kohlenmonoxid, Leuchtgas, Schlafmitteln, sowie bei Atemlähmung Neugeborener; der Effekt ist allerdings nur kurz u. unsicher; Anw. zur Raucherentwöhnung wenig zielführend; verwendet werden hauptsächl. das Hydrochlorid u. das Sulfat; Lsg. mit L. dürfen nicht erhitzt werden.

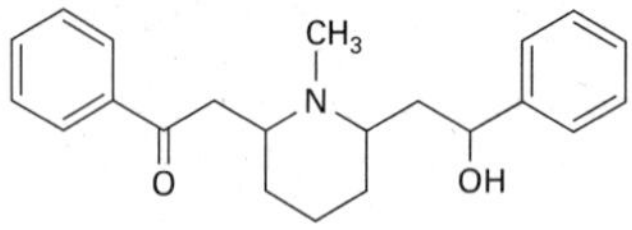

Lobelin

Lobelinhydrochlorid: syn. (–)-Lobelinhydrochlorid, Lobelini hydrochloridum Ph.Eur.4, Lobelinum hydrochloricum; $C_{22}H_{28}ClNO_2$, M_r 373.9. Schmp. nicht unter 178 °C. $[\alpha]_D^{20\,°C}$ –43° (c = 2); pH 4.6-6.4 (1 %ige wässrige Lösung). Weißes, mikrokristallines Pulver, lösl. in 40 T. Wasser u. 10 T. Ethanol, sehr leicht lösl. in Chloroform. **Anw.:** s. Lobelin.

Lobelinsulfat: Tabakentwöhnungsmittel, s. Lobelin.

lobulär: einzelne Läppchen (bes. eines Lungenlappens) betreffend, läppchenförmig.

Lochien (gr. locheia Gebären, Geburt): Wochenfluss; physiol. uterine Wundsekretion nach der Geburt. **Formen: 1.** Lochia rubra: blutige L. in den ersten 3-4 Tagen; **2.** Lochia fusca: bräunl. L.; **3.** Lochia flava: gelbl L.; **4.** Lochia alba: weißl. L. nach ca. 3 Wochen.

Locke-Lösung: Herst.: 9 g NaCl, 0.42 g KCl, 0.48 g $CaCl_2$, 0.2 g, $NaHCO_3$, 2 g Glucose-Monohydrat, Aq. ad iniectabilia ad 1000 mL; pH-Wert 5-7.5. **Anw.:** blutisoton. Lsg. zum Blutersatz.

Loculicid: s. Lokulizid.

Lodoxamid INN: *N,N*-(2-Chlor-5-cyan-*m*-phenylen)dioxamsäure; CAS-Nr. 53882-12-5; $C_{11}H_6ClN_3O_6$, M_r 311.64. Schmp. 212 °C. **Wirk.:** Stabilisator der Mastzellen*, ca. 5000-mal wirksamer als Cromoglicinsäure*; **Anw.:** Antiallergikum*, Ophthalmikum, bei allerg. Konjunktivitis; **Dos.:** 4-mal tägl. 1 Tr. (1 mg/mL) in jedes Auge.

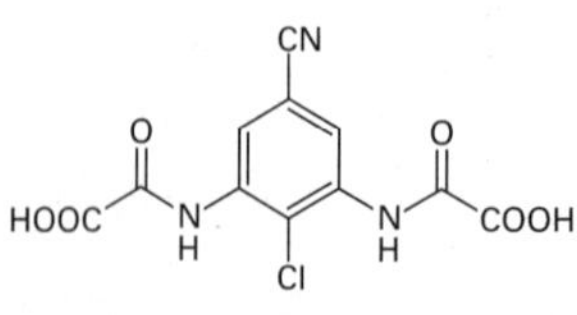

Lodoxamid

Löffelkraut: s. Cochlearia officinalis.

Loeffler-Methylenblaulösung: Herst.: 30 mL einer gesättigten Lsg. von Methylenblau in absolutem Ethanol sind mit einer Mischung von 1 mL einer 1 %igen Kaliumhydroxidlsg. u. 99 mL Wasser zu versetzen. Zur Gegenfärbung verdünnt man diese Lsg. mit 4-9 T. Wasser. **Anw.:** Reagens zur Färbung von Bakterien.

Lösemittel: s. Lösungsmittel.

Löslichkeit: Sättigungslöslichkeit; max. Masse eines Stoffes, die bei einer bestimmten Temp. von einem Lösungsmittel aufgenommen werden kann. Wenn bei der Auflösung des Stoffes Wärme frei wird (positive Lösungsenthalpie, endotherme Reaktion) nimmt die L. mit der Temp. zu. Die L. eines Stoffes hängt u. a. von der Anwesenheit anderer Stoffe ab, siehe z. B. Lösungsvermittlung*, Phasenlöslichkeitsanalyse*, Löslichkeitsprodukt*. Ungefähre Löslichkeitsangaben s. Tabelle.

Löslichkeit
Ungefähre Löslichkeitsangaben bezogen auf Raumtemperatur

Bezeichnung	Anzahl Volumenteile Lösungsmittel für 1 Masseteil Substanz
sehr leicht löslich	<1
leicht löslich	≥1- 10
löslich	>10- 30
wenig löslich	>30- 100
schwer löslich	>100- 1000
sehr schwer löslich	>1000-10 000
praktisch unlöslich	>10 000

Löslichkeitsprodukt: Symbol L od. K_L; das L. eines schwer lösl. Salzes BA ist das Produkt der Stoffmengenkonz. der Kationen B^+ u. Anionen A^- eines Salzes in einer gesättigten Lösung. Für die Reaktion:

$BA(fest) \rightleftharpoons B^+(gelöst) + A^-(gelöst)$

ergibt sich als L.:

$K_L = c(B^+) \cdot c(A^-)$

Bei konstanter Temp. gilt, dass das Produkt aus den Ionenkonz. über einem Bodensatz konstant ist. Leicht lösl. Salze haben ein großes L., schwer lösl. Salze ein kleines Löslichkeitsprodukt.

Lösung: 1-Phasen-Gemisch versch. Stoffe, meist einer Flüss. (Lösungsmittel*, Solvent) und eines Feststoffs (Solvendum); manche Legierungen* können als feste Lsg. bezeichnet werden. Die zu lösende Substanz kann nur bis zu einer temperaturabhängigen Maximalkonz. (Sättigung*) vom Lösungsmittel aufgenommen werden.

Lösung, antiseptische: s. Solutio antiseptica.

Lösungen, gepufferte: s. Puffer.

Lösungen, hypertonische: Lösungen mit höherem osmot. Druck* als der des Blutplasmas; vgl. isotonisch.

Lösungen, isotonische: s. isotonisch.

Lösungen, orale: s. Mixturae.

Lösungsenthalpie: s. Van't-Hoff-Gleichung.

Lösungsgeschwindigkeit: s. Auflösungsgeschwindigkeit.

Lösungsmethode: s. Emulsionen.

Lösungsmittel: Solvens, Lösemittel; i. e. S. anorganische u. org. Flüssigkeiten, die andere Stoffe (gasförmig, flüssig od. fest) lösen können. Nach der Ph.Eur. bedeutet ein L. ohne nähere Bez. Aqua* purificata bzw. der Begriff Lösung eine wässrige Lösung.

Lösungsmitteladdukte: s. Kristallsolvate.

Lösungssalben: halbfeste Arzneiform bei der der Wirkstoff in therap. Konz. in der gewählten

Salbengrundlage gelöst ist. Durch das Auflösen kann es zu einer mehr od. weniger ausgeprägten Schmelzpunktdepression der Grundlage kommen, die eine Zugabe von Konsistenzerhöhern erforderl. macht. Das Auflösen der Wirkstoffe in org. Lösungsmitteln (Ether, Chloroform, Ethanol u. a.) vor dem Einarbeiten in die Grundlage führt nach dem Verdunsten des Lösungsmittels in L. zu übersättigten Lösungen, die zur Kristallisation (grobe, scharfkantige Kristalle) neigen. Dies kann u. U. bereits durch das gelinde Erwärmen bei der Herst. von L. auch ohne Verw. von Lösungsmitteln eintreten. In diesen Fällen ist es vorteilhafter, Suspensionssalben herzustellen. Die gleiche Problematik gilt für Lösungssuppositorien. s. Unguenta.

Lösungstabletten: feste Arzneiform, die die Herst. von Lsg. definierter Konz. durch das Auflösen in einer angegebenen Menge Wasser ermöglichen, ohne den Wirkstoff erst abwiegen zu müssen. Neben dem Wirkstoff müssen auch alle Hilfsstoffe klar lösl. sein; so z. B. Natriumchlorid u. Lactose, als Gleitmittel Borsäure u. Polyethylenglykol 4000-6000, als Granulierflüssigkeit Alkohol od. Alkohol-Wasser-Mischungen. Ein Sonderfall der L. sind Brausetabletten* u. Injektionstabletten*; vgl. Compressi.

Lösungsvermittlung: Verbesserung der Löslichkeit von Stoffen durch andere. Im Falle wässriger Lsg. werden Lösungsvermittler als hydrotrope Substanzen bezeichnet. Die L. lässt sich über 4 versch. Mechanismen erklären zw. denen es gewisse Übergänge gibt: **1.** Bildung von Komplexen u. Molekülverbindungen; Einschlusskomplexe mit Cyclodextrinen; **2.** Molekülvariation u. Salzbildung; **3.** Aufnahme schwer lösl. Substanzen in Mizellen amphiphiler Stoffe (s. Tenside); s. Solubilisation; **4.** Cosolvatisierung durch Verbesserungen der Lösungsbedingungen, d. h. strukturelle Änderungen des Lösungsmittels durch Zugabe von hydrotropen Verbindungen als Cosolvenzien (Cosolvenzien von Wasser sind mit Wasser beliebig mischbare org. Lösungsmittel wie Ethanol, Propylenglykol, Polyethylenglykol, Glycerol).

Lösung, volumetrische: s. Maßlösung.

Lötrohranalyse: bereits seit dem 17. Jahrhundert benütztes Verfahren der qualitativen chem. Analyse, v. a. als Vorprobe in der Mineralogie. Die fein pulverisierte Substanz wird mit ca. der 2- bis 3fachen Menge Natriumcarbonat* vermengt u. in der Vertiefung eines Holzkohleblocks mit einem Metallrohr mit Mundstück u. seitl. Ansatz, dem Lötrohr, unter Zuhilfenahme eines Bunsenbrenners stark erhitzt. Dabei wird die Flamme mit dem Lötrohr auf die Substanz geblasen (s. Abb.). Man erhält charakterist. Metallkugeln, Flitter od. Oxidbeschläge, mit denen man u. U. noch weitere Untersuchungen durchführen kann.

Lötstein: s. Ammoniumchlorid.

Löwenblattwurzel: s. Caulophyllum thalictroides.

Löwenmaul, Gelbes: s. Linaria vulgaris.

Löwenschwanz: s. Leonurus cardiaca.

Löwenschwanzkraut, Wolliges: s. Leonurus lanatus (Herba Ballotae lanatae).

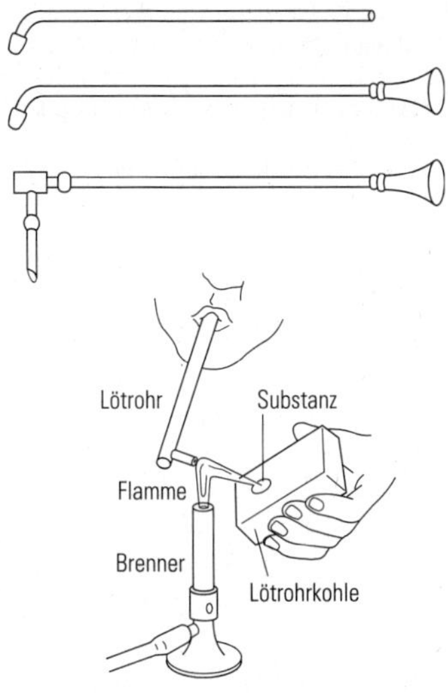

Lötrohranalyse: Lötrohre u. Durchführung

Löwenzahn: s. Taraxacum officinale.

Lofepramin INN: 4'-Chlor-2-[3-(10,11-dihydro-5*H*-dibenz[*b,f*]azepin-5-yl)propyl]methylaminoacetophenon; CAS-Nr. 23047-25-8; $C_{26}H_{27}ClN_2O$, M_r 418.99. **Anw.:** tricycl. Antidepressivum vom Imipramin*-Typ, vgl. Psychopharmaka; **Dos.:** p. o. 2-3 × 35 mg/d, 3 Tage lang, n. B. erhöhen auf doppelte Dos.; HWZ 0.7-2 h bzw. 12-54 h (Metaboliten). Gebräuchl. ist auch Lofepraminhydrochlorid.

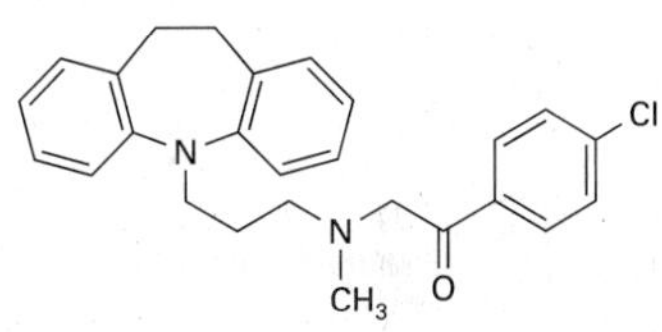

Lofepramin

Lofexidin INN: 2-[1-(2,6-Dichlorphenoxy)ethyl]-2-imidazolin; CAS-Nr. 31036-80-3; $C_{11}H_{12}Cl_2N_2O$, M_r 259.14. **Anw.:** Antihypertensivum*; **Hinweis:** außer Handel.

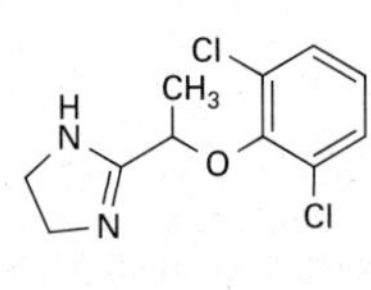

Lofexidin

Loganiaceae: Loganiengewächse; Fam. der Od. Gentianales; ca. 500 Arten. Hauptsächl. trop. u. subtropische Holzpflanzen. Die Blätter sind gegenständig, ungeteilt. Die Blüten radiär, 4-5-zählig, in der Knospenlage gedreht, Kron- u. Kelchblätter verwachsen, 1 Staubblattkreis, der Fruchtknoten zweiblättrig, oberständig. Die Früchte sind Kapseln, Beeren, seltener Steinfrüchte. **Chem. Merkmale:** Bitterstoffe (Iridoidglykoside), Indolalkaloide (z. B. Strychnin*, Curarealkaloide). **Wichtige Gattungen:** z. B. Gelsemium, Spigelia, Strychnos.

Loganin: ein Iridoidglucosid; $C_{17}H_{26}O_{10}$, Schmp. 222-223 °C; enzymat. Spaltung (mit Emulsin*) ergibt das Aglykon Loganetin. L. u. Loganinsäure (die freie Säure) findet man in Strychnos- u. Menyanthes-Arten. Loganin ist eine Schlüsselverb. bei der Biosynthese von Iridoiden* u. von Indolalkaloiden.

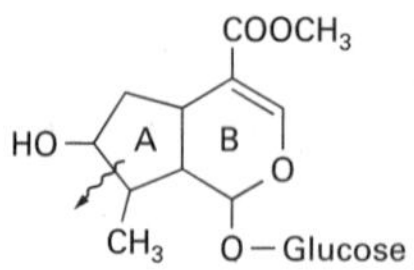

Loganin

Logarithmus, natürlicher: ist $a^b=c$, dann ist b der Logarithmus von c zur Basis a. Ist a=2,71828182...=e (Euler-Zahl), dann ist b der n. L. von c: c=ln(b); vgl. e.

lognormal: eine Lognormalverteilung liegt vor, wenn die logarithmierten Messwerte normalverteilt sind; s. Normalverteilung.

Lognormalverteilungsnetz: s. Korngrößenanalyse.

Lohtanninbäder: für 1 Bad wird 1 kg gemahlene Eichenrinde kalt angesetzt u. dann gekocht.

Loiasis: durch den Nematoden Loa loa (s. Filarien) hervorgerufene Filariose*. Betroffen sind v. a. das Unterhautbindegewebe mit allerg. Reaktionen wie Rötung u. juckende, ödematöse Schwellungen der Haut u. die Augenbindehaut.

Lokalanästhesie: örtl. begrenzte Schmerzausschaltung bei Operationen od. zur Schmerzther. unter Anw. von Lokalanästhetika*. **Formen:** **1.** Oberflächenanästhesie*; **2.** Infiltrationsanästhesie*. Vgl. Leitungsanästhesie, Regionalanästhesie, Narkose.

Lokalanästhetika: bewirken eine reversible u. örtl. begrenzte Ausschaltung des Schmerzempfindens durch eine Hemmung der Weiterleitung von Impulsen entlang der Nervenfasern u. an der Nervenendigung. **Wirk.:** abhängig von der erreichten Konz. im Nerv. Die Schmerzausschaltung erfolgt gewöhnl. vor der Ausschaltung von Druck- u. Wärmeempfindung, zuletzt erfolgt der Verlust der motor. Aktivität. Das Bewußtsein wird nicht beeinträchtigt. **Wirkstoffe:** 2 chem. Gruppen werden unterschieden: **1.** Ester (ältere Verb.), z. B. Benzocain*, Cocain*, Procain*, Tetracain* (s. Abb. 1); **2.** Anilide (neuere Verb.), z. B. Bupivacain*, Cinchocain*, Etidocain*, Lidocain*, Mepivacain* (s. Abb. 2); häufig werden L. mit Vasokonstriktoren (Adrenalin*, Noradrenalin*) kombiniert, um geringere Systemtoxizität u. längere Wirkungsdauer zu erreichen. Kontraindiziert ist diese Kombination bei der Lokalanästhesie* der Akren (Gefahr von Gangrän*). In diesen Fällen können Mepivacain u. Cocain verwendet werden, die den Zusatz eines Vasokonstriktors nicht benötigen. L. werden meist in Form wasserlösl. Hydrochloride eingesetzt.

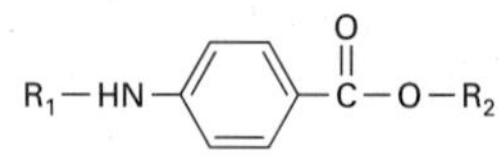

	R_1	R_2
Benzocain	$-H$	$-C_2H_5$
Procain	$-H$	$-(CH_2)_2-N(C_2H_5)_2$
Tetracain	$-C_4H_9$	$-(CH_2)_2-N(CH_3)_2$

Lokalanästhetika Abb. 1: Ester-Typ

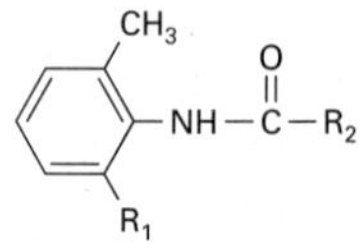

	R_1	R_2
Etidocain	$-CH_3$	$-\underset{C_2H_5}{CH}-\underset{C_2H_5}{N}-C_3H_7$
Bupivacain	$-CH_3$	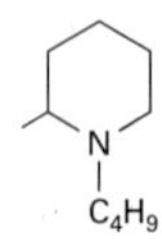
Butanilicain	$-Cl$	$-CH_2-NH-C_4H_9$
Lidocain	$-CH_3$	$-CH_2-N(C_2H_5)_2$
Prilocain	$-H$	$-\underset{CH_3}{CH}-NH-C_3H_7$
Mepivacain	$-CH_3$	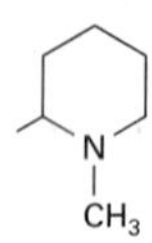

Lokalanästhetika Abb. 2: Anilid-Typ

Pharmakokinetik: die Aktivität von L. ist bei neutralen od. leicht alkal. pH-Werten größer als im sauren, weil die aktive Base nur wenig dissoziiert ist u. leicht an den Wirkungsort gelangen kann. Bei entzündeten Geweben mit niederem pH-Wert wirken L. daher schlechter. In der nicht dissoziierten Form gute Resorption durch Haut u. Schleimhäute. Ester sind weniger stabil u. werden durch Esterasen in Blut u. Leber schneller metabolisiert als die Anilide, die v. a. in der Leber enzymat. abgebaut werden.

Lokalantibiotika: Antibiotika aller Klassen zur lokalen Anwendung; s. Antibiotika (Tab.).

Lokalelemente: galvan. Elemente, die an Kontakten zweier unterschiedl. Metalle bei Wasserzutritt gebildet werden können. Durch den Stromfluss vom unedleren zum edleren Metall wird das unedlere wesentl. schneller oxidiert (korrodiert) als wenn es alleine vorliegt. Beispiel: Weißblech, wenn die Zinnschicht beschädigt wird.

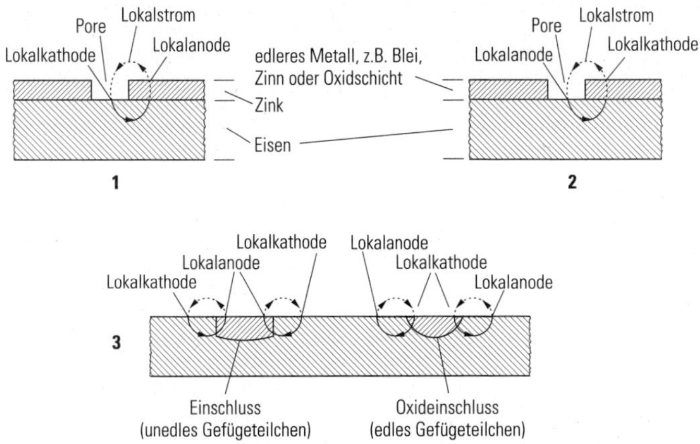

Lokalelemente: schemat. Darst. des Lokalstroms bei unedleren (1) u. edleren (2) Überzügen auf Eisen bzw. in Metallflächen mit Fremdbestandteilen (3)

Lokulizid: (bot.) fachspaltig; Öffnen einer Spaltenkapsel (s. Fruchtformen) durch Aufspringen längs des Mittelnervs der ehemaligen Fruchtblätter.

Lokundjosid: s. Convallaria majalis (Convallariae herba, Inhaltsst.).

Lolium temulentum L.: Taumellolch, Schlafweizen, Schwindelhafer; Fam. Poaceae (Gramineae) (Europa, Getreideunkraut). Stpfl. von **Fructus Lolii:** Taumellolchfrüchte. **Inhaltsst.:** die Alkaloide Lolin (mit Pyrrolizidingerüst) Perlolin u. Temulin (wahrscheinl. Demethyllolin, genuines Vorkommen umstritten), Fett, Gerbstoff, Kieselsäure, ein Glykosid sowie Enzyme. Die Früchte (Karyopsen) sind meist von einem Pilz befallen, dessen Myzel sich zwischen Samenschale u. Endosperm befindet. Die Annahme, dass nur die von diesem Pilz befallenen Pfl. giftig seien, ist nicht gesichert.

Lomefloxacin INN: (*RS*)-1-Ethyl-6,8-difluoro-1,4-dihydro-7-(3-methyl-1-piperazinyl)-4-oxo-3-quinolinecarbonsäure; CAS-Nr. 98079-51-7; $C_{17}H_{19}F_2N_3O_3$, M_r 351.4. Schmp. 239 °C. logP 2.3; pKs 2.4 (ber); schwer lösl. in Wasser. **Wirk.:** Gyrasehemmer*; **Anw.:** topisches Breitspektrum-Antibiotikum* bei bakterieller Konjunktivitis*, auch wirksam gegen Clamydien; **UAW:** selten lokale Reizerscheinungen; **Hinweis:** stärkere Sonneneinstrahlung meiden; **Dos.:** 2- bis 3-mal tägl. 1 Tr. Lsg. pro Auge (Konz. 3 mg/mL).

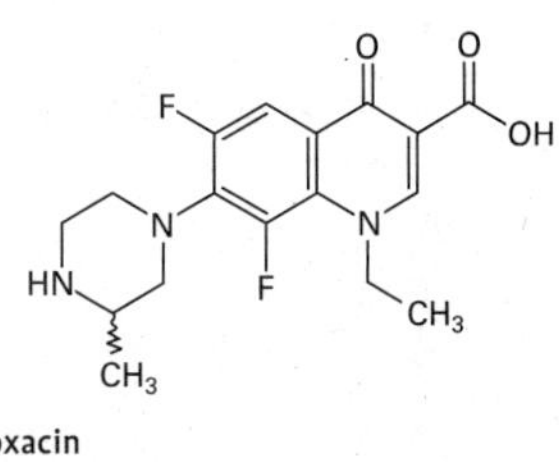

Lomefloxacin

Lomustin INN: Lomustinum Ph.Eur.4; 1-(2-Chlorethyl)-3-cyclohexyl-1-nitrosourea (Abk. CCNU); CAS-Nr. 13010-47-4; $C_9H_{16}ClN_3O_2$, M_r 233.69. Unlösl. in Wasser; lösl. in Ethanol. **Anw.:** Zytostatikum; **Dos.:** p. o. bis 0.130 g/m^2 Körperoberfläche alle 6 Wochen; HWZ 72 h (Metaboliten).

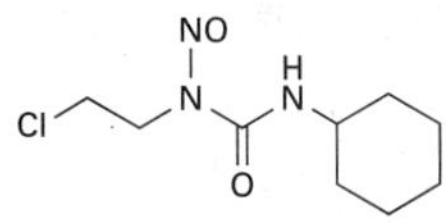

Lomustin

Lonazolac INN: 3-(4-Chlorphenyl)-1-phenyl-4-pyrazolylessigsäure; CAS-Nr. 53808-88-1; $C_{17}H_{13}ClN_2O_2$, M_r 312.75. **Anw.:** Analgetikum; HWZ 6 h bzw. 6-7 h (Metaboliten). Gebräuchl. ist auch Lonazolac-Calcium.

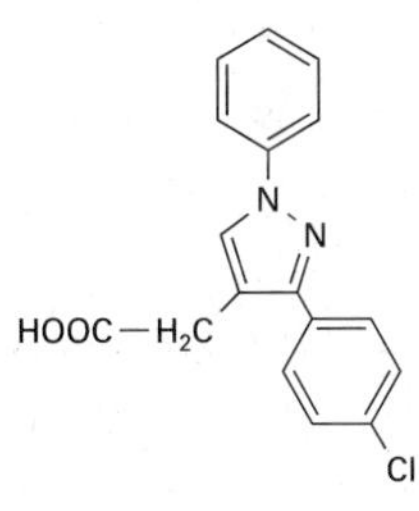

Lonazolac

Lonchocarpus-Arten: s. Rotenon.

London-Kräfte: s. Bindungskräfte, intermolekulare.

long acting thyroid stimulator: s. Hormone (Hypophysenvorderlappen).

Longitudinalstudie: s. Pharmakoepidemiologie.

Longoral®: Schichtdragees mit zeitlich gestufter Wirkung.

Longuette: Gipsverbandmaterial in Form meist 4fach gelegter, streifenförmiger Gipsbinden zur partiellen Verstärkung zirkulär angelegter Gipsverbände. Breite der Gipsbinden: 10, 12, 15 u. 20 cm; Länge: 1, 3, u. 20-25 Meter. L. werden auch aus Kunstharzbinden* angeboten.

longus: f: longa, n: longum; lang.

Lonicera caprifolium L.: Geißblatt, Jelängerjelieber; Fam. Caprifoliaceae (Europa). Stpfl. von **Flores Lonicerae:** Geißblattblüten. **Inhaltsst.:** neben phenol. Glykosiden weitgehend unbekannte Stoffe, wahrscheinl. geringe Mengen (Pseudo-)Alkaloide u. Saponine (auch in anderen Lonicera-Arten, z. B. L. xylosteum L., Rote Heckenkirsche); **Anw.** volkstüml.: z. B. als harn- u. schweißtreibendes Mittel.

Looch: s. Linctus.

Loo-Riegelman-Methode: s. Resorption; In-vitro/In-vivo-Korrelation.

Loperamid INN: 4-[4-(4-Chlorphenyl)-4-hydroxypiperidino]-*N*,*N*-dimethyl-2,2-diphenylbutyramid; CAS-Nr. 53179-11-6; $C_{29}H_{33}ClN_2O_2$, M_r 477.04. **Wirk.:** Opioid mit Hemmwirkung auf die Darmperistaltik; einer missbräuchl. Anw. steht die geringe Löslichkeit u. geringe Resorption entgegen; **Anw.:** Antidiarrhöikum; **UAW:** Kopfschmerz, selten Müdigkeit, Krämpfe, evtl. Ileus; **Dos.:** p. o. 4×2 mg/d; HWZ 11-15 h. **Loperamidhydrochlorid:** Loperamidi hydrochloridum Ph.Eur.4. Schmp. 225 °C (unter Zers.). Weißes Pulver; schwer lösl. in Wasser, leicht lösl. in Methanol. **Loperamidoxidmonohydrat:** Loperamidi oxidum monohydricum Ph.Eur.4; $C_{29}H_{33}ClN_2O_3 \cdot H_2O$; M_r 511.11.

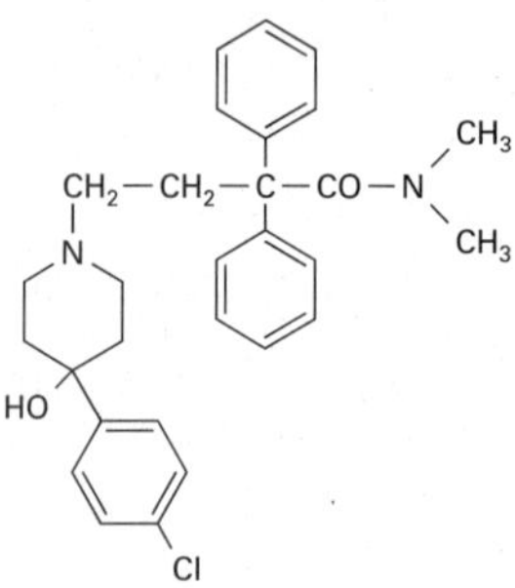

Loperamid

Lophophora williamsii Lem. ex Salm-Dyck **var. williamsii:** Anhalonium williamsii; Fam. Cactaceae (Mexiko). Stpfl. von **Mescal-Buttons:** Peyotl, Pellote, Schnapsknöpfe; in Scheiben geschnittene, getrocknete T. des Kaktus. **Inhaltsst.:** zahlreiche Alkaloide, v. a. das Protoalkaloid (Phenylethylaminderivat) Mescalin* (5-7 %); die Nebenalkaloide (z. B. Pellotin, Lophophorin) haben ein Benzylisochinolingerüst u. sind für die Wirk. ohne Bedeutung; **Wirk.:** Halluzinogen; Rauschmittel der Indianer in Mexiko (Mescalinrausch); früher bisweilen als Schlafmittel angewandt.
Hom: *Anhalonium:* frische Pflanze mit Wurzeln; verord. z. B. bei psych. Erkrankungen.

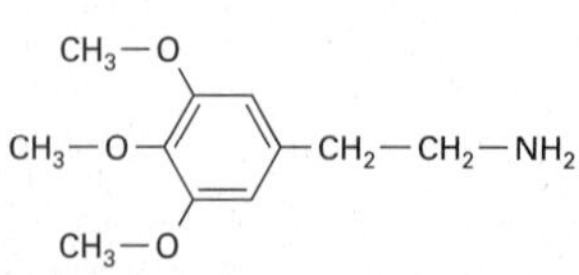

Lophophora williamsii var. williamsii: Strukturformel von Mescalin

Lophophorin: s. Lophophora williamsii.

Lophophytum leandri Eichl.: Steinblüte, Flor de Piedra; Fam. Balanophoraceae (in Wäldern des trop. u. subtropischen Amerika); Schmarotzerpflanze. **Inhaltsst.:** Flavonoidverbindungen (Eriodictyol, Naringin u. a.), Leukoanthocyanidine, Gerb- u. Bitterstoffe (in den Knollen); **Anw.:** Volksheilmittel (getrocknete Knolle) der Indios bei Verdauungsbeschwerden u. Lebererkrankungen.
Hom: *Lophophytum leandri (HAB1.4),* Flor de Piedra: getrocknete Pflanze; verord. z. B. bei Leber- u. Gallenerkrankungen, Migräne, Schilddrüsenerkrankungen.

Lopinavir INN: (*αS*)-Tetrahydro-*N*-[(*αS*)-*α*-{(2*S*,3*S*)-2-hydroxy-4-phenyl-3-[2-(2,6-dimethylphenoxy)-acetamido]butyl}phenethyl]-*α*-isopropyl-2-oxopyrimidin-1(2*H*)-acetamid; CAS-Nr. 192725-17-0; $C_{37}H_{48}N_4O_5$, M_r 628.9. Schmp. 124 °C. logP 5.6; pK_S 13.9 (ber); schwer lösl. in Wasser. **Wirk.:** HIV*-Proteasehemmer. Dem Präparat sind geringe Mengen Ritonavir* zugesetzt, um den Abbau von L. zu vermindern u. so dessen Plasmaspiegel zu erhöhen. **Anw.:** Virostatikum* zur Behandlung der HIV-Infektion; **UAW:** Diarrhö, Übelkeit; **Dos.:** 2×100 mg/d p. o. zu den Mahlzeiten; HWZ 5-6 h.

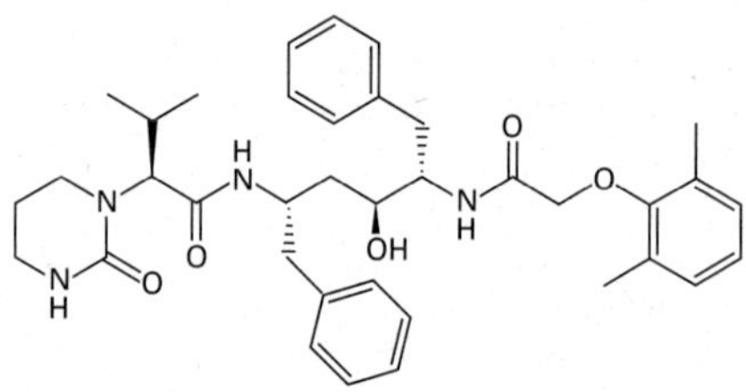

Lopinavir

Loprazolam INN: 6-(2-Chlorphenyl)-2,4-dihydro-2-[(4-methyl-1-piperazinyl)methylen]-8-nitro-1*H*-imidazo[1,2-*a*]-[1,4]benzodiazepin-1-on; CAS-Nr. 61197-73-7; $C_{23}H_{21}ClN_6O_3$, M_r 464.91. **Wirk.** u. **Anw.:** Sedativum*, Hypnotikum (vgl. Benzodiazepine); **UAW:** Benommenheit, Schwindelgefühl; beeinträchtigt das Reaktionsvermögen; **Dos.:** p. o. 1 mg/d; mittlere HWZ 6-11 h, bei älteren Personen bis 20 h. Gebräuchl. ist Loprazolammesilat-Monohydrat.

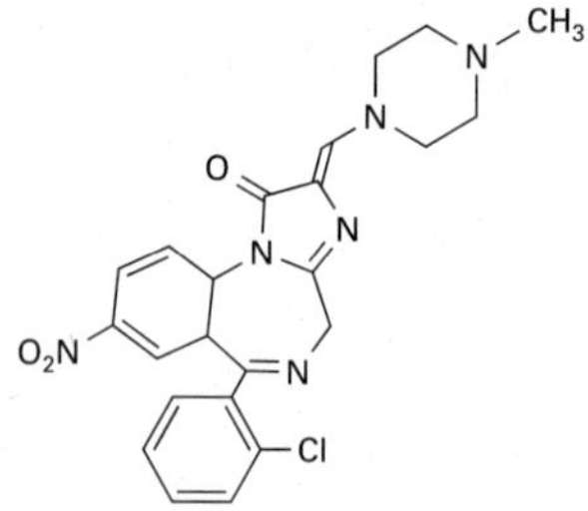

Loprazolam

Loracarbef INN: (6*R*,7*S*)-7[(*R*)-2-Amino-phenylacetamido]-3-chlor-8-oxo-1-azabicyclo[4.2.0]oct-2-en-2-carbonsäure; CAS-Nr. 76470-66-1;

$C_{16}H_{16}ClN_3O_4$, M_r 349.77. Cefalosporin-Antibiotikum (s. Antibiotika). **Wirk.** u. **Anw.:** entspr. der Wirk. der Cefalosporine der 2. u. 3. Generation, erfasst jedoch Staphylokokken besser; bei Infektionen im HNO-Bereich, der tieferen Atemwege, des Weichteilgewebes u. der unteren Harnwege der Frau; **UAW:** gastrointestinale Störungen, Kopfschmerzen, allerg. Hautreaktionen; **Kontraind.:** Schwangerschaft u. Stillzeit (sorgfältige Nutzen-Risiko-Abwägung); **Dos.:** p.o. ab 12 Jahren 2×200-400 mg/d vor den Mahlzeiten (200 mg L. entspr. 210.3 mg L.-Hydrat); HWZ 1 h. **Loracarbef-Monohydrat:** CAS-Nr. 121961-22-6; $C_{16}H_{16}ClN_3O_4 \cdot H_2O$, M_r 367.79.

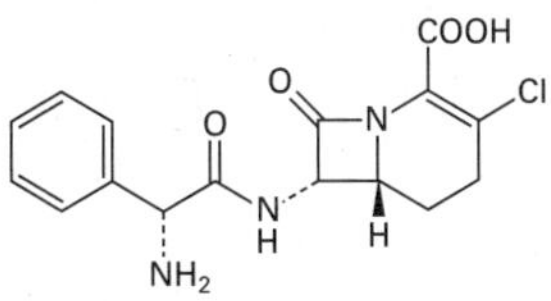

Loracarbef

Loranthaceae: Fam. Mistelgewächse, s. Viscum album.

Loratadin INN: 4-(8-Chloro-5,6-dihydro-11*H*-benzo[5,6]cyclohepta[1,2-*b*]pyridin-11-yliden)-1-piperidincarbonsäureethylester; CAS-Nr. 79794-75-5; $C_{22}H_{23}ClN_2O_2$, M_r 382.9. Schmp. 134-136 °C. **Wirk.** u. **Anw.:** Antiallergikum*, H_1-Antihistaminikum* mit nicht sedierender Wirk. u. langer HWZ; **UAW:** Mundtrockenheit, Kopfschmerzen, Magen-Darm-störungen; **Dos.:** 1×10 mg/d.

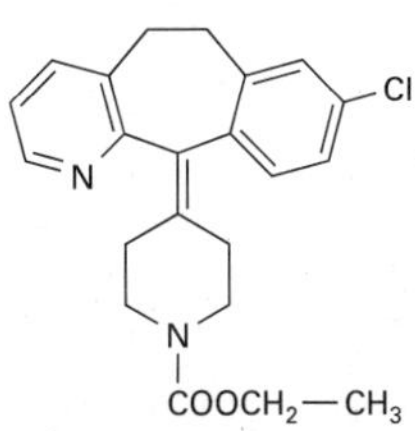

Loratadin

Lorazepam INN: Lorazepamum Ph.Eur.4; 7-Chlor-5-(2-chlorphenyl)-1,3-dihydro-3-hydroxy-2*H*-1,4-benzodiazepin-2-on; CAS-Nr. 846-49-1; $C_{15}H_{10}Cl_2N_2O_2$, M_r 321.16, Schmp. 166-168 °C. Weißes bis fast weißes, krist. Pulver; unlösl. in Wasser, wenig lösl. in Ethanol, Aceton, Eisessig; zeigt Polymorphie. **Anw.:** Tranquilizer, s. Psychopharmaka (Ataraktika); **Dos.:** p.o. ambulant 2-3×1 mg/d; Klinik 3×2.5 mg/d; HWZ 13-14 h.

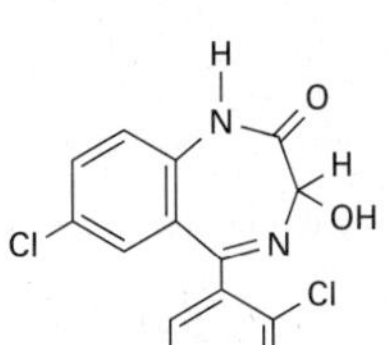

Lorazepam

Lorbeer: s. Laurus nobilis.

Lorbeergewächse: s. Lauraceae.

Lorbeerkirsche: s. Prunus laurocerasus.

Lorcainid INN: Locainidum, Isocainid, Socainid, 4'-Chlor-*N*-(1-isopropyl-4-piperidyl)-2-phenylacetanilid; *N*-(4-Chlorphenyl)-*N*-(1-isopropyl-4-piperidyl)phenylacetamid; CAS-Nr. 59729-31-6; $C_{22}H_{27}ClN_2O$. **Anw.:** Antiarrhythmikum*; HWZ 7.6 h bzw. 20 h (Metaboliten). **Lorcainidhydrochlorid:** Schmp. 260-263 °C (polymorph). In Deutschland, Schweiz, Österreich nicht zugelassen.

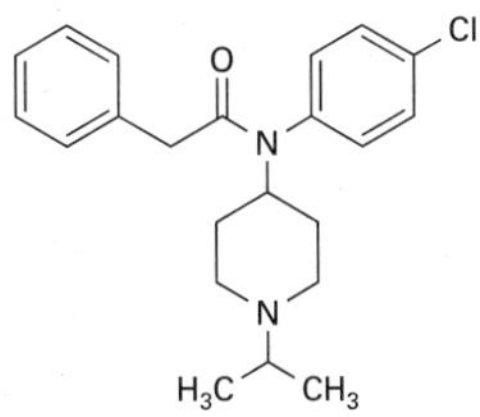

Lorcainid

Lormetazepam INN: 7-Chlor-5-(2-chlorphenyl)-2,3-dihydro-3-hydroxy-1-methyl-1*H*-1,4-benzodiazepin-2-on; CAS-Nr. 848-75-9; $C_{16}H_{12}Cl_2N_2O_2$, M_r 335.19. **Anw.:** Schlafmittel*; vgl. Benzodiazepine; HWZ 10-14 h.

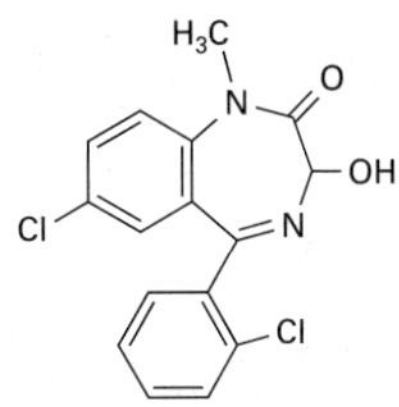

Lormetazepam

Lornoxicam INN: 6-Chloro-4-hydroxy-2-methyl-*N*-2-pyridinyl-2*H*-thieno-[2,3-*e*]-1,2-thiazin-3-carboxamid-1,1-dioxid; CAS-Nr. 70374-39-9; $C_{13}H_{10}ClN_3O_4S_2$, M_r 371.8. Schmp. 225 °C. logP 2.7; pK_S 4.5 (ber.); schwer lösl. in Wasser. **Wirk.** u. **Anw.:** Antirheumatikum* bei aktivierter Arthrose* u. rheumatoider Arthritis*; **UAW:** Störungen des GIT u. des ZNS; **Dos.:** Anfangsdos. 12 mg/d auf 2-3 ED verteilt, Erhaltungsdos. max. 16 mg; HWZ 3-4 h, kürzer als bei bisherigen Oxicamen.

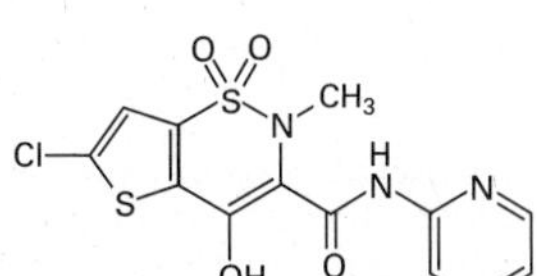

Lornoxicam

Losartan INN: 2-Butyl-4-chlor-1-[(*p*-(*o*-1*H*-tetrazol-5-ylphenyl)benzyl]imidazol-5-methanol; CAS-Nr. 114798-26-4; $C_{22}H_{23}ClN_6O$, M_r 422.92. **Wirk.** u. **Anw.:** blockiert den Angiotensin-II-Typ-1-Rezeptor (AT_1), vgl. ACE-Hemmer; bei essenzieller Hypertonie; **UAW:** Schwindel, Hypotonie, Kopfschmerz; **Kontraind.:** Schwangerschaft u. Stillzeit, Nierenarterienstenose; **Dos.:** p.o. 50 mg L.-Kalium (entspr. 45.76 mg L.); HWZ 2 h bzw. 6-9 h (Metaboliten). **Losartan-Kalium:** CAS-Nr. 124750-99-8; $C_{22}H_{22}ClKN_6O$, M_r 461.01.

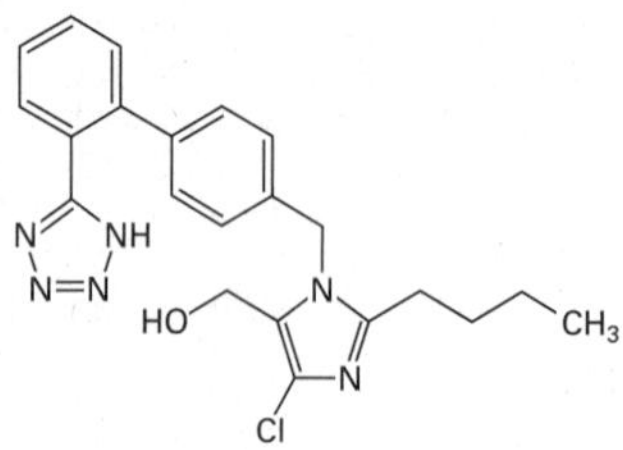

Losartan

Loschmidt-Konstante (Joseph Loschmidt, österreich. Physiker, 1821-1895): Symbol N_L; Anzahl der Atome od. Molekül eines idealen Gases pro 1 m^3 im Normzustand (273.15 Kelvin, 101 325 Pascal). NL = 2.686 777 5 · 1025 m^{-3}
Beziehung zur Avogadro-Konstante*: $N_L = N_A/$ 2.241 38 · 10^{-2} m^3 mol^{-1}.

Lossen-Umlagerung: Hydroxamsäuren, R–CO–NH–OH, werden durch Erhitzen in Gegenwart von Phosphor(V)-oxid in Isocyanate, R–N=C=O, umgelagert (s. Abb.). Durch Hydrolyse erhält man aus diesen um 1 C-Atom kürzere primäre Amine, $R-NH_2$. Unter geeigneten Bedingungen erfolgt diese Umlagerung auch bei Thiohydroxamsäuren, R–C(SH)=N–OH, z. B. bei den Aglyka der Glucosinolate*, u. es entstehen daraus Isothiocyanate*.

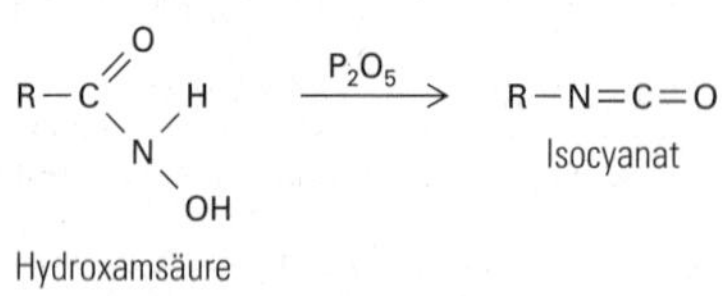

Lossen-Umlagerung

Lost: s. Dichlordiethylsulfid.

Lotaustralin: Inhaltsstoff in Linum* usitatissimum, vgl. Cyanglykoside.

Lote: zum Löten verwendete Metall-Legierungen; Schmp. 185-1100 °C. Man unterscheidet Weichlote, Schmp. unterhalb 450 °C, u. Hartlote, Schmp. oberhalb 450 °C.

18er-Lotio: Lanette® N 3T, Zstzg.: Zinkoxid, Talk, Glycerol (85 %), Spir. dilutus aa 18 T., Wasser ad 100 Teile.

Lotio alba aquosa: Zinci oxidi lotio, Lotio Zinci, wässrige Zinkoxidlotion, Zinkoxidschüttelmixtur; Zstzg.: DAC86 u. NRF, 20.0 g Zinkoxid (Sieb 300), 20.0 g Talkum (Sieb 300), 30.0 g Glycerol 85 %, 30.0 g Wasser; Herst.: Zinkoxid u. Talkum werden gemischt u. im Trockenschrank bei 180 °C eine Stunde lang erhitzt. Nach dem Erkalten wird diese Mischung mit dem Glycerol 85 % angerieben u. nach Zusatz des Wassers zu einer gleichmäßigen, dickflüssigen Suspension verarbeitet. Nach längerem Stehen tritt Sedimentation ein. Beschriftung: Vor Gebrauch zu schütteln. **Anw.:** flüss. Pudergrundlage; Grundlage für Schüttelpinselungen mit weiteren Arzneistoffzusätzen; bei Dermatitis, akuten u. chronischen Ekzemen.

Lotio alba aquosa cum Ammoniumsulfobitolo: Zinci oxidi lotio cum ammoniumsulfobitolo, Zinkoxidschüttelmixtur mit Ammoniumsulfobitol (NRF); Zstzg.: 2.5 g Ammoniumsulfobitol, 97.5 g Zinkoxidschüttelmixtur. **Anw.:** entzünd. Hauterkrankungen.

Lotio alba spirituosa: Zinci oxidi lotio spirituosa, ethanolische Zinkoxidschüttelmixtur (NRF), Zinkoxidschüttelpinselung (NFA); Zstzg.: Zinkoxid (Sieb 300), Talkum (Sieb 300), Glycerol 85 %, Ethanol nach NRF 90 %, nach NFA 96 %, Wasser 20 g zu gleichen Teilen. Herst.: NRF, Zinkoxid u. Talkum werden gemischt u. bei 180 °C eine Stunde lang erhitzt. Nach dem Erkalten wird diese Mischung mit Glycerol 85 % angerieben u. mit Ethanol 90 % u. Wasser verarbeitet; NFA, Zinkoxid u. Talk werden gemischt u. durch Sieb V (ÖAB) gesiebt, aber nicht erhitzt. Gut aufschüttelbare, weiße, dickflüssige Suspension. **Anw.:** akute Hauterkrankungen, z. B. allerg. Kontaktekzeme, Exantheme, Urticaria, Herpes zoster, Juckreiz; vgl. Zinkoxid-Pinselung, stabilisierte.

Lotio alba spirituosa cum Ammoniumsulfobitolo: Zinci oxidi lotio spirtuosa cum Ammoniumsulfobitolo, ethanolische Zinkoxidschüttelmixtur mit Ammoniumsulfobitol (NRF); Zstzg.: 2.5 g Ammoniumsulfobitol, 97.5 g ethanol. Zinkoxidschüttelmixtur (s. Lotio alba spirituosa). **Anw.:** entzündl. Hauterkrankungen.

Lotio alba spirituosa cum Chlorcresolo et Liquore Picis Lithanthracis: Zinci oxidi lotio spirituosa cum Chlorcresolo et Lithanthracis Picis Liquore, ethanolische Zinkoxidschüttelmixtur mit Chlorocresol u. Steinkohlenteerlösung (NRF); Zstzg.: 0.1 g Chlorocresol, 5.0 g Steinkohlenteerlsg., ethanol. Zinkoxidschüttelmixtur (s. Lotio alba spirituosa) ad 100 g. **Anw.:** Desinfiziens bei Hauterkrankungen.

Lotio Cordes®: s. Lotio Cordes alba®.

Lotio Cordes alba®: standardisierte Schüttelmixtur, wie Lotio Cordes, die dem Typ der indifferenten Lotio Zinci (s. Lotio alba aquosa) entspricht. Beide Lotiones sind Rezepturgrundlagen für diverse in der Dermatologie angewandte Wirkstoffe, z. B. Corticosteroide, Antihistaminika, Antibiotika. Zstzg.: 14 T. Titandioxid, 5 T. Maisstärke, 20 T. Propylenglykol, Stabilisatoren u. Wasser ad 100 T. Keine Konservierungsmittel. Lotio Cordes enthält zusätzl. Farbpigmente.

Lotio Hermal®: Zstzg.: 20 T. Zinkoxid, 15 T. Talkum, 26 T. Glycerol, 1 T. Pflanzenlecithin, 0.3 T. *p*-Hydroxybenzoesäuremethylester, Natriumcarragenat, Siliciumoxid hochdispers, Cetylstearylpolyglykolphosphat, Isopropanol, gereinigtes Wasser ad 100 T; seit 2002 nicht mehr im Handel. **Anw.:** pflegende Grundlage in der Dermatologie.

Lotionen: s. Lotiones.

Lotiones (lat. lavare waschen): Lotionen; äußerl. anzuwendende, flüssige wässrige od. wässrig-alkohol. Zubereitungen mit suspendierten od. emulgierten Wirk- u. Hilfsstoffen. Oft liegt der

Wirkstoff auch suspendiert in einer O/W-Emulsion vor. Aufgrund des hohen Wassergehaltes einer L. sind i.d.R. Konservierungsmittel enthalten. Lotionen sind allgemein gut verstreichbar, kühlen u. wirken adstringierend u. entzündungshemmend. Ihre Anw. ist bei großflächigen, entzündl., trockenen bis leicht nässenden Dermatosen u. bei salbenempfindlicher, reizbarer Haut indiziert. **Flüssige Suspensionen**: Schüttelmixturen, flüssige Puder, Trockenpinselungen; L. mit ca. 50% Feststoffanteil (z.B. Zinkoxid, Talk, Titandioxid), werden mit dem Pinsel aufgetragen u. wirken leicht austrocknend u. sekretaufsaugend. Ein Zusatz von Glycerol (od. Sorbitollösung, Propylenglykol) verbessert die Haftwirkung der Feststoffe auf der Haut; Ethanolbeimengungen verstärken die Kühlwirkung u. erhöhen die austrocknende Wirkung. Als sedimentationsbehindernde Stabilisatoren dienen z.B. Bentonit* od. Carboxymethylcellulose*. Die Bez. Lotio od. Milch wird häufig auch für flüssige, äußerl. anzuwendende O/W-Emulsionen gebraucht, die bei subakuten bis subchronischen Hauterkrankungen eingesetzt werden.

Lotio Zinci: s. Lotio alba aquosa.

Lotosblume, Indische: s. Nelumbo nucifera.

Lotus-Effekt: Lotos-Effekt; auf der Oberfläche der Lotus-Blätter (vgl. Nelumbo nucifera) befinden sich winzige, dichtstehende, wachshaltige Papillen die verhindern, dass sich auf der Blattoberfläche Schmutzteilchen oder Mikroorganismen dauerhaft anheften können. Da die Adhäsionskräfte z.B. zwischen Wasser und Schmutzpartikeln stärker sind als zwischen Schmutz und Blattoberfläche, werden bei einem Regenguss die Schmutzpartikel (und Mikroorganismen) von der Blattoberfläche vollständig entfernt. Dieser sog. Lotus-Effekt wird von der Industrie bei der Herstellung von Fassadenfarben oder Dachziegeln genutzt (selbstreinigende Oberflächen).

Lotus-Pflaume: s. Diospyros lotus.

Lovastatin INN: Lovastatinum Ph.Eur.4, Mevinolin, 6-α-Methylcompactin; (3*R*,5*R*)-7-[(1*S*,2*S*,6*S*,8*S*,8a*R*)-1,2,6,7,8,8a-Hexahydro-2,6-dimethyl-8-[(*S*)-2-methylbutyryloxyl]-1-naphthyl]-3-hydroxyheptan-5-olid; CAS-Nr. 75330-75-6; $C_{24}H_{36}O_5$, M_r 390.52. Strukturformel s. HMG-CoA-Reduktasehemmer (Abb.). Schmp. 174.5 °C (unter Stickstoff). **Gew.**: mit Hilfe von Aspergillus terreus; **Wirk.** u. **Anw.**: Lipidsenker*, HMG*-CoA-Reduktasehemmer **Dos.**: oral Initialdosis: 10-20 mg mit dem Essen am Abend, steigerbar in 4-wöchigen Intervallen auf 80 mg in Einzel- od. mehreren Gaben.

LSC: Abk. für (engl.) *liquid solid chromatography*; s. Chromatographie (Tab.).

LSD: Abk. für Lysergsäurediethylamid*.

L-Selenomethionini [^{75}Se] solutio iniectabilis: s. Seleno-L-methionin [^{75}Se].

LSF: Abk. für Lichtschutzfaktor*.

LTH: Abk. für luteotropes Hormon, s. Hormone (Hypophysenvorderlappen).

Lu: (chem.) Symbol für Lutetium*.

Lubricantia: s. Gleitmittel.

Lucas-Probe: Test zur Unterscheidung primärer, sekundärer u. tertiärer Alkohole mit einer Lsg. von Zinkchlorid in konz. Salzsäure. Die niederen Alkohole lösen sich alle in dem Reagens, die Alkylchloride, die sich unterschiedl. rasch bilden, sind hingegen unlöslich. Die Lsg. primärer Alkohole bleibt stundenlang klar, während die Lsg. sekundärer Alkohole innerhalb von 5 min, die der tertiären Alkohole fast augenblickl. durch ausfallendes Alkylchlorid getrübt wird.

Luciferin-Luciferase-System: s. Biolumineszenz.

Lues (lat. Lues Seuche, Pest): s. Syphilis.

Luffa aegyptiaca Mill.: Momordica luffa L., Schwammkürbis; Fam. Cucurbitaceae (Afrika, Asien). Stpfl. von **Fructus Luffae:** Luffa(schwamm); das Fasernetz der gurkenartigen Früchte (auch von anderen Luffa-Arten); wird als Badeschwamm, Schuh(einlege)sohlen u.a. verwendet.

Luffa operculata (L.) Cogn.: Momordica operculata L.; Fam. Cucurbitaceae (Südamerika). **Inhaltsst.**: Saponine, Cucurbitacine (Früchte), Bitterstoffe; **Anw.** volkstüml.: z.B. als harntreibendes Mittel, bei Verstopfung; vgl. Luffa aegyptiaca.

Hom: *Luffa operculata (HAB1.4)*: reife, getrocknete Früchte; verord. z.B. bei Heuschnupfen, Katarrhen der Nasennebenhöhlen.

Luffaschwamm: s. Luffa aegyptiaca.

luftdicht verschlossen: Aufbewahrungsvorschrift nach Ph.Eur.; Lagerung od. Transport in einem für feste, flüssige u. gasförmige Stoffe undurchlässigen Behältnis.

Luftdruck: der auf die Flächeneinheit infolge Schwerkraft ausgeübte Druck der Luft; wird mit Barometer* gemessen u. meistens in Bar (bar), Millibar (mbar), Pascal (Pa), Hektopascal (hPa) od. Kilopascal (kPa) (früher auch in Torr bzw. mmHg) angegeben. Der Gesamtdruck setzt sich aus den Partialdrücken der trockenen Luft u. des enthaltenen Wasserdampfs zusammen (s. Dalton-Gesetz; vgl. Mollier-h,x-Diagramm). Der mittlere L. p_0 in Meereshöhe h_0 (Normalatmosphärendruck) beträgt 1013.25 mbar (bzw. hPa), mit zunehmender Höhe h nimmt er (exponentiell) ab. Man kann ihn mit Hilfe der **barometrischen Höhenformel** berechnen (Voraussetzungen: in jeder Höhe gleiche Temp. T u. gleicher Wasserdampfpartialdruck):

$$p = p_0 \cdot e^{-\frac{h-h_0}{r \cdot T}}$$

r beträgt 29.27 m/K u. ist die durch die Molmasse der Luft (29 g/mol) u. die Erdbeschleunigung g (9.806 m/s^2) geteilte allgemeine Gaskonstante*.

Luftfeuchtigkeit: Wassergehalt der Luft. **Absolute L.:** Kilogramm Wasserdampf pro Kubikmeter Luft (kg/m^3). **Spezifische L.:** Gramm (od. Kilogramm) Wasserdampf pro Kilogramm trockene (od. feuchte) Luft; auch als Mischungsverhältnis bezeichnet, dimensionslos. **Relative L.:** Prozentverhältnis des Wasserdampfpartialdrucks zum Sättigungsdampfdruck der Luft bei gleichem Gesamtdruck u. gleicher Temp.; s. Mollier-h,x-Diagramm, vgl. Hygrostat. **Physiologische L.:** Verhältnis von vorhandener L. zu einer L., die einer normalen Lungentemperatur (37 °C) entspräche.

Luftgas: s. Generatorgas.

Luftstrahlmühlen: s. Mühlen.

Luftstrahlsieb: s. Siebanalyse.

L

Luftvergleichspyknometer: s. Dichtebestimmungsmethoden.

Lugol-Iodiodkaliumlösung: s. Iodlösung, wässrige.

Lugol-Lösung: Lugol-Iodlösung, Solutio Iodi „Lugol"; s. Iodlösung, wässrige.

Lumazin: 2,4-Dioxo-1,2,3,4-tetrahydropteridin; $C_6H_4N_4O_2$; M_r 164.12; Schmp. 349 °C. Strukturformel s. Pterine (Abb.). Gelbe bis orangrote Nadeln, wässrige Lösungen fluoreszieren im Alkalischen grün u. im Sauren blau; vgl. Pterine.

Lumbago: Hexenschuss; meist plötzl. auftretende intensive Schmerzen im Bereich der Lenden mit Schonhaltung, schmerzbedingter Bewegungseinschränkung, muskulärem Hartspann der Rückenmuskulatur u. Druckschmerzhaftigkeit der Dornfortsätze. **Urs.:** z. B. Bandscheibenschaden, Wirbelsäulenaffektionen.

lumbal (lat. lumbus Lende): zur Lende gehörend.

Lumbalanästhesie: veraltete Bez. für Spinalanästhesie*.

Lumbalpunktion: Spinalpunktion, Entnahme von Liquor mit einer Hohlnadel, die durch den Zwischenwirbelraum in der Lendengegend in den Rückenmarkskanal geführt wird; Ind: Verdacht auf Meningitis, Neurosyphilis oder andere org. Erkrankungen des ZNS. Vgl. Liquor cerebrospinalis.

Lumefantrin INN: Lumefantrinum, Benflumetol; (*RS*)-2-(Dibutylamino)-1-(*Z*)-2,7-dichlor-9-(4-chlorbenzyliden)-9*H*-fluoren-4-yl-ethanol; CAS-Nr. 82186-77-4; $C_{30}H_{32}Cl_3NO$, M_r 528.95. L. zählt zur Familie der Arylaminoalkohole, wie z. B. Chinin* od. Mefloquin*; vgl. Antimalariamittel. Handelsübl. in Kombination mit Artemether* (Artemether/Lumefantrin 1/6); **Anw.:** Malariainfektion durch Plasmodium falciparum; **Wirk.:** Hemmung der Umwandlung von Häm (tox.) in Hämozoin in der Nahrungsvakuole der Malariaparasiten; zusätzl. Hemmwirkung auf die Nucleinsäure- u. Proteinsynthese der Malaria-Parasiten. **UAW:** Kopfschmerzen, Schwindel, Schlafstörungen, Palpitationen, QTc-Verlängerungen, abdominelle Schmerzen, Durchfall, Erbrechen, Exanthem, Husten, Myalgien; **Hinweis:** aufgrund der hohen Lipophilie empfiehlt sich die Einnahme mit fettreicher Nahrung.

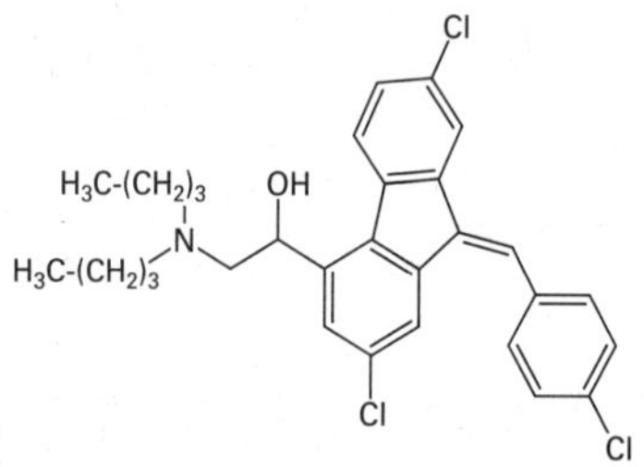

Lumefantrin

Lumineszenz: das Leuchten von Körpern (s. Leuchtfarben), ohne gleichzeitige Temperatursteigerung. Die L. wird hervorgerufen durch Bestrahlung (Photolumineszenz, Phosphoreszenz*, Fluoreszenz; s. Spektroskopie), chem. Umsetzungen (Chemilumineszenz, Biolumineszenz*) od. elektr. Vorgänge (Elektrolumineszenz).

Luminol: 3-Aminophthalsäurehydrazid, $C_8H_7N_3O_2$. M_r 117.16. Zeigt bei Oxidation, z. B. mit Wasserstoffperoxid, Natronlauge, od. Trikaliumhexacyanoferrat, Chemolumineszenz (s. Lumineszenz). **Anw.:** in Kaltlichtleuchtstoffröhren, als Fluoreszenz- u. Chemolumineszenzindikator; Peroxidase-Reagens.

Luminophore: s. Leuchtfarben.

Lumisterin: Stereoisomer des Ergosterin, s. Vitamine (Vitamin D).

Lungenblähung: s. Lungenemphysem.

Lungenblutung: **1.** Hämoptoe: Aushusten größerer Blutmengen (>50 mL) bei Blutgefäßarrosion od. -ruptur. **2.** Hämoptyse: Aushusten od. Ausspucken von blutig tingiertem Sputum od. geringen Blutmengen (<50 mL) aus Rachen, Bronchien od. Lungen.

Lungenemphysem: irreversible Vergrößerung des intrapulmonalen Luftraums durch Zerstörung von Alveolen* u. Lungensepten. **Auftreten:** v. a. bei Rauchern, infolge von Asthma bronchiale od. einer chron. Bronchitis; **Sympt.:** Atemnot, erst bei Belastung, später auch in Ruhe.

Lungenentzündung: s. Pneumonie.

Lungenflechte: s. Lobaria pulmonaria.

lungengängig: s. Aerosole.

Lungenkraut: s. Pulmonaria officinalis.

Lungenmoos: s. Lobaria pulmonaria.

Lungentuberkulose: s. Tuberkulose.

Lupeol: (3*β*)-Lup-20(29)-en-3-ol; CAS-Nr. 545-47-1; $C_{30}H_{50}O$, M_r 426.73. Pentacycl. Triterpenalkohol (ähnl. Betulin*) mit dem Grundgerüst Lupan, ähnl. Oleanan (Strukturformel s. Saponine, Tab. 1), aber mit fünfgliedrigem Ring E. Natürlich z. B. in Ptychopetalum*-Arten u. insbes. in den Rinden von Apocynaceae u. Fabaceae.

Lupinenalkaloide: s. Chinolizidinalkaloide.

Lupinidin: s. Spartein, vgl. Chinolizidinalkaloide.

Lupinin: s. Chinolizidinalkaloide.

Lupulinum: s. Humulus lupulus.

Lupulon: *β*-Hopfenbittersäure; $C_{26}H_{36}O_4$, M_r 414.36. Ein aus den Hopfenblüten (s. Humulus lupulus) gewonnener (ca. 1 %) antimikrobieller Stoff (Phytonzid), bes. wirksam gegen grampositive Bakt. u. Mykobakterien; 10-mal wirksamer als Humulon*.

Lupulus: s. Humulus lupulus (Lupuli flos; Hom).

Lupus erythematodes: Sammelbez. für Autoimmunkrankheiten der Haut u. innerer Organe sowie für diaplazentar übertragbare Syndrome. **Ätiologie:** vermutl. genet. HLA-Prädisposition, Viren, Umwelt- u. hormonelle Faktoren; **Formen:** **1.** Hautbeteiligung: z. B. akuter u. subakuter kutaner L. e.; **2.** system. Beteiligung: system. L. e.; medikamenteninduzierter L. e.; **3.** neonatale L.-e.-Syndrome: z. B. kongenitaler Herzblock.

Lustgarten-Reaktion: Chloroformnachweis. **Durchführung:** Blaufärbung der Probe mit warmer Lsg. von *α*-Naphthol in Kalilauge; beim Ansäuern roter Niederschlag.

Lutein: s. Xanthophyll.

luteinisierendes Hormon: s. Hormone (Hypophysenvorderlappen).

Luteohormon: s. Progesteron, s. Hormone (Gestagene).

Luteolin: 3',4',5,7-Tetrahydroxyflavon. Strukturformel s. Flavonoide (Tab.). Nat. in vielen Pflanzen, z. B. in Achillea millefolium, Cnicus benedictus, Digitalis purpurea, Euphorbia cyperassia, Galega officinalis; vielfach als Glykosid, wie z. B. Galuteolin (5-*O*-Glucosyl-L.) od. Cynarosid (7-*O*-Glucosyl-L.).

luteotropes Hormon: s. Prolactin, Hormone (Hypophysenvorderlappen).

Lutetium (lat. lutetia Paris): veraltet Cassiopeium, Symbol Cp; Symbol Lu; A_r 174.967, OZ 71. D. 9.840. Schmp. 1663 °C. Sdp. 3391 °C. 3-wertiges Lanthanoid*-Metall. **Vork.**: in allen Ytterbium*-Mineralien und im Monazit; **Anw.**: Dotierung bei der Herst. von Ferritblasenspeichern; **Gesch.**: 1907 als Oxid in der Yttererde von Georges Urbain (1872-1938), Carl Auer von Welsbach (1858-1929) u. Charles James (1880-1928) entdeckt.

luteus: f: lutea, n: luteum; gelb.

Lutidine: Dimethylpyridine; s. Pyridin.

Lutropin alfa INN: CAS-Nr. 9002-67-9; rekombinantes humanes luteinisierendes Hormon* (s. Hormone). **Wirk.** u. **Anw.**: in Kombination mit FSH (s. Hormone, Follikelreifungshormon) bei der künstl. Befruchtung zur Stimulation der Follikelreifung bei Frauen mit LH- u. FSH-Mangel; **UAW**: evtl. Kopfschmerzen, Somnolenz; **Dos.**: 75 I.E. zus. mit 75-150 I.E. FSH/d i. v. oder s. c.; HWZ i. v. initial 1 h, terminal 10-12 h.

Lutschkapseln: s. Capsulae (Weichkapseln).

Lutschtabletten: dienen der Vorbeugung u. lokalen Behandlung von Infektionen des Mund- u. Rachenraumes.

LUV: Abk. für (engl.) *large unilamellar vesicles*; s. Liposomen.

Luxation (lat. luxare verrenken): Verrenkung; Gelenkverletzung mit vollständiger Diskontinuität der gelenkbildenden Knochenenden.

Luzerne: s. Medicago sativa.

Lyasen: s. Enzyme.

Lychee: s. Litchi chinensis.

Lycium barbarum L.: L. halmifolium Mill., Bocksdorn, Teufelszwirn; Fam. Solanaceae (Mittelmeergebiet). **Inhaltsst.**: parasympathikolyt. wirkende, stickstoffhaltige Glykoside, möglicherweise auch Tropanalkaloide, Carotinoide.

Hom: *Lycium Berberis:* frische, blühende Pflanze.

Lycoperdon bovista Pers.: Calvatia gigantea, Bovist, Stäubling; Fam. Lycoperdaceae (Mitteleuropa). **Inhaltsst.**: Tyrosin, Lycoperdin, Enzyme.

Hom: *Bovista:* Sporen des reifen Pilzes; verord. z. B. bei hämorrhag. Diathese (Blutungsneigung), Dysmenorrhö.

Lycopersicon esculentum: s. Lycopersicon lycopersicum.

Lycopersicon lycopersicum (L.) Karst. ex Farw.: Solanum lycopersicum, Lycopersicon esculentum, Tomate, Paradiesapfel, Liebesapfel; Fam. Solanaceae (heim. Peru, kult. in allen Erdteilen). **Inhaltsst.**: in allen Organen Solanin* (in der Frucht 0.004-0.007 %, in Samen Spuren). In der Frucht u. a. Lycopin*, Carotin, Oxalsäure, Äpfelsäure, Vit. C, Tomatin*, Tomatidin*; die Solanumalkaloide* sind in der reifen Frucht nicht mehr enthalten.

Lycopin: $C_{40}H_{56}$, M_r 536.85. Gelbroter, carotinoider Pflanzenfarbstoff; Biosynthese u. Strukturformel s. Tetraterpene (Abb.). Nat. hauptsächl. in Tomaten, Hagebutten u. a., mit Carotin isomer (vgl. Lipochrome, Carotine); mit konz. Schwefelsäure, Antimontrichlorid u. Trichloressigsäure schlägt die Farbe von Lycopin in Blau um.

Lycopodium clavatum L.: Kolbenbärlapp, Bärlapp, Hexenkraut, Erdmoos, Schlangenkraut; Fam. Lycopodiaceae (nahezu weltweit verbreitet, in vielen Gebieten Deutschlands, Österreichs u. der Schweiz unter Naturschutz). Stpfl. von **Herba Lycopodii:** Herba Musci clavati, Bärlappkraut, Schlangenmoos, Schlangenkraut. **Inhaltsst.**: ungewöhnl. Chinolinalkaloide wie Lycopodin, Clavatin, Lycodolin u. Clavotoxin (Gesamtgehalt ca. 0.1-0.4 %); fettes Öl, Säuren, Harz, Gummi; **Anw.** volkstüml.: z. B. als harntreibendes Mittel (Herba L. ist giftig, 0.2 g sollen Frösche u. Mäuse unter Lähmungserscheinungen töten). **Lycopodium:** Sporae Lycopodii, Bärlappsporen, Bärlappsamen, Hexenmehl; die reifen Sporen von L. clavatum u. a. L.-Arten. **Off.**: ÖAB90, DAB7; **Inhaltsst.**: fettes Öl (bis 50 %), Sporonin (20-45 %, ein polymeres Terpen), Hydroxykaffeesäure u. höhere Fettsäuren, Zucker, Spuren von Alkaloiden; **Anw.** volkstüml.: früher innerlich z. B. bei Nieren- u. Blasenleiden, Diarrhö; äußerl. als Wundstreupulver bei nässenden Ekzemen u. juckenden Hautpartien.; zur Pillenherstellung in der Apotheke.

Hom: *Lycopodium clavatum (HAB1.5),* Lycopodium: Sporen; Konstitutionsmittel, verord. z. B. bei chron. Lebererkrankungen mit Verdauungsstörungen, Nieren- u. Gallensteinen, Gicht, Hautkrankheiten.

Lycopodium selago: s. Huperzia selago.

Lycopus europaeus L.: Gemeiner Wolfstrapp, Ufer-Wolfstrapp, Wasserandorn; Fam. Lamiaceae (Labiatae) (Mittel- u. Südeuropa). Zusammen mit L. virginicus Stpfl. von **Herba Lycopi:** Wolfstrappkraut. **Inhaltsst.**: Hydroxyzimtsäurederivate (z. B. Ferulasäure, Rosmarinsäure), Flavonoide, Cumarine, Lamiaceengerbstoffe, Diterpene u. ca. 0.2 % äther. Öl; **Wirk.**: antigonadotrop u. antithyreotrop (Hemmung der Hormone des Hypophysenvorderlappens); **Anw.**: bei (leichter) Schilddrüsenüberfunktion mit vegetativ-nervösen Störungen; bei Schmerz- u- Spannungsgefühl der Brüste (Mastodynie).

Hom: *Lycopus europaeus (HAB1.5):* frische, oberird. T. blühender Pflanzen.

Lycopus virginicus L.: Virginischer Wolstrapp, Virginischer Wolfsfuß; Fam. Lamiaceae (Labiatae) (Nordamerika, von Kanada bis Florida, Missouri, Nebraska). Stpfl. von **Herba Lycopi:** s. L. europaeus; Inhaltsst. u. Anw. ähnlich L. europaeus.

Hom: *Lycopus virginicus (HAB1.3):* frisches, blühendes Kraut; verord. z. B. bei Schilddrüsenerkrankungen.

Lycorin: s. Amaryllidaceenalkaloide.

Lycosa: Fam. Lycosidae, Gattung der giftigen Wolfsspinnen, z. B. Lycosa hispanica, L. tarantula (Tarantel). **Tox.**: Lycosatoxine sind zytotoxisch.

Hom: *Tarantula hispanica:* verord. z. B. bei sexueller Übererregbarkeit, unwillkürl. Muskelzuckungen, Restless legs.

Lyme-Borreliose: syn. Erythema-migrans-Krankheit; zu den Zeckenborreliosen* gezählte Infektionskrankheit, die erstmals 1976 in Lyme (Connecticut, USA) beobachtet wurde. **Erreger:** Borrelia* burgdorferi; Übertragung durch Zecken (Ixodes ricinus, Holzbock), saisonale Häufung im Sommer u. Herbst; Durchseuchung der Zecken regional sehr unterschiedl. (5-60 %); der Zeckenbiss bleibt häufig unbemerkt (bis zu 50 % der Erkrankungsfälle); **Krankheitsverlauf:** das klin. Spektrum umfasst Symptome, die lange als eigenständige Krankheitsbilder unklarer Ätiol. galten; zweiphasiger Verlauf möglich, aber nicht obligat; **1.** Stadium I: unspezif. Allgemeinsymptome (Kopfschmerz, Arthralgie, Myalgie, gastrointestinale Beschwerden, evtl. Fieber) u. Erythema migrans (meist an der Zeckenbissstelle); **2.** Stadium II (bis Monate nach Infektion): Lymphadenosis cutis benigna (Borrelia-Lymphozytom); Karditis; Neuroborreliose; **3.** Stadium III (Monate bis Jahre nach Infektion): oft ohne vorausgehende Frühsymptome; isoliertes od. in variabler Reihenfolge gemeinsames Auftreten von z. B. Lyme-Arthritis; Akrodermatitis chronica atrophicans; chron. Enzephalomyelitis; anderen isolierte Hirnnervenausfälle; fakultativ chron.-rezidivierender Verlauf mit irreversibler Residualsymptomatik; **Ther.:** im Stadium I orale (Tetracycline, Amoxicillin, Makrolid-Antibiotika); in den Stadien II/III intravenöse Antibiotikatherapie (Penicillin G, liquorgängige Cephalosporine); prophylakt. Antibiotikagabe nach Zeckenbiss ohne Krankheitssymptome ist nicht angezeigt, soweit es sich nicht um bekannte hochendemische Gebiete handelt.

Lymphe: klare bis hellgelbe Flüss. aus Lymphplasma u. Lymphozyten (s. Leukozyten); entsteht durch Austritt von Blutplasma aus Blutkapillaren ins Gewebe (ca. 0.1 L/h).

Lymphoidzellen: atypische Lymphozyten, Virozyten; Vorstufen der Plasmazellen. Entspr. stimulierten Lymphozyten (s. Leukozyten).

Lymphokine: zu den Zytokinen* od. Hormonen* (Gewebehormone, aglanduläre H.) gezählte Substanzen (z. T. Glykoproteine). Werden von bestimmten Lymphozyten (v. a. antigenaktivierten T-Lymphozyten, s. Leukozyten) produziert u. sezerniert u. regen andere Zellen zur Bildung versch. Enzyme u. Faktoren od. zur Proliferation an. Spielen eine noch nicht gänzl. geklärte Rolle in der zellulären Immunität*.

Lymphom, malignes: Neoplasma, das vom lymphat. Gewebe der Lymphknoten, Tonsillen, Milz od. anderen Organen ausgeht. **Vork.:** Inzidenz ca. 3 : 100 000; tritt mit einem Maximum zw. 60. u. 70. Lj. u. gehäuft in Zusammenhang mit HIV-Erkrankung auf; **Einteilung:** in Morbus Hodgkin (Lymphogranulomatose) u. Non-Hodgkin-Lymphome; **Ther.:** in Abhängigkeit von Typ u. Stadium Polychemotherapie (z. B. mit Cyclophosphamid, Vincristin, Prednisolon), evtl. Strahlentherapie.

Lymphozyten: s. Leukozyten.

Lynestrenol INN: syn. Lynöstrenol, Linestrenolum Ph.Eur.4; 19-Nor-17-α-pregn-4-en-20-in-17-ol; CAS-Nr. 52-76-6; $C_{20}H_{28}O$, M_r 284.42. Schmp. 158-164 °C (polymorph). $[\alpha]_D$ −13° (Chloroform). Fast unlösl. in Wasser; 1:15 lösl. in absolutem Ethanol, 1:12 in Aceton, 1:8 in Chloroform, 1:12 in Ether. **Anw.:** Gestagen-Therapie; bei Endometriose, dysfunktionellen Blutungen, sekundärer Amenorrhoe; **Dos.:** p. o. 5 mg/d vom 5. Tag des Zyklus an ununterbrochen über mind. 6 Monate; in der hormonellen Kontrazeption* kombiniert mit einem Estrogenderivat in einer Dos. von 0.5-2.5 mg/d vom 1. bis zum 22. Zyklustag; HWZ 17-21 h.

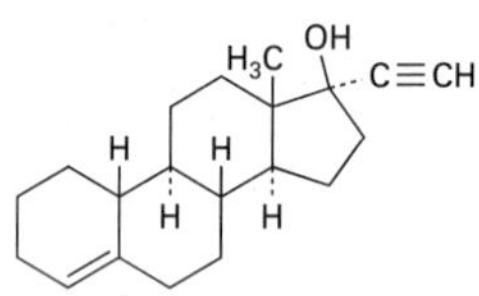

Lynestrenol

lyobipolar: s. Tenside.

Lyochrom: alter Name für Riboflavin (s. Vitamine).

Lyoenzyme: leicht ablösbare Endoenzyme*.

Lyogel: s. Gele.

lyophil: s. Benetzbarkeit.

Lyophilisat: s. Gefriertrocknung.

Lyophilisation: s. Gefriertrocknung.

Lyophilisationsstopfen: Gefriertrocknungsstopfen; Stopfen, der Behältnisse sowohl unter Vakuum als auch nach Belüften der Lyophilisationskammer mit einem Inertgas (Stickstoff, Argon) innerhalb geeigneter Gefriertrocknungsanlagen

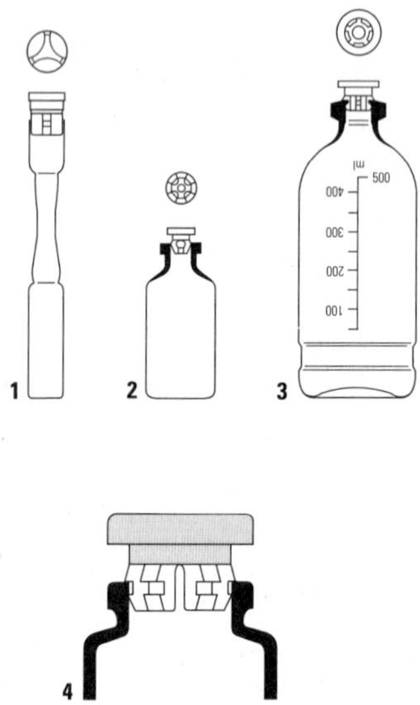

Lyophilisationsstopfen: Spezialampulle (1), Injektionsfläschchen (2) u. Infusionsflasche (3) mit Gefriertrocknungsstopfen; Position des Lyophilisationsstopfens während der Lyophilisation (4)

dicht verschließt (s. Abb.). Der L. wird nach dem Abfüllen der Ausgangslösung für das Lyophilisat so auf den Behälter aufgesetzt, dass dieser noch nicht völlig verschlossen ist. Nach der Gefriertrocknung wird der Stopfen direkt im Lyophilisator zur Gänze eingedrückt.

lyophob: s. Benetzbarkeit.

Lyosole: s. Kolloide.

lyotrop: sich unter dem Einfluss eines Lösungsmittels verändernd (Stoffeigenschaft), z. B. Ausrichtung von Teilchen (s. Flüssigkristalle).

Lypressin INN: [Lys8]Vasopressin; CAS-Nr. 50-57-7; $C_{46}H_{65}N_{13}O_{12}S_2$, M_r 1056.26. Ein cycl. Nonapeptid; lösl. in Wasser. **Zuber.:** Lypressini solutio iniectabilis Ph.Eur.4, Lypressin-Injektionslösung. Die Lsg. kann einen geeigneten Puffer u. ein geeignetes Konservierungsmittel enthalten. Isotonie kann durch Zusatz von Natriumchlorid erreicht werden. **Anw.:** Antidiuretikum*, Vasokonstriktor*; **UAW:** Herzinfarktgefahr, Bluthochdruck; **Dos.:** parenteral s. c. 5 I.E./d, individuell dosieren; intranasal Spray 3-4×10 I.E. pro Applikation/d; vgl. Vasopressin, Argipressin, Ornipressin, Desmopressin.

Lypressini solutio iniectabilis: s. Lypressin.

Lyse: Lösung, Auflösung; z. B. die Auflösung von roten Blutkörperchen nach Zerstörung ihrer Membran od. die Auflösung von Bakterienzellwänden durch lyt. wirkende Enzyme.

Lysergsäure: tetracycl. Indolderivat, M_r 368.32. Wird zu den Ergotalkaloiden* gezählt; Strukturformel u. weitere Angaben s. Secale cornutum.

Lysergsäurealkaloide: s. Secale cornutum.

Lysergsäureamid: s. Ergin.

Lysergsäurediethylamid: Abk. LSD, LSD-25, Lysergidum; 9,10-Didehydro-*N*,*N*-diethyl-6-methyl-ergolin-8*β*-carboxamid (vgl. Secale cornutum); $C_{20}H_{25}N_3O$, M_r 323.42. Schmp. 80-85 °C. Farblose Kristalle. **Wirk.:** Psychotomimetikum, partieller Serotoninantagonist*; verursacht schon in geringsten Spuren (0.2 µg/kg KG) schizophrenieähnl. psych. Störungen, führt zu opt. u. akustischen Halluzinationen mit stimmungsabhängigen Farben (depressiv: dunkelgrün, blau; gute Stimmung: rot, hellgrün) u. Verzerrung des Zeitgefühls; rasche Toleranzentwicklung; Entwicklung einer psych., aber keiner körperl. Abhängigkeit; große therap. Breite; Suizidgefahr beim sog. bad-trip od. infolge Selbstüberschätzung, z. B. dem Gefühl, fliegen zu können; im Tierversuch teratogen. HWZ 70 min, Wirkungsdauer 6-8 h.

lysigen: durch Auflösen von benachbarten Zellen gebildet, z. B. Ölbehälter (Myrtaceae).

Lysimachia nummularia L.: Pfennigkraut; Fam. Primulaceae (Europa). Stpfl. von **Herba Lysimachiae:** Lysimachia herba, Münzkraut. **Inhaltsst.:** Gerbstoffe, Flavonoide, Triterpensaponine; **Anw.** volkstüml.: z. B. als Hustentee, bei Diarrhö, zur Wundbehandlung; Lysimachiaextrakte z. T als Zusatz in Haarshampoo.

Hom: *Lysimachia nummularia:* frische, blühende Pflanze.

Lysin: Abk. Lys, *α*-*ε*-Diaminocapronsäure; (*S*)-2,6-Diaminohexansäure; CAS-Nr. 56-87-1; $C_6H_{14}N_2O_2$, M_r 146.2, Schmp. 224 °C. Strukturformel s. Aminosäuren (Abb.). Eine wichtige bas., proteinogene, essenzielle Aminosäure. **Vork.:** L-Lysin ist in Getreideproteinen u. in anderen pfl. Nahrungsmitteln in begrenzter Menge vorhanden; bei Fäulnis geht es in Cadaverin* über; **Physiologie:** der Bedarf ist bes. für das Kind u. das junge wachsende Tier hoch, da es speziell für die Knochenbildung wichtig ist. **Anw.:** bei metabol. Alkalosen, als Infusionslsg.; **Kontraind.:** Acidose, Leberinsuffizienz. **L-Lysinhydrochlorid:** Lysini hydrochloridum Ph.Eur.4; CAS-Nr. 657-27-2; $C_6H_{15}ClN_2O_2$, M_r 182.7. Schmp. ca. 280 °C (unter Zers.). Weißes, krist. Pulver; lösl. in Wasser, schwer lösl. in Ethanol. **Lysin-Monohydrat:** Lysinum monohydricum; $C_6H_{14}N_2O_2 \cdot H_2O$, M_r 164.2. **Off.:** DAB10.

Lysinacetylsalicylat: DL-Lysin-monoacetylsalicylat; CAS-Nr. 34220-70-7; $C_{15}H_{22}N_2O_6$, M_r 326.34. Wasserlösl. Salz der Acetylsalicylsäure*. **Anw.:** Analgetikum*, Antirheumatikum*, Thrombozytenaggregationshemmer*; in Form von Injektionen; **UAW:** Blutungen im Magen-Darm-Trakt, Übelkeit, Überempfindlichkeitsreaktionen.

Lysine: Verbindungen, die Zellen zersetzen können, z. B. Hämolysine (s. Hämolyse).

Lysokephaline: s. Phosphatide.

Lysolecithine: entstehen aus Lecithinen* durch Abspaltung eines Moleküls Fettsäure, bewirken Hämolyse der roten Blutkörperchen; s. Phospholipasen.

Lyso-PAF: s. PAF.

Lysophosphatidsäuren: s. Phosphatide.

lysosomales System: s. System, lysosomales.

Lysosomen (gr. lysis Auflösung; soma Körper, Leib): Zellorganellen (0.25-0.5 µm), die dem intrazellulären Abbau von org. Substanz dienen. L. beseitigen mit Hilfe der lysosomalen Enzyme größere Partikel wie Viren, Bakterien od. entartete Zellen, die von der Zelle durch Phagozytose*, sowie kleinere Moleküle, die von der Zelle durch Pinozytose* aufgenommen werden. Lysosomale Defekte führen zu Speicherkrankheiten.

Lysotypie: Phagentypisierung; Typendifferenzierung von Bakterienarten mittels spezif. adaptierter, konstanter u. standardisierbarer Bakteriophagen*. **Prinzip:** Untersuchung, durch welche Phagen die Bakt. lysiert werden, ermöglicht die Typendifferenzierung, u. a. wichtig für epidemiolog. Erhebungen, z. B. Nachw. einer Infektkette bei Salmonella* typhi u. paratyphi od. Staphylococcus* aureus.

Lysozym: (engl.) *endolysine*; syn. Muramidase; weitverbreitete Hydrolase (s. Enzyme), die in Pflanzen, Wirbellosen u. Wirbeltieren vorkommt. **Vork.:** v. a. in Tränenflüss., Nasen- u. Darmschleim, Blutplasma u. Muttermilch; in Bakteriophagen*; in bestimmten Leukozyten*; **Wirkmechanismus:** L. wirkt bakterizid, indem es die *β*-1,4-Bindung zw. *N*-Acetylglucosamin u. *N*-Acetylmuraminsäure von Murein* hydrolysiert. L. besteht aus einer Kette mit 129 Aminosäuren u. 4 Disulfidbrücken mit einer M_r von 14 200-14 600. L. der Bakteriophagen bestehen aus 157 od. 164 Aminosäuren u. stellen entw. Endoacetyl-Muramidasen od. Endoacetyl-Glucosamidasen dar.

Lyssa: s. Tollwut.

Lythrum salicaria L.: Blutweiderich; Fam. Lythraceae (Europa, Nordamerika). Stpfl. von **Lythri herba:** Blutweiderichkraut. **Off.:** Ph.Eur.4; **Inhaltsst.:** im Kraut ca. 5 % Gerbstoff, wenig äther. Öl; **Anw.** volkstüml.: z. B. bei Diarrhö; Adstringens, als Wundheilmittel.

Lytika: Wirkstoffe, die zum Abfall od. zur Aufhebung der Wirk. eines körpereigenen Überträgerstoffes durch Rezeptorblockade od. -hemmung führen od. eine bestimmte Wirkung aufheben; z. B. Sympatholytika*, Parasympatholytika*, Spasmolytika*, Tokolytika (s. Gynäkologika).

lytisch: lösend, abfallend.

Lytta vesicatoria: s. Canthariden.

Lyxose: eine Pentose; Strukturformel s. Kohlenhydrate (Abb. 1).

L

M

µ: Symbol für das Präfix Mikro-*.

m: **1.** Vorsatzzeichen für Milli-*. **2.** (chem.) Symbol für *Meta*-*. **3.** Symbol für Meter*. **4.** (chem.) Symbol für Molalität*. **5.** (physik.) Symbol für Masse*. **6.** (physik.-chem.) Symbol für Orientierungsquantenzahl*.

m. (lat.): Abk. für **m**isce, **m**isceatur mische, es werde gemischt.

M: **1.** Vorsatzzeichen für Mega-*. **2.** röm. Zahl für Tausend (mille). **3.** Formelzeichen für **M**etall. **4.** (chem.) Symbol für molare Masse*; (M_r = relative molare Masse*). **5.** (chem.) Symbol für Molarität* (im angelsächs. Sprachraum).

Macadamia ternifolia F. v. Muell.: Fam. Proteaceae (Od. Proteales) (Australien). Stpfl. von **Macadamiae oleum:** Oleum Macadamiae, Makadamiaöl; das durch Pressen gewonnene, fette, z.T. raffinierte Öl der Samen (Makadamianüsse), evtl. unter Zusatz von Stabilisatoren. VZ 190-200. **Off.:** DAC; **Anw.:** Herst. von Haut- u. Körperpflegemitteln.

Macassarkerne: s. Brucea amarissima.

Macerata: s. Mazerate.

Maceratio: s. Mazeration.

Machandelbeeren: s. Juniperus communis.

Mache-Einheit: Abk. ME; historische, nicht mehr zugelassene Einheit für radiolog. Konz. (in Wässern usw.) als Rn/L;

$1\,ME = 3.64 \cdot 10^{-10}$ Curie/L

$1\,ME = 3.64$ Eman*.

Macis: s. Myristica fragrans.

Macisöl: s. Myristica fragrans (Myristicae fragantis aetheroleum).

Maclura tinctoria: s. Chlorophora tinctoria.

Macrocystis pyrifera (L.) C. Ag.: (Giant) Kelp; Fam. Lessoniaceae (Pazifikküsten von Kalifornien, Mexiko). Eine Braunalge*, die 50-70 m lang wird. **Inhaltsst.:** 14-21 % Alginsäure mit 20-40 % Guluronsäure, L-Fucose, zahlreiche Spurenelemente u. B-Vitamine; **Anw.:** Futtermittel, Herst. von Alginsäure*.

Macrogolcetylstearylether: Macrogoli aether cetostearylicus Ph.Eur.4; Gemisch von Ethern versch. Macrogole mit linearen Fettalkoholen, hauptsächl. Cetylstearylalkohol; M. kann freie Macrogole u. Cetylstearylalkohol enthalten. Die Menge Ethylenoxid, die mit Cetylstearylalkohol reagiert, beträgt 2-33 Einheiten je Molekül (Nominalwert); weiße wachsartige Schuppen. M. mit wenigen Ethylenoxid-Einheiten je Molekül ist prakt. unlösl. in Wasser, lösl. in Dichlormethan u. Ethanol. M. mit einer höheren Anzahl an Ethylenoxid-Einheiten je Molekül ist dispergierbar od. lösl. in Wasser, lösl. in Dichlormethan u. Ethanol. Schmp. 32-52 °C; IZ max. 2.0, VZ max. 3.0, Wasser max. 3.0 %, OHZ s. Tabelle.

Macrogolcetylstearylether

Ethylenoxid-Einheiten je Molekül (Nominalwert)	Hydroxylzahl (OHZ)
2	150-180
3	135-155
5- 6	100-134
10	75- 90
12	67- 77
15	58- 67
20-22	40- 55
25	36- 46
30-33	32- 40

Macrogole: Carbowachse, Macrogola, Polyaethylenglycola, Polyäthylenglykole, Polyethylenglykole (Abk. PEG), Polyethylenoxide (Abk. PEO), Polyoxyethylene, Polyoxyethylenglykole, Polyglykole, Carbowax; CAS-Nr. 25322-68-3, Polykondensationsprodukte der allgemeinen Formel $HO-(CH_2-CH_2-O-)_nH$. Der Polymerisationsgrad n variiert zw. 3 u. 200. Die der Bez. Polyethylenglykol, PEG od. Macrogol angefügte Zahl (Kennzahl) gibt annähernd die mittlere M_r der Substanz an. M. sind mäßig hygroskopisch (abnehmend mit zunehmender relativer Molmasse) u. besitzen osmot. Aktivität (durch Einarbeiten von Wasser weitgehend kompensierbar). M. haben sehr gute Lösungseigenschaften in Wasser, Dichlormethan u. Ethanol, jedoch prakt. unlösl. in fetten Ölen u. Mineralölen. **Off.:** Molmassen 300, 400, 600, 1000, 1500, 3000, 4000, 6000, 20 000, 35 000 nach Ph.Eur.4; DAB8, ÖAB94, Ph.Helv.7. Nach Ph.Eur. darf der Wassergehalt bis zur relativen Molekülmasse von 100 2 %, darüber 1 % nicht überschreiten. Wird in Macrogolgelen ein höherer Wassergehalt angestrebt, ohne die Konsistenz wesentl. zu beeinflussen, eignen sich Zusätze von 1-5 % Cetylalkohol bzw. Cetylstearylalkohol zur Konsistenzverbesserung. M. werden durch Mikroorganismen nicht angegriffen u. sind nicht empfindl. gegen Elektrolyte, jedoch mit einer großen Zahl von Stoffen inkompatibel. Die Ethersauerstoffbrücken ebenso wie die endständigen Hydroxylgruppen ermöglichen Wasserstoffbrückenbindungen, Di-

Macrogole

Macrogoltyp	kinematische Viskosität mm^2/s (n)	dynamische Viskosität mPa · s	Dichte (g/ml)	Erstarrungstemperatur (°C)	Hydroxylzahl	Masse (g)
300	71 - 94	80 - 105	1.120		340 - 394	1.5
400	94 - 116	105 - 130	1.120		264 - 300	1.9
600	13.9 - 18.5	15 - 20	1.080	15 - 25	178 - 197	3.5
1000	20.4 - 27.7	22 - 30	1.080	35 - 40	107 - 118	5.0
1500	31 - 46	34 - 50	1.080	42 - 48	70 - 80	7.0
3000	69 - 93	75 - 100	1.080	50 - 56	34 - 42	12.0
3350	76 - 110	83 - 120	1.080	53 - 57	30 - 38	12.0
4000	102 - 158	110 - 170	1.080	53 - 59	25 - 32	14.0
6000	185 - 250	200 - 270	1.080	55 - 61	16 - 22	18.0
8000	240 - 472	260 - 510	1.080	55 - 62	12 - 16	24.0
20 000	2500 - 3200	2700 - 3500	1.080	≥57	–	
35 000	10 000 - 13 000	11 000 - 14 000	1.080	≥57	–	

polwechselwirkungen bzw. Reaktionen mit zahlreichen Stoffen. M. neigen zu Etherperoxidbildung (besonders in wässriger Lsg.) u. müssen daher vor Licht geschützt und u. U. mit geeignetem Stabilisator aufbewahrt werden, da sonst oxidationsempfindl. Arzneistoffe durch die Etherperoxide zerstört werden. Phenol. Substanzen wie Salicylsäure, Resorcin, Cresol, Thymol od. Tannin werden am Sauerstoffatom des M. gebunden. Dies führt zu teilweisen Inaktivierungen der Wirkstoffe, in höheren Konzentrationen zu Fällungen. Quecksilber- u. Silbersalze werden durch Verunreinigungen mit Aldehyden (Sekundärprodukte der Autoxidation) reduziert, ebenso andere Arzneistoffe. Einige Antibiotika, wie Penicillin u. Bacitracin, werden inaktiviert, bei Einarbeitung von Sulfonamiden können Verfärbungen auftreten. M. lösen versch. Kunststoffpackmaterialien wie Polyethylen, Bakelit, Lacke, PVC, Celluloid, Cellulose-Ester (Membranfilter). Die gleichen Inkomp. treten bei M.-Derivaten (s. Emulgatoren) auf. **Macrogole 200, 300, 400, 600** sind klare, farblose, mehr od. weniger viskose Flüssigkeiten. PEG 600 kann schon bei 20 °C fest sein. Sie sind in jedem Verhältnis mischbar mit Wasser u. anderen PEG; nicht mischbar mit Gummi arabicum, nat. Wachsen, mineralischen u. pflanzlichen Ölen u. Paraffinen. Lösl. in Aceton, 1-wertigen Alkoholen, Estern, Glykolen, Glycerol, Chlorkohlenwasserstoffen; prakt. unlösl. in flüssigen Paraffinen, fetten Ölen u. Fetten. Viskosität: Für Macrogole mit einer mittleren M_r über 400 wird die Viskosität mit einer 50 %igen wässrigen Lösung (m/m) bestimmt, in Abhängigkeit von der Kennzahl liegt sie zw. 45 u. 170 mPa · s bei 25 °C. Die flüssigen M. werden verwendet als Lösungsvermittler für Wirkstoffe in flüss. bzw. parenteralen (max. 30 %) Arzneiformen; zur Einstellung von Viskosität u. Konsistenz u. als Stabilisator für Emulsionen in flüss. u. halbfesten Arzneiformen; als Suppositoriengrundmassen u. wassermischbare Salbengrundlagen, üblicherweise als Gemische von PEG 300 od. 400 mit M. von höherer M_r (s. Unguentum Polyethylenglycoli).

Macrogole 1000, 1500, 1540, 1550, 2000, 3000, 3350, 4000, 6000, 8000, 20 000, 35 000 sind weiße, geruchlose, je nach M_r vaselinartige bis wachsartige Stoffe, lösl. in Wasser, Methanol, Ethanol, Aceton, Methylenchlorid; nicht od. schwer lösl. in Paraffinen, Glycerol, Ethern, Fetten u. fetten Ölen. Zu den bei den flüssigen M. beschriebenen Inkompatibilitäten kommen hinzu: Methyl- u. Ethylcellulose, Gelatine. **Anw.:** Gemische mit flüss. M. als Salbengrundlagen u. Suppositorienmassen; Resorptionsvermittler für gelöste od. feinverteilte Wirkstoffe. Für feste Arzneiformen als Gleit-, Schmier- u. Bindemittel in 2-15 %iger Konz. (bes. für wasserlösliche Tabletten), bevorzugt PEG 4000 u. 6000. In Dragiersuspensionen; als Filmbildner für Tablettenüberzüge (aufgetragen in alkoholischer Lsg.); Weichmacher für Filmüberzüge; Träger für schwer lösl. Wirkstoffe. In der Kosmetik z. B. in Zahncremes, Lippenstift, Cremes, Seifen, Haarpflegemittel. PEG 3350 wird auch als Osmolaxans eingesetzt.

Macrogolgel: s. Unguentum Polyethylenglycoli.

Macrogol-6-glycerolcaprylocaprat: Macrogol 6 glyceroli caprylocapras Ph.Eur. 4; Gemisch von Mono- und Diestern mit Caprylsäure u. Caprinsäure. Blassgelbe Flüss.; teilweise lösl. in Wasser, leicht lösl. in Glycerol, 2-Propanol, Propylenglycol u. Rizinusöl. Viskosität ca. 145 mPa · s. SZ max. 5.0, OHZ 165-225, VZ 85-105. **Herst.:** Ethoxylierung von Glycerol u. Veresterung mit destillierten

Macrogolglycerolcaprylocaprate

Ethylenoxid-Einheiten je Molekül (Nominalwert)	Macrogoltyp	Viskosität (mPa · s)	Hydroxylzahl (OHZ)	Verseifungszahl (VZ)
4	200	30 - 50	80 - 120	265 - 285
6	300	60 - 80	140 - 180	170 - 190
8	400	80 - 110	170 - 205	85 - 105

Kokosnuß- od. Palmkernfettsäuren od. Ethoxylierung von Mono- und Diglyceriden von Capryl- u. Caprinsäure; **Zstzg.**: mittlere Gehalt an Ethylenoxid 6 Einheiten je Molekül; Fettsäurenzusammensetzung: Capronsäure max. 2.0 %, Caprylsäure 50.0-80.0 %, Caprinsäure 20.0-50.0 %, Laurinsäure max. 3.0 %; Wasser max. 1.0 %.

Macrogolglycerolcaprylocaprate: Macrogolglycerolidorum caprylocapras Ph.Eur.4; Gemische von Mono-, Di- u. Triestern des Glycerols u. Mono- u. Diestern von Macrogolen mit einer mittleren M_r zw. 200-400. Blassgelbe, ölige Flüssigkeiten; dispergierbar in heissem Wasser, leicht lösl. in Dichlormethan. D. etwa 1.0, $n^{20°C}$ ca. 1.4; SZ max. 2.0, POZ max. 6.0. Viskosität (20±0.5 °C), OHZ, VZ: müssen den in der Tab. angegebenen Grenzwerten entsprechen. **Herst.**: partielle Alkoholyse von MCT mit Macrogol; Veresterung von Glycerol u. Macrogol mit Capryl- u. Caprinsäure od. Mischen von Glycerolestern u. Kondensat von Ethylenoxid mit Caprylsäure u. Caprinsäure; **Zstzg.**: freies Glycerol max. 5.0 %. Fettsäurenzstzg.: Capronsäure max. 2.0 %, Caprylsäure 50.0-80.0 %. Wasser max. 1.0 %; können freie Macrogole enthalten.

Macrogolglycerolcocoate: Macrogoli glyceroli cocoates Ph.Eur.4; Gemische von Mono-, Di- u. Triestern von ethoxyliertem Glycerol mit Fettsäuren pflanzl. Ursprungs. Der mittlere Gehalt an Ethylenoxid-Einheiten je Molekül beträgt 7 od. 23 (Nominalwert). Gelbl., ölige Flüss.; lösl. in Wasser u. Ethanol, prakt. unlösl. in Petroläther (Siedebereich 50-70 °C) für Macrogol-7-glycerolcocoat; lösl. in Wasser u. Ethanol, prakt. unlösl. in Petrolether für Macrogol-23-glycerolcocoat. Die relative Dichte von Macrogol-7-glycerolcocoat beträgt etwa 1.05; von Macrogol-23-glycerolcocoat etwa 1.09. Der Trübungspunkt liegt zwischen 65-85°C. SZ max. 5.0. IZ max. 5.0. OHZ und VZ s. Tabelle. **Fettsäurenzstzg.**: Die Fettsäurenzstzg. entspricht der des Öls aus dem Endosperm von Cocos* nucifera. Capronsäure max. 1.0 %, Caprylsäure: 5.0-10.0 %, Caprinsäure 4.0-10.0 %, Laurinsäure 40.0-55.0 %, Myristinsäure 14.0-23.0 %, Palmitinsäure 8.0-12.0 %, Stearinsäure 1.0-5.0 %, Ölsäure 5.0-10.0 %, Linolsäure max. 3.0 %.

Macrogolglycerolhydroxystearat: Macrogolglyceroli hydroxystearas Ph.Eur.4, Polyoxyethylenglycerol-tri-hydroxystearat 40, Glyceroltrihydroxystearat; ethoxyliert mit 7-60 Molekülen Ethylenoxid (Nominalwert), kleine Mengen Macrogolhydroxystearat sowie freie Glykole vorhanden. Entsteht durch die Reaktion von hydriertem Rizinusöl mit Ethylenoxid. Mit <10 Einheiten Ethylenoxid je Molekül: gelbl., trübe u. viskose Flüssigkeit; prakt. unlösl. in Wasser, lösl. in Aceton u. dispergierbar in Ethanol. Mit >20 Einheiten Ethylenoxid je Molekül: weiße bis gelbl., dickflüssige bis pastenartige Masse; leicht lösl. in Wasser, Aceton u. Ethanol, prakt. unlösl. in Petrolether. SZ max. 2.0, IZ max. 5.0. OHZ, VZ s. Tabelle. Wasser max. 3.0 %.

Macrogolglycerolhydroxystearat

Ethylenoxid-Einheiten je Molekül (Nominalwert)	Hydroxylzahl (OHZ)	Verseifungszahl (VZ)
7	115-135	125-140
25	70-90	70-90
40	60-80	45-69
60	45-67	40-51

Macrogol-1500-glyceroli triricinoleas: s. Macrogol-1500-glyceroltriricinoleat.

Macrogolglycerollaurate: Macrogolglyceroli lauras Ph.Eur.4; Gemische von Mono-, Di- u. Triestern des Glycerols u. Mono- u. Diestern von Macrogolen mit einer mittleren M_r zw. 300-1500. Wachsartig, fest, blassgelb; dispergierbar in heissem Wasser, leicht lösl. in Dichlormethan. SZ max. 2.0, POZ max. 6.0, OHZ u. VZ: s. Grenzwerte in der Tab.; **Herst.**: partielle Alkoholyse gesättigter Öle (hauptsächl. Triglyceride der Laurinsäure) mit Macrogol; Veresterung von Glycerol u. Macrogol durch gesättigte Fettsäuren od. Mischen von Glycerolestern u. Kondensat von Ethylenoxid mit Fettsäuren dieser gehärteten Öle. **Zstzg.**: freies Glycerol max. 3.0 %. Wasser max. 1.0 %. Fettsäurenzstzg.: Caprylsäure max. 15.0 %, Caprinsäure max. 12.0 %, Laurinsäure 30.0-50.0 %, Myristinsäure 5.0-25.0 %, Palmitinsäure 4.0-25.0 %, Stearinsäure 5.0-35.0 %.

Macrogolglycerollinoleate: Macrogolglyceroli linoleas Ph.Eur.4; Gemische von Mono-, Di- u. Triestern des Glycerols u. Mono- u. Diestern von Macrogol. Bernsteinfarbene, ölige Flüss.; bei längerer Lagerung bei 20 °C entstehen Ablagerungen, prakt. unlösl., jedoch dispergierbar in Wasser, leicht lösl. in Dichlormethan. Viskosität bei 40 °C ca. 35 mPa·s, D. ca. 0.95, $n^{20°C}$ ca. 1.47. SZ max. 2.0, OHZ 45-65, IZ 90-110. POZ max. 12.0, VZ 150-170, Lichtschutz erforderl.; flüss. Emulgator; **Herst.**: partielle Alkoholyse von ungesättigtem Öl (hauptsächlich Triglyceride der Linolsäure) mit Macrogolen mit einer M_r zw. 300-400 od. durch Veresterung von Glycerol u. Macrogol mit ungesättigten Fettsäuren od. durch Mischen von Gly-

Macrogolglycerollaurate

Ethylenoxid-Einheiten je Molekül (Nominalwert)	Macrogoltyp	Tropfpunkt (°C)	Hydroxylzahl (OHZ)	Verseifungszahl (VZ)
6	300	33-38	65-85	190-204
8	400	36-41	60-80	170-190
12	600	38-43	50-70	150-170
32	1500	42.5-47.5	36-56	79-93

M

cerolestern u. Kondensat von Ethylenoxid mit Fettsäuren dieses ungesättigten Öls. **Zstzg.**: freies Glycerol max. 3.0 %, Wasser max. 1.0 %. Fettsäurenzstzg.: Palmitinsäure 4.0-20.0 %, Stearinsäure 6.0 %, Ölsäure 20.0-35.0 %, Linolsäure 50.0-65.0 %, Linolensäure max. 2.0 %, Arachinsäure max. 1.0 %, Eicosensäure max. 1.0 %.

Macrogol-1000-glycerolmonolaurat: Abk. PEG-20-glycerollaurat, Macrogol-1000-glyceroli monolauras, Polyoxyethylenglycerolmonolaurat, Polyoxyethylenglycerolum monolaurinicum, Polyoxyethylenglykol(1000)glycerolmonolaurat; CAS-Nr. 51248-32-9. Hauptsächl. Monolaurat des Glycerolmonoethers mit Polyethylenglykol (mittlerer Polymerisationsgrad ca. 20), ein Umsetzungsprodukt von 1 mol Glycerollauraten, hauptsächl. Glycerolmonolaurat, mit 20 mol Ethylenoxid. Ölige Flüss., HLB*-Wert ca. 16. d_{20}^{20} ca. 1.08. IZ max. 4.0. **Off.**: DAC86. Weitere Eigenschaften u. Anw. s. Macrogol-1000-glycerolmonostearat.

Macrogol-1000-glycerolmonooleat: Abk. PEG-20-Glycerololeat, Macrogol-1000-glyceroli monooleas, Polyoxyethylenglycerolmonooleat, Polyoxyethylenglycerolum monooleinicum, Polyoxyethylenglykol(1000)glycerolmonooleat; CAS-Nr. 51192-09-7. Hauptsächl. Monooleat des Glycerolmonoethers mit Polyethylenglykol (mittlerer Polymerisationsgrad ca. 20), ein Umsetzungsprodukt von 1 mol Glycerololeaten, hauptsächl. Glycerolmonooleat, mit 20 mol Ethylenoxid. Ölige Flüss., HLB*-Wert ca. 15. d_{20}^{20} ca. 1.07. IZ 21-27. **Off.**: DAC86. Weitere Eigenschaften u. Anw. s. Macrogol-1000-glycerolmonostearat.

Macrogol-1000-glycerolmonostearat: Abk. PEG-20-glycerolstearat, Macrogol-1000-glyceroli monostearas, Polyoxyethylenglycerolmonostearat, Polyoxyethylenglycerolum monostearinicum, Polyoxyethylenglykol(1000)glycerolmonostearat; CAS-Nr. 51158-08-8. Hauptsächl. Monostearat des Glycerolmonoethers mit Polyethylenglykol (mittlerer Polymerisationsgrad ca. 20), ein Umsetzungsprodukt von 1 mol Glycerolstearaten, hauptsächl. Glycerolmonostearat, mit 20 mol Ethylenoxid. Substanzen mit höherem Polymerisationsgrad haben höhere HLB*-Werte (um 16) u. eine niedrigere OHZ u. VZ. Halbflüssig, mit Wasser u. niederen Alkoholen mischbar, prakt. unlösl. in flüssigem Paraffin u. fetten Ölen. HLB-Wert ca. 15. d_{20}^{20} ca. 1.07. IZ max. 2. VZ 40-60. **Off.**: DAC86. **Anw.**: nichtion. O/W-Emulgator in Emulsionen u. Cremegrundlagen, Netzmittel u. Lösungsvermittler. **Inkomp.**: s. Polysorbate.

Macrogolglycerololeate: Macrogolglyceroli oleas Ph.Eur.4; Gemische von Mono-, Di- u. Triestern des Glycerols u. Mono- u. Diestern von Macrogol. Herstellung (Ausgangsprodukt hauptsächl. Triglyceride der Ölsäure), Zusammensetzung u. Eigenschaften s. Macrogolglycerollinoleate. IZ 75-95. Fettsäurenzusammensetzung: Palmitinsäure: 4.0-9.0 %, Stearinsäure: max. 6.0 %, Ölsäure: 58.0-80.0 %, Linolsäure: 15.0-35.0 %, Linolensäure: max. 2.0 %, Arachinsäure: max. 2.0 %, Eicosensäure: max. 2.0 %. Wasser max. 1.0 % (Karl-Fischer-Methode); Lichtschutz erforderlich.

Macrogolglycerolricinoleat: Macrogolglyceroli ricinoleas Ph.Eur.4; Glycerolricinoleat, ethoxyliert mit 30-50 Molekülen Ethylenoxid (Nominalwert), kleine Mengen Macrogolricinoleat sowie entspr. freie Glykole vorhanden. M. entsteht durch die Reaktion von Rizinusöl mit Ethylenoxid; gelbe, viskose Flüssigkeit; leicht lösl. in Wasser u. Ethanol, sehr leicht lösl. in Dichlormethan. D. etwa 1.05; Viskosität bei 25 °C zw. 500-800 mPa·s. SZ max. 2.0, OHZ u. VZ: s. Tab., IZ 25-35. Wasser max. 3.0 %. Lichtschutz erforderlich.

Macrogolglycerolricinoleat

Ethylenoxid-Einheiten je Molekül (Nominalwert)	Hydroxylzahl (OHZ)	Verseifungszahl (VZ)
30-35	65-82	60-75
50	48-68	38-52

Macrogolglycerolstearate: Macrogolglyceroli stearas Ph.Eur.4; Gemische von Mono-, Di- u. Triestern des Glycerols sowie von Mono- u. Diestern von Macrogolen mit M_r zw. 300-4000. Wachsartig, blassgelb; dispergierbar in heißem Wasser u. heißem Paraffinöl, leicht lösl. in Dichlormethan, lösl. in heißem, wasserfreiem Ethanol. SZ max. 2.0, POZ max. 6.0; Abweichung der OHZ max. 15 Einheiten, der VZ max. 10 Einheiten vom Nominalwert. **Herst.**: partielle Alkoholyse gesättigter Öle (Triglyceride der Stearinsäure) mit Macrogol; Veresterung von Glycerol u. Macrogol mit gesättigten Fettsäuren od. durch Mischen von Glycerolestern u. Kondensat von Ethylenoxid mit Fettsäuren der hydrierten Öle; **Zstzg.**: freies Glycerol max. 3.0 %. Fettsäurenzstzg.: Laurinsäure max. 5.0 %, Myristinsäure max. 5.0 %, unterschiedl. Mengen Stearin- u. Palmitinsäure, die Summe beider muss mind. 90.0 % betragen. Wasser max. 1.0 %.

Macrogol-1500-glyceroltriricinoleat: Macrogol-1500-glyceroli triricinoleas, Polyoxyethylenglyceroltriricinoleat 35, Polyoxyethylenglycerolum triricinoleinicum 35, Polyoxyl-35-Rizinusöl, Poly(oxyethylen)-35-Rizinusöl, Glycerolum polyoxyethylenum-triricinoleinicum 35, Glycerolpolyoxyethylen-triricinoleat 35; CAS-Nr. 61791-12-6. Ein Umsetzungsprodukt von Rizinusöl mit Ethylenoxid. Hauptsächl. Glyceroltriether mit Polyethylenglykol (insgesamt ca. 35 Einheiten), wobei jede dieser 3 Polyethylenglykolketten endständig mit Ricinolsäure verestert ist. Gelbe Flüssigkeit. Löslichkeiten: s. Macrogolglycerolhydroxystearat. Viskosität bei 25 °C: ca. 750 mPa·s; HLB-Wert ca. 13. d_{20}^{20} ca. 1.05. SZ max. 2, OHZ 65-80, IZ 25-35, VZ 63-73. **Off.**: DAC86. **Anw.**: Emulgator für wasserunlösl., enteral od. parenteral zu applizierende Wirkstoffe; vgl. Macrogol-1000-glycerolmonostearat. **UAW:** allerg. Reaktionen.

Macrogoli 400 stearas: s. Macrogolstearat 400.

Macrogolsalbe: s. Unguentum Polyethylenglycoli.

Macrogolstearat 400: Macrogoli 400 stearas, Macrogoli 400 monostearas, Polyethylenglykol-400-stearat, Polyaethylenglycolum 400 stearicum, Polyäthylenglykol-400-stearat; [α-Hydro-ω-stearoyloxy-poly(oxyethylen)]n (n ca. 8), CAS-Nr. 9004-99-3. 400 entspricht der mittleren Molekül-

Macrogolstearate			
Ethylenoxid-Einheiten je Molekül (Nominalwert)	Schmelztemperatur (°C)	Hydroxylzahl (OHZ)	Verseifungszahl (VZ)
6		90-110	85-105
8-9	26-35	80-105	88-100
20	33-40	50-62	46-56
40-50	38-52	23-40	20-35
100	48-55	15-30	5-20

masse M_r des Polyethylenglykol-Anteils. Gelbl. weiß, salbenartige Konsistenz; in Wasser leicht dispergierbar, jedoch unlösl. in Wasser, leicht lösl. in Chloroform, Ethanol 90 % u. Ether. Tropfpunkt 26-31 °C; SZ. max. 2, OHZ 80-105; VZ 88-98; HLB*-Wert 11.6-12.0. **Off.**: DAB10, ÖAB94, Ph.Helv.7. **Anw.**: nichtion. O/W-Emulgatoren.

Macrogolstearate: Macrogoli stearas Ph.Eur.4; Gemische von Mono- u. Diestern der Stearinsäure mit Macrogolen. Die mittlere Polymerlänge beträgt 6-100 Ethylenoxid-Einheiten je Molekül (Nominalwert). Weiße, wachsartige Masse; lösl. in Ethanol u. 2-Propanol. M. mit 6-9 Ethylenoxid-Einheiten je Molekül ist prakt. unlösl., jedoch leicht dispergierbar in Wasser u. mischbar mit fetten Ölen und. Wachsen. M. mit 20-100 Ethylenoxid-Einheiten je Molekül ist lösl. in Wasser u. prakt. unlösl. in fetten Ölen u. Wachsen. SZ max. 2.0, IZ max. 2.0, OHZ u. VZ s. Tabelle. M. können freie Macrogole enthalten; Wasser max. 3.0 %. **Herst.**: Ethoxylierung der Stearinsäure od. durch Veresterung von Macrogolen mit Stearinsäure.

Macrogolstearylether: Macrogoli aether stearylicus Ph.Eur.4; Gemisch von Ethern, die durch Ethoxylierung von Stearylalkohol gewonnen werden. Die Menge Ethylenoxid, die mit Stearylalkohol reagiert hat, beträgt 2-20 Einheiten je Molekül (Nominalwert). Weiße, fettige Masse, M. mit 2 Einheiten Ethylenoxid je Molekül ist prakt. unlösl. in Wasser, lösl. in Ethanol unter Erwärmen u. in Dichlormethan. M. mit 10 Einheiten Ethylenoxid je Molekül ist lösl. in Wasser u. Ethanol. M. mit 20 Einheiten Ethylenoxid je Molekül ist lösl. in Wasser, Dichlormethan u. Ethanol. Nach Schmelzen verfestigt sich M. bei etwa 45 °C. SZ max. 1.0, OHZ s. Tab., IZ max. 2.0, VZ max. 3.0, Wasser max. 3.0 %. Die Substanz kann freie Macrogole u. wechselnde Mengen an freiem Stearylalkohol enthalten.

Macrogolstearylether	
Ethylenoxid-Einheiten je Molekül (Nominalwert)	Hydroxylzahl
2	150-180
10	75-90
20	40-60

Macropiper: s. Piper longum.

Macrosalb-[^{99m}Tc]Technetium-Injektionslösung: s. Technetium[^{99m}Tc]-Macrosalb-Injektionslösung.

Macula: Fleck. **Emaculatio:** Fleckentfernung.

Madagaskar-Manna: s. Dulcitol.

Madar: s. Calotropis gigantea.

Madarwurzelrinde: s. Calotropis gigantea.

Madelung-Konstante: für die Berechnung der Gitterenergie* wichtige Konstante, deren Wert nur von der Gittergeometrie abhängig ist. Versch. Substanzen des gleichen Gittertyps haben die gleiche Madelung-Konstante.

Madenwurm: s. Enterobius vermicularis.

Mädesüß: s. Filipendula ulmaria.

Märzveilchenwurzelstock: s. Viola odorata.

Mäule-Reaktion: Nachw. von Lignin, mit Lignin inkrustierten Zellwänden u. Phenylpropankörpern mit OH- u. CH_3O-Gruppen. **Durchführung:** Schnitte bzw. das Pulver von Drogen werden für 5 min in eine 1 %ige wässrige Kaliumpermanganatlösung eingebracht, anschließend wird mit Wasser in einer Nutsche* gewaschen, dann lässt man 2 min 12.5 %ige Salzsäure einwirken, wäscht nochmals mit Wasser u. gibt schließl. 10 %ige Ammoniaklsg. zu: es kommt zur Rotfärbung der verholzten Wände.

Mäusedorn: s. Ruscus aculeatus.

Mafenid INN: Sulfabenzamin, Homosulfamidum, Mesudin; 4-Aminomethyl-benzolsulfonamid; CAS-Nr. 138-39-6; $C_7H_{10}N_2O_2S$, M_r 186.25. Schmp. 151-152 °C (kristallisiert aus Ethanol). Lösl. in verd. Alkalihydroxid-Lsg. u. Säuren. Sulfonamid, das durch *p*-Aminobenzoesäure nicht inaktiviert wird. **Anw.**: Chemotherapeutikum*; lokal zur Vorbeugung u. Behandlung von Infekten durch Pseudomonas aeruginosa, bei Verbrennungen 2. u. 3. Grades; Behandlung u. Vorbeugung von Infekten am Auge; **Dos.**: topisch 11 %; bei Verbrennungen 8.5 %; Augentropfen 5 %. **Mafenidhydrochlorid:** Mafenidi hydrochlorici, Aminomethylbenzolsulfonamidum hydrochloricum, Homosulfanilamidhydrochlorid; $C_7H_{11}ClN_2O_2S$, M_r 222.7. Weißes, krist. Pulver; lösl. in 3 T. Wasser, 100 T. Ethanol. **Off.**: ÖAB90 (bis 1996); **Dos.**: 5 % in Pudern u. Salben. Gebräuchl. sind auch Mafenidacetat u. Mafenidpropionat; vgl. Sulfatolamid.

Mafenid

Magaldrat INN: Magaldratum Ph.Eur.4; Pentaaluminium-decamagnesium-hentriaconta-hydroxid-bis(sulfat)-n-Hydrat; CAS-Nr. 74978-16-8; $Al_5H_{31}Mg_{10}O_{39}S \cdot n\,H_2O$, $Al_5Mg_{10}(OH)_{31}(SO_4)_2 \cdot n\,H_2O$; M_r 1097. Weißes bis fast weißes, krist.

Pulver, unlösl. in Wasser u. Ethanol, lösl. in verd. Mineralsäuren. **Anw.**: Antacidum*; **Dos.**: oral Einzeldosis bis zu 2 g.

Magen: Ventrikulus; Organ, das dem eigentl. Verdauungstrakt vorgeschaltet ist. **Funktion:** Produktion des Magensaftes* durch die versch. Drüsen- u. Zellarten der Magenwand, Nahrungsspeicherung mit langsamer Abgabe in den Darm* u. Durchmischung der Nahrung.

Magen-Darm-Mittel: übergeordneter Begriff für z. B. Stomachika*, Acida*, Antacida*, Ulkustherapeutika*, Gastrokinetika*, Karminativa*, Laxanzien*, Antidiarrhoika*, Antiemetika*; vgl. Magen- u. Darmtee.

Magen-Darm-Trakt: s. Gastrointestinaltrakt.

Magenelixier: s. Elixir Aurantii compositum.

Magensaft: wässriges Sekret von 1-3 L/d mit einem pH von 1.0-1.5, das von den Magendrüsen produziert wird. **Best.:** **1.** Salzsäure*; **2.** proteinspaltende Enzyme (z. B. Pepsin*, Gastricin*); **3.** Intrinsic*-Faktor; **4.** Gastrin, s. Hormone (gastrointestinale H.); **5.** Mucine*.

Magensaftresistenz: s. Arzneiformen, magensaftresistente.

Magenta: **1.** s. Fuchsin. **2.** neben Cyan (Blaugrün) u. Gelb eine der 3 Grundfarben in der subtraktiven Farbmischung der Fotografie. **Anw.:** u. a. in der Drucktechnik; CMYK, Abk. für **c**yan, **m**agenta, **y**ellow, blac**k**.

Magentee: nach NRF werden 6 Teemischungen (Magentee I-VI) unterschieden; Bestandteile: Angelikawurzel, Enzianwurzel, Melissenblätter, Pomeranzenschale, Schafgarbenkraut, Tausendgüldenkraut, Wermutkraut, Anis, Fenchel, Korianderfrüchte, Pomeranzenblüten, Rosmarinblätter, Salbeiblätter, Brombeerblätter, Kornblumenblüten, Zimtrinde, Löwenzahn, Ringelblumenblüten; vgl. Species amaricantes; Species amaro-aromaticae. **Anw.:** leichtere Magenbeschwerden u. zur Appetitanregung; **Dos.:** 1 Tasse frisch bereiteten Tee mäßig warm eine halbe Stunde vor den Mahlzeiten.

Magen- und Darmtee: nach NRF werden 12 Teemischungen unterschieden (Magen- u. Darmtee I-XII). Bestandteile sind: Anis, Fenchel, Korianderfrüchte, Kümmel, Kamillenbüten, Pfefferminzblätter, Baldrianwurzel, Melissenblätter, Malvenblüten, Ringelblumenblüten, Zimtrinde, Angelikawurzel, Kornblumenblüten, Schafgarbenkraut, Süßholzwurzel. **Anw.:** Beschwerden wie Völlegefühl, Blähungen u. leichte Magen-Darm-Störungen; nervöse Magen-Beschwerden; vgl. Species carminativae.

Magenwein: s. Vina medicata (Vinum stomachicum).

Magermilch: s. Milch.

Magistralformeln (magister Meister): Formulae magistrales; erprobte ärztliche Vorschriften, u. a. Reichsformeln (RF), Deutsche Rezeptformeln (DRF), Formulae magistrales Berolinenses (FMB), Praescriptiones Magistrales (PM), Formularium Helveticum (FH), Formulae Austriacae (FA), Neues Formularium Austriacum (NFA), Neues Rezeptur-Formularium (NRF).

Magma: anorganische Gele*.

Magma Bismuthi: s. Lac Bismuthi.

Magma Magnesiae: s. Magnesiamilch.

Magnalium: Legierung von Magnesium mit Aluminium.

Magnesia alba: s. Magnesiumcarbonat, leichtes basisches.

Magnesia carbonica: s. Magnesiumcarbonat, schweres basisches.

Magnesia chlorata: s. Magnesiumhypochlorit.

Magnesia citrica effervescens: Magnesii citratis granulatum effervescens, Magnesiumcitrat-Brausegranulat, brausendes Magnesiumcitrat; nach Ph.Helv.7 Granulat mit einem Geh. von 2.7-3.6 % Mg, 39.0-44.0 % Natriumhydrogencarbonat u. 44.0-52.0 % Citrat-Ionen. **Herst.:** 5 T. basisches Magnesiumcarbonat, 21 T. wasserfreie Citronensäure u. 4 T. Wasser werden nach beendeter Umsetzung bei 80 °C getrocknet u. gesiebt (250), 17 T. Natriumhydrogencarbonat u. 4 T. Saccharose zugemischt u. mit absolutem Ethanol granuliert. **Anw.:** mildes Laxans.

Magnesia, gebrannte: s. Magnesiumoxid.

Magnesiamilch: (engl.) *cream of magnesia, milk of magnesia*; Magma Magnesiae; Aufschwemmung von Magnesiumhydroxid in Wasser; Geh.: 6.5-8.5 % $Mg(OH_2)$, häufig mit Zusatz von 0.1 % Citronensäure. **Anw.:** früher hauptsächl. in USA u. England als Mittel geg. Sodbrennen u. als leichtes Abführmittel.

Magnesiamischung: s. Magnesiamixtur.

Magnesiamixtur: Magnesiamischung; Magnesiumammoniumchloridlsg., Reagens DAB6, zum Nachw. u. Bestimmung der Phosphorsäure sowie zur quantitativen Ausfällung von Arsen. **Zuber.:** 1 T. Magnesiumchlorid u. 1.4 T. Ammoniumchlorid sind in einer Mischung von 7 T. Ammoniakflüss. u. 15 T. Wasser zu lösen; nach mehrtägigem Stehen wird die Lsg. filtriert.

Magnesiastäbchen: dünne, ca. 15 cm lange Stäbchen aus Magnesiumoxid*, die an Stelle von Platindraht bei Flammenfärbungen u. bei Reaktionen mit der Borax- od. Phosphorsalzperle verwendet werden.

Magnesia usta: s. Magnesiumoxid.

Magnesii aspartas racemicus tetrahydricus: s. Magnesiumhydrogenaspartat.

Magnesii carbonas: s. Magnesiumcarbonat, leichtes basisches.

Magnesii carbonas ponderosus: s. Magnesiumcarbonat, schweres basisches.

Magnesii chloridum: s. Magnesiumchloridhexahydrat.

Magnesii citratis granulatum effervescens: s. Magnesia citrica effervescens.

Magnesii hydroxidum: s. Magnesiumhydroxid.

Magnesii oxidum leve: s. Magnesiumoxid.

Magnesii oxidum ponderosum: s. Magnesiumoxid.

Magnesii peroxidum: s. Magnesiumperoxid.

Magnesii stearas: s. Magnesiumstearat.

Magnesii subcarbonas levis: s. Magnesiumcarbonat, leichtes basisches.

Magnesii subcarbonas ponderosus: s. Magnesiumcarbonat, schweres basisches.

Magnesii sulfas: s. Magnesiumsulfat-Heptahydrat.

Magnesii trisilicas: s. Magnesiumtrisilicat.

Magnesit: Talkspat, Magnesium carbonicum naturale; Magnesiumcarbonat ($MgCO_3$), Mineral.

Magnesium: Symbol Mg; A_r 24.305, OZ 12. D. 1.74. Schmp. 650 °C. Sdp. ca. 1100 °C. Silberweißes, glänz., 2-wertiges Erdalkalimetall; hämmer- u. walzbar; verbrennt mit blendend weißem Licht zu Magnesiumoxid (MgO), leicht lösl. in Säuren, unlösl. in Alkalien; kaltes Wasser greift Mg wegen Ausbildung einer $Mg(OH)_2$-Schutzschicht nur sehr langsam, warmes Wasser schneller an. **Vork.**: nat. nur gebunden als Magnesit ($MgCO_3$), Dolomit ($MgCO_3 \cdot CaCO_3$), Talk ($Mg_3Si_4O_{10}(OH)_2$), Meerschaum*, Kainit ($KMgClSO_4 \cdot 3\,H_2O$); in der Erdrinde insgesamt zu 1.9 % enthalten sowie im Meerwasser u. Mineralwässern, auch im Chlorophyll*; **Physiologie:** der menschl. Körper enthält ca. 30 g Mg, davon 50-70 % in den Knochenmineralien; tägl. Bedarf: 0.2-0.3 g; Mg spielt im Körper eine wichtige Rolle als Elektrolyt u. als Aktivator vieler Enzyme v. a. bei der Biosynthese der DNA u. RNA; **Darst.**: Elektrolyse von geschmolzenem wasserfreiem Magnesiumchlorid (Carnallit); **Anw.** med.: u. a. Muskelkrämpfe, Hypomagnesiämie, akuter Herzinfarkt, bestimmte Herzrhythmusstörungen; (techn.) hauptsächl. in Form von Leichtmetall-Legierungen (Magnalium*, Hydronalium*, Duraluminium*), z. B. beim Flugzeug-, Schiffsbau; ferner in der Feuerwerkerei, früher in der Fotografie als Magnesiumblitzlicht*; starkes Reduktionsmittel, u. a. zur Darst. von Grignard*-Verbindungen; Trocknen von Methanol; **Nachw.** von Mg-Verb.: **1.** Natronlauge fällt aus den Lsg. weißes Magnesiumhydroxid, lösl. in Ammoniumsalz-Lsg.; **2.** Sodalsg. fällt bas. Magnesiumcarbonat, lösl. in Ammoniumsalz-Lsg.; **3.** Na_2HPO_4/NH_3-Lsg. fällt weißes Ammoniummagnesiumphosphat, sehr schwer lösl.; **Gesch.**: 1809 von Humphry Davy (1778-1829) erstmals dargestellt.
Hom: *Magnesium metallicum (HAB1.5),* Magnesium.

Magnesiumacetat: essigsaures Magnesium, Magnesium aceticum; $(CH_3COO)_2Mg \cdot 4\,H_2O$, M_r 214.5. D. 1.45. Farblose, hygroskop. Kristalle, sehr leicht lösl. in Wasser u. Ethanol. **Darst.**: Auflösen von Magnesiumcarbonat in 15 %iger Essigsäure; **Anw.** med.: wie Magnesiumcitrat*.

Magnesium aceticum: s. Magnesiumacetat.

Magnesium-Aluminium-silicat-hydrat: s. Almasilat.

Magnesiumammoniumchloridlösung: s. Magnesiamixtur.

Magnesiumammoniumphosphat: s. Ammoniummagnesiumphosphat.

Magnesium asparticum racemicum tetrahydricum: s. Magnesiumhydrogenaspartat.

Magnesium, basisch-kohlensaures: s. Magnesiumcarbonat, schweres basisches.

Magnesiumbenzoat: Magnesium benzoicum, benzoesaures Magnesium; $(C_6H_5COO)_2Mg$. Weißes Pulver, leicht lösl. in Wasser. **Darst.**: Neutralisieren einer Benzoesäure-Lsg. mit Magnesiumcarbonat; **Anw.** med.: früher Antipyretikum* u. Antiarthritikum*.

Magnesium, benzoesaures: s. Magnesiumbenzoat.

Magnesium benzoicum: s. Magnesiumbenzoat.

Magnesiumblitzlicht: sehr intensive, kurzzeitige Lichtabgabe aufgrund der Verbrennung von 10 g Magnesiumpulver mit 12 g Kaliumchlorat.

Magnesiumborocitrat: Magnesium boro-citricum; Zstzg.: 150 T. gebrannte Magnesia, 150 T. pulverisierte Borsäure, 500 T. pulverisierte Citronensäure, 200 T. Wasser. Die Pulver werden gemischt u. mit dem Wasser zu einem Brei angerührt, der nach seiner Erhärtung zu feinem Pulver verrieben wird.

Magnesium boro-citricum: s. Magnesiumborocitrat.

Magnesiumbromid: Magnesium bromatum; $MgBr_2 \cdot 6\,H_2O$. Farblose Kristalle, sehr leicht lösl. in Wasser. **Anw.** med.: früher als Sedativum*; **Dos.**: 0.5-1 g.

Magnesiumcarbonat, leichtes basisches: Magnesii subcarbonas levis Ph.Eur.4, Magnesium carbonicum praecipitatum, Magnesium subcarbonicum leve, Magnesia carbonica, Magnesia alba, basisches Magnesiumcarbonat, basisch-kohlensaures Magnesium; CAS-Nr. 39409-82-0; Zstzg. wechselnd: 3 $(MgCO_3)_3 \cdot Mg(OH)_2 \cdot 3\,H_2O$ od. 4 $(MgCO_3) \cdot Mg(OH)_2 \cdot 4\,H_2O$. D. 3.04. Weißes, sehr leichtes Pulver od. Stücke od. Ziegel, lösl. in CO_2-haltigem Wasser u. Säuren, sehr schwer lösl. in Wasser (1:2500). 15 g M. besitzen ein Füllvolumen von ca. 150 mL (Ph.Eur.4). **Darst.**: Umsetzen von Magnesiumsulfat mit Natriumcarbonat bei ca. 65 °C; bei ca. 90 °C entsteht schweres basisches Magnesiumcarbonat*; **Zuber.**: Magnesium* citricum effervescens (Brausemagnesia; DAB6); Pulvis* Magnesiae cum Rheo (Kinderpulver; DAB6); **Anw.**: innerl. als Antacidum* u. Laxans*; äußerl. zu Zahnpulvern u. Streupuder.

Magnesiumcarbonat, neutrales: Magnesium carbonicum neutrale; $MgCO_3 \cdot 3\,H_2O$. Weiße Kristalle, leicht lösl. in CO_2-haltigem Wasser. **Darst.**: Auflösen von basischem Magnesiumcarbonat in CO_2-haltigem Wasser; **Anw.**: Brausepulver.

Magnesiumcarbonat, schweres basisches: Magnesii subcarbonas ponderosus Ph.Eur.4, Magnesium subcarbonicum ponderosum, Magnesium carbonicum praecipitatum ponderosum; CAS-Nr. 39409-82-0. Anw. u. chem. Eigenschaften s. Magnesiumcarbonat, leicht basisches; aber schwereres Pulver; 15 g Substanz nehmen ca. 30 mL ein.
Hom: *Magnesium carbonicum (HAB1):* muss nach HAB1 dem schweren bas. Magnesiumcarbonat der Ph.Eur.4 entspr., Konstitutionsmittel; verord. z. B. bei nervenschwachen Personen, Spasmen u. Koliken der glatten Muskulatur, Schleimhauterkrankungen, chron. Darmkatarrhen, Neuralgien.

Magnesium carbonicum leve: s. Magnesiumcarbonat, leichtes basisches.

Magnesium carbonicum naturale: s. Magnesit.

Magnesium carbonicum neutrale: s. Magnesiumcarbonat, neutrales.

Magnesium carbonicum ponderosum: s. Magnesiumcarbonat, schweres basisches.

Magnesium carbonicum praecipitatum: s. Magnesiumcarbonat, leichtes basisches.

Magnesium carbonicum praecipitatum ponderosum: s. Magnesiumcarbonat, schweres, basisches.

Magnesium chloratum siccatum: s. Magnesiumchlorid, getrocknetes.

Magnesiumchlorid, getrocknetes: Magnesium chloratum siccatum; Geh. mind. 60 % wasserfreies $MgCl_2$; weiße Stücke od. Pulver.

Magnesiumchloridhexahydrat: Magnesii chloridum hexahydricum Ph.Eur.4, Chlormagnesium; CAS-Nr. 7791-18-6; $MgCl_2 \cdot 6\,H_2O$, M_r 203.33. Farblose, hygroskop. Kristalle, sehr leicht lösl. in Wasser, lösl. in Ethanol. **Darst.**: aus den Mutterlaugen der Kaliumchloridfabrikation od. durch Eintragen von $MgCO_3$ in 25 %ige Salzsäure u. Eindampfen; **Anw.** med.: innerl. als Laxans, zu Klistieren, zur Herst. von Mineralwässern; **Dos.**: 1-3 g (Laxans). Wegen besserer industrieller Verarbeitbarkeit wurde ein durch partielle Dehydratisierung des Hexahydrates gewonnenes Magnesiumchlorid-4,5-Hydrat, Magnesii chloridum 4,5-hydricum Ph.Eur., ins Arzneibuch aufgenommen.
Hom: *Magnesium chloratum (HAB1.4),* Magnesia muriatica: Konstitutionsmittel; verord. z. B. bei Kopfneuralgien, Leber- u. Gallenerkrankungen mit Obstipation, pubertären Entwicklungsstörungen.

Magnesiumcitrat: neutrales Magnesiumcitrat, citronensaures Magnesium, Magnesii citras (neutrale), Magnesium citricum; $(C_6H_5O_7)_2Mg_3 \cdot 14\,H_2O$. **Darst.**: gebrannte Magnesia u. Citronensäure mit Wasser anreiben, erhärten lassen u. pulverisieren; **Off.**: DAC86; **Anw.** med.: mildes Kathartikum; **Dos.**: 4-20 g.

Magnesiumcitrat-Brausegranulat: s. Magnesia citrica effervescens.

Magnesium citricum: s. Magnesiumcitrat.

M

Magnesium citricum effervescens: Brausemagnesia; Zstzg.: DAB6, 5 T. bas. Magnesiumcarbonat, 23 T. Citronensäure, 2 T. Wasser, 17 T. Natriumhydrogencarbonat, 4 T. mittelfein gepulverter Zucker.

Magnesium, essigsaures: s. Magnesiumacetat.

Magnesiumfluorosilicat: s. Magnesiumhexafluorosilicat.

Magnesium glycerinophosphoricum: s. Magnesiumglycerophosphat.

Magnesium, glycerinphosphorsaures: s. Magnesiumglycerophosphat.

Magnesiumglycerophosphat: Magnesii glycerophosphas Ph.Eur.4, glycerolphosphorsaures Magnesium; $MgPO_4(C_3H_7O_2)$. Weißes Pulver, schwer lösl. in Wasser. **Darst.**: Neutralisieren von Glycerolphosphorsäure-Lsg. mit Magnesiumcarbonat; **Anw.**: früher bei Schwächezuständen.

Magnesiumhalogenalkyle: s. Grignard-Reaktion.

Magnesiumhexafluorosilicat: Magnesiumfluorosilicat, Magnesiumsilicofluorid; $MgSiF_6 \cdot 6\,H_2O$. Weiße Kristalle od. krist. Pulver, leicht lösl. in Wasser. **Anw.**: Härtungsmittel für Mörtel u. Beton; Holzkonservierung (10 %ige Lsg.).

Magnesiumhydrogenaspartat: Magnesiumsalz (2:1) der 2-Aminobernsteinsäure. **Anw.**: bei Magnesium-Mangelzuständen, häufig in Kombination mit Kaliumaspartat; **Racemisches Magnesiumhydrogenaspartat-Tetrahydrat:** Magnesii aspartas racemicus tetrahydricus, Magnesium asparticum racemicum tetrahydricum, Magnesium-DL-hydrogenaspartat, Magnesium-bis-[(*RS*)-2-aminohydrogensuccinat]-tetrahydrat; $C_8H_{12}MgN_2O_8 \cdot 4\,H_2O$. M_r 360.6. Weißes, krist. Pulver; lösl. in Wasser von 20 °C, leicht lösl. in siedendem Wasser, fast unlösl. in Ethanol; **Off.**: DAB10. **Magnesiumhydrogenaspartat-Dihydrat:** Magnesii aspartas dihydricus Ph.Eur.4; Magnesium-di[(*S*)-2-aminohydrogenbutan-1,4-dicarbonsäure]-dihydrat; $C_8H_{12}MgN_2O_8 \cdot 2\,H_2O$. M_r 324.5. Weißes, krist. Pulver; sehr leicht lösl. in Wasser von 20 °C, fast unlösl. in Ethanol.

Magnesiumhydrogencitrat, wasserhaltiges: Magnesii hydrogencitras hydricus, Magnesium hydrogenocitricum hydricum; CAS-Nr. 144-23-0. Enthält 8-9 % Mg. Weißes, hygroskop. Pulver; bis auf geringe Anteile lösl. in Wasser. **Anw.**: Magnesiummangel; **Dos.**: ca. 4 mg/kg KG/d.

Magnesiumhydrogenphosphat: Magnesii hydrogenphosphas trihydricus, Magnesium phosphoricum, Magnesii phosphas, Magnesiumhydrogenphosphat-Trihydrat, sekundäres Magnesiumphosphat, phosphorsaures Magnesium; $MgHPO_4 \cdot 3\,H_2O$, M_r 174.4. D. 2.13. Nat. als Newberyt. Weißes, krist. Pulver, lösl. in verd. Säuren, schwer lösl. in Wasser. **Darst.**: eine Lsg. von Natriumphosphat u. Magnesiumphosphat auskristallisieren lassen; **Anw.**: mildes Laxans.
Hom: *Magnesium phosphoricum (HAB1.2):* verord. z. B. bei Koliken der glatten Muskulatur, Sodbrennen, Krämpfen.

Magnesiumhydroxid: Magnesii hydroxidum Ph.Eur.4, Magnesium oxydatum hydricum; $Mg(OH)_2$, CAS-Nr. 1309-42-8, M_r 58.34. Weißes, amorphes, geruchloses Pulver; in Wasser prakt. unlösl., leicht lösl. in verd. Säuren. Die wässrige Suspension zeigt eine alkal. Reaktion gegen Phenolphthalein. **Anw.** med.: wie Magnesiumoxid*, vgl. Magnesiamilch.

Magnesium hyperoxydatum: s. Magnesiumperoxid.

Magnesiumhypochlorit: Chlormagnesia, Magnesium hypochlorosum, Magnesia chlorata; $Mg(OCl)_2$. **Darst.**: Umsetzen von Chlorkalk mit Magnesiumsulfat. **Anw.** med.: nur in Lsg. zur Behandlung von Wunden; techn.: Bleichmittel, wie Natriumhypochlorit*.

Magnesium hypochlorosum: s. Magnesiumhypochlorit.

Magnesiumhyposulfit: s. Magnesiumthiosulfat.

Magnesiumlactat: Magnesium lacticum EB6, milchsaures Magnesium; $(CH_3CHOHCOO)_2Mg \cdot 3\,H_2O$, M_r 256.4. Geh. mind. 79 % wasserfreies Magnesiumlactat. Weißes, krist. Pulver od. Kristalle, lösl. in Wasser. **Darst.**: Eintragen von (basischem) Magnesiumcarbonat in eine verd. Milchsäurelsg., eindampfen u. auskristallisieren lassen; **Inkomp.**: Carbonate, Phosphate (Fällung); **Anw.** med.: mildes Laxans*; **Dos.**: 0.5-5 g mehrmals täglich.

Magnesium lacticum: s. Magnesiumlactat.

Magnesium metallicum: s. Magnesium.

Magnesium, milchsaures: s. Magnesiumlactat.

Magnesiumnitrat: Magnesium nitricum; $Mg(NO_3)_2 \cdot 6\,H_2O$. Farblose, zerfließl. Kristalle, leicht lösl. in Wasser u. Ethanol.

Magnesium nitricum: s. Magnesiumnitrat.

Magnesiumnitrid: Mg_3N_2. Grünl. graues Pulver. **Darst.**: Überleiten von Stickstoff über erhitztes Mg-Pulver; **Anw.**: Nachw. von Wasser, z. B. in Alkoholkraftstoffen.

Magnesiumorotat: Magnesiomorotat-Dihydrat, Magnesii orotas dihydricus, Magnesium oroticum dihydricum, orotsaures Magnesium; Magnesiumsalz der Orotsäure*; CAS-Nr. 27067-77-2; $C_{10}H_6MgN_4O_8 \cdot 2H_2O$, M_r 370.5. Weißes Pulver, schwer lösl. in Wasser, fast unlösl. in Ethanol. **Off.**: DAC86; **Anw.**: s. Orotsäure.

Magnesiumoxid: Magnesia usta, Magnesium oxydatum, gebrannte Magnesia; CAS-Nr. 1309-48-4; MgO, M_r 40.31. Weißes, feines Pulver, in Wasser fast unlösl., in verd. Säuren unter Salzbildung lösl. Je nach Füllvolumen unterscheidet man zw. einem leichten MgO (Magnesii oxidum leve Ph.Eur.4; 15 g nehmen ca. 150 mL ein) u. einem schweren MgO (Magnesii oxidum ponderosum Ph.Eur.4; 15 g nehmen ca. 30 mL ein). Für flüss. Arzneimittel u. nicht abgeteilte Pulver ist Magnesii oxidum leve, für feste, abgeteilte Arzneimittel Magnesii oxidum ponderosum zu verwenden. **Darst.**: Erhitzen von Magnesiumcarbonat im Tiegel; **Anw.** med.: innerl. als Antacidum* bei Dyspepsien, Sodbrennen; äußerl. zu Zahn- u. Streupulvern, in der Veterinärmedizin auch als Abführmittel.

Magnesium oxydatum: s. Magnesiumoxid.

Magnesium oxydatum hydricum: s. Magnesiumhydroxid.

Magnesiumperoxid: syn. Magnesiumperoxid, Magnesiumsuperoxyd, Magnesii peroxidum Ph.Eur.4, Magnesium peroxydatum 25 %; CAS-Nr. 1335-26-8; M_r 56.31 (MgO_2); Mischung aus Magnesiumperoxid u. Magnesiumoxid; enthält mind. 22.0 u. höchstens 28.0 % MgO_2. Weißes bis schwach gelbes, amorphes, leichtes Pulver, unlösl. in Wasser u. Ethanol, löst sich in verd. Mineralsäuren. **Anw.**: Antacidum, Laxans (osmotisch wirksam), äußerl. Desodorans u. Bleichmittel, in Zahnpasten u. Zahnpulvern; **Dos.**: 1.0 g vor den Mahlzeiten.

Magnesiumphosphat, sekundäres: s. Magnesiumhydrogenphosphat.

Magnesium phosphoricum: s. Magnesiumhydrogenphosphat.

Magnesium, phosphorsaures: s. Magnesiumhydrogenphosphat.

Magnesiumsalicylat: Magnesium salicylicum, salicylsaures Magnesium; $Mg(C_6H_4OHCOO)_2 \cdot 4H_2O$, M_r 370.6. Weißes bis schwach rötl., krist. Pulver, lösl. in Wasser u. Ethanol. **Darst.**: Eintragen von (basischem) Magnesiumcarbonat in eine wässrige Salicylsäurelsg.; **Anw.** med.: Antirheumatikum; bei Darminfektionen obsolet; **Dos.**: 1.8-4.8 g/d in mehreren ED.

Magnesium salicylicum: s. Magnesiumsalicylat.

Magnesium, salicylsaures: s. Magnesiumsalicylat.

Magnesium, schwefelsaures: s. Magnesiumsulfat-Heptahydrat.

Magnesium, schwefligsaures: s. Magnesiumsulfit.

Magnesiumsilicat: $MgO \cdot SiO_2 \cdot nH_2O$. Weißes Pulver od. wässriger Brei; entsteht als weißer, gallertartiger Niederschlag beim Fällen von Magnesiumsalz-Lsg. mit Natronwasserglas (s. Natriumsilicat). **Vork.**: nat. in vielen Mineralien wie Meerschaum*, Talk*, Asbest*; **Anw.**: Sauerstoffstabilisator in Wasch- u. Bleichmitteln, in der Kunststoffindustrie, Filtermaterial, geruchbindendes Mittel, in Wundstreupulvern.

Magnesiumsilicofluorid: s. Magnesiumhexafluorosilicat.

Magnesiumstearat: Magnesii stearas Ph.Eur.4, Magnesium stearicum, Magnesium stearinicum; CAS-Nr. 557-04-0, $(CH_3-(CH_2)_{16}-COO)_2Mg$, M_r 591.3. Gem. von Magnesiumsalzen versch. Fettsäuren, hauptsächl. Stearinsäure, $(C_{17}H_{35}COO)_2Mg$; M_r 591.3, u. Palmitinsäure, $(C_{15}H_{31}COO)_2Mg$; M_r 535.1, mit einem geringen Anteil anderer Fettsäuren. Die Substanz enthält mind. 4.0 u. max. 5.0 % Mg (M_r 24.30). Die Fettsäurenfraktion enthält mind. 40.0 % Stearinsäure u. mind. 90.0 % als Summe der Stearin- und Palmitinsäure. Gew. durch Umsetzung von MgO od. $MgCO_3$ mit Ölen u. Fetten unter Spaltung des Glycerids u. Bildung von Metallseifen u. Glycerol. Weißes, sehr feines, leichtes, sich fettig anfühlendes Pulver, haftet gut auf der Haut; unlösl. in Wasser, Ethanol, Ether; lösl. in heißem Ethanol, in Benzol. Trocknungsverlust max. 6 %. EP mind. 53 °, SZ 195-210. Max. 10^3 koloniebildende, aerobe Keime je Gramm Substanz. Escherichia coli darf nicht vorhanden sein. Inkomp.: sauer reagierende Stoffe, alkaliempfindl. Stoffe z. B. Isonicotinsäurehydrazid, Acetylsalicylsäure, Aminophenazon, Aminsalze, Phenacetin, Sulfonamide u. Eisensalze (Zers.). **Anw.**: Schmier-, Gleit- u. Formentrennmittel in 0.1-1 %iger Konz. bei der Tablettierung u. Kapselabfüllung; in Pudern zur Verbesserung der Gleit- u. Deckfähigkeit; in Salben als Konsistenz erhöhender u. stabilisierender Zusatz zur Fettphase. Wirkt an Grenzflächen als fester Emulgator. Bereits in gebräuchl. Konz. kann sich das hydrophobe M. ungünstig auf die Freigabe des Wirkstoffes, den Zerfall u. besonders in Abhängigkeit von der Mischzeit von Tablettiermassen durch Filmbildung um die Partikeln auf die mechanische Festigkeit der Komprimate auswirken.

Magnesium stearicum: s. Magnesiumstearat.

Magnesium stearinicum: s. Magnesiumstearat.

Magnesium subcarbonicum: s. Magnesiumcarbonat, leichtes basisches.

Magnesium subcarbonicum ponderosum: s. Magnesiumcarbonat, schweres basisches.

Magnesium subsulfurosum: s. Magnesiumthiosulfat.

Magnesiumsulfat-Heptahydrat: Magnesii sulfas heptahydricus Ph.Eur.4, schwefelsaures Magnesium, Magnesium sulfuricum, Sal catharticum, Bittersalz, Epsomsalz, Seydlitzsalz, Englisches Salz, Seidschützer Salz; $MgSO_4 \cdot 7H_2O$, CAS-Nr. 10034-99-8, M_r 246.49 (wasserfrei M_r 120.4); pH 5-9.2 (5 % wässrige Lösung). Farblose Kristalle, leicht lösl. in Wasser, fast unlösl. in Ethanol, langsam löslich 1:1 in Glycerol; Wasserverlust von 1 H_2O an trockener Luft bei Normaltemperatur, von 4 H_2O bei 70-80 °C, von 5 H_2O bei 100 °C, von 6 H_2O bei 120 °C, allen Wassers bei ca. 250 °C. **Darst.**: aus dem Mineral Kieserit ($MgSO_4 \cdot H_2O$) od. durch Auflösen von Magnesit ($MgCO_3$) in verd. Schwefelsäure; **Anw.** med.: innerl. als salin. Laxans*; **Dos.**: Darmentleerung: 10-20 g in gewebsisotonischer Lösung (3.3 %); intraduodenal Dick-

M

darmlaxans: 10 mL (10-30 %); parenteral Magnesiummangel: i.m., i.v. 1-4 g in 20 %iger Lösung; Cholekinetikum in 10-30 %iger Lösung (Ph.Eur.Komm); **Getrocknetes Magnesiumsulfat:** Magnesii sulfas siccatus, Magnesium sulfuricum siccatum: lösl. in ca. 3 T. Wasser, in Ethanol fast unlösl.; **Off.:** DAC86, ÖAB90; **Tox.:** erhöhte Mg-Blutspiegel führen zu peripheren Lähmungen. Bei höheren Werten (ab ca. 0.3 mg/mL; Normalwert ca. 0.025 mg/mL) treten zentrale Lähmungen, bis hin zum Atemstillstand auf. Konz. Lsg. des Salzes scheinen durch Reizung der Darmschleimhaut die Resorption zu begünstigen. Mengen von ca. 50 g können tödl. sein.
Hom: *Magnesium sulfuricum:* verord. z. B. bei Erkrankungen der Gallenblase.

Magnesiumsulfit: Magnesium sulfurosum, schwefligsaures Magnesium; $MgSO_3 \cdot 6\,H_2O$. Weißes, krist. Pulver, wenig lösl. in Wasser. **Darst.:** Einleiten von SO_2 in eine Lsg. von bas. Magnesiumcarbonat.

Magnesium sulfuricum: s. Magnesiumsulfat-Heptahydrat.

Magnesium sulfurosum: s. Magnesiumsulfit.

Magnesiumsuperoxid: s. Magnesiumperoxid.

Magnesiumthiosulfat: Magnesiumhyposulfit, unterschwefligsaures Magnesium, Magnesium subsulfurosum, Magnesium thiosulfuricum; $MgS_2O_3 \cdot 6\,H_2O$. D. 1.82. Farblose Kristalle, lösl. in Wasser, unlösl. in Ethanol. **Anw.** med.: früher Abführmittel, Cholagogum u. Muskelrelaxans, zur Narkose bisweilen mit Hexobarbital* kombiniert.

Magnesium thiosulfuricum: s. Magnesiumthiosulfat.

Magnesiumtrisilicat: Magnesii trisilicas Ph.Eur.4, Magnesium trisilicicum; CAS-Nr. 39365-87-2; wechselnde Zstzg., entspr. etwa $Mg_2Si_3O_8 \cdot x\,H_2O$. Geh. mind. 29.0 % Magnesiumoxid u. mind. 65.0 % Siliciumdioxid, ber. auf die geglühte Substanz. Geruch- u. geschmackloses Pulver, unlösl. in Wasser u. Ethanol. **Anw.** med.: Antacidum*.

Magnesium trisilicicum: s. Magnesiumtrisilicat.

Magnesium, unterschwefligsaures: s. Magnesiumthiosulfat.

Magnesiumzitrat: s. Magnesiumcitrat.

Magnete: Sammelbegriff für Formkörper aus magnet. Werkstoffen (Permanentmagnete, Dauermagnete) od. Vorrichtungen, wie Spulen, die bei Stromdurchgang ein Magnetfeld aufbauen (Elektromagnete).

Magneteisenstein: s. Magnetit.

Magnetit: (nat.) Magneteisenstein, Ferrum oxydato-oxydilatum; Mineral, Eisen(II,III)-oxid (Fe_3O_4).

Magnetochemie: Teilgebiet der physik. Chemie, das sich mit den magnet. Eigenschaften von Stoffen befasst. Aus der Bestimmung des dia- od. paramagnet. Charakters einer Substanz (s. Magnetwaage), lassen sich detaillierte Einblicke in die Elektronenkonfiguration von Verb. gewinnen. **Diamagnetisch** sind alle Stoffe, deren Moleküle od. Atome keine ungepaarten Elektronen aufweisen u. demzufolge auch kein magnet. Moment, z. B. alle Edelgase. **Paramagnetisch** sind alle Stoffe mit ungepaarten Elektronen; ihre Moleküle od. Atome besitzen ein magnet. Moment, stellen also kleine Elementarmagnete dar, die sich in einem äußeren Magnetfeld ausrichten können (s. Abb.). Besonders wichtig ist die Bestimmung der magnet. Eigenschaften für die Chemie von Komplexverbindungen* od. zur Feststellung der Wertigkeit von Atomen in Molekülen.

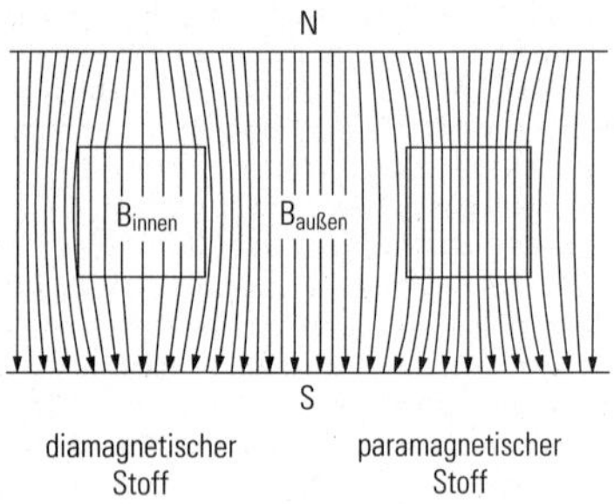

Magnetochemie: Verhalten diamagnet. u. paramagnetischer Stoffe im homogenen Magnetfeld, veranschaulicht durch die Dichte von Feldlinien; B: magnet. Induktion (magnet. Kraftflussdichte) [11]

Magnetopharmaka: Diagnostika, die in der Lage sind, lokale magnetische Störfelder aufzubauen u. dadurch als Kontrastmittel bei der Magnetresonanztomographie* (MRT) eingesetzt werden können. Die physik. Wirkung der Kontrastmittel besteht in der magnet. Beeinflussung der Signalintensität. Das diagnost. Potential der Kontrastmittel resultiert aus ihren lokal unterschiedl. Gewebekonzentrationen, so extravasiert z. B. bei Hirntumoren mit Verletzung der Blut-Hirn-Schranke das Kontrastmittel in die Tumorareale u. ermöglicht die Abgrenzung zum gesunden Gewebe. **T1-Kontrastmittel** führen zur Signalverstärkung, was insbes. der Darstellung von Hirntumoren dient. Es sind Komplexe paramagnet. Ionen z. B. mit Gadolinium*-Verbindungen wie Gadodiamid*, Gadopentetsäure*, Gadoteridol* u. Mangan-2^+. **T2-Kontrastmittel** hingegen führen zur Signalreduktion (z. B. magnet. Nanopartikel, v. a. Dextran-stabilisierte Eisenoxide; s. Ferristen) mit bes. Kristallstruktur od. in Liposomen* eingeschlossen zur selektiven Auslöschung eines Organsignals; dienen z. B. zur Differenzierung von Lebertumoren u. Metastasen. **Anw.** therapeutisch: Es werden folgende Ansätze untersucht: **1.** lokale Anreicherung über externe Magnetfelder; Versuch, Wirksubstanzen, die an superparamagnet. Partikel gekoppelt sind od. gemeinsam in Liposomen eingeschlossen sind, durch externe Magnetfelder im Zielorgan anzureichern od. zu fixieren; **2.** magnetisch gesteuerte Freisetzung; Ansatz ist im Wesentl. ein magnetisch betätigter Schalter zur Freisetzung von Wirksubstanzen; **3.** magnet. Erwärmung, bei der Magnetpartikel im Zielort physik. od. biologisch angereichert werden. Mit Hilfe externer Hochfrequenzfelder kommt es zu einer lokalen Erwärmung mit Temperaturen von über 42.5 °C. Tumorzellen sterben unter diesen Bedingungen ab (Magnetfeld-Ferrit-Hyperthermie). Die Sichtbarmachung des Wirkstoffes od. der Wirkstofffreisetzung im MRT durch Ankopplung an Gd-Chelate od. magnet. Eisenoxidpartikel dient der **Therapiekontrolle**, die sonst nur über radioaktiv markierte Wirkstoffe mit schlechterer Ortsauflösung möglich ist.

Magnetquantenzahl: s. Orientierungsquantenzahl.

Magnetresonanz: (engl.) *magnetic resonance (Abk. MR), nuclear magnetic resonance (Abk. NMR)*; Kernspinresonanz, magnetische Kernresonanz; Effekt, dass in einem Magnetfeld ausgerichtete Atomkerne elektromagnet. Wellen definierter Frequenzen absorbieren. Dabei wird ihre Ausrichtung zum äußeren Magnetfeld gestört, bei der Rückkehr in den ursprüngl. Zustand senden die Kerne ihrerseits messbare elektromagnet. Signale aus. Atomkerne mit ungerader Protonen- u./od. Neutronenzahl haben einen Kernspin (Eigendrehimpuls) u. entlang der Spinachse ein magnet. Moment, z.B. ^{1}H, ^{2}H (D), ^{13}C, ^{17}O. Im Ggs. dazu verfügen Kerne mit gerader Protonen- u. Neutronenzahl über keinen Kernspin u. kein magnet. Moment z.B. ^{12}C, ^{16}O. Die Ausrichtung der magnet. Momente der Kerne mit Kernspin ist normalerweise statist. verteilt, bringt man diese Kerne jedoch in ein äußeres Magnetfeld, so richten sich ihre magnet. Momente parallel bzw. antiparallel zum äußeren Feld aus. Für die Energiedifferenz ΔE zw. dem parallelen u. dem antiparallelen magnet. Zustand gilt:

$$\Delta E = \frac{h \cdot \gamma}{2\pi} \cdot H_0 = h \cdot \nu$$

wobei die kernindividuelle Stoffkonstante γ das gyromagnet. Verhältnis ist. Der Übergang vom parallelen in den antiparallelen Zustand erfordert Energie: $E = h \cdot \nu$; daraus folgt:

$$\nu = \frac{\gamma \cdot H_0}{2\pi}$$

h: Planck-Wirkungsquantum, γ: gyromagnetisches Verhältnis, H_0: stat. Magnetfeld, ν: Resonanzfrequenz.

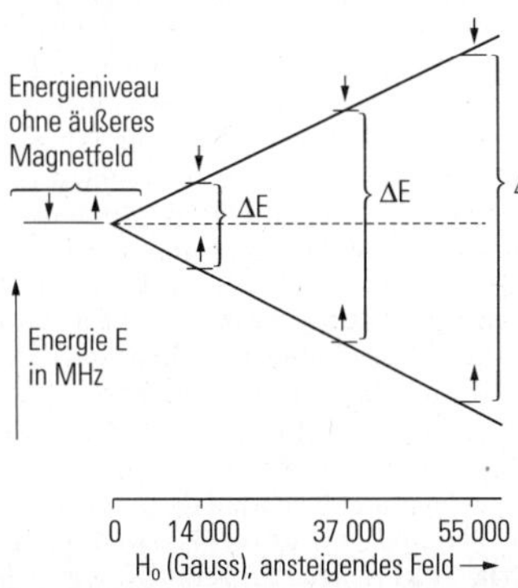

Magnetresonanz: Aufspaltung des Spin-Energieniveaus eines Protons als Funktion des äußeren angelegten Magnetfeldes [1]

Anw.: **1.** chem.: Analyse molekularer Strukturen fester, flüssiger od. gasförmiger Stoffe ohne deren Zerstörung mit der Kernresonanzspektroskopie (NMR-Spektroskopie, s. Spektroskopie); **2.** med.: Magnetresonanztomographie*; **Gesch.:** 1946 von Bloch u. Purcell entdeckt.

Magnetresonanztomographie: Abk. MRT, Kernspinresonanztomographie; ein nicht-invasives, bildgebendes Diagnoseverfahren, das auf dem Prinzip der Magnetresonanz* (Abk. MR) beruht; lokale Dichteunterschiede der Wasser- u. Fettprotonen u. deren Beweglichkeiten bestimmen den Gewebekontrast, Magnetopharmaka* dienen als Kontrastmittel. Im Ggs. zur CT* (Computertomographie), die allein die Absorption von Röntgenstrahlen zur Bildgebung nutzt, ermöglichen eine Vielfalt an Gewebeparametern sowie zahlreiche Geräteeinstellungen (Pulssequenzen) in der MRT eine sehr detaillierte bildl. Wiedergabe der untersuchten Gewebe. Ein weiterer wesentl. Vorteil gegenüber der CT ist, dass die MRT nach heutigem Kenntnisstand als sehr risikoarm gilt u. nicht strahlenbelastend ist.

Magnetrührer: s. Rührer.

Magnetwaage: magnetische Waage; wichtiges Messinstrument in der Magnetochemie* zur Bestimmung der sog. magnetischen Suszeptibilität, der magnet. Aufnahmefähigkeit einer Substanz. Dabei wird nach Gouy die scheinbare Gewichtsveränderung einer Probe in einem inhomogenen Magnetfeld gemessen. Hierbei spielen paramagnet. Stoffe eine Rolle, die in das Magnetfeld hineingezogen werden u. deren magnet. Suszeptibilität >0 ist, sowie diamagnet. Stoffe, die durch das Magnetfeld abgestoßen werden u. deren magnetische Suszeptibilität <0 ist.

Magnoflorin: $C_{20}H_{24}NO_4^+$, M_r 342.5. Ein Benzylisochinolinalkaloid, (zus. mit Berberin*) charakteristisch für viele Magnoliidae*.

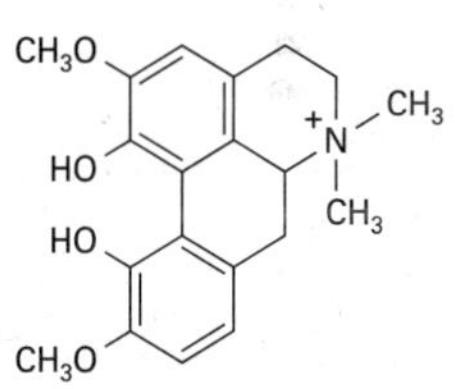

Magnoflorin

Magnolia grandiflora L.: Großblütige Magnolie; Fam. Magnoliaceae (heim. in Nordamerika, kult. in Europa); Zierstrauch od. -baum. Stpfl. von **Magnoliae grandiflorae cortex:** Magnolia-grandiflora-Rinde. **Inhaltsst.:** in der Rinde Alkaloide, z.B. Annonain, Candicin, Magnoflorin*; Lignane, z.B. Honokiol, Magnolol; **Anw.** volkstüml.: z.B. als Aromatikum; bei Erkrankungen des rheumat. Formenkreises, früher gegen Malaria.

Hom: *Magnolia grandiflora:* frische Blüten; verord. z.B. bei Erkrankungen des rheumat. Formenkreises.

Magnolie, Großblütige: s. Magnolia grandiflora.

Magnoliidae: Polycarpicae; Unterklasse der Magnoliatae (Dikotyledoneae*) mit den Ordnungen:

Magnoliales, Laurales, Piperales, Aristolochiales, Ranunculales, Papaverales u. Nymphaeales.

Magnoliophytina: syn. Angiospermae, Bedecktsamer; eine Unterabteilung der Spermatophytina*; gliedern sich in die Klassen Dikotyledonae* u. Monokotyledonae*.

Mahonia aquifolium (Pursh) Nutt.: Berberis aquifolium Pursh, Mahonie; Fam. Berberidaceae (Nordamerika, in Europa Zierpflanze). **Inhaltsst.:** in Stamm- u. Wurzelrinde die Alkaloide Berberin, Oxyacanthin, Berbamin (kein Palmatin, vgl. Berberis vulgaris).

Hom: *Mahonia aquifolium (HAB1.5),* Berberis aquifolium: getrocknete Rinde u. Zweigspitzen; verordnet z. B. bei Psoriasis.

Ma Huang: s. Ephedra sinica.

Maiapfel: s. Podophyllum peltatum.

Maiblume: s. Convallaria majalis.

Maidis embryonis oleum: s. Zea mays.

Maiglöckchenkraut: s. Convallaria majalis.

Maiglöckchenpulver, Eingestelltes: s. Convallaria majalis.

Maiglöckchentinktur: s. Tinctura Convallariae.

Maikurtee: s. Species majales.

Maillard-Reaktion: nichtenzymat. Bräunungsreaktion in Arznei- u. Lebensmitteln. Die Aminogruppen von Aminosäuren, Peptiden od. Proteinen reagieren mit der glykosid. Hydroxylgruppe (reduzierender) Kohlenhydrate, z. B. Dihydroxyaceton*. Die Reaktion verläuft über die Bildung von Schiff*-Basen, die zu braunen Pigmenten kondensieren.

M

Mairan: s. Origanum majorana.

Mairose: s. Rosa.

Mais: s. Zea mays.

Maisbrand: s. Ustilago zeae.

Maisgriffel: s. Zea mays.

Maiskeimöl: s. Zea mays.

Maisöl, raffiniertes: s. Zea mays (Maydis oleum raffinatum).

Maisstärke: s. Amylum Maydis.

Majonäsen: s. Mayonnaisen.

Majoran: s. Origanum majorana.

Majorana hortensis: s. Origanum majorana.

Majorana onites: s. Origanum onites.

Majoranöl: s. Origanum majorana.

Majoransalbe: s. Unguentum majoranae.

Majoran, Wilder: s. Origanum vulgare.

major tranquilizer: s. Psychopharmaka (Neuroleptika).

MAK: Abk. für **m**aximale **A**rbeitsplatz**k**onzentration; bezeichnet die max. Konz. an schädl. Stoffen am Arbeitsplatz, bei deren Einhaltung in 8-Stunden-Schichten die Gesundheit auch bei langfristiger Beschäftigung nicht beeinträchtigt wird. So wurde z. B. der MAK-Wert für Blei mit 0.2 mg/m^3 Luft festgelegt, für Ozon mit 0.1 mL/m^3 (entspr. 0.1 ppm), für Propan mit 1000 ppm, für karzinogene Stoffe lassen sich keine unbedenkl. Konz. als MAK angeben; vgl. MIK.

Makadamianüsse: s. Macadamia ternifolia.

Makroelemente: diejenigen chem. Elemente, die von lebenden Organismen — i. Ggs. zu den Spurenelementen* — in relativ großer Menge benötigt werden. Hierzu gehören Calcium, Kalium, Natrium, Magnesium, Phosphor, Schwefel u. Chlor.

Makrogamet: s. Gameten.

Makrogametangium: s. Gametangium.

Makrokonstante: s. Hybridkonstante.

Makrolid-Antibiotika: s. Antibiotika.

Makrolide: makrocyclische Verbindungen*, die eine Lacton-Gruppierung im Molekül tragen. Pharmaz. am bedeutsamsten sind die Makrolid-Antibiotika (s. Antibiotika). Eng verwandt sind die Ansamycine (s. Ansaverbindungen), die statt der Lacton- eine Lactam-Gruppierung (s. Lactame) tragen.

Makromoleküle (gr. makros groß): Moleküle mit einer M_r über 10 000 (nach H. Staudinger). Riesenmoleküle, oft Polymere*; hierzu gehören viele Naturstoffe, u. a. Cellulose*, Pektin*, Kautschuk*, Chitin*, Enzyme* (vgl. Biopolymeren) u. zahlreiche Umwandlungsprodukte von Naturstoffen, z. B. vulkanisierter Kautschuk, Cellophan (s. Zellglas), Galalith*, sowie Polymerisations- u. Polykondensationsprodukte, wie Buna*, Polystyrol*, Perlon* u. Nylon*.

Makrophagen: s. Leukozyten, Phagozyten.

Mal (franz., aus lat. malum): Krankheit, Übel.

Mala (lat.): Wange. malaris, zur Wange gehörend.

Malabar-Kardamomen: s. Elettaria cardamomum.

Malabar nut leaves: s. Adhatoda vasica.

Malabsorption: Verdauungsinsuffizienz; Störung der Resorption vom Darmlumen in die Blut- u. Lymphbahn. **Leitsymptome:** Gewichtsabnahme, Massenstühle, Muskelschwäche, Haut- u. Schleimhautveränderungen; Anämie*; **Beispiele:** Zöliakie*, Crohn*-Krankheit; vgl. Maldigestion.

Malachit: Kupfererz, Kupferspat; $CuCO_3 \cdot Cu(OH)_2$; smaragdgrüne, monokline Kristalle od. traubige Massen. Härte 4. **Anw.:** in der Antike als Malerfarbe, heute hauptsächl. Schmuck.

Hom: *Malachit (HAB1.3):* verwendet wird das nat. Mineral (mind. 95 %).

Malachitgrün: Brillantgrün, Bittermandelölgrün, Diamantgrün, Viktoriagrün, Viride nitens; Bis-(4-dimethylaminophenyl)-phenylmethyliumchlorid; CAS-Nr. 123333-61-9; $C_{23}H_{25}ClN_2$, M_r 364.9. Triphenylmethanfarbstoff. Metall. grün-glänz. od. gelbe Kristalle od. violettgrünes Pulver, lösl. in Wasser, Ethanol, Methanol, Amylalkohol mit blaugrüner Farbe. **Off.:** DAC, Ph.Eur. 4. **Anw.** med.: Antiseptikum*, bei Candidosen, Fuß- u. Handmykosen als 0.5 %ige Lsg. od. Creme; techn.: Indikator* für Titrationen schwacher Basen in Eisessig.

Malaprade-Reaktion: Bildung von Aldehyden bzw. Ketonen aus 1,2-Glykolen durch oxidative C–C-Spaltung der beiden hydroxylierten Kohlenstoffatome mit Periodsäure (s. Abb). In der Chemie der Kohlenhydrate* dient diese Reaktion als wichtiges Hilfsmittel zur Strukturaufklärung.

Malaria (ital. mala aria schlechte Luft): Sammelbez. für Infektionen durch Protozoen* der Gattung Plasmodium*, die durch eine Stechmücke (Anopheles*) übertragen werden. **Formen: 1. Malaria tropica:** unregelmäßige Fieberanfälle; lebensgefährlich; Erreger Plasmodium falciparum; **2. Malaria tertiana:** Fieberanfall an jedem 3. Tag; Erreger Plasmodium vivax, Plasmodium ovale; **3. Malaria quartana:** Fieberanfall an jedem 4. Tag; selten; Erreger Plasmodium malariae. **Verbreitung:** weltweit in den Tropen und z. T. Subtropen; jährlich erkranken ca. 100 Mio u. sterben

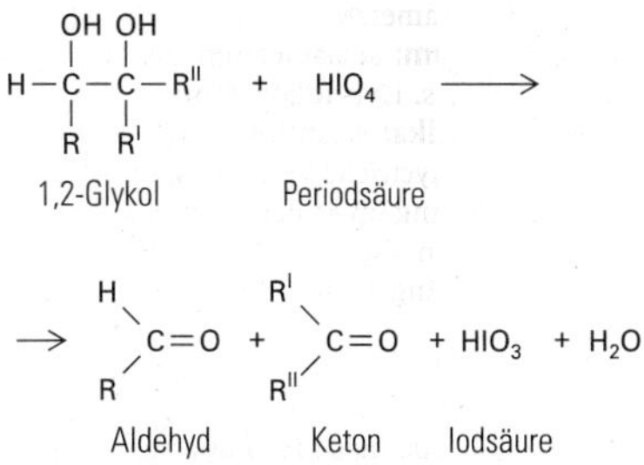

Malaprade-Reaktion: Bildung eines Aldehyds u. eines Ketons als Beispiel

über 1 Mio Menschen an Malaria. Zunehmende Resistenz der Plasmodien gegen Chemotherapeutika u. der Anopheles-Mücken gegen Insektizide u. durch unzureichende allg. Bekämpfungsmaßnahmen. In Europa zunehmende Zahl importierter M. (Airport-Malaria); endem. Vork. in Europa im Donaudelta u. Teilen der Türkei. **Ablauf:** durch Mückenstich gelangen Sporozoiten in das Blut u. in die Leber; dort bilden sie Schizonten od. mehrkernige Plasmodien; diese zerfallen unter Platzen der befallenen Leberzelle in Merozoiten, die neuerl. Leberzellen befallen od. sich in Erythrozyten ungeschlechtl. vermehren; nach Bildung von Merozoiten zerfallen die Erythrozyten, was mit einem Fieberanfall verbunden ist. **Klin. Manifestation:** Fieberanfälle, hämolyt. Anämie u. Hypoxie; **Ther.:** s. Antimalariamittel.

Malariaprophylaxe: Form der Chemoprophylaxe gegen Malaria* (s. Antimalariamittel). I. w. S. auch der Einsatz von Insektiziden od. anderen Maßnahmen gegen die Anopheles*-Mücke.

Malariatherapie: s. Antimalariamittel.

Malatdehydrogenase: Abk. MDH; Enzym, das die Dehydrierung des Malats zu Oxalacetat im Tricarbonsäurezyklus* bewirkt, wobei der Wasserstoff auf NAD^+ übertragen wird.

Malate: Salze der Äpfelsäure*.

Malatenzym: wichtiges Enzym in den meisten Organismen, das die reduzierende Carboxylierung des Pyruvats zu Malat im aeroben Kohlenhydratabbau katalysiert.

Malathion: Malathionum Ph.Eur.4; Diethyl-(*RS*)-2-(dimethoxyphosphinodithioyl)butandioat; CAS-Nr. 121-75-5; $C_{10}H_{19}O_6PS_2$, M_r 330.36. Schmp. 2.9 °C. Sdp. 156-157 °C (933 Pa). d_4^{25} 1.23. $n_D^{25\,°C}$ 1.4985. Begrenzt lösl. in bestimmten Paraffinkohlenwasserstoffen; Petrolether ist lösl. in Malathion zu 35 %. **Anw.** med.: Insektizid aus der Reihe der org. Thiophosphorsäureverb., geg. Pedikulose (Läusebefall); techn.: aufgrund guter insektizider u. akarizider Eigenschaften u. wegen der geringen Warmblütlertoxizität wird Malathion auch in der Land- u. Forstwirtschaft u. gegen die Anopheles-Mücke (s. Malaria) eingesetzt; s. Schädlingsbekämpfungsmittel (org. Phosphorverb., Tab.).

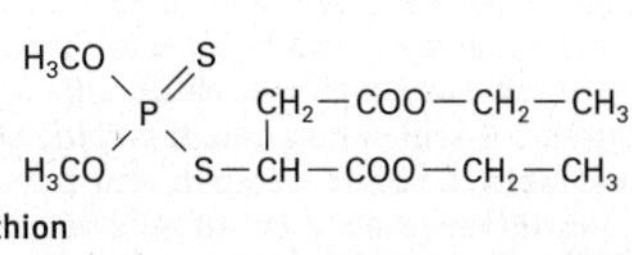

Malathion

Malaxieren: Durchkneten, z. B. von Pflaster.

Maldigestion: Störung der Verdauung in Magen u. Duodenum infolge mangelnder Andauung od. Aufspaltung der Nahrung durch Pankreasenzyme od. Galle. **Urs.:** z. B. Magenresektion, exokrine Pankreasinsuffizienz, fehlende konjugierte Gallensäuren, Allergie* gegenüber versch. Nahrungsmitteln; vgl. Malabsorption.

Maleate: Salze od. Ester der Maleinsäure.

Maleinsäure: Acidum maleicum Ph.Eur.4, Acidum maleinicum, (Z)-Butendisäure, *cis*-Butendisäure; CAS-Nr. 110-16-7; $C_4H_4O_4$, M_r 116.1. HOOC–CH=CH–COOH; stereoisomer mit der thermodynam. stabileren Fumarsäure* (*trans*-Butendisäure); weißes, krist. Pulver, leicht lösl. in Wasser u. Ethanol, lösl. in Ether u. Aceton. **Anw.:** Hilfsstoff zur Herst. von Salzen (Maleaten), z. B. der Antihistaminika od. Alkaloide; zur Herst. von Kunstharzen.

Maleinsäureanhydrid: 2,5-Furandion; $C_4H_2O_3$, M_r 98.1. Schmp. ca. 52 °C. Weiße Kristalle; lösl. in Wasser unter Bildung von Maleinsäure, sehr leicht lösl. in Aceton u. Ethylacetat, leicht lösl. in Chloroform u. Toluol, lösl. in Ethanol unter Esterbildung, sehr schwer lösl. in Petrolether. **Anw.:** Reagens Ph.Eur.4.

Maleinsäurehydrazid: $C_4H_4N_2O_2$. Farblose Kristalle, lösl. in heißem Ethanol, wenig lösl. in Ethanol. Unkrautvertilgungsmittel u. Wachstumshemmstoff.

maligne: bösartig.

Malignom: ungenaue Bez. für bösartigen Tumor*.

Mallotoxin: s. Rottlerin.

Mallotti glandulae: s. Mallottus philippinensis.

Mallotus philippinensis (Lam.) Muell. Arg.: Rottlera tinctoria Roxb.; Fam. Euphorbiaceae (Baum im trop. Asien, nordöstl. Australien, Neu-Guinea, Philippinen). Stpfl. von **Kamala:** Jamala, Glandulae Rottlerae, Mallotti glandulae; die abgesiebten Drüsen u. Haare der Früchte; leichtes, braunrotes, geruch- u. geschmackloses Pulver. **Best.:** ca. 80 % Harz (mit teilweise abführender Wirk.), im Harz das giftige Rottlerin* u. ähnl. Acylphloroglucinderivate wie Homorottlerin; ferner Citronensäure, Gerbsäure, Gummi, Zucker, Wachs; **Anw.** volkstüml.: früher gegen Band-, Spul- u. Madenwürmer; äußerl.: gegen Hautkrankheiten, Krätze; vet.: ebenfalls als Wurmmittel (für Hunde 2-15 g); techn.: zum Färben von Seide (Indien).

Malonate: Salze der Malonsäure*.

Malonsäure: Propandisäure; Methandicarbonsäure, HOOC–CH_2–COOH. Schmp. 136 °C. Weiße Kristalle, leicht lösl. in Wasser u. Ethanol. **Vork.:** nat. im Zuckerrübensaft; entsteht durch Oxidation von Äpfelsäure. **Herst.:** aus Chloressigsäure. **Anw.:** zu org. Synthesen, zur Herst. von Barbitursäure* u. ihrer Derivate. Die Salze der M. heißen Malonate.

Malonyl-: Bez für die von der Malonsäure* abgeleitete Gruppe –OC–CH_2–CO–.

Malonylcarbamid: s. Barbitursäure.

Malonyl-CoA: Carboxylierungsprodukt des Acetyl-Coenzyms A*; M.-CoA reagiert mit Acetyl-CoA od. höheren aktivierten Fettsäuren unter CO_2-Abspaltung zu *β*-Ketosäuren; es ist somit Ausgangssubstanz der Fettsäuresynthese.

Malonylharnstoff: s. Barbitursäure.

Malonylureid: s. Barbitursäure.

Malpighia punicifolia L.: Malpighia glabra L., Acerola(kirsche), Barbadoskirsche, Barbados cherry, Westindische Kirsche; Fam. Malpighiaceae (Od. Rutales) (Mittelamerika); Vit.-C-reichste Frucht. **Inhaltsst.**: im Fruchtfleisch bis zu 2% u. im sprühgetrockneten Fruchtsaft bis zu 25% Ascorbinsäure.

Maltafieber: s. Brucella.

Maltase: α-1,4-Glucosidase; Enzym (im Darmsaft, Pankreassaft, Hefe), das Maltose in zwei Moleküle D-Glucose spaltet.

Maltit: s. Maltitol.

Maltitol: syn. Maltit, Maltitolum Ph.Eur.4; 4-*O*-α-D-Glucopyranosyl-D-sorbitol; CAS-Nr. 585-88-6; $C_{12}H_{24}O_{11}$, M_r 344.3. Schmp. 147 °C. Durch Reduktion von Maltose* erhaltener Zuckeralkohol. Sehr leicht lösl. in Wasser, fast unlösl. in Ethanol u. Ether. **Anw.**: Zuckeraustauschstoff (Süßkraft gegenüber Saccharose 0.9), s. Süßmittel; **Maltitol-Lösung**: Maltitolum liquidum Ph.Eur.4, M.-Lsg. ist eine wässrige Lsg. einer hydrierten, teilweise hydrolisierten Stärke; sie enthält mind. 70.0% (m/m) feste Masse, die hauptsächl. aus einer Mischung von D-Maltitol mit D-Sorbitol u. hydrierten Oligo- und Polysacchariden besteht. Klare, farblose, sirupartige Flüss., mischbar mit Wasser u. Glycerol.

Maltobiose: s. Maltose.

Maltodextrin: Maltodextrinum Ph.Eur.4; Kohlenhydrat, hergest. durch kontrollierte Stärkehydrolyse (Teilhydrolyse mittels Säuren od. Enzymen), gereinigt u. sprühgetrocknet. Versch. Sorten mit unterschiedlichem Anteil an Glucose, Maltose u. Polysacchariden. Der Hydrolysegrad ist am Glucose-/Dextrose-Äquivalent (DE-Wert) zu erkennen u. beträgt max. 20. Je höher der Glucoseanteil, um so hygroskop. sind die M.; leicht lösl. in Wasser, Trocknungsverlust max. 6%; vgl. Dextrine.

Maltol: 3-Hydroxy-2-methyl-4-pyron. Entsteht bei Hitze aus Streptose*; von karamelartigem Geruch; mit Fe(III)-Ionen Violettfärbung. **Anw.**: Lebensmittelzusatz (Geschmacksverstärker), z. B. zu Backwaren **Vork.**: z. B. in geröstetem Malz, Passiflora* incarnata, Lärchenrinde u. Tannennadeln.

Maltose: Malzzucker, Maltobiose; 4-*O*-α-D-Glucopyranosyl-D-glucose; M_r 342.3; Schmp. 102-103 °C. $[\alpha]_D^{20\,°C}$ + 112° → + 130.4° (c=4 in Wasser). Ein reduzierendes Disaccharid aus 2 Molekülen α-1,4-glykosid. verknüpfter D-Glucose; beide Glucosereste liegen als Pyranose vor (s. Abb.). M. ist mit der Cellobiose* stereoisomer. Das Monohydrat von M. kristallisiert aus Wasser od. verd. Ethanol; durch Trocknen bei Raumtemp. im Vakuum über P_4O_{10} kein Verlust des Kristallwassers. Neben Lactose* u. Saccharose* gehört M. zu den 3 am häufigsten in der Natur vorkommenden Disacchariden. Wird durch verd. Säuren od. enzymat. durch α-Glucosidasen (allg. bekannt als Maltase), die in Hefe, Malz u. Verdauungssäften enthalten sind, in 2 Moleküle D-Glucose gespalten. M. ist der Grundbaustein von Stärke u. Glykogen u. tritt in freier Form in höheren Pfl. auf. Entsteht techn. beim Stärkeabbau durch Einw. von Amylase (Diastase). Dient als fermentatives Substrat in der Bierbrauerei, als Best. von Bienenfutter, als Substrat von mikrobiol. Nährböden u. allg. als Nähr- u. Süßstoff.

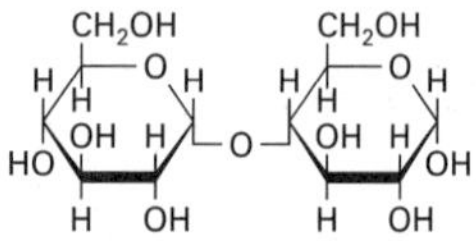

Maltose

Maltum: Malz, Maltum Hordei, Gerstenmalz; die gekeimten, getrockneten u. von Wurzelkeimen befreiten Getreidefrüchte, hauptsächl. der Gerste. **Best.**: ca. 30% Zellstoff, 40% Stärke, 11% Protein, 10% Dextrin, 3% Zucker, 3% Mineralstoffe, 2% Fett, 1% Diastase*, 0.2% Hordenin* (wasserlösl. Extraktivstoffe insgesamt ca. 70%); vgl. Extractum Malti.

Malus domestica Borkh.: Malus sylvestris var. domestica (Borkh.) Mansf., Pyrus malus L., Apfelbaum; Fam. Rosaceae (weltweit). Stpfl. von **Exocarpium Mali domesticae:** Mali sylvestris pericarpium, Pericarpium Mali domesticae, Cortex Piri mali fructus, Apfelschalen, Apfelfruchtschalen. **Anw.** volkstüml.: zu Teemischungen sowie als Ersatz des chines. Tees. **Fructus Mali:** Äpfel. **Inhaltsst.**: in der Apfelschale Pektin (bis 17% in der Trockensubstanz), Arabane u. Galactane, Äpfel-, Citronen-, Bernstein-, Milchsäure, Zucker bis 16%, Gerbstoffe, Quercetin, Enzyme; im Samen etwas Amygdalin* (0.6%); **Anw.** volkstüml.: z. B. Apfeldiät (rohe geriebene Äpfel) bei (sommerl.) Diarrhöen, akuten u. chron. Dyspepsien, Ernährungsstörungen; v. a. in der Kindertherapie, sowie bei Ekzemen.

Malvaceae: Malvengewächse; Fam. der Od. Malvales (Columniferae); 1500 Arten. Kräuter od. Holzpflanzen (gemäßigte Zonen u. Tropen). Die Blätter sind wechselständig, einfach, handförmige Nervatur, häufig behaart. Die Blüten sind radiär, 5-zählig, die Kron- u. Kelchblätter frei; häufig mit Außenkelch. Staubblätter zahlreich, Filamente zu einer Röhre verwachsen (Columna). Fruchtknoten oberständig, aus bis zu 50 Fruchtblättern zusammengesetzt; die Früchte sind Kapseln od. Spaltfrüchte. **Chem. Merkmale:** saure Schleimstoffe (in Schleimzellen lokalisiert), cyclopropenoide Fettsäuren (z. B. Sterculiasäure*). **Wichtige Gattungen:** z. B. Abelmoschus, Alcea, Althaea, Gossypium, Hibiscus, Malva.

Malvae arboreae Flos: s. Alcea rosea.

Malvae hortensis Flos: s. Alcea rosea.

Malvalsäure: s. Sterculiasäure.

Malva neglecta Wallr.: Wegmalve, Kleine Käsepappel; Fam. Malvaceae (Mittel- u. Südeuropa). Zus. mit Malva sylvestris Stpfl. von **Malvae folium:** Folia Malvae, Malvenblätter. **Off.**: ÖAB90, Ph.Helv.9, DAC; **Inhaltsst.**: Gerbstoffe, Schleim. QZ mind. 8 (ÖAB90) bzw. 7 (Ph.Helv.9, DAC); **Anw.**: bei Katarrhen der Atmungswege u. des Darmes, zu erweichenden Umschlägen (Spec. emmollientes), bei Schleimhautreizungen im Mund- u. Rachenraum u. damit verbundenem trockenen Reizhusten; Flores u. Fol. Malvae sind wie andere

Malvaceen-Drogen häufig von Malvenrost (s. Puccinia malvacearum) befallen.
Malva sylvestris L.: Große Käsepappel, Roßpappel; Fam. Malvaceae (Mittel- u. Südeuropa, angebaut in Thüringen, Bayern, Belgien). Zus. mit **Malva sylvestris ssp. mauritiana** (L.) Ascherson u. Graebner (M. mauritiana L.), Algiermalve, Stpfl. von **Malvae sylvestris flos:** Flores Malvae, Malvenblüten, Käsepappelblüten, Roßpappelblüten. **Off.:** ÖAB94, Ph.Helv.8, Ph.Eur.4; **Inhaltsst.:** ca. 7% Schleim (bestehend aus Glucose, Galactose, Rhamnose, Arabinose), Gerbstoff, Malvin (Anthocyan). QZ mind. 15 (ÖAB94) bzw. mind. 20 (Ph.Helv.8); **Anw.:** Schleim- u. reizmilderndes Mittel bei Husten, Katarrh, Entzündungen; **Zuber.:** Spec. Althaeae, Spec. pectorales.
Hom: *Malva sylvestris:* frische, blühende Pflanze.
Hom: *Malva ethan. Infus (HAB1.3):* getrocknete Blätter von M. sylvestris u. M. mauritiana L.
Malvenblätter: s. Malva neglecta.
Malvenblüten: s. Malva sylvestris.
Malvenblüten, Afrikanische: s. Hibiscus sabdariffa.
Malvengewächse: s. Malvaceae.
Malvenrost: s. Puccinia malvacearum.
Malven, Schwarze: s. Alcea rosea.
malvern particle sizer: s. Korngrößenanalyse (Abb. 1).
Malvidin: s. Anthocyanidine (Tab.).
Malz: s. Maltum.
Malzextrakt: s. Extractum Malti.
Malzkaffee: s. Coffea (Kaffee-Ersatz u. Zusatzmittel).
Malzzucker: s. Maltose.
Mamma Care®: Silikonmodell mit versch. Knotentypen zum Erlernen der effektiven Selbstuntersuchung der Brust zur Früherkennung von Mammakarzinomen.
Mammae: Milchdrüsen. M. siccatae: getrocknete Milchdrüsen, s. Organtherapeutika.
mammotropes Hormon: s. Prolactin, Hormone (Hypophysenvorderlappen).
Manakawurzel: s. Brunfelsia uniflora.
Mancinella: s. Hippomane mancinella.
Mandarine: s. Citrus reticulata.
Mandel: s. Tonsilla.
Mandelate: Salze der Mandelsäure*.
Mandelbaum: s. Prunus dulcis.
Mandel, Bittere: s. Prunus dulcis (var. amara).
Mandelin-Reagens: frisch zuzubereitende Lsg. von 0.1% Ammoniumvanadat in konz. Schwefelsäure. **Anw.:** Färbereaktion zum Nachw. von Alkaloiden.
Mandelkleie: s. Farina Amygdalarum.
Mandelnitrilgentiobiosid: s. Amygdalin.
Mandelöl-Emulsion: s. Emulsio Olei Amygdalae, Emulsio oleoso-saccharata.
Mandelöl, Französisches: s. Prunus persica.
Mandelöl, natives: s. Prunus dulcis (Amygdalae oleum virginum).
Mandelöl, raffiniertes: s. Prunus dulcis.
Mandelsäure: Phenylglykolsäure, Acidum amygdalicum, Acidum mandelicum; DL-2-Hydroxy-2-phenyl-essigsäure; $C_8H_8O_3$, M_r 152.2. Schmp. 119 °C (polymorph). D. 1.361. Weißes, krist. Pulver von saurem Geschmack, leicht lösl. in Wasser von 20 °C u. Ether, sehr leicht lösl. in Wasser von 100 °C, Ethanol u. Aceton, wenig lösl. in Chloroform, lösl. in Alkalilaugen u. Ammoniaklsg. (unter Salzbildung), unlösl. in Petrolether; mit Calciumsalzen gibt M. schwer lösl. Fällungen. **Darst.:** aus Amygdalin mit Salzsäure (nach Wöhler), synth. aus Benzaldehydcyanhydrin*; nat. M. ist linksdrehend, das synth. Racemat kann durch Überführung in das Cinchoninsalz od. durch bestimmte Schimmelpilze gespalten werden. **Off.:** DAB7, ÖAB90. **Anw.:** Harn- u. Gallenantiseptikum, in saurem Medium bakteriostat. u. bakterizid wirkend (Streptokokken, Staphylokokken, Colibakterien). **Tox.:** bei längerer Anw. über 14 d können Nierenreizungen auftreten.

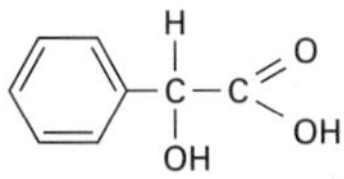

Mandelsäure

Mandelsäureester: Anw. als Spasmolytika* u. Antirheumatika*; z. B. Benzyl-, Methyl-, Ethyl-, Isopentenylmandelat.
Mandelsäurenitril: s. Benzaldehydcyanhydrin.
Mandel, Süße: s. Prunus dulcis (var. dulcis).
Mandibula: Unterkiefer; mandibularis zum Unterkiefer gehörend.
Mandiokastärke: s. Amylum Manihot.
Mandragora officinarum L.: Atropa mandragora, Alraun, Weibliche Mandragora; Fam. Solanaceae (Südeuropa, Schweiz, Mittelmeergebiet). Stpfl. von **Radix Mandragorae:** Alraunwurzel. **Inhaltsst.:** L-Hyoscyamin, Atropin, L- u. DL-Scopolamin (Hauptalkaloid), Belladonnin, Cuskhygrin (Gesamtgehalt an Alkaloiden 0.3-0.4%, Mandragorin soll eine Mischung aus ca. 80% Hyoscyamin u. ca. 20% Scopolamin sein); Scopolin u. Scopoletin (Cumarine); **Anw.** volkstüml.: früher z. B. bei Magengeschwüren, Kolliken, Keuchhusten (im Altertum über das Mittelalter bis heute als Zaubermittel: Alraunmännchen); **Mandragora autumnalis** Bertol. (Mittelmeergebiet) wird ähnl. verwendet.
Hom: *Mandragora:* frisches Kraut; verord. z. B. bei Bronchitis, psychomotor. Erregungszuständen.
Hom: *Mandragora e radice siccato (HAB1.3):* getrocknete Wurzeln von M. officinarum u. M. autumnalis (mind. 0.3% Hyoscyamin); verord. z. B. bei Darm-, Leber- u. Bauchspeicheldrüsenerkrankungen, Schwangerschaftserbrechen.
Hom: *Mandragora, ethanol. Decoct. (HAB1.3).*
Mandrin: **1.** Führungsstab für weiche Katheter u. Endotrachealtuben. **2.** Stab aus Metall od. Kunststoff in Kanülen zur Vermeidung von Verschmutzung und Verstopfung.
Mandschurische Aralie: s. Aralia mandshurica.
Maneb: s. Dithiocarbamate.
Mangafodipir INN: Hexhydrogen(oc-6-15)-[[N,N-ethylen-bis[N-[[3-hydroxy-5-(hydroxymethyl)-2-methyl-4-pyridyl]methyl]glycin]5,5'-bis(phosphato)](8-)]manganat; CAS-Nr. 155319-91-8; $C_{22}H_{27}MnNa_3O_{14}P_2$, M_r 757.3. Verwendung des Trinatriumsalzes. **Anw.:** Kontrastmittel für die Magnetresonanztomographie* zur Erkennung von Lebermetastasen od. Leberkarzi-

M

nomen; **UAW:** Flush, Kopfschmerzen, Übelkeit, Erbrechen; **Dos.:** 3.46 mg/kg KG, einmalige i. v. Infusion; HWZ: Mangan 20 min, Ligand 50 min.

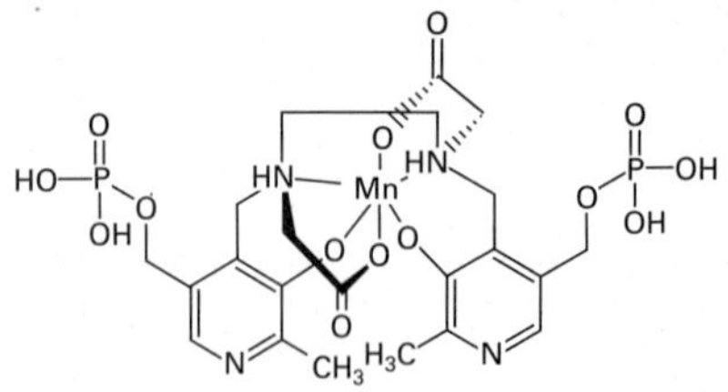

Mangafodipir

Mangan: Manganum; Symbol Mn; A_r 54.9380, OZ 25. Schmp. 1244 °C. Sdp. 2030 °C. D. 7.44. Härte 6. Hellgraues, hartes, sehr sprödes, 2-, bis 7-wertiges Metall, lösl. in Säuren unter H_2-Entwicklung. **Vork.:** natürlich u. a. als Braunstein (Pyrolusit, MnO_2), Manganit ($Mn_2O_3 \cdot H_2O$), Manganspat ($MnCO_3$), Hausmannit (Mn_3O_4), meist in Verb. mit Eisenerzen; Mn ist das zweithäufigste Schwermetall; am Aufbau der Erdkruste ist es zu ca. 0.08 % beteiligt; **Physiologie:** essentielles Spurenelement, wird mit der tägl. Nahrung in kleinen Mengen aufgenommen; der Bedarf beim Menschen wird auf 3-9 mg/d geschätzt; Mn hat u. a. als Aktivator für versch. Enzyme Bedeutung; **Darst.:** Reduktion von Mangan(II,IV)-oxid mit Aluminium (Thermitverfahren); **Anw.:** nur in Legierungen: Stahleisen (4-5 % Mn), Spiegeleisen (5-20 % Mn), Manganbronzen (20-30 % Mn), Ferromangan (30-90 % Mn); **Tox.:** Inhalation von Mn-Salzen führt zu Atembeschwerden, Muskelzuckungen, nächtl. Krämpfen; Verschlucken von $KMnO_4$ (1 % u. höhere Konz.) bewirkt Verätzung der Schleimhäute, evtl. schwere Magen-Darm-Schädigungen; LD ca. 10 g. Die Manganvergiftung kann sich entweder in einer hochfieberhaften Lungenentzündung mit evtl. tödl. Ausgang zeigen od. zu vielfältigen neurolog. Störungen führen, u. a. Parkinsonismus, psych. Labilität, Sprachstörungen, periphere Lähmungen; **Nachw.** von Mn-Verb.: **1.** Mangansalz-Lsg. mit konz. Salpetersäure u. etwas Bleidioxid aufgekocht, färben sich tiefviolett durch Bildung von Permanganat-Ionen; **2.** Ammoniumsulfid fällt fleischfarbenes Mangansulfid, leicht lösl. in Säuren; **3.** mit Soda u. Salpeter erhitzt geben Mangansalze blaugrüne Schmelzen von Natriummanganat (Na_2MnO_4), die sich in verd. Säuren mit roter Farbe, unter Bildung von Natriumpermanganat ($NaMnO_4$), lösen; **4.** Alkalilauge fällt weißes Manganhydroxid ($Mn(OH)_2$), das an der Luft rasch braun wird, infolge Bildung von $Mn(OH)_3$; **Gesch.:** 1774 von Johan Gottlieb Gahn (1745-1818) entdeckt.

Mangan(II)-acetat: Manganum aceticum, Manganoacetat, essigsaures Manganoxydul; $(CH_3COO)_2Mn \cdot 4\,H_2O$, M_r 245.1. Blassrote Kristalle, lösl. in Wasser u. Ethanol. **Darst.:** Auflösen von Mangancarbonat in verd. Essigsäure; **Anw.** techn.: Herst. von Firnis (Zusatz zu Leinöl ca. 1-1.5 %).
Hom: *Manganum aceticum (HAB1.5):* verord. z. B. bei Anaemie, Nephritis, Morbus Parkinson.

Manganate: Salze der hypothet. Mangansäuren, in denen Mangan die Oxidationszahlen II-VII aufweisen kann. Früher wurden nur die M.(VI) mit dem Anion MnO_4^{2-} als M. bezeichnet. Die M.(VII) heißen Permanganate.

Mangan(II)-borat: Manganum boricum, borsaures Manganoxydul; $MnB_4O_7 \cdot 8\,H_2O$. Rötl. Pulver, unlösl. in Wasser u. Ethanol, lösl. in verd. Säuren. **Darst.:** Fällung einer Mangan(II)-sulfat-Lsg. mit Borax (Natriumtetraborat*); **Anw.** techn.: Sikkativ*.

Mangan(II)-carbonat: Manganum carbonicum, kohlensaures Mangan; $MnCO_3$. Rötl. weißes Pulver, unlösl. in Wasser, leicht lösl. in Säuren. **Darst.:** Umsetzen von Mangan(II)-sulfat mit Natriumcarbonat; **Anw.** med.: innerl. bei Chlorose, meist als Beigabe der Eisentherapie; **Dos.:** 0.3-1 g mehrmals täglich.

Mangan(II)-chlorid: Manganochlorid, Manganchlorür, Manganum chloratum; $MnCl_2 \cdot 4\,H_2O$, M_r 179.9. D. 2.0. Rosarote hygroskop. Kristalle, sehr leicht lösl. in Wasser, lösl. in Ethanol. **Darst.:** Umsetzen von Mangancarbonat mit Salzsäure; **Anw.:** wie Mangan(II)*-carbonat, ferner als Desinfektionsmittel, Trockenmittel.
Hom: *Manganum chloratum (HAB1.5).*

Manganchlorür: s. Mangan(II)-chlorid.

Mangancitrat, lösliches: Manganum citricum solubile, citronensaures Manganoxydul; Geh. 48-52 % wasserfreies Mangancitrat. Eine Mischung von Mangancitrat u. Natriumcitrat. Rötl. Kristalle od. gelbe Lamellen, lösl. in Wasser. **Anw.** med.: als Tonikum u. Adstringens wie Eisen(III)-citrat*; **Dos.:** 0.05-0.2 g mehrmals täglich.

Mangandioxid: Mangan(IV)-oxid, Manganperoxid, Braunstein, Manganum dioxydatum, Manganum peroxydatum, Manganum hyperoxydatum, Manganum superoxydatum; MnO_2, M_r 86.9. Geh. mind. 76 % (bis 98 %) MnO_2. Schwere faserigkrist. schwarzgraue Stücke od. schwarzgraues Pulver, liefert mit Salzsäure erwärmt Chlor. **Vork.:** nat. als Mineral (Pyrolusit, Polianit); **Darst.:** Erhitzen von Mangan(II)-nitrat ($Mn(NO_3)_2$); **Anw.** techn.: Chlordarst., Reagens (Nachw. von Alkaloiden, Chloriden), ferner Entfärbung von Glasschmelzen (sog. Glasmacherseife), Herst. der braunen Glasuren bei Töpferwaren, Feuerwerkerei, Streichholzkuppen, Sikkative, Flockungsmittel bei der Abwasseraufbereitung; med.: innerl. früher bei Gastralgie, Sodbrennen, Chlorose.

Mangan, essigsaures: s. Manganacetat.

Manganglycerophosphat: syn. Manganoglycerophosphat, Manganum glycerophosphoricum; $C_3H_5(OH)_2OPOO_2Mn$. Rötl. weißes Pulver, lösl. in Wasser. **Anw.:** Eisenglycerophosphat*.

Manganhypophosphit: s. Manganphosphinat.

Mangan(II)-lactat: syn. Manganolactat, Manganum lacticum, milchsaures Manganoxydul; $Mn(CH_3-CHOH-COO)_2 \cdot 3\,H_2O$, M_r 287.1. Schwarzrote, glänz. Kristalle od. weißes bis schwach rötl., krist. Pulver, lösl. in Wasser, unlösl. in Ethanol. **Darst.:** Auflösen von Mangancarbonat in verd. Milchsäure; **Anw.** med.: innerl. wie Mangan(II)-carbonat*, meist zus. mit Eisen(II)-lactat*, bei Chlorose; **Dos.:** 0.05-0.3 g.

Mangan(II)-iodid: Manganiodid, Manganum iodatum, Manganiodür; $MnI_2 \cdot 4H_2O$. Gelbl. braune, hygroskop. Kristallmasse, lösl. in Wasser unter Zersetzung. **Anw.** med.: früher bei Skrofulose*.
Manganiodür: s. Mangan(II)-iodid.
Manganit: Manganerz; $Mn_2O_3 \cdot H_2O$.
Manganite: Manganate(IV), die Salze der manganigen Säure (H_2MnO_3).
Mangani-Verbindungen: Mangan(III)-Verbindungen.
Mangan, kohlensaures: s. Mangan(II)-carbonat.
Manganoacetat: s. Mangan(II)-acetat.
Manganochlorid: s. Mangan(II)-chlorid.
Manganoglycerophosphat: s. Manganglycerophosphat.
Manganohypophosphit: s. Manganphosphinat.
Manganoiodid: s. Mangan(II)-iodid.
Manganolactat: s. Mangan(II)-lactat.
Manganometrie: Permanganatometrie; Verfahren der Maßanalyse*, bei dem mit $KMnO_4$-Maßlösung titriert wird. MnO_4^- wird dabei in saurer Lsg. zu Mn^{2+} in neutraler od. alkalischer Lsg. zu MnO_2 reduziert. **Anw.:** Bestimmung von Eisen, Calcium, Uran, Mangan, Phosphat, Oxalat, Nitrit, Peroxodisulfat, Hydroxylamin u. Wasserstoffperoxid.
Manganosulfat: s. Mangan(II)-sulfat.
Mangano-Verbindungen: Mangan(II)-Verbindungen.
Manganoxydul, borsaures: s. Mangan(II)-borat.
Manganoxydul, citronensaures: s. Mangancitrat, lösliches.
Manganoxydul, essigsaures: s. Mangan(II)-acetat.
Manganoxydul, milchsaures: s. Mangan(II)-lactat.
Manganoxydul, schwefelsaures: s. Mangan(II)-sulfat.
Manganoxydul, unterphosphorigsaures: s. Manganphosphinat.
Manganperoxid: s. Mangandioxid.
Manganphosphinat: Manganhypophosphit, Manganohypophosphit, unterphosphorigsaures Manganoxydul, Manganum hypophosphorosum; $Mn(H_2PO_2)_2 \cdot H_2O$, M_r 203.1. Rosarote Kristalle, lösl. in Wasser. **Darst.:** Umsetzen von Mangan(II)-sulfat mit Calciumphosphinat*; **Anw.** med.: wie Calciumphosphinat*.
Mangan(II)-sulfat: Mangansulfat, Manganosulfat, schwefelsaures Manganoxydul, Manganvitriol, Manganum sulfuricum; $MnSO_4 \cdot 4H_2O$, M_r 223.1. Blassrote Kristalle, sehr leicht lösl. in Wasser, unlösl. in Ethanol. **Darst.:** Erhitzen von Braunstein mit konz. Schwefelsäure; **Anw.** techn.: Färberei, Holzbeize; med.: äußerl. als Hämostatikum*, in Salben bei Neuralgien, Hautkrankheiten; innerl. früher bei Galle-Leber-Störungen, Gicht, Ikterus sowie als Laxans; **Dos.:** 0.2-0.5 g.
Hom: *Manganum sulfuricum (HAB1.5).*
Manganum aceticum: s. Mangan(II)-acetat.
Manganum boricum: s. Mangan(II)-borat.
Manganum carbonicum: s. Mangan(II)-carbonat.
Manganum chloratum: s. Mangan(II)-chlorid.
Manganum citricum solubile: s. Mangancitrat, lösliches.
Manganum dioxydatum: s. Mangandioxid.
Manganum glycerinophosphoricum: s. Manganglycerophosphat.
Manganum hyperoxydatum: s. Mangandioxid.
Manganum hypophosphorosum: s. Manganphosphinat.
Manganum iodatum: s. Mangan(II)-iodid.
Manganum lacticum: s. Mangan(II)-lactat.
Manganum peroxydatum: s. Mangandioxid.
Manganum sulfuricum: s. Mangan(II)-sulfat.
Manganum superoxydatum: s. Mangandioxid.
Manganvitriol: s. Mangan(II)-sulfat.
Manganzitrat, lösliches: s. Mangancitrat, lösliches.
Mangifera indica L.: Mangobaum; Fam. Anacardiaceae (trop. Asien, Afrika, Brasilien). Wichtiger Obstbaum der Tropen, Stpfl. von Mangofrucht. **Inhaltsst.:** In der Rinde sind Gerbstoffe u. als gelber Farbstoff bis zu 10 % Mangiferin (s. Xanthone) enthalten.
Mango: s. Mangifera indica.
Manihot esculenta Crantz: Maniok, Cassave; Fam. Euphorbiaceae (Tropen). Stpfl. von Amylum* Manihot.
Hom: *Manihot:* Milchsaft der frischen Wurzeln.
Manihot glaziovii: Fam. Euphorbiaceae. Stpfl. von Ceara-Kautschuk, s. Kautschuk.
Manihotstärke: s. Amylum Manihot.
Manila-Elemi: s. Canarium luzonicum.
Manilahanf: s. Musa textilis.
Manilakopal: s. Copal.
Manilkara zapota (L.) van Royen: Achras zapota, Sapotillbaum; Fam. Sapotaceae (trop. Amerika, bes. Mexico). Stpfl. von **Gummi Sapotae:** Chicle-Gummi, Sapotillgummi; der eingedickte Milchsaft (Latex) der Stammrinde. **Inhaltsst.:** 38 % Harz, ca. 15 % Kautschuk, ca. 10 % Gummi, ca. 9 % Stärke; **Anw.:** zur Herst. von Kaugummi* u. chirurg. Material. Die Früchte (Breiäpfel) werden auch als Obst verwendet.
Maniok: s. Manihot esculenta.
Manna: **1.** Manna (cannellata), s. Fraxinus ornus. **2.** Röhrenkassie, Fructus Cassiae fistulae, s. Cassia fistula. **3.** Honigtau der Manna-Schildlaus, im Neuen Testament (2. Mos. 16) Sinnbild des Lebens. **4.** Honigtauartige Ausscheidungen vom Mannabaum, Alhagi maurorum Medik., Fabaceae (Sahara, Kaukasus bis Himalaja). (Der Kameldorn ist Alhagi pseudalhagi (M.B.) Desv. ex B.A. Keller et Schaparenko). **5.** Thallusteile der Mannaflechte, Lecanora esculenta, eine Flechte der Wüste. **6.** Trehala-Manna, s. Trehalose.
Manna-Esche: s. Fraxinus ornus.
Mannan: weit verbreitetes Polysaccharid im Pflanzenreich in Verb. mit Cellulose u. Hemicellulose. Dient als Reservestoff. Mannane von Pflanzen bestehen aus D-Mannose in α-1,4-glykosid. Verknüpfung.
Mannane: s. Kohlenhydrate (Homoglykane).
Mannasirup: s. Sirupus Mannae.
Mannazucker: s. Mannitol.
Mannich-Bestimmung: Verfahren zur gravimetr. Bestimmung von Morphin* in Opium. **Anw.:** 1-Fluor-2,4-dinitrobenzol (s. Abb.) wird mit Morphin umgesetzt u. gibt einen schwer lösl. 2,4-Dinitrophenylether, der gravimetr. bestimmt wird.
Mannich-Medaille: s. Deutsche Pharmazeutische Gesellschaft.
Mannich-Reaktion (Carl Mannich, Prof. für Pharmazeut. Chemie, Breslau, Karlsruhe, 1877-1947):

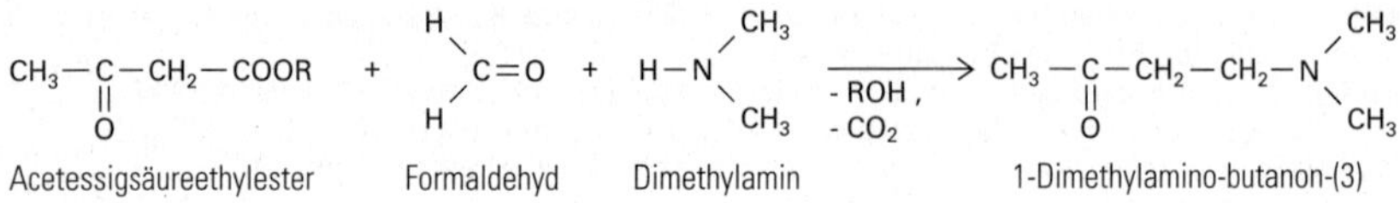

Mannich-Reaktion: Bildung von 1-Dimethylamino-butan-3-on

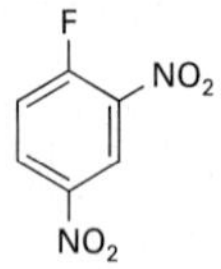

1-Fluor-2,4-dinitrobenzol

Mannich-Bestimmung

Aminoalkylierung durch Umsetzung von Carbonylverb., die aktive Methylengruppen enthalten, mit Formaldehyd u. Ammoniak bzw. primären u. sekundären Aminen. Beispiel: aus Acetessigsäureethylester, Formaldehyd u. Dimethylamin entsteht 1-Dimethylaminobutan-3-on (s. Abb.) **Gesch.**: Mannich arbeitete auf dem Gebiet der präparativen org. Chemie u. der Naturstoffchemie (z.B. herzwirksame Glykoside*, Opiumalkaloide, ätherische Öle, s. Aetherolea).

Mannitol: D-Mannitol, Mannitolum Ph.Eur.4, D-Mannit, Mannitum, E421, Mannazucker; CAS-Nr. 69-65-8; $C_6H_{14}O_6$, M_r 182.17; Schmp. 166-167 °C (polymorph). $[\alpha]_D^{20\,°C}$ +23 bis 25° (c=8 in Wasser mit 2.6 g Natriumtetraborat-Zusatz). Ein sechswertiger Zuckeralkohol, abgeleitet von D-Mannose, isomer mit Sorbitol*. Weißes, krist. Pulver. 1 g M. ist lösl. in 5.5 mL Wasser, 83 mL Ethanol, 18 mL Glycerol. Prakt. nicht hygroskop. (unter 90 % rel. Feuchte bei 25 °C max. 0.1 % Wasseraufnahme). Komplexbildung mit Metallen (z.B. Fe, Al, Cu). M. ist weit verbreitet in Pfl., Pflanzensäften sowie in Pilzen (bis 10 %) u. in Algen (in Braunalgen bis 25 %). Der Saft der Manna-Esche (Fraxinus* ornus) besteht zu 75 % aus Mannitol. **Anw.**: Zuckerersatz für Diabetiker; osmot. wirkendes Diuretikum* u. (da schwer resorbierbar) Laxans* (30 g als ED); für Bakteriennährböden; anstelle von Lactose als inertes Füllmittel für Tabletten u. Kapseln; Füll- u. Bindemittel (Adhäsionsmittel) v.a. für Kau-, Sublingual- u. Buccaltabletten; als Träger u. Gerüstbildner (pyrogenfrei!) für gefriergetrocknete Präparate zur parenteralen Anwendung. Die gebräuchl. Konz. für Infusions- u. Injektionslösungen liegen zw. 10 u. 25 %. Lsg. über 5 % sind hypertonisch. Parenteral verabreichte Lsg. mit Konz. von 15 % u. darüber bewirken daher ohne Verw. eines speziellen Katheters Venenwandläsionen. M.-Lösungen werden parenteral zur Nierenfunktionsprüfung, zur Anregung der Diurese, zur Prophylaxe des akuten Nierenversagens, zur Glaukombehandlung u. zur Liquordrucksenkung verwendet. **Zuber.**: nach DAC79 Mannitol-Infusions- u. -Injektionslösungen, Mannitoli infundibiles solutiones bzw. Mannitoli iniectabiles solutiones.

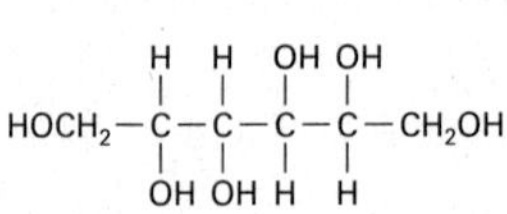

Mannitol: D-Mannitol

Mannose: D-Mannose, Seminose, Carubinose; M_r 180.16; α-Form: Schmp. 133 °C, $[\alpha]_D^{20\,°C}$ +29.3° → +14.2° (Wasser). β-Form: Schmp. 132 °C (Zers.), $[\alpha]_D^{20\,°C}$ -17.0° → +14.2° (c = 4 in Wasser) (s. Abb.). M. ist eine Aldohexose; am C-2-Atom ist sie epimer mit D-Glucose. Nat. selten in freier Form, aber Baustein zahlreicher hochmolekularer Polysaccharide, wie Mannan*, z.B. in Algen, Hefen u. in höheren Pflanzen (z.B. in Johannisbrotsamen). Manna, ein Ausscheidungsprodukt der Mannaesche (Fraxinus* ornus), weist einen hohen Gehalt an M. auf. Die aktive Form von M. im Stoffwechsel ist das GDP-Derivat.

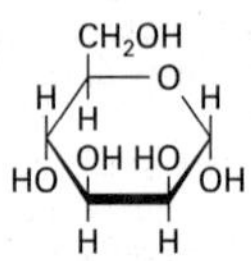

Mannose

Mannstreukraut: s. Eryngium campestre.

Mannuronsäure: eine von D-Mannose* abgeleitete Uronsäure; M_r 194.1. Baustein der Alginsäure*.

Manometer: Instrument zur Messung des Druckes* eingeschlossener Gase od. Flüssigkeiten, z.B. des Dampfdruckes in einem Kessel; vgl. Barometer.

Manteltabletten: (engl.) *press-coated tablets, dry-coated tablets*; feste Arzneiformen aus einem Kern (Pressling) u. einem ihn lückenlos umgebenden Mantel (s. Abb. 1). Die Kerne werden ohne Anwendung von Feuchtigkeit u. Wärme — im Ggs. zur konventionellen Dragierung (Feuchtdragierung) — mittels Spezialpressen auf trockenem Wege ummantelt (Trockendragierung, s. Abb. 2). Durch Einarbeitung eines Teiles des Wirkstoffs in einen leicht zerfallenden Mantel u. des anderen Teiles in den langsam zerfallenden Kern wird die therap. Wirk. deutlich verlängert. Durch Einsatz mit einem geeigneten Überzug versehener Kerne bzw. spezieller Granulate zum Aufpressen des Mantels ist auch eine Retardierung bzw. Magensaftresistenz erreichbar; vgl. Compressi.

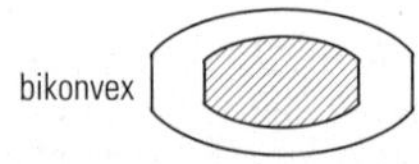

Manteltabletten Abb. 1

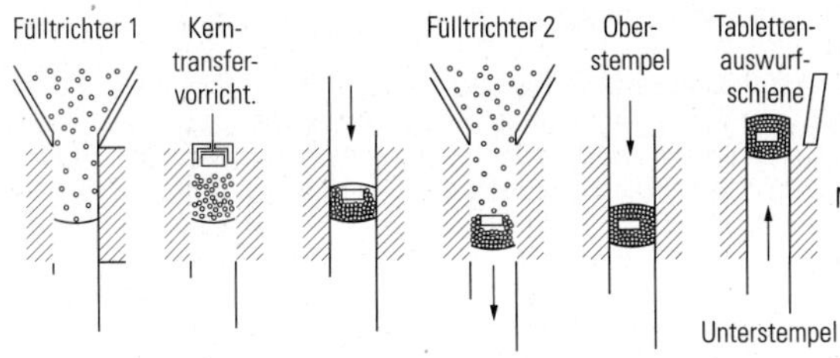

Manteltabletten Abb. 2: Herstellung

Mantoux-Spritze: s. Tuberkulinspritze.

Manukaöl: s. Leptospermum scoparium.

Manus (lat.): Hand; manuell, mit der Hand.

Manzanillbaum: s. Hippomane mancinella.

MAO: Abk. für **M**ono**a**mino**o**xidase*.

MAO-Hemmer: Abk. für **M**ono**a**mino**o**xidasehemmer*.

MAP-Kinasen: Abk. für **M**itogen **a**ktivierte **P**roteinkinasen; Kurzform: MAPK; Sammelbezeichnung für eine Familie von Proteinkinasen in versch. zellulären Signalprozessen. Dazu gehören die extrazellulär regulierten Kinasen (ERK), die p38 MAPK und die c-Jun NH_2-terminale Kinase (JNK). Diese Kinasen werden von einer Reihe unterschiedl. extrazellulärer Stimuli über Rezeptor-Tyrosinkinasen od. auch G-Protein-gekoppelte Rezeptoren aktiviert. Für die volle Aktivität der MAPK ist die duale Phosphorylierung an einem Threonin- u. an einem Tyrosin-Rest notwendig, die jeweils durch nur eine Aminosäure voneinander getrennt sind. MAPK werden von vorgeschalteten MAPK-Kinasen (MAPKK) u. diese wiederum von MAPKK-Kinasen in Kaskaden aktiviert. MAPK leiten Signale durch Phosphorylierung weiterer Proteinkinasen od. Transkriptionsfaktoren weiter u. steuern somit Zellwachstum, Differenzierung u. funktionelle zelluläre Prozesse, aber auch die Apoptose.

Maprotilin INN: *N*-Methyl-3-(dibenzo[*b,e*]bicyclo[2.2.2]octa-2,5-dien-1-yl)propyl-amin; CAS-Nr. 10262-69-8; $C_{20}H_{23}N$, M_r 277.41. Schmp. 92-94 °C (polymorph). **Anw.:** tetracycl. Antidepressivum vom Imipramin*-Typ; s. Psychopharmaka (Antidepressiva). Ind.: Depressionen, Verstimmungszustände u. psychosomat. Beschwerden mit ängstl. Hintergrund; **Dos.:** 3×25 mg/d p.o., in schweren Fällen bis 3×50 mg/d; Tranquilizer 10 mg/d; oral retard 1×75 mg/d abends; HWZ 43 h. **Maprotilinhydrochlorid:** Maprotilini hydrochloridum Ph.Eur.4; CAS-Nr. 10347-81-6; $C_{20}H_{24}ClN$, M_r 313.9. Schmp. 242-245 °C (Mod. I), Schmp. 238-242 °C (Mod. II). Weißes bis fast weißes, fein krist. Pulver; schwer lösl. in Wasser, leicht lösl. in Methanol, lösl. in Chloroform u. Ethanol, sehr schwer lösl. in Aceton, fast unlösl. in Ether. Gebräuchl. ist auch Maprotilinmesilat.

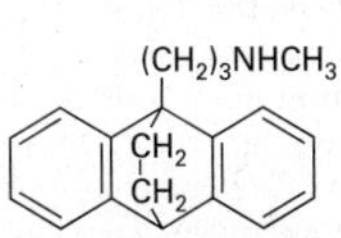

Maprotilin

Maracuja: s. Passiflora edulis.

Maranta-Arrowroot: s. Amylum Marantae.

Maranta arundinacea L.: Pfeilwurz; Fam. Marantaceae (heim. in Westindien, kult. in den Tropen). Stpfl. von Amylum* Marantae. **Inhaltsst.:** Die Sprossknollen enthalten ca. 25-27 % Stärke. **Hom:** *Maranta arundinacea:* getrockneter Wurzelstock.

Maranta galanga: s. Alpinia galanga.

Marantastärke: s. Amylum Marantae.

Marasmus: allg. Verfall; Kräfteschwund, verbunden mit hochgradiger Abmagerung durch Unterernährung in Kombination mit Vitaminmangel (Protein-Mangel-Syndrom).

Marieksche-Krankheit-Lebend-Impfstoff: Vaccinum morbi marek vivum Ph.Eur.4; Zuber., die einen Herpes-Virus-Stamm enthält, der von Puten isoliert worden ist.

Margarine (gr. margaron Perle, wegen der ursprüngl. milchweißen Farbe): Kunstbutter, eine Wasser-in-Öl-Emulsion; erfunden vom Apotheker Mege-Mouries, Paris 1868, auf Anregung von Napoleon III. Als Rohstoffe dienen pfl. Fette (Baumwollsaat-, Mais-, Soja- u. Sonnenblumenöl) u. gehärtete Öle unter Zusatz von Magermilch (Eiweißstoffe, bewirken Schäumen u. Bräunen wie Butter), Farbstoffen (Bixin, Carotine), Vitaminen (A, D, E), Emulgatoren (Lecithin, Casein), Konservierungsmitteln u. Butteraroma (Milch, Diacetyl). Zur Unterscheidung von Butter dient z. B. die Baudouin-Reaktion (s. Sesamum indicum) od. der Nachw. von (nach Vorschrift) zugesetzter Stärke.

Mariendistel: s. Silybum marianum.

Mariendistelfrüchte: s. Silybum marianum.

Marienglas: Glacies Mariae; natürlicher krist. Gips; s. Calciumsulfat.

Marienkörner: s. Silybum marianum.

Marienkraut: s. Teucrium polium ssp. polium.

Marienmantel: s. Alchemilla vulgaris.

Marienmantelkraut: s. Alchemilla vulgaris.

Marihuana: s. Cannabis sativa (Herba Cannabis).

Mari veri herba: s. Teucrium marum (Herba Teucri).

Mark: (bot.) Grundgewebe im Zentrum von Sprossachse od. (z. T.) Wurzel, wird vom Leitgewebezylinder umgeben; meist parenchymatisch. Entsteht häufig schizogen od. durch Zerreißen eine Markhöhle.

Markerprotein: **1.** Protein, dessen Position in Trennsystemen (Gelelektrophorese, Chromatographie) als Bezugspunkt verwendet wird. **2.** Protein, das vorwiegend od. ausschließl. in einer subzellulären Fraktion vorkommt u. damit zur biochem.

Charakterisierung u. Reinheitsprüfung der entspr. Fraktion nach Zellaufschluss dient.

Markierung, radioaktive: Einführung eines radioaktiven Isotops in ein Substrat; s. Radiopharmazie. Aufgrund der bes. Bedingungen im Bereich der Radiochemie wird i. d. R. ein Synthesevorläufer* hergestellt, der mit dem radioaktiven Nuklid zum markierten Produkt umgesetzt wird. **Anw.:** radioaktiv markierte Substrate (Tracer*, Radiopharmaka*) in der Medizin, Biochemie, Pharmakologie.

Markownikow-Regel: trifft eine Aussage, welches von 2 mögl. Isomeren bei einer elekrophilen Addition* an ein unsymmetr. Alken bevorzugt gebildet wird. Die Regel besagt, dass bei der ionisch verlaufenden Anlagerung einer Protonensäure an die C=C-Doppelbindung eines Alkens das Wasserstoffatom der Säure an das wasserstoffreichere Kohlenstoffatom angelagert wird, wobei intermediär das stabilere Carbeniumion entsteht. Beispiel: aus Propen u. Bromwasserstoffsäure entsteht vorwiegend 2-Brom-propan u. nicht 1-Brom-propan (s. Abb.). Bei radikal. Additionen entsteht bei genügender Stabilisierung des intermediären Radikals bevorzugt das Anti-Markownikow-Produkt.

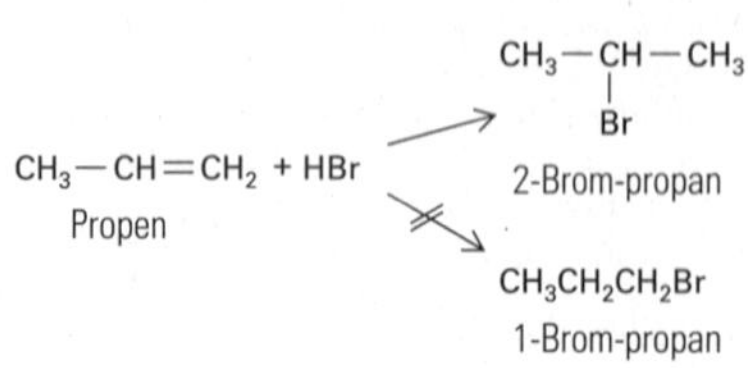

Markownikow-Regel: Bildung von 2-Brompropan als Beispiel

Markstrahlen: (bot.) Teile des Grundgewebes; dienen der Stoffspeicherung u. dem Stofftransport. Primäre M. bestehen aus eingeengtem primärem Grundgewebe u. reichen vom Mark bis in die äußersten T. der primären Rinde. Sekundäre M. werden während des sekundären Dickenwachstums* vom Kambium als Rinden- od. Holzstrahlen gebildet.

Marmelosfrüchte: s. Aegle marmelos.

Marmor: s. Calciumcarbonat.

Marmota marmota: Murmeltier; Fam. Sciuridae (Hörnchen, Od. Rodentia) (Alpen, GUS). Lieferant von **Murmeltierfett:** Murmeltierschmalz, Adeps Marmotae, Oleum Marmotae; das Fett der vor dem Winterschlaf erlegten Tiere; ein Öl, das bei 3-5 °C erstart. **Best.:** Glyceride der Linolsäure u. Linolensäure (Verhältnis 1:2), Hexadecadiensäure, (wenig) Corticosteroide (antiphlogist. wirksam) u. a. Steroide (z. B. Progesteron); **Anw.** volkstüml.: Gelenkschmerzen, Schmerzen durch Erkrankungen des rheumat. Formenkreises, Erkältungen, Hautkrankheiten.

Maronen: s. Castanea sativa.

Marquis-Reagens: Mischung aus 3 mL konz. Schwefelsäure u. 2-3 Tr. 35 %iger Formaldehydlösung. **Anw.:** Färbenachw. für Alkaloide*.

Marrubium vulgare L.: Weißer Andorn; Fam. Lamiaceae (Labiatae) (Zentralasien bis Mittelmeergebiet, Nord-u.Südamerika). Stpfl. von **Marrubii herba:** Herba Marrubii (albi), Andornkraut, Weißer Dorant. **Off.:** ÖAB90, DAC; **Inhaltsst.:** bis 1 % Marrubiin (diterpenoider Bitterstoff mit Lactonring, dessen Spaltung zu Marrubiinsäure führt, wirkt choleret. u. leicht expektorierend), Bitterwert mind. 3000; 0.05 % äther. Öl, bis 7 % Gerbstoffe; **Anw.:** als Tee bei Katarrhen der Atmungsorgane, bei Appetitlosigkeit, dyspeptischen Beschwerden; volkstüml. äußerl. bei Hautausschlägen; **Zuber.:** Spec. cholagogae.
Hom: *Marrubium vulgare (HAB1.5),* Marrubium album: frische, oberird. T. blühender Pflanzen.

Marsdenia condurango Rchb.: Kondurangostrauch, Geierpflanze; Fam. Asclepiadaceae (Liane in Südamerika, Kordilleren, Peru, Ekuador, kult. in Ostafrika). Stpfl. von **Condurango cortex:** Cortex Condurango, Kondurangorinde, Condurangorinde. **Off.:** ÖAB90, Ph.Helv.8, DAC; **Inhaltsst.:** 1-2 % Condurangin (Ph.Helv.8 u. DAC: mind. 1.8 %, auch Condurangoglykoside), ein Bitterstoffgemisch aus Triterpenalkoholesterglykosiden (Zimtsäurederivate); ferner Condurit (ungesättigtes Tetrahydrocyclohexan, charakterist. für Asclepiadaceae) u. a. Cyclite (ca. 0.7 %), Cumarine, Flavonoide, wenig äther. Öl, Kautschuk, Harz; **Anw.:** als Bittermittel, z. B. bei Appetitlosigkeit; **Zuber.:** Extr. Condurango fluidum, Condurango extractum fluidum, Vinum Condurango; Condurangin fällt in der Wärme aus, daher sind Dekokte erst nach dem Erkalten durchzuseihen bzw. anstelle eines Dekoktes ein Mazerat herzustellen.
Hom: *Marsdenia condurango (HAB1.4),* Condurango: getrocknete Rinde der Zweige u. Stämme; verord. z. B. bei Rhagaden der Mundwinkel, subazider Gastritis, Appetitlosigkeit.

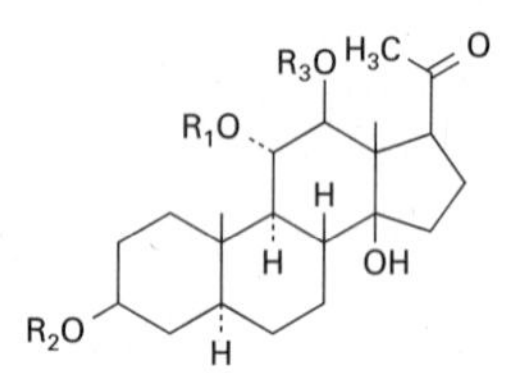

Marsdenia condurango: Condurangoglykosid A als Beispiel; R_1: Acetyl, R_2: Pentaglycosyl, R_3: Cinnamoyl

Marseiller Seife: s. Sapo oleaceus.

Marsh-Apparat (entwickelt von James Marsh, 1790-1846): Apparat zur Ausführung der Marsh-Probe für den Nachw. von Arsen*.

Martin-Durchmesser: s. Korngrößenanalyse.

Martin-Tee: s. Species gynaecologicae „Martin".

Marumerizer®: s. Granulieren (Abb. 2).

Marumi-Kumquat: s. Fortunella japonica.

Marum verum: s. Teucrium marum (Hom).

Maser: Abk. für (engl.) ***microwave amplification by stimulated emission of radiation,*** Mikrowellenverstärkung durch stimulierte Aussendung von Strahlung; Verstärker für elektromagnetische Strahlung* im Mikrowellenbereich. **Anw.:** Mikrowellen-Präzisionsmessungen, Zeitmessung (Ammoniak-Molekülstrahl-Maser), Signalverstärkung.

Masern: akute Virusinfektion, die durch starke katarrhal. Erscheinungen der oberen Luftwege u. durch ein typ. Exanthem gekennzeichnet ist. Erreger: Masern-Virus; Übertragung: Tröpfcheninfektion auch über größere Entfernungen (als sog. fliegende Infektion); **Prophylaxe:** aktive Immunisierung mit Masern*-Lebend-Impfstoff; Serumprophylaxe durch humane Immunglobuline bei Patienten mit primärer od. sek. Abwehrschwäche (Masern*-Immunglobulin).

Masern-Immunglobulin vom Menschen: Immunoglobulinum humanum morbillicum Ph.Eur.4, Immunoglobulinum humanum antimorbillicum; flüss. od. gefriergetrocknete Zuber., die spezif. Antikörper gegen das Masern-Virus enthält. Hergestellt aus einem Plasmapool von Personen, die die Masern überstanden haben od. gegen die Krankheit immunisiert worden sind. **Anw.:** Prophylaxe nach Masernexposition, zur Abschwächung des Krankheitsbildes bei Masernenzephalitis.

Masern-Lebend-Impfstoff: Vaccinum morbillorum vivum Ph.Eur.4, Vaccinum morbillorum; gefriergetrocknete Zuber. eines geeigneten, auf Hühnerembryozellen od. anderen geeigneten Zellen gezüchteten, lebenden, attenuierten Masern-Virus-Stammes. Keinerlei Zusätze von Konservierungsstoffen erlaubt, da diese die Aktivität des Impfstoffs herabsetzen könnten; unmittelbar vor der Anw. in Lösungsmittel suspendieren. **Anw.:** aktive Immunprophylaxe der Masern, auch als Kombinationsimpfstoff (Mumps-Masern-Röteln-Impfstoff, s. MMR-Vakzination).

Massa estarinum®: s. Hartfett.

Massaistrauchspitzen: s. Aspalathus linearis.

Massaitee: s. Aspalathus linearis.

Maßanalyse: Volumetrie, Titrimetrie; neben der Gravimetrie* ein Verfahren der quantitativen Analyse, bei der einer Lsg. des zu bestimmenden Stoffs aus einer Bürette die Lsg. eines Reagenses, die sog. Maßlösung*, zugesetzt wird. Dabei wird das Reagens mit dem zu bestimmenden Stoff in einer schnellen, definierten Reaktion umgesetzt. Aus der Konz. u. dem zum vollständigen Umsatz, also zum Endpunkt od. Äquivalenzpunkt erforderl. Volumen der Maßlösung lässt sich die Masse od. Stoffmenge des zu bestimmenden Stoffs errechnen. Die Endpunktbestimmung erfolgt chem. mit Indikatoren* od. physik. über die Messung bestimmter Größen, z. B. elektr. Leitfähigkeit od. Temp. in Abhängigkeit vom Zusatz an Maßlösung; s. Titrationsgrad, Titrationskurve. **Einteilung der maßanalytischen Verfahren:** **1.** nach dem zugrunde liegenden Reaktionstyp in Neutralisations- od. Säure*-Base-Titrationen, Redoxtitrationen*, Fällungstitrationen* od. Komplexbildungstitrationen*; **2.** nach dem in der Maßlösung enthaltenen Reagens in Acidimetrie (s. Säure-Base-Titrationen), Alkalimetrie, Bromatometrie*, Bromometrie*, Iodatometrie*, Iodometrie*, Ferrometrie*, Manganometrie*, Titanometrie*, Chromometrie*, Chromatometrie*, Cerimetrie*, Argentometrie*, Mercurimetrie* od. Coulometrie*; **3.** nach der Endpunktbestimmung in Verfahren mit chem. Indikation u. physik. Indikation, z. B. Konduktometrie*, Hochfrequenztitration*, Potentiometrie*, Amperometrie*, Dead*-Stop-Methode, Heterometrie, s. Nephelometrie.

Maßanalyse, potentiometrische: s. Potentiometrie, Maßanalyse.

Massa Pilularum: Masse zur Herst. von Pillen; s. Faex, Pilulae.

Masse: Symbol m; fundamentale Eigenschaft der Materie, die in 2 Ausprägungen auftritt: **1. träge Masse**, Kraftwirkung gegen Bewegungsänderung; **2. schwere Masse**, Kraftwirkung im Gravitationsfeld der Erde bzw. anderer Massen (Himmelskörper); gesetzl. Basiseinheit ist das Kilogramm (kg); s. SI-Einheiten. Nach der klass. Physik kann M. weder entstehen noch vergehen. Nach der Einstein-Beziehung, $E = m \cdot c^2$, sind M. u. Energie* E ineinander umwandelbar (c = Lichtgeschwindigkeit* im materiefreien Raum). M. werden i. Allg. mit Waagen* gemessen.

Maßeinheiten: s. SI-Einheiten.

Massekonstanz: „Trocknen od. Glühen bis zur konstanten Masse“ bedeutet nach Ph.Eur.4, dass 2 aufeinanderfolgende Wägungen max. 0.5 mg voneinander abweichen dürfen, wenn dazwischen erneut getrocknet bzw. geglüht wurde.

Masse, molare: Molmasse, Molekülmasse; Symbol *M*; SI-Einheit: kg/mol; die molare Masse *M* ist der Quotient aus der Masse m u. der Stoffmenge* n: $M = m/n$. *M* wird mitunter unkorrekt mit dem Molekulargewicht gleichgesetzt, das jedoch von der Gravitationskraft abhängig ist. Die relative molare Masse* M_r hat den gleichen Zahlenwert wie *M*, ist aber dimensionslos. Durch Division der molaren Masse durch die molare Teilchenzahl (Avogadro*-Konstante $N_A = 6.023 \cdot 10^{23}\,mol^{-1}$) erhält man die absolute Molekülmasse; äquimolekulare Stoffe enthalten die gleiche Molekülzahl.

Massendefekt: die Masse eines Atomkernes ist kleiner als die Summe der Massen der ihn aufbauenden Nukleonen; s. Elementarteilchen. Diese Massendifferenz wird formal bei der Bildung des Atomkerns aus den Nukleonen frei u. als Energie abgestrahlt (Einstein-Gleichung: $E = m \cdot c^2$; E = Energie, m = Masse, c = Vakuumlichtgeschwindigkeit).

Massenspektrograph: Massenspektrometer; s. Spektroskopie; Isotope.

Massenwirkungsgesetz: Abk. MWG; Grundgesetz der Chemie, das besagt, dass bei einer chem. Reaktion das Produkt aus den Konz. der gebildeten Stoffe, geteilt durch das Produkt aus den Konz. der Ausgangsstoffe, im Gleichgewicht einen konstanten Wert hat. Dieser Wert ist unabhängig von der Menge der eingesetzten Stoffe. Die Bildungsreaktion (Hinreaktion), mit der Geschwindigkeitskonstante k_{hin}, ist von der Konz. der Ausgangsstoffe (A, B) abhängig. Die Zerfallsreaktion der gebildeten Produkte zu den Ausgangsstoffen (Rückreaktion), mit der Geschwindigkeitskonstante $k_{rück}$, ist von der Konz. der gebildeten Endprodukte (C, D) abhängig. Es stellt sich im geschlossenen System ein dynam. Gleichgewicht mit der Gleichgewichtskonstanten K ein.

$$A + B \underset{k_{rück}}{\overset{k_{hin}}{\rightleftharpoons}} C + D$$

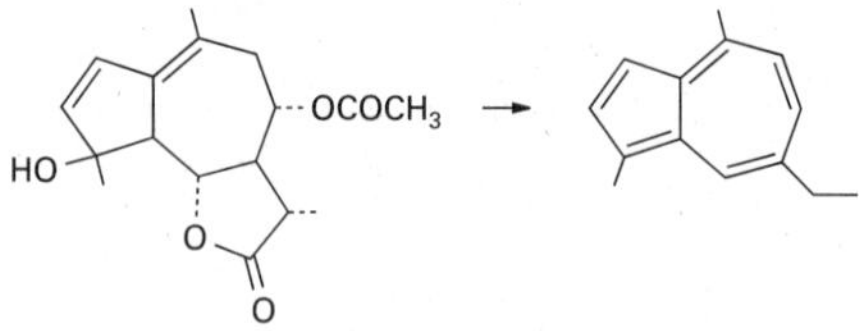

Matricin: Abbau zu Chamazulen

$k_{hin} = c_A \cdot c_B$
$k_{rück} = c_C \cdot c_D$
$K = k_{hin}/k_{rück} = (c_A \cdot c_B)/(c_C \cdot c_D)$
Dieses Gleichgewicht stellt sich z. B. auch bei der Dissoziation von Elektrolyten ein, wobei in Aktivitäten* a der gebildeten Ionen gerechnet wird (s. Säurekonstante). Die Gleichgewichtskonstante ist reaktionsspezifisch u. von der Temp. abhängig.

Massenzahl: Nukleonenzahl, Atommassenzahl; Summe der Protonenzahl u. Neutronenzahl eines Nuklids.

Masse, relative molare: relative Molmasse, relative Molekülmasse; Symbol M_r; dimensionslose Summe der relativen Atommassen (Symbol A_r, früher falsch auch als Atomgewichte bezeichnet) aller in einem Molekül vereinigten Atome; A_r der Elemente s. Periodensystem der Elemente im hinteren Buchdeckel; M_r ist zahlenmäßig gleich der molaren Masse* *M*.

Massikot: s. Blei(II)-oxid.

Maßliebchen: s. Bellis perennis.

Maßlösung: Titrator, Normallösung (ältere Bez.), volumetrische Lösung; Lsg., die einen Wirkstoff in genau bekannter Äquivalentkonzentration* enthält u. zur Durchführung von titrimetr. Bestimmungen (s. Maßanalyse) dient. Ist der Wirkstoff eine Urtitersubstanz*, kann die Konz. direkt aus deren Einwaage berechnet werden (primäre M.); andernfalls muss der Wirkstoffgehalt analyt. bestimmt werden (sekundäre M.). Der **Titer** t, auch als Faktor bezeichnet, ist nach DIN der Quotient aus der tatsächl. Konz. c(X) einer Maßlösung u. ihrer angestrebten Konz.
c_{soll}: $t = c(X)/c_{soll}(X)$
Beispiel:
$c_{soll}(X) = 0.1$ mol/L
$t = 1.003$
Die tatsächl. Konz. der Maßlösung beträgt:
$c(X) = 0.1003$ mol/L
Die meisten Maßlösungen werden unter Handelsnamen wie Titriplex® als fertige Produkte angeboten.

Maßsystem, absolutes: CGS- (Zentimeter-Gramm-Sekunde-) Maßsystem, im amtl. u. geschäftl. Verkehr gesetzl. nicht mehr zugelassen, ersetzt durch SI*. Abgeleitete Einheiten waren dyn für die Kraft ($1\ dyn = 1\ g \cdot cm/s^2 = 10^{-5}\ N$) u. erg für die Arbeit ($1\ erg = 1\ g \cdot cm^2 \cdot s^{-2} = 10^{-7}\ J$). Da keine elektr. Basiseinheit definiert war, kam es zu Zweideutigkeiten bei der Bedeutung der Einheiten.

Mastdarm: s. Darm.

Masticabilia gummis medicata: Ph.Eur.4, wirkstoffhaltige Kaugummis.

Masticadienonsäure: s. Pistacia lentiscus.

Mastiche: s. Pistacia lentiscus.

Mastichkraut: s. Teucrium marum.

Mastigophora: s. Protozoen.

Mastitis: Entzündung der Brustdrüse, meist im Wochenbett (s. Puerperium) od. während der Phase der Laktation*.

Mastix: s. Pistacia lentiscus.

Mastixlösung, zusammengesetzte: s. Solutio Masticis composita.

Mastixthymian: s. Thymus mastichina.

Mastzellen: Mastozyten; Zellen im Bindegewebe, die v. a. in der Umgebung kleinerer Blutgefäße vorkommen. Sie enthalten in den Granula* Heparin sowie neben Enzymen Histamin*, Serotonin* u. andere Mediatoren*, die bei der Antigen*-Antikörper-Reaktion od. bei Zerstörung der Mastzelle freigesetzt werden.

Mastzellenstabilisatoren: z. B. Cromoglicinsäure*, Lodoxamid*, Nedocromil*; dienen als Antiasthmatika*.

Mastzellstabilisatoren: s. Mastzellen.

Mateblätter: s. Ilex paraguariensis.

Matikoblätter: s. Piper angustifolium.

Matricaria chamomilla: s. Chamomilla recutita.

Matricaria discoidea: s. Chamomilla suaveolens.

Matricariae flos: s. Chamomilla recutita.

Matricariakampfer: L-Form des Camphers*.

Matricaria matricarioides: s. Chamomilla suaveolens.

Matricaria parthenium: s. Tanacetum parthenium.

Matricaria recutita: s. Chamomilla recutita.

Matricin: Proazulen C; blaues Sesquiterpenlacton, wird in der Hitze u. im Sauren über Chamazulencarbonsäure zu Chamazulen dehydratisiert (s. Abb.). **Vork.:** z. B. in Kamillen u. Schafgarbe.

Matrix (lat. Muttertier, Gebärmutter): **1.** Grundmuster; geordnetes Schema von Werten od. Punkten. **2.** biol. Hülle der Chromosomen; vgl. Stroma. **3.** vgl. Gele.

Matrixtabletten: feste Arzneiform, bei der der gleichmäßig verteilt Wirkstoff aus einem porösen Gerüstkörper (zusammenhängende Matrix) od. durch Poren (heterogene porenhaltige Matrix) od. durch das Matrixmaterial (homogene porenfreie Matrix) eluiert werden kann. M. bewirken eine verzögerte kontinuierl. Wirkstofffreigabe (Retardeffekt). M. werden entweder durch direktes Verpressen wasserlösl. Wirkstoffe mit pulverförmiger, unverdaulicher Plastmasse od. durch Granulierung mit diesem Material u. anschließendes Komprimieren hergestellt. M. werden auch durch Spritzgiessen* hergestellt. Die Plastmasse (Cellulosederivate, Wachse, Polyvinylchlorid*, Polyvinylacetat, Polyethylen, Polymere u. Copolymere von Acrylaten u. Methacrylaten, s. Polyacrylharze) bildet nach dem Verpressen od. Extrudieren* die Matrix. Der an der Oberfläche lokalisierte Arzneistoff wird rasch freigesetzt (Initialdosis); der in der Matrix fixierte Arzneistoff wird allmähl. freigesetzt (Depotdosis). Die leere Matrix wird danach unverdaut ausgeschieden.

Matrize: Teil des Presswerkzeuges bei Tablettenpressen; s. Exzenterpressen, Rundläuferpressen. Die Komprimierung der Tablettiermasse findet in der Matrizenbohrung (Matrizenraum) zw. Ober- u. Unterstempel statt.

Mattcremes: s. Stearinsäure.

Mattsalz: s. Ammoniumhydrogenfluorid.

Mauernelkenwurz: s. Geum urbanum.

Mauerpfeffer: s. Sedum acre.

Mauersalpeter: s. Calciumnitrat.

Maulbeeren: s. Morus alba, Morus nigra.

Maul- und Klauenseuche: Abk. MKS, Aphthenseuche; fieberhafte Viruserkrankung der Klauentiere (Rind, Schaf, Ziege, Büffel, Wildwiederkäuer, Schwein) mit Bläschen u. Veränderungen (Aphthen) an Schleimhaut u. unbehaarter Haut, bes. im Bereich von Maul u. Klauen. Infektionen des Menschen sind sehr selten. **Erreger:** Maul-und-Klauenseuche-Virus; **Prophylaxe:** Schutzimpfung der Tiere (s. Maul- und Klauenseuche-Impfstoff für Wiederkäuer, inaktivierter.

Maul- und Klauenseuche-Impfstoff für Wiederkäuer, inaktivierter: Vaccinum aphtharum epizooticarium inactivatum pro ruminantibus Ph.Eur.4; flüss., inaktivierte Zuber. aus einem od. mehreren Typen od. Subtypen des Maul- u. Klauenseuche-Virus. **Herst.:** aus Viren, die entw. durch Züchtung in Rinderzungenepithel od. in Zellkulturen gewonnen werden.

Maulwurf, Europäischer: s. Talpa europaea.

Maximaldosis: syn. Höchstgabe (DAB); im ÖAB amtl. festgesetzte Höchstabgabemenge eines rezepturmäßig verordneten Arzneimittels, das im Arzneibuch beschrieben ist. Ist eine höhere Dosis als die festgesetzte Einzelmaximaldosis (EMD; im DAB: größte Einzelgabe) od. Tagesmaximaldosis (TMD; im DAB: größte Tagesgabe) auf einem Rezept verschrieben, so darf der Apotheker die Arznei nur dann abgeben, wenn der Arzt durch ein Ausrufezeichen (!) hinter der verordneten Menge u. eine Wiederholung der Menge in Buchstaben zu erkennen gibt, dass die Überschreitung der M. beabsichtigt ist. Soweit nichts anderes angegeben ist, gelten die Maximaldosen nur für Arzneimittel zur oralen Anw. beim Erwachsenen. Das ÖAB enthält zum Teil auch Angaben für parenterale u. rektale Anw.; vgl. Standgefäß.

Maximale Arbeitsplatzkonzentration: s. MAK.

Maximum-Thermometer: s. Thermometer.

Maya-Ferment: s. Joghurt.

Mayer-Reagens: Alkaloid-Fällungsreagens. **Zuber.:** 1.355 g Quecksilber(II)-chlorid u. 5.0 g Kaliumiodid gelöst in 30 mL Wasser; die Lsg. zu 100 mL verdünnt.

Mayonnaisen: Majonäsen; überfettete Emulsionen*; hochkonzentrierte O/W-Emulsionen mit einer inneren Phase (Ölphase) bis zu 90 %.

Mazerate: Macerata; wässrigen Drogenauszügen*. **Herst.:** DAB8, ÖAB; die Droge wird in der vorgeschriebenen Zerkleinerung mit der angegebenen Menge Wasser von Raumtemperatur übergossen u. unter gelegentl. Umrühren 30 min lang (ÖAB 1 h, Ausnahme Althaeae Rad., Lini Semen 30 min) bei Raumtemp. stehengelassen. Nach dieser Zeit wird der Auszug koliert u. durch Nachspülen auf das vorgeschriebene Gewicht aufgefüllt. Wässrige Auszüge aus Eibischwurzeln (Rad. Althaeae) sind aus grob zerschnittener Droge u. wässrige Auszüge von Leinsamen (Semen Lini) sind aus unzerkleinerter Droge durch Mazeration* herzustellen.

Mazeration (lat. macerare wässern, einweichen): Maceratio; einfachstes Auszugsverfahren für Drogen. Entsprechend den Angaben der Ph.Eur.4 für Tincturae* wird zerkleinerte Droge mit der vorgeschriebenen Extraktionsflüssigkeit versetzt u. der Ansatz eine angemessene Zeit (mehrere Tage, mehrmals tgl. umschütteln) stehen gelassen. Dabei kommt es zur Gleichgewichtseinstellung zw. den extrahierbaren Stoffen im Zellinneren u. in der Extraktionsflüssigkeit (Beendigung der Diffusion). Anschließend wird der Drogenrückstand von der Extraktionsflüssigkeit getrennt u., falls erforderl., mit Tinkturenpressen (Spindelpressen od. hydraulische Pressen) ausgepresst. Im letzteren Fall werden die beiden erhaltenen Flüssigkeiten vereinigt, gegebenenfalls der Auszug filtriert u. mit der Extraktionsflüssigkeit auf den geforderten Gehalt eingestellt. Vorteile: einfache Apparatur, geringer Arbeitsaufwand. Nachteile: Zeitaufwand, Verluste an Inhaltsstoffen durch nicht erschöpfende Extraktion.

Mazindol INN: 5-(4-Chlorphenyl)-3,5-dihydro-2*H*-imidazo[2,1-*a*]isoindol-5-ol; CAS-Nr. 22232-71-9; $C_{16}H_{13}ClN_2O$, M_r 284.74. Schmp. 198-199 °C (kristallisiert aus Aceton-Hexan).

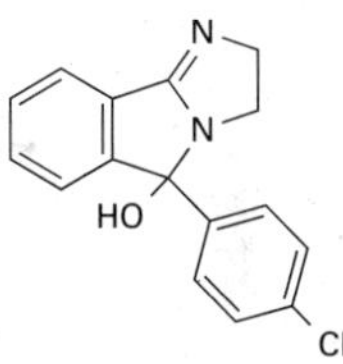

Mazindol

Anw.: Appetitzügler*; in Ausnahmefällen bei Übergewichtigkeit; Gefahr der Abhängigkeit vom Amfetamin*-Typ; **Hinweis:** In EU-Ländern nicht mehr zugelassen.

MBK: Abk. für **m**inimale **b**akterizide **K**onzentration; geringste Konz. einer Wirksubstanz (Chemotherapeutikum, Antibiotikum, Antiseptikum), die ein Absterben von Bakterien bewirkt; vgl. Antibiogramm.

MC: Abk. für **M**ethyl**c**ellulose*.

MCC: Abk. für mikrokristalline Cellulose*.

MCH: Abk. für **m**ean **c**orpuscular **h**emoglobin; syn Hb_E, Färbekoeffizient; Hämoglobingehalt des einzelnen Erythrozyten; verwendet zur Unterscheidung der Anämien*.

MCT-Fette: Fette mittlerer Kettenlänge, die bei der tägl. Fettzufuhr neben einem hohen Anteil an essenziellen Fettsäuren ausreichend vorhanden sein sollen.

Md: (chem.) Symbol für Mendelevium*.

MDI: Abk. für (engl.) ***m**etered **d**ose **i**nhaler*; s. Dosierinhalator.

MDMA: s. Ecstasy.

M.D.S.: Abk. für (auf Rezepten) **m**isce, **d**a, **s**igna mische, gib u. bezeichne.

MDSC: s. DSC.

MDT: Abk. von (engl.) **m**ean **d**issolution **t**ime; s. Auflösungszeit, mittlere.

ME: **1.** s. Mache-Einheit. **2.** Abk. für **M**äuse-**E**inheit.

mean times: mittlere Verweildauern; Parameter aus der Momentanalyse*, der das arithmet. Mittel der Verweildauern aller Arzneistoffmoleküle bei einem bestimmten Prozess darstellt. Betrachtet man z. B. den Weg eines p. o. als feste Arzneiform applizierten Wirkstoffs, so lassen sich die Prozesse der Auflösung, Resorption u. Elimination als Kette darstellen, wobei sich die Verweildauern der einzelnen Prozesse addieren u. eine Gesamtverweildauer ergeben:

$$\mathrm{MRT} = \frac{\mathrm{AUMC}}{\mathrm{AUC}} = \mathrm{MDT} + \mathrm{MAT} + \mathrm{MRT_P}$$

MRT: Gesamtverweildauer im Organismus; AUMC: Fläche unter dem 1. Moment der Blutspiegel/Zeitkurve; AUC: Fläche unter der Blutspiegel/Zeit-Kurve; MDT: mean dissolution time, mittlere Auflösungszeit (in vivo); MAT: mean absorption time, mittlere Resorptionszeit; $\mathrm{MRT_P}$: mean residence time, mittlere Verweildauer im Blutplasma.

Folgen die Einzelprozesse einer Kinetik 1. Ordnung, so besteht eine reziproke Beziehung zw. der mean time u. der jeweiligen Geschwindigkeitskonstante:

$$\mathrm{MDT} = \frac{1}{k_d}$$

$$\mathrm{MAT} = \frac{1}{k_a}$$

$$\mathrm{MRT_P} = \frac{1}{k_e}$$

k_d: Geschwindigkeitskonstante der Auflösung; k_a: Geschwindigkeitskonstante der Resorption (Absorption); k_e: Geschwindigkeitskonstante der Elimination.

Mebendazol INN: Mebendazolum Ph.Eur.4; Methyl-5-benzoyl-2-benzimidazolcarbamat; CAS-Nr. 31431-39-7; $C_{16}H_{13}N_3O_3$, M_r 295.30. Schmp. 288.5 °C (kristallisiert aus aus Essigsäure u. Methanol). Sehr schwer lösl. in Wasser u. den meisten org. Lösungsmitteln. **Anw.:** Anthelminthikum*, hemmt die Glucoseaufnahme mit nachfolgender Glykogenverarmung der Parasiten, Ind.: Mittel der Wahl bei Ascariasis, Ancylostomiasis u. Trichuriasis; **UAW:** geringe gastrointestinale Resorption daher selten Durchfall, Unterleibsschmerzen; **Kontraind.:** Schwangerschaft (teratogen); **Dos.:** p. o. 2-3 × 0.1 g/d; bei Enterobien einmalige Wiederholung nach 2-4 Wochen; bei Askariden u. ähnl. 2 × 0.1 g/d über 3 d; bei Taenien* 2 × 0.2 g/d über 3 d.

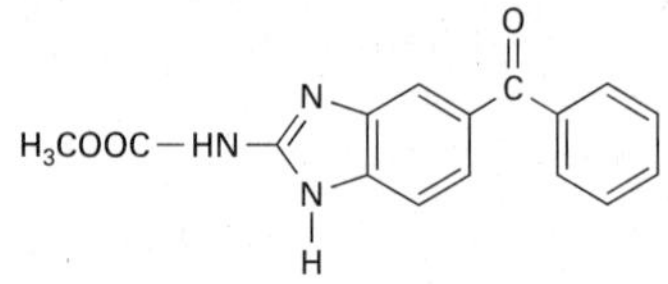

Mebendazol

Mebeverin INN: 5-Ethyl-6-methyl-7-(4-methoxyphenyl)-5-azaheptyl-3,4-dimethoxybenzoat; CAS-Nr. 3625-06-7; $C_{25}H_{35}NO_5$, M_r 429.54. Schmp. 129-131 °C. **Anw.:** Spasmolytikum* bei gastrointestinalen Störungen, Reizkolon; **Dos.:** p. o. 4 × 0.1 g/d 20 min vor den Mahlzeiten, nach Erreichen der Wirk. Dosis reduzieren; HWZ 2 h. Gebräuchl. ist auch Mebeverinhydrochlorid.

Mebhydrolin INN: 5-Benzyl-1,2,3,4-tetrahydro-2-methyl-1*H*-pyrido[4,3-*b*]indol; CAS-Nr. 524-81-2; $C_{19}H_{20}N_2$, M_r 276.37. Schmp. 95 °C. Sdp. 207-215 °C (133 Pa). Fast unlösl. in Wasser; leicht lösl. in Methanol, Ethanol, Aceton, Chloroform; schwer lösl. in Ether. **Anw.:** kaum noch verwendetes Antihistaminikum*; **WW:** Alkohol u. zentraldämpfende Arzneimittel; **Dos.:** p. o. 2-3 × 50 mg/d. **Mebhydrolin-napadisilat:** Mebhydrolin-1,5-naphthalindisulfonat; $C_{48}H_{48}N_4O_6S_2$. Zers. bei 280 °C. Fast unlösl. in Wasser, wenig lösl. in heißem Eisessig, lösl. in heißem Formamid.

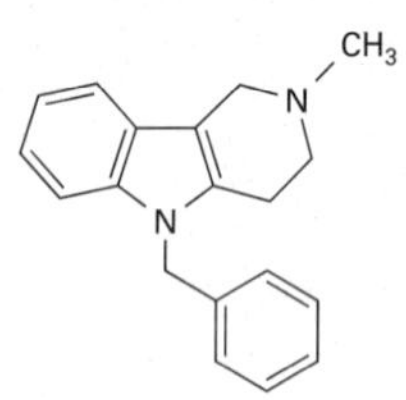

Mebhydrolin

Mebumal: s. Pentobarbital.

MEC: Abk. für (engl.) **m**inimal **e**ffective **c**oncentration, minimale effektive Konzentration, minimaler wirksamer Plasmaspiegel; Schwellenwert für Arzneistoffe nach dem Alles-oder-Nichts-Prinzip. Erst oberhalb der MEC tritt eine Wirkung ein, eine Steigerung der Dosis bewirkt häufig keine Steigerung der Wirkung mehr (z. B. Antibiotika, Sulfonamide).

Mecetronium etilsulfat: Ethylhexadecyldimethylammoniumethylsulfat. **Anw.:** Tensid*, Desinfektionsmittel*.

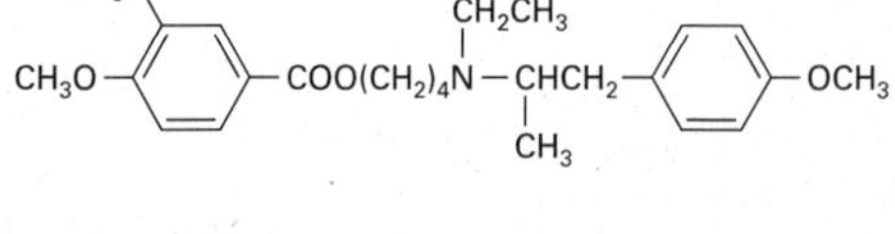

Mebeverin

Mechlorethamin: s. Stickstofflost.

Mecke-Reagens: Lsg. aus 0.5 % seleniger Säure in konz. Schwefelsäure. **Anw.:** Färbenachw. von Alkaloiden.

Meclocyclin INN: 7-Chlor-4-dimethylamino-1,4,4a,5,5a,6,11,12a-octahydro-3,5,10.12,1,2a-pentahydroxy-6-methylen-1,11-dioxo-2-naphthacencarboxamid; CAS-Nr. 2013-58-3; $C_{22}H_{21}ClN_2O_8$, M_r 476.9. **Wirk.** u. **Anw.:** Tetracyclin-Antibiotikum (s. Antibiotika), zur lokalen Anw. als Meclocyclin-5-sulfosalicylat.

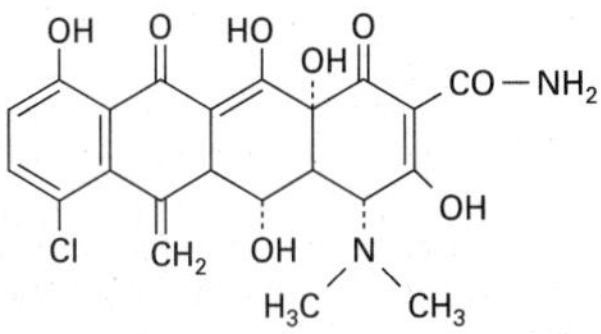

Meclocyclin

Meclofenamsäure INN: 2-(2,6-Dichlor-3-methylphenyl)amino-benzoesäure; CAS-Nr. 644-62-2; $C_{14}H_{11}Cl_2NO_2$, M_r 296.15. **Wirk.** u. **Anw.:** Analgetikum*, Antiphlogistikum*, Antipyretikum*; **UAW:** Durchfälle, Sodbrennen; **Dos.:** 200-300 mg/d; verwendet wird das Natriumsalz.

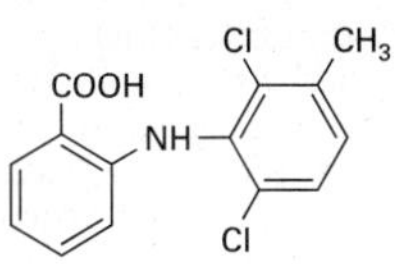

Meclofenamsäure

Meclofenoxat INN: Centrophenoxin, β-Dimethylaminoethyl-4-chlorphenoxyacetat; 4-Chlorphenoxyessigsäure-2-dimethylaminoethylester; CAS-Nr. 51-68-3; $C_{12}H_{16}ClNO_3$, M_r 257.73. **Anw.:** Psychoregulans; soll den zellulären Stoffwechsel bei verminderter Sauerstoffkonz. anregen; Ind.: bei psych. Veränderungen im Alter, nach Gehirnschlag, Traumen u. Vergiftungen umstritten; **Kontraind.:** endogene Psychosen mit Unruhe u. Angst; **Dos.:** p. o. 2-3 × 0.2 g/d, Tagesdos. 0.6-1.2 g, letzte Dos. nicht nach 16 Uhr; Kindertagesdos. 0.2-0.6 g; parenteral i. m. 1-2 × 0.5 g/d, i. v. 0.5 g. **Meclofenoxathydrochlorid:** Schmp. 139 °C (polymorph).

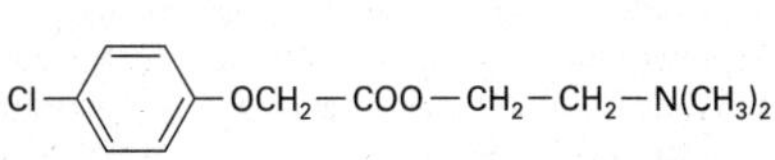

Meclofenoxat

Mecloxamin INN: *N,N*-Dimethyl-2-[2-(4-chlor-α-methylbenzhydryloxy)propyl]amin; CAS-Nr. 5668-06-4; $C_{19}H_{24}ClNO$, M_r 317.87. Sdp. 154-160 °C (80 Pa). **Anw.:** obsoletes Parasympathomimetikum*, Sedativum*, Schlafmittel*. **Mecloxamincitrat:** $C_{25}H_{32}ClNO_8$. Schmp. 120-124 °C.

Meclozin INNv: Meclizin, 1-*p*-Chlorbenzhydryl-4-*m*-methylbenzyl-piperazin; 1-[4-Chlor-α-phenylbenzyl-4-(3-methylbenzyl)piperazin]; CAS-Nr.

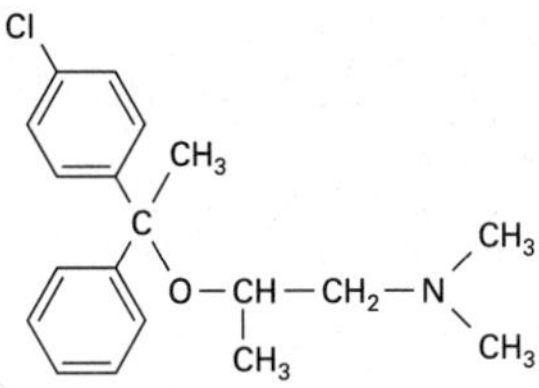

Mecloxamin

569-65-3; $C_{25}H_{27}ClN_2$, M_r 390.92. Sdp. 230 °C (267 Pa). **Anw.:** Antihistaminikum*, Antiemetikum*; bei Übelkeit, Seekrankheit, Erbrechen (auch bei Migräne), Strahlenkater, tox. Schäden durch Streptomycin, Schwindel bei zerebraler Arteriosklerose; **UAW:** Sedierung, Mundtrockenheit, Miktionsstörungen, Verdauungsbeschwerden, Beeinflussung des Reaktionsvermögens; **WW:** Alkohol u. Psychopharmaka; **Dos.:** p. o. 2-3 × 25 mg/d, Kleinkinder 2-3 × 6 mg/d; als Schlafmittel 0.3 g/d; rektal 50 mg, Kleinkinder 12.5 mg; HWZ 2-3 h. **Meclozindihydrochlorid:** Meclozini hydrochloridum Ph.Eur.4 (Racemat); CAS-Nr. 1104-22-9; $C_{25}H_{29}Cl_3N_2$, M_r 463.9. Schmp. 124 °C (unter Zers.). Leicht lösl. in Chloroform, Pyridin, fast unlösl. in Wasser, Ether.

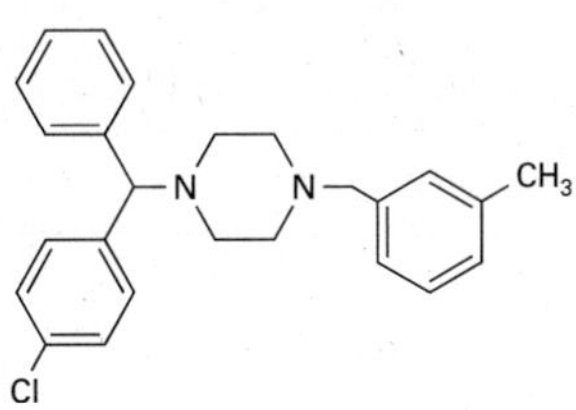

Meclozin

Meconin: s. Phthalide.

Meconium (gr. mekon Mohn): **1.** Opium. **2.** Kindspech.

Meconsäure: Mekonsäure, Acidum meconicum; 3-Hydroxychelidonsäure, Strukturformel s. Opium (Abb.); vgl. Chelidonsäure.

MED: Abk. für **m**aximale **E**inzel**d**osis.

Medazepam INN: 7-Chlor-2,3-dihydro-1-methyl-5-phenyl-1*H*-1,4-benzodiazepin; CAS-Nr. 2898-12-6; $C_{16}H_{15}ClN_2$, M_r 270.76. Schmp. 95-97 °C (kristallisiert aus Petrolether/Ether). Schwach gelbes, krist. Pulver. Unlösl. in Wasser; lösl. 1:8 in Ethanol, 1:1 in Chloroform, 1:5 in Ether. **Off.:** DAC86; **Anw.:** Tranquilizer, s. Psychopharmaka (Ataraktika); **Dos.:** p. o. 2-3 × 5 mg/d. Kinder 1-1.5 mg/kgKG/d; HWZ 2-5 h bzw. 50-80 h

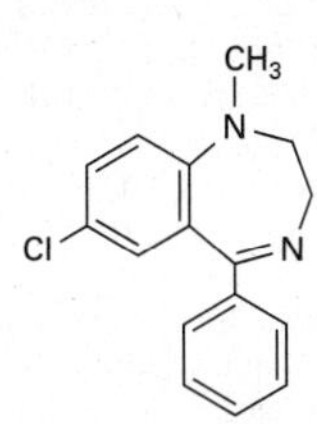

Medazepam

Medizin, evidenzbasierte
Hierarchie der wissenschaftlichen Evidenz (stärkste Evidenz auf Stufe 1)

Stufe	Evidenz-Typ
1	wenigstens ein systematisches Review auf der Basis methodisch hochwertiger RCT (s. Studie, klinische)
2	wenigstens ein ausreichend großer, methodisch hochwertiger RCT
3	methodisch hochwertige Studien ohne Randomisierung bzw. nicht prospektiv (Kohortenstudien, Fall-Kontroll-Studien; s. Pharmakoepidemiologie)
4	mehr als eine methodisch hochwertige nicht-experimentelle Studie
5	Meinungen und Überzeugungen von angesehenen Autoritäten (aus klinischer Erfahrung); Expertenkommissionen, beschreibende Studien (Kasuistik)

(Metaboliten). Gebräuchl. ist auch Medazepamhydrochlorid; vgl. Benzodiazepine.

Median: Zentralwert; statistische Kenngröße für eine Stichprobe*; wird anstelle des Mittelwertes bei schiefen Verteilungen u. Verdacht auf Ausreißer bevorzugt. Der Median x~ ist bei ungerader Anzahl der nach der Größe geordneten Einzelwerte der mittlere, bei gerader Anzahl das arithmet. Mittel der beiden in der Mitte befindl. Einzelwerte.

Mediane: (bot.) die Ebene eines Seitenorgans (z. B. Blatt, Blüte), die zugleich die Achse des Hauptgliedes enthält.

Mediator: Vermittler; biochem. Mediatorsubsubstanz*.

M

Mediatorsubstanz: Mediatorstoff; Substanz, die nach ihrer Freisetzung aus Zellen auf andere Zellen od. Gewebe einwirkt, wie z. B. ein Gewebehormon, s. Hormone.

Medicagensäure: Triterpensapogenin, Strukturformel s. Saponine (Tab. 1).

Medicago sativa L.: Luzerne, Alfalfa; Fam. Fabaceae (kult. in Europa, Asien, Nordafrika, Nordamerika). Stpfl. von **Herba Medicago sativae:** Alfalfakraut. **Inhaltsst.:** Saponine, Stachydrin, Chinone, Cumarine, Flavone, Proteine (ca. 5 % in den Blättern, ca. 40 % in den Samen), Vitamine (v. a. der B-Gruppe u. Vit. A), mineral. Spurenelemente; **Anw.:** Futtermittel, frisch u. getrocknet zur Ergänzung der menschl. Ernährung, u. a. als Roborans.

Medigoxin: s. Metildigoxin.

Medihaler®: Aerosol-Inhalator*.

Medikament: s. Arzneimittel.

Medikation: Arzneiverordnung.

Medikationsfehler: jedes vermeidbare Ereignis, welches eine falsche Anwendung der Medikamente od. eine Schädigung des Patienten durch Arzneimittel verursacht. M. umfassen u. a. Verordnungs-, Übertragungs-, Abgabe-, Zubereitungs- u. Verabreichungsfehler. Z. B. die Verordnung einer falschen Dos. od. Abgabe eines Medikaments, das nicht verordnet war. M. gehören mit den unerwünschten Arzneimittelwirkungen (s. UAW) zu den unerwünschten Arzneimittelereignissen*.

Medium (lat. Mitte): das Mittel, das einen Körper umgibt od. in dem eine Substanz sich löst od. das Milieu, in dem eine chem. Reaktion abläuft. Beispiele: alkoholisches, wässriges, saures od. alkalisches Medium.

Medizin: **1.** die Wissenschaft vom gesunden u. kranken Menschen, von den Ursachen, Wirkungen, der Vorbeugung u. Heilung der Krankheiten. **2.** Medikament, s. Arzneimittel.

Medizinalborax: s. Natriumtetraborat.

Medizinalgewicht: s. Apothekergewicht.

Medizinal-Terpentinöl: s. Terebinthina.

Medizinaluntersuchungsämter: Landessonderbehörde der unteren Verwaltungsstufe in Deutschland (vgl. Gesundheitswesen). Sie sind v. a. mit Untersuchungen auf dem Gebiet der allg. Hygiene (Trinkwasser, Lebensmittel, Seuchenhygiene) befasst.

Medizin, evidenzbasierte: (engl.) *evidence based medicine*; Abk. EBM; auf klin. Forschung gegründete wissenschaftliche Medizin. Individualisierte, rationale med. Versorgung auf Grundlage der gegenwärtig besten externen, wissenschaftl. Evidenz. In der Praxis durch die Integration individueller klin. Expertise mit der ext. Evidenz aus systemat. Forschung. Eckpfeiler der EBM sind: **1.** klin. Entscheidungen auf Basis bester verfügbarer Evidenz; **2.** systemat. Identifikation von Evidenz; **3.** krit. Beurteilung der Evidenz; **4.** Überprüfung der Evidenz hinsichtl. Anwendbarkeit; **5.** kontinuierl Überprüfung der Adäquanz der ärztl. Leistungen bezgl. des aktuellen Wissensstandes. Die Aussagekraft von Evidenz wird entsprechend einer hierarch. Abstufung bewertet (s. Tab.). Arbeiten der höchsten Evidenzstufe werden z. B. durch die Cochrane* collaboration erstellt. Einzelstudien können in Literaturdatenbanken* identifiziert werden. Vgl. Metaanalyse, Pharmakoepidemiologie; Studie, klinische.

medizinische Hefe: s. Faex (F. medicinalis).

Medizinprodukte: Nach § 3 Abs. 1 Medizinproduktegesetz* sind M. alle Instrumente, Apparate, Vorrichtungen, Stoffe u. Zuber. aus Stoffen od. andere Gegenstände einschließl. der für ein einwandfreies Funktionieren des Medizinproduktes eingesetzten Software, die zur Anw. am Menschen bestimmt sind u. deren Hauptwirkung nicht auf pharmakol. sondern auf überwiegend physik. Wege erreicht wird. M. werden eingesetzt zur: **1.** Erkennung, Verhütung, Überwachung, Behandlung od. Linderung von Krankheiten; **2.** Erkennung, Überwachung, Behandlung, Linderung od. Kompensierung von Verletzungen od. Behinderungen; **3.** Untersuchung, Ersetzung od. Veränderung des anatom. Aufbaus od. eines physiol. Vorgangs; **4.** Empfängnisregelung. Beispiele für M. sind med. Einmalprodukte, Krankenpflegeartikel, Wundauflagen, chirurg. Nahtmaterial, Herz-Lungen-Maschinen, Röntgengeräte, Labordiagnostika. Man unterscheidet ca. 400 000 Medizinprodukte.

Medizinproduktegesetz: Abk. MPG; Gesetz vom 2.8.1994, BGBl. I S. 1963, Neufassung 7.8.2002, BGBl. I S. 3146; in Deutschland seit 1.1.1995, in Österreich seit 1.1.1997 in Kraft. Mit ihm wurden EU-Richtlinien in nationales Recht umgesetzt. Das MPG enthält die techn., med. u. Informations-Anforderungen sowie Betreiber- u. Anwendervorschriften für Medizinprodukte*. Damit wird ein Beobachtungs- u. Meldesystem eingerichtet, das mit vergleichbaren Systemen der anderen Vertragsstaaten des Europäischen Wirtschaftsraumes (EWR) zusammenarbeitet u. der Erfassung u. Abwehr von Risiken aus Medizinprodukten dient. Wenn diese nach europ. Recht in einem Mitgliedstaat des EWR verkehrsfähig sind, sind sie auch in den anderen Mitgliedstaaten verkehrsfähig (CE*-Kennzeichnung). Für die Patienten u. Ärzte ist somit der gesamte europ. Markt der Medizinprodukte verfügbar. Das M. dient auch der Privatisierung von staatl. Aufgaben. Die Durchführung der Zulassungsverfahren wird von staatl. Stellen auf privatrechtl. Prüfstellen übertragen. Die Hauptaufgaben der Behörden liegen in der Überwachung des Medizinprodukte-Verkehrs sowie in der Abwehr von Risiken. Das Bundesinstitut* für Arzneimittel und Medizinprodukte ist für die zentrale Erfassung, Auswertung u. Bewertung von Risiken bei Medizinprodukten verantwortlich. Das Deutsche* Institut für Medizinische Dokumentation und Information sammelt Informationen u. hält sie in Datenbanken zur Verfügung.

Medrogeston INN: 6,17-Dimethyl-4,6-pregnadien-3,20-dion; CAS-Nr. 977-79-7; $C_{23}H_{32}O_2$, M_r 340.50. Schmp. 144-146 °C (kristallisiert aus Ether; polymorph). $[\alpha]_D^{23\,°C}$ +79° (c=1 in Chloroform). Fast unlösl. in Wasser; lösl. in vielen org. Lösungsmittel. **Anw.:** Gestagen-Therapie; **Dos.:** p.o. bei habituellem Abort u. Mammakarzinom 1-2×25 mg/d; bei Zyklusstörungen 1-2×5 mg/d.

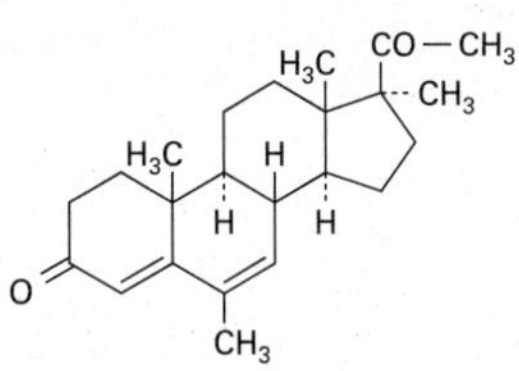

Medrogeston

Medroxyprogesteron INN: 17-Hydroxy-6α-methylprogesteron; 17α-Hydroxy-6α-methylpregn-4-en-3,20-dion; CAS-Nr. 520-85-4; $C_{22}H_{32}O_3$, M_r 344.48. Schmp. 220-223.5 °C (kristallisiert aus Chloroform). $[\alpha]_D^{25\,°C}$ +75° (in Chloroform). **Anw.:** Gestagen-Ther.; **Dos.:** zur Hormonther. p.o. 2-3×5 mg/d; beim Adenokarzinom der Mamma u. des Uterus 3×0.1 g/d; parenteral depot i.m. 15 mg an einem der ersten 5 Zyklustage; HWZ 24-50 h bzw. 30-40 d (i.m.). **Medroxyprogesteronacetat:** Medroxyprogesteroni acetas Ph.Eur.4; CAS-Nr. 71-58-9; $C_{24}H_{34}O_4$, M_r 386.5. Schmp. 207-209 °C. Weißes, krist. Pulver; fast unlösl. in Wasser; leicht lösl. in Chloroform; lösl. in Aceton.

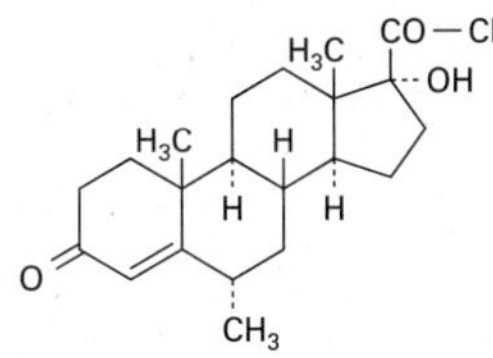

Medroxyprogesteron

Medrylamin INN: N,N-Dimethyl-[2-(4-methoxybenzhydryloxy)ethyl]amin; CAS-Nr. 524-99-2; $C_{18}H_{23}NO_2$. **Anw.:** obsoletes Antiallergikum*, Antihistaminikum*; **Dos.:** topisch Salbe 2 %. Gebräuchl. ist auch Medrylaminhydrochlorid.

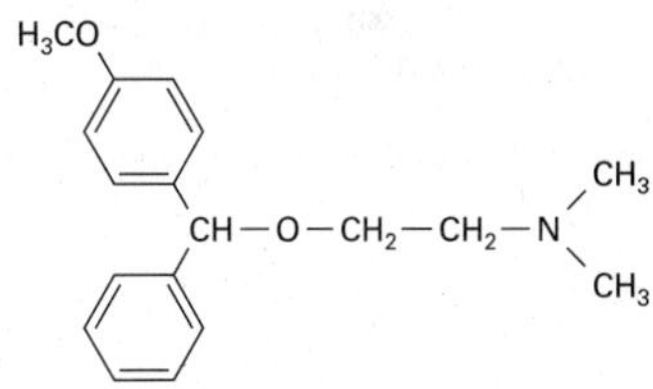

Medrylamin

Medryson INN: 11β-Hydroxy-6α-methyl-4-pregnen-3,20-dion; CAS-Nr. 2668-66-8; $C_{22}H_{32}O_3$, M_r 344.48. Schmp. 155-158 °C. $[\alpha]_D^{20\,°C}$ +189° (in Chloroform). Wenig lösl. in Wasser; lösl. in Chloroform, Methylenchlorid. **Anw.:** Corticosteroid-Therapie; **Dos.:** konjunktival Augentropfen, Augensalbe 1 %.

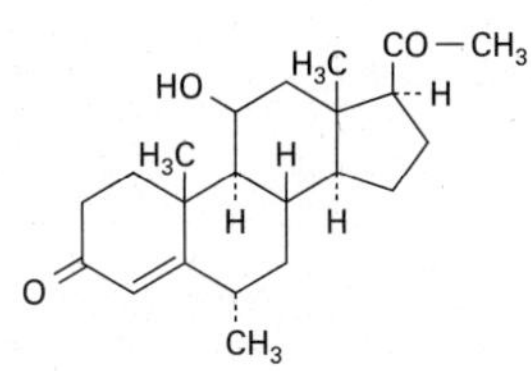

Medryson

Medulla: Mark; medullaris zum Mark gehörend. M. spinalis: Rückenmark.

Medulla Sambuci: s. Sambucus nigra.

Meereiche: s. Fucus vesiculosus.

Meerkohl: s. Calystegia soldanella.

Meerkohlkraut: s. Calystegia soldanella (Herba soldanellae).

Meerrettich: s. Armoracia rusticana.

Meerrettichöl: s. Armoracia rusticana (Oleum Armoraciae).

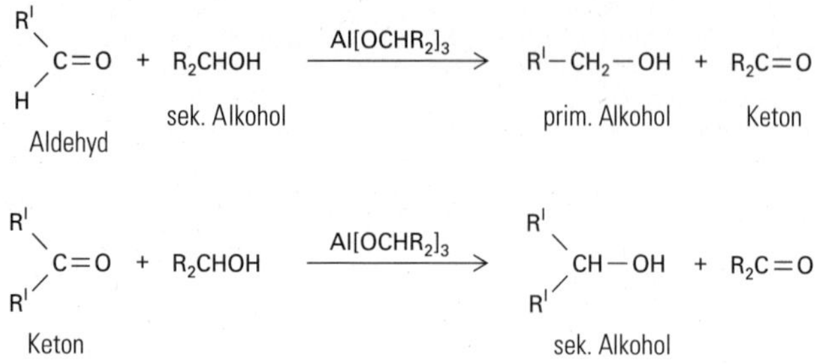

Meerwein-Ponndorf-Verley-Reduktion

Meersalz: Sal marinum; das durch Verdunsten von Meerwasser gewonnene Salz. **Best.**: Natriumchlorid, Calciumchlorid, Magnesiumsulfat, Magnesiumchlorid, Calciumsulfat, Bromide, Iodide u. a.; insgesamt ca. 50 Elemente.

Meerschaum: wasserhaltiges Magnesiumsilicat (Sepiolith), $Mg_4(OH)_2[Si_6O_{15}]$ (Fe-, Al- u. H_2O-haltig), Härte 2-3. Weiße, gelbl., graue od. rötl., undurchsichtige Stücke od. erdige, knollige Massen, leicht schneidbar. M. spaltet beim Erhitzen unter Bräunung Wasser ab (Bräunung der M.-Pfeifen); **Vork.**: Verwitterungsprodukt des Serpentin, Hauptfundort Eskishehir (Anatolien).

Meerschweinchen-Einheit: Abk. MSE; diente zur Standardisierung von Schilddrüsenpräparaten, Herzglykosiden, Vitaminen.

Meerträubchen: s. Ephedra sinica.

Meerwasser: s. Aqua marina.

Meerwein-Arylierung: Methode zur Einführung des Arylrestes in Alkene od. α,β-ungesättigte Carbonylverb. durch Umsetzung mit Diazoniumsalzen in Gegenwart von Kupfer(II)-chlorid. Beispiel: aus Styrol entsteht 1,2-Diphenylethylen (s. Abb.).

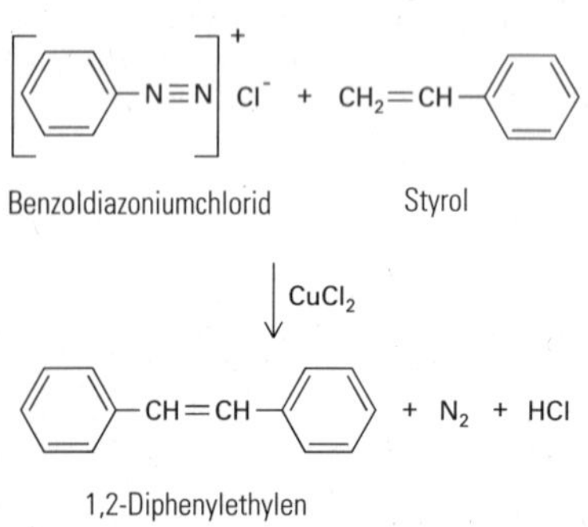

Meerwein-Arylierung: Bildung von 1,2-Diphenylethylen

Meerwein-Ponndorf-Verley-Reduktion: Methode zur Herst. primärer Alkohole aus Aldehyden bzw. sekundärer Alkohole aus Ketonen durch Reduktion mit Alkoholen in Gegenwart von Aluminiumalkoholat, wobei der reduzierend wirkende Alkohol zum Keton oxidiert u. abdestilliert wird (s. Abb.).

Meerzwiebel: s. Urginea maritima.

Meerzwiebelpulver, Eingestelltes: s. Urginea maritima.

Meerzwiebeltinktur: s. Tinctura Scillae.

Mefenaminsäure INN: Acidum mefenamicum Ph.Eur.4; *N*-(2,3-Xylyl)anthranilsäure; CAS-Nr. 61-68-7; $C_{15}H_{15}NO_2$, M_r 241.28. Schmp. 230-231 °C (unter Aufbrausen; polymorph). Weißes bis grauweißes, geschmack- u. geruchloses, krist. Pulver; lösl. in Wasser bei pH 7.1 (mg/100 mL): 4.1 (25 °C), 8.0 (37 °C); lösl. in Alkalihydroxid-Lsg.; wenig lösl. in Ether, Chloroform; schwer lösl. in Ethanol; pK_S 4.2. UV_{max} 285, 340 nm (Natronlauge 0.1 mol/L). **Anw.**: Analgetikum; **UAW:** gastrointestinale Störungen, Ulzerationen u. Blutungen im Magen-Darm-Trakt, Kopfschmerzen, Schwindel, Sehstörungen, Blutbildstörungen; Ther. sollte bei Auftreten von Diarrhö u. Hauterscheinungen beendet werden; **Kontraind.**: Gastritis, Magen-Darm-Ulzera, zu vermeiden bei Epilepsie, Vorsicht bei Nieren- u. Leberfunktionsstörungen; **Dos.**: 2-3×0.5 g/d p. o.; Kinder ab 6 Monate 3×6.5 mg/kg KG/d; HWZ 2 h.

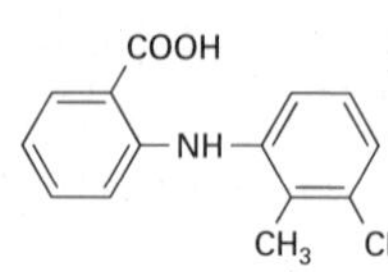

Mefenaminsäure

Mefenorex INN: *N*-(3-Chlorpropyl)-α-methylphenethylamin; CAS-Nr. 17243-57-1; $C_{12}H_{18}ClN$. **Anw.**: Appetitzügler*; Gefahr der Abhängigkeit vom Amfetamin*-Typ; **Hinweis:** In EU-Ländern nicht mehr zugelassen.

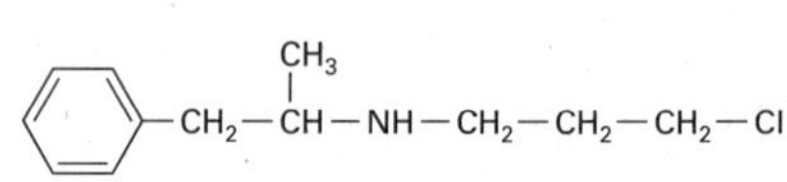

Mefenorex

Mefloquin: (±)-α-[2,8-Bis(trifluoromethyl)-4-chinolyl]-α-(2-piperidyl)methanol; CAS-Nr. 53230-10-7; $C_{17}H_{16}F_6N_2O$; M_r 378.32; Schmp. 178-178.5 °C. **Wirk.** u. **Anw.**: Antimalariamittel* mit starker schizontizider Wirkung. Gut wirksam gegen chloroquinresistente Plasmodium-falciparum-Stämme; lange HWZ (21 d), so dass die Malariaprophylaxe bereits 1 Woche nach der Rückkehr beendet werden kann; sollte nur noch als Notfallmedikament zur Therapie u. prophylakt. nur bei extrem hohem Malariarisiko verwendet werden. **Mefloquinhydrochlorid:** Mefloquini hydrochloricum Ph.Eur.4; CAS-Nr. 51773-92-3; $C_{17}H_{17}ClF_6N_2O$, M_r 414.77; Schmp. 260 °C unter Zersetzung. Weißes bis schwach gelbes, krist. Pulver, sehr schwer lösl. in Wasser, leicht lösl. in Methanol, lösl. in Ethanol; zeigt Polymorphie. **Dos.:** oral (berechnet als Base) Malariatherapie: 15 mg/kg KG od. 1×1 g u. zusätzlich in Mehrfachresistenz-Gebieten wie in Grenzgebieten von Thailand 10 mg/kg KG 6-8 h später; oral Therapie Erwachsene, Kinder >45 kg KG: 1.2-1.5 g/d aufgeteilt.

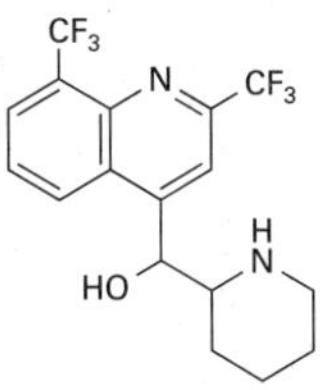

Mefloquin

Mefrusid INN: 4-Chlor-N^1-methyl-N^1-(tetrahydro-2-methylfuryl)-3-benzoldisulfonamid; CAS-Nr. 7195-27-9; $C_{13}H_{19}ClN_2O_5S_2$, M_r 382.90. Strukturformel s. Diuretika (Abb.). Schmp. 148-149 °C. Unlösl. in Wasser; lösl. in verd. Natriumhydroxid-Lösung. **Anw.:** Saluretikum (vgl. Diuretika), Antihypertensivum*; Ödembehandlung; **UAW, Kontraind.** u. **WW:** s. Bendroflumethiazid; **Dos.:** p. o. bei Ödemen 1×25 mg/d; in der Langzeittherapie 1×25 mg/d alle 2-3 d; HWZ 3-12 h.

Mega- (gr. megas groß, gewaltig): Symbol M; Vorsilbe für Million; gesetzl. Vorsatz für das 10^6fache einer Einheit; vgl. SI-Einheiten.

Megagametophyt: weibl. Gametophyt heterosporer Pfanzen; bei Samenpfl. im Inneren der Samenanlage gelegen.

Megallat: Megallas; chem. Kurzbez. für 3,4,5-Trimethoxybenzoat.

Megaloblasten (gr. megas groß, blastos Trieb, Ursprung): abnorme Vorstufe der Megalozyten*. Die **megaloblast. Erythropoese** als patholog. Variante der Erythropoese* ist Folge eines Mangels an Vitamin B_{12} od. Folsäure; außerdem kommen M. bei entarteter Erythropoese u. nach Anw. von Zytostatika* vor.

Megalozyten: abnorm große Erythrozyten*. Vgl. Megaloblasten, Erythropoese.

Megasporangium: Sporangium, in dem Megasporen gebildet werden.

Megasporenmutterzelle: diploide Zelle, in der eine Meiose* stattfindet, bei der vier Megasporen gebildet werden.

Megestrolacetat INN: Megestroli acetas Ph.Eur.4; 6-Methyl-3,20-dioxo-4,6-pregnadien-17α-ylacetat; CAS-Nr. 595-33-5; $C_{24}H_{32}O_4$, M_r 384.50. Schmp. 214-216 °C (kristallisiert aus Methanol). $[\alpha]_D^{24\,°C}$ +5° (Chloroform). Lösl. bei 37 °C in Wasser 2 µg/mL, in Plasma 24 µg/mL. Fast unlösl. in Wasser, lösl. 1:55 in Ethanol, 1:0.8 in Chloroform, 1:130 in Ether, Aceton, Benzylalkohol, schwer lösl. in nicht flüchtigen Ölen. **Anw.:** Gestagen-Therapie, bei Metastasen u. inoperablen Fällen von Endometrium-Karzinom; früher in oralen Antikonzeptiva*; **Dos.:** oral Endometrium-Karzinom: 40-320 mg/d in geteilten Gaben; Brustkrebs: 4×40 mg/d od. 1×160 mg/d; Anorexie, Kachexie bei AIDS-Patienten: Suspension 800 mg/d über 28 d, Erhaltungsdosis 400-800 mg/d. Gebräuchl. ist auch Megestrol.

Meglumin INN: Megluminum Ph.Eur.4, N-Methylglucamin; 1-Desoxy-(methylamino)-D-glucitol; CAS-Nr. 6284-40-8; $C_7H_{17}NO_5$, M_r 195.22. Schmp. 126-129 °C (kristallisiert aus Methanol; polymorph); pH 10.5 (1 %ige wässrige Lösung); pK_s 9.5 bei 20 °C. Löslich in Wasser ca.100 g/100 mL bei 25 °C, Ethanol 1.2 g/100 mL bei 25 °C, Ethanol 21 g/100 mL bei 70 °C. Bildet mit Säuren Salze u. mit Metallen Komplexe. **Anw.:** Salze mit Alkylarylsulfonsäuren wirken als Detergenzien, solche mit 3,5-Diaceto- od. 3-Acetylamido-2,4,6-triiodobenzoesäure werden als Röntgenkontrastmittel verwendet.

Meglumin-Antimon: $C_7H_{18}NO_8Sb$. **Anw.:** Protozoenmittel bei Leishmaniose **Dos.:** parenteral i. m. Lösung mit 85 mg Antimon (V)/mL.

Mehl: lat. Farina; besteht aus vollständig zermahlenen Getreidekörnern, enthält also neben Stärkekörnern (s. Amylum) auch Zellenelemente des Speicherparenchyms, der Frucht u. der Samenschalen, die in der Müllerei zum größten Teil als Kleie vom Mehl abgetrennt werden. Der Ausmahlungsgrad des Mehles wird bes. bei Roggen u. Weizen nach Mehltypen bezeichnet, die sich vom Aschengehalt pro kg Mehl (mal 1000) ableiten: Mehltype 574 bedeutet z. B., dass das betr. Mehl einen Aschengehalt von 0.574 % aufweist, bezogen auf die Trockenmasse des Mehles.

Mehlbeeren: s. Crataegus-Arten (Crataegi fructus).

Mehldorn: Crataegus-Arten.

Mehrdosenbehältnis: enthält ausreichende Mengen einer Arzneiform für den mehrmaligen Gebrauch.

Mehrfachapplikation: Verabreichung eines Arzneistoffs in mehreren Dosen zur Dauertherapie,

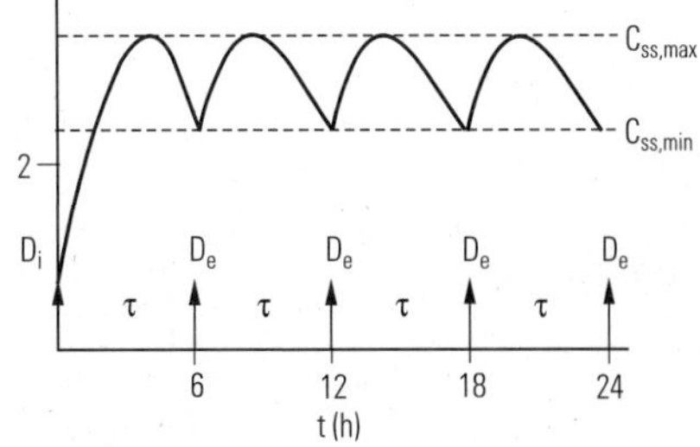

Mehrfachapplikation: c_P: Plasmaspiegel; $c_{ss,max}$: maximale Konzentration im Fließgleichgewicht; $c_{ss,min}$: minimale Konzentration im Fließgleichgewicht; τ: Dosierungsintervall; D_i: Initialdosis; D_e: Erhaltungsdosis

M

i. d. R. mit festgelegter Dosis u. festgelegtem Dosierungsintervall*. Ziel ist meist durch Gabe einer Initialdosis* u. anschließender Erhaltungsdosen* möglichst schnell ein Fließgleichgewicht* zu erreichen u. eine zu starke Kumulation* zu vermeiden. Ein Maß für die Schwankung zw. max. und minimalem Plasmaspiegel im Gleichgewicht ist die **Peak-trough-Fluktuation**:

$$PTF(\%) = \frac{(C_{ss,max} - C_{ss,min})}{C_{ss,av}} \cdot 100\,\%$$

PTF: prozentuale Peak-trough-Fluktuation; $c_{ss,max}$: max. Plasmakonz. im Fließgleichgewicht; $c_{ss,min}$: minimale Plasmakonz. im Fließgleichgewicht; $c_{ss,av}$: durchschnittl. Plasmakonz. im Fließgleichgewicht.

Die Bioverfügbarkeit* kann auch bei M. bestimmt werden; dabei ist die AUC* für ein Dosierungsintervall gleich der AUC nach Einfachapplikation.

Mehrschichttabletten: s. Schichttabletten.

Mehrstoffgemisch: Gemisch aus mehr als einem Stoff. Arzneimittel, sowohl Mono- als auch Kombinationspräparate, sind i. Allg. Mehrstoffgemische.

Meiose: Meiosis, syn. Reduktionsteilung; zwei aufeinander folgende Kernteilungen (erste u. zweite Reifeteilung), in deren Verlauf der diploide (2n) Chromosomensatz zum haploiden (1n) reduziert wird u. eine Vermischung u. Verteilung der Gene erfolgt. Ergebnis der M. sind Gameten bzw. Sporen höherer Pflanzen; die entstehenden vier haploiden Keimzellen werden auch als Gone bezeichnet. Die M. ist ein komplexer Vorgang, der durch Chromosomenpaarung* eingeleitet wird. Sodann folgt über Spindelbildung eine zweimalige Trennung der gepaarten, gespaltenen Chromosomen mit dem Endresultat von vier jeweils homologen Zellen (s. Abb.). Eine Fehlverteilung homologer Chromosomen (engl. nondisjunction Nichttrennung) führt zu Gameten mit unter- od. überzähligem Chromosomensatz, was im Falle der Befruchtung zu defekten Organismen führt.

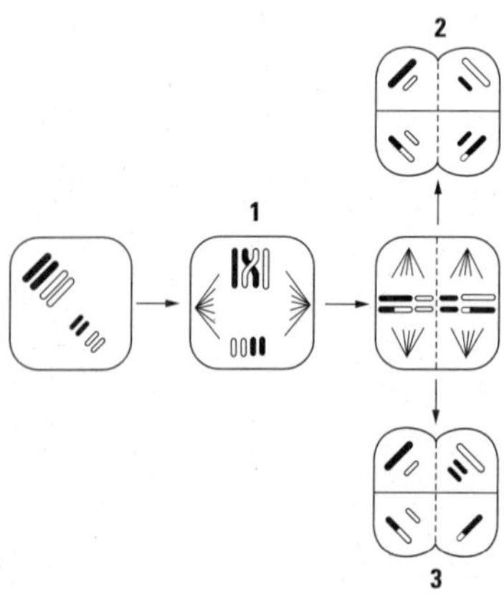

Meiose: 1: Crossing-over; 2: normale Meiose; 3: Nondisjunction (Nichttrennung homologer Chromosomen) [21]

Meiran: s. Origanum majorana.

Meisenheimer-Komplex: Meisenheimer-Verbindung; Salz, das als Zwischenstufe bei der nucleophilen aromat. Substitution anfällt. Farbiges Additionsprodukt des Nucleophils* mit Di- od. Trinitrobenzol bzw. ihren Derivaten (vgl. Kedde-Reaktion).

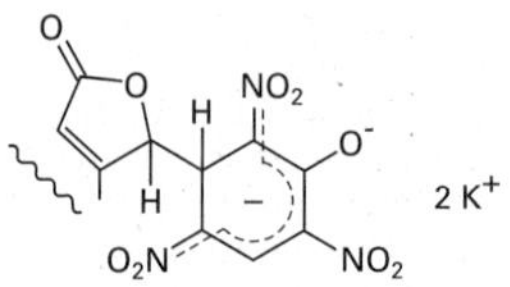

Meisenheimer-Komplex: M.-K. aus einem Pikrinsäurederivat u. dem nucleophilen Lactonring der Cardenolide

Meisterwurz: s. Peucedanum ostruthium.

Mekkabalsam: s. Balsamum de Mecca.

Mekonsäure: s. Meconsäure.

Mel: Honig; der von der Honigbiene, Apis* mellifera, in Waben abgelagerte, süße Stoff. Honig ist fast weiß (z. B. Rapshonig) bis fast schwarz (z. B. Honigtauhonige von der Weißtanne). In frischem Zustand ist Honig sirupartig, durchscheinend, beim Stehen wird er dicker, bei Kälte trübe u. kristallisiert z. T. aus (Glucose). Zur Wiederverflüssigung sollte Honig nicht über 40 °C erwärmt werden (Gefahr des Verlustes an Aromastoffen, Deaktivierung von Enzymen u. a.). Honig löst sich in Wasser zu einer nicht ganz klaren, opt. aktiven Flüss. von schwach saurer Reaktion. D. 1.410-1.445. **Bildung:** Der von der Biene aufgenommene Nektar aus Blüten od. der Honigtau von Blättern u. Nadeln wird im Bienenvolk zu **Blütenhonig** od. **Honigtauhonig** (Waldhonig) verarbeitet. Nektar ist eine wässrige Lsg. von Saccharose, Glucose u. Fructose. Honigtaue sind zuckerhaltige Insektenausscheidungen an Blättern, v. a. der Linden-, Ahorn-, Kirsch-, Pflaumenbäume, aber auch von Fichten u. Tannen. Honigtau besteht aus Wasser u. Sacchariden, wie Fructose, Glucose u. Melezitose*. **Off.:** DAB2003; der für Zuber. verwendete Honig muss der Honigverordnung entsprechen; **Best.:** ca. 20 % Wasser, 70-80 % Invertzucker (22-44 % Glucose, 30-48 % Fructose u. Oligosaccharide), 5-10 % Saccharose, 0.3-2.7 % Eiweißstoffe, 0.1-0.2 % org. Säuren (Ameisen-, Äpfel-, Citronensäure) sowie Enzyme (Amylase, Katalase, Invertase, Glucoseoxidase) u. sog. Inhibine (bakteriostat. wirksame Stoffe, darunter wahrscheinl. Spuren von Wasserstoffperoxid, Pinocembrin*), Spuren von Vitaminen, Wachs u. Pollenkörner. Trockensubstanz ca. 78-82 %. Asche (hauptsächl. Kaliumphosphat) mind. 0.1 %, max. 0.8 %; **Anw.:** Geschmackskorrigens, schleimlösendes Mittel; volkstüml.: Nerven-, Herzmittel; äußerl.: Kosmetik; **Qualität:** die Prüfung von Honig erstreckt sich u. a. auf das Zuckerspektrum (Verfälschungen), den Wassergehalt (Gärungsgefahr), Wärme- u. Lagerungseinflüsse, die Messung des Hydroxymethylfurfurol-Gehaltes u. die Enzymaktivität (s. Diastasezahl), auf Herkunftsbestimmung (Pollenanalyse), Aschegehalt od. elektr. Leitfähigkeit; **Scheiben- od. Wabenhonig:** stammt aus frisch gebauten, unbebrüteten Waben; **Mel depuratum** DAB6: Mel despumatum, gereinigter Honig; Ein durch Zusatz von Bolus, Erwärmen u. Filtrieren von Eiweißstoffen, Wachs, Schmutz u. a. befreiter Honig; **Kunsthonig**: Invertzuckercreme; ein aus Rohrzucker (Rübenzucker) durch Inversion (z. B. mit Milch-, Citronen-, Ameisen- u. verd. Salzsäure) u. nachfolgende Aromatisierung hergestelltes Nahrungsmittel als Ersatzprodukt für Naturhonig (1 g Kunsthonig liefert ca. 12.1 kJ). Kunsthonig enthält keine Pollen u. Proteine, allerdings Hydroxymethylfurfural (s. Invertzucker). **Mel Foeniculi**: Fenchelhonig; s. Foeniculum vulgare. **Mel rosatum** EB6: Rosenhonig; Zstzg.: Mel depuratum 900 g, Glycerol 100 g, Oleum Rosae 0.05 g. **Mel rosatum cum Borace** EB6: Mel boraxatum, Rosenhonig; Zstzg.: Mel rosatum mit Zusatz von 10 % Borax. **Oxymel**, Sauerhonig: wird durch Mischen von Honig mit Essigsäure hergestellt.

Melaleuca alternifolia Cheel: Teebaum; Fam. Myrtaceae (Australien). Neben anderen M.-Arten (z. B. M. linariifolia Sm., M. dissitiflora Mueller) Stpfl. von **Melaleucae aetheroleum:** Oleum Melaleucae, Teebaumöl; das Wasserdampfdestillat der Blätter (ca. 2 % äther. Öl) u. Zweigspitzen. D. 0.885-0.906, $n_D^{20\,°C}$ 1.475-1.482, $\alpha_D^{20\,°C}$ +5.0 bis +15. **Off.**: Ph.Eur.4.01; **Best.**: vom Chemotyp abhängig, (chromatograph. Profil nach DAC) ca. 40 % (+)-Terpinen-4-ol (mind. 30 %), 20 % γ-Terpinen (10-28 %), 10 % α-Terpinen (5-13 %), *p*-Cymen (0.5-12 %), α-Terpineol (1.5-8.0 %), Δ^3-Caren (max. 0.2 %), Limonen (0.5-4 %), 1,8-Cineol (max. 15 %), Sabinen (max. 3.5 %), Terpinolen, Pinene, Myrcen, Phellandren sowie Sesquiterpene wie Aromadendren, Viridifloren, δ-Cadinen; **Anw.**: wegen der antisept., bakteriziden u. fungiziden Wirk. in Dermatologie (z. B. gegen Akne) u. Kosmetik.

Melaleuca leucadendra L. **var. cajeputi:** Kajeputbaum; Fam. Myrtaceae (Australien, Mal. Archipel, Hinterindien). Zusammen mit anderen Varietäten Stpfl. von **Oleum Cajeputi:** Kajeputöl; Gew. durch Dest. aus den frischen Blättern. Grüne bis blaugrüne Farbe, Geruch nach Eucalyptusöl. D. 0.915-0.931. **Inhaltsst.**: 50-70 % 1,8-Cineol (Eucalyptol), L-Pinen, L-α-Terpineol, Dipenten, Sesquiterpene, Sesquiterpenalkohole, Valeraldehyd, Azulen; **Anw.**: als Antiseptikum. **Oleum Cajeputi rectificatum** EB6: rektifiziertes Kajeputöl; Gew. durch Dest. des rohen Kajeputöls. Farblose bis gelbe Flüss., opt. linksdrehend. **Anw.** volkstüml.: als Antiseptikum, schmerzstillendes Mittel bei Zahn- u. Ohrenschmerzen, Expektorans; äußerl.: bei Erkrankungen des rheumat. Formenkreises.

Hom: *Cajeputum:* äther. Öl.

Melaleuca viridiflora Soland ex Gaertn.: Niauli-Baum; Fam. Myrtaceae (Nordaustralien, Neukaledonien). Stpfl. von **Oleum Niauli:** Niauliöl; Gew. durch Dest. aus den frischen Blättern. Farblose bis gelbl. Flüss., die stark nach Eucalyptus riecht. **Best.**: 50-60 % 1,8-Cineol, α-Terpineol u. α-Terpineolvaleriansäureester, Nerolidol; **Anw.**: wegen der ähnlichen Zstzg. Anw. wie Oleum Cajeputi (s. Melaleuca leucadendra); v. a. aber in Kombinationspräparaten als Expektorans.

Melamin: Polymerisationsprodukt des Cyanamids* (Cyanurtriamid). Schmp. 354 °C (unter Zers.). Monokline, leicht sublimierende Prismen, lösl. in Wasser u. Ethanol. **Darst.**: Erhitzen von Dicyandiamid in einer NH_3/N_2-Atmosphäre. **Anw.**: M. kondensiert mit Formaldehyd zu **Melaminharzen**, die techn. von großer Bedeutung sind u. zur Herst. von Gebrauchsgegenständen aller Art, Lacken, Gerbstoffen u. Wasserenthärtungsmitteln dienen, sowie um Textilien knitterfest zu machen u. zur Herstellung von Schraubverschlüssen für Arzneigläser.

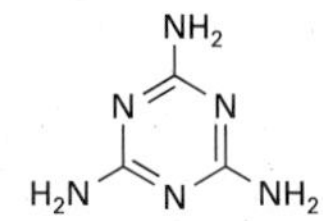

Melamin

Melamin-Formaldehyd-Harze: s. Melamin (Melaminharze); vgl. Aminoplaste.

Melampyrum nemorosum: s. Dulcitol.

Melanine: dunkle Pigmente, die sich in der Haut unter dem Einfluss von Enzymen (Tyrosinase*) bilden; vermutl. Oxidationsprodukte des Tyrosins. Nat. weit verbreitet; vgl. Phenoloxidasen.

Melanom (gr. melas schwarz): von Melanozyten ausgehender Tumor* der Haut, seltener der Schleimhaut.

Melanophorenhormon: s. Hormone (Hypophysenmittellappen).

Melanosis coli: s. Abführmittel (UAW).

Melanotropin: Intermedin, Melanophorenhormon, Abk. MSH, Melanozyten-stimulierendes Hormon; CAS-Nr. 9002-79-3. Polypeptidhormon aus dem Hypophysenmittellappen, s. Hormone. **Wirk.**: verursacht eine Dispersion der Melaningranula in der Haut von Fischen u. Amphibien u. erlaubt so eine Anpassung an die Umwelt; keine Bedeutung in der Humanmedizin; vgl. Melatonin.

Melanozyten-stimulierendes Hormon: s. Hormone (Hypophysenmittellappen).

Melaphis chinensis: s. Gallen.

Melarsoprol INN: 2-{4-[4,6-Diamino-1,3,5-triazin-2-yl)amino]phenyl}-1,3,2-dithiarsolan-4-methanol; CAS-Nr. 494-79-1; $C_{12}H_{15}AsN_6OS_2$, M_r 398.33. Graues Pulver; lösl. in Propylenglykol, fast unlösl. in Wasser, kaltem Ethanol u. Methanol. **Anw.**: Antiprotozoenmittel* geg. Schlafkrankheit.

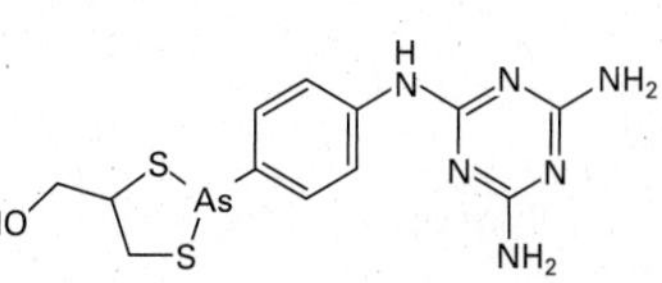

Melarsoprol

Melasse: s. Saccharose (Gew.).

Melatonin: N-[2-(5-Methoxyindol-3-yl)ethyl]acetamid, N-Acetyl-5-methoxytryptamin; CAS-Nr. 73-31-4; $C_{13}H_{16}N_2O_2$, M_r 232.3. Gelbl. Blättchen aus Benzol. Schmp. ca. 118 °C. Synthetisierbares Epiphysenhormon; Biosynthese aus Serotonin durch Acetylierung u. Methylierung. Nat. in sehr geringen Mengen in Pflanzen, z. B. 1 mg in 2000 kg Bananen. **Wirk.:** neurosekretor. Hormon, das wahrscheinl. nur in den Pinealozyten der Epiphyse in Abhängigkeit vom Hell-Dunkel-Rhythmus (vermehrt bei Dunkelheit) sezerniert wird u. an der Steuerung des zirkadianen Rhythmus beteiligt ist; funktioneller Antagonist des MSH; da die max. Sekretion von M. zw. dem 1. u. 3. Lj. erfolgt u. bis zum Erwachsenenalter um ca. 80 % abnimmt, wird M. als sog. Jugendhormon bezeichnet; s. Hormone (Epiphyse); **Anw.:** bei chron. Schlafstörungen od. Jet lag; wegen des vermutl. tiefen Eingriffs von M. in hormonelle Regelkreise wird von seiner unkrit. Anw. abgeraten. Eine Dos. von 0.1-2 mg M. erhöhen den Plasmaspiegel auf physiol. Spitzenwert in der Nacht. M. kann nicht z. B. als Nahrungsergänzungsmittel eingestuft werden; **UAW:** Bauchkrämpfe, Müdigkeit, depressive Verstimmung; wahrscheinl. wachstumsfördernde Wirk. auf maligne Melanome; vgl. Hormone (Hypophysenmittellappen).

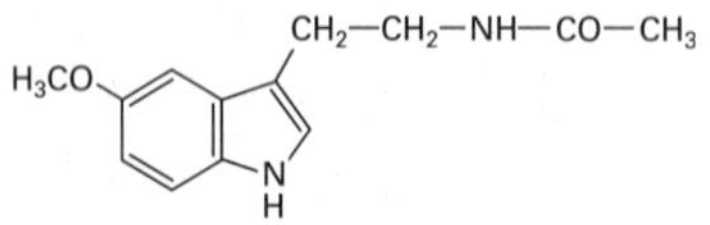

Melatonin

Melde: s. Atriplex hortensis.

Meldepflicht: Anzeigepflicht für bestimmte Infektionskrankheiten bzw. übertragbare Krankheiten. **Deutschland:** durch das Infektionsschutzgesetz* geregelt. Der Ausdruck M. wird auch für anzeigepflichtige Berufskrankheiten verwendet. Entspr. dem Arzneimittelgesetz* u. der Apothekenbetriebsordnung* besteht Meldepflicht u. a. für Arzneimittelzwischenfälle u. -risiken sowie Qualitätsmängel; vgl. Stufenplan. **Österreich:** M. bezügl. Krankheiten geregelt durch das Epidemiegesetz von 1950 i. d. F. 2002 u. durch das AIDS-Gesetz von 1993 i. d. F. 2001; M. bezügl. UAW, häufig beobachtetem unsachgemäßem Gebrauch u. schwerwiegendem Missbrau sowie Qualitätsmängel von Arzneimitteln ist durch das Arzneimittelgesetz* geregelt; analoge Bestimmungen betreffend Medizinprodukte durch das Medizinproduktegesetz*. **Schweiz:** für übertragbare Krankheiten des Menschen besteht gemäss dem Epidemiengesetz (Bundesgesetz über die Bekämpfung übertragbarer Krankheiten des Menschen, SR 818.101) eine Meldepflicht an die kantonalen Behörden u. von diesen weiter an das Bundesamt für Gesundheit. Gemäß Heilmittelgesetz* u. der VO über die Arzneimittel (Arzneimittelverordnung, VAM, SR 821.212.12) besteht für Hersteller, Zulassungsinhaber u. für Personen, die Arzneimittel gewerbsmässig anwenden, eine Meldepflicht für schwerwiegende UAW od. bisher nicht bekannte UAW u. Vorkommnisse sowie für Qualitätsmängel. Die Fachleute sind nach Heilmittelgesetz u. Medizinprodukteverordnung (MepV, SR 812.213) auch verpflichtet, schwerwiegende Vorkommnisse od. Zwischenfälle in Verbindung mit Medizinprodukten zu melden. Das schweizerische Heilmittelinstitut Swissmedic* ist verantwortl. für die zentrale Erfassung der Meldungen.

Meleguetapfeffer: s. Aframomum melegueta.

Melezitose: Melecitose; ein Trisaccharid, bestehend aus Glucose u. dem Disaccharid Turanose (ein Isomer von Saccharose). Melezitose ist einer der Best. von Manna* u. von Honigtau (s. Mel).

Melibiose: M_r 342.30; Schmp. 85 °C (Dihydrat), $\alpha_D^{20°C}$ +112° → +129° (c = 4 in Wasser). Ein reduzierendes Disaccharid aus α-1,4-glykosidisch verbundener Galactose u. Glucose, beide in pyranoider Form. Nat. in Pflanzensäften, Bestandteil des Trisaccharids Raffinose.

Melilotosid: Glucosid der *o*-Cumarsäure (sog. gebundenes Cumarin), das als Vorstufe von Cumarin z. B. in Galium* odoratum od. Melilotus* officinalis vorkommt. Nach enzymat. Hydrolyse (z. B. beim Welken) isomerisiert die genuin vorliegende *trans*-Cumarsäure* bei UV-Licht zur *cis*-Cumarsäure (Cumarinsäure), die dann der Cyclisierung (Lactonisierung) zum Cumarin unterliegt.

Melilotus officinalis (L.) Pall.: Echter u. Hoher Steinklee; Fam. Fabaceae (Leguminosae) (Mitteleuropa, Mittelasien). Zusammen mit Melilotus altissima Stpfl. von **Meliloti herba:** Herba Meliloti, Steinklee, Honigklee, Bärenklee. **Off.:** DAC; **Inhaltsst.:** mind. 0.1 % Cumarin nach DAC (entsteht aus Melilotosid*, der Cumarinduft tritt erst beim Welken u. Trocknen auf), 0.2 % Melilotin (3,4-Dihydrocumarin), Flavonoide mit den Aglyka Quercetin u. Kämpferol, 0.01 % äther. Öl, Schleim, Harz, Cholin; **Wirk.:** entzündungshemmend, spasmolyt., Steigerung der Kapillarresistenz; **Anw.** volkstüml.: in Form von Kataplasmen, Salben, Kräuterkissen bei Gelenk- u. Drüsenschwellungen, Furunkeln, Erkrankungen des rheumat. Formenkreises; als Extrakt in Venenmitteln*; ferner als Diuretikum, Aromatikum; **Zuber.:** Spec. emollientes.

Hom: *Melilotus officinalis (HAB1.3):* frische, zur Blütezeit gesammelte, oberird. Teile.

Hom: *Melilotus officinalis spag. Zimpel (HAB1.3):* frische, zur Blütezeit gesammelte, oberird. T.; verord. z. B. bei Kopfschmerzen u. Krämpfen bei Kindern, venösem Blutstau.

Melissa officinalis L.: Melisse, Zitronenmelisse; Fam. Lamiaceae (Labiatae) (heim. Mittelmeergebiet, vielfach kult., z. B. im Ebro-Delta, auch in Deutschland). Stpfl. von **Melissae folium:** Folia Melissae, Herba Melissae, Folia Citronellae, Melissenblätter, Zitronenkraut (da von zitronenähnl. Geruch). **Off.:** Ph.Eur.4, ÖAB90, Ph.Helv.7. **Inhaltsst.:** 0.05-0.3 % äther. Öl (nach ÖAB90 mind. 0.05 %) mit ca. 30 % Citralen (Geranial u. Neral), ca. 40 % (+)-Citronellal, ferner Geraniol, Linalool u. Sesquiterpenen wie z. B. Caryophyllen, ferner mind. 4 % Hydroxyzimtsäurederivate, berechnet als Rosmarinsäure* (bezogen auf Trockengewicht), Flavonoide u. Bitterstoffe; **Wirk.:** antiviral, spasmolytisch, choleretisch; **Anw.:** bei nervös bedingten Einschlafstörungen, funktionellen Magen-Darm-Beschwerden. **Melissenöl:** i. Allg. über Melissenkraut destilliertes Zitronenöl (Oleum Melissae citratum) od. **Citronellöl** (s. Cymbopogon winterianus, Oleum Citronellae), da die Ausbeute an äther. Öl aus Melissa officinalis sehr gering ist. **Zuber.**: Spec. sedativae. Spir. Melissae compositus (Spir. aromaticus compositus, Karmelitergeist, Melissengeist) wird nicht aus der Droge, sondern mit Oleum Citronellae bereitet.

Melissengeist: s. Spiritus Melissae compositus.

Melissylalkohol: s. Myricylalkohol.

Melis-Zucker: ein billiger Zucker, gewonnen aus der zweiten Charge bei der Zuckerfabrikation (1. Produkt: Raffinade). M.-Z. kommt als Platten-, Brot- u. Hutzucker in den Handel.

Melitose: s. Raffinose.

Melitoxin: s. Dicumarol.

Melitracen INN: 3-(9,10-Dihydro-10,10-dimethylantracen-9-yliden)-*N*,*N*-dimethylpropylamin; *N*,*N*-Dimethyl-3-(10,10-dimethyl-9,10-dihydroanthracen-9-yliden)propylamin; CAS-Nr. 5118-29-6; $C_{21}H_{25}N$, M_r 291.42. **Anw.**: tricycl. Antidepressivum vom Imipramin*-Typ; vgl. Psychopharmaka (Antidepressia); **Dos.**: p.o. ambulant 2-3×10 mg/d; stationär Initialdos. 3×25 mg/d, steigern auf 3×75 mg/d, Erhaltungsdos. ausschleichen auf 2-3×10 mg/d; parenteral i.m. bis 3×20 mg/d. Gebräuchl. ist auch Melitracenmesilat u. Melitracenhydrochlorid, Schmp. 235-240 °C (polymorph).

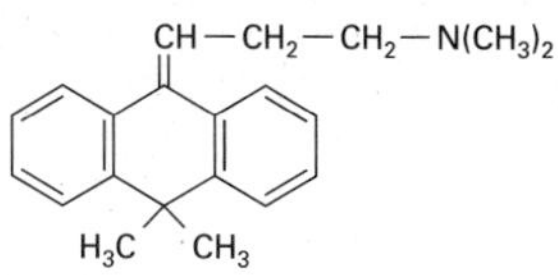

Melitracen

Melittin: Hauptwirkstoff von Apisin*; amphiphiles Polypeptid aus 26 Aminosäuren, M_r ca. 2900.

Melliturie: Ausscheidung von Zuckern mit dem Harn*. I.e.S. Ausscheidung anderer Zucker als der Glucose; z.B. als Pentosurie, Fructosurie, Galactosurie, Lactosurie; vgl. Glucosurie.

mellitus (lat.): honigsüß, z.B. Diabetes mellitus.

Melone: s. Cucumis melo.

Melonenbaumblätter: s. Carica papaya.

Meloxicam INN: 4-Hydroxy-2-methyl-*N*-(5-methyl-2-thiazolyl)-2*H*-1,2-benzothiazin-3-carboxamid-1,1-dioxid; CAS-Nr. 71125-38-7; $C_{14}H_{13}N_3O_4S_2$, M_r 351.40. **Wirk. u. Anw.**: nichtsteroidales Antiphlogistikum* vom Oxicam-Typ (s. Analgetika); bei Arthrose u. Poylarthritis; **UAW:** u.a. Erbrechen, gastrointestinale Störungen, Blutbildstörungen; **Kontraind.**: Asthma bronchiale, Urticaria, Magen- od. Zwölffingerdarmgeschwüre, Schwangerschaft u. Stillzeit, Anw. bei Jugendl. unter 15 Jahren; **WW:** andere nichtsteroidale Antirheumatika u. Salicylate, orale Antikoagulanzien, Heparin, Methotrexat*; **Dos.**: p.o. bei akuter Arthrose 7.5 mg/d, bei rheumatoider Arthrose 1×15 mg/d, Einnahme zu einer Mahlzeit; HWZ 16-20 h.

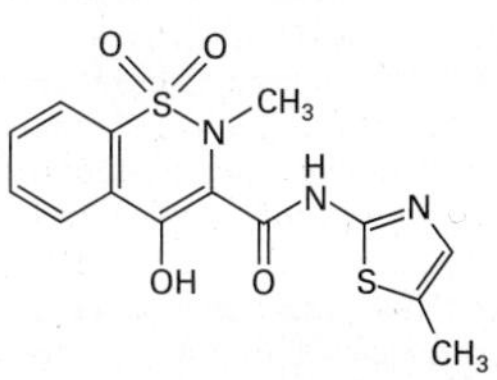

Meloxicam

Melperon INN: Methylperonum; 4'-Fluor-4-(4-methylpiperidino)butyrophenon; CAS-Nr. 3575-80-2; $C_{16}H_{22}FNO$, M_r 263.37. **Anw.**: Neuroleptikum (s. Psychopharmaka); Ind.: psychomotor. Unruhe, Verwirrtheitszustände, Schlafstörungen, Erregungszustände bei Psychosen, Alkoholismus; **UAW:** s. Psychopharmaka; vermindertes Reaktionsvermögen; **Kontraind.**: Leukopenie, Thrombozytopenie, Leberfunktionsstörungen, 1. Trimenon der Schwangerschaft, Kinder unter 12 Jahren; **Dos.**: p.o. Initialdos. 2-6×25 mg/d, Erhaltungsdos. langsam erhöhbar auf 2×100 mg/d; HWZ 3 h. Gebräuchl. ist auch Melperonhydrochlorid, Schmp. 209-211 °C.

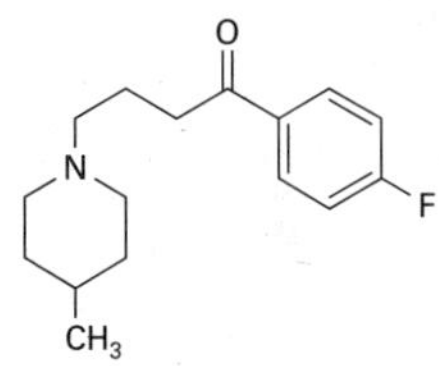

Melperon

Melphalan INN: 3-{4-[Bis(2-chlorethyl)amino]phenyl}alanin; CAS-Nr. 148-82-3; $C_{13}H_{18}Cl_2N_2O_2$, M_r 305.20. Schmp. 182-183 °C (unter Zers.; solvatisierte Nadeln aus Methanol). $[\alpha]_D^{22\,°C}$ +7.5° (c=1.33 in Salzsäure 1 mol/L), $[\alpha]_D^{22\,°C}$ −31.5° (c=0.67 in Methanol). Fast unlösl. in Wasser; schwer lösl. in Ethanol; lösl. in verd. Mineralsäuren; 1:150 in Methanol; unlösl. in Chloroform, Ether. **Anw.**: Zytostatikum*, Alkylans; multiples Myelom, malignes Melanom u.a.; HWZ 1.5-2 h.

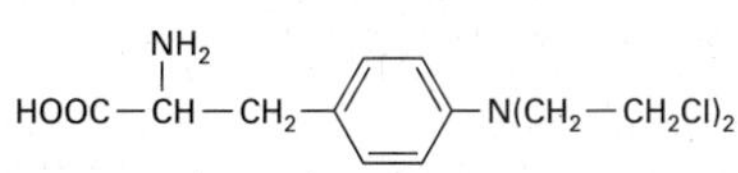

Melphalan

Memantin INN: 3,5-Dimethyl-1-adamantanamin; 3,5-Dimethyltricyclo[3.3.1.13.7]decanamin; CAS-Nr. 19982-08-2; $C_{12}H_{21}N$, M_r 179.31. **Anw.**: Antiparkinsonmittel*, Muskelrelaxans*; **UAW:** Schwindel, Unruhe, Überregung, Müdigkeit, Kopfschmerzen, Mundtrockenheit, vermindertes Reaktionsvermögen; **Kontraind.**: schwere Lebererkrankungen, Verwirrtheitszustände, Schwanger-

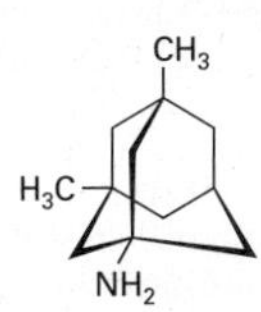

Memantin

M

schaft u. Stillzeit; **WW:** verstärkt Wirk. von Barbituraten, Neuroleptika, Anticholinergika, Dosierungsanpassung bei gleichzeitiger Gabe von Dantrolen* u. Baclofen* nötig; HWZ 65 h. Gebräuchl. ist auch Memantinhydrochlorid.

Membran (lat. membrana zarte Haut): dünnes, häutchenartiges Gebilde, Grenzfläche; s. Zellmembran, Biomembran.

Membranfilter: Oberflächenfilter aus Celluloseestern wie Celluloseacetat*, Cellulosenitrat*, regenerierter Cellulose (Cellophan, Zellglas*) sowie anderen Ausgangsprodukten. Aus homogenem Material bestehen nur die Einschicht- u. homogenen Doppelfilter. Heterogene Doppelschichtfilter weisen zur größeren mechan. Belastbarkeit Gewebeverstärkungen auf. Membranfilterkerzen sind äußerst heterogen aufgebaut; neben Gerüstsubstanzen werden Membranen auch aus Polyester u. Polypropylengeweben verwendet. Filter werden durch Neutronenbeschuss von dünnen Polycarbonatfolien u. Herauslösen der getroffenen Stellen im alkal. Ätzbad hergestellt. Sie besitzen genau gleich dimensionierte, zylindr. Kanäle; der Porenanteil mit 10 % ist jedoch sehr niedrig.

Membranfilterverfahren: **1.** Methode zur Anreicherung von Mikroorganismen aus Flüss.; s. Keimzahlbestimmung. **2.** Methode zur Entkeimung thermolabiler, filtrierbarer Zuber.; s. Sterilisation, Keimfiltration.

Membranlipide: s. Biomembran.

Membranmodell: s. Resorptionsmodelle.

Membranpotenzial: die zw. dem Innern einer Zelle und der durch Membranen abgetrennten extrazellulären Flüss. bestehende elektr. Potenzialdifferenz. Wichtige Funktion bei vielen biol. Prozessen, z. B. in Nerven-, Muskel- und Sinneszellen. Infolge von Reizeinwirkungen treten bei den Zellen reversible Spannungsänderungen auf, die in Form von elektr. Impulsen entlang der Membran geleitet werden. Auf diese Weise werden Informationsübertragungen des Organismus mit der Umwelt sowie einzelner Teile bzw. Organe untereinander ermöglicht.

Membranrezeptoren: s. Rezeptoren.

Membran, selektiv permeable: Membran, die außer dem Lösungsmittel auch gelöste Substanzen durchtreten lässt, aber die einzelnen mit unterschiedl. Geschwindigkeit u. viel langsamer als das Lösungsmittel.

Membran, semipermeable: Membran, die zwar das Lösungsmittel (Wasser), nicht aber den gelösten Stoff passieren lässt.

memory cells: Gedächtniszellen; langlebige, funktionell ruhende, immunkompetente B- u. T-Lymphozyten (s. Leukozyten). Sie sind für das sog. immunolog. Gedächtnis verantwortl. u. sterben nach Kontakt mit einem spezif. Antigen nicht ab, sondern ermögl. bei jedem erneuten Antigenkontakt eine schnelle Immunantwort*; vgl. Booster-Effekt.

Menachinon: s. Vitamine (Vitamin K_2).

Menadiol: s. Vitamine (Vitamin K_4).

Menadion: s. Vitamine (Vitamin K_3).

Menadion-Natriumbisulfit INN: Additionsverbindung von Natriumhydrogensulfit* mit 2-Methyl-1,4-naphthochinon; CAS-Nr. 130-37-0; $C_{11}H_9NaO_5S$, M_r 276.24. Weiße, hygroskop. Kristalle. **Wirk.** u. **Anw.:** s. Vitamine (Vitamin-K-Gruppe).

Menagoga: s. Gynäkologika (Emmenagoga).

Mendelevium: Eka-Thulium; Symbol Md; OZ 101; radioaktives Element; Md-258 längstlebiges Isotop mit HWZ 55 d. Mind. 13 Md-Isotope mit den Massenzahlen 247-252 u. 254-260. **Gesch.:** 1955 durch Albert Ghiorso bei der α-Beschießung von Einsteinium entdeckt.

Mendel-Regeln: Mendel-Gesetze; **1.** Uniformitätsregel: nach Kreuzung reinerbiger Eltern, die sich in einem oder mehreren Merkmalen unterscheiden, sind alle Individuen der F_1-Generation untereinander gleich; **2.** Spaltungsregel (die Reinheit der Gameten): nach Kreuzung von Individuen der F_1-Generation kommt es zu einer Merkmalsaufspaltung in der F_2-Generation im Verhältnis 1:2:1, wobei 25% dem einen, 25% dem anderen Großelter gleichen, die restl. 50% den Eltern; **3.** Autonomie der Merkmale od. freie Kombinierbarkeit der Erbanlagen: Gene, die auf versch. Chromosomen liegen, werden unabhängig voneinander vererbt.

Menglytat INN: $1\alpha,4\beta$-4-Menthan-3α-ylethoxyacetat; *O*-Ethylglykolsäurementhylester; CAS-Nr. 579-94-2; $C_{14}H_{26}O_3$, M_r 242.35. Sdp. 155 °C (2.7 kPa). Wenig lösl. in Wasser; lösl. in Ethanol, Ether, Chloroform. **Anw.:** kaum noch gebräuchliches Desinfektionsmittel*, Antitussivum*, lokales Analgetikum* (des Respirationstraktes); **Dos.:** p. o. 2-3 × 50 mg/d; topisch als Salbe 2 %.

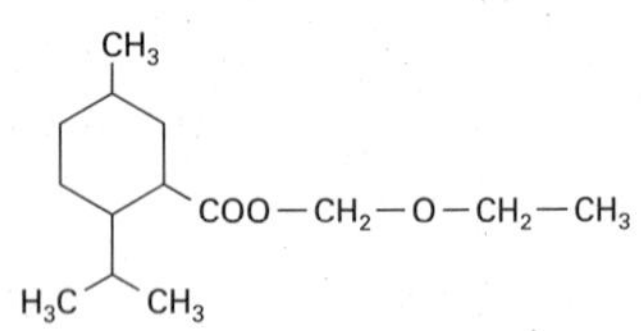

Menglytat

Menière-Krankheit: Morbus Menière; anfallartiger Drehschwindel mit Übelkeit, Erbrechen, subjekt. Ohrgeräuschen u. fluktuierender Schwerhörigkeit. **Urs.:** gestörter Regelkreis zw. Produktion u. Rückresorption der Endolymphe des Innenohres.

Meningitis: Entzündung der Hirn- u. Rückenmarkshäute. Meldepflichtige Erkrankung u. U. mit Kopfschmerz, Fieber, Lichtempfindlichkeit, vegetativen u. Bewusstseinsstörungen u. Krämpfen. **Formen:** **1.** bakterielle M.: **a)** eitrige M.: z. B. als epidem. Meningokokkenmenigitis durch Neisseria* meningitidis; **b)** nichteitrige M.: z. B. als Begleitmeningitis bei Borreliosen*; **2.** abakterielle M.: durch Viren, Pilze, Protozoen od. physik. Einwirk. verursachte Meningitis.

Meningokokken: mögliche Erreger der bakt. Meningitis*, s. Neisseria.

Meningokokken-Polysaccharid-Impfstoff: Vaccinum meningitidis cerebrospinalis Ph.Eur.4; besteht aus einem od. mehreren gereinigten Polysacchariden, gew. aus geeigneten Stämmen von Neisseria meningitidis der Gruppen A, C, Y u. W 135, die beim Menschen die Bildung genügend hoher Antikörperspiegel hervorrufen. Gegen den in Deutschland vorherrschenden Kapseltyp B gibt es keine Schutzimpfung. Der Impfstoff hat sich zur Verhütung von Epidemien bewährt, vermittelt aber keinen vollständigen Schutz (80-90 %).

Meniskus: **1.** (chem.) bogenförmige Einsenkung od. Wölbung der Oberfläche von Flüss. in Röhren. Unterschieden werden konkaver u. konvexer M., s. Kapillarität. **2.** (med.) Zwischenknorpel im Kniegelenk.

Menispermaceae: Mondsamengewächse; Fam. der Od. Ranunculales; ca. 450 Arten mit halbmondförmigen, einsamigen Früchten u. radiären, dreizähligen Blüten, 2 bis zahlreiche Staubblätter u. nicht verwachsene Fruchtblätter. Diözische, trop. Lianen mit hand- od. schildförmigen Blättern. **Chem. Merkmale:** monomere u. dimere Benzylisochinolinalkaloide, sesqui- od. diterpenoide Bitterstoffe mit Lactongruppen. **Wichtige Gattungen:** z. B. Anamirta, Chondodendron, Dioscoreophyllum, Jateorhiza, Stephania.

Mennige: Plumbicum rubrum, Plumbum oxydatum rubrum, Bleirot, Blei(II,IV)-oxid, Blei(II)-orthoplumbat, rotes Bleioxid, Minium; Pb_3O_4, M_r 685.63. Prakt. unlösl. in Wasser, lösl. in Eisessig. **Anw.:** Herst. von Pflastern u. Salben (Emplastrum fuscum camphoratum), techn. als Malerfarbe, in der Keramik, in der Glasherstellung.

Menopause: s. Menstruation.

Menopausengonadotropin, humanes: s. Hormone (Hypophysenvorderlappen), s. Urogonadotropin.

Menorrhagie: verlängerte Menstruation*. **Urs.:** z. B. entzündliche od. infektiöse Erkrankungen des Uterus u. der Ovarien, Tumoren*, hormonale Regulationsstörungen; vgl. Menstruationszyklus.

Menotropin: s. Urogonadotropin, s. Hormone (Hypophysenmittellappen).

Menschenläuse: s. Läuse.

Menses: s. Menstruation.

Menstruation (lat. menstruus allmonatlich): Menses, monatl. Regelblutung, Periode; mit Blutung einhergehende Abstoßung der Gebärmutterschleimhaut zu Beginn des Menstruationszyklus*. **Menarche:** erstes Auftreten der M., meist zw. 10.-15. Lebensjahr; **Menopause:** Zeitpunkt der letzten spontanen M., meist zw. 45.-55. Lebensjahr, vgl. Klimakterium.

Menstruationszyklus: wiederkehrender Ablauf weibl. Körper- u. Erlebnisfunktionen mit Bereitstellung einer befruchtungsfähigen Eizelle u. einer einnistungsfähigen Uterusschleimhaut sowie endokrinen, org. u. psychosexuellen Veränderungen. Beginnt am ersten Tag der Menstruation* u. dauert durchschnittl. 28 d. Die charakterist. zykl. Veränderungen (s. Abb.) werden im zweiphasigen Zyklus hormonell durch das Hypothalamus-Hypophysen-System u. die davon abhängigen Ovarialhormone gesteuert (s. Hormone). Vgl. Ovulation; Kontrazeption, hormonelle; Frauenthermometer.

Menstruum: Lösungs- od. Extraktionsmittel.

Mensur: s. Messzylinder.

Mentha: Minze; Gattung der Fam. Lamiaceae (Labiatae), ca. 15 Arten, charakterisiert durch eine starke Tendenz zur Bastardisierung. Darauf beruht die im Schrifttum bes. uneinheitl. Bezeichnung der einzelnen M.-Arten u. -Bastarde. Die

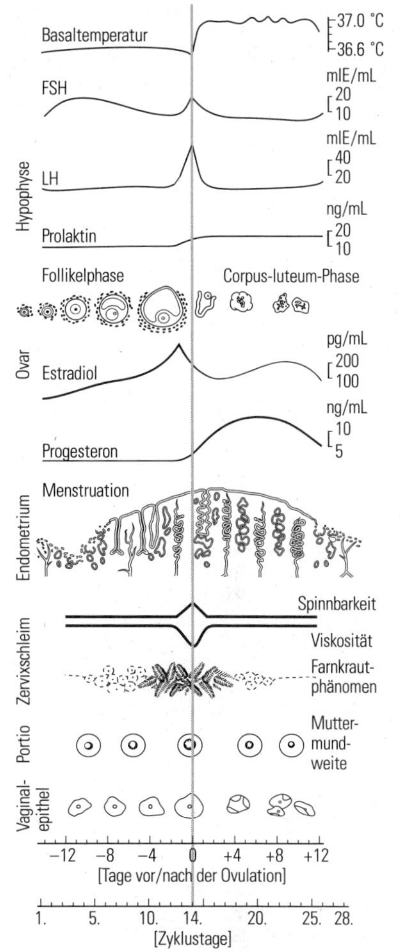

Menstruationszyklus: hormonelle und morphologische zyklische Veränderungen

Arten M. arvensis (Ackerminze), M. aquatica (Wasserminze), M. longifolia (Roßminze) u. M. rotundifolia (Rundblättrige Minze) sind zum Subgenus Mentha (Menthastrum) zusammengefasst.

Mentha aquatica L. **var. aquatica:** Bachminze, Wasserminze; Fam. Lamiaceae (Labiatae) (Europa, Nordafrika). Blütenquirle am Ende des Stängels kopfig gehäuft. Stpfl. von **Folia Menthae aquaticae:** Folia Balsami palustris, Wasserminzenblätter. **Inhaltsst.:** 0.3-0.85 % äther. Öl mit 40-50 % Menthofuran*, α- u. β-Pinen, Limonen, Menthol u. a., ferner ca. 7 % Gerbstoffe; **Anw.** volkstüml.: z. B. bei Magenbeschwerden, gallentreibendes Mittel, Aromatikum, Karminativum.

Mentha arvensis L. **var. arvensis:** M. arvensis, Ackerminze; Fam. Lamiaceae (Labiatae) (subtrop. u. gem. Zonen). Stpfl. von **Herba Menthae arvensis: Inhaltsst.:** uneinheitl. Angaben, angegeben werden: Octanon-3 (evtl. Hauptbestandteil), Pulegon, Piperiton, Menthofuran*.

M

Mentha arvensis L. **var. piperascens** Holmes ex Christy: Mentha arvensis ssp. haplocalyx (Briq.) Briq., Japanische Minze; Fam. Lamiaceae (Labiatae) (nur aus Kulturen bekannt; Japan, Brasilien u. a.). Stpfl. von **Folia Menthae japonicae:** Japanische Pfefferminze. **Inhaltsst.:** ca. 1-3 % äther. Öl mit 80-90 % Menthol; **Anw.:** zur Gew. des äther. Öls u. von Menthol (Mentholum japonicum, Japan-Menthol). **Menthae arvensis aetheroleum:** Oleum Menthae Japonicae, Japanisches (Brasilianisches, Indisches) Pfefferminzöl, Minzöl; das nach Wasserdampfdest. durch anschließende teilweise Abtrennung des Menthols u. Rektifizierung erhaltene äther. Öl aus dem frischen, blühenden Kraut. **Off.:** DAB2002; **Inhaltsst.:** nach DAB2002 (äther. Ölbest. gaschromatograph. getrennt u. quantitativ bestimmt) die Monoterpene Limonen (1.5-7.0 %), Cineol (höchstens 1.5 %), Menthon (17-35 %), Menthofuran (höchstens 1 %), Isomenthon (5-13 %), Methylacetat (1.5-10 %), Menthol (20-50 %), Isopulegol (1.0-3.0 %), Pulegon (höchstens 2.5 %), Carvon (höchstens 2 %). Das Verhältnis des Cineolgehaltes zum Limonengehalt muss <1 liegen; gekennzeichnet durch Neomenthol u. Isopulegol, das in Mentha piperita nicht vorkommt; **Anw.:** innerl. bei Meteorismus, funktionellen Magen-, Darm- u. Galleneschwerden, Katarrhen der oberen Luftwege; äußerl. bei Myalgien u. neuralgiformen Beschwerden, Katarrhen der oberen Luftwege. **Menthae arvensis aetheroleum partim mentholi privum:** Minzöl; das durch Wasserdampfdest. aus den frischen, blühenden, oberirdischen T. der Pfl. u. anschließender teilweiser Abtrennung von Menthol durch Kristallisation gewonnene ätherische Öl. **Off.:** Ph.Eur.4.01.

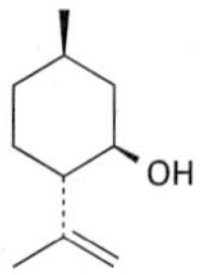

Mentha arvensis var. piperascens: Isopulegol als charakterist. Inhaltsstoff

Menthacampher: s. Menthol.

Mentha citrata: s. Mentha piperita.

Mentha crispa: Mentha cardiaca, Krauseminze; Fam. Lamiaceae (Labiatae), Sammelbez. für eine Reihe krausblättriger Mentha-Arten u. Formen (Blätter mit aufgebuckelter Spreite) z. B. **Mentha aquatica** L. **var. crispa** (L.) Benth., Krauseminze, nur aus Kulturen bekannt; **Mentha spicata** L. **var. crispa** (Benth.) Danert; **Mentha longifolia** (L.) Huds. **var. crispa** (Benth.) Danert. Stpfl. von **Fol. Menthae crispae:** Krauseminzblätter, Balsamkraut. **Inhaltsst.:** 0.9-2.6 % äther. Öl. **Menthae crispae aetheroleum:** Oleum Menthae crispae, Oleum Menthae viridis, Krauseminzöl, Spearmint-Öl. **Off.:** DAC; **Best.:** ca. 50 % (R)-(–)-Carvon (im Kümmel z. B. (S)-(+)-Carvon), Acetat des Dihydrocuminalkohols u. des Dihydrocarveols (Geruchsträger). Geh. mind. 55 % Carbonylverb., ber. als R-Carvon; **Anw.:** Aromatikum, zur Herst. von Kaugummi u. Zahnpasten (Spearmint-Geschmack).

Menthae arvensis aetheroleum: s. Mentha arvensis var. piperascens.

Menthae piperitae aetheroleum: s. Mentha x piperita.

Menthae piperitae folium: s. Mentha x piperita.

Mentha longifolia (L.) Huds. **var. longifolia:** s. Mentha spicata var. spicata.

Mentha longifolia var. crispa: s. Mentha crispa.

Menthan: 1-Methyl-4-isopropylcyclohexan. Strukturformel s. Monoterpene (Abb.). D. 0.793. Sdp. ca. 170 °C. Farblose, fenchelartig riechende Flüssigkeit. **Darst.:** durch Hydrierung von z. B. *p*-Cymen, Limonen, Terpinen.

Mentha pulegium L.: Poleiminze; Fam. Lamiaceae (Labiatae) (Mittel- u. Südeuropa, Nordamerika). Stpfl. von **Herba Pulegii:** Poleiminzenkraut, Flohkraut, Hirschminze, Poleikraut. **Inhaltsst.:** ca. 1-2 % äther. Öl, ca. 4 % Gerbstoffe, Flavonylglykoside (Diosmin, Hesperidin); **Anw.:** ähnl. wie Menthae piperitae folium (s. Mentha x piperita). **Oleum Pulegii:** Oleum Menthae pulegii, Poleiöl; das durch Wasserdampfdest. gewonnene äther. Öl (hauptsächl. in Südeuropa); gelbe bis rötlich gelbe Flüss. von pfefferminzartigem Geruch. **Best.:** ca. 80 % Pulegon*, ca. 9 % Menthol u. a. Monoterpene; **Anw.** volkstüml.: z. B. bei Menstruationsstörungen; missbräuchlich zu Abtreibungen, techn.: durch Hydrierung kann aus Pulegon Menthol hergestellt werden; **Tox.:** Poleiöl hat hepatotox. Eigenschaften.

Mentha rotundifolia: s. Mentha spicata var. spicata.

Mentha spicata L. **var. crispa:** s. Mentha crispa.

Mentha spicata L. **var. spicata :** Mentha viridis L., Grüne Roßminze; Hybride aus M. longifolia (L.) Huds. var. longifolia (Roßminze) u. M. rotundifolia (L.) Huds. (M. suaveolens Ehrh., Rundblättrige Minze, Apfelminze); vgl. Mentha x piperita.

Mentha suaveolens: s. Mentha spicata var spicata.

Mentha viridis: s. Mentha spicata var. spicata.

Mentha x piperita L.: Pfefferminze; Fam. Lamiaceae (Labiatae) (Anbaugebiete: Europa, USA, Kananda, Chile, Argentinien, Brasilen, Australien, Japan, Kenia, Tansania, Angola, Marokko); steriler Bastard aus Mentha* aquatica L. u. M. spicata L. var. spicata (M. viridis, Grüne Roßminze). Als Hybride kann die Pflanze sortenecht nur vegetativ vermehrt werden. Man unterscheidet dunkelgrüne (sog. black mint) Sorten (M. x piperita var. piperita f. piperita oder f. rubescens) u. hellgrüne (sog. white mint) Sorten (M. x piperita var. piperita f. pallenscens). Stpfl. von **Menthae piperitae folium:** Folia Menthae, Folia Menthae piperitae, Pfefferminzblätter. **Off.:** Ph.Eur.4; **Inhaltsst.:** je nach Sorte 0.5-4 % (mind. 1.2 % in ganzen u. mind. 0.9 % in geschnittenen Blättern) äther. Öl (Pfefferminzöl), ferner Gerbstoffe, Flavonglykoside, Triterpensäuren; **Wirk.:** beruht v. a. auf dem äther. Öl mit seinem hohen Mentholgehalt, daneben aber auch auf dem Gehalt an Flavonoiden u. Gerbstoffen; in vitro antibakteriell, antiviral, spasmolytisch, harntreibend, choleretisch; **Anw.:** bei krampfartigen Beschwerden im Magen-Darm-Bereich sowie der Gallenblase u.

Gallenwege; ferner als Geschmacks- u. Geruchskorrigens sowie industriell in der Nahrungsmittelbranche zum Würzen u. zur Likörherstellung, außerdem zur Gew. von Pfefferminzöl u. Menthol; **Zuber.**: Spec. aromaticae, Spec. nervinae; in Kräuterkissen. Auf die Abwesenheit von (relativ häufig vorkommendem) Minzrost ist zu achten (Ph.Eur.4: max. 10 % braungefleckte Blätter von Puccinia menthae). **Menthae piperitae aetheroleum** Ph.Eur.4: Oleum Menthae, Pfefferminzöl; das aus frisch geernteten, blühenden Zweigspitzen gewonnene äther. Öl. Farblose, schwach gelbl. od. gelblich grüne Flüssigkeit. **Inhaltsst.**: Hauptbestandteil ist freies (–)-Menthol neben kleinen Mengen an Stereoisomeren: (+)-Neomenthol, (+)-Isomenthol, (+)-Neoisomenthol; Strukturformeln s. Menthol. Für die Geruchsqualität wichtig sind die Mentholester Menthylacetat u. Menthylisovalerianat. Geh. nach der Ph.Eur. (gaschromatograph. Profil): mind. 30.0 u. max. 55.0 % Menthol, mind. 2.8 u. max. 10.0 % Menthylacetat, mind. 14.0 u. max. 32.0 % Menthon, mind. 1.5 u. max. 10.0 % Isomenthon, mind. 3.5 u. max. 14.0 % Cineol, mind. 1.0 u. max. 5.0 % Limonen, mind. 1.0 u. max. 9.0 % Menthofuran, max. 4.0 % Pulegon u. max. 1.0 % Carvon; das Verhältnis des Gehalts zwischen Pulegon u. Carvon muß über 2 liegen. Ein Qualitätsmerkmal ist die Anwesenheit von Jasmon* (ca. 0.1 %) u. a. bestimmten Begleitstoffen sowie ein möglichst niedriger Gehalt an Menthofuran*, ferner das Vork. von Viridiflorol, einem tricycl. Sesquiterpen (ein Guaianolid), das in anderen Mentha-Arten fehlt; **Wirk.**: spasmolyt. Wirk. auf den Magen-Darm-Kanal u. die Gallenwege, in vitro antimikrobiell, insektizid, choleretisch; **Anw.**: innerl. bei krampfartigen Beschwerden im oberen Gastrointestinaltrakt u. der Gallenwege, Katarrhe der oberen Luftwege, bei Mundschleimhautentzündungen; äußerl. bei Muskel- u. Nervenschmerzen, Spannungskopfschmerz; als Geruchs- u. Geschmackskorrigens (Aromatikum), für Mund- u. Zahnpflegemittel, in der Kosmetik- u. Seifenindustrie u. in der Spirituosenindustrie; in der Nahrungsmittelbranche für Schokoladen, Süßwaren (Marmeladen u. Gelees) u. zur Kaugummiherstellung; **Zuber.**: Aq. Menthae piperitae, Aq. carminativa, Spir. Menthae piperitae, Sir. Menthae piperitae, Pulvis dentifricus (cum sapone).

Hom: *Mentha piperita:* frische, blühende Pflanze; verord. z. B. bei Tracheitis, Bronchitis.

Menthene: 6 vom Menthan* abgeleitete, ungesättigte Kohlenwasserstoffe mit je einer Doppelbindung; D-3-Menthen (sog. Menthen) entsteht durch H_2O-Abspaltung aus Menthol; nat. im Thymianöl.

Menthofuran: scharf schmeckendes Monoterpen, charakterist. Best. von Menthae piperitae aetheroleum (s. Mentha x piperita); geringer Gehalt an M. gilt als Qualitätsmerkmal von hochwertigem u. unverfälschtem Pfefferminzöl.

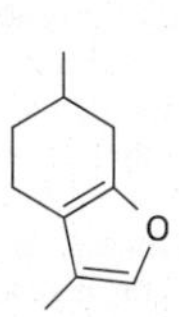

Menthofuran

Menthol: $C_{10}H_{20}O$, M_r 156.3. M. hat 3 asymmetr. C-Atome, es sind daher 8 Isomere möglich. **Levomenthol**: Levomentholum Ph.Eur.4, D-(–)-Menthol, Mentholum, Pfefferminz- od. Menthakampfer, D-*p*-Menthan-3-ol, (1*R*,3*R*,4*S*)-*p*-Menthan-3-ol, (–)-(1*R*,2*S*,5*R*)-2-Isopropyl-5-methylcyclohexanol; CAS-Nr. 2216-51-5. D. 0.88. Schmp. 43 °C. Sdp. 212 °C. $[\alpha]_D^{20\,°C}$ –48° bis –51° (c=10 in Ethanol). OHZ 350-360; nicht-flüchtige Best. max. 0.1 %. Farblose Kristalle von pfefferminzähnl. Geruch, leicht lösl. in Ether, Ethanol, Chloroform, lösl. in fetten u. äther. Ölen sowie in flüss. Paraffinen, sehr schwer lösl. in Wasser. **Gew.**: z. B. aus dem Minzöl der japanischen Pfefferminze (s. Mentha arvensis var. piperascens). Mit Campher, Thymol u. Borneol bildet M. flüss. Gemische. **Racemisches Menthol**: Mentholum racemicum Ph.Eur.4, DL-Menthol, (1*R*,3*R*,4*S* u. 1*S*,3*S*,4*R*)-*p*-Menthan-3-ol; CAS-Nr. 1490-04-6. Schmp. 33-37 °C. $[\alpha]_D^{20\,°C}$ –2° bis +2° (c=10 in Ethanol). OHZ u. Löslichkeit wie (–)-Menthol. Beim Abkühlen der Schmelze müssen 2 Erstarrungstemp. (doppelter Erstarrungspunkt) festzustellen sein; d. h. reines, racem. M. unterliegt beim Abkühlen nach der Kristallisation noch einer polymorphen Umwandlung, was bei Verunreinigung mit Isomeren (über 3 %) nicht mehr festzustellen ist. **Herst.**: hauptsächl. durch Hydrierung von Thymol. **Wirk.**: D-(–)-M. bewirkt durch Reizung der kälteempfindl. Nervenendigungen auf der Haut ein Kältegefühl, das ca. 10-mal stärker wahrgenommen wird als von (+)-M. (Neomenthol). Auch die Geruchsintensität ist ca. 3-mal stärker als von (+)-Menthol. **Anw.**: In zahlreichen Arzneispezialitäten; innerl. bei Diarrhöen u. Kardialgie, hauptsächl. als Cholagogum u. Choleretikum (Dos. 0.05-0.2 g); in Hustenmitteln; äußerl.: Analgetikum* (Migränestift) sowie Anästhetikum u. juckreizstillendes Mittel (Balsamum Mentholi compositum). Racem. M. darf mit Ausnahme zur Herst. von Pulvermischungen anstelle von D-(–)-M. verwendet werden. **Kontraind.**: Anw. von M. bei Kleinkindern ist zu vermeiden. Bei Säuglingen, die sehr mentholempfindl. sind, kann M. zu Kehlkopfkrämpfen u. Atemnot (bis hin zum Erstickungstod) führen.

Mentholum racemicum: s. Menthol.

Mentholum valerianicum: s. Menthylvalerianat.

Menthon: dem Menthol entsprechendes Keton, Inhaltsst. von z. B. Mentha* arvensis var. piperascens, Mentha* x piperita.

Menthylvalerianat: Mentholum valerianicum (EB6); Isovaleriansäurementhylester; $(CH_3)_2CH-CH_2-CO-O(C_{10}H_{19})$, M_r 240.2. D. 0.897-0.903. EZ 155-170. Klare, farblose, ölige Flüss., leicht lösl. in Ether, Ethanol, Chloroform, sehr schwer lösl. in Wasser. **Darst.**: Einw. von Isovalerylchlorid auf Menthol; **Anw.**: innerl. als Karminativum*, Analeptikum*, Antiemetikum* bei Seekrankheit; **Dos.**: 5-15 Tr. auf Zucker.

Mentum (lat.): Kinn.

Mentzelia cordifolia Dombey: Anguaraté, Anguraté; Fam. Loasaceae (Od. Violales) (Peru). Verwendet wird das Kraut, die Zweigspitzen u. die Wurzeln; **Inhaltsst.:** Flavonoide (Quercetin, Kämpferol), Cumarine (Scopoletin), Bitterstoffe, Schleim, β-Sitosterol; **Anw.:** der Tee wird als entzündungshemmendes, spasmolyt. Magen- u. Darmmittel eingesetzt.

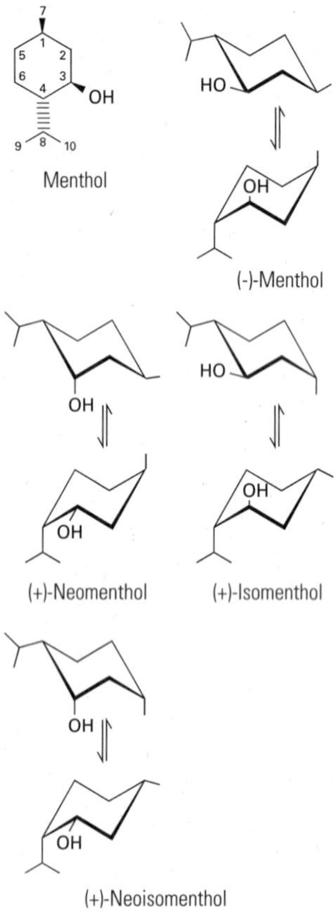

Menthol

Menyanthaceae: s. Gentianaceae.

Menyanthes trifoliata L.: Bitterklee, Biberklee, Fieberklee, Sumpfklee; Fam. Menyanthaceae (früher Gentianaceae) (Europa bis Asien u. Nordamerika). Stpfl. von **Menyanthidis trifoliatae folium:** Folia Trifolii fibrini, Folia Menyanthidis, Bitterkleeblätter, Fieberkleeblätter. **Off.:** Ph.Eur.4; **Inhaltsst.:** Secoiridoid-Bitterstoffe wie Foliamenthin, Menthiafolin, 7',8'-Dihydrofoliamenthin; ferner Swerosid u. Loganin*; bittere Monoterpenalkaloide (zweifelhaft) wie Gentianin* (Strukturformel, s. Abb. dort, vgl. Gentiana lutea) u. Gentianidin; Harz, Saponine, 1-7 % Gerbstoff, Cholin, Pektin, etwas äther. Öl. Bitterwert mind. 3000 (Ph.Eur.4); **Anw.:** als Amarum ähnl. wie andere Bitterdrogen; volkstüml.: bei Magen- u. Leberleiden, Gicht, Migräne; als Fiebermittel obsolet; **Zuber.:** Extr. Trifolii fibrini, Spec. nervinae, Spec. amaricantes, Tct. amara.

Hom: *Menyanthes:* frische, bei Blütebeginn gesammelte Pflanze; verord. z. B. bei Neuralgien, Muskelzucken.

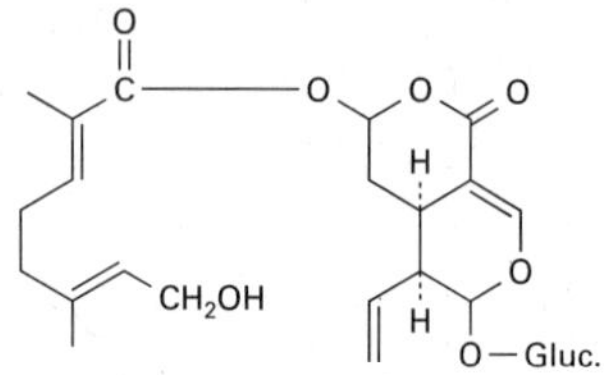

Menyanthes trifoliata: Foliamenthin

Mepacrin INN: Chinacrin, Quinacrin; 6-Chlor-9-(4'-diethylamino-1-methylbutylamino)-2-methoxyacridin; CAS-Nr. 83-89-6; $C_{23}H_{30}ClN_3O$, M_r 399.96. **Anw.:** Antimalariamittel, Lichtdermatosen, Antikonvulsivum, Taenienbefall, Lambliasis; **UAW:** Schwindel, Kopfschmerz, milde gastrointestinale Störungen; in hohen Dosen: Übelkeit, Erbrechen, Dermatosen, aplast. Anämie (nach längerer Anw.); **Dos.:** in der Malariather. parenteral i. m. 0.3 g, p. o. 1. Tag 0.8 g, 2. Tag 0.6 g in je 3 ED, später 3×0.1 g/d; Malariaprophylaxe 1×0.05 g/d; bei Lambliasis 8 mg/kg KG/d über 5 d; bei Taenienbefall 3-4×0.3 g/d; intraduodenal bei Taenienbefall 1×1.0 g/d. **Mepacrinhydrochlorid**: Mepacrin-dihydrochlorid-Dihydrat, Mepacrini hydrochloridum, Mepacrinum hydrochloricum; $C_{23}H_{32}Cl_3H_3O \cdot 2\,H_2O$, M_r 508.9. Schmp. 248 °C (polymorph). Zers. bei 248-250 °C, Abgabe des Kristallwassers ab 110 °C. Gelbes, krist. Pulver, geruchlos, bitter; wenig lösl. in Wasser, schwer lösl. in wasserfreiem Ethanol, sehr schwer lösl. in Chloroform, fast unlösl. in Ether. **Off.:** Ph.Eur.1, ÖAB90.

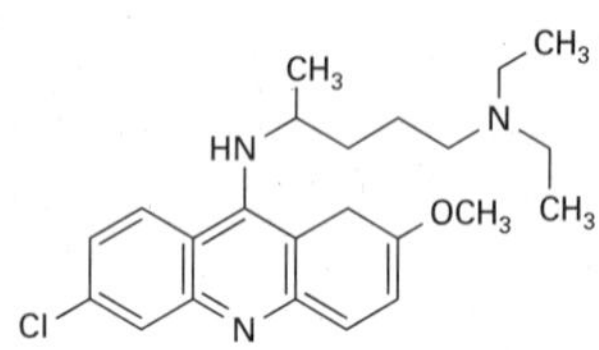

Mepacrin

Mepazin: s. Pecazinhydrochlorid.

Meperidin: s. Pethidin.

Mephenesin INN: 3-(*o*-Tolyloxy)-1,2-propandiol; 3-(2-Methylphenoxy)-1,2-propandiol; CAS-Nr. 59-47-2; $C_{10}H_{14}O_3$, M_r 182.20. Schmp. 68-70 °C (polymorph). Leicht lösl. in Ethanol, Propylenglykol, Glykol, Chloroform; 1:85 in Wasser von 20 °C, 1:11 in Ether; Harnstoff u. seine Derivate steigern die Löslichkeit. UV_{max} (0.005 %ige wässrige Lsg.) 270 nm (ε 0.395). **Anw.:** zentral wirkendes Muskelrelaxans*; gegen Muskelspasmen u. spastische, hypertone u. hyperkinet. Zustände beim Parkinson*-Syndrom, Chorea*, Tetanus; als Tranquilizer bei Angst- u. Spannungszuständen, Schlaflosigkeit, Alkoholismus, Status epilepticus; **UAW:** nach oraler Applikation Appetitlosigkeit, Übelkeit, Erbrechen, Leukopenie, allerg. Reaktionen, vermindertes Reaktionsvermögen; **WW:** verstärkt die Wirk. von Barbituraten u. Narkotika; **Dos.:** p.o. 1-6×0.5-1.0 g/d; parenteral (i.m., i.v.) 0.1-1 g.

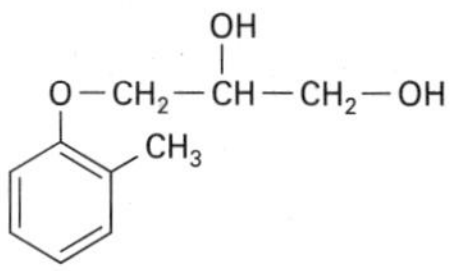

Mephenesin

Mephenoxalon INN: 5-(*o*-Methoxyphenoxymethyl)-2-oxazolidinon; CAS-Nr. 70-07-5; $C_{11}H_{13}NO_4$, M_r 223.2. Schmp. 143-145 °C. Unlösl. in Wasser. **Anw.:** Muskelrelaxans*, Tranquilizer, Analgetikum*.

Mephenytoin INN: Methylphenylethylhydantoin, Methylhydantoin, Methoin; 5-Ethyl-3-methyl-5-phenyl-2,4-imidazolidindion; CAS-Nr. 50-12-4; $C_{12}H_{14}N_2O_2$, M_r 218.25. Schmp. 136-138 °C (polymorph). Unlösl. in Wasser, bildet ein wasserlösl. Natriumsalz. **Off.:** ÖAB90; **Anw.:** Antiepileptikum*, bei Grand mal u. psychomotor. Anfällen, vgl. Epilepsie; **UAW:** allerg. Reaktionen (z.B. Leukopenie, Fieber), Leberschädigung, Knochenmarkschädigung, aplast. Anämie, Agranulozytose, Lupus erythematodes, weniger ausgeprägt sind gastrointestinale Störungen, Ataxie, Zahnfleischhyperplasie.

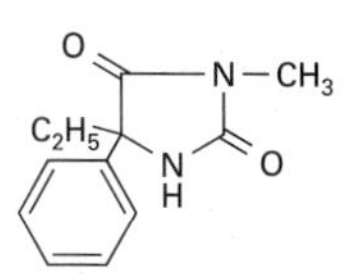

Mephenytoin

Mephitis putorius Schreb.: M. mephitis L., Echter Skunk, Nordamerikanisches Stinktier; Fam. Mustalidae (Nordamerika). **Inhaltsst. des Sekrets:** *trans*-2-Buten-1-thiol, 3-Methyl-1-butanthiol u. Methyl-1-(*trans*-2-butenyl)-disulfid (unangenehm riechend); starkes Reizmittel der Schleimhäute. **Hom:** *Mephitis putorius:* frisches Sekret der Stinkdrüsen; verord. z.B. bei Schlaflosigkeit, Neurasthenie (Nervenschwäche), nervösem Asthma.

Mephobarbital: s. Methylphenobarbital.

Mepindolol INN: 1-(Isopropylamino)-3-(2-methyl-4-indolyl)oxy-2-propanol; CAS-Nr. 23694-81-7; $C_{15}H_{22}N_2O_2$, M_r 262.34. Strukturformel s. Sympatholytika (Abb. 2). **Anw.:** Betasympatholytika; Antihypertensivum*; HWZ ca. 4 h. **Mepindololsulfat:** CAS-Nr. 56396-94-2; $C_{30}H_{46}N_4O_8S$, M_r 622.4.

Mepivacain INN: 1-Methyl-pipecolinsäure-2,6-xylidid; 1,2',6'-Trimethylpiperidin-2-carboxanilid; CAS-Nr. 96-88-8; $C_{15}H_{22}N_2O$, M_r 246.34. Strukturformel s. Lokalanästhetika (Abb. 2). Schmp. 150-151 °C (kristallisiert aus Ether). **Anw.:** Infiltrations- u. Leitungsanästhetikum; Lokalanästhetika*; **UAW:** Schwindel, Herzrhythmusstörungen; **Dos.:** parenteral in der Zahnheilkunde s.c. 3 %, max. 0.18 g/d; in der Infiltrations- u. Leitungsanästhesie s.c. 2 %, max. 0.3 g; bei Wundrändern, intrakardialen Eingriffen 1 %; HWZ 3 h. Gebräuchl. ist auch Mepivacainhydrochlorid*.

Mepivacainhydrochlorid INN: Mepivacaini hydrochloridum Ph.Eur.4; $C_{15}H_{23}ClN_2O$, M_r 282.8; Schmp. 255-262 °C (unter Zers.). Leicht lösl. in Wasser u. Methanol, 1:10 in Ethanol, wenig lösl. in Chloroform; 4.6 %ige Lsg. ist isoosmot. mit Serum. **Inkomp.:** Basen; lichtgeschützt aufzubewahren; **Anw.:** Lokalanästhetikum zur Infiltrations- u. Leitungsanästhesie.

Meplatflaschen: flache Arzneiflaschen mit Schraubverschluss, die raumsparend sind u. die sich besonders zur Abgabe von flüssigen Fertigarzneimitteln eignen.

Meprobamat INN: Meprobamatum Ph.Eur.4; 2-Methyl-2-propyl-1,3-propandiol-dicarbamat; CAS-Nr. 57-53-4; $C_9H_{18}N_2O_4$, M_r 218.25. Schmp. 104-106 °C (Mod. I, insges. 3 Mod.). Weißes, krist. Pulver od. farblose Kristalle, geruchlos od. fast geruchlos; lösl. zu 0.34 % in Wasser von 20 °C, zu 0.79 % in Wasser von 37 °C; leicht lösl. in den meisten org. Lösungsmitteln. **Anw.:** Tranquilizer (s. Psychopharmaka, Ataraktika) bei Angst- u. Spannungszuständen nicht psychot. Art, Schlafstörungen, in der Gynäkologie bei Dysmenorrhö; **UAW:** Benommenheit, Schwindel, Ataxie (Vorsicht im Straßenverkehr u. bei Alkoholgenuss); bei längerer Anw. Ausbildung einer psych. Gewöhnung, bei disponierten Personen Sucht; **Dos.:** p.o. 2-3×0.5 g/d; parenteral (i.m., s.c.) 2-3×0.08 g/d; HWZ 6-8 h bzw 28-48 h (chron. Gabe); **Tox.:** bei Vergiftung Blutdruckabfall, Koma, starke Rötung der Haut, LD 20.0 g.

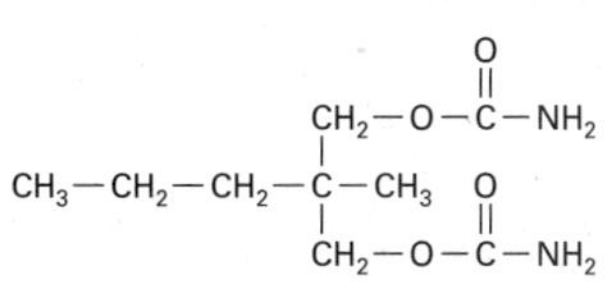

Meprobamat

Meproscillarin INN: Methylproscillaridin, Proscillaridin-4'-methylether; 14-Hydroxy-3β-[(4-*O*-methyl-α-L-rhamnopyranosyl)oxy]-14β-buta-4,20,22-trienolid; CAS-Nr. 33396-37-1; $C_{31}H_{44}O_8$. Schmp. 213-217 °C. Unlösl. in Wasser u. apolaren Lösungsmitteln; schlecht lösl. in Chloroform, Dichlormethan, Aceton; lösl. in Methanol, Ethanol, Tetrahydrofuran u. Dioxan. **Gew.:** partialsynth. durch Methylierung am *para*-ständigen OH-Gruppe der Rhamnose des Proscillaridins; durch die geringere Wasserlöslichkeit wird es besser als Proscillaridin resorbiert; **Anw.:** kaum gebräuchliches herzwirksames Glykosid*, auch bei eingeschränkter Nierenfunktion; **Dos.:** Sättigungs- u. Erhaltungsdos. liegen bei 0.5-0.75 mg; HWZ 36 h.

Meptazinol INN: 3-(3-Ethyl-1-methyl-perhydroazepin-3-yl)phenol; CAS-Nr. 54340-58-8; $C_{15}H_{23}NO$, M_r 233.4. Schmp. 127.5-133 °C. **Wirk. u. Anw.:** stark wirksames Analgetikum* mit antagonistisch-agonistischer Aktivität am Opiatrezeptor; **UAW:** Übelkeit, Erbrechen, Kopfschmerzen, sehr selten Atemdepression, Halluzinationen; **Dos.:** i.v. 50-100 mg.

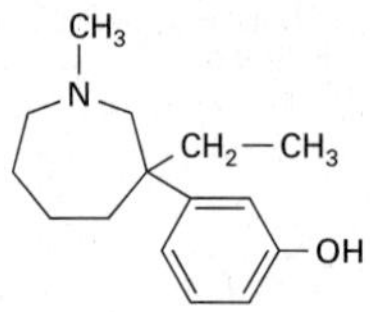

Meptazinol

Mepyramin INN: Pyrilamin; *N*-(4-Methoxybenzyl)-*N,N*-dimethyl-*N*-(2-pyridyl)ethylendiamin; CAS-Nr. 91-84-9; $C_{17}H_{23}N_3O$, M_r 285.38. Sdp. 201 °C (166 Pa), 168-172 °C (8 Pa); $n_D^{25\,°C}$ 1.5760-1.5765. **Anw.**: Antihistaminikum*, Antiallergikum*, Antiemetikum*, Antivertiginosum*; **Mepyraminhydrogenmaleat:** Mepyramini maleas Ph.Eur.4, Mepyraminium maleinicum; CAS-Nr. 59-33-6; $C_{21}H_{27}N_3O_5$, M_r 401.5. Schmp. 100-101 °C. Weißes, krist. Pulver; sehr leicht lösl. in Wasser, leicht lösl. in Ethanol u. Chloroform. **Mepyramindihydrochlorid:** $C_{17}H_{23}N_3O \cdot 2\,HCl$. Schmp. 143-143.5 °C.

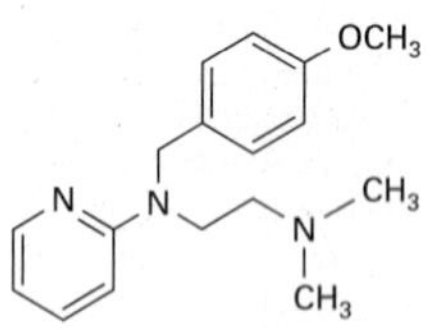

Mepyramin

Mequinol INN: *p*-Methoxyphenol; $C_7H_8O_2$, M_r 124.1. **Anw.**: gegen Sommersprossen, übermäßige Hautpigmentierung.

Mequitazin INN: 10-(3-Chinuclidinylmethyl)phenothiazin; CAS-Nr. 29216-28-2; $C_{20}H_{22}N_2S$, M_r 322.47. **Anw.**: Antihistaminikum*, Sedativum*; Vorsicht bei Patienten mit Lebererkrankungen; **Dos.**: p. o. 2×5 mg/d. HWZ 18 h.

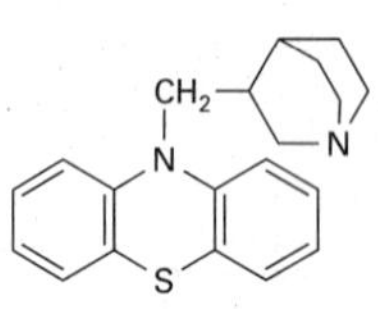

Mequitazin

Merasingiblätter: s. Gymnema sylvestre.

Merbromin INN: Merbrominum natricum, Dibrom-oxymercuri-fluoresceinnatrium, Mercurescein-natrium; Dinatrium-2-(2,7-dibrom-5-hydroxomercurio-6-hydroxy-3-oxo-3*H*-xanthen-9-yl)benzoat; CAS-Nr. 129-16-8; $C_{20}H_8Br_2HgNa_2O_6$, M_r 750.70. Enthält 24-27 % Hg, ber. auf die Trockensubstanz. Löslich in Wasser 1 : 1, in Methanol 1 : 8,1 (G/G), in 94 %igem Ethanol 1 : 50 (G/G); praktisch unlösl. in Aceton, Chloroform, Ether; pH der 0.5 %igen wässrigen Lsg. 8.8; die wässrige Lsg. ist kaminrot. Eine stark verdünnte Lösung (1 : 2000) zeigt gelblich grüne Fluoreszenz. **Off.**: Ph.Helv.7; **Anw.**: bakteriostat. Antiseptikum* zur Wundbehandlung; **UAW:** bei großflächiger Anw. evtl. Nierenschädigung durch Quecksilberresorption; gilt wegen der Quecksilber-Umweltbelastung, gesundheitl. Risiken u. unzureichender Wirksamkeitsnachweise als obsolet.

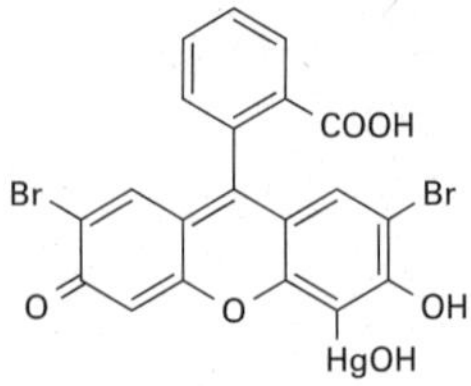

Merbromin

Mercaptamin INN: 2-Aminoethanthiol; CAS-Nr. 60-23-1; $H_2N-CH_2-CH_2-SH$, C_2H_7NS, M_r 77.2. Schmp. 97 °C. logP 0.03; pK_S 7.9 (ber.); leicht lösl. in Wasser. Verw. des Bitartrat-Salzes. **Wirk.**: hemmt die Anhäufung von Cystin; **Anw.**: Ther. der seltenen, angeborenen Stoffwechselkrankheit nephropath. Cystinose, einer Ansammlung von Cystin in den Lysosomen, die Gewebeschädigung mit Nierenversagen, Minderwuchs u. weiteren Organschäden verursacht; **UAW:** häufig Übelkeit, Erbrechen, Appetitlosigkeit, Fieber; **Dos.**: Kinder bis 12 Jahre 1.3 g/m² Körperoberfläche, Patienten über 12 Jahre 2 g/m² Körperoberfläche pro Tag, verteilt auf 4 Tagesgaben.

Mercaptane: s. Thiole.

Mercaptide: s. Thiole.

Mercapto-: s. Thiole.

Mercaptodimethur: Schneckenvertilgungsmittel; s. Schädlingsbekämpfungsmittel (Molluskizide).

Mercaptoethanol: $HS-CH_2-CH_2-OH$, Reagens zur reduktiven, reversiblen Spaltung von Disulfidgruppen in Peptiden u. Proteinen. Dabei entstehen zwei freie SH-Gruppen pro Disulfidbrücke.

Mercaptole: s. Thiole.

Mercaptopurin INN: Abk. 6-MP, Mercaptopurinum Ph.Eur.4, Leukerin, 6-Purinthiol; 6-Purinthion; CAS-Nr. 6112-76-1 bzw. CAS-Nr. 50-44-3 (Anhydrat); $C_5H_4N_4S \cdot H_2O$, M_r 170.2. Gelbes, krist. Pulver; fast unlösl. in Wasser u. Ether, schwer lösl. in Ethanol, lösl. in Alkalihydroxid-Lsg.; $pK_{S,1}$ 7.77, $pK_{S,2}$ 11.17. **Anw.**: Zytostatikum*, Antineoplastikum; bei Leukämie; wirkt auch urikostat.; **Dos.**: p. o. tägl. 0.5 g/m² Körperoberfläche 5 d lang; Wiederbehandlung nach 2 Wochen; HWZ 1.5 h.

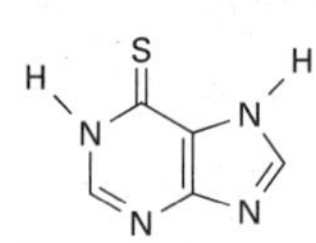

Mercaptopurin

Mercaptursäuren: s. Glutathion.

Mercerisierung (John Mercer, brit. Chemiker, 1791-1866): Veredelungsverfahren (1844) für Cellulosefasern (Baumwolle) durch Behandlung mittels Alkalien, wodurch die Baumwolle fester u. glänzender wird u. ein verstärktes Aufnahmevermögen für Farbstoffe u. Feuchtigkeit erhält.

Mercuriacetat: s. Quecksilber(II)-acetat.

Mercurialis annua L.: einjähriges Bingelkraut; u. **Mercurialis perennis**, Waldbingelkraut, Böser Heinrich, Fam. Euphorbiaceae (Europa, Mittelmeergebiet). Stpfl. von **Herba Mercurialis:** Bingelkraut. **Inhaltsst.:** Saponine, Cyanglykoside, Flavonderivate, Methylamin, sonst weitgehend unbekannt; **Anw.** volkstüml.: z. B. als Abführmittel, bei Appetitmangel, Bronchialkatarrh.
Hom: *Mercurialis annua:* frisches, blühendes Kraut.
Hom: *Mercurialis perennis ferm 34c (HAB1.4):* frisches, blühendes Kraut.

Mercuriammonumchlorid: s. Quecksilber(II)-amidochlorid.

Mercurichlorid: s. Quecksilber(II)-chlorid.

Mercuricyanid: s. Quecksilber(II)-cyanid.

Mercuriiodid: s. Quecksilber(II)-iodid.

Mercurimetrie: Verfahren der Maßanalyse* zur Bestimmung von Cl^- u./od. Br^- durch Titration mit $Hg(NO_3)_2$. Dabei wird Diphenylcarbazid* als Indikator verwendet, welches mit freien Hg^{2+}-Ionen einen blauen Komplex bildet.

Mercurinitrat: s. Quecksilber(II)-nitrat.

Mercurioxid, gelbes: s. Quecksilber(II)-oxid, gelbes.

Mercurioxid, rotes: s. Quecksilber(II)-oxid, rotes.

Mercurisulfat: s. Quecksilber(II)-sulfat.

Mercurisulfat, basisches: s. Quecksilber(II)-sulfat, basisches.

Mercurisulfid, rotes: s. Quecksilber(II)-sulfid, rotes.

Mercurisulfid, schwarzes: s. Quecksilber(II)-sulfid, schwarzes.

Mercurius aceticus: s. Quecksilber(I)-acetat.

Mercurius auratus: s. Goldamalgam.

Mercurius biiodatus: s. Quecksilber(II)-iodid.

Mercurius cyanatus: s. Quecksilber(II)-cyanid.

Mercurius dulcis: s. Quecksilber(I)-chlorid.

Mercurius iodatus flavus: s. Quecksilber(I)-iodid.

Mercurius iodatus ruber: s. Quecksilber(II)-iodid.

Mercurius iodatus viridis: s. Quecksilber(I)-iodid.

Mercurius nitricus oxydulatus: s. Quecksilber(I)-nitrat.

Mercurius nitrosus: s. Quecksilber(I)-nitrat.

Mercurius praecipitatus albus: s. Quecksilber(II)-amidochlorid.

Mercurius praecipitatus flavus: s. Quecksilber(II)-oxid, gelbes.

Mercurius praecipitatus niger: s. Quecksilber, lösliches, nach Hahnemann.

Mercurius praecipitatus ruber: s. Quecksilber(II)-oxid, rotes.

Mercurius solubilis Hahnemanni: s. Quecksilber, lösliches, nach Hahnemann.

Mercurius sublimatus corrosivus: s. Quecksilber(II)-chlorid.

Mercurius sulfuricus: s. Quecksilber(II)-sulfat.

Mercurius vivus: s. Quecksilber.

Mercuri-Verbindungen: Quecksilber(II)-Verbindungen; vgl. Quecksilber.

Mercuroacetat: s. Quecksilber(I)-acetat.

Mercurobromid: s. Quecksilber(I)-bromid.

Mercurochlorid: s. Quecksilber(I)-chlorid.

Mercuroiodid: s. Quecksilber(I)-iodid.

Mercuronitrat: s. Quecksilber(I)-nitrat.

Mercurosulfat: s. Quecksilber(I)-sulfat.

Mercurotannat: s. Quecksilber(I)-tannat.

Mercuro-Verbindungen: Quecksilber(I)-Verbindungen; vgl. Quecksilber.

Merikarpien: s. Fruchtformen.

Meristem: (bot.) Bildungsgewebe, Teilungsgewebe; s. Kambium.

Meristine: (bot.) die Zellteilung auslösende Stoffe (z. B. an Wundflächen).

Merkurialismus: s. Quecksilber (Tox.).

Merkurialpflaster: s. Emplastrum Hydrargyri.

Merkurialsalbe, graue: s. Unguentum Hydrargyri cinereum.

Merocyanine: durch Mesomerie* stabilisierte Polymethinfarbstoffe. **Anw.:** Sensibilisatoren in der Fotografie, Textilfarbstoffe.

Meropenem INN: (4*R*,5*S*,6*S*)-3-[(3*S*,5*S*)-5-(Dimethylcarbamoyl)-3-pyrrolidinylthio]-6-[(*R*)-1-hydroxyethyl]-4-methyl-7-oxo-1-azabicyclo[3.2.0]hept-2-en-2-carbonsäure-Trihydrat; CAS-Nr. 96036-03-2, $C_{17}H_{25}N_3O_5S \cdot 3\,H_2O$, M_r 437.51. **Wirk.:** Betalactam-Antibiotikum aus der Gruppe der Carbapeneme*; M. muss nicht mit Cilastatin* kombiniert werden, da es durch die Dehydropeptidase I nicht inaktiviert wird (vgl. Imipenem); **Anw.:** Breitband-Antibiotikum mit hoher Wirksamkeit gegen gramnegative u. grampositive Keime; Ind.: schwere Infektionen; **Dos.:** 3×0.5-1 g/d; HWZ 1 h.

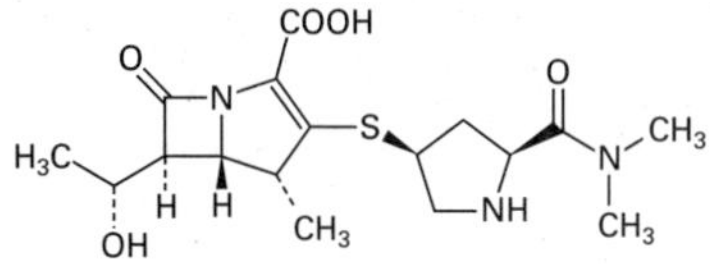

Meropenem

Merrifield-Harze: Merrifield resin; Standardträger für die Peptidsynthese an fester Phase u. für die org. Festphasensynthese. Diese Harze können zum Anhängen von Carbonsäuren, Alkoholen, wie auch für Thiole, Phenole und Amine verwendet werden. Die Produkte werden vom Harz abgespalten, indem man das Harz mit starken Säuren versetzt, z. B. Fluorwasserstoffsäure od. Trifluormethansulfonsäure (TFMSA).

Merrifield-Peptidsynthese: Methode zur Synthese von Peptiden an einem Polystyrolharz. Das wachsende Peptid bleibt während der gesamten Synthese am hochmolekularen Träger kovalent gebunden; die Nebenprodukte werden nach jedem Reaktionsschritt ausgewaschen. Dieses Verfahren konnte automatisiert werden, so dass 1969 erstmals die Totalsynthese des aus 124 Aminosäurenresten zusammengesetzten Enzyms Ribonuclease gelang.

Mersolate: Alkylsulfonsäuresalze, die keine unlöslichen Kalkseifen bilden. **Herst.:** Sulfochlorierung u. Verseifung höherer Paraffin-Kohlenwasserstoffe (Fischer-Tropsch-Paraffine). **Anw.:** in Waschmitteln.

Mesalazin INN: s. 5-Aminosalicylsäure.

Mescal: s. Agave americana.

Mescal Buttons: s. Lophophora williamsii var. williamsii.

M

Mescalin: Mezkalin; 3,4,5-Trimethoxyphenylethylamin; CAS-Nr. 54-04-6; $C_{11}H_{17}NO_3$, M_r 211.25. Schmp. ca. 36 °C. Farblose, ölige Flüss.; lösl. in Wasser, Ethanol, Chloroform, prakt. unlösl. in Ether; halluzinogener Wirkstoff in Mescal Buttons; s. Lophophora williamsii var. williamsii.

Mesembryanthemum-Arten: s. Rauschdrogen.

Mesenchym: embryonales Bindegewebe. Muttergewebe von z. B. Stütz- u. Bindegeweben, quergestreifter Muskulatur, fast aller glatten Muskelzellen, der Herzmuskulatur, Gefäß- u. Blutzellen.

Mesenterium: Dünndarmgekröse; Aufhängeband des Dünndarms an die hintere Bauchwand.

Mesilat: Mesylat; chem. Kurzbez. für Methansulfonat.

Mesna INN: Mesnum Ph.Eur.4; Natrium-2-mercaptoethansulfonat; CAS-Nr. 19767-45-4; $HS-CH_2-CH_2-SO_3Na$; $C_2H_5NaO_3S_2$, M_r 164.17. **Anw.:** Mukolytikum*, Zytoprotektivum*; Antidot geg. Urotoxizität (Hämaturie u. Zystitis) der Oxazaphosphorine*; **Dos.:** als Aerosol 1-4×0.6 g/d; HWZ 1.5 h.

Meso-: Wortteil mit der Bedeutung mitten, dazwischen, zwischen.

Mesoform: eine Verb. mit mind. 2 gleich substituierten Chiralitätszentren von entgegengesetzter Chiralität*. Aufgrund der daraus resultierenden

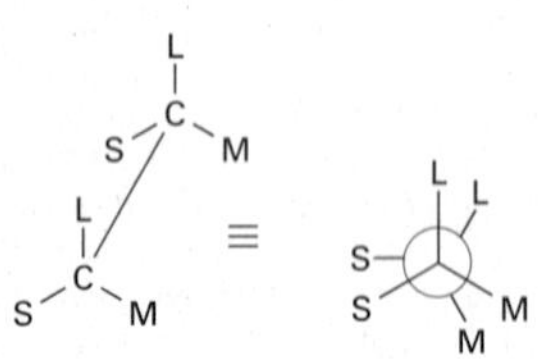

Mesoform

Spiegelebene ist die M. achiral (s. Abb.).

Mesokarp: (bot.) mittlere Schicht der Fruchtwand, s. Fruchtformen.

Mesomerie: chem. Resonanz (von Elektronenschwingungen), die sich über den Bereich zweier benachbarter Atome hinaus erstreckt und an der nur die relativ leicht bewegl. π-Elektronen beteiligt sind. Das starrere Gerüst der σ-Bindungselektronen wird durch den Konjugationseffekt kaum beeinflusst. Das Molekül kann durch Grenzformeln beschrieben werden, in denen die π-Elektronen maximal konjugiert vorliegen. Die Grenzformeln werden in der Darst. durch einen Doppelpfeil (↔) miteinander verbunden (s. Abb.). Bei Benzol wird die M. auch durch einen Kreis innerhalb des sechsgliedrigen Ringes symbolisiert; vgl. Verbindungen, aromatische.

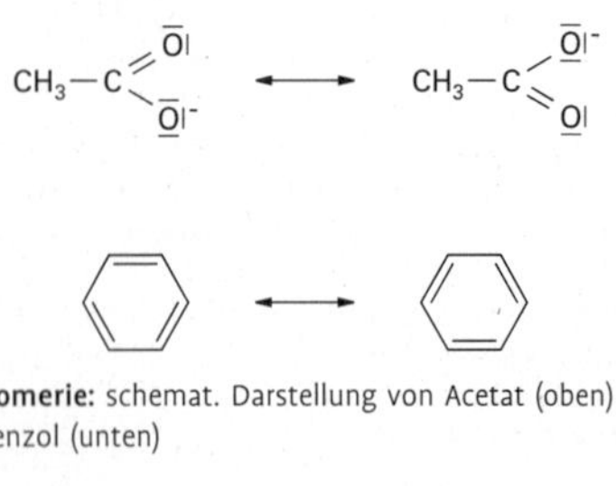

Mesomerie: schemat. Darstellung von Acetat (oben) u. Benzol (unten)

Mesomorphie: Zustand der mesomorphen (flüssigkristalline) Phase; s. Flüssigkristalle.

Mesonen: Mesotronen; positive od. negative geladen Teilchen; Masse ca. 200-mal größer als die Elektronenmasse jedoch kleiner als die Protonenmasse. Ihre Lebensdauer beträgt nur Millionstel bis Milliardstel Sekunden; sie bewegen sich nahezu mit Lichtgeschwindigkeit; treten z. B. bei der Beschießung von Atomkernen auf. **Gesch.:** 1937 vom US-amerikanischen Physiker Carl David Anderson (1905-1991) in der kosmischen Höhenstrahlung entdeckt.

Mesophasen: s. Flüssigkristalle.

Mesophyll: (bot.) das von der Epidermis umschlossene Parenchymgewebe der Blattspreite.

Mesophyten: Pflanzen, die an einen Standort mit gemäßigter Feuchtigkeit angepasst sind; Mittelstellung zwischen Hydrophyten* u. Xerophyten*.

Mesosomen: Einstülpungen der Plasmamembran von Prokaryonten. M. dienen als Orte spezieller Enzymreaktionen, z. B. der Zellatmung.

Mesosphäre: s. Erdatmosphäre.

Mesothorium: Symbol MsTh; histor. Bez. für 2 radioaktive Zerfallsprodukte des Thoriums*. Mesothorium I ($^{228}_{88}Ra$, HWZ 6.7 a) geht durch β-Bestrahlung in Mesothorium II ($^{228}_{89}Ac$, HWZ 6.13 h) über. **Gew.:** aus den Rückständen bei der Thoriumfabrikation aus dem Monazitstand; **Anw.:** hauptsächl. zu Leuchtmasse **Gesch.:** 1907 von Otto Hahn (1879-1968) entdeckt.

Mesoweinsäure: Antiweinsäure; aufgrund ihrer Molekülsymmetrie opt. inaktive Weinsäure*.

Mesoxalylharnstoff: s. Alloxan.

Mespilus germanica: s. Mispel.

Messenger-RNA: s. mRNA.

Messgeräte für radioaktive Strahlung: s. Strahlenmessgeräte.

Messgeräte, medizinische: s. Eichgesetz.

Messing: Kupfer-Zink-(Aluminium-)-Legierung: Cu 55-95 %, Zn 5-45 %; Rotmessing mit mehr als 70 % Cu heißt auch Tombak*.

Messkolben: Maßkolben; Standkolben mit engem, langem Hals , meist mit Normschliffhülse u. Kunststoffstopfen, die für eine bestimmte Flüssigkeitsmenge, meist bezogen auf 20 °C, kalibriert sind (s. Abb.), u. zwar entweder auf Einguss (In) od. auf Ausguss (Ex). Die Füllung erfolgt derart, dass man die Flüss. bis in die Nähe des Eichstrichs am Hals eingießt u. die letzten Tr. mittels Pipette zutropft. Zur genaueren Ablesung des Menikus. **Anw.:** hauptsächl. bei der Maßanalyse*. s. Kapillarität.

Messpipette: Saugrohr von bestimmtem, geeichtem Rauminhalt. Das Glasrohr ist meist in der Mitte erweitert u. unten zu einer Spitze ausgezogen, die in die Flüss. eintaucht, während man am oberen Ende die Flüss. vorsichtig ansaugt. Die **Vollpipette** dient zur Abmessung eines best. Volumens (0.5-200 mL), auf das sie kalibriert ist (vgl. Mikroliterpipette). Die **Teil- od. Messpipette** ist eine graduierte Glasröhre wie die Bürette*, mit der man auch beliebige Teilvolumina abmessen kann (s. Abb.). Für bakteriologische, ätzende

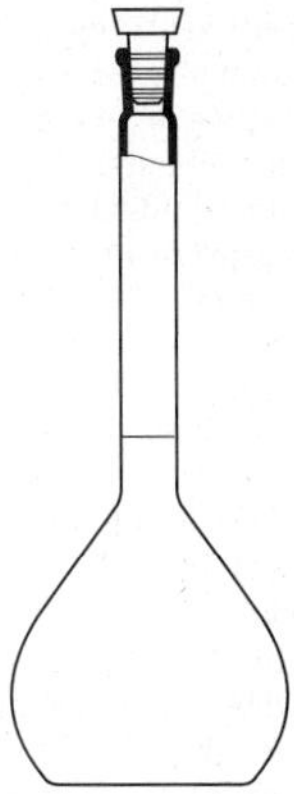

Messkolben: M. mit Ablesestreifen [14]

u. tox. Flüss. verwendet man Pipettierhilfen, wie z. B. einen Peleusball.

Mess- und Eichwesen: s. Eichgesetz.

Messzylinder: Maßzylinder, Mensuren, Mischzylinder; zylindr. od. becherförmige Glasgefäße mit Graduierung. M. sind wegen des ungünstigen Verhältnisses von Meniskusdurchmesser zu Flüssigkeitsvolumen nicht für genaue Messungen geeignet (s. Abb.).

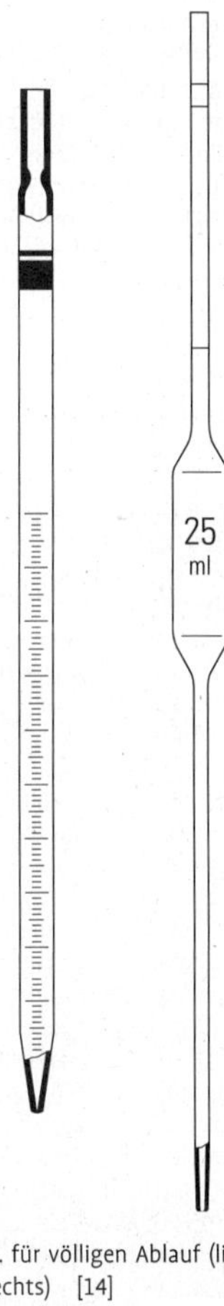

Messpipette: M. für völligen Ablauf (links) u. Vollpipette (rechts) [14]

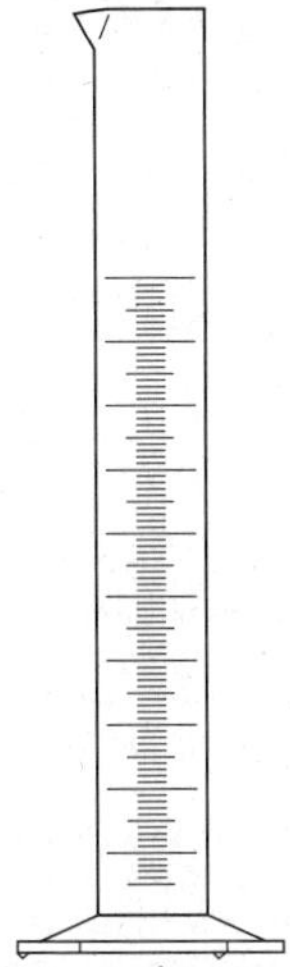

Messzylinder: M. zur ungefähren Ablesung von Flüssigkeitsvolumina [14]

Mesterolon INN: Mesterolonum Ph.Eur.4; 17β-Hydroxy-1α-methyl-5α-androstan-3-on; CAS-Nr. 1424-00-6; $C_{20}H_{32}O_2$, M_r 304.46. Schmp. 206-211 °C; $[\alpha]_D^{20\,°C}$ +17.6° (c=0.875 in Chloroform). Weißes bis gelbliches, krist. Pulver, unlösl. in Wasser, wenig lösl. in Aceton, Ethylacetat u. Methanol. **Anw.:** Androgen-Therapie (die Gonadotropinsekretion wird durch M. nicht gehemmt); HWZ 4-6 h; **Dos.:** oral Hypogonadismus: Initialdosis 75-100 mg/d; Erhaltungsdosis 50-75 mg/d.

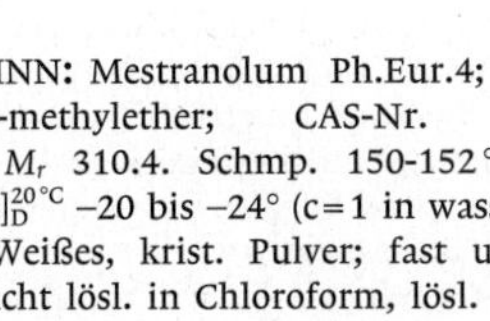

Mesterolon

Mestranol INN: Mestranolum Ph.Eur.4; Ethinylestradiol-3-methylether; CAS-Nr. 72-33-3; $C_{21}H_{26}O_2$, M_r 310.4. Schmp. 150-152 °C (polymorph). $[\alpha]_D^{20\,°C}$ −20 bis −24° (c=1 in wasserfreiem Pyridin). Weißes, krist. Pulver; fast unlösl. in Wasser, leicht lösl. in Chloroform, lösl. in Ether,

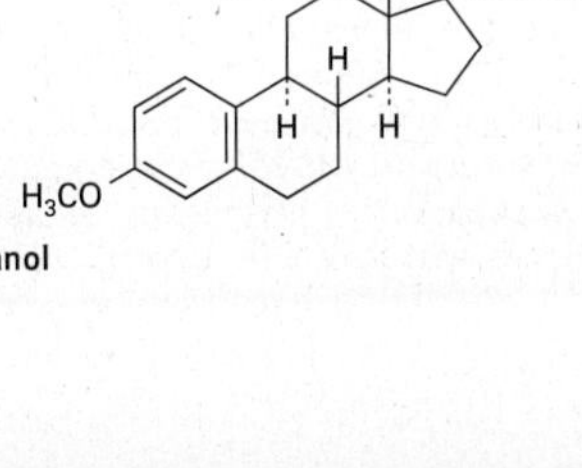

Mestranol

wenig lösl. in Ethanol. **Anw.:** s. Estradiol, vgl. Ethinylestradiol.

Mesudin: s. Mafenid.

Mesulfen INN: syn. Mesulphen, Thiantholum; 2,7-Dimethylthianthren; CAS-Nr. 135-58-0; $C_{14}H_{12}S_2$, M_r 244.38. Schmp. 123 °C (kristallisiert aus Essigsäure, Ethylacetat od. Ethanol). Sdp. 184 °C (400 Pa), 228-231 °C (1.87 kPa). Leicht lösl. in Aceton, Chloroform, Ether, Petrolether; mäßig lösl. in absolutem Ethanol, Ethylacetat; unlösl. in Wasser. **Off.:** ÖAB90; **Anw.:** Antiscabiosum*, Desinfektionsmittel*; **Dos.:** topisch unverdünnt, Vollbad 5 g.

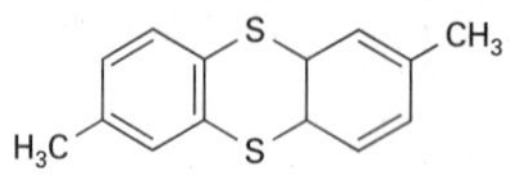

Mesulfen

Mesuximid INN: Methsuximid, *N*,2-Dimethyl-2-phenylsuccinimid; 1,3-Dimethyl-3-phenyl-2,5-pyrrolidindion; CAS-Nr. 77-41-8; $C_{12}H_{13}NO_2$, M_r 203.23. Schmp. 52-53 °C (kristallisiert aus verd. Ethanol). Sdp. 121-122 °C (13.3 Pa). Leicht lösl. in Methanol, Ethanol. **Anw.:** Antiepileptikum*, bei Petit mal u. psychomotor. Anfällen; **UAW:** s. Ethosuximid; **Dos.:** p. o. 1×0.3 g/d, wenn Wirk. nicht ausreicht, nach einer Woche erhöhen, max. 1.2 g/d; HWZ 1.4-2.6 h bzw. 28-38 h (Metaboliten).

M

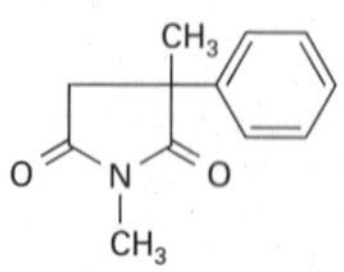

Mesuximid

Met: Honigwein; ein durch Vergärung von verd. Honig gewonnenes alkohol. Getränk (15 kg Honig in 50 L Wasser auflösen u. 0.02 % Ammoniumphosphat zusetzen). Met ist eines der ältesten alkohol. Getränke, das schon in der Steinzeit bekannt war.

Meta: s. Metaldehyd.

***Meta-*:** **1.** Wortteil mit der Bedeutung zwischen, inmitten. **2.** (chem.) Angabe der 1,3-Stellung von 2 Substituenten am Benzolring; Abk. *m*-.

Metaanalyse: mathemat. Synthese der Ergebnisse von 2 od. mehr klin. Studien, die dieselbe Hypothese in ähnl. Art untersucht haben. M. stellen eine Grundlage für die vergleichende Bewertung von Arzneimitteln dar; vgl. Cochrane collaboration, Medizin, evidenzbasierte.

metabolic trapping: s. blocked metabolism.

metabolisch (gr. metabole Veränderung, Umsetzen): im Stoffwechsel entstanden, den Stoffwechsel betreffend.

Metabolismus: **1.** (allgem.) Stoffwechsel*. **2.** (biopharm.) die Umwandlung (Metabolisierung, Biotransformation) von Arzneistoffen durch Enzymsysteme des Körpers. Die Metabolisierung erfolgt v. a. in der Leber u. geringfügig in anderen Organen; die wirksamen, weitgehend unspezif. Enzyme können strukturgebunden an den Membranen des endoplasmat. Retikulums (z. B. Monooxygenasen, Glucuronyltransferasen) od. in den Mitochondrien sowie strukturungebunden in lösl. Form (z. B. Esterasen, Amidasen) vorkommen. Ziel des M. ist die Umwandlung lipophiler Xenobiotika in hydrophilere, leichter ausscheidbare Stoffe. Die Reaktionen der Biotransformation werden in Phase-I- u. Phase-II-Reaktionen unterteilt. **Phase-I-Reaktionen:** Biotransformation, durch die der Arzneistoff oxidativ, reduktiv od. hydrolytisch verändert wird. Schafft z. T. die Voraussetzungen für Phase-II-Reaktionen durch Einfügung od. Abänderung funktioneller Gruppen. Beispiel: Hydroxylierung von Pharmaka am Cytochrom*-P-450 System. **Phase-II-Reaktionen:** Kopplung (Konjugation) des Arzneistoffs od. seines Phase-I-Metaboliten mit körpereigenen Substanzen. Nach Kopplung mit aktivierter Glucuronsäure (Glucuronidierung), Glycin, Schwefelsäure (Sulfatierung) etc. resultieren i. d. R. hydrophilere, meist saure Konjugate, die rasch ausgeschieden werden können. Bei biliärer Elimination kann es zur Spaltung u. Rückresorption kommen (enterohepatischer Kreislauf*, z. T. als Phase III bezeichnet).
I. Allg. erfolgen eine Entgiftung od. ein Wirkungsverlust des Arzneistoffes, der umgekehrte Fall (Giftung, wirksame Metaboliten) kommt z. B. bei Prodrugs* vor. Erfolgt die Metabolisierung bereits vor dem Eintritt in die system. Zirkulation, spricht man von einem First*-pass-Effekt. Genet. bedingte Unterschiede im Enzymmuster beeinflussen den M. (z. B. schnelle u. langsame Acetylierer). Viele Arzneimittelinteraktionen* haben ihre Ursache im M., z. B. durch Enzyminduktion, Enzyminhibition.

Metabolit, aktiver: s. Prodrug.

Metaboliten: Produkte des Metabolismus*.

Metaboliten, sekundäre: sekundäre Stoffwechselprodukte; pfl. Substanzen wie z. B. Pigmente, Alkaloide, Antibiotika, Phenole u. Terpene, die nur in bestimmten Organen, Geweben u. Zellen gebildet werden, die geeignete Enzyme enthalten; Bildung erfolgt meist nur während bestimmter Entwicklungsphasen der jeweiligen Organismen; sekundäre Metaboliten sind Produkte des Sekundärstoffwechsels u. unterscheiden sich von jenen des Primärstoffwechsels* (Grundstoffwechsel). **Funktion:** viele sekundäre Metaboliten sind ohne erkennbare biol. Funktion; einige haben jedoch im Verlauf der Evolution für den jeweiligen Organismus Bedeutung erlangt, z. B. Hormone; andere sind von ökolog. Interesse, indem sie als Lockstoffe (Duft- u. Farbstoffe), als Fraßschutzmittel u. als giftige Abwehrstoffe dienen.

Metaborsäure: s. Borsäure.

Metaclazepam INN: 7-Brom-5-(2-chlorphenyl)-2,3-dihydro-2-(methoxymethyl)-1-methyl-1*H*-1,4-benzodiazepin; CAS-Nr. 65517-27-3; $C_{18}H_{18}BrClN_2O$, M_r 393.6. **Wirk.** u. **Anw.:** Tranquilizer (s. Psychopharmaka, Ataraktika); Anxiolytikum*; **UAW:** Müdigkeit, Schwindel, Verwirrtheitszustände; **Dos.:** morgens 5 mg, abends 10 mg; vgl. Benzodiazepine.

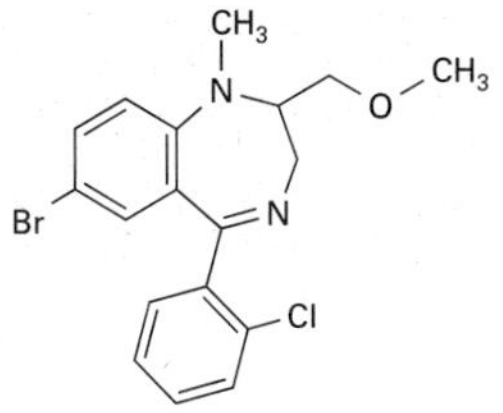

Metaclazepam

Metacresol: Metacresolum Ph.Eur.4, m-Cresol, m-Kresol; 3-Methylphenol; CAS-Nr. 108-39-4; C_7H_8O, M_r 108.13, Schmp. 11-12 °C, Sdp. 202 °C (101.325 kPa), FpP. 86 °C (geschlossen); löslich ca. 1:40 in Wasser, in Lösungen bestimmter Alkalihydroxide, mischbar mit Ethanol, Chloroform, Ether. **Anw.:** Konservierungsmittel bei Ampullen (Insulin). Gebräuchlich ist auch **Polycresolsulfonat**, syn. Dicresulen polymer, Dihydroxydimethyldiphenylmethandisulfonsäure-Polymer; $(C_{15}H_{16}O_8S_2)_n$ als Antiseptikum.

Metacyclin INN: syn. Methacyclin; 6-Methylenoxytetracyclin; CAS-Nr. 914-00-1; $C_{22}H_{22}O_8N_2$, M_r 442.42. Strukturformel s. Antibiotika (Abb. 5). Halbsynthet. Breitband-Antibiotikum, Derivat des Oxytetracyclin*. **Metacyclinhydrochlorid:** CAS-Nr. 3963-95-9; $C_{22}H_{22}O_8N_2 \cdot HCl$, M_r 478.9. Schmp. ca. 240 °C. Lösl. in 65-100 T. Wasser, in 80-300 T. Ethanol; unlösl. in Chloroform u. Ether. 1 g entspr. 0.82 g Base. **Wirk.** u. **Anw.:** Tetracyclin-Antibiotikum; Wirkungsspektrum vergleichbar mit Tetracyclin*, aber deutl. langsamere Elimination; **Dos.:** p. o. 0.6 g/d in 2-4 ED, bei schweren Fällen bis zu 1.2 g/d; Kinder 6.5-13 mg/kg KG/d in Form eines geschmacksneutralen Calciumkomplexes; vgl. Antibiotika (Tab.).

Metaderm: (bot.) sekundäres Abschlussgewebe* von Pteridophytenrhizomen, das durch Korkeinlagerung in die äußeren Schichten des Grundgewebes der Rhizome entstanden ist u. das Periderm ersetzt (z. B. bei Rad. Filicis maris); das M. stellt verdickte, axial gestreckte Zellen dar.

Metakieselsäure: Acidum silicicum; $(H_2SiO_3)_n$; s. Silicium.

Metaldehyd: Meta; $(CH_3-CHO)_4$; Polymerisationsprodukt aus Acetaldehyd. Farblose Kristalle, lösl. in heißem Ethanol, unlösl. in Wasser. Verbrennt mit bläul. Flamme, ohne zu schmelzen, sublimiert bei 112-115 °C. **Anw.:** fester Brennstoff (Stäbchen, Würfel) u. Schneckenbekämpfungsmittel.

Metallarsenide: s. Arsenide.

Metallbindung: s. Bindung, chemische.

Metallcarbonyle: s. Carbonyle.

Metalle: chem. Elemente, deren Hauptmerkmale Glanz, Undurchsichtigkeit, Verformbarkeit, gute Leitfähigkeit für Wärme u. Elektrizität sowie hohe Festigkeit sind (lediglich Quecksilber* ist flüssig). Nach ihrem chem. Verhalten unterscheidet man **Edelmetalle**, die sich an der Luft nicht verändern, bzw. sich höchstens mit einer kaum wahrnehmbaren Oxidschicht überziehen, Wasser nicht zersetzen u. meist in der Natur gediegen vorkommen (z. B. Gold*, Silber*, Platin*, Iridium*) von den **unedlen Metallen**, die an der Luft od. beim Erhitzen oxidieren u. Wasser bei Raumtemp. od. beim Erhitzen zersetzen, von nichtoxidierenden Säuren angegriffen werden u. selten elementar vorkommen, sondern meist als Oxide, Hydroxide, Carbonate. Die Dichte der M. beträgt zw. 0.534 (Lithium*) u. 22.48 (Osmium*), der Schmelzpunkt zw. −38.84 °C (Quecksilber) u. +3410 °C (Wolfram*), der Siedepunkt zw. 356.58 °C (Quecksilber) u. 5400 °C (Wolfram), die Härte zw. 0.5 (Natrium*) u. 7.0 (Iridium).

Metallelektrode: s. Potentiometrie.

Metalloide: alte Bez. für Halbmetalle*, seltener auch für Nichtmetalle*.

Metallproteide: s. Enzyme.

Metamere: veraltete Bez. für Strukturisomere* einer Verbindungsklasse.

Metamfepramon INN: syn. Metamfepyramon, N-Methylephedron; α-Dimethylaminopropiophenon; CAS-Nr. 15351-09-4; $C_{11}H_{15}NO$, M_r 177.24. **Metamfepramonhydrochlorid:** CAS-Nr. 10105-90-5. Schmp. ca. 202 °C (DL-Form); **Anw.:** Appetitzügler*; obsolet; **Dos.:** p. o. 2×50 mg/d.

Metamfetaminhydrochlorid INN: syn. Methamphetaminhydrochlorid, Methylamphetaminhydrochlorid, Methamphetamini hydrochloridum, Methamphetaminum hydrochloricum, Phenylmethylaminopropanum hydrochloricum, Phenylmethylaminopropan-hydrochlorid; (*S*)-*N*-Methyl-1-phenyl-2-propanamin-hydrochlorid; CAS-Nr. 51-57-0; $C_{10}H_{16}ClN$, M_r 185.7. Schmp. 171-175 °C. $[\alpha]_D^{20\,°C}$ +16.0° bis 18.0° (c=5 in Wasser). Fast weißes, krist. Pulver von bitterem Geschmack; lösl. in ca. 1 T. Wasser, in ca. 3 T. Ethanol, ca. 7 T. Chloroform. **Off.:** DAB10, ÖAB90 (bis 1996), Ph.Helv.7; **Anw.:** indirektes Sympathomimetikum*, indiziert nur bei hyperaktiven Kindern u. zur Narkolepsie, nicht als Appetitzügler* sowie zur psych. u. physischen Leistungssteigerung; **UAW:** Suchtgefahr; vgl. Weckamine.

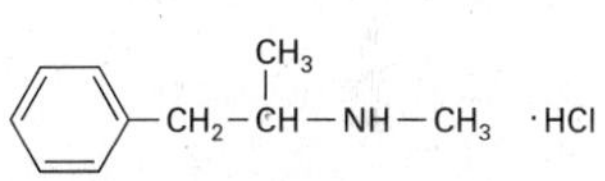

Methamphetaminhydrochlorid

Metamizol INNv: Dipyron, Novaminsulfon; (1,5-Dimethyl-3-oxo-2-phenyl-2,3-dihydro-1*H*-pyrazol-4-yl)-*N*-methylamino-methansulfonsäure; CAS-Nr. 50567-35-6; $C_{13}H_{17}N_3O_4S$, M_r 311.4. **Anw.:** Analgetikum, Antipyretikum, Antirheumatikum; HWZ 1.8-4.6 h. M.-haltige Kombinationspräparate dürfen in der Bundesrepublik Deutschland seit Mai 1987 wegen schwerwiegender UAW nicht mehr abgegeben werden. **Metamizol-Na-**

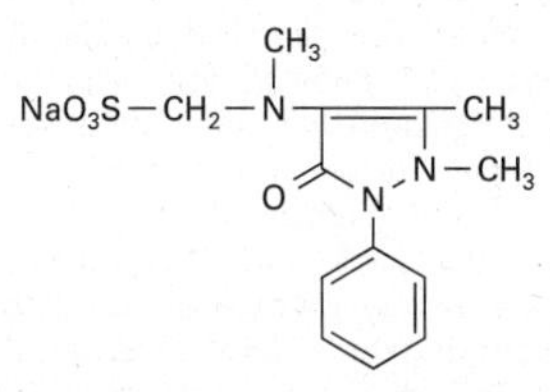

Metamizol

trium: Metamizolum natricum Ph.Eur. (Monohydrat); CAS-Nr. 68-89-3 (wasserfrei), CAS-Nr. 5907-38-0 (Monohydrat); $C_{13}H_{16}N_3NaO_4S \cdot H_2O$. M_r 351.4. Weißes, krist. Pulver; sehr leicht lösl. in Wasser, lösl. in Ethanol 90 %. Hingewiesen sei auch auf Metamizol-Calcium, Metamizol-Magnesium. **Zuber.**: Metamizoli natrici solutio iniectabilis 500 mg/mL, M.-Natrium-Injektionslsg. 500 mg/mL. Herst. nach Ph.Helv.7: 50.0 T. M.-Natrium, 0.10 T Natriumthiosulfat, Wasser für Injektionszwecke auf 100.0 T.; Geh.: 475-525 mg M.-Natrium/mL.

Metandienon INN: Methandrostenolon. **Anw.**: orales Anabolikum*.

Metanilgelb: Viktoriagelb O, Tropäolin G; $C_{18}H_{14}N_3NaO_3S$, $C_6H_5-NH-C_6H_4-N=N-C_6H_4SO_3Na$; M_r 375.4. Braungelbes Pulver, lösl. in Wasser u. Ethanol. **Anw.**: Farbstoff; Indikator* Ph.Eur.4.

Metaphase: Stadium der Mitose* u. der Meiose*, während dessen sich die Chromosomen (univalente bzw. bivalente) in der Mitte der Zelle zu einer sternförmigen Figur, der Äquatorialplatte, anordnen.

Metaphosphorsäure: s. Phosphorsäuren (Metaphosphorsäuren).

Metaproterenol: s. Orciprenalin.

Metapule®: Patrone für nadelfreie Injektionsspritze.

Metaraminol INN: Metardrin; (–)-(1*R*,2*S*)-2-Amino-1-(3-hydroxyphenyl)propan-1-ol; CAS-Nr. 54-49-9; $C_9H_{13}NO_2$, M_r 167.20. **Anw.**: indirekt u. direkt wirkendes Sympathomimetikum*; zur Blutdrucksteigerung bei akuter Kreislaufschwäche u. Schockzuständen; führt aber wegen seiner Wirk. als falscher Neurotransmitter nach Absetzen zu starker Blutdrucksenkung, daher in Deutschland, Österreich u. der Schweiz nicht zugelassen. In anderen Ländern gebräuchl. ist Metaraminol-(*R*,*R*)-hydrogentartrat.

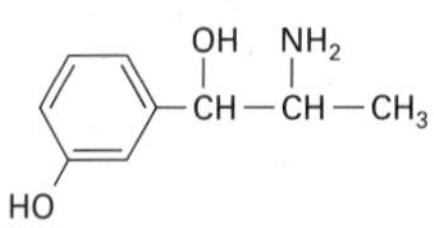

Metaraminol

Metastabilität: Zustand eines Pseudogleichgewichts. Wenn (chem.) Reaktionen mit extrem kleiner Reaktionsgeschwindigkeit auf ihr Gleichgewicht zulaufen, kann ein metastabiler Zustand existieren; makroskop. lässt sich keine Reaktion feststellen. Ein klass. Beispiel ist die Existenz der allotropen Mod. des Kohlenstoffs, des Diamanten, der gegenüber Graphit thermodynam. instabil ist (vgl. Polymorphie). Auch die Existenz org. Kohlenstoffverb. in einer oxidierenden Atmosphäre ist ein metastabiler Zustand: würde sich das chem. Gleichgewicht einstellen, würden alle org. Verb. zu CO_2 u. H_2O verbrennen. Durch die Beseitigung der kinet. Hemmung gehen metastabile Zustände in echte Gleichgewichtszustände über (Holz verbrennt an Luft, wenn man es anzündet).

Metastase (gr. metastasis Wanderung, Veränderung): Tochtergeschwulst; als Folge der Verschleppung bestimmter Faktoren aus einem primären Krankheitsprozess an anderer Stelle im Organismus entstandener sekundärer Krankheitsherd; i. e. S. Geschwulstmetastase insbes. maligner Tumoren* durch Verschleppung von Tumorzellen.

Metastasenhemmer: s. Zytostatika.

Metazepiumiodid: s. Buzepidmetiodid.

Metazinnsäure: s. Zinn.

Metazosin: (*RS*)-4-Amino-2-[4-(2-methoxy-propionyl)-piperazino]-6,7-dimethoxychinazolin; CAS-Nr. 95549-92-1; $C_{18}H_{25}N_5O_4$, M_r 375.43. **Wirk.** u. **Anw.**: Antihypertensivum*, nicht zugelassen; es werden adrenerge Alpha-1-Rezeptoren blockiert, wobei sowohl bd. Stereoisomere als auch das Racemat von Metazosin gleich starke Wirksamkeit aufweisen.

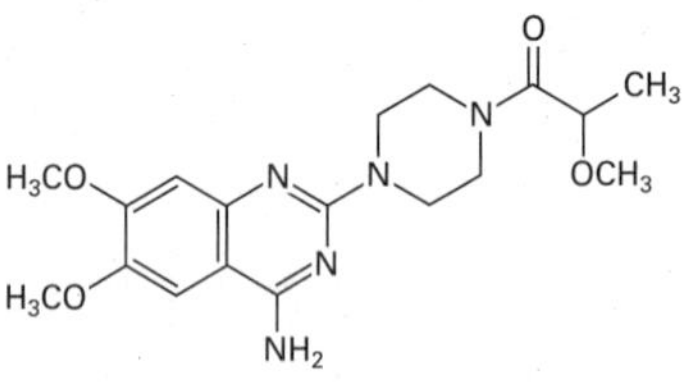

Metazosin

Metembonat: Metembonas; chem. Kurzbez. für 4,4'-Methylen-bis(3-methoxy-2-naphthoat).

Met-Enkephalin: Methionin-Enkephalin; Tyr-Gly-Gly-Phe-Met; $C_{27}H_{35}N_5O_7S$, M_r 573.66. Schmp. 196-198 °C. Nadeln aus Methanol. Morphinartig wirkendes Peptid*; s. Endorphine.

Metenolon INN: syn. Methenolon; 17*β*-Hydroxy-1-methyl-5*α*-androst-1-en-3-on; CAS-Nr. 153-00-4; $C_{20}H_{30}O_2$, M_r 302.4. **Anw.**: orales Anabolikum* mit androgener Wirkungskomponente; HWZ 24 h. **Metenolonacetat**: CAS-Nr. 434-05-9; $C_{22}H_{32}O_3$, M_r 344.5. Schmp. 141-143 °C (polymorph).

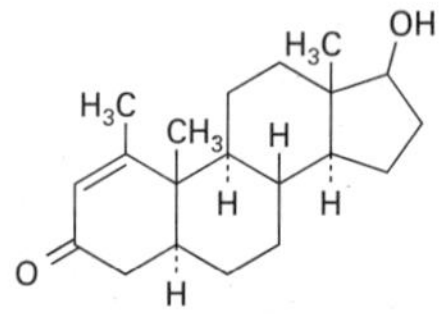

Metenolon

Meteorismus: Blähsucht; Luft- od. Gasansammlung im Darm od. in der freien Bauchhöhle. **Urs.**: z. B. bei Verdauungsstörungen, bestimmten Nahrungsmitteln (Hülsenfrüchte, Kohlgemüse u. a.), Arzneistoffen (z. B. Glykcosidasehemmer wie Acarbose*), Ileus*, Peritonitis, Leberzirrhose*.

Meter: Symbol m; SI-Basiseinheit der Basisgröße Länge; Definition s. SI-Einheiten.

metered dose inhaler: s. Dosierinhalator.

Metergolin INN: {[(8*β*)-1,6-Dimethylergolin-8-yl]-methyl}carbamidsäure-phenylmethylester; CAS-Nr. 17692-51-2; $C_{25}H_{29}N_3O_2$, M_r 403.5. Strukturformel s. Nicergolin (Abb.). Schmp. 146-149 °C.

Lösl. in Ethanol, unlösl. in Wasser. **Wirk. u. Anw.:** Prolactinhemmer*; **UAW:** gastrointestinale Störungen, Flush, Schwindel; **Dos.:** 16 mg/d.

Metformin INN: 1,1-Dimethylbiguanid; CAS-Nr. 657-24-9; $C_4H_{11}N_5$, M_r 129.17. pK_S 2.8 (konjugierte Säure) u. 11.5 (32 °C). **Wirk.:** stark basisch; blutzuckersenkend durch Reduktion der Glucoseresorption, Hemmung der hepat. Gluconeogenese aus Lactat u. der Resynthese von Glykogen; bewirkt insgesamt eine Verlangsamung der Zellatmung; **Anw.:** orales Antidiabetikum*; einziges noch verwendetes Biguanidderivat, speziell bei übergewichtigen Diabetikern (Senkung des Serum-, Cholesterol- u. Triglyceridspiegels); **UAW:** Durchfall, Lactatacidose; **Kontraind.:** chron. Lebererkrankungen, reduzierte Nierenfunktion; **Dos.:** oral retard 2×0.85 g/d. **Metforminhydrochlorid:** Metformini hydrochloridum Ph.Eur.4; $C_4H_{12}ClN_5$, M_r 165.6. Schmp. 222-226 °C. Leicht lösl. in Wasser, schwer lösl. in Ethanol.

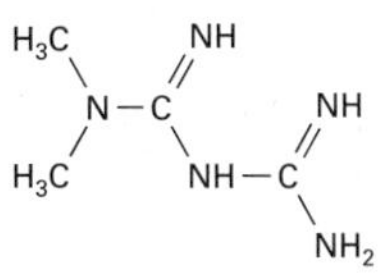

Metformin

Methacholin: Mecholin, Betacholin; 2-(Acetoxy)-*N,N,N*-trimethyl-1-propanamin-hydroxid; CAS-Nr. 541-12-8; $C_8H_{19}NO_3$, M_r 160.24. **Anw.:** Parasympathomimetikum*, als Salz, im Ggs. zu Acetylcholin, oral wirksam; Antidot: Atropin*. **Methacholiniumbromid:** CAS-Nr. 333-31-3; $C_8H_{18}BrNO_2$, M_r 240.15. Schmp. 147-149 °C. Hygroskop. Kristalle. **Anw.:** s. oben. **Methacholiniumchlorid:** Acetylmethylcholinchlorid, Methacholini chloridum, Methacholinium chloratum; 2-(Acetyloxy)-*N,N,N*-trimethyl-1-propanaminiumchlorid; CAS-Nr. 62-51-1; $C_8H_{18}ClNO_2$, M_r 195.7. Schmp. 170-173 °C. Farblose Kristalle od. weißes, krist. Pulver, von schwach aminartigem Geruch, sehr hygroskop.; sehr leicht lösl. in Wasser, leicht lösl. in Ethanol u. Chloroform. **Off.:** DAC86; **Anw.:** Parasympathomimetikum*, zur Gefäßerweiterung bei peripheren Zirkulationsstörungen; 2.5%ige Augentropfen als Diagnostikum; vgl. Acetylcholin.

Methacrylsäurederivate: s. Eudragit®.

Methacrylsäure-Ethylacrylat-Copolymer (1:1): Acidum methacrylicum et ethylis acrylas polymerisatum 1:1 Ph.Eur.4; Copolymer von Methacrylsäure u. Ethylacrylat, dessen M_r etwa 250 000 beträgt. Das Verhältnis von Carboxyl-Gruppen zu Ester-Gruppen beträgt etwa 1:1. Die Substanz kann geeignete oberflächenaktive Substanzen wie Natriumdodecylsulfat od. Polysorbat 80 enthalten. M. enthält mind. 46.0 u. max. 50.6 % (m/m) Methacrylsäure-Einheiten, ber. auf die getrocknete Substanz. Weißes, leicht fließendes Pulver; prakt. unlösl. in Wasser, leicht lösl. in wasserfreiem Ethanol u. 2-Propanol, prakt. unlösl. in Ethylacetat. M. löst sich leicht in einer Lösung von Natriumhydroxid (40 g/L). Viskosität (Rotationsviskosimerter/Schergefälle 10 s^{-1}): 100-200 mPa·s einer Lösung von 37.5 g getrocknetem M. in einer Mischung von 7.9 g Wasser u. 254.6 g 2-Propanol. Wird 1 mL dieser Lösung auf eine Glasplatte gegossen u. trocknen gelassen, bildet sich ein klarer, spröder Film. Trocknungsverlust max. 5.0 % (6 h bei 100-105 °C). **Anw.:** für magensaftresistente Überzüge zur pH-gesteuerten Wirkstofffreisetzung; Wirkstoffabgabe im Duodenum oberhalb pH 5.5.

Methacrylsäure-Ethylacrylat-Copolymer-(1:1)-Dispersion 30 %: Acidum methacrylicum et ethylis acrylas polymerisatum 1:1 dispersio 30 per centum Ph.Eur.4; wässrige Dispersion des Methacrylsäure*-Ethylacrylat-Copolymer-(1:1), M_r 250 000. Undurchsichtige, weiße, schwach viskose Flüssigkeit; mischbar mit Wasser. Beim Zusatz von Lösungsmitteln wie Aceton, wasserfreiem Ethanol od. 2-Propanol bildet sich ein Niederschlag, der sich im Überschuss des Lösungsmittels auflöst. M. ist mischbar mit einer Lösung von Natriumhydroxid (40 g/L); anfällig für mikrobielle Kontamination. Die Viskosität darf max. 15 mPa·s betragen (Rotationsviskosimeter; Schergefälle 50 s^{-1}). M. bildet nach dem Trocknen einen klaren, spröden Film. Der Siebrückstand auf (90) darf getrocknet max. 1.00 % betragen. M. wird 5 h lang bei 110 °C getrocknet. Der Rückstand im Vergleich zum reinen Copolymer muss innerhalb 28.5 % u. 31.5 % liegen. Keimzahl: max. 10^3 koloniebildende, aerobe Einheiten je Gramm Substanz, durch Auszählen auf Agarplatten bestimmt. Vor Gefrieren schützen. **Anw.:** für magensaftresistente Überzüge zur pH-gesteuerten Wirkstofffreisetzung; Wirkstoffabgabe im Duodenum pH 5.5.

Methacrylsäure-Methylmethacrylat-Copolymer (1:1): Acidum methacrylicum et methylis methacrylas polymerisatum 1:1 Ph.Eur.4; Copolymer aus Methacrylsäure u. Methylmethacrylat mit einer M_r von ca. 135 000. Das Verhältnis von Carboxyl-Gruppen zu Ester-Gruppen beträgt etwa 1:1. Die Substanz enthält mind. 46.0 u. max. 50.6 % (m/m) Methacrylsäure-Einheiten, ber. auf die getrocknete Substanz. Weißes, leicht fließendes Pulver; prakt. unlösl. in Wasser, leicht lösl. in wasserfreiem Ethanol u. 2-Propanol, prakt. unlösl. in Ethylacetat. Die Substanz löst sich leicht in einer Lösung von Natriumhydroxid (40 g/L). Viskosität (Rotationsviskosimerter/Schergefälle 10 s^{-1}) 50-200 mPa·s einer Lösung von 37.5 g getrocknetem Copolymer in einer Mischung von 7.9 g Wasser u. 254.6 g 2-Propanol. Diese Lösung bildet beim Trocknen einen klaren, spröden Film. Trocknungsverlust max. 5.0 % (6 h bei 100-105 °C). **Anw.:** für magensaftresistente Überzüge zur pH-gesteuerten Wirkstofffreisetzung. Die Filme sind unterhalb pH 5 unlösl. u. damit resistent gegenüber Magensaft. Wirkstoffabgabe im Jejunum bis Ileum oberhalb pH 6.0.

Methacrylsäure-Methylmethacrylat-Copolymer (1:2): Acidum methacrylicum et methylis methacrylas polymerisatum 1:2 Ph.Eur.4; Copolymer von Methacrylsäure u. Methylmethacrylat, dessen M_r etwa 135 000 beträgt. Das Verhältnis von Carboxyl-Gruppen zu Ester-Gruppen beträgt etwa 1:2. Das Copolymer enthält mind. 27.6 u. max.

30.7% (m/m) Methacrylsäure-Einheiten, ber. auf die getrocknete Substanz. Weißes, leicht fließendes Pulver; prakt. unlösl. in Wasser, leicht löslich in wasserfreiem Ethanol u. 2-Propanol, prakt. unlösl. in Ethylacetat; leicht löslich in einer Lösung von Natriumhydroxid (40 g/L). Viskosität (Rotationsviskosimerter / Schergefälle $10\,s^{-1}$): 50-200 mPa·s einer Lösung von 37,5 g getrocknetem M.-M.-C. in einer Mischung von 7.9 g Wasser u. 254.6 g 2-Propanol. Diese Lösung bildet einen klaren, spröden Film. Trocknungsverlust max. 5.0% (6 h bei 100-105 °C). **Anw.:** für magensaftresistente Überzüge zur pH-gesteuerten Wirkstofffreisetzung. Die Filme sind unterhalb pH 5 unlöslich. Wirkstoffabgabe nahe Kolon im Bereich pH 6.5-7.5.

Methadon: s. Levomethadon; vgl. Methadonhydrochlorid.

Methadonhydrochlorid: Methadoni hydrochloridum Ph.Eur.4, racemisches Methadonhydrochlorid, Methadonum hydrochloricum, Methadonium chloratum; (+/–)-(*RS*)-6-Dimethylamino-4,4-diphenyl-3-heptan-3-on-hydrochlorid; CAS-Nr. 1095-90-5; $C_{21}H_{28}ClNO$, M_r 345.9. Schmp. 233-236 °C. Weißes, krist. Pulver, geruchlos, bitterer Geschmack; lösl. in Wasser, leicht lösl. in Ethanol u. Chloroform, fast unlösl. in Ether. **Stereochemie:** (–)-(*R*)-Methadon (s. Levomethadon) wirkt 12-mal stärker analget. u. hustenstillend als (+)-(*S*)-Methadon u. 1.85 bis 1.9-mal stärker als das Racemat. In Handelspräparaten liegt meist das (–)-(*R*)-Methadon vor. **Wirk.:** morphinähnl., länger wirksam als Morphin*, Gewöhnung entsteht langsamer, Entzugserscheinungen milder als bei Morphin, daher evtl. auch als (umstrittenes) Ablösemittel gegen schwere Suchtmittel wie Heroin u. Morphin; **Zuber.:** M.-Suppositorien, Methadoni hydrochloridi suppositoria Ph.Helv.7, Suppositoria methadonii chlorati; **Anw.:** starkes Analgetikum*, v.a. bei Wundschmerzen, Tumoren, schweren Gelenkveränderungen, für Langzeitanwendung bes. geeignet; **UAW:** s. Morphin.

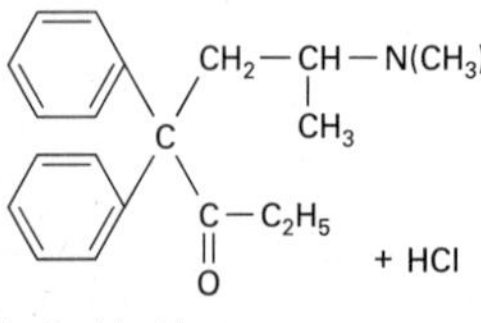

Methadonhydrochlorid

Methadylacetat: s. Acetylmethadol.

Methämoglobin: s. Hämoglobin (Hämoglobinderivate).

Methämoglobinämie: erhöhte Konz. von Methämoglobin, s. Hämoglobin (Hämoglobinderivate); erbl. od. toxisch (s. Methämoglobinbildner) bedingt. **Symptome:** ab 15-30% MetHb: Cyanose, Müdigkeit, Kopfschmerz, Atemnot, Schwindel, Übelkeit, schließl. Bewußtlosigkeit (über 50% MetHb); ab ca. 60-80% Anteil am Gesamt-Hämoglobin innere Erstickung, das Blut ist dann schokoladenfarbig; **Ther.** : Methylenblau (wirkt reduzierend) 1-2 mg/kg KG, Ascorbinsäure 1 g/d.

Methämoglobinbildner: syn. Ferrihämoglobinbildner; Substanzen, die Hämoglobin (Hb, 2-wertiges Eisen) in Methämoglobin (MetHb, 3-wertiges Eisen) überführen; s. Hämoglobin (Hämoglobinderivate). Dazu zählen eine Reihe von Arzneimitteln wie Primaquin, Salpetersäureester (z.B. Nitroglycerin, Erythroltetranitrat, Mannitolhexanitrat, Isosorbitdinitrat, Phenacetin), Amylnitrit, vor allem anorg. Nitrite, Anilinderivate, Nitrobenzol u. einige Oxidationsmittel. **1. anorganische Nitrite** sind ubiquitär. Sie werden u.a. als Farbkonservierungsmittel in Fleischwaren verwendet. Im menschl. Darm werden Nitrite durch mikrobielle Reduktion aus Nitraten gebildet. Die Darmflora des Säuglings hat eine höhere reduzierende Kapazität als die des Erwachsenen. Es kann daher leichter zu Methämoglobinämien z.B. durch nitratreiches Brunnenwasser od. stark nitratgedüngtes Gemüse kommen. Nitrite werden im Blut durch eine sog. gekoppelte Oxidation in Nitrate umgewandelt, wobei zugleich die Wertigkeit von Eisen im Hb erhöht wird. Salpetersäureester u. Amylnitrit wirken wie anorg. Nitrite; **2. Anilinderivate u. Nitrobenzol** wirken indirekt als M., da sie im Organismus zuerst in Hydroxylamine (R–NHOH) od. Nitrosoverbindungen (R–NO) umgewandelt werden; **3. Oxidationsmittel** wie H_2O_2, $KMnO_4$, Cl_2, ClO_3^- führen direkt zu einer Erhöhung der Wertigkeit des Hb-Eisens. ClO_3^- kommt in Zahnpasten, Reinigungs- u. Bleichmitteln vor.

Methalaminsäure: s. Iotalaminsäure.

Methamphetaminhydrochlorid: s. Metamfetaminhydrochlorid.

Methan: Sumpfgas, Grubengas, Methylwasserstoff; CH_4, Anfangsglied der Alkane*. D. 0.558. Schmp. –182.6 °C. Sdp. –161.5 °C. Krit. Temp. –82.5 °C; krit. Druck 46 at (46.1 bar). In Wasser prakt. unlösl., etwas besser lösl. in Ethanol. Farb- u. geruchloses, betäubend-erstickendes Gas, das mit bläul. Flamme verbrennt. **Vork.:** nat. in Vulkangasen, in Erdgas; Geh. im Grubengas in den Höhlen der Steinkohlenflöze bis zu 90% (mit Luft gemischt erzeugt es die sog. schlagenden Wetter); durch Einw. anaerober Bakterien auf org. Stoffe bildet es sich aus dem Bodenschlamm der Sümpfe u. dem Faulschlamm der Abwässer, infolge Zers. von Cellulose auch in den Darmgasen; im Leuchtgas ist es zu ca. 32%, im Kokereigas zu 23-29% enthalten; unter hohem Druck am Meeresboden als Methan/Wasser-Gashydrat gebunden. **Gew.:** aus Leuchtgas und Kokereigas nach dem Linde-Verfahren, aus Erdöl als Nebenprodukt der Crack-Dest. gewonnen, im Labor durch Zers. von Aluminiumcarbid mit Wasser.

Methanal: s. Formaldehyd.

Methaniazid INN: Isoniazidmethansufonat; CAS-Nr. 13447-95-5; $C_7H_9N_3O_4S$, M_r 231.2. Schmp. 187-189 °C. **Anw.:** Tuberkulostatikum; vgl. Isoniazid. Gebräuchl. sind auch das Natrium- u. das Calciumsalz.

Methanol: Methanolum, Alcohol methylicus, Methylalkohol, Holzgeist, Carbinol; CH_3OH, M_r 32.04. D. 0.790-0.792. Sdp. 64-65 °C. $n_D^{20°C}$ 1.328-1.330. Klare, farblose, leicht entzündbare Flüss.; mischbar mit Wasser, Aceton, Chloroform,

Dichlormethan, Ethanol u. Ether. **Darst.**: aus dem bei der trockenen Dest. gewonnenen Holzessig; techn.: aus Kohlenmonoxid od. Synthesegas*; **Off.**: Ph.Eur.4; **Anw.** tech.: Denaturierung des Weingeistes; Herst. von u. a. Formaldehyd, Teerfarbstoffen, Lacken, Firnissen; **Tox.**: M. ist wesentl. giftiger als Ethanol. 30-100 mL können tödl. sein. Die narkotisierende u. rauscherzeugende Wirk. ist geringer als die von Ethanol. Auch bei äußerl. Anw. kann es zu Vergiftungserscheinungen kommen. M. wird im Körper zu Formaldehyd u. weiter rasch zu Ameisensäure oxidiert. Da letztere sehr langsam zu CO_2 umgesetzt wird, kommt es infolge der Erhöhung der Ameisensäurekonz. zu einer metabolischen Acidose. Nach oraler Aufnahme (bis 24 h Latenzzeit) treten Kopfschmerzen, Schwindel, Erbrechen, heftige Leibschmerzen, Erregungszustände, Krämpfe u. Koma auf. In ca. 10-15 % der Fälle führt die Intoxikation durch Schädigung der Netzhaut u. der Sehnerven zu irreversibler Erblindung, öfters sind leichtere Sehdefekte zu beobachten; **Antidot:** Ethanol (Vergifteten auf ca. 1 Promille Blutalkohol einstellen). Zur Unterscheidung zwischen Ethanol u. M. mischt man die zu unterscheidende Flüss. mit Borax u. entzündet das Gemisch. Tritt sofort eine grüne Flammenfärbung auf, so handelt es sich um M., während Ethanol erst nach Zusatz von konz. H_2SO_4 eine grüne Flammenfärbung ergibt.

Methansäure: s. Ameisensäure.

Methansulfonsäure: H_3C-SO_3H, M_r 96.1. Klare, farblose Flüss., bei ca. 20 °C erstarrend; mischbar mit Wasser, schwer lösl. in Toluol, fast unlösl. in Hexan. **Anw.**: Reagens Ph.Eur.4.

Methantheliniumbromid INN: Methanthelinii bromidum; Xanthen-9-carbonsäure-*β*-diethylaminoethylester-methylbromid; CAS-Nr. 53-46-3; $C_{21}H_{26}BrNO_3$, M_r 420.36. Schmp. 175-176 °C (kristallisiert aus Isopropanol). Leicht lösl. in Wasser, Ethanol; fast unlösl. in Ether. pH 5.0-5.5 (2 %ige wässrige Lsg.); UV_{max} (Ethanol) 246 nm, $A_{1\%}^{1\,cm}$ 135; UV_{max} (Ethanol) 282 nm, $A_{1\%}^{1\,cm}$ 69. **Anw.**: Parasympatholytikum*; **Dos.**: p. o. 2-3 × 50 mg/d. Gebräuchl. ist auch Methanthelinium-Base.

Methaqualon INN: Methaqualonum Ph.Eur.4; 2-Methyl-3-*o*-tolyl-4(3*H*)-chinazolinon; CAS-Nr. 72-44-6; $C_{16}H_{14}N_2OM_r$ 250.29. Schmp. 120 °C. Weißes, krist. Pulver; unlösl. in Wasser; 1:12 in Ethanol, 1:1 in Chloroform, 1:50 in Ether. pK_S der konjugierten Säure 2.54. **Anw.**: Sedativum*, Schlafmittel*; in Deutschland und Österreich nicht mehr zugelassen. M. wird von Suchtgiftabhängigen oft zus. mit Alkohol u. Heroin missbraucht. **UAW:** die chron. Anw., v. a. mit Diphenhydramin, führt zu körperl. u. psychische Abhängigkeit; ferner Kopfschmerzen, Hangover, Anorexie, Übelkeit, Schwindel, gastrointestinale Störungen, Parästhesien, Mundtrockenheit, Ruhelosigkeit, Schweißausbrüche; **Dos.**: p. o. als Schlafmittel 0.15-0.3 g; HWZ 20-40 h. Gebräuchl. ist ferner Methaqualonhydrochlorid, Schmp. 255-265 °C.

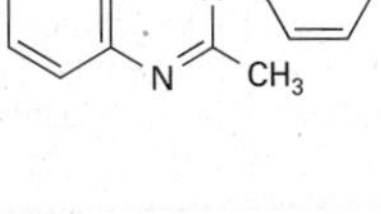

Methaqualon

Metharbital INN: 5,5-Diethyl-1-methyl-barbitursäure; CAS-Nr. 50-11-3; $C_9H_{14}N_2O_3$, M_r 198.22. Schmp. 155 °C. **Anw.**: obsolet; Antiepileptikum; langwirksames Barbiturat; vgl. Phenobarbital.

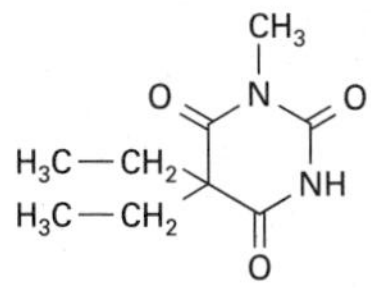

Metharbital

Methenamin INN: Methenaminum Ph.Eur.4, Hexamethylentetramin, Urotropin, Hexamethylentetraminum, Hexamin; 1,3,5,7-Tetraazaadamantan; CAS-Nr. 100-97-0; $C_6H_{12}N_4$, M_r 140.2. Weißes, krist. Pulver von anfangs süßem, später bitterem Geschmack; beim Erhitzen flüchtig, ohne zu schmelzen, lösl. in 1.5 T. Wasser u. 10 T. Ethanol, leicht lösl. in Chloroform, unlösl. in Ether; verbrennt beim Erhitzen mit gelber, grüngesäumter Flamme. **Darst.**: Einw. von NH_3 auf Formaldehyd; **Anw.** med.: harnsäurelösendes Mittel, Diuretikum u. vor allem als innerl. Antiseptikum u. bei Zystitis (in saurem Harn, pH unter 5.5, wird aus M. Formaldehyd abgespalten); vet.: gegen Geflügelcholera; techn.: Härtemittel für Kunststoffe, ferner als Konservierungsmittel in der Kosmetik u. für Nahrungsmittel; **UAW:** bei längerer Anw. u. höherer Dos. ist — durch gebildetes Formaldehyd, auf das die Wirk. zurückzuführen ist — mit gastrointestinalen Störungen, Zystitis, Hämat- u. Proteinurie, Läsionen im Bereich der Niere (durch Natriumhydrogencarbonat verminderbar, aber gleichzeitige Wirkungsabnahme) zu rechnen. Vorsicht bei Personen mit Formaldehyd-Kontaktallergie! **Dos.**: mehrmals tägl. 0.5 g; HWZ 1 h bzw. 8-14 h (Metaboliten); vgl. Methenamin, sulfosalicylsaures; Methenamin, saures sulfosalicylsaures; Methenamin, anhydromethylencitronensaures; weitere Salze: M.-camphorat, -mandelat, -salicylat.

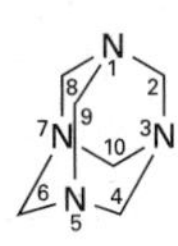

Methenamin

Methenamin, anhydromethylencitronensaures: anhydromethylencitronensaures Hexamethylentetramin; $C_7H_8O_7(CH_2)_6N_4$, M_r 344.2. Schmp. ca. 170 °C (unter Zers.). Weiße Kristalle, lösl. in Wasser, fast unlösl. in Ethanol u. Ether. **Anw.**: Blasenantiseptikum, s. Methenamin.

Methenamin, saures sulfosalicylsaures: saures sulfosalicylsaures Hexamethylentetramin, Hexal; $C_6H_3(OH)(COOH)SO_3H \cdot (CH_2)_6N_4 \cdot H_2O$, M_r 376.3. Weißes, krist. Pulver, leicht lösl. in Wasser, lösl. in Ethanol. **Anw.** med.: s. Methenamin.

Methenamin, sulfosalicylsaures: neutrales sulfosalicylsaures Hexamethylentetramin; $C_6H_3(OH)(COOH)SO_3[(CH_2)_6N_4]_2 \cdot H_2O$, M_r 516.4. Schmp. ca. 180 °C (unter Zers.). Weißes, krist. Pulver, leicht lösl. in Wasser, lösl. in Ethanol. **Anw.:** s. Methenamin; **Dos.:** 0.5 g.

Methenolon: s. Metenolon.

Methicillin: s. Meticillin.

Methidathion: *S*-2,3-Dihydro-5-methoxy-2-oxo-1,3,4-thiadiazol-3-ylmethyl-*O,O*-dimethyldithiophosphat; CAS-Nr. 950-37-8; $C_6H_{11}N_2O_4PS_3$, M_r 302.3. Cholinesteraseinhibitor. **Anw.** techn.: Insektizid, Akarizid*; s. Schädlingsbekämpfungsmittel (org. Phosphorverb.), Tabelle.

Methimazol: s. Thiamazol.

Methionamin: s. Acetylmethionin.

Methionin INN: Abk. Met; 2-Amino-4-methylmercaptobutansäure; $C_5H_{11}NO_2S$, M_r 149.2. Strukturformel s. Aminosäuren (Abb.). Fast weißes, krist. Pulver od. schuppenförmige Blättchen von schwachem, würzigem Geruch u. lang anhaltendem, süßlich bitterem Geschmack; lösl. in Wasser von 20 °C, leicht lösl. in Wasser von 100 °C, schwer lösl. in Ethanol, fast unlösl. in Ether, lösl. unter Salzbildung in verd. Säuren u. Alkalilaugen. **Physiologie:** als essenzielle Aminosäure ist (*S*)-M. (L-M.) neben Cystein u. Cystin der Hauptlieferant von Schwefel beim Aufbau der Proteine. Es ist außerdem als Adenosylmethionin* für die Transmethylierung im intermediären Stoffwechsel von großer Bedeutung. Ein Mangel an M. führt zu schweren Leberparenchymschäden (Leberzirrhose, Leberverfettung). In vielen Pflanzenproteinen begrenzt M. die biol. Wertigkeit. **Darst.:** Synthese nach Strecker über Methylmercaptopropionaldehyd aus Akrolein u. Methylmercaptan. Da sowohl die D- als auch die L-Form wirksam ist, muss die racem. DL-Form nicht getrennt werden. **Anw.:** bei Lebererkrankungen (umstritten), ferner bei Eiweißmangelschäden, Schwangerschaftstoxikosen u. Vergiftungen, z. B. mit Arsen, Phosphor, Bismut, Barbitalen und v. a. mit Paracetamol*. M. wird p. o. oder i. v. angewendet (s. c. und i. m. Applikation ist nicht mögl.); auch in Aminosäurelsg. zur parenteralen Ernährung; weitere Anw. z. B. als Futtermittelzusatz in der Geflügelaufzucht; **Dos.:** 0.5-2.0 g/d, i. v. 2.0 g. **Methioninum** Ph.Eur.4: L-M.; CAS-Nr. 63-68-3; Schmp. ca. 270 °C (unter Zers.). $[\alpha]_D^{20\,°C}$ +22.5 bis +24.0° (c=2 in Salzsäure 25 %). **Racemisches Methionin:** DL-Methioninum Ph.Eur.4; Schmp. 281 °C.

Methionin, aktives: s. Adenosylmethionin.

Methioninmethylsulfoniumhydrochlorid: (Racemisches) Methylmethioniniumchlorid, Methylmethioninii (racemici) chloridum, Methylmethioninsulfoniumchlorid, Cabagin, Antiulkus-Faktor, veraltet Vitamin U; (*RS*)-(3-Amino-3-carboxypropyl)dimethylsulfoniumchlorid; CAS-Nr. 1115-84-0 ((*S*)-Form). $[(H_3C)_2S^+-CH_2-CH_2-CH(NH_2)-COOH]\,Cl^-$, $C_6H_{14}ClNO_2S$, M_r 199.7. Schmp. 134 °C (unter Zers.). Weißes, hygroskop. Pulver von charakterist. Geruch, sehr leicht lösl. in Wasser. **Vork.:** Kohlblätter (Brassica-Arten); **Off.:** DAB9; **Anw.:** Leberschutzstoff, Ulkustherapeutikum.

Methisazon: syn. Metisazon; 1-Methyl-indol-2,3-dion-3-thiosemicarbazon; CAS-Nr. 1910-68-5; $C_{10}H_{10}N_4OS$, M_r 234,29. Schmp. 245 °C. **Anw.:** obsoletes Virostatikum* bei Pockeninfektionen.

Methocarbamol INN: Guajakolglycerolethercarbamat; 3-(2-Methoxyphenoxy)-2-hydroxypropylcarbamat; CAS-Nr. 532-03-6; $C_{11}H_{15}NO_5$, M_r 241.24. Schmp. 92-94 °C (kristallisiert aus Benzol). Lösl. 2.5 g/100 mL Wasser (20 °C); lösl. in Ethanol, Propylenglykol. **Anw.:** Muskelrelaxans*; ähnl. Mephenesin*, aber mit späterem Wirkungseintritt u. längerer Wirkungsdauer nach oraler Gabe; **UAW:** s. Mephenesin, nach i. v. Applikation evtl. Hypotension, Bradykardie, Anaphylaxie; **Kontraind.:** Kinder unter 12 Jahren; **Dos.:** p. o. 4×1.5 g/d, dann reduzieren auf 3×1.0 g/d.

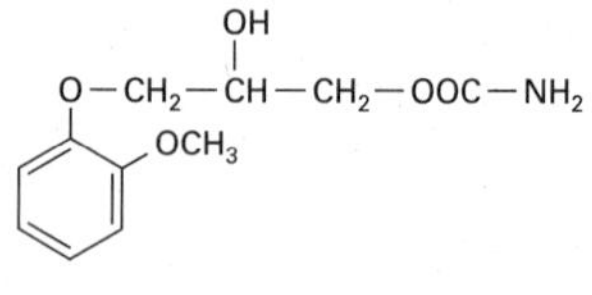

Methocarbamol

Methocel®: s. Methylcellulose.

Methode der kleinsten Quadrate: s. Ausgleichsrechnung.

Methoden, chiroptische: spektroskop. Methoden (s. Spektroskopie), die für die beiden Enantiomeren* einer chiralen Verbindung jeweils Messwerte entgegengesetzten Vorzeichens liefern, z. B. Polarimetrie (Drehung*, spezifische), opt. Rotationsdispersion (ORD*) u. Zirkulardichroismus*.

Methoden, statistische: dienen in der Pharmazie einer strateg. sinnvollen Versuchsplanung bzw. Darst. u. Beurteilung von Untersuchungsergebnissen. Beispiele: Ausgleichsrechnung* (Berechnung von Regressionsgeraden) od. Fehlerrechnung* (Berechnung von Standardabweichung u. Vertrauensbereichen); vgl. Irrtumswahrscheinlichkeit; Median, Normalverteilung, Studentverteilung.

Methohexital INN: α-(±)-5-Allyl-1-methyl-5-(1-methyl-2-pentinyl)barbitursäure; CAS-Nr. 151-83-7; $C_{14}H_{18}N_2O_3$, M_r 262.32. Strukturformel s. Barbiturate (Abb. 1). Schmp. 92-96 °C. Sehr schwer lösl in Wasser; schwer lösl. in Ethanol, Chloroform, verd. Alkalien. **Anw.:** Injektionsnarkotikum für kurzdauernde Eingriffe, zur Narkoseeinleitung u. für Kombinationsnarkosen; **UAW:** hypotone Kreislaufreaktionen, Entzündung der Venenwand, Schmerzen an der Injektionsstelle, parasympathotone UAW wie Atemdepression, Bronchospasmus, Speichelfluss, Schluckauf, Ruhelosigkeit, Angst, Kopfschmerzen, Übelkeit, Hautjucken, Hautausschläge; **Kontraind.:** s. Barbiturate; **Dos.:** parenteral i. v. 0.08 g in 1 %iger Lsg., Infusion i. v. 0.2 %, Induktionsdos. 0.05-0.12 g; HWZ 1.5 h. Gebräuchl. ist auch Methohexital-Natrium.

Methomyl: *S*-Methyl-*N*-[(methylcarbamyl)-oxy]-thioacetimidat; $C_5H_{10}N_2O_2S$; CAS-Nr. 16752-77-5; M_r 162.21. Löslichkeit in Wasser: 57.9 g/L. **Anw.:** system. Insektizid u. Akarizid; s. Schädlingsbekämpfungsmittel (Carbamate).

Methorphinan: racem. 3-Hydroxy-*N*-methyl-morphinan, s. Levorphanol.

Methotrexat INN: Methotrexatum Ph.Eur.4, Amethopterin; 4-Desoxy-4-amino-10-methylfolsäure; CAS-Nr. 59-05-2; $C_{20}H_{22}N_8O_5$, M_r 454.4. Schmp. 185-200 °C (unter Zers.). Gelbes, orangefarbenes, krist. Pulver; unlösl. in Wasser, Ethanol, Ether u. Dichlorethan; lösl. in verd. Alkalihydroxid-Lsg., verd. Carbonatlsg. u. verd. Mineralsäuren. **Anw.**: Zytostatikum* (Folsäureantagonist); u. a. bei Leukämie, malignen Tumoren, Hämoblastosen, Bronchialkarzinom; Basistherapeutikum gegen rheumatoide Arthritis; **Dos.**: individuell nach Behandlungsschema; HWZ 3-4 h.

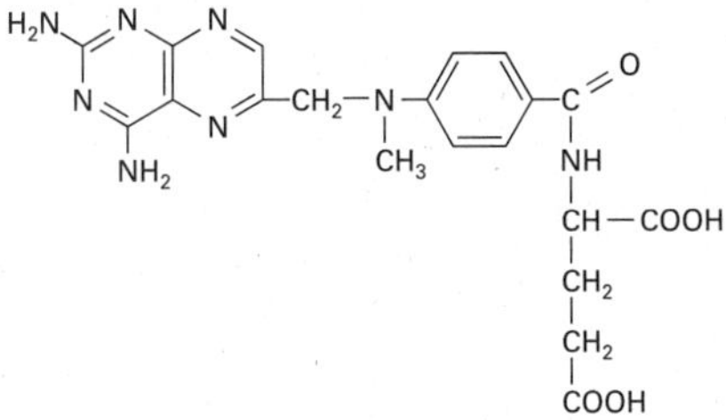

Methotrexat

Methoxaminhydrochlorid INN: 2-Amino-1-(2,5-dimethoxyphenyl)-propan-1-ol; CAS-Nr. 61-16-5; $C_{11}H_{18}ClNO_3$, M_r 247.7. Schmp. 212-216 °C. Leicht lösl. in Wasser. **Anw.**: Alphasympathomimetikum (s. Sympathomimetika), Kreislaufstimulans; kaum noch gebräuchlich, vereinzelt in Nasenpräparaten zur Schleimhautabschwellung bei Rhinitis.

Methoxsalen: s. Ammoidin.

Methoxy-: Bez. für die Gruppe CH_3O-.

Methoxychlor: Methoxy-DDT; 1,1,1-Trichlor-2,2-bis(4-methoxyphenyl)-ethan; CAS-Nr. 72-43-5; $C_{16}H_{15}Cl_3O_2$; M_r 345.65. Schmp. 78 u. ca. 87 °C (polymorph). Prakt. unlösl. in Wasser. **Anw.**: Insektizid, ähnl. DDT (s. Clofenotan), aber Metabolisierungsgeschwindigkeit deutl. höher.

2-Methoxyethanol: Methylglykol, Ethylenglykolmonomethylether, Glykolmonomethylether, Methylcellosolve; $H_3CO-CH_2-CH_2OH$, $C_3H_8O_2$, M_r 76.09. Sdp. 124 °C. d_{20}^{20} ca. 0.97. $n_D^{20\,°C}$ ca. 1.403. Farblose, schwach riechende, giftige Flüss., mischbar mit Wasser (zu ca. 30 %) sowie org. Lösungsmitteln. **Anw.**: Lösungsmittel, u. a. für Harze, Celluloseacetat, Cellophan, Acetylcellulose, Collodiumwolle; enthalten z. B. in Lacken (Nagellacke), Holzbeizen, modifizierter Karl*-Fischer-Lösung; Reagens Ph.Eur.4.

Methoxyfluran INN: (2,2-Dichlor-1,1-difluorethyl)-methyl-ether; CAS-Nr. 76-38-0; $C_3H_4Cl_2F_2O$, M_r 164.97. Schmp. −35 °C. Sdp. 105 °C (101 kPa), 51 °C (13 kPa); $n_D^{20\,°C}$ 1.3861, $n_D^{25\,°C}$ 1.3839. d_4^{20} 1.4226. Lösl. 1:500 in Wasser; mischbar mit Ethanol, Aceton, Chloroform, Ether, Ölen; lösl. in Gummi. **Anw.**: Inhalationsnarkotikum*; **UAW:** Polyurie, Natrium-, Kreatinin- u. Harnstoffretention, Bildung von Oxalatkristallen in den Nierentubuli, Vagusreizung; sollte nicht mehr verwendet werden. **Dos.**: Inhalation unverdünnt.

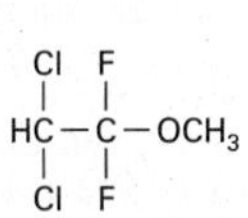

Methoxyfluran

Methoxyhydrastinin: s. Cotarnin.

Methoxyphenylessigsäure: (*RS*)-2-Methoxy-2-phenylessigsäure; $C_9H_{10}O_3$, M_r 166.2. Schmp. ca. 70 °C. Weißes, krist. Pulver od. weiße bis fast weiße Kristalle; wenig lösl. in Wasser, leicht lösl. in Ethanol u. Ether. **Anw.**: Reagens Ph.Eur.4. **Hinweis:** Kühl zu lagern.

5-Methoxypsoralen: s. Bergapten.

8-Methoxypsoralen: s. Ammoidin.

Methsuximid: s. Mesuximid.

Methyl-: Bez. für die Gruppe CH_3 in org. Verbindungen.

Methylacetanilid: Acetmethylanilid, Methylacetanilin, Methylantifebrin; $C_6H_5-N(CH_3)-CO-CH_3$. $C_9H_{11}NO$. Schmp. 102 °C. Sdp. 253 °C. Farblose Kristalle, lösl. in Wasser, Ethanol, Ether, Chloroform. **Darst.**: Einw. von Acetylchlorid auf Methylanilin. **Anw.** med.: Antineuralgikum (nicht mehr gebräuchlich); techn.: in der Celluloidindustrie als Campherersatz.

Methylacetat: Essigsäuremethylester, $H_3C-COO-CH_3$. $C_3H_6O_2$. D. 0.932. Sdp. ca. 58 °C. Farblose, feuergefährl. Flüss.; Flammpunkt −13 °C; mischbar mit Wasser. **Anw.**: Lösungsmittel für Collodium*, Celluloseacetat*, Celluloid*; Ersatz für Aceton*.

Methylaesculetin: s. Scopoletin.

Methylalkohol: s. Methanol.

Methylalum: Methylendimethylether, Methylal, Formal; Dimethoxymethan, $H_3CO-CH_2-OCH_3$. $C_3H_8O_2$. D. 0.86. Schmp. −104.8 °C. Sdp. 42.3 °C. Farblose, leichte, brennbare Flüss. von aromat. Geruch, leicht lösl. in Wasser, Ethanol, Ether, fetten u. äther. Ölen. **Darst.**: Dest. eines Gemisches von Methanol, Braunstein u. konz. Schwefelsäure. **Anw.** med.: obsolet; techn.: als Lösungsmittel.

Methylamin: Aminomethan, CH_3NH_2. Farbloses, nach Ammoniak riechendes Gas, leicht lösl. in Wasser u. Ethanol. **Vork.**: natürlich u. a. in Secale* cornutum, Mercurialis* annua u. perennis, Acorus* calamus, in Heringslake. **Tox.**: MAK 25 mL/m^3 od. 31 mg/m^3.

Methyl-(5-amino-4-oxopentanoat)-hydrochlorid: 5-Aminolävulinsäure-methylester-hydrochlorid, (engl. *methyl aminolevulinate hydrochloride*); 5-Amino-4-oxovaleriansäure-methylester-hydrochlorid: CAS-Nr. 79416-27-6; $C_6H_{11}NO_3 \cdot HCl$, M_r 181.6. **Anw.**: Zytostatikum zur photodynam. Therapie von aktin. Keratosen u. Basalzellkarzinomen. Der Wirkstoff wird als Creme appliziert u. anschließend durch lokale Rotlichtbestrahlung von 570-670 nm in die aktive Form 5-Aminolävulinsäure umgesetzt. Absorption durch die Haut

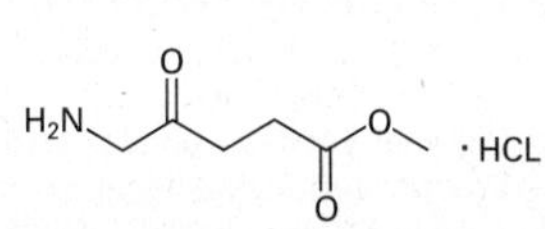

Methyl(5-amino-4-oxopentanoat)-hydrochlorid

0.26 %; **UAW:** lokale Phototoxizitätsreaktionen (u. a. Brennen, Krustenbildung, Ödeme); **Dos.:** 160 mg/g Creme in 1 mm dicker Schicht aufgetragen, Behandlung umfasst 2 Sitzungen im Abstand von einer Woche.

4-(Methylamino)phenolsulfat: $C_{14}H_{20}N_2O_6S$, M_r 344.4. Schmp. ca. 260 °C. Farblose Kristalle. Sehr leicht lösl. in kaltem Wasser, prakt. unlösl. in Ether. **Anw.:** Reagens Ph.Eur.4. Zur Reinheitsprüfung von Riboflavin-Natriumphosphat; Vitamine* (Vitamin B_2).

Methylamphetaminhydrochlorid: s. Metamfetaminhydrochlorid.

Methylantifebrin: s. Methylacetanilid.

Methylarbutin: Pflanzeninhaltsstoff, häufig zus. mit Arbutin*.

Methylatropinbromid: s. Atropinmethylbromid.

Methylatropinnitrat: s. Atropinmethylnitrat.

Methylbenactyziumbromid INN: Benactyzin methobromid; 2-Diethylaminobenzilat-methobromid; Derivat des Benactyzin*. **Anw.:** Sedativum*, in Kombination mit Benzodiazepinen; kaum noch gebräuchlich.

Methylbenzethoniumchlorid INN: Methylbenzethonii chloridum; Benzyl-dimethyl-(2-{2-[4-(1,1,3,3-tetramethylbutyl)tolyloxy]ethoxy}-ethyl)-ammoniumchlorid; CAS-Nr. 25155-18-4; $C_{28}H_{44}ClNO_2$, M_r 462.12. Schmp. 161-163 °C. Leicht lösl. in Wasser, Ethanol, Cellosolve, Chloroform, heißem Benzol. **Anw.:** Desinfektionsmittel*, Antiseptikum*, kaum noch in Verwendung; **Dos.:** topisch Lsg. 0.004-0.005 %; Creme, Salbe, Puder 0.05-0.1 %.

M

Methylbenzol: s. Toluol.

4-Methylbenzolsulfonamid: s. Toluolsulfonamid.

Methylbromid: Methylium bromatum, Brommethyl, Monobrommethan; CAS-Nr. 74-83-9; CH_3Br, M_r 94.95; Sdp. 3.6 °C. Farbloses, kaum riechendes, narkot. wirkendes Gas (ca. 4-mal schwerer als Luft); unlösl. in Wasser, mischbar mit Ether, Chloroform, Ethanol. **Anw.:** Schädlingsbekämpfungsmittel*; im Vorratsschutz zur Entwesung von Lagerräumen, Mühlen, Schiffen usw. (in vielen Ländern ist die Anw. verboten); als Bodenbegasungsmittel gegen Nematoden.

Methylcellosolve: s. 2-Methoxyethanol.

Methylcellulose INN: Abk. MC, Methylcellulosum Ph.Eur.4, Cellulosemethylether, Tylose®; CAS-Nr. 9004-67-5; M_r 20 000-150 000. Polymethylether der Cellulose mit 25-32 % Methoxylgehalt.Weißl. Pulver od. Granulat; Wassergehalt max. 10 %. **Herst.:** Behandlung von Alkalicellulose mit Dimethylsulfat bei 50 °C od. Methylchlorid unter Druck. Dabei werden die Celluloseketten mehr od. weniger häufig unterbrochen u. es entstehen M.-Typen mit versch. Viskositätsgraden. Eine charakterist. Konstante der M. ist der Durchschnittssubstitutionsgrad (DS), der die durchschnittl. Anzahl der an einer Glucoseeinheit befindl. Ethergruppen (Methoyloxylgruppen) angibt; z. B. bei Tylose MH ca. 1.5, bei Tylose MB ca. 2.0, was einem mittleren Methoxylgehalt von ca. 25 bzw. 30 % entspricht. Der Durchschnittspolymerisationsgrad (DP) gibt die durchschnittl. Anzahl der Glucoseeinheit pro Celluloseether-Molekül an. Bei den Tylose-Marken MB u. MH beträgt er 200-1000. **Löslichkeitsverhalten:** abnorm; meist, je nach Sorte, kolloidal lösl. u. a. in kaltem Wasser, Methanol, Ethanol bis 40 %; je höher der Substitutionsgrad, desto besser ist die Löslichkeit in Wasser-Alkohol-Gemischen; unlösl. in heißem Wasser (über 50 °C), Aceton, Ether, Chloroform, Ethanol über 40 % u. Toluol. Die der Bezeichnung M. angefügte Zahl kennzeichnet Produkte, deren wässrige Lsg. bei gleicher Konz. (üblich sind 2 %) versch. Viskosität aufweisen. Eine höhere Zahl entspr. einer längeren Cellulosekette, höheren relativen Molmasse u. in der Folge einer viskoseren M.-Lösung. M. ist in höherer Konz. (5-10 %) plastisch u. thixotrop; es besitzt außerdem emulgierende Eigenschaften. **Inkomp.:** Ethanol über 40 %, Elektrolyte in hoher Konz. (s. Aussalzen); Netzmittel in hoher Konz., Gerbstoffe, Nipaester u. andere phenol. Stoffe; in der Hitze, z. B. bei Sterilisation, Dehydratisierung u. Ausfällung der M., die beim Abkühlen wieder in Lsg. geht (thermoreversible Koagulation); konservierte Lsg. sind stabil; **Anw.:** **1.** für die Granulierung, Tablettierung u. Kapselabfüllung als Bindemittel, Trägerstoff, Schutzkolloid, Granuliermittel, Filmbildner; **2.** für wässrige Ophthalmika (in viskosen Augentropfen*; in Kontaktlinsenpflegemitteln*); **3.** durch die Viskositätserhöhung u. Grenzflächenaktivität als Dispergier-, Stabilisierungs- u. Verdickungsmittel (Emulsionen, Lotionen, 5-10 % für Salben u. Pasten) geeignet; **4.** Filmbildner in Sprays, Salben bei Verbrennungen, M. bildet einen durchsichtigen, festen, elast. u. permeablen Film, der gegenüber Fetten, Ölen u. org. Lösungsmitteln beständig ist; **5.** Klebstoff in Gipsverbänden; **6.** Laxans (1-4 × 1 g/d per os). **Herstellung einer M.-Lsg.:** die Hälfte der vorgeschriebenen Menge Wasser wird zum Sieden erhitzt u. die M. eingerührt (Benetzung). Nach kurzer Wartezeit wird die andere Hälfte kalt zugerührt. Für eine möglichst rasche u. vollständige Lsg. empfiehlt sich ein Stehenlassen bei niedrigen Temp., z. B. in Eiswasser.

Methylcephaelin: s. Emetin.

Methylchavicol: 1-Allyl-4-methoxybenzol, 1-(*p*-Methoxy-phenyl)prop-2-en, 4-Allylanisol, Isoanethol, Esdragol, Estragol; 1-Methoxy-4-(2-propenyl)-benzol, CAS-Nr. 140-67-0; $C_{10}H_{12}O$, M_r 148.2. Strukturformel s. Phenylpropanderivate (Abb.). Sdp. ca. 216 °C. Flüss., mischbar mit Chloroform u. Ethanol. Enthalten z. B. im äther. Öl von Estragon (s. Artemisia dracunculus), Anisöl (s. Pimpinella anisum). **Anw.:** Reagens Ph.Eur.4.

Methylchlorid: Chlormethyl, Methylium chloratum; Monochlormethan, CH_3Cl. Schmp. −97.7 °C. Sdp. −24 °C. Farbloses, ether. riechendes Gas, brennt mit grüngesäumter Flamme, lösl. in Ethanol u. Wasser. **Darst.:** aus HCl u. Methanol in Anwesenheit von $ZnCl_2$ od. durch Chlorierung von Methan. **Anw.** med.: wie Ethylchlorid*; techn.: als Methylierungsmittel, für Grignard-Synthesen, zur Herst. von Methylcellulose, Farbstoffen, als Kühlmittel. **Tox.:** M. gehört zu den potentiell kanzerogenen Stoffen.

Methylchlorphenoxyessigsäure: Abk. MCPA; 2-Methyl-4-chlorphenoxyessigsäure; Wuchsstoff, Unkrautvertilgungsmittel.

β-Methyldigoxin: s. Metildigoxin.

Methyldihydroxyanthrachinon: s. Chrysophansäure.

Methyldinatriumarsenat: s. Natrium, monomethylarsinsaures.

Methyldopa INN: Methyldopum Ph.Eur.4, 3-Hydroxy-α-methyl-L-tyrosin; L-3-(3,4-Dihydroxyphenyl)-2-methylalanin; CAS-Nr. 555-30-6; $C_{10}H_{13}NO_4$, M_r 211.21. Schmp. ca. 300 °C (unter Zers.). $[\alpha]_D^{23°C}$ −4.0±0.5° (c=1 in Salzsäure 0.1 mol/L). Lösl. in Wasser 10 mg/mL bei 25 °C; fast unlösl. in gebräuchl. org. Lösungsmitteln; lösl. in verd. Säuren. **Anw.:** Antihypertensivum* der 2. Wahl. M. sowie die Metaboliten α-Methyldopamin u. α-Methylnoradrenalin gelten als sog. falsche Neurotransmitter des Noradrenalin* u. zeichnen sich als starke Alpha-2-Agonisten aus. Ihre Metabolisierung u. Speicherung erfolgt in den noradrenergen Vesikeln, dadurch wird die Wirk. von Noradrenalin stark vermindert. Durch vorwiegend zentralen Angriff wird der periphere Gefäßwiderstand gesenkt. **UAW:** Müdigkeit, Übelkeit, Potenz- u. Libidoschwäche, Orthostasensyndrom u. Depressionen; nach längerer Applikation Morbus Parkinson ähnl. Symptomatik; **Dos.:** p.o. Initialdos. 1×0.25 g/d, Erhaltungsdos. 3×0.25 g/d; parenteral (i.m., i.v.) 0.25 g. HWZ 1.8 h. **Methyldopa-Sesquihydrat:** CAS-Nr. 41372-08-1; $C_{10}H_{13}NO_4 \cdot 1.5\,H_2O$, M_r 238.2. Hingewiesen sei auch auf DL-Methyldopa.

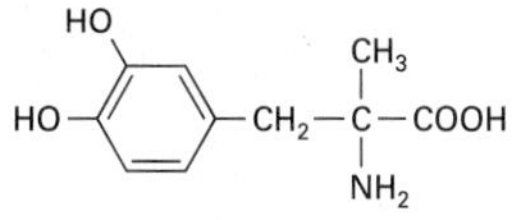

Methyldopa

Methylen-: Bez. für die Gruppe $-CH_2-$ od. $=CH_2$ in org. Verbindungen.

Methylenblau: Methylthioninii chloridum Ph.Eur.4, Methylthioniniumchlorid, Methylthioninium chloratum, Methylenum caeruleum, Tetramethylthioninchlorid; 3,7-Bis(dimethylamino)phenothiazin-5-ium-chlorid; CAS-Nr. 61-73-4; $C_{16}H_{18}ClN_3S$, M_r 319.851. Dunkelgrüne, bronze glänz. Kristalle od. dunkelgrünes Pulver; lösl. in Wasser 1:25, in Ethanol 1:65, in Chloroform 1:450, unlösl. in Ether; pH 3-4.5 (1% Lsg. in Wasser). **Anw.:** Farbstoff, Antiseptikum*, Antirheumatikum*; Antidot bei Kohlenoxid-, Anilin- u. Cyanwasserstoffvergiftungen (Methämoglobinbildner); techn.: in der Färberei (vgl. Thiazinfarbstoffe), als Reagens Ph.Eur.4; **Dos.:** p.o. 3-4×0.05-0.3 g/d; parenteral i.v. 1-4 mg/kg KG/d (1%ige Lsg.). **Methylthioniniumchlorid-Hydrat zur extravasalen Anwendung:** enthält pro Mol ca. 3 mol Wasser; **Off.:** DAC86.

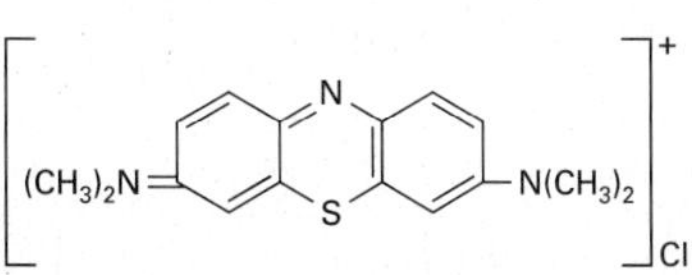

Methylenblau

Methylenchlorid: Methyleni chloridum Ph.Eur.4, Methylenum chloratum; Dichlormethan, CH_2Cl_2, M_r 84.9. D. 1.320-1.322. Sdp. 39-42 °C. $n_D^{20°C}$ 1.423-1.425. Farblose, chloroformartig riechende Flüss., mischbar mit Aceton, Ethanol, Ether, fetten Ölen, wenig lösl. in Wasser. **Darst.:** Reduktion von Chloroform; durch Chlorierung von Methan; kann Stabilisatoren enthalten (max. 2% Ethanol, max. 0.03% 2-Methyl-2-buten). **Anw.:** früher als Inhalationsanästhetikum; techn.: als Lösungs- u. Fleckenentfernungsmittel, Treibgas*.

Methylendimethylether: s. Methylalum.

3,4-Methylendioxy-*N*-methylamphetamin: s. Ecstasy.

Methylenprednisolon: s. Prednyliden.

Methylenprotocatechualdehyd: s. Heliotropin.

Methylenum caeruleum: s. Methylenblau.

Methylenum chloratum: s. Methylenchlorid.

Methylephedrin: *N*-Methylephedrin; 1-Phenyl-2-dimethylaminopropanol; CAS-Nr. 552-79-4; $C_{11}H_{17}NO$, M_r 179.2, Schmp. 64 °C, (Racemat) bzw. Schmp. 87 °C (Enantiomere). Lösl. in Wasser, Ethanol, Aceton. **Methylephedrinhydrochlorid:** $C_{11}H_{18}ClNO$, M_r 215.65, Schmp. 207 °C (Racemat) bzw. Schmp. 192 °C (Enantiomere). Leicht lösl. In Wasser. **Anw.:** Sympathomimetikum* mit zentraler Wirk., Analeptikum*.

Methylephedron: s. Metamfepramon.

Methylergometrin INN: Methylergobasin, Methylergobrevin, Methylergonovin, *N*-(1-Hydroxy-2-butyl)-lysergamid; 9,10-Didehydro-*N*-(hydroxy-2-butyl)-6-methylergolin-8α-carboxamid; CAS-Nr. 113-42-8; $C_{20}H_{25}N_3O_2$, M_r 339.42. Strukturformel s. Bromocriptin (Abb.). Schmp. 172 °C. $[\alpha]_D^{20°C}$ −45° (c=0.4 in Pyridin). Wenig lösl. in Wasser; leicht lösl. in Ethanol u. Aceton. **Anw.:** Gynäkologikum*; Oxytozikum*, wie Ergometrin hauptsächl. für die Nachgeburtsphase zur aktiven Einleitung der Plazentaausstoßung, nur in Ausnahmefällen (vorsichtig dosiert) auch vor der Geburt; bei Atonie des Uterus, mangelhafter Uterusrückbildung im Wochenbett, Nachblutung nach Geburt u. Abort, bei verstärkter Monatsblutung sowie bei Zwischenblutungen (vgl. Secale cornutum); **UAW:** Übelkeit, Erbrechen, Abdominalschmerzen bei hoher Dos., Schwindel, Kopfschmerz; **Dos.:** p.o. 2-3×1.25 mg/d; parenteral i.v. 0.05 mg, i.m., s.c. 0.1 mg bis 3×0.2 mg; HWZ 2 h. **Methylergometrinhydrogenmaleat:** CAS-Nr. 57342-61-8; $C_{24}H_{29}N_3O_6$, M_r 455.3.

Methylether: s. Dimethylether.

Methylethylketon: s. Ethylmethylketon.

Methylgelb: s. Buttergelb.

Methylglucamin: s. Meglumin.

Methylglykol: s. 2-Methoxyethanol.

Methylgrün: α,α-Bis(4-dimethylaminophenyl)-4-(trimethylammonio)-benzylium-dichlorid; $C_{26}H_{33}Cl_2N_3$, M_r 458.5. Grünes Pulver, lösl. in Wasser, lösl. in Schwefelsäure 96% mit gelber Farbe, die beim Verd. mit Wasser nach Grün umschlägt. **Anw.:** Reagens Ph.Eur.4.

Methylguanidinessigsäure: s. Kreatin.

Methylhyascini nitras: s. Methylscopolaminnitrat.

Methyl-4-hydroxybenzoat: s. *p*-Hydroxybenzoesäuremethylester.

M

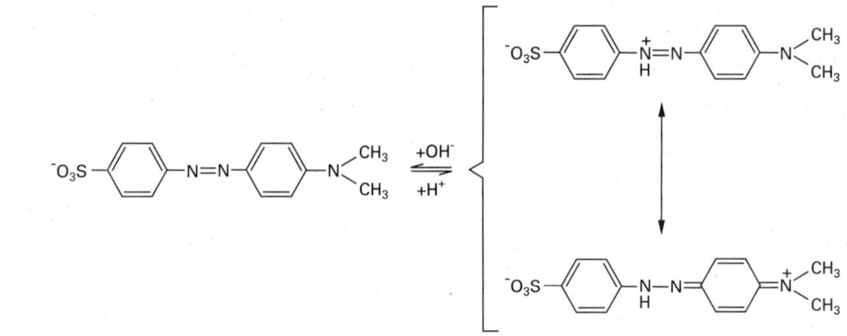

Methylorange

Methylhydroxyethylcellulose: Methylhydroxyethylcellulosum Ph.Eur.4, Hydroxyethylmethylcellulose; partiell methylierte u. hydroxyethylierte Cellulose. Weißl. Pulver od. Granulat; unlösl. in heißem Wasser (oberhalb 50 °C), Aceton, wasserfreiem Ethanol, Ether u. Toluol; kolloidal lösl. in kaltem Wasser. Unterschiedl. viskose Sorten im Handel (Ph.Eur.: Viskosität einer 2 %igen Lsg. mit Hilfe eines Rotationsviskosimeters bestimmt); Trocknungsverlust 10 %. **Anw.:** wasserlösl. Umhüllungs- u. Einbettungsmaterial, Binde- u. Verdickungsmittel; vgl. Methylcellulose.

Methylhydroxypropylcellulosi phthalas: s. Hydroxypropylmethylcellulosephthalat.

Methylhydroxypropylcellulosum: s. Hydroxypropylmethylcellulose.

Methylhyosciniumbromid: s. Methylscopolaminiumbromid.

Methylidenglycerol: s. Glycerolformal.

β-Methylindol: Skatol*.

Methylisopropylphenol: s. Thymol.

Methylisothiocyanat: s. Glucosinolate.

Methylis parahydroxybenzoas: s. *p*-Hydroxybenzoesäuremethylester.

Methylis salicylas: s. Methylsalicylat.

Methylium bromatum: s. Methylbromid.

Methylium chloratum: s. Methylchlorid.

Methylium para-oxybenzoicum: s. *p*-Hydroxybenzoesäuremethylester.

Methylium phenylchinolincarbonicum: s. Neocinchophen.

Methylium salicylicum: s. Methylsalicylat.

7-Methyljuglon: s. Drosera rotundifolia.

Methylkallidin: s. Hormone (Plasmakinine).

Methylmaleinsäure: s. Citraconsäure.

Methylmethacrylat: Methacrylsäuremethylester, Methyl-2-methylpropenoat, MMA; $C_5H_8O_2$, M_r 100.1. Schmp. ca. –48 °C. Sdp. ca. 100 °C. $n_D^{20\,°C}$ ca. 1.414. Farblose Flüssigkeit. **Anw.:** Reagens Ph.Eur.4. Z.B. zum Nachw. von Monomeren in Poly(ethylacrylat-methylmethacrylat)-Dispersion.

Methylmethionin: s. Brassica oleracea convar. capitata var. capitata.

Methylmethioniniumchlorid: s. Methioninmethylsulfoniumhydrochlorid.

Methylmorphin: s. Codein.

Methylnaphthochinon: s. Vitamine (Vitamin K_3).

Methylnicotinat: s. Nicotinsäuremethylester.

Methylorange: Helianthin, Orange III, Goldorange, Tropaeolin D; Natriumsalz der 4-(4'-Dimethylamino-phenylazo)-benzol-1-sulfonsäure. Gelbes Pulver, unlösl. in Ethanol, lösl. in Wasser; in 0.1 % wässrig-alkohol. Lösung. **Anw.:** als Indikator* in der Acidimetrie, Umschlagsbereich pH 3.1-4.4, rot — gelb.

Methylorange-Mischindikator-Lösung: Thashiro-Indikator; Reagens Ph.Eur.4; Indikator* mit Umschlagsbereich pH 3.0-4.4, orange — olivgrün. **Zuber.:** 20.0 mg Methylorange u. 0.1 mg Bromcresolgrün werden in 1.0 mL NaOH-Lsg. (c = 0.2 mol/L) gelöst u. mit Wasser auf 100 mL verd.; **Anw.:** Gehaltsbestimmung von Carbonaten, Hydrogencarbonaten, Oxiden, Hydroxiden.

Methylorthoformiat: s. Trimethylorthoformiat.

Methylparaben: s. *p*-Hydroxybenzoesäuremethylester.

Methylpentynol INN: Methylpentinol, Methylparafynol, Meparfynol; 3-Methyl-1-pentin-3-ol; CAS-Nr. 77-75-8; $C_6H_{10}O$, M_r 98.14. Ep. –30.6°C. Sdp. 121-122 °C (101.3 kPa), 50 °C (4.9 kPa), 20 °C (0.8 kPa). $n_D^{20\,°C}$ 1.4318. d_4^{20} 0.8688; d_{20}^{20} 0.8721. Lösl. zu 12.8 g/100 mL Wasser von 25 °C, lösl. in Ether; mischbar mit Aceton, Benzol, Tetrachlorkohlenstoff, Cellosolve, Cyclohexanon, Diethylglykol, Ethylacetat, Kerosin, Methylethylketon, Ethanolamin, Petrolether, Sojaöl. Flammpunkt 38.5 °C, Oberflächenspannung (25 °C) 23.8 mN/m, (5 %ige wässrige Lsg.) 34.1 mN/m. **Anw.:** Sedativum*, Schlafmittel*; bei Einschlafstörungen. **Dos.:** p. o. als Sedativum 2-3 × 0.25 g/d, als Schlafmittel 0.5 g.

Methylpentynolcarbamat: $C_7H_{11}NO$, M_r 141.2. Schmp. 53-56 °C.

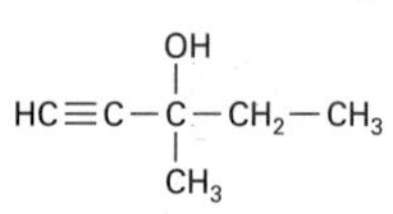

Methylpentynol

Methylperidol: s. Moperon.

Methylphenidat INN: Methyl-2-phenyl-2-(2-piperidyl)acetat; α-Phenyl-2-piperidinessigsäuremethylester; CAS-Nr. 113-45-1; $C_{14}H_{19}NO_2$, M_r 233.30. Schmp. 74-75 °C (kristallisiert aus 50 %igem Ethanol). Lösl. in Ethanol, Ethylacetat, Ether; fast unlösl. in Wasser, Petrolether. **Anw.:**

Psychotonikum, Sympathomimetikum* mit zentralstimulierendem Effekt (s. Weckamine). Ind.: Narkolepsie, hyperkinet. Verhaltensstörungen bei Kindern durch Organerkrankungen od. medikamentös bedingte Antriebsstörungen; **UAW:** u. a. Herzrhythmusstörungen, Herzklopfen, Erregungszustände, erhöhte Krampfbereitschaft, Gefahr der Abhängigkeit vom Amphetamin-Typ; **Dos.:** p. o. 2-3×10 mg/d, nicht abends; MTD 0.06 g; HWZ 1-3 h bzw. 7 h (Metaboliten). **Methylphenidathydrochlorid:** Methylphenidati hydrochloridum, Methylphenidatium chloratum; $C_{14}H_{20}ClNO_2$, M_r 269.8. Weißes, krist. Pulver; leicht lösl. in Wasser, Chloroform u. Methanol, lösl. in Ethanol, sehr schwer lösl. in Aceton. **Off.:** Ph.Helv.7.

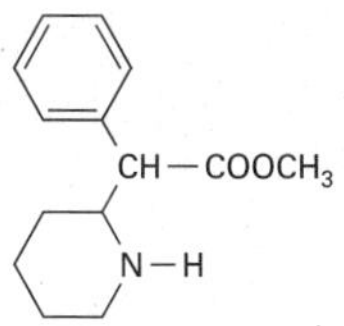

Methylphenidat

Methylphenobarbital INN: Methylphenobarbitalum Ph.Eur.4, Acidum methylphenylaethylbarbituricum, Mephobarbital, Methylphenylethylbarbitursäure; DL-5-Ethyl-1-methyl-5-phenyl-barbitursäure; CAS-Nr. 115-38-8; $C_{13}H_{14}N_2O_3$, M_r 246.26. Strukturformel s. Barbiturate (Abb. 1). Schmp. 176 °C (polymorph). Weißes, krist. Pulver; schwer lösl. in kaltem Wasser; lösl. in heißem Wasser; lösl. in Ethanol 1:240, in Chloroform 1:40, in Ether 1:200, gibt wasserlösl. Verb. mit Alkalihydroxiden, Alkalicarbonaten u. Ammoniak-Lösung. **Anw.:** Antiepileptikum*, Sedativum*; langwirksames Barbiturat, wegen seiner im Vergleich zu Phenobarbital* geringeren Kumulationsneigung für eine Langzeitbehandlung der Epilepsie vom Typ des Grand mal geeignet; **Dos.:** p. o. als Antikonvulsivum 0.4-0.6 g/d; als Sedativum 3-4×0.03-0.10 g/d (MTD 0.8 g); Kinder 3-4×0.015-0.06 g/d.

Methylphenobarbital-Tabletten: s. Compressi Methylphenobarbitali.

Methylphenol: s. Cresol.

Methylphenylethylbarbitursäure: s. Methylphenobarbital.

Methylphenylethylhydantoin: s. Mephenytoin.

1-Methylpiperazin: $C_5H_{12}N_2$, M_r 100.2. Sdp. ca. 138 °C. d_{20}^{20} ca. 0.90. $n_D^{20\,°C}$ ca. 1.466. Farblose Flüss.; mischbar mit Wasser u. Ethanol. **Anw.:** Reagens Ph.Eur.4.

Methylpolysiloxan: s. Silicone.

Methylprednisolon INN: syn. 6α-Methylprednisolon, Methylprednisolonum Ph.Eur.4, Prednilen; 11β,17,21-Trihydroxy-6α-methylpregna-1,4-dien-3,20-dion; CAS-Nr. 83-43-2; $C_{22}H_{30}O_5$, M_r 374.46. Schmp. 228-237 °C, zeigt Polymorphie; $[\alpha]_D^{20\,°C}$ +83° (Dioxan). fast unlösl. in Wasser; wenig lösl. in Ethanol, Dioxan, Methanol; schwer lösl. in Aceton, Chloroform; sehr schwer lösl. in Ether. Synthet. Glucocorticoid. **Anw.:** Corticosteroid-Therapie, mit Ausnahme der NNR-Insuffizienz; **Dos.:** p. o. Initialdos. 12-80 mg/d, Erhaltungsdos. 4-12 mg/d; parenteral (i. m., i. v.) 40 mg 1- bis mehrmals tägl. bei akuten Zuständen; beim anaphylakt. Schock i. v. 30 mg/kg KG/d; topisch Hautsalbe 0.25 %; HWZ 3-3.5 h; vgl. Hormone (Glucocorticoide). **Methylprednisolon-21-acetat:** Methylprednisoloni acetas Ph.Eur.4; CAS-Nr. 53-36-1; $C_{24}H_{32}O_6$, M_r 416.5. Weißes, krist. Pulver; fast unlösl. in Wasser. **Methylprednisolon-21-hydrogensuccinat:** Methylprednisoloni hydrogensuccinas Ph.Eur.4; CAS-Nr. 2921-57-5; $C_{26}H_{34}O_8$, M_r 474.55. Weißes bis fast weißes, hygroskopisches Pulver, unlösl. in Wasser, schwer lösl. in Aceton u. wasserfreiem Ethanol, unlösl. in Ether, löst sich in verd. Alkalihydroxidlösung. Hingewiesen sei auch auf M.-21-cipionat, M.-dinatriumphoshat.

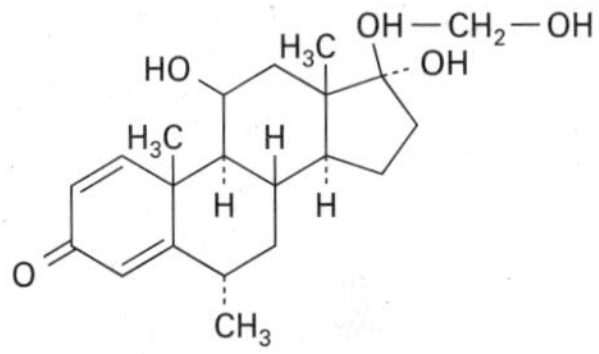

Methylprednisolon

4-Methylprolin: s. Prolin.

Methylpromazin: s. Alimemazin.

2-Methyl-1-propanol: s. Butylalkohol.

Methylprotokatechualdehyd: s. Vanillin.

Methylpsychotrin: s. Cephaelis ipecacuanha.

Methylpyridine: s. Pyridin.

Methylrosaniliniumchlorid INN: s. Methylviolett.

Methylrot: 2-(4-Dimethylaminoazo)benzoesäure, $C_6H_4(COOH)-N=N-C_6H_4N(CH_3)_2$, $C_{15}H_{15}N_3O_2$, CAS-Nr. 493–52–7 , M_r 269.3, Schmp. 181-182 °C. Polymorph, violette Kristallnadeln, lösl. in Ethanol u. Essigsäure, unlösl. in Wasser. **Anw.:** Indikator, Umschlagbereich: pH 4.2 (rot) bis pH 6.3 (gelb).

Methylrotlösung: Herst.: Ph.Eur.4, 50 mg Methylrot werden in einer Mischung von 1.86 mL NaOH-Lsg. u. 50 mL Ethanol 96 % gelöst. Die Lsg. wird mit Wasser zu 100 mL verdünnt. Umschlagbereich: pH-Wert 4.4 (rot) bis 6.0 (gelb).

Methylrot-Mischindikator-Lösung: Herst.: Ph.Eur.4, 0.1 g Methylrot u. 0.05 g Methylenblau werden in 100 mL Ethanol 96 % gelöst. Umschlagbereich: pH-Wert 5.2 (rotviolett) bis 5.6 (grün).

Methylrotnatriumlösung: $C_{15}H_{12}NaN_3O_2$; Lsg. von 0.05 g Methylrotnatrium (vgl. Methylrot) in 100 mL Wasser (CO_2-frei). **Anw.:** Reagens.

Methylsalicylat: Methylis salicylas Ph.Eur.4, Methylium salicylicum, Methylum salicylicum, künstliches Gaultheriaöl, künstliches Wintergrünöl, Salicylsäuremethylester; 2-Hydroxy-benzoesäuremethylester; CAS-Nr. 119-36-8; $C_8H_8O_3$, M_r 152.1. D. 1.182-1.187. Sdp. 221-225 °C. Farblose od. schwach gelb gefärbte Flüss. von charakterist. u. anhaltendem, starkem, aromat. Geruch; sehr schwer lösl. in Wasser, mischbar mit Ethanol, Chloroform, fetten u. äther. Ölen. **Vork.:** im

Pflanzenreich weit verbreitet, meist als Glykosid (Gaultherin*), Hauptbest. (96-99 %) des äther. Öls der Blätter von Gaultheria* procumbens u. anderer Gaultheria-Arten sowie des Birkenrindenöls (bis zu 99.8 %); **Darst.**: Sieden von Methylalkohol u. Salicylsäure mit Schwefelsäure; **Inkomp.**: Eisensalze (Verfärbung), alkal. reagierende Stoffe (Verseifung); **Anw.**: äußerl. als Antirheumatikum* in Form von Salben u. Linimenten 10-30 %ig, als hyperämisierendes Mittel; weitere Anw. in der Parfümerie, als Lichtschutzmittel in Hautcremes, zur Abwehr von Stechmücken; **Tox.**: Einnahme obsolet, da M. deutlich toxischer als Salicylsäure* ist, 4 mL u. weniger können für Kinder tödl. sein.

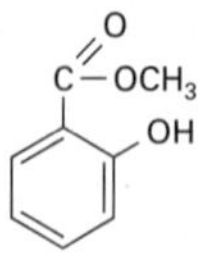

Methylsalicylat

Methylscopolaminiumbromid: Methylhyosciniumbromid; 6*β*,7*β*-Epoxy-8-methyl-3*α*-hydroxy-1*αH*,5*αH*-tropaminiumbromid-(*S*)-tropat; räuml. Darst. der Struktur vgl. Scopolamin (Abb.); CAS-Nr. 155-41-9; $C_{18}H_{24}BrNO_4$, M_r 398.3. Schmp. 214-217 °C (unter Zers.). Leicht lösl. in Wasser, schwer lösl. in Ethanol. **Anw.**: als Parasympatholytikum*, Spasmolytikum*, Anticholinergikum*, ohne zentraldämpfende Wirk.; prakt. nur mehr für experimentell-pharmakol. Untersuchungen verwendet; HWZ 12 h.

M

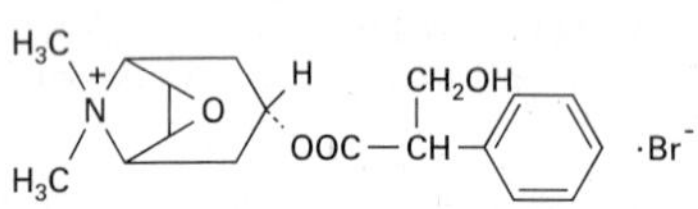

Methylscopolaminiumbromid

Methylscopolaminnitrat: Methylscopolaminiumnitrat; Scopolamin-*N*-methylnitrat; CAS-Nr. 6106-46-3; $C_{18}H_{24}N_2O_7$, M_r 380.4. Weißes, krist. Pulver; leicht lösl. in Wasser, lösl. in Ethanol, unlösl. in Ether u. Chloroform. **Anw.**: Parasympatholytikum*, Spasmolytikum*, obsolet.

Methylsulfadiazin: s. Sulfaperin.

Methylsulfonal: Trional, Sulfonethylmethan; Diethylsulfonmethylethylmethan; $C_8H_{18}O_4S_2$, M_r 242.36. Schmp. 76 °C. Farblose, glänz. Kristalltafeln, lösl. in Ether, Ethanol, wenig lösl. in Wasser. **Darst.**: Oxidation von Sulfonal mit Kaliumpermanganat; **Anw.**: früher als Schlafmittel; **UAW:** u. a. Gefahr der Gewöhnung u. Abhängigkeit; vgl. Sulfonal.

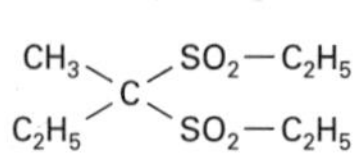

Methylsulfonal

Methyltestosteron INN: Methyltestosteronum Ph.Eur.4; 17*β*-Hydroxy-17*α*-methylandrost-4-en-3-on; CAS-Nr. 58-18-4; $C_{20}H_{30}O_2$, M_r 302.5. Schmp. 161-166 °C. $[\alpha]_D^{20\,°C}$ +79 bis +85° (c = 1 in Ethanol 96 %). Weißes, krist. Pulver; lösl. in Ethanol, Ether u. anderen org. Lsg.; fast unlösl. in Wasser. **Anw.**: s. Testosteron.

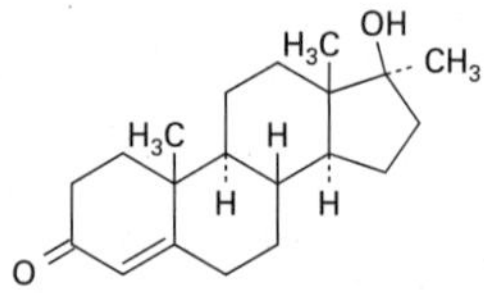

Methyltestosteron

Methylthioniniumchlorid INN: s. Methylenblau.

Methylthiouracil INN: Methylthiouracilum, 6-Methyl-2-thiouracil; 2,3-Dihydro-6-methyl-2-thioxo-4(1*H*)-pyrimidon, CAS-Nr. 56-04-2; $C_5H_6ON_2S$, M_r 142.2. Schmp. 326-331 °C. Leicht lösl. in kaltem Wasser, Ethanol u. Ether, weniger gut lösl. in kochendem Wasser. **Off.**: ÖAB90 (bis 1996). **Anw.**: Thyreostatikum* der Thioharnstoffgruppe; wegen des ungünstigen Nutzen-Risiko-Verhältnisses (UAW-Rate 7-14 %) nicht empfehlenswert u. daher nicht mehr gebräuchl.; vgl. Propylthiouracil.

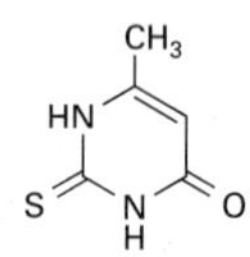

Methylthiouracil

Methylthymolblau: $C_{37}H_{40}N_2Na_4O_{13}S$, M_r 844.8. Bräunl. schwarzes Pulver, leicht lösl. in Wasser, sehr schwer lösl. in Ether. **Anw.**: als Indikator* in der Komplexometrie; s. Chelate.

***α*-Methyltyrosin:** s. Metirosin.

Methylumbelliferon: s. Hymecromon.

Methylum salicylicum: s. Methylsalicylat.

Methylviolett: Methylrosaniliniumchlorid INN, Methylrosanilinii chloridum, Methylrosanilinium chloratum, Kristallviolett, Gentianaviolett B, Blaues Pyoktanin, Pyoctaninum coeruleum; CAS-Nr. 548-62-9; $C_{25}H_{30}ClN_3$, M_r 408.0. Triphenylmethanfarbstoff, meist ein Gemisch von Penta- u. Hexamethylrosanilinchlorhydrat (reines Hexamethylpararosanilin wird als Kristallviolett bezeichnet). Dunkelgrünes, metall. glänzendes, krist. Pulver, leicht lösl. in Wasser u. Ethanol mit blauvioletter Farbe sowie in Glycerol u. Chloroform. **Off.**: DAC86, ÖAB90; **Anw.** med. u. **Dos.**: Antiseptikum* wie Auramin* in Form von 0.5-2 %igen Lsg., Salben, Pudern, Stiften, Tabletten; Antimykotikum*, als 0.1 %ige Lsg. zur Pinselung bei Soor u. Schleimhautspülungen; früher innerl. als Anthelminthikum* (Erwachsene ca. 1 Woche lang tägl. 0.2 g auf 3 Dosen verteilt, Kinder 0.01 g pro Lebensjahr); vet.: bei Maul- u. Klauenseuche; techn.: in der Mikroskopie als Farbstoff (s. Anilinwasser-Gentianaviolettlösung, Karbol-Gentianaviolettlösung); ferner als Färbemittel für Wolle,

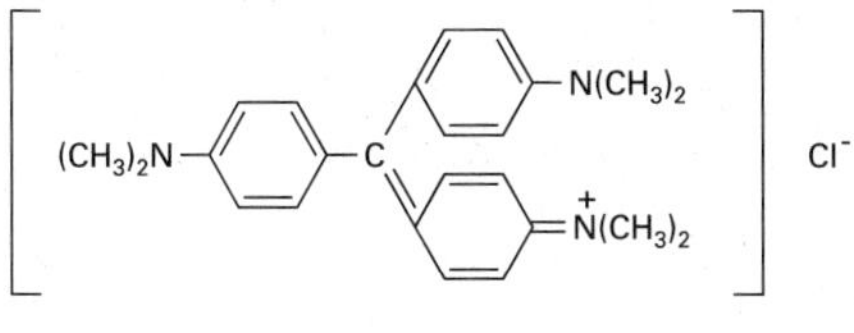

Methylviolett

Baumwolle, Seide, Tinte, Tintenstifte, Stempelkissen.

Methylwasserstoff: s. Methan.

Methylxanthine: *N*-Methylderivate von Xanthin*, biosynthetisiert durch enzymat. Methylierung von freiem Xanthin an *N*-1, *N*-3 u./od. *N*-7 (vgl. Tab. 1) mittels *S*-Adenosyl-L-methionin. Die M. Coffein*, Theobromin* u. Theophyllin* sind Pflanzeninhaltsstoffe, *syn.* Purinalkaloide. **Wirk.:** die pharmakol. Wirk. dieser Purine reichen von einer zentralen Erregung, einer Dilatation der Haut-, Nieren- u. Herzkranzgefäße, einer Steigerung der Herztätigkeit u. als Folge davon einer vermehrten Diurese, einer Bronchospasmolyse bis zur Beeinflussung des Stoffwechsels, u. a. Steigerung der Glykogenolyse u. Lipolyse durch eine Erhöhung von Cyclo AMP; s. Tab. 2. Zur Verbesserung der Wasserlöslichkeit der M. werden zu therap. Zwecken oft auch Molekülverb. mit Ethylendiamin od. Isopropanolamin verwendet od. Alkalibenzoat, -cinnamat, -citrat od. -salicylat zugegeben. Weitere synthet. Derivate sind u. a. 7-Theophyllinacetat, 1-Theobrominacetat (Anw. wie Theophyllin* bzw. Theobromin*), das Salz der Theobrominessigsäure mit Bromocholinphosphat (Antihypertensivum), Pentifyllin (1-Hexyltheobromin, Vasodilatator), Etofyllinclofibrat* (Lipidsenker), Diprophylin, Etophyllin, Proxyphyllin.

Methylxanthine Tab. 1

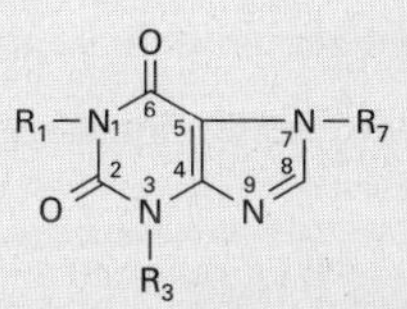

Substanz	R_1	R_3	R_7
Xanthin	H	H	H
Theophyllin	CH_3	CH_3	H
Theobromin	H	CH_3	CH_3
Coffein	CH_3	CH_3	CH_3

Methyprylon INN: 3,3-Diethyl-5-methyl-2,4-piperidindion; CAS-Nr. 125-64-4; $C_{10}H_{17}NO_2$ M_r 183.26. Schmp. 84.5 °C (polymorph). Lösl. in Wasser 1:14, in Ethanol 1:0.7, in Chloroform 1:0.6, in Ether 1:3.5. **Anw.:** Sedativum*, Schlafmittel*; Wirkungsdauer entspr. mittellang wirksamen Barbituraten, kein Vorteil gegenüber diesen; kaum noch gebräuchlich; **UAW:** Ataxie, Kopfschmerzen, Exzitation, Übelkeit, Erbrechen, Diarrhö, Leukopenie; Missbrauch u. Abhängigkeit nach längerer Anw.; **Dos.:** p. o. als Sedativum 2-3 × 50 mg/d; als Schlafmittel 0.2-0.6 g.

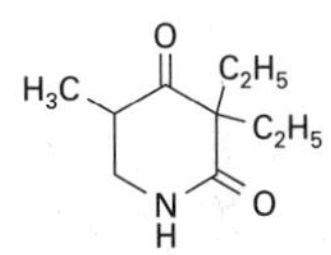

Methyprylon

Methysergid INN: Dimethylergometrin, *N*-(1-Hydroxymethyl)propyl-1-methyl-D-lysergamid; (8*S*)-9,10-Didehydro-*N*-(1-hydroxymethyl)propyl-1,6-dimethyl-8*β*-ergolincarboxamid; CAS-Nr. 361-37-5; $C_{21}H_{27}N_3O_2$, M_r 353.45. Strukturformel s. Bromocriptin. Schmp. 194-196 °C. $[\alpha]_D^{20°C}$ −45° (c = 0.5 in Pyridin). **Anw.:** Serotoninantagonist* bei Migräne* (Intervallther.), Karzinoid*, Dumping*-Syndrom; **UAW:** Unruhe, Schlaflosigkeit, Brechreiz, Schwindel, evtl. Halluzinationen, Fibrosen; **Kontraind.:** Lungen-, Kollagen- u. Nierenerkrankungen; **Dos.:** oral retard Initialdos. 2 × 1.5 mg/d, Erhaltungsdos. 1 × 1.5 mg/d. **Methysergidhydrogenmaleat:** Methysergidi maleas, Methysergidum maleinicum; CAS-Nr. 129-49-7; $C_{25}H_{31}N_3O_6$, M_r 469.5. Weißes, krist. Pulver; schwer lösl. in Wasser u. Methanol, sehr schwer lösl. in Chloroform. **Off.:** Ph.Helv.7.

Methysticine: s. Piper methysticum.

Meticillin INN: syn. Methicillin, Meticillinum, Dimethoxyphenecillin, Dimethoxyphenylpenicillin, 2,6-Dimethoxy-phenyl-penicillin; (6*R*)-6-(2,6-Dimethoxybenzamido)penicillansäure, meist als Natriumsalz verwendet; CAS-Nr. 61-32-5; $C_{17}H_{19}N_2NaO_6S$. Löslichkeit: M.-Natrium ist leicht

Methylxanthine Tab. 2
Wirkprofile

Substanz	zentrale Stimulierung	Steigerung der Herzfrequenz und Kontraktibilität	Bronchospasmolyse	Diuresesteigerung
Coffein	stark	schwach	schwach	schwach
Theophyllin	mittel	stark	stark	stark
Theobromin	keine	mittel	mittel	mittel

lösl. in Wasser. **Wirk.** u. **Anw.**: erstes penicillinasefestes Penicillin-Antibiotikum; nur parenteral anwendbar u. relativ schwach wirksam, heute obsolet; vgl. Antibiotika (Tab.).

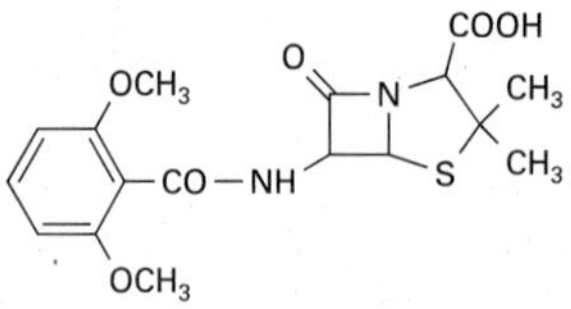

Meticillin

Metildigoxin INN: *β*-Methyldigoxin, Medigoxin; 3*β*,12*β*,14*β*-Trihydroxy-5*β*,14*β*-card-20(22)-enolid-3-(4-*O*-methyltridigitoxosid); CAS-Nr. 30685-43-9; $C_{42}H_{66}O_{14}$, M_r 794.84. Strukturformel s. Glykoside, herzwirksame (Tab. 2). Chem. ist M. mit *β*-Acetyldigoxin bis auf die Methylierung der OH-Gruppe am C-4-Atom der endständigen Digitoxose identisch. Dadurch wird die Lipophilie erhöht u. die Resorption verbessert. Die allg. pharmakol. Eigenschaften u. die Anw. ist dem Digoxin* ähnl., der Wirkungseintritt erfolgt jedoch schneller. **Anw.**: Früh- u. Dauerbehandlung der Herzinsuffizienz; **Dos.**: p. o. 1-2×0.2 mg/d über 3-5 d; Erhaltungsdos. 2-3×0.1 mg/d; Kinder 0.01 mg/kg KG/6 h, später n. B. nur noch einmal tägl.; HWZ 42 h bzw. 36 h (Metaboliten).

Metipranolol INN: Methypranol; 4-(2-Hydroxy-3-isopropylaminopropoxy)-2,3,6-trimethylphenylacetat; CAS-Nr. 22664-55-7; $C_{17}H_{27}NO_4$. Strukturformel s. Sympatholytika (Abb. 2). **Anw.**: Betasympatholytika; **Dos.**: p. o. bei Koronarerkrankungen 2-3×10 mg/d; bei Hypertonie 2-3×20 mg/d; HWZ 3 h (Metaboliten). Gebräuchl. ist auch Metipranololhydrochlorid.

Metirosin INN: syn. Metyrosin, *α*-Methyltyrosin; *α*-Methyl-3-(3-hydroxyphenyl)-alanin; CAS-Nr. 305-96-4; $C_{10}H_{13}NO_3$, M_r 195.21. **Anw:** obsolet, Tyrosinhydroxylasehemmer*, Antihypertensivum*, bei Phäochromocytom zus. mit Alphasympatholytika; zur experimentellen Hemmung der Catecholaminbiosynthese.

Metisazon: s. Methisazon.

Metixen INN: syn. Methixen; (*RS*)-1-Methyl-3-(9*H*-thioxanthen-9-yl)methyl-piperidin; CAS-Nr. 4969-02-2; $C_{20}H_{23}NS$, M_r 309.47. Sdp. 171-175 °C (9.33 Pa). **Anw.**: Antiparkinsonmittel, Parasympatholytikum mit vorwiegend zentraler Wirk.; hauptsächl. gegen Tremor wirksam; vgl. Parkinson-Syndrom; **Dos.**: Initialdos. 3-4×2.5 mg/d p. o., steigern innerhalb 4-6 Wochen auf Erhaltungsdos. 2-3×15-30 mg/d, Langzeitanw. 1-2×15 mg/d.

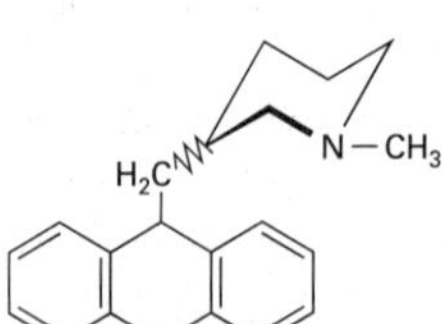

Metixen

Metixenhydrochlorid: Metixeni hydrochloridum Ph.Eur.4; CAS-Nr. 7081-40-5; $C_{20}H_{24}ClNS \cdot H_2O$, M_r 363.9. Schmp. 216 °C. Lösl. in Wasser, Ethanol, Chloroform.

Metoclopramid INN: Metoclopramidum Ph.Eur.4; 4-Amino-5-chlor-*N*-(2-diethylaminoethyl)-2-methoxy-benzamid; CAS-Nr. 364-62-5; $C_{14}H_{22}ClN_3O_2$, M_r 299.81. Schmp. 145-149 °C (polymorph). **Wirk.**: Erregung muscarinerger Cholinorezeptoren durch Freisetzung von Acetylcholin; Dopamin-Antagonist; **Anw.**: Gastrokinetikum zur Beschleunigung der Magenentleerung (Ulkusther., Refluxösophagitis); zentrales Antiemetikum; **Dos.**: p. o. 2-3×10 mg/d, Kinder 5 mg, Kleinkinder 4 mg, Säuglinge 2 mg; parenteral (i. m., i. v.) 10 mg; rektal 20 mg, Kinder 10 mg, Säuglinge 5 mg; HWZ 2.8-8.3 h. **Metoclopramidhydrochlorid:** Metoclopramidi hydrochloridum; CAS-Nr. 7232-21-5; $C_{14}H_{23}Cl_2N_3O_2$, M_r 336.3. Schmp. 183-187 °C (unter Zers.). Weißes, krist. Pulver; sehr leicht lösl. in Wasser, leicht lösl. in Ethanol, wenig lösl. in Chloroform. **Metoclopramidhydrochlorid-Monohydrat:** Metoclopramidi hydrochloridum Ph.Eur.4; CAS-Nr. 54143-57-6; $C_{14}H_{23}Cl_2N_3O_2 \cdot H_2O$, M_r 354.28. Schmp. 183 °C (unter Zers.); pH 4.5-6 (10 %ige wässrige Lsg.). Weißes, krist. Pulver; sehr leicht lösl. Wasser, leicht lösl. in Ethanol, wenig lösl. in Chloroform. **Dos.:** oral Richtwerte: 3×10 mg/d, Kinder <14 Jahren: 0.1 mg/kg KG, maximal 0.5 mg/kg KG; parenteral i. m., i. v. 1-3×10 mg/d; rektal 2-3×20 mg/d, Kinder 2-6 Jahre, Schulkinder: 2-3×5-10 mg/d (Ph.Eur.Komm).

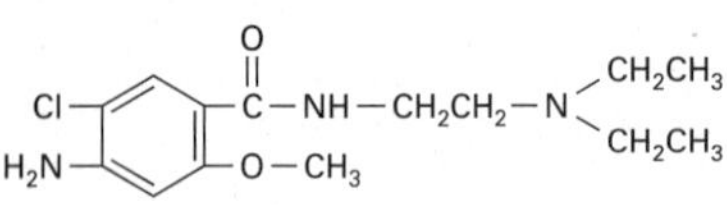

Metoclopramid

Metoclopramidi guttae: s. Guttae Metoclopramidi.

Metoclopramid-Tropfen: s. Guttae Metoclopramidi.

Metolazon INN: 7-Chlor-1,2,3,4-tetrahydro-2-methyl-4-oxo-3-(2-tolyl)-6-chinazolinsulfonamid; CAS-Nr. 17560-51-9; $C_{16}H_{16}ClN_3O_3S$, M_r 365.84. Schmp. 267-270 °C (Mod. I), 222-225 °C (Mod. II), 218-224 °C (Mod. III). In Wasser wenig lösl., 50 mg/L (20 °C) bzw. 101 mg/L (38 °C, jeweils Mod. I); besser lösl. in Alkalien u. org. Lösungsmitteln. **Anw.**: Saluretikum (vgl. Diuretika), Antihypertensivum*; Ödembehandlung; **UAW:** Appetitlosigkeit, Schwäche, Hypokaliämie; **Kontraind.**: Kinder, stillende Mütter, Leberkoma, Hypokaliämie, Niereninsuffizienz; **WW:** Antidiabeti-

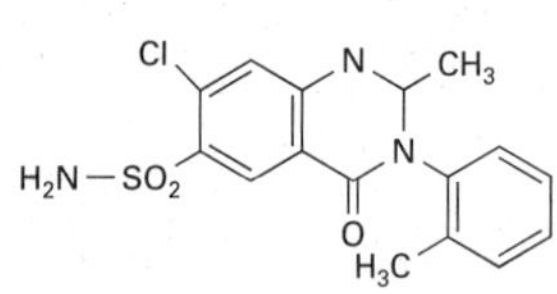

Metolazon

ka, Herzglykoside, Antihypertensiva, Glucocorticoide; HWZ 20 h.

Me-too-Präparate: Bez. für Fertigarzneimittel, deren Wirkstoffe sich in der chem. Struktur nicht von bei derselben Indikation bereits verwendeten unterscheiden; vgl. Generika.

Metoprolol INN: (±)-1-Isopropylamino-3-[4-(2-methoxyethyl)phenoxy]-propan-2-ol; CAS-Nr. 37350-58-6; $C_{15}H_{25}NO_3$, M_r 267.38. Strukturformel s. Sympatholytika (Abb. 2). **Anw. u. Wirk.**: Betasympatholytikum; selektiver Beta-1-Rezeptorenblocker, hohe Kardioselektivität; **Dos.**: bei Hypertonie 1×100 mg/d p.o.; bei Angina pectoris Initialdos. 1×50 mg/d, dann evtl. steigern; HWZ 3-4 h bzw. 8 h (Metaboliten). **Metoprololtartrat**: Metoprololi tartratas Ph.Eur.4; $C_{34}H_{56}N_2O_{12}$, M_r 685. Weißes, krist., polymorphes Pulver; sehr leicht lösl. in Wasser. **Metoprololsuccinat**: Metoprololi succinas Ph.Eur.4; $C_{34}H_{56}N_2O_{10}$, M_r 653. Weißes Pulver; leicht lösl. in Wasser.

Metrifonat INN: Metrifonatum, Trichlorfon; Dimethyl[(2,2,2-trichlor-1-hydroxyethyl)phosphonat]; CAS-Nr. 52-68-6; $C_4H_8Cl_3O_4P$; M_r 257.4; Schmp. 83-84 °C. $n_D^{20\,°C}$ 1.3439. Weiße, krist. Substanz. Lösl. in Wasser, leicht lösl. in Chloroform, lösl. in Ethanol. **Anw.**: Insektizid aus der Gruppe der Phosphorsäureester (Cholinesterasehemmer); auch bei Bilharziose u. Alzheimer-Krankheit; vet.: Anthelminthikum*. Sehr stark tox., s. Schädlingsbekämpfungsmittel (org. Phosphorverb.).

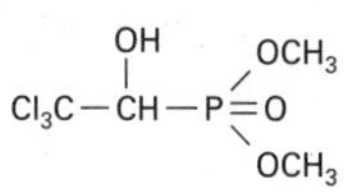

Metrifonat

Metrizamid INN: 2-[3-Acetamido-2,4,6-triiod-5-(N-methylacetamido)benzamido]-2-desoxy-D-glucose; CAS-Nr. 31112-62-6; $C_{18}H_{22}I_3N_3O_8$; M_r 789.1. Leicht lösl. in Wasser; lichtgeschützt aufbewahren. **Anw.**: nichtion. Kontrastmittel für die Myelographie; **Dos.**: 10-15 mL frisch bereitete 35 %ige Lösung.

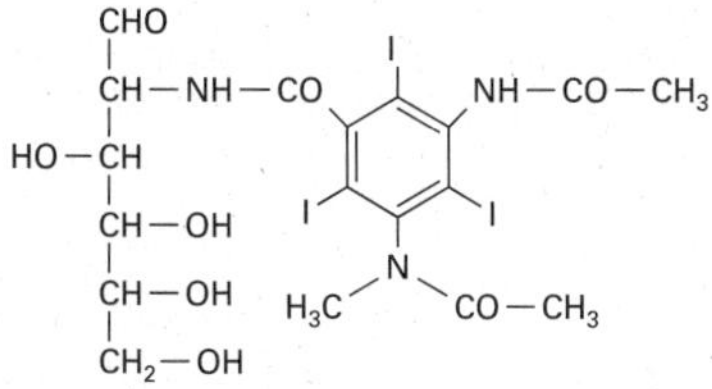

Metrizamid

Metronidazol INN: Metronidazolum Ph.Eur.4; 2-(2-Methyl-5-nitro-1-imidazolyl)ethanol; CAS-Nr. 443-48-1; $C_6H_9N_3O_3$, M_r 171.2. Schmp. 159-163 °C. Löslichkeit bei 20 °C (g/100 mL): 1.0 in Wasser, 0.5 in Ethanol, unter 0.05 in Ether, Chloroform, wenig lösl. in DMF, lösl. in verd. Säuren. **Anw.**: Chemotherapeutikum* mit Wirk. auf Anaerobier (Bacteroides u. Fusumbakterien) u. Protozoen (Trichomonas vaginalis, Entamoeba histolytica); Ind.: Infekte des Urogenitalbereichs; **UAW:** gastrointestinale Beschwerden, Kopfschmerz, Schwindel, Ataxie, leichte Benommenheit, Hautreaktionen; **Kontraind.**: Erkrankungen des ZNS, Bluterkrankungen, 1. u. 2. Trimenon der Schwangerschaft, Lactation, Metronidazolunverträglichkeit; **Dos.**: bei Trichomoniasis p.o. 3×0.25 g/d nach der Mahlzeit, 7 d lang; Wiederholung der Behandlung nach 4-6 Wochen; bei Amöbiasis p.o. 3×0.75 g/d 5-10 d lang; bei Anaerobierinfektion p.o. 3×0.4 g/d 7 d lang; Kinder 7.5 mg/kg KG 3-mal tägl.; parenteral 3×100 mL/d 0.5 %ige Lsg.; vaginal 1×0.1 g zusätzl. zur Einnahme; HWZ 7-8 h bzw. 10 h (Metaboliten); vgl. Ornidazol, Tinidazol. **Metronidazolbenzoat**: Metronidazoli benzoas Ph.Eur.4; CAS-Nr. 13182-89-3; $C_{13}H_{13}N_3O_4$, M_r 275.3. Weißes, krist. Pulver; fast unlösl. in Wasser, schwer lösl. in Ethanol, leicht lösl. in Dichlormethan. Gebräuchl. sind auch Metronidazolhydrochlorid, Metronidazolphosphat.

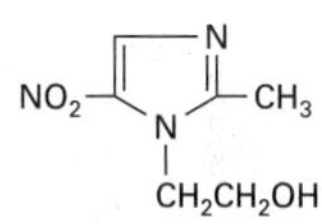

Metronidazol

Metrorrhagie: unregelmäßige, länger als 14 Tage andauernde, zyklusunabhängige Uterusblutung. **Urs.**: z.B. Endometritis, Uterusmyom; vgl. Menorrhagie, Menstruationszyklus.

Metroxylon sagu Rottb.: M. rumphii (Willd.) Mart., Sagopalme; Fam. Arecaceae (Palmae) (Sundainseln, Indien, Sri Lanka). Stpfl. von Amylum* Sagi.

Metyrapon INN: 2-Methyl-1,2-di(3-pyridyl)-1-propanon; CAS-Nr. 54-36-4; $C_{14}H_{14}N_2O$, M_r 226.27. Schmp. 50-51 °C (kristallisiert aus Ether, Pentan). Lösl. in Wasser 1:100, in Ethanol 1:3, in Chloroform, verd. Mineralsäuren. **Anw.**: Ödeme, Hyperaldosteronismus, diagnost. Hilfsstoff (Schilddrüsenfunktion); **UAW:** Übelkeit, Schwindel, Hautallergien; **Kontraind.**: Nebenniereninsuffizienz, Stillzeit; **WW:** Hormonpräparate (wenn als diagnost. Hilfsstoff verwendet), Psychopharmaka, Antikonvulsiva; **Dos.**: p.o. 3×0.5 g/d; für NNR-Test alle 4 h während 24 h; HWZ 0.5 h bzw. 8 h (Metaboliten). Gebräuchl. ist auch Metyraponbitartrat.

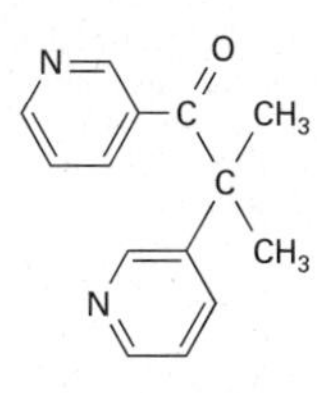

Metyrapon

Metyrosin: s. Metirosin.

Meum athamanticum Jacq.: Bärenfenchel; Fam. Apiaceae (Umbelliferae) (Europa). Stpfl. von **Radix**

Mei: Bärwurz, Bärenfenchelwurzel. **Inhaltsst.:** ca. 0.7 % äther. Öl, ca. 28 % Stärke, Zucker, fettes Öl, β-Sitosterin; **Anw.** volkstüml.: z. B. Aromatikum, Stomachikum.

Mevaldinsäure: 3-Hydroxy-3-mehylglutarsäure; Zwischenprodukt bei der Biosynthese der Terpene* aus Acetyl-CoA.

Mevalonsäure: Zwischenprodukt bei der Biosynthese der Terpene*.

Mevastatin INN: Compactin; (1*S*,7*S*,8*S*,8a*R*)-1,2,3,7,8,8a-Hexahydro-7-methyl-8-{2-[(2*R*,4*R*)-tetrahydro-4-hydroxy-6-oxo-2*H*-pyran-2-yl]ethyl}-1-naphthyl-(*S*)-2-methylbutyrat; CAS-Nr. 73573-88-3; $C_{23}H_{34}O_5$, M_r 390.52. Strukturformel s. HMG-CoA-Reduktasehemmer (Abb.). Schmp. 152 °C. **Gew.:** mit Hilfe von Penicillium brevicompactum; **Wirk.** u. **Anw.:** Lipidsenker*, HMG*-CoA-Reduktasehemmer.

Mevinolin: s. Lovastatin.

Mexiletin INN: (*RS*)-1-Methyl-2-(2,6-xylyloxy)ethylamin; CAS-Nr. 31828-71-4; $C_{11}H_{17}NO$, M_r 179.27. **Anw.:** Antiarrhythmikum*, bei ventrikulären Extrasystolien u. Tachykardien; wirkt auch lokalanästhet.; **UAW:** Tremor, Schwindel, Parästhesien, Dermatiden, Hypotension, Sehstörungen, Leitungsstörungen, Bradykardie; **Kontraind.:** Hypotonie, Parkinsonismus, Schenkelblock; **WW:** mit Catecholaminen Verstärkung der system. lokalanästhet. Wirkung. **Mexiletinhydrochlorid:** Mexiletini hydrochloridum Ph.Eur.4 (Racemat), $C_{11}H_{18}ClNO$, M_r 215.7. Schmp. 201 °C (polymorph). Weißes, krist. Pulver; leicht lösl. in Wasser u. Methanol, wenig lösl. in Dichlormethan, fast unlösl. in Ether.

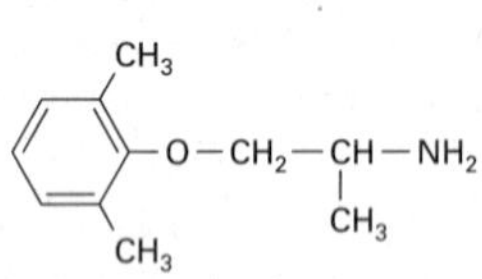

Mexiletin

Mezereum: s. Daphne mezereum (Hom).

Mezlocillin INN: Acylureido-Penicillin, 6-[(*R*)-2-(3-Methylsulfonyl-2-oxoimidazolidin-1-carboxamido)-2-phenylacetamido]-penicillansäure; (2*S*,5*R*,6*R*)-3,3-Dimethyl-6-{(*R*)-2-[3-(methylsulfonyl)-2-oxo-1-imidazolidin-carboxamido]-2-phenylacetamido}-7-oxo-4-thia-1-azabicyclo[3.2.0]heptan-2-carbonsäure; CAS-Nr. 51481-65-3; $C_{21}H_{25}N_5O_8S_2$. **Wirk.** u. **Anw.:** Antibiotikum*; neben grampositiven Erregern werden auch Proteus-, Enterobacter-, Pseudomonas-, Klebsiella-, Serratia- u. Listerienstämme, sowie sporenlose Anaerobier, Bacteroidesarten gehemmt; alle Penicillinase bildenden Keime sind resistent; Ind.: Harnweg-, Gallen- u. Atemweginfektion durch gramnegative Erreger; Kombination mit Aminoglykosid od. penicillinasefestem Penicillin bei getrennter Applikation mögl.; **Dos.:** parenteral i. v. 3×2 g/d, schwere Fälle 3×5 g/d, Infusion i. v. 2×10.0 g/d; vgl. Antibiotika (Tab.). Gebräuchl. ist Mezlocillin-Natrium-Monohydrat.

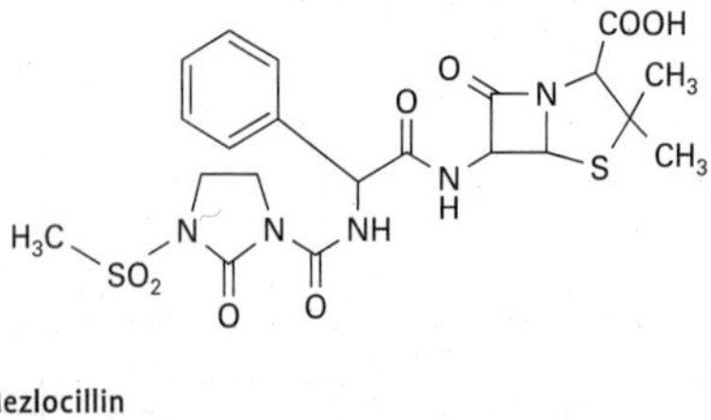

Mezlocillin

MFT: s. Glasübergangstemperatur.

Mg: (chem.) Symbol für Magnesium*.

MGDA: Abk. für **M**arketing**g**esellschaft **D**eutscher **A**potheker.

MHK: Abk. für **m**inimale **H**emm**k**onzentration; geringste Konz. eines mikrobiellen Wirkstoffs (Chemotherapeutikum, Antibiotikum, Antiseptikum, Desinfektionsmittel), die die Vermehrung der Erreger hemmt; vgl. Antibiogramm.

Mianserin INN: 1,2,3,4,10,14b-Hexahydro-2-methyldibenzo[*c*,*f*]pyrazino[1,2-*a*]azepin; CAS-Nr. 24219-97-4; $C_{18}H_{20}N_2$, M_r 264.37. **Anw.:** Antihistaminikum*, Serotoninantagonist, tetracycl. Antidepressivum vom Imipramin*-Typ; vgl. Psychopharmaka; Ind.: alle depressiven Erkrankungen; **Dos.:** ambulant p. o. Initialdos. 2-3×10 mg/d, Erhaltungsdos. n. B. erhöhbar auf 60 mg/d; stationär Initialdos. 30-60 mg/d, n. B. erhöhbar auf 120 mg/d; HWZ 17 h. **Mianserinhydrochlorid:** Mianserini hydrochloridum Ph.Eur.4 (Racemat); $C_{18}H_{21}ClN_2$, M_r 300.8. Krist. Pulver; wenig lösl. in Wasser, schwer lösl. in Ethanol, lösl. in Dichlormethan.

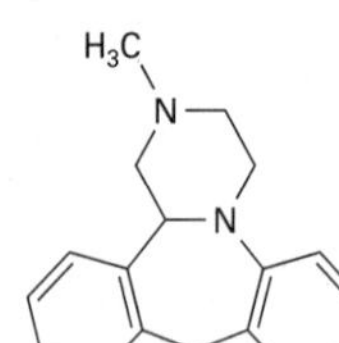

Mianserin

Mibefradil: (1*S*,2*S*)-2-{2-[[3-(2-Benzimidazolyl)propyl]methylamino]ethyl}-6-fluoro-1,2,3,4-tetrahydro-1-isopropyl-2-naphthyl-methoxyacetat; CAS-Nr. 116644-53-2, $C_{29}H_{38}FN_3O_3$, M_r 495.64. **Wirk.** u. **Anw.:** Calciumantagonist* zur Behandlung des Bluthochdrucks; wegen schwerwiegender WW (Herzrhytmusstörungen) mit anderen Blutdruck senkenden Mitteln kurz nach der Einführung wieder vom Markt genommen.

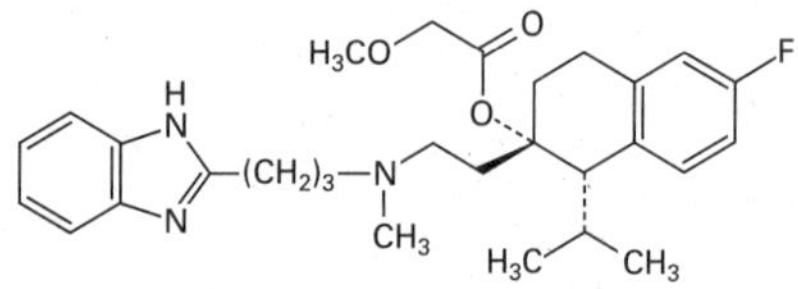

Mibefradil

Micel: Verband von Faden- od. Kettenmolekülen versch. Länge mit geordneten (Kristallite) u. ungeordneten Bereichen (amorphe Bereiche, Fehl-

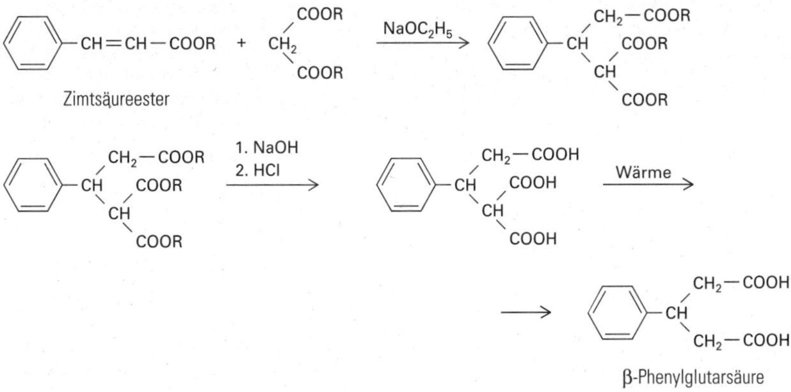

Michael-Addition: Bildung von β-Phenylglutarsäure als Beispiel

stellen); in einem makromolekularen Gel vorliegend; z. B. Vaselinum*.

Michael-Addition: nucleophile Addition* methylen-aktiver Verb. in Gegenwart eines basischen Katalysators (Piperidin, Natriumalkoholat) an Alkene mit Elektronenakzeptor-Eigenschaften, z. B. α,β-ungesättigte Ester, Ketone od. Nitrile. Beispiel: aus Malonsäureester u. Zimtsäureester entsteht ein Reaktionsprodukt, das hydrolysiert u. decarboxyliert werden kann u. eine β-substituierte Glutarsäure liefert (s. Abb.).

Michaelis-Menten-Gleichung: mathemat. Funktion für enzymat. gesteuerte (katalysierte) Reaktionen. Die M.-M.-G. zeigt, dass die Reaktionsgeschwindigkeit zu Beginn mit zunehmender Substratkonzentration ansteigt u. sich dann einer Maximalgeschwindigkeit annähert, d. h. Sättigung erreicht.

$$\frac{v}{v_{max}} = \frac{S}{K_M + S}$$

v: Reaktionsgeschwindigkeit; v_{max}: maximale Reaktionsgeschwindigkeit; S: Substratkonzentration; K_M: Michaelis-Konstante (Einheit mol/L).
Die Michaelis-Konstante K_M ist für eine bestimmte Enzym-Substrat-Wechselwirkung spezif. u. stellt die Substratkonz. dar, die zur Erreichung der halbmax. Reaktionsgeschwindigkeit erforderlich ist (s. Abb. 1). Je kleiner K_M, desto größer ist die Affinität des Enzyms zum Substrat. Auswertung von Experimenten kann mit linearen Beziehungen erfolgen.

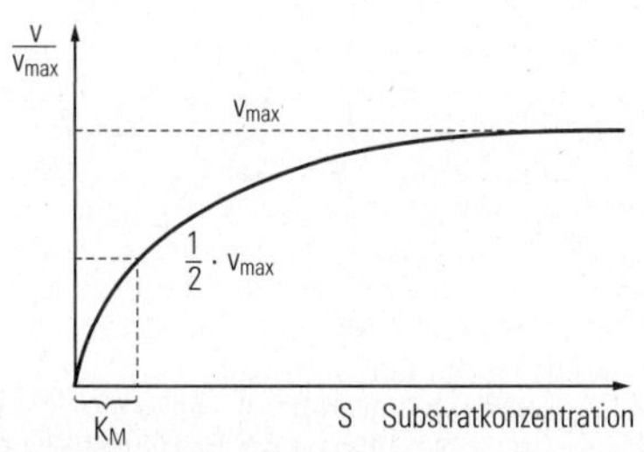

Michaelis-Menten-Gleichung Abb. 1

Nach Lineweaver-Burk:

$$\frac{1}{v} = \frac{K_M}{v_{max}} \cdot \frac{1}{S} + \frac{1}{v_{max}}$$

Nach Eadie-Hofstee:

$$v = \frac{-v}{S \cdot K_M} + v_{max}$$

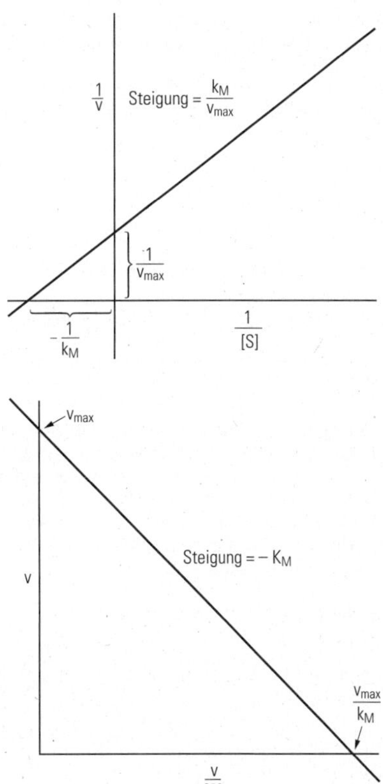

Michaelis-Menten-Gleichung Abb. 2: praktische Bestimmung von k_M u. v_{max} bei enzymat. Reaktion nach Lineweaver-Burk (oben) u. nach Eadie-Hofstee (unten) [18]

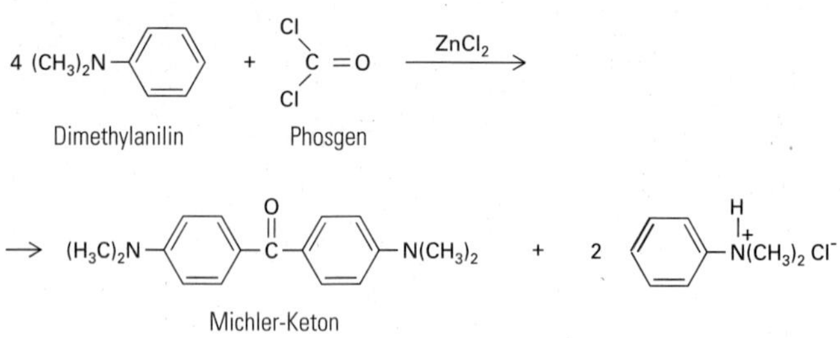

Michler-Keton

Diagramme mit entsprechender Achsenauftragung lassen die spez. Parameter v_{max} u. K_M leicht entnehmen (s. Abb. 2). Die durch die Linearisierung verursachte Fehlerverzerrung ist beim Eadie-Hofstee-Plot geringer als beim traditionellen Lineweaver-Burke-Plot u. kann bei modernen nichtlinearen Anpassungen ganz vermieden werden. In der Pharmakokinetik kann die M.-M.-G. u. a. bei Carrier-vermittelten Transportprozessen (Transport*, aktiver; Diffusion*, erleichterte) und z. T. bei Metabolisierungsreaktionen (vgl. First-pass-Effekt) angewandt werden. I. w. S. gilt die Beziehung auch für Rezeptor-Ligand- u. Plasmaprotein-Arzneistoff-Bindung. M.-M.-G. gilt nur bei Konstanz der übrigen Reaktionsbedingungen (Enzymkonzentration, Temperatur, pH-Wert etc.); vgl. Enzymaktivität.

Michler-Keton: wichtiges Farbstoffzwischenprodukt, das durch Umsetzung von Dimethylanilin mit Phosgen entsteht (s. Abb.).

Miconazol INN: Miconazolum Ph.Eur.4 (Racemat); 1-[2,4-Dichlor-*β*-(2,4-dichlorbenzyloxy)phenethyl]imidazol; CAS-Nr. 22916-47-8; $C_{18}H_{14}Cl_4N_2O$, M_r 416.12. Schmp. ca. 83 °C (polymorph). **Wirk.** u. **Anw.**: Breitband-Antimykotikum (Störung der Pilzmembransynthese); wirksam geg. alle humanpathogenen Pilzarten sowie Trichomonaden; lokal verwendet bei Dermatomykosen wie Haut- u. Genitalmykosen, sowie geg. Hefen. Reservemittel bei Systemmykosen; orale Anw. wenig effizient; **UAW:** Allergien, Tachy- u. Stenokardien nach parenteraler Applikation; selten Blutbildveränderungen durch Lösungsvermittler; **Dos.**: topisch Creme, Puder 2 %; HWZ 24 h. **Miconazolnitrat**: Miconazoli nitras Ph.Eur.4, Miconazolum nitricum; CAS-Nr. 22832-87-7; $C_{18}H_{15}Cl_4N_3O_4$, M_r 479.1. Schmp. 178-184 °C. Weißes, krist. Pulver; sehr schwer lösl. in Wasser u. Ether, schwer lösl. in Chloroform u. Ethanol.

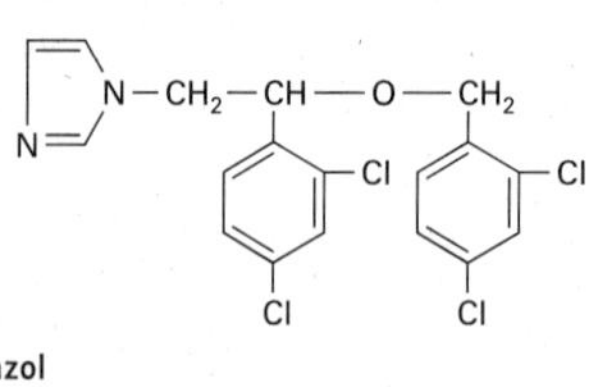

Miconazol

Microbodies: kugelförmige Zellorganellen, die von einer einfachen Elementarmembran umhüllt sind u. versch. Enzyme enthalten. Sie besitzen eine granuläre Grundsubstanz, oft auch kristalline Eiweißkörper; sind meist mit ein od. zwei Zisternen des endoplasmatischen Retikulums assoziiert; Peroxisomen* u. Glyoxysomen* sind Microbodies.

Micrococcaceae: Fam. grampositiver, katalasepositiver, fakultativ anaerober Kugelbakterien. Med. relevante Gattungen: Staphylococcus*, Micrococcus*.

Micrococcus: Gattung grampositiver, unbewegl., aerober Kugelbakt. der Fam. Micrococcaceae. Lagerung in Trauben, Haufen, paarweise od. in kurzen Ketten; mehrere Spezies; Vork.: ubiquitär v. a. im Boden u. Oberflächenwasser, häufig auf der Haut von Mensch u. Tier; nicht pathogen.

Microsporum: Pilzgattung aus der Gruppe der Fungi imperfecti (s. Pilze) mit multizellulären, gelegentl. rauwandigen Makrokonidien am Luftmyzel. Haut- u. Haarpilze bei Menschen u. Haustieren, Erreger der Mikrosporie (bes. bei Kindern).

Midazolam INN: Midazolamum Ph.Eur.4; 8-Chlor-6-(2-fluorphenyl)-1-methyl-4*H*-imidazo[1,5-*a*][1,4]benzodiazepin; CAS-Nr. 59467-70-8; $C_{18}H_{13}ClFN_3$, M_r 325.77. Schmp. 158-160 °C. Weißes, krist. Pulver; fast unlösl. in Wasser, leicht lösl. in Aceton u. Ethanol. **Anw.**: kurz wirksames Schlafmittel*, zur Narkoseeinleitung, bei Status epilepticus; vgl. Benzodiazepine.

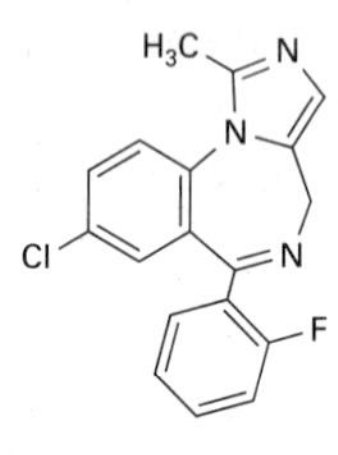

Midazolam

Midodrin INN: DL-N^1-(*β*-Hydroxy-2,5-dimethoxyphenethyl)glycinamid; 2-Amino-*N*-(2,5-dimethoxy-*β*-hydroxyphenethyl)acetamid; CAS-Nr. 42794-76-3; $C_{12}H_{18}N_2O_4$, M_r 254.29. **Midodrinhydrochlorid**: CAS-Nr. 3092-17-9; $C_{12}H_{19}ClN_2O_4$, M_r 290.7. Schmp. 202-206 °C (Mod. I; polymorph). **Anw.**: Sympathomimetikum*; indiziert bei Hypotonie, Orthostase-Syndrom; **UAW:** Bradykardie, pilomotor. Reaktionen, Miktionsbeschwerden, verstärkter Harndrang; **Kontraind.**: Hypertonie, Phäochromozytom*, Koronarinsuffizienz, Thyreotoxikose, akute Nephritis, Kombination mit MAO-Hemmern; **Dos.**: 1-5 mg.

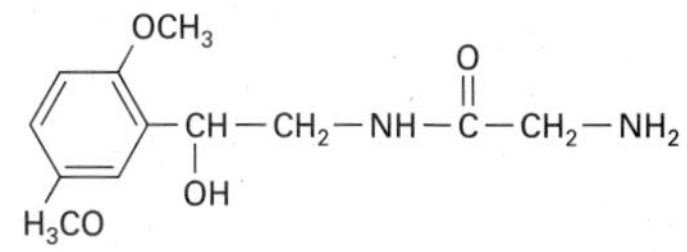

Midodrin

Mifepriston INN: RU 486; 11β-(4-Dimethylaminophenyl-1)-17β-hydroxy-17α-(prop-1-inyl)estra-4,9-dien-3-on; CAS-Nr. 84371-65-3; $C_{29}H_{35}NO_2$, M_r 429.60. Schmp. 194 °C. logP 4.9; pK_S 13.0 (ber); schwer lösl. in Wasser. **Wirk.** u. **Anw.**: Anti-Gestagen zum medikamentösen Schwangerschaftsabbruch bis zum 49. Tag nach Beginn der letzten Regelblutung. 2 Tage nach Einnahme wird ein Prostaglandin verabreicht. Besitz und Anw. von M. ist in Deutschland nur in Krankenhäusern u. dazu berechtigten Arztpraxen erlaubt. **UAW**: Uteruskontraktionen od. -krämpfe, genitale Blutungen; nach 10-14 Tagen ist ein Nachw. der kompletten Ausstoßung erforderl.; **Dos.**: 1×600 mg p. o.; HWZ 12-72 h.

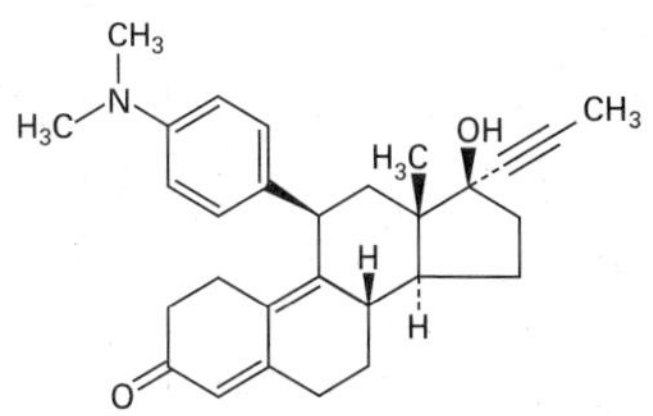

Mifepriston

Miglitol INN: (2*R*,3*R*,4*R*,5*S*)-1-(2-Hydroxyethyl)-2-(hydroxymethyl)-3,4,5-piperidintriol; CAS-Nr. 72432-03-2; $C_8H_{17}NO_5$, M_r 207.2. Schmp. 114 °C. logP −1.4; pK_S 13.7 (ber.); leicht lösl. in Wasser. **Wirk.**: nach Acarbose* der 2. α-Glykosidasehemmer*; stärkere Wirksamkeit als Acarbose, daher niedrigere Dosierung; **Anw.**: Antidiabetikum* bei Typ-II-Diabetes in Kombination mit einer Diät od. Sulfonylharnstoffen; **UAW**: häufig Blähungen, Darmgeräusche u. Diarrhö durch vermehrten Abbau unverdauter Kohlenhydrate im Darm; **Kontraind.**: Schwangerschaft, Stillzeit, Darmerkrankungen; **Dos.**: zu Therapiebeginn 3-mal tägl. 50 mg p. o., nach 4-12 Wochen 100 mg; HWZ 2-3 h.

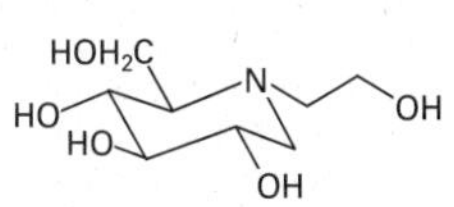

Miglitol

Miglyol: halbsynthetische Fette (Öle). Triglyceridgemisch gesättigter Pflanzenfettsäuren (z. B. Capryl- u. Caprinsäure in Miglyol-810- u. -812-Neutralöl) mittlerer Kettenlänge (mittelkettige Triglyceride, MKT). Prakt. farbloses, niedrigviskoses (0.28-0.32 Pa · s), geschmackl. u. geruchl. neutrales Öl, lösl. in Fettlösungsmitteln, Ethanol (99 % u. 96 %), in Paraffinöl u. Fetten. D. 0.94-0.95, $n_D^{20°C}$ 1.448-1.450, Trübungspunkt: 10 °C, SZ max. 0.1, VZ 330-345, OHZ max. 5, IZ max. 1. Inkomp.: Polystyrolverpackungen (Versprödung). **Anw.**: oral als öliges Vehikel für Suspensionen, Lösungen, Weichgelatinekapseln; für Tropfenpräparate; als Lösungsvermittler z. B. für ätherische Öle; spreitungsfördernd, permeationsfördernd in Salben, Cremes, Emulsionen, Suspensionen, in Hautölen; als Zusatz zu Suppositorien (2-5%).

Migräne: Hemikranie; anfallartige, oft pulsierende Kopfschmerzen, die meist einseitig auftreten u. Stunden bis Tage andauern können. Oft von vegetativen (z. B. Übelkeit, Erbrechen) u. visuellen Symptomen (Aura), Licht- u. Lärmscheu od. neurol. Ausfällen begleitet. **Ther.**: s. Migränetherapeutika.

Migränetherapeutika: zur Ther. u. Prophylaxe der Migräne* angewendete Mittel. **Wirkstoffe:** **1.** NSAID, s. Analgetika (schwache): z. B. Acetylsalicylsäure*, Paracetamol*; **2.** Antiemetika*: z. B. Domperidon*, Metoclopramid*, Serotoninantagonisten*; **3.** Triptane*, mit Sumatriptan* als Goldstandard, neue effektive Wirkstoffgruppe ausschließl. für Migräne, die als spezif. 5HT-1-Agonisten weniger UAW im Vergleich zu Mutterkornalkaloiden aufweisen; z. B. Zolmitriptan*, Naratriptan*; **4.** Mutterkornalkaloide: z. B. Ergotamin*, Dihydroergotamin*, Gefahr des Ergotismus, s. Secale cornutum; **Prophylaxe:** v. a. Ausschalten anfallfördernder Faktoren, Betarezeptorenblocker.

Migration (lat. migratio Wanderung): (med.) Bewegung von Zellen od. Fremdkörpern im Organismus.

MIK: Abk. für **m**aximale **I**mmissions**k**onzentration; höchstzulässige Konz. einer Immission (biol. schädlicher Stoff im Sinne einer Luftverunreinigung), die für Lebewesen als noch unbedenkl. Grenzwert gilt. Die MIK wird im Freien in Bodennähe gemessen (MAK* gilt für den geschlossenen Raum) u. liegt wesentl. tiefer als der MAK-Wert des betreffenden Stoffes, da auch Kinder, Kranke usw. dieser Belastung ausgesetzt sind. Er wird in mg/m^3 Luft od. in g/m^2 bei Stäuben als Niederschlagsmenge/d angegeben. Man unterscheidet MIK für kurze (0.5 h) u. lange (1 Tag od. 1 Jahr) Einwirkungen.

Mikro- (gr. mikros klein, fein): **1.** Symbol μ; gesetzl. Vorsatz für das 10^{-6}fache einer Einheit; vgl. SI-Einheiten. **2.** Vorsilbe mit der Bedeutung klein, fein.

mikroaerophil: Eigenschaft von Mikroorganismen, die ihr Wachstumsoptimum unter reduziertem O_2-Geh. u. einer auf 5-10 % erhöhten CO_2-Atmosphäre erreichen (z. B. Neisserien, Brucellen, Listerien). I. e. S. Eigenschaft von Mikroorganismen, die O_2-bedürftig sind, allerdings bei herabgesetztem Partialdruck. Vgl. Aerobier, Anaerobier.

Mikroanalyse: qualitative u. quantitative Untersuchung sehr kleiner Probenmengen zw. 100 u. 10^4 µg. Nach DIN 32630 unterteilt man in Submikroverfahren (< 1 µg), Mikroverfahren (1-10^3 µg), Halbmakroverfahren (10^3-10^5 µg) u. Makroverfahren (> 10^5 µg). Außerdem unterscheidet man Halbmikroverfahren (10^4-2.5 · 10^5 µg) u. Ultramikroverfahren (10-10^2 µg).

Mikroben: s. Mikroorganismen.

mikrobiell: durch Mikroorganismen* hervorgerufen.

Mikrobiologie: Wissenschaftszweig, der sich mit den Lebensbedingungen von Mikroorganismen* beschäftigt u. deren (pathol.) Einfluss auf andere Lebewesen sowie mögl. Therapien untersucht.

mikrobizid: Mikroorganismen abtötend; vgl. bakterizid, viruzid.

Mikrobüretten: s. Büretten.

Mikrodosierpumpen: parenterales Verabreichungssystem für viele Indikationen u. Medikamentenprotokolle. M. sind klein, handl. u. batteriebetrieben. Sie sind für den ambulanten Langzeiteinsatz bestimmt u. bieten ein Maximum an Komfort. Meist kann eine Flussrate von 1-4000 µL/h (je nach Pumpe u. Parameter) programmiert werden. Viele M. können für kontinuierl. Infusionen, PCA-Boli mit Bolussperrzeiten, intermittierende Therapie u. Chronotherapie eingesetzt werden. Der von der Elektronik angesteuerte Motor treibt über eine Gewindestange den Stopfen in der Ampulle vorwärts, wodurch die Medikamentenlösung ausgeschüttet wird. Der basale Medikamentenbedarf wird als konstante Rate programmiert. Zusätzl. Bedarf kann per Knopfdruck als Bolus abgerufen werden.

Mikroelemente: s. Spurenelemente.

Mikroemulsionen: kolloide flüssige od. halbfeste einphasige Mehrkomponentensysteme als Wirkstoffträger, meist transparent mit schwach opaleszierendem Aussehen. Die innere Phase besteht aus Flüssigkeitströpfchen mit Durchmessern zw. 30-200 nm. Die Bezeichnung kritische (isotrope) Lösung wurde für M. wegen der Ähnlichkeit zu einer Lösung u. einer Emulsion u. des thermodynam. stabilen Charakters geprägt. Arzneistoffe zeigen in M. eine Sättigungslöslichkeit. M. werden wie Nanokapseln*, Solubilisate (mizellare Lösungen, s. Solubilisation) u. Liposomen* zu den hochdispersen Systemen gezählt. Zur Herst. werden neben Wasser u. Öl spezielle Tensidkomplexe (Kombinationen stark hydrophiler u. lipophiler Tenside) in relativ hoher Konz. benötigt, die die Grenzflächenspannung extrem stark herabsetzen. Je nach Zusammensetzung der M. sind unterschiedl. Temperaturbereiche für die Mikroemulsionsbildung erforderlich. M. besitzen in der Pharmazie aufgrund der hohen Tensidkonzentration vorwiegend für die äußerl. Anw. (Kosmetik) eine gewisse Bedeutung. Die Zuber. sind auf der Haut gut verstreichbar u. penetrieren rasch ins Stratum corneum. Es besteht die Möglichkeit der Steuerung der Wirkstofffreigabe durch Wasserzugabe zu Mikroemulsionen. Diese gehen dabei in eine Makroemulsion mit veränderter Wirstoffabgabe über. Das erste orale Mikroemulsionsprodukt des Marktes ist Sandimmun® Optoral in Form einer Weichgelatinekapsel. Das Ciclosporin wird als Mikroemulsion in der Bioverfügbarkeit verbessert. Diese Verbesserung betrifft höhere u. vor allen Dingen gleichmäßigere Plasmaspiegel.

Mikrofilament: Aktinfilament; zytoplasmat. Faser, die zu den Hauptbestandteilen des Zytoskeletts* gehört u. somit zur Gestalt und Stabilität von Zellen vielzelliger Lebewesen beiträgt. Ein M. besteht aus Aktin u. hat einen Durchmesser von 7 nm.

Mikrogamet: s. Gameten.

Mikrogametangium: s. Gametangium.

Mikrogametophyt: männl. Gametophyt heterosporer Pflanzen.

Mikrographie: Bez. für das Kleinerwerden der Handschrift (am Zeilenende). **Vork.:** z. B. bei Parkinson*-Syndrom.

Mikrokalorimeter: Kalorimeter*, das die Messung sehr geringer Wärmeflüsse zulässt. Durch die Anw. exakt thermostatisierter Wasserbäder (Temperaturkonstanz max. ±0.0001 K/24 h) wird Isothermie aufrechterhalten. Die von der Probe ausgehende Energieänderung verursacht eine Temperaturdifferenz zum Wasserbad, die dem Wärmefluss proportional ist. Die spezif. Empfindlichkeit der im Handel befindlichen M. liegt mit 0.1 µW/g um bis zu 10 000-mal höher als jene leistungsfähiger DSC*-Geräte, wodurch auch sehr langsame Reaktionen erfasst werden können (z. B. Abbauraten von 1-5 % pro Jahr). **Anw.:** Stabilitäts- u. Haltbarkeitsuntersuchungen von Arzneistoffen u. Arzneizuber., Interaktionsstudien von Arzneistoff mit Nahrungsmitteln, Lymphzellen, Mikroorganismen, Blut od. Hilfsstoffen.

Mikrokapseln: (engl.) *microcapsules*; partikuläre Wirkstoffträger; neben den Mikrosphärulen den Mikropartikeln* zugeordnet. Unter Mikroverkapselung versteht man die Umhüllung feinverteilter flüss. od. fester Stoffe (interne Phase) mit einem dichten, permeablen od. semipermeablen Mantel aus Gelatine, nat. od. synthetischen Polymeren od. anderem Material zu kugelförmig od. ellipsoid geformten M. von 1 µm bis ca. 1 mm Durchmesser. Die Kapselgröße ist vom Verfahren abhängig, jedoch relativ einheitlich. Das Gewicht des Mantels ist zw. 2-30 % des Kapselgesamtgewichts einstellbar. Die Wandbildung wird durch Koazervation*, seltener durch Reaktionen in der Grenzfläche, durch physik. od. mechanische Methoden, durch Sprüheinbettung* od. andere Verfahren erreicht. **Anw.:** Schutz von Wirkstoffen gegen Sauerstoff u. Feuchtigkeit; bei Inkomp. mit anderen Stoffen innerhalb einer Arzneiform; Verwandlung von Flüssigkeiten in ein gut rieselfähiges Pulver (z. B. mit Gelatine mikroverkapselte äther. Öle als Aromaträger, die zusätzl. vor Verdunstung geschützt sind); Retardierung durch geeignete Behandlung bzw. Auswahl des Hüllmaterials; **Darreichungsform:** M. können zu versch. Darreichungsformen wie Pulver, Hartgelatinekapseln, Suspensionen, Tabletten, Suppositorien od. Parenteralia verarbeitet werden. Bei Koazervierungsvorgängen spielen Konz., Temp., pH-Wert, Elektrolytzusätze, Viskosität u. Oberflächenspannung eine wichtige Rolle. **Herst.:** **1.** durch Koazervation; dabei wird zuerst die zu umhüllende Substanz im Sol fein verteilt (Suspension, Emulsion). Durch versch. Zusätze (s. Koazervation, einfache u. komplexe) verringert sich die Löslichkeit des od. der makromolekularen Stoffe. Diese werden als Wandmaterial in flüss. Form abgeschieden, umhüllen den zu verkapselnden Kern u. bauen langsam eine Überzugsschicht auf. Durch ständiges Rühren wird eine Agglomeration der noch unfer-

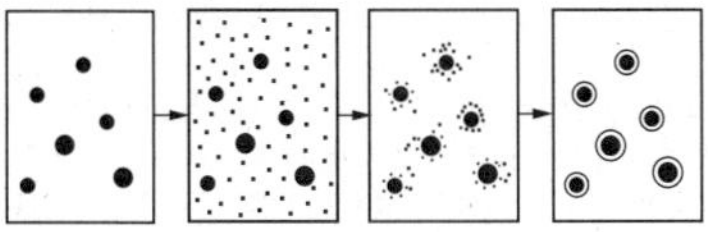

1

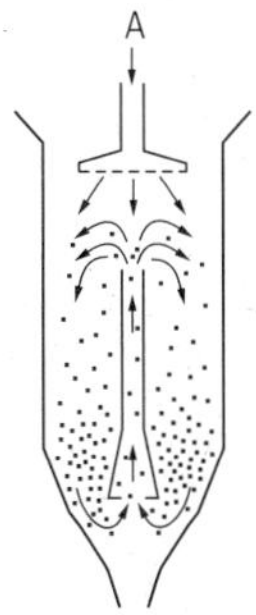

2

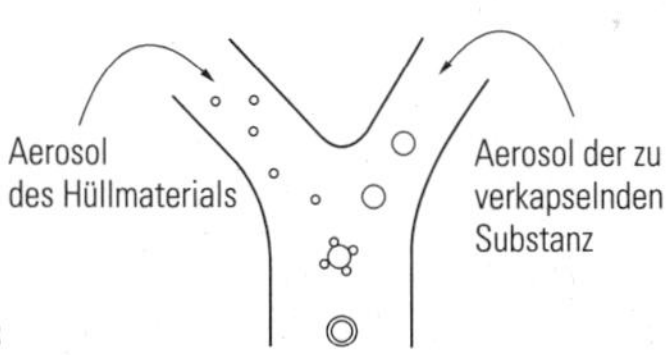

3

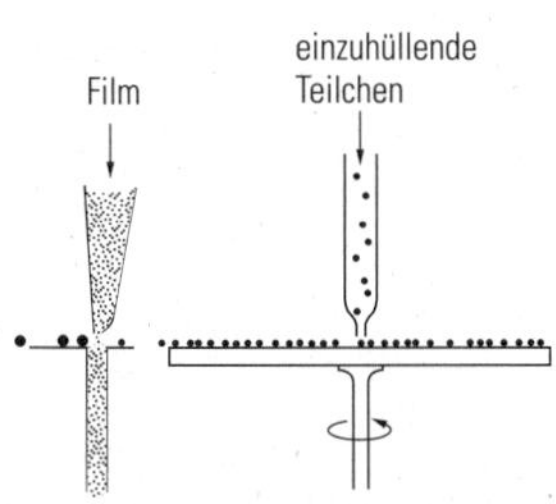

4

Mikrokapseln: 1: Wandbildung an dispergierten Teilchen durch Koazervation; 2: Mikroverkapselung nach dem Wurster-Verfahren; 3: Mikroverkapselung von Aerosolen mit solchen entgegengesetzter elektrostatischer Ladung; 4: Mikroverkapselung nach dem Zentrifugalverfahren

tigen gequollenen M. verhindert. So wird z. B. eine erwärmte, höher konzentrierte Gelatinelösung auf den isoelektr. Punkt eingestellt (geringste Löslichkeit). Nach Zusatz von warmem Ethanol ab einer bestimmten Konz. bilden sich Tröpfchen u. die Arzneistoffe werden vom Koazervat eingeschlossen. Die entstandenen M. werden z. B. durch Filtration abgetrennt u. anschließend getrocknet. Ein einfaches Koazervat bildet sich z. B. aus einem anion. Celluloseacetatphthalat-Sol durch Zugabe von Dinatriumhydrogenphosphat u. Natriumsulfat. Ein komplexes Koazervat erhält man z. B. durch Mischen von Gelatinelösungen Typ A mit Typ B. Unter pH 4.7 sind beide Gelatine-Typen positiv geladen. Erst nach dem Alkalisieren auf pH>5 beginnt sich Typ B negativ aufzuladen, was zum Ladungsausgleich u. zum Koazervat führt. Dehydratisierende Stoffe (konzentrierte Alkohole) entwässern die Gelatinehülle. Eine nachträgl. Härtung führt zu einer verzögerten Wirkstofffreigabe. **2.** durch Grenzflächenpolymerisation; an den in einer Monomerenlösung dispergierten zu überziehenden Stoff lagert sich das Monomer oberflächlich an u. wird infolge Katalysatorzusatzes zur Kapselhülle polymerisiert. **3.** Nach dem Wurster-Verfahren wird das zu verkapselnde feste Gut in der Wirbelschicht (Warmluftstrom von unten) von oben her mit gelösten Hüllsubstanzen mittels Verdüsung überzogen. Der Warmluftstrom sorgt für rasche Verdunstung des Lösungsmittels. **4.** Spontanumhüllung kann durch Zusammenbringen von Hüllmaterial u. zu umhüllenden Stoff in Aerosolform mit unterschiedl. elektrostat. Aufladung vorgenommen werden. **5.** Flüssigkeiten od. Pulver lassen sich umhüllen, wenn sie durch Zentrifugalkräfte fein verteilt einen aus gelöstem Hüllmaterial bestehenden herabrieselnden Film passieren müssen. Als Polymere sind bisher Acrylate, Acrylamide, Dextran, Styrol, Cellulosederivate sowie Polylactide u. Polylactid-Coglycolide untersucht worden. Die beiden letztgenannten Polymere zeichnen sich durch genügende Bioabbaubarkeit u. Verträglichkeit aus. Mit Hilfe der Sprüheinbettung* werden keine echten M. erhalten. Die anfallenden Pulver sind jedoch in ihren Eigenschaften u. in ihrer Anw. mit den M. vergleichbar.

Mikroklistier: Mikroklysma, Mikroeinlauf; rektale, einzeldosierte Arzneiform. Hygienische Applikation einer Arzneistofflösung. Das M. besteht aus einer Kunststoffkanüle mit angeschweißtem Vorratsbehälter für die Arzneistofflösung (wenige mL; Kunststofftube mit Applikationsrohr). Die Kanüle wird ins Rektum eingeführt u. das flüssige od. gelöste Arzneimittel durch Druck auf den Behälter darin entleert. Zur lokalen od. system. Behandlung. Besonders geeignet zur Applikation von Abführmitteln (für Kinder).

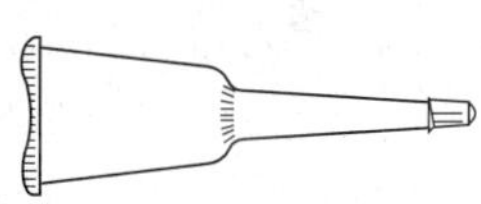

Mikroklistier

Mikroklysma: s. Mikroklistier.

Mikrokokken: s. Micrococcus.

Mikrokonstanten: pharmakokin. Geschwindigkeitskonstanten der sich überlagernden Einzelprozesse, vgl. Hybridkonstanten.

Mikroliterpipetten: dienen zum schnellen Pipettieren kleiner Flüssigkeitsvolumina im Bereich 1-1000 μL. **Funktionsweise:** der Druckknopf am Kopf der Pipette erlaubt einen leichtgängigen u. einen Druck mit größerem Widerstand, die beide mit dem Daumen durchgeführt werden. Der leichtgängige Druck entspricht genau dem gewünschten Volumen, das nach dem Eintauchen in die Flüssigkeit u. vorsichtigem Loslassen des Druckknopfes aufgesaugt wird. Die Flüssigkeit wird nun in das gewünschte Gefäß überführt, indem man den Knopf nun fest durchdrückt, damit das gesamte Volumen pipettiert wird (Unterschied zu Glaspipetten). Erhältl. sind Kolbenpipetten mit fest eingestelltem od. mit variablem Hub (s. Abb.).

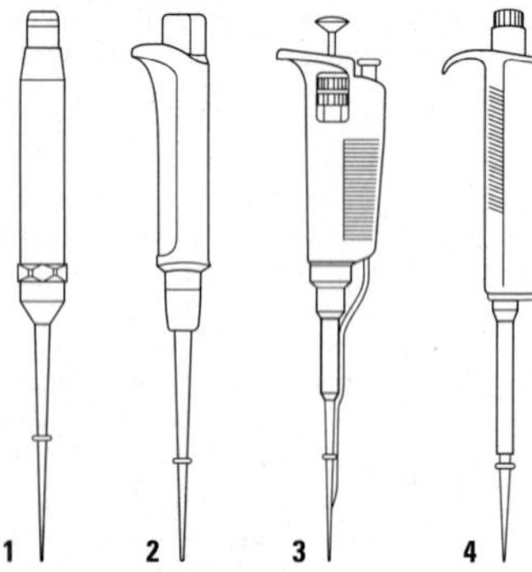

Mikroliterpipetten: 1: Eppendorf-Pipette; 2: Brand-Mikroliterpipette; 3: Pipetman P; 4: Finnpipette-Digital [14]

Mikrometer: **1.** Glasplatte mit eingeätzter Skala, die in das Okular von Mikroskopen od. Fernrohren eingesetzt wird. **Anw.:** Vermessen von Objekten. **2.** Symbol µm; der Millionste Teil eines Meters; SI-Einheiten*.

Mikronen: Teilchen in kolloiddispersen Systemen, s. Kolloide.

Mikronisierung: s. Auflösungsgeschwindigkeit, Mühlen.

Mikroorganismen (gr. mikros klein; bios Leben): Mikroben; Bakterien*, Viren*, Protozoen*, Pilze*.

Mikropartikel: Partikel mit einem Durchmesser von 1-1000 µm, dazu gehören Mikrokapseln* u. Mikrosphärulen. **Anw.:** Depotinjektion zur subkutane od. intramuskuläre Anwendung. **Mikrosphärulen:** engl. *microspheres*; M. in denen der Wirkstoff in der Polymermatrix entweder gelöst od. dispergiert vorliegt. Vorteil ist, dass die gewöhnl. auftretenden Risse in der Polymermatrix keine große Auswirkung auf die Freisetzung des Wirkstoffes nach außen haben. **Herst. von Mikrosphärulen:** Durch spezielle Polymerisationsverfahren (Emulsions-, Suspensions- u. Partikelpolymerisationsverfahren) erfolgt die Bildung von sog. Polymermikropartikeln. Das sind kugelförmige Kunststoffträger, die je nach Verfahrensführung zwischen 0.1-100 µm u. bis zu 1 mm anfallen. Als Polymere kommen bes. Polylactide u. Polylactid-Coglycolide in Betracht, die sich durch genügende Bioabbaubarkeit u. Verträglichkeit auszeichnen. Dienen der Formulierung von Depot-Arzneiformen.

Mikrophagen: s. Leukozyten; Phagozyten.

Mikropulver: s. Mühlen.

Mikropyle: **1.** (bot.) Spalt zwischen den Integumenten der Spitze der Samenanlage. **2.** (med.) Öffnung in der Eihaut, die dem Samenfaden das Eindringen in das Eiplasma zur Befruchtung ermöglicht, sog. Eimund.

Mikroskop: opt. Gerät zur vergrößerten Betrachtung sehr kleiner, mit dem bloßen Auge nicht detailliert erkennbarer Objekte. An einem stabilen Stativkörper mit Stativfuß und Beleuchtungseinheit (Kondensor) sind der Objekttisch, der Tubus und der Objektivrevolver mit versch. Objektiven befestigt. Am oberen Ende des Tubus befindet sich das dem Auge zugewandte Okular (mit einer Sammelinse). Das Objektiv besteht aus mehreren achromatischen* Doppellinsen. Es entwirft von dem beleuchteten Objekt ein reelles (wirkliches), vergrößertes, umgekehrtes Bild. Dieses wird mit dem Okular wie durch eine Lupe ein weiteres Mal als virtuelles Bild vergrößert (s. Abb. 1). Die Gesamtvergrößerung eines M. ergibt sich als Produkt der Objektiv- u. Okularvergrößerung. Die Leistung eines M. wird durch das Auflösungsvermögen *d* charakterisiert, das den Abstand zwischen zwei Objektpunkten bezeichnet, die gerade noch getrennt wahrgenommen werden können (abhängig von den Eigenschaften des Objektivs).

$d = \lambda / A$

$A = n \times \sin\alpha$

A ist die numerische Apertur, wobei λ die Wellenlänge des zur Beobachtung verwendeten Lichtes, α der halbe Öffnungswinkel des Objektivs und n der Brechungsindex der zwischen Objekt u. Objektiv befindl. Materie z. B. Luft od. Immersionsöl ist (s.

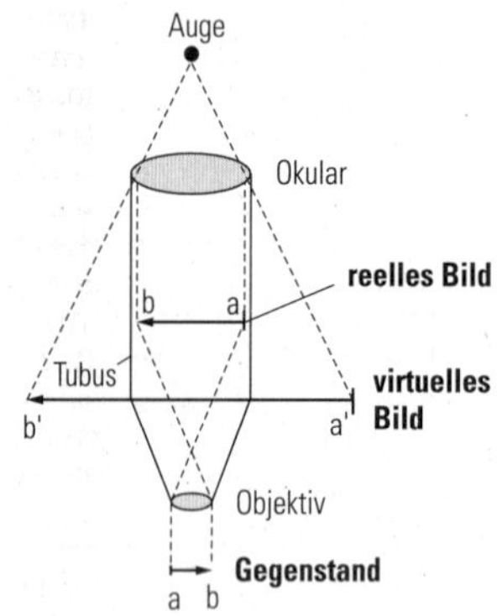

Mikroskop Abb. 1: Strahlengang im Lichtmikroskop

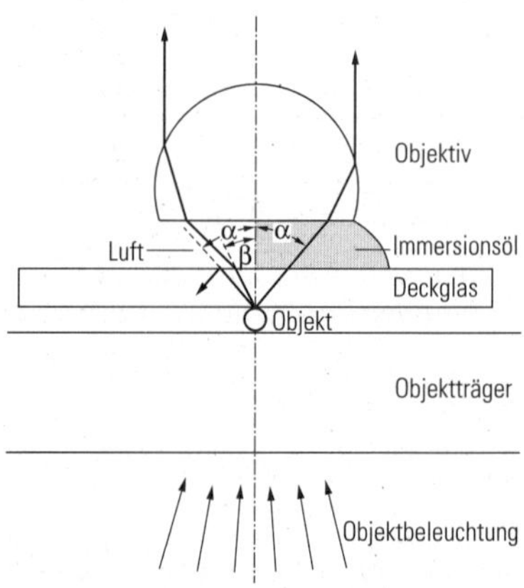

Mikroskop Abb. 2: links: durch Totalreflexion wird der Aperturwinkel von α auf β herabgesetzt; rechts: Verbesserung der Auflösung durch Ölimmersion

Abb. 2). Vgl. Elektronenmikroskop, Immersion, Phasenkontrastverfahren, Polarisationsmikroskop.

Mikrosomen: 20-200 nm große Partikel, die beim fraktionierten Zentrifugieren von Zellhomogenisaten anfallen u. im Wesentl. aus Ribosomen* u. Fragmenten des endoplasmatischen Retikulums* bestehen.

Mikrosphären-[^{99m}Tc]Technetium-Injektionssuspension: s. Technetium[^{99m}Tc]-Mikrosphären-Injektionslösung.

Mikrosphärulen: s. Mikropartikel.

Mikrosporangium: Sporangium, in dem Mikrosporen gebildet werden.

Mikrospore: Spore, die sich zu einem männl. Gametophyten* entwickelt.

Mikrosporenmutterzelle: in der Meiose befindl. Zelle, bei der 4 Mikrosporen gebildet werden; bei Samenpflanzen auch Pollenmutterzelle genannt.

Mikrotabletten: Tabletten, die aufgrund des Applikationsortes sehr klein sein müssen; s. Implantationstabletten, Augentabletten.

Mikrothermoanalyse: s. Thermomikroskopie.

Mikrotubuli: enge (ca. 25 nm Durchmesser), lang gestreckte, nicht von einer Membran umgrenzte Röhrchen von unbestimmbarer Länge im Zytoplasma vieler eukaryont. Zellen. Die Röhrenwandung besteht aus in Reihen angeordneten, globulären Proteinuntereinheiten, dem Tubulin. M. spielen beim Wachstum der Zellwand eine ordnende Rolle. Sie bilden die Spindelfasern sich teilender Zellen. Außerdem sind sie Best. von Geißeln u. Wimpern.

Mikroverkapselung: s. Mikrokapseln.

Mikrowellenabsorption: s. Wassergehaltsbestimmung.

Mikrowellensterilisation: alternatives Verfahren zur Begasung mit Ethylenoxid*, deren Anw. aus toxikol. Gründen begrenzt ist.

Miktion: Harnlassen, Blasenentleerung. Mictio involuntaria: unwillkürl. Harnabgang, s. Enuresis, Harninkontinenz.

Milben: Acari; parasit. Spinnentiere von meist kugeligem Körperbau u. geringer Größe (Verschmelzung von Kopf, Brust u. Hinterleib); vgl. Arthropoden. **Einteilung:** **1.** Hautparasiten: z. B. Krätzmilben (s. Scabies); **2.** Hausstaubmilben: häufig Urs. des allerg. Asthma bronchiale, evtl. auch des atop. Ekzems; **3.** Vorratsmilben: können Inhalationsallergien auslösen; **4.** Krankheitsüberträger: z. B. Ratten- u. Mäusemilben.

Milch: Lac; weiße undurchsichtige Flüss., die von den Milchdrüsen weibl. Säuger abgeschieden wird. Kuhmilch enthält: **1.** 83-87 % Wasser; **2.** 2.2-5.0 % Fett, feinst verteilt als Milchkügelchen (O/W-Emulsion); das Milchfett besteht aus den Glyceriden niederer Fettsäuren. Der geforderte Fettgehalt der Trinkmilch wird durch die Molkerei eingestellt (standardisiert). **3.** Eiweißstoffe, bes. Casein*, ca. 3 % Lactalbumin u. Lactoglobulin; **4.** 4-6 % Lactose*; **5.** Mineralstoffe, überwiegend anorg. Phosphate von Kalium u. Calcium, Citrate u. Chloride, Spuren von Fe u. Cu; **6.** Vitamine (die meisten bekannten Vit., bes. reich an Vit. A, B-Carotin, E, B-Gruppe u. C); **7.** Enzyme, wie Amylasen (Diastase), Lipase, Katalase, Peroxidase u. das Schardinger-Enzym Xanthinoxidase, die beim Kochen zerstört werden; der Nachw. von Peroxidase bzw. Xanthinoxidase dient zur Unterscheidung von gekochter u. frischer M.; Xanthinoxidase reduziert Methylenblau bei Gegenwart von Formaldehyd od. Acetaldehyd. 100 g Vollmilch liefern ca. 276 kJ (66 kcal). Der Geh. an Nicht-Eiweiß-Stickstoff beträgt 20-40 mg/100 mL, der pH-Wert 6.4-6.7, die Dichte 1.028-1.034 g/mL. Die M. wird pasteurisiert, um die enthaltenen Bakterien (Milchsäure-, Coli-, Buttersäure-B.) zu vernichten. Chem. Konservierung ist verboten; s. Säuglingsernährung. Trockenmilch ist im Vakuum od. mittels Zerstäubung getrocknete Milch. **Magermilch:** entrahmte Milch, die je nach dem Grad der Zentrifugenentrahmung 0.02-0.06 % Fett, 3.4 % Eiweiß u. 4.8 % Kohlenhydrate enthält; **Anw.:** in der Säuglingsernährung evtl. bei Fettintoleranzreaktionen, jedoch nie zur Gewichtsreduktion im Säuglingsalter; **Buttermilch:** die bei der Verbutterung nach Abscheidung der Butter zurückbleibende Flüss. (Milchplasma); sie enthält noch 0.28-0.74 % Fett; dient zur Säuglingsernährung (auch getrocknet als Buttermilchpulver) u. wird ferner bei Verdauungsbeschwerden sowie als Erfrischungsgetränk verwendet; **Sauermilch:** Gew. aus Vollmilch durch Gerinnung, Spontansäuerung od. durch Zusatz von Milchsäurebakterien; **Sauermilch für Säuglingsnahrung:** 5 mL 10 %ige Milchsäurelösung auf 100 mL M.; bessere Verdaulichkeit, aber Gefahr einer Acidose; **Molke:** Serum Lactis, Milchserum; ist die von geronnener Milch (Käse) abgepresste Flüssigkeit. Die Abscheidung des Caseins* u. Fettes erfolgt mittels Lab* od. Säure. Die Molken werden z. T. mit Arzneistoffen, Kräutersäften od. Mineralwässern versetzt. Die M. einzelner Tierarten weist beträchtl. Unterschiede in der Zstzg. auf. **Frauenmilch:** Lac mulierum; ist ärmer an Eiweiß, Calcium u. Phosphat, aber reicher an Lactose als Kuhmilch u. unterscheidet sich von dieser durch anderen Bakteriengeh.; s. Muttermilch. **Adaptierte Milch:** flüssige od. pulverförmige Fertignahrung für Säuglinge, die der Muttermilch möglichst angeglichen ist. Beispielsweise wird der Geh. von Casein u. Mineralien erniedrigt u. der der Kohlenhydrate erhöht; s. Säuglingsernährung (adaptierte S.) **Ziegenmilch:** Anw. in Fällen von Kuhmilchallergien; enthält mehr Kalium- u. Chlorid-Ionen sowie ungesättigte Fettsäuren, jedoch weniger Vit. D, Eisen u. Folsäure (s. Ziegenmilchanämie); sollte vor Gebrauch abgekocht werden (Gefahr von Brucellosen*).

Hom: *Lac caninum**, Lac vaccinum defloratum*: auch Lac fellinum (Katzenmilch), Lac delphinum (Delphinmilch), Lac humanum (menschl. Milch).

Milch, adaptierte: eine der Muttermilch* weitgehend angepasste Milch, vgl. Säuglingsernährung.

Milchdrüsen, Getrocknete: s. Organtherapeutika (Mammae siccatae).

Milchgerinnung: enzymat. Abbau der Lactose in Milch zu Milchsäure durch Milchsäurebakterien (Lactobacillus-Arten). Die Milchsäure* bewirkt die Gerinnung der Milch durch Fällung des Caseins*, indem sie ihm Calcium entzieht; vgl. Gärung.

Milch, juckreizstillende: Zstzg.: NFA, 5.0 T. Polidocanol*, 40.0 T. hydrophile Creme (s. Unguentum emulsificans nonionicum aquosum) ad 100 T. destilliertes Wasser. **Anw.:** Juckreiz, Insektenstiche.

Milchröhren: Milchsaftröhren; (bot.) Milchsaft* enthaltende Idioblasten (Gefäße). **1.** Ungegliederte M.: entstehen aus einzelnen, embryonalen Zellen, die in der Pfl. auswachsen, sich verzweigen, aber nie miteinander verschmelzen; charakterist. z. B. für Moraceae, Apocynaceae, Asclepiadaceae, Euphorbiaceae. **2.** Gegliederte M.: entstehen aus reihenförmig angeordneten, einzelnen Zellen durch sekundäre Auflösung der Zellwände (Zellfusionen) u. bilden oft ein zusammenhängendes Netzwerk miteinander verbundener Milchsaftröhren (Milchgefäße); charakterist. für Papaveraceae, Campanulaceae, Lobeliaceae, Cichoriaceae (z. B. Taraxacum), Euphorbiaceae (Hevea) u. Caricaceae.

Milchsäure: Acidum lacticum Ph.Eur.4; 2-Hydroxypropionsäure; CAS-Nr. 50-21-5; $C_3H_6O_3$, M_r 90.08. D. 1.206-1.216. 2 Enatiomere: (+)-(*S*)-M. (L-, Rechts-, Fleisch-, Para-M., Acidum sarcolacticum; physiol. Form der M.; vgl. Abb.) u. (−)-(*R*)-M. (D-, Links-M.; relativ selten); sowie racem. (*RS*)-M. (DL-, Ethyliden-M.). Die M. des Handels (Gärungsmilchsäure, in versch. Prozentgehalten) ist meist eine Lsg. von (*RS*)-2-Hydroxypropionsäure, ihrer Kondensationsprodukte (Estolide*, z. B. Lactylmilchsäure u. Polymilchsäuren) in Wasser; das Gleichgewicht ist abhängig von Konz. u. Temperatur. Klare, farblose bis schwach gelbl., sirupdicke, ätzende, fast geruchlose, hygroskop. Flüss.; mischbar mit Wasser, Ethanol 90 %, Ether, wenig lösl. in Chloroform; pK_S 3.86. Die Salze der M. heißen Lactate. **Vork.:** in sauer gewordenen zucker- u. stärkehaltigen Flüss., z. B. saurer Milch (M. wurde 1780 von Scheele aus saurer Milch isoliert), Sauerkraut, sauren Gurken; auch im Magen- u. Darminhalt, in Muskeln u. Gehirn. Gew. durch Vergärung von Glucose, Saccharose od. Maltose (nicht Lactose) mit Hilfe von Lactobacillus delbruecki (Vergärung von Lactose, s. Milchgerinnung); **Anw.** med.: Herst. von Sauermilch für Säuglingsnahrung (5 mL 10 %ige M.-Lsg. auf 100 mL Milch); äußerl. als Ätzmittel bei tuberkulosen Geschwüren; zu Mundwässern, Scheidenspüllsg. u. Limonaden; techn.: in der Färberei u. Gerberei. **(S)-Milchsäure**: Acidum (S) lacticum Ph.Eur.4; CAS-Nr. 79-33-4; $C_3H_6O_3$, M_r 90.08. Gemisch aus (S)-2-Hydroxypropansäure, ihren Kondensationsprodukten wie Lactoylmilchsäure u. Polymilchsäuren u. Wasser; farblose bis schwach gelbe, sirupartige Flüss., mischbar mit Wasser u. Ethanol.
Hom: *Acidum lacticum (HAB1.5):* racem. Milchsäure im Handel, bei der gelegentlich das (*S*)-Isomer überwiegen kann; verord. z. B. bei rheumat. Erkrankungen, Diabetes.

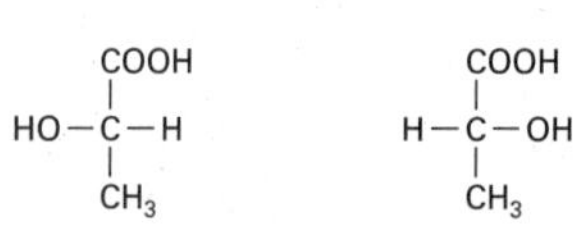

L-(+)-Milchsäure *D*-(-)-Milchsäure

Milchsäure

Milchsäurebakterien: s. Lactobacteriaceae.

Milchsäuregärung: s. Gärung.

Milchsaft: Latex; (bot.) pflanzl. Exkrete. Wässrige Emulsion bzw. Suspension, die Kautschuk, Guttapercha, Alkaloide, unlösl. Fette u. a. enthält u. an der Luft gerinnt; in Milchröhren*.

Milchsaftröhren: s. Milchröhren.

Milchserum: s. Milch.

Milchzucker: Saccharum Lactis; s. Lactose.

miliar (lat. milium Hirsekorn): hirsekorngroß, -ähnlich. **Miliartuberkulose**: generalisierte Form der Tuberkulose*, die durch hämatogene od. lymphogene Dissemination meist unmittelbar nach Bildung des Primärkomplexes od. im späteren Verlauf entsteht.

Millefolii flos: s. Achillea millefolium.

Millefolii herba: s. Achillea millefolium.

Milli-: Symbol m; gesetzl. Vorsatz für das 10^{-3}fache einer Einheit; vgl. SI-Einheiten.

Millimeter-Quecksilbersäule: Symbol mmHg; veraltete Einheit, gesetzl. nur noch für die Angabe von Blutdruckwerten u. in der Medizin zugelassen; s. Druck.

Millival: s. Val.

Millon-Reagens: Quecksilbernitrat-Lösung. **Zuber.** (Ph.Eur.4): 3 mL Quecksilber werden in 27 mL rauchender Salpetersäure gelöst u. die Lsg. vorsichtig unter Kühlung mit dem gleichen Volumen Wasser verdünnt. **Anw.:** z. B. zum Nachw. von Konservierungsmitteln (Salicylsäure, *p*-Hydroxybenzoesäure u. Estern) in Zuckersirup, zur Identitätsprüfung von Tubocurarinchlorid*, zum Nachw. u. zur kolorimetr. Bestimmung von Aminosäuren u. Proteinen.

Milokorn: s. Sorghum bicolor.

Milrinon INN: 1,6-Dihydro-2-methyl-6-oxo-(3,4'-bipyridin)-5-carbonitril; CAS-Nr. 78415-72-2; $C_{12}H_9N_3O$, M_r 211.2. Schmp. >300 °C (unter Zers). **Wirk.** u. **Anw.:** Herztherapeutikum zur Behandlung von Herzinsuffizienz mit positiv inotroper u. vasodilatierender Wirk.; Hemmer von Phosphodiesterasen*; **UAW:** Tachykardien, Übelkeit, Erbrechen.

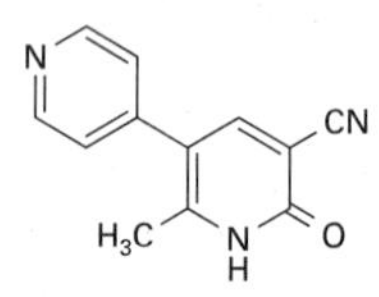

Milrinon

Miltefosin INN: Hexadecylphosphocholin; 2-{[(Hexadecyloxy)hydroxyphosphinyl]oxy}-*N*,*N*,*N*-trimethylethanammonium (inneres Salz); CAS-Nr. 58066-85-6; $C_{21}H_{46}NO_4P$, M_r 407.58. pK_S>11.7. **Wirk.:** zytostat. u. zytotox., vermutl. durch Hemmung membranständiger Enzyme wie Proteinkinase C; **Anw.:** Zytostatikum* zur Behandlung maligner Hautveränderungen bei Brustkrebs, sofern eine Operation, Bestrahlung, Chemo- od. Hormonther. keinen Erfolg zeigt; **UAW:** Hautreizungen, schmerzhaftes Brennen bei Anw. im Bereich offener, nässender Tumorbezirke; **Kontraind.:** aussichtsreiche Operation od. Bestrahlung;

gleichzeitige Bestrahlung; großknotige, tiefreichende Ansiedelungen mit gleichzeitigem Befall der Haut, Schwangerschaft, Stillzeit; **Dos.:** topisch 6%ige Lsg.; in der 1. Behandlungswoche 1-mal/d, später 2-mal/d 1-2 Tr./10 cm^2 befallenen Hautbereich (1 Tr. entspr. 1.5 mg M.); MTD 300 mg.

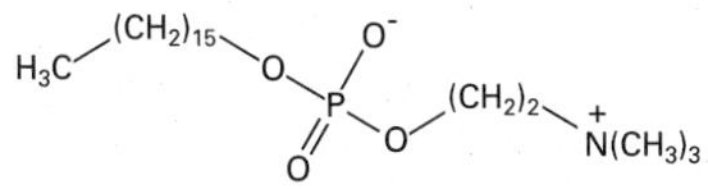

Miltefosin

Milz: Lien; s. Organtherapeutika.

Milzbrand: syn. Anthrax; meldepflichtige Infektionskrankheit, die vom Tier (Rind, Schaf, Schwein, Pferd u. Tierfelle) auf den Menschen übertragbar ist u. sich als Haut-, Lungen- od. Darmmilzbrand manifestieren kann. **Erreger:** Bacillus* anthracis; **Ther.:** Penicillin G in hohen Dosen tötet den Keim innerhalb von Stunden zuverlässig ab. Alternativ können Erythromycin, Doxycyclin od. Chloramphenicol verabreicht werden. **Prophylaxe:** Impfung von Risikogruppen.

Milzbrandsporen-Lebend-Impfstoff für Tiere: Vaccinum anthracis vivum ad usum veterinarium Ph.Eur.4, Vaccina viva anthracis sporula ad usum veterinarium; Suspension vermehrungsfähiger Sporen eines attenuierten, nicht kapselbildenden Stammes von Bacillus* anthracis. Der Impfstoff kann flüss. od. gefriergetrocknet sein, Kombinationsimpfstoffe mit Rauschbrand u. Pararauschbrand sind im Handel; vgl. Milzbrand.

Mimetika: Wirkstoffe, die die erregende Wirkung eines körpereigenen Stoffes nachahmen; z. B. die Wirkung von Neurotransmittern* an den entsprechenden Rezeptoren; vgl. Parasympathomimetika, Sympathomimetika.

mimetisch: bewegend, erregend.

Mimosoideae: Mimosengewächse; Unterfamilie der Fabaceae*; ca. 3000 Arten, trop. u. subtropische Holzpflanzen u. Kräuter. Die Blätter sind wechselständig, doppelt u. paarig gefiedert. Die Blüten sind radiär, 4-zählig, die Kronblätter frei, Staubblätter meistens zahlreich vorhanden, mit langen, auffällig gefärbten Filamenten, der Fruchtknoten ist einblättrig, oberständig, die Frucht eine vielsamige Hülse. **Chem. Merkmale:** Gerbstoffe. Bei Verletzung bilden sich Gummen wie z. B. Gummi* arabicum. **Wichtige Gattungen:** z. B. Acacia.

Mimusops globosa Gaertn.: M. balata Cruez; Fam. Sapotaceae (Antillen, Bahamainseln, nördl. Südamerika). Stpfl. von **Balata** (Vereo): Ersatz für Guttapercha*, besteht aus Poly-2-methylbutadien, ähnl. dem Kautschuk, aber härter u. zäher; vulkanisierbar. **Anw.:** z. B. zu Zahnkitten, Pflastern.

Mindestfilmbildetemperatur: s. Glasübergangstemperatur.

Mineralfette: kaum gebräuchl. Bez. für fettähnl. Stoffe, die nicht mit den eigentl. Fetten* verwandt sind. M. sind Gemische höherer Kohlenwasserstoffe von fester od. halbfester Konsistenz, sind unverseifbar u. können nicht ranzig werden; z. B. Vaselinum*, Paraffin*.

Mineralhefe: künstl. gezüchtete Hefe; Herst. durch Vergären zuckerhaltiger Abfallprodukte (Melasse) mit Oberhefe unter Zusatz von Mineralsalzen (Ammoniumsulfat), vgl. Faex, Torulahefe.

Mineralkermes: Stibium sulfuratum rubrum; Gemisch von rotem Antimon(V)-sulfid* mit saurem Natriumpyroantimonat.

Mineralocorticoide: s. Hormone.

Mineralsäuren: anorg. Säuren*; s. Tabelle.

Mineralstoffe: im weitesten Sinne alle auf nat. Wege in der Erdkruste entstandenen anorg. Stoffe. Viele M. sind für lebende Organismen essentiell u. müssen von Organismen in größeren Mengen (s. Makroelemente) od. nur in sehr kleinen Mengen (s. Spurenelemente) aufgenommen werden. Sie werden als Salze zugeführt, als Kationen od. Anionen resorbiert u. größtenteils durch nat. Ausscheidung (Kot, Harn, Schweiß) od. bei vielen Pfl. durch den herbstl. Blattabfall wieder abgegeben.

Mineralstoffpräparate: Arzneimittel, die essentielle Spurenelemente* u. Makroelemente* in Form von Mineralstoffen enthalten. **Anw.:** Ther. u. Prophylaxe von Störungen des Haushaltes lebensnotwendiger Mineralstoffe. I. w. S. zählen auch Lithium- (s. Psychopharmaka, Antidepressiva) u. Goldsalze (s. Antirheumatika) dazu. Die Wirksamkeit von Mineralstoffpräparaten allein zur Leistungssteigerung od. als Geriatrikum* ist zweifelhaft.

Mineralturpeth: s. Quecksilber(II)-sulfat, basisches.

Mineralwässer: s. Aquae minerales.

minim: Angabe über das Volumen des Inhalts von Weichgelatinekapseln. 1 minim = 0.06 cm^3.

Minims®: einzeldosierte, sterile Augentropfen. In Blister* eingeschweißte Polypropylenbehälter mit Aufsteckverschlusshütchen.

Minipille: tägl. (ohne Einnahmepause) einzunehmendes Antikonzeptivum*. Enthält kleinste Dosen eines Gestagens, Ovulation wird nicht gehemmt. Gestagene wirken über Veränderung des Zervixschleims, der eine Aszension der Spermien nicht zuläßt. **Anw.:** bei Estrogenunverträglichkeit. Nachteil ist die geringe kontrazeptive Sicherheit; Pearl*-Index: 0.5-4.3.

Minium: s. Mennige.

Minocyclin INN: 4β,7-Bis(dimethylamino)-1,4,4a,5,5a,6,11,12a-octahydro-3,10.12,12a-tetrahydroxy-1,11-dioxo-2-naphthacencarboxamid; CAS-Nr. 10118-90-8; $C_{23}H_{27}N_3O_7$, M_r 457.49. $[\alpha]_D^{25\,°C}$ −166° (c = 0.524 in Wasser). **Wirk. u. Anw.:** halbsynthet. Langzeit-Tetracyclin-Antibiotikum* mit hoher Resorptionsrate; bakteriostat. wirksam geg. ein breites Spektrum von grampositiven u. gramnegativen Erregern; vgl. Antibiotika (Tab.). Kumulationsgefahr bei Niereninsuffizienz; Elimination z. T. über die Galle in den Darm;

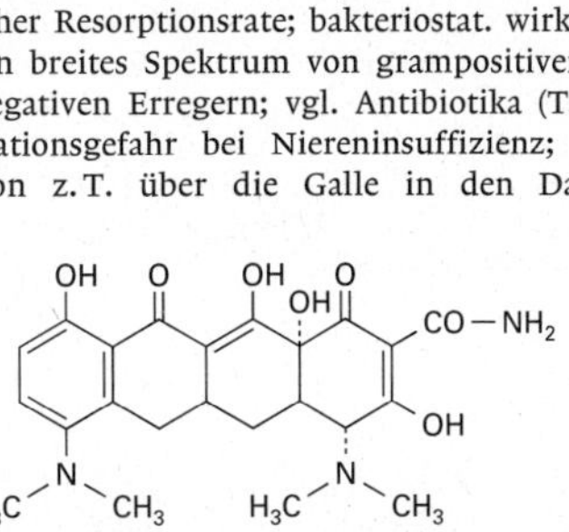

Minocyclin

M

Mineralsäuren
Nomenklatur anorganischer Säuren und ihrer Salze

Säuren Formel	Name	Salze Formel[1]	Name
HClO	hypochlorige Säure	MeClO	Hypochlorite
$HClO_2$	chlorige Säure	$MeClO_2$	Chlorite
$HClO_3$	Chlorsäure	$MeClO_2$	Chlorate
$HClO_4$	Perchlorsäure	$MeClO_4$	Perchlorate
HCl	Chlorwasserstoffsäure (Salzsäure)	MeCl	Chloride
HNO	hyposalpetrige Säure	MeNO	Hyponitrite
$(HNO)_2$	hypodisalpetrige Säure	$MeHN_2O_2$	saure Hypodinitrite
		$Me_2N_2O_2$	neutrale Hypodinitrite
HNO_2	salpetrige Säure	$MeNO_2$	Nitrite
HNO_3	Salpetersäure	$MeNO_3$	Nitrate
HNO_4	Peroxosalpetersäure	$MeNO_4$	Peroxonitrate
HN_3	Stickstoffwasserstoffsäure	MeN_3	Azide
H_2SO_2	Sulfoxylsäure	Me_2SO_2	Sulfoxylate
$H_2S_2O_3$	Thioschwefelsäure	$Me_2S_2O_3$	Thiosulfate
$H_2S_2O_4$	dithionige Säure	$Me_2S_2O_4$	Dithionite
H_2SO_3	schweflige Säure	Me_2SO_3	Sulfite
$H_2S_2O_3$	dischweflige Säure	$Me_2S_2O_3$	Disulfite
$H_2S_2O_6$	Dithionsäure	$Me_2S_2O_6$	Dithionate
H_2SO_4	Schwefelsäure	Me_2SO_4	Sulfate
$H_2S_2O_7$	Dischwefelsäure	$Me_2S_2O_7$	Disulfate
$H_2S_2O_8$	Peroxodischwefelsäure	$Me_2S_2O_8$	Peroxodisulfate
H_2SO_5	Peroxoschwefelsäure	Me_2SO_5	Peroxosulfate
H_2S	Schwefelwasserstoff	MeHS	Hydrogensulfide
		Me_2S	Sulfide

[1]Me: Metall-Ion(en)

indiziert bei Infektionen durch gramnegative Stäbchen, Mischinfektionen der oberen Luftwege u. des GIT; **Dos.:** p.o. Initialdos. 0.2 g, dann 0.1 g/12 h; HWZ 17-18 h. **Minocyclinhydrochlorid:** Minocyclini hydrochloridum Ph.Eur.4; $C_{23}H_{28}ClN_3O_7$, M_r 493.9. Gelbes, krist., hygroskop. Pulver; lösl. in Wasser, schwer lösl. in Ethanol; bildet auch ein Dihydrat.

minor tranquilizer: s. Psychopharmaka (Ataraktika).

Minoxidil INN: Minoxidilum Ph.Eur.4, 2,4-Diamino-6-piperidinopyrimidin-3-oxid, 6-Piperidino-2,4-pyrimidindiamin-3-oxid; 6-Amino-1,2-dihydro-1-hydroxy-2-imino-4-piperidinopyrimidin; CAS-Nr. 38304-91-5; $C_9H_{15}N_5O$, M_r 153.22. Schmp. 275-285 °C (polymorph). Weißes, krist. Pulver; schwer lösl. in Wasser, lösl. in Methanol. **Anw.:** Antihypertensivum*; nur in Kombination mit Diuretika u. Betarezeptorenblockern stark vasodilatator.; bei therapieresistenter schwerer Hypertonie; äußerl. als 2 %ige Lsg. auch bei androgenet. Alopezie*, als Haarwuchsmittel; **UAW:** EKG-Veränderungen, Ödembildungen, Hypertrichose*; **Dos.:** 1×5 mg/d; HWZ 4 h.

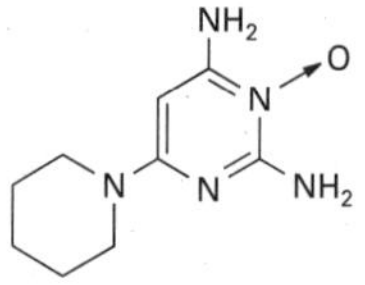

Minoxidil

Minusgläser: Zerstreuungsgläser, Konkavlinsen*, Linsen mit negativem Dioptrie*-Wert.

minutim concisus: s. concisus.

Minzöl: s. Mentha arvensis var. piperascens.

Miosis: Stenokorie; Pupillenverengung (Ø<2 mm) als physiol. Reaktion auf Lichteinfall (Pupillenreaktionen) od. als Reaktion auf Pharmaka (z. B. Opiate) od. Eingriffe, die den Parasympathikus* reizen od. den Sympathikus* lähmen.

Miotika: pupillenverengende Mittel. **Wirk.:** **1.** Reizung des M. sphincter pupillae durch Parasympathomimetika*, z. B. Pilocarpin*, Carbachol*, Physostigmin*; **2.** Lähmung des M. dilatator pupillae durch Sympatholytika*, z. B. Dapiprazol*; **Anw.:** bei Glaukom* (s. Antiglaukomatosa) u. zu diagnost. Zwecken.

MIR: Abk. für **m**ittleres **I**nfra**r**ot; s. Infrarot.

Miracle Fruit: s. Synsepalum dulciferum.

Miraculin: s. Synsepalum dulciferum.

Mirbanöl: s. Nitrobenzol.

Mirtazapin INN: (±)-1,2,3,4,10,14b-Hexahydro-2-methylpyrazino[2,1-*a*]pyrido[2,3-*c*][2]benzazepin; CAS-Nr. 61337-67-5; $C_{17}H_{19}N_3$, M_r 265.36. **Wirk.** u. **Anw.:** Antidepressivum (s. Psychopharmaka), das aufgrund seiner Piperazinoazepinstruktur mit anderen Antidepressiva chem. nicht verwandt ist. M. wirkt noradrenerg, es blockiert zentrale Alpha-2-Adrenozeptoren, wodurch mehr Noradrenalin freigesetzt wird. Auch wirkt es spezif. serotonerg, da Noradrenalin über Alpha-1-Rezeptoren die Freisetzung von Serotonin aktiviert. Ferner blockiert M. die 5-HT_2- u.

5-HT_3-Rezeptoren, die v. a. für unerwünschte Serotoninwirk. verantwortl. sind. Durch bd. Effekte wirkt M. antidepressiv u. anxiolyt.; durch antagonist. Wirk. an Histamin-H_1-Rezeptoren wirkt M. sedierend; **UAW:** Müdigkeit, verstärkter Appetit, Hypotonie, Manie; **Kontraind.:** gleichzeitige Verabreichung von MAO-Hemmern bzw. innerhalb von 14 d nach Gabe von MAO-Hemmern, Schwangerschaft u. Stillzeit; Anw. bei Jugendl. unter 18 Jahren; **WW:** Lithiumsalze, Verstärkung von Alkohol- u. Benzodiazepinwirk.; **Dos.:** p. o. 15 mg als Tagesdos. zu Therapiebeginn; dann Einnahme als ED zu 30 mg vor dem Schlafengehen; MTD 45 mg; HWZ 20-40 h.

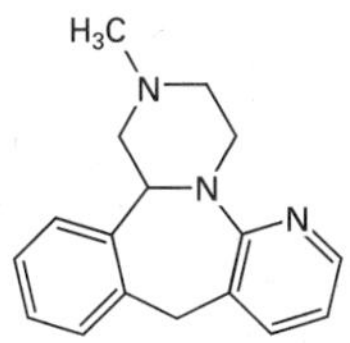

Mirtazapin

Miscella: der nach der Extraktion einer Droge mit einem Extraktionsmittel (Menstruum) erhaltene u. vom Drogenrückstand befreite Auszug. Eine M. kann die endgültige Arzneiform (z. B. als Fluidextrakt) darstellen, wird aber meistens (z. B. durch Einengen, Sprühtrocknen) weiterverarbeitet.

Mischbettaustauscher: s. Ionenaustauscher.

Mischen: bezweckt die mögl. gleichmäßige Verteilung von 2 od. mehreren zerkleinerten Stoffen; vgl. Zufallsmischung, gleichmäßige. Die Mischgüte ist u. a. abhängig von Mischzeit, Korngröße, -form, -größenverteilung, Fließverhalten, Feuchtegehalt, Dichte u. Konzentration der Mischkomponenten. Mischungs- u. Entmischungsvorgänge können unter bestimmten Umständen miteinander konkurrieren.

Mischgranulattabletten: feste Arzneiform, die sich für die gesteuerte Wirkstofffreisetzung eignet. Herst. durch Verpressen einer Mischung aus unbehandelten (Initialdosis) u. mit Fetten umhüllten bzw. mit Lacken überzogenen (Erhaltungsdosis) Arzneistoffgranulaten; vgl. Compressi.

Mischinfekt: gleichzeitige ursächl. Beteiligung mehrerer Erregerarten an einem einzigen Prozess, der sich in einem umschriebenen Infektionsbezirk abspielt.

Mischkristalle: (engl.) *mixed crystals*; feste Lösungen (engl. solid solutions); **1. Substitutionsmischkristalle** liegen vor, wenn ein Gitterplatz in einem Kristallgitter statist. von unterschiedl. Kristallbausteinen (Atome, Ionen, Moleküle) besetzt wird. So sind in Silber-Gold-M. Ag_xAu_{1-x} die Metallgitterplätze regellos von Gold- u. Silber-Ionen besetzt, wobei x alle Werte zwischen 0 u. 1 haben kann (lückenlose Mischkristallreihe). **2. Einlagerungsmischkristalle** liegen vor, wenn Zwischengitterplätze von kleineren Atomen od. Atomgruppen besetzt werden. Beispielsweise entstehen bei Einlagerung von kleinen Nichtmetallen (z. B. Bor, Kohlenstoff, Stickstoff) in Metallen sehr harte, spröde, hochschmelzende Boride, Carbide u. Nitride. **Beispiel:** Wolframcarbid („Widia", Kunstwort für *wie Dia*mant).

Mischkultur: gleichzeitige Isolierung mehrerer Bakterienarten aus Untersuchungsmaterial, das einem einzigen Infektionsvorgang entstammt, an dem aber ein od. mehrere Erreger beteiligt sind. Kann Zeichen einer ausschl. Kontamination des Untersuchungsmaterials mit gemischter Standortflora sein od. durch einen Monoinfekt mit sek. Besiedlung, einen Misch-* sowie Mehrfachinfekt bedingt sein.

Mischsäure: Nitriersäure, Salpeterschwefelsäure; Gemisch aus rauchender Salpetersäure u. rauchender Schwefelsäure zum Nitrieren org. Verbindungen. **Anw.:** Sprengstoff- u. Farbindustrie.

Mischungsregeln: Rechenschema zur Ermittlung der Konz. einer Lsg., die durch Verdünnen konz. Lsg. mit Lösungsmitteln od. durch Mischen von Lsg. bekannter Konz. erhalten wird. Die **Mischungsgleichung**

$$\frac{y}{x}=\frac{a-c}{c-b}$$

ermöglicht die Berechnung der Konz. c einer Lsg., die durch Mischen von x Teilen der Lsg. einer Substanz der Konz. a mit y Teilen der Lsg. einer Substanz der Konz. b entsteht. Das **Mischungskreuz** (Andreaskreuz) lässt zusätzl. die Berechnung der Zugabe an Lösungsmittel zur Verd. einer konz. Lsg. zu.

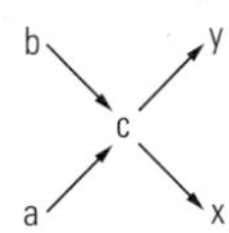

Mischungsregeln: Mischungskreuz

Mischverbandwatte: s. Verbandwatte.

Mischzylinder: Glaszylinder mit verengtem Hals, Skala in mL-Einteilung u. eingeschliffenem Stöpsel zum Mischen von Flüssigkeiten.

Miserere: Koterbrechen bei Darmverschluss, s. Ileus.

Misoprostol INN: (±)-Methyl-(13*E*)-11*α*,16-dihydroxy-16-methyl-9-oxo-13-prostenat; CAS-Nr. 59122-46-2; $C_{22}H_{38}O_5$, M_r 382. Synthet. Prostaglandin*, vergleichbar mit Prostaglandin E_1. **Wirk.:** hemmt die Salzsäureproduktion; **Anw.:** Antiulkusmittel; **UAW:** Durchfälle, Übelkeit, Spasmen; **Kontraind.:** Schwangerschaft (wegen abortiver Wirk.), Stillzeit.

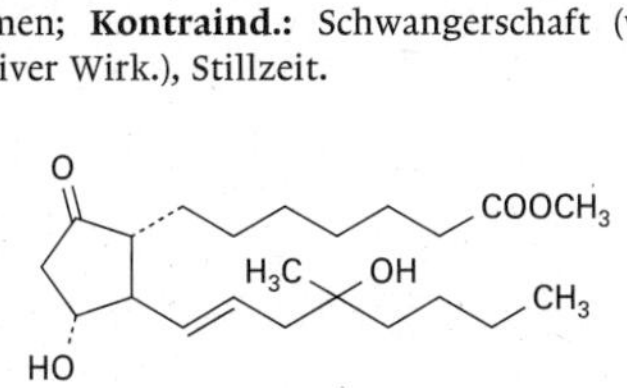

Misoprostol

Mispel: **1.** Mespilus germanica L., Deutsche Mispel; Fam. Rosaceae; die Blätter enthalten Melavosid (Mevalonsäureglucosid). **2.** Eriobothrya japonica (Thub.) Lindl., Japanische Mispel, Fam. Rosaceaea,

Kernobstbäumchen; die Früchte sind reich an Carotinoiden, die Samen enthalten Amygdalin od. verwandte Blausäureglykoside. Die Früchte von Crataegus laevigata (s. Crataegus-Arten) werden traditionell z. T. als Mispeln bezeichnet.

Mißpickel: Arsenkies (FeSAs), s. Arsen.

Mistel: s. Viscum album.

Mitella: Tragetuch für den Vorderarm; um den Hals geschlungenes Dreiecktuch.

Mitesser: s. Komedonen.

Mithramycin: s. Plicamycin.

Mithridaticum: s. Theriak.

mitigatus: gemildert; vgl. Silber(I)-nitrat, salpeterhaltiges.

mitis (lat.): mild.

Mitobronitol INN: 1,6-Dibrom-1,6-didesoxy-D-mannit; CAS-Nr. 488-41-5; $C_6H_{12}Br_2O_4$, M_r 308.0. Schmp. 176-178 °C. **Anw.:** Zytostatikum* bei chron.-myelom. Leukämie.

Mitochondrien: von einer Doppelmembran umhüllte Organellen eukaryontischer Zellen, welche die Enzyme des Tricarbonsäurezyklus*, der Atmungskette*, der oxidativen Phosphorylierung u. des Fettabbaus enthalten. M. sind Hauptsyntheseorte für ATP. Die innere Membran der M. ist zur Oberflächenvergrößerung kammähnlich (Crista-Typ) od. röhrenförmig (Tubulus-Typ). Je größer der Energiebedarf einer Zelle, umso mehr Cristae od. Tubuli sind enthalten (s. Abb.).

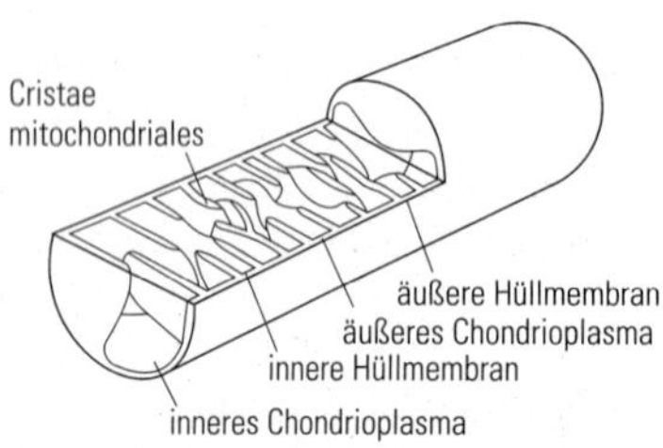

Mitochondrien [21]

Mitogene: exogene Substanzen, die Zellteilung induzieren; vgl. Karzinogene.

Mitomycin INN: eine Gruppe von antineoplast. wirkenden Antibiotika aus Streptomyces caespitosus (griseovinacaeseus). **Mitomycin A:** $C_{16}H_{19}N_3O_6$; Zers. bei 159-161 °C. **Mitomycin B:** $C_{16}H_{19}N_3O_6$; Zers. bei 182-184 °C. **Mitomycin C:** 7-Amino-9α-methoxymitosan, 6-Amino-1,1a,2,8,8a,8b-hexahydro-8-hydroxy-methyl-8a-methoxy-5-methylazirino[2',3':3,4]-pyrrolo[1,2-*a*]indol-4,7-dion-carbamat; CAS-Nr. 50-07-7; $C_{15}H_{18}N_4O_5$, M_r 334.3. **Anw.:** Zytostatikum*, Alkylans, unterdrückt auch die Nucleinsäuresynthese; **UAW:** v. a. Knochenmarkdepression, Leukopenie u. Thrombozytopenie, Nierenschäden; HWZ 0.5-1.2 h.

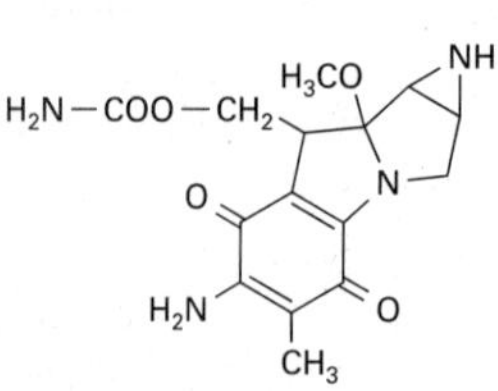

Mitomycin: Mitomycin C

Mitopodozid INN: *N*-Ethyl-podophyllohydrazid; Podophyllinsäure-2-ethylhydrazid; CAS-Nr. 1508-45-8; $C_{24}H_{30}N_2O_8$, M_r 474.50. Partialsynthet. Derivat von Podophyllotoxin (s. Podophyllin), Mitosegift. **Anw.:** Antineoplastikum, bei inoperablen u. ausgestrahlten Primärtumoren u. Metastasen; Rezidivprophylaxe bei Radikaloperation. Blutbildkontrolle notwendig! Nicht mehr im Handel; vgl. Teniposid.

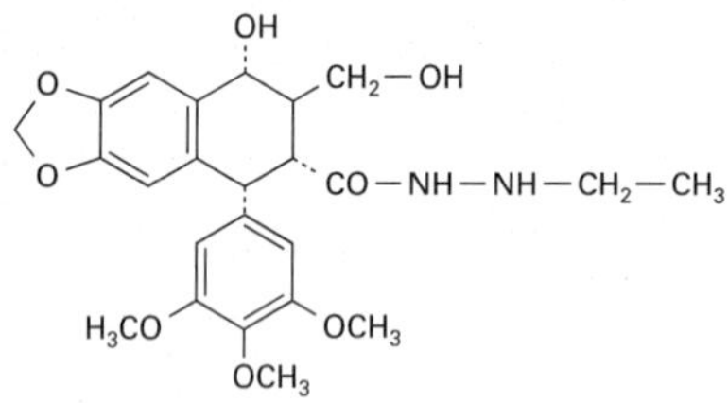

Mitopodozid

Mitose: mitotische Teilung, indirekte Kernteilung, Äquatorialteilung; ident. Reduplikation des genet. Materials u. Verteilung je eines vollständigen Chromosomensatzes auf die Tochterzellen. Die M. umfasst damit drei normalerweise miteinander verknüpfte Vorgänge: **1.** die ident. DNA-Replikation, die als Längsspaltung u. Verdoppelung der Chromosomen sichtbar wird; **2.** die Karyokinese, das ist die regelmäßige Verteilung der Tochterchromosomen auf die neuen Tochterkerne; **3.** die Zytokinese, also die Zuordnung eines Zytoplasmabereiches zu jedem Kern durch Zellteilung od. Furchung. Gewöhnl. wird die M. in vier Phasen unterteilt (s. Abb.): **1.** Prophase: Auflösung der Kernmembran, Längsspaltung der Chromosomen wird sichtbar; **2.** Metaphase: Anordnung der Chromosomen in der Äquatorialebene; **3.** Anaphase: Trennung der Chromosomenhälften durch den aus den Spindelfasern* bestehenden Spindelapparat; **4.** Telophase: erneute Längsspaltung der Chromosomen u. Ausbildung der Kernmembran um die Tochterkerne, Übergang zur Interphase*.

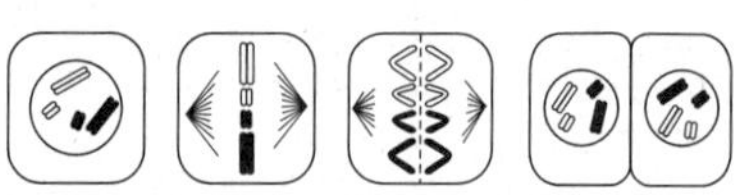

Mitose: 1: Prophase; 2: Metaphase; 3: Anaphase; 4: Telophase [21]

Mitosegifte: Stoffe, die auf Mitose od. Ruhekern unter meist irreversibler Schädigung der Teilung, des Spindelapparates od. der Chromosomen einwirken. Bei ihrer Anw. (Krebstherapie) als Mitoseblocker od. -hemmer (Antimitotika) unterscheidet man Zellteilungsgifte (z. B. Coffein, *p*-Dichlorbenzol), Spindelgifte (z. B. Colchicin, Podophyllotoxinderivate, Taxol, Vincaalkaloide), Chromosomengifte (z. B. Trypaflavin), vgl. Polyploidie.

Mitoxantron INN: 1,4-Dihydroxy-5,8-bis[2-(2-hydroxyethylamino)ethylamino]anthrachinon; CAS-Nr. 65271-80-9; $C_{22}H_{28}N_4O_6$, M_r 444.1. **Mitoxantron-Dihydrochlorid:** Mitoxantroni hydrochloridum Ph.Eur.4; CAS-Nr. 70476-82-3, $C_{22}H_{30}Cl_2N_4O_6$, M_r 517.4. **Anw.:** Zytostatikum* bei Mammakarzinom; **UAW:** Knochenmarkdepressionen, Haarausfall; **Kontraind.:** Schwangerschaft.

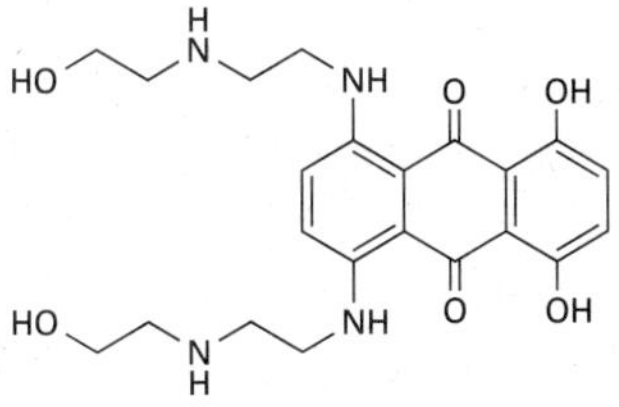

Mitoxantron

Mitramycin: s. Plicamycin.

Mitscherlich-Körper: (bot.) gekrümmte Haare auf dem Silberhäutchen (Endosperm-Rest) im Samen von Theobroma* cacao.

Mittel, antivirale: s. Virostatika.

Mittel, durchblutungsfördernde: Pharmaka, die zur Behandlung von Durchblutungsstörungen verwendet werden. **Wirkstoffgruppen:** Vasodilatatoren*, Thrombozytenaggregationshemmer*, Antikoagulanzien*.

Mittel, harntreibendes: s. Diuretika.

Mittel, hornhautlösende : s. Keratolytika.

Mittel, kosmetische: Stoffe u. Zuber., die dazu bestimmt sind, äußerl. am Menschen od. in seiner Mundhöhle zu Reinigung, Pflege od. Geruchsbeeinflussung zu dienen. Sie unterliegen der Kosmetik*-Verordnung. Sie dürfen nicht überwiegend dazu bestimmt sein, Krankheiten, Leiden, Körperschäden od. krankhafte Beschwerden zu lindern od. zu beseitigen. Erzeugnisse, die eingenommen werden, können keine kosmet. Mittel sein.

Mittel, krampfstillende : s. Spasmolytik.

Mittellamelle: (bot.) die bei Pfl. nach der Zellteilung* aus der Zellplatte entstehende Primordialwand (s. Primordium) aus pektinösen Substanzen, auf die beidseitig eine von den Protoplasten beider Zellen gebildete Cellulosewand (Primärwand) aufgelagert wird. Schon die Wand der jungen Zelle ist dreischichtig, wird allerdings wegen des einheitl. Aussehens (im Lichtmikroskop) ebenfalls als M. (i. w. S.) bezeichnet.

Mittel, milchhemmende: s. Abstillmittel.

Mittel, milchtreibende: s. Laktagoga.

Mittel, schleimiges: s. Mucilaginosa.

Mittel, schmerzstillende : s. Analgetika.

Mittelwert: s. Fehlerrechnung; Normalverteilung.

Mivacuriumchlorid: Mivacurium INN; (*R*)-1,2,3,4-Tetrahydro-2-(3-hydroxypropyl)-6,7-dimethoxy-2-methyl-1-(3,4,5-trimethoxybenzyl)isochinolinumchlorid-(*E*)-4-octendioat (2:1); CAS-Nr.106861-44-3, $C_{58}H_{80}Cl_2N_2O_{14}$, M_r 1100.18. **Wirk.** u. **Anw.:** kurzwirksames stabilisierendes Muskelrelaxans*; **Dos.:** Erwachsene unter Allgemeinnarkose 0.06-0.09 mg/5-15 s; Dosisbereich für die initiale Bolusinjektion 0.07-0.25 mg/kg KG; die Dauer der neuromuskulären Blockade ist dosisabhängig; HWZ 1.7-2.6 min.

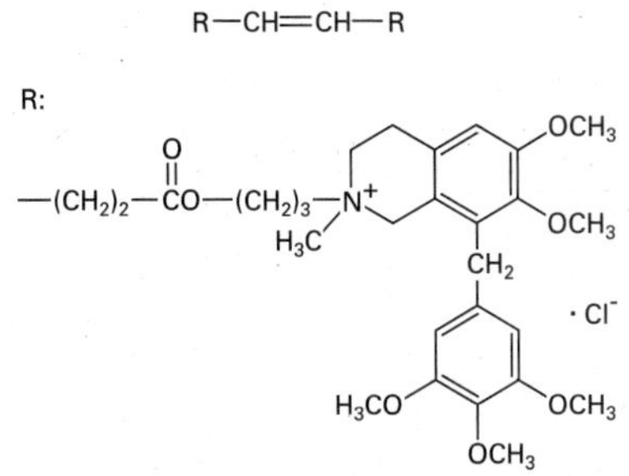

Mivacuriumchlorid

Mix-O-Vial®: kombinierte Trocken- u. Lösungsmittelampullenflasche; Doppelkammerspritzampulle. s. Spritzampullen.

Mixtura agitanda: Schüttelmixtur; s. Lotiones, Suspensionen.

Mixtura antirheumatica: antirheumatische Mixtur; Zstzg.: NRF, 5 g Pomeranzentinktur, 10 g Natriumsalicylat u. 185 g konserviertes Wasser; Beschriftung: einen Monat lang verwendbar. **Anw.:** Antiphlogistikum bei akutem Gelenkrheumatismus; **Dos.:** 4-mal/d einen EL.

Mixtur, abführende: s. Mixtura laxans.

Mixtura Dextrosi-Electrolyti: Dextrosi-electrolyti mixtura, Glucose-Elektrolyt-Mischung; Herst.: NRF, 7.5 g Kaliumchlorid, 14.5 g Natriumcitrat-Dihydrat, 17.5 g Natriumchlorid, 100 g wasserfreie Glucose für Injektionszwecke. **Anw.:** oralen Elektrolyt- u. Flüssigkeitszufuhr bei Dehydratationen infolge von Durchfallerkrankungen u. Erbrechen; **Dos.:** 27.9 g M. werden in 1.0 L Trinkwasser gelöst.

Mixturae: Solutiones orales, Abk. Mixturen, orale Lösungen; nach Ph.Helv.7 flüss. Arzneipräparate zur peroralen Verw. in Form von Lösungen, Emulsionen od. Suspensionen. Als Hilfsstoffe können sie z. B. Wasser od. andere für perorale Anw. zugelassene Lösungsmittel, Stabilisatoren, antimikrobielle od. geschmacksverbessernde Substanzen enthalten. Sie werden volumenweise in der Größe von Löffelmaßen dosiert.

Mixtura gummosa: Gummimixtur; Zstzg.: EB6, je 75 T. arab. Gummi u. Zucker, 850 T. Wasser.

Mixtura laxans: abführende Mixtur; Zstzg.: NRF, 25 T. Ethanol 96 %, je 0.15 T. Anisöl u. Kümmelöl, 14 T. Sennesblättertrockenextrakt, 45.0 T. Glycerol, 15.7 T. gereinigtes Wasser. **Anw.:** Laxans (keine Langzeitanw. ohne ärztl. Verschreibung); **Dos.:** abends 2-5 mL.

Mixtur, antirheumatische: s. Mixtura antirheumatica.

Mixtura oleoso-balsamica: Hoffmann-Lebensbalsam, Lebensbalsam; Zstzg.: DAB6, je 1 T. Lavendelöl, Nelkenöl, Zimtöl, Thymianöl, Citronenöl, äther. Muskatöl, 4 T. Perubalsam, 240 T. Ethanol; mehrere Tage unter Umschütteln stehen lassen u. dann filtrieren. **Anw.:** chron. Katarrhe.

Mixtura solvens: schleimlösende Mixtur; Zstzg.: EB6, 25 T. gereinigter Süßholzsaft, 25 T. Ammoniumchlorid, 950 T. Wasser; ÖAB90, 15 T. Süßholzfluidextrakt, 2 T. Ammoniumchlorid, 83 T. gereinigtes Wasser; Ph.Helv.7; 7.5 T. Süßholzfluidextrakt, 2.5 T. Ammoniumchlorid, 90 T. gereinigtes Wasser. **Lakritzenhaltige Ammoniumchloridlösung:** NRF, 5.0 g Ammoniumchlorid, 5.0 g eingestellter Süßholztrockenextrakt, konserviertes Wasser ad 200 g; od. 0.16 g Methyl-4-hydroxybenzoat-Natrium, 0.06 g Propyl-4-hydroxybenzoat-Natrium, gereinigtes Wasser ad 200 g; 1 Monat haltbar; ohne Konservierungsmittel stets frisch zu bereiten. **Anw.:** Expektorans; **Dos.:** alle 2 h 1EL.

Mixtura Stockesii: Mixtura Stockii; Zstzg.: 1 T. Vitelli ovi (Eigelb), 30 T. Spir. e vino, 39 T. Sir. simplex ad 150 T. Aqua destillata. **Anw.:** Stärkungsmittel.

Mixtura sulfurica acida (nach Albrecht v. Haller, Arzt u. Naturforscher 1708-1777, Göttingen u. Bern): Haller-Sauer; Zstzg.: EB6, eine Mischung aus 1 T. Acidum sulfuricum (16 %ige Schwefelsäure) u. 3 T. Ethanol. **Anw.:** Refrigerans.

Mixtur, schleimlösende: s. Mixtura solvens.

Mizellbildungskonzentration, kritische: Abk. CMC, KMK; die notwendige Grenzkonzentration für die Lösungsvermittlung aufgrund der Fähigkeit von Tensiden* oberhalb einer bestimmten Konz. Molekülaggregate, sog. Mizellen, auszubilden (s. Abb.). Mit der k. M. verbunden ist eine Änderung der physik. Eigenschaften der wässrigen Lösung (Leitfähigkeit, osmot. Druck, Gefrierpunkterniedrigung, Oberflächenspannung, Viskosität, Brechungsindex u. a.), sie ist für jedes Tensid unterschiedlich.

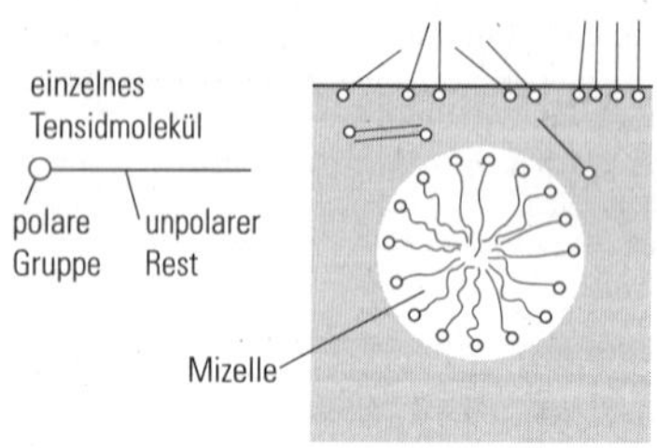

Mizellbildungskonzentration, kritische: schemat. Darstellung einer verd. wässrigen Tensidlösung

Mizellen: s. Mizellbildungskonzentration, kritische.

Mizellkolloide: s. Kolloide.

Mizolastin INN: 2-{1-[1-(4-Fluorobenzyl)benzimidazol-2-yl]-4-piperidyl}methylamino-4(3*H*)-pyrimidinon; CAS-Nr. 108612-45-9; $C_{24}H_{25}FN_6O$, M_r 432.5. logP 2.4; pK_S 9.5 (ber.); schwer lösl. in Wasser. **Wirk.** u. **Anw.:** lang wirksames, nicht sedierendes H_1-Antihistaminikum* zur symptomat. Behandlung von Heuschnupfen (s. Rhinitis allergica); **UAW:** Mattigkeit, Appetitsteigerungen, Mundtrockenheit; **Dos.:** 1×10 mg/d p. o.; HWZ 13 h.

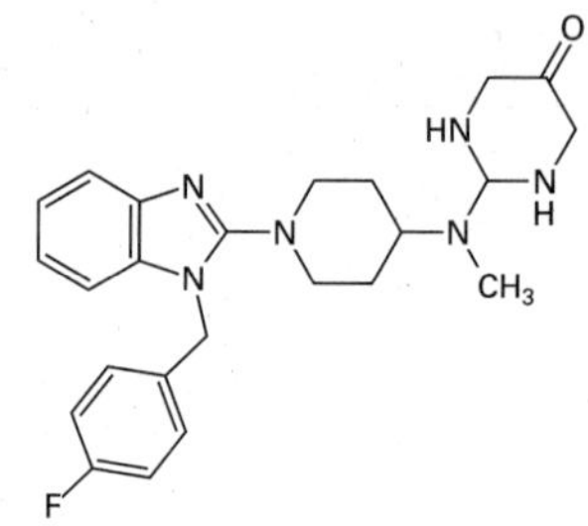

Mizolastin

MKS: Abk. für **M**aul-* u. **K**lauen**s**euche.

MKT: Abk. für **m**ittel**k**ettige **T**riglyceride*.

MLV: Abk. für (engl.) ***m**ulti**l**amellar **v**esicles*; s. Liposomen.

MMA: Abk. für **M**ethyl**m**eth**a**crylat; s. Kontaktlinsen.

mmHg: Einheitenzeichen für Millimeter-Quecksilbersäule; s. Druck.

MMR-Vakzination: Schutzimpfung* gegen Masern*, Mumps*, Röteln* mit einem Kombinationsimpfstoff zw. dem 11.-14. Lebensmonat, möglichst bis zum Ende des 2. Lebensjahres. Sofern die Erstimpfung vor dem 12. Monat erfolgte, muss die MMR-Impfung im 2. Lebensjahr wiederholt werden, da im 1. Lebensjahr noch persistierende maternale Antikörper die Impfviren neutralisieren können.

MMS: Abk. für **M**onozyten-**M**akrophagen-**S**ystem; s. System, mononukleäres phagozytäres.

Mn: (chem.) Symbol für Mangan*.

Mo: (chem.) Symbol für Molybdän*.

Moclobemid INN: *p*-Chlor-*N*-(2-morpholinoethyl)benzamid; CAS-Nr. 71320-77-9; $C_{13}H_{17}ClN_2O_2$, M_r 268.7. Schmp. 138 °C (polymorph). **Wirk.** u. **Anw.:** Antidepressivum (s. Psychopharmaka), Monoaminooxidasehemmer*; bei Antriebsmangel u. Dysphorie; M. soll die Schlafqualität verbessern; **UAW:** evtl. Tachykardien, Schwindel, Unruhe; **WW:** Cimetidin* (verzögerter Abbau).

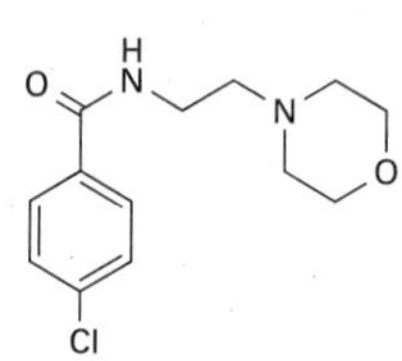

Moclobemid

Modafinil INN: 2-(Diphenylmethyl)sulfinyl-acetamid; CAS-Nr. 68693-11-8; $C_{15}H_{15}NO_2S$, M_r 273.4. Schmp. 164 °C. logP 1.4; schwer lösl. in Wasser. **Wirk.:** Beeinflussung von zerebralen α_1-adrenergen und serotoninergen Bahnen; **Anw.:** Psychostimulans (s. Psychopharmaka) zur Behandlung der Narkolepsie*; **UAW:** Kopfschmerzen, Übelkeit, Nervösität, Veränderung des Reaktionsvermögens; **WW:** durch Induktion von Cytochrom-P-450-3A4 mögl.; **Dos.:** 200-400 mg/d; HWZ 10-12 h.

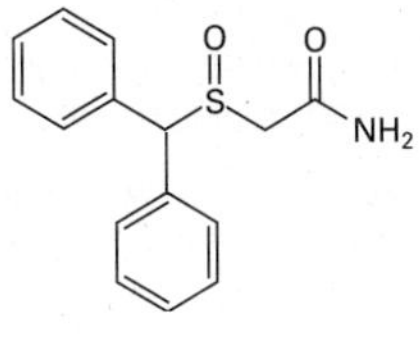

Modafinil

Modifikationen: s. Polymorphie.

Modifikation, posttranskriptionale: Sammelbegriff für alle Modifikationsprozesse (Prozessierung, Spleißen usw.), die zw. Transkription und der eigentl. Genwirkung auftreten.

Modifikation, posttranslationale: enzymat. gesteuerte Veränderung einzelner Aminosäuren in Proteinen, z. B. durch Glykosylierung od. Phosphorylierung. Die p. M. ist eine Möglichkeit zur Regulierung von Proteinfunktionen, wobei v. a. die Proteinphosphorylierung eine wichtige Rolle bei den durch Wachstumsfaktoren u. einige Hormone ausgelösten intrazellulären Reaktionen spielt sowie bei der Wirkung einiger zellulärer Onkogene.

Modjobaum: s. Aegle marmelos.

Möhre: s. Daucus carota.

Möhrensamen: s. Daucus carota.

Mönchskappe: s. Aconitum napellus ssp. napellus.

Mönchspfeffer: s. Vitex agnus-castus.

Mörser: Reibschale; dickwandiges Gefäß aus Porzellan, Eisen od. Stahl mit halbkugelförmigem Boden, in dem harte Substanzen mittels eines keulenförmigen Reibers, eines sog. Pistills od. Stößels, zerstoßen od. zerrieben werden. Für feinste Mahlungen verwendet man Reibschalen aus Achat.

Moexipril INN: (3*S*)-2-{(2*S*)-2-[(1*S*)-1-Ethoxycarbonyl-3-phenylpropyl]aminopropanoyl}-1,2,3,4-tetrahydro-6,7-dimethoxyisochinolin-3-carbonsäure; CAS-Nr. 103775-10-6; $C_{27}H_{34}N_2O_7$, M_r 498.6. **Wirk.** u. **Anw.:** Antihypertensivum*, insbes. bei der postmenopausalen Frau; **UAW:** s. ACE-Hemmer; **Dos.:** p. o. initial 1×7.5 mg/d, nach frühestens 3 Wochen ggf. Steigerung auf 15 mg; Einnahme morgens vor dem Frühstück; HWZ 2-10 h.

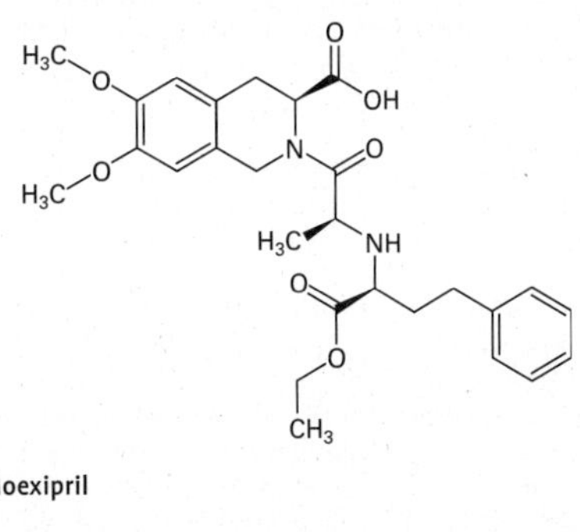

Moexipril

Mofebutazon INN: Monophenylbutazon, Phenbutadion; 4-Butyl-1-phenyl-3,5-pyrazolidindion; CAS-Nr. 2210-63-1; $C_{13}H_{16}N_2O_2$, M_r 232.27. Schmp. 102-103 °C (kristallisiert aus Ethanol/Wasser). Schwer lösl. in Wasser, 1:4 in Ethanol, 1:3 in Chloroform, 1:25 in Ether; lösl. in Lsg. von Alkalihydroxiden u. Alkalicarbonaten. **Anw.:** Analgetikum*, Antirheumatikum*; **Dos.:** p. o. Initialdos. 3×0.2 g/d, nach Abklingen der akuten Erscheinungen einmal tägl.; HWZ 0.5-4 h. Gebräuchl. ist auch Mofebutazon-Natrium.

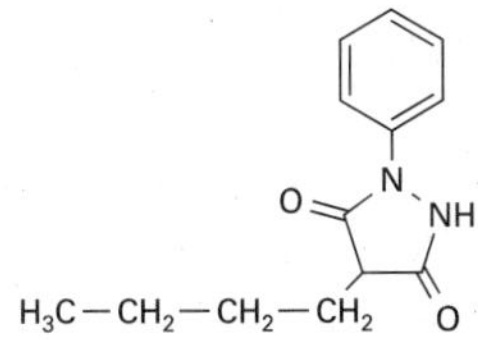

Mofebutazon

Mohler-Reaktion: Reaktion zum Nachw. von Weinsäure*, die mit Resorcin u. konz. Schwefelsäure Rotfärbung zeigt.

Mohn: s. Papaver-Arten.

Mohn, kalifornischer: s. Eschscholzia californica.

Mohnköpfe, unreife: s. Papaver somniferum (Fructus Papaveris immaturi).

Mohnöl: s. Papaver somniferum (Oleum Papaveris).

Mohnsamen: s. Papaver somniferum (Semen Papaveris).

Mohrenhirse: s. Sorghum bicolor.

Mohrenpfeffer: s. Xylopia aethiopica.

Mohr-Salz: s. Ammoniumeisen(II)-sulfat.

Mohr, vegetabilischer: s. Fucus vesiculosus.

Mohr-Westphal-Waage: hydrostat. Waage zur Bestimmung der Dichte nach dem archimed. Prinzip, s. Dichtebestimmungsmethoden.

Mohs-Härteskala: s. Härteskala.

Mol: Symbol mol; Einheit der Stoffmenge*; 1 Mol besteht aus $6.022137 \cdot 10^{23}$ Teilchen; vgl. SI-Einheiten (Mol); Avogadro-Konstante. Die alte Bez. Gramm-Molekül gab früher die Gramm einer Substanz an, die der relativen Molekülmasse entsprechen.

Molalität: Symbol b, Einheit mol/kg Lösungsmittel; eine einmolale Lsg. enthält 1 mol eines Stoffes ($6.022 \cdot 10^{23}$ Moleküle) pro kg Lösungsmittel. Bei 0.1 molaren wässrigen Lsg. können Molarität* u. Molalität gleichgesetzt werden.

Molarität: Symbol: c, Einheit mol/L; eine einmolare Lsg. (1 m Lsg.) enthält 1 mol eines Stoffes ($6.022 \cdot 10^{23}$ Moleküle) in einem Liter fertiger Lösung. Anstelle des Begriffs M. sollen die Begriffe Stoffmengenkonzentration* od. kurz Konzentration* in gleicher Bedeutung verwendet werden. Der Begriff molar soll durch mol/L ersetzt werden: z. B. Salzsäure, 1 mol/L; 1 mol/L Salzsäure; Salzsäure, c(HCl) = 1 mol/L anstatt einmolarer Salzsäure od. 1 m Salzsäure.

MO-LCAO: Abk. für **m**olecular **o**rbitals-**l**inear **c**ombination of **a**tomic **o**rbitals; s. Molekülorbitale.

molecular imaging: Anw. von bildgebenden Verfahren (PET*, MRT*) auf molekularer Ebene, z. B. zur Darst. biochem. Prozesse. Durch Zusammenfassen dieser Verfahren in molecular imaging centers steht eine umfassende med. Diagnostik zur Verfügung, z. B. für Onkologie, Psychiatrie od. Neurologie. Im tierexperimentellen Anwendungsfeld findet m.i. gleichermaßen Einsatz durch spezielle Geräte, die auf die Dimensionen von Kleintieren abgestimmt sind.

molecular modelling: Überbegriff für die Computer gestützte Manipulation der (dynam.) Strukturen von Molekülen und deren WW mit anderen Molekülen, z.B. Rezeptoren od. Enzymen; vgl. QSAR.

Molekel: veralteter Begriff für Molekül*.

Molekül: die kleinste Einheit eines Stoffes; sie besteht aus mind. zwei gleichartigen od. versch. Atomen, die durch eine chem. Bindung zusammengehalten werden; vgl. Masse, molare.

Molekülkolloide: s. Kolloide.

Molekülkomplex: s. Molekülverbindungen.

Molekülmasse, relative: s. Masse, relative molare.

Molekülmodelle: Raummodelle zur Darst. der molekularen Geometrie von Molekülen. Man unterscheidet Kugel-, Drahtstift- u. Gerüstmodelle (Dreidingmodelle), die Abstände u. Valenzwinkel zw. den Atomen abbilden, u. kompakte Modelle (Raumerfüllungs- od. Kalottenmodelle), die zusätzl. die Wirkungsradien in Relation zum Atom darstellen (Stuart-Briegleb-Modelle, s. Abb.). Keines dieser Modelle ist geeignet, die Elektronenstruktur wiederzugeben, dies ist nur mit Hilfe mathemat. Darst. möglich. M. erlauben oft eine Voraussage z.B. über sterische Hinderung von benachbarten funktionellen Gruppen od. bevorzugte Konformationen eines Moleküls.

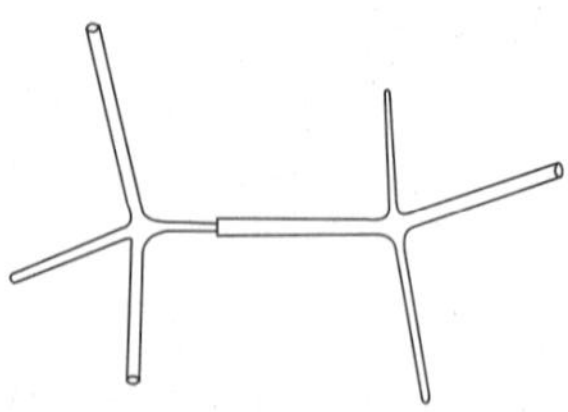

Dreidingmodell (Skelettmodell)

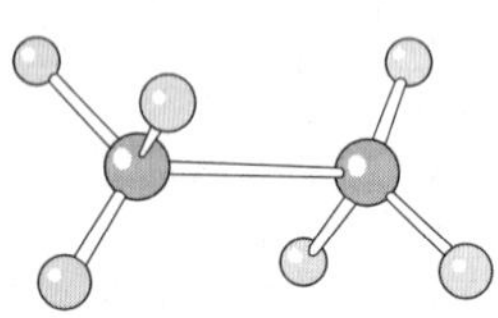

Kugel-Drahtstiftmodell

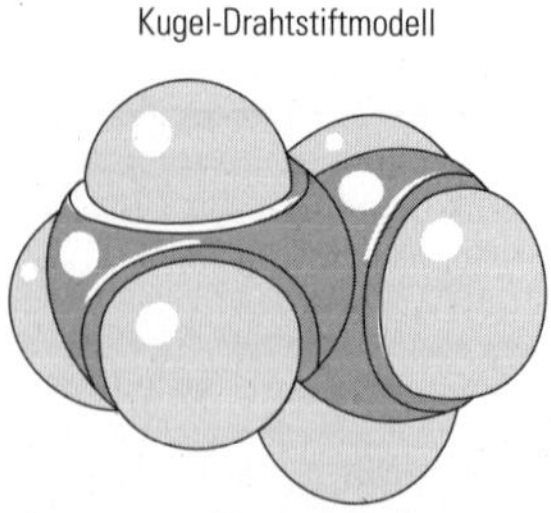

Kalottenmodell (Stuart-Briegleb-Modell)

Molekülmodelle: versch. Raummodelle des Ethanmoleküls [1]

Molekülorbitale: Abk. MO; gemeinsame Orbitale* mehrerer Atome, die bei der Bildung kovalenter Bindungen (s. Bindung, chemische) neu entstehen u. die von den an der Bindung beteiligten Elektronen besetzt werden. Die **Molekülorbital-Theorie** (MO-Methode) beruht auf dem von Hund, Mulliken, Lennard-Jones u. Hückel (1927-1931) entwickelten Näherungsverfahren der Quantenmechanik* zur Berechnung der Elektronenstruktur u. der Energie von Molekülen. Das am häufigsten angewandte Verfahren zur Berechnung der diese Orbitale beschreibenden Wellenfunktionen* (α), ist ihre Beschreibung durch lineare Kombination der an der Bindung beteiligten Atomorbitale. Diese Näherung wird als MO-LCAO-Methode (**m**olecular **o**rbitals - **l**inear **c**ombination of **a**tomic **o**rbitals) bezeichnet.

Molekülsiebe: Molekularsiebe (Ph.Eur.4); krist., synthet. Zeolithe*, deren Kristallgitter zahlreiche Hohlräume enthält, die durch Poren mit genau definiertem Durchmesser (0.3, 0.4, 0.5, 1 nm, je nach Molekularsiebtyp) verbunden sind. Wird durch Erhitzen das in den Hohlräumen u. Poren befindl. Wasser entfernt, so erhält man äußerst aktive Adsorbenzien, die sich gut zum Trocknen von Gasen u. org. Lösungsmitteln eignen. Die Adsorptionskapazität für Wasser ist im Vergleich zum häufig verwendeten Aluminiumoxid* u. Silicagel* von der relativen Feuchtigkeit viel weniger abhängig. Ein M. mit Feuchtigkeitsindikator (geringste Mengen Cobalt(II)-chlorid) ist im unbeladenen Zustand blau gefärbt u. schlägt bei Wasseraufnahme von ca. 12 g/100 g nach rot um. Regeneration vom M. u. Indikator folgt bei 120-160 °C. Reagens Ph.Eur.4.

Molekülspektren: s. Spektroskopie.

Molekülverbindungen: Anlagerungsverbindungen, Additionsverbindungen, Molekülkomplex; Komplexverbindungen* (Verb. höherer Ordnung), die meistens stöchiometr. definiert, aber oft labil sind, da nur relativ schwache Bindungskräfte beteiligt sind (s. Bindungskräfte, intermolekulare). Man zählt dazu Elektronen-Donator-Akzeptor-Komplexe*, Charge-Transfer-Komplexe* (z.B. Chinhydron*), Meisenheimer-Komplexe*, Pi-Komplexe* (π-Komplexe), Sandwich-Verbindungen*, Kronenverbindungen*, Kryptate* u. Einschlussverbindungen*. M. aus Feststoffen u. Lösungsmitteln werden auch als Kristallsolvate* bezeichnet.

Molekularbewegung: s. Brown-Molekularbewegung.

molekulardispers: bezeichnet Lsg., in denen die Teilchengröße des Gelösten geringer als 1 nm ist. Das bedeutet, dass weder Makromoleküle noch Molekülaggregate in der Lsg. vorliegen (s. Kolloide).

Molekularformel: s. Formel, empirische; vgl. Strukturformel.

Molekulargalenik: Arbeitsgebiet, das sich mit der Untersuchung u. Erklärung galenisch relevanter Stoffeigenschaften u. Prozesse auf molekularer Ebene befasst. Die M. behandelt die Bedeutung des Ordnungsgrades (Ordnungszustandes) der Materie für die Herst. u. das Verhalten von Arzneiformen (erstmals def. von R. Hüttenrauch). Z.B. lässt sich der Ordnungsgrad durch Aktivierung eines Festkörpers verringern (der ideale Kristall hat den höchsten Ordnungsgrad). Die mechan. Aktivierung (durch Reibung, Stoßen etc., womit sich die Tribophysik befasst) eines Festkörpers erhöht dessen Enthalpie (u. Entropie) sowie dessen chem. Reaktionsfähigkeit. Diese Gitterauflockerung kann zu einer geringeren Dichte u. unter Umständen bis zur Amorphisierung führen.

Molekulargewicht: ungenaue Bez. für die relative Molekülmasse; s. Masse, molare.

Molekularität: in der chem. Kinetik* die Anzahl der Teilchen, die an einem chem. Elementarprozess teilnehmen. Mit den modernen Methoden der physik. Chemie lassen sich insbes. für Molekülstrahlreaktionen sehr detaillierte Angaben über die M. machen, während dies bei Reaktionen in der flüss. Phase oft nur schwer mögl. ist.

Molekularsiebe: s. Molekülsiebe.

Molenbruch: s. Stoffmengenanteil.

Molgramostim INN: nicht glykosylierter humaner rekombinanter Granulozyten-Makrophagen-Kolonien stimulierender Faktor (rh-GM-CSF); CAS-Nr. 99283-10-0; M_r ca. 14478 Da. **Wirk.:** hämatopoet. Wachstumsfaktor (s. Hämatopoese); die Vermehrung von polymorphkernigen u. mononukleären Phagozyten, die für die Infekt- u. Tumorabwehr wichtig sind, wird stimuliert; s. CSF. **Anw.:** Reduktion des Infektionsrisikos durch Verringerung des Schweregrades von Neutropenien bei Patienten, die einer myelotox. Chemother. unterzogen werden; **UAW:** Fieber; **Dos.:** parenteral 1×5-10 µg/kg KG/d (5 µg entspr. 0.06 Mio E.) s.c. über 7-10 d nach Beendigung des Chemotherapiezyklus; HWZ 2-3 h. **Konzentrierte Molgramostim-Lösung**: Molgramostimi solutio concentrata Ph.Eur.4.

Molisch-Reaktion: Nachw. von Pentosen: mit α-Naphthol bilden sich in schwefelsaurer Lsg. rot bis blau gefärbte Kondensationsverb. (Farbkomplexbildung mit 5-Hydroxymethylfurfural); vgl. Seliwanoff-Reagens.

Molke: s. Milch.

Molkenessenz: s. Lab (Labessenz).

Mollier-h,x-Diagramm (Richard Mollier, 1897-1933 Prof. in Dresden; h,x-Diagramm da ursprünglich Enthalpie h gegen Wassergehalt x aufgetragen war): Funktion zur Charakterisierung der Zustandsgrößen feuchter Luft od. eines anderen feuchten Gases bei konstantem Gesamtdruck (z.B. 966.6 mbar, entsprechend einem mittleren Luftdruck* in 365 m über Meereshöhe). Das Diagramm enthält neben den von der Temperatur ϑ (Ordinate) u. dem absoluten Wassergehalt w (Abszisse) abhängigen Kurven konstanter relativer Luftfeuchtigkeit, den **Isopsychren**, auch die von links oben nach rechts unten geneigten parallelen Linien gleicher Enthalpie h, die **Isenthalpen** od. **Adiabaten** (diese Werte stellen Enthalpiedifferenzen zur Enthalpie der trockenen Luft bei 0 °C dar). Die Isopsychre für 100 % relative Luftfeuchtigkeit wird als **Sättigungskurve** (Taukurve) bezeichnet. Unterhalb dieser Kurve liegt das Gebiet übersättigter Luft, wo Wasserdampf kondensiert. Aus diesem Diagramm lässt sich neben dem Taupunkt z.B. noch folgendes entnehmen: **1.** die absolute Feuchtigkeit w in Abhängigkeit von der auf der Ordinate aufgetragenen Temp. für eine (gemessene) relative Feuchtigkeit; **2.** der Wärmebetrag h, der bei isothermem Befeuchten od. Trocknen von Luft zu- od. abgeführt werden muss; **3.** die Temperaturunterschiede, die sich beim Befeuchten von Luft unter adiabat. Bedingungen ergeben; **4.** die Änderung der relativen Luftfeuchtigkeit ϕ bei

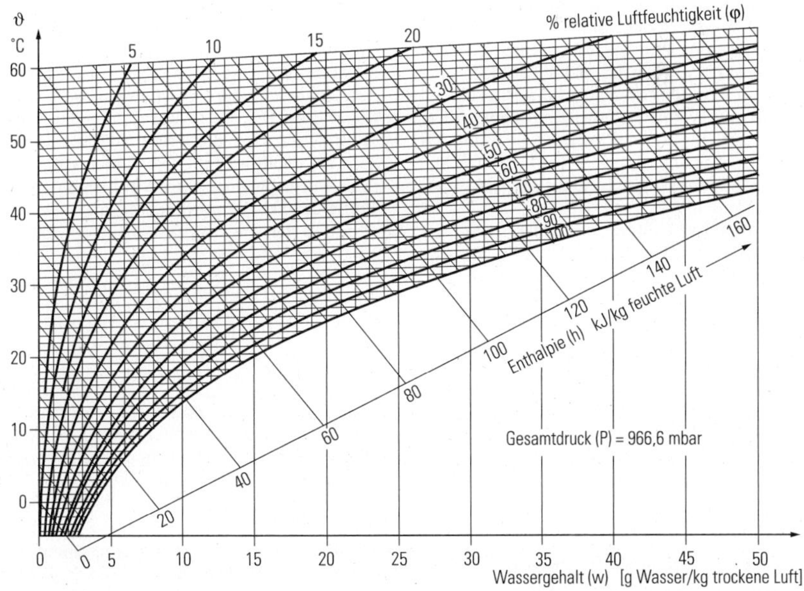

Mollier-h,x-Diagramm

Veränderung der Temperatur. **Neuberechnung des Diagramms od. Berechnung einzelner Werte:** Die metereolog. Verhältnisse u. die Höhe über dem Meer (s. Luftdruck) können sich im Einzelfall bemerkbar auf die Darstellung des h,x-Diagramms auswirken. Der Gesamtdruck P weicht daher i. Allg. vom Normalatmosphärendruck (1013.25 mbar, s. Normzustand), der sich aus dem Partialdrücken von trockener Luft p_L u. Wasserdampf p_W (Wasserdampfpartialdruck) zusammensetzt (s. Dalton-Gesetz), ab. **1.** Sättigungsdampfdruck des Wassers p_s (Temp. ϑ in °C):

$$p_s = p_0 \cdot 10^{\frac{a \cdot \vartheta}{b+\vartheta}}$$

a=7.4475, b=234.67 (über Wasser) bzw. a=9.5, b=265.5 (über Eis); wird für p_0 6.10 (4.525) gesetzt, erhält man das Ergebnis in mbar (Torr). **2.** relative Luftfeuchtigkeit (in %): $\phi = p_W/p_s$; **3.** Wasserdampfgehalt w der Luft (die Isopsychre für 100 %, die Sättigungslinie) in g/kg: $w = 622\,p_s/(P\ p_s)$. Der von der Meereshöhe abhängige mittlere Luftdruck P lässt sich auch näherungsweise mit Hilfe der barometr. Höhenformel (s. Luftdruck) berechnen. **4.** Dichte ρ_φ feuchter Luft in kg/m³:

$$\rho_\varphi = \rho_L \cdot \frac{273.15}{273.15+\vartheta} \cdot \left(1 - \frac{0.378 \cdot p_W}{P}\right)$$

ρ_L ist die Dichte trockener Luft u. beträgt im Normzustand (0 °C, 1013.25 mbar) 1.293 kg/m³ **5.** Enthalpie h (in kJ/kg): $h = 1.007 \cdot \vartheta + w \cdot (2500 + 1.863 \cdot \vartheta)$.

mollis (lat.): weich.

Molluskizide: s. Schädlingsbekämpfungsmittel.

Molmasse: s. Masse, molare.

Molmassenbestimmung: Molekülmassenbestimmung; Bei gasförmigen od. unzersetzt verdampfbaren Stoffen lässt sich die relative molare Masse* M_r aus der Dampfdichte berechnen, da nach dem Gesetz von Avogadro die Anzahl der Moleküle in der Volumeneinheit bei gleicher Temp. u. gleichem Druck stets gleich ist. Bei einer nicht verdampfbaren Verb. bestimmt man die M_r z. B. aus der Gefrierpunkterniedrigung (Kryoskopie), der Siedepunkterhöhung (Ebullioskopie) od. dem osmot. Druck (Osmometrie). Mit der Massenspektroskopie (s. Spektroskopie) kann die M_r sehr genau bestimmt werden.

Molmasse, relative: s. Masse, relative molare.

Molprozent: s. Stoffmengenanteil.

Molsidomin INN: *N*-Carboxy-3-morpholino-sydnonimin-ethylester; CAS-Nr. 25717-80-0; $C_9H_{14}N_4O_4$, M_r 242.23. Schmp. 140-141 °C (kristallisiert aus Toluol). M. gehört zur Verbindungsklasse der Sydnone*. Leicht lösl. in Chloroform; lösl. in verd. Salzsäure, Ethanol, Ethylacetat u. Methanol; wenig lösl. in Wasser, Aceton u. Benzol; sehr schwer lösl. in Ether u. Petrolether. **Anw.:** Koronartherapeutikum bei allen Schweregraden der koronaren Herzkrankheit. M. hat eine ähnl. Wirk. wie Nitrate, obwohl es chem. nicht mit diesen verwandt ist. Die bei Nitraten nach längerer Einnahme beobachtete Toleranzentwicklung besteht bei M. nicht. **Dos.:** p. o. 2×2 mg/d; HWZ 0.25 h bzw. 1.5-4.5 h (Metaboliten).

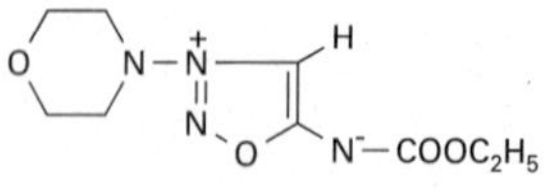

Molsidomin

Molsieb: s. Molekülsiebe.

Molton: Flanell; geschorener, naturbelassener Baumwollstoff.

Molvolumen: molares Normvolumen des idealen Gases (vgl. Gasgesetze, ideale); Rauminhalt, der von einem Mol eines idealen Gases im Normzustand* eingenommen wird. Gleiche Stoffmengen von idealen Gasen nehmen bei gleichem Druck u. gleicher Temp., unabhängig von der Art des Gases, gleichen Raum ein. Das Molvolumen eines idealen Gases beträgt bei 0 °C und 1013 mbar 22.4136 Liter.

Molwärme: s. Wärme, spezifische.

Molybdän: Symbol Mo; A_r 95.94; OZ 42. D. 10.2. Schmp. 2620 °C. Sdp. 4825 °C. Härte 5.5. Silberweißes schmiedbares 2- bis 6-wertiges Metall; lösl. in Salpetersäure, konz. Schwefelsäure, Königswasser*; unlösl. in Salzsäure u. verd. Schwefelsäure. **Vork.:** nat. nur als Molybdänglanz (MoS_2; Nordamerika, Norwegen, Erzgebirge) od. Gelbbleierz ($PbMoO_4$; Kärnten u. Oberbayern); **Physiologie:** der menschl. Körper enthält ca. 20 mg Mo; empfohlene Zufuhr 0.1-0.3 mg/d; Mo ist ein essentielles Spurenelement; es ist Best. der Xanthinoxidase* u. weiterer Flavinenzyme; **Anw.:** Legierungen (Molybdänstahl), Glühlampenindustrie; vgl. Ammoniummolybdat; **Tox.:** alle Mo-Salze sind tox., MAK: 5-15 mg/m³ Luft; **Gesch.:** 1781 von Peter Jakob Hjelm (1746-1813) entdeckt.

Momentanalyse: modellunabhängige Analyse, kompartimentunabhängige Analyse; pharmakokin. Auswertung, die auf modellunabhängigen, direkt messbaren od. errechenbaren Parametern beruht (z. B. Dosis*, AUC*, totale Clearance*, mittlere Verweildauer*, Verteilungsvolumen*). Die Blutspiegel/Zeit-Kurve wird als statist. Verteilung angesehen u. rechner. als Funktion behandelt, wobei die AUC das 0. Kurvenmoment darstellt. Multipliziert man die Blutspiegel/Zeit-Kurve mit der Zeit, erhält man die sog. 1. Momentkurve mit einer entsprechenden Fläche AUMC. Eine zentrale Größe der M., die mittlere Verweildauer* (MRT), errechnet sich nach:

$$\mathrm{MRT} = \frac{\mathrm{AUMC}}{\mathrm{AUC}} = \frac{\int_0^\infty t \cdot C_p(t)\,dt}{\int_0^\infty C_p(t)\,dt}$$

AUMC: Abkürzung für (engl.) *Area Under the Moment Curve*, Fläche unter der 1. Momentkurve; AUC: Abkürzung für (engl.) *Area Under the Curve*, Fläche unter der Blutspiegel/Zeit-Kurve; $c_P(t)$: Plasmakonzentration zur Zeit t.

Das Verteilungsvolumen im Fließgleichgewicht errechnet sich nach:

$$V_{d,ss} = CL \cdot MRT = \frac{D \cdot AUMC}{AUC^2}$$

CL: totale Clearence; D: Dosis.
Vgl. In-vitro/In-vivo-Korrelation, mean times.

Mometason INN: 9α,21-Dichlor-11β,17-dihydroxy-16α-methylpregna-1,4-dien-3,20-dion; CAS-Nr. 105102-22-5; $C_{22}H_{28}Cl_2O_4$, M_r 427.37; ein chloriertes Glucocorticoid*. **Wirk.**: antiphlogist., antiproliferativ, hemmt in vitro die Synthese der Interleukine 1 u. 6 sowie Tumornekrosefaktor-α; **Anw.**: topisch angewandtes, stark wirksames Glucocorticoid (s. Hormone); bei entzündl. u. juckenden Hauterkrankungen wie Psoriasis, atop. Dermatitis, allerg. u./od. Reizdermatitis sowie Hauterkrankungen der behaarten Kopfhaut (Lsg.); **UAW:** selten Brennen, Hautjucken, Dermatitis; **Kontraind.**: Rosazea, Hautinfektionen; Anw. bei Kindern unter 6 Jahren; strenge Indikationsstellung während der Schwangerschaft u. Stillzeit. **Mometason-Furoat:** Mometasoni furoas Ph.Eur.4; CAS-Nr. 83919-23-7; $C_{27}H_{30}Cl_2O_6$, M_r 521.44. Schmp. 218-220 °C (kristallisiert aus wässrigem Methanol). $[\alpha]_D^{26\,°C}$ +58.3° (Dioxan).

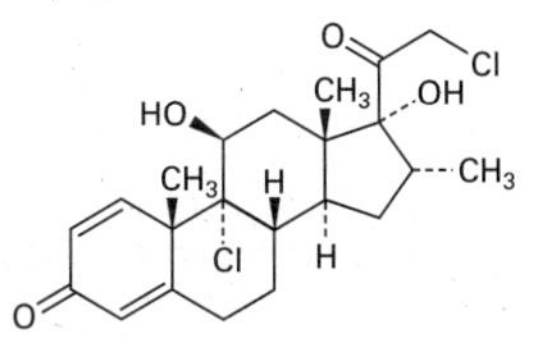

Mometason

Momordica balsamina L.: Balsamgurke, Springkürbis; Fam. Cucurbitaceae (heim. Ostindien, China, kult. in Westindien, trop. Afrika), monöz. Kletterpflanze. Stpfl. von **Fructus Momordicae:** Pomo balsamica, Balsamapfel; die unreifen Früchte. **Inhaltsst.**: Cucurbitacine, carotinoide Farbstoffe, fettes Öl (Samen); **Anw.** volkstüml.: früher als drastisches Abführmittel, Brechmittel; auch als Gemüse. Wurzeln u. Blätter wie Momordica* charantia in Pakistan u. Indien als Antidiabetikum.
Hom: *Momordica balsamina (HAB1.5):* frische, kurz vor der Reife geerntete Früchte; verord. z. B. bei Verdauungsstörungen.

Momordica charantia L.: Balsambirne; Fam. Cucurbitaceae (Tropen, Subtropen). **Inhaltsst.**: Blätter u. unreife Früchte sollen Steroidglykoside (Momordin, Charantin) mit hypoglykäm. Wirk. (Insulinfreisetzung anregende) enthalten; **Anw.** volkstüml.: ähnl. wie Momordica* balsamina, in Pakistan u. Indien als Antidiabetikum.

Momordica luffa: s. Luffa aegyptiaca.

Momordica operculata: s. Luffa operculata.

Monalazon-Dinatrium INN: Dinatrium-4-(N-chlorsulfamoyl)benzoat; CAS-Nr. 61477-95-0; $C_7H_4ClNNa_2O_4S$, M_r 279.6. **Anw.**: Desinfektionsmittel, zur Hautdesinfektion.

Monapterin: L-*threo*-2-Amino-4-hydroxy-(1,2,3-trihydroxypropylpteridin); $C_6H_{11}N_3O_4$; M_r 253.22. **Vork.**: in Bakterien als Hydroxylierungscofaktor der Phenylalaninhydroxylase, in Serum u. Harn des Menschen.

Monarda didyma L.: Goldmelisse, *american horsemint*; Fam. Lamiaceae (Labiatae) (östl. Nordamerika). Stpfl. von **Herba Monardae:** Monardenkraut. **Inhaltsst.**: äther. Öl (mit Carvacrol, Thymol, Cymen), Gerbstoff, Bitterstoff; in den Blüten Anthocyane; **Anw.** volkstüml.: Aromatikum, Stomachikum.

Monarda fistulosa: s. Thymochinon.

Monardenkraut: s. Monarda didyma.

Monazit: s. Lanthanoide.

Mondbohne: s. Phaseolus lunatus.

Mondsamengewächse: s. Menispermaceae.

Monellin: s. Dioscoreophyllum cumminsii.

Mono-: **1.** Wortteil mit der Bedeutung allein, einzig, ein, nur. **2.** in der chem. Nomenklatur verwendete Vorsilbe zur Angabe stöchiometr. Mengenverhältnisse; z. B. Monohydrat entspr. 1 mol Wasser pro mol Anhydrat*.

Monoaminooxidase: Abk. MAO; Enzym, das über eine oxidative Desaminierung den Abbau versch. biogener Monoamine (Amine, biogene*) wie Catecholamine*, Serotonin*, Histamin* bewirkt. Hemmung der MAO führt zum Anstieg der synapt. Konz. von Adrenalin, Noradrenalin u. Serotonin, was zur Ther. von Depressionen ausgenutzt wird. Man unterscheidet die Isoenzyme MAO-A u. MAO-B. Selektive Hemmung der MAO-A wird bei der Ther. von Depressionen bevorzugt, da somit die blutdrucksteigernde Wirk. des Tyramins (wird von MAO-B abgebaut) aus der Nahrung (Käse) durch Abbau vermieden wird. Selektive MAO-B-Inhibitoren werden bevorzugt zur Parkinson-Ther. eingesetzt, da MAO-B auch für den Abbau von Dopamin verantwortl. ist.

Monoaminooxidasehemmer: MAO-Hemmer; Hemmstoffe der Monoaminooxidase*, wodurch sich endogene Amine in den sympath. Nervenendigungen häufen. **Wirkstoffe:** z. B. Tranylcypromin* (nicht selektiv, irreversibel), Moclobemid* (MAO-A-Hemmer, reversibel), Selegilin* (MAO-B-Hemmer), Harmanalkaloide*. Vgl. Psychopharmaka (Antidepressiva).

Monoammoniumphosphat: s. Ammoniumphosphat, primäres.

Monobenzon INN: Hydrochinomonobenzylether; 4-Benzyloxy-phenol; CAS-Nr. 103-16-2; $C_{13}H_{12}O_2$, M_r 200.23. Schmp. 122.5 °C (kristallisiert aus Wasser). Fast unlösl. in kaltem Wasser; lösl. in kochendem Wasser 1.0 g/100 mL; lösl. in Benzol; lösl. 1:15 in Ethanol, 1:29 in Chloroform, 1:14 in Ether; leicht lösl. in Aceton. **Anw.**: Pigmentstörungen (Hyperpigmentierung); **UAW:** Photosensibilisierung; **Dos.**: topisch als Salbe 5 %.

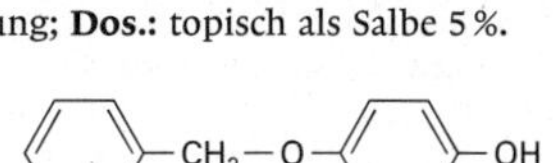

Monobenzon

Monobromcampher: Camphora monobromata, Bromkampfer; $C_{10}H_{15}OBr$, M_r 231.04. Schmp. 76 °C. Farblose, luft- u. lichtbeständige Nadeln od. Schuppen von mildem Camphergeruch; fast unlösl. in Wasser, leicht lösl. in Ethanol, Ether, Chloroform, fetten Ölen. **Darst.**: durch Einw. von Brom auf Campher; **Anw.**: früher innerl. als Sedativum u. Hypnotikum, bei Epilepsie, Hysterie, Keuchhusten, sexueller Neurasthenie; **Dos.**:

0.1-0.5 g, bei Delirium tremens bis 1.5 g; auch s. c. in öliger Lösung.

Hom: *Camphora monobromata:* verord. z. B. bei Impotenz.

Monobromethan: s. Ethylbromid.

Monocalciumphosphat: s. Calciumdihydrogenphosphat.

Monocarbonsäuren: Carbonsäuren*, die nur eine Carboxygruppe –COOH enthalten.

Monochasium: s. Blütenstand.

Monochloressigsäure: Acidum monochloraceticum; $ClCH_2-COOH$, $C_2H_3O_2Cl$. M_r 94.5. Schmp. 62-63 °C. Sdp. 185-187 °C. Farblose, hygroskop. Kristalle, leicht lösl. in Wasser, Ethanol, Ether, Chloroform, Benzol; unter Erwärmung entsteht erstickender, zu Tränen reizender Geruch. **Anw.:** äußerl. als Ätzmittel bei Warzen u. Hühneraugen.

Monochlorethan: s. Ethylchlorid.

Monochlormethan: s. Methylchlorid.

Monochlorphenol: s. *p*-Chlorphenol.

***p*-Monochlorphenolkampfer:** s. *p*-Chlorphenol.

Monochromasie: Begriff aus der Optik; monochromat. Licht besteht idealerweise aus Photonen* einer einzigen Wellenlänge, prakt. stammen die Photonen aber aus einem sehr schmalen Wellenlängenbereich; s. Kohärenz.

monochromatisch: einfarbig.

Monodesmoside: s. Saponine.

monodispers: alle Teilchen haben die gleiche Größe, Ggs. polydispers.

monözisch: (bot.) einhäusig, d. h. männl. u. weibl. Blüten befinden sich auf einer Pflanze (Monözie); vgl. diözisch.

Monohydrat: s. Mono-.

Monoiodethan: s. Ethyliodid.

Monokaliumdihydrogenphosphat: s. Kaliumdihydrogenphosphat.

Monokine: Substanzen, die von Monozyten u. deren Abkömmlungen (Makrophagen, dendritische Zellen, Langerhans-Zellen) in Geweben produziert werden u. die Funktion anderer Zellen beeinflussen (z. B. spezif. od. unspezif. Lymphozyten aktivierende Faktoren, Wachstumsfaktoren). M. zählen zu den Zytokinen*.

monoklin: s. Kristalle.

Monokomponenten-Insuline: s. Insulin.

Monokotyledonae: syn. Liliatae, Monokotyle; einkeimblättrige Pflanzen; vgl. Spermatophytina.

Monolaurylpolysorbitan: s. Polysorbate.

Monomere: kleinste sich wiederholende Untereinheiten oligo- od. polymeren Verb.; vgl. Polymere.

Mononatriumdihydrogenphosphat: s. Natriumdihydrogenphosphat.

Mononatriumglutamat: s. Natriumglutamat.

Mononatriumorthophosphat: s. Natriumdihydrogenphosphat.

Mononucleotide: s. Nucleoproteine.

Mononukleose, infektiöse: Mononucleosis infectiosa, Pfeiffer-Drüsenfieber; Virusinfektion, die zu einer Hyperplasie u. Hypertrophie des lymphat. Gewebes mit charakterist. Blutbildveränderungen führt. **Erreger:** Epstein-Barr-Virus (s. Herpes-Viren); Übertragung meist durch Speichel, selten Bluttransfusion od. Organtransplantation; **Symptomatik:** Fieber (38-39 °C), Kopf- u. Gliederschmerzen, evtl. Leibschmerzen, gleichzeitig generalisierte Lymphknotenschwellungen; **Prognose:** ohne Komplikationen gut, schwere Verläufe bei Patienten mit Immundefekten.

Monooleylpolysorbitan: s. Polysorbate.

Monopalmitylpolysorbitan: s. Polysorbate.

Monophenoloxidase: s. Phenoloxidasen.

Monophosphan: s. Phosphine.

monopodial: (bot.) Seitenzweige bleiben gegenüber der Hauptachse in der Entwicklung zurück. Beim Monopodium ist im Ggs. zum Sympodium die Entwicklung der Hauptachse gegenüber den Seitenverzweigungen bevorzugt.

Monosaccharide: s. Kohlenhydrate.

Mono-species-Insulin: s. Single-species-Insulin.

Monostearin: s. Glycerolmonostearat.

Monostearylpolysorbitan: s. Polysorbate.

Monosubstanzpräparate: Arzneimittel mit nur einem Wirkstoff; vgl. Kombinationspräparate.

Monosulfiram: s. Sulfiram.

monosymmetrisch: (bot.) dorsiventral, s. Blüte.

Monoterpenalkaloide: Terpenalkaloide, z. B. in Gentiana- u. Valeriana-Arten, leiten sich biogenet. von Secoiridoiden (s. Iridoide) ab.

Monoterpene: aliphatische, mono-, di- od. tricyclische Terpene, die (formal) aus 2 Isopreneinheiten ($C_{10}H_{16}$) gebildet werden; Vork. v. a. in Pflanzen. Die meisten sind flüchtig u. finden sich in äther. Ölen (s. Aetherolea; auch Best. der olfaktor. wirkenden Pheromongemische, s. Pheromone). Cantharidin* u. Pyrethrine gehören zu den wichtigsten nicht flüchtigen Monoterpenen. Die Vielzahl der Strukturtypen (s. Abb.) erklärt sich durch unterschiedl. Cyclisierung u. Einführung von Substituenten. M. sind auch am Aufbau der iridoiden Indolalkaloide u. a. Alkaloidstrukturen beteiligt. **Anw.:** in reiner Form od. in Gemischen, z. B. Balsamen u. Terpentinöl in großen Mengen in Pharmazie, Lebensmittel-, Parfüm- u. Lackindustrie verwendet.

Monotricha (gr. thrix Haar): einzellige Lebewesen mit nur einer Geißel, z. B. Vibrio* comma.

Monotropie: Form der Polymorphie*, bei der die Modifikationen eines Stoffes keinen Umwandlungspunkt (Temp., bei der die Modifikationen die gleiche freie Enthalpie*, d. h. den gleichen Dampfdruck od. Löslichkeit aufweisen) unter ihrem Schmp. haben. Gibt es unter dem Schmp. einen Umwandlungspunkt, spricht man von Enantiotropie*.

Monotropitosid: s. Gaultherin.

monovalent: einwertig.

Monozyten: s. Leukozyten.

Monozyten-Makrophagen-System: s. System, mononukleäres phagozytäres.

monozytogen: Art der asexuellen Vermehrung der Cormobionta (Sprosspflanzen). Fortpflanzungseinheiten sind haploide Sporen, die durch Meiose von diploiden Sporophyten erzeugt werden u. aus denen direkt, ohne vorherigen Verschmelzungsakt, eine haploide Nachfolgegeneration entsteht.

Montanglykolwachs: Cera montanglycoli; aus nat. Montanwachs* durch Oxidation, Reinigung u. Veresterung mit Ethylenglykol hergestelltes Produkt. Gelbl., sich wachsartig anfühlendes Pulver. Prakt. unlösl. in Wasser, Dichlormethan, fetten

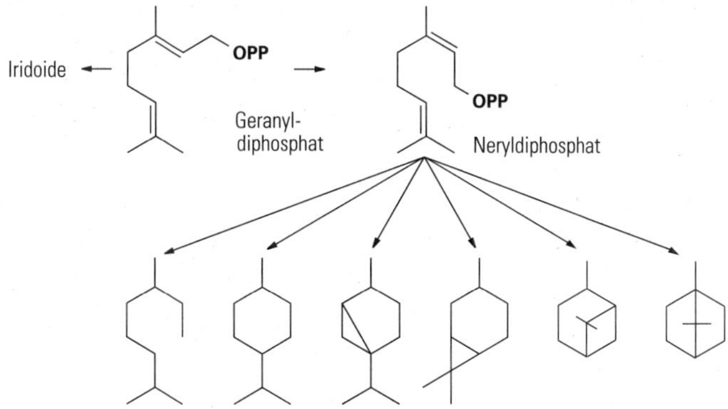

Typ	3.7-Dimethyl-octan	*p*-Menthan	Thujan	Caran	Pinan	Bornan
Kohlen-wasserstoffe	Ocimen Myrcen	Terpinen Limonen	Sabinen α-Thujen	Δ^3-Caren Δ^4-Caren	α-Pinen β-Pinen	Bornylen
Alkohole	Linalool Citronellol	Terpineol Menthol	Sabinol Thujylalkohol		Myrtenol Pinocarveol	Borneol
Carbonyl-verbindungen	Citral Cirtonellal	Menthon Carvon	Thujon Umbellon		Myrtenal	Campher

Monoterpene: Biosynthese, Strukturtypen u. Beispiele

Ölen, unter Erwärmen leicht lösl. in Chloroform u. fetten Ölen. D. 1.01-1.03. Tropfpunkt 79-85 °C. VZ 130-160, SZ 15-20, POZ max. 5. **Off.:** DAB10.

Montanwachs: braunschwarze, harte Masse (raffiniert weißgelb), gew. durch Ausziehen bitumenhaltiger Braunkohlen mit Benzol/Alkohol u. ähnl. Schmp. 80-84 °C. D. 1.02. VZ 62-70, SZ 28-32. **Best.:** Ester höherer Fettsäuren (22 bis 34 C-Atome, Montansäuren) mit z. B. höheren Alkoholen, Fettsäuren, Ceryl- u. andere Alkoholen, Harzen. **Anw.:** Herst. von Kerzen, Schuhputzmitteln u. a.; zur Herst. von Montanglykolwachs*.

Montelukast INN: 1-(*R*)-1-{3-[(*E*)-2-(7-Chlor-2-chinolinyl)ethenyl]-phenyl}-3-[2-(1-hydroxy-1-methylethyl)phenyl]propyl-thiomethyl-cyclopropanessigsäure, CAS-Nr. 158966-92-8; $C_{35}H_{36}ClNO_3S$, M_r 586.19. logP 7.9; pK_S 4.8 (ber.). **Wirk.:** Leukotrienrezeptorantagonist*; **Anw.:** Antiasthmatikum* (Zusatzbehandlung des leichten bis mittelschweren, nicht ausreichend kontrollierten Asthma bronchiale, s. Asthma); Plasmaeiweißbindung >99 %; **UAW:** evtl. Fieber, Pharyngitis*, Influenza; **Dos.:** 10 mg/d abends p. o.; HWZ 3-6 h.

Montmorillonit: s. Bentonit.

Moorbad: Torfbad, Schlammbad; med. Bäder mit Moor-Wasser-Mischungen. Moor (vgl. Torfmoose) enthält Huminsäuren*, Gerbsäuren, Harze, anorg. u. org. Salze, Schwefelsäure (Vitriolbäder, Schwefelbäder). **Wirk** u. **Anw.:** M. bewirken durch gleichmäßige Wärme eine bessere Durchblutung der Organe; Anw. bei Frauenkrankheiten, Erkrankungen des rheumat. Formenkreises, Hautkrankheiten u. chron. entzündlichen Prozessen.

Moore-Stein-Analyse: auf der Ninhydrinreaktion (s. Ninhydrin) beruhende, weitgehend automatisierbare Methode zur Sequenzanalyse von Peptiden* u. Proteinen*.

Moos, irländisches: s. Carrageen.

Moos, isländisches: s. Cetraria islandica.

Moospflanzen: s. Bryophytina.

Moosstärke: s. Lichenin.

Moperon: Methylperidol; 1-(4-Fluorophenyl)-4-[4-hydroxy-4-(4-methylphenyl)-1-piperidinyl]-1-butanon; CAS-Nr. 13665-59-7; $C_{22}H_{26}FNO_2$, M_r 355.46. Schmp. 123 °C (polymorph). **Anw.:** als Tranquilizer.

Mopidamol INN: 2,2',2'',2'''-{(4-Piperidinopyrimidino[5,4-*d*]pyrimidin-2,6-diyl)dinitrilo}tetraethanol; CAS-Nr. 13665-88-8; $C_{19}H_{31}N_7O_4$, M_r 421.49. Schmp. 154-159 °C (polymorph). **Anw.:** Antithrombotikum (s. Antikoagulanzien), Metastasenhemmer; postoperative Metastasenprophylaxe nach Radikaloperation primärer Sarkome u. maligner Lymphome im Kopf-Hals-Bereich; **Dos.:** par-

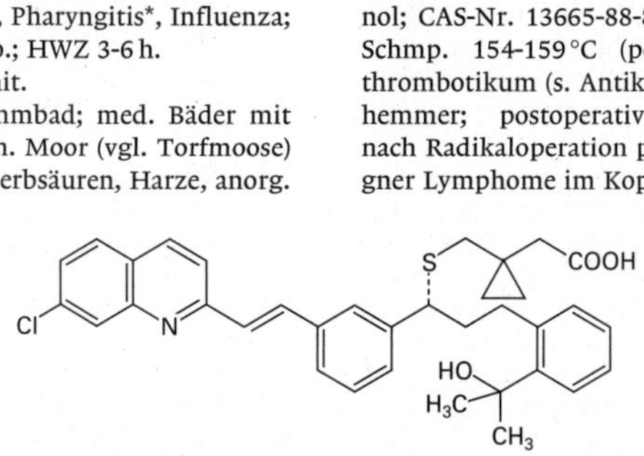

Montelukast

enteral i.v. 2-3×0.15 g/d über max. 10 d; p.o. 3×0.5 g/d; HWZ 1-1.5 h.

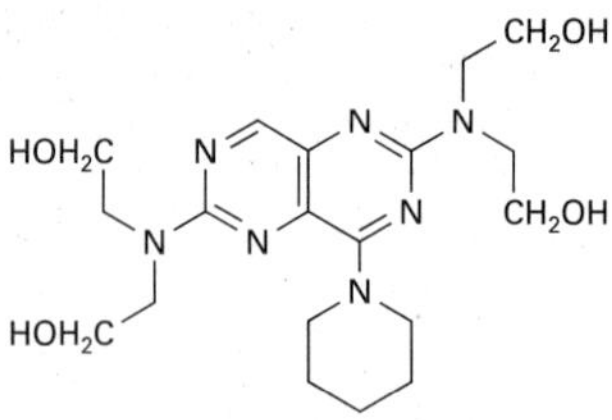

Mopidamol

D-Moramid: s. Dextromoramid.

Morazon INN: 2,3-Dimethyl-1-phenyl-4-(3-methyl-2-phenylmorpholino)methyl-3-pyrazolin-5-on; CAS-Nr. 6536-18-1; $C_{23}H_{27}N_3O$, M_r 377.47. Schmp. 149-150 °C. Leicht lösl. in Chloroform; lösl. in Methanol, Aceton; schwer lösl. in Ether. **Anw.:** Analgetikum*; **Dos.:** parenteral (i.m., s.c.) bis 2×70 mg/d. Gebräuchl. ist auch Morazonhydrochlorid.

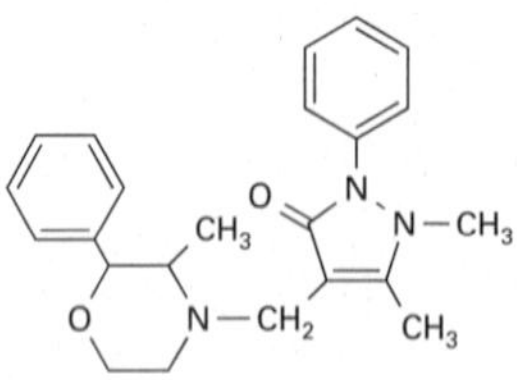

Morazon

Morbidität: Krankheitshäufigkeit innerhalb einer Population. Wird in bestimmten Größen (z.B. Inzidenz*, Prävalenz*) ausgedrückt; vgl. Mortalität.

Morbilli: s. Masern.

Morbus: Krankheit. Krankheitsbez. der Form M. u. Eigenname finden sich alphabet. unter dem Eigennamen (z.B. M. Crohn unter Crohn-Krankheit).

moribund (lat.): sterbend.

Morin: 3,5,7,2',4'-Pentahydroxyflavon; $C_{15}H_{10}O_7$, CAS-Nr. 480-16-0, M_r 302.23, Schmp. 285-290 °C. Gelbl., krist. Pulver, schwach bitter schmeckend. Lösl. in Ethanol, Aceton, Alkalien, heißem Wasser, fast unlösl. in kaltem Wasser. Farbstoff des Lignum citrinum, s. Chlorophora tinctoria. M. bildet mit Metallionen Komplexverbindungen, deren Lsg. meist gelb gefärbt sind u. gelbe Fluoreszenz zeigen, welche im UV-Licht noch wesentl. verstärkt ist. **Anw.:** Nachw. von z.B. Aluminium* (noch nachweisbar in Verd. $1:10^6$, hellgrüne Fluoreszenz), Beryllium*, Titan*, Molybdän*, Zirconium* u. Gallium* (noch nachweisbar in Verd. $1:6\cdot10^6$, im UV-Licht bis $1:300\cdot10^6$); quantitative Bestimmung von Beryllium, Zirconium, Uran*, Aluminium u. Zinn*; hauptsächl. in der Tüpfelanalyse (s. Tüpfelmethode).

Morinda citrifolia L.: Fam. Rubiaceae (Indien bis Polynesien); 8 m hoher Strauch oder Baum mit gegenständigen Blättern und weißen, kleinen Blüten, die in kugelförmigen, traubenartigen Blütenständen angeordnet sind. Die Früchte (Noni-Früchte) sind etwa kartoffelgroß, fleischig, eiförmig und bei der Reife gelbl.-weiß. noni-juice ist der Presssaft aus der Frucht der Pflanze. Wegen des unangenehmen Geruchs werden dem Presssaft andere Fruchtsäfte zugemischt; **Inhaltsst.:** In der Frucht Iridoide (u.a. Asperulosid), Glykoside (u.a. Diglucoside der Hexansäure), flüchtige Hexan- und Oktansäuren und Mineralstoffe; **Anw.:** Eine positive Wirk. z.B. bei Krebs, Diabetes, Bluthochdruck u. Übergewicht ist wissenschaftl. nicht nachgewiesen. Achtung! Noni-Zubereitungen unterliegen zur Zeit einem Verkehrsverbot.

Moringaöl: s. Moringa oleifera.

Moringa oleifera Lam.: M. pterygosperma Gaertn., Pferderettichbaum, Meerrettichbaum; Fam. Moringaceae (heim. Ostindien, kult. in Tropengebieten). **Anw.:** Die Wurzeln der Moringe, die eine antibiot. Substanz enthalten sollen, werden von den Einheimischen wie Meerrettich benutzt. Früher als Brech- u. Abführmittel eingesetzt; Stpfl. von **Semen Moringae:** Behennüsse; aus denen **Oleum Moringae** (Behenöl, Moringaöl) gewonnen wird, das als Speise- u. Schmieröl verwendet wird.

Moringa peregrina (Forssk.) Fiori: M. aptera, M. arabica (Lam.) Pers, Behennußbaum; Fam. Moringaceae (Wüsten Arabiens, Syriens, Ägyptens, in trop. u. subtropische Gebieten). Stpfl. von Semen Moringae, s. Moringa oleifera.

morning after pill: s. Kontrazeption, hormonelle.

Moroctocog alfa INN: rekombinanter Koagulationsfaktor VIII; Glykoprotein aus 1438 Aminosäuren in 2 nicht-kovalent miteinander verbundenen Ketten; M_r ca. 170 000. **Wirk.** u. **Anw.:** Hämostatika* zur Behandlung der Hämophilie* A; **UAW:** evtl. Kopfschmerzen, Fieber, Schüttelfrost; **Dos.:** Dosierung u. Therapiedauer sind vom Schweregrad des Faktor-VIII-Mangels abhängig; HWZ 14.5 h (i.v.).

Moroxydin INN: 1-(Morpholino-4-carboxyimidoyl)guanidin; CAS-Nr. 3731-59-7; $C_6H_{13}N_5O$, M_r 171.20. **Anw.:** obsolet, Chemotherapeutikum, Virostatikum; bei ezidivierendem Herpes simplex u. zoster; Prophylaxe u. Ther. von Viruserkrankungen; **Dos.:** p.o. 2-3×0.4 g/d; Kinder unter 5 Jahren 2-3×0.2 g/d. Gebräuchl.war auch Moroxydinhydrochlorid.

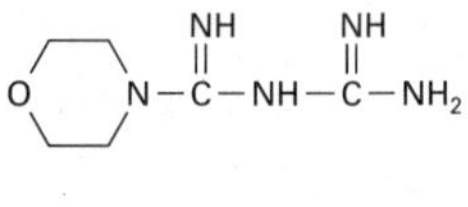

Moroxydin

Morphaktine: hoch wirksame synthet. pflanzl. Wachstumsregulatoren; Derivate des Flurenols (9'-Hydroxy-fluoren-9'-carbonsäure, s. Abb.). **Wirk.:** M. hemmen u. modifizieren in einem weiten Konzentrationsbereich das Pflanzenwachstum, wobei sie als Gibberellinantagonisten wirken. Zu den vielfältigen physiolog. Eigenschaften zählen u.a. die Verkürzung der Sprossinternodien, buschiger Wuchshabitus, reversible Hemmung des Mitoseablaufs, Beeinflussung von Wurzelwachstum sowie Geo- u. Phototropismus u. Verzögerung der Blüteninduktion.

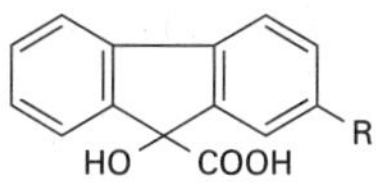

Flurenol: R = H
Chloroflurenol: R = Cl

Morphaktine: Flurenol u. Chloroflurenol

Morphin: Morphium, Morphinum, Morphinum cristallisatum; (5*R*,6*S*,9*R*,13*S*,14*R*)-4,5α-Epoxy-17-methylmorphin-7-en-3,6α-diol; krist. meist als Monohydrat $C_{17}H_{19}NO_3 \cdot H_2O$, M_r 303.35, M_r 285.3 (wasserfrei). Schmp. ca. 254 °C (unter Zers.), Kristallwasser entweicht bei ca. 130 °C; Schmp. einer metastabilen Kristallform ca. 197 °C. pK_S der konjugierten Säure 7.87, pK_S der Säure 9.85 (20 °C). Weiße Prismen od. seidenglänz. Nadeln, sehr schwer lösl. in Wasser (ca. 1:5000), etwas leichter lösl. in heißem Wasser; lösl. in ca. 250 T. Ethanol, in ca. 7500 T. Ether, in 15 T. Methylalkohol, in ca. 6400 T. Tetrachlorkohlenstoff, leicht lösl. in alkalihaltigem Wasser. M. ist instabil gegenüber starken Säuren u. Oxidasen, es bildet sich Apomorphin*. **Vork.:** Hauptalkaloid des Opiums; **Gew.:** **1.** ein wässriger Opiumauszug wird mit Calciumchlorid-Lsg. versetzt; nach Abtrennen des meconsauren Calciums wird die Lsg. eingedampft, wobei sich M. u. Codein als Hydrochloride abscheiden. Die Hydrochloride werden gelöst u. das M. durch NH_3 gefällt. **2.** Extraktion aus Mohnstroh od. -wurzeln (s. Papaver somniferum); **Nachw.:** zahlreiche klass. Morphinnachweisreaktionen, z. B. Reaktion nach Marquis, nach Kiefer, nach Fröhde, nach Mandelin u. a. nach chromatograph. Abtrennung z. B. aus dem Harn. Biol. Nachw. am Frosch od. an jungen Mäusen, die schon wenige Minuten nach Injektion den Schwanz S-förmig starr nach oben richten (Morphinschwanz). **Wirk.:** schmerzdämpfend od. schmerzaufhebend, auch bei größten Schmerzen, ohne dass dabei (in therap. Dosen) eine Trübung des Bewusstseins od. allg. Narkose eintritt. M. wirkt beruhigend u. euphorisierend, erst in höheren Dosen einschläfernd. Es dämpft das Atemzentrum u. damit auch das Hustenzentrum u. setzt die Sekretion der Schleimhaut der Luftwege herab; es verengt die Pupillen, vermindert die Drüsensekretion u. die Magen- u. Darmbewegungen, verursacht also Obstipation, während der Kreislauf fast unbeeinflusst bleibt. **Wirkungsmechanismus:** M. hemmt die Erregungsübertragung im nozizeptiven, für die Schmerzübertragung verantwortl., System des ZNS durch Bindung an die stereospezif. Opioidrezeptoren*. **Anw.:** M. findet ausschließl. in Form seiner Salze Anw., hauptsächl. als Morphinhydrochlorid*; bei starken Schmerzzuständen, die durch andere Analgetika* nicht zu beeinflussen sind, z. B. nach schweren Verletzungen, postoperativ, Tumorschmerzen; zur Operationsvorbereitung, bei akuten Spasmen glattmuskulärer Organe zus. mit Atropin*; in der Psychiatrie zur Beruhigung von Erregungszuständen; zur Stillung von stärkstem Reizhusten bei vorsichtiger Indikationsstellung (s. Analgetika); **UAW:** Bei manchen Menschen ruft M. Erbrechen sowie Angst- u. Erregungszustände hervor, während es bei den meisten (in therap. Dosen) Euphorie erzeugt, d. h. Abschaltung von Unlustgefühlen, Aufhebung von Müdigkeit u. Hunger, erhöhte geistige Leistungsfähigkeit, Wohlbehagen, allg. Glücksgefühle, ohne dass jedoch dieser Zustand den Charakter eines Rausches hat. Diese Euphorie ist es, die zur M.-Sucht (Morphinismus) führt. Sie ist umso gefährl., als dass zur Erzielung der gewünschten euphor. Wirk. immer höhere Dosen notwendig sind, wobei auch Dosen bis 0.5 g/d u. mehr vertragen werden, so dass schließl. die Sucht zu völligem geistigen u. körperl. Verfall führt. Entziehungskuren, die nicht immer erfolgreich sind, lassen sich nur in geschlossenen Anstalten durchführen. Zur Milderung der Entzugssymptome werden Sedativa, Clonidin*, Methadon (s. Levomethadon) u. Kreislauf unterstützende Arzneimittel verwendet (vgl. Sucht). **Dos.:** s. Morphinhydrochlorid; HWZ 2.5 h . **Tox.:** die Wirk. von M. setzt bei parenteraler Zufuhr wesentl. schneller u. stärker ein als bei p. o. Gaben. Die LD betragen 0.3-0.4 g (p. o.) u. >0.1 g (i. v., s. c.). Der Tod erfolgt durch Lähmung des Atemzentrums. **Gegenmittel bei akuter Vergiftung:** künstl. Beatmung, Magenspülung (auch bei parenteraler Giftzufuhr), Kreislaufstützung durch Plasmaexpander, Opiatantagonisten*; **Gesch.:** 1805 von Friedrich Wilhelm Sertürner (1783-1841) entdeckt; die Struktur des M. wurde 1923 durch Robert Robinson (1886-1975) ermittelt, die Totalsynthese erfolgte 1952 durch M. Gates.

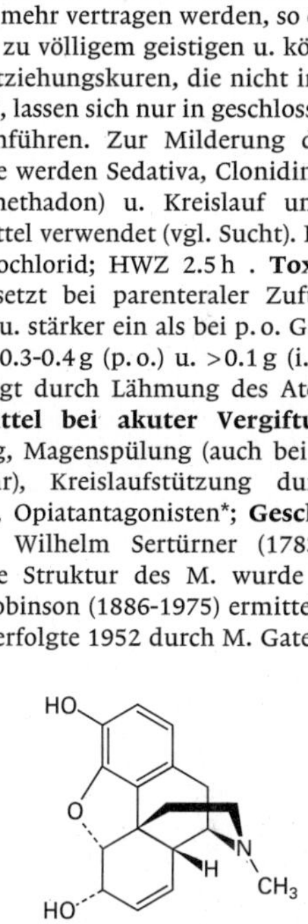

Morphin

Morphinacetat: Morphinum aceticum, essigsaures Morphin; $C_{17}H_{19}NO_3 \cdot C_2H_4O_2 \cdot 3\,H_2O$. Gelbl. weißes Pulver, leicht lösl. in Wasser u. Glycerol, wenig lösl. in Ethanol. **Darst.:** Auflösen von Morphin in heißer Essigsäure; **Anw.:** da sehr leicht zersetzl., wird es med. nicht mehr verwendet; falls M. zur s. c. Injektion verordnet wird, ist stets Morphinhydrochlorid* abzugeben.

Morphinan: $C_{16}H_{21}N$. Stammkörper der Morphinanreihe. **Wirk.:** wie Morphin* stark analget.; **Gesch.:** 1947 von R. Grewe synth. dargestellt aus L-Benzyl-$\Delta^{9(19)}$-oktahydro-isochinolin.

Morphinantagonisten: s. Opiatantagonisten.

Morphin, bromwasserstoffsaures: s. Morphinhydrobromid.

Morphinchlorhydrat: s. Morphinhydrochlorid.

Morphin, essigsaures: s. Morphinacetat.

Morphinhydrobromid: Morphinum hydrobromicum, bromwasserstoffsaures Morphin;

$C_{17}H_{19}NO_3 \cdot HBr \cdot 2\,H_2O$. Farblose Prismen, lösl. in Wasser u. Ethanol. **Darst.**: Lösen von Morphin in verd. warmer Bromwasserstoffsäure; **Anw.** med.: s. Morphin.

Morphinhydrochlorid: Morphini hydrochloridum Ph.Eur.4, Morphinum hydrochloricum, Morphinii chloridum, Morphinum muriaticum, Morphinchlorhydrat, salzsaures Morphin; CAS-Nr. 52-26-6; $C_{17}H_{20}ClNO_3 \cdot 3\,H_2O$, M_r 375.9 (wasserfrei 321.8). $[\alpha]_D^{20\,°C}$ −112° bis −115° (c=2.0 in Wasser). Weiße, seidenglänz. büschelige Kristallnadeln od. weiße lockere Würfel von mikrokristalliner Beschaffenheit od. krist. Pulver, lösl. in 25 T. kaltem Wasser, in 1 T. siedendem Wasser, in 50 T. Ethanol. M. ist das meist gebrauchte Morphiumsalz. **Darst.**: Auflösen von Morphin in heißer verd. Salzsäure; **Zuber.**: Ph.Helv.7: Injektionslsg. mit M. 20 mg/mL u. Atropinsulfat 0.3 mg/mL, Morphini hydrochloridi 20 mg/mL et atropini sulfatis 0.3 mg/mL solutio iniectabilis u. Injektionslsg. mit M. 20 mg/mL u. Scopolaminhydrobromid 0.3 mg/mL, Morphini hydrochloridi 20 mg/mL et scopolamini hydrobromidi 0.3 mg/mL solutio iniectabilis; **Anw.** med.: s. Morphin, **Dos.**: 5-30 mg, für Kinder 0.3-0.5 mg/Lebensjahr. MED 30 mg, MTD 100 mg für Erwachsene. LD 200-400 mg p.o., ca. 100-300 mg s.c., 4 mg bei Kindern, Antidot s. Morphin.

Morphinhydrochlorid-Lösung 0.2 od. 2 %, viskose: Zstzg.: NRF, 0.20 g (0.2 %) od. 2.0 g (2.0 %) Morphinhydrochlorid entsprechend 0.15 g bzw. 1.5 g Morphin, 1.0 g Carboxymethylcellulose-Natrium 400, 0.02 g Saccharin-Natrium, 0.15 g Kaliumsorbat, 0.02 g Natriumedetat, 8.5 g Salzsäure 1 %, 1.0 g ethanol. Flüssigaroma-Verdünnung (frisch zubereitete Mischung von 1.0 T. Flüssigaroma Contramarum® u. 99.0 T. Ethanol 70 %), Wasser zu 100 g. Herst.: Morphinhydrochlorid, Saccharin-Natrium, Kaliumsorbat u. Natriumedetat werden in ca. 80 g frisch aufgekochtem u. wieder erkaltetem Wasser gelöst, falls erforderlich filtriert; Carboxymethylcellulose-Natrium wird aufgestreut u. gerührt, bis eine klare viskose Flüss. ohne Klumpen aus ungelöstem Carboxymethylcellulose-Natrium vorliegt; Salzsäure u. Flüssigaromaverdünnung dazumischen u. mit Wasser ergänzen. **Anw.**: Analgetikum, v. a. bei Tumorpatienten.

Morphinhydrochlorid-Tropfen 1.0 %: s. Guttae Morphini hydrochloridi 1.0 per centum.

Morphini hydrochloridi guttae 1.0 per centum: s. Guttae Morphini hydrochloridi 1.0 per centum.

Morphini hydrochloridum: s. Morphinhydrochlorid.

Morphinii chloridum: s. Morphinhydrochlorid.

Morphinismus: s. Morphin (Tox.).

Morphin-Narcotinmeconat: s. Narcophin.

Morphin-*N*-oxid: s. Genomorphin.

Morphin, salzsaures: s. Morphinhydrochlorid.

Morphin, schwefelsaures: s. Morphinsulfat.

Morphinsulfat: schwefelsaures Morphin, Morphini sulfas Ph.Eur.4, Morphinum sulfuricum; $(C_{17}H_{19}NO_3)_2 \cdot H_2SO_4 \cdot 5\,H_2O$, M_r 758.85. Farblose Nadeln, lösl. in Wasser, sehr schwer lösl. in Ethanol. **Darst.**: Auflösen von Morphin* in Schwefelsäure; **Anw.**: s. Morphin; MED 0.03 g, MTD 0.1 g.

Morphintartrat: Morphinum tartaricum, weinsaures Morphin; $(C_{17}H_{19}NO_3)_2 \cdot C_4H_6O_6 \cdot 3\,H_2O$. Farblose Kristallnadeln, lösl. in Wasser, fast unlösl. in Ethanol. **Darst.**: Lösen von Morphin in einer wässrigen Weinsäurelsg.; **Anw.** med.: s. Morphin.

Morphinum: s. Morphin.

Morphinum aceticum: s. Morphinacetat.

Morphinum cristallisatum: s. Morphin.

Morphinum hydrobromicum: s. Morphinhydrobromid.

Morphinum hydrochloricum: s. Morphinhydrochlorid.

Morphinum muriaticum: s. Morphinhydrochlorid.

Morphinum sulfuricum: s. Morphinsulfat.

Morphinum tartaricum: s. Morphintartrat.

Morphin, weinsaures: s. Morphintartrat.

Morpholin: 1,2-Oxazinan; Tetrahydro-1,4-oxazin, C_4H_9ON. M_r 87.1. Schmp. −4.9 °C. Sdp. 128.0 °C. D. 0.998. Farblose Flüss., lösl. in Wasser, Ethanol u. Säuren. Derivat des Diethanolamins*. **Anw.**: Lösungsmittel für Wachse, Harze, Schellack, Farbstoffe; fettsaure M.-Salze als Emulgatoren, Zusatz zu Seifen.

Morphologie: Lehre vom Bau der Pflanzen u. Tiere.

Morrhuae oleum: s. Lebertran.

Mors (lat. Tod): M. subitanea: plötzlicher Tod; M. putativa: Scheintod; ante mortem: vor Eintritt des Todes; post mortem: nach Eintritt des Todes.

Morse-Kurve: empir. gefundene Funktion, die den Verlauf der Bindungsenergie eines Moleküls in Abhängigkeit vom Bindungsabstand sehr gut approximiert. Morse-Gleichung:

$$U = D_g \cdot [1 - e^{-b \cdot (r - r_g)^2}]$$

U: Energie; D_g: Dissoziationsenergie; r: Bindungsabstand; r_g Gleichgewichtsabstand; b: Konstante. Messbar ist allerdings nur eine Dissoziationsenergie D_0, die um die sog. Nullpunktsenergie kleiner als D_g ist. Beispiel: das Emissionsspektrum des Wasserstoffs besteht aus diskreten Linien, die den Übergängen zw. den Energieniveaus entsprechen. Daneben beobachtet man ein Emissionsband im UV-Bereich, dessen langwellige Grenze der Dissoziationsenergie entspricht.

Morsuli: Morsellen; Bissen; Konfekt, dem Gewürz u. Arzneimittel beigefügt sind; alte Arzneiform.

Morsus diaboli: s. Succisa pratensis.

Mortalität: Sterblichkeit. Sterbe- bzw. Mortalitätsziffer: das Verhältnis der Anzahl der Sterbefälle zum Durchschnittsbestand der Population.

Morus alba L.: Weißer Maulbeerbaum; Fam. Moraceae (heim. Nordindien bis China, kult. im Mittelmeergebiet). Zus. mit Morus* nigra Stpfl. von **Fructus Mori:** Maulbeeren. **Inhaltsst.**: 9 % Invertzucker, Säuren, Pektin, Farbstoff; **Anw.**: zur Herst. von Sir. Mori, Mel Mororum, die als Geschmackskorrigens z. B. wie Himbeersirup dienen.

Morus nigra L.: Schwarzer Maulbeerbaum; Fam. Moraceae (heim. Transkaukasien bis Iran, im Mittelmeergebiet kult.). Stpfl. von Fructus Mori, s. Morus alba.

Morus tinctoria: s. Chlorophora tinctoria.

Moschus: Moschus tibetanus, Moschus tonquinensis, Moschus orientalis, Almiscar, Bisam; das

Sekret aus den Moschusbeuteln des Moschusbocks (Moschusochse), **Moschus moschiferus**, Fam. Cervidae (rehartiges Tier in den Gebirgen Hochasiens von Tibet bis Sibirien). Krümelige od. weiche, dunkelrote bis schwarzbraune Masse von sehr starkem, eigentüml. Geruch. Sie kommt in den behaarten Beuteln, die aus der Bauchhaut der männl. Tiere herausgeschnitten sind, in den Handel. **Inhaltsst.**: äther. Öl, das das Keton Muscon* enthält, ferner Fett, Cholesterol, Eiweißstoffe, Salze; synthet. Moschus besteht aus Nitrobenzolderivaten; s. Moschus artificiale; **Anw.**: früher als Stimulans u. Analeptikum, bei Hysterie; techn.: in der Parfümerie. Der hochwertigste u. pharmakolog. gebräuchlichste M. ist der Tonkin-Moschus (M. tonquinensis od. tibetanus). Minderwertig ist der sibir. Moschus.

Hom: *Moschus:* Geruchsstoff aus den Drüsen des männl. Moschustieres (Moschusochsen); verord. z. B. bei Hysterie, Neigung zu Kollaps, Bronchitis.

Moschus artificiale: künstl. Moschus; meist Nitroverb. der Benzolreihe, die moschusartig riechen, aber sonst mit echtem Moschus nichts gemein haben, daher med. nicht als Ersatz dienen können.

Moschusblüten: Flores Achilleae moschatae, s. Achillea erba-rotta ssp. moschata (Herba Ivae moschatae).

Moschuskörner: s. Abelmoschus moschatus.

Moschuskürbis: s. Cucurbita moschata.

Moschus moschiferus: s. Moschus.

Moschusschafgarbenkraut: s. Achillea erba-rotta ssp. moschata.

Moschuswurzel: s. Ferula moschata.

Mosetigbatist: syn. Verbandbatist; gelbl.-braunes, feinfädiges wasserdichtes Baumwollgewebe mit einer durch Vulkanisieren aufgebrachten Kautschukschicht.

Moskito: Sammelbez. für Stechmücken, s. Aedes.

Mostardum: Speisesenf, Tafelsenf, Mostrich; Senf. **Best.**: Senfmehl (s. Sinapis alba, Brassica nigra), Zucker, Essig, Salz u. Gewürze. Zusätze von künstl. Senföl, Saccharin u. Mehl sind verboten; darf nicht mit Metall in Berührung kommen.

Motilin: s. Hormone (gastrointestinale).

Mottenbekämpfung: Maßnahmen zum Schutz von Textilien, Pelzen, Teppichen geg. Fraßschäden der Larven der Kleidermotte (Tineola bisselliella). Dazu dienen Mottenkugeln od. Mottenpulver aus u. a. Campher, Naphthalin, Paradichlorbenzol, die eher vertreibend als tötend wirken. Dagegen ist Dichlorvos* besser wirksam. Fraßschutzmittel auf der Basis von org. Phosphonium- od. Ammoniumverb., Sulfonamid- od. Harnstoffderivaten können direkt auf die Fasern aufgetragen werden, wodurch Textilien für diese Schädlinge unangreifbar werden (mottenecht).

Mottenkraut: s. Ledum palustre.

Mottenwurzel: s. Vetiveria zizanioides.

Moxalactam: s. Latamoxef.

Moxaverin INN: BEN; 1-Benzyl-3-ethyl-6,7-dimethoxyisochinolin; CAS-Nr. 10539-19-2; $C_{20}H_{21}NO_2$, M_r 307.38. Schmp. 78-79 °C. **Anw.**: muskulotropes Spasmolytikum*; 2.5-mal wirksamer als Papaverin*; Ind.: Spasmen u. Koliken im Magen-Darm-Trakt, in der Gallenblase u. im Harnleiter, Menstrualkoliken, periphere u. zerebrale, arterielle sowie koronare Durchblutungsstörungen. **Moxaverinhydrochlorid**: Moxaverini hydrochloridum; $C_{20}H_{22}ClNO_2$, M_r 343.9. Weißes, feinkrist. Pulver, wenig lösl. in Wasser, leicht lösl. in Chloroform, lösl. in Ethanol. **Off.**: DAC86.

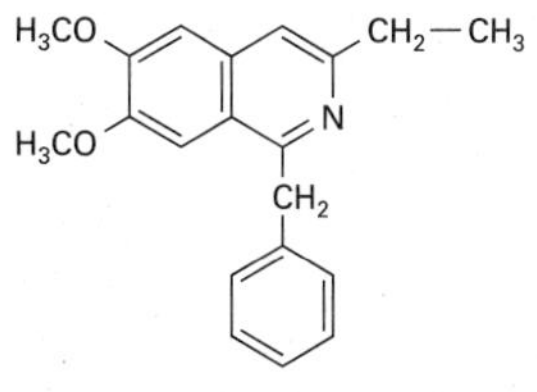

Moxaverin

Moxibustion: s. Artemisia moxa.

Moxifloxacin INN: 1-Cyclopropyl-6-fluor-1,4-dihydro-8-methoxy-7-(4a*S*,7a*S*)-octahydro-6*H*-pyrrolo[3,4-*b*]-pyridin-6-yl)-4-oxochinolin-3-carbonsäure; CAS-Nr. 151096-09-2; $C_{21}H_{24}FN_3O_4$, M_r 401.4. logP 2.0; pK_S 2.2 (ber.); schwer lösl. in Wasser. **Wirk.**: Gyrasehemmer* der Fluorchinolongruppe; breites Wirkprofil u. rasche klin. Wirksamkeit; **Anw.**: Antibiotikum* zur Ther. von Atemweginfektionen; **UAW:** Übelkeit, Durchfall; vgl. Gyrasehemmer; **Dos.**: 1×400 mg/d p. o.; HWZ 12-15 h.

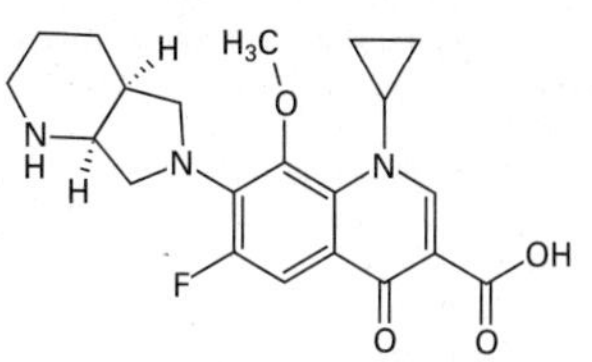

Moxifloxacin

Moxisylyt INN: Thymoxamin, 4-(2-Dimethylaminoethoxy)-5-isopropyl-2-methylphenylacetat; [2-(4-Acetoxy-2-isopropyl-5-methylphenoxy)ethyl]dimethylamin; CAS-Nr. 54-32-0; $C_{16}H_{25}NO_3$, M_r 279.37. **Anw.**: Alphasympatholytikum, s. Sympatholytika; Ind.: zerebrale u. periphere Durchblutungsstörungen, Kopfschmerzen, erektile Dysfunktion; **UAW**: Sedation, Erbrechen, Durchfall, Kopfschmerzen, Herzklopfen; bei Überdosierung: Blutdruckabfall; **Dos.**: p. o. 3×0.4 g/d. Gebräuchl. ist auch Moxisylythydrochlorid. Hinweis: Arzneimittel mit nicht nachgewiesenem therapeutischem Nutzen (s. Negativliste).

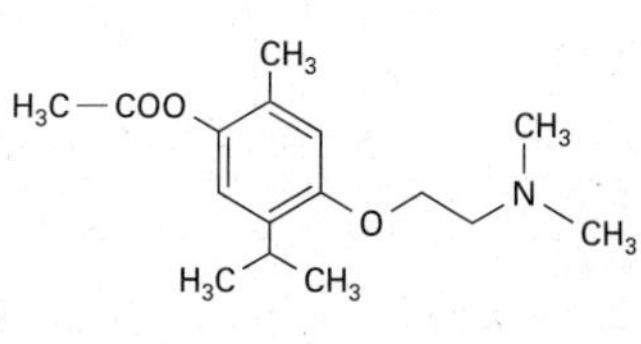

Moxisylyt

Moxonidin INN: Moxonidinum Ph.Eur.4; 4-Chlor-*N*-(4,5-dihydro-1*H*-imidazol-2-yl)-6-methoxy-2-methyl-5-pyrimidinamin; CAS-Nr. 75438-57-2; $C_9H_{12}ClN_5O$, M_r 241.68; Schmp. 217-219 °C (Zers.).

Weißes bis fast weißes Pulver, sehr schwer lösl. in Wasser, wenig lösl. in Methanol, schwer lösl. in Dichlormethan u. Acetonitril. **Wirk.** u. **Anw.**: Antihypertensivum*; selektive Stimmulierung der peripheren Alpha-2-Rezeptoren; **UAW:** Mundtrockenheit, Sedierung, Schwindel; **Dos.**: oral 1×0.2 mg/d, nach 3 Wochen steigerbar auf 0.4 mg/d in 1-2 geteilten Gaben, nach weiteren 3 Wochen steigerbar auf max. 0.6 mg/d in 2 geteilten Gaben.

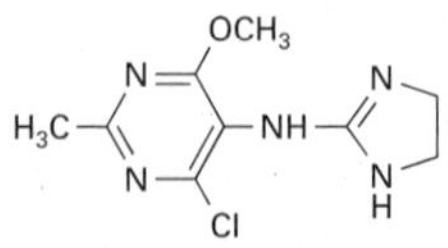

Moxonidin

6-MP: s. Mercaptopurin.

M-Phase: Abk. für Mitose*-Phase des Zellzyklus.

MPS: **1.** Abk. für Medizinisch-Pharmazeutische Studiengesellschaft. **2.** Abk. für mononukleäres phagozytäres System*.

MRA: Abk. für Mutual* Recognition Agreement.

mRNA: Abk. für Messenger-RNA RNA, die die Erbinformation von der DNA im Zellkern zum Ribosom transportiert, wo sie die Reihenfolge der Aminosäuren im Polypeptid bestimmt.

MRT: **1.** Abk. für Magnetresonaztomographie*. **2.** Abk. für (engl.) *mean residence time*; s. Verweildauer, mittlere.

MS: **1.** Abk. für Multiple* Sklerose. **2.** Abk. für mittleren Substitutionsgrad*. **3.** Abk. für Massenspektroskopie, s. Spektroskopie.

MSE: s. Meerschweinchen-Einheit.

MSH: Abk. für Melanozyten-stimulierendes Hormon; s. Hormone (Epiphyse).

MTA: **1.** Abk. für Mikrothermoanalyse, s. Thermomikroskopie. **2.** Abk. für Medizinisch-technische/r Assistent/in.

MTD: **1.** Abk. für maximale Tagesdosis. **2.** Abk. für (engl.) *minimal topological differences;* s. QSAR.

MTD-Methode: s. QSAR.

Mucilaginosa: schleimige, meist Gummi- u. Pflanzenschleime enthaltende Arzneimittel. Vgl. Schleimdrogen.

Mucilago (pl mucilagines): Schleim; dickflüssige, durch Lösen, Ausziehen od. Anschütteln von org. od. Pflanzenstoffen in kaltem od. heißem Wasser hergestellte Arzneizubereitung (Schleimlösung); vgl. Gele.

Mucilago ad electrocardiographiam: Elektrodengel; Herst. NRF, 14 g Natriumchlorid, 5 g Hydroxyethylcellulose 300, 10 g Propylenglykol, Wasser ad 100 g; die Cellulose wird in der NaCl-Lsg. u. Propylenglykol/Wasser-Mischung unter Rühren dispergiert u. bis zur vollständigen Quellung stehengelassen, verdunstetes Wasser ist zu ergänzen; fast transparentes, farbloses bis schwach gelbliches Gel, ohne Geruch. **Anw.**: Elektrodengel.

Mucilago ad sonographiam: Ultraschallkontaktgel; Zstzg.: NRF, 0.5 g Polyacrylsäure, 5.0 g Isopropylalkohol, 20.0 g Propylenglykol, 0.12 g NaOH, Wasser ad 100.0 g. Herst.: Polyacrylsäure wird in einer Salbenschale ohne Druck mit dem Pistill verrieben, bis größere Aggregate zerteilt sind. Kalt (unter 20 °C) gelagerter Isopropylalkohol wird hinzugefügt u. die Polyacrylsäure dispergiert. In die Dispersion wird unverzügl. die Neutralisationsflüss. (6.0 g Natriumhydroxid-Stammlösung 2 %, 100.0 g Propylenglykol u. Wasser ad 450.0 g) eingerührt. Gegebenenfalls unter gelegentl. Rühren bis zur vollständigen Quellung stehen lassen; transparentes, weitgehend luftblasenfreies, farbloses Gel, ohne Geruch. **Anw.**: Ultraschallkontaktgel.

Mucilago antiseptica: Zstzg.: DRF, 0.01 T Hydrargyrum oxycyanatum, je 50.0 T. Ungt. Glycerini u Methylcellulose. **Anw.**: Kathetergleitmittel; wirkt stark antisept.; vgl. Quecksilberoxycyanid.

Mucilago basalis hydrophobica: Polyethylen-Oleogel, hydrophobes Basisgel; Zstzg.: DAC86, die salbenartige Masse besteht aus 95 T. dickflüssigem Paraffin, 5 T. Hochdruckpolyethylen u. evtl. geeigneten Stabilisatoren.

Mucilago Benzoylperoxidi 5 aut 10 per centum: Benzoylperoxid-Gel 5 od. 10 %; Zstzg.: NRF, wasserhaltiges Benzoylperoxid 5 od. 10 %, 1.0 g Polyacrylsäure, 10 g Propylenglykol, Natriumhydroxid-Lösung 10 % n. B. (ca. 2 g), Wasser ad 100 g; weißes Gel. **Anw.**: Akne vulgaris; 3 Monate verwendbar.

Mucilago Carboxymethylcellulosi: Carboxymethylcellulosi mucilago, Carboxymethylcellulosegel, Carmellose-Gel; Zstzg.: DAB10, 5 T. Carboxymethylcellulose-Natrium 600, 10 T. Glycerol 85 %, 85 T. Wasser; transparentes, leicht opaleszierendes Gel; Herst. u. Konservierung s. Mucilago Hydroxyethylcellulosi.

Mucilago contra hyperhidrosim: antihidrotisches Gel, Aluminiumchlorid-Hexahydrat-Gel; Zstzg.: NRF, 10.0 g Aluminiumchlorid-Hexahydrat, 2.5 g Hydroxyethylcellulose 300, 5.0 g Propylenglykol, Wasser ad 50 g; NFA, 20.0 T. Aluminiumchlorid-Hexahydrat, 3.0 T. Hydroxyethylcellulose, 5.0 T. Propylenglycol ad 100 T. destilliertes Wasser. In der auf 60 °C erwärmten Lsg. von Aluminiumchlorid-Hexahydrat in destilliertem Wasser u. Propylenglykol wird die Hydroxyethylcellulose dispergiert, Mischung bis zur vollständigen Quellung (mind. 3 h) stehen lassen; transparentes, schweißhemmendes Gel. **Anw.**: Antihidrotikum*; vgl. Solutio Aluminii hexahydrici.

Mucilago Escini: Aescin-Gel, Escin-Gel; Zstzg.: NRF, 1 T. Aescin wird in abgekochtem, warmem Wasser gelöst u. nach dem Abkühlen mit 1.5 T. Ammoniaklösung 10 % versetzt. Diese wässrige Lsg. wird in eine Mischung von 1 T. Polyacrylsäure, 25 T. Isopropanol, 3 T. Ethylenglykolsalicylat u. 0.1 T. Lavendelöl eingearbeitet u. mit dem restl. abgekochten Wasser auf 100 T. ergänzt; klares Gel; pH-Wert 5-6. **Anw.**: unterstützende Behandlung bei u. a. Varizen, Thrombophlebitis, Schwellungen; nicht auf offenen Wunden anwenden.

Mucilago Glyceroli: s. Glycerolgel.

Mucilago Gummi arabici: Gummischleim; ÖAB90, durch Erhitzen von den Oxidasen u. Peroxidasen befreite, ca. 33 %ige Lsg. von arab. Gummi, konserviert mit 0.1 % Nipaester (Ph.Helv.6 zusätzlich 0.033 % Benzoesäure). Herst.: 100 T. arab. Gummi werden mit kaltem Wasser abgewaschen u. danach in einem Mullsäckchen in 200T. Wasser mit Konservierungsmittel eingehängt (langsamer Lösungsvorgang). Der entstandene Schleim wird koliert u. in max. 100mL fassenden Flaschen 1 Stunde (Ph.Helv.6: 30 Minuten an 2 aufeinanderfolgenden Tagen) lang im strömenden Wasserdampf erhitzt; klebrige, gelbliche, viskose (140-220 mPa·s), Flüss.; D. 1.12-1.14. **Inkomp.**: Ethanol in höherer Konz., Borax (Gelatinierung), Eisen(III)-Salze, Mineralsäuren (Fällung); **Anw.**: Bindemittel für Granulate; Emulgator u. Suspensionsmittel; Geschmackskorrigens in Mixturen.

Mucilago Heparini 50 000 I.E.: Heparin-Gel 50 000 I.E.; Herst.: NRF, 50 000 I.E. Heparin-Natrium werden in 70T. abgekochtem Wasser gelöst u. mit 2.2T. Ammoniaklösung 10% versetzt. Diese wässrige Lsg. wird in eine Mischung von 1T. Polyacrylsäure, 25 T. Isopropanol eingearbeitet u. mit abgekochtem Wasser auf 100T. ergänzt; klares Gel, pH-Wert 7.0-8.0. **Anw.**: äußerl. u. a. bei oberflächl. Venenentzündungen, Hämatomen.

Mucilago Hydroxyethylcellulosi: Hydroxyethylcellulosi mucilago, Hydroxyethylcellulosegel; Herst.: DAB10, 2.5T. Hydroxyethylcellulose 10 000 werden mit 10T. Glycerol 85% angerieben, 87.5T. frisch aufgekochtes u. wieder abgekühltes Wasser zugesetzt u. das noch inhomogene Gel 1 Stunde quellen gelassen. Konservierung mit 0.1% Sorbinsäure* u. 0.1% Kaliumsorbat od. mit 0.1% Nipagin u. 0.04% Nipasol ist mögl.; Konservierungsmittel werden in der gesamten Wassermenge gelöst; unkonserviertes Gel ist stets frisch herzustellen u. zu verbrauchen; beim Erwärmen über 50°C tritt keine Trübung od. Ausfällung auf; gute Verträglichkeit gegenüber Elektrolyte; transparentes, fast geruchloses Gel.

Mucilago Polyacrylati cum Alcohole isopropylico: Polyacrylati mucilago cum isopropanolo, Gelatum polyacrylatum cum Isopropanolo, isopropylalkoholhaltiges Polyacrylatgel; Herst.: DAB9, ÖAB90, 0.5T. Polyacrylsäure werden mit einem kleinen Anteil des frisch aufgekochten u. wieder abgekühlten gereinigten Wassers angerieben, das restl. Wasser (auf 73.5T.) portionsweise unter Rühren bis zur homogenen Dispersion eingearbeitet. Unter weiterem Rühren werden 25T. Isopropanol u. 1T Natriumhydroxidlsg. 5% zugesetzt. Nach kurzer Quellzeit entsteht ein klares nach Isopropanol riechendes Gel. Der Isopropylalkohol kann u.U. durch Ethanol 90% ersetzt werden.

Mucilago Polyacrylati cum Aqua: Polyacrylati mucilago aquosa, Gelatum polyacrylatum aquosum, wasserhaltiges Polyacrylatgel; Zstzg.: DAB9, ÖAB90, 0.5T. Polyacrylsäure, 3T. Natriumhydroxidlösung 5% u. 96.5T. frisch abgekochtes u. wieder abgekühltes gereinigtes Wasser; Bereitung entspr. der des isopropylalkoholhaltigen Polyacrylatgels (s. Mucilago Polyacrylati cum Alcohole isopropylico); Konservierung ist mit einem Gemisch aus 0.1% Sorbinsäure u. 0.1% Kaliumsorbat od. Cetrimidium 0.01% mögl.; unkonserviertes Gel ist frisch herzustellen u. zu verwenden; klares, geruchloses Gel.

Mucilago Salep: Salepschleim; Zstzg.: DAB6, je 1T. mittelfein gepulverter Salep (s. Orchis morio) u. Weingeist, 98T. siedendendes Wasser. **Anw.**: Durchfälle bei Kindern (bei entzündeter Darmschleimhaut).

Mucine: Schleimstoffe vieler Sekrete u. Exkrete (Galle, Speichel, Harn usw.) sowie in Bindegewebe u. Drüsen. Die Mucine gehören zu den Glykoproteinen*, sind phosphorfrei u. werden durch Essigsäure gefällt.

muco-: s. a. muko-.

Mucoitinsulfat: ein Polysaccarid aus Acetylglucosamin, Glucuronsäure, Galactose u. Schwefelsäure; Best. tier. Schleimstoffe, bes. der Magenschleimhaut.

Mucor (lat. muceo schleimig): Köpfchenschimmel; Gattung innerhalb der Pilzordnung Mucorales der Zygomycetes (s. Pilze) mit kugelförmigen Sporangien u. Endosporen. Saprophyten auf org. Stoffen, bes. Lebensmitteln; gelegentl. bei Mensch u. Tier; opportunist. Erreger bei Patienten mit Immundefekten od. Stoffwechselerkrankungen; vgl. Mucor-Mykosen.

Mucor-Mykosen: akute Pilzinfektionen, verursacht von Absidia, Mucor*, Rhizomucor u. Rhizopus (Pilzordnung Mucorales, Köpfchenschimmel). Eindringen der Erreger in den Organismus durch Respirations- od. Speisetrakt; Pilzthromben, Wandnekrosen u. sept. Infarkte mit letalem Ausgang v. a. bei Pat., die durch Zytostatika-, Kortikoidtherapie, Diabetes mellitus od. Mangelernährung schwer vorgeschädigt sind. **Ther.**: Amphotericin B.

Mucuna pruriens (L.) DC.: Dolichos pruriens, Stizolobium pruriens (L.) Medik.; Fam. Fabaceae (Leguminosae) (Indien, Tropen). Stpfl. von **Fructus Stizolobii:** Dolichos pruriens, Siliqua hirsuta, Juckbohnen. **Inhaltsst.**: Alkaloide, z. B. Prurienin, Mucunin, bis 1.5% Dihydroxyphenylalanin, Indolalkylamine; **Setae Stizolobii:** Pubes Stizolobii; die Brennhaare der Fruchtwand. **Inhaltsst.**: Indolalkylmine wie Serotonin, Mucunain (eine Proteinase); **Anw.** volkstüml.: äußerl. zu hautreizenden Mitteln, innerl. auch gegen Eingeweidewürmer.

Hom: *Mucuna pruriens (HAB1.5),* Dolichos pruriens: getrocknete Haare der Fruchthülse; verord. z. B. bei Pruritis (Hautjucken).

Mucus (lat.): Schleim; mucosus, schleimig, mukös.

Mudarwurzelrinde: s. Calotropis gigantea.

Mücken: zweiflügelige Insekten (Diptera), s. Anopheles; wichtige Krankheitsüberträger. Entwicklung über Ei, Larve, Puppe zum Imago.

Mückenschutzmittel: s. Repellents.

Mühlen: Geräte mit versch. Methoden zur Zerkleinerung von Mahlgut. Mühlentypen überwiegend zur Grobkornzerkleinerung: **Fliehkraftmühlen:** M. mit ringförmig ausgebildeter Mahlbahn. Zwei an einer rotierenden Vertikalachse aufgehängte Stahlkugeln zerkleinern durch die Zentrifugalkraft das Mahlgut an der Wand des Gehäuses. **Walzenmühlen:** Das Mahlgut wird durch 2 od. mehrere gegenläufig rotierende Walzen, deren Oberfläche unterschiedl. gestaltet sein kann (glatt, gezahnt etc.) gepresst. Für die Fliehkraft- u. die Walzenmühle eignen sich Materialien mit einem Zerkleinerungsgrad von 50mm u. mehr. Das erhaltene Mahlprodukt liegt häufig über 5mm.

Scheibenmühlen: Das Mahlgut wird zw. 2 Scheiben zerkleinert. Eine Scheibe steht still (Statorscheibe), die andere dreht sich mit hoher Geschwindigkeit (Rotorscheibe). Die Scheiben sind mit Rippen, Nuten od. Zähnen besetzt. In Abhängigkeit vom gewünschten Feinheitsgrad wird der Scheibenabstand eingestellt. **Schlagstiftmühlen:** Zwei Metallscheiben, die mit einer größeren Anzahl konzentrisch angeordneter Stifte versehen sind, rotieren gegenläufig mit großer Geschwindigkeit. Das Mahlgut wird in das stiftfreie Zentrum zw. den beiden Metallscheiben eingebracht (z. B. mit einer Dosierschnecke) u. durch Zentrifugalkräfte nach außen durch die ineinandergreifenden Stiftreihen geschleudert. Eine Feinmahlung erreicht man mit: **Schlagkreuz(messer)mühlen:** Pirouette, Schlagbecher, Mixbecher. Enthalten rotierende Schlagmesser od. Messerkreuze zur Zerkleinerung. Manche Geräte eignen sich auch zum Mischen von Flüssigkeiten. **Schlagprallmühlen:** Beim Einbringen des Mahlgutes in die M. wird dieses von einem schnell drehenden Rotor (Schlagbalken) erfasst u. mit hoher Geschwindigkeit auf Prallplatten od. Rippen der Gehäusewandung geschleudert. Das Auftreffen des Rotors auf die zu zerkleinernden Partikeln, deren extreme Beschleunigung u. das Aufprallen des bewegten Gutes an der Gehäuseinnenseite ist die Voraussetzung für die Prallzerkleinerung. Der Mahlerfolg ist umso größer, je rascher der Schlagbalken rotiert u. je höher die Dichte der Substanz ist. **Luftstrahlmühlen** Strahlmühle, jetmill, Jet-Mühle; bereits vorzerkleinertes (gepulvertes) Mahlgut wird gemeinsam mit einem Gas (Luft, ev. Inertgas gegen Staubexplosionen) unter Druck (ca. 10 bar) tangential in die kreisrunde Mahlkammer eingeblasen. Durch das expandierende Gas werden die Pulverteilchen stark beschleunigt (300 m/s) u. rotieren in der Mahlkammer durch die Zentrifugalkraft in Abhängigkeit von ihrer Masse mehr od. weniger am Rande der Mahlkammer. Durch gegenseitige Reibung u. Prallvorgänge (Strahlmahlung) werden die Teilchen weiter zerkleinert, bis sie so fein (mikronisiert) sind (10-0.1 µm, Mikropulver), dass sie mit dem Gas im Zentrum aus dem Mahlraum ausgetragen u. in Filtersäcken abgeschieden werden. Der durch die Gasexpansion auftretende Kühleffekt ermöglicht es, auch thermolabile Stoffe in mikronisierter Form herzustellen.

Kugelmühlen: Die Zerkleinerung erfolgt in einer rotierenden Trommel durch rollende u. fallende Mahlkörper (Kugeln) während Stunden bis Tage. Bei langsamer Drehung wird das Gut ledigl. durch die Reibung zw. den Kugeln u. zw. den Kugeln u. der Trommelwand zerkleinert (reibende Rollbewegung von vielen kleinen Kugeln geeignet für langsame Feinstmahlung). Bei höheren Drehzahlen werden die Kugeln an der Trommelwand in Drehrichtung mitgenommen, bis sie inf. ihres Eigengewichtes wieder zurückrollen od. zurückfallen u. dadurch eine zusätzl. Schlagwirkung auf das Mahlgut ausüben (schlagende Fallbewegung durch wenige schwere Kugeln, geeigneter zum Vormahlen). Die dafür erforderl. Drehzahl pro Minute (n) errechnet sich aus:

$n = 32/\sqrt{d}$ für die Trockenmahlung
$n = 25/\sqrt{d}$ für die Nassmahlung
d Innendurchmesser der Mahltrommel in m.

Wird die Drehzahl weiter erhöht, d. h. die krit. Drehzahl n_{kr} ($n_{kr} = 42.3/\sqrt{d}$) überschritten, werden die Kugeln durch die Fliehkraft fest an die Trommelwand angepresst u. der Mahleffekt ist sehr gering. **Schwingmühlen:** Eine allseitig federnd gelagerte Kugelmühle wird durch eine rotierende Unwucht in schnelle, kreisförmige

Mühlen: versch. Typen

Schwingungen versetzt. **Planetenmühlen:** Ein Mahlbehälter, gefüllt mit Mahlgut u. Mahlkugeln, bewegt sich kreisförmig u. rotiert gleichzeitig um die eigene Achse. **Vibratormühlen:** Ein Elektromagnet versetzt das Mahlgefäß, das darin befindl. Mahlgut u. eine Mahlkugel in vertikale Schwingungen. Durch die Schläge der Kugel wird die Substanz zerkleinert. **Kolloidmühlen:** Ein konischer Rotor bewegt sich mit hoher Geschwindigkeit in einem regelbaren Abstand (Bruchteile eines Millimeters) zum Mühlengehäuse. Das Mahlgut wird in Wasser suspendiert zugeführt, passiert den feinen Spalt u. wird durch die Scherkräfte, die zw. dem mit Wasser benetzten Rotor u. Stator (Gehäusewand) auftreten, zerkleinert. Die herstellbaren Teilchengrößen liegen in günstigen Fällen unter 0.1 µm.

Muffelofen: Ofen zum Härten, Glühen, Veraschen, Anlassen u. Vergüten von Stoffen, wobei diese durch ein abgeschlossenes Gefäß, die Muffel, vor der Einwirk. der Feuergase u. vor den Heizwicklungen geschützt sind.

Muira-puama: s. Ptychopetalum-Arten.

muko-: s. a. muco-.

Mukoadhäsion: s. Bioadhäsion.

Mukoide: Mukoproteine; Verb. von Proteinen mit Mukopolysacchariden*. Den Mucinen* ähnl. Stoffe, die u. a. in Bindegewebe, Knorpel u. Sehnen vorkommen, aber durch Essigsäure nicht gefällt werden.

Mukolytika (lat. mucus Schleim; gr. lysis Auflösung): Substanzen, die zähen Bronchialschleim verflüssigen u. dadurch den Auswurf der Sekrete erleichtern, s. Expektoranzien.

Mukopolysaccharide: Glykosaminoglykane; hochmolekulare Stoffe, die neben einfachen Zuckern Aminozucker* (Glucosamin) u. Uronsäuren* (Galacturonsäure, Glucuronsäure) enthalten. Zu dieser Gruppe gehören wichtige biol. Stoffe wie Heparin, Blutgruppensubstanzen, Chitin, Chondroitinsulfate, Hyaluronsäure. M. bilden mit Proteinen die Mukoide*. M. erfüllen wichtige Funktionen als Stütz-, Schutz- od. Gleitsubstanzen.

Mukopolysaccharidpolysulfat: s. Heparinoide.

Mukoproteine: s. Mukoide.

Mukosa: s. Schleimhaut.

Mukoviszidose: syn. Fibrose, zystische; autosomal-rezessiv erbl. Stoffwechselstörung, die in generalisierter Dysfunktion exokriner Drüsen resultiert. Durch vermehrte Produktion u. erhöhte Viskosität des Sekrets in Bronchien u. Verdauungstrakt kann es zu schweren Komplikationen im Bereich der Atemwege, zu Maldigestion u. Malabsorptionssyndrom u. durch einen erhöhten Elektrolytgeh. des Sekrets der Schweißdrüsen zu Flüssigkeits- u. Elektrolytverlusten kommen. **Ther.:** Physiother., Inhalationsther. mit Beta-2-Sympathomimetika, Mukolytika, Antibiotikather.; bei Pankreasinsuffizienz: orale Substitution von Pankreasenzymen u. Diät (hochkalor. Ernährungsther. mit 40 % Fettanteil); evtl. Substitution von Elektrolyten u. fettlösl. Vitaminen.

Mullgewebe: Mull; Gewebe aus Baumwolle od. Zellwolle mit unterschiedl. Fadendichte. **Anw.:** z. B. als Verbandmull* (Tela depurata), Kompressen*, Mulltupfer, Mullbinden, Tamponadebinden*.

multilamellar vesicles: s. Liposomen.

Multiple Sklerose: Abk. MS, Encephalomyelitis disseminata, Polysklerose; primär entzündl. Erkrankung des ZNS mit herdförmiger Entmarkung u. Schädigung von Axonen. **Auftreten:** gehäuft bei Frauen (w : m = 1,2-2 : 1); v. a. vom 20.-40. Lebensjahr; in ca. 15 % familiäre Häufung; Assoziation mit dem HLA*-System (HLA-DR 2, HLA-DW 2); Inzidenz in Nordeuropa u. -amerika ca. 100 : 100 000; im Süden sehr viel seltener; **Ätiologie:** wahrscheinl. Autoimmunkrankheit gegen Markscheidenantigene; genet. Faktoren spielen eine Rolle; Umwelteinflüsse, Viren u. andere Erreger tragen evtl. zur Auslösung bei; **Symptome:** zerebrale u. spinale Symptome versch. Art, z. B. Lähmungen, Sensibilitätsstörungen, Ataxie, Blasen- u. Mastdarmstörungen; Verlauf: ca. 80 % primär schubförmig mit (kompletter od. inkompletter) Rückbildung der Symptome, primär chron. progrediente Verläufe v. a. in höherem Lebensalter. **Ther.:** **1.** Glucocorticoide* zur Verkürzung der Schubdauer; **2.** Interferone, z. B. Interferon*-beta 1b zur Verringerung der Schubfrequenz und Verlangsamung der Progredienz von Behinderungen; **3.** Azathioprin* u. Glatirameracetat zur Verringerung der Schubfrequenz; **4.** begleitend zur Pharmakother.: Krankengymnastik, physikal. Ther., psychosoziale Unterstützung u. Selbsthilfegruppen.

Mummel: s. Nuphar lutea.

Mumps: Parotitis epidemica, Ziegenpeter, Bauernwetzel; akute generalisierte Virusinfektion, gekennzeichnet durch nichteitrige Schwellung der Ohrspeicheldrüse. **Erreger:** Mumps-Virus (s. Paramyxoviridae); **Prophylaxe:** Schutzimpfung, s. Mumps-Lebend-Impfstoff.

Mumps-Lebend-Impfstoff: Vaccinum parotitidis vivum Ph.Eur.4; gefriergetrocknete Zuber. aus einem geeigneten, lebenden, attenuierten Stamm des Mumpsvirus. Gezüchtet in Hühnerembryozellen od. anderen geeigneten Zellen; auch als Kombinationsimpfstoff (Mumps-Masern-Röteln-Impfstoff, s. MMR-Vakzination).

Mund- und Rachentherapeutika: zur v. a. lokalen u. auch system. Anwendung (gurgeln, lutschen, pinseln) bestimmte Arzneimittel gegen Erkrankungen des Mund- u. Rachenraums wie z. B. Stomatitis, Gingivitis, Tonsillitis, Herpesinfektionen, Verletzungen, Verbrennungen. **Beispiele:** Lokalanästhetika* wie Benzocain, Lidocain; Antiphlogistika*; Desinfektionsmittel* wie Cetylpyridiniumchlorid, Hexetidin, Chlorhexidin; Antibiotika* bei bakteriellen Infekten, v. a. Tyrothricin, Bacitracin; äther. Öle (s. Aetherolea) wie Menthae aetheroleum, Thymi aetheroleum; Enzyme wie Pankreatin, Papain, Lysozym in Lutschpräparaten; Mineralsalze wie Emser Salz u. adstringierend wirkende Aluminiumverbindungen sowie Drogenauszüge mit antiphlogist. u./od. adstringierenden Wirkungen wie z. B. Myrrhe, Salbei, Kamille, Ratanhia.

Mupirocin INN: Mupirocinum Ph.Eur.4; 9-(*E*)-4-[(2*S*,3*R*,4*R*,5*S*)-5-[(2*S*,3*S*,4*S*,5*S*)-2,3-Epoxy-5-hydroxy-4-methylhexyl]-3,4-dihydroxytetrahydro-

M

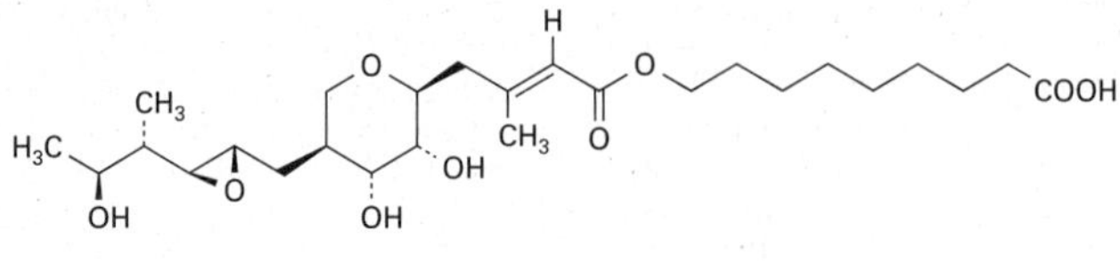

Mupirocin

2*H*-pyran-2-yl}-3-methylcrotonyloxy-nonansäure; CAS-Nr. 12650-69-0; $C_{26}H_{44}O_9$, M_r 500.63. Schmp. 77-78 °C. Weißes bis fast weißes Pulver, schwer lösl. in Wasser, leicht lösl. in Aceton, Dichlormethan u. wasserfreiem Ethanol; zeigt Polymorphie. **Gew.**: aus Kulturen von Pseudomonas fluorescens; **Wirk.** u. **Anw.**: Lokalantibiotikum (s. Antibiotika) mit bakteriostat. Wirk. auf Streptokokken u. Staphylokokken; hemmt kompetitiv die Isoleucyl-tRNA-Synthetase; **UAW:** Hautjucken, -austrocknung. **Mupirocinum-Calcium-Dihydrat**: Mupirocinum calcicum Ph.Eur.4; CAS-Nr. 115074-43-6; $C_{52}H_{86}O_{18}Ca \cdot 2H_2O$, M_r 1075.50. Weißes bis fast weißes Pulver, sehr schwer lösl. in Wasser, wenig lösl. in Dichlormethan u. wasserfreiem Ethanol.

Muramidase: s. Lysozym.

Muraminsäure: N-Acetyl-3-O-carboxyethyl-D-glucosamin; Schmp. 151 °C; $[\alpha]_D^{20°C}$ +109 ° (c=2 in Wasser); ein von Glucose abgeleiteter Aminozucker. Die N-acetylierte Form von M. ist in den Mukopolysaccharid-Peptidkomplexen der Bakterienzellwände enthalten.

Murein (lat. murus Mauer): Heteropolymer aus *β*-1,4-glykosid. verknüpften Dimeren aus N-Acetylglucosamin u. N-Acetylmuraminsäure, die über Peptidbrücken miteinander verknüpft sind u. in Form eines netz- bzw. sackförmigen Riesenmoleküls die innerste Schicht der Zellwand von Bakterien* bilden. Das Mureinnetz gramnegativer Bakt. ist 2- bis 5-schichtig, das Netz grampositiver dagegen besteht aus bis zu 40 Schichten. Durch Lysozym* u. bakt. Muroendopeptidasen wird M. spezif. gespalten. Die bakterizide Wirk. der Betalaktam-Antibiotika auf wachsende Bakt. beruht auf einer Hemmung der Mureinbiosynthese.

Murex cornutus L.: Purpurschnecke; Fam. Murecidae (Mittelmeerküsten). **Inhaltsst.**: im Sekret ist Murexin (Urocanylcholin, vgl. Urocansäure); wirkt muskelrelaxierend bzw. in hohen Dosen lähmend; der (nur noch histor. interessante) Farbstoff 6,6'-Dibromindigo entsteht unter Sonnenlicht aus dem Schleim.

Hom: *Murex purpureus:* Molluske, Nackendrüse der Purpurschnecke; frischer Saft zur Verreibung; verord. z. B. bei sexuellen Erregungszuständen.

Murexid: Ammoniumsalz der Purpursäure; $C_8H_8N_6O_6$, M_r 284.19. Als Monohydrat rotbraunes Pulver, sehr schwer lösl. in kaltem, leichter lösl. in heißem Wasser, unlösl. in Ethanol u. Ether. **Murexid-Reaktion**: Lässt man Salpetersäure auf Harnsäure od. Xanthine (z. B. Coffein) einwirken, entsteht durch Verknüpfung von Alloxan* u. Dialursäure (5-Hydroxybarbitursäure, 2,4,5,6-Pyrimidintetraol) Alloxantin (Oxipurinol*), das mit Ammoniak das prächtig purpurrot gefärbte M. ergibt, welches sich mit Alkali blauviolett färbt. **Anw.:** Reagens Ph.Eur. 4.

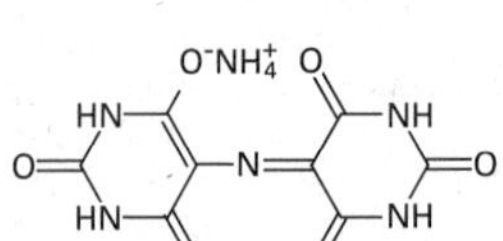

Murexid

Murex purpureus: s. Murex cornutus.

murin (lat. mus, muris Maus): Mäuse betreffend, aus der Maus (gewonnen).

Murmeltierfett: s. Marmota marmota.

Muromonab-CD3: OKT3; monoklonaler muriner Antikörper*. **Herst.**: gentech. nach der Hybridom*-Technik hergestellt; besteht aus 2 H-Ketten von je ca. 50 000 Dalton u. 2 L-Ketten zu je 25 000 Dalton (vgl. Immunglobuline); **Anw.**: T-Lymphozyten-Blocker; Immunsuppressivum*, das eine hohe Selektivität für T-Lymphozyten aufweist; reagiert mit menschl. T3-Rezeptor-Komplex, wodurch Immunantwort* gestört wird; zur Behandlung von Organabstoßungen nach Transplantationen; **UAW:** Fieber, Schüttelfrost, Atemnot, gastrointestinale Beschwerden, erhöhtes Infektionsrisiko.

Musa paradisica: s. Amylum Musae.

Musa textilis Née: Faserbanane; Fam. Musaceae (SO-Asien). Stpfl. von Abakafaser (Manilahanf).

Muscarin: CAS-Nr. 300-54-9; $[C_9H_{20}NO_2]^+$, M_r 174.26. Alkaloid, das v. a. in Rißpilzen (Inocybe-Arten) u. einigen Trichterlingen (Citocybe-Arten) vorkommt. Der Fliegenpilz (Amanita* muscaria) enthält nur sehr wenig Muscarin. Es ist ein direktes Parasympathomimetikum* u. erregt wie Acetylcholin* die postganglionären parasympath. Acetylcholinrezeptoren. Es wird allerdings nicht durch die Acetylcholinesterase gespalten, wodurch es länger auf den Rezeptor wirkt. M. diente als Modellsubstanz zur Erforschung des parasympath. Nervensystems. **Vergiftungssymtome:** setzen ca. 0.25-2 Stunden nach der Einnahme mit Schweißausbruch, Speichelfluss u. Tränensekretion ein; es treten Durchfall, Darmkoliken, Blutdruckabfall u. Atemnot auf, die Pupillen sind eng; **Antidot:** Atropinsulfat.

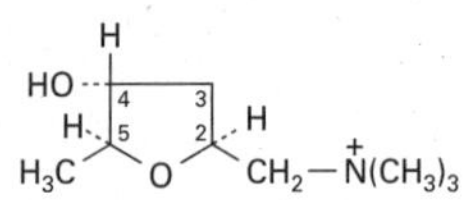

Muscarin

Muscarinrezeptoragonisten: s. Parasympathomimetika.

Muscarinrezeptorantagonisten: s. Parasympatholytika.

Muscarinrezeptoren: Man unterscheidet 5 verschiedene M.: Stimulation von M_1, M_3, M_5 führt über G_q Aktivierung der Phospholipase C ; Stimulation von M_2 u. M_4 hemmt über G_i die Adenylatcyclase u. aktiviert myokardiale K^+-Kanäle; s. Acetylcholin. **Vork.:** ganglionär: Aktivierung führt zur Erregung, M1; postganglionär parasympath.: Aktivierung senkt Herzfrequenz und Kontraktilität, M2, u. steigert Sekretion von Drüsen u. Kontraktion der glatten Muskulutur, M3.

Muscazon: α-Amino-2-oxo-4-oxazolin-5-essigsäure; CAS-Nr. 2255-39-2; $C_5H_6N_2O_4$, M_r 158.11. Inhaltsstoff des Fliegenpilzes, s. Amanita muscaria.

Muscimol: 5-Aminoethyl-3-hydroxy-isoxazol; CAS-Nr. 2763-96-4; $C_4H_6N_2O_2$, M_r 114.10. Strukturformel s. Amanita muscaria (Abb.). Schmp. 175 °C. Decarboxylierungsprodukt der Ibotensäure*, Giftstoff des Fliegenpilzes.

Muscon: 1-Methyl-cyclo-pentadecanon-3; ein Ringketon mit 15 Ringgliedern. Best. des äther. Öls des Moschus*, bedingt dessen spez. Geruch. Dickes, farbloses Öl, leicht lösl. in Ethanol, wenig lösl. in Wasser. Auch synth. darstellbar.

Muscus corsicanus: s. Alsidium helminthochorton.

Musivgold: s. Zinn(IV)-sulfid.

Muskatbalsam: s. Myristica fragrans.

Muskatbaum: s. Myristica fragrans.

Muskatblüte: s. Myristica fragrans (Macis).

Muskatbutter: s. Myristica fragans.

Muskatnuß: s. Myristica fragrans.

Muskatnuß, Lange: s. Myristica argentea.

Muskatnußöl: s. Myristica fragrans (Oleum Nucistae).

Muskatöl, Ätherisches: s. Myristica fragrans (Myristicae fragantis aetheroleum).

Muskeladenylsäure: s. Adenosinphosphate.

Muskelatrophie (gr. atrophos schlecht ernährt): Amyotrophie, Muskelschwund; Abnahme der Muskelmasse infolge Verkleinerung des Durchmessers od. der Zahl von Muskelfasern.

Muskelrelaxanzien: syn. Myotonolytika; Pharmaka, die den Tonus der Skelettmuskulatur herabsetzen. **A: periphere M.:** lähmen die Skelettmuskulatur: **1.** durch prä- u. postsynapt. Hemmung der neuromuskulären Übertragung; nach Wirkmechanismus unterscheidet man z. B.: **a)** Botulinumtoxin* A, das präsynapt. die Acetylcholinfreisetzung hemmt; **b)** stabilisierende od. nicht-depolarisierende M.: Nicotinrezeptor-Antagonisten; z. B. Tubocurarin*, Alcuronium*, Pancuronium*, Atracuriumbesilat*, Cisatracuriumbesilat* u. Mivacuriumchlorid*, die postsynapt. durch Blockade der Acetylcholinrezeptoren der motor. Endplatte die Depolarisation durch Acetylcholin verhindern; **c)** depolarisierende M.: Nicotinrezeptor-Agonisten; z. B. Suxamethonium*, Dekamethonium*, Hexcarbacholin*, Rocuronium*, die postsynapt. durch eine länger anhaltende Depolarisation der Endplatte die Erregungsüberleitung verhindern **Anw.:** bei Bauch- u. Brustkorboperationen, zur Intubation, bei Krampfzuständen inf. von Vergiftungen, Infektionen (z. B. Tetanus*), Elektroschocktherapie. **2.** durch Angriff bei der elektromechan. Koppelung (myotrope M.), z. B. Dantrolen*, hemmt die Freisetzung der Calciumionen aus dem sarkoplasmat. Retikulum*, hat auch zentrale Wirkung. **B: zentrale M.:** Anw. finden Interneuronenblocker*; M., deren Angriffspunkt im ZNS liegt, senken den Skelettmuskeltonus durch Hemmung polysynapt. Reflexe, indem sie inhibitor. Mechanismen stimulieren; meist Substanzen, die in erster Linie als Tranquillanzien (s. Psychopharmaka, Atarktika) verwendet werden, z. B. Baclofen*, Chlormezanon*; **Anw.:** bei Spasmen (Verspannungen) der Skelettmuskulatur infolge Bandscheibenschäden, rheumat. Erkrankungen, Gehirn- od. Rückenmarksschädigungen, bei Trigeminusneuralgie.

Muskelriss: Zerreißen eines Skelettmuskels infolge direkter Gewalteinwirk. od. starker Kontraktion. **Muskelfaserriss:** bei akuter od. chron. Überforderung eines Muskels entstandene Muskelverletzung mit Fasereinrissen. Unzureichende Aufwärmung vor Belastung od. auch Weiterbelastung bei Übermüdung begünstigen das Auftreten der Verletzung.

Muster eines Fertigarzneimittels: s. Ärztemuster.

Mutagene: bewirken eine Steigerung od. Auslösung von Mutationen*. Die Wirk. der versch. physik. u. chem. M. ist unterschiedl. u. noch nicht in allen Einzelheiten geklärt. Zur Prüfung auf Mutationsauslösung werden Röntgenstrahlung, UV-Strahlung, Nitrite, Acridinfarbstoffe u. Nitrosomethylguanidin eingesetzt; vgl. Ames-Test. Einstufung nach der Gefahrstoffverordnung* in der EG-Gefahrstoffliste als Muta. Cat.: **1.** Kat. 1: Stoffe, die auf den Menschen bekanntermaßen erbgutverändernd wirken; **2.** Kat. 2: Stoffe, die aufgrund hinreichender Anhaltspunkte als erbgutverändernd für den Menschen angesehen werden sollten (Acrylamid, Benzo[a]pyren, Ethylenoxid, Diethylsulfat); **3.** Kat. 3: Stoffe, die wegen mögl. erbgutverändernder Wirk. auf den Menschen zu Besorgnis Anlass geben. Aus Mutagenitätsversuchen liegen einige Anhaltspunkte vor, die jedoch nicht ausreichen, um den Stoff in Kat. 2 einzustufen (Atrazin, Carbendazim, 4.6-Dinitro-o-cresol).

Mutanten: durch Mutation* entstandene, in bestimmten Merkmalen gegenüber den Ausgangsformen veränderte Organismen, die durch Mutagene* erzeugt werden.

Mutarotation: die Erscheinung, dass sich die spezif. Drehung einer frisch bereiteten wässrigen Lsg. eines Kohlenhydrats bis zu einem konstanten Endwert verändert. Kohlenhydratmoleküle können in 2 anomeren Formen existieren, die α- u. β-Form (s. Glucose). Die bd. Diastereomeren* unterscheiden sich in ihrem chem. u. physik. Verhalten, bes. in ihrer optischen Aktivität*. In wässriger Lsg. stellt sich zw. den bd. diastereomeren Halbacetalformen u. der offenkettigen Form unter Änderung der opt. Drehung ein Gleichgewicht ein. Diese Gleichgewichtseinstellung kann durch Zugabe von Säuren od. Basen beschleunigt werden. Vielfach werden zur Charakterisierung eines M. zeigenden Monosaccharids Anfangs- u. Endwert angegeben, z. B. $[\alpha]_D^{20\,°C}$ +113° → +52°.

M

Mutation: chem. od. phys. Veränderung am genet. Material einer Zelle od. eines Organismus, die zu einer Änderung der genet. Information führt. M. führen zur Bildung von Mutanten*, die sich von der Ausgangsform durch abweichende Merkmale unterscheiden. Der einfachste Fall einer M. ist die Punktmutation, bei der ledigl. ein Nucleotid von der Veränderung betroffen ist. Es können auch ganze DNA-Abschnitte verloren gehen, s. Deletion; vgl. Insertion, Inversion.
Mutterblätter: s. Cassia angustifolia (Fructus Sennae), Cassia senna.
Mutterharz: s. Ferula gummosa.
Mutterkorn: s. Secale cornutum.
Mutterkornalkaloide: s. Secale cornutum.
Mutterkornfluidextrakt: s. Extractum Secalis cornuti fluidum.
Mutterkorntinktur: s. Tinctura Secalis cornuti.
Mutterkraut: s. Tanacetum parthenium.
Mutterkraut, Chinesisches: s. Leonorus heterophyllus.
Mutterkuchen: s. Plazenta.
Mutterkümmel: s. Cuminum cyminum.
Mutterlauge: beim Auskristallisieren eines Stoffes aus einer Lsg., durch Ausfällen, Eindampfen od. Abkühlen, zurückbleibende Lösung.
Muttermal: s. Nävus.
Muttermilch: Frauenmilch; Sekret der weibl. Brustdrüse, das während der Lactationsphase abgesondert wird. V.a. während der ersten 4-6 Lebensmonate ist M. die beste Nahrung für den Säugling, (vgl. Säuglingsernährung). **Zstzg.:** M. enthält im Ggs. zur Kuhmilch (s. Milch) u.a. Lysozym*, Lactoferrin (s. Siderophiline) u. spezif. Immunglobuline* (v.a. IgA), welche die verminderte Anfälligkeit gestillter Kinder gegenüber Infektionen u. Allergenen erkären. Weitere Zstzg. s. Tabelle. **Milchproduktion:** Die Laktation* unter dem Einfluss von Prolactin* beginnt in den ersten Tagen nach der Geburt. Der eigentl. Milcheinschuss erfolgt unter dem Einfluss von Oxytocin* ca. ab dem 3. Wochenbetttag. Zunächst wird das Kolostrum* u. nach einer Übergangsperiode (transitor. M., Übergangsmilch) ab ca. dem 10.-15. Tag die reife M. produziert. Der physiol. Reiz für die Milchsekretion ist der Saugreiz mit völliger Entleerung der Brustdrüse. **Milchgängigkeit:** s. Schwangerschaft und Arzneimittel.

Muttermilch

Bestandteil	durchschnittliche Konzentration (g/100 mL)	Schwankungsbreite (g/100 mL)
Proteine	1.5	0.7-2.0
Casein	0.4	
Lactalbumin	0.4	
Lactoglobulin (Immunantikörper)	0.7	
Fette	4.5	1.3-8.2
Kohlenhydrate	7.0	4.5-9.5
Asche (Salze)	0.2	
Vitamin A	ca. 0.04	
Vitamin C	ca. 0.005	

Der **Nährwert** der Muttermilch schwankt zwischen 188 kJ (45 kcal) und 502 kJ (120 kcal), der Durchschnittswert liegt bei 314 kJ (75 kcal) pro 100 mL.

Mutternelken: s. Syzygium aromaticum (Anthophylli).
Mutterring: s. Pessare.
Mutterrohr: ca. 10 cm langes Hartgummirohr mit mehreren seitl. Öffnungen, das auf einen birnenförm. Gummiball aufgesetzt wird. **Anw.:** als Frauendusche* zur Scheidenspülung.
Muttersennesblätter: s. Cassia angustifolia (Fructus Sennae), Cassia senna.
Mutter-Tochter-Nuklid: Nuklid-Paar, bei dem ein langlebiges Mutternuklid in ein kürzerlebiges Tochternuklid zerfällt, das abgetrennt u. z. B. für med. Anw. eingesetzt werden kann; s. Technetium-99m, vgl. Generator.
Mutual Recognition Agreement: Abk. MRA; Abkommen der EU mit Drittstaaten; hinsichtl. GMP* ist die gegenseitige Anerkennung staatl. Inspektionssysteme im Arzneimittelbereich u. der Austausch von standardisierten GMP-Zertifikaten vorgesehen. Im Regelfall sind dann Drittlandinspektionen entbehrlich. MRAs mit Australien, Neuseeland, Kanada, Japan u. der Schweiz sind in Kraft.
Muzolimin INN: 3-Amino-1-(3,4-dichlor-α-methylbenzyl)-2-pyrazolin-5-on; CAS-Nr. 55294-15-0; $C_{11}H_{11}Cl_2N_3O$, M_r 272.1. Schmp. 127 °C. **Anw.:** Diuretikum*, Antihypertensivum*; **Hinweis:** Außer Handel.

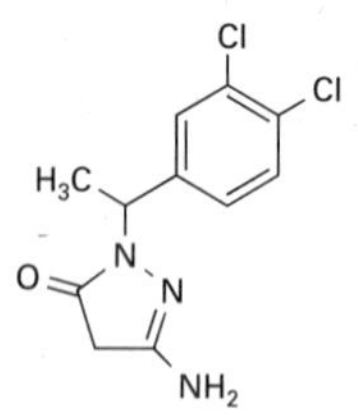

Muzolimin

MVV: Abk. für (engl.) *multivesicular vesicles*; s. Liposomen.
MWG: Abk. für Massenwirkungsgesetz*.
mWS: Einheitenzeichen für Meter Wassersäule; s. Druck.
Myalgie: diffuser od. lokalisierter Muskelschmerz.
Myasthenia gravis pseudoparalytica: Autoimmunkrankheit mit Störung der neuromuskulären Reizübertragung infolge Blockade von Acetylcholinrezeptoren der motor. Endplatte. **Sympt.:** belastungsabhängige Ermüdung der quergestreiften Muskulatur, insbes. der Kau-, Sprach- u. Schluckmuskulatur; **Ther.:** Cholinesterasehemmer (s. Parasympathomimetika), Immunsuppressiva*, evtl. hochdosiert Immunglobuline*, Plasmapherese, Thymektomie.
Mycel: s. Myzel.
Mycetes: s. Pilze.
Mycetologie: Mykologie; Pilzkunde.
Myco-: s. a. Myko-.

Mycobacteriaceae: Fam. säurefester Stäbchenbakt. (Od. Actinomycetales*) mit der med. wichtigen Gattung Mycobacterium*.

Mycobacterium: Mykobakterien; Gattung grampositiver, säurefester, aerober, unbewegl. Stäbchenbakt. der Fam. Mycobacteriaceae*. Charakterist. sind hoher Lipidgehalt (Wachshülle, auf der die Säurefestigkeit beruht) u. langsames Wachstum; Ziehl-Neelsen-Färbung zur Differenzierung. **Verbreitung:** Boden u. Wasser; warm- u. kaltblütige Tiere; **Vertreter:** mehr als 25 med. relevante Spezies, darunter **1.** M. tuberculosis var. hominis: syn. M. tuberculosis; Tuberkelbakt.; Erregerreservoir Mensch, ca. 0.5-4 μm lang, Erreger der Tuberkulose*; **2.** M. tuberculosis var. bovis: syn. M. bovis; Erregerreservoir Rind, 1-2 μm lang; Erreger der Tuberkulose der Rinder u. Haustiere, zuweilen auch des Menschen; **3.** M. leprae: Erreger der Lepra*; **4.** sog. atyp. Mykobakterien: z.B. M. paratuberculosis, M. avium, M. kansasii.

Mycoderma: (z.T. nicht mehr übl.) Bez. für sog. Kahmhefen, die auf den befallenen Substraten eine Pilzhaut (Kahmhaut) bilden. Beispiele: M. aceti — Essigmutter, M. vini — Kahmpilz des Weines u. Bieres. Da die Kahmhefen org. Säuren verbrauchen, vermindern sie vielfach die Haltbarkeit der Nahrungsmittel (z.B. Sauerkohl, Essig, Wein).

Mycophenolatmofetil INN: 2-Morpholinethyl-(*E*)-6-(4-hydroxy-6-methoxy-7-methyl-3-oxo-5-phthalanyl)-4-methyl-4-hexenoat; CAS-Nr. 115007-34-6; $C_{23}H_{31}NO_7$, M_r 433.50. Morpholinethylester von Mycophenolsäure, die aus Penicillium*-Arten gewonnen wird. **Wirk.:** M. wird zu Mycophenolsäure metabolisiert, die in vitro die Proliferation von T- u. B-Lymphozyten, die Antikörperbildung u. die Bildung zytotox. T-Zellen hemmt; **Anw.:** Immunsuppressivum*; in Komb. mit Ciclosporin* u. Corticosteroiden zur Prophylaxe von akuten Abstoßungsreaktionen bei Nierentransplantation; **UAW:** Infektionen, Schmerzen, Anämie, Leukozytose; **Kontraind.:** Schwangerschaft u. Stillzeit, Anw. bei Kindern; **Dos.:** p.o. 2×1 g/d, die 1. Dos. innerhalb von 72 h nach der Nierentransplantation; HWZ 11-18 h (Mycophenolsäure).

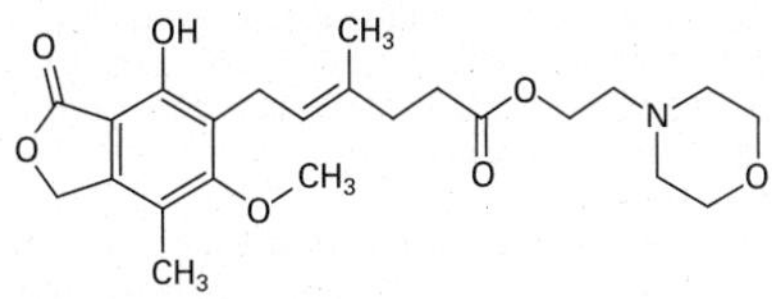

Mycophenolatmofetil

Mycophenolsäure: s. Phthalide.

Mycoplasma: s. Mykoplasmen.

Mydriatika: pupillenerweiternde Mittel, z.B. zur Diagnose od. bei Entzündungen. **Wirkstoffe:** **1.** Parasympatholytika*, z.B. Atropin, Homatropin, Scopolamin, Tropicamid; **2.** Sympathomimetika*, z.B. Phenylephrin, Ephedrin.

myel-: myelo-; Wortteil mit der Bedeutung Knochenmark-, vom Knochenmark ausgehend.

Myelitis: Entzündung des Rückenmarks.

Mygale avicularis: s. Avicularia avicularia.

Myiasis: Fliegenmadenkrankheit; Befall des Menschen durch Fliegenlarven als Haut- od. Wundmyiasis, seltener als intestinale u. urogenitale M., wobei die Fliegeneier in die unverletzte Haut, in Wunden od. Körperhöhlen geraten. **Anw.:** Fliegenlarven können bei kurzzeitiger lokaler Applikation therap. zur Heilung bestimmter chron. Wunden verwendet werden. Der wundreinigende Effekt wird mit dem von den Larven ausgeschiedenen Allantoin bzw. Harnstoff erklärt.

Mykobakterien: s. Mycobacterium.

Mykologie (gr. mykes Pilz; logos Wort, Lehre): Mycetologie; Pilzkunde.

Mykoplasmen: Gattung zellwandloser Bakt. der Fam. Mycoplasmataceae. Med. relevante Spezies: Mycoplasma pneumoniae (pathogen) sowie Mycoplasma hominis u. Ureaplasma urealyticum (Kommensalen im Genitalbereich, fakultativ pathogen).

Mykorrhiza: (bot.) Pilzwurzeln, Symbiose von Pilzhyphen mit Wurzeln höherer Pflanzen, z.B. Orchidaceae*.

Mykosen: Pilzerkrankungen; durch Pilze* verursachte Infektionskrankheiten. Einteilung nach unterschiedl. Kriterien: **1.** Art des Erregers (Dermatophyten, Hefen, Schimmelpilze, sog. DHS-System nach Rieth): Dermatophyten infizieren nur die Haut u. ihre Anhangsgebilde; opportunist. Hefen u. Schimmelpilze können Haut-, Schleimhaut- u. Systemmykosen verursachen; primär pathogene, dimorphe Pilze infizieren zuerst die Lunge u. können anschließend disseminieren; **2.** Lokalisation der Erkrankung: oberflächl., kutane u. subkutane Dermatomykosen, Schleimhaut- u. Systemmykosen; **3.** Entstehungsursache: z.B. Verletzungsmykose; **4.** Symptomatik: z.B. Chromomykose; **Diagnose:** s. Untersuchungsmethoden, mykologische, Erregerdifferenzierung im Nativpräparat u. in Kultur ist insbes. bei Dermato- u. Systemmykosen wichtig, da sich die verfügbaren Antimykotika in ihrem Wirkungsspektrum unterscheiden; **Ther.:** s. Antimykotika.

Mykostatika: fungistatisch wirkende Substanzen; s. Fungistatika, s. Antimykotika.

Mykotoxine: Stoffwechselprodukte aus Pilzen*, die auf Menschen u. einige tier. Warmblüter bereits in geringer Dosis tox. wirken. M. treten v.a. in Lebensmitteln u. Verzehrprodukten auf u. führen zu Leber- u. Nierenschäden; einige sind als Karzinogene* bekannt. Mykotoxinverseuchte Lebens- u. Futtermittel führen in vielen Ländern, in denen eine trockene Lagerhaltung problemat. ist, zu Massenvergiftungen von Menschen u. Tieren. Viele M. sind außerordentl. hitzeresistent. Um ihre Akkumulation in der Nahrungskette auszuschließen, muss das Wachstum der Produzenten verhindert werden. **Einteilung:** **1.** M. aus Fruchtkörpern von Großpilzen: v.a. die Phallotoxine u. Amanitine aus versch. Knollenblätterpilzen (Amanita spp.), Muscarin, Muscimol u. Ibotensäure, z.B. aus Fliegen- u. Pantherpilz (Amanita muscaria, Amanita pantherina); weitere Toxinproduzenten sind einige helle od. rein weiße Trichterlinge (Gattung Clitocybe), die Rötlinge (Gattung Entoloma) E. nidorosum, E. rhodopolium u. E. sinuatum, einige Schirmlinge der Gat-

M

Mykotoxine
Vorkommen und Wirkung (Beispiele)

Toxingruppe Toxin	Vorkommen Pilze	Vorkommen Nahrungsmittel	toxische Wirkung
Aspergillustoxine			
Aflatoxine	Aspergillus flavus, Aspergillus parasiticus	Erdnüsse, Ölsaaten, Korn	lebertoxisch und karzinogen für die Leber verschiedener Tierarten, wahrscheinlich auch des Menschen
Sterigmatocystin	Aspergillus nidulans, Aspergillus versicolor	Getreide	toxisch und karzinogen für die Leber von Ratten
Ochratoxin	Aspergillus ochraceans	Getreide, Kaffee (grün)	toxisch für die Nieren von Ratten
Penicilliumtoxine			
Luteoskyrin	Penicillium islandicum	Reis	toxisch und wahrscheinlich karzinogen für die Leber von Ratten
Patulin	Penicillium articae, Penicillium claviformi	Äpfel und Apfelprodukte	Ödem; toxisch für die Leber von Ratten
Fusariumtoxine			
Zearalenon	Gibberella zeae	Mais	karzinogen?
Fusarenon	Fusarium-Arten	Getreide	karzinogen?

tung Lepiota u. Macrolepiota sowie eine Reihe dunkelblättriger Blätterpilze (Braunsporer), die Schleierlinge (Gattung Cortinarius), Häublinge (Gattung Galerina) u. viele Arten von sehr giftigen Risspilzen (Gattung Inocybe); aus der Klasse der Askomyzeten v. a. die Frühjahrslorchel (Gyromitra esculenta) als Gyromitrinproduzent; **2.** M. aus parasitär wachsenden Askomyzeten u. Fungi imperfecti: Ergotalkaloide aus Claviceps purpurea (s. Secale cornutum), die im Mittelalter Massenvergiftungen verursachten (Ergotismus); auch heute noch gelegentl. in Nahrungsmitteln (Müsli, selbstgemahlenes Korn) vorhanden; Aflatoxine* werden bei feuchtwarmer Lagerung von z. B. Nüssen u. Getreide durch Aspergillus-Arten gebildet, sie wirken lebertox. u. kanzerogen. Fusarium-Arten gehören zu den ökonom. wichtigsten mykotoxinproduzierenden Pilzen, sie infizieren mit unterschiedl. Spezifität schon auf dem Feld od. bei feuchter Lagerung Getreide, Kartoffeln, Mais u. Gemüse. Ihre M., die Trichothecene, bewirken beim Menschen Erbrechen, Durchfall, Kopfschmerz u. schwere Krämpfe. Das Mykotoxin Patulin wird von mind. 10 versch. Penicillium-Arten gebildet; es wirkt tox. gegenüber Bakt., Protozoen, Pilzen u. Säugetieren. Weitere den Aflatoxinen verwandte M. sind Sterigmatocystin, das von Aspergillus versicolor gebildet wird u. im Tierversuch Sarkome u. Lebertumoren verursacht, sowie Versicolorin C, das ebenfalls von Aspergillus versicolor u. zusätzlich von Aspergillus flavus u. Aspergillus nidulans produziert wird. Die wichtigsten M. niederer Pilze, ihr hauptsächl. Vork. in Nahrungsmitteln u. ihre tox. Wirk. sind in der Tab. zusammengestellt.

Myofilamente: s. Myosin.

Myoglobin: Sauerstoff bindendes Protein des Muskels; M_r 16700. M. enthält eine Häm* -Gruppe u. dient als Sauerstoffspeicher des Muskelgewebes.

Myokard: Myocardium; muskuläre Wand des Herzens*.

Myokardinfarkt: s. Herzinfarkt.

Myokardinsuffizienz: s. Herzinsuffizienz.

Myokarditis: Myocarditis; umschriebene od. diffuse entzündl. Erkrankung des Herzmuskels. **Urs.:** z. B. bei rheumat. Fieber; Diphtherie* od. Scharlach*.

Myom: benigner Tumor*, der überwiegend aus Muskelfasern besteht; z. B. Uterusmyom.

Myon: instabiles Elementarteilchen*, das etwa die 207fache Masse des Elektrons hat u. die gleiche Ladung trägt wie dieses.

Myopie: Kurzsichtigkeit; Form der Fehlsichtigkeit, bei der parallel einfallende Strahlen vor der Netzhaut vereinigt werden. **Urs.: 1.** Achsenmyopie bei überdurchschnittl. Länge des Augapfels; **2.** Brechungsmyopie bei zu starkem Brechwert von Hornhaut od. Linse; **Ther.:** Konkavgläser.

Myosin: ausschließl. in Eukaryonten vorkommendes Protein, das in Wechselwirkung mit Aktin an der Erzeugung jeglicher Art von Plasma-Bewegung in Euzyten beteiligt ist.

Myospasmus: Muskelkrampf.

Myotonolytika: s. Muskelrelaxanzien.

Myrcen: β-Myrcen; 7-Methyl-3-methylen-1,6-octadien; CAS-Nr. 123-35-3; $C_{10}H_{16}$, M_r 136.23. Acycl. Monoterpen, z. B. im Bayöl (s. Pimenta racemosa); vgl. Monoterpene (Abb.).

Myrica cerifera: s. Myrica pensylvanica.

Myrica gale L.: Gale palustris (Lam.) Chev., Gagelstrauch, Gerbermyrte; Fam. Myricaceae (Nordwesteuropa, nördl. Nordamerika). Stpfl. von **Folia Myrti brabantici:** Herba Myrti brabantini. **Inhaltsst.:** ca. 0.4% äther. Öl mit Cineol u. Dipenten, Ester höherer Fettsäuren, Flavonoide wie Myricitrin (s. Myricetin); **Anw.** volkstüml.: früher als Antiparasitikum, bei Hautleiden, gegen Motten; auch zum Würzen von Bier.

Myrica pensylvanica Loisel.: M. cerifera Bigel. non L., M. caroliniensis auct. non Mill., Wachsmyrte; Fam. Myricaceae (atlant. Nordamerika); immergrüner Busch. Stpfl. von **Myricawachs:** Myrtenwachs, Grünes Wachs, Myrtle Wax; das an der Oberfläche der Früchte abgeschiedene bzw. durch Extraktion gewonnene Fett (kein Wachs). **Best.**: Triglyceride der Palmitin- u. Myristinsäure; **Anw.**: Ersatz für Bienenwachs (USA); **Myrica:** getrocknete Wurzelrinde. **Inhaltsst.**: Stärke, Gerbsäuren, Myristicinsäure, äther. Öl (v. a. in den Blättern); **Anw.** volkstüml.: Adstringens, Brechmittel.
Hom: *Myrica cerifera:* frische Wurzelrinde; verord. z. B. bei Lebererkrankungen, Verdauungsstörungen.

Myricawachs: s. Myrica pensylvanica.

Myricetin: 3,3',4',5,5',7-Hexahydroxyflavon. Strukturformel s. Flavonoide (Tab.). Nat. z. B. in Betula-Arten, Calluna* vulgaris, Drosera* rotundifolia. **Myricitrin** ist das 3-Rhamnosid; nat. z. B. in Myrica* gale.

Myricylalkohol: Myrizylalkohol, Melissylalkohol, 1-Triacontanol; 1-Hydroxytriacontan; $C_{30}H_{63}OH$, M_r 438.80. Schmp. 87 °C. Bestandteil (verestert) des Bienen- u. Carnaubawachses (vgl. Wachse).

Myringitis: Trommelfellentzündung.

Myristica argentea Warb.: Fam. Myristicaceae (Neu-Guinea); Stpfl. von Makassar- od. Papua-Muskatnuß, Lange Muskatnuß; weniger aromat. u. minderwertiger als die Samen von Myristica* fragrans. **Myristica malabarica Lam.** (Vorderindien); Stpfl. von Bombay-Nuß u. Bombay-Macis; beide dienen, wie die Samen von **Myristica speciosa** u. a. Arten, zur Verfälschung der Samen u. des Arillus von M. fragrans.

Myristica fragrans Houtt.: Myristica officinalis L.f., Muskatbaum; Fam. Myristicaceae (heim. auf den Bandainseln, Molukken, kult. in allen Tropengebieten, bes. Java, Sri Lanka, Sumatra, Malakka, Westindien); immergrüner, 10-20 m hoher Baum. Stpfl. von **Semen Myristicae:** Myristicae semen, Semen Nucistae, Nux Nucistae, Nux moschata, Muskatsamen, Muskatnuß; der von dem Samenmantel (Arillus) u. der Samenschale befreite u. getrocknete Samen, der meist weiß gekalkt ist (gegen Insektenfraß, früher auch um die Keimfähigkeit auszuschalten, aufgrund des niederländ. Gewürzmonopols). **Off.**: EB6; **Inhaltsst.**: 3-15 % äther. Öl (nach Ph.Helv.6 mind. 6.5 %, s. unten), 25-35 % fettes Öl (s. unten), ca. 30 % Stärke, ca. 6 % N-Substanzen, ca. 13 % N-freie Extraktstoffe, Saponin, Pektin, Farbstoff; **Anw.** volkstüml.: z. B. Beschwerden im Magen-Darm-Trakt, Dyspepsie; äußerl. bei rheumat. Beschwerden; **Macis:** Arillus Myristicae, Flores Macidis, Muskatblüte; Der zusammengedrückte, getrocknete, orangegelbe, sich fettig anfühlende Samenmantel (Arillus) der Muskatnuß, ca. 3-4 cm lang u. ca. 1 mm dick. **Off.**: EB6; **Inhaltsst.**: 5-15 % äther. Öl, fettes Öl (ca. 30 %), Stärke (Amylodextrin, ca. 30 %); **Anw.**: als Aromatikum, Küchengewürz (größere Mengen wirken abortiv); **Myristicae fragantis aetheroleum:** Oleum Myristicae aethereum, Oleum Macidis, Muskatöl, Macisöl; das äther. Öl der getrockneten u. zerkleinerten Samenkerne. **Off.**: ÖAB90, Ph.Helv.8, Ph.Eur.4. Farblose bis schwach gelbl. Flüss. von mildem, hinterher scharf würzigem Geschmack. $\alpha_D^{20°C}$ +8 bis 18°. D. 0.885-0.905. Leicht lösl. in Ethanol; **Inhaltsst.**: ca. 80 % Monoterpene u. 10 % Phenylpropanoide wie Eugenol, Elemicin, Safrol; Monoterpengehalt nach Ph.Eur.: α-Pinen (15.0-28.0 %), β-Pinen (13.0-18.0 %), Sabinen (14.0-29.0 %), Car-3-en (0.5-2.0 %), Limonen (2.0-7.0 %), γ-Terpinen (2.0-6.0 %), Terpinen-4-ol (2.0-6.0 %), Safrol (<2.5 %), Myristicin* (5.0-12.0 %); **Anw.** volkstüml.: z. B. bei Verdauungsbeschwerden, Blähungen, Diarrhö; die Verw. von Muskatnuß bzw. Muskatnußöl wird von der Kommssion E nicht empfohlen; äußerl.: als Hautreizmittel; in der Parfümerie; **Zuber.**: Spir. Melissae compositus, Mixt. oleosobalsamica, Ungt. Rosmarini compositum; **Oleum Nucistae:** Oleum Myristicae expressum, Butyrum Nucistae, Muskatnußöl, Muskatbutter, Muskatbalsam; das aus der Muskatnuß durch Auspressen gewonnene Gem. von fettem u. äther. Öl. Rotbraunes, stellenweise helleres, talgartiges Fett von aromat. Geruch u. Geschmack. Schmp. 45-51 °C. Fast völlig lösl. in heißem Ethanol, Chloroform, Ether, in kaltem Ethanol zu ca. 55 % löslich. **Inhaltsst.**: Triglycerid der Myristinsäure* (75 %), äther. Öl mit Myristicin* (12.5 %), Spuren von Estern; **Anw.** volkstüml.: selten; äußerl. zu Einreibungen; **Tox.**: Die Muskatnuß wird wegen der halluzinogenen Wirkung von Myristicin* u. a. Phenylpropankörper bzw. deren (amphetaminähnl.) Metaboliten missbräuchl. als Ersatzstoff für andere Halluzinogene, z. B. LSD, u. wegen der stark kontrahierenden Wirk. auf den Uterus als Abortivum verwendet; LD bereits wenige Muskatnüsse.
Hom: *Myristica fragrans (HAB1.2),* Nux moschata, Nux Nucistae: getrocknete, von Arillus u. Samenschale befreite Samenkerne mit mind. 5 % äther. Öl; verord. z. B. bei Neurasthenie (Nervenschwäche), Verdauungsstörungen.

Myristica malabarica: s. Myristica argentea.

Myristica sebifera: s. Virola sebifera.

Myristica speciosa: s. Myristica argentea.

Myristicin: 4-Allyl-6-methoxy-1,2-methylendioxybenzol; $C_{11}H_{12}O_3$, M_r 192.22. Strukturformel s. Phenylpropanderivate (Abb.). Schmp. unter −20 °C. Sdp. 276-277 °C. Hellgelbe, stark riechende u. scharf schmeckende Flüss. (vgl. Scharfstoffdrogen); leicht lösl. in Ethanol. Verantwortl. für die Giftigkeit der Muskatnuß (Myristica* fragrans); nat. auch in Macis u. einigen Apiaceenölen, z. B. von Petroselinum* crispum ssp. crispum. **Tox.**: M. wirkt halluzinogen (wegen der dem Mescalin* ähnl. Metaboliten, die nach Applikation entstehen) u. auf den Uterus stark kontrahierend.

Myristinsäure: Tetradecansäure; CAS-Nr. 544-63-8; $C_{13}H_{27}COOH$, M_r 228.36. Schmp. 58 °C. Sdp. 326 °C. Farblose Masse; lösl. in Ethanol, Ether, Chloroform, Benzol, unlösl. in Wasser, nat. in Irisbutter, als Glycerolester in Muskatbutter u. Kokosfett, als Cetylester in Walrat u. Wollfett. **Anw.**: in der Parfümerie.

Myristinylalkohol: s. Myristylalkohol.

Myristylalkohol: Myristinylalkohol; Tetradecan-1-ol, CAS-Nr. 112-72-1; $C_{14}H_{30}O$, M_r 214.38. Schmp. ca. 39 °C. **Anw.**: Konsistenzgeber u. Emulsionsstabilisator für halbfeste Arzneiformen.

Myritol®: s. Triglyceride, mittelkettige.
Myrj®: s. Polyethylenglykolstearate.
Myrobalanen: s. Terminalia chebula.
Myrosinase: s. Glucosinolate.
Myroxylon balsamum var. balsamum: s. Balsamum tolutanum.
Myroxylon balsamum var. pereirae: s. Balsamum peruvianum.
Myrrhentinktur: s. Tinctura Myrrhae.
Myrrhis odorata (L.) Scop.: Aniskerbel, Süßdolde; Fam. Apiaceae (Umbelliferae) (Südeuropa, Alpen). Stpfl. von **Herba Cerefolii hispanici:** Myrrhenkraut. **Inhaltsst.:** äther. Öl (mit Anethol).
Myrtaceae: Myrtengewächse; Fam. der Od. Myrtales; ca. 3000 Arten; meistens trop. u. subtropische Holzpflanzen mit gegenständigen, ledrigen, überwiegend ungeteilten Blättern u. radiären, 4- od. 5-zähligen Blüten, zahlreiche Staubblätter (häufig auffällig gefärbte Filamente), Krone meistens freiblättrig, Fruchtknoten mittel- bis unterständig; beeren-, stein-, kapsel- od. nußartige Früchte. **Chem. Merkmale:** äther. Öl (schizolysigene Sekretbehälter in allen Organen) mit Mono- (z.B. Cineol) u. Sesquiterpenen sowie Phenylpropanderivaten (z.B. Eugenol), ferner Polyphenole u. Gerbstoffe sowie Triterpene (Blattwachse). **Wichtige Gattungen:** z.B. Eucalyptus, Melaleuca, Myrtus, Pimenta, Psidium, Syzygium.
Myrte: s. Myrtus communis.
Myrtecain INN: *N,N*-Diethyl-*N*-{2-[2-(6,6-dimethyl-2-norpin-1-en-2-yl)ethoxy]ethyl}amin; CAS-Nr. 7712-50-7; $C_{17}H_{31}NO$, M_r 265.43. Sdp. 135-140 °C (266-400 Pa). $n_D^{20\,°C}$ 1.477. **Anw.:** Lokalanästhetikum*. Gebräuchl. ist auch Myrtecainlaurilsulfat.

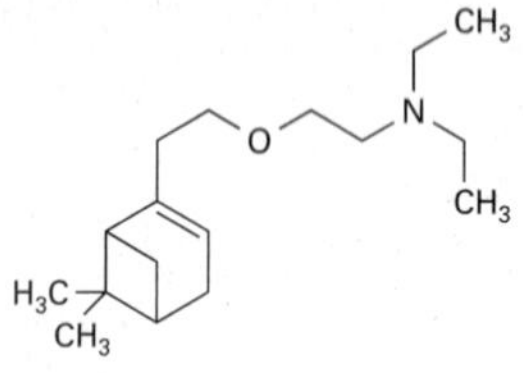

Myrtecain

Myrtengewächse: s. Myrtaceae.
Myrtenol: s. Monoterpene (Abb.).
Myrtenwachs: s. Myrica pensylvanica.
Myrtilli fructus: s. Vaccinium myrtillus.
Myrtillin: Anthocyan; blauroter Farbstoff der Heidelbeere, vgl. Vaccinium myrtillus.
Myrtillocactus geometrizan (Mart.) Console: Fam. Cactaceae (Mexiko, Südkalifornien). **Inhaltsst.:** Saponine u. a. Triterpene.
Hom: *Myrtillocactus geometrizans (HAB1.4)*, Myrtillocactus: frische Sprosse; verord. z.B. bei koronarer Herzkrankheit.
Myrtillus: s. Vaccinium myrtillus.
Myrtle Wax: s. Myrica pensylvanica.
Myrtol: eine bei 160-180 °C siedende Fraktion des äther. Öls von Myrtus* communis. **Best.:** v.a. 1,8-Cineol, Limonen u. (+)-α-Pinen; **Anw.:** Expektorans.
Myrtus communis L.: Myrte; Fam. Myrtaceae (Mittelmeergebiet). Stpfl. von **Folia Myrti:** Myrtenblätter. **Inhaltsst.:** ca. 0.3 % äther. Öl (mit Cineol, Myrtenol, α-Pinen, Dipenten, Geraniol, Nerol), ca. 14 % Gerbstoffe, Bitterstoff; **Anw.** volkstüml.: als Adstringens, bei Bronchialkatarrh.
Hom: *Myrtus communis:* frische, blühende Zweige.
Myrtus pimenta: s. Pimenta dioica.
Myxödem: Bez. für patholog. Ablagerung von Glykosaminoglykanen (s. Mukopolysaccharide) in Haut-, Unterhaut- u. Muskelgewebe, z.B. bei Hypothyreose*.
Myxomycota: s. Pilze.
Myxomyzeten: Schleimpilze (s. Pilze); vielkernige, chlorophyllfreie, sich kriechend fortbewegende Plasmamassen, vgl. Plasmodien. Wachsen in der vegetativen Phase als Amöben u. bilden in der Fruktifikationsphase Sporangien.
Myxoviren: med. wichtige Gruppe mittelgroßer RNA-Viren, die in die beiden Virusfamilien Orthomyxoviridae* (z.B. Influenzaviren) u. Paramyxoviridae* unterteilt wird. Die Bez. der Virusgruppe erfolgte aufgrund der Fähigkeit einzelner dieser Viren, mittels Neuraminidase Mukoproteine von Zellmembranen anzugreifen.
Myzel: Mycel, Mycelium; (bot.) Gesamtheit des aus meist feinfädigen Zellgebilden bestehenden Vegetationskörpers der Pilze*. Diese Fäden können unverzweigt od. verzweigt sein; sie sind ein- od. mehrzellig.
Myzeten: s. Pilze.
Myzetismus: Pilzvergiftung, s. Pilze.

N

ν (gr. Kleinbuchstabe ny): (physik.) Symbol für Frequenz.

n: **1.** (chem.) Kennzeichnung **n**ormaler org. Verb. (ohne Seitenketten). Beispiel: *n*-Hexan, vgl. Nor-. **2.** (physik.) Symbol für Neutron*. **3.** (chem.-physik.) Symbol für Normalität*. **4.** (chem.-physik.) Symbol für Stoffmenge*. **5.** (physik.-chem.) Symbol für Brechungsindex*. **6.** (physik.-chem.) Symbol für Hauptquantenzahl*. **7.** Vorsatzzeichen für Nano-* **8.** (biochem., med.) Symbol für Anzahl der Versuche.

N: **1.** (chem.) Symbol für Stickstoff*. **2.** (physik.) Symbol für Newton*. **3.** Symbol für eine Anzahl.

Na: (chem.) Symbol für Natrium*.

N_A: (chem.) Symbol für Avogadro*-Konstante.

Nabalus serpentaria: s. Prenanthes serpentaria.

Nabel: **1.** (bot.) s. Hilum. **2.** (med.) Umbilicus.

Nabelkompresse: sterile, 4fach gelegte Mullkompresse (17- od. 24-fädig).

Nabelschnur: Funiculus umbilicalis; geht aus dem Haftstrang (Bauchstiel) hervor, führt vom Nabel des Kindes zur fetalen Seite der Plazenta*. Die N. ist ca. 50-60 cm lang u. enthält 2 Arterien u. 1 Vene.

Nabelstrang: (bot.) s. Funiculus.

Nabulus alba: s. Prenanthes serpentaria.

Nabumeton INN: Nabumetonum Ph.Eur.4; 4-(6-Methoxynaphthalin-2-yl)butan-2-on; CAS-Nr. 42924-53-8; $C_{15}H_{16}O_2$, M_r 228.29. **Wirk.** u. **Anw.:** Antirheumatikum, Antiphlogistikum, Hemmer der Cyclooxygenase*, Prodrug* von 6-Methoxy-2-naphthylessigsäure; **UAW:** gastrointestinale Beschwerden, Schwindel; **Dos.:** 0.5-1 g/d.

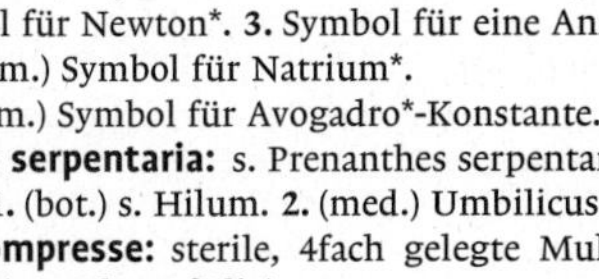

Nabumeton

Nachbargruppeneffekt: chem. beschleunigender od. verlangsamender Effekt einer nachbarständigen funktionellen Gruppe bei versch. Umlagerungs- u. Substitutionsreaktionen.

Nacheichpflicht: s. Eichgesetz.

Nachlast: (engl.) *afterload*; von der Herzmuskulatur bei der Entleerung der Kammer zu überwindende Widerstand; Auswurfwiderstand. Direkt von der Wandspannung u. indirekt vom peripheren Gefäßwiderstand abhängig.

Nachtblindheit: Nyktalopie; eingeschränkte Sehfähigkeit in der Dämmerung u. im Dunkeln. Vgl. Nachtsichtigkeit.

Nachtkerze: s. Oenothera biennis.

Nachtkerzengewächse: s. Onagraceae.

Nachtschatten: s. Solanum.

Nachtschatten, Amerikanischer: s. Phytolacca americana.

Nachtschatten, Bittersüßer: s. Solanum dulcamara.

Nachtschattengewächse: s. Solanaceae.

Nachtschatten, Schwarzer: s. Solanum nigrum.

Nachtsichtigkeit: Tagblindheit, Hemeralopie; eingeschränkte Sehfähigkeit mit Lichtscheu im Hellen bei gutem Sehvermögen im Dämmerlicht od. bei Dunkelheit; Leitsymptom bei Farbenblindheit. Vgl. Nachtblindheit.

Nachtspinne, Schwarze: s. Araneus ixobolus.

Nachzulassung: umgangssprachl. für erstmalige Verlängerung der Zulassung von Arzneimitteln, wenn diese sich bei Inkrafttreten des 2. Deutschen AMG (1.1.1978) im Verkehr befanden und bis zum 30.6.1978 beim Bundesgesundheitsamt* mit dem vorgeschriebenen Vordruck angezeigt wurden. Die Nachzulassung musste spätestens 12 Jahre nach Inkrafttreten des AMG beantragt werden. Arzneimittel, für die kein Antrag auf Nachzulassung gestellt wurde, dürfen nicht mehr in den Verkehr gelangen. Es sind noch nicht alle Anträge auf Nachzulassung durch die Bundesoberbehörde beschieden worden. Zur Überbrückung kann die sog. fiktive Zulassung* in Anspruch genommen werden.

Nacktsamer: s. Gymnospermae.

Nacktschnecke: s. Arion empiricorum.

NAD: Abk. für **N**icotinamid-**a**denin-**d**inucleotid CAS-Nr. 53-84-9; Nadid INN, Coenzym 1, Cozymase, Diphosphopyridinnucleotid (DPN); $C_{21}H_{27}N_7O_{14}P_2$; M_r 663.44. Leicht lösl. in Wasser. pH ca. 2 (1 %ige Lsg.). NAD u. NAD-Phosphat (NADP*) sind Coenzyme Wasserstoff übertragender Enzyme (Dehydrogenasen*, Oxidoreduktasen). NAD u. NADP enthalten Nicotinamid (syn. Niacin, s. Vitamine) u. Adenin*, die jeweils durch eine Riboseeinheit etherartig über eine Diphosphatbrücke miteinander verbunden sind (s. Abb.). Die Coenzymfunktion von NAD u. NADP besteht in einer reversiblen Aufnahme od. Abgabe von Wasserstoff, wobei die reduzierte (NADH + H^+ bzw. NADPH + H^+) od. die oxidierte Form (NAD^+ bzw. $NADP^+$) entsteht. Aus Substrat abgespaltener Wasserstoff geht unter Disproportionierung in ein

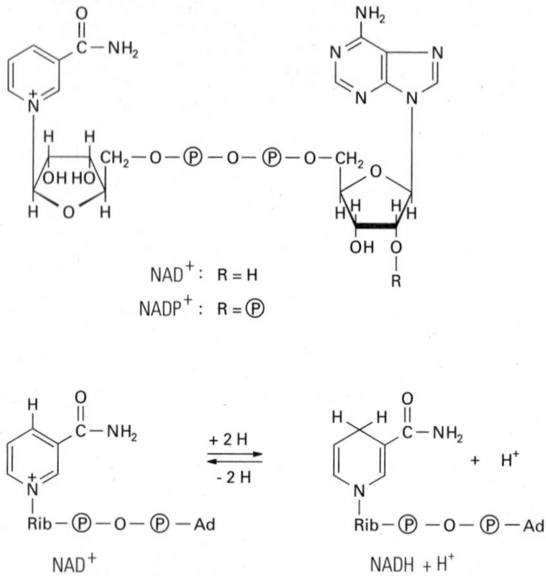

NAD: oben: Gesamtdarstellung von NAD^+ und $NADP^+$; unten: vereinfachte Darstellung von NAD und $NADH_2$

Hydrid-Ion u. ein Proton über (2 H → H^- + H^+). Das H^--Ion wird in stereospezif. Reaktion in Position 4 des Pyridinringes des NAD- od. des NADP-Moleküls angeheftet, das Proton wird von einer anion. Gruppe aufgenommen. Der Wasserstoff geht versch. Stoffwechselwege ein, je nachdem ob er durch NAD od. NADP übertragen wird: der des NADH wird zur Energiegewinnung in die Atmungskette* eingeschleust, der des NADPH steht für Biosynthesen (z. B. Fettsäuren, Steroide) zur Verfügung. **Anw.:** Ther. der Alkohol- u. Suchtgiftabhängigkeit; in der enzymat. Analytik; durch Reduktion zu NADH (bzw.NADPH) verliert der N im Pyridinring die positive Ladung (nur noch zwei Doppelbindungen), es entsteht ein breites Absorptionsmaximum zw. 290 u. 380 nm (Maximum 340 nm). Darauf beruht das UV-Messprinzip. Molarer Absorptionskoeffizient von NADH bzw. NADPH bei 365 nm: $3.4{\times}10^3$ mol^{-1} cm^{-1}. Anw. in der Lebensmittelanalytik; zur Bestimmung von Ethanol z. B. in Lebensmitteln od. im Blut, s. ADH-Methode.

NaDDTC: Abk. für **Na**trium**d**iethyl**d**i**t**hio**c**arbamat*.

Nadelhölzer: s. Coniferopsida.

Nadelholzteer: s. Pix Pinacearum.

NADH: s. NAD.

Nadid INN: s. NAD.

Nadolol INN: Nadololum Ph.Eur.4, 1-(*tert*-Butylamino)-3-[(5,6,7,8-tetrahydro-*cis*-6,7-dihydroxy-1-naphthyl)-oxy]-2-propanol; (2*R*,3*S*)-5-(3-*tert*-Butylamino-2-hydroxypropoxy)-1,2,3,4-tetrahydro-2,3-naphthalindiol; CAS-Nr. 42200-33-9; $C_{17}H_{27}NO_4$, M_r 309.40. Besteht aus 2 Enatiomerenpaaren, die als 2 racem. Komponenten vorliegen (Racemat A u. Racemat B), Strukturformel s. Sympatholytika (Abb. 2). Weißes bis fast weißes, krist. Pulver, schwer lösl. in Wasser, leicht lösl. in Ethanol, unlösl. in Aceton. **Anw.:** Betasympatholytikum (Betarezeptorenblocker), v. a. bei Herzarrhythmien; **Dos.:** p. o. 60-160 mg/d; HWZ 16 h.

NADP: Abk. für **N**icotinamid-**a**denin-**d**inucleotid-**p**hosphat CAS-Nr. 53-59-8; NAD-Phosphat, Triphosphopyridin-nucleotid (TPN), Coenzym II; $C_{21}H_{28}N_7O_{17}P_3$; M_r 743.4. Ein Pyridinnucleotid, das sich von NAD* ledigl. durch einen zusätzl. Phosphorsäurerest am C2-Atom der Ribose des Adenosylsäureanteils unterscheidet. Die spektrophotometr. Eigenschaften von $NADP^+$ u. NADPH sind jenen von NAD^+ u. NADH (s. NAD) völlig analog.

Nadroparin-Calcium: Nadroparinum calcicum Ph.Eur.4, niedermolekulares 4-5 Heparin; Calciumsalz eines niedermolekularen Heparins, das der Monographie Niedermolekulare Heparine (Heparina massae molecularis minor Ph.Eur.4) entspr. muss. **Anw.:** Antikoagulans*, Venenthrombosen (tiefe). **Dos.:** Thromboseprophylaxe bei geringem Risiko: parenteral s. c. 3075 E/d für mindestens 7 d od. bis zur ambulanten Behandlung, 1. Dos. 2-4 h vor dem Eingriff; hohes Thromboserisiko: 41 E/kg KG 12 h vor Eingriff, Gabe 12 h nach dem Eingriff wiederholen.

Nägelein: s. Syzygium aromaticum (Caryophylli flos).

Nähragar: s. Fertignährböden.

Nährböden: flüss. u. feste Zuber. zur In-vitro-Züchtung von Mikroorganismen*. Das Substrat kann dabei den optimalen Lebensbedingungen angepasst werden, heute wird die Mehrheit der N. aus Fertignährböden* hergestellt.

Nährbouillon: s. Fertignährböden.

Nährwert: s. Brennwert, physiologischer.

Nävus: Mal, Muttermal; scharf umschriebene Fehlbildung der Haut. **Formen:** z. B. durch übermäßige Entwicklung (Naevus sebaceus) od. durch Fehlen (Naevus anaemicus) eines od. mehrerer Bestandteile der Haut.

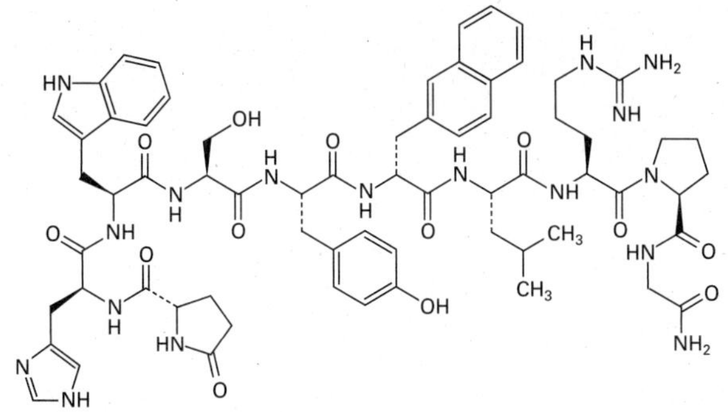

Nafarelin

Nafarelin INN: 6-[3-(2-Naphtalenyl)-*D*-alanin]-luteinisierender Releasinghormonfaktor; 5-Oxo-*L*-prolyl-L-histidyl-*L*-tryptophyl-*L*-seryl-*L*-tyrosyl-3-(2-naphthyl)-*D*-alanyl-*L*-leucyl-*L*-arginyl-*L*-prolylglycinamid; CAS-Nr. 76932-56-4; $C_{66}H_{83}N_{17}O_{13}$, M_r 1322.50. Synthet. Analogon des nat. Gonadotropinfreisetzungshormons Gonadorelin (GnRH). **Wirk.:** LH-RH-Agonist, der 200-mal stärker als LH-RH wirkt; eine ED stimuliert die Freisetzung der Gonadotropine LH u. FSH, wiederholte Gaben reduzieren deren Freisetzung durch neg. Feedback; s. Hormone (Hypophysenvorderlappen); **Anw.:** symptomat. Endometriose*, wenn die ovarielle Hormonbildung unterdrückt werden soll u. nicht primär ein chirurg. Eingriff indiziert ist. **UAW:** Hitzewallungen, Libido- u. Stimmungsveränderungen, Nervosität, Depression u. a.; **Kontraind.:** Schwangerschaft u. Stillzeit, ungeklärte vaginale Blutungen; Anw. unter 18 Jahren. **Dos.:** morgens 1 Sprühstoß in das eine u. abends 1 Sprühstoß in das andere Nasenloch (1 Sprühstoß entspr. 0.2 mg N. od. 0.23 mg Nafarelinacetat). HWZ 4 h. **Nafarelinacetat:** Schmp. 188-190 °C. $[\alpha]_D^{25\,°C}$ −27.4 °C (c=0.9 in Essigsäure). **Nafarelinacetat-Hydrat:** CAS-Nr. 86220-42-0; $C_{66}H_{83}N_{17}O_{13} \cdot x\,C_2H_4O_2 \cdot y\,H_2O$.

Naftidrofuryl INN: Nafronyl; 2-Diethylaminoethyl-2-tetrahydrofurfuryl-3-(1-naphtyl)propionat; CAS-Nr. 31329-57-4; $C_{24}H_{33}NO_3$, M_r 383.53. Sdp. 190 °C (66.7 Pa). $n_D^{29\,°C}$ 1.5513. d_4^{31} 1.0465. **Wirk.:** soll den Zellstoffwechsel anregen, Bradykinin-antagonist. u. spasmolyt. wirken; **Anw.:** Vasodilatator*, Sympatholytikum*; Ind.: zerebrale u. periphere Durchblutungsstörungen; **UAW:** Übelkeit, Magenschmerzen, Schlaflosigkeit; **Dos.:** p. o. 2-3×50 mg/d; oral retard 2×100 mg/d; parenteral (i. a., i. m., i. v.) 1×40 mg/d, Infusion i. v. 400 mg in 500 mL Infusionslsg. innerhalb 2 h; HWZ 1 h. **Naftidrofurylhydrogenoxalat:** Naftidrofuryli hydrogenooxalas Ph.Eur.4; $C_{24}H_{33}NO_3 \cdot C_2H_2O_4$, M_r 473.57. Schmp. 119-113 °C. Weißes bis fast weißes Pulver, leicht hygroskop., lösl. in Wasser u. Ethanol. **Dos.:** bei zerebrovaskularen Beschwerden p. o. 3×0.1 g/d; bei peripheren Gefäßstörungen p. o. 3×0.1-0.2 g/d.

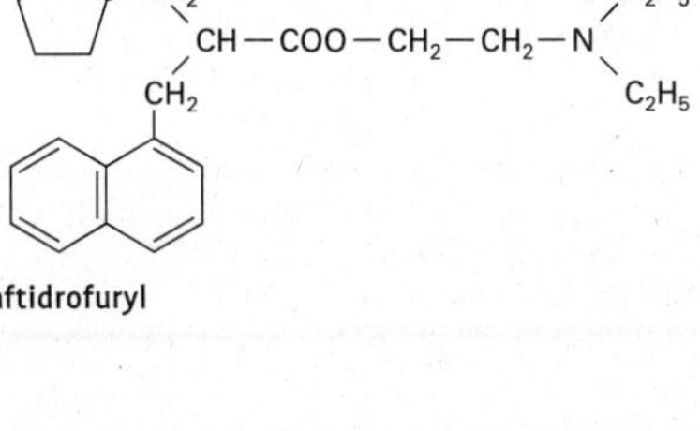

Naftidrofuryl

Naftifin INN: (*E*)-*N*-Cinnamyl-*N*-methyl(1-naphthylmethyl)-amin; CAS-Nr. 65472-88-0; $C_{21}H_{21}N$, M_r 287.4. **Anw.:** Antimykotikum*; vgl. Terbinafin.

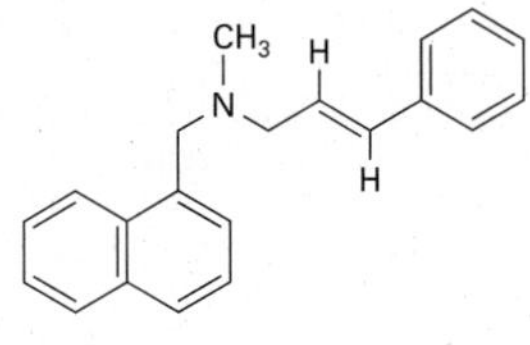

Naftifin

Nagelpilz: Nagelmykose, Onychomykose; Infektion der Nägel, häufig der Fußnägel, durch Pilze. **Begünstigend:** Durchblutungsstörungen, Hyperhidrose, ungeeignetes Schuhwerk, Pediküreverletzungen; **Ther.:** Nagelauflösung mit 40 %iger Harnstoffsalbe, lokale u. system. Antimykotika*.

Nahrung, Einfluss auf Arzneimittelwirkung: Wechselwirkung mit Nahrung; die bei gleichzeitige Einnahme von einem Arzneimittel u. fester od. flüssiger Nahrung auftretende Beeinflussung von LADME* der Wirkstoffe. Bei p. o.-Applikation können insbes. die Veränderung des pH-Wertes im Magen, die Verzögerung der Magenentleerung, eine Erhöhung der Gallensekretion, die Adsorption der Wirkstoffe an Proteinen u. Kohlenhydraten sowie Komplexbildungen die Resorption beeinflussen. Befunde zur Verbesserung od. Verschlechterung der Bioverfügbarkeit durch Nahrung sind uneinheitl. (je nach Zusammensetzung der Mahlzeit u. den physikochem. Eigenschaften des Arzneistoffs), so dass keine allg. Einnahmeempfehlung gegeben werden kann. Viele Arzneistoffe (z. B. Penicilline) werden schlechter resorbiert u. sollten daher ca. eine Stunde vor der Mahlzeit gegeben werden. Andere, v. a. lipophile Arzneistoffe (z. B. Griseofulvin, Propranolol, Metoprolol) sind bei fettreicher Nahrung besser bioverfügbar u. sollten daher zu den Mahlzeiten eingenommen werden. Die Einnahme zur Mahlzeit kann trotz verringerter Bioverfügbarkeit angezeigt sein, wenn dadurch UAW reduziert werden. Die Beeinflussung der Elimination ist über die Veränderung des Harn-pH-Wertes möglich.

Nahrungsergänzungsmittel: gemäß EU-Recht „Lebensmittel, die dazu bestimmt sind, die normale Ernährung zu ergänzen u. die aus Einfach- oder Mehrfachkonzentraten von Vitaminen od. Mineralstoffen od. sonstigen Stoffen mit ernährungsspezif. oder physiol. Wirkungen bestehen u. in dosierter Form in Verkehr gebracht werden, d.h. in Form von z.B. Kapseln, Pastillen, Tabletten, Pillen und ähnlichen Darreichungsformen, Pulverbeuteln, Flüssigampullen, Flaschen mit Tropfeinsätzen u. ähnl. Darreichungsformen von Flüssigkeiten u. Pulvern zur Aufnahme in abgemessenen kleinen Mengen". Innerhalb der EU-Mitgliedstaaten sind die rechtl. Regelungen sehr heterogen. Eine Zulassungspflicht wie bei Arzneimitteln besteht nicht; allerdings dürfen diese Erzeugnisse, wie andere Lebensmittel auch, nicht gesundheitl. bedenkl. sein u. nicht mit arzneil. Zweckbestimmungen beworben werden. N. sind für die normale Ernährung, also weder als diätet. Lebensmittel, noch als Arzneimittel, bestimmt. Die Einordnung als N. wird mitunter missbräuchl. betrieben, um eine Zulassung als Arzneistoff zu umgehen. Daher dürfen N. keine Eigenschaften zugeschrieben werden, die der Verhütung, Behandlung od. Heilung einer Humanerkrankung dienen u. es darf nicht auf diese Eigenschaften hingewiesen werden. **Deutschland:** eine gesonderte gesetzl. Regelung gibt es für N. in Deutschland nicht. Sie sind Lebensmittel, dienen also der Ernährung u. dem Genuss. Die Anpreisung darf nicht mit arzneil. Zweckbestimmung erfolgen. Eine klare Abgrenzung zu Arzneimitteln ist schwierig, wenn die Kennzeichnung zum Bestimmungszweck nicht eindeutig ist u. Zutaten verwendet werden, die i.Allg. nicht zur Ernährung oder zum Genuss verwendet werden. **Österreich:** N. fallen unter das Lebensmittelgesetz BGBl. Nr. 86/1975, i.d.F. 2003. **Schweiz:** Die unter die Lebensmittelgesetzgebung fallenden N. sind in der Lebensmittelverordnung (LMV, SR 817.02) geregelt. Es bestehen u.a. Vorgaben für die zugelassenen Vitamine u. Mineralstoffe u. die empfohlenen Tagesdosen.

Nahrungsmittel: s. Lebensmittel- u. Bedarfsgegenständegesetz.

Nahrungsmittelallergie: vorwiegend im Kleinkindesalter, aber auch bei Erwachsenen auftretende Allergie* vom Soforttyp mit primär gastrointestinalen Symptomen (Brechdurchfall, Obstipation, Kolik). Sekundär treten nach Verzehr bestimmter Nahrungsmittel, z.B. Kuhmilch, Hühnerei, Soja, Roggen- u. Weizenkorn, Sämereien, Hefe, Kartoffeln, Tomaten, Sellerie, Paprika, Nüsse, Mandeln, Stein- u. Kernobst, Fische u. Schalentiere auch respirator. u. kutane Reaktionen auf; evtl. Auftreten pollenassoziierter N. z.B. gegenüber Äpfeln, Möhren, Kirschen od. Kiwi bei Baumpollen-Allergikern.

Nahrungsstoffe: chem. Elemente u. Verb., die vom Organismus für den Aufbau von körpereigenen Stoffen verwendet werden können. Essentielle N. können vom Organismus nicht od. nur in zu geringer Menge synthetisiert werden. Einteilung: **1.** Wasser (in geringen Mengen vom Organismus hergestellt); **2.** Proteine*, Aminosäuren*; **3.** Fette bzw. Fettsäuren*; **4.** Kohlenhydrate* (nicht essentiell); **5.** Vitamine* (z.T. im Organismus selbst synthetisiert); **6.** Mineralstoffe*.

Nahtmaterial, chirurgisches: Suturamenta medicinalia; Materialien zum Anlegen einer chirurgischen Naht in Form von **1.** Fäden: s. Fadenmaterial, chirurg.; **2.** Implantaten*, z.B. Klipse aus Edelstahl, Titan od. Polydioxan (PDS), Stifte (Pins) aus PDS für Osteosynthesen, Netze u. Kissen aus Polypropylen zur Deckung von Fasziendefekten.

Naja naja L.: Naja tripudians Merr., Brillenschlange, Kobra; Fam. Elapidae (Ostindien, China). **Inhaltsst. des Giftes:** (Cobratoxin) stark bas. Polypeptide (Neurotoxine), führt zu systol. Herzstillstand; s. Schlangengifte; **Anw.:** äußerl. z.B. in Form von Salben als Antirheumatikum u. Analgetikum.

Hom: *Naja naja (HAB1.5),* Naja tripudians: schonend getrocknetes Gift; verord. z.B. bei Herzerkrankungen wie akuter u. chron. Myokarditis, Endocarditis (Herzinnenhautentzündung), Reizleitungsstörungen, bei sept. Prozessen.

Nalbuphin INN: 17-(Cyclobutylmethyl)-4,5-epoxymorphinan-3,6,14-triol; CAS-Nr. 20594-83-6; $C_{21}H_{27}NO_4$, M_r 357.46. Schmp. 231 °C. **Nalbuphinhydrochlorid**: CAS-Nr. 23277-43-2. **Wirk.** u. **Anw.:** starkes Analgetikum bei postoperativer Schmerzther., bei Opioid-induzierter Atemdepression; hohe Affinität zum μ-Rezeptor, keine zum σ-Rezeptor. **UAW:** Übelkeit, Erbrechen; **Dos.:** i.v. 0.15-0.30 mg/kg KG.

Nalidixinsäure INN: Acidum nalidixicum Ph.Eur.4, 1-Ethyl-7-methyl-1,8-naphthyridin-4-on-3-carbonsäure; 1-Ethyl-1,4-dihydro-7-methyl-4-oxo-1,8-naphthyridin-3-carbonsäure; CAS-Nr. 389-08-2; $C_{12}H_{12}N_2O_3$, M_r 232.23. Schmp. 229-230 °C (polymorph). Unlösl. in Wasser, 1:910 in Ethanol, 1:350 in Aceton, 1:25 in Chloroform; lösl. in Alkalihydroxid- u. -carbonat-Lsg.; pK_S 6.0. Synthet. Naphthyridin-Derivat. **Anw.:** Chemotherapeutikum* geg. gramnegative Keime, wie E. coli, Klebsiellen, Salmonellen, Shigellen, Proteus u. Brucellen; grampositive Keime sind resistent; Hauptind.: Harnweginfekte; die Wirk. bleibt vom pH-Wert des Urins unbeeinflusst; durch neuere Gyrasehemmer* weitgehend überholt. **UAW:** u.a. Übelkeit, Magenschmerzen, Diarrhö; vgl. Gyrasehemmer; **Dos.:** bei akuten Fällen p.o. 4×1.0 g/d, zur Langzeitbehandlung 2×1.0 g/d; Kinder über 1 Jahr 3×20 mg/kg KG/d; Kinder ab 4 Monaten am 1. Tag 20 mg/kg KG, dann 12 mg/kg KG/8 h; schnelle sekundäre Resistenzentwicklung; HWZ 1.5-2 h. Gebräuchl. ist auch Natrium-nalidixat, Natrium-nalidixat-Monohydrat.

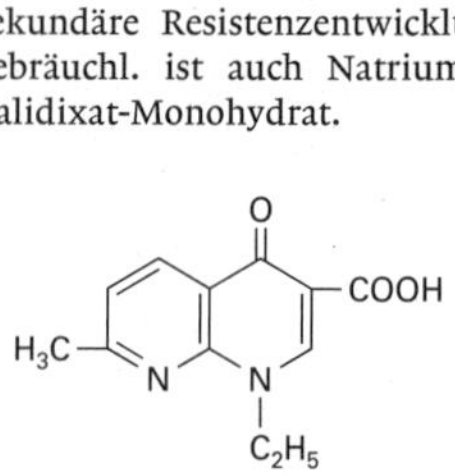

Nalidixinsäure

Nalorphinhydrochlorid: *N*-Allylmorphin; (–)-(5*R*,6*S*)-9a-Allyl-4,5-epoxy-morphin-7-en-3,6-diol-hydrochlorid; $C_{19}H_{21}NO_3 \cdot HCl$, M_r 347.85. Schmp. 260-263 °C. Weißes, geruchloses krist. Pulver, das sich an Luft u. Licht dunkler färbt; leicht lösl. in Wasser (1:8), in verd. Alkalilaugen, wenig lösl. in Ethanol, fast unlösl. in Ether u. Chloroform. **Anw.:** Opiatantagonist*; **Dos.:** 5-10 mg (ggf. alle 10-15 min) i. v., i. m. oder s. c.; Gesamtdos. 40 mg.

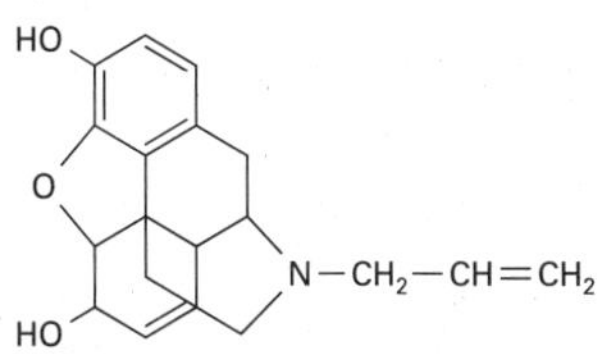

Nalorphinhydrochlorid

Naloxon INN: *N*-Allyl-4,5α-epoxy-3,14-dihydroxy-6-morphinanon; CAS-Nr. 465-65-6; $C_{19}H_{21}NO_4$, M_r 327.37. Strukturformel s. Naltrexonhydrochlorid (Abb.). Schmp. 177-178 °C. Lösl. in Chloroform, fast unlösl. in Petrolether. **Anw.:** spezif. Opiatantagonist*, besitzt keine morphinagonist. Eigenschaften. **Naloxonhydrochlorid:** CAS-Nr. 357-08-4; $C_{19}H_{22}ClNO_4$, M_r 363.84. Schmp. 200-205 °C (kristallisiert aus Ethanol/Ether). Leicht lösl. in Wasser, lösl. in Ethanol; fast unlösl. in Ether. **Naloxonhydrochlorid-Dihydrat:** Naloxoni hydrochloridum dihydricum Ph.Eur.4; CAS-Nr. 51481-60-8; $C_{19}H_{22}ClNO_4 \cdot 2\,H_2O$, M_r 399.87. Weißes bis fast weißes, krist., hygroskop. Pulver, leicht lösl. in Wasser, lösl. in Ethanol, unlösl. in Toluol. **Dos.:** parenteral: Erwachsene i. v. 0.1-0.2 mg/2-3 min; Kinder i. v. 0.005-0.01 mg/kg KG/2-3 min; bei Opioid-Überdosierung (i. v., i. m., s. c.) 0.4-2 mg bis max. 10 mg.

Naltrexonhydrochlorid: (–)-(5*R*,14*S*)-9a-Cyclopropylmethyl-4,5-epoxy-3,14-dihydroxymorphinan-6-on-hydrochlorid; $C_{20}H_{23}NO_4 \cdot HCl$, M_r 377.9. **Anw.:** spezif. Morphinantagonist (Opiatantagonist*), länger u. 17-mal stärker wirksam als Naloxon*.

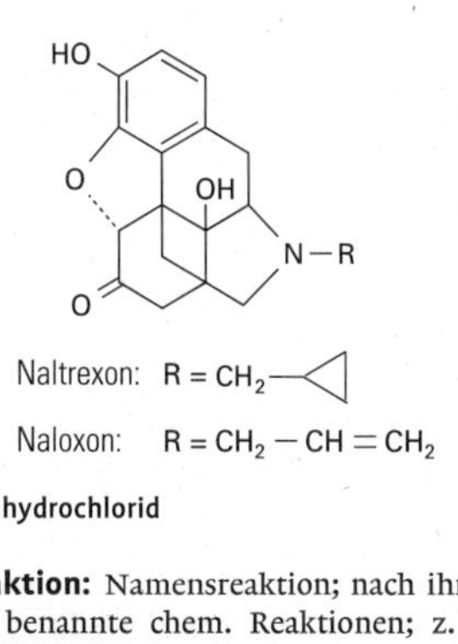

Naltrexonhydrochlorid

Namenreaktion: Namensreaktion; nach ihren Entdeckern benannte chem. Reaktionen; z. B. Claisen*-Kondensation.

Namen, systematische: s. Nomenklatur.

Nanacatl: s. Amanita mexicana.

Nandrolon INN: Norandrostenolon, 19-Nortestosteron, Nortestrionat, Oestrenolon; 17β-Hydroxy-4-estren-3-on; CAS-Nr. 434-22-0; $C_{18}H_{26}O_2$, M_r 274.39. Schmp. 112 °C bzw. 124 °C. $[\alpha]_D^{22\,°C}$ +55° (c = 0.93 in Chloroform). Lösl. in Ethanol, Ether, Chloroform. **Anw.:** s. Anabolika; **Dos.:** parenteral i.m. 1 × 25 mg alle 4 Wochen, in schweren Fällen die doppelte Dos.; HWZ 6 d. Gebräul. sind auch Nortestosteroncypionat, Nandrolondecanoat, Nandrolonhydrogensulfat, Nandroloncyclohexylpropionat, Nandrolonlaurat, Nandrolon-(3-phenylpropionat), Nandrolon-3-(4-hexyloxyphenyl)propionat, Nandrolonundecanoat.

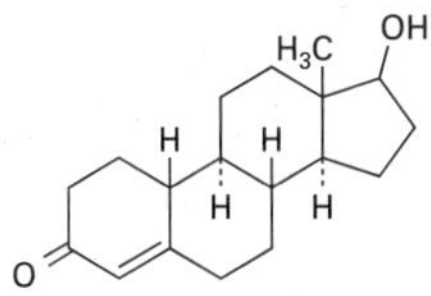

Nandrolon

Nanimycin: s. Rifamycine (Rifamycin B).

Nano- (lat. nanus Zwerg): Symbol n; gesetzl. Vorsatz für das 10^{-9}fache einer Einheit; vgl. SI-Einheiten.

Nanoemulsionen: O/W-Emulsionen mit Tropfen einer Größe von ca. 50-1000 nm. **Anw.:** parenteralen Ernährung; als Arzneistoffträger. Der Ölgehalt von N. liegt meist zw. 10 u. 20 % u. ist mit 0.5 bis 2 % Ei- od. Sojalecithin stabilisiert. Eine Stabilisierung von N. mit Polymeremulgatoren ergibt Vorteile hinsichtl. der chem. Stabilität u. einer höheren Toleranz gegenüber Elektrolyten. Durch Verwendung geeigneter Polymere kann ein mukoadhäsiver Effekt (s. Bioadhäsion) erwartet werden. Neben der parenteralen Anw. scheint ihr Einsatz an anderen Applikationsorten hinsichtl. der Wirkstoffaufnahme aufgrund eines mukoadhäsiven Effekts vorteilhaft zu sein, z. B. peroral, okular od. vaginal.

Nano-HPLC: Abk. für (engl.) *nano high performance liquid chromatography;* s. Chromatographie (Hochdruckflüssigkeitschromatographie).

Nanokapseln: Kapseln in kolloider Größe mit einem Durchmesser von 20 bis max. 250 nm, die in einer Polymerhülle eine wässrige Arzneistofflösung enthalten. Herst. (Verfahren von Speiser u. Birrenbach) durch Emulgieren der wässrigen Arzneistofflösung in einer hydrophoben Flüssigkeit mit Hilfe eines Tensids u. Polymerisation durch Zugabe eines filmbildenden Monomers, eines Katalysators sowie von Vernetzungsmitteln, die sich in der Grenzfläche zu den Tröpfchen anlagern. Nach dem Ersatz des lipophilen Dispersionsmittels durch Wasser werden die N. gewaschen u. abgetrennt. Die N. sind wegen ihrer Dimensionen mitsamt dem eingeschlossenen Material kolloid löslich. Unter **Nanoverkapselung** versteht man das Umhüllen von mizellaren Systemen, Mikroemulsionen u. kolloiden Feststoffen zu ultrafeinen Partikeln mit einem festen Überzug. N. sollen für Injektionspräparate mit verlängerter Wirksamkeit einsetzbar sein.

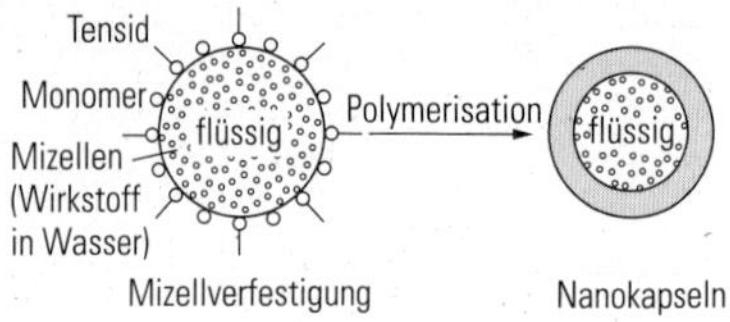

Nanokapseln

Nanopartikel: kolloide Teilchen mit einem Durchmesser von ca. 150-500 nm. **Herst.:** Wirkstoffe mit Makromolekülen (z. B. Gelatine, Albumin, feste Lipide, Polymere) werden in Lösung assoziiert. Durch Zugabe von Stoffen, die Lösungsmittelmoleküle dem Solsystem entziehen z. B. Elektrolyten, Alkoholen (sog. Salting-out-Verfahren) u. Aceton (sog. Solvent-disposition-Verfahren), erfolgt eine Desolvatation, die eine ultrafeine Koazervation bewirkt, wobei die Arzneistoffe in die dabei entstehenden Nanopartikel eingeschlossen werden. Eine Härtung kann durch Zugabe von quervernetzenden Stoffen erforderl. sein (mit Ausnahme bei festen Lipiden als Träger); eine Stabilisierung ist durch zugesetzte Tenside od. Polymere möglich. Die nach Anreicherung u. Reinigung mittels Ultrafiltration erhaltenen sog. Nanopellets sind nach Gefriertrocknung* lagerfähig u. in wässrigen Systemen redispergierbar.Verabreichung i. v. führt zu einer Anreicherung von N. in Leber u. Milz. Aktive Targetprinzipien sind in Erprobung. Die Wirkstoffe werden durch Abbau des Trägermaterials freigesetzt. s. Lipidnanopartikel, feste.

Nanosysteme: zu den N. werden die Nanokapseln*, Nanopartikeln* u. Nanoemulsionen* gezählt.

Napadisilat: Napadisilas; chem. Kurzbez. für 1,5-Naphthalindisulfonat.

Naphazolin INN: 4,5-Dihydro-2-(1-naphthylmethyl)imidazol; CAS-Nr. 835-31-4; $C_{14}H_{14}N_2$, M_r 210.27. **Anw.:** Vasokonstriktor*, Adstringens, Alphasympathomimetikum; Ind.: lokal bei Reizungen u. allerg. Erkrankungen am Auge, Bindehaut- u. Lidrandentzündung, Schnupfen; **UAW:** s. Oxymetazolin; **Dos.:** konjunktival Tropfen 0.1 %; intranasal Tropfen 0.05 %. **Naphazolinnitrat:** Naphazolini nitras Ph.Eur.4, Naphazolinum nitricum, Naphthylmethylimidazolinum nitricum; CAS-Nr. 5144-52-5; $C_{14}H_{15}N_3O_3$, M_r 273.3. Schmp. 167-170 °C. Weißes, krist. Pulver; wenig lösl. in Wasser, lösl. in Ethanol, sehr schwer lösl. in Chloroform. **Naphazolinhydrochlorid:** Naphazolini hydrochloricum Ph.Eur.4, Naphthylmethylimidazolinhydrochlorid; CAS-Nr. 550-99-2; $C_{14}H_{15}ClN_2$, M_r 246.7. Schmp. 250-258 °C (unter Zers.). Weißes, krist. Pulver, lösl. in 6 T. Wasser, 15 T. Ethanol, schwer lösl. in Chloroform.

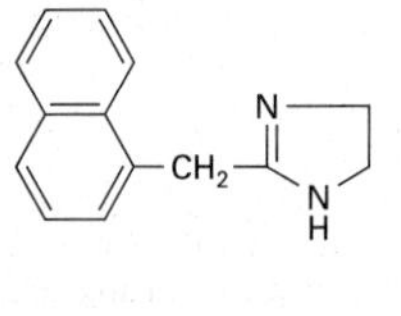

Naphazolin

Naphazolinhydrochlorid-Augentropfen: s. Augentropfen.

Naphazolinhydrochlorid-Nasentropfen: s. Rhinoguttae.

Naphazolini hydrochloricum: s. Naphazolin.

Naphazolini nitras: s. Naphazolin (Naphazolinnitrat).

Naphazolinum nitricum: s. Naphazolin (Naphazolinnitrat).

Naphtha: **1.** uneinheitl. verwendeter Name für versch. bei der Erdöldest. anfallende Fraktionen von Rohbenzin. **2.** alter Name für Erdöl.

Naphthacen: s. Tetracen.

Naphthalin: Naphtalinum, Naphthalen; $C_{10}H_8$; M_r 128.1; D. 1.145; Schmp. 81 °C; Sdp. 217-218 °C. Farblose, glänz. Kristallblättchen von eigenartigem, durchdringendem Geruch. Lösl. in Ethanol, Ether, Chloroform, Schwefelkohlenstoff, Benzol, erwärmt auch in fetten Ölen u. Paraffinum liquidum lösl., unlösl. in Wasser. N. sublimiert leicht u. verbrennt beim Entzünden mit leuchtender, stark rußender Flamme zu CO_2 u. H_2O-Dampf. Geschmolzenes N. löst z. B. Phosphor, Schwefel, Indigo, Arsensulfid, Antimonsulfid. N. ist zu 5-10 % im Steinkohlenteer enthalten, es scheidet sich beim Erkalten der zw. 170-250 °C übergehenden Fraktion aus, auch in einigen Erdölen u. spurenweise in äther. Ölen. **Anw.** med.: früher innerl. als Darmantiseptikum bei Typhus, als Anthelminthikum; äußerl.: bei Hautkrankheiten (Krätze); techn.: zur Konservierung (geg. Schimmelpilze), als Mottenmittel u. geg. Spinnmilben; als Feueranzünder; zur Herst. von Decalin, Tetralin, zu Farbstoffsynthesen, zur Herst. von Kunstharzen, Kunstwachsen, Kunststoffen.
Hom: *Naphthalinum:* verord. z. B. bei Erkrankungen des Auges u. der Bronchien.

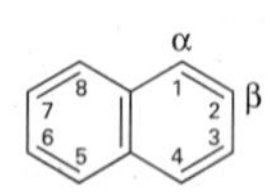

Naphthalin

Naphthalinsulfonsäuren: Acidum naphthalinsulfonicum; sehr hygroskop., an feuchter Luft zerfließl., kristallisierbare Substanzen, die bei der Einw. von konz. Schwefelsäure auf Naphthalin entstehen. **Anw.:** Zwischenprodukte bei der Herst. bestimmter Farbstoffe.

Naphthene: veraltete Bez. für die Cycloalkane*.

Naphthensäuren: alicycl., ein- od. zweikernige Monocarbonsäuren, bes. des Cyclopentans u. Cyclohexans. Best. des kaukas. Baku-Erdöls; dunkle, nach Raffinierung hellgelbe, dickflüssige, verseifbare Öle. Die Alkalisalze der N. werden wegen ihrer hohen Schaumkraft u. reinigenden Wirk. zur Herst. billiger Seifen verwendet, auch zu Sikkativen, Anstrichmitteln usw., ihre Kupfersalze zur Ungeziefervertilgung.

Naphthin: s. Benzochinoline.

β-Naphthochinolin: s. Benzochinoline.

α-Naphthochinon: 1,4-Naphthochinon, Alphanaphthochinon, 1,4-Naphthalendion; $C_{10}H_6O_2$, M_r 158.2. Schmp. 125 °C. Intensiv gelbe, sublimier-

α-Naphthochinon
1,4-Naphthochinonderivate, Beispiele für Naphthochinonfarbstoffe

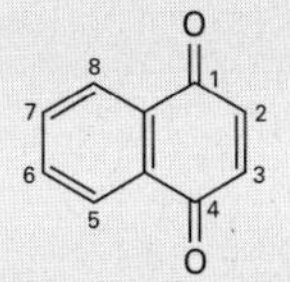

	Substituent am C– 2	3	5	8	Vorkommen (Beispiele)
Juglon	H	H	OH	H	Juglans* regia
Lawson	OH	H	H	H	Lawsonia* inermis
Plumbagin	CH_3	H	OH	H	Plumbago-, Drosera-Arten
Droseron	CH_3	OH	OH	H	Drosera-Arten
Ramenton	CH_3	H	OH	OH	Drosera-Arten
Lapachol	$CH_2-CH=C(CH_3)_2$	OH	H	H	Bignoniaceae*
Alkannin	$CH(OH)-CH_2-CH=C(CH_3)_2$	H	OH	OH	Alkanna tuberosa

bare Kristallnadeln, lösl. in Ether, Benzol, Chloroform, sehr schwer lösl. in Wasser. **Vork.:** Grundstruktur von Naturfarbstoffen (Naphthochinonfarbstoffe) u. K-Vitaminen. **Anw.** med.: früher als Antimykotikum; techn.: zur Herst. von Kunstharzen, Kunstkautschuk, Farbstoffen. **1,4-Naphthochinonderivate: Vork.:** als Phyllochinon (s. Vitamine, Vitamin K) ubiquitär in grünen Pflanzen, sonst nur vereinzelt; relativ häufig bei Plumbaginaceae, Juglandaceae, Droseraceae, Bignoniaceae, Lythraceae; z. T. unterschiedl. Biogenese. Vielfach liegen die leicht zu dunkelbraunen Farbstoffen polymerisierenden N. genuin als Glucoside der entspr. Naphthohydrochinone vor; s. Juglans regia. **Wirk.:** als Phytoallexine, antibakteriell u. fungistat., die prenylierten Naphthochinone, z. B. Lapachol*, sind hautirritierend, v. a. jene mit langer Prenylseitenkette (Vitamin K) auch antihämorrhagisch. **Anw.:** die einfachen Derivate u. a. als Farbstoffe für Haare, Fingernägel, z. B. Henna; s. Lawsonia inermis.

β-Naphthochinon: 1,2-Naphthochinon; $C_{10}H_6O_2$, M_r 158.2. Orangerote Kristalle, die sich bei 145-147 °C zersetzen. Entsteht bei der Oxidation des 1-Aminonaphthols (1-Amino-2-Hydroxynaphthalin). **Anw.:** Reagens auf Resorcin, Ausgangsmaterial zur Farbstoffherstellung.

Naphthochinon-Farbstoffe: s. α-Naphthochinon.

1,2-Naphthochinon-4-natriumsulfonat: $C_{10}H_5NaO_5S$, M_r 260.2. Gelbe bis orangegelbe Kristalle od. krist. Pulver, lösl. in Wasser, wenig lösl. in Ethanol 96 %. **Anw.:** zum Nachw. von Aminosäuren*.

Naphthodianthrone: Naphthoanthrachinone; dimere Anthracenverbindungen wie Hypericin* u. Fagopyrin, die photosensibilisierend wirken (s. Photosensibilisatoren). **Vork.:** z. B. in Hypericum- u. Fagopyrum-Arten.

Naphthohydrochinone: s. α-Naphthochinon.

1-Naphthol: α-Naphthol; $C_{10}H_8O$, M_r 144.2. Schmp. 95-97 °C (polymorph). Sdp. 288 °C. Farblose bis rötl. Kristalle od. krist. Pulver. **Anw.:** s. Molisch-Reaktion, Lustgarten-Reaktion.

2-Naphthol: β-Naphthol, Isonaphthol, Naphtholum; $C_{10}H_8O$, M_r 144.17. Schmp. 121-123 °C (polymorph). Sdp. ca. 285 °C. Farblose, glänzende Kristallblättchen od. weißes, krist. Pulver von phenolartigem Geruch; leicht lösl. in Ethanol, Chloroform, Alkalilauge, fetten Ölen; sehr schwer lösl. in Wasser (0.1 %), lösl. in siedendem Wasser (ca. 1.2 %). **Darst.:** Erhitzen von Naphthalin mit Schwefelsäure im Autoklaven bei 200 °C. **Off.:** DAC86, ÖAB81, Ph.Helv.7. **Anw.** med.: früher äußerl. bei Hautkrankheiten (Krätze); vet.: Wurm- u. Räudemittel. **Tox.:** Hautresorption kann Vergiftung auslösen (Hämaturie, Nephritis).

Naphthol AS®: s. Naphtol AS®.

1-Naphtholbenzein: $C_{27}H_{18}O_2$, M_r 374.4. Rötl. braunes Pulver, sehr wenig lösl. in Wasser, leicht lösl. in Ethanol, Chloroform, Ether. **Anw.:** als Indikator* bei der Titration von Basen in nichtwässrigem Lösungsmittel, Umschlagsbereich: pH 8.8-11, farblos - grün.

β-Naphtholbismut: basisches Bismut-β-naphtholat, Bismutum-β-Naphtholicum; $Bi_2O_2(OH)(C_{10}H_7O)$, M_r 608. Hellbraunes amorphes Pulver, geruch- u. geschmacklos, unlösl. in Wasser, sehr schwer lösl. in Ethanol. **Anw.** med.: früher innerl. als Darmantiseptikum bei Cholera, Typhus (0.2-1 g mehrmals tägl.); äußerl. als Wundantiseptikum.

Naphtholgelb: 2,4-Dinitro-1-naphthol-Natriumsalz; $C_{10}H_5N_2NaO_5$, M_r 256.2. Orangegelbes Pulver od. Kristalle; leicht lösl. in Wasser, schwer lösl. in Ethanol. Umschlagsbereich: pH 2.0-3.2, farblos — gelb. **Anw.:** Reagens Ph.Eur.4.

α-Naphtholphthalein: $C_{26}H_{18}O_4$. Schmp. ca. 254 °C. Grau-rötl. Pulver, lösl. in Ethanol, sehr schwer lösl. in Wasser. **Anw.:** in 0.1 %iger alkohol. Lsg. als Indikator*, Umschlagsbereich: pH 7.3-8.7, rötl. — blaugrün.

Naphtholum benzoicum: s. Benzonaphthol.

β-Naphtholum salicylicum: s. Naphthylsalicylat.

Naphthoresorcin: s. 1,3-Dihydroxynaphthalin.

Naphthyl-: Wortteil mit der Bedeutung die Gruppe $-C_{10}H_7$ (von Naphthalin abgeleitet).

1-Naphthylamin: α-Naphthylamin; $C_{10}H_9N$, M_r 143.2. Schmp. 49-51 °C (polymorph). Sdp. 301 °C. D. 1.13. Fast farblose Kristalle od. fast weißes, krist. Pulver, an der Luft sich rötend, von bitterem Geschmack, leicht lösl. in Ethanol u. Ether, wenig lösl. in Wasser. **Anw.:** Farbenfabrikation (Azofarbstoffe*); Reagens Ph.Eur.4.

Naphthylamin-Sulfanilsäure-Lösung: Herst.: 0.5 g Sulfanilsäure werden in 30 mL Essigsäure gelöst. Die Lsg. wird mit Wasser zu 150 mL verdünnt (Lsg. A); 0.15 g 1-Naphthylamin werden in 30 mL Essigsäure gelöst. Die Lsg. wird mit Wasser zu 150 mL verdünnt u., falls erforderl., unter Zusatz von Zinkstaub entfärbt (Lsg. B). Bei Bedarf werden gleiche Volumenteile beider Lsg. gemischt. **Anw.:** Nachw. von Nitrat in destilliertem Wasser.

β-Naphthylbenzoat: s. Benzonaphthol.

Naphthylethylendiamindihydrochlorid: Braton-Marshall-Reagens; *N*-1-Naphthyl-ethylendiamin-dihydrochlorid, $C_{12}H_{16}Cl_2N_2$, M_r 259.2. Dihydrat: M_r 295.2. Weißes od. gelbl. weißes, krist. Pulver, lösl. in ca. 30 T. Wasser, wenig lösl. in Ethanol. **Anw.:** zur Gehaltsbestimmung von Folsäure (s. Vitamine, Folsäure), zum Sulfonamidnachw. in Körperflüss., zum Nachw. von Kalium, Nitrit, Sulfat. Reagens Ph.Eur.4: als Kupplungspartner für Diazoniumsalze*.

Naphthylmethylimidazolinhydrochlorid: s. Naphazolin (Naphazolinhydrochlorid).

Naphthylmethylimidazolinum nitricum: s. Naphazolin (Naphazolinnitrat).

β-Naphthylsalicylat: β-Naphtholum salicylicum, β-Naphthalol, Betol; früher angewendet wie Natriumsalicylat*.

α-Naphthylthioharnstoff: Antu; $C_{10}H_7-NH-CS-NH_2$, M_r 202.3. Farblose, bittere Kristalle; sehr giftig (MAK 0.3 mg/m^3 Luft); prakt. unlösl. in Wasser, Ethanol, Ether, etwas lösl. in heißem Ethanol. **Anw.:** Rattengift; **Dos.:** LD 6-8 mg/kg.

1,8-Naphthyridin-Derivate: s. Gyrasehemmer.

Naphtol AS®: Anilid der 2-Hydroxy-3-naphthoesäure; Grundkörper der Naphthol-AS-Farbstoffe. **Anw.:** Echtfärben von Cellulosefasern, z. B. Baumwolle, Leinen, Viskoseseide. Zur Entwicklung der Farbstoffe verwendet man Diazoverbindungen.

Naproxen INN: Naproxenum Ph.Eur.4, (+)-6-Methoxy-α-methyl-2-naphthalinessigsäure; (+)-2-(6-Methoxy-2-naphthyl)propionsäure; CAS-Nr. 22204-53-1; $C_{14}H_{14}O_3$, M_r 230.26. Strukturformel s. Analgetika (Abb.). Schmp. 154-158 °C. $[\alpha]_D^{20\,°C}$ muss zw. +63.0 u. +68.5 liegen (0.500 g Substanz in Chloroform zu 25.0 mL). Weißes bis fast weißes, krist. Pulver, prakt. unlösl. in Wasser, lösl. in Ethanol u. Methanol, wenig lösl. in Ether. **Anw.:** Analgetikum*, Antiphlogistikum*, Antipyretikum*; **UAW:** s. Ibuprofen; **Dos.:** p. o. 2×0.25 g/d; rektal 2×0.25 g/d; HWZ 14 h. Gebräuchl. ist auch Naproxen-Natrium.

Napsilat: chem. Kurzbez. für 2-Naphthalinsulfonat.

Naratriptan INN: *N*-Methyl-3-(1-methyl-4-piperidinyl)-1*H*-indol-5-ethan-sulfonamid; CAS-Nr. 121679-13-8; $C_{17}H_{25}N_3O_2S$, M_r 335.5. Schmp. 156 °C. logP 1.8; pK_S 11.5; lösl. in Wasser. **Wirk.:** selektiver 5-HT$_{1D}$-Agonist; lange Wirkungsdauer u. gute Verträglichkeit; **Anw.:** Migränetherapeutikum* zur Akutbehandlung von Migränekopfschmerzen mit u. ohne Aura; **UAW:** gelegentl. Kribbelparästhesie, Hitzegefühl, Unwohlsein; **Dos.:** p. o. 2.5 mg n. B.; HWZ 6 h.

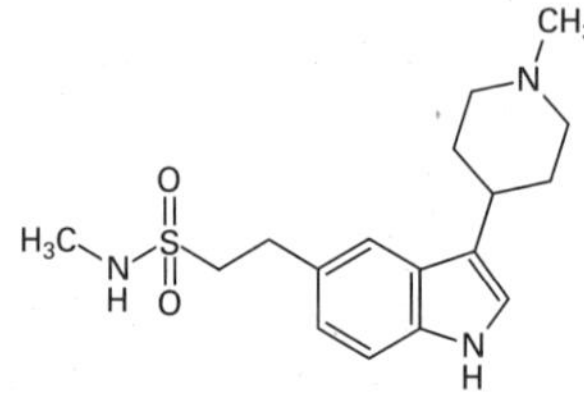

Naratriptan

Narbe: **1.** (bot.) bestäubungsfähiger Teil des Fruchtknotens, dem oberen Ende des Griffels od. direkt dem Fruchtknoten aufsitzend. **2.** (med.) derbes u. weißglänzendes, aus Granulationsgewebe entstehendes faserreiches, zell- u. gefäßarmes Bindegewebe.

Narbenbehandlungsmittel: s. Wundbehandlungsmittel.

Narcein: Narceinum; $C_{23}H_{27}NO_8 \cdot 3\,H_2O$. Weiße Prismen od. büschelförmige krist. Massen, wenig lösl. in kaltem Wasser, lösl. in heißem Wasser. **Vork.:** Alkaloid des Opiums, Geh. 0.1-0.2 %; **Anw.** med.: früher innerl. als Schlafmittel u. Narkotikum, wirkt schwächer als Morphin*; verwendet wurden auch Narceinester, z. B. Ethylester.

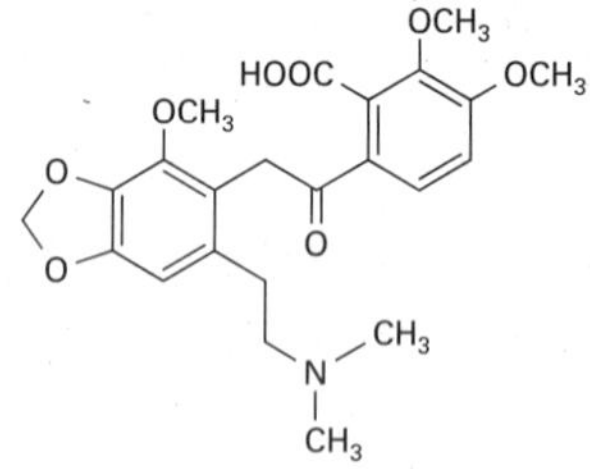

Narcein

Narceinhydrochlorid: Narceinum hydrochloricum, salzsaures Narcein; $C_{23}H_{27}NO_8 \cdot HCl$. Weißes, körniges Pulver, leicht lösl. in heißem Wasser u. Ethanol. **Anw.** med.: s. Narcein.

Narcophin: syn. Narkophin; Morphin-Narcotinmeconat; nach DAB6 mit ca. 30 % Morphin u. ca. 43 % Narcotin (Noscapin*). Gelbl. weißes, krist. Pulver, lösl. in Ethanol. **Anw.** med.: früher wie Morphin*; hauptsächl. in der Kinderpraxis, schont das Atemzentrum; **Dos.:** 15-30 mg; MED 30 mg, MTD 100 mg.

Narcotin: s. Noscapin.

Narcotinum hydrochloricum: s. Noscapinhydrochlorid.

Narde: s. Lavandula latifolia.

Narde, Amerikanische: s. Aralia racemosa.

Nardostachys jatamansi DC.: Indische Narde; Fam. Valerianaceae (Himalaja, China). Stpfl. von **Radix Nardostachys jatamansi: Inhaltsst.:**

äther. Öl, enthält sedativ wirkende Sesquiterpene (Valeranon u. a.), aber keine Valepotriate*.

Nardus celtica: s. Valeriana celtica.

NARI: Abk. für (engl.) *noradrenalin reuptake inhibitor;* s. Noradrenalinwiederaufnahme-Hemmer.

Naringenin: 4',5,7-Trihydroxyflavanon. Strukturformel s. Flavonoide (Tab.). Nat. z. B. in Helichrysum* arenarium; Aglykon verschiedener Glykoside, z. B. von Naringin*.

Naringin: Aurantiin; Naringenin-7-rhamnoglucosid. Bitterstoff, nat. z. B. in Citrus-Arten (Fruchtschalen) od. Lophophytum* leandri.

Naris (pl. nares, lat.): Nasenloch. **Naristillae** s. Rhinoguttae.

Narkoanalgetika: s. Analgetika, (starke).

Narkolepsie: zwanghafte Schlafanfälle am Tag von minutenlanger Dauer.

Narkophin: s. Narcophin.

Narkose (gr. narke erstarren, erlahmen): Anästhesie, Vollnarkose, Allgemeinnarkose; ein durch Zufuhr von Narkotika* hergestellter reversibler Zustand (reversible u. umfassende Lähmung des ZNS) mit weitestgehender Ausschaltung von Bewusstsein, Schmerzempfindung (Analgesie), Abwehrreflexen u. Muskelspannung. Die Funktionsfähigkeit lebenswichtiger Zentren bleibt erhalten. Wird eine N. eingeleitet, werden mit steigender Narkosemittelkonz. folgende **Narkosestadien** nach Guedel (zu unterscheiden von Narkosephasen: Einleitungsphase, Aufrechterhaltungsphase, Abklingphase) durchlaufen, wobei deren Stärke je nach Narkotikum unterschiedl. ausgeprägt ist. Nach Beendigung der N. werden die Stadien (außer 4) rückläufig durchlaufen. **1. Analgesiestadium:** Hemmung kortikaler Zentren, Herabsetzung der Schmerzempfindung, Bewusstseinstrübung, teilweise Amnesie; hier sind kleinere operative Eingriffe (z. B. in der Geburtshilfe, Zahnmedizin) möglich; **2. Excitationsstadium:** (Erregungsstadium) Hemmung übergeordneter motor. Zentren, dadurch Enthemmung niederer motor. Zentren; motor. Unruhe, Bewußtlosigkeit, unregelmäßige Atmung, Erbrechen u. Laryngospasmus (Stimmritzenkrampf) mögl.; erhöht die Zahl von postoperativen Komplikationen; wird nicht bei allen Narkotika durchlaufen, bes. ausgeprägt bei Ethernarkose; **3. Toleranzstadium:** Hemmung von Zentren im Großhirn u. Rückenmark, Abschwächung od. Auslöschung von Reflexen. Herabsetzung des Tonus der quergestreiften Muskulatur. Steuerung vitaler vegetativer Funktionen durch Zentren in der Medulla oblongata; weitere Unterteilung dieses Stadiums in 4 Stufen (Guedel-Schema); Stadium für längere Operationen; **4. Asphyktisches od. paralytisches Stadium:** Lähmung vitaler Zentren in der Medulla oblongata; Atemstillstand, Kreislaufstillstand; ohne Wiederbelebung tritt der Tod ein. **Narkosearten: 1. Inhalationsnarkose:** durch Einatmung gasförmiger od. verdampfter flüss. Narkotika* (Inhalationsnarkotika) hervorgerufene Narkose; **2. Injektionsnarkotika:** durch i. v. applizierbare Narkotika hervorgerufene Narkose; s. Narkotika; **3. Prämedikation u. Kombinationsnarkose:** medikamentöse Vorbereitung des Patienten auf eine Narkose u. Kombination mehrerer Narkotika mit dem Ziel, die Angst vor der Operation zu nehmen, das Toleranzstadium schneller zu erreichen, Operationen in geringerer Narkosetiefe (bei garantierter Hypnose u. Analgesie) durchzuführen, Narkotika einzusparen u. die durch die Narkose entstehenden UAW zu vermindern. **Prämedikation:** verwendet werden Ataraktika u. Neuroleptika (s. Psychopharmaka), Analgetika* (z. B. Morphin*), Antihistaminika*, Parasympatholytika* (z. B. Atropin, Scopolamin), um die durch manche Narkotika hervorgerufene Vagusstimulierung (Herzstillstand, Atemstillstand) zu verhindern. Varianten der Kombinationsnarkose: balancierte Anästhesie, Neuroleptanalgesie, Neuroleptanästhesie, (total) intravenöse Anästhesie. Die **Einleitung** der N. erfolgt meist durch Gabe eines Injektionsnarkotikums mit raschem Wirkungseintritt (z. B. Hexobarbital*). Die **Aufrechterhaltung** der N. wird durch die **Beatmung,** mit z. B. einem Sauerstoff-Lachgas-Halothan-Gemisch gewährleistet. Zusätzl. werden Muskelrelaxanzien* zur Erschlaffung der quergestreiften Muskulatur eingesetzt, um reflektor. Abwehrspannungen (z. B. bei Bauchoperationen) zu verhindern, wobei eine Beatmung obligator. ist. Eine Beatmung ist auch sonst meist aufgrund der zentralen Atemdepression erforderlich. Die **Ausleitung** (Beendigung der Zufuhr von Narkotika) wird mit indirekten Parasympathomimetika* zur Antagonisierung d. Muskelrelaxanzien. (vgl. Neuroleptanalgesie) durchgeführt. Für die Wahl des Narkoseverfahrens (Auswahl des Narkotikums, Beatmung mit einer Atemmaske od. Intubation usw.) sind Art u. Schwere des operativen Eingriffs u. der Zustand des Patienten bestimmend. **Risikofaktoren:** bes. Vorsicht ist geboten bei Patienten mit Funktionsstörungen der NNR; bei Ther. mit Betaympatholytika, Antidepressiva, Corticoiden; bei Diabetikern u. bei Patienten mit labilem Blutdruck.

Narkosechloroform: s. Chloroform zur Narkose.

Narkoseether: s. Ether.

Narkotika: Narkosemittel, Allgemeinanästhetika; Pharmaka, die reversibel neben einer zentralen Aufhebung der Schmerzempfindung das Bewusstsein ausschalten (s. Narkose). Erwünschte **Eigenschaften:** gute Steuerbarkeit, große narkot. Breite*, rasches An- u. Abfluten, geringe Toxizität, gute Handhabbarkeit; **Wirkungsmechanismus:** unbekannt; wirken auf jede Körperzelle, Wirkung auf die Funktion der Großhirnrinde ist bes. ausgeprägt (Bewußtseinsverlust); beeinflussen in komplexer Weise die Eigenschaften von Zellmembranen, bes. der Nervenzellen.

Narkosetheorien: 1. Lipidtheorie (Overton, Meyer 1901): Membranstabilisierung durch Bindung der N. an Lipide der Zellmembranen; **2.** Theorie der Clathrate od. Gashydrat-Theorie (Pauling, Miller 1961, 1962): Blockade der Membranerregung durch Gashydrate (Einschlussverbindungen der N. mit Wasser, bei Xenon nachgewiesen).

Einteilung: A: Wirkungsdauer: kurz-, mittel- u. langwirkende N.; **B:** Applikationsart: **1. Injektionsnarkotika**, i. v. applizierbare N., werden bei kleinen u. kurzdauernden Eingriffen allein zur Erzielung einer Narkose angewendet od. zur Einleitung der Narkose bei größeren u. längerdau-

N

ernden Eingriffen; zeichnen sich durch schnellen Wirkungseintritt u. eine relativ kurze Wirkungsdauer aus; Wirkungsverlust v. a. durch Umverteilung aus Gehirn in Muskeln u. Fettgewebe (Kumulationsgefahr bei Nachinjektion) od. durch Metabolismus in der Leber (Hexobarbital, Methohexital). **Wirkstoffe:** N1-Alkylierte Barbiturate (z. B. Hexobarbital*, Methohexital*), Thiobarbiturate (z. B. Thiobarbital, Thiobutabarbital*), Propanidid*, Etomidat*, Ketamin* u. a.;
2. Inhalationsnarkotika: syn. Inhalationsanästhetika; Gase (Lachgas*, Cyclopropan*) od. Flüssigkeiten mit niedrigem Siedepunkt (Chloroform*, Ether*, Halothan*, Methoxyfluran*, Enfluran*, Desfluran*, Sevofluran*), deren Inhalation Narkose bewirkt. I. Allg. werden Narkosesysteme verwendet, bei denen das Inhalationsnarkotikum einem Gasgemisch aus Sauerstoff u. Lachgas in wählbaren Konz. exakt dosiert zugesetzt u. über Atemmaske od. Tubus zugeführt wird: **a)** geschlossenes System: Exspirationsluft wird nach CO_2-Absorption wieder eingeatmet, nachdem die vom Organismus verbrauchte Sauerstoffmenge ersetzt worden ist. Charakterist. Eigenschaften eines Inhalationsnarkotikums werden v. a. von den physikal. Eigenschaften bestimmt: Siedepunkt, Dampfdruck, spez. Verdampfungswärme, Fettlöslichkeit (Löslichkeit im Lipoidgewebe des ZNS), Wasserlöslichkeit (Löslichkeit im Blut), Öl-Wasser-Koeffizient (Verhältnis von Fett- zu Wasserlöslichkeit), Löslichkeitskoeffizient (Konzentrationsunterschiede zw. Blut u. Inspirationsluft nach Erreichen eines Verteilungsgleichgewichtes). Der Verlauf einer Narkose* wird von physikal. Eigenschaften des N. . patientenbezogenen Faktoren bestimmt: Zustand, Alter, KG u. Anteil des Fettgewebes an diesem, alveolare Ventilation, Herzminutenvolumen, Hirndurchblutung; **b)** halbgeschlossenes System: Exspirationsluft wird z. T. in das Narkosesystem zurückgeleitet u. nach Passage eines Absorbers zur CO_2-Elimination mit Frischgas angereichert; **c)** halboffenes System: die Exspirationsluft wird vollständig ins Freie abgegeben; **d)** offenes System: N. wird auf Gazemaske getropft, Patient atmet Raumluft u. Narkosedampf ein; obsolet .

N

Narkotin: s. Noscapin.
Narkotinhydrochlorid: s. Noscapinhydrochlorid.
Narzissengewächse: s. Amaryllidaceae.
nasal (lat. nasus Nase): zur Nase gehörend.
Nasalia Ph.Eur.4: Zubereitungen für die Nase, Nasenpräparate, Nasenarzneimittel; flüss., halbfeste u. feste Arzneiformen, die in die Nasenhöhlen appliziert werden u. zur lokalen od. system. Wirkung bestimmt sind. Sie enthalten meist einen od. mehrere Arznei- bzw. Hilfsstoffe. Sie werden in Einzeldosis- od. in Mehrdosen-Behältnissen abgefüllt. **Anforderungen:** Weder Arznei- noch Hilfsstoffe dürfen die Nasenschleimhaut u. die Funktion der Zilien beeinflussen. Wässrige Präparate sollen isokryoskopisch* sein. Der pH-Wert soll zw. 6.5 u. 8.5 liegen. Als Pufferlösungen eignen sich Citrat-, Phosphat- od. TRIS-Puffer (s. Tris(hydroxymethyl)-aminomethan). Sie müssen vor mikrobieller Kontamination geschützt werden (Angabe über Menge u. Art des Konservierungsmittels). Sind Paraffin-Kohlenwasserstoffe enthalten, ist der Hinweis „Anwendung nicht über längere Zeit" anzubringen. Die Viskosität muss angepasst werden. Zu den Nasenpäparaten gehören **1.** Nasentropfen, s. Rhinoguttae; **2.** Nasensprays: flüssige Nasenpräparate zur Zerstäubung; Lösungen, Emulsionen od. Suspensionen, Nasensprays werden entweder in Behältnissen mit Sprühvorrichtung (Dosierpumpenzerstäuber) oder in Druckbehältnissen in den Verkehr gebracht, die mit geeigneten Applikatoren, ohne/oder mit Dosierventil, versehen sind. Die Teilchengröße der versprühten Zubereitungen muss so beschaffen sein, dass ihre Ablagerung lokal in den Nasenhöhlen erfolgt. Einzeldosen, für eine system. Wirkung (z. B. Calcitonin, Oxytocin, Nafarelinacetat) vorgesehen, müssen den Ph.Eur.-Prüfungen auf Gleichförmigkeit* der Masse, Gleichförmigkeit* des Gehaltes u. Gleichförmigkeit*der Masse der abgegebenen Dosen aus Mehrdosenbehältnissen entsprechen. **3.** Nasenspüllösungen: wässrige Lösungen, die meist keine Arzneistoffe enthalten, pH-Wert soll zw. 7.0 u. 8.0 liegen, Gefrierpunkterniedrigung* soll mind. 0.56 K betragen; **4.** Nasenpulver: in Form von Pulveraerosolen durch Insufflation (Einblasen) verabreicht, wobei die festen Partikeln in den Nasenhöhlen haften müssen. Anforderungen s. Pulveres Ph.Eur.4, Teilchengröße sollte bestimmt werden; **5.** Nasensalben: hydrophile (Hydrogele u. O/W-Emulsionssalben) od. hydrophobe Salben (sollen möglichst keine flüssigen Paraffine od. Vaselin enthalten, vgl. Unguenta).
nascens: freiwerdend, entstehend, s. Status nascendi.
Nascent HDL: s. Lipoproteine.
Nase, künstliche: Wärme-Feuchtigkeitsaustauscher in Form eines kleinen Kunststoffzylinders mit luftdurchlässigem Filter zum Anfeuchten, Anwärmen u. Filtern der Luft für Beatmungs- od. tracheotomierte Patienten.
Nasenarzneimittel: s. Nasalia.
Nasenbluten: s. Epistaxis.
Nasenpulver: s. Nasalia.
Nasensalben: s. Nasalia.
Nasensprays: s. Nasalia.
Nasenspüllösungen: s. Nasalia.
Nasentropfen: s. Rhinoguttae, vgl. Nasalia.
Nasentropfen mit Pantothenylalkohol, abschwellende: s. Rhinoguttae.
Nasentropfen, ölige: s. Rhinoguttae.
Nasssiebung: s. Siebanalyse.
Nasturtium aquaticum: s. Nasturtium officinale.
Nasturtium armoracia: s. Armoracia rusticana.
Nasturtium officinale R.Br.: Rorippa nasturtium-aquaticum (L.) Hayek, Nasturtium aquaticum, Brunnenkresse, Wasserhanf, Wasserkresse; Fam. Brassicaceae (Cruciferae) (Kosmopolit). Stpfl. von **Herba Nasturtii:** Nasturtii herba, Herba Cardamines, Brunnenkressenkraut. **Off.:** EB6; **Inhaltsst.:** Gluconasturtiin (s. Glucosinolate), Raphanol, Vit. C; **Anw.:** bei Katarrhen der Luftwege; volkstüml. bei Appetitlosigkeit u. Verdauungsbeschwerden.
Hom: *Nasturtium officinale (HAB1.5),* N. aquaticum: frische, zur Blütezeit gesammelte, oberird. Teile.

Natal-Aloe: s. Aloe.

Natalkörner: s. Sophora japonica.

Natamycin INN: Pimaricin; 16-(3-Amino-3,6-didesoxy-β-D-mannopyranosyloxy)-5,6-epoxy-8,12,14-trihydroxy-26-methyl-2,10-dioxo-1-oxacyclohexacosa-3,17,19,21.23-pentaen-13-carbonsäure; CAS-Nr. 7681-93-8; $C_{33}H_{47}NO_{13}$, M_r 665.75. Schmp. ca. 200 °C (unter Zers.; kristallisiert aus Methanol/Wasser). Fast unlösl. in höheren Alkoholen, Ether, Estern, aromat. od. aliphat. Kohlenwasserstoffen, chlorierten Kohlenwasserstoffen, Ketonen, Dioxan, Cyclohexanol, Ölen; sehr schwer lösl. in Wasser, schwer lösl. in Methanol, schnell lösl. in verd. Säuren u. Laugen. **Vork.:** Polyen-Antibiotikum aus Kulturen von Streptomyces natalensis; **Wirk.** u. **Anw.:** Antibiotikum mit zusätzl. fungiziden Eigenschaften; **Dos.:** Lutschpastillen 4-6×10 mg/d, Mundspülung 1 %ig; Inhalation, Instillat 4×2.5 %ig; topisch als Creme 4×2 %ig, als Puder 4×1.5 %ig; vaginal Tabletten 25 mg.

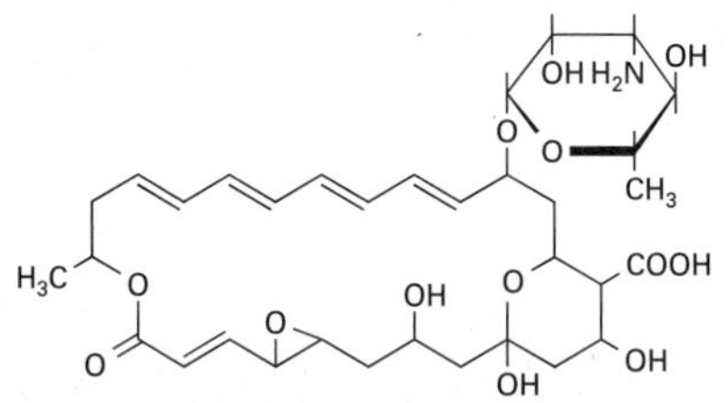

Natamycin

Nateglinid INN: (*R*)-2-[*trans*-(4-Isopropylcyclohexyl)carbonylamino]-3-phenylpropionsäure; CAS-Nr. 105816-04-4; $C_{19}H_{27}NO_3$, M_r 317.4. Schmp. 128 °C. logP 4.6; pK_S 3.6 (ber.); schwer lösl. in Wasser. **Wirk.:** Insulinsekretion innerhalb 15 min nach Einnahme; Wirkungsdauer nur 3-4 h, daher geringere Gefahr der Hypoglykämie als bei lang wirksamen Sulfonylharnstoffen; **Anw.:** Antidiabetikum* bei Typ-II-Diabetes in Kombination mit Metformin*; **UAW:** evtl. leichte hypoglykäm. Reaktionen; **Dos.:** 3×60-120 mg/d p. o. vor den Mahlzeiten; HWZ 1.5 h.

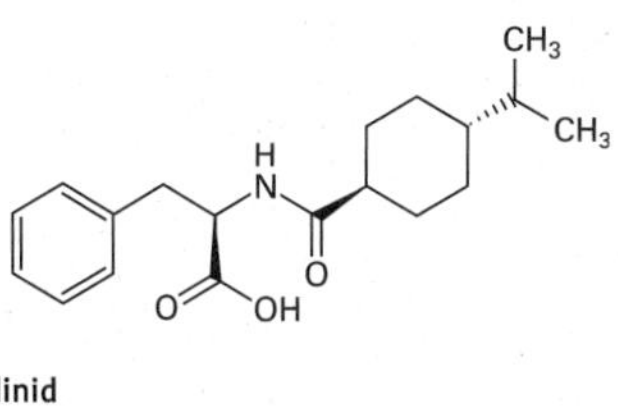

Nateglinid

Nates: Gesäß.

National Bureau of Standards: s. NBS.

National Formulary: s. Deutscher Arzneimittel-Codex.

nativ: natürlich, angeboren.

Nativ-Insulin: s. Insulin.

Natrii acetas: s. Natriumacetat.

Natrii alginas: s. Natriumalginat.

Natrii aminosalicylas: s. 4-Aminosalicylsäure.

Natrii benzoas: s. Natriumbenzoat.

Natrii bromidum: s. Natriumbromid.

Natrii calcii edetas: s. Natriumcalciumedetat.

Natrii carbonas: s. Natriumcarbonat.

Natrii chloridum: s. Natriumchlorid.

Natrii chloris 80 per centum: s. Natriumchlorit (Natriumchlorit 80 Prozent).

Natrii chromatis[^{51}Cr] solutio sterilis: s. Natriumchromat[^{51}Cr].

Natrii citras: s. Natriumcitrat.

Natrii cromoglicas: s. Cromoglicinsäure (Natriumcromoglicat).

Natrii cyclamas: s. Natriumcyclamat.

Natrii dihydrogenophosphas: s. Natriumdihydrogenphosphat.

Natrii dihydrogenophosphas dihydricus: s. Natriumdihydrogenphosphat.

Natrii edetas: s. Natriumedetat.

Natrii fluoridum: s. Natriumfluorid.

Natrii fusidas: s. Fusidinsäure (Natriumfusidat).

Natrii hydrogenocarbonas: s. Natriumhydrogencarbonat.

Natrii hydroxidum: s. Natriumhydroxid.

Natrii hypochloritis solutio: s. Natriumhypochlorit.

Natrii iodidi[^{123}I] solutio: s. Natriumiodid[^{123}I].

Natrii iodidi[^{125}I] solutio: s. Natriumiodid[^{125}I].

Natrii iodidi[^{131}I] solutio: s. Natriumiodid[^{131}I].

Natrii iodidum: s. Natriumiodid.

Natrii iodohippuratis[^{123}I] solutio: s. Natriumiodhippurat[^{123}I].

Natrii iodohippuratis[^{131}I] solutio iniectabilis: s. Natriumiodhippurat[^{131}I].

Natrii lactatis solutio: s. Natriumlactatlösung.

Natrii lactatis solutio infundibilis composita: s. Natriumlactatlösung, zusammengesetzte.

Natrii lactatis solutio monomolaris: s. Natriumlactatlösung, einmolare.

Natrii laurilsulfas: s. Natriumlaurylsulfat.

Natrii metabisulfis: s. Natriumdisulfit.

Natrii molybdas: s. Natriummolybdat.

Natrii monohydrogenphosphas dihydricus: s. Natriummonohydrogenphosphat (Natriummonohydrogenphosphat-Dihydrat).

Natrii nitris: s. Natriumnitrit.

Natrii pentacanonitrosylferras: s. Natriumnitroprussid.

Natrii pertechnetatis [^{99m}Tc] fissione formati solutio iniectabilis: s. Natriumpertechnetat[^{99m}Tc].

Natrii pertechnetatis[^{99m}Tc] sine fissione formati solutio iniectabilis: s. Natriumpertechnetat[^{99m}Tc].

Natrii phosphas dibasicus: s. Natriummonohydrogenphosphat.

Natrii phosphas monobasicus: s. Natriumdihydrogenphosphat.

Natrii phosphatis[^{32}P] solutio iniectabilis: s. Natriumphosphat[^{32}P].

Natrii salicylas: s. Natriumsalicylat.

Natrii sulfas anhydricus: s. Natriumsulfat (wasserfreies Natriumsulfat).

Natrii sulfas decahydricus: s. Natriumsulfat (Natriumsulfat-Decahydrat).

Natrii thiosulfas: s. Natriumthiosulfat.

Natrii valproas: s. Valproinsäure (Natriumvalproat).

N

Natrium: (engl.) *sodium*; Symbol Na; A_r 22.9898, OZ 11. D. 0.97. Schmp. 97.8 °C. Sdp. 881.3 °C. Härte 0.5. Silberweißes, weiches Alkalimetall, das sich mit dem Messer schneiden lässt. An der Luft oxidiert es schnell u. überzieht sich mit einer Hydroxidschicht (Aufbewahrung unter Petroleum). Es verbrennt mit intensiv gelber Flamme unter Bildung von Natriumperoxid (Na_2O_2). Mit Wasser reagiert es zu NaOH u. H_2. In flüss. Ammoniak löst sich Na ohne H_2-Entwicklung mit intensiv blauer Farbe. **Vork.**: nat. in vielen Mineralien: Natronsalpeter (Natriumnitrat*, $NaNO_3$), Natriumcarbonat* (Na_2CO_3), Natriumsilicat* (Na_2SiO_3), Kryolith ($Na_3[AlF_6]$), Glaubersalz ($Na_2SO_4 \cdot 10\,H_2O$; s. Natriumsulfat) u. Steinsalz (Natriumchlorid*, NaCl); als NaCl auch im Meerwasser u. Salzseen; die Erdrinde enthält 2.6 % Na; **Physiologie:** Im menschl. Körper sind ca. 100 g Na enthalten; davon sind ca. ein Drittel in den Knochen gespeichert, der überwiegende Rest ist als NaCl in den Körperflüss. gelöst. Der tägl. Bedarf liegt bei ca. 1 g, die mit der Nahrung aufgenommene Menge liegt jedoch mit ca. 5 g/d weit darüber. Überhöhte Zufuhr spielt eine ungünstige Rolle für das Auftreten der Hypertonie*. Na ist wichtig für die Balance von Wasser u. Elektrolyten im Körper u. hat Bedeutung als Enzymaktivator (α-Amylase, β-Galactosidase). **Darst.**: Elektrolyse von geschmolzenem Ätznatron od. geschmolzenem NaCl; **Anw.**: Herst. u. a. von Natriumperoxid (Na_2O_2), z. B. für Bleich- u. Waschmittel, Natriumamid ($NaNH_2$), Natriumcyanid (NaCN); elementar als Reduktionsmittel; **Nachw.** von Na-Verb.: **1.** alle Na-Verb. färben die nichtleuchtende Flamme intensiv gelb (Spektrallinie bei 589 nm); **2.** Dikaliumdiantimonat fällt aus Na-Lsg. weißes, unlösl. Dinatriumdiantimonat, $Na_2H_2Sb_2O_7$; **3.** nach Versetzen der Probe mit Schwefelsäure u. Nitrobenzol entsteht 1,3-Dinitrobenzol, das mit Aceton in stark alkal. Lsg. einen intensiv violett gefärbten Meisenheimer-Komplex* bildet; **Gesch.**: 1807 von Humphry Davy (1778-1829) entdeckt; zunächst als Sodium bezeichnet, wurde es 1811 von Jöns Jacob Berzelius (1779-1848) Natrium genannt.

Natriumacetat: essigsaures Natrium, Natrii acetas Ph.Eur.4, Natrium aceticum; CAS-Nr. 6131-90-4; $CH_3COONa \cdot 3\,H_2O$; M_r 136.1. Schmp. 58 °C. Farblose, salzig u. bitter schmeckende Kristalle; leicht lösl. in Wasser u. siedendem Ethanol 90 %, lösl. in kalt. Ethanol (1:30). **Darst.**: Neutralisieren von Essigsäure mit Natriumcarbonat; **Herst.** techn.: aus Holzessig; **Anw.** med.: früher Diuretikum (vgl. Kaliumacetat); techn.: u. a. Herst. von Eisessig, Essigsäureanhydrid, Essigether, Cumarin, ferner in Färberei, Gerberei.

Natrium, acetylaminophenylarsinsaures: s. Arsazetin.

Natrium acetylarsanilicum: s. Natrium, acetylarsanilsaures.

Natrium, acetylarsanilsaures: Natrium acetylarsanilicum, acetyl-*p*-aminophenylarsinsaures Natrium, Arsazetin; M_r 353.10. Geh. 21.2-21.7 % Arsen. Weißes, krist. Pulver, leicht lösl. in Wasser. **Darst.**: Umsetzen von Acetylarsanilsäure mit Natriumcarbonat; **Anw.** med.: früher wie arsanilsaures Natrium geg. Schlafkrankheit, heute obsolet.

Natrium, acetyl-*p*-aminophenylarsinsaures: s. Natrium, acetylarsanilsaures.

Natrium-ÄDTA: s. Natriumedetat.

Natriumaescinat: s. Aescin.

Natrium aethylmethylbutylbarbituricum: s. Pentobarbital (Pentobarbital-Natrium).

Natriumalginat: Natrii alginas Ph.Eur.4, Natrium alginicum; Natriumsalz der Alginsäure*. Gelbl., feines od. körniges Pulver, nimmt bei hoher Luftfeuchtigkeit Wasser auf; langsam lösl. in Wasser unter Bildung einer viskosen, kolloidalen Lösung, prakt. unlösl. in Ethanol u. Ether. Trockungsverlust max. 15.0 %. **Anw.**: s. Alginate.

Natrium allyl-methylbutylbarbituricum: s. Secobarbital (Secobarbital-Natrium).

Natrium, allylmethylbutylbarbitursaures: s. Secobarbital.

Natrium-Aluminium fluoratum: s. Natriumhexafluoroaluminat.

Natriumaluminiumfluorid: s. Natriumhexafluoroaluminat.

Natrium, ameisensaures: s. Natriumformiat.

Natriumamid: $NaNH_2$. M_r 39.02. Schmp. 210 °C. Farblose, rötl. od. grünl. gefärbte krist. Masse. **Darst.**: Einleiten von Ammoniakgas in geschmolzenes, heißes Natrium. **Anw.**: zu org. Synthesen, bes. Indigosynthese; zur Darst. von Natriumazid.

Natriumamidotrizoat: s. Amidotrizoesäure.

Natrium, aminophenylarsinsaures: s. Natrium, arsanilsaures.

Natriumammoniumphosphat: Natrium-Ammonium phosphoricum; Natriumammoniumhydrogenphosphat, $NaNH_4HPO_4 \cdot 4\,H_2O$. Farblose Kristalle, lösl. in Wasser 1:5; leicht lösl. in Ethanol. **Darst.**: Eindampfen von Phosphorsäure mit Natriumcarbonat u. Ammoniaklsg.; **Anw.**: zur Analyse, da es Metall aufzulösen vermag. **Phosphorsalzperle**: Am Platindraht od. Magnesiumstäbchen geht N. unter Entweichen von NH_3 in Natriummetaphosphat ($NaPO_3$) über, in dessen Schmelze sich zahlreiche Metalloxide unter charakterist. Färbungen lösen: Mangan: violett, Eisen(II): grünl., Cobalt: blau, Kupfer: blaugrün; vgl. Natriumtetraborat (Boraxperle).

Natrium-Ammonium phosphoricum: s. Natriumammoniumphosphat.

Natrium, antimonbisbrenzkatechindisulfonsaures: s. Stibophen.

Natriumapolat INN: Natriumsalze von Polyethansulfonsäuren; CAS-Nr. 25053-27-4; $(C_2H_3NaO_3S)_n$. Heparinoides Antikoagulans*. **Anw.**: Verstauchungen, Blutergüsse, oberflächl. Thrombosen.

Natrium, arsanilsaures: Natrium arsanilicum, *p*-aminophenylarsinsaures Natrium; $C_6H_4(NH_2)AsO_3HNa \cdot 4\,H_2O$. Weißes, krist. Pulver, leicht lösl. in Wasser. **Darst.**: Erhitzen von Anilin mit Arsensäure u. Umsetzen der gebildeten Arsanilsäure mit Natriumcarbonat; **Anw.** med.: früher bei Trypanosomenerkrankungen (Schlafkrankheit); obsolet.

Natriumarsenat: Natrium arsenicicum, arsensaures Natrium; $Na_2HAsO_4 \cdot 7\,H_2O$. D. 1.72. Lösl. in Wasser u. Glycerol; sehr schwer lösl. in Ethanol. **Anw.** med.: früher als Anthelminthikum; in Der-

N

matologika; techn: Bekämpfung von Pflanzenschädlingen.

Natrium arsenicicum: s. Natriumarsenat.

Natrium arsenicosum: s. Natriumarsenit.

Natriumarsenit: Natriummetaarsenit, Natrium arsenicosum; $NaAsO_2$, M_r 129.9. Weißes Pulver, lösl. in Wasser, wenig lösl. in Ethanol; sehr giftig. **Anw.:** früher zur Bekämpfung von Pflanzenschädlingen.

Natrium, arsensaures: s. Natriumarsenat.

Natriumascorbat: Natrii ascorbas, Natrium ascorbicum; Natriumsalz der Ascorbinsäure; CAS-Nr. 134-03-2; $C_6H_7NaO_6$, M_r 198.1. **Off.:** DAC86; **Anw.:** u. weitere Angaben s. Vitamine (Vitamin C).

Natrium aurichloratum: s. Natriumtetrachloroaurat(III).

Natriumaurothiomalat INN: Natrium aurothiomalas, Aurothiomalat Natrium, Aurothiobernsteinsäure, Dinatriumsalz; Natrium-gold(I)-thiomalat; CAS-Nr. 12244-57-4; $C_4H_3AuNa_2O_4S$, M_r 390.12. **Anw.:** Antirheumatikum*, u. a. bei chron. Polyarthritis; **UAW:** s. Gold (Tox.).

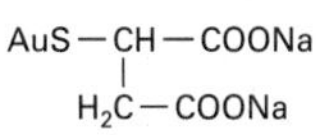

Natriumaurothiomalat

Natriumazid: NaN_3, M_r 65.0. Weißes, krist. Pulver od. Kristalle; leicht lösl. in Wasser, schwer lösl. in Ethanol, fast unlösl. in Ether. **Anw.:** Reagens Ph.Eur.4.

Natriumbenzoat: Natrii benzoas Ph.Eur.4, Natrium benzoicum, benzoesaures Natrium; CAS-Nr. 532-32-1; $C_7H_5NaO_2$, M_r 144.1. Gew. durch Zugabe von Benzoesäure zu einer heißen Lsg. von Natriumcarbonat od. Natronlauge u. Entfärbung durch Aktivkohle. Weißes, krist. od. granuliertes Pulver od. Blättchen, schwach hygroskop.; leicht lösl. in Wasser u. Glycerol; wenig lösl. in Ethanol. Inkomp.: stark sauer reagierende Verbindungen; Erdalkali-, Eisen- u. Schwermetallsalze (Fällung bzw. Verfärbung). Beschleunigt die Zers. von Chloramphenicol u. kann Komplexe mit Makromolekülen bilden. **Anw.:** Herst. von Coffeinnatriumbenzoat, in saurer Lsg. (pH unter 5) als schwaches Konservierungsmittel (Fungistatikum u. Bakteriostatikum; nur die freie, undissoziierte Säure wirkt konservierend) für perorale Zuber. (0.1-0.5 % in Sirupen, Emulsionen). N. wird wegen seiner besseren Wasserlöslichkeit anstelle von Benzoesäure verwendet. Die Lsg. muss jedoch auf einen pH-Wert unter 5 eingestellt werden. Kann Allergien verursachen.

Natrium, benzoesaures: s. Natriumbenzoat.

Natrium benzoicum: s. Natriumbenzoat.

Natrium biboracicum: s. Natriumtetraborat.

Natrium bicarbonicum: s. Natriumhydrogencarbonat.

Natriumbichromat: s. Natriumdichromat.

Natriumbiphosphat: s. Natriumdihydrogenphosphat.

Natriumbisulfat: s. Natriumhydrogensulfat.

Natriumbisulfit: s. Natriumhydrogensulfit.

Natrium bisulfuricum: s. Natriumhydrogensulfat.

Natrium bisulfurosum: s. Natriumhydrogensulfit.

Natrium bitartaricum: s. Natriumhydrogentartrat.

Natriumbitartrat: s. Natriumhydrogentartrat.

Natrium boracicum: s. Natriumtetraborat.

Natrium bromatum: s. Natriumbromid.

Natriumbromid: Bromnatrium, Natrium bromatum, Natrii bromidum Ph.Eur.4; NaBr, CAS-Nr. 7647-15-6, M_r 102.9. D. 3.2. Schmp. 755 °C. Weißes, krist. Pulver, schwach hygroskop.; leicht lösl. in Wasser, lösl. in Ethanol. **Darst.:** Lösen von Brom in Natronlauge, Eindampfen u. Reinigen mit Kohle; **Herst.** techn.: Umsetzen von Eisen(III)-bromid mit Natriumcarbonat; **Anw.** med.: früher Sedativum; **Dos.:** 0.3-2 g.

Natriumcalciumedetat INN: Natrii calcii edetas Ph.Eur.4, Natrium Calcium edetatum, Natrium-Calciumethylendiaminum tetraaceticum, Calcii et Natrii Edetas; Dinatrium-[(ethylendinitrilo)-tetraacetico]-calciat(2-), Ethylendiamintetraessigsäure-Calcium-Dinatriumsalz; CAS-Nr. 23411-34-9; $C_{10}H_{12}CaN_2Na_2O_8 \times xH_2O$. M_r 374.3 (wasserfrei); enthält wechselnde Mengen Kristallwasser; weißes, hygroskop. Pulver; leicht lösl. in Wasser; fast unlösl. in Ethanol, Chloroform u. Ether. **Anw.:** Metallvergiftungen (Komplexbildner); bei akuten u. chron. Bleivergiftungen, Bleienzephalopathien. Die Wirk. beruht auf dem Austausch von Calcium- gegen Blei-Ionen. Dabei entsteht eine stabile, nichtionisierbare, wasserlösl. Bleiverbindung, die rasch über den Harn ausgeschieden wird (oft zus. mit Dimercaprol* verwendet); **Dos.:** 0.5- bis 3 %ige Lsg. i. v.; vgl. Natriumedetat.

Natrium-Calciumethylendiaminum tetraaceticum: s. Natriumcalciumedetat.

Natriumcarbonat: kohlensaures Natrium, Soda; Na_2CO_3, CAS-Nr. 497-19-8. **Vork.:** nat., zus. mit Natriumhydrogencarbonat*, in den gewaltigen Natronseen Nord- u. Südamerikas, Ägyptens u. Libyens: Mono Lake in Kalifornien mit ca. 90 Mio. Tonnen, Magadi-See in Ostafrika mit schätzungsweise 200 Mio. Tonnen N.; ferner in Mineralquellen, Seestrand- u. Salzsteppenpflanzen, aus denen früher Soda gewonnen wurde; **Darst.:** früher nach dem Leblanc-Verfahren (Leblanc-Soda-Prozess), wobei Kochsalz durch Schwefelsäure in Natriumsulfat überführt, dieses mit Kohle in Flammenöfen zu Sulfid reduziert u. letzteres mit Calciumcarbonat zu N. umgesetzt wurde; heute wird Soda fast ausschließl. nach dem Ammoniak-Soda-Verfahren nach Solvay gewonnen (entw. 1863 von Ernest Solvay, 1837-1922, Belgien): In eine Ammoniak enthaltende Kochsalz-Lsg. wird CO_2 eingeleitet. Das sich bildende Ammoniumhydrogencarbonat setzt sich mit dem Kochsalz zu Ammoniumchlorid u. Natriumhydrogencarbonat um; letzteres wird dann durch Glühen (Calcinieren*) in N. übergeführt. **Eigenschaften:** wasserfreies N. löst sich in Wasser unter starker Erwärmung (Hydratbildung) u. mit alkal. Reaktion ($CO_3^{2-} + HOH \leftrightharpoons HCO_3^- + OH^-$); unterhalb 32.5 °C kristallisiert aus wässriger Lsg. das Decahydrat, das wichtigste Hydrat der Soda, aus. Oberhalb von 32.5 °C geht das Decahydrat in ein Heptahydrat, $Na_2CO_3 \cdot 7\,H_2O$, über; oberhalb von 35.4 °C ist das Monohydrat u. oberhalb von 107 °C die wasserfreie Form stabil. **Anw.** med.: Badezusatz (0.15 %), z. B. bei Hauterkrankungen, Aufweichen von

Krusten (0.5 %); früher bei Hyperazidität; techn.: riesige Mengen (weltweit ca. 50 Megatonnen/Jahr) in der Großindustrie zur Herst. zahlreicher Chemikalien, ferner u. a. in der Waschmittel- u. Glasindustrie, in Färbereien, Gerbereien; im Haushalt als Reinigungsmittel; **Tox.**: MAK 2 mg Staub/m^3; **Natriumcarbonat, wasserfrei**: Natrii carbonas anhydricus Ph.Eur.4; Na_2CO_3, CAS-Nr. 497-19-8; M_r 106.0. D. 2.532. Schmp. 851 °C. Weißes, hygroskop., körniges Pulver; leicht lösl. in Wasser (1:3.5); **Natriumcarbonat-Monohydrat**: getrocknetes N., Natrii carbonas monohydricus Ph.Eur.4, Natrium carbonicum siccatum, Thermonatrit; $Na_2CO_3 \cdot H_2O$, CAS-Nr. 5968-11-6, M_r 124.0. Farblose Kristalle; lösl. in Wasser (1:3), sehr schwer lösl. in Ethanol; **Natriumcarbonat-Decahydrat**: Natrii carbonas decahydricus Ph.Eur.4, Natrium carbonicum decahydricum, Kristallsoda; $Na_2CO_3 \cdot 10\,H_2O$, CAS-Nr. 6132-02-1, M_r 286.1. D. 1.45. Schmp. 32.5 °C Farblose, durchscheinende, leicht verwitternde Kristalle od. weißes, krist. Pulver, von laugenartigem, salzigem Geschmack; leicht lösl. in Wasser (1:2), wenig lösl. in Ethanol 90 %; **Natrium carbonicum crudum**: rohes N., Soda, Geh. mind. 35.8 % wasserfreies N.; **Anw.** med.: Bäder; techn.: Waschmittel; **Natrium carbonicum crudum siccum**: calcinierte, entwässerte Soda.

Hom: *Natrium carbonicum (HAB1.4):* getrocknetes Natriumcarbonat-Monohydrat; Konstitutionsmittel; verord. z. B. bei psych. Erkrankungen, Verdauungsstörungen, Husten.

Natriumcarbonat-Ohrentropfen: s. Otoguttae Natrii carbonatis.

N

Natriumcarbonat, primäres: s. Natriumhydrogencarbonat.

Natrium carbonicum: s. Natriumcarbonat.

Natriumcarboxymethylamylopektin: s. Amylum.

Natriumcarboxymethylcellulose: s. Carboxymethylcellulose-Natrium.

Natriumcarboxymethylcellulose, vernetzte: s. Carboxymethylcellulose-Natrium, vernetzt.

Natriumcarboxymethylstärke: Carboxymethylamylum natricum (A, B od. C) Ph.Eur.4, Carboxymethylstärke-Natrium (Typ A, B od. C); Natriumsalz einer durch physik. Dydratation partiell O-carboxymethylierten, vernetzten Kartoffelstärke mit mind. 2.8 u. max. 4.2 % (Typ A), mind. 2.0 u. max. 3.4 % (Typ B) bzw. mind. 2.8 u. max. 5.0 % (Typ C) Natrium. Weißes, feines, fließfähiges, sehr hygroskop. Pulver; prakt. unlösl. in Dichlormethan; gibt mit Wasser eine durchscheinende Suspension. Nur Typ C gibt mit Wasser ein gelartiges stabiles Produkt. Die Substanz erscheint unter dem Mikroskop ähnl. Kartoffelstärke (s. Amylum); max. 10.0 % (Typ C 7 %) Trocknungsverlust (4 h, 105 °C). **Anw.**: Tablettenfüll- u. -sprengmittel.

Natrium causticum: s. Natriumhydroxid.

Natriumcetylstearylsulfat: Natrii cetylo- et stearylosulfas Ph.Eur.4, Natrium cetylstearylosulfuricum, Natrium cetylosulfuricum, Natriumzetylsulfat, cetylstearylschwefelsaures Natrium; enthält mind. 90 % Natriumcetylstearylsulfat, $C_{18}H_{37}NaO_4S$, M_r 372.5) u. mind. 40 % Natriumcetylsulfat, $C_{16}H_{33}NaO_4S$, M_r 344.5. Weißes bis schwach gelbes, amorphes od. krist. Pulver; lösl. in heißem Wasser, prakt. unlösl. in kaltem Wasser, teilweise lösl. in Ethanol; 5 T. geben beim Schütteln mit 1 T. warmem Wasser einen Schaum, der 30 min beständig ist; Fettalkohole max. 11 %. **Anw.**: anionenaktives Tensid*, anion. O/W-Emulgator in Cremes u. Lotionen. Enthalten im emulgierenden Cetylstearylalkohol* (Typ A). Reagens Ph.Eur.4; **Inkomp.**: Kation. Wirk- u. Hilfsstoffe können zum Brechen der O/W-Emulsionssysteme führen u. erleiden einen Wirkungsverlust durch Bildung schwer lösl. Salze.

Natrium cetylstearylsulfuricum: s. Natriumcetylstearylsulfat.

Natriumcetylsulfat: s. Natriumcetylstearylsulfat.

Natrium cetylsulfuricum: s. Natriumcetylstearylsulfat.

Natriumchlorat: chlorsaures Natrium, Natrium chloricum; $NaClO_3$, M_r 106.5. Farblose, giftige Kristalle, leicht lösl. in Ethanol. **Anw.**: Oxidationsmittel, Vernichtung von Unkraut (1- bis 2 %ige wässrige Lsg.); **Sicherheitshinweis:** gibt mit oxidierbaren Stoffen explosive Gemische.

Natrium chloratum: s. Natriumchlorid.

Natrium chloricum: s. Natriumchlorat.

Natriumchlorid: Natrii chloridum Ph.Eur.4, Natrium chloratum, Chlornatrium, Kochsalz; CAS-Nr. 7647-14-5; NaCl, M_r 58.44. D. 2.163. Schmp. 800 °C. Sdp. 1465 °C. Farblose Kristallwürfel od. weißes, krist. Pulver; leicht lösl. in Wasser, lösl. in Glycerol, unlösl. in Ethanol. **Darst.**: durch Reinigen von rohem Kochsalz; **Anw.**: bei chron. Katarrhen der Schleimhäute, zu Mineralwässern, gelegentl. als Brechmittel (lauwarme, konz. wässrige Lsg.); äußerl.: Sole zu Bädern, Augenwässern, Inhalationen; **Tox.**: Einnahme von ca. 200 g NaCl gilt als tödl. für Erwachsene durch Störung des Ionengleichgewichts u. Wasserentzug; **Solutio Natrii chlorati physiologica:** physiol. Kochsalzlsg. (0.9 %), Zstzg. und Anw. s. Solutio Natrii chlorati isotonica; ist der Blutflüss. isoton., jedoch nur physik., nicht physiol., daher wurde die Lsg. verbessert als Ringer*-Lösung; bisweilen wird noch 0.1 % Glucose zugefügt (nach Locke) u. evtl. ein Phosphatpuffer (0.05 % NaH_2PO_4), um das gleiche Säuren-Basen-Verhältnis wie die Blut- u. Gewebeflüss. zu erreichen. **Natrium chloratum crudum**: rohes Kochsalz, Salz; Gew. als **Siedesalz** in den Salinen, als **Steinsalz** im Bergbau. **Viehsalz** ist mit Eisenoxid u. Wermutpulver (je 0.25 %) vergälltes rohes Kochsalz. **Iodiertes Kochsalz** ist Kochsalz mit einem Zusatz von ca. 5 mg Kaliumiodid auf 1 kg Salz. **Anw.**: als Prophylaktikum gegen Kropf, bes. in den alpinen Regionen; **Kochsalzfreies Speisesalz** (Kochsalzersatz, Diätsalz) besteht meist aus Mischungen von Di- u. Mononatriumphosphat mit Weinsäure, Citronensäure, Äpfelsäure, Glutaminsäure od. reines äpfelsaures Natrium, Salze der Bernsteinsäure*.

Hom: *Natrium chloratum (HAB1),* Natrium muriaticum: Konstitutionsmittel; verord. z. B. bei chron. Schleimhautkatarrhen, Menstruationsstörungen, Ekzemen, Depressionen, Herpes.

Natriumchloridäquivalent: E-Wert; Wert zur Berechnung der Isotonie einer wässrigen Lösung. N. gibt die Menge Natriumchlorid an, die in der gleichen Menge Wasser gelöst, die gleiche osmot. Aktivität wie die Lösung von 1 g des betr. Arzneistoffes aufweist. **Anw.:** Herstellung isoton. Lösungen. Bei mehreren Arzneistoffen wird das Natriumchloridäquivalent für jeden einzelnen Arzneistoff berechnet. Von der theoret. für das Gesamtvolumen benötigten Natriumchloridmenge wird die Summe der N. der Einzelstoffe subtrahiert. Das Resultat ist die Menge an Natriumchlorid, die der Rezeptur noch zugesetzt werden muss, um eine isotone Zubereitung zu erhalten.

Natriumchloridlösung, blutisotonische: s. Solutio Natrii chlorati isotonica.

Natriumchloridlösung, isotonische: s. Solutio Natrii chlorati isotonica.

Natriumchlorid-Nasentropfen 0.9 %, 1.2 %: s. Rhinoguttae.

Natriumchlorid-Nasentropfen, viskose: s. Rhinoguttae.

Natriumchlorit: chlorigsaures Natrium; $NaClO_2$. **Anw.:** Bleichmittel; **Sicherheitshinweis:** gibt mit org. Substanzen, Kohle, Schwefel-, Metallpulver explosive Gemische! **Natriumchlorit 80 Prozent:** : Natrii chloris 80 per centum; CAS-Nr. 7758-19-2; Geh. an $NaClO_2$ mind. 78.0, max. 82.0 %; kann Natriumchlorid u. Natriumsulfat enthalten u. mit Natriumcarbonat od. Natriumhydroxid stabilisiert sein. **Off.:** DAC86.

Natrium, chlorsaures: s. Natriumchlorat.

Natriumcholeinat: Natrium choleinicum; Natrium- u. Kaliumsalze der Taurochol- u. Glycocholsäure (vgl. Gallensäuren).

Hom: *Natrium choleinicum:* verord. z. B. bei chron. Gastroenteritis mit Hepatopathie.

Natriumchromat: Chrom-Natrium, chromsaures Natrium, Natrium chromicum; $Na_2CrO_4 \cdot 10\,H_2O$. Gelbe hygroskop. Kristalle, leicht lösl. in Wasser wenig lösl. in Ethanol. **Anw.:** Herst. von Chromfarben.

Natriumchromat[^{51}Cr]: Das mit dem Radionuklid Cr-51 markierte Na-Chromat ist ein Gammastrahler; vgl. Chrom-51. Es wird zur in vitro-Markierung gewaschener Blutzellen, v. a. Erythrozyten, verwendet. Cr(VI) dringt durch die Wand der roten Blutkörperchen, wird dort reduziert u. irreversibel an Hämoglobin gebunden. Die markierten Blutzellen werden i. v. reinjiziert. Damit lässt sich die Erythrozytenlebensdauer u. bei gleichzeitiger Messung der Radioaktivität über Herz, Milz, Leber u. Knochenmark der Ort des Abbaus bestimmen. Die markierten Erythrozyten können zu Blutvolumenbestimmungen herangezogen werden. Erwärmt man die roten Blutkörperchen vor der Reinjektion auf 49.5 °C od. schädigt sie mit Brommercurihydroxypropan (BMHP), so werden sie innerhalb von 30-60 min von der Milz aufgenommen, die sich somit szintigraph. darstellen lässt. **Zuber.:** Natrii chromatis [^{51}Cr] solutio sterilis Ph.Eur.4, sterile Natrium [^{51}Cr]chromat-Lösung; **Anw.:** Bestimmung der Erythrozyten-Überlebensdauer durch in-vitro Markierung der Blutzellen u. Reinjektion.

Natrium chromicum: s. Natriumchromat.

Natrium cinnamylicum: s. Natrium, zimtsaures.

Natriumcitrat: Natrii citras Ph.Eur.4, Natrium citricum, Natrium citricum neutrale, neutrales Natriumcitrat, citronensaures Natrium, tertiäres Natriumcitrat; Trinatriumsalz der 2-Hydroxypropan-1,2,3-tricarbonsäure.

Natriumcitrat-Dihydrat: CAS-Nr. 6132-04-3; $C_6H_5Na_3O_7 \cdot 2\,H_2O$, M_r 294.1. Farblose, körnige Kristalle od. krist. Pulver von salzig-kühlendem Geschmack, geruchlos; leicht zerfließend bei größerer Luftfeuchte; leicht lösl. in Wasser, sehr schwer lösl. in Ethanol.

Natriumcitrat-Pentahydrat: $C_6H_5Na_3O_7 \cdot 5\,H_2O$, M_r 357.1. Nicht so stabil wie das Dihydrat. **Darst.:** Neutralisieren einer Lsg. von Citronensäure mit Natriumcarbonat. **Anw.** med.: Antikoagulans*; früher als Laxans, mildes Diuretikum u. Refrigerans wie Kaliumcitrat.

Natriumcitratlösungen, zusammengesetzte: s. Solutio Natrii citrici composita vgl. ACD-Stabilisatorlösung.

Natriumcitrat, tertiäres: s. Natriumcitrat.

Natrium citricum: s. Natriumcitrat.

Natrium, citronensaures: s. Natriumcitrat.

Natriumcobaltinitrit: s. Natriumhexanitrocobaltat(III).

Natriumcromoglicat: s. Cromoglicinsäure (Natriumcromoglicat).

Natrium cyanatum: s. Natriumcyanid.

Natriumcyanid: Natrium cyanatum; NaCN. D. 1.857. Schmp. 563 °C. Farblose Kristalle, sehr leicht lösl. in Wasser, wenig lösl. in Ethanol. **Anw.:** galvan. Bäder, Cyanidlaugerei (s. Gold), Enthaarung von Fellen, Schädlingsbekämpfung; **Tox.:** sehr giftig; s. Blausäure.

Natriumcyclamat INN: Natrii cyclamas Ph.Eur.4, Natrium cyclamicum; Natrium-cyclohexylsulfamat; CAS-Nr. 139-05-9; $C_6H_{11}NHSO_3Na$, M_r 201.23. Weißes, krist., geruchloses Pulver, lösl. in Wasser (bei 20 °C: 15 g, bei 30 °C: 25 g/mL Wasser), unlösl. in Ethanol, Ether, Chloroform, verträgl. mit Säuren u. Basen bis 30 °C. **Anw.:** Süßmittel*, mit rohrzuckerähnl. Geschmack, bes. bei Diabetes mellitus, ferner als Geschmackskorrigens für Arzneien u. Lebensmittel; ca. 50-mal süßer als Saccharose; in übl. Dosierung keine UAW.

Natrium cyclohexenylallylthiobarbituricum: s. Thialbarbital-Natrium.

Natrium, cyclohexenylallylthiobarbitursaures: s. Thialbarbital-Natrium.

Natrium-cyclohexylsulfamat: s. Natriumcyclamat.

Natriumdibunat INN: 3,6-Bis(1,1-dimethylethyl)-1-naphthalinsulfonsaures Natrium, gemischt mit 3,7-Bis(1,1-dimethylethyl)-1-naphthalinsulfonsaurem Natrium; $C_{18}H_{23}NaO_3S$, M_r 342.4. Weißes, krist. Pulver; wenig lösl. in kaltem Wasser (0.5-1.0 %), gut lösl. in heißem Wasser, lösl. in Methanol u. Ethanol. **Off.:** DAC86; **Anw.:** Hustenmittel; **Dos.:** Erwachsene p. o. mehrmals 10 mg/d.

Natriumdichromat: Natriumbichromat, Natriumpyrochromat, doppeltchromsaures Natrium, Natrium bichromicum; $Na_2Cr_2O_7 \cdot 2\,H_2O$. D. 2.5. Schmp. 320 °C. Rote, hygroskop. Kristalle; sehr leicht lösl. in Wasser u. Ethanol. **Anw.:** Färberei, Gerberei, Beizen, Konservieren von Holz, Leim, Gelatine, Herst. von Chromfarben; vgl. Kaliumdichromat.

Natrium, diethylbarbitursaures: s. Barbital (Barbital-Natrium).

Natriumdiethyldithiocarbamat: Abk. NaDDTC; $(C_2H_5)_2NCS_2Na$, M_r 225.3. Farbloses, krist. Pulver, leicht lösl. in Wasser, lösl. in Ethanol. N. bildet mit zahlreichen Metallionen Komplexverb.; **Anw.**: in der Analyse zur Bestimmung zahlreicher Metalle wie Pb, Cu, Ni, Co, Zn, Bi, Hg u. deren Trennung.

Natriumdihydrogenphosphat-Dihydrat: Mononatriumdihydrogenphosphat, Mononatriumorthophosphat, primäres Natriumphosphat, Natriumbiphosphat, saures phosphorsaures Natrium, Natrii dihydrogenophosphas dihydricus Ph.Eur.4, Natrium biphosphoricum, Natrium dihydrogenphosphoricum, Natrium phosphoricum monobasicum, Natrii phosphas monobasicus; $NaH_2PO_4 \cdot 2\,H_2O$, CAS-Nr. 13472-35-0, M_r 156.0. D. 1.92. Schmp. 60 °C. Farblose Kristalle od. weißes, krist. Pulver; leicht lösl. in Wasser, unlösl. in Ethanol. **Darst.**: Eindampfen einer Lsg. von Dinatriumphosphat u. Phosphorsäure; **Anw.** med.: früher innerl. als Tonikum, bei Schwächezuständen sowie bei Zystitis; techn.: Wasserenthärtung; Herst. von Pufferlsg. u. Backpulvern.

Natrium, diiodparaphenolsulfonsaures: Natrium diiodparaphenolsulfonicum, Natrium sozoiodolicum, Sozoiodol-Natrium; $C_6H_2I_2(OH)SO_3Na \cdot 2\,H_2O$, M_r 484.0. Farblose Kristalle, lösl. in Wasser. **Anw.** med.: Wundantiseptikum.

Natrium, dimethylarsinsaures: s. Natriumkakodylat.

Natriumdioctylsulfosuccinat: Natrii dioctylsulfosuccinas, Natrium dioctylsulfosuccinicum, Dioctylnatriumsulfosuccinat; $C_{20}H_{23}NaO_7S$, CAS-Nr. 577-11-7; M_r 444.6. Schmp. 153-157 °C. D. 1.1. Weiße, wachsähnl., plast. Substanz; Geruch nach Octylalkohol. Lösl. in ca. 70 T. Wasser (innerhalb 24 h), leicht lösl. in polaren u. unpolaren Lösungsmitteln; Trocknungsverlust max. 4 %; hygroskop. (Lagerung dicht verschlossen). Sulfatasche 15.1-16.3 %; SZ max. 2.5; Oberflächenspannung einer 0.1 %igen Lsg.: $2.87 \cdot 10^{-2}\,N \cdot m^{-1}$; VZ 240-253; IZ max. 0.25; krit. Mizellbildungskonzentration: ca. 0.07 g/100 mL (25 °C). Gew. durch Umsetzung von Octanol mit Maleinsäureanhydrid u. Addition von Natriumhydrogensulfit. **Off.**: DAC86. **Anw.**: **1.** (med.) als Adjuvans in Laxanzien zur Stuhlerweichung (50-400 mg, Kinder unter 3 Jahren 10-40 mg/d oral), auch rektal wirksam; als Cerumenolytikum*; **2.** (pharmaz.) als Emulgator für O/W-Emulsionssalben, anionenaktives Netzmittel (Tensid) u. Solubilisator in festen u. flüssigen Darreichungsformen, Weichmacher für Filmüberzüge, in der Tablettenfabrikation zur Erzielung einer besseren Zerfallbarkeit. **Inkomp.**: Trübung von wässrigen Lösungen bei Zusatz von Elektrolyten; Hydrolyse im alkal. Milieu.

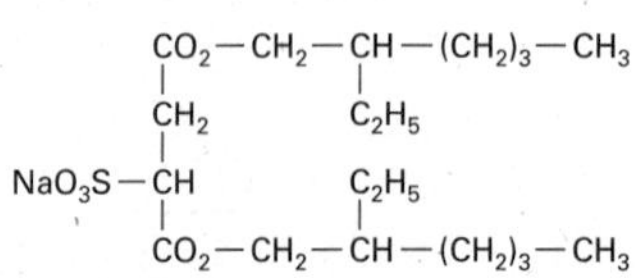

Natriumdioctylsulfosuccinat

Natriumdiphosphat: Tetranatriumdiphosphat, Natriumpyrophosphat, pyrophosphorsaures Natrium, Natrium pyrophosphoricum; $Na_4P_2O_7 \cdot 10\,H_2O$, M_r 446.1 (wasserfrei M_r 265.9). D. 1.82. Farblose Kristalle, lösl. in Wasser, unlösl. in Ethanol u. Glycerol. **Darst.**: Glühen von Natriumphosphat; **Anw.** techn.: Wasserenthärtung, Wasch-, Geschirrspül-, Metallentfettungsmitteln, Rostfleckentfernung, Backpulver, Käse- u. Speiseeiszubereitung.

Natriumdisulfit: Natriummetadisulfit, Natriummetabisulfit, Natriumpyrosulfit, Natrii metabisulfis Ph.Eur.4, Natrii disulfis, Natrium pyrosulfurosum, E 223; $Na_2S_2O_5$, M_r 190.1. Farblose Kristalle od. weißes, krist. Pulver, lösl. in 2 T. Wasser, sehr schwer lösl. in Ethanol. **Anw.**: Redoxstabilisator in Lösungen.

Natriumdithionit: Natriumhydrosulfit, hydroschwefligsaures Natrium, unterschwefligsaures Natrium, Natrium hydrosulfurosum; $Na_2S_2O_4$, M_r 147.1. Weißes Pulver, leicht lösl. in Wasser. **Darst.**: Einw. von Zink u. SO_2 auf eine Lsg. von Natriumhydrogensulfit; **Anw.**: Färberei, Zeugdruckerei.

Natriumdodecylsulfat: (engl.) *sodium dodecyl sulfate*; Abk. SDS; anionisches Detergens, das zum Denaturieren von Proteinen u. Nucleinsäuren benutzt wird; s. Natriumlaurylsulfat.

Natrium, doppeltchromsaures: s. Natriumdichromat.

Natrium, doppeltkohlensaures: s. Natriumhydrogencarbonat.

Natrium, doppeltschwefelsaures: s. Natriumhydrogensulfat.

Natrium, doppeltschwefligsaures: s. Natriumhydrogensulfit.

Natriumedetat: Natrii edetas, Ethylendiamintetraessigsäure-Dinatriumsalz, Natrium edetatum, Dinatrium-EDTA, Na_2EDTA, Natrium-ÄDTA, AeDTA-Na_2; CAS-Nr. 6381-92-6; $C_{10}H_{14}N_2Na_2O_8 \cdot 2\,H_2O$, M_r 372.2. Weißes, krist. Pulver, lösl. in ca. 11 T. Wasser, unlösl. in org. Lösungsmitteln. **Anw.**: lokal bei Verätzungen des Auges durch Kalk; i. v. bei Hyperkalzämie, bei Digitalisüberdosierung, bei Bleivergiftungen; zur Hemmung der Blutgerinnung in vitro; **Anw.** techn.: Wasserenthärtung, titrimetr. Bestimmung von Calcium u. a. Metall-Ionen, mit denen es nicht ionisierende Metallkomplexe bildet, Beseitigung von radioaktiven Metallsalzen, auch in Spuren; vgl. Chelate.

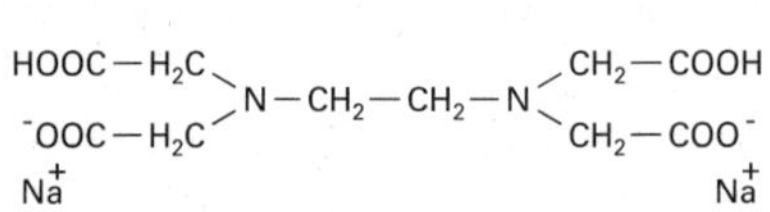

Natriumedetat

Natriumedetat-Augentropfen: s. Augentropfen.

Natrium, essigsaures: s. Natriumacetat.

Natrium ethyl-methylbutyl-thiobarbituricum cum Natrio carbonico: s. Thiopental-Natrium.

Natrium, ethylphenylbarbitursaures: s. Phenobarbital-Natrium.

Natrium fluoratum: s. Natriumfluorid.

Natriumfluorid: Fluornatrium, Natrii fluoridum Ph.Eur.4, Natrium fluoratum; NaF, CAS-Nr. 7681-49-4, M_r 42.0. D. 2.78. Schmp. 990 °C. Würfelförmige Kristalle od. weißes, krist. Pulver; lösl. in Wasser, sehr schwer lösl. in Ethanol. **Darst.**: Eindampfen von Flusssäure* mit Soda; **Anw.** techn.: Reinigung, Desinfektion u. Konservierung; med.: gegen Osteoporose; Kariesprophylaxe; früher auch bei Tuberkulose; **Dos.**: 50-75 g/d (Osteoporose); zur Kariesprophylaxe: für Spülungen 0.05 %ige (max. 2 %ige) wässrige Lsg., Tabletten: Kinder: 0.25 mg/d, Erwachsene: 1 mg/d.

Natriumfluorid-Tropfen: Herst.: NRF, 29 g frisch abgekochtes Wasser werden mit 20.0 g Glycerol 85 %, 0.25 g Natriumcitrat u. 0.05 g Sorbinsäure versetzt u. unter Erwärmen gerührt bis sich die Sorbinsäure gelöst hat. In dem noch warmen Ansatz wird 0.25 g wasserfreie Citronensäure u. 0.11 g Natriumfluorid gelöst. Mit frisch abgekochtem Wasser wird auf 50.0 g ergänzt u. die Lsg. unverzügl. in das Abgabegefäß aus Kunststoff (keine Glasflasche verwenden) filtriert. **Anw.**: Prophylaxe der Zahnkaries; **Dos.**: Säuglinge u. Kleinkinder unter 2 Jahren: 1-mal/d 5 Tr.; Kinder (2 Jahre): 1-mal/d 10 Tr.; Kinder (3-5 Jahre): 1-mal/d 15 Tr.; Schulkinder: 1-mal/d 20 Tr.; mit etwas Flüss. einnehmen.

Natriumfluosilicat: s. Natriumhexafluorosilicat.

Natriumformiat: Natrium formicicum, ameisensaures Natrium; $HCOONa \cdot H_2O$; M_r 86.0; D. 1.9. Weißes, krist. Pulver, leicht lösl. in Wasser. Darst.: durch Neutralisation von Ameisensäure mit Soda u. Eindampfen. **Anw.**: in Konservierungsmitteln, zur Herst. von Oxalsäure u. Natriumdithionat.

Natrium formicicum: s. Natriumformiat.

Natriumfusidat: s. Fusidinsäure.

Natriumgentisat INN: Natriumgentisinat, Natrii gentisas; Natriumsalz der 5-Hydroxysalicylsäure (Gentisinsäure*); CAS-Nr. 4955-90-2; $C_7H_5NaO_4$, M_r 176.11. Bildet versch. Hydrate. **Inkomp.**: Säuren, Alkalilsg., Eisen; **Anw.**: Analgetikum*, Antirheumatikum*; früher bei akutem rheumat. Fieber.

Natriumgluconat: Natrium gluconicum; $HOCH_2-(CHOH)_4-COONa$, $C_6H_{11}NaO_7$. Weiße Kristalle, lösl. in Wasser. **Darst.**: Neutralisation von Gluconsäure* mit NaOH. **Anw.**: Mittel gegen Kesselstein zus. mit Ätznatron, in Lebensmitteln zu diätet. Zwecken.

Natrium gluconicum: s. Natriumgluconat.

Natriumglutamat: Natrium glutaminicum, Mononatriumglutamat, Natriumglutaminat, Glutamat; $HOOC-CH(NH)_2-CH_2-CH_2-COONa$, M_r 169.12. Weißes, krist. Pulver, lösl. in Wasser u. Ethanol. **Anw.**: Geschmacksverstärker, oft auch kombiniert mit Purin-5'-ribonucleotiden (wirken als Synergisten). Da N. (nur die linksdrehende, nat. Form) die Geschmackspapillen der Zunge sensibilisiert, selbst aber fast geschmacklos ist, wird es in großem Umfang zur Geschmacksverbesserung von Nahrungsmitteln, bes. in künstl. Suppen (zu ca. 0.2 %) verwendet; vgl. Glutaminsäure. Bei Überdosierung od. übermäßigem Genuss kann es zum China-food-Syndrom (reversible Leberschädigung) kommen. **Darst.**: aus Gluten des Weizens, Mais u. Soja, aus Rübenzuckermelasse.

Natrium glutaminicum: s. Natriumglutaminat.

Natrium glycerinophosphoricum: s. Natriumglycerophosphat.

Natriumglycerophosphat: Natrii glycerophosphas hydricus Ph.Eur.4, Natrium glycerophosphoricum, Natrium glycerinophosphoricum; Gemisch von α- u. β-glycerinmonophosphorsaurem Natrium; $C_3H_5(OH)_2-O-PO_3Na_2 \cdot 4\text{-}6\,H_2O$, M_r 216.0 (wasserfrei). Weiße Kristalle od. krist. Pulver, leicht lösl. in Wasser. **Anw.** med.: früher als Tonikum, bei Skrofulose, Rachitis, Stoffwechselstörungen; **Dos.**: 0.5-2 g; Kinder 0.2-0.5 g.

Natriumgold(III)-chlorid: s. Natriumtetrachloroaurat(III).

Natriumgualenat INN: Natrii gualenas; Natriumsalz von Guajazulen-3-sulfonsäure; CAS-Nr. 6223-35-4; $C_{15}H_{17}NaO_3S$. **Anw.**: Antiphlogistikum*; vgl. Guajazulen.

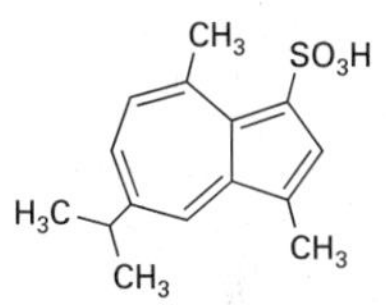

Natriumgualenat: Guajazulen-3-sulfonsäure

Natriumhexachloroplatinat(IV): Natriumplatinchlorid, Natrium platinochloratum; $Na_2PtCl_6 \cdot 6\,H_2O$. Geh. 34.7 % Platin. Bräunl. Kristalle, leicht lösl. in Wasser u. Ethanol. **Anw.**: Reagens auf Kalium- u. Ammoniumsalze.

Natriumhexafluoroaluminat: Natriumaluminiumfluorid, Natrium-Aluminium fluoratum, Kryolith, Eisstein (Grönland); $Na_3[AlF_6]$. **Darst.**: Auflösen von Tonerde u. Soda in wässriger Flusssäure*; **Anw.**: Gew. von Aluminium.

Natriumhexafluorosilicat: Natriumfluosilicat, Kieselfluornatrium, Natriumsilicofluorid, Natrium silico-fluoratum; $Na_2[SiF_6]$. D. 2.7. Farblose, giftige Kristalle, sehr schwer lösl. in Wasser. **Anw.**: Insektenvertilgungsmittel, Holzkonservierung, Trübungsmittel in der Emaille- u. Milchglasfabrikation.

Natriumhexanitrocobaltat(III): Natriumcobaltinitrit; $Na_3[Co(NO_2)_6]$, M_r 403.98. Orangegelbes Pulver, leicht lösl. in Wasser. **Anw.**: Identitätsprüfung von Kaliumsalzen; Reagens Ph.Eur.4.

Natriumhyaluronat: s. Hyaluronsäure.

Natrium hydricum: s. Natriumhydroxid.

Natrium hydrocarbonicum: s. Natriumhydrogencarbonat.

Natriumhydrogencarbonat: Natrii hydrogenocarbonas Ph.Eur.4, Natrium hydrogencarbonicum, Natrium bicarbonicum, Natrium hydrocarbonicum, primäres Natriumcarbonat, Natriumbicarbonat, doppelkohlensaures Natron, Speisesoda; CAS-Nr. 144-55-8; $NaHCO_3$, M_r 84.01. D. 2.2. Weiße Kristalle od. weißes, krist. Pulver, lösl. in Wasser, sehr schwer lösl. in Ethanol. Beim Erhitzen der Substanz od. der Substanzlsg. entsteht allmähl. Natriumcarbonat. **Darst.**: **1.** Einleiten von CO_2 in Natriumcarbonat-Lsg.; **2.** Umkristallisieren des beim Solvay-Soda-Prozess als Zwischenprodukt gewonnenem rohen N.; **Anw.** med.: Antacidum*

N

(Pulvis aerophorus, Pulvis aerophorus mixtus); äußerl.: Mund- u. Gurgelwässer, Inhalationen bei Bronchialkatarrh; Back- u. Limonadenpulver; techn.: in Feuerlöschgeräten; **Zuber.**: nach Ph.Helv.7 Natrii hydrogenocarbonatis solutio infundibilis 14 g/L, Natriumhydrogencarbonat-Infusionslsg. 14 g/L.

Natrium hydrogencarbonicum: s. Natriumhydrogencarbonat.

Natriumhydrogensulfat: primäres Natriumsulfat, Natriumbisulfat, Natriumhydrosulfat, doppeltschwefelsaures Natrium, saures Natriumsulfat, Natrium bisulfuricum; $NaHSO_4 \cdot H_2O$. Farblose Kristalle, leicht lösl. in Wasser. **Darst.**: Übergießen von NaCl mit erwärmter konz. Schwefelsäure; **Anw.**: in der chem. Analyse zum Aufschließen schwer lösl. Verb., Reinigung von Platintiegeln; med.: früher bei Typhusgefahr als Zusatz zu Trinkwasser (0.3 g/L).

Natriumhydrogensulfid: Natriumhydrosulfid, Natriumsulfhydrat, Natrium hydrosulfuratum; NaHS, M_r 56.1. D. 1.79. Farblose, hygroskop., nach H_2S riechende Kristalle, sehr leicht lösl. in Wasser, leicht lösl. in Ethanol. **Darst.**: Einleiten von H_2S in Natronlauge; **Anw.**: Enthaarungsmittel in der Gerberei; Reagens PhEur.4.

Natriumhydrogensulfit: Natriumbisulfit, Natriumhydrosulfit, doppelschwefligsaures Natrium, saures schwefligsaures Natrium, Natrium bisulfurosum; $NaHSO_3$. Farblose, nach Schwefeldioxid* riechende Kristalle, leicht lösl. in Wasser, die auf Zusatz von Säuren Schwefeldioxid entwickeln. **Anw.**: Bleichen, in der Analyse, Reduktionsmittel in der Färberei; Konservierung von Nahrungsmitteln.

N

Natriumhydrogentartrat: Natriumbitartrat, saures weinsaures Natrium, Natrium bitartaricum; $NaHC_4H_4O_6 \cdot H_2O$. Weiße Kristalle, lösl. in Wasser. **Anw.**: Brausepulver, in der Analyse als Reagens auf Kaliumsalze.

Natriumhydrogenvalproat: s. Valproinsäure.

Natrium, hydroschwefligsaures: s. Natriumdithionit.

Natriumhydrosulfat: s. Natriumhydrogensulfat.

Natriumhydrosulfid: s. Natriumhydrogensulfid.

Natriumhydrosulfit: s. Natriumhydrogensulfit.

Natrium hydrosulfuratum: s. Natriumhydrogensulfid.

Natrium hydrosulfurosum: s. Natriumdithionit.

Natriumhydroxid: Natronhydrat, Ätznatron, kaustische Soda, kaustisches Natron, Natrium causticum, Natrium hydroxydatum, Natrium hydricum, Natrii hydroxidum; NaOH, M_r 40.01. D. 2.13. Schmp. 318 °C. Sdp. 1390 °C. Weiße, faserig-krist., sehr hygroskop. Masse (auch Körner, Schuppen od. Stangen) die aus der Luft CO_2 anzieht u. dabei in Natriumcarbonat übergeht; sehr leicht lösl. in Wasser (Natronlauge), lösl. in Ethanol u. Glycerol, unlösl. in Ether. **Darst.**: Elektrolyse von Natriumchlorid-Lsg. od. Kochen von Natriumcarbonat-Lsg. mit Calciumhydroxid; **Off.**: ÖAB90, Ph.Helv.7. N. kommt in versch. Reinheitsgraden in den Handel: **N. h. crudum:** rohes N.; **N. h. depuratum:** gereinigtes N.; **N. h. purum** (Alcohole depuratum): gereinigtes N. (mit Alkohol gereinigt); **N. h. purissimum:** reinstes N. [DAC86]; **Anw.**: in der Analyse; techn.: Seifenherstellung, Reinigungsmittel, Enthärtung von Kesselwasser, Reinigen von Fetten u. Ölen, Mercerisieren von Baumwolle, Abbeizen, Stalldesinfektion (1- bis 2%ige Lsg.); **verd. NaOH-Lsg.**: s. Solutio Natrii hydroxydati diluta ÖAB90; **konz. NaOH-Lsg.**: s. Solutio Natrii hydroxydati concentrata ÖAB90; **NaOH-Lsg. 15%**: Liquor Natrii caustici DAB6: Natronlauge; Geh. 14.8-15% NaOH, D. 1.165-1.169; **Anw.** med.: Ätzmittel, Bäderzusatz; techn.: in der Analyse; Reagens Ph.Eur.4: NaOH-Lsg. 40%, NaOH-Lsg. 8.5%.

Natrium hydroxydatum: s. Natriumhydroxid.

Natriumhydroxydlösung, konzentrierte: s. Solutio Natrii hydroxydati concentrata.

Natriumhydroxydlösung, verdünnte: s. Solutio Natrii hydroxydati diluta.

Natriumhypochlorit: unterchlorigsaures Natrium, Natrium hypochlorosum; NaOCl, M_r 74.44. Nur in Lösung beständig, **Natriumhypochlorit-Lösung:** Liquor Natrii hypochlorosi, Natrii hypochloritis solutio, Bleichlauge, Eau de Labarraque, Labarraque-Lauge; Geh. max. 12.5%, nach EB6 mind. 0.5% wirksames Chlor. Klare, farblose od. grünl. gelbe Flüss. von schwachem Chlorgeruch; bei –10 °C Kristalle: $NaOCl \cdot 6\,H_2O$. **Darst.**: **1.** Umsetzen von Chlorkalk mit Natriumcarbonat (nach EB6 mit Na_2SO_4); **2.** Elektrolyse von NaCl-Lsg.; **3.** techn. bevorzugt durch Einleiten von Chlor in NaOH-Lsg.; **Anw.** med.: früher bei Fluor albus, Wund- u. Hautdesinfektion, Zahnheilkunde (ca. 2%ige Lsg.), s. Antiformin; techn.: Bleichen; Desinfektion, Sanitärreiniger; als Reagens Ph.Eur.4 (2.5-3% aktives Chlor), Identifizierung z. B. von Calcitonin*, Streptomycinsulfat.

Natrium hypochlorosum: s. Natriumhypochlorit.

Natriumhypophosphit: s. Natriumphosphinat.

Natrium hypophosphorosum: s. Natriumphosphinat.

Natriumhyposulfit: s. Natriumthiosulfat.

Natrium hyposulfurosum: s. Natriumthiosulfat.

Natrium indigosulfonicum: s. Indigocarmin.

Natrium, indigosulfonsaures: s. Indigocarmin.

Natriumiodat: iodsaures Natrium, Natrium iodicum; $NaIO_3$. D. 4.28. Weißes, krist. Pulver, lösl. in Wasser, unlösl. in. Ethanol. **Anw.** med.: äußerl. wie Kaliumchlorat*.

Natrium iodatum: s. Natriumiodid.

Natriumiodhippurat[^{123}I]: Natrium-(2-iod[^{123}I]-benzamido)acetat. Markierte Verb., die in der Nuklearmed. verwendet wird; s. Iod-123. **Zuber.**: Natriumiodhippurat[^{123}I]-Injektionslösung, Natrii iodohippurati[^{123}I] solutio Ph.Eur.4; eine injektionsfertige Lsg. des Natriumsalzes der *o*-Iodhippursäure. **Anw.**: versch. Nierenuntersuchungen (kürzere HWZ als Natriumiodhippurat[^{131}I], daher geringere Strahlenbelastung).

Natriumiodhippurat[^{131}I]: Natrium-(2-iod[^{131}I]-benzamido)acetat, (s. Abb.). Markierte Verb., die in der Nuklearmed. zur Darst. od. Funktionsprüfung der Nieren (Bestimmung des Nierenplasmadurchflusses) verwendet wird. *o*-Iodhippursäure wird wie *p*-Aminohippursäure nach i. v. Injektion in der Niere glomerulär filtriert u. tubulär sezerniert. Zur Vermeidung einer Akkumulation von abgespaltenem Radio-Iod in der Schilddrüse werden vor der Untersuchung Substanzen verabreicht (nicht radioaktives Iodid, Kaliumperchlorat), die eine Radioiodaufnahme in der Schilddrüse verhindern. Die radiochem. Synthese von N. erfolgt durch Isotopenaustausch des Iod in der *o*-Iodhippursäure mit überschüssiger wässriger NaI[^{131}I]-Lösung. **Zuber.**: Natriumiodhippurat [^{131}I]-Injektionslösung, Natrii iodohippurati[^{131}I] solutio iniectabilis Ph.Eur.4; **Anw.**: vgl. Natriumiodhippurat[^{123}I].

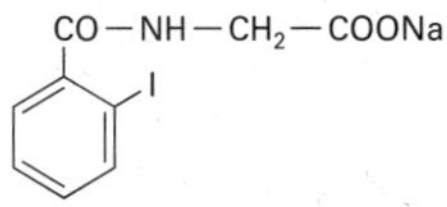

Natriumiodhippurat[^{131}I]

Natrium iodicum: s. Natriumiodat.

Natriumiodid: Natrii iodidum Ph.Eur.4, Natrium iodatum, Iodnatrium; CAS-Nr. 7681-82-5; NaI, M_r 149.9. Weißes, krist., hygroskop. Pulver von salzigem, später bitterem Geschmack; sehr leicht lösl. in Wasser u. Ethanol 90%. **Darst.**: wie Kaliumiodid* (unter Verw. von Natriumsalzen); **Anw.**: Expektorans*; **Dos.**: MED 2.0 g, MTD 6.0 g.

Natriumiodid[^{123}I]: das mit Iod*-123 markierte Natriumiodid dient als orale Lsg. (Natrii iodidi[^{123}I] solutio Ph.Eur.4) in der Nuklearmed. vorwiegend der Untersuchung des Iodstoffwechsels bei Schilddrüsenerkrankungen (wegen der kurzen HWZ von Iod-123 auch z. B. zur Strumasuche bei Säuglingen geeignet); vgl. Natriumiodid[^{131}I]. **Dos.**: 93-370 · 10^4 Bq; Strahlenbelastung der Schilddrüse ca. 5-10 mGy/3.7 · 10^4 Bq.

Natriumiodid[^{125}I]: das mit Iod*-125 markierte Natriumiodid dient als orale Lsg. (Natrii iodidi[^{125}I] solutio Ph.Eur.4) in der Nuklearmed. vorwiegend der Untersuchung des Iodstoffwechsels bei Schilddrüsenerkrankungen; vgl. Natriumiodid[^{131}I]. **Dos.**: 93-370 · 10^4 Bq; Strahlenbelastung der Schilddrüse ca. 5-10 mGy/3.7 · 10^4 Bq.

Natriumiodid[^{131}I]: radioaktiv markierte Verb., die nuklearmed. Verw. findet (orale Anw. von Natrii iodidi[^{131}I] solutio Ph.Eur.4). **Anw.**: Untersuchung der Schilddrüsenfunktion (Iodstoffwechsel) sowie die szintigraph. Darst. des Organs; Schilddrüsentherapie; **Dos.**: meist 93-185 · 10^4 Bq oral; Strahlenbelastung der Schilddrüse: 0.01-0.02 mGy/3.7 · 10^4 Bq.

Natriumiodid[^{131}I]-Kapseln für diagnostische Zwecke: Natrii iodidi[^{131}I] capsulae ad usum diagnosticum Ph.Eur.4; spezif. Radioaktivität mind. 185 GBq Iod-131 je mg Iod. **Inhaltsst.**: Iod*-131 in Form von Natriumiodid, ein geeigneter fester Trägerstoff, Natriumthiosulfat (od. ein anderes geeignetes Reduktionsmittel) u. evtl. ein Puffer. Mind. 95 % des Iod-131 liegt in Form von Iodid vor.

Natriumiopodat: s. Iopodate.

Natriumkakodylat: kakodylsaures Natrium, dimethylarsinsaures Natrium, Natrium kakodylicum DAB6; $(CH_3)_2AsO_2Na \cdot 3\,H_2O$, M_r 214.06. Geh. 32.8-35 % Arsen. Weißes, krist. Pulver, sehr leicht lösl. in Wasser, lösl. in Ethanol. **Darst.**: Zusammenbringen von Natriumcarbonaten mit Kakodylsäure; **Anw.** med.: bei Tbc, nicht mehr gebräuchlich.

Natrium kakodylicum: s. Natriumkakodylat.

Natrium/Kalium-Pumpe: s. Ionenpumpe.

Natrium, kieselsaures: s. Natriumsilicat.

Natrium, kohlensaures: s. Natriumcarbonat.

Natriumlactat: Natrium lacticum, milchsaures Natrium; $C_3H_5NaO_3$, M_r 112.1. Schmp. 17 °C. Farblose od. fast farblose, viskose Flüss., sehr leicht lösl. in Wasser u. Ethanol (im Handel meist 50-60 %ige Lsg.). **Anw.** med.: metabol. Acidose (diabet. Koma, Urämie).

Natriumlactatlösung: Natrii lactatis solutio Ph.Eur.4, Sol. Natrii lactici; Geh. nach DAB10: 49.0-51.0 % Natriumlactat, enthält nach Ph.Eur.4 mind. 50.0 % (m/m) 2-Hydroxypropansäure; D. 1.267-1.277; $n_D^{20\,°C}$ 1.408-1.412; klare, farblose Flüssigkeit. **Anw.**: Herst. der einmolaren Natriumlactatlösung*; **Dos.**: bei metabol. Acidose (diabet. Koma, Urämie): parenteral, Infusion: isoton. Lsg. 1/6 mol/L, max. Infusionsgeschwindigkeit 300 mL/h.

Natriumlactatlösung, blutisotonische: Solutio Natrii lactici isotonica; Zstzg.: ÖAB90, 9.4 g. konzentrierte Natriumlactatlösung*, Wasser zur Injektion ad 100 mL. Geh.: 1.60-1.82 % (m/V) Natriumlactat. **Anw.**: Acidosen.

Natriumlactatlösung, einmolare: Natrii lactatis solutio monomolaris, Solutio Natrii lactici monomolaris, Ringer-Lactatlösung, Hartmann-Lösung; Die Lsg. ist hyperton., eine 1.72 %ige (m/V) Lsg. ist blutisoton. **Anw.**: Behandlung von Acidosen.

Natriumlactatlösung, konzentrierte: Solutio Natrii lactici concentrata; Zstzg.: ÖAB90, 17.1 g Milchsäure, 23.8 g konz. Natriumhydroxidlsg., verd. Salzsäure n. B., Wasser zur Injektion ad 100 mL; Geh. an Natriumlactat: 18.8-21.3 % (m/V). **Anw.**: Herst. der blutisotonischen Natriumlactatlösung*.

Natriumlactatlösung, zusammengesetzte: Solutio Natrii lactici composita, Natrii lactatis solutio infundibilis composita; Lsg. zur Behandlung von Acidosen u. zum Alkalisieren des Harns.

Natrium lacticum: s. Natriumlactat.

Natriumlaurylethersulfat-Lösung 27 %: DAC86, wässrige Lsg. eines Gemischs aus Natriumalkylethersulfaten, hauptsächl. aus den Natriumsalzen von Do- u. Tetra-decyldiethylenglykolethersulfat; mittlere M_r 382; gelbl., viskose Flüssigkeit. **Anw.**: Tensid zur Herst. u. a. von Shampoos.

Natriumlaurylsulfat: Natrii laurilsulfas Ph.Eur.4, Natriumdodecylsulfat, Natrium laurylsulfuricum; CAS-Nr. 131-21-3; $[CH_3-(CH_2)_{10}-CH_2-O-SO_3]Na$; $C_{12}H_{25}NaO_4S$, M_r 288.4. Gemische versch. Natriumalkylsulfate, mind. 85 % Na-n-dodecylsulfat. Weiße bis gelbl. Kristalle od. Pulver, charakterist. Geruch. Wasserlösl., wenig lösl. in Ethanol; unlösl. in Ether, Chloroform u. Petrolether. HLB*-Wert ca. 40; Oberflächenspannung 40 mN/m (Konz.: 6.5 · 10^{-3} mol/L); freie Fettalkohole: max. 4 %; ingesamt max. 8.0 % Natriumchlorid u. Natriumsulfat. Inkomp.: einige Alkaloidsalze, quaternäre Ammoniumsalze, Blei- u. Kaliumsalze (Fällung); wird durch Säuren u. in der Siedehitze hydrolysiert. Hepatotox. u. hämolytisch bei parenteraler Verw. (z. B. als Emulgator). **Anw.:** Reagens zur Prüfung von Bentonit auf Quellfähigkeit; Emulgator in Salben u. Cremes; zus. mit Fettalkoholen als selbstemulgierende Grundlage (z. B. emulgierender Cetylstearylalkohol*, Typ B). Netzmittel in festen Arzneiformen, als Lösungsvermittler, in Zahncremes u. Shampoos. Verstärkt die fungizide Wirkung einiger Wirkstoffe u. fördert bei einigen die Resorption. Verbessert die Schmiermittelwirkung von Magnesiumstearat. Inkomp.: s. Natriumcetylstearylsulfat.

Natriumlaurylsulfonat: Fettalkoholsulfonat, s. Fettalkohole.

Natriummetaarsenit: s. Natriumarsenit.

Natriummetabisulfit: s. Natriumdisulfit.

Natriummetadisulfit: s. Natriumdisulfit.

Natriummetaperiodat: $NaIO_4 \cdot 3\,H_2O$, M_r 267.97. Farblose, wasserlösl. Kristalle. **Anw.:** Bestimmung u. a. von Zuckern, Glycerol.

Natrium methylarsinicum: s. Natrium, monomethylarsinsaures.

Natrium methyl-cyclohexenylmethylbarbituricum: s. Hexobarbital (Hexobarbital-Natrium).

Natriummolybdat: Natrii molybdas; Na_2MoO_4, M_r 206.0 ($Na_2MoO_4 \cdot 2\,H_2O$, M_r 242.0). Weißes, krist. Pulver od. farblose Kristalle; leicht lösl. in Wasser. **Off.:** DAB10 (wasserfreies N. u. N.-Dihydrat); **Anw.:** Reagens Ph.Eur.4.

Natriummonohydrogenphosphat: (engl.) dibasic sodium phosphate, (sekundäres) Natriumphosphat, Dinatriumorthophosphat, Dinatriumhydrogenphosphat, phosphorsaures Natrium, Natrii monohydrogenphosphas, Natrii phosphas dibasicus, Dinatrii phosphas, Natrium phosphoricum dibasicum, Natrium monohydrogenphosphoricum; **1.** $Na_2HPO_4 \cdot n\,H_2O$ (n=0, 2, 7, 12); leicht lösl. in Wasser, unlösl. in Ethanol. **Darst.:** Auflösen von Natriumcarbonat in Phosphorsäure; **Herst.** techn.: Umsetzen von Knochenasche mit Schwefelsäure; **Anw.** med.: mildes Laxans, bei Acidose; vet.: als Zusatz zu Futterkalk; techn.: zur Ledergerbung, feuersichere Imprägnierungen; Herst. von Pufferlösungen. **2. Natriummonohydrogenphosphat-Dihydrat:** Dinatrii phosphas dihydricus Ph.Eur.4, Natrii monohydrogenphosphas dihydricus; $Na_2HPO_4 \cdot 2\,H_2O$, M_r 178.0. **3. Natriummonohydrogenphosphat-Heptahydrat:** Dinatrii phosphas heptahydricus, Natrii monohydrogenphosphas heptahydricus, Natrium phosphoricum siccatum; $Na_2HPO_4 \cdot 7\,H_2O$, M_r 268.1. **Off.:** DAC86. **4. Natriummonohydrogenphosphat-Dodecahydrat:** Dinatrii phosphas dodecahydricus Ph.Eur.4; CAS-Nr. 10039-32-4; $Na_2HPO_4 \cdot 12\,H_2O$, M_r 358.1. D. 1.53. Schmp. 40 °C. Farblose, unter 30 °C stabile Kristalle, verwittern in trockener Luft zum Hepta- od. Dihydrat. **5. wasserfreies Natriummonohydrogenphosphat:** Natriummonohydrogenphosphat-Anhydrat, Dinatrii phosphas anhydricus, Natrium monohydrogenphosphoricum anhydricum, Natrium phosphoricum (ex)siccatum; Na_2HPO_4, M_r 142.0. Hygroskop. Pulver, absorbiert 2-7 mol Wasser in feuchter Luft. **Off.:** Ph.Helv.7, DAC86.
Hom: *Natrium phosphoricum (HAB1.3):* Natriumhydrogenphosphat-Dodekahydrat; verord. z. B. bei hyperazider Gastritis.

Natrium, monomethylarsinsaures: Methyldinatriumarsenat, Natrium methylarsinicum; $CH_3AsO(ONa)_2 \cdot 5\,H_2O$. Farblose Kristalle, leicht lösl. in Wasser, wenig lösl. in Ethanol. **Anw.** med.: früher wie Natriumkakodylat*.

Natriummorrhuat INN: Natrii morrhuas; Natriumsalz der Fettsäuren des Kabeljau-Leber-Öls; CAS-Nr. 8031-09-2. **Anw.:** Injektionen zur Venenverödung, äußerl. zur Bindegeweberegeneration, lokal zur Behandlung von Hämorrhoiden. pH 10 (wässrige Lsg.). **Dos.:** parenteral i. v. 5 % zur Venenverödung; rektal als Zäpfchen od. Analsalbe 10 %.

Natrium, neutrales weinsaures: s. Natriumtartrat.

Natriumnitrat: Natrium nitricum, Chilesalpeter, Natronsalpeter, salpetersaures Natrium; $NaNO_3$; M_r 85.01; D. 2.26; Schmp. 317 °C. Farblose Kristalle, leicht lösl. in Wasser, lösl. in Ethanol. **Vork.:** nat. in großen Lagern in Chile (Caliche). **Gew.:** Auslaugen u. Reinigen von Chilesalpeter. **Anw.** med.: Diuretikum (obsolet); techn.: N. crudum als Düngemittel, zur Herst. von Salpetersäure, zum Einpökeln u. Röten von Fleisch
Hom: *Natrium nitricum (HAB1.5):* verord. z. B. bei Schleimhautblutungen (Nasenbluten).

Natrium nitricum: s. Natriumnitrat.

Natriumnitrit: salpetrigsaures Natrium, Natrii nitris, Natrium nitrosum; $NaNO_2$, M_r 69.00. D. 2.17. Schmp. 271 °C. Farblose bis schwach gelbl., hygroskop. Kristalle; leicht lösl. in Wasser, wenig lösl. in Ethanol. **Darst.:** Reduktion von Natriumnitrat mit Blei; **Herst.** techn.: Einleiten von NO/NO_2 aus der Ammoniakverbrennung in Natronlauge; **Off.:** DAB8, ÖAB90, Ph.Helv.7; **Anw.** med.: früher gefäßerweiterndes Mittel bei Koronarsklerose, Gefäßspasmen; Wirkung ähnl. Glyceroltrinitrat*, Wirkungseintritt nach 15 Min., Wirkungsdauer ca. 1 Std.; Antidot bei Cyanidvergiftung, Methämoglobinbildner*. Vorsicht! LD ca. 4 g; **Anw.** techn.: in der Azofarbstoffchemie zur Diazotierung, Korrosionsschutzmittel, Textilindustrie, Reinigungsmittel, Pökelsalz (s. Konservierung).

Natrium nitroborussicum: s. Natriumnitroprussid.

Natrium nitroferricyanatum: s. Natriumnitroprussid.

Natriumnitroprussid: Natrii nitroprussias Ph.Eur.4, Nitroprussidnatrium, Natriumpentacyanonitrosylferrat(II), Natrii pentacanonitrosylferras, Natrium nitroborussicum, Natrium nitroprussicum, Natriumnitrosylprussiat, Natrium nitroferricyanatum, Natriumnitroferricyanid, Pentacyanonitrosylferrat; Dinatriumpentacyanonitrosylferrat(II)-dihydrat; $Na_2[Fe(CN)_5NO] \cdot 2\,H_2O$, M_r 298.0. D. 1.71. NO ist in dieser Verb. als Nitrosyl-Kation NO^+ enthalten. Rubinrote Kristalle, leicht lösl. in Wasser u. Ethanol. **Anw.:** in der Analyse als Reagens auf Sulfide, H_2S, SO_2, Aceton (z. B. im Harn, 5 %), Aldehyde, Zink, zur Identitätsprüfung von Methionin u. Salbeiblättern; **Anw.** med.: Antihypertensivum*, als Infusion bei Blutdruckkrisen (für die Dauerther. zu kurz wirksam, gut steuerbar); HWZ 0.1 h bzw. 170 h (Metaboliten).

Natrium nitrosum: s. Natriumnitrit.

Natrium, nucleinsaures: Natrium nucleinicum EB6; Grauweiß bis gelbl. weißes Pulver, lösl. in Wasser, unlösl. in Ethanol. **Anw.** med.: früher zur unspez. Reiztherapie.

Natriumoleat: Natrium oleinicum; $C_{18}H_{33}NaO_2$, M_r 304.4. Geh. mind. 90 % Ölsäure. Gelb. Pulver, lösl. in heißem Wasser u. Ethanol. **Anw.** med.: früher als Choleretikum*.

Natrium oleinicum: s. Natriumoleat.

Natriumoxalat: oxalsaures Natrium, Natrium oxalicum; $(COONa)_2$, M_r 134.1. D. 2.34. Farblose Kristalle, lösl. in Wasser, unlösl. in Ethanol. **Anw.:** in der Manganometrie* zur Einstellung der $KMnO_4$-Maßlsg.; Textilindustrie.

Natrium oxalicum: s. Natriumoxalat.

Natriumoxybutyrat: s. γ-Hydroxybuttersäure.

Natriumpantothenat: Natrii pantothenas; $C_9H_{16}NNaO_5$, M_r 241.2. Weißes, hygroskop. Pulver; sehr leicht lösl. in Wasser, leicht lösl. in Methanol, schwer lösl. in Ethanol, fast unlösl. in Aceton, Dichlormethan, Ether. **Off.:** DAB10; **Wirk.** u. **Anw.:** s. Vitamine (Pantothensäure).

Natrium para-aminosalicylicum: s. 4-Aminosalicylsäure.

Natriumpentacyanonitrosylferrat(II): s. Natriumnitroprussid.

Natrium, pentosanpolyschwefelsaures: s. Pentosanpolysulfat.

Natriumperborat: überborsaures Natrium, Natrium perboricum; $NaBO_3 \cdot 4\,H_2O$, M_r 153.9. Weißes, krist. Pulver, lösl. in Wasser. **Darst.:** Zufügen von 30 %iger H_2O_2-Lsg. zu einer Lsg. von Borax in Natronlauge; **Anw.:** Bleichmittel in Waschmitteln, Zahnpasten u. Seifen.

Natriumpercarbonat: Natriumsupercarbonat, überkohlensaures Natrium, Natrium percarbonicum; $Na_2CO_3 \cdot n\,H_2O_2$ (n ca. 1.5). Weißes Pulver, leicht lösl. in Wasser, zerfällt in wässriger Lsg. sehr schnell in Na_2CO_3 u. bleichenden, oxidierend wirkenden Sauerstoff. **Anw.:** Wasch- u. Bleichmittel, Sauerstoffbäder, Luftverbesserungsmitteln.

Natriumperchlorat: $NaClO_4 \cdot H_2O$, M_r 140.47. Schmp. ca. 130 °C. Zers. bei 482 °C. Farblose, zerfließende Kristalle; sehr leicht lösl. in Wasser; brandfördernd. **Anw.:** für Sprengstoffe; Reagens Ph.Eur.4; z. B. beim Nachw. von Monomeren in Poly(ethylacrylat-methylmethacrylat)-Dispersion.

Natriumperoxid: Natriumsuperoxid, Natrium peroxydatum; Na_2O_2, M_r 78.0. Schmp. 460 °C. Weißl. gelbes Pulver, fast unzersetzt schmelzbar; in Wasser löst es sich unter Wärmeentwicklung. **Sicherheitshinweis:** nicht selbstentzündl., kann sich aber in Berührung mit brennbaren Stoffen wie Papier, Stroh, Watte, Kohlenstoff, Schwefel od. Aluminiumpulver explosionsartig entzünden; **Anw.** techn.: Bleichmittel.

Natriumpertechnetat[^{99m}Tc]: Symbol NaTcO$_4$[^{99m}Tc]; radioaktive, in der Nuklearmed. häufig verwendete Verb. des metastabilen Technetium-99m*. **Zuber.:** Natrium[^{99m}Tc]pertechnetat-Injektionslösung aus Kernspaltprodukten, (Natrii pertechnetatis [^{99m}Tc] fissione formati solutio iniectabilis Ph.Eur.4) u. Natrium[^{99m}Tc]pertechnetat-Injektionslösung nicht aus Kernspaltprodukten (Natrii pertechnetatis[^{99m}Tc] sine fissione formati solutio iniectabilis Ph.Eur.4); **Anw.:** ähnl. wie Iodid wird Pertechnetat[^{99m}Tc] nach oraler od. i.v. Applikation von der Schilddrüse aufgenommen, ohne aber an der Hormonsynthese teilzunehmen. Es wird zur Szintigraphie der Schilddrüse sowie der Mundspeicheldrüsen u. des Magens u. auch zur Darst. von Hirntumoren verwendet. Die Strahlenbelastung des Gesamtkörpers durch ^{99m}Tc ist ca. 100fach geringer als die durch ^{131}I (bezogen auf die gleiche Aktivität), die Belastung der Schilddrüse sogar um ca. das 10 000fache. Allerdings werden für Untersuchungen 10 bis 20-mal höhere Technetium-99m-Aktivitäten verwendet, was diesen Effekt wieder etwas abschwächt. Versch. Organe (Leber, Nieren, Lungen, Skelett, Milz) lassen sich szintigraph. darstellen, wenn man Technetium-99m mit organspezif. Verb. zur Reaktion bringt, wobei das Pertechnetat meist mit Hilfe von Zinn(II)-salzen reduziert wird. **Dos.:** (Schilddrüse): 9-37 MBq; Strahlenbelastung der Schilddrüse: $2.7\text{-}11 \cdot 10^{-2}$ mGy/MBq; des Gesamtkörpers: $2.7\text{-}54 \cdot 10^{-3}$ mGy/MBq.

Natriumphenylbutyrat INN: CAS-Nr. 1716-12-7; $C_{10}H_{11}O_2Na$, M_r 186.0. **Wirk.:** Das metabol. aktive Phenylacetat senkt durch Enzymdefekte erhöhte Konz. von Ammoniak u. Glutamin. **Anw.:** Zusatzther. bei der Langzeitbehandlung von Stoffwechselstörungen des Harnstoffzyklus; **UAW:** Amenorrhö*, metabol. Acidose, Hypoalbuminämie; **Kontraind.:** Schwangerschaft, Stillzeit; **Dos.:** 450-600 mg/kg/d bei Kindern <20 kg KG, ansonsten 450-1000 g/kg/d peroral.

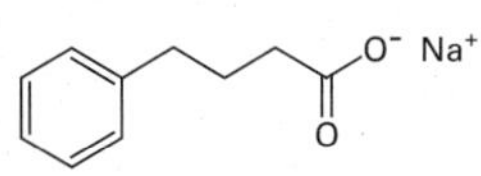

Natriumphenylbutyrat

Natrium phenylethylbarbituricum: s. Phenobarbital-Natrium.

Natrium, phenylethylbarbitursaures: s. Phenobarbital-Natrium.

Natriumphosphat: Trinatriumorthophosphat, tertiäres Natriumphosphat, Natrium phosphoricum tribasicum; Na_3PO_4, M_r 163.94. Farblose Kristalle, sehr leicht lösl. in Wasser unter alkal. Reaktion. Das kristallwasserhaltige Produkt (N.-Dekahydrat) entspricht ca. 20 %, das kristallwasserfreie ca. 40 % P_2O_5 (Phosphorpentaoxid). **Anw.:** Wasserenthärtung, Geschirrspülmittel, in Waschpulvern (abgespaltene Natronlauge verseift Fette).

Natriumphosphat[^{32}P]: mit Phosphor*-32 markierte Verb., die in der Nuklearmed. in Form von Injektionslsg. verwendet wird. Die Reichweite des relativ energiereichen Betastrahlers beträgt im Gewebe max. 8 mm. Es können also i. Allg. nur oberflächl. Prozesse im Organismus nachgewiesen werden. In beschränktem Maße lassen sich über die begleitende Röntgen-Bremsstrahlung auch tiefer liegende Prozesse erkennen. **Zuber.:** Natrium-[^{32}P]phosphat-Injektionslösung, Natrii phosphatis[^{32}P] solutio iniectabilis Ph.Eur.4 enthält Namonohydrogen- u. Na-dihydrogenphosphat[^{32}P] **Anw.:** Diagnostik von Augentumoren; therapeut. bei neoplast. Prozessen mit erhöhtem Phosphatstoffwechsel (z. B. Polycythaemia vera rubra), da es selbst am Phosphatstoffwechsel teilnimmt.

Natriumphosphat, primäres: s. Natriumdihydrogenphosphat.

Natriumphosphat, sekundäres: s. Natriummonohydrogenphosphat.

Natriumphosphat, tertiäres: s. Natriumphosphat.

Natriumphosphinat: Natriumhypophosphit, unterphosphorigsaures Natrium, Natrium hypophosphorosum; $NaH_2PO_2 \cdot H_2O$. M_r 106.0. Farblose, sehr hygroskop. Kristalle, sehr leicht lösl. in Wasser, lösl. in Ethanol u. Glycerol. Lsg. von N. sind sehr leicht zersetzl., bes. beim Kochen; **Darst.:** Umsetzen von Calciumphosphinat mit Natriumcarbonat; **Sicherheitshinweis:** beim Verreiben mit reduzierbaren Substanzen (Chlorate, Nitrate) Explosionsgefahr! **Off.:** DAC86; **Anw.** med.: früher in Tonika; **Dos.:** 0.2-1 g.

Natrium phosphoricum: s. Natriummonohydrogenphosphat.

Natrium phosphoricum dibasicum: s. Natriummonohydrogenphosphat.

Natrium phosphoricum monobasicum: s. Natriumdihydrogenphosphat.

Natrium phosphoricum siccatum: s. Natriummonohydrogenphosphat (wasserfreies).

Natrium phosphoricum tribasicum: s. Natriumphosphat.

Natrium, phosphorsaures: s. Natriummonohydrogenphosphat.

Natriumpicosulfat INN: Natrii picosulfas Ph.Eur.4; Dinatrium-4,4'-(2-pyridylmethylen)diphenylbis(sulfat); CAS-Nr. 10040-45-6; $C_{18}H_{13}NNa_2O_8S_2$, M_r 481.41. Schmp. 272-275 °C (unter Zers., kristallisiert aus Ethanol od. Methanol). Sehr leicht lösl. in Wasser; schwer lösl. in Ethanol; fast unlösl. in den meisten org. Lösungsmitteln. Chem. sehr eng mit Bisacodyl* verwandt; im Darm wird N. in das freie Diphenol durch Bakt. verseift. **Anw.:** Laxans*; **Dos.:** p. o. 2-3 × 5 mg/d; Vorsicht in den ersten 3 Monaten der Schwangerschaft; **UAW, Kontraind.** u. **WW:** s. Bisacodyl.

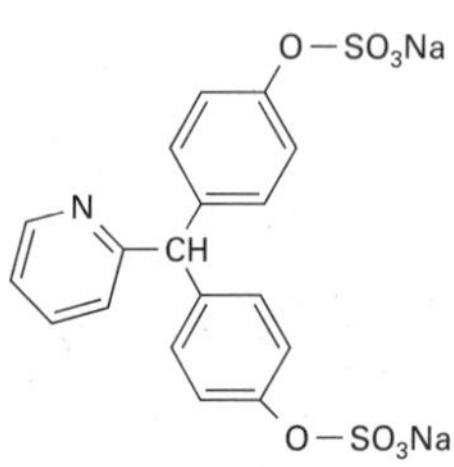

Natriumpicosulfat

Natriumplatinchlorid: s. Natriumhexachloroplatinat(IV).

Natrium platinochloratum: s. Natriumhexachloroplatinat(IV).

Natriumpolystyrolsulfonat: Natrii polystyrenesulfas Ph.Eur.4; Ionenaustauscher. **Anw.:** Behandlung einer Hyperkaliämie infolge Anurie od. Oligurie bei Niereninsuffizienz; **UAW:** Hypokaliämie, Hypernatriämie.

Natriumpropionat: s. Propionsäure.

Natriumpyrochromat: s. Natriumdichromat.

Natriumpyrophosphat: s. Natriumdiphosphat.

Natrium pyrophosphoricum: s. Natriumdiphosphat.

Natrium, pyrophosphorsaures: s. Natriumdiphosphat.

Natriumpyrosulfit: s. Natriumdisulfit.

Natrium rhodanatum: s. Natriumthiocyanat.

Natriumrhodanid: s. Natriumthiocyanat.

Natriumricinoleat: Natriumsalz der Ricinusölfettsäuren, $C_{18}H_{34}O_3Na$, CAS-Nr. 5323-95-5. Weißes Pulver, alkal. Reaktion, in Wasser u. Alkohol löslich; Emulgator in Zahnpflegemitteln.

Natriumsalicylat: Natrii salicylas Ph.Eur.4, Natrium salicylicum; Natriumsalz der 2-Hydroxybenzoesäure; CAS-Nr. 54-21-7; $C_7H_5NaO_3$, M_r 160.1. Kleine, farblose Kristalle, glänz. Kristallschuppen od. weißes, krist. Pulver, fast geruchlos, salzig-süßer Geschmack; leicht lösl. in Wasser u. Ethanol, fast unlösl. in Ether; kann sich unter Lichteinwirkung allmähl. gelbl. bis rötl. verfärben u. dabei einen schwachen, eigentüml., Phenol ähnl. Geruch annehmen. **Anw.:** Analgetikum*, Antipyretikum*, Antirheumatikum* ähnl. Acetylsalicylsäure*; Hauptind.: akute Erkrankungen des rheumat. Formenkreises; **Dos.:** Beginn mit 6.0-8.0 g/d zw. den Mahlzeiten, dann zurückgehen auf 3.0-4.0 g/d; LD 10.0-25.0 g. Vorsicht bei Kindern.

Natrium, salpetersaures: s. Natriumnitrat.

Natrium, salpetrigsaures: s. Natriumnitrit.

Natrium, saures phosphorsaures: s. Natriumdihydrogenphosphat-Dihydrat.

Natrium, saures schwefligsaures: s. Natriumhydrogensulfit.

Natrium, saures weinsaures: s. Natriumhydrogentartrat.

Natrium, schwefelsaures: s. Natriumsulfat (Natriumsulfat-Dekahydrat).

Natrium, schwefligsaures: s. Natriumsulfit.

Natriumselenit-Pentahydrat: Natrii selenis pentahydricus, Natrium selenosum pentahydricum; $Na_2SeO_3 \cdot 5\,H_2O$. M_r 263.0. Weißes, krist., hygroskop. Pulver. **Off.:** DAC86; **Anw.:** bei Selenmangelerscheinungen (s. Selen); **Dos.:** 0.1 mg/d.

Natriumsilicat: kieselsaures Natrium, Wasserglas, Natrium silicicum; Na_2SiO_3. **Darst.:** Zusammenschmelzen von Quarzsand mit entwässerter Soda u. Holzkohlenpulver; **Anw.:** Herst. von **Liquor Natrii silicici** DAB6: Natronwasserglas-Lsg. (Geh. ca. 35 % N.). D. 1.296-1.396. Dicke, klebrige, farblose bis schwach gelbl. Flüss.; mit Säuren gibt die Lsg. eine gallertige Ausflockung von Kieselsäure. Doppelwasserglas ist eine Mischung von Kalium- u. Natriumwasserglas (s. Kaliumsilicat); Aufbewahrung in Flaschen mit Kork- od. Gummistopfen, da Glasstöpsel bald einkitten; **Anw.** med.: steife Verbände; techn.: Eierkonservierung, Klebstoffe, Kitte, Farbbinde-, Flammenschutz-, Waschmittel.

Natrium silicicum: s. Natriumsilicat.

Natrium silico-fluoratum: s. Natriumhexafluorosilicat.

Natriumsilicofluorid: s. Natriumhexafluorosilicat.

Natrium sozoiodolicum: s. Natrium, diiodparaphenolsulfonsaures.

Natriumstearat: Natrii stearas, Natrium stearinicum; Gem. von Natriumsalzen höherer Fettsäuren, hauptsächl. aus Natriumstearat ($C_{14}H_{35}COONa$, M_r 306.5) u. Natriumpalmitat ($C_{15}H_{31}COONa$, M_r 278.4). Feines, weißes bis schwach gelbl., sich fettig anfühlendes Pulver, schwach talgartiger Geruch; wenig lösl. in Wasser u. Ethanol. **Off.:** Ph.Helv.7. **Anw.** pharmaz.: O/W-Emulgator.

Natrium stearinicum: s. Natriumstearat.

Natrium-Stibium-bis-brenzcatechin-disulfonicum: s. Stibophen.

Natrium subsulfurosum: s. Natriumthiosulfat.

Natrium sulfamidochloratum: s. Tosylchloramid-Natrium.

Natriumsulfantimonat: s. Schlippe-Salz.

Natriumsulfat: **1.** erste von 2 Monographien in der Ph.Eur.4 ist **wasserfreies Natriumsulfat:** entwässertes N., getrocknetes N., Natrium sulfuricum siccatum, Natrium sulfuricum anhydricum; Na_2SO_4, CAS-Nr. 7757-82-6; M_r 142.0. D. 2.68. Weißes, hygroskop. Pulver; lösl. in 6 T. Wassercatum, Natrium sulfuricum anhydricum; Na_2SO_4, CAS-Nr. 7757-82-6; M_r 142.0. D. 2.68. Weißes, hygroskop. Pulver; lösl. in 6 T. Wasser. **Darst.:** vorsichtiges Trocknen von N. bei 100 °C. **2.** zweite Monographie ist **Natriumsulfat-Dekahydrat:** Glaubersalz, schwefelsaures Natrium, Natrium sulfuricum, Natrium sulfuricum cristallisatum; CAS-Nr. 7727-73-3; $Na_2SO_4 \cdot 10\,H_2O$, M_r 322.2. D. 1.46. Farblose, durchscheinende Kristalle; leicht lösl. in Wasser, unlösl. in Ethanol; max. Löslichkeit 33.2 % bei 32.38 °C; über dieser Temp. nimmt die Löslichkeit wieder ab, bei 100 °C: 29.9 %; das kristallwasserfreie Salz löst sich unter Erwärmung, das kristallwasserhaltige unter Abkühlung. **Vork.:** nat. als Begleiter der Kalisalze, in Mineralien (Thenardit), in Mineralwässern (Karlsbad, Friedrichshall); **Herst.** techn.: aus Mineralien, als Nebenprodukt beim Leblanc-Sodaprozess, durch Erhitzen von NaCl mit Natriumhydrogensulfat od. durch Umsetzen von Magnesiumsulfat mit Natriumchlorid; **Anw.** techn.: z. B. in der Glas- u. Waschmittelindustrie, Färberei; med.: Abführmittel (Wasserresorption einschränkend), z. B. in Sal* Carolinum (factitium); **Dos.:** 10-30 g; **Gesch.:** Darst. zuerst von Johann Rudolf Glauber (1604-1670) aus Kochsalz u. Schwefelsäure.

Hom: *Natrium sulfuricum (HAB1.3):* verord. z. B. bei Leber- u. Gallenerkrankungen, harnsaurer Diathese, Warzen.

Natriumsulfat, primäres: s. Natriumhydrogensulfat.

Natriumsulfat, saures: s. Natriumhydrogensulfat.

Natriumsulfhydrat: s. Natriumhydrogensulfid.

Natriumsulfid: Schwefelnatrium, Natrium sulfuratum; $Na_2S \cdot 9\,H_2O$. Farblose, hygroskop. Kristalle, leicht lösl. in Wasser. **Anw.:** Reagens (entwickelt mit Säuren H_2S).

Natriumsulfidlösung: Herst. nach Ph.Eur.4: 12 g Natriumsulfid werden unter Erwärmen in 45 mL einer Mischung von 10 T. Wasser u. 29 T.Glycerol 85 % gelöst, nach dem Erkalten wird auf 100 mL verdünnt. **Anw.:** Reagens Ph.Eur.4; Nachw. von Schwermetallsalzen, z. B. von Zink, Antimon, Bismut.

Natriumsulfit: Natriumsulfit-Heptahydrat, schwefligsaures Natrium, Natrii sulfis heptahydricus Ph.Eur.4, Natrium sulfurosum; $Na_2SO_3 \cdot 7\,H_2O$, M_r 252.2. Schmp. 150 °C (unter Verlust des Kristallwassers). Enthält 50 % Na_2SO_3. Farblose, Kristalle, leicht lösl. in Wasser; unter 36.6 °C als Heptahydrat, darüber als Anhydrat kristallisierend. **Darst.:** Sättigen einer Natriumcarbonat-Lsg. mit SO_2; **Anw.** techn.: Entfernung von Chlor aus gebleichtem Papier u. Stoffen, fotograf. Entwickler, Verhinderung des Bräunens durch Phenoloxidasen: Antiioxidans, u. a. für Obst, Eier; Schwefeln von Weinfässern. **Natriumsulfit, wasserfreies:** Natrii sulfis anhydricus Ph.Eur.4, E 221; Na_2SO_3, M_r 126.0. Weißes Pulver.

Natrium sulfocyanatum: s. Natriumthiocyanat.

Natriumsulfocyanid: s. Natriumthiocyanat.

Natrium, sulforicinolsaures: s. Türkischrotöl.

Natrium, sulfosalicylsaures: Natrium sulfosalicylicum; $C_6H_3(OH)(COOH)SO_3Na \cdot 2\,H_2O$. Farblose Kristalle, lösl. in Wasser, unlösl. in Ethanol. **Anw.:** Reagens zum Nachw. von Eiweiß im Harn.

Natrium sulfuratum: s. Natriumsulfid.

Natrium sulfuricum: s. Natriumsulfat.

Natrium sulfuricum cristallisatum: s. Natriumsulfat (Natriumsulfat-Dekahydrat).

Natrium sulfuricum siccatum: s. Natriumsulfat.

Natrium sulfurosum: s. Natriumsulfit.

Natriumsupercarbonat: s. Natriumpercarbonat.

Natriumsuperoxid: s. Natriumperoxid.

Natrium tartaricum: s. Natriumtartrat.

Natriumtartrat: Natrium tartaricum, neutrales weinsaures Natrium; $[CH(OH)COO]_2Na_2 \cdot 2\,H_2O$, M_r 230.1. Farblose Kristalle, leicht lösl. in Wasser. **Darst.:** Neutralisieren einer Weinsäurelsg. mit Natriumcarbonat u. Eindampfen; **Anw.:** 5-30 g als Laxans; zur Einstellung des Karl-Fischer-Reagens.

Natriumtetraborat: Borax Ph.Eur.4, Natrium tetrabor(ac)icum, Natrium (bi)boricum, Medizinalborax, Natrii tetraboras; $Na_2B_4O_7 \cdot 10\,H_2O$, M_r 381.44. D. 1.7. Härte 2-2.5. Weiße Kristalle od. krist. Pulver; lösl. in Wasser von. 20 °C (ca. 1:16), sehr leicht lösl. in siedendem Wasser u. Glycerol, unlösl. in Ethanol. Borax macht Harze in Wasser lösl., löst Eiweißstoffe, verseift Fette. Beim Erhitzen auf 350-400 °C geht N. in wasserfreies N. ($Na_2B_4O_7$; D. 2.3, Schmp. 878 °C) über, dessen glasartige Schmelze viele Metalloxide unter Bildung charakterist. gefärbter Borate aufzulösen vermag (Boraxperle zum Nachw. von Metalloxiden, in der Lötrohranalyse); vgl. Natriumammoniumphosphat (Phosphorsalzperle). **Vork.:** nat. als Tinkal, gelöst in einigen Seen Kaliforniens u. Tibets; **Darst.:** Sättigung von Borsäurelsg. mit Soda od. Umsetzen nat. Borate mit Sodalsg. u. Umkristallisation; **Anw.:** als Arzneimittel wenig empfehlenswert, antibakterielle Wirk. fragl., zur Mundspülung 4 %ige wässrige Lsg., zum Betupfen der Mundschleimhaut 10-20 % in Glycerol; als Konservierungsmittel in den meisten Ländern verboten; techn.: Lötmittel (Borax beseitigt durch Boratbildung in der Hitze die Oxidschicht der Metalle), Emaillieren, Appretieren, Glasieren von Steingut u. Porzellan; in Waschmitteln (Glanzstärke darf wegen evtl. Vergiftungsgefahr max. 12 % Borax enthalten; vgl. Borsäure).

Hom: *Natrium tetraboracicum (HAB1.3),* Borax: verord. z. B. bei chron. Haut- u. Schleimhauterkrankungen wie Aphthen, Soor.

Natrium tetraboricum: s. Natriumtetraborat.

Natriumtetrachloroaurat(III): Gold(III)-chlorid-Chlornatrium, Goldchlorid-Natrium, Natriumgold(III)-chlorid, Chlorgoldnatrium, Aurum chloratum natronatum, Aurum muriaticum natronatum, Natrium aurichloratum, Gozzi-Goldsalz; $NaAuCl_4 \cdot H_2O$. Gelbes, krist. Pulver; lösl. in Wasser, in Ethanol nur teilweise löslich. **Anw.** med.: früher Ätzmittel bei syphilit. Geschwüren; techn.: galvan. Vergoldung.

Hom: *Natrium tetrachloroauratum (HAB1.3),* Aurum chloratum natronatum, Aurum muriaticum natronatum: mind. 48 % Au; verord. z. B. bei Lebererkrankungen, Uterusmyomen.

Natriumthioantimonat: s. Schlippe-Salz.

Natriumthiocyanat: Natriumrhodanid, Rhodannatrium, Natriumsulfocyanid, Schwefelcyannatrium, Natrium rhodanatum, Natrium sulfocyanatum; NaSCN, M_r 81.07. Schmp. 287 °C. Farblose, hygroskop. Kristalle, lösl. in Wasser u. Ethanol. **Darst.:** Zusammenschmelzen von Natriumcyanid mit Schwefel; **Anw.** med.: früher Antispasmodikum, Antihypertonikum, Sedativum; **Dos.:** 0.15-0.25 g.

Natriumthioglycolat: Natriumsalz der Mercaptoessigsäure, $HS-CH_2-COONa$; $C_2H_3NaO_2S$, M_r 114.1. Weißes, körniges Pulver od. Kristalle, hygroskop.; leicht lösl. in Wasser u. Methanol, schwer lösl. in Ethanol. **Anw.:** Reagens Ph.Eur.4.

Natriumthiosulfat: Natriumhyposulfit, unterschwefligsaures Natrium, Fixiernatron, Fixiersalz, Antichlor, Natrii thiosulfas Ph.Eur.4, Natrium thiosulfuricum, Natrium hyposulfurosum, Natrium subsulfurosum; $Na_2S_2O_3 \cdot 5\,H_2O$, CAS-Nr. 10102-17-7, M_r 248.22. Schmp. ca. 49 °C (im eigenen Kristallwasser). Farblose Kristalle, an trockener Luft verwitternd; leicht lösl. in Wasser, unlösl. in Ethanol. Die wässrige Lsg. entwickelt nach Zusatz von Salzsäure SO_2 u. trübt sich allmähl. infolge Ausscheidung von Schwefel. **Darst.:** Erhitzen von Na_2SO_3-Lsg. mit pulverisiertem Schwefel; **Anw.** med.: äußerl. in Salben od. Lsg. (5-10 %), bei parasitären Hauterkrankungen, i. v. bei Cyanidvergiftung (Cyanid wird in Thiocyanat übergeführt); techn.: Entfernung von Iodflecken, Entfernung von Chlor aus gebleichtem Papier u. Geweben, Fixiersalz in der Fotografie; Iodometrie*.

Natrium thiosulfuricum: s. Natriumthiosulfat.

Natrium, überborsaures: s. Natriumperborat.

Natrium, überkohlensaures: s. Natriumpercarbonat.

Natrium, unterchlorigsaures: s. Natriumhypochlorit.

Natrium, unterphosphorigsaures: s. Natriumphosphinat.

Natrium, unterschwefligsaures: s. Natriumthiosulfat.

Natrium uranicum: s. Uran (Urangelb).

Natriumvalproat: s. Valproinsäure.

Natriumwolframat: wolframsaures Natrium, Natrium wolframicum; Na_2WO_4. Farblose, hygroskop. Kristalle, leicht lösl. in Wasser. **Anw.:** Flammenschutzmittel für Gewebe u. Holz; Beize in der Färberei.

Natrium, wolframsaures: s. Natriumwolframat.

Natrium, zimtsaures: Natrium cinnamylicum; $C_6H_5-CH=CH-CO_2Na$, M_r 170.1. Weißes, krist. Pulver, lösl. in Wasser. **Darst.:** Neutralisieren einer Lsg. von Zimtsäure mit Natriumcarbonat; **Anw.** med.: früher geg. Tuberkulose.

Natriumzitrat, neutrales: s. Natriumcitrat.

Natriuretika: s. Diuretika; vgl. Hormone, natriuretische.

Natron: doppeltkohlensaures Natron; s. Natriumhydrogencarbonat.

Natronhydrat: s. Natriumhydroxid.

Natronkalk: Mischung aus Natriumhydroxid u. Calciumhydroxid. **Anw.:** Absorption von CO_2 (im Natronkalkröhrchen), Reinigung von NH_3.

Natron-Kalk-Glas: s. Glas (Natron-Kalk-Glas).

Natron, kaustisches: s. Natriumhydroxid.

Natronlauge: s. Solutio Natrii hydroxydati concentrata.

Natronsalpeter: s. Natriumnitrat.

Natronseife: s. Sapo durus.

Natron, unterschwefligsaures: s. Natriumthiosulfat.

Natronwasserglas-Lösung: s. Natriumsilicat.

Natternkopf: s. Echium vulgare.

Natterwurzel: s. Polygonum bistorta.

Naturheilkunde: Naturheilverfahren; Lehre der Krankenbehandlung zur Steigerung der im Menschen vorhandenen Selbstregulationskräfte mit nat. Mitteln. Für die N. werden u. a. Reize der nat. Umwelt verwendet, die auch den gesunden Menschen gesund erhalten; z. B. Luft, Licht, Klima- u. Temperaturreize, Ruhe u. Bewegung, Ernährungsänderung. Einige Naturheilkundige lehnen jede medikamentöse od. chirurg. Maßnahme ab. Im Ggs. hierzu steht die neuzeitl. N., die als biol. Medizin innerhalb der Schulmedizin breite Anw. erlangt hat. Sie sucht möglichst genaue Heilanzeigen zu entwickeln, innerhalb derer die naturgegebenen Reize für den Kranken nützl. sind u. will die unerwünschten Folgen od. Wirkungen der medikamentösen od. chirurg. Behandlung vermeiden od. wenigstens abmindern. Zunächst waren Laienbehandler naturheilkundl. tätig (z. B. Prießnitz, Kneipp); ihre Verfahren wurden dann von Ärzten aufgenommen u. weiterentwickelt. In einzelnen Ländern Europas (z. B. Österreich) arbeiten bis zu 25 % aller Ärzte auch naturheilkundlich. Vgl. Komplementärmedizin.

Naturvaselin: s. Vaselinum.

Nausea (gr. nausia Seekrankheit): Übelkeit, vgl. Seekrankheit.

Nb: (chem.) Symbol für Niob*.

N-Bestimmung: s. Kjeldahl-Methode.

NBS: Abk. für (engl.) *National Bureau of Standards;* heute NIST*.

n. c. a.: Abk. für (engl.) *no carrier added;* s. Träger.

Nd: (chem.) Symbol für Neodym*.

NDGA: Abk. für Nordihydroguaiaretsäure; s. Antioxidanzien.

Ne: (chem.); Symbol für Neon*; vgl. Edelgase.

Nebel: disperses System; die disperse Phase ist flüssig, das Dispersionsmittel (die geschlossene Phase) gasförmig. s. Aerosole.

Nebelkammer: s. Wilson-Kammer.

Nebenniere: Glandulae suprarenales; paarige endokrine Drüse am oberen Pol der Niere. Morpholog. u. funktionell werden Mark u. Rinde der N. unterschieden; vgl. Hormone (Nebennierenhormone).

Nebennierenmark: Abk. NNM; Bildungsort der Catecholamine Adrenalin*, Noradrenalin* u. Dopamin*. Bei Ausfall durch andere Teile des chromaffinen Gewebes ersetzbar; Überfunktion: vermehrte Ausschüttung von Catecholaminen beim Phäochromozytom; s. Hormone (Nebennierenhormone).

Nebennierenrinde: Abk. NNR; Produktionsort von über 40 versch. Steroiden. Nach ihren Hauptwirkungen in drei Gruppen unterteilt: Mineralocorticoide (z. B. Aldosteron), Glucocorticoide (z. B. Cortisol), Sexualhormone (z. B. Androgene); s. Hormone (Nebennierenhormone).

Nebenquantenzahl: Symbol l; gibt die Zahl der geneigten Knotenflächen an. Da stets eine Knotenfläche im Unendlichen vorhanden ist, ist die Gesamtzahl der Knotenflächen um mind. eins größer als die Zahl der geneigten Knotenflächen. Deshalb kann die N. alle ganzen Werte von 0 bis n-1 annehmen. Die Hauptquantenzahl* n legt die möglichen Werte der N. l fest. Ist $l = 0$, fehlen geneigte Knotenflächen völlig, die Elektronenverteilung ist kugelsymmetr.; bei $l = 1$ ist eine geneigte Knotenfläche vorhanden, d. h. es besteht eine axialsymmetr. Elektronenverteilung (p-Orbitale*). Zur Kennzeichnung der N. verwendet man für $l = 0, 1, 2, 3$ die Symbole s, p, d, f, wobei ein Index die räuml. Orientierung im Koordinatensystem angibt, dessen Ursprung im Atommittelpunkt liegt (p_x-, p_y-, p_z-Orbital).

Nebenschilddrüse: s. Hormone.

Nebenvalenzgele: s. Gele.

Nebenwirkung: s. UAW.

Nebenwurzel: s. Wurzel.

Nebenzellen: (bot.) Epidermiszellen, die sich morpholog. von den anderen Epidermiszellen unterscheiden u. mit einem Schließzellenpaar assoziiert sind.

Nebivolol INN: *α,α*-(Iminodimethylen)bis(6-fluor-2-chromanmethanol); CAS-Nr. 99200-09-6, $C_{22}H_{25}F_2NO_4$, M_r 405.44. **Wirk.** u. **Anw.:** langwirkender, kardioselektiver Betarezeptorenblocker (D-Enantiomer) mit zusätzl. Gefäß erweiternden Eigenschaften; **Dos.:** p. o. 1×5 mg/d zu einer Mahlzeit; bei der Dosierung ist die Metabolisierungsrate des Patienten zu berücksichtigen; HWZ 10-50 h (abhäng. von der individuellen Metabolisierung).

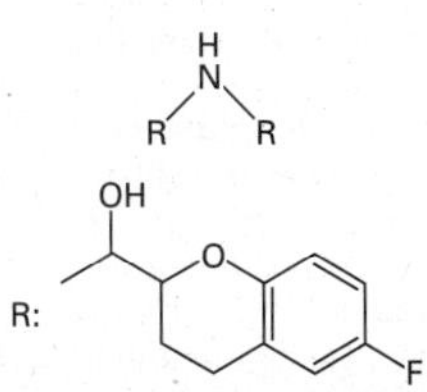

Nebivolol

Nebulisator: Handzerstäuber; Applikationshilfe, bei der durch Zusammendrücken eines Gummiballs bzw. der Flasche selbst (Knautschflasche) ein kräftiger Luftstrom über die Öffnung eines Kapillarröhrchens (Heberrohr) geleitet wird, durch das die zu dispergierende Flüssigkeit angesaugt u. versprüht wird. Gröbere Teilchen werden zurückgehalten, wenn der Sprühnebel vor dem Austreten aus dem Gerät gegen eine Fläche gelenkt wird; vgl. Aerosole.

Nebulogenum: s. Aerosole.

Necator: blutsaugender Dünndarmparasiten bei Säugern, vgl. Anthelminthika.

Necin: s. Pyrrolizidinalkaloide.

Nectandra coto: s. Aniba coto.

Nectandra puchury-major: s. Ocotea puchury-major.

Nedocromil-Natrium INN: 9-Ethyl-6,9-dihydro-4,6-dioxo-10-propyl-4*H*-pyrano[3,2-*g*]chinolin-2,8-dicarbonsäure Dinatriumsalz; CAS-Nr. 69049-74-7; $C_{19}H_{17}NNa_2O_7$, M_r 416.9. Schmp. 298-300 °C (unter Zers.). Fahl gelbl. Pulver. **Wirk.:** Mastzellendegranulationshemmer, v. a. von chemotakt. u. Muskel kontrahierenden Entzündungsmediatoren (s. Mastzellen); **Anw.:** Antiallergikum*, nicht geeignet bei akuten Krankheitszuständen; **UAW:** Kopfschmerzen, Übelkeit; **Dos.:** 2×4 mg/d zum Inhalieren.

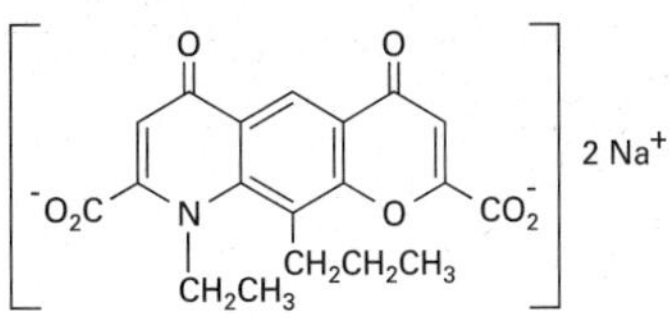

Nedocromil-Natrium

Nefazodon INN: 1-{3-[4-(3-Chlorphenyl)-1-piperazinyl]propyl}-3-ethyl-4,5-dihydro-4-(2-phenoxyethyl)-1,2,4-triazol-5-on; CAS-Nr. 83366-66-9; $C_{25}H_{32}ClN_5O_2$, M_r 470.0. Schmp. 83 °C. logP 3.5; pK_S 6.8 (ber.); schwer lösl. in Wasser. **Wirk.:** 5-HT_{2A}-Blockade u. Hemmung der Serotoninwiederaufnahme; ähnl. antidepressive Wirk. wie tricycl. Antidepressiva od. Serotoninwiederaufname*-Hemmer; durch das duale Wirkungssystem sollen serotonerge UAW abgeschwächt werden; Plasmaeiweißbindung 99 %; **Anw.:** Antidepressivum (s. Psychopharmaka); **UAW:** häufig Asthenie, Mundtrockenheit, Übelkeit; **Dos.:** p. o. 2×100 mg/d, evtl. Steigerung auf 200-300 mg/d; HWZ 2-4 h.

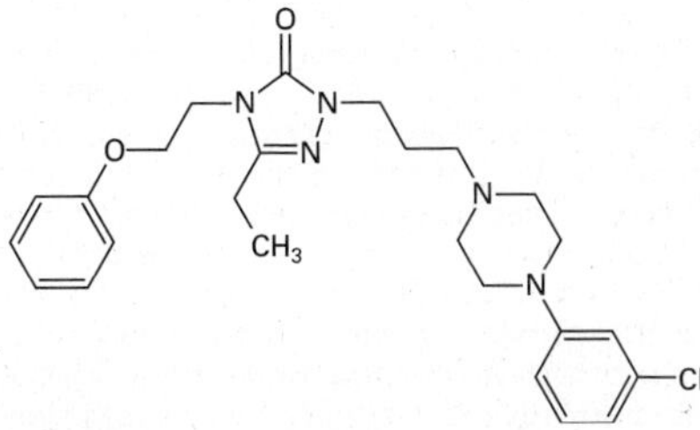

Nefazodon

Nefopam INN: 3,4,5,6-Tetrahydro-5-methyl-1-phenyl-1*H*-2,5-benzoxazocin; CAS-Nr. 13669-70-0; $C_{17}H_{19}NO$, M_r 253.35. **Wirk.:** Wirkungsmechanismus unklar; die Prostaglandinsynthese wird nicht gehemmt, anticholinerg, sympathomimet.; **Anw.:** stark wirksames Analgetikum*, Muskelrelaxans*; **UAW:** Übelkeit, Erbrechen, Kopfschmerzen, Mundtrockenheit, Hautrötung, Tachykardie, Euphorie, Krämpfe; **Kontraind.:** konvulsive Erkrankungen, Myokardinfarkt, Glaukom, Leber- u. Nierenfunktionsstörungen, Monoaminooxidasehemmer; HWZ 4 h. Gebräuchl. ist auch Nefopamhydrochlorid.

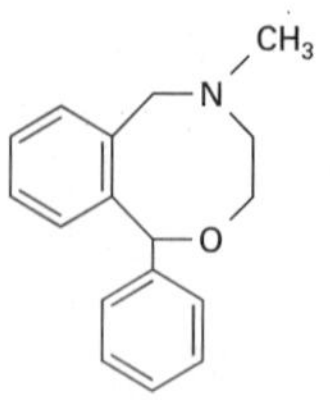

Nefopam

Nef-Reaktion: Methode zur Herst. von Aldehyden u. Ketonen aus primären u. sekundären Nitroalkanen. Das Nitroalkan wird mit Natronlauge in die aci-Form (saure Tautomerie*-Form) überführt, die mit Schwefelsäure hydrolysiert wird.

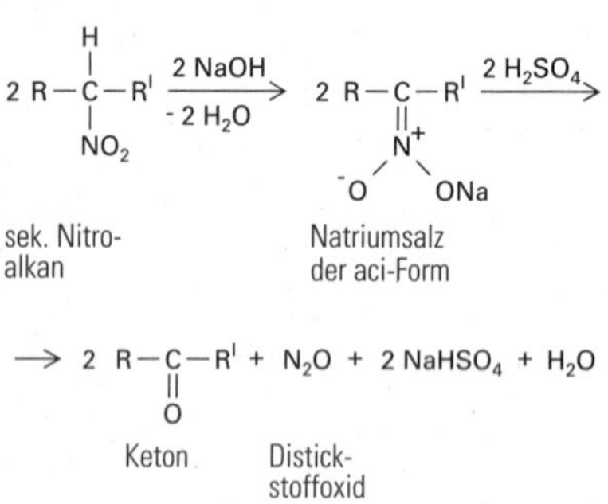

Nef-Reaktion: Bildung eines Ketons als Beispiel

Negativliste: Unwirtschaftl. Arzneimittel dürfen in Deutschland nach § 34 Abs. 3 SGB V durch gesetzl. Krankenkassen nicht erstattet werden. Als unwirtschaftl. gelten Mittel, die für das Therapieziel od. zur Minderung von Risiken nicht erforderl. Bestandteile enthalten, deren Wirk. wegen der Vielzahl der enthaltenen Wirkstoffe nicht mit ausreichender Sicherheit beurteilt werden kann, od. deren therapeut. Nutzen nicht nachgewiesen ist. Die erste Veröffentlichung der Negativliste stammt vom 21. Februar 1990. Die VO ist wirkstoff- bzw. wirkstoffkombinationsbezogen u. enthält somit keine Fertigarzneimittel. Die N. trat am 11. September 2002 in Kraft. Der Bundesausschuss der Ärzte u. Krankenkassen hat hierzu eine Arzneimittelübersicht gemäß der Verordnung über unwirtschaftl. Arzneimittel in der gesetzl. Krankenversicherung herausgegeben. Für den Vertragsarzt besteht die Verpflichtung, die hier gelisteten Präparate nicht zu Lasten der GKV*zu verordnen.

Negatron: s. Elektron.

Negerkorn: s. Sorghum bicolor.

Neisser-Färbung: Neisser-Polkörperchenfärbung; Anfärbung von Corynebacterium* diphtheriae (hellbraun mit blauschwarzen Polkörnchen: Ernst-Babes-Polkörperchen).

Neisseria (Albert L. Neisser, Dermatologe, Breslau, 1855-1916): Gattung gramnegativer unbewegl., in Paaren angeordneter Bakt. (sog. Diplokokken) der Fam. Neisseriaceae. Humanpathogene Spezies: **1.** N. gonorrhoeae: syn Gonokokken; semmel- od. kaffeebohnenartige Diplokokken; Erreger der Gonorrhö*; **2.** N. meningitidis: syn. Meningokokken; kleinere semmelförmige, pleomorphe Diplokokken; Erreger der Meningitis* epidemica.

Nekrose: Necrosis; intravitale morpholog. Veränderungen einer Zelle od. eines Gewebes, die nach irreversiblem Ausfall von Zellfunktionen u- stoffwechsel (Zelltod) auftreten.

Nektarien: (bot.) epidermale Drüsen an Blüten u. Blättern, die zur Anlockung von Insekten zuckerreiche Sekrete ausscheiden.

Nektarine: s. Prunus persica.

Nelaton-Katheter: s. Katheter.

Nelfinavir INN: (3*S*,4a*S*,8a*S*)-*N*-*tert*-Butyl-2-[(2*R*,3*R*)-2-hydroxy-3-(3-hydroxy-2-methylbenzamido)-4-(phenylthio)butyl]decahydroisochinolin-3-carboxamid; CAS-Nr. 159989-65-8; $C_{32}H_{45}N_3O_4S$, M_r 567.9. Schmp. 130 °C. logP 6.5; pK_S 9.6 (ber.); schwer lösl. in Wasser. **Wirk.:** HIV*-Proteasehemmer; **Anw.:** Behandlung von HIV-1-infizierten Kindern u. Erwachsenen mit fortgeschrittener Immunschwäche in Kombination mit anderen retroviralen Substanzen; **UAW:** häufig Durchfall, Erbrechen, Übelkeit; **Dos.:** Kinder von 2-13 Jahren 3×25-30 mg/kg KG/d, Erwachsene 3×750 mg/d p. o. zu den Mahlzeiten; HWZ 3.5-5 h.

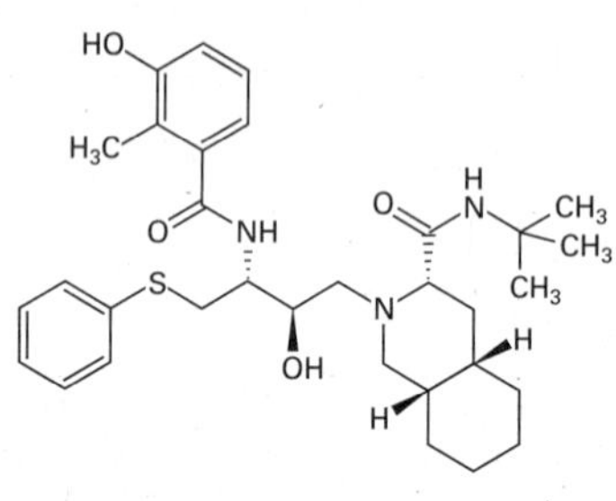

Nelfinavir

Nelken: s. Syzygium aromaticum (Caryophylli flos).

Nelkengewächse: s. Caryophyllaceae.

Nelkenöl: s. Syzygium aromaticum (Carypohylli floris aetheroleum).

Nelkenpfeffer: s. Pimenta dioica.

Nelkenpfefferöl: s. Pimenta dioica (Oleum Pimentae).

Nelkenstiele: s. Syzygium aromaticum (Stipites Caryophyllorum).

Nelkenwurzel: s. Geum urbanum.

Nelumbo nucifera Gaertn.: (japan.) Hasu, Echter Lotus, Indischer Lotos, Indische Lotosblume; Fam.

Nymphaeceae. Wasserpflanze mit großen runden Blättern und rosa bis weißen, kelchförmigen Blüten. Wichtige Symbolpflanze im Buddhismus. Der starke, narkot.-süßl. Duft ist auf die Hauptkomponente des äther. Öls, das 1,4-Dimethoxybenzol, zurückzuführen. **Anw.:** Die stärkehaltigen Wurzeln werden zu Mehl verarbeitet, die großen Blätter dienen zum Frischhalten von Nahrungsmitteln oder zum Kühlen der Haut. In der ayurved. Medizin werden die Wurzeln bei drohendem Abort als Antiabortivum eingesetzt.

Nemathelminthes (gr. nema Faden; helmins Wurm): Rund- od. Schlauchwürmer; langgestreckte Metazoen mit Hautmuskelschlauch u. einer mit Flüss. gefüllten primären Leibeshöhle. Heterogen zusammengesetzter Tierstamm mit mehreren Klassen; med. relevant sind nur die Klassen Nematodes* (Fadenwürmer i. e. S.) u. Acanthocephala (Kratzer); die Zuordnung letzterer zu den N. ist jedoch umstritten.

nematisch: s. Flüssigkristalle.

Nematizide: Pflanzenschutzmittel geg. Nematoden; s. Schädlingsbekämpfungsmittel.

Nematodes (gr. nema Faden): Fadenwürmer, Kommensalen, Parasiten* (Stamm Nemathelminthes*) von Pflanzen, Tieren u. Menschen. **Entw.:** **1.** ohne Wirtswechsel: Ascaris, Trichuris, Enterobius, Ankylostoma; **2.** mit Wirtswechsel: Trichinella, Filarien*; **3.** mit Generationswechsel: Strongyloides.

NE-Metalle: Abk. für **N**ichteisen-Metalle.

neo-: Wortteil mit der Bedeutung (gr.) neu.

Neoarsphenamin INN: 3,3-Diamino-4,4-dioxyarsenobenzol-*N*-methansulfinsaures Natrium; CAS-Nr. 457-60-3; $C_{13}H_{12}As_2NaN_2O_4$, M_r 466.2. **Anw.:** eines der ersten Chemotherapeutika*, zu Beginn des 20. Jahrhunderts entwickelt; vgl. Arsphenamin.

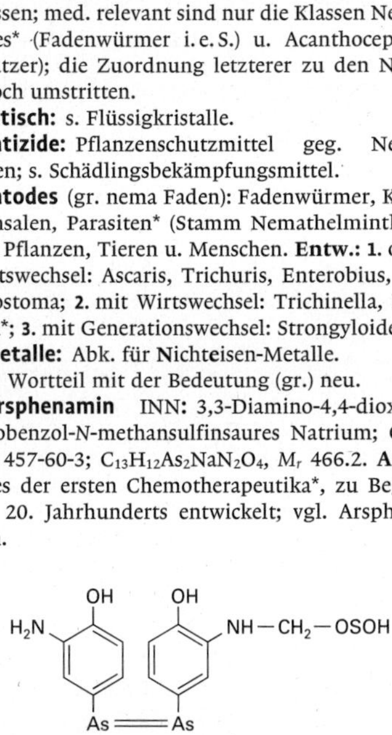

Neoarsphenamin

Neocinchophen: Methylium phenylchinolincarbonicum, Neocinchophen, 2-Phenylcinchoninsäuremethylester; 2-Phenylchinolin-4-carbonsäuremethylester; CAS-Nr. 485-34-7; $C_9H_5N(C_6H_5)COOCH_3$, M_r 263.1. Schmp. 58-60 °C. Gelbl. weißes, krist. Pulver, unlösl. in Wasser, lösl. in Ether, Essigsäureethylester, Benzol, wenig lösl. in Ethanol, sehr leicht lösl. in siedendem Ethanol. **Anw.:** früher als Analgetikum*, Antipyretikum* u. geg. Gicht; **Dos.:** 0.5-1.0 g mehrmals täglich.

Neo-Clevenger-Apparatur: von der Ph.Eur. vorgeschriebene Apparatur (modifiziert) zur Bestimmung des Geh. an äther. Ölen (s. Aetherolea) in Drogen. Die Öle werden durch azeotrope Dest. (s. Azeotrop) mittels Wasser u. Xylolzusatz aus der Droge herausdestilliert. Gemessen wird das Volumen des auf dem Rücklaufwasser schwimmenden Xylols, welches nach der Dest. die äther. Öle enthält.

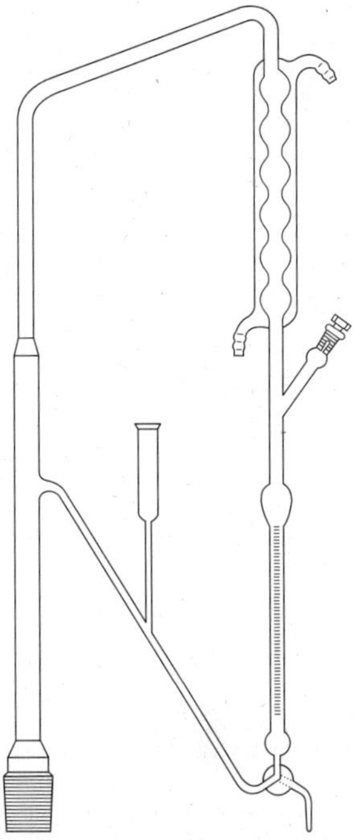

Neo-Clevenger-Apparatur: Apparatur zur Gehaltsbestimmung des äther. Öles in Drogen [6]

Neodym (gr. neos didymos neuer Zwilling): Symbol Nd; A_r 144.24, OZ 60. D. 7.007. Schmp. 1016 °C. Sdp. 3064 °C. Oxidationsstufen: 2, 3, 4. Silbrig-glänz. Metall aus der Gruppe der Lanthanoide*, das an der Luft rasch oxidiert wird (Aufbewahrung unter Inertgas); leicht lösl. in Säuren. **Vork.:** im Monazit u. Bastnäsit. **Anw.:** festigender Zusatz für Magnesium-Legierungen. **Gesch.:** Die 1841 von Mosander gewonnene Didymerde (s. Lanthanoide) zerlegte 1885 Carl Auer von Welsbach (1858-1929) in die Komponenten Praseodym u. Neodym. 1925 wurde N. rein dargestellt.

Neoflavane: s. Flavonoide.

Neohesperidin: s. Citrus aurantium ssp. aurantium (Aurantii pericarpium, Inhaltsst.).

Neohesperidindihydrochalkon: $C_{28}H_{36}O_{15}$; Süßstoff*, vgl. Süßmittel.

Neomenthol: Stereoisomer von Menthol* (vgl. Abb.).

Neomycin INN: Aminoglykosid-Antibiotikum aus Streptomyces fradiae (1949 von Waksman u. Lechevalier isoliert). Ein Gemisch, bestehend aus der Hauptkomponente Neomycin B (Framycetin*), Neomycin C (ein Stereoisomeres von N. B) u. Neomycin A (Neamin), einem unwirksamen hydrolyt. Abbauprodukt von N. B u. C; Strukturformel von N. C s. Antibiotika (Abb. 1). Weißes bis schwach gelbes hygroskop. Pulver. **Anw.:** nur lokal, vgl. Framycetin. **Neomycinsulfat:** Neomycini sulfas Ph.Eur.4, Neomycinum sulfuricum; CAS-Nr. 1405-10-3. Gelbl. weißes, hygroskop. Pulver, fast geruchlos; sehr leicht lösl. in Wasser, unlösl. in

N

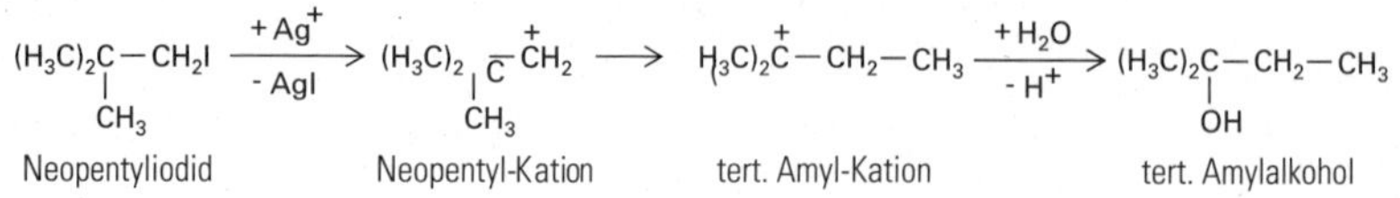

Neopentyl-Umlagerung

org. Lösungsmitteln. Wirksamkeit mind. 680 I.E./mg.

Neon (gr. neos neu): Symbol Ne; A_r 20.1797, OZ 10. D. $0.8994 \cdot 10^{-3}$ (bei 273 K u. Normaldruck). Schmp. −248.7 °C. Sdp. −246.1 °C. Farb-, geruch- und geschmackloses s. Edelgas. **Vork.**: zu $1.6 \cdot 10^{-3}$ Vol% in der Luft enthalten; **Anw.**: Füllung orangeroter Leuchtstoffröhren; Gaslaser; in elektron. Instrumenten, Tiefkühltechnik; **Gesch.**: 1898 von William Ramsay (1852-1916) spektroskop. nachgewiesen.

Neopentyl-Umlagerung: Verfahren zur Herst. von *tert*-Amylalkohol aus Neopentyliodid. Das nach Zugabe von Silber-Ionen zunächst gebildete Neopentyl-Kation ist als primäres Carbeniumion bestrebt, sich rasch in das stabilere tertiäre Carbeniumion, das tertiäre Amyl-Kation, umzuwandeln. Diese Umlagerung erfolgt durch Wanderung der Methylgruppe unter Mitnahme ihres Elektronenpaares an das benachbarte Carbeniumion. Reaktion mit Wasser führt schließl. zum tertiären Amylalkohol.

Neoplasie (gr. neos neu; plasma Gebilde): Neubildung von Gewebe. **1.** im Rahmen der Regeneration (z. B. als Granulationsgewebe bei der Wundheilung); **2.** als **Neoplasma** mit Störung od. Verlust der Wachstumsregulation; vgl. Tumor.

Neopren: synthet. Kautschuk*. **Herst.**: Polymerisation von Chloropren (2-Chlorbutadien).

Neopsicain: s. Pseudococain.

Neopterin: 2-Amino-6-(1,2,3-trihydroxypropyl)-4(3H)-pteridinon; 6-(1,2,3-propyl)-pterin; CAS-Nr. 670-65-5; $C_6H_{11}N_5O_4$; M_r 253.22. Hellgelbe Kristalle, entdeckt 1963 von H. Rembold u. L. Buschmann in Bienen (auch im Gelée royale* enthalten); vgl. Pterine (Strukturformeln). Vork.: in Harn u. Serum des Menschen. Dort wird es von Makrophagen produziert, die durch Interferon gamma aktiviert werden. N. gilt bei Krebserkrankungen, Autoimmunerkrankungen, Allergien, AIDS u. a. als Marker der Aktivierung des zellulären Immunsystems. Von den vier mögl. stereoisomeren Formen dient D-erythro-Neopterin als Indikator für Abstoßungsreaktionen nach Organtransplantation, für virale Infekte (inklusive AIDS), für Infekte durch intrazelluläre Bakterien (z. B. Tuberkulose) od. Protozoen (z. B. Malaria), für Autoimmunerkrankungen sowie zur Verlaufskontrolle u. Prognose bei bestimmten malignen Erkrankungen.

Neoruscogenin: s. Ruscus aculeatus.

Neostigminbromid: Neostigmini bromidum Ph.Eur.4, Synstigminium bromatum, Synstigminbromid; 3-(Dimethylcarbamoyloxy)-*N*,*N*,*N*-trimethylanilinium-bromid; CAS-Nr. 114-8-7; $C_{12}H_{19}BrN_2O_2$, M_r 303.2. Weißes, krist., hygroskop. Pulver von bitterem Geschmack, sehr leicht lösl. in Wasser, leicht lösl. in Ethanol 90 % u. in Chloroform. **Zuber.**: nach Ph.Helv.7 Neostigminbromid-Injektionslsg. 0.5 mg/mL, Neostigmini bromidi solutio iniectabilis 0.5 mg/mL; **Wirk.**: miotisch, hemmt die Cholinesterase, erregt den Parasympathikus, bes. wirksam auf die Blasen-, Magen- u. Darmmuskulatur; **Anw.**: Parasympathomimetikum* (ähnl. wie Physostigmin*), bei Lähmungen, postoperativer Darmatonie, Muskelspasmen, Glaukom, paroxysmalen Tachykardien, Involutionspsychosen, zur Aufhebung der Curarewirk. (Antagonist des D-Tubocurarins); **Dos.**: p. o. 4 mg; parenteral 0.5 mg; Augentropfen 3 %, Augen- u. Nasensalbe 1 %. MED 30 mg, s. c. oder i. m. 3 mg, MTD 90 mg, s. c. oder i. m. 6 mg; HWZ 1.3 h.

Neostigminmethylsulfat: Neostigmini metilsulfas Ph.Eur.4, Synstigminium methylsulfuricum, Synstigminmethylsulfat, Dimethylcarbaminoyl-3-oxyphenyl-trimethyl-ammoniummethylsulfat; 3-(Dimethylcarbamoyloxy)-*N*,*N*,*N*-trimethylaniliniummethylsulfat; CAS-Nr. 51-60-5; $C_{13}H_{22}N_2O_6S$, M_r 334.4. Schmp. 143-148 °C. Weißes, hygroskop., krist. Pulver von bitterem Geschmack; sehr leicht lösl. in Wasser (1:0.5), leicht lösl. in Ethanol 90 % u. Chloroform. **Anw.** u. **Dos.**: wie Neostigminbromid* (für Injektionen, i. m. oder s. c., i. v. als Infusion).

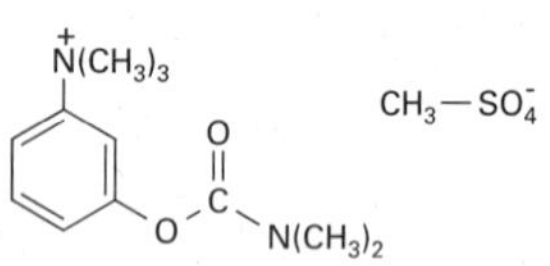

Neostigminmethylsulfat

Nepeta cataria L.: Katzenkraut, Katzenminze; Fam. Lamiaceae (Labiatae) (Vorderasien, Europa). Stpfl. von **Herba Nepetae catariae:** Katzenkraut. **Inhaltsst.**: äther. Öl, das Citral, Citronellol, Geraniol, Limonen u. a. enthält; Gerb- und Bitterstoffe. Actinidin, ein iridoides Glykosid, ist verantwortl. für die lockende Wirk. auf Katzen; **Anw.**: bei Erkältung, Grippe, Fieber u. Verdauungsstörungen. Als Verfälschung von Melissae folium (s. Melissa officinalis) wurde **N. c. var. citroidora** beobachtet.

Nephelometrie: Heterometrie, Tyndallometrie; Verfahren zur Bestimmung des Feststoffanteils einer Flüss., z. B. von Schlamm, Bakterien od. feinsten Niederschlägen, od. eines Gases, z. B. von Rauch. Dabei misst man mit einem Nephelometer die Absorption* od. Intensität des Streulichts beim Durchfall eines Lichtstrahls. **Anw.**: z. B. nephelometr. Titration.

Nephritis: s. Nierenentzündung.

Neptunium: Symbol Np; OZ 93, radioaktives Element; Np-237 längstlebiges Isotop, HWZ 2.1×10^6 Jahre; mindestens 19 Isotope mit den Massenzahlen 226-244. **Gesch.**: 1940 von Edwin Mattison

McMillan u. Philip Hauge Abelson bei der Bestrahlung von Uran-238 mit Neutronen entdeckt.

Neral: s. Citral.

ne reit.: Abk. für (lat.) ne reiteretur; od. ne repet.: ne repetatur; Abk. NR; Hinweis auf Rezepten; Arznei darf nicht nochmals abgegeben werden; Wiederholungsverbot für verschreibungspflichtige Arzneimittel (VO über verschreibungspflichtige Arzneimittel).

ne repet.: s. ne reit.

Neriderm®-Creme: hydrophile Creme (s. Unguenta) mit einem O/W-Emulsionssystem mit hoher Wasseraufnahmefähigkeit. Mischung aus Polyethylenglykol-40-stearat, Stearylalkohol, Vaselin, flüss. Paraffin, Polyacrylat, Natriumhydroxid, Na-EDTA, *p*-Hydroxybenzoesäureester u. gereinigtem Wasser. Durch den schon vorhandenen hohen Wassergehalt wirkt die Creme angenehm kühlend. Sie schützt u. pflegt, fettet jedoch nicht u. eignet sich daher bes. für sichtbare Körperstellen. Inkomp.: kation. Arznei- u. Hilfsstoffe (anionischer Hydrogelbildner).

Neriin: Glykosid aus den Blättern von Nerium* oleander.

Nerium odorum Ait.: Fam. Apocynaceae (Indien, Persien, Japan). Stpfl. von **Radix Nerii odori:** Indische Oleanderwurzel. **Inhaltsst.:** Neriodorin, Neriodorein (in der Rinde Odorosid); **Anw.:** als Herzmittel.

Nerium oleander L.: Oleander, Rosenlorbeer; Fam. Apocynaceae (Mittelmeergebiet, Südamerika). Stpfl. von **Oleandri folium:** Folia Oleandri, Folia Nerii, Oleanderblätter, Rosenlorbeerblätter. **Off.:** DAB1996; **Inhaltsst.:** ca. 0.5 % Herzglykoside; neben dem Hauptglykosid Oleandrin (Folinerin), dem L-Oleandrosid von 16-Acetyl-gitoxigenin (Oleandrigenin), sind weitere Cardenolide mit Digitalis-ähnl. Wirk. vorhanden: Desacetyloleandrin, Adynerin (Adynerigenin-Glykosid), Neriantin (Neriantogenin-Glykosid); ferner Neriin (diuret. wirkend), Rutin, Saponin, Gerbstoffe, Harz, äther. Öl; **Anw.:** Die Droge ist nicht in Gebrauch; Negativmonographie der Kommission E; früher an Stelle von Digitalis verwendet; **Oleandri pulvis normatus:** Eingestelltes Oleanderpulver DAB9, soll einen Wirkwert besitzen, der einem Geh. von 0.5 % Oleandrin entspricht (am Meerschweinchen bestimmt).

Hom: *Nerium oleander (HAB1.2),* Oleander: frische, vor der Blüte gesammelte Blätter; verord. z. B. bei Herzerkrankungen, Hautausschlägen, Lähmungen.

Nernst-Brunner-Gesetz: s. Auflösungsgeschwindigkeit.

Nernst-Gleichung: wichtige Gleichung zur Berechnung des Potentials eines elektrochem. Elements in Abhängigkeit von den Konz. c, bzw. der Aktivität* a der Reaktionspartner:

$$E = E_0 + \frac{RT}{zF} \cdot \ln \frac{c_{ox.}}{c_{red.}}$$

E: Potential; E_o: Standardpotential*; R: allgemeine Gaskonstante*; T: Temp.; z: Anzahl der ausgetauschten Elektronen; F: 96 500 C (Faraday-Konstante); $c_{ox.}$ bzw. $c_{red.}$: Konz. der oxidierten bzw. reduzierten Stoffe.

Nernst-Potential: Potential einer Elektrode in einer Halbzelle*, gemäß der Nernst*-Gleichung. Die Differenz der N.-P. von Anode und Kathode ergeben die elektromotorische Kraft* einer elektrochem. Zelle.

Nernst-Thompson-Regel: Lösungsmittel fördern die elektrolyt. Dissoziation von Ionen* umso mehr, je höher ihre Dielektrizitätskonstante* ist. Für die Schwächung der elektrostat. Anziehung zw. den Elektrolytionen ist die Solvatation* der entstehenden Ionen verantwortlich.

Nernst-Verteilungsgesetz: Das Verhältnis der Stoffmengenkonz. eines sich zw. zwei Phasen, z. B. Flüssigkeit u. Gas od. zwei versch. Flüssigkeiten, verteilenden Stoffes ist, nach Herst. des Gleichgewichts, bei gegebener Temp. konstant. Die Konstante heißt Verteilungskoeffizient* u. hat bei gegebenen Phasen für jeden Stoff einen charakterist., bei analyt. u. präparativen Verteilungsverfahren genutzten Wert.

Nerol: *cis*-3,7-Dimethyl-2,6-octadien-1-ol; $C_{10}H_{18}O$, M_r 154.24. *cis*-Form von Geraniol* u. isomer mit Linalool*; ein Monoterpenalkohol. Optisch inaktiv. Cyclisiert leicht unter Austritt von Wasser zu Dipenten. Nat. z. B. im Neroliöl. Als Diphosphat (Strukturformel s. Monoterpene, Abb.) wichtiges Zwischenprodukt beim Aufbau der Terpene*. **Anw.:** Grundstoff in der Parfümerie.

Neroliblüten: s. Citrus aurantium ssp. aurantium (Aurantii flos).

Nerolidol: Peruviol; 3,7,11-Trimethyl-1,6,10-dodecatrien-3-ol; CAS-Nr. 7212-44-4; $C_{15}H_{26}O$, M_r 222.36. Existiert in *cis-*, *trans-* u. *cis-trans*-Form. Sekundärer, acycl. Sesquiterpenalkohol, Best. äther. Öle; z. B. in Balsamum* peruvianum od. Niauliöl (s. Melaleuca viridiflora).

N

Neroliöl: s. Citrus aurantium ssp. aurantium (Aurantii amari floris aetheroleum).

Nerven: Teil des peripheren Nervensystems*, der die Rückenmarks- u. die Hirnnerven umfasst u. der aus parallel verlaufenden Nervenfasern mit bindegewebiger Umhüllung besteht. Die Nervenzellen peripherer N. sind im ZNS od. in peripheren Ganglien* lokalisiert. **Einteilung: 1.** somatomotor. od. efferente N., die Impulse aus dem ZNS für die Körpermotorik an die quergestreifte Muskulatur übermitteln; **2.** somatosensible od. afferente N., die Reize von Sinnesorganen aufnehmen u. an das ZNS weiterleiten; **3.** viszeromotor. N., die Impulse des ZNS an die glatte Muskulatur od., als sekretomotor. N. an Drüsen weiterleiten; **4.** viszerosensible N., die Impulse innerer Organe an das ZNS weiterleiten. N. enthalten i. Allg. mehrere versch. Faserarten u. werden dann als gemischte N. bezeichnet.

Nervensystem: NS; Gesamtheit des Nervengewebes als morpholog. u. funktionelle Einheit mit der Befähigung zu Reizaufnahme, Erregungsleitung u. -verarbeitung u. Reizbeantwortung. **Einteilung: 1.** topograph.: Zentralnervensystem (ZNS; Gehirn, Rückenmark) u. peripheres N. (Hirn- u. Rückenmarksnerven u. periphere Ganglien); **2.** funktionell: animales Nervensystem* u. vegetatives Nervensystem*.

Nervensystem, animales (lat. animalis belebt, beseelt): Bez. für den Anteil des Nervensystems (NS),

Nervensystem, vegetatives
Wirkungen auf einzelne Organe

Organ	Sympathikusreiz	Parasympathikusreiz
Herz	Beschleunigung	Verlangsamung
Gefäße	Konstriktion	Dilatation (begrenzt)
Koronargefäße	Dilatation	Konstriktion
Pupillen	Erweiterung	Verengung
Bronchien	Dilatation	Konstriktion
Ösophagus	Erschlaffung	Kontraktion
Magen (Peristaltik und Drüsentätigkeit)	Hemmung	Anregung
Dünn- und Dickdarm (Peristaltik)	Hemmung	Anregung
Leber	Förderung des Glykogenabbaus	–
Blase	Urinretention, Hemmung des Detrusors, Erregung des Sphinkters	Urinentleerung, Anregung des Detrusors, Erschlaffung des Sphinkters
Genitalien	Vasokonstriktion	Vasodilatation und Erektion
Nebennieren	Anregung der Adrenalinsekretion	Hemmung der Adrenalinsekretion
Stoffwechsel	Steigerung der Dissimilation	Steigerung der Assimilation
Pankreas (Insulinsekretion)	Hemmung	Anregung
Schilddrüse (Sekretion)	Anregung	Hemmung

der die willkürl. Funktionen des Organismus regelt; dient im Unterschied zum vegetativen Nervensystem* v.a. der Wahrnehmung u. Integration von Reizen u. zur Steuerung der Motorik.

N

Nervensystem, autonomes: s. Nervensystem, vegetatives.

Nervensystem, intramurales : System vegetativer Nervenfasern u. Ganglien in der Wand der Hohlorgane (Herz, Magen, Darm, Blase, Uterus), die in ihrer Funktion eine gewisse Selbständigkeit aufweisen. Vgl. Nervensystem, vegetatives.

Nervensystem, vegetatives : syn. autonomes Nervensystem; Gesamtheit der Nerven u. Ganglienzellen, die der Regelung der Vitalfunktionen (Atmung, Verdauung, Stoffwechsel, Sekretion, Wasserhaushalt u. a.) dienen. Das v. N. ist dem Einfluss des Willens u. dem Bewusstsein primär nicht untergeordnet. Es bildet mit dem System der endokrinen Drüsen u. den Körperflüss. eine funktionelle Einheit; darüberhinaus bestehen enge Wechselbeziehungen zw. dem vegetativen u. zerebrospinalen Nervensystem u. zw. vegetativen u. seel. Vorgängen (psychovegetative Kopplung). **Einteilung:** **1.** sympath. System: s. Sympathikus; **2.** parasympath. System: s. Parasympathikus; **3.** intramurales System*. Der Sympathikus wird vorwiegend in Richtung auf Energieentladung u. abbauende Stoffwechselprozesse wirksam (ergotrope Wirk.), der Parasympathikus bewirkt dagegen Energiespeicherung, Erholung u. Aufbau (trophotrope Wirk.). Daraus ergibt sich in mancher Hinsicht ein antagonist. Verhalten beider Systeme (s. Tab.).

Nerventee: s. Species sedativae.

Nervenwurzel: s. Cypripedium calceolus var. pubescens.

Nervina: Nervenheilmittel. Dazu gehören **1.** Mittel, die eine anregende Wirkung haben (Exzitiantia, Analeptika); **2.** krampfstillende Mittel (Spasmolytika) u. Mittel gegen Nervenschmerzen (Antineuralgika), ferner Beruhigungsmittel (Sedativa).

Nervon: s. Glykolipide.

Nervonsäure: Δ^{15}-Tetracosensäure; $CH_3(CH_2)_7CH=CH(CH_2)_{13}COOH$; M_r 366.7; Schmp. 42 °C. Säurekomponente der Cerebroside; s. Glykolipide.

Nerylpyrophosphat: Neryldiphosphat; Strukturformel s. Monoterpene (Abb.).

Nerzöl: fettes Öl aus dem Unterhautfettgewebe des Nerzes, Mustela lutreola, Fam. Mustelidae. **Best.:** Glyceride ungesättigter Fettsäuren; **Anw.:** in kosmet. Haut- u. Haarpräparaten.

Nesselblumen, Weiße: s. Lamium album.

Nesselkraut: s. Urtica dioica (Urticae herba).

Neßler-Reagens (Neßler J., Chemiker, Karlsruhe, 1827-1905): alkal. Lsg. von komplexem Kaliumtetraiodomercurat(II) ($K_2[HgI_4]$). **Zuber.:** Reagens Ph.Eur.4: 11.0 g Kaliumiodid u. 15.0 g Quecksilber(II)-iodid werden in Wasser zu 100 mL gelöst. Bei Bedarf wird ein Volument. dieser Lsg. mit einem Volumenteil 25 %iger (m/V) Natronlauge gemischt. **Anw.:** außerordentl. empfindl. Reagens auf Ammoniak u. Ammoniumverb. (Spuren geben Gelbfärbung, größere Mengen erzeugen rostbraunen Niederschlag infolge Bildung von $Hg[HgI_3(NH_2)]$): Reinheitsprüfung von gereinigtem Wasser, Wasser für Injektionszwecke u. Schwefelsäure; durch Alkohole u. Aldehyde wird N. beim Erwärmen zu metall. Quecksilber reduziert.

Netilmicin INN: CAS-Nr. 56391-56-1; $C_{21}H_{41}N_5O_7$. Aminoglykosid-Antibiotikum, verwandt mit Sisomicin* u. Gentamicin*. **Anw.:** Antibiotikum zur Ther. schwerer Infektionen mit gramnegativen Problemkeimen; **Dos.:** parenteral i. v. 2-3 g/kg KG/d in 2-3 ED, das Blutspiegelmaximum sollte

16 µg/mL nicht übersteigen; vgl. Antibiotika (Tab.); HWZ 2.6 h. **Netilmicinsulfat:** Netilmicini sulfas Ph.Eur.4; CAS-Nr. 56391-57-2; $C_{42}H_{92}N_{10}O_{34}S_5$, M_r 1442. Weißes, hygroskop. Pulver, sehr leicht lösl. in Wasser, unlösl. in Aceton.

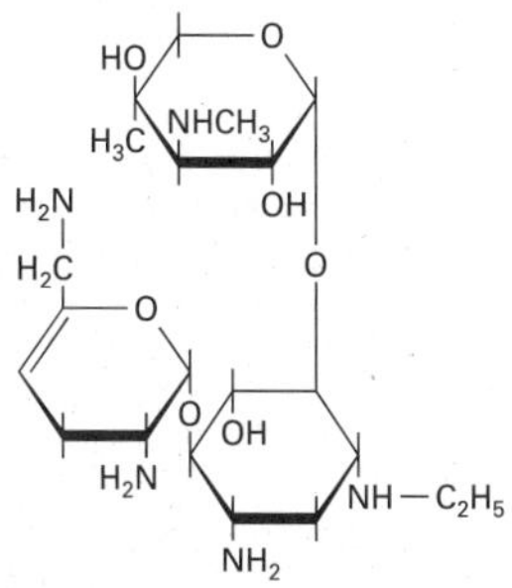

Netilmicin

Netzebene: Ebene beliebiger Orientierung im Kristallgitter*, die netzförmig mit Gitterpunkten besetzt ist.

Netzhaut: Retina.

Netzmittel: Benetzungsmittel; Stoffe, nat. od. synthetische, welche die Oberflächenspannung von Flüssigkeiten herabsetzen, wodurch diese leichter in feste Körper (Gewebe, Holz) eindringen können, u. darin gelöste Stoffe (z. B. Chemikalien, Flammenschutzmittel, Insektenvertilgungsmittel, Holzkonservierungsmittel) sich besser imprägnieren lassen. N. sind z. B. Alkalien, Seifen (s. Sapo), Fettalkoholsulfonate (s. Tenside), Türkischrotöle.

Neuberg-Ester: s. Fructose-6-phosphat.

Neues Formularium Austriacum: s. NFA.

Neues Rezeptur-Fomularium: s. Deutscher Arzneimittel-Codex; Magistralformeln.

Neugelb: s. Bleichromat.

Neugewürz: s. Pimenta dioica.

neural: Nerven-, durch Nerven bedingt.

Neuralgie: allg. Bez. für Schmerzsyndrome, die auf das Ausbreitungsgebiet eines Nervs* beschränkt sind.

Neuraltherapie: N. nach Huneke, ther. Lokalanästhesie; Behandlungsmethode zur Beeinflussung erkrankter Organsysteme über gezielte Injektionen von Lokalanästhetika* im Segmentbereich des Organs sowie zur Ausschaltung von Störfeldern (chron. verändertes Gewebe, z. B. Narben). Verwendet werden z. B. Procain*, Lidocain* u. deren Derivate.

Neuraminidase-Inhibitoren: Sialidase-Inhibitoren; kompetitive Hemmstoffe der Neuraminidase* von Influenza-Virus Typ A u. B, die die Freisetzung u. Vermehrung von Influenzaviren inhibieren. **Wirk.:** Sialinsäure-Derivat, das mit Aminosäuren im aktiven Zentrum der Neuraminidase in WW tritt. Es verhindert die Abspaltung terminaler Sialinsäurereste von Membranglykoproteinen, als Folge wird die Hämagglutininbildung blockiert, die für die Adsorbtion der Grippeviren an körpereigene Zellen nötig ist. **Vertreter:** Oseltamivir*, Zanamivir*; **Anw.:** Virostatika* bei Infektion mit Influenza A u. B-Viren.

Neuraminidasen: Sialidasen; Glykosidhydrolasen, spalten Neuraminglykoside (z. B. Ganglioside) u. neuraminhaltige Glykoproteine*. **Vork:** in Viren, Bakterien u. Wirbeltieren.

Neuraminsäure: 5-Amino-3,5-didesoxy-D-glycero-D-galactononulosonsäure; eine aus Mannosamin u. Pyruvat gebildete C_9-Verbindung. Best. von Glykolipiden*, Mukopolysacchariden*, Glykoproteinen*. Die N- u. O-Acetylderivate werden als Sialinsäure bezeichnet. Spaltung durch Neuraminidasen*.

Neurin: s. Ptomaine.

Neuritis: Nervenentzündung; Neuropathie mit entzündl.-degenerativen Veränderungen von Hirn- u. peripheren Nerven.

Neurochemie: Wissenschaft, die sich mit den chem. Grundlagen der Nervenfunktionen befasst; vgl. Neurotransmitter.

Neuroglia (gr. neura Nerv; glia Leim): Hüll- u. Stützgewebe des Nervensystems* mit Bedeutung für die Ernährung von Neuronen.

Neurohormone: Hormone* z. B. aus Hypophyse* u. Hypothalamus* sowie Neurotransmitter*.

Neuro-Lathyrismus: s. Lathyrus sativus.

Neuroleptanalgesie: Gabe eines Neuroleptikums (z. B. Droperidol*) u. eines starken Analgetikums (z. B. Fentanyl*) zur Herbeiführung eines narkoseähnl. Zustandes (Stadium der absoluten Analgesie), in dem Operationen durchgeführt werden können. Vor allem angewandt, wenn der Kontakt zum Patienten erforderl. ist, bei Patienten mit sehr labilem Kreislauf, bei alten Menschen, zur Prämedikation mit Distickstoffoxid in der neuro- u. kardiochirurg. Anästhesie, bei Barbituratallergie, bei Lebererkrankungen. Aufgrund der Atemdepression durch das Analgetikum muss eine künstl. Beatmung mögl. sein.

Neuroleptika: s. Psychopharmaka.

Neurologie: Fachgebiet der Medizin, das sich mit der Erforschung, Diagnostik u. Behandlung von Erkrankungen des Nervensystems u. der Muskulatur befasst.

Neurolytika: zur meist irreversiblen Blockade von Nerven verwendete Substanzen; vgl. Psychopharmaka.

Neuromodulatoren: s. Neurohormone.

Neuron (gr. neuros Sehne, Nerv): Nervenzelle mit allen ihren Fortsätzen. Die Verknüpfung der Neuronen untereinander erfolgt durch Synapsen, s. Abbildung.

Neuropeptide: s. Neurohormone.

Neuropeptid Y: Abk. NPY; Neuropeptid aus 36 Aminosäuren, welches als Transmitter im Gehirn fungiert. **Funktion:** NPY ist an der Regulation des circadianen Rhythmus*, Angst- u. Stressreaktionen, an der Regulation des peripheren Gefäßwiderstands u. an der Herzkontraktion beteiligt. Versch. Daten weisen darauf hin, dass NPY auch bei der Steuerung der Nahrungsaufnahme u. Präferenz für Kohlenhydrate u. Lipide beteiligt ist.

Neuroplegika: s. Psychopharmaka (Neuroleptika).

Neurose: psych. od. psychosoziale Störung ohne nachweisbare organ. Grundlage, bei der im Ggs. zur Psychose* der Realitätskontakt wenig od. nicht gestört ist.

N

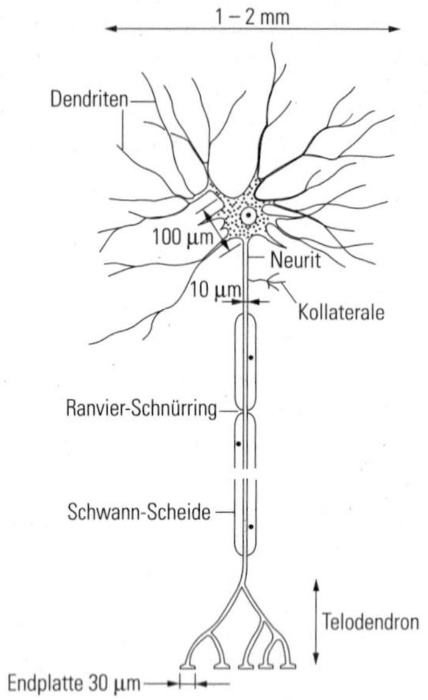

Neuron

Neurotensin: im Gastrointestinaltrakt u. Hypothalamus vorkommendes Tridekapeptid mit kininähnl. Wirk.; vermutl. auch Neurotransmitterfunktion. N. ist in Inselzelltumoren der Bauchspeicheldrüse nachweisbar.

N

Neurotoxikosen: syn. Säuglingstoxikose; hypertone Dehydratation. Im Mittelpunkt der Krankheit steht der Schock mit meist deutl. Zeichen einer ZNS-Beeinträchtigung. Ausgesprochener Altersgipfel im ersten Lebensjahr, besonders im 5-7. Lebensmonat. Durch die Hypernatriämie u. die Hyperosmolarität dringt Wasser aus dem intrazellulären in den extrazellulären Raum. Auch dem Gehirn wird Wasser entzogen. Infolge seiner festen Hüllen kann es nicht schrumpfen; die resultierende intrakraniale Druckverminderung kann zu anatom. Läsionen führen.

Neurotoxine: Gifte*, die bes. auf das Nervensystem wirken; z. B. Zytotoxine, Schlangengifte*, Stoffwechselgifte, Nahrungsmittelgifte, Schwangerschaftstoxine.

Neurotransmitter: Transmitter(substanzen), chemische Überträgersubstanzen; Substanzen, die im Unterschied zur elektr. Erregungsleitung die Nervenerregung auf chem. Weg an den Synapsen* in ZNS u. peripheren Nerven weiterleiten. **Mechanismus:** das am Nervenende einlaufende Aktionspotential bewirkt über eine Membranpermeabilitätsänderung den Einstrom von extrazellulären Calciumionen, was wiederum die Freisetzung der N. aus einer inaktiven Speicherform (in Vesikeln) in den synapt. Spalt herbeiführt. Nach rascher Diffusion wirkt der N. erregend auf die postsynapt. Membran. Nach Bruchteilen einer Sekunde wird der N. jedoch entweder enzymat. abgebaut u. dadurch inaktiviert (z. B. Acetylcholin*) u./od. in das synapt. Depot zurücktransportiert (z. B. Noradrenalin*). Nach Bindung an einen präsynapt. Rezeptor kann der N. auch über eine Rückkopplungshemmung seine Synthese steuern (z. B. durch Stimulierung von präsynapt. α_2-Rezeptoren durch Catecholamine*). Die WW mit spezif. postsynapt. Neurotransmitterrezeptoren löst einerseits eine lokale Potentialänderung der postsynapt. Membranen aus, die zur Öffnung spezif. Ionenkanäle u. zu einem in Richtung des Konzentrationsgradienten gerichteten Ionenfluss von Natrium-, Kalium- u. Chlorid-Ionen führt. Überdies sind die membrangebundenen Neurotransmitterrezeptoren mit versch. Effektorsystemen wie der Adenylatcyclase od. der Phospholipase C assoziiert, die auf der Membraninnenseite lokalisiert sind u. durch Bildung von cAMP (Adenylatcyclase) bzw. von Diacylglycerol u. Inositol-1,4,5-trisphosphat (Phospholipase C) Stoffwechselumschaltungen auslösen (z. B. Enzyminduktionen, Änderung von Enzymaktivitäten, intrazelluläre Calciumfreisetzung). Wichtige **Vertreter:** Acetylcholin*, Dopamin*, Noradrenalin*, Adrenalin*, GABA*, Serotonin*, Glycin* u. versch. Neuropeptide (syn. Peptidneurotransmitter: Enkephaline, Endorphine*, Cholecystokinin*, Bradykinin*, Thyrotrophin*, Releasing-Hormone, Somatostatin*); vgl. Mediatorsubstanz.

Neurotverfahren: s. Türkischrotöl.

Neusilber: Cu-Zn-Ni-Legierung.

neutral: **1.** keinem von bd. angehörig. **2.** ohne bestimmte Wirkung. **3.** (chem.) weder sauer noch basisch reagierend (pH 7). **4.** (chem.-physik.) weder positiv noch negativ elektr. geladen.

Neutralfette: syn. Triglyceride*; ungeladene, elektr. neutrale Lipide; vgl. Hartfett.

Neutralisationstitrationen: s. Säure-Base-Titrationen.

Neutralöl: s. Miglyol.

Neutral-Protamin-Hagedorn-Insulin: s. Insulin (Insulinpräparate, Verzögerungsprinzip).

Neutrino: Symbol ν; Elementarteilchen mit sehr kleiner Ruhemasse u. schwachen WW; wird beim β^+-Zerfall (vgl. Betazerfall) emittiert; vgl. Neutron.

Neutron: ungeladenes Elementarteilchen* mit der Masse $1.6745 \cdot 10^{-24}$ g (vgl. Proton). Proton u. N. sind wahrscheinl. nur versch. Anregungsstufen desselben Elementarteilchens*, des Nukleons. Das N. ist ein Betastrahler, es zerfällt durch Beschuss von Atomkernen mit Protonen, Gamma- od. Alphastrahlen unter Abgabe eines Elektrons u. eines Antineutrinos in ein Proton: $n \rightarrow p + e^- + \nu$. HWZ: 16.8 min. Die wichtigste N.-Quelle sind Kernreaktoren.

Neutronenabsorber: Materialien wie Bor od. Cadmium, die inf. ihres großen Wirkungsquerschnitts sehr effizient Neutronen einfangen. Verwendet werden auch Stoffe mit einem sehr hohen Anteil an Wasserstoffatomen (Wasser, Paraffin, Polyethylen), da Neutronen bei elast. Stößen mit den leichten Wasserstoffatomen Energie verlieren u. nach Thermalisierung absorbiert werden können.

Neutronenaktivierungsanalyse: s. Aktivierungsanalyse.

Neutronenbeugung: Neutronendiffraktion; eine in der Kristallstrukturanalyse* neben der Röntgenbeugung eingesetzte Technik. Da N. im Ggs. zur Röntgenbeugung nur wenig von der Ordnungszahl* des streuenden Atomkernes abhängt, eignet sie sich gut für die Bestimmung der Positionen von leichten Atomen, v. a. H-Atomen, neben schweren.

Neutronendetektoren: s. Strahlenmessgeräte.

Neutronendiffraktion: s. Neutronenbeugung.

Neutropenie: rel. od. absolute Verminderung der neutrophilen Granulozyten (s. Leukozyten) im Blut. Damit verbunden ist ein höheres Risiko für Fieber, Soor u. versch. bakt. Infektionen.

Nevirapin INN: 11-Cyclopropyl-5,11-dihydro-4-methyl-6*H*-dipyrido[3,2- *b*:2',3'-*e*][1,4]diazepin-6-on; CAS-Nr. 129618-40-2; $C_{15}H_{14}N_4O$, M_r 266.3. Schmp. 247 °C. logP –0.3; pK_S 10.9; schwer lösl. in Wasser. **Wirk.**: erster nicht-nucleosidischer Reverse*-Transkriptase-Hemmer; **Anw.**: Virostatikum* zur Behandlung der HIV-Infektion; wegen schneller Resistenzbildung nur in Kombination mit mind. 2 anderen antiviralen Mitteln geg. HIV; **UAW:** häufig Hautausschlag, ferner Übelkeit, Müdigkeit, Fieber; **Dos.**: 2 × 200 mg/d mit mind. einem halben Glas Wasser; HWZ 30 h.

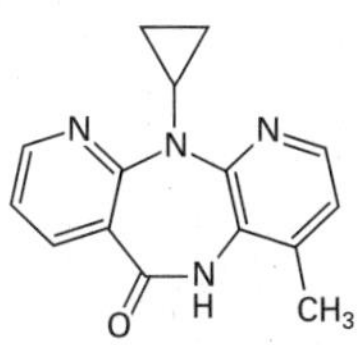

Nevirapin

Newberyt: s. Magnesiumhydrogenphosphat.

Newcastle-Krankheit-Impfstoff (inaktiviert): Vaccinum pseudopestis aviariae inactivum Ph.Eur.4; Emulsion od. Suspension eines geeigneten Stammes des Newcastle-Krankheit-Virus, so inaktiviert, dass die immunisierende Wirkung erhalten ist. Ein Adjuvans kann enthalten sein.

Newcastle-Krankheit-Lebendimpfstoff (gefriergetrocknet): Vaccinum pseudopestis aviariae vivum cryodesiccatum Ph.Eur.4, Vaccinum vivum pseudopestis aviariae cryodesiccatum (stirpe lentogenica), atyp. Geflügelpest-Lebendimpfstoff; Zubereitung, die einen lentogenen Stamm des Virus dieser Krankheit enthält. Die Suspension wird mit einer geeigneten Stabilisatorlsg. verdünnt u. gefriergetrocknet.

Newman-Projektion: perspektiv. Darstellung von Molekülen, bei der das Molekül in Richtung einer zentralen C-C-Bindung auf die Papierebene projiziert wird (vgl. Konformation, s. Abb.).

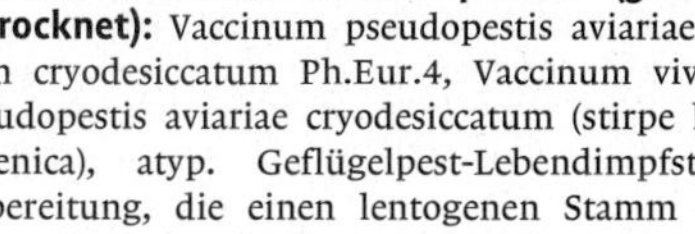

Newman-Projektion: Darstellung u. Beispiel

Newton (Sir Isaac Newton, engl. Physiker, Mathematiker u. Astronom, 1643-1727): Symbol N; abgeleitete SI*-Einheit für die Kraft; $1\,N = 1\,kg \cdot m \cdot s^{-2}$.

Newton-Flüssigkeiten: s. Viskosität.

Newton-Metall: Bismut-Blei-Zinn-Legierung. Schmp. 92-95 °C. **Anw.**: Zahnheilkunde.

NF: s. Deutscher Arzneimittel-Codex.

NFA: Abk. für **N**eues **F**ormularium **A**ustriacum; von der Österreichischen Apothekerkammer herausgegebene Rezepturempfehlungen für magistrale Verschreibungen; s. Magistralformeln.

Ni: (chem.) Symbol für Nickel*.

Niacin: s. Vitamine (Niacin).

Niacinamid: s. Vitamine (Nicotinamid).

Nicametat INN: 2-Diethylaminoethylnicotinat; Nicotinsäure-2-diethylaminoethylester; CAS-Nr. 3099-52-3; $C_{12}H_{18}N_2O_2$, M_r 222.28. **Anw.**: Vasodilatator*; **Dos.**: p. o. 2-3 × 50 mg/d; parenteral i. m. 1 × 50 mg/d über 5 d. Gebräuchl. sind auch Nicametat-(*R*,*R*)-hydrogentartrat, Nicametatdihydrogencitrat-Monohydrat; vgl. Nicotinsäure.

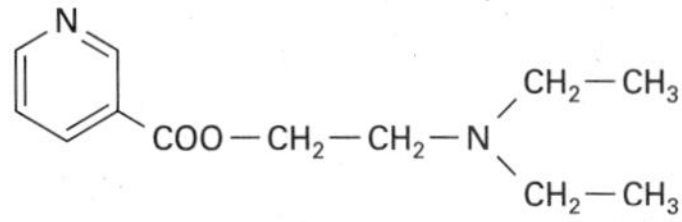

Nicametat

Nicardipin INN: 2-(Benzylmethylamino)-ethyl-methyl-1,4-dihydro-2,6-dimethyl-4-(*m*-nitrophenyl)-3,5-pyridin-dicarboxylat; CAS-Nr. 55985-32-5; $C_{26}H_{29}N_3O_6$, M_r 479.54. **Wirk.** u. **Anw.**: Calciumantagonist aus der Gruppe der 1,4-Dihydropyridine; bei chron. stabiler Angina pectoris, essentieller Hypertonie; **UAW:** Flush, Tachykardie, Gelenkschmerzen sowie Anstieg der Leberfunktionsparameter. **Nicardipinhydrochlorid:** CAS-Nr. 54527-84-3. Schmp. 179-181 °C (α-Form), Schmp. 168-170 °C (β-Form). **Dos.**: 3 × 20-30 mg/d.

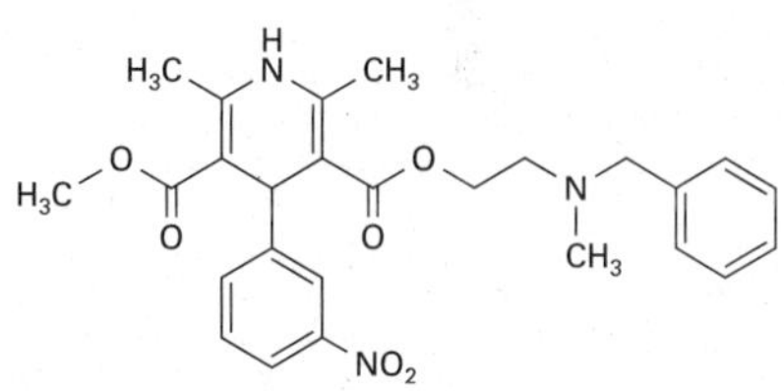

Nicardipin

Niccolum: s. Nickel.

Niccolum chloratum: s. Nickel(II)-chlorid.

Niccolum-Kalium cyanatum: s. Kaliumtetracyanoniccolat.

Niccolum nitricum: s. Nickel(II)-nitrat.

Niccolum sulfuricum: s. Nickel(II)-sulfat.

Nicergolin INN: Nicergolinum Ph.Eur.4; 10-Methoxy-1,6-dimethyl-8β-ergolinylmethyl-5-bromnicotinat; CAS-Nr. 27848-84-6; $C_{24}H_{26}BrN_3O_3$, M_r 484.40. Schmp. 136-138 °C (polymorph). Lysergsäurederivat; unlösl. in Wasser; lösl. in Alkohol, Aceton, Chloroform, verd. Essigsäure; schwer lösl. in Ether. **Anw.:** Alphasympatholytikum, Vasodilatator, bei zerebralen u. peripheren Durchblutungsstörungen; **UAW:** gastrointestinale Be-

N

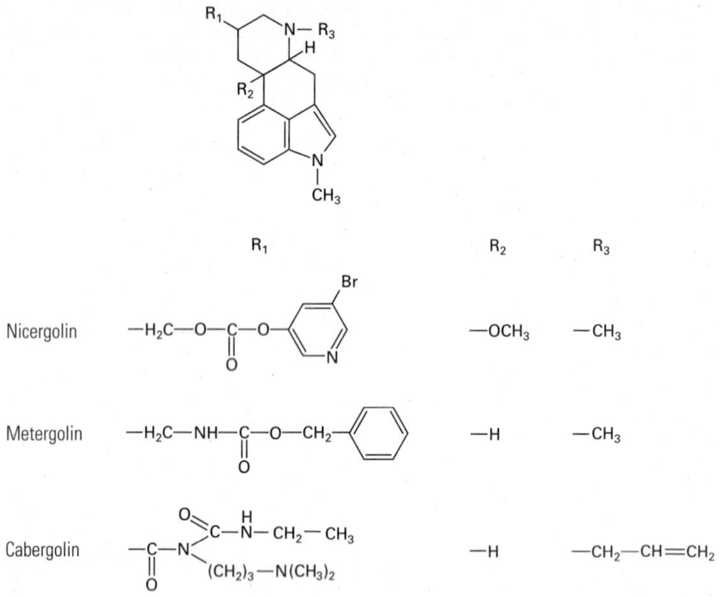

Nicergolin

schwerden, Schwindel, Hautrötung, Schlaflosigkeit; **Dos.:** p.o. 3×5 mg/d; parenteral i.m. 2×2 mg/d; i.v. 2-4 mg. Gebräuchl. ist auch Nicergolin-(*R*,*R*)-tartrat.

Nicethamid INN: Nicethamidum Ph.Eur.4, syn. Nikethamid, Nicotinyldiethylamidum, *N*,*N*-Diethylnicotinamid, Nicotinsäurediethylamid; Pyridin-3-carbonsäurediethylamid; CAS-Nr. 59-26-7; $C_{10}H_{14}N_2O$, M_r 178.23. Schmp. 24-26 °C. Sdp. 296-300 °C (101.3 kPa, unter Zers.), 158-159 °C (1.3 kPa), 128-129 °C (399.9 Pa), 115 °C (53.3 Pa). $n_D^{20\,°C}$ 1.525-1.526, $n_D^{25\,°C}$ 1.522-1.524. Ölige Flüss. od. krist. Masse, schwach gelbl., charakterist. Geruch. Mischbar mit Wasser, Ether, Chloroform, Aceton, Ethanol. Eine 25 %ige (m/V) wässrige Lsg. hat den pH-Wert 6.0-6.5; d_4^{25} 1.058-1.066. **Zuber.:** nach Ph.Helv.7 orale Nicethamid-Tropfenflüss. 250 mg/mL (s. Guttae Nicethamidi 250 mg/mL) u. Nicethamid-Injektionslsg. 250 mg/mL, Nicethamidi solutio iniectabilis 250 mg/mL; **Anw.:** Analeptikum* bei Kollaps u. zur Narkoseverkürzung (nur in kleinen Dosen!), bei schwerer Schlafmittelvergiftung keine Weckwirk., eher gegenteilig wirkend; **UAW:** Schweißausbrüche, Übelkeit, Erbrechen, Angst, Unruhe, Tremor, Tachykardie, Herzarrhythmien, in hohen Dosen ein Krampfgift; **Dos.:** p.o. 2-3×0.25 g/d; parenteral i.v. 0.25 g/d; i.m., s.c. 2-3×0.4 g/d.

Nicethamidi guttae orales: s. Guttae Nicethamidi 250 mg/mL.

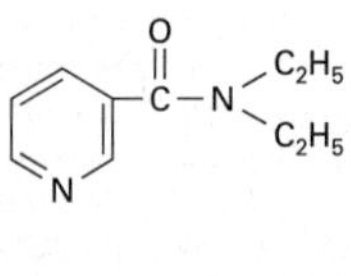

Nicethamid

Nichtmetalle: die Elemente der 7. u. 8. Hauptgruppe des Periodensystems* sowie B, C, N u. P; vgl. Metalle; Halbmetalle. Feste N. sind schlechte Leiter von Wärme u. Elektrizität.

Nicht-Newton-Körper: s. Viskosität.

Nickel: Niccolum; Symbol Ni; A_r 58.71, OZ 28. D. 8.90. Schmp. 1453 °C, Sdp. 2730 °C. Härte 3.8. Silberweißes, schmiedbares, zähes, 2-, 3- u. 4-wertiges Metall. Reines Ni ist widerstandsfähig gegen Luft, Wasser, Alkalien, Witterungseinflüsse sowie gegen viele org. Stoffe; von nichtoxidierenden Säuren wird Ni sehr langsam, von oxidierenden Säuren, z.B. konz. Schwefel- od. Salpetersäure, sehr leicht unter Bildung von grünen, lösl. Ni-Salzen gelöst. **Vork.:** nat. gediegen in Eisenmeteoriten, sonst nur gebunden: Rotnickelerz (NiAs), Weißnickelerz ($NiAs_2$), Nickelblende (NiS), Garnierit (Mg-Ni-Silicat); **Physiologie:** essentielles Spurenelement (Cofaktor der Urease*), tägl. Aufnahme mit der Nahrung ca. 0.3-0.5 mg; **Gew.:** Verhüttung der Nickelerze hauptsächl. der Magnetkiese (Eisensulfide mit Cu u. Ni) in Kanada, die 90 % der Weltproduktion liefern; **Darst.:** reinstes Ni 99.9 % erhält man durch Zers. von Nickeltetracarbonyl ($Ni(CO)_4$) nach dem sog. Mond-Verfahren; **Anw.:** hauptsächl. in der Stahlindustrie (Nickelstahl, Chrom-Nickel-Stahl); galvan. Vernickelung od. sog. Plattierung (Aufschweißen von Ni) von Haus- u. Küchengeräten; fein verteiltes Ni dient als Katalysator für die Fetthärtung (s. Fette); **Tox.:** Kontakt mit dem Metall führt nicht selten zu allerg. Hauterkrankungen, der Nickeldermatitis, z.B. hervorgerufen durch Tragen nickelhaltigen Goldschmucks. Nickeltetracarbonyl (Sdp. 43 °C) kann durch Einatmen od. durch Hautresorption zu Vergiftungen mit Kopfschmerz, Atemnot, Schwindel, Lungenödem u. teils tödl. Ausgang führen; eine Reihe von Ni-Verb. erwies sich im Tierversuch als karzinogen; **Nachw.:** auf Ni in Gebrauchsgegenständen kann mit 1 %iger ethanol. Lsg. von Dimethylglyoxim u. 10 %iger Ammoniumhydroxid-Lsg. geprüft werden, indem bd. Reagenzien auf einen Baumwolltupfer gegeben u. dieser anschließend 30 Sek. mit gleichmäßiger Bewegung gegen den zu untersuchenden Gegenstand gerieben wird. Entsteht eine rote Farbe, die von schwach rosa bis stark kirschrot variieren kann, ist die Ni-Abgabe größer als 0.5 µm/cm^2/Woche. **Gesch.:** 1751 von Axel Fredrik Cronstedt (1722-1765) entdeckt.

Hom: *Niccolum metallicum:* verord. z. B. bei Migräne, Verdauungsstörungen mit Aufstoßen.

Nickelblende: s. Nickel.

Nickel(II)-chlorid: Chlornickel, Nickelchlorür, Niccolum chloratum; $NiCl_2 \cdot 6\,H_2O$, M_r 237.72. Hellgrüne monokline Prismen, leicht lösl. in Wasser u. Ethanol; geht beim Erhitzen im Chlorwasserstoffstrom in wasserfreies, gelbes $NiCl_2$ über. **Anw.:** Galvanisierung. **Nickel(II)-chlorid, wasserfrei:** M_r 129.6. Gelbes krist. Pulver. Reagens Ph.Eur.4.

Nickelchlorür: s. Nickel(II)-chlorid.

Nickel(II)-kaliumcyanid: s. Kaliumtetracyanoniccolat(II).

Nickel(II)-nitrat: Niccolum nitricum; $Ni(NO_3)_2 \cdot 6\,H_2O$. Smaragdgrüne, hygroskop. Kristalle, leicht lösl. in Wasser u. Ethanol. **Anw.:** braune Keramikfarben, Galvanisierung.

Nickel(II)-sulfat: schwefelsaures Nickel, Nickelvitriol, Niccolum sulfuricum; $NiSO_4 \cdot 7\,H_2O$, M_r 280.89. Smaragdgrüne Kristalle, lösl. in Wasser, sehr schwer lösl. in Ethanol. **Anw.** techn.: Galvanisierung, Beize in der Färberei, Schwärzen von Zink u. Messing.

Hom: *Niccolum sulfuricum:* s. Nickel.

Nickelvitriol: s. Nickel(II)-sulfat.

Nickersamen: s. Caesalpinia bonducella.

Niclosamid INN: Niclosamidum anhydricum Ph.Eur.4, wasserfreies Niclosamid; 2',5-Dichlor-4'-nitrosalicylanilid; CAS-Nr. 50-65-7; $C_{13}H_8Cl_2N_2O_4$, M_r 327.13. Schmp. 227-232 °C (polymorph). Gelbl. weiße bis gelbl., feine Kristalle; fast unlösl. in Wasser; lösl. in Ethanol 1:150, Chloroform 1:400, Ether 1:350, Aceton. **Wirk.:** vermizid durch Glucose- u. Glykogenverarmung; Hemmung der Glykolyse; **Anw.:** Anthelminthikum* geg. Taenien u. Diphyllobothrien; auch als Schneckenvertilgungsmittel verwendet, vgl. Schädlingsbekämpfungsmittel (Molluskizide); **UAW:** selten Durchfall, Übelkeit, Abdominalschmerzen; **Dos.:** p.o. 1×2 g/d morgens nach dem Frühstück; Kinder unter 2 Jahren 1×0.5 g/d, Kinder über 2 Jahre 1×1 g/d. **Niclosamid-Monohydrat:** Niclosamidum monohydricum Ph.Eur.4; $C_{13}H_8Cl_2N_2O_4 \cdot H_2O$, M_r 345.1.Schmp. 227-232 °C (nach 4 h Trocknen bei 100-105 °C). Gelbl., feine

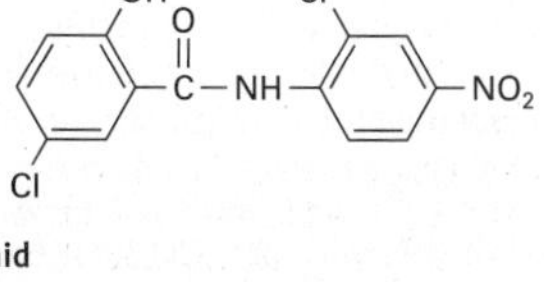

Niclosamid

Kristalle; fast unlösl. in Wasser, wenig lösl. in Aceton. Gebräuchl. sind auch Niclosamid-Piperazin u. Niclosamid-Aminoethanolsalz.

Nicoboxil INN: 2-Butoxyethylnicotinat; Nicotinsäure-β-butoxyethylester; CAS-Nr. 13912-80-6; $C_{12}H_{17}NO_3$, M_r 223.3. **Anw.:** Hyperämisierung (äußerl.); **Dos.:** topisch Einreibung 1.0 %, Salbe 2.5 %, Liniment 10 %.

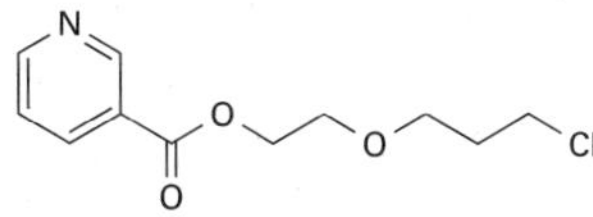

Nicoboxil

Nicocodin INN: 6-Pyridin-3-carbonsäurecodeinester; CAS-Nr. 3688-66-2; $C_{19}H_{24}N_2O_4$, M_r 344.41. **Anw.:** Antitussivum* bei trockenem Reizhusten; **UAW:** Obstipation, Müdigkeit.

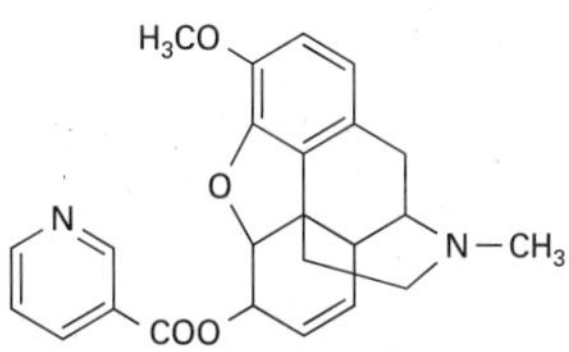

Nicocodin

Nicofuranose INN: Tetranicotinoylfructose, D-Fructofuranose-1,3,4,6-tetranicotinat; 1,3,4,6-Tetra-O-nicotinoyl-D-fructofuranose; CAS-Nr. 15351-13-0; $C_{30}H_{24}N_4O_{10}$, M_r 600.52. Schmp. 140-142 °C (kristallisiert aus Ethylacetat). $[\alpha]_D^{18\,°C}$ −8.5° (nach 4-6 h in Chloroform). Unlösl. in Wasser; lösl. in Chloroform (1:4); wenig lösl. in verd. Lsg. von Salzsäure u. Natriumhydroxid. **Anw.:** obsolet, Vasodilatator*; **UAW:** Allergien, Blutdrucksenkung.

Nicol-Prisma: s. Polarisation des Lichtes.

Nicomorphin INN: 3,6-Dinicotinoylmorphin; CAS-Nr. 639-48-5; $C_{29}H_{25}N_3O_5$, M_r 495.5. Schmp. 178 °C. Lösl. in Ethanol, unlösl. in Wasser. **Anw.:** stark wirkendes Analgetikum*, vgl. Morphin.

Nicosorbin: Nicotinamidascorbat; $C_{12}H_{14}N_2O_7$, M_r 298.25. Schmp. 141-145 °C. Komplex aus Nicotinamid u. Vitamin C; vgl. Viamine (Nicotinamid), Vitamine (Vitamin C).

Nicotiana tabacum L.: (Virginischer) Tabak; rotblühend u. **Nicotiana rustica** L., Bauerntabak, Ungarischer Tabak; gelbblühend; Fam. Solanaceae (heim. Südamerika, kult. in allen Ländern der warmen u. gemäßigten Zonen). Beide sind Stpfl. von **Folia Nicotianae:** Herba Tabaci, Tabakblätter. **Inhaltsst.:** Nicotin* in wechselnder Menge (0.08-9 %, am nicotinreichsten sind die Blattspitzen; Nicotin wird in der Wurzel gebildet u. steigt in die Blätter auf, im Samen tritt es erst beim Keimen auf) u. zahlreiche weitere verwandte Basen, z. B. L-Nornicotin, DL-Nornicotin, Nicotyrin, Nicotein, Nicotellin, Nicotimin, Nicotoin, L-Anabasin, DL-Anatabin, Pyrrolidin, N-Methylpyrrolin, N-Methylpyrrolidin; ferner Betain, Asparagin, Allantoin, Kaffeegerbsäure, Gallussäure u. a. Säuren, zahlreiche Enzyme, Nitrate (bis 10 %); als nicotinarm werden Tabake bis zu einem Höchstgehalt von 0.2 %, als nicotinfrei solche mit einem Höchstgehalt bis zu 0.08 % an Nicotin (bezogen auf getrocknete Blätter) bezeichnet; **Anw.** volkstüml.: früher selten bei hartnäckiger Verstopfung (Darmverschluss), Kolik sowie bei Würmern in Form von Klistieren; vet.: in gleicher Weise; als Ungeziefermittel. LD 4-12 g Rauchtabak, 2-3 g Schnupftabak, d. h. eingenommen, nicht durch Rauchen. (Die Samen enthalten bis ca. 35 % fettes Öl, das als Brennöl u. in der Industrie z. B. zur Seifenherstellung verwendet wird.)

Hom: *Nicotiana tabacum (HAB1.3)*, Tabacum: getrocknete, nicht fermentierte Blätter des echten Havannatabaks.

Hom: *Nicotiana tabacum Rh (HAB1.4)*: frische Blätter.

Hom: *Tabacum e seminibus*: reife Früchte; verord. z. B. bei Herz- u. Kreislauferkrankungen, Schwindel.

Nicotin: Nicotinum Ph.Eur.4, Nikotin; 1-Methyl-2-(β-pyridyl)-pyrrolidin; $C_{10}H_{14}N_2$, M_r 162.23. D. 1.014-1.015. Sdp. 246.7 °C. $[\alpha]_D^{20°C}$ −169°. Alkaloid aus den Blättern von Nicotiana* tabacum; farblose, an der Luft sich bräunende, leicht bewegl. u. betäubend nach Tabak riechende Flüss.; sehr leicht lösl. in Wasser, Ethanol, Ether, Chloroform, fetten Ölen. **Wirk.:** N. wirkt auf vegetative Ganglien zuerst erregend durch Depolarisierung der postsynapt. Membran, bei längerer Einw. lähmend durch anhaltende Depolarisierung (Blockade). Die anfängl. nach Applikation von N. auftretende Blutdrucksteigerung kommt durch Erregung, der folgende Blutdruckabfall durch Blockade sympath. Ganglien zustande. Die durch N. ausgelöste Vasopressinausschüttung aus dem Hypophysenhinterlappen ist ein weiterer Grund für die Blutdruckanhebung. Durch Beeinflussung parasympath. Ganglien lassen sich die zunächst auftretende Anregung der Darmtätigkeit u. die folgende Atonie erklären. Die Elimination erfolgt rasch; HWZ 0.7-1.8 h; **Anw.** med.: Tabakentwöhnung (Raucherentwöhnung) als Kaugummi od. als Pflaster (s. Systeme, transdermale therapeutische); techn.: Schädlingsbekämpfung (Tabakbrühen); **Tox.:** N. ist sehr giftig, es wird auch rasch über Haut u. Schleimhäute resorbiert! LD ca. 1 mg/kg KG. Diese Menge ist in ca. 4-6 Zigaretten od. einer Zigarre enthalten; **Vergiftungssymptome:** Kreislaufkollaps, Erbrechen, Durchfälle, Krämpfe, Atemlähmung. Beim Rauchen wird nur ein Teil des im Tabak enthaltenen N. aufgenommen. Chron. Nicotinzufuhr erhöht das Risiko einer koronaren Herzerkrankung. Erkrankungen der Arterien u. der unteren Extremitäten können durch N. verstärkt werden u. zu Durchblutungsstörungen führen (sog. Raucherbein). Ebenso führt man die bei Rauchern vermehrt auftretenden Magen- u. Zwölffingerdarmgeschwüre auf die Nicotinwirk. zurück. **Nicotinresinat:** Nicotini resinas Ph.Eur.4; ein Komplex von Nicotin mit einem schwachen Kationenaustauscher; kann Glycerol enthalten. Weißes bis schwach gelbl. Pulver, fast unlösl. in Wasser.

Nicotin

Nicotinamid INN: s. Vitamine.

Nicotinamid-adenin-dinucleotid: s. NAD.

Nicotinamid-adenin-dinucleotid-phosphat: s. NADP.

Nicotinrezeptoren: Rezeptorentyp, postsynapt. an sympath. u. parasympath. Ganglien im ZNS u. an der quergestreiften Muskulatur, s. Acetylcholin.

Nicotinsäure INN: Acidum nicotinicum Ph.Eur.4, Niacin; Pyridin-3-carbonsäure; CAS-Nr. 59-67-6; $C_6H_5NO_2$, M_r 123.1. Schmp. 234-240 °C. Farblose Kristalle od. weißes, krist. Pulver von schwach saurem Geschmack; wenig lösl. in Ethanol, Wasser, Aceton, Chloroform, Methanol, lösl. in siedendem Wasser u. Ethanol sowie in Alkalilaugen u. Natriumcarbonatlsg. unter Salzbildung. **Biogenese:** Decarboxylierung von Chinolinsäure (2,3-Pyridindicarbonsäure, $C_7H_8NO_4$), die ihrerseits, z. B. in Hefe, Metabolit von L-Tryptophan* ist od., v. a. in höheren Pfl., durch Kondensation von C_3- u. C_4-Einheiten gebildet wird; **Anw.** med.: Vasodilatator bei peripheren Stenosen zur Verbesserung der Hautdurchblutung, Serumlipidsenker (in hohen Dosen 3 g/d u. mehr). Senkung des Plasmacholesterolspiegels, erst nach Abnahme der Triglyceridkonz.; nur bei schweren Lipidstoffwechselstörungen eingesetzt; **UAW:** Flush-Syndrom, Hauttrockenheit, Urtikaria, Blutdruckabfall, Übelkeit, Durchfall, Leberfunktionsstörungen, verminderte Glucosetoleranz. HWZ 0.3-0.8 h.

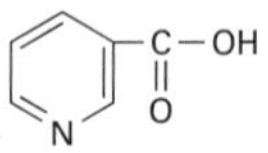

Nicotinsäure

Nicotinsäureamid: s. Vitamine (Nicotinamid).

Nicotinsäurebenzylester: Benzylis nicotinas, Benzylum nicotinicum, Benzylnicotinat; CAS-Nr. 94-44-0; $C_{13}H_{11}NO_2$, M_r 213.2. D. 1.162. $n_D^{20°C}$ 1.568. Gelbl., ölige Flüss., unter 24 °C evtl. erstarrend; lösl. in Ethanol, Chloroform, Aceton, wenig lösl. in Wasser. **Off.:** DAB10; **Anw.** med.: Hyperämie erzeugendes Mittel bei rheumat. Beschwerden, Durchblutungsstörungen (Frostschäden), in 3-5 %igen Salben.

Nicotinsäurediethylamid: s. Nicethamid.

Nicotinsäuremethylester: Methylnicotinat; 3-Pyridincarbonsäuremethylester; $C_7H_7NO_2$, M_r 137.1. Schmp. 39-42 °C. Schwach gelbl., krist. Pulver; stark hautreizend; sehr leicht lösl. in Wasser, Ethanol, Chloroform. **Off.:** DAC86; **Anw.:** zur

Hyperämisierung bei rheumat. Beschwerden, in 1-2 %igen Einreibungen od. Salben.

Nicotinylalkohol: 3-Pyridinmethanol; C_6H_7NO, M_r 109.1. Sehr hygroskop. Flüss.; leicht lösl. in Wasser u. Ether, wenig lösl. in Petrolether. **Anw.:** muskulotroper Vasodilatator*, Durchblutungsstörungen, Lipidsenker*; **UAW:** allerg. Reaktionen, Verdauungsstörungen; HWZ 0.8 h.

Nicotinylamidum: s. Vitamine (Nicotinamid).

Nidation: Einnistung des befruchteten Eis in die Gebärmutterschleimhaut.

Nidationshemmer: s. Kontrazeption, hormonelle.

Niederlassungsfreiheit: die unbeschränkte Befugnis, bei Vorliegen der persönl. u. betriebl. Voraussetzungen eine Apotheke zu eröffnen. In Deutschland wurde sie vom Bundesverfassungsgericht durch das Apothekenurteil* vom 11. 6. 1958 statuiert. Die anderen EU-Staaten, mit Ausnahme von Großbritannien, Irland u. den Niederlanden, u. die Schweiz kennen die unbeschränkte N. nicht; s. Apothekengesetz, Apothekenbetriebsordnung, Apothekenwesen.

Niere, künstliche: s. Hämodialyse.

Nierenbaum: s. Anacardium occidentale.

Nierenentzündung: Nephritis; **1.** bakt. Infektion der oberen Harnwege mit Entzündung des Niereninterstitiums u. Nierenbeckenkelchsystems; häufigste Nierenerkrankung. **2.** Sammelbez. für eine Vielzahl von Nierenerkrankungen unterschiedl. Urs. als Folge einer Autoimmunreaktion.

Nierenschale: nierenförmige Schale aus Edelstahl od. Kunststoff, auch als Einmalartikel zum Auffangen von Sekret u. Erbrochenem sowie als Abwurfschale für Instrumente u. Verbandmaterial.

Nierenstein: s. Urolith.

Nierentee, Indischer: s. Orthosiphon aristatus.

Nierenversagen: partieller od. totaler Verlust der Ausscheidungsfunktion der Niere als Folge eines Nierenschadens. Es werden akutes u. chronisches N. unterschieden. **Urs.:** z. B. Nierenerkrankungen, endogene u. exogene Nierentoxine, Minderdurchblutung, Harnstauung.

Niesmittel: Sternutatoria, Sternutamenta, Ptarmika; die Nasenschleimhaut reizende u. den Niesreflex auslösende Mittel, zur Herst. von Niespulvern (Scherzartikel) u. Schnupftabak. Nieswurzpulver von Veratrum- u. Helleborusarten, Pfefferpulver, Quillajae Cortex (s. Quillaja saponaria), Sabadillae Semen (s. Schoenocaulon officinale), Convallariae Flores (s. Convallaria majalis); **Wirkstoffe:** Saponine*, Veratrumalkaloide*, Raphiden*. Gesundheitsschädl. u. verboten ist z. B. 2-Nitrobenzaldehyd.

Nieswurz, Amerikanische: s. Veratrum viride.

Nieswurzelstock: s. Helleborus niger.

Nieswurz, Grüne: s. Helleborus viridis.

Nieswurz, Schwarze: s. Helleborus niger.

Nieswurz, Stinkende: s. Helleborus foetidus.

Nieswurztinktur: s. Tinctura Veratri.

Nieswurz, Weiße: s. Veratrum album.

Nifedipin INN: Nifedipinum Ph.Eur.4, Dimethyl-1,4-dihydro-2,6-dimethyl-4-(*o*-nitrophenyl)-3,5-pyridindicarboxylat; 1,4-Dihydro-2,6-dimethyl-4-(*o*-nitrophenyl)-3,5-pyridindicarbonsäuredimethylester; CAS-Nr. 21829-25-4; $C_{17}H_{18}N_2O_6$, M_r 346.34. Schmp. 172-174 °C (polymorph). Leicht lösl. in Aceton, Chloroform; weniger lösl. in Ethanol; fast unlösl. in Wasser. N. ist äußerst lichtempfindl., es wandelt sich rasch in ein Nitrosophenylpyridin-Derivat um. Lsg. sind unmittelbar vor Gebrauch im Dunkeln od. bei Licht mit einer Wellenlänge von über 420 nm anzufertigen. **Anw.:** Koronartherapeutikum, Calciumantagonist* (Prototyp der Dihydropyridin-Derivate); Frühbehandlung u. Langzeitther. der koronaren Herzinsuffizienz u. der Angina pectoris. N. wirkt hauptsächl. auf die Gefäßmuskulatur, weniger auf die Reizleitung; **Dos.:** p. o. 2-3 × 10 mg/d; HWZ 3.4 ± 1.2 h.

Nifenalol INN: α-Isopropylaminomethyl-*p*-nitrobenzylalkohol; 2-Isopropylamino-1-(4-nitrophenyl)ethanol; CAS-Nr. 7413-36-7; $C_{11}H_{16}N_2O_3$, M_r 224.26. Schmp. 98 °C. **Anw.:** obsolet, Betasympatholytika, s. Sympatholytika; **Nifenalolhydrochlorid:** Schmp. 188-190 °C (polymorph).

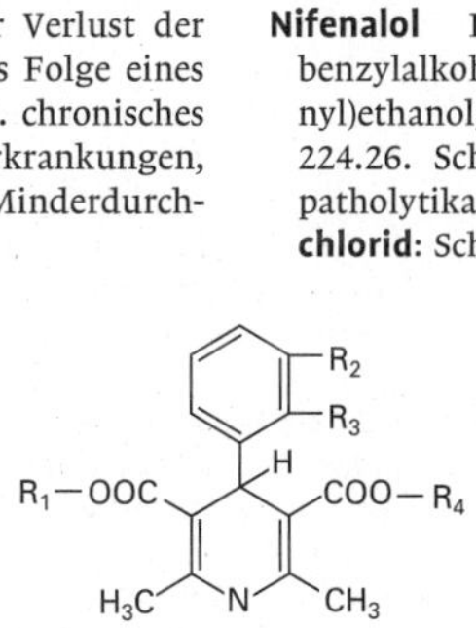

	R_1	R_2	R_3	R_4
Nifedipin	CH_3	H	NO_2	CH_3
Nisoldipin	CH_3	H	NO_2	$CH_2—CH(CH_3)_2$
Nitrendipin	CH_3	NO_2	H	$CH_2—CH_3$
Nimodipin	$CH(CH_3)_2$	H	NO_2	$(CH_2)_2—O—CH_3$
Felodipin	CH_3	Cl	Cl	CH_3

Nifedipin: N. u. andere Dihydropyridin-Derivate (4-Phenyl-dihydropyridincarbonsäure-Derivate)

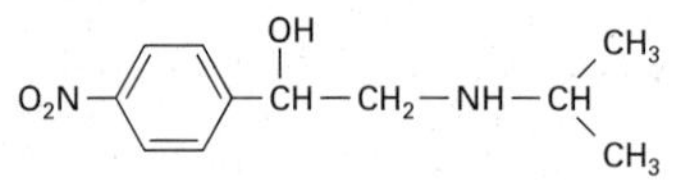

Nifenalol

Nifenazon INN: *N*-Antipyrinylnicotinamid, *N*-(2,3-Dimethyl-5-oxo-1-phenyl-3-pyrazolin-4-yl)nicotinamid; 2,3-Dimethyl-4-nicotinamido-1-phenyl-3-pyrazolin-5-on; CAS-Nr. 2139-47-1; $C_{17}H_{16}N_4O_2$, M_r 308.33. Schmp. 252-253 °C (kristallisiert aus Ethanol). Wenig lösl. in Wasser, Aceton, Ethylacetat, Ether; lösl. in heißem Wasser, Ethanol, Chloroform, verd. Säuren. **Anw.**: kaum mehr verwendetes Antirheumatikum*, Analgetikum*; **Dos.**: p. o. 2-3×0.25 g/d.

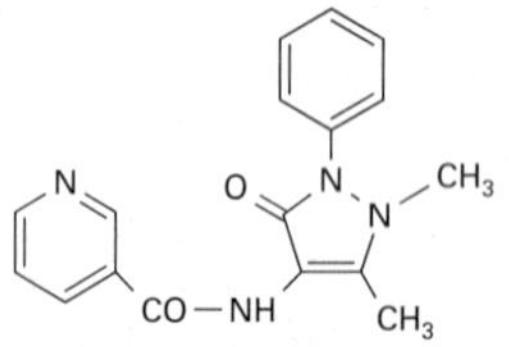

Nifenazon

Nifluminsäure INN: Acidum niflumicum; 2-[3-(Trifluormethyl)-anilino]nicotinsäure; CAS-Nr. 4394-00-7; $C_{13}H_9F_3N_2O_2$, M_r 282.23. Schmp. 204 °C (kristallisiert aus Ethanol). **Anw.**: Antirheumatikum*, Analgetikum*; **Dos.**: p. o. 2-3×0.25 g/d zu den Mahlzeiten; HWZ 2-3 h.

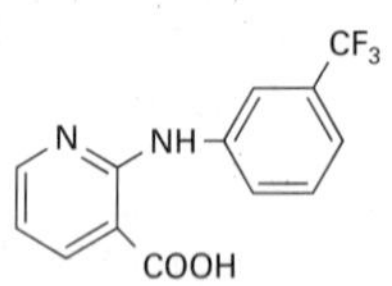

Nifluminsäure

Nifuratel INN: Methylmercadon; 5-(Methylthiomethyl)-3-(5-nitrofurfurylidenamino)-2-oxazolidinon; CAS-Nr. 4936-47-4; $C_{10}H_{11}N_3O_5S$, M_r 285.29. Schmp. 186-188 °C. Unlösl. in Wasser; wenig lösl. in Aceton; lösl. 1:400 in Chloroform, in Dimethylformamid. **Anw.**: Trichomoniasis, Moniliasis; **Dos.**: p. o. 3×0.2 g/d über 7 d; Bacillus vaginalis 1×0.25 g abends über 10 d; wird auch lokal angewendet.

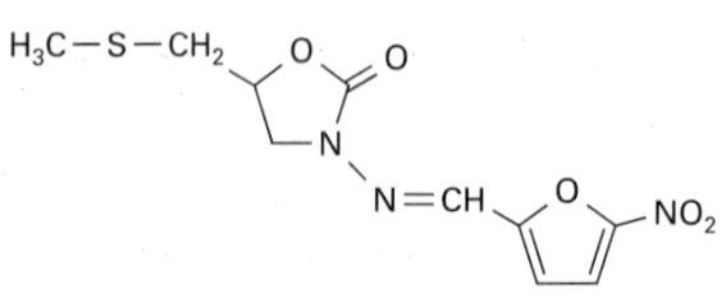

Nifuratel

Nifuroxazid INN: Nifuroxazidum Ph.Eur.4, 4-Hydroxy-*N*-(5-nitrofurfuryliden)benzhydrazid; 4-Hydroxybenzoesäure-5-nitrofurfurylidenhydrazid; CAS-Nr. 965-52-6; $C_{12}H_9N_3O_5$, M_r 275.22. Schmp. 298 °C. Fast unlösl. in Wasser. **Anw.**: Antiseptikum*, Chemotherapeutikum*, Antidiarrhöikum.

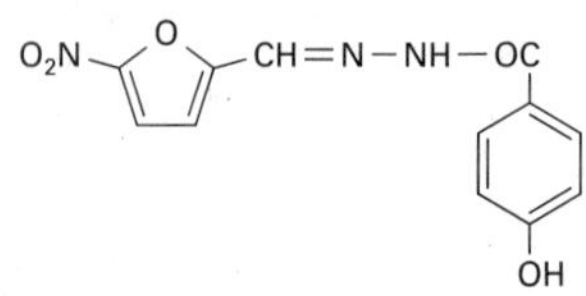

Nifuroxazid

Nifurtoinol: Hydroxymethylnitrofurantoin, 3-Hydroxymethyl-1-(5-nitrofurfuryliden)amino-hydantoin; 3-Hydroxymethyl-1-(5-nitrofurfuryliden)amino-2,4-imidazolidindion; CAS-Nr. 1088-92-2; $C_9H_8N_4O_6$, M_r 268.19. **Anw.**: Chemotherapeutikum*, Urologikum; wurde wie Nitrofurantoin* zur Behandlung von Harnweginfekten durch gramnegative Keime verwendet.

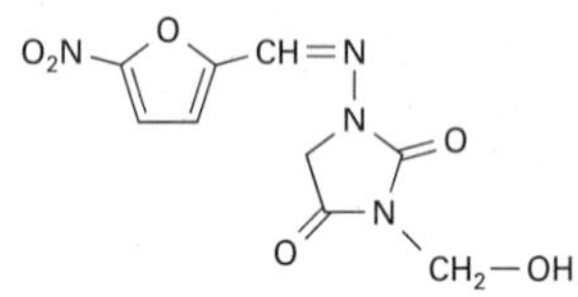

Nifurtoinol

Nigella damascena L.: Damaszener (Türkischer) Schwarzkümmel, Jungfer im Grünen; Fam. Ranunculaceae (Mittelmeergebiet). Stpfl. von **Semen Nigellae damascenae:** Damaszener Schwarzkümmel, Ananaskümmel, Erdbeerkümmel. **Inhaltsst.**: ca. 0.5% äther. Öl (nach Erdbeeren riechend u. schmeckend) mit spasmolyt. wirkendem Damascenin (3-Methoxy-*N*-methylanthranilsäuremethylester) u. Anthranilsäurederivaten, ferner Saponine; **Anw.**: in der Parfümerie.

Nigella sativa L.: Schwarzkümmel; Fam. Ranunculaceae (Südeuropa, Balkan, Westasien). Stpfl. von **Semen Nigellae (sativae):** Schwarzkümmelsamen. **Inhaltsst.**: bis 40% fettes Öl, 0.5-1.5% äther. Öl mit Thymochinon, Triterpensaponine, Gerbstoffe, Bitterstoff; **Anw.** volkstüml.: z. B. bei Blähungen, zur Erhöhung der Harnmenge; in neuerer Zeit als Nahrungsergänzungsmittel (positive Wirk. bei z. B. Krebs, Lungen- u. Leberleiden nicht wissenschaftl. belegt); hauptsächl. als Gewürz.

Hom: *Nigella sativa:* reife Samen.

niger (lat.): f: nigra, n: nigrum; schwarz.

Nigrosine: schwarze Anilinfarben; spiritus-, wasser- od. fettlöslich. **Anw.**: zum Färben u. Bedrucken von Textilien; für Schuhcreme.

Nikethamid: s. Nicethamid.

Nilutamid INN: 5,5-Dimethyl-3-[4-nitro-3-(trifluormethyl)phenyl]-2,4-imidazolidindion; CAS-Nr. 63612-50-0; $C_{12}H_{10}F_3N_3O_4$, M_r 317.2. Schmp. 149 °C. **Wirk. u. Anw.**: Antiandrogen zur Behandlung des fortgeschrittenen Prostatakarzinoms; **UAW:** Übelkeit, Erbrechen, Impotenz, Leberfunktionsstörungen.

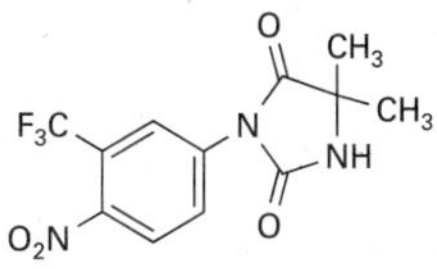

Nilutamid

Nilvadipin INN: (±)-5-Isopropyl-3-methyl-2-cyano-6-methyl-4-(3-nitrophenyl)-1,4-dihydro-3,5-pyridin-dicarboxylat; CAS-Nr. 75530-68-6; $C_{19}H_{19}N_3O_6$, M_r 358.38. Schmp. 148-150 °C (kristallisiert aus Ethanol). Gelbes, krist. Pulver. **Wirk.** u. **Anw.**: Calciumantagonist, der 9- bis 10-mal stärker selektiv an Gefäßen wirkt als Nifedipin*; zur Behandlung von essentieller Hypertonie; **UAW:** Flush, Nervosität, selten Erbrechen, Juckreiz; **Kontraind.**: Herz-Kreislauf-Schock, ausgeprägte Aortenstenose, Schwangerschaft u. Stillzeit, Niereninsuffizienz, Anw. bei Kindern; **Dos.**: p. o. 1×8-16 mg/d morgens; HWZ 15-20 h.

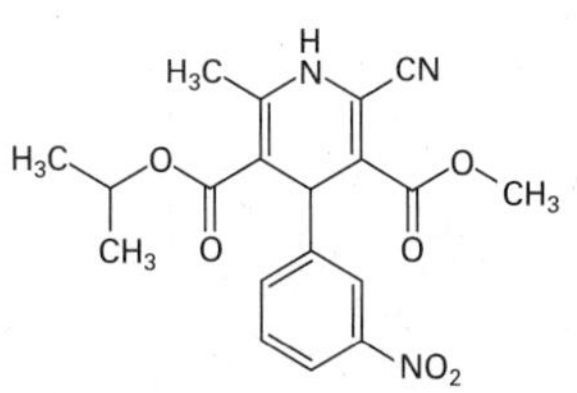

Nilvadipin

Nimesulid INN: Nimesulidum Ph.Eur.4; 4'-Nitro-2'-phenoxymethansulfonanilid; CAS-Nr. 51803-78-2; $C_{13}H_{12}N_2O_5S$, M_r 308.31. Schmp. 149 °C (polymorph). Gelbl., krist. Pulver, unlösl. in Wasser, leicht lösl. in Aceton, schwer lösl. in wasserfreiem Ethanol. **Anw.**: Antiphlogistikum* (nichtsteroidal).

Nimodipin INN: Nimodipinum Ph.Eur.4; 2-Methoxyethyl-1,4-dihydro-5-(isopropoxycarbonyl)-2,6-dimethyl-4-(3-nitrophenyl)-3-pyridincarboxylat; CAS-Nr. 66085-59-4; $C_{21}H_{26}N_2O_7$, M_r 418.24. Strukturformel s. Nifedipin (Abb.). **Anw.** u. **Wirk.**: Calciumantagonist mit zentraler Wirk. (zerebrale Vasodilatation).

Nimorazol INN: Nitrimidazin; 4-[2-(5-Nitro-1-imidazolyl)ethyl]morpholin; CAS-Nr. 6506-37-2; $C_9H_{14}N_4O_3$, M_r 226.23. Schmp. 110-111 °C (kristallisiert aus Wasser). Schwer lösl. in Wasser bei Raumtemp.; lösl. in Alkohol, Aceton, Chloroform. **Anw.**: Trichomoniasis; **Kontraind.**: Schwangerschaft, aktive Erkrankungen des ZNS, schwere Leber- u. Nierenerkrankungen; **Dos.**: p. o. 2×0.5 g/d 3 Tage lang od. 3×1.0 g/12 h; HWZ ca. 3 h.

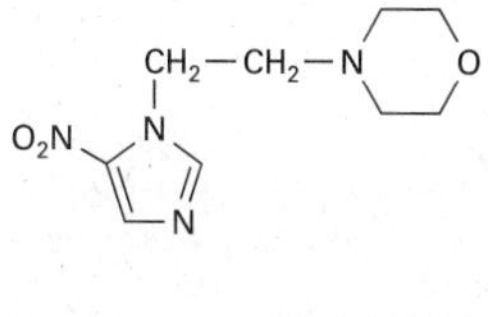

Nimorazol

Nimustin INN: Pimustin; 3-(4-Amino-2-methyl-5-pyridinylmethyl)-1-(2-chlorethyl)-1-nitrosoharnstoff; CAS-Nr. 42471-28-3; $C_9H_{13}ClN_6O_2$, M_r 272.7. **Anw.**: Zytostatikum*, Alkylans; **UAW:** Magen-Darm-Beschwerden, Blutbildstörungen, Haarausfall, Leber- u. Nierenschäden, Störung der Spermatogenese u. der Ovulation, Neurotoxizität; **Kontraind.**: Schwangerschaft, Knochenmarkerkrankungen.

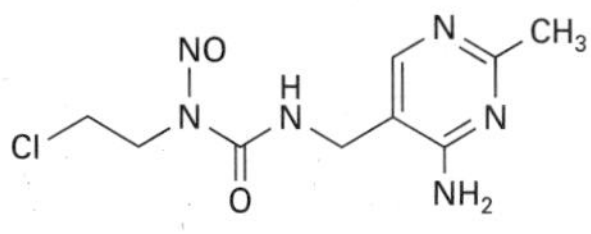

Nimustin

Ninhydrin: 2,2-Dihydroxy-dioxo-hydrinden, 2,2-Dihydroxy-1,3-indandion, Triketohydrindenhydrat; $C_9H_6O_4$; M_r 178.15; Schmp. 240 °C. Mattgelbes krist. Pulver, leicht lösl. in heißem Wasser, wenig lösl. in Ether. Alle Alpha-Aminosäuren, Peptide u. Proteide geben beim Erwärmen mit N. in neutraler Lsg. eine intensiv blauviolette Färbung (Ninhydrinreaktion, s. Abb.). **Anw.**: in der Chromatographie zur Detektion von Aminosäuren.

Niob: Niobium, Columbium (veraltet), Symbol Cb (veraltet); Symbol Nb; A_r 92.9064, OZ 41. D. 8.58; Schmp. 2468 °C; Sdp. 4930 °C. Silbergraues, glänz., eisenähnl., schmiedbares, seltenes, 2- bis 5-wertiges Metall; wird von Laugen u. Säuren. mit Ausnahme von Flusssäure nicht angegriffen. **Vork.**: wichtigstes Niobmineral ist das Niobit (Columbit): Eisenniobat, $(Fe,Mn)(NbO_3)_2$, zus. mit Eisentantalat (Russland, Grönland, Columbien).

Niosomen: s. Liposomen.

Nipagin A®: Ethylis parahydroxybenzoas; s. *p*-Hydroxybenzoesäureethylester.

Nipagin M®: Methylis parahydroxybenzoas, s. *p*-Hydroxybenzoesäuremethylester.

Nipakombin®: s. *p*-Hydroxybenzoesäureethylester.

Nipasol M®: Propylis parahydroxybenzoas, s. *p*-Hydroxybenzoesäurepropylester.

NIR: Abk. für **n**ahes **I**nfra**r**ot; s. Infrarot.

Nisoldipin INN: 1,4-Dihydro-2,6-dimethyl-4-(2-nitrophenyl)-3,5-pyridindicarboxylsäuremethyl-2-methylpropylester, 2,6-Dimethyl-3-carbomethoxy-4-(2-nitrophenyl)-5-carbisobutoxy-1,4-dihydropyridin; $C_{20}H_{22}N_2O_6$; CAS-Nr. 63675-72-9; M_r 386.40; Strukturformel s. Nifedipin (Abb.). **Wirk.**: Calciumantagonist mit hoher Gefäßselektivität; **Anw.**: Angina pectoris, Herzinsuffizienz (Senkung der Nachlast); **UAW:** Kopfschmerzen, Übelkeit; **WW:** tricycl. Antidepressiva, Cimetidin (Wirk. wird verstärkt); **Dos.**: 10-20 mg/d.

Nissen: s. Läuse.

NIST: Abk. für (engl.) *National Institute of Standards and Technology;* Sitz in Gaithersburg, MD, USA; vormals NBS*; legt mit der u. für die Industrie u. die amerikan. Behörden Standards für viele Produkte u. Verfahren fest u. entwickelt Messmethoden, Standards u. Technologien, auch für Arzneimittelprüfungen nach der USP*.

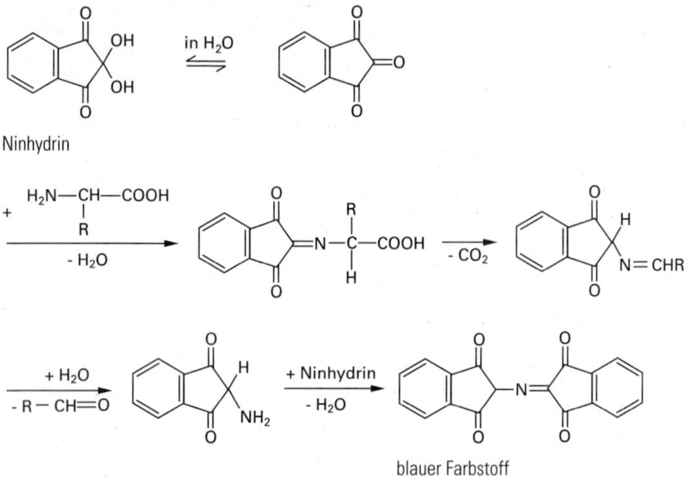

Ninhydrin: Darstellung der Ninhydrin-Reaktion [1]

Niton: s. Radon.

Nitranilin: 4-Nitroanilin; $C_6H_6N_2O_2$, M_r 138.1. Schmp. ca. 147 °C. Kräftig gelbes, krist. Pulver; sehr schwer lösl. in Wasser, wenig lösl. in siedendem Wasser, lösl. in Ethanol u. Ether; bildet mit konz. Mineralsäuren wasserlösl. Salze. **Anw.:** Reagens Ph.Eur.4.

Nitratbakterien: s. Nitrifikation.

Nitrate: Salze der Salpetersäure*. Ihre primäre Toxizität ist relativ gering, sie werden rasch renal eliminiert. ADI*-Wert: 5 mg/kg KG. N. sind aber potenzielle Nitrite*, die im menschl. Darm unter Einw. von mikrobiellen Nitratreduktasen* entstehen; sie sind bes. für Säuglinge gefährl.; vgl. Methämoglobinbildner.

Nitrate, organische: zur Theapie v. a. der akuten Angina* pectoris angewandte Arzneistoffgruppe. Sie führen zu einer Erschlaffung der Gefäßmuskulatur, bes. der großen postkapillären Kapazitätsgefäße u. generalisierten Blutdrucksenkung. Die Vorlast* des Herzens nimmt ab, es kommt zu einer Arbeitsentlastung u. verminderten Sauerstoffbedarf des Herzens. Die Durchblutung von sklerot. Herzmuskelbezirken soll ebenfalls verbessert sein. **Wirkungsmechanismus:** Freisetzung von Stickstoffmonoxid. NO stimuliert bestimmte Guanylylcyclasen* der Zellen u. führt so zum Anstieg der intrazellulären cGMP-Konz. u. dadurch zu einem gefäßerweiternden Effekt. Man unterscheidet zw. kurz- bzw. schnell wirksamen Vertretern mit schneller NO-Freisetzung u. Wirkstoffen zur Dauertherapie mit langsamer NO-Freisetzung. **UAW:** weitgehend Folgen der Gefäßerweiterung: Gesichtsrötung, pulsierende Kopfschmerzen (sog. Nitratkopfschmerz), Erhöhung des intraokularen Drucks (Vorsicht bei Glaukom), Erbrechen, Blutdruckabfall mit reflektor. Tachykardie. **Wirkstoffe:** z. B. das kurz wirksame Glyceroltrinitrat* u. die langwirksamen Isosorbiddinitrat* u. das ausschließl. zur Dauertherapie geeignete Pentaerythrityltetranitrat*. Neben oralen Applikationen finden auch Nitratpflaster Verwendung.

Nitratreduktasen: Enzyme, die die Reduktion von Nitrat zu Nitrit katalysieren. Die bisher bekannten N. sind eisen- od. molybdänhaltige Metalloenzyme.

Nitrazepam INN: Nitrazepamum Ph.Eur.4; 2,3-Dihydro-7-nitro-5-phenyl-1*H*-1,4-benzodiazepin-2-on; CAS-Nr. 146-22-5; $C_{15}H_{11}N_3O_3$, M_r 281.26. Schmp. 224-226 °C (kristallisiert aus Ethanol). Gelbes, krist. Pulver; wenig lösl. in Alkohol, Aceton, Chloroform, Ethylacetat; fast unlösl. in Wasser, Ether, Benzol, Hexan. **Anw.:** Schlafmittel* (Benzodiazepin*-Derivat, kurz bis mittellang wirksam), Antiepileptikum* bei Säuglingen u. Kindern zur Behandlung der sog. BNS-Krämpfe (**b**litzartige, **N**icken- u.-Grüßen-/**S**alaam-ähnl. Zuckungen), in der Ther. der Epilepsie in Kombinationen mit Hydantoinen u. Barbituraten; **Kontraind.:** schwere Myasthenie; **Dos.:** p. o. 1×5 mg/d; stationär bis 3×20 mg/d; HWZ 18-30 h.

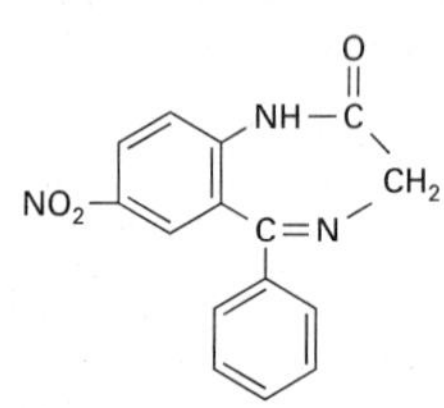

Nitrazepam

Nitrefazol INN: 2-Methyl-4-nitro-1-(4-nitrophenyl)imidazol; CAS-Nr. 21721-92-6; $C_{10}H_8N_4O_4$, M_r 258.28. **Anw.:** Alkoholentzug; **Hinweis:** nicht mehr im Handel.

Nitrendipin INN: Nitrendipinum Ph.Eur.4; Ethyl-1,4-dihydro-5-(acetoxycarbonyl)-2,6-dimethyl-4-(3-nitrophenyl)-3-pyridincarboxylat; CAS-Nr. 39562-70-4; $C_{18}H_{19}N_2O_6$, M_r 360.36. Strukturformel s. Nifedipin (Abbildung). Schmp. 156-158.5 °C (polymorph). **Wirk.:** Dilatation der Blutgefäße (s. Calciumantagonisten); **Anw.:** Antihypertensi-

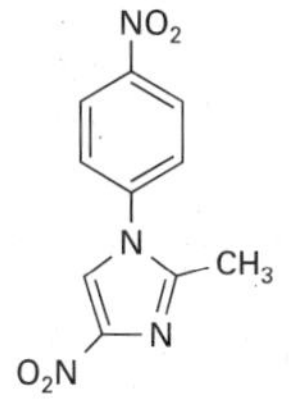

Nitrefazol

vum*; **UAW:** Kopfschmerzen, Flush, Übelkeit, Schwindel; **Dos.:** 2×20 mg/d.

Nitrid: Verb. des Stickstoffs mit einem Metall. Beispiel: Magnesiumnitrid (Mg_3N_2).

Nitriersäure: Gemisch von konz. Schwefelsäure u. Salpetersäure. **Anw.:** Nitrieren z. B. von Glycerol, Cellulose, Benzol.

Nitrifikation: Oxidation von Ammoniak (NH_3) über Nitrit (NO_2^-) zu Nitrat (NO_3^-) durch Bakterien. Im Wesentlichen sind 2 Bakterienarten daran beteiligt: **1.** Nitrosomonas: Nitritbakt.; bewirken die Oxidation von Ammoniak zu Nitrit*; **2.** Nitrobacter: Bacterium nitrobacter, Nitratbakt.; bewirken die Oxidation von Nitrit zu Nitrat*. Der umgekehrte Vorgang kann von sehr vielen Bakt. vorgenommen werden. Die mikrobielle Reduktion von Nitrat zum Stickstoff od. auch nur zu Stickstoffoxiden wird als Denitrifikation (s. Nitratreduktasen) u. die zu NH_3 als Ammonifikation bezeichnet.

Nitrile: allg. Formel: $R-C\equiv N$; charakterist. funktionelle Gruppe: Cyan-Gruppe $-C\equiv N$; N. sind Derivate der Blausäure (HCN). **IUPAC:** Der Name leitet sich vom Namen derjenigen Säure ab, die bei ihrer Hydrolyse entsteht. An den Stammnamen der Säure wird die Endung -nitril angehängt. Bei Anwesenheit mehrerer funktioneller Gruppen im Molekül verwendet man auch das Präfix Cyan-. Die Nitrile gehen durch Hydrolyse zunächst in Säureamide u. weiterhin in Carbonsäuren über. **Isonitrile** (Isocyanide): Isomere der N. mit der allg. Formel $R-N^+\equiv C^-$, bei denen der Alkylrest am Stickstoffatom gebunden ist. Sie unterscheiden sich von den Nitrilen durch ihren widerwärtigen Geruch, größere Giftigkeit u. tiefere Siedepunkte.

$CH_3-C\equiv N|$ $\quad\quad$ $|N\equiv C-CH_2-COOH$

Nitrile: links: Acetonitril; rechts: Cyanessigsäure

Nitritbakterien: s. Nitrifikation.

Nitrite: Salze der Salpetrigen* Säure. **Tox.:** Methämoglobinbildner*, vgl. Nitrosamine.

Nitritnachweis im Harn: Griess-Ilosvay-Probe; beruht auf dem Prinzip, dass aromat. Amin mit Nitrit zu einem Diazoniumsalz* reagiert, das dann mit einem 2. aromat. Amin, der Kupplungskomponente, einen Azofarbstoff* bildet. Enthält bakterienreicher Harn mikrobielle Nitritbildner, z. B. Escherichia coli, wird physiol. ausgeschiedenes Nitrat zu Nitrit umgesetzt, welches sich nachweisen lässt. Für den Nachw. eingesetzt werden Kombinationen von 4-Arsanilsäure mit *N*-(1-Naphtyl)-ethylendiaminhydrochlorid bzw. 4-Aminobenzolsulfonamid u. 3-Hydroxy-1,2,3,4-tetrahydrochinolin.

Nitritpökelsalz: s. Konservierung (chem. Verfahren).

Nitro-: Bez. für die einwertige NO_2-Gruppe; vgl. Nitroverbindungen; Gruppen, funktionelle.

Nitroalkane: Nitroparaffine; nitrierte Alkane. Beispiele: Nitromethan CH_3-NO_2, Nitroethan $C_2H_5-NO_2$. **Anw.:** Lösungsmittel, Raketentreibstoffe, Best. von Sprengstoffen.

Nitrobacter: s. Nitrifikation.

2-Nitrobenzaldehyd: s. Niesmittel.

3-Nitrobenzaldehyd: $C_7H_5NO_3$, M_r 152.1. Schmp. 56-58 °C. Gelbe Kristalle od. gelbes, krist. Pulver, unlösl. in Wasser, lösl. in Ethanol 96 %, Ether, Chloroform. **Anw.:** Prüfung auf Phenole u. 2-Propanol.

Nitrobenzol: Mirbanöl, Mirbanessenz; $C_6H_5NO_2$, M_r 123.1. D. 1.203-1.205, Schmp. ca. 8 °C. Sdp. 205-210 °C. Hellgelbe Flüss., nach Bittermandelöl riechend, leicht lösl. in Ethanol u. Ether, fetten Ölen, unlösl. in Wasser. **Darst.:** Nitrieren von Benzol mit Nitriersäure*; **Anw.:** früher in der Parfümerie u. Seifenfabrikation; zur Darst. von u. a. Anilin, Azoverb., Benzidin; **Tox.:** Sehr giftig! Methämoglobinbildner*; wird durch die Haut u. Schleimhaut (z. B. nach Inhalation) sehr rasch resorbiert; **Vergiftungssymptome:** Kopfschmerzen, Schwindel, Unruhe, Übelkeit, Tachykardie, Krämpfe u. Bewußtlosigkeit; schwere Vergiftungen können innerhalb einiger Stunden tödl. verlaufen.

Nitrocellulose: s. Cellulosenitrat.

Nitrocellulosemembran: modifizierte Cellulose, die in Form von dünnen Membranen od. Filtern in molekularbiol. Techniken eingesetzt wird. N. kann Makromoleküle z. B. DNA od. Proteine aufgrund ihrer polaren Eigenschaften gut binden, was v. a. bei den versch. Blotting-Techniken ausgenutzt wird. Durch weitere Behandlung der Membranen, insbes. durch „Backen", d. h. Hitzebehandlung in einem Vakuumofen, können gebundene Makromoleküle dauerhaft an der Oberfläche der N. immobilisiert werden.

Nitroerythritol: s. Erythrittetranitrat.

Nitroerythrolum trituratum: s. Erythrittetranitrat-Verreibung.

Nitrofural: s. Nitrofurazon.

Nitrofurantoin INN: Nitrofurantoinum Ph.Eur.4, 1-(5-Nitrofurfurylidenamino)hydantoin; 1-[(5-Nitrofurfuryliden)amino]-2,4-imidazolidindion; CAS-Nr. 67-20-9; $C_8H_6N_4O_5$, M_r 238.16. Schmp. 270-272 °C (unter Zers., kristallisiert aus verd. Essigsäure). Gelbes, krist. Pulver; lösl. in Wasser (pH 7, 25 °C) 190 mg/L, in Ethanol 95 % 510 mg/L, in Aceton 5.1 g/L, in DMF 80 g/L, in Erdnußöl 21 mg/L, in Glycerol 600 mg/L, in Polyethylenglykol 15 g/L. pK_S 7.2. Synthet. Nitrofuran-Derivat. **Wirk.:** bei therap. erreichbaren Harnkonz. bakterizid auf proliferierende u. ruhende Keime; wirkt geg. die meisten Erreger von Harnweginfektionen: E. coli, Klebsiellen, Enterokokken, Enterobacter, Staphylokokken; **Anw.:** Chemotherapeutikum* geg. Harnweginfektionen, Urologikum; **Dos.:** p. o. 4×0.05-0.15 g/d, 2-3×0.1 g/d, Tagesdos. 5 mg/kg KG; urethral Blasenspülung 0.1 %; Wirksamkeit bei alkal. Harn geringer; kaum Resistenzentwicklung während der Ther.; HWZ 0.3-0.5 h. Gebräuchl. ist Nitrofurantoin-Natrium. Hingewiesen sei auch auf Nitrofurantoin-Phenazopyridin.

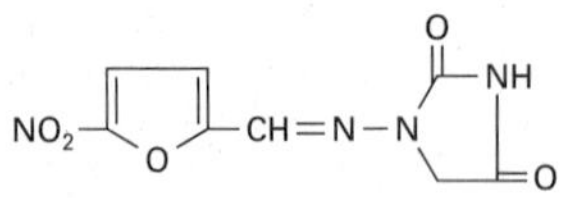

Nitrofurantoin

Nitrofurazon: Nitrofuralum Ph.Eur.4, Nitrofural; 5-Nitro-2-furaldehyd-semicarbazon; CAS-Nr. 59-87-0; $C_6H_6N_4O_4$, M_r 198.1. Schmp. 236-240 °C (unter Zers.). Gelbes bis bräunl. gelbes, krist. Pulver; sehr schwer lösl. in Wasser, lösl. in 700 T. Ethanol, in 400 T. Propylenglykol. **Anw.:** Chemotherapeutikum* zur Behandlung infizierter Wunden, von Verbrennungen, Furunkeln, Phlegmonen, Abszessen; breites antibakt. Wirkungsspektrum; **Dos.:** 0.2 %ig in lokal anzuwendenden Lsg., Pudern od. Ohrentropfen.

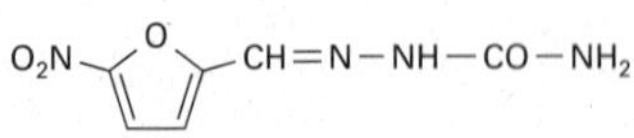

Nitrofurazon

Nitrogenii oxidum: s. Lachgas.
Nitrogenium: s. Stickstoff.
Nitrogenium oxydulatum: s. Lachgas.
Nitroglycerin: s. Glyceroltrinitrat.
Nitroglycerinlösung, alkoholische: s. Solutio Nitroglyceroli spirituosa.
Nitroimidazole: Chemotherapeutika*, Gruppe heterozykl. Verb. mit hoher Wirksamkeit geg. anaerobe Bakt., z. B. Bacteroides fragilis, Clostridium difficilie, u. einige Protozoen, z. B. Entamoeba histolytica, Trichomonas vaginalis, Giardia lamblia. **Wirk.:** Bildung reaktiver Zwischenprodukte (Radikale) bei der Reduktion der Nitrogruppe, insbes. in sauerstoffarmem Milieu. Diese Zwischenprodukte zerstören essentielle Zellbest. und führen zu DNA-Strangbrüchen. Die gute Sauerstoffversorgung u. der Aufbau der Kernmembran machen Säugetierzellen vergleichsweise unempfindl., bei hohen Dosen sind karzinogene u. mutagene Wirk. in Tier- und in-vitro-Versuchen nachgewiesen worden. Daher sollte die Indikationsstellung sehr streng erfolgen u. die Behandlungsdauer auf 10 Tage beschränkt werden. **Vertreter:** Metronidazol*, Nimorazol*, Ornidazol*, Tinidazol*.
Nitrometer: s. Azotometer.
Nitromethan: CH_3NO_2, M_r 61.0. d_{20}^{20} 1.133. $n_D^{20\,°C}$ 1.382. Klare, farblose, ölige Flüss.; schwer lösl. in Wasser, mischbar mit Ethanol u. Ether. **Anw.:** Reagens Ph.Eur.4.
Nitron: 1,4-Diphenyl-*endo*-anilotriazolin. Schmp. 189 °C. Gelbe Kristallblättchen od. amorphes Pulver; lösl. in Ethanol, Chloroform, Benzol, Essigsäureethylester, wenig lösl. in Ether, unlösl. in Wasser. **Anw.:** Nachw. u. Bestimmung von Nitrat, Perchlorat, Gold, Rhenium, Molybdän; (nach Busch; Reagens: 10 %ige Lsg. in 5 %iger Essigsäure).
Nitroparaffine: s. Nitroalkane.
Nitropenta: s. Pentaerythrittetranitrat.
Nitropentaerythrolum trituratum: s. Pentaerythrittetranitrat-Verreibung.
4-Nitrophenylhydrazin: $O_2N-C_6H_4-NH-NH_2$, $C_6H_7N_3O_2$. M_r 153.14. Orangerote Kristalle, lösl. in heißem Wasser, Ethanol, Benzol. **Anw.:** Reagens auf Ketone u. Aldehyde.
Nitroprussidkalium: s. Kaliumnitroprussid.
Nitroprussidnatrium: s. Natriumnitroprussid.
Nitrosamine: N-Nitrosoverbindungen von Aminen; allgemeine Formel: $R-NH-NO$ (bzw. $R=N-NO$). Sie entstehen bei der Einw. von salpetriger Säure (HNO_2) auf (sekundäre) Amine, bzw. aus Nitriten (z. B. $NaNO_2$) in Gegenwart kalter verdünnter Mineralsäure. Das eigentl. Agens ist das Nitrosoniumion NO^+ (Nitrosyl-Kation), das durch Protonierung von HNO_2 u. Abspaltung von H_2O entsteht:
$HNO_2 + H^+ \rightleftharpoons H_2NO \rightleftharpoons H_2O + NO^+$
N. sind äußerst giftig u. vielfach karzinogen, s. Karzinogene. Sie kommen in geringen Mengen in Nahrungsmitteln wie Bier, Käse, Wurst vor u. werden auch von Mikroorganismen, z. B. Trichomonas*, gebildet.
Nitrosegase: Gemisch verschied. Oxide des Stickstoffs (hauptsächl. NO, NO_2, N_2O_4). Autoabgase enthalten bis zu 1000 ppm NO/NO_2, Tabakrauch bis zu 300 ppm. Die Bildung von karzinogenen Nitrosaminen* aus NO/NO_2 u. Aminoverbind. des Tabakrauches wird diskutiert. **Tox.:** s. Stickstoffdioxid, Stickstoffmonoxid; vgl. Stickstoff.
Nitroso-: Bez. für die Gruppe −NO in org. Verbindungen.
Nitrosomonas: s. Nitrifikation.
Nitrosonium-: s. Nitrosamine.
Nitroso-R-Salz: Dinatrium-1-nitroso-2-naphtol-3,6-sulfonat. **Anw.:** Reagens zum Nachw. von Cobaltionen.
Nitrosyl-: Bez. für die Gruppe −NO od. $-NO^+$ als Ligand in Komplexverbindungen; vgl. Nitrosamine.
Nitrosylcarbonyle: s. Carbonyle.
Nitroverbindungen: org. Verb. mit der charakterist. funktionellen Gruppe $-NO_2$. **IUPAC:** dem Namen des Stammsystems wird das Präfix Nitro vorangestellt.

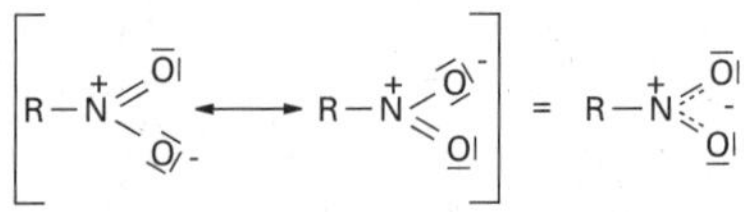

Nitroverbindungen: Struktur der funktionellen Gruppe

Nitroxolin INN: 5-Nitrochinolin-8-ol; CAS-Nr. 4008-48-4; $C_9H_6N_2O_3$, M_r 190.2. **Anw.:** Chemotherapeutikum*, vorwiegend bei Harnweginfekten eingesetzt; **Kontraind.:** Nierenfunktionsstörungen; **Dos.:** p. o. 3×0.25 g/d.
Nitrozellulose: s. Cellulosenitrat.
Nizatidin INN: Nizatidinum Ph.Eur.4; *N*-[4-(6-Methylamino-7-nitro-2-thia-5-aza-6-hepten-1-yl)-

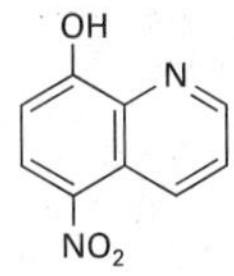

Nitroxolin

2-thiazolylmethyl]-*N*,*N*-dimethylamin; CAS-Nr. 76963-41-2; $C_{12}H_{21}N_5O_2S_2$, M_r 331.5. Schmp. 131-134 °C. Fast weißes bis bräunl., krist. Pulver, wenig lösl. in Wasser, lösl. in Methanol. **Wirk.** u. **Anw.**: Ulkustherapeutika*, H_2-Antihistaminikum (vgl. Cimetidin, Ranitidin); **UAW:** Kopfschmerzen, Schwindel, Überempfindlichkeitsreaktionen; **Dos.**: abends 300 mg.

N_L: Symbol für die Loschmidt*-Konstante.

***N*-Lost:** s. Stickstofflost.

NMDA-Rezeptor: nach dem selektiven Agonisten N-Methyl-D-Aspartat (NMDA) benannte Familie von Glutamatrezeptoren (Glutaminsäure bzw. Glutamat als Transmittersubstanz), die Gedächtnisleistungen im Gehirn steuern.

NMDA-Rezeptor-Antagonisten: Stoffe, die durch Hemmung des NMDA*-Rezeptors als Antikonvulsiva*, Antiparkinsonmittel* u. Analgetika* eingesetzt werden können.

NMR: Abk. für (engl.) **n**uclear **m**agnetic **r**esonance, s. Magnetresonanz.

NMR-Spektroskopie: s. Spektroskopie.

NNM: Abk. für **N**eben**n**ieren**m**ark; s. Nebenniere.

NNR: Abk. für **N**eben**n**ieren**r**inde s. Nebenniere.

NNRTI: Abk. für (engl.) ***n**on **n**ucleoside-analogue **r**everse **t**ranscriptase **i**nhibitors;* s. Reverse-Transkriptase-Hemmer, nicht-nucleosidische.

No: (chem.) Symbol für Nobelium*.

Nobelium: Eka-Ytterbium; Symbol No; OZ 102; radioaktives Element No-259, längstlebiges Isotop, HWZ 58 min; mind. 12 Isotope mit den Massezahlen 250-260, 262. **Gesch.**: entdeckt 1957 im Nobel-Institut für Physik zu Stockholm bei der Beschießung von Curium mit Kohlenstoffkernen.

Nobilin: s. Chamaemelum nobile, Dendrobium nobile.

Nocardia: Gattung grampositiver, unbegeißelter Stäbchenbakt. der Fam. Nocardiaceae, ubiquitär im Erdboden u. Feuchtbiotop vorkommend. Med. relevante Spezies: N. asteroides, N. brasiliensis, N. farcinia, N.nova u. N. otitidiscaviarum; opportunist. Erreger von Nokardiosen u. primäre Erreger des Aktinomyzetoms.

Nocirezeptoren: s. Nozizeptoren.

Noctu (lat. nocturnus nächtlich): nachts (auf Rezepten).

nodosus (lat.): knotig.

Nodus: **1.** (bot.) Knoten, Querzone an den Stängeln, an der die Blätter befestigt sind. **2.** (med.) Knoten; N. arthriticus: Gichtknoten, N. lymphaticus: Lymphknoten.

NOEL-Wert: Abk. für (engl.) *No-**o**bserved-**e**ffect-**l**evel-Wert;* tierexperimentell festgelegte Dosis od. Konz., bei der kein schädigender Effekt mehr nachweisbar ist. Dient, unter Benutzung eines Sicherheitsfaktors (meist 10 od. 100), zur Festlegung einer tolerierbaren Exposition für den Menschen, wenn keine direkten Daten für den Menschen verfügbar sind.

Nomegestrol INN: Nomegestrolum; 17-Hydroxy-6-methyl-19-nor-4,6-pregnadien-3,20-dion; CAS-Nr. 58691-88-6; $C_{21}H_{28}O_3$, M_r 328.45. **Anw.**: Gestagen. **Nomegestrolacetat**: Nomegestroli acetas Ph.Eur.4; CAS-Nr. 58652-20-3; $C_{23}H_{30}O_4$, M_r 370.57. Weißes bis fast weißes, krist. Pulver, unlösl. in Wasser, leicht lösl. in Aceton, lösl. in Ethanol.

Nomenklatur: Namensgebung, wissenschaftl. Bezeichnungssystem. **Biologie:** s. Nomenklatur, binäre. **Chemie:** früher wurden ausschließl. Trivialnamen verwendet, die nach Herst., Aussehen, Eigenschaften usw. der Verb. gebildet wurden, z. B. Blausäure, Bittersalz. 1892 internationaler Chemikerkongress in Genf, um eine rationelle Bez. der org. Verb. einzuführen (Genfer Nomenklatur). 1958 erschienen die Richtsätze für die N. in der anorg. Chemie. Die Weiterentwicklung der N. wird zur Zeit von der IUPAC* überwacht, von der auch der Ring-Index (Verzeichnis der international anerkannten Eigennamen von Ringverb.) herausgegeben wurde; vgl. E/Z-Nomenklatur; Fischer-Projektion (D/L-Nomenklatur); vgl. Freiname; a-Nomenklatur, Ringverbindungen, R/S-Nomenklatur, Nomenklatur, radikofunktionelle; Nomenklatur, substitutive u. Vgl. Trivialnamen; s. ferner unter den entspr. Bez. für Verbindungsklassen wie z. B. Alkaloide*, Alkane*, Carbonsäuren* und Spiroverbindungen*.

Nomenklatur, binäre: N., binominale; systemat. zweiteilige Artbezeichnung in der Biologie; Pflanzen- od. Tierarten werden mit 2 lat. od. latinisierten Wörtern benannt, von denen das erste die Gattung (genus), das zweite die Art (species, die taxonom. Grundeinheit) bezeichnet. Der Name des Erstbeschreibers einer Art (bzw. dessen Kürzel) und das Jahr der Publikation werden hinter die binäre Speziesbezeichnung gesetzt, z. B. Canis lupus L. 1758. Vgl. Linné, Carl von.

Nomenklatur, radikofunktionelle: Der Name einer Verb. ergibt sich aus der Bez. der Verbindungsklasse, der durch die funktionelle Gruppe* bestimmt wird u. dem vorangestellten Namen des org. Molekülteils in Radikalform, z. B. Ethylalkohol. Die r. N. wird üblicherweise bei wenigen Verbindungsklassen verwendet, hauptsächl. bei Ketonen, Ethern, Aminen und Alkoholen.

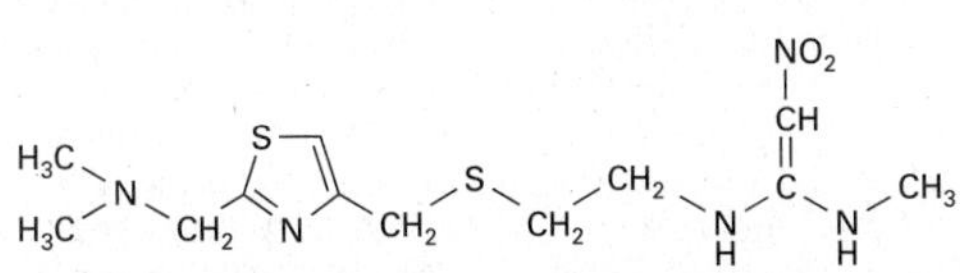

Nizaditin

Nomenklatur, substitutive: Der Name einer Verb. ergibt sich aus der Bez. des Stammsystems (Alkan*, Alken*, Alkin*, Ringverbindung*, Trivialname*), dem Präfixe bzw. Suffixe zur Beschreibung der funktionellen Gruppen, den Substituenten*, vor- bzw. nachgestellt werden. Die Hauptfunktion wird gemäß der Prioritätsliste festgelegt und durch das Suffix ausgedrückt. Die übrigen funktionellen Gruppen werden als Präfixe in alphabet. Ordnung, evtl. mit Vervielfältigungssilbe (Di-*, Bi-*, Bis-*, etc.) u. mit Stellungsbez., dem Namen vorangestellt, z. B. Trichloressigsäure. Prioritätsliste: Carbonsäuren, Sulfonsäuren, Carbonsäure-Derivate: Ester, Halogenide, Amide, Nitrile, Aldehyde, Ketone, Alkohole, Mercaptane, Amine, Ether, Thioether; vgl. Nomenklatur, radikofunktionelle.

Nomifensin INN: 8-Amino-1,2,3,4-tetrahydro-2-methyl-4-phenylisochinolin; CAS-Nr. 24526-64-5; $C_{16}H_{18}N_2$, M_r 238.33. Schmp. 179-181 °C. **Anw.:** obsolet, Antidepressivum vom Desipramin*-Typ; s. Psychopharmaka; **UAW:** Schwindel, Unruhe, Schlafstörungen, Übelkeit, Verstopfung, Mundtrockenheit, Suizidgefahr; **WW:** Verminderung der Wirk. von Guanethidin*, Verstärkung der Wirk. von Sympathomimetika* u. Parasympatholytika*; **Dos.:** p. o. leichte Fälle 2-3×25 mg/d, in der Geriatrie 1-2×25 mg/d, bei schweren Fällen 2-4×50 mg/d. Gebräuchl. war auch Nomifensinhydrogenmaleat.

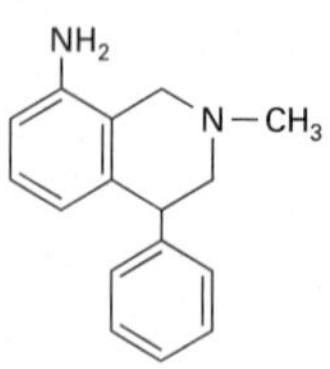

Nomifensin

Nomogramm: Schaubild zum graph. Rechnen.

nondisjunction: s. Meiose.

Noni-Frucht: s. Morinda citrifolia.

Nonius: Hilfsmaßstab der Längenmessung zum Ablesen von Zehnteleinheiten.

Nonivamid INN: *N*-Vanillylnonamid; CAS-Nr. 2444-46-4; $C_{17}H_{27}NO_3$, M_r 293.39. **Anw.:** Hyperämikum; **Dos.:** topisch als Hautcreme, Liniment 0.2 %.

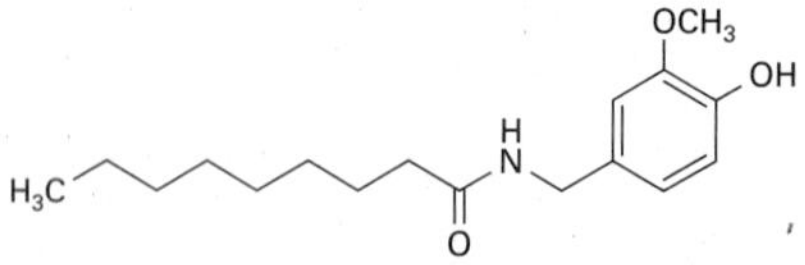

Nonivamid

Nonoxinol INN: α-(4-Nonylphenyl)-ω-hydroxypoly(oxyethylen); *p*-*n*-Nonylphenoxy-polyethylenglykol. N. ist ein Reaktionsprodukt aus Nonylphenol u. Ethylenoxid. Jedem N.-Namen wird eine Zahl beigefügt, die die ungefähre Anzahl von Oxyethylengruppen anzeigt, z. B. Nonoxinol 4, 9, 15 u. 30. **Anw.:** Hilfsstoff (nichtion. Tensid), Antikonzeptivum (spermatizid); **Dos.:** vaginal Creme 5 %, Schaum 12.5 %, Kugel 0.075 %. **Nonoxinol-9:** Nonoxinolum 9 Ph.Eur.4; CAS-Nr. 26027-38-3. Die Substanz kann freie Macrogole enthalten; klare, farblose bis hellgelbe, viskose Flüss., mischbar mit Wasser, Ethanol u. pflanzl. Ölen. **Anw.:** vaginal (Gel, Schaum, Creme, Tabletten) 30-60 min vor jedem Geschlechtsverkehr, Film 15 min vorher topisch applizieren (Ph.Eur.Komm). Hingewiesen sei auch auf Nonoxinol-Iod.

Nonpareilles: handelsübl. Zuckerkügelchen; vgl. Pellets.

nonsense-Mutation: eine Punktmutation im codierenden Bereich eines Gens, die zu einem nonsense-Codon anstelle eines Aminosäure-Codons führt u. somit zum Abbruch der Translation des entspr. Proteins.

Nonylacetat: Essigsäurenonylester, $H_3C-COO-C_9H_{19}$. D. 0.8785. Farblose, fruchtig-aromat. riechende Flüss., wenig lösl. in Ethanol. **Anw.:** in der Parfümerie.

Nonylalkohol: $CH_3-(CH_2)_7-CH_2OH$, M_r 144.3. D. 0.828. Farblose, zitronenartig riechende Flüss. Lösl. in Ethanol, unlösl. in Wasser. **Anw.:** in der Parfümerie (Köln. Wasser), zur Herst. von künstl. Citronenöl.

Nonylsäure: s. Pelargonsäure.

Nootropika: Antidementia; auf den Gehirnstoffwechsel anregend wirkende Pharmaka. Therapeut. ist die Anwendung umstritten, ein Wirkungsmechanismus nicht bekannt. Gegen Hirnleistungsstörungen wirksam sind z. B. Bencyclan*, Cinnarizin*, Dihydroergotoxin*, Flunarizin*, Meclofenoxat*, Naftidrofuryl*, Nicergolin*, Nimodipin*, Pentoxifyllin*, Piracetam*, Pyritinol*, Vincamin*, Vinpocetin*, Inhaltsst. von Ginkgo* biloba.

Nopalea cochenillifera: s. Opuntia cochenillifera.

Nopinen: s. Pinen.

Nor-: Wortteil mit der Bedeutung normal; Vorsilbe in der org. Chemie, um den Trivialnamen des höheren Homologen auf den C-ärmeren Vertreter zu übertragen, z. B. Noradrenalin für Adrenalin minus $-CH_3$. Der Name des Grundkohlenwasserstoffs wird von dem oft als Naturstoff bekannteren Derivat abgeleitet, z. B. Nor-Harmin, Nor-Pinan. Die Nor-Verb. ist immer der einfachste gesättigte od. auch aromat. Kohlenwasserstoff bzw. die einfachste heterocycl. Verb., die das gleiche Ringsystem ohne jede Seitenkette od. sonstige funktionelle Gruppe enthält. Heute wird Nor- nur noch verwendet, wenn eine Methyl- oder Methylen-Gruppe durch Wasserstoff ersetzt ist; werden 2 od. 3 CH_2-Gruppen ausgetauscht, wird dies mit Dinor- (früher Bisnor-) od. Trinor- (früher Trisnor-) bezeichnet.

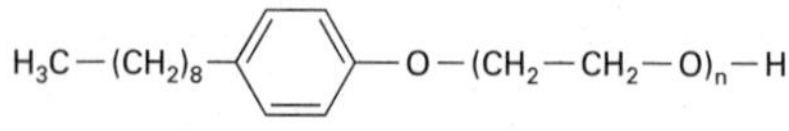

Nonoxinol: Nonoxinol 9 (n = 9) als Beispiel

Noradrenalin: Norepinephrin INN, Levarterenol, L-2-Amino-1-(3,4-dihydroxyphenyl)-ethanol; (*R*)-4-(2-Amino-1-hydroxyethyl)-1,2-dihydroxybenzol; CAS-Nr. 51-41-2; $C_8H_{11}NO_3$, M_r 169.18. Die L-Form ist Hormon des Nebennierenmarks u. Neurotransmitter an den postganglionären sympath. Synapsen u. im ZNS. Biosynthese u. Abbau s. Catecholamine. **Wirk.:** Sympathomimetikum*; stimuliert v. a. Alpha- u. Beta-2-Rezeptoren, etwas weniger Beta-1-Rezeptoren; erhöht den diastol. u. systol. Blutdruck sowie die peripheren Gefäßwiderstand, senkt die Herzfrequenz (reflektor. Reaktion); Kontraktion des Uterus; im Vergleich zu Adrenalin* geringerer Effekt auf die glatte Muskulatur von Darm u. Bronchien sowie auf den Stoffwechsel; **Anw.:** bei Kreislaufkollaps; als gefäßverengender Zusatz zu Lokalanästhetika* zur Verminderung ihrer Resorption u. Toxizität sowie Verlängerung der Wirk., zur Blutstillung an Haut u. Schleimhaut; **UAW** u. **Kontraind.:** s. Adrenalin; HWZ 1-3 min. Gebräuchl. sind auch Noradrenalinhydrochlorid* u. Noradrenalinhydrogentartrat*.

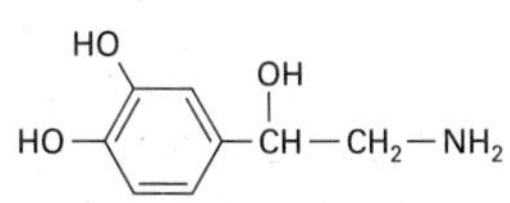

Noradrenalin

Noradrenalinbitartrat: s. Noradrenalinhydrogentartrat.

Noradrenalinhydrochlorid: Noradrenalini hydrochloridum Ph.Eur.4, Noradrenalinum hydrochloricum, Norepinephrinhydrochlorid; CAS-Nr. 329-56-6; $C_8H_{12}ClNO_3$, M_r 205.6. L-Form: Schmp. 177-179 °C (unter Zers.). $[\alpha]_D^{20\,°C}$ −37.0 bis −41.0° (c=2 in Wasser). Weißes bis bräunl. weißes, krist. Pulver, das sich langsam unter Licht- u. Lufteinwirk. verfärbt; sehr leicht lösl. in Wasser, lösl. in Ethanol. **Inkomp.:** Oxidationsmittel, alkal. reagierende Stoffe; **Anw.:** s. Noradrenalin.

Noradrenalinhydrogentartrat: Noradrenalini tartras Ph.Eur.4, Noradrenalinum bitartaricum, Noradrenalinbitartrat, Levarterenolbitartrat, Noradrenalintartrat, Norepinephrinhydrogentartrat; CAS-Nr. 69815-49-2; $C_{12}H_{17}NO_9 \cdot H_2O$, M_r 337.3. L-Form: Schmp. 100-106 °C (Anhydrat: Schmp. 158-159 °C). $[\alpha]_D^{20\,°C}$ −10 bis −12° (c=2 in Wasser). Fast weißes, geruchloses, krist. Pulver; leicht lösl. in Wasser, schwer lösl. in Ethanol, fast unlösl. in Ether u. Chloroform. **Inkomp.:** Oxidationsmittel, alkal. reagierende Stoffe; **Anw.:** s. Noradrenalin; **Dos.:** bei Kreislaufkollaps als Infusion 0.1 µg/kg KG/min; bei i. v. Injektion 0.1 mg (max. 0.5 mg); als Zusatz zu lokalanaesthet. Lsg. 0.1 mL (2-3 Tr. der 1:1000-Lsg.auf 10 mL).

Noradrenalin-Injektionslösung 1 mg/mL: Noradrenalini solutio iniectabilis 1 mg/mL; Zsztg.: Ph.Helv.7, 21 T. Noradrenalinhydrogentartrat, 0.1 T Natriumdisulfit, 0.8 T. Natriumchlorid u. Wasser für Injektionszwecke ad 100.0 mL.

Noradrenalini tartras: s. Noradrenalinhydrogentartrat.

Noradrenalintartrat: s. Noradrenalinhydrogentartrat.

Noradrenalinum bitartaricum: s. Noradrenalinhydrogentartrat.

Noradrenalinum hydrochloricum: s. Noradrenalinhydrochlorid.

Noradrenalinwiederaufnahme-Hemmer: (engl.) *noradrenalin reuptake inhibitor (Abk. NARI)*; Noradrenalin-Reuptake-Hemmer; die Wiederaufnahme von vorwiegend Noradrenalin aus dem synapt. Spalt in die Nervenzellen hemmende Stoffe. **Wirkstoffe:** Antidepressiva mit überwiegend antriebsteigernder Wirk., z. B. Desipramin*, Maprotilin*, Nomifensin*; vgl. Serotoninwiederaufnahme-Hemmer.

Norbelladin: s. Amaryllidaceenalkaloide.

Norcoclaurin: s. Benzylisochinolinalkaloide.

Nordazepam INN: Desmethyldiazepam; 7-Chlor-1,3-dihydro-5-phenyl-2*H*-1,4-benzodiazepin-2-on; CAS-Nr. 1088-11-5; $C_{15}H_{11}ClN_2O$, M_r 270.7. Schmp. 216-217 °C. Abbauprodukt des Diazepams*; wird wie dieses zu Oxazepam metabolisiert. **Wirk.** u. **Anw.:** Tranquilizer, Muskelrelaxans; Benzodiazepine*; **UAW:** s. Diazepam.

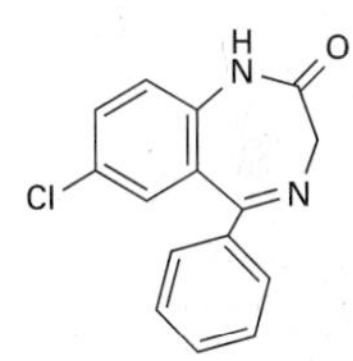

Nordazepam

Norephedrin: Norphedrinum, DL-*erythro*-Phenylpropanolamin, Phenylaminopropanol; (1*RS*,2*SR*)-2-Amino-1-phenyl-1-propanol; CAS-Nr. 14838-15-4; $C_9H_{13}NO$. Strukturformel s. Ephedrine (Abb.). Schmp. 101 °C. HWZ 3 min. **Norephedrinhydrochlorid:** Phenylpropanolamini hydrochloridum Ph.Eur.4, Phenylpropanolaminhydrochlorid; CAS-Nr. 154-41-6; $C_9H_{14}ClNO$, M_r 187.7. Schmp. 194-197 °C (polymorph). Weißes, krist. Pulver; leicht lösl. in Wasser u. Ethanol. **Anw.:** Appetitzügler*, Vasodilatator*, Sympathomimetikum* wie Ephedrinhydrochlorid*, jedoch geringer zentral wirksam u. in gewissen Fällen besser verträgl. als dieses; **Dos.:** p. o. 25-50 mg; Nasentropfen 1.5 %ig.

Norepinephrin INN: s. Noradrenalin.

Norethisteron INN: Norethisteronum Ph.Eur.4, Norethindron, 17-Hydroxy-19-nor-17*α*-pregn-4-en-20-in-3-on; 17*α*-Ethinyl-17*β*-hydroxyestr-4-en-3-on; CAS-Nr. 68-22-4; $C_{20}H_{26}O_2$, M_r 298.41. Schmp. 203-204 °C (kristallisiert aus Ethylacetat; polymorph). $[\alpha]_D^{20\,°C}$ −33.0 bis −37.0° (c=1 in Chloroform). Weißes, krist. Pulver; unlösl. in Wasser; lösl. in Dioxan, in Ethanol 1:150, in Aceton 1:80, in Chloroform 1:30, in Pyridin 1:5; schwer lösl. in Ether; fast unlösl. in fetten Ölen. **Anw.:** Gestagen-Ther.; **Dos.:** hormonelle Kontrazeption* p. o. 0.5-5 mg (vgl. Minipille); Mammakarzinom 3×10 mg/d, Endometriose 2×10 mg/d; HWZ 7-9 h. **Norethisteronacetat:** Norethisteroni acetas Ph.Eur.4; $C_{22}H_{28}O_3$, M_r 340.5. Schmp. 162-165 °C (polymorph). Weißes, krist. Pulver; fast unlösl. in Wasser, lösl. in Ethanol u. Ether. Hingewiesen sei auch auf Norethisteronenantat.

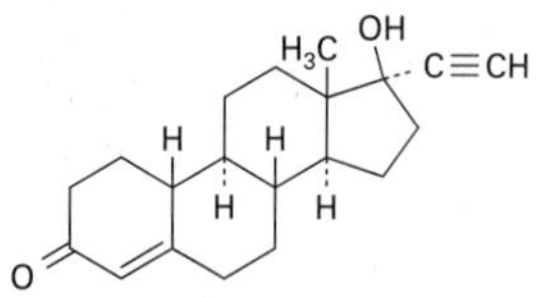

Norethisteron

Norfenefrin INN: Monohydroxyphenylethylamin; DL-1-(3-Hydroxyphenyl)-2-aminoethanol; CAS-Nr. 536-21-0; $C_8H_{11}NO_2$, M_r 153.2. **Anw.:** Sympathomimetikum*, bei peripherer Kreislaufschwäche; **Dos.:** 3-4×3 mg/d; HWZ 4 h. Gebräuchl. ist Norfenefrinhydrochlorid (Schmp. 160 °C).

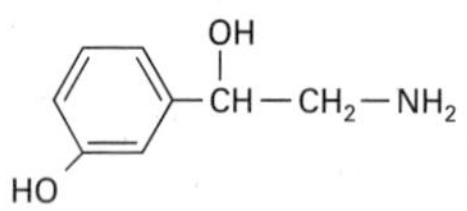

Norfenefrin

Norfloxacin INN: Norfloxacinum Ph.Eur.4; 1-Ethyl-6-fluor-1,4-dihydro-4-oxo-7-(1-piperazinyl)-3-chinolincarbonsäure; $C_{16}H_{18}FN_3O_3$, M_r 319.3. Schmp. 227-228 °C. **Anw.:** Chemotherapeutikum, Gyrasehemmer*; **UAW:** Übelkeit, Schwindel; **Kontraind.:** Schwangerschaft, Stillzeit; HWZ 3-4 h.

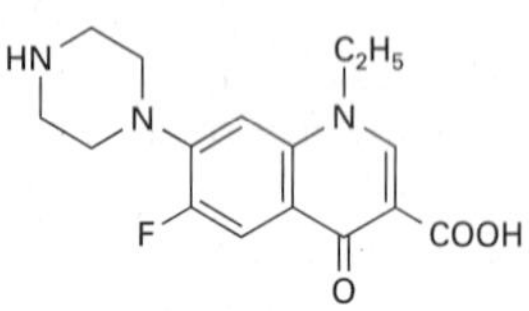

Norfloxacin

Norfloxacinsuccinil: 7-[4-(3-Carboxy-propionyl)-piperazin-1-yl]-1-ethyl-6-fluor-4-oxo-1,4-dihydrochinolin-3-carbonsäure. **Anw.:** s. Norfloxacin; als dessen Prodrug weist es gegenüber diesem eine bessere Bioverfügbarkeit u. Verträglichkeit auf.

Norge-Salpeter: s. Calciumnitrat.

Norgestimat: (+)-13-Ethyl-17-hydroxy-18,19-dinor-17α-pregn-4-en-20-yn-3-on-oxim-acetat; CAS-Nr. 35189-28-7; $C_{23}H_{31}NO_3$, M_r 369.5. Derivat von 19-Nortestosteron. **Wirk.** u. **Anw.:** Gestagen (s. Hormone), in Kombination mit Estrogenen in monophasischen Kontrazeptiva, vgl. hormonelle Kontrazeption; **UAW:** gastrointestinale Beschwerden, Schmierblutungen; **Kontraind.:** Thromboembolien; **Dos.:** 0.25 mg/d.

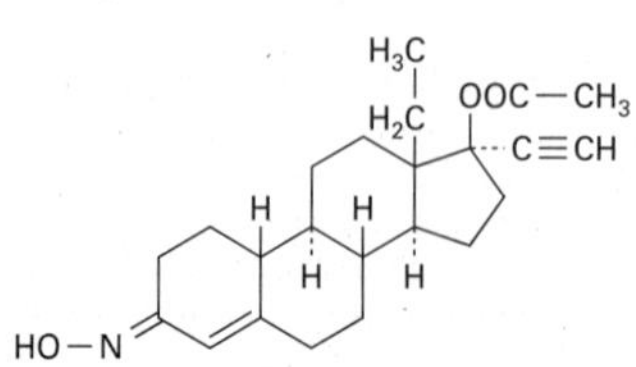

Norgestimat

Norgestrel INN: Norgestrelum Ph.Eur.4, (±)-18-Methyl-norethisteron; (±)-13-Ethyl-17-hydroxy-18,19-dinor-17α-pregn-4-en-20-in-3-on; CAS-Nr. 6533-00-2; $C_{21}H_{28}O_2$, M_r 312.44. Schmp. 203-207 °C (kristallisiert aus Ethylacetat od. Methanol). Unlösl. in Wasser; lösl. in Ethanol 1:120, in Chloroform 1:15, in Ether 1:400, in Dioxan. **Anw.:** mit Ethinylestradiol* in der hormonellen Kontrazeption* in Dosen von 0.03-0.05 mg/d über 21 d beginnend am 5. Zyklustag; N. tägl. in einer Dos. von 0.075 mg als Minipille*; vgl. Levonorgestrel.

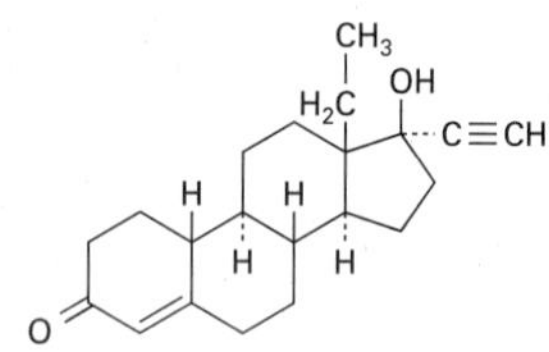

Norgestrel

Norlaudanosolin: s. Benzylisochinolinalkaloide.

Norleucin: α-Amino-n-capronsäure; eine in den meisten Proteinen enthaltene Aminosäure.

Norlupinan: s. Chinolizidinalkaloide.

Normalatmosphärendruck: der Luftdruck* im Normzustand*.

Normalbedingungen: s. Normzustand.

Normalglas: s. Glas (Glassorten).

Normalinsulin: nicht retardiertes Insulin*.

Normalität: Eine einnormale (1 n) Lsg. enthält ein Grammäquivalent eines Stoffes (1 Val, $6.022 \cdot 10^{23}$ Äquivalente) in 1 L Lsg. bei 20 °C (val/L). Der Begriff N. soll durch die Äquivalentkonz. ersetzt werden; s. Äquivalent.

Normalitätsfaktor: Titer (Faktor bei volumetr. Lsg.), s. Maßlösung.

Normallösung: ältere Bez. für Maßlösung*.

Normalpotential: s. Standardpotential.

Normaltropfenzähler: Dosiergerät in der Rezeptur für die reproduzierbare tropfenweise Zugabe kleiner Flüssigkeitsmengen anstelle einer Einwaage. Liefert Normaltropfen, in den Arzneibüchern als Tropfen (Guttae*) bezeichnet. In der Ph.Eur.4 mit definierten Abmessungen abgebildet; erlaubt sind auch andere Konstruktionen, die 20 Tropfen Wasser bei 20 °C (±1 °C) von 1 g (±50 mg) frei fallend aus senkrecht gehaltenem N. mit einer Abtropfgeschwindigkeit von 1 Tr./s ergeben. Etherische u. ethanol. Lösungen (Tinkturen) weisen eine im Vergleich zu Wasser geringere Oberflächenspannung auf u. liefern daher 50-60 Tr./g.

Normalverteilung: Gauß-Normalverteilung; Grundlage vieler statist. Problemstellungen, z. B. der Korngrößenanalyse*. Die N. ist eine Wahrscheinlichkeitsverteilung von Messwerten (Häufigkeitsverteilung), wenn nur zufällige Fehler auftauchen. Sie hängt von 2 Parametern ab, dem Mittelwert μ u. der Standardabweichung σ der Grundgesamtheit (s. Stichprobe), u. wird durch die Gauß-Glockenkurve (Gauß-Kurve) veranschaulicht (s. Abb. 1). Die **Standardabweichung** ist der

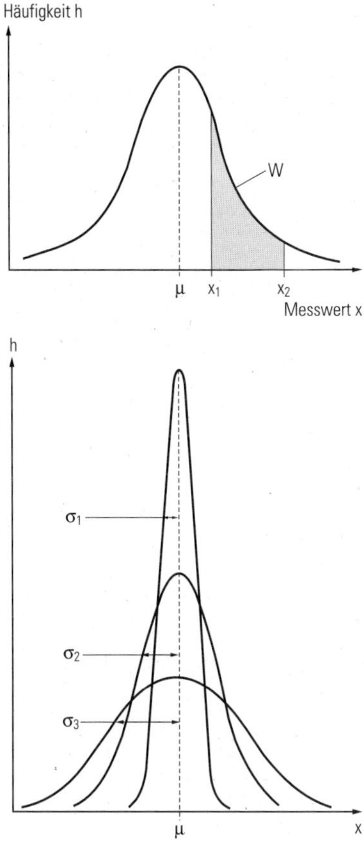

Normalverteilung Abb. 1: oben: Wahrscheinlichkeit W als Fläche unter der Gauss-Normalverteilung zw. den Messwerten x_1 und x_2; unten: „Breite" der Glockenkurve als Maß für die Streuung der Einzelwerte; x_1, x_2: Grenzen des Messwertbereichs; σ_1, σ_2, σ_3; unterschiedliche Standardabweichungen bei versch. Verteilungen mit gleichem Mittelwert μ

halbe Abstand (s. Abb. 2) zw. den Wendepunkten u. der **Mittelwert** das Maximum der Gauß-Kurve (vgl. Fehlerrechnung). Die Fläche unter der Glockenkurve zw. 2 Werten auf der x-Achse ist ein Maß für die Wahrscheinlichkeit, einen x-Wert innerhalb dieser Grenzen anzutreffen. Die **Standardnormalverteilung** (standardisierte Normalverteilung) wird erhalten, wenn sich nach entspr. Normierung nur noch eine einzige N. mit dem Mittelwert 0 u. der Standardabweichung 1 ergibt. Summiert man die Häufigkeit gleicher Messwerte (Merkmalswerte) schrittweise auf u. berechnet deren relativen Häufigkeiten, erhält man die S-förmige **Summenhäufigkeitskurve** (s. Abb. 3). Solche sigmoiden Summenhäufigkeitskurven lassen sich als Gerade darstellen, wenn die relativen Summenhäufigkeiten (Summenhäufigkeitsprozente) auf Zeichenpapier mit einer bes. Einteilung, dem **Wahrscheinlichkeitsnetz**, eingetragen wird. Ergibt sich dabei keine Gerade, sind die

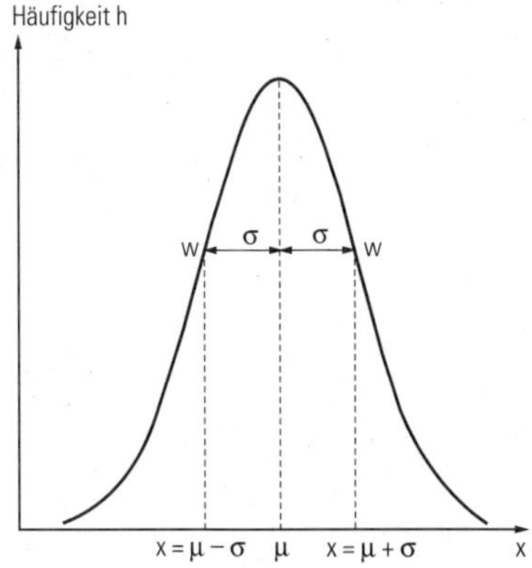

Normalverteilung Abb. 2: Def. der Standardabweichung an der Normalverteilung; μ: Mittelwert; σ: Standardabweichung; w: Wendepunkte der Glockenkurve

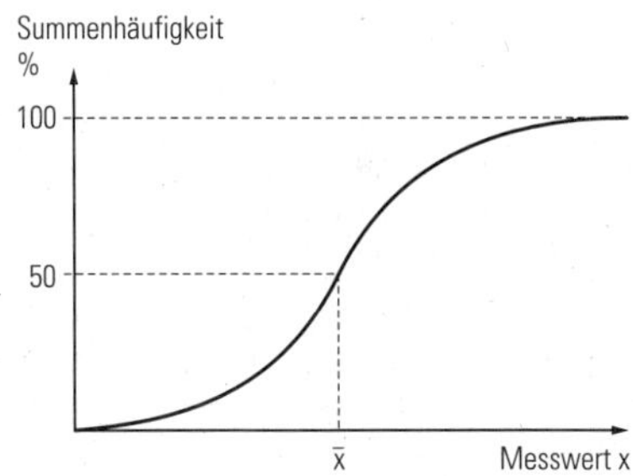

Normalverteilung Abb. 3: Summenhäufigkeitskurve von Messwerten; x̄: 50 %-Wert des 50 %-Wert der Summenhäufigkeit, entspricht dem Mittelwert μ der Glockenkurve

Werte nicht normalverteilt. Eine N. von Daten kann oft nach einer geeigneten Transformation* der Messwerte erhalten werden; z. B. sind die Korngrößen in Pulvern nicht selten lognormal* verteilt, was mit einem Wahrscheinlichkeitsnetz mit logarithm. eingeteilter Abszisse geprüft werden kann.

Normalverteilungskurve: s. Korngrößenanalyse.

Normalwasserstoffelektrode: s. Standardwasserstoffelektrode.

Normdosen (nach Haffner u. Schultz): mittlere, durchschnittl. Dos. von Arzneimitteln; keine amtl. festgesetzten Dosen.

Normethadon INN: 6-Dimethylamino-4,4-diphenyl-hexan-3-on; CAS-Nr. 467-85-6, $C_{20}H_{25}NO$, M_r 295.4. Flüssigkeit. **Normethadonhydrochlorid:** CAS-Nr. 847-84-7; $C_{20}H_{26}ClNO$, M_r 331.9. Schmp. 174-177 °C. Lösl. in Wasser u. Ethanol. **Anw.:** Antitussivum*.

Normoglykämie: s. Blutzucker.

Normovolämie: der aktuelle Stand des Gesamtblutvolumens (ca. 7 % des Gesamtkörpergewichtes; mit 4 % Plasma-, 3 % Erythrozyten-Volumen). Wird i. S. der Homöostase bedarfsgerecht auf einem adäquaten physiol. Niveau gehalten.

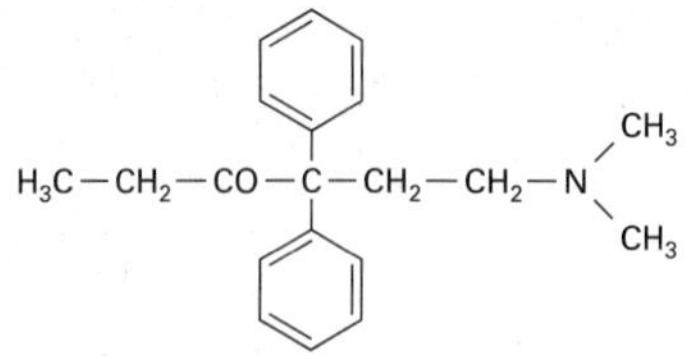

Normethadon

Normschliffe: s. Schliffe.
Normvolumen: s. Molvolumen.
Normvolumen, molares: s. Molvolumen.
Normzustand: Normalbedingungen; der Zustand mit der Normtemp. T_n = 273.15 K (t_n = 0 °C) u. dem Normdruck (Normalatmosphärendruck) p_n = 101 325 Pa (1013.25 mbar).
Norphedrinum: s. Norephedrin.
Norpseudoephedrin INN: Cathin; D-*threo*-2-Amino-1-phenylpropanol; CAS-Nr. 36393-56-3; $C_9H_{13}NO$, M_r 151.2. Strukturformel s. Ephedrine (Abb.). Schmp. 78 °C (kristallisiert aus Methanol). $[\alpha]_D^{20\,°C}$ +37.9° (c=3 in Methanol). Stark alkalisch. **Vork.:** nat. in Catha* edulis; **Anw.:** zentral wirksames Sympathomimetikum*, Appetitzügler*; **UAW:** Gefahr der Abhängigkeit vom Amphetamin-Typ; nicht mehr im Handel. **Norpseudoephedrinhydrochlorid**: Norpseudoephedrini hydrochloridum; $C_9H_{14}ClNO$, M_r 187.7. Schmp. 181 °C (polymorph). $[\alpha]_D^{20\,°C}$ +43.2° (in Wasser). Weißes, krist. Pulver; sehr leicht lösl. in Wasser, leicht lösl. in Ethanol. **Off.:** DAC86; HWZ 3-92 h.
***p*-Norsynephrin:** s. Octopamin.
Nortestosteron: s. Nandrolon.
Northern-Blot: Transfer von RNA, die in Gelen aufgetrennt ist, auf Membranen mit anschließendem Nachweis eines bestimmten Gens durch markierte Gensonden. N.-B. wird zur Analyse der mRNA-Expression verwendet.
Norton-Verkapselungsprozess: automat. Verfahren (Reciprocating-Die-Verfahren) mit zusammen- u. auseinandergehenden Formen zur Herst. von Weichgelatinekapseln. Aus 2 aus flüss. Gelatinemasse hergestellten Bändern werden zw. 2 Stanzformwerkzeugen (ähneln Suppositoriengießformen) im oberen Teil der Werkzeuge durch deren Zusammenrücken die Kapseln schlauchartig vorgeformt (die Kapseln bleiben oben offen), über Füllnadeln bzw. Füllröhrchen gefüllt u. nach Öffnen der Werkzeughälften u. Weitertransport der vorgeformten Kapseln in den unteren Teil der Formteile findet durch neuerl. Zusammenrücken der Formteile die endgültige Verkapselung statt (s. Abb.). Von Vorteil ist die Möglichkeit, suspendierte gröbere Pulver od. Pellets* durch die relativ weiten Füllröhrchen abzufüllen.

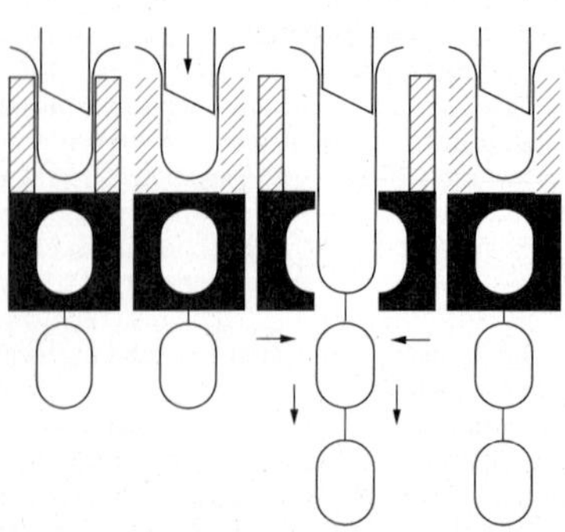

Norton-Verkapselungsprozess: schemat. Darstellung der Funktion einer Norton-Weichgelatinekapselmaschine

Nortriptylin INN: *N*-Methyl-3-(10.11-dihydro-5*H*-dibenzo[*a,d*]cyclohepten-5-yliden)propylamin; CAS-Nr. 72-69-5; $C_{19}H_{21}N$, M_r 263.37. **Anw.:** tricycl. Antidepressivum vom Desipramin*-Typ; s. Psychopharmaka; **Dos.:** p. o. ambulant 3-4×10 mg/d; stationär 3-4×25 mg/d; HWZ 30-31 h. **Nortriptylinhydrochlorid**: Nortriptylini hydrochloridum Ph.Eur.4; CAS-Nr. 894-71-3; $C_{19}H_{22}ClN$, M_r 299.8. Schmp. 216-220 °C. Weißes, krist. Pulver; wenig lösl. in Wasser. **Dos.:** ambulante Behandlung: p. o. initial 30-50 mg/d, steigerbar innerhalb von 2 Wochen auf 75-100 mg/d; stationäre Behandlung steigerbar auf 225 mg/d p. o. (Ph.Eur.Komm).

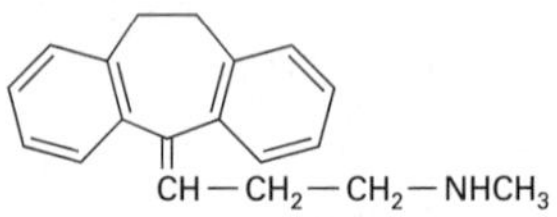

Nortriptylin

Norvalin: eine Aminosäure; s. Valin.
NOS: NO-Synthase; Abk. für Stickstoffmonoxid-Synthase s. Stickstoffmonoxid.
Noscapin INN: Noscapinum Ph.Eur.4, Narcotin, Narkotin, 8-Methoxyhydrastin; 5-(6,7-Dimethoxyphthalidyl)-5,6,7,8-tetrahydro-4-methoxy-6-methyl-1,3-dioxolo[4,5-g]isochinolin; CAS-Nr. 128-62-1; $C_{22}H_{23}NO_7$, M_r 413.43. Strukturformel s. Opium (Abb.). Schmp. 176 °C. D. 1.395. $[\alpha]_D^{20\,°C}$ +42 bis +48° (c = 2 in Salzsäure 0.1 mol/L). Weißes, krist. Pulver; fast unlösl. in Wasser bei 20 °C, sehr schwer lösl. bei 100 °C, schwer lösl. in Ethanol u. Ether, lösl. in Aceton, Chloroform, starken Säuren. pK_S der konjugierten Säure 6.2. Oxidative Spaltung von N. führt zu Cotarnin* (8-Methoxyhydrastinin) u. Opiansäure*. **Vork.:** Geh. im Opium ca. 8 %; **Wirk.** u. **Anw.:** Antitussivum; narkot. Wirk. an sich gering, verstärkt aber die zentralnarkot. Wirk. des Morphins; **Kontraind.:** Schwangerschaft (N. ist ein Spindelgift); N. geht auch in die Muttermilch über; **Dos.:** p. o. 2-3×25 mg/d; MED 60 mg, MTD 250 mg; HWZ 1 h; vgl. Noscapinhydrochlorid.
Noscapinhydrochlorid: Noscapini hydrochloridum Ph.Eur.4, Noscapinum hydrochloricum, Narcotinum hydrochloricum, Noscapinium chloratum, Narkotinhydrochlorid; CAS-Nr. 912-60-7; $C_{22}H_{24}ClNO_7 \cdot H_2O$, M_r 467.9. Strukturformel s. Opium (Noscapin, Abb.). Schmp. ca. 200 °C (unter Zers.). $[\alpha]_D^{20\,°C}$ +38.5 bis +44° (c=2 in Salzsäure 0.1 mol/L). Farblose Kristalle; leicht lösl. in Wasser u. Ethanol, fast unlösl. in Ether; wässrige Lsg. reagieren schwach sauer; beim Stehenlassen kann die Base mehr od. weniger schnell ausfallen. **Anw.:** s. Noscapin.

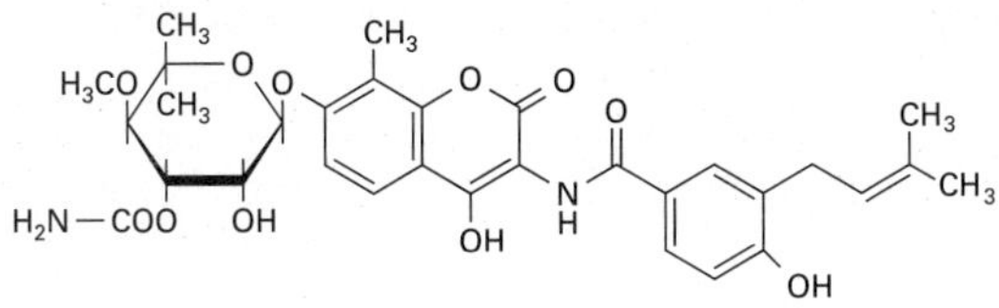

Novobiocin

Nosoden:
Hom: Zuber. aus Blut, Harn, Krankheits- od. Stoffwechselprodukten von Mensch, Tier, Mikroorganismen u. Viren (z. B. Umweltgifte, Chemikalien, Medikamente), welche nicht mehr infektiös od. virulent sind. Anw. in potenzierter Form nach dem Ähnlichkeitsgesetz vgl. Homöopathie).

nosokomial: mit Bezug zum Krankenhaus.

Nosokomialinfektionen: s. Hospitalismus.

Nosologie: Krankheitslehre; systemat. Beschreibung der Krankheiten, Teilgebiet der Pathologie.

Notapotheke: Wird in Deutschland sechs Monate nach öffentl. Bekanntmachung eines Notstandes in der Arzneimittelversorgung der Bevölkerung kein Antrag auf den Betrieb einer Apotheke oder Zweigapotheke* gestellt, so kann die zuständige Behörde einer Gemeinde od. eines Gemeindeverbandes die Erlaubnis zum Betrieb einer Apotheke erteilen, wenn diese einen Apotheker anstellt u. die vorgeschriebenen Räume u. Einrichtungen nachgewiesen werden. Der Betrieb einer Notapotheke muss eingestellt werden, wenn im Versorgungsgebiet eine private öffentl. Apotheke entsteht.

Novaminsulfon: s. Metamizol.

Novel Food (engl. neuartige Lebensmittel): Lebensmittel u. Lebensmittelzutaten, die bisher in der EU noch nicht in nennenswertem Umfang für den menschl. Verzehr verwendet werden z. B. Noni-Saft. Voraussetzung für das Inverkehrbringen neuartiger Lebensmittel u. -zutaten ist, dass sie keine Gefahr für den Verbraucher darstellen, keine Irreführung bewirken u. sich von vergleichbaren Produkten, die sie ersetzen sollen, nicht so unterscheiden, dass ihr normaler Verzehr Ernährungsmängel mit sich brächte.

Novobiocin: Streptonivicin; 4-Hydroxy-3-[4-hydroxy-3-(3-methylbut-2-enyl)benzamido]-8-methylcumarin-7-yl-3-*O*-carbamoyl-5,5-di-*C*-methyl-4-*O*-methyl-α-L-lyxo-hexopyranosid; CAS-Nr. 303-81-1; $C_{31}H_{36}N_2O_{11}$, M_r 612.6. Ein von Streptomyces niveus u. St. spheroides gebildetes Antibiotikum. Schwache zweibasige Säure, die mit Laugen Salze bildet. Unter pH 7.5 fast unlösl. in Wasser, lösl. in Ethanol, Essigsäure, Dioxan, Methanol; unlösl. in Chloroform u. Ether. **Wirk.** u. **Anw.:** Reserve-Antibiotikum; Hemmung der DNA-Synthese der Bakterienzellen nach Art der Gyrasehemmer*. Das Wirkungsspektrum umfasst grampositive Mikroorganismen wie Staphylococcus aureus, Corynebacterium diphtheriae u. Streptococcus pneumoniae, außerdem gramnegative Keime wie Haemophilus influenzae, Neisseria gonorrhoeae u. meningitidis. Ind.: Staphylokokkeninfektionen; Melioidosis durch Pseudomonas pseudomallei; N. sollte nur in Ausnahmefällen Verw. finden; **UAW:** häufig; gastrointestinale Störungen, Blutbildschäden bis zur hämolyt. Anämie; **Dos.:** p. o. als Natrium- od. Kaliumsalz 4×0.25 g/d; Kinder tägl. 30 mg/kg KG; 1 I.E. ca. 1 µg Novobiocin.

Novocain hydrochloricum: s. Procainhydrochlorid.

Novocainhydrochlorid: s. Procainhydrochlorid.

Novocainnitrat: s. Procainnitrat.

Noxe (lat. noxa Schaden): schädigendes Agens, krankheitserregende Ursache.

Noxine (nach E. Gohrbandt, Berlin): Bez. für Abbauprodukte aus zu Grunde gegangenen Körpereiweißen, die im Körper eine stark schädigende oder tox. Wirk. entfalten: u. a. Schädigung der Kapillargefäße, Ödeme, Leberschäden.

Noxiptilin INN: 10,11-Dihydro-5*H*-dibenzo[*a,d*]cyclohepten-5-on-*O*-[2-(dimethylamino)-ethyl]oxim; CAS-Nr. 3362-45-6; $C_{19}H_{22}N_2O$, M_r 294.40. Sdp. 160-164 °C (6.665 Pa). **Off.:** DAC79; **Anw.:** tricycl. Antidepressivum vom Imipramin*-Typ; s. Psychopharmaka; **Dos.:** p. o. ambulant 2×25 mg/d. **Noxiptilinhydrochlorid**: Noxiptilini hydrochloridum; $C_{19}H_{23}ClN_2O$, M_r 330.9. Schmp. 188 °C (polymorph). Gelbl., feinkrist. Pulver; leicht lösl. in Wasser u. Methanol, lösl. in Ethanol.

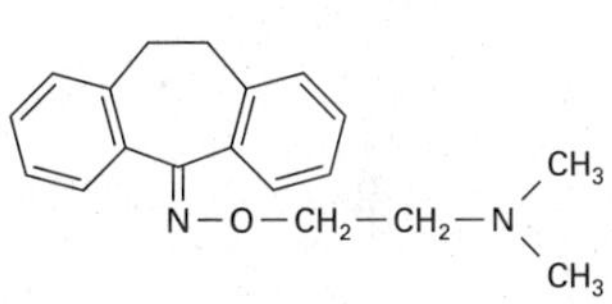

Noxiptilin

Noyer-Paste: Paste zur Umrandung mikroskop. Präparate. **Darst.:** 20 T. Lanolin im Porzellantiegel erwärmen u. 80 T. Kolophonium langsam einrühren; mit Metallspatel auftragen.

Noyes-Whitney-Gesetz: s. Auflösungsgeschwindigkeit.

Nozizeption: Bez. für experimentell erzeugte Schmerzen beim Tierexperiment; umfasst die bei allen Säugetieren auftretenden motor., vegetative u. verhaltensbiolog. Äußerungen, wie z. B. Flexorreflexe, Blutdruckanstieg, Tachypnoe, Vokalisation. Reaktionen, die auch als Bestandteil des Schmerzes beim Menschen bekannt sind. Es wird angenommen, dass bestimmte Nozizeptoren*(z. B. in der Haut) existieren. Bei Verletzung od. Entzündung der Haut werden Substanzen wie z. B. Kaliumionen, Serotonin, Bradykinin, Plasmakinine, Substanz P, sowie Prostaglandine freigesetzt. Diese algogenen Substanzen reizen die Nozizeptoren meist zu langanhaltenden Dauererregungen.

Nozizeptoren: Nozirezeptoren, Schmerzrezeptoren; spezif. erregbare Rezeptoren; die für das Zustandekommen von Empfindungen (v.a. Schmerz*) verantwortl. sind; s. Nozizeption.

Np: (chem.) Symbol für Neptunium*.

NPH-Insulin: Abk. für Neutral-Protamin-Hagedorn-Insulin, s. Insulin (Zuber.).

NRF: Abk. für **N**eues **R**ezeptur-**F**ormularium; s. Magistralformeln.

NRTI: Abk. für (engl.) *nucleoside-analogue reverse transkriptase inhibitors;* s. Reverse-Transkriptase-Hemmer, nucleosidische.

NS: Abk. für **N**ormschliff; s. Schliffe.

NSAID: Abk. für (engl.) *non-steroidal anti-inflammatory drugs;* s. Analgetika (schwache).

NSAR: Abk. für **n**icht**s**teroidale **A**nti**r**heumatika; s. Analgetika (schwache).

NSV: Abk. für (engl.) *non-ionic surfactant vesicles;* Vesikel aus synthet. nichtion. Lipiden, mit hoher chem. Stabilität aufgrund gesättigter Kohlenwasserstoffketten u. intramolekularer Etherbindungen.

NTC: Abk. für **N**eo**t**etrazolium**c**hlorid; s. Tetrazolpurpur.

Nubiablüten: s. Hibiscus sabdariffa.

Nucellus: (bot.) zentraler, parenchymat. Gewebekörper der Samenanlage*.

Nuces: s. Nux.

Nuces Acajou: s. Anacardium occidentale.

Nuces Colae: s. Cola nitida.

Nucleasen: hydrolyt. Enzyme, die Nucleinsäuren spalten. **Exonucleasen** greifen die Nucleinsäuremoleküle an ihrem Ende an, während **Endonucleasen** die hydrolyt. Spaltung innerhalb der Polynucleotidkette katalysieren können. **Desoxyribonucleasen** (DNAasen) sind spezif. für DNA, **Ribonucleasen** (RNAasen) für RNA. Alle N. sind Phosphodiesterasen*; sie katalysieren die Hydrolyse entweder in Stellung 3' od. 5' der 3',5'-Phosphodiesterbindung. Die N-glykosidische Bindung der Nucleinsäuren wird durch Nucleosidasen* gespalten.

Nucleine: s. Nucleoproteine.

Nucleinsäuren: Polynucleotide; aus Mononucleotiden (s. Nucleotide) aufgebaute Biopolymere mit M_r zw. 20000 u. mehreren Millionen. Ein Polynucleotid, das aus einer langen Kette kovalent miteinander verbundener Desoxyribonucleotideinheiten besteht, wird Desoxyribonucleinsäure genannt (s. DNA); wenn die Kette aus Ribonucleotiden besteht, handelt es sich um eine Ribonucleinsäure (s. RNA). Beide Typen haben wesentl. strukturelle Gemeinsamkeiten, sie unterscheiden sich jedoch in ihrer Funktion. DNA dient der Speicherung der genet. Information, die durch ident. Replikation der DNA-Moleküle im Zuge der Zellteilung an die Tochterzellen weitergegeben wird. RNA dient in erster Linie der Translation* dieser Information in der Zelle, die in der Synthese spezif. Proteine besteht. **Struktur:** DNA u. die drei versch. Formen der RNA stellen lineare Polymere von aufeinander folgenden Mononucleotideinheiten dar, die miteinander durch eine Phosphodiesterbindung zw. der 3'-Hydroxylgruppe des Pentoseanteils des einen Nucleotids u. der 5'-Hydroxylgruppe der Pentose des nächsten Restes verknüpft sind. Das kovalente Grundgerüst der N. besteht daher aus alternierenden Pentose- u. Phosphatgruppen. Die Purin- u. Pyrimidinbasen ragen als Seitenglieder von den Pentoseanteilen des Grundgerüstes heraus. Die Bestimmung der Basensequenz spezif. N. erfolgt entspr. der Sequenzermittlung von Proteinen. Mit Hilfe spezif. Restriktionsenzyme erfolgt eine Hydrolyse des Makromoleküls, anschließend werden die Bausteine elektrophoret. u. chromatograph. analysiert. **Konformation:** Ähnl. wie die Proteine besitzen auch die N. in ihrer nativen, biol. Form eine charakterist. dreidimensionale Struktur. An der Ausbildung der Raumstruktur sind neben Wasserstoffbrückenbindungen zw. Purinen u. Pyrimidinen homöopolare Kohäsionsbindungen, hydrophobe Wechselwirkungen zw. Basen u. Lösungsmittel u. elektrostat. Wechselwirkungen beteiligt. **Nucleinsäure-Protein-Komplexe:** Einige N. sind in charakterist. Weise an spezif. Proteine gekoppelt, so dass Systeme mit sehr komplexer Struktur u. Funktion entstehen, z.B. Ribosomen* u. Viren*.

Nucleokapsid: grundlegendes Bauelement eines Viruspartikels, das sich aus der Virusnucleinsäure u. der Proteinhülle zusammensetzt.

Nucleolus: Zellkern-Körperchen; kugelförmiges Körperchen im Kern eukaryontischer Zellen, das hauptsächl. aus RNA u. Protein besteht; Sitz der Ribosomenbildung.

Nucleolytika: zur Auflösung von Bandscheibengewebe verwendete Substanzen. Eingesetzt bei Schmerzen im Bereich des Ischiasnervs infolge von Bandscheibenschäden; **Wirkstoffe:** Chymopapain*, Kollagenase*.

Nucleophil: Reagens mit der Tendenz zur Elektronenabgabe, meist ein Anion od. eine andere Verb. mit einem freien Elektronenpaaren. Ein N. greift seinen Reaktionspartner an Stellen geringer Elektronendichte an; s. Substitution, nucleophile; vgl. Elektrophil.

Nucleoplasma: s. Protoplasma.

Nucleoproteide: Nucleoproteine*.

Nucleoproteine: heteropolare Komplexe zw. Nucleinsäuren (v.a. DNA der Zellkerne) u. bas., säurelösl. Proteinen, den Histonen* od. Protaminen*, sowie sauren Nicht-Histon-Chromatineiweißen der Chromosomen. N. kommen v.a. im Chromatin* des Zellkerns in seiner Ruheform vor u. in den Genen der aktiven, d.h. in der Vermehrungsphase befindl. Chromosomen. Manche Viren bestehen ausschließl. aus N., Bakterien besitzen sie nicht. N. sind auch die Protein-RNA-Komplexe der Ribosomen.

Nucleosid-Antimetaboliten: Nucleosidantibiotika, Nucleosidanaloga; abgewandelte Nucleoside, die z.B. die Replikation von Viren (z.B. Hemmung der viralen DNA-Synthese über die Hemmung der reversen Transkriptase*) hemmen u. dadurch als Virostatika* wirken, andere werden als Zytostatika* eingesetzt (z.B. Gemcitabin, Cytarabin).

Nucleosidasen: Enzyme, die die N-Glykosidbindung von Nucleinsäuren spalten u. dadurch die

Tetranucleotid einer Desoxyribonucleinsäure (DNA)

(Kurzschreibweise: pApCpTpG)

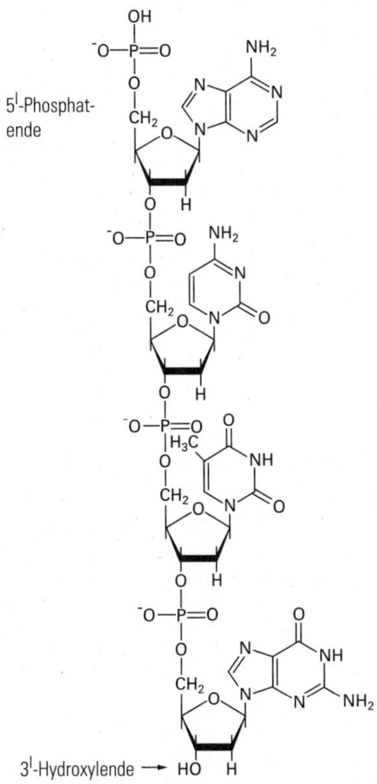

Tetranucleotid einer Ribonucleinsäure (RNA)

(Kurzschreibweise: pApCpUpG)

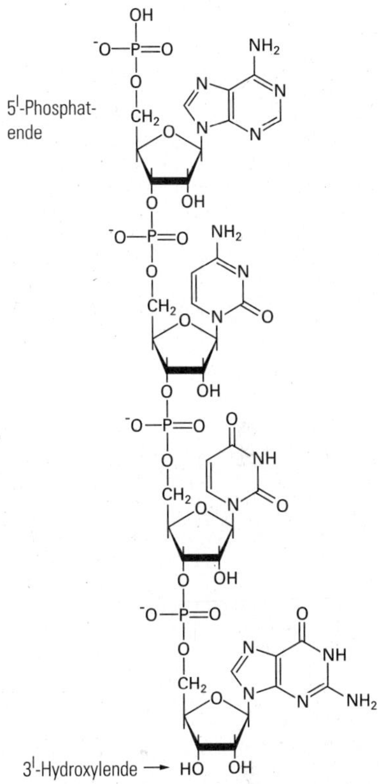

Nucleinsäuren: Tetranucleotide einer DNA (links) u. einer RNA (rechts) [3]

Bindung zw. der Pentose u. der Pyrimidin- od. Purinbase der Nucleoside katalysieren. Die Reaktion ist normalerweise eine Phosphorolyse, keine Hydrolyse.

Nucleosiddiphosphatzucker: Nucleotidzucker; energiereiche Nucleotidderivate der Monosaccharide. Die aktivierende Gruppe ist ein Nucleosiddiphosphat. Uridindiphosphatglucose (UDP-Gluco-

Nucleosiddiphosphatzucker

aktivierende Nucleosiddiphosphate	aktivierte Moleküle	Funktion
Uridindiphosphat	Glucose	allgemeiner Kohlenhydratstoffwechsel, Glykogensynthese, Mureinsynthese
	Galactose	Galactosestoffwechsel
	Glucuronat	Glucuronatweg, Synthese der Glucuronide
	N-Acetylglucosamine	Aminozuckerstoffwechsel, Chitinsynthese
Adenosindiphosphat	Glucose	Synthese der Stärke
Guanosindiphosphat	Mannose	Synthese von L-Fucose, D-Rhamnose, 6-Desoxyhexosen
Desoxythymidindiphosphat	Glucose	Synthese von L-Rhamnose
Cytidindiphosphat	Ribitol	Synthese von Bestandteilen der bakteriellen Zellwand

se, UDPG, aktive Glucose) ist von allg. Bedeutung im Kohlenhydratstoffwechsel. Die Synthese erfolgt aus Glucose-1-phosphat, das mit Uridintriphosphat reagiert (s. Abb.). Weitere aktivierende Nucleosiddiphosphate mit speziellen Funktionen im Stoffwechsel sind in der Tab. aufgeführt. Die aktivierten Zucker sind Bestandteile wichtiger Stoffwechselreaktionen. Von bes. Bedeutung ist ihre Übertragung auf andere Moleküle mit OH-Gruppen z.B. bei der Oligo- u. Polysaccharidsynthese. Auch die Nucleosiddiphosphatderivate von Uronsäuren haben Bedeutung im Stoffwechsel. Die Uridindiphosphatglucuronsäure entsteht aus Uridindiphosphatglucose u. ist Vorstufe der Glucuronidsynthese (s. Glucuronatweg).

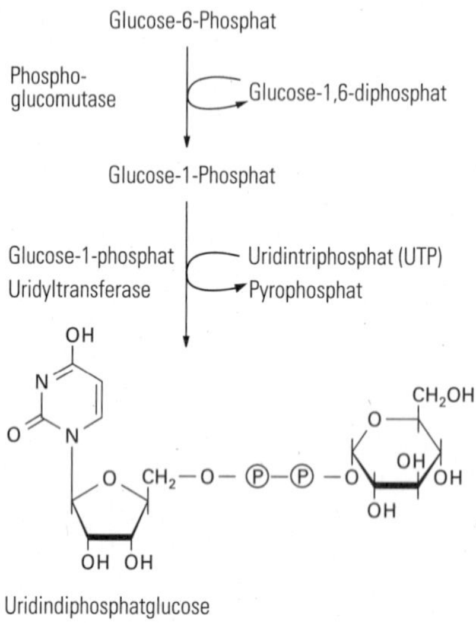

Nucleosiddiphosphatzucker: Synthese von Uridindiphosphatglucose [23]

Nucleoside: bestehen aus einer Pyrimidinbase (üblicherweise Cytosin*, Thymin*, Uracil*) od. Purinbase (Adenin*, Guanin*, Hypoxanthin*), die durch N-glykosid. Bindung entw. mit D-Ribose od. 2-Desoxy-D-ribose verbunden ist. Es gibt daher zwei Gruppen von N., die Ribonucleoside (z.B. Cytidin, Uridin, Adenosin, Guanosin, Inosin) u. die 2'-Desoxyribonucleoside (z.B. Desoxycytidin sowie Thymidin*). N. werden aus den Nucleotiden* durch hydrolyt. Abspaltung der Phosphorsäuregruppen gebildet. Freie N. kommen in der Zelle nicht in signifikanter Menge vor. Sie sind kurzlebige Intermediärprodukte beim biol. Abbau der Nucleinsäuren*.

Nucleosomen: (engl.) *v-bodies*; sich wiederholende morpholog. Grundeinheiten des Chromatins eukaryont. Zellen, die sich aus Histonen u. DNA zusammensetzen. N. bilden sich an den DNA-Doppelsträngen über deren ganze Länge in z.T. artspezif. Abständen von 140-200 Basenpaaren aus. Die genaue Lokalisierung von N. kann sich während der Aktivierung u. Repression von Genen ändern, so dass bestimmte Bereiche auf der DNA, z.B. Promotoren u. Enhancer, für Transkriptions-Faktoren zugängl. od. aber verschlossen werden.

Nucleotidasen: Phosphatasen (Hydrasen, Enzyme), die Nucleotide* in Nucleoside* u. Phosphorsäure zerlegen.

Nucleotide: Nucleosidphosphate; Phosphorsäureester der Nucleoside*; die hintereinander geschalteten, strukturellen Grundbausteine der Nucleinsäuren*, die an dem molekularen Mechanismus teilnehmen, durch den die genet. Information übertragen wird. N. besitzen darüber hinaus innerhalb der Zelle noch andere Funktionen, v.a. beim Transport chem. Energie in allen lebenden Zellen (bes. Adenosintriphosphat). Sie nehmen auch an vielen biosynthet. Reaktionen teil u. dienen z.T. als Coenzyme (Adenosin-2',5'-diphosphat u. Adenosin-3',5'-diphosphat sind im $NADP^+$ bzw. Coenzym A enthalten). N. enthalten ein Molekül einer Purin- od. Pyrimidinbase, ein Molekül D-Ribose od. 2-Desoxy-D-ribose u. einen Phosphorsäurerest. Die üblichen Purinbasen sind Adenin* u. Guanin*, die üblichen Pyrimidinbasen sind Cytosin*, Thymin* u. Uracil*. Die Purin- od. Pyrimidinbasen sind kovalent durch β-glykosid. Bindung an das Kohlenstoffatom 1 der D-Ribose od. 2-Desoxy-D-ribose gebunden, was zu Ribonucleosiden bzw. Desoxyribonucleosiden führt (Nucleoside). Durch Phosphorylierung, meist an der 5'-Hydroxylgruppe der Pentose, entstehen Ribonucleotide bzw. Desoxyribonucleotide, die auch in der Form von Di- u. Triphosphorsäureestern vorkommen; diese werden Nucleosid- (od. Desoxyribonucleosid-) 5'-diphosphate u. 5'-triphosphate genannt. Von großer regulator. Bedeutung im Stoffwechsel sind die cycl. N., die als cycl. Phosphodiester vorliegen, unter ihnen bes. die cycl. Nucleosid-3',5'-monophosphate. Die Synthese der N. erfolgt de novo im Zuge der Purin- u. Pyrimidinbasen, die von nahezu allen lebenden Organismen aus sehr einfachen Vorstufen aufgebaut werden können. Das Purinringsystem der Purinnucleotide wird aus einem offenkettigen Ribonucleotid — ausgehend vom Ribose-5-phosphat — aufgebaut. Näheres s. Purin. Die Inosinsäure* stellt jedenfalls ein wichtiges Zwischenprodukt dar. Der Pyrimidinring wird aus Asparaginsäure, CO_2 u. Ammoniak gebildet mit anschließender Anheftung von Ribose-5-phosphat unter Bildung der Pyrimidinribonucleotide. Auf der Stufe von Ribonucleosiddiphosphaten erfolgt die Reduktion der Ribose zu 2-Desoxyribose bei der Synthese der Desoxynucleotide.

Nucleotidzucker: s. Nucleosiddiphosphatzucker.

Nucleus: s. Zellkern.

Nuklearmedizin: Radioaktive Stoffe werden zur Ther. u. überwiegend zur Diagnostik in Verb. mit bildgebenden Verfahren eingesetzt. Die bildl. Darst. von Organen u. deren physiol. Funktionen erfolgt mit Gammakameras u. 3-dimensional mit SPECT* u. PET*. Wichtige **Anw.:** Funktionsdiagnostik der Schilddrüse, der Perfusion des Herzmuskels u. Tumorlokalisation.

Nukleon: s. Elementarteilchen.

Nuklid: Atomart, die durch die Zahl der Protonen u. Neutronen im Atomkern sowie durch den Energiezustand des Atomkerns charakterisiert ist.

Nuklidkarte: systemat. Übersicht aller bekannten stabilen (nicht radioaktiven) u. instabilen (radioaktiven) Nuklide*. Die Spalten enthalten die Elemente nach ihren Ordnungszahlen* (Anzahl der Protonen), in den Reihen sind die Isotope der Elemente mit zunehmender Neutronenzahl aufgeführt. Die N. enthält Angaben zur Stabilität u. Vorkommenshäufigkeit des Nuklids sowie im Falle von instabilen Nukliden Angaben zur Halbwertzeit*, Zerfallsart u. -wahrscheinlichkeit u. zur Energie der emittierten Strahlung.

Nullpunkt, absoluter: tiefste Temp., die theoret. mögl. ist: −273.15 °C = 0 K, Nullpunkt der Kelvin*-Skala. Am a. N. befinden sich alle physik. Systeme im Zustand niedrigster Energie. Er ist prakt. nicht erreichbar, da immer eine Restenergie im System steckt; vgl. Temperatur, absolute; Hauptsätze der Thermodynamik.

number needed to treat (engl. zur Behandlung nötige Anzahl): Abk. NNT; Messwert zur Wirksamkeit einer Therapie. Bezeichnet die Anzahl der Menschen, die mit einer spezif. Ther. über einen gegebenen Zeitraum behandelt werden müssen, um ein unerwünschtes Ereignis (z. B. Herzinfarkt) zu verhindern od. ein zusätzl. erwünschtes Outcome zu erreichen. Kann aus Ergebnissen klin. Studien* berechnet werden.

Nuphar lutea (L.) Sm.: Gelbe Teichrose, Seekandel, Mummel; Fam. Nymphaeaceae (Europa, Asien). Stpfl. von **Radix Nuphari lutei:** Gelbe Teichrosenwurzel. **Inhaltsst.:** Alkaloide (Nupharin, α- u. β-Nupharidin), Gerbsäure, Stärke, Zucker. Die Nupharalkaloide weisen eine Sesquiterpenstruktur u. ein Chinolizidin- bzw. Piperidinringsystem auf.

Hom: *Nuphar lutea:* frischer Wurzelstock; verord. z. B. als Aphrodisiakum.

Nutramine: Veraltetes Syn. für Vitamine*.

Nutrimentum: Nahrungsmittel.

Nutritio: Ernährung.

Nutsche: Saugfilter, das aus einer Saugflasche u. dem Saugtrichter, dem sog. Nutschtrichter, mit planer od. gewölbter, fester od. eingelegter Siebplatte besteht, z. B. Büchnertrichter*.

Nux: Nuß, s. Fruchtformen.

Nux moschata: s. Myristica fragrans.

Nux Nucistae: s. Myristica fragrans.

Nux vomica: s. Strychnos nux vomica.

NYHA: Abk. für **N**ew **Y**ork **H**eart **A**ssociation, vgl. Herzinsuffizienz.

Nyktalopie: s. Nachtblindheit.

Nykturie: vermehrtes nächtl. Wasserlassen. Z. B. bei Herzinsuffizienz, Blasenentleerungsstörung durch Prostatahypertrophie, fortgeschrittener Niereninsuffizienz; vgl. Polyurie.

Nylander-Reagens (C. W. G. Nylander, Chemiker, Schweden, 1835-1907): Nylander-Lösung; Herst.: DAB6, 2 g Kaliumnatriumtartrat (Seignettesalz) u. 5 g Natriumhydroxid in 45 g Wasser lösen u. mit 1 g bas. Bismutnitrat unter Umschütteln versetzen. **Anw.:** Reagens auf reduzierende Zucker im Harn.

Nylon®: Bez. für versch. lineare Polyamide*; das ursprüngl. Nylon ist ein Polykondensationsprodukt aus Hexan-1,6-diamin u. Adipinsäure*; vgl. Filum polyamidicum-6/6 sterile.

Nymphaea alba L.: Weiße Seerose; Fam. Nymphaeaceae (Europa, Asien). Stpfl. von **Radix Nymphaeae albae:** Weiße Seerosenwurzel. **Inhaltsst.:** vgl. Nuphar lutea; **Anw.** volkstüml.: (früher) gegen sexuelle Übererregbarkeit, bei Schlaflosigkeit, Durchfallerkrankungen.

Nymphe: Entwicklungsstadium von Milben u. Zecken zw. Larve u. erwachsenem Tier.

Nyssa sylvatica Marsh.: Nyssa multiflora; Fam. Nyssaceae (heim. Südamerika). Stpfl. von **Lignum Tupelo:** Lignum Nyssae, Tupeloholz, Tupeloquellholz, Tupelowurzelholz. **Anw.:** früher als Quellstifte in der Chirurgie u. Gynäkologie.

Nystagmus: Augenzittern; unwillkürl. rhythm., okuläre Oszillationen; als Rucknystagmus mit langsamer u. schneller Phase od. als Pendelnystagmus mit gleich schnellen Augenbewegungen in beiden Richtungen.

Nystatin INN: Nystatinum Ph.Eur.4; CAS-Nr. 1400-61-9; $C_{47}H_{75}NO_{17}$, M_r 926.1. Polyen-Antibiotikum, gew. aus bestimmten Stämmen von Streptomyces noursei; besteht zum größten Teil aus Tetraenen, deren Hauptbest. Nystatin A1 ist. Gelbes bis leicht bräunl., hygroskop. Pulver; sehr schwer lösl. in Wasser, unlösl. in Ethanol u. Chloroform, leicht lösl. in Dimethylformamid. **Wirk.** u. **Anw.:** bildet mit der Zytoplasmamembran einen Komplex u. verändert so deren Permeabilität; bes. wirksam geg. Candida-Infektionen; zur lokalen Behandlung. Die Aktivität der Substanz beträgt mind. 4400 I.E./mg.

O

o-: (chem.) Symbol für *Ortho-**.

O: (chem.) Symbol für Sauerstoff*.

obd.: Abk. für (auf Rezepten) **obd**uce überziehe.

Obduktion: s. Sektion.

Oberfläche, innere: Oberfläche der Poren eines Feststoffes; benötigt zur Bestimmung der spezif. Oberfläche*.

Oberflächenaktivität: s. Oberflächenspannung.

Oberflächenanästhesie: Form der Lokalanästhesie* mit Blockade der sensiblen Nervenfasern in Haut u. Schleimhäuten durch Applikation von Lokalanästhetika*. **Anw.:** z. B. zur Ausschaltung des Würgreflexes vor Intubation, Bronchoskopie od. Gastroskopie; verwendet werden v. a. Tetracain*, Oxybuprocain*, Benzocain*, Fomocain* u. Lidocain*.

Oberflächenfilter: s. Membranfilter.

Oberflächenkultur: Wachstum von Mikroorganismen an der Oberfläche von flüss. Substraten; vgl. Submerskultur.

Oberflächenspannung: die bei Flüss. auf jedes Teilchen der Oberfläche wirkende, nach dem Inneren gerichtete Kraft. Daraus bedingt ein stärkerer Zusammenhang der Oberfläche u. ihrer Zerreißung wie dem Eindringen fremder Körper wird ein gewisser Widerstand entgegengesetzt; bei kleinster Flüssigkeitsmenge wird durch die O. die Tropfenform verursacht (Kapillarität). **Oberflächenaktiv** nennt man Stoffe, welche die O. einer Flüss. stark erniedrigen u. sich selbst an der Oberfläche in größerer Konz. ansammeln; vgl. Grenzflächenspannung.

Oberfläche, spezifische: Summe aus innerer u. äußerer Oberfläche, die auf die Masse, manchmal auf das Volumen eines Stoffes bezogen wird (O_m in $m^2 \cdot kg^{-1}$ od. O_v in $m^2 \cdot m^{-3}$). Ist die wahre Dichte ρ_w bekannt, können die massenbezogene u. die volumenbezogene spezif. O. ineinander umgerechnet werden:

$O_v = \rho_w \cdot O_m$.

Bestimmungsmethoden: 1. Für (annähernd) monodisperse Pulver (bzw. einzelne Kornklassen) gilt:

$O_m = 6/(\rho \cdot d)$

wobei d der durchschnittl. Durchmesser äquivalenter kugelförmiger Teilchen ist. (Korrekturen mittels eines Formfaktors sind üblich.) d kann z. B. durch Auszählen einer abgewogenen Menge (ca. 1000 Teilchen) nach

$$d = \sqrt[3]{\frac{6E}{\rho \cdot \pi \cdot z}}$$

ermittelt werden (E = Einwaage, z = Anzahl der eingewogenen Teilchen). **2.** Bei polydispersen Pulvern aufgrund einer Korngrößenanalyse mit Hilfe der Korngrößenkennlinie u. des Randmaßstabes im doppeltlogarithmischen Körnungsnetz nach RRSB*. Dabei wird die geometr. Oberfläche ermittelt, die nur bei nichtporösen Teilchen auch die spezif. O. darstellt. **3.** Mit Hilfe der Gaspermeation: Die in einer definiert verdichteten Pulversäule vorhandenen Kapillaren (Kanäle), deren Oberfläche nach Carman u. Kozeny der äußeren Oberfläche aller Pulverpartikeln der Pulversäule entspricht, setzen einem Gasstrom einen bestimmten Widerstand entgegen (Reibung des Gases an der Oberfläche), der abhängig ist von der Porosität* der Pulversäule u. der Oberfläche der Pulverpartikeln. Grundlage dieser Bestimmung ist das Hagen-Poiseuille-Gesetz (laminare Strömung in zylindrischen Kapillaren). Mit dem **Permeabilitätsmessgerät nach Blaine** (Blaine-Gerät, s. Abb.) wird die Zeit t gemessen, die erforderl. ist, um eine bestimmte Druckdifferenz durch die definiert verdichtete Pulversäule hindurch auf einen bestimmten Wert zu verringern (Absinken der Manometersäule innerhalb zweier Messmarken). Die volumensbezogen spezif. O. wird dann nach der Carman-Kozeny-Gleichung berechnet:

$$O_v = \frac{k \cdot \varepsilon}{1 - \varepsilon} \cdot \sqrt{\frac{\varepsilon \cdot t}{\eta}}$$

O_v: spezif. Oberfläche (m^2/m^3); ε: Porosität der Pulversäule; k: Gerätekonstante (Blaine-Gerät); t: benötigte Zeit für das Absinken der Manometersäule zw. 2 Marken in s; η: dynam. Viskosität des Gases (Luft).

Diese Methode liefert nur dann einigermaßen genaue Ergebnisse, wenn der Korngrößenbereich des Pulvers eng ist u. die spezif. O. innerhalb eines bestimmten Bereiches (max. 1 m^2/cm^3) liegt. **4.** Photometrische Bestimmung: Der Quotient der Intensität eines aus einer Suspension mit bestimmter Feststoffkonzentration austretenden Lichtstrahles u. der Intensität nach Durchgang durch die feststofffreie Flüssigkeit steht in Zusammenhang mit der spezif. Oberfläche O_v. In der Ph.Eur. findet sich eine Beschreibung von Durchströmungszelle u. Durchströmungsmengenmessgerät sowie der Untersuchungsausführung. **5.** Bestimmung der Lichtreflexion: Aus der reflektierten Lichtmenge an der Oberfläche einer glattgestrichenen Pulverprobe u. einer glattgestrichenen Pulverprobe mit bekannter spezif. Oberfläche O_m kann die spezif. O. des unbekannten Materials mit gewissen Einschränkungen errechnet werden. **6.** Mit Hilfe der Gasadsorption: s. Adsorptionsmethode nach Brunauer, Emmet und Teller. Die spezif. O. kann auf diese Weise nur in denjenigen Fällen bestimmt werden, in denen die Bildung einer Monoschicht anhand der Adsorptionsisothermen erkannt werden kann. Dabei werden auch innere Oberflächen poröser Partikeln miterfasst. Aus der Differenz der BET-Oberfläche u. der Oberfläche, die z. B. mit der Permeabilitätsmethode erhalten wurde, kann die innere Oberfläche errechnet werden.

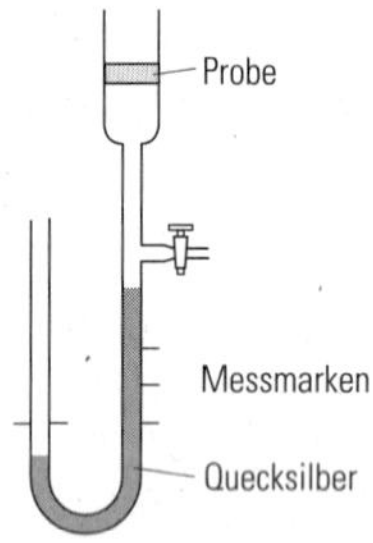

Oberfläche, spezifische: Blaine-Gerät

Oberkiefer: Maxilla.

Obermayer-Lösung: Zstzg.: DAB6, Mischung von 0.2 T. Eisen(III)-chloridlsg. mit 25 T. rauchender Salzsäure. **Anw.:** Reagens, Nachw. von Indican.

Oberster Sanitätsrat: s. Gesundheitswesen (Österreich).

Obesitas: s. Adipositas.

Obidoxim INN: Obidoximchlorid, Obidoximi chloridum; Dichlorid des Bis[4-hydroxyimino-methyl-pyridinium-1-methyl-ethers]; CAS-Nr. 140-19-9; $C_{14}H_{16}Cl_2N_4O_3$, M_r 359.2. Schmp. 225 °C (unter Zers.) bzw. 220 °C (*anti*-Form), 236 °C (*syn*-Form). Weißes, geruchloses, etwas bitter schmeckendes Pulver; leicht lösl. in Wasser, sehr schwer lösl. in Ethanol u. Methanol; fast unlösl. in Chloroform u. Ether. **Off.:** Ph.Helv.7 (bis 1992). **Wirk. u. Anw.:** Antidot bei Vergiftungen mit org. Phosphorverb., Alkylphosphaten od. -thiophosphaten (z. B. Insektizide, Parathion*, Phosdrin); wirkt schneller u. zuverlässiger als Pralidoximiodid*, da eine intensiverer Reaktivierung der Cholinesterase erfolgt u. beim Passieren der Bluthirnschranke die Esterasen des ZNS erfasst werden. HWZ 1.5-2.5 h. **Dos.:** 250 mg (1 Ampulle), i. v., falls erforderl. nach 1-2 h nochmals die gleiche Dosis; Kinder 4-8 mg/kg KG. Neben O. werden hochdos. Atropin-Injektionen verabreicht: 2-5 mg (je nach Pupillenweite,) i. v.; wird im Abstand von 5-15 min so lange wiederholt bis eine Pupillenerweiterung eintritt u. eventuelle kardiopulmonale Erscheinungen gelindert werden; ED bei Kindern 0.3-3 mg Atropin, intravenös.

Objektiv: die dem Objekt zugewandte Linse opt. Instrumente, s. Mikroskop.

Oblaten: aus Weizenmehl hergestellte dünne Blättchen od. Kapseln (Capsulae amylaceae, Capsulae operculatae) zum Einhüllen von Arzneimitteln, vgl. Arzneiformen.

Oblatenkapseln: s. Capsulae.

Obsidian: glasartiges, dunkles, vulkan. Gestein. Beim Erhitzen bildet sich unter Entweichen von Gasen Bimsstein*.

obsolet (lat obsolescere, nach u. nach vergehen): veraltet, nicht mehr gebräuchlich.

Obstipanzien: s. Antidiarrhoika.

Obstipation: Konstipation, Obstructio alvi, Stuhlverstopfung; Sammelbegriff für heterogene Störungen, die durch erniedrigte Stuhlfrequenz (<3/Woche) u. notwendiges starkes Pressen bei der Defäkation gekennzeichnet sind. Arzneimittel geg. O.: s. Abführmittel.

Obturamenta Gossypii absorbentia: s. Tamponadebinde.

Obturamenta Gossypii et Cellulosi regenerati absorbentia: s. Tamponadebinde.

Ochratoxin: s. Mykotoxine (Tab.).

Ochrea: (bot.) Nebenblattscheide, tütenförmig verwachsene Nebenblätter, z. B. bei Polygonaceen.

Ochrolechia-Arten: Flechten, Stpfl. von Lackmus*.

Ochrosia-Arten: s. Ellipticin.

Ochsengalle: s. Fel.

Ochsenzunge: s. Anchusa officinalis.

Ocimen: 3,7-Dimethyl-octatrien (versch. Isomere), ein Monoterpenkohlenwasserstoff, vgl. Monoterpene (Abb.). Best. des äther. Öls von Ocimum* basilicum.

Ocimum basilicum L.: Basilikum, Basilie, Deutscher Pfeffer, Königskraut; Fam. Lamiaceae (Labiatae) (Asien, Afrika, Amerika, kult. v. a. in Südfrankreich, Spanien, auch in Deutschland). Stpfl. von **Basilici herba:** Herba Basilici, Herba Ocimi, Basilienkraut, Basilikumkraut. **Off.:** DAC; **Inhaltsst.:** bis 1.5 % äther. Öl (0.02-0.51 % im frischen Kraut, nach DAC mind. 0.4 %) mit Methylchavicol (bis 90 %), Cineol, Linalool, Ocimen* u. Pinen, ferner Gerbstoffe; **Anw.** volkstüml.: z. B. bei Blähungen, Völlegefühl, Appetitlosigkeit, als Aromatikum u. Gewürz. Aufgrund des hohen Methylchavicol- (Estragol-)Gehaltes hält die Kommision E eine arzneil. Verw. für nicht vertretbar.
Hom: *Ocimum basilicum ex herba (HAB2000),* Basilicum: frisches, vor der Blüte gesammeltes Kraut.

Ocimum crispum: s. Perilla frutescens.

Ocotea puchury-major Mart.: Licaria puchury-major, Nectandra puchury-major, Pichuribaum; Fam. Lauraceae (trop. Amerika). Stpfl. von **Fabae Pichurim:** Pichurimbohnen (sprich: Pitschurim); die Keimblätter. **Inhaltsst.:** 2-2.5 % äther. Öl (mit ca. 5 % Eugenol, Cineol, Safrol), ca. 30 % fettes Öl, Gerbstoffe; **Anw.** volkstüml.: z. B. als Aromatikum

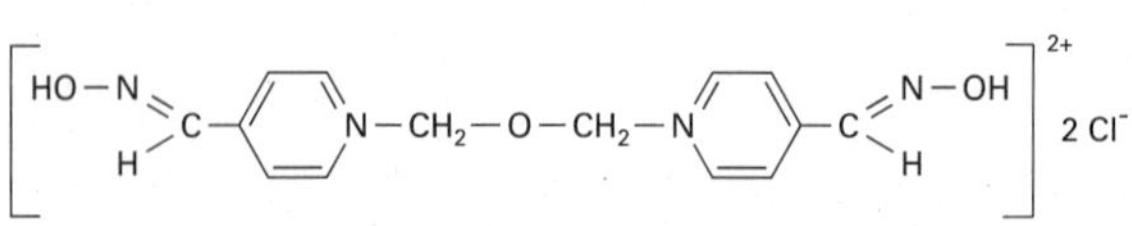

Obidoxim

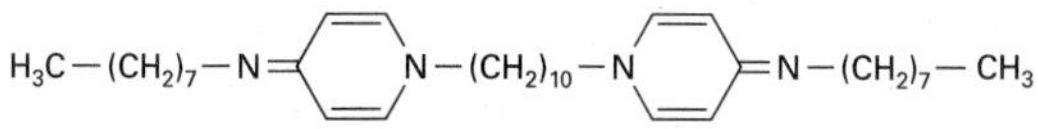

Octenidin

bei Magenbeschwerden, Diarrhö; als Vanille-Ersatz.

Octacain: Butanamid; 3-Diethylaminobutyranilid; CAS-Nr. 13912-77-1; $C_{14}H_{22}N_2O$, M_r 234.3. Schmp. 46-47 °C. Leicht lösl. in Ether, Ethanol u. Xylol. **Anw.:** Lokalanästhetikum*, kaum noch in Verwendung.

Octacosactin: s. Tosactid.

Octadecanol: s. Stearylalkohol.

Octadecansäure: s. Stearinsäure.

Octadecenamid: s. Oleamid.

***cis*-6-Octadecensäure:** s. Petroselinsäure.

***cis*-9-Octadecensäure:** s. Ölsäure.

Octamylamin INN: 2-Isoamylamino-6-methylheptan; *N*-Isopentyl-1,5-dimethylhexylamin; CAS-Nr. 502-59-0; $C_{13}H_{29}N$, M_r 119.37. Sdp. 100-101 °C (0.93 kPa). **Anw.:** Spasmolytikum* ähnl. Papaverin*, kaum noch in Verwendung; **Dos.:** 100-200 mg. **Octamylaminhydrochlorid:** $C_{13}H_{29}N \cdot HCl$. Wachsartige Plättchen, Schmp. 121 °C. Lösl. in Wasser, Ethanol, Ether. Hingewiesen sei auch auf Octamylaminamidosulfat u. Octamylaminmucat.

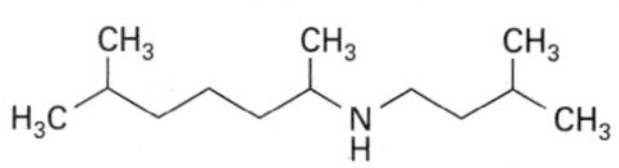

Octamylamin

Octan: C_8H_{18}. D. 0.703. Schmp. −56.8 °C. Sdp. 125.7 °C. Leicht brennbare Flüss., lösl. in Ethanol, Benzin, Benzol, unlösl. in Wasser; vgl. Octanzahl. **Vork.:** Best. von Erdöl (s. Oleum Petrae) u. Benzin*.

Octandisäure: s. Carbonsäuren (Tab.).

Octanzahl: Abk. OZ; Maß für die Klopffestigkeit eines Benzins*. Basiert auf einem Vergleich des sehr klopffreudigen, unverzweigten *n*-Heptan* (OZ 0) mit dem sehr klopffesten Isooctan* (2,2,4-Trimethylpentan, OZ 100); vgl. Triptan.

Octenidin INN: $C_{36}H_{62}N_4$, M_r 550.0. **Wirk.** u. **Anw.:** Desinfektionsmittel* zur Hautdesinfektion, Wund- u. Nahtversorgung, bakteriostat., v. a. geg. grampositive Bakterien.

Octodrin INN: 1,5-Dimethylhexylamin; CAS-Nr. 543-82-8; $C_8H_{19}N$, M_r 129.24. DL-Form: Sdp. 154-156 °C (101 kPa). $n_D^{24\,°C}$ 1.4200. **Anw.:** Vasokonstriktor, Sympathomimetikum. Gebräuchl. sind auch Octodrinhydrochlorid ($C_8H_{19}N \cdot HCl$), Octodrinsulfat ($2\,C_8H_{19}N \cdot H_2SO_4$) u. Octodrinphosphat. Hingewiesen sei auch auf Octodrin-(+)-10-camphersulfonat.

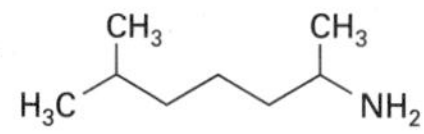

Octodrin

Octopamin INN: *p*-Norsynephrin; α-Aminoethyl-4-hydroxybenzylalkohol; CAS-Nr. 104-14-3; $C_8H_{11}NO_2$, M_r 153.18. $[\alpha]_D^{25\,°C}$ −56.0° (Salzsäure 0.1 mol/L), $[\alpha]_D^{25\,°C}$ −37.4° (Wasser). **Wirk.:** durch β-Hydroxylierung aus Tyramin entstehender falscher Neurotransmitter, speicherbar in den Vesikeln (verdrängt dort Noradrenalin), durch dieses Blutdrucksteigerung; unterliegt starker Tachyphylaxie*; **Anw.:** Sympathomimetikum*; **Dos.:** p. o. 2-3×0.1 g/d; parenteral (s. c., i. m., i. v.) bis zu 3×0.05 g/d; Infusion i. v. 0.5 g in 500 mL Infusionslsg.; HWZ 0.5-4 h. Gebräuchl. sind auch Octopaminhydrochlorid, Octopamin-(*R*,*R*)-hydrogentartrat.

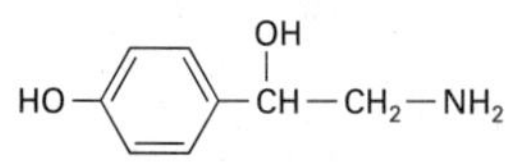

Octopamin

Octotiamin INN: Thiamin-(3-ethylmercapto-7-methoxycarbonylheptyl)disulfid; CAS-Nr. 137-86-0; $C_{23}H_{36}N_4O_5S_3$, M_r 544.87. Schmp. 106-109 °C. Fettlösl. Vitamin-B_1-Derivat (vgl. Vitamine). **Anw.:** Antineuralgetikum; nur in Kombinationspräparaten; **Dos.:** p. o. 5-100 mg/d.

Octoxinol INN: Octoxinolum, Octoxynol 1, Octylphenoxypolyethoxyethanol; alpha-[4-(1,1,3,3-Tetramethylbutyl)phenyl]-omega-hydroxy-poly(oxyethylen), CAS-Nr. 9002-93-1; $C_{16}H_{26}O_2$, M_r 250.42. **Anw.:** Kontrazeptivum (lokal). **Octoxinol 10:** Octoxinolum 10 Ph.Eur.4; CAS-Nr. 2315-66-4; $C_{34}H_{62}O_{11}$; M_r 646.96. Gemisch aus hauptsächlich Monooctylphenylethern von Macrogolen, Polymerisationgrad 10, freie Macrogole können enthalten sein, Trübungspunkt zw. 63-70 °C. Klare, farblose bis hellgelbe, viskose Flüss., mischbar mit Wasser, wasserfreiem Ethanol u. pflanzl. Ölen.

Octreotid INN: D-Phenylalanyl-L-cysteinyl-L-phenylalanyl-D-tryptophyl-L-lysyl-L-threonyl-N-[2-hydroxy-1-(hydroxymethyl)propyl]-L-cysteinamid-cyclo(2→7)-disulfid; CAS-Nr. 83150-76-9; $C_{49}H_{66}N_{10}O_{10}S_2$, M_r 1019.2. **Wirk.** u. **Anw.:** Abkömmling des Somatostatin* mit längerer Wirkungsdauer; hemmt die Freisetzung von Wachs-

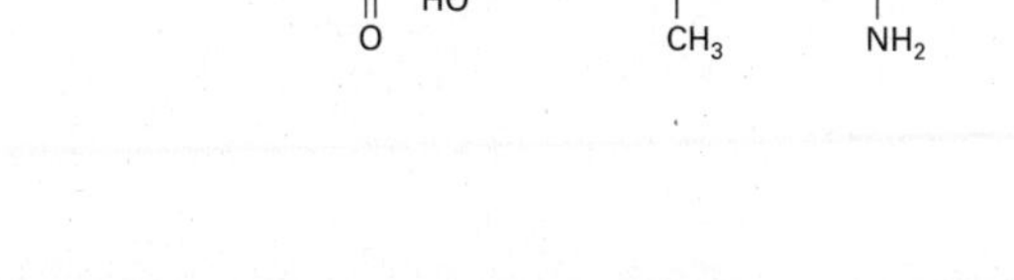

Octotiamin

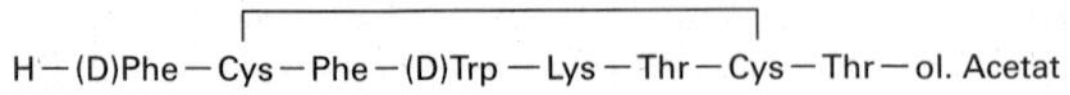

Octreotid

tumshormon u., nach einer Mahlzeit, die Sekretion von Insulin, Glucagon, Gastrin; zur Behandlung endokrin aktiver Tumore des Verdauungstraktes; **UAW:** Krämpfe, Durchfall; **Dos.:** 2×50-100 µg/d.

n-Octylalkohol: Caprylalkohol; 1-Octanol, $C_8H_{17}OH$. D. 0.827. Farblose, rosenartig riechende Flüssigkeit. **Anw.:** Lösungsmittel für Harze, Wachse; Duftstoff u. Weichmacher.

Octyldodecanol: Octyldodecanolum Ph.Eur.4; 2-Octyl-1-dodecanol; CAS-Nr. 5333-42-6; $C_{20}H_{42}O$, M_r 298.6. Ölige Flüss., n 1.454-1.456, D. 0.83-0.85, OHZ 175-190, IZ max. 8.0, POZ max. 5.0, VZ max. 5, Trübungspunkt unter −10 °C; Viskosität ca. 60 cP (20 °C). Mischbar mit Ethanol 96 % u. anderen org. Lösungsmitteln u. fetten Ölen. Lichtschutz. **Anw.:** Lipidkomponente in Salben, Lotionen u. Cremes; Lösungsmittel für öllösl. Arzneistoffe, ferner als rückfettende Komponente in Schaumbädern.

Octylgallat: $C_{14}H_{22}O$, M_r 206.3. Antioxidans, wird durch Veresterung von Gallussäure* mit Octylalkohol gewonnen u. dient zur Konservierung fetthaltiger Lebensmittel u. Kosmetika. (0.01 %), leicht lösl. in fetten Ölen, wenig lösl. in Wasser.

Oculenta: s. Augensalben.

Oculentum simplex: s. Augensalbe, einfache.

Oculi cancrorum: s. Krebsauge.

Oculoguttae: s. Augentropfen.

Oculoguttae Adrenalini neutrales: s. Augentropfen (Adrenalin-Augentropfen, neutrale).

Oculoguttae Aethylmorphini hydrochloridci: s. Augentropfen (Ethylmorphinhydrochlorid-Augentropfen).

Oculoguttae Argenti albumino-acetylotannici: s. Augentropfen (Silbereiweiß-Acetyltannat-Augentropfen).

Oculoguttae Atropini sulfurici: s. Augentropfen (Atropinsulfat-Augentropfen).

Oculoguttae Carbacholi: s. Augentropfen (Carbachol-Augentropfen).

Oculoguttae Chloramphenicoli: s. Augentropfen (Chloramphenicol-Augentropfen).

Oculoguttae Kalii iodati: s. Augentropfen (Kaliumiodid-Augentropfen).

Oculoguttae Naphazolini hydrochlorici: s. Augentropfen (Naphazolinhydrochlorid-Augentropfen).

Oculoguttae Physostigmini salicylici: s. Augentropfen (Physostigminsalicylat-Augentropfen).

Oculoguttae Pilocarpini hydrochlorici: s. Augentropfen (Pilocarpinhydrochlorid-Augentropfen).

Oculoguttae Targesini: s. Augentropfen (Silbereiweiß-Acetyltannat-Augentropfen).

Oculoguttae viscosae: s. Augentropfen (Augenarzneiträger, viskoser).

Oculoguttae Zinci sulfurici: s. Augentropfen (Zinksulfat-Augentropfen).

Oculostillae: s. Augentropfen.

Oculus: Auge. ocularis (-is, -e), zu den Augen gehörend.

odds ratio: Abk. OR; Maß für die Stärke des Unterschieds zw. 2 Gruppen. Risikoverhältnis, das die Wahrscheinlichkeit einer exponierten Population ausdrückt, ein bestimmtes Merkmal zu entwickeln, gegenüber einer nicht exponierten Population. Merkmal ist z. B. eine UAW. Die Berechnung erfolgt auf Grundlage epidemiolog. Daten, z. B. aus einer Fall-Kontroll-Studie (s. Pharmakoepidemiologie*), nach der Formel:
$OR = \frac{a/c}{b/d}$
a: Anzahl der exponierten Personen, bei denen das Ereignis/Merkmal aufgetreten ist; b: Anzahl der exponierten Personen, bei denen das Ereignis/Merkmal nicht aufgetreten ist; c: Anzahl der nicht exponierten Personen, bei denen das Ereignis/Merkmal aufgetreten ist; d: Anzahl der nicht exponierten Personen, bei denen das Ereignis/Merkmal nicht aufgetreten ist. Vgl. Risiko, relatives.

Odermennig: s. Agrimonia eupatoria.

Odermennigkraut: s. Agrimonia eupatoria (Herba Agrimoniae).

Odontalgie: Zahnschmerz.

Odontologie: Zahnheilkunde. Odontogen: von den Zähnen ausgehend.

Odor: Geruch.

O.E.: s. Oxford-Einheit.

ÖAB: s. Arzneibuch (Österreich).

ÖAT: s. Arzneitaxe (Österreich).

OECD: Abk. für **O**rganization for **E**conomic **C**ooperation and **D**evelopement; Übereinkommen aus dem Jahr 1960 über die wirtschaftl. Zusammenarbeit u. Entwicklung. Ziel der OECD ist die Förderung der wissenschaftl., techn. und wirtschaftl. Entwicklung der Vertragsstaaten. Die Organisation kann Beschlüsse fassen, Empfehlungen aussprechen u. Vereinbarungen treffen. Die Mitgliedsländer der OECD sind: Australien, Belgien, Dänemark, Deutschland, Finnland, Frankreich, Griechenland, Irland, Island, Italien, Japan, Kanada, Korea, Luxemburg, Mexiko, Neuseeland, Niederlande, Norwegen, Österreich, Polen, Portugal, Schweden, Schweiz, Slowakei, Spanien, Tschechische Republik, Türkei, Ungarn, Großbritannien u. die Vereinigten Staaten von Amerika.

Oechsle-Grad (Ferdinand Oechsle, 1774-1852, Goldschmied in Pforzheim): Maßzahl für die Güte eines Süßmostes (Trauben- od. Obstsaft); Oechsle $= (d\,^{20\,°C}_{20\,°C} - 1) \times 1000$ (d = relative Dichte $^{20\,°C}_{20\,°C}$). Bestimmung mittels der Oechsle-Waage (Mostwaage), einer Senkspindel, die die abgerundete Dichte des Mostes bei 20 °C angibt. Aus der Gradzahl kann man den ungefähren Zuckergehalt des Mostes berechnen, indem man den O.-G. durch 4 teilt u. vom Resultat bei geringen Most-Gewichten 3, bei mittleren 2.5 u. bei hohen Mostgewichten 2 abzieht. Ein Most von 60° Oechsle enthält ca. 13 % Zucker. Auch zur Feststellung des Ethanolgehaltes des späteren Weins kann der O.-G. dienen, da er ungefähr dem Ethanolgehalt in g/L des späteren Weins entspricht.

Ödem: Oedema, Hydrops, Wassersucht; schmerzlose, nicht gerötete Schwellung infolge Ansammlung seröser (wässriger) Flüss. in Gewebelücken u. Zwischenzellgewebe (Interstitium).

Ökologie: Lehre von den Beziehungen zw. Lebewesen u. ihrer Umwelt.

Ökotypen: umweltbedingte Varianten einer Art, die an einen bestimmten Standort angepasst sind u. sich genet. voneinander unterscheiden.

Öl: **1.** fettes Öl; s. Fette. **2.** Mineralöl, Erdöl; s. Oleum Petrae. **3.** äther. Öl; s. Aetherolea.

Ölbad: **1.** Oleobalneologikum (s. Balneotherapeutika). **2.** Ein dem Wasserbad* analoges Laborgerät, das anstelle von Wasser ein hochsiedendes Mineralöl od. Siliconöl als Heizflüssigkeit enthält.

Ölbaum: s. Olea europaea.

Ölbaumgewächse: s. Oleaceae.

Öle, ätherische: s. Aetherolea.

Öle, arzneiliche: s. Olea medicata.

Öle, fette: s. Fette (Olea pinguia).

Öle, flüchtige: s. Aetherolea.

Öle, hydrierte: Triglyceride, die durch Pressung u./od. Extraktion mit Lösungsmitteln erhalten, nachfolgend entweder mit Alkalien od. durch ein physik. Verfahren raffiniert, dann evtl. gebleicht, anschließend getrocknet, hydriert u. später nochmals gebleicht u. desodoriert wurden.

Öle, native: flüss. Triglyceride, die aus Rohmaterialien bes. Qualität durch mechan. Verfahren wie Kaltpressen od. Zentrifugieren erhalten werden.

Öle, raffinierte: flüss. Triglyceride, die durch Pressung u./od. Extraktion mit Lösungsmitteln erhalten u. in der Folge entweder mit Alkalien (gefolgt von Bleichen u. Desodorieren) od. durch ein physik. Verfahren raffiniert wurden. Zweck des Raffinierens mit Alkalien (Abtrennung, Neutralisation mit Alkalien, Waschen u. Trocknen) ist das Entfernen von Verunreinigungen des Öls bei größtmöglicher Schonung der Triglyceride u. möglichst geringen Ölverlusten. Ein geeignetes Antioxidans kann zugesetzt sein. Zur Herst. parenteraler Zuber. werden nur mit Phosphorsäure od. Alkalien raffinierte Öle verwendet od. diese mittels chromatograph. Reinigung gewonnen.

Öle, trocknende: s. Fette.

Ölextraktionsverfahren: s. Aetherolea.

Öl für Injektionszwecke: Oleum ad iniectabilia, Oleum ad iniectionem, Olea ad iniectabilia, fette Öle zu Injektionszwecken; Öl pflanzl. Ursprungs in einer zur Herst. von Parenteralia geeigneten Qualität (Ph.Helv.7). Nach ÖAB90 dient zur Herst. (durch Ausschütteln mit Ethanol, destilliertem Wasser u. anschließendem Trocknen u. Entkeimen) Mandelöl, Erdnußöl, Olivenöl od. Sesamöl; die Art des Öles ist anzugeben. Ph.Helv.7: SZ max. 0.5 (ÖAB90 0.25), POZ max. 5.0, Wasser max. 0.3 %, wenn in der entsprechenden Monographie keine besonderen Angaben enthalten sind. Nach DAB8 muss, sofern nichts anderes angegeben ist, Erdnußöl entspr. Reinheit verwendet werden. Aufbewahrung vor Licht u. Wärme geschützt, in dem Verbrauch angemessenen, möglichst vollständig gefüllten u. dicht verschlossenen Behältnissen. Die Anforderungen der Ph.Eur. an Öle zur parenteralen Verabreichung s. unter den jeweiligen raffinierten Ölen.

Ölimmersion: s. Immersion.

Ölpalme: s. Elaeis guineensis.

Ölräume: s. Exkretionsgewebe.

Ölrettich: s. Raphanus sativus.

Ölsäure: Acidum oleicum Ph.Eur.4, Acidum oleinicum venale, Oleinsäure, Elainsäure; *cis*-9-Octadecensäure. $C_{18}H_{34}O_2$, M_r 282.4; D. 0.895. Sdp. 223 °C. SZ 197-202. Farblose, ölige Flüss., die an der Luft leicht oxidiert, wobei sie sich braun färbt u. einen ranzigen Geruch annimmt; leicht lösl. in Ethanol, Ether, Chloroform, in fetten u. äther. Ölen. (Die Ö. des Handels ist meist keine reine Ö., sondern ein Gemisch von Ö. mit anderen Fettsäuren). **Anw.:** früher innerl. bei Gallensteinen (Dos. 1.0 g), äußerl. zu Pflastern u. Einreibungen. Säurekomponente von Emulgatoren, z. B. K-oleat, Triethanolaminoleat. **Acidum oleinicum venale:** rohe Ölsäure, Olein, Stearinöl; braune ölige Flüss. von ranzigem Geruch. **Anw.** techn.: Metallputzmittel.

Ölsäuredecylester: s. Cera liquida.

Ölsäureethylester: s. Ethyloleat.

Ölsäureoleylester: Oleylis oleas, Oleyloleat; CAS-Nr. 3687-45-4. d_{20}^{20} 0.861-0.882. $n_D^{20\,°C}$ 1.465. Ö. trübt sich beim Abkühlen unter 10 °C u. erstarrt unter 5 °C zu einer salbenartigen Masse. Schwach gelbl., klares Öl von charakterist. Geruch u. Geschmack; sehr leicht lösl. in Ether, Petrolether, fetten Ölen, flüss. Paraffin, sehr schwer lösl. in Ethanol, prakt. unlösl. in Wasser. VZ 100-115; IZ 75-97; OHZ max. 15; SZ max. 2. **Herst.:** durch Veresterung von Ölsäure mit einem aus Naturprodukten durch Spaltung od. durch Reduktion gewonnenem Gemisch nat. ungesättigter Fettalkohole, vorwiegend Oleylalkohol*. Der Zusatz von Stabilisatoren ist gestattet. **Off.:** DAB10. **Anw.:** Lösungsmittel u. Trägersubstanz für fettlösl. u. mit Fetten mischbare Arzneimittel.

Ölschiefer: bituminöse Sedimentgesteine (s. Bitumen) mit 5-30 % org. Anteilen (Kerogen), entstanden aus Mikroorganismen, Kleinstlebewesen od. Pflanzen; reich an schwefelhaltigen Verbindungen. **Anw.:** Herst. von Schieferöl*.

Ölsüß: s. Glycerol.

Ölzahl: s. Blutungszahl.

Ölzellen: (bot.) äther. Öl führende Zellen (charakteristisch z. B. für Lauraceae); s. Exkretionsgewebe.

Ölzucker: s. Elaeosaccharum.

Oenanthe aquatica (L.) Poir.: Oenanthe phellandrium, Phellandrium aquaticum, Wasserfenchel, Wasserkümmel, Rossfenchel, Pferdekümmel; Fam. Apiaceae (Umbelliferae) (Europa, Asien). Stpfl. von **Fructus Phellandrii:** Phellandri fructus, Wasserfenchelfrüchte. **Off.:** EB6; **Inhaltsst.:** 1.5-2.5 % äther. Öl mit bis 80 % D-β-Phellandren, ferner Phellandral, Myristicin sowie Androl (Non-1-en-3-ol, mit charakt. Geruch); fettes Öl (ca. 20 %), Lignane, Polyacetylene, Kieselsäure; **Anw.** volkstüml.: z. B. bei Bronchialkatarrh, Keuchhusten, Verdauungsbeschwerden.

Hom: *Oenathe aquaticum (HAB2000),* Phellandrium aquaticum: getrocknete, reife Samen; verord. z. B. bei Verdauungsstörungen, chron. Bronchialkatarrhen.

Oenanthe crocata L.: Giftige Rebendolde, Safranrebendolde; Fam. Apiaceae (Umbelliferae) (Süd-

europa). Stpfl. von **Herba Oenanthe crocatae:** Rebendoldenkraut. **Inhaltsst.:** Oenanthotoxin (Krampfgift, ein C_{17}-Polyin), äther. Öl mit Myristicin u. Apiol, Mannitol, Pektinsäure; **Radix Oenanthe:** Rebendoldenwurzel; Inhaltsst. s. Herba O.c.
Hom: *Oenanthe crocata:* frischer, zur Blütezeit gesammelter Wurzelstock mit anhängenden Wurzeln; verord. z. B. bei epileptischen Krampfzuständen.

Oenanthe phellandrium: s. Oenanthe aquatica.

Oenothera biennis L.: Nachtkerze, Gelbe Rapunzel, Schinkenkraut; Fam. Onagraceae (Nordamerika, in Europa angebaut). Stpfl. von **Herba Oenotherae biennis: Inhaltsst.:** Gerbstoffe, Phytosterin, Harz, Zucker; **Anw.** volkstüml.: z. B. bei Diarrhö, als Blutreinigungsmittel; **Oenotherae oleum raffinatum:** Oleum Oenotherae (biennis), Nachtkerzen(samen)öl, Rhapontikaöl; das aus den Samen von O. biennis u. O. erythrosepala Borb. (O. lamarckiana de Vries non Ser.) gewonnene fette Öl; evtl. unter Zusatz geeigneter Stabilisatoren. VZ 184-194. **Off.:** DAC; **Best.:** γ-Linolensäure u. a. essentielle Fettsäuren; **Anw.:** bei atop. Ekzem; volkstüml.: zur unterstützenden Behandlung bei Neurodermitis, Akne, Psoriasis, s. Linolensäure.
Hom: *Oenothera biennis:* zu Blütebeginn gesammelte, frische Pfl.; verord. z. B. bei Diarrhö.

Oenotheraceae: s. Onagraceae.

OES: Abk. für opt. Emissionsspektralanalyse. Die laserinduzierte Emissionsspektralanalyse dient z. B. zur Schnellidentifikation von Kunststoffen. Dabei wird die Probe mit Laser bestrahlt u. nach chem. Veränderung der Probe die emittierte Strahlung gemessen.

Oesipus: s. Wollwachs (Adeps Lanae crudus).

O

Ösophagus: Speiseröhre. Ösophagitis: Entzündung der Speiseröhre.

Österreichische Apothekerkammer: s. Apothekerkammern.

Österreichische Arzneitaxe: s. Arzneitaxe.

Österreichischer Apothekerverband: Interessenvertretung nach dem Vereinsgesetz der selbständigen Apotheker in Österreich; gegründet 1861. Die Interessenvertretung der angestellten österreich. Apotheker ist der Verband Angestellter Apotheker Östereichs. Beide Vereinigungen sind kollektivvertragsfähig.

Oestr-: s. Estr-.

Östradiolcyclopentylpropionat: vgl. Estradiol.

Oestradioli benzoas: s. Estradiolbenzoat.

Östradiolpropionat: s. Estradiol.

Oestradiolum: s. Estradiol.

Oestradiolum benzoicum: s. Estradiolbenzoat.

Oestradiolum dipropionylatum: s. Estradioldipropionat.

Östradiolundecylat: s. Estradiolundecylat.

Östradiolvalerianat: s. Estradiolvalerat.

Östriol: s. Estriol.

Östron: s. Estron.

Oestronum: s. Estron.

Oestrus: Brunst. Oestrus-Hormone, s. Hormone (Keimdrüsen- u. Sexualhormone).

Oesypus: s. Wollwachs (Cera Lanae crudus).

Offizin (lat. officina Werkstätte, Arbeitsplatz): Abfertigungsraum für das Publikum in der Apotheke mit davon abgetrennter Rezeptur*. Die O. muss einen Zugang zu öffentl. Verkehrsflächen haben u. so eingerichtet sein, dass die Vertraulichkeit der Beratung gewahrt werden kann.

offizinell: Bez. für die in den Arzneibüchern beschriebenen Arzneimittel od. Ausgangsstoffe.

Offizinpharmazie: Gebiet der Pharmazie*, das primär die Arzneimittelversorgung der Bevölkerung u. die pharmaz. Information gegenüber Patienten u. Ärzten umfasst.

Ofloxacin INN: Ofloxacinum Ph.Eur.4; (±)-9-Fluor-2,3-dihydro-3-methyl-10-(4-methyl-1-piperazinyl)-7-oxo-7*H*-pyridol[1,2,3-*de*][1,4]benzoxacin-6-carbonsäure; CAS-Nr. 83380-47-6; $C_{18}H_{20}FN_3O_4$, M_r 361.38. Blassgelbes bis hellgelbes, krist. Pulver, schwer lösl. in Wasser, lösl. in Essigsäure 99 %, schwer lösl. in Dichlormethan u. Methanol. **Anw.:** Chemotherapeutikum*, Gyrasehemmer* der 4-Chinolon-Reihe; **UAW:** oft schwerwiegend, z. B. neurotox. Erscheinungen, Allergien, Blutbild- u. Nierenschäden, daher strenge Indikationsstellung; **Dos.:** 0.1-0.4 g; HWZ 6 h.

Ohm (Georg Simon Ohm, deutscher Physiker, München, 1787-1854): Symbol Ω; abgeleitete SI*-Einheit des elektr. Widerstandes; 1 Ω = 1 V/A.

Ohrenarzneimittel: s. Auricularia.

Ohrenschmalz: s. Cerumen.

Ohrentropfen: Otoguttae; Zubereitungen für das Ohr in Form von Lösungen, leicht aufschüttelbarer Suspensionen od. Emulsionen. Zur lokalen Ther. bei Entzündungen, Schmerzen u. Infektionen, zur Erweichung von verhärteten Ceruminalpfropfen. Verwendet werden wässrige, wässrig-ethanol. oder wässrig-glykol. Lösungen sowie Glycerol od. fette Öle. **Wirkstoffe:** Antibiotika, Lokalanästhetika, Adstringenzien od. Tenside. **Anforderungen:** **1.** Teilchengröße dispergierter Anteile muss bestimmt werden; **2.** Tonizität wässriger O. dem Verwendungszweck anpassen; **3.** geeigneter Schutz vor mikrobieller Kontamination wässriger O. in Mehrdosenbehältnissen (konz. hyperton. Lösungen od. Konservierungsmittelzusatz); **4.** Behältnisse dürfen zu keiner Wertminderung führen (Aufnahme von Inhaltsstoffen od. Abgabe von fremden Substanzen in die Zubereitung); **5.** korrekte Beschriftung (z. B. Angabe des zugesetzten Konservierungsmittels, bei Suspensionen: Vor Gebrauch schütteln!). Vgl. Auricularia.

OHZ: s. Hydroxylzahl.

Okazaki-Fragmente: kurze DNA-Fragmente (bei Eukaryonten nur ca. 100 Nucleotide, bei Prokaryonten ca. 1 000-2 000), die bei der Replikation von DNA-Folgesträngen zunächst synthetisiert u. in einem zweiten Schritt von der DNA-Ligase zu langen Ketten verknüpft werden. Reiji Okazaki stellte 1958 das Modell der semidiskontinuierl. Replikation auf, wonach DNA-Leitstränge kontinuierl. verlängert, Folgestränge jedoch diskontinuierl. in Form von O.-F. repliziert werden.

Okklusion: Einschluss von Fremdsubstanzen, z. B. in der analyt. Chemie beim raschen Ausfällen von Niederschlägen, wobei an sich lösl. Komponenten mitgefällt werden können. Erwünscht ist O. bei der Ausflockung von Schadstoffen, etwa bei der Abwasserreinigung.

Okklusionspflaster: elast., luftdurchlässiges Augenpflaster zur Korrektur von Strabismus od. Schwachsichtigkeit.

Okklusivpessar: syn. Verschlusspessar; obsolet; s. Pessare.

Okklusivverband: Kunststofffolien zur luftundurchlässigen u. flüssigkeitsdichten Abdeckung bestimmter Hautareale. Die Folge ist eine verstärkte lokale Durchblutung u. eine Hydratation u. Quellung des Stratum corneum der Haut. Bei wirkstoffhaltigen Folien (selbstklebend) od. bei Applikation von Dermatika unter wirkstofffreien Folien kommt es zu einer besseren Permeation des Wirkstoffes, d. h. zu einer Wirkungsverstärkung. **Anw.:** chron. Dermatosen.

okkult: geheim, verborgen; z. B. okkulte Blutungen.

Okoubaka aubrevillei Phelleg. et Normand.: Fam. Octoknemataceae (westafrikan. Urwaldbaum). **Inhaltsst.:** (der Rinde) Catechine, z. B. (+)-Catechin u. (–)-Epicatechin; Catechingalloylverbindungen, Gallussäure, Protocatechusäure; **Anw.** volkstüml.: Einheimische (Medizinmänner) wenden die pulverisierte Rinde teelöffelweise (bes. vorbeugend) gegen jegl. Art von Vergiftung an (Gerbstoffdroge); äußerl. gegen bakterielle Hauterkrankungen (Lepra u. Syphilis).

Hom: *Okoubaka:* Urtinktur aus getrocknetem Holz u. Rinde; verord. z. B. bei Verdauungsstörungen, versch. Intoxikationen, nach Infektionskrankheiten.

Oktanzahl: s. Octanzahl.

Oktett: das Vorliegen von 8 Valenzelektronen (Elektronen in der äußersten Elektronenschale), die für das chem. Verhalten eines Atoms maßgebl. sind. Diese Elektronenkonfiguration zeichnet sich durch bes. Stabilität aus. Sie wird auch als Edelgaskonfiguration bezeichnet. **Oktettregel:** Bestreben eines Atoms, eine Edelgaskonfiguration einzunehmen.

Okular: die dem Auge zugewandte Linse opt. Instrumente, s. Mikroskop.

-ol: s. Alkohole.

Olamin: Olamine, Olaminum; chem. Kurzbez. für 2-Oxoglutarat.

Olanzapin INN: 2-Methyl-4-(4-methyl-1-piperazinyl)-10*H*-thienol[2,3-*b*][1,5]benzodiazepin; CAS-Nr. 132539-06-1; $C_{17}H_{20}N_4S$, M_r 312.44. **Wirk.:** atyp. Neuroleptikum, s. Psychopharmaka; **Anw.:** Schizophrenie; **UAW:** v. a. Gewichtszunahme, Müdigkeit; **Dos.:** p. o. zu Beginn 1 × 10 mg/d, später entspr. dem Krankheitsbild 5-20 mg/d; HWZ ca. 33 h.

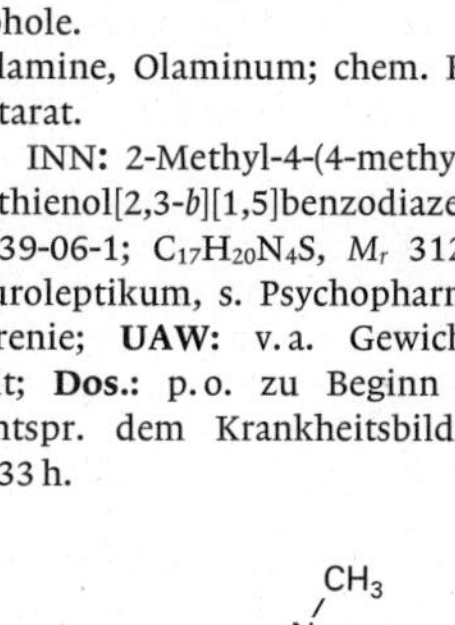

Olanzapin

Olea aetherea: s. Aetherolea.

Oleaceae: Ölbaumgewächse; Fam. der Od. Oleales; ca. 600 Arten; Holzpflanzen; die Blätter sind gegenständig, gefiedert od. ungeteilt; die Blüten radiär, 4-zählig, mit 2 Staubblättern; der Fruchtknoten ist zweiblättrig, oberständig. Die Früchte sind Beeren, Steinfrüchte, Kapseln od. Nüsse. **Chem. Merkmale:** Iridoide, häufig Manitol, fettes Öl in manchen Samen u. Früchten. **Wichtige Gattungen:** z. B. Chionanthus, Fraxinus, Jasminum, Ligustrum, Olea, Syringa.

Olea europaea L.: Ölbaum, Olivenbaum; Fam. Oleaceae (heim. Orient, Mittelmeergebiet u. in Ländern ähnl. Klimas, Kalifornien, Australien, angebaut); man kennt einige hundert Kulturvarietäten. Stpfl. von **Fructus Oleae:** Oliven; die Steinfrucht. **Olivae oleum virginale:** Oleum Olivarum, natives Olivenöl, Provenceöl, Baumöl; das aus den Steinfrüchten (Geh. ca. 10-40 %) ohne Anw. von Wärme gepresste Öl. Gelb bis grünlichgelb, nicht trocknend; leicht lösl. in Ether, Chloroform, Trichlorethylen, Benzin, Schwefelkohlenstoff, Tetrachlorkohlenstoff, wenig lösl. in Ethanol, unlösl. in Wasser. D. 0.910-0.916. Ep. ca. 6 °C, trüb unter 10 °C, bei ca. 0 °C eine weiche Masse; SZ max. 2.0; UA max. 1.5 %; POZ max 15. (IZ 78-90; VZ 187-196; $n_D^{20\,°C}$ 1.468-1.471.). **Off.:** Ph.Eur.4; **Best.:** ca. 25 % feste Fette (Glyceride der Stearin-, Palmitin-, Arachinsäure) u. ca. 75 % flüss. Fette (Glyceride der Ölsäure, Linolsäure u. gemischte Glyceride) sowie ca. 0.5-1.5 % freie Fettsäuren u. ca. 0.5 % Squalen* im UA. Das feinste Öl (1. Pressung) wird als **Jungfernöl** (Huile de vierge) bezeichnet; **Provenceöl** ist das Öl der 2., stärkeren Kaltpressung. **Anw.:** als Arzneiträger für perorale u. perkutane Applikation, für Einreibungen u. Salben, zu Klistieren; als Cholagogum, zum Austreiben von Gallensteinen; **Olivae oleum raffinatum:** raffiniertes Olivenöl; das aus den reifen Steinfrüchten durch Kaltpressung od. durch andere mechan. Verfahren gewonnene u. nachfolgend raffinierte, fette Öl; Eigenschaften u. Best. s. Olivae oleum virginale. **Off.:** Ph.Eur.4; **Anw.:** vgl. Olivae oleum virginale; **Olivenöl zur parenteralen Anwendung:** SZ max. 0.5, POZ max. 5, max. 0.1 % Wasser (bestimmt mit Karl-Fischer-Methode). **Oleum Olivarum album:** Weißes Olivenöl, Weißes Baumöl, Lilienöl; durch Tierkohle od. Sonnenlicht gebleichtes Olivenöl. **Anw.** volkstüml.: bei Brustleiden; **Folia Oleae:** Folia Olivae, Olivenblätter, Ölbaumblätter. **Inhaltsst.:** Oleuropein* u. a. Secoiridoide, org. Säuren, Mannitol, Oleanol (Phenol), Cholin, 0.04 % äther. Öl, Flavonoide, Carotinoide; **Anw.** volkstüml.: z. B. bei Hypertonie (Extrakt, therapeut. Anw. ist nicht vertretbar), Gicht, Diabetes.

Olea herbaria Ph.Eur.4: pflanzl. fette Öle, flüss. od. feste Triglyceride von Fettsäuren. Sie können kleine Mengen anderer Lipide, wie Wachse, freie Fettsäuren, Partialglyceride od. unverseifbare Anteile, enthalten. Pflanzl. fette Öle werden aus Samen, Früchten od. Steinfrüchten versch. Pflanzen durch Pressung (Hochdruck-Schraubenpressung, Nass-Schraubenpressung, Vorpressung u. anschließende Extraktion mit Lösungsmitteln od. Zentrifugieren) u./od. Extraktion mit Lösungsmitteln erhalten u. können dann raffiniert u./od. hydriert werden.

Olea medicata: Olea medicinalia, arzneiliche Öle; Zuber., die Arzneistoffe in fetten Ölen gelöst od. suspendiert enthalten; Herst.: durch Mischen, Lösen od. Ausziehen in der Kälte od. unter Erwärmen (Olea cocta seu infusa); trocknende Öle sind nicht zu verwenden.

Oleamid: (*Z*)-9-Octadecenamid; $C_{18}H_{35}NO$, M_r 281.5. Schmp. ca. 80 °C. Weißes bis gelbl. Pulver od. Körner; prakt. unlösl. in Wasser, leicht lösl. in Dichlormethan, lösl. in Ethanol. **Anw.:** Reagens Ph.Eur.4.

Olea mineralia: s. Oleum Petrae; vgl. Paraffinum perliquidum; Vaselinum.

Oleanan: 5-α-Oleanan, Strukturformel s. Saponine (Tab. 1).

Oleander: s. Nerium oleander.

Oleanderblätter: s. Nerium oleander (Oleandri folium).

Oleanderpulver, Eingestelltes: s. Nerium oleander (Oleandri pulvis normatus).

Oleandersamen, Gelbe: s. Thevetia peruviana.

Oleanderwurzel, Indische: s. Nerium odorum.

Oleandomycin: CAS-Nr. 3922-90-5; $C_{35}H_{61}NO_{12}$, M_r 687.89. Antibiotikum* (Makrolidgruppe) aus Streptomyces antibioticus; therap. verwendet wurden Oleandomycinphosphat ($C_{35}H_{61}NO_{12} \cdot H_3PO_4$, wasserlösl.) u. Troleandomycin*. **Wirk. u. Anw.:** ähnl. Erythromycin*, aber schwächer als dieses, bakteriostat., überwiegend geg. grampositive Erreger, vor allem geg. Staphylokokken, Streptokokken, Pneumokokken sowie geg. versch. gramnegative Keime, wie Neisseria, Haemophilus, Brucella u. auch geg. Rickettsien, Protozoen u. große Viren; wurde v. a. bei leichten Infektionen verwendet, heute werden effektivere Antibiotika bevorzugt.

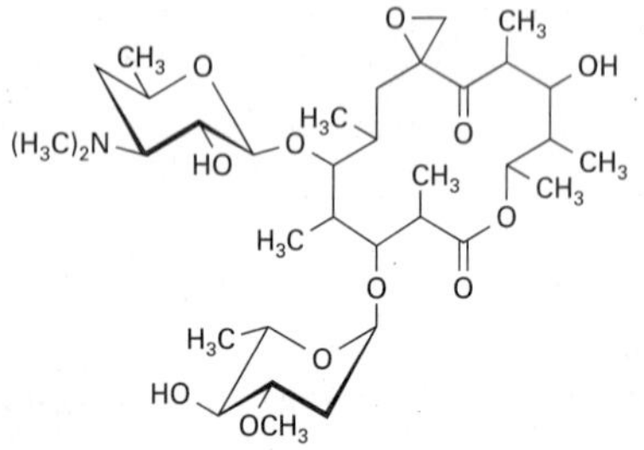

Oleandomycin

Oleandri folium: s. Nerium oleander.

Oleandrigenin: s. Nerium oleander.

Oleandrin: s. Nerium oleander.

Oleandri pulvis normatus: s. Nerium oleander.

Oleandrose: 2-Desoxy-3-*O*-methyl-L-rhamnose, ein Desoxyzucker*, s. Nerium oleander.

Oleanolsäure: Caryophyllin; $C_{30}H_{48}O_3$, M_r 456.77. Strukturformel s. Saponine (Tab. 1). Ein Triterpensapogenin mit einer Carboxylgruppe, abgeleitet von Δ^{12}-Oleanen. **Vork.:** frei in Gewürznelken (s. Syzygium aromaticum), in den Blättern von Olea* europaea, Viscum* album u. Centaurium* erythraea; vielfach als Glykosid, z. B. in Efeublättern (s. Hedera helix), Taigawurzel (s. Eleutherococcus senticosus) u. Ginseng (s. Panax ginseng).

Olea pinguia: fette Öle, s. Fette.

Oleate: Salze der Ölsäure*.

Olefine: s. Alkene; Kohlenwasserstoffe.

Olein: s. Ölsäure.

oleinicus (lat.): zur Ölsäure gehörig.

Oleobalneologika: s. Balneotherapeutika.

Oleogele: s. Gele (hydrophobe Gele).

Oleosa: ölige od. ölhaltige Arzneimittel.

Oleosomen: **1.** in Pflanzen in eine einfache Membran eingeschlossene Öltröpfchen als reversible Speichermöglichkeit von temporären Fettüberschüssen, bzw. äther. Ölen. **2.** mikrofeine stabilisierte Öltröpfchen als Transportmittel für fettlösl. Wirkstoffe. **3.** primäre Öltropfen, die sich während der Herstellung (Direktemulgierung) von W/O/W Emulsionen beim Abkühlprozess über Anlagerung von Gelnetzwerkstrukturen ausbilden (spiegeleiartiges Aussehen); die in weiterer Folge entstehenden multiplen Emulsionen* besitzen eine gute Tröpfchenmultiplizität.

Oleum (lat. Öl): **1.** allg. Öl. **2.** Trivialname für rauchende Schwefelsäure, Vitriolöl; s. Schwefelsäure (rauchende S.).

Oleum Abietis albae: s. Abies alba.

Oleum Abietis sibiricae: s. Abies sibirica.

Oleum Absinthii: s. Artemisia absinthium.

Oleum Absinthii infusum: s. Artemisia absinthium.

Oleum Acaciae farnesianae: s. Acacia farnesiana.

Oleum ad iniectabilia: s. Öl für Injektionszwecke.

Oleum ad iniectionem: s. Öl für Injektionszwecke.

Oleum Ajowan: s. Trachyspermum ammi.

Oleum Allii sativi: s. Allium sativum.

Oleum Amomi: s. Pimenta dioica (Oleum Pimentae).

Oleum Amygdalae amarae: s. Prunus dulcis (Oleum Amygdalarum amarum aethereum).

Oleum Amygdalae expressum: s. Prunus dulcis (Amaygdalae oleum virginum).

Oleum Amygdalarum: s. Prunus dulcis (Amygdalae oleum virginum).

Oleum Amygdalarum aethereum artificiale: s. Benzaldehyd.

Oleum Amygdalarum amararum aethereum: s. Prunus dulcis.

Oleum Amygdalarum amararum sine Acido hydrocyanico: s. Prunus dulcis.

Oleum Andropogonis citrati: s. Cymbopogon citratus.

Oleum Anethi: s. Anethum graveolens.

Oleum Angelicae: s. Angelica archangelica.

Oleum animale: Ol. animale crudum, Ol. animale foetidum, Ol. Cornu Cervi, Tieröl, rohes stinkendes Tieröl, Hirschhornöl; dicke, braunschwarze, trübe Flüss. von widerl. Geruch, lösl. in 3 T. Wasser. **Darst.:** trockene Dest. tier. Stoffe (u. a. Klauen, Horn, Knorpel, Haut, Wolle); **Best.:** Ammoniumsalze, Pyridin, Pyridinderivate, Aminbasen der Methanreihe, Phenole; **Anw.** vet.: früher als Wurmmittel, zum Vertreiben von Insekten, Ratten, Mäusen.

Oleum animale aethereum (J.C. Dippel, Alchemist, 1673-1743): Ol. Cornu Cervi rectificatum, ätherisches Tieröl, Dippel-Tieröl; farblose brennbare Flüss.; lösl. in 80 T. Wasser, leicht lösl. in Ethanol, Ether, fetten Ölen; vgl. Berliner Blau. **Darst.:** Dest. des rohen Tieröls; **Best.:** leichtflüchtige Best. des rohen Tieröles; **Anw.:** früher geg. Hysterie u. Krämpfe; äußerl.: in Salben gegen Hautkrankheiten.

Oleum Anisi: s. Pimpinella anisum (Anisi aetheroleum).

Oleum Anisi stellati: s. Illicium verum.

Oleum Annonae: s. Cananga odorata (Oleum Canangae).

Oleum Anthemidis: s. Chamaemelum nobile (Oleum Chamomillae romanae).

Oleum Arachidis: s. Arachis hypogaea (Arachisdis oleum).

Oleum Arachidis hydrogenatum: s. Arachis hypogaea (Arachidis oleum hydrogenatum).

Oleum Arganiae: s. Argania sideroxylon.

Oleum Armoraciae: s. Armoracia rusticana.

Oleum Aurantii dulcis: s. Citrus sinensis.

Oleum Baunscheidtii: Baunscheidtöl; Zstzg.: **a)** Crotonöl u. Olivenöl zu gleichen Teilen; **b)** 40 T. Senfspiritus, 40 T. Erdnußöl, 19 T. Glycerol, 1 T. Senföl; vgl. Baunscheidtieren.

Oleum Bay: s. Pimenta racemosa (Oleum Pimentae acris).

Oleum Bergamottae: s. Citrus aurantium ssp. bergamia (Bergamottae aetheroleum).

Oleum Betle: s. Piper betle.

Oleum Betulae empyreumaticum: s. Betula pendula (Pix Betulae).

Oleum Betulae empyreumaticum rectificatum: s. Betula pendula.

Oleum betulinum: s. Betula pendula (Pix Betulae).

Oleum Boraginis: s. Borago officinalis.

Oleum Cacao: s. Theobroma cacao (Cacao oleum).

Oleum cadinum: s. Juniperus oxycedrus (Pix Juniperi).

Oleum Cajeputi: s. Melaleuca leucadendra var. cajeputi.

Oleum Cajeputi rectificatum: s. Melaleuca leucadendra var. cajeputi.

Oleum Calami: s. Acorus calamus (Calami aetheroleum).

Oleum Camphorae: **1.** das äther. Öl von Cinnamomum* camphora. **2.** s. Solutio Camphorae oleosa.

Oleum camphoratum 10 per centum: s. Solutio Camphorae oleosa.

Oleum camphoratum 20 per centum: s. Solutio Camphorae oleosa.

Oleum Canangae: s. Cananga odorata.

Oleum Cannabis: s. Cannabis sativa.

Oleum Cantharidis: Spanischfliegenöl; Auszug von span. Fliegen mit Erdnußöl (3:10); grünlich-gelbes Öl. **Dos.:** MED 0.15 g; MTD 0.5 g.

Oleum Cardamomi: s. Elettaria cardamomum.

Oleum Carthami: s. Carthamus tinctorius.

Oleum Carvi: s. Carum carvi (Carvi aetheroleum).

Oleum Caryophylli: s. Syzygium aromaticum (Carophylli floris aetheroleum).

Oleum Cassiae: s. Cinnamomum aromaticum (Cinnamomi cassiae aetheroleum).

Oleum Castoris: s. Ricinus communis (Ricini oleum virginum).

Oleum Cetacei: s. Walrat.

Oleum Chamomillae: s. Chamomilla recutita (Matricariae aetheroleum).

Oleum Chamomillae citratum: s. Chamomilla recutita.

Oleum Chamomillae romanae: s. Chamaemelum nobile.

Oleum Chaulmoograe: s. Hydnocarpus kurzii.

Oleum Chenopodii anthelminthici: s. Chenopodium ambrosioides var. anthelminticum.

Oleum Chloroformii: DAB6, Mischung von Chloroform u. Erdnußöl zu gleichen Teilen.

Oleum Cinnamomi cassiae: s. Cinnamomum aromaticum (Cinnamomi cassiae aetheroleum).

Oleum Cinnamomi zeylanici: s. Cinnamomum verum (Cinnamomi zeylanici corticis aetheroleum).

Oleum Citri: s. Citrus limon (Limonis aetheroleum).

Oleum Citronellae: s. Cymbopogon winterianus.

Oleum Citronellae javanicum: s. Cymbopogon winterianus.

Oleum Cocos: s. Cocos nucifera.

Oleum Coriandri: s. Coriandrum sativum.

Oleum Coryli avellanae: s. Corylus avellana.

Oleum Crotonis: s. Croton tiglium.

Oleum Cubebae: s. Piper cubeba.

Oleum Cucurbitae: s. Cucurbita pepo.

Oleum Cupressi: s. Cupressus sempervirens.

Oleum Eucalypti: s. Eucalyptus globulus (Eukalypti aetheroleum).

Oleum Fagi empyreumaticum: s. Pix Fagi.

Oleum Fagi silvaticae: s. Fagus sylvatica.

Oleum Floris Aurantii: s. Citrus aurantium ssp. aurantium (Aurantii amari floris aetheroleum).

Oleum Foeniculi: s. Foeniculum vulgare ssp. vulgare var. vulgare (Foeniculi aetheroleum).

Oleum Foliorum Patchouli: s. Pogostemon cablin.

Oleum Fructus Aurantii amari: s. Citrus aurantium ssp. aurantium.

Oleum Gaultheriae: s. Gaultheria procumbens.

Oleum Geranii: s. Pelargonium-Arten.

Oleum Geranii indicum: s. Cymbopogon martinii var. motia (Oleum Palmarosae).

Oleum Gossypii: s. Gossypium.

Oleum Gynocardiae: s. Hydnocarpus kurzii (Oleum Chaulmoograe).

Oleum Hedeomae: s. Hedeoma pulegioides.

Oleum Helenii: s. Inula helenium.

Oleum Helianthi annui: s. Helianthus annuus.

Oleum Hippocastani: s. Aesculus hippocastanum.

Oleum Hydnocarpi: s. Hydnocarpus kurzii (Oleum Chaulmoograe).

Oleum Hyoscyami: Bilsenkrautöl. **Anw.:** früher zu schmerzstillenden Einreibungen.

Oleum Hyperici: s. Hypericum perforatum.

Oleum Hyssopi: s. Hyssopus officinalis.

Oleum Iridis: s. Iris germanica.

Oleum Ivae moschatae: s. Achillea erba-rotta ssp. moschata.

Oleum Ivarancusae: s. Vetiveria zizanioides (Oleum Vetiveriae).

Oleum Jasmini: s. Jasminum grandiflorum.

Oleum Jatrophae: s. Jatropha curcas.

Oleum Jecoris (Aselli): s. Lebertran.

Oleum Jecoris Hippoglossi: s. Lebertran.

Oleum Juglandis: s. Juglans regia.

Oleum Juniperi: s. Juniperus communis.

Oleum Juniperi empyreumaticum: s. Juniperus oxycedrus (Pix Juniperi).
Oleum Lauri: s. Laurus nobilis.
Oleum Lauri aethereum: s. Laurus nobilis.
Oleum Lavandulae: s. Lavandula angustifolia ssp. angustifolia (Lavandulae aetheroleum).
Oleum Levistici: s. Levisticum officinale.
Oleum Ligni Cedri: s. Juniperus virginiana.
Oleum Limettae: s. Citrus aurantiifolia.
Oleum Limonis: s. Citrus limon (Limonis aetheroleum).
Oleum Linaloes: Linaloeöl, Likariöl; das äther. Öl aus Holz u. Früchten versch. Bursera-Arten, Fam. Burseraceae (Mexiko). **Best.:** 60-70 % Linalool, α-Terpineol, Geraniol u. a.; **Anw.:** in der Parfümerie (Maiglöckchenessenz).
Oleum Lini: s. Linum usitatissimum (Lini oleum).
Oleum Lini sulfuratum: s. Linum usitatissimum.
Oleum Lumbricorum: s. Oleum Philosophorum.
Oleum Macadamiae: s. Macadamia ternifolia (Macadamiae oleum).
Oleum Macidis: s. Myristica fragrans (Myristicae fragantis aetheroleum).
Oleum Maidis embryonis: s. Zea mays.
Oleum Majoranae: s. Origanum majorana.
Oleum Marmotae: s. Marmota marmota (Murmeltierfett).
Oleum Melaleucae: s. Melaleuca alternifolia (Melaleucae aetheroleum).
Oleum Melissae indicum: s. Cymbopogon winterianus (Oleum Citronellae).
Oleum Menthae arvensis: s. Mentha arvensis var. piperascens (Menthae arvensis aetheroleum).
Oleum Menthae crispae: s. Mentha crispa (Menthae crispae aetheroleum).
Oleum Menthae japonicae: s. Mentha arvensis var. piperascens (Menthae arvensis aetheroleum).
Oleum Menthae piperitae: s. Mentha x piperita (Menthae piperitae aetheroleum).
Oleum Menthae viridis: s. Mentha crispa (Menthae crispae aetheroleum).
Oleum Moringae: s. Moringa oleifera.
Oleum Morrhuae: s. Lebertran.
Oleum Myrciae: s. Pimenta racemosa (Oleum Pimentae acris).
Oleum Myristicae aethereum: s. Myristica fragrans (Myristicae fragantis aetheroleum).
Oleum Myristicae expressum: s. Myristica fragans (Oleum Nucistae).
Oleum Neroli: s. Citrus aurantium ssp. aurantium (Aurantii amari floris aetheroleum).
Oleum neutrale: s. Triglyceride, mittelkettige.
Oleum Nucistae: s. Myristica fragrans.
Oleum Nucum Juglandis infusum: s. Juglans regia.
Oleum Oenotherae biennis: s. Oenothera biennis (Oenotherae oleum).
Oleum Olivarum: s. Olea europaea (Olivae oleum virginale).
Oleum Olivarum album: s. Olea europaea.
Oleum Origani cretici: s. Origanum creticum, Origanum onites.
Oleum Ovorum: s. Ei.
Oleum Palmae: s. Elaeis guineensis.
Oleum Palmarosae: s. Cymbopogon martinii var. motia.
Oleum Papaveris: s. Papaver somniferum.
Oleum Paraffini: früher für Paraffinum* liquidum.
Oleum Patchouli: s. Pogostemon cablin.
Oleum Pedi Tauri: s. Klauenöl.
Oleum Pericarpii Aurantii: s. Citrus aurantium ssp. aurantium (Oleum Aurantii fructus amari).
Oleum Perillae: s. Perilla frutescens (Perillae oleum).
Oleum Perseae: s. Persea americana (Avocadoöl).
Oleum Persicarum: s. Prunus persica, Prunus armeniaca.
Oleum Petitgrain: s. Citrus aurantium ssp. aurantium.
Oleum Petrae: Erdöl, Petroleum, Naphtha, Steinöl, Schieferöl*; dünn- od. dickflüss. Erdöl ist ein Gemenge zahlreicher Kohlenwasserstoffe, vorwiegend der Alkane* u. Cycloalkane* (Naphthene), in kleineren Mengen Benzole*, ferner die Verharzung des Erdöls bedingende Alkene*, außerdem Schwefelverb., Stickstoff u. Spuren zahlreicher anderer Elemente. Die Zstzg. ist sehr schwankend. D. 0.78-0.94. Je nach Herkunft ist das Öl hell bis schwarz gefärbt. **Vork.:** Erdöl entstand nach heutiger Auffassung aus den Fetten, Eiweißen u. Kohlenhydraten fossiler Tiere u. Pfl., es findet sich daher nur in Schichtgesteinen, niemals in Erstarrungsgesteinen, 50 % der heutigen Ölausbeute stammt aus dem Tertiär. Hauptvork.: USA, Indonesien, Nigeria, Mexico, Venezuela, Rumänien, GUS, Mittlerer u. Naher Osten, Libyen, Nordsee. **Gew.:** Es tritt entweder nat. zu Tage od. wird durch Pumpen gehoben, ca. 80 % müssen bergmänn. erbohrt werden. Bei der fraktionierten Dest. des Erdöls werden versch. Produkte gewonnenen: **1.** die bis 150 °C übergehenden Anteile (Petrolether, Gasolin, Benzine, Ligroin); **2.** das von 150-300 °C dest. eigentl. Petroleum (Kerosin, Leuchtöl); **3.** die bis 350 °C dest. Gas- u. Treiböle; **4.** die über 350°C dest. Anteile u. Rückstände (Schmieröle, Paraffin, durch Raffination Vaselin). **Anw.** techn.: Erdöl u. seine Dest.-Produkte sind neben Kohle die größten Energiequellen der Welt. Rohes Erdöl dient als Feuerungsmittel u. a. für Dampfschiffkessel; Verbrennungswärme ca. 40 000 kJ/kg (10 000 kcal/kg); med.: **O. P. EB6** ist das aus dem rohen amerikan. Steinöl durch Dest. gewonnene Öl. D. 0.790-0.800. Sdp. 150-170 °C. Farblos bis schwach gelbl. Öl, unlösl. in Wasser, wenig lösl. in Ethanol, leicht lösl. in Ether, Chloroform u. fetten Ölen. Es darf Lackmuspapier nicht röten.
Hom: *Petroleum rectificatum (HAB1.5):* durch Rektifikation von Erdöl gewonnen, Siedebereich 180-220 °C; verord. z. B. bei chron. Ekzemen, Frostschäden.
Oleum Petrae italicum: Steinöl, nach EB6 Destillat aus italien. Erdöl. D. 0.745-0.845. Gelbe od. rötl. klare, schillernde Flüss.; leicht lösl. in Ether, absolutem Ethanol, fetten u. äther. Ölen, wenig lösl. in Ethanol.
Oleum Petroselini: s. Petroselinum crispum ssp. crispum.
Oleum Philosophorum: Ol. Lumbricorum, Philosophenöl; Mischung von Ol. Rapae mit ca. 1 % Ol. animale u. ca. 2 % Ol. Petrae.
Oleum phosphoratum: Phosphoröl; Lsg. von weißem Phosphor in fettem Öl, am besten Olivenöl,

Phosphoranteil meist 1 %. **Anw.**: früher in Lebertran bei Rachitis.
Oleum Piceae: s. Picea abies (Picae aetheroleum).
Oleum Pimentae: s. Pimenta dioica.
Oleum Pimentae acris: s. Pimenta racemosa.
Oleum Pini: s. Terebinthina (Kienöl).
Oleum Pini piceae: s. Abies alba (Oleum Abietis albae).
Oleum Pini pumilionis: s. Pinus mugo (Pini pumilionis aetheroleum).
Oleum Pini sibiricum: s. Abies sibirica (Piceae aetheroleum).
Oleum Pini silvestris: s. Pinus sylvestris (Pini aetheroleum).
Oleum Pulegii: s. Mentha pulegium.
Oleum Pulegii americanum: s. Hedeoma pulegioides (Oleum Hedeomae).
Oleum Rapae: s. Brassica napus.
Oleum Ricini: s. Ricinus communis (Ricini oleum virginum).
Oleum Ricini hydrogenatum: s. Ricinus communis.
Oleum Ricini majoris: s. Jatropha curcas (Oleum Jatrophae).
Oleum Ricini raffinatum: s. Ricinus communis (Ricini oleum raffinatum).
Oleum Rosae: s. Rosa damascena.
Oleum Rosmarini: s. Rosmarinus officinalis (Rosmarini aetheroleum).
Oleum Rusci: s. Betula pendula (Pix Betulae).
Oleum Rusci rectificatum: s. Betula pendula (Oleum Betulae empyreumaticum rectificatum).
Oleum Rutae: s. Ruta graveolens.
Oleum Sabinae: s. Juniperus sabina.
Oleum Salviae: s. Salvia officinalis (Salviae officinalis aetheroleum).
Oleum Santali: s. Santalum album.
Oleum Sassafras: s. Sassafras albidum var. molle.
Oleum Seminis Abelmoschi: s. Abelmoschus moschatus.
Oleum Sesami: s. Sesamum indicum (Sesami oleum raffinatum).
Oleum Sinapis: s. Brassica nigra, Allylsenföl.
Oleum Sinapis pingue: s. Brassica nigra.
Oleum Sojae: s. Glycine max (Sojae oleum).
Oleum Sojae ad usum parenteralem: s. Glycine max (Sojae oleum ad usum parenterale).
Oleum Spicae: s. Lavandula latifolia.
Oleum Succini rectificatum: s. Bernstein.
Oleum Tanaceti: s. Tanacetum vulgare.
Oleum Templini: s. Abies alba.
Oleum Terebinthinae: s. Terebinthina.
Oleum Terebinthinae e Ligno: s. Terebinthina (Holzterpentinöl).
Oleum Terebinthinae medicinale: s. Terebinthina.
Oleum Terebinthinae rectificatum: s. Terebinthina (Therebinthinae aetheroleum rectificatum).
Oleum Terebinthinae sulfuratum: geschwefeltes Terpentinöl, Harlemer Öl, Jerusalemer Balsam, Tillytropfen; Zstzg.: EB6, eine Mischung von 1 T. Ol. Lini sulfuratum u. 3 T. Ol. Terebinthinae. **Anw.**: traditionell angewendet; obsolet wegen seiner hohen Allergenität u. seines zweifelhaften therapeut. Nutzens.
Oleum Thujae: s. Thuja occidentalis.
Oleum Thymi: s. Thymus vulgaris (Thymi aetheroleum).
Oleum Tiglii: s. Croton tiglium (Oleum Crotonis).
Oleum Tsugae americanae: s. Tsuga canadensis.
Oleum Valerianae: s. Valeriana officinalis var. angustifolia.
Oleum Vaselini album: s. Vaselinöl, weißes.
Oleum Vaselini flavum: s. Vaselinöl, gelbes.
Oleum Verbenae odoratae: s. Aloysia triphylla.
Oleum Vetiveriae: s. Vetiveria zizanioides.
Oleum Vitrioli: Oleum Vitrioli fumans; s. Schwefelsäure (rauchende S.).
Oleum Ylang-Ylang: s. Cananga odorata (Oleum Canangae).
Oleum Zeae: s. Zea mays (Oleum Maydis embryonis).
Oleum Zedoariae: s. Curcuma zedoaria.
Oleum Zinci: Zinci oxidi oleum, Zinkoxidöl; Zinköl. **Herst.**: DAC79, NRF, Suspension (s. Suspensionen) von 50 T. Zinkoxid (Sieb 300) in 50 T. Olivenöl. Die Konsistenz kann durch Zusatz von bis zu 3 % hochdispersem Siliciumdioxid erhöht werden. Anstelle von Olivenöl können mittelkettige Triglyceride verwendet werden. **Anw.**: mildes Adstringens u. Exsikkans zur Hautbehandlung; 2 Monate haltbar.
Oleum Zingiberis: s. Zingiber officinale.
Oleuropein: Oleuropeosid; CAS-Nr. 32619-42-4; $C_{25}H_{32}O_{13}$, M_r 540.53. Schmp. 87-89 °C. Esterglykosid mit Secoiridoidgrundstruktur; lösl. in Wasser. **Vork.**: Bitterstoff aus Oliven u. -blättern (s. Olea europaea) sowie Ligustrum-Arten (Fam. Oleaceae); **Wirk.**: spasmolyt., senkt den systol. u. diastol. Blutdruck.

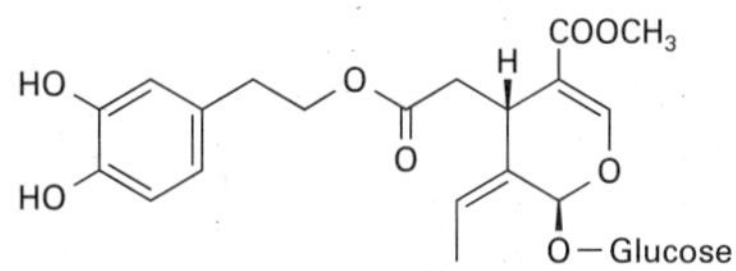

Oleuropein

Oleylalkohol: (Z)-9-Octadecen-1-ol; $C_8H_{17}CH{=}CH(CH_2)_7CH_2OH$. Farblose Flüss. D. 0.894. Sdp. 205 °C (200 Pa). Lösl. in Ethanol u. Ether, unlösl. in Wasser. Nat. im Walratöl. **Anw.**: in der Textil- u. kosmetischen Industrie, z. B. zur Herst. von Brillantinen, Lippenstiften, für Druckerfarben, zum Wasserdichtmachen von Stoffen, als Antischaummittel; vgl. Ölsäureoleylester.
Oleylis oleas: s. Ölsäureoleylester.
Oleyloleat: s. Ölsäureoleylester.
Olfaktometrie: Geruchsprüfung.
Olfaktoria (Olfactus Geruchssinn, Olfactorius Riechnerv): Riechmittel, Riechfläschchen.
Olibanum: s. Boswellia bhaw-dajiana.
Oligomerisation: Polymerisation* von nur wenigen Grundbausteinen (Monomeren).
Oligonucleotide: Nucleotide bis zu einer Kettenlänge von 30 Resten; nicht scharf abgegrenzt geg. Polynucleotide.
Oligopeptide: Peptide* aus 3-10 Aminosäuren*. **Vork.**: nat. spielen versch. Oligopeptide eine große Rolle als Hormone, wie Enkephalin

(s. Endorphine), als Toxine, als Antibiotika (s. Ciclosporine).

Oligosaccharide: s. Kohlenhydrate.

Oligurie: Verminderung der Harnausscheidung (<500 mL/24 h). Vgl. Anurie, Polyurie.

Olivae oleum raffinatum: s. Olea europaea.

Olivae oleum virginale: s. Olea europaea.

Olivenblätter: s. Olea europaea (Folia Oleae).

Olivenöl, natives: s. Olea europaea (Olivae Oleum virginum).

Olivenöl, raffiniertes: s. Olea europaea.

Olivin: Peridot; $(Mg,Fe)_2SiO_4$. Olivgrüne bis rotbraune rhomb. Kristalle od. Kristallaggregate. **Anw.:** Zusatz zu feuerfesten Steinen (Forsterit), Flussmittel für Schlacke in Hochöfen, reine, helle Varietäten als Schmuckstein (edler Olivin).

Olmesartan INN: 4-(1-Hydroxy-1-methylethyl)-2-propyl-1-[2'-(1*H*-tetrazol-5-yl)biphenyl-4-yl]methyl-imidazol-5-carboxylat; CAS-Nr. 144689-24-7; $C_{24}H_{26}N_6O_3$, M_r 446.5. logP 3.4; pK_S 2.4; schwer lösl. in Wasser. **Wirk.:** Angiotensin*-II-Blocker; **Anw.:** Behandlung der Hypertonie; Verwendung des Prodrugs Olmesartanmedoxomil, das gut u. schnell resorbiert wird u. niedrig dosiert werden kann; **UAW:** Schwindel, Infektionen der oberen Atemwege; **Kontraind.:** Schwangerschaft, Stillzeit, Gallenwegobstruktionen; **Dos.:** 1×10-40 mg/d; HWZ 10-15 h.

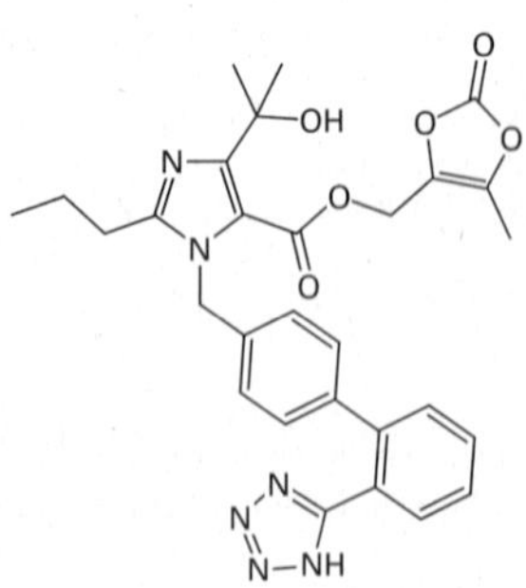

Olmesartan

Ololiuqui: s. Rivea corymbosa, Ipomoea violacea.

Olsalazin INN: 5,5'-Azodisalicylsäure; 3,3'-Azobis-(6-hydroxybenzoesäure); CAS-Nr. 15722-48-2; $C_{14}H_{10}N_2O_6$, M_r 302.2. **Olsalazin-Dinatrium:** Olsalazinum natricum Ph.Eur.4, Olsalazin-Natrium; CAS-Nr. 6054-98-4; $C_{14}H_8N_2Na_2O_6$, M_r 346.21. Gelbes, feines, krist. Pulver, wenig lösl. in Wasser, lösl. in Dimethylsulfoxid, sehr schwer lösl. in Methanol; zeigt Polymorphie. **Wirk.** u. **Anw.:** Antirheumatikum*; Magen-Darm-Mittel zur Rezidivprophylaxe der Colitis ulcerosa; wird im Kolon durch Bakt. in 2 Moleküle 5-Aminosalicylsäure* gespalten; **UAW:** weicher Stuhl, Durchfall, Kopfschmerzen, Übelkeit; **Dos.:** oral Initialdosis: 1 g/d in geteilten Gaben, bei Bedarf steigerbar auf max. 3 g/d über 7 d; Erhaltungsdosis: 2×0,5 g/d nach den Mahlzeiten.

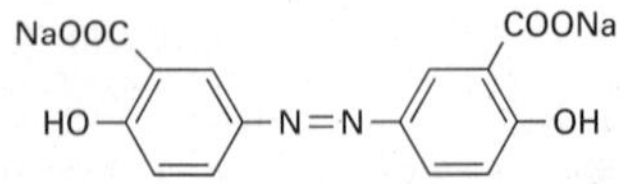

Olsalazin: Dinatriumsalz

OLV: Abk. für (engl.) *oligolamellar large vesicles*; Liposomen mit mehreren Lamellen; durch zusätzl. Membranen ist z. B. die Freisetzung des eingelagerten Wirkstoffs verzögert. OLV entstehen als Nebenprodukt bei den meisten Herstellungsmethoden für große unilamellare Vesikel (LUV, s. Liposomen).

Omalgie (gr. omos Schulter): Schulterschmerz.

Omalizumab: rekombinanter, humanisierter monoklonaler Anti-IgE-Antikörper, der subkutan in Verbindung mit Standardtherapien das Auftreten von Asthma-Anfällen verhindert.

Omega-3-Fettsäuren: s. Fettsäuren, essentielle.

Omega-6-Fettsäuren: s. Fettsäuren, essentielle.

Omegahydroxymethylfurfural: s. Invertzucker.

Omega-3-Säurenethylester: Ethylester der mehrfach ungesättigten, essentiellen Fettsäuren* alpha-Linolensäure (C_{18}:3ω-3), Moroctsäure (Stearidonsäure) (C_{18}:4ω-3), Eicosatetraensäure (C_{20}:4ω-3), Timnodonsäure (Eicosapentaensäure) (C_{20}:5ω-3; EPA), Heneicosapentaensäure (C_{21}:5ω-3), Clupanodonsäure (C_{22}:5ω-3) und Cervonsäure (Docosahexaensäure) (C_{22}:6ω-3; DHA). **Herst.:** Umesterung des Körperöls (Muskelöl) fetter Fischspezies von Familien wie Engraulidae, Carangidae, Clupeidae, Osmeridae, Salmonidae u. Scombridae; anschließend physik.-chem. Reinigungsprozess mit einer Harnstoff-Fraktionierung u. nachfolgender Moleculardest.; Vitamin E (Tocopherol, s. Vitamine) kann als Antioxidans* zugesetzt werden; in der Ph.Eur.4 werden Mindestgehalte einzelner Fettsäurefraktionen vorgeschrieben. **Anw.:** Lipidsenker*, Cholesterol u. Triglycerid senkendes Mittel; bei Hypertriglyceridämie u. nach Herzinfarkt; **UAW:** gastrointestinale Störungen wie Reflux, Übelkeit, Obstipation, mäßige Erhöhung der Transaminasen* der Leber, Verlängerung der Blutungszeit; **Dos.:** bei Hypertriglyceridämie p. o. 2-4×0.840 g/d; bei Herzinfarkt p. o. 1×0.840 g/d. **Omega-3-Säurenethylester 60:** Omega-3 acidorum esteri ethylici 60 Ph.Eur.4; enthält mind. 60 % Gesamt-Omega-3-Säurenethylester, mind. 50 % EPA- u. DHA-Ethylester; schwach gelbe Flüss., schwach fischähnlicher Geruch, unlösl. in Wasser, sehr leicht lösl. in Aceton, wasserfreiem Ethanol, Heptan u. Methanol. **Omega-3-Säurenethylester 90:** Omega-3 acidorum esteri ethylici 90 Ph.Eur.4; enthält mind. 90 % Gesamt-Omega-3-Säurenethylester, mind. 80 % EPA- u. DHA-Ethylester; schwach gelbe Flüss, schwach fischähnlicher Geruch, unlösl. in Wasser, sehr leicht lösl. in Aceton, wasserfreiem Ethanol, Heptan u. Methanol.

Omega-3-Säurentriglyceride: Omega-3 acidorum triglycerida Ph.Eur.4; Mischung von Mono-, Di- u. Triestern der Omega-3-Fettsäuren (s. Fettsäuren, essentielle) mit Glycerol. **Herst.:** Veresterung konz. u. gereinigter Omega-3-Säuren mit Glycerol. Die Omega-3-Säuren stammen aus dem Körperöl (Muskelöl) fetter Fischspezies, z. B. Hering, Makrele; Vitamin E (s. Vitamine) kann als Antioxidans* zugesetzt werden.

Omentum (lat. Netz): Teil des Bauchfells; s. Peritoneum.

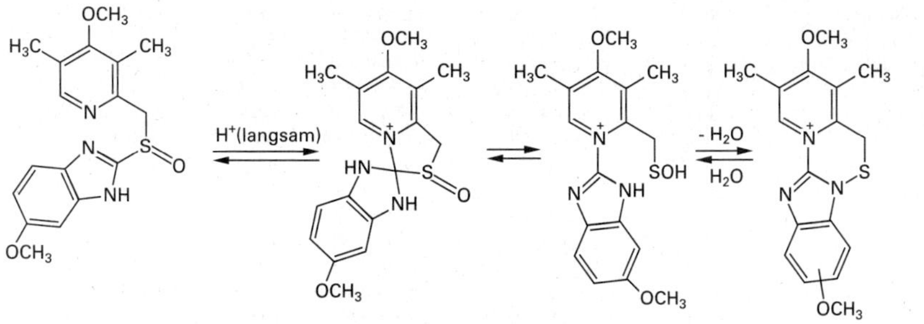

Omeprazol (Sulfoxid) Dihydrobenzimidazol Sulfensäure Sulfenamid

Omeprazol: Umwandlung in Sulfensäure u. -amid

Omeprazol: Omeprazolum Ph.Eur.4;)5-Methoxy-2-[(4-methoxy-3,5-dimethyl-2-pyridyl)methyl]sulfinyl-benzimidazol; CAS-Nr. 73590-58-6; $C_{17}H_{19}N_3O_3S$, M_r)345.4. Schmp. 156 °C. **Wirk.** u. **Anw.:**)Ulkustherapeutikum*) beim Zollinger-Ellinger-Syndrom; erster Vertreter der)Protonenpumpenblocker*), hemmt H^+/K^+)-ATPase. O. wird bei pH-Werten unter 4.2 über ein Dihydrobenzimidazol in die aktiven Formen, die Sulfensäure u. das Sulfenamid, umgewandelt (s. Abb.). Der für die Umwandlung nötige niedrige pH-Wert kommt nur in der Belegzelle vor, daraus ergibt sich die hohe Selektivität. O. hemmt die Säureproduktion unabhängig von der Gastrin-, Histamin- od. Acetylcholin-Sekretion. **UAW:** Schwindel, Kopfschmerzen, Verstopfung, Beeinträchtigung des Reaktionsvermögens; **Dos.:** 1×20 mg/d. **Omeprazol-Natrium-Monohydrat:** Omeprazolum natricum Ph.Eur.4; $C_{17}H_{18}N_3NaO_3S \cdot H_2O$, M_r 385.4. Weißes, hygroskop. Pulver; leicht lösl. in Wasser.

Ommochrome (gr. omma Auge; chroma Farbe): Gruppe von gelben bis roten Naturfarbstoffen. **Vork.:** als Pigmente in Augen u. Haut von Krebsen, Tintenfischen u. Insekten. Biosynthese des Phenoxazon-Ringsystems über Kynurenin* u. 3-Hydroxykynurenin (Zwischenprodukte des Tryptophan*-Abbaus).

Omoconazol INN: (*Z*)-1-{2,4-Dichlor-β-[2-(*p*-chlorphenoxy)ethoxy]-α-methylstyryl}imidazol; CAS-Nr. 74512-12-2; $C_{20}H_{17}Cl_3N_2O_2$, M_r 423.73. Schmp. 89-90 °C (kristallisiert aus Ethylaceat/Hexan 1:4). **Wirk.:** durch Störung der Ergosterolbiosynthese der Pilzmembran fungistat. auf Dermatophyten, Hefen u. Schimmelpilze; fungizid auf Hefen; **Anw.:** lokales Antimykotikum, bei Pilzinfektionen der Haut; **UAW:** selten Hautreizungen. **Omoconazol-Nitrat:** CAS-Nr. 74512-12-2; $C_{20}H_{17}Cl_3N_2O_2 \cdot HNO_3$, M_r 486.74. Schmp. 118-122 °C (kristallisiert aus Ethylaceat/Ethanol).

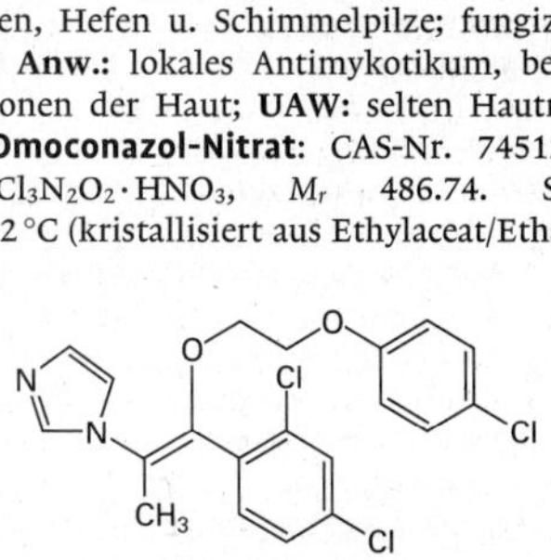

Omoconazol

Omphalitis (gr. omphalos Nabel): Nabelentzündung der Neugeborenen.

Onagraceae: Nachtkerzengewächse, (früher Oenotheraceae); Fam. der Od. Myrtales; ca. 650 Arten. Kräuter od. Stauden, weltweit verbreitet. Die Blätter sind meist gegenständig, die Blüten sind radiär od. zygomorph, zwittrig, meist 4-, selten 2-zählig; 2, 4 od. 8 Staubblätter, der Fruchtknoten ist unterständig, die Früchte sind Nüsse od. Kapseln. **Wichtige Gattungen:** z. B. Epilobium, Oenothera.

Onchozerkose: Onchocerciasis; durch den Nematoden Onchocerca volvulus (s. Filarien) hervorgerufene Filariose*. Betroffen sind v. a. das Unterhautbindegewebe (Dermatiden, Atrophie u. Depigmentation der Haut, sog. Leopardenhaut) u. die Augen (Erblindungsgefahr).

Ondansetron INN: 1,2,3,9-Tetrahydro-9-methyl-3-[(2-methyl-1*H*-imidazol-1-yl)methyl]-4*H*-carbazol-4; CAS-Nr. 99614-02-5; $C_{18}H_{19}N_3O$, M_r 293.4. Schmp. 213-232 °C. **Wirk.** u. **Anw.:** Antiemetikum* bei Zytostatika-induziertem Erbrechen, selektiver Serotoninantagonist (5-HT_3-Antagonist), besitzt auch anxiolyt. Wirk.; **UAW:** Obstipation, Kopfschmerzen; **Dos.:** 3×8 mg/d. **Ondansetron-hydrochlorid-Dihydrat:** Ondansetroni hydrochloridum dihydricum Ph.Eur.4; CAS-Nr. 99614-01-4; $C_{18}H_{19}N_3O \cdot 2\,H_2O$; M_r 365.86; Schmp. 178.5-179.5 °C aus Wasser/Isopropanol. Weißes bis fast weißes Pulver, wenig lösl. in Wasser u. Ethanol, lösl. in Methanol, schwer lösl. in Dichlormethan. **Dos.:** parenteral i. v. 10 mg direkt vor der Behandlung, gefolgt von Infusion i. v. 1.25 mg/h bis zu 24 h od. i. v. 2×10 mg im Abstand von 2-4 h; Infusion i. v. 40 mg über 15 min als Einmalgabe vor Chemotherapie; Kinder: i. v. 6.25 mg/m^2 Körperoberfläche über 1.

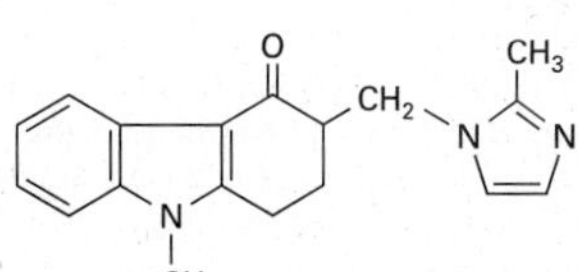

Ondansetron

onkogen: geschwulsterzeugend; Eigenschaft biol., chem. u. physik. Faktoren, über unterschiedl. Mechanismen normale Zellen zur malignen

Transformation zu veranlassen. Vgl. Onkogene; Karzinogene.

Onkogene: (engl.) *oncogenes*; Geschwulst erzeugende Gene. **1.** virale O. (Abk. v-O., v-onc): bewirken nach Isolation (z. B. aus Retroviren) u. Einbau in eine normale tier. Zelle eine maligne Transformation; mehr als 20 v-O. sind bisher bekannt; Viren, onkogene. **2.** zelluläre O. (Abk. c-O., c-onc; syn. Protoonkogene): z. T. mit noch unbekannter Funktion; sind im Genom normaler Zellen integriert u. an normalen Wachstums- und Differenzierungsprozessen beteiligt; die Aktivierung von c-O. durch Mutation (z. B. durch Kanzerogene, ionisierende Strahlung) od. DNA-Umbau wird als Mechanismus der Transformation normaler Zellen in Tumorzellen diskutiert.

Onkogene Gene: Gene mit onkogener Potenz gehören zum Bestand der normalen somat. Zellen u. spielen wahrscheinl. eine entscheidende Rolle bei der normalen Wachstumskontrolle. Die Onkogenhypothese besagt, dass diese in den Zellen vorhandene Information, die deren maligne Entartung bewirken kann, durch Viren u. andere exogene Karzinogene, aber auch durch versch. endogene Faktoren (z. B. Altern, Hormone) reaktiviert werden kann.

Onkologie (gr. onkos Haufen, Geschwulst): Teilgebiet der Inneren Medizin, das sich mit der Entstehung u. Behandlung von Tumoren u. tumorbedingten Krankheiten beschäftigt.

onkostatisch: die Vermehrung von Tumorzellen hemmend.

onkotoxisch: Tumorzellen schädigend.

onkozid: Tumorzellen vernichtend.

Onlinehandel: elektron. Handel mit apothekenpflichtigen Arzneimitteln; die Bestellung des Kunden erfolgt per E-Mail bei einer Apotheke. Vgl. Versandhandel.

O

Ononis spinosa L.: Hauhechel, Harnkraut, Haudorn; Fam. Fabaceae (Leguminosae) (Europa). Stpfl. von **Ononidis radix:** Radix Ononidis, Hauhechelwurzel, Harnkrautwurzel. **Off.:** ÖAB90, Ph.Eur.4; **Inhaltsst.:** (unter) 0.1 % äther. Öl (mit *trans*-Anethol), Onocol (auch als α-Onocerin bezeichnet, ein ungewöhnl., dimeres Sesquiterpen, also ein Triterpen, mit 2 exocycl. Methylengruppen), Isoflavonglykoside wie Ononin u. Trifolirhizin; Gerbstoff; **Anw.:** zur Durchspülung bei entzündl. Erkrankungen der ableitenden Harnwege, bei Nierengrieß; **Zuber.:** Spec. diureticae, Spec. Lignorum.

Hom: *Ononis spinosa (HAB2000):* frische, oberird. T. blühender Pflanzen.

Hom: *Ononis spinosa äthanol. Decoctum (HAB2000):* getrocknete, unterird. Teile.

Onsäuren: s. Aldonsäuren.

Ontario-Pappel: s. Populus-Arten.

Ontogenese: Ontogenie; Entwicklung des Einzelwesens von der Eizelle bis zur endgültigen Ausbildung (Haeckel); vgl. Phylogenese.

Oogamie: geschlechtl. Fortpflanzung, bei der einer der beiden Gameten (Ei) groß u. unbeweglich ist, während der andere Gamet (Spermatozoid) kleiner u. bewegl. ist.

Oogonium: (bot.) einzelliger Behälter, in dem die Eizellen in Ein- od. Mehrzahl gebildet werden, vgl. Archegonium.

Oolong-Tee: s. Camellia sinensis.

Oophoron (gr. oon Ei): Eierstock. **Oophoritis:** Eierstockentzündung; meist sekundär bei Salpingitis*.

Opal: s. Siliciumdioxid.

Opaleszieren: farbiges Schillern wie ein Opal. **Opaleszenz:** Nach dem Ph.Eur.4 erfolgt die Prüfung auf Klarheit u. O. von Flüss. indem die zu prüfende Flüss. u. eine Referenzsuspension in einer Schichtdicke von 40 mm verglichen werden. 5 min nach Herst. der Referenzsuspension werden die Flüss. in vertikaler Durchsicht gegen einen dunklen Untergrund u. bei diffusem Tageslicht geprüft. Eine Flüss. wird als klar bezeichnet, wenn die Klarheit derjenigen von Wasser od. dem verwendeten Lösungsmittel entspricht od. wenn die Flüss. nicht stärker opalesziert als die Referenzsuspension.

OPC-Ampulle: s. Ampullen.

Operator: kurze DNA-Sequenz, die mit einem Repressor-Protein interagiert. Der Operator ist für das An- u. Abschalten der Funktion der Strukturgene verantwortl., also für die Synthese von mRNA.

Operatorgen: Stelle im DNA-Molekül, mit der das Proteinprodukt eines Regulatorgens* (Effektor) in Verb. tritt u. so die Transkription* der Strukturgene* kontrolliert.

Operculina turpethum (L.) Silva Manso: Convolvulus turpethum L., Ipomoea turpethum (L.) R. Br.; Fam. Convolvulaceae (Indien). Stpfl. von **Radix Turpethi:** Turpethwurzel, Turbitwurzel. **Inhaltsst.:** Harz, dem Jalapenharz (s. Ipomoea purga) ähnl., das Glykoretine* enthält; **Anw.** volkstüml.: in der traditionellen Medizin Indiens wird die Droge u. a. bei Wurmbefall, Fieber, Gelbsucht verwendet; bei Mensch u. Tier als drast. Abführmittel.

Operculum: Deckel. **Capsulae operculatae:** Hartgelatinekapseln (s. Capsulae), vgl. Arzneiformen.

Operment: s. Arsen(III)-sulfid.

Operon: Funktionseinheit aus Strukturgenen* u. Operatorgen (s. Operator), die nebeneinander auf einem DNA-Strang liegen. Das Operatorgen steht unter der Kontrolle eines außerhalb des Operons gelegenen Regulatorgens* u. entscheidet darüber, ob die Strukturgene transkribiert werden od. nicht. Ein O. ist an der Regulation der Enzymsynthese beteiligt. Das Operonmodell von Jacob u. Monod konnte bisher nur in prokaryont. Systemen nachgewiesen werden. Es ermöglicht die Erklärung von Enzyminduktion u. Enzymrepression.

Ophiotoxine: s. Schlangengifte.

Ophthalmia: ältere Allgemeinbez. für Augenentzündung.

Ophthalmika: s. Augenarzneien.

Ophthalmologie (gr. ophtalmos Auge): Augenheilkunde.

Ophthalmoskopie: Funduskopie; Betrachtung des Augenhintergrunds.

Ophtiole®: pipettenloser Plastikbehälter für einzeldosierte Augentropflösungen mit Abdrehverschluss, hergestellt nach dem Bottle-Pack®-Verfahren.

Opiansäure: 6-Formyl-2,3-dimethoxybenzoesäure; $C_{10}H_{10}O_5$, M_r 210.18. Entsteht beim oxidativen Abbau von Hydrastin* od. Noscapin.

Opiat-Agonist-Antagonisten: partielle Opiat-Agonisten; Stoffe, deren Wirkungsspektrum von der Affinität* u. Wirkstärke (s. intrinsic activity) an den versch. Opioidrezeptortypen abhängig ist. Es können 2 Gruppen unterschieden werden: **1.** morphinähnl. O.: z.B. Buprenorphin*, wirken bei starker Bindung partiellantagonist. an μ-Rezeptoren u. vollagonist. an κ-Rezeptoren; σ-Rezeptoren werden nicht angegriffen. Sie wirken daher stärker analget. als Morphin bei geringeren psych. UAW u. Missbrauchpotential, können zu Atemdepressionen führen. **2.** nalorphinähnl. O.: z.B. Nalorphin*, Pentazocin* unterscheiden sich von morphinähnl. O. durch stärker antagonist. μ-Rezeptoraktivität sowie starke σ-Rezeptorwirkung. Sie wirken analget. u. können unerwünschte Morphinwirkungen wie Atemdepression teilweise aufheben. Sie verursachen unangenehme psych. UAW. Vgl. Analgetika.

Opiatagonisten: volle Opiatagonisten; Opioide*, die vorwiegend μ-Rezeptoren stimulieren. **Wirkstoffe:** z.B. Morphin*, Oxymorphon, Methadon, Pethidin*; vgl. Analgetika, Opiate.

Opiatantagonisten: reine Opiatantagonisten, Morphinantagonisten, Opioidantagonisten, Endorphinolytika; dem Morphin in der Struktur ähnl. Stoffe. Sie verdrängen kompetetiv das Morphin von Opioidrezeptoren* ohne eine Wirkung auszulösen, heben Morphinwirkung (v.a. auf die Atmung) auf u. dienen als Antidot bei Vergiftungen mit Morphin u. morphinähnl. wirkenden Stoffen. **Wirkstoffe:** Levallorphan*, Naloxon*, Naltrexon*, Nalorphin*.

Opiate: klass. Opiate; Morphin* u. Opiumalkaloide mit morphinähnl. Wirkungen (z.B. Codein*), sowie alle synthet. u. halbsynthet. Verbindungen, die sich chem. davon ableiten lassen. O. bilden zusammengefasst mit den körpereigenen opiatartig wirkenden Peptiden (s. Opioidpeptide) die Opioide*. Die Abwandlung der Molekülstruktur des Morphins führte zu Verb., die mehr od. weniger morphinantagonist. Wirkungen zeigen. Reine Opiatantagonisten* (z.B. Naloxon) od. partiell antagonist. wirkende Stoffe (z.B. Nalorphin, s. Opiat-Agonist-Antagonisten) heben die Wirk. von Morphin ganz od. z.T. auf u. können als Antidota bei Vergiftungen mit Opiaten verwendet werden. Gemeinsames Strukturelement der O. (mit wenigen Ausnahmen) ist die sog. **analgophore Gruppe** (Otto Schaumann, Innsbruck, 1891-1977), bestehend aus einer sekundären od. tertiären Aminfunktion, die über eine kurze aliphat. Kette meist aus 2 Kohlenstoffatomen mit einem quartären Kohlenstoffatom verbunden ist. Dieses muss wiederum mit einem aromat. Ring verbunden sein; Strukturformel von Morphin, s. Opium. **Anw.:** v.a. als Analgetika* (starke).

Opiatrezeptoren: s. Opioidrezeptoren.

Opiat-Wirkungen: allgemeines Wirkungsprofil von Opioiden*; über Opioidrezeptoren* vermittelt. Man unterscheidet zentrale u. periphere Wirkungen: **1. zentrale Wirkungen: a)** dämpfend: starke Analgesie, Sedation, Atemdepression, hustenreizstillende Wirk., antiemet. Wirk. (Späteffekt), Dysphorie; **b)** erregend: Euphorie, brecherregend (Früheffekt), Miosis; **2. periphere Wirkungen:** Pyloruskontraktion, Tonuserhöhung der glatten Muskulatur des Magen-Darm-Traktes u. Senkung der Motilität (spast. Obstipation), Histaminfreisetzung (Urtikaria, Juckreiz), Antidiurese (Vasopressinfreisetzung erhöht), Hemmung der Harnblasenentleerung, Verminderung des Gefäßmuskeltonus (Kollapsneigung).

Opii pulvis normatus: s. Opium titratum.

Opii tinctura normata: s. Tinctura Opii.

Opioidanalgetika: s. Analgetika (starke).

Opioidantagonisten: s. Opiatantagonisten.

Opioide: Sammelbegriff für alle Stoffe mit morphinartigen pharmakolog. Wirk. (s. Opiat-Wirkungen). Allen gemeinsam ist ihre Affinität zu den Opioidrezeptoren*, verbunden mit starker analget. Wirksamkeit u. großem Suchtpotential. Man unterscheidet: **1.** O. vom Morphintyp (s. Opiate); dazu zählen: **a)** natürl. vorkommende O. wie z.B. Morphin*, Codein*, **b)** halbsynthet., durch chem.-strukturelle Veränderung des Morphinmoleküls gewonnene O. wie Heroin (s. Diacetylmorphin), Hydromorphon*; **c)** vollsynthet. hergestellte O. wie Pethidin*, Levorphanol*, Methadon (s. Methadonhydrochlorid); **2.** körpereigene O.: s. Opioidpeptide.

Opioidpeptide: morphinartig wirkende, endogene Peptide, die als Neurohormone* beim Schmerzgeschehen (z.B. Akupunktur*) u. vermutl. bei vielen anderen (patho)physiolog. Vorgängen im Organismus eine bedeutende Rolle spielen, z.B. bei Stress, Schizophrenie, Wachstum, Steuerung anderer Neurotransmitter. Die genauen physiol. Funktionen sind nicht bekannt. O. wurden in Gehirn, Hypophyse, Gastrointestinaltrakt, Blut u. Urin des Menschen u. der Wirbeltiere gefunden. Je nach Vorläuferprotein, aus dem O. herausgespalten werden, können sie in Endorphine*, Enkephaline u. Dynorphine* eingeteilt werden. Daneben kennt man noch die nat. vorkommenden *β*-Casomorphine* u. Dermorphine*.

Opioidrezeptoren: vorwiegend im ZNS aber auch in der Peripherie verteilte, in verschiedenen Formen auftretende Rezeptoren, die die Wirkung von Opioiden* vermitteln. Opioidrezeptortypen: **μ-Rezeptor** (Morphinrezeptor): er vermittelt die Wirk. morphinähnl. Stoffe u. ist verantwortl. für supraspinale Analgesie, Atemdepression, Euphorie, Abhängigkeit; **κ-Rezeptor**: vermittelt spinale Analgesie, Miosis, Sedation u. Toleranz; Agonisten sind z.B. Dynorphine*, Benzomorphanderivate u. Ketocyclazon; **σ-Rezeptor**: vermutl. für Dysphorie, Halluzinationen, Toleranz, Atem- u. Kreislaufstimulierung (Tachykardie) verantwortl.; **δ-Rezeptor**: soll bei stressinduzierter u. spinaler Analgesie, sowie bei Toleranz, Atemdepression u. Hypotonie beteiligt sein (v.a. Angriffspunkt von Enkephalinen u. Endorphinen). Durch Bindung an einen od. mehrere Rezeptortypen wird das Wirkungsprofil der Agonisten u. der (partiellen) Antagonisten charakterisiert.

Opipramol INN: 4-[3-(5*H*-Dibenz[*b,f*]azepin-5-yl)propyl]-1-piperazinethanol; CAS-Nr. 315-72-0; $C_{23}H_{29}N_3O$, M_r 363.49. Schmp. 100-101 °C. **Anw.:** tricycl. Antidepressivum (s. Psychopharmaka); Ind.: Angst- u. Spannungs-

O

zustände, depressive Verstimmungen; **UAW:** s. Psychopharmaka (Antidepressiva); HWZ 6-9 h. Gebräuchl. ist auch Opipramoldihydrochlorid.

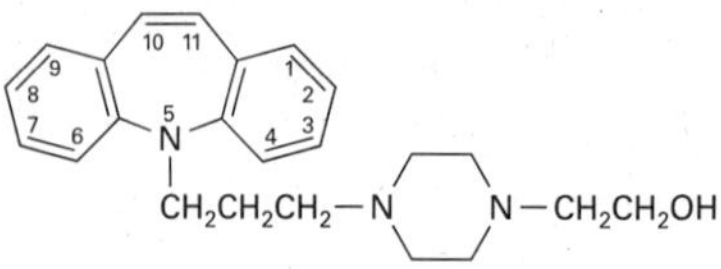

Opipramol

Opium: Opium crudum, Rohopium, Meconium, Laudanum, Thebaicum; Der eingetrocknete Milchsaft der angeschnittenen, unreifen Früchte von Papaver* somniferum. **Gew.:** die unreifen Kapseln des Schlafmohns werden 10-14 Tage nach dem Abfallen der Blütenblätter am Abend mit einem Messer od. einem Bündel parallel gestellter Messerchen quer geritzt u. am Morgen der ausgetretene Milchsaft abgeschabt u. auf Blättern gesammelt. Die Ausbeute beträgt pro Kapsel 20-50 mg. Nach dem Erhärten wird das O. zu sog. Kuchen od. Broten von 300 g bis 3 kg vereinigt, in Mohnblätter eingewickelt und z. B. mit Reisschalen, Rumexfrüchten u. a. Materialien bestreut um das Zusammenkleben zu verhindern. Die zuweilen mit helleren Körnern durchsetzten Stücke sind innen dunkelbraun, im frischen Zustand weich u. zäh, später werden sie durch Austrocknen hart u. spröde u. brechen dann uneben. Der Geruch ist betäubend, der Geschmack stark bitter u. etwas scharf. O. ist in Wasser bis zu 70 % löslich; **Off.:** Ph.Eur.4; **Inhaltsst.:** Die wichtigsten der insgesamt ca. 40 Opiumalkaloide kann man nach ihren Grundstrukturen in die Alkaloide der Morphinanreihe (Morphin, Codein, Thebain u. a.) u. in die Benzyltetrahydroisochinolinalkaloide (z. B. Papaverin, Noscapin*, Laudanosin, Laudanin, Narcein) einteilen (s. Abb.). Der Gesamtalkaloidgehalt beträgt 20-25 %, wovon auf Morphin allein 6-15 % (nach Ph.Eur.4 mind. 10.0 %) entfallen; daneben ca. 5 % Noscapin, 1 % Papaverin, 0.3-3 % (mind. 2 %) Codein u. ca. 0.5 % (max. 3 %) Thebain. Der Gehalt der übrigen Alkaloide beträgt unter 0.1 %. Die Alkaloide sind in Opium größtenteils an org. Säuren (Wein-, Citronen-, Äpfel-, Bernstein- u. Milchsäure), v. a. aber an Meconsäure (Geh. ca. 4-5 %; 3-Hydroxy-pyron-dicarbonsäure, s. Chelidonsäure), gebunden. Weitere Best. des Rohopiums sind 5-10 % Kautschuk, ferner u. a. Pektin, Harze, Gummi, Schleim, Eiweiße, Kohlenhydrate, Wachse, Enzyme; **Wirk.:** Die Gesamtwirkung des Opiums ergibt sich aus den synergist. u. antagonist. Eigenschaften der vorhandenen Alkaloide, sie unterscheidet sich von der des reinen Morphins (s. Tab.). **Anw.:** zur Ruhigstellung des Darmes bei heftiger Diarrhö, soweit andere Medikamente versagen od. nicht verfügbar sind; aufgrund des Geh. an Morphin bei starken Schmerzen. Opium dient zur Herst. von galen. Zuber.; die Droge darf nicht an den Patienten abgegeben werden. **Zuber.:** z. B. Extr. Opii, Extr. Opii siccum, Tct. Opii, Tct. Opii benzoica, Tct. Opii crocata, Opium concentratum, Opium* titratum, Pulvis Ipecacuanhae opiatus (früher im ÖAB81), Compressi Ipecacuanhae opiati; **Rauchopium:** s. Tschandu.

Hom: *Opium:* verord. z. B. bei aton. Obstipation, Neuropathien, komatösen Zuständen, Apoplexie, Folgen von Narkose u. Betäubungsmittelmissbrauch.

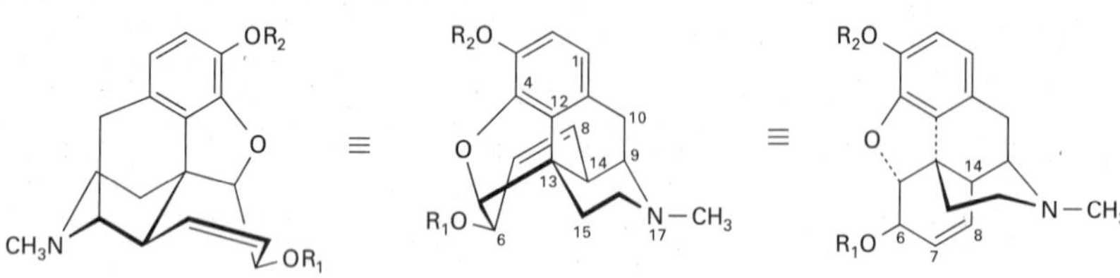

Morphin: R_1 = H, R_2 = H

Codein: R_1 = H, R_2 = CH_3

Thebain: R_1 = CH_3, R_2 = CH_3, sowie 2 Doppelbindungen zwischen C_6, C_7 und C_8, C_{14} anstelle der Doppelbindung C_7, C_8.

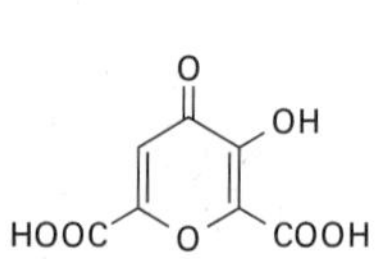

Meconsäure

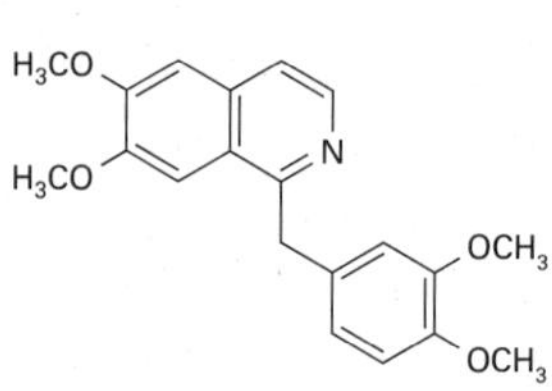

Papaverin

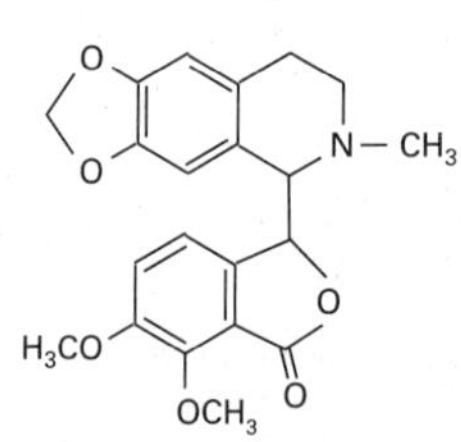

Noscapin

Opium: Hauptalkaloide u. Meconsäure

Opium
Wirkung einiger Opiumalkaloide

Wirkung	Morphin	Codein	Thebain	Papaverin	Noscapin
zentral analgetisch	stark	mittel	keine	keine	schwach
hypnotisch	stark	schwach	keine	(schwach)	
auf das Atemzentrum	lähmend	keine	erregend	keine	erregend
Lähmung der glatten Muskulatur	schwach	schwach	keine	mittel	stark

Opium concentratum: Opiumkonzentrat; Geh.: DAB6, 48-50 % Morphin. **Dos.:** MED 0.03 g, MTD 0.1 g.

Opium crudum: s. Opium.

Opium, eingestelltes: s. Opium titratum.

Opiumextrakt: s. Extractum Opii.

Opiumgesetz: s. Betäubungsmittelgesetz.

Opium pulveratum: s. Opium titratum.

Opiumtinktur: s. Tinctura Opii.

Opiumtinktur, benzoesäurehaltige: s. Tinctura Opii benzoica.

Opiumtinktur, eingestellte: s. Tinctura Opii.

Opiumtinktur, safranhaltige: s. Tinctura Opii crocata.

Opium titratum: Opii pulvis normatus, Opium pulveratum, Opium pulveratum titratum, Pulvis Opii, Pulvis Opii standardisatus, eingestelltes Opium; Geh.: DAB10, ÖAB94: 9.8-10.2 % Morphin, mind. 2 % Codein u. max. 3 % Thebain, ber. auf die lufttrockene Droge, die Einstellung erfolgt mittels Lactose; Ph.Helv.7, 9.8-10.2 % Morphin, mind. 0.9 % Codein, mind. 0.9 % Papaverin, bezogen auf die getrocknete Substanz, die Einstellung erfolgt mittels Mannitol. **Dos.:** MED 0.15 g, MTD 0.5 g.

Opodeldok: Name stammt vermutl. von Paracelsus; gallertartige Lsg. von Seife in Ethanol, dem Ammoniak, Campher u. äther. Öle zugesetzt sind; s. Linimentum saponato-camphoratum; Gallerta saponata camphorata.

Opodeldok, flüssiger: s. Spiritus saponato-camphoratus; Linimentum saponato-camphoratum liquidum.

Opopanax chironium (L.) W.D.J. Koch: Gummiwurz; Fam. Apiaceae (Umbelliferae) (westl. Mittelmeergebiet, Arabien, Ägypten, Somaliland). Stpfl. von **Opopanax:** Echtes Opopanax, Gummi Opopanax, Gummiresina Opopanax, Opopanax-Harz. **Inhaltsst.:** Harz, äther. Öl, Gummi; **Anw.:** in der Parfümerie. Das heute handelsübl. Opopanax stammt von Commiphora kataf*, es enthält neben Gummi v. a. bis ca. 50 % Ferulasäure des Oporesinotannols, freies Oporesinotannol, ca. 34 % Gummi u. bis 10 % äther. Öl mit Bisabolen. Das fälschl. als Opopanax-Öl bezeichnete **Bisabol-Myrrhenöl** (Burseraceen-Opopanax) stammt von Commiphora* erythracea var. glabrescens, vgl. Commiphora molmol.

Opopanax-Öl: s. Opopanax chironium.

Opotherapeutika (gr. therapeia Behandlung, opos Saft): s. Organtherapeutika.

Oppenauer-Oxidation: Methode zur Herst. von Ketonen* aus sekundären Alkoholen durch Oxidation* in Gegenwart von Aluminiumalkoholat, wobei das als Oxidationsmittel eingesetzte Keton zum Alkohol* reduziert wird.

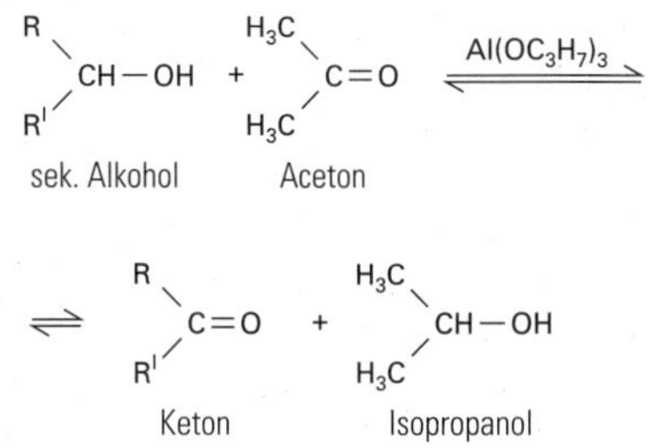

Oppenauer-Oxidation

Opportunisten: opportunist. Erreger; Keime, die fakultativ pathogen sind, also unter bestimmten Bedingungen wie z. B. Resistenzschwächen pathogen wirken.

Opsonierung: Anlagerung von Bakteriotropinen* an Keime (z. B. Bakt.), wodurch die Phagozytose* ermöglicht od. erleichtert wird.

Opsonine: s. Bakteriotropine.

Optik: Lehre vom Licht; vgl. Strahlung, elektromagnetische.

Optimus (lat.): f: -a, n:-um; der (die, das) Beste.

Optochin: Optochin basicum, Ethylhydrokuprein; $C_{21}H_{28}N_2O_2$, M_r 340.2. $[\alpha]_D^{20\,°C}$ −206 bis −212° (c=5, Salzsäure 1 mol/L). Weißes bis schwach gelbl., sehr bitter schmeckendes Pulver, fast unlösl. in Wasser, lösl. in Ethanol, Ether, Chloroform, heißen Ölen u. Fetten, leicht lösl. in Säuren. **Off.:** EB6; **Anw.:** Antiseptikum*, früher innerl. bei Pneumonie u. Malaria; **Dos.:** mehrmals tägl. 0.2-0.3 g; MED 0.3 g, MTD 1.0 g; äußerl.: in 2 %iger Lsg. bei Hornhautgeschwüren. **Optochinhydrochlorid:** Optochin hydrochloricum, Ethylhydrokupreinhydrochlorid; $C_{21}H_{28}N_2O_2 \cdot HCl$, M_r 376.7. Weißes, krist., sehr bitter schmeckendes Pulver, lösl. in 2 T. Wasser u. 5 T. Ethanol.

Opulets®: einzeldosierte, sterile Augentropfen in eingesiegelten flachen Minituben mit fest verbundenem Kopfteil, das vor der Applikation abgedreht werden muss.

Opuntia cochenillifera (L.) Mill.: Cactus cochenillifer L., Nopalea Cochenillifera (L.) Salm-Dyck, Koschenillekaktus; Fam. Cactacea (Heimat unbekannt, alte Kulturpflanze); s. Dactylopius coccus.

OR: s. odds ratio.

oral: den Mund betreffend, mündlich, durch den Mund.

Oraltabletten: Lutsch*-, Sublingual*- u. Bukkaltabletten; sie entfalten ihre Wirkung in der Mundhöhle od. im Rachenraum entweder lokal od. resorptiv. Sie zerfallen nicht, sondern lösen sich langsam u. kontinuierl. auf. Sie müssen möglichst

O

geschmacklos sein od. einen guten Geschmack aufweisen. Durch einen hohen Pressdruck, durch den Einsatz von gut wasserlösl. Substanzen (z.B. Saccharose, Glucose), durch einen höheren Gleitmittelanteil (aus Geschmacksgründen eignen sich Talk u. Magnesiumstearat nicht) u. durch Weglassung von Zerfallsmitteln wird die Lösungsverzögerung erreicht; vgl. Compressi.

Orange, Japanische: s. Fortunella japonica.

Orangenblätter: s. Citrus aurantium ssp. aurantium (Folia Aurantii).

Orangenblüten: s. Citrus aurantium ssp. aurantium (Aurantii flos).

Orangenblütenöl: s. Citrus aurantium ssp. aurantium (Aurantii amari floris aetheroleum).

Orangenschale: s. Citrus aurantium ssp. aurantium (Aurantii pericarpium).

Orangenschale, Frische: s. Citrus sinensis (Aurantii dulcis flavedo recens).

Orange Pekoe: s. Camellia sinensis.

Orazamid INN: Orazamid-Dihydrat; 5-Aminoimidazol-4-carboxamid-orotat-Dihydrat; CAS-Nr. 60104-30-5; $C_9H_{10}N_6O_5 \cdot 2H_2O$, M_r 318.25 (M_r 282.22 wasserfrei). Schmp. 284-285 °C (unter Zers.). **Anw.:** früher Lebertherapeutikum; **Dos.:** p.o. 2-3×0.1 g/d zu den Mahlzeiten.

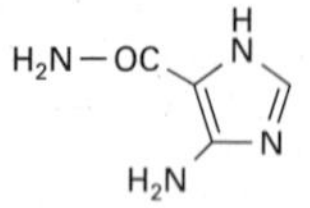

Orazamid

Orbita (lat.): Augenhöhle.

Orbital: Raum mit einer bestimmten Aufenthaltswahrscheinlichkeit für ein Elektron*. Unterschieden werden Atomorbitale, Molekülorbitale* u. Hybridorbitale (s. Hybridisierung). An Orten, an denen die Wellenfunktion* eines Elektrons (s. Schrödinger-Gleichung) die größte Amplitude hat, ist die Aufenthaltswahrscheinlichkeit am größten, auf den Knotenflächen =0. Die räuml. Verteilung der Elektronendichte um den Atomkern ist durch 3 Parameter charakterisiert, denen die 3 Quantenzahlen Hauptquantenzahl* n, Nebenquantenzahl* l u. Orientierungsquantenzahl* m entsprechen. Hinzu kommt die Spinquantenzahl* als 4. Quantenzahl, die den Elektronenspin berücksichtigt. I. Allg. gibt man nicht alle Quantenzahlen getrennt an, sondern nur die Hauptquantenzahl. Orbitale gleicher Hauptquantenzahl bezeichnet man als Schale, Orbitale gleicher Nebenquantenzahl als Unterschale. In der Reihenfolge zunehmender Hauptquantenzahl heißen die Schalen K-, L-, M-, N-, O-, P- u. Q-Schale, die Unterschalen mit zunehmender Nebenquantenzahl s-, p-, d-, f-Unterschale. Zu jedem Wert der Hauptquantenzahl existiert ein s-Orbital, ab n=2 gibt es 3 p-Orbitale u. ab n=3 gibt es 5 d-Orbitale.

Orcein: s. Orseille.

Orchidaceae: Orchideengewächse; Fam. der Od. Orchidales; ca. 22000 Arten, in Europa ca. 150 Arten; meist Kräuter, z.T. saprophyt. (ohne Chlorophyll) lebend. 6-zählige, z.T. verwachsene Blütenhülle; Androeceum mit einem Griffel zum Gynostemium (Griffelsäule) verwachsen, 1 od. 2 Staubblätter; die (miteinander verklebten) Pollen einer Theka bilden das Pollinium. Unterständiger, gedrehter Fruchtknoten mit vielen Samenanlagen. Samen winzig, ohne Nährgewebe, Keimling wenig entwickelt, Keimung erfolgt unter Symbiose mit Pilzen (s. Mykorrhiza). **Chem. Merkmale:** Calciumoxalat meist in Form von Raphiden; in den Knollen der nichttrop. O. Schleim (in Schleimzellen), meist Polymannane, u. Stärke als Reservestoffe. **Wichtige Gattungen:** z.B. Anacamptis, Angraecum, Cypripedium, Dactylorhiza, Dendrobium, Orchis, Platanthera, Vanilla.

Orchideenöl: s. Cananga odorata (Oleum Canangae).

Orchis (gr. orchis Hoden): **1.** (med.) (*syn.* Testes, Testiculi) Hoden. **2.** (bot.) Gattung Knabenkraut, Kuckucksblume (Fam. Orchidaceae).

Orchis maculata: s. Dactylorhiza maculata.

Orchis morio L.: Salep-Orchis, Kleines Knabenkraut, Kuckucksblume; Fam. Orchidaceae (Deutschland, bes. Rhön, Taunus, Odenwald, ferner Balkan u. Kleinasien). Zus. mit anderen Orchis-Arten wie **O. mascula** L. (Stattliches Knabenkraut), **O. militaris** L. (Helm-Knabenkraut) u.a. Orchidaceae wie z.B. **Anacamptis* pyramidalis, Dactylorhiza* maculata** u. **Platanthera* bifolia** Stpfl. von **Tubera Salep:** Radix Salep, Salepknollen, Salepwurzel; die zur Blütezeit gesammelten, jungen, prallen Tochterknollen (bringt die Pfl. im nächsten Jahr zum Blühen), die mit siedendem Wasser abgebrüht u. getrocknet werden. **Inhaltsst.:** ca. 50% Schleim, der bei Hydrolyse Mannose u. Glucose liefert, ferner 30% Stärke, 5-15% Eiweißstoffe, Zucker; **Anw.** volkstüml.: (früher) als Schleimdroge (Mucilago Salep), bei Diarrhö, bes. der Kinder (mit entzündetem Darm), innerl. u. als Klistier; auch als Kräftigungsmittel u. Aphrodisiakum.

Orchitis: Hodenentzündung.

Orcholin: s. Phytoalexine.

Orcin: Orcinol, 5-Methylresorcin; 3,5-Dihydroxytoluol, $C_6H_3(CH_3)(OH)_2$, $C_7H_8O_2$. Grundsubstanz des Orseille- u. Lackmusfarbstoffes. Schmp. 107-108 °C; als Hydrat: Schmp. 58 °C. D. 1.29. Weiße Kristalle, leicht lösl. in Wasser, Ethanol, Ether, lösl. in Benzol. Gibt mit Eisenchlorid blauviolette Färbung, mit Chloroform u. Kalilauge Rotfärbung, die bei Verd. mit Wasser in Gelb mit grüner Fluoreszenz umschlägt. **Anw.:** als Indikator*, als Bial-Reagens* u.a. auf Pentosen, Rübenzucker, Diastase, Lignin.

Orcinolcarboxylsäure: s. Orsellinsäure.

Orciprenalin INN: Metaproterenol; 5-[1-Hydroxy-2-(1-methylethyl)amino-ethyl]-1,3-dihydroxybenzol; CAS-Nr. 586-06-1; $C_{11}H_{17}NO_3$, M_r 211.3. Schmp. 100 °C. **Anw.:** Broncholytikum*, Betasympathomimetikum; Applikation oral, parenteral, inhalativ; **UAW:** Tachykardie, Herzklopfen, Herzarrhythmien, Koronarinsuffizienz, Blutdruckabfall, Schwindel, Schwäche, Tremor, Kopfschmerzen; **Kontraind.:** Thyreotoxikose, Tachykardie, tachykarde Arrhythmien; **WW:** blutdrucksenkende Wirk. von Antidiabetika wird vermindert; HWZ 6 h. **Orciprenalinsulfat**: Orciprenalini sulfas Ph.Eur.4; CAS-Nr. 5874-97-5; $C_{22}H_{36}N_2O_{10}S$, M_r 520.60. Schmp. 203 °C. Krist. Pulver; leicht lösl. in Wasser. Gebräuchl. ist auch Orciprenalinhydrochlorid, $C_{11}H_{18}ClNO_3$.

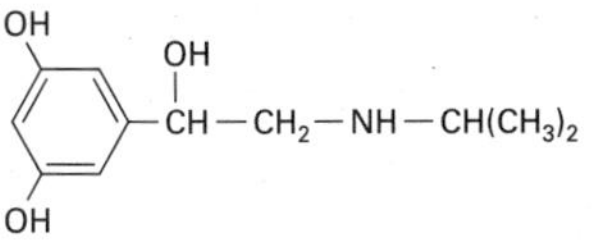

Orciprenalin

ORD: Abk. für **o**ptische **R**otations**d**ispersion; Methode zur Bestimmung der Konfiguration* einer Verbindung. Eine Substanz verändert ihr opt. Drehvermögen in Abhängigkeit von der Wellenlänge des eingestrahlten polarisierten Lichtes (s. Dispersion). Normalerweise nimmt der Drehwert beim Übergang zu kurzwelligerem Licht gleichsinnig zu. Beim **Cotton-Effekt** ändert die Kurve zweimal ihre Richtung u. es tritt sowohl ein Maximum als auch ein Minimum auf. Kommt es zuerst zu einem Maximum u. dann zu einem Minimum, spricht man von einem positiven Cotton-Effekt, im umgekehrten Fall von einem negativen Cotton-Effekt. Schlichte Kurven sind solche, bei denen aus apparativen Gründen nur eine Teilkurve aufgenommen werden kann. Enantiomere* geben zueinander spiegelbildl. ORD-Kurven. Ist die Kurvenform einer opt. aktiven Verb. mit bekannter Konfiguration ähnl. einer chem. verwandten chiralen Substanz, so haben bd. Verb. mit hoher Wahrscheinlichkeit die gleiche Konfiguration, verhalten die Kurven sich jedoch wie Bild u. Spiegelbild, sind die Produkte wahrscheinl. gegensätzl. konfiguriert.

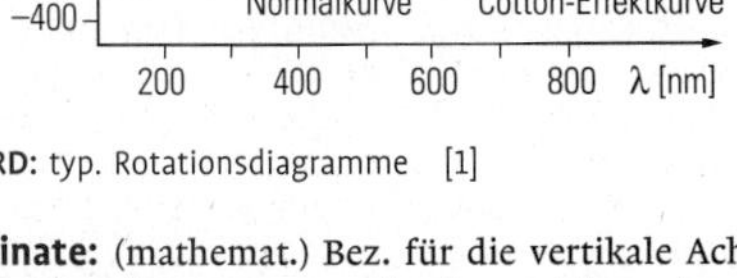

ORD: typ. Rotationsdiagramme [1]

Ordinate: (mathemat.) Bez. für die vertikale Achse des Koordinatensystems in der xy-Ebene (x=0); vgl. Abszisse.

Ordinatenabschnitt: s. Ausgleichsrechnung.

Ordnung (lat. ordo): taxonom. Einheit zwischen Klasse u. Familie, die aus mehreren Familien besteht; Ordnungsnamen enden auf -ales; vgl. Nomenklatur, binäre.

Ordnungsgrad: Ordnungszustand der Materie, vgl. Molekulargalenik.

Ordnungszahl: Kernladungszahl, Protonenzahl, Atomnummer, Abk. OZ; Symbol Z; ein chem. Element ist durch seine Zahl von Protonen* im Atomkern charakterisiert. Diese Protonenzahl ist gleich der Nummer des Elements im Periodensystem* der Elemente. Bei den elektr. neutralen Atomen entspr. die O. auch der Zahl der um den Atomkern kreisenden negativ geladenen Elektronen. Im Elementsymbol ist die O. als Index links unten angegeben: ${}^{12}_{6}C$.

Oreoherzogia fallax: s. Rhamnus alpinus ssp. fallax.

Orexin: Phenzolin; 2-Phenyl-1,2-dihydrochinazolin; CAS-Nr. 55661-66-0; $C_{14}H_{12}N_2$, M_r 208.26. **Anw.**: Stomachikum. **Orexin-Tannat**: Orexinum tannicum, gerbsaures Orexin; gelbl. weißes Pulver, unlösl. in Wasser, leicht lösl. in Säuren. **Darst.**: Einw. von Gerbsäure auf O.; **Anw.**: früher als Stomachikum u. Antiemetikum; **Dos.**: 0.3-0.5 g; MED 0.5 g, MTD 1.5 g.

Orexinum tannicum: s. Orexin (Orexin-Tannat).

Organellen: Organe der Zelle; im Zytoplasma der Zelle gelegene Körperchen versch. Größe u. Gestalt, die von Membranen umgeben sind u. bestimmte Funktionen haben, wie Zellkern, Mitochondrien*, Chloroplasten*.

Organismus, transgener: Organismus, der mindestens ein nicht von seiner Art stammendes Gen in seinem Genom trägt. Das übertragene Gen wird als Transgen bezeichnet. Wird das Transgen in Keimzellen integriert, so kann es auch vertikal, das heißt von Generation zu Generation, weitervererbt werden. Zur Transformation von Prokaryonten ist eine Vielzahl gentechnolog. Methoden entwickelt worden. Das Fremdgen wird in einem Vektor inseriert u. in die Prokaryontenzelle eingeführt.

Organogele: s. Gele.

Organoleptik: Sensorik; sinnenmäßige Prüfung u. Bewertung von Produkten mit Hilfe von Geruch, Geschmack u. Aussehen.

Organomagnesiumverbindungen: s. Grignard-Verbindungen.

Organosiloxane: s. Silicone.

Organtherapeutika: Opotherapeutika, Organpräparate, Zellpräparate, Zelltherapeutika; früher verstand man unter O. nur getrocknete tier. Organe bzw. Extrakte u. Präparate daraus od. die Gewebesäfte dieser Organe od. ihre Sekrete od. Inkrete. Die Organotherapie wurde von Brown-Sequard (Physiologe, Paris, 1818-1894) eingeführt; vgl. Hormone. Verw. finden vor allem: **Bauchspeicheldrüse** (Pankreas): Extracti Pancreatis, Anw. z. B. bei Verdauungsstörungen, vgl. Pankreatin; **Bronchialdrüsen** (Glandulae bronchiales): Glandulae bronchiales siccatae; **Eierstock** (Ovarium): Ovaria siccata, Anw. z. B. bei klimakter. Beschwerden; **Gelbkörper** (Corpus luteum): Corpora lutea siccata; **Gehirn** (Cerebrum): Cerebrum siccatum; **Gehirnanhangdrüse** (Hypophysis cerebri, Glandula pituitaria, Hypophyse): Hypophysis cerebri siccata, Glandula pituitaria siccata, Anw. z. B. bei Hypophyseninsuffizienz, Entwicklungsstörungen; **Hypophysenhinterlappen** (s. Hypophysis cerebri pars posterior); **Hoden** (Testes, Testiculi): Testes siccati, Anw. z. B. bei Potenzstörungen; **Knochenmark** (Medulla ossium): Medulla ossium rubra siccata; **Leber** (Hepar): Hepar siccatum, Anw. z. B. bei Anämien, Leber- u.

Gallenerkrankungen; **Lunge** (Pulmo): Pulmones siccati; **Milchdrüsen** (Mammae): Mammae siccatae; **Milz** (Lien): Lien siccatus, Anw. z. B. zur Steigerung der Abwehrkräfte; **Nebennieren** (Glandulae suprarenales): Glandulae suprarenales siccatae, Anw. z. B. bei Hepatopathien, NNR-Insuffizienz; **Nieren** (Renes): Renes siccati, Anw. z. B. bei Lungenerkrankungen; **Schilddrüse** (Glandula thyreoidea): Glandulae thyreoideae siccatae; s. Thyreoidea siccata, Anw. z. B. bei Fettsuchtformen, Schilddrüsenunterfunktion; **Nebenschilddrüse** (Epithelkörperchen, Glandulae parathyreoideae): Glandulae parathyreoideae siccatae, Anw. z. B. bei Dermatitiden, Juckreiz; **Thymusdrüse** (Glandula thymi): Glandulae Thymi siccatae, Anw. z. B. bei Wachstumsstörungen; **Zirbeldrüse** (Epiphyse, Glandula pineales), Glandulae pinealis siccatae. Anstelle der getrockneten Organe selbst wurden später dann folgende O. eingesetzt: **1. Frischzellen** bzw. frische Organe (z. B. Frischzellentherapie nach Niehans); **2.** aufgeschwemmte **Trockenzellen** (Injektion frisch homogenisierter, gefriergetrockneter u. luftfrei abgefüllter Organe); **3. Organextrakte**, z. T. auch standardisiert; **4. Organhydrolysate** sowie **Autolyseprodukte** u. **Lyophilisate** von Mikroorganismen od. deren Stoffwechselprodukte (Gewebetherapie nach Filatow, Polylysate nach Kaskow), v. a. Präparate zur Herst. od. Aufrechterhaltung der nat. Darmflora.

Organ, vomeronasales: Abk. VNO; zusätzl. eigenständiger Nasensinn, den manche Tiere, z. B. Kriechtiere, Lurche u. Schlangen, neben dem hochempfindl. Riechorgan besitzen. Während das gewöhnl. Riechorgan Düfte erkennt, wie z. B. Pfefferminze, u. das aufgenommene Signal an das limb. System weiterleitet, registrieren die Nerven des VNO z. B. geruchlose Pheromone u. leiten die Signale an den Hypothalamus weiter. Neuere Studien legen die Vermutung nahe, dass auch der Mensch über ein solches Organ verfügt, das sog. Jacobson-Organ, das in einer kleinen Vertiefung am vorderen unteren Abschnitt der Nasenscheidewand sitzt.

O

Orgotein INN: Ormetein; CAS-Nr. 9016-01-7. O. ist ein kupfer- u. zinkhaltiges Enzym, eine Superoxiddismutase*. **Gew.:** aus Rinderleber u. -erythrozyten; **Wirk.:** antiphlogist. Aktivität, inaktiviert Sauerstoffradikale; **Anw.:** Entzündungen der Harnwege u. des Darmes, nach Strahlenbehandlung, zur intraartikulären Injektion bei degenerativen Gelenkerkrankungen; HWZ 4-8 h.

Oricello: s. Orseille.

Orientbeule: s. Leishmaniasen.

Orientierungsquantenzahl: Magnetquantenzahl; Symbol m; gibt an, wie Orbitale im Raum orientiert sind; auch als Magnetquantenzahl bezeichnet, weil die Energie der Orbitale* in einem äußeren Magnetfeld u. a. von der Orientierung der Orbitale zum Magnetfeld abhängt. Da die O. die Werte aller ganzen Zahlen zwischen +l u. –l annehmen kann, beträgt die Anzahl der mögl. Orbitale unterschiedl. Magnetquantenzahl bei einer bestimmten Nebenquantenzahl (l): $m = 2l + 1$. Ist z. B. $l = 2$, kann $m = -2, -1, 0, 1$, u. 2 sein.

Orificium (lat. os Mund): Mündung, Öffnung.

Origanum creticum L.: Origanum vulgare var. creticum (L.) Briqu., Origanum heracleoticum var. creticum (L.) Hal., Spanischer Hopfen, Kretischer Dost; Fam. Lamiaceae (Labiatae) (Mittelmeerländer, Kreta). Stpfl. von **Herba Origani cretici:** vgl. Origanum onites. **Inhaltsst.:** 1-3 % äther. Öl, Bitterstoffe, Gerbstoffe; **Anw.:** Aromatikum u. Gewürz. **Oleum Origani cretici** : Spanisch-Hopfenöl (auch von anderen Origanum-Arten, z. B. Origanum onites); dickflüssige, gelbe bis rotbraune Flüss., Geruch nach Thymian, D. 0.915-0.975, lösl. in 70 %igem Ethanol. **Inhaltsst.:** stark von der Sorte abhängig; Carvacrol, Thymol u. Linalool, ferner Pinen, Cedrol, *p*-Cymen u. a.; **Anw.:** zu Einreibungen u. in Hustenmitteln, ferner als Gewürz; aufgrund der enthaltenen Phenole als Antioxidans in der Lebensmitteltechnologie; in der Parfümerie.

Origanum dictamnus L.: Amaracus dictamnus (L.) Benth., Diptamdost(en); Fam. Lamiaceae (Griechenland). Stpfl. von **Herba Dictami cretici:** Kretischer Diptam. **Inhaltsst.:** äther. Öl mit ca. 85 % Pulegon; **Anw.** volkstüml.: bei Lungen-, Magen- u. Uteruserkrankungen; Verdauungshilfe.

Origanum heracleoticum var. creticum: s. Origanum creticum.

Origanum majorana L.: Majorana hortensis Moench, Majoran, Mairan; Fam. Lamiaceae (Labiatae) (Vorderindien, Arabien, Ägypten bis Tripolis, Mittelmeergebiet, kult. in Deutschland, Frankreich, Ungarn). Stpfl. von **Herba Majoranae:** Majoranae herba, Majoran, Mairan, Meiran. **Inhaltsst.:** 0.5-1 % äther. Öl, Gerbstoffe, Bitterstoffe; **Off.:** EB6; **Anw.** volkstüml.: als Karminativum u. Spasmolytikum, auch als Diuretikum; äußerl. als Wundsalbe (Majoransalbe, s. Unguentum Majoranae), als Küchengewürz, Wurstkraut; **Oleum Majoranae:** Majoranae aetheroleum, Majoranöl; das äther. Öl des Krautes, grünl.-gelbes Öl von aromat. Geruch. $\alpha_D^{20\,°C}$ +15° bis +25°. D. 0.896-0.912; lösl. in Ethanol. **Best.:** u. a. α-Terpineol, Terpinen-4-ol, ferner Terpinen, Sabinen, Pinen; **Anw.:** als Stomachikum u. zu Likören. **Hom:** *Origanum majorana (HAB1.4):* frisches, blühendes Kraut.

Origanum onites L.: Majorana onites (L.) Benth., Spanischer Hopfen, Kretischer Dost; Fam. Lamiaceae (Mittelmeerländer, Kleinasien, Syrien). Zus. mit Origanum vulgare Stpfl. von **Origani herba:** Dostenkraut. **Inhaltsst.:** 1-2.5 % äther. Öl mit 25-45 % Carvacrol u. 20-50 % (im umgekehrten Verhältnis) sowie Thymol u. a., ferner Bitterstoffe, Gerbstoffe; **Anw.:** Aromatikum u. Gewürz (Fisch). **Oleum Origani cretici:** vgl. Origanum creticum.

Origanum vulgare L.: Dost(en), Wilder Majoran, Doran; Fam. Lamiaceae (Labiatae) (nördl. gemäßigte Zone). Stpfl. von **Origani herba:** Herba Origani, Dostenkraut. **Off.:** Ph.Eur.4.05; **Inhaltsst.:** äther. Öl (enthält unterschiedl. viel Thymol, Carvacrol u. a.), ferner Flavonoide, Catechine, Phenolcarbonsäuren; Gehalt nach Ph.Eur.4 mind. 2.5 % äther. Öl, mind. 1.5 % Carvacrol u. Thymol; **Anw.** volkstüml.: z. B. bei Husten, Bronchialkatarrh, Beschwerden im Magen-Darm-Trakt; harntreibendes Mittel; zu Gurgelwässern, Gewürz. **Hom:** *Origanum vulgare:* frisches, blühendes Kraut.

Origanum vulgare var. creticum: s. Origanum creticum.

Originalitätssicherung: s. Garantieverschluss.

Orizabawurzel: s. Ipomoea orizabensis (Radix Scammoniae mexicanae).

Orlean: s. Bixa orellana.

Orlistat INN: *N*-Formyl-L-leucin-(*S*)-1-[(2*S*,3*S*)-3-hexyl-4-oxo-2-oxetanylmethyl]dodecylester; CAS-Nr. 96829-58-2; $C_{29}H_{53}NO_5$, M_r 495.74. Schmp. 43 °C. logP 8.9; schwer lösl. in Wasser. **Wirk.:** hemmt Lipasen im GIT u. verhindert die Resorption von ca. 30 % der Nahrungsfette; **Anw.:** Antiadipositum* in Verb. mit hypokalor. Kost bei adipösen Patienten mit einem Body*-mass-Index von >30 kg/m² bzw. >28 kg/m² bei übergewichtigen Patienten mit begleitenden Risikofaktoren; **UAW:** gastrointestinal, z. B. öliger Stuhl, Flatulenz, Stuhldrang, u. verminderte Resorption fettlösl. Vitamine A, D, E u. K; **Dos.:** 120 mg vor, während od. nach einer Hauptmahlzeit.

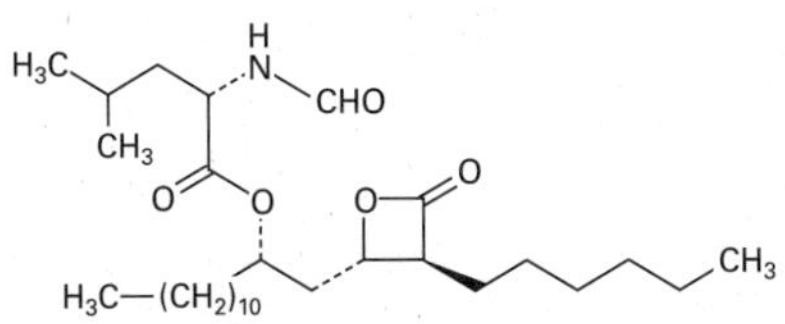

Orlistat

Ornidazol INN: 1-Chloro-3-(2-methyl-5-nitroimidazol-1-yl)propan-2-ol; CAS-Nr. 16773-42-5; $C_7H_{10}ClN_3O_3$, M_r 219.6. Schmp. 74 °C. Lösl. in 25 T. Wasser. **Anw.:** Chemotherapeutikum* geg. Anaerobier (Bacteroides, Fusumbakterien) u. Protozoen (Trichomonas vaginalis, Entamoeba histolytica); **Dos.:** bei Amoebiasis p. o. 2×0.5 g/d über 5-10 d; bei Trichomoniasis p. o. ED 1.5 g; HWZ 14 h; vgl. Metronidazol, Tinidazol.

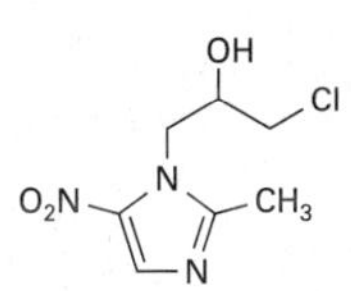

Ornidazol

Ornipressin INN: [Orn8]Vasopressin; [8-Ornithin]-Vasopressin; CAS-Nr. 3397-23-7; $C_{45}H_{63}N_{13}O_{12}S_2$, M_r 1042.2. Synthet. Derivat des Vasopressin*. **Anw.:** Vasokonstriktor*; Hämostatikum*; **Kontraind.:** Hypertonie, koronare Herzerkrankungen, Herzinsuffizienz, Asthma bronchiale, Epilepsie, Migräne u. Schwangerschaft; **Dos.:** parenteral bei Kollaps i. v. 2-3×5 I.E./d in 500 mL Glucoselsg. 5 % 60-80 Tr./min; bei Blutungen aus Ösophagusvarizen i. v. 20 I.E. in 200 mL isoton. Kochsalzlsg. innerhalb 20 min; vgl. Argipressin, Desmopressin, Lypressin.

Ornithin: L-Ornithin; α,δ-Diaminovaleriansäure; 2,5-Diaminopentansäure; CAS-Nr. 70-26-8; $C_{45}H_{12}O_2$; Strukturformel s. Aminosäuren (Abb.); M_r 132.2; Schmp. 120-140 °C. Eine bas., nichtproteinogene Aminosäure, Baustein versch. Antibiotika (z. B. Gramicidin), Glied des Harnstoffzyklus*. Der Name kommt daher, dass O. als Ornithursäure (Verb. von O. mit Benzoesäure) zuerst im Vogelharn (gr. ornis Vogel) aufgefunden wurde. Aus O. entsteht bei der Eiweißfäulnis durch mikrobielle Decarboxylierung Putrescin* (Tetramethylendiamin).

Ornithinaspartat: Ornithini aspartas, Ornithini aspartas; (*S*)-2,5-Diaminovaleriansäure-(*S*)-2-aminosuccinat, 2,5-Diaminovaleriansäuresalz der L-Asparaginsäure* (Doppelsalz); CAS-Nr. 3230-94-2, $C_9H_{19}N_3O_6$, M_r 265.3. Weißes Pulver, lösl. in Wasser. **Off.:** DAB10; **Anw.:** Lebertherapeutikum; vgl. Ornithin, Ornithin-α-ketoglutarat.

Ornithinhydrochlorid: syn. Ornithinmonohydrochlorid, Ornithini hydrochloridum; $C_5H_{13}ClN_2O_2$, M_r 168.6. Schmp. 233 °C (unter Zers.). Weißes Pulver, leicht lösl. in Wasser. **Off.:** DAB10; **Anw.:** Lebertherapeutikum.

Ornithin-α-ketoglutarat: Ornithin oxogluras; L-(+)-Ornithin-α-oxoglutarat; CAS-Nr. 5191-97-9; $C_5H_{12}N_2O_2 \cdot C_5H_6O_6$, $C_{10}H_{18}N_2O_7$, M_r 278.26. **Wirk.:** Erhöhung des Blutammoniakspiegels infolge Blutungen od. Verbrennungen; **Inkomp.:** z. B. Penicilline, Tranquillantien; **Anw.:** Lebertherapeutikum bei komatösen Zuständen.

Ornithinzyklus: s. Harnstoffzyklus.

Ornithose: durch Vögel aerogen übertragene bakt. Infektionskrankheit, z. B. Infektion durch Papageien: Psittakose (Papageienkrankheit); Erreger: Chlamydia psittaci; s. Chlamydien.

OROS: Abk. für **or**ales **o**motisches therapeutisches **S**ystem; osmotische Pumpe; ein gastrointestinales therap. System in Form einer konventionellen Tablette. Ein Reservoir an festem Arzneistoff ist von einer semipermeablen Membran (Celluloseacetat als selektive Membran) umhüllt, die eine kleine Öffnung vom Reservoir nach außen aufweist. Durch die Membran konstant eindringendes Wasser löst den Arzneistoff. In Abhängigkeit von der Löslichkeit baut sich im Inneren ein bestimmter osmot. Druck auf, der die gesättigte Lösung mit gleichbleibender Geschwindigkeit (0.

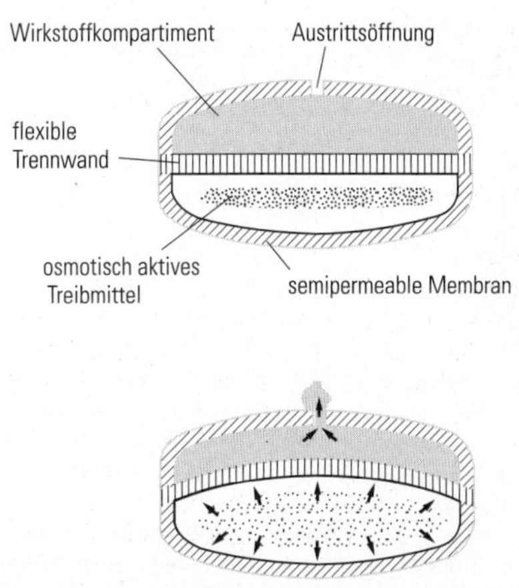

OROS: Schema der Funktion des Push-Pull OROS®

O

Ordnung) durch die kleine Öffnung (Durchmesser 100-250 nm) nach außen presst. Die Abgaberate ist proportional zum Quadrat der Löslichkeit des Wirkstoffs. Ein schlecht lösl. Arzneistoff erzeugt einen zu geringen osmot. Druck; ein zu gut lösl. ist ungeeignet, da sich die gesättigte Lösung zu rasch verdünnt u. die Abgabegeschwindigkeit wieder abnimmt. **Zweikammersystem** (Push-Pull OROS): für gut lösl. Stoffe; in einer Kammer des Systems, das mit einer semipermeablen Membran umgeben ist, befindet sich ein osmot. aktives Treibmittel (NaCl, Mannitol), das den geeigneten Druck erzeugt u. diesen über die flexible, impermeable Trennwand an die andere Kammer mit der Arzneistofflösung abgibt, die durch die Öffnung ausgepresst wird (s. Abb.). OROS-Systeme können mit einer Wirkstoffschicht überzogen sein, um eine Initialdosis bereitzustellen.

Orotsäure INN (gr. oros Molke): Acidum oroticum anhydricum, Uracil-4-carbonsäure, Molkensäure; 1,2,3,6-Tetrahydro-2,6-dioxo-4-pyrimidincarbonsäure; CAS-Nr. 65-86-1; $C_5H_4N_2O_4$, M_r 156.10. Schmp. 345 °C. O. bildet auch ein Monohydrat (Acidum oroticum monohydricum; CAS-Nr. 50887-69-9). Weißl., krist., geruchloses Pulver von schwach säuerl. Geschmack; sehr schwer lösl. in Wasser (1:550), etwas besser lösl. in Alkalihydroxid-Lsg., unlösl. in den gebräuchl. org. Lösungsmitteln; eine O.-Lsg. 0.01 mol/L hat den pH-Wert ca. 2.3. Die Lsg. sind sehr stabil u. können lange Zeit unverändert gelagert werden. Das Cholinsalz der O. ist sehr leicht lösl. in Wasser (bis 50 %) u. eignet sich bes. für Injektionen. **Vork.**: in der Milch zahlreicher Säugetierarten, Kuhmilch enthält 100 mg/L, Schafsmilch 325 mg/L; in Hefe; **Physiologie:** Vorstufe für die Biosynthese des Pyrimidinringes; **Off.**: DAC86 (Monohydrat u. wasserfreie Form); **Anw.** med.: Lebertherapeutikum, bei Leberschädigungen (auch durch Gifte u. Medikamente), ferner in der Säuglings-Kleinkinder-Diätetik, in der Geriatrie sowie in der Tieraufzucht, da O. wachstums- u. fruchtbarkeitsfördernd wirken soll. Gebräuchlich sind auch Methyl- u. Ethylester sowie diverse Salze wie z. B. Kaliumorotat*, Magnesiumorotat* u. Calciumorotat*-Dihydrat. **Gesch.**: 1904 von Biscaro u. Belloni, Italien, aus Molke von Kuhmilch isoliert.

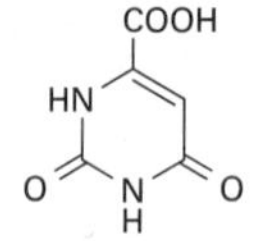

Orotsäure

Orphan Drug (engl. orphan Waise): Orphan-Präparat; Bez. für ein Arzneimittel geg. eine der (ca. 5000 bekannten) seltenen Krankheiten, das wirtschaftl. von geringem Wert ist. Kriterien für die Einstufung als seltene Krankheit (Prävalenz): USA: weniger als 200 000 Patienten/Jahr, entspr. 7.5/10 000 Einwohnern; Japan: weniger als 50 000 Patienten/Jahr, entspr. 4.0/10 000 Einwohnern; Australien: weniger als 2000 Patienten/Jahr, entspr. 1.1/10 000 Einwohnern; EU: weniger als 185 000 Patienten/Jahr, entspr. 5.0/10 000 Einwohner. Auf O. D. wird das zentralisierte Verfahren für das Inverkehrbringen bei der EMEA* angewandt. Der Investor kann von der Zahlung der Gebühr, die bei der Europäischen Agentur für die Beurteilung von Arzneimitteln zu entrichten ist, befreit werden. Wurde eine EMEA-Zulassung für ein Orphan Drug erteilt, so gilt für dieses Arzneimittel 10 Jahre lang ein Alleinvertriebsrecht.

Orphenadrin INN: *N,N*-Dimethyl-2-(α-2-tolylbenzyloxy)ethylamin; CAS-Nr. 83-98-7; $C_{18}H_{23}NO$, M_r 269.37. **Anw.**: zentrales Muskelrelaxans*, schwaches Anticholinergikum u. Antihistaminikum; bei Parkinsonismus versch. Genese, altersbedingter Antriebslosigkeit, schmerzhaften Muskelspasmen; **Dos.**: p.o. 2-3 × 25 mg/d, langsam erhöhen bis 250 mg/d; oral retard 2 × 100 mg/d; parenteral (i. v., i. m.) 60 mg/d; rektal 2-3 × 750 mg/d; HWZ 10 h. **Orphenadrinhydrogencitrat:** Orphenadrini citras Ph.Eur.4, Orphenadrin dihydrogencitrat, Orphenadrin citrat; CAS-Nr. 4682-36-4; $C_{24}H_{31}NO_8$, M_r 461.51, Schmp. 137 °C. Weißes bis fast weißes, krist. Pulver, wenig lösl. in Wasser, schwer lösl. in Ethanol. **Dos.**: oral: 2 × 0.1 g/d, parenteral i. m., i. v. 60 mg, Gabe nach 12 h wiederholen. **Orphenadrinhydrochlorid:** Orphenadrini hydrochloridum Ph.Eur.4; CAS-Nr. 341-69-5; $C_{18}H_{24}ClNO$, M_r 305.83, Schmp. 160 °C. Weißes bis fast weißes, krist. Pulver, leicht lösl. in Wasser u. Ethanol. **Dos.**: oral Initialdosis: 0.15 g/d in geteilten Gaben, allmählich steigerbar mit 25-50 mg/2-3 d; Erhaltungsdosis: 0.15-0.3(-0.4) g/d; parenteral i. m. 40 mg. Gebräuchl. ist auch Orphenadrinhexadecylsulfat.

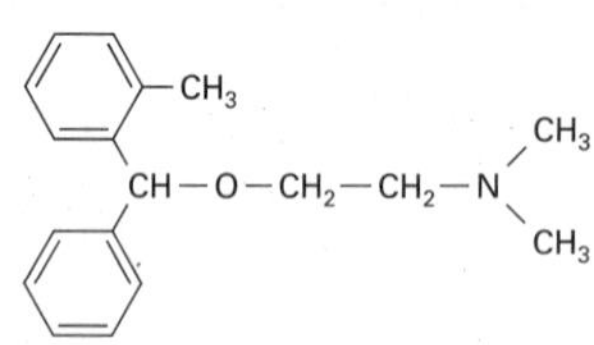

Orphenadrin

Orseille: Orchilla, Oricello; ein aus versch. Flechtenarten (hauptsächl. Rocella fuciformis, R. tinctoria sowie Lecanora-Arten u. a.) gewonnener roter bis blauvioletter Farbstoff, er enthält Orcin*, das an der Luft in der Gegenwart von Ammoniak in den eigentl. färbenden Inhaltsstoff Orcein übergeht. Braunes, krist. Pulver, unlösl. in Wasser u. Ether, lösl. in Ethanol, Aceton, Essigsäure, gibt mit Metallsalzen rote Farblacke. **Anw.**: als Färbemittel für Wolle u. Seide (violett) sowie u. a. für Mundwässer.

Orsellinsäure: Orcinolcarboxylsäure; 2,4-Dihydroxy-6-methylbenzoesäure; $C_8H_8O_4$, M_r 168.14. Schmp. 176 °C. pK_S 3.9. Nat. in konjugierter Form od. als Depsid in Flechten, sog. Flechtensäure*; decarboxyliert leicht zu Orcin*.

Orthese: Hilfs- und Heilmittel wie Stützeinlagen in Schuhen, Stützmieder, Entlastungsschienen u. a. zum Ausgleich von Funktionsausfällen.

Ortho-: 1. Wortteil mit der Bedeutung gerade, richtig, z.B. orthochromatisch, orthomorph. 2. (chem.) Bez. in der Substitutionsisomerie* für die 1,2-Stellung am Benzolring; Symbol *o*-.

Orthoaminobenzoesäure: s. *o*-Aminobenzoesäure.

Orthohydroxybenzoesäure: s. Salicylsäure.

Orthomyxoviridae (gr. myxa Schleim): Fam. mittelgroßer, einsträngiger RNA-Viren mit Hüllmembran. Wichtigste Vertreter: Influenzaviren (s. Grippe).

Orthophosphorsäure: s. Phosphorsäuren.

Orthophthalsäure: s. Phthalsäure.

Orthosiphon aristatus (Bl.) Miq.: Orthosiphon stamineus Benth., Orthosiphon spicatus (Thunb.) Backer, Bakh. f. et Steenis non Benth., Katzenbart; Fam. Lamiaceae (Labiatae) (Indien, Sundainseln, Sumatra, Australien). Stpfl. von **Orthosiphonis folium:** Folia Orthosiphonis, Orthosiphonblätter, Javatee, Indischer Nierentee, Koemis Koetjing; die kurz vor der Blüte geernteten u. getrockneten Laubblätter u. Stengelspitzen. **Off.:** Ph.Eur.4, Ph.Helv.7; **Inhaltsst.:** 0.2-0.6% äther. Öl (mit Limonen, Borneol, Thymol), ca. 6% Gerbstoffe, ca. 0.2% lipophile Flavone wie Sinensetin (nach Ph.Eur.4 mind. 0.05% Sinensetin bezogen auf das TG), Scutellarein, Eupatorin (Strukturformeln s. Flavonoide, Tab.); Triterpensaponine u. Triterpene (α- u. β-Amyrin) bzw. Phytosterine (β-Sitosterin); hoher Anteil an Kaliumsalzen u.a. Mineralstoffen; **Wirk.** u. **Anw.:** bei Nieren- u. Blasenleiden, ferner bei Gicht u. Rheuma. Die Auszüge aus den Blättern erhöhen die Ausscheidung von Harnstoff, Harnsäure u. Chloriden sowie die Harnmenge pro Tag.

Orthostase: aufrechte Körperhaltung.

Orthostasesyndrom: orthostat. Hypotonie; Störung der Blutdruckregulation beim Wechsel von liegender od. sitzender zu aufrechter Körperhaltung. **Sympt.:** z.B. Blutdruckabfall, Schwarzwerden vor den Augen, Ohrensausen, Schwindel, Synkope* u. Symptome sympathikotoner Gegenregulation: Tachykardie*, Schweißausbruch, Angstgefühl.

Orthosulfimidum benzoicum: s. Saccharin.

Oryza sativa L.: Reis; Fam. Poaceae (Gramineae) (kult. in allen Tropen u. Subtropen). Stpfl. von Amylum* Oryzae.

Oryzenin: s. Gluteline.

Os: 1. (chem.) Symbol für Osmium*. 2. (lat. Genitiv oris) Mund. 3. (lat. Genitiv ossis, Plur. ossa) Knochen.

Osazone: Gruppenbez. für 1,2-Bis(phenylhydrazone); vgl. Phenylhydrazin.

Oscherstrauch: s. Calotropis gigantea.

Oseltamivir INN: (3*R*,4*R*,5*S*)-4-acetylamino-5-amino-3-(1-ethylpropoxy)-1-cyclohexene-1-carbonsäure-ethylester; CAS-Nr. 196618-13-0; $C_{16}H_{28}N_2O_4$, M_r 312.4; Neuraminidase*-Inhibitior. Pharmaz. angewedet wird Oseltamivirphosphat (GS 4104/002; CAS-Nr. 204255-11-8; $C_{16}H_{31}N_2O_8P$, M_r 410.46). **Wirk.:** Wirkspektrum umfasst die Neuraminidase von Influenza-A- u. -B-Viren; O. ist ein Prodrug, aktiver Metabolit Oseltamivircarboxylat (GS 4071), Umwandlung durch hepat. Esterasen; absolute Bioverfügbarkeit ca. 80%; Absorption wird durch gleichzeitige Nahrungsaufnahme nicht beeinflusst. Die Ausscheidung erfolgt ausschließl. renal, vorwiegend unverändert als Oseltamivircarboxylat. Die Erkrankungsdauer wird bei Ther. um ca. 1 Tag gekürzt, die Zahl der Atemwegkomplikationen u. Mittelohrentzündungen bei Kindern wird gesenkt; **Anw:** Prophylaxe u. Ther. einer Infektion mit Influenza A u. B; **UAW:** gelegentl. Übelkeit, Erbrechen, ansonsten gute Verträglichkeit; **Dos.:** Postexpositionsprophylaxe od. saisonalen Prophylaxe 1×75 mg/d p.o. über mind. 7 Tage (bis zu 6 Wochen); Ther., d.h. nach Auftreten der ersten Symptome: 2×75 mg/d p.o. bei einem KG >40 kg; HWZ 6-10 h.

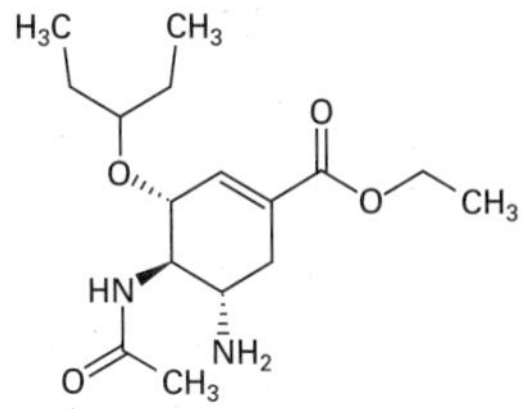

Oseltamivir

Osladin: s. Polypodium vulgare.

osm: Symbol für Osmol*.

Osmium: Symbol Os; A_r 190.2; OZ 76. D. 22.61 (Os ist das schwerste aller Metalle). Schmp. 3050 °C. Sdp. ca. 5020 °C. Blaugraues, zinkähnl. aussehendes, sprödes u. pulverisierbares, 2-, 3-, 4-, 6- u. 8-wertiges Metall aus der Gruppe der Platinmetalle, oxidiert leicht an der Luft zu Osmium(VIII)-oxid* (OsO_4), unlösl. in Säuren. **Anw.:** Metallfäden für elektr. Glühlampen; **Gesch.:** entdeckt 1804 von Smithon Tennant (1761-1815).

Osmium(VIII)-oxid: Osmiumsäure, Acidum osmicum; Osmiumtetroxid, OsO_4. Farblose Kristallnadeln. **Anw.:** Fixiermittel in der Mikroskopie.

Osmiumsäure: s. Osmium(VIII)-oxid.

Osmiumtetroxid: s. Osmium(VIII)-oxid.

Osmodiuretika: s. Diuretika.

Osmol: Symbol osm. Einheit in Mol für die volumenbezogene bzw. massebezogene Stoffmenge an osmot. wirksamen Teilchen (Moleküle, Ionen) in einer Lsg., entweder als Osmolarität (osm/L) od. als Osmolalität* (osm/kg) bezeichnet.

Osmolalität: osmotische Konzentration; Einheit osm/kg Wasser; diejenige Molalität (mol/kg Lösungsmittel), welche eine ideale Lösung eines nichtdissoziierenden Stoffes besitzen müsste, um denselben osmot. Druck auszuüben wie die betrachtete Lösung. Für verd. Lsg. gilt die O. als ident. mit der Osmolarität (s. Osmol); ferner kann für nicht dissoziierende Stoffe (z.B. Glucose) die O. mit der Molalität gleichgesetzt werden, bei dissoziierenden Substanzen muss die Molalität noch mit der Zahl der Ionen pro Molekül multipliziert werden (z.B. bei Natriumchlorid mit 2). Der osmot. Druck einer Lsg. kann entw. durch die Gefrierpunkterniedrigung* gegenüber Wasser od. durch die O. ausgedrückt werden. Die O. errechnet sich aus der Gefrierpunkterniedrigung Δt (in Kelvin) wie folgt:

$\Delta t/1.860 = \text{osm/kg Wasser}$

1.860 ist die kryoskop. Konstante für Wasser. Sie ist jene Temperaturdifferenz in Kelvin (K) um die 1 mol gelöste Substanz auf 1000 g Lösungsmittel den Gefrierpunkt gegenüber dem des reinen Lösungsmittels zu senken vermag; spezifische Größe für die Flüssigkeit. Eine wässrige Lsg., deren osmot. Druck einer idealen 1-molalen Lsg. entspricht, gefriert bei −1.860 °C u. besitzt eine Konz. von 1 osm/kg.

Osmolarität: s. Osmol.

Osmolaxanzien: s. Laxanzien.

Osmometer: Apparatur zur Ermittlung des osmot. Druckes einer Lösung bzw. der Gefrierpunkterniedrigung* einer Lsg. gegenüber dem reinen Lösungsmittel (meist Wasser); vgl. Isotonie. Die Messungen erfolgen entw. mit dem Beckmann-Thermometer od. mit einem elektron. O., heute selten mit einem Membran- od. Dampfdruckosmometer. Bei der Prüfung auf Isotonie (Ermittlung der Gefrierpunkterniedrigung) mit dem Beckmann-Thermometer wird die Prüflösung definiert unter den Gefrierpunkt abgekühlt u. dann durch Rühren zum Gefrieren gebracht. Durch die frei werdende Kristallisationswärme steigt die Temp. auf ein Maximum, den Gefrierpunkt. Die Differenz zum Gefrierpunkt des reinen Wassers stellt die Gefrierpunktdepression dar (s. Abb.). Elektron. O. arbeiten nach dem gleichen Prinzip, aber mit kleinen Probenmengen; die Temp. wird mit Hilfe eines Thermistor-Temperaturfühlers registriert u. die Probe wird thermoelektr. gekühlt (Peltier*-Effekt). Nach der Eichung mit Wasser u. einer Eichlösung zeigt das O. den Messwert in Milliosmol/kg an. Der osmot. Druck, dessen experimentelle Bestimmung aufwendig ist, verhält sich proportional zur Erniedrigung des Gefrierpunktes einer Lösung. Die Gefrierpunkterniedrigung erlaubt die Umrechnung in die Osmolalität* der Lösung.

Osmorezeptoren: Rezeptoren im Nucleus supraopticus u. Nucleus paraventricularis des Hypothalamus sowie in der Leber, die minimale Abweichungen der Plasmaosmolarität registrieren u. durch Beeinflussung der hypothalam. ADH-Freisetzung u. wahrscheinl. auch des Durstgefühls einer Änderung der Plasmaosmolarität entgegenwirken.

Osmose: setzt man zw. einer Lösung u. reinem Lösungsmittel (z. B. Wasser) eine semipermeable (d. h. nur für das Lösungsmittel durchlässige) Membran als Trennwand ein, so wandert das Lösungsmittel durch die Membran in die (konzentriertere) Lösung. Man bezeichnet diese einseitige Diffusion als O. u. den dabei entstehenden Druck, der mehrere bar (Atmosphären) betragen kann, als **osmotischen Druck***. Die Wanderung des Lösungsmittels durch die Membran erfolgt so lange, bis auf beiden Seiten ein gleichmäßiger osmot. Druck herrscht. Nur die Teilchen für die die Membran undurchlässig ist, tragen zum osmot. Druck bei. Lösungen von gleichem osmotischen Druck heißen **isotonisch** (z. B. Blut u. physiolog. Kochsalzlösung; der osmot. Druck des menschlichen Blutes beträgt bei 37 °C ca. 7 bar). Die O. ist für das pflanzl. u. tierische Leben von höchster Bedeutung, da die Zellen von semipermeablen Wänden umgeben sind, durch die ein ständiger Ausgleich von Wasser bzw. der darin gelösten Nährstoffe (die Zellwände sind nicht völlig semipermeabel!) erfolgt. Der osmot. Druck bewirkt die elast. Straffung (Turgor) der Zellwände bzw. des Gewebes; vgl. Kolloide. **Anw.:** Trennung niedermolekularer Stoffe von kolloidalen u. Makromolekülen, da letztere nicht durch eine durchlässige (permeable) Membran diffundieren können. Diesen Vorgang nennt man **Dialyse** (z. B. bei Blutreinigungsverfahren*; s. Dialysebehandlung) u. das Dialysiergerät Dialysator. Dieser besteht aus einem Gefäß mit permeabler Membran, das in einem weiteren Gefäß mit z. B. Wasser als Lösungsmittel hängt, od. aus einem Schlauch mit poröser Wand, der sich ebenfalls in einem größeren Gefäß mit Wasser befindet. Als Membran dienen z. B. Pergament, Pergamentpapier, Schweinsblase, Cellophan, Collodiumfilter, Tonzylinder. **Endosmose** nennt man das Eindringen einer Flüssigkeit aus der Umgebung in einen von porösen Wänden umschlossenen Raum bzw. in ein solches Gefäß (Dialysierschlauch). **Exosmose** heißt das Austreten einer Flüss. aus einem solchen Gefäß in die Umgebung. Temperaturerhöhung od. Anlegen einer elektr. Spannung kann die Diffusion beschleunigen (Elektroosmose, Elektrodialyse). Vgl. Umkehrosmose.

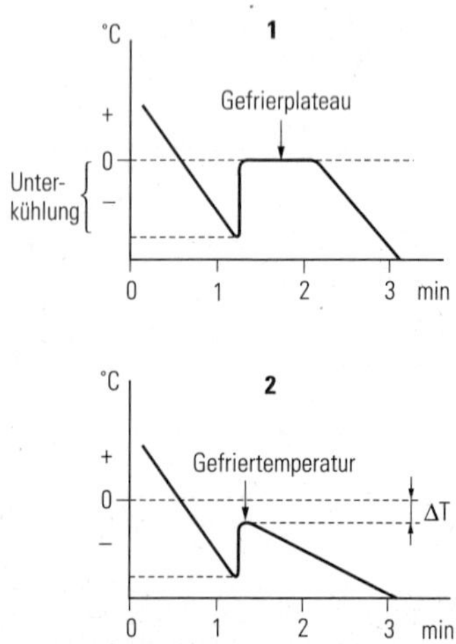

Osmometer: Temperaturverlauf während einer Bestimmung der Gefrierpunkterniedrigung ΔT; 1: für Wasser; 2: für eine wässrige Lösung

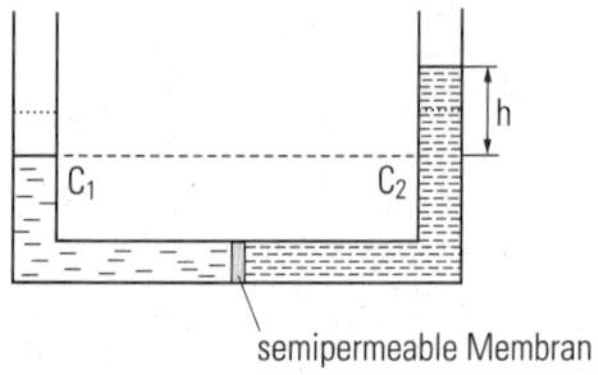

Osmose

Osmose, reverse: s. Umkehrosmose.

Osmotherapie: Einspritzung hyperton. Lsg. (meist 20-40 %iger Glucoselsg.) in das Blut, wodurch der osmot. Druck erhöht u. das Eindringen von Gewebeflüssigkeit ausgelöst wird; Entwässerung des Gewebes. **Anw.:** Lungenödem, Hirnödem, Pleuritis, Urämie, Herzkrankheiten.

Ossa Sepiae: s. Sepia officinalis.

Osteoblasten: Knochen bildende Zellen, die aus Bindegewebezellen hervorgehen. O. synthetisieren die Kollagenfibrillen, welche die unverkalkte Knochengrundsubstanz darstellen, in die sie teilweise mit eingeschlossen u. zu nicht mehr teilungsfähigen Osteozyten werden.

Osteochondritis: Knochen- u. Knorpelentzündung.

Osteoklasten: vielkernige Riesenzellen (ca. 100 µm), die Knochensubstanz abbauen. O. gehen aus vielen miteinander verschmolzenen Monozyten hervor u. sind für das Knochenremodelling bedeutsam. Durch die Fähigkeit, die Knochengrundsubstanz zu resorbieren, spielen sie ferner eine wichtige Rolle bei der Erhöhung des Blutcalciumspiegels. Calcitonin fördert die Umwandlung von Osteoklasten in Osteoblasten.

Osteo-Lathyrismus: s. Lathyrus sativus.

Osteologie: Lehre von den Knochen.

Osteomalazie: erhöhte Weichheit u. Verbiegungstendenz der Knochen durch mangelhaften Einbau von Mineralstoffen in die normal od. überschießend gebildete Knochenmatrix. **Urs.:** z. B. Rachitis*, Malabsorption*; **Ther.:** je nach Grunderkrankung p. o. Calcium- od. Phosphatzufuhr, Calciferole od. Calciferolmetabolite; bei Malabsorption Calciferole parenteral; vgl. Vitamine (Vit. D).

Osteomyelitis (gr. osteon Knochen; myesos Mark): Knochenmarkentzündung, meist kombiniert mit Knochenentzündung (Ostitis, Periostitis). **Formen: 1.** akute O.: z. B. durch Bakt. aus lokalen Infektionsherden od. offener Fraktur; **2.** chron. O.: primär chron. od. als Folge einer akuten O.; **3.** spezif. O.: bei Syphilis* od. Tuberkulose*.

Osteoporose: Erkrankung des Skelettsystems mit Verlust od. Verminderung von Knochensubstanz. **Formen: 1.** primäre O.: idiopath., postmenopausale u. senile O.; **2.** sekundäre O.: z. B. bei Diabetes* mellitus, medikamentös induziert (Glucocorticoide*) od. als Immobilisationsosteoporose; **Ther.:** physik. Ther., Analgetika*, optimale Calciumzufuhr, Calciferole u. Calciferolmetabolite (z. B. Alfacalcidol*, Calcitriol*), Biphosphonate*; Stimulation der Osteoblasten mit Fluoriden, Hemmung der Osteoklasten mit Calcitonin*.

Osteosklerose: lokalisierte od. generalisierte Verdichtung des spongiösen Knochengewebes.

Osterluzei: s. Aristolochia clematitis.

Osthenol: s. Angelica archangelica.

Osthol: s. Angelica archangelica.

Ostitis: Osteitis; Entzündung von Knochengewebe, meist kombiniert mit Osteomyelitis* u. Periostitis.

Ostrea edulis: Europäische Auster; Fam. Ostreideae, Lieferant von Austernschalen (s. Conchae praeparatae), Austernschalenkalk (s. Calcium carbonicum Hahnemanni).

Ostruthin: 7-Hydroxy-6-(3,7-dimethyl-2,6-octadienyl)cumarin; Inhaltsst. von Peucedanum* ostruthium.

Ostwald-Absorptionskoeffizient: s. Absorptionskoeffizient.

Ostwald-Reifung: das Wachsen größerer Teilchen beim Stehenlassen eines krist. Niederschlags bevorzugt auf Kosten kleinerer. Der Prozess beruht auf der größeren Oberflächenenergie kleinerer Teilchen.

Ostwald-Stufenregel: geht ein physik.-chem. System aus einem energiereicheren in einen energieärmeren Zustand über, so wird, wenn ein Zustand mittlerer Energie existiert, dieser normalerweise intermediär durchlaufen.

Ostwald-Verdünnungsgesetz: aus dem Massenwirkungsgesetz* ableitbare Beziehung zw. dem Dissoziationsgrad u. der Konz. einer unvollständig dissoziierenden Substanz. Erniedrigt man die Konz. z. B. um einen Faktor 100, so sinkt die Konz. des dissoziierten Anteiles nur etwa um einen Faktor 10, da undissoziierte Substanz nachdissoziiert.

Ostwald-Viskosimeter: s. Viskosität.

oszillatorisch: schwankend, zitternd.

OTC-Arzneimittel: s. over the counter drug.

Otitis: Entzündung von Teilen des Ohres, meist als O. media od. O. externa.

Otoguttae: s. Ohrentropfen.

Otoguttae Natrii carbonici: Natrii carbonatis otoguttae, Natriumcarbonat-Ohrentropfen; Zstzg.: NRF, 0.6 g Natriumcarbonat-Decahydrat, 3 g Wasser, Glycerol 85 % ad 10 g. **Anw.:** Erweichung des Ceruminalpfropfs. **Dos.:** 5 Tropfen.

Otologie: Ohrenheilkunde.

Otologika: Ohrenheilmittel; Arzneistoffe zur lokalen Ther. von Ohrenkrankheiten wie Ekzeme, Entzündungen u. Infektionen des Mittelohrs. **Wirkstoffgruppen:** Lokalanästhetika*, Antibiotika*, Corticoide (s. Hormone); bei erhärtetem Zerumen (Ohreschmalzpfropf) Cerumenolytika*. Vgl. Auricularia.

Otonecine: s. Pyrrolizidinalkaloide.

Otosklerose: autosomal-dominant erbl., v. a. bei Frauen auftretende Erkrankung des Mittelohres mit progredienter Schwerhörigkeit u. Ohrgeräuschen.

OTS: s. Systeme, okulare therapeutische.

Otto-Reaktion: Nachw. von Strychnin*. **Durchführung:** Strychnin gibt in essigsaurer Lsg. mit Kaliumdichromat u. konz. Schwefelsäure eine Violettfärbung, die rasch nach Weinrot umschlägt.

Ouabain: s. *g*-Strophanthin.

Oubagenin: s. *g*-Strophanthidin.

Ounce: engl. u. amerikan. Gewichtseinheit (29.232 g).

Ourari: s. Curare.

Ouruparia gambir: s. Uncaria gambir.

Ova Formicarum: s. Formica rufa.

Ovalbumin: s. Albumine.

Ovarialhormone: im Eierstock gebildete Hormone (Estrogene u. Gestagene), s. Hormone (Keimdrüsen- u. Sexualhormone).

Ovaria siccata: getrocknete Eierstöcke (von Kühen), s. Organtherapeutika.

Ovarium: Ovar; **1.** (med.) Eierstock; ovarialis, zum Eierstock gehörend. **2.** (bot.) Fruchtknoten.

Overkill-Verfahren: Sterilisationsverfahren, das eine Herabsetzung der Keimzahl von min. 12 Zehnerpotenzen bewirkt. Die von den meisten Arzneibüchern als Standard- u. Referenzverfahren favorisierte Dampfsterilisation bei 121 °C während 15 min stellt ein Overkill-Verfahren dar.

over the counter drug (engl. counter Ladentisch): Abk. OTC-Arzneimittel; Bezeichnung für apothekenpflichtige Arzneimittel (s. Apothekenpflicht). Sie werden u. a. von den verschreibungspflichtigen Arzneimitteln (s. Verschreibungspflicht) u. den freiverkäufl. Arzneimitteln abgegrenzt. Im Arzneimittelgesetz* ist der jeweilige rechtl. Status der Arzneimittel geregelt.

Ovizide: Mittel gegen Insekteneier; s. Schädlingsbekämpfungsmittel.

Ovoids®: gefärbte, ovale Zuckerdragees; s. Compressi obducti.

Ovotransferrin: s. Siderophiline.

Ovula: s. Globuli vaginales.

Ovulation: Eisprung; Ausstoßung einer reifen Eizelle aus dem Eierstock. Bei einem 28-tägigen Menstruationszyklus* etwa am 14. Tag nach Einsetzen der Menstruation.

Ovulationshemmer: peroral angewendete Mittel mit antikonzeptioneller Wirkung; vgl. Kontrazeption, hormonelle.

Ovulationsstimulanzien: Mittel zur Auslösung eines Eisprungs bei Frauen, die z. B. an Gelbkörper-Insuffizienz od. anovulator. Zyklen leiden. **Wirkstoffe:** Clomifen*, Cyclofenil*, Epimestrol*, Follitropin (s. Hormone; Hypophysenvorderlappen).

Ovum: s. Ei.

Oxaboloncipionat INN: Oxaboloni cypionas; 17*β*-(3-Cyclopentylpropionyloxy)-4-hydroxyestr-4-en-3-on; CAS-Nr. 1254-35-9; $C_{26}H_{38}O_4$. Schmp. 158-160 °C. $[\alpha]_D^{20\,°C}$ +30° (c=1 in Chloroform). Fast unlösl. in Wasser, Hexan; schwer lösl. in Methanol; lösl. in Chloroform, Dioxan, Benzol. **Anw.:** Anabolikum. Hingewiesen sei auch auf Oxabolon.

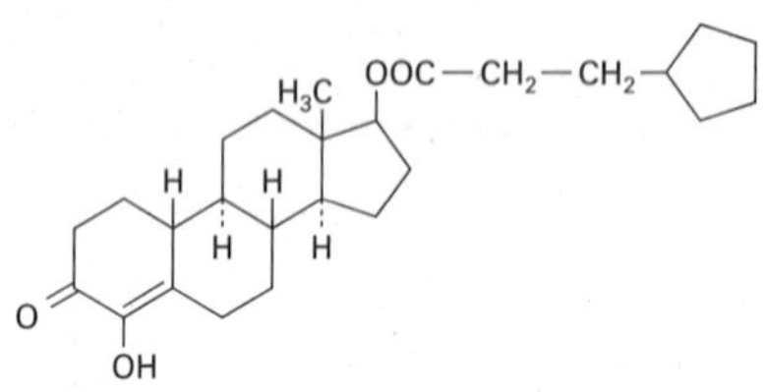

Oxaboloncipionat

Oxaceprol INN: Acetylhydroxyprolin (Abk. AHP); (–)-1-Acetyl-4-hydroxy-L-prolin; CAS-Nr. 33996-33-7; $C_7H_{11}NO_4$, M_r 173.13. Schmp. 132 °C (kristallisiert aus Aceton). $[\alpha]_D^{20\,°C}$ –116.5° (c=3.2). Lösl. in Wasser, Methanol; unlösl. in Ether, Chloroform. **Anw.:** bei Bindegewebeerkrankungen, wie z. B. Arthrose, primär chron. Polyarthritis, verzögerter Wundheilung; **Dos.:** p. o. 3×0.2 g/d; vgl. Hydroxyprolin.

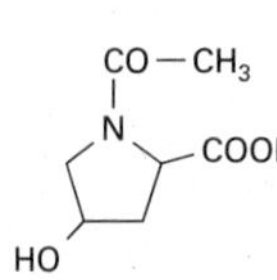

Oxaceprol

Oxacillin INN: syn. Oxazillin, (5-Methyl-3-phenyl-4-isoxazolyl)-penicillin; (6*R*)-6-(5-methyl-3-phenyl-isoxazol-4-carboxamido)-penicillansäure; CAS-Nr. 66-79-5; $C_{19}H_{19}N_3O_5S$, M_r 401.44. Lösl. in 3.5 T. Wasser, 90 T. Ethanol, wenig lösl. in Chloroform, Pyridin; eine 3 %ige wässrige Lsg. hat den pH-Wert 4.5-7.5. **Anw.:** Antibiotikum*; penicillinasefestes Penicillin, gut wirksam geg. Penicillinase bildende Staphylokokken (Hauptind.), auch geg. Streptokokken, Pneumokokken; **UAW:** v. a. allerg. Reaktionen; **Dos.:** p. o. Nüchterngabe 4-6×0.5-1 g/d über 5 d; Kinder 0.05-0.1 g/kg KG/d in 4-6 Dosen; i. m., i. v. 4-6×0.25-1.0 g/d; HWZ 0.4-0.7 h. Verwendet wird auch Oxacillin-Natrium; vgl. Antibiotika (Tab.).

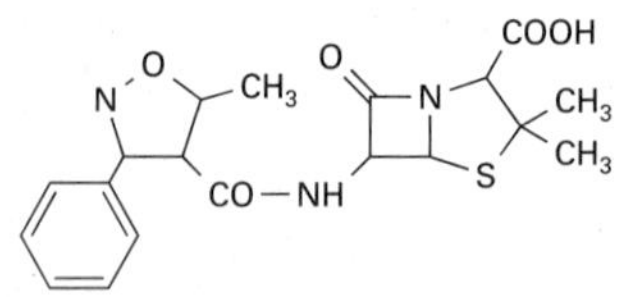

Oxacillin

Oxalaldehyd: s. Glyoxal.

Oxalat: Salz der Oxalsäure*.

Oxalatblut: mit Oxalaten (z. B. Na-Oxalat) versetztes, ungerinnbares Blut, dem Ca^{2+} durch die Bildung von Ca-Oxalat entzogen wurde. Dient der Gewinnung von Blutplasma; s. Citratblut, vgl. Blutgerinnung.

Oxalatsteine: röntgenolog. darstellbare Harnsteine (s. Urolith) aus Calciumoxalat*. **Urs.:** z. B. Oxalurie*.

Oxaliplatin INN: [(1*R*,2*R*)-1,2-Cyclohexandiamin-*N,N*][oxalto(2-)-*O,O*]-platin; CAS-Nr. 61825-94-3; $C_8H_{14}N_2O_4Pt$, M_r 397.3. Platin*-Komplex mit 1,2-Diaminocyclohexan u. Oxalsäure*. **Wirk.:** Zytostatikum*; Wirkungsweise wie Cisplatin*, jedoch sind die DNA-Platin-Intrastrang-Produkte sperriger u. die Wirksamkeit dadurch höher; **Anw.:** Ther. des metastasierenden kolorektalen Karzinoms in Kombination mit 5-Fluoruracil u. Folinsäure*; **UAW:** sehr häufig Erbrechen, Übelkeit, Diarrhö; **Dos.:** 85 mg/m² Körperoberfläche i. v. alle 2 Wochen; **Tox.:** dosislimitierende Neurotoxizität.

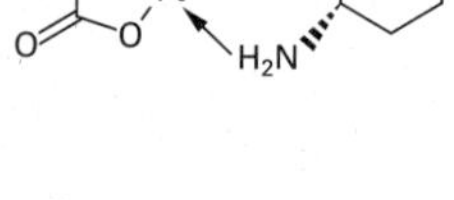

Oxaliplatin

Oxalis acetosella L.: Sauerklee; Fam. Oxalidaceae (Europa, Nordamerika). **Inhaltsst.:** Oxalsäure u. deren Salze.

Hom: *Oxalis acetosella (HAB2001):* frische, blühende Pflanze.

Hom: *Oxalis acetosella e foliis (HAB2001):* frische Blätter; verord. z. B. bei Leber- u. Verdauungsstörungen.

Oxalium: s. Kaliumtetraoxalat.

Oxalose: außerordentl. starke Kristallisation von Calciumoxalat im Nierengewebe infolge einer

Stoffwechselkrankheit od. einer Vergiftung durch Oxalsäure* od. deren Salze.

Oxalsäure: Acidum oxalicum, Kleesäure, Zuckersäure; Ethandisäure, $HOOC-COOH \cdot 2H_2O$, M_r 126.1. D. 1.635. Schmp. 101.5 °C. Kristallwasserfreie O. lässt sich bei ca. 100 °C im Vakuum unzersetzt sublimieren. Farb- u. geruchlose Kristalle von saurem Geschmack, leicht lösl. in Wasser u. Ethanol, wenig lösl. in Ether. **Vork.:** als Kaliumsalz in Algen, Farnen, Flechten; als Calciumsalz in Oxalis- u. Rumex-Arten; als Magnesiumsalz in Poaceae; im Guano; z. B. im Spinat (ca. 9 mg/100 g), in Sellerie, Rhabarber, Spargel, Tomaten, Honig; im Harn. **Darst.:** **1.** Erhitzen von Natriumformiat auf 360 °C in Gegenwart von NaOH; das gebildete $Na_2C_2O_4$ reagiert mit $Ca(OH)_2$ zu Calciumoxalat, das mit H_2SO_4 zu O. umgesetzt wird; **2.** Einw. von Natrium auf Kohlendioxid bei 360 °C; **3.** Oxidation von Ethylenglykol*; **4.** Hydrolyse von Dicyan (heute kaum noch von Bedeutung); **5.** Schmelzen von Cellulose (Sägemehl) mit Alkalihydroxid bei 250-300 °C. **Anw.** chem.: in der Maßanalyse; techn.: in der Baumwolldruckerei, Tintenfabrikation, zum Reinigen, als Bleichmittel, in der Fotografie. **Tox.:** O. ist ebenso wie ihre lösl. Salze giftig. Sie wirkt ätzend auf Haut u. Schleimhaut; Einnahme kann zu schweren Gastroenteritiden mit Erbrechen u. Durchfall, Nierenschäden infolge Oxalose*, Krämpfen, Koma u. Tod infolge Kreislaufkollaps führen. LD 5-15 g. Antidot*: als Sofortmaßnahmen Flüssigkeitszufuhr, Magenspülung mit Kalkwasser od. 15-30 g Calciumgluconat gelöst in 100 mL Wasser, Schockbehandlung mit Acidosekorrektur (Natriumhydrogencarbonat), Ersatz von Flüss. u. Elektrolyten, Plasmaersatzlösungen. **Gesch.:** O. wurde 1769 erstmals vom Apotheker Johann Christian Wiegleb (1732-1800) im Sauerklee (Oxalis* acetosella) nachgewiesen; 1776 von Carl Wilhelm Scheele (1742-1786) aus Salpetersäure u. Zucker dargestellt, daher der Name Zuckersäure. 1824 synthetisierte Friedrich Wöhler (1800-1882) O. aus Dicyan u. damit erstmals auf künstl. Wege ein pflanzl. Stoffwechselprodukt.

Hom: *Acidum oxalicum (HAB1.4):* verord. z. B. bei Erkrankungen des rheumat. Formenkreises, schmerzhaften Wirbelsäulensyndromen, Neuralgien.

Oxalurie: vermehrte Ausscheidung von Oxalsäure* im Harn*. Bei Enzymdefekten mit Störung des Oxalsäurestoffwechsels od. bei Genuss von oxalsäurehaltigen Speisen (z. B. Rhabarber, Spinat).

Oxalyl-: Bez. die von der Oxalsäure* abgeleitete Gruppe $-OC-CO-$.

Oxapeneme: Betalactamantibiotika, bei denen der Schwefel im Penam durch Sauerstoff ersetzt ist. **Wirkstoffe:** z. B. Imipenem*, Meropenem*. Vgl. Antibiotika.

Oxaprozin INN: 3-(4,5-Diphenyl-1,3-oxazol-2-yl)propansäure; CAS-Nr. 21256-18-8; $C_{18}H_{15}NO_3$, M_r 293.3. Schmp. 161 °C. logP 4.2; pKs 4.2 (ber.); schwer lösl. in Wasser. **Wirk.:** lang wirksames, analget. u. antipyret. NSAR, s. Analgetika (schwache); **Anw.:** chron. Polyarthritis, Arthrosen u. Weichteilrheumatismus; **UAW:** Beschwerden im Abdominalbereich, Übelkeit, Dyspepsie, gastrointestinale Unverträglichkeit; **Dos.:** je nach Ind. 0.6-1.8 g/d; HWZ 50 h.

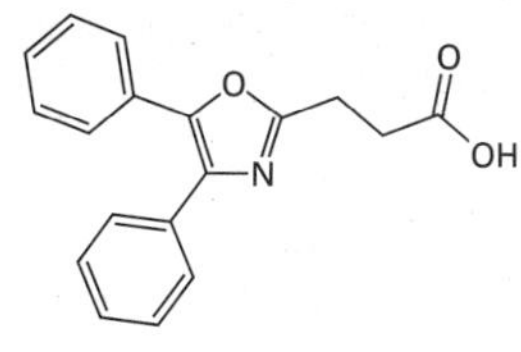

Oxaprozin

Oxatomid INN: 1-[3-(4-Benzhydryl-1-piperazinyl)propyl]-2,3-dihydro-2-benzimidazolon; CAS-Nr. 60607-34-3; $C_{27}H_{30}N_4O$, M_r 426.57. **Anw.:** Antiallergikum*, Antihistaminikum*; **UAW:** Sedierung, evtl. Appetitsteigerung, Beeinflussung des Reaktionsvermögens; **Kontraind.:** Schwangerschaft; HWZ 18 h.

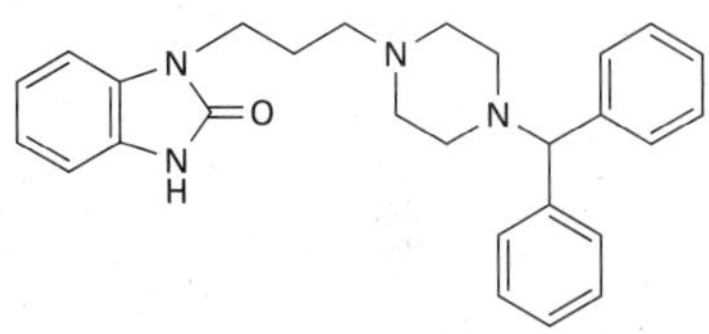

Oxatomid

Oxazaphosphorine: Oxazaphosphorinoxide; 1,3,2-Oxazaphosphinan-2-amin-2-oxide, Zytostatika* mit alkylierender Wirkung. **Beispiele:** Derivate von Stickstofflost* wie Cyclophosphamid*, Ifosfamid*, Trofosfamid*; **Antidot:** Mesna*.

Oxazepam INN: Oxazepamum Ph.Eur.4; 7-Chlor-2,3-dihydro-3-hydroxy-5-phenyl-1*H*-1,4-benzodiazepin-2-on; CAS-Nr. 604-75-1; $C_{15}H_{11}ClN_2O_2$, M_r 286.74. Schmp. 192-198 °C (kristallisiert aus Ethanol; polymorph). Metabolit von Diazepam*. Fast unlösl. in Wasser, 1:200 in Ethanol, 1:300 in Chloroform, 1:1500 in Ether; lösl. in Dioxan. pKs der konjugierten Säure 1.7, $pK_{S,2}$ der Säure 11.6 (20 °C). **Anw.:** Tranquilizer, s. Psychopharmaka (Ataraktika); Einschlafmittel; **Dos.:** p. o. 3-4 × 10-30 mg/d; rektal 2 × 30 mg/d, Kinder ab 1 Jahr 7.5 mg, Kinder ab 6 Jahre 15 mg; HWZ 6-12 h; vgl. Benzodiazepine.

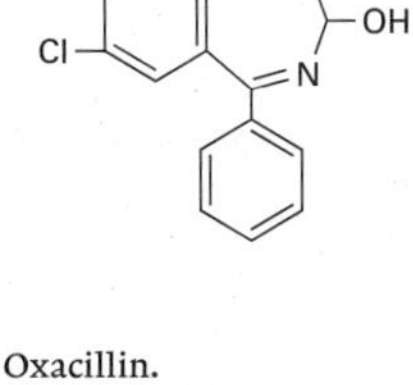

Oxazepam

Oxazillin: s. Oxacillin.

Oxazine: Verb. der Formel C_4H_5NO mit einem 6-gliedrigen heterocycl. Ring, der ein O- u. ein N-Atom sowie 2 Doppelbindungen enthält.

Oxazolam INN: Oxazolazepam; (α)-10-Chlor-2,3,7,11b-tetrahydro-2-methyl-11b-phenyloxazolo[3,2-*d*][1,4]benzodiazepin-6(5*H*)-on; CAS-Nr. 24143-17-7; $C_{18}H_{17}ClN_2O_2$, M_r 328.80. Schmp. 186-188 °C. Lösl. in Chloroform, schwer lösl. in Ethanol, fast unlösl. in Wasser. **Anw.:** obsolet; Tranquilizer, s. Psychopharmaka (Ataraktika); **Dos.:** p.o. 3×10-20 mg/d, präoperativ 1-2 mg/kg KG; HWZ 50-90 h (Metaboliten); vgl. Benzodiazepine.

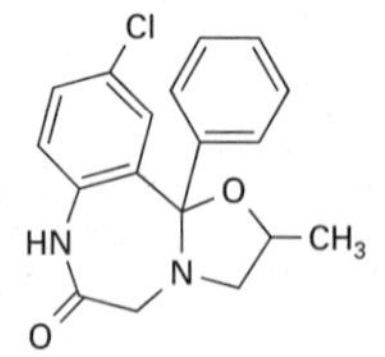

Oxazolam

Oxazolidinthione: s. Glucosinolate.

Oxcarbazepin INN: 10,11-Dihydro-10-oxo-5*H*-dibenz[*b*,*f*]azepin-5-carboxamid; CAS-Nr. 28721-07-5; $C_{15}H_{12}N_2O_2$, M_r 252.3. Schmp. 215 °C. logP 1.2; pK$_S$ 13.7 (ber.); schwer lösl. in Wasser. **Wirk.** u. **Anw.:** Analgetikum, Antikonvulsivum (s. Antiepileptikum) bei Erwachsenen u. Kindern ab 6 Jahre; im Vergleich zu Carbamazepin* bessere Verträglichkeit u. geringeres Interaktionspotential; **UAW:** Müdigkeit, Schwindel, Kopfschmerz, Übelkeit; **Dos.:** 0.6-2.4 g/d; HWZ des aktiven Hydroxy-Metaboliten 9.3 ± 1.8 h.

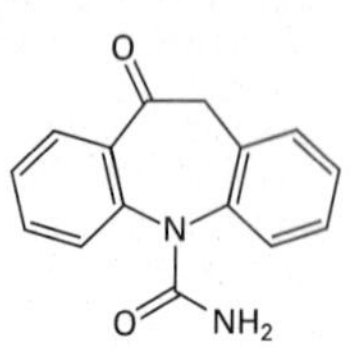

Oxcarbazepin

Oxedrintartrat: s. Synephrintartrat.

Oxeladin INN: 2-(2-Dimethylaminoethoxy)ethyl-3-phenyl-3-pentancarboxylat; CAS-Nr. 468-61-1; $C_{20}H_{33}NO_3$, M_r 335.47. Sdp. 150 °C (667 Pa), 140 °C (13.3 Pa). Lösl. in verd. Salzsäure, Ethanol, Aceton, Ether, Toluol; fast unlösl. in Wasser. **Anw.:** Antitussivum*; **UAW:** Reaktionsvermögen wird beeinträchtigt; **Dos.:** p.o. 2-3×20 mg/d; oral retard 2×40 mg/d; parenteral (i.m., i.v.) 20 mg. **Oxeladindihydrogencitrat:** Oxeladini dihydrogenocitras; CAS-Nr. 468-61-1; $C_{26}H_{41}NO_{10}$, M_r 527.6. Schmp. 90-91 °C. Gelblich weißes, krist. Pulver; lösl. in Wasser, Ethanol u. Chloroform. **Off.:** DAC86.

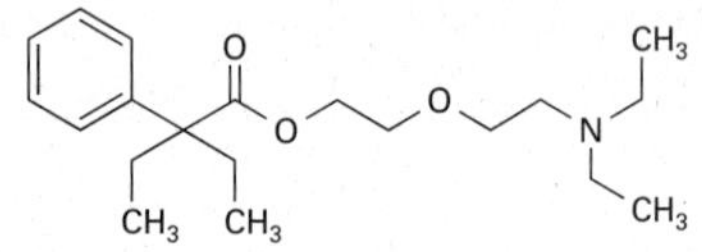

Oxeladin

Oxetacain INN: 2,2'-(2-Hydroxyethylimino)-bis[*N*-(*α*,*α*-dimethylphenethyl)-*N*-methylacetamid]; *N*,*N*-Bis(*α*,*α*-dimethylphenethyl)-*N*,*N*-dimethyl-2-hydroxyethylimino-diacetamid; CAS-Nr. 126-27-2; $C_{28}H_{41}N_3O_3$, M_r 467.63. Schmp. 104.5 °C. Unlösl. in Wasser; lösl. in verd. Säuren u. in Ethanol. **Anw.:** Oberflächenanästhetikum, s. Lokalanästhetikum.

Oxetan: Oxacyclobutan, Trimethylenoxid; 1,3-Epoxypropan, C_3H_6O.

Oxford-Einheit: Abk. O.E.; 1 O.E. entspr. der Menge Penicillin, die in 50 mL Nährlösung das Wachstum des Staphylococcus aureus (Oxford) vollständig hemmt. 1 O.E. entspr. 1 I.E. Penicillin G; 1 mg Benzylpenicillin-Na reinst entspr. 1670 O.E.; 600 mg entsprechen 1 Million Oxford-Einheiten.

Oxicame: s. Analgetika (schwache).

Oxiconazol INN: 1-(2,4-Dichlorophenyl)-2-(1*H*-imidazol-1-yl)-ethanon-(*Z*)-*O*-[(2,4-dichlorphenyl)methyl]oxin; CAS-Nr. 64211-45-6; $C_{18}H_{13}Cl_4N_3O$, M_r 429.13. **Anw.:** Antimykotikum* mit breitem Wirkungsspektrum, lokal bei Pilzerkrankungen der Haut. Gebräuchl. ist auch Oxiconazolmononitrat (CAS-Nr. 64211-46-7).

Oxidasen: Oxidoreduktasen; Enzyme*, z. B. Flavinenzyme*, die Sauerstoff übertragen u. auf diese Weise katalyt. eine Oxidation von Intermediärprodukten des Stoffwechsels bewirken; z. B. Katalasen, Peroxidasen, Monoaminooxidase.

Oxidation: Oxydation (veraltet); ursprüngl. die chem. Vereinigung von Sauerstoff mit anderen Elementen od. Verb., später bezeichnete man als O. die Sauerstoffzufuhr od. Wasserstoffentziehung. Nach heutiger Def. versteht man unter O. einen Entzug von Elektronen aus den Atomen eines Elementes. Der Elektronenentzug kann auch elektrolyt. mittels einer Anode (s. Oxidation, anodische) od. durch geladene Ionen von versch. Wertigkeit erfolgen. **Oxidationsmittel** sind demnach nicht nur solche Verb., die leicht Sauerstoff abgeben u. dabei selbst reduziert werden (wie Kaliumchlorat od. Chromsäure), sondern auch Stoffe, die Wasserstoff od. Elektronen aufnehmen, obwohl sie keinen Sauerstoff enthalten; z. B. Eisen(III)-Salze, deren Fe^{3+}-Ionen das Bestreben haben, durch Aufnahme eines Elektrons e^- in Fe^{2+}-Ionen überzugehen: $Fe^{3+} + e^- \rightarrow Fe^{2+}$; vgl. Reduktion.

***α*-, *β*-, *ω*-Oxidation:** s. Fettsäureabbau.

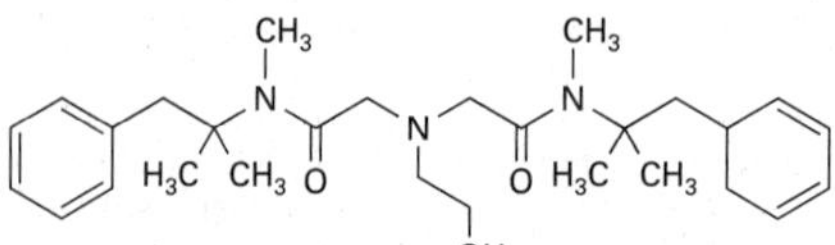

Oxetacain

Oxidation, anodische: die Anode wirkt immer oxidierend (Elektronen entziehend); von a. O. speziell spricht man, wenn an der Anode entstehender Sauerstoff in situ zur Oxidation von org. Verb., z. B. bei der Abwasserreinigung, od. zur Erzeugung von Oxidschichten auf dem Anodenmetall verbraucht wird. **Anw.:** Meist werden Teile aus Aluminium od. Magnesium u. deren Legierungen mit einer Oxidschicht versehen (Eloxal-Verfahren). Die Oxidschicht (10-30 μm) dient zur Erhöhung der Korrosions- u. Verschleißfestigkeit od. zu dekorativen Zwecken, wenn man sie nachträgl. einfärbt.

Oxidationsstufe: Oxidationszahl, Oxidationsgrad, Oxidationswert, Ladungswert, elektrochemische Wertigkeit; diejenige Ladung, die ein Atom in einem Molekül besäße, wenn das Molekül aus lauter Ionen aufgebaut wäre u. die Elektronen aller Bindungen dem jeweils elektronegativeren Partner zugeordnet würden. Man setzt die O. in arab. od. röm. Ziffern über (od. in Klammern neben) das betreffende Elementsymbol mit Plus- od. Minus-Vorzeichen; z. B. hat der Stickstoff im Ammoniumchlorid (NH_4Cl) die Oxidationszahl –3, geschrieben:

$$\overset{-3}{N}H_4Cl \text{ od. } \overset{-III}{N}H_4Cl$$

Die Summe der Oxidationszahlen muss gleich der Ladung eines Moleküls sein.

Oxide: Oxyde (veraltet); Verb. eines Elementes mit Sauerstoff. Außer den meisten Edelgasen können alle Elemente Oxide bilden, sogar Xenon*. Die sauerstoffärmeren Oxide bez. man früher als Oxydule.

Oxidimetrie: Sammelbez. für die Verfahren der Maßanalyse*, die quantitativ verlaufende Oxidations- u. Reduktionsreaktionen zur Bestimmung nutzen. Man verwendet z. B. Permanganat- (s. Manganometrie), Cer(IV)-sulfat- (s. Cerimetrie) od. Kaliumbromatlösungen (s. Bromatometrie).

Oxidoreduktasen: s. Enzyme.

Oxilofrin: *p*-Hydroxyephedrin; CAS-Nr. 365-26-4; $C_{10}H_{15}NO_2$, M_r 181.23. **Anw.:** Antihypotonikum*, Sympathomimetikum*; Ind.: Orthostasesyndrom, Hypotonie in der Schwangerschaft, nach Operationen u. Infektionskrankheiten; **UAW:** Übelkeit, Schlafstörungen, Unruhe, Herzklopfen, Herzrhythmusstörungen.

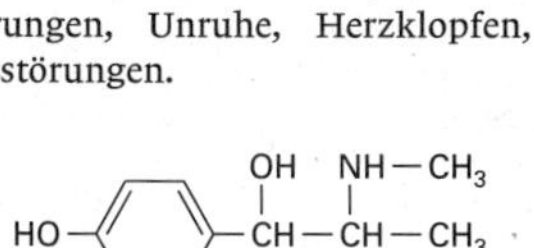

Oxilofrin

Oxime: Iminoderivate des Hydroxylamin (H_2NOH), allg. Formel $R_2C{=}NOH$; O. entstehen, wenn Hydroxylamin mit einem Aldehyd* od. Keton* zu einem Aldoxim bzw. Ketoxim reagiert; vgl. Hydroxylaminhydrochlorid; Dimethylglyoxim (Reagens auf Nickel). O. sind wichtige Zwischenprodukte für Synthesen; sie treten teils kristallin, teils flüssig auf u. können sowohl als Säuren als auch als Basen zugleich reagieren (amphoter).

Oximtitration: Carbonylverbindungen werden mit Hydroxylaminhydrochlorid in ihr Oxim überführt u. anschl. mit ethanol. Kalilauge gegen Bromphenolblau titriert. **Anw.:** Analytik äther. Öle, vgl. Aetherolea; vgl. Hydroxylaminhydrochlorid; Oxime.

Oxin: s. 8-Hydroxychinolin.

Oxindolalkaloide: (meist) iridoide Indolalkaloide* mit 2-Oxoindol als Grundstruktur, z. B. Gelsemin* (Strukturformel s. Gelsemium sempervirens, Abb.), auch in Krallendornwurzel (s. Uncaria tomentosa) enthalten.

Oxipurinol INN: syn. Oxypurinol, Hydroxyallopurinol, Alloxantin; 5,5'-Dihydroxy-5,5'-bibarbitursäure; CAS-Nr. 76-24-4; $C_8H_6N_4O_8$, M_r 286.16. Schmp. 225 °C (unter Zers.). Dimeres von Alloxan*, wie dieses diabetogen; bildet mit Ammoniak Murexid*. **Anw.:** Urikostatikum (s. Antiarthritika, Wirkstoff geg. Gicht*); Metabolit von Allopurinol*; **UAW:** s. Allopurinol.

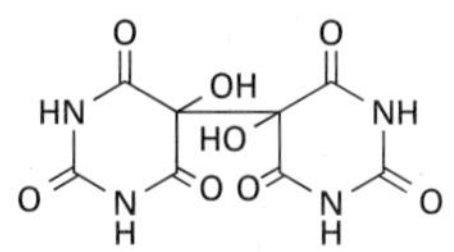

Oxipurinol

Oxirane: s. Epoxide.

Oxitriptan INN: 5-Hydroxy-L-tryptophan (Abk. 5-HTP); 2-Amino-3-(5-hydroxy-1*H*-indol-3-yl)propionsäure; CAS-Nr. 4350-09-8; $C_{11}H_{12}N_2O_3$, M_r 220.23. **Anw.:** Antidepressivum; Präkursor von Serotonin* (5-HT); Ind.: Depressionen u. Schlafstörungen infolge von Serotoninmangel; **UAW:** gastrointestinale Beschwerden, Blutdruckabfall; HWZ 6 h.

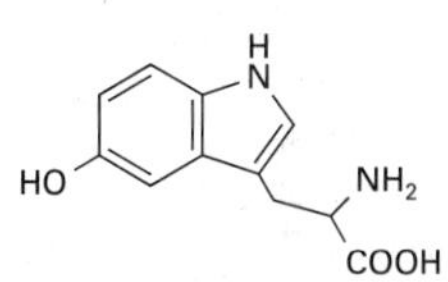

Oxitriptan

Oxitropiumbromid INN: Oxitropii bromidum; 6*β*,7*β*-Epoxy-8-ethyl-3*α*-(–)-tropoyloxy-1*αH*,5*αH*-tropaniumbromid; CAS-Nr. 30286-75-0; $C_{19}H_{26}BrNO_4$, M_r 412.33. Schmp. 203-204 °C (unter Zers.). **Anw.:** Broncholytikum*, Parasympatholytikum*.

oxo-: s. Ketone.

Oxocarbonsäuren: s. Ketosäuren.

Oxo-cyclo-Tautomerie: s. Kohlenhydrate.

Oxoglutarsäure: s. *α*-Ketoglutarsäure.

Oxolinsäure INN: Acidum oxolinicum Ph.Eur.; 5-Ethyl-5,8-dihydro-8-oxo-1,3-dioxolo[4,5-g]chinolin-7-carbonsäure; CAS-Nr. 14698-29-4; $C_{13}H_{11}NO_5$, M_r 261.24. Schmp. 314-316 °C (unter Zers.); mit Nalidixinsäure* verwandtes Chinolin*-Derivat. **Anw.:** Chemotherapeutikum (Gyrasehemmer*); gut wirksam geg. fast alle gramnegativen Bakt.; Resistenzentwicklung langsamer, aber UAW stärker als bei Nalidixinsäure*; **Dos.:** p. o. 2×0.75 g/d.

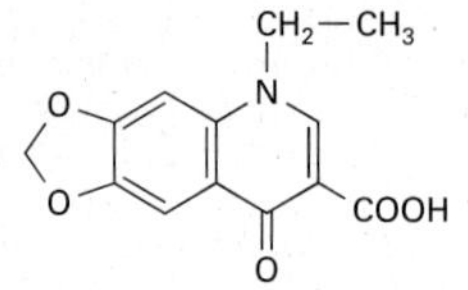

Oxolinsäure

Oxomemazin INN: 10-[3-(Dimethylamino)-2-methylpropyl]phenothiazin-5,5-dioxid; CAS-Nr. 3689-50-7; $C_{18}H_{22}N_2O_2S$, M_r 330.46. Schmp. 115 °C (kristallisiert aus Heptan). Fast unlösl. in Wasser; schwer lösl. in Ethanol; lösl. in Chloroform u. Ether. **Anw.:** Antihistaminikum*, kaum noch gebräuchlich; **UAW:** gastrointestinale Störungen, Hautreaktionen, Kreislaufstörungen; **WW:** Antihypertensiva*, Psychopharmaka; **Dos.:** p.o. 1-4×10 mg/d. Hingewiesen sei auch auf Oxomemazinhydrochlorid.

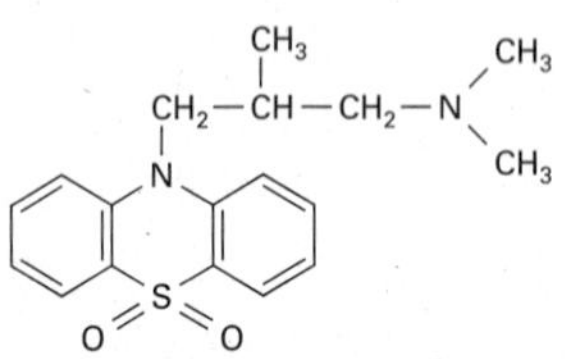

Oxomemazin

Oxoniumsalze: durch Anlagerung von Säuren, Metallsalzen od. Alkylresten (R-) an Ether, Alkohole, Aldehyde, Ketone, gebildete Salze. Da sich die Salzbildung am O-Atom vollzieht u. weitgehende Analogie mit den Ammoniumsalzen besteht, werden sie als Oxoniumsalze bezeichnet. Ihre Kationen des Typs RO^+H_2 werden als primäre, solche mit R_2O^+H als sekundäre u. solche mit R_3O^+ als tertiäre O. bezeichnet.

Oxophilie: s. Hydrophilie.

Oxprenolol INN: 1-(2-Allyloxyphenoxy)-3-isopropylamino-2-propanol; CAS-Nr. 6452-71-7; $C_{15}H_{23}NO_3$, M_r 265.34. Strukturformel s. Sympatholytika (Abb. 2). Schmp. 78-80 °C (kristallisiert aus Hexan). **Anw.:** Betasympatholytikum; als Antihypertensivum, bei Angina pectoris, geg. Herzrhythmusstörungen; HWZ 1-2 h. **Oxprenololhydrochlorid:** Oxprenololi hydrochloridum Ph.Eur.; CAS-Nr. 6452-73-9; $C_{15}H_{24}ClNO_3$, M_r 301.8. Schmp. 106-108.5 °C (polymorph). Weißes, krist. Pulver, leicht lösl. in Wasser u. Ethanol, lösl. in Chloroform, fast unlösl. in Ether. **Anw.:** i. v. in der Notfallmedizin bei Herzarrhythmien.

Oxy-: **1.** veraltete Bez. für die OH-Gruppe (jetzt Hydroxy-). **2.** Bez. für die Gruppe –OR, in der ein Sauerstoff einen Alkylrest R mit einem Substituenten verbindet, z. B. Methoxy-; vgl. Epoxy-.

Oxyaldehyde: veraltete bzw. falsche Bez. für Hydroxyaldehyde; s. Aldosen.

Oxyammoniak: s. Hydroxylamin.

Oxyammonium chloratum: s. Hydroxylaminhydrochlorid.

Oxybernsteinsäure: s. Äpfelsäure.

Oxybrasilein: s. Hämatoxylin.

Oxybuprocain INN: 4-Amino-3-butoxybenzoesäure-2-diethylaminoethylester; CAS-Nr. 99-43-4; $C_{17}H_{28}N_2O_3$, M_r 308.41. **Anw.:** Lokalanästhetikum* mit bakteriostat. Effekt; **UAW:** Allergien, Hornhautveränderungen. **Oxybuprocainhydrochlorid** INN: Oxybuprocaini hydrochloridum Ph.Eur.; CAS-Nr. 5987-82-6; $C_{17}H_{29}ClN_2O_3$, M_r 344.9; krist., polymorph, leicht lösl. in Wasser u. Ethanol.

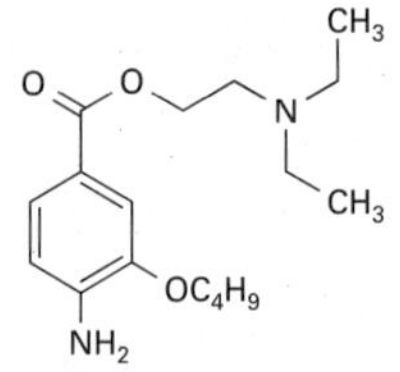

Oxybuprocain

β-Oxybuttersäure: veraltete Bez. für β-Hydroxybuttersäure*; vgl. Ketonkörper.

Oxybutynin INN: (4-Diethylamino)but-2-in-1-yl-(*RS*)-2-cyclohexyl-2-hydroxy-2-phenylacetat; CAS-Nr. 5633-20-5; $C_{22}H_{31}NO_3$, M_r 357.49. **Wirk.** u. **Anw.:** Parasympatholytikum*, zur Behandlung einer Überfunktion des Harnblasenmuskels; **UAW:** Mundtrockenheit, Hautrötung, Tachykardie, Miktionsstörungen, Reaktionsvermögen; **Dos.:** 5-15 mg/d. **Oxybutyninhydrochlorid** INN: Oxybutynini hydrochloridum Ph.Eur.; CAS-Nr. 1508-65-2; $C_{22}H_{32}ClNO_3$, M_r 394.0; Schmp. 129-130 °C. Leicht lösl. in Wasser u. Ethanol.

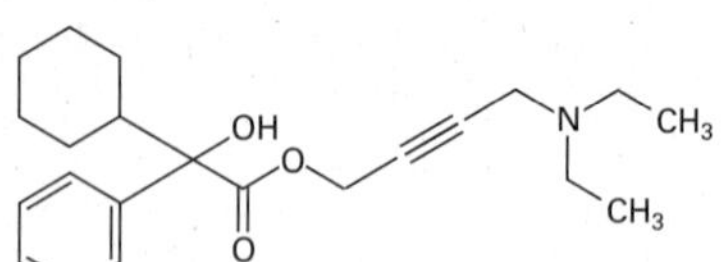

Oxybutynin

8-Oxychinolin: s. 8-Hydroxychinolin.

Oxychinolinsulfat: s. 8-Hydroxychinolinsulfat.

Oxycodon INN: Dihydrohydroxycodeinon; 4,5α-Epoxy-14-hydroxy-3-methoxy-17-methyl-6-morphinanon; CAS-Nr. 76-42-6; $C_{18}H_{21}NO_4$, M_r 315.36. Schmp. 218-220 °C (kristallisiert aus Ethanol). **Anw.:** starkes Analgetikum*; **Dos.:** p.o. 2-3×0.1 g/d; parenteral s.c. 0.01 g. Gebräuchl. ist auch Oxycodonhydrochlorid*.

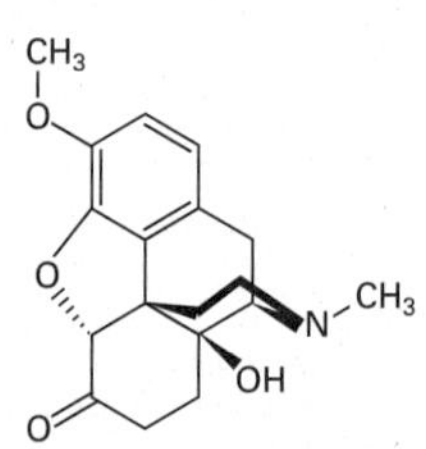

Oxycodon

Oxycodonhydrochlorid INN: Oxycodoni hydrochloridum, Oxycodonium chloratum, Hydroxydihydrocodeinonum hydrochloricum, Dihydro-hydroxycodeinon-hydrochlorid, Dihydro-oxycodeinonum hydrochloricum, Theocodine; CAS-Nr. 124-90-3; $C_{18}H_{22}ClNO_4 \cdot 3\,H_2O$, M_r 405.9. $[\alpha]_D^{20\,°C}$ −142 bis −145° (c=2.0 in Wasser). Weißes, krist. Pulver von bitterem Geschmack, lösl. in Wasser (ca. 1:6), in Ethanol 90% (in ca. 60 T.). **Off.:** DAB10, ÖAB90 (bis 1996); **Anw.:** starkes Analgetikum*; **Dos.:** s. Oxycodon; MED 0.015 g, MTD 0.1 g; vgl. Morphin.

Oxydendrum arboreum (L.) DC.: Andromeda arborea L., Sauerbaum; Fam. Ericaceae (Nordamerika, von Pennsylvania bis Florida). **Anw.** volkstüml.: z. B. als harntreibendes Mittel.

Oxydule: s. Oxide.

Oxyfedrin INN: L-3-(*β*-Hydroxy-*α*-methylphenethylamino)-3'-methoxypropiophenon; CAS-Nr. 15687-41-9; $C_{19}H_{23}NO_3$, M_r 313.38. **Anw.:** Koronartherapeutikum, chem. dem Ephedrin ähnl.; **Dos.:** p. o. 2-3×8 mg/d, MTD 64 mg; lingual 2-3×8 mg/d; parenteral i. v. 1-3×4 mg/d; HWZ 4.2 h. Gebräuchl. ist auch Oxyfedrinhydrochlorid.

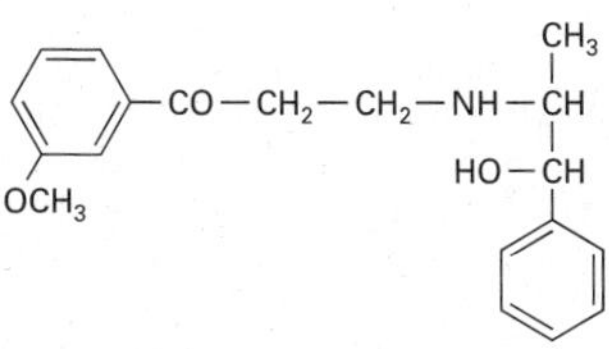

Oxyfedrin

Oxyfume: mikrobizides Gasgemisch; 20% Ethylenoxid (EO), 80% CO_2. **Anw.:** Gassterilisation bei Normaldruck; s. Sterilisationsverfahren (Sterilisation mit mikrobiziden Gasen).

Oxygenasen: Untergruppe der Oxidoreduktasen; Enzyme, welche die direkte Übertragung von molekularem Sauerstoff auf Substrate unter Bildung von Hydroxylgruppen katalysieren. Werden beide Sauerstoffatome des O_2 in eine org. Verb. eingebaut, so spricht man von Dioxygenasen, sonst von Monooxygenasen.

Oxygenierung: Einführung von atomarem od. molekularem Sauerstoff in Verbindungen.

Oxygenium: s. Sauerstoff.

Oxyhämin: s. Hämatin.

Oxyhämoglobin: s. Hämoglobin (Hämoglobinderivate).

Oxyketone: veraltete bzw. falsche Bez. für Hydroxyketone, s. Ketosen.

Oxymel: Sauerhonig; veraltete Arzneiform. Mischung von Honig mit ca. 1% Essigsäure, auch mit anderen Arzneistoffen (Aerugo, Extr. Secalis cornuti, Extr. Scillae) versetzt. Oxymel simplex EB6 ist eine Mischung von 25 T. verd. Essigsäure mit 975 T. gereinigt. Honig. Oxymel Scillae EB6: Meerzwiebelhonig; Mischung von 500 T. Meerzwiebelessig u. 1000 T. gereinigt. Honig, die auf 1000 T. eingedampft sind. MED 6.0 g, MTD 15.0 g (Anw. s. Urginea maritima).

Oxymetazolin INN: 6-*tert*-Butyl-3-(2-imidazolin-2-ylmethyl)-2,4-dimethylphenol; CAS-Nr. 1491-59-4; $C_{16}H_{24}N_2O$, M_r 260.37. Schmp. 181-183 °C (kristallisiert aus Benzol). **Anw.:** Vasokonstriktor*; lokal zur Abschwellung der Nasenschleimhäute bei Schnupfen u. Nasennebenhöhlenentzündung; Alphasympathomimetikum (s. Sympathomimetika); **UAW:** lokal stechende u. brennende Schmerzen, Niesen, Trockenheit der Nasen- u. Mundschleimhaut, bei längerer Anw. medikamenteninduzierter Schnupfen, system. Wirk. mögl.; **Kontraind.:** Engwinkelglaukom, trockener Schnupfen; bei Säuglingen u. Kleinkindern vorsichtig dosieren. **Dos.:** intranasal Tropfen, Spray 0.05%; Kleinkinder 0.025%, Säuglinge 0.01%; Dosieraerosol 0.06%. **Oxymetazolinhydrochlorid:** Oxymetazolini hydrochloridum Ph.Eur.; $C_{16}H_{25}ClN_2O$, M_r 296.8. Weißes, krist. Pulver; leicht lösl. in Wasser u. Ethanol.

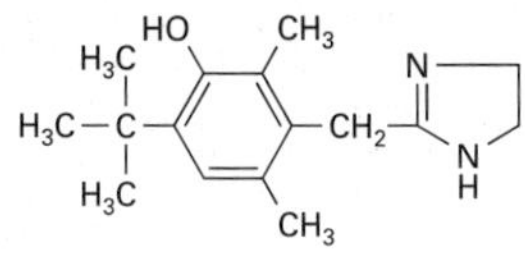

Oxymetazolin

Oxymetholon INN: 17*β*-Hydroxy-2-(hydroxymethylen)-17-methyl-5*β*-androstan-3-on; CAS-Nr. 434-07-1; $C_{21}H_{32}O_3$, M_r 332.47. Schmp. 178-180 °C (kristallisiert aus Ethylacetat). $[\alpha]_D^{20\,°C}$ +38°. Fast unlösl. in Wasser; lösl. in Ethanol 1:40, in Chloroform 1:5, in Dioxan 1:14, in Ether 1:82. **Anw.:** Anabolikum*, bei aplast. u. hypoplast. Anämien, Schädigung der Erythropoese nach Zytostatika-Ther., therapieresistente Anämien; **Dos.:** p. o. 3×1 mg/kg KG/d mind. 3 Monate lang, bei Wirk. Dos. reduzieren; **UAW:** s. Anabolika.

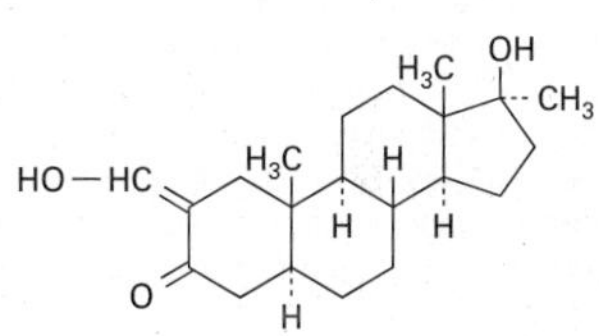

Oxymetholon

Oxymethylen: s. Formaldehyd.

Oxynitrile: s. Cyanohydrine.

Oxypertin INN: 5,6-Dimethoxy-2-methyl-3-[2-(4-phenyl-1-piperazinyl)ethyl]indol; CAS-Nr. 153-87-7; $C_{23}H_{29}N_3O_2$, M_r 379.49. Schwer lösl. in Wasser, Ethanol. **Anw.:** obsolet; Neuroleptikum, s. Psychopharmaka; Ind.: endogene u. exogene Psychosen, Schizophrenie; **UAW:** Müdigkeit, Schwindel, Übelkeit, Erbrechen, Mundtrockenheit, Nasenschleimhautschwellung, vgl. Psycho-

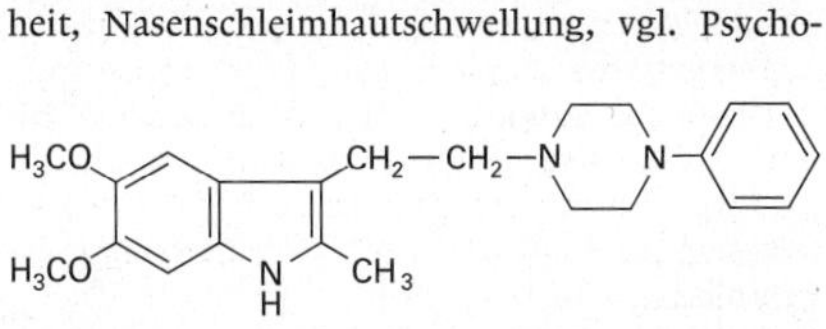

Oxypertin

pharmaka; **Dos.:** p.o. 2-4×40 mg/d bis max. 300 mg/d; parenteral i.m. 3×20 mg/d, in akuten Fällen bis zu 200 mg/d max. 5 d lang, dann reduzieren.

Oxypeucedanin: ein lineares Furanocumarin; Strukturformel s. Furanocumarine (Abb.). **Vork.:** z.B. in Peucedanum* ostruthium.

Oxyphenbutazon INN: Hydroxyphenylbutazon, Oxyphenbutazonum; 4-Butyl-1-(4-hydroxyphenyl)-2-phenyl-3,5-pyrazolidindion; CAS-Nr. 129-20-4 (wasserfrei), CAS-Nr. 708-38-1 (Monohydrat); $C_{19}H_{20}N_2O_3 \cdot H_2O$, M_r 342.4. Metabolit von Phenylbutazon*. Schmp. (60 bis) 96 °C (Monohydrat) bzw. Schmp. 124-125 °C (wasserfrei; kristallisiert aus Ether/Petrolether); es gibt auch ein Semihydrat. Das offizinelle Monohydrat ist ein weißes, krist. Pulver (enthält ca. 5-6 % Wasser); fast unlösl. in Wasser, leicht lösl. in Ethanol, lösl. in Chloroform u. Ether, lösl. in verd. Alkalihydroxid-Lsg.; $pK_{S,1}$ 4.9 (H des Pyrazolidindionringes) bei 20 u. bei 38 °C, $pK_{S,2}$ 10 (phenol. OH-Gruppe). **Anw.:** Antiphlogistikum*, Antirheumatikum*, topisch am Auge; sollte nur lokal angewendet werden (seit 1985 nur noch eingeschränkt zugelassen); **UAW:** s. Phenylbutazon, HWZ 48-72 h.

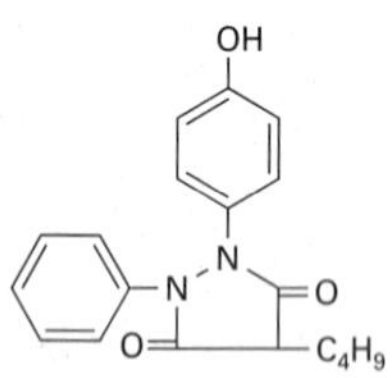

Oxyphenbutazon

Oxyphencyclimin INN: 1,4,5,6-Tetrahydro-1-methyl-2-pyrimidinylmethyl-α-cyclohexyl-α-phenylglykolat; 1-Methyl-1,4,5,6-tetrahydro-2-pyrimidinylmethyl-α-cyclohexylmandelat; CAS-Nr. 125-53-1; $C_{20}H_{28}N_2O_3$, M_r 344.44. **Anw.:** Anticholinergikum*, kaum noch in Verwendung. Hingewiesen sei auch auf Oxyphencycliminhydrochlorid.

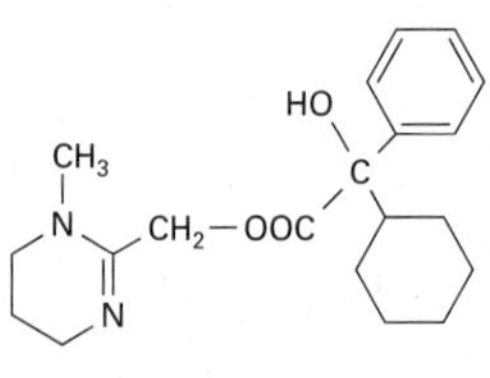

Oxyphencyclimin

Oxyphenyl-methylamino-aethanolum tartaricum: s. Synephrintartrat.

Oxypolygelatine: aus bestimmten Gelatinesorten durch Kondensation mit Glyoxal u. anschließender Oxidationshydrolyse mit H_2O_2 hergestellt. 3-5 %ige Lsg. als Plasmaersatzstoff; s. Blutersatz (Plasmaersatzstoffe).

Oxyprolin: s. Hydroxyprolin.

Oxypurinol: s. Oxipurinol.

Oxysäuren: veraltet für Hydroxysäuren*.

Oxytetracyclin INN: Oxytetracyclinum Ph.Eur.4, 5-β-Hydroxytetracyclin; CAS-Nr. 79-57-2; $C_{22}H_{24}N_2O_9$, M_r 460.5. Strukturformel s. Antibiotika (Abb. 5). Isoliert aus Streptomyces rimosus. Gelbes, hygroskop. Pulver. Wassergehalt nach Ph.Eur. 4-8 % (7.8 % entspr. dem Dihydrat). Sehr schwer lösl. in Wasser (ca. bei pH 5, aber als amphotere Verb. in Säuren u. Basen besser lösl.); lösl. in 45 T. Ethanol; fast unlösl. in Chloroform u. Ether. 1 I.E. entspr. 1.1364 μg; 1 mg entspr. 930 I.E.; im Vergleich zu anderen Tetracyclin-Antibiotika relativ geringe Epimerisierungstendenz. **Wirk. u. Anw.:** s. Antibiotika (Tetracycline), breites Wirkungsspektrum; **UAW:** s. Antibiotika; **Dos.:** p.o. bis zu 3 g/d; Kinder nur bei strenger Indikationsstellung 25-50 mg/kg KG/d; i.v. bis zu 2 g/d; HWZ 9 h; vgl. Antibiotika (Tab.). **Oxytetracyclin-Dihydrat:** Hydroxytetracyclinum dihydratum; CAS-Nr. 6153-64-6; $C_{22}H_{24}N_2O_9 \cdot 2\,H_2O$, M_r 496.5. **Oxytetracyclinhydrochlorid:** Oxytetracyclini hydrochloridum Ph.Eur., Hydroxytetracyclinum hydrochloricum; CAS-Nr. 2058-46-0; $C_{22}H_{25}ClN_2O_9$, M_r 496.9. Gelbes, krist., hygroskop. Pulver (nicht hygroskop. ist die stabile Kristallform A). $pK_{S,1}$ 3.5 (enol. OH-Gruppe am C-3), $pK_{S,2}$ 7.6 (phenol. β-Diketonsystem, C-10 bis C-12), $pK_{s,3}$ 9.2 (Dimethylammoniumgruppe am C-4). Leicht lösl. in Wasser, wenig lösl. in Ethanol; beim Stehenlassen wässriger Lsg. Trübung durch Abscheiden der Base; Wirksamkeit mind. 860 I.E./mg.

Oxytocin INN: Oxytocinum Ph.Eur.; [3-L-Isoleucin,8-L-Leucin]-vasopressin; $C_{43}H_{66}N_{12}O_{12}S_2$, M_r 1007; cycl. Nonapeptid. **Vork.:** Hormon des Hypophysen-Hinterlappens, s. Hormone; **Anw.:** Geburtseinleitung, Wehenstimulation, postpartale Blutung, Kaiserschnitt, verhaltener Abort, Lactationsstörung. Die Verabreichung erfolgt parenteral als Oxytocin*-Injektionslösung s.c. oder i.m., als Infusion, i.v. od. intranasal als Spray. **UAW:** massive Uteruskontraktionen bis zur Uterusruptur, fetale Herzrhythmusstörungen, Hypertonie, Wasserretention, allerg. Reaktionen; HWZ 15 min.

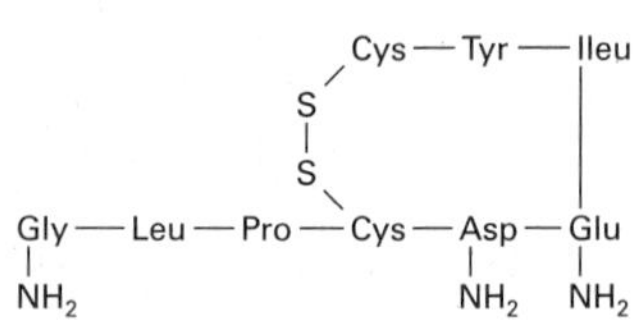

Oxytocin

Oxytocin-Injektionslösung: Oxytocini solutio iniectabilis (in Ph.Eur.3 bis 1993), Injectio Oxytocini; sterile Lsg. von Oxytocin* in Aqua* ad iniectabilia; s. Iniectabilia. Zusatz eines geeigneten Puffers u. Konservierungsmittels ist mögl.; Isotonisierung erfolgt durch Zusatz von Natriumchlorid; Abfüllung in asept. u. dicht verschlossene sterile Glasbehältnisse; pH-Wert 3.5-4.5; Lagerung bei 2-15 °C.

Oxytocin-Lösung, konzentrierte: Oxytocini solutio concentrata Ph.Eur., Solutio Oxytocini concentrata; Lsg. eines synthet. Nonapeptids mit der

Struktur von Oxytocin* u. eines geeigneten Konservierungsmittels, z. B. 0.2 % Chlorbutanol.

Oxytozika: die Gebärmutter kontrahierende Mittel, z. B. Oxytocin*. Vgl. Gynäkologika (Uterusmittel).

Oxyurasis: s. Enterobius vermicularis.

Oxyuris vermicularis: s. Enterobius vermicularis.

OZ: **1.** Abk. für Ordnungszahl*. **2.** Abk. für Octanzahl*.

Ozäna (gr. ozein stinken, nach etwas riechen): Ocaena, Stinknase; chron.- progrediente Atrophie der Nasenschleimhaut mit Auflagerung übelriechender Borken u. starker Beeinträchtigung des Geruchsvermögens. **Formen:** **1.** primäre O.: unklare Ätiologie, familiäre Häufung, Frauen überwiegen; **2.** sekundäre O.: durch erhebl. Verlust von Schleimhaut u. Innenstrukturen der Nase, z. B. postoperativ, posttraumat. od. nach langfristiger Anwendung von Nasentropfen (vgl. Rhinoguttae) **Ther:** Nasenspülungen mit hyperosmot. Salzlösungen; ölige, Vitamin A u. E enthaltende Nasentropfen; zum Entfernen von Borken Gottstein-Tamponaden.

Ozokerit: Erdwachs, Bergwachs; Gemisch höherer fester Paraffinkohlenwasserstoffe, vermischt mit aromat. u. harzartigen sauerstoffhaltigen Substanzen; es handelt sich um die Rückstände aus der Verdunstung alkanreicher Erdöle (s. Oleum Petrae). Schmp. 50-100 °C. D. 0.87-0.98. Gelbe, braune od. schwarze Massen, teilweise salbenartig, teilweise hart u. spröde. **Vork.:** hauptsächl. in Galizien (Polen), am Kaspischen Meer u. am Baikalsee sowie in Utah (USA). Heute werden auch künstl, bei der Erdölraffination anfallende Produkte mit ähnl. Eigenschaften als O. bezeichnet.

Ozon: Trisauerstoff, Trioxygen; O_3, M_r 48.0. Energiereiche Form des Elementes Sauerstoff. Schmp. −192.5 °C. Sdp. −111.5 °C. Blaues Gas; als Flüss. schwarzblau, in festem Zustand schwarz; 1.65-mal schwerer als Luft; sehr schwer lösl. in Wasser, von intensivem Geruch, der noch in Verdünnung $1:50 \cdot 10^6$ (0.02 ppm) wahrgenommen wird. O. wirkt im Ggs. zu O_2 schon bei gewöhnl. Temp. stark oxidierend. Konz. O. ist noch bei −120 °C stark explosiv. **Nachw.:** z. B. mit Iodzinkstärkepapier* od. Iodkaliumstärkepapier*; **Vork.:** Produkt elektr. Entladungen (Blitz, beim Schweißen, durch Fotokopiergeräte) od. energiereicher Strahlung (s. Ozonschicht), auch bei Oxidation von feuchtem Phosphor an der Luft, bei Einwirken ultravioletter Strahlen (Sonne, Quarzlampen) auf Luftsauerstoff (v. a. in Anwesenheit von Stickoxiden, Kohlenwasserstoffen, Kohlenmonoxid etc.). Der Ozongehalt der Luft in der Nähe der Erdoberfläche beträgt 0.01-0.1 mL/m^3 (10^{-6}-10^{-5} % (V/V), 0.01-0.1 ppm), bei Smog bis zu ca. 0.3 mL/m^3 (0.3 ppm) u. darüber; **Darst.** techn: im Ozonisator aus O_2 durch stille elektr. Entladungen; **Anw.:** Desinfektion (v. a. Wasserentkeimung, entpyrogenisiertes Wasser*), zum Bleichen u. Entfärben; **Tox.:** äußerst giftig; Lungenreizstoff; MAK 0.1 ppm (0.2 mg/m^3). Konz. von 5-10 ppm (50- bis 100facher MAK-Wert) führen beim gesunden Erwachsenen zu Reizerscheinungen der Augen u. des Atemtraktes; höhere Konz. zum Lungenödem. Bei Kleinkindern u. gefährdeten Personen sollen bereits Ozonkonz. ab 0.2 ppm zu Gesundheitsstörungen führen können.

Ozonloch: s. Ozonschicht.

Ozonolyse: Ozonspaltung; oxidative Spaltung von C=C-Doppelbindungen. Ozon* (O_3) bildet durch ion. Addition (1,3-dipolare Addition) an Alkene ein sog. Primärozonid (Molozonid), das sich zum Ozonid umlagert. Die hochexplosiven Ozonide lassen sich mit Zinkstaub in saurem Medium zu Carbonylverb. reduzieren. Aus der Struktur der Produkte kann auf die Lage der Doppelbindung im ursprüngl. Alken geschlossen werden.

Ozonschicht: In der Erdatmosphäre* entsteht aus molekularem Sauerstoff (O_2) unter Absorption von kurzwelligem UV-Licht unter 242 nm Ozon* (O_3); das führt zur O. in 20 bis 25 km Höhe. Die O. absorbiert ihrerseits wiederum langwelliges UV-Licht über 310 nm, wobei Ozon in O_2 u. O zerfällt. Die Sauerstoffatome reagieren unter Wärmeabgabe mit O_3 nach der Gleichung:

$O + O_3 \rightarrow 2\,O_2 + 392.1\,kJ$

Die Absorption energiereicher Sonnenstrahlung (mutagen, karzinogen, vgl. Strahlenschäden*) durch die Erdatmosphäre ist für das Leben auf der Erde von großer Bedeutung. Durch nitrose Gase wie NO od. NO_2) aus Flugzeugtriebwerken od. durch Chloratome, die durch Photolyse* aus Fluor-Chlor-Kohlenwasserstoffen (FCKW) entstehen, wie aus CCl_3F od. CCl_2F_2, die als Kühlmittel od. Treibgase* weltweit verwendet werden, wird die Ozonzersetzung katalysiert, u. es entsteht das Ozonloch. Eine drast. Abnahme der Ozonkonzentration in der Stratosphäre bringt zweifellos Gefahren für die Lebewesen mit sich. Dagegen sollte die Ozonkonzentration in der Nähe der Erdoberfläche möglichst gering sein; s. Ozon.

P

p: **1.** (chem.) Symbol für para-*. **2.** (physik.) Symbol für Proton*. **3.** Vorsatzzeichen für Piko-*.

P: **1.** (chem.) Symbol für Phosphor*. **2.** (physik.) Einheitenzeichen für Poise*.

Pa: **1.** (chem.) Symbol für Protactinium*. **2.** (physik.) Einheitenzeichen für Pascal*.

PA: **1.** Abk. für **P**oly**a**mide*. **2.** Abk. für **P**lasminogen**a**ktivatoren*.

Paarbildung: atomphysik. Prozess, bei dem aus Energie (γ-Quant) Masse entsteht, u. zwar in Form eines Teilchen-Antiteilchen-Paares (Materialisation). Am häufigsten ist die Umwandlung in ein Elektron-Positron-Paar; vgl. Radioaktivität.

PAB: Abk. für ***p*-A**mino**b**enzoesäure*.

Pachycarpin: s. Sophora pachycarpa, vgl. Spartein.

Packgut: Gut, das zu verpacken od. verpackt ist, in der Pharmazie die Arzneizubereitung.

Packmittel: Erzeugnis aus Packstoff*, das dazu bestimmt ist, das Packgut* zu umschließen od. zusammenzuhalten, damit es versand- u. lagerfähig wird. Bei inneren Behältnissen* ist der Begriff Behältnismaterial gebräuchlich.

Packstoff: Werkstoff, aus dem Verpackungen* hergestellt werden. Z. B. mit Polyvinylidenchlorid (PVDC) beschichtetes Papier zur Aufbewahrung von Drogen mit äther. Öl. Stark lipophile Kunststoffe (besonders PE) führen zu größeren Wirkstoffverlusten als weniger lipophile (Polyamid, PVDC, Zellglas).

Packung: Ergebnis der Vereinigung von Packgut* u. Verpackung*, vertriebsfähige Form des Arzneimittels bzw. der Arzneispezialität.

Packung, kindergesicherte: Verpackung, die das Öffnen durch Kinder bis zu 10 Jahren verhindern soll. Z. B. Verpackungen, die zum Öffnen einen entsprechenden Kraftaufwand benötigen, wie in schwer aufreißbare Folien eingesiegelte Arzneimittel, od. einen speziell konstruierten Verschluss aufweisen, am geeignetsten einen Druck-Dreh-Verschluss (s. Abb.).

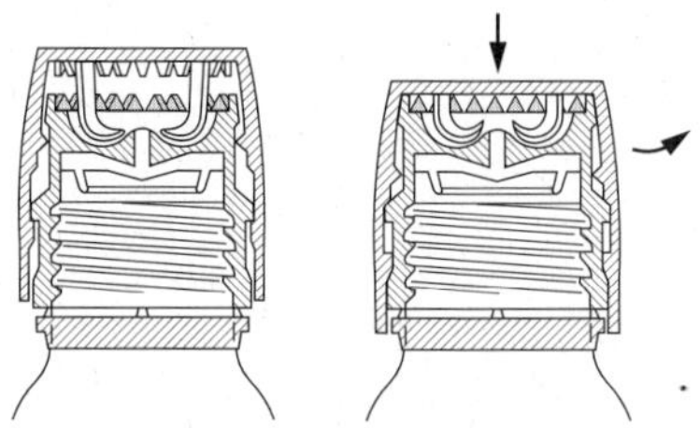

Packung, kindergesicherte: Druck-Dreh-Verschluss als Beispiel

Packungsbeilage: syn. Gebrauchsinformation; **Deutschland:** Fertigarzneimittel, die keine klin. Prüfmuster sind, dürfen nur mit einer Packungsbeilage in den Verkehr gebracht werden, welche mit Gebrauchsinformation betitelt ist. Im AMG sind alle Angaben, die eine P. enthalten muss, vorgeschrieben. Sie kann entfallen, wenn die vorgeschriebenen Angaben auf dem Behältnis od. auf der äußeren Umhüllung stehen. **Österreich:** geregelt durch AMG u. die VO über die Gebrauchsinformation BGBl. Nr. 570/1995 u. weitere VO betreffend Angaben der Fach- u. Gebrauchsinformation bei bestimmten Arzneispezialitäten.

Packungsdichte: Maß für die Dichte der Anordnung von Partikeln eines Schüttgutes.

Paclitaxel INN: Taxol; (2*S*,5*R*,7*S*,10*R*,13*S*)-10,20-Bis(acetoxy)-2-benzoyloxy-1,7-dihydroxy-9-oxo-5,20-epoxy-tax-11-en-13-yl-(3*S*)-3-benzoylamino-3-phenyl-D-lactat; CAS-Nr. 33069-62-4; $C_{47}H_{51}NO_{14}$, M_r 853.92. Sehr wenig wasserlösl., diterpenoides Pseudoalkaloid (Taxangerüst mit

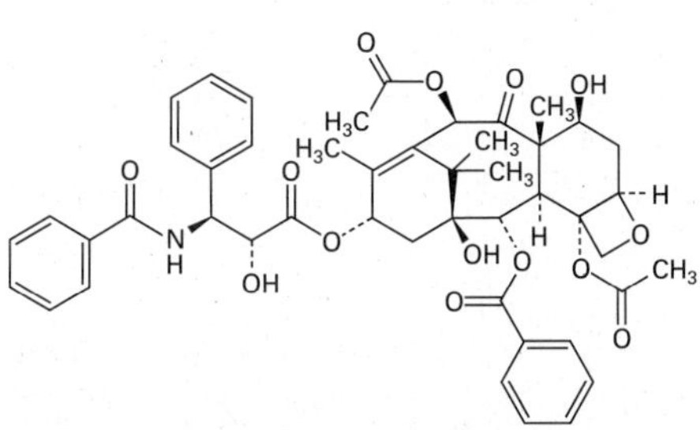

Paclitaxel

Oxetanring) aus Taxus* brevifolia. **Herst.:** P. kann aus Desacetylbaccatin III, das in den Nadeln versch. Taxus-Arten enthalten ist (in Taxus* baccata zu 0.02%), partialsynth. gewonnen werden. Heute wird P. biotechnolog. produziert. **Wirk.:** hemmt wie Docetaxel* die Mitose u. Zellteilung; bewirkt somit die Entstehung u. Ausbildung vielkerniger Riesenzellen in Versuchspflanzen. Im Ggs. zu Colchicin*, Vinblastin* u. Vincristin*, die die Aggregation von Tubulindimeren zu Mikrotubuli verhindern, bildet P. anomale, funktionsunfähige Mikrotubuli u. verhindert dadurch deren Depolymerisation; **Anw.:** Zytostatikum, zugelassen u. a. geg. (metastatisierendes) Ovarialkarzinom, an dem allein in den USA 50 000 Frauen pro Jahr sterben; **UAW:** Alopecia, Knochenmarksuppression, Neutropenie, Anämien; **Kontraind.:** Schwangerschaft u. Stillzeit, Patienten mit einer Neutrophilenzahl unterhalb von 1500 Zellen/mm^3; **Dos.:** parenteral i. v. 175 mg/m^2 Körperoberfläche über 3 h; zw. den Therapiezyklen liegt eine 3-wöchige Pause (für eine Behandlung werden fast 2 g benötigt); HWZ 7 bzw. 12 h; **Gesch.:** 1969 isoliert, 1988 Partialsynthese aus Baccatin III, 1993 erste Zulassung in USA, 1994 Totalsynthese.

Paddle-Methode: s. Dissolutiontest.

Padus avium: s. Prunus padus.

Pädiatrie: Kinderheilkunde; Fachgebiet der Medizin, das sich mit Diagnose u. Ther. von Erkrankungen im Kindes- u. Jugendalter befasst.

Paeoniae petalum: s. Paeonia officinalis (Paeoniae flos).

Paeonia mascula (L.) Mill.: Fam. Paeoniaceae (Südosteuropa). Inhaltsst. und Anw. s. Paeonia officinalis.

Paeonia officinalis L. emend. Willd.: Paeonia festiva, Paeonia peregrina, Pfingstrose, Päonie; Fam. Paeoniaceae (heim. Südeuropa, sonst kult., versch. Unterarten u. Sorten). Zus. mit Paeonia mascula (L.) Mill. Stpfl. von **Paeoniae flos:** Flores Paeoniae, Paeoniae petalum, Pfingstrosenblüten(blätter), Gichtrosenblüten, Flores Rosae benedictae. **Off.:** DAC; **Inhaltsst.:** Gerbstoffe, in roter Varietät der Farbstoff Paeonin (3,5-Diglucosid von Paeonidin, Strukturformel s. Anthocyanidine, Abb.); **Anw.:** zum Schönen von Räucher- u. Hustentees, volkstüml. z. B. bei Haut- u. Schleimhauterkrankungen, Gicht; Negativmonographie Kommission E; **Radix Paeoniae:** Pfingstrosenwurzel, Gichtrosenwurzel. **Inhaltsst.:** Paeoniflorin (ein Monoterpenglucosid, mit Benzoesäure verestert), Gerbstoffe, Zucker, vermutl. ein Alkaloid; **Anw.** volkstüml.: gegen Krämpfe, Gicht, Asthma; Negativmonographie Kommission E; **Semen Paeoniae:** Pfingstrosensamen, Gichtrosensamen. **Inhaltsst.:** fettes Öl (ca. 24%), Zucker, ca. 11% Eiweiß, Gerbstoffe, Farbstoffe; **Anw.** volkstüml.: z. B. gegen Epilepsie, zur Gew. des fetten Öls (dem Leinöl ähnl.).

Hom: *Paeonia officinalis (HAB2000)*: frische, im Frühjahr gesammelte, unterird. T.; verord. z. B. bei Afterfissuren, Hämorrhoiden, Krämpfen.

Paeonidin: Anthocyanidin* in Paeonia officinalis, Viola tricolor u. a.

Paeonienblüten: s. Paeonia officinalis (Paeoniae flos).

Paeoniensamen: s. Paeonia officinalis (Semen Paeoniae).

Paeonienwurzel: s. Paeonia officinalis (Radix Paeoniae).

PAF: Abk. für **p**latelet **a**ctivating **f**actor; PAF-acether; Plättchen aktivierender Faktor, 1-O-Alkyl-2-acetyl-glycerophosphocholin (Alkyl ist Hexadecyl od. Octadecyl). PAF wird in Leukozyten, Makrophagen, Endothelzellen gebildet u. spielt bei allerg. Reaktionen eine wichtige Rolle. Unter dem Einfluss der Phospholipase A_2 entsteht aus Alkylacylglycerophosphocholin-Verb. Lyso-PAF, die nicht acetylierte Vorstufe von PAF. Bei einer Entzündung bildet sich die für die Bildung von PAF aus Lyso-PAF notwendige Acetyltransferase. **Wirk.:** Aggregation der Thrombozyten, Bronchokonstriktion, Blutdrucksenkung, erhöhte Gefäßpermeabilität.

PAF-acether: s. PAF.

PAGE: Abk. für **P**olyacrylamid-**Ge**l**e**lektrophorese Elektrophorese mit Polyacrylamid-Gelen variabler Porengröße als Träger. Die PAGE ist in der biochem. Analytik eine der am häufigsten verwendeten Elektrophoresetechniken für die Trennung von Proteinen. Die entstehenden Proteinbanden im Elektropherogramm können durch Coomassie-Blau od. Silbernitrat gefärbt u. durch Messung in einem Densitometer quantitativ bestimmt werden. Ferner wird PAGE für die Analyse von Produkten der Nucleinsäure-Sequenzierung verwendet.

Pagenstecher-Schönbein-Cyanidprobe: Nachweisreaktion für Cyanide*. **Durchführung:** Die Cyanid enthaltende Substanz wird in einem Erlenmeyerkolben mit Weinsäure angesäuert, in den Kolben ein mit Guajakharz u. Kupfersulfat imprägniertes Reagenspapier gehängt u. das Gefäß verschlossen. Die freiwerdende Blausäure bildet mit Kupfersulfat Kupfer(II)-cyanid, das die im Guajakharz vorhandene Guajakonsäure unter Blaufärbung oxidiert (Guajakblau).

PAGGS-M: Stabilisator* zur Blutkonservierung, bestehend aus saurer **P**hosphate, **A**denin, **G**uanin, **G**lucose u. **S**orbit-**M**annitol. Ermöglicht 42-tägige Lagerung von Erythrozytenkonzentraten (s. Blutersatz); vgl. SAGM-Additivlösung.

Pagodenbaumknospen: s. Sophora japonica (Flores Sophorae).

PAK: Abk. für **p**olycyclische **a**romatische **K**ohlenwasserstoffe*.

Palaquium-Arten: Stpfl. von Guttapercha*.

Palatinole: s. Phthalsäureester.

Palatum: Gaumen.

Paleae haemostaticae: s. Cibotium barometz.

Pale-Catechu: s. Uncaria gambir (Gambir).

Palindrom: eine Nucleinsäuresequenz, die mit ihrem komplementären Strang ident. ist, wenn beide in 5'→3'-Richtung gelesen werden. Im Bereich eines P. liegt deshalb eine zweifache Rotationssymmetrie vor. Perfekte Palindrome, z. B. GAATTC, kommen oft als Erkennungsstellen für Restriktionsenzyme vor. Imperfekte P., z. B. TACCTCTGGCGTGATA, fungieren oft als Bindungsstellen für Proteine wie Repressoren. Unterbrochene P., z. B. GGTTXXXXXAACC, ermöglichen die Bildung eines Stiels mit Schleife (Haarnadelstruktur) wie tRNA.

Palisadenparenchym: (bot.) Gewebe aus zylindr., in ihrer Längsrichtung dicht zusammenstehenden Zellen in der Blattspreite.

Palivizumab INN: monoklonaler Antikörper; CAS-Nr. 188039-54-5. **Wirk.:** Bindung an das F-Protein des Respiratory-Syncytial-Virus (RSV); **Anw.:** Antiinfektivum* zur Prävention von RSV-Infektionen; **UAW:** gelegentl. Fieber; **Dos.:** monatl. 15 mg/kg KG i. m.; HWZ ca. 18 Tage, bei Kindern 20 Tage.

Palladium: Symbol Pd; A_r 106.4; OZ 46; D. 12.02; Schmp. 1555 °C; Sdp. 2930 °C. Silberweißes, schmiedbares Metall aus der Gruppe der Platinmetalle; 2-, 3- u. 4-wertig; 6 nat. Isotope mit den Massenzahlen 102 (1 %), 104 (11 %), 105 (22 %), 106 (27 %), 108 (27 %), 110 (12 %). Charakterist. für Pd ist seine Fähigkeit, große Mengen Wasserstoff zu adsorbieren, bei Zimmertemp. das ca. 600fache seines Volumens, als Palladiumschwamm das 850fache, in kolloidaler Lsg. bis zum 3000fachen. **Vork.:** Nat. in Nickel- u. Platinerzen; **Anw.:** Legierungen; Katalysator bei Hydrierungen; **Gesch.:** entdeckt 1803 von William Hyde Wollaston (1766-1828).

Palladium chloratum: s. Palladium(II)-chlorid.

Palladium(II)-chlorid: Palladiumchlorür, Palladium chloratum; $PdCl_6 \cdot 2 H_2O$. D. 4.0. Rotbraunes, hygroskop. Pulver, lösl. in Wasser (unter Zusatz von Salzsäure). **Anw.:** Nachw. von Spuren von Leuchtgas od. Kohlenmonoxid, das auf mit Palladiumchlorid getränktem Fließpapier metall. Palladium abscheidet. **Anw.** techn.: Fotografie, Herst. von dokumentenechten Tinten, Überzüge auf Uhrwerksteilen, Katalysator in der chem. Industrie.

Palliativa: Linderungsmittel; Mittel zur symptomat., d. h. nicht kausalen Behandlung von Erkrankungen.

Palmarosaöl: s. Cymbopogon martinii var. motia (Oleum Palmarosae).

Palmbutter: s. Elaeis guineensis (Oleum Palmae).

Palmen: s. Arecaceae.

Palmendrachenblut: s. Daemonorops draco (Resina Draconis).

Palmenstärke: s. Amylum Sagi.

Palmentang: s. Laminaria.

Palmfett: s. Elaeis guineensis (Oleum Palmae).

Palmitate: Salze der Palmitinsäure*.

Palmitinsäure: *n*-Hexadecylsäure, Cetylsäure, Acidum palmitinicum; *n*-Hexadecansäure, $C_{15}H_{31}COOH$, M_r 256.42. D. 0.853. Schmp. 63 °C. Weiße, krist. Plättchen, leicht lösl. in heißem Ethanol u. Ether, unlösl. in Wasser. **Vork.:** nat. teils als Glycerinester, teils frei; Best. fetter Öle, bes. des Palmöls (s. Elaeis guineensis), als Palmitinsäuremyricylester im Bienenwachs, als Cetylester in Walrat*, Best. von Stearin (s. Stearinsäure).

Palmitoleinsäure: s. Fettsäurebiosynthese.

Palmitoylascorbinsäure: Ascorbylis palmitas Ph.Eur.4, Acidi ascorbici palmitas; $C_{22}H_{38}O_7$, M_r 414.5. Schmp. 114-115 °C. Weißes Pulver; fast unlösl. in Wasser u. Dichlormethan, lösl. in Aceton, Ethanol u. Ether; s. Vitamine (Vitamin C).

Palmkernöl: s. Elaeis guineensis.

Palmlilie: s. Yucca filamentosa.

Palmweide: s. Salix-Arten.

Palmwein: s. Spiritus Oryzae.

Palustrol: s. Ledol (Abb.).

Pamaquin: 8-(4-Diethylamino-1-methylbutylamino)-6-methoxychinolin; CAS-Nr. 491-92-9; $C_{42}H_{45}N_3O_7$, M_r 703.8. Weißgelbl. Pulver, leicht lösl. in Ethanol, sehr schwer lösl. in Wasser (0.03:100). **Pamaquinembonat:** Pamaquin-4,4-methylen-bis(3-hydroxy-2-naphthoat); CAS-Nr. 635-05-2. **Anw.:** (histor.) Antimalariamittel*.

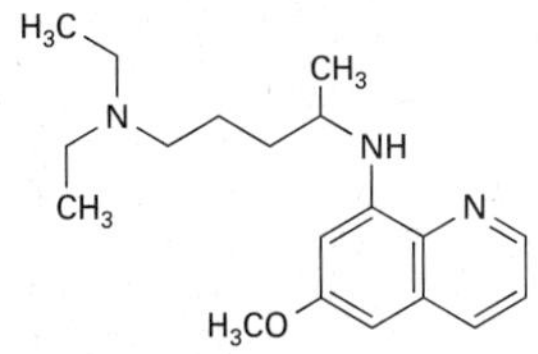

Pamaquin

Pamidronsäure INN: Acidum pamidronicum; 3-Amino-1-hydroxy-propylidendiphosphonsäure; CAS-Nr. 40391-99-9; $C_3H_{11}NO_7P_2$, M_r 235.27. Strukturformel s. Biphosphonate (Abb.). **Wirk.** u. **Anw.:** bei zu hohem Serumcalciumspiegel (Hyperkalzämie), der durch einen Tumor induziert ist; stark wirksamer Hemmer der osteoklast. (knochenauflösend) Knochenresorption; **UAW:** Fieber, selten Erbrechen u. symptomat. Hypokalzämie; **Kontraind.:** von der Anw. während der Schwangerschaft u. der Stillzeit wird abgeraten. Gebräuchl. ist auch Pamidronsäure-Dinatrium (CAS-Nr. 57248-88-1).

Pamoasäure: s. Embonsäure.

Pamoat: chem. Kurzbez. für 4,4'-Methylen-bis-[3-hydroxy-2-naphthoat]; Salze der Embonsäure*.

Panacee (gr. Panakeia die Allheilende, Tochter des Asklepios, des gr. Gottes der Heilkunde): syn. Panazee; Allheilmittel.

Panamarinde: s. Quillaja saponaria (Cortex Quillajae).

Panaritium: eitrige Entzündung der Finger (selten Zehen) mit Gewebeeinschmelzung infolge infizierter Bagatellverletzung.

Panax ginseng C.A. Mey.: Panax pseudoginseng Wall., Ginseng; Fam. Araliaceae (Mandschurei, Korea, kult. in Japan u. Nordamerika). Stpfl. von **Ginseng radix:** Radix Ginseng, Ginsengwurzel, Panaxwurzel, Kraftwurzel, Samwurzel. Weißer Ginseng wird durch Trocknen der Wurzel an der Sonne, Roter Ginseng durch Behandlung der Wurzeln mit Wasserdampf erhalten; **Off.:** Ph.Eur.4, ÖAB90, Ph.Helv.8; **Inhaltsst.:** 2-3 % eines Saponin-Gemisches, das sich aus mind. 10 Einzelglykosiden, den Ginsenosiden (*syn.* Panaxoside), zusammensetzt. Die **Ginsenoside** gehören in die Gruppe der neutralen Bisdesmoside, bei denen die Zucker an 2 versch. OH-Gruppen des Aglykons gebunden sind. Ein Ginsenosid hat die Oleanolsäure (Ginsenosid R) als Aglykon, alle anderen Aglyka leiten sich vom (20*S*)-Protopanaxadiol u. (20*S*)-Protopanaxatriol (Triterpensapogenine vom Dammaran-Typ, s. Abb.) ab; Zuckerbausteine: Glucose, Arabinose, Rhamnose; weitere Inhaltsst. sind u. a. ca. 0.05 % äther. Öl mit Sesquiterpenkohlenwasserstoffen (Eremophilen,

P

α-Elemen, bedingen charakterist. Geruch) u. Polyinen (Falcarinol, Panaxydol), hochpolymere Peptidoglykane (Panaxane); **Gehalt:** mind. 0.4% Ginsenosid Rb_1 u. Rg_1 (Ph.Eur.4) bzw. 2.0% (Ph.Helv.7) Ginsenoside, ber. als Ginsenosid Rg_1 (*syn.* Panaxosid A, M_r 800.0, ein Bisdesmosid, bei dem jeweils D-Glucose β-glykosidisch mit dem C-6 u. C-20 von (20*S*)-Protopanaxatriol verbunden ist); Extraktgehalt mind. 14% (ÖAB90); **Wirk.:** je nach Herkunft Blutdruck- u. Cholesterolspiegel senkend, Gefäß erweiternd, die Synthese von Proteinen stimulierend u. gonadotrop; Stärkung der körpereigenen Abwehr; die Ginsengforschung ist noch nicht abgeschlossen. **Anw.:** Ginseng wird empfohlen als Tonikum zur Stärkung u. Kräftigung bei Müdigkeits- u. Schwächegefühl, nachlassender Leistungs- u. Konzentrationsfähigkeit sowie in der Rekonvaleszenz (vgl. Eleutherococcus senticosus). Bei extensiver Anw. sollen unterschiedl. unerwünschte Wirk. auftreten (ginseng abuse syndrom). In China gilt Ginseng seit uralten Zeiten als berühmtes (prophylakt., adaptogenes) Heilmittel. Die amerikan. Ginsengwurzel stammt von **Panax quinquefolius** L. u. wird kultiviert. **Zuber.:** Ginsengwurzel selbst wird als Infus (aus gepulverter od. feingeschnittener Droge) eher selten angewandt; es werden die auf unterschiedlichste Weise hergestellten Extrakte (mit meist zu niederem Gehalt an Wirkstoffen) eingesetzt. **Hom:** *Panax pseudoginseng (HAB2000),* Panax ginseng, Ginseng: getrocknete Wurzeln (mind. 1.5% Ginsenoside); verord. z.B. bei geistiger u. körperl. Schwäche, Impotenz.

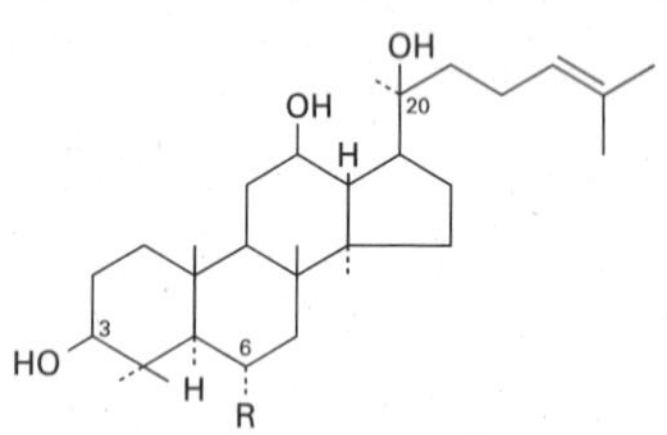

20 *S*-Protopanaxadiol: R = H
20 *S*-Protopanaxatriol: R = OH

Panax ginseng

Panaxoside: s. Panax ginseng.
Panax pseudoginseng: s. Panax ginseng.
Panax quinquefolius: s. Panax ginseng.
Panaxwurzel: s. Panax ginseng (Ginseng radix).
Pancreatin: s. Pankreatin.
Pancuroniumbromid INN: Pancuronii bromidum Ph.Eur.4; *N,N*-[3α,17β-Bis(acetoxy)-5α-androstan-2β,16β-ylen]bis(1-methyl-piperidinumdibromid); CAS-Nr. 15500-66-0; $C_{35}H_{60}Br_2N_2O_4$, M_r 732.70. Schmp. 215 °C. Lösl. in Chloroform 1:30, in Wasser bei 20 °C 1:1. **Anw.:** peripheres, stabilisierendes Muskelrelaxans*; 5-mal so wirksam wie Tubocurarin; **UAW:** wie Tubocurarinchlorid* allerdings prakt. keine Histamin freisetzende Wirk.; Wirkungseintritt 1-3 min nach i.v. Appl., Wirkungsdauer ca. 45 min; **Dos.:** parenteral i.v. 20-80 µg/kg KG, Einleitungsdos. 4-6 mg/d.

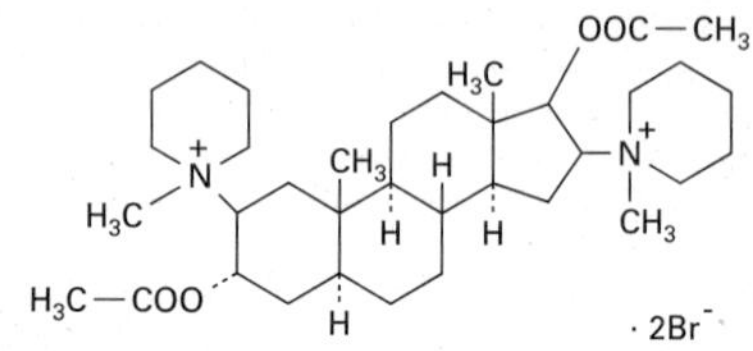

Pancuroniumbromid

Pandemie: Ausbreitung einer Infektionskrankheit über Länder u. Kontinente, z.B. Influenzapandemie; vgl. Epidemie.
Pangamsäure: Vitamin B_{15}, Pangaminsäure; $C_{10}H_{19}NO_8$, M_r 281.26. Leicht lösl. in Wasser, unlösl. in Ether, Chloroform, Methylacetat u. anderen Fettlösungsmitteln. Es ist umstritten, ob Vitamin B_{15} ein essentielles V. ist. **Vork.:** Pflanzensamen, Aprikosenkerne, Reiskleie, Hefe; **Anw.:** pektanginöse Beschwerden, Leberzhirrose; **Tägl. Bedarf:** ca. 2 mg.
Panis: (bot.) Brot, Mehl, vgl. Amylum.
Pankreas: Bauchspeicheldrüse mit endokrinen u. exokrinen Funktionen. **Funktion: 1.** exokrin/sekretor.: Produktion von Verdauungssaft (ca. 1.5 L/d, pH 8.0-8.4) u. Verdauungsenzymen: **a)** Proteasen* (z.B. Trypsin, Chymotrypsin, Carboxypeptidase, Aminopeptidase, Protaminase, Elastase); **b)** Esterasen* (z.B. Lipase, Lecithinase, Phosphatase); **c)** Glykosidasen* (z.B. α-Amylase, Maltase); **d)** Nucleasen*; **2.** endokrin: s. Langerhans-Inseln (z.B. Insulin*, Glucagon*). **Funktionsstörungen:** - exokrine: Verdauungsstörungen (vgl. Pankreatin); - endokrine: z.B. Diabetes* mellitus.
Pankreasdiastase: vom Pankreas* sezernierter Enzymkomplex mit α-Amylase* als Hauptbestandteil.
Pankreaspulver: s. Pankreatin (Pancreatis pulvis).
Pankreasstuhl: s. Steatorrhö.
Pankreatin: Pancreatin, Pancreatinum, veraltet Trypsin; standardisierter Extrakt des Pankreas* (bevorzugt vom Schwein); Gemisch der Verdauungsenzyme des Bauchspeichelsaftes. P. enthält z.B. stärkeabbauende α-Amylase (s. Amylasen), fettspaltende Lipasen* (Steapsin), das Eiweiß spaltende Trypsin*, ferner Chymotrypsin*, Carboxypeptidase*, Nucleasen, Lecithinase B, z.T. auch Labferment u. anderes. **Pancreatis pulvis** Ph.Eur.4: Pankreas-Pulver, Pancreatinum; gewonnen aus dem frischen od. gefrorenen Pankreas von Säugetieren. Schwach braunes, amorphes Pulver mit schwachem, charakterist. (bouillonartigem) Geruch u. schwach eigenartigem Geschmack, lösl. in Wasser, unlösl. in Ethanol u. Ether. Die Wirksamkeit von Pankreas-Pulver wird anhand von Casein, Olivenöl-Suspension u. Stärke mit Hilfe einer biol. Referenz-Substanz (BRS) geprüft. So soll 1 mg Substanz mind. 1.0 Ph.Eur.-Einheiten (Ph.Eur.-E.) an proteolyt. Gesamtaktivität, 15 Ph.Eur.-E. lipolyt. Aktivität u. 12 Ph.Eur.-E. amylolyt. Aktivität aufweisen; 1 Ph.Eur.-E./mg entspricht 1000 F.I.P.-Einheiten/g. **Anw.:** bei Funktionsausfall der Pankreas; als Digestivum, bei Schwächezuständen zur Unterstützung der Verdauung; wird im sauren Milieu des Magens zerstört, daher in magensaftresistenten Zuber.,

od., falls erforderl., zugleich mit Antazidum; auch bei Mukoviszidose (zystische Fibrose), wobei nur die amylolyt. Aktivität von Bedeutung ist; **Dos.**: 0.5-2 g, 1 Std. nach der Mahlzeit; häufig unterdosiert. Bei vollständigem Ausfall der Pankreasfunktion wären pro Mahlzeit folgende Enzymaktivitäten (jeweils in Ph.Eur.-E.) zu ersetzten: Protease 2500-5000, Lipase 40 000-80 000, Amylase 30 000-60 000.

Pankreatitis: akute od. chron. Entzündung der Bauchspeicheldrüse.

Pankreozymin: s. Cholecystokinin, s. Hormone (Gewebehormone).

Panleukopenie (gr. penia Armut): veraltete Bez. für Verminderung der Gesamtleukozytenzahl; s. Leukopenie.

Panleukopenie-Lebend-Impfstoff für Katzen: Vaccinum vivum panleucopeniae felinae infectivae cryodesiccatum Ph.Eur.4, Panleukopenie-Lebend-Impfstoff für Katzen (gefriergetrocknet); gefriergetrocknete Zuber. aus attenuiertem Katzen-Panleukopenie-Virus.

Panthenol: Pantothenylalkohol; Provitamin der Pantothensäure; vgl. Vitamine (Pantothensäure), Dexpanthenollösung.

Pantherinasyndrom: s. Amanita muscaria.

Pantherpilz: s. Amanita muscaria.

Pantocain nitricum: s. Tetracainnitrat.

Pantoprazol INN: 5-(Difluormethoxy)-2-[(3,4-dimethoxy-2-pyridyl)methyl]sulfinyl-1*H*-benzimidazol; CAS-Nr. 102625-70-7; $C_{16}H_{15}F_2N_3O_4S$, M_r 383.37. **Wirk.**: Protonenpumpenblocker*, der in der Belegzelle unterhalb von pH 4 in die aktive Form des Sulfenamids umgelagert wird; **Anw.**: Ulkustherapeutika*; bei Ulcus ventriculi u. duodeni, mittelschwerer u. schwerer Refluxösophagitis; **UAW:** Kopfschmerz, Diarrhö; selten Übelkeit, Juckreiz; **Kontraind.**: Leberinsuffizienz, strenge Indikationsstellung während einer Schwangerschaft u. der Stillzeit; **Dos.**: p. o. 40 mg/d (entspr. 45.1 mg P.-Natrium); HWZ 1 bzw. 1.5 h (Metaboliten). Gebräuchl. ist Pantoprazol-Natrium.

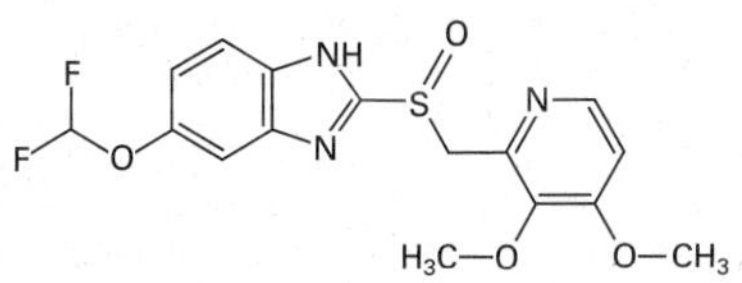

Pantoprazol

Pantothensäure: s. Vitamine (Pantothensäure).

Pantothenylalkoholcreme: s. Cremor Dexpantothenoli.

Pantothenylalkohollösung: s. Dexpanthenol-Lösung.

Pantothenylalkoholsalbe: s. Unguentum Dexpantothenoli.

Papageienkrankheit: s. Ornithose.

Papain: Papayotin, Papayotinum; Protease, bestehend aus 212 Aminosäuren; M_r 23 350. Weißes bis grauweißes, schwach hygroskop. Pulver, lösl. in Wasser. **Gew.**: aus dem Milchsaft u. den unreifen Früchten von Carica* papaya; **Wirk.**: P. hydrolisiert Eiweiß sowohl in saurem wie in alkal. Medium, die beste Wirk. wird bei pH 5-5.5 erreicht. Stoffe, die SH-Gruppen blockieren, z. B. Iodessigsäure, sind P.-Inhibitoren. SH-enthaltende Verb., wie z. B. Cystein, aktivieren das Enzym, das gegenüber chem. u. physik. Einflüssen, z. B. hoher Temp., ungewöhnl. stabil ist. **Anw.**: Digestivum*, Ersatz für Pepsin; früher auch Anthelminthikum* (geg. Oxyuren u. Askariden, Wirk. zweifelhaft) sowie in Zahnputzmitteln, auch, meist unzulässigerweise, zum Weichmachen von Fleisch.

Papaver-Arten: Fam. Papaveraceae, Mohn-Arten; von der Gattung Papaver kennt man über 100 Arten u. Unterarten, aus denen über 100 Alkaloide, die im Milchsaft vorkommen, isoliert wurden. Das einzige Organ ohne Milchsaft ist der Samen. Seit über 2700 Jahren als Arzneipflanzen bekannt.

Papaver bracteatum Lindl.: Fam. Papaveraceae (Kaukasus, Armenien). Charakterist. Hochblättern (Brakteen). **Inhaltsst.**: zahlreiche Alkaloide, ist aber prakt. frei von Morphin. Bei bestimmten Rassen beträgt z. B. der Thebain-Anteil 98 % des Alkaloidgehaltes (Wurzel). Der eingetrocknete Milchsaft wird in Analogie zum Opium als Bractium bezeichnet.

Papaver dubium L.: Saatmohn; Fam. Papaveraceae (Mittelmeergebiet, Mitteleuropa). **Inhaltsst.**: Der Milchsaft der unreifen Kapseln enthält Spuren von Alkaloiden.

Papaverin: Papaverinum; $C_{20}H_{21}NO_4$, M_r 339.2. Schmp. 147 °C. Strukturformel s. Opium (Abb.). Weiße Kristallprismen, sehr schwer lösl. in Wasser, leicht lösl. in heißem Ethanol, lösl. in Ether u. Chloroform. **Anw.** med.: Spasmolytikum, zur Ther. der erektilen Impotenz durch Injektion in den Schwellkörper; HWZ 1.8 h. Verw. findet hauptsächl. Papaverinhydrochlorid*. **Gesch.**: 1848 von G. Merck im Opium entdeckt.

Papaverinhydrochlorid: Papaverini hydrochloridum Ph.Eur.4, Papaverinii chloridum, Papaverinum hydrochloricum, salzsaures Papaverin; 6,7-Dimethoxy-1-veratrylisochinolinhydrochlorid; CAS-Nr. 61-25-6; $C_{20}H_{22}ClNO_4$, M_r 375.9. Schmp. 220-225 °C. Weißes, krist. Pulver, geruchlos, anfangs schwach bitter, dann brennender Geschmack, lösl. in 40 T. Wasser, sehr schwer lösl. in Ethanol. **Darst.**: Lösen von Papaverin in verd. Salzsäure; **Wirk.**: P. setzt den Tonus der glatten Muskulatur herab, hypnot. und analget. Wirk. gering; **Anw.**: Spasmolytikum*, muskulotrop, bes. bei Spasmen des Magen-Darm-Kanals, der Gallenwege u. der Harnwege, der Bronchien u. des Uterus; **Dos.**: p. o. 0.1 g mehrmals tägl.; i. v. und i. m. 0.05 g; in Suppositorien 0.5 g. MED 0.2 g, MTD 0.6 g. Zur Schwellkörper*-Autoinjektionstherapie Dos. individuell; auch in Kombination mit Phentolamin*.

Papaverini hydrochloridum: s. Papaverinhydrochlorid.

Papaverin, salzsaures: s. Papaverinhydrochlorid.

Papaverinsulfat: Papaverinum sulfuricum; $(C_{20}H_{21}NO_4)_2 \cdot H_2SO_4$. Weißes, krist. Pulver, lösl. in Wasser. **Anw.**: s. Papaverinhydrochlorid.

Papaverinum hydrochloricum: s. Papaverinhydrochlorid.

Papaverinum sulfuricum: s. Papaverinsulfat.

P

Papaver rhoeas L.: Klatschmohn; Fam. Papaveraceae (Europa, Kleinasien, Syrien, Südpersien, Abessinien). Stpfl. von **Papaveris rhoeados flos:** Rhoeados flos, Flores Rhoeados, Rhoeados petalum, Flores Papaveris rhoeados, Klatschmohnblüten, Klatschrosenblüten, Feldmohnblüten, Feuerblumen, Mohnblumen. **Off.:** Ph.Eur.4.02; **Inhaltsst.:** Rhoeadin (s. Abb.) u. a. Alkaloide (insgesamt ca. 0.1 %), Schleim, Mecocyanin u. Mecopelargonin (Anthocyane); **Anw.** volkstüml.: z. B. bei Husten, Heiserkeit bes. der Kinder, Schlafstörungen, Unruhe; als Sir. Rhoeados; Negativmonographie Kommission E.
Hom: *Papaver rhoeas (HAB2000):* frische Blüten.

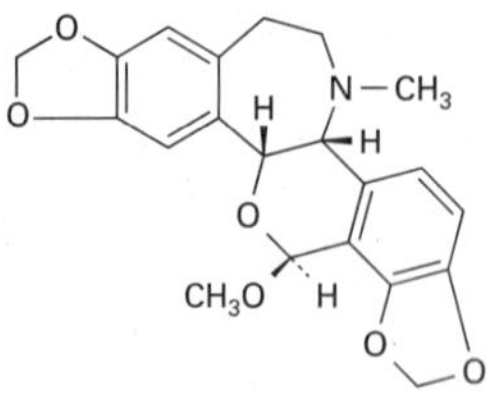

Papaver rhoeas: (+)-Rhoeadin

Papaver somniferum L.: Mohn, Schlafmohn; Fam. Papaveraceae (heim. östl. Mittelmeergebiet, kult. in ganz Vorderasien u. Vorderindien, Mazedonien, Bulgarien, Kleinasien, Persien, China, Marokko, Ägypten, Belgien, Niederlande, Deutschland, Polen, Frankreich). Stpfl. von **Fructus Papaveris immaturi:** Capitis Papaveris immaturi, unreife Mohnkapseln, unreife Mohnköpfe. **Inhaltsst.:** (ohne Samen) ca. 0.13-0.3 % Opiumalkaloide (Morphin, Narcotin, Papaverin, Codein u. a.); mit zunehmender Reife steigt der Morphingehalt bis auf 0.5 %; **Anw.** volkstüml.: (früher) Beruhigungsmittel bei Husten sowie bei Schlaflosigkeit; techn.: zur Morphingewinnung. Abkochungen der Mohnköpfe (sowohl der unreifen wie der reifen Kapseln) wie auch der Sir. Papaveris wurden kleinen Kindern verabreicht, was bei den schwankendem Alkaloidgeh. z. T. schwere u. tödl. Vergiftungen zur Folge hatte. Auch heute oft missbräuchl. verwendet; **Stramentum Papaveris:** Mohnstroh u. **Radix Papaveris**, Mohnwurzel enthalten bis zu 0.03 % Morphin bzw. bis zu 1.5 % Opiumalkaloide (auf getrocknetes Kraut bezogen) u. werden wie Opium* zur Morphingewinnung genutzt. **Semen Papaveris:** Mohnsamen. **Inhaltsst.:** 40-55 % fettes Öl, 20 % Eiweiß, Lecithin, Enzyme; Morphin nicht nachgewiesen, vermutl. ca. 0.01 % Alkaloide wie Thebain u. Codein enthalten; **Anw.:** Gewürz (Backwaren), zur Herst. des Öls; **Oleum Papaveris:** Mohnöl; das aus dem Mohnsamen gepresste fette, blassgelbe Öl. **Best.:** Glyceride der α- u. β-Linolsäure (ca. 60 %), Linolensäure (ca. 5 %), Ölsäure (ca. 30 %), Palmitin- u. Stearinsäure. D. 0.919-0.927, IZ 130-150; VZ 190-198; Ep. −17 bis −19 °C; Säuregrad nicht über 8; **Anw.:** zu Emulsionen, Linimenten, Salben, als Speiseöl. Die Iod-Additionsprodukte der Fettsäure-Ethylester des Mohnöls (BP, USP) werden als Röntgenkontrastmittel für die Lymphangiographie u. zur Darst. der Nasennebenhöhlen verwendet. Es handelt sich dabei um eine ölige Flüssigkeit, unlösl. in Wasser, lösl. in Aceton, Chloroform u. Ether, die Polystyrol zu lösen vermag.

Papaya: s. Carica papaya.

Papayotinum: s. Papain.

Papier (abgeleitet von Papyrus): beschreibbare, dünne Bögen aus Naturfasern mit dem Hauptbest. Holz*. **Herst.:** aus reiner Cellulose, die mit Säuren od. Alkalien aufgeschlossen, mit Wasser zerstampft, geformt u. dann getrocknet wird. Einige Papiersorten werden mit Füllstoffen (Gips, Talk u. a.) versehen u. geleimt.

Papierchromatographie: s. Chromatographie.

Papiere, arzneiliche: Chartae medicamentosae, Chartae DAB6; Papier- od. Gewebestücke, die mit einer Arzneizubereitung getränkt od. überzogen sind. Z. B. Charta nitrata, Salpeterpapier; Ch. sinapisata, Senfpapier; Ch. resinosa, Gichtpapier.

Papierelektrophorese: s. Elektrophorese.

Papilionaceae: s. Fabaceae.

Papillen: (bot.) Epidermiszellen mit ausgestülpter, äußerer Zellwand.

Pappelholzkohle: s. Carbo activatus (Carbo Populi).

Pappel, Kanadische: s. Populus-Arten.

Pappelknospe: s. Populus-Arten (Gemmae Populi).

Pappelrose: s. Alcea rosea.

Pappelsalbe: s. Unguentum Populi.

Pappus: Haarkrone, Federkrone; (bot.) nachträgl. Entw. des Kelches zu einem Kranz von Haaren (z. B. bei Valerianaceen u. Kompositen).

Paprika: s. Capsicum annuum.

Paprikaextrakt: s. Extractum Capsici.

Paprikatinktur: s. Tinctura Capsici.

***para-*:** Wortteil mit der Bedeutung **1.** neben, bei, gegen, nach, beiderseits, darüber hinaus. **2.** (chem.) Vorsilbe zur Bez. zweier Substituenten in 1,4-Stellung am Benzolring; Abk.: *p*-.

Paraaminobenzoesäure: s. *p*-Aminobenzoesäure.

Paraanilinsulfonsäure: s. Sulfanilsäure.

Parabene: Parabane; Bez. für *p*-Hydroxybenzoesäure-Ester, die als Konservierungsmittel verwendet werden; s. Konservierung.

Paracetamol INN: Paracetamolum Ph.Eur.4, 4-Acetylaminophenol; *N*-(4-Hydroxyphenyl)acetamid; CAS-Nr. 103-90-2; $C_8H_9NO_2$, M_r 151.16. Schmp. 169-170.5 °C (kristallisiert aus Wasser; polymorph). d_4^{21} 1.293. Weißes, krist., geruchloses Pulver; Löslichkeit 1:70 in Wasser, 1:20 in kochendem Wasser, 1:7 in Ethanol, 1:13 in Aceton, 1:50 in Chloroform, 1:40 in Glycerol, 1:10 in Methanol, 1:9 in Propylenglykol; unlösl. in Ether; lösl. in Alkalihydroxid-Lsg.; pK_S 9.5 (25 °C). **Anw.:** Analgetikum*, Antipyretikum*; Hauptmetabolit von Phenacetin*, im Ggs. zu diesem kann es auch Säuglingen u. Kleinkindern, die geg. Methämoglobin bildende Stoffe bes. empfindl. sind, gegeben werden; **UAW:** allerg. Reaktionen (s. Parastoffe); **Dos.:** p. o. 3-4 × 0.5-1.0 g/d, max. 4 g/d; Kinder bis 1 Jahr 0.12 g; 1-5 Jahre 0.25 g; 6-12

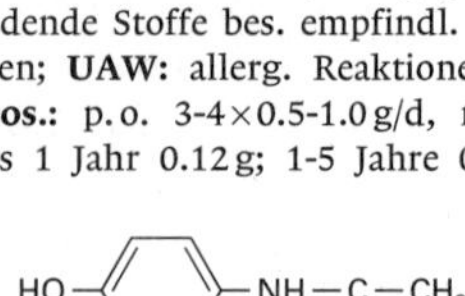

Paracetamol

Jahre 0.25-0.5 g; MED 1.0 g, MTD 4.0 g; HWZ 1.5-2.5 h; **Tox.:** LD 10-15 g (unbehandelt); geschädigt werden Nierentubuli u. Leberzellen; Antidot: Acetylcystein od. Methionin (fördert die Bildung des für die Entgiftung der P.-Metaboliten wichtigen Glutathion*); Dos. mehrmals tägl. 2.5 g p. o., max. 10 g/d.

Paracetamol-Suppositorien: s. Suppositoria Paracetamoli.

Paracoto: s. Aniba pseudocoto.

Paracotoin: Parakotoin; $C_{12}H_8O_4$; M_r 216.19; Schmp. 150-151 °C. Inhaltsst. von Cortex Paracoto, s. Aniba pseudocoto. Wirkt wie Cotoin* als Antidiarrhöikum.

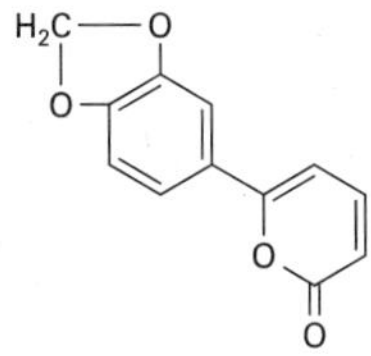

Paracotoin

Paracotorinde: s. Aniba pseudocoto (Cortex Paracoto).

Paradaniella oliveri: s. Balsamum Copaivae africanum.

paradermal: parallel zur Oberfläche eines flachen Organs, z. B. eines Blattes.

Paradichlorbenzol: *p*-Dichlorbenzol; 1,4-Dichlorbenzol; $C_6H_4Cl_2$; Schmp. 53 °C; Sdp. 174 °C. Leicht lösl. in Ether, Benzol, Schwefelkohlenstoff, heißem Ethanol. Farblose Kristalle, bereits bei Raumtemp. flüchtig. **Anw.:** Insektenvertilgungsmittel.

Paradiesapfel: s. Lycopersicon lycopersicum.

Paradieskörner: s. Aframomum melegueta.

Parästhesie: subjektive Missempfindung, z. B. Kribbeln od. taubes, schmerzhaft brennendes Gefühl.

Paraffin, dickflüssiges: s. Paraffinum liquidum.

Paraffin, dünnflüssiges: s. Paraffinum perliquidum.

Paraffine (lat. parum affinis sich wenig verbindend): veraltete Bez. für gesättigte Kohlenwasserstoffe; s. Alkane.

Paraffinemulsion: s. Emulsio Paraffini liquidi.

Paraffin, flüssiges: s. Paraffinum liquidum.

Paraffin, hartes: s. Paraffinum solidum.

Paraffinöl: s. Paraffinum liquidum.

Paraffinum durum: s. Paraffinum solidum.

Paraffinum liquidum Ph.Eur.4: Paraffinum subliquidum, dickflüssiges Paraffin, flüssiges Paraffin, Paraffinöl; gereinigte Mischung flüssiger, gesättigter Kohlenwasserstoffe. Gew. aus den Rückständen der Petroleumdestillation (Ol.* Petrae). Klare, farblose, nicht fluoreszierende, geruch- u. geschmacklose, ölartige Flüss., lösl. in Ether, Benzol, Chloroform, unlösl. in Wasser u. Ethanol. D. 0.827-0.890. Sdp. nicht unter 360 °C. Viskosität 110-230 mPa·s. **Anw.** med.: kurzfrisitig als Abführmittel (Gleitmittel). Dos. tägl. 1-3 Esslöffel, ferner zu Salben sowie als Backöl u. Schmieröl; **UAW:** Verluste der Elektrolyte Kalium u. Natrium, dadurch Darmträgheit. Hyperaldosteronismus verstärkt Kaliummangel; durch geringe Paraffinaufnahme Fremdkörpergranulome im Bauchraum; langjährige Einnahme kann zu Karzinomen führen. Bei der Einnahme in die Lunge gelangte Paraffintröpfchen rufen Lungenschäden hervor.

Paraffinum microcristallinum: (engl.) *microcrystalline wax*; mikrokristallines Paraffin, mikrokristallines Wachs, Kohlenwasserstoffwachs; feste, farblose, kristalline wachsartige Masse. Im Ggs. zu Hartparaffin (Paraffinum* solidum) besteht P. m. aus einem Gemisch fester, geradkettiger Paraffine, verzweigtkettiger Isoparaffine u. cycl. Kohlenwasserstoffe mit einer M_r von 450-1000. Es ähnelt in Struktur (bes. feine Struktur der Mischkristalle) u. Eigenschaften dem Ceresin (gereinigter Ozokerit*, höherer Schmp.). Gew. durch Lösungsmittelextraktion od. Ausfrieren von Rückständen der Erdöldestillation u. anschließender Entölung. Lösl. in Ether, Benzol, Chloroform. Lösl. in 30 T. absoluten Ethanol. Unlösl. in Wasser; mischbar mit Ölen u. flüssigem Paraffin in der Wärme. Ep. 60-75 °C. **Off.:** DAC86. **Anw.:** Erhöhung von Konsistenz u. Ölbildungsvermögen von Salben, Cremes u. Stiften; zus. mit flüssigem Paraffin als Kunstvaselin (s. Vaselinum); als Ersatz für Bienenwachs u. Hartparaffin; in Drageepoliermitteln.

Paraffinum perliquidum Ph.Eur.4: dünnflüssiges Paraffin; flüss. Mischung gereinigter, gesättigter Kohlenwasserstoffe aus Erdöl. Klare, farblose, im Tageslicht nicht fluoreszierende, ölige Flüss. ohne Geruch u. Geschmack, leicht lösl. in Ether, Chloroform, prakt. unlösl. in Wasser, Ethanol. D. 0.810-0.875, Viskosität: max. 25-80 mPa·s. Falls flüss. Paraffin für Sprühzwecke verordnet wird, ist dünnflüss. Paraffin zu verwenden. **Anw.:** In Salben u. Cremes, Massageöl, Nasenöle u. zu Sprayzwecken; die Alveolentoxizität ist zu beachten.

Paraffinum solidum: Cera mineralis, Ceresinum, Paraffinum durum, Erdwachs, Hartparaffin, Zeresin, gereinigtes Ozokerit*; M_r 225-450. Ep. 50-62 °C (rotierendes Thermometer). Gemisch gereinigter, fester, gesättigter Kohlenwasserstoffe. Gew. aus den Rückständen der Erdöldestillation, ferner aus Braunkohlen- u. Torfteer; synth. nach dem Fischer-Tropsch-Verfahren. Farblose od. weiße auf frischem Bruch fast geruchlose Masse. Lösl. in Chloroform, Ether, wenig lösl. in absolutem Ethanol, prakt. unlösl. in Wasser, Ethanol. **Off.:** DAB10, ÖAB90, Ph.Helv.7. **Anw.:** konsistenzerhöhender Salbenzusatz; techn.: zur Kerzenfabrikation.

Paraffinum subliquidum: s. Paraffinum liquidum.

Paraflutizid INN: 6-Chlor-3-(4-fluorbenzyl)-3,4-dihydro-2*H*-1,2,4-benzothiadiazin-7-sulfonamid-1,1-dioxid; CAS-Nr. 1580-83-2; $C_{14}H_{13}ClFN_3O_4S_2$, M_r 405.86. Schmp. 139 °C (kristallisiert aus Etha-

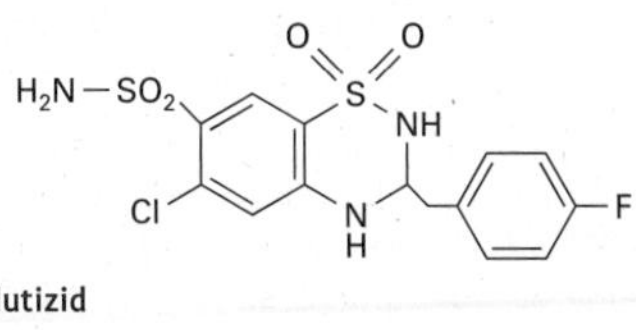

Paraflutizid

P

nol 50 %). **Anw.:** obsolet, Saluretikum (vgl. Diuretika), Antihypertensivum*; **Dos.:** p. o. 5-15 mg/d 5 d/Woche; **UAW, Kontraind.** u. **WW:** s. Bendroflumethiazid.

Paraform: s. Paraformaldehyd.

Paraformaldehyd: Formaldehydum polymerisatum, Paraform; ein polymerisierter Formaldehyd (Polyoxymethylen); CAS-Nr. 30525-89-4 $(HCHO)_x$. Schmp. 165-172 °C. Weißes, krist. Pulver; lösl. in Alkalilaugen, Ammoniaklsg. u. erwärmten Säuren, kaum lösl. in Wasser, Ethanol u. Ether. **Darst.:** Erhitzen von Formaldehydlsg. mit einem geringen Zusatz konz. Schwefelsäure; **Off.:** DAC86, ÖAB90, Ph.Helv.7; **Anw.** u. **Dos.:** Raumdesinfektion (geht beim Erhitzen wieder in Formaldehyd über), pro m^3 rechnet man 5 g.

Parafuchsin: s. Fuchsin.

Paraguaytee: s. Ilex paraguariensis (Mate Folium tostum).

Parahyphen: s. Hymenium.

Paraimmunität: syn. Paramunität; eine unspezif. Immunität* gegen eine Anzahl unterschiedl. Erreger od. Antigene*, die schnell entsteht u. einige Zeit (z. B. einige Wochen) anhält. P. entwickelt der Organismus z. B. zu Beginn einer Infektion* (Sofortabwehr) od. kann durch Reiztherapie* od. Immunstimulanzien* (Paramunitätsinduktoren) induziert werden. Verantwortl. für die P. sind v. a. die Phagozyten, sowie die anderen zellulären u. auch humoralen Abwehrmechanismen, s. Immunsystem.

Parainfluenza-Virus: RNA-Virus der Fam. Paramyxoviridae*, bisher sind 4 humanpathogene Serotypen (1-4) bekannt. Erreger respirator. Infektionen unterschiedl. Schweregrades: Pharyngitis, Rhinitis, Bronchitis, Pseudokrupp* (v. a. Typ 1), Pneumonie (v. a. Typ 3); betroffen sind hauptsächlich Kleinkinder.

Parakautschuk: s. Kautschuk.

Parakotoin: s. Paracotoin.

Parakotorinde: s. Aniba pseudocoto.

Parakresol: s. Cresol.

Parakresotinsäure: Acidum paracrescotinicum; s. Kresotinsäure.

Parakresse: s. Spilanthes oleracea.

Paraldehyd: Paraldehydum Ph.Eur.4, Paracetaldehyd; 2,4,6-Trimethyl-1,3,5-trioxan, cycl. Trimer des Acetaldehyds; CAS-Nr. 123-63-7; $C_6H_{12}O_3$, M_r 132.2. Sdp. 123-125 °C. Ep. 10-13 °C. D. 0.992-0.994. $n_D^{20\,°C}$ 1.404-1.406. Durchscheinende, farblose od. leicht gelbe Flüss., starker, charakterist. Geruch, bei niederer Temp. zu einer krist. Masse erstarrend; mischbar mit Ethanol 96 %, Ether, Chloroform, lösl. in Wasser von 20 °C (1:10), in siedendem Wasser (1:18). **Darst.:** Polymerisation des Acetaldehyds mit konz. Schwefelsäure; **Anw.** med.: Sedativum* u. Schlafmittel*, bes. bei Geisteskranken, bei Krämpfen im Status epilepticus; techn.: Lösungsmittel für u. a. Fette, Öle, Wachse, Gummi; **UAW:** Reizerscheinungen am Applikationsort, akute Vergiftung ähnl. Barbituratintoxikation; LD: 25-30 mL; **Dos.:** p. o. 2-5 mL, verd. in Tee od. Mucilaginosa; MED 5.0 g, MTD 15.0 g; als Klysma 10 %ig in Mucilaginosa.

Parallaxe: der Winkel zw. 2 Sehstrahlen von versch. Beobachtungsorten ausgehend zum selben Objekt; wird als scheinbare Verschiebung des Objektes auf einem entfernten Hintergrund beobachtet (parallakt. Verschiebung).

Parallelgruppendesign: s. Studie, klinische.

Parallelimport: Arzneimittel, das von einem Hersteller im Ausland in einer für das Ausland bestimmten Aufmachung für den ausländ. Markt hergestellt u. von einer inländ. Firma importiert wird; vgl. Reimport von Arzneimitteln.

Parallelreaktion: das Edukt wird in mehreren gleichzeitig ablaufenden Elementarreaktionen verbraucht u. zu versch. Produkten umgesetzt. Beispiel:

$$A \xrightarrow{k_1} B, \quad A \xrightarrow{k_2} C$$

A: Edukt; B, C: Produkte; k_1, k_2: Reaktionsgeschwindigkeitskonstanten
Jede einzelne Reaktion hat ihre Reaktionsgeschwindigkeitskonstante* u. ihre Reaktionsordnung*. Die Reaktion mit der größten Geschwindigkeit bestimmt das Hauptprodukt u. die Geschwindigkeit des Gesamtablaufs; vgl. Folgereaktion. Meist sind Parallelreaktionen unerwünscht, da sie die Qualität des Produkts durch Verunreinigung verringern. In der kombinatorischen Chemie* macht man sie sich zu Nutze, um eine Vielzahl definierter Verbindungen gleichzeitig herstellen zu können (Verbindungsbibliothek).

Parallelsynthese: Form der kombinatorischen Chemie*, bei der Substanzen an einem festern Träger. z. B. einem Harz, Schritt für Schritt synthetisiert u. erst am Ende der Synthese abgespalten werden.

Paralyse: vollständige Lähmung. **Progressive Paralyse:** Form der Neurosyphilis als Spätstadium der Syphilis*.

Paralysis agitans: Schüttellähmung; idiopath. Form des Parkinson*-Syndroms.

paramagnetisch: s. Magnetochemie.

Paramethadion INN: Paradion; 5-Ethyl-3,5-dimethyl-2,4-oxazolidindion; CAS-Nr. 115-67-3; $C_7C_{11}NO$, M_r 157.17. **Anw.:** obsolet, Antiepileptikum*, geg. Petit mal; **UAW:** s. Mephenytoin, zusätzl. Photophobie; sehr toxisch.

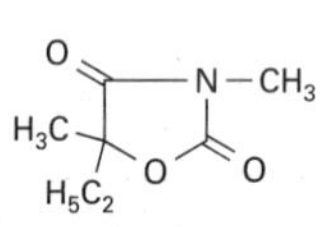

Paramethadion

Paramethason INN: 6α-Fluor-11β,17,21-trihydroxy-16α-methyl-1,4-pregnadien-3,20-dion; CAS-Nr. 53-33-8; $C_{22}H_{29}FO_5$, M_r 392.45. Strukturformel s. Prednison (Abb.). **Anw.:** Glucocorticoid; **Dos.:** p. o. Initialdos. je nach Ind. 6-16 mg/d, Erhaltungsdos. 1-3 × 2 mg/d; parenteral (i. m., i. v.) 20 mg/d für Notfälle, nicht mehr als 4-mal/d, je nach Ind.; HWZ 3-4.5 h. Gebräuchl. sind auch Paramethason-21-acetat (CAS-Nr. 1597-82-6) u. Dinatrium-paramethason-21-dihydrogenphosphat.

Paramorphin: s. Thebain.

Paramunität: s. Paraimmunität.

Paramunitätsinduktoren: s. Immunstimulanzien.

Paramyxoviridae (gr. para neben, darüber; myxa Schleim): Fam. pleomorpher od. sphär. RNA-Viren mit Hüllmembran. 2 Subfamilien: **1.** Paramyxovirinae mit den 3 Genera Paramyxovirus (u. a. Parainfluenza*-Virus Typ 1 u. 3), Rubulavirus (u. a. Mumps-Virus) u. Morbillivirus (u. a. Masern-Virus); **2.** Pneumovirinae mit dem Genus Pneumovirus (u. a. Respiratory-syncytial-Virus).

Paranatee: s. Ilex paraguarensis (Mate Folium tostum).

Paranuß: s. Bertholletia excelsa.

Paraoxon: E 600, Parathionmethyl; *O,O*-Dimethyl-*O*-(4-nitrophenyl)-thionophosphat; CAS-Nr. 298-00-0; $C_8H_{10}NO_5PS$, M_r 263.2. Entsteht in vivo aus Parathion*; hellgelbes, stark giftiges, sehr schwer lösl. Öl, lösl. in Wasser 1:1000. **Wirk.** u. **Anw.**: irreversibler Cholinesterasehemmer, s. Parasympathomimetika (indirekte); früher als Miotikum u. in der Glaukomther. medizin. eingesetzt; Insektizid, ähnl. Parathion* (E 605); LD 3 mg/kg KG.

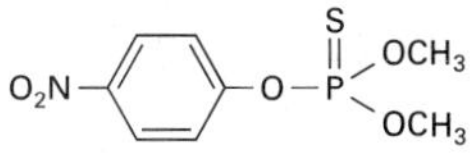

Paraoxon

Paraproteinämie: Auftreten von monoklonalen Proteinen im Blut, die in ihrem strukturellen Aufbau normalen Immunglobulinen* od. Immunglobulinfragmenten entspr. ohne aber spezif. Antikörperfunktion zu besitzen; i. e. S. als sog. monoklonale Gammopathie. **Urs.**: pathol. Vermehrung eines Klons Immunglobulin produzierender lymphoider Zellen (B-Lymphozyten u. Plasmazellen) v. a. in Knochenmark u. Lymphknoten; z. B. bei malignem Lymphom* u. Plasmozytom.

Paraquat: 1,1'-Dimethyl-4,4'-bipyridinium; $[C_{12}H_{14}N_2]^{2+}$, M_r 186.25. **Anw.**: in Salzform; wichtiges Kontaktherbizid; s. Schädlingsbekämpfungsmittel (Herbizide); weltweite Anw. in der Landwirtschaft als biol. Oxidations-Reduktions-Indikator; **Tox.**: häufig starke Intoxikationen; bei Kontakt Hautverätzungen, Schleimhautreizungen u. Augenschäden; bei oraler Aufnahme Ulzerationen des Verdauungstraktes, Diarrhöen, Erbrechen, Ödeme, Blutungen, Nieren- u. Leberschäden, Gelbsucht, Lungenfibrosen, Tod durch Ersticken. **Paraquatdichlorid:** $C_{12}H_{14}ClN_2$. Schmp. 300 °C. Farbloses Salz, wasserlöslich. **Paraquatbismethylsulfat:** $C_{14}H_{20}N_2O_8S_2$. Gelbe Substanz.

Pararauschbrand: Gasbrand*, hervorgerufen durch Clostridium* septicum.

Parasiten (gr. parasitos mitspeisend): Schmarotzer; Lebewesen, die ganz (obligate P.) od. teilweise (fakultative P.), ständig (stationäre P.) od. zeitweise (temporäre P.) auf Kosten einer anderen Organismenspezies leben. Ektoparasiten leben auf der Oberfläche; Endoparasiten in tieferen Körperhöhlen, im Gewebe u. Blut. Für Menschen relevante P.: **1.** (i. e. S.) tierische P. (Zooparasiten): Protozoen* (Urtierchen), Helminthes* (Würmer) u. Arthropoden* (Gliederfüßer); **2.** (i. w. S.) Bakterien*, Viren*, Pilze*.

Parasitologie (gr. parasitos mitspeisend; logos Lehre): Lehre von den pflanzl. u. tier. Parasiten*, i. e. S. von den Protozoen, Würmern u. Arthropoden.

Parasorbinsäure: s. Sorbus aucuparia.

Parastoffe: Verb. mit in *para*-Stellung substituiertem Benzolring, die Allergie auslösend wirken. Die gemeinsame allergene Wirksamkeit (s. Kreuzreaktion) ist auf den oxidativen Abbau zu Metaboliten mit Chinonstruktur zurückzuführen. Zu diesen Gruppenallergenen zählen: **1.** Lokalanästhetika* (u. a. Benzocain, Procain); **2.** Sulfonamide u. Verwandte (z. B. Sulfonylharnstoffe, Thiazoldiuretika); **3.** Lichtschutzmittel (z. B. *p*-Aminobenzoesäure*); **4.** Farbstoffe u. Gummiinhaltsstoffe (z. B. *p*-Phenylendiamin u. Derivate); **5.** Konservierungsmittel (z. B. *p*-Hydroxybenzoesäureester); **6.** u. a Paracetamol.

Parasympathikus: physiol. u. pharmak. vom Sympathikus* abgrenzbarer Teil des vegetativen Nervensystems*. Nach den Ursprungszentren in Mittelhirn, Brückenhaube, verlängertem Mark u. Sakralbereich des Rückenmarks als kraniosakrales System dem Sympathikus gegenübergestellt. Im Ggs. zum Sympathikus keine morpholog. Einheit, da sich die parasympath. Fasern mit einigen Ausnahmen stets anderen Nervenstämmen anlagern. Die synapt. Umschaltung der prä- auf die postganglionären Neuronen erfolgt außerhalb des ZNS in den organnahen peripheren Ganglien od. in den Ganglien der intramuralen Geflechte (s. Nervensystem, intramurales). Die Erregungsübertragung erfolgt prä- u. postganglionär durch Acetylcholin. Pharmaka, die den Parasympathikustonus beeinflussen: Parasympathomimetika*, Parasympatholytika*.

Parasympatholytika: Parasympathikolytika (veraltet), cholinolytische Pharmaka, vagolytische Pharmaka, antimuscarin. Pharmaka; hemmen die Erregungsübertragung im parasympath. System, wobei die muscarin. Wirk. des Acetylcholins an den postsynapt. Rezeptoren durch kompetitive Hemmung blockiert wird; vgl. Anticholinergika. Ausgehend von den Alkaloiden Atropin u. Scopolamin wurde eine Reihe von synthet. P. mit spezif. Indikationen entwickelt. **Wirkstoffe:** z. B. Homatropin* u. Tropicamid* (Augenheilkunde), N-Butylscopolammoniumbromid* (Spasmolyse), Pirenzepin* (Ulkustherapie). Atropin wird auch als Antiarrythmikum* der Klasse IV genutzt. **Anw.:** u. a. als Spasmolytika u. Bronchodilatatoren, bei bradykarden Herzrhythmusstörungen u. als Antidot bei Vergiftungen mit Phosphorsäureestern.

Parasympathomimetika: Parasympathikomimetika (veraltet); den Parasympathikus* erregende Stoffe, die eher die muscarinergen als nicotinergen Eigenschaften des Acetylcholins* besitzen. Sie sind Antagonisten des Atropins*. **Wirkstoffe: 1. direkte P.:** Cholinomimetika; wirken wie Acetylcholin direkt am Rezeptor, neben der Modellsubstanz Muscarin* z. B. Cholinester, Carbachol*, Pilocarpin*; **2. indirekte P.:** Cholinesteraseninhibitoren; hemmen den enzymat. Abbau von Acetylcholin durch Cholinesterasen*, wodurch sich das körpereigene Acetylcholin am Rezeptor anreichert. Nach

P

der Dauer der Enzymhemmung unterscheidet man **a)** reversible Cholinesterasehemmer, z. B. Neostigminbromid*, Galantamin* Physostigmin*, (Wirkungsdauer Minuten bis Stunden); **b)** irreversible Cholinesterasehemmer, z. B. Ecothiopatiodid*, Alkylphosphate (Wirkungsdauer Monate. z. B. Parathion*); **Anw.**: Glaukom*, Ileus*, Blasenatonie, Myasthenia* gravis pseudoparalytika, Refluxösophagitis; Vergiftungen mit Atropin*, Curare*, tricycl. Antidepressiva (s. Psychopharmaka).

Parathion: E 605, Parathionethyl; *O,O*-Diethyl-*O*-(4-nitrophenyl)thiophosphat; vgl. Paraoxon; CAS-Nr. 56-38-2; $C_{10}H_{14}NO_5PS$; M_r 291.27. **Anw.**: Insektizid, Akarizid*; breites Wirkungsspektrum; Cholinesterasehemmer (s. Cholinesterasen); ein Kontakt-, Fraß- u. Atemgift; LD_{50} 6.4 mg/kg KG (Ratte; oral, akut); s. Schädlingsbekämpfungsmittel (org. Phosphorverb.), Tabelle.

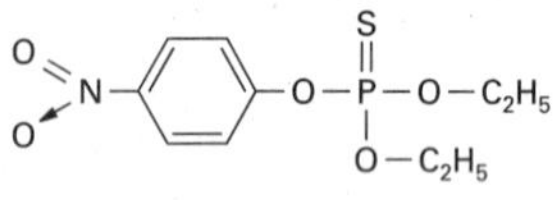

Parathion

Parathionmethyl: s. Paraoxon.

Parathormon: Parathyrin, Parathyroid; Hormon der Nebenschilddrüse. **Anw.**: Diagnostikum bei Hypo- u. Hyperparathyreoidismus, Nierenfunktionsprüfung, bei akutem Hypoparathyreoidismus mit Tetanie; nicht in der Langzeitbehandlung des Hypoparathyreoidismus, die mit Vitamin D durchgeführt wird. HWZ 2-4 min.; P. bewirkt eine Erhöhung der Blutkonz. von Calcium u. eine Erniedrigung der anorg. Phosphate im Blut; s. Hormone (Nebenschilddrüse).

Parathyrin: s. Parathormon.

Parathyroidea: s. Hormone (Nebenschilddrüse).

P

Paratyphus: typhusähnl. Infektionskrankheit, die durch Salmonella* enterica Serovar Paratyphi A, B od. C verursacht wird; vgl. Typhus abdominalis. Von den Paratyphus-Erregern ist nur S. Paratyphi B in Deutschland endemisch. Prophylaxe durch Impfung mögl., meist in Kombination mit Typhus-Impfstoff, z. B. TAB.

***para*-Verbindungen:** s. *para-*.

parazytisch: s. Spaltöffnungen.

Parecoxib INN: *N*-[4-(5-Methyl-3-phenylisoxazol-4-yl)phenylsulfonyl]propionamid; Verwendet wird das Natriumsalz: CAS-Nr. 198470-85-8; $C_{19}H_{17}N_2NaO_4S$, M_r 392.4. Schmp. 272 °C; gut wasserlöslich. **Wirk.**: injizierbares NSAR, s. Analgetika (schwache); **Anw.**: Kurzzeitbehandlung von

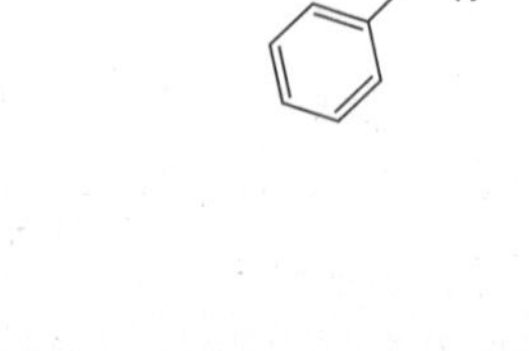

Parecoxib

postoperativen Schmerzen; **UAW**: gelegentl. Hypertonie, Rückenschmerzen; **Dos.**: max. 80 mg/d, i. v. oder i. m.; HWZ des aktiven Metaboliten Valdecoxib* 8 h.

Pareirawurzel: s. Chondodendron tomentosum (Radix Pareirae bravae).

Parenchym: (bot.) Gewebe, dessen lebende Zellen isodiametrisch od. gestreckt sind, von verschiedenem Umriss u. an den Enden nicht zugespitzt, vgl. Prosenchym.

parenteral: unter Umgehung des Magen-Darm-Trakts. Mögl. durch subkutane, intramuskuläre od. intravenöse Injektion* bzw. Infusion*; z. B. parenterale Ernährung.

Parenteralia Ph.Eur.4: Zubereitungen zur parenteralen Anwendung; sterile Zuber., die zur Applikation in menschl. od. tierisches Gewebe durch Injektion, Infusion od. Implantation bestimmt sind. Es wird unterschieden zw. Iniectabilia*, Infundibilia*, Parenteralia* diluenda, Pulveres* parenterales u. Implantanten*. P. werden so hergestellt, dass Sterilität gewährleistet ist u. eine mikrobielle Kontamination*, die Anwesenheit von Pyrogenen* sowie das Wachstum von Mikroorganismen vermieden wird. Zur Herst. muss Aqua* ad iniectabilia (in Großgebinden) verwendet werden. Zahlreiche P. erfordern den Zusatz von Hilfsstoffen, z. B. um Blutisotonie (s. Isotonie) zu gewährleisten, den pH*-Wert einzustellen, die Löslichkeit zu verbessern, die Zers. der Wirkstoffe zu verhindern od. um ausreichende antimikrobielle Eigenschaften zu erzielen. Diese Zusätze dürfen weder die beabsichtigte med. Wirk. der Zuber. beeinflussen noch in der angewandten Konzentration tox. od. lokal reizend sein. Die Wirkstoffkonzentration in applikationsfertigen, flüssigen P. wird auf das Volumen der Zuber. bezogen. P. müssen der Prüfung auf Sterilität (Ph.Eur.4) entsprechen. Sofern im Arzneibuch vorgesehen, genügt die Prüfung auf Bakterien-Endotoxine anstelle der Prüfung auf Pyrogene. Zur intravenösen (i. v.) Applikation eignen sich wässrige Injektionslösungen, Infusionslösungen, Emulsionen zur Injektion od. Infusion. Intramuskulär (i. m.) werden wässrige u. ölige Injektionslösungen, wässrige u. ölige Suspensionen injiziert. Subcutan (s. c.) verabreicht werden kleine Volumina wässriger Injektionslösungen, Tropfinfusionslösungen bei Säuglingen. Impfpräparate, Präparate für Allergie- u. Sensibilisierungstests werden intrakutan (i. c.) gegeben. Intraarteriell (i. a.) werden Röntgenkontrastmittel gespritzt. **Behältnisse**: P. werden in Glas- od. Kunststoffbehältnissen u. vorgefüllten Einmalspritzen in den Verkehr gebracht. Die Behältnisse müssen folgende Anforderungen erfüllen: **1.** ausreichende Durchsichtigkeit, um eine visuelle Prüfung des Inhalts zu ermöglichen (Ausnahme bei Implantaten); **2.** Indifferenz gegenüber der Zubereitung; **3.** Verhinderung von Diffusion in od. durch das Material u. von Eindringen fremder Substanzen in die Zubereitung (dies gilt auch für das Verschlussmaterial). Ampullen* werden durch Zuschmelzen verschlossen u. ihr Inhalt ist zum einmaligen Gebrauch bestimmt. Flaschen werden mit geeigneten Verschlüssen versehen, die ausreichend dicht sein müssen, um eine Kontamination zu verhüten, u.

die die Entnahme eines Teiles od. des ganzen Inhaltes des Behältnisses ohne Entfernen des Verschlusses gestatten (Sicherheitsverschluss). Die Elastizität des Plastmaterials od. der Elastomeren muss ausreichen, um das Durchstechen mit einer Nadel ohne Ausstanzen von Teilchen zu ermöglichen u. einen Wiederverschluss der Einstichstelle nach Herausziehen der Nadel zu gewährleisten.

Parenteralia diluenda Ph.Eur.4: Konzentrate zur Herst. von Parenteralia*. Konzentrierte, sterile Lösungen, die nach dem Verdünnen auf ein vorgegebenes Volumen mit einer geeigneten Flüssigkeit zur Injektion od. Infusion bestimmt sind. Die so hergestellten Verdünnungen müssen den Anforderungen für Iniectabilia* u. Infundibilia* entsprechen (Sterilität, Pyrogene, u. U. Gleichförmigkeit des Gehaltes).

Parenteraltabletten: s. Implantate.

Parese: unvollständige Lähmung.

Pariser Blau: s. Berliner Blau.

Pariser Gelb: s. Bleichromat.

Pariser Rot: s. Eisen(III)-oxid.

Paris quadrifolia L.: Einbeere, Wolfsbeere, Sternkraut; Fam. Trilliaceae (Europa). Stpfl. von **Herba paridis:** Einbeerenkraut. **Inhaltsst.:** in allen Organen (bes. reichl. im Rhizom) die (Steroid-)Saponine Paristyphnin, Paridin; ferner Asparagin, Pektin, Citronensäure; **Anw.** volkstüml.: z. B. zur Behandlung von Wunden, als Grippemittel; **Tox.:** wegen der resorbierbaren Saponine giftig.
Hom: *Paris quadrifolia (HAB2000)*: frische, zur Zeit der Fruchtreife gesammelte Pflanze; verord. z. B. bei Migräne, Zervikalsyndrom.

Parkinson-Syndrom (James P., Chirurg, 1755-1824): Morbus Parkinson, Parkinson-Krankheit, Parkinsonismus; extrapyramidales Syndrom infolge Degeneration dopaminerger Neuronen in der Substantia nigra. **Vork.:** häufigste neurolog. Erkrankung des fortgeschrittenen Lebensalters, 1 % der >60-Jährigen; **Leitsymptomatik: 1.** Akinese* od. Hypokinesie*, mangelhafte od. fehlende Mimik, leise u. monotone Sprache, Verlangsamung aller Bewegungen, Fehlen der physiol. Mitbewegungen, gebückte Haltung, kleinschrittiger Gang, Mikrographie*; **2.** Rigor*; **3.** Tremor*; zusätzl. z. B. vegetative Symptome: vermehrter Speichel- u. Tränenfluss, psych. Symptome: Stimmungslabilität, Melancholie, Bradyphrenie*; **Urs.: 1.** neurodegenerativ: primäres Parkinson-Syndrom (Paralysis agitans); 80 % der Fälle; **2.** symptomat.: z. B. medikamentös (s. Psychopharmaka), tox., metabol., infektiös, vaskulär od. traumat. bedingt.

Parmycin: s. Evosin.

Parnaparin-Natrium INN: Parnaparinum natricum Ph.Eur.4; Natriumsalz eines niedermolekularen Heparins*, mittlere M_r 5000. **Herst.:** radikalkatalysierte Depolymerisierung von Heparin aus der Intestinalschleimhaut von Rindern od. Schweinen mit Wasserstoffperoxid u. Kupfersalzen; **Anw.:** postoperative Primärprophylaxe tiefer Venenthrombosen; **UAW:** Blutungen, leichte Thrombozytopenie; Anstieg von Leberenzymwerten; **Kontraind.:** Operationen am ZNS, Lumbalpunktionen, Spinalanästhesie; **Dos.:** zur Thromboseprophylaxe i. a. 3200 I.E. 2 h präoperativ u. einmal tägl. s. c. postoperativ über mind. 7 d.

Parodontitis: entzündl. Erkrankung des Zahnhalteapparates, u. a. mit Abbau des Alveolarknochens, Bildung von eitrigen Zahnfleischtaschen u. starkem Zahnsteinansatz. **Ther.: 1.** physik.: Entfernung von Plaque, Zahnstein u. Konkrementen; **2.** medikamentös: s. Parodontosemittel; vgl. Parodontose.

Parodontium: Zahnhalteapparat; funktionelle Einheit, die Zahnfleisch, Zahnzement, knöchernes Zahnfach u. Wurzelhaut umfasst u. für die feste Verankerung des Zahnes im Gebiss sorgt. Erkrankungen des P.: Parodontitis*, Parodontose*.

Parodontose: veraltete Bez. für nicht entzündl. Zahnbetterkrankungen. Wird von Laien noch vielfach als Sammelbez. für Erkrankungen des Zahnhalteapparates (Parodontitis*) verwendet.

Parodontosemittel: Mittel zur Ther. u. Prophylaxe von Parodontose* u. Parodontitis*. Medikamentöse Ther. v. a. als Unterstützung u. Ergänzung zur Lokaltherapie (physikal. Maßnahmen). **Wirkstoffe:** v. a. entzündungshemmende Stoffe wie Antiseptika*, (pflanzl.) Antiphlogistika* u. Adstringenzien*. Daneben z. B. Enzympräparate wie Chymotrypsin* zur Wundflächenreinigung.

Paromomycin INN: Aminosidin; 4-*O*-(2-Amino-2-desoxy-α-D-glucopyranosyl-)-2-desoxy-5-*O*-[3-*O*-(2,6-diamino-2,6-didesoxy-β-*C*-idopyranosyl)-β-D-ribofuranosyl]-D-streptamin; CAS-Nr. 7542-37-2; $C_{23}H_{45}N_5O_{14}$, M_r 615.6. Aminoglykosid-Antibiotikum aus Streptomyces rimosus forma paromomycinus. Paramomycinsulfat ist in 1 T. Wasser lösl., fast unlösl. in Ethanol, Chloroform, Ether. **Wirk.** u. **Anw.:** hemmt die Proteinbiosynthese u. wirkt v. a. geg. grampositive Keime, teilweise auch geg. E. coli, Enterobacter, Klebsiellen, Salmonellen, Shigellen, Proteus; kreuzresistent mit den anderen Aminoglykosid-Antibiotika; Ind.: wegen der geringen Resorption aus dem GIT Anw. bei bakt. Enterokolitiden; **UAW:** parenterale Anw. aufgrund der hohen Oto- u. Nephrotoxizität obsolet; **Dos.:** p. o. 25-30 mg/kg KG/d in 3 ED über 5-10 d; vgl. Antibiotika (Tab.).

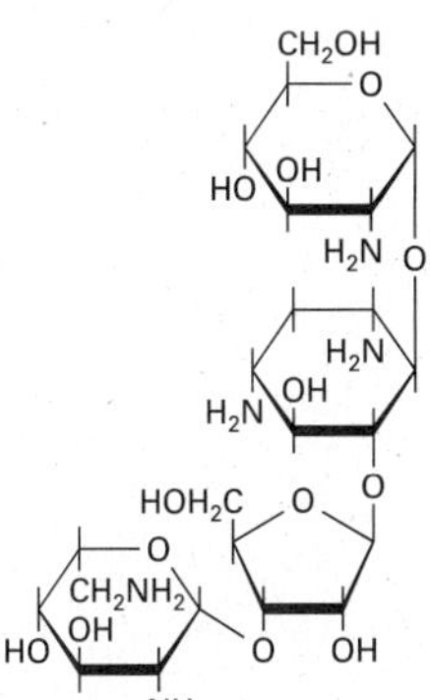

Paromomycin

Parotis: Glandula parotis; Ohrspeicheldrüse.

Parotitis: 1. P. acuta: eitrige Entzündung der Ohrspeicheldrüse. **2.** P. epidemica: s. Mumps.

Paroxetin INN: *trans*-(–)-3-(1,3-Benzodioxol-5-yloxy)methyl-4-(4-fluorphenyl)piperidin; CAS-Nr. 61869-08-7; $C_{19}H_{20}FNO_3$, M_r 329.4. Schmp. 118 °C (Hydrochlorid). **Wirk. u. Anw.:** Serotonin-wiederaufnahme*-Hemmer, Antidepressivum; **UAW:** Übelkeit, Obstipation, Libidoverlust, Schläfrigkeit.

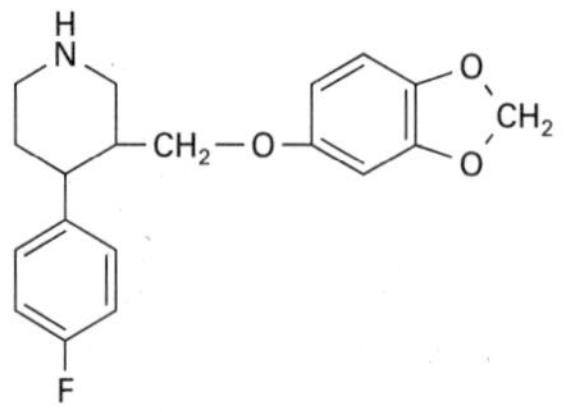

Paroxetin

paroxysmal (gr. paroxysmos Anfall, Krampf): anfallartig.

Parthenium argentatum A.Gray: Guayule; Fam. Asteraceae (Compositae). Stpfl. von Guayulekautschuk, s. Kautschuk.

Parthenium integrifolium: s. Echinacea angustifolia.

Parthenokarpie: (bot.) Entw. einer Frucht ohne vorausgegangene Befruchtung; solche Früchte sind samenlos.

Partialdruck: Teildruck, der durch ein einzelnes ideales Gas in einer Gasmischung ausgeübt wird; vgl. Dalton-Gesetz.

Partialdruckgesetz: s. Dalton-Gesetz.

Partialglyceride, höherkettige: Partialglycerida longicatenalia; Gemisch hauptsächl. aus Mono-, Di- u. Triglyceriden gesättigter C_{16}- (ca. 18-48 %) bis C_{18}-Fettsäuren (ca. 48-72 %) nat. Ursprungs; Geh. an gesättigten Monoglyceriden 8-18 % (vgl. Glycerolmonostearat 40-55 %). Tropfpunkt 50-58 °C. Weißes bis gelbl. weißes, in Wasser prakt. unlösl. Masse, schwer lösl. in Ethanol, lösl. in Chloroform, Ether, Petrolether, fetten Ölen. Im Vergleich zu den mittelkettigen Triglyceriden hydrophiler. **Off.:** DAB10. SZ max. 6.0; OHZ 60-115; IZ max. 3.0; POZ max. 3.0; VZ 175-195; UA max. 1.0 %.

Partialglyceride, mittelkettige: Partialglycerida mediocatenalia; Gemisch hauptsächl. aus Monoglyceriden gesättigter C_8- bis C_{10}-Fettsäuren pflanzl. Ursprungs (hauptsächl. Caprylsäure- u. Caprinsäureester). Schmp. 22-27 °C. Gelbl., in Wasser schwer lösl. Masse, leicht lösl. in Ethanol, Chloroform, Ether, Petrolether, fetten Ölen. Im Vergleich zu den mittelkettigen Triglyceriden hydrophiler. **Off.:** DAB10. SZ max. 2.0; OHZ 310-340; IZ max. 1.0; POZ max. 1.0; VZ 250-280; UA max. 0.5 %.

Partialladung: s. Bindung, chemische.

Partitionskoeffizient: s. Verteilungskoeffizient.

Partus: Geburt, Entbindung.

Parvoviridae: Fam. der kleinsten DNA-Viren; weltweit verbreitet bei Mensch, vielen Säugern u. Insekten. 2 Subfamilien: Parvovirinae, u. a. mit dem humanpathogenen Parvovirus B19 u. Densovirinae (Parvoviren der Insekten).

Parvovirose-Impfstoff für Hunde (inaktiviert): Vaccinum parvovirosis caninae inactivatum Ph.Eur.4; flüss. od. gefriergetrocknete Zuber. des Hunde-Parvovirus, der mit einer geeigneten Methode inaktiviert wurde.

parvus (lat.): f: -a, n:-um; klein.

PAS: s. 4-Aminosalicylsäure.

Pascal (Blaise Pascal, franz. Philosoph, Mathematiker u. Physiker, 1623-1662): Symbol Pa; (abgeleitete) SI*-Einheit für den Druck; $1\,Pa = 1\,N \cdot m^{-2} = 10^{-5}\,bar = 0.007\,50\,mmHg$ (Torr); 1 hPa (Hektopascal) = 100 Pa = 1 mbar; 1 mmHg = 133.322 Pa.

Pascal-Gesetz: in Flüss. verteilt sich der Druck nach allen Seiten gleichmäßig. **Anw.:** hydraul. Presse.

Pascalsekunde: Symbol Pas; Einheit der Viskosität*.

Pasiniazid INN: Isonicotinohydrazid-4-aminosalicylat, Salz aus je 1 Mol Isoniazid* u. 4-Aminosalicylsäure*; CAS-Nr. 2066-89-9; $C_{13}H_{14}N_4O_4$, M_r 290.27. Schmp. 142-144 °C (kristallisiert aus Methanol, Ethanol). Wenig lösl. in Wasser. **Anw.:** früher als Antituberkulotikum*.

Paspalsäure: s. Secale cornutum.

Passerini-Reaktion: Methode zur Herst. von α-Hydroxy-carbonsäureaniliden aus Aldehyden u. Ketonen durch Umsetzung mit einem aromat. Isonitril u. einer Carbonsäure. Man erhält ein

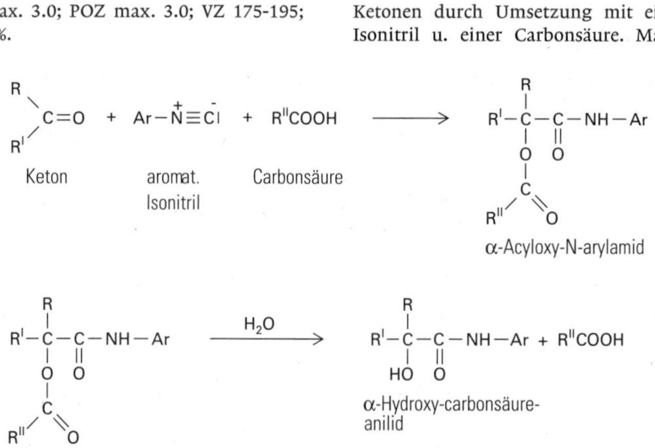

Passerini-Reaktion

α-Acyloxy-N-arylamid, das zum α-Hydroxy-carbonsäureanilid hydrolysiert wird.

Passiflora edulis Sims.: Fam. Passifloraceae (trop. u. subtrop. Gebiete) u. a. Passiflora-Arten liefern die essbare Passionsfrucht, aus der auch Fruchtsäfte gewonnen werden. Rote Passionsfrüchte werden auch als Maracuja (Maracuya), gelbe als Granadilla bezeichnet.

Passiflora incarnata L.: Passionsblume; Fam. Passifloraceae (Nord- u. Südamerika, Ostindien); vgl. Passiflora edulis. Stpfl. von **Passiflorae herba:** Herba Passiflorae, Passionsblumenkraut; die getrockneten, blüten- od. früchtetragenden oberird. Teile. **Off.**: Ph.Eur.4, Ph.Helv.7; **Inhaltsst.**: bis über 2% Flavonoide (hauptsächl. Glucosile von Apinin u. Luteolin, darunter Vitexin), mind. 1.5% (Ph.Eur.4), ber. als Vitexin; keine (od. nur Spuren) Harmanalkaloide*; Cumarine u. Maltol; **Anw.**: bei nervöser Unruhe, leichten Einschlafstörungen, nervös bedingten Beschwerden im Magen-Darm-Bereich.

Hom: *Passiflora incarnata (HAB2000)*: frisches Kraut; verord. z. B. als Beruhigungs- u. Einschlafmittel.

Passionsblumenkraut: s. Passiflora incarnata.

Passionsfrucht: s. Passiflora edulis.

Passulae majores: s. Vitis vinifera.

Passulae minores: s. Vitis vinifera.

Pasta: Paste; Teil, der in der Ph.Eur.4 aufgeführten halbfesten Zuber. zur kutanen Anw.; hochkonzentrierte Suspensionen von plast. Verformbarkeit (mit Fließgrenze), die zur Anw. auf der Haut od. der Schleimhaut bestimmt sind. Sie enthalten einen großen Anteil an feinen, unlösl. Pulvern (20-50%), die in einem flüssigen (z. B. Glycerol 85%) od. salbenartigen Vehikel (z. B. Vaselin) homogen dispergiert sind. P. stehen therap. zw. Salben u. Pudern. **Harte Pasten** (z. B. Pasta* Zinci) enthalten einen sehr hohen Feststoffanteil u. wirken daher austrocknend, sekretbindend u. abdeckend. Bei subakuten bis chron. Hauterkrankungen u. zur Behandlung fetter Haut. **Weiche Pasten** (z. B. Pasta* Zinci mollis) enthalten einen niedrigeren Feststoffanteil. Es überwiegen die Eigenschaften der Grundlage (meist wasserfrei, lipophil, auch Absorptionsgrundlagen*; seltener Emulsionssalben od. Hydrogele), in der Regel wirken sie fettend u. abdeckend. Zur Ther. bei trockener Haut u. nicht nässenden, abheilenden Dermatosen. Zu den P. gehören auch die **Umschlagpasten***. **Herst.**: Die gut zerkleinerten, getrockneten (bes. bei Anwesenheit von Stärke) u. gesiebten Wirk- u. Hilfsstoffe werden in Abhängigkeit von ihren Eigenschaften mit einem Teil der Grundlage, der ggf. unter milden Bedingungen aufgeschmolzen werden darf, od. einem flüssigen Bestandteil der Grundlage homogen angerieben. Dieses Konzentrat wird mit der Salbenmühle homogenisiert, anschließend wird mit der restl. Grundlage portionsweise verdünnt. **Prüfung:** Ph.Eur.4, entsprechend den Angaben der Monographie Salben. Bestimmung der Teilchengröße: Auf der Oberfläche der Pasten dürfen keine Agglomerate feststellbar sein, unter dem Mikroskop kein Teilchen über 200 µm zu messen, 90% des Feststoffanteiles der untersuchten Probe soll kleiner als 170 µm sein. Als steril bezeichnete P. müssen der Prüfung auf Sterilität entsprechen.

Pasta Boli glycerolata: Kaolini pasta glycerolata, Pasta silicea, Glycerol-Boluspaste, Kaolin-Paste; **Herst.**: Die 500fache Menge an Glycerol (ca. 70 °C), die bei der Bestimmung des Aufsaugevermögens von 1 g Bolus ermittelt wurde, wird mit 500 g Kaolin, 2 g Methylsalicylat u. 0.25 g Aetheroleum Menthae verarbeitet u. sofort (hygroskop.!) in dicht verschlossene Behälter abgefüllt. Voraussetzung für die Verw. von Kaolin (s. Ton, weißer) in dieser Zuber. ist die Ermittlung des Aufsaugevermögens von 1.0 g Kaolin für Glycerol (85%). **Anw.**: Entzündungen, äußerl. in Form von Umschlägen u. Packungen aufgetragen; warm appliziert, kommt es zur Erweiterung der Blutgefäße, P. wirkt dadurch entzündungshemmend sowie reizmildernd; in kalter Form wirkt P. rein osmotisch.

Pasta Cacao: s. Theobroma cacao.

Pasta Cordes®: wirkstofffreie Pastengrundlage, bildet mit Wasser Emulsionen vom Typ Wasser-in-Öl; enthält Titandioxid, Talk, Wollwachs, Wollwachsalkohole, Fettalkohole, Paraffine. **Anw.**: wie Pasta* Zinci mollis, z. B. als nicht mit Wasser abwaschbare Abdeckpaste; kann mit allen in der Dermotherapie übl. Arzneistoffen rezeptiert werden.

Pasta Guaranae: s. Paullinia cupana.

Pasta Resorcini composita: Resorcini pasta composita, zusammengesetzte Resorcinpaste; Zstzg.: NRF (bis 1996), 5.0 g Salicylsäure, 5.0 g Resorcin, 7.5 g Zinkoxid, 7.5 g Weizenstärke, 12.0 g dickflüssiges Paraffin, 13.0 g weißes Vaselin. Herst.: Zinkoxid u. Weizenstärke mit dickflüssigem Paraffin u. weißem Vaselin anreiben; nach dem Einarbeiten von 10.0 g Resorcin*-Stammverreibung 50% u. 10.0 g Salicylsäure*-Stammverreibung 50% bzw. 20.0 g der gemeinsamen Salicylsäure-Resorcin-Verreibung (6.0 g Resorcin, 6.0 g Salicylsäure, jeweils möglichst fein gepulvert, 9.6 g weißes Vaselin u. 2.4 g dickflüssiges Paraffin werden zur Paste verrieben u. mehrmals am Dreiwalzenstuhl bei geringem Walzenabstand bearbeitet) muss eine weiße od. fast weiße Paste erhalten werden, deren Oberfläche ein einheitl. Aussehen zeigt. **Anw.**: Schälpaste; wegen negativer Nutzen-Risiko-Beurteilung für Resorcin nicht mehr zu empfehlen. Nicht bei Kindern od. auf größeren Hautflächen anwenden. Nicht in Kontakt mit Augen u. Schleimhäuten bringen.

Pasta salicylica „Lassar“: s. Pasta Zinci salicylata „Lassar“.

Pasta silicea: s. Pasta Boli glycerolata.

Pasta Zinci: Zinci pasta, Zinkoxidpaste 25%, Zinkpaste; **Herst.:** DAB10, Ph.Helv.7, 25 T. Zinkoxid, 25 T. Weizenstärke, 50 T. weißes Vaselin; ÖAB94, 25 T. Zinkoxid, 25 T. Talk, 50 T. gelbes Vaselin. Das Gemisch von Zinkoxid u. Weizenstärke wird in dünner Schicht 3-4 Stunden bei 40-45 °C getrocknet u. nach dem Sieben (250) mit dem geschmolzenen Vaselin verrieben; Geh.: 23.5-26.5% ZnO, 47-53% Vaselin. **Anw.:** kühlende, Schmerz lindernde, austrocknende u. die Wundheilung fördernde Verbandpaste.

P

Pasta Zinci cum Oleo Iecoris Aselli: Lebertran-Zinkpaste; Zstzg.: ÖAB90 (bis 1996), 20 T. Lebertran werden ohne Erwärmen in 80 T. Zinkpaste homogen eingearbeitet. Stets frisch zu bereiten. Abgabe unter Lichtschutz.

Pasta Zinci mollis: Zinci pasta mollis, Zinci oxidi pasta mollis, weiche Zinkpaste; **Herst.:** DAB10, 30 T. Zinkoxid werden mit 40 T. dickflüssigem Paraffin zu einer gleichmäßigen Suspension verarbeitet u. dann auf dem Wasserbad mit den anderen Komponenten bis zum vollständigen Schmelzen erwärmt u. kaltgerührt. Andere Herstellungsmethoden können angewandt werden, wenn die gleiche Qualität erzielt wird; NFA, 30.0 T. gesiebtes Zinkoxid (250) u. 20.0 T. Erdnußöl werden zu einer gleichmäßigen Suspension verarbeitet u. dann mit 50.0 T geschmolzener Wollwachsalkoholsalbe vermischt u. kaltgerührt. Die Zuber. ist vor der Abgabe zu homogenisieren; Ph.Helv.7, 30.0 T. Zinkoxid (250), 30.0 T. Lanolin u. 60.0 T. weißes Vaselin; Geh.: 24.0-26.0 % ZnO. **Anw.:** mildes Adstringens zur Hautbehandlung allerg. Kontaktekzeme, Exantheme, seborrhö. Ekzeme; für nässende Wunden nicht geeignet.

Pasta Zinci oleosa „Lassar": Lassars ölige Zinkpaste; Zstzg.: EB6, 60 T. rohes Zinkoxid, 40 T. Olivenöl. **Anw.:** austrocknend, die Wundheilung fördernd.

Pasta Zinci oxydati cum Acido salicylico 2 %: Salicyl-Zinkoxidpaste; **Herst.:** 2 T. Salicylsäure (Sieb 100) u. 2 T. weißes Vaselin werden in 96 T. Pasta* Zinci eingearbeitet. **Anw.:** s. Pasta Zinci; wegen der antisept. Wirk. auch bei Ekzemen.

Pasta Zinci oxydati mollis cum Chlorcresolo et Sulfure praecipitato: Zinci oxidi pasta mollis cum Chlorcresolo et Sulfure praecipitato, weiche Zinkoxidpaste mit Chlorocresol u. feinverteiltem Schwefel; Zstzg.: NRF (bis 1996), 0.02 g Chlorocresol, 2 g feinverteilter Schwefel, weiche Zinkoxidpaste ad 20 g. **Anw.:** Desinfiziens zur Hautbehandlung; wegen negativer Nutzen-Risiko-Beurteilung für Chlorocresol u. Schwefel nicht mehr zu empfehlen. 1 Monat verwendbar.

Pasta Zinci oxydati mollis cum Ethacridino lactico: Zinci oxidi pasta mollis cum ethacridino lactate, weiche Zinkoxidpaste mit Ethacridinlactat; Zstzg.: NRF, 0.2 g Ethacridinlactat, 7.0 g Olivenöl, Zinkpaste ad 20 g. **Anw.:** Antiseptikum zur Haut- u. Schleimhautbehandlung. 1 Monat lang verwendbar.

Pasta Zinci pinguis: Zstzg.: PM, 12.5 T. Zincum oxydatum crudum, 12.5 T. Amylum Tritici pulvis; 25.0 T. Oleum Arachidis hydrogenatum. **Anw.:** austrocknend, die Wundheilung fördernd.

Pasta Zinci salicylata (Oskar Lassar, Dermatologe, Berlin 1849-1907): Lassar-Paste, Zinksalicylsäurepaste DAB6, Salizyl-Zinkpaste; **Herst.:** ÖAB90, Mischung von 2 T. Salicylsäure mit 24 T. Zinkoxid u. 24 T. Talk wird in 50 T. geschmolzenes gelbes Vaselin homogen eingearbeitet. **Anw.:** antisept., austrocknende Verbandpaste.

Pasta Zinci salicylata „Lassar" (Oskar Lassar, Dermatologe, Berlin 1849-1907): Pasta salicylica „Lassar", Lassars Salicylpaste; Zstzg.: 2 T. Salicylsäure, 24 T. rohes Zinkoxid, 24 T. Weizenstärke, 50 T. Vaselinum flavum. **Anw.:** austrocknendes u. antisept. Mittel; auch bei Ekzemen.

Pasteur-Effekt: Die alkohol. Gärung* der Hefe geht in Anwesenheit von O_2 stark zurück. Der gleiche Effekt tritt in Zellen mit Lactatbildung ein; s. Glykolyse. Bei Anwesenheit von Sauerstoff wird der in der Glykolyse entstehende Wasserstoff in der Atmungskette* unter hoher Energieausbeute in Form von ATP verbraucht. Dabei kommt es durch hohe ATP-Spiegel zu einer alloster. Hemmung des Schlüsselenzyms Phosphofructokinase* u. zu einer Verlangsamung des Glucoseabbaus.

Pasteurella: Gattung gramnegativer, unbewegl., fakultativ anaerober Stäbchenbakt. der Fam. Pasteurellaceae. Parasiten der Schleimhäute des oberen Respirations- u. Intestinaltrakts von Säugetieren (selten Mensch) u. Vögeln. Mehrere Spezies mit v. a. veterinärmed. Bedeutung; humanpathogen: P. multocida als wichtiger opportunist. Erreger von Wundinfektionen; Sinusitis, Infektionen des unteren Respirationstrakts; P. ist sensitiv für Penicilline, Doxycyclin u. Cephalosporine.

Pasteur-Impfung: Bez. für die Schutzimpfung* gegen Tollwut*.

Pasteurisieren: therm. Verfahren zur selektiven Entkeimung u./od. Haltbarmachung von i. d. R. hitzeempfindlichen Zuber. u. Flüss. (Milch, Obst- u. Fruchtsäfte, Bier) durch Abtötung der vegetativen Formen bestimmter Mikroorganismen (z. B. Salmonellen, Brucellen). Methode der Konservierung*. Das verwendete Verfahren richtet sich nach der Temperaturempfindlichkeit des Produkts u. nach der vorhandenen Kontaminationsflora. **Formen: 1.** Niederpasteurisierung: 61.5 °C für 30 min; **2.** Hochpasteurisierung: 72 °C für 15 s; **3.** Langzeitpasteurisierung: 60 °C für 10 h zur Inaktivierung bestimmter Viren (z. B. Hepatitis-A-Virus, Epstein-Barr-Virus) in Blut- u. Plasmaderivaten.

Pastillen: Pastilli, Trochisci; feste, einzeldosierte, zur peroralen Anw. bestimmte elast. bis plastische u. i. Allg. scheibchen-, kugel- od. kegelförmige Arzneizubereitungen. Sie können je nach Herstellungsverfahren einen kleinen Luftkern enthalten. Ihre Masse beträgt meist ca. 1 g. Sie sollen beim Lutschen od. Kauen die enthaltenen Wirkstoffe in der Mundhöhle langsam freisetzen. P. gehören zu den dispersen Systemen „fest/flüssig" mit sehr hohem Feststoffanteil. Die Bearbeitung der Grundmasse kann unter Verw. von Zucker (Rohrzucker, meist über 90 %), arabischem Gummi (ca. 7 %), Gelatine, Tragant u. gereinigtem Wasser od. wässrigem Ethanol als Anstoßflüssigkeiten erfolgen. In die Grundmasse werden die Arzneistoffe u. ggf. weitere Hilfsstoffe (Aromastoffe, Farbstoffe) gleichmäßig eingearbeitet. P. werden durch Ausstechen aus dem ausgerollten Teig od. eine andere geeignete Art der Formgebung u. nachfolgendem Trocknen, jedoch nicht durch Pressen eines konstanten Volumens von Substanzteilchen, hergestellt. **Off.:** DAC86, ÖAB90. Nach DAC86 wird auf Gleichförmigkeit* der Masse u. Gleichförmigkeit* des Gehaltes geprüft.

Pastilli Ammonii chlorati: Salmiakpastillen; **Herst.:** EB6, 1.0 T. Ammoniumchlorid in Wasser lösen, 9.0 T. Succus Liquiritiae (s. Glycyrrhiza glabra) zusetzen, zur Teigmasse eindampfen u.

diese ausrollen (die Masse soll nicht gefärbt werden). **Anw.**: Expektorans.

Pastilli Hydrargyri bichlorati: Sublimatpastillen; Zstzg.: gleiche Teile Quecksilber(II)-chlorid u. Natriumchlorid; Geh.: DAB6, 48.9-50.9 % $HgCl_2$; rot gefärbt; walzenförmig; leicht lösl. in Wasser, teilweise lösl. in Ethanol u. Ether; Gewicht 1-2 g. **Anw.**: in Lsg. adstringierend, stark antiseptisch.

Pastilli Hydrargyri oxycyanati: Quecksilberoxicyanidpastillen; Zstzg.: DAB6, 10 T. Quecksilbercyanid, 4 T. Natriumbicarbonat, 6 T. Natriumchlorid; Geh.: 50 % Quecksilberoxicyanid (41 % Gesamt-Quecksilbercyanid, 39.9 % Gesamtquecksilber); blau gefärbt, Gewicht 1 od. 2 g. **Anw.**: in Lsg. als Antiseptikum.

Pastilli Santonini: Santoninpastillen, Wurmkuchen; Geh.: DAB6, ca. 25 mg Santonin* pro Pastille.

Pastinaca sativa L.: Pastinak; Fam. Apiaceae (Umbelliferae) (Russland, Europa, Nordamerika). Stpfl. von **Fructus Pastinacae:** Pastinakfrüchte. **Inhaltsst.**: 1.5-3.6 % äther. Öl mit Estern der Butter-, Heptyl- u. Capronsäure; fettes Öl (Glyceride ungesättigter Fettsäuren); die Furanocumarine* Ammoidin*, Bergapten*, Imperatorin*, Sphondin* u. a.; **Anw.** volkstüml.: z. B. Magen-, Stein- u. Blasenleiden; **Radix Pastinacae:** Pastinakwurzel. **Anw.** volkstüml.: z. B. bei Fieber, Nierensteinleiden, Magenleiden.

Pastinak: s. Pastinaca sativa.

Patchouli: s. Pogostemon cablin.

Patchouly: s. Pogostemon cablin.

Patella (lat.): Kniescheibe.

Patene: syn. Fantaschale; ursprüngl. liturgisches Gerät in Form einer Schale od. Tellers aus Edelmetall; heute auch Schale aus Metall, Porzellan od. Kunststoff, die in der Apotheke zur Herst. von Salben dient.

Paternostererbse: s. Abrus precatorius.

pathogen: krankheitserregend, krankmachend.

Pathologie: Lehre von den abnormen u. krankhaften Veränderungen des menschl. Organismus. pathologisch: krankhaft.

Pathophysiologie: Lehre von krankhaften Lebensvorgängen u. gestörten Funktionen im menschl. Organismus.

Patrisia pyrifera: s. Ryania speciosa.

Patschuliblätter: s. Pogostemon cablin (Folia Patchouli).

Patschuliöl: s. Pogostemon cablin.

Patuletin: ein Flavonolderivat, Strukturformel s. Flavonoide (Tab.).

Patulin: Clavacin; 4-Hydroxy-4*H*-furo[3,2-*c*]pyran-2(6*H*)-on; CAS-Nr. 149-29-1; $C_7H_6O_4$, M_r 154.13. Schmp. ca. 110 °C. Lösl. in Wasser u. polaren Lösungsmitteln. Mikrobiozides Stoffwechselprodukt aus Penicillium-Arten u. a. Pilzen; s. Mykotoxine. Ursache von Lebensmittelvergiftungen (z. B. Apfelsaft); wahrscheinl. karzinogen; der Lactonring reagiert vermutl. mit SH-Gruppen von Enzymen.

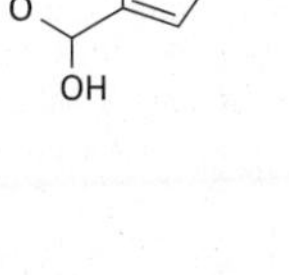

Patulin

Paul-Ehrlich-Institut: Abk. PEI; Bundesamt für Sera u. Impfstoffe in Frankfurt/Main; untersteht dem Bundesminister für Gesundheit. Es wurde durch das Gesetz über die Errichtung eines Bundesamtes für Sera u. Impfstoffe vom 7.7.1972 (BGBl. I S. 1163) als selbständige Bundesoberbehörde eingesetzt. Das PEI übernimmt gesundheitspolit. Aufgaben im Bereich Seuchenprophylaxe u. Arzneimittelsicherheit, v. a. auf dem Gebiet der Sera, Impfstoffe, Blutzuber. u. Immundiagnostika. Das PEI nimmt alle behördl. Funktionen bei der Zulassung (s. Arzneimittelzulassung), der Überwachung, der Herst. u. dem Verkehr von Sera u. Impfstoffen wahr; insbes. die Erteilung der Herstellungserlaubnis, die Prüfung der hergestellten Präparate u. die Entscheidung über die Freigabe einer Charge (sog. staatl. Chargenprüfung, geregelt in § 32 AMG). Darüber hinaus betreibt es eigene Forschungen zur Prüfung der Wirksamkeit u. Unbedenklichkeit von Sera u. Impfstoffen, Blutzuber., Immundiagnostika. Zudem forscht es im Bereich der allg. Immunologie, Serodiagnostik, Immunprophylaxe u. Immunpathologie zur Immunschwächekrankheit AIDS u. entwickelt Standardwerte für Sera u. Impfstoffe.

Pauli-Prinzip: Pauli-Verbot; in einem Atom kann es nicht 2 Elektronen geben, die in allen 4 Quantenzahlen übereinstimmen (s. Orbital). Diese Regel ist zum Verständnis des Aufbaues des Periodensystems* der Elemente im Rahmen quantentheoret. Überlegungen von zentraler Bedeutung.

Paullinia cupana Kunth ex H.B.K.: P. sorbilis (L.) Mart., Guarana-Strauch; Fam. Sapindaceae (Brasilien, Südvenezuela), Kletterstrauch. Stpfl. von **Guarana:** Pasta Guarana; eine aus den gerösteten u. gepulverten Samen (Kotyledonen) mit kaltem Wasser hergestellte u. wieder getrocknete, meist mit Kakao od. Stärkemehl versetzte Masse; bitterer Geschmack, zu braun-schwarzen Stangen geformt od. als Pulver im Handel. **Inhaltsst.**: als coffeinreichste Droge enthält Guarana 4-8 % Coffein, teilweise an Catechingerbstoffe gebunden, ferner 12 % Tannine, Saponine, 3 % Fett, Stärke; **Anw.** volkstüml.: z. B. bei Herz- u. Verdauungsbeschwerden, Diarrhö, Fieber; bei den Ureinwohnern des Amazonasbeckens zur Anregung, bei Müdigkeit, zur Dämpfung des Hunger- u. Durstgefühls; **Dos.**: MED 1.0 g als Pulver.

Hom: *Guarana:* reife Samen, die bereits am Ernteort zerquetscht u. zu einer Paste verarbeitet werden.

Pauly-Diazoreaktion: Färbenachw. von Eiweiß infolge der Diazotierung des im Eiweiß enthaltenen Tyrosin u. Histidin. **Durchführung:** Bei Zusatz einer frisch bereiteten Diazobenzolsulfonsäure-Lsg. zur sodaalkal. Probelsg. entsteht eine kirschrote Färbung, die beim Ansäuern orangerot wird.

Pausinystalia johimbe (K.Schum.) Pierre ex Beille: Corynanthe johimbe K.Schum., Yohimbe, Potenzbaum; Fam. Rubiaceae (Westafrika). Stpfl. von **Cortex Yohimbehe:** Yohimbe(he)rinde, Potenzrinde. **Inhaltsst.**: 3-6 % Monoterpen-Indolalkaloide (β-Carbolinderivate) wie Yohimbin* (Haupt-

P

alkaloid) u. Yohimbin-Isomere (mit unterschiedl. Ringverknüpfung), Raubasin*, Corynanthein, Yohimbinsäure*; Gerbstoffe; **Anw.** volkstüml.: bei Sexualstörungen, bei Schwäche- u. Erschöpfungszuständen; Negativmonographie der Kommission E; techn. zur Gew. von Yohimbin*.

Pavor nocturnus: Nachtangst; Form der Schlafstörung* im ersten Drittel des Nachtschlafs mit Hochschrecken aus dem Schlaf, panikartigem Schrei, starker vegetativer Erregung u. Nichtansprechbarkeit für 1-10 min. **Vork.:** v. a. bei Klein- u. Schulkindern als Reifungsstörung der Abfolgeregulation von Schlafstadien (vgl. Schlaf).

Payta-Ratanhia: s. Krameria triandra.

Pb: (chem.) Symbol für Blei*.

PBZ: Abk. für **P**yri**b**en**z**amin; s. Tripelennamin.

p. c.: Abk. für **p**ost* **c**enam.

PC: **1.** Abk. für **P**apier**c**hromatographie, s. Chromatographie. **2.** Abk. für **P**oly**c**arbonate*.

PCB: Abk. für **p**oly**c**hlorierte **B**iphenyle; therm. u. chem. stabile Verb. mit 30-60 % Chlor. Abhängig von der Anzahl der Chloratome u. deren Stellung an den Ringen sind insgesamt 209 versch. Verb. (Kongenere) möglich. Die Kongenere hat Karlheinz Ballschmiter (Chemiker, geb. 1937) systemat. erfasst u. ihnen Nummern zw. 1 u. 209 zugeordnet (Ballschmiter Kongenere). Charakterist. ist der hohe Siedepunkt, weshalb PCB als Transformatoröl zum Kühlen u. Isolieren, als Weichmacher für Lacke, Klebstoffe u. a. verwendet wurden. Wegen Kanzerogenität u. Umweltschädlichkeit (baut nicht ab – globale Persistenz – u. Akkumulation) wurde ihre Verw. stark eingeschränkt. PCB reichern sich im Fettgewebe innerhalb der Nahrungskette an u. besitzen aufgrund der strukturellen Ähnlichkeit mit Dioxinen u. Furanen eine hohe Toxizität. Die Verw. von Futtermittel, das mit Altöl versetzt war, führte bereits zu mehreren Lebensmittelskandalen.

PCMC: s. Chlorocresol.

PCP: **1.** Abk. für **P**henyl**c**yclohexyl**p**iperidin (ein Halluzinogen). **2.** Abk. für **P**enta**c**hlor**p**henol*.

PCR: Abk. für **p**olymerase **c**hain **r**eaction; s. Polymerase-Kettenreaktion.

PCS: s. Spektroskopie (Photonenkorrelationsspektroskopie).

Pd: (chem.) Symbol für Palladium*.

PDE: Abk. für **P**hospho**d**i**e**sterasen*.

PDGF (engl. platelet Plättchen): Abk. für **p**latelet **d**erived **g**rowth **f**actor; von Thrombozyten, Endothelzellen, Monozyten u. a. gebildeter multifunktioneller Wachstumsfaktor. PDGF ist ein Polypeptid mit einer rel. Molekülmasse von 28 000-30 000, welches aus 2 Untereinheiten (A u. B) gebildet wird, die über Disulfidbrücken miteinander verbunden sind. Meist liegt PDGF als Heterodimer (AB) vor, es kommen aber auch Homodimere (AA, BB) vor. Rekombinanter humaner PDGF-BB (rhPDGF-BB, Becaplermin*) wird lokal zur Förderung der Wundheilung eingesetzt. PDGF regt die Bildung von Granulationsgewebe an u. fördert die Kollagensynthese.

pD-Wert: s. Grenzkonzentration.

PDWHF®-Lösung: Gemisch von thrombozytären Wachstumsfaktoren: β-Thromboglobin, Plättchen-Wachstumsfaktor, transformierendem Wachstumsfaktor-β u. basicher Fibroblasten-Wachstumsfaktor. **Anw.:** Behandlung von chron., schlecht heilenden Wunden unterschiedl. Genese; **UAW:** Juckreiz, leichtes Brennen; **Dos.:** in P. getränkte Kompresse auf den Wundbereich semiokklusiv aufbringen u. tägl. wechseln; die Therapiedauer beträgt 10 Wochen.

Peak: deutl. Kurvengipfel (Spitze) von Verteilungskurven, z. B. von Konzentrationsprofilen, wie sie bei gaschromatograph. Trennungen (s. Chromatographie) od. in der Spektroskopie* vorkommen.

Peak-flow-Meter: syn. Atemwiderstandmessgerät; Gerät zur Selbstkontrolle der Lungenfunktion, misst den Atemspitzenstrom. Handgroßes Gerät, das den Höchstwert des Atmungsstroms bei forcierter Ausatmung erfasst. Es wird v. a. zur Beurteilung von Strömungswiderständen bei obstruktiven Atemwegerkrankungen angewandt u. ermöglicht damit eine einfache Therapiekontrolle z. B. bei Asthma.

Peak-trough-Fluktuation: s. Mehrfachapplikation.

Pearl-Index: Zahl ungewollter Schwangerschaften bei Anw. einer empfängnisverhütenden Methode (s. Antikonzeptiva), bezogen auf 1200 Behandlungsmonate (100 Frauenjahre, d. h. bei 1-jähriger Anw. durch od. an 100 Frauen).

PEC: Abk. für **P**oly**e**thylen**c**arbonat; Matrixmaterial mit Oberflächenerosion an z. B. Mikrosphären; Wirkstofffreisetzung nur im schmalen Erosionsbereich des Polymers.

Pecazinhydrochlorid: Pecazini hydrochloridum, Mepazin; $C_{19}H_{23}ClN_2S \cdot H_2O$, M_r 364.9. Schmp. 170-186 °C; Anhydrat: Schmp. 228-234 °C (polymorph). Weißes, feinkrist. Pulver, das sich unter Luft- od. Lichteinwirk. leicht rosa verfärbt; schwer lösl. in Wasser, leicht lösl. in wasserfreiem Ethanol. **Off.:** DAC79; **Anw.:** Neuroleptikum (s. Psychopharmaka).

Pech: s. Pix.

Pechblende: U_3O_8, ein Uranerz.

Pecilocin INN: Variotin; [(*R*)-(*E*,*E*,*E*)]-1-(8-Hydroxy-6-methyl-1-oxo-2,4,6-dodecatrienyl)-2-pyrrolidinon; CAS-Nr. 19504-77-9; $C_{17}H_{25}NO_3$, M_r 291.38. Schmp. 42 °C. $[\alpha]_D^{28\,°C}$ –5.68° (Methanol). Ölige Flüss. mit esterartigem Geruch. Antibiotikum aus Kulturen von Paecyllomyces varioti Banier var. antibioticus. Leicht lösl. in Methanol, Ethanol, Aceton, Ethylacetat, Benzol, Ether, Chloroform, Pyridin, Dioxan, Essigsäure; schwer lösl. in Wasser, Petrolether, Ligroin. **Wirk.** u. **Anw.:** fungizides Antibiotikum zur topischen Behandlung von Hautpilzerkrankungen; hemmt das Wachstum von Blastomyces, Cryptococcus, Epidermophythen, Microsporum u. Trichophyten; unwirksam geg. Bakt. u. Candida albicans; **Dos.:** topisch als Salbe 1.8 %, Pinselung 4.8 %.

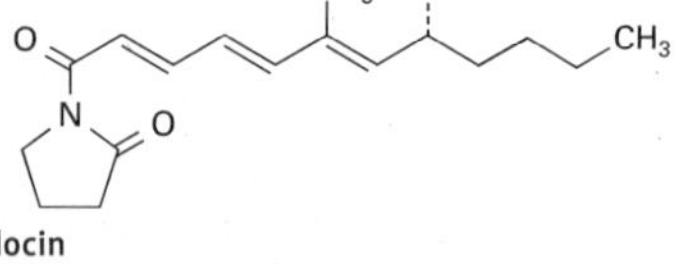

Pecilocin

pectoralis: zur Brust gehörend.
Pectus: Brust.
Pedicellus: (bot.) Stiel der einzelnen Blüte im Blütenstand.
pediculatus (lat.): f: -a, n: -um; gestielt.
Pediculus: s. Läuse.
Pedikulizide: s. Läusemittel.
Pedikulose: s. Läusemittel.
Pedunculi Cerasorum: s. Prunus cerasus (Stipites Cerasi acidi).
Pedunculus: (bot.) Stiel einer Infloreszenz od. einer Einzelblüte.
Peelpackung: Schälpackung mit z. B. sterilen einzeln od. paarweise verpackten Kompressen. Eine P. lässt sich durch Auseinanderziehen zweier Laschen an den Siegelnähten öffnen, so dass keine Keime eingeschleppt werden.
peer review (engl. peer Gleichrangiger): kritische Überprüfung eingereichter Manuskripte durch unterschiedl. Experten auf einem Gebiet vor der Veröffentlichung zur Sicherstellung der Qualität bei wissenschaftl. Zeitschriften. Sie empfehlen dem Herausgeber ob das Manuskript veröffentlicht werden soll u. welche Änderungen ggf. notwendig sind, vgl. Impact-Faktor.
Pefloxacin INN: 1-Ethyl-6-fluoro-1,4-dihydro-7-(4-methyl-1-piperazinyl)-4-oxo-3-chinolincarbonsäure; CAS-Nr. 70458-92-3; $C_{17}H_{20}FN_3O_3$, M_r 333.36. Schmp. 270-272 °C. Lösl. in alkal. u. sauren Lsg., wenig lösl. in Wasser. **Wirk. u. Anw.:** synthet. Anibiotikum (Chinolonsäurederivat) aus der Gruppe der Gyrasehemmer* mit breitem Wirkungsspektrum (grampositive u. gramnegative Keime). Ind.: Nieren- u. Harnweginfektionen, Gonorrhö; Infektionen der Atemwege, des Hals-Nasen-Ohren-Bereiches, der Weichteile, Haut u. Gelenke sowie bei sept. Infektionen; **UAW:** Überempfindlichkeitsreaktionen, gastrointestinale Beschwerden, Wirk. auf Leber, Galle, Blut, Kreislauf u. Nervensystem. Gebräuchl. ist auch Pefloxacinmesilat-Dihydrat ($C_{18}H_{28}FN_3O_8S$) u. Pefloxacinmonomesilat (CAS-Nr. 70458-95-6).

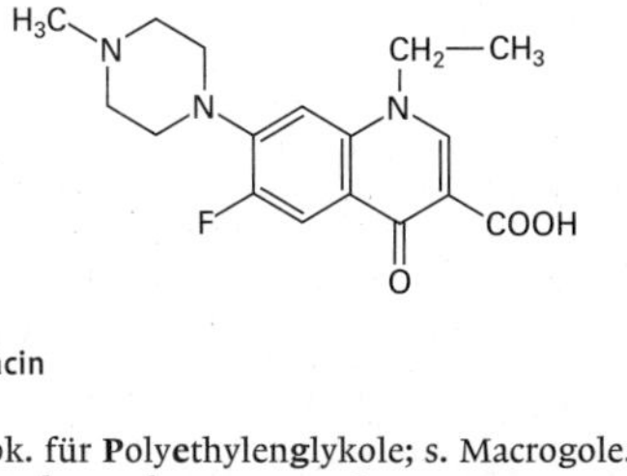

Pefloxacin

PEG: Abk. für **P**oly**e**thylen**g**lykole; s. Macrogole.
Peganum harmala L.: Harmelraute, Steppenraute; Fam. Zygophyllaceae (Südeuropa, Orient). Stpfl. von **Semen Harmalae:** Semen Rutae silvestris, Steppenrautensamen. **Inhaltsst.:** Harmin* u. a. Harmanalkaloide* (ca. 4 %) wie Harmalin, Harmol, Harmalol, ferner Vasicin*; **Anw.** volkstüml.: bei Magenleiden, äußerl. bei Wunden zu Umschlägen.
Pegaspargase INN: Pegaspargasum, PEG-ASNase; CAS-Nr. 130167-69-0, M_r 141 000; Monomethoxypolyethylenglykol, kovalent an Untereinheiten der L-Asparaginase* aus E. coli gekoppelt (vgl. Pegylierung); lösl. in Wasser, fast unlösl. in Ethanol u. Ether. **Wirk.:** P. katalysiert die Hydrolyse von L-Asparagin; die Tumorzelle verarmt an L-Asparagin u. geht zugrunde; **Anw.:** Zytostatikum* zu Behandlung der akuten lymphat. Leukämie (ALL) u. Non-Hodgkin-Lymphome (NHL); **UAW:** allerg. Reaktionen u. hepatotox. Begleiterscheinung, z. B. Übelkeit, Erbrechen; **Dos.:** 2500 I.E./m^2 alle 14 Tage (i. v., i. m.), wenn die Körperoberfläche $>0.6\,m^2$. 82.5 I.E./m^2 wenn die Körperoberfläche $<0.6\,m^2$. 1 I.E. = Menge an L-Asparaginase, die nötig ist, um bei pH 7.3 u. 37 °C 1 µmol NH_3 freizusetzen. **Kinetik:** im Ggs. zur nativen L-Asparaginase (HWZ wenige Min. bis 5 Std.) u. der Erwinia*-Asparaginase lange HWZ (ca. 4 Tage) u. sehr lange Eliminations-HWZ (ca. 357 h).
Pegfilgrastim INN: mittels Pegylierung* modifiziertes Filgrastim*; M_r 9000. **Kinetik:** durch die kovalente Konjungation des rekombinanten Filgrastim mit Monomethoxypolyethylenglykol wird die HWZ erhebl. verlängert (Filgrastim: 3.5 h, P.: 15-80 h); **Anw.:** Verminderung der Infektionsgefahr u. febrilen Neutropenie bei Patienten mit non-myeloiden malignen Erkrankungen, die eine stark myelosuppressive Tumortherapie erhalten; **UAW:** Knochenschmerzen, Erhöhung der LDH u. alkal. Phosphatase; sehr selten: allerg. Reaktionen u. Gefahr der Milzvergrößerung; **Dos.:** 1 × 6 mg s. c. nach erfolgtem Chemotherapie-Zyklus.
PEG-20-glycerollaurat: s. Macrogol-1000-glycerolmonolaurat.
PEG-20-glycerololeat: s. Macrogol-1000-glycerolmonooleat.
PEG-20-glycerolstearat: s. Macrogol-1000-glycerolmonostearat.
Peginterferon alfa-2a INN: PEG-Interferon alfa-2a; Konjugat aus rekombinantem IFN-α2a u. bis[Monomethoxypolyethylenglykol]; M_r 40 000. **Wirk.:** Immunstimulans; s. Interferone; **Anw.:** Virostatikum bei chron. Hepatitis C; **UAW:** Rötungen an der Injektionsstelle, körperl. Unwohlsein, Neutropenie, gastrointestinale Beschwerden, Myalgien, Arthralgien, psych. Störungen; **Dos.:** s. c. 1 × 180 µg/Woche über 48 Wochen; **Kinetik:** Die HWZ nach s. c. Gabe schwankt zw. 50 u. 130 h u. liegt deutl. höher als mit Peginterferon* alfa-2b; die höchsten Plasmakonz. werden nach 3-4 Tagen erreicht.
Peginterferon alfa-2b INN: PEG-Interferon alfa-2b; Konjugat aus rekombinantem IFN-α2b (M_r 12 000) u. Monomethoxypolyethylenglykol (M_r 31 300). **Wirk.:** Immunstimulanz (vgl. Interferone). Die kovalente Pegylierung* bewirkt ein Abschirmen des Moleküles vor Proteolyse u. Antikörpern od. Immunzellen u. somit eine deutl. Verlängerung der Eliminations-HWZ. **Anw.:** Virostatikum bei chron. Hepatitis C; **UAW:** Rötungen an der Injektionsstelle, Schwindel, Kopfschmerzen, Müdigkeit, Fieber, grippeähnl. Symptome, Neutropenie, gastrointestinale Beschwerden, My- u. Arthralgien, psych. Störungen; **Dos.:** 0.5-1.5 µg/kg/Woche s. c. über 6 Monate. Beim rekombinanten, nicht-pegylierten IFN-α2b beträgt die HWZ 3.8-7.3 h, in pegylierter Form 27-33 h. Die verlängerte HWZ erlaubt eine s. c. Gabe einmal pro Woche statt alle 2 Tage.

PEG-Salbe: s. Unguentum Polyethylenglycoli.

PEG-Sorbitan-Fettsäureester: s. Polysorbate.

Pegu-Catechu: s. Acacia catechu (Catechu).

Pegylierung: Wirkstoffmodifizierung mittels Polyethylenglykol. P. führt zu verlangsamtem Wirkstoffabbau, deutl. verlängerter Eliminationshalbwertzeit, i. d. R. höherer Wasserlöslichkeit u. geringerer Immunogenität. Beispiele sind pegylierte Interferone, Pegaspargase*, pegyliertes, liposomales Doxorubicin u. Pegfilgrastim*. In der Entw. befinden sich pegyliertes Hirudin und ein pegyliertes TNF-bindendes Protein. Bei der Pegylierung wird das Ausgangsprodukt (i. d. R. ein Protein) meistens über eine freie Aminogruppe des Lysins mit einem reaktiven Monomethoxypolyethylenglykol-Derivat verknüft, wodurch eine Ester-, Amid- oder Urethanbrücke zw. dem Polyethylenglykolderivat und dem Protein entsteht. Mit zunehmender Kettenlänge des Polyethylenglykol verlängert sich die Eliminationshalbwertzeit des Ausgangsprodukts, jedoch nimmt mit zunehmender Länge die biol. Wirksamkeit des Derivats ab. Meist werden Polyethylenglykole mit einem durchschnittl. Molekulargewicht zwischen 5000 und 12 000 verwendet.

Peitschenwurm: Trichuris trichiura; häufig in den Tropen vorkommender Wurm, Darmparasit; s. Nematodes.

Pekoe: s. Camellia sinensis.

Pektase: s. Pektine.

Pektin: Pektinum, Pektinstoffe; Polysaccharid, das im wesentl. aus in α-1,4-glykosid. Bindung verknüpften Galacturonsäureeinheiten besteht. Die Zahl dieser Einheiten beträgt einige Hundert; die M_r kann bis zu mehreren 100 000 betragen. Man unterscheidet: **1. Pektinsäuren** (Polygalacturonsäuren); **2. Pektine**, bei denen die Carboxylgruppen der Galacturonsäureeinheiten teilweise methyliert sind (somit partielle Methylester der Pektinsäuren; im Zellsaft gelöst); **3. Protopektine**, unlösl. Pektinsubstanzen, in denen die Polygalacturonsäureketten miteinander od. mit Cellulose über Calcium od. Phosphorsäure als Brückenglieder vernetzt sind. Durch Protopektinasen od. durch Kochen unter Druck im schwach sauren Milieu werden sie in wasserlösl. Pektine od. Pektinate (Salze des Pektins) umgewandelt.

Die **Biosynthese** geht von Glucuronsäure aus. Als Galacturonsäuredonator dient UDP-Galacturonsäure, als Methylgruppendonator *S*-Adenosylmethionin. Der Abbau erfolgt durch **Pektase** u. **Pektinase***. Erstere hydrolysieren die Methylester, letztere spalten die glykosid. 1,4-Bindung zw. den Galacturonsäurebausteinen. Pektine sind in fast allen wachstumsfähigen pflanzl. Geweben enthalten. Sie sind wichtige Kitt- u. Stützsubstanzen u. bauen v. a. die Mittellamellen u. Primärwände der Pflanzenzellen mit auf. Bes. reich an P. sind fleischige Früchte (z. B. Äpfel, Citrusfrüchte), Wurzeln, Blätter u. grüne Stängel.

Die eigentl. Pektine besitzen die Fähigkeit, in wässriger Lsg. zu gelieren. Die Gelierkraft beruht auf der Ausbildung einer dreidimensionalen Netzstruktur. Niederverestertes Pektin hat die größte Gelierfähigkeit. **Gew.:** aus Zuckerrübenschnitzeln od. aus den Pressrückständen der Fruchtsaftbereitung (v. a. von Citrusfrüchten) durch schonende Extraktion mit Salz-, Milch- od. Citronensäure; **Off.:** ÖAB90; **Anw.:** in der Nahrungsmittelindustrie, in der Medizin (Behandlung von Diarrhöen, Gastroenteritis, Ulcus u. zur Wundbehandlung), in der Pharmazie (Verdickungs- u. Emulgiermittel) u. in der Kosmetik.

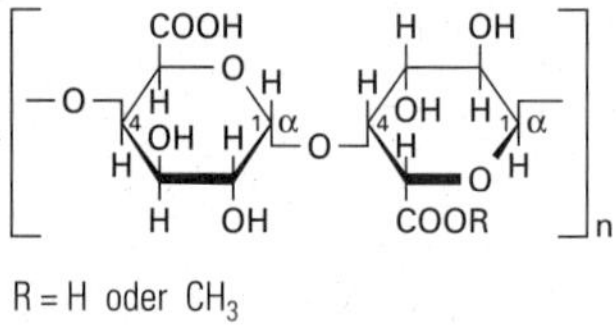

Pektin

Pektinase: Pektinglykosidase, Pektindepolymerase, Polygalacturonase, Pektinasum; Enzymkomplex, der die Spaltung der glykosid. Bindung der nat. Pektine* in Galacturonsäure u. Galacturonsäuremethylester katalysiert. Gew. aus Aspergillus- u. Penicillium-Arten. Braune bis gelbbraune Schuppen, mitunter vollständig in Wasser löslich. **Off.:** ÖAB90. **Anw.:** als Antiabsetzmittel; zum Klären von Fruchtsäften u. Wein. **Zuber.:** Sirupus* Rubi ideae.

Pektinasum: s. Pektinase.

Pektinsäuren: s. Pektine.

Pelargonidin: s. Anthocyanidine.

Pelargonium-Arten: Pelargonien; Fam. Geraniaceae, gekenzeichnet durch zygomorphe Blüten, Nektarsporn u. max. 7 fertile (von 10) Staubblätter. Früchte in charakterist. Form, schnabelförmig verlängert; z. B. **Pelargonium radens** H. E. Moore (P. radula, P. raseum), **Pelargonium capitatum** (L.) L'Herit. ex Ait., **Pelargonium graveolens** L'Herit. ex Ait. (Südfrankreich, Nordafrika). Zus. mit anderen Pelargonium-Arten Stpfl. von **Oleum Geranii:** Geraniumöl, Pelargoniumöl; das aus den Blättern obiger wie zahlreicher anderer Arten destillierte äther. Öl. Je nach Herkunft unterscheidet man z. B. Afrikanisches, Französisches, Spanisches, Marokkanisches Öl, Réunion-Öl. Es ist farblos, grünl. oder bräunl. u. besitzt einen zarten bis intensiv schweren Rosengeruch. D. 0.888-0.907. Löslichkeit in Ethanol bei den einzelnen Sorten verschieden. **Best.:** ca. 40 % Geraniol, Citronellol, Linalool, Phenylethylalkohol (Rosengeruch), Pelargonsäure, Spuren von Menthol; **Anw.:** in der Parfümerie, als Ersatz für Rosenöl (s. Rosa damascena).

Pelargonium odoratissimum (L.) L'Herit. ex Ait: Geranium odoratissimum, Zitronengeranium; Fam. Geraniaceae (heim. Kapland, kult. in Frankreich, Spanien, Sizilien, Korsika). **Anw.:** zur Gew. von äther. Öl, in der Homöopathie.

Pelargoniumöl: s. Pelargonium-Arten (Oleum Geranii).

Pelargonium reniforme Curt.: Fam. Geraniaceae (Südafrika, küstennahen Regionen der östl. Kapprovinz u. Nattals). **Inhaltsst.:** in der Wurzel Catechingerbstoffe, Proanthocyanidine mit Catechin- bzw. Gallocatechinbausteinen, Cumarine wie Scopoletin, Umckalin, Artelin u. a.; typ. ist das Vork. tri- u. tetraoxygenierter Cumarin-Derivate. **Anw.** volkstüml.: In der Volksmedizin Südafrikas werden Dekokte u. Infuse aus versch. Pflanzenteilen zur äußerl. u. innerlichen Anw. (z. B. bei Diarrhö, gastrointestinalen Beschwerden, Dysmenorrhö) zubereitet. Anw. in Europa: ethanol. Auszüge der Wurzeln bei akuten u. chron. Infekten der Atemwege u. des Hals-, Nasen-, Ohrenbereiches; wirkt antibakteriell, schleimlösend und immunstimulierend.

Pelargonium sidoides DC.: Fam. Geraniaceae; (v. a. Südafrika in Höhen von 2000 m von Lesotho über Teile Transvaals u. des Orange Free State bis in den Nordosten des Kaplandes); nahe Verwandte von P. reniforme. Inhaltsst. u. Anw. s. Pelargonium reniforme.

Pelargonsäure: Nonylsäure; *n*-Nonansäure; $CH_3(CH_2)_7COOH$, M_r 158.23. Farblose Flüss. D. 0.905. Schmp. 12.5 °C. Sdp. 253 °C. Nat. in den Blättern von Pelargonium*-Arten, entsteht bei der Oxidation von Ölsäuren, daher auch in ranzigen Fetten. **Anw.:** u. a. zur Herst. hydrotroper Salze (s. Hydrotropie).

Pellagra: durch Mangel an Niacin u. multiplen Vitamin-B-Mangel bei einseitiger Maisernährung entstehende Erkrankung mit Dermatitis, Diarrhö, Polyneuropathie u. Demenz. **Ther.:** Nicotinamid, Nicotinsäure; vgl. Vitamine (Niacin).

Pellagraschutzstoff: s. Vitamine (Nicotinamid).

Pellagri-Reaktion: Nachweis für Morphin* u. Apomorphin*. **Durchführung:** Morphin wird mit konz. Schwefelsäure versetzt, wobei durch Umlagerung Apomorphin entsteht. Nach Verd. u. Neutralisation mit Natriumhydrogencarbonat wird mit Iod oxidiert u. mit Ether ausgeschüttelt, wobei sich die org. Phase rot, die wässrige Phase grün färbt. Es bildet sich das *o*-Chinon des Apomorphins.

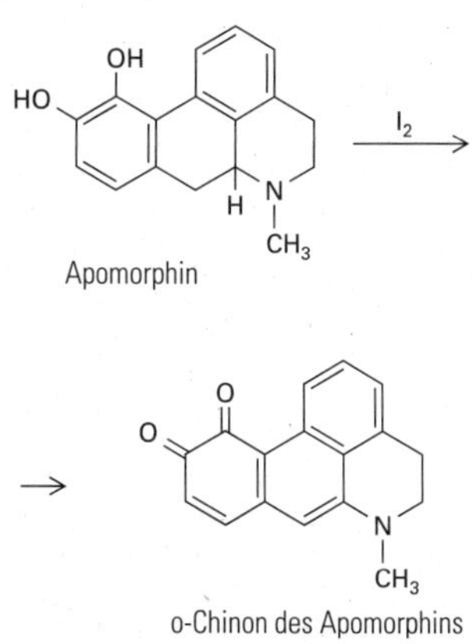

Pellagri-Reaktion

Pelletierin: Pelletierinum, Punicin; 1-(2-Piperidinyl)-2-propanon; $C_8H_{15}NO$, M_r 141.22. Piperidinalkaloid aus der Granatwurzelrinde (s. Punica granatum). Ölige, farblose, weinartig riechende, giftige Flüss., lösl. in Wasser, Ethanol, Ether, Chloroform; med. verwendet werden nur Pelletierinsulfat* u. -tannat.

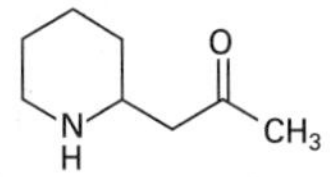

Pelletierin

Pelletierinsulfat: Pelletierinum sulfuricum; $(C_8H_{15}NO)_2 \cdot H_2SO_4 \cdot 3\,H_2O$, M_r 434.37. Farblose Kristalle, sehr leicht lösl. in Wasser u. Ethanol. **Anw.:** früher als Bandwurmmittel, vgl. Anthelminthika.

Pelletierintannat: Pelletierinum tannicum, Punicintannat; meist ein Gemisch der Tannate aller Alkaloide der Granatwurzelrinde, s. Punica granatum. Hellgelbes, geruchloses Pulver, lösl. in 700 T. Wasser u. 80 T. Ethanol, leicht lösl. in warmen, verd. Säuren. **Anw.:** Taenifugum. Dos. 120-150 mg; aufgrund der hohen Toxizität obsolet.

Pelletierung: Herst. von Pellets* mit Hilfe des Tellergranulierverfahrens u. der Wirbelschichtgranulierung; s. Granulieren.

Pellets (engl. Kügelchen, Pillen): kleine kugelige feste Arzneiformen, z. B. einheitl. Granulatkörner von sehr engem Korngrößenbereich (bis zum Millimeterbereich). Vgl. Pelletierung, Mikrotabletten.

Pellote: s. Lophophora williamsii var. williamsii (Mescal-Buttons).

Pellotin: $C_{13}H_{19}NO_3$. Alkaloid aus Lophophora* williamsii var. williamsii.

Peloid (gr. pelos Sumpf, Ton, Schlamm): durch geolog. od. geologisch-biologische Prozesse entstandene Vork. von Torf, Schlamm, Schlick u. Ähnlichem.

Pelotte: Druckpolster. **Anw.:** **1.** zur Korrektur od. Entlastung bei Fußfehlstellungen, Bestandteil orthopäd. Schuheinlagen; **2.** mit einem Band (Gürtel) an Bauch o. Oberschenkel zur Druckausübung befestigt, um z. B. einen Bruch evtl. zurückzudrängen.

Pel talpae: s. Talpa europaea.

Peltatin: Lignan aus Podophyllin*.

Peltier-Effekt: Temperatureffekt bei einem stromdurchflossenen Thermoelement*. In Abhängigkeit von der Stromrichtung tritt eine Erwärmung (Peltier-Heizung) od. Abkühlung (Peltier-Kühlung) der einen od. anderen Verbindungsstelle ein. Wird die warme Stelle zusätzl. gekühlt, kann an der kalten Stelle eine stärkere Abkühlung erreicht werden (thermoelektr. Kühlung).

Pelvis (lat. Becken): Knochenring aus unpaarigem Os sacrum u. paarigem Os coxae.

Pemolin INN: Phenilon, Phenylpseudohydantoin; 5-Phenylisohydantoin; CAS-Nr. 2152-34-3; $C_9H_8N_2O_2$, M_r 176.2. Schmp. 257 °C (unter Zers.). **Anw.:** Psychotonikum, zur Behandlung hyperkinet. Kinder; HWZ 10-12 h.

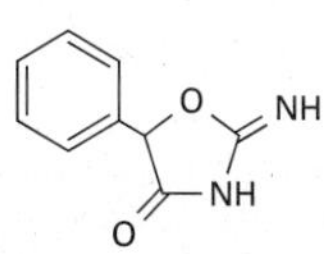

Pemolin

P

Pemphigus (gr. pemphis Hautblase): Bez. für intradermal Blasen bildende Hauterkrankungen.

Pen: Injektionsautomat mit füllfederhalterähnl. System, integrierten, auswechselbaren Kanülen u. einlegbaren medikamentengefüllten Patronen zur s.c. Gabe z.B. von niedermolekularem Heparin od. Insulin.

Penbutolol INN: (–)-1-*tert*-Butylamino-3-(2-cyclopentylphenoxy)-2-propanol; CAS-Nr. 38363-40-5; $C_{18}H_{29}NO_2$, M_r 291.44. Strukturformel s. Sympatholytika (Abb. 2). **Anw.:** Betasympatholytikum; HWZ 1-3 h. **Penbutololsulfat:** Penbutololi sulfas Ph.Eur.4; $C_{36}H_{60}N_2O_8S$, M_r 681. Schmp. 214-218 °C (unter Zers.). Weißes bis fast weißes, krist. Pulver; schwer lösl. in Wasser, lösl. in Methanol, fast unlösl. in Cyclohexan.

Penciclovir: Abk. PCV, 9-[4-Hydroxy-3-(hydroxymethyl)but-1-yl]guanin; 2-Amino-1,9-dihydro-9-[4-hydroxy-3-(hydroxymethyl)butyl]-6*H*-purin-6-on; CAS-Nr. 39809-25-1; $C_{10}H_{15}N_5O_3$, M_r 253.26. Schmp. 275-277 °C (kristallisiert aus Wasser); bildet auch ein Monohydrat. UV_{max} (Wasser) 253 nm; ε 11500. UV_{max} (NaOH 0.01 mol/L) 215, 268 nm; ε 18140, 10710. Lösl. in Wasser (20 °C) 1.7 mg/mL. **Wirk.:** antiviral; als Derivat von Desoxyguanosin kompetetiver Hemmstoff der DNA-Polymerase; **Anw.:** lokal od. i.v. gegen Herpes labialis (s. Herpes simplex).

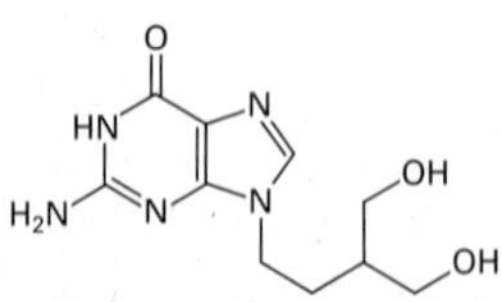

Penciclovir

pendulus (lat.): f. -a, n: -um; hängend.

Penethamat-Benzylpenicillin: s. Benzylpenicillin, vgl. Antibiotika.

Penetrantia: stark, durchdringend, scharf riechende Substanzen u. Drogen. Penetrantia sollen abgesondert gelagert werden.

Penetration: Eindringen u. Anreicherung eines Stoffes in Membranen, Lipoidfilmen od. Organen; vgl. Permeation.

Penetrationssalben: Salben, deren Wirkstoffe in tiefer gelegene Hautschichten eindringen u. dort zur Wirkung gelangen. Vgl. Unguenta.

Penetrationsverbesserer: Schlepper, Gleitschienen; Hilfsstoffe in Dermatika, die eine hohe Affinität zum körpereigenen Hautfett, gute Spreitbarkeit auf der u. in die Haut, sowie geeignete Lösungseigenschaften für den Wirkstoff aufweisen, aber nur in die Haut eindringen, ohne sie zu permeieren. Verwendet werden z.B. verzweigtkettige Fettsäureester, 2-Octyldodecanol, Ölsäureoleylester, Ölsäuredecylester, Isopropylmyristat, Isopropylpalmitat u. mittelkettige Triglyceride.

Penetrometer: dient nach Ph.Eur.4 zur Bestimmung der Konsistenz salbenartiger Stoffe u. Zubereitungen. **Prinzip:** bei der Kegelpenetration dringt ein normierter Kegel in Abhängigkeit von der Festigkeit des Untersuchungsmaterials unterschiedl. tief ein. Die Eindringtiefe in Zehntelmillimeter ist ein Maß für die Konsistenz. Einfache u. rasche Bestimmung des rheolog. Verhaltens von plast. Körpern. Voraussetzung für aussagekräftige u. reproduzierbare Werte ist eine normierte Vorgeschichte (Walken, definiertes Lagern) u. Temperaturkonstanz (25° C ± 0.5° C).

Penfluridol INN: CAS-Nr. 26864-56-2; $C_{28}H_{27}ClF_5NO$, M_r 524.0. Schmp. 105-107 °C. Leicht lösl. in Wasser. **Anw.:** orales Langzeitneuroleptikum (s. Psychopharmaka).

Penflutizid INN: *n*-Pentylhydroflumethiazid; 3,4-Dihydro-3-pentyl-6-(trifluormethyl)-2*H*-1,2,4-benzothiadiazin-7-sulfonamid-1,1-dioxid; CAS-Nr. 1766-91-2; $C_{13}H_{18}F_3N_3O_4S_2$, M_r 401.42. **Anw.:** Saluretikum (vgl. Diuretika), Antihypertensivum*, bei Ödemen; **UAW, Kontraind.** u. **WW:** s. Bendroflumethiazid.

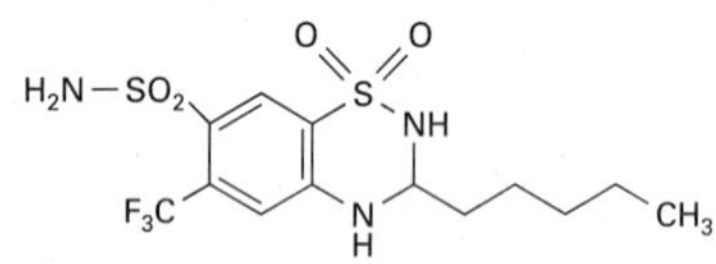

Penflutizid

Penghawar Djambi: s. Cibotium barometz.

Pengitoxin INN: Gitoxin-pentaacetat, Pentaacetylgitoxin; 16*β*-Acetoxy-14-hydroxy-3*β*-(tetraacetyltridigitoxosyloxy)-5*β*,14*β*-card-20(22)-enolid; CAS-Nr. 7242-04-8; $C_{51}H_{74}O_{19}$, M_r 991.15. **Anw.:** obsolet, Glykosidther. bei Herzinsuffizienz.

Penicillamin INN: Penicillaminum Ph.Eur.4; (*S*)-2-Amino-3-methyl-3-sulfanylbutansäure; CAS-Nr. 52-67-5; $C_5H_{11}NO_2S$, M_r 149.21. Schmp. 189.5 °C. Weißes, krist. Pulver, leicht lösl. in Wasser; Spaltprodukt des Penicillins, aber synthet. hergestellt; die (*R*)-Form ist giftig. **Wirk.** u. **Anw.:** P. bildet mit Schwermetallsalzen Chelate, es wird daher bei Vergiftungen mit z.B. Blei, Gold, Kupfer, Quecksilber, Kobalt, Cadmium, Zink angewendet; ferner u.a. bei der Wilson-Krankheit (Kupferspeicherung), Cystinurie, chron. Polyarthritis, chron. aggressiver Hepatitis; **UAW:** häufig u. starke allerg. Hautreaktionen, gastrointestinale Beschwerden, Nierenschädigungen, neurolog. Störungen; HWZ 1-3 h.

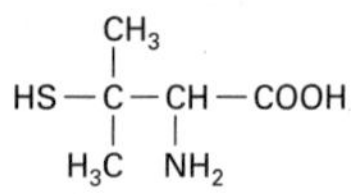

Penicillamin

Penicillin: s. Antibiotika (Penicillin-Antibiotika).

Penicillinasen: s. Betalactamasen.

Penicillin-Clemizol: s. Clemizol-Penicillin.

Penicillin G: s. Benzylpenicillin; vgl. Antibiotika.

Penicillin-G-Kalium: s. Benzylpenicillin, vgl. Antibiotika.

Penicillin-G-Natrium: s. Benzylpenicillin; vgl. Antibiotika.

Penicillin V: s. Phenoxymethylpenicillin; vgl. Antibiotika.

Penicillium: Pinselschimmel; Schimmelpilzgattung, Fam. Aspergillaceae (Ascomyzeten, s. Pilze), mit pinselartigen Konidien. Ca. 600 Arten bekannt, z. B. P. candidum (Verw. bei der Herst. von Camembert), P. glaucum (Lebensmittelverderber, grüner Schimmel), P. notatum u. P. chrysogenum (Penicillin-Bildner, s. Antibiotika), P. roquefort (Käseschimmel zur Herst. von Blauschimmelkäse wie Roquefort, Gorgonzola, Stilton u.ä.). Unter den P.-Arten sind auch Mykotoxinbildner (bei Käseherst. nicht verwendet); s. Mykotoxine.

Penicilliumtoxine: s. Mykotoxine.

Penin: s. Antibiotika (Penicillin-Antibiotika).

pennatus (lat.): f: -a, n: -um; gefiedert.

penta (gr.): Präfix für fünf.

Pentachloranilin: 2,3,4,5,6-Pentachloranilin; CAS-Nr. 527-20-8; $C_6H_2Cl_5N$; M_r 265.3. **Anw.** techn.: Schädlingsbekämpfungsmittel* (chlorierte Kohlenwasserstoffe).

Pentachlorphenol: Abk. PCP; $C_6Cl_5(OH)$; M_r 266.35; Schmp. 190 °C; Sdp. 310 °C (Zers.). Weiße Kristalle, lösl. in Alkalien u. org. Lösungsmitteln, unlösl. in Wasser. Stark bakterizide Substanz, auch giftig für Pilze, Algen, Hefen. **Anw.:** Konservierungsmittel: fungizid geg. Bläueschimmel u. andere Holz zerstörende Pilze; s. Holzschutzmittel; als Insektizid: v. a. geg. Termiten; als Herbizid; (Anw. des wasserlösl. Na-Salzes). **Tox.:** Wegen der hohen Toxizität ist in vielen Ländern die Anw. verboten. Einnahme führt zu Atemdepression, Blutdrucksenkung, Nierenversagen, Kollaps mit Krämpfen u. Tod. Verursacht Lungen-, Leber- u. Nierenschäden; Hautkontakt: Dermatitis; kann auch durch die Haut resorbiert werden.

Pentacyanonitrosylferrat: s. Natriumnitroprussid.

Pentaerythrit: Tetramethylolmethan; Tetrakis(hydroxymethyl)methan, $C(CH_2OH)_4$, M_r 136.15. Schmp. ca. 253 °C. **Darst.:** Einw. von Kalkwasser auf ein Gemisch von Formaldehyd u. Acetaldehyd. **Anw.:** zur Herst. von Pentaerythrittetranitrat*, Kunstharzen u. Lacken.

Pentaerythrittetranitrat INN: Abk. PETN, Pentaerithrityli tetranitras, Pentaerythrit tetranitricum, Nitropenthrit, Pentrit, Nitropenta, Neopentantetrayltetranitrat; 2,2-Bis(hydroxymethyl)-1,3-propandiol-tetranitrat; CAS-Nr. 78-11-5; $C_5H_8N_4O_{12}$, M_r 316.15. Schmp. 140 °C (kristallisiert aus Aceton/Ethanol). d_4^{20} 1.773. Lösl. in Aceton; fast unlösl. in Wasser (1.5 µg/mL); wenig lösl. in Ethanol u. Ether. **Anw.** techn.: hochbrisanter Sprengstoff; med.: koronare Durchblutungsstörungen, pektanginöse Beschwerden; wird heute selten verwendet u. größtenteils durch Isosorbidmononitrat* u. Isosorbiddinitrat* ersetzt; **Dos.:** p. o. 2-3 × 10 mg/d; oral retard 2 × 40 mg/d; wird P. verordnet, so sind für 1 T. P. 5 T. P.-Verreibung abzugeben; HWZ 0.1 h.

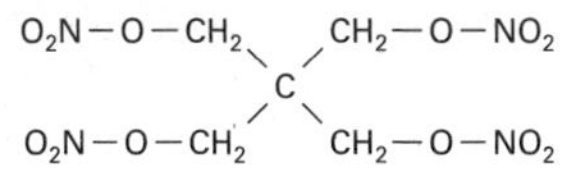

Pentaerythrittetranitrat

Pentaerythrittetranitrat-Verreibung: Nitropentaerythrolum trituratum, Pentaerythritylis tetranitras trituratus; Zstzg.: ÖAB90, Verreibung von 19.0-21.0 % Pentaerythrittetranitrat* mit Lactose; vgl. Erythrittetranitrat-Verreibung. **Dos.:** 0.05-0.12 g; MED 0.18 g; MTD 0.54 g.

Pentagastrin INN: (*N-tert*-Butyloxycarbonyl-*β*-alanyl)-L-tryptophyl-L-methionyl-L-aspartyl-L-phenylalanin-amid; CAS-Nr. 5534-95-2; $C_{37}H_{49}N_7O_9S$, M_r 767.93. Schmp. 229-230 °C (unter Zers.). $[\alpha]_D^{22\,°C}$ −28.8° ± 0.5° (DMF). UV_{max} 280, 289 nm (Ammoniaklsg. 2 mol/L, ε 5340, 4590). Ein Gewebehormon, s. Hormone. Lösl. in DMF, DMSO; fast unlösl. in Wasser, Ethanol, Ether, Benzol. **Anw.:** Magenfunktionsdiagnostikum (Stimulierung der Magensäureproduktion); **UAW:** Übelkeit, Schwindel, allerg. Reaktionen; **Kontraind.:** Allergie; **Dos.:** parenteral (i. m., s. c.) 0.6 µg/kg KG; Infusion i. v. 0.6-6 µg/kg KG/h.

Pentamethoniumbromid: Abk. C5; Pentamethylen-1,5-bis-trimethyl-ammoniumdibromid, $[(CH_3)_3N^+-(CH_2)_5-N^+(CH_3)_3]\cdot 2\,Br^-$; $C_{11}H_{18}Br_2N_2$, M_r 348.18. **Anw.:** Ganglienblocker*, u. a. bei Hypertonie, peripheren Durchblutungsstörungen; heute kaum mehr verwendet.

Pentamethylenoxid: s. Tetrahydropyran.

Pentamethylentetrazol: s. Pentetrazol.

Pentamidin INN: 4,4'-(Pentamethylendioxy)dibenzamidin; CAS-Nr. 100-33-4; $C_{19}H_{24}N_4O_2$, M_r 340.43. **Anw.:** Antiprotozoenmittel*; zur Behandlung von Frühstadien afrikan. Trypanosomiasis (v. a. geg. Trypanosoma gambiense); zur Behandlung der späteren Stadien (Befall des ZNS) reichen die therap. erzielbaren Liquorkonz. nicht aus; weitere Anw.: Leishmaniasis (Kala-azar), Mittel der Wahl bei Pneumocystis carnii-Pneumonie, der häufigsten Todesursache von AIDS-Kranken; **Dos.:** bei Trypanosomiasis i. m. 3-4 mg/kg KG/d; Leishmaniasis i. m. 2-4 mg/kg KG/d; bei Pneumocystosis i. m. 4 mg/kg KG/d; die i. m. Injektionen sind schmerzhaft, sollen jedoch der i. v. Injektion wegen der Gefahr vegetativer Nebenerscheinungen vorgezogen werden. **Pentamidin-diisethionat:** Pentamidini diisetionas Ph.Eur.4; CAS-Nr.

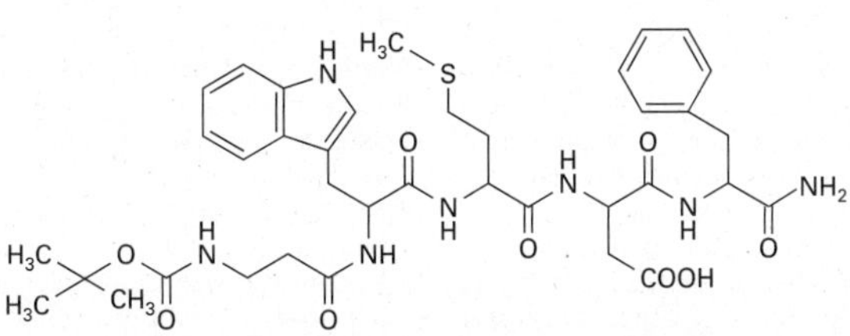

Pentagastrin

140-64-7; $C_{23}H_{36}N_4O_{10}S_2$, M_r 592.68. Schmp. 180 °C. Hygroskop., sehr bittere Kristalle, leicht lösl. in Wasser, wenig lösl. in Ethanol, unlösl. in Dichlormethan. **Wirk.** u. **Anw.:** Chemotherapeutikum*, s. oben; **Dos.:** pulmonal in der Ther. von Pneumocystis-carnii-Pneumonien: sehr leichte Fälle 300 mg/d, leichte bis mittelschwere Fälle 600 mg/d über 21 d; Prophylaxe bei HIV-Patienten: 150-200 mg/14 d od. 300 mg/28 d. Gebräuchlich ist auch Pentamidindimesilat.

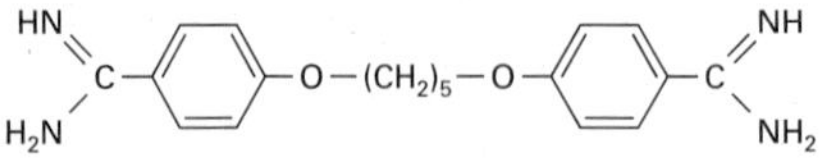

Pentamidin

Pentan: C_5H_{12}. D. 0.626. Schmp. −129.7 °C. Sdp. 36.1 °C. Farblose, feuergefährl. Flüss., lösl. in Benzin, unlösl. in Wasser. **Vork.:** nat. im Erdöl. **Anw.:** Reagens Ph.Eur.4, z. B. zur Gehaltsbestimmung von Vitamin A (s. Vitamine, Vitamin A); techn.: als Lösungsmittel, zu Thermometerfüllungen. **Tox.:** in hohen Konz. narkotisch.

Pentanol: s. Amylalkohol.

***n*-Pentansäure:** s. Valeriansäure.

Pentazocin INN: Pentazocinum Ph.Eur.4, 3-(3-Methyl-2-butenyl)-1,2,3,4,5,6-hexahydro-8-hydroxy-6,11-dimethyl-2,6-methano-3-benzazocin; 2'-Hydroxy-5,9-dimethyl-2-(3,3-dimethylallyl)-6,7-benzomorphan; CAS-Nr. 359-83-1; $C_{19}H_{27}NO$, M_r 285.44. Schmp. 145.4-147.2 °C (kristallisiert aus Methanol/Wasser). Fast unlösl. in Wasser, 1:15 in Ethanol, 1:2 in Chloroform, 1:33 in Ether; lösl. in Aceton; wenig lösl. in Ethylacetat. pK_S der konjugierten Säure 8.5, 10.0 (20 °C). **Wirk.:** agonistisch-antagonist. an Opiatrezeptoren mit vorwiegend agonist. Wirkungskomponente; **Anw.:** starkes Analgetikum*; **UAW:** längere Anw. kann zu phys. und v. a. psych. Abhängigkeit führen; **Dos.:** p. o. 50 mg; parenteral (s. c., i. m., i. v.) 30 mg, Kinder unter 12 Jahre (s. c., i. m.) 1 mg/kg KG, i. v. 0.5 mg/kg KG; rektal 50 mg, Kinder ab 6 Jahre 25 mg; alle Dosen sind nach 3-4 h wiederholbar; MTD 0.36 g; HWZ 2 h. Gebräuchl. sind auch Pentazocinhydrochlorid, Pentazocinlactat.

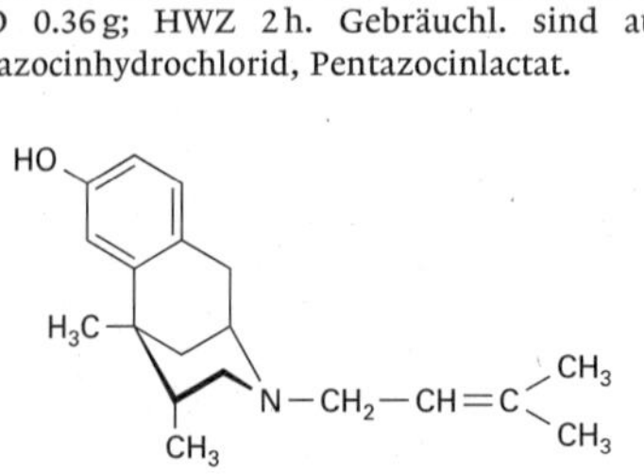

Pentazocin

2-Penten: s. Konfiguration (Abb.).

Pentetrazol INN: Pentetrazolum, Pentamethylentetrazol, Pentamethylentetrazolum, Pentylentetrazol; 6,7,8,9-Tetrahydro-5*H*-tetrazolo[1,5-*a*]azepin; CAS-Nr. 54-95-5; $C_6H_{10}N_4$, M_r 138.2. Schmp. 58-60 °C. Farblose Kristalle od. weißes, krist. Pulver, fast geruchlos u. von schwach bitterem Geschmack; lösl. in ca. 0.5 T. Wasser, in ca. 0.6 T. Ethanol, in ca. 16 T. Ether, in ca. 20 T. fetten Ölen. **Hinweis:** vor Licht geschützt u. vorsichtig aufzubewahren! **Wirk.:** stimuliert Atem- u. Vasomotorenzentrum in der Medulla oblongata, in höheren Dosen ein Krampfgift; **Anw.:** Analeptikum*; früher bei Schlafmittelvergiftungen, zentralem Kreislaufversagen, Atemdepression; wird heute kaum noch verwendet.

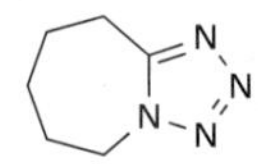

Pentetrazol

Pentetsäure: Pentetinsäure, 3-Azapentamethylendiamin-*N,N,N,N*,3-pentaessigsäure; Diethylentriamin-*N,N,N,N,N*-pentaessigsäure (Abk. engl. DTPA); CAS-Nr. 67-43-6; $C_{14}H_{23}N_3O_{10}$, M_r 393.35. **Wirk.** u. **Anw.:** P. bildet mit Calcium u. Schwermetallen, z. B. Eisen, Komplexe, daher als Antidot verwendet; s. Calcium-trinatrium-pentetat, vgl. Gadopentetsäure.

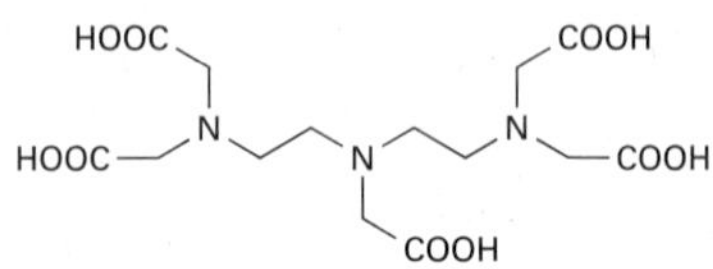

Pentetsäure

Penthiobarbital-Natrium: s. Thiopental-Natrium.

Pentifyllin: 1-Hexyl-3,7-dimethylxanthin; CAS-Nr. 1028-33-7; $C_{13}H_{20}N_4O_2$, M_r 264.3. Schmp. 82-83 °C. **Anw.:** durchblutungsförderndes Mittel, v. a. im zerebralen u. okulären Bereich; **UAW:** Magenbeschwerden, Hautrötung.

Pentobarbital INN: Pentobarbitalum Ph.Eur.4, Acidum aethylmethylbutylbarbituricum, Mebumal, Äthylmethylbutylbarbitursäure; 5-Ethyl-5-(1-methylbutyl)-barbitursäure; CAS-Nr. 76-74-4; $C_{11}H_{18}N_2O_3$, M_r 226.3. Strukturformel s. Barbiturate (Abb. 2). Schmp. 129 °C (polymorph). Farblose Kristalle od. weißes, krist. Pulver, geruchlos; sehr schwer lösl. in Wasser, leicht lösl. in Ethanol, Ether, Chloroform, gibt wasserlösl. Verb. mit Alkalicarbonaten, Alkalihydroxiden u. Ammoniak-Lösung. **Anw.:** Schlafmittel*, Sedativum*; kurz bis mittellang wirksam (3-8 h); **Dos.:** p. o. als Schlafmittel 0.05-0.1 g eine halbe Stunde vor dem Schlafengehen, als Sedativum 1-2 × 0.05 g/d; MTD 0.4 g; HWZ 20 h. **Pentobarbital-Natrium:** Pentobarbitalum natricum Ph.Eur.4; Natrium aethylmethylbutylbarbituricum; CAS-Nr. 57-33-0; $C_{11}H_{17}N_2NaO_3$, M_r 248.3. Weißes, krist., hygroskop. Pulver; sehr leicht lösl. in Wasser, fast unlösl. in Ether; vgl. Barbiturate. Gebräuchl. ist auch Pentobarbital-Calcium.

Pentorex INN: Phenpentermin; 1,1,2-Trimethyl-2-phenylethylamin; CAS-Nr. 434-43-5; $C_{11}H_{17}N$, M_r 163.25. Sdp. 109-111 °C (2.67 kPa). **Anw.:** Appetitzügler*; obsolet; **UAW:** Gefahr der Abhängigkeit vom Amfetamin*-Typ. Hingewiesen sei auch auf Pentorexhydrogentartrat u. **Pentorexhydrochlorid:** $C_{11}H_{17}N \cdot HCl$ (DL-Form); Schmp. 164-166 °C.

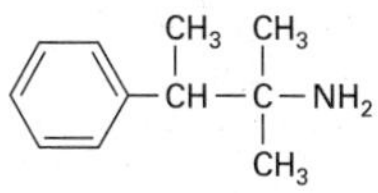

Pentorex

Pentosanpolysulfat INN: Pentosan-schwefelsäureester; CAS-Nr. 37300-21-3; M_r 1500-5000. Halbsynthet. aus Pentosanen (im Pflanzenreich verbreitete Hemicellulosen*) gewonnenes Heparinoid, v.a. aus β-D-Xylopyranose. Gebräuchl. ist **Pentosanpolysulfat-Natrium**: pentosanpolyschwefelsaures Natrium; CAS-Nr. 37319-17-8; $[\alpha]_D^{20\,°C}$ −57°; farb- u. geruchloses, schwach hygroskop. Pulver; lösl. in Wasser, pH einer 10%igen wässrigen Lsg. ca. 6.0. **Wirk.** u. **Anw.**: Antikoagulans* (s. Heparinoide) zur Thromboseprophylaxe, Behandlung von Venenentzündungen, Blasenentzündungen, etc.; **UAW:** Übelkeit, Erbrechen, allerg. Reaktionen, Schleimhautblutungen, Thrombozytopenie.

Pentosen: aus 5 C-Atomen aufgebaute Aldosen, die eine wichtige Gruppe der Monosaccharide bilden. Zu ihnen gehören als nat. vorkommende P. D- u. L-Arabinose, L-Lyxose, D-Xylose, D-Ribose (Strukturformeln s. Kohlenhydrate) sowie 2-Desoxy-D-ribose u. D-Apiose (mit verzweigter Kohlenstoffkette). Von den Ketopentosen (Pentulosen) sind D-Xylulose u. D-Ribulose am wichtigsten. P. liegen i. Allg. als Furanosen vor. Sie werden im Ggs. zu Hexosen von gewöhnl. Hefen nicht vergoren. Bei Destillation mit verdünnten Säuren entsteht Furfural. Diese Reaktion dient zum Nachw. u. zur Unterscheidung von den Hexosen*.

Pentosephosphatcarboxylase: s. Ribulose-1,5-diphosphatcarboxylase.

Pentosephosphatzyklus: Hexosemonophosphatweg, Warburg-Dickens-Horecker-Schema, Phosphogluconat-Weg; ein oxidativer, zyklischer Reaktionsweg des Kohlenhydratstoffwechsels, in dessen Verlauf Glucose-6-phosphat, das aus Glucose durch Phosphorylierung entsteht, unter Reduktion von $NADP^+$ zu NADPH u. H^+ vollständig zu Kohlendioxid abgebaut wird. Bilanz: $C_6H_{12}O_6$ + 6 H_2O + 12 $NADP^+$ + ATP → 6 CO_2 + 12 NADPH + 12 H^+ + ADP + P_i. Die Bedeutung des P. liegt in der Bereitstellung des reduzierten NADPH für versch. Biosynthesen, z.B. von Fettsäuren, u. in der Produktion von Pentosen, die zur Bildung von Nucleosiden, Nucleotiden u. Nucleinsäuren benötigt werden. Über ein Transhydrogenasesystem od. mittels NADPH-Cytochrom-c-Reduktase kann NADPH unter Energiegewinnung (36 Moleküle ATP pro Molekül Glucose) wieder zu $NADP^+$ oxidiert werden. Die Anlieferung von Energie allein über den P. ist jedoch selten. Der P. setzt sich aus einer oxidativen Phase — Bildung von NADPH, CO_2 u. D-Ribulose-5-phosphat (s. Abb. 1) — sowie einer nichtoxidativen Phase, einer komplexen gegenseitigen Umwandlung von Hexosen u. Pentosen zusammen (s. Abb. 2). Bei Säugetieren spielt der P. in der Hornhaut u. der Linse des Auges, der Leber u. in den Milchdrüsen eine Rolle. Außerdem ist er ein üblicher Reaktionsweg bei Wirbellosen, Bakterien u. Pflanzen.

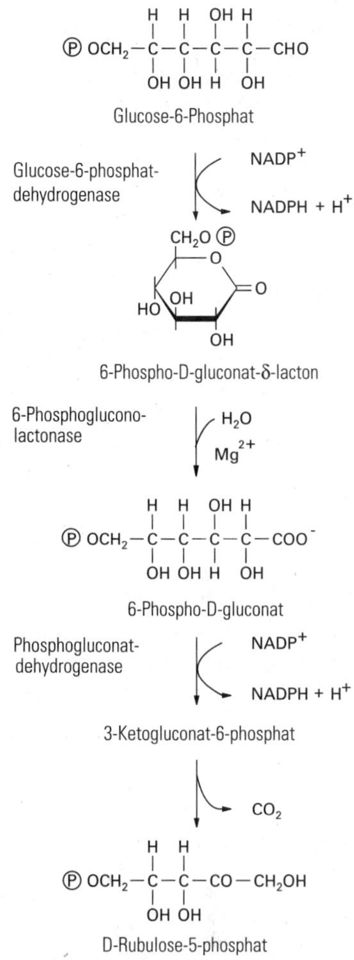

Pentosephosphatzyklus Abb. 1: oxidative Phase [23]

Pentosephosphatzyklus, reduktiver: s. Calvin-Zyklus.

Pentostatin INN: 2'-Desoxycoformycin, (*R*)-3-(2-Desoxy-α-D-*erythro*-pentofuranosyl)-3,6,7,8-tetrahydroimidazo[4,5-*d*][1,3]diazepin-8-ol; CAS-Nr. 53910-25-1; $C_{11}H_{16}N_4O_4$, M_r 268.27. Nat. Purinanalogon aus Streptomyces antibiotikum; dem Vidarabin* ähnlich. **Wirk.:** Inhibitor

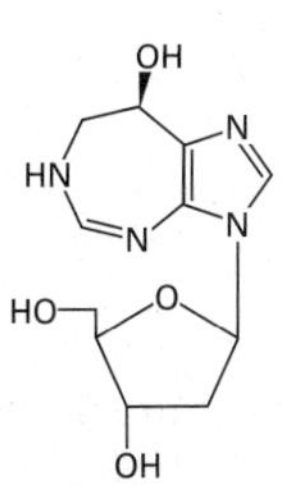

Pentostatin

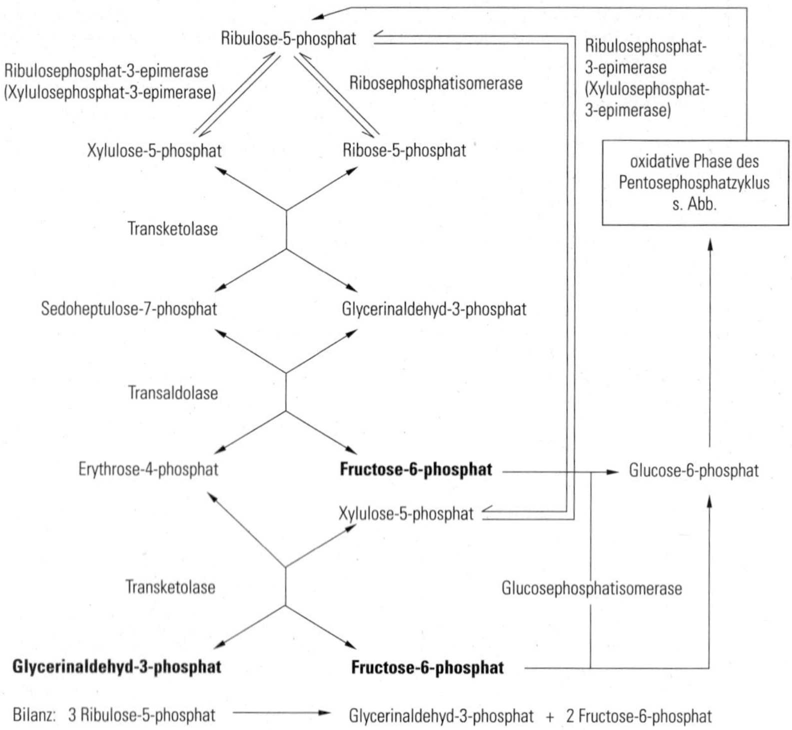

Pentosephosphatzyklus Abb. 2: nichtoxidative Phase [23]

der Adenosindesaminase; **Anw.:** Zytostatikum, bei Haarzellenleukämie; **UAW:** u. a. Nierenschädigungen, Muskel-, Gelenkschmerzen, zentralnervöse Störungen; **Dos.:** 4 mg/m^2 Körperoberfläche, alle 14 d; HWZ 5.7 h.

Pentoxifyllin INN: Pentoxifyllinum Ph.Eur.4, 1-(5-Oxohexyl)theobromin; 1,2,3,4-Tetrahydro-3,7-dimethyl-1-(5-oxohexyl)-2,6-purindion; CAS-Nr. 6493-05-6; $C_{13}H_{18}N_4O_3$, M_r 278.31. Schmp. 105 °C (kristallisiert aus Methanol; polymorph). Lösl. 95 g/100 mL Wasser, 11 g/100 mL Benzol. **Anw.:** peripherer Vasodilatator*; **Dos.:** p. o. Initialdos. 3×0.2 g/d, Erhaltungsdos. 3×0.1 g/d; parenteral (i. v., i. a.) 0.1 g, Infusion i. v. 0.1 g in 300 mL Lsg. innerhalb 1.5-3 h, steigern um 0.05 g/d bis 0.3 g; HWZ 1-1.5 h.

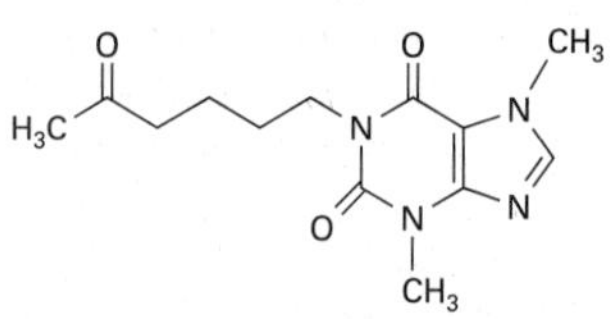

Pentoxifyllin

Pentoxyverin INN: Carbetapentan; 2-(2-Diethylaminoethoxy)ethyl-1-phenyl-1-cyclopentancarboxylat; CAS-Nr. 77-23-6; $C_{20}H_{31}NO_3$, M_r 333.46. Sdp. 165-170 °C (1.333 Pa). **Anw.:** Antitussivum*; HWZ 5.3-8.6 h.

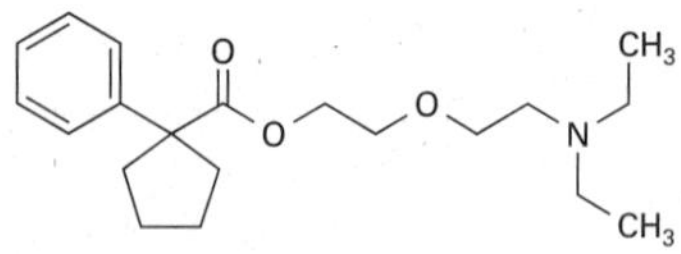

Pentoxyverin

Pentrit: s. Pentaerythrittetranitrat.

Pentulosen: s. Pentosen.

Pentyl-: syn. Amyl-; Bez. für die von Pentan abgeleitete acycl. Gruppe $-C_5H_5$.

Pentylalkohol: s. Amylalkohol.

Pentylene: Amylene; Pentene, die ungesättigten, unverzweigten Kohlenwasserstoffe der Alkenreihe C_5H_{10}. 5 Isomere: 1-Penten, *cis*- u. *trans*-2-Penten, *cis*- u. *trans*-3-Penten.

Pentylentetrazol: s. Pentetrazol.

PEO: Abk. für **P**olyethylen**o**xide; s. Macrogole.

PEP: Abk. für **P**hospho**e**nol**p**yruvat; s. Pyruvat.

Pepsin: wichtigstes proteolyt. Verdauungsenzym des Magensekrets fast aller Wirbeltiere, das sich in mehrere, geringfügig voneinander abweichende Formen, Pepsin A, B (Gelatinase*), C (Gastricin*) u. D aufteilt. **Pepsin A** besteht aus 327 Aminosäuren, M_r 34 500. Die optimale Wirk. wird bei pH 1-2 (in vitro), bzw. pH 2-4 (im Magen) erreicht; Inaktivierung tritt bei einem pH>6 ein. P. A wird in den Hauptzellen der Magenmukosa als **Pepsinogen** (M_r 42 500), der inaktiven Vorstufe, gebildet u. sezerniert. Der erwachsene Mensch bildet tägl. ca.

200 mg. Aktivierung erfolgt durch Abspaltung mehrerer Peptide durch das saure Magenmilieu u. Autokatalyse. Das größte der abgespaltenen Peptide (M_r 3 000) wirkt als Pepsininhibitor, wird jedoch durch weitere Spaltung rasch unwirksam. P. ist eine Endopeptidase, die v. a. die Hydrolyse der Peptidbindung zw. 2 hydrophoben Aminosäuren (Phenylalanin-Leucin, Phenylalanin-Phenylalanin, Phenylalanin-Tyrosin) katalysiert. Die Produkte dieser Enzymtätigkeit sind Peptide (M_r 600-3000), die auch als Peptone* bezeichnet werden. **Pepsin-Pulver**: Pepsini pulvis Ph.Eur.4; enthält Proteinasen des Magens, die im sauren Milieu (pH 1-5) aktiv sind. Die Aktivität des P. beträgt mind. 500 Ph.Eur.-Einheiten/g (0.5 Ph.Eur.-Einheiten/mg). Die Aktivität wird durch die Bestimmung der Menge der durch Trichloressigsäure-Lsg. nicht fällbaren, abgespaltenen Peptide ermittelt, die je Minute aus einer 2 %igen Hämoglobinlsg. bei pH 6 freigesetzt werden. Als Vergleich dient Pepsin *BRS* (Biologische Referenz Substanz der Ph.Eur.4). **Eigenschaften:** weißes bis schwach gelbl., hygroskop., krist. od. amorphes Pulver von eigenartigem Geruch u. schwach süßl. od. salzigem Geschmack; lösl. in Wasser, fast unlösl. in Ethanol; wässrige Lsg. ragieren schwach sauer; **Inkomp.**: Alkalien, Ethanol, Tannin, Schwermetall-Ionen; **Anw.**: Substitutionsther., zus. mit Salzsäure od. mit anderen Verdauungsenzymen; in den meisten Präparaten unterdosiert; bei der Nahrungsaufnahme wird der pH-Wert im Magen rasch erhöht, folgl. nimmt die Wirk. von P. rasch ab.

Pepsinogen: inaktive Vorstufe des Pepsins*.

Pepsinwein: s. Vina medicata (Vinum Pepsini).

Peptidalkaloide: s. Secale cornutum.

Peptidasen: s. Proteasen.

Peptid, atriales natriuretisches: Abk. ANP; erstmals 1981 in Herzvorhofextrakten gefundenes Polypeptid aus 28 Aminosäuren, das aus einer Vorstufe (Prä-Pro-ANP, 151 Aminosäuren) gebildet wird. ANP wirkt natriuret., gefäßdilatierend, hemmt die Renin u. Aldosteronfreisetzung u. wirkt daher blutdrucksenkend. Die Wirk. beruht auf einer gesteigerten cGMP-Synthese (s. second messenger) in den Zellen der Zielorgane (Gefäße, Niere) wodurch die intrazelluläre Calciumfreisetzung unterdrückt wird.

Peptidbindung: wichtigster kovalenter Bindungstyp zw. Aminosäurebausteinen in Peptiden u. Proteinen. Formal handelt es sich um eine Säureamidgruppierung, die durch Wasserabspaltung zw. der Carboxylgruppe einer Aminosäure u. der α-Aminogruppe einer zweiten Aminosäure gebildet wird.

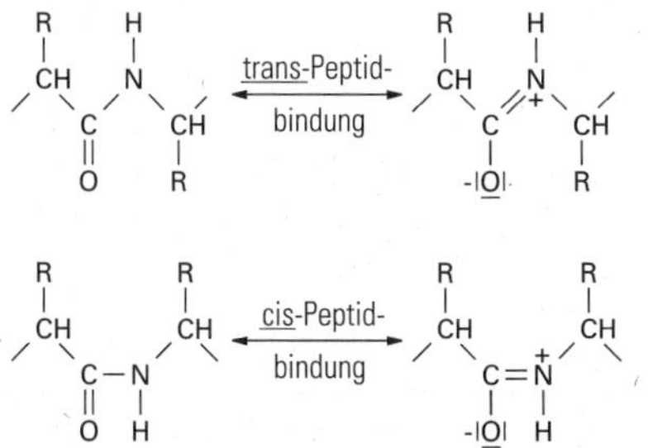

Peptidbindung

Peptide: org. Verbindungen, die aus zwei od. mehreren Aminosäuren aufgebaut sind, wobei die monomeren Bausteine kovalent durch Peptidbindung* miteinander verknüpft sind. P. enthalten an ihren Enden nur eine freie α-Aminogruppe u. eine freie α-Carboxylgruppe, die zus. mit den ionisierbaren Seitenketten der versch. Aminosäurereste die Säure-Basen-Eigenschaften des Peptids bedingen. Nach Anzahl der Aminosäuren in einem Peptid werden Di-, Tri-, Tetrapeptide usw. unterschieden. P. mit weniger als zehn Aminosäurebausteinen werden Oligopeptide genannt, wenn viele Aminosäurereste zu einer langen Kette zusammengefügt sind, spricht man von Polypeptiden. P. können zu freien Aminosäuren hydrolysiert werden. Die freie Aminosäure eines Peptids kann mit 2,4-Dinitrofluorobenzol unter Bildung eines charakterist., gelb gefärbten 2,4-Dinitrophenylderivats reagieren, was zur Bestimmung der Aminosäuresequenz eines P. benutzt wird. Das Vork. der P. erstreckt sich über den gesamten Zellbereich, wobei die biol. Funktionen sehr vielseitig sind. P. können auch bei der unvollständigen Hydrolyse von Proteinen entstehen. Zahlreiche Hormone sind P., z. B. Insulin, Glucagon, Corticotropin, Angiotensin od. Bradykinin. Peptidantibiotika wie Valinomycin, Gramicidin, Releasingfaktoren wie der im Hypothalamus gebildete Thyrotropin-releasing-factor, Neuropeptide wie die opiatartigen Enkephaline sowie Peptidtoxine, z. B. Amatoxine, Phallatoxine u. Melittin, gehören dieser wichtigen Substanzklasse an. Die Peptidchemosynthese dient der kommerziellen Produktion bestimmter Peptidwirkstoffe wie Oxytocin od. Bradykinin für therapeut. Zwecke, wobei die von Merrifield 1962 eingeführte Synthese an polymeren Trägern die Möglichkeit zur Automation der gesamten Synthese bot. Die Gentechnologie eröffnete neue Möglichkeiten zur Synthese biol. aktiver Peptidwirkstoffe. Auf diese Weise können Somatostatin, Interferon u. Insulin biosynthet. erhalten werden.

Peptid, gastrisches inhibitorisches: glucoseabhängiges insulinotropes Peptid, Abk. GIP; Peptidhormon bestehend aus 42 Aminosäuren, aus der Klasse der Sekretine, wird von der Darmmukosa sezerniert. **Funktion:** hemmt die gastr. Motilität u. die Säuresekretion, steigert die glucoseabhängige Sekretion von Insulin*.

Peptid, glucosegabhängiges insulinotropes: s. Peptid, gastrisches inhibitorisches.

Peptidneurotransmitter: Neuropeptide; s. Neurotransmitter.

Peptidyltransferase: in der Oberfläche der großen ribosomalen Untereinheit (50 S od. 60 S) als integraler Bestandteil lokalisiertes Enzym, das bei der Translation den Transfer von Peptidyl-Resten auf die Aminogruppe der jeweils benachbarten Aminoacyl-tRNA katalysiert.

Peptisation: s. Gele.

Peptisatoren: Elektrolytzusätze, z. B. Aluminiumchlorid od. Natriumdihydrogenphosphat, die die Aufschüttelbarkeit von Suspensionen verbessern.

P

Diese Zusätze bewirken in geeigneter Konz. eine gleichnamige Ladung der Feststoffpartikel-Oberflächen. Durch die gegenseitige Abstoßung der Teilchen entstehen großvolumige Niederschläge, die sich durch Aufschütteln leicht redispergieren lassen.

Peptone: durch proteolyt. Verdauung mit Pepsin* aus Proteinen entstandene Polypeptide; M_r 600-3000; nicht aussalz- u. koagulierbar; geben aber die Biuretreaktion*. **Zuber.:** **1.** Peptonum siccum e carne: trockene P. aus Fleisch; **2.** Peptonum siccum ex albumine: trockene P. aus Eiereiweiß; **3.** Peptonum siccum sine sale: kochsalzfreie, trockene P.; hellgelbe, schaumige Stücke od. weißl. Pulver, leicht lösl. in Wasser; 200 mg P. dürfen durch Trocknen bei 100 °C max. 14 mg an Gewicht verlieren u. nach dem Verbrennen nicht mehr als 7 mg Rückstand hinterlassen; **4.** Peptonum spissum e carne: zu Extraktdicke eingedampftes P. aus Rindfleisch; **5.** Peptonwasser: Herst. der Stammlsg.: 100 g Peptonum siccum e carne, 100 g NaCl, 20 g kristallines Soda, 1 g Natriumnitrat in 1 L Wasser lösen, filtrieren, in Flaschen füllen u. sterilisieren; Stammlsg. mit Wasser 1:9 verdünnen u. sterilisieren; **Anw.:** u. a. als C- u. N-Quelle in Bakteriennährböden.

Peptoneisen: s. Eisenpeptonat.

Peptonisierung: Umwandlung von Eiweißstoffen in Peptone*.

Peptonum siccum: s. Peptone.

per-: Wortteil mit der Bedeutung durch-, bisweilen über-, z. B. Perborat.

Per: s. Tetrachlorethylen.

PER: Abk. für Pharmaceutical Evaluation Report; Pharmazeutischer Bewertungsbericht; 1979 zw. den Mitgliedstaaten der EFTA* in Genf getroffene Übereinkunft zur gegenseitigen Anerkennung von Bewertungsberichten über pharmaz. Produkte. Diese Übereinkunft sieht den Austausch von wissenschaftl. Bewertungsunterlagen vor, um bei der Zulassung von Arzneimitteln mehrfache Bewertungen zu vermeiden u. damit den Handel mit Arzneimitteln zw. den Mitgliedstaaten zu erleichtern. Deutschland ist diesem Abkommen ebenfalls beigetreten.

Perazin: 10-[3-(4-Methyl-1-piperazinyl)propyl]phenothiazin; CAS-Nr. 84-97-9; $C_{20}H_{25}N_3S$, M_r 339.49. Schmp. 51-53 °C. Sdp. 160-170 °C (0.13 Pa, Luftbadtemp.). **Anw.:** Neuroleptikum, s. Psychopharmaka; Ind.: endogene Psychosen, schizophrene Restsymptome, agitierte Depressionen; in tranquillisierender Dosierung: psychosomat., vegetative Störungen, Einschlafstörungen, Angst- u. Spannungszustände; **UAW:** s. Psychopharmaka; vermindertes Reaktionsvermögen; **Dos.:** p. o. 0.5-0.6 g/d; parenteral i. m. 0.05 g. **Perazindimalonat:** Perazini dimalonas; CAS-Nr. 14777-25-4; $C_{26}H_{33}N_3O_8S$, M_r 547.6. Weißes, krist. Pulver, das sich durch Luft- u. Lichteinfluss rötl. verfärbt; sehr leicht lösl. in Wasser, lösl. in Ethanol. **Off.:** DAC86.

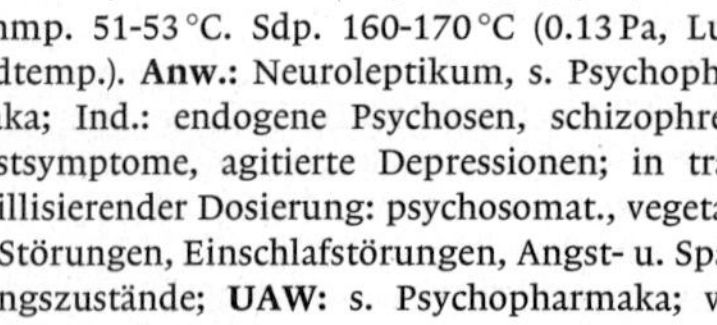

Perazin

Perborate: **1.** Peroxoborate, die Salze der Peroxoborsäure (HBO_3). **2.** Handelsbez. für Borate mit additiv gebundenem Wasserstoffperoxid.

Percha lamellata: s. Guttapercha.

Perchlorethan: s. Hexachlorethan.

Perchlorethylen: s. Tetrachlorethylen.

Perchlormethan: s. Tetrachlorkohlenstoff.

Perchlorsäure: Überchlorsäure, Acidum perchloricum; $HClO_4$. D. 1.764. Schmp. −112 °C. Farblose, an der Luft rauchende Flüss., mit Wasser in jedem Verhältnis mischbar. Die Salze der P. heißen Perchlorate. **Darst.:** Einw. von konz. Schwefelsäure auf Kaliumperchlorat*; **Sicherheitshinweis:** beim Erwärmen färbt sich P. braunrot u. explodiert; leicht oxidierbare Substanzen, wie Papier, Kohle, Holz, org. Verb., werden explosionsartig oxidiert; auf der Haut erzeugt sie schmerzhafte u. schwer heilende Wunden; in verd. Zustand ist sie wesentl. beständiger.

Peressigsäure: Peroxoessigsäure, Acetpersäure, Acetylhydroperoxid; $C_2H_4O_3$. Schmp. 0.1 °C. Farblose, beißend riechende Flüss., hautätzend, explodiert bei Erhitzen auf 110 °C; starkes Oxidationsmittel; sehr leicht lösl. in Wasser, lösl. in Alkoholen, Ketonen, Estern, meist unter Erwärmung; pH 2.5-4; zerfällt schnell zu Essigsäure u. Sauerstoff. **Anw.:** aufgrund eines ungewöhnl. breiten Wirkungsspektrums sowohl als Desinfektionsmittel* gegen Bakt. u. Viren als auch zur Kaltsterilisation (Gasphase) eingesetzt, gelegentl. auch als Konservierungsmittel.

Perfol®-Packung: Polyamid*-Beutel zur Verpackung von äther. Öldrogen.

Perforator: Anordnung zur intensiven Flüssig-Flüssig-Extraktion, bei der das Extraktionsmittel

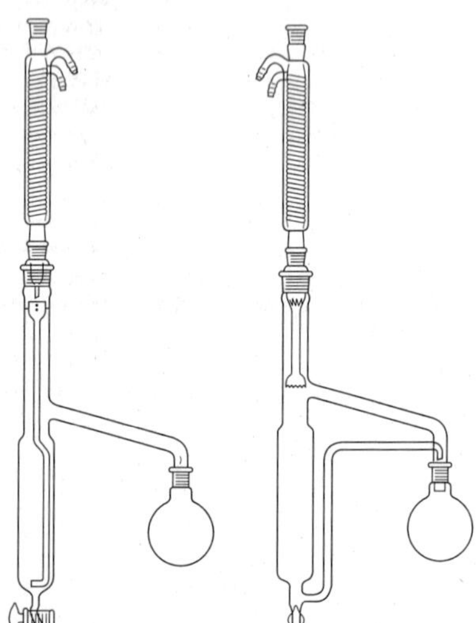

Perforator: 1: für spezifisch leichtere; 2: für schwerere Extraktionsmittel

über einen Überlauf immer wieder in den Siedekolben gelangt. Dadurch wird eine kontinuierl. Extraktion ermöglicht (s. Extrahieren). Die Ausführung ist verschieden je nach der Dichte der verwendeten Extraktionsmittel (s. Abb.).

Perforin: syn. Zytolysin; Poren formendes, von zytotox. T-Lymphozyten (Killer-T-Zellen) gebildetes u. in Vesikeln gespeichertes Protein (M_r 70 000), das nach Kontakt mit Zielzellen freigesetzt wird. P. bildet in der Plasmamembran Poren (5-16 nm), die zur Lyse der Zellen führen. Die Ausbildung der lyt. Poren erfolgt wie beim Komplementsystem durch eine Ca^{2+}-abhängige Polymerisation von P. in der Membran. P. besteht aus 2 Cystein-reichen Domänen u. einem amphiphilen α-Helix ausbildenden Strukturbereich, der typ. für zelllysierende Moleküle ist.

Pergament (nach der Stadt Pergamon in Kleinasien): **1.** Echtes P.: von Haaren befreite, ungegerbte Tierhaut. **2.** Pergamentpapier: Charta pergamena, vegetabilisches Pergament; chem. fettdicht u. nassfest gemachter Zellstoff. **Herst.:** ungeleimtes Papier wird kurz (3-12 s) mit konz. Schwefelsäure behandelt, wobei die Cellulose in Amyloid* überführt u. dann ausgewaschen wird. **Anw.:** P. u. Pergamentpapier dienen bei der Osmose als Membran.

Pergolid INN: 8*β*-(Methylthio)methyl-6-propylergolin; Methyl[(8*R*,10*R*)-(6-propyl-8-ergolinyl)methyl]sulfid; CAS-Nr. 66104-22-1; $C_{19}H_{26}N_2S$, M_r 314.49. Schmp. 206-209 °C. Partialsynthet. gewonnenes Mutterkornderivat (s. Secale cornutum). **Wirk.:** agonist. an Dopamin-D_1- u. -D_2-Rezeptoren, ca. 10- bis 1000-mal stärker agonist. als Bromocriptin*; **Anw.:** Zusatztherapeutikum bei Morbus Parkinson mit Levodopa od. Levodopa u. Decarboxylasehemmern; **UAW:** Hypotension, Übelkeit, Halluzinationen, gastrointestinale Störungen, Hemmung der Prolactinsekretion; **Kontraind.:** Schwangerschaft u. Stillzeit, Anw. bei Jugendl. u. Kinder; **Dos.:** p. o. an den ersten 2 Tagen 1×0.05 mg/d; während der folgenden 12 Tage wird die TD alle 3 Tage um 0.1 mg erhöht; HWZ 7-16 h. **Pergolid-Mesilat:** Pergolidi mesilas Ph.Eur.4; 8*β*-(Methylthio)methyl-6-propylergolinmesilat; CAS-Nr. 66104-23-2; $C_{20}H_{30}N_2O_3S_2$, M_r 410.59. Schmp. 225 °C (unter Zers.). Weißes bis fast weißes, krist. Pulver, schwer lösl. in Wasser, Dichlormethan, Aceton u. Ethanol, wenig lösl. in Methanol. **Dos.:** p. o. in Kombination mit Levodopa Initialdosis 65.3 µg die ersten 2 Tage, allmähl. steigerbar mit 130.6 od. 195.9 µg jeden 3. Tag über die nächsten 12 Tage, dann Steigerung auf 326.5 µg jeden 3. Tag möglich.

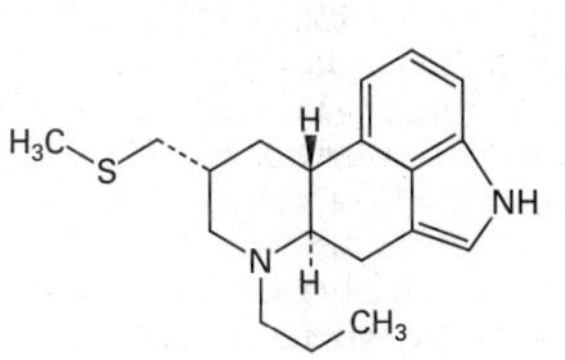

Pergolid

Perhexilin INN: 2-(2,2-Dicyclohexylethyl)piperidin; CAS-Nr. 6621-47-2; $C_{19}H_{35}N$, M_r 277.50. **Anw.:** Koronartherapeutikum, Calciumantagonist, Langzeitprophylaxe der Angina pectoris; P. hat Chinidin*-artige Eigenschaften mit zahlreichen UAW, daher kaum mehr verwendet; **Dos.:** p. o. 2×0.1 g/d; HWZ 3-12 d. Gebräuchl. ist auch Perhexilinhydrogenmaleat.

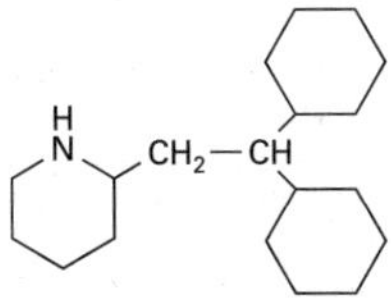

Perhexilin

peri-: Wortteil mit der Bedeutung um, herum, ringsum.

Perianth: (bot.) Blütenhülle, s. Blüte.

Periarthritis: Entzündung des Gewebes, das ein Gelenk umgibt.

Pericambium: s. Perizykel.

Pericarpium: Perikarp; (bot.) Fruchtwand, bestehend aus Exokarp (außen), Mesokarp u. Endokarp (innen), z. B. P. Aurantii, s. Fruchtformen.

Pericarpium Aurantii: s. Citrus aurantium ssp. aurantium (Aurantii percarpium).

Pericarpium Aurantii dulcis: s. Citrus sinensis.

Pericarpium Aurantii dulcis recens: s. Citrus sinensis.

Pericarpium Citri: s. Citrus limon.

Pericarpium Citri recens: s. Citrus limon (Limonis flavedo recens).

Pericarpium Mali domesticae: s. Malus domestica.

Pericarpium Phaseoli: s. Phaseolus vulgaris ssp. vulgaris var. vulgaris (Phaseoli pericarpium).

Perichondrium: Knorpelhaut; die den Knorpel umgebende bindegewebige Haut. **Perichondritis:** Entzündung der Knorpelhaut.

Periciazin INN: 10-[3-(4-Hydroxypiperidino)propyl]phenothiazin-2-carbonitril; CAS-Nr. 2622-26-6; $C_{21}H_{23}N_3OS$, M_r 365.50. Schmp. 116-117 °C. Unlösl. in Wasser; lösl. in Ethanol, Aceton; leicht lösl. in Chloroform; schwer lösl. in Ether. **Anw.:** Neuroleptikum, s. Psychopharmaka; Ind.: schizophrene Psychosen, Schmerzen zentralen Ursprungs, Verhaltensstörungen bei Kindern, Jugendlichen u. im Alter; **UAW:** s. Psychopharmaka; vermindertes Reaktionsvermögen; **Dos.:** p. o. ambulante Initialdos. 1-2×5 mg/d, Erhaltungsdos. unter Erhöhung individuell einstellen; Erhaltungsdos. bei Psychosen 3×20 mg/d, Kinder 1 mg/d pro Lebensjahr.

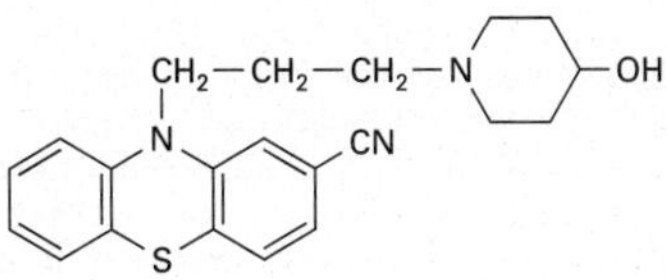

Periciazin

Pericykel: s. Perizykel.

Periderm: (bot.) Gesamtheit von Kork (Phellem*), Korkkambium (Phellogen*) u. Phelloderm*. Sekundäres Abschlussgewebe*, das beim Spross der Epidermis u. bei der Wurzel der Exodermis* folgt; wird vom Phellogen gebildet, welches im Zusammenhang mit dem sekundären Dickenwachstum* in der (primären) Rinde angelegt wird od. (bei Wurzeln) aus dem Perizykel* hervorgeht (Fehlen od. Vorhandensein primärer Rinde lässt somit auf perizykl. od. subepidermale Peridermbildung schließen). Der Gasaustausch erfolgt durch sog. Lentizellen*.

Periduralanästhesie: Abk. PDA, syn. Epiduralanästhesie; Form der Leitungsanästhesie* mit Punktion des Periduralraums im zervikalen od. thorakalen od. (am häufigsten) im lumbalen Bereich. Die P. bewirkt eine temporäre segmentale Nervenblockade u. damit z. B. eine Schmerzausschaltung bei chirurg. Eingriffen od. eine Geburtserleichterung. Beispiele für Leitungsanästhetika: Lidocain*, Bupivacain*.

Perigon: (bot.) einfache Blütenhülle, bei der Kelch- u. Blütenblätter gleichartig sind, s. Blüte; die Perigonbätter werden als Tepale bezeichnet.

perigyn: (bot.) mittelständig (Stellung des Fruchtknotens), s. Blüte.

Perikambium: s. Perizykel.

Perikard: Pericardium; Herzbeutel; aus 2 Blättern bestehende bindegewebige Umhüllung des Herzens* zum Schutz der Herzmuskulatur vor Überdehnung u. Entzündungen.

Perikarditis: Pericarditis; Entzündung des Herzbeutels, oft in Kombination mit Perikarderguss u. Entzündung subepikardialer Herzmuskelschichten; vgl. Perikard.

Perikarp: s. Pericarpium.

periklin: parallel zur Oberfläche.

Perillaaldehyd: Perillaldehyd; 4-Isopropenyl-1-cyclohexen-1-carboxaldehyd; CAS-Nr. 2111-75-3; $C_{10}H_{14}O$, M_r 150.21. Flüssiger Best. des äther. Öls von Perilla-Arten (s. Perilla frutescens) u. Mandarinenschalen. **L-Perillaaldehydoxim** (*α-syn*-Form), syn. Perillartin (Perilla-Zucker), ist ein Süßmittel* mit ca. 2000facher Saccharose-Süßkraft.

Perillae aetheroleum: s. Perilla frutescens.

Perilla frutescens (L.) Britt. **var. crispa** (Thumb.) Decne. ex L.H. Bailey: Ocimum crispum Thunb., Perilla nankinensis (Lour.) Decne, Schwarznessel; Fam. Lamiaceae (Labiatae) (Russland, Himalaja, Indien, Japan). Stpfl. von **Perillae oleum:** Oleum Perillae, Perillaöl; das fette Öl der Samen, ein trocknendes Öl mit Glyceriden z. B. der Öl-, Linol-, Linolensäure. **Anw.:** Speiseöl, zum Imprägnieren von Papier; **Perillae aetheroleum:** ätherisches Perillaöl; ca. 0.3-1.3 % äther. Öl in den Blättern u. Triebspitzen enthalten, feiner Rosenduft. **Inhaltsst.:** enthält wie das äther. Öl anderer Perilla-Arten Perillaaldehyd*; **Wirk.:** dem äther. Öl wird eine appetitanregende, antimikrobielle, sedierende u. immunsuppressive Wirk. zugeschrieben, die allerdings nicht ausreichend wissenschaftl. nachgewiesen ist. **Anw.:** in der Parfümindustrie aufgrund des Rosenduftes als Duftkomponente.
Hom: *Perilla frutescens (HAB2001),* Perilla ocymoides: frisches Kraut; verord. z. B. bei Gicht.

Perillaöl: s. Perilla frutescens.

Perillartin: s. Perillaaldehyd.

Perindopril INN: CAS-Nr. 82834-16-0; $C_{19}H_{32}N_2O_5$, M_r 368.5. **Wirk.** u. **Anw.:** Antihypertensivum*, ACE-Hemmer*, vgl. Captopril, Hormone (Gewebehormone der Niere); **UAW:** Magen-Darm-beschwerden, Geschmacksirritationen, allerg. Reaktionen; **Dos.:** 1-2×4 mg/d.

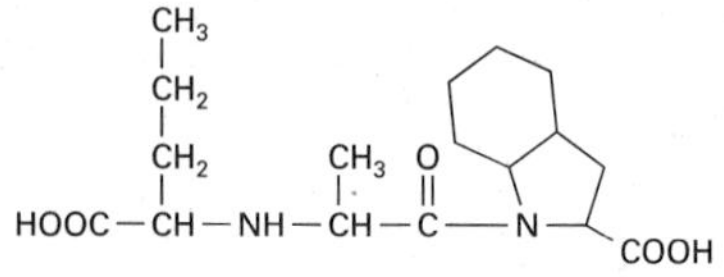

Perindopril

Perineum: Damm; Raum zw. After u. Genitalien.

Periodate: Salze der Periodsäure (H_5IO_6).

Periodensystem der Elemente: Abk. PSE; systemat. Anordnung aller chem. Elemente nach ihrer Ordnungszahl* (siehe hintere innere Umschlagseiten). In seiner klass. Form ist das PSE so angeordnet, dass in den vertikalen Spalten, auch Gruppen od. natürl. Gruppen genannt, untereinander die Elemente angeordnet sind, deren Atome eine analoge Anordnung der Elektronen in den Valenzschalen* u. damit auch ähnl. chem. Eigenschaften besitzen. Die horizontalen Reihen bilden 7 Perioden, die dem stufenweisen Aufbau der einzelnen Elektronenschalen K, L, bis Q entspricht. Jede von ihnen enthält $2n^2$ Elemente, wobei n der Hauptquantenzahl* der Schale entspr., welche in der gegebenen Elementenreihe mit Elektronen aufgefüllt wird; n gibt also ebenfalls die Periodennummer an. Die der Besetzung der K-Schale entspr. erste Periode umfasst 2 Elemente, H u. He. Die 2. bis 6. Periode beginnen stets mit einem Alkalimetall, mit einem einzigen Elektron in der äußersten Elektronenschale, u. enden mit der vollständigen Besetzung dieser Schale beim Atom des entspr. Edelgases. Die 7. Periode mit den schwersten Elementen ist nicht abgeschlossen. Der Ähnlichkeitsgrad der Elemente innerhalb der einzelnen Gruppen ist unterschiedlich. Daher werden die vertikalen Spalten in 16 Gruppen aufgeteilt, 8 Hauptgruppen (Ia bis VIIIa) u. 8 Nebengruppen (Ib bis VIIIb). Die rationale Gestalt des langen PSE ist ein System, das markant u. konsequent die Ähnlichkeit der Elemente ausdrückt, die Folge der ähnl. Strukturen ihrer Atome ist u. dass deshalb die Elemente mit einander ähnl. Elektronenkonfigurationen zueinanderstellt: **1.** Die **Elemente der Hauptgruppen** sind im linken u. rechten äußeren Teil des PSE zusammengefasst. Hierher gehören alle Elemente, deren Elektronenschalen mit Ausnahme der äußersten Sphäre alle voll besetzt sind u. die deshalb für die chemische Bindung* nur die s- u. p-Orbitale* dieser äußersten Schale einsetzen können. Ihre Ionen, soweit sie solche ausbilden, sind farblos u. diamagnet., sie besitzen verhältnismäßig stabile Wertigkeit u., soweit sich diese verändern kann, geschieht dies meistens um 2 Wertigkeitsstufen auf einmal; z. B. P u. As besitzen z. B. die Wertigkeiten 3 u. 5, Sn 2 u. 4, S 2, 4, 6. **2.** Die **Übergangselemente** od. **Nebengrup-**

penelemente befinden sich in der Mitte des PSE. Es handelt sich hierbei um die Elemente, bei denen eine Einlagerung der Elektronen in die d-Orbitale der vorletzten Schale erfolgt. Es sind ausnahmslos Metalle (daher auch als Übergangsmetalle bezeichnet), oft mit amphoteren Eigenschaften. Sie bilden farbige u. paramagnet. Ionen u. ihre Wertigkeit ist veränderl.; z. B. Fe 2 u. 3, Cr 2, 3, 6, Mn 2, 3, 4, 6 u. 7. **3.** Die **inneren Übergangselemente** sind in einem selbstständigen Block untergebracht. Wie aus dem PSE ersichtlich ist, entspr. sie der Einlagerung der Elektronen in die f-Orbitale der Schale (n-2). Es handelt sich um 2 Gruppen von Elementen, die Lanthanoide* (früher Lanthaniden) u. die Actinoide. Die Elemente jeder dieser Gruppen besitzen untereinander sehr ähnl. Eigenschaften, es sind ausschließl. Metalle; ihre Ionen sind farbig u. paramagnetisch. Dank der Anordnung der Elemente in das auf exakter struktureller Grundlage aufgebaute PSE gestaltet sich die gesamte Chemie der anorg. Stoffe zu einem übersichtl., log. in sich abgeschlossenem Ganzen.

Periost (gr. periosteos Knochenhaut): Knochenhaut; die den Knochen umgebende bindegewebige Haut. **Periostitis**: Entzündung der Knochenhaut.

Periplaneta orientalis: s. Blatta orientalis.

Periplogenin: 5-Hydroxydigitoxigenin. Aglykon herzwirksamer Glykoside*.

Perisperm: (bot.) vom Nucellusgewebe gebildetes Nährgewebe.

Peristaltik (gr. peristaltikos festhaltend u. zusammendrückend): wellenförmig fortschreitende Wandbewegung von Hohlorganen infolge meist zirkulärer Kontraktion der glatten Muskulatur. Dient Durchmischung od. Transport (propulsive P.) des Organinhalts.

Periston®: s. Povidon.

Peritektikum: in einem Phasendiagramm*, z. B. einem Schmelzdiagramm der Komponenten A u. B, der Schnittpunkt zw. der Liquiduskurve von B mit der der Molelkülverb. AB, wobei das Maximum der Liquiduskurve von AB (homogener Schmp. der Molekülverb.) durch die Liquiduskurve von B verdeckt wird. Das P. entspr. einem inkongruentem Schmp., an dem sich reine Komponente B abzuscheiden beginnt. Dieser tritt z. B. auf, wenn zw. den Schmp. von A u. B ein großer Unterschied besteht; z. B. ist das inhomogene Schmelzen von vielen Hydraten* (Molekülverb.) die Folge der Ausbildung eines P., da Wasser (Komponente A) einen wesentl. tieferen Schmp. besitzt als das entspr. Anhydrat (Komponente B) des Hydrats (Molekülverb. AB).

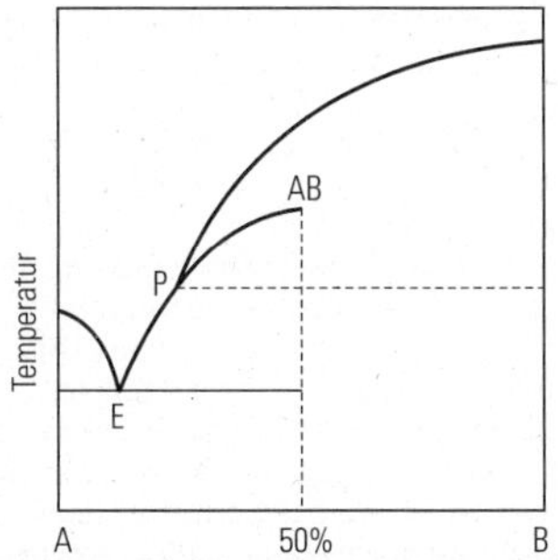

Peritektikum: P: inkongruenter Schmp. der Komponenten A u. B; E: Eutektikum zw. Komponente A u. AB (Molekülverb. zw. A u. B)

Perithecium: (bot.) Fruchtkörper (s. Ascokarp) bei Pilzen* (Ascomyceten).

Peritonealdialyse: intrakorporales Blutreinigungsverfahren* zur Dialysebehandlung* als intermittierende od. kontinuierl. ambulante P. Nach Instillation von ca. 2 L sterilem Dialysat (Waschlsg. mit D-Glucose u. Elektrolyten, s. Peritonealdialyselösungen) über einen Katheter in die freie Bauchhöhle erfolgt der Stoffaustausch über das Peritoneum* als Membran; im Ggs. zur Hämodialyse* ist kein spez. Gefäßzugang erforderlich.

Peritonealdialyselösung: Solutiones ad peritonealem dialysim Ph.Eur.4; Zuber. zur Peritonealdialyse*, deren Konz. an Elektrolyten annähernd der des Plasmas entspricht. Die Konz. an D-Glucose kann variieren; vgl. Hämofiltrationslösung, Hämodialyselösung.

Peritoneum (gr. das Herumgespannte, Bauchfell): Bauchfell; seröse Haut, welche die Bauch- u. Beckenhöhle auskleidet einen großen Teil der Bauch- u. Beckenorgane überzieht.

Peritonitis: akute od. chron. Entzündung des Bauchfells; vgl. Peritoneum. **Urs.:** **1.** bakt. bedingt, ca. 95 % der Fälle; **2.** chem.-tox. bedingt; **3.** strahlenbedingt.

Perizykel: Pericykel, Perikambium, Pericambium; (bot.) äußerste Schicht des Zentralzylinders einer Wurzel*. Die Zellreihe, die sich nach innen zur Endodermis* anschließt. Aus dem Perizykel gehen Seitenwurzeln u. das Periderm* hervor.

Perkin-Reaktion: Variante der Aldolkondensation* zur Herst. von Zimtsäure durch Erhitzen von Benzaldehyd mit Essigsäureanhydrid in Gegenwart von Natriumacetat.

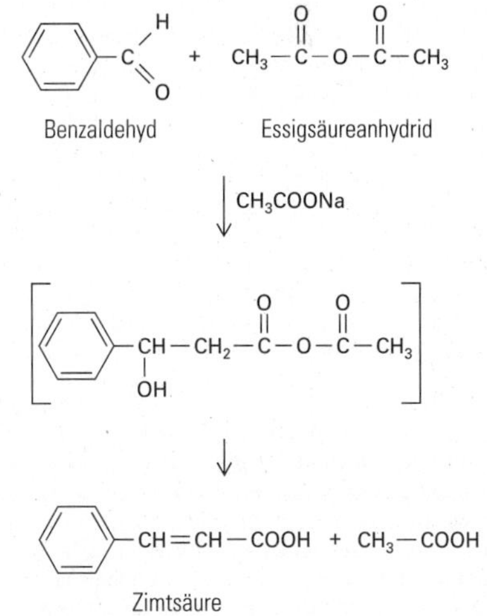

Perkin-Reaktion

Perkolation (lat. percolare durchtropfen): Extraktionsverfahren zur raschen Gew. extraktreicher

Auszüge (hohe Wirkstoffausbeute) unter optimaler Ausnutzung der eingesetzten Droge (erschöpfende Extraktion). Die P. dient neben der Mazeration* der Herst. von Extrakten u. Tinkturen. **Durchführung:** Mit Hilfe eines Perkolators, einem zylindr. od. konische Gefäß, dessen ausgenutzte Höhe (Länge der Drogensäule) mind. das Fünffache des mittleren Durchmessers beträgt, s. Abbildung. Entsprechend den Angaben der Ph.Eur.4 für Tincturae* wird die zerkleinerte Droge (Zerkleinerungsgrad abhängig vom anatom. Bau der Droge u. der Löslichkeit der Inhaltsstoffe) mit der vorgeschriebenen Extraktionsflüssigkeit (i. Allg. entsprechend 30 % des Drogengewichtes) gründl. durchfeuchtet u. in einem geschlossenem Gefäß eine angemessene Zeit (i. Allg. 2 h) lang stehen gelassen (Quellung der Droge). Dann wird die angefeuchtete Droge (mit schwachem Druck) in den unten mit einer Watteschicht ausgelegten Perkolator bei geöffnetem Abflusshahn eingefüllt. Die Drogenoberfläche wird abgedeckt (Filterpapier, Glaskugeln), damit beim Nachgießen der Flüssigkeit keine Drogenteile aufgewirbelt werden. Es wird langsam Extraktionsflüssigkeit zugegeben, bis die Extraktlösung abzutropfen beginnt (Verdrängung der Luft aus der Drogensäule). Der Hahn wird geschlossen u. soviel Flüss. nachgefüllt, dass diese über der Oberfläche der Droge steht. Der Perkolator wird bedeckt u. bleibt (i. Allg. 24 h lang) stehen (Nachquellung u. Mazeration). Danach lässt man die Flüssigkeit so abfließen (eigentl. Perkolation), dass für je 100 g Droge 4 bis 6 Tr./min abtropfen (Einstellen der für die Extraktion optimalen Durchströmgeschwindigkeit); die Extraktionsflüssigkeit wird in der Folge so nachgegossen, dass die Drogenoberfläche stets bedeckt bleibt. Durch die ständige Erneuerung des Lösungsmittels entspricht das Verfahren prakt. einer vielstufigen Mazeration* (Polymazeration), bei der durch die ständige Neueinstellung des Konzentrationsgefälles zw. gelösten Drogeninhaltsstoffen u. reinem Extraktionsmittel (unbehinderte Diffusion) eine ca. 95 %ige Ausbeute an Inhaltsstoffen möglich ist. Wenn nach Beendigung der Zugabe die im Perkolator noch vorhandene Extraktionsflüssigkeit abgetropft ist, wird der Drogenrückstand ausgepresst, die Pressflüssigkeit mit dem Perkolat vereinigt u. filtriert. **Weiterverarbeitung:** Zur Herst. von Trockenextrakten wird nach beendeter P. — d. h. wenn von 1 T. Droge 3-4 T. Perkolat abgetropft sind, od. die vorgeschriebene Menge Extraktionsflüssigkeit verbraucht ist — das Lösungsmittel im Wasserbad unter vermindertem Druck entfernt (Feuchtigkeitsgehalt: 3-5 %). Die Temp. des Wasserbades darf 70 °C, die der Extraktlösung 50 °C nicht überschreiten. Wird ein Wirkstoffgehalt gefordert, ist der Gehalt zu bestimmen u. der Extrakt durch Verreiben mit Lactose od. Dextrin einzustellen. Bei der Herst. von Fluidextrakten wird nach beendeter P. — d. h. wenn die dem Drogengewicht entsprechende Menge Perkolat abgetropft ist — der Hahn geschlossen. Nach 2-tägigem Stehen wird der Drogenrückstand ausgepresst. Die Pressflüssigkeit wird mit dem Perkolat vereinigt u. gegebenenfalls mit Extraktionsflüssigkeit auf das vorgeschriebene Gewicht ergänzt. Nach ca. 5-tägiger Aufbewahrung unterhalb 15 °C (s. Defäkation) wird der Fluidextrakt filtriert.

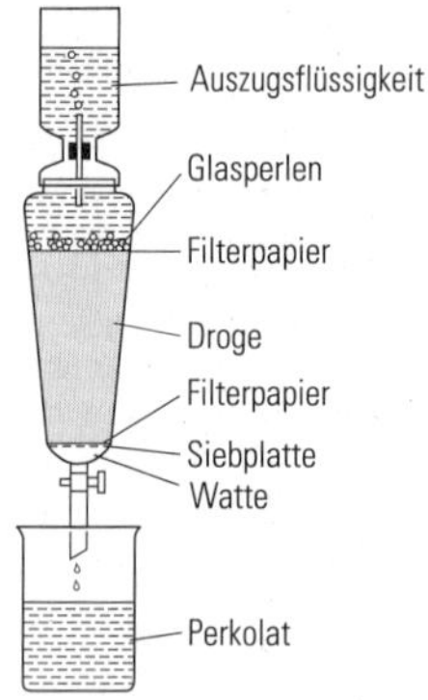

Perkolation

perkutan: durch die Haut hindurch; perkutan wirken z. B. Salben, Bäder.

perlingual: durch die Zunge; über die Zunge; perlinguale Methode (Applikation): Auflegen von Arzneimitteln auf die Zunge, von wo sie resorbiert werden.

Perlmoos: s. Carrageen.

Perlon®: Kunstfaser. Schmp. 215 °C. Geringe Wasseraufnahme, leicht, hochelast., fäulnisbeständig, färbbar; vgl. Filum polyamidicum-6 sterile. **Herst.:** Polymerisation von ε-Caprolactam*.

Perlsago: s. Amylum Sagi.

Perlsucht: Tuberkulose* der Rinder mit großen, im Verlauf der Lymphgefäße aufgereihten Tuberkelknoten auf den serösen Häuten. Erreger: Mycobacterium* bovis, kann beim Menschen die sog. bovine Tuberkulose verursachen.

Permanentweiß: s. Bariumsulfat.

Permanganate: Salz der Permangansäure $HMnO_4$.

Permanganatometrie: s. Manganometrie.

permeabel: durchlässig, s. Osmose.

Permeabilitätsmessgerät nach Blaine: s. Oberfläche, spezifische.

Permeabilitäts-Vitamin: s. Flavonoide.

Permease: Transportprotein; Carriermolekül, das den Transport von Substanzen durch Zellmembranen ermöglicht u. dabei nicht dauerhaft verändert wird.

Permeation: Bewegung eines Stoffes durch eine Membran (i. Allg. bewegungshindernd) in Resorptionsorgane; vgl. Penetration.

Permeationsmodelle: Membranmodelle; In-vitro-Modelle zur Simulation des Transports von Arzneistoffen durch Membranen; z. T. Differenzierung in P., bei denen der Arzneistoff im Donatorkompartiment bereits gelöst vorliegt, u. Resorptionsmodelle, bei denen der Arzneistoff in einer festen Arzneiform vorliegt, s. Resorptionsmodelle.

Permethrin: (1*RS*)-*cis,trans*-3-(2,2-Dichlorvinyl)-2,2-dimethylcyclopropancarbonsäure-3-phenoxybenzylester; CAS-Nr. 52645-53-1; $C_{21}H_{20}Cl_2O_3$; M_r 391.3. **Anw.** techn.: Insektizid (Pyrethroid*),

s. Schädlingsbekämpfungsmittel (Insektizide), Tabelle.

Permutite: künstl. Zeolithe* (Aluminium-Calcium- od. Aluminium-Natrium-Silicate), die zur Enthärtung des Wassers dienen, s. Ionenaustauscher.

Pernio (lat. Frostbeulen): chron. Kälteschaden an der Haut der Akren* u. a. mit Schwellung, Blasen, Blutungen.

perniziös: gefährlich, bösartig.

peroneus: zum Wadenbein (Fibula*) gehörend.

peroral: per os; durch den Mund.

Peroraltabletten: Tabletten zur peroralen Anwendung, die entweder im Wasser zerfallen od. direkt eingenommen, die Wirkstoffe im Magen-Darm-Trakt zur Resorption freigeben bzw. dort lokal wirken (z. B. Antazida). P. setzen ihre Wirkstoffe entweder rasch od. über eine gewisse Zeit frei (s. Retardpräparate); vgl. Compressi.

Peroxidasen: Gruppe häminhaltiger Oxidoreduktasen (s. Enzyme), die in Pflanzen (Meerrettich) u. Tieren (Milz, Lymphdrüsen, Knochenmark, Sperma, Milch) vorkommen. P. setzen das als Zellgift wirkende, im Stoffwechsel über das Radikalanion O_2^{-} (Superoxid, Hyperoxid*) gebildete H_2O_2 durch Übertragung von Wasserstoff aus einem geeigneten Substrat (Phenole, aromat. Amine, Glutathion u. a.) zu Wasser um: $RH_2 + H_2O_2 \rightarrow R + 2\ H_2O$. Die einzelnen, spezif. wirkenden P. (z. B. Glutathionperoxidase*) kommen oft zus. mit Katalase* vor, die ebenfalls Wasserstoff auf H_2O_2 überträgt, diesen allerdings aus einem zweiten H_2O_2-Molekül übernimmt. **Anw.:** Bestimmung von H_2O_2, Glucose, Vitamin C; die Messung der P.-Aktivität hat diagnost. Bedeutung.

Peroxide: Superoxyde (veraltet); **1.** durch das Peroxid-Ion (O_2^{2-}) od. **2.** durch eine Peroxygruppe (–O–O–) gekennzeichnete Verb. von Sauerstoff mit Metallen u. org. Radikalen, z. B. Bariumperoxid, $Ba^{2+}O_2^{2-}$, od. Benzoylperoxid, $C_6H_5CO-O-O-OCC_6H_5$. Meist sehr labile, explosible Verb., die unter Bildung von Wasserstoffperoxid* zerfallen. **Achtung:** bei längerem Stehenlassen aliphat. Ether od. beim Einengen (Destillieren) ether. Lsg. kann es zur Anreicherung von Peroxiden u. nachfolgend zu heftigen Explosionen kommen. **Prüfung auf P.:** durch Oxidation von Iodid zu Iod od. mit Teststäbchen (Peroxid-Test). **Entfernung von P.:** wässrige Extraktion mit schwefelsaurer Eisen(II)-sulfatlösung od. Säulenfiltration durch basisches Aluminiumoxid.

Peroxidzahl: Abk. POZ, Lea-Zahl; gibt die Peroxidmenge in Milliäquivalenten aktivem Sauerstoff an, die in 1000 g Substanz nach der von der Ph.Eur.4 vorgeschriebenen Bestimmungsmethode enthalten sind. Wichtig zur Feststellung des Verdorbenheitsgrades von Fetten. Zur Bestimmung wird die Substanz (meist Fett, fettes Öl) mit Kaliumiodid in einer Essigsäure-Chloroform-Mischung auf dem Wasserbad erhitzt. Nach Abkühlen des Reaktionsgemisches versetzt man mit KI-Lösung u. titriert mit Natriumthiosulfat.

Peroxisomen: (bot.) Microbodies*, die Enzyme des mit der Photorespiration* assoziierten Glykolsäurestoffwechsels enthalten.

Peroxisomen-Proliferator-aktivierter Rezeptor: Abk. PPAR; gehört zur Superfamilie der nukleären Rezeptoren. PPAR bilden mit dem Retinoid X-Rezeptor Heterodimere aus, die im Zellkern an bestimmte DNA-Responseelemente in Genpromotoren binden u. die Expression der entsprechenden Gene steuern. Es existieren 3 Typen, die als PPARα, -β/δ u. -γ bezeichnet werden. PPARα wird v. a. in der Leber exprimiert u. durch ungesättigte Fettsäuren u. Fibrate aktiviert. PPARα-Aktivierung steigert die Expression vieler am Fettsäure-Metabolismus beteiligter Enzyme u. führt dadurch zur Senkung des Triglycerid-Plasmaspiegels. PPARβ/δ kommt im Organismus ubiquitär vor. Vitamin A-Säure u. versch. Eicosanoide wie Prostacyclin konnten als Aktivatoren identifiziert werden. PPARβ/δ-Aktivierung wirkt lipidsenkend u. antiadipös. PPARγ wird vorwiegend in Adipocyten exprimiert u. durch Eicosanoide u. Thiazolidindione (Glitazone) aktiviert. PPARγ-Aktivierung führt zur Lipidsenkung u. Adipocyten-Differenzierung u. erhöht die Empfindlichkeit peripherer Gewebe für Insulin (s. Antidiabetika, orale).

Peroxo-: Peroxy- (veraltet); Vorsilbe für Säuren, in denen –O– durch –O–O– ersetzt ist, z. B. Peroxodischwefelsäure*.

Peroxoborate: Salze der Peroxoborsäure (HBO_3).

Peroxodischwefelsäure: Perschwefelsäure; $H_2S_2O_8$. Weiße, in Wasser lösl. Kristalle. Ihre stark oxidierend wirkenden Salze heißen Peroxodisulfate; **Darst.:** Elektrolyse konz. Schwefelsäurelsg. (40-50 %) od. Einw. von Chlorsulfonsäure auf Peroxomonoschwefelsäure (H_2SO_5).

Peroxodisulfate: Persulfate; Salze der Peroxodischwefelsäure*.

Peroxomonoschwefelsäure: Peroxoschwefelsäure, Caro-Säure; H_2SO_5. Schmp. 45 °C. Weiße Kristalle; starkes Oxidationsmittel.

Peroxy-: s. Peroxo-.

Perphenazin INN: Perphenazinum Ph.Eur.4, Chlorpiprazin, 2-Chlor-10-{3-[4-(2-hydroxyethyl)-piperazin-1-yl]propyl}phenothiazin; 2-{4-[3-(2-Chlor-10-phenothiazinyl)propyl]piperazin}ethanol; CAS-Nr. 58-39-9; $C_{21}H_{26}ClN_3OS$, M_r 403.97. Schmp. 94-100 °C. Sdp. 214-218 °C (20 Pa), 278-281 °C (133 Pa). Fast unlösl. in Wasser u. in Sesamöl; lösl. in Ethanol 153 mg/mL, in Aceton 82 mg/mL. $pK_{S,1}$ 3.7, $pK_{S,2}$ 7.8. **Anw.:** Neuroleptikum, s. Psychopharmaka; Ind.: schizophrene Psychosen, Manie, agitierte Depressionen, Erbrechen, Schmerzzustände, in tranquillierender Dosierung bei Angst- u. Spannungszuständen; **UAW:** s. Psychopharmaka; vermindertes Reaktionsvermögen; **Dos.:** p. o. 2-3 × 4 mg/d, n. B. bis 3 × 8 mg/d; parenteral (i. m., i. v.) 5 mg; parenteral Depot 100 mg; rektal 4 mg; HWZ 8-12 h. Hingewiesen sei auch auf Perphenazinenantat.

per rectum: vom Mastdarm aus; durch den After.

Persäuren: s. Perverbindungen.

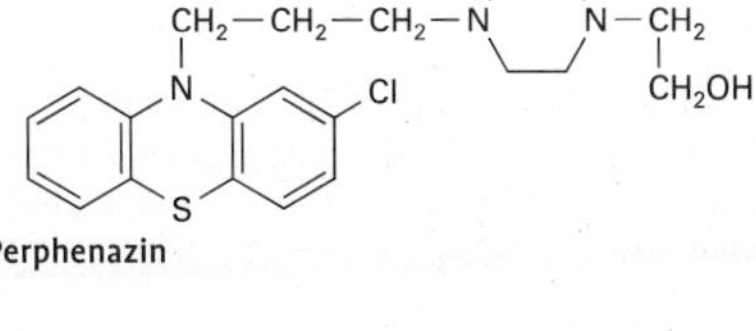

Perphenazin

P

Perschwefelsäure: s. Peroxodischwefelsäure.

Persea americana Mill.: Persea gratissima, Avocado; Fam. Lauraceae (heim. trop. Amerika, Mexiko, Guatemala, Kalifornien, Florida, Hawaii, Kuba, Puerto Rico). Stpfl. von **Avocadoöl:** Oleum Perseae; D. 0.915-0.923; $n_D^{20°C}$ 0.1468-1.476; SZ max. 1.0, IZ 80-95; POZ max. 15, VZ 187-195, UA max. 2.0 %. Öl der brasilian. Avocadofrucht (Aguakate, Ahuakate, Alligatorbirne). Essbares, dem Olivenöl ähnl. Öl mit hohem Vitamingehalt. **Off.:** DAC; **Best.:** ca. 26 % gesättigte u. ca. 65 % ungesättigte Fettsäuren; **Anw.:** sehr gute Salbengrundlage, v. a. für kosmet. Cremes, ölige Lsg. u. Emulsionen.
Hom: *Persea americana (HAB1.5),* P. gratissima: frische Blätter.

Persimone: s. Diospyros virginiana.

Persistenz: Erhaltenbleiben eines Zustands, Beständigkeit (z. B. eines Stoffes gegenüber Abbauvorgängen in der Umwelt od. im Organismus). In Bezug auf Erreger: Überstehen einer Antibiotikabehandlung, obwohl die Keime antibiotikasensibel sind. Ursache für die Persistenz ist, dass der spezif. Stoffwechselschritt ruhen kann, gegen den das Antibiotikum gerichtet ist. **Persistent:** persistierend; anhaltend, dauernd.

Personalkonzession: s. Apothekenwesen.

Personal, pharmazeutisches: Deutschland: nach § 3 Apothekenbetriebsordnung umfasst dieser Personenkreis: **1.** Apotheker*; **2.** Personen, die sich in der Ausbildung zum Apothekerberuf befinden; **3.** Pharmazeutisch*-technische Assistenten; **4.** Personen, die sich in der Ausbildung zum Pharmazeutisch-technischen Assistenten befinden (während des Praktikums); **5.** Apothekerassistenten*; **6.** Pharmazieingenieure*; **7.** Apothekenassistenten*; **8.** Pharmazeutische* Assistenten. Nur das ph. P. ist zur Durchführung pharmaz. Tätigkeiten berechtigt. Als pharmaz. Tätigkeiten gelten die Entwicklung, Herst., Prüfung u. Abgabe von Arzneimitteln, die Information u. Beratung über Arzneimittel u. die Überprüfung der Arzneimittelvorräte in Krankenhäusern. **Österreich:** Das ph. P. der Apotheken fällt unter den Begriff pharmazeutische Fachkräfte; s. Pharmazeutische Fachkräfteverordnung; **Schweiz:** durch kantonale VO geregelt; vgl. Apotheker, Pharma-Assistent.

Personendosis: s. Strahlenschutz.

Persorption: Resorptionsmechanismus im Darm für feste Partikel bis ca. 100 µm Durchmesser; durch ständige Erneuerung des Darmepithels kommt es zum kurzfristigen Auftreten von Lücken, wodurch die Partikel über das Lymphsystem ins Blut gelangen können. P. wurde u. a. für Stärkekörner u. metall. Eisen nachgewiesen u. wird auch für die Resorption von Viren, Toxinen, Asbestfasern u. a. verantwortl. gemacht.

Persulfate: s. Peroxodisulfate.

Pertussis: s. Keuchhusten.

Pertussis-Adsorbat-Impfstoff: Vaccinum pertussis adsorbatum Ph.Eur.4, Keuchhusten-Adsorbat-Impfstoff; Totimpfstoff; sterile Suspension abgetöteter Bordetella-pertussis-Bakt. in isotoner Lsg., der Aluminiumhydroxid, hydratisiertes Aluminiumphosphat od. Calciumphosphat zugesetzt wurde. Konservierung ist erlaubt. **Anw.:** zur Immunprophylaxe des Keuchhustens; häufig in Form eines Kombinationsimpfstoffes s. Diphtherie-Pertussis-Tetanus-Adsorbat-Impfstoff.

Pertussis-Impfstoff: Vaccinum pertussis Ph.Eur.4, Keuchhusten-Impfstoff; Totimpfstoff; sterile Suspension abgetöteter Bordetella-pertussis-Bakt. in isotoner Lösung. Abtötung erfolgt durch Erhitzen u./od. chem. Methoden. Chem. Konservierung ist erlaubt, wenn sie keinen Einfluss auf die antigene Wirk. hat. **Anw.:** aktive Immunisierung gegen Pertussis möglichst schon ab Beginn des 3. Lebensmonats; **Kontraind.:** schwere Reaktion auf eine frühere Impfung mit einem Pertussis-Impfstoff, akut erkrankte od. Rekonvaleszente.

Pertussisimpfstoff, azellulärer: azellulärer Pertussis-Adsorbat-Impfstoff aus Komponenten, Vaccinum pertussis sine cellulis ex elementis praeparatum adsorbatum Ph.Eur.4, azelluläre Pertussisfraktion-300-HA (Hämagglutinations-Einheiten); im Ggs. zu Ganzkeimimpfstoffen enthält der azelluläre Pertussisimpfstoff keine abgetöteten Bakt., sondern nur gereinigte antigene Best. (Pertussistoxoid, filamentöses Hämagglutinin, Agglutinogen Typ 2 u. 69-kDalton-Protein) u. ist dadurch besser verträglich. **Anw.:** aktive Immunisierung gegen Pertussis ab dem 3. Lebensmonat bis zum 6. Lebensjahr; **UAW:** gelegentl. lokale Reaktionen, Fieber, Erbrechen, Schläfrigkeit; **Kontraind.:** neurolog. Erkrankungen, Krampfleiden, akute Infektionen od. Fieber; **Dos.:** parenteral: Grundimmunisierung 3 Injektionen im Abstand von je 6-10 Wochen, 4. Impfung ca. 1 Jahr später.

Pertussistoxin: Keuchhustentoxin; ein von Bordetella* pertussis gebildetes, aus einer bindenen u. einer funktionellen Untereinheit aufgebautes Protein. Die bindende Untereinheit lagert sich an den Rezeptor der eukaryont. Zelle an, während die funktionelle Untereinheit die ADP-Ribolysierung inhibitor. G-Proteine katalysiert, wodurch die Inaktivierung der Adenylatcyclase verhindert wird. Die enzymat. aktive A-Untereinheit besteht aus 234 Aminosäurebausteinen, der B-Oligomer ist aus 2 Dimeren aufgebaut, die über eine weitere Untereinheit verbunden sind.

Perubalsam: s. Balsamum peruvianum.

Peru-Ratanhia: s. Krameria triandra.

Peruvosid: Cannogenin-3-α-L-thevetosid; 3β-[(6-Desoxy-3-O-methyl-α-L-glucopyranosyl)oxy]-14β-hydroxy-19-oxo-5β-card-20(22)-enolid; CAS-Nr. 1182-87-2; $C_{30}H_{44}O_9$, M_r 548.65. Herzglykosid aus Thevetia* peruviana. Strukturformel s. Glykoside, herzwirksame (Tab. 2). Schmp. 161-164 °C (kristallisiert aus Methanol/Ether). $[\alpha]_D^{22°C}$ −71.7° (c = 1.54 in Methanol). Lösl. 1:2500 in Wasser; leicht lösl. in Chloroform u. Aceton; wenig lösl. in Methanol u. Ethanol. **Anw.:** s. Glykoside, herzwirksame; von einer Anw. wird abgeraten; HWZ 55 h; vgl. Thevetose, Thevetin* A.

Perverbindungen: Sammelbez. für Stoffe, die von einem Best. mehr enthalten als die namengebende Grundverbindung. Es werden 3 Gruppen unterschieden: **1.** P., die O_2-Gruppen enthalten, wie Peroxide*, Peroxoverb., org. Persäuren (R−CO−OOH); **2.** Anorg. Persäuren u. ihre Salze, z. B. Period- u. Perchlorsäure, die zwar O, jedoch keine O−O-Gruppen enthalten; **3.** P., die keinen Sauerstoff enthalten, z. B. Pernitride. O-haltige P. sind zumeist starke Oxidationsmittel.

Pes (lat.): Fuß.

Pessare: **1.** Ringe, Schalen od. Würfel aus Hart- od. Weichgummi, Porzellan od. Silikon zum Einlegen in die Scheide od. Uterushöhle, entweder zur Stütze (Stützp., Mutterring) od. zur Empfängnisverhütung als Verschlusspessar (Portiokappe). **2.** Intrauterinpessare (IUP) in Form einer Schleife od. Spirale in 7- oder T-Form (s. Abb.) aus Kunststoff (Polyethylen, Polypropylen) mit Hormonreservoir od. Kupferbeschichtung.

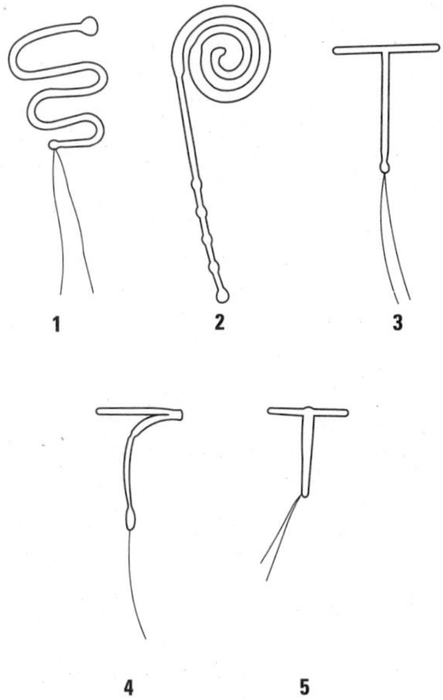

Pessar: versch. Intrauterinpessare; 1: Lippes-Schleife; 2: Margulies-Spirale; 3: Kupfer-T; 4: Kupfer-7; 5: progesteronabgebendes Pessar [21]

Pest: durch Yersinia* pestis verursachte Infektionskrankheit, die durch Flöhe von Nager zu Nager u. vom Nager auf den Menschen übertragen wird. **Verbreitung:** früher weltweit, heute auf einzelne Herde beschränkt; **Klin. Formen:** **1.** Beulenpest; **2.** Lungenpest; **3.** Pestsepsis; **4.** abortive Pest.

Pestbakterien: Yersinia pestis; s. Yersinia.

Pestizide: s. Schädlingsbekämpfungsmittel.

Pestizide in Drogen: s. Schädlingsbekämpfungsmittel.

Pestwurz: s. Petasites hybridus.

PET: Abk. für **P**ositronen**e**missions**t**omographie; bildgebendes, diagnost. nuklearmed. Verfahren. Mit Positronenemittern markierte Radiopharmaka werden meist i.v. verabreicht u. die vom Nuklid ausgehende Strahlung mit Hilfe eines PET*-Scanners gemessen. Die Besonderheit der PET besteht darin, dass durch den Einsatz der Isotope Kohlenstoff*-11, Stickstoff*-13, Sauerstoff*-15 interessierende Substanzen als radioaktive Tracer* eingesetzt werden können, ohne ihre biochem. Eigenschaften zu verändern. Weitere für die PET geeignete Nuklide sind Iod-124, Yttrium-86 u. Kupfer-64. Fluor-18 nimmt eine bes. Rolle ein, da es häufig als Ersatz für eine OH-Gruppe eingeführt wird u. damit bewusst die Stoffwechseleigenschaften verändert werden; s. blocked metabolism. Die PET ermöglicht die funktionale, räuml. u. quantifizierende Erfassung von Stoffwechselprozessen, z. B. die Darst. der Aktivität einzelner Hirnabschnitte; vgl. molecular imaging.

Petala: (bot.) Blüten-, Kronblätter, s. Blüte.

Petasites hybridus (L.) Ph.Gaertn., B. Mey. et Scherb.: Petasites officinalis Moench, Tussilago petasites, Pestwurz; Fam. Asteraceae (Compositae) (Europa). Stpfl. von **Radix Petasites:** Pestwurzelstock, Kraftwurz. **Inhaltsst.:** spasmolyt. wirkende Petasine (hauptsächl. mit C_5-Säuren veresterte bicycl. Sesquiterpenalkohole vom Eremophilan-Typ od. deren Abbauprodukte), bis zu 350 mg/kg hepatotoxische Pyrrolizidinalkaloide* (Abk. PA), Inulin, Flavonoide wie Quercetin; Schleim- u. Gerbstoffe, Pektinstoffe, äther. Öl (mit Dodecanal als Geruchsträger) u. a. (chem. Rassen, Wirkstoffmuster daher variabel); **Anw.:** zur unterstützenden Behandlung akuter, krampfartiger Schmerzen im Bereich der ableitenden Harnwege, bes. bei Steinleiden, zur Migräneprophylaxe, bei allerg. Rhinitis; zum Einsatz kommen nur PA-freie Extrakte.

Hom: *Petasites hybridus (HAB2000),* Tussilago: gegen Ende der Blütezeit geerntetes Kraut; verord. z. B. bei Asthma, Nieren- u. Gallenkolik.

Petersilie: s. Petroselinum crispum.

Petersilienkampfer: s. Apiol.

Petersilienöl: s. Petroselinum crispum (Oleum Petroselini).

Petersilienwurzel: s. Petroselinum crispum (Rad. Petroselini).

Pethidin INN: Isonipecain, Meperidin, Ethyl-1-methyl-4-phenyl-4-piperidincarboxylat; 1-Methyl-4-phenyl-4-piperidincarbonsäureethylester; CAS-Nr. 57-42-1; $C_{15}H_{21}NO_2$, M_r 247.35. pK_S der konjugierten Säure 8.7 (20 °C). **Anw.:** starkes Analgetikum (das erste seiner Art, 1939 eingeführt), in der Geburtshilfe zur Erleichterung u. Beschleunigung der Geburt; analget. Wirk. 10-mal schwächer als Morphin*, anticholinerg, spasmolyt. Wirk. auf den Uterus; Gefahr der Abhängigkeit (Morphintyp); **Dos.:** p. o. 2-3 × 25 mg/d; parenteral (i. v., i. m., s. c.) 50 mg; rektal 100 mg; MED 0.15 g, MTD 0.5 g; HWZ 3.5-4 h. **Pethidinhydrochlorid:** Schmp. 187-188 °C (polymorph).

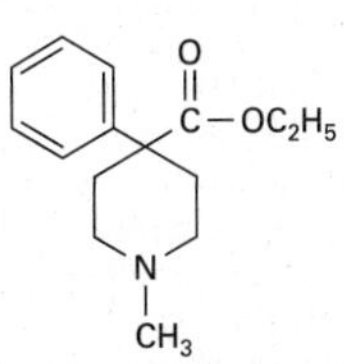

Pethidin

Pethidinhydrochlorid: Pethidini hydrochloridum Ph.Eur.4, Pethidinum hydrochloricum, Methylphenyl-piperidinocarbonoyl-ethanol-hydrochlorid; 1-Methyl-4-phenyl-piperidin-4-carbonsäureethylester-hydrochlorid; CAS-Nr. 50-13-5;

$C_{15}H_{22}ClNO_2$, M_r 283.8. Schmp. 187-189 °C. Weißes, krist. Pulver von salzig-bitterem Geschmack; lösl. in 1 T. Wasser, 2 T. Ethanol, 3 T. Chloroform, wenig lösl. in Ether. **Zuber.:** nach Ph.Helv.7 P.-Injektionslsg. 50 mg/mL, Pethidini hydrochloridi solutio iniectabilis 50 mg/mL u. P.-Suppositorien 100 mg, Pethidini hydrochloridi suppositoria 100 mg, Suppositoria pethidinii chlorati 100 mg; **Anw.:** s. Pethidin; **Dos.:** 50-100 mg, n. B. bis 3-mal/d, i. m. und s. c. 25-50 mg; MED 0.15 g, MTD 0.5 g. Unterliegt der Betäubungsmittelverordnung.

Petiolus: (bot.) Blattstiel.

Petitgrainöl: s. Citrus aurantium ssp. aurantium (Oleum Petitgrain).

Petit mal: sog. kleiner Anfall; nicht mehr gebräuchl. Bez. für versch. Formen epilept. Anfälle (z. B. Absence, Myoklonie); vgl. Epilepsie.

PETN: s. Pentaerythrittetranitrat.

PETP: s. Polyterephthalsäureester.

Petri-Schale: runde Schale für Bakterienkulturen; heute überwiegend aus Kunststoffen.

Petrochemie: von Petroleum (Oleum* petrae) abgeleitete Bez. für einen Zweig der techn. Chemie, der sich mit der Verarbeitung des Erdöls befasst.

Petrolether: Petroleumbenzin; niedrig siedende Fraktionen von Petroleum (s. Oleum Petrae), die v. a. aus Kohlenwasserstoffen, meist Pentan* u. Hexan*, bestehen. D. 0.625-0.660. Sdp. 35-80 °C. Flammpunkt ca. 40 °C. Klare, farblose, leicht brennbare Flüss. von charakterist. Geruch; unlösl. in Wasser, mischbar in absolutem Ethanol, Benzol, Ether, Chloroform. **Anw.:** als Lösungsmittel. **Gefahrenhinweise:** mit Luft entsteht ein explosives Gemisch. P. muss an einem kühlen Ort, dicht verschlossen u. vor Feuer geschützt aufbewahrt werden.

Petroleum: s. Oleum Petrae.

Petroleumbenzin: s. Petrolether.

Petroselinsäure: *cis*-6-Octadecensäure; $CH_3(CH_2)_{10}CH=CH(CH_2)_4COOH$; $C_{18}H_{34}O_2$, M_r 282.45. Schmp. 30 °C. Nat. in Apiaceenfrüchten (als Glycerid Petroselin), s. Petroselinum crispum ssp. crispum.

Petroselinum crispum (Mill.) Nym. ex A.W. Hill: Petroselinum hortense auct. non Hoffm., Petroselinum sativum Hoffm., Petersilie; Fam. Apiaceae (Umbelliferae) (heim. Mittelmeergebiet, kult. als Gemüsepfl.), vgl. P. crispum ssp. crispum.

Petroselinum crispum ssp. tuberosum Bernh. ex Rchb. Soó, Wurzelpetersilie (Knollenpetersilie), ist Stpfl. von **Radix Petroselini:** Petroselini radix, Petersilienwurzel. **Off.:** EB6; **Inhaltsst.:** ca. 0.1-0.5 % äther. Öl mit Myristicin, Apiol, ferner Polyine (z. B. Falcarinol) sowie Furanocumarine* (Bergapten, Isoimperatorin, Oxypeucedanin) u. Flavonoide (z. B. Apiin); **Anw.:** zur Durchspülungstherapie bei Erkrankungen der ableitenden Harnwege u. Nierengrieß.

Petroselinum crispum ssp. crispum: Blattpetersilie; Fam. Apiaceaea (Umbelliferae) (heim. Mittelmeergebiet, kult. als Gemüsepfl.). Zus. mit anderen Subspecies Stpfl. von **Fructus Petroselini:** Petroselini fructus, Petersilienfrucht, (fälschl. Semen Petroselini, Petersiliensamen). **Off.:** EB6; **Inhaltsst.:** 2-7 % äther. Öl, 20-22 % fettes Öl mit Petrosilan (Petroselin, Glycerid der Petroselinsäure*), Apiin* u. a. Flavonglykoside, Cumarine; **Oleum Petroselini:** Oleum Petroselini fructuum aethereum, Petersilienöl; das äther. Öl der Früchte. **Inhaltsst.:** von der Subspecies (Blatt-, Wurzelpetersilie) u. von der Rasse abhängig; z. B. sind in deutschem Petersilienöl (Apiolrasse) 60-80 % Apiol*, in franz. Öl (Myristicinrasse) ca. 50-75 % Myristicin* u. in der Allyltetramethoxybenzolrasse ca. 50-60 % 1-Allyl-2,3,4,5-tetramethoxybenzol enthalten; **Anw.** volkstüml.: bei Beschwerden im Magen-Darm-Bereich, der Niere, ableitenden Harnwege, Förderung der Verdauung; auch als Emmenagogum u. Abortivum (infolge des Apiol- u. Myristicingehalts stark uteruserregend); äußerl. gegen Hautparasiten; sollte wegen der relativ hohen Toxizität nicht verwendet werden; Negativmonographie der Kommission E **Zuber.:** Aq. Petroselini; **Herba Petroselini:** Petersilienkraut. **Inhaltsst.:** ca. 0.3 % äther. Öl; **Anw.:** vgl. Petroselinum crispum (Radix petroselini); v. a. frisch, als Küchengewürz.

Hom: *Petroselinum crispum ssp. crispum (HAB2000)*, Petroselinum (crispum): frische, zu Blütebeginn gesammelte, ganze Pflanze.

Hom: *Petroselinum e seminibus:* reife Früchte; verord. z. B. bei Reizblase.

Petrosilan: s. Petroselinum crispum ssp. crispum.

PET-Scanner: ringförmige Messanordnung zur Patientenuntersuchung in der PET*. Dabei wird die beim Positronenzerfall entstehende Vernichtungsstrahlung von einem Gammaquantenpaar mit einer Energie von 511 keV (Positronium*) zeitgleich von 2 gegenüberliegenden Detektoren in Koinzidenz*-Schaltung registriert u. als Ereignis in einer Matrix gespeichert. Durch Rekonstruktionsverfahren lassen sich aus den Rohdaten dreidimensionale Zeitaktivitätsbilder erzeugen.

Petunidin: s. Anthocyanidine (Tab.).

Peucedanin: Bitterstoff aus Peucedanum* ostruthium.

Peucedanum ostruthium (L.) W.D.J.Koch: Imperatoria ostruthium, Meisterwurz; Fam. Apiaceae (Umbelliferae) (Mittel- u. Südeuropa). Stpfl. von **Rhizoma Imperatoriae:** Imperatoriae rhizoma, Radix Imperatoriae, Meisterwurzwurzel. **Off.:** EB6; **Inhaltsst.:** Ostruthin (7-Hydroxy-6-(3,7-dimethyl-2,6-octadienyl)cumarin), ferner die Furanocumarine* Imperatorin*, Isoimperatorin, Peucedanin, Oxypeucedanin; 0.2-1.4 % äther. Öl; Gerbstoffe, Harz, Stärke u. a.; **Anw.** volkstüml.: anstelle von Angelicae radix (s. Angelica archangelica) bei Magen-Darm-Beschwerden, als harntreibendes Mittel, gegen Gicht, Erkrankungen des rheumat. Formenkreises, Fieber; zur Herst. von Bitterschnäpsen.

Peumus boldus Mol.: P. fragrans Ruiz. et Pav. Pers., Boldo fragrans, Boldo; Fam. Monimiaceae (Chile). Stpfl. von **Boldi folium:** Folia Boldo, Boldoblätter. **Off.:** Ph.Eur.4, Ph.Helv.7; **Inhaltsst.:** ca. 0.2 % Aporphinalkaloide*, v. a. Boldin*; bis zu 0.3 % Boldoglucin u. a. Flavonolglucoside, ca. 2 % äther. Öl (mit 40-50 % Ascaridol, 30 % *p*-Cymen, Eucalyptol u. a.), Gerbstoffe, Gummi; **Gehalt:** mind. 0.1 % Gesamtalkaloide, ber. als Boldin (Ph.Eur.4), dessen Anteil an den Gesamtalkaloiden entgegen früheren Angaben ledigl. 1.5-5.0 % beträgt, mind. 2 % u. höchstens 4 % äther. Öl (ganze Droge) mit *p*-Cymen (8-10 %), Eucalyptol (26-40 %) u. Ascaridol (20-40 %) als Hauptbestandteile; **Wirk.**: Anregung der Magensaftsekretion, spasmolyt., antioxidativ, hepatoprotektiv, antiphlogist.; **Anw.**: bei leichten krampfartigen Magen-Darm-Störungen, dyspept. Beschwerden; volkstüml.: in Chile (Heimat) als Anthelminthikum (Ascaridol); wirkt in größeren Mengen brecherregend.

Hom: *Peumus boldus (HAB2000),* Boldo: getrocknete Blätter; verord. z. B. bei Leber- u. Gallenerkrankungen.

PEX-Verfahren: Pressure-EXpansion-Verfahren, Druckentlastungsverfahren; vorbereitendes Verfahren zur Extraktion. Das PEX-V. beschädigt od. zerstört Zellmembranen u. schaltet damit die Diffusion durch die Membranen als begrenzenden Schritt der Extraktion aus. Es findet in der Tabak- u. Gewürzindustrie Anwendung. Das Extraktionsgut wird durch kurzzeitiges Behandeln mit einem Gas bei Überdruck bis 35 bar u. anschließendem schnellen Entspannen aufgeschlossen. Die Zellwände platzen. Der Extraktionsvorgang ist ledigl. ein Ausschwemmen der Inhaltsstoffe mit entsprechend höherer Ausbeute. Das PEX-V. zerstört auch Zellmembranen von Schädlingen u. wird daher für die Entwesung eingesetzt. Vgl. Druckentwesung.

Peyotl: s. Lophophora williamsii var. williamsii (Mescal-Buttons).

Pfaffenhütchen: s. Euonymus atropurpurea, Euonymus europaea.

Pfahlwurzel: (bot.) Primärwurzel einer Pfl. als direkte Fortsetzung der Wurzelspitze od. Radicula des Embryos; eine gedrungene, spitz zulaufende Hauptwurzel, von der kleinere Seitenwurzeln abgehen; s. Wurzel.

Pfeffer: s. Aframomum melegueta (Meleguetap.); s. Capsicum annuum (Schotenp., Spanischer P., Ungarischer P., Türkischer P.); s. Capsicum frutescens (Cayennep.); s. Delphinium staphisagria (Läusep.); s. Pimenta dioica (Jamaica-P., Nelkenp.); s. Piper betle (Betelp.); s. Piper cubeba (Cubebenp., Schwanzp.); s. Piper guineense (Aschanti-P.); s. Piper longum (Fliegenp., Langer P.) s. Piper nigrum (Aleppi-P., Goa-P., Grüner P., Malabar-P., Singapur-P., Schwarzer P., Weißer P., Tellichery-P.); s. Polygonum hydropiper (Wasserp.); s. Ocimum basilicum (Deutscher P.); s. Schinus terebinthifolius (Rosa P., Brasilianischer); s. Schinus molle (Rosa P., Peruanischer); s. Sedum acre (Mauerp., Steinp.); s. Vitex agnus-castus (Mönchsp.); s. Xylopia aethiopica (Kanip., Mohrenp.); s. Zanthoxylum piperitum (Japanischer P., Szechuan-P.); s. Piper methysticum (Rauschp.).

Pfefferbaum, Brasilianischer: s. Schinus terebinthifolius.

Pfefferbaum, Peruanischer: s. Schinus molle.

Pfefferkraut: s. Satureja hortensis.

Pfefferminzblätter: s. Mentha x piperita (Menthae piperitae folium).

Pfefferminze: s. Mentha x piperita.

Pfefferminzkampfer: s. Menthol.

Pfefferminzöl: s. Mentha x piperita (Methae piperitae aetheroleum).

Pfefferminzsirup: s. Sirupus Menthae piperitae.

Pfefferminzspiritus: s. Spiritus Menthae piperitae.

Pfefferminzwasser: s. Aqua Menthae piperitae.

Pfefferöl, Japanisches: s. Zanthoxylum piperitum.

Pfeffer, Schwarzer: s. Piper nigrum (Fructus Piperis nigri).

Pfeffer, Spanischer: s. Capsicum annuum.

Pfeffer, Türkischer: s. Capsicum annuum (Fructus Capsici).

Pfeffer, Ungarischer: s. Capsicum annuum (Fructus Capsici).

Pfeiffer-Drüsenfieber: s. Mononukleose, infektiöse.

Pfeilgift: **1.** südamerikanisches P., s. Strychnos toxifera. **2.** afrikan. P., s. Strophanthus-Arten, Curare.

Pfeilkraut: s. Sagittaria sagittifolia.

Pfeilwurz: s. Maranta arundinacea.

Pfeilwurzelmehl: s. Amylum Marantae.

Pfennigkraut: s. Lysimachia nummularia.

Pferdekümmel: s. Oenanthe aquatica.

Pferderettichbaum: s. Moringa oleifera.

Pferdestärke: s. PS.

Pfingstrose: s. Paeonia officinalis.

Pfingstrosenblüten: s. Paeonia officinalis (Paeoniae flos).

Pfingstrosensamen: s. Paeonia officinalis (Semen Paeoniae).

Pfingstrosenwurzel: s. Paeonia officinalis (Radix Paeoniae).

Pfirsich: s. Prunus persica.

Pfirsichkernöl: s. Prunus armeniaca, Prunus persica (Oleum Persicarum).

Pflanzen, Bedecktsamige: s. Angiospermae.

Pflanzenlecithin: s. Lecithine.

Pflanzen, perennierende: (bot.) ausdauernde Pfl. mit zahlreichen Vegetationsperioden, z. B. Stauden*.

Pflanzenschleime: s. Schleimstoffe.

Pflanzenschutz-Anwendungsverordnung: VO über Anwendungsverbote für Pflanzenschutzmittel vom 10.11.1992, , BGBl. I S. 1887, zuletzt geändert 25.3.2002, BGBl. I S. 1193. Pflanzenschutzmittel, die aus einem in der Anlage 1 der VO aufgeführten Stoffe bestehen (u. a. Aldrin* u. Derivate, Pentachlorphenol, Hexachlorbenzol, Nitrofen) od. einen solchen enthalten, dürfen nicht angewandt werden. Für die in Anlage 2 aufgeführten Pflanzenschutzmittel (u. a. Paraquat, Blausäure, Phosphorwasserstoff entwickelnde Verb.) besteht ein eingeschränktes Anwendungsverbot. Pflanzenschutzmittel, die aus einem in Anlage 3 aufgeführten Stoff bestehen, dürfen nicht in Wasserschutzgebieten angewandt werden.

Pflanzenschutzgesetz: Abk. PflSchG; **Deutschland:** Gesetz zum Schutz der Kulturpflanzen in der Bekanntmachung vom 14.5.1998, BGBl. I S. 971, 1527, 3512, zuletzt geändert 20.7.2002, BGBl. I S. 2076. Zweck dieses Gesetzes ist es: **1.** Pflanzen, insbes. Kulturpflanzen, vor Schadorganismen u. nichtparasitären Beeinträchtigungen zu schützen; **2.** Pflanzenerzeugnisse vor Schadorganismen zu schützen; **3.** Gefahren abzuwenden, die durch die Anw. von Pflanzenschutzmitteln od. durch andere Maßnahmen des Pflanzenschutzes, insbes. für die Gesundheit von

P

Mensch, Tier u. Natur entstehen können; **4.** Rechtsakte der Europäischen Gemeinschaft im Bereich des Pflanzenschutzrechts durchzuführen. Das PflSchG ist im Zusammenhang mit der Gefahrstoffverordnung* zu sehen, da es auch dem Vorratsschutz sowie dem Schutz des Anwenders u. Verbrauchers dient. **Österreich:** Bundesgesetz betreffend Grundsätze für den Schtz der Pflanzen vor Krankheiten und Schädlingen (Pflanzenschutzgrundsatzgesetz) BGBl. Nr. 140/1999 u. Pflanzenschutzgesetz 1995 i. d. F. 2003.

Pflanzenschutz, integrierter: s. Schädlingsbekämpfung.

Pflanzenschutzmittel: s. Pflanzenschutz-Anwendungsverordnung.

Pflanzenschutzmittel, systemisches: Pflanzenschutzmittel, das über Blätter, Stängel od. Wurzel von der Pflanze aufgenommen u. mit dem Saftstrom im Gefäßsystem verteilt wird. Es wirkt, ohne die Pflanze zu schädigen. System. Insektizide wirken geg. saugende od. fressende Insekten, system. Akarizide geg. Milben, system. Fungizide bei Pilzbefall.

Pflanzen, tagneutrale: Pfl., die unabhängig von der Tageslänge zur Blüte kommen bzw. mit anderen charakterist. Gestaltvariationen reagieren.

Pflaster: s. Emplastra; Heftpflaster: s. Emplastra adhaesiva; Kautschukpflaster: s. Collemplastrum adhaesivum.

Pflasterbinde: elast. Binde mit Klebeanstrich (Zinkoxid-Kautschuk, synthet. Elastomer od. Polyacrylat) für langanhaltende Druckverbände (>3 Wochen). Drei Typen: längselast., querelast. sowie längs- u. querelastisch.

Pflasterkäfer: s. Canthariden.

Pflasterspray: s. Sprühpflaster.

Pflaster, transdermale: s. Systeme, transdermale therapeutische.

P

Pflaster, wirkstoffhaltige: Ph.Eur.4, flexible Zuber., die einen od. mehrere Wirkstoffe enthalten u. zur Anw. auf der Haut bestimmt sind.

Pflegeversicherung: wurde 1994 in Deutschland beschlossen. Jeder Bürger ist, ob gesetzl. od. privat krankenversichert, Mitglied der Pflegeversicherung. Seit 1995 werden die Leistungen für die häusl. Pflege übernommen, seit 1996 auch die der vollstationären Heimbetreuung. Die rechtl. Regelung der Pflegeversicherung findet sich im Sozialgesetzbuch XI. Die Leistungen zu einer häusl. od. stationären Pflege werden nur auf Antrag gewährleistet. Begutachtet wird dieser durch den Medizinischen Dienst der Kassen (MDK). Dieser stellt die Pflegebedürftigkeit u. den speziellen Grad (Pflegestufe) fest. Es werden 3 Pflegestufen unterschieden, die Einordnung erfolgt gemessen an dem Hilfebedarf in 2 Bereichen: **1.** Hilfebedarf bei Verrichtungen in den Bereichen Körperpflege (Grundpflege: Waschen, Duschen, Baden, Zahnpflege, Kämmen, Rasieren, Hilfe bei Blasen- u. Darmentleerung, Ernährung u. Mobilität); **2.** Hilfebedarf in Bereichen der hauswirtschaftl. Versorgung muss in allen Pflegestufen mehrfach in der Woche erforderl. sein. **Pflegestufe I:** Erhebl. pflegebedürftig ist, wer wenigstens 2 Verrichtungen in einem dieser Bereiche, mindestens 1-mal tägl. benötigt. Hauswirtschaftl. Hilfe wird mehrfach in der Woche benötigt. Der Bedarf für die Grundpflege u. hauswirtschaftl. Versorgung, muss pro Tag 1.5 Stunden betragen. Auf die Grundpflege müssen dabei mehr als 45 Minuten entfallen. **Pflegestufe II:** Schwerpflegebedürftig ist, wer mind. 3-mal tägl. Hilfe in den Bereichen Körperpflege, Ernährung u. Mobilität zu verschiedenen Tageszeiten benötigt. Auch in dieser Pflegestufe ist hauswirtschaftl. Hilfe mehrmals in der Woche nötig. Pro Tag beträgt die Versorgung in der Hauswirtschaft u. Grundpflege mindestens 3 Stunden, wobei auf die Grundpflege 2 Stunden entfallen müssen. **Pflegestufe III:** Schwerstpflegebedürftig ist, wer tägl. rund um die Uhr u. auch nachts der Hilfe bedarf. Mehrfach in der Woche muss hauswirtschaftl. Hilfe geleistet werden. Mindestens 5 Stunden betragen Grundpflege u. hauswirtschaftl. Versorgung, auf die Grundpflege entfallen hier mind. 4 Stunden. Die P. zieht die häusl. Pflege der stationären Versorgung vor. Die Pflegebedürftigen erhalten dazu Sachleistungen od. Geldleistungen je nach Pflegestufe. Geldleistungen werden gezahlt, wenn der Pflegebedürftige die erforderl. Versorgung eigenverantwortl. sicher stellt. Angehörige od. Freunde können für ihre Dienste (z. B. Hilfe bei der Grundpflege od. gemeinsamer Einkauf) entlohnt werden. Sachleistungen dienen dazu, die häusl. Pflege durch einen Pflegedienst sicherzustellen. Geld- u. Sachleistungen können auch kombiniert werden.

PflSchG: Abk. für **Pfl**anzen**sch**utz**g**esetz*.

Pfortader: Vena portae hepatis; große Vene, die das gesamte aus der Bauchhöhle zurückfließende venöse Blut sammelt u. in die Leber führt.

Pfriemblüten: s. Cytisus scoparius (Flores Sarothamni scoparii).

Pfriemenschwanz: s. Enterobius vermicularis.

Pfropfung: Vereinigung versch. Pflanzenindividuen, wobei ein knospentragender T. einer Pfl. (Propfreis) mit einer Unterlage (derselben od. einer anderen Art) zur Verwachsung gebracht wird.

PG: Abk. für **P**rosta**g**landin*.

PGA: s. Polyglykolsäure.

PGI: s. Prostacycline.

PGX: s. Prostacycline.

pH: s. pH-Wert.

Phänotyp: Phänotypus; Erscheinungsbild eines Einzelwesens, das heißt die Gesamtheit aller sichtbaren Merkmale (Phäne) u. funktionellen Eigenschaften. Der P. kommt durch das Wechselspiel zw. Genotyp*, Innenmilieu u. Umwelt zum Ausdruck.

Phäochromozytom: seltener, Catecholamine* produzierender u. in 10 % der Fälle maligner Tumor*, der v. a. im Nebennierenmark lokalisiert ist. **Sympt.:** z. B. Hypertonie*, Tachykardie*, Kopfschmerz, Schweißausbrüche u. Hyperglykämie*.

Phaeophyta: s. Braunalgen.

Phäophytin: s. Chlorophyll.

Phagen: Kurzbez. für Bakteriophagen*.

Phagentypisierung: s. Lysotypie.

Phage, temperenter: Bakterienvirus, das eine Bakterienwirtszelle infiziert, ohne sich darin zu vermehren u. die Lyse des Bakteriums herbeizuführen. In diesem latenten (Prophagen-)Stadium ist das Virus ins Bakterienchromosom eingebaut, vermehrt sich mit diesem synchron u. wird so von Bakterienzelle zu Bakterienzelle weitergegeben.

Phagozyten: Fresszellen; Bez. für die zur Phagozytose* befähigten Zellen. Man unterscheidet die überwiegend sessilen **Makrophagen** (Zellen des mononukleären phagozytären Systems*) u. mobilen **Mikrophagen** (neutrophile Leukozyten*).

Phagozytensystem, monozytäres: s. System, mononukleäres phagozytäres.

Phagozytose: Aufnahme von festem Material ins Zellinnere durch Abschnürung von Plasmalemmaeinstülpungen, die ihren festen Inhalt ins Zytoplasma abgeben; s. Endozytose. Viele einzellige Organismen ernähren sich auf diese Weise.

Phalloidin: $C_{35}H_{48}N_8O_{11}S$, M_r 770.89. Schmp. 280-282 °C; cycl. Hexapeptid aus Hydroxytryptophan, Cystein, Alanin, Hydroxyprolin; neben Amanitin Hauptwirkstoff des Grünen Knollenblätterpilzes (s. Amanita phalloides); thermostabil, wird durch Kochen, Braten, Backen od. Trocknen des Pilzes nicht zerstört; als Hexahydrat farblose Kristallnadeln; leicht lösl. in Ethanol u. org. Lösungsmitteln, lösl. in heißem Wasser, wenig lösl. in kaltem Wasser; positive Xanthoproteinreaktion.

Phallotoxine: s. Amanita phalloides.

Phanerogamen: blütentragende Samenpflanzen (s. Spermatophytina), vgl. Kryptogamen.

Phanquinon INN: Phanquon, 4,7-Phenanthrolin-5,6-dion; 5,6-Dihydro-4,7-phenanthrolin-5,6-dion; CAS-Nr. 84-12-8; $C_{12}H_6N_2O_2$, M_r 210.18. Schmp. 295 °C (unter Zers., kristallisiert aus Methanol). Wenig lösl. in Wasser, Ethanol; lösl. in unverd. Mineralsäuren. **Anw.:** obsolet; enterales, vorwiegend amöbizides Chemotherapeutikum*.

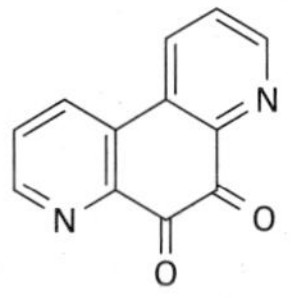

Phanquinon

Phantastika: s. Psychopharmaka (Psychotomimetika).

Pharma-Assistent: Pharma-Betriebsassistent; Mitarbeiter in Apotheken der Schweiz. Seine Aufgaben sind Bedienung u. Beratung von Kunden zu Fragen der Gesundheit sowie zu Medikamenten, insbes. im Bereich der Selbstmedikation, außerdem das Ausführen von Rezepten unter Aufsicht des Apothekers. Die Ausbildung schließt neben berufsspezif. Aspekten auch kaufmännische u. logist. Aufgabenbereiche (z. B. Erstellung von Abrechnungen, Betreuung des Warenlagers) ein. Die Ausbildung dauert 3 Jahre, umfasst eine Lehre in einer Apotheke sowie den Besuch der Berufsschule u. wird mit einem eidgenöss. Fähigkeitszeugnis abgeschlossen. Es bestehen Möglichkeiten zur Weiterbildung als Pharma-Betriebsassistent mit Fachprüfungsabschluss für die Bereiche Marketing, Administration u. Kommunikation.

Pharmaberater: Deutschland: von pharmaz. Unternehmer beauftragte Person, welche die erforderl. Sachkenntnis besitzt, hauptberufl. Angehörige von Heilberufen aufzusuchen, um diese über Arzneimittel im Sinne des § 2 Abs. 1 od. Abs. 2 Nr. 1 AMG fachl. zu informieren; dies gilt auch für eine fernmündl. Information. Sachkenntnis besitzen: **1.** Apotheker od. Personen mit einem Zeugnis über ein abgeschlossenes Hochschulstudium der Pharmazie, Chemiker, Biologen, Human- od. Veterinärmediziner; **2.** Apothekerassistenten sowie Personen mit einer abgeschlossenen Ausbildung als techn. Assistenten in der Pharmazie, der Chemie, der Biologie, der Human- od. Veterinärmedizin; **3.** Personen mit einer berufl. Fortbildung als geprüfter Pharmareferent. Die zuständigen Landesbehörden können eine abgelegte Prüfung od. abgeschlossene Ausbildung als ausreichend anerkennen, wenn die Ausbildung gleichwertig ist; vgl. Pharmareferent. **Österreich:** Bez. für Ph.: Pharmareferent; Regelungen durch AMG u. durch die VO über die Pharmareferentenprüfung von 1984.

Pharma-Betriebsassistent: s. Pharma-Assistent.

pharmaceutical care: s. pharmazeutische Betreuung.

Pharmaceutical Evaluation Report: s. PER.

Pharmacopoea Austriaca: s. Arzneibuch (Österreich).

Pharmacopoea Germanica: s. Arzneibuch (Geschichte).

Pharmacopoea Helvetica: s. Arzneibuch (Schweiz).

Pharmakant: qualifizierter Facharbeiter für die Arzneimittelfertigung. Die 3-jährige Ausbildung ist in der VO über die Berufsausbildung zum Pharmakanten von 17.12.1993 geregelt. Sie gliedert sich in die prakt. Ausbildung in einem Produktionsbetrieb u. den Unterricht an einer Berufsschule u. endet nach erfolgreicher Ausbildungsabschlussprüfung mit dem Facharbeiterbrief. Zu den Aufgaben des Pharmakanten innerhalb eines Produktionsbetriebes zählen technolog. Arbeiten bei der Herst. u. Verpackung von Arzneimitteln sowie damit verbundene Kontrolltätigkeiten zur Qualitätssicherung.

Pharmakochemie: s. Pharmazeutische Chemie.

Pharmakodynamik: Lehre von den Einflüssen der Pharmaka auf den Organismus; s. Pharmakologie.

Pharmakoepidemiologie: Untersuchung des Gebrauchs u. des Effekts von Arzneimitteln in definierten Bevölkerungsgruppen mit epidemiolog. Methoden. Die Effekte des Arzneimittelgebrauchs sind sowohl erwünschte als auch unerwünschte Arzneimittelwirkungen (s. UAW), bzw. unerwünschte Arzneimittelereignisse*. Dabei werden kausale Zusammenhänge zwischen Exposition u. Arzneimitteleffekten untersucht, um den therapeut. Nutzen zu erhöhen u. UAW möglichst prophylakt. auszuschließen. I. Allg. werden pharmakoepidemiolog. Studien mit zugelassenen Arzneimitteln durchgeführt, z. B. Postmarketing Studien (Nachmarktbeobachtung); vgl. Pharmakovigilanz. Tab. 1 gibt eine Übersicht relevanter Arbeitsfelder der Pharmakoepidemiologie. Wenn die Datenerfassung beim individuellen Probanden od. Patienten durchgeführt wird

Pharmakoepidemiologie Tab. 1
Relevante Arbeitsfelder der Pharmakoepidemiologie

Arzneimittelbewertung (drug evaluation)
postmarketing surveillance
arzneimittel- bzw. therapiebezogene Nutzen-Risiko-Bewertung
patientenbezogene Nutzen-Risiko-Bewertung
Strukturveränderungen des Arzneimittelmarktes
Einstellungen und Erfahrungen zur Pharmakotherapie bei Arzt, Apotheker, Patient

spricht man von Studien auf dem Mikrolevel. Bei der Untersuchung aggregierter Datensätze, beispielsweise aller ärztl. Verordnungen einer Region, spricht man von einem Makrolevel Ansatz. Die folgenden Studientypen werden zur Untersuchung pharmakoepidemiolog. Fragestellungen häufig eingesetzt. **1. Kohortenstudie:** Eine definierte Personengruppe, die einem Risikofaktor ausgesetzt war (exponierte Population) wird über einen Zeitraum hinweg beobachtet, um festzustellen, wie häufig ein bestimmtes Merkmal (z. B. Krankheit od. UAW) auftritt. Dies wird ebenso bei einer zweiten Gruppe untersucht, die diesem Risikofaktor nicht ausgesetzt war (nicht exponierte Population). Das Ergebnis wird als relatives Risiko* ausgedrückt. Kohortenstudien können sowohl prospektiv als auch retrospektiv durchgeführt werden; z. B. der Vergleich der Häufigkeit des Auftretens von venösen Thromboembolien bei Frauen im gebärfähigen Alter, die orale Kontrazeptiva einnehmen (exponierte Population) zu Frauen, die andere Verhütungsmethoden benutzen (nicht exponierte Population). Spezialfall einer Kohortenstudie ist eine randomisierte, kontrollierte, klin. Studie*. **2. Fall-Kontroll-Studie:** Vergleich von Erkrankungsfällen mit Kontrollfällen, die keine Erkrankung aufweisen, in Bezug auf frühere Exposition mit einem od. mehreren Risikofaktoren. Ob Exposition vorgelegen hat wird zumeist durch retrospektive Auswertung der Krankenakten, Interviews od. Fragebögen ermittelt; z. B. der Vergleich der Häufigkeit im Gebrauch hormonaler Kontrazeptiva bei einer Gruppe von Frauen, die an einer venösen Thromboembolie leiden mit einer gleichartigen Kontrollgruppe von Frauen, die diese Erkrankung nicht aufweisen. Dieses Studiendesign ist von großem Nutzen für die Untersuchung seltener Ereignisse. Das Ergebnis einer Fall-Kontroll-Studie wird als odds ratio* ausgedrückt. Die Abb. zeigt die unterschiedl. Ansatzpunkte von Kohorten– u. Fall-Kontroll-Studien. Beide werden als Longitudinalstu-

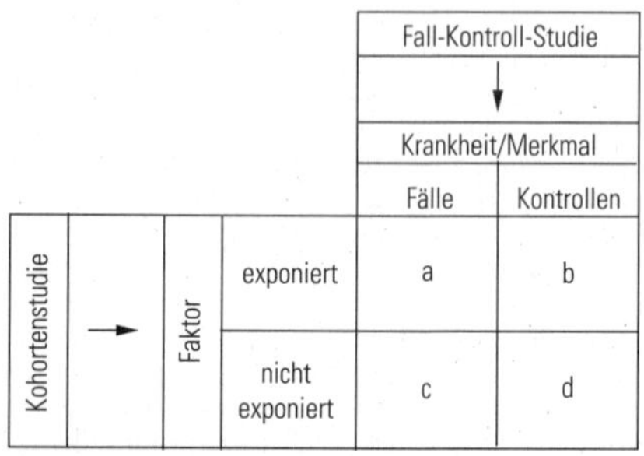

Pharmakoepidemiologie: Durch Kohortenstudien u. Fall-Kontroll-Studien können Informationen ähnl. Art gewonnen werden. In der Datenerhebung geht man allerdings von unterschiedlichen Ausgangspunkten aus [26]

Pharmakoepidemiologie [26] Tab. 2
Vor- und Nachteile pharmakoepidemiologischer Studientypen

Studiendesign	Vorteile	Nachteile
randomisierte klinische Prüfung (experimentelle Studie)	Design mit der besten Aussagekraft; einziges Studiendesign, das gegen zufällige Störfaktoren (s. confounder) kontrolliert	teuer; künstlich; logistisch sehr aufwändig; ethische Einwände
Kohortenstudie	multiple outcomes und seltene Expositionsfaktoren können untersucht werden; Selektionsbias weniger wahrscheinlich; keine systematisch verzerrten Expositionsdaten; Inzidenzdaten werden ermittelt	mögliches Bias* der Outcome-Daten; teurer als Fall-Kontroll-Studie; prospektive Studie sehr zeitaufwändig
Fall-Kontroll-Studie	multiple outcomes und seltene Erkrankungen (Fälle) können untersucht werden; logistisch einfacher, schneller und kostengünstiger durchzuführen als andere Studientypen	Selektion der Kontrollen problematisch; möglicher bias* der Daten zur Exposition
Kasuistik	kostengünstig; logistisch einfach durchzuführen	kein Test von Hypothesen möglich

dien bezeichnet, da z. B. der Verlauf von Erkrankungen über die Zeit beobachtet wird. Im Ggs. dazu wird bei **Querschnittsstudien**, die Häufigkeit bestimmter Faktoren zu einem definierten Zeitpunkt an einem definierten Ort aufgenommen (Momentaufnahme). Eine weitere Studienmethode ist die Erhebung einer **Kasuistik** (lat. casus Fall). Eine Einzelfallbeobachtung od. eine Reihe von Anwendungsbeobachtungen an einzelnen Patienten. Diese können Hinweise auf das Vorliegen mögl. Risiken, wie z. B. bisher unbekannte UAW geben. Tab. 2 gibt eine Übersicht der Vor- u. Nachteile versch. Studientypen. Beim Design, der Planung u. Auswertung pharmakoepidemiolog. Studien werden häufig Biometriker (s. Biometrie, medizinische) einbezogen. Ein Nachbargebiet der Ph. ist die **Arzneimittelanwendungsforschung**, vgl. Versorgungsforschung.

Pharmakogenetik: Gebiet, das sich mit klin. bedeutsamen Unterschieden in der Arzneimittelwirkung beschäftigt, die durch genet. Polymorphismus der Patienten bedingt sind. Genet. Polymorphismus* ist ein monogen vererbtes Merkmal, das in der Bevölkerung in mind. 2 Phänotypen* u. damit in mind. 2 Genotypen* auftritt, die mit einer Häufigkeit von mind. 1 % vorkommen. Klin. Auswirkungen können sich ergeben, wenn die Mutation in einem Gen auftritt, das für ein Enzym codiert, das eine zentrale Rolle im Metabolismus eines Arzneistoffs spielt (z. B. Enzyme des Cytochrom*-P-450 Systems). Dies kann zu interindividuellen Unterschieden in der Plasmakonz., HWZ u. der therap. Wirksamkeit des Arzneistoffs führen. Durch eine Geno- od. Phänotypisierung solcher Patienten kann die Dosis, insbes. von Arzneistoffen mit geringer therap. Breite, an den Enzymstatus angepasst werden.

Pharmakognosie (gr. pharmakon Gift, Heilmittel; gnosis Kenntnis): Lehre von den biogenen (pflanzl., tier.) Arzneimitteln* u. Giftstoffen; Drogenkunde (s. Droge). Teilgebiet der Pharmazeutischen* Biologie, im Ggs. zur Pharmazeutischen* Chemie befasst sich die Ph. mit den aus lebendem Material bestehenden od. gewonnenen Arzneimitteln. **Schwerpunkte: 1.** Drogenanalyse (Identifizierung der Arzneidrogen mittels mikroskop. u. chem. Methoden sowie die qualitative u. quantitative Wirkstoffbestimmung in Arzneidrogen u. Zuber. mittels chem. u. physikochem. Methoden u. Entwicklung dieser Methoden); **2.** Wirkstoffsuche (Auffindung u. Strukturermittlung neuer biogener Wirkstoffe); **3.** weitere Aufgaben ergeben sich z. B. aus Fragen zur Standardisierung von Drogen, der Biosynthese der Wirkstoffe, der in vitro Kultivierung (Zellkulturen) wie auch des Anbaus u. der Zucht von Arzneipflanzen.

Pharmakokinetik: Lehre über den Weg des Pharmakons im Organismus. Die Ph. beschreibt die zeitabhängige Verteilung der Wirkstoffe u. ihrer Metaboliten in biol. Flüssigkeiten, Geweben u. Exkreten. Sie erstellt mathemat. Modelle zur Interpretation von Blutspiegel/Zeit-Kurven u. Harnausscheidungskurven. Dadurch können Informationen über die Kinetik der Resorption, Verteilung, Biotransformation u. Elimination gewonnen werden. Bei Vorliegen eines linearen Modells, wenn die einzelnen Prozesse nach einer Kinetik 1. Ordnung verlaufen (s. Reaktionsordnung), kann der Konzentration/Zeit-Verlauf als Summe der einzelnen Exponentialfunktionen beschrieben werden:

$$C(t) = \sum_{i=1}^{n} C_i \cdot e^{-k_i \cdot t}$$

c: Konz. des Arzneistoffs; n: Anzahl der Exponentialfunktionen, entspricht Zahl der beteiligten Prozesse 1. Ordnung; k: Geschwindigkeitskonstanten; t: Zeit.
Vgl. Kompartimentmodelle, Bateman-Funktion, Momentanalyse; **Gesch.:** Als Begründer der P., der auch diesen Begriff prägte (1953), gilt Friedrich Hartmut Dost (1910-1985).

Pharmakologie: Lehre von den WW zw. Arzneistoffen u. Organismus. Unterteilung in allgemeine, spezielle Ph., Pharmakodynamik*, Pharmakokinetik*, Pharmakogenetik*, klin. Ph., Toxikologie*, klin. Toxikologie.

Pharmakon (gr. pharmakon Heilmittel, Gift, Zaubermittel) (pl pharmaka): körperfremder od. körpereigener Stoff (chem. Element od. Verb.), der nach Aufnahme im Körper od. an dessen Oberflächen erwünschte (s. Arzneimittel) od. schädl. (s. Gifte) Wirk. hervorruft. Viele Pharmaka wirken dosisabhängig entw. als Arzneimittel od. als Gift.

Pharmakoökonomie: 1. wirtschaftl. Betrachtungen im Bereich der Gesundheitsökonomie (Wirtschaftlichkeit, rationeller Einsatz von Mitteln im Gesundheitswesen*), bei denen Kosten u. Nutzen von Arzneimitteln einander gegenüber gestellt werden. **2.** Gebiet der Gesundheitsökonomie, das die Wirtschaftlichkeit der Arzneimitteltherst. untersucht u. beurteilt. Pharmakoökonom. Analysen sind systemat. Vergleiche alternativer Behandlungsstrategien, die Ergebnisse u. Kosten mit berücksichtigen (s. Abb.). Die Festlegung des Blickwinkels ist entscheidend für das Ergebnis der Analyse. So führt ein gesamtgesellschaftl. Blickwinkel dazu, dass sämtl. Behandlungskosten, unabhängig davon, wer sie trägt, berücksichtigt werden, während der Blickwinkel einer Sozialversicherung nur die Kosten berücksichtigt, die ihr selbst entstehen. Bei der Analyse der Kosten lassen sich 3 Gruppen unterscheiden: **1.** direkte Kosten: durch die jeweilige Intervention verursacht, z. B. Arzneimittel- od. Personalkosten; **2.** indirekte Kosten: mit der Intervention verbundene Kosten, z. B. Verdienstausfall od. Reisekosten des Patienten aufgrund einer Erkrankung bzw. Behandlung; **3.** intangible Kosten: Aufwendun-

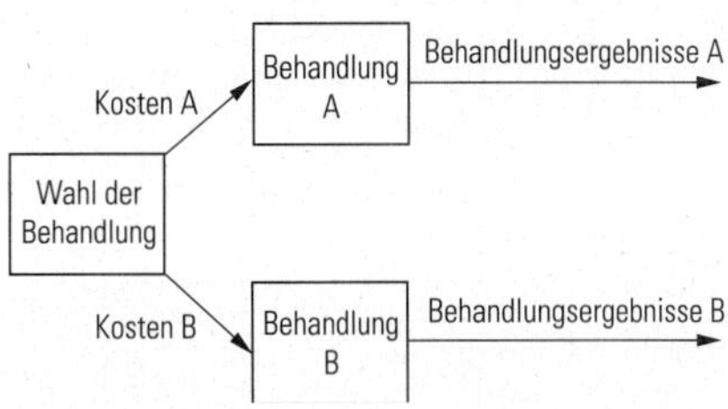

Pharmakoökonomie

P

Pharmakoökonomie [7]
Pharmakoökonomische Studientypen

Studientyp	Charakteristika der Behandlungsalternativen
Kosten-Effektivitäts-Analyse (cost-effectiveness analysis)	Die Ergebnisse der Behandlungsalternativen werden in derselben Messeinheit angegeben, meist natürliche Einheiten wie gewonnene Lebensjahre, gesparte Tage, eingeschränkte Bewegungsfähigkeit, Blutdrucksenkung gemessen in mm Hg.
Kosten-Minimierungs-Analyse als Sonderform der Kosten-Effektivitäts-Analyse (cost-minimisation analysis)	Die Ergebnisse der Behandlungsalternativen werden in derselben Messeinheit angegeben und sind identisch. Das bedeutet, die Behandlungsalternativen sind identisch in der klinischen Wirksamkeit.
Kosten-Nutzwert-Analyse (cost-utility analysis)	Die Ergebnisse der Behandlungsalternativen werden in unterschiedlichen Messeinheiten und oft mehreren Dimensionen gemessen. Es erfolgt eine „Umrechnung" der Behandlungsergebnisse in „gesunde Jahre" oder häufiger noch in QALY (quality* adjusted life year) als Messgröße.
Kosten-Nutzen-Analyse (cost-benefit analysis)	Die Ergebnisse der Behandlungsalternativen werden in unterschiedlichen Messeinheiten und oft mehreren Dimensionen gemessen. Es erfolgt eine „Umrechnung" der Behandlungsergebnisse in Geldwert (z. B. Dollar).

gen, die keiner direkten Beobachtung zugängl. sind, z. B. Verminderung der Lebensqualität, Schmerzempfinden, Beeinträchtigung der Sozialkontakte. Die Tab. gibt einen Überblick über die versch. pharmakoökonom. Analysetypen. Die Ergebnisse einer pharmakoökonom. Analyse sollten durch eine Sensitivitätsanalyse (sensitivity analysis) abgesichert werden. Dabei wird die Unsicherheit der erhobenen Daten hinsichtl. Validität (Richtigkeit, Genauigkeit) u. Reliabilität (Verlässlichkeit, Reproduzierbarkeit) quantifiziert, um festzustellen, welchen Einfluss die Veränderung der unsicheren Werte (z. B. erhobene Kosten) auf das Endresultat hat.

P

Pharmakopöe (gr. poiein machen): amtl. Verzeichnis u. Vorschriftenbuch eines Landes od. einer Staatengruppe über standardisierte (offizinelle) Arzneimittel. Es enthält u. a. Angaben über deren Beschaffenheit, Herst., Gew., Aufbewahrung, Prüfung, die von Arzneibuchkommissionen erarbeitet werden; z. B. Deutsches Arzneibuch, 10. Ausgabe (DAB10); Europäisches Arzneibuch (Pharmacopoea Europaea, Ph.Eur.); Internationales Arzneibuch (Pharmacopoea Internationalis); s. Arzneibuch.

Pharmakotherapie: Lehre von Therapie, Verhalten u. Wirk. von Arzneimittel.

Pharmakovigilanz: Arzneimittelwachsamkeit; systemat. Erfassung, Beurteilung u. Prävention von UAW* beim Menschen. Hauptziele sind **1.** möglichst frühe Erfassung unbekannter UAW u. Arzneimittelinteraktionen; **2.** Erfassung des Anstiegs der Häufigkeit bekannter UAW; **3.** Identifizierung von Risikofaktoren u. Mechanismen von UAW; **4.** quantitative Abschätzung des Risiko-Nutzen-Verhältnisses der Arzneimittel; **5.** Verbreitung von Informationen zur Verbesserung des Arzneimittelgebrauchs u. der Arzneimittelverordnung. Die Ph. ist relevant für die Sicherheit der Arzneimittelanwendung, da z. B. sehr seltene UAW häufig erst in Phase IV der klin. Studie* erkannt werden. Die zuständigen Arzneimittelkontrollbehörden haben die Aufgabe der Koordinierung der Ph. u. leiten ggf. Maßnahmen ein, um die Sicherheit der Arzneimittelanwendung zu erhöhen. Ein Instrument dafür ist das Stufenplanverfahren (s. Stufenplan). Die europ. Arzneimittelagentur (EMEA*) koordiniert Ph.-Aktivitäten auf europ. Ebene. Die Ph. greift auf die Pharmakoepidemiologie* zurück.

Pharmareferent: Wer die Anforderungen an die Ausbildungen zum Pharmaberater* nach § 75 AMG nicht erfüllt, kann den Status des Pharmaberaters durch eine Ausbildung zum Pharmareferent mit anschließender Prüfung nach den Vorschriften des Berufs-Bildungsgesetzes bei der Industrie- und Handelskammer erlangen. Ausbildungsinhalte erlernter Berufe od. Ausbildungen können dabei anerkannt werden. Die Rechte und Pflichten des Pharmareferenten entsprechen denen des Pharmaberaters.

Pharmazentralnummer: Abk. PZN; Von der IFA*-GmbH zugeteilte Nummer für Arzneimittel u. apothekenübl. Waren. Sie identifiziert einen Artikel bestimmter Bez. eines bestimmten Anbieters. Artikel identifizierende Merkmale wie Darreichungsform, Form, Packungsgröße, werden berücksichtigt. Die PZN wird fortlaufend vergeben u. enthält keine weiteren Informationen. Sie ist eine 7-stellige Zahl, wobei die 7. Ziffer eine Prüfziffer ist. Eine exklusive Rolle spielt die PZN bei der Abrechnung der Apotheken mit den gesetzl. Krankenkassen. Zu diesem Zweck übertragen die Apotheken die PZN der zu Lasten der GKV abgegebenen Arzneimittel maschinenlesbar auf die Verordnungsblätter.

pharmazeutische Betreuung: (engl.) *pharmaceutical care*; die konsequente Wahrnehmung der Mitverantwortung des Apothekers bei der Arzneimittelther., mit dem Ziel, konkrete therap. Ergebnisse zu erreichen, die geeignet sind, die gesundheitsbezogene Lebensqualität des Patienten zu verbessern. Von Hepler u. Strand (1990) in den USA entscheidend geprägter Begriff, der eine Neuorientierung der pharmaz. Praxis auf den Patienten hin fordert. Tab. 1 fasst Charakteristika von Patientengruppen zusammen, die für die ph. B. besonders geeignet erscheinen. Dies sind u. a.: **1.** Asthmapatienten; **2.** Patienten mit Blutgerinnungsstörungen od. koronaren Herzkrankheit; **3.** Diabetiker; **4.** alte Patienten, die eine Vielzahl von Medikamenten erhalten. Die konkrete Umsetzung der ph. B. in der Praxis kann in einem mehrstufigen Prozess erfolgen (Tab. 2). In einem ersten Beratungsgespräch mit dem Patienten wird der Bedarf zur ph. B. erkannt. Mit dem schriftl. Einverständnis des Patienten erfolgt die Sammlung u. Auswertung patientenbezogener Daten, wie z. B. das Medikationsprofil, das eine chronolog. Übersicht der verordneten u. Selbstmedikation darstellt. Patient, Apotheker, u. Arzt legen gemeinsam Therapie- u. Betreuungsziele fest. Bei regelmäßigen Betreuungsterminen wird überprüft, ob diese Zielkriterien erreicht wurden. Ein wichtiger Bestandteil ist die Identifizierung u. Lösung arzneimittelbezogener Probleme, dabei kann systemat. nach dem SOAP*-Schema vorgegangen werden. Der Betreuungsprozess wird dokumentiert. Der Nutzen der ph. B. kann mit pharmakoepidemiolog. Methoden (s. Pharmakoepidemiologie) od. Methoden der Versorgungsforschung* wissenschaftl. untersucht werden.

pharmazeutische Betreuung Tab. 1
Geeignet für Patienten mit den Charakteristika

Erkrankungen mit den Charakteristika
Früherkennung möglich und therapeutisch sinnvoll
andauernde Selbst- oder Fremdbeobachtung möglich
symptomatische Dauertherapie
häufiger Wechsel zwischen stationärer und ambulanter Versorgung
hohe Betreuungsintensität und hoher Kommunikationsbedarf
Einnahme von Arzneimitteln oder Arzneiformen mit den Charakteristika
hoher Erklärungsbedarf zur sicheren und sachgerechten Anwendung
hohe Rate unerwünschter Wirkungen
enge therapeutische Breite
individuelle Dosisanpassung
komplizierte Anwendungstechnik
Kombinationstherapie
weitere Patientengruppen
multimorbide Patienten, die mehrere Medikamente einnehmen
Patienten mit Compliance-Problemen

pharmazeutische Betreuung Tab. 2
Ablauf des individuellen pharmazeutischen Betreuungsprozesses

1. Führung von patientenbezogenen Medikationsdateien in der Apotheke
2. Ableitung von Medikationsprofilen über einen bestimmten Zeitraum
3. Identifizierung arzneimittelbezogener Probleme
4. Lösung arzneimittelbezogener Probleme (in Kooperation mit Arzt und Patienten)
5. Dokumentation eventueller Interventionen und erzielter Vereinbarungen mit dem Patienten
6. Monitoring des gesamten Betreuungsprozesses
7. Bewertung des Anwendungserfolgs

Pharmazeutische Biologie: in Deutschland mit der Approbationsordnung von 1971 anstelle der Pharmakognosie* als Lehr- u. Prüfungsfach eingeführt. Sie umfasst nicht nur die Wissenschaft von den biogenen Arzneimitteln, sondern auch deren Grundlagen aus Biologie, Mikrobiologie, Biochemie u. Botanik sowie spezielles biolog. Wissen, das für die Pharmazie von Bedeutung ist.

Pharmazeutische Chemie: Lehre von den pharmazeut. verwendeten Stoffen (Wirk- u. Hilfsstoffe); sie befasst sich v. a. mit deren chem. Eigenschaften, Synthese, Gew., Analytik u. Stabilität.

Pharmazeutische Fachkräfteverordnung: VO in Österreich von 1930 in der Fassung von 1971. Sie regelt die Tätigkeit des pharmazeutischen Personals* in den Apotheken sowie die Ausbildung u. Prüfung der Absolventen des Pharmaziestudiums; vgl. Apotheker.

Pharmazeutische Inspektions-Convention: s. Inspektionsübereinkommen.

Pharmazeutischer Assistent: Beruf der ehemaligen DDR; nach der Wende in der BRD zum pharmazeutischen Personal* einer Apotheke zugehörig, aber nicht befugt Arzneimittel abzugeben.

Pharmazeutischer Reichsverband für Österreich: s. Verband angestellter Apotheker Österreichs.

Pharmazeutische Stoffliste: Deutschland: vom ABDATA Pharma-Daten-Service (s. Arzneibüro) herausgegebene u. ständig aktualisierte Arzneistoffliste. Angegeben sind u. a. CAS-Nummer, Synonyme (INN-Name in deutscher, engl., franz., lat. und span. Sprache, IUPAC-Name, WHO-Bez.), Summenformel, Strukturformel, Indikationsgruppe, Dosierungsschemata, physik. Daten sowie deutsche u. ausländ. Mono- u. Kombinationspräparate mit Herstellerangabe, die den entsprechenden Arzneistoff enthalten. **Österreich:** s. Austria-Codex-Fachinformation.

Pharmazeutische Technologie: Teilgebiet der Pharmazie, das sich mit den Verfahren befasst, die es ermöglichen, aus dem Wirkstoff* in Kombination mit pharmaz. Grund- u. Hilfsstoffen u. unter Anw. der technolog. Kenntnisse ein Arzneimittel* so herzustellen, dass es für den gewünschten Zweck der Anw. am Patienten die bestgeeignete Zuber. (optimale Wirksamkeit u. Verträglichkeit, größtmögl. Stabilität) darstellt; s. Arzneiformen. Als Unterrichtsfach aus der Galenik* hervorgegangen, häufig auch als Arzneiformenlehre* bezeichnet.

Pharmazeutisch-kaufmännischer Angestellter: Abk. PKA; in Deutschland wurde durch die VO über die Berufsausbildung zum PKA vom 3.3.1993 die VO über die Berufsausbildung zum Apothekenhelfer* vom 28.11.1972 abgelöst u. unter einer neuen Bez. des Ausbildungsberufs fortgeschrieben. Die Ausbildung wurde grundlegend neugeordnet u. die Ausbildungsdauer auf drei Jahre verlängert; vgl. Apothekenpersonal.

Pharmazeutisch-kaufmännischer Assistent: Abk. PKA; 1994 in Österreich geschaffener Lehrberuf, der den Beruf eines Apothekenhelfers (mit kollektivvertragl. geregelter Ausbildung) ablöst; Rechtsgrundlage: Berufsausbildungsgesetz BGBl. Nr. 142/1969 in der Fassung von 2003. Er zählt nicht zum pharmaz. Fachpersonal u. ist zur Ausführung kaufmännischer u. pharmaz. Tätigkeiten (teilweise nur zur Hilfestellung) befugt.

Pharmazeutisch-technischer Assistent: Abk. PTA; zählt zu den pharmaz. Hilfsberufen. Das erste Gesetz über den Beruf des PTA stammt aus dem Jahre 1968; es wurde 1997 aktualisiert. Die Ausbildung dauert insgesamt 2.5 Jahre. Sie besteht aus einem 2-jährigen Lehrgang an einem Berufskolleg für PTA u. aus einer daran anschließenden halbjährigen prakt. Ausbildung in einer Apotheke. Der PTA gehört zum pharmaz. Personal u. darf somit Arzneimittel unter Aufsicht eines Apothekers herstellen u. abgeben. Er ist nicht zur Vertretung des Apothekenleiters befugt. Der Apothekenleiter kann dem PTA die Befugnis zum Abzeichnen von Verschreibungen einräumen.

Pharmazie: Wissenschaft von den Arzneimitteln, ihrer Herst. u. Prüfung, sowie Handel mit Medikamenten. Ph. ist Arzneiversorgung, sie beruht auf wissenschaftl. u. gesetzl. Grundlagen, auf techn. Kunstfertigkeit u. kaufmänn. Betätigung. Zur Ph. rechnet man: **1.** die naturwissenschaftl. Forschung (Industrie u. Universität) sowie Lehre (s. Pharmaziestudium) betr. Arzneimittel; **2.** die Herst. u. Prüfung von Arzneimitteln in Industrie u. Apotheken; **3.** den Handel zw. Herstellern, pharmaz. Großhändlern u. Apotheken; **4.** die Abgabe von Arzneimitteln in Apotheken, einschließl. der fachgerechten Beratung von Anwendern u. der Anleitung der Konsumenten von Arzneimitteln (s. pharmazeutische Betreuung). Teil- od. Spezialgebiete der Ph. sind neben den 4 Hauptdisziplinen des Pharmaziestudiums* z. B. die Offizinpharmazie*, Klinische* Pharmazie, Physikalische Pharmazie, Biopharmazie*, Militärpharmazie, Sozialpharmazie*, Pharmaziegeschichte.

Pharmazieingenieur: Beruf der ehemaligen DDR. Die Ausbildung zum Pharmazieingenieur ist mit den bis 1988 zugelassenen Studenten ausgelaufen. Der Pharmazieingenieur darf pharmaz. Tätigkeiten unter der Verantwortung eines Apothekers ausüben. Dem Apothekerassistenten* ist er hinsichtl. der Vertretungsbefugnis gleichgestellt. Rezepte dürfen durch den Ph. abgezeichnet werden.

Pharmazie, klinische: s. Klinische Pharmazie.

Pharmazierat: s. Apothekenbesichtigung.

Pharmaziestudium: Studium der Pharmazie* als Voraussetzung zur Ausübung des Berufs eines Apothekers*, in vielen Ländern ähnl. gegliedert. Es baut in der Regel auf einer allg. naturwissenschaftl. Ausbildung auf. Die 5 Hauptgebiete des eigentl. Fachstudiums sind Pharmazeutische* Chemie, Pharmazeutische* Biologie, Pharmazeutische* Technologie, Pharmakologie*/ Toxikologie* u. Klinische* Pharmazie; s. Apotheker.

PharmBetrV: Abk. für Betriebsverordnung* für pharmazeutische Unternehmer.

Pharyngitis: Entzündung im Rachenbereich. **Formen: 1.** akute Ph.: meist viral Inf., oft mit bakt. Sekundärinfektion; **2.** chron. Ph.: durch chron. Irritation (z. B. Tabakrauch, Alkohol).

Pharynx: Rachen, Schlund.

Phase: 1. Abschnitt, Reihe, versch. Zustände. **2.** in der Thermodynamik ein homogenes Gebiet in einem heterogenen Stoffsystem. Beispiel: Eiswasser enthält die bd. Phasen Eis u. Wasser; vgl. Gibbs-Phasengesetz. **3.** in der Schwingungs- u. Wellenlehre die den momentanen Zustand einer Schwingung (zur Zeit t) bestimmende Größe. **4.** in der Elektrizitätslehre eine unter Spannung stehende Stromleitung. **5.** in der Chromatographie* unterscheidet man die stationäre u. die mobile Phase. **6.** bei Emulsionen* unterscheidet man die innere u. äußere Phase. **7.** in der Pharmakokinetik ein bestimmter Abschnitt der Blutspiegel/Zeit-Kurve, der durch Hybridkonstanten* (z. B. α, β, γ) beschrieben werden kann. Beispiel: α- u. β-Phase bei einem Zweikompartimentsystem (s. Kompartiment).

Phase I, II, III, IV der klinischen Prüfung: s. Prüfung, klinische.

Phase I und II der Biotransformation: s. Metabolismus.

Phase, lamellare: s. Flüssigkristalle.

Phasendiagramm: 1. Zustandsdiagramm eines Stoffes; Darst. der von Druck u. Temp. abhängigen Gleichgewichtskurven (Zustandskurven) der versch. Phasen* eines Stoffes. Entlang der Gleichgewichtskurven sind 2 Phasen, beim Tripelpunkt 3 Phasen miteinander im Gleichgewicht. Die Clausius*-Clapeyron-Gleichung beschreibt die Zustandskurven (Dampf-, Schmelz- u. Sublimationskurve). **2.** Zustandsdiagramm einer Mischung. **Schmelz- u. Siedediagramm:** Auftragung von

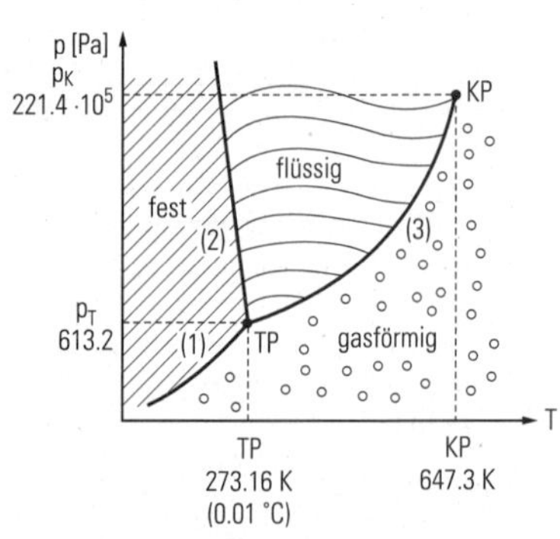

Phasendiagramm: p-T-Zustandsdiagramm von Wasser als Beispiel; 1: Sublimatonskurve; 2: Schmelzkurve; 3: Dampfdruckkurve; TP: Tripelpunkt; KP: kritischer Punkt

Schmelz- od. Siedetemperatur in Abhängigkeit von der Zusammensetzung einer Mischung von 2 od. 3 Substanzen zwecks Veranschaulichung der Phasengrenzen unter versch. Bedingungen; s. Eutektikum (Abb.), vgl. Racemat (Abb.).

Phasengesetz: s. Gibbs-Phasengesetz.

Phaseninversion: s. Emulsionen.

Phasenkohärenz: s. Gele.

Phasenkontrastverfahren: Phasenkontrastmikroskopie; mikroskop. Verfahren zur kontrastreichen Sichtbarmachung ungefärbter toter u. lebender Objekte, die sich durch Brechungsindex od. Dicke von der umgebenden Materie unterscheiden. Beim Ph. ändert sich die Phase der die mikroskop. Objekte durchdringenden Lichtwellen; die Phasenverschiebungen werden durch entspr. opt. Einrichtungen am Mikroskop (Phasenkontrastobjektive, -kondensor, Phasenringblende u. a.) in Hell-Dunkel-Unterschiede umgewandelt.

Phasenlöslichkeitsanalyse: (engl.) *phase solubility analysis (Abk. PSA)*; Bestimmung der Sättigungslöslichkeit (s. Löslichkeit) einer Substanz in Abhängigkeit von der Konz. einer weiteren gelösten Substanz. Man bestimmt dabei die gelöste Stoffmenge pro Lösungsmengeneinheit, die sog. Phasenlöslichkeit, als Funktion der eingesetzten Substanzmenge pro Lösungsmittelmengeneinheit (Systemzstzg.) bei konstanter Temp. (s. Abb.). **Anw.:** Untersuchung der Löslichkeitsbeeinflussung, von biopharmaz. u. technolog. Interesse; quantitative Bestimmung der Reinheit einer Substanz (in USP offizinell). Die über den Trockenrückstand gravimetr. bestimmte Gleichgewichtslöslichkeit einer verunreinigten Substanz (Hauptkomponente + Verunreinigung) nimmt bei steigender Systemzstzg. über die Sättigungslöslichkeit der Hauptkomponente hinaus zu, da die Lsg. zunächst an Verunreinigung ungesättigt ist. Der entspr. Anstieg der Phasenlöslichkeit ist gleich dem Verunreinigungsgrad, wenn sich Hauptkomponente u. Verunreinigung nicht wechselseitig beeinflussen.

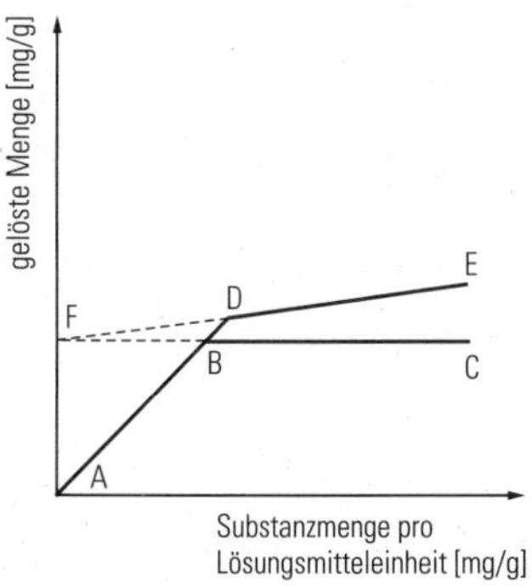

Phasenlöslichkeitsanalyse: typ. Phasenlöslichkeitsdiagramm: Konzentrationsverlauf bei einer Reinsubstanz (ABC) u. bei einer verunreinigten Substanz (ADE); die Steigung für die Linie AB (AD) beträgt 1; die Steigung der Linie DE hängt von der Verunreinigung ab; F: Löslichkeit der Reinsubstanz

Phasentrennung: s. Aufrahmen; vgl. Suspensionen (Sedimentation).

Phasenumkehr: s. Emulsionen.

Phasenumwandlung: Umwandlung eines Stoffes von einer Phase* in eine andere, wobei sich physik. Eigenschaften sprunghaft ändern. Zu den Ph. gehören v. a. die Änderungen des Aggregatzuständes*, polymorphe, pseudopolymorphe u. allotrope Umwandlungen (s. Polymorphie).

Phasenverschiebung: Phasendifferenz; Differenz der Phasen zweier Wellen od. Schwingungen gleicher Frequenz.

Phasenverteilung: s. Emulsionen (Bestimmung des Emulsionstyps).

Phaseolin: $C_{20}H_{18}O_4$; mit Pterocarpin* verwandte Verb. in erkrankten Phaseolus vulgaris-Pflanzen mit fungistat. Eigenschaften (s. Phytoalexine).

Phaseoli pericarpium: s. Phaseolus vulgaris ssp. vulgaris var. vulgaris.

Phaseolunatin: s. Linamarin.

Phaseolus lunatus L.: Phaseolus bipunctatus Jacq., Mondbohne, Limabohne; Fam. Fabaceae (Leguminosae) (Tropen); Stpfl. von Rangoonbohnen, den essbaren, blausäurehaltigen Samen. **Inhaltsst.:** Linamarin*.

Phaseolus vulgaris L. **ssp. vulgaris var. vulgaris:** Bohne, Gartenbohne, Fisole; Fam. Fabaceae (Leguminosae) (heim. Amerika). Stpfl. von **Phaseoli pericarpium:** Fructus Phaseoli sine semine, Pericarpium Phaseoli, Legumina Phaseoli (fälschl. Cortex Phaseoli), Bohnenschalen, Bohnenhülsen; die von den Samen befreiten Früchte (Hülsen). **Off.:** DAC; **Inhaltsst.:** Trigonellin*, Asparagin, Cholin sowie die Aminosäuren Arginin, Tryosin, Leucin, Tryptophan, Lysin (kein Guanidin u. keine Saponine), ferner Kieselsäure, Phosphorsäure, Kalium, Calcium, Magnesium u. a., bis 48 % Hemicellulosen; **Anw.** volkstüml.: Durchspülungstherapie bei Erkrankungen der ableitenden Harnwege, bei Gicht, Gesichtsakne, Hautjucken, Diabetes (Wirk. nicht erwiesen); **Tox.:** die Samen (Bohnen) enthalten Phasin*, das Erbrechen, Diarrhöen, auch Hämorrhagien hervorruft u. durch Kochen, aber nicht durch Trocknen der Bohnen zerstört wird.

Phaseolus vulgaris ssp. vulgaris var. nanus (L.) Aschers: Buschbohne, Zwergbohne, Fisole; Fam. Fabaceae (Leguminosae) (heim. Südamerika), nichtwindende Bohnenpflanze. **Inhaltsst.:** ähnl. Phaseolus* vulgaris ssp. vulgaris var. vulgaris. **Hom:** *Phaseolus nanus:* nach der Blüte gesammelte Pflanze.

phase solubility analysis: s. Phasenlöslichkeitsanalyse.

Phasin: Lektin* in Phaseolus vulgaris, reagiert selektiv mit *n*-Acetylgalactosamin; Polypeptid aus Glutaminsäure, Asparaginsäure, Serin, Alarin, Tyrosin, Lysin, Arginin. Bewirkt die Giftigkeit roher Bohnen (Phaseolus* vulgaris ssp. vulgaris var. vulgaris), wird bei Erhitzen zerstört.

PHB-Ester: Abk. für ***p*-H**ydroxy**b**enzoesäure-Ester, s. Konservierung.

α-Phellandren: 2-Methyl-5-(1-methylethyl)-1,3-cyclohexadien; *p*-Mentha-1,5-dien; $C_{10}H_{16}$; M_r 136.23. Farblose Flüss.; lösl. in Ethanol u. Ether. Best. zahlreicher äther. Öle. Das opt. aktive α-Ph. ist rechtsdrehend in Gingergrasöl, Fenchelöl u.

P

Elemi, linksdrehend in Eucalyptusöl, Pimentöl, Sternanisöl, Terpentinöl. **Anw.:** in der Parfümerie.

β-Phellandren: 3-Methylen-6-(1-methylethyl)cyclohexen, *p*-Mentha-1(7),2-dien; $C_{10}H_{16}$, M_r 136.23. Strukturformel, s. α-Phellandren (Abb.). Farblose Flüssigkeit. Die rechtsdrehende D-Form ist z. B. Best. des äther. Öls von Oenanthe* aquatica; die L-Form findet sich z. B. in Canadabalsamöl.

α-Phellandren: α-Phellandren (links) u. β-Phellandren (rechts)

Phellandri fructus: s. Oenanthe aquatica.

Phellandrium: s. Oenanthe aquatica.

Phellem: Kork, Korkgewebe; (bot.) vom Phellogen* nach außen gebildete Korkzellen; äußerster T. des Periderms*, ohne Interzellularen.

Phelloderm: (bot.) vom Korkkambium gebildetes, sekundäres Rindengewebe (Korkrinde).

Phellogen: Korkkambium; (bot.) ein sekundäres Meristem. Bildet nach außen Kork (Phellem), nach innen Phelloderm* u. ist an der Bildung von Borke* beteiligt.

Phenacetin INN: Phenacetinum Ph.Eur.3, Acetylphenetidin, 4-Ethoxyacetylanilid; *N*-(4-Ethoxyphenyl)acetamid; CAS-Nr. 62-44-2; $C_{10}H_{13}NO_2$, M_r 179.2. Schmp. 134-137 °C. Weiße, glänz., krist. Plättchen od. feines, weißes, krist. Pulver, leicht bitterer Geschmack; sehr schwer lösl. in Wasser, lösl. in 20 T. Ethanol u. in 20 T. Chloroform, wenig lösl. in Ether. **Anw.:** Analgetikum*, früher v. a. in Kombinationspräparaten zus. mit Acetylsalicylsäure, Coffein u. Codein; deutl. sedierend u. U. stimmungshebend, evtl. mit Coffein u. Codein euphorisierend; schwächer antipyret., gering antiphlogist.-antirheumat.; **Kontraind.:** Säuglings- u. Kleinkinderalter, Anämien; **Dos.:** p. o. 0.25-0.5 g/d; **Tox.:** Die akute Giftigkeit beim Erwachsenen ist gering, 20 g u. mehr führen zu Cyanose, Schwindel, Schläfrigkeit, Abfall von Temp. u. Blutdruck, Koma. Gefährdet sind Säuglinge u. Kleinkinder durch Metaboliten, die Methämoglobinbildner sind. Es besteht die Gefahr des Missbrauchs mit der Folge einer chron. Intoxikation mit psych. Störungen, Kopfschmerzen, hämolyt. Anämie, graublauer Cyanose, interstitieller Nephritis u. Nierenpapillennekrose (Phenacetinniere). Die tox. Grenzdosis für lang dauernden Missbrauch ist 1.0 kg. **Hinweis:** Ph. ist seit 1986 nicht mehr zulässig, da der begründete Verdacht besteht, dass die schädl. Wirk. über ein in der med. Wissenschaft vertretbares Ausmaß hinausgehen. In Kombinationspräparaten wird Ph. durch den Ph.-Metaboliten Paracetamol* ersetzt.

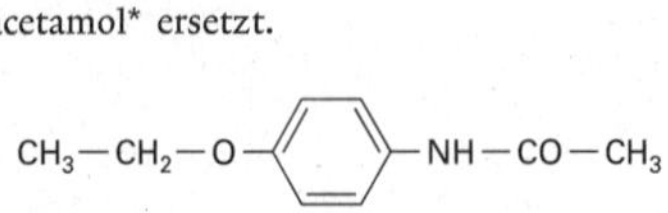

Phenacetin

Phenadoxon INN: 6-Morpholino-4,4-diphenyl-3-heptanon; CAS-Nr. 467-84-5; $C_{23}H_{29}NO_2$, M_r 351.5. Schmp. 75-76 °C. **Phenadoxonhydrochlorid:** Schmp. 224-225 °C (polymorph). **Anw.:** Opioid, starkes Analgetikum*; therap. nicht verwendet.

Phenanthren: $C_{14}H_{10}$, M_r 178.22. D. 1.025. Schmp. 101 °C. Sdp. 332 °C. Mit Anthracen* isomerer aromat. Kohlenwasserstoff. Weiße bis gelbl. Kristalle, unlösl. in Wasser, lösl. in heißem Ethanol, leicht lösl. in Chloroform, Benzol, Ether. **Vork.:** nat. im Steinkohlenteer (Fraktion 310-350 °C). Grundgerüst zahlreicher Naturstoffe, z. B. Saponine*, D-Vitamine (s. Vitamine, Vitamin D), Cholesterol*, Sexualhormone*, Phenanthrenalkaloide*; vgl. Kohlenwasserstoffe, polycyclische aromatische.

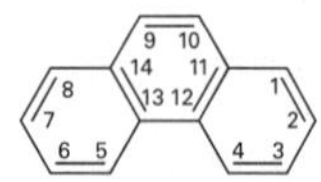

Phenanthren

Phenanthrenalkaloide: Alkaloide*, die Phenanthren als T. des Grundgerüstes enthalten, z. B. Morphin, Codein, Thebain; Biogenese: s. Benzylisochinolinalkaloide.

Phenanthridin: Benzo[*c*]chinolin, 3,4-Benzochinolin, 9-Azaphenanthren; CAS-Nr. 229-87-8; $C_{13}H_9N$, M_r 179.22. Schmp. 105-107 °C. Sdp. 349 °C. Strukturformel s. Verbindungen, heterocyclische (Abb.).

Phenanthridinalkaloide: s. Amaryllidaceenalkaloide.

Phenanthrolinhydrochlorid: $C_{12}H_9ClN_2 \cdot H_2O$, M_r 234.7. Schmp. 224-227 °C. Fast weißes, krist. Pulver, leicht lösl. in Wasser, lösl. in Ethanol. **Anw.:** in der chem. Analyse zum Nachw. u. zur kolorimetr. Bestimmung von 2-wertigem Eisen. Als Eisen(II)-Phenanthrolinkomplex (Ferroin) auch zum Nachw. u. zur Titration oxidierender bzw. reduzierender Ionen, z. B. von Cer(IV), Vanadium(IV) sowie als Reagens Ph.Eur.4 zur Identitätsprüfung von α-Tocopherolacetat (s. Vitamine, Vitamin E).

Phenazin: Dibenzopyrazin; $C_{12}H_8N_2$, M_r 180.2. Schmp. 171 °C. Hellgelbe Kristallnadeln, unlösl. in Wasser. **Vork.:** Grundgerüst der Phenazinfarbstoffe, z. B. Safranine*, Induline, Mauvein, Pyocyanin*.

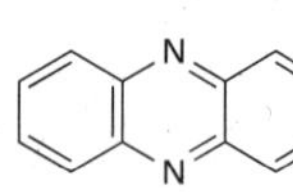

Phenazin

Phenazon INN: Phenazonum Ph.Eur.4, Phenyldimethylpyrazolonum, Pyrazolonum phenyldimethylicum, Dimethyloxychinizin; 1,2-Dihydro-1,5-dimethyl-2-phenyl-3*H*-pyrazol-3-on; CAS-Nr. 60-8-0; $C_{11}H_{12}N_2O$, M_r 188.2. Schmp. 110-113 °C. Weißes, krist. Pulver od. farblose Kristalle, geruchlos od. fast geruchlos; sehr leicht lösl. in Wasser, Ethanol u. Chloroform, fast unlösl. in Ether. **Anw.:** Analgetikum*, Antipyretikum*, weniger antirheumat.; hauptsächl. in Kombinationspräparaten; **Dos.:** p.o. 0.3-0.6 g, MED 1.0 g, MTD 3.0 g; rektal 1.0 g.

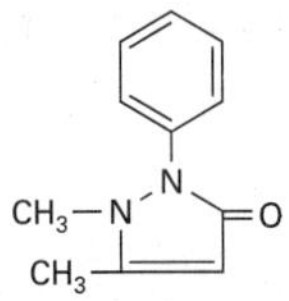

Phenazon

Phenazon mit Coffeincitrat: Phenyldimethylpyrazolon mit Coffeincitrat, Phenyldimethylpyrazolonum cum Coffeino citrico, Antipyreticum compositum, Antipyrinum cum Coffeino citrico, Phenazonum et Coffeini Citras; Weißes, krist. Pulver; Mischung, bestehend aus 89.0-90.5 % Phenazon*, 9.0-10.0 % Coffein* (wasserfrei) u. 0.45-0.65 % Citronensäure (wasserfrei). **Off.:** ÖAB90; **Anw.:** Analgetikum*; **Dos.:** 0.3-0.6, MED 1.0 g, MTD 3.0 g.

Phenazonsalicylat: Phenyldimethylpyrazolonsalicylat, Phenyldimethylpyrazolonum salicylicum, Pyrazolonum phenyldimethylicum salicylicum, Phenazoni salicylas, Antipyrinsalicylat, Salipyrin, salicylsaures Phenyldimethylpyrazolon; $C_{11}H_{12}N_2O \cdot C_7H_6O_3$, M_r 326.4. Schmp. 89-92 °C. Weißes, krist., geruchloses Pulver mit süßl.-bitterem Geschmack; lösl. in 210 T. Wasser, 40 T. siedendem Wasser, 4 T. Ethanol. **Darst.:** Zusammenschmelzen von Phenazon u. Salicylsäure; **Off.:** ÖAB90; **Anw.:** schwaches Analgetikum*; **Dos.:** 0.5-1.0 g, MED 1.5 g, MTD 5.0 g.

Phenazopyridin INN: 3-Phenylazopyridin-2,6-diamin; CAS-Nr. 94-78-0; $C_{11}H_{11}N_5$, M_r 213.28. **Anw.:** Analgetikum* u. Antiseptikum* der Harnwege; Diagnostikum; **UAW:** orange-rote Färbung des Urins, Methämoglobinämie, mögl. Leber- u. Nierenschäden; **Dos.:** p.o. 3×0.1 g/d. **Phenazopyridinhydrochlorid:** Schmp. 137-139 °C (polymorph); **Hinweis:** wegen geringem Nutzen-Risiko-Verhältnis als therap. nicht sinnvoll eingestuft (s. Negativliste).

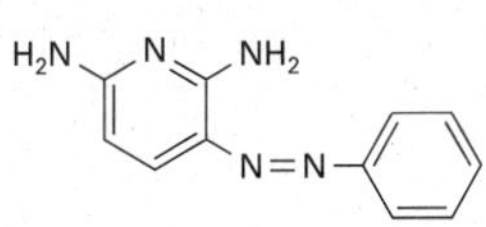

Phenazopyridin

Phendimetracin INN: Phenimethoxazin; 3,4-Dimethyl-2-phenylmorpholin; CAS-Nr. 634-03-7; $C_{12}H_{17}NO$, M_r 191.3. **Anw.:** Appetitzügler* mit zentralem Angriffspunkt; **UAW:** Schlaflosigkeit, hohes Suchtpotential. **Phendimetracinhydrochlorid:** Schmp. 208 °C; **Hinweis:** in EU-Ländern seit 2000 nicht mehr zugelassen.

Phenethylalkohol: s. Phenylethylalkohol.

Pheneticillin INN: α-Phenoxyethylpenicillin; CAS-Nr. 147-55-7; $C_{17}H_{19}KN_2O_5S$, M_r 402.5. Gemisch von D- u. L-Isomeren; meist als Kaliumsalz verwendet; leicht lösl. in Wasser. **Wirk.** u. **Anw.:** Antibiotikum*, Oralpenicillin; wirksam geg. grampositive Keime, aber wegen der relativ geringen Wirkungsintensität heute obsolet; vgl. Antibiotika (Tab.).

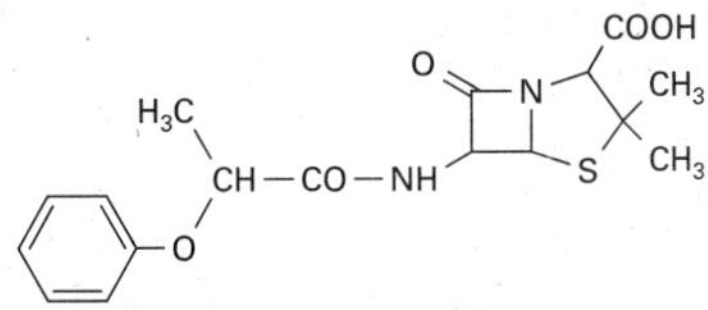

Pheneticillin

Phenetidine: Ethoxyaniline, Aminophenolethylether; **1.** Derivate des Anilins, in denen ein H-Atom des Benzolrestes durch die Ethoxygruppe ($-OC_2H_5$) ersetzt ist. **2. *p*-Phenetidin,** $C_2H_5O-C_6H_4-NH_2$. Farblose, dem Anilin* ähnl. Flüssigkeit. **Anw.:** Darst. von Ph.-Derivaten; vgl. Lactylphenetidin, Phenacetin.

***p*-Phenetylcarbamid:** s. Dulcin.

Phenglutarimid INN: 3-[2-(Diethylamino)ethyl]-3-phenyl-2,6-piperidindion; $C_{17}H_{24}N_2O_2$, M_r 288.38. Schmp. 125-127 °C. **Anw.:** obsolet, Antiparkinsonmittel (s. Parkinson-Syndrom), Anticholinergikum*.

Phenilon: s. Pemolin.

Phenimethoxazin: s. Phendimetracin.

Phenindamin INN: 2,3,4,9-Tetrahydro-2-methyl-9-phenyl-1*H*-indeno[2,1-*c*]pyridin; CAS-Nr. 82-88-2; $C_{19}H_{19}N$, M_r 261.35. Schmp. 91 °C. D. 1.17. **Anw.:** obsolet, Antiallergikum, Antihistaminikum*; **UAW:** s. Meclozin; **Dos.:** p.o. 2-3×5 mg/d. Gebräuchl. war auch Phenindaminhydrogentartrat.

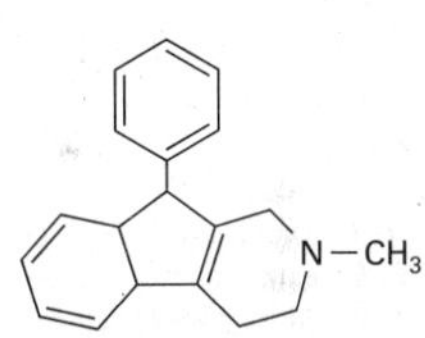

Phenindamin

Pheniramin INN: (*RS*)-*N*,*N*-Dimethyl-3-phenyl-3-(pyridin-2-yl)propan-1-amin; CAS-Nr. 86-21-5; $C_{16}H_{20}N_2$, M_r 240.34. Sdp. 181 °C (1.73 kPa), 142 °C (267 Pa), 135 °C (67 Pa). D. 1.0081. $n_D^{25°C}$ 1.5519-1.5521. Unlösl. in Wasser; lösl. in verd. Säuren, Ethanol, Benzol, Chloroform, Ether; pK_S der konjugierten Säure 9.27. **Anw.:** Antihistaminikum*, Antiemetikum*; **UAW:** s. Meclozin; **Dos.:** p.o. 2-3×25 mg; oral retard abends 75 mg; parenteral i.m. 25 mg; topisch Salbe 1.5 %; HWZ 16 h. **Pheniraminhydrogenmaleat:** Pheniramini male-

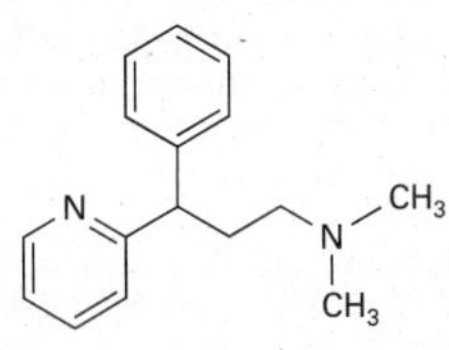

Pheniramin

as Ph.Eur.4; CAS-Nr. 132-20-7; $C_{20}H_{24}N_2O_4$, M_r 356.4. Sehr leicht lösl. in Wasser, leicht lösl. in Dichlormethan. Gebräuchl. ist auch Pheniraminhydrochlorid; hingewiesen sei auch auf Pheniramin-4-aminosalicylat.

Phenmetrazin INN: Dexphenmetrazinum, 3-Methyl-2-phenylmorpholin; 2-Phenyl-3-methyl-tetrahydro-1,4-oxazin; CAS-Nr. 134-49-6; $C_{11}H_{15}NO$, M_r 177.24. Sdp. 138-140 °C (1.6 kPa), 104 °C (0.13 kPa). **Anw.**: indirektes Sympathomimetikum (Weckamin*); Ind.: Appetitzügler, zentrales Stimulans bei rascher Ermüdbarkeit, verzögerter Rekonvaleszenz; kurze Wirkungsdauer (7-10 h); **UAW:** Herzklopfen, Herzrhythmusstörungen, psychomotor. Erregungszustände, Tremor; Gefahr der Abhängigkeit; **Dos.**: p. o. 2×25 mg/d, nicht abends; **Hinweis:** in EU-Ländern seit 2000 nicht mehr zugelassen. Gebräuchl. sind bzw. waren Phenmetrazinhydrochlorid u. Phenmetrazinteoclat.

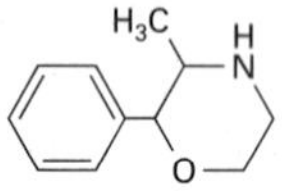

Phenmetrazin

Phenobarbital INN: Phenobarbitalum Ph.Eur.4, Acidum phenylaethylbarbituricum, Phenylethylbarbitursäure; 5-Ethyl-5-phenylbarbitursäure; CAS-Nr. 50-06-6; $C_{12}H_{12}N_2O_3$, M_r 232.2. Strukturformel s. Barbiturate (Abb. 2). Schmp. 174-178 °C (polymorph), bildet auch Hydrate. Weißes, krist. Pulver von schwach bitterem Geschmack, leicht lösl. in Ethanol 90 % u. Aceton, lösl. in Ether, sehr schwer lösl. in Wasser von 20 °C, wenig lösl. in siedendem Wasser u. Chloroform, gibt wasserlösl. Verb. mit verd. Alkalilaugen, Alkalicarbonat- u. Ammoniak-Lsg. **Anw.** u. **Dos.**: Sedativum (2-3×15-30 mg/d), Antiepileptikum (Grand mal, 0.1-0.3 g bis 3-mal/d), MTD 0.8 g; HWZ 48-144 h (daher als Schlafmittel nur wenig verwendet); LD ca. 6.0 (1.7-9.0) g; vgl. Barbiturate.

Phenobarbital-Natrium: Phenobarbitalum natricum Ph.Eur.4, Natrium phenylethylbarbituricum, phenylethylbarbitursaures Natrium, ethylphenylbarbitursaures Natrium; CAS-Nr. 57-30-7; $C_{12}H_{11}N_2NaO_3$, M_r 254.2. Farblose Kristalle od. weißes, krist. Pulver von schwach bitterem Geschmack, hygroskop., leicht lösl. in Wasser u. Ethanol 90 %, unlösl. in Ether u. Chloroform. **Anw.** med.: s. Phenobarbital.

Phenobarbital-Tabletten: s. Compressi Phenobarbitali.

Phenododeceniumbromid INN: Domiphenbromid; *N*-Dodecyl-*N*,*N*-dimethyl-2-phenoxyethylammoniumbromid; CAS-Nr. 538-71-6; $C_{22}H_{40}BrNO$, M_r 414.5. Schmp. 112-113 °C. Leicht lösl. in Wasser, Ethanol, Aceton; wässrige Lsg. bilden beim Schütteln einen Schaum. **Anw.**: kationenaktives Tensid, Desinfiziens im Mund- u. Rachenraum.

Phenodure: härtbare, feste od. flüss. Phenolharze*. **Anw.**: Herst. von kalthärtenden Lacken u. Einbrennlacken.

Phenol: Karbol, Carbolsäure, Acidum carbolicum, Phenolum Ph.Eur.4; Monohydroxybenzol, CAS-Nr. 108-95-2; C_6H_5OH, M_r 94.11. Schmp. 40.9 °C. Sdp. 180-182 °C. D. 1.072. Farblose, schwach rosa od. gelbl. Kristalle von charakterist. Geruch; an der Luft sich allmähl. stärker rosa od. gelbl. färbend; sehr leicht lösl. in Ethanol 96 %, Chloroform, Ether, Schwefelkohlenstoff, fetten Ölen; lösl. in Glycerol u. Wasser, in Alkalilaugen unter Phenolatbildung. **Vork.**: im Steinkohlenteer (s. Pix Lithanthracis), in versch. Erdölen sowie als Sulfat im Tier- u. Menschenharn. **Darst.**: früher aus den zw. 170 u. 250 °C siedenden Anteilen des Steinkohlenteers, heute überwiegend aus Benzol* u. Propen über Cumol (2-Phenylpropan) u. Cumolhydroperoxid als Zwischenprodukte. **Anw.** med.: Antiseptikum*, heute zur Wundbehandlung kaum mehr verwendet, sondern fast ausschließl. zur Grobdesinfektion z. B. von Gegenständen, Instrumenten, Zimmern, Abortgruben; s. Phenol, verflüssigtes; techn.: eine der wichtigsten Substanzen, dient zur Herst. von Kunstharzen*, synthetischen Gerbstoffen*, Riechstoffen u. zahlreichen Farbstoffen sowie zur Synthese vieler Arzneimittel (z. B. Salicylsäure*, Phenylsalicylat*), ferner als Reagens Ph.Eur.4. **Tox.**: P. ist ein Protoplasmagift, konz. tötet es alle lebenden Zellen, in verd. Zustand wirkt es entwicklungshemmend; auf die Haut wirkt P. ätzend u. anästhesierend. Innerl.: starkes Gift (Harn bräunl.-grün bis schwarz), das zu Kollaps u. Tod führt. Antidot*: Zuckerkalk (s. Calcaria saccharata), Magenspülung mit Kaliumpermanganat (0.1 %) u. 10 % Glycerol-Zusatz; Olivenöl mit Eiweiß, keine Mineralöle! Äußerl.: Abwaschen der Haut mit Schmierseife, Cortisonsalbe. LD: oral 10-30 g, rektal 1-2 g. **Gesch.**: 1834 von Friedlieb Ferdinand Runge (1794-1867) entdeckt u. 1867 in Glasgow von Joseph Lister (Chirurg, 1827-1912) als Antiseptikum eingeführt. **Rohe Karbolsäure**: Acidum carbolicum crudum, s. Cresol.

Hom: *Acidum carbolicum:* Phenol; verord. z. B. bei durch Alkohol bedingter Gastritis, Eiterungen an Haut u. Schleimhäuten mit Gewebezerstörung.

Phenolcarbonsäuren: Phenolsäuren; Bez. für (vorwiegend) in Pfl. vorkommende Hydroxybenzoe- u. Hydroxyzimtsäuren. Ihre Ester wie z. B. Chlorogensäure*, Cichoriumsäure (Dicaffeoylweinsäure, in Echinacea* angustifolia u. Cichorium* intybus), Rosmarinsäure*, Lithospermsäure* werden als Depside* bezeichnet. Mit Zuckern bzw. Glykosiden verbundene Ph. (polyphenol. Esterglykoside) sind z. B. Verbascosid (in Verbena* officinalis u. Plantago lanceolata*), Echinacosid (in Echinacea angustifolia) u. Tilirosid (in Tilia-Arten). Biogenet. lassen sie sich wie die anderen Phenylpropanderivate* nicht nur von den Phenylaminopropansäuren Phenylalanin u. Tyrosin (s. Aminosäuren), sondern auch von anderen Produkten des Shikimiatweges (s. Aromatenbiosynthese) ableiten. Aus den Hydroxyzimtsäuren können durch Abbau der Seitenkette (β-Oxidation, s. Fettsäureabbau) Hydroxybenzoesäuren (s. Tab.) entstehen, welche durch Decarboxylierung einfache Phenole* bilden können.

Phenole: Derivate des Benzols u. seiner Homologen, bei denen ein od. mehrere H-Atome des Benzolrings durch die Hydroxylgruppe –OH er-

Phenolcarbonsäuren
Wichtige Vertreter und Beispiele

Substituenten	Hydroxybenzoesäuren	Hydroxyzimtsäuren
2–OH	Salicylsäure	*o*-Cumarsäure
4–OH	*p*-Hydroxybenzoesäure	*p*-Cumarsäure
2,5–Di–OH	Gentisinsäure	
3,4–Di–OH	Protocatechusäure	Kaffeesäure
3,4,5–Tri–OH	Gallussäure	
3–OCH_3, 4–OH	Vanillinsäure	Ferulasäure
3–OH, 4–OCH_3	Isovanillinsäure	Isoferulasäure
3,5–Di–OCH_3, 4–OH	Syringasäure	Sinapinsäure

setzt sind, z. B. Phenol*, Resorcin*, Brenzcatechin*. Herkunft der in Pflanzen autretenden einfachen Ph.: **1.** aus dem Terpenstoffwechsel, z. B. Thymol*; **2.** aus Phenolcarbonsäuren*, z. B. Hydrochinon*, gebildet aus *p*-Cumarsäure; **3.** aus dem Polyketid-Biosyntheseweg (s. Aromatenbiosynthese), z. B. Phloroglucin*.

Phenolether: aromat. Verb., in denen das H-Atom der phenol. Hydroxylgruppen durch Alkylreste ersetzt ist, z. B. Anisol ($C_6H_5-O-CH_3$), Phenetol ($C_6H_5-O-C_2H_5$). Phenolether sind sehr beständige, in Wasser schwer lösl. Verb., meist mit starkem Geruch.

Phenolharze: Duroplaste mit unterschiedl. Beimengungen (Füllstoffen). Dienen zur Herst. von Schraubverschlüssen für Arzneigläser.

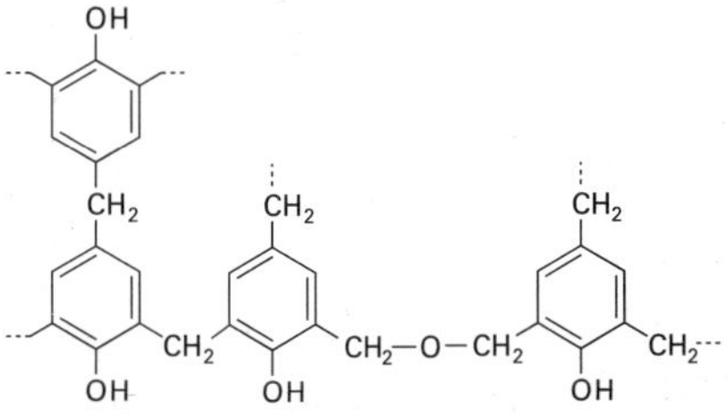

Phenolharze

Phenolkalk: Calcium cresolicum, Karbolkalk; Mischung von 85 T. Ätzkalk mit 15 T. Phenol. **Anw.:** Desinfektionsmittel*.

Phenoloxidasen: Enzyme (Kupferproteide), die Phenole zu Chinonen oxidieren, darunter Tyrosinase*; bei Pflanze u. Tier weit verbreitet. Auch die Bildung dunkler Farbstoffe (Melanine*) in pflanzl. u. tier. Gewebe sowie Fermentierungen, z. B. des chines. Tees, werden auf die Wirkung der Ph. zurückgeführt. Man unterscheidet Mono- u. Polyphenoloxidasen.

Phenolphthalein INN: Phenolphthaleinum Ph.Eur.4, Dihydroxyphthalophenon; 3,3-Bis(4-hydroxyphenyl)-1-(3*H*)-isobenzofuranon; CAS-Nr. 77-09-8; $C_{20}H_{14}O_4$, M_r 318.31. Schmp. 255-260 °C. Weißes Pulver, lösl. in 12 T. Ethanol, in ca. 50 T. Ether, in Wasser fast unlöslich. Das in saurem u. neutralem Medium farblose Ph. färbt sich bei Anwesenheit von Alkalien (selbst in geringsten Spuren) tief karminrot, wobei die Farbe noch in Verd. 1:1 Mio sichtbar ist. **Darst.:** Erhitzen von Phenol mit Phthalsäureanhydrid u. Schwefelsäure, Auskochen des erkalteten Gemisches mit Wasser, Lösen des Rückstandes in Natronlauge u. Ausfällen des Ph. mit Essigsäure; **Wirk.** u. **Anw.** med.: wegen Reizung der Dickdarmwand als Abführmittel; **UAW:** schwere Darmblutungen, Überempfindlichkeitsreaktionen, Atemstörungen; deshalb kaum mehr verwendet; **Dos.:** 0.05-0.1 g; **Anw.** chem.: als Indikator* in 1 %iger alkohol. Lsg.; Umschlagsgebiet pH 8-9.8 (farblos nach rot durch Übergang der lactoiden in die rote chinoide Form); **Gesch.:** Ph. wurde 1871 von A. von Baeyer entdeckt.

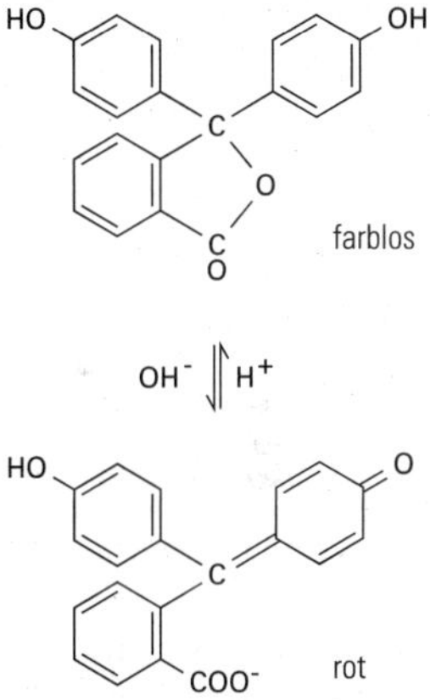

Phenolphthalein

Phenolphthaleinlösung: Zstzg.: Ph.Eur.4, 0.1 g Phenolphthalein in 80 mL Ethanol 96 % gelöst, die Lsg. wird mit Wasser zu 100 mL verdünnt, Umschlagbereich: pH-Wert 8.2 (farblos) bis 10 (rot).

Phenolphthaleinpapier: mit Phenolphthalein*-Lsg. getränktes Filtrierpapier. **Anw.:** Reagens Ph.Eur.4; Indikator* in der Alkalimetrie.

Phenolphthalol: Phthalol; 2-(4,4'-Dihydroxybenzhydryl)benzylalkohol; CAS-Nr. 81-92-5; $C_{20}H_{18}O_3$, M_r 306.34. Schmp. 201-202 °C (kristallisiert aus verd. Ethanol). Metabolit von Phenolphthalein*. **Anw.:** Abführmittel; wegen der nicht unbeträchtl. UAW, WW u. Kontraind. (s. Phenolphthalein) nicht mehr zu empfehlen.

Phenolrot: s. Phenolsulfonphthalein.

P

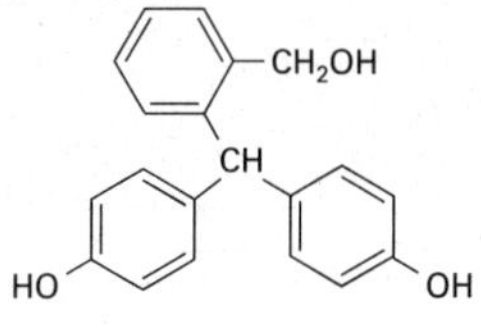

Phenolphthalol

Phenolsäuren: s. Phenolcarbonsäuren.

Phenolsulfonphthalein: Abk. PSP, Phenolrot, Phenolsulfonphthaleinum Ph.Eur.4; 4,4'-(3*H*-2,1-Benzoxathiol-3-yliden)bisphenol-5,5-dioxid, $C_{19}H_{14}O_5S$, CAS-Nr. 143-74-8, M_r 354.37. Dunkelrotes, krist. Pulver; lösl. in Ethanol u. in Alkalien, sehr schwer lösl. in Wasser. **Anw.** chem.: Indikator*, Umschlagsbereich pH 6.4-8.2, gelb — rot; med.: Nierenfunktionsprüfung.

Phenolsulfonsäure: s. Sozolsäure.

Phenolum liquefactum: s. Phenol, verflüssigtes.

Phenolum parachloratum: s. *p*-Chlorphenol.

Phenolum tribromatum: s. Tribromphenol.

Phenolum trichloratum: s. Trichlorphenol.

Phenol, verflüssigtes: Acidum carbolicum liquefactum, Phenolum liquefactum; DAC86: Mischung von 90.9 T. Phenol ad 100 T. Wasser (im Wasserbad); Phenolgehalt 89.0-91.0 %. D. 1.065-1.070. Lösl. in Wasser, mischbar mit Ethanol 96 %. Ph.Helv.7: 85 T. Phenol u. 15 T. gereinigtes Wasser; Phenolgehalt 83-87 %. ÖAB90: 90 T. Phenol, 10 T. gereinigtes Wasser; Phenolgehalt 88.0-92.0 %. **Inkomp.:** oxidierende Stoffe, Eisen(III)-Salze, Polysorbat*, Korkverschlüsse (unter 8 °C kann sich krist. Phenol ausscheiden); **Anw.:** Konservierungsmittel in Seren u. Impfstoffen bis zu 0.25 %ig; 1 %ig in Lotionen, Salben u. Lösungen (äußerl.); max. 5 %ig zur Anw. auf der unversehrten Haut; als Bakteriostatikum bis 1 %, darüber als Bakterizid zur Grobdesinfektion (2.5-5 %); zur Juckreizstillung bei Ekzemen.

Phenolwasser: s. Aqua phenolata.

Phenoplaste: Phenolharze*, Kunstharze (Resole, Bakelite), Kondensationsprodukte aus Phenol u. Formaldehyd, meist mit Füllstoffen (z. B. Faserstoffen) vermischt.

Phenothiazin: Phenthiazin, Thiodiphenylamin; 2,3,5,6-Dibenzo-1,4-thiazin; $C_{12}H_9NS$, M_r 199.26. Schmp. 180 °C. Sdp. 370 °C. Gelbe Kristalle, sehr schwer lösl. in Wasser, wenig lösl. in Ethanol u. Ether, lösl. in Benzol, Aceton, Xylol. **Off.:** ÖAB90 (bis 1996); **Anw.** med.: geg. Spul- u. Madenwürmer (Vorsicht, toxisch!). Grundkörper für Thiazinfarbstoffe* u. zahlreiche wichtige Psychopharmaka mit zentral-sedativer Wirk., die Angst- u. Spannungszustände beseitigen (s. Psychopharmaka). Ph.-Derivate potenzieren die Wirk. echter Narkotika u. Hypnotika u. dienen daher zur Narkosevorbereitung. Da sie gleichzeitig die Körpertemp. herabsetzen, verwendet man sie auch zur Herbeiführung des sog. künstl. Winterschlafs (artifizielle Hibernation*); ferner Anw. als Antihistaminika*.

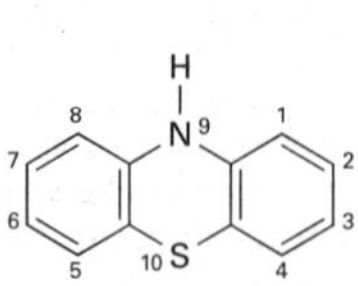

Phenothiazin

3,7-Phenothiaziniumchlorid: s. Thionin.

Phenoxy-: Bez. für die Gruppe C_6H_5O-.

Phenoxybenzamin INN: Bensylytum, *N*-Phenoxyisopropyl-*N*-benzyl-*β*-chlorethylamin; *N*-Benzyl-*N*-(2-chlorethyl)-1-methyl-2-phenoxyethylamin; CAS-Nr. 59-96-1; $C_{18}H_{22}ClNO$, M_r 303.84. Schmp. 38-40 °C (kristallisiert aus Petrolether). Lösl. in Benzol. **Wirk.:** unspezif. Rezeptorenblocker, hemmt u. a. Alpha-1- u. Alpha-2- sowie Serotonin- u. Histaminrezeptoren; **Anw.:** periphere Durchblutungsstörungen, Hypertonie beim Phäochromozytom*, neurogene Blasenentleerungsstörungen; **UAW:** Blutdrucksenkung, reflektor. Tachykardie, Schwellung der Nasenschleimhäute, Müdigkeit; **Dos.:** p. o. Initialdos. 2×5 mg/d, steigern auf 20-30 mg/d, MTD 240 mg; Kinder u. Säuglinge 0.2 mg/kg KG/d; HWZ 3-4 h. Gebräuchl. ist auch Phenoxybenzaminhydrochlorid.

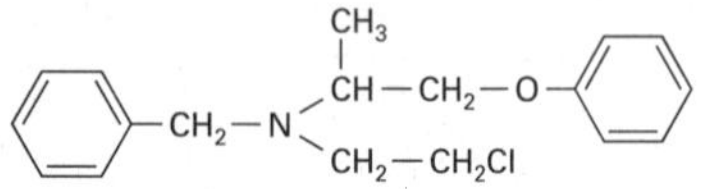

Phenoxybenzamin

Phenoxyessigsäure: $C_8H_8O_3$, M_r 152.1. Schmp. ca. 98 °C. Fast weiße Kristalle; wenig lösl. in Wasser, leicht lösl. in Ethanol, Ether u. Essigsäure 98 %. **Anw.:** Reagens Ph.Eur.4.

Phenoxyethanol: Phenoxyethanolum Ph.Eur.4; 2-Phenoxyethanol, $C_8H_{10}O_2$, M_r 138.2. d_{20}^{20} ca. 1.11. $n_D^{20\,°C}$ ca. 1.537. Klare, farblose, ölige Flüss.; schwer lösl. in Wasser, leicht lösl. in Ethanol u. Ether. **Anw.:** Reagens Ph.Eur.4.

Phenoxyethylpenicillin: s. Pheneticillin.

Phenoxymethylpenicillin INN: Phenoxymethylpenicillinum Ph.Eur.4, Penicillin V, 6-(Phenoxyacetylamino)-penicillansäure; (2*S*,5*R*,6*R*)-3,3-Dimethyl-7-oxo-6-(2-phenoxyacetamido)-4-thia-1-azabicyclo[3.2.0]heptan-2-carbonsäure; CAS-Nr. 87-08-1; $C_{16}H_{18}N_2O_5S$, M_r 350.38. Bei Ph. ist die Benzylgruppe von Benzylpenicillin durch eine Phenoxymethylgruppe ersetzt. Schmp. 120-128 °C (unter Zers.). $[\alpha]_D^{20\,°C}$ +186 bis +200 (c=1 in 1-Butanol). Weißes, krist. Pulver, schwacher charakterist. Geruch; 1 T. lösl. in 1700 T. Wasser, in 7 T. Ethanol, in 6 T. Aceton; lösl. in Chloroform, Glycerol; fast unlösl. in fetten Ölen u. flüss. Paraffin. **Wirk.** u. **Anw.:** magensaftresistentes Antibiotikum*; Oralpenicillin; gut wirksam geg. grampositive Keime; Anw. bei leichten Infektionen mit penicillinempfindl. Keimen wie Schar-

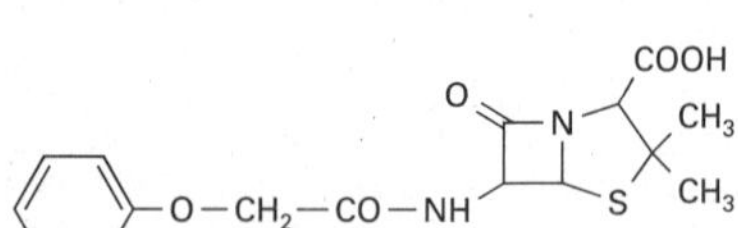

Phenoxymethylpenicillin

lach, Angina; **UAW:** s. Antibiotika; **Dos.:** p.o. 0.5-1.5 g/d in geteilten Gaben, Kinder bis zu 1 Jahr 62.5 mg/6 h, Kinder von 1-5 Jahren 125 mg/6 h, Kinder von 6-12 Jahren 250 mg/6 h. HWZ 0.5-1 h; vgl. Antibiotika (Tab.). Gebräuchl. sind auch Phenoxymethylpenicillin-Natrium, Phenoxymethylpenicillin-Calcium-Dihydrat, Phenoxymethylpenicillin*-Benzathin, Phenoxymethylpenicillin*-Kalium.

Phenoxymethylpenicillin-Benzathin: Benzathinum-Phenoxymethylpenicillinum, Phenoxymethylpenicillini Dibenzylethylendiamin; CAS-Nr. 5928-84-7; $C_{48}H_{56}N_6O_{10}S_2$, M_r 941. Das Salz, bestehend aus Phenoxymethylpenicillin* u. Dibenzylethylendiamin im Verhältnis 2:1, enthält eine variable Menge Kristallwasser (58 %). Weißes, krist. Pulver; sehr schwer lösl. in Wasser u. Chloroform, schwer lösl. in Ethanol, leicht lösl. in Dimethylformamid u. Formamid; fast unlösl. in Ether. **Off.:** ÖAB90; **Wirk.** u. **Anw.:** s. Phenoxymethylpenicillin.

Phenoxymethylpenicillin-Kalium: Phenoxymethylpenicillinum kalicum Ph.Eur.4; CAS-Nr. 132-98-9; $C_{16}H_{17}KN_2O_5S$, M_r 388.5. Weißes, krist. Pulver; leicht lösl. in Wasser; fast unlösl. in Chloroform, Ether, fetten Ölen u. flüss. Paraffin. **Wirk.** u. **Anw.:** s. Phenoxymethylpenicillin.

Phenpentermin: s. Pentorex.

Phenprobamat INN: 3-Phenylpropylcarbamat; CAS-Nr. 673-31-4; $C_{10}H_{13}NO_2$, M_r 179.21. Schmp. 101-104 °C (kristallisiert aus wässrigem Ethanol). Lösl. in absolutem Ethanol, Chloroform, Propylenglykol, Ethylendiamin, Dimethylformamid; wenig lösl. in Ether, 50 % Ethanol; fast unlösl. in Wasser. **Anw.:** Muskelrelaxans*, Ataraktikum (s. Psychopharmaka); **UAW:** in hohen Dosen Übelkeit; **Kontraind.:** Muskelschwäche; gegenseitige Wirkungsverstärkung mit zentral wirkenden Pharmaka u. Alkohol; **Dos.:** p.o., rektal 3×0.4-0.8 g/d.

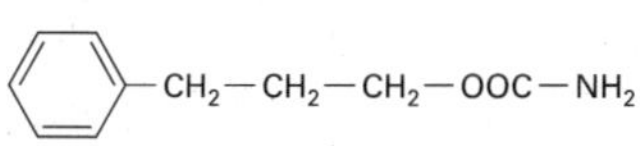

Phenprobamat

Phenprocoumon INN: 3-(α-Ethylbenzyl)-4-hydroxycumarin; CAS-Nr. 435-97-2; $C_{18}H_{16}O_3$, M_r 280.31. Schmp. 179-180 °C (kristallisiert aus verd. Methanol). Fast unlösl. in Wasser, lösl. in Chloroform, Methanol, Alkalihydroxid-Lösungen. **Off.:** DAC86; **Anw.:** Antikoagulans*, bei Thrombosen, Thrombosegefahr, Lungenembolie, Herzinfarkt; Vitamin-K-Antagonist; **UAW:** innere u. äußere Blutungen, Hautnekrosen, Haarausfall, Übelkeit, Erbrechen. **Kontraind.:** bei erhöhter Blutungsneigung, schweren Pankreaserkrankungen, Leber- u. Nierenschäden, Bluthochdruck, Magen-Darm-Geschwüren, operativen Eingriffen; **WW:** Vorsicht, WW mit zahlreichen Medikamenten! **Dos.:** p.o. 2-3×3 mg/d; parenteral i.v. 1 mg, i.m. 2 mg; HWZ 150 h.

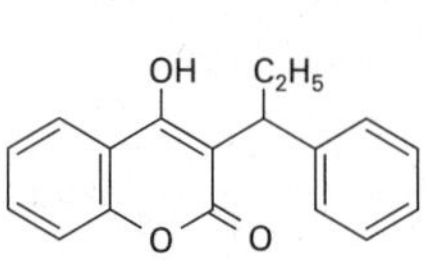

Phenprocoumon

Phenpropionat: chem. Kurzbez. für 3-Phenylpropionat.

Phentermin INN: α,α-Dimethylphenethylamin; CAS-Nr. 122-09-8; $C_{10}H_{15}N$, M_r 149.2. Ölige Flüssigkeit. **Phenterminhydrochlorid:** $C_{10}H_{16}ClN$. Schmp. 204 °C (polymorph). **Anw.:** Appetitzügler* mit zentraler Wirk.; **UAW:** Schlaflosigkeit, hohes Suchtpotential; **Hinweis:** in EU-Ländern seit 2000 nicht mehr zugelassen.

Phentolamin INN: 2-(*m*-Hydroxy-*N*-*p*-tolylanilinomethyl)-2-imidazolin; 3-[*N*-(2-Imidazolin-2-ylmethyl)-4-methylanilino]phenol; CAS-Nr. 50-60-2; $C_{17}H_{19}N_3O$, M_r 281.35. Schmp. 174-175 °C. **Wirk.** u. **Anw.:** Alphaadrenozeptorantagonist (s. Sympatholytika); **Ind.:** schwere akute Herzinsuffizienz mit Lungenstauung od. Lungenödem; zus. mit Papaverinhydrochlorid* zur Schwellkörper*-Autoinjektionstherapie; **Dos.:** parenteral als Diagnostikum i.v. 5 mg; als Therapeutikum (i.v., i.m.) 10 mg; HWZ 0.5-0.75 h. Gebräuchl. ist auch Phentolaminhydrochlorid, Phentolaminmesilat.

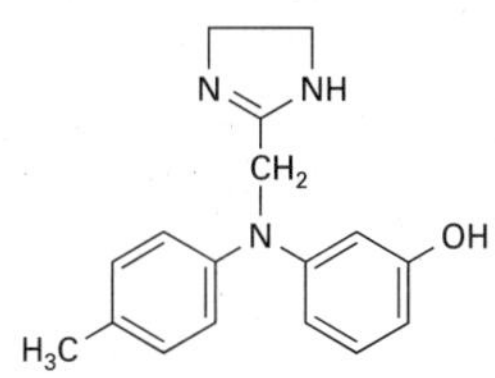

Phentolamin

Phenyl-: Bez. für die von Benzol abgeleitete Gruppe $-C_6H_5$.

Phenylacetaldehyd: $C_6H_5-CH_2-CHO$, M_r 120.14. D. 1.025. Farblose Flüssigkeit. **Anw.:** in der Parfümerie (Hyazinthe, Flieder).

Phenylacetamid: s. Acetanilid.

Phenylacetylpenin: s. Benzylpenicillin.

Phenylacrylsäure: s. Zimtsäure.

Phenylalanin: Abk. Phe, Phenylalaninum; Ph.Eur.4; (*S*)-2-Amino-3-phenylpropionsäure; L-α-Amino-β-phenylpropionsäure; $C_9H_{11}NO_2$; M_r 165.2; Schmp. 283-284 °C. Weißes, krist. Pulver, wenig lösl. in Wasser, sehr schwer lösl. in Ethanol. Optisch aktive, aromat. proteinogene Aminosäure. L-Ph. ist essentiell u. sowohl glucoplast. als auch ketoplastisch. Es wird zunächst durch Phenylalaninhydroxylase in L-Tyrosin umgewandelt u. weiter zu Fumarsäure u. Acetessigsäure abgebaut. Beim Krankheitsbild der Phenylketonurie (PKU, Morbus Fölling) besteht ein angeborener Mangel an L-Phenylalaninhydroxylase, so dass L-Ph. nicht zu L-Tyrosin hydroxyliert u. auf diesem Weg abgebaut werden kann (s. Abb.). Diese Kranken scheiden im Harn Phenylpyruvat u. Phenylessigsäure aus. Das Krankheitsbild zeigt geistige Behinderung u. Defekte der Haut- u. Haarpigmentierung. Mit einem Windeltest bei Neugeborenen kann man diese Stoffwechselkrankheit frühzeitig

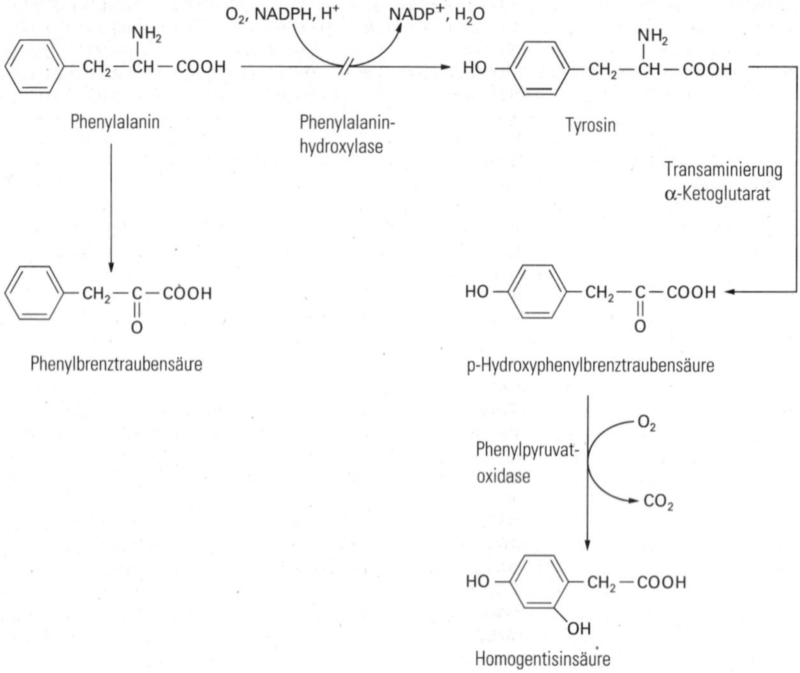

Phenylalanin: biologischer Abbau

erkennen u. durch eine L-Phenylalanin-freie Diät kompensieren (s. Fölling-Probe, Guthrie-Test).

Phenylalkylaminalkaloide: eine kleine Gruppe von Protoalkaloiden mit den Grundstrukturen Benzylamin (z. B. Capsaicin*), Phenylethylamin (z. B. Mescalin*) od. 2-Amino-1-phenyl-1-propan (z. B. Ephedrine*, Cathinon). Die Biogenese erfolgt aus Phenylalanin od. -derivaten.

Phenylaminopropan: s. Amfetamin.

Phenylaminopropanol: s. Norephedrin.

Phenylaminopropanum racemicum sulfuricum: s. Amfetamin (Amfetaminsulfat).

Phenylbenzol: s. Diphenyl.

Phenylbenzylatropiniumbromid: s. Xenytropiumbromid.

Phenylbutazon INN: Phenylbutazonum Ph.Eur.4; 4-Butyl-1,2-diphenylpyrazolidin-3,5-dion; CAS-Nr. 50-33-9; $C_{19}H_{20}N_2O_2$, M_r 308.4. Schmp. 104-107 °C (polymorph). Weißes od. fast weißes, krist. Pulver, fast geruchlos, schwach bitter; fast unlösl. in Wasser, wenig lösl. in Ethanol, lösl. in Ether u. wässrigen, alkal. Lsg., leicht lösl. in Chloroform. **Anw.:** Antirheumatikum u. Gichtmittel mit analget. und antipyret. Wirk., sollte aber nicht als allg. Analgetikum od. Antipyretikum verwendet werden; Verw. auch als Natriumsalz für i. m. Injektion; Oxyphenbutazon* ist ein Metabolit von Ph.; **UAW:** häufig (20-45 %) u. schwerwiegend: **1.** Intestinaltrakt: Blutungen, Geschwüre; **2.** Blutbildung: Leukopenie, Agranulozytose; **3.** Niere: Natrium- u. Wasserretention, Erhöhung des Plasmavolumens um bis zu 50 %; daher nur noch eingeschränkt zugelassen; **Kontraind.:** gastrointestinale Ulzera, Leber- u. Nierenfunktionsstörungen, Herz- u. Kreislauferkrankungen; **Dos.:** bei Erkrankungen des rheumat. Formenkreises u. Gichtanfällen; initial mit 0.4-0.6 g/d auf mehrere ED verteilt; Erhaltungsdos. 0.1-0.2 g, möglichst nicht länger als 7 d; HWZ 29-175 h (dosisabhängig) bzw. 48-72 h (Metaboliten).

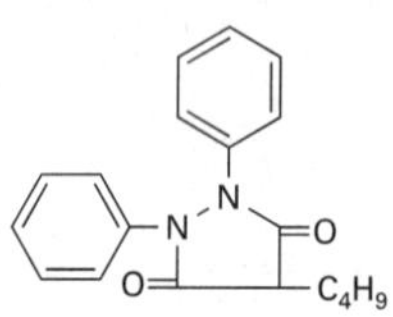

Phenylbutazon

Phenylcarbinol: s. Benzylalkohol.

Phenylchinolincarbonsäure: s. Cinchophen.

Phenylcyclohexylpiperidin: Abk. PCP; ein Halluzinogen, s. Psychopharmaka (Psychotomimetika).

Phenyldihydrochinazolin: s. Orexin.

4-Phenyldihydropyridincarbonsäure-Derivate: s. Calciumantagonisten (Anwendung).

Phenyldimethylpyrazolon, salicylsaures: s. Phenazonsalicylat.

Phenyldimethylpyrazolonum: s. Phenazon.

Phenyldimethylpyrazolonum cum Coffeino citrico: s. Phenazon mit Coffeincitrat.

Phenyldimethylpyrazolonum salicylicum: s. Phenazonsalicylat.

Phenylen-: Bez. für die vom Benzol ableitbare zweiwertige Gruppe, $-C_6H_4-$.

Phenylendiamine: Diaminobenzole; die vom Benzol abgeleiteten Diamine (*m*-, *o*- u. *p*-Ph.); $H_2N-C_6H_4-NH_2$. **Anw.**: zum Färben von Haaren u. Pelzen; für Farbstoffsynthesen (Azofarbstoffe*). Das ***p*-Phenylendiamin** gibt bei Auflösung in Schwefelwasserstoffwasser u. Zusatz von Eisen(III)-chlorid das Lauth-Violett. ***m*-Phenylendiamin** wird als Reagens auf Brom u. Bromwasserstoffsäure benutzt, das Hydrochlorid zum Nachw. von Salpetriger Säure.

Phenylephrin INN: Phenylephrinum Ph.Eur.4, 3-Hydroxy-α-(methylaminomethyl)benzylalkohol; (–)-1-(3-Hydroxyphenyl)-2-methylaminoethanol; CAS-Nr. 59-42-7; $C_9H_{13}NO_2$. Schmp. 174 °C. Weißes, krist. Pulver; schwer lösl. in Wasser u. Ethanol. **Anw.**: lokal als Vasokonstriktor*, Mydriatikum*; Alphasympathomimetikum (s. Sympathomimetika); Ind.: Schleimhautabschwellung bei Schnupfen, am Auge zur Pupillenerweiterung zur Untersuchung des Augenhintergrundes od. postoperativ, bei Glaukom mit offenem Kammerwinkel; **Dos.**: p. o. 2-3 × 3 mg/d; konjunktival Tropfen 10 %; intranasal Tropfen 0.25 %. **Phenylephrinhydrochlorid**: Phenylephrini hydrochloridum Ph.Eur.4, Phenylephrinum chloratum; $C_9H_{14}ClNO_2$, M_r 203.7. Schmp. 143 °C. Weißes, krist. Pulver; leicht lösl. in Wasser u. Ethanol, sehr schwer lösl. in Chloroform u. Ether. Hingewiesen sei auch auf Phenylephrinhydrochlorid-Coffein-Molekülverb., Phenylephrin-(*R,R*)-hydrogentartrat, Phenylephrintannat.

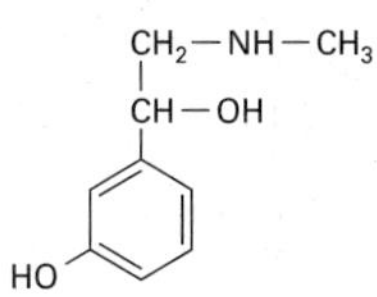

Phenylephrin

Phenylethylalkohol: Phenethylalkohol, Phenylethanol, Benzylcarbinol; CAS-Nr. 60-12-8; $C_6H_5-CH_2-CH_2OH$, M_r 122.2. Farblose, rosenartig riechende Flüss., D. 1.023. Lösl. in Ethanol, in Wasser 1:50. Nat. im Rosen- u. Neroliöl. **Off.**: DAC86. **Anw.**: in der Parfümerie; als Konservierungsmittel, meist in Kombination verwendet. In Augenpräparaten (0.5 %), in Dermatika (0.5-1 %).

Phenylethylbarbitursäure: s. Phenobarbital.

Phenylformamid: s. Formanilid.

Phenylglycin: (*RS*)-2-Amino-2-phenylessigsäure; $C_8H_9NO_2$, M_r 151.2. **Anw.**: Reagens Ph.Eur.4; z. B. beim Nachw. verwandter Substanzen bei Cephalexin*.

Phenylglykolsäure: s. Mandelsäure.

Phenylhydrargyri boras: s. Phenylmercuriborat.

Phenylhydrargyri nitras: s. Phenylmercurinitrat.

Phenylhydrazin: $C_6H_5-NH-NH_2$, M_r 108.14. D. 1.098. Schmp. 19.6 °C. Sdp. 241 °C. Farblose, an der Luft sich bräunende Flüss., lösl. in heißem Wasser, Ethanol, Ether. Verbindet sich mit Aldehyden u. Ketonen zu Hydrazonen* bzw. mit 1,2-Diolen od. 1,2-Diketonen zu Osazonen*. **Anw.**: Reagens auf Aldehyde, Ketone u. Kohlenhydrate; zum Nachw. von Glucose im Harn. **Tox.**: starkes Blutgift, es zerstört die roten Blutkörperchen unter Bildung von Methämoglobin (s. Methämoglobinbildner); MAK: 5 mL Dampf/m^3 Luft.

Phenylhydrazinhydrochlorid: Phenylhydrazinum hydrochloricum; $C_6H_5-NH-NH_2 \cdot HCl$, $C_6H_9ClN_2$, M_r 144.6. Schmp. 239-246 °C (unter Zers.). Weiße bis gelbl. weiße Kristalle od. krist. Pulver, das sich unter Licht braun färbt; lösl. in Wasser u. Ethanol 90 %. **Anw.** med.: früher bei Polyglobulie* (Polyzythämie), heute durch effektivere u. weniger giftige Pharmaka ersetzt; techn.: als Reagens Ph.Eur.4, z. B. zum Nachw. von Oxalsäure*, die wässrige Lsg. mit Zusatz von 30 mL Salzsäure wird als DC-Sprühreagens (s. Chromatographie) verwendet; vgl. Phenylhydrazin.

Phenylisohydantoin: s. Pemolin.

Phenylketonurie: Abk. PKU; s. Phenylalanin.

Phenylmercuriborat INN: Phenylhydrargyri boras Ph.Eur.4, Phenylhydrargyrum boricum, Phenylquecksilberborat; CAS-Nr. 8017-88-7. Bei Handelsprodukten kann es sich um ein Gemisch äquimolarer Mengen von Phenylquecksilber(II)-dihydrogenborat (CAS-Nr. 102-98-7; $C_6H_7BHgO_3$, M_r 338.5) u. Phenylquecksilber(II)-hydroxid (C_6H_6HgO, M_r 294.7), od. der dehydratisierten Form, Phenylquecksilber(II)-metaborat ($C_{12}H_{11}BHg_2O_3$, M_r 615) od. einer Mischung bd. Substanzen handeln. Weißes bis schwach gelbl. krist. Pulver; lösl. in 300 T. Wasser, in 250 T. Ethanol u. in 50 T. Glycerol. **Inkomp.**: sauer reagierende Stoffe, Halogenide; reduzierende Stoffe, Phosphinate, Metalle; Alkaloide, Ammoniak, Ammoniumsalze; anionenaktive Tenside; Kautschuk, Tragant, arabisches Gummi; Behälter aus Polyethylen (Adsorption); Abnahme der Wirksamkeit oberhalb pH 7.2; **Anw.**: Antiseptikum*; zur Behandlung der Haut vor chirurg. Eingriffen; geg. bakt. und mykot. Hautaffektionen in Form von Umschlägen od. Pinselungen; zum Gurgeln, zu Spülungen od. Pinselungen in der HNO- u. Zahnheilkunde; zu Einträufelungen, Spülungen u. Augenbädern in der Ophthalmologie; zur Spülung der Blase u. des Nierenbeckens; **UAW**: allerg. Reaktionen sind mögl.; **Dos.**: buccal 0.3 mg; intranasal Tropfen 0.025 %; vaginal Ovula 0.4 %; oral Lsg. 0.02 %; topisch 0.02 % in Glycerol, 0.06 % zur Hautdesinfektion u. Spülung von Körperhöhlen; Wundpuder 0.07 %. Konservierungsmittel in Augentropfen*, Injektionslsg., Seren u. Impfstoffen (0.001-0.002 %, max. 0.004 %), in Augensalben (max. 0.02 %); in Schleimen (0.01 %); zur Desinfektion gebrauchter Instrumente u. zur Aufbewahrung von entkeimten Geräten (0.03 %). Zur alleinigen Instrumentendesinfektion (0.05 %) nicht geeignet, da Sporen nicht abgetötet werden.

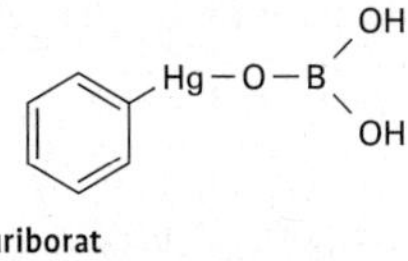

Phenylmercuriborat

Phenylmercuriborat-Stammlösung 0.02 %: Zstzg.: NRF, 0.020 g Phenylmercuriborat, Wasser

P

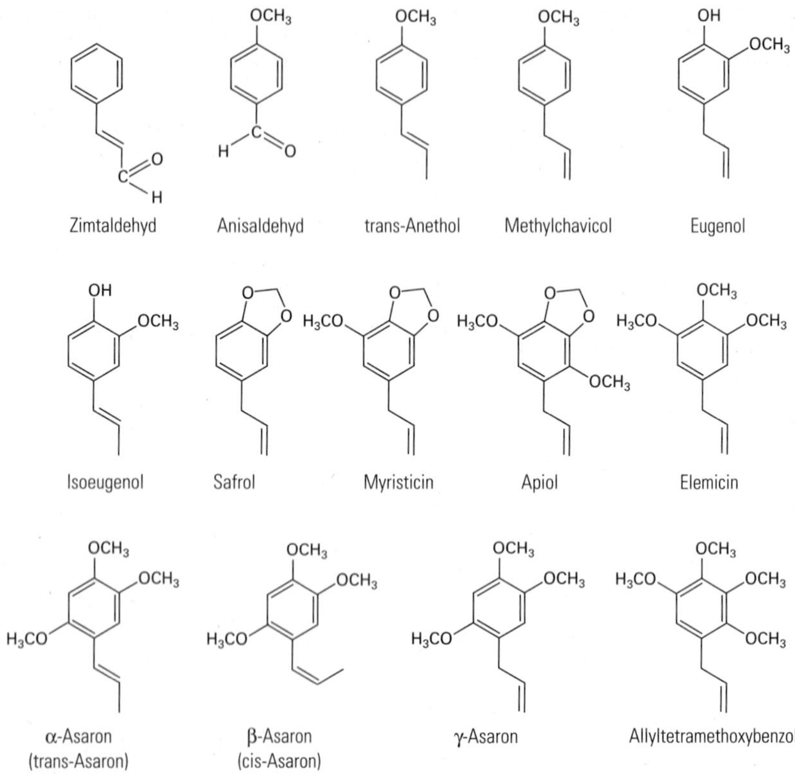

Phenylpropanderivate: P. als Bestandteile ätherischer Öle

für Injektionszwecke zu 100.0 g; das Phenylmercuriborat wird ohne Erwärmen vollständig gelöst; Haltbarkeit 1 Jahr. **Anw.**: Konservierung wässriger Ophthalmika.

Phenylmercurinitrat INN: Phenylhydrargyri nitras Ph.Eur.4, Phenylhydrargyrum nitricum, Phenylquecksilbenitrat; CAS-Nr. 8003-05-2. Ein Gemisch (fast) äquimolarer Mengen von Phenylquecksilber(II)-nitrat (CAS-Nr. 55-68-5; $C_6H_5HgNO_3$, M_r 339.7) u. Phenylquecksilber(II)-hydroxid (C_6H_6HgO, M_r 294.7). Weißes bis schwach gelbl., krist. Pulver; lösl. in 1500 T. Wasser u. in 1000 T. Ethanol, lösl. in Glycerol u. Ölen. **Anw.**: Antiseptikum*; weitere Angaben s. Phenylmercuriborat.

Phenylmethanolum: s. Benzylalkohol.

Phenylmethylaminopropan-hydrochlorid: s. Metamfetaminhydrochlorid.

Phenylmethylaminopropanol: s. Ephedrin.

Phenylmethylaminopropanum hydrochloricum: s. Metamfetaminhydrochlorid.

Phenylnitroso-hydroxylammonium: Kupferron; $C_6H_9N_3O_2$, M_r 155.16. Schmp. 163-164 °C. Gelbl. Kristalle, leicht lösl. in Wasser u. Ethanol. **Anw.**: Reagens zum Nachw., Bestimmung u. Abtrennung von Al, Hf, Mo, Th, Bi, Tl, Ti, Zr, Ga, Cl, Fe, Nb, Ta, Sn, W, U, V, Be u. Cu.

Phenylpropanderivate: Phenylpropan-Körper; C_6-C_3-Körper, C_9-Bausteine; Gruppe von (vorwiegend pflanzl.) Stoffen, zu denen v. a. die Zimtsäuren (Phenylacrylsäuren, Hydroxyzimtsäuren, s. Phenolcarbonsäuren), Zimtaldehyde, Zimtalkohole, Cumarine*, Lignane* (dimere P.) sowie deren Derivate (Glykoside, Ester, Depside etc.) u. das hochpolymere Lignin* gehören. Biogenet. von Bedeutung für diese Verbindungsgruppe ist der Shikimisäure-Chorisminsäure-Weg (s. Aromatenbiosynthese), so dass man sie auch als Derivate von Phenylalanin u. Tyrosin auffassen kann. Eine Reduktion der Seitenkette ergibt die als Best. der äther. Öle wichtigen Phenylpropenderivate (s. Abb.). Nat. vorkommende Phenole* sind die Folge der oxidativen Verkürzung der Seitenkette u. der anschließenden Decarboxylierung der dabei entstehenden Benzolcarbonsäuren (Hydroxybenzoesäuren, s. Phenolcarbonsäuren). Die Phenylalkylaminalkaloide werden ebenfalls oft zu den Ph. gezählt.

Phenylpropanol: α-Ethylbenzylmethanol, α-Hydroxypropylbenzol; 1-Phenyl-1-propanol; CAS-Nr. 93-54-9; $C_9H_{12}O$, M_r 136.2. Sdp. 219 °C. Ölige, schwach esterartig riechende, süßl. schmeckende Flüss.; mischbar mit Methanol, Ethanol, Ether,

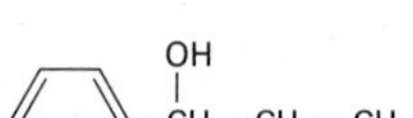

Phenylpropanol

Benzol, Toluol, Olivenöl. **Anw.**: in der Parfümerie; med.: Choleretikum*.

Phenylpropanolamin: s. Norephedrin.

Phenylpseudohydantoin: s. Pemolin.

Phenylquecksilberacetat: Phenylhydrargyrum aceticum, Phenylhydrargyri acetas, Phenylmercuriacetat; CAS-Nr. 62-38-4; $C_6H_5HgCO_2CH_3$, M_r 336.7. Weißes Pulver, ätzend auf Schleimhäute. Lösl. in 250 T. Wasser, in 20 T. siedendem Wasser; in Ethanol; wenig lösl. in Chloroform u. Ether. **Off.**: ÖAB90. **Anw.**: Konservierungsmittel (0.001 u. 0.002 %) in Augentropfen*.

Phenylquecksilberborat: s. Phenylmercuriborat.

Phenylquecksilbernitrat: s. Phenylmercurinitrat.

Phenylsalicylat: Phenylum salicylicum, Phenyli salicylas, Salol; Salicylsäurephenylester; $C_{13}H_{10}O_3$, M_r 214.2. Schmp. 41-43 °C. Farblose Kristalle od. weißes, krist. Pulver von schwachem, aromat. Geruch u. schwachem, würzigem Geschmack; sehr schwer lösl. in Wasser, lösl. in 9 T. Ethanol od. 10 T. flüss. Paraffin, sehr leicht lösl. in Ether, Chloroform od. fetten Ölen. **Off.**: ÖAB90; **Anw. u. Dos.**: in Sonnenschutzmitteln (5-10 %ig), absorbiert Licht im Bereich von 290-330 nm; früher als Darm- u. Harnantiseptikum; obsolet aufgrund der Toxizität von freigesetztem Phenol.

Phenyltoloxamin INN: Bristamin; *N*-[2-(2-Benzylphenoxy)ethyl]-*N*,*N*-dimethylamin; CAS-Nr. 92-12-6; $C_{17}H_{21}NO$, M_r 255.35. **Anw.**: Antihistaminikum*; in Hustenmitteln; **UAW:** s. Meclozin. Gebräuchl. sind auch Phenyltoloxamindihydrogencitrat, Phenyltoloxamin-Poly(styrol,divinylbenzol)sulfat u. Phenyltoloxaminhydrochlorid (CAS-Nr. 6152-43-8, Schmp. ca. 120 °C).

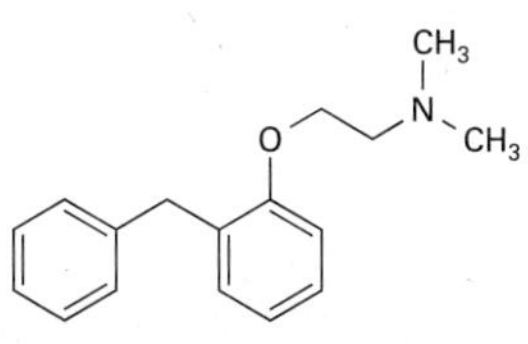

Phenyltoloxamin

Phenyltrimethicone (INCI): Phenylmethylpolysiloxane, Phenylmethylsilikonöle; CAS 2116-84-9, 1,1,1,5,5,5-hexamethyl-3-phenyl-3-[(trimethylsilyl)oxy]trisiloxane. Antischaummittel, Weichmacher.

Phenylum salicylicum: s. Phenylsalicylat.

Phenylurethan: $C_6H_5-NH-CO-OC_2H_5$; Schmp. 52 °C. Farblose Kristalle, lösl. in Ethanol, wenig lösl. in Wasser. **Anw.**: früher als Konservierungsmittel für Kartoffeln; verhindert das Auskeimen während der Lagerung.

Phenyramidol: s. Fenyramidol.

Phenytoin INN: Phenytoinum Ph.Eur.4; 5,5-Diphenyl-2,4-imidazolindion; CAS-Nr. 57-41-0; $C_{15}H_{12}N_2O_2$, M_r 252.3. Schmp. 295-299 °C. Weißes, feinkrist. Pulver; wenig lösl. in Ethanol, Ether, Chloroform; fast unlösl. in Wasser; unter Salzbildung lösl. in verd. Alkalilauge. **Off.**: DAB10, ÖAB90, Ph.Helv.7; **Anw.**: Antiepileptikum*, Antiarrhythmikum*; bei digitalisbedingten ventrikulären u. supraventrikulären Arrhythmien; **UAW:** Nystagmus (Augenzittern), Schwindel, Ataxie, Hirsutismus*, Hyperplasie des Zahnfleisches, Lymphadenopathie, tox. UAW v. a. bei Leberzirrhose; **Kontraind.**: AV-Block, Leukopenie; **WW:** Ph. wird mit Folsäure verstärkt metabolisiert; Wirk. von Chloramphenicol*, Disulfiram*, Isoniazid* u. Cumarinen wird verstärkt, Toxizität von Methotrexat* erhöht; **Dos.**: i. v. 0.5 g/d, p. o. 1.0 g/d; Erhaltungsdos. p. o. 0.3-0.4 g; MTD 1.0 g; HWZ 10-60 h, dosisabhängig. **Phenytoin-Natrium:** Phenytoinum natricum Ph.Eur.4, Diphenylhydantoini Natrium; CAS-Nr. 630-93-3; $C_{15}H_{11}N_2NaO_2$, M_r 274.3. Weißes, krist., schwach hygroskop. Pulver; lösl. in Wasser u. Ethanol.

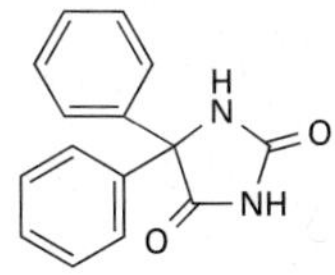

Phenytoin

Phenzolin: s. Orexin.

Pheromone: tier. Sekrete, die der Kommunikation innerhalb der Art dienen. Ph. gelten als Soziohormone. Beispiele sind Sexuallock- od. Markierungsstoffe von Schmetterlingen, Bienen od. Ameisen.

Pheron: veraltete Bez. für Apoenzym; s. Enzyme.

Ph.Eur.: s. Arzneibuch (Europäisches Arzneibuch).

Ph.Helv.: s. Arzneibuch (Schweiz).

Philosophenöl: s. Oleum Philosophorum.

Phiole: birnenförmiges Glasgefäß mit langem, engem Hals.

Phlebitis: oberflächl. Venenentzündung. Vgl. Thrombophlebitis, Thrombose.

Phlegmone (gr. Entzündung): diffuse Entzündung des interstitiellen Bindegewebes mit lokalen u. allg. Entzündungszeichen. Ausgelöst v. a. durch Bakt. der Gattungen Streptococcus* u. Staphylococcus*.

Phlein: ein hochmolekulares pflanzl. Reservekohlenhydrat. Ph. ist geradkettig, 2,6-glykosid. aus Fructofuranoseeinheiten aufgebaut, wobei das reduzierende Ende der Kette mit D-Glucose abschließt.

Phlobaphene: Gerbstoffrote; wasserunlösl. Kondensations- u. Oxidationsprodukte von pflanzlichen Gerbstoffen*, hauptsächl. Catechingerbstoffen; entstehen häufig erst bei der Trocknung u. Lagerung von Drogen.

Phloem: Siebteil; (bot.) zus. mit dem Xylem* T. der pflanzl. Leitbündel*, in dem die Assimilate geleitet werden. Umfasst Leptom u. meistens auch diesem vorgelagerte Bastfasern (Phloemfasern). Das **Leptom** besteht aus Siebröhren*, Geleitzellen u. Leptomparenchym. (z. T. wird das Leptom dem Phloem gleichgesetzt).

Phlogistika: entzündungsverursachende Mittel. Z. B. physik. Noxen (Trauma, Strahlung, Elektrizität), Bakterientoxine, Viren, org. u. anorg. Stoffe (Nerven-, Kapillar- u. Zellgifte).

Phloretin: 2',4',6'-Trihydroxy-3-(*p*-hydroxyphenyl)propiophenon; $C_{15}H_{14}O_5$, M_r 274.26. Schmp.

262 °C (Zers.). Ein Chalkon, Aglykon von Phlorizin*.

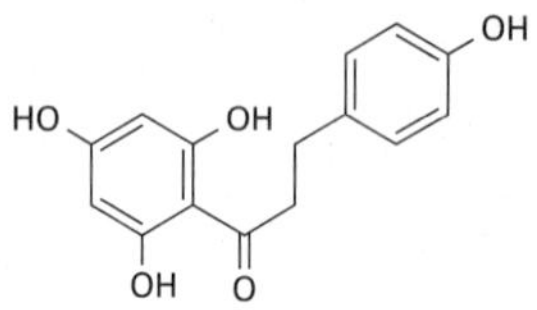

Phloretin

Phlorizin: Phloridizin, Phlorrhizin; $C_{21}H_{24}O_{10} \cdot 2H_2O$, M_r 436.40. Schmp. 110 °C. Glucosid von Phloretin*, aus der Wurzel u. Stammrinde von Apfel-, Kirschen- u. Pflaumenbäumen sowie im Berglorbeer (Kalmia* latifolia). Farblose Kristallnadeln, leicht lösl. in heißem Wasser u. Ethanol, sehr schwer lösl. in kaltem Wasser. **Anw.** med.: früher bei Wechselfieber als Chininersatz. Ruft in Dos. von 0.2 g Glucosurie hervor.

Phloroglucin: Phloroglucinol, 1,3,5-Trioxybenzol; 1,3,5-Trihydroxybenzol; $C_6H_3(OH)_3 \cdot 2H_2O$, M_r 162.1. Schmp. 222-225 °C. Farblose Kristalle, leicht lösl. in Ethanol u. Ether. Nat. Baustein vieler Pflanzenstoffe, bes. von Glykosiden, wie Hesperidin, Anthocyane sowie der antihelmint. wirkenden Inhaltsst. von Dryopteris* filix-mas, Mallotus* philippinensis u. Hagenia* abyssinica, wobei es sich (wie bei den Hopfenbitterstoffen, s. Humulus lupulus) um Acylphloroglucinderivate handelt. **Darst.:** Kochen von 1,3,5-Triaminobenzol, $C_6H_3(NH_2)_3$ mit Salzsäure od. Schmelzen von Resorcinol mit Natriumhydroxid; **Anw.:** Reagens Ph.Eur.4; zum Nachw. der Salzsäure im Magen (zus. mit Vanillin, s. Günzburg-Reagens), zum Nachw. von Pentosen (Violettfärbung), Aldehyden, Methanol u. Lignin, das von Phloroglucin-Salzsäure intensiv kirschrot gefärbt wird; zur Reinheitsprüfung von Cellulose.

P

Phlorol: *o*-Ethylphenol; $C_8H_{10}O$, M_r 122.16. Schmp. −3.4 °C (stabile. Mod.). **Wirk.:** ähnl. Phenol*. **Vork.:** Ester u. Ether des *m*-Phlorol in Radix Arnicae (s. Arnica montana).

Phlorrhizin: s. Phlorizin.

Phloxin: Erythrosin BB; 2',4',5',7'-Tetrabrom-3,6-dichlorfluorescein Dikaliumsalz, $C_{20}H_4Br_4Cl_2K_2O_5$. Braunes Pulver, leicht lösl. in Wasser u. Ethanol, die wässrige karminrote Lsg. fluoresziert gelb bis grüngelb, die alkohol. stark gelbrot. **Anw.:** zur Auszählung der eosinophilen Zellen im Blut, die leuchtend rot gefärbt werden; techn.: zum Färben von Textilien (Seide) u. Papier.

pH-Meter: Gerät zur Messung von pH*-Werten. **Aufbau:** Voltmeter mit hohem Eingangswiderstand ($>10^7\,\Omega$) u. Messelektrode; das Anzeigeinstrument des Voltmeters zeigt direkt den pH-Wert an, je nach Geräteausführung auf analoge od. digitale Weise. Als Messelektrode dient meist eine kombinierte Glaselektrode (Einstabmesskette), bestehend aus einer dünnwandigen Glaskugel (Wandstärke bis zu 1 µm) aus geeignetem Glas, die mit einer Pufferlösung bekannten pH-Werts gefüllt ist (Innenlösung). Diese Glaskugel taucht in die zu messende Lösung ein (Außenlösung). In die Innenlösung u. in die Außenlösung tauchen je eine Ableitelektrode, z. B. gesättigte Kalomelelektroden, deren Potentiale gleich sind (s. Abb.). Die Diffusionspotentiale können daher vernachlässigt werden. **Funktionsprinzip:** Die auftretende Potentialdifferenz wird durch den an der Glasmembran herrschenden pH-Unterschied bedingt:

$$E = \frac{R \cdot T}{F} \cdot ln \frac{(a_{H^+})_{außen}}{(a_{H^+})_{innen}}$$

E: Potential; R: Gaskonstante ($8.3143\,J \cdot K^{-1} \cdot mol^{-1}$); T: Temp.; F: Faraday-Konstante ($96480\,A \cdot s \cdot mol^{-1}$); a_{H^+}: Wasserstoffionen-Aktivität.
Die Kalibrierung des pH-Meters erfolgt mit Pufferlösungen bekannter pH*-Werte.

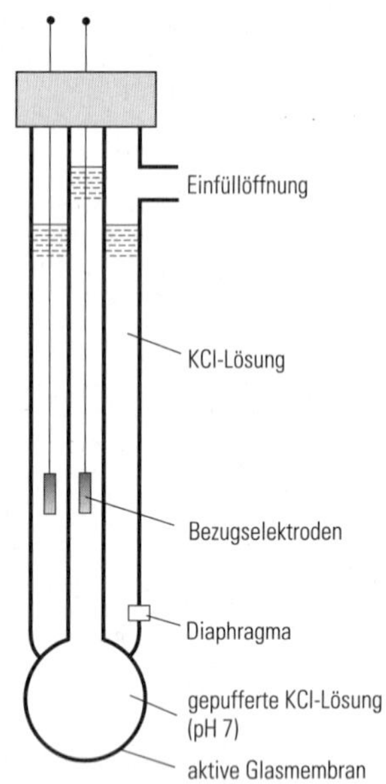

pH-Meter: Einstabmesskette zur pH-Messung [14]

Phoenix dactylifera L.: Dattelpalme; Fam. Arecaceae (Palmae) (Oasen der Sahara bis nach Südwestasien, in vielen Kulturformen), Stpfl. von Datteln (60-80 % Kohlenhydrate mit 50 % Zucker).

Pholcodin INN: Pholcodinum Ph.Eur.4, Morpholinylethylmorphin; 4,5α-Epoxy-17-methyl-3-(2-morpholinoethoxy)-7-morphinen-6α-ol; CAS-Nr. 509-67-1; $C_{23}H_{30}N_2O_4 \cdot H_2O$, M_r 416.5. Schmp. 91°C. $[\alpha]_D^{20\,°C}$ −95.3° (c=2 in Ethanol). Weißes, krist. Pulver; wenig lösl. in Wasser, leicht lösl. in Aceton u. Ethanol, lösl. in verd. Mineral-

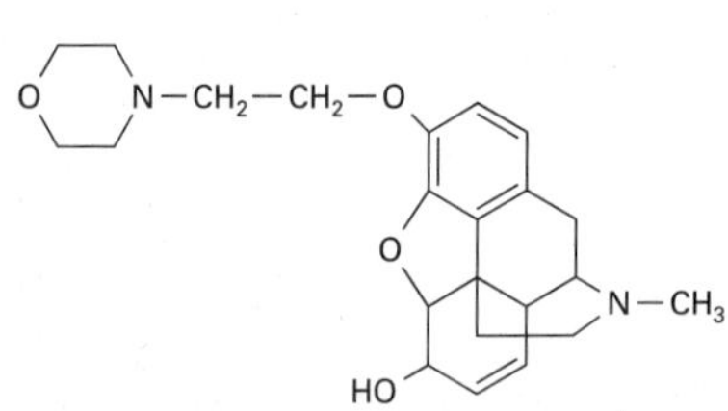

Pholcodin

säuren. **Anw.:** Antitussivum*. Gebräuchl. sind auch Pholcodin-Monohydrat, Pholcodinphenylacetat.

Pholedrin INN: 4-(2-Methylaminopropyl)phenol; (*RS*)-2-(4-Hydroxyphenyl)-*N*,1-dimethyl-ethylamin; CAS-Nr. 370-14-9; $C_{10}H_{15}NO$. **Anw.:** Sympathomimetikum* ähnl. Ephedrin*, aber mit geringeren zentralen Wirk.; Vasokonstriktor*, lokal als Mydriatikum. Gebräuchl. ist auch Pholedrinsulfat.

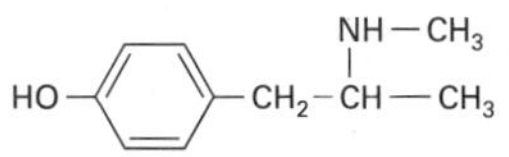

Pholedrin

Phorbol: ein tetracycl. Diterpenalkohol, mit Cyclopropanbenzazulen-Skelett; CAS-Nr. 17673-25-5; $C_{20}H_{28}O_6$, M_r 364.44. **Vork.:** im Crotonöl (s. Croton tiglium); Diester (z. B. in Daphne mezereum) sind Cokarzinogene* bzw. Tumorpromotoren*.

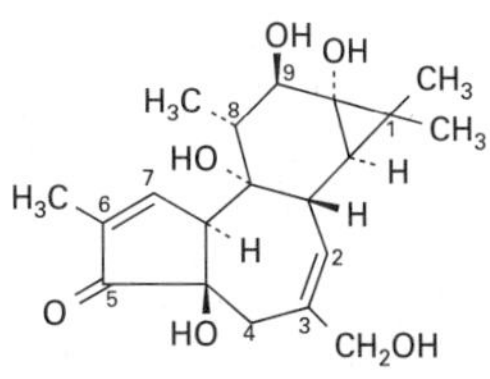

Phorbol

Phorbolester: Ester von Phorbol*; $C_{20}H_{28}O_6$; alloster. Aktivatoren der Proteinkinase C. Bei einigen Ph. handelt es sich um Tumor fördernde Verb., die ursprüngl. im Samenöl von Croton tiglium entdeckt wurden. Es besteht eine direkte Korrelation zw. der Tumorigenität u. der Fähigkeit, einen amiloridempfindl. Na^+/H^+-Austausch über Plasmamembranen kultivierter Humanleukämiezellen zu stimulieren. Ein ähnl. Austausch steht vermutl. mit der Initiierung der Proliferation bzw. Differenzierung in kultivierten Zellen in Zusammenhang.

Phosalon: *S*-6-Chlor-2,3-dihydro-2-oxobenzoxazol-3-ylmethyl-*O,O*-diethyldithiophosphat; CAS-Nr. 2310-17-0; $C_{12}H_{15}ClNO_4PS_2$, M_r 367.8. **Anw.** techn.: Insektizid, Akarizid; s. Schädlingsbekämpfungsmittel (org. Phosphorverb.), Tabelle.

Phosgen: Kohlenoxychlorid, Carbonylchlorid, Carboneum oxychloratum; $COCl_2$. Techn. Zwischenprodukt; kann bei Hitzeeinwirkung aus $Cl_2C{=}CHCl$, CCl_4 u. $CHCl_3$ entstehen! Farbloses, nach faulem Heu riechendes Gas. **Tox.:** Ph. erzeugt nach mehrstündiger Latenzzeit Lungenödeme (oft ohne vorherige Reizwahrnehmung). 1.25-2.5 ppm in der Atemluft sind bei längerem Einatmen gefährlich. Hohe Konzentrationen wirken lokal reizend u. führen zur Verätzung der Atemwege. MAK 0.1 ppm.

Phosphane: s. Phosphine.

Phosphatase, alkalische: Phosphomonoesterase, die bei alkal. pH aktiv ist. Wichtiges Nachweisenzym in immunolog. Reaktionen (ELISA*, Western-Blot*).

Phosphatasen: zu den Hydrolasen zählende Enzymgruppe, die aus Nucleotiden, Phosphatiden u. Zuckerphosphorsäuren die esterartig gebundene Phosphorsäure abspalten. Man unterscheidet saure und alkal. Ph. je nach Milieu, in dem sie wirksam sind. Ph. kommen in Darmschleimhaut, Nieren, Blutserum, Knochen, Prostata u. Hefen vor; sie sind am Intermediärstoffwechsel u. an der Knochenbildung beteiligt; s. Phosphodiesterasen, Nucleasen*.

Phosphate: Salze der Phosphorsäure*.

Phosphati clysma: s. Klysma phosphati.

Phosphatidasen: s. Phospholipasen.

Phosphatide: Phospholipide; komplexe Lipide (Lipoide), die Phosphorsäure in Esterform enthalten; Grundbausteine der Biomembranen*, bes. im Gehirn u. in den Markscheiden der Nerven angereichert. Aufgrund der Alkoholkomponente lassen sich P. in 2 Gruppen einteilen (s. Abb.): **1. Glycerophospholipide:** Phosphoglyceride; Derivate der Phosphatidsäure, die durch Veresterung der Glycerol-3-phosphorsäure in Position 1 mit einer gesättigten Fettsäure (R_1) u. in Position 2 mit einer ungesättigten Fettsäure (R_2) entsteht. Die Phosphatgruppe kann mit Cholin, Ethanolamin (Colamin), Serin, Inositol od. Glycerol verestert sein. Die daraus resultierenden Verb. werden als Phosphatidylcholin (Lecithine*), Phosphatidylethanolamin, Phosphatidylserin (beide gehören zur Gruppe der Kephaline*), Phosphatidylinosite (Inositolphosphate*) u. Phosphatidylglycerol bezeichnet. Lysophosphatidsäuren (Lysolecithine* u. Lysokephaline) besitzen eine unveresterte Hydroxylgruppe. Sie entstehen durch die Einw. der Enzyme Phospholipase A_2 u. A_1. Plasmalogene sind Glycerophospholipide, bei denen ein langkettiger Fettsäurealdehyd acetalartig an die OH-Gruppe in Position 1 der Glycerol-3-phosphorsäure gebunden ist, während die OH-Gruppe in Position 2 esterartig eine entspr. ungesättigte Fettsäure enthält. **2. Sphingophospholipide:** Sphingomyeline, Ceramid-1-phosphorylcholine; Derivate des ungesättigten 2-wertigen C_{18}-Aminoalkohols Sphingosin*. Bei den Sphingomyelinen geht die Aminogruppe des Sphingosins eine Verb. mit einer Fettsäure ein u. die Hydroxylgruppe ist mit Phosphorylcholin verestert.

Phosphatidsäure: s. Phosphatide.

Phosphatidylcholin: s. Phosphatide, Lecithine.

Phosphatidylethanolamin: s. Phosphatide, Kephaline.

Phosphatidylinositole: s. Phosphatide.

Phosphatidylserine: s. Phosphatide, Kephaline.

Phosphatklysma: s. Klysma phosphati.

Phosphatpufferlösungen: Pufferlsg. aus Phosphorsäure* u. Natronlauge, die wegen der 3 Dissoziationskonstanten der Phosphorsäure ($pK_{S,1}$ 2.12, $pK_{S,2}$ 7.21, $pK_{S,3}$ 12.67) bevorzugt im Bereich pH 5-8 zum Einsatz kommen u. physiol. Bereiche, z. B. Blut (pH 7.4), abdecken. **Zuber.:** Die Ph. werden aus prakt. Gründen meistens aus Natriummonohydrogenphosphat*- u. Kaliumdihydrogenphosphat*-Lsg. hergestellt. So setzt sich z. B. die Ph. pH 7.4 nach Sörensen aus 80.3 mL Natriummonohydrogenphosphat-Lsg. u. 19.2 mL

P

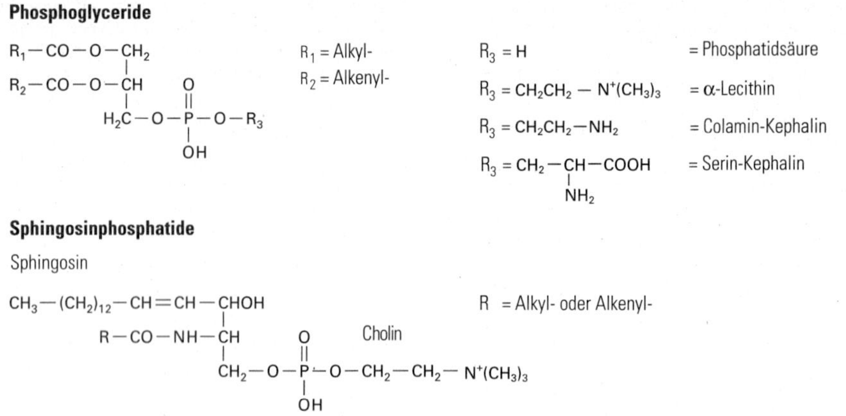

Phosphatide

Kaliumdihydrogenphosphat-Lsg. (jeweilige Konz. 1/15 mol/L) zusammen.

Phosphaturie: Ausfall von Calcium- od. Magnesiumphosphaten als milchartige Trübung im alkal. od. neutral reagierenden Harn*. **Vork.:** z. B. bei Rachitis*, Osteomalazie* u. osteolyt. Metastasen.

Phosphide: Verb. des Phosphors* mit Metallen. Beispiele: Magnesiumphosphid (Mg_3P_2), Calciumphosphid (Ca_3P_2).

Phosphine: Phosphane; **1.** Phosphorwasserstoff-Verb. der allg. Formel P_nH_{n+2}.
Monophosphan: Phosphin, Phosphorwasserstoff; PH_3. Schmp. –133.78 °C. Sdp. –87.74 °C. Farbloses, giftiges, knoblauchartig riechendes Gas. Einfachstes u. wichtigstes Phosphin; PH_3 bildet mit Halogenwasserstoffsäuren unbeständige Phosphoniumsalze; **Darst.**: Einw. von Phosphor auf warme Kalilauge; **Tox.**: Einatmen von PH_3 kann zu Übelkeit, Erbrechen, Krämpfen, Lungenödem u. zum Tod führen. MAK: 0.1 mL/m³ (ppm). **2. Diphosphan**: Diphosphin; P_2H_4. Schmp. –99 °C. Sdp. 51.7 °C. Farblose, selbstentzündl. Flüssigkeit. **Darst.**: Nebenprodukt bei der Phosphindarst. durch Zers. von Phosphiden* mit Wasser.

Phosphinsäure: Unterphosphorige Säure, Hypophosphorige Säure, Acidum hypophosphorosum; HPH_2O_2. Schmp. 26.5 °C. Farblose Kristalle (Blättchen), leicht lösl. in Wasser, Ethanol, Ether. Die mittelstarke, einbasige Säure (pK_S 1.23) bildet Phosphinate MPH_2O_2 (Hypophosphite), die alle leicht wasserlösl. sind; beim Erwärmen wird Phosphin (PH_3) frei.

Phosphite: Salze der Phosphorigen Säure, H_3PO_3.

Phosphodiester: Phosphorsäureester, bei denen 2 Hydroxylgruppen der Phosphorsäure mit org. Resten verestert sind: RO–P(O)OH–OR'. R u. R' können z. B. Nucleoside sein. Alle Polynucleotide u. Nucleinsäuren sind Ph., in denen die 3'- u. 5'-Positionen von benachbarten Pentoseuntereinheiten miteinander durch Veresterung mit Phosphosäureresten verbunden sind.

Phosphodiesterasehemmer: Stoffe, die durch Hemmung der 3',5' -cAMP-Phosphodiesterase* den enzymat. Abbau von cAMP (s. Adenosinphosphate) zu 5'-AMP verhindern; z. B. Methylxanthine, Papaverin, Dipyridamol, Amrinon, Trapidil. Der damit verbundene cAMP-Anstieg bewirkt intrazellulär eine Aktivierung biochem. Reaktionsketten u. Transportsysteme u. führt u. a. zu Bronchodilatation, Gefäßdilatation, Steigerung der Lipolyse u. Glykolyse u. Verminderung der Blutplättchenaggregationsneigung.

Phosphodiesterasen: Abk. PDE; Enzyme, die die hydrolyt. Spaltung von Phosphodiestern* katalysieren, z. B. Endonucleasen, Ribonuclease u. Desoxyribonuclease sowie weniger spezif. Exonucleasen (s. Nucleasen). Letztere bauen sowohl DNA als auch RNA stufenweise zu 5'- od. 3'-Mononucleotiden ab. Ph. können zur Sequenzaufklärung von Nucleinsäuren verwendet werden. 3',5'-Cyclo-nucleotid-phosphodiesterasen katalysieren die Hydrolyse von cAMP zu 5'-AMP; vgl. Phosphodiesterasehemmer.

Phosphoenolpyruvat: s. Pyruvat.

Phosphoenolpyruvatcarboxylase: s. Photosynthesecarboxylierung.

Phosphoenolpyruvatkinase: s. Pyruvatkinase.

Phosphofructokinase: 6-Phosphofructokinase; ein zu den Phosphotransferasen zählendes, oligomeres Schlüsselenzym der Glykolyse*. Ph. unterliegt sowohl einer indirekten Kontrolle durch Insulin (über AKT, Proteinkinase B) als auch einer alloster. Aktivitätskontrolle. Ph. wird durch AMP, Fructose-6-phosphat, Fructose-1,6-diphosphat sowie durch Magnesium-, Kalium- u. Ammoniumionen aktiviert, dagegen gehemmt durch ATP u. Citrat (s. Pasteur-Effekt). Ph. katalysiert die Phosphorylierung von Fructose-6-phosphat unter Mitwirkung von ATP u. Magnesiumionen zu Fructose-1,6-diphosphat. Diese Reaktion ist irreversibel; die Rückreaktion wird durch das fluoridempfindl. Enzym Fructosediphosphatase katalysiert. Ph. wurde aus Hefe, Muskel, Leber u. Erythrozyten isoliert u. näher untersucht.

Phosphogluconat-Weg: s. Pentosephosphatzyklus.

Phosphoglycerinsäure: s. Glycerolphosphorsäure.

Phospholipasen: Phosphatidasen; Sammelbez. für die spezif. auf Glycerophospholipide (speziell auf Lecithine*) wirkenden Carbonsäureesterasen. Ph. werden nach ihrem Angriffsort in Phospholipase

A_1, A_2, B, C u. D unterschieden (s. Abb.): **1.** Phospholipase A_1 katalysiert die Freisetzung der Fettsäure am C-Atom 1 des Glycerols u. führt zur Bildung von Lysophosphatiden (Lysolecithin), die die Erythrozyten hämolysieren; v. a. in Leber u. Pankreas, aber auch in Bienen- u. Schlangengift. **2.** Ph. A_2 entfernt die ungesättigte Fettsäure am C-Atom 2; in Bienen- u. Schlangengift. **3.** Ph. B entfernt die ungesättigte Fettsäure am C-Atom 2 nur aus Lysophosphatiden. **4.** Ph. C setzt in Mikroorganismen die phosphorylierte Base frei. **5.** Ph. D setzt in Pflanzen auf der gegenüberliegenden Seite die nicht phosphorylierte Base frei z. B. Cholin.

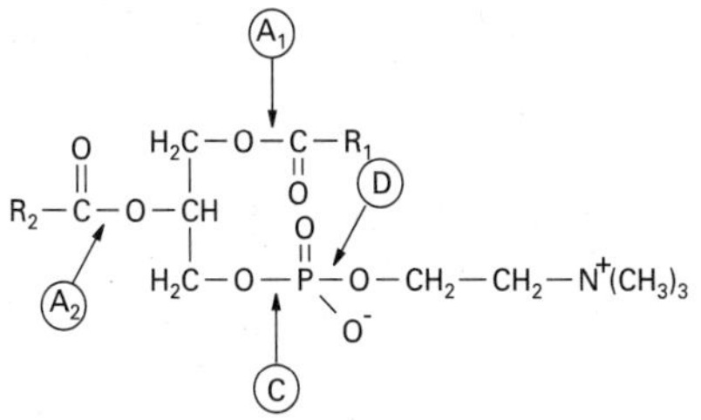

Phospholipasen: Angriffsorte Lecithin spaltender Enzyme; R_1: gesättigter, R_2: ungesättigter Fettsäurerest

Phospholipide: mit Phosphorsäure veresterte Membranlipide; s. Biomembran. Einteilung in Plasmalogene*, Glycerophospholipide (s. Phosphatide) u. Sphingophospholipide (s. Sphingolipide).

Phospholipidfraktion aus der Lunge: s. Surfactant, pulmonales.

Phosphonomycin: s. Fosfomycin.

Phosphoproteine: Eiweißkörper, die Phosphorsäure als prosthet. Gruppe enthalten; wichtigster Vertreter ist das Casein*.

Phosphor: Phosphorus; Symbol P; A_r 30.9738, OZ 15. 3- u. 5-, seltener auch 1- u. 4-wertig. **Vork.:** nat. nur in Form von Salzen der Orthophosphorsäure, den Phosphaten, an Calcium, Eisen, Aluminium u. a. gebunden, z. B. Phosphorit ($3\,Ca_3(PO_4)_2 \cdot Ca(OH,F,Cl)_2$), Fluorapatit ($3\,Ca_3(PO_4)_2 \cdot CaF_2$), Wawellit ($Al_3(PO_4)_2(OH,F)_3 \cdot 5\,H_2O$), Vivianit ($Fe_3(PO_4)_2 \cdot 8\,H_2O$), Türkis ($CuO \cdot 3\,Al_2O_3 \cdot 2\,P_2O_5 \cdot 4\,H_2O$); ferner org. gebunden im pflanzl. u. tier. Organismus (Blut, Eiweiß, Eidotter, Lecithin, Nucleoproteide, Phosphoproteine, Hirnsubstanz, Muskelfasern) sowie in den Zähnen, Knochen, Schalen von Muscheln u. Krebsen, Klauen, in den menschl. u. tier. Exkrementen (vgl. Guano). Elementarer P kommt in 3 Modifikationen vor: **weißer (gelber) Phosphor:** Phosphorus DAB6; D. 1.82. Schmp. 44.1 °C. Sdp. 280.5 °C. Weiße od. gelbl., durchscheinende, wachsähnl. Masse (meist in Stangen); unlösl. in Wasser, leicht lösl. in Schwefelkohlenstoff, Phosphortrichlorid, Dischwefeldichlorid, fetten u. äther. Ölen, sehr schwer lösl. in Ether, Ethanol, Benzol. **Sicherheitshinweis:** Weißer P raucht an der Luft, leuchtet im Dunkeln u. entzündet sich leicht, bei ca. 50 °C in fein verteiltem Zustand schon bei Raumtemp., wobei er mit hell leuchtender Flamme zu Phosphorpentoxid (P_2O_5) verbrennt; er muss unter Wasser u. vor Licht geschützt aufbewahrt werden. Nicht mit den Händen berühren! Unter Wasser schneiden! **Darst.:** Erhitzen von tertiärem Calciumphosphat mit Sand u. Kohle im elektr. Ofen; **Anw.** med.: früher bei Rachitis, Skrofulose, Osteomalazie (weißer P regt das Knochenwachstum an); **roter (violetter) Phosphor:** Phosphorus amorphus; D. 2.36. Dunkelrotes, krist. Pulver, unlösl., ungiftig, entzündet sich erst bei 400 °C, explodiert jedoch beim Verreiben mit oxidierenden Stoffen, z. B. Kaliumchlorat, Kaliumpermanganat; **Darst.:** Erhitzen von weißem P auf 250 °C unter Luftabschluss; **schwarzer Phosphor:** metall. P; D. 2.70. Schwarze, metall. glänz. Kristalle; **Darst.:** Erhitzen von weißem P auf 200 °C unter sehr hohem Druck; **Tox.:** vom elementaren P ist nur die weiße Form giftig; gelöster P wird im Magen-Darm-Trakt resorbiert (nicht jedoch die feste Form in größeren Stücken); typischerweise kommt es nach einigen Std. zu Übelkeit u. Erbrechen, dann nach 2- bis 3-tägigem beschwerdefreiem Intervall zu Stoffwechselstörungen u. a. mit Gelbsucht, Leberschwellung, Durchfall, inneren Blutungen. Chron. Intoxikation führt zu Kiefernekrosen (von kariösen Zähnen ausgehend, durch Thrombosierung der Knochengefäße); LD für Erwachsene 60-100 mg (gelöst); die Oxide u. Säuren von P besitzen keine spezif. Giftigkeit; **Nachw.:** nach der Mitscher-Methode: Kochen der zu prüfenden Substanz mit Wasser am Rückflusskühler u. Beobachten der entweichenden Dämpfe im Dunkelkasten (Aufleuchten der Dämpfe bei Gegenwart von P); **Gesch.:** 1669 von Hennig Brand (gest. um 1710) bei der Dest. von eingedicktem Harn mit Sand entdeckt u. 1773/74 von Carl Wilhelm Scheele (1742-1786) aus Knochenasche gewonnen. **Hom:** *Phosphorus (HAB1.4)*: gelber Phosphor; Konstitutionsmittel; verord. z. B. bei Lungenentzündung, Nasenbluten, Erschöpfungszuständen, Lebererkrankungen, Augenerkrankungen, Hyperaktivitätssyndrom der Kinder.

Phosphor-32: Symbol ^{32}P; Radioisotop des Phosphors; HWZ 14.3 d; zerfällt unter Betaemission zum stabilen Schwefel-32. **Herst.:** durch einen n,p-Prozess bei der Bestrahlung von Schwefel-32 im Kernreaktor; **Anw.:** s. Natriumphosphat[^{32}P].

Phosphorchlorür: s. Phosphortrichlorid.

Phosphore: org. od. anorg. Stoffe, die Phosphoreszenz* zeigen.

Phosphoreszenz: Form der Lumineszenz, bei der die durch sichtbare, UV-, Elektronen- od. Röntgenstrahlen angeregten Stoffe (Phosphore) ein eigenes Nachleuchten zeigen (bis zu 2 Monate), z. B. Erdalkalimetall-, Zink- u. Cadmiumsulfide sowie -wolframate; vgl. Spektroskopie (Fluoreszenzspektroskopie).

Phosphorige Säure: Orthophosphorige Säure, Acidum phosphorosum; H_3PO_3. D. 1.65. Schmp. 73.6 °C. Farblose, hygroskop. Kristalle, sehr leicht lösl. in Wasser, lösl. in Ethanol. Ihre Salze heißen Phosphite; **Anw.:** in der Analyse.

Phosphorigsäureanhydrid: s. Phosphor(III)-oxid.

Phosphorit: $3\,Ca_3(PO_4)_2 \cdot Ca(OH,F,Cl)_2$; vgl. Phosphor.

Phosphormolybdänsäure: 12-Molybdatophosphorsäure; $H_3PO_4 \cdot 12\,MoO_3$. Reagens auf Alkaloide, Harnsäure, Kreatinin, Glykoside (Digitalin); Eiweißstoffe u. Peptone werden gefällt.

Phosphoröl: s. Oleum phosphoratum.

Phosphor(III)-oxid: Phosphortrioxid; P_2O_3. Weiße, weiche krist., sehr giftige Masse, geht beim Erhitzen in roten Phosphor u. Phosphortetroxid über. **Darst.:** Verbrennen von Phosphor bei ungenügender Luftzufuhr.

Phosphor(V)-oxid: Phosphorpentoxid, Phosphorsäureanhydrid; P_2O_5. Weißes, lockeres Pulver od. geschmolzen als glasige Masse; stark hygroskop. (Übergang in Meta-, dann Orthophosphorsäure). **Darst.:** Verbrennen von Phosphor an trockner Luft; **Anw.:** zum Trocknen bes. von Gasen sowie zur Wasserabspaltung aus chem. Verb. u. auch zur Bindung von Wasser bei chem. Umsetzungen; **Tox.:** giftig; MAK 1 mg/m^3.

Phosphoroxidchlorid: $POCl_3$. D. 1.72. Schmp. 1.3 °C. Sdp. 108.7 °C. Farblose, stark lichtbrechende, an feuchter Luft rauchende, ätzende u. giftige Flüssigkeit. **Darst.:** Einwirken von Oxalsäure od. Borsäure auf Phosphorpentachlorid; **Anw.:** in der org. Chemie zur Chlorierung.

Phosphorpentachlorid: PCl_5. In reinem, trockenem Zustand weiße bis grünl. weiße Kristalle. An der Luft geht es in Phosphoroxidchlorid ($POCl_3$) u. HCl über, eine gelbe, rauchende, feuchte Kristallmasse, die sich mit viel Wasser zu Orthophosphorsäure u. Salzsäure löst. **Darst.:** Einw. von Chlor auf Phosphortrichlorid*.

Phosphorpentoxid: s. Phosphor(V)-oxid.

Phosphorsäureanhydrid: s. Phosphor(V)-oxid.

Phosphorsäureester, organische: s. Alkylphosphate; Schädlingsbekämpfungsmittel (org. Phosphorverb.).

Phosphorsäure-Guajakolester: s. Guajakolphosphat.

P

Phosphorsäuren: 1. **Orthophosphorsäure:** Phosphorsäure, Acidum phosphoricum; H_3PO_4. D. 1.88. Schmp. 42.3 °C. Klare farb- u. geruchlose Flüss., je nach Konz. von wässriger bis sirupartiger Konsistenz; rein u. wasserfrei stellt Ph. eine farblose krist. Masse dar. **Vork.:** nat. in ihren Salzen (Phosphate), bes. als Calciumphosphat in den Knochen, ferner in den Nucleoproteiden u. Lecithinen, in Harnsteinen, Milch, tier. Geweben z. B. Muskeln, Leber, Thymusdrüse (Kaliumphosphat); **Darst.:** Oxidation von Phosphor mit Salpetersäure; **Herst.** techn.: Behandlung der Knochenaschen mit Schwefelsäure (Acidum phosphoricum ex ossibus); **Off.:** im Handel in versch. Konz. u. Reinheitsgraden: **Phosphorsäure 85%:** Acidum phosphoricum concentratum Ph.Eur.4, konz. Ph.; CAS-Nr. 7664-38-2; Geh. 84.0-90.0 % (m/m). D. ca. 1.7. Mischbar mit Wasser u. Ethanol; kann bei niedriger Temp. zu einer farblosen Kristallmasse erstarren, die über 28 °C schmilzt. **Phosphorsäure 10%:** Acidum phosphoricum dilutum Ph.Eur.4, verd. Ph.; Geh. 9.5-10.5 % (m/m); wird Ph. verordnet, ist 10 %ige Ph. abzugeben; **Zuber.:** 115 g Ph. 85 % werden mit 885 g Wasser gemischt; **Nachw.:** Ammoniummolybdat*-Lsg. gibt gelben Niederschlag von phosphormolybdänsaurem Ammonium, Magnesiamixtur* einen weißen Niederschlag. von Magnesiumammoniumphosphat (auch quantitativ); **Anw.:** früher Tonikum bei Ermüdungszuständen sowie als Antipyretikum (mildeste reizlose Mineralsäure); 2. **Metaphosphorsäuren:** Acidum phosphoricum glaciale; $(HPO_3)_n$. Farblose, glasartige Stücke od. Stäbchen; entstehen beim Erhitzen von Orthoph. über 300 °C; cycl. Säuren (z. B. Trimetaphosphat); langsam in Wasser lösl., wobei sich H_3PO_4 bildet. **Anw.:** Reagens, in der Zahnheilkunde zur Herst. von Zinkoxidphosphat-Zement; 3. **Diphosphorsäure:** Pyrophosphorsäure; $H_4P_2O_7$. Schmp. 61 °C. Farblose, hygroskop., glasige Masse; entsteht beim Erhitzen von Ph. auf 200-300 °C; wird in heißem Wasser schnell in Orthoph. zurückverwandelt; lösl. in Ether u. Ethanol. Ihr Salze heißen Diphosphate (syn. Pyrophosphate); sie spielen eine wichtige Rolle im Stoffwechsel als Energiequelle bei enzymat. Reaktionen; therap. nutzbare Analoga der Diphosphate sind Biphosphonate*.

Hom: *Acidum phosphoricum (HAB1):* verd. Phosphorsäure, Trituration ab D_3; Konstitutionsmittel; verord. z. B. bei geistiger u. körperl. Überanstrengung, Neurasthenie, Wachstumsbeschwerden, Folgen schwerer Krankheiten.

Phosphorsalz: s. Natriumammoniumphosphat.

Phosphorsalzperle: s. Natriumammoniumphosphat (Phosphorsalzperle).

Phosphortrichlorid: Phosphorchlorür; PCl_3, M_r 137.35. D. 1.57. Schmp. −91 °C. Sdp. 78 °C. Farblose, stechend riechende, ätzende u. giftige Flüss.; an feuchter Luft zersetzt sie sich unter Rauchentwicklung zu Phosphoriger Säure u. Salzsäure. **Darst.:** Überleiten von trockenem Chlorgas über erwärmten weißen Phosphor.

Phosphortrioxid: s. Phosphor(III)-oxid.

Phosphorwasserstoff: s. Phosphine.

Phosphorwolframsäure: s. Wolframatophosphorsäure.

Phosphorylasen: s. Enzyme.

Phosphorylierung: Phosphatgruppen-Übertragung, Phosphorylgruppen-Übertragung; allg. die Einführung eines od. mehrerer Phosphorsäureester in org. Moleküle od. Makromoleküle (z. B. Nucleinsäuren u. Proteine) unter der Wirkung von Enzymen (meist Kinasen). Häufig werden Phosphatreste energiereicher Phosphate (ATP, PEP, Kreatinphosphat u. a.) auf die entspr. Moleküle übertragen. In der Atmungskette entsteht aus ADP ATP durch die Atmungsketten-Ph., bei der Photosynthese durch Photo-Phosphorylierung.

Phosphorylierung, oxidative: s. Atmungskettenphosphorylierung.

Phosphorzink: s. Zinkphosphid.

Photobakterien: s. Leuchtbakterien.

Photochemie: Gebiet der Chemie, das sich mit den chem. Veränderungen befasst, die durch Absorption von Strahlungsenergie (Licht) ausgelöst werden. Das wichtigste Beispiel einer photochem. Reaktion ist die Photosynthese* in Pflanzen u. Bakterien. Weitere Beispiele: die Photolyse* (Zers. durch Strahlungs-, bes. Lichteinwirkung); die Bildung von Hautpigmenten u. von Vitamin D in der Haut durch Sonneneinwirkung; photochem. induzierte Polymerisations-, Dissoziations- od. Oxidationsreaktionen; die Chlorierung org. Moleküle unter der Einw. von Licht; die Vorgänge bei der Belichtung photograph. Emulsionen.

Photolumineszenz: s. Lumineszenz; Phosphoreszenz.

Photolyse: Spaltung chem. Bindungen org. Moleküle unter dem Einfluss elektromagnet. Strahlung (vgl. Radiolyse). Dabei entstehen Radikale, die weiter reagieren, z. B. Fluorkohlenwasserstoffe in der Stratosphäre. **Photolyse des Wassers:** Spaltung von Wasser durch Lichtreaktion bei der Photosynthese*. Die Reaktion ist keine echte Photolyse, sie steht in Verb. mit dem Photosystem II bzw. der 2. Lichtreaktion. Sie stellt die physiol. Hill*-Reaktion dar. Die dabei frei werdenden Elektronen werden über eine Elektronentransportkette auf $NADP^+$ übertragen. Es entsteht molekularer Sauerstoff, NADPH u. H^+. $NADP^+$ ist das nat. Hill-Reagens.

Photometrie: **1.** (allg.) Verfahren zur Messung von Lichtstärken u. Lichtströmen. **2.** (chem.) Analysenmethode, bei der eine Gehaltsbestimmung, meistens im gelösten Zustand, indirekt über die Messung von Strahlungsemission (Emissionsphotometrie) od. Strahlungsabsorption (Absorptionsphotometrie) erfolgt. Dabei wird die Lichtdurchlässigkeit od. Absorption mittels eines Photometers gemessen, s. Spektroskopie.

Photon: Lichtquant, Strahlungsquant; Photonen sind Lichtteilchen, die Träger der Energie u. des Impulses einer Lichtwelle (u. jeder elektromagnet. Welle) sind. Sie besitzen korpuskulären u. Wellencharakter u. bewegen sich mit Lichtgeschwindigkeit fort. Ihre Ruhemasse ist =0, ihre Energie hängt von der Frequenz bzw. Wellenlänge ab; vgl. Strahlung, elektromagnetische.

Photonenkorrelationsspektroskopie: s. Spektroskopie.

Photonenstrahlung: s. Strahlung, elektromagnetische; Photon.

Photoperiodismus: Abhängigkeit biol. Prozesse von der tägl. Belichtungsdauer, der Photoperiode. Ph. spielt eine Rolle bei der Blühinduktion, der Samenkeimung od. bei Eintritt u. Beendigung der Knospenruhe; auch bei Tieren.

Photophosphorylierung: Synthese von ATP bei der Photosynthese*. Mechanismus ähnl. der Atmungskettenphosphorylierung*. In beiden Fällen sind Cytochrome* am Elektronentransport beteiligt. Man unterscheidet zykl. u. nichtzykl. Ph., die man beide in Grünalgen u. höheren Pflanzen findet. Zykl. Ph. bedingt einen zykl. Elektronentransport. Durch Lichteinfall werden Elektronen aus dem Chlorophyll a_I emittiert u. über eine Elektronentransportkette wieder zu Chlorophyll a_I zurückgeführt. Bei diesem Rücktransport wird ATP gebildet, d. h. Elektronenanregungsenergie wird in chem. Energie umgewandelt. An der zykl. Ph. ist Cytochrom f beteiligt, das einzige Produkt ist ATP. Bei der nichtzykl. Ph. ist die ATP-Synthese mit einem Elektronentransport vom Wasser (s. Photolyse) zu $NADP^+$ verbunden, so dass neben ATP das Reduktionsmittel NADPH entsteht. Die nichtzykl. Ph. kann man als eine mit der ATP-Bildung gekoppelte Hill-Reaktion* auffassen. Während die zykl. Ph. nur das Photosystem I benötigt, ist die nichtzykl. Ph. vom Zusammenspiel beider Photosysteme abhängig, die hintereinander geschaltet sind. Es findet ein offenkettiger (nichtzykl.) Elektronentransport statt.

Photorespiration: Lichtatmung, Glykolatweg; Licht erhöht die Atmung in photosynthet. aktiven Organismen. Belichtung von C_3-Pflanzen führt zu einem deutl. Anstieg des Sauerstoffverbrauchs; bei ihnen können mehr als 50 % des über die Photosynthese fixierten CO_2 durch Ph. wieder freigesetzt werden; dabei sinkt die Nettophotosynthese stark ab. In C_4-Pflanzen ist Ph. extrem schwach od. fehlt vollständig. Die Ph. steht in engem Zusammenhang mit der Aktivität der Ribulose-1,5-diphosphatcarboxylase*, die Ribulose-1,5-diphosphat oxidativ in Phosphoglykolat u. 3-Phosphoglycerat spaltet. Glykolat (aus Phosphoglykolat entstanden) verlässt die Chloroplasten* u. wandert in die benachbarten Peroxisomen, wo es durch die Glykolatoxidase (eine Flavoproteinoxidase) zu Glyoxylat oxidiert wird. Das entstehende Wasserstoffperoxid wird großteils durch die Katalase der Peroxisomen zerstört. Glyoxylat wird zu Glycin transaminiert, wobei Glutamat als Aminogruppendonator fungiert. Glycin gelangt in die Mitochondrien u. wird dort entweder decarboxyliert od. zu Serin umgewandelt. Ein Teil des Serins kann wieder in die Peroxisomen hinüberwechseln u. zu Hydroxypyruvat u. D-Glycerat oxidiert werden. Glycerat kann dann wieder in die Chloroplasten gelangen u. nach Phosphorylierung in den Calvin-Zyklus* eingeschleust werden.

Photosensibilisatoren: phototox. Stoffe; in Pfl. vorkommende Substanzen, welche die Haut sensibilisieren, d. h. eine Überempfindlichkeit gegen ultraviolette Strahlung (Sonne) hervorrufen (bes. die Schleimhäute) u. bei innerl. u. äußerl. Zuführung sog. Lichtkrankheiten hervorrufen, v. a. Dermatitiden (Bade- u. Wiesendermatitis), aber auch Diarrhöen, Hämorrhagien u. Krämpfe. Ph. sind v. a. Furanocumarine*, z. B. Psoralen* (am aktivsten), Bergapten, Angelicin, Osthol (Strukturformeln s. Furanocumarine, Abb.), v. a. in Apiaceae (z. B. Angelika, Bärenklau, Petersilie) u. Rutaceae (Gartenraute) enthalten, ferner auch Naphthoanthrachinone (Hypericin*, Fagopyrin), die z. B. im Johanniskraut u. Buchweizen vorkommen; auch einige Polyine (in Asteraceae) sollen phototox. wirken. Manche Tiere, z. B. Pferde, Schafe, Schweine, sind bes. empfindl. gegen Photosensibilisatoren, bei Nagetieren können sie letal wirken.

Photosynthese: **1.** i. w. S. jede lichtabhängige Synthese. **2.** i. e. S. die reduktive Kohlenhydratsynthese grüner Pflanzen u. Photosynthesebakterien. Die Ph. wird als Prozess der Energieumwandlung betrachtet, bei dem Lichtenergie in chem. Energie in Form von ATP (s. Adenosinphosphate) u. Kohlenhydraten* umgewandelt wird. Die Ph. grüner Pflanzen kann wie folgt dargestellt werden: $6\ CO_2 + 6\ H_2O \rightarrow C_6H_{12}O_6 + 6\ O_2$. Chlorophyll a ist dabei das wichtigste photosynthet. Pigment*. Die anderen weisen nur unterstützende Funktion auf u. werden als akzessorische Pigmente bezeichnet. Die Ph. ist der bedeutendste Vorgang org. Stoffproduktion auf der Erde u. ist bei den grünen Pflanzen an die Chloroplasten* gebunden. Die

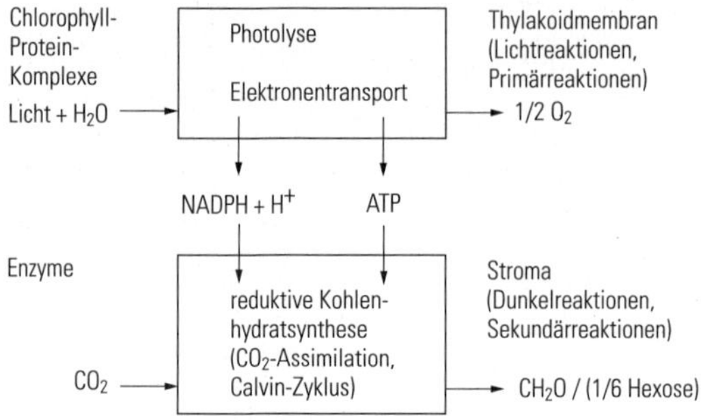

Photosynthese Abb. 1: Schema der Primär- u. Sekundärreaktionen der Photosynthese

Primärvorgänge (Lichtreaktionen) sind an das Membransystem der Thylakoide* fixiert, während die Sekundärvorgänge (Dunkelreaktionen) im Stroma* der Chloroplasten ablaufen, in dem mit Ausnahme der thylakoiden Carboxydismutase die Enzyme der Kohlendioxidassimilation lokalisiert sind. **Primärvorgänge:** Lichtreaktionen; dabei wird Lichtenergie über Elektronenanregungsenergie in chem. Energie einer energiereichen Verb. (ATP) u. eines Reduktionsmittels (NADPH) umgewandelt. Die Bildung von ATP, NADPH u. H^+ erfolgt in der nichtzykl. Photophosphorylierung*, die mit einer Photolyse* des Wassers verbunden ist. Bei grünen Pflanzen existieren 2 Lichtreaktionen, bzw. Photosystem I u. II, die hintereinander geschaltet sind. Chlorophyll a_I u. a_{II} absorbieren Licht u. emittieren Elektronen. Die aus Chlorophyll a_I emittierten Elektronen werden von Ferredoxin* übernommen u. auf $NADP^+$ übertragen. Die aus Chlorophyll a_{II} emittierten Elektronen werden über eine Elektronentransportkette, die Plastochinon*, Plastocyanin* u. Cytochrom f* enthält, auf Chlorophyll a_I übertragen, so dass die positiven Löcher (Elektronenvalenzen) des Chlorophyll a_I aufgefüllt werden. Im Zuge dieser Elektronentransportkette wird ATP gebildet. Die positiven Löcher des Chlorophyll a_{II} werden durch Elektronen ausgeglichen, die aus der Photolyse des Wassers stammen. Das Zusammenwirken von zwei Lichtreaktionen bzw. Photosystemen führt zur Bildung von ATP u. NADPH, die für die Sekundärvorgänge gebraucht werden. Die aus Chlorophyll a_I emittierten Elektronen können auch durch einen zykl. Elektronentransport über eine Cytochromkette auf Chlorophyll a_I zurückgeführt werden, wobei ATP, aber nicht NADPH entsteht (Photophosphorylierung*). **Sekundärvorgänge:** Dunkelreaktionen. Das durch die Lichtreaktionen gewonnene Energie liefernde ATP sowie das NADPH u. H^+ ermöglichen die lichtunabhängigen Reaktionen der reduktiven Kohlenhydratsynthese, von der Photosynthesecarboxylierung* bis zur Bildung der Kohlenhydratreserven, z. B. Stärke; vgl. Amylum, s. Kohlenhydrate, vgl. Kohlenhydratstoffwechsel.

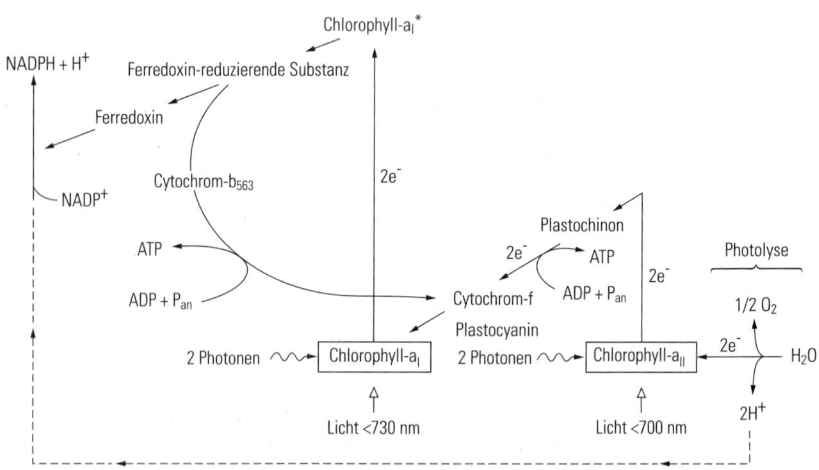

Photosynthese Abb. 2: Verknüpfung der 2 Lichtreaktionen bei der nichtzyklischen Photophosphorylierung

pH-Wert

Reaktion	a_{H^+}	pH	Beispiel
stark sauer	$100 - 10^{-3}$	0- 3	Salzsäure
schwach sauer	$10^{-4} - 10^{-6}$	4- 6	Essigsäure
neutral	10^{-7}	7	Wasser
schwach alkalisch	$10^{-8} - 10^{-11}$	8-11	Boraxlösung
stark alkalisch	$10^{-12} - 10^{-14}$	12-14	Natronlauge

Photosynthesecarboxylierung: enzymat. Bindung des CO_2 an einen org. Akzeptor bei der Photosynthese*. In C_3-Pflanzen ist das photosynthet. Carboxylierungsenzym Ribulose-1,5-diphosphatcarboxylase (s. Calvin-Zyklus), in C_4-Pflanzen ist es die Phosphoenolpyruvatcarboxylase (s. Hatch-Slack-Kortschak-Zyklus). Die Ph. ist der einleitende Schritt der Kohlendioxidassimilation bei der Photosynthese u. eine Phase der Dunkelreaktionen.

Photosynthesefarbstoffe: s. Pigmente, photosynthetische.

Photosynthesezyklus: s. Calvin-Zyklus.

phototrop: die Stoffeigenschaft, sich unter dem Einfluss von sichtbarem od. UV-Licht zu verändern. Beispiel: die lichtabhängige Farbänderung von Gläsern; vgl. Phototropismus.

Phototropismus: Lichtwendigkeit, veraltet Heliotropismus; (bot.) Wachstumsbewegung (einer Pfl.), bei der das Licht der richtungsbestimmende Faktor ist. Die Reaktion ist positiv phototrop*, wenn das Organ zum Licht hin wächst, sich zum Licht dreht od. krümmt; bei der negativ phototropen Reaktion wächst, dreht od. krümmt sich das Organ von der Lichtquelle weg.

Phragmoplast: tonnenförmiges System senkrecht zur Zellteilungsebene orientierter Mikrotubuli, das zw. 2 Tochterkernen in der Telophase entsteht u. in dem sich bei der Zellteilung die Zellplatte bildet.

Phrenes: Zwerchfell.

Phrenosin: s. Glykolipide.

Phthaleine: Triphenylmethanfarbstoffe. Beispiele: Fluorescein*, Eosin*. **Darst.:** Einw. von Resorcinderivaten od. *m*-Aminophenol auf Phthalsäureanhydrid.

Phthalide: Derivate von Benzo[c]furan-2-on (*o*-Hydroxymethylbenzoesäurelacton, Phthalid), Strukturformeln s. Levisticum officinale (Abb.). Die nat. vorkommenden Ph. sind häufig am C-3 substituiert. **Vork.:** u. a. Mycophenolsäure bei Schimmelpilzen (Penicillium-Arten), das Meconin bei Papaveraceae (Papaver-Arten, Hydrastis canadensis) (Meconsäurelacton) u. bei Apiaceae Ligustilid, Butylidenphthalid, Validendihydrophthalid, Butylphthalid (Levisticum officinale, Angelica-Arten, Apium graveolens).

Phthalsäure: Acidum phthalicum; 1,2-Benzoldicarbonsäure, $C_6H_4(COOH)_2$, M_r 166.13. Schmp. ca. 208 °C. Farblose, glänz. Nadeln, wenig lösl. in Wasser, lösl. in Ethanol u. Ether. **Anw.** techn.: zur Herst. von Kunstharzen*, Phthaleinen*.

Phthalsäureanhydrid: 1,3-Isobenzofurandion; $C_8H_4O_3$, M_r 148.1. Schmp. 130-132 °C. Weiße Schuppen. **Anw.:** Reagens Ph.Eur.4.

Phthalsäuredibutylester: s. Dibutylphthalat.

Phthalsäurediethylester: s. Diethylphthalat.

Phthalsäuredimethylester: s. Dimethylphthalat.

Phthalsäureester: Palatinole; Ester der Phthalsäure mit niedermolekularen Alkoholen. **Anw.:** Repellents*, in der Parfümerie als Lösungs- u. Fixermittel, sowie als Weichmacher (Diethylphthalat*, Dibutylphthalat*, v. a. auch Ester höherer Alkohole wie Dioctylphthalat). Die Ester der höheren Alkohole (z. B. Cetyl- u. Stearylalkohol sowie Kokosfettalkohole) dienen auch als Salbengrundlagen u. Suppositorienmassen.

Phthalylsulfacetamid: Phthalylsulfanilacetamid, Sulfanilacetamidum phthalylatum; *N*-(4-Acetylsulfamoylphenyl)-phthalamsäure; CAS-Nr. 131-69-1; $C_{16}H_{14}N_2O_6S$, M_r 362.4. Schmp. 192-196 °C (unter Zers.). Weißes, krist. Pulver, verfärbt sich am Licht allmähl.; lösl. in 1200 T. Wasser, lösl. in siedendem Wasser, schwer lösl. in Ethanol, lösl. in Alkalihydroxid-Lsg. unter Salzbildung. **Off.:** ÖAB90; **Anw.:** Chemotherapeutikum*; s. Phthalylsulfathiazol; **Dos.:** 2.0 g/d; MED 5.0 g, MTD 15.0 g.

Phthalylsulfanilaceta- mid: s. Phthalylsulfacetamid.

Phthalylsulfathiazol INN: Phthalylsulfathiazolum Ph.Eur.4; *N*-[4-(2-Thiazolylsulfamoyl)phenyl]-phthalamidsäure; CAS-Nr. 85-73-4; $C_{17}H_{13}N_3O_5S_2$, M_r 403.43. Strukturformel s. Sulfonamide (Abb. 2). Schmp. 272-277 °C (unter Zers., wenn das Schmelzpunktbad auf 220-225 °C vorgeheizt wurde; polymorph). Weißes, bis gelbl. weißes, krist. Pulver; schwer lösl. in Ethanol; fast unlösl. in Wasser u. Ether, leicht lösl. in Dimethylformamid, NaOH-, KOH- u. Ammoniaklösungen. **Anw.:** Chemotherapeutikum*; weist die antimikrobielle Aktivität der Sulfonamide auf; Ind.: Infektionen des GIT; **Dos.:** p. o. Erwachsene 3×1.0 g/d, Kinder 3×0.5 g/d, Säuglinge 3×0.05 g/kg KG/d jeweils 4-5 d lang. Gebräuchl. ist auch Phthalylsulfathiazol-8-Chinolinol-Salz.

Phthiriasis: Filzlausbefall, s. Läuse.

Phthisis: Schrumpfung, Schwund; alte Bez. für die durch Tuberkulose* herbeigeführte allg. Auszehrung.

pH-Wert: Abk. für Wasserstoffionen-Exponent (potentia hydrogenii); negativer dekad. Logarithmus der Wasserstoffionen-Aktivität a_{H^+}.

$$pH = -\log a_{H^+}$$

Die Aktivität ist gleich der Konz. c multipliziert mit dem Aktivitätskoeffizienten f.

$a = c \cdot f$

Der Aktivitätskoeffizient wird für verd. Lsg. ($c < 10^{-3}$ mol/L) annähernd 1. Das Ionenprodukt*

P

des Wassers K_w beträgt 10^{-14}:

$$K_w = \frac{a_{H^+} \cdot a_{OH^-}}{a_{H_2O}} = 10^{-14}$$

$$a_{H^+} = a_{OH^-} = 10^{-7}$$

Der pH-Wert des reinen Wassers ist daher 7.0 u. die pH-Skala liegt zw. den Werten 0 u. 14 (s. Tab.). Bei den angeführten Gleichungen ist zu berücksichtigen, dass Wasserstoffionen niemals als freie Protonen vorliegen. Es bilden sich sofort Anlagerungsprodukte mit Wassermolekülen u. Molekülverbänden (H_3O^+, $H_9O_4^+$ etc.). **Messung des pH-Werts:** auf elektr. Wege (s. pH-Meter) od. kolorimetr. mit Indikatoren*.

Phycit: s. *meso*-Erythrit.

Phycobiline: wasserlösl., den Gallenfarbstoffen verwandte, akzessorische Pigmente - Phycocyane (blau) u. Phycoerythrine (rot) -, die in Cyanobakterien u. Rotalgen vorkommen u. dort das Chlorophyll überdecken.

Phycomyzeten: s. Pilze.

Phycophyta: s. Algen.

Phyllobates: s. Batrachotoxin.

Phyllochinon: s. Vitamine (Vitamin K-Gruppe).

Phyllodien: (bot.) blattartig verbreiterte Blattstiele unter Reduktion der eigentl. Blattspreite.

Phyllokladien: blattartige Kurztriebe (z. B. bei Ruscus), die die Assimilationsfunktion des Blattes übernehmen. Allg. werden zu blattähnl. Gebilden umgestaltete grüne Sprossachsen als Flachsprosse od. Platykladien bezeichnet.

Phylogenese: syn. Phylogenie; stammesgeschichtl. Entwicklung der Lebewesen, vgl. Ontogenese.

Phylogenie: s. Phylogenese.

Physalis alkekengi L.: Judenkirsche, Blasenkirsche, Lampionblume; Fam. Solanaceae (südöstl. Europa, bis Japan). Stpfl. von **Fructus Alkekengi:** Judenkirschen, Teufelskirschen, Boberellen, Blasenkirschen. **Inhaltsst.:** ein Bitterstoffgemisch, bezeichnet als Physalin, bestehend aus 13,14-Seco-16,24-cyclo-C_{28}-Steroiden, ferner Carotinoide wie Physalein, Citronensäure, bes. reich an Vitamin C; **Anw.:** hom. u. volkstüml. früher als harntreibendes Mittel.

Hom: *Physalis alkekengi (HAB1.5):* frische, reife Beeren.

Physcion: s. Anthrachinone (Tab.).

Physeter macrocephalus L.: Pottwal; Fam. Physeteridae (alle Meere, bevorzugt tiefe Gewässer). Lieferant von Ambra* u. Walrat*.

Physik: Wissenschaft, die sich mit den Vorgängen in der unbelebten Natur auseinandersetzt, die durch Beobachtung u. Messung gesetzmäßig erfasst u. damit der mathemat. Darst. zugängl. gemacht werden können.

Physikalische Pharmazie: umfasst Grenzgebiete der Physik, physik. Chemie u. Kristallographie, die von der Pharmazie übernommen u. hinsichtl. ihrer bes. Bedürfnisse (v. a. in der Pharmazeutischen* Technologie u. Biopharmazie*) weiterentwickelt werden. Wichtige Grundlagen sind z. B. Thermodynamik*, Reaktionskinetik, Pulvertechnologie*, Rheologie*, Komplexchemie*. Herausragende Forschungsbereiche sind z. B. Löslichkeit u. Auflösungsverhalten, Polymorphie*, Grenzflächenerscheinungen, Kolloide*, Emulsionen* u. Suspensionen*; vgl. Präformulierung.

Physiologie: Wissenschaft u. Lehre von den normalen Lebensvorgängen, insbes. von den physik. Funktionen des Organismus.

Physisorption: Art der Sorption*; im Ggs. zur Chemisorption* reversible Anlagerung von Molekülen an einer Grenzfläche; auch Van-der-Waals-Adsorption genannt (aufgrund des meist vorherrschenden Bindungstyps); zur Ph. gehört auch die Adsorption* durch Dipolwechselwirkungen, Wasserstoffbrücken u. Kapillarkräfte; vgl. BET-Gleichung.

Physostigma venenosum Balf.: Fam. Fabaceae (Leguminosae) (trop. Westafrika, Kamerun, Indien, Brasilien). Stpfl. von **Semen Calabar:** Semen Physostigmatis, Faba Calabaricae, Faba Physostigmatis, Gottesurteils- od. Kalabarbohne, Esere- od. Kalabarsame; bohnenförmige, ca. 3 cm lange u. ca. 2 cm breite Samen, außen rot-dunkelschwarz-braun, mattglänzend, körnig-runzelig, mit rinnenförmiger Raphe. **Inhaltsst.:** ca. 0.5 % (Pyrolidino-)Indolalkaloide wie 0.15 % Physostigmin* (Eserin), ferner 0.1 % Geneserin, Eseridin*, Eseramin, Isophysostigmin; Stigmasterin, fettes Öl, Schleim, Stärke; **Anw.:** s. Physostigminsalicylat, MED 0.2 g, MTD 0.6 g.

Hom: *Calabar:* getrockneter Same; verord. z. B. bei Adaptationsstörungen des Auges.

Physostigmin: Physostigminum, Eserin; Carbamidsäureester von Eserolin; CAS-Nr. 57-47-6; $C_{15}H_{21}N_3O_2$, M_r 275.3. Opt. aktives Pyrrolidinoindolalkaloid (die bd. Pyrrolidinringe sind *cis*-verknüpft) aus den Samen von Physostigma* venenosum. Weiße, an der Luft rötl. anlaufende Kristalle, wenig lösl. in Wasser, leicht lösl. in Ethanol, Ether, Chloroform, Benzol, fetten Ölen. **Wirk.:** indirektes Parasympathomimetikum* (Cholinesterasehemmer, Antagonist des Atropins); äußerst stark wirkendes, auch zur Lähmung des ZNS führendes Gift (LD ca. 10 mg); **Anw.:** s. Physostigminsalicylat, versuchsweise auch bei Alzheimer-Krankheit (als transdermales therap. System); Antidot: Atropin*; **Dos.:** MED 1 mg; HWZ 0.5-1 h.

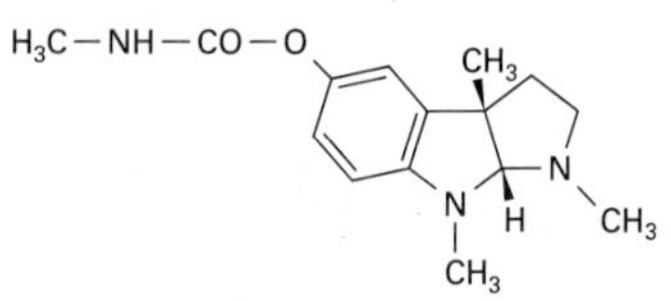

Physostigmin: Strukturformel von (−)-Physostigmin

Physostigminsalicylat: Physostigmini salicylas Ph.Eur.4, Physostigminum salicylicum, Eserinum salicylicum, Eserinii salicylas; CAS-Nr. 57-64-7; $C_{22}H_{27}N_3O_5$, M_r 413.6. Schmp. 182-185 °C. $[\alpha]_D^{20\,°C}$ −91 bis −94° (c=0.9 in Wasser). Farblose od. schwach gelbe Kristalle, lösl. in 90 T. Wasser u. 12 T. Ethanol. Die wässrigen u. ethanol. Lsg. färben sich allmähl. rötl.; sie dürfen nicht erhitzt werden. **Wirk.:** s. Physostigmin; **Anw.:** hauptsächl. äußerl. als Miotikum* in 0.5 %iger Lsg. bei Akkomodationslähmung sowie bei Epilepsie, Chorea, Tetanus; Gegenmittel bei Curare-Vergiftung (s. Curare) ferner bei Vergiftungen mit tricycl. Antidepressiva (z. B. Imipramin*), Fliegen- u. Pantherpilzen sowie Atropin*; **Dos.**: MED 1 mg, MTD 3 mg; s. c. 0.5-1 mg.

Physostigminsalicylat-Augentropfen: s. Augentropfen.

Physostigminsulfat: Physostigmini sulfas Ph.Eur.4, Physostigminum sulfuricum, Eserinum sulfuricum; CAS-Nr. 64-47-1; $(C_{15}H_{21}N_3O_2)_2 \cdot H_2SO_4$, M_r 648.5. Schmp. ca. 145 °C (unter Zers.). Weißes, krist., hygroskop. Pulver, leicht lösl. in Wasser u. Ethanol. An der Luft u. am Licht färbt sich die Substanz allmähl. rot; in Gegenwart von Feuchtigkeit verläuft die Verfärbung schneller; wässrige Lsg. sind instabil. **Anw.**: s. Physostigminsalicylat; **Dos.**: MED 1 mg, MTD 3 mg.

Physostigminum salicylicum: s. Physostigminsalicylat.

Physostigminum sulfuricum: s. Physostigminsulfat.

Phytamine: sekundäre Pflanzeninhaltsstoffe, die dem Körper über eine obst- u. gemüsereiche Nahrung zugeführt werden. Dazu zählt man u. a. Carotinoide, Isoflavonoide, Isothiocyanate, Flavonoide, Lignane, Polyphenole, Sulfide u. Thiole. Ihnen wird eine vorbeugende, gesundheitsfördernde Wirk. zugeschrieben, die v. a. auf dem antioxidativen Potential beruht. Sie sollen vor Krebs u. Herz-Kreislauferkrankungen schützen sowie das Immunsystem stärken.

Phytin: Calcium-Magnesium-fytat; Calcium-Magnesium-Salz der Fytinsäure* (Phytinsäure); s. *myo*-Inositol.

Phytinsäure: s. Fytinsäure; vgl. *myo*-Inositol.

phyto-: Wortteil mit der Bedeutung Pflanzen-.

Phytoallexine: Phytonzide; pflanzl. Abwehrstoffe (vielfach bei Fabaceae*), die gegen Erreger (Mikroorganismen, Pilze) von Pflanzenkrankheiten gebildet werden u. somit ein pflanzl. Abwehrsystem nach Art des Immunsystems höherer Tiere darstellen. Beispiele: Sesquiterpene (Ipomeamaron, Rishitin), Psoralen, Isoflavonoide (Phaseolin, Pisatin), Polyine (Safyol) u. Phenanthrene (Orcholin, Batatasine).

Phytobiotikum: Pflanzen, Pflanzenteile, Pflanzendrogen, pflanzl. Zuber. u. ätherische Öle, die eine antimikrobielle Wirkung aufweisen.

Phytochemie: Pflanzenchemie; befasst sich mit Isolierung, Untersuchung, Konstitutionsaufklärung u. a. von Pflanzeninhaltsst.; Teilgebiet der Naturstoffchemie bzw. der Pharmakognosie*.

Phytochrom: phycobilinartiger Stoff, der im Zytoplasma grüner Pflanzen vorkommt u. hellrotes (HR) od. dunkelrotes (DR) Licht absorbiert. Ph. liegt entw. in der Zustandsform P_{730} od. P_{660} vor. Durch Bestrahlung mit HR wird P_{660} in P_{730} verwandelt, das sich durch Bestrahlung mit DR in P_{660} zurückverwandeln lässt. Das reversible Hellrot-Dunkelrot-Pigmentsystem spielt eine Rolle bei der Blühinduktion, Knospenruhe, Blattbildung u. Samenkeimung.

Phytoecdysone: s. Ecdysone.

Phytoen: ein aliphat., farbloses Polyisoprenoid (Carotinoid) mit 2 terminalen Isopropylidengruppen u. 9 Doppelbindungen, davon 3 konjugiert; M_r 544 P. Dient biosynthet. (stufenweise *H*-Abspaltung) als Start-Molekül für andere Tetraterpene* (Strukturformel s. Abb.). In Pfl. weit verbreitet.

Phytoestrogene: Verb., die in Aufbau u. Wirk. den weibl. Geschlechtshormonen ähneln, aber schwächer wirksam sind, z. B. versch. Isoflavonoide u. Lignane. Ph. werden u. a. antikanzerogene u. antioxidative Wirk. zugeschrieben. Isoflavonoide liegen u. a. in Sojabohnen (Glycine* max) u. Rotklee (Trifolium* pratense) vor, Lignane kommen in größerer Menge in Leinsamen (Linum* usitatissimum) vor. **Anw.**: bei Beschwerden im Klimakterium, z. B. Hitzewallungen, Schweißausbrüche sowie gegen Osteoporose u. Herzinfarkt.

Phytofluen: dem Phytoen* ähnl. Tetraterpen mit 10 Doppelbindungen, Zwischenstufe in der Biosynthese von Lycopin*. In Pfl. weit verbreitet.

Phytohämagglutinine: s. Lektine.

Phytohormone: pflanzl. Hormone; die wichtigsten internen Regulationsfaktoren für Wachstum u. Entw. der Pflanze. Die 4 wichtigsten Gruppen von Phytohormonen sind Indolderivate (Auxine*), Gibberelline*, Zytokinine* u. Abscisine (s. Abscisinsäure).

Phytokinine: s. Zytokinine.

Phytol: 3,7,11,15-Tetramethyl-2-hexadecen-1-ol; $C_{20}H_{39}OH$; M_r 296.52; D. 0.845. Diterpenalkohol, der mit Porphyrin verestert einen Best. von Chlorophyll bildet. Dickes, farbloses Öl, mit Ethanol u. Ether mischbar. **Anw.**: zur Synthese von Vitamin E u. K_1.

Phytolacca americana L.: Phytolacca decandra L., Kermesbeere, Amerikanischer Nachtschatten; Fam. Phytolaccaceae (Nordamerika, Südeuropa verwildert). Giftpflanze. Stpfl. von **Radix Phytolaccae decandrae:** Kermeswurzel, Amerikanische Nachtschattenwurzel. **Inhaltsst.**: Triterpensaponine wie die Phytolaccoside u. Phytolaccasaponine, Lektine, Enzyme, Stärke, Harz, fettes Öl, Gerbstoffe; **Anw.**: (früher) Abführmittel, Emetikum, in Amerika u. a. als Antirheumatikum; **Fructus Phytolaccae decandrae:** Kermesbeeren, Alkermesbeeren. **Inhaltsst.**: Saponine, als Farbstoff Betanin*; **Anw.**: früher zum Färben, bes. von Wein; in den Samen antihepatotox. wirkende Lignane (Americanine).

Hom: *Phytolacca americana (HAB1.2),* Phytolacca decandra: frische, im Herbst gesammelte Wurzeln; verord. z. B. bei Mandelentzündungen; Erkrankungen des rheumat. Formenkreises, Ischias, Mastitis.

Phytomelan: Pflanzenschwarz; schwarze Ablagerungen (fast reiner Kohlenstoff) in den Interzellularen pflanzl. Gewebes; v. a. bei Asteraceae*; bei der mikroskop. Drogenanalyse diagnost. wichtiges Merkmal für einige pflanzl. Drogen (z. B. Arnica montana).

Phytomenadion INN: s. Vitamine (Vitamin K_1).

Phytonzide: s. Phytoallexine.

Phytopharmaka: Fertigarzneimittel, die ausschließl. aus pflanzl. Drogen od. Drogenzubereitungen bestehen od. diese enthalten; vgl. Phytotherapie.

Phytosterine: pflanzl. Sterine*, z. B. Stigmasterin* u. Sitosterin*; finden sich nahezu immer in geringer Menge in allen Pflanzenteilen.

Phytotherapie: Pflanzenheilverfahren; Behandlung von kranken Menschen od. Tieren mittels Phytopharmaka*. Ph. wird sowohl in der naturwissenschaftl. begründeten Medizin (Schulmedizin) als auch in der Naturheilkunde* u. Komplementärmedizin* eingesetzt.

PIC: s. Inspektionsübereinkommen.

Picea abies (L.) Karst: Pinus abies L., Picea exelsa (Lam.) Link, Fichte, Rotfichte, Rottanne; Fam. Pinaceae (Europa). Stpfl. von **Piceae aetheroleum:** Oleum Piceae, Oleum Pini sibiricum, Fichtennadelöl; das aus den Nadeln, Zweigspitzen od. Ästen von P. a. u. von Abies* sibirica od. anderen Arten der Gattung Abies od. Picea (durch Wasserdampfdest.) gewonnene äther. Öl. D. 0.870-0.910. $n_D^{20\,°C}$ 1.468-1.478. $[\alpha]_D^{20\,°C}$ −20.0 bis −56.0°. SZ max. 1.0. **Off.:** DAB2003; **Best.:** (Monoterpene nach DAB2003) 10-25 % α-Pinen, 5-28 % Camphen, 1.30 % β-Pinen, 1-15 % Car-3-en, 4-30 % Limonen, 5-35 % Bornylacetat* u. 1-5 % Borneol; **Wirk.:** hyperämisierend, antimikrobiell; **Anw.:** innerl. u. äußerl. bei katarrhalischen Erkrankungen der oberen u. unteren Luftwege; äußerl. auch bei rheumat. u. neuralg. Beschwerden.

Picea canadensis: s. Tsuga canadensis.

Picea excelsa: s. Picea abies.

Picea mariana (Mill.) B.S.P.: Picea nigra (L.) Link, Schwarzfichte; Fam. Pinaceae (Kanada, nördl. USA). Stpfl. von **Resina Abietis nigrae:** Schwarzfichtenharz; das Harz. **Inhaltsst.:** ca. 0.6 % äther. Öl mit ca. 50 % Bornylacetat, sowie u. a. L-Pinen, Bitterstoffe, ungesättigte Harzsäuren.

Hom: *Resina Piceae (HAB2000),* Abies nigra, Schwarzfichtenharz: getrocknetes, durch Einschneiden der Rinde gewonnenes Harz; verord. z. B. bei Gastritis.

Pichi-Pichi: s. Fabiana imbricata.

Pichi-Pichi-Kraut: s. Fabiana imbricata (Herba Fabianae imbricatae).

P

Pichurimbohnen: s. Ocotea puchury-major (Fabae Pichurim).

Pickering-Emulsionen: s. Emulsionen.

Picoline: s. Pyridin.

Picornaviridae: Fam. der kleinsten RNA-Viren, weltweit verbreitet. P. verursachen bei Mensch u. Tier asymptomat. bis schwer verlaufende Infektion des Respirations- u. Magen-Darm-Trakts, z. T. mit Beteiligung des ZNS. **Einteilung: 1.** säurestabile Genera: Entero-, Hepato- u. Cardiovirus; **2.** säurelabile Genera: Rhinovirus* u. Aphthovirus.

Picotamid INN: Picotamid monohydrat, Picotamidum monohydricum Ph.Eur.4; 4-Methoxy-*N*,*N*-bis(pyridin-3-ylmethyl)benzol-1,3-dicarboxamid; CAS-Nr. 80530-63-8; $C_{21}H_{20}N_4O_3 \cdot H_2O$, M_r 394.4. Weißes, polymorphes Pulver, sehr schwer lösl. in Wasser, lösl. in wasserfreiem Methanol. **Anw.:** Antikoagulantium*, Thromboxanhemmer, Thromboxanrezeptorantagonist, Thrombozytenaggregationshemmer*; **Dos.:** 3×300 mg/d.

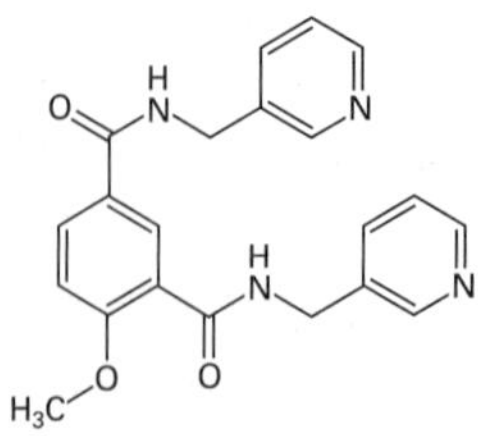

Picotamid

Picramnia antidesma Sw.: Fam. Simaroubaceae (heim. Mexiko, Jamaika, Panama, Kolumbien). Stpfl. von **Cortex Cascarae amargae:** Hondurasrinde. **Inhaltsst.:** Triterpenbitterstoffe; **Anw.** volkstüml.: früher als Tonikum u. Antisyphilitikum.

Picrasma excelsa (Sw.) Planch.: Aeschrion excelsa (Planch.) O. Kuntze; Fam. Simaroubaceae (Westindische Inseln). Stpfl. von **Lignum Quassiae (jamaicense):** Quassiaholz, Jamaika-Quassiaholz, Jamaika-Bitterholz, Fliegenholz; hellgelbes bis gelbl.-weißes Holz, geruchlos u. von bitterem Geschmack. **Inhaltsst.:** Quassinoide (Secotriterpenbitterstoffe, Esterglykoside) wie Quassin (Bitterwert ca. $17 \cdot 10^6$), Neoquassin (Bitterwert ca. $16 \cdot 10^6$), 18-Hydroxyquassin (Bitterwert ca. $12 \cdot 10^6$) u. Isoquassin; **Wirk.:** antimikrobiell, antviral, antihelmintisch, insektizid; **Anw.:** als Amarum (bei Schwangerschaft kontraindiziert); früher als Anthelminthikum, als Extr. Quassiae zur Herst. von Fliegenpapier u. als Spir. Quassiae gegen Kopfläuse. **Lignum Quassiae surinamense** stammt von Quassia* amara.

Hom: *Picrasma excelsa,* Quassia amara (HAB2000): getrocknetes Holz der Stämme u. Äste von Picrasma excelsa u. von Quassia amara; verord. z. B. bei Leberzirrhose.

Picrocrocin: s. Crocus sativus.

Picrorhiza kurroa Royle ex Benth.: Kurukraut; Fam. Scrophulariaceae (Indien, Himalaja). **Inhaltsst.:** antihepatotox., bittere Iridoidglucoside wie Picrosid I u. II (s. Catalpol), Phenolglykoside, Cucurbitacinglykoside; **Anw.** volkstüml.: in der ind. Volksmedizin z. B. gegen Leberleiden, Magen-Darm-Beschwerden.

Hom: *Picrorhiza:* getrockneter Wurzelstock; verord. z. B. bei chron. Lebererkrankungen.

Picrosalvin: s. Carnosol.

Picrosid: s. Catalpol.

Picrotoxin: Pikrotoxinum, Cocculin; $C_{30}H_{34}O_{13}$, M_r 602.6. Sesquiterpenbitterstoff aus dem Samen von Anamirta* cocculus; eine Molekülverbindung* aus **Picrotin** ($C_{15}H_{18}O_7$, M_r 310.3) u. **Picrotoxinin** ($C_{15}H_{16}O_6$, M_r 292.3). Schmp. 199-200 °C. Farblose Kristalle, lösl. in Wasser, Ethanol, Chloroform, NaOH- u. Ammoniaklösungen. **Wirk.:** starkes Krampfgift; verhält sich wie ein GABA-Antagonist; **Anw.:** früher als Analeptikum* bei Vergiftungen mit zentral dämpfenden Pharmaka wie Barbiturate* (allerdings ist die Gabe von Analepti-

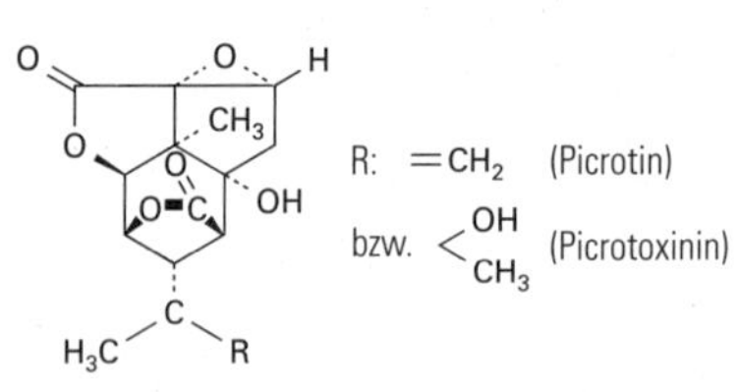

Picrotoxin

ka in solchen Fällen meist zu gefährl. od. unwirksam); evtl. zur Behandlung peripher bedingter Schwindelformen.

PIC/S: Abk. für (engl.) ***P**harmaceutical **I**nspection **C**onvention **S**cheme;* Nachfolgeprogramm zum PIC-Abkommen zur Zusammenarbeit im Bereich der behördl. Arzneimittelüberwachung seit November 1995; s. Inspektionsübereinkommen. Im Ggs. zum PIC-Abkommen, das geltendes Recht darstellt, ist das PIC-Scheme ein loser Zusammenschluss von Gesundheitsbehörden angeschlossener Staaten. Ziel ist es, den Informationsfluss zu fördern, das gegenseitige Vertrauen zu stärken, Informationen u. Erfahrungen im Bereich GMP* auszutauschen, Standards zu entwickeln u. gemeinsame Fortbildungen für Inspektoren anzubieten. Von deutscher Seite sind seitens des Bundes das Bundesgesundheitsministerium u. für die Bundesländer die ZLG* als PIC/S-Teilnehmer benannt.

Pigment, akzessorisches: Hilfspigment; Farbstoff, der in der Lage ist, Lichtenergie zu absorbieren u. sie an Chlorophyll a weiterzugeben. Das a. P. erweitert das Lichtabsorptionsspektrum bei der Photosynthese*.

Pigmente (lat. pigmentum Farbe): **1.** (med.): biogene Farbstoffe; **a)** endogene P.: Zwischen-, Neben- od. Endprodukte des Stoffwechsels, z. B. Methämoglobin, Bilirubin, die Farbstoffe der Augen, Haare, Haut; **b)** exogene P.: z. B. Tusche, Kohle, Eisenstaub. **2.** (techn.): fein dispersierte (im Medium unlösl.) Farbstoffe, z. B. Mineralfarben, Sepia. **a)** anorg.P.: u. a. Titandioxid, Eisenoxide, Aluminiumpulver; **b)** org. P.: saure Farbstoffe als unlösl. Metallsalze. Bindemittel: z. B. Povidon*; vgl. Farblacke.

Pigmente, photosynthetische: Photosynthesefarbstoffe; an der Lichtausnutzung der Photosynthese* beteiligte Pigmente, wie Chlorophyll a, b, c, d u. e, Bakteriochlorophyll a, c u. d, Phycoerythrin, Phycocyanin, Carotine u. Xanthophylle.

Pigmentvolumenkonzentration: Abk. PVK; Quotient aus Stampfdichte u. wahrer Dichte in Prozent. Je höher der PVK-Wert, um so weniger ist ein Haufwerk agglomeriert. Für eine Kugelpackung erhält man eine PVK von 52.4%; vgl. Hausner-Faktor.

Piko-: Symbol p; Vorsatzzeichen für den das 10^{-12}fache einer Einheit; vgl. SI-Einheiten.

Pi-Komplexe: Charge*-Transfer-Komplexe, an denen aromat. Verb. beteiligt sind.

Pikrate: **1.** Salze der Pikrinsäure*. **2.** Bez. für krist., wenig lösl., farbige Charge*-Transfer-Komplexe von Pikrinsäure* mit aromat., v. a. kondensierten Verbindungen. **Anw.:** Identifizierung kondensierter aromat. Kohlenwasserstoffe.

Pikrinsäure: Acidum picrinicum, Acidum picronitricum; 2,4,6-Trinitrophenol, $C_6H_3N_3O_7$, M_r 229.11. D. 1.767. Schmp. 122.5 °C (polymorph). Blassgelbe, glänz., geruchlose Kristalle von sehr bitterem Geschmack. pK_S 2.4. Wenig lösl. in kaltem Wasser, lösl. in siedendem Wasser, Chloroform, Benzol, Ether. Salze u. bestimmte Molekülverb. der P. heißen Pikrate*; färbt die Haut gelb; **Darst.:** Nitrieren von Phenol; **Hinweis:** sehr explosiv! Aufbewahrung an feuersicherem Ort. P. unterliegt dem Sprengstoffgesetz (nicht jedoch die wässrige Lsg.); **Anw.** med.: früher äußerl. als Adstringens u. Desinfiziens (Vorsicht bei großen Wundflächen!); techn.: zur Herst. von Schießpulver; chem.: in der Analyse zum Fällen der Alkaloide, in der Harnanalyse zum Nachw. von Eiweiß, Reagens: zur Identitätsprüfung von Streptomycinsulfat; zur Blutzuckerbestimmung; s. Baljet-Reagens; **Tox.:** LD (Mensch) 2-10 g; starkes Gift für niedere Tiere.

Hom: *Acidum picrinicum (HAB1.2):* Pikrinsäure; verord. z. B. bei geistigen u. sexuellen Schwächezuständen.

Pikrosalvin: s. Carnosol.

Pikrotoxin: s. Picrotoxin.

Pilferproof-Verschluss: s. Garantieverschluss.

Pille: **1.** die Pille, s. Kontrazeption, hormonelle; **2.** die Pille danach, s. Kontrazeption, hormonelle (Nidationshemmer); **3.** die Pille für den Mann, s. Gossypol; **4.** Pillen; s. Pilulae.

Pilocarpin: CAS-Nr. 92-13-7; $C_{11}H_{16}N_2O_2$, M_r 208.2. Alkaloid aus den Blättern von Pilocarpus*-Arten. Schmp. 34 °C. Farblose od. gelbl., sirupartige Flüss. od. Kristalle; leicht lösl. in Wasser, Ethanol, Chloroform, Benzol. **Wirk.** u. **Anw.:** direktes Parasympathomimetikum* (erregt die Endfasern des Parasympathikus); verwendet werden nur seine Salze.

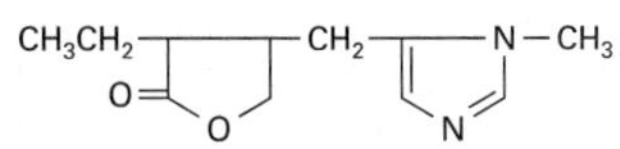

Pilocarpin

Pilocarpinhydrochlorid: Pilocarpini hydrochloridum Ph.Eur.4, Pilocarpinum hydrochloricum, Pilocarpinium chloratum; (3*S*,4*R*)-2-Ethyl-4,5-dihydro-4-(1-methyl-1*H*-imidazol-5-yl-methyl)-2(3*H*)-furanon-hydrochlorid; CAS-Nr. 54-71-7; $C_{11}H_{16}N_2O_2 \cdot HCl$, M_r 244.7. Schmp. 199-204 °C. $[\alpha]_D^{20\,°C}$ +89 bis +93° (c=2 in Wasser). Farblose Kristalle od. weißes, krist. Pulver; leicht lösl. in Wasser u. Ethanol, schwer lösl. in Ether u. Chloroform. **Anw.** u. **Dos.:** äußerl. als Antiglaukomatosum*, in Augentropfen als 1-2%ige Lsg., max. 4% (m/V); innerl. Anw. prakt. obsolet (MED 20 mg, MTD 40 mg); **UAW:** Akkomodationsstörungen u. Miosis* am Auge.

Pilocarpinhydrochlorid-Augentropfen: s. Augentropfen.

Pilocarpini hydrochloridum: s. Pilocarpinhydrochlorid.

Pilocarpini nitras: s. Pilocarpinnitrat.

Pilocarpinnitrat: Pilocarpini nitras Ph.Eur.4, Pilocarpinum nitricum; (3*S*,4*R*)-3-Ethyl-4,5-dihydro-4-(1-methyl-5-imidazolylmethyl)-2(3*H*)-furanonnitrat; CAS-Nr. 148-72-1; $C_{11}H_{16}N_2O_2 \cdot HNO_3$, M_r 271.3. Schmp. 174-179 °C (unter Zers.; polymorph). $[\alpha]_D^{20\,°C}$ +80.0 bis +83.0 (c=5 in Wasser). Farblose Kristalle, lichtempfindl.; leicht lösl. in Wasser, wenig lösl. in Ethanol. **Anw.** u. **Dos.:** wie Pilocarpinhydrochlorid*.

Pilocarpinum hydrochloricum: s. Pilocarpinhydrochlorid.

Pilocarpinum nitricum: s. Pilocarpinnitrat.

Pilocarpus-Arten: Fam. Rutaceae (Südamerika, bes. östl. Brasilien), baumartige Sträucher. **Pilocarpus pennatifolius** Lem. (Paraguay-Jaborandi), **P. jaborandi** Holmes (Pernambuco-Jaborandi), **P. microphyllus** Stapf. (Maranham-Jaborandi) u. **P. racemosus** (Gouadeloupe-Jaborandi, westindische Insel)) sind Stpfl. von **Folia Jaborandi:** Jaborandi folium, Folia Pilocarpi, Jaborandiblätter. **Off.:** EB6; **Inhaltsst.:** die Alkaloide Pilocarpin*, Isopilocarpin, Pilocarpidin (Gesamtgeh. an Alkaloiden 0.15-1.9 %, durchschnittl. 0.75 %), äther. Öl; **Anw.:** Diaphoretikum; s. Pilocarpinhydrochlorid. **Hom:** *Pilocarpus (HAB2000):* getrocknete Blätter von P. jaborandi, P. pennatifolius od. P. microphyllus, enthalten mind. 0.5 % Pilocarpin; P. jaborandi verord. z. B. bei klimakter. Hitzewallungen.

Pilomotorika: haaraufrichtende Stoffe durch Kontraktion der Haarbalgmuskeln (Auslösung einer Gänsehaut); z. B. 2-(3,6-Dimethoxy-2,4-dimethylbenzyl)-2-imidazolin u. seine Salze. **Anw.:** v. a. in Rasierwässern vor der Trockenrasur angewendet, um ein besseres Schneiden der Haare zu ermöglichen.

Pilulae: Pillen; nach ÖAB90 (nur noch für Tierarzneimittel) u. DAB6 Arzneizubereitungen von kleiner, kugelförmiger od. auch eiförmiger Gestalt u. einer Masse von i. Allg. 0.1-0.25 g. P. stellen eine sehr alte, obsolete Arzneiform dar. P. sollten in der Humanmedizin keine Verw. mehr finden. Die Ursache hierfür ist die unhygienische Herst., die Vielzahl an Hilfsstoffen, die mikrobiell stark verunreinigt sein u. viele Inkomp. zeigen können u. eine unzuverlässige bis beinahe fehlende Wirkstofffreigabe. An ihre Stelle sind heute die Gelatinesteckkapseln (s. Capsulae) getreten. **Herst.:** Die Arzneistoffe werden mit Bindemitteln zu einer knetbaren Masse angestoßen, diese wird zu einem Strang geformt, der auf der Pillenmaschine abgeteilt u. zu P. ausgerollt wird.

P

Pilulae aloeticae ferratae: eisenhaltige Aloepillen; Zstzg.: DAB6, aus gleichen Teilen getrocknetem Eisen(II)-sulfat u. gepulverter Aloe.

Pilulae asiaticae: Arsenikpillen; Zstzg.: DAB6, 100 Pillen enthalten 0.1 g Arsenige Säure, 4 g Hefeextrakt, 3 g Schwarzen Pfeffer, 3 g Glycerol u. 1 g Wasser. Geh.: 1 mg Arsenige Säure pro Pille. **Anw.:** s. Solutio Kalii arsenicosi; **Dos.:** MED 5 Pillen; MTD 15 Pillen.

Pilulae Ferri carbonici Blaudii: Blaud-Pillen; Zstzg.: DAB6, 100 Pillen enthalten 9 g getrocknetes Eisen(II)-sulfat, 7 g Kaliumcarbonat, 3 g Zucker, 0.7 g gebrannte Magnesia, 1.3 g Hefeextrakt, 4 g Glycerol; Geh.: ca. 28 mg Eisen pro Pille.

Pilulae Jalapae: Jalapenpillen; Zstzg.: DAB6, 100 Pillen enthalten 7.5 g Jalapenseife u. 2.5 g Jalapenwurzel, vgl. Ipomoea purga.

Pilulae Kreosoti: Kreosotpillen; Zstzg.: DAB6, 100 Pillen bestehen aus 5 g Kreosot, 9 g Süßholz u. 1 g Glycerolsalbe; Geh.: 50 mg Kreosot pro Pille, vgl. Kreosot.

Pilus (lat.): Haar. pilaris: zu den Haaren gehörend, die Haare betreffend.

Pilzdiastase: in gewissen Schimmelpilzen wie Aspergillus oryzae od. A. niger vorkommende Diastase*, die an Stelle von Malzdiastase verwendet werden kann.

Pilze: (lat.) Fungi, Mycetes, Myzeten; heterotrophe Organismen ohne Chlorophyll u. Plastiden, die saprophytisch (auf Fäulnisstoffen) oder parasitär leben. P. wirken z. B. als Pflanzenschädlinge sowie als Krankheitserreger bei Mensch u. Tier, sind aber auch Nahrungsmittel u. Symbionten (s. Lichenes). Reservestoffe sind z. B. Glykogen, Fett, Mannitol (keine Stärke); Vork. auf dem Land, im Süßwasser, seltener im Meer. **Systematische Gliederung:** Die P. gehören zu den Eukaryota u. waren früher Gegenstand der Botanik, obwohl es sich nicht um Pfl. handelt. Sie werden stammesgeschichtlich heutzutage in die Verwandtschaft bestimmter tier. Gruppen (Porifera u. Cnidaria) gestellt.

I. Mycobionta: Chitinpilze; bei den Pilzen i. e. S. sind die Zellen von einer Zellwand aus Chitin, Glucanen u. a. umgeben. Der Vegetationskörper (Thallus) setzt sich aus Pilzfäden, sog. Hyphen zusammen. Die Gesamtheit der Hyphen außerhalb von Fruchtkörpern bezeichnet man als Mycel; innerhalb von Fruchtkörpern entstehen daraus Flechtthalli. Die ungeschlechtl. Vermehrung erfolgt durch Knospung od. Sprossung bzw. durch Sporen (endogene Entstehung) od. Konidien (exogenen Entstehung). Sporen können auf eine geschlechtl. Fortpflanzung folgend nach der Meiose (sog. Meiosporen) od. nach mitotischen Kernteilungen (sog. Mitosporen) gebildet werden. Bei der geschlechtl. Fortpflanzung vereinigen sich Gameten bzw. Konidien mit Gametangien (Gameto- bzw. Konidio-Gametangiogamie) od. 2, nicht als spezifische Keimzellen differenzierte, Hyphenzellen (Somatogamie). Das Subregnum Mycobionta besteht aus der einzigen Abteilung **Eumycota** (Echte od. Höhere Pilze), die sich in 4 Klassen untergliedert: **1. Chytridiomycetes:** einkernige Zellen od. vielkernige querwandlose Thalli bildend; Gameten u. Zoosporen sind begeißelt; Beispiel: Rhizipodium halophilum; **2. Zygomycetes:** Jochpilze; mit vielkernigen Hyphenmycelien, gewöhnlich unseptiert, sexuelle Fortpflanzung stets ohne Gametenbildung; es kopulieren vielkernige Gametangien miteinander; Beispiel: Mucor mucedo (Köpfchenschimmel); **3. Ascomycetes:** Schlauchpilze; mit reichverzweigtem Mycel aus septierten Hyphen, Fruchtkörper s. Ascokarp; Lebensweise überwiegend terrestrisch, namensgebend ist der Ascus*, eine schlauchförmige Meiosporocyste, die während der sexuellen Fortpflanzung gebildet wird. Der Ascusbildung geht in der Regel ein Paarkernstadium (Dikaryon) voraus; im Ascus vollzieht sich die Verschmelzung der Geschlechtszellen (Ascosporen); Beispiele: Saccharomyces cerevisiae (Hefepilz), Penilcillium glaucum (Pinselschimmel), Claviceps purpurea (Mutterkornpilz); **4. Basidiomycetes:** Ständerpilze; mit reichverzweigtem Mycel aus septierten Hyphen; Lebensweise überwiegend terrestrisch; namensgebend ist die Basidie* (Sporenständer), in der die Karyogamie, Meiose u. die Bildung der Meiosporen bzw. Basidiosporen stattfinden; im typ. Fall gliedert die Basidie 4 getrennt stehende Meiosporen nach außen ab; die sexuelle Fortpflanzung wird durch Somatogamie eingeleitet, bei der haploide Hyphenzellen zu einem Dikaryon fusionieren; Beispiele: Amanita phalloides (Grüner Knollenblätterpilz, giftig), Amanita muscaria (Fliegenpilz, giftig), Botelus edulis (Steinpilz, Speisepilz). **Tox.:** Von ca. 80 bei Genuss nicht unschädl. Arten sind ca. 20 bes. gefährlich, u. a. der Knollenblätterpilz (s. Amanita phalloides), Speiteufel, Satanspilz, Giftreizker, ziegelroter Rißpilz, Pantherpilz, Kartoffelbovist, die Frühlingslorchel od. Morchel (deren Lebergift in heißem Wasser lösl. ist, der Pilz ist daher nach Abbrühen u. Weggießen des Brühwassers genießbar). Im übrigen werden Giftpilze durch Abkochen nicht ungiftig. Man unterscheidet anhand ihrer tox. Wirkung Pilze mit lokaler Reizwirkung, mit neurotroper (z. B. Amanita muscaria, Fliegenpilz) u. mit hepatotroper Wirk. (Amanita phalloides). Die meisten, aber ungefährlicheren Pilzvergiftungen kommen durch Überlastung des Magens, Rohverzehr, Allergie* u. Idiosynkrasie* gegenüber Pilzeiweiß sowie unsachgemäße Zubereitung u. falsche Lagerung, d. h. durch Genuss verdorbener Pilze zustande; vgl. Mykotoxine. Bei Verdacht auf Pilzvergiftung Arzt verständigen!

II. Fungi imperfecti: Deuteromycetes; große Gruppe von P., von denen prakt. nur die asexuelle Vermehrung durch Konidien bekannt ist. Sie sind aufgrund morpholog. Ähnlichkeit in dieser Gruppe zusammengefasst, da die systemat. Einordnung (noch) nicht mögl. ist; dabei bleibt unberücksichtigt, ob man die sexuelle Fortpflanzung (Bildung der Hauptfruchtform) des Pilzes nicht kennt oder ob er die Fähigkeit zur Bildung einer Hauptfruchtform verloren hat; Beispiele: zahlreiche Arten der (den Ascomyceten nahestehenden) Gattungen Aspergillus, Penicillium, Candida.

Pilzerkrankungen: s. Mykosen.

Pilzhaut: s. Mycoderma.

Pilzkunde: s. Mykologie.

Pimaran: tricycl. Diterpengrundgerüst, z. B. von Pimarsäure*; Strukturformel s. Diterpene (Abb.).

Pimaricin: s. Natamycin.

Pimarsäure: eine tricycl. Diterpensäure (Harzsäure); $C_{19}H_{29}-COOH$. Best. von Konifererenharzen; v. a. (anstelle von Abietinsäure*) in franz. Terpentin (s. Terebinthina), ferner in Sandarakharz (s. Tetraclinis articulata); beim Erhitzen von P. bildet sich Abietinsäure.

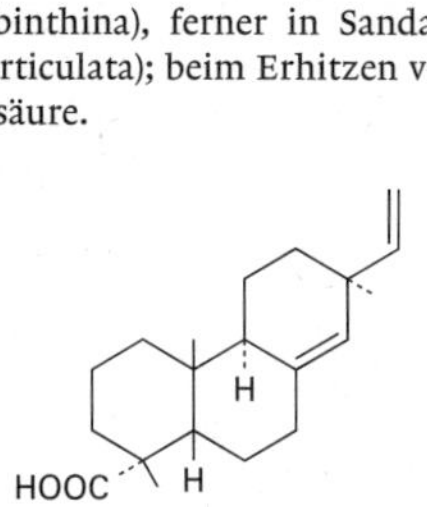

Pimarsäure

Pimecrolimus INN: Pimecrolimusum, SDZ-ASM 981; (3*S*,4*R*,5*S*,8*R*,9*E*,12*S*,14*S*,15*R*,16*S*,18*R*,19*R*,26a*S*)-3-{(*E*)-2-[(1*R*,3*R*,4*S*)-4-Chlor-3-methoxycyclohexyl]-1-methylvinyl}-8-ethyl-5,6,8,11,12,13,14,15,16,17,18,19,24,25,26,26a-hexadecahydro-5,19-dihydroxy-14,16-dimethoxy-4,10,12,18-tetramethyl-15,19-epoxy-3*H*-pyrido[2,1-*c*][1,4]-oxaazacyclotricosin-1,7,20,21(4*H*,23*H*)-tetron, CAS-Nr. 137071-32-0, $C_{43}H_{68}ClNO_{11}$, M_r 810.47; logP 5.2; pK_S 10.0 (ber.); weißes krist. Pulver, lösl. in Methanol, Ethanol, schwer lösl. in Wasser; Immunsuppressivum*. **Wirk.:** Bindung mit hoher Affinität an Makrophilin-12 (FK-bindendes Protein-12), Hemmung der Ca^{2+}-abhängigen Phosphatase Calcineurin mit der Folge einer Hemmung der T-Zell-Aktivität. In sehr geringen Konz. wird auch die IL-2-, IFN-γ (T_H1-Typ)-, IL-4- und IL-10 (T_H2-Typ)-Synthese der humanen T-Zellen gehemmt. P. hemmt zusätzl. die Degranulation von Mastzellen; **Anw.:** atop. Ekzem, Dermatitis* bzw. Neurodermitis; **UAW:** Superinfektion u. Brennen an der Applikationsstelle; vorübergehendes Wärmegefühl, Hautirritationen, im Gegensatz zu topischen Glucocorticoiden keine Hautatrophie; **Dos.:** 10 mg/g Creme (topische Anw.), 2-mal tägl. in dünner Schicht auftragen.

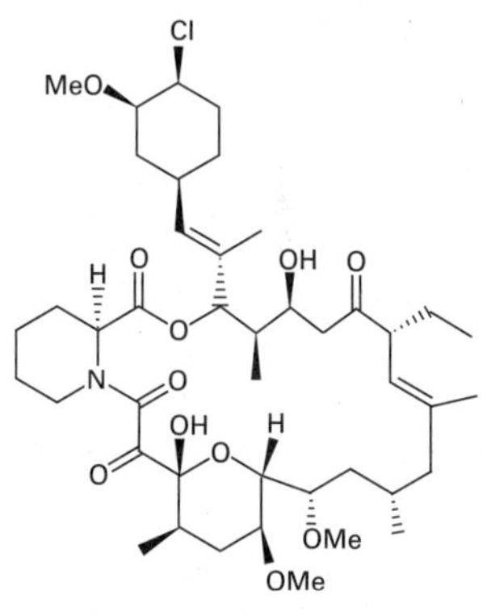

Pimecrolimus

Pimelinsäure: s. Heptandisäure.

Piment: s. Pimenta dioica (Fructus Pimentae).

Pimenta acris: s. Pimenta racemosa.

Pimenta dioica (L.) Merr.: Pimenta officinalis Lindl., Myrtus pimenta; Fam. Myrtaceae (in Zentralamerika heim. Bäume, kult. auf Jamaika u. Reunion). Stpfl. von **Fructus Pimentae:** Pimentae fructus, Fructus Amomi, Semen Amomi, Piment, Gewürzkörner, Nelkenpfeffer, Englisches Gewürz, Neugewürz, Jamaica-Pfeffer. **Off.:** EB6; **Inhaltsst.:** 3-5 % äther. Öl (mit ca. 35 % Eugenol u. 40-50 % Eugenolmethylether), Gerbstoff, Harz, Zucker, Stärke, fettes Öl; **Anw.:** als Gewürz, selten als Stomachikum. **Oleum Pimentae:** Oleum Amomi, Pimentöl, Nelkenpfefferöl; das durch Dest. aus den unreifen getrockneten Beeren gewonnene äther. Öl, bräunl., von nelkenartigem Geruch, lösl. in Ethanol, D. 1.055-1.204. **Best.:** 50-60 % Eugenol, Cineol, Eugenolmethylether, Phellandren u. a.; **Anw.:** in der Parfümerie u. Likörindustrie.

Pimenta officinalis: s. Pimenta dioica.

Pimenta racemosa (Mill.) J.W. Moore: Pimenta acris, Bayrumbaum; Fam. Myrtaceae (heim. Westindien, kult. bes. auf Jamaika, Dominikan. Republik, Puerto Rico, Bermuda-Inseln). Stpfl. von **Oleum Pimentae acris:** Oleum Bay, Oleum Myrciae, Bayöl; das äther. Öl der Blätter (**Folia Pimentae**, Pimentblätter) u. jungen Zweigspitzen. Gelbe, an der Luft sich bräunende Flüss. von nelkenähnl. Geruch. D. 0.955-0.980; $\alpha_D^{20\,°C}$ bis −3°. **Best.:** Eugenol, Chavicol (Geh. 50-70 % Gesamt-Eugenol u. Chavicol), ferner u. a. Methyleugenol, Methylchavicol, Myrcen, Phellandren; **Anw.** volkstüml.: für Einreibemittel bei Erkrankungen des Respirationstraktes, in der Kosmetik, zur Herst. von Bayrum (s. Spiritus Myrciae).

Pimentöl: s. Pimenta dioica (Oleum Pimentae).

Pimozid INN: Pimozidum Ph.Eur.4; 1-{1-[4,4-Bis(4-fluorphenyl)butyl]-4-piperidyl}-2,3-dihydro-2-benzimidazolon; CAS-Nr. 2062-78-4; $C_{28}H_{29}F_2N_3O$, M_r 461.56. Schmp. 214-218 °C (polymorph). Fast unlösl. in Wasser; lösl. in Ethanol 1:140, in Chloroform 1:5, in Ether 1:500; schwer lösl. in Mineral- u. org. Säuren; pK_S der konjugierten Säure 7.32. **Anw.:** Neuroleptikum (s. Psychopharmaka); **Dos.:** ambulant 1×1 mg/d p. o., u. U. zu Beginn 2 mg; klin. Initialdos. 1×2 mg/d, n. B. steigern auf 1×10 mg/d, Erhaltungsdos. 1×2-6 mg/d; HWZ 24-48 h bzw. 12-96 h (Metaboliten).

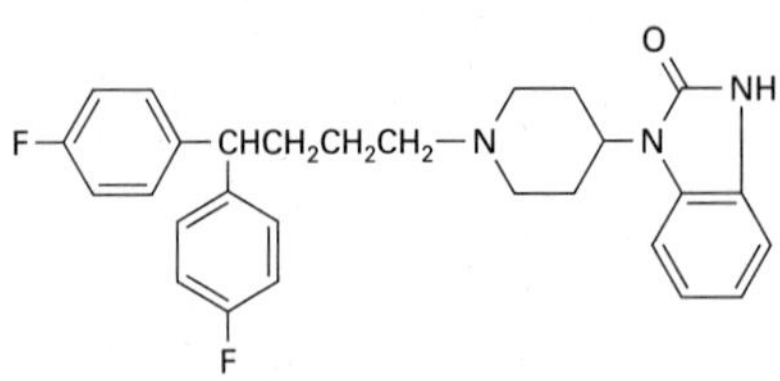

Pimozid

Pimpinella anisum L.: Anis; Fam. Apiaceae (Umbelliferae) (heim. im östl. Mittelmeergebiet, kult. in Deutschland, Russland, Holland, Polen, Spanien, Griechenland, Türkei, Ostindien, Afrika, Amerika). Stpfl. von **Anisi fructus:** Fructus Anisi (vulgaris), Anis. **Off.:** Ph.Eur.4; **Inhaltsst.:** 2-6 % äther. Öl (mind. 2.0 %), ca. 10-30 % fettes Öl, Flavonoide, Cumarine, Zucker, Eiweiß; **Anw.:** bei dyspeptischen Beschwerden; innerl. u. äußerl. bei Katarrhen der Atemwege, ferner als Geschmackskorrigens u. Gewürz; **Anisi aetheroleum:** Oleum Anisi, Anisöl; das durch Wasserdampfdest. gewonnene äther. Öl der reifen Früchte von Pimpinella anisum u. Illicium* verum (Sternanis). D. 0.978-0.994; Ep. +15 bis +19 °C; $n_D^{20\,°C}$; 1.552-1.561; SZ max. 1.0. $\alpha_D^{20\,°C}$ +0.6° bis −2.0°. IZ 170-185. 1 g Öl entspricht ca. 41 Tr.; farblose bis blassgelbe Flüss. von würzigem Geruch u. aromat.-süßl. Geschmack, die bei Kälte zu einer weißen Kristallmasse erstarrt. Lösl. in 90 %igem Ethanol, Ether, Chloroform, Benzol, mit Petrolether, flüssigen Paraffinen u. fetten Ölen mischbar. Feste Anteile sind vor Abgabe u. Gebrauch durch schwaches Erwärmen in Lsg. zu bringen. **Off.:** Ph.Eur.4; **Inhaltsst.:** (nach Ph.Eur.4 gaschromatograph. bestimmt) 84-93 % *trans*-Anethol, max. 0.5 % *cis*-Anethol, 0.5-6 % Methylchavicol (Estragol, Isoanethol), 0.1-1.5 % α-Terpineol, 0.1-3.5 % Anisaldehyd; bis zu 5 % Pseudoisoeugenyl-2-methylbutyrat u. Epoxypseudoisoeugenyl-2-methylbutyrat (kommt im Sternanisöl nicht vor); **Wirk.:** antimikrobiell, expektorierend, spasmolytisch; **Anw.:** wie Anisi fructus; **Zuber.:** anisölhaltige Ammoniaklösung*, Tct. Opii benzoica, Elixir e succo Liquiritae; ferner zur Herst. von Anisschnäpsen, in fettem Öl gelöst als Ungeziefermittel (Läuse), als Taubenwitterung.
Hom: *Pimpinella anisum (HAB2000):* ethanol. Decoct der getrockneten, reifen Früchte.

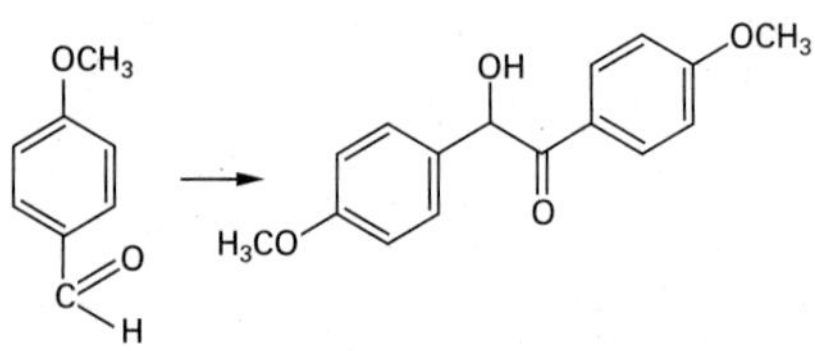

Anisaldehyd Dianisoin

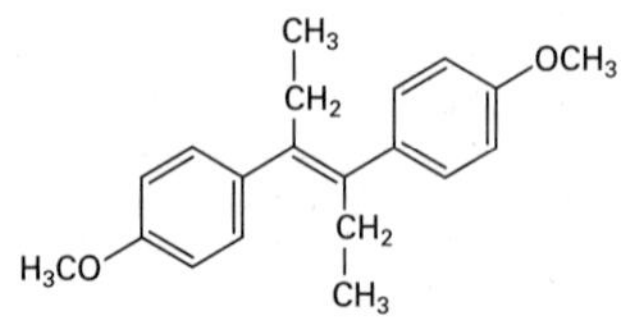

Dianethol

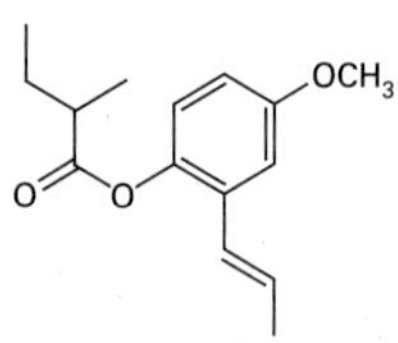

Pseudoisoeugenyl-2-methylbutyrat

Pimpinella anisum

Pimpinella major (L.) Huds.: Große Bibernelle; Fam. Apiaceae (Umbelliferae) (Europa, westl. Asien). Zus. mit **Pimpinella saxifraga** L., Kleine Bibernelle, Pimpinell; Stpfl. von **Radix Pimpinellae:** Pimpinellae radix, Bibernellwurzel, Pimpinellwurzel. **Off.:** DAB6; **Inhaltsst.:** Furanocumarine* wie Pimpinellin, Sphondin u. Isobergapten (angulare Furanocumarine, 7,8-Furanocumarine) sowie Isopimpinellin (lineare Furanocumarine, 7,6-Furanocumarine); daneben auch einfache Cumarine (Umbelliferon, Scopoletin); ca. 0.5 % (Ph.Helv.6: mind. 0.2 %) äther. Öl mit Pseudoisoeugenol-Derivaten (z. B. Epoxypseudoisoeugenolester von C_5-Säuren wie Tiglinsäure), Geijeren, Pregeijeren, β-Bisabolen; **Anw.:** bei Katarrhen der oberen Luftwege, volkstüml. z. B. bei Erkrankungen der Harnorgane, Nieren- u. Blasensteinen; **Zuber.:** als Tct. Pimpinellae; Verfälschung u. a. mit Rad. Pastinacae (s. Pastinaca sativa), Rad. Heraclei (s. Heracleum sphondylium).
Hom: *Pimpinella alba,* P. saxifraga: frische Wurzel.

Pimpinella saxifraga L.: s. Pimpinella major.

Pimpinellin: ein angulares Furanocumarin; Strukturformel s. Furanocumarine (Abb.). **Vork.:** z. B. im Bibernell (s. Pimpinella major).

Pimpinellwurzel: s. Pimpinella major (Radix Pimpinellae).

Pinaceae: Kieferngewächse; Fam. der Od. Pinales; ca. 200 Arten. Meist immergrüne Bäume mit nadelförmigen Blättern. Die Blüten sind eingeschlechtl., stark reduziert; weibl. Blüten bestehen aus einer Samenschuppe mit 2 nackten Samenanlagen, die mit einem Tragblatt verwachsen ist. Sie sind schraubig angeordnet (Zapfen), die Samenschuppen wachsen zu festen Zapfenschuppen heran; männl. Blüten sind kätzchenartig, tragen an einer Achse zahlreiche, spiralig angeordnete, Staubblätter mit je 2 Pollensäcken. Die Samen sind nussartig, geflügelt. **Chem. Merkmale:** äther. Öl (vorwiegend Monoterpene) in schizogenen Ölgängen, Balsame, Gerbstoffe. **Wichtige Gattungen:** z. B. Abies, Larix, Picea, Pinus, Tsuga.

Pinakol-Umlagerung: Umlagerung von 1,2-Glykolen (Pinakole) zu Aldehyden u. Ketonen in Gegenwart einer Mineralsäure. Beispiel: aus 2,3-Dimethyl-2,3-butandiol (Pinakol) entsteht 3,3-Dimethyl-2-butanon (Pinakolon, früher Pinakolin, s. Abb.).

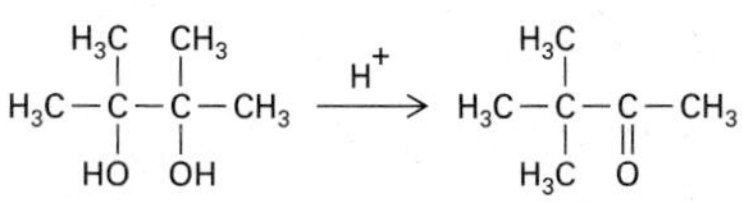

2,3-Dimethyl-2,3-butandiol (Pinakol) — 3,3-Dimethyl-2-butanon (Pinakolon)

Pinakol-Umlagerung: Bildung von 3,3-Dimethyl-2-butanon

Pinan: Grundgerüst bicycl. Monoterpene*.

Pinaveriumbromid INN: CAS-Nr. 53251-94-8; $C_{26}H_{41}Br_2NO_4$, M_r 591.5. Schmp. 181 °C. Leicht lösl. in Wasser. **Anw.:** muskulotropes Spasmolytikum, v. a. bei Ulcus ventriculi u. Ulcus duodeni; **UAW:** Mundtrockenheit, Verdauungsbeschwerden; **Dos.:** 150 mg/d.

Pindolol INN: Pindololum Ph.Eur.4; 1-(4-Indolyloxy)-3-isopropylamino-2-propanol; CAS-Nr. 13523-86-9; $C_{14}H_{20}N_2O_2$, M_r 248.32. Strukturformel s. Sympatholytika (Abb. 2). Schmp. 168-170 °C (kristallisiert aus Ethanol; polymorph). pK_S der konjugierten Säure 9.7 (24 °C). **Anw.:** Betarezeptorenblocker; stärkstes Betasympatholytikum (s. Sympatholytika), mit starker intrinsischer sympathomimet. Aktivität; viel verwendet in der antihypertensiven Ther.; **UAW:** s. Sympatholytika; **Dos.:** p. o. 2-3 × 5 mg/d; parenteral bei Notfällen 0.4 mg; HWZ 3-4 h.

Pinea (lat. Tannenzapfen): Zirbeldrüse, Glandula pinealis, s. Epiphyse.

Pinellia ternata (Thunb.) Breit.: (chin.) Ban xia; Fam. Araceae; eine 15-30 cm hohe Staude. Stpfl. von **Pinelliae rhizoma:** Wurzelstockdroge der TCM. **Inhaltsst.:** Lignane (z. B. Lariciresinol, Pinoresinol), Lektine (z. B. Pinellin), Adenosin, Coniferylalkohol, Dehydroconiferylalkohol, Flavon-C-glykosid (u. a. Vicenin-1, Corymbosid), Pflanzensäuren (z. B. Protocatechusäure) u. ein brennend schmeckendes 3,4-Dihydroxybenzaldehydglucosid; **Wirk.:** Ein Dekokt aus der Pinellia-Knolle wirkt antiemet. u. spasmolytisch. Pinellin wirkt bei Lymphozyten von Kaninchen und Mäusen mitogen, nicht aber bei menschl. Lymphozyten; **Anw.:** in der TCM bei Brechreiz, Völlegefühl, Halsentzündungen, Furunkel, Asthma.

Pinen: ***α*-Pinen:** 2,6,6-Trimethylbicyclo[3.1.1]hept-2-en; $C_{10}H_{16}$. D. 0.86. Schmp. −55 °C. Sdp. 155-156 °C. $[\alpha]_D^{20\,°C}$ +51° bzw. −51°. Hauptbest. des Terpentinöls (s. Terebinthina) sowie in vielen anderen äther. Ölen. Lösl. in Ethanol, unlösl. in Wasser. *α*-P. kommt (wie *β*-P.) in rechtsdrehender, linksdrehender u. (inaktiver) DL-Form vor; es oxidiert von selbst an der Luft (autoxidabel) u. bildet primär Peroxide, die dann unter Abgabe von Sauerstoff in einfachere Oxide zerfallen. Bei Gegenwart von Feuchtigkeit entsteht Pinolhydrat, das sich im Terpentinöl kristallin abscheidet u. beim Kochen mit Säuren in Pinol übergeht. *α*-P. ist Ausgangsstoff für die Synthese von Campher. ***β*-Pinen:** 6,6-Dimethyl-2-methylenbicyclo[3.1.1]-heptan, Nopinen. $[\alpha]_D^{20\,°C}$ +22° bzw. −22°. Kommt neben *α*-P. im Terpentinöl u. in anderen äther. Ölen vor, die *α*-P. enthalten, allerdings in deutl. geringeren Mengen.

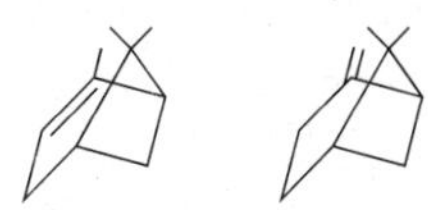

α-Pinen β-Pinen

Pinen

Pine Oil: s. Terebinthina.

Pinguicula-Arten: Fettkraut-Arten, s. Carnivoren.

Pini aetheroleum: s. Pinus sylvestris.

Pini pumilionis aetheroleum: s. Pinus mugo.

Pinitol: s. Cyclitole.

Pinksalz: s. Ammoniumhexachlorostannat.

Pinner-Amidinsynthese: Nitrile bilden in wasserfreiem Alkohol mit überschüssigem trockenem Chlorwasserstoff Imidoester-hydrochloride, die mit Ammoniak, primären od. sekundären Aminen die entspr. Hydrochloride der Amidine liefern.

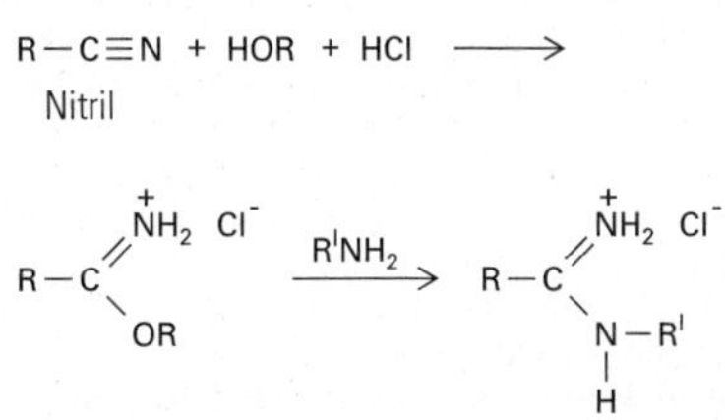

Imidoester-hydrochlorid — Amidin-hydrochlorid

Pinner-Amidinsynthese

Pinner-Orthocarbonsäureestersynthese: durch Umsetzung von Nitrilen mit Alkohol u. Chlorwasserstoff hergestellte Imidoester-hydrochloride

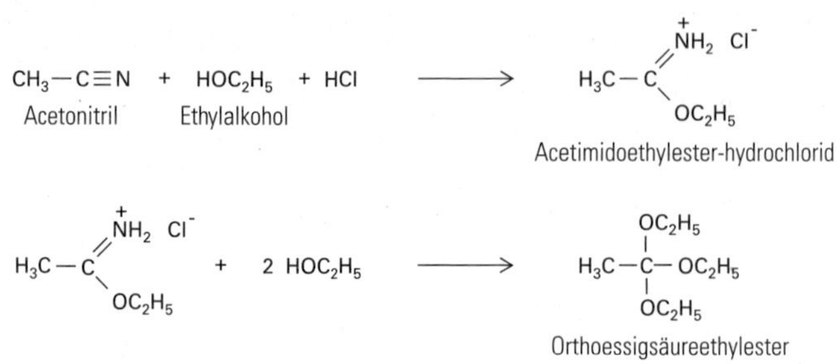

Pinner-Orthocarbonsäureestersynthese: Bildung von Orthoessigsäureethylester

werden mit überschüssigem Alkohol erwärmt und bilden Orthocarbonsäureester. Beispiel: aus Acetonitril u. Ethylalkohol erhält man Orthoessigsäureethylester (s. Abb.).

Pinocembrin: ein Flavanonderivat, z. B. enthalten in Honig (Mel*), Propolis* u. in Pinus-Arten; Strukturformel s. Flavonoide (Tab.).

Pinoresinoldimethylether: s. Eudesmin.

Pinozytose: Aufnahme von gelöstem Material ins Zellinnere durch Abschnürung von Plasmalemmaeinstülpungen, die ihren flüssigen Inhalt ins Zytoplasma abgeben; s. Endozytose. P. gibt es nicht nur bei einzelligen Organismen, sondern auch in vielzelligen Pflanzen u. Tieren.

Pinus abies: s. Picea abies.

Pinus balsamea: s. Balsamum canadense.

Pinus caribaea: s. Terebinthina.

Pinus maritima: s. Terebinthina (Pinus pinaster Soland.).

Pinus mugo Turra: Latschenkiefer, Krummholzkiefer; Fam. Pinaceae (Alpen), **ssp. mugo** Zenari u. **ssp. pumilio** (Haenke) Franco (Pinus pumilio); die taxonom. Bedeutung der Unterarten ist noch nicht eindeutig geklärt. Stpfl. von **Pini pumilionis aetheroleum:** Oleum Pini pumilionis, Latschenöl, Latschenkiefernöl, Krummholzöl; Gew. durch Dest. der Nadeln u. Zweigspitzen. Farblose bis hellgelbe, angenehm riechende Flüss.; $\alpha_D^{20\,°C}$ −4 bis −16°. D. 0.862-0.877. **Off.:** DAC, ÖAB90, Ph.Helv.8; **Best.:** 10-20% α- u. β-Pinen, nach Ph.Helv.8 4.0-10% Bornylacetat (Duftträger), ca. 60% α- u. β-Phellandren, Cadinen; Gesamtgehalt ca. 70% Terpene, nach Ph.Helv.8 mit einem Antioxidans konserviert (muss auf dem Behältnis angegeben sein); **Anw.** volkstüml.: zu Inhalationen (GED 1-2 g) bei Erkrankungen der Atmungswege; zur Herst. von Tannenduftessenzen, Massageölen, Franzbranntwein.

Pinus nigra Arnold: P. nigricans Host.; s. Terebinthina.

Pinus palustris Mill.: s. Terebinthina.

Pinus picea: s. Abies alba.

Pinus pinaster Soland.: s. Terebinthina.

Pinus pumilio: s. Pinus mugo.

Pinus succinifera: s. Bernstein.

Pinus sylvestris L.: Pinus silvestris, Kiefer, Föhre; Fam. Pinaceae (Europa u. Asien bis östl. Sibirien). Stpfl. von **Terebinthina:** Oleum Terebinthinae, Colophonium, Resina Pini; (s. Terebinthina). **Pix liquida:** s. Pix Pinacearum. **Turiones Pini:** Pini turio, Strobuli Pini, Gemmae Pini, Kiefernsprossen, Föhrensprossen, Fichtensprossen, Tannensprossen.; die 3-5 cm langen, harzreichen Langtriebe. **Off.:** EB6; **Inhaltsst.:** 0.3% äther. Öl (mit L-α-Pinen, Phellandren u. a. Terpenen), Harz, Vit. C, Picein (Glykosid), Pinipikrin (Bitterstoff), Wachs, Gerbstoffe; **Anw.:** innerl. bei Katarrhen der oberen u. unteren Luftwege, zu Inhalationen; äußerl. bei leichten Muskel- u. Nervenschmerzen; **Pini aetheroleum:** Kiefernnadelöl, Oleum Pini silvestris, fälschl. auch (schwed.) Fichtennadelöl; das aus frischen Nadeln, Zweigspitzen od. frischen Ästen von P. sylvestris od. anderen Arten der Gattung Pinus (durch Wasserdampfdest.) gewonnene äther. Öl (aus dem Rückstand wird Extr. Pini gewonnen); dünnes, farbloses bis gelbl. grünes Öl. D. 0.855-0.885. $\alpha_D^{20\,°C}$ −30.0 bis +10.0°. SZ max. 1.0. **Off.:** DAB2003; **Inhaltsst.:** (nach DAB2003 gaschromatograph. bestimmt) 8-45% α-Pinen, 2-25% β-Pinen, 5-40% Car-3-en, max. 12% Limonen, max. 1% p-Cymen, max. 6% Terpinolen, 0.5-8% Bornylacetat u. 1-7% β-Carophyllen; stark von Erntezeitpunkt u. Herkunft abhängige Zusammensetzung; **Anw.:** äußerl. u. innerl. bei Katarrhen der oberen u. unteren Luftwege; äußerl. bei rheumat. u. neuralg. Beschwerden; in med. Bädern; **Extractum Pini:** Fichtennadelextrakt (fälschl. Bez.); braunschwarzer, kräftig nach Harz riechender, schlecht fließbarer Extrakt, in 10 T. Wasser trübe löslich. **Herst.:** aus dem Rückstand der Kiefernnadelöl-Dest. durch Extraktion mit Wasser u. Einengen, meist noch etwas Zugabe von äther. Öl (Fichtennadelöl); **Anw.:** zu kräftigenden Bädern sowie zu Pinselungen z. B. gegen Prurigo, Herpes.

Hom: *Pinus sylvestris (HAB2000):* frische Sprosse.

Pinus taeda: s. Terebinthina.

Pinus wallichiani A.B.Jacks: Pinus excelsa, Tränenkiefer; Fam. Pinaceae (westl. Himalaya bis Afghanistan). Wird wie andere Pinus-Arten (s. Terebinthina) zur Gew. von Terpentinöl u. Colophonium genützt.

Pinzette: kleine rostfreie Zangen mit federnder Verb. versch. Gestaltung. Beispiele: **1.** anatom. P.: innen an den abgerundeten Spitzen quer geriffelt; **2.** chirurg. P.: mit Zähnchen od. Haken; **3.** Splitterp.: mit spitzen Enden; **4.** Einmalpinzette: anatom. geformt u. einzeln steril verpackt.

Pioglitazon INN: (±)-5-[4-[2-(5-Ethyl-2-pyridinyl)-ethoxy]phenyl]methyl-2,4-thiazolidindion; CAS-Nr. 111025-46-8; $C_{16}H_{20}N_2O_3S$, M_r 356.4. Schmp. 183 °C. logP 3.2; pK_S 6.4 (ber.); schwer lösl. in

Wasser. Neue Stoffklasse der Glitazone/Insulinsensitizer; **Wirk.**: Regulation der Mechanismen im Kohlenhydrat- u. Fettstoffwechsel; Insulinsensitizer; **Anw.**: orales Antidiabetikum*, Anw. nur in Kombination mit Metformin*- od. Sulfonylharnstoff-Ther., wenn diese unzureichend ist; **UAW:** Anämie, Gewichtszunahme, Hypoglykämie; **Dos.**: 1×15-30 mg/d.

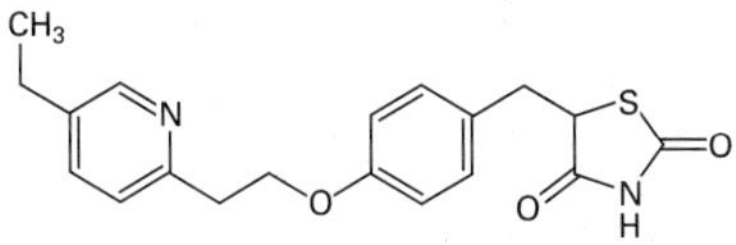

Pioglitazon

PIP₂: Abk. für **P**hosphatidyl**i**nositol-4,5-di**p**hosphat; wichtiges Signaltransduktionsmolekül für zahlreiche Hormone, das durch rezeptorvermittelte Aktivierung der Phospholipase C zu 2 sekundären Botenstoffen, Diacylglycerol (DAG) u. Inositol-1,4,5-triphosphat (IP_3) hydrolysiert wird. IP_3 induziert die Freisetzung von Calciumionen aus dem sarkoplasmat. Retikulum, während DAG die Proteinkinase C aktiviert.

Pipamperon INN: Dipiperon, Floropipamid; 1'-[4-(4-Fluorphenyl)-4-oxobutyl]-1,4'-bipiperidin-4'-carboxamid; CAS-Nr. 1893-33-0; $C_{21}H_{30}FN_3O_2$, M_r 375.49. Schmp. 120 °C (polymorph). **Anw.**: Neuroleptikum (s. Psychopharmaka); Ind.: in der Psychiatrie bei schizophrenen Psychosen, Stimmungslabilität, Affektarmut, zur Förderung der Schlafbereitschaft, in der Kinderheilkunde bei Gehirnschäden, in der Geriatrie bei Verhaltens- u. Schlafstörungen; **UAW:** s. Psychopharmaka; vermindertes Reaktionsvermögen; **Dos.**: p.o. Initialdos. Erwachsene 3×40 mg/d, Kinder: 3×20 mg/d; Erhaltungsdos. Erwachsene bis 3×120 mg/d; HWZ <4 h. Gebräuchl. ist auch Pipamperondihydrochlorid.

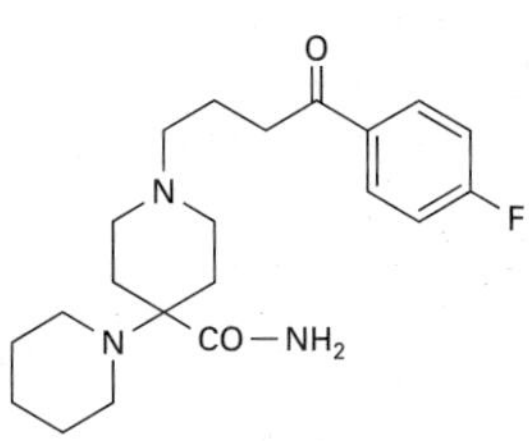

Pipamperon

Pipazetat INN: 2-(2-Piperidinoethoxy)ethyl-10*H*-pyrido[3,2-*b*][1,4]benzothiazin-10-carboxylat; CAS-Nr. 2167-85-3; $C_{21}H_{25}N_3O_3S$, M_r 399.52. **Anw.**: Antitussivum*; **Dos.**: p.o. Erwachsene 2-3×20 mg/d, Kinder 2-3×10 mg/d, Säuglinge u. Kleinkinder bis 3×6 mg/d; rektal bei Klysma Erwachsene 20 mg, Kinder 10 mg, Säuglinge 5 mg; Suppositorien 20 mg.

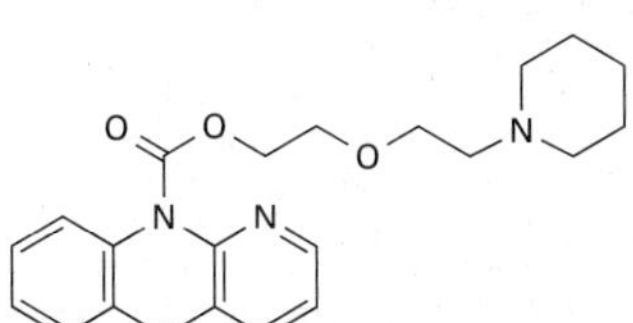

Pipazetat

Pipemidsäure INN: Acidum pipemidicum; 8-Ethyl-5,8-dihydro-5-oxo-2-(1-piperazinyl)pyrido[2,3-*d*]-pyrimidin-6-carbonsäure; ein Piromidsäure*-Derivat; CAS-Nr. 51940-44-4; $C_{14}H_{17}N_5O_3$, M_r 303.33. Schmp. 260 °C. Lösl. in sauren Lsg. u. Alkalien; sehr schwer lösl. in Wasser, Ethanol; schwer lösl. in Chloroform (0.5 %), Methanol (0.4 %), fast unlösl. in Ether, Benzol. **Anw.**: Chemotherapeutikum* der Naladixinsäure-Gruppe; gut wirksam geg. die meisten gramnegativen Keime; Hauptind.: Harnweginfektionen; durch die Einführung neuerer Chinolone weitgehend überholt; **Dos.**: p.o. 2×0.4 g/d; HWZ 3-4 h. Gebräuchl. ist Pipemidsäure-Trihydrat.

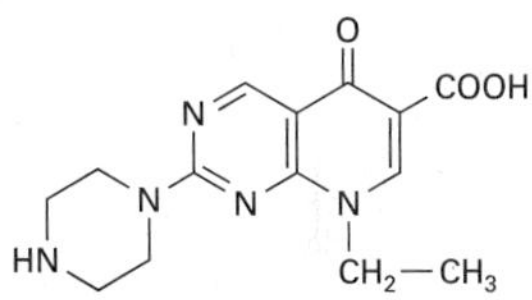

Pipemidsäure

Pipenzolatbromid INN: Pipenzolati bromidum, Pipenzolamethylbromid; 3-Benziloyloxy-1-ethyl-1-methylpiperidinumbromid; CAS-Nr. 125-51-9; $C_{22}H_{28}BrNO_3$, M_r 434.4. Schmp. ca. 180 °C. Leicht lösl. in Wasser. **Anw.**: Parasympatholytikum*; quarternäre Ammoniumverb. mit peripheren Wirk. ähnl. Atropin*; Ind.: Magen-Darm-Ulzera, viszerale Spasmen; **Dos.**: p.o. 3-4×5-10 mg/d. Gebräuchl. ist auch Pipenzolat.

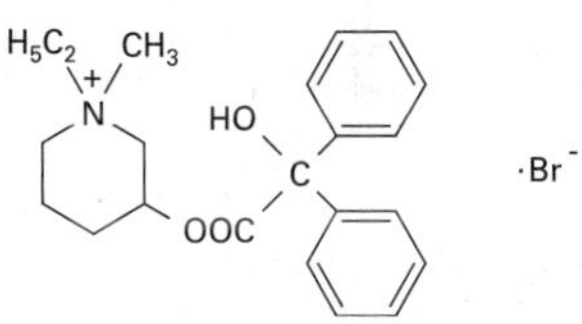

Pipenzolatbromid

Piperacillin INN: (2*R*,5*R*,6*R*)-6-[(2*R*)-2-(4-Ethyl-2,3-dioxopiperazin-1-yl)carbonyl-amino]-2-phenylacetyl-amino-3,3-dimethyl-7-oxo-4-thia-1-azabicyclo[3.2.0]heptan-2-carbonsäure; CAS-Nr. 61477-96-1; $C_{23}H_{27}N_5O_7S$; ein Acylaminopenicillin. **Wirk.** u. **Anw.**: sehr starkes Breitband-Antibiotikum, v.a. gut wirksam geg. gramnegative Keime wie Pseudomonas-, Proteus-, Enterokokken-, Enterobacter-, Klebsiella- u. Salmonellenstämme, Haemophilus influenzae u. Anaerobier wie Bacteroides; Ind.: Infekte des Urogenitaltraktes u. der Gallenwege durch empfindl. gramnegative Keime; Kombination mit Tazobactam* (Betalactamase-Inhibitor), ferner mögl. mit Aminoglykosiden bei getrennter Applikation; **Dos.**: i.v. 3×2 g/d; Kinder 3×30 mg/kg KG/d; vgl. Antibiotika (Tab.); HWZ 0.8 h. **Piperacillin-Natrium**: Piperacillinum natricum Ph.Eur.; CAS-Nr. 59703-84-3; $C_{23}H_{26}N_5NaO_7S$, M_r 539.5. Weißes, hygroskop. Pulver, leicht lösl. in Wasser u. Methanol. **Piperacillin-Monohydrat:** Piperacillinum Ph.Eur.4; CAS-Nr. 66258-76-2; $C_{23}H_{27}N_5O_7S \cdot H_2O$, M_r 535.6. Weißes Pulver, sehr schwer lösl. in Wasser, leicht lösl. in Methanol.

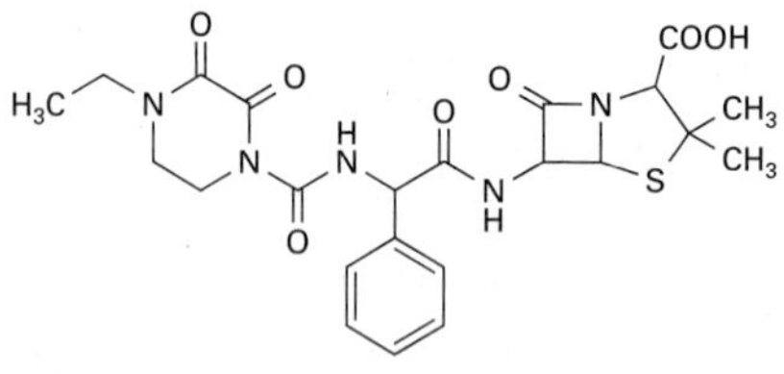

Piperacillin

Piper album: s. Piper nigrum (Fructus Piperis albi).

Piper angustifolium Lam.: Piper elongatum; Fam. Piperaceae (Anden, Peru bis Kolumbien). Stpfl. von **Folia Matico:** Herba Matico, Matikoblätter, Soldatenkraut. **Inhaltsst.**: äther. Öl mit (0.3-6 %) Borneol, Phenolethern, Sesquiterpenalkoholen, Maticin (Bitterstoff), Säuren u. Gerbstoffe; **Anw.** volkstüml.: z. B. als Hämostyptikum bei Lungen- u. Darmblutungen sowie als Adstringens u. bei Blasenkatarrh.
Hom: *Matico:* getrocknete Blätter.

Piperazin: Diethylendiamin; CAS-Nr. 110-85-0; $C_4H_{10}N_2$, M_r 86.14. Schmp. 106 °C (kristallisiert aus Ethanol). Sdp. 146 °C (101.3 kPa). Leicht lösl. in Wasser, Glycerol, Glykol, in Ethanol 95 % 0.5 g/mL; unlösl. in Ether; pH 10.8-11.8 (10 %ige wässrige Lsg.). **Anw.**: Anthelminthikum*, speziell geg. Askariden u. Oxyuren; Lähmung der Würmer u. nachfolgende Ausscheidung; Harnsäurelösungsmittel; zur oralen Anw. nicht geeignet (zu basisch), Verw. als Salze. P. (u. seine Salze) sollte aber wegen seiner Neurotoxizität u. des kanzerogenen Risikos nicht mehr verwendet werden. **Kontraind.**: Epilepsie u. Niereninsuffizienz. Vorsicht bei Kindern, die zu Krämpfen neigen u. bei Patienten mit Leber- u. Nierenerkrankungen; HWZ individuell unterschiedlich. Gebräuchl. sind Piperazinadipat*, Piperazin*-Hexahydrat, Piperazincitrat*, Piperazindihydrochlorid-Monohydrat, Piperazinmonohydrogenphosphat, Piperazin-(*R*,*R*)-tartrat, Piperazinphosphat-Monohydrat. Hingewiesen sei auch auf Piperazindilaurat, Piperazin-(+)-10-camphersulfonat, Piperazinchinat 1:1; vgl. Diethylcarbamazin.

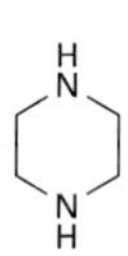

Piperazin

Piperazinadipat: Piperazini adipas Ph.Eur.4, Piperazinum adipinicum, Piperazinum adipicum; CAS-Nr. 142-88-1; $C_{10}H_{20}N_2O_4$, M_r 232.3. Schmp. ca. 250 °C (unter Zers.). Weißes, krist. Pulver; lösl. in Wasser, fast unlösl. in Ethanol. **Anw.**: s. Piperazin.

Piperazincitrat: Piperazini citras Ph.Eur.4, Piperazinum citricum; Piperazin-2-hydroxy-1,2,3-propantricarboxylat; kristallwasserhaltig: CAS-Nr. 41372-10-5; $C_{24}H_{46}N_6O_{14} \cdot x\,H_2O$. Schmp. ca. 190 °C (Substanz bei 100-105 °C getrocknet). Enthält wechselnde Mengen Wasser (wasserfrei: CAS-Nr. 144-29-6; M_r 643.0). Weißes, körniges Pulver; leicht lösl. in Wasser, fast unlösl. in Ethanol u. Ether. **Anw.**: s. Piperazin.

Piperazin-Hexahydrat: Piperazinum hydricum Ph.Eur.4, Piperazini hydras, Piperazinum hydratum; CAS-Nr. 142-63-2; $C_4H_{10}N_2 \cdot 6\,H_2O$, M_r 194.2. Schmp. ca. 43.0 °C. Farblose, zerfließl. Kristalle; leicht lösl. in Wasser u. Ethanol, sehr schwer lösl. in Ether. **Anw.**: s. Piperazin.

Piperazini adipas: s. Piperazinadipat.

Piperazinsirup: s. Sirupus Piperazini.

Piperazinum adipicum: s. Piperazinadipat.

Piperazinum adipinicum: s. Piperazinadipat.

Piperazinum citricum: s. Piperazincitrat.

Piperazinum hydratum: s. Piperazin-Hexahydrat.

Piperazinum hydricum: s. Piperazin-Hexahydrat.

Piper betle L.: Chavica betle, Betelpfeffer; Fam. Piperaceae (Indien, Malayischer Archipel, Madagskar, Bourbon). Stpfl. von **Folia Piperis betle:** Betelblätter; die getrockneten Blätter. **Inhaltsst.**: 0.2-1 % äther. Öl (Oleum Betle), Gerbstoffe.
Oleum Betle: Betelöl; das äther. Öl aus den Blättern. **Best.**: u. a. Cadinen*, α-Chavicol, Chavibetol, Anethol, Cineol, Eugenol, γ-Caryophyllen u. a.; **Anw.** volkstüml.: gegen Halsentzündungen, Husten, Magenleiden. **Frische Betelblätter** dienen zus. mit der Arecanuß (Betelnuß, s. Areca catechu) u. Kalk — auch mit etwas Gambir od. Katechu (Gerbstoffdroge) sowie Gewürzen wie Gewürznelken od. Sandelholz — als Genussmittel (**Betelbissen**). Das Betelkauen ist uralt u. wird von ca. 200 Mio. Menschen ausgeübt, es bewirkt langanhaltenden Speichelfluss, fördert die Verdauung, wirkt euphorisierend bzw. schwach narkot.; Speichel u. Zähne färben sich rot.

Piper caudatum: s. Piper cubeba.

Piper Cayennense: s. Capsicum frutescens.

Piper cubeba L.: Fam. Piperaceae (heim. auf Java, Borneo, Sumatra, kult. in Westafrika, Sierra Leone u. am Kongo); Kletterstrauch. Stpfl. von **Fructus Cubebae:** Piper caudatum, Kubeben, Cubebae, Kubebenpfeffer. **Inhaltsst.**: 2.5 % Cubebin, Tetrahydro-3,4-dipiperonyl-2-furanol, ein Lignan, 7-18 % äther. Öl, 0.4 % Piperin, ca. 0.15 % Piperidin, Harz, fettes Öl; **Anw.** volkstüml.: als Gewürz, früher als Harndesinfiziens; auch gegen Kopfschmerzen, Blähungen, Bronchitis; **Oleum Cubebae:** Kubebenöl; das durch Dest. gewonnene äther. Öl der Kubeben. **Inhaltsst.**: Cineol, Sabinen, Terpineol u. a. Monoterpene, Sesquiterpene; **Anw.**: wie Fruct. Cubebae.
Hom: *Cubeba:* getrocknete, unreife Beeren; verord. z. B. bei Fluor der Frauen, Reizblase.

Piper guineense Schumach. et Thonn.: Fam. Piperaceae (trop. Afrika). Stpfl. von **Aschantipfeffer:** Kongo-Kubeben; die Früchte. **Inhaltsst.**: Pseudocubebin u. Aschantin (Lignane), ca. 10 % äher. Öl mit Phellandren; **Anw.**: als Gewürz.

Piper hispanicum: s. Capsicum annuum (Fruct. Capsici).

Piperidin: Hexahydropyridin, Pentamethylenimin; $C_5H_{11}N$. D. 0.861-0.864. Sdp. 105-107 °C. $n_D^{20\,°C}$ 1.454. Farblose, pfefferartig bzw. ammoniakal. riechende Flüss., lösl. in Wasser, Ethanol, Ether, Chloroform, Benzol. **Vork.:** Stammsubstanz vieler Alkaloide, z. B. Coniin*, Cocain*, Nicotin*. **Anw.:** Reagens zur Identitätsprüfung von Ethanol, in 10 %iger Lsg. zur Identitätsprüfung von Barbituraten* u. Phenytoin*; techn.: zur org. Synthese.

Piperidinalkaloide: meist einfach gebaute Alkaloide mit Piperidin* im Grundgerüst; die Biogenese erfolgt auf unterschiedl. Wegen, z. B. wie (wahrscheinl.) Coniin über Acetat od. wie Anabasin aus Lysin über Cadaverin*. Weitere Vertreter dieser Alkaloidgruppe sind z. B. Pelletierin, Lobelin, Arecolin, Piperin.

Piperidolat INN: 1-Ethyl-3-piperidyldiphenylacetat; CAS-Nr. 82-98-4; $C_{21}H_{25}NO_2$, M_r 323.44. Sdp. 191-192 °C (24 Pa). **Anw.:** Spasmolytikum*; Parasympatholytikum* mit Wirk. ähnl. Atropin*. **Dos.:** p. o. 4×50 mg/d vor den Mahlzeiten; **Hinweis:** nicht mehr im Handel.

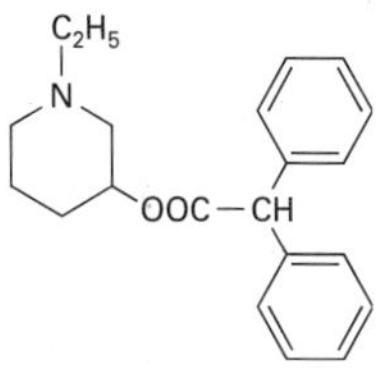

Piperidolat

Piperin: Piperinum; *trans*-Piperin, Piperidid der Piperinsäure; $C_{17}H_{19}NO_3$, M_r 285.33. D. 1.193. Schmp. 129 °C. Alkaloid aus den Früchten von Piper nigrum, Piper longum u. a.; gelbl. Kristalle, lösl. in Ethanol, Ether, Chloroform. **Wirk.** u. **Anw.:** Scharfstoff; P. erregt die wärmeempfindl. Nervenendigungen (antagonist. zu Menthol*) u. ist in der Folge hyperämisierend. Es ist daher als Stomachikum wirksam, fördert deutl. die Schleim- u. Magensaftsekretion; ferner ist es taenizid u. insektizid; angewandt z. B. gegen Hautparasiten. Darüber hinaus wird P. in Spirituosen wegen des scharfen Geschmacks eingesetzt. Von **Piperinsäure** gibt es 4 stereoisomere Formen. Der Pentadiensäurerest liegt entweder, wie bei *trans*-Piperin (s. Abb.), in *trans-trans-* (*E,E*-Form), od. in *cis-trans-*, *trans-cis-* bzw. *cis-cis*-Konfiguration (Z,Z-Form) vor. Die (Z,Z)-Form wird als **Chavicinsäure**, deren Piperidid als **Chavicin** bezeichnet.

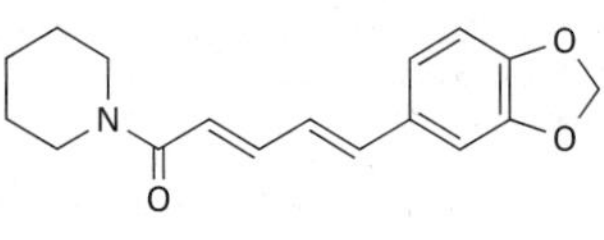

Piperin

Piperitenon: 3-Methyl-6-(1-methylethyliden)-2-cyclohexen-1-on; $C_{10}H_{14}O$, M_r 150.2. Best. des äther. Öls von Cymbopogon-, Mentha- u. Eucalyptus-Arten.

Piperiton: 3-Methyl-6-(1-methylethyl)-2-cyclohexen-1-on, *p*-Menth-1-en-3-on; $C_{10}H_{16}O$, M_r 152.23. Die D-Form ist Best. des äther. Öls von Cymbopogon- u. Mentha-Arten, L- u. DL-Form in Eucalyptus-Arten; zur Herst. von Thymol.

Piper longum L.: Chavica roxburghii; Fam. Piperaceae (heim. Bengalen, kult. auf Sri Lanka, Sumatra, Java, an der Malabarküste, auf den Philippinen). Stpfl. von **Fructus Piperis longi:** Langer Pfeffer, Macropiper, Fliegenpfeffer. **Inhaltsst.:** bis 6 % Piperin, Piperidin, äther. Öl, Stärke, Harz; **Anw.** volkstüml.: bei Verdauungsstörungen; in der ind. Volksmedizin bei zahlreichen Krankheiten u. als Gewürz; äußerl. bei Befall mit Krätze.

Piper methysticum G. Forst.: Rauschpfeffer, Kawapfeffer; Fam. Piperaceae (heim. u. kult. auf den Südseeinseln, von Neu-Guinea bis zu den Sandwichinseln); eine strauchartige, in dichten Gebüschen wachsende Pflanze. Stpfl. von **Piperis methystici rhizoma:** Rhizoma Piperis methystici, Rhizoma Kava-Kava, Radix Kava-Kava, Kava-Kava-Wurzelstock, Kava-Kava. **Inhaltsst.:** 5-12 % 6-substituierte 4-Methoxy-α-pyrone (β-Methoxy-δ-lactone), die sog. Kavapyrone (Kavalactone); der Substituent ist entweder ein C_6-C_2-Körper (Kavaine), ein 4-Methoxy-C_6-C_2-Körper (Yangonine) od. ein 3,4-Methylendioxo-C_6-C_2-Körper (Methysticine). Diese kommen jeweils als Enolide (mit einer Doppelbindung im Lactonring) od. als Dienolide (mit 2 Doppelbindungen im Lactonring) vor. An Enoliden finden sich ca. 2 % Kavain*, 0.5-1 % Dihydrokavain, 1-2 % Methysticin, 0.5-1 % Dihydromethysticin, an Dienoliden u. a. Dehydrokavain, Dehydromethysticin, 1-2 % Yangonin. Geh. mind. 3.5 % Kavalactone, ber. als Kavain. Die Biogenese dieser Stoffe erfolgt wahrscheinl. durch Verknüpfung eines Cinnamoylrestes mit Malonyl-CoA; **Wirk.:** u. a. sedierend, muskelrelaxierend, antikonvulsiv, analgetisch, spasmolytisch; **Anw.:** früher in Form von Fertigarzneimitteln bei nervösen Angst-, Spannungs- u. Unruhezuständen; volkstüml.: bei den Polynesiern dient Kava-Kava zur Bereitung eines Getränkes (Mazerat), das in mäßigen Dosen eine entspannende u. leicht euphorisierende Wirk. hat; anschließend folgt tiefer Schlaf; **UAW:** Missbrauch kann zu schuppiger Haut führen. Bei Einnahme von Kava-Extrakthaltigen Fertigarzneimitteln sind wiederholt Leberschäden aufgetreten. Daher wurden die ent-

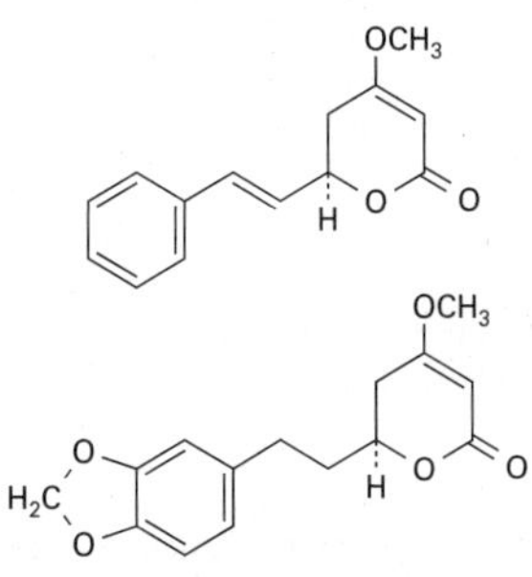

Piper methysticum: Strukturformeln von Kavain (oben) u. Dihydromethysticin (unten)

sprechenden Fertigarzneimittel in einem Stufenplan vom Markt genommen.
Hom: *Piper methysticum:* frischer Wurzelstock mit anhängenden Wurzeln; verord. z. B. bei geistiger u. körperl. Erschöpfung, Cerebralsklerose.

Piper nigrum L.: Pfeffer; Fam. Piperaceae (heim. Südostasien, Hauptkulturen auf Sumatra, Malakka, Borneo, Philippinen u. a. trop. Gebieten wie Brasilien, Indien angebaut); Kletterpflanze, die ähnl. dem Hopfen, an Stangen gezogen wird. Stpfl. von **Fructus Piperis nigri:** Piperis nigri fructus, Piper nigrum, Schwarzer Pfeffer; die unreifen, noch grünen, ungeschälten, in der Sonne, am Feuer od. auf geheizten Darren getrockneten, beerenartigen, etwa erbsengroßen Steinfrüchte; durch Phlobaphenbildung schwarze Farbe. **Off.:** DAB6; **Inhaltsst.:** 2-9 % *trans*-Piperin (ungiftiges Alkaloid), das den scharfen Geschmack bedingt, u. Chavicin (scharf u. bitter schmeckend), ein Stereoisomer von Piperin*; ferner eine Reihe dem Piperin ähnl., nicht so scharf schmeckende Verb. (z. B. Piperettin, Piperanin, Piperylin); diese haben entweder anstelle des Piperidinringes einen Pyrrolidinring od. unterscheiden sich in der die beiden Ringsysteme verbindenden Kette hinsichtl. deren Länge u./od. der Anzahl der Doppelbindungen. Darüber hinaus sind 1-3.5 % äther. Öl enthalten, das den Geruch bedingt u. zu ca. 90 % aus Monoterpenen, z. B. Phellandren, Limonen, Linalool, Pulegol besteht u. auch Sesquiterpene enthält. Fettes Öl u. Stärke (bis 35 %) sind ebenfalls enthalten; **Anw.** volkstüml.: z. B als verdauungsförderndes Mittel, hauptsächl. als Gewürz; früher auch als Fiebermittel; äußerl. evtl. als Hautreizmittel u. Insektizid; **Fructus Piperis albi:** Piperis fructus albus, Piper album, Weißer Pfeffer, Leucopiper; die reifen, getrockneten u. von den äußeren Schichten der Fruchtwand befreiten Früchte; die reifen roten Früchte werden zunächst in aufgeschichteten Haufen einer Fermentation überlassen, dann in Wasser getaucht u. an der Sonne getrocknet; die rote Schale wird abgerieben. Weißer Pfeffer ist von milderem Geschmack u. Geruch als schwarzer Pfeffer. **Inhaltsst.:** wie bei Fruct. Piperis nigri. Gehalt an Scharfstoffen u. äther. Öl jedoch geringer; **Grüner Pfeffer:** unreife, frische od. auf geeignete Weise konservierte Früchte (um Phlobaphenbildung zu verhindern). **Verfälschungen:** z. T. werden z. B. billige Qualitäten (v. a. pulverisiert) mit künstl. Scharfstoffen versetzt. Es werden versch. Qualitäten (Merkmale sind Konsistenz u. Gewicht) u. Handelssorten unterschieden; geschätzte Sorten sind z. B. Malabar-Pfeffer (bes. scharf), Aleppi- u. Goa-Pfeffer, Tellichery-Pfeffer, Singapur-Pfeffer.
Hom: *Piper nigrum:* unreife, getrocknete Früchte.

Piperonal: s. Heliotropin.

Piperonylbutoxid: 5-{2-(2-Butoxyethoxy)ethoxy}-methyl-6-propyl-1,3-benzodioxol; CAS-Nr. 51-03-6; $C_{19}H_{30}O_5$, M_r 338.43. Sdp. 180 °C. D. 1.04-1.07. $n_D^{20\,°C}$ 1.50. Fast farblose, ölige, stabile Flüss., mischbar mit Methanol, Ethanol, Ölen. **Anw.:** Insektizid-Synergist; wegen synergist. Effekte auf lichtempfindl. Insektizide wie Pyrethrine u. Rotenon in insektiziden Öllsg., Aerosolen, Stäuben u. a. enthalten; selbst nicht insektizid; geringe Toxizität für Menschen; Aufnahme von großen Dosen führen zu Erbrechen u. Diarrhö; s. Schädlingsbekämpfungsmittel (Tab.).

Pipette: s. Messpipette.

Pipetteanalyse: s. Sedimentationsanalyse.

Pipette nach Donnan: s. Grenzflächenspannung.

Pipoxolan INN: 5,5-Diphenyl-2-(2-piperidinoethyl)-1,3-dioxolan-4-on; CAS-Nr. 23744-24-3; $C_{22}H_{25}NO_3$, M_r 351.43. **Anw.:** Parasympatholytikum*, Spasmolytikum*; Ind.: Spasmen u. Koliken des Magen-Darm-Traktes, im Gallenblasen- u. Urogenitalbereich, bei Bronchialspasmen; **UAW:** s. Atropin (Tox.); **Dos.:** p. o. 2-3 × 10 mg/d; rektal 10 mg. Gebräuchl. ist auch Pipoxolanhydrochlorid.

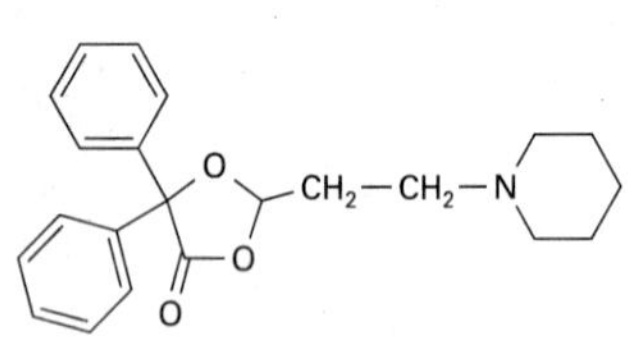

Pipoxolan

Pipradrol INN: α-(2-Piperidyl)benzhydrylalkohol; CAS-Nr. 467-60-7; $C_{18}H_{21}NO$, M_r 267.36. **Anw.:** Stimulans (Weckamin*); stark zentral stimulierend, Kreislaufwirk. gering, früher als Psychostimulans bei milden Depressionen. Gebräuchl. war auch Pipradrolhydrochlorid.

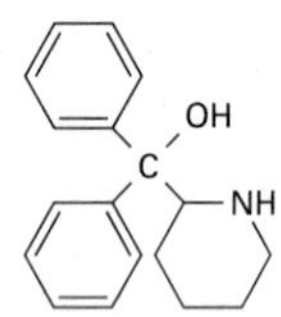

Pipradrol

Piprinhydrinat INN: 4-(Benzhydryloxy)-1-methylpiperidin-8-chlortheophyllinat; CAS-Nr. 606-90-6; $C_{26}H_{30}ClN_5O_3$, $C_{19}H_{23}NO \cdot C_7H_7ClN_4O_2$, M_r 496.39. Schmp. 178-182 °C (polymorph). Molekülverb. aus Diphenylpyralin* u. 8-Chlortheophyllin*; wenig lösl. in Wasser; leicht lösl. in Ethanol. **Anw.:** Antihistaminikum*; **UAW:** Sedierung, Beeinflussung der Reaktionsfähigkeit; **WW:** Alkohol, Psychopharmaka; **Dos.:** p. o. 2-3 × 3 mg/d, Kinder ab 6 Jahre 2-3 × 1.5 mg/d.

Piprozolin INN: Ethyl-3-ethyl-4-oxo-5-piperidino-2-thiazolidinylidenacetat; CAS-Nr. 17243-64-0; $C_{14}H_{22}N_2O_3S$, M_r 298.40. **Anw.:** obsolet; Choleretikum*, Hepatikum*; **UAW:** Magenunverträglichkeiten; **Kontraind.:** schwere Gallen- u. Lebererkrankungen.

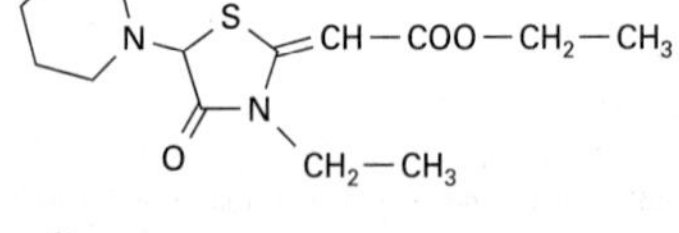

Piprozolin

Piptadenia peregrina (L.) Benth.: Anadenanthera peregrina; Fam. Fabaceae (Bäume in Brasilien, bes. Orinocogebiet; Trinitad). Zus. mit anderen Piptadenia-Arten (Anadenanthera-Arten), z. B. P. colubrina Benth., P. macrocarpa Stpfl. von **Yopo:** Cohoba(-Snuff); die pulverisierten Samen u. Blätter (von P. colubrina auch die Rinde). **Inhaltsst.:** *N*,*N*-Dimethyltryptamin (DMT), Bufotenin (Strukturformel s. Bufo bufo, Abb.), 5-Methoxy-*N*-methyltryptamin u. a. Tryptamin-Verbindungen; **Wirk.** u. **Anw.** volkstüml.: halluzinogen wirkendes Schnupfpulver; p. o. unwirksam.

Piracetam INN: Piracetamum Ph.Eur.4; 2-(2-Oxo-1-pyrrolidinyl)acetamid; CAS-Nr. 7491-74-9; $C_6H_{10}N_2O_2$, M_r 142.15. Schmp. 153 °C (Mod. I, insges. 3 Mod.). Lösl. in Wasser 1:4. **Anw.:** Nootropikum*, Psycho- u. Neurodynamikum, bei Ethanol- u. Drogenabusus; **Dos.:** p. o. Initialdos. bis 3×1.2 g/d, Erhaltungsdos. 3×0.8 g/d; parenteral i. m. 2.0 g, i. v. 2.0 g in akuten Fällen einmal, dann Infusion i. v. 2.0 g/4 h, TD bis 12.0 g.

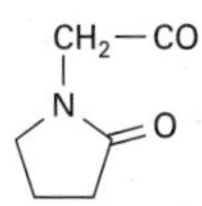

Piracetam

Pirbuterol INN: 2-Hydroxymethyl-3-hydroxy-6-(1-hydroxy-2-*tert*-butylaminoethyl)pyridin; 2-(*tert*-Butylamino)-1-(6-hydroxymethyl-5-hydroxy-2-pyridyl)-ethanol; CAS-Nr. 38029-10-6; $C_{12}H_{20}N_2O_3$, M_r 240.3. **Wirk.** u. **Anw.:** Broncholytikum*, selektives Beta-2-Sympathomimetika*; geg. Asthma bronchiale, Bronchialspasmen; **UAW:** Tremor, Kopfschmerzen, Nervosität. Gebräuchl. ist Pirbuteroldihydrochlorid (Schmp. 182 °C, unter Zers.) u. Pirbuterolacetat.

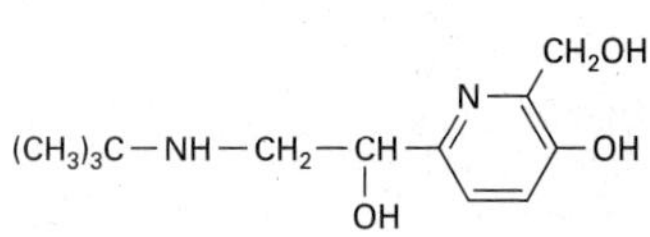

Pirbuterol

Pirenoxin INN: Pirfenoxon, Catalin; 1-Hydroxy-5-oxo-5*H*-pyrido[3,2-*a*]phenoxazin-3-carbonsäure; CAS-Nr. 1043-21-6. **Pirenoxin-Natrium-Monohydrat:** CAS-Nr. 51410-30-1; $C_{16}H_9N_2NaO_6$, M_r 348.2. **Anw.:** bei senilem Katarakt (fortschreitende Linsentrübung); beeinflusst Kohlenhydratabbau in der Linse.

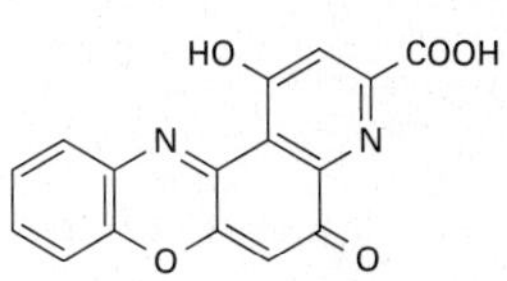

Pirenoxin

Pirenzepin INN: 5,11-Dihydro-11-(4-methyl-1-piperazinyl)acetyl-6*H*-pyrido[2,3-*b*][1,4]benzodiazepin-6-on; CAS-Nr. 28797-61-7; $C_{19}H_{21}N_5O_2$. **Wirk.:** M_1-Antagonist mit selektiver Wirk. auf die Magensaftproduktion; **Anw.:** Anticholinergikum zur Ulkusther.; **Dos.:** p. o. Initialdos. 1×50 mg/d, Erhaltungsdos. 2×25 mg/d; HWZ 10-14 h.

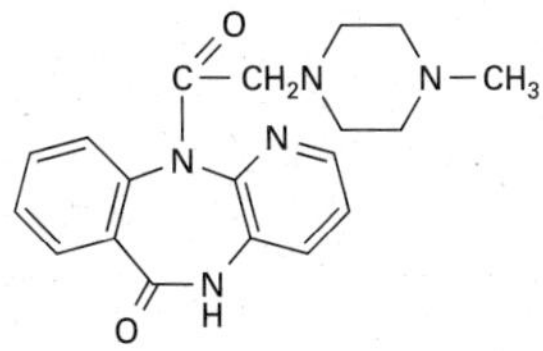

Pirenzepin

Piretanid INN: Piretanidum Ph.Eur.4; 4-Phenoxy-3-(1-pyrrolidinyl)-5-sulfamoylbenzoesäure; CAS-Nr. 55837-27-9; $C_{17}H_{18}N_2O_5S$, M_r 362.40. Schmp. 233-236 °C (polymorph). Gelbl. weißes bis gelbl. Pulver, sehr schwer lösl. in Wasser, wenig lösl. in Ethanol. **Anw.:** Saluretikum (Schleifendiuretikum, s. Diuretika), Ödeme, Hyportonie; **UAW, Kontraind.** u. **WW:** s. Etacrynsäure. Gebräuchl. ist auch Piretanid-Natrium.

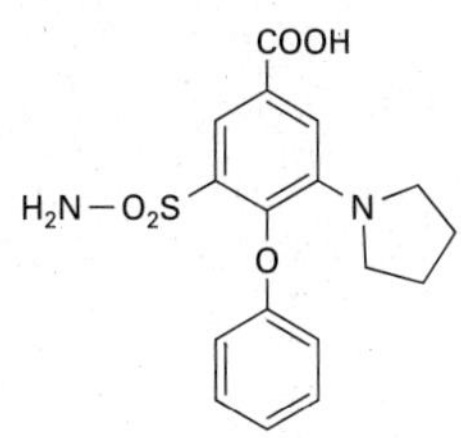

Piretanid

Pirfenoxon: s. Pirenoxin.

Piribedil INN: syn. Piribedyl, Piprazidin, Piperazidin; 2-[4-(1,3-Benzodioxolan-5-ylmethyl)-1-piperazinyl]pyrimidin; CAS-Nr. 3605-01-4; $C_{16}H_{18}N_4O_2$, M_r 298.34. Schmp. ca. 98 °C (polymorph). Unlösl. in Wasser; lösl. in Chloroform. **Anw.:** arteriosklerot. Durchblutungsstörungen; **UAW:** Übelkeit; **Kontraind.:** frischer Herzinfarkt; **Dos.:** p. o. Initialdos. 1×20 mg/d, alle 3 d um 1×20 mg erhöhen, bis 4×20 mg/d. Gebräuchl. ist auch Piribedilmesilat.

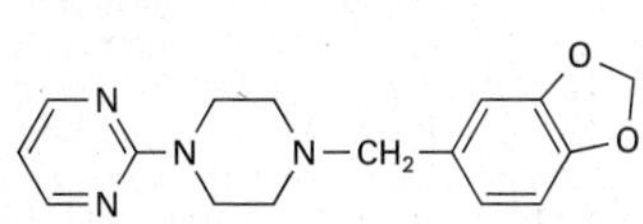

Piribedil

Piridoxilat INN: Gemisch aus je 1 Mol 2-[4,5-Bis(hydroxymethyl)-2-methyl-3-pyridyloxy]glykolsäure u. 2-[(5-Hydroxy-4-hydroxymethyl-6-methyl-3-pyridyl)methoxy]glykolsäure; CAS-Nr. 24340-35-0; $C_{10}H_{13}NO_6 \cdot C_{10}H_{13}NO_6$, $C_{20}H_{26}N_2O_{12}$, M_r 486.4. Schmp. ca. 166 °C. Lösl. in Wasser; fast unlösl. in Ethanol, Chloroform, Ether. **Anw.:** obsolet; Koronartherapeutikum;

UAW: Nierensteinbildung (Oxalatsteine); **WW:** L-Dopa (Wirk. wird abgeschwächt).

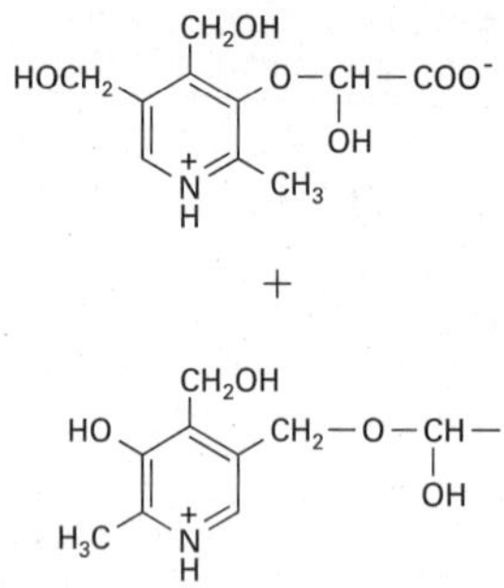

Piridoxilat

Pirimethamin: s. Pyrimethamin.

Pirimiphos-methyl: *O*-(2-Diethylamino-6-methylpyrimidin-4-yl)-*O,O*-dimethylthiophosphat; CAS-Nr. 29232-93-7; $C_{11}H_{20}N_3O_3PS$; M_r 305.3. **Anw.** techn.: Insektizid, Akarizid*; s. Schädlingsbekämpfungsmittel (org. Phosphorverb.), Tabellen.

Piritramid INN: 1'-(3-Cyan-3,3-diphenylpropyl)-1,4'-bipiperidin-4'-carboxamid; CAS-Nr. 302-41-0; $C_{27}H_{34}N_4O$, M_r 430.57. Schmp. 149-150 °C (kristallisiert aus Aceton). **Anw.:** starkes Analgetikum*; **UAW:** erzeugt Abhängigkeit des Morphintyps; **Dos.:** i. m. 15 mg. Gebräuchl. ist auch Piritramid bis(*R,R*)-hydrogentartrat, Piritramid-(*R,R*)-hydrogentartrat.

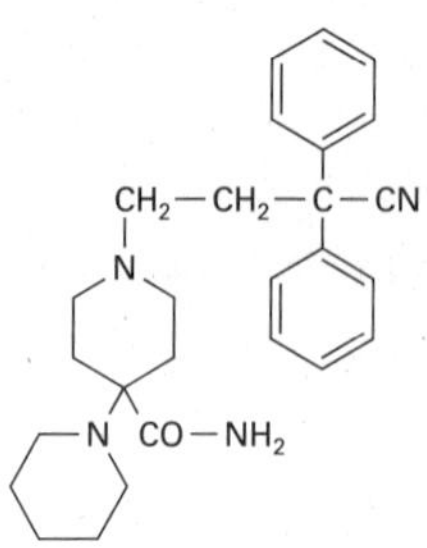

Piritramid

Pirola: s. Pyrola.

Piromidsäure INN: Acidum piromidicum; 8-Ethyl-5,8-dihydro-5-oxo-2-(1-pyrrolidinyl)pyrido[2,3-*d*]-pyrimidin-6-carbonsäure; CAS-Nr. 19562-30-2; $C_{14}H_{16}N_4O_3$, M_r 288.31. Schmp. 314-316 °C (kristallisiert aus Ethanol/Chloroform). Fast unlösl. in Wasser u. Ethanol; schwer lösl. in Chloroform; lösl. in Natriumhydroxid-Lösungen. **Anw.:** Chemotherapeutikum* der Nalidixinsäure-Gruppe; **Hinweis:** nicht mehr im Handel.

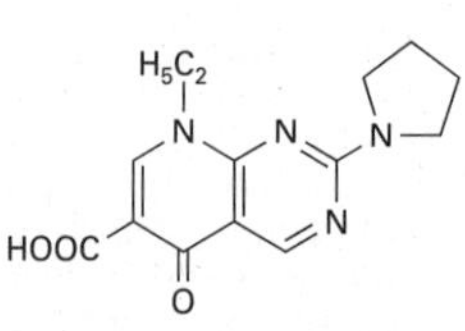

Piromidsäure

Pirouette: s. Mühlen.

Piroxicam INN: Piroxicamum Ph.Eur.4; 4-Hydroxy-2-methyl-*N*-2-pyridyl-2*H*-1,2-benzothiazixin-3-carboxamid-1,1-dioxid; CAS-Nr. 36322-90-4; $C_{15}H_{13}N_3O_4S$, M_r 331.3. Schmp. 195-199 °C (polymorph). Weißes, krist. Pulver; fast unlösl. in Wasser, lösl. in Dichlormethan, wenig lösl. in Ethanol. **Anw.:** Antiphlogistikum*, Antirheumatikum*, Urikosurikum (s. Gichttherapeutika); **Dos.:** 10-30 mg/d, beim akuten Gichtanfall 40 mg/d über 5-7 d.

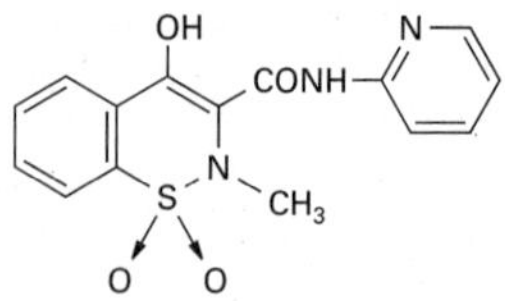

Piroxicam

Pirprofen INN: 3-Chlor-4-(2,5-dihydro-1*H*-pyrrol-1-yl)-α-methylphenylessigsäure; CAS-Nr. 31793-07-4; $C_{13}H_{14}ClNO_2$, M_r 251.7. Schmp. 98-100 °C. **Anw.:** Antiphlogistikum*, Antirheumatikum*; **Kontraind.:** Schwangerschaft, Stillzeit, Leberfunktionsstörungen, Magen-Darm-Ulzera; HWZ ca. 6 h.

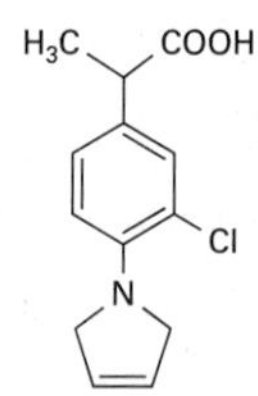

Pirprofen

Pirus: veraltet für Pyrus, eine bot. Gattung.

Pisatin: s. Phytoallexine.

Piscidia piscipula (L.) Sarg.: Piscidia erythrina (Leofl.) L., Erythrina piscipula L.; Fam. Fabaceae (Leguminosae) (Westind. Inseln, Florida, Mexiko). Stpfl. von **Cortex Piscidiae radicis:** Cortex Piscidiae erythrinae, Piszidiawurzelrinde, Piscidiarinde, Fischrinde. **Inhaltsst.:** Isoflavone (Rotenon*, Jamaicin, Ichthynon, Piscerythrin, Muneton), Piscidin (vermutl. Saponin), Piscidinsäure (*p*-Hydroxybenzylweinsäure), Gerbstoffe; **Anw.** volkstüml.: z. B. als Sedativum u. Hypnotikum, bes. bei Asthma, Keuchhusten; als Fischgift.

Hom: *Piscidia erythrina:* frische, vor dem Erscheinen der Blätter gesammelte Wurzelrinde.

Pistacia lentiscus L.: Mastixpistazie, Mastixstrauch; Fam. Anacardiaceae, **var. lentiscus** (Inseln im Mittelmeer u. an den südl. Küsten des Mittelmeeres, bis Marokko u. auf den Kanarischen Inseln), **var. chia Desf.** (kult. im südl. u. südwestl. Teil der Insel Chios); kleiner immergrüner Baum. Stpfl. von **Mastix:** Mastiche, Resina Mastix, Gummi Mastix; das durch Einschnitte aus den Stämmen ausgeflossene u. erhärtete Harz. Rundl. od. birnenförmige, etwa erbsengroße, blasszitronengelbe Körner, meist bestäubt, von glasartigem Bruch. Die Körner sind leicht zerbrechl. u. erweichen beim Kauen; sie riechen u. schmecken würzig; lösl. in Ether, Essigsäureethylester, Benzol, Xylol, Amylalkohol, teilweise lösl. in Ethanol, Methylalkohol, Aceton, Chloroform, Terpentinöl. D. 1.07-1.074; Schmelzbereich 105-120 °C; SZ 50-70. Ein Terpenharz bzw. Hartbalsam (s. Harze). **Off.:** ÖAB90, Ph.Helv.8, Ph.Eur.4.02. (nach ÖAB90 nur das Harz von **Pistacia lentiscus** var. chia Desf.); **Best.:** Triterpensäuren, z. B. Masticadienonsäure; äther. Öl mit Monoterpenen (z. B. α-Pinen); Bitterstoffe; **Anw.**volkstüml.: z. B. zur Herst. von Pflastern, zur Fixierung von Wundverbänden; bei dyspeptischen Beschwerden, Diarrhö; als Kaumittel, zu Mundwässern, Zahntinkturen, Zahnkitten; zu Räucherungen, zum Harzen von Wein (Griechenland); zu Lacken, Firnissen u. Porzellankitten; **Zuber.:** Sol. Masticis composita (Mastixlösung).

Pistacia vera L.: Fam. Anacardiaceae (kult. im Mittelmeergebiet). Stpfl. von **Semen Pistaciae:** Amygdalae virides, Pistazien; die bereits ergrünten Speicherkotyledonen. **Inhaltsst.:** ca. 50 % Fett, 22 % Eiweiß, Stärke; **Anw.:** wie Mandeln; das fette Öl wird als Speiseöl verwendet.

Pistazien: s. Pistacia vera (Semen Pistaciae).

Pistaziengewächse: s. Anacardiaceae.

Pistill: Reiber, Stößel, Stampfer; Keule des Mörsers*.

Pistillum: (bot.) Blütenstempel, s. Blüte.

Pisum sativum L.: Erbse; Fam. Fabaceae (Leguminosae), Stpfl. von Amylum* Pisi.

Piszidiawurzelrinde: s. Piscidia piscipula.

Pitahanf: s. Agave americana.

Pitocin: synthet. Form des Oxytocin*, s. Hormone (Hypophysenhinterlappen).

Pitofenon INN: Methyl-2-[4-(2-piperidinoethoxy)benzoyl]benzoat; 4'-(β-Piperidino-ethoxy)-benzophenon-2-carbonsäuremethylester; CAS-Nr. 54063-52-4; $C_{22}H_{25}NO_4$, M_r 367.43. **Anw.:** Spasmolytikum*, , prakt. obsolet. Hingewiesen sei auch auf Pitofenonhydrochlorid.

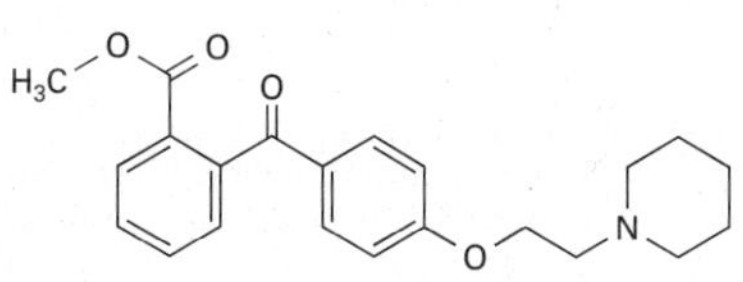

Pitofenon

Pituitarium posterius: s. Hypophysis cerebri pars posterior.

Pityriasis: Hautkrankheit mit feiner kleieförmiger Schuppung.

Pitzer-Spannung: Differenz der Rotationsenergien einer Molekül-Konformation u. der energieärmsten der mögl. gestaffelten Konformationen; vgl. Konformation. Ursache der P.-S. sind abstoßende Van-der-Waals-Kräfte; vgl. Bindungskräfte, intermolekulare.

Pivalat: Pivalas; chem. Kurzbez. für Trimethylacetat.

Pivampicillin INN: Pivampicillinum Ph.Eur.4; Methylen-(2*S*,5*R*,6*R*)-6-[(2*R*)-2-amino-2-phenylacetyl]amino-3,3-dimethyl-7-oxo-4-thia-1-azabicyclo[3.2.0]heptan-2-carboxylat-2,2-dimethyl-propanoat; CAS-Nr. 33817-20-8; $C_{22}H_{29}N_3O_6S$, M_r 463.55. Weißes, krist. Pulver; fast unlösl. in Wasser, leicht lösl. in Methanol. Pivaloyloxymethylester von Ampicillin*, der in der Darmwand vollständig in Pivalinsäure u. Ampicillin gespalten wird. **Wirk.** u. **Anw.:** Antibiotikum; halbsynthet. Penicillinderivat mit erweitertem Wirkungsspektrum; hemmt neben den benzylpenicillinempfindl. Keimen auch Enterokokken, Listerien u. Haemophilus influenzae; Ind.: Haemophilus-Infektionen, schwere Enterokokkeninfekte; Anw. nur in Kombinationspräparaten; **Dos.:** bei Infektion der Harnwege 4×0.35 g/6 h p. o.; bei Infektion der Atem- u. Gallenwege 4×0.7 g/6 h, Kinder 0.1 g/kg KG/d; vgl. Antibiotika (Tab.). Gebräuchl. sind auch Pivampicillinhydrochlorid u. Pivampicillinembonat; hingewiesen sei auch auf Pivampicillinprobenat.

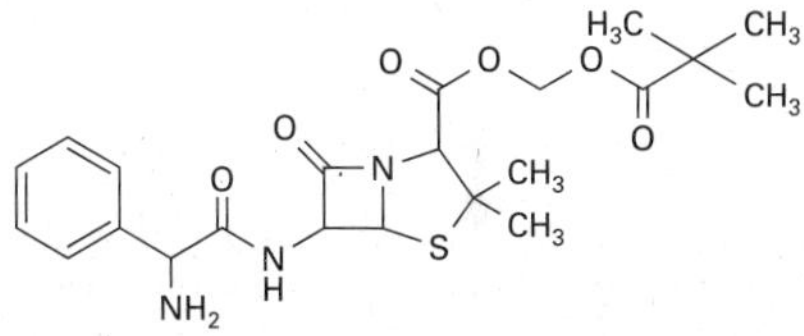

Pivampicillin

Pivmecillinam-Hydrochlorid INN: Pivmecillinami hydrochloridum Ph.Eur.4; Methylen-2,2-dimethylpropanoat-(2*S*,5*R*,6*R*)-6-[(hexahydro-1*H*-azepin-1-yl)methylen]amino-3,3-dimethyl-7-oxo-4-thia-1-azabicyclo[3.2.0]heptan-2-carboxylathydrochlorid; CAS-Nr. 32887-03-09; $C_{21}H_{33}N_3O_5S \cdot HCl$. M_r 476. Leicht lösl. in Wasser; wird in vivo zu Mecillinam hydrolysiert. **Anw.:** Antibiotikum, v. a. geg. gramnegative Erreger; vgl. Antibiotika (Penicillinantibiotika).

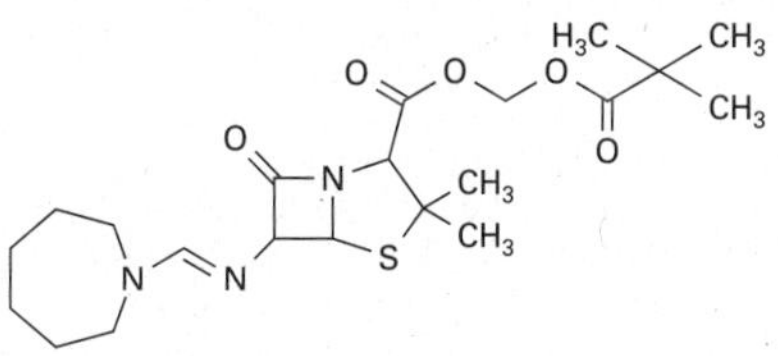

Pivmecillinam-Hydrochlorid: Pivmecillinam

Pivoxil: (Pivaloyloxy)-methyl; chem. Kurzbez. für (2,2-Dimethyl-1-oxopropoxy)-methyl.

Pix (pl pices): Pech, Teer(stück).

Pix abietinarum: s. Pix Pinacearum.

Pix betulina: s. Betula pendula (Pix Betulae) vgl. Pix Fagi.

Pix Fagi: Fagi pix, Oleum Fagi empyreumaticum, Buchenteer; der durch trockene Dest. von Buchenholz (s. Fagus sylvatica) gewonnene Teer. Dicke, schwarzbraune, nach Kreosot riechende Flüssigkeit. D. ca. 1.10-1.22, lösl. in Anilin, fast unlösl. in Chloroform u. Ether, etwas lösl. in Terpentinöl; mit Vaselin, Fetten, Rizinusöl mischbar. **Off.:** EB6, ÖAB90; **Best.:** u. a. Phenole, Cresole, Kreosot,

Guajakol, Paraffine, Fettsäure u. Fettsäureester. Durch Ausschütteln mit Natronlauge u. anschließende Dest. erhält man das Kreosot. **Anw.** volkstüml.: früher innerl. bei Lungentuberkulose; äußerl.: u. a. bei Ekzemen, Klauenseuche, wie Pix liquida; ferner zum sog. Schnellräuchern (s. Konservierung); **Zuber.**: Ungt. sulfuratum compositum.

Pix Juniperi: Pix oxycedri, Wacholderteer; Gew.: Ph.Helv.6, trockene Dest. aus Holz u. den Zweigen des Wachholders; sirupartige, rote bis schwarzbraune Flüss. mit durchdringendem Geruch. **Best.**: Guajakol, Cresol, Phenole, Harze; vgl. Juniperus oxycedrus. **Anw.**: entzündungshemmend u. juckreizstillend; früher bei Rheuma, Ekzemen.

Pix liquida: s. Pix Pinacearum.

Pix Lithanthracis: Steinkohlenteer; Gew.: ÖAB90, DAC86, trockene Dest. (bei ca. 1000 °C) der Steinkohle bei der Leuchtgasfabrikation; dickflüssige, braunschwarze, an der Luft sich allmähl. härtende Masse; D. 1.15-1.20, lösl. in Chloroform, Benzol, Nitrobenzol u. Toluol, teilweise lösl. in absol. Ethanol, Ether u. Petrolether; mischbar mit Vaselin, Fetten, Rizinusöl. **Best.**: zahlreiche Verb. der Benzolreihe, Anilin-, Chinolin-, Pyridinbasen; **Anw.**: desinfizierend u. juckreizstillend; äußerl. bei Hautleiden als Steinkohlenteerlsg., s. Liquor Carbonis detergens; in Lsg., Schüttelmixturen u. Salben, s. Steinkohlenteersalbe.

Pix navalis: Pix solida, Pix nigra, Schiffspech, Schwarzpech; Gew.: EB6, Rückstand bei der Dest. von Holzteer; harzartige, schwarze, leicht zerbrechl. Masse, erwärmt weich, klebend u. zäh werdend, in Ethanol u. Ether klar löslich. **Best.**: u. a. Phenole, Carbonsäuren; **Anw.**: u. a. Klebemitteln, Schusterpech.

Pix nigra: s. Pix navalis.

Pix Oxycedri: s. Pix Juniperi.

P

Pix Pinacearum: Pix abietinarum, Pix liquida, Nadelholzteer, Holzteer; Gew.: ÖAB90, DAB6, trockene Dest. der Stämme, Zweige u. Wurzeln versch. Pinus-, Picea- u. Larix-Arten (Pinaceae); dickflüssige, schwarzbraune, etwas körnige Masse, die in Wasser untersinkt, lösl. in Ethanol, Chloroform, Aceton, konz. Essigsäure; mit Vaselin, Fetten, Rizinusöl mischbar. **Best.**: Kohlenwasserstoffe (Benzol, Xylol etc.), Essigsäure u. andere org. Säuren, aliphat. Alkohole (Methanol), Aldehyde u. Ketone, Phenole, Terpene, Harze; saure Best. überwiegen im Ggs. zum Steinkohlenteer; **Anw.**: heute nur noch selten bei Ekzemen, Scabies, Psoriasis.

Pix solida: s. Pix navalis.

Pizotifen INN: 9,10-Dihydro-4-(1-methyl-4-piperidyliden)-4*H*-benzo[4,5]cyclohepta-[1,2-*b*]thiophen;

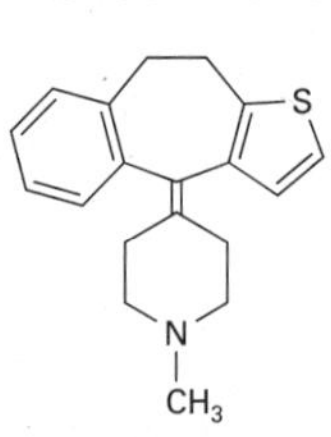

Pizotifen

CAS-Nr. 15574-96-6; $C_{19}H_{21}NS$, M_r 295.45. **Anw.**: Serotoninantagonist*; als Migräne-Therapeutikum, Appetitstimulans; **Dos.**: p.o. Initialdos. 1×0.5 mg/d abends am 1. u. 2. Tag, Erhaltungsdos. 2×0.5 mg/d mittags u. abends, ab 5. Tag 3×0.5 mg/d (2-3 Monate lang); HWZ 22 h. Gebräuchl. ist auch Pizotifenhydrogenmalat.

pK: pK-Wert; der negative dekad. Logarithmus der Gleichgewichtskonstante K* im Massenwirkungsgesetz*. Die Art der Gleichgewichtsreaktion wird durch Indizes angegeben: pK_S (vgl. Säurekonstante), pK_B (vgl. Basekonstante), pK_W (vgl. Ionenprodukt), pk_L (vgl. Löslichkeitsprodukt).

PKA: **1.** s. Pharmazeutisch-kaufmännischer Angestellter. **2.** s. Pharmazeutisch-kaufmännischer Assistent.

PK/PD-Modelling: Korrelation pharmakokinet. Vorgänge (PK) mit den pharmakodynam. Wirkungen (PD). Neben pharmakokinet. Modellen (s. Kompartimentmodelle) benötigt man dazu ein pharmakodynam. Modell (s. Effektkinetik). Häufig besteht eine zeitl. Diskrepanz zw. den Blutspiegelwerten u. den gemessenen Effekten; diese sog. Hystereseeffekte können durch die Einführung eines hypothet. Effektkompartiments ausgeglichen werden.

PKV: Abk. für **P**rivate **K**ranken**v**ersicherung.

PLA: s. Polymilchsäure.

Placebo (lat. ich werde gefallen): Scheinarznei; Arzneizuber. ohne pharmakolog. Wirkstoff (Leertablette od. -injektion usw.); eingesetzt zur objektiven Prüfung eines Arzneimittels (Blindstudie), um suggestive Wirk. auszuschalten, wie auch zu suggestiver Therapie. Placebos können UAW verursachen. Ein **Pseudoplacebo** ist eine Arzneizuber. mit Wirkstoff in unzureichender Dosierung.

Placenta Seminis Lini: s. Linum usitatissimum.

Plättchenaktivierender Faktor: s. PAF.

Plättchenfaktoren: syn. Thrombozytenfaktoren; bei der Aggregation von Thrombozyten* freigesetzte, gerinnungsaktive Substanzen. **Einteilung:** **1.** Plättchenakzelerator-Globulin: ähnl. dem Faktor V der Blutgerinnung*; **2.** fibrinoplast. Faktor, Thrombinakzelerator: fördert die Spaltung von Fibrinogen zu Fibrin; **3.** gerinnungsaktives Phospholipid (PAF), partielles Thromboplastin: katalysiert nach Freisetzung aus Thrombozyten im Intrinsic-System die Aktivierung von Faktor X u. die von Prothrombin zu Thrombin; **4.** Heparininhibitor, Antiheparinfaktor: bindet Heparin u. neutralisiert dessen Wirkung.

Planck-Wirkungsquantum: Planck-Konstante; Symbol h; grundlegende Naturkostante mit der Dimension einer Wirkung (Energie · Zeit). $h = 6.626\,068\,76 \cdot 10^{-34}$ Js (Joule-Sekunden). Das P.-W. ist die Grundlage für die Quantelung vieler physik. Größen, z. B. der elektromagnet. Strahlung*; s. Quantentheorie; vgl. Spektroskopie. Beispiele: Energie eines Photons $E = h \cdot \nu$, Zusammenhang zw. dem Impuls p eines Teilchens u. seiner Wellenlänge λ, ausgedrückt durch die de Broglie-Beziehung (Welle-Teilchen-Dualismus) $\lambda = h / p$.

Plankton: Schwebeorganismen im Wasser, meist mikroskop. klein.

Planta: **1.** Pflanze. **2.** (med) Fußsohle; plantaris: zur Fußsohle gehörend.

Plantago afra L.: Plantago psyllium L., Flohkraut, Flohwegerich, Strauchwegerich; Fam. Plantaginaceae (Mittelmeergebiet) u. **Plantago arenaria** Waldst. et Kit.; Plantago indica L., Indischer Wegerich, Sandwegerich (Europa, Vorderasien). Beide sind Stpfl. von **Psyllii semen** Ph.Eur.4: Semen Psyllii, Flohsamen, Heusamen. **Inhaltsst.**: 10-12 % Schleim (in Epidermis der Samenschale, in kaltem Wasser lösl.), bestehend aus D-Xylose (hauptsächl.), D-Galacturonsäure, L-Arabinose, L-Rhamnose; ferner Aucubin, Proteine u. a.; im Keimling u. Endosperm (Samenkern) Eiweiß, fettes Öl u. Zucker (Planteose*). QZ mind. 10; **Wirk.** u. **Anw.**: mildes Laxans, auch während der Schwangerschaft anwendbar. Die Samen quellen in Gegenwart von Wasser auf das Mehrfache ihres Volumens u. wirken infolge des Dehnungsreizes im Darmtrakt laxierend; **Dos.**: 5-15 g in Wasser gequollene Samen morgens u. abends. In Arzneispezialitäten, vielfach kombiniert mit anderen Wirkstoffen; als Expektorans; äußerl. zu Umschlägen bei Erkrankungen des rheumat. Formenkreises u. Entzündungen; techn.: als Appreturmittel.

Plantago indica: s. Plantago afra.

Plantago ispaghula: s. Plantago ovata.

Plantago lanceolata: Spitzwegerich; Fam. Plantaginaceae (Europa, Mittelmeergebiet, westl. Asien, Nordamerika). Stpfl. von **Plantaginis lanceolatae herba:** Spitzwegerichkraut (DAB2003); u. **Plantaginis lanceolatae folium:** Folium Plantaginis, Spitzwegerichblätter (ÖAB90, Ph.Helv.9, Ph.Eur.4.04). **Inhaltsst.**: Schleimstoffe (auch im Samen); bis 2.5 % Aucubin u. a. Iridoidglykoside (z. B. Catalpol); Flavonoide; ca. 1 % Kieselsäure, ca. 7 % Gerbstoffe; Phenolcarbonsäuren* u. deren Glykoside wie Verbascosid; Mineralstoffe, mit hohem Gehalt an z. B. Kalium u. Zink; nach Hydrolyse von Aucubin* (der Zuckeranteil ist β-D-Glucose) entstehen schwarze Polymerisationsprodukte. QZ mind. 6 (DAB2001); **Anw.**: innerl. bei Katarrhen der oberen Luftwege, als Sirup (bes. bei Kindern); frische Auszüge od. der Presssaft haben wundheilende, blutstillende u. antibakterielle Eigenschaften; z. B. bei Entzündungen der Schleimhäute, bei Furunkeln; auch in Form von Salben; volkstüml. bei Blasenentzündung u. Blasenschwäche (Bettnässen), Diarrhöen u. Leberleiden; **Zuber.**: Sir. Plantaginis.

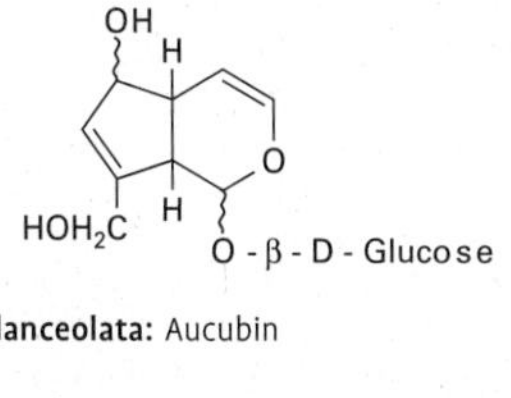

Plantago lanceolata: Aucubin

Plantago major L.: Breitwegerich; Fam. Plantaginaceae (Europa, in Nordamerika eingeschleppt). Stpfl. von **Herba Plantaginis majoris:** Breitwegerichkraut. **Inhaltsst. u. Anw.**: wie Plantago* lanceolata; bevorzugt angewendet werden die Frischpflanze bzw. Zuber. daraus; **Cave:** Verwechslung mit Blättern von Digitalis lanata.

Hom: *Plantago major*: frisches Kraut; verord. z. B. bei Enuresis nocturna, Gesichtsneuralgie, Zahnschmerzen.

Plantago media L.: Mittlerer Wegerich; Fam. Plantaginaceae (Europa, Asien). **Inhaltsst. u. Anw.**: wie Plantago* lanceolata (nur ca. 0.6 % Aucubin).

Plantago ovata Forssk.: Plantago ispaghula Roxb.; Fam. Plantaginaceae (Indien, Westasien). Stpfl. von **Plantaginis ovatae semen:** Semen Plantaginis ovatae, Indische Flohsamen, Blonde (Indische) Semen Psyllii, Blondes Psyllium, Ispaghula-Samen. **Off.**: Ph.Eur.4; **Inhaltsst.**: ähnl. wie Psyllii semen (s. Plantago afra), aber etwas weniger Schleim. QZ mind. 9; **Wirk.** u. **Anw.**: wie Psyllii semen; in Form des Decoctum Ispaghulae als Laxans. **Plantaginis ovatae seminis tegumentum:** Testa Plantaginis ovatae, Indische Flohsamenschalen, Ispaghula-Samenschalen; QZ mind. 40. **Off.**: Ph.Eur.4.

Plantago psyllium: s. Plantago afra.

Planteose: ein Trisaccharid aus Glucose, Fructose u. Galactose; charakterist. für. Samen von Plantaginaceae.

Plaque: **1.** atheromatöser P.: umschriebene Veränderung des Gefäßendothels bei Arteriosklerose*. **2.** Zahnbelag; s. Zahnplaque. **3.** Flach erhabene, plattenartige Hautveränderung.

Plaquehemmer: s. Antiplaquemittel.

Plaque-Indikator: s. Zahnplaque-Indikatoren.

Plasdone®: Handelsbezeichnung für Povidon* (PVP). P. XL ist Polyvinylpolypyrrolidon (PVPP), ein quervernetztes, unlösl. PVP, u. wird u. a. als Tablettenspreng- u. Trockenbindemittel eingesetzt.

Plasma: **1.** Protoplasma*. **2.** Blutplasma (Plasma sanguinis), s. Blut (Best.). **3.** sog. vierter Aggregatzustand; Gase, Flüss. od. Festkörper, in denen freie Ladungsträger (Ionen, ungebundene Elektronen) in einer Anzahl vorkommen, dass die physik. Eigenschaften des Mediums dadurch wesentl. verändert sind.

Plasmaexpander: s. Blutersatz (Plasmaersatzstoffe).

Plasmafraktionierung: Cohn-Verfahren; schonende Auftrennung der Plasmaproteine* mittels Ethanol, meist zur Gew. therap. Präparationen. **Plasmafraktionen**: Fibrinogen* (I), Gammaglobuline (II), Beta-1-Lipoproteine (III-0), Isoagglutinine (III-1), Prothrombin (III-2), Alpha- u. Betaglobuline (IV) s. (Globuline), Albumine* (V), s. Abb.; vgl. Plasmapherese.

Plasma humanum ad seperationem: s. Plasma vom Menschen zur Fraktionierung.

Plasmakinine: s. Hormone.

Plasmakonserve: Plasmaproteinlsg. vom Menschen, z. B. Plasma humanum cryodesiccatum; vgl. Blutersatz.

Plasmalemma: Plasmamembran; äußere Begrenzung des Protoplasten, der Zellwand benachbart; besteht aus einer einfachen, dreischichtigen Membran; s. Biomembran.

Plasmalipidproteine: s. Lipoproteine.

Plasmalogene: den Glycerophospholipiden ähnl. Phosphatide*, aber das C1-Atom des Glycerolgerüsts ist über eine Etherbindung durch eine Alkenylseitenkette substituiert. P. sind aus Mus-

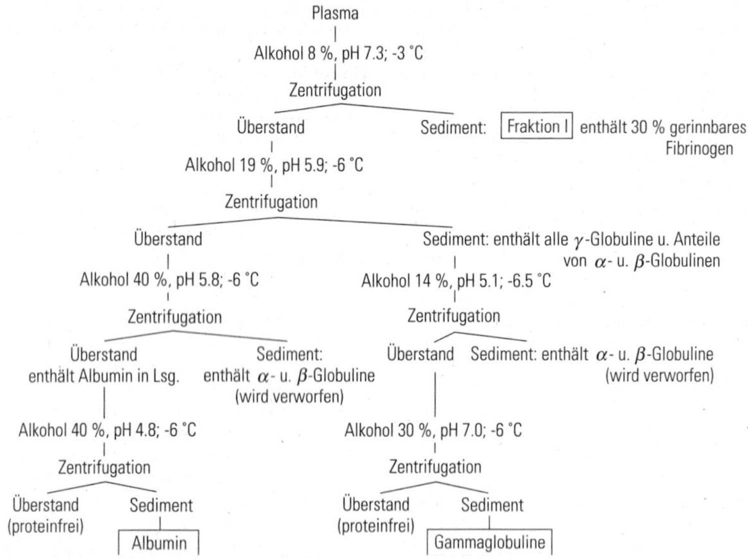

Plasmafraktionierung: schemat. Darstellung [24]

keln, Gehirn u. Mammagewebe isoliert worden; Biosynthese in Peroxisomen; Nachweis durch Feulgen-Plasmafärbung.

Plasmapherese: (partieller) Plasmaaustausch; nach Blutentnahme erfolgende apparative Trennung von korpuskulären Elementen u. Plasmabestandteilen vom Plasma durch Plasmaseparation. **Anw.:** **1.** präparative P. zur Gewinnung von Spenderplasma u. bestimmten Blutzellen; vgl. Plasmafraktionierung, Plasmaproteine; **2.** therap. P. mit einfachem Plasmaaustausch durch Humanalbuminsubstitution od. als Apherese mit Entfernung spez. Plasmabestandteile (z. B. Immunapherese zur Entfernung von Autoantikörpern).

Plasmaproteinbindung: Plasmaeiweißbindung; Bindung von (bevorzugt lipophilen) Arzneistoffen an Plasmaproteine* (hauptsächl. Albumine), wodurch der gebundene Anteil weder für den Transport zum Wirkungsort, noch für Biotransformation u. Elimination zur Verfügung steht. Dies führt zu verringerter Wirkung od. Retardierung. Das (scheinbare) Verteilungsvolumen u. die Eliminationshalbwertzeit sind erhöht. Die Konkurrenz mehrerer Pharmaka um die Bindungsstellen der P. ist eine wichtige Arzneimittelinteraktionen*, wobei durch Verdrängung aus der P. der Anteil des freien (wirksamen) Arzneistoffs ansteigt (bes. kritisch bei geringer therap. Breite). Eine starke P. zeigen z. B. Phenylbutazon, Diazepam, Antikoagulanzien vom Cumarin-Typ sowie Herzglykoside. Bei der P. bildet sich ein Gleichgewicht aus, wobei für die Zahl der gebundenen Arzneistoffmoleküle je Proteinmolekül eine aus dem Massenwirkungsgesetz abgeleitete Beziehung gilt:

$$r = \frac{C_g}{C_E} = \frac{n \cdot K \cdot C_f}{1 + K \cdot C_f}$$

r: Zahl der gebundenen Arzneistoffmoleküle je Proteinmolekül; c_f: molare Konz. des ungebundenen (freien) Arzneistoffs; c_g: molare Konz. des gebundenen Arzneistoffs; c_E: molare Konz. des Proteins; n: Anzahl der Bindungsstellen je Proteinmolekül; K: Bindungskonstante.
Diese lässt sich linearisieren:
Nach Lineweaver-Burk:

$$\frac{1}{r} = \frac{1}{n \cdot K} \cdot \frac{1}{C_f} + \frac{1}{n}$$

in eine Gerade mit dem Anstieg $1/n \cdot K$ u. dem Ordinatenschnittpunkt $1/n$.
Nach Scatchard (Scatchard-Plot):

$$\frac{r}{C_f} = n \cdot K - K \cdot r$$

in eine Gerade mit dem Anstieg $-K$ u. dem Ordinatenschnittpunkt $n \cdot K$.

Plasmaproteine: Sammelbez. für über 100 meist zusammengesetzte Proteine*, die 6-8 % des Blutplasmas bilden u. hauptsächl. in der Leber (Ausnahme: Immunglobuline* u. Proteohormone) synthetisiert werden. Über 60 P. sind identifiziert; außer Albumin u. Präalbumin fast ausschl. Glykoproteine*; Serumproteine entspr. den P. bis auf Fibrinogen u. Prothrombin; zur präparativen Isolierung der P. dienen Präzipitationsverfahren wie z. B. Plasmafraktionierung*; **Einteilung:** nach Wanderungsgeschwindigkeit bei der Elektrophorese* in die Fraktionen **1.** Albumine*; **2.** Alpha-1-Globuline; **3.** Alpha-2-Globuline; **4.** Betaglobuline; **5.** Gammaglobuline*; **Bedeutung:** Regulation von pH, osmot. Druck u. Blutgerinnung, Transport von Ionen, Hormonen, Lipiden, Vitaminen u. Metaboliten; vgl. Dysproteinämie, Paraproteinämie.

Plasmaspiegel: s. Blutspiegel.

Plasmathrombinzeit: s. Thrombinzeit.

Plasma vom Menschen zur Fraktionierung: Plasma humanum ad seperationem Ph.Eur.4; der flüss. Teil des menschl. Blutes, nach Abtrennung des zellulären Teils verbleibend. **Verw.:** zur Herst. von Zuber. aus Blutprodukten; sehr detaillierte Vorschriften, die die Sicherheit des Produktes gewährleisten sollen, insbes. wird auf Infektionserreger geprüft; vgl. Blutersatz.

Plasmazellen: s. Leukozyten.

Plasmid: kleines, extrachromosomales DNA-Fragment im Zytoplasma von Bakterienzellen; zusätzl. DNA-Erbträger, der sich unabhängig vom Bakterienchromosom redupliziert. P. sind ringförmig u. können zeitweise in die DNA des Wirts integriert sein; sie werden dann als Episome bezeichnet. Die Übertragung erfolgt häufig durch Konjugation*. Plasmid-DNA unterscheidet sich physik. u. chem. von der DNA des Bakterienchromosoms. Die Plasmidgene determinieren versch., nicht essentielle Eigenschaften der Bakterienzelle, z. B. Resistenz geg. bestimmte Antibiotika. Plasmide können aus Bakterien isoliert werden u. dienen in der Gentechnologie* als Trägermoleküle zur Einschleusung von Fremd-Genen in Zellen.

Plasmin: Fibrinolysin (veraltet); CAS-Nr. 9001-90-5, M_r ca. 75 000. Dem Trypsin ähnl. Endopeptidase (s. Proteasen), die bei der Fibrinolyse* durch Einwirk. von Aktivatoren (s. Plasminogenaktivatoren) aus Plasminogen* entsteht. Ein proteolyt. Enzym mit breitem Wirkungsspektrum; die Konz. im Blut beträgt 50-100 mg/100 mL Serum. **Wirk.:** **1.** Spaltung von Arginin-Lysin-Bindungen, bes. bei Fibrin* u. a. biol. aktiven Proteinen (z. B. Fibrinogen*, Faktoren V u. VIII der Blutgerinnung; **2.** bewirkt die Freisetzung von Bradykinin* u. reguliert somit den Gefäßtonus.

Plasminogen: Profibrinolysin (veraltet); Plasmaprotein, das durch Hydrolyse einer Arginin-Valin-Bindung in Plasmin* übergeht; Glykoprotein mit 8-10 % Kohlenhydratanteil; M_r 81 000, Betaglobulin. Aktivierung durch Plasminogenaktivatoren*; vgl. Fibrinolyse.

Plasminogenaktivatoren: Abk. PA; aus Plasminogen Plasmin abspaltende, fibrinolyt. wirkende Enzyme. **Beispiele:** APSAC*, Gewebeplasminogenaktivatoren* (tPA), Streptokinase*, Urokinase*.

Plasmodesmen: aus Zellplasma bestehende, durch die Zelltüpfel gehende Verb. zw. Zellen; z. T. lichtmikroskopisch sichtbar.

Plasmodien: **1.** s. Plasmodium. **2.** vielkernige Plasmamassen, die entstehen, wenn sich zwar die Zellkerne, aber nicht die Zellen teilen. **3.** Protoplasmakörper der Schleimpilze (Myxomycetes).

Plasmodium (gr. plasmodion kleines Gebilde): Gattung der Sporozoa, s. Protozoen; Parasiten bei Menschen u. Wirbeltieren; v. a. Erreger der Malaria*. Generationswechsel verbunden mit Wirtswechsel; Überträger: Anopheles*-Mücke. **Spezies:** **1.** Plasmodium vivax; **2.** Plasmodium malariae; **3.** Plasmodium falciparum; **4.** Plasmodium ovale.

Plasmogamie: Protoplastenverschmelzung von Geschlechtszellen od. Gameten, die meist mit einer Kernverschmelzung einhergeht.

Plasmolyse: Lösung des Protoplamas von der Zellwand infolge der Änderung des osmot. Drucks (Wasserabgabe).

Plasmon: Energiequant der Plasmaschwingung. Ein P. hat die Energie

$\omega_p h/2\pi$

wobei ω_p die Plasmafrequenz ist, h das Planck*-Wirkungsquantum. Vgl. surface plasmon resonance.

Plastibase: Kohlenwasserstoff-Plast-Gel. Gew. durch Zusammenschmelzen von 95 T. flüssigem Paraffin u. 5 T. Polyethylen (M_r 21 000) bei 130 °C u. schnelles Abkühlen. Streichbares, vaselinähnl. Produkt. Vorteilhaft ist die geringe Konsistenzänderung zw. −15 °C u. +60 °C u. durch höhere Zusätze fester Arzneistoffe. Durch Zusatz hydrophiler Gelbildner kann die Haftfähigkeit auf der Schleimhaut verbessert werden.

Plastiden: (bot.) Zellorganellen, die der Stoffproduktion od. -speicherung dienen. P. sind von einer Doppelmembran (Plastidenhülle) umgeben, ihr Inneres wird von einem Membransystem u. von einer mehr od. weniger homogenen Grundsubstanz, dem Stroma*, durchsetzt. Vermehrung durch einfache Durchschnürung. Zur Gruppe der P. gehören die grünen Chloroplasten*, die der Photosynthese dienen, farblose Leukoplasten*, die Stoffe speichern, u. gelbe od. orange Chromoplasten* in Blütenblättern u. Früchten.

Plastifizieren: Überführen von Kunststoffen in den plast. Zustand; entweder vorübergehend für den Formungsprozess durch therm. od. mechan. Einwirkung (Spritzgießen*, Extrudieren*) od. dauernd, z. B. durch Zusatz von Weichmachern.

Plastochinone: Polyprenolchinone; chem. ähnl. gebaut wie die Vitamine der K-Reihe mit benzochinoidem Kern u. terpenoider Seitenkette; s. Polyprenole. P. sind eine wichtige reversible Redoxkomponente der Photosynthese*; sie lassen sich aus Chloroplasten isolieren.

Plastocyanin: ein kupferhaltiges Protein, Redoxsubstrat der Photosynthese*. Der reversible Übergang des Kupfers vom ein- in den zweiwertigen Zustand bedingt reduzierenden bzw. oxidierenden Charakter.

Plastomere: Thermoplaste; Kunststoffe mit langen Kettenmolekülen, die bei Raumtemp. spröde od. zähelastisch sind u. sich ohne chem. Veränderung durch Erwärmen erweichen u. schmelzen lassen. P. sind amorph, wenn ihre einzelnen Makromoleküle ungeordnet ineinander verknäuelt sind; z. B. Polyvinylchlorid, Polystyrol, Polymethacrylat. Teilkristalline P. liegen vor, wenn sich die Makromoleküle aufgrund eines bes. symmetr. Aufbaus so weit einander nähern, dass sich Teile davon in Kristallite ordnen. Dazu gehören das isotakt. Polypropylen, Polyethylene, Polyamide u. Polyformaldehyd. Die Kristallite bewirken einen festen Zusammenhalt zw. den Molekülen, auch dann noch, wenn die amorphen Anteile bereits erweichen. Das führt zu höherer Formbeständigkeit in der Wärme, höherer Verschleißfestigkeit u. Zähigkeit u. einer besseren Beständigkeit gegen Lösungsmittel.

Platanthera bifolia (L.) L.C.Rich.: Weiße Waldhyazinthe, Kuckucksstendel; Fam. Orchidaceae (Europa, Nordafrika, Westasien); zus. mit Orchisarten u. a. Orchidacaea Stpfl. von Tubera Salep, s. Orchis morio.

Platanus hispanica Münchh.: Platanus hybrida Brot., P. acerifolia (Ait.) Willd., P. occidentalis x P. orientalis, Platane; Fam. Platanaceae (Od. Hamamelidales) (Europa) u. **Platanus occidentalis** L.

(südl. Nordamerika). Beide sind Stpfl. von **Cortex Platani:** Platanenrinde. **Inhaltsst.:** Triterpene, Gerbstoff.

Hom: *Platanus (HAB2000):* frische Rinde junger Zweige.

platelet derived growth factor: s. PDGF.

Platin: Platinum; Symbol Pt; A_r 195.09, OZ 78. D. 21.45. Schmp. 1769 °C. Sdp. 3830 °C. Grauweißes, zähes, dehnbares, 2-, 4-, selten 1-, 2-, od. 6-wertiges Metall; in der Kälte nur in Königswasser* lösl., wird aber von heißer konz. Schwefelsäure u. Salzsäure angegriffen, wenn Oxidationsmittel beigefügt sind, ebenso von Hydroxid-, Sulfid- u. Cyanidschmelzen (die daher nicht im Platintiegel erhitzt werden dürfen). **Vork.:** nat. nur gediegen in Form von Körnern u. mit anderen Metallen legiert; Hauptlagerstätten Ural, Kanada, Mittel- u. Südamerika. **Anw.** techn.: Herst. von Laborgeräten (Platintiegel*), Elektro- u. Schmuckwarenindustrie; Katalysator; med.: planare *cis*-Diamin-Komplexe von 2-wertigem Pt als Zytostatika*, z. B. Cisplatin*, Carboplatin*, Oxaliplatin*. **Pt-Verb.:** **Platinschwamm:** Platinum spongiosum; Pt in sehr fein verteilter Form als poröse, weißgraue, durch Glühen von Ammoniumchloroplatinat erhaltene Masse, die Wasserstoff an der Luft zur Entzündung bringt (Döbereiner-Feuerzeug). **Platinmohr:** Platinum nigrum; sehr feines schwarzes Pt-Pulver, das an seiner Oberfläche das 100fache seines Volumens an H_2 absorbiert u. aktiviert, ebenso O_2. **Platinasbest:** Asbest mit einem fein verteilten Überzug von Pt. **Nachw.** von Pt-Verb.: H_2S fällt aus Platinsalz-Lsg. braunschwarzes Platin(II)-sulfid (PtS) od. Platin(IV)-sulfid (PtS_2); beide unlösl. in Säuren, lösl. in Alkalisulfiden; **Gesch.:** Pt, das als Begleitmetall in Gold- und Silbererzen aus Kolumbien enthalten war, wurde 1750 von William Watson (1715-1787) erstmals ausführl. beschrieben. Wilhelm Carl Heraeus (1827-1904) begründete die deutsche Pt-Industrie.

Hom: *Platinum metallicum (HAB1.5):* in Form von Platinmohr; Konstitutionsmittel; verord. z. B. bei psych. Erkrankungen wie Hysterie, Krampfneigung, Dysmenorrhö, Uterusmyomen.

P

Platinasbest: s. Platin.

Platinchloridchlorwasserstoff: s. Platin(IV)-chlorid.

Platin(IV)-chlorid: Platinum chloratum; $PtCl_4$. Rotbraune krist. Masse, lösl. in Wasser u. Aceton, sehr schwer lösl. in Ethanol. Meist ist unter dieser Bez. die **Hexachloroplatin(IV)-wasserstoffsäure** (Platinchloridchlorwasserstoff) im Handel: $H_2(PtCl_6) \cdot 6\,H_2O$. D. 2.43. Leicht lösl. in Wasser, Ethanol u. Ether. **Anw.** chem.: in der Analyse (P. gibt mit NH_4^+, K^+, Rb^+, Cs^+ in Wasser schwer lösl. goldgelbe Salze, mit Na^+ u. Li^+ jedoch nicht); techn.: Platinieren.

Hom: *Acidum hexachlorplatinicum (HAB1.5),* Platinum chloratum.

Platindiiodid: Platiniodür, Platinum diiodatum; PtI_2, M_r 449.0. Schwarzes, schweres Pulver, unlösl. in Wasser u. Ethanol, beim Erhitzen zerfällt es in Iod (violette Dämpfe) u. fein verteiltes grauschwarzes Platin.

Platinelektrode: s. Potentiometrie (Wasserstoffelektrode).

Platiniodür: s. Platindiiodid.

Platinmetalle: Edelmetallgruppe im Periodensystem mit Ruthenium*, Rhodium*, Palladium*, Osmium*, Iridium* u. Platin*.

Platinmohr: s. Platin.

Platinschalen: s. Platintiegel.

Platinschwamm: s. Platin.

Platintiegel: Tiegel (u. Schalen) aus Platin werden wegen ihrer hohen therm. u. chem. Beständigkeit (Schmp. 1769 °C) für viele Operationen wie z. B. Glühen, Aufschließen od. Zersetzen verwendet. P. werden beim Erhitzen von vielen Verb. angegriffen, von Kohlenstoff, Peroxiden, Alkalimetallcyaniden, Bor, Silicium, Phosphor, Arsen, Antimon, Bismut, Blei u. Zinn sowie von Verb., die Schwefel od. Halogene freisetzen. Sie dürfen für diese Stoffe daher nicht verwendet werden.

Platinum: s. Platin.

Platinum chloratum: s. Platin(IV)-chlorid.

Platinum diiodatum: s. Platindiiodid.

Platinum metallicum: s. Platin.

Platinum-Natrium chloratum: s. Natriumhexachloroplatinat(IV).

Platinum nigrum: s. Platin.

Platinum spongiosum: s. Platin.

Platte-Kegel-Viskosimeter: s. Rotationsviskosimeter.

Platterbse: s. Lathyrus sativus.

Platykladien: Flachsprosse; vgl. Phyllokladien.

Plazenta (lat. placenta Kuchen): Mutterkuchen, Nachgeburt. Dient der Ernährung des Feten (Austausch von Stoffwechselprodukten u. Gasen zw. mütterl. u. fetalem Blut) u. als endokrine Drüse (Hormone*, Plazentahormone; vgl. Plazentaextrakt). **Placenta:** **1.** bot.: Wucherung der Fruchtblätter, an denen die Samenanlagen sitzen; **2.** als Droge: Pressrückstände von Ölsaat, z. B. Placenta Seminis Lini (s. Linum usitatissimum).

Plazentaextrakt: enthält u. a. estrogene u. androgene Hormone, Corticosteroide u. wahrscheinl. auch thyreotrope Substanzen, ferner Vitamine (B-Gruppe, A, C, E, Folsäure), Aminosäuren, Albumine, Enzyme, Mukopolysaccharide u. Spurenelemente. **Anw.:** tier. bzw. menschlicher P. in der kosmet. Industrie zur Hautstraffung u. Zellerneuerung.

Plazentahormone: s. Hormone (Plazentahormone).

Plazentalactogen: s. Hormone (Plazentahormone).

Plazentaschranke: biolog. Barriere für korpuskuläre u. großmolekulare Teilchen zw. mütterl. u. fetalem Blut. Diaplazentare Passage über Diffusion od. aktive Transportmechanismen: abhängig von Molekülgröße, Eiweißbindung, Lipidlöslichkeit, Dissoziationsgrad u. elektr. Ladung der Teilchen.

Plectenchym: Flechtgewebe; (bot.) ein Scheingewebe od. Pseudoparenchym; gewebeartige Ansammlungen (Verbände) von pflanzl. Zellen, z. B. Algen- od. Pilzzellen (Hyphen).

Pleiochasium: (bot.) vielgabelige Trugdolde, s. Blütenstand.

Pleiotropie: Fähigkeit eines einzelnen Gens, die Ausbildung mehrerer versch. Merkmale zu beeinflussen. Die pleiotrope Mutation kann in Bezug auf ein Merkmal rezessiv u. gleichzeitig in Bezug auf ein anderes dominant sein. Bei Mosaikpleiotropie werden Merkmale aufgrund der zelleigenen Konstitution unabhängig voneinander ausgeprägt, während bei Relationspleiotropie das betr. Gen an übergeordneten Zentren angreift u. dadurch versch. Merkmalsbereiche sekundär beeinflusst.

pleomorph (gr. pleion mehr; morph Gestalt): mehrgestaltig; vgl. polymorph.

Plethora (gr. plethos Fülle)): Überfülle; Bez. für vermehrtes Blutvolumen bei versch. Herz-Kreislauf- od. Atemwegerkrankungen u. bei Polyzythämie*.

Pleura: Brustfell. Pleura costalis: Rippenfell.

Pleuritis: Brustfellentzündung. Primäre P. ist selten, Auftreten v. a. sekundär bei Pneumonie*, Lungeninfarkt u. Tuberkulose*.

Pleuromutilin: s. Tiamulin.

Pleurotolysin: ein pilzliches Hämolysin*. Vork.: im Austernseitling (Pleurotus ostreatus).

Plexiglas®: glasartiger, biegsamer, nicht splitternder Kunststoff aus Polymethylacrylsäureestern (s. Polyacrylharze), leichter als Fensterglas, Härte 2 bis 3; durchlässig für Ultraviolett- u. Röntgenstrahlen; beständig gegen Wasser, Säuren, Laugen, Benzin, Mineralöl, Terpentinöl, wird aber von Ethanol, Benzol, Estern, Ketonen, Chlorkohlenwasserstoffen gelöst o. quillt darin.

Plexus (lat. Geflecht): netzartige Verflechtung von Nerven od. Gefäßen. **Plexus solaris** (Sonnengeflecht): vegetatives Nervengeflecht im oberen Bauchraum mit sympath. u. parasympath. Anteilen; Solarplexusschock (Solarreflex): durch Druck auf den P. solaris ausgelöste Synkope*.

PLGA: s. Poly(lactid-co-glycolid).

Plicamycin INN: Mithramycin, Mitramycin, Aureolsäure; CAS-Nr. 18378-89-7; $C_{52}H_{76}O_{24}$, M_r 1085.18. Schmp. 180-183 °C. $[\alpha]_D^{20\,°C}$ −51° (c=0.4 in Ethanol); lösl. in niederen Alkoholen, Aceton, Ethylacetat, Wasser; mäßig lösl. in Chloroform; schwer lösl. in Ether, Benzol; Antibiotikum* aus Kulturen von Streptomyces tanashiensis, Streptomyces argillaceus od. Streptomyces plicatus. **Anw.:** Zytostatikum*; zur Behandlung von Hodentumoren, Hypercalcämie u. Hypercalcurie in Verb. mit fortgeschrittenen Malignomen; **Dos.:** i. v., individuell bis zu 0.03 mg/kg KG.

Ploidiegrad: gibt die Zahl der Chromosomensätze im Zellkern an; man unterscheidet zw. haploiden (1 n), diploiden (2 n), tetraploiden (4 n) usw. Zellen; s. Polyploidie.

Plumbagin: Plumbagol; 2-Methyl-5-hydroxy-1,4-naphthochinon. Ein Naphthochinonfarbstoff, Strukturformel s. *α*-Naphthochinon (Tab.).

Plumbago: **1.** Reißblei, Graphit*. **2.** bot. Gattung Bleiwurz.

Plumbago europaea L.: Europäische Bleiwurz; Fam. Plumpaginaceae (Südeuropa, Kaukasus). Stpfl. von **Herba Plumbaginis:** Herba Dentariae, Zehrwurz, Bleiwurz, Zahnkraut, Sankt-Antonius-Kraut. **Inhaltsst.:** 1 % Plumbagin*, Gerbstoffe; **Anw.** volkstüml.: z. B. als blasenziehendes Mittel.

Plumbi-: s. Blei(II)-.

Plumbi acetas: s. Blei(II)-acetat.

Plumbi acetatis unguentum: s. Unguentum Plumbi.

Plumbi aqua: s. Aqua Plumbi.

Plumbi aqua Goulardi: s. Blei(II)-acetat (Blei(II)-acetat-Lösung, basische).

Plumbi carbonas: s. Bleicarbonat, basisches.

Plumbicum rubrum: s. Mennige.

Plumbicum subfusum: s. Blei(II)-oxid.

Plumbi emplastri unguentum: s. Unguentum Plumbi oxydati.

Plumbi iodidum: s. Blei(II)-iodid.

Plumbi monoxidum: s. Blei(II)-oxid.

Plumbi oxidum: s. Blei(II)-oxid.

Plumbi subacetatis unguentum: s. Unguentum Plumbi.

Plumbi subcarbonas: s. Bleicarbonat, basisch.

Plumbi tannatis unguentum: s. Unguentum Plumbi tannici.

Plumbi unguentum: s. Unguentum Plumbi.

Plumbo-: s. Blei(II)-.

Plumbosulfat: s. Blei(II)-sulfat.

Plumbum: s. Blei.

Plumbum acetas: s. Blei(II)-acetat.

Plumbum aceticum: s. Blei(II)-acetat.

Plumbum aceticum basicum solutum: s. Blei(II)-acetat (Blei(II)-acetat-Lösung, basische).

Plumbum aeratum: s. Bleicarbonat, basisches.

Plumbum album: altertüml. (röm.) Bez. für Zinn*.

Plumbum boricum: s. Bleiborat.

Plumbum candidum: Zinn* wurde von den Römern als P. c. von Blei* (Plumbum nigrum) unterschieden.

Plumbum carbonicum: s. Bleicarbonat, basisches.

Plumbum chloratum: s. Blei(II)-chlorid.

Plumbum chloratum basicum: Bleioxychlorid; $PbCl_2 \cdot 5\text{-}7\ PbO$; gelbe Farbe (Patentgelb).

Plumbum chromicum: s. Bleichromat.

Plumbum chromicum basicum: bas. Bleichromat*; rote Farbe (Chromrot).

Plumbum cinereum: metall. Bismut*.

Plumbum cyanatum: s. Blei(II)-cyanid.

Plumbum dioxydatum: s. Blei(IV)-oxid.

Plumbum falsum: s. Graphit.

Plumbum gallotannicum: s. Bleitannat.

Plumbum glaciale: metall. Bismut*.

Plumbum hydrico-aceticum solutum: s. Blei(II)-acetat (Blei(II)-acetat-Lösung).

Plumbum hydrico-carbonicum: s. Bleicarbonat, basisches.

Plumbum iodatum: s. Blei(II)-iodid.

Plumbum manganicum: s. Bleimanganat.

Plumbum metallicum: s. Blei.

Plumbum nitricum: s. Blei(II)-nitrat.

Plumbum oxydatum: s. Blei(II)-oxid.

Plumbum oxydatum rubrum: s. Mennige.

Plumbum peroxydatum: s. Blei(IV)-oxid.

Plumbum stearinicum: s. Bleistearat.

Plumbum subaceticum solutum: s. Blei(II)-acetat (Liquor Plumbi subacetici).

Plumbum subcarbonicum: s. Bleicarbonat, basisches.

Plumbum sulfuratum: s. Bleisulfid.

Plumbum sulfuricum: s. Blei(II)-sulfat.

Plumbum tannicum: s. Bleitannat.

Plumbum thiosulfuricum: s. Bleithiosulfat.

Plumula: (bot.) Knospe zw. den Keimblättern im Samen.

Plutonium: Symbol Pu; OZ 94; D. 19.737; Schmp. 639.5 °C; 3-, 4-, 5-, 6-wertig; radioaktives Element, mind. 17 Isotope mit den Massezahlen 230, 232-247; wichtigstes, sehr langlebiges Isotop ist $^{239}_{94}$Pu (α-Strahler). **Vork.:** in der Natur nur in winzigsten Mengen (Pechblende, Carnotit); **Herst.:** im Plutonium-Reaktor; vgl. Transurane; **Wirk.:** schädlicher als Radium; **Gesch.:** entdeckt 1941 als 2. Transuran bei der Beschießung von Uran $^{238}_{92}$U mit Deuteronen von Glenn Theodore Seaborg, Edwin Mattison McMillan, A. C. Wahl u. J. W. Kennedy.

p. m.: **1.** Abk. für **p**ost* **m**eridiem. **2.** Abk. für **p**ost* **m**ortem.

Pm: (chem.) Symbol für Promethium*.

PM: Abk. für (lat.) **P**raescriptiones **M**agistrales; Magistralformeln*; herausgegeben vom Schweizerischen Apotheker-Verein (SAV).

PMMA: Abk. für **P**oly**m**ethyl**m**eth**a**crylat; s. Polyacrylharze.

PMSG: Abk. für (engl.) *pregnant mares serum gonadotropin;* s. Serumgonadotropin.

Pneumococcus: Diplococcus pneumoniae; in der Mehrzahl auch als Pneumokokken bez., s. Streptococcus pneumoniae.

Pneumocystis carinii: den Zygomycetes der niederen Pilze* zugeordneter, einzelliger Eukaryont (Entdecker Carini, 1911; taxonom. Klassifizierung noch nicht endgültig). **Vork.:** ubiquitärer Parasit in der Lunge vieler Säugerarten; opportunist. Erreger beim v. a. immundefizienten Menschen mit weitgehender Organspezifität für die Lunge.

Pneumokokken: s. Pneumococcus.

Pneumokokken-Polysaccharid-Impfstoff: Vaccinum pneumococcale polysaccharidicum Ph.Eur.4; Mischung gleicher T. gereinigter Kapselpolysaccharid-Antigene, die aus geeigneten pathogenen Stämmen von Streptococcus* pneumoniae gewonnen werden, deren Kapseln nachweisl. aus Polysacchariden bestehen, welche beim Menschen die Bildung genügend hoher spezif. Antikörperkonz. hervorrufen. Enthält die 23 immunchem. unterschiedl. Kapselpolysaccharide. Fertiger Impfstoff als Bulk entsteht durch die unter asept. Bedingungen durchgeführte Mischung der versch. Polysaccharidpulver. Die gleichmäßige Mischung wird in einer geeigneten isoton. Lsg. gelöst, so dass 0.50 mL einer Humandosis 25 µg eines jeden Polysaccharids enthält. Ein Konservierungsmittel kann zugesetzt werden, die Lsg. wird durch Filtrieren durch ein Bakterien zurückhaltendes Filter sterilisiert **Anw.:** aktive Immunisierung nach vollendetem 2. Lebensjahr. Durch Konjugation an ein Trägerprotein u. Einsatz von Aluminiumphosphat als Adjuvans besteht inzw. auch die Möglichkeit, bereits bei Säuglingen eine aktive Immunisierung gegen Pneumokokken vorzunehmen. Der handelsübl. Impfstoff enthält allerdings nur 7 St. pneumoniae-Serotypen.

Pneumokoniosen: Staublungenerkrankungen; Veränderungen der Lunge, die durch anorg. od. org. Stäube verursacht werden. Bildung von Granulomen, Knötchen, Schwielen; Ausbildung einer Lungenfibrose. Quarz u. Asbest wirken kanzerogen*. Die meisten P. werden als Berufskrankheiten anerkannt; vgl. Asbestose.

Pneumonie: akute od. chron. Entzündung des Lungenparenchyms, meist infektiöser, selten allerg., chem. od. physik. Genese. Unter den Infektionskrankheiten häufigste Todesurs. in den industrialisierten Ländern. Einteilung nach morpholog. u. röntgenolog. Kriterien, nach der Ätiologie u. dem Verlauf möglich.

Po: (chem.) Symbol für Polonium*.

Poaceae: syn. Gramineae, Süßgräser; Fam. der Od. Poales; ca. 9000 Arten, meist Kräuter mit den typ. Blättern der Gräser; Stängel rund, niemals dreikantig. Die Früchte sind Karyopsen, Spaltöffnungen mit hantelförmigen Schließzellen. P. liefern wichtige Nahrungs- u. Futtermittel, Fasern u. techn. Produkte. Zu beachten sind die allergenen Wirk. der Gräserpollen. **Chem. Merkmale:** Stärke u. Reserveeiweiß (Albumine u. Globuline sowie Prolamine u. Gluteline) in den Karyopsen, Saccharose (in Zuckergräsern) od. Fructosane (in Fructosangräsern), Cumarine, Silicat, zuweilen äther. Öl (z. B. in Cymbopogon) in langgestrekten Ölzellen, selten Alkaloide (z. B. in Arundo, Lolium). **Wichtige Gattungen:** z. B. Agropyron, Anthoxanthum, Arundo, Avena, Cymbopogon, Hordeum, Lolium, Oryza, Saccharum, Secale, Sorghum, Triticum, Vetiveria, Zea.

Pocken: Variola, Blattern; hochkontagiöse, ursprüngl. kosmopolit. verbreitete Infektionskrankheit (Seuche*). Kann seit 1977 durch die weltweite Pockenimpfkampagne der WHO als ausgestorben betrachtet werden; vgl. Vacciniavirus.

Pockenimpfstoff (flüssig, Dermolymphe): Vaccinum variolae fluidum dermicum Ph.Eur.1; Suspension eines Stammes lebender Vacciniaviren; Züchtung in der Haut von gesunden Tieren; farblose bis gelbe Flüss.; enthält keine Antibiotika. Da die Pocken* ausgerottet sind, wird die Impfung grundsätzl. nicht mehr durchgeführt.

Pocken-Lebend-Impfstoff (gefriergetrocknet): Vaccinum variolae cryodesiccatum dermicum Ph.Eur.3; gefriergetrocknete Suspension von lebenden Vacciniaviren; Lagerung in Ampullen unter Vakuum od. inertem Gas, enthält keine Antibiotika. Die Viren werden in der Haut von gesunden Tieren (z. B. Rinder, Schafe) gezüchtet. Da die Pocken* ausgerottet sind, wird die Impfung grundsätzl. nicht mehr durchgeführt.

Pockenviridae: Fam. der größten DNA-Viren; liegen als Einschlusskörperchen im Zytoplasma vor u. sind sehr wirtsspezifisch. Ca. 40 Serotypen in 2 Subfamilien; humanpathogene Vertreter finden sich z. B. im Genus Orthopoxvirus: u. a. Pockenviren (Erreger der Pocken*) u. Vacciniaviren* (Erreger der Kuhpocken).

Pockholz: s. Guaiacum officinale (Lignum Guajaci).

Podagra: Gichtanfall der großen Zehe, s. Gicht.

Podophyllin: Podophyllinum, Resina Podophylli, Podophyllumharz; das Harz aus dem Rhizom von **Podophyllum* peltatum**. Ein Gemenge versch. Stoffe, das aus dem ethanol. Extrakt der unterird. Teile von P. peltatum durch Wasser (stark verdünnte Salzsäure) abgeschieden wird. Gelbes, amorphes Pulver od. lockere, zerreibliche, amorphe Masse von gelbl. od. bräunl. grauer Farbe u. von bitterem Geschmack: hygroskop.; unlösl. in Wasser, lösl. in 100 T. Ammoniaklösung, in 10 T. Ethanol, teilweise lösl. in Schwefelkohlenstoff u. Ether. Stark augen- u. schleimhautreizend. **Off.:**

DAC, ÖAB90, Ph.Helv.8; **Inhaltsst.:** die Lignane Podophyllotoxin (nach ÖAB90: Geh.: 40-50 %), *α*- u. *β*-Peltatin; die Peltatine sollen am wirksamsten sein. Das ind. Podophyllin (s. Podophyllum hexandrum), auch als Emodi- od. Hexandrum-Podophyllin bezeichnet, enthält im Ggs. zum Peltatum-Podophyllin keine Peltatine u. gilt daher als Verfälschung. **Anw.:** als 10 %ige Lsg. in Ethanol 90 % lokal gegen Kondylomen* (vgl. Juniperus sabina); Mitosegift*. Podophyllinsäurehydrazid u. a. Abwandlungsprodukte des Podophyllotoxins wurden als Zytostatika eingeführt (s. Etoposid, Mitoposid, Teniposid). Wegen seiner teratogenen Wirk. ist P. in der Schwangerschaft kontraindiziert.

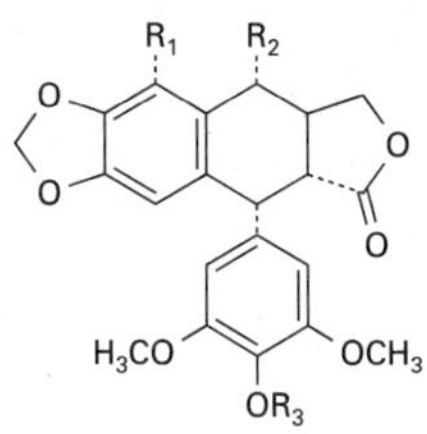

Podophyllotoxin: R_1 = H, R_2 = OH, R_3 = CH_3
α-Peltatin: R_1 = OH, R_2 = R_3 = H
β-Peltatin: R_1 = OH, R_2 = H, R_3 = CH_3

Podophyllin: einige Inhaltsstoffe

Podophyllotoxin: s. Podophyllin.

Podophyllum emodi: s. Podophyllum hexandrum.

Podophyllum hexandrum Royle: Podophyllum emodi Wall. ex Hook f. et Thoms.; Fam. Berberidaceae (Indien, Himalaya). Stpfl. von **Rhizoma Podophylli indici:** Podophylli indici rhizoma, Rhizoma Podophylli emodi, Indische Podophyllwurzel. **Anw.:** früher als drastisches Abführmittel (teratogene Wirk., s. Podophyllin), hauptsächl. zur Gew. von (Hexandrum-)Podophyllin.

Podophyllum peltatum L.: Maiapfel, Fußblatt; Fam. Berberidaceae (Nordamerika). Stpfl. von **Podophylli rhizoma:** Rhizoma Podophylli, Podophyllwurzel(stock), Maiapfelwurzel; (teratogene Wirk. s. Podophyllin). **Off.:** DAC; **Inhaltsst.:** 4-6 % Harz (Podophyllin*, mind. 3.5 %). Anw. findet nur das Podophyllin.

Hom: *Podophyllum peltatum (HAB2000):* frischer, nach völliger Reife der Früchte geernteter Wurzelstock; verord. z. B. bei Lebererkrankungen, Gallensteinen, starker Diarrhö, Hämorrhoiden.

Podophyllwurzel: s. Podophyllum peltatum, Podophyllum hexandrum.

Pökeln: s. Konservierung.

Pogostemon cablin (Blanco) Benth.: Pogostemon patchouli Pellet., Patschulipflanze, Patchouly; Fam. Lamiaceae (Labiatae) (heim. indisch-malaiisches Gebiet, kult. in Hinterindien, Philippinen, Sri Lanka, Java, Mauritius, Reunion). Stpfl. von **Folia Patchouli:** Herba Patchouli, Patschuliblätter. **Inhaltsst.:** 1.5-4 % äther. Öl, bestehend aus ca. 50 % Patchoulialkohol (Patschulikampfer), einem tricycl. Sesquiterpenalkohol, u. a. Sesquiterpenen wie Dhelwangin (für die bakterizide Wirk. des Öls verantwortl.), ferner Eugenol, Benzaldehyd, Zimtalkohol, Azulene (Guajen), Ketone u. ein Alkohol mit rosenähnl. Geruch; **Anw.:** zur Gew. des Patschuliöls (Oleum Foliorum Patchouli, Oleum Patchouli), das in der Parfümeriefabrikation Verw. findet.

Poise (Jean-Louis Marie Poiseuille, franz. Arzt u. Physiologe, 1799-1869): Symbol P; nach dem SI* nicht mehr zulässige, aber z. T. noch gebräuchl. Einheit der dynamischen Viskosität* (s. Viskosität). Eine Flüss. hat eine dynam. Viskosität von 1 Poise, wenn die Tangentialkraft 1 dyn erforderl. ist, um 2 parallele, 1 cm^2 große Flächen im Abstand von 1 cm mit der Geschwindigkeit von 1 $cm \cdot s^{-1}$ aneinander vorbeizubewegen. 1 Poise entspr. im System der SI*-Einheiten 0.1 Pas (Pascalsekunde); 1 Centipoise (cP) = 1 mPas.

Poisson-Verteilung: beschreibt die Wahrscheinlichkeit diskreter Ereignisse, die selten auftreten ($p<<0.5$) bei großem Stichprobenumfang n:

$$P(x)=\frac{\lambda^x \cdot e^{-\lambda}}{x!}$$

mit $\mu=n \cdot p$, dem Mittelwert der Verteilung. P(x) bezeichnet die Wahrscheinlichkeit in der Stichprobe x-mal ein Ereignis, z. B. einen Fehler, zu finden. **Anw.:** beim radioaktiven Zerfall, bei selten auftretenden Impfkomplikationen u. in der Qualitätssicherung; vgl. Binomialverteilung, Normalverteilung. Beispiel: 1 von 10 000 Tabletten weist im Produktionsprozess einen Fehler auf ($p=1 \cdot 10^{-4}$), der in der Qualitätskontrolle nicht entdeckt wird. Die Wahrscheinlichkeit in einer Packung mit n = 200 Stück weniger als 2 (also x = 0 u. x = 1) fehlerhafte Tabletten zu finden, berechnet sich dann zu 99.98 %.

Polarimeter: Polarisationsapparat; Gerät zur Messung der opt. Aktivität*. **Funktionsprinzip:** Aufbau aus einem Polarisator*, welcher der Lichtquelle, u. einem Analysator, der dem Auge des Beobachters zugewandt ist. Die Lichtstrahlen gelangen zunächst von der Lichtquelle zu einer Beleuchtungslinse u. werden durch den Polarisator linear polarisiert (s. Polarisation des Lichtes). Nach Verlassen des Polarisators durchsetzen sie die drehende Substanz, welche in einer Beobachtungsröhre best. Länge (Schichttiefe z. B. 100 od. 200 mm) eingeschlossen ist, u. gelangen in den mit einer Messvorrichtung (Teilkreis 0-360°) versehenen Analysator mit dem Beobachtungsfernrohr für das Gesichtsfeld. **Ermittlung der opt. Aktivität:** durch entspr. Drehung des Analysators u. Ablesen am Teilkreis in Winkelgraden. Bei älteren Polarisationsapparaten werden durch Drehung des Analysators die Polarisationsebenen der beiden Nicol-Prismen (s. Polarisation des Lichtes) in gekreuzte Stellung gebracht, so dass der Analysator den polarisierten Lichtstrahl vollständig auslöscht u. die Einstellung auf absolute Dunkelheit des Gesichtsfelds erfolgt. **Polarimetertypen:** **1. Halbschatten-Apparate:** (nach Mitscherlich-Laurent); genauer als die älteren Apparate; keine absolute Verdunkelung, sondern nur eine „Beschattung" des Gesichtsfelds, indem der Analysator nach rechts od. links verdreht wird; der

Abgleich dieser wechselnden Helligkeit wird als Halbschatten bezeichnet. Da bei diesen Apparaten der Analysator fest mit der Ablesevorrichtung (Teilkreis) verbunden u. um seine opt. Achse drehbar ist, nennt man sie auch Kreis-Polarimeter. **Lichtquelle:** fast immer Natriumlicht (Linie D des Spektrums, Wellenlänge 589.2 nm). **2. Saccharimeter:** dienen fast ausschließl. der Untersuchung von Zuckerlösungen. **Funktionsprinzip:** Während beim Kreis-Polarimeter eine monochromat. Lichtquelle notwendig ist, kann beim Saccharimeter mit weißem Licht gearbeitet werden. Der Abgleich erfolgt anstatt eines Analysators mit einem Kompensator, einer Kombination von 2 od. mehreren Quarzkeilen. Diese Quarzkeilkompensation besteht aus einer rechts- od. linksdrehenden parallelen Quarzplatte, der Kompensationsplatte. Vor dieser Platte sind 2 keilförmig geschliffene Quarzplatten von unter sich gleicher, aber zu der parallelen Quarzplatte entgegengesetzter Drehung angeordnet. Eine der beiden keilförmigen Platten ist kurz u. feststehend, während die andere doppelt so lang u. mit ihrer Fassung verschiebbar gelagert ist. Dadurch kann die Gesamtdicke der beiden keilförmigen Platten beliebig verändert werden. Bei einer bestimmten Stellung heben sich die beiden entgegengesetzten Drehungen völlig auf u. das Gesichtsfeld zeigt auf beiden Hälften die gleiche Helligkeit. **Ermittlung der opt. Aktivität:** durch Verschiebung des bewegl. Quarzkeils, der mit einer Teilung versehen ist, kann der Zuckergehalt direkt, meistens nach der „Internationalen Zuckerskala“ in °S (sugar), abgelesen werden (s. Abb.). **Anw.:** Identifizierung opt. aktiver Substanzen über die Messung des Drehungswinkels; Gehaltsbestimmung opt. aktiver Substanzen mit Hilfe der spezifischen Drehung*.

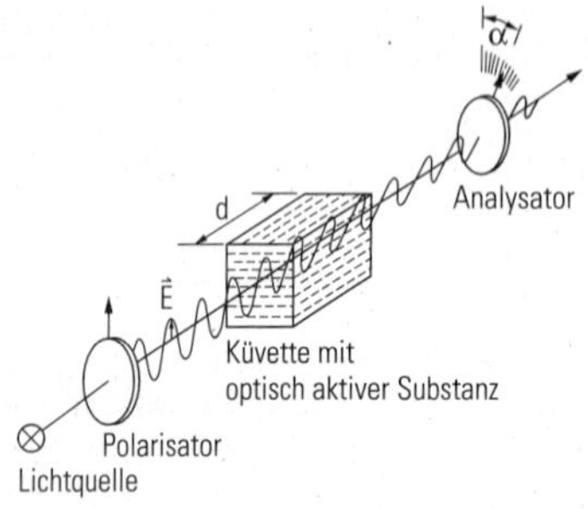

Polarimeter: schemat. Aufbau

Polarimetrie: s. Drehung, spezifische.

Polarisation des Lichtes: beschreibt die Richtung der räuml. Auslenkung in einer Lichtwelle. Das natürl. Licht ist eine transversale Welle, d. h. seine Schwingungen erfolgen senkrecht zu seiner Fortpflanzungsrichtung, ändern dabei aber rasch wechselnd u. völlig ungleichmäßig ihre Schwingungsebene. Licht, dessen Schwingung nur in einer Ebene erfolgt, heißt vollständig od. **linear polarisiert.** Bei **zirkular** od. **elliptisch polarisiertem** Licht läuft die Amplitude* auf einem Kreis od. einer Ellipse in einer Ebene senkrecht zur Ausbreitungsrichtung. Linear polarisiertes Licht lässt sich z. B. auf folgende Weise erzeugen: **1. Polarisation durch Dichroismus:** einfachste Methode, polarisiertes Licht aus natürl. Licht herauszufiltern (s. Dichroismus). **Anw.:** Polarisationsfilter (Polaroid-Filter), der aus einer Plastikfolie besteht, in der kleine dichroit. Kristallnadeln parallel zueinander eingebettet sind. Fällt Licht auf diese Folie, absorbieren die Kristalle bei einer bestimmten Polarisationsrichtung im Sichtbaren. Für die dazu senkrechte Polarisationsrichtung ist die Absorption in den UV-Bereich verschoben, so dass nur das sichtbare Licht dieser Polarisationsrichtung den Polarisationsfilter durchdringt. **2. Polarisation durch Doppelbrechung:** erfolgt z. B. mit einem Nicol-Prisma (kurz Nicol; nach dem Erfinder William Nicol, engl. Physiker, 1768-1851), bestehend aus einem diagonal durchschnittenen u. z. B. mit Kanadabalsam wieder zusammengekitteten Kalkspatkristall mit parallel geschnittenen Endflächen. Der Brechungsindex des Kitts ist kleiner als der von Kalkspat. Trifft ein Strahl natürl. Lichts auf ein Nicol-Prisma, so wird wegen der Doppelbrechung* des Kalkspats der Lichtstrahl in 2 Strahlen, den ordentl. u. den außerordentl. Strahl, zerlegt, die beide polarisiert sind, deren Schwingungsebenen jedoch senkrecht zueinander stehen. Der ordentl. Strahl wird von der Balsamschicht total reflektiert u. tritt aus dem Prisma aus, während der außerordentl. Strahl, der senkrecht zum Hauptschnitt polarisiert ist, durch das Prisma hindurchgeht (s. Abb.). **3. Polarisation durch Reflexion:** Fällt ein Lichstrahl in einem solchen Einfallswinkel auf die Fläche eines durchsichtigen Spiegels (gilt nicht für metall. Spiegel), dass der reflektierte Strahl mit dem gebrochenen Strahl einen rechten Winkel bildet, dann ist der reflektierte Strahl vollständig polarisiert, u. zwar in seiner Einfallsebene, der Polarisationsebene. Trifft ein Lichtstrahl unter einem anderen Winkel, als oben angegeben, auf einen Spiegel, so tritt die Polarisation nur unvollständig ein. **4. Polarisation durch Streuung:** Licht wird an kolloidalen od. makromolekularen Suspensionen od. Lösungen gestreut; dieses Streulicht ist je nach Streurichtung mehr od. weniger polarisiert.

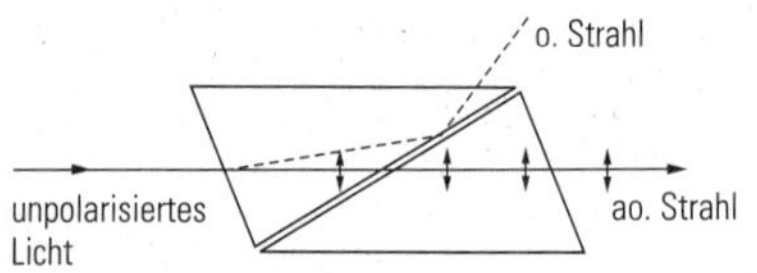

Polarisation des Lichtes: Nicol-Prisma aus zwei Kalkspatkristallen zur Erzeugung linear polarisierten Lichts; ordentlicher (o.) u. außerordentlicher (ao.) Strahl

Polarisation, elektrochemische: bei der Elektrolyse das Auftreten einer der angelegten Spannung entgegengerichteten Polarisationsspannung. Bei galvan. Elementen bewirkt die P. ein Absinken der Klemmenspannung. Um dies zu verhindern, werden Depolarisatoren zugesetzt, die jene Stoffe chem. binden, die die P. bewirken.

Polarisationsapparat: s. Polarimeter.

Polarisationsfilter: s. Polarisator.

Polarisationsmikroskop: Mikroskop, in das 2 Polarisatoren* eingebaut sind, so dass die Objekte im polarisierten Licht beobachtet werden können; vgl. Mikroskop.

Polarisator: Einrichtung, um polarisiertes Licht aus natürl. Licht herauszufiltern, bestehend z. B. aus einem Polarisationsfilter. Ein P., der z. B. im Polarimeter* zum Nachw. polarisierten Lichts dient, wird als **Analysator** bezeichnet; s. Polarisation des Lichtes.

Polarographie: für qualitative u. quantitative Bestimmungen geeignete Analysenmethode, basierend auf der Beobachtung von elektrolyt. Prozessen, bei der eine polarisierbare u. eine nicht polarisierbare Elektrode eingesetzt werden. An die Elektroden legt man eine sich kontinuierl. ändernde polarisierende Spannung an u. registriert den Mittelwert des Stroms, der in Abhängigkeit von dieser Spannung durch die Lsg. fließt. Der Grenzstrom auf den polarograph. Kurven ist proportional der Konz. der elektroaktiven Substanz u. seine Messung ermöglicht ihre quantitative Bestimmung. Den Wert des Potentials, der dem Wendepunkt der registrierten Kurven entspricht, bezeichnet man als **Halbwellenpotential** od. Halbstufenpotential; er hängt von der Natur der elektroaktiven Substanz ab u. gibt somit deren Qualität an. Polarisationskurven dienen der Analyse und der Aufklärung des Mechanismus von Elektrodenvorgängen. **Verwendete Elektroden:** **1.** polarisierbare Elektrode: Elektrode, an deren Oberfläche die Produkte der Elektrodenvorgänge fortlaufend beseitigt werden können, z. B. Quecksilbertropfelektrode; **2.** nicht polarisierbare Elektrode: Quecksilberelektrode mit großer Oberfläche, die sich am Boden des Gefäßes befindet (s. Abb.).

Polaroid-Filter: s. Polarisation des Lichtes.

Poleigamander: s. Teucrium polium ssp. polium.

Poleikraut: s. Mentha pulegium (Herba Pulegii).

Poleiminze, Amerikanische: s. Hedeoma pulegioides.

Poleiöl: s. Mentha pulegium (Oleum Pulegii).

Poleiöl, Amerikanisches: s. Hedeoma pulegioides (Oleum Hedeomae).

Polemonium caeruleum L.: Sperrkraut, Jakobsleiter, Himmelsleiter; Fam. Polemoniaceae (Od. Solanales) (Europa). **Inhaltsst.:** in der Wurzel Saponine; **Anw.:** hom., volkstüml. als Expektorans.

Polidocanol INN: Thesit, Hydroxypolyethoxydodecan; Polyethylenglykol-monododecylether; $C_{12}H_{25}(OCH_2CH_2)_xOH$, M_r ca. 600; P. enthält durchschnittl. 9 Ethylenoxid-Einheiten. **Off.:** DAC86 (Polidocanol 600); **Anw.:** Oberflächenanästhetikum, Hilfsstoff (nichtion. Emulgator*), zur Varizenverödung (z. B. auch in Hämorrhoidalsalbe, s. Unguentum haemorrhoidale); **Dos.:** parenteral Lsg. 0.5-3 % zur Venenverödung.

Polieren: s. Dragieren.

Polierrot: s. Eisen(III)-oxid.

Polihexanid: Poly(hexamethylenbiguanid) (Abk. PHMB), ICI 9073, Vantocil IB, Poly(iminoimidocarbonyl-iminoimidocarbonyl-iminohexamethylen-monohydrochlorid) (WHO); Poly(2,2,-diimino-1,3,5-triazaundecamethylen-hydrochlorid); CAS-Nr. 28757-48-4, $(C_8H_{17}N_5 \cdot HCl)_n$; als Hydrochlorid gut wasserlösl.; $pK_{S,1}$ 10.5-11.5; $pK_{S,2}$ 2-3. **Wirk.:** konzentrationsabhängig mikrobizid (z. B. geg. Staphylokokken u. Enterokokken); bisher keine Resorption nach lokaler Anw. auf Wunden nachweisbar; **Anw.:** Antiseptikum*, Desinfektionsmittel*; lokal als Wundantiseptikum (0.02-0.04 %ig), chirurg. Versorgung von drohender akuter od. chron. Knochen- und Weichteilinfektion, Haut- u. Schleimhautantiseptik, Flächen- und Instrumentendesinfektion.

Poliomyelitis (gr. polios grau; myelos Mark): Poliomyelitis epidemica, Poliomyelitis anterior acuta, Heine-Medin-Krankheit; meldepflichtige Infektionskrankheit, die durch Poliomyelitis-Viren verursacht u. fäkal-oral übertragen wird. Ursprünglich weltweit verbreitet, durch den bisher erzeugten hohen Immunisierungsgrad in Europa u. Nordamerika drast. zurückgegangen, in trop. Ländern durch schlechte sanitäre Verhältnisse u. geringen Immunisierungsgrad weit verbreitet. Empfänglichkeit bereits beim Säugling, Gipfel im Kleinkind- u. Schulalter, auch bei Jugendlichen u.

1

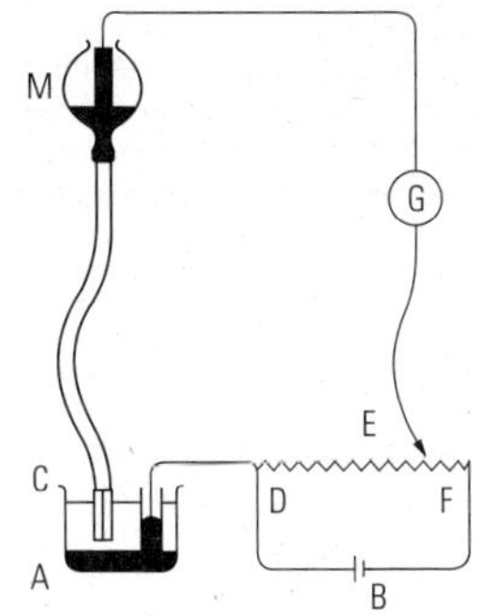

2

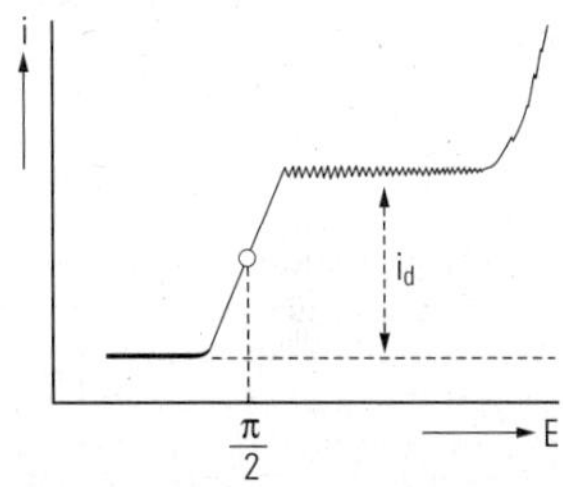

Polarographie: 1: Schema einer polarograph. Einrichtung; C: Quecksilbertropfelektrode mit Reservior (M); A: Anode, Quecksilberschicht mit großer Oberfläche; D: potentiometr. Draht mit Schiebekontakt (F), gespeist durch Akkumulator (B); E: abgezweigtes Potential; G: Galvanometer zur Messung des durchfließenden Stroms.
2: Polarographische Kurve, Abhängigkeit der Intensität des die analysierte Lösung durchfließenden Stroms (i) von der angelegten Spannung (E); i_d: Wert des Grenzstroms, der Konz. der elektrodenaktiven Substanz proportional; π/2: Halbwellenpotential dieser Substanz

P

noch bei Erwachsenen. Die Infektion verläuft in ca. 99 % der Fälle inapperent od. lokal, bei ca. 0.1 % der Infizierten kommt es nach einem nichtparalyt. Stadium zu paralyt. Verlaufsformen mit Lähmungen spinaler u./od. bulbopontiner Form. Erworbene Immunität* typspezif. lebenslang anhaltend. **Erreger:** RNA-Viren (Enteroviren, Picornaviridae*); 3 pathogenet. u. immunolog. versch. Stämme: Typ I („Brunhilde"); Typ II („Lansing"); Typ III („Leon"); Inkubationszeit 5-14 d; **Prophylaxe:** aktive Immunisierung* (Schutzimpfung*) mit inaktiviertem Impfstoff nach Salk, s. P.-Impfstoff (inaktiviert). Der Polio-Lebendimpfstoff, s. P.-Impfstoff (oral), wird wegen des — wenn auch sehr geringen — Risikos einer vakzine-assoziierten paralyt. P. nicht mehr empfohlen.

Poliomyelitis-Impfstoff (inaktiviert): Vaccinum poliomyelitidis inactivatum Ph.Eur.4, Salk-Impfstoff, Totimpfstoff; wässrige Suspension von in Gewebekulturen gezüchteten Poliomyelitis-Viren der 3 Sero-Typen (s. Poliomyelitis); Inaktivierung durch Formaldehyd od. Hitze, minimale Mengen von Antibiotika (Streptomycin, Neomycin) u. Konservierungsmittel erlaubt. **Anw.:** Immunisierung von Personen mit Immundefekt od. unter immunsuppressiver Ther.; Verabreichung durch i. m. Injektion. Grundimmunisierung erfolgt durch 2 Impfungen im Abstand von 2-6 Monaten; Auffrischungsimpfungen nach 10 Jahren. Bestandteil des Impfkalenders*. Da die Schluckimpfung (Poliomyelitis-Impstoff oral) die minimale Gefahr der Auslösung einer Vakzine-assoziierten Poliomyelitis birgt, empfiehlt die STIKO seit Januar 1998 die ausschließl. Verwendung der inaktivierten Polio-Vakzine.

Poliomyelitis-Impfstoff (oral): Vaccinum poliomyelitidis perorale Ph.Eur.4, Sabin-Impfstoff, Poliomyelitis-Schluckimpfung; Zuber. aus zugelassenen Stämmen des lebenden, attenuierten Polymyelitis-Virus des Typs I, II od. III (s. Poliomyelitis), der in zugelassenen Zellkulturen in vitro gezüchtet ist. Klare Flüss., die durch die Anwesenheit eines pH-Indikators gefärbt sein kann. Der Impfstoff kann jeden der 3 Typen od. jede Komb. der 3 Typen der Sabin-Stämme enthalten u. wird in einer Form zubereitet, die für eine orale Verarbeitung geeignet ist; Antibiotika außer Penicillin können enthalten sein. Der Impfstoff wird nicht mehr empfohlen (Risiko der vakzine-assoziierten Poliomyelitis).

P

Polkerne: (meist) 2 Kerne; je einer entsteht an den beiden Polen des Embryosacks der Angiospermen; die beiden Polkerne wandern zur Mitte u. verschmelzen mit einem Spermakern zum triploiden (3n) Endospermkern, aus dem sich das sekundäre Endosperm entwickelt.

Pollakisurie (gr. pollakis oft): häufige Entleerung kleiner Harnmengen aus der Blase. **Vork.:** z. B. bei Blasenhalsobstruktion, Blaseninstabilität u. Zystitis; vgl. Polyurie.

Pollen: Blütenpollen; der aus den Pollenkörnern bestehende Blütenstaub. Eiweißnahrung der Bienen, die beim Nektarsammeln im Haarkleid der Sammelbienen hängen bleibt od. direkt gesammelt u. als Pollenhöschen in den Bienenstock getragen wird. **Inhaltsst.:** 7-35 % Eiweiß (20-25 bekannte Aminosäuren), Kohlenhydrate, Zucker, Fette, Vitamine, Estrogene, Mineralstoffe u. Spurenelemente. **Anw.:** (auch Extrakte) zur Diagnostik od. Desensibilisierung bei Pollinosis*; als Stärkungsmittel, auch in der Sportmedizin u. geg. Prostatabeschwerden.

Pollenkorn: (bot.) männl., haploide Keimzelle der Samenpfl. (Spermatophytina*), s. Blüte. Die äußere Haut wird Exine* genannt, die innere Intine*. Die Pollenkörner sind artspezif. durch ihre Größe, äußere Form, Beschaffenheit der Exine sowie Zahl, Anordnung u. Form der für den Austritt des Pollenschlauches (s. Samenbildung) vorgesehenen Öffnungen (Aperturen) charakterisiert. Diese sehen z. B. poren- od. spaltenförmig aus, so dass man je nach ihrer Anzahl z. B. von monoporaten (charakterist. für monokotyle Pflanzen), di-, tri-, tetra-, penta-, hexa- od. polyporaten bzw. -kolpaten Pollenkörnern spricht.

Pollenmutterzelle: s. Mikrosporenmutterzelle.

Pollensäcke: (bot.) im Staubbeutel (Anthere) vorhandene, Pollen führende Fächer, s. Blüte.

Pollenschlauch: s. Samenbildung.

Pollex (lat.): Daumen.

Pollinium: s. Orchidaceae.

Pollinosis: Heufieber; durch Proteinbest. in Pollen (vgl. Allergene) verursachte spezif. Überempfindlichkeitsreaktion vom Soforttyp (Typ I der Allergie*). **Sympt.:** Rhinitis allergica (Heuschnupfen), Konjunktivitis, exogen-allerg. Asthma bronchiale, gelegentl. Kontakturtikaria, fieberhafte Allgemeinreaktion; **Vork.:** insbes. während der Baum- (Februar-Mai), Gräser- (Mai-August) u. Kräuterblüte (Juli-Oktober); **Ther.:** prophylakt. mit lokal wirkenden Mastzellstabilisatoren (z. B. Cromoglicinsäure*; Nedocromil*-Natrium; Ketotifen*), im Anfall mit abschwellenden Nasentropfen, Antihistaminika*, evtl. Dauerther. mit Glucocorticoiden*; **Proph.:** Karenz, Atemschutz, Hyposensibilisierung*.

Polonium: Radium F; Symbol Po; OZ 84. D. 9.32; Schmp. 254 °C; Sdp. 962 °C. **Vork.:** radioaktives Zerfallsprodukt der Uranreihe; eines der seltensten Elemente; **Gesch.:** 1898 von dem Ehepaar Marie (1867-1934) u. Pierre Curie (1859-1906) entdeckt.

Poloxamere: Poloxamera Ph.Eur.4, Pluronics®; tensidartige Polyoxyethylen-Polyoxypropylen-Blockpolymere. Die Polyoxyethylengruppen besitzen hydrophile, die Polyoxypropylengruppen hydrophobe Eigenschaften; ein Antioxidans wie Butylhydroxytoluol kann zugesetzt sein. P. 124, 182, 184 u. 331 sind farblose Flüssigkeiten. P. 188, 237, 338 u. 407 sind fest, weiß, wachsartig; Schmp. ca. 50° C, M_r s. Tabelle. Alle P. sind sehr leicht lösl. in Wasser (außer P. 331) sowie in Ethanol u. prakt. unlösl. in Petrolether u. weisen eine sehr geringe Tox. auf. HLB*-Wert ca. 29. Beständig gegenüber Säuren, Alkalien u. Metallionen. In Konz. zw. 0.001-10 % keine Hämolyse bei parenteraler Verabreichung. **Anw.:** **1.** Erhöhung des Lösevermögens für Arzneistoffe, in oralen Arzneiformen als Solubilisator (s. Solubilisation) für Antibiotika, Vitamin A u. E; verbessern die Resorption bestimmter Wirkstoffe; **2.** in halbfesten Arzneiformen als Emulgatoren, bilden klare Gele, auch

Poloxamere

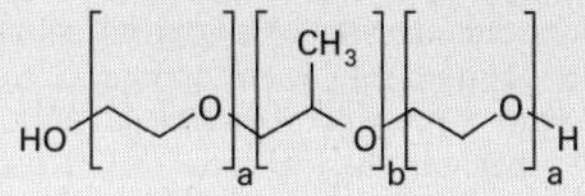

Poloxamer-Typ	Ethylenoxid-Einheiten (a)	Propylenoxid-Einheiten (b)	Gehalt an Ethylenoxid-Einheiten	mittlere relative Molekülmasse
124	10 - 15	18 - 23	44.8 - 48.6	2090 - 2360
182	6 - 10	27 - 33	26.9 - 30.7	2200 - 2800
184	10 - 15	27 - 33	37.5 - 41.3	2600 - 3200
188	75 - 85	25 - 30	79.9 - 83.7	7680 - 9510
237	60 - 68	35 - 40	70.5 - 74.3	6840 - 8830
331	5 - 10	52 - 57	14.5 - 18.3	3400 - 4200
338	137 - 146	42 - 47	81.4 - 84.9	12 700 - 17 400
407	95 - 105	54 - 60	71.5 - 74.9	9840 - 14 600

Suppositorien zugesetzt; Bildung von Mikroemulsionsgelen mit geeigneten hydrophilen Komponenten u. Lipiden; **3.** Verbesserung von Benetzung u. Haftfähigkeit auf Haut u. Schleimhaut; **4.** bevorzugte Emulgatoren für parenterale Fettemulsionen (ca. 0.3 %) **5.** P. 188 als Laxans.

Polreagenspapier: diente der schnellen Bestimmung des negativen Pols einer elektr. Stromquelle. **Darst.** u. **Anw.:** P. besteht aus ungeleimten Papier, das mit einer verd. alkohol. Lsg. von Phenolphthalein* (1:15) u. Natriumsulfat (1:10) getränkt u. dann getrocknet wurde. Legt man auf das befeuchtete farblose Papier die Enden beider Drähte, so zeigt sich der negative Pol durch Rotfärbung des Papiers an (infolge Bildung von NaOH).

Polyacetalharze: Acetalharze; Polymerisate u. Copolymerisate meist auf der Basis von Formaldehyd. P. sind thermoplast. Kunststoffe u. werden meist nach dem Spritzgießverfahren verarbeitet.

Polyacetylene: Polyacetylen-Derivate, s. Polyine.

Polyacrylatgel, isopropylalkoholhaltiges: s. Mucilago Polyacrylati cum Alcohole isopropylico.

Polyacrylatgel, wasserhaltiges: s. Mucilago Polyacrylati cum Aqua.

Polyacrylati mucilago aquosa: s. Mucilago Polyacrylati cum Aqua.

Polyacrylati mucilago cum isopropanolo: s. Mucilago Polyacrylati cum Alcohole isopropylico.

Polyacrylatis dispersio 30 per centum: s. Polyethylacrylat-methylmethacrylat-Dispersion 30 %.

Polyacrylharze: Polymethacrylate, Polyacrylate, Acrylharze; hergestellt durch Polymerisation der Acrylsäure u. der Methacrylsäure sowie deren Ester, Amide u. Nitrile unter dem Einfluss von Radikalbildnern. Je nach Größe der Estergruppe entstehen dabei gummiartige, klebrige bis zähe u. schließlich harte Produkte (kleinste Estergruppe). Die P. sind licht- u. witterungsbeständig, thermoplastisch. **Anw.:** P. werden als Spritzgießmassen (s. Spritzgießen) verarbeitet u. dienen als zähflüssige Lösungen u. wässrige Dispersionen zum Aufziehen von Folien, Schutzüberzügen, Imprägniermitteln; als Dragierlack (s. Eudragit®). P. finden weiterhin Verw. als Verbandfixiermittel, Klebstoffe, Pflasterklebstoffe, Gewebekleber in der Chirurgie (polymerisierbare Monomere), in der Orthopädie, als Zahnprothesen, Zahnfüllmaterial, Ionenaustauscher*. **Polymethylmethacrylat:** Abk. PMMA, Acrylglas; sehr beständig, klar u. lichtdurchlässig, in der Wärme biegsam, opt. hochwertig (kommt dem anorg. Glas* in den Eigenschaften am nächsten). **Anw.:** vielseitig; in lokal applizierten Aerosolen* als mit Wasser nicht abwaschbares, jedoch wasserdampfdurchlässiges Verbandmittel (engl. spray bandages). Dadurch ist eine normale Regeneration der Haut unter dem Verband möglich. Es bilden sich kurz nach dem Aufsprühen elast. Membranen aus, die die erkrankte od. verletzte Haut vor äußeren Einwirkungen schützen.

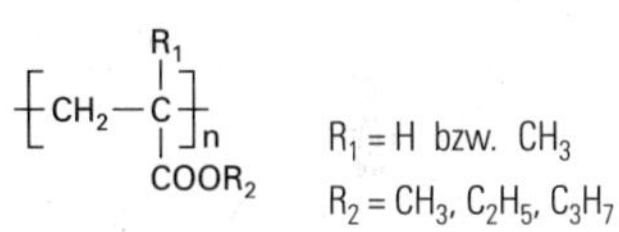

Polyacrylharze

Polyacrylnitril: Polymerisat des Acrylnitrils (s. Polyacrylharze). P. hat einen relativ hohen Erweichungspunkt u. löst sich nur in wenigen Lösungsmitteln (z. B. in Dimethylformamid). Copolymere aus Styrol u. Acrylnitril dienen als schlagfeste thermoplast. Kunststoffe (Acrylnitril-Butadien-Styrol, Abk. ABS; Acrylnitril-Styrol-Acrylester, Abk. ASA).

Polyacrylsäure: s. Carbomere.

Polyaddition: Zusammenlagerung niedermolekularer, polyfunktioneller Verbindungen zu Makromolekülen unter Umlagerung bestimmter Molekülbestandteile. Niedermolekulare Reaktionsprodukte werden nicht abgespalten. Durch P. entstehen z. B. Polyurethane*, Epoxidharze*.

Polyalkohole: Alkohole mit mehreren OH-Gruppen. Beispiele: Glycerin*, Hexite*.

Polyamide: Abk. PA; $-[NH(CH_2)_m-NH-CO-(CH_2)_n-CO]_x-$. Linear aufgebaute Kunststoffe mit der regelmäßig wiederkehrenden Säureamidgruppe –NH–CO–. Man erhält sie durch Polykondensation von Diaminen mit Dicarbonsäuren, v.a. von Hexamethylendiamin mit Adipinsäure* od. durch Polymerisation von Lactamen, bes. ε-Caprolactam. P. sind hornartig u. in den gebräuchl. org. Lösungsmitteln unlöslich. Sie sind teilkristallisiert, haben einen relativ scharfen, hohen Schmp., sind temperaturbeständig, sterilisierbar, zugfest, chem. relativ resistent u. lassen sich aus der Schmelze zu seidenartigen Polyamidfasern (Nylon®, Perlon®, Rilsan®) formen. P. werden auch zu Bändern u. transparenten, geschmeidigen Folien (öl- u. fettdicht, jedoch wasserdampf- u. gasdurchlässig) u. als Spritzgießmassen verarbeitet.

Polyamid-6-Faden: s. Filum polyamidicum-6 sterile.

Polyamid-6/6-Faden: s. Filum polyamidicum-6/6 sterile.

Polyarthritis: polyartikuläre Arthritis*; gleichzeitige Entzündung von 5 od. mehr Gelenken. Chron. Polyarthritis: s. Arthritis, rheumatoide.

Polyasen: nicht mehr gebräuchl. Bez. für Enzyme*, die Polysaccharide spalten (Amylase, Cellulase, Pektinase, Glykosidasen).

Polyborane: s. Borane.

Polybutylen: s. Polyolefine.

Polycarbonate: Abk. PC; Ester der Kohlensäure. Hochschmelzende Kunststoffe aus 4,4'-Dioxydiphenyl-alkanen u. Phosgen. Farblos, klardurchsichtig u. hochschmelzend. Chem. stabil, resistent gegenüber Farbstoffen, geringe Wasseradsorption, jedoch höhere Gas- u. Wasserdampfdurchlässigkeit u. schlechte Schweißfähigkeit. Aus der Schmelze der P. sind Fasern, Filme, Blasfolien, Spritzgieß- u. Presskörper (Flaschen) hoher Festigkeit, Härte u. Zähigkeit herstellbar.

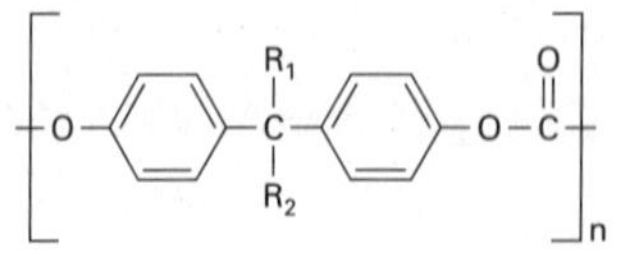

Polycarbonate: R_1 u. R_2: H od. organische Reste

Polychreste:
Hom: Arzneien, die bes. gut geprüft sind u. sich in der Krankenbehandlung bewährt haben, z.B. Sulfur, Sepia, Calcium carbonicum, Natrium chloratum; vgl. Konstitutionsmittel.

Poly(dimethylsiloxan): s. Dimeticon.

Polydiol®: s. Macrogole.

polydispers: die Teilchen eines Systems haben verschiedene Größe. Ggs. monodispers.

Polyenantibiotika: Antibiotika* nat. Urspungs (Streptomyces*-Arten) mit einer charakterist. chem. Struktur. P. bestehen aus einem lipophilen Bereich (konjugiertes System von Doppelbindungen) u. einem hydrophilen Bereich mit zahlreichen Hydroxylgruppen. Zu den wichtigsten Vertretern zählen die Antimykotika Amphotericin* B, Natamycin* u. Nystatin*.

Polyene: Verb. mit mehreren C=C-Doppelbindungen. Beispiele: **a)** Polyene mit konjugierten Doppelbindungen: Carotinoide*; **b)** Polyene mit isolierten Doppelbindungen: Polyenfettsäuren (s. Fettsäuren, essentielle).

Polyester: Kunstharze u. Kunststoffe, die meist durch Polykondensation von polyfunktionellen Säuren u. Alkoholen hergestellt werden u. Estergruppen –CO–O– enthalten. Aus bifunktionellen Grundstoffen aufgebaute lineare, hochmolekulare P. wie der Polyterephthalsäureester sind sterilisierbar, beständig gegen Kälte, Chemikalien u. eignen sich v.a. auch zur Herst. von Folien u. Polyesterfasern (Diolen®, Trevira®, Terylene®), aber auch als Thermoplaste. Bei Verw. von tri- u. höherfunktionellen Komponenten entstehen vernetzte Polyester. Ungesättigte P.(-harze), bei denen ungesättigte Verb. wie Malein- od. Fumarsäure od. Allylalkohol chem. eingebaut sind, können durch Zugabe von Peroxiden (Härtern) in der Wärme oder u.U. schon bei Raumtemp. mit niedermolekularen polymerisierenden Verb., vorzugsweise Styrol, zu vernetzten, unlösl. u. unschmelzbaren Massen copolymerisiert werden u. gehören damit zu den Duroplasten. Die ausgehärteten Harze finden v.a. Verw. als Gießharze u. Lackharze. Polyester werden auch in der Orthopädie, als chirurg. Nahtmaterial u. als Blutgefäßersatz eingesetzt.

Polyesterfaden, steril: s. Fadenmaterial, chirurgisches.

Polyestradiolphosphat INN: Leo 114; CAS-Nr. 28014-46-2; M_r ca. 26000. Wasserlösl., polymerer Ester von Estradiol* u. Phosphorsäure. **Anw.:** wie Estradiol*; prolongierte Wirk.; **Dos.:** 80-160 mg i.m. alle 4 Wochen.

Polyethylacrylat-methylmethacrylat-Dispersion 30 %: Polyacrylatis dispersio 30 per centum Ph.Eur.4, Poly-Dispersion 30 %; Zstzg.: wässrige Dispersion eines Copolymerisates aus Ethylacrylat* u. Methylmethacrylat* mit neutralem Charakter; M_r ca. 800000; undurchsichtige, milchig weiße, niedrig viskose Flüss., mischbar mit Wasser, lösl. in Aceton, Ethanol, Isopropanol. **Anw.:** Granulieren u. Überziehen von Arzneiformulierungen, v.a. für Retardpräparate, zum Pelletieren u. zur Herst. transdermaler therapeut. Systeme*.

Polyethylencarbonat: s. PEC.

Polyethylene: s. Polyolefine.

Polyethylenglycolum-Sorbitanum palmitinicum: s. Polysorbat (40).

Polyethylenglycolum 400 stearicum: s. Macrogolstearat 400.

Polyethylenglykole: s. Macrogole.

Polyethylenglykolfettalkoholether: s. Polyoxyethylenfettalkoholether.

Polyethylenglykolfettsäureester: s. Polyethylenglykolstearate.

Polyethylenglykolgele: s. Gele.

Polyethylenglykolsalbe: s. Unguentum Polyethylenglycoli.

Polyethylenglykol-Sorbitan-Fettsäureester: s. Polysorbate.

Polyethylenglykol-Sorbitan-oleat: s. Polysorbat (80).

Polyethylenglykol-400-stearat: s. Macrogolstearat 400.

Polyethylenglykolstearate: Macrogolstearate, Polyethylenglykolfettsäureester, Polyoxyethylenfett-

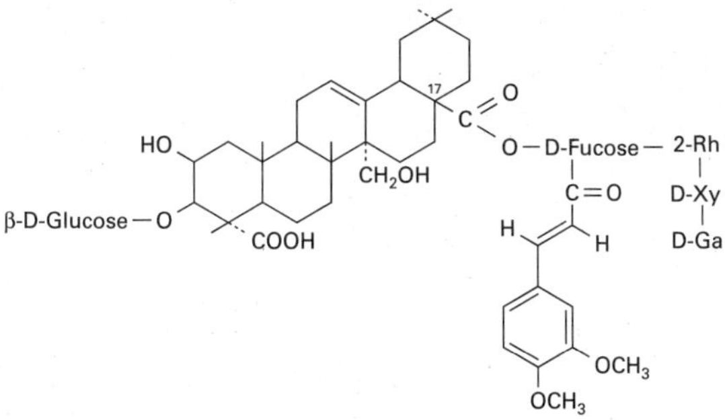

Polygala senega: Senegin II, Inhaltsstoff von Radix Senegae

säurester, Polyoxyethylenstearate; hauptsächl. Gemische von Mono- u. Diestern der Stearinsäure mit Polyethylenglykolen. Für die nähere Bez. der Produkte wird entweder die Zahl der Ethylenoxid-Einheiten od. die mittlere M_r des Polyethylenglykol-Anteiles herangezogen, z. B.: Polyoxyl(8)-stearat entspricht Polyethylenglykol-400-stearat (s. Macrogolstearat 400). Wachsartige Produkte, die in Abhängigkeit von der M_r der Polyethylenkomponente (300-4000) mehr od. weniger gut wasserlösl. sind u. deren HLB*-Wert zw. 9 u. 19 liegt. **Inkomp.**: s. Polysorbate. **Anw.**: nichtionische O/W-Emulgatoren in Cremegrundlagen, als Netzmittel in Lotionen, sowie als Lösungsvermittler. P. sind gut verträgl. u. prakt. ungiftig.

Polyethylen-Oleogel: s. Mucilago basalis hydrophobica.

Polyethylenoxide: s. Macrogole.

Polyethylenterephthalat: s. Polyterephthalsäureester.

Polyfructosane: s. Fructane.

Polygala amara L.: Kreuzblume; Fam. Polygalaceae (Nord- u. Mitteleuropa). Stpfl. von **Herba Polygalae amarae (cum Radicibus):** Polygalae amarae herba cum radice, Bitteres Kreuzblumenkraut. **Off.**: EB6; **Inhaltsst.**: neutrales Saponin (Senegin), saures Saponin (Polygalasäure), Saponingehalt ca. 1 %, Bitterstoff Polygalin (Polygamarin), Gaultherin (Phenolglykosid), äther. Öl (mit Salicylsäuremethylester); u. a. etwas fettes Öl, Gerbstoffe; **Anw.** volkstüml.: wie Rad. Senegae; **Radix Polygalae amarae:** Bittere Kreuzkrautwurzel. **Inhaltsst.**: Saponine, Salicylsäuremethylester, Bitterstoffe, Harz; **Anw.** volkstüml.: z. B. als Amarum, bei Husten u. Bronchitis.

Hom: *Polygala amara:* frische, blühende Pflanze.

Polygalacturonsäure: s. Pektine.

Polygalae sirupus: s. Sirupus Senegae.

Polygala senega L.: Fam. Polygalaceae (Kanada bis Georgia). Stpfl. von **Polygalae radix:** Radix Senegae, Senegawurzel, Klapperschlangenwurzel; besteht aus den Wurzeln u. dem Wurzelkopf von P. senega od. anderen verwandten Arten. **Off.**: Ph.Eur.4; **Inhaltsst.**: bis 10 % Saponine, deren gemeinsames Aglykon Presenegenin ist, Strukturformel s. Saponine (Tab. 1); das Hauptsaponin ist Senegin II (s. Abb.), in dem ein Preseneginglucosid am C-28 esterartig mit einem Tetrasaccharid verbunden u. dieses über Fucose wiederum mit Dimethoxyzimtsäure verestert ist; ferner Polygalasäure (saures Saponin, Strukturformel s. Saponine, Tab. 1), Cumarsäure, Sinapinsäure, Salicylsäure sowie Salicylsäure- u. Valeriansäuremethylester, fettes Öl, Zucker. Hämolyt. Index 3000-5000; **Anw.**: ähnl. wie Primulae radix (vgl. Primula veris), bei Katarrhen der oberen Luftwege, Bronchitiden mit trockenem, zähem Schleim; **Zuber.**: z. B. Sir. Senegae, Tct. S., Extr. S. (fluidum).

Hom: *Polygala senega (HAB2000),* Senega: getrocknete Wurzeln u. Wurzelkopf von P. senega od. verwandten Arten der Gattung Polygala od. eine Mischung daraus; verord. z. B. bei Bindehautentzündung, Reizhusten.

polygam: s. Blüte.

Polygenie: Abhängigkeit eines Erbmerkmals, meist einer variablen Eigenschaft, von zahlreichen Genen. Die beteiligten Gene werden auch als **Polygene** bezeichnet. Ihre Wirkung im Einzelnen ist zu gering, um regelmäßig erkennbar zu sein.

Polyglobulie: Erythrozytose; Vermehrung der Erythrozyten* im Blut. **Urs.**: gesteigerte Erythropoese* mit Anstieg der Erythrozytenmasse; **Vork.**: bei Sauerstoffmangel (z. B. Höhenpolyglobulie), bei gestörter Sauerstofftransportfunktion des Hämoglobins, vermehrter Erythropoetinbildung (z. B. bei Nierentumoren); vgl. Polyzythämie.

Polyglycerolfettsäureester: hergestellt durch Veresterung der OH-Gruppen von Polymeren des Glycerols (Polyglycerole) mit Fettsäuren. Vorwiegend W/O-Emulgatoren. Physiol. unbedenklich.

Polyglykole: s. Macrogole.

Polyglykolfettalkoholether: s. Polyoxyethylenfettalkoholether.

Polyglykolsäure: Abk. PGA, Polyglykolid; schnell bioabbaubares Polymer, baut sich zum physiol. Monomer Glykolsäure ab; Gerüstbildner. Vgl. Poly(lactid-co-glycolid).

Polygonaceae: Knöterichgewächse; Fam. der Od. Polygonales, ca. 800 Arten, meist Kräuter mit wechselständigen Blättern u. zu einer Ochrea* verwachsenen Nebenblättern; knotige Stängel. Die radiären Blüten haben ein 3- bis 6-zähliges Perigon, 3 bis 9 Staubblätter; oberständiger Fruchtknoten; Früchte 2- bis 3-kantige, 1-samige Nüsse. **Chem. Merkmale:** Oxalat (frei u. in Drusen), Anthracenderivate, Flavonoide, Gerbstoffe. **Wichtige Gattungen:** z. B. Fagopyrum, Polygonum, Rheum, Rumex

P

Polygonum amphibium L.: Wasserknöterich; Fam. Polygonaceae (in beiden gemäßigten Zonen). Stpfl. von **Rhizoma Polygoni amphibii:** Wasserknöterichwurzel. **Inhaltsst.:** Hydroxymethylanthrachinon, Gerbstoffe (bis 18 %); **Anw.** volkstüml.: als Blutreinigungsmittel.

Hom: *Polygonum amphibium:* frischer Wurzelstock.

Polygonum aviculare L. s. l.: Vogelknöterich; Fam. Polygonaceae (nahezu Kosmopolit). Stpfl. von **Polygoni avicularis herba:** Herba Polygoni avicularis, Vogelknöterichkraut, Homerianatee; das mit den Wurzeln zur Blütezeit gesammelte u. getrocknete Kraut. **Off.:** ÖAB90, Ph.Eur.4.05; **Inhaltsst.:** 0.2 % lösl. u. 0.8-1 % unlösl. Kieselsäure, Flavonoidglykoside (z. B. Avicularin, ein Quercetinarabinosid), nach Ph.Eur. mind. 0.3 % Flavonoide (bezogen auf Trockengewicht), Gerbstoffe; **Anw.** volkstüml.: leichte Katarrhe der Luftwege; entzündl. Veränderungen der Mund- u. Rachenschleimhaut

Hom: *Polygonum aviculare:* frisches Kraut.

Polygonum bistorta L.: Wiesenknöterich, Natterwurz, Drachenwurz; Fam. Polygonaceae (gemäßigte nördl. Zone). Stpfl. von **Rhizoma Bistortae:** Wiesenknöterichwurzel, Natterwurzel, Schlangenwurzel. **Inhaltsst.:** Gerbstoffe (ca. 20 %), Gallussäure, Stärke (bis 30 %), Eiweiß, geringe Mengen Anthraglykoside; **Anw.** volkstüml.: z. B. als Adstringens u. Mucilaginosum.

Polygonum hydropiper L.: Wasserpfeffer; Fam. Polygonaceae (Europa, Nordamerika). Stpfl. von **Herba Polygoni hydropiperis:** Hydropiperis herba, Herba Hydropiperis, Wasserpfefferkraut. **Inhaltsst.:** äther. Öl mit scharf schmeckenden Sesquiterpenen, z. B. Tadeonal (ein Ketoaldehyd), ferner Flavonoidglykoside (Rutin, Quercitrin, Rhamanzin), Gerbstoffe, Öl; **Anw.** volkstüml.: z. B. bei rheumat. Beschwerden, als blutstillendes Mittel; äußerl. mit hautreizender Wirkung.

P

Polyhydroxyalkaloide: s. Castanospermum australe.

Polyhydroxyphenylether: s. Gerbstoffe.

Polyine: Polyacetylene, Acetylenverbindungen; relativ instabile Kohlenstoffverb. mit mehreren Dreifachbindungen. **Vork.:** nat. bei der Fam. Apiaceae, z..B. Cicutoxin in Cicuta* virosa u. Aethusa* cynapium od. Falcarinol u. Falcarinon in vielen Apiaceenwurzeln, aber auch in Hedera* helix u. v. a.; bei Fam. Asteraceae, z. B. Carlinaoxid in Carlina* acaulis; En-In-Dicycloether in Chamomilla* recutita. **Biogenese:** aus Ölsäure* od. anderen Fettsäuren durch Dehydrierung, Decarboxylierung sowie fallweise sich anschließender Cyclisierung, wobei auch aromat., furanoide od. andere Strukturelemente entstehen können.

Polyisobutylen: s. Polyolefine.

Polyisoprene: s. Polyterpene.

Polyisoprenoide: s. Polyterpene.

Polyketide: Acetogenine; Naturprodukte, die durch Kondensation aus mehreren Acetat- bzw. Malonat-Einheiten über Poly-β-ketosäuren (Polyketomethylenverb.) gebildet werden. Dazu gehören einfache und v. a. kondensierte, aromat. Verb. (Phloroglucin, Flavonoide, Griseofulvin, Naphthochinone, Anthracenderivate wie Anthrachinone, Tetracycline u. a.) sowie Makrolide (z. B. Makrolidantibiotika, s. Antibiotika) u. zahlreiche Produkte von Pilzen (z. B. Aflatoxine*). Für viele P. ist die regelmäßige 1,3-Substitution (freie od. gebundene Hydroxygruppen) kennzeichnend. Die Biosynthese verläuft ähnl. der Fettsäuresynthese, aber die zweifache Reduktion fehlt; s. Aromatenbiosynthese (Polyketidweg).

Polyketid-Weg: s. Aromatenbiosynthese.

Polykondensation: Verknüpfung monomerer Moleküle, bei der stets ein niedermolekulares Reaktionsprodukt (z. B. HCl, NaCl, NH_3, H_2O) austritt. Es entstehen stufenweise Zwischenprodukte, die sowohl isolierbar als auch weiter kondensationsfähig sind. Mit zunehmender Dauer der Reaktion steigt der Kondensationsgrad (Polymerisationsgrad der einzelnen Moleküle). Durch P. entstehen z. B. Phenolharze*, Aminoplaste*, Polyester* u. einige Polyamide*.

Poly(lactid-co-glycolid): Abk. PLGA, Polymilchsäure/Polyglykolsäure-Copolymerisat; Copolymer aus Milchsäure u. Glykolsäure. Die Moleküle sind in zufälliger Reihenfolge miteinander polymerisiert. Unlösl. in Wasser, lösl. in org. Lösemitteln. **Anw.:** synthet. Polymer zur Herst. von Mikropartikeln u. Implantaten; für Depotarzneimittel; resorbierbares u. relativ gut verträgl. chirurg. Nahtmaterial. Durch die Kombination der sich über Monate zersetzenden Polymilchsäure* u. der schnell abbaubaren Polyglykolsäure* lassen sich die Abbauzeiten des PLGA mit versch. Monomerenverhältnissen u. Polymerisationsgraden in weiten Grenzen variieren.

Polymazeration: s. Perkolation.

Polymerase-Kettenreaktion: (engl.) *polymerase chain reaction (Abk. PCR)*; 1984 entdecktes Verfahren der Gentechnologie*, bei dem selektiv DNA*-Abschnitte amplifiziert, das heißt vervielfältigt werden; s. Amplifikation. Die PCR ist eine selektive Neusynthese von DNA-Sequenzen, die zw. 2 synthet. Oligonucleotiden, den Primern, eingerahmt liegen, mittels DNA-Polymerase*. Durch die exponenzielle Anreicherung, ausgehend von geringen Mengen DNA, können nach mehrmaliger Wiederholung des Vorgangs (20-40 Zyklen) die DNA-Abschnitte nachweisbar gemacht od. für andere gentechnolog. Zwecke benutzt werden.

Lit.: J. Eberle, Med. Mo. Pharm. *18*, 152-158 (1996).

Polymere (pl polymeren): Makromoleküle*, chem. Verb., die aus vielen, niedrigmolekularen Grundbausteinen, den Monomeren bestehen. **Homopolymere** bestehen aus gleichartigen, **Copolymere** aus versch. Monomeren. P. können ein Naturstoff (Biopolymere*) od. ein Kunststoff* (s. Kunstseiden, Kunstharz, Kunsstoffpapier, Polymerisation, Polykondensation) sein.

Polymerisation: Zusammenlagerung monomerer, ungesättigter Ausgangsverbindungen zu polymeren Molekülen durch eine Kettenreaktion, meist unter Auflösung von Doppel- od. Dreifachbindungen ohne Abspaltung eines monomeren Reaktionsprodukts. Mehrfach ungesättigte Ausgangsverbindungen führen zu Kettenverzweigungen. Durch P. werden z. B. Polyethylen, Polypropylen (s. Polyolefine) u. Polyvinylchlorid* hergestellt.

Polymethacrylsäure: s. Polyacrylharze.

Polymethacrylsäureester: s. Polyacrylharze.

Polymethylphenylsiloxan: Poly-[oxy-(methylphenylsilandiyl)]. d_{25}^{25} ca. 1.09. $n_D^{20\,°C}$ ca. 1.44. Enthält 50 % Phenyl-Gruppen u. 50 % Methyl-Gruppen (mittlere M_r 4 000); sehr viskose Flüssigkeit. **Anw.:** Reagens Ph.Eur.4.

Polymilchsäure: Abk. PLA, PL, Polylactid; langsam abbaubares synthet. Polymer aus Milchsäure. **Anw.:** Formulierung von Depotarzeimitteln, Herst. von Mikropartikeln u. Implantaten mit guter Verträglichkeit u. Bioabbaubarkeit über Monate zum physiol. Monomer Milchsäure.

polymorph (gr. vielgestaltig): vgl. pleomorph.

Polymorphie (gr. Vielgestaltigkeit, Verschiedengestaltigkeit): Polymorphismus; **1.** In den biol. Wissenschaften z. B. das gleichzeitige Vorkommen versch. Genotypen in einer Population od. bestimmte, z. B. auch jahreszeitl. bedingte, Unterschiede bei Tieren od. Pflanzen. **2.** In Mineralogie, Chemie u. Pharmazie die Erscheinung, dass manche Stoffe je nach den Zustandsbedingungen (Temp., Druck) in versch. krist. Formen, bei gleicher chem. Zstzg., existieren (können). Diese Kristallformen werden als polymorphe Mod. bezeichnet, wenn sie aus nur einer Komponente (Verb.) bestehen. **Pseudopolymorphie:** Krist. Lösungsmitteladdukte (Kristallsolvate*) unterscheiden sich ebenfalls in der Kristallstruktur von lösungsmittelfreien Kristallen. Eine pseudopolymorphe Mod. setzt mind. 2 Komponenten voraus, wobei die zweite ein Lösungsmittel ist, z. B. Wasser (s. Hydrate). Unter Pseudopolymorphie werden oft auch andere, mit P. evtl. zu verwechselnde od. verwandte Erscheinungen subsummiert. Amorphe, glasartige Stoffe fallen nicht unter den Begriff der Polymorphie. P. findet man z. B. bei Schwefel* (S_8), Ammoniumnitrat, Titandioxid* u. Quecksilbersulfid. Die Erscheinung, dass Elemente, z. B. Phosphor, Kohlenstoff, Schwefel, in versch. Molekülgrößen existieren können, nennt man Allotropie*.

P. (u. Pseudopolymorphie) ist unter org. Arzneistoffen weit verbreitet, z. B. Barbital, Phenobarbital, Chloramphenicolpalmitat, Flufenaminsäure, Meprobamat, Nifedipin, Paracetamol, Phenylbutazon, Ranitidinhydrochlorid, Sulfanilamid, Sulfathiazol, Tolbutamid, Progesteron, Oleum Cacao. Die Bedeutung der P. bei pharmaz. Hilfs- u. Wirkstoffen ist auf den Umstand zurückzuführen, dass die meisten dieser Stoffe krist. u. daher zumindest potentiell polymorph sind. Polymorphe Mod. unterscheiden sich meistens in ihren Schmp., Schmelzwärmen, spezif. Wärmen, Löslichkeiten, Dichten, in ihrer Hygroskopizität, dem mechan. Verhalten (z. B. Plastizität, Sprödigkeit) sowie allen anderen mit der Kristallstruktur zusammenhängenden Eigenschaften. Sie lassen sich daher mittels Thermoanalyse*, Röntgendiffraktometrie (s. Röntgenbeugung), Infrarotspektroskopie etc. auseinanderhalten. All diese Unterschiede können sich auf die pharmaz. Analytik, die Bioverfügbarkeit, die physik. Stabilität u. die technolog. Verarbeitung (Arzneiformung) auswirken.

Metastabilität: Bei einer bestimmten Temp. u. festgelegtem Druck ist, mit Ausnahme der Bedingungen eines Umwandlungspunktes, eine einzige polymorphe Mod. thermodynam. stabil, die anderen sind metastabil.

Enantiotropie u. Monotropie: 2 ineinander wechselseitig überführbare Mod. werden als enantiotrop bezeichnet. Ist die Umwandlung nur in einer Richtung mögl. handelt es sich um monotrope Mod.; verständl. wird dieses Verhalten aufgrund der Dampfdruckkurven, die mit Löslichkeitskurven vergleichbar sind. Wie der Schnittpunkt der Dampfdruckkurven der festen u. flüss. Phase eines Stoffes den Schmp. dieses Stoffes unter dem eigenen Dampfdruck wiedergibt, stellt sich der Umwandlungspunkt zweier polymorpher Mod. A u. B eines Stoffes (unter dem eigenen Dampfdruck) als der Schnittpunkt der Dampfdruckkurven der bd. Formen dar. Unterhalb des Umwandlungspunktes ist die Form A, oberhalb die Form B die Zustandsform mit dem kleinsten Dampfdruck (ausgezogene Kurventeile in der Abb.), also die thermodynam. stabile. Nur beim Umwandlungspunkt selbst können bd. festen Mod. dauernd nebeneinander bestehen, da sie hier genau den gleichen Dampfdruck, die gleiche freie Enthalpie* G, aufweisen.

Im Falle der Enantiotropie schneidet die Dampfdruckkurve der Schmelze die Dampfdruckkurven der bd. festen Mod. A u. B oberhalb des Umwandlungspunktes 1 (s. Abb., obere Grafik), so dass sich beim Erwärmen Form A über dem Umwandlungspunkt 1 (endotherm) in die Mod. B u. diese beim Abkühlen unter den Umwandlungspunkt 1 (exotherm) wieder in A umwandeln kann. Im Falle der Monotropie schneiden sich die Dampdruckkurven von Schmelze u. festen Mod. dagegen unterhalb des Umwandlungspunktes 1 (s. Abb., untere Grafik). A schmilzt beim Erwärmen in Punkt 3, bevor

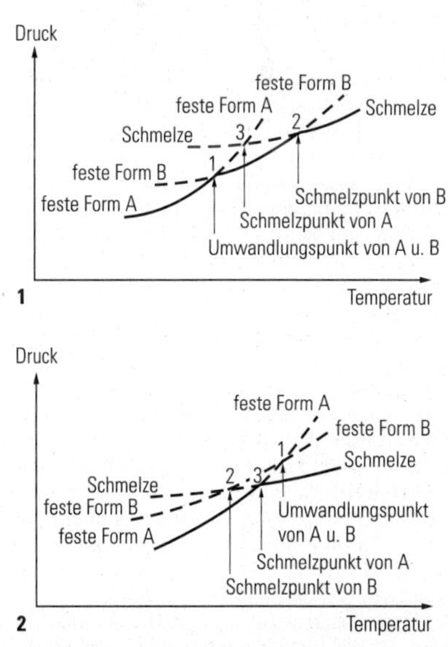

Polymorphie: Dampfdruckkurven enantiotroper Modifikationen (1) u. monotroper Modifikationen (2)

der (virtuelle) Umwandlungspunkt 1 erreicht ist; eine Umwandlung von A in B ist daher in diesem Falle nicht möglich. Es kann sich nur B in A (exotherm) umwandeln, das z. B. aus der Schmelze, der Gasphase, einer Lsg. od. aus einem Kristallsolvat erhalten werden kann. Zw. Umwandlungstemp. u. Umwandlungspunkt besteht bei den meisten Mod. eine mehr od. weniger große Hysterese* (vgl. Metastabilität). Eine Umwandlungstemp., die man auch bei monotropen Mod. messen kann, ist keine physik. Konstante, sondern ledigl. ein von den experimentellen Bedingungen abhängiger Messwert.

polymorphkernig: mit vielgestaltigem Zellkern versehen, v. a. Leukozyten.

Polymyxin B INN: Polypeptid-Antibiotikum aus Bacillus polymyxa-Stämmen; isoliertes Gemisch cycl. Polypeptide; CAS-Nr. 1404-26-8. **Wirk.** u. **Anw.:** Antibiotikum*; das Wirkungsspektrum umfasst die meisten gramnegativen Keime außer Proteus; Ind.: s. Colistin; **UAW:** neuro- u. nephrotox. bei Überdosierung (mehr als 25 mg/kg KG über eine Woche) u. Kumulation durch Nierenfunktionsstörung; **Dos.:** p. o. 0.3-0.4 g; Säuglinge 20 mg/kg KG; HWZ 4.5 h. Verwendet wird v. a. **Polymyxin-B-Sulfat:** Polymyxini B sulfas Ph.Eur.4, Polymyxinum-B sulfuricum; CAS-Nr. 1405-20-5. Weißes, hygroskop. Pulver, lösl. in Wasser, schwer lösl. in Ethanol; eine 2%ige wässrige Lsg. hat einen pH-Wert zw. 5 u. 7. Die Wirksamkeit beträgt mind. 6500 I.E./mg Substanz; vgl. Antibiotika (Tab.).

Polynoxylin INN: Polymerisationsprodukt von Harnstoff mit Formaldehyd (größtenteils von linearer Struktur); CAS-Nr. 9011-05-6; amorphes Pulver, das sich beim Erhitzen zersetzt. **Wirk.** u. **Anw.:** lokal antibakt. wirkend; eiternde Wunden.

Polynucleotide: s. Nucleinsäuren.

P

Polyole: 2-wertige Glykole, mehrwertige Alkohole, Zucker u. Zuckeralkohole. Wasserlösl. u. stark hygroskop; ihre Ether sind gute Lösungsmittel für Aromen u. Farbstoffe; verbessern die Solubilisationsfähigkeit nichtionogener Lösungsvermittler (Cosolubilisierung). Der Effekt nimmt mit der Anzahl der Hydroxylgruppen zu (direkte Beeinflussung der Mizellbildung). **Anw.:** **1.** Mannitol- u. Sorbitolpulver zur Granulation od. Direkttablettierung von Kau- od. Brausetabletten; **2.** Sorbitolsirup für Hustensäfte als Feuchthalter od. Verdicker; **3.** Fructose für Kautabletten; **4.** Maltose für schnell zerfallende, nichthygroskop. Kautabletten; **5.** Maltitolsirup für Hustensäfte u. Suspensionen; **6.** Additive in Süßwaren (Feucht- u. Weicherhaltungsmittel).

Polyolefine: Polymerisate von Olefin-Kohlenwasserstoffen. Von bes. Bedeutung sind: Polyethylen (R u. R': H), Polypropylen (R: H, R': CH_3), Polyisobutylen (R u. R': CH_3), Polybuten-1 (Polybutylen; R: H, R': CH_2CH_3). P. besitzen eine sehr hohe Chemikalienbeständigkeit u. eine geringe Gas- u. Wasserdampfdurchlässigkeit. Durch die großtechn. Gew. der Monomeren auf petrochem. Grundlage sind die P. die größte Gruppe unter den thermoplast: Kunststoffen. P. sind leicht, fest, steif, zäh, unzerbrechlich u. gegen kochendes Wasser beständig. Sie werden überwiegend im Spritzgieß- od. Strangpressverfahren sowie im Hohlkörperblasverfahren zu Folien (Verpackungsmaterialien) u. Fasern verarbeitet; Pulversintern ist eine weitere Verarbeitungsmöglichkeit. P. lassen sich auch spanabhebend bearbeiten u. verschweißen. Neben den reinen P. spielen Copolymerisate eine bedeutende Rolle, z. B. kautschukelast. Ethylen-Propylen-Copolymere (AP-Kautschuk) od. Copolymerisate des Ethylens mit Vinyl- od. Acrylverbindungen. **Polyethylen** (Abk. PE) wird aus Ethylen hergestellt. Polymerisation mit Peroxiden führt zu wachsähnl. Massen mit niedrigem Polymerisationsgrad. Größere Bedeutung haben die hochmolekularen PE; Hochdruck-PE wird in der Gasphase bei Drücken über 500 bar u. Temperaturen zw. 100-400 °C mit Sauerstoff als Initiator hergestellt. Es enstehen hochelast. u. biegsame Hochpolymere. Das härtere u. thermostabilere Niederdruck-PE erhält man mit speziellen Katalysatorsystemen durch Lösungs- od. Suspensionspolymerisation. Das auch als Weich-PE (LDPE) bezeichnete Hochdruck-PE hat einen Erweichungspunkt von ca. 115 °C u. eine Dichte um 0.92, Niederdruck- od. Hart-PE (HDPE) einen bis über 130 °C reichenden Erweichungspunkt u. eine Dichte von ca. 0.94 bis max. 0.97. PE wird vielfach nach der Dichte gekennzeichnet. **Polypropylen** (Abk. PP) wird ähnl. wie Niederdruck-PE mit Ziegler-Katalysatoren hergestellt. Isotakt. PP hat einen Erweichungsgrad von 160 °C, wird bei Temp. unter 0 °C spröde u. ist in den sonstigen Eigenschaften sowie Verarbeitung u. Einsatzgebieten dem PE ähnlich. **Polyisobutylen** (Abk. PIB) stellt man durch kation. Polymerisation vorzugsweise mit Borfluorid bei tiefen Temperaturen her. Je nach Molekülgröße handelt es sich um viskose Öle, Weichharze od. kautschukelast. Stoffe. Verwendet z. B. zum Auskleiden von Behältern, für Folien u. Dichtungsmaterial. **Polybutylen** (Polybuten-1) sowie **Polymethylpenten** werden durch Stereopolymerisation als weitgehend isotakt. Polymerisate erhalten u. ähneln in Eigenschaften u. Einsatzgebieten dem PE u. PP.

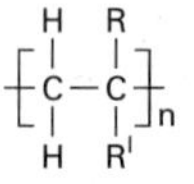

Polyolefine: Strukturprinzip

Polyosen: Polysaccharide; s. Kohlenhydrate.

Polyoxyaluminium-acetylsalicylat: s. Aloxiprin.

Polyoxyethylen-1000-cetylstearylether: Ether Polyoxylicus et Cetostearylicus, Polyoxyl-20-Cetostearylether; M_r 1210. Lösl. in Wasser, Ethanol u. Aceton; unlösl. in Petrolether. OHZ 40-52.5. Inkomp.: Phenole; vermindern die bakterizide Wirk. von quaternären Ammoniumverbindungen durch Wasserstoffbrückenbildung. Sterilisierbar im Heißluftschrank bei 150 °C 1 Stunde. **Anw.:** nichtionogener Emulgator* (HLB-Wert 16.1) für pH-stabile u. elektrolytunempfindl. O/W-Emulsionen; Solubilisator für äther. Öle (1.0-1.5%). Zur Herst. eines Komplexemulgators: 2 T. C. u.

8 T. Cetylstearylalkohol (cetomacrogol emulsifying wax); vgl. Polyoxyethylenfettalkoholether, Macrogolcetylstearylether.

Polyoxyethylenfettalkoholether: Polyoxyethylenglykolfettalkoholether, Polyethylenglykolfettalkoholether, Polyglykolfettalkoholether; R–O–$(CH_2CH_2O)_n$–H (n=2 bis 24; R=Alkylrest). Flüss., pasten- od. wachsartig feste, farblose od. weiße bis cremefarbige Substanzen. HLB*-Wert je nach n u. R zw. 4.9-16.9. P. mit höherem HLB-Wert sind in Wasser löslich. **Inkomp.:** Aminophenazon, Sulfonamide, Salicylate, phenol. Substanzen, Iod-Salze, Quecksilbersalze, Gerbstoffe. Bindung, Einschluss u. Inaktivierung von Antiseptika, bes. Konservierungsmitteln. Besser verträgl. als ionogene Emulgatoren; den Polyoxyethylenfettsäureestern (vgl. Polyethylenglykolstearate) jedoch etwas unterlegen. **Anw.:** nur äußerl. als Emulgatoren in W/O- u. O/W-Emulsionen, als Lösungsvermittler u. Gelbildner.

Polyoxyethylenfettsäureester: s. Polyethylenglykolstearate.

Polyoxyethylenglycerolmonolaurat: s. Macrogol-1000-glycerolmonolaurat.

Polyoxyethylenglycerolmonooleat: s. Macrogol-1000-glycerolmonooleat.

Polyoxyethylenglycerolmonostearat: s. Macrogol-1000-glycerolmonostearat.

Polyoxyethylenglyceroltrihydroxystearat 40: s. Macrogolglycerolhydroxystearat.

Polyoxyethylenglyceroltriricinoleat 35: s. Macrogol-1500-glyceroltriricinoleat.

Polyoxyethylenglycerolum monolaurinicum: s. Macrogol-1000-glycerolmonolaurat.

Polyoxyethylenglycerolum monooleinicum: s. Macrogol-1000-glycerolmonooleat.

Polyoxyethylenglycerolum monostearinicum: s. Macrogol-1000-glycerolmonostearat.

Polyoxyethylenglycerolum triricinoleinicum 35: s. Macrogol-1500-glyceroltriricinoleat.

Polyoxyethylenglykole: s. Macrogole.

Polyoxyethylenglykolfettalkoholether: s. Polyoxyethylenfettalkoholether.

Polyoxyethylenglykol(1000)-glycerolmonolaurat: s. Macrogol-1000-glycerolmonolaurat.

Polyoxyethylenglykol(1000)-glycerolmonooleat: s. Macrogol-1000-glycerolmonooleat.

Polyoxyethylenglykol(1000)glycerolmonostearat: s. Macrogol-1000-glycerolmonostearat.

Poly(oxyethylen)-35-Rizinusöl: s. Macrogol-1500-glyceroltriricinoleat.

Polyoxyethylensorbitan-Fettsäureester: s. Polysorbate.

Polyoxyethylen(20)-sorbitanlaurat: s. Polysorbate.

Polyoxyethylen(20)-sorbitanmonopalmitat: s. Polysorbate.

Polyoxyethylen(20)-sorbitanstearat: s. Polysorbate.

Polyoxyl-35-Rizinusöl: s. Macrogol-1500-glyceroltriricinoleat.

Polyoxymethylen: s. Paraformaldehyd.

Polypeptid-Antibiotika: s. Antibiotika.

Polypeptidasen: nicht mehr gebräuchl. Bez. für Enzyme, die Polypeptide spalten.

Polypeptide: s. Peptide.

Polypeptid, pankreatisches: s. Hormone (gastrointestinale).

Polyphenoloxidasen: s. Phenoloxidasen.

Polyphosphorsäure: $(HPO_3)_n$. Stücke od. Stäbchen mit einem Anteil an Natriumpolyphosphat, glasartig u. hygroskop.; sehr leicht lösl. in Wasser. P. enthält lineare, zwei- u. dreidimensional vernetzte Strukturen. **Anw.:** Reagens Ph.Eur.4.

Polyploidie: Vervielfältigung des Chromosomensatzes über die normale diploide Form hinaus als tetra-, hexa-, oktaploide, d.h. 4-, 6-, 8fache Form, u. darüber hinaus. Polyploide Zellen entstehen in der Natur durch eine Störung in der Mitose, wobei sich zwar die Chromosomen teilen, ihre Spalthälften aber nicht auf 2 Tochterkerne u. Tochterzellen verteilt werden. Vielfach künstl. herbeigeführt durch Mitosegifte*, z.B. in der Pflanzenzucht, vgl. Chromosomen.

Polypodium vulgare L.: Engelsüß, Tüpfelfarn; Fam. Polypodiaceae (Mittel- u. Südeuropa, Asien, Nordafrika, Amerika). Stpfl. von **Rhizoma Polypodii:** Engelsüßwurzelstock, Korallenwurzel, Eichenfarnwurzel. **Inhaltsst.:** Saponine, darunter Spuren von Osladin (3000-mal süßer als Saccharose), ferner Phloroglucinderivate, Bitterstoffe, Zucker, Gerbstoffe, ca. 8% fettes Öl, äther. Öl, Eiweiß, Stärke; **Anw.** volkstüml.: z.B. als auswurfförderndes u. galletreibendes Mittel, mildes Abführmittel sowie als Mucilaginosum u. Anthelminthikum (obsolet); auch für Bitterschnäpse.

Polyporus fomentarius: s. Fomes fomentarius.

Polyporus officinalis: s. Fomes officinalis.

Polypragmasie: Behandlung mit vielerlei Arzneimitteln bzw. Methoden.

Polyprenole: Polyprenylalkohole; acycl. Polyisoprenoidalkohole; formal sind sie aus 6-24 Isopreneinheiten aufgebaut. P. kommen frei od. als Ester höherer Fettsäuren od. der Phosphorsäure in Mikroorganismen, Pfl. u. Tieren vor. Außer in der Anzahl der C-Atome unterscheiden sich die P. auch durch die Anordnung der Doppelbindungen u. teilweise durch partielle Hydrierung. Aus dem Namen ist oft Herkunft u. Aufbau ersichtl., z.B. besteht Betulaprenol-8 aus 8 Isopreneinheiten u. stammt von Betula-Arten. Eine Reihe von Polyprenolen weist wahrscheinl. als Folge der *cis*-Addition von Isopentenylpyrophosphat an Geranylgeranylpyrophosphat (s. Terpene, Biosynthese), eine Tri-*trans*-poly-*cis*-Struktur auf. Diese Tri-*trans*-poly-*cis*-prenole, z.B. Undecaprenol u. die Dolichole, spielen bei der Biosynthese von Glykoproteinen bzw. Glykolipiden eine wichtige Rolle. Undecaprenol fungiert beim Aufbau der Zellmembran von Bakterien als Carrier* für Kohlenhydrate (z.B. Disaccharide). Bei Eukaryonten übernimmt diese Rolle Dolicholphosphat. Solanesol, eine aus 9 Isopreneinheiten aufgebaute All-*trans*-Verbindung, ist (als Diphosphat) eine Vorstufe von Plastochinonen u. Ubichinonen.

Polypropylen: s. Polyolefine.

Polyribosomen: Polysomen, Ergosomen; aus mehreren (ca. 6) an einem mRNA-Faden perlschnurartig aufgereihten Ribosomen* bestehende Struktureinheit der Proteinbiosynthese.

Polysaccharide: syn. Glykane; s. Kohlenhydrate.

Polysiloxane: s. Silicone.

Polysklerose: s. Multiple Sklerose.

Polysorbate: Polysorbatum Ph.Eur.4, Polyoxyethylensorbitan-Fettsäureester, Polyethylenglykol-Sorbitan-Fettsäureester, PEG-Sorbitan-Fettsäureester, Tween®; Gemische von Partialestern des Sorbitols u. seiner Anhydride (Sorbitan u. Sorbid) mit höheren Fettsäuren (C_{12} bis C_{18}, je nach Sorte), copolymerisiert mit annähernd 20 Mol Ethylenoxid pro Mol Sorbitol u. Sorbitanhydrid (Sorten mit 4-5 Mol Ethylenoxid sind auch im Handel). **Polysorbat 20:** Ph.Eur.; Polysorbitanum 20 lauratum, Monolaurylpolysorbitan, Polyoxyethylen(20)-sorbitanlaurat; CAS-Nr. 9005-64-5; mit Laurinsäure verestert. Ölige Flüss., mischbar mit Wasser u. niedrigen Alkoholen, prakt. unlösl. in fetten Ölen u. flüss. Paraffin. D. 1.10, HLB-Wert 16.7, Viskosität ca. 400 mPa · s bei 25 °C. SZ max. 2, OHZ 96-108, IZ max. 5, VZ 40-50. **Polysorbat 40:** Polyethylenglycolum-Sorbitanum palmitinicum, Monopalmitylpolysorbitan, Polyoxyethylen(20)-sorbitanmonopalmitat; CAS-Nr. 9005-66-7; mit Palmitinsäure verestert. **Off.:** DAC86. Flüssig, Löslichkeiten prakt. wie P. 20, D. 1.08, HLB-Wert 15.6, SZ max. 2, OHZ 90-105, IZ max. 5, VZ 41-52. **Polysorbat 60** Ph.Eur.: Polysorbitanum 60 stearatum, Monostearylpolysorbitan, Polyoxyethylen(20)-sorbitanstearat; CAS-Nr. 9005-67-8; mit Stearinsäure verestert. Halbflüssig, Löslichkeiten u. Dichte prakt. wie P. 20, HLB-Wert 14.9, SZ max. 2, OHZ 81-96, IZ max. 5, VZ 45-55, Wasser max. 3.0% (Karl-Fischer). **Polysorbat 80:** Polysorbitanum 80 oleinatum, Monooleylpolysorbitan, Polyoxyethylen(20)-sorbitanmonooleat; CAS-Nr. 9005-65-6; mit Ölsäure (mind. 60%) verestert. Flüssig, Löslichkeiten u. Viskosität wie P. 20, D. 1.08, HLB-Wert 15.0, SZ max. 2, OHZ 65-80, IZ 18-24, POZ max. 10, VZ 45-55, Wasser max. 3%. **Inkomp.:** Phenole, Tannine, Teer u. teerähnl. Verb., *p*-Hydroxybenzoesäureester u. andere phenol. Konservierungsmittel sowie Invertseifen können über Wasserstoffbrücken bzw. mizellar gebunden werden u. eine Wirkungseinbuße erleiden. Weitere Inkomp. sind durch den Polyethylenglykol-Anteil im Molekül möglich. **Anw.:** nichtion. O/W-Emulgatoren, in Kombination mit W/O-Emulgatoren als Komplexemulgatoren; Lösungsvermittler (Solubilisatoren) für wenig od. nicht wasserlösl. Substanzen (u.a. Aromen, äther. Öle, Vitaminöle, Harze, wasserunlösl. Arzneistoffe); Netzmittel (z.B. in Suspensionen). P. sind gut verträgl., prakt. reizlos u. sehr wenig toxisch. P. können während der Verarbeitung u. der Lagerung einer Autoxidation unterliegen (bes. Ölsäureester).

Polysorbitanum 20 lauratum: s. Polysorbate.

Polysorbitanum 80 oleinatum: s. Polysorbate.

Polysorbitanum 60 stearatum: s. Polysorbate.

Polystyrol: Abk. PS, Polystyren; glasklarer, bei ca. 90 °C erweichender Kunststoff, entsteht durch Polymerisation (Peroxide als Katalysator) des Styrols (s. Polyvinylharze). P. ist hart, amorph, mit glasartiger Transparenz, ist aufschäumbar (Styropor®) u. besitzt extrem hohe Wasserdampf- u. Gasdurchlässigkeit. P. gehört zu den wichtigsten Massenkunststoffen. Es lässt sich v.a. durch Spritzguss sehr gut zu den versch. Artikeln verarbeiten, ferner zu Folien, Behältnissen, Injektionsspritzen, P.-Schaumstoffen, P.-Dispersionen. Copolymerisate des Styrols mit anderen Olefinen, v.a. mit Butadien (SB) u. Acrylnitril (SAN), stellen ebenfalls wertvolle Kunststoffe u. Kunstkautschuke dar.

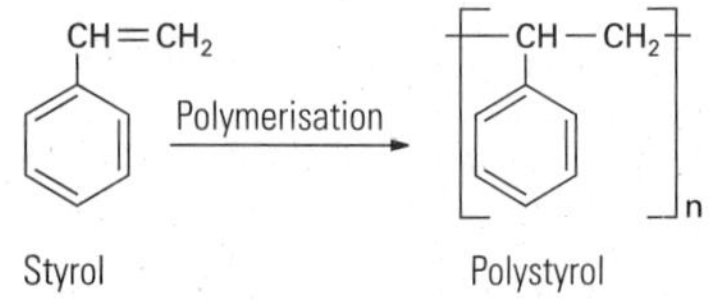

Polystyrol

Polysulfide: Alkalisulfane; Verb. der Alkalisulfide mit Schwefel mit der Formel Me_2S_x. P. entstehen beim Schmelzen von Alkalisulfiden mit Schwefel, wobei die Alkalisulfide weiteren Schwefel aufnehmen, x kann hierbei die Werte 2, 3, 4, 5 u. höher annehmen. Sie sind meist gelb bis braunrot gefärbt u. werden durch Säuren unter Abscheidung von Schwefel u. Bildung von Schwefelwasserstoff zersetzt, z.B. Hepar sulfuris (s. Kaliumsulfid).

polysymmetrisch: s. Blüte.

Polytänchromosom: s. Riesenchromosom.

Polyterephthalsäureester: lineare, gesättigte Polyester aus Terephthalsäure u. Glykol, bes. Ethylenglykol (Polyethylenterephthalat, PETP); dienen zur Herst. von hochwertigen Synthesefasern (Diolen®, Trevira®), chirurg. Fadenmaterial* (z.B. Fila Ethyleni polyterephthalici sterile) u. von sehr zähen Folien (0.05 mm dick, glasklar, glänzend, beständig gegen Chemikalien, Kälte, sterilisierbar, öl- u. fettdicht, weichmacherfrei u. physiol. unbedenkl., jedoch schlecht verschweißbar). P. werden als thermoplast. Kunststoffe durch Spritzgießen zu Formteilen mit hoher Härte, Steifheit u. niedrigen Reibungswerten verarbeitet.

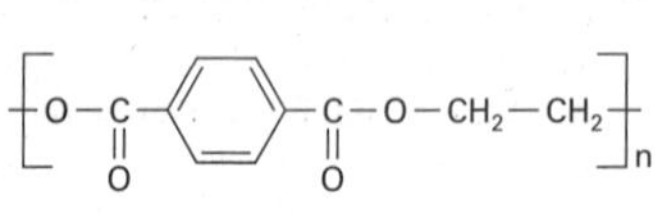

Polyterephthalsäureester

Polyterpene: Polyisoprene, Polyisoprenoide; acycl., ungesättigte Terpenkohlenwasserstoffe od. -alkohole, die aus einer großen Anzahl von Isopreneinheiten $(C_5H_8)_n$ aufgebaut sind. Man unterscheidet versch. Typen (s. Tab.). Alle P. sind unverzweigte Moleküle, die Doppelbindungen können *cis*- od. *trans*- orientiert sein, Biosynthese s. Terpe-

Polyterpene
Einteilung

Verbindung	Anzahl der Isopreneinheiten	Doppelbindungen
Polyprenole	6-24	*cis/trans*
Gutta, Balata	ca. 100	*trans*
Naturkautschuk	>10 000	*cis*

ne. Mit Ausnahme einiger Polyprenole*, findet man die P. nur im Pflanzenreich, in Milchröhren u. Milchsaftzellen.

Polytetrafluorethylen: Abk. PTFE, Teflon®; $-[CF_2CF_2]_n-$. D. 2.2. Kunststoff, außerordentl. temperaturresistent (bis 280 °C), beständig gegen chem. Einflüsse; wachsartige Oberfläche, nimmt keine Feuchtigkeit auf. Verschlussmaterial für Infusionsflaschen. Für Stopfen ungeeignet (zu geringe Haftfähigkeit).

Polythiazid INN: 6-Chlor-2-methyl-3-(2,2,2-trifluorethylthiomethyl)-3,4-dihydro-2*H*-1,2,4-benzothiadiazixin-7-sulfonamid-1,1-dioxid; CAS-Nr. 346-18-9; $C_{11}H_{13}ClF_3N_3O_4S_3$, M_r 439.90. Schmp. 202.5 °C (kristallisiert aus Isopropanol). Fast unlösl. in Wasser, Chloroform; lösl. in Methanol, Aceton. **Anw.:** Saluretikum (vgl. Diuretika), Antihypertensivum*, Ödeme; **UAW, Kontraind.** u. **WW:** s. Bendroflumethiazid; **Dos.:** bei Hypertonie p.o. Initialdos. 1×1 mg/d morgens, Erhaltungsdos. 1×1 mg/2 d; zur Ödembehandlung p.o. 1-4 mg/d; HWZ 1.2 h bzw. 26 h (Metaboliten).

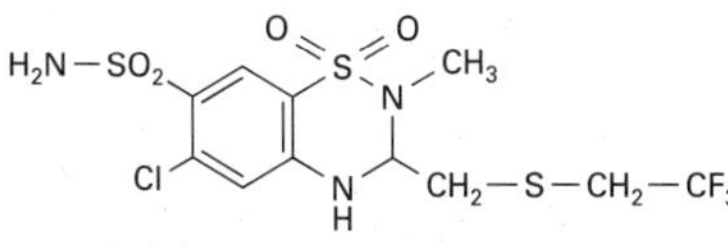

Polythiazid

Polythiolstyrole: Kunstharz-Ionenaustauscher, s. Ionenaustauscher.

Polytrichum commune L.: Bryophyta, Goldener Widerton; Fam. Polytrichaceae (Europa, Asien, Nordamerika). Stpfl. von **Herba Adianti aurei:** Goldhaar, Goldener Widerton. **Inhaltsst.:** fettes Öl mit Arachidonsäure, Gerbstoffe, Harz, Wachs; **Anw.** volkstüml.: als Adstringens.
Hom: *Adiantum aureum:* frische Planze.

Polyurethane: Abk. PUR; durch Polyaddition von Di- od. Polyisocyanaten mit Di- od. Polyhydroxylverbindungen aufgebaute Kunststoffe, die die Urethangruppe –NH–CO–O– enthalten. Aus aliphat. Glykolen u. aliphat. Diisocyanaten erhält man lineare P., die zur Herst. von Fasern, Filmen, Lacken u. zum Spritzgießen geeignet sind. Aus Stoffen mit mehr als 2 Hydroxylgruppen im Molekül, etwa hydroxylgruppenhaltigen Polyestern od. Polyethern, erhält man mit Di- od. Polyisocyanaten vernetzte, unlösl. u. unschmelzbare PUR. **Anw.:** kalthärtende Reaktionslacke für den Oberflächenschutz; Klebstoffe u. Fasern u. bes. zur Herst. von Schaumstoffen. Hierbei dient als Treibmittel Kohlendioxid, das bei der Reaktion zw. Isocyanaten u. Carboxylgruppen od. Wasser entsteht.

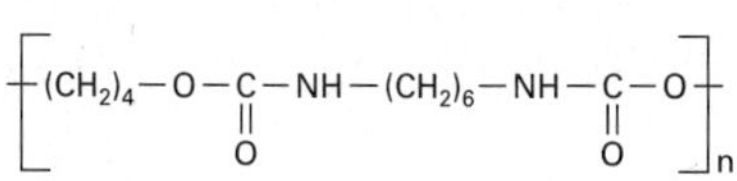

Polyurethane

Polyurie: patholog. erhöhtes Harnvolumen (>1.5 mL/min, >2000 mL/24 h). **Vork.:** z. B. bei Diabetes* mellitus, Diabetes* inspidus, Nierenerkrankungen; vgl. Pollakisurie, Nykturie, Oligurie, Anurie.

Polyuronide: pflanzl., makromolekulare Inhaltsst. (Pektine, Alginsäure, Schleime), deren Untereinheiten aus Uronsäuren* (in Pyranose-Form) wie D-Glucuronsäure, D-Galacturonsäure u. D-Mannuronsäure bestehen. Im Ggs. zu den Polysacchariden haben sie aufgrund noch freier Carboxygruppen saure Eigenschaften.

Polyvidon: s. Povidon.

Polyvidonacetat: s. Copovidon.

Polyvidoni-Iodi-unguentum: s. Unguentum Polyvinylpyrrolidoni-Iodi.

Polyvidon-Iod: s. Povidon-Iod.

Polyvidon-Iod-Lösung: s. Solutio Polyvidoni-Iodi.

Polyvidon-Iod-Salbe: s. Unguentum Polyvinylpyrrolidini-Iodi.

Polyvidon-Iod-Zucker-Salbe: Herst.: NRF, 1.3 g Polyvidon-Iod wird mit 5.0 g Glycerol 85 % angerieben u. auf dem Wasserbad bei max. 60 °C unter Rühren gelöst. In einer zweiten tarierten Salbenschale wird 2.0 g Macrogol 4000 unter Erwärmen u. unter Rühren auf dem Wasserbad in ca. 40 g Glucosesirup gelöst bzw. fein dispergiert. Nach dem Erkalten werden Verdunstungsverluste durch Zugabe von abgekochtem u. wieder erkaltetem Wasser ersetzt. Die Polyvidon-Iod-Glycerol-Lsg. wird in Anteilen mit der Macrogol-Glucosesirup-Grundlage versetzt. Der Ansatz wird mit Glucosesirup auf 50.0 g ergänzt. Geh.: ca. 2.5% Polyvidon-Iod. **Anw.:** Desinfektion u. Heilungsförderung ulzeröser Wunden, Geschwüre u. Verbrennungen; mit Wasser abwaschbar; nicht bei Schilddrüsenerkrankungen anwenden; **Dos.:** 1- bis 4-mal/d in dicker Schicht auf die Wunde geben; vgl. Unguentum Polyvinylpyrrolidoni-Iodi.

Polyvinylacetatphthalat: Abk. PVAP; ein aus Polyvinylacetat mit einer M_r von 25 000-40 000 hergestellter, partiell veresterter Polyvinylalkohol, in dem die Hydroxylgruppen der Vinylgruppen z. T. mit Phthalsäure verestert od. acetyliert sind. Lösl. in Ethylalkohol u. in wässr. Ethylalkohol-Lösungen (bis zu 9 % Ethanol); Polymerisationsgrad 600-800, Phthaloylgehalt 60-70, Acetylgehalt 1.6-6.0 %. Die Lsg. haben eine niedrige Viskosität. P. ist zur Herst. von magensaftresistenten, darmlösl. Überzügen bestimmt.

Polyvinylalkohol: Abk. PVA, PVAL; $[-CH_2CH(OH)-]_n$. Gew. durch Hydrolyse von Polyvinylacetat. Unterschiedl. Polymerisationsgrade (M_r 28 000-40 000) u. Hydrolysegrade (s. Polyvinylalkohol 88) mit deutl. versch. Löslichkeiten sind erhältlich. Meist mäßig wasserlöslich. **Inkomp.:** Säuren, Salze, Tannin, Polyacrylsäure; Borax u. Borsäure führen zu einer weiteren Verfestigung od. Ausfällung. **Anw.:** Verdickungsmittel (z. B. in Augentropfen, für künstl. Tränen), Bindemittel mit guten Zerfallseigenschaften für

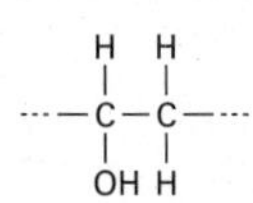

Polyvinylalkohol

Tabletten, in 12-15 %iger Konz. salbenartige Gele*, gut verträglich, vielfach kosmetisch verwendet. Emulgator, Matrixgrundlage, in der HNO für Tampons u. Schwämme.

Polyvinylalkohol 88: Alcohol polyvinylicus 88; unregelmäßiges Polymeres von Vinylalkohol u. Vinylacetat, teilverseifter Polyvinylalkohol (PVA). Das Verhältnis der Indices m u. n in der Strukturformel beträgt ca. 88:12. Die Ketten können verzweigt sein. Zur Charakterisierung der einzelnen Typen wird die Viskosität einer 4 %igen wässrigen Lsg. angegeben. In Wasser (20 °C) schwer lösl., leicht lösl. in Wasser (90 °C), unlösl. in Ethanol. pH 4.5-7.0 (5 %ige Lsg.), SZ max. 3, EZ 127-147, Trocknungsverlust max. 5 %. **Off.:** DAC86. **Anw.:** ausschließl. in Lösung als Bindemittel für Tabletten u. Dragiersuspensionen, zur Viskositätserhöhung von Augentropfen u. Injektionslösungen; **Zuber. der Lösung:** Einstreuen in kaltes Wasser, längeres Erhitzen über 90 °C unter Rühren; herstellungsbedingte Methanolreste werden dadurch entfernt.

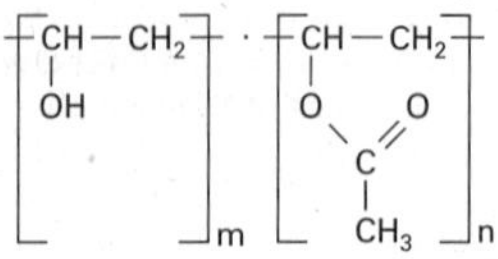

Polyvinylalkohol 88

Polyvinylchlorid: Abk. PVC; kostengünstiger, thermoplast. Kunststoff, der aus Vinylchlorid, CH_2CHCl, durch Polymerisation (durch Peroxide, Redoxsysteme) in großen Mengen hergestellt wird (s. Polyvinylharze). PVC ist glasklar bis leicht trüb mit amorpher Struktur u. besitzt eine hohe Chemikalienbeständigkeit sowie niedrige Gas- u. Dampfdurchlässigkeit. PVC wird ohne Weichmacherzusatz als **Hart-PVC** (PVC hart) u. a. zum Auskleiden von Behältern, für Hohlkörper (Flaschen, Becher) sowie in Form von Folien für Verpackungen verwendet. PVC wird z. B. durch Spritzguss u. Strangpressen verarbeitet. Es lässt sich biegen u. verschweißen, durch Sintern verformen od. mit Treibmitteln verschäumen. In der Wärme u. unter Einw. von Licht od. Bestrahlung spaltet PVC HCl ab u. färbt sich ohne Stabilisatorzusätze dunkel (Rußbildung). PVC ist beständig gegen pflanzl. u. mineral. Öle, Alkohol u. org. Stoffe mit Ausnahme starker Oxidationsmittel u. Basen, Ester, Ketone, Aromaten u. halogenierten Kohlenwasserstoffen. Durch Plastifizieren mit Weichmachern (mögl. Freigabe beachten) kommt man; nach für Thermoplaste übl. Methoden; zu leder- bis gummiartigen Massen, **Weich-PVC** (PVC weich), das u. a. zu Flaschen, Dosen, Folien, Schläuchen, Dichtungsscheiben, Blutbeuteln, Auslaufschläuchen an Infusionsgeräten, Schaumstoffen u. zur Beschichtung verformt werden kann. **Tox.:** Problemat. ist die Toxizität des Monomeren (Vinylchlorid) u. die geringe Stabilität des Polymeren beim Erwärmen unter Licht u./od. Sauerstoffeinfluss, daher gibt es Bedenken gegen die Anw. von PVC als Verpackungsmaterial.

Polyvinylharze: Vinylharze, Vinylpolymerisate; Polymerisate u. Copolymerisate aus Vinylverbindungen, durch Polymerisation der jeweiligen Monomeren od. durch chem. Umwandlung von Polyvinylacetat hergestellt. P. stellen ihrem chem. Aufbau nach lange, durch Seitengruppen substituierte Kohlenwasserstoffketten dar. Die wichtigsten P. sind: Polyvinylchlorid* (R = Cl), Polyvinylalkohol* (R = OH), Polyvinylacetat ($R = OCOCH_3$), Polyvinylether (R = O – R'), Polystyrol* (R = Phenyl). Weitere P. sind u. a. Polyvinylacetale, Polyvinylcarbazol (PVK), Povidon*. In ihrem chem. Aufbau stehen den P. die Polyolefine* u. die Polyacrylharze* nahe. Durch Ersatz der Wasserstoffatome in der Hauptkette durch Halogenatome kommt man zu weiteren P., z. B. nachchloriertem PVC, Polyvinylidenchlorid (PVDC) u. Polyfluorethylenen (Fluorcarbone, s. Polytetrafluorethylen). Die P. sind zähflüssige bis harte, thermoplast. Stoffe, die sich in org. Lösungsmitteln lösen.

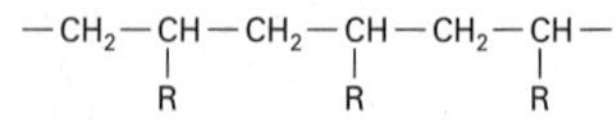

Polyvinylharze

Polyvinylidenchlorid: Abk. PVDC; Herst. aus Vinylidenchlorid, die Polymerisation erfolgt in ähnl. Weise wie beim Vinylchlorid (s. Polyvinylchlorid). Anw. als Schrumpfkapseln. Sie sind in feuchtem Zustand weich u. lassen sich über Stopfen u. Verschlüsse ziehen. Nach dem Trocknen werden sie hart u. schließen völlig gas- u. wasserdampfdicht ab.

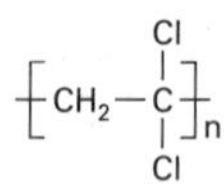

Polyvinylidenchlorid

Polyvinylpolypyrrolidon: s. Povidon (Crospovidonum).

Polyvinylpyrrolidon: s. Povidon.

Polyvinylpyrrolidon-Iod: s. Povidon-Iod.

Polywachs®: s. Macrogole.

Polyzythämie: Polycythämie; idiopath. myeloproliferatives Syndrom. **1.** Polycythaemia rubra vera: Vermehrung der Erythro-, Thrombo- u. Granulozytopoese bei hyperplast. Knochenmark mit annähernd normaler relativer Zstzg., erworbene klonale Erkrankung der pluripotenten Stammzellen der Hämatopoese; Erkrankungsgipfel im 5. Lebensjahrzehnt; **2.** Polyglobulie*.

polyzytogen: polyzytogene Vermehrung: Art der asexuellen Fortpflanzung der Cormobionta (Sprosspflanzen). Kennzeichen dieser (vegetativen) Fortpflanzungs- u. Vermehrungsform ist die Entstehung von selbständigen Nachkommen aus Zellkomplexen, die sich von einem als Mutterpflanze fungierendem Vegetationskörper ablösen, z. B. durch Ableger (Kakteen) od. durch Knospen von Brutorganen, wie Ausläufern, Zwiebeln, Knollen. Die Möglichkeit der polyzytogenen Vermehrung von Pfl. wird bes. beim Anbau von Nutzpflanzen (z. B. Kartoffel, Pfefferminze) ausgewertet.

POMC: Abk. für Pro-Opiomelanocortin*.

Pomeranzenbaum: s. Citrus aurantium ssp. aurantium.

Pomeranzenblätter: s. Citrus aurantium ssp. aurantium (Folia Aurantii).

Pomeranzenblüten: s. Citrus aurantium ssp. aurantium (Aurantii flos).

Pomeranzenblütenöl: s. Citrus aurantium ssp. aurantium (Aurantii amari floris aetheroleum).

Pomeranzenelixier: s. Elixir Aurantii compositum.

Pomeranzenfluidextrakt: s. Extractum Aurantii amari fluidum.

Pomeranzenschale: s. Citrus aurantium ssp. aurantium (Aurantii pericarpium).

Pomeranzenschalenöl: s. Citrus aurantium ssp. aurantium (Oleum Aurantii fructus amari).

Pomeranzensirup: s. Sirupus Aurantii amari.

Pomeranzentinktur: s. Tinctura Aurantii amari.

Pomeranzen, Unreife: s. Citrus aurantium ssp. aurantium (Aurantii fructus immaturi).

Pomo balsamica: s. Momordica balsamina.

Pontische Alpenrose: s. Rhododendron ponticum.

Pontischer Honig: s. Rhododendron ponticum.

Poppers: s. Salpetrige Säure (Isoamylnitrit).

Population: räuml. begrenzte Einheit (Fortpflanzungsgemeinschaft) artgleicher Individuen.

Populationskinetik: Erfassung der pharmakokinet. Parameter für bestimmte Patientenpopulationen, z. B. Neugeborene, Erwachsene, Raucher, Dialysepatienten. Ansatz zur Einbeziehung der Variabilität der pharmakokinet. Parameter in das Rechenmodell u. deren Korrelation mit physiol. Parametern, sog. Kovariablen (Nierenfunktion, Alter, Geschlecht, Phänotyp). Nach der Bayes-Methode werden auf der Basis aktueller Messwerte u. Daten für die jeweilige Population Wahrscheinlichkeiten kalkuliert (bayesian fitting). Ziel ist es, auf Basis weniger Datenpunkte, für einen Patienten pharmakokinet. Parameter zu ermitteln, die den weiteren Plasmaspiegelverlauf mit einer bestimmten Präzision vorhersagen lassen. Bei klinischen Studien* findet meist die sog. NONMEM-Methode Anwendung (engl. non-linear mixed effect modelling).

Populus-Arten: Pappel; Fam. Salicaceae; versch. einheim. u. kultivierte Arten, z. B. **Populus nigra** L. (Schwarzpappel, Pyramidenpappel), **Populus monilifera** (Kanadische Pappel), **Populus balsamifera** L. **var. balsamifera** (Balsampappel) u. **var. subcordata** Hyl. (Populus candicans, Ontario-Pappel), **Populus alba** (Silberpappel, Abele), **Populus tremula** L. (Zitterpappel, Espe) (Europa bis Asien), **Populus treuloides** Michx. (Amerikanische Espe) (heim. Nordamerika). Sie sind Stpfl. von **Gemmae Populi:** Turiones Populi, Pappelknospen, Bellenknospen. **Inhaltsst.:** Salicin, Populin (5-Benzoylderivat des Salicins), Dimethylallylkaffeesäureester (für Kontaktallergien verantwortl.) u. a. Ester von Phenolcarbonsäuren, Chrysin (Flavonglykosid), Mannitol, Äpfelsäure, Gallussäure, Fett, ein angenehm riechendes Harz, 0.5 % äther. Öl mit D-Humulen u. α-Caryophyllen, Gerbstoffe; der Glykosidkomplex soll die Blutharnsäure senken; **Anw.** volkstüml.: z. B. in Form der Pappelsalbe (Unguentum Populi) bei Hämorrhoiden, Verbrennungen, Entzündungen, ferner innerl. bei Darmkatarrhen, Blasenleiden, Gicht u. Erkrankungen des rheumat. Formenkreises sowie Erkältungskrankheiten; bei chron. Polyarthritis.
Hom: *Populus tremuloides:* frische, innere Rinde der jungen Zweige u. Blätter zu gleichen T.; verord. z. B. bei benigner Prostatahyperplasie*, chron. Nieren- u. Blasenentzündung.

P/O-Quotient: s. Atmungskette.

porcin: vom Schwein. Z. B. porcines Insulin: Insulin* aus Schweinepankreas.

Porengröße, Bestimmung der: s. Blasendrucktest.

Porin: Poren formende, Membran durchspannende Proteine. Die meist trimeren Proteine bilden wassergefüllte, transmembranständige Kanäle (Poren) durch die äußere Membran gramnegativer Bakterien sowie durch Chloroplasten u. Mitochondrien. Hierdurch erhalten Ionen u. kleine Moleküle bis M_r 600 relativ unspezif. Durchtritt in Bakterien, bis M_r 10 000 in Mitochondrien u. Chloroplasten.

Porosimeter: Gerät zur Messung des Porenvolumens (s. Porosität, vgl. Oberfläche, spezifische), z. B. einer Tablette, mit Hilfe einer Flüssigkeit, z. B. Quecksilber (Quecksilberintrusionsverfahren*). In anderen Geräten wird die verdrängte Luftmenge bestimmt, ohne dass die Flüssigkeit mit dem Messgut in Berührung kommt.

Porosität: Maß für den Hohlraumanteil einer auf ein definiertes Volumen (z. B. Schüttvolumen, Stampfvolumen, s. Dichte von Pulvern) aufgeschütteten Packung eines Haufwerks. Die P. ε eines Haufwerks (aufgeschüttet zur Bestimmung des Schüttvolumens) od. eines porösen Körpers (z. B. einer Tablette) ist das Verhältnis von Hohlraumvolumen v zu Schüttvolumen (scheinbarem Volumen) V_b:

$\varepsilon = v/V_b$

wobei

$v = V_b - V_p$

wenn V_p = wahres Volumen der Teilchen im Haufwerk (Masse/wahre Dichte); in Prozent ausgedrückt:

$\varepsilon(\%) = 100 \cdot (1 - V_p/V_b)$

Mit der wahren Dichte ρ u. der scheinbaren Dichte D ergibt sich:

$\varepsilon(\%) = 100 \cdot (1 - D/\rho)$.

Weiter sind gebräuchlich: **intrapartikuläre P.:** ε_i; berücksichtigt nur die Hohlräume (Poren) in den Partikeln. Berechnung erfolgt mit Hilfe der wahren u. der scheinbaren Dichte:

$\varepsilon_i = 1 - (\rho_s/\rho)$

Zwischenraum-P.: ε_z; berücksichtigt nur den Hohlraum zw. den porösen Partikeln; nimmt bei nicht porösen Partikeln den Wert von ε an; kann aus der Schüttdichte u. der scheinbaren Dichte errechnet werden:

$\varepsilon_z = 1 - (\rho_b/\rho_s)$

Gesamtporosität: ε_{gesamt}; berücksichtigt alle Hohlräume im Schüttgut, setzt sich aus den Hohlräumen zw. den Teilchen u. den Poren der Teilchen zusammen; wird wie ε berechnet.

Porphin: $C_{20}H_{14}N_4$; (s. Abb.); dunkelrote Blättchen, die sich über 360 °C zersetzen, ohne zu schmelzen. Grundstruktur der Porphyrine*. P. kann auch aus

P

Pyrrol u. Formaldehyd synthet. dargestellt werden.

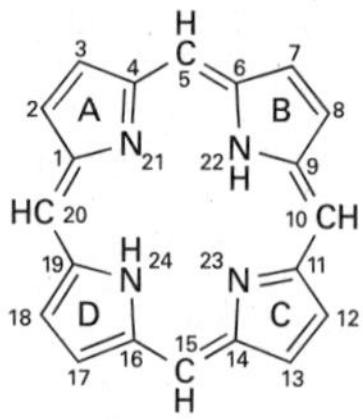

Porphin

Porphobilinogen: s. Porphyrine.

Porphyrine: cycl. Tetrapyrrole, die sich von der Stammverb. Porphin ableiten. Die 8 β-Wasserstoffatome sind teilweise od. vollständig durch

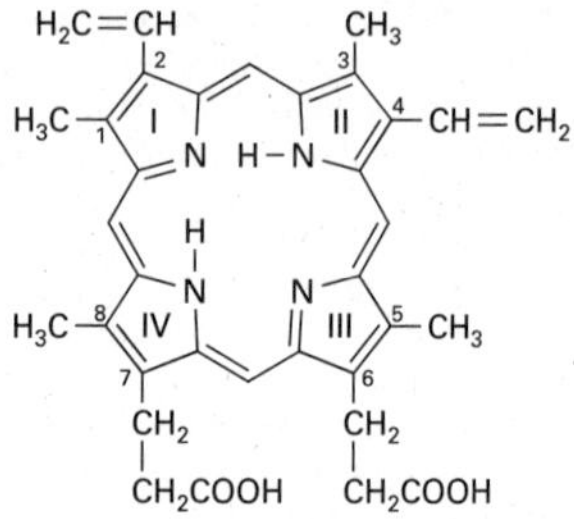

Porphyrine Abb. 1: Protoporphyrin IX

Seitenketten, z. B. Alkyl-, Hydroxyalkyl-, Vinyl-, Carbonyl- od. Carboxylgruppen substituiert. Die versch. P. werden aufgrund ihrer Seitenkette klassifiziert, z. B. Protophorphyrin, Koproporphyrin, Ätioporphyrin, Mesoporphyrin, Uroporphy-

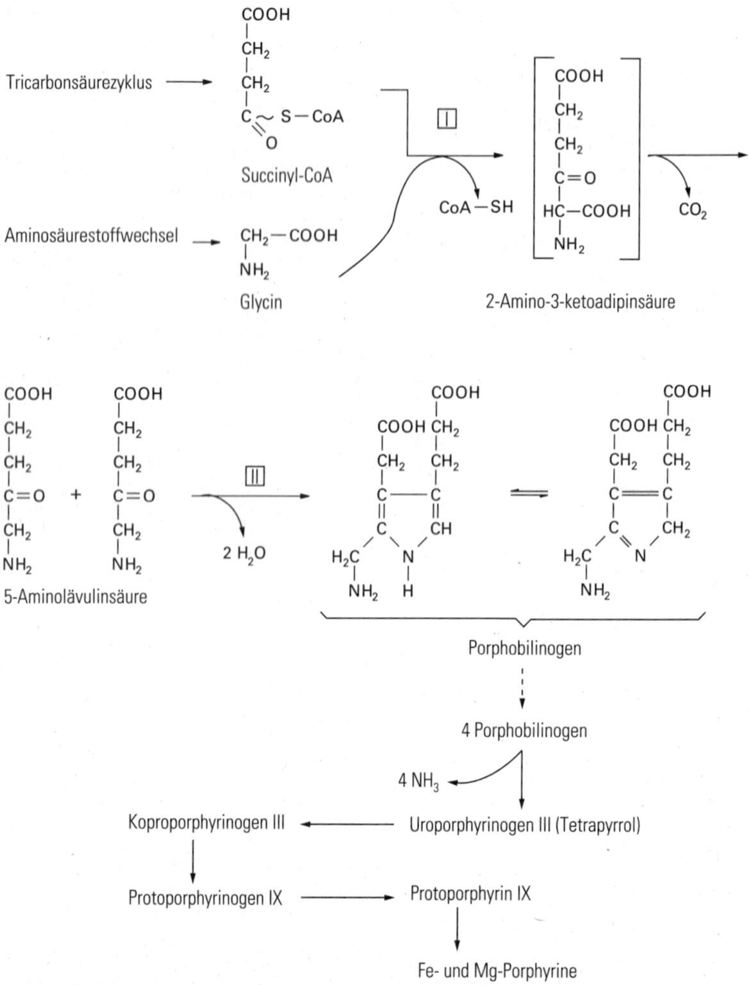

Porphyrine Abb. 2: Biosynthese; I: 5-Aminolävulinsäuresynthase (von Pyridoxal-5´-phosphat und Mg^{++} abhängig); II: 5-Aminolävulinsäuredehydrase

rin. In den in der Natur vorkommenden P. trägt keiner der 4 Pyrrolringe dieselbe Seitenkette doppelt. P. sind mit vielen Metall-Ionen komplexiert u. bilden Metalloporphyrine. Protoporphyrin IX kommt in der Natur häufig in Form von Häm in Hämoglobin, Myoglobin u. in vielen Cytochromen vor (s. Abb. 1). Der Chelatkomplex von Protoporphyrin IX mit Fe(II) wird als Protohäm od. Häm bezeichnet, der mit Fe(III) als Hämin od. Hämatin. Chlorophyll ist ein Magnesiumkomplex mit versch. Porphyrinen. In Vitamin B_{12} ist Cobalt mit einem Corrinringsystem komplexiert, das strukturell u. biosynthet. mit den P. verwandt ist. Auch die Gallenfarbstoffe leiten sich von den P. ab. Hydrierung des Porphyrinringes an den beiden Pyrroleniumstickstoffatomen u. allen Methenkohlenstoffatomen führt zu Porphyrinogenen, die Zwischenstufen der Porphyrinsynthese sind. **Biosynthese:** bes. im Knochenmark, jedoch ist jede Sauerstoff verwertende Zelle des menschl. Körpers zur Synthese befähigt. Die Synthese verläuft für die biol. wichtigen Metalloporphyrine bis zur Stufe des Protoporphyrins IX gleich u. verzweigt sich dann. Die Porphyringrundstruktur entsteht durch Kondensation von Succinyl-CoA (aus dem Aminosäurestoffwechsel od. aus dem Tricarbonsäurezyklus*) u. Glycin unter CoA-Abspaltung zu α-Amino-β-ketoadipinsäure, die zu δ-Aminolävulinsäure decarboxyliert wird (s. Abb. 2). Von dieser treten unter Wasserabgabe 2 Moleküle zum Porphobilinogen zusammen; 4 Moleküle Porphobilinogen vereinigen sich nach Desaminierung zu Uroporphyrinogen. Durch Decarboxylierung entsteht Koproporphyrinogen, das durch Dehydrierung in Koproporphyrin übergehen kann. Nach erneuter Decarboxylierung u. Dehydrierung entsteht schließl. die Schlüsselsubstanz der Porphyrinsynthese, das Protoporphyrinogen IX.

Porphyrinurie: Ausscheidung von Porphyrinen* u. deren Vorstufen im Harn. **Vork.:** z.B. bei Leber-, Blutkrankheiten, Eisenstoffwechselstörungen u. Intoxikationen.

Porphyrisator: gläsernes Pistill mit planer, gerauhter Unterseite. Dient dem Anreiben von pulverförmigen Arzneistoffen mit Salbengrundlagen in kleinen Mengen (z.B. für Augensalben) auf einer oberflächl. angerauhten Glasplatte.

Porschkraut: s. Ledum palustre (Herba Ledi palustris).

Porst: s. Ledum palustre.

Porstkampfer: s. Ledol.

Porth-a-cath-System: s. Portkatheter.

Portio vaginalis: Teil des Gebärmutterhalses, der in die Scheide einragt.

Portkatheter: Porth-a-cath-System; implantierbares Kathetersystem mit s.c. Kunststoffreservoir zur ambulanten parenteralen Ernährung od. lokalen Chemotherapie bzw. Schmerztherapie.

Portulaca oleracea L.: Portulak, Bürzelkohl; Fam. Portulacaceae (Od. Caryophyllales) (weit verbreitet). Man unterscheidet **ssp. oleracea** (wild wachsend) u. **ssp. sativa** (Haw.) Celak (kult. od. verwildert). **Anw.:** die frische Pfl. als Blattgemüse, die Blütenknospen als Kapernersatz; volkstüml.: zur Steigerung der Magensaftsekretion; in der Hom.; wurde wegen des relativ hohen Omega-3-Fettsäuregehaltes, z.B. 4 g/kg (Frischgewicht) 18:3ω-3 (s. Fettsäuren, ungesättigte), als Ersatz für Fischöl vorgeschlagen.

Portulak: s. Portulaca oleracea.

Porus: s. Hoftüpfel.

Porzellan: Tonware, die aus einem feinst pulverisierten Gemisch von reinstem Kaolin (weißer Ton*), Quarz* u. Feldspat gebrannt wird. Durchscheinende, glasig dichte, porenfreie, weiße Scherben von großer Härte, undurchlässig für Gase u. Flüssigkeiten. **Gesch.:** den Chinesen seit dem 6. Jahrhundert n. Chr. bekannt; in Deutschland gelang 1708/09 dem Apotheker Johann Friedrich Böttger (1682-1719), angeregt durch Ehrenfried Walter von Tschirnhaus (1651-1708), die Herstellung von Porzellan.

Porzellanerde: s. Ton, weißer.

Positron: Symbole e^+ u. β^+; mit der gleichen Ruhemasse u. einer gleich großen, jedoch positiven Elementarladung ist das P. das Antiteilchen des Elektron; vgl. Elementarteilchen. P. entstehen beim Betazerfall (Positronenzerfall), z.B. von ^{11}C, ^{15}O, ^{18}F, ^{22}Na. Unter den nat. radioaktiven Nukliden werden keine Positronenstrahler beobachtet. Ferner können P. bei der Paarbildung* entstehen. P. zerstrahlen in Umkehrung ihrer Entstehung, sobald sie mit Elektronen zusammentreffen, d.h. sie verschwinden unter Emission von Gammastrahlen.

Positronium: metastabiles Paar aus Elektron* u. dessen Antiteilchen, dem Positron* mit einer mittleren Lebensdauer von 10^{-7} s. Es zerstrahlt dann unter Aussendung von 2 Gammaquanten mit einer Energie von je 511 keV, die in einem Winkel von annähernd 180° auseinanderfliegen (Vernichtungsstrahlung). Dieses Phänomen wird in der PET* als Messprinzip genutzt.

post-: Wortteil mit der Bedeutung nach, danach, hinter.

post cenam (lat.): Abk. p.c.; nach dem Essen.

posterior: hinterer; vgl. anterior.

postkoital: nach dem Geschlechtsverkehr.

post meridiem: Abk. p.m.; nach dem Mittag, nachmittags.

post mortem: Abk. p.m., postmortal; nach dem Tode.

postnatal (lat. natalis die Geburt betreffend): nach der Geburt.

Postonal®: erste pharmaz. verwendete Macrogole*; in fester Form als lösl. Suppositoriengrundlage.

post partum: Abk. p.p.; nach der Geburt.

postprandial: nach der Mahlzeit.

Potamobius Astacus: s. Astacus fluviatilis.

Potassium: (engl., franz.) Kalium*.

Potentia: Fähigkeit. **P. generandi:** Zeugungsfähigkeit; **P. concipiendi:** Empfängisfähigkeit; **P. coeundi:** Fähigkeit zur Ausübung des Beischlafs; vgl. Impotenz.

Potential: physik. Maß für die Stärke eines Kraftfeldes (elektromotorische Kraft*) in einem Punkt. Das P. in einem Punkt des elektr. Feldes ist die Arbeit, die man aufwenden muss, um die positive Einheitsladung aus dem Unendlichen bis an den Punkt zu bringen.

Potentilla anserina L.: Gänserich, Gänsefingerkraut, Fingerkraut, Krampfkraut; Fam. Rosaceae (fast ganze Nordhemisphäre). Stpfl. von **Anserinae herba:** Herba Anserinae, Gänsefingerkraut. **Off.:** DAC; **Inhaltsst.:** ca. 6% (mind. 5.0% mit Hautpulver fällbare) Gerbstoffe (Gallotannine), Flavonoide, Phenolcarbonsäuren, Cumarine, Fettsäuren u. Sterole; **Anw.:** leichte dysmenorrhoische Beschwerden, leichte, unspezif. Durchfallerkrankungen, Entzündungen der Mund- u. Rachenschleimhaut; äußerl.: zur Behandlung von Wunden u. Ekzemen.
Hom: *Potentilla anserina (HAB2000):* frische, blühende Pflanze; verord. z.B. bei Dysmenorrhö, Krämpfen.

Potentilla erecta (L.) Raeusch.: Potentilla sylvestris Neck., Potentilla tormentilla L. Stokes, Tormentilla erecta L., Ruhrwurz, Blutwurz; Fam. Rosaceae (Mitteleuropa bis Sibirien). Stpfl. von **Tormentillae rhizoma:** Rhizoma Tormentillae, Tormentillwurzelstock, Radix Tormentillae, Ruhrwurzel, Blutwurz(el); das von den Wurzeln befreite u. getrocknete, ganze od. geschnittene Rhizom. **Off.:** Ph.Eur.4, ÖAB90; **Inhaltsst.:** bis ca. 25% Catechingerbstoffe (Tormentillgerbsäure u. Tormentillrot, ein Phlobaphen, das beim Lagern entsteht), Ellagsäure, ferner Chinovasäure (mit α-Amyrin-Struktur, Strukturformel s. Saponine, Tab. 1), Tormentosid* u.a. Triterpenverbind.; Harz, Stärke. Ph.Eur.4: Gerbstoffgehalt mind. 7%; **Wirk.:** adstringierend, antimikrobiell, antihypertensiv; **Anw.:** wie Rad. Ratanhiae; als Adstringens bei Sommerdiarrhöen u. paratyphösen Erscheinungen, Schleimhautentzündungen im Mund- u. Rachenraum; **Zuber.:** Tct. Tormentillae, Tormentillae tinctura (Ph.Eur.4), Mixtura antidiarrhoica, Adstringens Tormentillae.
Hom: *Potentilla erecta (HAB2000),* Tormentilla: frische, im Frühjahr gesammelte, unterird. Teile.
Hom: *Potentilla erecta äthanol. Decoctum (HAB1.4),* Tormentilla äthanol. Decoctum: getrockneter Wurzelstock (mind. 5% Gerbstoffe).

P

Potentilla reptans L.: Kriechendes Fingerkraut; Fam. Rosaceae (Europa). **Inhaltsst.:** Gerbstoffe.
Hom: *Potentilla reptans:* frische, blühende Pflanze.

Potentiometrie: Messung der Potentialveränderungen, die im Laufe einer Titration an einer in die betr. Lsg. tauchenden Indikatorelektrode, der Messelektrode, auftreten. Wird diese Elektrode mit einer Bezugselektrode verbunden, so kann aus der resultierenden Spannung auf die Menge der Ionen geschlossen werden (s. Nernst-Gleichung). Die Indikatorelektrode sollte nur auf diejenigen Ionen ansprechen, um deren quantitative Bestimmung es bei der Titration geht. So kann man z.B. eine Chloridlsg. mit einer Maßlsg. aus $AgNO_3$ titrieren u. den Äquivalenzpunkt dadurch ermitteln, dass man in Abhängigkeit vom Reagenszusatz das Potential der Ag^+-Ionen gegenüber einem eintauchenden Silberblech als Elektrode misst u. graph. darstellt. Der Äquivalenzpunkt ergibt sich als die Projektion des Wendepunkts der gemessenen Kurve auf die Abszisse u. entspr. dem Volumen der zugesetzten Maßlösung*. Am Äquivalenzpunkt tritt ein Potentialsprung auf, der das Ende der Titration anzeigt. Die Spannungsmessung muss stromlos erfolgen, da sich sonst die Ionenkonz. an den Elektroden verändert. **Anw.:** Endpunktbestimmung bei Säure*-Base-, Redox-*, Fällungs-* u. Komplexbildungstitrationen*; **Indikatorelektroden:** **1.** Edelmetallelektrode: z.B. aus Palladium od. Gold zur potentiometr. Indikation von Redoxtitrationen, da diese an der potentialbestimmenden Reaktion nicht direkt beteiligt sind, also selbst keine stoffl. Veränderungen erfahren (inerte Elektroden); **2.** Metallelektrode: z.B. aus Silber, Quecksilber od. Kupfer; Gleichgewichtsreaktionen zw. Metallen u. ihren in Lsg. befindl. Ionen führen zu einer Aufladung der Oberfläche einer entspr. Metallelektrode. Das Potential der Metallelektrode hängt allein von der Konz. seiner Ionen in der Lsg. ab; so lassen sich mit einer Silberelektrode argentometr. Titrationen von Halogenionen potentiometr. indizieren. **Anw.:** Herst. von Bezugselektroden mit konstantem Potential, z.B. Kalomelelektrode, Silber-Silberchlorid-Elektrode; **3.** Glaselektrode: für pH-Messungen verwendbare Elektrode, hat alle anderen, früher für pH-Messungen eingesetzten Elektroden verdrängt; hier ist die Ionen austauschende Membran aus einem Spezialglas gefertigt, das aus Stabilitätsgründen zur Kugel aufgeblasen ist. Das Glasrohr ist gefüllt mit einem Ionenpuffer, z.B. Chloridpuffer, in den eine Bezugselektrode eintaucht, z.B. eine Silber-Silberchlorid-Elektrode, s. pH-Meter (Abb.); **4.** Wasserstoffelektrode: Platinelektrode, die mit Wasserstoffgas umspült wird; keine Bedeutung mehr, da sie in ihrer Anw. umständl. u. nicht störungsfrei ist; **Bezugselektroden:** Elektroden mit bekanntem u. konstant bleibendem Potential; z.B. Kalomelelektrode (Mischung aus Quecksilber u. Quecksilberchlorid in gesättigter Kaliumchloridlösung), Silber*-Silberchlorid-Elektrode (mit AgCl überzogener Silberdraht in gesättigter Kaliumchloridlösung).

Potenz: **1.** s. Potentia. **2.** in der Homöopathie* Bez. für Verd. u. Wirkungsverstärkung durch spezielle Zuber. der Substanzen.

Potenzbaum: s. Pausinystalia johimbe.

Potenzen, homöopathische: s. Homöopathie.

Potenzholz: s. Ptychopetalum-Arten (Lignum Muira-puama).

Potenz, neuroleptische: neurolept. Wirkungsstärke; bezogen auf Chlorpromazin (Potenz: 1). Unterteilung in schwach, mittelstark, stark u. sehr stark.

Potenzrinde: s. Pausinystalia johimbe (Cortex Yohimbehe).

Potio (lat.): syn. Ptisana; Trank, schleimiger Arzneitrank; meist schwache Lösungen od. Mazerate, vgl. Julep.

Potio Riverii: Riviere-Trank; Zstzg.: DAB6, 4T. Citronensäure, 9T. Natriumcarbonat, 190T. Wasser. **Anw.:** Refrigerans.

Pottasche: s. Kaliumcarbonat (Kalium carbonicum crudum).

Pottlot: s. Graphit.

Pound: engl. u. amerikan. Gewichtseinheit (453.59 g).

Povidon INN: Povidonum Ph.Eur.4, (engl.) *Povidone;* Polyvidon, Poly-N-vinyllactam, Poly(1-vinylpyrrolidin-2-on) (Abk. PVP); Poly[1-(2-oxo-1-pyrrolidinyl)ethylen]; CAS-Nr. 9003-39-8; $(C_6H_9NO)_n$. Lösl. bzw. unlösl. Polyvinylpyrrolidon, Gemisch von Polymerhomologen versch. relativer Molmasse; hergestellt durch Polymerisation von *N*-Vinyl-2-pyrrolidon (M_r 111.1). Die versch. Typen des P. sind durch die Viskosität ihrer Lsg., ausgedrückt durch den K-Wert, charakterisiert; Pulver od. Blättchen, weiß bis gelbl. weiß, hygroskop., leicht lösl. in Wasser, Ethanol u. Methanol, schwer lösl. in Aceton. **Lösliches Povidon**: lösl. Povidonum, lösl. Polyvidon; hygroskop. Pulver (hygroskop. Punkt bei ca. 70 % relativer Feuchtigkeit der Luft), leicht lösl. in Wasser (bis 60 %), einwertigen Alkoholen, Glycerol, Propylenglykol, Methylenchlorid, Chloroform; unlösl. in Ether, Kohlenwasserstoffen. pH-Wert einer 1 %igen wässrigen Lsg. 3.5-5.0; Trocknungsverlust max. 5 %. **Inkomp.**: gelöst Komplexbildung mit Sulfathiazol, Natriumsalicylat, Chloromycetin, Mandelsäure, *p*-Aminobenzoesäure, Salicylsäure, Phenobarbital, Tannin, Polyphenolen (Gerbstoffe, Anthocyane u. ä.). Lsg. sind anfällig gegenüber Schimmelpilzen; **Anw.**: parenteral als Blutflüssigkeitsersatz; zur Entgiftung bei Intoxikationen, zum Schutz von Schleimhaut u. Bakterienflora bei Antibiotikabehandlung. Als Blutplasmaersatz muss PVP Pyrogenfreiheit u. niedrigen Monomerengehalt (unter 0.2 %) erfüllen; außerdem kommen hierfür nur niedermolekulare Typen zur Anwendung. Ferner verwendet als Bindemittel für Tablettengranulate (0.5-5 %, meist 1-3 % in wässriger od. org. Lsg.), v. a. für Brausetabletten u. Granulate, die mit nichtwässrigen Lösungsmitteln bereitet werden; als Trockenbindemittel für die Direkttablettierung* (5 %); als Best. von Dragiersuspensionen (0.3-3 %, Bindemittel, Dispergator, Filmbildner); bis zu 10 % als Suspensionsmittel bei Schüttelmixturen (Verdickungsmittel); als Lösungsvermittler u. zur Kristallisationsverzögerung schwer lösl. Substanzen, in oralen Liquida u. in Injektionspräparaten. **Crospovidon**: Crospovidonum, unlösl. PVP, quervernetztes PVP, Polyvinylpolypyrrolidon (Abk. PVPP), Polyvin; hygroskop. Pulver od. Blättchen; in Wasser u. allen org. Lösungsmitteln unlösl.; Trocknungsverlust max. 5 %. **Inkomp.**: Polyphenole; **Anw.**: Zerfallsbeschleuniger in Tabletten u. Dragees (meist 2-5 %); als Suspensionsstabilisator (5-10 %) in mikronisierter Form.

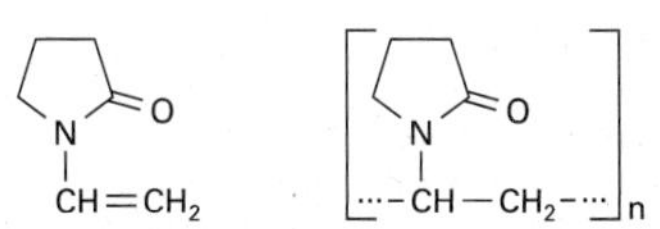

Povidon: Vinylpyrrolidon (links) u. Polyvinylpyrrolidon (rechts)

Povidonacetat: s. Copovidon.

Povidon-Iod INN: Polyvidonum iodinatum Ph.Eur.4, (engl.) *Povidone-Iodine*; Polyvinylpyrrolidon-Iod (Abk. PVP-Iod), Iod-Polyvidon; Poly(1-vinyl-2-pyrrolidin-2-on)-Iod-Komplex, CAS-Nr. 25655-41-8. Besteht aus Povidon* unterschiedl. Kettenlänge u. enthält Iod u. Iodid (max. 6.6 %) in komplexer Bindung (mind. 9 % u. max. 12 % frei verfügbares Iod). Gelbl. braunes bis rötl. braunes, amorphes Pulver, lösl. in Wasser u. Ethanol; fast unlösl. in Aceton, Tetrachlorkohlenstoff, Chloroform, Ether, Leichtpetroleum; pH max. 5.5; Trocknungsverlust max. 8 %. **Inkomp.**: Alkalien, reduzierende Stoffe; **Anw.**: topisch als bakterizides, fungizides, germizides, sporozides u. viruzides Desinfektionsmittel (10 %ige Lsg. od. Salbe) mit ähnl. Wirkungsspektrum wie Iodtinktur, jedoch besser verträgl. für Haut u. Schleimhäute; zur Spülung von Körperhöhlen 1 %ig; **UAW**: allerg. Reaktionen. Hingewiesen sei auch auf Povidon [^{125}I]Iod, Povidon [^{131}I]Iod.

Povidon-Iod-Lösung: s. Solutio Polyvidoni-Iodi.

Poxvirus officinalis: s. Vacciniavirus.

POZ: Abk. für **P**er**o**xid**z**ahl*.

ppb: Abk. für (engl.) *parts per **b**illion;* zu vermeidende Art der Konzentrationsangabe; 1 ppb entspr. einer Verd. von 1 zu 1 Mrd. (1:10^9). Beispiel: 1 ppb = 1 ng/g = 1 µg/kg (auch für Volumenkonz. anwendbar); vgl. ppm.

PP-Faktor: s. Vitamine (Nicotinamid).

ppm: Abk. für (engl.) *parts per **m**illion;* 1 ppm entspr. einer Verd. von 1 zu 1 Mio (1:10^6); vgl. ppb.

Pr: (chem.) Symbol für Praseodym*.

prae (lat.): vor.

Präcipitat: Niederschlag.

Präcipitat, gelbes: s. Quecksilber(II)-oxid, gelbes.

Präcipitat, rotes: s. Quecksilber(II)-oxid, rotes.

Präcipitat, weißes: s. Quecksilber(II)-amidochlorid.

präcipitieren: fällen.

praecox: vorzeitig, frühzeitig.

Präformulierung: Untersuchung der physik.-chem. u. anderer Eigenschaften eines Arzneistoffs, deren Kenntnis vor der Entwicklung der entspr. Arzneiformen* notwendig sind. Wichtige Grundlagen von Präformulierungsuntersuchungen bietet die Physikalische* Pharmazie.

Präkursor: Precursor; Vorstufe eines von einem Organismus gebildeten Stoffes. In mikrobiol. Kulturen werden Präkursorzusätze verwendet, um einen Mikroorganismus zur Bildung eines erwünschten Stoffwechselproduktes anzuregen od. dessen Produktionsrate zu erhöhen; z. B. Phenylessigsäurezusatz bei der Benzylpenicillingewinnung.

Praemixturae ad alimenta medicata ad usum veterinarium: s. Arzneimittel-Vormischungen zur veterinärmedizinischen Anwendung.

Praeparationes homoeopathicae: s. Homöopathie.

Praeparationes intramammariae ad usum veterinarium: s. Zubereitungen zur intramammären Anwendung für Tiere.

Praeparationes pharmaceuticae in vasis cum pressu: s. Aerosol.

Präpariersalz: Natriumhexahydrooxostannat; $Na_2[Sn(OH)_6]$. **Anw.**: Beize in der Färberei; vgl. Zinn.

präprandial: vor der Mahlzeit.

Präproenkephaline: Polypeptide, die als biosynthet. Vorstufen von Opioidpeptiden* v. a. im ZNS verteilt sind. Präproenkephalin-A ist die Hauptvorstufe von Enkephalinen (s. Endorphine), während Präproenkephalin-B als Vorläuferpeptid für Dynorphine* angesehen wird.

Prä-Proinsulin: Zwischenstufe bei der Insulinbiosynthese; s. Insulin.

Prä-Pro-Opiomelanocortin: im Hypothalamus synthetisiertes Neuropeptid aus 265 Aminosäuren, das als biosynthet. Vorstufe einer Reihe von Peptidhormonen gilt. Die Kette 21–265 besteht aus Pro*-Opiomelanocortin aus dem seinerseits Lipotropine*, Opioidpeptide* (v. a. Endorphine u. Met-Enkephalin) sowie MSH u. ACTH (s. Hormone, Hypophysenvorderlappen) abgespalten wird.

Praescriptiones Magistrales: s. PM.

Präsentationsrecht: s. Apothekenwesen.

Präservativ: Kondom; Barrierekontrazeptivum aus Kautschuk, Latex od. Polyurethan zum Überstreifen über den Penis od. zum Einführen in die Vagina (s. Frauenkondom); dient zur Verhütung von Empfängnis u. sexuell übertragbaren Infektionen.

Prävalenz: Anteil in einer Population mit einem bestimmten Merkmal zu einem bestimmten Zeitpunkt. P. ist ein Maß für die Häufigkeit mit der ein Merkmal (z. B. Erkrankung od. unerwünschtes Ereignis) in der Bevölkerung auftritt, z. B. 6 % der ostdeutschen Bevölkerung leidet an einem Heuschnupfen. Die P. gibt aber gibt keine Aussage darüber, wie häufig z. B. Neuerkrankungen auftreten; vgl. Inzidenz.

präventiv: vorbeugend.

Präzipitation: Bildung unlösl. Antigen-Antikörper-Komplexe, die in Lsg. als Niederschlag, in Gelen als Linien sichtbar werden. Die entspr. Antikörper werden als präzipitierende Antikörper bzw. Präzipitine* bezeichnet. **Anw.:** **1.** in der Diagnostik (indirekte Serologie) z. B. bei Streptokokken (Lancefield Schema), bei Pest u. Milzbrand, versch. Viren, bei Extrakten von Protozoen, Würmern, Myceten; **2.** in der Lebensmittelkontrolle z. B. bei Milch- u. Fleischverfälschungen.

P

Präzipitatsalbe, gelbe: s. Unguentum Hydrargyri flavum.

Präzipitatsalbe, rote: s. Unguentum Hydrargyri rubrum.

Präzipitatsalbe, weiße: s. Unguentum Hydrargyri album.

Präzipitine: Antikörper*, die im Rahmen einer Präzipitationsreaktion mit Antigenen als unlösl. Immunkomplexe ausfallen (vgl. Präzipitation).

Präzisionswaagen: s. Waagen.

Prajmaliumbitartrat INN: Prajmalii bitartras; *N*-Propylajmalinium-hydrogentartrat; CAS-Nr. 2589-47-1; $C_{27}H_{38}N_2O_8$, M_r 518.6. Schmp. 149-152 °C (kristallisiert aus Ethanol/Ether). Lösl. in Wasser; sofort lösl. in Ethanol, Eisessig u. verd. Mineralsäuren; mäßig lösl. in Aceton u. Chloroform; unlösl. in Ether. **Anw.:** Antiarrhythmikum*; bei ventrikulären Extrasystolen; **UAW:** Kammerflimmern, AV-Überleitungsstörungen, Kopfschmerzen, Sehstörungen; **Kontraind.:** dekompensierte Herzinsuffizienz, AV-Block; **WW:** Erregungsleitungsstörungen mit Digitalisglykosiden; **Dos.:** p. o. Initialdos. 3-4 × 20 mg/d; Erhaltungsdos. 1-2 × 20 mg/d; HWZ 4-6 h. Gebräuchl. ist auch Prajmalium.

Pralidoximiodid INN: Abk. PAM, Pralidoximi iodidum; Pyridin-2-aldoxim-methyliodid; CAS-Nr. 94-63-3. **Anw.:** Antidot bei Vergiftung mit Insektiziden aus der Gruppe der org. Phosphorverb. (Parathion, Malathion u. a.). **Dos.:** 0.5-1 g langsam i. v., evtl. nach 2 h wiederholen (bis 24 h nach Gifteinnahme, dann wirkungslos); vgl. Obidoxim.

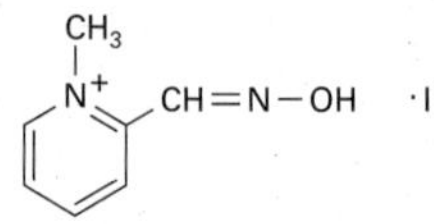

Pralidoximiodid

Pramipexol INN: (*S*)-2-Amino-4,5,6,7-tetrahydro-6-(propylamino)benzothiazol; CAS-Nr. 104632-26-0; $C_{10}H_{17}N_3S$, M_r 211.3. Schmp. 296 °C. logP 1.6; pK_S 9.5 (ber.); leicht lösl. in Wasser. **Wirk.:** Dopamin*-3-Agonist; **Anw.:** Antiparkinsonmittel* beim fortgeschrittenen Parkinson-Syndrom* in Kombination mit Levodopa*; **UAW:** Übelkeit, Somnolenz, Obstipation; **Dos.:** 0.264 mg/d p. o., auf 3 Dosen verteilt; HWZ 8-12 h.

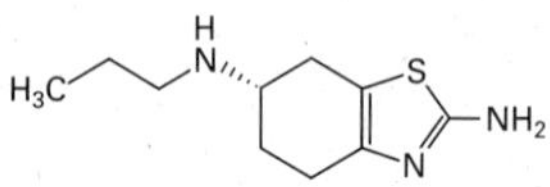

Pramipexol

Pramiverin INN: *N*-Isopropyl-4,4-diphenylcyclohexylamin; CAS-Nr. 14334-40-8; $C_{21}H_{27}N$, M_r 293.43. **Anw.:** Parasympatholytikum* mit stark muskulotrop spasmolyt. Wirkungskomponente; Ind.: Spasmen im Magen-Darm-Trakt u. in den Gallenwegen; spast. Obstipation; **UAW:** s. Atropin (Tox.); **Hinweis:** seit 1988 nicht mehr im Handel.

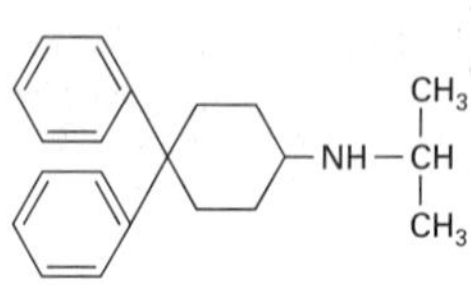

Pramiverin

prandial (lat. prandium Mahlzeit): Essen od. Mahlzeit betreffend.

Pranlukast
INN: *N*-[4-Oxo-2-(1*H*-tetrazol-5-yl)-4*H*-1-benzopyran-8-yl]-4-(4-phenylbutoxy)benzamid; CAS-Nr. 103177-37-3; $C_{27}H_{23}N_5O_4$, M_r 481.51. Schmp. 244-245 °C. **Wirk.:** Leukotrienrezeptorantagonist*; **Anw.:** Antiasthmatikum*.

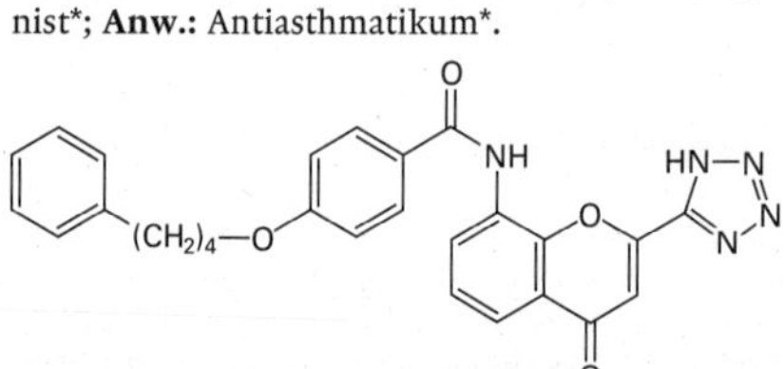

Pranlukast

Praseodym (gr. Praseos didymos lauchgrün, Zwilling): Symbol Pr; A_r 140.90765, OZ 59. D. 6.773. Schmp. 931 °C. Sdp. 3507 °C. Oxidationsstufen: 3, 4. Das silbrig weiße, weiche, schmiedbare Metall aus der Gruppe der Lanthanoide* ist in Säuren leicht lösl., reagiert mit Wasser und bildet an der Luft eine grüne Oxidschicht. **Vork.**: im Monazit u. Bastnäsit. **Gesch.**: 1885 von Carl Auer von Welsbach (1858-1929) neben Neodym im Didymoxid entdeckt u. 1931 erstmals rein dargestellt; vgl. Neodym.

Prasteron INN: Dehydroisoandrosteron, Dehydroepiandrosteron, Androstenolon, 3*β*-Hydroxy-5-androsten-17-on; Δ^5-Androsten-3*β*-ol-17-on; CAS-Nr. 53-43-0; $C_{19}H_{28}O_2$, M_r 288.41. Schmp. 140-141 °C (Nadeln); Schmp. 152-153 °C (Blättchen); polymorph. $[\alpha]_D^{18\,°C}$ +10.9° (c=0.4 in Ethanol). Lösl. in Benzol, Ethanol, Ether; wenig lösl. in Chloroform, Petrolether. **Anw.**: nat. vorkommendes Steroid mit schwacher Androgen-Wirk., Anabolikum*. Hingewiesen sei auch auf Prasteronenantat, Prasteronhydrogensulfat.

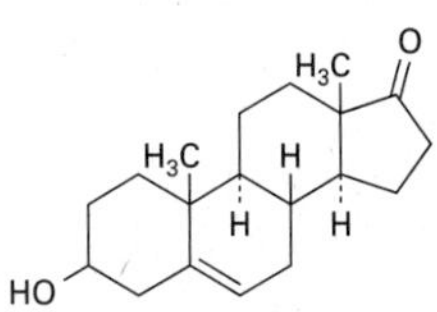

Prasteron

Pravastatin INN: 3*β*-Hydroxycompactin; (3*R*,5*R*)-7-{(1*S*,2*S*,6*S*,8*S*,8a*R*)-1,2,6,7,8,8a-Hexahydro-6-hydroxy-2-methyl-8-[(*S*)-2-methylbutoxyl]-1-naphthyl}-3,5-dihydroxyheptansäure; CAS-Nr. 81093-37-0. **Pravastatin-Natrium**: Pravastatinum natricum Ph.Eur.4; CAS-Nr. 81131-70-6; $C_{23}H_{35}NaO_7$, M_r 446.52. Pulver od. krist. Pulver, weiß bis gelbl. weiß, hygroskop., leicht lösl. in Wasser u. Methanol, lösl. in Ethanol. **Wirk.** u. **Anw.**: HMG-CoA-Reduktasehemmer*, senkt intrazellulär die Cholesterolkonz. (vor allem in der Leber), in weiterer Folge nehmen die LDL-Rezeptoren auf der Leberoberfläche zu, an welche Plasma-LDL vermehrt gebunden wird; die Plasmacholesterolkonz. sinkt; **Dos.**: 1×10-20 mg/d, Erhaltungsdos. 10-40 mg/d; HWZ 1.5-2 h.

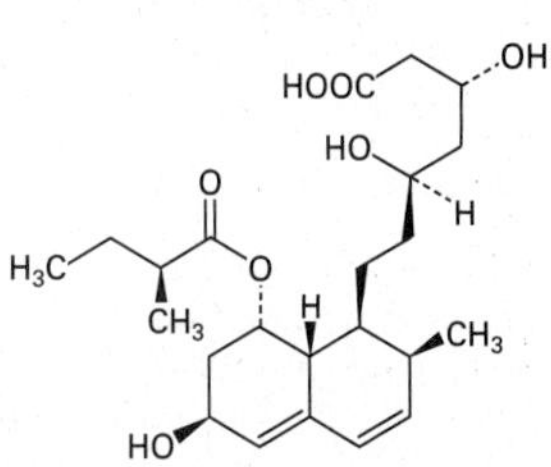

Pravastatin

Pravaz: s. Kanüle.

Pravaz-Spritze: erste Injektionspritze aus Glaszylinder u. Metallverschluss.

Prazepam INN: Prazepamum Ph.Eur.4; 7-Chlor-1-(cyclopropylmethyl)-2,3-dihydro-5-phenyl-1*H*-1,4-benzodiazepin-2-on; CAS-Nr. 2955-38-6; $C_{19}H_{17}ClN_2O$, M_r 324.83. Schmp. 145 °C. Weißes bis fast weißes, krist. Pulver, unlösl. in Wasser, leicht lösl. in Dichlormethan, wenig lösl. in Ethanol. **Anw.**: Tranquilizer, s. Psychopharmaka (Ataraktika); **Dos.**: p. o. 2-3×10 mg/d, Erhaltungsdos. 2×5 mg/d; HWZ 50-90 h (Metaboliten); vgl. Benzodiazepine.

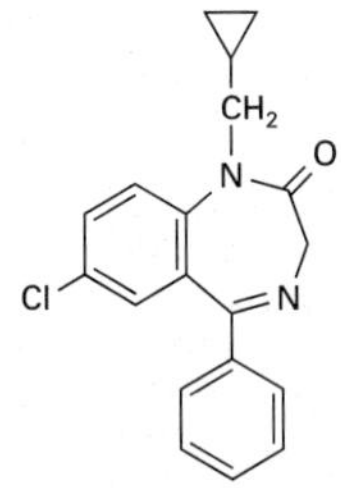

Prazepam

Praziquantel INN: Praziquantelum Ph.Eur.4; 2-Cyclohexylcarbonyl-2,3,4,6,7,11b-hexahydro-1*H*-pyrazino[2,1-*a*]isochinolin-4-on; CAS-Nr. 55268-74-1; $C_{19}H_{24}N_2O_2$, M_r 312.41. Schmp. 138-140 °C (polymorph). Weißes, krist. Pulver; sehr schwer lösl. in Wasser, leicht lösl. in Dichlormethan u. Ethanol. **Wirk.** u. **Anw.**: Anthelminthikum*; vermizid durch spast. Lähmung der Wurmmuskulatur. Glucose- u. Glykogenverarmung. Ind.: Trematoden-Infektionen (Bilharziosis, Clonorchiasis), Cestoden-Infektionen (Taeniasis, Diphyllobethriasis), Mischinfektionen; rasche Resorption, Metabolisierung u. Elimination; **UAW**: Übelkeit, Kopfschmerzen, Schwindel; **Kontraind.**: Schwangerschaft, Lebererkrankungen; HWZ 1-1.5 h.

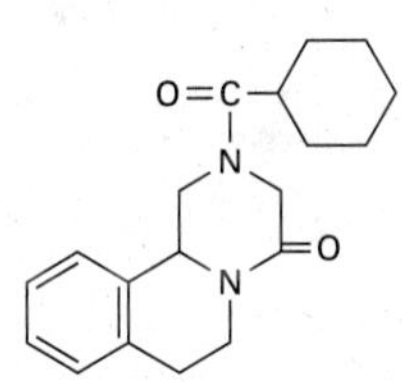

Praziquantel

Prazosin INN: 1-(4-Amino-6,7-dimethoxychinazolin-2-yl)-4-(furan-2-ylcarbonyl)piperazin; CAS-Nr. 19216-56-9; $C_{19}H_{21}N_5O_4$, M_r 382.42. Schmp. 278-280 °C. **Anw.** u. **Wirk.**: Antihypertensivum*; selektiver u. reversibler Alpha-1-Blocker, starke arterielle u. venöse Vasodilatation; beeinflusst nicht die Wiederaufnahme von Noradrenalin in das präsynapt. Neuron, hemmt aber dessen Freisetzung über präsynapt. Alpha-2-Rezeptoren; gutes Therapeutikum durch generalisierte Gefäßerweiterung; **UAW**: starke orthostat. Dysregulation zu Beginn der Ther. (Erst-Dosis-Phänomen), daher einschleichende Dosierung, ferner leichte Kopfschmerzen, Schwindel; **Dos.**: 3×0.5 mg/d p. o. 3 Tage lang, dann steigerbar bis 20 mg/d. HWZ 2.5-2.9 h. **Prazosinhydrochlorid**: Prazosini hydrochloridum Ph.Eur.4; $C_{19}H_{22}ClN_5O_4$, M_r

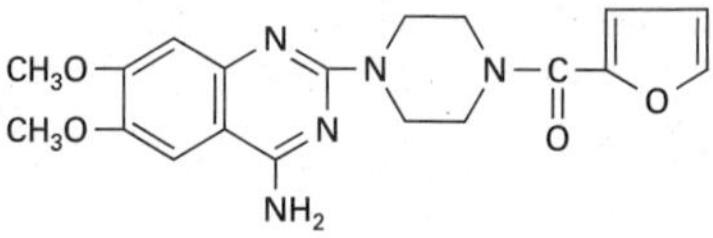

Prazosin

419.9. Weißes, krist. Pulver; sehr schwer lösl. in Wasser, schwer lösl. in Ethanol u. Methanol.

Prednazolin: s. Fenoxazolin.

Prednicarbat INN: Prednicarbatum Ph.Eur.4; Prednisolon-17-ethylcarbonat-21-proponiat; CAS-Nr. 73771-04-7; $C_{27}H_{36}O_8$, M_r 488.6 (polymorph). Weißes bis fast weißes, krist. Pulver, unlösl. in Wasser, leicht lösl. in Aceton u. Ethanol, wenig lösl. in Propylenglykol. **Anw.**: Glucocorticoid bei Hauterkrankungen zur lokalen Anw.; **UAW:** Hautreizungen; bei lokaler Anw. sind system. UAW wegen ungenügender Resorption kaum zu erwarten; **Dos.**: topisch (Cremes, Salben, Lotionen, Lsg.) 0.1-0.25 % 1- bis 2-mal täglich.

Prednilen: s. Methylprednisolon.

Prednimustin INN: 11β,17,21-Trihydroxy-1,4-pregnadien-3,10-dion-21-{4-[4-[bis(2-chlorethyl)amino]phenyl]butyrat}; CAS-Nr. 29069-24-7; $C_{35}H_{45}Cl_2NO_6$, M_r 646.6. **Anw.**: Zytostatikum*; bei versch. malignen Erkrankungen wie lymphat. Leukämie, Ovarien- u. Prostatakarzinom; Chlorambucil*-Ester des Prednisolons*.

Prednisolon INN: Prednisolonum Ph.Eur.4, Deltahydrocortison, 1,2-Dehydrocortisol; 11β,17α,21-Trihydroxypregna-1,4-dien-3,20-dion; CAS-Nr. 50-24-8; $C_{21}H_{28}O_5$, M_r 360.4. Strukturformel s. Prednison (Abb.). Schmp. 230 °C (unter Zers.; polymorph). $[\alpha]_D^{20\,°C}$ +96 bis +102° (c=1 in Dioxan). Weißes, hygroskop. Pulver; sehr schwer lösl. in Wasser, lösl. in Methanol u. Ethanol (1:30). **Anw.**: synthet. Glucocorticoid; Mittel der Wahl bei system. Corticosteroid-Ther. mit Ausnahme der Substitutionsbehandlung bei NNR-Insuffizienz; **UAW:** s. Hormone; **Dos.**: p. o. 5-60 mg/d, Erhaltungsdos. max. 7 mg/d; auch topisch in 0.5 %igen Zuber.; HWZ 2.2±0.5 h. Hingewiesen sei auf Prednisolonacetat (Prednisoloni acetas Ph.Eur.4), Prednisolonnatriumphosphat (Prednisoloni natrii phosphas Ph.Eur.4), Prednisolonpivalat (Prednisoloni pivalas Ph.Eur.4) sowie auf Prednazolin, eine Molekülverb. (1:1) von P. mit Fenoxazolin*.

Prednisolon-Creme 0.5 %: s. Cremor Prednisoloni 0.5 per centum.

Prednison INN: Prednisonum Ph.Eur.4, Deltacortison, 1,2-Dehydrocortison; 17α,21-Dihydroxypregna-1,4-dien-3,11,20-trion; CAS-Nr. 53-03-2; $C_{21}H_{26}O_5$, M_r 358.4. Schmp. ca. 230 °C. $[\alpha]_D^{20\,°C}$ +167 bis +175° (c=1 in Dioxan). Weißes, krist. Pulver; unlösl. in Wasser, lösl. in 150 T. Ethanol, in 200 T. Chloroform. Biol. unwirksames Glucocorticoid, das in der Leber zu Prednisolon* metabolisiert wird. **Wirk.** u. **Anw.**: s. Prednisolon; HWZ 3.5 h bzw. 2.2±0.5 h (Metaboliten).

Prednyliden INN: 16-Methylenprednisolon; 11β,17α,21-Trihydroxy-16-methylenpregna-1,4-dien-3,20-dion; CAS-Nr. 599-33-7; $C_{22}H_{28}O_5$, M_r 372.5. Strukturformel s. Prednison (Abb.). **Anw.**: s. Prednisolon; HWZ 2.2-3.2 h.

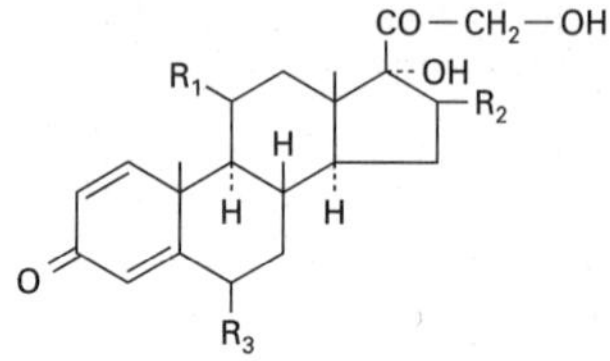

	R_1	R_2	R_3
Prednison	=O	—H	—H
Prednisolon	—OH	—H	—H
Prednyliden	—OH	=CH$_2$	—H
Paramethason	—OH	···CH$_3$	···F
Desonid	—OH	—OH	—H

Prednison: P. u. Derivate

Pregl-Lösung: s. Iod-Iodatlösung.

Pregnan: 3β-Pregnan, 17β-Ethyletiocholan; $C_{21}H_{36}$, M_r 288.52. Als C_{21}-Steroid Grundkörper des Progesteron*. Vgl. Hormone (Gestagene), Steroide.

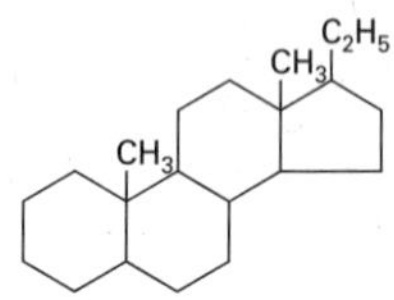

Pregnan

Pregnandiol: 5β-Pregnan-3α,20α-diol; $C_{21}H_{36}O_2$, M_r 320.5. Schmp. 239 °C. $[\alpha]_D^{20\,°C}$ +27.4° (c = 0.7 in Ethanol). Hauptstoffwechselprodukt von Progesteron (10-20 % der von der Plazenta insgesamt gebildeten Progesteronmenge). Da der Fetus am Aufbau des Progesterons nicht beteiligt ist, gibt das Progesteron die plazentare Leistung wieder. Für die Erkennung von fetalen Gefährdungen ist P. nicht geeignet. Während der Frühschwangerschaft scheint bei einer drohenden Frühgeburt die Pregnandiolausscheidung einen prognost. Wert zu haben: absinkende Werte weisen auf das Fortschreiten des Fehlgeburtsprozesses hin; s. Hormone (Keimdrüsen- u. Sexualhormone).

Pregneninolon: s. Ethisteron.

Pregnin: s. Ethisteron.

Preiselbeerblätter: s. Vaccinium vitis-idaea (Folia Vitis-idaeae).

Preiselbeeren: s. Vaccinium vitis-idaea (Fructus Vitis-idaeae).

Preisvergleichsliste: Anlage 1 der Richtlinien des Bundesausschusses der Ärzte u. Krankenkassen über die Verordnung von Arzneimitteln in der vertragsärztl. Versorgung (Arzneimittelrichtlinien). Die P. ist eine nach § 92 SGB V vorgeschriebene Zusammenstellung von Arzneimitteln, die dem Vertragsarzt einen Preisvergleich u. die Auswahl therapiegerechter Verordnungen ermöglichen soll.

preload: s. Vorlast.

Prenanthes serpentaria Pursh: Hasenlattich; u. **Prenanthes alba** L.: Fam. Asteraceae (Compositae) (Nordamerika; einheim. ist Prenanthes purpurea).

Stpfl. von **Herba Prenanthes serpentariae: Inhaltsst.:** Tannin; **Anw.** volkstüml.: gegen Schlangenbisse.
Hom: *Nabalus serpentaria:* frische Pflanze.
Hom: *Nabulus alba:* frische Pflanze.

Prenazon: s. Feprazon.

Prenoxdiazin: 3-(2,2-Diphenylethyl)-5-(2-piperidinoethyl)-1,2,4-oxadiazol; $C_{23}H_{27}N_3O$, M_r 361.49. **Anw.:** Antitussivum*; **Kontraind.:** Schwangerschaft; **Dos.:** p. o. 2-3×0.1 g/d. Gebräuchl. ist auch 3-(2,2-Diphenylethyl)-5-(2-piperidinoethyl)-1,2,4-oxadiazol-[2-(4-hydroxybenzoyl)benzoat].
Prenoxdiazinhydrochlorid: Schmp. 182-188 °C (polymorph).

Prenylamin INN: N-(3,3-Diphenylpropyl)-α-methylphenylethylamin; CAS-Nr. 390-64-7; $C_{24}H_{27}N$, M_r 329.46. Schmp. 37 °C. **Wirk.:** neben dem calciumantagonist. Effekt setzt es die Herzschlagfrequenz herab u. wirkt zentral sedierend; **Anw.:** Koronartherapeutikum, Calciumantagonist; Langzeitther. der koronaren Herzkrankheit; **UAW:** Herzrhythmusstörungen; **Dos.:** p. o. 2-3×15 mg/d; parenteral (i. m., i. v.) 10 mg; rektal 50 mg/d; HWZ ca. 15 h. **Prenylaminlactat:** Schmp. 138-142 °C (polymorph). **Hinweis:** geringes Nutzen-Risiko-Verhältnis, prakt. obsolet.

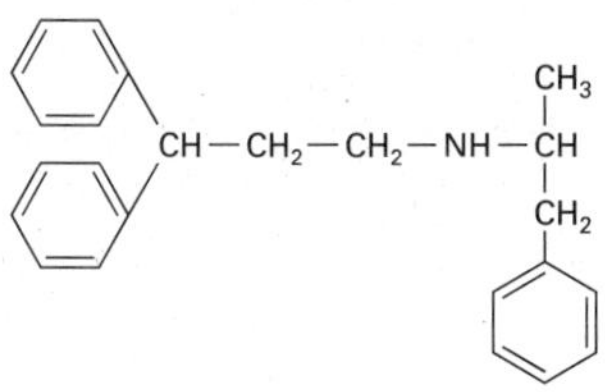

Prenylamin

Prephensäure (engl. pre phenyl): eine der biogenet. Vorstufen für die aromat. Aminosäuren L-Phenylalanin u. L-Tyrosin (vgl. Aromatenbiosynthese); ferner direkte Vorstufe von 4-Aminobenzoesäure, Anthranilsäure u. 4-Hydroxybenzoesäure.

Presbyakusis: Altersschwerhörigkeit; symmetr. Beeinträchtigung des Hörvermögens zunächst bei hohen, im Verlauf auch bei mittleren Frequenzen, die sich oft zw. dem 50. u. 60. Lebensjahr manifestiert.

Presbyopie: Alterssichtigkeit; Erschwerung des Nahsehens durch Elastizitätsverlust der Linse u. nachlassende Fähigkeit zur Akkommodation. Der Nahpunkt rückt mit zunehmendem Alter immer mehr in die Ferne; eine latente Weitsichtigkeit kann durch P. manifest werden. Ther.: Sammelgläser.

Presenegenin: Triterpensapogenin, Strukturformel s. Saponine (Tab. 1).

press-coated tablets: s. Manteltabletten.

Presse, hydraulische: Kolbenpresse, die durch Druckwasser od. Drucköl betätigt wird. Mit einem Kolben wird in einem kleinen Zylinder die Flüss. zusammengepresst u. wirkt dann auf die größere Fläche eines Arbeitskolbens. Der Funktion liegt das Pascal*-Gesetz zugrunde.

Pressgranulate: s. Granulieren.

Presshefe: s. Faex.

Presslinge: s. Compressi.

Pressmassen: Formmassen* aus Kunststoff, die sich pressen, spritzpressen (transferpressen) u. strangpressen (extrudieren) lassen. **Kaltpressmassen** sind P., die kalt geformt werden.

Presssaft: s. Succus.

Pressure-Expansion-Verfahren: s. Druckentwesung.

Pressverfahren für Suppositorien: Herstellungsverfahren von Suppositorien mit weichen, thermoplast. Grundlagen (z. B. Hartfette, Kakaobutter) bei Raumtemperatur. Die geraspelte Grundlage — vermischt mit den feingepulverten Arzneistoffen — wird in einer Presse zu Zäpfchen geformt. Es werden Suppositorien mit geringerer Homogenität u. Bruchfestigkeit als mit dem Gießverfahren erhalten; s. Cremeschmelzverfahren.

Pribnow-Box: eine Sequenz aus 7 Nucleotidpaaren, die in vielen prokaryont. Promotoren gleich bzw. sehr ähnl. ist. Sie liegt 5-7 Nucleotidpaare vom Initiationspunkt der RNA-Transkription entfernt. Die P.-B. hat folgende Sequenz: 5'TATPuATG3' 3'ATAPyTAC5', wobei Pu ein Purin u. Py ein Pyrimidin ist.

Pridinol INN: α-(2-Piperidinoethyl)benzhydrol; 1,1-Diphenyl-3-piperidinopropanol; CAS-Nr. 511-45-5; $C_{20}H_{25}NO$, M_r 295.41. Schmp. 120-121 °C. Lösl. in Aceton. **Anw.:** Anticholinergikum, Muskelrelaxans, Spasmolytikum u. Antiparkinsonmittel; **Dos.:** p. o. Initialdos. 1×5 mg/d. Gebräuchl. ist auch Pridinolhydrochlorid. Hingewiesen sei auch auf Pridinolmesilat.

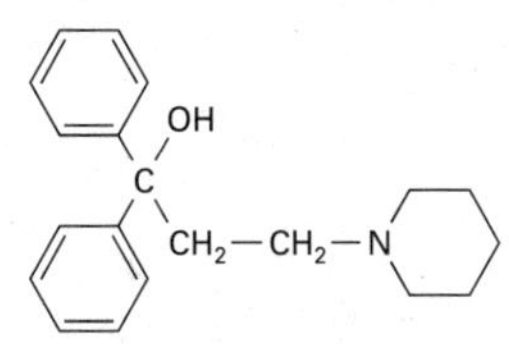

Pridinol

Prileschajew-Reaktion: Verfahren zur Herst. von Epoxiden (Oxiranen) aus Alkenen durch Oxidation mit org. Persäuren. Beispiel: aus Styrol u. Perbenzoesäure entsteht Styroloxid (s. Abb.).

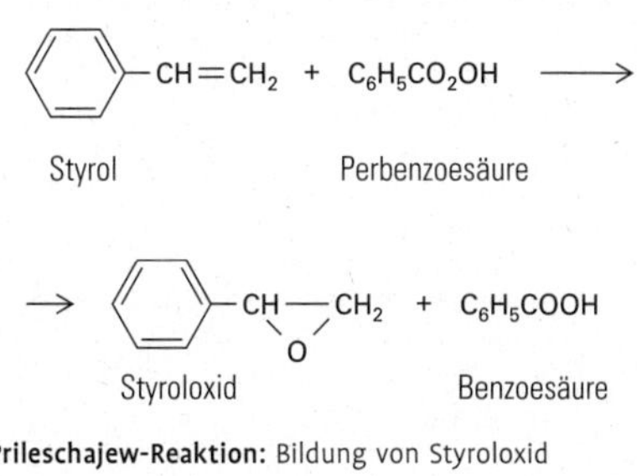

Prileschajew-Reaktion: Bildung von Styroloxid

Prilocain INN: Prilocainum Ph.Eur.4; (*RS*)-*N*-(2-Methylphenyl)-2-(propylamino)propanamid; CAS-Nr. 721-50-6; $C_{13}H_{20}N_2O$, M_r 220.31. Strukturformel s. Lokalanästhetika (Abb. 2). Schmp. 37-38 °C. Sdp. 159-162 °C (133 Pa). $n_D^{20\,°C}$ 1.5299. **Wirk.** u.

P

Anw.: s. Lokalanästhetika; **UAW:** Herzrhythmusstörungen, Schwindel, Erbrechen; **Dos.:** Infiltrationsanästhesie* 0.5 %, Leitungsanästhesie* 2 %, Spinalanästhesie* 5 %, nicht mehr als 0.4 g/d für Erwachsene von 70 kg KG; bei Kindern u. bei reduziertem Allgemeinzustand nicht mehr als 5.7 mg/kg KG. **Prilocainhydrochlorid** INNv: Prilocaini hydrochloridum Ph.Eur.4; CAS-Nr. 1786-81-8; $C_{13}H_{21}ClN_2O$, M_r 256.8. Schmp. 167-168 °C. Weißes Pulver, leicht lösl. in Wasser und Ethanol.

Primäraffekt: Primärläsion; erste lokale Manifestation einer Infektion an der Eintrittsstelle, i. e. S. bei Syphilis*.

Primärliteratur: Veröffentlichung der Ergebnisse aus Forschung u. Entwicklung in Form von Originalarbeiten meist in wissenschaftl. Zeitschriften; vgl. Sekundärliteratur, Literaturdatenbank.

Primärpackmittel: s. Behältnis.

Primärreaktion: primäre Immunantwort*, primäre Antigen*-Antikörper-Reaktion nach erster Antigengabe.

Primärstoffwechsel: der Stoffwechselprozess, der in allen Zellen, die auf Erhaltung u. Vermehrung des Lebens ausgerichtet sind, grundsätzl. ähnl. verläuft. Der P. umfasst die grundlegenden Stoffwechselreaktionen für das Wachstum (Synthese der Biopolymeren u. ihrer Bausteine, Synthese der makromolekularen Suprastrukturen der Zelle u. der Zellorganellen), für Energiebereitstellung u. Energietransformation sowie für den Turnover* der Körperbausteine u. Zellbestandteile.

Primärstruktur: die Reihenfolge von Nucleotiden in Nucleinsäuren bzw. von Aminosäuren in Proteinen.

Primärverpackung: Behältnis od. jede andere Form der Arzneimittelverpackung, die unmittelbar mit dem Arzneimittel in Berührung kommt.

Primärwand: Wandschicht, die im Laufe der Zellvergrößerung auf die Mittellamelle* aufgelagert wird.

Primaquin INN: 8-(4-Amino-1-methylbutylamino)-6-methoxychinolin; CAS-Nr. 90-34-6; $C_{15}H_{21}N_3O$, M_r 259.34. Sdp. 175-179 °C (26.7 Pa). Lösl. in Ether. **Wirk.** u. **Anw.:** Antimalariamittel*; tötet die primären extraerythrozytären Formen von Plasmodium falciparum, vivax, ovale u. malariae sowie die sekundären Gewebeformen aller Plasmodien außer Plasmodium falciparum ab. Außerdem wirksam geg. die Gametozyten aller Spezies; auf die erythrozytären Formen hat Primaquin keinen Einfluss, daher Verw. nur in Kombinationen. Ind.: Malariather. nach Vorbehandlung mit Chloroquin; s. Malariaprophylaxe; **UAW:** gastrointestinale Störungen, Blutbildschäden v. a. bei Glucose-6-phosphat-Dehydrogenase-Mangel;

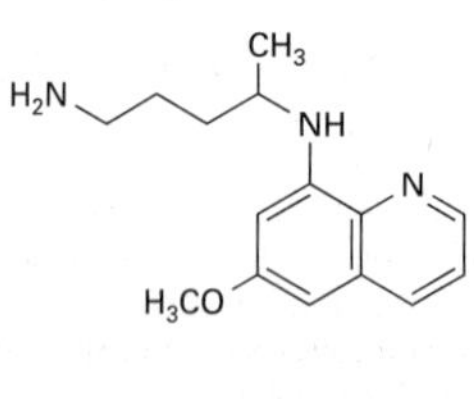

Primaquin

Dos.: Malariather. 15 mg/d, 14 d lang; Kinder 0.3 mg/kg KG/d, 14 d lang; Malariaprophylaxe p. o. einmal wöchentl. 45-60 mg kombiniert mit 300 mg Chloroquin*; HWZ 6.3 ± 1.4 h. Gebräuchl. sind auch Primaquindiphosphat* u. Primaquinoxalat ($C_{15}H_{21}N_3O \cdot C_2H_2O_4$, Schmp. 182.5-185 °C).

Primaquindiphosphat: Primaquini diphosphas Ph.Eur.4, Primaquinbisdihydrogenphosphat; 8-(4-Amino-1-methylbutylamino)-6-methoxychinolindiphosphat; CAS-Nr. 63-45-6; $C_{15}H_{21}N_3O \cdot 2\,H_3PO_4$, M_r 455.3. Schmp. ca. 200 °C (unter Zers.). Lösl. in 16 T. Wasser. **Anw.:** Antimalariamittel*, Chemotherapeutikum*. 53 mg P. entspr. 30 mg Primaquin*.

Primasprit: Feinsprit, Spiritus rectificatissimus; alte Bez. für Ethanol*, handelsübl. mit einem Geh. von ca. 95 % (V/V), 92.5 % (m/m), reinem Ethanol.

Primelextrakt: s. Extractum Primulae.

Primelfluidextrakt: s. Extractum Primulae fluidum.

Primelgewächse: s. Primulaceae.

Primelkrankheit: Primeldermatitis; schwere u. meist langanhaltende Hautentzündung mit Bläschen u. Knötchenekzem, die durch Berührung der Haut u. Schleimhaut mit dem Drüsenhaarsekret von Primula obconica (Giftprimel, Becherprimel) hervorgerufen wird. Eigentl. Auslöser ist das im Sekret enthaltene, giftige Primin (ein Benzochinonderivat). Bei der Giftprimel handelt es sich um eine beliebte Zierpfl., die arzneil. verwendeten Primula-Arten enthalten fast kein Primin (s. Primula veris).

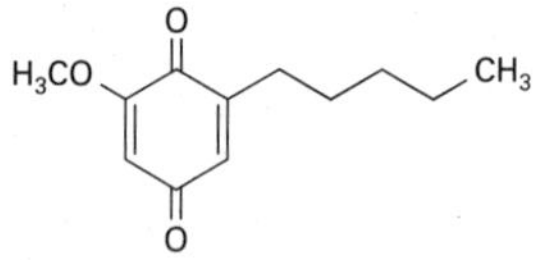

Primelkrankheit: Primin

Primeln: s. Primula veris (Primulae flos cum calyce).

Primelsirup: s. Sirupus Primulae.

Primeltinktur: s. Tinctura Primulae.

Primelwurzel: s. Primula veris (Primulae radix).

Primer: **1.** ein kleines Polymer, das als Starter für die Synthese eines größeren Biopolymers benötigt wird. So dient z. B. bei der Nucleinsäuresynthese ein Oligonucleotid als P., an das enzymat. Nucleosidtriphosphate unter Ausbildung von Phosphodiesterbrücken angeknüpft werden. Das Primermolekül ist daher im Endprodukt eingebaut; vgl. Polymerase-Kettenreaktion. **2.** ein Pheromon, das eine langanhaltende physiol. Veränderung bewirkt (Beladungseffekt).

Primeverose: s. Primverose.

Primidon INN: Primidonum Ph.Eur.4; 5-Ethyl-5-phenyl-4,6-perhydropyrimidindion; CAS-Nr. 125-33-7; $C_{12}H_{14}N_2O_2$, M_r 218.25. Schmp. 281-282 °C. Lösl. 0.6 g/L in Wasser bei 37 °C, 1:170 in Ethanol; fast unlösl. in den meisten org. Solvenzien. **Anw.:** Antiepileptikum*; bei Grand mal, psychomotor. Anfällen u. lokal epilept. Anfällen; **UAW:** wird im Organismus z. T. zu Phenobarbital* metabolisiert u. hat ähnl. UAW wie dieses; **Dos.:** am Behandlungsbeginn 100-125 mg/d, nach ca. 10 d Erhaltungsdos. von p. o. 0.5-1.5 g/d (ED 0.25 g); Kleinkinder initial 70 mg, langsam erhöhen auf 10 mg/kg KG/d; HWZ 14-15 h bzw. 48-144 h (Metaboliten).

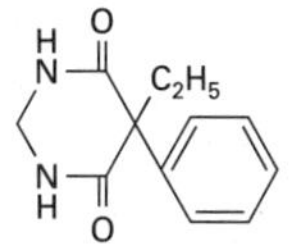

Primidon

Primin: s. Primelkrankheit.

priming dose: s. Initialdosis.

Primojel®: s. Amylum.

primordial: von Ursprung an.

Primordium: Zelle od. Organ im frühesten Differenzierungsstadium; z. B. Faserprimordium, Blattprimordium.

Primulaceae: Primelgewächse; Fam. der Od. Primulales; ca. 800 Arten. Hauptsächl. Kräuter der gemäßigten Zone. Die Blätter sind meist grund- od. wechselständig, oft ungeteilt. Die Blüten sind radiär, meistens 5-zählig, Kelch- u. Kronblätter häufig verwachsen, 5 Staubblätter, der Fruchtknoten ist 5-blättrig, gewöhnl. oberständig. Die Frucht ist eine Kapsel. **Chem. Merkmale:** Triterpensaponine. **Wichtige Gattungen:** z. B. Anagallys, Cyclamen, Lysimachia, Primula.

Primula elatior: s. Primula veris.

Primulagenin A: Triterpensapogenin, Strukturformel s. Saponine (Tab. 1).

Primula obconica Hance: Becherprimel, Giftprimel; Fam. Primulaceae; s. Primelkrankheit.

Primula veris L.: Primula officinalis (L.) Hill, Frühlingsschlüsselblume, Apothekerprimel; u. **Primula elatior** (L.) Hill em. Schreber, Waldschlüsselblume, Hohe Schlüsselblume; Fam. Primulaceae (östl. Asien, ganz Zentral- u. Vorderasien u. Europa). Die Blütenblätter von P. veris sind dottergelb, die von P. elatior schwefelgelb. Beide sind Stpfl. von **Primulae radix:** Radix Primulae, Primelwurzel; Wurzelstock u. Wurzeln. **Off.:** Ph.Eur.4, ÖAB90; **Inhaltsst.:** 5-12 % pentacycl. Triterpensaponine (β-Amyrin-Grundstruktur). Hämolyt. Index nach ÖAB: mind. 3000. Bei P. elatior ist das Hauptsaponin (zu ca. 90 %) Primulasäure A mit Protoprimulagenin A als Aglykon, das gegenüber dem Primulagenin A (nicht genuin, Strukturformel s. Saponine, Tab. 1) eine Etherbrücke zw. C-28 u. C-13 anstatt der OHC-Funktion an C-28 u. der Doppelbindung an C-12 aufweist. P. veris enthält zu ca. 50 % Primulasäure A u. a. Glykoside von 22-Acetyl- u. 28-Hydroxypriverogenin A. Die Zuckerketten (Tetrasaccharide, hauptsächl. aus Glucose, Galactose, Rhamnose u. Glucuronsäure) der Saponine sind verzweigt. Die Droge enthält ferner Phenolglykoside (v. a. P. veris), z. B. Primulaverin (Aglykon 5-Methoxy-*o*-salicylsäuremethylester, das den Geruch der Droge bedingt, die Zuckerkomponente ist Primverose*), das Enzym Primverosidase (Primverase), einige ungewöhnl. Zucker u. Zuckeralkohole. Ph.Eur.4 lässt mittels DC auch auf die Abwesenheit von Wurzeln von Vincetoxicum* hirundinaria prüfen; **Wirk.:** expektorierend, antimykotisch, sektretolytisch, sekretomotorisch; **Anw.:** als ausgezeichnetes Expektorans (Polygalae radix gleichwertig) bei chron. Bronchitis (z. B. als Decoct), Katarrhen der Luftwege, Husten, Erkältungskrankheiten; **Zuber.:** Extr. Primulae, Extr. Primulae fluidum, Tct. Primulae; **Primulae flos cum calyce:** Flores Primulae (cum calycibus u. sine calycibus), Schlüsselblumenblüten, Primeln (mit Kelch u. ohne Kelch); nach DAC nur die Blüten von Primula veris. **Inhaltsst.:** ca. 2 % Saponine (Primulasäure A u. a., nur im Kelch, s. oben), Phenolglykoside, Flavone* mit den Aglyka Gossypetin, Kämpferol, Quercetin; **Anw.:** bei Katarrhen der Luftwege, Förderung der Schleimsekretion.

Hom: *Primula veris:* frische, blühende Pflanze; verord. z. B. bei Urticaria, Ekzemen, Rheuma, Migräne.

Primverose: Disaccharid aus β-D-Glucopyranose u. β-D-Xylopyranose, 1,6-verknüpft. Zuckeranteil von versch. Glykosiden (Primveroside), z. B. von Primverin (in Primula-Arten, s. Primula veris), Gaultherin*, Ruberythrinsäure (in Rubia* tinctorum).

Prionen: (engl.) *prions*; Abk. für proteinaceus infectious particles, (eigentl. Proinen) M_r 28 000, Durchmesser 4-6 nm, proteinhaltige, infektiöse Teilchen, die sich von Viren, Viroiden u. Plasmiden u. a. darin unterscheiden, dass Nucleinsäure nicht nachweisbar ist. Infektionen mit P. geben keinen Hinweis auf Antigene od. eine Immunantwort des Wirts. P. zeigen ungewöhnl. Resistenz gegenüber Nucleasen, Temp., UV- u. Röntgenstrahlung sowie chem. Einflüssen. Vermutlich sind sie auch Verursacher von Slow*-virus-Infektionen; vgl. Creutzfeldt-Jakob-Krankheit, BSE.

Prionkrankheiten: (engl.) *prion diseases*; syn. transmissible spongiforme Enzephalopathien (Abk. TSE); durch Prionen* verursachte Gruppe sporad., erbl. od. übertragbarer Erkrankungen des ZNS. Gekennzeichnet durch schwammige Degeneration des Gehirns mit ausgedehntem Nervenzellverlust bei Fehlen klass. Entzündungszeichen. Spezif. Mutationen des PrP-Gens bei fam. Vork., lange Latenzzeit (meist mehrere Jahre) u. langsam progredienter, immer tödl. Verlauf. **Vork.:** **1.** im Tierreich: bei Schaf u. Ziege (Scrapie*), Rind (BSE*) u. anderen Säugetieren; **2.** beim Menschen: z. B. als Creutzfeldt*-Jakob-Krankheit u. Kuru*. Die Überwindung von Artenbarrieren innerhalb des Tierreichs ist selten (z. B. zw. Schaf u. Rind). Die Übertragbarkeit der Prionen von Tieren auf den Menschen ist höchstwahrscheinl. der Hintergrund einer neuen Variante der Creutzfeldt-Jakob-Krankheit.

Prioria copaifera: Fam. Caesalpiniaceae (Leguminosae) (Kolumbien, Venezuela), Stpfl. von Balsamum Cativo.

Prisma: physik. durchsichtiger Körper mit 2 keilförmig zueinander geneigten Flächen. Ein Lichtstrahl wird bei Durchgang durch das Prisma abgelenkt u., da die Ablenkung für die versch. Spektralfarben versch. ist, in seine farbigen Best. zerlegt (s. Dispersion).

Priverogenin A: Triterpensapogenin, Strukturformel s. Saponine (Tab. 1).

Privilegien: s. Apothekenwesen.

pro: für, vor. **pro baln.** (pro balneo): für das Bad; **pro die:** für den Tag; **pro dosi:** für die einzelne Gabe; **pro infant.** (pro infante): für das Kind od. die Kinder; **pro med.** (pro medico): für den Arzt, zu Händen des Arztes.

Proanthocyanidine: Procyanidine, Pycnogenole; farblose Pflanzenfarbstoffe, die beim Erhitzen mit verd. Mineralsäuren Anthocyanidine* liefern; es handelt sich um Verb. aus monomeren Leukoanthocyanidinen* od. aus di- bis polymeren Flavan-3-olen (z. B. Catechin*, Gallocatechin bzw. Epicatechin, Epigallocatechin). Bei den Procyanidinen bestehen die Flavan-3-ole nur aus Catechin od. Epicatechin, z. B. die dimeren Procyanidine B_2 u. B_5 aus Crataegus*-Arten.

Proazulene: Azulogene; nat. vorkommende Sesquiterperpene, die durch Wärme dehydriert od. dehydratisiert werden u. dabei Azulene* bilden.

Proband: gesunder Teilnehmer bei der klin. Prüfung von Arzneimitteln; vornehml. zur Gewinnung von Daten zur Pharmakokinetik*.

Probanden: s. Versuchspersonen.

Probenecid INN: Porbenecidum Ph.Eur.4; *N,N*-(Dipropylsulfamoyl)-benzoesäure; CAS-Nr. 57-66-9; $C_{13}H_{19}NO_4S$, M_r 285.36. Schmp. 198 °C. Kleine Kristalle, geruchlos; unlösl. in Wasser u. verd. Mineralsäuren; lösl. 1:25 in Ethanol, 1:12 in Aceton, lösl. in Chloroform, verd. Alkalihydroxid- u. Natriumcarbonat-Lösungen. **Anw.:** Urikosurikum (s. Antiarthritika); hemmt in kleinen Dosen die tubuläre Sekretion, in höheren Dosen die Rückresorption von Harnsäure*; **UAW:** allerg. Reaktionen, gastrointestinale Störungen; zur Vermeidung der Kristallisation von Harnsäure in den Tubuli ist eine ausreichende Flüssigkeitszufuhr u. die Erhöhung des pH-Werts des Harns angezeigt; **Dos.:** MTD p. o. 1-2 g/d; bei Gicht 2×0.25 g/d in 1. Woche, ab 2. Woche 2×0.5 g/d; als Adjuvans bei Penicillin u. PAS 4×0.5 g/d.

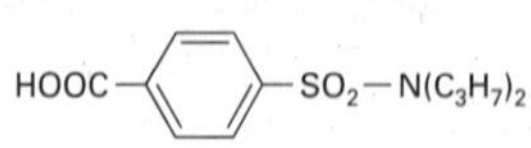

Probenecid

Probenteiler: Gerät zur Reduktion der Masse eines Mischmusters auf die benötigte Masse zur Probenanalyse; z. B. zur Korngößenanalyse*.

Probierglas: syn. Reagenzglas; dünnwandiges, längl. Gefäß aus gewöhnl. od. schwer schmelzbarem Glas, geeignet für chem. Versuche in kleinen Mengen.

Probierstein: s. Silber.

Probiotika: lebensfähige Mikroorganismen (z. B. Milchsäurebakterien), die das Gleichgewicht der Mikroflora im Gastrointestinaltrakt günstig beeinflussen. Z. B. Saccharomyces boulardii zur symptomat. Ther. leichter Durchfallerkrankungen.

Problemarzneiformen, biopharmazeutische: Darreichungsformen, die unter dem Gesichtspunkt der Bioverfügbarkeit bei system. Anw. problemat. sein können. Dies sind v. a. perorale feste Zuber. mit schwerlösl. Wirkstoffen, perorale u. parenterale Suspensionen, magensaftresistente Arzneiformen, Retardarzneiformen einschl. therap. Systeme, rektale Darreichungsformen sowie Darreichungsformen zur Resorption über Mund-, Nasen- od. Lungenschleimhäute.

Problemarzneistoffe, biopharmazeutische: Stoffe, bei denen Bioverfügbarkeitsuntersuchungen bes. wichtig sind, da es erfahrungsgemäß zu Problemen kommen kann. Dies betrifft: **1.** Wirkstoffe mit vitaler Indikation, steiler Dosis-Wirkungs-Kurve od. geringer therap. Breite (z. B. Herzglykoside, Antiarrhythmika); **2.** Wirkstoffe mit krit. pharmakokinet. Eigenschaften (Resorption, First-pass-Effekt, Elimination, nichtlineare Kinetik wie z. B. Riboflavin, Propranolol, Phenytoin); **3.** Wirkstoffe mit ungünstigen physikochem. Eigenschaften (geringe Löslichkeit od. Lösungsgeschwindigkeit, Instabilität, Kristallmodifikationen, Racemisierung). Bei Vorliegen eines od. mehrerer Kriterien muss mit Bioverfügbarkeitsproblemen gerechnet werden, insbes. bei Verabreichung in einer Problemarzneiform*. Vgl. Klassifizierungssystem, biopharmazeutisches.

Probucol INN: 4,4'-(Isopropylidenbisthio)bis(2,6-di-*tert*-butylphenol); CAS-Nr. 23288-49-5; $C_{31}H_{48}O_2S_2$, M_r 516.84. Schmp. 124.5-126 °C (kristallisiert aus Ethanol), Schmp. 125-126.5 °C (kristallisiert aus Isopropanol). **Anw.:** Hypercholesterolämie (s. Lipidsenker); **UAW:** Verdauungsstörungen, Durchfall; **Kontraind.:** schwere Leber- u. Gallenerkrankungen, Schwangerschaft. HWZ 12 h bis 30 d.

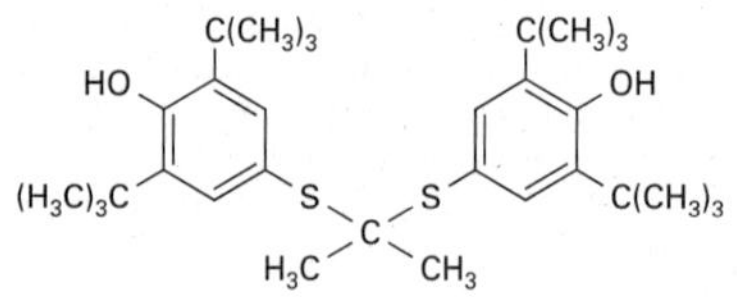

Probucol

Procain INN: Vitamin H_3, 2-Diethylaminoethyl-4-aminobenzoat; 4-Aminobenzoesäure-β-diethylaminoethylester; CAS-Nr. 59-46-1; $C_{13}H_{20}N_2O_2$, M_r 236.30. Schmp. 61 °C (kristallisiert aus Ether). Lösl. in Ethanol, Ether, Benzol, Chloroform. P.-Lsg. können sich beim Erhitzen nach Decarboxylierung von entstandener *p*-Aminobenzoesäure wegen der sich bildenden Anilinderivate verfärben. **Wirk.:** P. wird nach der Resorption rasch durch Cholinesterase in *p*-Aminobenzoesäure* u. 2-Diethylaminoethanol*, das gewebeerweiternd wirkt, hydrolysiert; **Anw.:** Lokalanästhetikum*, Analgetikum*, Geriatrikum* (als solches i. Allg. nicht zu empfehlen); **WW:** Wirk. der Sulfonamide wird verringert, allergen (s. Parastoffe); **Dos.:** parenteral zur Infiltrationsanästhesie 0.5 %, zur

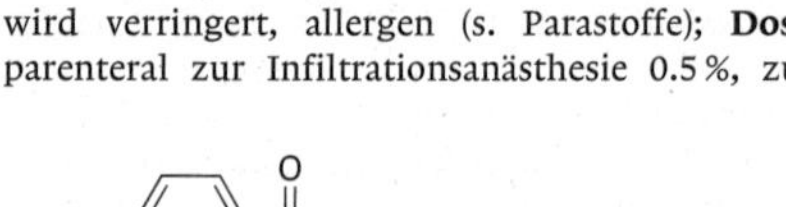

Procain: Z = O
Procainamid: Z = NH

Procain

Leitungsanästhesie 2 %, lumbal 1 %; urethral 10 % zur Anästhesie; konjunktival Augentropfen 2 %; HWZ 0.5-1 h. Gebräuchl. sind auch Procainhydrochlorid*, Procainnitrat*, Procainborat, Procainphosphat.

Procainamid INN: 4-Amino-N-[2-(diethylamino)ethyl]benzamid; CAS-Nr. 51-06-9; $C_{13}H_{21}N_3O$, M_r 235.4. Strukturformel s. Procain (Abb.). Im Vergleich zu Procain* von geringerer lokalanästhet. Wirk., stärkerer Herzwirk. u. gegenüber Esterasen stabiler. **Anw.:** s. Procainamidhydrochlorid; HWZ 3 h bzw. 6 h (Metaboliten).

Procainamidhydrochlorid INN: Procainamidi hydrochloridum Ph.Eur.4, Procainamidium chloratum; CAS-Nr. 614-39-1; $C_{13}H_{22}ClN_3O$, M_r 271.79. Schmp. 165-169 °C. Weißes, hygroskop. Pulver (verfärbt sich leicht); leicht lösl. in Wasser, lösl. in Ethanol, wenig lösl. in Chloroform, sehr schwer lösl. in Benzol u. Ether. **Inkomp.:** Basen (Hydrolyse), Iod, Silber- u. Quecksilbersalze; **Anw.:** Antiarrhythmikum*, Kreislaufmittel; zur Prophylaxe u. Anfangsther. supraventrikulärer Tachykardie; **UAW:** Blutdruckabfall, Lupus erythematodes; **Kontraind.:** AV-Block, Myasthenia gravis, Digitalisintoxikation; **WW:** Wirkungsverstärkung von Parasympatholytika, Cholinesterasehemmern, Muskelrelaxanzien; **Dos.:** i. v. 0.1 g alle 5 min, Erhaltungsdos. p. o. 0.2-0.5 g alle 3-6 h, i. v. 30-90 µg/kg/min.

Procain-Benzylpenicillin: s. Benzylpenicillin, vgl. Antibiotika.

Procainhydrochlorid: Procaini hydrochloridum Ph.Eur.4, Procainum hydrochloricum, Novocainhydrochlorid, Novocainum hydrochloricum; *p*-Aminobenzoyl-diethylamino-ethanol-hydrochlorid; CAS-Nr. 51-05-8; $C_{13}H_{21}ClN_2O_2$, M_r 272.8. Strukturformel s. Procain (Abb.). Schmp. 154-157 °C. Farblose Kristalle od. weißes, krist. Pulver; sehr leicht lösl. in Wasser, leicht lösl. in Ethanol 90 %. **Anw.** u. **Dos.:** Lokalanästhetikum*, zur Infiltrations- (0.5 %), Leitungs- (1-2 %) u. Lumbal- (Paravertebral-) Anästhesie (1 %), evtl. mit Zusatz von Adrenalin* (wegen der gefäßerweiternden Wirk. des nach der Resorption entstehenden 2-Diethylaminoethanol*); ferner (oral od. mittels intramusk. Injektionen) u. a. in der Geriatrie, bei Arteriosklerose, peripheren Durchblutungsstörungen, Neuralgien.

Procaini hydrochloridum: s. Procainhydrochlorid.

Procainnitrat: Novocainnitrat; M_r 299.2. Schmp. 100-102 °C. **Anw.:** s. Procainhydrochlorid.

Procain-Penicillin: s. Benzylpenicillin; vgl. Antibiotika.

Procain-Penicillin-G: s. Benzylpenicillin; vgl. Antibiotika.

Procainum hydrochloricum: s. Procainhydrochlorid.

Procambium: s. Prokambium.

Procaps®: kapselförmige Dragees mit verzögert zerfallendem Kern.

Procarbazin INN: N-Isopropyl-4-(2-methylhydrazinomethyl)benzamid; CAS-Nr. 671-16-9; $C_{12}H_{19}N_3O$, M_r 221.30. **Anw.:** nicht-klass., alkylierendes Zytostatikum*, bei Lymphogranulomatose, maligner Retikulose, Retikulosesarkom, Lymphosarkom; **Dos.:** p. o. Initialdos. 1 × 50 mg/d, schleichend steigern mit 50 mg/d bis zu 250-300 mg/d, Behandlungsdauer bis Gesamtdos. von 6.0 g; HWZ 0.25 h. Gebräuchl. ist auch Procarbazinhydrochlorid.

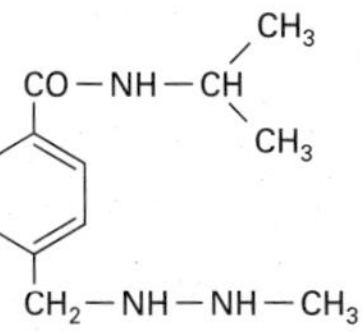

Procarbazin

Procaterol INN: 8-Hydroxy-5-{1-hydroxy-2-[(1-methylethyl)-amino]butyl}-2(1*H*)-chinolinon; CAS-Nr. 72332-33-3; $C_{16}H_{22}N_2O_3$, M_r 290.4. **Anw.:** obsolet; Broncholytikum*, Betasympathomimetikum (s. Sympathomimetika); HWZ 8.1 h. **Procaterolhydrochlorid-Semihydrat:** $C_{16}H_{23}ClN_2O_3 \cdot 0.5\,H_2O$. Schmp. 193-197 °C.

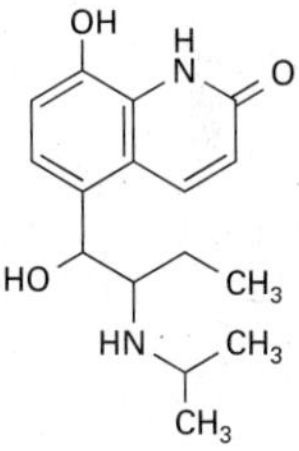

Procaterol

prochiral: Verb. od. Atomgruppen bzw. (C-)Atome, bei denen um ein zentrales C-Atom (Prochiralitätszentrum) 2 unterschiedl., achirale u. 2 ident. Liganden angeordnet sind. Bei Austausch eines der beiden ident. Liganden kommt es zur Bildung eines asymmetr. C-Atoms; vgl. Enantiotopie.

Prochlorperazinhydrogenmaleat: Prochlorperazini maleas Ph.Eur.4, Prochlorperazinum maleicum, Prochlorperazinum hydrogenomaleinicum, Prochlorperazinmaleat; CAS-Nr. 84-02-6; $C_{28}H_{32}ClN_3O_8S$, M_r 606.0. Schmp. 228 °C. Weißes, bis schwach gelbl., krist. Pulver; sehr schwer lösl. in Wasser u. Ethanol, fast unlösl. in Chloroform u. Ether. **Anw.:** Neuroleptikum (s. Psychopharmaka), Antiemetikum*; **UAW:** s. Chlorpromazin; **Dos.:** bei Psychosen 50-100 mg/d; geg. Übelkeit 5-10 mg/d.

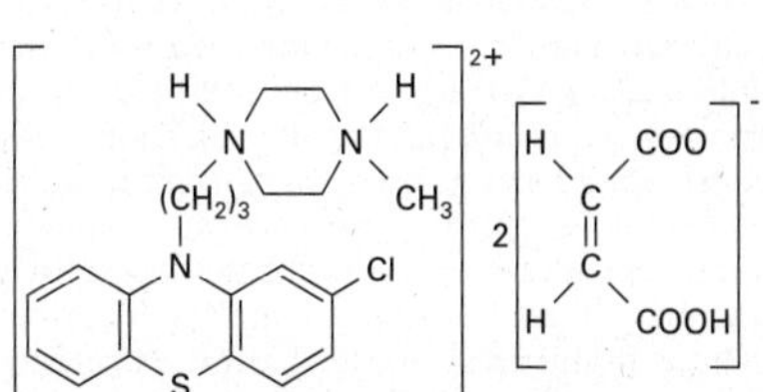

Prochlorperazinhydrogenmaleat

P

Procumbid: s. Harpagid.

Procyanidine: s. Proanthocyanidine.

Procyclidin INN: α-(2-Pyrrolidinoethyl)-hexahydrobenzhydrol; α-Cyclohexyl-α-[2-(1-pyrrolidinyl)ethyl]benzylalkohol; CAS-Nr. 77-37-2; $C_{19}H_{29}NO$, M_r 287.43. Schmp. 85.5-86.5 °C (kristallisiert aus Petrolether). UV_{max} (0.17 % in Ethanol): 258.5 nm (ε 233). **Anw.:** Parasympatholytikum*, Antiparkinsonmittel*; **Dos.:** p.o. 3×2.5 mg/d, bis zur doppelten Dos. steigbar; parenteral i.v. 10 mg; vgl. Parkinson-Syndrom. Gebräuchl. ist auch Procyclidinhydrochlorid.

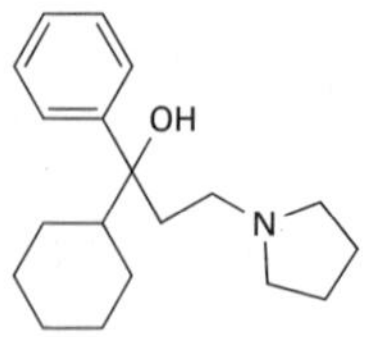

Procyclidin

Prodine: inverse Ester von Pethidin* u. Pethidinanaloga; starke Analgetika u. Betäubungsmittel*.

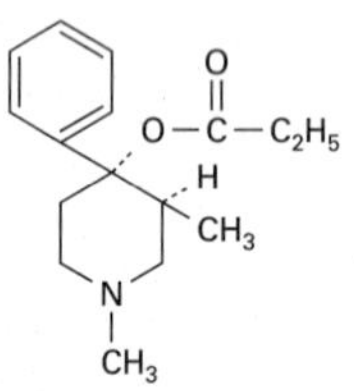

Prodine: α-Prodin als Beispiel

Prodrom (gr. prodromos Vorläufer): Prodromalerscheinung; Vorzeichen, Frühsymptom.

Prodrug: Pro-Pharmakon; Arzneistoffe, die erst nach der Verabreichung im Körper in die wirksame Form überführt werden. Meist wird unter Beteiligung von Enzymen der Biotransformation ein aktiver Metabolit aus dem zunächst wirkungslosen od. weniger wirksamen Arzneistoff gebildet. Dabei wird z.T. unterschieden in **carriergebundene P.**, aus denen die wirksame Form durch einfache Hydrolyse freigesetzt wird, u. **Bioprecursoren**, bei denen die wirksame Form ein Phase-I-Metabolit des P. ist. P. haben andere physikochem. Eigenschaften, um Liberation u. Resorption gezielt zu beeinflussen. Die Änderungen haben unterschiedl. Konsequenzen, so dienen Ester (Bacampicillin, Pivampicillin) zum einen zur Erhöhung der Lipophilie u. damit zu verbesserten Resorption nach p.o. Applikation. Zum anderen werden z.B. schwerlösl. Ester von Steroidhormonen eingesetzt, um nach i.m. Injektion einen Depoteffekt zu erzielen. Lipophile Ester u. Ketale von Glucocorticoiden eignen sich zur dermalen Applikation, da die Penetration durch das Stratum corneum verbessert wird u. die Ester in der lebenden Epidermis zur Wirkform hydrolysiert werden (z.B. Betamethason-17-valerat, Triamcinolon-16α-17α-acetonid). Verbesserung der Löslichkeit bei i.v. Applikation (Methylprednisolonhemisuccinat), Ausnutzung eines aktiven Transportmechanismus (L-DOPA als Prodrug für Dopamin) od. Verschleierung eines schlechten Geschmacks bei der p.o. Verabreichung (Chloramphenikolpalmitat) sind weitere Möglichkeiten. I.w.S. können auch die organischen Nitrate* u. Molsidomin als P. für das wirksame Prinzip NO angesehen werden.

Producta ab ADN recombinante: s. DNA-rekombinationstechnisch hergestellte Produkte.

Produkthemmung: **1.** die Hemmung eines Enzyms bei einer bestimmten Konz. seines Produkts (Endprodukthemmung). **2.** in der Wachstumskinetik von Mikroorganismen die Verringerung der spezif. Wachstumsrate durch Metabolite, die bei der Überschreitung entspr. Toleranzgrenzen hemmend bzw. tox. auf den Produktionsstamm wirken.

Proestradiolphosphat INN: polymerer Phosphorsäureester von Estradiol. **Anw.:** s. Estradiol.

Profene: s. Analgetika (schwache).

Profibrinolysin: s. Plasminogen.

Progenine: zuckerhaltige Spaltprodukte der Glykoside, die noch Glykosidcharakter haben.

Progessive-Rhinitis-atrophicans-Impfstoff für Schweine: inaktivierte Vakzine, die ein Derivat des Haut nekrotisierenden Toxins (d0-Protein) aus Pasteurella multocida u. Bordetella bronchiseptica enthält. Von den geimpften Muttertieren können maternal gebildete Antikörper über das Kolostrum an die Nachkommen weitergegeben werden.

Progestasert®: Biograviplan®; Progesteron freisetzendes Intrauterinpessar (s. Pessare), lokales Kontrazeptivum, ein therap. System (uterines TS); T-förmiger Kunststoffkörper, enthält im vertikalen Schenkel ein Wirkstoffreservoir (Progesteron mit Siliconöl u. Bariumsulfat), das in eine die Freisetzungsgeschwindigkeit kontrollierende Ethylenvinylacetat-Copolymermembran eingehüllt ist. Das durch Diffusion freigesetzte Progesteron (65 µg/d über 1.5 Jahre) wird direkt am Wirkungsort freigegeben.

Progesteron INN: Progesteronum Ph.Eur.4; 4-Pregnen-3,20-dion; CAS-Nr. 57-83-0; $C_{21}H_{30}O_2$, M_r 314.5. Schmp. 131 °C (Mod. I, α-Form; Prismen); 123 °C (Mod. II, β-Form; Nadeln); weitere polymorphe Mod. mit Schmp. 111 °C (Mod. III), 106 °C (Mod. IV), 100 °C (Mod. V). $[\alpha]_D^{20\,°C}$ +186 bis +194° (c=1 in wasserfreiem Ethanol). $A_{1\%}^{1\,cm}$ 535 (±10) bei 241 nm (gemessen in Ethanol 96 %). Corpus-luteum-Hormon. Farblose bis schwach gelbl. Kristalle od. krist. Pulver; leicht lösl. in wasserfreiem Ethanol, Chloroform, wenig lösl. in Ether, Aceton, fetten Ölen, fast unlösl. in Wasser. **Inkomp.:** Reduktionsmittel; **Anw.:** bei Menstruationsstörungen, bei habituellem u. drohendem Abort, Sterilität, präklimakter. Blutungen, bei

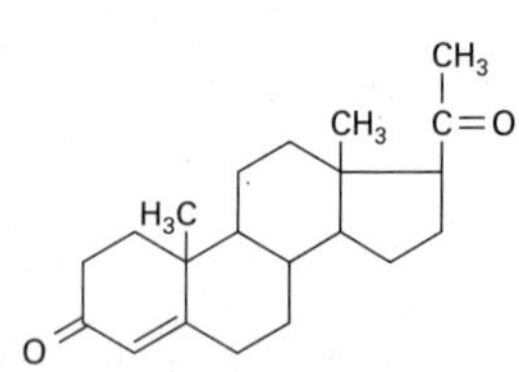

Progesteron

Endometriose u. Karzinom des Uteruskörpers; vgl. Hormone (Gestagene).

Progesteronrezeptor: ein spezif. Rezeptor für das Steroidhormon Progesteron im Zytosol der Zielzelle. Der nach Eindringen des Hormons in die Zelle gebildete Progesteron-Rezeptor-Komplex wandert in den Zellkern, bindet an eine spezif. DNA-Sequenz (Response-Element) u. vermittelt die Hormonwirkung durch Veränderung der Expression entspr. Gene.

Proglumetacin INN: 1-(4-Chlorbenzoyl)-5-methoxy-2-methyl-1*H*-indol-3-essigsäure-2-[4-[3-{[4-(benzoylamino)-5-(dipropylamino)-1,5-dioxopentyl]oxy}propyl]-1-piperazinyl]ethylester; CAS-Nr. 57132-53-3; $C_{46}H_{58}ClN_5O_8$, M_r 844.54. **Anw.**: Antiphlogistikum*, Antirheumatikum*; bei chron. Gelenkentzündungen, Arthrosen, Gichtanfällen, Verstauchungen; **Kontraind.**: u. a. Epilepsie, Parkinsonismus, psych. Erkrankungen, Kinder unter 14 Jahren. **Proglumetacindimaleat:** $C_{54}H_{66}ClN_5O_{16}$, M_r 1076.5. Schmp. 146-148 °C.

Proglumid INN: (*RS*)-4-Benzamido-*N,N*-dipropylglutaramsäure; CAS-Nr. 6620-60-6; $C_{18}H_{26}N_2O_4$, M_r 334.42. Schmp. 142-145 °C. **Wirk.**: kompetetiver Gastrinantagonist; **Anw.**: pept. Ulzera, Magensaftsekretionshemmer; **Dos.**: p.o. 0.8-1.2 g/d in geteilten Gaben. Gebräuchl. ist auch Proglumid-Natrium.

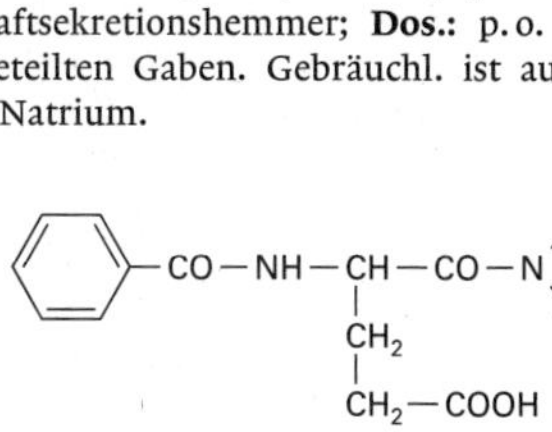

Proglumid

Prognose (gr. prognosis Vorherwissen): Prognosis, Vorhersage; Voraussicht auf den Krankheitsverlauf; Heilungsaussicht.

Progoitrine: s. Glucosinolate.

Proguanid: s. Proguanil.

Proguanil INN: Bigumalum, Chloroguanid, Proguanid; 1-(*p*-Chlorophenyl)-5-isopropylbiguanid; CAS-Nr. 500-92-5; $C_{11}H_{16}ClN_5$, M_r 253.75. Schmp. 130-133 °C. **Anw.**: s. Proguanilhydrochlorid.

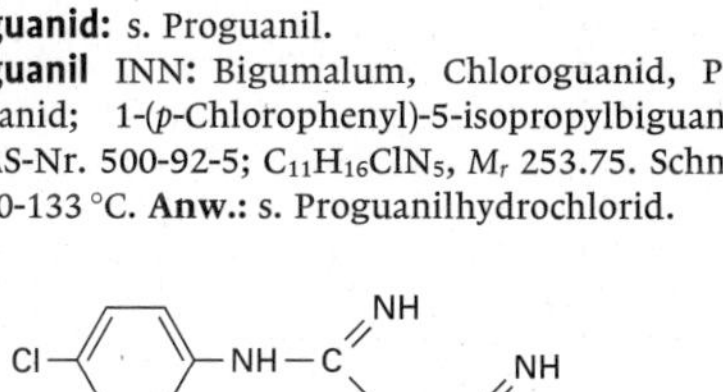

Proguanil

Proguanilhydrochlorid: Proguanili hydrochloridum Ph.Eur.4; 1-(4-Chlorophenyl)-5-isopropylbiguanidhydrochlorid; CAS-Nr. 637-32-1; $C_{11}H_{16}ClN_5 \cdot HCl$, M_r 290.2. Schmp. ca. 245 °C. Lösl. in 110 T. Wasser, 40 T. Ethanol. **Anw.**: Chemotherapeutikum* (Antiprotozoenmittel); Dihydrofolsäurereduktasehemmer; Antimalariamittel* (Schizontenmittel); wirkt v. a. geg. die extraerythrozytären Formen von Plasmodium falciparum; Metabolit Cycloguanil hemmt die Dihydrofolatreduktase u. dadurch die Desoxythymidylatsynthese. IC_{50} 4-20 ng/ml; wirkt schwächer als anderer Antimalariamittel; **Dos.**: p. o. 0.2 g/d nach dem Essen 1-2 Tage vor Reiseantritt, während des Aufenthaltes in einem Malariagebiet u. bis mindestens 4 Wochen danach. **Kombinationspräparat:** s. Atovaquon.

Proinsulin: Zwischenstufe bei der Insulinbiosynthese; s. Insulin.

Prokambium: (bot.) primäres, meristemat. Gewebe, aus dem die primären Leitgewebe hervorgehen.

Prokaryonten: Prokaryoten; Organismen ohne einen echten, von einer Kernhülle umgebenen Zellkern, ohne Plastiden*, ohne Golgiapparat (s. Golgikörper) u. ohne Mitochondrien*. Ihre DNA ist ringförmig und nicht wie bei Eukaryonten* in Chromosomen lokalisiert, sondern liegt frei im Zytoplasma; vgl. Zelle. P. sind Bakterien u. Blaualgen (Cyanobakterien).

Prokinetika: Peristaltikanreger; pharmak. Substanzen mit förderndem Einfluss auf die Motilität des Magen-Darm-Trakts. **Wirk.**: Beschleunigung der Magenentleerung u. Dünndarmpassage; **Wirkstoffe:** z. B. Domperidon*, Metoclopramid*.

Prokonvertin: s. Blutgerinnungsfaktor VII.

Proktitis: Mastdarmentzündung.

Proktologie: Lehre von den Mastdarmkrankheiten.

Proktoskopie: Inspektion des Analkanals u. des unteren Rektums unter Verw. eines Proktoskops (Darmspekulum) od. eines Spezialendoskops (Rektosigmoidoskop); vgl. Rektoskopie.

Prolactin: Gonadotropin C, Gonadotropin III, Lactogen, Luteotropin, Mammotropin, Proletan, luteotropes HVL-Hormon, LTH; Peptid aus 198 Aminosäuren (Schaf), CAS-Nr. 9002-62-4, M_r ca. 25 000. $[\alpha]_D^{25°C}$ 40.5 ° (c = 1 in Phosphatpuffer pH 7), s. Hormone. Prolactin aus Ochsendrüsen: prakt. unlösl. in Wasser; 0.102 g/L lösl. in absolutem Methanol od. Ethanol in Gegenwart von wenig Säure; in NaCl-Lsg. (0.357 mol/L) bei pH 2.25: 0.316 g/L; Prolactin aus Schafsdrüsen: in NaCl-Lsg. (0.357 mol/L) bei pH 2.25: 0.0506 g/L. Isoelektr. Punkt pH 5.73. P. spielt therapeut. keine Rolle. Die Sekretion von P. kann durch versch. Medikamente gefördert werden, z. B. durch Reserpin*, Methyldopa*, Metoclopramid* u. Tranquilizer vom Phenothiazin-Typ (s. Psychopharmaka). Durch Prolactinhemmer* wird die Freisetzung von P. gehemmt.

Prolactinhemmer: Prolactininhibitoren; Stoffe, die durch Unterdrückung der Prolactinfreisetzung sowohl die physiol. postpartale Milchproduktion (Laktation) als auch die patholog. Galaktorrhö hemmen. Angriffspunkt: v. a. spezif. Dopaminrezeptoren der Prolactin bildenden Zellen in der Hypophyse, deren Stimulierung durch Dopamin (physiol.) u. Dopaminagonisten (Bromocriptin*, Cabergolin*, Lisurid*, Metergolin*, Quinagolid*) die Prolactinbildung hemmt. Weitere **Anw.**: prolactinbedingte Fertilitätsstörungen u. Amenorrhö*, Prolactinom (Hypophysenvorderlappenadenom), Akromegalie* u. Parkinson*-Syndrom.

Prolamine: einfach gebaute Getreideproteine, die im Ggs. zu den Glutelinen* in 50-90 %igem Ethanol lösl. sind. Sie enthalten bis zu 15 % Prolin u. 30-45 % Glutaminsäure, sind dagegen arm an

P

essentiellen Aminosäuren. P. können die Ursache für Zöliakie* sein. Hauptvertreter sind: Gliadin* (Weizen), Secalin (Roggen), Hordein (Gerste, nicht zu verwechseln mit Hordenin*, einem biogenen Amin), Zein* (Mais); P. fehlen z.B. in Reis u. Hafer.

Prolan: Prolan A (Follikelreifungshormon) u. Prolan B (Luteinisierungshormon) des Hypophysenvorderlappen, s. Hormone (Hypophysenvorderlappen).

Prolaps (lat. pro vor, vorn; lapsus Ausgleiten, Fallen): Vorfall; Heraustreten von Geweben od. Organen.

Prolidase: Enzym in Muskeln u. Mukosazellen des Dünndarms, das spezif. Dipeptide mit Prolin als C-terminaler Aminosäure spaltet.

Proliferation: Sprossung, Wucherung.

Prolin: Abk. Pro, Prolinum, L-Prolin; Ph.Eur.4, (*S*)-2-Pyrrolidoncarbonsäure; $C_5H_9NO_2$ (s. Abb.); M_r 115.1; Schmp. 220-222 °C; opt. aktive, proteinogene, glucoplast. Aminosäure, die keine Helix bildet u. deshalb bes. Bedeutung für die Tertiärstruktur der Proteine* besitzt. P. ist ein wesentl. Bestandteil von Kollagen*, Gliadin* u. Zein* u. für Säugetiere nicht essentiell. **Prolinderivate:** Hydroxyprolin* ist ein wichtiger Bestandteil von tier. Stütz- u. Bindegeweben (z.B. Kollagen). 4-Methylprolin ist Baustein von Antibiotika, 4-Hydroxymethylprolin ist in Apfelschalen enthalten.

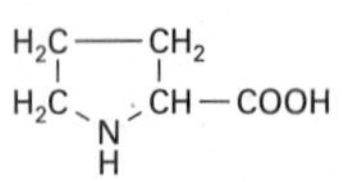

Prolin

Prolinase: Imino-Dipeptidase in der Darmschleimhaut u. in Hefe, spaltet spezif. Dipeptide mit Prolin als N-ternimaler Aminosäure.

P

Prolintan INN: 1-(α-Propylphenethyl)pyrrolidin; CAS-Nr. 493-92-5; $C_{15}H_{23}N$, M_r 217.34. Sdp. 105 °C (66.7 Pa), 153 °C (2.13 kPa). **Anw.:** obsolet, Zentralstimulans, Kreislaufanaleptikum (Weckamin*); wirkt stark zentralerregend, gut atemstimulierend, ist lang wirksam u. gut verträglich. **Prolintanhydrochlorid:** $C_{15}H_{24}ClN$. Schmp. 133-134 °C.

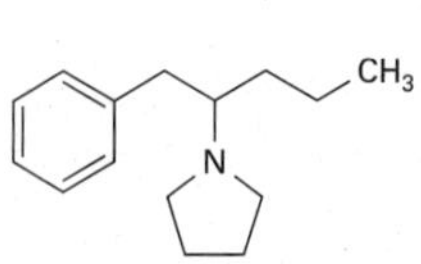

Prolintan

prolonged release: s. Retardpräparate.

Proloniumiodid INN: Prolonii iodidum; 2-Hydroxy-*N,N,N,N,N,N*-hexamethyltrimethylendiammoniumdiiodid; CAS-Nr. 123-47-7; $C_9H_{24}I_2N_2O$, M_r 430.14. Schmp. ca. 275 °C (unter Zers., Braunfärbung bei 240 °C). Leicht lösl. in Wasser; schwer lösl. in Ethanol; fast unlösl. in Ether, Aceton. **Anw.:** thyreotox. Krisen, Arteriosklerose; **UAW:** Allergien; **Kontraind.:** dekompensierte Herzinsuffizienz, Tuberkulose; **Dos.:** parenteral (i.m., s.c.) 1×0.2 g/2 d. Gebräuchl. ist auch Prolonium.

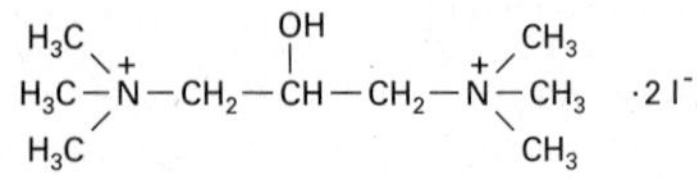

Proloniumiodid

Promazin INN: 3-(10*H*-Phenothiazin-10-yl)-*N,N*-dimethylpropan-1-amin; CAS-Nr. 58-40-2; $C_{17}H_{20}N_2S$, M_r 284.41. Sdp. 203-210 °C (40 Pa). **Anw.:** Ataraktikum (s. Psychopharmaka); **Dos.:** 2-3×25 mg/d p.o. nach Wirk. dosieren; parenterale Initialdos. bei akuten Zuständen i.v. 50-1200 mg/d mögl., i.m. 50 mg; rektal 100 mg; HWZ 4-29 h. **Promazinhydrochlorid** INNv: Promazini hydrochloridum Ph.Eur.4; CAS-Nr. 53-60-1; $C_{17}H_{21}ClN_2S$, M_r 320.9. Schmp. 181 °C (unter Zers.). Weiße bis schwach gelbe, hygroskop. Kristalle, oxidiert an der Luft; 1 g leicht lösl. in 3 mL Wasser, lösl. in Methanol, Ethanol, Chloroform, fast unlösl. in Ether u. Benzol. Gebräuchl. ist auch Promazindihydrogenphosphat; hingewiesen sei auch auf Promazinhydrogenembonat.

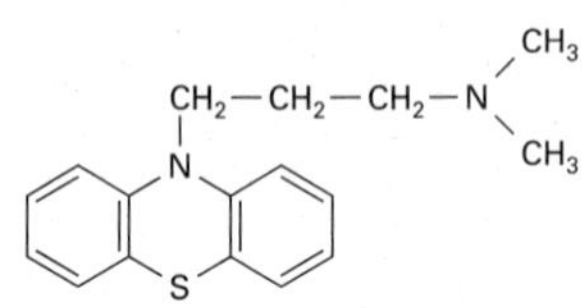

Promazin

Promethazin INN: (*RS*)-*N,N*-Dimethyl-1-(10*H*-phenothiazin-10-yl)propan-2-amin; CAS-Nr. 60-87-7; $C_{17}H_{20}N_2S$, M_r 284.41. Schmp. 60 °C. Sdp. 190-192 °C (400 Pa). **Anw.:** Antihistaminikum, Antiallergikum, Sedativum; **Dos.:** 2-3×25 mg/d p.o., abends n.B. doppelte Dos.; parenteral (i.m., i.v.) 50 mg; rektal 50 mg; topisch 2 %ige Salbe; HWZ 8-15 h. **Promethazinhydrochlorid:** Promethazini hydrochloridum Ph.Eur.4; CAS-Nr. 58-33-3; $C_{17}H_{21}ClN_2S$, M_r 320.9. Schmp. 230-232 °C (unter Zers.). Weißes bis schwach gelbl., krist. Pulver; leicht lösl. in Wasser, lösl. in Ethanol, Chloroform, fast unlösl. in Aceton, Ether, Ethylacetat; pH der 10 %igen Lsg. im Wasser 5.3. Hingewiesen sei auch auf Promethazin*-8-chlortheophyllinat, Promethazin-10-camphersulfonat, Promethazinhydrogenmaleat u. Promethazinteoclat.

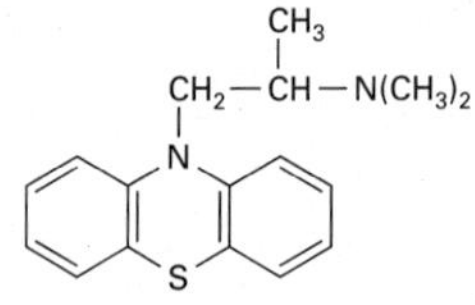

Promethazin

Promethazin-8-chlortheophyllinat: Promethazini Theoclas; 10-[2-(Dimethylamino)propyl]-phenothiazin, 8-chloro-theophyllinat (1:1); CAS-Nr. 17693-51-5; $C_{17}H_{20}N_2S \cdot C_7H_7ClN_4O_2$, M_r 499.0. **Anw.:** früher als Antiemetikum*.

Promethazini hydrochloridum: s. Promethazin.

Promethium: Illinum, Florentinum, Cyclonium; Symbol Pm; OZ 61; D. 7.22; Schmp. 1168 °C; Sdp. 2730 °C; radioaktives Element, Spaltungsprodukt des Urans. Heute kennt man 28 Isotope des Lanthanoids*, HWZ zw. 2.2 s (${}^{130}_{61}$Pm) u. 18 Jahren (${}^{145}_{61}$Pm). **Vork.:** nat. nur in geringsten Spuren; **Gesch.:** 1945 von J. A. Marinsky, L. E. Glendenin u. C. D. Coryell entdeckt.

Promotor: **1.** Teil eines Operons*; ein bestimmter Sequenzbereich auf einem DNA-Molekül, der für die Transkription* eines Gens wichtig ist. Startpunkt der Transkription; an der Promotorregion (Erkennungsregion) setzt die RNA-Polymerase* an. **2.** s. Aktivator.

Prontalbin : s. Sulfanilamid; vgl. Chemotherapeutika.

Pro-Opiomelanocortin: Abk. POMC, Proopiocortin; v. a. im Hypothalamus vorkommendes Peptid; M_r ca. 30 000; Präkursorprotein einer Reihe biol. aktiver Proteine; s. Prä-Pro-Opiomelanocortin.

Propacetamolhydrochlorid INN: Propacetamoli hydrochloridum Ph.Eur.4; 4-(Acetylamino)phenyl(diethylamino)acetathydrochlorid; $C_{14}H_{21}ClN_2O_3 \cdot HCl$, M_r 300.8. Weißes, krist. Pulver, leicht lösl. in Wasser, schwer lösl. in wasserfreiem Methanol. **Anw.:** Analgetikum*, Antipyretikum*, wird im Plasma zu Paracetamol hydrolisiert; **UAW:** s. Paracetamol; **Dos.:** i. v., i. m. 1-2 g.

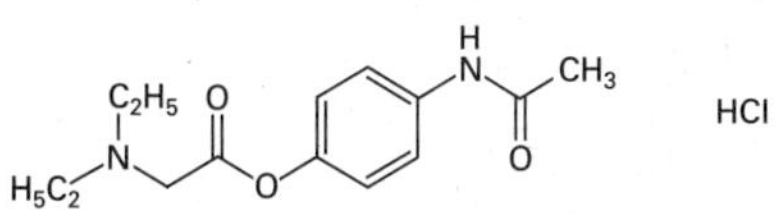

Propacetamolhydrochlorid

Propädeutik (gr. Vorunterweisung): Einführungsunterricht. Propädeutische Arzneiformenlehre: Einführung in die Arzneiformenlehre.

Propafenon INN: 2'-[2-Hydroxy-3-(propylamino)propoxy]-3-phenylpropiophenon; CAS-Nr. 54063-53-5; $C_{21}H_{27}NO_3$, M_r 341.46. **Anw.:** Antiarrhythmikum*; bei ventrikulären u. supraventrikulären Extrasystolien, Tachykardien u. Tachyarrhythmien; **UAW:** Schwindel, Gedächtnisstörungen, gastrointestinale Störungen; bei hohen Dosen: Kammertachykardie; **Kontraind.:** Herzinsuffizienz, Hypotonie; **WW:** Verstärkung negativ chrono- u. inotrop wirkender Pharmaka; **Dos.:** p. o. 0.3-0.45 g/d; i. v. 0.5-1 mg/kg; HWZ 3.6 h. Gebräuchl. ist auch Propafenonhydrochlorid.

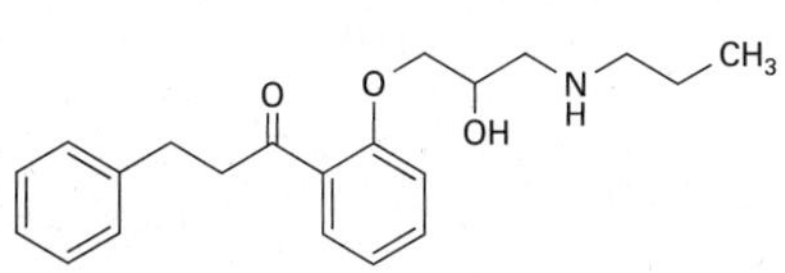

Propafenon

Propallylonal: Acidum isopropylbromallylbarbituricum, Ibomal, Isopropylbromallylbarbitursäure; 5-(2-Bromallyl)-5-isopropylbarbitursäure; $C_{10}H_{13}BrN_2O_3$, M_r 289.1. Strukturformel s. Barbiturate (Abb. 2). Schmp. 179-182 °C (polymorph). Sehr schwer lösl. in Wasser; lösl. in Ethanol u. wässrig-alkal. Lsg.; schwer lösl. in Ether. **Anw.:** früher als Schlafmittel*, Sedativum*; **Dos.:** p. o. 0.1-0.4 g; MED 0.4 g, MTD 0.8 g; vgl. Barbiturate.

Propan: C_3H_8, M_r 44.09. Farb- u. geruchloses, ungiftiges Gas. **Vork.:** in Erdgasen. **Gew.:** fällt in großen Mengen bei der Erdöldest., -hydrierung u. beim Cracken* an. **Anw.:** zu Leucht- u. Kochzwecken (Flaschengas).

1,3-Propandiol: s. Trimethylenglykol.

Propanidid INN: Propyl-4-(diethylcarbamoylmethoxy)-3-methoxyphenylacetat; CAS-Nr. 1421-14-3; $C_{18}H_{27}NO_5$, M_r 337.40. Sdp. 210-212 °C (93.3 Pa). Fast unlösl. in Wasser; lösl. in Ethanol, Chloroform. **Off.:** DAC79; **Anw.:** Kurznarkotikum; Wirkdauer 3-5 min; **UAW:** Beeinträchtigung der Atmung, Blutdruckabfall, Tachykardie, Herzarrhythmien, Muskelzittern; postoperativ: Kopfschmerzen, Erbrechen, allerg. Reaktionen; **Dos.:** parenteral i. v. 5-10 mg/kg KG, Vorinjektion s. c. mit Atropinsulfat 0.5 mg.

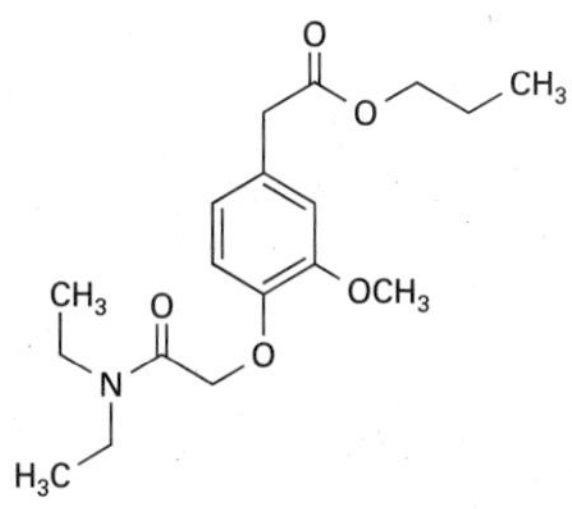

Propanidid

Propanol: s. Propylalkohol, primärer; vgl. Isopropylalkohol.

Propanon: s. Aceton.

Propanonsäure: s. Brenztraubensäure.

Propansäure: s. Propionsäure.

Propanthelinbromid INN: Propanthelini bromidum Ph.Eur.4; *N,N*-Diisopropyl-*N*-methyl-N-[2-(9-xanthencarbonyloxy)ethyl]ammoniumbromid; CAS-Nr. 50-34-0; $C_{23}H_{30}BrNO_3$, M_r 448.42. Schmp. 158-160 °C (kristallisiert aus Isopropanol/Ether; polymorph). Sehr leicht lösl. in Wasser, Ethanol, Chloroform; fast unlösl. in Ether, Benzol. **Anw.:** Anticholinergikum*; **Dos.:** p. o. bis zu 45 mg/d in geteilten Gaben; HWZ 2-4 h; **Hinweis:** wegen zahlreicher UAW nicht mehr im Handel.

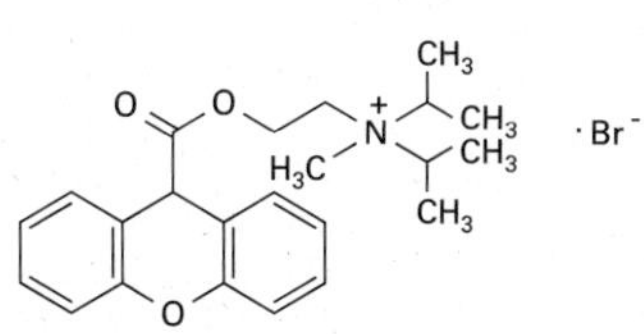

Propanthelinbromid

1,2,3-Propantricarbonsäure: Tricarballylsäure; $C_6H_8O_6$, M_r 176.13; Schmp. 158-160 °C. Farblose Kristalle, leicht lösl. in Wasser, Ethanol, Methanol; wenig lösl. in Ether, Chloroform, Benzol.

Anw.: Vergiftungen mit Strontium-90 (intraperitoneal); P. vermag das radioaktive Strontium aus dem Knochengewebe u. anschließend aus den Nieren auszuscheiden.

1,2,3-Propantriol: s. Glycerol.

Propargylalkohol: 2-Propin-1-ol, $HC{\equiv}C-CH_2OH$, C_3H_4O. M_r 56.06. D. 0.971. Sdp. 114-115 °C. Farblose, angenehm riechende Flüss. von brennendem Geschmack, lösl. in Wasser, Ethanol, Ether, Benzol. **Darst.:** Umsetzung von Natriumacetylenid mit Formaldehyd. **Anw.:** in der Industrie zu Synthesen.

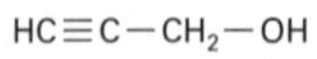

Propargylalkohol

Propen: Propylen; $CH_3-CH{=}CH_2$. Farbloses Gas. **Anw.:** zur Synthese, u. a. von Isopropylalkohol* u. Glycerol*.

Propenamid: s. Acrylamid.

Propentofyllin INN: $C_{15}H_{22}N_4O_3$, M_r 298. Schmp. 71 °C (polymorph). Xanthinderivat; **Anw.:** in der Veterinärmedizin, durchblutungsförderndes Mittel.

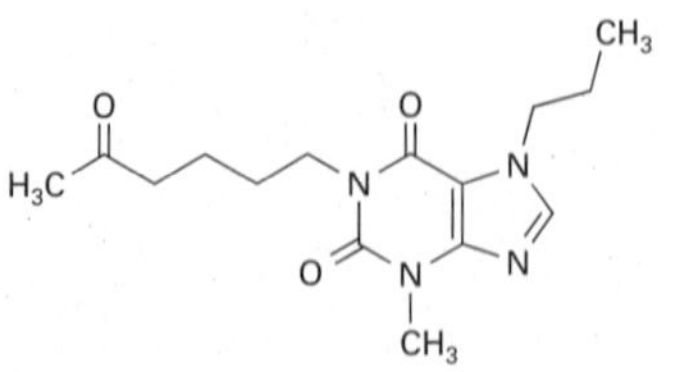

Propentofyllin

Prophase: frühes Stadium der Kernteilung, in dem sich das Chromatingerüst allmähl. entwirrt u. Chromosomen sichtbar werden. In der Prophase I der Meiose* paaren sich die homologen Chromosomen.

Prophylaxe: Verhütung von Krankheiten, Vorbeugung; z. B. durch Schutzimpfung od. medikamentöse Embolieprophylaxe. Prophylaktisch: vorbeugend; Prophylaktikum: vorbeugendes Mittel. **Beispiele:** Chemoprophylaxe*, Expositionsprophylaxe*, Dispositionsprophylaxe*, Immunprophylaxe*.

Propicillin INN: α-Phenoxypropylpenicillin; CAS-Nr. 551-27-9; $C_{18}H_{21}KN_2O_5S$, M_r 416.5. Meist als in Wasser leicht lösl. Kaliumsalz verwendet; pH-Wert einer 10%igen wässrigen Lsg. 5-7. Die Lsg. ist bei Raumtemp. 1 Woche stabil. 1 Million E. entspr. 0.7 g, 1 g entspr. 1.42 Mio Einheiten.

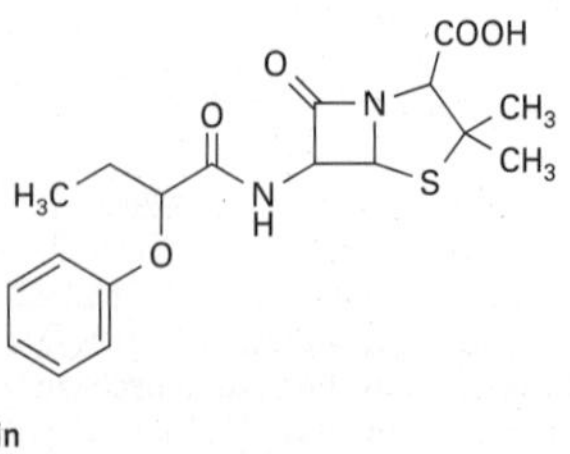

Propicillin

Wirk. u. Anw.: Antibiotikum*, Oralpenicillin mit bakterizider Wirk. auf die meisten grampositiven Keime; Wirkungsintensität geringer als von Phenoxypenicillin; Ind.: leichte Infektionen mit penicillinempfindl. Keimen; nur orale Applikation mögl.; **UAW:** v. a. allerg. Reaktionen; Sensibilisierungsgefahr aber geringer als bei parenteraler Applikation; vgl. Antibiotika (Tab.); **Dos.:** p. o. 0.5-1.5 g/d in 3 ED; HWZ 0.5-1 h.

Propionsäure: Propansäure; CAS-Nr. 79-09-4; CH_3-CH_2-COOH. Schmp. −22 °C. Sdp. 141.1 °C. D. 0.998. Einbasige Fettsäure, die sich u. a. im Harn, Schweiß, Holzessig u. in manchen Pfl. findet. Farblose, ranzig riechende Flüss.; mit Wasser in jedem Verhältnis mischbar, lösl. in Ethanol, Ether, Chloroform. **Darst.:** Oxidation von Propylalkohol od. Vergärung von äpfel- od. milchsaurem Calcium; **Anw.:** Konservierungsmittel, verhütet das Schimmeln von Brot u. Käse u. verhindert das Fadenziehen im Brot; auch äußerl. gegen Mykodermatosen. **Natriumpropionat:** Natrii propionas, Natrium propionicum; CAS-Nr. 137-40-6; $C_3H_5NaO_2$, M_r 96.1. Schmp. 281-288 °C. Weißes, hygroskop. Pulver od. farblose Kristalle. **Anw.:** wie Propionsäure.

Propionsäureanhydrid: $C_6H_{10}O_3$, M_r 130.1. Sdp. ca. 167 °C. d_{20}^{20} ca. 1.01. Klare, farblose Flüss.; lösl. in Chloroform, Ethanol u. Ether. **Anw.:** Reagens Ph.Eur.4.

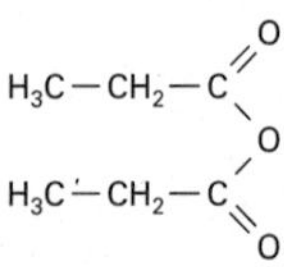

Propionsäureanhydrid

Propionyltestosteron: s. Testosteronpropionat.

Propipocainhydrochlorid INN: 3-Piperidino-4'-propoxypropiophenon-hydrochlorid; $C_{16}H_{26}N_2O_3 \cdot HCl$, M_r 330.9. **Anw.:** Lokalanästhetikum* mit ca. 10fach stärkerer Wirk. als Cocain*, daneben besitzt es auch bakterizide Eigenschaften; prakt. obsolet.

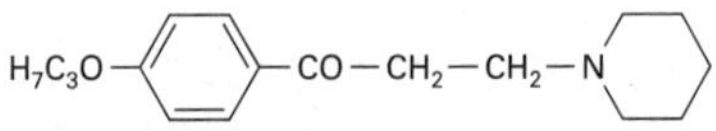

Propipocainhydrochlorid

Propofol INN: Propofolum Ph.Eur.4; Diisopropylphenol; CAS-Nr. 2078-54-8; $C_{12}H_{18}O$, M_r 178.28. Farblose bis sehr hellgelbe, klare Flüss., sehr schwer lösl. in Wasser, mischbar mit Hexan u. Methanol; Lagerung unter Inertgas. **Wirk. u. Anw.:** Injektionsnarkotikum (Narkotika*) zur Einleitung u. Aufrechterhaltung der Narkose; **UAW:** Blutdruckabfall, Bradykardie.

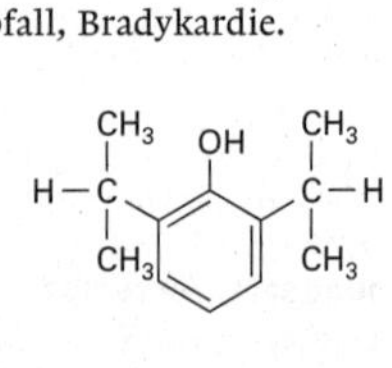

Propofol

Propolis: Kittharz der Honigbiene; s. Apis mellifera. Die Bienen sammeln das Harz an den Knospenschuppen einiger Baumarten wie Pappel, Birke, Robinie, Weide, Kastanie, Fichte, Tanne u. Kiefer u. verkitten damit Ritzen in den Waben u. balsamieren eingedrungene, getötete Schädlinge ein (antimikrobielle Wirk.). **Inhaltsst.**: 55 % Harz u. Pollenbalsam (Kaffeesäureester, vgl. Populus-Arten, Flavonoide), 30 % Wachs, 10 % äther. Öl, 5 % Pollen u. viele Spurenelemente. P. wirkt antimikrobiell u. fungistatisch (Flavonoide u. äther. Öl), keimhemmend, heilungsfördernd u. lokalanästhesierend. **Anw.**: Wundheilung u. Erkrankungen der oberen Atemwege.

Proportionalzählrohr: s. Strahlenmessgeräte.

Propoxur: 2-(Isopropoxyphenyl)-N-methylcarbamat; CAS-Nr. 114-26-1; $C_{11}H_{15}NO_3$; M_r 209.24; Schmp. 92 °C. Lösl. in Wasser; gut lösl. in den meisten org. Lösungsmitteln. **Wirk.** u. **Anw.**: Cholinesterasehemmer; zur Bekämpfung beißender u. saugender Insekten; s. Schädlingsbekämpfungsmittel (Carbamate).

Propranolol INN: 1-Isopropylamino-3-(1-naphthyloxy)-2-propanol; CAS-Nr. 525-66-6; $C_{16}H_{21}NO_2$, M_r 259.34. Strukturformel s. Sympatholytika (Abb. 2). Schmp. 96 °C (kristallisiert aus Cyclohexan). pK_S der konjugierten Säure 9.5. **Anw.**: Betasympatholytikum (s. Sympatholytika), Glaukom. Das D-(−)-Enantiomere gilt als 100-mal wirksamer als sein Antipode. Das Racemat wird als Antiarrhythmikum*, die aktive Form, trotz geringer Cardioselektivität u. fehlender intrins. Aktivität, in der Bluthochdruckther. verwendet. **UAW**: AV-Block bei vorhandener AV-Überleitungsstörung; **Dos.**: p. o. Initialdos. 3×20 mg/d, n. B. erhöhen; bei Hypertonie 3×40 mg/d, MTD 480 mg; parenteral 1 mg, max. 10 mg; HWZ 4-6 h. **Propranololhydrochlorid**: Propranololi hydrochloridum Ph.Eur.4 (Racemat); CAS-Nr. 318-98-9; $C_{16}H_{22}ClNO_2$, M_r 295.8. Schmp. 163-166 °C. Weißes, krist. Pulver; lösl. in 20 T. Wasser, 20 T. Ethanol.

Propranololhydrochlorid-Kapseln 40 mg: s. Capsulae Propranololi hydrochlorici 40 mg.

Propyl-: Bez. für die vom Propan abgeleitete Gruppe $-C_3H_7$.

Propylacetat: Essigsäurepropylester; $C_5H_{10}O_2$, M_r 102.1. Schmp. ca. −95 °C. Sdp. ca. 102 °C. d_{20}^{20} ca. 0.888. **Anw.**: Reagens Ph.Eur.4.

Propylalkohol, primärer: *n*-Propanol, Alcohol propylicus, Propylium; 1-Propanol, CAS-Nr. 71-23-8; $H_3C-CH_2-CH_2OH$, M_r 60.09. D. 0.804. Schmp. −127 °C. Sdp. 97 °C. Farblose, giftige, brennbare Flüssigkeit. **Off.**: DAC86. **Anw.**: Lösungsmittel. **Tox.**: einschließl. der narkot. Wirk. dem Ethanol* vergleichbar, aber etwas stärker.

Propylalkohol, sekundärer: s. Isopropylalkohol.

Propylbarbital: Dipropylbarbitursäure; CAS-Nr. 2217-08-5; $C_{10}H_{16}N_2O_3$, M_r 212.25. Schmp. 148 °C (polymorph). **Wirk.** u. **Anw.**: obsolet, Schlafmittel*; früher in Kombination mit Codein* (als Molekülverb.) angewendet.

2-Propylchlorid: s. Isopropylchlorid.

Propylen: s. Propen.

Propylenglycolmonopalmitostearat: Propylenglycoli monopalmitostearas Ph.Eur.4; Gemisch von Mono- u. Diestern des Propylenglycols mit Stearin- u. Palmitinsäure; mind. 50.0 % Monoester. Wachsartige Substanz; prakt. unlösl. in Wasser, lösl. in Aceton u. heißem Ethanol. Schmelztemp. 33-40 °C. SZ max. 4.0, IZ max. 3.0, VZ 170-180; Lichtschutz. **Herst.**: Kondensation von Propylenglycol mit Stearinsäure 50 pflanzl. od. tier. Herkunft; **Fettsäurezstzg.**: Stearinsäure 40.0-60.0 %, Summe der Gehalte an Palmitin- u. Stearinsäure mind. 90.0 %, freies Propylenglycol max. 5.0 %.

Propylenglykol: Propylenglycolum Ph.Eur.4; (*RS*)-1,2-Propandiol, 1,2-Dihydroxypropan; CAS-Nr. 57-55-6, M_r 76.1. D. 1.035-1.040. Sdp. 188.2 °C. $n_D^{20\,°C}$ 1.432. Viskosität (20 °C): 55-60 mPa · s; Wassergehalt max. 0.2 %. Gew. aus Propen über Chlorhydrin, dieses wird mit Natriumcarbonat zum 1,2-Propylenepoxid u. dieses mit Wasser u. Schwefelsäure zu P. umgesetzt. Viskose, klare, farblose, hygroskop. Flüss. von erst süßl., dann eigenartigem Geschmack; mischbar mit Wasser, Aceton, Ethanol, Chloroform u. äther. Ölen. **Inkomp.**: Oxidationsmittel. Mischungen mit Glycerol, Wasser u. Ethanol sind chem. stabil. Akut u. chron. ungiftig, keine Haut- u. Schleimhautreizung, keine nennenswerte Hautresorption; am Auge vorübergehende schwache Bindehauthyperämie. **Anw.**: Lösungsmittel in oralen Lösungen, Sirupen, Injektionslösungen für Alkaloide, Barbitursäuren, äther. Öle u. synthet., flüssige Aromen; Feuchthalter, Penetrationsverbesserer für Wirkstoffe in Salben u. Lotionen; Konservierungsmittel in 15- bis 20 %iger Konz. (niedrigere Konz. verbessern die Wirk. von *p*-Hydoxybenzoesäureestern); Weichmacher in Lacken für Filmdragees; in Aerosolen zur Raumdesinfektion; in Frostschutzmitteln.

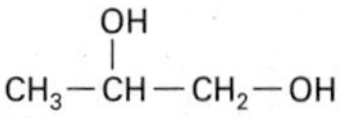

Propylenglykol

Propylenglykoloctanoatdecanoat: Propylenglycoli octanoas et decanoas; Gemisch aus 1,2-Propandiol-Diestern gesättigter Fettsäuren pflanzl. Ursprungs, hauptsächl. der Octansäure ($C_8H_{16}O_2$) u. der Decansäure ($C_{10}H_{20}O_2$). Fast farblose, ölige Flüss., nahezu ohne Geruch u. Geschmack; prakt. unlösl. in Wasser, leicht lösl. in Ethanol, mischbar mit Ether, Petroläther u. fetten Ölen. D. 0.92; Viskosität: 9-12 mPa · s; SZ max. 0.2; IZ max. 0.5; POZ max. 1.0; VZ 320-340; UVA max. 0.3 %. **Off.**: DAB10. **Anw.**: pharmaz. Hilfsstoff, z. B. für kutane Zubereitungen u. i. m. Injektionspräparate von in Wasser schwerlösl. Arzneistoffen.

Propylgallat: Propylis gallas Ph.Eur.4, Propylum gallicum, Gallussäure-*n*-propylester; 3,4,5-Trihydroxybenzoesäure-(1)-*n*-propylester, CAS-Nr. 121-79-9; $C_{10}H_{12}O_5$, M_r 212.2. Schmp. 148-151 °C. Lösl. in ca. 1000 T. Wasser, in 3 T. Ethanol od. Ether, in ca. 600 T. fettem Öl. Oberflächenspannung: 0.025 N/m (5 mmol/L, in Phosphat-Pufferlösung pH 7.4). **Inkomp.**: Alkalien, Eisensalze, Kontakt mit Metallen. **Anw.**: Antioxidans für Fette u. Öle (0.01-0.02 %), gewöhnl. mit Synergisten wie Citronensäure, Phosphorsäure, Lecithin u. Derivaten von Polyphenolen.

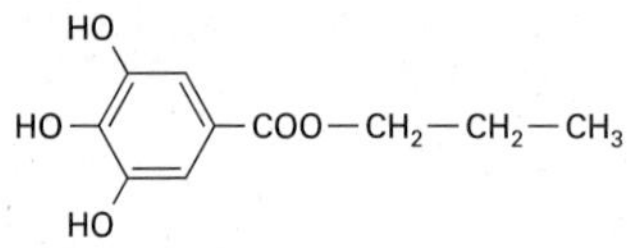

Propylgallat

L-Propylhexedrin: s. Levopropylhexedrin.

Propyl-4-hydroxybenzoat: s. *p*-Hydroxybenzoesäurepropylester.

Propyliodon INN: Propyl-(1,4-dihydro-3,5-diiod-4-oxo-1-pyridyl)acetat; CAS-Nr. 587-61-1; $C_{10}H_{11}I_2NO_3$, M_r 447.03. Schmp. 186-187 °C (unter Zers.). Schwer lösl. in Elektrolytlsg., Serum; lösl. in Wasser: 20 mg/100 mL bei 35 °C; 1:500 in Ethanol, 1:150 in Chloroform; sehr schwer lösl. in Ether. **Anw.:** Röntgenkontrastmittel zur Bronchographie, Kavernen- u. Fisteldarst.; **Dos.:** Bronchographie 12-18 mL 50 %ige wässrige Suspension od. 60 %ige ölige Suspension, Kinder 0.75-1.0 mL/Lebensjahr.

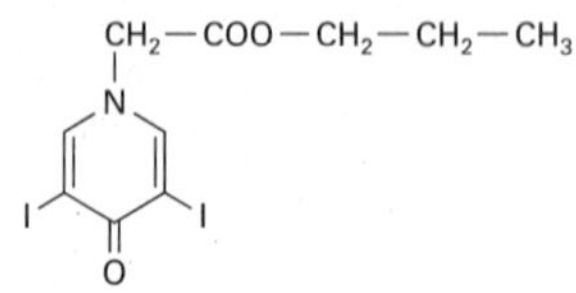

Propyliodon

Propylis gallas: s. Propylgallat.

Propylis parahydroxybenzoas: s. *p*-Hydroxybenzoesäurepropylester.

Propylium: s. Propylalkohol, primärer.

Propylium para-oxybenzoicum: s. *p*-Hydroxybenzoesäurepropylester.

Propylorvinol: s. Etorphin.

Propylparaben: s. *p*-Hydroxybenzoesäurepropylester.

Propylthiouracil INN: Propylthiouracilum Ph.Eur.4, 6-Propyl-2-thiouracil; 2,3-Dihydro-6-propyl-2-thioxo-4(1*H*)-pyrimidinon; CAS-Nr. 51-52-5; $C_7H_{10}N_2OS$, M_r 170.2. Schmp. 219-221 °C (polymorph). Weißes, krist. Pulver; leicht lösl. in Alkalihydroxid-Lsg., schwer lösl. in Wasser, wenig lösl. in Ethanol, unlösl. in Ether. **Anw.:** Thyreostatikum* der Thioharnstoffgruppe; **UAW:** Agranulozytose, erhöhte Blutungsneigung, bei höherer Dos. Leberschädigung; **Dos.:** p. o. initial 0.2-0.6 g/d in 8 ED; Erhaltungsdos. 0.05-0.2 g/d; HWZ 1.5 h.

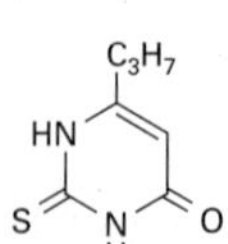

Propylthiouracil

Propyphenazon INN: Propyphenazonum Ph.Eur.4, Isopropylphenazon, Isopropylantipyrin, 1-Phenyl-2,3-dimethyl-4-isopropyl-5-pyrazolon; 1,2-Dihydro-4-isopropyl-1,5-dimethyl-2-phenyl-1*H*-pyrazol-3-on; CAS-Nr. 479-92-5; $C_{14}H_{18}N_2O$, M_r 230.30. Schmp. 103 °C. Schwer lösl. in Wasser; leicht lösl. in Ethanol, Chloroform, lösl. in Ether. **Anw.:** Analgetikum*, Antipyretikum*, Antiphlogistikum*; **Dos.:** p. o. 2-3 × 0.1 g/d; rektal 0.075 g.

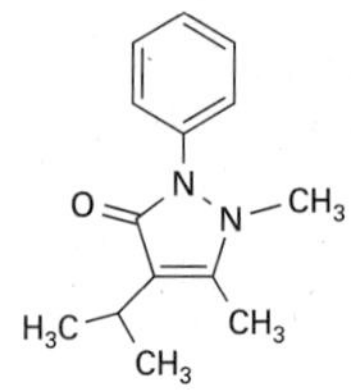

Propyphenazon

Proquazon INN: 1-Isopropyl-7-methyl-4-phenyl-2(1*H*)-chinazolinon; CAS-Nr. 22760-18-5; $C_{18}H_{18}N_2O$, M_r 278.35. **Anw.:** Antiphlogistikum*, Analgetikum*.

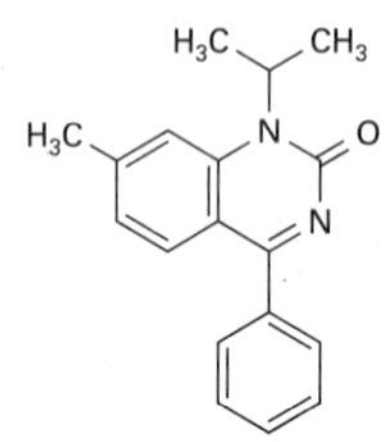

Proquazon

Proscillaridin INN: Proscillaridin A, Scillareninrhamnosid, 14-Hydroxy-3*β*-(*β*-L-rhamnosyloxy)-4,20,22-bufatrienolid; 3*β*,14-Dihydroxy-14*β*-bufa-4,20,22-trienolid-3-rhamnosid; CAS-Nr. 466-06-8; $C_{30}H_{42}O_8$, M_r 530.64. Strukturformel s. Urginea maritima (Abb.). Schmp. 219-222 °C (kristallisiert aus Methanol). $[\alpha]_D^{20\,°C}$ −91.5° (c = 1 in Methanol). Schwer lösl. in Ethanol; fast unlösl. in Ether. **Off.:** DAC86; **Anw.:** herzwirksames Glykosid*; bei Digitalisunverträglichkeit, auch bei Bradykardie u. eingeschränkter Nierenfunktion; P. nimmt hinsichtl. Resorption u. Eiweißbindung eine Mittelstellung zw. Digitoxin* u. Strophanthin* ein, bei geringer Kumulation zeichnet es sich durch eine rasch einsetzende Wirk. aus. **Dos.:** p. o. Initialdos. 2 × 1 mg/d über 2 d; Erhaltungsdos. 2-4 × 0.25 mg/d; HWZ 40 h.

Prosenchym: (bot.) Gewebe, dessen Zellen (im Ggs. zum Parenchym*) in einer Richtung gestreckt, faserähnl. u. zugespitzt sind.

Prostacycline: Prostaglandin I (Abk. PGI), Prostaglandin X (Abk. PGX); bicycl. Prostaglandine*; **PGI_2** ist der wirksamste, endogene Thrombozytenaggregationshemmer, Antagonist der Thromboxane. Biosynthese u. Strukturformel s. Eicosanoide (Abb. 1). Das Lungengefäßsystem produziert kontinuierl. große Mengen PGI_2, das seine antithrombot. Wirkung v. a. im arteriellen Kreislauf entfaltet. Vermutl. erhöht es dabei das cAMP (s. Adenosinphosphate) der Blutplättchen, wodurch die Aggregationsfähigkeit der Thrombozyten vermindert wird.

Prostaglandine: Abk. PG; Sammelbegriff für hormonähnl. Substanzen (Gewebehormone) mit vielfältiger Wirkung. Der Name leitete sich von der irrtüml. Annahme ab, dass die P. in der Prostata gebildet werden; Untergruppe der Eicosanoide*. Zuerst in Samenflüssigkeit u. Geschlechtsdrüsen, später in fast allen Organen nachgewiesen. PG sind chem. Derivate der Prostansäure (Carbonsäure mit 20 C-Atomen). Man kennt mehrere **Gruppen**, bezeichnet als A, B, C, D, E, F, X bzw. I (Prostacycline*), die sich v. a. durch den Oxidationsgrad der C-Atome 9 u. 11 (Ketone, Ketole, Diole u. a.) unterscheiden; ferner sind zahlreiche Untergruppen bekannt; die Zahl der Doppelbindungen wird durch einen Index am Gruppennamen angegeben. **Biosynthese:** s. Eicosanoide; wie bei anderen Eicosanoiden sind mehrfach ungesättigte C_{20}-Fettsäuren (ω-3- u. ω-6-Fettsäuren, s. Fettsäuren, essentielle) die Vorläufer. Aus Arachidonsäure* (ähnl. Linolsäure* od. γ-Linolensäure eine ω-6-Fettsäure), die durch Phospholipase A aus Membranlipiden herausgelöst wird, entstehen mit Hilfe der Cyclooxygenase Prostaglandine der 2-Reihe, z. B. Prostaglandin I_2 (verhindert Thrombozytenaggregation u. erweitert die Gefäße, s. Prostacycline) u. Thromboxan A_2 (wirkt Thrombozyten-aggregierend). Prostaglandine der 3-Reihe bilden sich analog aus Eicosapentaensäure (wie die α-Linolensäure eine ω-3-Fettsäure). Substanzen, die die PG-Synthese fördern sind Catecholamine, Acetylcholin, Angiotensin, Kinine, Serotonin, Histamin, Thrombin, ATP, ADP u. a. Zu den Hemmstoffen der PG-Synthese gehören z. B. Acetylsalicylsäure, Phenylbutazon, Indometazin. **Wirk.** u. **Anw.:** PG haben vielfältige u. gegensätzl. Wirk. u. sind an lebenswichtigen physiolog. Prozessen (z. B. Regulation der Thrombozytenaggregation, Stimulation der glatten Muskulatur, Vasopression) u. an vielen pathophysiolog. Prozessen (z. B. Entzündung*) beteiligt. PG spielen in der experimentellen Medizin eine große Rolle u. gewannen in der klin. Medizin eine zunehmende Bedeutung. Anwendungsmöglichkeiten ergeben sich z. B. bei Asthma, Magengeschwüren (Sekretionshemmung, z. B. Misoprostol*), Kreislauferkrankungen, ferner in der Gynäkologie z. B. zur Gerburtseinleitung u. als Abortiva (z. B. Dinoproston*, Dinoprost*).

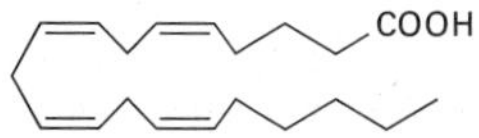

5,8,11,14-Eikosatetraensäure (Arachidonsäure)

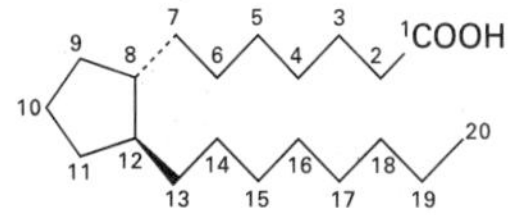

Prostansäure

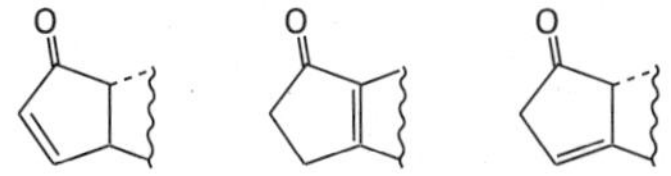

PGA PGB PGC

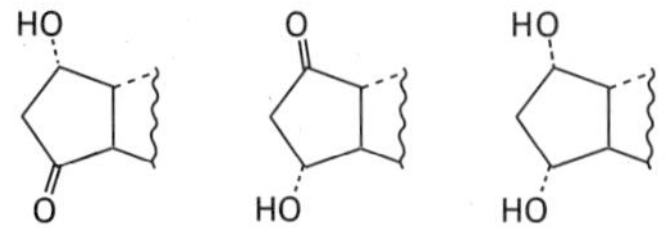

PGD PGE PGF

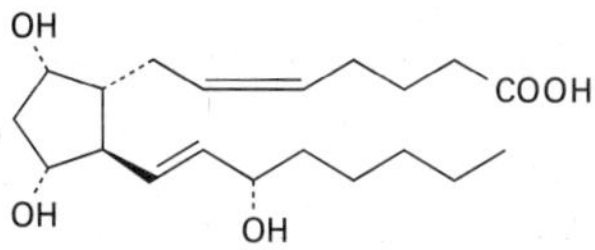

Prostaglandin $F_{2\alpha}$

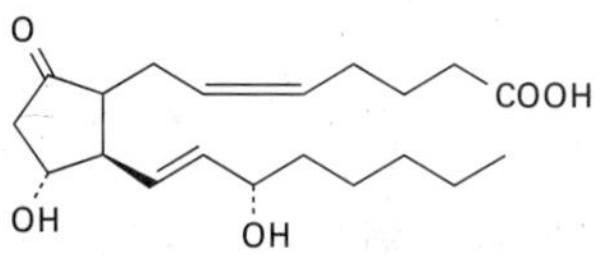

Prostaglandin E_2

Prostaglandine

Prostaglandin E_1: s. Alprostadil.
Prostaglandin E_2: s. Dinoproston.
Prostaglandin $F_{2\alpha}$: s. Dinoprost.
Prostaglandin X: s. Prostacycline.
Prostansäure: s. Prostaglandine.
Prostata: Vorsteherdrüse; kastaniengroße derbe exokrine Drüse, die dem Blasengrund anliegt u. in den Anfangsteil der männl. Harnröhre mündet. Das dünnflüss., milchige Sekret (pH 6.4-6.8) der P. enthält u. a. saure Phosphatase u. Spermin. Es wird dem Ejakulat beigemischt (Anteil 60-70 Vol.%) u. wirkt bewegungsauslösend auf Spermien.
Prostatahyperplasie, benigne: Abk. BPH; Vergrößerung der Vorsteherdrüse durch numer. Zunahme der Bindegewebe- u. Muskelzellen u. der periurethralen Drüsen. Häufigste Urs. der Blasenentleerungsstörung beim Mann. **Urs.:** unklar; diskutiert werden Akkumulation von 5α-Dihydrotestosteron in der Prostata, Verschiebung des Androgen/Estrogen-Quotienten u. veränderte Epithel/Stroma-Interaktionen; **Ther.:** **1.** medikamentös: s. Urologika; **2.** operativ: z. B. transurethrale Resektion, Prostataadenomektomie, Laserablation od. Prostata-Stent.
Prostatamittel: s. Urologika.
Prostatitis: Entzündung der Vorsteherdrüse.
Protactinium: Symbol Pa; OZ 91; D. 15.37; Schmp. 1568 °C; Sdp. 4200 °C; radioaktives Element, silberweißes Metall, 4- u. 5-wertig, Zerfallsprodukt des Urans. Bisher sind 24 Isotope bekannt, das langlebigste ist $^{231}_{90}Pa$ mit einer HWZ von $3.276 \cdot 10^4$ Jahren. **Vork.:** spurenweise in Uranmineralien; geht allmähl. in Actinium über; **Gesch.:** 1918 von Otto Hahn (1879-1968) u. Lise Meitner (1878-1968) entdeckt.
Protamine: M_r ca. 5 000, einfachste in der Natur vorkommende, fast vollständig aus Diaminosäu-

P

ren aufgebaute, stark bas. Proteine. P. enthalten 75 % Arginin, vielfach auch Lysin u. Histidin, aber kein Cystin, sind daher schwefelfrei. **Gew:** aus den Spermatozoen der Fische durch Ausschütteln mit verd. Säuren; in den Zellen sind P. an Nucleinsäuren gebunden. Aus Heringssperma gewonnenes P. heißt Clupein, Rheinlachsprotamin Salmin, Hechtprotamin Esocin, Karpfenprotamin Cyprinin. **Wirk.:** P. ersetzen die somat. Histone in den Spermien, zumindest während der Spermiogenese, u. wirken als Repressoren*. **Anw.:** Heparin-Antagonisten, zur Herst. von Depotinsulinen (Bildung schwer lösl. Komplexe mit Insulin*).

Protaminhydrochlorid: Protamini hydrochloridum Ph.Eur.4; weißes, hygroskop. Pulver; wenig lösl. in Wasser, sehr schwer lösl. in Ethanol, fast unlösl. in Chloroform u. Ether. 1 mg P. fällt mind. 100 I.E. Heparin-Natrium. **Gew., Wirk.** u. **Anw.:** s. Protamine; vgl. Protaminsulfat.

Protamin-Insulin: s. Insulin (Zuber.).

Protaminsulfat INN: Protamini sulfas Ph.Eur.4; CAS-Nr. 9009-65-8. Weißes, hygroskop. Pulver; wenig lösl. in Wasser, sehr schwer lösl. in Ethanol, fast unlösl. in Chloroform u. Ether. 1 mg P. fällt mind. 100 I.E. Heparin. **Gew., Wirk.** u. **Anw.:** s. Protamine; **Dos.:** langsame i.v. Injektion bis max. 50 mg (10 mg/mL, innerhalb 1-3 min).

Protamin-Zink-Insulin: s. Insulin (Zuber.).

Protargol: s. Silberproteinat.

Proteasehemmer: Proteaseinhibitoren; Stoffe, die durch Hemmung von Proteasen eine Protektion geg. überschießende Proteasen-Aktivitäten (z. B. Selbstverdauung bei Überschuss an Trypsin*) in Organismen bewirken. Viele Pflanzen enthalten P. mit spezif. Wirk. meist auf Trypsin, Chymotrypsin (z. B. Getreide, Erbsen, Kartoffel, Bohnen) od. auf Plasmin (Sojabohne, Erdnüsse) od. Thromboplastin (Sojabohne). Rohe Gemüse sind daher schwer verdaulich. Im Organismus spielen P. z. B. im Bereich der Blutgerinnung* u. der Phagozyten, Lymphozyten u. Mastzellen eine bedeutende Rolle. **Anw.:** Antithrombin III als Cofaktor von Heparin bei Verbrauchskoagulopathie; Aprotinin zur Schockprophylaxe bei Pankreatitis; HIV*-Proteasehemmer bei HIV*-Erkrankung.

P

Proteasen: Enzyme, die durch hydrolyt. Spaltung der Peptidbindung Proteine u. Peptide abbauen. Je nach Angriffspunkt an der Peptidkette werden sie in 2 Gruppen eingeteilt: **1.** Endopeptidasen (Proteinasen) katalysieren die Spaltung der Bindung innerhalb einer Peptidkette (meist spezif. nach bestimmten Aminosäuren), wobei als Spaltprodukte Peptide versch. Länge resultieren. Beispiele für Endopeptidasen sind Pepsin, Trypsin, Thrombin, Plasmin u. Renin. **2.** Exopeptidasen spalten immer einzelne Aminosäuren vom Peptidkettenende her ab. Wird die Bindung vom N-terminalen Ende her gespalten, nennt man sie Aminopeptidasen, wird sie vom C-terminalen Ende gespalten, Carboxypeptidasen. Di- u. Tripeptidasen, die Di- bzw. Tripeptide spalten, gehören ebenso zu den Exopeptidasen. P. kommen im Organismus verbreitet vor, v. a. im Verdauungstrakt u. in den Lysosomen, wo sie die zelluläre Verdauung von Nahrungs- u. Zellproteinen zu Aminosäuren katalysieren, außerdem sind sie am System der Blutgerinnung u. Fibrinolyse beteiligt. P. können sowohl eine geringe (z. B. Verdauungsenzyme) wie auch eine hohe (z. B. Plasmin, Thrombin) Substratspezifität aufweisen.

Proteaseneinheit: Abk. PE; s. Pepsin.

Proteide: zusammengesetzte Eiweißkörper; Verbindungen von Proteinen* mit anderen (prosthetischen) Stoffen, z. B. Chromoproteine od. Nucleoproteine. Die meisten Enzyme sind Proteide.

Proteinasen: s. Proteasen.

Proteinbindung: Eiweißbindung; Bindung von körpereigenen od. körperfremden Stoffen an Proteine des Körpers, z. B. an Plasmaproteine* (s. Plasmaproteinbindung), Blutkörperchen od. Gewebeproteine (vgl. Distribution) durch intermolekulare Bindungskräfte*.

Proteinbiosynthese: vielstufiger Aufbauprozess spezif. Proteine u. Peptide aus proteinogenen Aminosäuren. Die Sequenz der Polypeptidkette ist durch den genet. Code der Kern-DNA* festgelegt. Die erforderl. Informationen werden nach der Transkription* der DNA in die mRNA durch Translation* der mRNA-Nucleotidsequenz übersetzt. Dies erfolgt an den Ribosomen mit Hilfe der Transfer-RNA (tRNA). Der gesamte Prozess läuft sehr rasch ab (bis 6 000 Peptidbindungen/min) u. verbraucht viel Energie (s. Abb.). Die Kenntnis vom Ablauf der P. erleichtert das Verständnis des Wirkungsmechanismus bestimmter Pharmaka. Beispielsweise beruht die Wirkung vieler Antibiotika* auf einer spezif. Hemmung der Proteinbiosynthese prokaryont. Zellen. Tetracycline verhindern durch Blockierung der A-Stelle die Bindung der Aminoacyl-tRNA, Aminoglykosidantibiotika verändern die 30S-Untereinheit, Chloramphenicol*, Lincomycin*- u. Makrolid-Antibiotika stören durch Bindung an die 50S-Ribosomeneinheit die Peptidyl-Übertragungsreaktion. Toxine, die die P. eukaryont. Zellen hemmen, sind z. B. Abrin* u. Ricin*. Die Verknüpfung der Aminosäuren läuft in 4 Schritten ab: **1. Aktivierungsphase:** Veresterung der Aminosäuren mit der ihr zugeordneten tRNA zu Aminoacyl-tRNA unter ATP-Verbrauch. Für jede Aminosäure existiert dabei eine tRNA mit spezif. Nucleosid-Triplett (Anticodon*), die auf die korrespondierende Basensequenz der mRNA (Codon*) passt. **2. Initiationsphase:** Eine eigens dafür bestimmte Initiator-tRNA, die N-Formyl-methionyl-tRNA (fmet-tRNA), besetzt das Initiationscodon AUG (Adenin-Uracyl-Guanin) der mRNA. Diese bildet zus. mit 30S- der Prokaryonten* bzw. 40S-Ribosom-Untereinheiten der Eukaryonten* u. mit spezif. Proteinen als Initiationsfaktoren den 30S- bzw. 40S-Initiationskomplex. Dieser koppelt mit der 50S- bzw. 60S-Ribosom-Untereinheit zum 70S- bzw. 80S-Ribosom, das 2 Bindungsstellen für tRNA besitzt. Die Pepdidyl(P)-Stelle (Donorstelle) ist zu Beginn von der Initiator-tRNA (fmet-tRNA) besetzt, die Aminoacyl(A)-Stelle (Akzeptorstelle) wird entspr. dem folgenden Codon der mRNA mit der passenden Aminoacyl-tRNA belegt. **3. Elongationsphase:** Ablösung der Aminosäure der tRNA an der P-Stelle u. Bindung mit der an der tRNA der A-Stelle gebundenen Aminosäure mit Hilfe des Enzyms Peptidyl-Transferase. Die so entstandene Peptidyl-

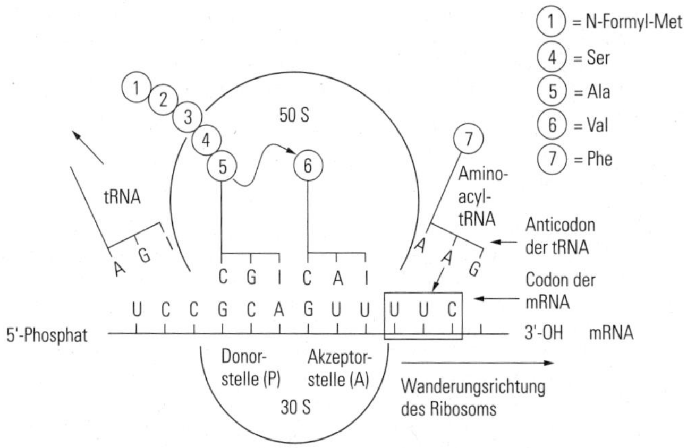

Proteinbiosynthese: Peptidkettenverlängerung am Ribosom; Übertragung des Peptidylrestes 1 - 5 von der Peptidyl-tRNA an der P-Stelle auf die Aminoacyl-tRNA an der A-Stelle durch die Peptidyltransferase [3]

tRNA der A-Stelle gelangt nun durch Weiterbewegung des Ribosoms entlang der mRNA (Translokation) an die P-stelle. Die Peptideinheit wird auf die neu hinzukommende Aminoacyl-tRNA der dafür frei gewordenen A-Stelle übertragen. Guanosintriphosphat (GTP) liefert die notwendige Energie. Die jeweils von der Aminosäure entladene tRNA verlässt das Ribosom. **4. Termination:** Ablösung des fertigen Proteins vom Ribosom mit Hilfe spezieller Terminationsfaktoren u. Auflösung der Ribosomen sowie spontane Ausbildung der Tertiärstruktur (s. Proteine).

Protein-Blotting: s. Western-Blot.

Protein C: CAS-Nr. 60202-16-6, M_r 62 000. Proenzym einer Serinprotease; wichtiger Inhibitor der plasmat. Blutgerinnung, der Vitamin-K-abhängig in der Leber synthetisiert u. anschliessend durch den Thrombin-Thrombomodulin-Komplex aktiviert wird. Nur das aktivierte Protein C (APC) reagiert mit dem Cofaktor Protein S und Anwesenheit von Ca^{2+} u. Phospholipiden antikoagulator. durch Hydrolyse von Faktoren Va und VIIIa. Zusätzl. reagiert P. C profibrinolyt. indem es den Plasminogenaktivatorinhibitor-1 (PAI-1) hemmt; vgl. Drotrecogin alfa.

Proteine: Eiweiße, Polypeptide (s. Peptide); hochmolekulare, vorwiegend aus Aminosäuren* aufgebaute Naturstoffe. P. repräsentieren sowohl die mengenmäßig größte als auch die komplexeste u. mannigfaltigste Klasse von Makromolekülen in der Zelle. Sie sind als Substanzen, durch die die genet. Information ausgedrückt wird, grundlegende Komponenten in allen biol. Systemen. In ihrer wichtigen Funktion als Enzyme* ermöglichen die P. den geregelten Ablauf biochem. Reaktionen im Stoffwechsel der Zelle. Ebenso besitzen Hormone in vielen Fällen Peptid- od. Proteinnatur. Weiterhin sind die P. als Gerüstsubstanzen (z. B. Kollagen*, Keratin*) maßgebl. an der Strukturbildung der Organe u. Gewebe beteiligt u. ermöglichen als Muskeleiweiß (z. B. Aktin*, Myosin*) die Kontraktion der Muskulatur. Wichtige Aufgaben erfüllen die P. als Reservesubstanzen zur Versorgung der Zellen, als Transportproteine v. a. bei der Atmung (Hämoglobin*, Cytochrome*), bei der Photosynthese, als Antikörper bei biochem. Abwehrprozessen, bei der Blut- u. Milchgerinnung u. bei der Blutgruppenspezifität. Einteilung der P. aufgrund ihrer Zusammensetzung in 2 Hauptklassen:

1. einfache P.: ergeben bei der Hydrolyse nur Aminosäuren u. keine weiteren anorg. od. org. Komponenten; **2. zusammengesetzte P.:** ergeben bei der Hydrolyse auch einen Nichtproteinanteil, der die prosthetische Gruppe* enthält, z. B. Glykoproteine*.

P. können auch aufgrund ihrer **Eigenschaften** in 2 große Klassen unterteilt werden: **1. globuläre P.:** sind in wässrigen Systemen lösl. u. diffundieren leicht. Ihre Polypeptidketten sind eng zu einer kompakten, sphär. od. globulären Form zusammengefaltet. Sie haben gewöhnl. eine mobile od. dynam. Funktion. Fast alle Enzyme sind globuläre P., ebenso die im Blut enthaltenen P., Serumalbumin u. Hämoglobin, denen eine Transportfunktion zukommt; **2. fibrilläre P.:** sind wasserunlösl., lang gestreckte Strukturproteine von hoher Beständigkeit gegenüber Säuren, Alkalien u. proteolyt. Enzymen. Typ. fibrilläre P. sind α-Keratin* u. Kollagen*.

Aufbau u. Struktur: In Proteinmolekülen sind die aufeinander folgenden Aminosäurereste kovalent durch Peptidbindungen miteinander verknüpft. Die dadurch entstehenden unverzweigten Ketten werden Polypeptide genannt. Einige P. enthalten nur eine Polypeptidkette, andere dagegen — oligomere P. — sind aus 2 od. mehr Polypeptidketten aufgebaut. Die Reihenfolge der Aminosäuren in den P., die Sequenz, ist genet. determiniert u. wird als Primärstruktur bezeichnet. Die erste Primärstruktur eines P., des Insulins, wurde 1953 angegeben. Vor der Bestimmung der Primärstruktur ist es sinnvoll, die Aminosäurezusammensetzung im Aminosäureanalysator zu ermitteln. Die erste erfolgreiche Methode zur Identifizierung des aminoterminalen Aminosäurerestes wurde von F. Sanger entwickelt u. basiert auf der Reaktion zw. der freien α-Aminogruppe des aminoterminalen Restes der Kette mit 2,4-Dinitrofluorobenzol (Sanger-Reagens) unter Bildung eines gelben 2,4-Dinitrophenyl(DNP)-Derivates (s. Sanger-Endgruppenanalyse). Nach der Hydrolyse der Polypeptidkette liegen alle Reste der Polypeptidkette als freie Aminosäuren vor außer der aminoterminalen Aminosäure, die als 2,4-Dinitrophenylderivat chromatograph. identifiziert werden kann. Die quantitative Mikrobestimmung der NH_2-Endgruppe bei pH 8-9 mit Phenylisothiocyanat mit nachfolgender Abspaltung der endständigen Aminosäure als substituiertes Phenylthiohydantoin bei saurer Reaktion wurde von P. Edman zu einem automatisierten Verfahren ausgebaut (Edmann-Abbau). Mittels vergleichender Untersuchungen der Primärstrukturen analoger P. bei versch. Spezies konnten Fragen der divergenten u. konvergenten Evolution auf biochem. Grundlage erfolgreich bearbeitet werden. Unter der Sekundärstruktur wird die Art u. Weise

1

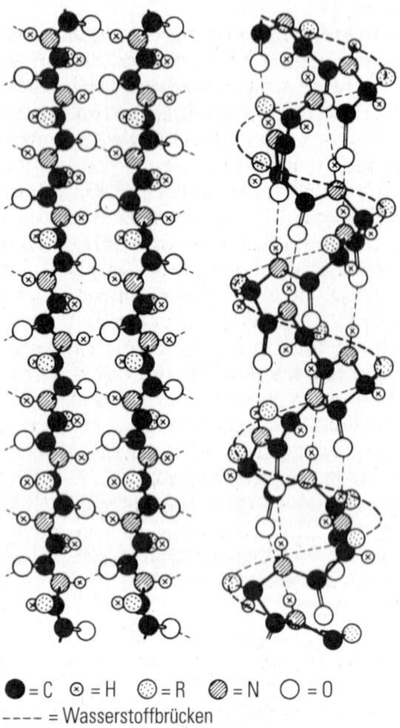

2

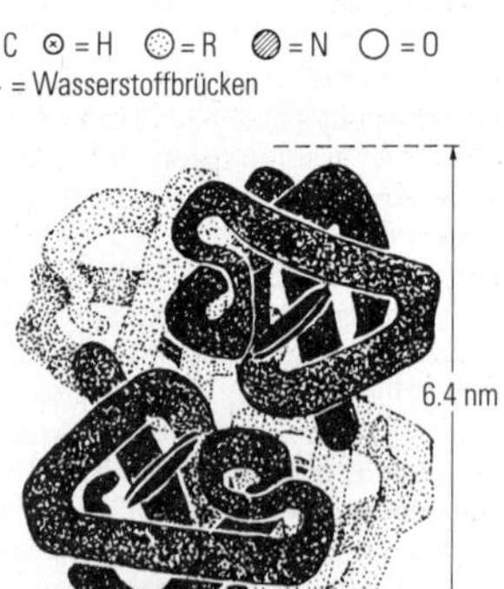

Proteine: 1: Tertiärstruktur, Faltblattstruktur (links) u. α-Helix (rechts); 2: Quartärstruktur [23]

der Kettenfaltung verstanden, d.h. die spezif. geometr. Anordnung der Polypeptidkette entlang einer Achse, die durch Ausbildung von Wasserstoffbrücken zw. dem Sauerstoff der Carbonylgruppe u. dem Wasserstoff der Amidgruppe gegenüberliegender Peptidbindungen zustande kommt. Wichtige Methoden zur Untersuchung der Sekundärstrukturen sind die Röntgenstrukturanalyse, die opt. Rotationsdispersion (ORD*), der Zirkulardichroismus (CD) u. der Wasserstoff-Deuterium-Austausch. Die 3 wichtigen Typen der Sekundärstruktur sind die α-Helix (im α-Keratin), die β-Konfiguration bzw. Faltblattstruktur (in der Seide) u. die Tripelhelixstruktur (Kollagen-Helix). Unter Tertiärstruktur versteht man die räuml. Anordnung der in der entspr. Sekundärdstruktur gefalteten Abschnitte einer Polypeptidkette. Die Tertiärstruktur liefert nicht nur Angaben über die Molekülgestalt, sondern auch detaillierte Angaben über die räuml. Anordnung reaktiver Aminosäurereste z. B. im aktiven Zentrum von Enzymen od. im Antigenbindungsort von Antikörpern. Zur Aufklärung der Tertiärstruktur dient die Röntgenstrukturanalyse isomorph kristallisierter Schwermetallatomderivate des betr. Proteins. Dadurch konnten erstmals Enzym-Substrat- u. Enzym-Inhibitor-Komplexe sichtbar gemacht werden. Die Sekundär- u. Tertiärstruktur werden gemeinsam auch als Kettenkonformation bezeichnet. Durch Ausbildung intermolekularer Wechselwirkungen (nichtkovalente) zw. 2 od. mehreren ident. od. versch. Polypeptidketten aggregieren od. assoziieren diese zu stabilen oligomeren Proteinen. Diese geordneten Assoziate stellen die Quartärstruktur eines P. dar (s. Abb.). Hämoglobin war das erste oligomere P., für das die vollständige Tertiär- u. Quartärstruktur mittels Röntgenstrukturanalyse festgelegt werden konnte. P. mit Quartärstruktur sind weit verbreitet. Der überwiegende Teil quartärer P. ist aus nicht kovalent verbundenen Untereinheiten aufgebaut. Offensichtl. sind die P. mit Quartärstruktur hinsichtl. Flexibilität ihrer Gestalt u. Aktivität physiol. Erfordernissen am besten angepasst, während ihre monomeren Formen meist inaktiv sind.

Physik.-chem. Eigenschaften: 1. Ampholytnatur: sie wird durch die Anwesenheit freier saurer u. basischer Gruppen im Proteinmolekül bedingt. In Abhängigkeit vom pH-Wert des Lösungsmittels können P. die Eigenschaften von Säure od. Base haben mit einer daraus resultierenden positiven bzw. negativen Überschussladung. An ihrem isoelektr. Punkt haben die P. keine Nettoüberschussladung. Durch die Ampholytnatur ist die wichtige Pufferwirkung der P. bedingt. **2. Löslichkeit:** sie ist abhängig von der Aminosäurezusammensetzung, der Verteilung der polaren u. apolaren Aminosäuren auf der Moleküloberfläche, der Molekülgestalt sowie vom umgebenden Milieu (pH, Ionenstärke, Temp.). Da die P. meist hydrophil, d.h. von einem Wassermantel umgeben sind, können sie hydrophobe Substanzen einhüllen u. vor dem Ausflocken schützen. Diese Schutzkolloidfunktion ist für die Stabilität vieler Körperflüssigkeiten von physiol. Bedeutung. Der Zusatz gering od. nicht polarer Lösungsmittel, wie Etha-

nol u. Aceton, od. hohe Neutralsalzkonzentrationen führen zum Verlust des Wassermantels u. bewirken ein Ausflocken (Aussalzung) der Proteine. **3. Denaturierung:** Wenn globuläre P. in ihrem nativen Zustand für kurze Zeit Hitze od. extremen pH-Werten od. der Wirkung bestimmter Substanzen wie Harnstoff od. Guanidin ausgesetzt werden, so unterliegen sie einer Denaturierung, was zum Verlust der biol. Aktivität führt. Ein globuläres P. wird darüber hinaus gewöhnl. bei einer Denaturierung unlöslich. Ein Beispiel dafür ist das Koagulieren des Hühnereiweißes beim Kochen. Bei der Denaturierung von P. bleibt die Grundstruktur der Polypeptidbindungen intakt, es erfolgt ledigl. eine Entfaltung der Polypeptidkette, was zum Verlust ihrer Tertiär- u. Quartärstruktur unter Bildung eines Zufallsknäuels (engl. random coil) führt. Hieraus kann man schließen, dass die biol. Aktivität von Proteinen nicht direkt von deren Aminosäuresequenz, vielmehr von der dreidimensionalen Konfiguration der Polypeptidkette im nativen Zustand abhängt. Häufig ist die Denaturierung reversibel.
Bestimmung der relativen Molekülmasse: Hierzu stehen mehrere physikochem. Methoden zur Verfügung, die sich in kinet. u. in Gleichgewichts-Methoden unterteilen lassen. Zu den kinet. Methoden zählen Verfahren zur Bestimmung der Diffusions- u. Sedimentationsgeschwindigkeit in der Ultrazentrifuge, der Viskosität sowie der elektrophoret. bzw. gelchromatograph. Wanderungsgeschwindigkeit. Gleichgewichtsmethoden, bei denen sich die zu untersuchende Proteinlösung im thermodynam. Gleichgewicht befindet, sind u.a. die Verfahren zur Bestimmung des osmot. Drucks, der Lichtstreuung (Tyndall-Effekt) u. der Röntgenkleinwinkelstreuung. Die relativen Molekülmassen der meisten P. liegen in der Größenordnung zwischen 12000 u. 1 Mio od. mehr. **Trennung u. Reindarstellung:** Voraussetzung zur näheren Charakterisierung eines P. ist seine Reindarstellung, da es im biol. Material stets mit einer Vielzahl anderer P. sowie mit Kohlenhydraten, Lipiden u. Nucleinsäuren vergesellschaftet ist. Einige der bekanntesten Methoden zur Trennung von Proteinen sind die Affinitäts- u. Ionenfiltrationschromatographie (s. Chromatographie), die schonende Grobtrennung durch Ultrafiltrationsmembranen, die präparative Elektrophorese u. Elektrofokussierung, ferner die Ammoniumsulfatgradienten-Solubilisierungschromatographie u. die fraktionierte Präzipitation durch Polyethylenglykol. **Spezies-Spezifität der P.:** Alle Moleküle eines beliebigen Proteins haben in jedem Organismus einer gegebenen Spezies die gleiche Aminosäuresequenz. Manchmal erfolgt jedoch eine vererbbare Genmutation in dem Gen, das ein Protein spezifiziert; dadurch werden ein- od. mehrere Aminosäurereste durch andere Aminosäuren ersetzt. Homologe P. sind solche mit gleicher Funktion, die in versch. Spezies ähnl., aber nicht ident. sind; z.B. haben die Hämoglobine in den Erythrozyten versch. Wirbeltierspezies alle die Funktion, Sauerstoff in den roten Blutkörperchen zu transportieren. Die Zahl der Aminosäurereste, die in einem homologen Protein versch. Spezies differieren, steht in Beziehung zu dem phylogenet. Unterschied zw. den beiden Arten. So sind beispielsweise in den Cytochrom-c-Molekülen der phylogenet. weit auseinander liegenden Spezies Pferd u. Hefe 48 Aminosäurereste verschieden, während die Cytochrome der näher verwandten Arten Ente u. Huhn sich nur in 2 Resten unterscheiden.

Proteinfärbung: Proteine können durch spezif. Farbreaktionen nachgewiesen werden. Bei der Xanthoproteinreaktion z.B. entsteht eine Gelbfärbung beim Versetzen mit konz. Salpetersäure, bei der Biuretreaktion eine Purpurviolettfärbung durch Zusatz von Kupfersulfat zur stark alkal. Proteinlösung, bei der Pauly-Reaktion eine Rotfärbung durch Behandlung der alkal. Lsg. mit Diazobenzensulfonsäure. Zur quantitativen Proteinbestimmung dient v.a. die Lowry-Methode. Hier wird ein gebildeter Kupferphosphomolybdänsäure-Komplex kolometr. bestimmt und Human- oder Rinderserumalbumin als Eichsubstanz verwendet.

Protein-Kinasen: an den molekularen Mechanismen der Signalübertragung beteiligte Enzyme, welche die Phosphorylierung von Proteinen an spezif. Serin-, Threonin- u. Tyrosin-Resten katalysieren. Die versch. Mitglieder dieser Enzymfamilie enthalten i.d.R. eine ähnl., etwa 250 Aminosäurebausteine umfassende katalyt. Domäne. Auf beiden Seiten dieser Kinase-Domäne finden sich oft kurze Sequenzabschnitte, die entw. der Erkennung der phosphorylierenden Zielproteine dienen od. die Aktivität der P.-K. kontrollieren. Im phylogenet. Stammbaum der P.-K. findet man als Untergruppen u.a. Rezeptor-Serin-Kinasen, Tyrosin-Kinasen, MAP-Kinasen, Cyclin-abhängige Kinasen, Kinasen der leichten Myosinkette, die cAMP-abhängige Kinase, die Proteinkinase C und die Ca^{2+}/Calmodulin-abhängige Kinase.

Protein-Kinasen, Mitogen aktivierte: MAP-Kinasen, Abk. MAPK; intrazellulär vorkommende Serin/Threonin-Kinasen, die an der Signalübertragung von der Zelloberfläche zum Zellkern (Signaltransduktion*) beteiligt sind. Beispiele: extrazellulär regulierte Kinasen (ERK), c-Jun-N-terminale Kinasen (JNK), p38.

Proteinkörner: s. Aleuronkörner.

Proteinreinigung: Anw. geeigneter Methoden wie Proteinfällung oder Affinitätschromatographie zur Gew. hochreinen Proteins aus einem Proteinextrakt. Proteinfällung als grobe Vorreinigung wird z.B. mit Ammoniumsulfat durchgeführt.

Proteinurie: Ausscheidung von Proteinen* im Harn*.

Proteohormone: Hormone*, die Eiweißkörper od. von eiweißähnl. Charakter sind.

Proteolyse: Spaltung von Proteinen in ihre Aminosäurebausteine durch Proteasen*, Säuren od. Laugen. Bei der begrenzten P. werden nur wenige Peptidbindungen eines Proteins hydrolysiert, z.B. zur Bildung biol. aktiver Proteine aus inaktiven Vorstufen.

Proteomics: syn. Proteomanalyse; Analyse des Einflusses versch. Parameter, z.B. Pharmaka, Stoffwechsellage, Temperatur*, Stress* u. Kulturbedingungen, auf die Proteinexpression einer Zelle.

Proteom: quantitative Darst. des gesamten Proteinexpressionsmusters einer Zelle, eines Organismus od. einer Körperflüssigkeit unter genau definierten Bedingungen; ein dynam. Phänomen (im Ggs. zum Genom*, das ein stat. Phänomen ist), das durch eine große Anzahl von Parametern beeinflusst wird, z. B. sind in einer lebenden Zelle niemals alle Gene gleichzeitig eingeschaltet u. das Gleichgewicht zw. Proteinsynthese u. Proteinabbau kann unter versch. Umgebungsbedingungen sehr unterschiedl. sein. **Schlüsselpunkte der Proteomanalyse: 1.** Def. von Ausgangsbedingungen u. Fragestellungen; **2.** Probenvorbereitung; **3.** Trennung der Proteine; **4.** Bildverarbeitung u. Quantifizierung der Proteine; **5.** Datenanalyse; **6.** Identifizierung u. Charakterisierung der Proteine; **7.** Bioinformatik.

Proteus (gr. Gott des Meeres): Gattung gramnegativer peritrich begeißelter Stäbchen der Fam. Enterobacteriaceae*. Med. relevante Spezies: P. mirabilis u. P. vulgaris, häufig Erreger von Harnweginfekten, selten von Sepsis od. Infektionen anderer Organe.

Prothallium: (bot.) Vorkeim (z. B. bei Farnen).

Protheobromin INN: 1-(2-Hydroxypropyl)theobromin; 1,2,3,6-Tetrahydro-1-(2-hydroxypropyl)-3,7-dimethyl-2,6-purindion; CAS-Nr. 50-39-5; $C_{10}H_{14}N_4O_3$, M_r 238.24. Schmp. 140-142 °C (kristallisiert aus Isopropanol). Leicht lösl. in Wasser bei neutralem od. schwach saurem pH, lösl. in Chloroform, heißem Ethanol, warmem Glycerol, fast unlösl. in Ether. **Anw.:** obsolet, früher bei Koronarinsuffizienz, terminalen Durchblutungsstörungen; Ergänzung zu den herzwirksamen Glykosiden* beim Lungenödem.

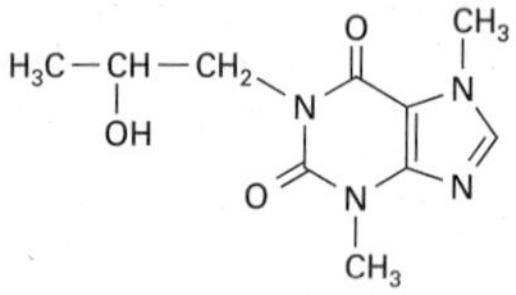

Protheobromin

Prothipendyl INN: 10-(3-Dimethylaminopropyl)-9-thia-4,10-diazaanthracen; 10-(3-Dimethylaminopropyl)-10*H*-pyrido[3,2-*b*][1,4]benzothiazin; CAS-Nr. 303-69-5; $C_{16}H_{19}N_3S$, M_r 285.42. Sdp. 217-219 °C (93.3 Pa), 195-198 °C (66.7 Pa). **Anw.:** Antihistaminikum*, Neuroleptikum (s. Psychopharmaka); Ind.: endogene u. exogene Psychosen, neurovegetative Störungen, Erregungszustände, Schlafstörungen, zur Narkosepotenzierung, in Kombination mit Analgetika bei starken Schmerzen; **UAW:** s. Psychopharmaka; vermindertes Reaktionsvermögen; **Dos.:** p. o. als Sedativum 2-3×20 mg/d, zur Ruhigstellung 2-3×20 mg/d bis 200 mg; parenteral (i. v., s. c.) 40 mg; rektal 40 mg. **Prothipendylhydrochlorid-Monohydrat:** $C_{16}H_{19}N_3S \cdot HCl \cdot H_2O$. Schmp. 108-112 °C; Schmp. 158-160 °C (Anhydrat), polymorph. Leicht lösl. in Wasser, Methanol, fast unlösl. in Ether, Petrolether. **Prothipendyldihydrochlorid:** $C_{16}H_{19}N_3S \cdot 2HCl$. Schmp. 205-207 °C.

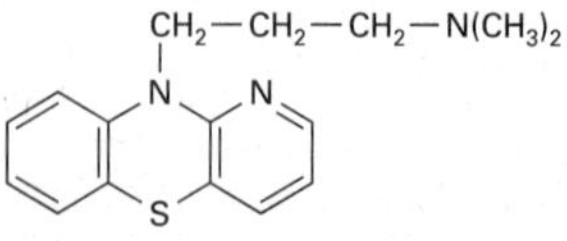

Prothipendyl

Prothrombin: Blutgerinnungsfaktor II, Thrombogen; inaktive Vorstufe des Enzyms Thrombin*; CAS-Nr. 9001-26-7, M_r 69 000-74 000; wird durch Thromboplastin* in Thrombin* umgewandelt. **Synthese:** erfolgt unter Einfluss von s. Vitamine (Vitamin-K-Gruppe) in der Leber; vgl. Blutgerinnung.

Prothrombinaktivator: Thrombokinase; Lipoproteinkomplex (aktivierter Faktor X, Faktor V, Ca^{2+} u. Phospholipid), der im Rahmen der Blutgerinnung* das Prothrombin* in Thrombin* umwandelt. **Einteilung:** nach Herkunft des Phospholipids **1.** extrins. P. (aus Gewebezellen); **2.** intrins. P. (aus Thrombozyten).

Prothrombinzeit: s. Thromboplastinzeit.

Protionamid INN: 2-Propyl-isonicotinthioamid; CAS-Nr. 14222-60-7; $C_9H_{12}N_2S$, M_r 180.29. Schmp. 141 °C (polymorph). Lösl. in Ethanol, Methanol, schwer lösl. in Ether, Chloroform, fast unlösl. in Wasser. **Anw.:** Antituberkulotikum* mit gutem Penetrationsvermögen; Ind.: Kombinationsther. der Tuberkulose v. a. bei Isoniazid*-Resistenz; **UAW:** v. a. gastrointestinale Störungen; rasche Resistenzentwicklung bei Monother.; **Dos.:** p. o. 0.25 g einschleichend bis zu 3- bis 4-mal tägl.; Kinder unter 10 Jahren p. o. initial 10 mg/kg KG/d, danach innerhalb 15 d Steigerung auf 20 mg/kg KG/d; HWZ 3 h.

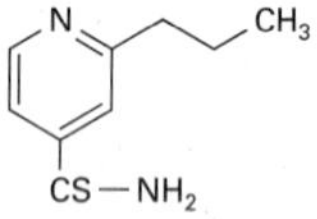

Protionamid

Protirelin INN: Protirelinum Ph.Eur.4, Lopremon, Thyreotropin-Releasing-Faktor (Abk. TRF), 5-Oxo-Pro-His-Pro-NH_2, Pyr-His-Pro-NH_2, L-Pyroglutamyl-L-histidyl-L-prolinamid; 5-Oxo-L-prolyl-L-histidyl-L-prolinamid; CAS-Nr. 24305-27-9; $C_{16}H_{22}N_6O_4$, M_r 362.40. Synthet. Thyreotropin-Releasing-Hormon (Abk. TRH). Weißes bis gelbl. weißes, hygroskop. Pulver, teilweise in Chloroform, sehr gut in absolutem Methanol lösl., völlig unlösl. in Pyridin. **Anw.:** Differentialdiagnose von Schilddrüsenerkrankungen; **Dos.:** parenteral i. v. 0.2 mg; HWZ 6 min.

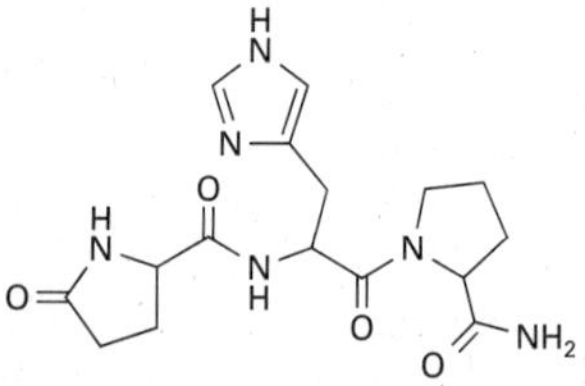

Protirelin

protisch: meist polare Lösungsmittel, die Protonen enthalten od. freisetzen können bzw. zur Wasserstoffbückenbindung befähigt sind; z. B. Wasser, Alkohole, Carbonsäuren, Amine. P. Lösungsmittel solvatisieren Ionen, v. a. Anionen gut u. besitzen hohe Dielektrizitätskonstanten*.

Protium: Bez. für (leichten) Wasserstoff ^{1}H.

Protoaescigenin: Triterpensapogenin, Strukturformel s. Aescin (Abb.).

Protoalkaloide: s. Alkaloide.

Protoanemonin: Anemonol; 5-Methylen-2(5*H*)-furanon; CAS-Nr. 108-28-1; $C_5H_4O_2$, M_r 96.08. Lacton der Methylenoxycrotonsäure (4-Hydroxybuta-2,4-diensäure, eine γ-Hydroxyvinylacrylsäure), früher fälschl. als Anemonenkampfer bezeichnet. Giftiger, charakterist. Inhaltsst. vieler Ranunculaceen (z. B. Hepatica nobilis, Anemone-, Ranunculus-, Pulsatilla-, Helleborus- u. a. Arten), der aus einer labilen, glucosidifizierten Vorstufe, dem **Ranunculin**, entsteht. Wasserdampfflüchtige, schwach gelbl., ölige Flüss; wenig lösl. in Wasser (ca. 10 g/L). Zerfällt beim Trocknen der Pfl. in Anemonin u. Anemoninsäure, die prakt. ungiftig sind. **Wirk.**: möglicherweise auf Bindung zu SH-Gruppen zurückzuführen; stark bakterizid; reizt außerordentl. heftig Haut u. Schleimhäute; innerl. führt es zu Erregung u. Lähmung des ZNS.

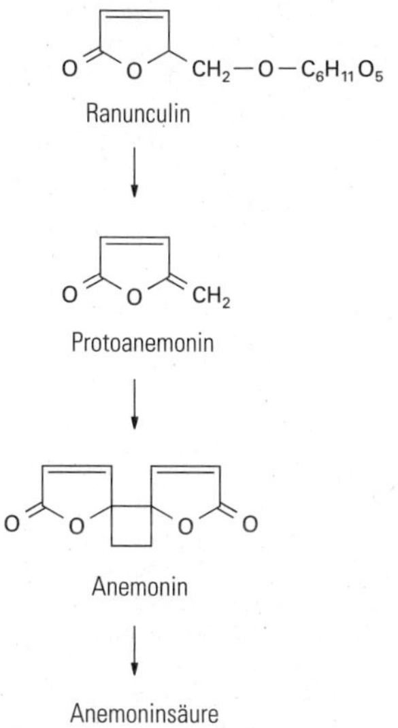

Protoanemonin: Bildung u. Abbau

Protocatechusäure: 3,4-Dihydroxybenzoesäure; $C_7H_6O_4$, M_r 154.12. Schmp. ca. 200 °C. Nat. frei u. gebunden in vielen Pflanzen.

Protoderm: primäres Meristemgewebe, aus dem die Epidermis hervorgeht.

Protogene: nichtwässrige, nach Brönsted saure Lösungsmittel (vgl. Säure-Base-Definition), die ionisiert sind u. Protonen abgeben können; z. B. Essigsäure:

$$CH_3COOH + CH_3COOH \leftrightarrows CH_3COOH_2^+ + CH_3COO^-$$

Das Ionenprodukt* ist größer als das des Wassers, die Dielektrizitätskonstante* ist groß.

Protohäm: s. Häm.

Protolyse: Protonenabspaltung; s. Säure-Base-Definition.

Proton: physik. stabiles Elementarteilchen* mit einer positiven Elementarladung u. der Ruhemasse von $1.6724 \cdot 10^{-24}$ g. P. sind zus. mit den Neutronen* die Bausteine der Atomkerne (Nukleonen). P. lassen sich aufgrund ihrer Ladung in Teilchenbeschleunigern auf hohe Geschwindigkeit bringen u. als Geschosse bei Kernumwandlungen nutzen.

Protonenpumpenblocker: H^+/K^+-ATPase-Inhibitoren; Substanzen, die selektiv das Enzym H^+/K^+-ATPase blockieren, das im Austausch gegen Kaliumionen unter ATP-Verbrauch Wasserstoffionen in das Magenlumen pumpt. **Wirkstoffe:** erster Vertreter dieser Substanzklasse ist Omeprazol*, das in Form des Omeprazol-Sulfenamid mit der luminal zugängl. Sulfhydrylgruppe der H^+/K^+-ATPase unter irreversibler Bildung einer Disulfidbrücke reagiert; die Zunahme der Säureproduktion nach Absetzen von Omeprazol ist auf eine De-novo-Synthese zurückzuführen. Weitere P. sind Lansoprazol* u. Pantoprazol*.

Protopektine: s. Pektine.

Protophile: nichtwässrige, nach Brönsted basische Lösungsmittel (vgl. Säure-Base-Definition), die ionisiert sind u. Protonen aufnehmen können; z. B. Ethylendiamin*. Die Dielektrizitätskonstante* der P. ist groß, das Ionenprodukt* ist kleiner als das des Wassers.

Protopin: Fumarin; $C_{20}H_{19}NO_5$, M_r 353.36. Alkaloid in zahlreichen Papaveraceae- bzw. Fumariaceae-Arten (z. B. Papaver* somniferum, Fumaria* officinalis, Chelidonium* majus, Corydalis cava*).

Protoplasma (gr. protos erster; plasma Gebilde): gesamte Substanz der lebenden menschl., tier. u. pflanzl. Zelle*, die von der Zellmembran umgeben ist. **Einteilung: 1. Zytoplasma:** Plasma der Zelle, das in Wasser (75-95 %) gelöste Proteine, Lipide, Kohlenhydrate, Mineralsalze u. Spurenelemente sowie eine Vielzahl kleinerer (Granula, Vesikel) u. größerer (Zellorganellen) Einschlüsse enthält; **2. Karyoplasma:** Nucleoplasma; Plasma des Zellkerns mit Chromatin, Nukleolen u. umgebender Flüssigkeit.

Protoplast: Zelle ohne Zellwand, aber mit intakter Zellmembran; das Protoplasma* einer einzelnen Zelle. Bei Pflanzenzellen das gesamte Protoplasma innerhalb der Zellwand.

Protoporphyrin: Porphyrin*.

Protoveratrin: s. Veratrumalkaloide.

Protoverinester: s. Veratrumalkaloide.

Protozoen (gr. protos erster; zoon Tier): Urtierchen; tier. Einzeller; Zytoplasma mit Pellicula, Mitochondrien u. Zentrosomen, Chromosomenkern (Eukaryonten, im Ggs. zu Bakt.), Bewegungsorganellen, Nahrungs- u. Exkretionsvakuolen, Bildung von Dauerformen durch Enzystierung. Saprophytäre od. parasitäre Lebensweise; Krankheitserreger v. a. in den Subtropen u. Tropen. **Stoffwechsel:** eigene Enzymsysteme, Atmung (z. T. auf unbelebten Nährböden züchtbar, Aufnahme auch ungelöster Substanzen ins Zellinnere); **Fortpflanzung:** z. T. ungeschlechtl. (Zwei- od. Mehrfachteilung, Schizogonie), z. T. geschlechtl. (Gameten, Chromosomenapparat mit

P

Reduktionsteilung, Kopulation); manchmal komplizierter Entwicklungszyklus über Wirtswechsel (geschlechtl. Vermehrung im Endwirt, ungeschlechtl. Vermehrung im Zwischenwirt); **Gruppen: 1. Mastigophora**: Flagellata, Geißeltierchen; Fortbewegung durch Geißeln; 2 Od. mit med. Bedeutung: **a)** Protomonadina (eingeißelige Blut- u. Zellflagellaten) mit den Gattungen Trypanosoma* u. Leishmania*; **b)** Polymastigina (mehrgeißelige Flagellaten des Darms u. der Genitalien) mit den Gattungen Trichomonas*, Chilomastix, Giardia*; **2. Rhizopoda**: Wurzelfüßer; Fortbewegung durch Ausbildung von Pseudopodien (Scheinfüßchen), wechselnde Gestalt; Od. Amoebida (Amöben*); **3. Sporozoa**: Sporentierchen; Fortbewegung meist durch Rückstoß; Blut- u. Gewebeparasiten; med. relevante Fam. bzw. Gattungen: **a)** Sarcocystidae: mit Toxoplasma gondii, s. Toxoplasmose; **b)** Eimeriidae: mit Isospora*; **c)** Haemosporina: mit Plasmodium*; **d)** Piroplasmia; **e)** Cryptosporiidae: mit Cryptosporidium; **f)** Haplospora: mit Pneumocystis (nicht gesichert); **4. Ciliata**: Ciliophora; Wimperntierchen; Fortbewegung durch Wimpern (Cilien), die die Körperoberfläche bedecken; **Ther.**: Antiprotozoenmittel*.

protrahiert (lat.): verzögert.

Protrahierung: Verzögerung; vgl. Retardpräparate.

Protriptylin INN: *N*-Methyl-[3-(5*H*-dibenzo[*a,d*]cyclohepten-5-yl)-propylamin; CAS-Nr. 438-60-8; $C_{19}H_{21}N$, M_r 263.37. **Anw.**: tricycl. Antidepressivum vom Desipramin*-Typ; s. Psychopharmaka (Antidepressiva); **Dos.**: p. o. 3-4×5 mg/d für leichte Fälle, 3-4×10-120 mg/d für schwere Fälle. **Protriptylinhydrochlorid**: Protriptylini hydrochloridum; $C_{19}H_{22}ClN$, M_r 299.8. Weißes, feinkrist. Pulver, leicht lösl. in Wasser, Ethanol, Chloroform. **Off.**: DAC79.

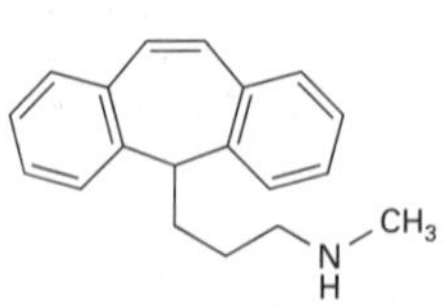

Protriptylin

Provenceröl: s. Olea europaea (Olivae Oleum virginum).

Provencerose: s. Rosa centifolia.

Provenienz: Herkunft, z. B. von Drogen.

Provitamin: Vorstufe eines Vitamins, die im Körper in die biol. aktive Form übergeht; vgl. Vitamine.

Proxetil: chem. Kurzbez. für 1-[(Isopropoxycarbonyl)oxy]ethylester.

Proxibarbal INN: 5-Allyl-5-(2-hydroxypropyl)barbitursäure; CAS-Nr. 2537-29-3; $C_{10}H_{14}N_2O_4$, M_r 226.23. Strukturformel s. Barbiturate (Abb. 2). Schmp. 157-158 °C (kristallisiert aus Benzol u. Ethanol). Mäßig lösl. in Wasser. **Anw.**: prakt. obsolet; Analgetikum*, Migränetherapeutikum*; **Dos.**: p. o. 0.3-0.6 g/d.

proximal: zunächst, in der Nähe; rumpfwärts gelegener Teil einer Extremität. Ggs.: distal*.

Proxymetacain INN: 2-Diethylaminoethyl-3-amino-4-propoxybenzoat; CAS-Nr. 499-67-2; $C_{16}H_{26}N_2O_3$, M_r 294.38. **Anw.**: Lokalanästhetikum*; Oberflächenanästhesie in der Augenheilkunde; **UAW**: Allergien, Hornhautschädigung. Gebräuchl. ist auch Proxymetacainhydrochlorid.

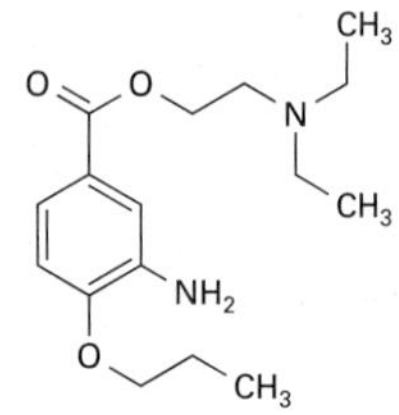

Proxymetacain

Proxyphyllin INN: Proxyphyllinum Ph.Eur.4, Hydroxypropyltheophyllin; 1,2,3,6-Tetrahydro-7-(2-hydroxypropyl)-1,3-dimethyl-2,6-purindion; CAS-Nr. 603-00-9; $C_{10}H_{14}N_4O_3$, M_r 238.24. Schmp. 135-136 °C (kristallisiert aus absolutem Ethanol; polymorph, mind. 2 weitere metastabile Mod.). Weißes, krist. Pulver; lösl. 1:1 in Wasser, 1 g/14 mL in absolutem Ethanol; besser lösl. in kochendem Ethanol; pH einer 5 %igen wässrigen Lsg. 5.5-7. **Anw.**: Broncholytikum*, bei Bronchialasthma u. chron. Bronchitis; Koronartherapeutikum; Herzinfarkt, zweifelhafte Anw. bei Durchblutungsstörungen im Gehirn; **UAW**: v. a. bei hoher Dosierung: gastrointestinale Beschwerden, Tachykardie, Unruhe, Kopfschmerzen, Schlafstörungen; **Dos.**: p. o. 3-6×0.15 g/d; p. o. retard 2×0.6 g/d; parenteral i. m. 0.5 g, i. v. 0.4 g; Inhalation 0.2 g; HWZ 7 h.

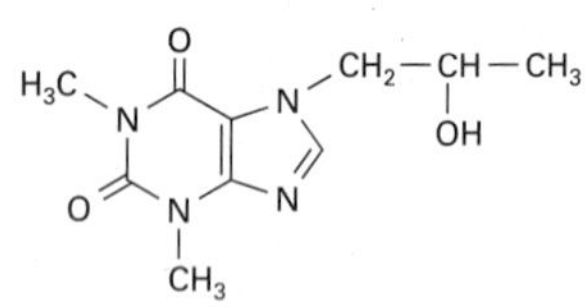

Proxyphyllin

Prozessierung, posttranskriptionale: Modifikation von RNA nach der Transkription*, z. B. beim Entfernen von Introns aus der mRNA.

Prozessierung, posttranslationale: Modifikationen, welche die Bildung od. den Bruch von kovalenten Bindungen einschließen. Dazu gehören die proteolyt. p. P., die Anheftung prosthet. Gruppen u. die Modifikation von Aminosäureresten. Im Allg. kann jeder Unterschied zw. einem funktionellen Protein u. der linearen Polypeptidsequenz, deren Code zw. dem Initiations- u. dem Terminationscodon auf dem Strukturgen liegt, als eine p. P. des Proteins betrachtet werden.

Prüfung auf Konstanz des Wirkstoffgehalts: s. content uniformity; Gleichförmigkeit des Gehaltes.

Prüfung auf Sterilität: Bestandteil der biol. Sicherheitsprüfungen; Pflicht, wenn Sterilität vorgeschrieben ist. Ein den Vorschriften entsprechendes Ergebnis belegt, dass unter den Prüfbedingungen keine verunreinigenden Mikroorganismen nachweisbar waren. Physikal. Messwerte (z. B. Druck-Zeit-Diagramm), die auf mikrobiol. Versuchen beruhen u. automat. während des Sterilisationsprozesses registriert werden, sind aussagekräftiger. Einzige Analysenmethode, die sich für asept. hergestellte Produkte eignet, u. für Institutionen, die ein Produkt auf Sterilität zu prüfen haben. Es sind antimikrobielle Vorsichtsmaßnahmen zu treffen, um eine zufällige Kontamination des Produktes während der Prüfung method. auszuschliessen, die zu erfassenden Mikroorganismen jedoch nicht zu schädigen, so z. B. die Verwendung einer Laminarflow*-Bank. In der Ph.Eur.4 sind Nährmedien u. deren Herstellungsmethoden angegeben, die sich zum Nachweis von aeroben u. anaeroben Bakterien sowie von Pilzen eignen. **Durchführung: 1.** Membranfilter-Methode: Einsatz von Membranfiltern mit einem nominalen Porendurchmesser von höchstens 0.45 µm, sollte bei filtrierbaren, wässrigen Zubereitungen, bei ethanol. od. öligen Zubereitungen u. bei Produkten, die in Wasser od. Öl lösl. bzw. damit mischbar sind (Salben, Cremes) u. unter den Prüfbedingungen keine antimikrobielle Wirkung besitzen, bevorzugt werden. Für wässrige u. ölige Flüss. sowie für Flüss. mit geringem Ethanolgehalt sollten z. B. Cellulosenitratfilter u. für Flüss. mit hohem Ethanolgehalt Celluloseacetatfilter verwendet werden. **2.** Direktbeschickungsmethode: Von der zu prüfenden Zuber. werden festgelegte Mindestproben-Mengen direkt in das Nährmedium übertragen, wobei das Verhältnis von Zuber. zu Nährmedium bei flüss. Zuber. etwa 1:10 u. bei festen Stoffen etwa 1:100 betragen soll. **Auswertung:** Während u. nach Abschluss der Bebrütungszeit werden die Kulturen auf makroskop. sichtbares Wachstum von Mikroorganismen überprüft. Wird dabei kein Wachstum festgestellt, so entspricht das zu prüfende Produkt der Prüfung auf Sterilität.

Prüfung der entnehmbaren Masse od. des entnehmbaren Volumens bei flüssigen u. halbfesten Zubereitungen Ph.Eur.4: Qualitätsprüfung für flüss. u. halbfeste Zuber. in Einzeldosisbehältnissen, von denen nur ein Teil des Inhalts angewendet wird. Der Inhalt eines Behältnisses wird möglichst vollständig entnommen u. seine Masse od. sein Volumen in geeigneter Weise bestimmt. Bei Emulsionen od. Suspensionen wird das Behältnis vor der Entnahme geschüttelt. Die Masse od. das Volumen des Inhalts darf nicht geringer sein als in der Beschriftung angegeben.

Prüfung, klinische: klin. Testung eines neuen Arzneimittels; betrifft die Prüfung der therap. Wirksamkeit u. Unbedenklichkeit eines neuen Arzneistoffs od. eines bekannten Arzneistoffs bei neuer Indikation. Nach erfolgreichem Abschluss der vorklin. Untersuchungen (In-vitro-Tests, Zellkultur, Versuchstiere) erfolgt die klin. Prüfung in 4 Phasen: **Phase I:** erstmalige Anwendung am Menschen bei geringer Anzahl gesunder Versuchspersonen (<100); umfasst mehrere klin. Studien* insbes. zur Verträglichkeit u. zur Pharmakokinetik; **Phase II:** Anwendung an Patienten (ca. 100-500) in ausgesuchten Kliniken; im Vordergrund steht der Nachweis der Wirksamkeit u. einer Überlegenheit gegenüber der Standardtherapie; eine Dosis-Wirkungs-Kurve u. das Dosierungsschema werden entwickelt; **Phase III:** breit angelegte, bis zu 3 Jahre dauernde Studie in Kliniken u. bei niedergelassenen Ärzten (>1000 Patienten) zur Erfassung von UAW* u. Arzneimittelinteraktionen* sowie Besonderheiten bei Begleiterkrankungen (z. B. Niereninsuffizienz). Nach erfolgreichem Abschluss der Phase III kann das neue Präparat zur Zulassung eingereicht werden. **Phase IV:** Drug-Monitoring; nach erfolgter Zulassung erfolgt eine weitere Beobachtung zur möglichst frühzeitigen Erfassung seltener UAW, die evtl. erst nach längerem Gebrauch manifest werden. Die klin. Prüfung ist ein zunehmend zeit- u. kostenintensiver Prozess. Statist. gesehen erreichen von 10 000 neu synthetisierten od. isolierten potentiellen Arzneistoffen ca. 20 die präklin. Prüfung, 10 die klin. Phase I, 5 die Phase II, 2 die Phase III u. nur einer die Zulassung.

Prunase: Enzym in den bitteren Mandeln u. a. Prunus-Arten, s. Amygdalin.

Prunasin: D-Mandelsäurenitrilglcucosid; D-(−)-Mandelsäurenitril-*β*-D-glucopyranosid, $C_{14}H_{17}NO_6$, M_r 295.28. Strukturformel s. Cyanglykoside (Abb.). Nat. z. B. in Prunus* laurocerasus; vgl. Sambunigrin (L-Mandelsäurenitrilglcucosid).

Prunkwinde: s. Convolvulaceae.

Prunoideengummi: s. Prunus avium var. avium.

Prunus: Gattung der Fam. Rosaceae; zur Unterfamilie der Prunoideae gehörig, die das sog. Steinobst (einsamige Steinfrüchte) liefert.

Prunus amygdalus: s. Prunus dulcis.

Prunus armeniaca L.: Aprikose; Fam. Rosaceae (Turkestan, Mongolei, kult. in Mitteelmeerländern). Stpfl. von **Oleum Persicarum:** das fette Öl der Fruchtkerne, vgl. Prunus persica. **Inhaltsst.:** hauptsächl. Glyceride der Ölsäure; die Samen enthalten bis zu 8 % Amygdalin.

Prunus avium (L.) L. **var. avium:** Cerasus avium (L.) Moench, Süßkirsche, Vogelkirsche; Fam. Rosaceae (Europa, Asien). Die Blätter (früher vielfach als Tabakersatz) enthalten kein Amygdalin, Samen 0.8-2 %. Zus. mit anderen Prunus-Arten Stpfl. von **Gummi Cerasorum:** Kirschgummi, Prunoideengummi; das getrocknete Exsudat. **Best.:** D-Glucuronsäure, D-Galactopyranose, L-Arabofuranose, D-Xylopyranose, D-Mannopyranose; **Anw.:** Ersatz für Gummi arabicum.

Prunus cerasus L.: Cerasus vulgaris Mill., Sauerkirsche, Weichselkirsche; Fam. Rosaceae (heim. Kleinasien, kult. in ganz Europa). Stpfl. von **Fructus Pruni cerasi:** Fruct. Cerasi acidi, Sauerkirsche. **Inhaltsst.:** Zucker (bis ca. 9 %), Säuren, Pektinstoffe, Eiweißstoffe (im Samen Blausäureglykosid); **Zuber.:** Sir. cerasi (Kirschsirup); **Stipites Cerasi acidi:** Stipites Cerasorum, Pedunculi Cerasorum, Kirschenstiele. **Inhaltsst.:** Gerbstoffe; **Anw.** volkstüml.: als Adstringens u. Diuretikum; **Folia Cerasi:** Kirschblätter. **Inhaltsst.:** Gerbstoffe, Quercetin, Citronensäure, Cumarin, Zucker; **Anw.** volkstüml.: bei Blutarmut; früher als Tabakersatz.

Prunus domestica L.: Zwetschge, Pflaume; Fam. Rosaceae; in zahlreichen Formen kultiviert. Stpfl. von **Fructus Prunorum:** Fructus Pruni domesticae, Backpflaumen; die getrockneten Früchte. **Inhaltsst.:** ca. 30 % Wasser, 35-45 % Zucker, ca. 3 % Fruchtsäuren; in den Samen ca. 1 % Amygdalin; **Anw.** volkstüml.: mildes Laxans.

Prunus dulcis (Mill.) D. A. Webb: Amygdalus communis L., Prunus amygdalus Batsch, Mandelbaum; Fam. Rosaceae (heim. im westl. Zentralasien, kult. in den warmen gemäßigten Zonen, bes. Mittelmeergebiet, Südeuropa, Nordafrika, Kalifornien). Man unterscheidet die Variationen **Prunus dulcis var. dulcis:** Amygdalus communis L. var. sativa F.C. Ludwig, A. communis var. dulcis DC. u. **Prunus dulcis var. amara** (DC.) Buchheim: P. amygdalus var. amara (DC.) Focke. Sie sind Stpfl. von **Semen Amygdalae dulce:** Amygdalae dulces, Süße Mandeln; Die Samen von P. d. var. dulcis. **Inhaltsst.:** 40-65 % fettes Öl, ca. 10 % Saccharose, Glucose, bis 30 % Eiweiß, Cholin, Asparagin, kein od. max. 0.1 % Amygdalin*, 2-3 % gummiartige Stoffe, Emulsin u. a. Enzyme; **Anw.:** zu Emulsionen (Emulsio amygdalina); zur Gew. des fetten Öls; **Semen Amygdali amarae:** Amygdalae amarae, Bitterer Mandelsamen, Bittermandel, Bittere Mandel; Die Samen von P. d. var. amarum. **Inhaltsst.:** 30-50 % fettes Öl, 25-35 % Eiweißstoffe, 3 % Zucker, Cholin u. Asparagin, Emulsin (Enzymkomplex, s. Amygdalin) u. 1.5-8 % Amygdalin, aus dem sich enzymat. od. im Sauren (Magensäure!) Blausäure entwickeln kann (s. Cyanglykoside); **Anw.:** früher zur Herst. von Aq. amygdalarum amararum, das jetzt mit Mandelsäurenitril (Benzaldehydcyanhydrin) hergestellt wird, ferner zur Herst. von Ol. Amygdalarum aethereum. Der Genuss größerer Mengen von bitteren Mandeln kann tödl. wirken. LD für Erwachsene 50-80 bittere Mandeln, für Kinder 5-12 bittere Mandeln; **Amygdalae oleum virginiale:** Oleum Amygdalarum, Oleum Amygdalae expressum, natives Mandelöl; das kaltgepresste, fette Öl aus den reifen Samen der bitteren u. süßen Mandeln. Hellgelbes, geruchl. Öl, bei −10 °C noch klar u. ohne Ausscheidungen (Ep. ca. −18 °C), leicht lösl. in Ether, Benzol, Chloroform, wenig lösl. in Ethanol. D. 0.911-0.918; SZ max. 1.5; POZ max. 12; UA max. 0.7 %. IZ 95-100, Säuregrad nicht über 8; VZ 190-195. **Off.:** Ph.Eur.4; **Amygdalae oleum raffinatum:** das kaltgepresste u. anschließend raffinierte, fette Öl, blassgelbe Flüss., schwer lösl. in Ethanol, leicht lösl. in Petrolether. **Off.:** Ph.Eur.4; **Mandelöl zur parenteralen Anwendung:** SZ max. 0.5, POZ max. 5.0, max. 0.3 % Wasser (bestimmt mit der Karl-Fischer-Methode); Sterilisation im Trockenschrank bei 140 °C. **Inhaltsst.:** hauptsächl. Glyceride der Öl- u. Linolsäure; **Anw.:** als Arzneiträger, als reizmilderndes Mittel, bes. in Form der Emulsio oleosa, auch als Augen- u. Ohrenöl sowie als Salbengrundlage (Ungt. leniens); **Oleum Amygdalarum (amararum) aethereum:** Oleum Amygdalae amarae, ätherisches Bittermandelöl; das aus den bitteren Mandeln, nach Entfettung u. Fermentierung durch Dest. gewonnene äther. Öl. Farblose bis gelbl. Flüssigkeit. D. 1.1038-1.060 (bei 25 °C). **Inhaltsst.:** mind 95 % Benzaldehyd u. 2-4 % HCN (techn. wird äther. Bittermandelöl hauptsächl. aus Aprikosenkernen gewonnen; das äther. Aprikosenkernöl ist ident. mit dem äther. Bittermandelöl); **Anw.:** in der Parfümerie u. Likörindustrie; med. wegen des schwankenden Blausäuregehaltes nicht mehr verwendet; **Oleum Amygdalarum amararum sine Acido hydrocyanico:** blausäurefreies Bittermandelöl; **Darst.:** 10 T. äther. Bittermandelöl werden mit 6 T. gelöschtem Kalk u. einer Lsg. von 3 T. Eisen(II)-sulfat in 50 T. Wasser geschüttelt u. dann mit Wasserdampf destilliert. **Oleum Amygdalarum aethereum artificiale:** künstliches Bittermandelöl; s. Benzaldehyd. **Farina Amygdalarum: Mandelkleie;** die Pressrückstände bei der Gew. des fetten Öls. **Inhaltsst.:** enthalten noch ca. 10 % Öl u. etwas Emulsin; **Anw.:** in der Kosmetik.

Hom: *Prunus dulcis var. amara (HAB2000),* Amygdalae amarae: reife Samen (mind. 0.18 % Blausäure).

Prunus laurocerasus L.: Kirschlorbeer, Lorbeerkirsche; Fam. Rosaceae (Kleinasien, Balkan, in Mitteleuropa als Zierpflanze). Stpfl. von **Folia Laurocerasi:** Kirschlorbeerblätter. **Inhaltsst.:** ca. 1.5 % der Blausäureglykoside (auch Rinde, Knospe u. Samen enthalten Spuren der Blausäureglykoside, nicht aber das Fruchtfleisch) Prulaurasin (DL-Mandelsäurenitrilglcucosid) u. Prunasin*; Emulsin (Prunase), Zucker, Gerbstoffe.

Hom: *Prunus laurocerasus (HAB2000),* Laurocerasus: frische Blätter; verord. z. B. bei Rechtsherzinsuffizienz.

Prunus mahaleb L.: Türkische Weichsel, Steinweichsel; Fam. Rosaceae (Südeuropa, Vorderasien). Die Samen die enthalten Cumarine, Blausäure u. werden zur Herst. des Likörs Cherry Brandy verwendet.

Prunus padus L.: Padus avium Mill., Ahlkirsche, Traubenkirsche; Fam. Rosaceae (Europa, nördl. Asien). Stpfl. von **Cortex Pruni padi:** Traubenkirschenrinde. **Inhaltsst.:** bis 1 % Isoamygdalin (racem. Amygdalin), Gerbstoffe, Gummi, Harz; im Samen bis 1.5 % D-Amygdalin; **Anw.** volkstüml.: z. B. bei Husten.

Hom: *Prunus padus e cortice:* frische, zur Blütezeit gesammelte Rinde junger Zweige.

Hom: *Prunus padus e foliis:* frische, zur Blütezeit gesammelte Blätter.

Prunus persica (L.) Batsch: Fam. Rosaceae; man unterscheidet zw. **var. nucipersica** (L.) Schneid (var. nectarina (Ait.) Maxim.), Nektarine (nur kult.), mit unbehaartem Exocarp, u. **var. persica,** Pfirsich (Heimat Ostasien, viele Sorten), mit behaartem Exocarp. Stpfl. von **Oleum Persicarum:** Pfirsichkernöl; das fette Öl der Samen, die gemeinsam mit Prunus armeniaca (Aprikose) verarbeitet werden (enthält bis 8 % D-Amygdalin). Hellgelbes, geruchloses Öl, bei −10 °C noch klar u. ohne Ausscheidungen. D. 0.911-0.916; IZ 95-100; Säuregrad nicht über 8; VZ 190-195; UA max. 1.5 %. **Off.:** DAB6; **Best.:** Ölsäureglyceride; auch als Französisches Mandelöl im Handel; **Anw.:** wie Oleum Amygdalarum (s. Prunus dulcis).

Prunus serotina Ehrh.: Prunus virginiana L. z. T., Amerikanische Black Cherry, Virginische Traubenkirsche; Fam. Rosaceae (Nordamerika). Stpfl. von **Cortex Pruni virginianae:** Virginische Traubenkirschenrinde. **Inhaltsst.:** Blausäureglykosid, Gerbstoffe; **Anw.** volkstüml.: z. B. als Tonikum.

P

Hom: *Cerasus virginiana:* frische Rinde; verord. z. B. bei chron. Herzerkrankungen.

Prunus spinosa L.: Schlehdorn, Schlehe; Fam. Rosaceae (Europa, Vorderasien). Stpfl. von **Pruni spinosae flos:** Flores Pruni spinosae, Flores Acaciae (nostratis), Flores Acaciae germanicae (nicht zu verwechseln mit den Blüten von z. B. Robinia pseudoacacia, Acacia farnesiana), Schlehdornblüten, Schlehenblüten, Schwarzdornbüten, Heckendornblüten, Eschendornblüten. **Off.:** DAC; **Inhaltsst.:** Spuren von Amygdalin (in den Samen ca. 3 %), Benzaldehyd, Kämpferol- u. Quercetinglykoside (Geh. nach DAC mind. 2.5 % Flavonoide, ber. als Hyperosid); **Anw.** volkstüml.: z. B. als mildes Abführmittel, harntreibendes Mittel, sog. Blutreinigungsmittel; auch die Früchte werden ähnl. verwendet (Fructus Pruni spinosae).

Hom: *Prunus spinosa (HAB2000):* frische, vor dem Abfallen der Kronblätter geerntete Blüten.

Hom: *Prunus spinosa e summitatibus (HAB2000):* frische, krautige, nach der Blüte geerntete, noch junge Triebspitzen; verord. z. B. bei Neuralgien am Auge, Herzinsuffizienz.

Prunus virginiana: s. Prunus serotina.

Prurigo: uneinheitl. Gruppe von Hauterkrankungen mit juckenden Knötchen.

Pruritus: Hautjucken mit zwanghaftem Kratzen. An dessen Zustandekommen u. Verarbeitung sind Schmerzrezeptoren, vegetatives Nervensystem, Hirnrinde, Psyche, bestimmte Mediatoren (z. B. Histamin*, Kallikrein*), das Gefäßsystem der Haut u. die inneren Organe beteiligt. **Vork.:** z. B. **1.** bei Erkrankungen innerer Organe (z. B. Urämie, Diabetes mellitus); **2.** als UAW bei z. B. Opiaten, Codein, ACE-Hemmern, Hydroxyethylstärke, Acetylsalicylsäure; **3.** bei Stress, Alkoholabusus, in Schwangerschaft u. hohem Alter; **4.** psychogen.

PS: **1.** (chem.) Abk. für **P**oly**s**tyrol*. **2.** (physik.) Einheitenzeichen für Pferdestärke; nicht mehr zulässige Einheit der Leistung, 1 PS = 735.5 W (Watt*).

PSA: Abk. für (engl.) ***p**hase **s**olubility **a**nalysis*; s. Phasenlöslichkeitsanalyse.

Psalliota campestris: s. Agaricus campestris.

Pseudanthium: (bot.) Scheinblüte; aus vielen kleinen, dicht gedrängt stehenden Blüten bestehender Blütenstand*; z. B. die Blütenkörbchen der Asteraceae* od. die Cyathien der Euphorbiaceae*.

Pseudo-: Wortteil mit der Bedeutung falsch, scheinbar von gr. täuschend, unwahr; z. B. (bot.) Pseudoparenchym; (chem.) Pseudosäuren*.

Pseudoalkaloide: stickstoffhaltige Substanzen, die ähnl. echten Alkaloiden* sind, sich aber nicht von Aminosäuren ableiten. Beispiele: Aconitin* u. a. Terpenalkaloide* in Aconitum* napellus, Solanidin u. a. Steroidalkaloide* in Solanum-Arten od. Liliaceen.

Pseudochinarinde: s. Croton niveus.

Pseudocholinesterase: s. Cholinesterasen.

Pseudococain: D-ψ-Cocain; Benzoyl-D-pseudotropin-carbonsäuremethylester, Lokalanästhetikum, in Form des Hydrochlorids. **Neopsicain:** Benzoyl-D-pseudotropin-carbonsäurepropylester.

Pseudoephedrine INN: 2-Methylamino-1-phenylpropanol. **1.** (+)-(1*S*,2*S*)-Pseudoephedrin: (+)-*threo*-Pseudoephedrin; CAS-Nr. 90-82-4. Schmp. 119 °C; **2.** (+)-(1*S*,2*S*)-Pseudoephedrinhydrochlorid INNv: Pseudoephedrini hydrochloridum Ph.Eur.4; CAS-Nr. 345-78-8. Schmp. ca. 184 °C; **3.** D-(−)-(1*R*,2*R*)-Pseudoephedrin: ψ-Ephedrin, D-Isoephedrin; Strukturformel s. Ephedrine (Abb.); **4.** D-(−)-(1*R*,2*R*)-Pseudoephedrinhydrochlorid: Schmp. 181-182 °C (polymorph). **Wirk.** u. **Anw.:** s. Ephedrinhydrochlorid; **5.** DL-Pseudoephedrin: DL-*threo*-Pseudoephedrin. Schmp. 118 °C; **6.** DL-Pseudoephedrinhydrochlorid: Schmp. 164-166 °C (polymorph).

Pseudofructus caricae: s. Ficus carica.

Pseudofructus iuniperi: s. Juniperus communis (Juniperi pseudofructus).

Pseudofructus rosae: s. Rosa canina (Rosae psedofructus cum fructibus).

Pseudognaphalium obtusifolium (L.) Hilliard et B.L. Burtt: Gnaphalium polycephalum Michx., Gnaphalium obtusifolium L., Vielköpfiges Ruhrkraut; Fam. Asteraceae (Compositae) (Nordamerika). Stark aromat. riechende Pflanze, hat nur Röhrenblüten. **Inhaltsst.:** Enolether des Tridecapentain-en u. *cis-trans*-isomere Fünfringenolether, Flavonoide wie Gnaphalin u. Obtusifolin; **Anw.** volkstüml.: als harntreibendes Mittel.

Hom: *Gnaphalium polycephalum:* frische, blühende Pflanze; verord. z. B. bei Ischias.

Pseudoindicane: s. Iridoide.

Pseudokrupp: Laryngitis subglottica, Pseudocroup; Bez. für versch., v. a. im Kleinkindesalter auftretende Krankheitsbilder, die zu einer akuten subglott. Einengung der Atemwege mit Heiserkeit, bellendem Husten u. inspirator. Stridor* führen. Abzugrenzen v. a. vom Krupp* bei Diphtherie* u. von Fremdkörperaspiration. **Formen:** **1.** viraler P. (Grippekrupp): häufigste Form, meist Parainfluenzaviren; **2.** bakt. P.: v. a. Hämophilus influenzae u. Staphyloccocus aureus; **3.** spast. P.: allerg. od. hyperreagibel bedingt; **Ther.:** beruhigen; feuchte, kalte Luft; Sauerstoffzufuhr; Schleimhautabschwellung mit Epinephrin-Aerosol; system. Gabe von Glucocorticoiden*, ggf. Intubation.

Pseudomonadaceae: Fam. gramnegativer Stäbchenbakt. mit 12 Gattungen; wichtigster Vertreter: Pseudomonas*.

Pseudomonas (gr. monas Einheit): Gattung gramnegativer, aerober Stäbchenbakt. der Fam. Pseudomonadaceae*. Ubiquitär vorkommend, häufig Farbstoffbildner, wichtige Funktion bei der Remineralisierung org. Substanzen; einige Spezies sind Lebensmittelverderber, echte Krankheitserreger u. opportunist. Erreger; vgl. P. aeruginosa.

Pseudomonas aeruginosa: Bacterium pyocyaneum (veraltet); zartes, gramnegatives, pleomorphes* Stäbchenbakt., Erreger des blaugrünen Eiters. Übertragung durch indirekte Kontaktinfektion. In Kultur zeigen Kolonien einen Metallglanz u. bilden Pigmente (blaugrünes Pyocyanin*, gelbl. grünes Fluorescein); wichtiger Erreger von Nosokomial- u. opportunist. Infektionen; vgl. Hospitalismus. **Ther.:** Carbapeneme, Ceftazidim, Tobramycin; **Gesch.:** s. Pyocyanase.

Pseudoparenchym: Scheingewebe; z. B. bei Rotalgen od. Pilzen.

Pseudopelletierin: s. Punica granatum.

Pseudoplacebo: s. Placebo.

P

Pseudopodien (gr. poths Fuß): Scheinfüßchen, lappenförmige Ausstülpungen des Protoplasmas*der Rhizopoden (s. Protozoen). Dienen zur Fortbewegung u. Aufnahme von Nahrung; auch bei Leukozyten.

Pseudopolymorphie: s. Polymorphie.

Pseudoracemat: s. Racemat.

Pseudosäuren: nichtsaure Form org. Verb., deren tautomere aci-Form Salze bilden kann, z. B. Nitromethan u. Nitronsäure.

Pseudotropin: s. Tropanalkaloide.

psi: Einheitenzeichen für pounds per square inch; nicht zugelassene, nichtmetr., angelsächs. Druckeinheit; s. Druck.

Psidium guajava L.: Guayavebaum; Fam. Myrtaceae (trop. Amerika). Stpfl. von **Folia Djamboe:** Folia Psidii pyriferi, Djambublätter, Guayavablätter. **Inhaltsst.:** ca. 0.3 % äther. Öl mit Eugenol u. Caryophyllen-Derivaten, 9-12 % Gerbstoffe, ca. 6 % Fett, Harz; **Anw.** volkstüml.: bei Magen- u. Darmkatarrh, als Adstringens; die birnenartigen Früchte dienen als Nahrungsmittel.

Psilocin: 3-(2-Dimethylaminoethyl)-indol-4-ol; CAS-Nr. 520-53-6; $C_{12}H_{16}N_2O$, M_r 204.27. Schmp. 170-173 °C; polymorph. Strukturformel (vgl. Bufotenin) u. weitere Angaben s. Psilocybin (Abb.).

Psilocybe mexicana Heim.: Fam. Strophariaceae (Basidiomycetes, s. Pilze), u. **Psilocybe cubensis** (Earle) Singer, Teonanacatl (Kuba, Mexico). **Inhaltsst.:** ca. 0.3 % Indolalkylamin-Derivate wie Psilocybin* u. Psilocin; **Anw.** volkstüml.: bei mexikan. Indianern seit Jahrtausenden als Rauschmittel für religiöse Zeremonien.

Psilocybin: Phosphorsäureester von Psilocin*; CAS-Nr. 520-52-5; $C_{12}H_{17}N_2O_4P$, M_r 284.27. Schmp. 185-195 °C. Alkaloid, nat. in versch. Pilzgattungen (Psilocybe, Conocybe, Panaeolus, Gymnopilus). Farblose Kristalle, lösl. in Wasser, wenig lösl. in Ether, unlösl. in Chloroform, Benzol. **Wirk.:** P. u. Psilocin lösen als Psychotomimetika (s. Psychopharmaka) beim gesunden Menschen akut einen psychoseähnl. Zustand aus (Ähnlichkeit mit Symptomen bei Schizophrenie). Etwa 15-30 min nach der Einnahme tritt Angstgefühl auf, weiterhin kommt es zu Pupillenerweiterung, Schwindel, Müdigkeit, Parästhesien. Es folgen Wahrnehmungsstörungen (Sehen farbiger Bilder, gestörte Zeit- u. Raumwahrnehmung) sowie Veränderungen der Stimmungslage (euphorisch, dysphorisch).

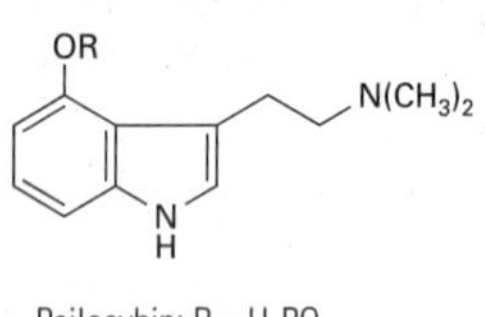

Psilocybin: R = H_2PO_3

Psilocin: R = H

Psilocybin

Höhere Dosen führen zum Gefühl der Persönlichkeitsspaltung u. zu meist opt. Halluzinationen. Die wirksame Dosis für den Erwachsenen liegt zw. 4-8 mg. Körperl. Abhängigkeit ist nicht bekannt.

Psoralen: *7H*-Furo-[3,2-*g*][1]benzopyran-7-on, δ-Lacton der 6-Hydroxy-5-benzofuranacrylsäure; $C_{11}H_6O_3$, M_r 186.16. Strukturformel s. Furanocumarine (Abb.). Als 7,6-Furanocumarin in vielen Rutaceae, Apiaceae, Fabaceae (z. B. in Psoralea-Arten); Photosensibilisator, vgl. PUVA.

Psoralene: s. Furanocumarine.

Psoriasis (gr. psora Krätze, Räude): Psoriasis vulgaris, Schuppenflechte; häufige Hauterkrankung bei hellhäutigen Menschen mit polygener Vererbung u. multifaktorieller Auslösung. **Auftreten:** Morbidität in Europa ca. 1-2 %; Beginn meist im 2. Lebensjahrzehnt mit familiärer Häufung od. nach dem 50. Lebensjahr ohne positive Familienanamnese; Provokation durch physik., chem. u. entzündl. Reizung der Haut sowie durch endogene Noxen (Infektionen, HIV-Erkrankung, Schwangerschaft, bestimmte Arzneimittel, Stress); **Sympt.:** scharf begrenzte, mit silberweißen Schuppen bedeckte, zuweilen juckende Herde versch. Größe u. Gestalt bes. an Ellenbogen, Knie, Kreuzbeingegend u. behaartem Kopf; **Ther.:** s. Antipsoriatika.

Psorinum:

Hom: Nosode* aus menschl. Krätzebläschen; verord. z. B. bei Dermatosen, Neurodermitis.

PSP: Abk. für **P**henol**s**ulfon**p**hthalein*.

Psychiatrie: Seelenheilkunde; Fachgebiet der Medizin, das alle Maßnahmen zur Diagnose, nichtoperativen Ther., Prävention, Rehabilitation u. lebensbegleitenden Versorgung von Patienten mit psych. Störungen umfasst.

Psychoanaleptika: s. Analeptika.

Psychodysleptika: s. Psychopharmaka (Psychotomimetika).

Psychoenergetika: s. Psychopharmaka (Psychostimulanzien).

psychogen: seelisch bedingt; Bez. für Zustände, die v. a. auf psych. Bedingungen zurückzuführen sind.

Psycholeptika: s. Psychopharmaka (Neuroleptika).

Psychologie: Wissenschaft vom Erleben u. Verhalten des Menschen in Bezug auf sich selbst sowie auf Personen, Ereignisse u. Objekte seiner Umwelt.

Psycholytika: s. Psychopharmaka (Psychotomimetika).

Psychopharmaka: Psychostimulanzien, psychotrope Substanzen; chem. uneinheitl. Gruppe von zentral wirksamen Substanzen. **1.** I. e. S. therap. eingesetzt zur Beeinflussung gestörter psych. Funktionen: zur Änderung von Verhalten, Erleben u. Empfinden; **2.** I. w. S. Beeinflussung von Stimmungslage, intellektuelle Leistungen u. Verhalten von Mensch u. Tier. Nicht zu den P. gezählt werden: Analeptika*, Narkotika*, Antiepileptika*, Nootropika* u. Hypnotika (s. Schlafmittel). Einteilung u. Abgrenzung erfolgen eher nach therap., die speziellen Indikationen berücksichtigenden Gesichtspunkten, da die meisten P. nicht eindimensional wirksam sind, sondern ein mehr od. weniger breites Wirkspektrum haben, das sich mit dem anderer Substanzen überlappt wie z. B. neurolept. u. anxiolyt. Eigenschaften einiger Antidepressiva:

A: Ataraktika: engl. minor tranquilizer, Tranquillanzien, Anxiolytika; besitzen vorwiegend dämpfende Wirk. auf die Psyche, heben Angst-,

Spannungs- u. Erregungszustände auf u. beseitigen deren psychosomat. Begleiterscheinungen wie Schlaflosigkeit u. a.; sind bei echten Psychosen wirkungslos; **Wirkstoffe:** v. a. Benzodiazepine*, Diphenylmethanderivate (z. B. Hydroxyzin*) u. Carbaminsäurederivate (z. B. Meprobamat*, Phenprobamat*, Buspiron*).

B: Neuroleptika: engl. major tranquilizer, Antipsychotika, Psycholeptika, Neuroplegika; erstes Neuroleptikum war Reserpin*; werden v. a. zur Behandlung psych. Symptome wie Schizophrenie, Manie, org. Psychosen, Erregungs- u. Angstzuständen u. Alkoholdelirien verwendet. **Wirk.:** führen Neurolepsie (relative Indifferenz gegenüber der Umwelt) herbei, ohne Bewusstsein u. intellektuelle Fähigkeiten zu beeinflussen, ermögl. Betreuung u. Umgang mit dem Patienten, neben der neurolept. Wirk. unterschiedl. stark sedierend u. vegetativ dämpfend, optimale Wirk. v. a. bei der Langzeitther. u. in Verbindung mit entspr. Psycho- u. Soziotherapie; in der ayuverd. Medizin angewendet gegen Wahnsinn; **Wirkungsmechanismus:** Hemmung der Neuronenaktivität im ZNS, bei Reserpin durch Entspeicherung von Monoaminen, bei Phenothiazinen u. Butyrophenonen durch Blockade von v. a. Dopaminrezeptoren; viele Neuroleptika besitzen auch anticholinerge Wirk. (Hemmung der Acetylcholinfreisetzung u. Blockade von Acetylcholinrezeptoren); sie werden in typ. (z. B. tricycl. Neuroleptika) und atyp. unterschieden, wobei atyp. Neuroleptika i. d. R. aufgrund des weniger ausgeprägten D_2-Rezeptor-Antagonismus geringere extrapyramidale UAW ausweisen; **Wirkstoffe:** nach chem. Struktur: **1.** Phenothiazinderivate: z. B. Chlorpromazin*, Acepromazin, Trifluoperazin*, Thiethylperazin*, Fluphenazin*, Thioridazin*, Prothipendyl*; **2.** Thioxanthenderivate: z. B. Chlorprothixen*, Flupenthixol; **3.** Aminobutyrophenone: z. B. Droperidol*, Haloperidol*; **4.** Diphenylbutylpiperidine: z. B. Pimozid*, Fuspirilen; **5.** Indolderivate: z. B. Reserpin*, Oxypertin*, Clozapin*, Risperidon*, Sulpirid* u. Remoxiprid*; **UAW:** extrapyramidale Störungen: Frühdyskinesien, neuroleptikabedingtes Parkinson-Syndrom, Akathisie (quälende Unruhe), Spätdyskinesien; vegetative Störungen, beruhend auf erniedrigtem Sympathikus- u. Parasympatikustonus; **WW:** steigern die Wirk. zentral dämpfend wirkender Substanzen wie Narkotika, Hypnotika, Ethanol u. starke Analgetika.

C: Antidepressiva: werden v. a. in der Behandlung von endogenen, aber auch schweren akuten, neurot. Depressionen eingesetzt, wobei sie unterschiedl. stark stimmungsaufhellend, depressionslösend, antriebssteigernd u./od. antriebssteigernd u. anxiolyt. wirken. **Wirkungsmechanismus:** Erhöhung der Noradrenalin- od. Serotoninkonz. im ZNS durch Hemmung der Wiederaufnahme (reuptake) in die präsynapt. Nervenendigungen, Stimulierung der Freisetzung u. Hemmung des Abbaus. **Wirkstoffe:** nach chem. Struktur: **1.** tricycl. Antidepressiva: **a)** Dihydrodibenzazepine, z. B. Imipramin*, Desipramin*, Amitriptylin*, Doxepin*, Lofepramin*, Trimipramin*; **b)** Dibenzazepine, z. B. Carbamazepin*, Opipramol*; **c)** Hydroacridane, z. B. Melitracen*, Dimethacrin; hier tritt die stimmungsaufhellende Wirk. erst 2-3 Wochen nach Therapiebeginn auf, haben zusätzl. anticholinerge Wirk.; **2.** tetracycl. Antidepressiva: z. B. Maprotilin*, Mianserin*, anticholinerger Effekt weniger ausgeprägt; **3.** Monoaminooxidasehemmer: z. B. Tranylcypromin*, Moclobemid; **4.** diverse: z. B. Mirtazapin*, Nomifensin*, Trazodon*, Viloxazin*, Citalopram*, Venlafaxin*, Fluoxetin*; geeignete Zuber. aus Hypericum* perforatum; **UAW:** bei tri- u. tetracycl. sowie diversen A. anticholinerge, v. a. kardiovaskuläre Störungen (Tachykardie, evtl. Tachyarrhythmien, Blutdrucksenkung), Mundtrockenheit, Hyperthermie, Obstipation, Tremor, Erregungszustände; bei Monoaminooxidasehemmern zu Therapiebeginn Unruhezuständen u. Schlafstörungen, sowie Schwindel, Hypotonie, hypertone Blutdruckkrisen (s. Cheese-Effekt); **Wirkstoffe:** nach Wirkungskomponenten: **1.** Monoaminooxidasehemmer*: Thymeretika; vorwiegend antriebssteigernd; **2.** Desipramin-Typ: weniger antriebssteigernd, stärker stimmungsaufhellend als Monoaminooxidasehemmer; **3.** Imipramin-Typ: Thymoleptika; am stärksten stimmungsaufhellend mit Antriebsdämpfung in der ersten Phase der Therapie; **4.** Amitriptylin-Typ: keine Antriebssteigerung, stärker antriebshemmend u. anxiolyt., weniger stimmungsaufhellend als Imipramin-Typ. Bei Hemmung des Rücktransports von Transmittern in Nervenendigungen werden außerdem Noradrenalinwiederaufnahme*-Hemmer (mehr anriebssteigernd) u. Serotoninwiederaufnahme*-Hemmer (eher stimmungsaufhellend) unterschieden.

D: Lithiumsalze, versch.: v. a. Lithiumcarbonat, zur Behandlung der akuten Manie u. zur langfristigen Prophylaxe manisch-depressiver Erkrankungen. Soforteffekt: Milderung manischer Phasen innerhalb 6-10 Tagen; Späteffekt: Abnahme der Häufigkeit von manischen u. depressiven Phasen nach 9-12 Monaten sichtbar. **Wirkungsmechanismus:** nicht genau geklärt, möglicherweise durch Stabilisierung der Affinität zw. Rezeptoren u. Neurotransmittern im ZNS (Inositolphosphate*); **Dos.:** sehr geringe therap. Breite, exakte Einstellung auf Lithiumblutspiegel von 0.8-1.2 mmol/L u. regelmäßige Kontrolle nötig; **UAW:** Muskelschwäche, Durst, leichter Tremor, Durchfälle; **Kontraind.:** Niereninsuffizienz, schwere Herz- u. Kreislauferkrankungen, Störungen des Natriumhaushaltes, Schwangerschaft; **WW:** mit Saluretika verminderte Lithiumausscheidung infolge einer Hyponatriämie im Körper, Gefahr der Überdosierung; mit Carboanhydrasehemmern (s. Diuretika) Wirkungsverlust durch gesteigerte Lithiumausscheidung;

E: Psychostimulanzien: syn. Psychotonika, Psychoanaleptika, Psychoenergetika; erhöhen die Aktivität des ZNS, sollen Müdigkeit beseitigen u. die psych. u. phys. Leistungsfähigkeit steigern; **Wirkstoffe:** Coffein* u. die Weckamine*, die auch als Appetitzügler* verwendet u. häufig missbraucht werden. Regelmäßige Anw. führt zu Gewöhnung u. Abhängigkeit;

F: Psychotomimetika: syn. Psychodysleptika, Psycholytika, Psychedelika, Psychotoxika, Phantastika, Halluzinogene, Eidetika; Substanzen, die beim

Gesunden abnorme Zustände hervorrufen können; werden ggf. zur Erzeugung von Modellpsychosen u. als Hilfsmittel der Psychotherapie verwendet; **Wirkstoffe:** z. B. Mescalin*, DOM*, DOB*, Indolderivate (LSD, Psilocin, Psilocybin*), Inhaltsstoffe des ind. Hanf (s. Cannabis sativa).

Psychose: psychot. Störung; allg. Bez. für psych. Störung mit strukturellem Wandel des Erlebens (im Ggs. zum funktionellen Wandel bei Neurosen*). **Einteilung: 1. org. P.:** syn. symptomat., exogene, körperl. begründbare P.; **a)** akute reversible org. P. (z. B. Delir, posttraumat. P.); **b)** chron. irreversible org. P. (z. B. hirnlokales Psychosyndrom); **2. nicht-org. P.:** syn. endogene, körperl. nicht begründbare P.; **a)** schizophrene P. (s. Schizophrenie); **b)** affektive P. (s. bipolare P.); **c)** schizoaffektive P.; **3. experimentelle od. Modellpsychose:** durch Psychedelika (s. Psychopharmaka) zu Versuchszwecken hervorgerufen, reversibel. **Ther.:** Behandlung der Grunderkrankung, Psycho- u. Soziother., Psychopharmaka* (z. B. Neuroleptika, Lithium, Antidepressiva).

Psychose, bipolare: manisch-depressive Krankheit, veraltet Zyklophrenie; endogene Psychose mit phasenhaftem Wechsel zw. manischen u. depressiven Zuständen.

Psychosomatik: Richtung der Medizin, die den Einfluss des Seele auf körperl. Erkrankungen verfolgt.

Psychosomimetika: s. Psychopharmaka.

Psychostimulanzien: s. Psychopharmaka.

Psychotherapie: Behandlungsmethoden mit direkter Einw. auf die Psyche des Patienten (auch bei körperl. Leiden) z. B. durch Suggestion, Hypnose, autogenes Training, Zuspruch.

Psychotonika: s. Psychopharmaka (Psychostimulanzien).

Psychotoxika: s. Psychopharmaka (Psychotomimetika).

Psychotria ipecacuanha: s. Cephaelis ipecacuanha.

Psychotrin: s. Cephaelis ipecacuanha.

psychotrop: auf die Psyche wirkend; z. B. Psychopharmaka*, Alkohol.

Psychrometrie: s. Hygrometer.

PsychÜbk: Abk. für Übereinkommen über psychotrope Stoffe; s. Betäubungsmittelrecht (Völkerrecht).

Psyllii semen: s. Plantago afra.

Psyllium, Blondes: s. Plantago ovata.

Pt: (chem.) Symbol für Platin*.

PTA: Abk. für **P**harmazeutisch*-**t**echnischer **A**ssistent.

Ptarmika: s. Niesmittel.

Ptelea trifoliata L.: Lederblume; Fam. Rutaceae (Nordamerika, als Zierpflanze in Europa); bis 5 m hoher Strauch. **Inhaltsst.:** Alkaloide (Kokusaginin); **Anw.** volkstüml.: z. B. als Wurmmittel (Blätter), Hopfenersatz (Früchte).

Hom: *Ptelea trifoliata:* verord. z. B. bei Lebererkrankungen mit Gastritis.

Pteridin: Pyrazino[2,3-*d*]pyrimidin; $C_6H_4N_4$, M_r 132.12. Strukturformel s. Pterine (Abb.). Schmp. 139.5 °C. Gelbe Kristalle.

Pteridine: s. Pterine.

Pteridophyta: Farnpflanzen; alle Gefäßpflanzen, ausgenommen die Samenpflanzen (Spermatophytina*). Die wichtigsten Klassen sind die Lycopodiatae (Bärlappgewächse), Equisetatae (Schachtelhalmgewächse) u. die eigentl. Farne, die Filicatae (Farngewächse).

Pterine (gr. pteros Feder, Flügel): eine biosynthet. aus Purinen gebildete, biol. wichtige Gruppe von Verb., die sich von Pterin (2-Amino-4-oxodihydropteridin) ableiten. Zentraler Grundkörper ist das Pteridin* (Pyrazino[2,3-*d*]pyrimidin), weshalb die P. der Klasse der Pteridine zugeordnet werden. Strukturaufklärung durch R. Purrmann 1940. Zu den nat. vorkommenden Pteridinen gehören P. sowie Derivate des Lumazins* (2,4-Dioxo-1,2,3,4-tetrahydropteridin, s. Abb.). Unkonjugierte Pteridine tragen am Atom 6 od. 7 einfache Substituenten, während konjugierte Pteridine wie z. B. Folsäure (Pteroylglutaminsäure, s. Vitamine) komplexere Substituenten enthalten. Xanthopterin (6-Hydroxypterin) u. Leucopterin (6,7-Dihydroxypterin) wurden zuerst aus Schmetterlingsflügeln isoliert. P. sind in der Natur weit verbreitet, z. B. in Insekten, Amphibien, Haut u. Augen der Fische, in der Leber, Niere, Blut u. im Harn von Menschen u. Säugetieren. Weitere nat. Pteridine sind z. B. D-*erythro*-Neopterin (s. Neopterin), das bei Erkrankungen, bei denen eine zellvermittelte Immunantwort hervorgerufen wird, im Harn u. Serum stark erhöht ist, u. L-*erythro*-Tetrahydrobiopterin (s. Biopterin), das als Coenzym bei enzymat. Hydroxylierungen eine große biol. Rolle spielt. Benzoderivate des Lumazins sind Grundkörper des Riboflavins, s. Vitamine (Vitamin B_2).

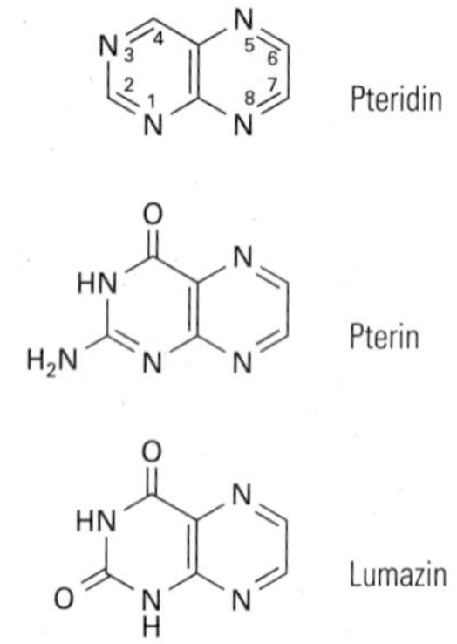

Pterine

Pterocarpin: $C_{17}H_{14}O_5$, M_r 298.28. Ein Isoflavonoid*, z. B. in Pterocarpus* santalinus.

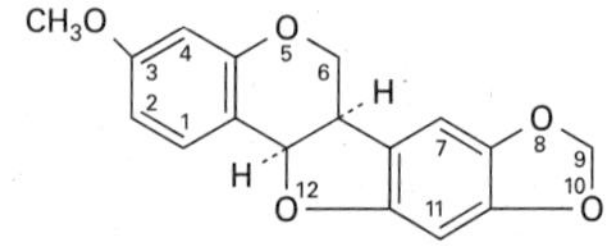

Pterocarpin

Pterocarpus marsupium Roxb.: Fam. Fabaceae (Leguminosae) (Vorder- u. Hinterindien, Sri Lanka, Malabarküste). Zus. mit anderen Pterocarpus-

Arten Stpfl. von **Kino:** Resina Kino, Gummi Kino, Kino, Malabarkino; der nach Verwundung der Stammrinde (Februar, März) ausgeflossene u. erhärtete Saft. Kantige, glänz., leicht zerbrechl. Stücke von schwärzl. od. dunkelrotbrauner Farbe, am Rande durchscheinend; in heißem Wasser u. Ethanol fast vollständig lösl., in kaltem Wasser quillt es auf mit dunkelrotbrauner Farbe. **Inhaltsst.:** 70-80 % Kinogerbsäure, Catechingerbstoffe, Kinorot, Brenzkatechin, Kinoin, Protocatechusäure; **Anw.** volkstüml.: z. B. als Adstringens für Mund- u. Zahnwässer; bei Diarrhö, Darmbluten; techn.: früher zum Gerben.

Pterocarpus santalinus L.f.: Roter Sandelbaum; Fam. Fabaceae (Leguminosae) (Indien, kult. auf den Philippinen). Zus. mit **Pterocarpus soyauxii** (Afrika) Stpfl. von **Lignum Santali rubrum:** Santali lignum rubrum, Lignum Pterocarpi, Rotes Sandelholz, Kaliaturholz; vgl. Santalum album. **Off.:** EB6; **Inhaltsst.:** Santalin A u. B (rote Farbstoffe, Phenylbenzylbenzoxanthone), Pterocarpin*, Stilbenderivate, Phenolcarbonsäuren, Gallussäure, wenig äther. Öl mit Cedrol u. Eudesmanderivaten (Sesquiterpene); **Anw.:** Schmuckdroge zu Teemischungen; der rote Farbstoff ist in Wasser unlösl., färbt daher den Aufguss nicht; volkstüml.: in Indien z. B. bei Magen-Darm-Beschwerden, Fieber, Eingeweidewürmern.

Pterocladia-Arten: s. Agar.

Pteropodin: ein Oxindolalkaloid aus Uncaria* tomentosa.

Pteroylglutaminsäure: s. Vitamine (Folsäure).

PTFE: Abk. für **P**oly**t**etra**f**luor**e**thylen*.

PTH: Abk. für **P**ara**th**yreotropes **H**ormon; s. Hormone (Hypophysenvorderlappen).

Ptisana: s. Potio.

Ptomaine (gr. ptoma Leichnam): Leichengifte, Leichenalkaloide (unzutreffende Bez.); bas., stickstoffhaltige, org. Verb., die sich aus faulendem Eiweiß (Fleisch) bilden. P. sind teils außerordentl. giftig z. B. Neurin (Trimethylvinylammoniumhydroxid), teils ungiftig wie Putrescin* od. Cadaverin*.

Ptyalin: veraltete Bez. für Amylase* im Speichel.

Ptyalismus: Hypersalivation; übermäßig gesteigerter Speichelfluss.

Ptychopetalum-Arten: Fam. Olacaceae. **Ptychopetalum olacoides** Benth. u. **Ptychopetalum uncinatum** Anselmino (Brasilien). Beide sind Stpfl. von **Lignum Muira-puama:** Ptychopetali lignum, Muira-puama-Holz, Potenzholz; (früher galt Liriosma ovata Miers, Fam. Olacaceae, als Stpfl.). **Inhaltsst.:** ca. 0.5 % Ester von Lupeol u. (wenig) Sitosterin* mit Behensäure u. ähnl. Fettsäuren, ferner Harz, Gerbstoff, Bitterstoffe; **Anw.** volkstüml.: z. B. als Tonikum.

Hom: *Ptychopetalum (HAB2000),* Muira puama: getrocknete, berindete Stämme.

Ptychotis ajowan: s. Trachyspermum ammi.

Pu: (chem.) Symbol für Plutonium*.

Pubes: Schamhaare, Schamgegend.

Pubes Stizolobii: Die Brennhaare von Fructus Stizolobii, s. Mucuna pruriens.

Puccinia malvacearum: Rostpilz (Uredales, Basidiomycetes, s. Pilze), der auf Malvaceen schmarotzt; die Sporenlager bilden auf der Unterseite von Malvaceenblättern (Althaeae folium, Malvae folium) oft kleine, braune Flecke.

Puddingpulver: Mischungen aus feinst gepulvertem Kartoffelmehl, Mais- od. Weizenstärke, Farbstoff u. Aroma, vielfach unter Zusatz von getrocknetem Eigelb.

Puder: s. Pulveres ad usum dermicum.

Puder, flüssige: s. Suspensionen , Lotiones.

Puele-Rinde: s. Alstonia scholaris.

Pueraria lobata (Willd.) Ohwi: (chin.) Ge gen, Kopoubohnen, Kudzubohne; Fam. Fabaceae (heim. in China, eingebürgert in weiten Teilen der USA); eine 8-10 m hohe, mehrjährige Kletterpflanze. Stpfl. von **Puerariae radix:** Wurzeldroge der TCM. **Inhaltsst.:** bis 2 % Isoflavonglykoside (u. a. Puerarin, Daidzin), Saponine vom Oleanangrundgerüst (u. a. Kudzusapogenol A, B, C); **Wirk.:** antihypertensiv durch die Isoflavonoide, Puerarin wirkt positiv bei Angina pectoris und Herzarhythmien; **Anw.:** in der TCM bei Erkältungskrankheiten, Muskelverkrampfung, Bluthochdruck, Durchfallerkrankungen, Herzrhythmusstörungen, Ohrensausen.

Pu-Erh-Tee: Pu Errh-Tee; chinesische Teespezialität (stammt ursprüngl. aus der Provinz Yunnan, benannt nach der Stadt Pu' Er), die Blätter des Teestrauchs Camellia* sinensis werden im Gegensatz zu grünem od. schwarzem Tee einem bes. Fermentationsverfahren unterzogen, das dem Tee eine dunklere Farbe u. einen speziellen Geruch verleiht. **Inhaltsst.:** Coffein, in Spuren Theophyllin u. Theobromin, Gerbstoffe; **Wirk.** u. **Anw.:** in der TCM bei Störungen des Verdauungssystems, zur Bekämpfung von Verstopfungen, bei Kreislaufproblemen u. als Entgiftungstee; in der westl. Welt als Entgiftungs- u. Schlankheitstee beworben; die Wirk. ist wissenschaftl. nicht belegt.

Püringer Tee: s. Sideritis hirsuta.

Puerperalfieber: Wochenbettfieber, Kindbettfieber; Bez. für einen heute seltenen fieberhaften Krankheitsprozess, der durch Eindringen von pathogenen Bakt. in die Geburtswunden entsteht u. nach der Geburt od. nach Abort auftreten kann.

Puerperium: Kindbett, Wochenbett; Zeitraum von der Entbindung bis zur Rückbildung der Schwangerschafts- u. Geburtsveränderungen bei der Mutter. Dauer: 6-8 Wochen; **Puerpera:** Wöchnerin.

Pütterverband: Packung mit 2 hautfarbenen, bes. kräftigen 10 cm breiten Baumwoll-Idealbinden nach DIN 61632 zum gegenläufigen Wickeln nach Pütter.

Puffbohne: s. Vicia faba.

Puffer: Pufferlösung; besteht aus einer schwachen Säure od. einer Base u. deren vollständig dissoziiertem neutralen Salz u. dient zur Stabilisierung von pH-Werten in chem. Reaktionslösungen u. pharmaz. Präparationen. Die Wirk. beruht auf dem Abfangen von Wasserstoff- u. Hydroxylionen unter Bildung der schwachen Säure (od. Base) od. des Neutralsalzes entspr. dem Massenwirkungsgesetz u. der Dissoziationskonstante (s. Massenwirkungsgesetz) der schwachen Säure od. Base. Die Wirkungsweise des P. wird mit der **Henderson-Hasselbach-Gleichung** beschrieben:

$pH = pK + \log [c_{Salz}/c_{Säure\,(Base)}]$

pK entspr. dem negativen dekad. Logarithmus der

Dissoziationskonstanten der schwachen Säure (Base), c entspr. der Konz. (mol/L). Die größte Pufferwirkung erreichen demnach Gemische mit einem molaren Konzentrationsverhältnis Säure (Base): Salz = 1:1. **Puffersystem des menschl. Bluts:** Der pH-Wert von 7.38 wird durch ein Hydrogencarbonatpuffersystem (HCO^-_3/H_2CO_3) konstant gehalten. **pH-Skala:** wird nach DIN 19266 durch Standardpufferlsg. fixiert. Die Vorschriften zum Ansetzen dieser Puffer sind im DIN-Blatt angegeben. Diese P. dienen zur Eichung von elektr. pH-Metern.

Pufferfisch: s. Tetrodotoxin.

Pufferkapazität: Pufferwirkungsgrad, Pufferindex; Pufferwert β. Ausmaß des Widerstandes eines Puffers gegen pH-Verschiebungen. Verhältnis aus der Äquivalentstoffmenge (s. Äquivalentkonzentration) an starker Base od. Säure, die der Pufferlösung je Liter zugesetzt wird (ΔB, Einheit: mol/L), zur daraus resultierenden pH-Änderung ΔpH:

$\beta = \Delta B / \Delta pH$

β nimmt den Wert 1 ein, wenn die Zugabe von der Äquivalentstoffmenge n(eq) = 1 mol einer starken Base od. Säure zu 1 Liter Pufferlösung eine Änderung von 1 pH-Einheit ergibt. Der Puffer hat die größte Kapazität, wenn das Verhältnis Salz zu Säure gleich 1 beträgt u. die Konz. an Salz u. Säure für eine größere Alkali- u. Säure-Reserve ausreicht.

Pufferlösung: s. Puffer.

Pulegon: 1-Methyl-4-isopropyliden-cyclohexan-3-on; (+)-(*R*)-*p*-menth-4(8)-en-3-on; CAS-Nr. 89-82-7; $C_{11}H_{16}O$, M_r 152.23. D. 0.932. Sdp. 224 °C. $[\alpha]_D^{20\,°C}$ +21°. Vielfach Best. der äther. Öle von Lamiaceae. Hauptbest. des Poleiöls (s. Mentha pulegium) u. des äther. Öls von Hedeoma* pulegoides, ferner z. B. in Origanum dictamnus u. Barosma-Arten. Farblose, nach Pfefferminz riechende Flüss., lösl. in Ethanol, unlösl. in Wasser. Bei der Oxidation u. beim Erhitzen mit Wasser spaltet es Aceton ab. **Anw.:** in der Parfümerie, zur Synthese von Menthol.

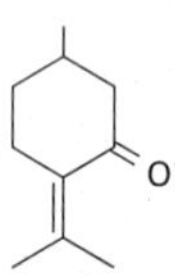

Pulegon

Pulmo (lat.): Lunge.

Pulmonaria officinalis L.: Pulmonaria maculosa (Liebl.) Gams, Lungenkraut, Fleckenkraut; Fam. Boraginaceae (Europa). Stpfl. von **Pulmonariae herba:** Herba Pulmonariae (maculosae), Lungenkraut, Fuchslungenkraut. **Off.:** DAB2003; **Inhaltsst.:** bis 15 % Mineralstoffe, davon 2.5-5 % Kieselsäure; Kämpferol, Quercitrin u. a. Flavonoide, Allantoin, Schleimstoffe u. a. Kohlenhydrate (Fructane), Gerbstoffe; für Boraginaceae typ. Pyrrolizidinalkaloide konnten nicht nachgewiesen werden; **Anw.** volkstüml.: z. B. bei Erkrankungen u. Beschwerden der Atemwege, des Magen-Darm-Traktes, der Niere u. ableitenden Harnwege; zur Wundbehandlung; Negativmonographie der Kommission E.

Hom: *Pulmonaria officinalis (HAB2000),* Pulmonaria vulgaris: frisches, blühendes Kraut.

Pulpa: **1.** Fleisch. **2.** Fruchtmus.

Pulpa Cassiae: s. Cassia fistula.

Pulpa Tamarindorum cruda: s. Tamarindus indica.

Pulpa Tamarindorum depurata: s. Tamarindus indica.

Pulpitis: Entzündung der Zahnpulpa, meist infektiös bedingt bei Karies*.

Pulque: s. Agave americana.

Pulsatilla pratensis (L.) Mill.: Anemone pratensis L., Gemeine Kuhschelle, Küchenschelle; u. **Pulsatilla vulgaris** Mill., Anemone pulsatilla L., Wiesenkuhschelle, Wiesenküchenschell, Fam. Ranunculaceae (Mitteleuropa bzw. südöstl., mittleres u. nördl. Europa). Beide sind Stpfl. von **Herba Pulsatillae:** Küchenschellenkraut. **Inhaltsst.:** aus Ranunculin (Strukturformel s. Protoanemonin, Abb.) entstehendes Protoanemonin u. Anemonin (beide gehen beim Trocknen in die unwirksame Anemoninsäure über), Bitterstoffe, Gerbstoffe, im Wurzelstock Saponine; **Anw.** volkstüml.: bei Nieren- u. Blasenleiden, bei Gicht, rheumat. Erkrankungen sowie bei allg. Unruhezuständen, Erkrankungen der Genitalorgane; Negativmonographie der Kommission E; **Tox.:** das in Zuber. enthaltene Protoanemonin wirkt auf Haut u. Schleimhaut stark reizend.

Hom: *Pulsatilla pratensis (HAB2000),* Pulsatilla: frische, zur Blütezeit gesammelte, ganze Pflanze; Konstitutionsmittel, verord. z. B. bei Verdauungsstörungen, venösem Blutstau, Menstruations- u. Zyklusstörungen, Depressionen, bes. bei Frauen.

pultiformis: breiförmig.

Pultiformsalben: Fällungssalben; Salben, bei denen der wirksame Arzneistoff frisch gefällt u. noch feucht mit der Salbengrundlage verrieben wird, wodurch eine sehr feine Verteilung des Arzneistoffes in der Salbe gewährleistet ist, z. B. Unguentum* Hydrargyri flavum, Unguentum* Hydrargyri album.

Pulver: s. Pulveres; vgl. Pulvertechnologie.

Pulver, alkalisches: s. Pulvis alcalinus peroralis.

Pulveres Ph.Eur.4: Pulver; Arzneistoffe od. Arzneizuber. zum inneren od. äußeren Gebrauch (Puder, Pulveres* ad usum dermicum), deren Bestandteile gepulvert (meist unter 750 µm) sind u. die ungemischt (einfache P., Pulveres simplices) od. gemischt (gemischte P., Pulveres mixti, Pulveres compositi), mit od. ohne Zusatz indifferenter Hilfsstoffe (falls erforderl. zugelassene Farb- u. Aromastoffe), abgeteilt od. nicht abgeteilt vorliegen. Nicht abgeteilte P. werden als Schachtelpulver verordnet (z. B. Magenpulver). Abgeteilte, einzeldosierte P. werden nach Einzelwägung in Papierkapseln verpackt od. dienen zum Füllen von Oblaten*, Gelatinekapseln (s. Capsulae) od. Trockenampullen (s. Ampullen). Größere Bedeutung besitzen P. heute als Bulk-Substanzen des Arzneimittelhandels u. als galen. Ausgangsmaterialien für die Arzneiformenherst., z. B. von Granulaten*, Compressi Ph.Eur.4*, Compressi* obducti, Suspensionen*. Ph.Eur.4 unterscheidet: P. für Augenbäder, P. für Augentropfen, P. u. Granulate zur

Herst. von Lsg. u. Suspensionen zum Einnehmen, P. u. Granulate zur Herst. von Sirupen, P. u. Tabletten zur Herst. von Rektallsg. od. Rektalsuspensionen, P. zum Einnehmen, P. zur Herst. von Infusionszuber., P. zur Herst. von Injektionszuber., P. zur Herst von Tropfen zum Einnehmen, P. zur Inhalation, P. zur kutanen Anw., Pulveres ad usum dermicum, Pulveres perorales. P. sind Ansammlungen fester Partikeln (kleine Kristalle, amorphe Substanzen od. Aggregate*), die in Form, Größe u. Masse differieren u. sich im Pulverbett gegenseitig berühren. Mit zunehmendem Feinheitsgrad werden die Einzelteilchen immer stärker von Kohäsionskräften zusammengehalten (Agglomerate, s. Aggregate). Kohäsive P. bereiten häufig Schwierigkeiten bei Verarbeitungsprozessen wie z. B. Mischen od. Abteilen. P. werden entw. durch trockene od. nasse Zerkleinerung mit Hilfe von Mühlen* (Kugel-, Hammer-, Stift- u. Schlagmühlen), durch Zerstäubung, Gefriertrocknung*, gelenkte Kristallisation, Sublimation od. Ausfällung hergestellt (vgl. Pulvertechnologie). Einfache P. erhält man durch sorgfältiges Zerkleinern der getrockneten Arzneistoffe. Zusammengesetzte P. erhält man durch sorgfältiges Mischen einfacher P. von möglichst gleichem Zerkleinerungsgrad. Nach dem Mischen sollten zusammengesetzte P. nochmals gesiebt u. wieder durchgemischt werden. Zur Vermeidung von Entmischungsprozessen kann 1-2 % Cellulosepulver zugesetzt werden. Peroral anzuwendende P. in Mehrfachdosenbehältnissen müssen mit einem Messgerät abgegeben werden. Nach Ph.Eur.4 wird auf Teilchengröße mit Hilfe der Siebanalyse* od. einem anderen geeigneten Verfahren u. auf die Gleichförmigkeit* des Gehaltes bei abgeteilten P. mit weniger als 2 mg od. weniger als 2 % Wirkstoff (auf Gesamtmasse bezogen) geprüft. Zuber. mit mehreren Vitaminen u./od. Spurenelementen unterliegen dieser Prüfung nicht. Außerdem erfolgt die Prüfung auf Gleichförmigkeit* der Masse bei P. in Einzeldosisbehältnissen. Der Prüfung auf Sterilität muss entsprochen werden, wenn die Zuber. als steril bezeichnet wird.

Pulveres ad inhalanda: Pulver zur Inhalation; Ph.Eur.4; einzel- od. mehrfachdosierte Pulver, die aus einem Pressling gewonnen werden. Zur Erleichterung ihrer Anw. können die arzneil. wirksamen Best. mit einem geeigneten Trägerstoff kombiniert werden. Im Allg. werden P. mit Hilfe von Pulverinhalatoren verabreicht. Im Fall von einzeldosierten Systemen wird der Inhalator mit Pulver beschickt, das in Kapseln od. anderen Darreichungsformen vordosiert ist. Im Fall von mehrfach dosierten Systemen mit Vorratsbehältern wird die Dosis mit Hilfe eines Dosiermechanismus im Inhalator abgemessen. Es ist auf die Gleichförmigkeit der abgegebenen Dosis zu prüfen, wenn sich die Dosisangabe auf die vom Mundstück abgegebene Dosis bezieht. Bezieht sich die Dosisangabe jedoch auf die einzeldosierte Darreichungsform, z. B. Kapseln, muss die Zuber. der Prüfung auf Gleichförmigkeit* des Gehaltes entsprechen.

Pulveres adspergendi: s. Pulveres ad usum dermicum.

Pulveres ad usum dermicum Ph.Eur.4: (engl.) *dusting powders*; Pulveres adspergendi, Pulveres adspersorii, Pulveres inspersorii, Conspersi, Pulver zur kutanen Anwendung, Streupuder, Puder; ausschließl. zum äußeren Gebrauch (Haut, Schleimhaut, verletztes Gewebe) bestimmt (z. B. Wundpuder), nicht abgeteilte Pulver. Es sind reine Wirkstoffpulver od. Gemische mit 2 od. mehreren Hilfsstoffen wie Talk, Zinkoxid, Stärken, Stärkederivaten (s. ANM-Pudergrundlage), weißem Ton, Kieselgur. Puder sind frei von tastbaren Teilchen u. meist unter 750 µm fein. Zur Anw. auf großen, offenen Wunden od. auf schwer geschädigter Haut ist Sterilität gefordert. Sie sollen völlig reizlos sein, eine gute Haft- u. Streufähigkeit besitzen, chem. indifferent u. unzersetzl. sein u. eine gute A(b)dsorptionsfähigkeit gegenüber Flüss. (Wasser od. Öl) aufweisen. P. können je nach Anw. kühlen, trocknen, absorbieren, gleitfähig machen, desinfizieren. Für eine Kühlwirkung sind Stärken, Zn- u. Al-stearat verantwortlich. Die Saugfähigkeit u. das Absorptionsvermögen werden u. a. mit kolloider Kieselsäure, weißem Ton, Stärken u. mikrokristalliner Cellulose verbessert. Eine erhöhte Saugfähigkeit ohne Quellung wird durch Stärkederivate erreicht. Die Gleitfähigkeit wird erhöht durch Talkum, Zink-, Magnesium- u. Aluminiumstearat. Talkum, kolloide Kieselsäure, Stärken, Fette, Aluminiumhydroxid werden für ein gutes Haftvermögen eingesetzt. Für eine ausreichende Streufähigkeit dienen kolloide Kieselsäure u. Talkum. Die gewünschte Deckkraft der P. wird durch Zusätze von Titandioxid, Zinkoxid u. Calciumcarbonat erreicht. Die Resorbierbarkeit von Wirkstoffen wird durch Zusatz von Lactose begünstigt. Pulver in Mehrdosenbehältnissen können in Streudosen, als Pumpaerosol od. in Druckbehältnissen abgepackt sein. Zuber. in Einzeldosisbehältnissen mit weniger als 2 mg od. weniger als 2 % Wirkstoff, bezogen auf die Gesamtmasse, müssen der Prüfung auf Gleichförmigkeit* des Gehaltes entsprechen. Zuber. in Einzeldosisbehältnissen mit höherem Wirkstoffgehalt müssen der Prüfung auf Gleichförmigkeit* der Masse entsprechen. Die Beschriftung muss angeben, dass die Zubereitung zur äußerl. Anw. bestimmt ist u. ggf., dass die Zubereitung steril ist. **Haftfestigkeit von Pudern:** Die einfachste Bestimmung erfolgt durch die gravimetr. Erfassung des anhaftenden Pulveranteils an einer definiert glatten u. schräggestellten Oberfläche nach Betätigung einer Klopfvorrichtung. Versch. Oberflächen (angerauhtes Ziegenleder od. Yak) zur Imitation der menschl. Haut werden eingesetzt. Mit größerem Aufwand ergeben sich aussagekräftigere Werte durch Prüfung der Haftfestigkeit. direkt auf der lebenden menschl. Haut ebenfalls gravimetr. od. mittels eines Photometers. Nach leichtem Klopfen wird der Klopfhaltewert u. nach definiertem Abblasen der gepuderten Hautstelle der Blashaftwert ermittelt.

Pulveres compositi: s. Pulveres.

Pulveres et Granulata ad liquida oralia: Pulver u. Granulate für orale Flüssigkeiten; Ph.Eur.4, einfach od. mehrfach dosierte Pulver od. Granulate zur Zuber. oraler Flüss. kurz vor der Einnahme (Instantpulver od. -granulate); enthalten Arznei-

P

stoffe, die in einem wässrigen Medium nur kurze Zeit stabil sind. Nach der Zugabe der vorgeschriebenen Menge Wasser bzw. mitgelieferten Flüss. entsteht eine Lsg., ein Sirup, eine Tropfenflüss. od. eine Suspension zur oralen Anw. mit deklarierter Arzneistoffmenge in einem bezeichneten Volumen. Die notwendige Flüssigkeitsmenge wird entweder durch eine Marke am durchsichtigen Behältnis, durch ein beigefügtes markiertes Gefäß od. durch Angabe des zuzufügenden Flüssigkeitsvolumens in mL angezeigt. Als Hilfsstoffe enthalten sie z. B. Saccharose od. andere süße Polyole, zugelassene künstl. Süßstoffe, viskositätserhöhende Stoffe, antimikrobielle Substanzen, Stabilisatoren, Aromastoffe. Prüfung auf Reinheit erfolgt hinsichtl. Gleichförmigkeit* des Gehaltes od. Geichförmigkeit* der Masse.

Pulveres granulati: s. Granulate.

Pulveres mixti: s. Pulveres.

Pulveres normati: Pulveres titrati; eingestellte Pulver.

Pulveres parenterales: nach Ph.Eur.4 Pulver zur Herst. von Injektionszuber. u. Pulver zur Herst. von Infusionszuber.; feste, sterile Zuber., die sich in ihren Endbehältnissen befinden. P. p. eignen sich für Wirkstoffe, die in gelöster Form chem. od. physik. nicht ausreichend stabil sind u. werden daher erst kurz vor der Applikation aufgelöst. Nach dem Schütteln mit dem vorgeschriebenen Volumen der geeigneten, sterilen Flüss. müssen sie rasch eine klare Lösung bilden, die möglichst frei von Schwebeteilchen ist, od. eine gleichmäßige Suspension. P. p. sind nach Ph.Eur. auf Gleichförmigkeit* der Masse, evtl. auf Gleichförmigkeit* des Gehaltes (bei einem Wirkstoffgehalt unter 2 mg od. 2 % der Gesamtmasse, od. wenn die Masse der Zuber. gleich od. kleiner als 40 mg ist) u. auf Pyrogene* (sofern keine Prüfung auf Bakterien-Endotoxine vorgeschrieben ist) zu prüfen. P. können aus dem Wirkstoff allein bestehen, od. dieser kann mit einem Hilfsstoff (z. B. Mannitol) vermischt sein. Gefriergetrocknete Substanzen zur Bereitung von Parenteralia gelten als P. parenterales. Der Hilfsstoff kann zugleich zum Einstellen der Isotonie* beim Auflösen u. als Gerüstbildner beim Lyophilisieren (s. Gefriertrocknung) dienen. Zur Rekonstitution werden Wasser od. isoton. Lösungen als Lösungsmittel verwendet. Zum Auflösen wird das Lösungsmittel mit der Spritze zum Pulver in die geöffnete Ampulle* od. nach Durchstechen des Gummistopfens in das Vial* gegeben. Für Vials mit größeren Volumina (z. B. 50 mL) können spezielle Überleitungskanülen verwendet werden. Nach dem Lösen bzw. Suspendieren muss die Zuber. den Anforderungen für Iniectabilia* od. Infundibilia* entsprechen.

Pulveres perorales Ph.Eur.4: Pulver zum Einnehmen; Arzneistoffe od. Arzneizuber. zum inneren Gebrauch, deren Bestandteile gepulvert (meist unter 750 µm) vorliegen. Pulver im Mehrdosenbehältnis erfordern die Verwendung einer Dosiervorrichtung, um die vorgeschriebene Menge abmessen zu können. Jede Dosis eines einzeldosierten Pulvers wird in einem Einzeldosisbehältnis abgepackt, z. B. Säckchen, Papierpäckchen od. Fläschchen. P. p. in Einzeldosisbehältnissen mit weniger als 2 mg od. weniger als 2 % Wirkstoff, bezogen auf die Gesamtmasse, müssen der Prüfung auf Gleichförmigkeit* des Gehalts entsprechen. P. p. in Einzeldosisbehältnissen mit höherer Wirkstoffdosierung müssen der Prüfung auf Gleichförmigkeit* der Masse entsprechen. Behältnisse für flüchtige Stoffe enthaltende Pulver müssen dicht verschlossen sein. Zu den P. p. sind die Pulvis* aerophorus zugeordnet. Vgl. Pulveres.

Pulveres simplices: einfache Pulver. s. Pulveres Ph.Eur.4.

Pulveres titrati: Pulveres normati; eingestellte Pulver.

Pulver, gemischte: s. Pulveres.

Pulverinhalator: Gerät zur Inhalation, das ohne Treibgas lungengängige Wirkstoffaerosole bereitstellt. Vorteile gegenüber treibgashaltigen Inhalatoren sind der Umweltschutz (Verzicht auf FCKW), kein initiativer Kältereiz, geringere Partikelbeschleunigung. Bei der Applikation mittels P. wird eine Einzeldosis eines trockenen Pulvers zerstäubt u. das entstehende Aerosol* inhaliert. Für P. charakterist. ist die atemzugsinduzierte Dispergierung des Pulvers. Unterschiedl. Konstruktionsprinzipien (Propellersysteme, Verwirbelungskanäle) der P. gewährleisten den dazu notwendigen vom Patienten erzeugten inspirator. Atemstrom von 30-60 L/min. Um lungengängige Partikelgrößen zu erzeugen, muss das Pulver mikronisiert werden. Dies führt zu einer Zunahme der Oberfläche u. -energie der Partikel. Schlecht fließfähige, nicht lungengängige Agglomerate, die desagglomeriert werden müssen, sind die Folge. Darüber hinaus verliert das zu inhalierende Pulver durch Feuchtigkeit seine feine Verteilung u. muss deshalb geschützt werden. Elektrostat. Aufladung kann zu Problemen führen. **Verbesserung der Dosierung: 1.** interaktive Pulvermischungen: enthalten einen lösl., inerten, wesentl. gröberen Trägerstoff 20-200 µm (Lactose), an den sich der mikronisierte Wirkstoff anlagert. Dadurch werden die Anziehungskräfte der mikronisierten Partikel untereinander durch wesentl. schwächere Bindungen zum Träger ersetzt. Während der Inhalation verbleibt der Träger im Mund-Rachenraum, der Wirkstoff löst sich ab u. gelangt bei ausreichender Fluidisierung in den gewünschten Teil des Respirationstraktes. **2.** kontrollierte Agglomeration: überführt den mikronisierten Wirkstoff in Pellets*, die nicht zur Agglomeration neigen u. während der Dosierung in die ursprüngl. Größe zerfallen (z. B. Turbohaler®).

Dosiersysteme: Es wird bei den P. zw. Einzeldosissystemen, einzeldosierten Mehrdosensystemen, vom Patienten wiederauffüllbare u. nicht wiederauffüllbaren Pulverinhalatoren unterschieden. Beispiele: **1.** Diskhaler®: wiederverwertbarer P. in Form einer leicht mitzuführenden Schachtel. Die Einzeldosen liegen in Form von Blistern vor u. können nach der Entleerung wieder ersetzt werden. D. gibt es sowohl für die Anw. eines Bronchodilatators (Salbutamolsulfat) als auch für die Steroide Beclometasondipropionat u. Fluticason-17-propionat. Zur besseren Unterscheidung sind Diskhaler® in 2 Farben verfügbar: blau für den Bronchodilatator u. beige-braun für die Steroide

2. Diskus®: P. in Diskusform, Weiterentwicklung des Diskhalers®, besitzt eine als Schnecke aufgerollte Doppelblisterfolie mit 60 Wirkstoffdosen. Vor der Inhalation wird durch Betätigen des Ladehebels die obere Folie abgehoben. Pro Einzelinhalation werden 50 µg Salmeterolxinafoat zusammen mit Lactose als Füllstoff aus der Doppelblisterfolie freigesetzt. **3.** Easyhaler®: in ein vertikal rotierendes Dosierrad mit kleinen Einbuchtungen rieselt ein Gemisch aus mikronisiertem Arzneistoff u. gröberen Lactosepartikeln ein. Nach Passage einer Abstreifvorrichtung wird die auf diese Weise gewonnene Einzeldosis in den Luftkanal befördert u. kann mit einem Atemzug inhaliert werden. **4.** Spiros®-System: einzeln vordosierte Pulvermischung wird durch einen elektr. betriebenen Propeller zusätzl. dispergiert. Die Feinheit des erzeugten Aerosols (Desagglomerierung) u. damit die Höhe der lungengängigen Dosis ist daher weniger von der Inhalationsstärke des Patienten abhängig. **5.** Turbohaler®: nicht wiederauffüllbar; enthält einen Arzneistoffvorrat von 200 Einzeldosen in Pelletform. Durch einmaliges Hin- u. Herdrehen des Dosierrades wird die Einzeldosis bereitgestellt u. im Luftkanal positioniert. Durch Inhalieren über das Mundstück wird der Wirkstoff verwirbelt u. auf der Bronchialschleimhaut abgeschieden. Der Turbohaler® benötigt keine Füllstoffe, da eine exakte Dosierung kleinster Wirkstoffmengen möglich ist. **6.** HandiHaler®: in einer Kapsel vordosierte Menge einer Pulvermischung (mikronisierten Wirkstoff u. Laktose) wird angestochen. Beim Einatmen durch den HandiHaler® wird der Wirkstoff freigesetzt, im Luftstrom fein verteilt u. gelangt so in die Lunge. Die Eigenschaften des Aerosols sind nahezu unabhängig vom angewandten Luftstrom. **7.** Insufflatoren: Inhalatoren zum Einblasen feinster Pulver od. Pulvermischungen in die Nase. Wenn diese Pulvermischungen mukoadhäsive Zusätze enthalten, kann durch Wasseraufnahme aus der Nasenschleimhaut ein adhäsives Gel entstehen, das eine verlängerte Wirkungsdauer ermöglicht. Die Ph.Eur.4 lässt die Größe der zu inhalierenden Aerosolteilchen (aerodynam. Beurteilung) u. die Gleichförmigkeit der Dosis prüfen. Neben dem Twin-Impinger (Brit. Pharm.) kommt in der Industrie der Kaskadenimpaktor (s. Impaktor) zum Einsatz, da hier die Physiologie der Lungenatmungswege simuliert wird. Sterilität ist bei Aerosolen schwierig zu erreichen. Entweder werden Behältnis, Ventil, Wirkstoffe einzeln sterilisiert u. die Packung unter asept. Bedingungen gefüllt, od. die Packung wird unter Beachtung eines hohen Reinheitsgrades gefüllt u. danach das Präparat sterilisiert (z. B. mit γ-Strahlen).

Pulverisette®: Gerät zur Herst. von Pulververreibungen (meist für homöopath. Verreibungen) mit einer Abschabvorrichtung.

Pulverkomprimierung: s. Direkttablettierung.

Pulvermischdose nach Wolsiffer: Leichtmetalldose mit meist 3 Stahl- od. Glaskugeln. Diese werden in der mit dem Mischgut gefüllten Pulvermischdose per Hand in Rotation versetzt; zum Mischen von stark stäubenden u. nicht stark wirksamen Pulvern.

Pulverrheometer: Messgerät für die meisten Aspekte des Fließen von Pulvern. Das Funktionsprinzip beruht auf einem Rührblatt, welches sowohl rotierend als auch axial entlang eines spiralförmigen Weges in der Pulverprobe bewegt wird. Die dabei erzeugten Kräfte verursachen die Verformung u. das Fließen des Pulvers. Sie werden kontinuierl. gemessen u. dienen der Berechnung der Energie, die während der Bewegung des Rührblattes verbraucht wurde. Von diesem Energiewert werden die Fließbarkeitsindices abgeleitet.

Pulver, säurebindendes: s. Pulvis antacidus.

Pulverschere: Dispensierschere; Gerät zum Abteilen von Arzneipulvern mit großer Dosierbreite. Da die Dosierung nach dem Volumen erfolgt, ist eine starke Abhängigkeit von den Pulvereigenschaften gegeben (z. B. Fließverhalten, Packungsdichte). Massekontrollen sind ratsam. Durch Normierung der Pulvereigenschaften (Fließverhalten) mit Fließregulierungsmitteln od. durch Granulieren* kann eine hohe Dosiergenauigkeit erzielt werden. Dies trifft für alle Pulverdispensiergeräte mit Volumendosierung zu; vgl. Direkttablettierung.

Pulvertechnologie: Bez. für alle Verfahren zur Herst., Weiterverarbeitung u. Charakterisierung von Pulvern (Haufwerken). Dazu gehören Verfahren zur Zerkleinerung (Trocken- u. Nassmahlung, s. Mühlen), Zerstäubung, Gefriertrocknung*, Kristallisation*, Sublimation, Fällung sowie das Klassieren (Sieben*), Mischen, Agglomerieren, Trocknen u. Verfahren zur Herst. von Granulaten, Tabletten, Kapseln, Suspensionen, Trockensäften u. Trockentropfen aus pulverförmigen Vor- u. Zwischenprodukten. Die Charakterisierung von Pulvern erfolgt anhand der Partikelgröße u. Partikelgrößenverteilung (s. Korngrößenanalyse), der Partikelform, der wahren u. scheinbaren Dichten* von Pulvern, Schütt- u. Stampfvolumen, Porosität*, spezifischen Oberfläche*, Fließeigenschaften* u. Oberflächeneigenschaften (Benetzbarkeit*, Sorption*, Hygroskopizität*). In der P. interessieren auch Veränderungen der Pulvereigenschaften bei der Verarbeitung u. Zusammenhänge mit der Wirksamkeit von Arzneipulvern (biopharmaz. Verhalten); s. Pulveres.

Pulververreibung: s. Trituration.

Pulvis: s. Pulveres.

Pulvis Adonidis normatus: s. Adonis vernalis (Adonis pulvis normatus).

Pulvis adspersorius: Streupulver für Pillen, um das Zusammenkleben zu verhindern (früher meist Lycopodium* clavatum L.).

Pulvis aerophorus: Pulvis effervescens, Brausepulver; Pulver in Einzeldosis- od. Mehrdosenbehältnissen, die saure Substanzen u. Carbonate od. Hydrogencarbonate enthalten, welche in Wasser rasch CO_2 freisetzen. Sie werden vor der Einnahme in Wasser gelöst od. dispergiert.

Pulvis aerophorus laxans: abführendes Brausepulver, Seidlitzpulver; Zstzg.: DAB6, 7.5 T. Kaliumnatriumtartrat, 2.5 T. Natriumhydrogencarbonat u. 2 T. Weinsäure.

Pulvis aerophorus mixtus: gemischtes Brausepulver; Zstzg.: DAB6, 13 T. Natriumhydrogencarbonat, 12 T. Weinsäure u. 2 T. Zucker.

P

Pulvis alcalinus peroralis: alkalisches Pulver; Zstzg.: Ph.Helv.6, 14.5 T. wasserfreies Natriumsulfat, 28.5 T. wasserfreies Natriummonohydrogenphosphat, 57 T. Natrium hydrogencarbonat. **Anw.:** Hyperazidität u. Dispepsien.

Pulvis antacidus: säurebindendes Pulver; Zstzg.: NRF, 5 g getrocknetes Aluminiumhydroxidgel, 25 g Magnesiumtrisilicat. **Anw.:** Hyperacidität. **Dos.:** 1/2 TL nach od. zwischen den Mahlzeiten.

Pulvis Belladonnae normatus: s. Atropa belladonna (Belladonnae pulvis normatus).

Pulvis Calcii effervescens: Calcium-Brausepulver; Zstzg.: NRF, 64 g Calciumlactat-Trihydrat, 15 g Natriumhydrogencarbonat, 15 g Citronensäure (wasserfrei), Aroma u. Sorbitol ad 125 g. Lagerung vor Feuchtigkeit geschützt. **Anw.:** erhöhter Calciumbedarf.

Pulvis Caroli: s. Sal Carolinum factitium.

Pulvis Cellulosi: s. Cellulosepulver.

Pulvis Cholecalciferoli: s. Vitamine (Vitamin D_3).

Pulvis contra insecta: s. Tanacetum cinerariifolium.

Pulvis Convallariae normatus: s. Convallaria majalis (Convallariae pulvis normatus).

Pulvis dentifricius: Zahnputzpulver; Zstzg.: DAB6, 100 T. Calciumcarbonat u. 1.25 T. Pfefferminzöl.

Pulvis dentifricius cum Sapone: Seifenzahnputzpulver; Zstzg.: DAB6, 90 T. Calciumcarbonat, 10 T. med. Seife u. 1.25 T. Pfefferminzöl.

Pulvis Digitalis lanatae normatus: s. Digitalis lanata (Digitalis lanatae pulvis normatus).

Pulvis Digitalis purpureae normatus: s. Digitalis purpurea (Digitalis purpureae pulvis normatus).

Pulvis Dimeticoni: s. Dimeticon-Pulver 40 od. 80 mg.

Pulvis Doveri: s. Pulvis Ipecacuanhae opiatus.

Pulvis effervescens: s. Pulvis aerophorus.

Pulvis exsiccans: Zinkstreupulver; Wundpuder.

Pulvis Florum Chrysanthemi: s. Tanacetum cinerariifolium.

Pulvis Florum Pyrethri: s. Tanacetum cinerariifolium.

Pulvis fumalis: Species fumales; Räucherpulver.

Pulvis gummosus: zusammengesetztes Gummipulver; Zstzg.: DAB6, 5 T. arab. Gummi, 3 T. Süßholz u. 2 T. Zucker. **Anw.:** Mucilaginosum, gegen Diarrhö.

Pulvis Hyoscyami normatus: s. Hyoscyamus niger (Hyoscyami pulvis normatus).

Pulvis insecticidus: s. Tanacetum cinerariifolium.

Pulvis inspersorius: s. Pulveres ad usum dermicum.

Pulvis Ipecacuanhae normatus: s. Cephaelis ipecacuanha (Zuber.).

Pulvis Ipecacuanhae opiatus (T. Dover, Arzt, London, 1660-1742): Pulvis Doveri, Dover-Pulver; Zstzg.: ÖAB81, 10 T. eingestelltes Opium, 10 T. eingestellte Brechwurzel u. 80 T. Lactose. **Anw.:** früher bei Bronchitis u. Durchfällen; **Dos.:** MED 1.5 g, MTD 5 g.

Pulvis ipecacuanhae opiatus solubilis peroralis: lösliches Dover-Pulver; Zstzg.: Ph.Helv.6, 5 T. Opiumtrockenextrakt, 10 T. Brechwurzeltrockenextrakt, 85 T. Mannitol. **Anw.:** s. Pulvis Ipecacuanhae opiatus; raschere u. weniger anhaltende Wirkung.

Pulvis Kalii chlorati 0.75 aut 1.5 g: Kalii chloridi pulvis 0.75 aut 1.5 g, Kaliumchlorid-Pulver 0.75 od. 1.5 g; Zstzg.: NRF, 0.75 g bzw. 1.5 g Kaliumchlorid pro Pulver. In Pulverkapseln aus Papier abzufüllen. **Anw.:** Kaliumsubstitution; **Dos.:** tägl. 3×1 Pulverkapsel.

Pulvis Liquiritiae compositus: Pulvis liqu. comp. peroralis, Brustpulver, Kurellapulver, Kurella-Brustpulver; Zstzg.: ÖAB94, 10 T. Rohrzucker, 3 T. Sennesblatt, 3 T. Süßholzwurzel, 2 T. bitterer Fenchel u. 2 T. gereinigter Schwefel; Ph.Helv.6, 10 T. Fenchelpulver, 20 T. gepulverte Sennesfrüchte, 20 T. Süßholzpulver, 45 T. Saccharose, 5 T. gefällter Schwefel. **Anw.:** Laxans u. Depurativum.

Pulvis Magnesiae cum Rheo: Kinderpulver; Zstzg.: DAB6, 10 T. Magnesiumcarbonat, 7 T. Fenchel-Ölzucker u. 3 T. Rhabarberpulver. **Anw.:** früher als schwaches Abführmittel.

Pulvis Oleandri normatus: s. Nerium oleander.

Pulvis Opii: s. Opium titratum.

Pulvis Pepsini: s. Pepsin.

Pulvis refrigerans: Pulvis temperans, niederschlagendes Pulver; Zstzg.: EB6, 1 g Kalium nitrici, 3 g Kalium bitartarici, 6 g Saccharum album. **Anw.:** obsolet; in Form von Limonaden diuretisch, durstlöschend, kühlend gegen Fieber; **Dos.:** ED 2.5 g.

Pulvis salicylicus cum talco: Salicylstreupulver; Zstzg.: DAB6, 3 T. Salicylsäure, 10 T. Weizenstärke, 87 T. Talkum. **Anw.:** antisept.; bei Hautausschlägen.

Pulvis Scillae normatus: s. Urginea maritima (Scillae pulvis normatus).

Pulvis Sinapis concentratus: Semen Sinapis pulveratum exoleatum; entöltes Senfmehl; s. Brassica nigra. **Anw.:** Hautreizmittel bei rheumat. Erkrankungen.

Pulvis sternutatorius: Schnupfpulver.

Pulvis stomachicus: Magenpulver.

Pulvis Stramonii normatus: s. Datura stramonium (Stramonii pulvis normatus).

Pulvis temperans: s. Pulvis refrigerans.

Pulvis α-Tocopheroli acetici: s. Vitamine (Vitamin E).

Pumpe, osmotische: therap. System, bei dem osmot. Kräfte als Energiequelle für eine kontinuierl. Arzneistoffabgabe genutzt werden.

Pumpspray: s. Aerosole.

Punica granatum L.: Granatapfelbaum; Fam. Punicaceae (heim. westl. Asien, von Nordwestindien bis Kleinasien, kult. in allen wärmeren Ländern). Stpfl. von **Cortex Granati:** Granati cortex, Cortex Punicae granati, Granatrinde; getrocknete Rinde der oberird. Achsen u. Wurzeln. **Inhaltsst.:** die Alkaloide Pelletierin*, Isopelletierin, Pseudopelletierin, Methylisopelletierin (Gesamtgeh. der Alkaloide nach DAB6 mind. 0.4 %), ferner Gerbstoffe, Stärke, Harz; **Anw.:** früher als Bandwurmmittel, meist als Mazerationsdekokt aus 40-60 g der Rinde. Bei größeren Mengen treten häufig UAW auf (Steigerung des Blutdrucks, Sehstörungen, Erbrechen, Kollaps); **Pericarpium Granati:** Cortex Granati fructum, Granatapfelschalen. **Inhaltsst.:** Gerbstoffe (bis 28 %), Schleim, Harz; **Anw.** volkstüml.: als Adstringens; techn.: in der Gerberei; **Flores Granati:** Flores Balaustii, Granatblüten. **Inhaltsst.:** Gerbstoffe; **Anw.** volkstüml.: als Adstringens. (Die Früchte von P. g. dienen zur Herst. erfrischender Getränken.

Hom: *Punica granatum (HAB2000):* getrocknete Rinde der oberird. Achsen u. der Wurzeln.

Punicin: s. Pelletierin.

Punicintannat: s. Pelletierintannat.

Punktgruppe: Symmetrietyp, zu dem ein Gegenstand od. Molekül gehört. Der Begriff P. leitet sich davon ab, dass bei Durchführung einer Symmetrieoperation ein Punkt (Schwerpunkt) seine Lage nicht verändert. Die Klassifizierung der Moleküle nach P. ist bes. bei der Behandlung von Stereoisomeren* von Vorteil. Moleküle gehören zur selben Punktgruppe, wenn sie die gleichen Symmetrieelemente aufweisen.

Punkt, hygroskopischer: hygroskopische Grenzfeuchtigkeit; diejenige relative Luftfeuchtigkeit* (in %), die im Gleichgewicht mit einer gesättigten Lsg. des betreffenden Stoffes steht. Erhöht man die relative Luftfeuchtigkeit über den h. P., kommt es zur Verd. der gesättigten Lsg. durch Feuchtigkeitsaufnahme od. zum Auflösen des Bodenkörpers.

Punkt, isoelektrischer: Abk. IP; derjenige pH-Wert einer Lsg. eines amphoteren Stoffs, z. B. einer Aminosäure*, bei dem die meisten Zwitterionen vorliegen, d. h. die Dissoziation der sauren u. basischen Gruppe gleich stark ist. Beim IP findet kein Transport im elektr. Feld statt u. es besteht keine Pufferkapazität*; geringste Löslichkeit inf. geringster Hydratation, Minimum an Viskosität (s. Kolloide). **Beispiele:** Phenylalanin* pH 5.5, Arginin* pH 11.2, Glutaminsäure* pH 3.2; **Anw.:** z. B. isoelektr. Fokussierung*.

Punkttabletten: Bull-eye-Tabletten; feste Arzneiform, bei der ein Kern auf trockenem Wege mit einem Mantel versehen wird, allerdings nicht vollständig umhüllt u. daher an einer Oberfläche der Tablette gut sichtbar ist. In ihrer Funktion ähneln sie den Schichttabletten*; vgl. Compressi, Manteltabletten.

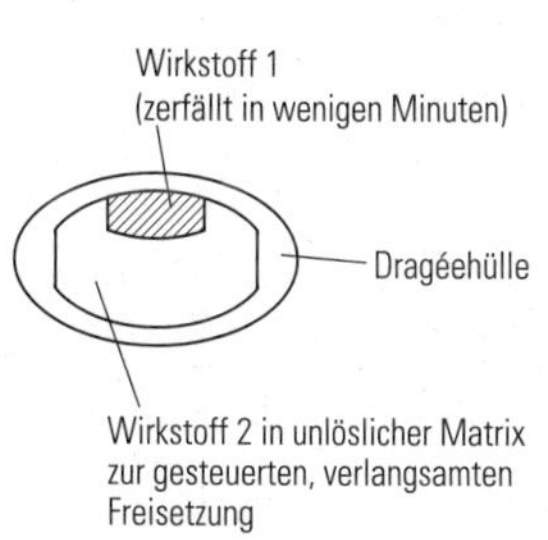

Punkttabletten: Aufbau einer dragierten Punkttablette (Punktdragee)

PUR: Abk. für **P**oly**ur**ethane*.

Purganzien: s. Laxanzien.

Purgierbärlapp: s. Huperzia selago.

Purgierkassie: s. Cassia fistula.

Purgierkörner: s. Croton tiglium (Semen Crotonis).

Purgierkraut: s. Gratiola officinalis (Herba Gratiolae).

Purgierlein: s. Linum catharticum.

Purgiermoos: s. Huperzia selago.

Purgiernußöl: s. Jatropha curcas (Oleum Jatrophae).

Purgierschwamm: s. Fomes officinalis (Fungus Laricis).

Purgierstrauchsamen: s. Jatropha curcas.

Purgierwindenwurzel: s. Convolvulus scammonia (Radix Scammoniae asiaticae).

Purimycin: s. Puromycin.

Purin (lat. purum acidum uricum reine Substanz der Harnsäure): *7H*-Imidazo-[4,5-*d*]-pyrimidin; $C_5H_4N_4$; M_r 120.12; Schmp. 217 °C. Farblose Kristalle, lösl. in Wasser, prakt. unlösl. in Ether u. Chloroform. P. besteht aus einem 6-gliedrigen Pyrimidin- u. einem 5-gliedrigen Imidazolring. 1884 von E. Fischer erstmalig rein dargestellt, wurde P. bisher als solches in der Natur nicht aufgefunden, ist aber mit seinen Derivaten im Tier- u. Pflanzenreich weit verbreitet. Es ist die Muttersubstanz aller Purine, die biol. eine große Rolle spielen (vgl. Nucleoproteine). Zu den Purinen zählen u. a. das Purinoxidationsprodukt Harnsäure* (2,6,8-Trihydroxypurin), Purinalkaloide (pflanzl. Methylxanthine* wie Coffein, Theobromin, Theophyllin), Zytokinine (Zeatin, Kinetin), Nucleosidantibiotika, bestimmte Vitamine* wie Vitamin B_{12} u. die Purinbasen (s. Abb. 1). Die wichtigsten Purinbasen für den Aufbau der Nucleinsäuren* bzw. Nucleotide* sind Adenin* u. Guanin*. Die OH-Gruppen am Puringerüst sind zur Tautomerie* befähigt. Die seltenen Purinbasen, darunter Hypoxanthin u. Xanthin, leiten sich hiervon durch Substitution mit Methylgruppen od. anderen Resten ab; sie kommen gehäuft in tRNA vor. **Biosynthese:** des Puringerüstes erfolgt an aktivierter Ribose (Phosphoribosyl-pyrophosphat); die Ringatome 4,5,7 stammen von Glycin* ab, 3,9 von Glutamin*, 2 von Asparaginsäure*, 1,8 von Formyltetrahydrofolsäure u. 6 von CO_2. Wichtigste Zwischenstufe der weiteren Synthese zu AMP u. GMP ist die Inosinsäure* (IMP; s. Abb. 2).

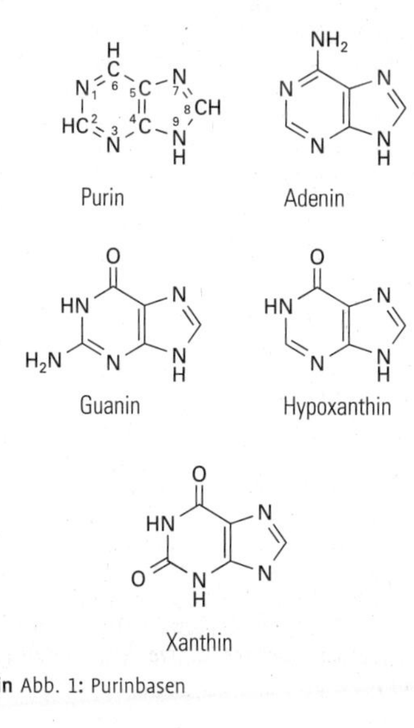

Purin Abb. 1: Purinbasen

Abbau: der Purinbasen führt größtenteils zu Harnsäure* (1,6,8-Trihydroxypurin) mit Hilfe von Desaminasen (D) u. Xanthinoxidase* (XO). Wiedergebrauch der Purinbasen ist mögl. (Salvage pathway), ebenso wichtig ist, dass die Purinnucleotide auf mehreren Stufen ineinander umgebaut werden können. Diese Vorgänge unterliegen vielfachen Rückkopplungen. **Purinanaloga od. Purinantagonisten:** werden als Antimetaboliten zur Chemotherapie von Tumoren eingesetzt, da sie spezif. die Purinbiosynthese hemmen, z.B. Mercaptopurin*, Tioguanin*; vgl. Purinstoffwechselstörungen.

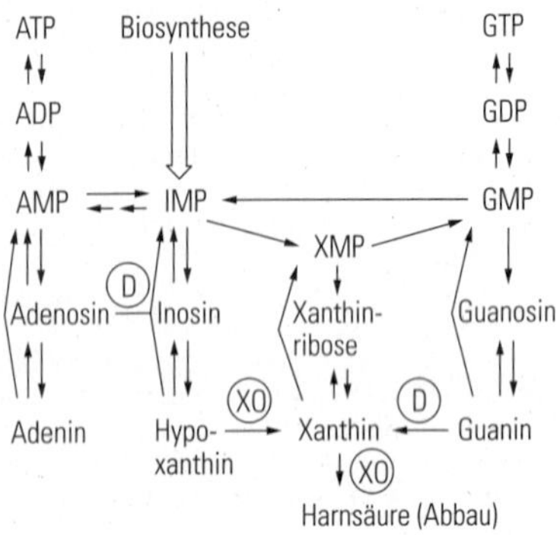

Purin Abb. 2: Schema der Wechselbeziehungen im Purinstoffwechsel; D: Desaminase; XO: Xanthinoxidase [21]

Purinalkaloide: s. Methylxanthine.
Purindesaminasen: Enzyme, die Purine desaminieren, z.B. Guanase u. Adenase; s. Desaminasen.
Purinstoffwechselstörungen: meist genet. bedingte Enzymdefekte, die oft zur Überproduktion von Harnsäure führen, z.B. Hyperurikämie*; vgl. Gicht.
Purinthion: s. Mercaptopurin.
Puromycin: Purimycin; 6-Dimethylamino-9-[3-desoxy-3-(*p*-methoxy-L-phenylalanylamino-*β*-D-ribofuranosyl]-*β*-purin; $C_{22}H_{29}N_7O_5$; M_r 471.5; Schmp. 175-177 °C. Nucleosid-Antibiotikum aus Streptomyces alboniger (s. Abb.). P. hemmt als Transfer-RNA-Analogon die Proteinbiosynthese in Bakterien u. Säugern an den Ribosomen*; vgl. Antibiotika.

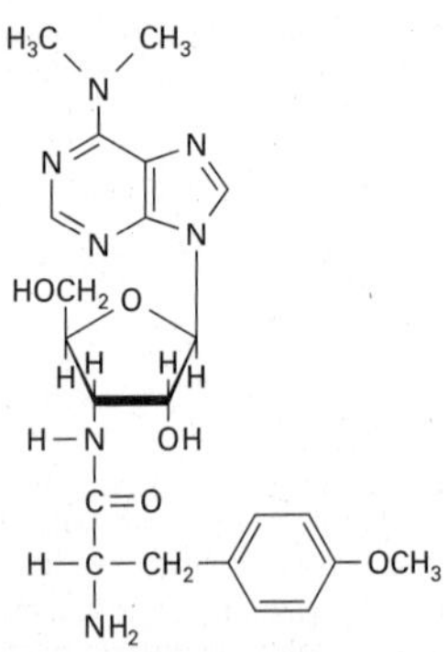

Puromycin

Purpureaglykoside: Digitalisglykoside, s. Digitalis purpurea.
Purpurin: Krapp-Purpur; 1,2,4-Trihydroxyanthrachinon, $C_{14}H_8O_5$, M_r 256.2. Schmp. 256 °C. Vork.: nat. gemeinsam mit Alizarin* in der Krappwurzel (s. Rubia tinctorum). **Anw.:** als Farbstoff.

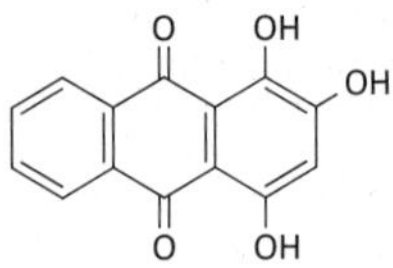

Purpurin

Purpursäure: s. Murexid.
Purpurschnecke: s. Murex cornutus.
Purpursonnenhutkraut: s. Echinacea purpurea.
purulent (lat. pus Eiter): eitrig.
purus (lat.): rein. purissimum: am reinsten, das Reinste.
Pus (lat.): Eiter.
Push-pull-System: s. OROS.
Pustel (lat. pustula Bläschen): ein mit Eiter gefülltes Bläschen auf der Haut.
Pustulanzien: s. Hautreizmittel.
Putamen (pl putamina): Schale, Fruchtschale, Hülse.
Putrescin: Putreszin; 1,4-Diamino-butan, Tetramethylendiamin; $H_2N-(CH_2)_4-NH_2$; $C_4H_{12}N_2$; M_r 88.15. Biogenes Amin; entsteht bei der Fäulnis von Fleisch aus der Aminosäure Ornithin* unter bakterieller Einwirkung. P. wurde früher zu den Leichengiften (Ptomaine*) gerechnet, ist aber ungiftig. Biogenet. Zwischenstufe von Pyrrol- u. Pyrrolidinalkaloiden.
Putreszenz (lat.): Fäulnis. putrid, eitrig, faulig, übelriechend.
Putreszin: s. Putrescin.
PUVA: Abk. für **P**soralene plus **UV-A**; photoaktivierte Chemother., bei der vor dem Einwirken der UV-A-Strahlen eine photosensibilisierende Substanz, z.B. 8- od. 5-Methylpsoralen (s. Furanocumarine) lokal od. peroral appliziert wird. V.a. zur Behandlung der Psoriasis u. von Vitiligo* angewendet, vgl. Antipsoriatika.
PVA: Abk. für **P**oly**v**inyl**a**lkohol*.
PVAc: s. Copovidon.
PVAP: Abk. für **P**oly**v**inyl**a**cetat**p**hthalat*.
PVC: Abk. für **P**oly**v**inyl**c**hlorid*.
PVDC: s. Polyvinylharze.
PVK: **1.** Abk. für **P**igment**v**olumen**k**onzentration*. **2.** s. Polyvinylharze (Polyvinylcarbazol).
PVP: Abk. für **P**oly**v**inyl**p**yrrolidon; s. Povidon.
PVP-Iod: s. Povidon-Iod.
PVPP: Abk. für **P**oly**v**inyl**p**oly**p**yrrolidon; s. Povidon.
Pyämie (gr. pyos Eiter): wiederholte transitor. Bakteriämie*, kann zu metastat. Herden bzw. multiplen Abszessen führen; vgl. Sepsis.
Pycnogenole: s. Crataegus-Arten, Proanthocyanidine.
Pyelitis: akut od. chron. verlaufende Nierenbeckenentzündung infolge bakt. Infektion.

Pygeum africanum Hook. f.: Prunus africana (Hook f.) Kalkman; Fam. Rosaceae (trop. Westafrika, Südostasien). Stpfl. von **Cortex Pygei africani: Inhaltsst.**: Steroide (3-β-Sitosterol, frei u. als Glykosid, ferner 3-β-Sitosteron u. Oleanolsäure), Gerbstoffe, aliphat. Alkohole, cyanogene Glykoside (z. B. Amygdalin); in den Samen sind fast 50 % fettes Öl; **Anw.**: lipophile Extrakte bei benigner Prostatahyperplasie*.

Pyknometer: geeichtes od. eichfähiges Gerät zur Bestimmung der Dichte von Feststoffen od. Flüssigkeiten; s. Dichtebestimmungsmethoden.

Pylorus: Pförtner, Magenausgang.

Pyoctanin: s. Pyoktanin.

Pyoctaninum aureum: s. Auramin.

Pyoctaninum coeruleum: s. Methylviolett.

Pyocyanase (gr. pyos Eiter; kyaneos stahlblau): Stoffwechselprodukt der Pyocyaneus-Bakt. (korrekt: Pseudomonas* aeruginosa), das die Farbstoffe Pyocyanin* (blaugrün) u. Pyoluteorin (gelb) enthält. P. war das erste antibiot. Präparat (Emmerich u. Loew 1899), es hemmt die Vermehrung anderer Mikroben u. wurde örtl. als Pinselung od. Spray z. B. bei Angina, Diphtherie, Streptokokkeninfektionen angewendet, parenteral wirkt P. toxisch.

Pyocyaneus-Bakterien: frühere Bez. für Pseudomonas* aeruginosa.

Pyocyanin: Pyozyanin, 1-Hydroxy-5-methylphenaziniumhydroxid; $C_{13}H_{10}N_2O_2$, M_r 210.23. Phenazinfarbstoff (s. Phenazin), gebildet von Pseudomonas* aeruginosa. Dunkelblaue Kristalle, lösl. in Wasser, Ethanol u. Chloroform.

Pyodermien: Grind- od. Eiterausschlag; Hauterkrankungen, verursacht durch Bakt. der Gattungen Staphylo*- od. Streptococcus*.

pyogen (gr. pyos Eiter; genesis erzeugen): Eiterung erregend. Pyogene Erreger: z. B. Strepto-, Staphylo-, Gono-, Pneumo-, Meningokokken, Pseudomonas aeruginosa, E. coli, Salmonellen, Klebsiellen, Serratia marcescens.

Pyoktanin: Pyoctanin; **1.** Gelbes P.: s. Auramin. **2.** Blaues P.: s. Methylviolett.

Pyorrhö: Eiterfluss, eitriger Katarrh. Pyorrhoea alveolaris: Alveolarpyorrhö, Eiterfluss aus dem Zahnfach.

Pyramidenbahn: Tractus corticospinalis; die Gesamtheit der absteigenden Leitungsbahnen des ZNS, die in der Großhirnrinde entspringen u. bis zu den motor. Kernen der Hirnnerven od. zu den Vorderhornzellen des Rückenmarkes ziehen. Die P. ist eine der wichtigsten Leitungsbahnen, sie leitet die willkürl. Bewegungsimpulse für die Körpermuskulatur u. wirkt hemmend auf das Zustandekommen der Muskeleigenreflexe; vgl. System, extrapyramidales.

Pyramidenpappel: s. Populus-Arten.

Pyrane: 6-gliedrige, cycl., ungesättigte Verb. mit einem O-Atom im Ringsystem. **Nomenklatur:** man unterscheidet, je nach Lage der bd. Doppelbindungen, α- (2*H*-) u. γ-Pyran (4*H*-Pyran). **Vork.:** diese Heterocyclen sind vor allem in Form der entspr. Ketoverb., der α- u. γ-Pyrone (Pyranone), in vielen Naturstoffen enthalten, u. a. in Cumarinen* u. Flavonen*.

Pyranocumarine: tricycl. Ringsysteme ähnl. den Furanocumarinen*, wobei ein Pyranring 5,6-, 6,7- od. 7,8- mit Cumarinum* verknüpft ist u. die entsprechenden Vertreter dem Alloxanthyletin-, Xanthyletin- od. Sesclin-Typ zugeordnet werden. **Vork.:** v. a. in Apiaceae, z. B. in den Früchten von Ammi* visnaga (Visnadin*, Samidin u. a.), u. in Rutaceae.

Pyranose: s. Kohlenhydrate.

Pyrantel INN: 1,4,5,6-Tetrahydro-1-methyl-2-[*trans*-2-(2-thienyl)vinyl]pyrimidin; CAS-Nr. 15686-83-6; $C_{11}H_{14}N_2S$, M_r 206.32. Schmp. 178-179 °C (kristallisiert aus Methanol). **Anw.:** Breitband-Anthelminthikum*; führt zu einer Lähmung an der motor. Endplatte, Hemmung der Cholinesterase, Würmer werden lebend eliminiert; geringe Resorptionsquote; Ind.: Enterobius vermicularis, Ankylostoma duodenale, Necator americanus, Ascaris lumbricoides; **UAW:** Kopfschmerzen, Schwindel, selten Verdauungsstörungen; **Kontraind.:** Vorsicht bei Schwangerschaft; **Dos.:** p. o. 1-mal abends 10 mg/kg KG; HWZ 26 h. Hingewiesen sei auch auf Pyranteltartrat, Pyrantelembonat.

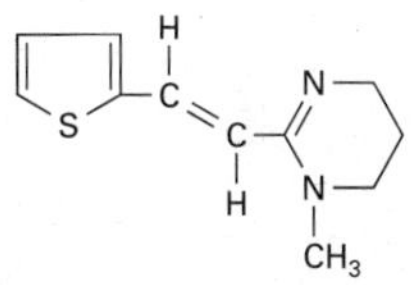

Pyrantel

Pyrazin: 1,4-Diazin, *p*-Diazin; $C_4H_4N_2$, M_r 80.09. Strukturformel s. Verbindungen, heterocyclische (Abb.). Schmp. 54 °C. Sdp. 116 °C. Lösl. in Wasser, Ethanol, Diethylether. Derivate: Phenazin*-Farbstoffe, Piperazin*.

Pyrazinamid INN: Pyrazinamidum Ph.Eur.4; CAS-Nr. 98-96-4; $C_5H_5N_3O$, M_r 123.11. Schmp. 189-191 °C (kristallisiert aus Wasser od. Ethanol; polymorph). Lösl. in Wasser 15 mg/mL, in Methanol 13.8 mg/mL, in absolutem Ethanol 5.7 mg/mL, in Isopropanol 3.8 mg/mL, in Ether 1.0 mg/mL, in Isooctan 0.01 mg/mL, in Chloroform 7.4 mg/mL. pK_S der konjugierten Säure 0.5. **Anw.:** Antituberkulotikum* mit bakteriziden Eigenschaften, Wirk. ist pH-abhängig; Ind.: Initialther. einer verkäsenden Tuberkulose; **UAW:** Leberfunktionsstörungen v. a. bei Kombination mit 4-Aminosalicylsäure*; **Dos.:** p. o. 2-3 × 0.5 g/d, max. 3 g/d bis zu 35 mg/kg KG; max. Behandlungsdauer 2 Monate; HWZ 6 h.

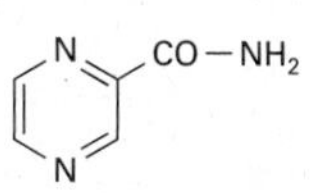

Pyrazinamid

Pyrazinobutazon: Phenylbutazonum piperazinicum; Molekülverb. aus Phenylbutazon* u. Piperazin* (1:1); $C_{23}H_{30}N_4O_2$; $C_{19}H_{20}N_2O_2 \cdot C_4H_{10}N_2$. Schmp. ca. 140 °C (nach Wiedererstarren ca. 180 °C). Schwer lösl. in Wasser, lösl. in Ethanol. **Anw.:** Antiphlogistikum*, Antirheumatikum*, system. Anw. obsolet, vereinzelt noch bei rheumat. Beschwerden topisch angewendet.

1*H*-Pyrazol: 1,2-Diazol; C_3H_4N. M_r 68.08. Isomer des Imidazol*. Schmp. 69-70 °C. Sdp. 185 °C. Leicht lösl. in Wasser, Ethanol, Ether, Benzol; Geruch pyridinähnlich. Sehr beständige Verb. vom Charakter einer einbasischen Säure, lässt sich leicht sulfurieren u. nitrieren. Durch Reduktion, z. B. mit Natrium u. Alkohol, entstehen die unbeständigeren **Pyrazoline**. Ein Oxoderivat des Pyrazolins ist das **Pyrazolon**, von dem sich eine Reihe wichtiger Analgetika, z. B. Phenazon*, Aminophenazon*, sowie die Pyrazolon-Farbstoffe, z. B. Tetrazin, ableiten.

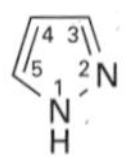

1*H*-Pyrazol

Pyrazoline: s. 1*H*-Pyrazol.

Pyrazolonum dimethylaminophenyldimethylicum: s. Aminophenazon.

Pyrazolonum phenyldimethylicum: s. Phenazon.

Pyren: Benzo[*def*]phenanthren; $C_{16}H_{10}$, M_r 202.2. Schmp. 150 °C. Sdp. 393 °C. Unlösl. in Wasser, lösl. in Benzol u. Diethylether. **Vork.:** in Spuren im Steinkohlenteer (s. Pix Lithanthracis).

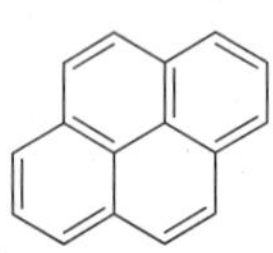

Pyren

Pyrethrine: Insektizide; Inhaltsst. von Tanacetum* cinerariifolium u. a. Chrysanthemum-Arten. Chem. handelt es sich um opt. aktive Ester aus der Chrysanthemumsäure od. der Pyrethrinsäure u. den Hydroxyketonen Pyrethrolon, Cinerolon u. Jasmolon. Sie sind in Wasser unlösl., leicht lösl. in org. Lösungsmitteln (z. B. in Petroleum). Die Haltbarkeit der Wirkstoffe ist im Freiland sehr gering, da sie durch Luft u. Sonnenlicht rasch inaktiviert werden. Der Zusatz von Antioxidanzien, wie z. B. Hydrochinon od. Resorcinol, erhöht die Stabilität u. Lagerfähigkeit der nat. vorkommenden Pyrethrine. Als Kontaktinsektizide sind sie für kaltblütige u. wechselwarme Tiere, wie Insekten, Milben, Würmer stark giftig (Muskel- u. Nervengift). Die Anfangswirk. setzt rasch ein, d.h. innerhalb weniger Minuten ist das Insekt unfähig sich zu bewegen od. wegzufliegen. Pyrethrin I ist 10-mal so wirksam wie Pyrethrin II. Oft wirken die nat. P nicht tödl., da sich das Gift sehr rasch im Insekt enzymat. abbaut. Durch Zusatz von Synergisten, die eine Methylendioxy-Gruppe enthalten, wird dieser enzymat. Entgiftungsprozess gehemmt. Das spielt v. a. bei der Bekämpfung von Fliegen eine wichtige Rolle. Oft werden zur sicheren Abtötung von Insekten noch Phosphorsäureester od. Carbamate zugesetzt. Für Menschen u. a. Warmblütler sind die nat. P. nicht giftig, da sie nicht resorbiert werden. Aufgrund hoher Herstellungskosten u. geringer Haltbarkeit werden sie meistens durch ihre synthet. Analoga ersetzt (Pyrethroide*); s. Schädlingsbekämpfungsmittel (Tab.).

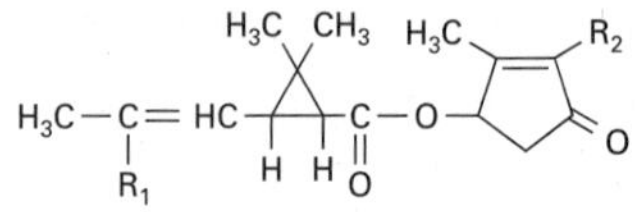

	R_1	R_2
Pyrethrin I	CH_3	$CH_2-CH=CH-CH=CH_2$
Pyrethrin II	$COOCH_3$	$CH_2-CH=CH-CH=CH_2$
Cinerin I	CH_3	$CH_2-CH=CH-CH_3$
Cinerin II	$COOCH_3$	$CH_2-CH=CH-CH_3$
Jasmolin I	CH_3	$CH_2-CH=CH-CH_2-CH_3$
Jasmolin II	$COOCH_3$	$CH_2-CH=CH-CH_2-CH_3$

Pyrethrine

Pyrethroide: Synthet. Strukturverwandte der nat. vorkommenden Pyrethrine*. Da die Kosten für die Gew. der Pyrethrine hoch sind, suchte man nach chem. ähnl. Verb., die ebenfalls geringe Warmblütlertoxizität besitzen; z. B. Allethrin (ein Allylhomologes des Cinerin I), Tetramethrin (hat eine noch raschere Wirk. als Pyrethrin I); weitere häufig verwendete Pyrethroide: Permethrin*, Cypermethrin*, Cyfluthrin, Deltamethrin*, Fenvalerat*, Lambdacyhalothrin, Flucythrinat besitzen eine schnell einsetzende Kontakt- u. Fraßwirk. geg. fast alle Insekten. Die künstl. hergestellten Pyrethroide sind chem. stabiler als die Pyrethrine. **Anw.:** Schädlingsbekämpfungsmittel*, Antiparasitikum*.

Pyrethrum: s. Tanacetum cinerariifolium, Anacyclus x officinarum.

Pyrethrumwurzel: s. Anacyclus x officinarum (Radix Pyrethri germanici).

Pyretika: s. Antipyretika.

Pyrexglas®: s. Glas.

Pyrexie: s. Fieber.

Pyricarbat INN: Pyridinolcarbamat; 2,6-Bis(methyl-carbamoyloxy-methyl)-pyridin; CAS-Nr. 1882-26-4; $C_{11}H_{15}N_3O_4$, M_r 253.26. Schmp. 136-137 °C. Lösl. in heißem Wasser. **Anw.:** Arteriosklerosemittel*; **UAW:** gastrointestinale Störungen, Benommenheit; **Dos.:** 0.5 (Prophylaxe) bis 1.5 g/d (Ther.); **Hinweis:** kaum mehr verwendet.

Pyridazin: *o*-Diazin; 1,2-Diazin, $C_4H_4N_2$, M_r 80.09. Strukturformel s. Verbindungen, heterocyclische (Abb.). Schmp. −8 °C. Sdp. 208 °C. Farblose, mit Wasser, Ethanol u. Diethylether mischbare Flüssigkeit.

Pyridin: Pyridinum; C_5H_5N, M_r 79.1. D. 0.979-0.982. Schmp. −41 °C. Sdp. 114-116 °C. Schwache Base. pK_S (konjugierte Säure) 5.19. Farblose, scharf riechende Flüss., mischbar mit Wasser, Ethanol, Ether, Benzin, fetten Ölen. **Gew.:** Dest. des Steinkohlenteers od. Tieröls (Oleum animale aethereum*, hieraus erstmalig von Anderson 1851 gewonnen). **Anw.** med.: früher innerl. selten als Sedativum* bei Asthma*, Dyspnoe*,

Angina pectoris*, Keuchhusten*, auch zu Inhalationen (wirkt in Lsg. 1:700 bakterizid); techn.: als Lösungsmittel, zur Denaturierung von Spiritus, zur Schädlingsbekämpfung (Bremsenöl, Mückensalbe 1:100), als Steigflüss. in der Papierchromatographie; zu Synthesen, z. B. für Alkaloide, Farbstoffe, Piperidin. **Homologe des P.:** u. a. Picoline (Methylpyridine), Lutidine (Dimethylpyridine), Kollidine (Trimethylpyridine) sind Grundstrukturen vieler Alkaloide u. wichtiger Arzneistoffe: Nicotin*, Trigonellin*, Piperidin*, Coniin*, Lobelin*.

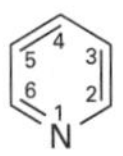

Pyridin

Pyridin-aldoxim-methyliodid: s. Pralidoximiodid.
Pyridinalkaloide: Alkaloide* mit einem Pyridin-Grundgerüst, z. B. Nicotin*, Arecolin*, Trigonellin* sowie Gentiana- u. Valerianaalkaloide. Die Biogenese erfolgt entweder über Nicotinsäure od. es handelt sich um Produkte des Terpenstoffwechsels. **Vork.:** in höhereren Pflanzen, vielfach auch als Stoffwechselprodukte in Mikroorganismen.
Pyridinbasen: Gemisch von basischen Verb., die bei der trockenen Dest. von stickstoffhaltigen Kohlenstoffverb. (Pix Lithanthracis*, Oleum animale*) gewonnen werden. Farblose Flüssigkeit. **Anw.:** zur Denaturierung von Weingeist.
Pyridin-3-carbonsäure: s. Nicotinsäure.
Pyridin-3-carbonsäurediethylamid: s. Nicethamid.
Pyridin-4-carbonsäurehydrazid: s. Isoniazid.
Pyridinolcarbamat: s. Pyricarbat.
Pyridinum aminocarbonicum: s. Vitamine (Nicotinamid).
Pyridopyrimidincarbonsäure-Derivate: s. Gyrasehemmer.
Pyridostigminbromid INN: Pyridostigmini bromidum Ph.Eur.4; 1-Methyl-3-dimethylcarbamoyloxypyridinium-bromid; CAS-Nr. 101-26-8; $C_9H_{13}BrN_2O_2$, M_r 261.14. Schmp. 152-154 °C (kristallisiert aus absolutem Ethanol). Lösl. in ca. 1 T. Wasser od. Ethanol, fast unlösl. in Ether, Aceton, Benzol. **Anw.:** Parasympathomimetikum*, Cholinesterasehemmer; Ind.: Myastenia gravis, Darmatonie, postoperative Harnretention, paroxysmale Tachykardie, Aufhebung der Wirk. nicht depolarisierender Muskelrelaxanzien*; **UAW:** Übelkeit, Erbrechen, abdomiale Krämpfe, Durchfall, Schweißausbruch, Harndrang, Bradykardie; **Dos.:** 2-3 × 20 mg/d p. o.; parenteral (i. v., i. m., s. c.) 1 mg; MED 0.18 g, MTD 0.45 g; HWZ 1.9-2 ± 0.2 h. Gebräuchl. ist auch Pyridostigmin.

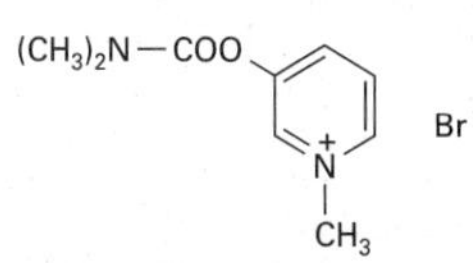

Pyridostigminbromid

Pyridoxalphosphat: Coenzymform (Wirkform) des Vitamin B; vgl. Vitamine (Vitamin B_6).
Pyridoxin INN: s. Vitamine (Vitamin B_6).
Pyridoxinhydrochlorid: Vitamin-B_6-hydrochlorid; vgl. Vitamine (Vitamin B_6).
Pyridoxinhydrochlorid-Injektionslösungen 50 mg/mL: Pyridoxini hydrochloridi solutio iniectabilis 50 mg/mL; **Herst.:** Ph.Helv.7, 5.0 T. Pyridoxinhydrochlorid wird im Wasser für Injektionszwecke zu 100.0 mL gelöst. **Anw.:** s. Vitamine (Vitamin B_6).
Pyridoxinhydrochlorid-Tabletten: s. Compressi Pyridoxinii hydrochlorici.
Pyridoxol: s. Vitamine (Vitamin B_6).
Pyridyl-acethydrazidchlorid: s. Girard-Reagens P.
Pyridylmethanol: s. Nicotinylalkohol.
Pyrilamin: s. Mepyramin.
Pyrimethamin INN: Pyrimethaminum Ph.Eur.4, Pirimethamin; 5-(4-Chlorphenyl)-6-ethylpyrimidin-2,4-diamin; CAS-Nr. 58-14-0; $C_{12}H_{13}ClN_4$, M_r 248.7. Schmp. 238-242 °C. Weißes, krist. Pulver, unlösl. in Wasser; lösl. in 200 T. Ethanol, leicht lösl. in warmen, verd. Mineralsäuren. **Anw.:** Chemotherapeutikum*, Antimalariamittel*; Dihydrofolsäurereduktasehemmer; hemmt v. a. die extraerythrozytären Formen von Plasmodium falciparum; Ind.: Malaria tropica; in Kombination mit Sulfadoxin*, sollte aber nur noch als Notfallmedikament verwendet werden; geg. Toxoplasmose auch in Kombination mit Sulfadiazin*; **UAW:** bei längerer Gabe sind Blutbildschäden mögl.; Zunahme der Zahl der resistenten Plasmodium-falciparum- u. P.-vivax-Stämme; die P./Sulfadoxin-Kombination ist zur Malariaprophylaxe nicht mehr zu empfehlen; **Dos.:** bei Toxoplasmose p. o. 50-75 mg P. kombiniert mit 1-4 g Sulfonamid; HWZ 92 h.

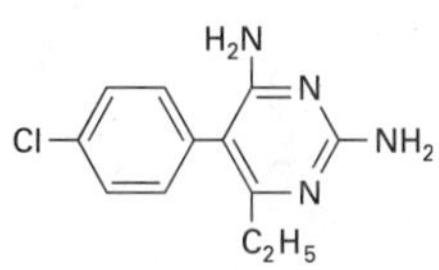

Pyrimethamin

Pyrimidin: 1,3-Diazin; **1.** $C_4H_4N_2$, M_r 80.1. Schmp. 20-22 °C. Sdp. 124 °C. Aromat. Heterocyclus mit 2 Stickstoffatomen in *m*-Stellung. **2. Pyrimidine:** vom Pyrimidinring leiten sich viele wichtige Naturstoffe ab. Beispiele: Nucleosidantibiotika, Pterine*, Purine*, Vitamine*, Ureide* (z. B. Barbiturate*).
Von bes. Bedeutung sind die **Pyrimidinbasen** Uracil* (2,4-Dihydroxypyrimidin), Thymin* (2,4-Dihydroxy-5-methyl-pyrimidin) u. Cytosin* (4-Amino-2-hydroxy-pyrimidin); die Hydroxygruppen sind zur Tautomerie* befähigt. Durch Substitution entstehen die **seltenen P.**, die gehäuft in tRNA vorkommen. 5-Hydroxymethyl-cytosin kommt in der DNA versch. Organismen vor. **Biosynthese:** über Orotsäure* (2,4-Dihydroxypyrimidin-6-carbonsäure) als Zwischenstufe aus Carbamylphosphat u. Asparaginsäure*. **Abbau:** über entspr. 5,6-Dihydroverb. (Dihydrouracil, Dihydrotyramin) weiter durch oxidative Ringöffnung zu

CO_2, NH_3 u. β-Alanin bzw. β-Amino-isobuttersäure. Reutilisation ist mögl., jedoch Zusammenhänge weniger gut untersucht als bei Purinbasen. **Anw.**: für die Chemotherapie von Tumoren, z. B. Fluorouracil*. **Tox.**: Pyrimidinstoffwechselstörungen sind selten. Pyrimidinbasenanaloga (Antipyrimidine) wirken als Antimetaboliten u. hemmen selektiv die Pyrimidinbiosynthese.

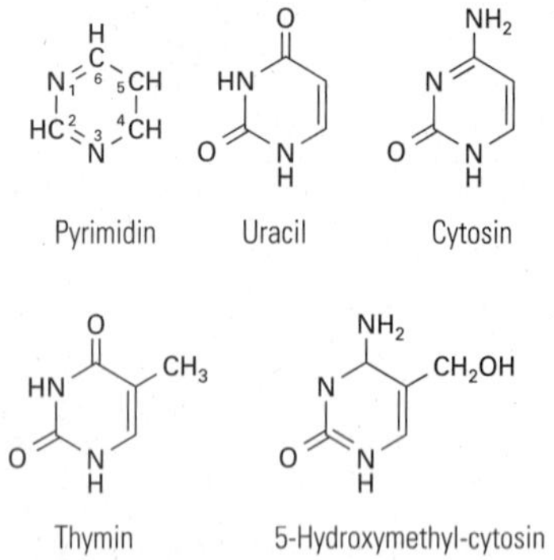

Pyrimidin: Pyrimidinbasen

Pyrit: s. Eisen(II)-sulfid.

Pyrithion-Zink INN: Bis(1-hydroxy-2-(1*H*)-pyridinthionato)-Zink; CAS-Nr. 1121-30-8; $C_{10}H_8N_2S_2Zn$. **Anw.**: Antiseborrhoikum*, starke Kopfschuppen.

Pyritinol INN: Pyrithioxin, Bis(3-hydroxy-4-hydroxymethyl-2-methylpyridyl-5-methyl)-disulfid; 5,5'-(2,3-Dithiatetramethylen)bis(3-hydroxy-2-methylpyridin-4-methanol); CAS-Nr. 1098-97-1; $C_{16}H_{20}N_2O_4S_2$, M_r 368.48. Schmp. 218-220 °C. **Anw.**: Geriatrikum*; soll die Glucoseaufnahme ins Gehirn erhöhen u. den Gehirnstoffwechsel anregen; Ind.: bei zerebralen Abbauerscheinungen, nach Schädel-Hirn-Trauma, Gehirnschlag, Vergiftungen, Kinder bei psych. Entwicklungsstörungen; Wirksamkeit umstritten; **UAW**: Hauterscheinungen, gastrointestinale Störungen, Störung der Geschmacksempfindung, bei langer Anw. Leukopenie, Thrombozytopenie, Leberfunktionsstörungen, Muskelschwäche; **Dos.**: p. o. 2-3×0.1 g/d; parenteral i. v. 0.2 g; HWZ 2.5 h. Gebräuchl. ist auch Pyritinol-dihydrochlorid-Monohydrat.

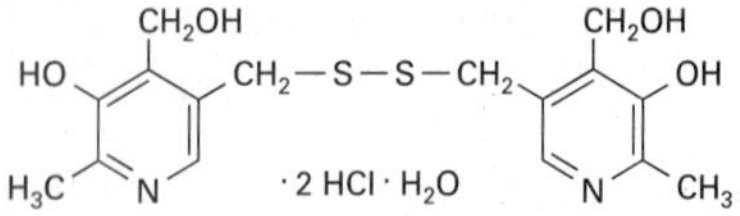

Pyritinol

pyro- (gr. pyr Feuer): Vorsilbe für Verb., die infolge Glühens eine Wasserabspaltung erfahren haben u. daher weniger H_2O chem. gebunden enthalten als verwandte Verb., z. B. Pyrophosphate, Pyrosulfate, Pyrosulfite; heute meist durch die Vorsilbe di- ersetzt.

Pyrocatechin: Pyrocatechol, s. Brenzcatechin.

Pyrogallol: Pyrogallin, Pyrogallussäure, Trioxybenzol, Pyrogallolum, Acidum pyrogallicum; 1,2,3-Trihydroxybenzol, $C_6H_3(OH)_3$, M_r 126.11. D. 1.463. Schmp. 131-132 °C. Sdp. 309 °C. Leichte, weiße, glänz. Blättchen od. Nadeln von bitterem Geschmack, die sich an der Luft allmähl. bräunl. färben; leicht lösl. in Wasser, Ethanol, Ether, sehr schwer lösl. in Chloroform u. Benzol. **Darst.**: Erhitzen von Gallussäure im Autoklaven. **Off.**: DAB6, ÖAB81, Ph.Helv.7. **Anw.** med.: früher äußerl. bei Psoriasis* u. Lupus erythematodes*; kosmet.: zum Haarfärben (starkes Reduktionsmittel); techn.: in der Fotografie u. zum Gerben. **Tox.**: Vorsicht! Giftig, auch bei äußerl. Anw.; Haut färbt sich schwarz, gastrointestinale Störungen, Leber- u. Nierenschäden, Methämoglobinurie, Hämaturie, Kreislaufkollaps, Krämpfe, Koma uraemicum, Harn grünschwarz. LD ca. 15 g.

Pyrogallussäure: s. Pyrogallol.

Pyrogene: syn. pyrogene Substanzen, fiebererzeugende Stoffe; Substanzen aus apathogenen u. pathogenen Bakt., Pilzen u. Viren, die zur Phagozytose befähigte Zellen zur Synthese von Interleukinen u. TNF-α anregen. P. bewirken im Temperaturzentrum eine erhöhte Wärmeproduktion u. eine verminderte Wärmeabgabe. Die am stärksten wirksamen P. stammen von gramnegativen Bakt. u. werden überwiegend den Endotoxinen (s. Toxine) zugeordnet. Chem. stellen sie Lipopolysaccharide dar, die neben Zuckern auch Glucosamin enthalten. P. sind relativ hitzestabil u. dialysierbar u. werden erst über 200 °C bei längeren Einwirkzeiten zerstört. Virus-P. sind leichter hitzeinaktivierbar. **Klin. Bedeutung:** v. a. bei Injektion od. Infusion pyrogenhaltiger Flüss., Stabilisatorlsg., bei Verw. bakteriell verunreinigter Blutkonserven, Injektionsspritzen usw.; **Pharmaz. Bedeutung: 1.** Einschleppung: bei der Erzeugung parenteraler Pharmazeutika durch das Prozesswasser bzw. durch Rohstoffe; **2.** Eliminierung: Verw. von keimfreien Substanzen u. Lösungsmitteln, Arbeiten unter sterilen bzw. asept. Bedingungen; teilweise Inaktivierung durch Behandlung mit Ozon od. Peressigsäure; Eliminierung durch Filtration mit Cellulose-Asbest-Filtern, asbestfreien Tiefenfiltern* auf Cellulosebasis, Aktivkohlefiltern u. Molekularfiltern möglich; **3.** Prüfung: histor. Kaninchentest*, Limulustest*.

Pyrogenium:

Hom: Extrakt aus autolysiertem Ochsenfleisch; verord. z. B. bei septiformem Fieber.

Pyrogentest: Prüfung auf Pyrogene* mittels Kaninchentest* od. Limulustest*.

Pyrola: Wintergrün, Gattung der Pyrolaceae.

Pyrola umbellata: s. Chimaphila umbellata.

Pyrolyse: Zers. chem. Verb. durch starkes Erhitzen.

Pyron: Heterocycl. Verbindung. α-Pyron: Cumalin, eine Cumarin ähnl. riechende, ölige Flüss.; D. 1.2. Schmp. 5 °C. Sdp. 206 °C. γ-Pyron: farblose Kristalle. D. 1.19. Schmp. 32 °C. Sdp. 217 °C. Aus-

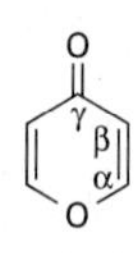

Pyron

gangssubstanz vieler Naturstoffe, z. B. Chelidonsäure (γ-Pyron-α-α'-dicarbonsäure), Anthocyane, Flavone, Hämatoxylin.

Pyrophosphate: s. Phosphorsäuren (Diphosphorsäure).

Pyrophosphorsäure: s. Phosphorsäuren (Diphosphorsäure).

Pyroschwefelsäure: s. Dischwefelsäure.

Pyrosis: s. Sodbrennen.

Pyrosulfate: s. Disulfate.

Pyrosulfite: s. Disulfite.

Pyroxilinum: amerikan., brit., franz. Bez. für Nitrocellulose; s. Collodiumwolle.

Pyrrodiazol: s. Triazole.

Pyrrol: Imidol; C_4H_4NH, M_r 67.09. D. 0.968. Sdp. 131 °C. Farblose, stark lichtbrechende, brennbare Flüss. von chloroformartigem Geruch, die sich an der Luft rasch braun färbt; lösl. in Ethanol, Ether, wenig lösl. in Wasser. **Vork.:** Best. des Steinkohlen-, Braunkohlen-, Schiefer- u. Knochenteers. P. ist der Grundkörper wichtiger Naturprodukte u. zahlreicher synthet. Substanzen; zu den nat. Pyrrolderivaten zählen u. a.: Indican*, der Stammkörper des Indigo*, die Blut-, Gallen- u. Blattfarbstoffe (Chlorophyll*), viele Alkaloide, wie Nicotin*, Atropin*, Cocain*, auch in Eiweißsubstanzen wie Horn u. Gelatine sind P.-Derivate enthalten. **Herst.:** aus Butindiol u. Ammoniak unter Druck. P. muss gut verschlossen, feuersicher u. vor Licht geschützt aufbewahrt werden. **Nachw.:** ein mit Salzsäure betupfter Fichtenspan färbt sich mit P. rot.

Pyrrol: Strukturformeln von Pyrrol (links) u. Pyrrolidin (rechts)

Pyrrolfarbstoffe: s. Chlorophyll; Hämoglobin; Porphin; Porphyrine.

Pyrrolidin: Tetrahydropyrrol, C_4H_9N. M_r 71.12. Strukturformel s. Pyrrol (Abb.). D. 0.852. Sdp. 87-88 °C . Farblose, stark ammoniakal. riechende, brennbare Flüss., lösl. in Ethanol, Ether, Chloroform u. vielen org. Lösungsmitteln, mit Wasser mischbar. **Vork.:** nat. im Tabak, in den Blättern der Möhre; Stammkörper der Aminosäuren Prolin* u. Hydroxyprolin.* **Anw.:** zu org. Synthesen, als Katalysator, Zwischenprodukt bei der Herst. von Kunststoffen, als Lösungsvermittler für saure Chemikalien.

Pyrrolidinalkaloide: einfache Alkaloide* mit Pyrrolidin-Grundgerüst. Die Biogenese erfolgt entweder über Prolin (z. B. bei Betonicin u. Stachydrin, enthalten z. B. in Stachys* officinalis) od. wie die Tropanalkaloide* aus Ornithin u. Essigsäure (z. B. Hygrin u. Cuskhygrin*, enthalten z. B. in den Blättern von Solanaceae* u. Erythroxylum* coca).

2-Pyrrolidon: 2-Ketopyrrolidin, γ-Butyrolactam; C_4H_7NO, M_r 85.10. D 1.12. Schmp. 25 °C. Sdp. 245 °C. Gut lösl. in Wasser, Ethanol, Benzol. **Anw.:** als Zwischenprodukt für chem. Synthesen.

Pyrrolin: Dihydropyrrol; C_4H_7N, M_r 69.10. D. 0.91. Sdp. 91 °C. Farblose Flüssigkeit. **Darst.:** aus Pyrrol* durch Reduktion mit Zinkstaub in Eisessig.

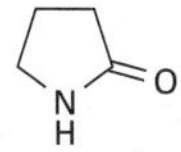

2-Pyrrolidon

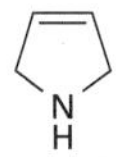

Pyrrolin

Pyrrolizidin: 4-Aza-bicyclo[3,3,0]octan, Grundkörper der Pyrrolizidinalkaloide*.

Pyrrolizidinalkaloide: Esteralkaloide; Aminoalkohole (Diole) mit Pyrrolizidin* als Grundgerüst, welches mit ein- od. zweibasigen terpenoiden Säuren verestert ist. Die Säuren enthalten bevorzugt 5 (z. B. Angelicasäure*) od. 10 C-Atome, die in α- od. δ-Position hydroxyliert sind (Necsäuren). Nat. v. a. in Senecio-Arten (der größten Gattung der Fam. Asteraceae), aber auch in anderen Asteraceae sowie in Boraginaceae u. Fabaceae. **Biosynthese:** ausgehend von 2 Molekülen Ornithin, die zu Putrescin decarboxyliert werden u. sich nach oxidativer Desaminierung zu bicycl. Necinen (1-Hydroxymethylpyrrolizidine) verknüpfen. Durch Oxidation können in der Folge auch monocycl. Otonecine (z. B. Senkirkin in Tussilago farfara) entstehen. **Tox.:** P. mit einer Allylesterstruktur (Δ^1-Doppelbindung im Pyrrolizidin) bilden in der Leber Dehydroderivate, welche stark alkylierend (z. B. auf DNA) u. somit überaus hepatotoxisch u. kanzerogen wirken. Da diese Naturstoffgruppe ohne therapeut. Wert zu sein scheint, ist bei der Anw. von Pyrrolizidinalkaloid-haltigen Drogen eine Nutzen-Risiko-Abwägung dringend erforderlich. Die Abgabe von Arzneimitteln mit einem Gesamtgehalt von 0.1 mg/kg (0.1 ppm, 0.00001 %) P. mit einem 1,2-ungesättigten Necingerüst einschließl. ihrer N-Oxide ist in Deutschland nicht zulässig (das gilt auch für hom. Zuber. bis D6), in Österreich überhaupt verboten. Betroffen sind davon aus der Fam. Asteraceae Arten der Gattungen Senecio, Tussilago, Petasites, Eupatorium, Brachyglottis, Erechthites u. Cineraria sowie aus der Fam. Boraginaceae Arten der Gattungen Symphytum (auch äußerliche Anw.), Cynoglossum, Lithospermum, Borrago, Alkanna, Anchusa, Heliotropium.

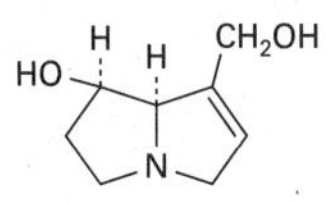

Pyrrolizidinalkaloide: Retronecin als Beispiel für ein 1,2-ungesättigtes Necin

Pyrus aucuparia: s. Sorbus aucuparia.

Pyrus communis L.: Pyrus domestica Medik. non (L.) Sm., Birnbaum; Fam. Rosaceae (nur kult. bekannt). Die Früchte (Birnen) enthalten im Ggs. zu den Äpfeln (s. Malus domestica) Arbutin*, aber kein Phlorizin*.

Pyrus malus: s. Malus domestica.

Pyruvat: Anion (Salz) der Brenztraubensäure*; ein wichtiges Zwischenprodukt im anaeroben u. aeroben Stoffwechsel (s. Abb.). **Biosynthese:** **1.** bei der Glykolyse* aus Phosphoenolpyruvat. Dies ist ein Enolester mit einer energiereichen Bindung, bei deren Hydrolyse 50.24 kJ/mol frei werden. Unter der Katalyse der Pyruvatkinase wird die freie Energie zur Übertragung der Phosphatgruppe auf ADP unter Bildung von ATP verwendet; **2.** beim Stoffwechsel bestimmter Aminosäuren, bes. durch die Transaminierung von Alanin, die Desaminierung von Serin u. Desulfhydrierung von Cystein. **Stoffwechsel:** **1.** P. wird bei der anaeroben Glykolyse zu Lactat reduziert; **2.** bei der anaeroben alkohol. Gärung wird P. zu Ethanol umgewandelt; **3.** unter aeroben Bedingungen wird P. mittels des Pyruvatdehydrogenasekomplexes oxidativ zu Acetyl-Coenzym A decarboxyliert. Dieser Prozess ist für versch. andere Stoffwechselwege von Bedeutung. Vollständige Oxidation von einem Molekül P. liefert über den Tricarbonsäurezyklus* 15 Moleküle ATP (14 durch Atmungskettenphosphorylierung*, 1 durch Substraphosphorylierung* bei der Umwandlung von Succinyl-Coenzym A zu Succinat); **4.** P. wird zu Oxalacetat carboxyliert, s. Carboxylierung. Diese Reaktion stellt den ersten Schritt der Gluconeogenese* dar; **5.** bei der Luftstickstoffbindung unterliegt P. einer phosphoroklastischen Spaltung in Acetylphosphat u. CO_2.

Pyruvatcarboxylase: eine biotinabhängige Ligase tier. u. pflanzl. Herkunft, die die Anlagerung von CO_2 an Pyruvat katalysiert.

$$\text{Pyruvat} + CO_2 + ATP + H_2O \xrightleftharpoons{Mn^{2+}} \text{Oxalacetat} + ADP + P_i$$

Das Enzym ist prakt. inaktiv bei Abwesenheit von Acetyl-CoA (positiver alloster. Effekt). Diese Reaktion ist bei der Gluconeogenese* von Bedeutung u. ist ein Beispiel für eine CO_2-Fixierung im tier. Organismus.

Pyruvatdehydrogenasekomplex: Multienzymkomplex, der aus 3 Teilenzymen besteht, einer Thiaminpyrophosphat-haltigen Dehydrogenase, einer Decarboxylase u. einer Transferase, die als Transacetylase für die Acetylübertragung verantwortl. ist. Für diese Übertragung dient ein kovalent über die ε-NH_2-Gruppe des Lysins der Transferaseuntereinheit verbundener Liponsäurerest. Außer der katalyt. Funktion hat die Transferasekomponente auch eine zentrale strukturelle Bedeutung zur Fixierung der beiden anderen Teilenzyme. Die Pyruvatdehydrogenase ist verantwortl. für die Bildung von Acetyl-CoA aus Pyruvat. Diese Schlüsselreaktion im Stoffwechsel wird dreifach kontrolliert: **1.** Der Enzymkomplex wird durch Acetyl-CoA u. NADH gehemmt. Die Hemmung wird aufgehoben durch CoA u. NAD^+. **2.** Die Enzymaktivität ist abhängig von der Energiesituation der Zelle. GTP wirkt hemmend, AMP aktivierend. **3.** Der Komplex wird gehemmt, wenn ein spezif. Serinrest der Pyruvatdecarboxylase durch ATP phosphoryliert wird. Diese Phosphorylierung wird durch Pyruvat u. ADP blockiert. Reaktivierung des Komplexes erfolgt durch Abspaltung der Phosphatgruppe durch eine spezif. Phosphatase.

Pyruvatkinase: Phosphoenolpyruvatkinase; eine weit verbreitete, von Metall-Ionen abhängige Phosphotransferase, die in Hefe, Muskel, Leber, Erythrozyten u. anderen Organen bzw. Zellen vorkommt. Sie katalysiert die Bildung von ATP (Substratphosphorylierung*) u. Pyruvat über Phosphoenolpyruvat (PEP):

$$PEP + ADP \rightleftharpoons \text{Pyruvat} + ATP;$$ s. Glykolyse.

Pyruvatphosphatdikinase: s. Hatch-Slack-Kortschak-Zyklus.

Pyruvic acid: s. Brenztraubensäure.

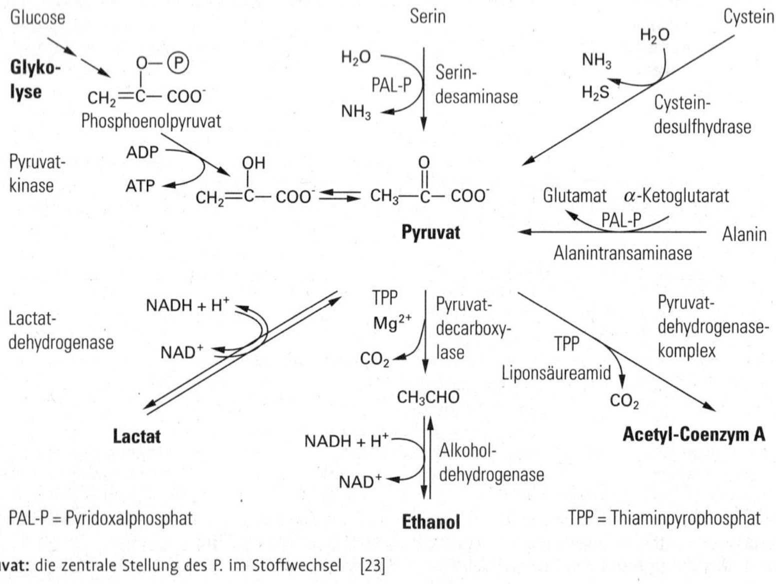

Pyruvat: die zentrale Stellung des P. im Stoffwechsel [23]

Pyrviniumembonat INN: CAS-Nr. 3546-41-6; $C_{75}H_{70}N_6O_6$, $[(C_{26}H_{28}N_3)^+]_2(C_{23}H_{14}O_6)^{2-}$, M_r 1151.44. Schmp. ca. 206 °C (unter Zers.). Fast unlösl. in Wasser, Ether; schwer lösl. in Ethanol, Methanol; lösl. in Chloroform 1:1000, Methoxyethanol 1:330; leicht lösl. in Eisessig. **Anw.**: Anthelminthikum*. Gebräuchl. ist auch Pyrvinium.

Pyurie: Eiterbeimischung zum Harn mit makroskop. schlieriger Trübung bei eitriger Entzündung im Bereich des Urogenitaltrakts.

PZ: Abk. für **P**ankreo**z**ymin s. Cholecystokinin.

PZ-Insulin: Abk. für **P**rotamin-**Z**ink-Insulin, s. Insulin (Zuber.).

PZN: Abk. für **P**harma**z**entral**n**ummer*.

Q

QALY: Abk. für (engl.) quality* adjusted life year.

Qinghao: s. Artemisia annua.

Qinghaosu: s. Arteannuin.

q. s. (lat.): Abk. für (auf Rezepten) **q**uantum **s**atis genügend viel, so viel wie nötig (auch **q. l.**: **q**uantum **l**ibet).

QSAR: Abk. für (engl.) *quantitative structure-activity relationship,* Quantitative Struktur-Wirkungs-Beziehung; QSAR-Methoden sollen zw. der Struktur von Molekülen u. ihren pharmakodynam. Wirk. quantitative Beziehungen herstellen. Das Wunschziel ist es, Stoffe mit geplanten Eigenschaften nach Maß zu synthetisieren bzw. Leitstrukturen von Arzneistoffen zu optimieren (drug* design). **QSAR-Verfahren:** **1.** Modelle, die mit de-novo-Parametern arbeiten, d.h. mit empir., aus dem jeweiligen Datensatz abgeleiteten Konstanten (Free-Wilson-Analyse). **2.** Es wird mit physik.-chem. Parametern gerechnet, um eine Korrelation mit der biol. Aktivität herzustellen (Hansch-Analyse). **3.** Multivariate Analyse, MTD-Methode (Abk. für **m**inimal **t**opological **d**ifferences). **4.** Bei der 3D-QSAR (CoMFA, Abk. für **c**omparative **m**olecular **f**ield **a**nalysis) werden die Parameter aus Interaktionsenergiefeldern der Moleküle mittels multivariater Analyse de novo berechnet u. mit der biol. Aktivität korreliert.

Quadratwurzelgesetz nach Higuchi: Gleichung, die in der allg. Form besagt, dass bei diffusionskontrollierter Liberation die Konzentration c proportional zur Quadratwurzel der Zeit ist.
$c = k \cdot \sqrt{t}$

Qualität pharmazeutischer Zubereitungen, mikrobiologische

Kategorie	Typ	Anforderungen
1	Zubereitungen, die gemäß AB-Monographie steril sein müssen, und andere, die als steril gekennzeichnet sind	müssen der „Prüfung auf Sterilität" entsprechen
2	Zubereitungen zur topischen Anwendung und zur Anwendung im Respirationstrakt, sofern sie nicht steril sein müssen	Keimzahl: höchstens 10^2 aerobe Bakterien und Pilze je g oder mL; spezifische Mikroorganismen: höchstens 10 Enterobakterien, kein Pseudomonas aeruginosa, kein Staphylococcus aureus
3A	Zubereitungen zur oralen und rektalen Anwendung	Keimzahl: höchstens 10^3 aerobe Bakterien und höchstens 10^2 Pilze je g oder mL; Escherichia coli darf nicht vorhanden sein
3B	Zubereitungen zur oralen Anwendung, die Rohmaterialien natürlicher Herkunft enthalten, für die eine antimikrobielle Vorbehandlung nicht möglich ist	Keimzahl: höchstens 10^4 aerobe Bakterien und höchstens 10^2 Pilze je g oder mL; spezifische Mikroorganismen: höchstens 10^2 Enterobakterien; keine Salmonellen, kein Escherichia coli, kein Staphylococcus aureus
4A	pflanzliche Arzneimittel, denen vor der Anwendung siedendes Wasser zugesetzt wird	Keimzahl: höchstens 10^7 aerobe Bakterien und höchstens 10^5 Pilze je g oder mL; spezifische Mikroorganismen: höchstens 10^2 Escherichia coli je g oder mL
4B	andere pflanzliche Arzneimittel	Keimzahl: höchstens 10^5 aerobe Bakterien und höchstens 10^4 Pilze je g oder mL; spezifische Mikroorganismen: höchstens 10^3 Enterobakterien; kein Escherichia coli, keine Salmonellen

Pyrogene*: Qualitätsprüfungen auf Pyrogene oder Endotoxine sind in der Ph.Eur. bei den Parenteralia, bei gereinigtem Wasser und Wasser für Injektionszwecke vorgeschrieben; Prüfung auf Bakterien-Endotoxine: s. Limulustest; Prüfung auf Pyrogene: s. Kaninchentest

k: Konstante, z. B. Auflösungskonstante. Gilt ein solcher Zusammenhang, erhält man bei Auftragung von c gegen $\sqrt{t}$ eine ansteigende od. bei Auftragung des noch nicht gelösten Anteils gegen $\sqrt{t}$ eine abfallende Gerade (Higuchi-Plot). Das Q. gilt u. a. für die Freisetzung aus Matrixtabletten sowie in modifizierter Form für Lösungs- u. Suspensionssalben.

Qualifizierung: nach dem GMP*-Regelwerk ist dies die Beweisführung, dass Ausrüstungsgegenstände einwandfrei arbeiten u. tatsächl. zu den erwarteten Ergebnissen führen, z. B. bei Räumen u. Anlagen.

Qualität: im AMG ist Qualität die Beschaffenheit, die nach Identität, Gehalt, Reinheit, sonstigen chem., physik., biol. Eigenschaften od. durch das Herstellungsverfahren bestimmt wird.

Qualität pharmazeutischer Zubereitungen, mikrobiologische: nach Kategorien gestaffelte Anforderung für Arzneimittel. Bei Herst., Verpackung, Lagerung u. Verteilung von pharmaz. Zuber. müssen geeignete Maßnahmen zur Gewährleistung ihrer mikrobiol. Qualität getroffen werden. Sie sollen den in der Tabelle zusammengefassten Anforderungen der Ph.Eur. entsprechen. Mikrobielle Verunreinigung bei nicht sterilen Produkten werden durch Zählung der gesamten, lebensfähigen, aeroben Keime erfasst, durch Membranfiltration, durch Zählung auf Agarplatten od. durch Zählung mit Hilfe von Verdünnungsreihen nach gegebenen Vorschriften. Die Bestimmung der Koloniezahl ist unter Bedingungen durchzuführen, die eine versehentl. Kontamination des Produkts während der Prüfung vermeiden. Die Vorsichtsmaßnahmen dürfen jedoch keinen Einfluss auf die nachzuweisenden Mikroorganismen haben. Um die Anzahl koloniebildender Einheiten festzustellen, die im Rahmen der empfohlenen Grenzen für die anzuwendende Methode liegt, werden geeignete Verdünnungen hergestellt. Die zulässigen Keimzahlen für Arznei- und Darreichungsformen sind in der Ph.Eur.4 festgelegt. Vgl. Prüfung auf Sterilität.

Qualitätssicherungssystem: nach GMP* ist die Qualitätssicherung ein weitreichendes Konzept, das alle Punkte abdeckt, die im einzelnen od. insgesamt die Qualität eines Produkts beeinflussen. Sie stellt die Gesamtheit aller vorgesehenen Maßnahmen dar, die getroffen werden, um sicherzustellen, dass die pharmaz. Produkte, die für den beabsichtigten Gebrauch erforderl. Qualität aufweisen. Qualitätssicherung umfasst daher die GMP* sowie weitere Faktoren, die über den Rahmen des GMP-Leitfadens hinausgehen.

quality adjusted life year: Abk. QALY; Lebensjahre, die entspr. der Lebensqualität gewichtet werden. Messgröße, die z. B. in der Pharmakoökonomie* angewandt wird, um die Ergebnisse versch. Ther. zu vergleichen. QALY wird ermittelt, indem die Anzahl der Lebensjahre multipliziert wird mit der durchschnittl. Lebensqualität, mit der die jeweiligen Jahre verbracht werden. Lebensqualität reicht dabei von 0 = tot bis 1 = vollständig gesund. Die Anzahl QALY gibt eine Aussage darüber wie viele Lebensjahre mit welcher Lebensqualität zu erwarten sind, s. Abbildung.

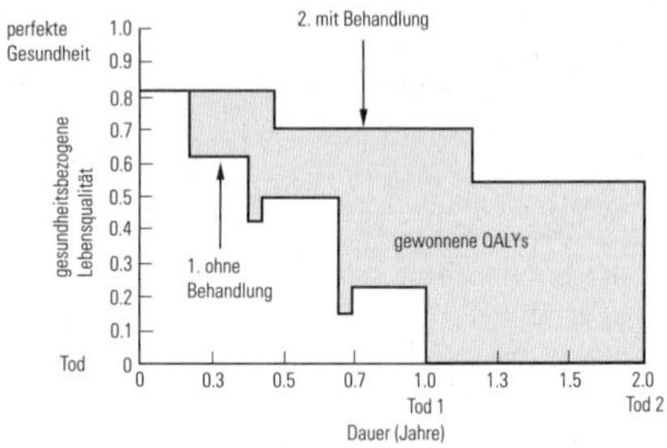

quality adjusted life year: ohne Behandlung: gesundheitsbezogene Lebensqualität des Individuums nimmt entspr. der unteren Kurve ab, der Tod tritt zum Zeitpunkt 1 (Tod 1) ein; mit Behandlung: Verschlechterung der Lebensqualität wird verzögert, das Leben verlängert, der Tod tritt zum Zeitpunkt 2 (Tod 2) ein; Fläche zw. den Kurven (grau): Anzahl der QALYs, die durch diese Behandlung gewonnen wird [7]

Quantenchemie: Forschungsgebiet, das die Lsg. chem. Fragestellungen, z. B. Bindungsstärken u. Geometrien von Molekülen, mit Hilfe von quantentheoret. Berechnungen (s. Quantentheorie) angestrebt.

Quantenmechanik: Teilgebiet der theoret. Physik, die sich mit der Struktur, WW u. Dynamik von Elementarteilchen*, Atomen u. Molekülen beschäftigt (s. Schrödinger-Gleichung).

Quantenstrahlung: s. Strahlung, elektromagnetische.

Quantentheorie: von Max Planck (1858-1947, Nobelpreis Physik 1918) im Jahr 1900 aufgestellte grundlegende Theorie, wonach Atome die Strahlungsenergie E nicht stetig in beliebigen Mengen abgeben od. aufnehmen, sondern in bestimmten winzigen Portionen, den Quanten, deren Größe bei den versch. Arten von Strahlungen versch., aber proportional der Frequenz ν der jeweiligen Strahlung ist: $E = h \cdot \nu$ (h ist das Planck-Wirkungsquantum*). Heute ist die Qu. in der Physik allg. eingeführt, von Einstein 1905 zur Erklärung des lichtelektr. Effekts verwendet u. maßgebl. bei der Erkennung des Atombaues u. der H-Atomspektren; vgl. Quantenmechanik.

Quantenzahl: s. Orbital.

Quarantäne (franz. quarante vierzig): laut Infektionsschutzgesetz unverzügl. u. befristete Isolierung an Lungenpest od. an von Mensch zu Mensch übertragbarem hämorrhag. Fieber erkrankter od. dessen verdächtigter Personen in einem Krankenhaus od. einer für diese Krankheiten geeigneten Einrichtung. Die Dauer der Qu. für Kontaktpersonen ist abhängig von der Inkubationszeit* der betr. Krankheit. Die Pflicht zur Qu. wurde auf solche Krankheiten beschränkt, die sich bereits im übl. sozialen Kontakt als tödl. Gefahr ausbreiten können.

Quartärstruktur: die durch Zusammenlagerung mehrerer Polypeptidketten entstehende räuml. Struktur; s. Proteine.

Quartana: Kurzbez. für Malaria* quartana.

Quarz: Mod. von Siliciumdioxid* (SiO_2). **Anw.:** Herst. von Quarzglas (durchsichtig) u. Quarzgut (milchig-trüb), die für chem. Geräte verwendet werden, da sie unempfindl. sind gegen Temperaturunterschiede u. von Säuren u. Alkalien kaum angegriffen werden.

Hom: *Quarz (HAB1.2):* Bergkristall (mind. 99 % Siliciumdioxid); verord. z. B. bei chron. Eiterungen, Wundheilungsstörungen, Bindegewebeschwäche, Paradontose.

Quasiemulgatoren: Pseudoemulgatoren; keine echten Emulgatoren ohne od. nur mit schwach emulgierende Eigenschaften (z.B. einige Celluloseether). Qu. werden aufgrund ihrer viskositätserhöhenden u. meist auch thixotropen Eigenschaften für flüss. O/W-Emulsionen eingesetzt. Sie quellen infolge starker Hydratation stark. Bewirken höhere Zusätze an Qu. eine Umwandlung der äußeren Phase zu einem Gel, so entstehen halbfeste thixotrope Emulsionen (z. B. Emulsionsgele), die sich nach dem Schütteln verflüssigen, gut applizierbar sind u. sich innerhalb kurzer Zeit wieder verfestigen. In Verbindung mit echtem Emulgator sparen Qu. diesen z. T. ein u. stabilisieren über die Viskositätserhöhung (Stokes-Gesetz) den erreichten Dispersitätsgrad. Dadurch werden Aufrahm-, Sedimentations- od. Koaleszenzprozesse verhindert od. vermindert. Wichtigste Qu. sind Tragant, Gelatine, Agar-Agar, die meisten halbsynthet. Celluloseether u. die schwach vernetzten Polymere Polyacrylsäure u. Polyvinylpyrrolidon. Vgl. Emulgatoren.

Quasiemulsionen: Systeme, in denen die innere Phase ledigl. mechanisch durch eine hohe Viskosität grobdispers in der äußeren Phase gehalten wird (z. B. dispergiertes Wasser in Vaselin); vgl. Emulsionen.

quasiviskos: s. Viskosität.

Quassia amara L.: Fam. Simaroubaceae (nördl. Brasilien, Trinidad, Guayana, in den Tropen oft als Zierstrauch kult.). Stpfl. von **Lignum Quassiae (surinamense):** Surinam-Quassiaholz, Surinam-Bitterholz, Fliegenholz; hellgelbes bis gelbl.-weißes, geruchloses Holz von starkem u. anhaltend bitterem Geschmack. **Off.:** DAB6; **Inhaltsst. u. Anw.:** wie Lignum Quassiae jamaicense (s. Picrasma excelsa).

Hom: *Picrasma excelsa,* Quassia amara (HAB2000): getrocknetes Holz der Stämme u. Äste von Picrasma excelsa u. von Quassia amara; verord. z. B. bei Lebererkrankungen, Dyspepsie.

Quassia cedron: s. Simarouba cedron.

Quassiaholz: s. Picrasma excelsa, Quassia amara.

Quassia simarouba: s. Simarouba amara.

Quassin: s. Picrasma excelsa.

Quassinoide: Secotriterpene; Bitterstoffe der Simaroubaceae* mit insektiziden, zytotoxischen u. a. Wirkungen.

Quats: kurz quartäre Ammoniumverbindungen*.

Quebrachin: s. Yohimbin.

Quebracho: s. Aspidosperma quebracho-blanco.

Quebrachorinde: s. Aspidosperma quebracho-blanco (Quebracho cortex).

Quecke: s. Agropyron repens.

Queckenwurzel, Rote: s. Carex arenaria (Rhizoma Caricis).

Queckenwurzelstock: s. Agropyron repens (Graminis rhizoma).

Quecksilber: Hydrargyrum, Hydrargyrum extinctum, veraltet Mercurius vivus, Argentum vivum; Symbol Hg; A_r 200.59, OZ 80. D. 13.594. Schmp. –38.84 °C. Sdp. 356.58 °C. Silberweißes, 1- u. 2-wertiges Metall, als einziges bei Raumtemp. flüssig. Reines Hg verändert sich bei Raumtemp. an der Luft nicht, unreines Hg überzieht sich an feuchter Luft mit einem dünnen Oxidhäutchen. Es verdampft schon bei Raumtemp., Dampfdruck bei 20 °C 160 mPa ($1.2 \cdot 10^{-3}$ Torr). Beim Erhitzen geht Hg in rotes, krist. Quecksilber(II)-oxid über. Beim Schütteln mit Wasser, Ammoniaklsg., Terpentinöl, Ether u. a. sowie durch Reiben mit pulverigen Stoffen lässt sich metall. Hg zu einem feinen, grauen Pulver zerteilen, dem Hydrargyrum extinctum od. Pulvis Aethiops per se. Den Vorgang selbst nennt man Extingieren od. Töten des Quecksilbers; metall. Hg ist unlösl. in Salzsäure u. kalter Schwefelsäure, lösl. in heißer konz. Schwefelsäure u. in Salpetersäure. Die meisten Metalle (ausgenommen die Edelmetalle) fällen Hg aus seinen Salzlösungen. Viele Metalle lösen sich in Hg zu Legierungen, den Amalgamen*, die bei kleinem Metallgehalt flüssig, bei größerem Metallgehalt fest sind. Die Aufbewahrung erfolgt in eisernen Flaschen, da Eisen in Hg unlösl. ist. **Vork.:** nat. meist gebunden als Zinnober (Cinnabarit, HgS), selten als Tropfen im Gestein (Jungfernquecksilber): **Darst.:** Rösten des Zinnobers mit Ätzkalk od. Eisen u. Kondensieren der Hg-Dämpfe in glasierten Steinzeugröhren; **Off.:** ÖAB90; **Anw.** med.: früher gegen Syphilis, heute ist diese Anw. obsolet; in der Zahnmedizin für Amalgame*; techn.: Herst. von Thermometern u. Spiegeln sowie galen. Präparate (Ungt. Hydrargyri cinereum, Emplastrum Hydrargyri); **Tox:** **1.** Verschlucken des Metalles führt zu keinen Vergiftungserscheinungen. Hg-Dämpfe u. alle lösl. Hg-Verb. gehören hingegen zu den stärksten anorg. Giften (Plasmagifte). Hg-Dampf wird in der Lunge gut resorbiert. MAK: 0.1 mg/m^3 Luft (0.1 ppm). Chron. Aufnahme von 250 µg/d soll ohne Vergiftungserscheinungen vertragen werden. Vorsicht bei zerbrochenen Thermometern! Verstreute Hg-Tröpfchen kann man mit aufgestreutem Zink- od. Kupferstaub od. Schwefelblüte unschädl. machen, größere verstreute Mengen sofort aufsammeln! Zum Binden von Hg u. Hg-Dämpfen dient auch Iodkohle*. **2.** Wasserlösl. anorg. Hg-Verb. durchdringen die Schleimhäute; auch können Hg-Verb. aus entspr. Zubereitungen, z. B. Salben, durch die Haut aufgenommen werden. Hg-Ionen sind starke Enzyminhibitoren, sie reagieren mit freien SH-Gruppen. Quecksilber(I)-chlorid* (HgCl, Kalomel) wird im Darm nur wenig resorbiert, Quecksilber(II)-chlorid* ($HgCl_2$) ist eines der stärksten Ätzgifte, Quecksilberoxidcyanid ($HgO \cdot Hg(CN)_2$) wirkt nur wenig ätzend u. ist nur gering resorptiv toxisch. Einmalige orale Aufnahme von 0.2-1 g $HgCl_2$ od. ca. 2 g Quecksilberoxidcyanid sind für Erwachsene tödlich. **3.** Bei der akuten Vergiftung mit anorg. Hg-Verb. kommt es zu Verätzung der Schleimhäute u. zu heftigen Reaktionen des Magen-Darm-Traktes mit Übelkeit, Erbrechen u. Koliken. Weiter tritt Nierenschädigung mit Oligurie*, evtl. Anurie* auf. Die chron. Vergiftung

(Mercurialismus) zeigt sich in entzündl. Veränderungen der Mundschleimhaut, teils mit Geschwürbildung, dunklem Saum am Zahnfleischrand, v. a. aber in zentralnervösen Störungen wie Reizbarkeit, Konzentrationsschwäche, Schlaflosigkeit, Sprachstörungen u. Tremor. Org. Hg-Verb. führen kaum zu Magen- Darm- u. Nierenstörungen. Vergiftungen äußern sich in Reizerscheinungen des ZNS, die schließl. in Lähmungen übergehen können. **4.** Hg besitzt eine erhebl. ökolog. Bedeutung. Quecksilberhaltige Produkte, z. B. Industrieabfälle (Batterien) u. Pflanzenschutzmittel, gelangen direkt od. durch Auswaschen aus dem Boden ins Meer u. von den Meerestieren direkt od. auf dem Umweg über andere Tiere in den Menschen. So kam es in der Minamatabucht (Japan) 1953-1960 zu einer großen Anzahl von Hg-Vergiftungen mit teils tödl. Ausgang bei den Einwohnern nach Verzehr von Fischen mit einem Hg-Geh. von 6-25 mg/kg (die WHO lässt max. 0.5 mg/kg zu). **Antidot:** Metalcaptase (D-Penicillamin, D-β,β-Dimethylcystein), Dimercaprol*, DMPS (Natrium-2,3-dimercaptopropan-1-sulfonat); **Nachw.** von Hg u. Hg-Verb.: **1.** mit Soda im Reagenzglas erhitzt, scheidet sich am kälteren T. des Röhrchens graues, metall. Hg ab; **2.** auf metall. Kupfer, Zink od. Eisen schlägt sich aus den Lsg. metall. Hg nieder; **3.** H_2S fällt schwarzes HgS, in heißer Salpetersäure unlösl.; **4.** Alkalilaugen fällen aus Quecksilber(I)-Salzlsg. schwarzes Hg_2O, aus Quecksilber(II)-Lsg. gelbes HgO. **5.** HCl fällt aus Quecksilber(I)-Salzlsg. weißes HgCl; aus Quecksilber(II)-Verb. keine Fällung.

Hom: *Hydrargyrum metallicum(HAB1.3),* Mercurius vivus: s. Quecksilber, lösl., nach Hahnemann.

Quecksilber-197: Symbol ^{197}Hg; OZ 80; Radioisotop des Quecksilbers, emittiert Gamma- u. Röntgenstrahlen, HWZ 64 h. Seine charakterist. Photonenstrahlung hat eine Energie von 0.069 MeV. **Gew.:** durch Neutronenbestrahlung von Quecksilber-196. Da das nat. Quecksilber ein Gem. aus 7 Quecksilberisotopen ist, entstehen bei der Bestrahlung neben ^{197}Hg weitere radioaktive Isotope. **Anw.:** vgl. Quecksilber(II)-chlorid[^{197}Hg] u. Chlormerodrin [^{197}Hg].

Quecksilber(I)-acetat: essigsaures Quecksilberoxydul, Mercurius aceticus, Mercuroacetat, Hydrargyrum aceticum oxydulatum; $(CH_3-COOHg)_2$. Weiß glänzende Schuppen, wenig lösl. in Wasser, unlösl. in Ethanol. **Darst.:** aus Quecksilber(I)-nitrat u. Natriumacetat; **Anw.** med.: früher innerl. als Antisyphilitikum.

Quecksilber(II)-acetat: Mercuriacetat, Hydrargyrum aceticum odydatum; $(CH_3-COO)_2Hg$, M_r 318.7. Weiß glänzende, nach Essigsäure riechende Blättchen, leicht lösl. in Wasser, lösl. in Ethanol. **Darst.:** Lösen von Quecksilber(II)-oxid in verd. Essigsäure u. Auskristallisieren lassen; **Anw.** med.: früher innerl. als Antisyphilitikum; äußerl. Waschungen gegen Sommersprossen (1 %ige Lsg.); Reagens.

Quecksilber(II)-amidochlorid: Hydrargyri amidochloridum, Hydrargyrum chloratum amidatum, Hydrargyrum chloratum ammoniatum, Hydrargyrum amidato-bichloratum, Hydrargyrum bichloratum ammoniatum, Hydrargyrum praecipitatum album, weißes unschmelzbares Quecksilberpräzipitat, Mercurius praecipitatus albus, Mercuriammoniumchlorid; Quecksilber(II)-amidchlorid; CAS-Nr. 10124-48-8; $HgNH_2Cl$, M_r 252.1. Weiße Stücke od. weißes, amorphes Pulver, fast unlösl. in Wasser, lösl. in Säuren. **Darst.:** Umsetzen von Quecksilber(II)-chlorid mit Ammoniaklsg.; **Off.:** DAC86, ÖAB81; **Anw.** med.: Antiseptikum*; (früher) zu Salben bei Ekzemen, syphilit. Geschwüren, Skabies, Parasiten (Aftersalbe bei Oxyuren); s. Unguentum Hydrargyri album.

Quecksilberbarometer: s. Barometer.

Quecksilber(I)-bromid: Hydrargyrum bromatum, Mercurobromid; Hg_2Br_2, M_r 280.5. **Anw.** med.: früher wie Kalomel (s. Quecksilber(I)-chlorid).

Quecksilber(I)-chlorid: Hydrargyrum chloratum, Hydrargyrum chloratum mite sublimatione paratum, Hydrargyrosi chloridum, Quecksilberchlorür, Mercurius dulcis, Mercurochlorid, Kalomel, Calomel; Hg_2Cl_2, M_r 472.1. D. 7.15. Feines, weißes bis gelbl. weißes Pulver. Zersetzt sich am Licht u. verflüchtigt sich beim Erhitzen auf 383 °C ohne zu schmelzen (im Ggs. zu Quecksilber(II)-chlorid*), unlösl. in Wasser, Ethanol, Ether, lösl. in konz. Säuren. Beim Übergießen mit NH_3-Lsg. färbt es sich tiefschwarz (fein verteilter *Hg*); daher der Name Kalomel (*gr.* kalos schön, melas schwarz). Mit Alkalien, blausäurehaltigen Stoffen, Phosphinaten, Pyrazolonen u. a. bildet es lösl. Komplexsalze, die ebenfalls schwere Vergiftungen hervorrufen können. Mit Zucker setzt es sich allmähl. bei Gegenwart von Feuchtigkeit zu Quecksilber(II)-chlorid um, es darf daher stets nur mit Lactose vermischt werden. **Darst.:** Sublimation einer Mischung von Quecksilber(II)-chlorid mit Quecksilber od. Versetzen einer Quecksilber(I)-salzlsg. mit einem lösl. Chlorid; **Off.:** DAB7, ÖAB81; **Anw.** med.: früher als Diuretikum* u. Laxans*, auch bei Leberstauung (färbt Kot grünl.); techn.: Porzellanmalerei; **Dos.:** 0.2-0.5 g, Kinder 0.01-0.1 g; MED zu Einspritzungen 0.1 g. **Hydrargyrum chloratum vapore paratum** DAB6: durch Dampf bereitetes Quecksilber(I)-chlorid, Hg_2Cl_2, Dampfkalomel. **Darst.:** Quecksilber(I)-chlorid-Dämpfe (aus der Sublimation) werden in Wasserdampf geleitet, wobei sich Hg_2Cl_2 niederschlägt. Feines, weißes, mikrokrist. Pulver, das beim Reiben im Mörser gelbl. wird. **Anw.:** sonstige Eigenschaften wie Hydrargyrum chloratum mite, jedoch infolge seiner feineren Dispersion stärker wirkend. Es wird innerl. kaum verwendet; hauptsächl. als Einstäubemittel bei Augenerkrankungen. **Kontraind.:** gleichzeitige innerl. Anw. von Kaliumiodid, da dieses in der Tränenflüss. als ätzend wirkendes HgI ausgeschieden werden würde. **Hydrargyrum chloratum via humida paratum** EB6: gefälltes Quecksilber(I)-chlorid; Hg_2Cl_2, M_r 472.1. **Darst.:** Fällen einer Quecksilbersalzlsg. mit NaCl od. Salzsäure. Feines, weißes, amorphes Pulver. Eigenschaften u. Anw. s. oben.

Hom: *Hydrargyrum chloratum (HAB1.3), Mercurius dulcis, Calomel:* verord. z. B. bei Lebererkrankungen, akuter Gastroenteritis.

Quecksilber(II)-chlorid: Hydrargyri dichloridum Ph.Eur.4, Hydrargyri perchloridum, Hydrargyrum bichloratum, Hydrargyri chloridum corrosivum, Mercurichlorid, Sublimat; $HgCl_2$, CAS-Nr. 7487-94-7; M_r 271.5. D. 5.44. Schmp. 277-280 °C. Sdp. 302 °C. Krist. weißes Pulver od. weiße, schwere, durchscheinende, strahlig krist. Stücke od. farblose, glänz. Kristalle; leicht lösl. in Wasser (1 T. löst sich in 15.2 T. Wasser von 20 °C, in ca. 3 T. Wasser von 100 °C), ferner in 3.6 T. Ethanol 90 %, in 17 T. Ethylether, in ca. 15 T. Glycerol u. a. org. Lösungsmitteln. Die wässrige Lsg. reagiert schwach sauer. Beim Erhitzen schmilzt es (im Ggs. zu Hg_2Cl_2) u. verflüchtigt sich vollständig. **Wirk.:** $HgCl_2$ ist ein starkes Protoplasmagift, es bindet u. denaturiert Eiweiß. Es hemmt in Verd. 1:20 000 das Wachstum der meisten Mikroorganismen u. tötet sie in Verd. 1:1000 in wenigen Min. ab. Durch Zusatz von Kochsalz wird die Giftwirk. abgeschwächt, da NaCl die hydrolyt. Spaltung des $HgCl_2$ verhindert u. ein Komplexsalz Na_2HgCl_4 bildet (s. Pastilli Hydrargyri bichlorati); **Darst.:** Sublimation von Quecksilber(II)-sulfat mit Natriumchlorid od. Auflösen von Quecksilber(II)-oxid in verd. Salzsäure; **Inkomp.:** mit vielen Alkaloiden sowie mit Eiweiß gibt es unlösl. Verb.; **Anw.** techn.: Konservieren anatom. Präparate, Einbalsamieren von Leichen, Holzkonservierung, als Saatbeize (0.1 %); med.: äußerl. Antiseptikum (in 0.02-0.1 %iger Lsg. — Vorsicht bei Schleimhautspülungen) u. Ätzmittel; früher innerl. als Antisyphilitikum; Antidot: s. Quecksilber.

Hom: *Hydrargyrum bichloratum (HAB1.1),* Mercurius sublimatus corrosivus: verord. z. B. bei Schleimhaut- u. Zahnentzündungen.

Quecksilber(II)-chlorid [^{197}Hg]: Hydrargyri [^{197}Hg] dichloridi; wird in Form einer sterilen, durch Zusatz von Natriumchlorid isotonisierten Injektionslsg. verwendet (Hydrargyri [^{197}Hg] dichloridi solutio iniectabilis Ph.Eur.4 [^{197}Hg]Quecksilber(II)-chlorid-Injektionslösung). **Anw.:** Messung der renalen Hg-Aufnahme; vgl. Quecksilber-197.

Quecksilber(II)-chloridlösung: 5.4 %ige Lsg. (m/V) von $HgCl_2$, ca. 0.2 mol/L. **Anw.:** Reagens Ph.Eur.4; u. a. zum Nachw. von Eisen.

Quecksilberchlorür: s. Quecksilber(I)-chlorid.

Quecksilberchlorür, durch Dampf bereitetes: s. Quecksilber(I)-chlorid (Hydrargyrum chloratum vapore paratum).

Quecksilberchlorür, gefälltes: s. Quecksilber(I)-chlorid (Hydrargyrum chloratum via humida paratum).

Quecksilber(II)-cyanid: Quecksilberzyanid, Mercurius cyanatus, Mercuricyanid, Hydrargyrum cyanatum, Hydrargyri cyanidum; $Hg(CN)_2$, M_r 252.6. Farblose Kristalle, lösl. in Wasser u. Ethanol, wenig lösl. in Ether. **Darst.:** Kochen von HgO mit Berliner Blau*; **Anw.** med.: früher bei Diphtherie.

Hom: *Hydrargyrum cyanatum (HAB1.5),* Mercurius cyanatus: verord. z. B. bei Schleimhautentzündungen des Mundes u. des Magen-Darm-Traktes.

Quecksilberdiuretika: s. Diuretika.

Quecksilberintrusionsverfahren: Messmethode zur Bestimmung der Porosität* (Porengrößenverteilung) u. der inneren Oberfläche* von Pulvern od. Granulaten. Durch die hohe Oberflächenspannung* von Quecksilber benetzt dieses nur unter Druckanwendung das zu untersuchende Pulver u. dringt erst dann in seine Kapillarräume ein. Der benötigte Druck ist der Porengröße umgekehrt proportional. Der Radius der Poren ist von der Oberflächenspannung des Quecksilbers u. von dessen Benetzwinkel mit dem Feststoff abhängig (Washburn-Gleichung):

$r = -2\sigma \cdot \cos\vartheta / p$

p = Druck in Pa, r = Porenradius in m, σ = Oberflächenspannung des Quecksilbers (0.48 N/m), ϑ = Benetzungswinkel.

Das mit dem Pulver gefüllte Probengefäß wird evakuiert u. mit Quecksilber aufgefüllt, bis eine Quecksilbersäule entsteht. Wird nun auf die Quecksilbersäule ein Druck ausgeübt, sinkt diese in Abhängigkeit vom ausgeübten Druck u. vom vorhandenen Porenvolumen ab.

Quecksilber(I)-iodid: Mercuroiodid, Quecksilberiodür, Hydrargyrum iodatum (flavum), Mercurius iodatus viridis; Hg_2I_2, M_r 327.54. Gelbgrünes, amorphes Pulver, unlösl. in. Ethanol, sehr schwer lösl. in Wasser, sehr lichtempfindl.; Geh. an Hg 61.25 %, Iod 38.75 %. **Darst.:** Verreiben von metall. Quecksilber mit elementarem Iod; **Anw.** med.: früher als Antisyphilitikum.

Hom: *Mercurius iodatus flavus:* verord. z. B. bei Angina, Lymphdrüsenschwellungen.

Quecksilber(II)-iodid: Mercuriiodid, Hydrargyrum biiodatum (rubrum), Mercurius (bi)iodatus (ruber), Hydrargyri periodidum; HgI_2, M_r 454.4. D. 6.28. Schmp. 257 °C. Sdp. 351°C. Scharlachrotes, schweres, krist. Pulver, lösl. in heißem Ethanol, wenig lösl. in kaltem Ethanol sowie in Kaliumiodid-Lsg. (vgl. Neßler-Reagens) u. Ether, fast unlösl. in Wasser. **Darst.:** Verreiben der beiden Elemente (mit etwas Ethanol) od. Zusammenbringen der Lsg. von Quecksilber(II)-chlorid mit Kaliumiodid; **Anw.** med.: früher gegen Syphilis; Reagens Ph.Eur.4: z. B. zur Herst. von Neßler-Reagens* u. als konservierender Zusatz bei Stärke-Lösung.

Hom: *Hydrargyrum biiodatum (HAB1.5),* Mercurius biiodatus: verord. z. B. bei chron. Mandelentzündung, Unterleibsentzündungen.

Quecksilberiodür: s. Quecksilber(I)-iodid.

Quecksilber, lösliches, nach Hahnemann: Hydrargyrum oxydulatum nitrico-ammoniatum.

Hom: *Mercurius solubilis Hahnemanni (HAB1.4),* Mercurius praecipitatus niger: kein einheitl. Präparat, zum größten T. Quecksilber(I)-amidonitrat; verord. z. B. bei chron. Haut-, Schleimhaut- u. Lymphdrüsenentzündungen mit Eiterungstendenz, Angina, schleimigem Durchfall.

Quecksilbermohr: s. Quecksilber(II)-sulfid, schwarzes.

Quecksilber(I)-nitrat: salpetersaures Quecksilberoxydul, Quecksilberoxydulnitrat, Mercuronitrat, Hydrargyrosum nitricum, Hydrargyrum nitricum oxydulatum, Hydrargyrosi nitras; $Hg_2(NO_3)_2 \cdot 2\,H_2O$, M_r 561.3. Farblose, hygroskop. Kristalle, lösl. in Wasser u. verd. Salpetersäure. **Anw.** med.: früher als Antisyphilitikum.

Hom: *Hydrargyrum nitricum oxydulatum (HAB1.4),* Mercurius nitricus oxydulatus: verord. z. B. bei Unterleibsentzündungen.

Quecksilber(II)-nitrat: Quecksilberoxidnitrat, salpetersaures Quecksilberoxid, Mercurinitrat, Hydrargyrum nitricum oxydatum; $Hg(NO_3)_2$, M_r

324.6. D. 4.3. Farblose, hygroskop. Kristalle; leicht lösl. in salpetersäurehaltigem Wasser. **Darst.**: Auflösen von HgO in Salpetersäure; **Anw.** med.: früher als Antisyphilitikum.

Quecksilberoleat: Hydrargyrum oleinicum, ölsaures Quecksilberoxid; Gemisch von Quecksilber(II)-oleat mit freier Ölsäure*, Geh. 25 % Quecksilberoxid entspr. 23.15 % Hg. Schwach gelbl. weiße Masse von Salbenkonsistenz, lösl. in fetten Ölen, Benzin, wenig lösl. in Ethanol u. Ether. **Darst.**: 25 T. gelbes Quecksilber(II)-oxid* werden mit 25 T. Ethanol in einer Porzellanschale angerührt, dem Gemisch 75 T. Ölsäure zugefügt u. bis zur gleichmäßigen Dicke verrührt. Nach 24-stündigem Stehen wird unter ständigem Rühren auf max. 60 °C erwärmt, bis das Ethanol verdunstet ist u. das Gesamtgewicht 100 T. beträgt; **Anw.** med.: früher äußerl. zu Einreibungen geg. Syphilis.

Quecksilberoxidcyanid: s. Quecksilberoxycyanid.

Quecksilberoxid, diiodparaphenolsulfonsaures: Hydrargyum diiodparaphenolsulfonicum, Hydrargyum sozoiodolicum, Sozoiodol-Quecksilber; $C_5H_2I_2OSO_3Hg$, M_r 654.5. Orangerotes, feines Pulver, lösl. in NaCl-Lsg., fast unlösl. in Wasser u. Ethanol, Geh. an Hg 31.1 %. **Darst.**: Fällen einer Lsg. von Sozoiodolnatrium mit Quecksilber(II)-nitrat; **Anw.** med.: Antiseptikum, Antiparasitikum; hauptsächl. vet. verwendet; **Dos.**: MED 0.05 g, MTD 0.1 g.

Quecksilberoxid, essigsaures: s. Quecksilber(II)-acetat.

Quecksilber(II)-oxid, gelbes: Mercurius praecipitatus flavus, Hydrargyrum oxydatum (flavum) via humida paratum, gelbes Mercurioxid, gelbes Präzipitat; HgO, M_r 216.61. Gelbes, amorphes Pulver, unlösl. in Wasser u. Ethanol, leicht lösl. in Säuren, sehr lichtempfindl., Geh. an Hg 92.61 %. **Darst.**: Fällen von Quecksilber(II)-chlorid-Lsg. mit Natronlauge; **Off.**: ÖAB81; **Anw.** med.: früher als Antiseptikum*; äußerl. bei Augenerkrankungen (Blepharitis, Konjunktivitis, Keratitis); s. Unguentum Hydrargyri flavum; techn. Reagens Ph.Eur.4: Herst. der Quecksilber(II)*-sulfat-Lösung.

Q

Quecksilberoxidnitrat: s. Quecksilber(II)-nitrat.

Quecksilberoxid, ölsaures: s. Quecksilberoleat.

Quecksilber(II)-oxid, rotes: Hydrargyrum oxydatum rubrum, Hydrargyri oxidum rubrum, rotes Mercurioxid, rotes Präzipitat; CAS-Nr. 21908-53-2; HgO, M_r 216.6. Sehr feines, rotes Pulver, unlösl. in Wasser u. Ethanol, leicht lösl. in Säuren. **Darst.**: Erhitzen von Quecksilber(II)-nitrat; **Off.**: DAC86; **Anw.**: Reagens; äußerl. als Salbe bei schlecht heilenden Geschwüren; s. Unguentum Hydrargyri rubrum.

Quecksilberoxidsalbe, gelbe: s. Unguentum Hydrargyri flavum.

Quecksilberoxidsalbe, rote: s. Unguentum Hydrargyri rubrum.

Quecksilberoxidsalbe, weiße: s. Unguentum Hydrargyri album.

Quecksilber(I)-oxid, salpetersaures: s. Quecksilber(I)-nitrat.

Quecksilberoxid, schwefelsaures: s. Quecksilber(II)-sulfat.

Quecksilberoxidsulfat: s. Quecksilber(II)-sulfat.

Quecksilberoxycyanid: Quecksilberoxidcyanid, Hydrargyrum oxycyanatum, Hydrargyrum oxycyanatum cum Hydrargyro cyanato, Hydrargyri oxycyanidum, Hydrargyrum subcyanatum, basisches Quecksilbercyanid, cyanidhaltiges Quecksilberoxidcyanid; eine Mischung von 33.3 % Quecksilberoxidcyanid ($Hg[CN]_2 \cdot HgO$) u. 66.6 % Quecksilbercyanid ($Hg[CN]_2$). Weißes bis gelbl. weißes Pulver, lösl. in 19 T. Wasser. **Darst.**: Lösen von HgO u. $Hg(CN)_2$ in Wasser u. Eindampfen; **Off.**: DAB6, ÖAB81; **Anw.** med.: früher als Antisyphilitikum* u. Antiseptikum* wie Quecksilber(II)-chlorid, jedoch 6-mal stärker wirkend u. weniger ätzend als dieses, da es Eiweiß nicht koaguliert; **Dos.**: MED 10 mg, MTD 30 mg. **Pastilli Hydrargyri oxycyanati** DAB6: Gemisch aus 10 T. Quecksilberoxidcyanid, 4 T. Natriumbicarbonat u. 6 T. Natriumchlorid, mit Teerfarbstoff blau gefärbt, je 1 od. 2 g schwer.

Quecksilberoxydul, essigsaures: s. Quecksilber(I)-acetat.

Quecksilberoxydul, gerbsaures: s. Quecksilbertannat.

Quecksilberoxydulnitrat: s. Quecksilber(I)-nitrat.

Quecksilberoxydul, salpetersaures: s. Quecksilber(I)-nitrat.

Quecksilberoxydul, schwefelsaures: s. Quecksilber(I)-sulfat.

Quecksilberpflaster: s. Emplastrum Hydrargyri.

Quecksilberpräzipitatsalbe: s. Unguentum Hydrargyri album.

Quecksilberpräzipitat, weißes: s. Quecksilber(II)-amidochlorid.

Quecksilberpumpe: Quecksilberdampfstrahlpumpe; dient der Erzeugung von Hochvakuum bis ca. 130 mPa, entspr. 0.001 mmHg, mittels strömenden Quecksilberdampfes.

Quecksilberpyknometer nach Higuchi: s. Dichte von Pulvern.

Quecksilberrhodanid: s. Quecksilber(II)-thiocyanat.

Quecksilbersalbe: s. Unguentum Hydrargyri cinereum.

Quecksilbersalbe, graue: s. Unguentum Hydrargyri cinereum.

Quecksilbersalicylat: Hydrargyrum salicylicum DAB6, Anhydro-hydroxymercurisalicylsäure, Mercurisalicylat; M_r 336.63. Geh. mind. 54.8 % Hg. Weißes bis hellrosa gefärbtes Pulver, fast unlösl. in Ethanol u. Wasser, lösl. in NaOH- u. NaCl-Lösung. **Darst.**: Einw. von Salicylsäure auf Quecksilberoxid; **Anw.** u. **Dos.**: früher i. m. in Olivenöl od. Paraffin suspendiert (bei Syphilis*, Dos. 0.05 g); innerl. MED 0.15 g.

Quecksilbersublimat: s. Quecksilber(II)-chlorid.

Quecksilber(I)-sulfat: schwefelsaures Quecksilberoxydul, Mercurosulfat, Hydrargyrum sulfuricum oxydulatum; Hg_2SO_4. D. 7.56. Farblose Kristallprismen, sehr schwer lösl. in Wasser u. verd. Schwefelsäure. **Darst.**: Zufügen von verd. Schwefelsäure zu einer Lsg. von Quecksilber(I)-nitrat; **Anw.**: Katalysator bei der Oxidation org. Stoffe.

Quecksilber(II)-sulfat: Quecksilberoxydsulfat, schwefelsaures Quecksilberoxid, Mercurisulfat, Hydrargyrum sulfuricum; $HgSO_4$, M_r 296.7. Weißes, krist. Pulver, lösl. in Salzsäure u. konz. NaCl-Lsg., wenig lösl. in kaltem Wasser.

Quecksilber(II)-sulfat, basisches: basisches Mercurisulfat, Hydrargyrum sulfuricum basicum, Hydrargum subsulfuricum, veraltet Turpethum minerale des Paracelsus; $HgSO_4 \cdot 2HgO$. Schweres gelbes Pulver, lösl. in Säuren. **Anw.** med.: früher gegen Syphilis sowie als Emetikum* u. Laxans*.

Hom: *Mercurius sulfuricus:* verord. z. B. bei chron. Katarrhen der Luftwege.

Quecksilbersulfatlösung: 1 g Quecksilber(II)-oxid wird in 4 mL Schwefelsäure gelöst, die Lsg. mit 20 mL Wasser verdünnt. **Anw.:** Quecksilber(II)sulfatlösung ist Reagens Ph.Eur.4; u. a. zur Grenzprüfung von Isopropylalkohol.

Quecksilber(II)-sulfid, rotes: Hydrargyrum sulfuratum (rubrum), Hydrargyri sulfidum rubrum, rotes Mercurisulfid, Zinnober, Cinnabaris; HgS, CAS-Nr. 1344-48-5; M_r 232.7. Intensiv rotes Pulver, das sich beim Erhitzen an der Luft zersetzt, wobei der Schwefel mit blauer Flamme verbrennt u. das Hg sich verflüchtigt; unlösl. in Wasser, Ethanol, Salzsäure, Salpetersäure, Kalilauge, lösl. in Königswasser*. **Darst.:** Sublimation von Quecksilber mit Schwefel; **Off.:** DAC86, Ph.Helv.7; **Anw.** med.: nicht mehr gebräuchl., im DAB6 zur Herst. des Decoctum Zittmanni. Heute z. T. Bestandteil ayurvedischer Arzneimittel.

Hom: *Hydrargyrum sulfuratum rubrum (HAB1.3),* Cinnabaris, Mercurius sulfuratus ruber: mind. 99 % HgS.

Hom: *Zinnober (HAB1.4):* nat. Mineral Cinnabarit (mind. 90 % HgS); verord. z. B. bei Stirn- u. Nebenhöhlenentzündungen.

Quecksilber(II)-sulfid, schwarzes: schwarzes Mercurisulfid, Quecksilbermohr, Aethiops mercurialis; Gemisch, haupsächl. aus Quecksilber(II)-sulfid u. Schwefel. Schwarzes Pulver, unlösl. in Wasser, Ethanol u. Säuren, lösl. in Königswasser*. **Darst.:** Zusammenreiben gleicher Mengen Quecksilber u. gereinigtem Schwefel.

Hom: *Hydrargyrum sulfuratum nigrum (HAB1.5),* Aethiops mineralis: Verreibung von Hg u. S, verord. z. B. bei Ekzemen, Augenentzündungen.

Quecksilbersulfocyanid: s. Quecksilber(II)-thiocyanat.

Quecksilber(I)-tannat: gerbsaures Quecksilberoxydul, Mercurotannat, Hydrargyrum tannicum oxydulatum; grünbraune, körnige Masse od. Schuppen; Geh. ca. 55 % Hg. **Darst.:** Fällung einer Quecksilber(II)-nitrat-Lsg. mit Tannin; **Anw.:** früher innerl. bei Syphilis als mildestes Quecksilberpräparat.

Quecksilber(II)-thiocyanat: Quecksilbersulfocyanid, Quecksilberrhodanid, Rhodanquecksilber, Mercurirhodanid, Hydrargyrum rhodanatum; $Hg(CNS)_2$. Weiße Kristalle, lösl. in Ethanol, Salzsäure, Salpetersäure, wenig lösl. in Wasser. **Darst.:** Zusammenbringen von Quecksilber(II)-nitrat-Lsg. mit Kaliumthiocyanat-Lsg.; **Anw.:** in der Feuerwerkerei zur Herst. sog. Pharaoschlangen (Q. bläht sich beim Erhitzen stark auf).

Queensland-Arrowroot: s. Amylum Cannae.

Quellender Tee: s. Species gelosae.

Quellen, erdige: Mineralwässer, die hauptsächl. Calcium- u. Magnesiumhydrogencarbonat enthalten; s. Aquae minerales.

Quellen, kohlensaure: s. Aquae minerales.

Quellen, muriatische (lat. muria Salzlake): Kochsalzquellen, s. Aquae minerales.

Queller: s. Salicornia europaea.

Quellmehle: mehlartige Trockenerzeugnisse, die einen Mindestgehalt von 70 % Stärke in der Trockensubstanz aufweisen; in verkleisterter Form.

Quellsalze, künstliche: Salia thermarum factitia; künstl. Mineralsalze; s. Aquae minerales.

Quellstift: s. Laminaria, Nyssa sylvatica.

Quelltone: zu den Montmorilloniten gehörende Magnesium-Alumosilicate. Sie lagern Wasser reversibel u. in nicht stöchiometr. Menge unter Volumenvergrößerung in ihre Gitterschichten ein (Volumenvergrößerung) u. geben es beim Trocknen wieder ab.

Quellungswasser: Hydratationswasser. An- u. Einlagerung von Wasser zw. Polymerketten od. Kristallschichten führt zur Vergrößerung der Polymerketten- od. Kristallschichtenabstände. Hydrogele z. B. aus Gelatine, Cellulosederivaten, aber auch Quelltone vermögen Wasser oberflächl. anzulagern sowie durch Absorption (Wasserstoffbrücken, Dipol-Dipol-Wechselwirkungen) zw. den Makromolekülen od. Gitterschichten aufzunehmen u. dadurch aufzuquellen. Die Bindungsstärke ist gering (Bindungswärme: 0-20 kJ/mol H_2O). Eine begrenzte Quellung führt zur Gelbildung, eine unbegrenzte zu kolloidalen Lösungen.

Quellungszahl: Abk. QZ, Quellungsfaktor, Quellungsindex; die QZ gibt das Volumen in Millilitern an, das 1.0 g Droge einschließl. des anhaftenden Schleimes nach dem Quellen in einer wasserhaltigen Flüssigkeit nach 4 h einnimmt (Ph.Eur.4).

Quellwasser: stammt aus einem unterird. Wasservorkommen. Es braucht nach der Mineral- u. Tafelwasserverordnung keine Mindestmenge an Mineralstoffen zu enthalten u. kann ohne ernährungsphysiol. Wirk. sein. Enteisenung, Entschwefelung od. Entzug od. Zusatz von Kohlendioxid ist zulässig. Qu. muss in der Zstzg. den Kriterien für Trinkwasser entsprechen.

Quendel: s. Thymus serpyllum.

Quendel, Römischer: s. Thymus vulgaris.

Querbalkenzellen: (bot.) Parenchym im Mesophyll mit balken- od. zapfenförmigen, in das Zellumen vorspringenden Membranverdickungen, z. B. in den Blättern von Juniperus sabina.

Quercetagenin: ein Flavonolderivat, Strukturformel s. Flavonoide (Tab.).

Quercetin: 5,7,3',4'-Tetrahydroxyflavonol, Strukturformel s. Flavonoide (Tab.). Nat. frei od. als Glykosid, in über der Hälfte aller Angiospermen vorkommend; z. B. als Quercitrin (Quercetin-3-O-rhamnosid) in der Rinde der amerikan. Färbereiche Quercus tinctoria, die pulverisiert od. als wässriger Extrakt unter dem Namen Quercitron zum Färben von Wolle, Seide, Baumwolle dient(e).

Quercitol: Pentahydroxycyclohexan; D-1-Desoxymucoinosit; $C_6H_{12}O_5$. Schmp. 234 °C. Süße, farblose Kristalle. Lösl. in Wasser, wenig lösl. in Ethanol. Nat. in Eicheln (Eichelzucker); vgl. Cyclitole.

Quercitrin: s. Quercetin.

Quercus infectoria Olivier: Galleiche; Fam. Fagaceae (Syrien, Kleinasien); s. Gallen.

Q

Quellungszahl
Beispiele

Schleimdroge	QZ	Quelle	Stammpflanze
Plantaginis ovatae seminis tegumentum	40	Ph.Eur.4	Plantago* ovata
Malvae sylvestris flos	15	Ph.Eur.4	Malva* sylvestris
Carrageen*	18	ÖAB	Chondrus crispus, Gigartina stellata
Althaeae folium	12	Ph.Eur.4	Althaea* officinalis
Althaeae radix	10	Ph.Eur.4	Althaea* officinalis
Psyllii semen	10	Ph.Eur.4	Plantago* afra, Plantago indica
Plantaginis ovatae semen	9	Ph.Eur.4	Plantago* ovata
Verbasci flos	9	Ph.Eur.4	Verbascum*-Arten
Plantaginis lanceolatae herba	6	Ph.Eur.4.04	Plantago* lanceolata
Trigonellae foenugraeci semen	6	Ph.Eur.4	Trigonella* foenum-graecum
Lichen islandicus	4.5	Ph.Eur.4	Cetraria* islandica
Lini semen (toto)	4	Ph.Eur.4	Linum* usitatissimum
Lini semen (pulverisiert)	4.5	Ph.Eur.4	Linum* usitatissimum

Quercus petraea (Matt.) Liebl.: Quercus sessiliflora salisb., Steineiche, Traubeneiche, Wintereiche; Fam. Fagaceae (Europa); s. Quercus robur.

Quercus pubescens Willd.: Flaumeiche; Fam. Fagaceae (Europa); s. Quercus robur.

Quercus robur L.: Quercus pedunculata Erh., Stieleiche, Sommereiche; Fam. Fagaceae (Europa). Zus. mit **Quercus petraea** u. **Quercus pubescens** Stpfl. von **Quercus cortex:** Cortex Quercus, Eichenrinde; die getrocknete Rinde frischer, junger Zweige (Spiegelrinde). **Off.**: Ph.Eur.4, ÖAB90, Ph.Helv.8; **Inhaltsst.**: 8-20% Gerbstoffe (nach Ph.Eur.4 mind. 3.0%), Catechine, Ellagitannine u. komplexe Gerbstoffe; **Wirk.**: adstringierend, antiviral, anthelmintisch; **Anw.**: äußerl. bei entzündl. Hautrkrankungen im Mund- u. Rachenraum sowie im Genital- u. Analbereich; volkstüml.: u.a. gegen Frostbeulen u. Fußschweiß; vet.: bei Durchfällen; techn.: zum Gerben; **Quercus cortex ad usum veterinarium:** Cortex Quercus ad usum veterinarium, Eichenrinde für tierarzneil. Zwecke; die von Ästen u. Stämmen stammende Rinde; stärker verborkt als Quercus cortex. **Off.**: Ph.Helv.8; **Inhaltsst.** u. **Anw.**: vgl. Quercus cortex; **Semen Quercus:** Glandes Quercus excorticatae, Eicheln. **Inhaltsst.**: Gerbstoffe (6-9%), Quercitol*, fettes Öl, Stärke (ca. 35%); **Anw.** volkstüml.: bei Magen- u. Darmbeschwerden; zur Herstellung von Eichelkaffee; **Semen Quercus tostum:** Glandes Quercus tostae, Geröstete Eicheln, Eichelkaffee; die von der Samenschale befreiten u. gerösteten Samen. Durch das Rösten erniedrigt sich der Gerbstoffgehalt u. Stärke wird in Dextrine umgewandelt. **Anw.** volkstüml.: z.B. bei Diarrhö.

Hom: *Quercus, ethanol. Decoctum (HAB2000):* getrocknete Rinde junger Äste u. Sprösslinge von Q. robur u. Q. petraea, enthält mind. 3.0% Gerbstoffe (gefällt mit Hautpulver, ber. als Pyrogallol).

Hom: *Quercus e cortice:* frische Rinde junger Zweige.

Hom: *Quercus e glandibus:* mit der Schale getrocknete Früchte; verord. z.B. bei Erkrankungen der Milz.

Quercus suber L.: Korkeiche; Fam. Fagaceae (Westl. Mittelmeergebiet); Stpfl. von Cortex suberis: Cortex Quercus suber, Suber (quercinum), Lignum suberinum, Kork, Flaschenkork.

Querschnittsstudie: s. Pharmakoepidemiologie.

Quetiapin INN: 2-[2-(4-Dibenzo[*b,f*][1,4]thiazepin-11-yl-1-piperazinyl)ethoxy]ethanol; CAS-Nr. 111974-69-7; $C_{21}H_{25}N_3O_2S$, M_r 383.5. Schmp. 172 °C. logP 1.8; pK_S 5.3 (ber.); schwer lösl. in Wasser. **Wirk.** u. **Anw.**: atyp. Neuroleptikum (s. Psychopharmaka) zur Behandlung der Schizophrenie*; **UAW:** Schläfrigkeit, Schwächegefühl; weniger extrapyramidal-motor. UAW als ältere Neuroleptika; **Dos.**: je nach Ansprechen u. Verträglichkeit 150-750 mg/d p.o.; HWZ 7 h.

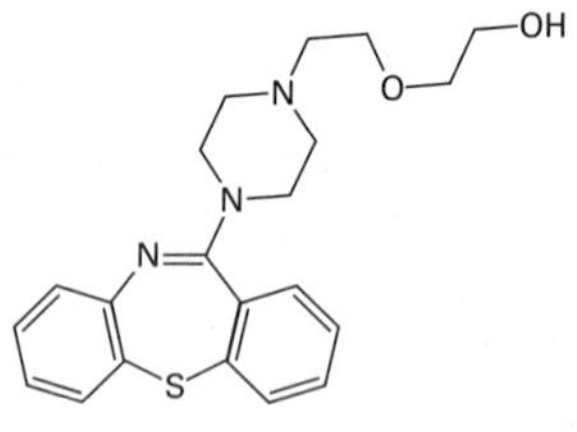

Quetiapin

Quickwert: s. Thromboplastinzeit.

Quickwert-Messgerät: vollautomat. Gerinnungsmonitor zur Bestimmung des INR (s. Thromboplastinzeit) oder % Quick mit Hilfe von Thromboplastin, meist aus Kapillarblut. Nach Messverfahren unterschiedene Typen: magneto-opt. Reflexionsphotometrie mit Eisenoxidpartikeln, Fluoreszenzlichtmessung, manuell-visuell (Häkelmethode), magnet. Stahlkugellageveränderung.

Quillajasäure: Triterpensapogenin, Strukturformel s. Saponine (Tab. 1).

Quillaja saponaria Mol.: Fam. Rosaceae (heim. Südamerika, bes. Chile, Peru, Bolivien); immergrüner Baum. Stpfl. von **Quillajae cortex:** Cortex Quillajae, Seifenrinde, Quillajarinde, Panamarinde, Waschrinde, Waschholz; die von der Borke u. Außenrinde weitgehend befreite Stammrinde. **Off.**: ÖAB90, Ph.Helv.8, DAC; **Inhaltsst.**: 8-10% eines Gemisches aus Triterpensaponinen mit Quillajasäure als Aglykon, ferner Gerbstoffe u. Calciumoxalat. Hämolyt. Index (ÖAB90): mind. 3000; **Anw.** volkstüml.: selten noch als Expektorans; techn.: als Zusatz zu Zahnpulvern, Mundwässern u. Kopfwässern sowie als Schaummittel für Getränke; das Quillaja-Acylsaponin QS 21 als Adjuvans zur Herst. von Impfstoffen.

Quinacrin: s. Mepacrin.

Quinagolid INN: (±)-*N*,*N*-Diethyl-*N*-[(3*R*,4a*R*,10a*S*)-1,2,3,4,4a,5,10,10a-octahydro-6-hydroxy-1-propylbenzo[*g*]chinolin-3-yl)sulfamid; CAS-Nr. 87056-78-8; $C_{20}H_{33}N_3O_3S$, M_r 395.56. **Wirk.:** selektiver Dopamin-D_2-Agonist (nicht verwandt mit Mutterkornalkaloiden), der die Prolactinsekretion lange hemmt ohne die anderen Hypophysenhormone zu beeinflussen. **Anw.:** Prolactinhemmer*, bei überhöhtem Serumspiegel an Prolactin* unbekannter Ursache od. infolge eines Hypophysenadenoms. **UAW:** z. B. Erbrechen, Kopfschmerzen, Schwindel, gastrointestinale Störungen, Schlaflosigkeit; **Kontraind.:** Anw. bei Kindern od. älteren Patienten; Einschränkung der Leber- od. Nierenfunktion; Stillen (nicht mögl. bzw. bei Milchfluss, weil Qu. evtl. muttermilchgängig ist); **Dos.:** p. o. 1.-3. Tag 25 µg/d, 4.-6. Tag 50 µg/d, ab dem 7. Tag 75 µg/d u. ggf. Steigerung bis 150 µg/d; 25 µg Qu. entspr. 27.3 Qu.-Hydrochlorid; HWZ 11.5 h. **Quinagolidhydrochlorid:** CAS-Nr. 94424-50-7; $C_{20}H_{33}N_3O_3S \cdot HCl$, M_r 432.02.

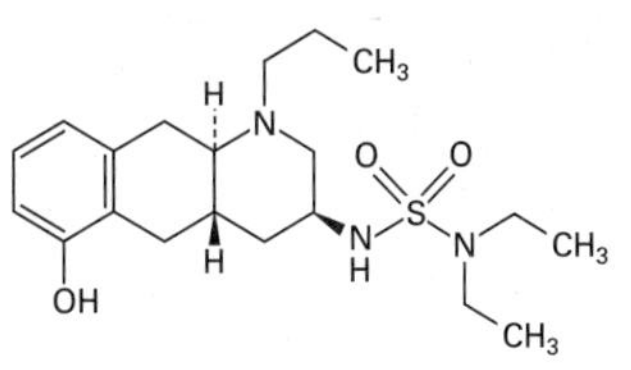

Quinagolid

Quinapril INN: CAS-Nr. 90243-99-5; $C_{25}H_{30}N_2O_5$, M_r 438.5. Schmp. 120-130 °C (Hydrochlorid). **Wirk.** u. **Anw.:** Antihypertensivum*, ACE-Hemmer*, 5-mal so wirksam wie Captopril*, wird durch unspezif. Esterasen erst in Wirkungsform überführt; **UAW:** Husten, Hautausschläge, Schwindel; **Dos.:** 1×5 mg/d.

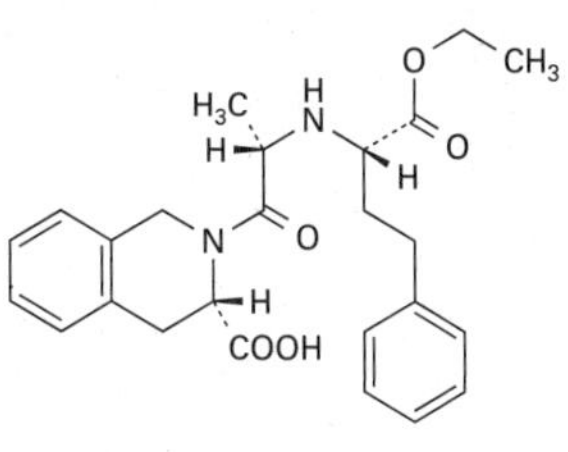

Quinapril

Quinestrol INN: 3-Cyclopentyloxy-19-nor-1,3,5(10)-pregnatrien-20-in-17*β*-ol; CAS-Nr. 152-43-2; $C_{25}H_{32}O_2$, M_r 364.51. Schmp. 107-108 °C. $[\alpha]_D^{25\,°C}$ +5° (c=0.5 in Dioxan). Unlösl. in Wasser; lösl. in Ethanol, Chloroform, Ether. **Anw.:** Qu. ist ein Estrogen mit ähnl. Wirk. u. Anwendungs-

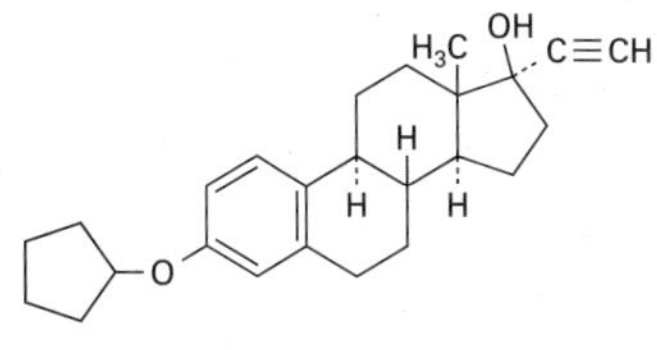

Quinestrol

bereichen wie Estradiol*, jedoch längere Wirkungsdauer; verwendet bei klimakter. Beschwerden, Abstillen (Lactationshemmung); **Dos.:** p. o. 0.025 mg, zyklusgerecht, 1.-7. Tag 3- bis 4-mal/d, dann bis 20. Tag 1-mal/d, 8 Tage Pause; zum Abstillen nach der Geburt 4 mg/6 h.

Quinisocain INN: Dimethisoquin; 1-(2-Dimethylaminoethoxy)-3-butylisochinolin; CAS-Nr. 86-80-6; $C_{17}H_{24}N_2O$, M_r 272.38. Sdp. 155-157 °C (0.4 kPa). $n_D^{20\,°C}$ 1.5486. **Anw.:** Lokalanästhetikum*; **Kontraind.:** stark blutende Hämorrhoiden; **Dos.:** topisch als Salbe 0.5 %, max. 4-mal/d. **Quinisocainhydrochlorid:** CAS-Nr. 2773-92-4. Schmp. 144-148 °C.

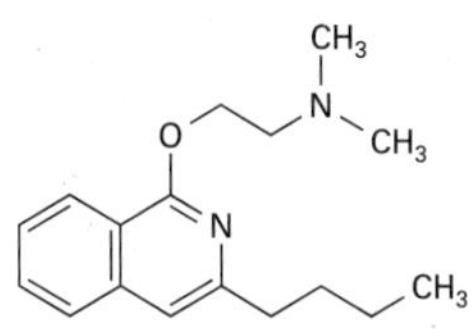

Quinisocain

Quinoa: s. Chenopodium quinoa.

Quintozen: Pentachlornitrobenzol; CAS-Nr. 82-68-8; $C_6Cl_5NO_2$, M_r 295.3. **Anw.** techn.: Fungizid; s. Schädlingsbekämpfungsmittel (Fungizide), Tabelle.

Quitte: s. Cydonia oblonga.

Quittensamen: s. Cydonia oblonga (Semen Cydoniae).

Quotidiana (lat. quotidie täglich): Febris quotidiana; Malaria* mit tägl. einem Fieberanfall. **Urs.:** unregelmäßiger Verlauf einer Malaria tropica od. Malaria tertiana duplex/quartana triplex (Synchronismus zweier/dreier Parasitengenerationen infolge Mehrfachinfektion od. atyp. Fieberverlaufs).

QZ: Abk. für Quellungszahl*.

R

R: **1.** Abk. für Radikal*. **2.** Abk. für Röntgen; Einheit der Ionendosis, ersetzt durch Coulomb/kg; s. Dosimetrie. **3.** Symbol für Grad Reaumur; s. Thermometer. **4.** Symbol für allgemeine Gaskonstante*. **5.** s. R/S-Nomenklatur. **6.** s. R-Sätze.

Ra: (chem.) Symbol für Radium*.

RAAS: Abk. für Renin*-Angiotensin-Aldosteron-System.

Rabeprazol INN: (*RS*)-2-{[4-(3-Methoxypropoxy)-3-methyl-2-pyridyl]-methylsulfinyl}benzimidazol; CAS-Nr. 117976-89-3; $C_{18}H_{21}N_3O_3S$, M_r 359.4. Schmp. 99 °C. logP 1.5; pK_S 8.5. **Wirk. u. Anw.:** Protonenpumpenblocker* mit schnellerem Wirkungseintritt als andere Vertreter dieser Gruppe; Plasmaeiweißbindung 97 %; **UAW:** Kopfschmerzen, Diarrhö, Übelkeit; **Dos.:** 1 × 20 mg/d peroral.

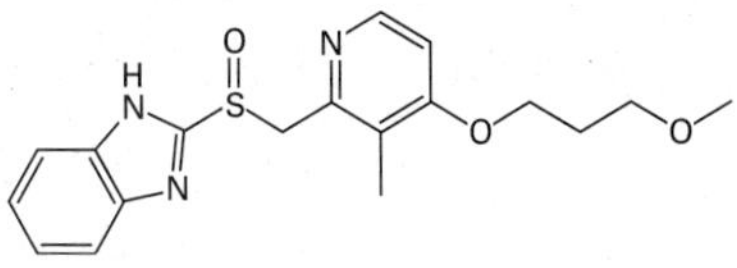

Rabeprazol

Rabies: s. Tollwut.

Rabies-Virus: s. Tollwut-Virus.

rac-: (chem.) Abk. für racemisch; s. Racemat.

Racemat (nach Acidum racemicum, Traubensäure, da bei ihr ein R. zuerst beobachtet wurde): Abk. *rac*-; äquimolare Mischung zweier Enantiomere* (Antipoden). R. sind opt. inaktiv: das eine Enantiomere dreht das linear polarisierte Licht um den gleichen Betrag nach rechts wie das andere nach links; Kennzeichnung durch Präfix DL- bzw. (*RS*)-; z. B. ist Atropin* das R. von D- u. L-Hyoscyamin, also DL-Hyoscyamin. R. können als Verb. (racem. Verb., racem. Kristalle, R. im engeren Sinn, eigentl. R.), Substitutionsmischkristalle (s. Mischkristalle) od. mechan. Gemische (Konglomerate) auftreten. Der Typ kann aus den Schmelzdiagrammen der Enantiomeren ermittelt werden (s. Abb.). **Racemische Verbindungen** sind kristalline 1:1-Assoziate der beiden Antipoden. Je nachdem, ob die molekulare Anziehung zw. den (+)- od. (−)-Enantiomeren größer od. kleiner ist als zw. den reinen, individuellen Enantiomeren, ist der Schmelzpunkt der racem. Verb. höher od. tiefer als der Schmelzpunkt der Enantiomeren (beide Enantiomere haben immer den gleichen Schmelzpunkt). Im Schmelzdiagramm findet man daher zwei (symmetr.) eutekt. Punkte.

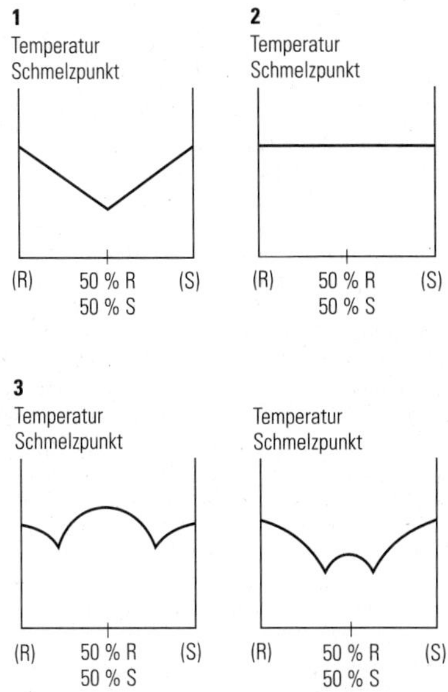

Racemat: Schmelzdiagramme; 1: Konglomerat (Eutektikum); 2: Mischkristall; 3: racemische Verbindungen

Racemische Mischkristalle liegen vor, wenn R. u. Antipoden demselben Kristallgitter angehören; zw. den Antipoden bildet sich eine lückenlose Mischkristallreihe, d. h. es besteht Isomorphie zw. dem R. u. den Antipoden. Die Mischkristallreihe führt vielfach durch ein Temperaturminimum od. ein -maximum (Pseudoracemat). **Racemische Konglomerate** sind äquimolare, eutekt. Mischungen zweier Enantiomere, in der jeder individuelle Kristall nur ein Enantiomeres enthält. Wie alle Eutektika schmelzen die racem. Konglomerate tiefer als die einzelnen Enantiomeren.

Racematspaltung (entdeckt von L. Pasteur): syn. Racemattrennung, Enantiomerentrennung; Auftrennung eines 1:1-Enantiomerengemisches. Unterscheidung zw. partieller Trennung, bei der das eine Enantiomer* im Gemisch überwiegt, u. vollständiger Trennung, bei der ein Enantiomer in reiner Form, also frei von Antipoden erhalten wird. **Methoden der R.:** **1.** Bildung von Diastereomeren*. Dazu benötigt man Spaltreagenzien, wie

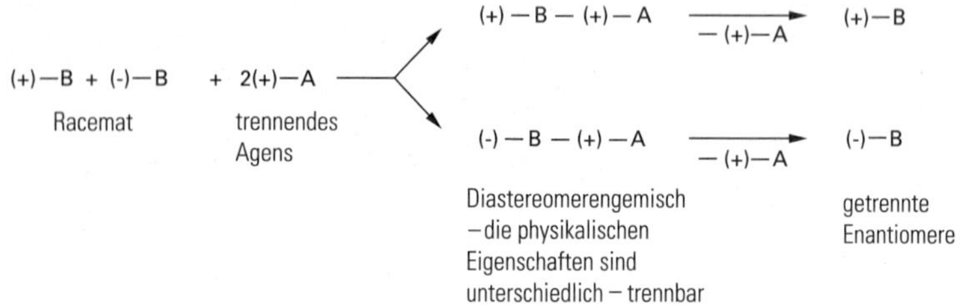

Racematspaltung: Bildung von Diastereomeren

Spaltsäuren (z. B. L-(+)-Weinsäure, (–)-Diaceton-2-keto-2-gulonsäure, Camphersäure, Chinasäure) zur Trennung von racem. Basen, Spaltbasen (z. B. α-Phenylethylamin, Chinin, Cinchonin, Brucin), zur Spaltung racem. Säuren od. Phthalsäureanhydrid zur R. von nicht mit Säure od. Basen spaltbaren Verb. (z. B. racem. Alkohole). Das trennende Agens muss mit dem Racemat in hoher Ausbeute reagieren; die gebildeten Diastereomere müssen leicht voneinander trennbar u. unter definierten Bedingungen zur Isolierung der reinen Enantiomeren zersetzbar sein (s. Abb.). **2.** Bildung von Molekülkomplexen od. Einschlussverbindungen*, z. B. mit Harnstoff. **3.** Chromatographie mit opt. aktiven Phasen, z. B. Cyclodextrine, Stärke, Kieselsäure-gebundene Aminosäuren od. bestimmte Polymere. **4.** Aus racem. Konglomeraten mit hinreichend großen Kristallen sind die Enantiomeren auch mechan. aussortierbar. **5.** Zur R. gehören im weiteren Sinn auch Verfahren, bei denen ein Enantiomer des Racemats z. B. enzymat. od. photochem. abgebaut wird. Um synthet. Enantiomere zu erhalten, werden anstelle der R. auch zunehmend enantioselektive Synthesen durchgeführt; s. Enantioselektivität.

Racemus: s. Blütenstand.

Racephedrinhydrochlorid: s. Ephetonin.

Rachen (gr.): Pharynx.

Rachenblütler: s. Scrophulariaceae.

Rachentherapeutika: s. Mund- u. Rachentherapeutika.

Rachitis: Rhachitis, Englische Krankheit; Vitamin-D-Mangelkrankheit; vgl. Vitamine (Vitamin D).

rad: **1.** Abk. für (engl.) *radiation absorbed dose;* Einheit der Energiedosis, ersetzt durch SI-Einheit Gray; s. Dosimetrie. **2.** Abk. für Radiant*.

Rad.: Abk. für Radix; s. Wurzel.

Rademacher-Schöllkrauttinktur: s. Tinctura Chelidonii Rademacher.

Rademacher-Stechkörnertinktur: s. Tinctura Cardui Mariae Rademacher.

radiär (lat. radius Radspeiche, Kreishalbmesser): strahlenförmig, dem Radius eines Kreises entsprechend; vgl. Blüte.

Radiant: Symbol rad; abgeleitete SI*-Einheit für die Größe eines ebenen Winkels im Bogenmaß. Ebener Winkel, für den das Längenverhältnis zw. Kreisbogen u. Radius des Kreises 1 ist. 1 rad = 57.295° (57° 17' 44.8"). **Steradiant:** Symbol sr; abgeleitete SI-Einheit für die Größe eines Raumwinkels, der sich ergibt, wenn aus der Oberfläche einer Kugel mit dem Radius 1 m eine Kreisfläche von 1 m^2 ausgeschnitten wird.

Radiatio: therap. Bestrahlung meist mit Elektronen- od. Röntgenstrahlen; s. Strahlentherapie.

Radicula: Keimwurzel; (bot.) Würzelchen des Embryos.

Radieschen: s. Raphanus sativus.

Radikale: sehr reaktionsfähige Atome, Atomgruppen od. Ionen mit einem ungepaarten Elektron. **Radikalreaktionen** laufen aufgrund der äußerst starken Reaktivität meist augenblickl., vollständig u. irreversibel ab. Die Stabilität von R. kann durch Einführung geeigneter Substituenten wie Alkyl*- od. Aryl*-Gruppen erhöht werden. So ist z. B. das Triphenylmethyl-R. (Trityl-R.) genügend beständig, um in Lsg. neben seinem Dimerisierungsprodukt zu bestehen. Alkyle selbst sind als freie Radikale nur für kurze Zeit existenzfähig. Radikale mit 2 ungepaarten Elektronen in unterschiedl. Orbitalen* werden als Biradikale bezeichnet.

Radioaktivität: Phänomen, bei dem ein energiereicher Atomkern in einen energieärmeren Zustand übergeht. Dabei zerfallen Atomkerne spontan u. geben einen Teil ihrer Kernmasse in Form von energiereicher Strahlung ab (Alpha-, Betateilchen, Gammaphotonen), u. es wird ein anderes Isotop (Tochterisotop, Tochternuklid) gebildet. Die Emission von Teilchen ist meistens auch mit der von Gammaquanten (energiereichen Photonen) verbunden. Die Tochternuklide gehen häufig aus einem angeregten Zustand unter Emission von Gammastrahlung in den Grundzustand (energet. tiefster Zustand) des Folgekerns über. Der radioaktive Zerfall erfolgt ohne Zufuhr äußerer Energie u. ist weder durch therm., elektr. noch sonstige Einwirkungen beeinflussbar. Die dabei abgegebenen Energien liegen im atomaren Bereich weit über dem bei therm. Reaktionen vorgegebenen Energieniveaus. Weiter versteht man unter R. auch Kernumwandlungen durch Elektroneneinfang, Neutronenemission u. auch den Zerfall instabiler Elementarteilchen*. Die Tochterkerne sind also leichter als die Kerne, aus denen sie hervorgehen. Radiaktive Strahlung kann photograf. Platten schwärzen, Luft ionisieren u. gewisse Stoffe, z. B. Barium-platin(II)-cyanid, zum Leuchten bringen. Radioaktive Stoffe senden 3 Arten von Strahlung aus:

A: Alphastrahlen bestehen aus Heliumkernen (2 Protonen, 2 Neutronen), sind also zweifach positiv geladen. Die Energie der Alphastrahlen beträgt einige MeV (vgl. Elektronvolt). Die Reichweite ist von der Strahlenenergie u. von der Dichte der durchdrungenen Materie abhängig (in Luft einige cm, in Wasser einige Tausendstel cm). Alphastrahlen lassen sich also leicht abschirmen (z.B. schon durch ein Blatt Papier). Sie wirken jedoch stark ionisierend. Ein Alphateilchen mit der Energie von 3.4 MeV erzeugt z.B. ca. 100000 Ionenpaare in seiner ca. 20 µm Eindringtiefe in menschl. Gewebe. **B: Betastrahlen** bestehen aus Elektronen (β^-) od. Positronen (β^+), die aus dem Atomkern stammen u. beim Betazerfall* entstehen. Die Reichweite der Betastrahlung ist infolge geringerer WW mit der Atomhülle wesentl. größer, die ionisierende Wirk. erhebl. geringer als die der Alphastrahlung. Energiereiche Betastrahlen (2 MeV) dringen ca. 1 cm tief in Wasser ein. Zur Abschirmung genügt also eine Schichtdicke von ca. 1 cm Wasser od. Plexiglas od. ca. 3.5 mm Aluminium. **C: Gammstrahlen** sind elektromagnet. Schwingungen (wie Röntgenstrahlen* od. Licht). Sie zeigen nur geringe WW mit der Materie u. besitzen daher ein großes Durchdringungsvermögen. Phys. sind sie mit Röntgenstrahlen identisch. Beim Durchdringen von Materie können Gammastrahlen (u. Röntgenstrahlen) durch 4 Vorgänge in ihrer Richtung od. Energie beeinflusst werden (s. Abb.): **1.** klass. Streuung: Richtungsänderung ohne Energieverlust des Photons; **2.** Photo-Effekt: Ein auf ein Schalenelektron treffendes Gammaquant überträgt diesem seine gesamte Energie u. wirft es damit aus seiner Bahn; **3.** Compton-Effekt (A. H. Compton, 1923): Ein Teil der Photonenenergie wird an ein Hüllenelektron abgegeben, das mit der übernommenen kinet. Energie als Compton-Elektron weiterfliegt. Die ursprüngl. Röntgen- od. Gammastrahlung setzt sich mit geringerer Frequenz u. geänderter Richtung fort; **4.** Paarbildung: Gammaphotonen können bei Energien über 1.02 MeV in Materie, u. zwar in Form eines Teilchen-Antiteilchen-Paares, umgewandelt werden (Materialisation, Einstein). Am häufigsten ist die Entstehung eines Elektron-Positron-Paares. Jedes radioaktive Isotop ist charakterisiert durch die Geschwindigkeit seines Zerfalls. Es zerfällt in jeder Zeit derselbe Bruchteil der gerade vorhandenen Stoffmenge. Zur Quantifizierung des Zerfalls gibt man die Halbwertzeit* (HWZ) an. Die Halbwertzeiten variieren bei den in der Natur vorkommenden Stoffen zw. einer zehnmillionstel Sekunde (Thorium C', $^{212}_{84}Po$) u. 600 Billionen Jahren (Indium $^{115}_{49}In$). Je nachdem ob die Radionuklide in der Natur vorkommen od. künstl. durch Kernreaktion erzeugt werden, spricht man von nat. bzw. künstl. Radioaktivität.

Nat. R.: tritt bei allen Elementen mit OZ über 80 auf. Die entstehenden Nuklide sind meist wieder instabil, so dass sich eine Folge von Kernzerfällen bildet, die man als Zerfallsreihe bezeichnet. Man kennt in der Natur insgesamt 3 solcher Zerfallsreihen, wovon die Actinium-Zerfallsreihe mit dem Uranisotop $^{238}_{92}U$ (Actino-Uran), die Uran-Zerfallsreihe mit $^{235}_{92}U$ u. die Thorium-Zerfallsreihe mit $^{232}_{90}U$ beginnt. Das erste Glied bezeichnet man als Stammelement, dem 12-16 versch. instabile Kerne folgen können, bis schließl. ein stabiler Kern erreicht ist. Die Neptuniumreihe geht von einem künstl. erzeugten Stammelement aus. Kürzere Zerfallsreihen treten künstl. als Folge von Kernreaktionen auf. Das Endzerfallsprodukt aller radioaktiven Elemente ist Blei (Uranblei, Thoriumblei, Actiniumblei). Beim radioaktiven Zerfall entstehen auch gasförmige Zerfallsprodukte (Emanationen). **Künstl. R.:** Neben den nat., spontanen Umwandlungen ist eine große Anzahl künstl. Umwandlungen bekannt geworden. Hierbei werden Atome (z.B. Aluminium, Bor) mit Protonen, Neutronen u. Alphateilchen beschossen, wobei es zu einer Umwandlung in eine andere Atomart kommt (s. Abb.); dabei können sowohl stabile Nuklide gebildet werden als auch instabile Nuklide entstehen (künstl. R.). Von jedem der bekannten Elemente kennt man heute mind. ein, meistens mehrere radioaktive Isotope; vgl. Radium, Isotope. **Nachw. u. Messung der R.:** s. Strahlenmessgeräte; Dosimetrie. Radioaktive Strahlung ist von intensiver Wirk. auf Mikroorganismen, Pflanzen, Tiere u. Menschen; vgl. Strahlenbiologie, Strahlenschäden. **Einheiten der R.:** 1 Becquerel (Bq) ist 1 Umwandlung (Zerfall) pro Sekunde (SI). Bis zum 31.12.1985 durfte noch die Einheit Curie verwendet werden. 1 Curie (Ci) ist diejenige Menge eines Radionuklids, in der $3.7 \cdot 10^{10}$ Zerfälle pro Sekunde auftreten.

$1\,Ci = 37 \cdot 10^9\,Bq = 37\,GBq = 37\,ns^{-1}$

$1\,nCi = 37\,Bq$

$1\,Bq = 2.7 \cdot 10^{-11}\,Ci = 27\,pCi.$

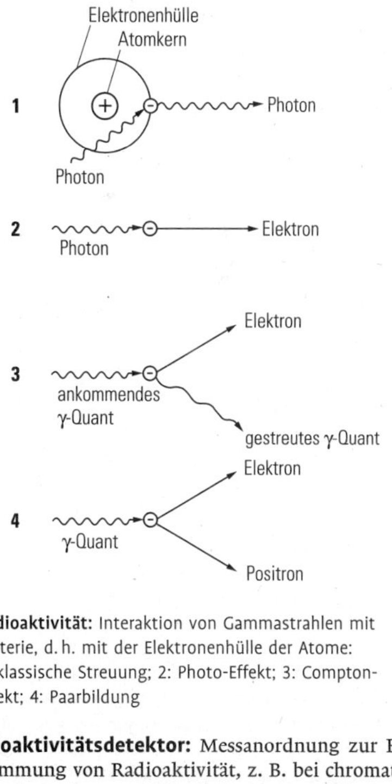

Radioaktivität: Interaktion von Gammastrahlen mit Materie, d.h. mit der Elektronenhülle der Atome: 1: klassische Streuung; 2: Photo-Effekt; 3: Compton-Effekt; 4: Paarbildung

Radioaktivitätsdetektor: Messanordnung zur Bestimmung von Radioaktivität, z. B. bei chromatograph. Analysen zur Bestimmung der radiochem. Reinheit* eines Radiopharmakons* od. der spezif. Aktivität*; s. Strahlenmessgeräte.

Radioblei: s. Radium.

Radiochromatographie: Variante der Chromatographie*, bei der die Analyten mit Hilfe eines Szintillationszählers od. autoradiograph. detektiert werden. Vgl. Tracer.

Radiocobalt: Symbol ^{60}Co; entsteht bei der Bestrahlung von ^{59}Co mit Neutronen; HWZ 5.08 Jahre. **Anw.:** R. strahlt schwächer als Radium u. wird, da es leichter dosierbar u. billiger ist, anstelle von Radium zur Gammabestrahlung benutzt, hauptsächl. zur Behandlung von Tumoren sowie zu Materialprüfungen.

Radioelemente: s. Radioaktivität.

Radiogold: s. Gold-198.

Radioimmunoassay: Abk. RIA, Radioimmuntest; Methode zum Nachw. kleiner Pharmakamengen. Beruht auf der Messung der Konz. eines radioaktiv markierten Antigens in Verbindung mit einem Antikörper (Antigen-Antikörper-Reaktion). Ein radioaktiv markiertes Antigen steht mit dem Antigen Pharmakon (Enzym, Hormon etc.) in Konkurrenz. Ist das gesamte Pharmakon an den spezif. Antikörper gebunden, so wird noch ein Teil des radioaktiv markierten Antigens gebunden. Dieser Teil wird bestimmt u. vom gesamten Antigen-Antikörper-Komplex abgezogen, wodurch man die Pharmakonmenge erhält. Abtrennverfahren für die Komplexe sind: Ausfällung, Zentrifugation, enzymat. Trennung, Chromatographie, Elektrophorese; vgl. Enzym-Immunoassay. Die große prakt. Bedeutung liegt in der hohen Empfindlichkeit bei der Bestimmung kleinster Mengen von Hormonen, Enzymen, Pharmaka, Tumormarkern, Viren.

Radioimmuntherapie: Therapieverfahren, bei dem ein Substrat, das spezif. an ein Tumorantigen bindet, radioaktiv markiert wird. In Frage kommen Antikörper od. Antikörperfragmente (Peptide, Proteine). Das Radiopharmakon* wird i.v. od. direkt in den Tumor injiziert, bindet an das Antigen, u. die radioaktive Strahlung zerstört die Tumorzellen. Mögl. Nuklide sind Alpha- od. Betastrahler, deren Reichweite gerade so groß ist, dass die Tumorzellen geschädigt werden, nicht jedoch das umliegende Gewebe.

Radioindikatoren: s. Tracer.

Radioiodtherapie: Spezialfall einer Radionuklidtherapie* zur Behandlung gut- od. bösartiger Schilddrüsenerkrankungen. Oral verabreichtes Natriumiodid[^{131}I]* reichert sich bevorzugt im krankhaft veränderten Schilddrüsengewebe an u. zerstört dort die Zellen.

Radioisotope: s. Radionuklide.

Radiokarbonmethode: Radiokohlenstoff-Datierung; beruht auf dem Umstand, dass kosmische Strahlung Stickstoff in das Kohlenstoffisotop* ^{14}C (HWZ 5736 Jahre) umwandelt. Die Erdatmosphäre weist eine Gleichgewichtskonz. von $^{14}CO_2$ (16 ^{14}C-Atom-Zerfälle je g C pro min) auf. Pflanzen u. Tiere nehmen durch biol. Prozesse ^{14}C auf (Assimilation, pflanzl. Nahrung) u. halten damit ihren Geh. an ^{14}C konstant. Nach Absterben wird der Zerfallsverlust nicht mehr ergänzt u. die ^{14}C-Konz. nimmt infolge des radioaktiven Zerfalls ab, so dass von der aktuellen ^{14}C-Konz. über die HWZ der Endzeitpunkt der biochem. Prozesse bestimmt werden kann. Für den Zeitraum seit Beginn der Industrialisierung ist die R. nicht mehr anwendbar, da das Verhältnis der Kohlenstoffisotope ^{12}C, ^{13}C u. ^{14}C zueinander verändert ist. **Anw.:** Altersbestimmung histor. Gegenstände (400-30 000 Jahre, Fehlergrenze ca. ±5 %), Aufdeckung von Lebensmittelverfälschungen, z. B. Wein: Durch Gärung entstandenes Ethanol weist höhere Anteile an ^{14}C auf, als der aus Ethylen über Erdöl synthetisierte; s. Spektroskopie (IRMS).

Radiokohlenstoff-Datierung: s. Radiokarbonmethode.

Radiologie: Fachrichtung der Med., in der ionisierende Strahlen, hauptsächl. Röntgenstrahlen*, für diagnost. u. therap. Zwecke verwendet werden. Wichtigste **Anw.:** CT* in der Röntgendiagnostik.

Radiolyse: Spaltung chem. Bindungen in org. Verb. infolge der Einw. ionisierender Strahlen. Dabei entstehen Radikale od. Ionen; vgl. Strahlenbiologie. Die Einw. betrifft wie bei der Photolyse* nur die Elektronenhüllen u. nicht die Atomkerne.

Radionuklide: radioaktive Nuklide (s. Nuklid), auch (umgangssprachl.) als radioaktive Isotope od. Radioisotope bezeichnet. Der spontane, radioaktive Zerfall ist charakterisiert durch: **1.** Art u. Energie der emittierten Strahlung(en) sowie durch **2.** die Halbwertzeit*; vgl. Radioaktivität. In der Heilkunde werden die Radionuklide in Diagnose u. Ther. meist in Form von Radiopharmaka* od. Tracer* eingesetzt. In der Ph.Eur.4 findet man unter der Monographie Radioaktive Arzneimittel eine Tab. mit phys. Eigenschaften der wichtigsten Radionuklide, die als Radiopharmaka eingesetzt werden.

Radionuklidreinheit: Im Unterschied zur radiochem. Reinheit* handelt es sich hier um radioaktive Verunreinigungen eines Produktes mit unerwünschten Nukliden, die sich bei der Nuklidproduktion über weitere, gleichzeitig ablaufende Kernprozesse bilden können. Bestimmt wird die R. entw. spektroskop. durch Messung der beim Zerfall freigesetzten charakterist. Röntgenstrahlung (Gammaspektrometrie*) od. durch Aufnahme von Abklingkurven zur Bestimmung der Halbwertzeiten*, die für jedes Nuklid charakterist. sind.

Radionuklidtherapie: Ein Substrat, von dem bekannt ist, dass es sich in bestimmten Geweben anreichert, wird radioaktiv markiert u. verabreicht. Nach Anreicherung im Zielgewebe werden die umliegenden Zellen durch die radioaktive Strahlung zerstört. **Anw.:** Radioiodtherapie*; vgl. Radioimmuntherapie.

Radiopharmaka: Radiopharmaceutica Ph.Eur.4; radioaktive Arzneimittel; Zuber., die ein od. mehrere Radionuklide* enthalten. **Zuber.:** zusammengefasst in der Tab. aus Ph.Eur.4; **Anw.:** diagnost. Verfahren der Nuklearmed., aber auch in der Radiother. werden v. a. R. mit kurzer HWZ eingesetzt, die entw. Gammastrahlung (Anw. als Diagnostika wegen der guten extrakorporalen Messbarkeit der Strahlung) od. Betastrahlung emittieren (Anw. als Therapeutika wegen ihrer lokal begrenzten Strahlungswirkung).

Radiopharmazie: basiert auf Nuklearchemie u. Pharmazie unter Einbeziehung der biochem. u. med. Grundlagen. Sie befasst sich mit der Neu-

Radiopharmaka
Zubereitungen des Europäischen Arzneibuches (Ph.Eur.)

lateinische Bezeichnung	aufgeführt unter
Ammoniae[^{13}N] solutio iniectabilis	Ammoniak[^{13}N]*-Injektionslösung
Aquae[^{15}O] solutio iniectabilis	Wasser[^{15}O]*
Aquae tritiatae[^{3}H] solutio iniectabilis	Tritiiertes*-[^{3}H]Wasser-Injektionslösung
Carbonei monoxidum[^{15}O]	Kohlenmonoxid[^{15}O]*
Chromii[^{51}Cr] edetatis solutio iniectabilis	Chromedetat[^{51}Cr]*
Cyanocobalamini[^{57}Co] capsulae	Cyanocobalamin[^{57}Co]*
Cyanocobalamini[^{58}Co] capsulae	Cyanocobalamin[^{58}Co]*
Cyanocobalamini[^{57}Co] solutio	Cyanocobalamin[^{57}Co]*
Cyanocobalamini[^{58}Co] solutio	Cyanocobalamin[^{58}Co]*
Fludeoxyglucosi[^{18}F] solutio iniectabilis	Fludeoxyglucose[^{18}F]*-Injektionslösung
Gallii[^{67}Ga] citratis solutio iniectabilis	Gallium*-67-citrat-Injektionslösung
Indii[^{111}In] chloridi solutio	Indium(III)[^{111}In]*-Chlorid-Lösung
Indii[^{111}In] oxini solutio	Indium[^{111}In]*-Oxinat-Lösung
Indii[^{111}In] pentetatis solutio iniectabilis	Indium[111In]*-Pentetat-Injektionslösung
Iobenguani[^{123}I] solutio iniectabilis	Iobenguan[^{123}I]*-Injektionslösung
Iobenguani[^{131}I] solutio iniectabilis ad usum diagnosticum	Iobenguan[^{131}I]*-Injektionslösung
Iobenguani[^{131}I] solutio iniectabilis ad usum therapeuticum	Iobenguan[^{131}I]*-Injektionslösung
Kryptonium[^{81m}Kr] ad inhalationem	Krypton[^{81m}Kr]* zur Inhalation
Natrii chromatis[^{51}Cr] solutio sterilis	Natriumchromat[^{51}Cr]*
Natrii iodidi[^{131}I] capsulae ad usum diagnosticum	Natriumiodid[^{131}I]*-Kapseln für diagnostische Zwecke
Natrii iodidi[^{123}I] solutio	Natriumiodid[^{123}I]*
Natrii iodidi[^{131}I] solutio	Natriumiodid[^{131}I]*
Natrii iodohippurati[^{123}I] solutio	Natriumiodhippurat[^{123}I]*
Natrii iodohippurati[^{131}I] solutio iniectabilis	Natriumiodhippurat[^{131}I]*
Natrii pertechnetatis[^{99m}Tc] fissione formati solutio iniectabilis	Natriumpertechnetat[^{99m}Tc]*
Natrii pertechnetatis[^{99m}Tc] sine fissione formati solutio iniectabilis	Natriumpertechnetat[^{99m}Tc]*
Natrii phosphatis[^{32}P] solutio iniectabilis	Natriumphosphat[^{32}P]*
Norcholesteroli iodinati[^{131}I] solutio iniectabilis	Iod[^{131}I]*-methylnorcholesterol-Injektionslösung
Oxygenium[^{15}O]	Sauerstoff*-15
Rhenii sulfidi colloidales et technetii[^{99m}Tc] solutio iniectabilis	Technetium[^{99m}Tc]*-Rheniumsulfid-Kolloid-Injektionslösung
Stanni colloidalis et technetii[^{99m}Tc] solutio iniectabilis	Technetium[^{99m}Tc]*-Zinn-Kolloid-Injektionslösung
Stanni pyrophosphatis et technetii[^{99m}Tc] solutio iniectabilis	Technetium[^{99m}Tc]*-Zinndiphosphat-Injektionslösung
Strontii[^{89}Sr] chloridi solutio iniectabilis	Strontium[^{89}Sr]*-chlorid-Injektionslösung
Sulfuris colloidalis et technetii[^{99m}Tc] solutio iniectabilis	Schwefelkolloid*-[^{99m}Tc]Technetium
Technetii[^{99m}Tc] et etifenini solutio iniectabilis	Technetium[^{99m}Tc]*-Etifenin-Injektionslösung
Technetii[^{99m}Tc] gluconati solutio iniectabilis	Technetium[^{99m}Tc]*-Gluconat-Injektionslösung
Technetii[^{99m}Tc] humani albumini solutio iniectabilis	Albumin*-Technetium[^{99m}Tc]-Injektionslösung
Technetii[^{99m}Tc] macrosalbi suspensio iniectabilis	Technetium[^{99m}Tc]*-Macrosalb-Injektionslösung
Technetii[^{99m}Tc] medronati solutio iniectabilis	Technetium[^{99m}Tc]*-Medronat-Injektionslösung
Technetii[^{99m}Tc] microsphaerium suspensio iniectabilis	Technetium[^{99m}Tc]*-Mikrosphären-Injektionslösung
Technetii[^{99m}Tc] pentetatis solutio iniectabilis	Technetium[^{99m}Tc]*-Pentetat-Injektionslösung
Technetii[^{99m}Tc] succimeri solutio iniectabilis	Technetium[^{99m}Tc]*-Succimer-Injektionslösung
Thallosi[^{201}Tl] chloridi solutio iniectabilis	Thallium[^{201}Tl]*-chlorid-Injektionslösung
Xenoni[^{133}Xe] solutio iniectabilis	Xenon*-133

entw. u. Herst. von Tracern* für Stoffwechseluntersuchungen in Mensch u. Tier sowie der Herst. von Radiopharmaka* für die unmittelbare med. Anw. (Nuklearmedizin*) in Diagnostik (PET*, SPECT*, molecular* imaging) u. Ther. (s. Radionuklidtherapie). Wissenschaftstheoret. bedeutet dies den Transfer der bekannten biochem. Arbeitsmethoden aus dem in vitro-Bereich auf die in vivo-Ebene. Die R. umfasst die Produktion von Radionukliden, Synthese u. radioaktive Markierung des Wirkstoffes, Formulierung sowie pharmaz. Qualitätskontrolle. Die Herst. von Radiopharmaka unterliegt den Vorschriften der Strahlenschutzverordnung u. des Arzneimittelgesetzes.

Radiosensitizer: Substanzen zur Steigerung der Empfindlichkeit von Zellen gegenüber radioaktiver Strahlung, insbes. zur Effizienzsteigerung einer Strahlentherapie. Ideale R. wirken tumorspezif. u. beeinflussen das umliegende Gewebe nicht od. desensibilisieren es sogar (Radioprotektoren). Wichtig sind geringe therap. Indizes (Verhältnis von Radiosensitizer-Dosis zu tox. Dosis). Mechanismus: Elektronen-Affinitäts-Sensibilisierung. Beispiel: aromat. Nitroverb. mit Azomycin (2-Nitroimidazol) als wichtigstem Vertreter für die Klasse der R. für hypoxische Zellen.

Radioskopie: s. Röntgenstrahlen.

Radium: Symbol Ra; OZ 88; D. 5.5; Schmp. 700 °C; Sdp. 1140 °C; 2-wertig; radioaktives Element, Zerfallsprodukt des Urans. Das wichtigste Isotop $^{226}_{88}Ra$ zerfällt (HWZ 1622 Jahre) unter Abgabe eines Alphateilchens in Radon* u. geht schließl. über eine Reihe kurzlebiger Zwischenprodukte in das stabile Blei-Isotop $^{206}_{82}Pb$ über. **Anw.:** früher hauptsächl. in Form des Radiumbromids, $RaBr_2 \times 2\,H_2O$, zu Bestrahlungen bei Krebserkrankungen. Nat. radonhaltige Mineralwässer, Moor u. Schlamm werden zu Bädern, Inhalations- u. Trinkkuren, bes. bei Gicht, Erkrankungen des rheumat. Formenkreises, Hautkrankheiten u. a. benutzt. **Gesch.:** 1896 von dem Ehepaar Pierre (1859-1906) u. Marie Curie (1867-1934) entdeckt. Eine frühere, v. a. in der Balneologie übl. Einheit für die radiolog. Aktivität von Quellwässern etc. war das Stat (St). $1\ St = 3.64 \times 10^{-7}\ Ci = 10^3$ Mache*-Einheiten/Liter.

Radix: s. Wurzel, vgl. Rhizom.

Radix Aconiti: s. Aconitum napellus (Aconiti tuber).

Radix Actaeae: s. Actaea spicata.

Radix Actaeae racemosae: s. Cimicifuga racemosa (Rhizoma Cimicifugae).

Radix Alismae: s. Alisma plantago-aquatica.

Radix Alizari: s. Rubia tinctorum (Radix Rubiae tinctorum).

Radix Alkannae: s. Alkanna tuberculata.

Radix Althaeae: s. Althaea officinalis (Althaeae radix).

Radix Althaeae ad usum veterinarium: s. Althaea officinalis (Althaea radix ad usum veterinarium).

Radix Anchusae tinctoriae: s. Alkanna tuberculata (Radix Alkannae).

Radix Angelicae: s. Angelica archangelica (Angelicae radix).

Radix Apii graveolentis: s. Apium graveolens.

Radix Apocyni androsaemifolii: s. Apocynum androsaemifolium.

Radix Apocyni cannabini: s. Apocynum cannabinum.

Radix Araliae racemosae: s. Aralia racemosa.

Radix Aristolochiae cavae: s. Corydalis cava (Rhizoma Corydalidis).

Radix Aristolochiae vulgaris: s. Aristolochia clematitis.

Radix Armoraciae: s. Armoracia rusticana.

Radix Arnicae: s. Arnica montana.

Radix Artemisiae: s. Artemisia vulgaris.

Radix Asari: s. Asarum europaeum.

Radix Asparagi: s. Asparagus officinalis (Rhizoma Asparagi).

Radix Asphodeli: s. Asphodelus albus.

Radix Baptisiae tinctoriae: s. Baptisia tinctoria.

Radix Bardanae: s. Arctium-Arten (Bardanae radix).

Radix Belladonnae: s. Atropa belladonna.

Radix Bergeniae: s. Bergenia crassifolia.

Radix Bismalvae: s. Althaea officinalis (Althaeae radix).

Radix Bryoniae: s. Bryonia-Arten.

Radix Buglossi agrestis: s. Echium vulgare (Radix Echii).

Radix Caincae: s. Chiococca alba.

Radix Calami aromatici: s. Acorus calamus (Calami Rhizoma).

Radix Carlinae: s. Carlina acaulis (Carlinae radix).

Radix Caryophyllatae: s. Geum urbanum.

Radix Caulophylli: s. Caulophyllum thalictroides.

Radix Centranthi: s. Centranthus ruber.

Radix Chelidonii: s. Chelidonium majus.

Radix Chinae: s. Smilax china (Rhizoma Chinae).

Radix Cichorii: s. Cichorium intybus.

Radix Cimicifugae: s. Cimicifuga racemosa.

Radix Colombo: s. Jateorhiza palmata.

Radix Colombo spuria: s. Frasera carolinensis (Radix Fraserae).

Radix Consolidae: s. Symphytum officinale (Radix Symphyti).

Radix Coptidis trifoliae: s. Coptis trifolia.

Radix Cynoglossi: s. Cynoglossum officinale.

Radix Cypripedii: s. Cypripedium calceolus var. pubescens.

Radix Dauci: s. Daucus carota.

Radix Dictamni: s. Dictamnus albus.

Radix Doronicae: s. Althaea officinalis (Althaeae radix).

Radix Ebuli: s. Sambucus ebulus.

Radix Echii: s. Echium vulgare.

Radix Eleutherococci: s. Eleutherococcus senticosus.

Radix Enulae: s. Inula helenium.

Radix Eryngii: s. Eryngium campestre.

Radix Filicis maris: s. Dryopteris filix-mas (Rhizoma Filicis).

Radix Fragariae: s. Fragaria vesca (Rhizoma Fragariae).

Radix Fraserae: s. Frasera carolinensis.

Radix Galangae: s. Alpinia officinarum (Galangae rhizoma).

Radix Galangae majoris: s. Alpinia galanga.

Radix Gei urbani: s. Geum urbanum (Radix Caryophyllatae).

Radix Gelsemii: s. Gelsemium sempervirens (Rhizoma Gelsemii).

Radix Genistae: s. Cytisus scoparius (Radix Sarotamni scoparii).

Radix Gentianae: s. Gentiana lutea (Gentianae radix).

Radix Geranii maculati: s. Geranium maculatum.

Radix Ginseng: s. Panax ginseng.

Radix Harpagophyti: s. Harpagophytum procumbens.

Radix Helenii: s. Inula helenium (Rhizoma Helenii).
Radix Hellebori foetidi: s. Helleborus foetidus.
Radix Hellebori nigri: s. Helleborus niger (Rhizoma Hellebori nigri).
Radix Hellebori viridis: s. Helleborus viridis (Rhizoma Hellebori viridis).
Radix Heloniadis dioicae: s. Chamaelirium luteum.
Radix Heraclei (sphondylii): s. Heracleum sphondylium.
Radix Hydrastidis: s. Hydrastis canadensis (Rhizoma Hydrastidis).
Radix Hyoscyami: s. Hyoscyamus niger.
Radix Hypoxidis: s. Hypoxis rooperi.
Radix Imperatoriae: s. Peucedanum ostruthium (Rhizoma Imperatoriae).
Radix Inulae: s. Inula helenium (Rhizoma Helenii).
Radix Ipecacuanhae: s. Cephaelis ipecacuanha (Ipecacuanhae radix).
Radix Iridis: s. Iris germanica (Rhizoma Iridis).
Radix Ivarancusae: s. Vetiveria zizanioides.
Radix Jalapae: s. Ipomoea purga (Tubera Jalapae brasiliensis).
Radix Kava-Kava: s. Piper methysticum.
Radix Kolumbo: s. Jateorhiza palmata.
Radix Krameriae: s. Krameria triandra (Ratanhiae radix).
Radix Levistici: s. Levisticum officinale (Levistici radix).
Radix Liquiritiae: s. Glycyrrhiza glabra (Liquiritiae radix).
Radix Manacae: s. Brunfelsia uniflora.
Radix Mandragorae: s. Mandragora officinarum.
Radix Mei: s. Meum athamanticum.
Radix Morsus diaboli: s. Succisa pratensis.
Radix Nerii odori: s. Nerium odorum.
Radix Nuphari lutei: s. Nuphar lutea.
Radix Nymphaeae albae: s. Nymphaea alba.
Radix Oenanthe: s. Oenanthe crocata.
Radix Ononidis: s. Ononis spinosa.
Radix Orizabae: s. Ipomoea orizabensis (Radix Scammoniae mexicanae).
Radix Paeoniae: s. Paeonia officinalis.
Radix Papaveris: s. Papaver somniferum.
Radix Pareirae bravae: s. Chondodendron tomentosum.
Radix Petasites: s. Petasites hybridus.
Radix Petroselini: s. Petroselinum crispum.
Radix Phytolaccae decandrae: s. Phytolacca americana.
Radix Pimpinellae: s. Pimpinella major.
Radix Polygalae amarae: s. Polygala amara.
Radix Primulae: s. Primula veris.
Radix Pyrethri germanici: s. Anacyclus x officinarum.
Radix Pyrethri romani: s. Anacyclus pyrethrum.
Radix Raphani: s. Raphanus sativus.
Radix Ratanhiae: s. Krameria triandra (Ratanhiae radix).
Radix Rauwolfiae canescentis: s. Rauvolfia tetraphylla.
Radix Rauwolfiae serpentina: s. Rauvolfia serpentina (Rauwolfiae radix).
Radix Rauwolfiae vomitoriae: s. Rauvolfia vomitoria.
Radix Rehmanniae: s. Rehmannia glutinosa.
Radix Rhapontici: s. Rheum rhaponticum.
Radix Rhei: s. Rheum officinale (Rhei radix).
Radix Rhei austriaci: s. Rheum rhaponticum.
Radix Rhei rhapontici: s. Rheum rhaponticum.
Radix Rubiae tinctorum: s. Rubia tinctorum.
Radix Rusci: s. Ruscus aculeatus.
Radix Salep: s. Orchis morio (Tubera Salep).
Radix Saponariae: s. Saponaria officinalis (Saponariae rubrae radix).
Radix Saponariae albae: s. Gypsophila-Arten.
Radix Sarothamni scoparii: s. Cytisus scoparius.
Radix Sarsaparillae: s. Smilax regelii.
Radix Sassafras: s. Sassafras albidum var. molle (Lignum Sassafras).
Radix Scammoniae asiaticae: s. Convolvulus scammonia.
Radix Scammoniae mexicanae: s. Ipomoea orizabensis.
Radix Scorzonerae: s. Scorzonera hispanica.
Radix Scrophulariae: s. Scrophularia nodosa.
Radix Senegae: s. Polygala senega (Polygalae radix).
Radix Serpentariae virginianae: s. Aristolochia serpentaria.
Radix Smilacis: s. Smilax regelii (Radix Sarsapallirae).
Radix Spartii scoparii: s. Cytisus scoparius (Radix Sarothamni scoparii).
Radix Stillingiae: s. Stillingia silvatica.
Radix Succisae: s. Succisa pratensis (Radix Morsus diaboli).
Radix Sumbuli: s. Ferula moschata.
Radix Symphyti: s. Symphytum officinale.
Radix Taraxaci: s. Taraxacum officinale.
Radix Taraxaci cum Herba: s. Taraxacum officinale.
Radix Tormentillae: s. Potentilla erecta (Tormentillae rhizoma).
Radix Trichosanthidis: s. Trichosanthes kirilowii.
Radix Trillii erecti: s. Trillium erectum.
Radix Turpethi: s. Operculina turpethum.
Radix Uncariae tomentosae: s. Uncaria tomentosa.
Radix Urticae: s. Urtica-Arten.
Radix Uzarae: s. Xysmalobium undulatum.
Radix Valerianae: s. Valeriana officinalis (Valerianae radix).
Radix Valerianae japonicae: s. Valeriana officinalis var. angustifolia.
Radix Vetiveriae: s. Vetiveria zizanioides.
Radix Victorialis longae: s. Allium victorialis (Bulbus Victorialis longus).
Radix Victorialis rotundae: s. Gladiolus communis (Bulbus Victorialis rotundus).
Radix Vincetoxici: s. Vincetoxicum hirundinaria (Rhizoma Vincetoxici).
Radix Violae: s. Viola odorata (Rhizoma Violae).
Radix Violae odoratae: s. Viola odorata (Rhizoma Violae).
Radix Zedoariae: s. Curcuma zedoaria (Rhizoma Zedoariae).
Radix Zingiberis: s. Zingiber officinale (Zingiberis rhizoma).
Radon: Emanation, Niton; Symbol Rn; A_r 222, OZ 86. Schmp. −71 °C. Sdp. −62.1 °C. Radioaktives

Edelgas, HWZ 3.825 d. **Vork.**: Zerfallsprodukt des Radiums* (HWZ 1600 Jahre); findet sich spurenweise in allen radioaktiven Elementen u. deren Umgebung, in Mineralwässern, Luft; schlägt sich unter Abgabe von Alphateilchen als festes Plutonium (HWZ 3.05 min) auf festen Gegenständen nieder; **Tox.**: karzinogen (kann bei längerer Exposition Lungenkrebs auslösen); **Gesch.**: 1902 entdeckt von Ernest Rutherford (1871-1937) u. Frederick Soddy (1877-1956).

Radziszewski-Reaktion: Bildung von Carbonsäureamiden* durch Erwärmen eines Nitrils mit alkal. Wasserstoffperoxid-Lösung.

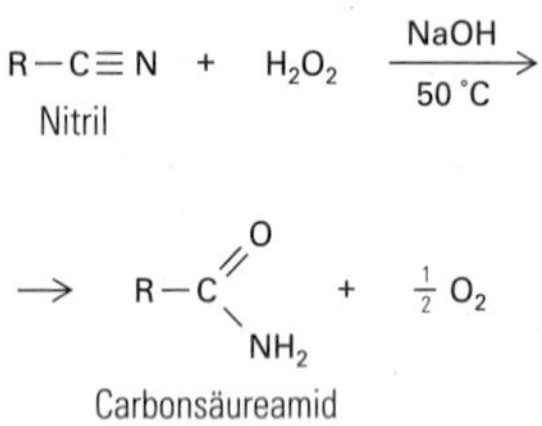

Radziszewski-Reaktion

Räucherkerzen: s. Candelae fumales nigrae et rubrae.

Räuchern: s. Konservierung.

Räucherung: s. Fumigation.

Raffinade: gereinigter Rübenzucker, vgl. Saccharose.

Raffination: Bez. für Verfahren zur Gew. od. Anreicherung von Naturstoffen aus Naturprodukten.

Raffinose: Melitose; nicht reduzierendes Trisaccharid aus je 1 Molekül D-Galactose, D-Glucose u. D-Fructose, wobei Galactose u. Glucose α-1,6-glykosid. verknüpft sind. Schmp. 120 °C. $[\alpha]^{20°C}_D$ +105.2° (c=4 in Wasser). Weißes, krist., schwach süß schmeckendes Pulver. **Abbau:** Durch Hefeenzyme wird R. in D-Fructose u. das Disaccharid Melibiose*, durch Emulsin* in Saccharose u. D-Galactose zerlegt. **Funktion:** im Pflanzenstoffwechsel z. T. anstelle von Saccharose als Transportkohlenhydrat; **Vork.**: in vielen höheren Pfl. verbreitet, stellt nach Saccharose den am häufigsten frei vorkommenden Zucker dar. Zuckerrüben, Melasse u. viele Samen, z. B. Baumwollsamen, sind bes. reich an Raffinose.

Ragweed: s. Ambrosia artemisiifolia.

Rainfarn: s. Tanacetum vulgare.

Rainweide: s. Ligustrum vulgare.

Raloxifen INN: 6-Hydroxy-2(*p*-hydroxyphenyl)-benzo[*b*]thien-3-yl-*p*-(2-piperidinoethoxy)phenylketon; CAS-Nr. 8449-90-1; $C_{28}H_{27}NO_4S$, M_r 473:6. Schmp. 145 °C. logP 6:8; pK_S 9:0; schwer lösl. in Wasser. **Wirk.**: Estrogen-Agonist, Estrogenrezeptor-Modulator (s. Hormone); **Anw.**: Prävention atraumat. Wirbelbrüche bei postmenopausalen Frauen mit erhöhtem Osteoporose-Riskiko; **UAW:** erhöhtes thromboembol. Risiko, Wadenkrämpfe; **Dos.**: p. o. 1×56 mg/d; HWZ 27.7 h.

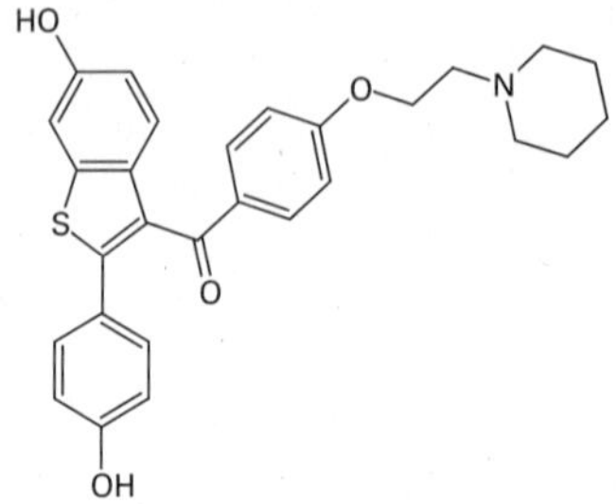

Raloxifen

Rama: s. Hibiscus sabdariffa.

Ramachandran-Diagramm: Raumkontur- od. Konformationsdiagramm, in dem der Bindungswinkel zw. der $C\alpha$-$C_{Carbonyl}$-Bindung einer Peptidbindung geg. den Bindungswinkel der Cα-N-Bindung aufgetragen ist. Ein allg. Diagramm wird mit Hilfe von Modellen und Computern erstellt. Aufgrund dieser berechneten Winkel kann man auf die Sekundärstruktur des Peptids schließen.

Raman-Effekt: Erscheinung, bei der mit monochromatischem* Licht einer bestimmten Wellenlänge bestrahlte Moleküle neben einer starken Spektrallinie mit dieser Wellenlänge inf. Lichtstreuung noch weitere Linien geringer Intensität mit sowohl größerer als auch kleinerer Wellenlänge, die sog. Ramanlinien, aussenden. Die Wellenlängendifferenzen zw. den Ramanlinien u. der Erregerlinie sind für die Schwingungszustände der Moleküle charakteristisch. **Anw.**: Raman-Spektroskopie (s. Spektroskopie).

Raman-Spektroskopie: s. Spektroskopie.

Ramentaceon: s. Drosera rotundifolia (Herba Droserae, Inhaltsst.).

Ramipril INN: Ramiprilum Ph.Eur.4; 1-Ethylester von Ramiprilat*; CAS-Nr. 87333-19-5; $C_{23}H_{32}N_2O_5$, M_r 416.5. Schmp. 109 °C. **Wirk.** u. **Anw.**: Antihypertensivum (ACE-Hemmer*), wird durch Esterasen in Wirkform Ramiprilat überführt; **UAW:** Husten, Exantheme; **Dos.**: 1×2.5 mg/d.

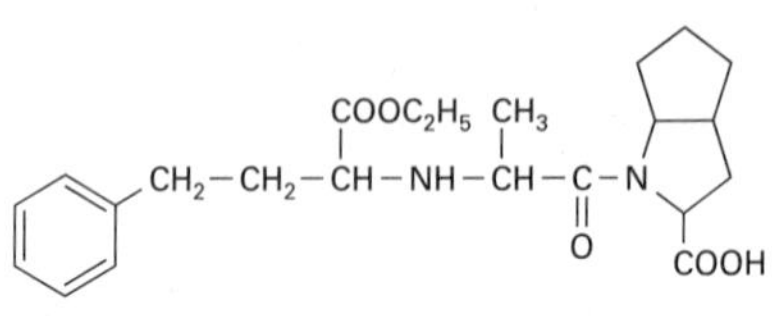

Ramipril

Ramiprilat INN: (2*S*,3a*S*,6a*S*)-1-{(*S*)-*N*-[(*S*)-1-Carboxy-3-phenyl-propyl]alanyl}octahydrocyclopenta-[*b*]pyrrol-2-carbonsäure; CAS-Nr. 87269-97-4; $C_{21}H_{28}N_2O_5$, M_r 387.5. ACE-Hemmer, Wirkungsform von Ramipril*.

Ramsay-Fett: Spezialfett zum Abdichten von Schliffen u. Hähnen. **Anw.**: Abdichten von Hochvakuum.

random coil: s. Proteine.

randomised controlled trial: s. Studie, klinische.

Randomisierung: s. Studie, klinische.

random sampling: Zufallsauswahlverfahren (Randomisieren). Jedes Einzelstück der Gesamtcharge (z. B. eines kompletten Tablettenansatzes) hat die theoret. Chance, in die gezogene Stichprobe zu gelangen.

Randwinkel: s. Benetzbarkeit.

Raney-Nickel: Nickelpulver mit großer Oberfläche. **Gew.:** aus einer Nickel-Aluminium-Legierung wird das Aluminium mit Ätzkali herausgelöst; **Anw.:** wichtiger Hydrierungskatalysator; Reagens zum Nachw. org. Halogenverb. in Benzoesäure, Natriumbenzoat, Phenacetin u. Glycerol.

Rangoonbohnen: s. Phaseolus lunatus.

Ranitidin INN: *N*-{2-[5-(Dimethylaminomethyl)furfurylthio]ethyl}-N-methyl-2-nitro-1,1-ethendiamin, CAS-Nr. 66357-35-5; $C_{13}H_{22}N_4O_3S$, M_r 314.41. Schmp. 69-70 °C. **Ranitidinhydrochlorid:** Ranitidini hydrochloridum Ph.Eur.4; CAS-Nr. 71130-06-8; $C_{13}H_{23}ClN_4O_3S$, M_r 350.9. Schmp. 134 °C bzw. 143 °C (polymorph). Leicht lösl. in Wasser, wenig lösl. in Ethanol. **Anw.:** Histamin-H_2-Rezeptor-Antagonist (s. Antihistaminika), Ulkustherapeutikum; **Dos.:** p.o. 2×0.15 g/d; prophylakt. 1×0.15 g/d; HWZ 2.5-3 h; vgl. Cimetidin.

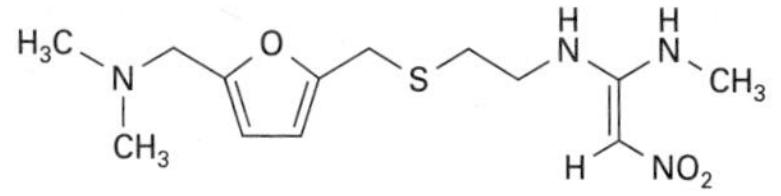

Ranitidin

Ranken: dünne, fadenförmige Umbildungen von Sprossen, Blättern od. Blattteilen, die sich um Stöcke, Geäst u.a. herumwinden u. auf diese Weise helfen, den Spross zu tragen.

Ranunculaceae: Hahnenfußgewächse; Fam. der Od. Ranunculales (Polycarpicae); ca. 2500 Arten, in Mitteleuropa sehr zahlreich; meist ausdauernde Kräuter, Stauden mit unterird. Speicherorganen, seltener Holzgewächse, z.B. Clematis. Blätter wechsel- od. gegenständig, meist unregelmäßig od. fiederförmig; Blüten sehr unterschiedl. gebaut, radiär od. zygomorph (z.B. Aconitum, Delphinium), zwittrig; zahlreiche Staubgefäße, Fruchtknoten ober- od. mittelständig, frei, meist zahlreiche Karpelle; Balgfrüchte, Nußfrüchte, selten Beeren (Actaea). **Chem. Merkmale:** Diterpenalkaloide (Aconitum, Delphinium), Benzylisochinolinalkaloide* (Hydrastis, Thalictrum, Aquilegia), herzwirksame Glykoside* (Adonis, Helleborus), Triterpene* (Actaea, Cimicifuga, Helleborus), Protoanemonin* (Anemone, Adonis, Clematis, Ranunculus, Pulsatilla u.a.) sowie cyanogene Verb. (Thalictrum, Aquilegia). **Wichtige Gattungen:** z.B. Aconitum, Actaea, Adonis, Anemone, Aquilegia, Caltha, Cimicifuga, Clematis, Coptis, Delphinium, Helleborus, Hepatica, Hydrastis, Nigella, Pulsatilla, Ranunculus.

Ranunculin: s. Protoanemonin.

Ranunculus acris L.: Ranunculus acer Auct., Scharfer Hahnenfuß; Fam. Ranunculaceae (Europa, Nord- u. Südasien, in Nordamerika eingeschleppt). **Inhaltsst.:** Protoanemonin*, dessen glucosylierte Vorstufe Ranunculin, das unwirksame Dimer Anemonin u. Saponine, in den gelben Blüten Flavoxanthin; **Anw.** volkstüml.: äußerl. u.a. gegen Warzen, Gicht, rheumat. Erkrankungen; **Tox.:** giftig durch hohen Protoanemonin-Gehalt.
Hom: *Ranunculus acer:* im Mai u. Juni od. Oktober gesammeltes, frisches Kraut.

Ranunculus bulbosus L.: Knollenhahnenfuß; Fam. Ranunculaceae (Europa, in Nordamerika eingeschleppt). **Inhaltsst.** u. **Anw.:** s. Ranunculus acris. **Hom:** *Ranunculus bulbosus (HAB1.2):* ganze, frische, blühende Pflanze; verord. z.B. bei Pleuritis, Pemphigus, Herpes zoster, rheumat. Erkrankungen, Lumbago.

Ranunculus ficaria L.: Ficaria verna Huds., Scharbockskraut, Feigwurz; Fam. Ranunculaceae (Europa), mit Feigwarzen-ähnl., stärkehaltigen Knollen. **Inhaltsst.** u. **Anw.:** s. Ranunculus acris.

Ranunculus sceleratus L.: Gifthahnenfuß; Fam. Ranunculaceae (nördl. Halbkugel), giftig. **Inhaltsst., Anw.** u. **Tox.:** s. Ranunculus acris.

Ranvier-Schnürringe: Unterbrechungen der Myelinschicht, welche die Nervenfasern umgeben. An diesen Stellen besteht ein direkter Kontakt zw. der Axon-Membran u. der extrazellulären Flüssigkeit. An den R.-S. kann eine Depolarisation erfolgen, was eine saltatorische Erregungsleitung ermöglicht.

Ranzigwerden der Fette: s. Fette.

Raoult-Gesetz: s. Gefrierpunkterniedrigung.

Raphanin: Sulforaphen, s. Raphanus sativus (Radix Rhaphani, Inhaltsst.).

Raphanus sativus L.: Rettich.; Fam. Brassicaceae, Cruciferae (Asien, als Gemüsepflanze auch in Mitteleuropa kult.). **Versch. Varietäten:** R. sativus var. oleiformis Pers. (Ölrettich) u. R. sativus var. sativus (var. radicula Pers., Radieschen); bd. arzneil. nicht verwendet; **R. sativus var. alba** (Weißer Rettich) u. **R. sativus var. niger** (Mill.) S. Kerner (Schwarzer Rettich, Winterrettich) sind Stpfl. von **Radix Raphani (recens):** (frischer) Rettich. **Inhaltsst.:** Glucosinolate*, z.B. Glucoraphanin, woraus durch enzymat. Spaltung Sulforaphen (Raphanin), ein 4-(Methylsulfinyl)-3-butenylisothiocyanat, entsteht. Allyl- u. Butylsenföl, verantwortl. für scharfen Geschmack; **Anw.:** dyspeptische Beschwerden, Katarrhe der Atemwege; volkstüml.: bei Bronchitis (der frische Rettichsaft, auch mit Kandiszucker) u. als Antispasmodikum bei krampfartigem Husten.
Hom: *Raphanus sativus var. niger (HAB1.5),* R. sativus: frische, unterird. T.; verord. z.B. bei Verdauungsstörungen, Diarrhö.

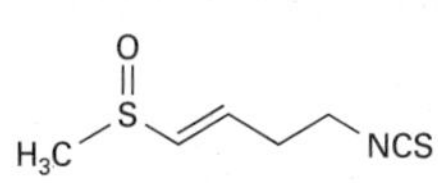

Raphanus sativus: Sulforaphen

Raphe: (bot.) Nabelleiste. Der mit der Samenschale verwachsene Teil des Funiculus (Nabelstrang); bei Samen, die aus einer anatropen Samenanlage* entstehen.

Raphiden: (bot.) feine nadelförmige Calciumoxalatkristalle (s. Calciumoxalat) in den Pflanzen.

Raphionacme utilis: Fam. Asclepiadaceae. Stpfl. von Kautschuk*.

Raps: s. Brassica napus.

Rapsöl, raffiniertes: s. Brassica napus.

Rapunzel, Gelbe: s. Oenothera biennis.

RAR: Abk. für (engl.) *retinoic acid receptor* (Retinsäure-Rezeptor); s. Tretinoin.

Rare-immunogenum-Insuline: s. Insulin.

Rasburicase INN: Rasburicasum; CAS-Nr. 134774-45-1. Rekombinante Uratoxidase; tetrameres Protein mit ident. Untereinheiten; M_r ca. 34000. **Wirk.:** katalysiert den Abbau von Harnsäure* zu Allantoin*; **Anw.:** Behandlung u. Prophylaxe der akuten Hyperurikämie* beim Tumorlyse-Syndrom; **UAW:** Fieber, Erbrechen; **Dos.:** 1×0.2 mg/kg/d i. v. Infusion, Therapiedauer 5-7 Tage; HWZ ca. 19 h.

Raschig-Phenolsynthese: Verfahren zur industriellen Herst. von Phenol aus Benzol. **Durchführung:** In der 1. Stufe wird Benzol mit Chlorwasserstoff u. Sauerstoff in Gegenwart eines Kupferchlorid/Eisen(III)-chlorid-Katalysators zu Chlorbenzol umgesetzt, welches in der 2. Stufe mit Wasserdampf katalyt. zu Phenol hydrolysiert wird.

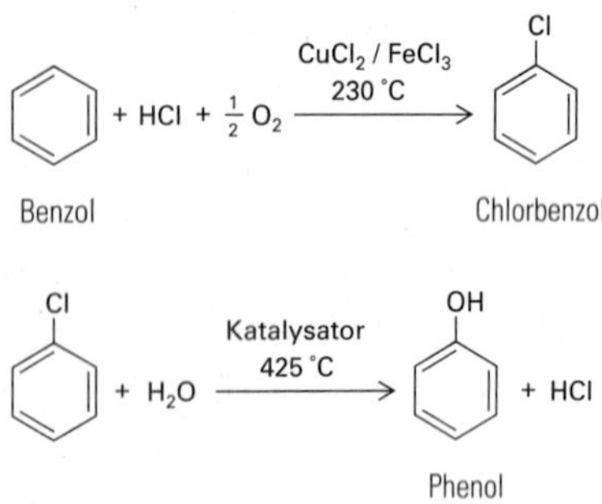

Raschig-Phenolsynthese

ras-Protein: an die Plasmamembran gebundenes, GTP bindendes Protein, das eine wichtige Kontrollfunktion bei der zellulären Signaltransduktion ausübt. Ras-aktivierende Mutationen führen zu unkontrolliertem Zellwachstum u. spielen eine wichtige Rolle bei der Tumorentstehung.

Rasterelektronenmikroskop: s. Elektronenmikroskop.

Ratanhiae tinctura normata: s. Tinctura Ratanhiae titrata.

Ratanhiatinktur: s. Tinctura Ratanhiae.

Ratanhiawurzel: s. Krameria triandra (Ratanhiae radix).

Rattenbisskrankheit: fieberhafte Erkrankung durch Infektion mit im Nasopharynx von Nagetieren physiol. vorhandenen Erregern. **Formen:** **1.** Sodoku, Spirillen-Fieber: epidem., dem Rekurrensfieber u. der Malaria* ähnl. Erkrankung in China u. Japan; Erreger: Spirillum minus; **2.** Haverhill-Fieber, Streptobazillen-Fieber: Erreger: Streptobacillus moniliformis; Massenerkrankungen sind beobachtet worden (z. B. durch infizierte Milch in Haverhill, USA, 1926); **Ther.:** Penicillin, Streptomycin, Tetracycline.

Rattenzwiebel: s. Urginea maritima.

Raubasin: Ajmalicin, Tetrahydroserpentin, δ-Yohimbin; Methyl-16,17-didehydro-19α-methyl-18-oxayohimban-16-carboxylat; CAS-Nr. 522-87-2; $C_{21}H_{24}N_2O_3$, M_r 352.42. Strukturformel s. Rauvolfia serpentina (Abb.). Alkaloid aus der Wurzel von Rauvolfia serpentina, Pausinystalia* johimbe, Catharanthus* roseus u. anderen. Krist., farbloses bis gelbl. Pulver, unlösl. in Wasser, leicht lösl. in Chloroform, wenig lösl. in Ethanol, unlösl. in Ether. **Anw.:** Antihypertensivum* mit antiadrenerg. Wirkungskomponente; bei peripheren Durchblutungsstörungen, arteriellen Spasmen, Krampfadern, auch bei Depressionen; **Dos.:** p. o. 2-3×20 mg/d; parenteral i. v. 10 mg, Infusion i. v. 50 mg innerhalb 2 h in 500 mL Infusionslösung. Hingewiesen sei auch auf Raubasinhydrochlorid.

Raucherentwöhnungsmittel: s. Entwöhnungsmittel.

Rauchopium: s. Tschandu.

Rauhblattgewächse: s. Boraginaceae.

Raumchemie: s. Stereochemie.

Raumdesinfektion: Abtötung von Erregern auf Fußböden, an Wänden, auf Einrichtungs- u. Gebrauchsgegenständen; vgl. Desinfektion. **1.** Formaldehyd: 5 g/m^3 Rauminhalt bei 70 % rel. Luftfeuchtigkeit, Einwirkzeit 6 h; Wirkungsbereich AB, vegetative Keime einschließlich Mykobakterien, Pilze, Pilzsporen, Viren; **2.** Triethylenglykol: 1 g/m^3 bei 40 % rel. Luftfeuchtigkeit; **3.** UV-Strahlen: wegen zu geringer Penetration unzuverlässig, prophylakt. Maßnahme.

Raumerfüllungsmodelle: s. Molekülmodelle.

Raumtemperatur: Zimmertemperatur; nach Ph.Eur.4 15-25 °C.

Raupin: Rauvolfiaalkaloid; s. Rauvolfia serpentina (Rauvolfiae radix, Inhaltsst.).

Rauschbrand: Gasödem-Infektion bes. der Rinder, Schafe u. Ziegen durch für den Menschen nicht pathogene Bakt. der Gattung Clostridium*.

Rauschbrand-Impfstoff für Tiere: Vaccinum clostridii chauvoei ad usum veterinarium Ph.Eur.4; inaktivierte Flüssigkultur eines od. mehrerer geeigneter Stämme von Clostridium chauvoei.

Rauschdrogen: Drogen, die Suchtgifte od. andere psychotrope Wirkstoffe enthalten u. deswegen von Menschen benutzt werden. Stammen u. a. von folgenden Pflanzen: Areca* catechu, Cannabis* sativa, Catha* edulis, Erythroxylum* coca, Heimia salicifolia (Fam. Lythraceae), Ipomoea violaceae, Lophophora* williamsii, Mesembryanthemum-Arten (Fam. Aizocaceae), Papaver* somniferum (s. Opium), Piper* methysticum, Psilocybe*- u. a. Pilz-Arten, Rivea* corymbosa.

Rauschgift: weitgehend syn. mit Betäubungsmittel* bzw. Suchtgift*.

Rauschpfeffer: s. Piper methysticum.

Raute: s. Ruta graveolens.

Rautengewächse: s. Rutaceae.

Rautenöl: s. Ruta graveolens (Oleum Rutae).

Rauvolfiaalkaloide: s. Rauvolfia serpentina (Rauvolfiae radix, Inhaltsst.).

Rauvolfia canescens: s. Rauvolfia tetraphylla.

Rauvolfia congolana: s. Rauvolfia vomitoria.

Rauvolfia serpentina (L.) Benth. ex Kurz (nach Erstbeschreiber Leonhard Rauwolf, Arzt u. Botaniker aus Augsburg, 1582): Schlangenholz; Fam. Apocynaceae (Indien, Himalaja). Stpfl. von **Rauwolfiae radix:** Rauwolfiawurzel, Radix Rauwolfiae, Indische Schlangenwurzel. **Off.:** DAB 2003; **Inhaltsst.:** 1-3 % Rauvolfia-Alkaloide (über 50 sind bekannt), v. a. monomere Indolalkaloide: **1.** quartäre Anhydroniumbasen (stark bas.): Serpentin

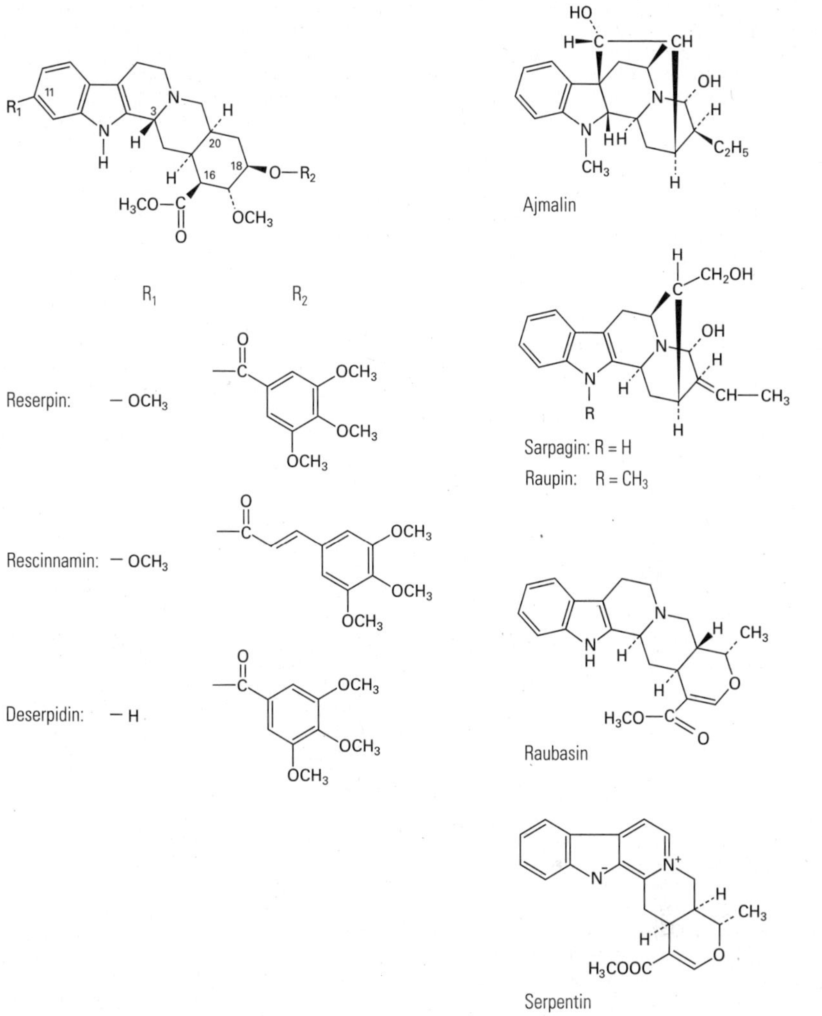

Rauvolfia serpentina: versch. Alkaloide

(Hauptalkaloid mit blutdrucksenkendem Effekt), Serpentinin, Alstonin; **2.** Tertiäre Indolinbasen (mittelstark bas.): **a)** Alkaloide vom Ajmalin-Typ: Ajmalin*, Iso-Ajmalin, Neo-Ajmalin, Rauwolfinin u. Vomalidin; **b)** Alkaloide vom Anhydroajmalin-Typ: Tetraphyllicin (Serpinin), Rauvomitin; **3.** tertiäre Indolbasen (schwach bas.) vom Reserpin-Typ: unterscheiden sich von den meisten anderen Typen, bei denen die Ringe D/E *trans*-verknüpft sind, durch eine *cis*-Verknüpfung derselben; 0.04-0.05 % Reserpin*, Isoreserpin, Renoxidin (Reserpin-N-Oxid), Deserpidin (Canescin), Rescinnamin*, Reserpinsäuremethylester, Seredin; **4.** tertiäre Indolbasen vom Tetrahydroserpentin-Typ: Raubasin* (Ajmalicin, Tetrahydroserpentin, δ-Yohimbin), Tetrahydroalstonin, Aricin (Heterophyllin), Reserpinin (Raubasinin), Reserpilin, Isoreserpiline; **5.** tertiäre Indolbasen vom Yohimbin-Typ: Yohimbin* (Strukturformel s. Yohimban, Abb.), Corynanthin (Rauhimbin), Corynantheidin, Rauwolscin (α-Yohimbin), Iso-Rauhimbin (Epi-α-Yohimbin), β-Yohimbin, 4-Yohimbin; **6.** tertiäre Indolbasen vom Sarpagin-Typ: Sarpagin, Raupin (N-Methylsarpagin); **7.** weitere Inhaltsst.: fettes Öl, Sterine, Calcium- u. Magnesiumsalze, Harz, Stärke, ungesättigte Alkohole, Fumarsäure, eine fluoreszierende Substanz; **Geh.:** von der Handelssorte abhängig; nach DAB 2003 mind. 1.0 % Alkaloide, ber. als Reserpin; **Wirk.:** Totalextrakt mit 3 Wirk., als spezif. Wirkbild den einzelnen Alkaloiden zugeordnet: zentrale Dämpfung (sedativ), periphere Gefäßerweiterung (hypoton), verlangsamte Herzfrequenz. Hauptträger der zentralsedativen Wirk. sind Reserpin* (wichtigstes Rauvolfiaalkaloid), Deserpidin u. Rescinnamin. Dem Reserpin, Ajmalin*, Raubasin* u. Raupin kommt

eine sympatholyt. Wirk. zu; **Anw.**: leichte essentielle Hypertonie mit Angst- u. Spannungszuständen, psychomotor. Unruhe; auch als Neuroleptikum; **UAW:** depressive Verstimmungen, Müdigkeit, Potenzstörungen, eingeschränktes Reaktionsvermögen.
Hom: *Rauwolfia serpentina (HAB1.2)*: getrocknete Wurzeln (mind. 1% Reserpin); verord. z.B. bei Hypertonie.

Rauvolfia tetraphylla L.: Rauvolfia canescens L.; Fam. Apocynaceae (trop. Amerika, Westindien, Indien); mehrere Varietäten. Stpfl. von **Radix Rauwolfiae canescentis:** enthält Rauvolfiaalkaloide (s. Rauvolfia serpentina). **Anw.**: Volksheilmittel im trop. Amerika.

Rauvolfia vomitoria Afzel: Rauvolfia congolana; Fam. Apocynaceae (trop. Afrika). Stpfl. von **Radix Rauwolfiae vomitoriae: Inhaltsst.**: Rauvolfiaalkaloide (s. Rauvolfia serpentina, bis zu doppelt so viel Reserpin enthaltend wie in R. serpentina, kein Raubasin u. Raupin); **Anw.**: Volksheilmittel in Afrika, z.B. gegen Schlangenbisse; Beruhigungsmittel bei psych. Krankheiten.

Rayon: s. Viskosefasern.

Razemat: s. Racemat.

razemös: s. Blütenstand.

Rb: (chem.) Symbol für Rubidium*.

RBW: Abk. für **r**elative* **b**iologische **W**irksamkeit.

RCT: Abk. für (engl.) *randomised controlled trial*; s. Studie, klinische.

Re: **1.** (chem.) Symbol für Rhenium*. **2.** s. Enantiotopie.

RE: Responseelement.

Reagens: Plur. Reagenzien; Prüfungsmittel; Substanz, die sich mit einer anderen so chem. od. biol. umsetzt (reagiert), dass sie dadurch identifiziert wird.

Reagenzien, chaotrope: Substanzen mit der Fähigkeit, die Interaktion von Proteinen zu unterbinden, indem sie die hydrophoben Effekte zw. Proteinen vermindern.

Reaktion: **1.** Gegenwirkung; eine durch einen Reiz hervorgerufene Wirkung. **2.** chem. Umsetzung; Vorgang, der unter stoffl. Veränderung abläuft.

R

Reaktionen, anaplerotische: Auffüllreaktionen; spezielle enzymat. Mechanismen, die Intermediärprodukte wiederherstellen, die z.B. durch Biosynthesen aus dem Stoffwechsel abgezogen werden. Eine wichtige a. R. ist die enzymat. Carboxylierung von Pyruvat zum Oxalacetat im Tricarbonsäurezyklus*.

Reaktionen, konzertierte: Synchronreaktionen; chem. Reaktionen, bei denen gleichzeitig Bindungen innerhalb der Ausgangssubstanzen gelöst u. die zum Produkt führenden geschlossen werden. Beispiele: Cycloadditionen, Valenzisomerisierungen u. unimolekulare Eliminationsreaktionen.

Reaktionsenthalpie: s. Enthalpie; Van't-Hoff-Gleichung.

Reaktionsentropie: s. Entropie.

Reaktionsgeschwindigkeit: s. Reaktionsordnung.

Reaktionsgeschwindigkeitskonstante: Symbol k; Faktor, der den Zusammenhang zw. Reaktionsgeschwindigkeit u. den Konz. der Stoffe herstellt. Beispiel: für $A+B \rightarrow C$ gilt: $-dc_A/dt = k \cdot c_A \cdot c_B$ (mit $-dc_A/dt$ = Reaktionsgeschwindigkeit, c_A, c_B = Konz. der Stoffe A u. B, k = Reaktionsgeschwindigkeitskonstante). Die R. ist u.a. abhängig von Temp., Druck, Lösungsmittel (s. Arrhenius-Gleichung).

Reaktionsisobare: s. Gibbs-Helmholtz-Gleichung.

Reaktionsisochore: s. Gibbs-Helmholtz-Gleichung.

Reaktionsmolekularität: gibt die Zahl der an einer Elementarreaktion* beteiligten Moleküle an; entspr. der Reaktionsordnung* bei Elementarreaktionen. Es gibt monomolekulare ($A \rightarrow B$), bimolekulare ($2A \rightarrow B$ od. $A+B \rightarrow C$) u. trimolekulare Elementarreaktionen. Letztere sind selten, da in diesem Fall 3 Moleküle gleichzeitig zusammenstoßen müssen.

Reaktionsordnung: beschreibt den Zusammenhang zw. der Geschwindigkeit einer chem. Reaktion od. eines pharmakokin. Prozesses u. der Konz. der Ausgangsstoffe. **Reaktion 0. Ordnung:** Die Reaktionsgeschwindigkeit ist konstant, unabhängig von der Konz., es gilt:
$dC/dt \sim C^0$,
daher 0. Ordnung; pharmakokin. zur Beschreibung von Prozessen im Sättigungsbereich, z.B. enzymgesteuerte Transport- u. Biotransformationsprozesse, Elimination von Ethanol; häufig angestrebt bei der Freisetzung aus Retardarzneimitteln*. Auftragung von C gegen t ergibt eine abfallende Gerade mit dem Anstieg −k. **Reaktion 1. Ordnung:** Reaktionsgeschwindigkeit ist proportional der Konz., $dC/dt \sim C$. Pharmakokin. Normalfall, Voraussetzung für lineare Kinetik*, z.B. Resorption, Elimination der meisten Arzneistoffe. Auftragung von ln C gegen t ergibt eine abfallende Gerade mit dem Anstieg −k. **Reaktion 2. Ordnung:** Reaktionsgeschwindigkeit ist proportional der Konz. zweier Ausgangsstoffe $dC/dt \sim C_A \cdot C_B$ od. dem Quadrat der Konz. eines Ausgangsstoffs $dC/dt \sim C_A^2$. Für letzteren Fall ergibt die Auftragung von 1/C gegen t eine Gerade mit dem Anstieg k. Die Bestimmung der Reaktionsordnung kann

Reaktionsordnung
Zusammenhang zwischen Reaktionsgeschwindigkeit *dC/dt* und Konzentration C in Abhängigkeit von der Reaktionsordnung

Reaktion	0. Ordnung	1. Ordnung	2. Ordnung
Differentialgleichung	$dC/dt = -k$	$dC/dt = -k \cdot C$	$dC/dt = -k \cdot C^2$
integrierte Gleichung	$C = C_0 - k \cdot t$	$C = C_0 \cdot e^{-k \cdot t}$	$1/C = 1/C_0 + k \cdot t$
Halbwertzeit $t_{1/2}$	$C_0/(2 \cdot k)$	ln 2/k	$1/(C_0 \cdot k)$

C_0: Konzentration bei der Zeit t = 0; k: Reaktionsgeschwindigkeitskonstante

graph. erfolgen (s. o.), durch Anpassung einer Funktion an die Messwerte od. über die Halbwertzeit*; s. Tabelle.

Reaktor: s. Kernreaktor.

Realapotheke: s. Apothekenwesen.

Realgar: Arsenum sulfuratum rubrum, Rauschrot; Mineral, nat. Arsensulfid (As_2S_2 bzw. As_4S_4); vgl. Arsendisulfid.

Realkonzession: s. Apothekenwesen.

Rebendolde, Giftige: s. Oenanthe crocata.

Rebound-Phänomen: Rückschlag-Phänomen; überschießende (Entzugs-)Reaktion des Organismus nach plötzl. Absetzen einer länger dauernden Ther. mit bestimmten Arzneimitteln. Typ. R. sind z. B. eine starke Blutdrucksteigerung nach Absetzen einer Antihypertensiva*-Therapie, Angina pectoris-Anfälle nach Absetzen einer langdauernder Betasympatholytika-Verabreichung (s. Sympatholytika), Suchtgiftentzugssymptome o. starke REM-Schlafdauerverlängerung nach Ther. mit REM-Schlaf-verkürzenden Schlafmitteln*.

Reboxetin INN: (+/−)-(2*R*)-2-[(α*R*)-α-(2-Ethoxyphenoxy)benzyl]morpholin; CAS-Nr. 98769-81-4; $C_{19}H_{23}NO_3$, M_r 313.4. Schmp. 145 °C. logP 2.8; pK_S 8.3 (ber.); schwer lösl. in Wasser. **Wirk.**: selektiver Noradrenalin-Wiederaufnahmehemmer. Die antidepressive Wirk. entspr. der von tricycl. Antidepressiva, kann jedoch vom 1. Tag an in voller Wirkungsdosis gegeben werden. **Anw.**: Antidepressivum; s. Psychopharmaka; **UAW:** trockener Mund, Verstopfung, Schlaflosigkeit, Schwitzen; **Dos.**: p. o. 2×4 mg/d.

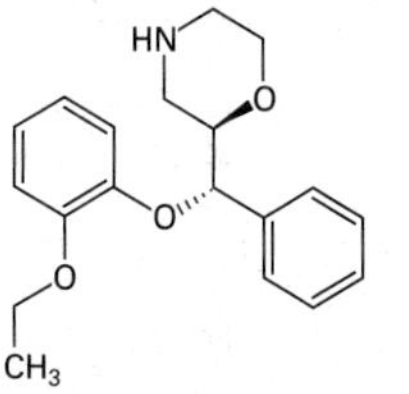

Reboxetin

Recalcifizierungszeit: Globalmethode zur Bestimmung von Störungen der Blutgerinnung*. **Prinzip:** mit Natriumcitratlsg. 0.1 mol/L, im Verhältnis 1 : 10 versetztes u. damit ungerinnbar gemachtes Venenblut od. das hieraus gewonnene Plasma wird durch Zugabe von $CaCl_2$-Lsg., 0.025 mol/L, recalcifiziert. Die Zeit bis zum Gerinnungseintritt wird bestimmt, Normalwert: ca. 2 min.

recenter paratus (lat.): frisch bereitet.

Receptaculum: (bot.) bei bedecktsamigen Pflanzen (s. Magnoliophytina) der mehr od. weniger scheiben-, becher- od. krugförmig verbreiterte od. auch kegelförmige Blütenachsenteil, an dem die Blütenteile (Kelch-, Blüten-, Staub- u. Fruchtblätter) stehen; vgl. Blütenstand.

rechtsdrehend: s. Aktivität, optische.

Rechtsmilchsäure: Fleischmilchsäure; s. Milchsäure.

Reciprocating-Die-Verfahren: s. Norton-Verkapselungsprozess.

Recken: Vorgang zur Erhöhung der Festigkeit von thermoplast. Kunststoffasern, -bändern u. -folien. Beim R. wird der Kunststoff elastisch u. plast. verformt; dabei werden die Kettenmoleküle in Kraftrichtung orientiert u. beim Abkühlen unter Formzwang wird diese Orientierung „eingefroren". Dadurch können def. Schrumpfeigenschaften erhalten werden. Durch nochmaliges Erwärmen wird hingegen ein Schrumpfen vermieden. Bes. hochwertige Folien lassen sich in einem Arbeitsgang durch simultanes, biaxiales R. auf einer maschinell aufwendigen Kluppen-Reckanlage herstellen.

Rectalia: Zubereitungen zur rektalen Anwendung Ph.Eur.4; werden unterschieden in Suppositoria*, Rektalkapseln (s. Capsulae), -lösungen, -emulsionen u. -suspensionen, Pulver u. Tabletten zur Herst. von Rektallösungen od. -suspensionen, halbfeste Zuber. zur rektalen Anwendung, Rektalschäume u. Rektaltampons* u. üben eine system. od. lokale Wirkung aus, od. dienen diagnost. Zwecken. Feste R. in Einzeldosisbehältnissen mit weniger als 2 mg od. weniger als 2 % Wirkstoff (bez. auf die Gesamtmasse) müssen der Prüfung auf Gleichförmigkeit* des Gehalts, Prüfung A (Tabletten) od. Prüfung B (Suppositorien, Rektalkapseln) entsprechen. Höherdosierte feste R. in Einzeldosisbehältnissen müssen der Prüfung auf Gleichförmigkeit* der Masse entsprechen. Flüssige u. halbfeste R. in Einzeldosisbehältnissen müssen der Prüfung auf entnehmbare Masse od. entnehmbares Volumen entsprechen. Bei festen R. in Einzeldosisbehältnissen kann eine der Prüfungen unter Wirkstofffreisetzung aus festen Arzneiformen durchgeführt werden.

rectificatus: gereinigt, s. Rektifikation. **rectificatissimus**: hoch gereinigt.

Rectiole®: Rektal-Plastikbehälter.

Rectocaps®: Gelatinekapseln zur rektalen Anwendung.

recurrens: zurücklaufend. Febris recurrens: Rückfallfieber.

red bush tea: s. Aspalathus linearis (Herba Aspalathi).

Redon-Drainage: Redon-Saug-Drainage; Sog-System zum schnelleren postoperativen Wundverschluss, bestehend aus einer Vakuumflasche u. einem Schlauch, der an dem in der Wunde verbleibenden Ende mit Löchern versehen ist.

Redoxindikatoren: s. Redoxsystem.

Redoxsystem: zw. den korrespondierenden Reduktions- u. Oxidationsmitteln existiert ein Gleichgewicht.

$$\text{Reduktionsmittel} \underset{\text{Reduktion}}{\overset{\text{Oxidation}}{\rightleftharpoons}} \text{Oxidationsmittel} + \text{Elektronen}$$

Während einer Reduktion* gibt ein Reduktionsmittel, z. B. Fe^{2+}, Elektronen ab u. wird dabei in das korrespondierende Oxidationsmittel, in diesem Fall Fe^{3+}, überführt. Bei einer Oxidation* spielt sich der umgekehrte Vorgang ab: $Fe^{2+} \rightleftharpoons Fe^{3+} + e^-$. Ein solches Reduktions-Oxidationssystem (Redoxsystem) wird auch als Redoxpaar bezeichnet. Ein Maß für das Reduktions- bzw. Oxidationsvermögen eines R. ist sein **Redoxpotential**, das man für viele R. in Tabellen findet. Eine nach dem Wert des Redoxpotentials geordnete Reihe von R. ist die Spannungsreihe. Je höher das Redoxpotential ist, desto größer ist seine Oxidationskraft. **Redoxindikatoren** sind Farbstoffe, die in der oxidierten Form eine andere Farbe besitzen als in der reduzierten Form. **Beispiel:** Kupfer lässt sich mit Sauerstoff oxidieren; das dabei gebildete Kupferoxid kann mit Wasserstoff wieder zum Metall reduziert werden. Dabei entstehen Kupfer u. Wasserdampf. Jede Redox-Reaktion kann man formal als Summe zweier Redox-Teilgleichungen, einer Reduktion u. einer Oxidation, formulieren.

Redoxtitrationen: Verfahren der Maßanalyse*, denen eine Redoxreaktion (s. Redoxsystem) zugrunde liegt. Je nach der verwendeten Maßlösung unterscheidet man Manganometrie*, Bromatometrie*, Bromometrie*, Iodatometrie*, Iodometrie*, Titanometrie*, Chromatometrie*, Chromometrie*, Cerimetrie* u. Ferrometrie*.

5α-Reduktase: Enzym, das die Umwandlung von Testosteron in Dihydrotestosteron (biol. aktiver Metabolit) katalysiert; s. Hormone. 5α-Reduktasehemmer (Finasterid*, 17α-Estradiol*) werden bei benigner Prostatahyperplasie* eingesetzt.

Reduktasen: s. Flavinenzyme.

Reduktion (lat. reducere zurückführen, rückgängig machen): nach früherer Auffassung die Überführung von chem. Verb. in sauerstoffärmere od. sauerstofffreie Derivate, also die Entfernung von Sauerstoff. Nach heutiger Def. die Zufuhr von Elektronen; eine Beteiligung von Sauerstoff od. Wasserstoff ist nicht zwingend. Auch geladene Ionen u., bei der Elektrolyse, die Kathode können als Reduktionsmittel dienen (kathod. R.); vgl. Oxidation; Redoxsystem.

Reduktionsteilung: s. Meiose.

Reduktone: chem., v. a. biochem. bedeutsame Verb., die stark reduzierend wirken; s. Reduktion.

Reduplikation: s. Replikation.

Referenzapotheken: in Deutschland 200 von den Länderkammern nach einem Schlüssel ausgewählte Apotheken (Innenstadt-Apotheken, Stadtrand-Apotheken, Land-Apotheken), die der Arzneimittelkommission bei der Erfüllung ihrer gestellten Aufgaben zur Verfügung stehen. Sie liefern z. B. statist. Material über Medikamentenmissbrauch.

Reflexemetika: s. Emetika.

Reformatsky-Reaktion: Bildung von *β*-Hydroxycarbonsäureestern durch Umsetzung einer Carbonylverb. (Aldehyd od. Keton) mit einem *α*-Halogencarbonsäureester in Gegenwart von Zink. Beispiel: aus Benzaldehyd u. Bromessigsäureethylester entsteht *β*-Phenyl-*β*-hydroxypropionsäureethylester (s. Abb.).

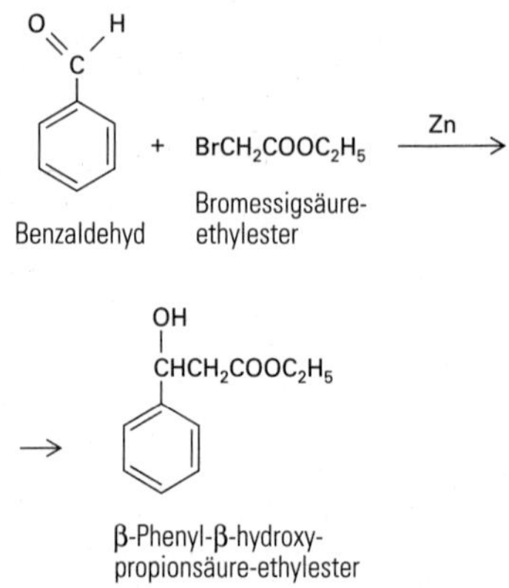

Reformatsky-Reaktion: Bildung von *β*-Phenyl-*β*-hydroxypropionsäureethylester

refraktär: unempfänglich, widerspenstig, nicht beeinflussbar.

Refraktion des Lichtes: Brechung des Lichtes; s. Brechungsgesetz.

Refraktometrie: physik. Messverfahren zur Bestimmung des Brechungsindex* eines opt. durchlässigen Stoffs. **Stofftypen in der Refraktometrie: 1. opt. isotrope Festkörper:** Glassplitter, kub. Kristalle u. a., die man in Flüss. mit bekanntem Brechungsindex n einbetten kann u. die bei gleichem n unsichtbar werden (Immersionsmethode). **Messung:** Besonders einfach u. genau ist die Beobachtung der Becke-Linie unter dem Mikroskop, einer **h**ellen Linie, die durch die Summierung von Licht an der Phasengrenze, die beim **H**eben des Tubus zum **h**öher brechenden Stoff (3-**H**-Regel) auftritt; geeignet für schnelle u. sichere Bestimmung der Brechungsindizes geschmolzener Kristalle mit einem Thermomikroskop, z. B. zur Identifizierung. **2. opt. anisotrope Stoffe:** Stoffe mit richtungsabhängig versch. Brechungsindizes; bewirken Doppelbrechung* von Kristallen u. Flüssigkristallen; **Messung:** für jede Richtung müssen wegen der Doppelbrechung 2 Brechungsindizes gemessen werden. Die Bestimmung mit der Immersionsmethode muss mittels polarisierten Lichts mit Hilfe eines Polarisationsmikroskops durchgeführt werden u. erfordert kristallograph. Kenntnisse. **3. Flüssigkeiten:** Bestimmung des Brechungsindex von Flüss. ist einfacher als von Festkörpern. **Messung:** erfolgt mit einem Refraktometer u. beruht auf dem von Snellius aufgefundenen Brechungsgesetz*, nach dem der Sinus des Einfallswinkels zum Sinus des Brechungswinkels in einem konstanten Verhältnis steht, das von der Natur der beiden Medien abhängt.

Refraktometer: Gerät mit Messprisma, zu dem häufig noch ein 2. Prisma, das Beleuchtungsprisma, hinzukommt. Auf das Messprisma od. zw. die beiden Prismen bringt man die zu prüfende Substanz u. bestimmt den Grenzwinkel der totalen Reflexion. Man misst ihn mit einem auf „unendlich" eingestellten Fernrohr entw. auf einer in einem festen Fernrohr befindl. Skala od. mit einem bewegl. Fernrohr auf einem Teilkreis, über den das Fernrohr beim Schwenken dahingleitet. Da versch. Farben unterschiedl. Brechungsindizes ergeben (s. Dispersion), würde man bei Beobachtung im weißen Licht, zusammengesetzt aus Licht vieler Wellenlängen, eine ganze Schar von Grenzlinien nebeneinander erhalten. Die resultierende farbige, verschwommene Grenzlinie wäre für eine exakte Messung wenig geeignet. Refraktometer sind deswegen folgendermaßen aufgebaut: Ein Kompensator, eine Kombination von mehreren Geradsicht-Prismen nach Amici, bewirkt, dass die im Messprisma auftretende Farbwirkung sich mit der des Kompensators

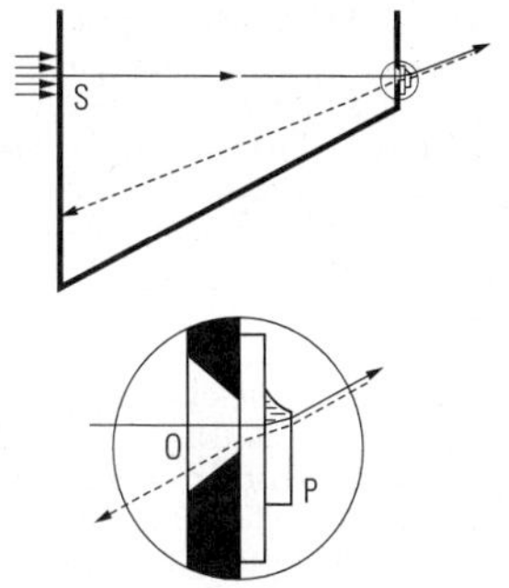

Refraktometrie: Schema des Mikro-Refraktometers (oben) u. Ausschnittzeichnung (unten)

aufhebt. Durch Drehen des Kompensators um seine Achse, die mit der opt. Achse des Fernrohrs zusammenfällt, kann man für die versch. Substanzen die Farbwirkung des Messprismas gerade kompensieren. Ein Refraktometer muss nach der Ph.Eur. das genaue Ablesen von 3 Dezimalstellen erlauben. Das Ablesen der Temp. muss auf ±0.5 °C genau mögl. sein. Zur Kalibrierung dient meist dest. Wasser ($n^{20°C}_D$ 1.3330).
Für die pharmaz. Praxis wichtige Refraktometer: a) Abbe-Refraktometer: geeignet für die Messung der Brechungsindizes von Lsg., Fetten u. Ölen jeder Art. Messbereich: für n_D = 1.3-1.7. Es werden keine Winkelwerte, sondern direkt n_D-Werte abgelesen. Zur Bestimmung der Trockensubstanz befindet sich auf der Skala, auf der die n_D-Werte abgelesen werden, noch eine 2. empir. nach Prozenten geeichte Skala, mit der man den Prozentgehalt an Trockensubstanz ebenfalls unmittelbar bestimmen kann. Mit der am Kompensator befindl. 3. Skala kann man Dispersionsmessungen ausführen u. die Molekulardispersion eines Stoffs ermitteln. Da die Brechungsindizes von Lsg. stark temperaturabhängig sind, sind beide Prismen thermostatisiert. Der Fehler beträgt für die Skala der Brechungsindizes 0.01-0.02 % u. für die Skala der Trockensubstanz 0.1-0.2 %. **b) Eintauch-Refraktometer:** genauestes Refraktometer, mit dem man den Brechungsindex bis zu einem Fehler von 0.002 % bestimmen kann. Messbereich: n_D=1.32539-1.64700. Bei der hohen Genauigkeit kann dieser große Messbereich nicht mit einem einzelnen Prisma überbrückt werden, es sind daher 10 leicht gegeneinander auswechselbare Prismen vorhanden, deren Messbereiche sich stets etwas überschneiden. **c) Mikro-Refraktometer:** Refraktometer, das sich in Konstruktion u. Anw. durch besondere Einfachheit auszeichnet. Ein beleuchteter Spalt wird durch eine kleine Öffnung betrachtet. Vor diese Öffnung ist das sorgfältig mit wenig Lsg. gefüllte Messprisma mit seinem Objektträger so zu schieben, dass die brechende Kante horizontal u. etwa in der Mitte der schmalen Öffnung liegt; der Objektträger wird dabei durch eine Federklemme gehalten. Im Messprisma, einem Hohlprisma, wird das Bild des betrachteten Spalts je nach dem Brechungsindex der eingefüllten zu messenden Flüss. abgelenkt. Der durch das Messprisma blickende Betrachter sieht das evtl. farbige Spaltbild an der Stelle der Skala, die dem Brechungsindex der zu messenden Substanz entspricht. Mit Hilfe eines Schiebers, der eine Strichmarke besitzt, kann die Einstellung auf das Spaltbild festgehalten u. danach auf eine Einheit mit einem Fehler von 0.1 % abgelesen werden. Die Brechungsindizes von 1.333-1.92 werden in Verbindung mit dem zugehörigen Prisma an der linken Skala abgelesen. Die rechts daneben liegende Millimeterskala dient in Verbindung mit einem zusätzl. Prisma hoher Brechung zur Erfassung der Werte zwischen 1.116 u. 2.35. Die abgelesenen Millimeterwerte werden anhand der zugehörigen Tab. umgerechnet (s. Abb.).

Refrigeranzien: abkühlende, erfrischende Mittel.

Refrigeratio (lat. Abkühlung): Erkältung.

Regionalanästhesie: Schmerzausschaltung einer Körperregion. **Formen: 1.** Leitungsanästhesie*: Injektion eines Lokalanästhetikums* in od. um einen Nerv herum; **2.** Bier-Block: i. v. Injektion eines Lokalanästhetikums.

regioselektiv: ist eine Reaktion, bei der von mehreren gleichartigen funktionellen Gruppen in einem Molekül nur eine bevorzugt reagiert, z. B. bei Polyenen*, od. Polyalkoholen. **regiospezifisch** ist die Reaktion, wenn ausschließl. eine von mehreren funktionellen Gruppen reagiert.

Registrierung: Begriff aus dem AMG aus dem Jahr 1961. Arzneispezialitäten musste vom damaligen Bundesgesundheitsamt* eine Registernummer erteilt werden, die bis zum Abschluss der Nachzulassung* u. der Erteilung einer Zulassungsnummer auf den Arzneimitteln anzugeben war. Nach dem AMG 1976 unterliegen hom. Arzneimittel der Registrierungspflicht; einer Zulassung bedarf es nicht. Die Registriernummern sind mit der Abkürzung Reg.-Nr. anzugeben.

Regressionsgerade: s. Ausgleichsrechnung.

Regressionsrechnung: s. Ausgleichsrechnung.

regressiv: (med.) zurückgehend, sich zurückbildend.

Regulatorgen: Gen, das die Aktivität des Operators* steuert. Die Kontrollfunktion erfolgt wegen der räuml. Trennung vom Operator über die Produktion von Hemmstoffen der Genaktivität; vgl. Repressor.

REH: Abk. für **R**acep**h**edrin**h**ydrochlorid, s. Ephetonin.

Rehmannia glutinosa (Gaertn.) Libosch.: (chines.) Di huang; Fam. Scrophulariaceae (China, Japan); 10-40 cm hohe Staude. Stpfl. von **Radix Rehmanniae:** Rehmanniawurzel; die frische od. getrocknete Wurzelknolle. **Inhaltsst.:** Iridoide u. Iridoidglykoside, z. B. Catalpol* u. Ajugol*, polyphenol. Esterglykoside, z. B. Verbascosid, Flavonoide; **Anw.:** Antipyretikum u. Hämostatikum in der TCM.

Rehmanniawurzel: s. Rehmannia glutinosa (Radix Rehmanniae).

Reibschale: s. Mörser.

Reibung, innere: s. Viskosität.

Reibung, interpartikuläre: s. Fließeigenschaften von Schüttgütern.

Reich (lat. regnum): oberste taxonom. Einheit.

Reichsformeln: s. Magistralformeln.

Reichssanitätsgesetz: s. Gesundheitswesen (Österreich).

Reifeteilung: s. Meiose.

Reifweide: s. Salix-Arten.

Reihe, eluotrope: empir. ermittelte Lösungsmittelreihe bei chromatograph. Trennprozessen (s. Chromatographie), geordnet nach zunehmender Elutionskraft ε_0 (s. Elution) bzw. Adsorptionstendenz an polaren Adsorbenzien. Berechnung der ε_0-Werte aus der Adsorptionsenergie eines Lösungsmittels; die Eluierkraft des Lösungsmittels Pentan ist willkürlich mit 0 definiert (s. Tab.). Eluotrope Reihen werden auf ein bestimmtes Adsorbens bezogen, z. B. Al_2O_3 od. SiO_2 u. entspr. im Wesentl. dem Verlauf der Polarität, die wiederum zur Dielektrizitätskonstante* parallel verläuft. Für unpolare Adsorptionsmittel kehrt sich die Reihenfolge um.

Reihe, eluotrope
Elutionskraft ε_0 und Dielektrizitätskonstante DK verschiedener Lösungsmittel

Lösungsmittel	Al_2O_3	SiO_2	DK	Polarität
Pentan	0.00	0.00	1.84	unpolar
Cyclohexan	0.04	0.03	1.88	
Toluol	0.29	–	2.3	
Benzol	0.32	0.25	2.28	
Diethylether	0.38	0.38	4.33	
Chloroform	0.40	0.26	4.8	
Dichlormethan	0.42	0.32	8.9	
Aceton	0.56	0.47	21.4	
Essigsäureethylester	0.58	0.36	6.11	
Acetonitril	0.65	0.50	37.5	
Pyridin	0.71	–	12.4	
Ethanol	0.88	–	25.8	
Methanol	0.95	0.73	33.6	
Wasser	größer	–	80.4	polar

Reimer-Tiemann-Reaktion: Bildung von Phenolaldehyden durch Erwärmen von Phenolen mit Chloroform in wässriger Natronlauge. Beispiel: aus Phenol u. Chloroform entsteht Salicylaldehyd (s. Abb.).

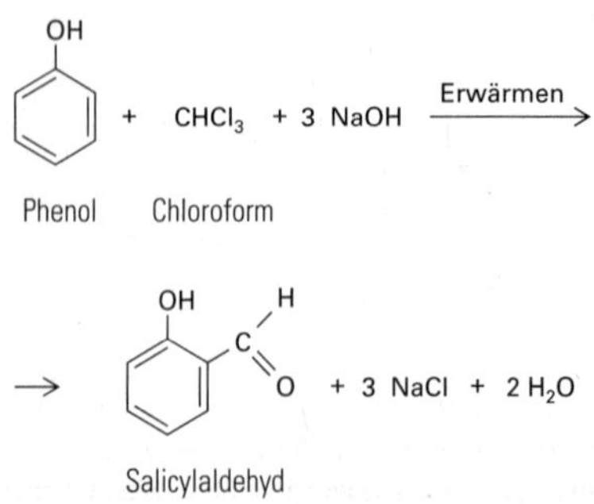

Reimer-Tiemann-Reaktion: Bildung von Salicylaldehyd

Reimport von Arzneimitteln: Einfuhr im Inland zugelassener u. exportierter Arzneimittel. Für sie besteht nur dann die Pflicht zu einer Einfuhrerlaubnis nach § 72 AMG, wenn sie nicht aus einem EG/EWR-Mitgliedsstaat zurückgeholt werden. Der Reimport ist arzneimittelrechtl. zulässig; vgl. Parallelimport.

Reinblau: Fuchsin*-Farbstoff; Gemisch aus Sulfonsäure-Salzen des Di- bzw. Triphenylrosanilins.

Reinecke-Salz: Ammonium-diammin-tetrathiocyanato-chromat(III), $NH_4[Cr(NH_3)_2(CNS)_4] \cdot H_2O$. M_r 354.47. Dunkelrote Kristalle, wenig lösl. in heißem Wasser u. Ethanol. **Darst.**: Eintragen von Ammoniumdichromat ($(NH_4)_2Cr_2O_7$) in geschmolzenes Ammoniumthiocyanat (NH_4CNS); **Anw.**: analyt. zur Fällung der Alkaloide (Cholin, Betaine); kolorimetr. Reagens; Nachw. von Cu(I), Hg(II) u. Cd(II).

Reinelemente: diejenigen chem. Elemente*, die in der Natur nur in Form eines einzigen Isotops* vorkommen. Zu den 23 Reinelementen gehören u. a. Fluor, Natrium, Aluminium, Phosphor, Arsen, Iod, Gold.

Reinfektion: erneute Infektion (Wiederinfektion) mit den gleichen Erregern nach bereits erfolgter Ausheilung; vgl. Sekundärinfektion.

Reingoldlegierung: Legierung* aus 78 % Kupfer u. 22 % Zink.

Reinheit, radiochemische: Reinheit eines radioaktiven Substrates bzgl. radioaktiver Verunreinigungen durch Substanzen, die das gleiche Nuklid in anderer chem. Form enthalten. Die r. R. wird je nach Art der zu untersuchenden Substanz mit unterschiedl. Methoden (z. B. HPLC, GC, TLC; s. Chromatographie) bestimmt; vgl. Radionuklidreinheit.

Reinheitsklassen: Nach GMP* gelten für die Herst. steriler Arzneimittel vier Reinheitsklassen. **Reinheitsklasse A**: Die lokale Zone für Arbeitsvorgänge mit hohem Risiko, z. B. Abfüllbereich, Stopfenbehälter, offene Ampullen u. Fläschchen; Herst. asept. Verbindungen. Normalerweise werden solche Bedingungen durch ein laminares Luftströmungssystem sichergestellt. Laminare Luftströmungen sollten für eine gleichmäßige Luftströmungsgeschwindigkeit von 0.45 m/s ±20 % (Richtwert) am Arbeitsplatz sorgen. **Reinheitsklasse B**: Bei asept. Zuber. u. Abfüllung ist dies die Umgebung für eine Zone der Reinheitsklasse A. **Reinheitsklassen C und D**: Reine Bereiche für die weniger krit. Schritte bei der Herst. steriler Produkte. Die Klassifizierungen der Reinheitsgrade gilt für Luftpartikel im Ruhe- u. Betriebszustand u. für das mikrobiol. Monitoring während der Herstellung. Die Richtwerte für Luftpartikel im Ruhezustand für die max. erlaubte Partikelzahl entsprechen in etwa dem US Federal Standard 209 E u. den ISO-Klassifikationen: Die Reinheitsklasse A u. B entsprechen Klasse 100, M 3.5, ISO 5; Reinheitsklasse C der Klasse 10 000, M 5.5, ISO 7 u. Reinheitsklasse D der Klasse 100 000, M 6.5, ISO 8.

Reinkultur: Kulturverfahren zur Isolierung eines Bakterienstamms aus einer gemischten Erregerpopulation.

Reis: s. Oryza sativa.

Reismelde: s. Chenopodium quinoa.

Reisstärke: s. Amylum Oryzae.

reit.: Abk. für (auf Rezepten) **reit**eretur die Arznei soll nochmals angefertigt werden; negativ: ne* reit.

Reizker: Lactarius, s. Pilze (Eumycota).

Reizkörpertherapie: Teil der Reiztherapie*, bei dem heilende Effekte v.a. auf den Bewegungsapparat u. die Konstitution induziert werden sollen. Als Reizkörper dienen z.B. Eigenblut, artfremdes Eiweiß (z.B. Milch), Silber-, Gold-, Schwefelsuspensionen, Terpentinöl (Erzeugen eines sterilen Abszesses), Iod, die Applikation hautreizender Substanzen (s. Hautreizmittel) u. Verfahren (s. Baunscheidtieren). **Anw.**: zur Aktivierung der Abwehrkräfte (s. Immunität) des Körpers u. unspezif. Beeinflussung gewisser Krankheitserscheinungen, z.B. bei chron. rheumat. Erkrankungen; s. Umstimmungstherapie, vgl. Immunstimulation.

Reiztherapie: Einsatz von Reizen, die unspezif. auf den Organismus wirken u. dessen Regulationsmechanismen provozieren. Neben der Reizkörpertherapie* dienen dazu physikal. Maßnahmen od. Faktoren wie z.B. Wärme, Licht, Klima, Wasser, Massage; vgl. Umstimmungstherapie.

Rekombination: DNA-Neukombination; Bildung neuer Gen-Kombinationen aus genet. versch. Genomen. Bei der allg. R. lagern sich homologe DNA-Abschnitte der Genome nebeneinander, die DNA-Stränge werden aufgeschnitten, die betr. Abschnitte ausgetauscht u. die DNA-Stränge wieder verbunden. Bei höheren Zellen findet die R. mit dem crossing* over statt. R. ist auch mögl. zw. Wirts-DNA u. der DNA bestimmter Viren od. Plasmide, wobei die fremde DNA in das Wirtsgenom integriert wird. Die Integration erfolgt in manchen Fällen an spezif. Stellen, in anderen statistisch. R. kann auch zw. den DNA zweier Viren od. Plasmide erfolgen, die in die gleiche Wirtszelle aufgenommen wurden. Von Bakterien sind spezif. rec-Gene bekannt, die den Rekombinationsprozess steuern. R. führt zu neuen Eigenschaften des Organismus. Nach Übertragung des genet. Materials, z.B. durch Transformation, Transduktion od. Konjugation, muss es in der Empfängerzelle genet. fixiert werden. Dies geschieht, indem neue Gene ein- u. an homologer Stelle alte Gene ausgebaut werden.

Rekombinationstechnologie: s. Gentechnologie.

Rekonvaleszentenserum (lat. reconvalescere genesen): von Menschen, die eine bestimmte Infektionskrankheit überstanden haben in der Rekonvaleszenz od. nach deren Genesung gewonnenes Serum. Kann durch seinen Geh. an spezif. Antikörpern prophylakt. (bei Infektionsgefährdung) od. therap. (bei Erkrankung) im Sinne einer passiven Immunisierung* verwendet werden; vgl. Serumprophylaxe, Serumtherapie.

Rekonvaleszenz: Genesung, Genesungszeit.

Rekordspritze: s. Spritze.

Rekristallisation: Neuordnung eines bestehenden Kristallgefüges ohne Änderung des Kristallgitters (Mod.) im Laufe der Zeit (Alterung) od. unter Einwirkung von Wärme, Luftfeuchtigkeit od. mechan. Beanspruchung.

rektal: zum Mastdarm (Rektum) gehörig.

Rektalkapseln: s. Capsulae.

Rektaltampon: speziell geformtes Suppositorium mit einen eingearbeiteten Schlauchtampon od. aus einem mit Verbandmaterial umwickelten Plastikträger bestehend. Anw. meist zur lokalen Ther. von Hämorrhoiden.

Rektifikation (lat. rectus gerade, richtig): Destillation mit einer Kolonne*, um Flüss. zu reinigen od. um Flüss.-Mischungen zu trennen.

rektifizieren: eine Flüss. einer Rektifikation* unterwerfen.

Rektoskopie: endoskop. Untersuchung des Mastdarms mit einem starren od. flexiblen Spezialendoskop (Rektoskop). Wichtigste Untersuchungsmethode zur Erkennung eines Karzinoms* des Rektums.

Rektum: Mastdarm; **per rectum**: durch den Mastdarm.

relative risk: s. Risiko, relatives.

Relaxin: s. Hormone (Plazentahormone).

rem: veraltete Einheit der Äquivalenzdosis; s. Dosimetrie.

Remazeration: Dimazeration; zweistufiges Mazerationsverfahren (s. Mazeration). Die Droge wird zunächst nur mit etwa der Hälfte der Extraktionsflüssigkeit (Menstruum) mazeriert. Nach dem Kolieren wird der Drogenrückstand mit der restl. Flüssigkeit erneut mazeriert u. nach abermaligem Kolieren ausgepresst. Gegenüber der einfachen Mazeration ist mit einer geringfügig besseren Ausbeute an Inhaltsstoffen zu rechnen.

Remedia: Heilmittel.

Remifentanil INN: 4-Carboxyl-4-(*N*-phenylpropionamido)-1-piperidin-propionsäuredimethylester; CAS-Nr. 132875-61-7; $C_{20}H_{28}N_2O_5$, M_r 376.45. **Wirk.** u. **Anw.**: stark wirksames Analgetikum* für die Anästhesie (wie Fentanyl*); selektiver Agonist am μ-Opoidrezeptor, die Wirk. ist durch Naloxon* antagonisierbar. R. zeichnet sich v.a. durch den raschen Wirkungseintritt u. die kurze Wirkungsdauer aus. **UAW**: u.a. Erbrechen, Hypotonie, Muskelrigidität; **Kontraind.**: Anw. während der Wehen u. der Entbindung (Kaiserschnitt); intrathekale u. epidurale Anw.; **WW**: R. verringert die benötigte Dos. von Inhalations- u. i.v. Anästhetika sowie von Benzodiazepinen; HWZ 3-10 min (i.v.). **Remifentanilhydrochlorid**: CAS-Nr. 132539-07-2; $C_{20}H_{28}N_2O_5$, M_r 412.91.

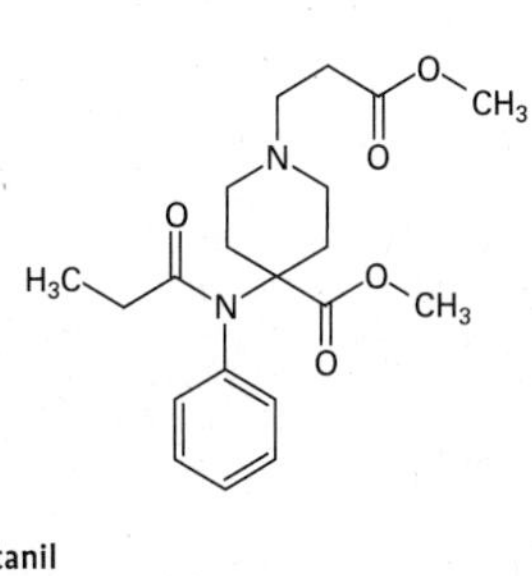

Remifentanil

Remnant: Überreste aus den Chylomikronen nach Abspaltung von Triglyceriden, die einen hohen Gehalt an Cholesterolestern aufweisen. R. wird über Apolipoprotein B u. E an den R.-Rezeptor in der Leber gebunden u. durch ihn in die Leberzelle eingeschleust.

Remoxiprid INN: (–)-(*S*)-3-Brom-*N*-(1-ethyl-2-pyrrolidinyl)methyl-2,6-dimethoxybenzamid; CAS-Nr. 80125-14-0; $C_{16}H_{23}BrN_2O_3$, M_r 371.27. pK_S 8.8. **Wirk.**: selektiver Dopamin-D_2-Antagonist, der mit Sulpirid* eng verwandt ist; stark antipsychot., nicht sedierend; **Anw.**: Neuroleptikum (s. Psychopharmaka), bei akuten u. chron. schizophrenen Psychosen mit Wahnvorstellungen, Halluzinationen u. Denkstörungen als Leitsymptome; **UAW:** extrapyrimidal-motor. Störungen; Gewichtsschwankungen, Mundtrockenheit, Schlafstörungen; **Kontraind.**: akute Alkohol-, Opiat-, Hypnotika- od. Psychopharmakaintoxikation; Hyperprolactinämie, Schwangerschaft u. Stillzeit, Anw. bei Jugendl. u. Kinder. **Dos.**: p. o. als Initialbehandlung 2×131 mg/d od. 1×262 mg/d (retard); für Langzeitbehandlung 1×131-262 mg/d; parenteral als Initialbehandlung i. m. 2×131 mg/d (131 mg R. entspr. 150 mg R.-Hydrochlorid-Monohydrat). **Remoxipridhyrochlorid**: CAS-Nr. 73220-03-8; $C_{16}H_{23}BrN_2O_3 \cdot HCl$, M_r 407.73. **Remoxipridhyrochlorid-Monohydrat**: CAS-Nr. 117591-79-4; $C_{16}H_{23}BrN_2O_3 \cdot HCl \cdot H_2O$, M_r 425.75.

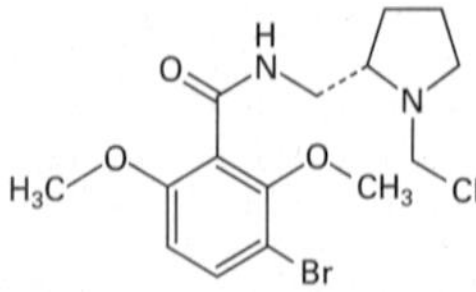

Remoxiprid

REM-Schlaf: s. Schlaf.

Ren: Niere. **Renes siccati**: getrocknete Nieren, s. Organtherapeutika. **renalis**: zur Niere gehörend, Nieren-.

Renaturierung: Übergang eines Proteins od. einer Nucleinsäure vom denaturierten Zustand in die native Konfiguration.

Reng: s. Indigofera tincoria.

R

Renin: proteolyt. Enzym, das von den juxtaglomerulären Zellen der Niere gebildet wird; s. Hormone (Gewebehormone der Niere).

Renin-Angiotensin-Aldosteron-System: (engl.) *renin-angiotensin-aldosterone system*; Abk. RAAS; mehrfach, bes. mit Renin rückgekoppeltes komplexes Regulationssystem zur Aufrechterhaltung von Plasmavolumen, -osmolarität u. Blutdruck. Biol. aktiv sind dabei Angiotensin II u. das von ihm direkt freigesetzte Aldosteron*. Angiotensin II als stärkstes vasokonstriktor. Peptid bewirkt an den Nieren durch Verminderung der renalen Durchblutung die Abnahme der glomerulären Filtrationsrate. Aldosteron verstärkt diesen Effekt durch Na^+-Rückresorption u. Verminderung der Wasserausscheidung. Das RAAS wird (physiol.) u. a. aktiviert, wenn zirkulierendes Plasmavolumen (z. B. durch Blutverlust, Schock) od. Blutdruck (Orthostase) abnehmen. Nach Salzentzug u. bei bestimmten Formen der Hypertonie ist das RAAS bei der Blutdruckregulation über direkte Vasokonstriktion u. über Interaktion mit dem Sympathikus* beteiligt. Gehemmt wird das RAAS durch Antihypertensiva* wie ACE-Hemmer*. Vgl. Hormone (Gewebehormone der Niere).

Rennin: (engl.); Bez. für Lab*.

Rentenversicherung: s. Sozialversicherung.

Reoviridae: Abk. für (engl.) *respiratory enteric orphan*, Fam. von ca. 100 kub. RNA-Viren ohne Hüllmembran. Humanpathogene R. finden sich in den Genera Orthoreovirus (Reovirus), Rotavirus u. Orbivirus.

Repaglinid INN: (+)-2-Ethoxy-4-[(*S*)-α-isobutyl-2-piperidinobenzyl]carbamoylmethyl-benzoesäure; CAS-Nr. 135062-02-1; $C_{27}H_{36}N_2O_4$, M_r 452.6. Schmp. 130 °C. logP 4.9; pK_S 4.2; schwer lösl. in Wasser. **Wirk.** u. **Anw.**: orales Antidiabetikum* bei Typ-II-Diabetes. Durch kurze HWZ von 1 Std. u. Einnahme mit den Mahlzeiten wird eine nahezu physiol. Insulinausschüttung erreicht. **UAW:** Hypoglykämie, aber weniger häufig als bei langwirkenden Sulfonylharnstoffen; **Dos.**: MED 4 mg, MTD 16 mg, jeweils zu den Hauptmahlzeiten.

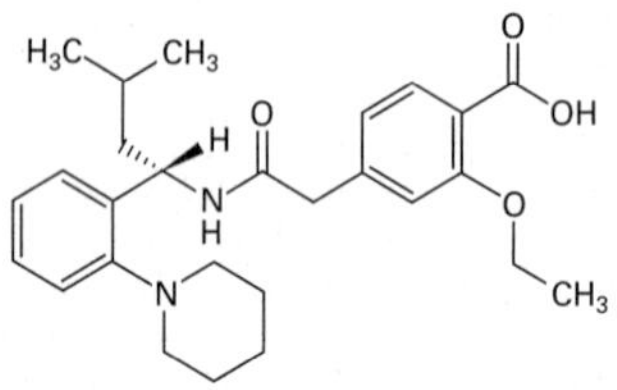

Repaglinid

repeat release: s. Retardpräparate.

Repellents: **1.** Chemotaktika mit negativem Einfluss; s. Chemotaxis. **2.** Insektenvertreibungsmittel; Mittel zur Abschreckung von Insekten, Spinnen od. Milben v. a. in der Human- u. Veterinärhygiene, aber auch im Materialschutz (z. B. Holzschutz geg. Termitenbefall). Mittel, die unmittelbar auf die Haut aufgetragen werden wie Mückenschutzmittel, dürfen die Haut nicht reizen u. sollen geruchsneutral sein. Eine gewisse Repellentwirk. besitzen einige äther. Öle wie Eukalyptusöl u. andere Naturprodukte wie Campher. Die meisten heute verwendeten Repellents bestehen aus synthet. Stoffen, darunter Dibutylphthalat*, Dimethylphthalat*, *N,N*-Diethyl-m-toluamid, 2-Ethyl-1,3-hexandiol, 3-(*N*-n-Butyl-*N*-acetyl)-aminopropionsäure-ethylester.

Reperkolation: Verfahren zur erschöpfenden Extraktion von Drogen mit einer möglichst eingeschränkten Flüssigkeitsmenge; v. a. zur Herst. von Fluidextrakten (s. Extracta) aus Ätherisch-Öldrogen. Die Gesamtmenge der Droge wird auf mehrere hintereinander angeordnete und u. U. miteinander verbundene Perkolatoren aufgeteilt (s. Perkolation). Der erste Teil der Droge wird perkoliert u. der zuerst abfließende, höher konzentrierte Extrakt (Vorlauf, Extraktionskopf; entspricht meist den an Fluidextrakte gestellten Anforderungen) in der Menge des eingesetzten Drogenteils entnommen. Der Nachlauf (übrigbleibender, niedriger konzentrierter Extrakt) wird zum Perkolieren des nächsten Teiles der Droge verwendet. Dieser Vorgang wiederholt sich mit allen Perkolatoren, d.h. alle Vorläufe werden aufgefangen u. vereinigt, die Nachläufe dienen im nachfolgenden Perkolator als Extraktionsflüssigkeit. Der Nachlauf des letzten Perkolators muss gegebenenfalls eingeengt werden.

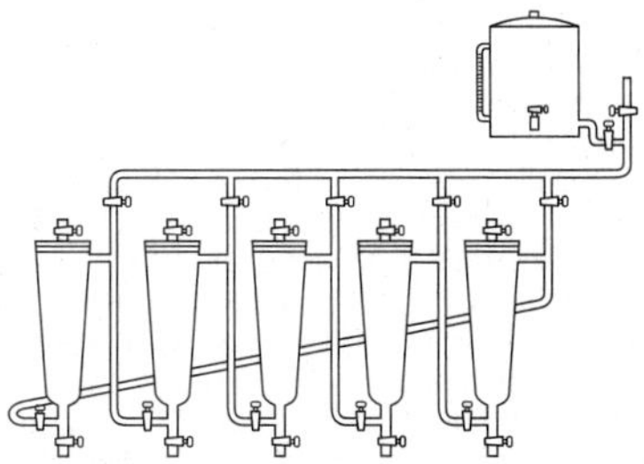

Reperkolation

Repetabs®: magensaftresistente Dragees mit Initialdosis in der Zuckerhülle.

Replikation: Verdoppelung (ident. Reduplikation) der DNA* od. RNA*, die vor einer Zellteilung eintritt.

Replikationsenzym: Enzym, das eine Replikation katalysiert; z.B. DNA-R., ein Enzym vom Typ DNA-Polymerase, das im Zusammenwirken mit DNA-Ligase am als Matrize dienenden Einzel- od. Doppelstrang der DNA (Doppelhelix) die Replikation von DNA bewirkt. RNA-R. synthetisiert in der Bakterienzelle an der als Matrize dienenden infektiösen, einsträngigen Virus-RNA einen komplementären Minusstrang, der wiederum als Matrize für die Synthese neuer Virus-RNA-Stränge (Plusstränge) dient.

Repressor: Protein, das im aktiven Zustand die genet. Informationsübergabe eines Gens unterdrückt, indem es mit einer kurzen DNA-Sequenz, dem Operator*, interagieren kann; dadurch wird die mRNA-Synthese der Strukturgene eines Operons* unterbunden. Der Lac-Repressor, der die Transkription des Lac-Operons in Escherichia coli reguliert, wurde als erstes Repressormolekül 1973 von Beyreuther u. Mitarbeitern aufgeklärt.

Reproduktionstoxizität: Fortpflanzungsgefährdende (reproduktionstoxische) Stoffe werden nach den Vorschriften der Gefahrstoffverordnung* in 3 Kategorien eingeteilt. **Kat. 1** enthält die Stoffe, die beim Menschen die Fortpflanzungsfähigkeit (Fruchtbarkeit) beeinträchtigen od. die beim Menschen fruchtschädigend (entwicklungsschädigend) wirken (u.a. Warfarin*, Bleiverbindungen). **Kat. 2** enthält die Stoffe, die als beeinträchtigend für die Fortpflanzungsfähigkeit (Fruchtbarkeit) des Menschen od. die als fruchtschädigend (entwicklungsschädigend) für den Menschen angesehen werden (Benzo[a]pyren*, Ethylenthioharnstoff). **Kat. 3** enthält die Stoffe, die wegen mögl. Beeinträchtigung der Fortpflanzungsfähigkeit (Fruchtbarkeit) des Menschen Anlass zur Besorgnis geben od. die wegen mögl. fruchtschädigender Wirk. beim Menschen zur Besorgnis Anlass geben (Bromoxynil, Schwefelkohlenstoff). Die jeweiligen Kategorien sind in der Spalte „Einstufung" der EG-Gefahrstoffliste* als „Repr. Cat." angegeben. Der Begriff „reproduktionstoxisch" stellt eine Erweiterung des früher verwendeten Begriffs „teratogen" dar, da er neben der fruchtschädigenden (Missbildungen verursachenden) Wirk. auch die Beeinträchtigung der Fortpflanzungsfähigkeit (Fruchtbarkeit) bei Mann u. Frau einschließt.

Reproterol INN: 7-{3-[(β,3,5-Trihydroxyphenethyl)amino]propyl}theophyllin; CAS-Nr. 54063-54-6; $C_{18}H_{23}N_5O_5$, M_r 389.41. **Anw.:** Broncholytikum* bei Bronchialasthma, chron. Bronchitis, Bronchospasmen; Beta-2-Sympathomimetikum; **UAW:** Fingertremor, Unruhe, Kopfdruck; **Kontraind.:** Thyreotoxikose, Myokardinfarkt, Phäochromozytom; **Dos.:** p.o. 2-3×10 mg/d; parenteral i.v. 0.09 mg; Dosieraerosol 0.5 mg; HWZ 3.5 h. Gebräuchl. ist auch Reproterolhydrochlorid.

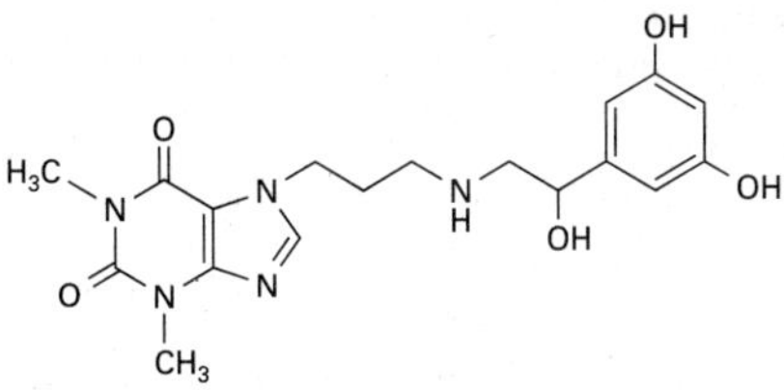

Reproterol

RES: s. System, mononukleäres phagozytäres.

Rescinnamin INN: 3,4,5-Trimethoxyzimtsäureester des Reserpsäuremethylesters; CAS-Nr. 24815-24-5; $C_{35}H_{42}N_2O_9$, M_r 634.7. Strukturformel s. Rauvolfia serpentina (Abb.). Schmp. 235-239 °C. Weißes bis schwach gelbl. krist. Pulver, leicht lösl. in Chloroform u. Dimethylformamid, wenig lösl. in Ethanol, fast unlösl. in Wasser. **Wirk.:** Alkaloid aus Rauvolfia serpentina mit blutdrucksenkender Wirk., neben Reserpin* Hauptträger der zentralsedativen Wirk. des Rauvolfia-Extraktes; **Anw.:** Antihypertensivum*; praktisch obsolet.

Reserpin INN: Reserpinum Ph.Eur.4; 3,4,5-Trimethoxybenzoyl-reserpinsäuremethylester; CAS-Nr. 50-55-5; $C_{33}H_{40}N_2O_9$, M_r 608.70. Strukturformel s. Rauvolfia serpentina (Abb.). Alkaloid aus Rauvolfia serpentina u. anderen Rauvolfia-Arten sowie aus Alstonia* constricta. Schmp. 262-268 °C (unter Zers.). $[\alpha]_D^{20\,°C}$ −116 bis −128° (c=1 in Chloroform). Farbloses bis schwach gelbl. Pulver, unter Lichteinfluss langsam dunkler werdend, geruch- u. geschmacklos; leicht lösl. in Chloroform, Eisessig, Essigester, Pyridin, sehr schwer lösl. in Ethanol u. Ether, fast unlösl. in Wasser. **Wirk. u. Anw.:** R. bewirkt eine Abnahme der Catecholamine* u. führt somit zu Herabsetzung des Blutdrucks u. Weiterung der Gefäße, sowie zur Anregung der Peristaltik u. Spasmolyse. Aufgrund der zentral sedativen Wirk. wird es bei Angst- u. Dämmerzuständen sowie bei Schizophrenie u. anderen psych. Störungen angewandt. **UAW:** Bradykardie, orthostat. Kollapsneigung, Schwindel, Erbrechen, Diarrhö, Rhinitis Serpentina (Schleimhautschwellung). Bei längerer Anw. kann es zu depressiven Verstimmungen u. zu Parkinsonismus kommen; HWZ 150-270 h.

Reservecellulose: Polysaccharid, das der Pflanze als Reservestoff u. Gerüstsubstanz dient.

residual (lat.): zurückbleibend. **R.-Harn:** Restharn*; **R.-Luft:** der auch nach stärkster Ausatmung in den Lungen zurückbleibende Restluft.

Residuen-Methode: s. Abschälmethode.

Resina: s. Harze.

Resina Abietis nigrae: s. Picea mariana.

Resina alba: s. Terebinthina (Resina Pini burgundica).

Resina Benzoe: s. Benzoe.

Resina Colophonium: s. Colophonium.

Resina Copal: s. Copal.

Resina Dammar: s. Shorea wiesneri (Dammar).

Resina Draconis: s. Daemonorops draco.

Resinae: s. Harze (Hart-Harze).

Resina elastica depurata: s. Kautschuk.

Resina Elemi: s. Canarium luzonicum (Elemi).

Resina Guajaci: s. Guaiacum officinale (Resina Guajaci).

Resina Ipomoeae: s. Ipomoea orizabensis (Resina Scamoniae mexicana).

Resina Jalapae: s. Ipomoea purga.

Resina Kino: s. Pterocarpus marsupium (Kino).

Resina Lacca: s. Schellack.

Resina Ladanum: s. Ladanum.

Resina Mastix: s. Pistacia lentiscus (Mastix).

Resina Piceae: s. Picea mariana.

Resina Pini: s. Terebinthina.

Resina Pini burgundica: s. Terebinthina.

Resina Podophylli: s. Podophyllin.

Resina Sandaracae: s. Tetraclinis articulata.

Resina Scammoniae (mexicana): s. Ipomoea orizabensis.

Resina Soldanellae: s. Calystegia soldanella.

Resinate: s. Harze.

Resina tolutana: s. Balsamum tolutanum.

Resine: s. Harze.

Resinoide: Auszüge aus wohlriechenden Harzen*, Balsamen* od. Drogen*, hergestellt z. B. mit Ethanol, Aceton od. Benzol. **Beispiele:** Olibanum (s. Boswellia bhaw-dajiana), Benzoe* u. Storax (s. Liquidambar orientalis); **Anw.:** Fixateure in der Parfüm- u. Seifenherstellung.

R

Resinole: s. Harze.

Resinolsäuren: s. Harze.

Resinotannole: s. Harze.

Resistenz (lat. resistere widerstehen): **1.** unspezif. Schutz von Organismen gegenüber Infektionen od. Giften (vgl. Immunität). Es bestehen Resistenzunterschiede zw. Arten, Individuen u. Organen. Abnahme der R. durch Kälteschäden (Erkältung), Ernährungsschäden (Unterernährung, Vitaminmangel), Epithelschäden (Wunden, Verbrennungen), Stoffwechselstörungen (z. B. Diabetes mellitus), körperl. u. seelische Überanstrengung; Zunahme der R. durch ausgeglichene Lebensweise, Ernährung u. Abhärtung möglich. Als Grundlage der menschl. Resistenz können angesehen werden: **a)** physikal. u. chemischer Schutz der Schleimhäute; **b)** Schutzzellen (z. B. Phagozyten*); **c)** Schutzstoffe der Körperflüss. (z. B. Inhibine des Speichels, Lysozyme, Opsonine) **2.** Widerstandsfähigkeit von Mikroorganismen geg. Antibiotika* od. Chemotherapeutika*. **a)** natürl. R. aufgrund bakt. Eigenschaften, z. B. Nalidixinsäureresistenz von Kokken, Colistin- bzw. Polymyxin-B-R. von Proteus od. Nitrofurantoinresistenz von Pseudomonas; **b)** erworbene R. durch Mutation u. nachfolgende Selektion; bei Ein-Schritt-R. (Folge nur eines Mutationsvorgangs) sehr schnell therap. relevante Widerstandsfähigkeit der Mikroorganismen; bei Mehr-Schritt-R. (infolge mehrerer Mutationen) stufenweise zunehmende R.; **c)** erworbene extrachromosomale R., infektiöse R., durch sog. Resistenzfaktoren (R-Faktor) bedingt; Vork. bei Bakt.; **d)** R. gegen Penicilline u. Cephalosporine durch Bildung von L-Formen.

Resistenzbestimmung von Bakterien: Bestimmung der Empfindlichkeit od. Resistenz von Bakt. gegenüber Chemotherapeutika u. Antibiotika; s. Antibiogramm.

Resistenz, hydrolytische: s. Glas.

Resistenz von Glas, hydrolytische: s. Ampullen.

Resole: s. Phenoplaste.

Resorbenzien: Mittel zur Förderung der Resorption.

Resorcin: syn. Resorzin, Resorcinolum Ph.Eur.4, Resorcinum, Resorcinol; 1,3-Dihydroxybenzol; CAS-Nr. 108-46-3; $C_6H_6O_2$, M_r 110.1. Schmp. 109-111 °C. D. 1.283. Krist. Pulver od. farblose bis schwach graurosa Kristalle, an Luft u. Licht von Rosa in Rot umschlagend, mit charakterist. Geruch u. süßl., später kratzendem Geschmack; leicht lösl. in Wasser, Ethanol, Ether, Glycerol, wenig lösl. in Chloroform. **Nachw.:** R. reduziert Fehling*-Reagens beim Erhitzen; mit Eisenchloridlsg. violette Färbung, beim Erhitzen mit Phthalsäureanhydrid ergibt es Fluorescein*, beim Schmelzen mit NaOH entsteht Phloroglucin*; **Inkomp.:** mit vielen anderen Substanzen bilden sich verflüssigte u. unverträgl. Gemische, bes. mit Phenazon, Menthol, Campher, Phenol, Acetanilid, Urethan; **Darst.:** Schmelzen von 1,3-Benzoldisulfonsäure mit NaOH; **Anw.:** äußerl. als Antiseptikum* bei Hautkrankheiten (Psoriasis, Akne) u. als mildes Ätzmittel (Salben 5 %, für Waschungen 2 %, als Haarspiritus 1 %), innerl. nicht mehr verwendet.

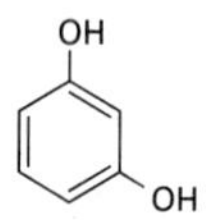

Resorcin

Resorcinblau: s. Lackmoid.

Resorcinlösung: Herst.: 0.20 g Resorcin werden mit 100 mL Toluol bis zur Sättigung geschüttelt, die überstehende Lsg. wird verwendet. **Anw.:** Prüfung auf Verdorbenheit von Fetten u. auf Samenöle in Olivenöl.

Resorcinpaste, zusammengesetzte: s. Pasta Resorcini composita.

Resorcinphthalein: s. Fluorescein.

Resorcin-Reagens: nach Ph.Eur.4 werden 80 mL Salzsäure 36 % mit 10 mL einer 2 %igen Lsg. von Resorcin* u. 0.25 mL einer 2.5 %igen Lsg. von Kupfer(II)-sulfat versetzt, dann mit Wasser auf 100.0 mL verdünnt.

Resorcin-Stammverreibung 50 %: Zstzg.: NRF, 5.0 T. Resorcin, 1.0 T. dickflüssiges Paraffin, 4.0 T. weißes Vaselin; bei Bedarf frisch zu bereiten. **Anw.:** Herst. von u. a. Pasta* Resorcini composita.

Resorption: (engl.) *absorption, invasion*; Übertritt eines Stoffes aus einem peripheren Kompartiment (z. B. Gastrointestinaltrakt) in die system. Zirkulation (zentrales Kompartiment, Blutplasma). Die R. ist eine entscheidende Voraussetzung für eine system. Arzneistoffwirkung. I. d. R. stellt der Transport durch eine Lipidmembran (z. B. Dünndarmmukosa) den geschwindigkeitsbestimmenden Schritt dar. Zur quantitativen Beschreibung s. Resorptionsquote, Bioverfügbarkeit. **Resorptionsmechanismen:** Der wichtigste Transportmechanismus für Arzneistoffe durch biol. Membranen ist die passive (freie) Diffusion*, daneben gibt es erleichterte Diffusion* u. aktiven Transport* sowie seltener Konvektion (Durchtritt hydrophiler Stoffe < 1 nm durch Poren), Ionenpaartransport, Pinozytose u. Persorption*. **Resorptionsgeschwindigkeit:** Die Geschwindigkeitskonstante der Resorption k_a kann aus der Resorptionskurve bestimmt werden, die man aus der Blutspiegel/Zeit-Kurve u. der Eliminationskurve mit Hilfe der Abschälmethode*, der Wagner-Nelson- (Einkompartimentmodell) od. Loo-Riegelman-Methode (Zweikompartimentmodell) ermittelt. Bei letzteren Methoden wird jeweils eine Massenbilanz zw. zum Zeitpunkt noch nicht resorbiertem, im Plasma gelösten u. bereits ausgeschiedenen Anteil des Arzneistoffs aufgestellt. Bei Loo-Riegelman wird eine zusätzl. Kurve nach i. v.-Applikation benötigt, um die Gewebebindung berechnen zu können. Werte für k_a liegen meist zwischen 0.7-3.5/h, d. h. sie sind ca. 10-mal so groß wie Eliminationskonstanten (Ausnahme s. Flip-flop-Kinetik).

Resorptionsfenster: Phänomen, dass einige Arzneistoffe nur in bestimmten, begrenzten Bereichen des Gastrointestinaltraktes resorbiert werden können, z. B. Riboflavin. Ein R. kann zu verringerter Resorption bei erhöhter Motilität führen.

Resorptionsmodelle: Permeationsmodelle; In-vitro-Modellsysteme zur Nachahmung der Resorption aus dem Gastrointestinaltrakt. Alle Modelle haben ein Donatorkompartiment, in das der Arzneistoff appliziert wird, u. ein Akzeptorkompartiment, in welches der Arzneistoff resorbiert wird (beide i. d. R. wässrige Puffersysteme). Es werden Sink*-Bedingungen angestrebt. Der geschwindigkeitsbestimmende Transport durch biol. Membranen (Permeation) kann dabei durch org. Lösungsmittel (Verteilungsmodelle) od. eine künstl. oder nat. Membran (Membranmodelle) simuliert werden. Der Übertritt der Arzneistoffe erfolgt meist aufgrund passiver Diffusion* abhängig vom Konzentrationsgefälle zw. den Phasen. Gemessen wird die Konzentrationsänderung in Donator u. Akzeptor bis zum Konzentrationsausgleich. Bei den Verteilungsmodellen wird zur Simulation der biol. Membran eine mit Wasser nicht mischbare org. Lösungsmittelphase eingesetzt (z. B. Chloroform, Petrolether). **Rosano-Schulman-Modell:** besteht aus einem Trog, der durch eine Scheidewand in 2 Teile geteilt ist. Darüber wird die org. Phase aufgebracht. **Modell nach Koch:** besteht aus einem birnenförmigen Schrägdrehkolben, in dem eine Scheidewand Donator- u. Akzeptorkompartiment abgrenzt, die durch die darüber geschichtete org. Phase verbunden sind. Bei den Membranmodellen wird i. d. R. eine dünne (ca. 20-120 µm) künstl. Membran eingesetzt, z. B. aus Dodecanol-Collodium od. aus Polyamid mit einer Lipidbeschichtung. Gebräuchl. Versionen sind das Sartorius-Resorptionsmodell nach Stricker, das Membranmodell nach Dibbern (Resomat II) u. das Resorptionsmodell nach Fürst-Neubert. Beim **Everted sac-Modell** wird eine nat. Membran eingesetzt, u. zwar ein 10 cm langes umgestülptes Dünndarmstück (z. B. von Ratten od. Meerschweinchen). Wenn der Versuch binnen 90 min nach Entnahme durchgeführt wird, kommt dieses Modell den physiol. Verhältnissen relativ nahe, z. B. kann ein aktiver Transport festgestellt werden.

Resorptionsquote: resorbierter Anteil, absolute Bioverfügbarkeit; prozentuales Verhältnis zw. resorbierter u. verabreichter Menge nach extravasaler Applikation*. Die Berechnung erfolgt durch Flächenvergleich der AUC nach extravasaler u. intravasaler Applikation. Der Begriff R. wird meist syn. gebraucht mit absoluter Bioverfügbarkeit, jedoch kann letztere durch einen First*-pass-Effekt verringert sein. Vgl. Bioverfügbarkeit.

Resorptionssalben: Absorptionssalben. Die enthaltenen Wirkstoffe gelangen nach der Penetration in die Haut od. in den Blutkreislauf (perkutane od. transkutane Resorption). Eine Verbesserung der Resorption ist durch bestimmte Hilfsstoffe (Schlepper) ist möglich, z. B. mit Dimethylsulfoxid (DMSO); vgl. Systeme, transdermale therapeutische.

Resorzin: s. Resorcin.

Respiration: s. Atmung.

Response-Element: meist kurze DNA-Sequenzen, die von Transkriptionsfaktoren gebunden werden; sie befinden sich häufig in den Promotorregionen von Genen, vermitteln den Effekt des entspr. Transkriptionsfaktors u. sind somit an der Regulation der Expression des Gens beteiligt; s. Genregulation.

Restharn: Residualharn; der beim Urinieren in der Blase zurückbleibende Harn; z. B. bei Prostatahypertrophie, Harnverhaltung.

Restriktionsendonucleasen: Enzyme, die Doppelstrang-DNA i. Ggs. zu anderen DNAasen sequenzspezif. spalten u. daher je nach Häufigkeit u. Lage der betr. Schnittstellen zu mehr od. weniger großen, exakt definierten DNA-Fragmenten führen. R. sind aufgrund dieser Eigenschaften u. der bekannten Vielzahl unentbehrliche Hilfsmittel in der Molekularbiologie.

Restriktionsenzyme: Restriktionsendonucleasen; artspezif., bakterielle Endonucleasen, die Fremd-DNA erkennen u. spalten, ohne die durch Modifikation geschützte Eigen-DNA anzugreifen. Sie werden zur Fragmentierung u. Isolierung spezif. Genabschnitte auf den Chromosomen, zur Nucleotidsequenzanalyse sowie zur Rekombination von DNA-Molekülen eingesetzt; s. Gentechnologie.

Restriktionsfragment-Längenpolymorphismus: Abk. RFLP; Eigenschaft, dass vererbbare, lokal auftretende Sequenzveränderungen in einer DNA zu einer Veränderung in dem ursprüngl. Muster von Restriktionsfragmenten führen können. Die Änderungen sind v. a. auf Basenaustauschmutationen in den Erkennungsstellen für die jeweils eingesetzten Restriktionsenzyme zurückzuführen, daneben können Umlagerungen innerhalb der DNA, Insertionen, Deletionen od. Duplikationen zu einem RFLP führen. Der mit diesen Veränderungen verbundene Verlust od. das neue Auftreten einer Erkennungssequenz geht bei Spaltung genomischer DNA mit dem Verlust bzw. dem Auftreten eines neuen DNA-Fragments u. der Verlängerung od. Verkürzung anderer Fragmente einher. Die Analysen der Änderungen im Spaltungsmuster werden durch vergleichende Gelelektrophoresen durchgeführt. RFLP lässt sich als genet. Marker verwenden z. B. für Verwandtschaftsanalysen, pränatale Diagnostik od. die Kartierung von Genen.

Retardanzien: synthet. Hemmstoffe mit wachstumsverzögernder, bei Gräsern v. a. halmverkürzender Wirkung, z. B. Chlorcholinchlorid*, AMO* 1618.

Retardarzneiformen: s. Retardpräparate.

Retardierung: Verlangsamung; pharmaz: Verzögerung der Wirkstofffreigabe; s. Retardpräparate.

Retardpräparate: Arzneimittel mit protrahierter Wirkung, Depotarzneimittel; Arzneimittel mit verlängerter Wirkung, die eine weniger häufige Applikation erlauben u. damit eine Verbesserung der Compliance bewirken können. Durch verringerte Fluktuation der Plasmakonzentrationen (Mehrfachapplikation*) sollen unerwünschte Wirkungen vermieden werden. Kriterien für eine sinnvolle Entwicklung von R. sind u. a. eine genügende therap. Breite, eine schnelle Elimination sowie die Notwendigkeit der Aufrechterhaltung eines bestimmten Blutspiegels. Eine Wirkungsverlängerung ist durch chem. Veränderungen am Arzneistoff, durch galenische Maßnahmen, Nutzung physiol. Gegebenheiten (z. B. Wahl der Applikationsart) od. (selten) durch pharmakol. Beeinflussung (z. B. Hemmung der Metabolisierung od. Elimination) möglich. Es werden unterschieden:

1. **Langzeitpräparate:** Arzneimittel, bei denen die Wirkungsdauer durch chem. Modifikation verlängert wurde (z. B. Salz-, Ester- od. Etherbildung, Komplexierung od. Einführung chem. Gruppen). Dadurch kann die Resorption, die Biotransformation od. die Elimination verzögert sein.

2. **Depotpräparate:** Retardarzneimittel zur parenteralen Applikation. Die verlängerte Wirkung beruht auf einer allmähl. Freisetzung u. Resorption aus einem Depot (Muskel- od. Fettgewebe). Dies kann durch Variation des Applikationsortes u. der Hilfsstoffe erfolgen (z. B. i. m.-Applikation einer öligen Suspension, s. c.-Injektion einer Insulin-Zink-Suspension). Vgl. Implantate; Systeme, therapeutische; 3. **Retardarzneiformen:** Präparate, bei denen die Wirkungsverlängerung durch pharmaz.-technolog. (galenische) Maßnahmen herbeigeführt wird. Im häufigsten Falle der p. o. Applikation fester Arzneiformen (Tabletten, Kapseln) kann dies durch spezielle Überzüge* od. Einbettung des Wirkstoffes in eine unlösl. Matrix (Gerüst, s. Matrixtabletten) erfolgen. Weiterhin können galenische Faktoren für die Retardierung optimiert werden (geeignete Kristallmodifikation, Feinheitsgrad, Hilfsstoffe, Herstellungsverfahren). Nach der Art der Wirkstofffreigabe können folgende Typen unterschieden werden: **a) Sustained-release-Typ:** syn. hinhaltende Wirkstofffreigabe; nach einer Initialdosis (z. B. in einem lösl. Überzug) erfolgt die weitere Wirkstofffreigabe mit konstanter Geschwindigkeit, so dass eine Plasmakonzentration über längere Zeit aufrechterhalten werden kann (Idealtyp); **b) Prolonged-release-Typ:** syn. protrahierte Wirkstofffreigabe, extended action, controlled release, slow-release; nach einer Initialdosis erfolgt weitere Wirkstofffreigabe, jedoch mit abnehmender Geschwindigkeit; **c) Repeat-release-Typ:** syn. gestaffelte Wirkstofffreigabe, layered-time-action; nach einer Initialdosis werden in bestimmten Zeitabständen weitere Einzeldosen freigesetzt.; **d) Delayed-release-Typ:** syn. verzögerte Wirkstofffreigabe; die Liberation erfolgt erst nach einer lag*-time, geraume Zeit nach der Applikation, dies ist z. B. bei magensaftresistenten, dünndarmlösl. Überzügen gegeben (s. Arzneiformen, magensaftresistente). Weiterhin kann unterschieden werden zw. **Single-unit-Arzneiformen** (einfach dosiert, z. B. überzogene Tabletten od. Kapseln) u. **Multiple-unit-Arzneiformen** (zusammengesetzte A., z. B. Mikrokapseln in einer Tablette od. Kapsel). Letztere sind wegen der besseren Steuerbarkeit u. höheren Sicherheit (unabhängig von der Magenentleerung) zu bevorzugen. Pharmakokin. **Zielparameter** für Retardarzneiformen: neben den auch bei schnellfreisetzenden Arzneiformen verwendeten Parametern wird die **half value duration** (HVD, Halbwertsdauer) angegeben. Diese bezeichnet die Zeitdauer, während der der Plasmaspiegel größer als $C_{max}/2$ ist. Somit gibt dieser Wert eine grobe Orientierung für den Zeitraum des Vorliegens wirksamer Plasmaspiegel. In-vitro-Prüfung der **Wirkstofffreisetzung** aus R.: hierfür werden die Liberationsmodelle der Arzneibücher eingesetzt (s. Dissolutiontest), wobei die entsprechenden Auflösungsmedien einzusetzen sind (Puffer pH 1 für Magensaft, pH 7.5 für Dünndarmsaft). Vgl. Schwimmarzneiformen.

Retentio: Zurückhaltung. **R. urinae:** Harnverhaltung. **R. alvi:** Stuhlverhaltung, Obstipation*.

Retentionsanalyse: s. Chromatographie.

Reteplas INN: CAS-Nr. 133652-38-7. Nicht glykosilierter rekombinanter Plasminogenaktivator. **Wirk. u. Anw.:** Fibrinolytikum*; **Dos.:** 2-malige Bolusinjektion im Abstand von 30 min so früh wie mögl. nach Beginn der Symptome eines Herzinfarkts; HWZ 14.6 min.

Reticulin: s. Benzylisochinolinalkaloide.

Retikulozyten: syn. Proerythrozyten; junge Erythrozyten*.

Retikulum: (med.) kleines Netz; **retikulär:** netzförmig; **reticularis:** zum Netz gehörend.

Retikulum, endoplasmatisches: Abk. ER; ein ausgedehntes, netzförmiges, beidseitig von einer Ele-

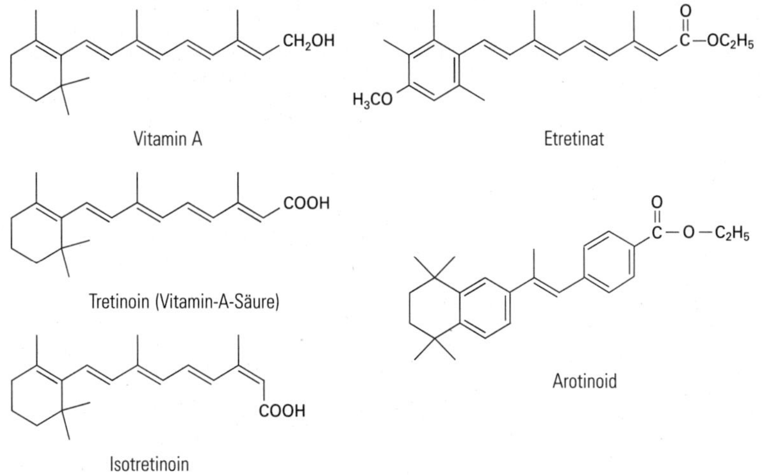

Retinoide

mentarmembran begrenztes Hohlraumsystem in eukaryont. Zellen. Das ER unterteilt das Zytoplasma in Kompartimente u. Kanäle; das raue od. granuläre ER ist von Ribosomen besetzt u. spielt eine Rolle bei der Proteinsynthese pflanzl. u. tier. Zellen.

Retikulum, sarkoplasmatisches: glattes, endoplasmatisches Retikulum* der quergestreiften Muskelfaser mit regelmäßigem, nach Sarkomeren gegliedertem Aufbau. Die an der Zellmembran ablaufenden elektr. Vorgänge werden wahrscheinl. über das T-System (transversaler Tubulus), das als röhrenförmige Ausstülpung des Sarkolemms* in die Muskelfaser zieht u. eine Verb. zum extrazellulären Raum herstellt, zu den kontraktilen Elementen geleitet.

Retina: Netzhaut des Auges.

Retinitis: Netzhautentzündung. **Urs.:** meist Viren od. Toxoplasma gondii, seltener bakt. metastatisch.

Retinoide: Sammelbegriff für nat. vorkommende Vitamin-A-Derivate, z. B. Retinol (Vitamin-A-Alkohol), Retinal (Vitamin-A-Aldehyd) u. Retinsäure (Vitamin-A-Säure, Tretinoin*) sowie deren synthet. Derivate; vgl. Vitamine (Vitamin A). Arotinoide* (z. B. Acitretin*, Tazaroten*) weisen aromat. Gruppen im Retinoidmolekül auf. **Wirk.** u. **Anw.:** Synthet. Retinoide wirken keratolytisch u. antineoplastisch u. werden z. B. als Akne- u. Warzenmittel, bei Hyper- u. Dyskeratosen sowie zur Behandlung der Psoriasis* eingesetzt. Zur oralen Anw. dienen v. a. Isotretinoin u. Etretinat, Acitretin; ausschließlich lokal angewendet wird Tretinoin. **UAW:** Entsprechen einer Vitamin-A-Überdosierung; die teratogene Wirk. kann nach Absetzen der Ther. noch zwei Jahre lang bestehen (abhängig von der HWZ der Substanz); Abschälungen u. Rötung der Haut, Juckreiz, Haarverlust, Steigerung der Transaminasen im Blutserum u. a.; intensive Lichteinwirkung soll bei der Ther. mit Retinoiden vermieden werden.

Retinol INN: s. Vitamine (Vitamin A).

Retinsäure: s. Tretinoin.

Retorte: Glas- od. Metallgefäß mit langem, nach unten geneigtem Hals, das klassische Destilliergefäß, heute fast ausschließlich durch Kolben* ersetzt, s. Destillation.

Retrogradation (retrograd rückläufig): Trübungsentwicklung u. Bildung von Niederschlägen in Stärke-Gellösungen od. verstärkte Trübung eines Stärke-Gels (Kleister) einige Zeit nach der Herstellung. R. wird verursacht durch das Auftreten kristalliner Aggregate in submikroskop. Dimensionen u. zwar durch langsam kristallisierende Amyloseanteile; sie verläuft umso schneller je tiefer die Temp. ist; vgl. Amylum.

Retronecin: s. Pyrrolizidinalkaloide.

Retropinakolon-Umlagerung: Bildung von Tetramethylethylen aus 2,2-Dimethylbutan-3-ol durch saure Katalyse; vgl. Pinakol-Umlagerung.

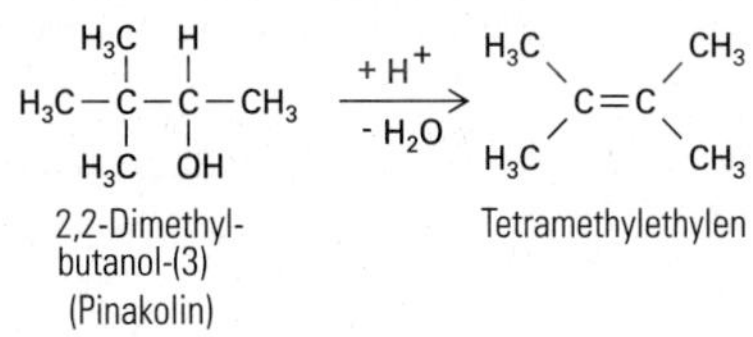

Retropinakolon-Umlagerung

Retrotransposon: mobiles genet. Element, bei dem die Bewegung zu einer neuen chromosomalen Lokalisation wie bei Retroviren durch reverse Transkription ihrer RNA-Kette eingeleitet wird, nicht jedoch über einen Informationsfluss von DNA-Molekül zu DNA-Molekül wie bei bakteriellen Transposons. Anschließend lässt sich der so erhaltene DNA-Einzelstrang zu einer Doppelhelix ergänzen u. an anderer Stelle ins Genom integrieren.

Retroviridae: veraltet Retroviren, Oncoviren; Fam. kugelförmiger RNA-Viren mit Hüllmembran (s. Virusklassifikation); einzige RNA-Viren mit onkogenem Potential. Unterteilung nach morphol. Kriterien in die Subfamilien Spumaviren, Oncornaviren, (z. B. HTLV 1+2) u. Lentiviren (z. B. HTLV3).

Rettich: s. Raphanus sativus.

Reverse-Transkriptase-Hemmer, nicht-nucleosidische: (engl.) *non nucleoside-analogue reverse transcriptase inhibitors (Abk. NNRTI)*; die HIV-spezif. reverse Transkriptase* nicht am aktiven Zentrum, sondern an einer anderen Position des Proteins hemmende Substanzen. **Wirkstoffe:** z. B. Nevirapin*; **Anw.:** bei Infektion mit HIV* als Teil einer antiviralen Kombinationstherapie*; **UAW:** z. T. schwerwiegende Hautreaktionen, gastrointestinale Störungen, psych. Störungen, Erhöhung der Leberfunktionswerte u. a.; vgl. Virostatika, HIV-Erkrankung.

Reverse-Transkriptase-Hemmer, nucleosidische: (engl.) *nucleoside-analogue reverse transkriptase inhibitors (Abk. NRTI)*; Nucleosid*-Antimetabolite, die kompetitiv die für die Replikation von Retroviren erforderl. reverse Transkriptase* hemmen. **Vertreter:** z. B. Zidovudin*; **Anw.:** bei Infektion mit HIV* als Teil einer antiviralen Kombinationstherapie*; **UAW:** Neutropenie, Anämie, periphere Polyneuropathie, Pankreatitis, Stomatitis u. a.; vgl. Virostatika, HIV-Erkrankung.

reversibel: **1.** (bei chem. Reaktionen) umkehrbar, vgl. irreversibel. **2.** (med.) heilbar.

Revertante: Mutante, die sich durch Reversion dem Phänotyp des Wildtyps nähert.

Reviparin-Natrium: CAS-Nr. 10046-07; M_r ca. 3900. Niedermolekulares Heparin* mit einer mittleren Kettenlänge von 12 Saccharideinheiten. **Herst.:** aus Standardheparin (aus Schweinedarmmukosa) durch Depolymerisation mit Salpetriger Säure; **Anw.:** prä- u. postoperative Primärprophylaxe tiefer Venenthrombosen; **UAW:** Blutungen, leichte Thrombozytopenie; Anstieg von Serumtransaminasen, LDH u. Lipase; **Kontraind.:** Operationen am ZNS, Lumbalpunktionen, Spinal- u. Peridualanästhesie; **Dos.:** parenteral s. c. einmal tägl. 1750 Internationale Anti-Xa-Einheiten (entspr. 10.4 mg Anti-Xa-Aktivität des 1. Internationalen Standards für Heparin niedriger Molekülmasse; bzw. entspr. 11-16 mg Heparinfragment); darf nicht i. v. oder i. m. appliziert werden; HWZ 1.5 bzw. 3.3 h (s. c.).

Revision: s. Apothekenbesichtigung.

Revolver: s. Mikroskop.

Reynolds-Zahl: Symbol Re; Kennzahl, die angibt, wann eine laminare Strömung in eine turbulente Strömung übergeht. Dabei erhöht sich der Strömungswiderstand, z. B. einer durch ein Rohr fließenden Flüss., plötzl. u. kräftig. Re ist abhängig von der Viskosität η, der Dichte ρ u. der Strömungsgeschwindigkeit v der Flüss. sowie vom Radius r des durchströmten Rohres:

$$Re = \rho \cdot v \cdot r / \eta$$

Für $Re < Re_{krit}$ findet man laminare Strömung, während bei $Re > Re_{krit}$ vermehrt Turbulenzen auftreten. Der Wert der krit. Reynolds-Zahl variiert allerdings von Problem zu Problem, da er u. a. von den Anfangsbedingungen am Rohreinlauf u. der Oberflächenrauigkeit abhängt. Als Richtwert kann $Re_{krit} = 2300$ genommen werden.

Reyon: s. Viskosefasern.

Rezept: Verschreibung; ärztl., zahnärztl. oder tierärztl. Anweisung an eine Apotheke zur Herst. od. Abgabe eines Arzneimittels.

Rezeptformeln: s. Magistralformeln.

Rezeptoren: **1.** (physiol.) Sinneszellen, die Reize aufnehmen u. Informationen darüber an das Nervensystem weitergeben; z. B. Chemo-, Photo-, Thermo-, Barorezeptoren. **2.** (pharmakol.) spezif. Strukturen (meist Glykoproteine*) an Zellmembranen (Membranmoleküle) od. im Protoplasma, mit denen Liganden* (Pharmaka od. körpereigene Wirkstoffe wie Hormone, Neurotransmitter) in WW treten (Rezeptor-Liganden-Komplex, Rezeptorbindung). Dadurch (z. B. über eine Änderung der Konformation* des Rezeptormoleküls) aktivieren od. hemmen sie bestimmte Funktionen der Zelle od. aktive Zentren in Enzymen. Man unterscheidet: **a)** intrazelluläre R., z. B. für Steroid- u. Schilddrüsenhormone; **b)** Membranrezeptoren (membranständige R.), z. B. Ionenkanalrezeptoren (z. B. Glutamat-, Nicotin-, $5HT_3$-R; s. Ionenkanal) u. G-Protein-gekoppelte R. (s. G-Proteine), die u. a. für die Wirk. von Opiaten od. Neurotransmittern (u. damit von vielen Arzneistoffen) besonders bedeutsam sind.

Rezeptor-Tyrosin-Kinase: Abk. RTK; große Klasse von Zelloberflächenrezeptoren, die gegenwärtig aufgrund ihrer Aminosäurenhomologie, ihrer 3D-Struktur u. der Ähnlichkeit ihrer Liganden in vier Unterklassen unterteilt wird: **1.** Epidermis-Wachstumsfaktor-Rezeptoren (EGFR); **2.** Insulinrezeptoren, insulinähnl. Wachstumsfaktor-1-(IGF-1-)Rezeptoren; **3.** plateled-derived-growth-factor-Rezeptoren A u. B; **4.** Eph-, Elk-, Eek-, Eck- u. Erk-Rezeptoren. Transmembrane RTK kontrollieren als Teile von Signalkaskaden vielfach Zellwachstum u. -differenzierung. Eine Vielzahl der bis heute identifizierten Onkogene codieren für mutierte RTK.

Rezeptpflicht: s. Verschreibungspflicht.

Rezeptsammelstellen: in Deutschland Einrichtung zum Sammeln von Rezepten; geregelt in § 24 ApBetrO. R. dienen der ordnungsgemäßen Arzneimittelversorgung der Bevölkerung in abgelegenen Orten od. Ortsteilen ohne Apotheke. Es sind geschlossene Behälter, auf denen deutlich sichtbar Name u. Anschrift der Apotheke sowie die Abholzeiten angegeben sind. Der Behälter muss zu den angegebenen Zeiten durch einen Boten geleert werden. Die Arzneimittel sind in der Apotheke für jeden Empfänger getrennt zu verpacken u. müssen (sofern sie nicht abgeholt werden) zugestellt werden. Nicht jede Apotheke darf Rezeptsammelstellen unterhalten. Sie bedürfen der Erlaubnis der zuständigen Behörde, die sie auf Antrag erteilt.

Rezeptur: **1.** Anfertigen von Arzneimitteln in der Apotheke aufgrund eines ärztl. Rezeptes. **2.** ärztl. Verschreibung eines anzufertigenden Arzneimittels. **3.** Platz in der Apotheke, an dem Arzneimittel angefertigt werden. **4.** angefertigtes Arzneimittel.

Rezeptur, verlängerte: s. Hunderterregel.

Rezidiv: **1.** Rückfall. **2.** rückfällig, wiederkehrend.

RF: **1.** Abk. für **R**eichs**f**ormeln; s. Magistralformeln. **2.** Abk. für **R**heuma**f**aktor*.

RFA: Abk. für **R**öntgen**f**luoreszenz**a**nalyse; s. Röntgenfluoreszenzspektroskopie.

R-Faktor: Abk. für **R**esistenz-Faktor; Konjugationsfaktor* mit Erbfaktoren für Resistenz-Eigenschaften bestimmter Bakterien (z. B. Enterobakterien, Pseudomonas-Keime) geg. eines, mehrere od. alle der folgenden Antibiotika* bzw. Chemotherapeutika: Tetracyclin, Streptomycin, Chloramphenicol, Kanamycin, Neomycin, Gentamycin, Ampicillin, Cefalosporine, Sulfonamide, Trimethoprim; überdies gegen UV-Licht.

Rf-Wert: (engl.) *retention factor*; R_f-Wert; charakterist. Größe, die die Wanderungsgeschwindigkeit jeder Substanz bei der Chromatographie* beschreibt. Der Rf-Wert ist definiert als Quotient aus der von der Substanz zurückgelegten Strecke u. der vom Lösungsmittel zurückgelegten Strecke. Er ist bei gleicher mobiler u. stationärer Phase u. gleicher Temp. (müssen bei Nennung des Rf-Werts stets angegeben werden) für jeden Stoff konstant u. ist neben Schmelzpunkt, Siedepunkt, Kristallform, Drehung, Spektrum usw. ein Kriterium für den betr. Stoff.

Rh: (chem.) Symbol für Rhodium*.

RH: Abk. für (engl.) *releasing **h**ormone;* neurosekretor. Hormone*, die aus dem Hypothalamus* freigesetzt werden, über ein spezielles Venensystem zum Hypophysenvorderlappen gelangen u. dort die sekretor. Aktivität stimulieren.

Rhabarber: s. Rheum officinale.

Rhabarberextrakt: s. Extractum Rhei.

Rhabarber, Falscher: s. Rheum rhaponticum (Radix Rhei rhapontici).

Rhabarber, Krauser: Rheum rhabarbarum, vgl. Rheum officinale (Rhei radix).

Rhabarbersirup: s. Sirupus Rhei.

Rhabarbertinktur, wässrige: s. Tinctura Rhei aquosa.

Rhabarbertinktur, weinige: s. Tinctura Rhei vinosa.

Rhabarberwurzel: s. Rheum officinale (Rhei radix).

Rhabdoviridae (gr. rhabdos Stab): Fam. stabförmiger RNA-Viren mit Hüllmembran mit sehr weitem Wirtsspektrum. Unterteilung in die Genera Lyssavirus (u. a. mit Tollwut*-Virus), Vesiculovirus, Ephemerovirus u. die pflanzenspezif. Genera Nucleorhabdovirus u. Cytorhabdovirus; aufgrund ihrer Ökologie gehören einige Rh. zu den Arboviren*.

Rhachis: s. Blattformen.

Rhagaden: Schrunden; meist narbenlos abheilender Einriss der Haut infolge Überdehnung bei herabgesetzter Elastizität. Z. B. an Lippen, Mund- u. Lidwinkel, Gelenkbeugen.

Rhamnaceae: Faulbaumgewächse, Kreuzdorngewächse; Fam. der Od. Rhamnales; ca. 900 Arten; überwiegend Holzpflanzen mit gegen- od. wechselständigen, ungeteilten Blättern, die Zweige tragen häufig Dornen. Die radiären Blüten sind zwittrig od. eingeschlechtig, 4- bis 5-zählig, mit Diskus*. **Chem. Merkmale:** Anthrachinonglucoside, Alkaloide. **Wichtige Gattungen:** z. B. Coeanothus, Rhamnus u. Zizyphus.

Rhamnetin: 3,3',4',5-Tetrahydroxy-7-methoxyflavon, 7-Methylquercetin; $C_{16}H_{12}O_7$, Strukturformel s. Flavonoide (Tab.); M_r 316.26. Flavonolderivat, enthalten z. B. in Rhamnus* catharticus.

Rhamni purshiani cortex: s. Rhamnus purshiana.

Rhamnose: L-Rhamnose; 6-Desoxy-L-mannose; $C_6H_{12}O_5$; M_r 164.16; Schmp. 82-92 °C (α-Form, Monohydrat) bzw. 122 °C (β-Form, wasserfrei). Farblose bis gelbl., durchscheinende Kristalle von zuerst süßem, dann bitterem Geschmack, leicht lösl. in Wasser, lösl. in Ethanol. Bestandteil vieler Glykoside (Anthocyane, Quercitrin, Strophanthin, Hesperidin u. a.) u. Pflanzenschleime. Die Biosynthese erfolgt aus Glucose.

Rhamnus alpinus ssp. fallax (Boiss.) Maire et Petitm.: Rhamnus fallax Boiss., Oreoherzogia fallax (Boiss.) W. Vent; Fam. Rhamnaceae (Balkan). Stpfl. von **Fallaxrinde:** als Verfälschung von Frangulae cortex (s. Rhamnus frangula); enthält nur 2-3 % Anthraglykoside. Charakterisiert durch den Gehalt an Xanthorhamnin (mittels Dünnschichtchromatographie* erkennbar, fluoresziert stark gelb im UV) u. mikroskopisch v. a. durch sehr breite Markstrahlen.

Rhamnus catharticus L.: Rhamnus cathartica, Kreuzdorn; Fam. Rhamnaceae (Mitteleuropa). Stpfl. von **Rhamni cathartici fructus:** Fructus Rhamni catharticae, Baccae Spinae cervinae, Kreuzdornbeeren, Kreuzbeeren, Gelbbeeren, Amselbeeren. **Off.:** DAB 2003; **Inhaltsst.:** quantitativ u. qualitativ stark vom Reifegrad der Früchte abhängig; die Droge enthält ca. 2 % Anthraglykoside* (nach DAB mind. 4.0 % Hydroxyanthracen-Derivate, berechnet als Glucofrangulin A), hauptsächl. Frangulin u. Glucofrangulin (s. Rhamnus frangulae, Frangulae cortex, Inhaltsst.), ferner die Flavonoide Rhamnetin*, Rhamnoxanthin, Quercetin*, Kämpferol* (Saponin nur in unreifen Früchten); **Anw.:** Obstipation, die Anw. zur Defäkationserleichterung bei Analfissuren, Hämorrhoiden u. nach anorektalen Eingriffen kann nicht mehr befürwortet werden; **Zuber.:** Sir. Rhamni cathartici, als mildes Laxans für Kinder teelöffelweise; **Fructus Rhamni catharticiae recentes:** Frische Kreuzdornbeeren.

Rhamnus fallax: s. Rhamnus alpinus ssp. fallax.

Rhamnus frangula L.: Frangula alnus Mill., Faulbaum; Fam. Rhamnaceae (Europa, Nordwestasien, Mittelmeergebiet). Stpfl. von **Frangulae cortex:** Cortex Frangulae, Faulbaumrinde, Gelbholzrinde; getrocknete Rinde der Zweige u. jüngeren Stämme. Vor der Verw. mind. 1 Jahr Lagerung der Rinde od. Erwärmen unter Luftzutritt u. (1 h Erhitzen auf 100 °C) künstl. Alterung. Frische Rinde enthält Anthrone u. Dianthrone, die unerwünschte Nebenwirk. haben. **Off.:** Ph.Eur.4; **Inhaltsst.:** bis zu 8 % Anthraglykoside* (nach Ph.Eur. mind. 7 % Glucofranguline, ber. als Glucofrangulin A) wie Glucofrangulin A (Frangulaemodinglucosidorhamnosid, nur in getrockneter, abgelagerter Rinde, fehlt in der frischen Rinde) u. Frangulin A (Frangulaemodinmonorhamnosid) sowie Glucofrangulin B u. Frangulin B (wobei die Rhamnose durch Apiose ersetzt ist), ferner freies Frangulaemodin (Strukturformel s. Anthrachinone, Tab.), Isoemodin, Chrysophanol, Saponine, Bitterstoffe, Gerbstoffe u. geringe Mengen Peptidalkaloide (Frangulanin, Franganin); **Anw.:** bei Obstipation; die Anw. zur Defäkationserleichterung bei Analfissuren, Hämmorhoiden u. nach anorektalen Eingriffen kann nicht mehr befürwortet werden; **Zuber.**: Extractum* Frangulae fluidum, Extractum* Frangulae, Species* cholagogae, Species* majales, Species* gynaecologicae Martin.

Hom: *Rhamnus frangula (HAB1.4),* Frangula: frische Rinde; verord. z. B. bei Diarrhö.

Rhamnus purshiana DC.: Frangula purshiana (DC.) J.G. Cooper, Amerikanischer Faulbaum; Fam. Rhamnaceae (Weststaaten Nordamerikas). Stpfl. von **Rhamni purshianae cortex:** Cortex Rhamni purshiani, Cortex Cascarae sagradae, Cascara sagrada, Cascararinde, Amerikanische Faulbaumrinde. **Off.**: Ph.Eur.4; **Inhaltsst.**: zahlreiche Hydroxyanthracen-Derivate aller Typen (s. Anthraglykoside), davon 80-90 % C-Glykoside vom Typ des Aloin*, v. a. *O*-glucosylierte Alointypen, sog. Cascaroside (A-D, Strukturformel s. Aloe, Abb.); nach Ph.Eur.4 mind. 8 % Hydroxyanthracenglykoside, davon mind. 60 % Cascaroside, ber. als Cascarosid A; **Anw.**: wie Frangulae cortex (s. Rhamnus frangula), aber stärker wirkend.

Hom: *Cascara sagrada:* getrocknete Rinde.

Rh-Antigen: s. Blutgruppen (Rhesus-Blutgruppen).

Rhaponticin: s. Rheum rhaponticum (Radix Rhei raponticі, Inhaltsst.).

Rhapontikaöl: s. Oenothera biennis (Oleum Oenotherea biennis).

Rhapontikrhabarber: s. Rheum rhaponticum.

Rhapontikwurzel: s. Rheum rhaponticum (Radix Rhei rhapontici).

Rhei extractum: s. Extractum Rhei.

Rhein: 1,8-Dihydroxy-9,10-anthrachinon-3-carbonsäure; $C_{15}H_8O_6$, M_r 284.2. Strukturformel s. Anthrachinone (Tab.). Schmp. 321-322 °C. Gelbe Nadeln; fast unlösl. in Wasser, schwer lösl. in Ethanol u. Ether; lösl. in Alkalihydroxid-Lösungen. **Anw.**: Reagens Ph.Eur.3.

Rhei radix: s. Rheum officinale.

Rhenii sulfidi colloidalis et technetii [^{99m}Tc] solutio iniectabilis: s. Technetium[^{99m}Tc]-Rheniumsulfid-Kolloid-Injektionslösung.

Rhenium: Symbol Re; A_r 186.207; OZ 75; D. 21.0; Schmp. 3180 °C; Sdp. 5870 °C. Nat. hauptsächl. im Molybdänglanz (MoS_2). Hartes, weiß glänzendes Metall, leicht lösl. in Salpetersäure, unlösl. in Salz- u. Flusssäure. **Anw.**: für Glühkathoden, Thermoelemente, in der Raumfahrttechnik. **Gesch.**: 1925 von dem Ehepaar Walter (1893-1960) u. Ida Noddack (1896-1978) entdeckt.

Rheniumsulfid-[^{99m}Tc]Technetium: s. Technetium[^{99m}Tc]-Rheniumsulfid-Kolloid-Injektionslösung.

Rheniumsulfid-[^{99m}Tc]Technetium-Injektionslösung, kolloidale: s. Technetium[^{99m}Tc]-Rheniumsulfid-Kolloid-Injektionslösung.

Rheodestruktion: Sonderfall der Thixotropie*. Durch anhaltende Scherung von strukturviskosen (nicht idealviskosen) Systemen wird deren Viskosität durch Störung od. vollständige Zerstörung der inneren Struktur erniedrigt. Ist dieser Vorgang irreversibel, d. h. wenn die Struktur nach Beendigung der Scherbeanspruchung sich nicht innerhalb einer absehbaren Zeit (Regenerationszeit) bzw. überhaupt nicht wieder aufbaut (reine Gel-Sol-Umwandlung; z. B. bei Joghurt), spricht man von Rheodestruktion.

Rheogramm: s. Viskosität.

Rheologie: Lehre vom Fließverhalten von Stoffen u. Stoffsystemen unter dem Einfluss unterschiedl. Scherkräfte. Die Rh. umfasst nicht nur die Gesetzmäßigkeiten des Fließens von Flüssigkeiten, sondern auch von jenen Systemen, deren Viskosität auf dem Vorhandensein einer inneren Struktur basiert. Das Fließverhalten **idealviskoser Körper** (Newton-Körper) wird unter Viskosität* beschrieben. Bei **Nicht-Newton-Körpern** (strukturviskose Flüssigkeiten) ist die Viskosität entweder von der Schergeschwindigkeit od./u. von der Zeitdauer der Scherung abhängig. Deren rheolog. Verhalten wird mit einem Rotationsviskosimeter*, der Viskowaage* od. einem Konsistometer* nach Haake bestimmt. **Pseudoplastische Körper** sind gießbare Flüssigkeiten, d. h. bereits unter dem Einfluss der Schwerkraft findet ein Fließen statt. Mit zunehmender Scherbeanspruchung nimmt die scheinbare Viskosität ab. Dies kann soweit führen, dass letztl. ein prakt. ideales Fließverhalten (s. Viskosität) resultiert. Es wird angenommen, dass für dieses Fließverhalten eine zunehmende Orientierung von Molekülen bzw. Strukturelementen durch die einwirkende Kraft in Strömungsrichtung verantwortl. ist (bes. bei hochpolymeren Fadenmolekülen). Nimmt die Schubspannung wieder ab, wird durch die Brown-Molekularbewegung der ursprüngl., ungeordnete Zustand wieder hergestellt u. die Viskosität erreicht den Ausgangswert. Typische Pseudoplasten sind Sole makromolekularer Fadenmoleküle ab einer bestimmten Konzentration (z. B. Lösungen von Cellulosederivaten). Erhöhte Temp. od. niedrigere Konzentrationen können diesen strukturviskosen Charakter in ein idealviskoses Verhalten überführen. **Dilatante Körper** zeigen mit zunehmender Schubspannung eine steigende scheinbare Viskosität (Fließverfestigung); Gegenstück zum pseudoplast. Fließverhalten. Dieses eher seltene Phänomen wird bei Suspensionen mit hohem Feststoffgehalt beobachtet. In ungeschertem Zustand sind die Partikeln mit einem Flüssigkeitsfilm umgeben u. die Hohlräume mit Flüssigkeit erfüllt. Durch Scherkräfte verschieben sich die Teilchen; es entstehen größere Hohlräume, die in der Folge zu einem beträchtl. Teil mit jener Flüssigkeit aufgefüllt werden, die die Teilchen umgibt. Dadurch kommt es zu einer stärkeren Annäherung der Teilchen u. zu einer erhöhten Partikelreibung, die einen Viskositätsanstieg zur Folge hat. Beispiele für dilatantes Verhalten sind Stärkesuspensionen in Wasser, Suspensionen von weißem Ton in Glycerol, nasser Sand. **Plastische Körper** beginnen erst nach Überschreiten einer bestimmten Mindestschubspannung (Fließgrenze) zu fließen. Unterhalb der prakt. Fließgrenze (Anlasswert) verhält sich der Körper elastisch (reversible Verformbarkeit), oberhalb entweder idealviskos (s. Bingham-Körper), strukturviskos (pseudoplastisch, s. Casson-Körper) od. dilatant (dilatante Körper, s. o.). Verringert man nach eingetretenem Fließen die Scherkraft, stellt sich sofort der Ausgangszustand ein. Zur Bestimmung der prakt. Fließgrenze ist z. B. die Viskowaage geeignet. **Thixotrope Körper** sind Substanzen, deren Viskosität mit zunehmender Scherzeit bei einer definierten Scherkraft u. unter isothermen Bedingungen bis zu einem Endwert abnimmt, bei denen aber nach einer bestimmten Regenerationszeit eine weitgehende bis vollständige Rückbildung der inneren dreidimensionalen Struktur stattfindet (Viskositätszunahme, vgl. Rheodestruktion). Im Ggs. zu den pseudoplast. Körpern nimmt die Viskosität mit abnehmender Schubspannung nicht wieder im gleichen Maße zu, wie sie vorher unter den gleichen Schubspannungen abnahm. In einem Rheogramm (Schergeschwindigkeit D/Schubspannung τ) deckt sich daher die Auf- u. Abwärtskurve nicht (s. Rotationsviskosimeter). Beide Kurven umschließen eine Hysteresisfläche, die über das Ausmaß der Thixotropie Auskunft gibt. Die Abwärtskurve stellt im Idealfall eine Gerade dar, wie sie bei Bingham-Körpern od. Newton-Körpern zu finden ist (s. Viskosität). Thixotropie zeigen u. a. Suspensionen hochdispersen Siliciumdioxids, mehr od. minder ausgeprägt Salben, hergestellt aus versch. Paraffinen, Gemischen höherer aliphat. Alkohole, Fetten, Wachsen. **Rheopexe Körper** zeigen ein eher seltenes Fließverhalten, das im Ggs. zur Thixotropie mit zunehmender Scherzeit zu einer isothermen, reversiblen Viskositätserhöhung führt, man findet es bei Bentonitsolen u. manchen Polyethylenglykol-Zubereitungen. **Viskoelastische Körper**, wie z. B. polymere Flüssigkeiten, zeigen auch oberhalb der Fließgrenze ein elast. Verhalten.

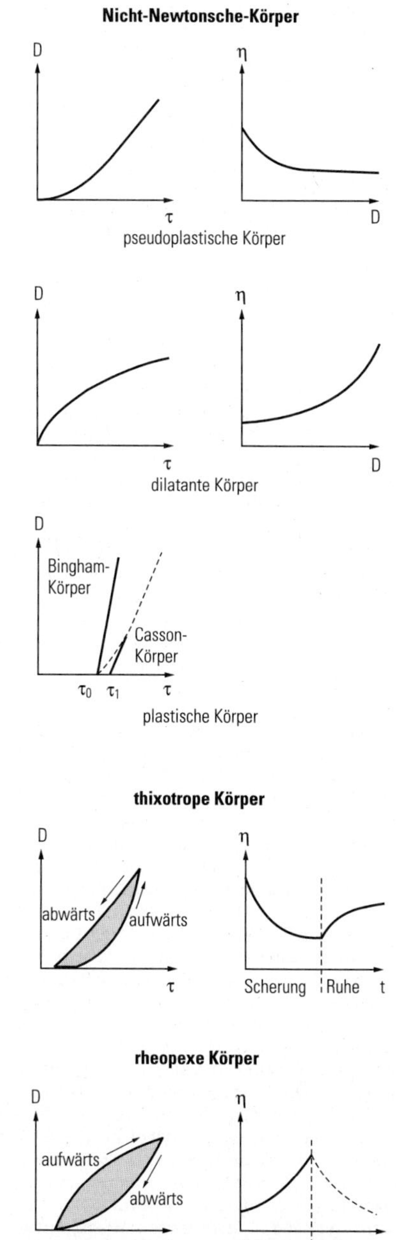

Rheologie Abb. 1: Fließverhalten versch. Körper

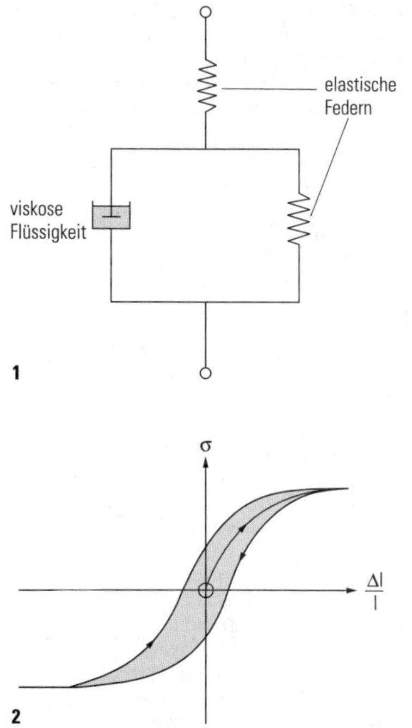

Rheologie Abb. 2: 1: mechanisches Modell eines viskoelastischen Stoffs; 2: elastische Hysterese

Rheopexie: s. Rheologie.

Rhesus-Blutgruppen: s. Blutgruppen.

Rhesus-Desensibilisierung: s. Anti-D-Immunglobulin vom Menschen.

Rheumafaktor: Abk. RF; Autoantikörper gegen die Fc-Region menschl. Immunglobuline*. Nachw. bei ca. 50 % der Patienten mit rheumatoider Arthritis*; auch positiv bei nichtrheumat. chron.-entzündl. Erkrankungen u. ca. 5 % der gesunden Personen <50 Jahren.

Rheumapflaster: Pflaster, die eine mehr od. weniger starke Hautreizung mit vermehrter Durchblutung verursachen, was ein starkes Wärmegefühl bewirkt. Sie enthalten Auszüge und Bestandteile der **A**rnika, **B**elladonna u. **C**apsicum (ABC-Pflaster).

Rheumatismus: veralteter Oberbegriff für fließende, reißende u. ziehende Schmerzen des Bewegungsapparates. Vgl. Erkrankungen des rheumatischen Formenkreises.

Rheum officinale Baill. (lat. rha barbarum Wurzel der Barbaren, Ausländer): Rhabarber; Fam. Polygonaceae (Nordwestchina, Osttibet; Anbau auch in Europa). Stpfl. von **Rhei radix:** Radix (falsch auch als Rhizoma) Rhei (sinensis), Rhabarber, Chinesischer Rhabarber, Echter Rhabarber, Edler Rhabarber; getrocknete, geschälte u. meist gespaltene unterird. Organe. Als beste Sorte gilt der Shensi-Rhabarber. Arzneil. nicht verwendet werden die rhaponticinhaltigen Rheum-Arten wie Rh. rhaponticum u. Rh. rhabarbarum L. (Rh. undulatum L., Krauser Rhabarber, Gartenrhabarber). **Off.:** Ph.Eur.4; **Inhaltsst.** u. **Wirk.:** wirkt abführend, in geringer Dosierung adstringierend. **1.** Inhaltsst. mit abführender Wirk.: v. a. die 3-12 % Anthracenderivate, insbes. Anthrachinonglykoside, von denen eine Vielzahl enthalten sind, sowie deren Aglyka Rhein, Rheum-Emodin, Chrysophanol, Aloe-Emodin, Physcion (Strukturformeln s. Anthrachinone, Tab.); die Droge enthält weitere Anthraglykoside, näml. Anthron- u. Dianthronglykoside (nach Ph.Eur. mind. 2.2 % Hydroxyanthracen-Derivate, ber. als Rhein); **2.** Inhaltsst. mit adstringierender Wirk.: Gerbstoffe mit den Bausteinen (+)-Catechin, (−)-Catechin, Glucogallin (1-Galloyl-β-D-glucose) u. Epicatechingallat; außerdem etwas freie Gallussäure; **3.** weitere Inhaltsst.: größere Mengen Stärke u. Pektine, die die Droge verhältnismäßig stark quellen lassen, sowie Zucker, Oxalsäure, etwas Fett, Spuren äther. Öls; **Zuber.:** Extractum* Rhei, Extractum* Rhei siccum normatum, Tinctura* Rhei, Tinctura* Rhei aquosa, Tinctura* Rhei vinosa **Anw.:** Obstipation; volkstüml.: in kleinen Dosen als Adstringens bei Magen- u. Darmkatarrhen.

R

Rheum palmatum L.: Rhabarber; Fam. Polygonaceae; versch. Varietäten; Stpfl. von Rhei radix; s. Rheum officinale.

Rheum rhaponticum L.: Rhapontikrhabarber; Fam. Polygonaceae (China, kult. in Europa); vgl. Rheum officinale. Stpfl. von **Radix Rhei rhapontici:** Radix Rhapontici, Radix Rhei austriaci, Rhizoma Rhei rhapontici, Rhapontikwurzel, Rhapontiarhabarber, Falscher Rhabarber. **Inhaltsst.:** Anthraglykoside, ähnl. wie in Rheum* officinale, ferner bis zu 5 % Rhaponticin (s. Abb.), das als Stilbenderivat im UV-Licht blau fluoresziert (Ph.Eur.4: Überprüfung von Rhei radix auf Verfälschung mit Rhapontikarhabarber mittels DC); ferner Chrysophansäure*, Oxalsäure* u. Gerbstoffe; **Anw.** volkstüml.: wie Rhei radix (s. Rheum officinale), jedoch weniger wirksam.

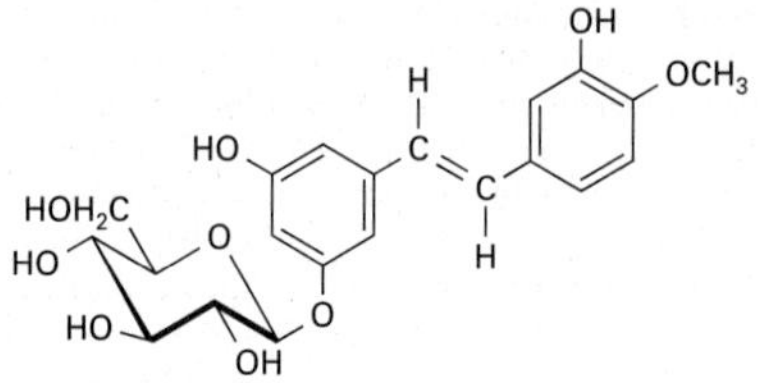

Rheum rhaponticum: Rhaponticin als Inhaltsstoff von Radix Rhei rhapontici

Rhinitis: Schnupfen, Coryza; oberflächl. Entzündung der Nasenschleimhaut. Häufig nach einem trockenen Vorstadium (allg. Krankheitsgefühl, Brennen u. Kitzeln in Nase u. Rachen, Niesreiz) auftretend mit zunächst seröser, später meist schleimig-eitriger Sekretion; **Erreger:** z. B. Rhino-, Adeno-, Echoviren. Eine akute R. ist häufig Initialsymptom anderer Infektionskrankheiten (u. a. Masern, Virusgrippe, Keuchhusten). **Chron. Schnupfen:** länger dauernde Irritations- od. Entzündungszustände aufgrund einer Volumenzunahme (Hyperämie u. Ödem od. Hypertrophie) der Schleimhaut v. a. im Bereich der Nasenmuscheln mit Behinderung der Nasenatmung; Urs.: chem. od. physikalische Noxen, Nasenfremdkörper, Rhinolithen, Nasentumoren, endokrine Erkrankungen **Ther.:** s. Rhinologika.

Rhinitis allergica: IgE-vermittelte Sofortreaktion (Typ I der Allergie*). **Formen: 1.** saisonale Rh. a. (Heuschnupfen): durch Pollen od. Sporen extramuraler Pilze; s. Pollinosis; **2.** perenniale Rh. a.: durch häusl., bakt. o. a. Allergene*; **Sympt.:** Niesattacken, wässrige Sekretion, ödematöse Schwellung der Nasenschleimhaut; **Ther. u. Prophylaxe:** s. Pollinosis.

Rhinoguttae: Naristillae, Nasentropfen; wässrige od. ölige Lsg., O/W- bzw. W/O-Emulsionen od. wässrige bzw. ölige, leicht aufschüttelbare Suspensionen zum Einträufeln od. Zerstäuben (s. Aerosole) in die Nase od. zum Spülen der Nasennebenhöhle; s. Nasalia. Wird als Vehikel Öl verwendet, darf dessen SZ max. 0.2 betragen. Flüssiges Paraffin darf nur in O/W-Emulsionen verwendet werden. Paraffinkohlenwasserstoffhaltige R. müssen die Aufschrift „Nicht über längere Zeit anwenden" tragen. Durch Zusatz von Tensiden wird bei öligen Rh. ein unmittelbarer Schleimhautkontakt erreicht. Einige Wirkstoffe werden besser resorbiert u. durch die Viskosität der öligen Grundlage wird ein zu rasches Abfließen vermieden. Sie sind begrenzt verwendungsfähig. Wässrige Rh. sind auf pH 6.6-7.6 einzustellen (Euhydrie). Außerhalb dieses Bereiches darf nur in begründeten Fällen durch Pufferzusatz stabilisiert werden. Weiterhin sollte eine Gefrierpunkterniedrigung von 0.52 K angestrebt werden (Berechnung: s. Isotonie). Der Zusatz viskositätserhöhender Hilfsstoffe ist erlaubt (z. B. 1-2 % Methylcellulose). Ein Schutz vor mikrobiellen Verunreinigungen ist bei Mehrdosenbehältnissen durch Konservierung notwendig (Benzalkoniumchlorid 0.0125 % od. Quecksilberphenylborat 0.025 %). **Abschwellende Nasentropfen mit Pantothenylalkohol:** Zstzg.: NFA, 0.02 T. Naphazolinhydrochlorid, 0.40 T. Pantothenol, 0.12 T. Natriumchlorid ad 20 T. destilliertes Wasser; **Anw.:** s. Naphazolinhydrochlorid-Nasentropfen; **Befeuchtungslösung:** Zstzg.: NFA, 0.18 T. Natriumchlorid, 0.06 T. Glycerol 85 %, 0.04 T. Polysorbat-80 ad 20 T. destilliertes Wasser; **Anw.**: Befeuchtung des Nasen-Rachenraumes bei Schnarchen; **Diacetyltannin-Protein-Silber-Nasentropfen 2.0 % od. 4.0 %:** Zstzg.: NFA, 0.4 bzw. 0.8 T. Silbereiweiß-Acetyltannat (Argentum diacetylotannicum proteinicum) ad 20 T. destilliertes Wasser; **Anw.**: Antiseptikum zur Behandlung von Reizungen der Nasenschleimhaut; **Naphazolinhydrochlorid-Nasentropfen:** Naphazolini hydrochloridi rhinoguttae; Zstzg.: NRF, 0.005 g Naphazolinhydrochlorid, 0.088 g Natriumchlorid, 0.001 g Benzalkoniumchlorid, Wasser für Injektionszwecke ad 10 g; unter keimarmen Bedingungen gelöst bzw. durch Entkeimungsfiltration sterilisiert; **Anw.**: bis zu 3-mal/d 2-4 Tr. zur Abschwellung der Nasenschleimhäute. Nicht bei Säuglingen u. Kindern anwenden! 1 Monat lang verwendbar; **Naphazolinhydrochlorid-Nasentropfen 0.05 % od. 0.1 %:** Zstzg.: NFA, 0.02 T. Naphazolinhydrochlorid ad 20 T. physiol. Kochsalzlösung; **Natriumchlorid-Nasentropfen 0.9%:** Zstzg.: NFA, NRF, 0.18 T. Natriumchlorid ad 20 T. destilliertes Wasser; nach NRF auch konserviert mit 0.01 % Benzalkoniumchlorid (1.0 g Benzalkoniumchlorid-Stammlösung 0.1 % in 10.0 g Natriumchlorid-Nasentropfen); **Anw.**: Befeuchtung der Nase bei Rhinitis für Säuglinge; **Natriumchlorid-Nasentropfen, viskose:** Zstzg.: NRF, 0.09 g Natriumchlorid, 0.05 g Hydroxyethylcellulose 300, 1.0 g Benzalkoniumchlorid-Stammlösung 0.1 %, Wasser zu 10.0 g; **Anw.**: für Säuglinge bei Rhinitis u. Schnupfen; **Natriumchlorid-Nasentropfen 1.2 %:** Zstzg.: NFA, 0.24 T. Natriumchlorid ad 20 T. destilliertes Wasser; **Anw.**: für Erwachsene bei Rhinitis; **ölige Nasentropfen:** Zstzg.: NFA, 15 T. Eukalyptusöl (s. Eucalyptus globulus), 0.06 T. Campher ad 20 T. mittelkettige Triglyceride; **Anw.**: Ekzem- u. Borkenbildung am Naseneingang u. an den Innenflächen der Nasenflügel; **Silbereiweiß-Nasentropfen 5 %:** Silbereiweiß-Nasentropfen 5 %; Argenti proteinati rhinoguttae 5.0 per centum; Zstzg.: NRF, 5.00 g Silbereiweiß (s. Silberproteinat), 0.10 g Natriumacetat-Trihydrat, gereinigtes Wasser ad 100.0 g. Natriumacetat wird im Großteil des Wassers gelöst, Silbereiweiß wird aufgestreut u. aufgelöst, das restl. Wasser ergänzt. Geh.: 0.32-0.40 % organ. gebundenes Silber. Silbereiweiß-Nasentropfen sind frisch zu bereiten; **Anw.**: Antiseptikum, bei Reizungen der Nasenschleimhaut.

Rhinoguttae Argenti proteinici 5.0 per centum: s. Rhinoguttae (Silbereiweiß-Nasentropfen).

Rhinoguttae Naphazolini hydrochlorici: s. Rhinoguttae (Naphazolinhydrochlorid-Nasentropfen).

Rhinologika: syn. Antirhinitika, Schnupfenmittel; Arzneimittel zur symptomat. Ther. von Erkrankungen der Nase u. der Nasennebenhöhlen. Meist lokale Anw. in Form von Sprays, Tropfen, Gelen od. Salben; am häufigsten verwendete **Wirkstoffe: 1.** Alphasympathomimetika: lokal wirksame, z. B. Naphazolin*, Oxymetazolin*, Xylometazolin sowie oral u. lokal wirksame, z. B. Ephedrin*, Tramazolin*. Sie wirken durch Vasokonstriktion der Schleimhautgefäße sekretionsvermindernd u. schleimhautabschwellend. Bei Dauergebrauch besteht die Gefahr einer reaktiven Hyperämisierung u. Hypersekretion (Rebound*-Phänomen), bei oraler Anw. ist auf Blutdrucksteigerung sowie auf eine gesteigerte Herztätigkeit zu achten. Eine lokale Anwendung von Sympathomimetika bei Säuglingen ist wegen mögl. system. UAW (Atemdepression, komatöse Zustände) gefährlich; **2.** Antiallergika*: z. B. Antihistaminika werden v. a. bei der allerg. Rhinitis, häufig in Kombination mit Sympathomimetika (oral u. lokal) eingesetzt. Der Mastzellstabilisator Cromoglicinsäure* wirkt auch prophylaktisch; **3.** sonstige Mittel: Lokalanästhetika, Glucocorticoide u. antiphlogist. wirkende Analgetika, Vitamine (v. a. A, E), Antibiotika u. Sulfonamide, Interferone u. a.; lokale R. enthalten sehr häufig äther. Öle (z. B. Eucalyptus-, Pfefferminz-, Latschenkiefer-, Kamillenöl) die z. T. durch Erregung von Kälterezeptoren ein erfrischendes Gefühl hervorrufen. Sollten bei Säuglingen wegen mögl. Überempflindlichkeitsreaktionen nicht in die Nase appliziert werden.

Rhinorrhagie: heftiges Nasenbluten; vgl. Epistaxis.

Rhinotracheitis-Virus-Impfstoff für Katzen: Impfstoff (inaktiviert, gefriergetrocknet) zur aktiven Immunisierung geg. Viren, die zur Rhinotracheitis bei Katzen führen können. Der FVR (engl. feline viral rhinotracheitis) gilt als der schwerwiegendste u. befällt die Nase, Augen, die Nebenhöhlen u. die Halsregion, zählt zu den Herpesviren u. ist spezifisch für Katzen.

Rhinovirus: veraltet Coryzavirus, ERC-Virus; Genus kleiner säurelabiler RNA-Viren aus der Fam. der Picornaviridae*. Mehr als 115 Serotypen bekannt, Vorkommen v. a. im Nasen-Rachen-Raum, Temperaturoptimum bei 33 °C; häufigste Urs. von Schnupfen (Rhinitis) bei Mensch u. Tier.

Rhiz.: Abk. für Rhizoma; s. Rhizom, vgl. Wurzel.

Rhizobium: s. Wurzelknöllchen.

Rhizodermis: (bot.) Epidermis* junger Wurzeln. Im Ggs. zur Epidermis der oberird. Organe nicht mit einer Kutikula* überzogen; bei der älteren Wurzel wird die Rh. durch eine od. mehrere verkorkte Zellschichten, der Exodermis (aus der Hypodermis hervorgehend), ersetzt. **Funktion:** Resorption von Wasser u. Nährstoffen mit Hilfe der (relativ kurzlebigen) Wurzelhaare (röhrenförmigen Ausstülpungen zur Vergrößerung der Oberfläche).

Rhizoide: (bot.) haarähnl. Zellfäden, mit denen sich niedere Pfl. wie Moose, Algen u. Pilze im Substrat befestigen u. die z. T. auch zur Wasseraufnahme dienen.

Rhizom: Rhizoma (pl. Rhizomata), Wurzelstock; (bot.) unterird., meist horizontal wachsender Spross, der i. Allg. als Speicherorgan dient. Fast stets mit schuppenförmigen Niederblättern u. Blattnarben versehen; verzweigt od. unverzweigt; beim **Sympodium** Bevorzugung des Wachstums der Seitenverzweigung gegenüber dem der Hauptachse; beim **Monopodium** bevorzugtes Wachstum der Hauptachse; Wurzeln allseitig od. nur unterseitig; Rhizome besitzen nie Assimilationsgewebe wie junge Sprosse, haben fast immer eine Endodermis, aber kaum ein Sklerenchym in der Rinde. Nicht selten Weiterentw. der Rh. zu Knollen* od. Rüben*.

Rhizoma: s. Rhizom; vgl. Wurzel.

Rhizoma Acori: s. Acorus calamus (Calami Rhizoma).
Rhizoma Actaeae racemosae: s. Cimicifuga racemosa (Rhizoma Cimicifugae).
Rhizoma Aletris farinosae: s. Aletris farinosa.
Rhizoma Ari: s. Arum maculatum.
Rhizoma Aristolochiae vulgaris: s. Aristolochia clematitis.
Rhizoma Arnicae: s. Arnica montana (Radix Arnicae).
Rhizoma Aronis: s. Arum maculatum (Rhizoma Ari).
Rhizoma Arundonis donacis: s. Arundo donax.
Rhizoma Asari: s. Asarum europaeum (Radix Asari).
Rhizoma Asari canadensis: s. Asarum canadense (Asari canadensis rhizoma).
Rhizoma Asparagi: s. Asparagus officinalis.
Rhizoma Bistortae: s. Polygonum bistorta.
Rhizoma Calami: s. Acorus calamus (Calami Rhizoma).
Rhizoma Cannae hispanicae: s. Arundo donax (Rhizoma Arundonis donacis).
Rhizoma Caricis (arenariae): s. Carex arenaria.
Rhizoma Chinae: s. Smilax china.
Rhizoma Cimicifugae: s. Cimicifuga racemosa.
Rhizoma Clematitidis: s. Aristolochia clematitis (Radix Aristolochiae).
Rhizoma Corydalidis: s. Corydalis cava.
Rhizoma Curcumae longae: s. Curcuma longa (Curcumae longae rhizoma).
Rhizoma Curcumae xanthorrhizae: s. Curcuma zanthorrhiza (Curcumae xanthorrhizae rhizoma).
Rhizoma Cyclaminis: s. Cyclamen purpurascens.
Rhizoma Cypripedii: s. Cypripedium calceolus var. pubescens.
Rhizoma Dioscoreae villosae: s. Dioscorea villosa.
Rhizoma Filicis (maris): s. Dryopteris filix-mas.
Rhizoma Fragariae: s. Fragaria vesca.
Rhizoma Galangae: s. Alpinia officinarum (Galangae rhizoma).
Rhizoma Galangae majoris: s. Alpinia galanga (Radix Galangae majoris).
Rhizoma Gelsemii: s. Gelsemium sempervirens.
Rhizoma Graminis: s. Agropyron repens (Graminis rhizoma).
Rhizoma Helenii: s. Inula helenium.
Rhizoma Hellebori: s. Helleborus niger, Helleborus viridis.
Rhizoma Heloniadis dioicae: s. Chamaelirium luteum (Radix Heloniadis dioicae).
Rhizoma Hydrastis: s. Hydrastis canadensis.
Rhizoma Imperatoriae: s. Peucedanum ostruthium.
Rhizoma Iridis: s. Iris germanica.
Rhizoma Iridis mundatum (tornatum): s. Iris germanica.
Rhizoma Iridis pro infantibus: s. Iris germanica.
Rhizoma Iridis versicoloris: s. Iris versicolor.
Rhizoma Kava-Kava: s. Piper methysticum (Radix Kava-Kava).
Rhizoma Leptandrae virginicae: s. Veronica virginica.
Rhizoma Podophylli: s. Podophyllum peltatum.
Rhizoma Polygoni amphibii: s. Polygonum amphibium.
Rhizoma Polypodii: s. Polypodium vulgare.
Rhizoma Ptarmicae: s. Achillea ptarmica.
Rhizoma Rhei: s. Rheum officinale, Rheum palmatum.
Rhizoma Rhei rhapontici: s. Rheum rhaponticum (Radix Rhei rhapontici).
Rhizoma Rusci: s. Ruscus aculeatus (Rusci rhizoma).
Rhizoma Sanguinariae canadensis: s. Sanguinaria canadensis.
Rhizoma Scopoliae carniolicae: s. Scopolia carniolica.
Rhizoma Smilacis chinae: s. Smilax china (Rhizoma Chinae).
Rhizoma Tormentillae: s. Potentilla erecta (Tormentillae rhizoma).
Rhizoma Trillii erecti: s. Trillium erectum.
Rhizoma Valerianae: s. Valeriana officinalis (Valerianae radix).
Rhizoma Veratri: s. Veratrum album.
Rhizoma Veratri viridis: s. Veratrum viride.
Rhizoma Vincetoxici: s. Vincetoxicum hirundinaria.
Rhizoma Violae: s. Viola odorata.
Rhizoma Zedoariae: s. Curcuma zedoria.
Rhizoma Zingiberis: s. Zingiber officinale (Zingiberis rhizoma).
Rhizopoda: s. Protozoen.
Rhizopus arrhizus var. delemar: s. Rizolipase.
Rhodamine: Pyronin-Derivate; fluoreszierende Farbstoffe (rot bis violett, annähernd lichtecht). **Anw.:** in der Mikroskopie u. zum Färben von Leder u. Papier.
Rhodanammonium: s. Ammoniumthiocyanat.
Rhodanese: s. Blausäure (Ther.).
Rhodanide: s. Thiocyanate.
Rhodankalium: s. Kaliumthiocyanat.
Rhodannatrium: s. Natriumthiocyanat.
Rhodanquecksilber: s. Quecksilber(II)-thiocyanat.
Rhodanwasserstoffsäure: s. Thiocyansäure.
Rhodites Rosae: s. Rosa canina (Fungus Cynosbati).
Rhodium: Symbol Rh; A_r 102.9055, OZ 45. D. 12.41. Schmp. 1960 °C. Sdp. 3670 °C. Silberweißes, sehr dehnbares, 3- u. 4-wertiges Platinmetall, unlösl. in Säuren, auch in Königswasser*. **Anw.:** hauptsächl. Legierungen, Spiegel; **Gesch.:** 1803 entdeckt von William Hyde Wollaston (1766-1828).
Rhododendrin: Glucosid des 3-(4-Hydroxyphenyl)-1-methyl-propanols; $C_{16}H_{24}O_7$; charakterist. Inhaltsst. der Rhododendron-Arten.
Rhododendron: Gattung der Fam. Ericaceae (Hauptverbreitungsgebiet Ostasien, Nordamerika). Vermutl. etwa 500-1000 nat. Rhododendron-Arten u. mehrere tausend Hybriden, vielfach Zierpflanzen. **Chem. Merkmale:** in allen Pflanzenteilen, auch im Nektar (vgl. Rhododendron ponticum), in stark wechselndem Ausmaß diterpenoide Giftstoffe wie Acetylandromedol*.
Rhododendron aureum: s. Rhododendron chrysanthum.
Rhododendron campylocarpum Hook.: Krummfrüchtige Alpenrose; Fam. Ericaceae (Himalaja). **Inhaltsst.** u. **Anw.:** s. Rhododendron chrysanthum.
Hom: *Rhododendron (HAB2001):* getrocknete, beblätterte Zweige von Rh. campylocarpum, Rh.*

chrysanthum od. deren Hybriden; verord. z. B. bei Muskel- u. Gelenkrheumatismus, Neuralgien.

Rhododendron chrysanthum Pall.: Rhododendron aureum Georgi, Goldgelbe Alpenrose, Sibirische Schneerose; Fam. Ericaceae (Sibirien, Kamtschatka). Stpfl. von **Folia Rhododendri chrysanthi:** Gelbe Alpenrosenblätter. **Inhaltsst.:** Acetylandromedol*, Arbutin*, Rhododendrol, Rhododendrin*, Flavonoide u. a.; **Anw.** volkstüml.: z. B. zur Durchspülungstherapie bei Erkrankungen der ableitenden Harnwege, bei rheumat. Beschwerden.
Hom: s. Rh. campylocarpum.

Rhododendron ferrugineum L.: Rostblättrige Alpenrose; Fam. Ericaceae (Alpen, Mitteleuropa u. Gebirge Mittelasiens). Stpfl. von **Folia Rhododendri ferruginei:** Alpenrosenblätter. **Inhaltsst.:** Rhododendrin*, Ursolsäure*, Acetylandromedol* (?); **Anw.** volkstüml.: z. B. bei rheumat. Beschwerden u. Bluthochdruck.

Rhododendron ponticum L.: Pontische Alpenrose; Fam. Ericaceae (Mittelmeergebiet, Kleinasien). **Inhaltsst.:** s. Acetylandromedol u. a. Diterpene vom Typ des Andromedans, Flavonoide, versch. Triterpene; **Anw.** volkstüml.: bei Bluthochdruck u. rheumat. Beschwerden; die therapeut. Verw. von Rhododendronblättern ist nicht zu empfehlen; Negativmonographie Kommission E; **Tox.:** Vergiftungen durch pontischen Honig (Gifthonig; aufgrund des enthaltenen Acetylandromedol) wurden beschrieben.

Rhodophyta: s. Rotalgen.

Rhodopsin: Erythropsin, Sehpurpur; Farbstoff der Sehstäbchen, der das Sehen bei niedrigen Lichtintensitäten (Dämmerung) ermöglicht. R. wird durch das Licht photochem. gespalten u. in der Dunkelheit wieder regeneriert. Zu seinem Aufbau ist das Vitamin A od. Carotin erforderlich.

Rhodotoxin: s. Acetylandromedol.

Rhoeadin: Alkaloid aus Papaver* rhoeas.

Rhoeados petalum: s. Papaver rhoeas.

r-HuEPO: s. Epoetin.

RH-Urtinkturen: s. Homöopathie.

Rhus aromatica Ait.: Rhus canadensis Marsh. non Mill., Gewürzsumach; Fam. Anacardiaceae (atlant. Nordamerika, von Kanada bis Mexiko). Stpfl. von **Cortex Rhois aromaticae radicis:** Gewürzsumachwurzelrinde. **Inhaltsst.:** Gerbstoffe (Gallotannine, Gallocatechin), Flavonoide*, fettes Öl u. etwas äther. Öl; **Anw.** volkstüml.: gegen Blasenleiden, insbes. Bettnässen.
Hom: *Rhus aromatica:* frische Wurzelrinde.

Rhus chinensis Mill.: Rhus semiliata var. osbeckii DC., Gallensumach; Fam. Anacardiaceae (Ostasien, bes. China u. Japan). Liefert die Chinesischen u. Japan. Gallen, Gallae chinenses et japonicae (s. Gallen).

Rhus-Dermatitis: s. Toxicodendron quercifolium (Folia Toxicodendri).

Rhus glabra L.: Scharlachsumach; Fam. Anacardiaceae (Nordamerika).
Hom: *Rhus glabra:* frische Rinde.

Rhus semiliata var. osbeckii: s. Rhus chinensis.

Rhus succedanea: s. Wachse (Cera Japonica); s. Toxicodendron succedaneum.

Rhus toxicodendron: s. Toxicodendron quercifolium.

Rhus typhina L.: Amerikanischer Sumach, Essigbaum, Hirschkolbensumach; Fam. Anacardiaceae (Nordamerika, Java). Die Blätter enthalten zw. 10 u. 27 % Gerbstoffe u. werden als Gerb- u. Färbematerial verwendet. Die Früchte dienen in Nordamerika zur Bereitung eines Essigs.

Rhus venenata: s. Toxicodendron vernix.

Rhus verniciflua: s. Toxicodendron verniciflua.

Rhythmus, circadianer: Tagesrhythmus; rhythm. Verlauf von Wachstums-, Bewegungs- u. Stoffwechselvorgängen mit einer endogenen Periodenlänge von ca. 24 Stunden.

Ribavirin INN: 1-β-D-Ribofuranosyl-1*H*-1,2,4-triazol-3-carboxamid; CAS-Nr. 36791-04-5; $C_8H_{12}N_4O_5$, M_r 244.21. Schmp. 166-168 °C (kristallisiert aus wässrigem Ethanol), Schmp. 174-176 °C (kristallisiert aus Ethanol); polmorph. $[\alpha]_D^{25\,°C}$ −36.5°. Farbloses krist. Pulver; leicht lösl. in Wasser. Synthet. Nucleosidanalogon. **Wirk.:** virostat. durch Störung der mRNA; geg. DNA- u. RNA-Viren, v. a. geg. das Pneumovirus Respiratory-Syncytial-Virus (RS-Virus); **Anw.:** Virostatikum, bei schweren Infektionen der unteren Atemwege, verursacht durch das RS-Virus (Pneumonie u. Bronchiolitis bei Kleinkindern bis 6 Monate); **UAW:** Hautirritationen, leichte Bronchospasmen, selten Kopf- u. Augenschmerzen bei exponiertem Pflegepersonal; **Kontraind.:** Anw. bei gebärfähigen Frauen u. während der Stillzeit; **Dos.:** topisch als 2 %iges Aerosol über 12-18 h, während 3-7 d; HWZ 3-10 h.

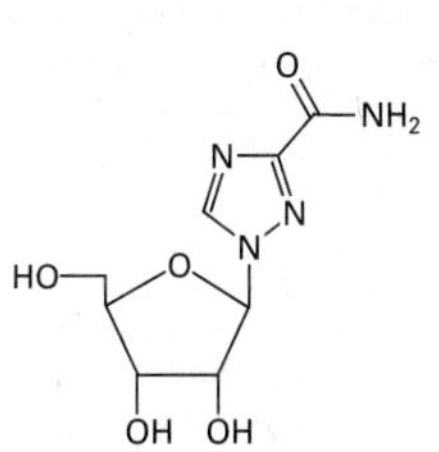

Ribavirin

Ribes nigrum L.: Schwarze Johannisbeere; Fam. Saxifragaceae (europ.-asiat. Waldgebiet bis Mandschurei, Himalaja; kult. in Mitteleuropa). Stpfl. von **Ribis nigri folium:** Folia Ribis nigri, Schwarze Johannisbeerblätter, Ahlbeerblätter. **Off.:** DAC; **Inhaltsst.:** ca. 0.5 % Flavonoide, inbes. Derivate des Kämpferols* u. Quercetins* (nach DAC mind. 0.8 %, ber. als Hyperosid*), Gerbstoffe, Spuren äther. Öls (mit Cymol*) u. Vit. C; **Anw.:** bei leichten, unspezifischen Durchfallerkrankungen, Erkältungskrankheiten, zur Erhöhung der Harnmenge; volkstüml.: z. B. bei Arthritis; **Fructus Ribis nigri:** Schwarze Johannisbeeren, Gichtbeeren, Ahlbeeren. **Inhaltsst.:** 0.12 % Vitamin C u. a. Vitamine, Fruchtsäuren, bes. Citronensäure* (3.5 %), Pektin, Zucker, Farbstoffe, etwas fettes Öl; in den Samen γ-Linolensäure (s. Linolensäuren); **Anw.:** wie Ribis nigri folium; techn.: in der Likörindustrie; der Sirup (aus den frischen Früchten).

Ribit: Ribitol, Adonit, Adonitol; Schmp. 102 °C. Ein opt. inaktiver C_5-Zuckeralkohol. R. ist ein Best. von Flavinmolekülen, z. B. von Riboflavin. Die Biosynthese erfolgt durch Reduktion von Ribose.

Riboflavin INN: s. Vitamine (Vitamin B_2).
Ribonuclease: s. Nucleasen.
Ribonucleinsäure: s. RNA.
Ribonucleoside: s. Nucleoside.
Ribonucleotide: s. Nucleotide.
Ribose: D-Ribose; M_r 150.13; Schmp. 87 °C; $[\alpha]_D^{20\,°C}$ −23.7°. Eine Pentose (s. Kohlenhydrate), die durch Hefe nicht vergoren wird. Liegt in freier Form als Pyranose vor (s. Abb.). Bei 35 °C stellt sich in wässriger Lsg. ein Gleichgewicht ein: 6 % α-Furanose, 18 % β-Furanose, 20 % α-Pyranose u. 56 % β-Pyranose. R. ist ein Baustein der Ribonucleinsäuren, einiger Coenzyme, von Vitamin B_{12}, Ribosephosphaten u. zahlreichen Glykosiden. R. wird durch Säurehydrolyse aus Hefen-Nucleinsäuren od. durch chem. Umwandlung von Arabinose dargestellt.

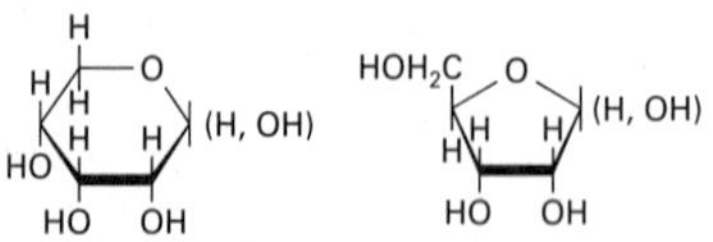

Ribose: links: D-Ribopyranose; rechts: D-Ribofuranose

Ribosenucleinsäuren: Hefen-Nucleinsäuren; s. Nucleoproteine.
Ribosephosphate: phosphorylierte Derivate der Ribose. Im Stoffwechsel sind Ribose-1-phosphat u. Ribose-5-phosphat von Bedeutung. Ribose wird durch Ribosekinase in Stellung 5 phosphoryliert. Ribose-5-phosphat entsteht auch im Pentosephosphatzyklus* u. im Calvin-Zyklus* der Photosynthese. 5-Phosphoribosyl-1-pyrophosphat aus Ribose-5-phosphat u. ATP spielt eine Rolle bei der Neusynthese von Purin- u. Pyrimidinnucleotiden, bei der Biosynthese von L-Histidin u. L-Tryptophan u. bei der Umwandlung von Nicotinsäure in Nicotinsäureribotid.
Ribosomen: globuläre Zytoplasmapartikel aus ca. 40 % Proteinen u. 60 % RNA, Orte der Proteinsynthese; an den R. werden die Aminosäuren miteinander zu Proteinen verknüpft; Monosomen mit Multienzymcharakter. **Struktur:** R. sind rundl. bis ellipsoide, stark hydratisierte Zellorganellen von 15-30 nm Durchmesser, die normalerweise im Zytoplasma als Polyribosomen* mit perlschnurartiger Verknüpfung vorliegen. R. wurden erstmals 1953 von Palade beschrieben. Der R.-Gehalt einer Zelle ist direkt mit ihrer Proteinsyntheseaktivität korreliert. Nach Vorkommen u. Größe kann man zwei Hauptklassen von R. unterscheiden: R. im Zytoplasma aller eukaryont. Zellen, die einen Sedimentationskoeffizienten von 80 S besitzen u. die R. in prokaryont. Zellen, Plastiden u. in einem Teil der Mitochondrien, die einen Sedimentationskoeffizienten von 70 S aufweisen. E.-coli-Ribosomen, die einen Sedimentationskoeffizienten von 70 S besitzen, bestehen aus einer großen Untereinheit von 50 S u. aus einer kleinen von 30 S. Die beiden Untereinheiten sind nicht ständig miteinander verbunden, sondern dissoziieren bei jedem Neubeginn einer Polypeptidsynthese in ihre Untereinheiten.
Ribulose: D-Ribulose; M_r 150.13; $[\alpha]_D^{20\,°C}$ −15° (c = 0.5 in Wasser). Eine zur Gruppe der Monosaccharide gehörende Pentulose. Das 5-Phosphat u. 1,5-Diphosphat der R. sind wichtige Zwischenprodukte im Kohlenhydratstoffwechsel. Ribulose-1,5-diphosphat fungiert bei der Dunkelreaktion der Photosynthese (s. Calvin-Zyklus) als CO_2-Akzeptor; Ribulose-5-phosphat ist ein Zwischenprodukt im Pentosephosphatzyklus*.
Ribulose-1,5-diphosphatcarboxylase: Carboxydismutase, Pentosephosphatcarboxylase; photosynthet. Carboxylierungsenzym grüner Pflanzen. Die R. ist an die Struktur der Thylakoide* gebunden, jedoch davon leicht lösbar bei der Isolierung. Das Enzym besteht aus einer größeren u. kleineren Untereinheit.
Richtlinie für die Überwachung von Heilwasserbetrieben und Heilquellen: Diese Richtlinie wurde ursprüngl. von Hessen erarbeitet u. 1986 publiziert (Hessischer Staatsanzeiger 36/1986 S. 1743). Sie ist später von allen Bundesländern gebilligt worden u. wird von den Überwachungsbehörden als Rahmenvorschrift im Sinne der Interpretation der Betriebsverordnung* für Pharmazeutische Unternehmer verwendet. Es wird dabei zw. der Herst. von Heilwasser als Fertigarzneimittel u. der Herst. (Gewinnung) von Heilwasser, das kein Fertigarzneimittel ist, unterschieden. Die Richtlinie enthält Erläuterungen zu Herstellungserlaubnis, Personal, Betriebsräume u. Einrichtungen, Hygiene, Herst. u. Prüfung.
Richtlinien: s. Arzneimittelprüfrichtlinien; EG-Richtlinien; APV.
Ricin: M_r ca. 66 000, 493 Aminosäuren; außerordentl. tox. Lektin aus Ricinus* communis. Parenterale LD: ca. 1 µg/kg Maus.
Ricinin: 1-Methyl-3-cyan-4-methoxy-2-pyridon; $C_8H_8N_2O_2$; M_r 164.16; schwach giftiges Pyridinalkaloid aus Ricinus* communis.
Ricini oleum hydrogenatum: s. Ricinus communis.
Ricinolsäure: s. Ricinus communis (Ricini oleum virginum).
Ricinstearolsäurediiodid: s. Diiodyl.
Ricinus communis L.: Rizinus, Christuspalme; Fam. Euphorbiaceae (heim. trop. Afrika, kult. in allen wärmeren Gegenden). Stpfl. von **Semen Ricini:** Rizinussamen, Kastorsamen. **Inhaltsst.:** 45-65 % fettes Öl (Ricini oleum virginum, s. unten.), 20-25 % Eiweißstoffe, das schwach giftige Pyridinalkaloid Ricinin* sowie bis ca. 3 % des außerordentl. giftigen Ricins*, das bei kalter Pressung nicht in das Öl übergeht; **Tox.:** LD für einen Erwachsenen bereits in 1 Samen enthalten; **Anw.:** Samen dienen nur zur Gew. des Öls (Weltjahresproduktion ca. 800 000 t); die Presskuchen als Düngemittel, wegen ihres Ricingehalts nicht als Futtermittel; **Ricini oleum virginale:** Oleum Ricini, Oleum Palmae Christi, Oleum Castoris, Rizinusöl, Christuspalmöl, Kastoröl; das aus den geschälten Samen kalt ausgepresste u. mit Wasser ausgekochte Öl. D. 0.952-0.965, $n_D^{20\,°C}$ 1.477-1.481; $\alpha_D^{20\,°C}$ +3.5-6.0°, VZ 176-187, IZ 82-90, POZ max. 5.0, SZ max. 2.0, OHZ mind. 150, UA max 0.8 %. Klar, blassgelb, dickflüss., fast geruch- u. geschmacklos, leicht lösl. in Chloroform, Ethanol,

Ether, Eisessig. **Off.:** Ph.Eur.4; **Inhaltsst.:** bis 80 % des Triglycerids der Ricinolsäure ((*R*)-12-Hydroxyölsäure, 12-Hydroxy-*cis*-9,10-octadecensäure), daneben einige andere Glyceride u. geringe Mengen freie Säuren; **Wirk.:** Ricinolsäure, welche im Dünndarm durch Pankreas-Lipasen aus den Triglyceriden freigesetzt wird, wirkt laxierend (Wirkeintritt nach 2-4 h); **Anw.:** kurzfristige Behandlung bei Obstipation; volkstüml.: äußerl. bei Hauterkrankungen; techn.: als Lösungsmittel für Arzneistoffe; Haarpflegemittel, Schmiermittel, zur Herst. von Türkischrotöl*, Weichmacher für Lacke, zur Herst. von Ricini oleum hydrogenatum (s. unten) sowie Alkydharzen*; **Dos.:** 10-30 mL; **Zuber.:** Collodium* elasticum, Emmulsio ammoniata (s. Linimentum ammoniatum, Emmulsio ammoniata-camphorata (s. Linimentum ammoniato-camphoratum), Emulsio* Olei Ricini, Solutio* Formaldehydi saponata, Unguentum* leniens; vgl. hydriertes Rizinusöl (s. unten); **Ricini oleum hydrogenatum:** (engl.) *hydrogenated castor oil*; Oleum Ricini hydrogenatum, hydriertes Rizinusöl, gehärtetes Rizinusöl; ein durch Hydrierung von Rizinusöl (s. oben) gewonnenes Gemisch aus Fettsäureglyceriden (86 % 12-Hydroxystearinsäure, 14 % Stearinsäure). Schmp. 80-85 °C; D. 1.0; SZ max. 4; OHZ 150-162; VZ 175-185; IZ max. 5. Weißes Pulver, Schuppen od. Perlen; unlösl. in Wasser, lösl. in Fettlösungsmitteln. **Off.:** Ph.Eur.4; **Anw.** techn.: Formentrennmittel bei der Tablettierung (0.3-2 %), entw. in der äußeren Phase als Pulver zugemischt, als Pulver od. in gelöster Form bei der Granulierung beigemischt od. in Lsg. auf das Granulat gesprüht; Retardierungsmittel für Tabletten; Konsistenzgeber bei der Herst. von Salben, Cremes u. Emulsionen (anstelle von Wachsen); **Ricini oleum raffinatum:** Raffiniertes Rizinusöl; Gew. wie Ricini oleum virginale, jedoch raffiniert. Eigenschaften wie Ricini oleum virginale, aber farblos, SZ max. 1.0; OHZ mind. 160; UA max. 1 %; Viskosität: 950-1100 mPa·s. **Off.:** DAB 2003; **Anw.** techn.: zur Herstellung von Augentropfen u. Injektionen; Rhizinusöl zur parenteralen Anw.: max. 0.3 % Wasser, keine Antioxidantien.

Hom: *Ricinus communis:* reife Samen; verord. z. B. bei Brechdurchfall, Hypogalaktie (Milchmangel stillender Mütter).

Rickamicin: s. Sisomicin.

Rickettsia: Gattung aerober, unbewegl., kokkoider Kurzstäbchen der Fam. Rickettsiaceae; intrazelluläre Vermehrung in Arthropoden*. Erreger von Rickettsiosen*; Übertragung auf den Menschen durch Arthropoden direkt beim Biss (Zecken, Milben) bzw. durch Einreiben des Kots (von Läusen u. Flöhen) in die Stichwunden; **1.** Fleckfiebergruppe, 3 Spezies, darunter: **a)** R. prowazeki: Erreger des klass. epidem. Fleckfiebers; Überträger: Kleiderlaus; natürl. Wirt ist der Mensch; **b)** R. mooseri: Erreger des murinen Fleckfiebers; Überträger: Rattenfloh; natürl. Wirte sind Nagetiere, v. a. Ratten; **2.** Zeckenbissfiebergruppe, 8 Species: Überträger sind Schildzecken od. Milben; natürl. Wirte sind Nagetiere od. Beuteltiere; **3.** Scrub-Typhus-Gruppe (R. tsutsugamushi mit 3 Serovarianten).

Rickettsiosen: Gruppe von verschiedenen z. T. schweren Infektionskrankheiten, die durch Rickettsien* hervorgerufen u. v. a. durch Läuse, Flöhe u. Zecken (s. Arthropoden) übertragen werden; vgl. Fleckfieber. Im menschl. Organismus befallen die Rickettsien die Blutgefäße, wodurch es zu dem charakterist. Exanthem kommt. **Ther.:** Breitband-Antibiotika (z. B. Tetracycline, Chloramphenicol); **Prophylaxe:** Bekämpfung der Überträger, z. B. Läuse.

Riechschlauch: Kunststoffschlauch, der eine Verbindung vom Tracheostoma zum Mund herstellt u. dadurch wieder die Atmung durch die Nase u. damit auch das Riechen ermöglicht.

Riesenchromosom: syn. Polytänchromosom; stark vergrößertes Interphase-Chromosom aus Drosophila-Speicheldrüsen, das aus mehr als 1 000 parallel liegenden Chromosomenkopien besteht u. sich durch gut voneinander abgegrenzte Banden auszeichnet. Das R. entsteht durch eine wiederholte Verdoppelung der DNA, ohne dass sich die Tochterstränge voneinander trennen.

Riesengoldrute: s. Solidago gigantea.

Riesenkürbis: s. Cucurbita pepo.

Rifabutin INN: Rifabutinum Ph.Eur.4; (9*S*,12*E*,14*S*,15*R*,16*S*,17*R*,18*R*,19*R*,20*S*,21*S*,22*E*,24*Z*)-6,16,18,20-Tetrahydroxy-1'-isobutyl-14-methoxy-7,9,15,17,19,21,25-heptamethylspiro{9,4-(epoxypentadeca[1,11,13]trienimino)-2*H*-furo-[2',3':7,8]naphth[1,2-*d*]imidazol-2,4'-piperidin}-5,10,26-(3*H*,9*H*)-trion-16-acetat; CAS-Nr. 72559-06-9; $C_{46}H_{62}N_4O_{11}$, M_r 847.02. Amorphes, rotviolettes Pulver; leicht lösl. in Wasser, wenig lösl. in Ethanol, lösl. in Chloroform u. Methanol. Wie Rifampicin* ein Ansamycinantibiotikum aus Streptomyces mediteranei (s. Rifamycine). **Wirk.:** hemmt die DNA-abhängige Polymerase in Prokaryonten u. den Einbau von Thymidin in die DNA des rifampicinresistenten Mycobacterium tuberculosis; geg. grampositive u. gramnegative Erreger, v. a. geg. Mycobakterien; **Anw.:** Antibiotikum zur Behandlung symptomat., generalisierter Infektionen mit Mycobacterium avium (MAC) bei HIV*-Erkrankung; Prophylaxe u. Behandlung von Infektionen mit Mycobacterium tuberculosis mit Tuberkulostatika, die nicht aus der Rifamycingruppe sind; **UAW:** u. a. gastrointestinale Beschwerden, Muskelschmerzen, Fieber; **Kontraind.:** u. a. schwere Leberfunktionsstörungen,

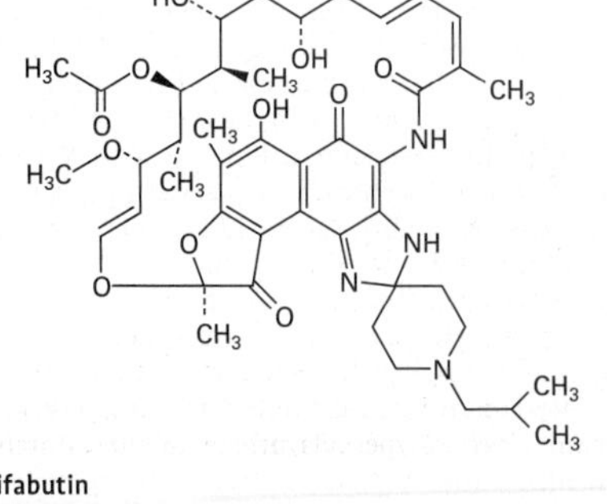

Rifabutin

R

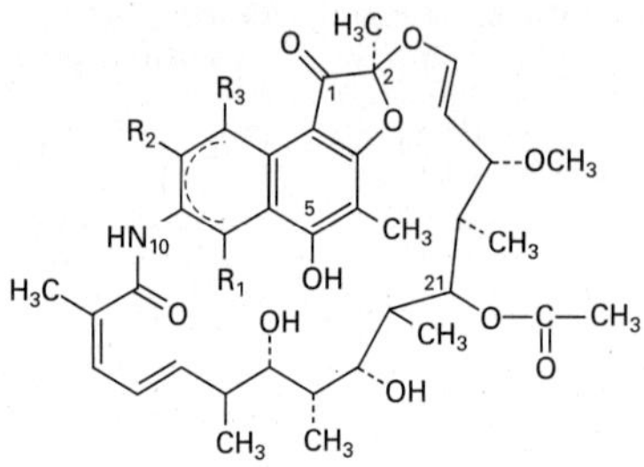

	R_1	R_2	R_3
Rifamycin B	—OH	H	—O—CH₂—COOH
Rifamycin SV	—OH	H	—OH
Rifamycin S	=O	H	=O
Rifampicin	—OH	MPI	—OH

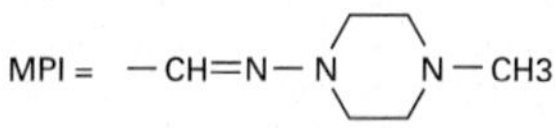

Rifamycine

Verschlussikterus, Hepatitis; **Dos.:** p. o. bei MAC-Infektionen 2×150 mg/d über 6 Monate (in Kombination mit Clarithromycin* 450-600 mg/d); bei Tuberkulose 1×150 mg/d über 6-9 Monate (Kombination mit anderen Tuberkulostatika 300-450 mg als ED); HWZ 38±12 h.

Rifampicin INN: Rifampicinum Ph.Eur.4, Rifampin, Rifamycin AMP; CAS-Nr. 13292-46-1, 3-{[(4-Methyl-1-piperazinyl)imino]methyl}rifamycin, $C_{43}H_{58}N_4O_{12}$, M_r 822.96; Strukturformel s. Rifamycine (Abb.); Schmp. 183-188 °C unter Zers., ziegelrotes bis rotbraunes, krist. Pulver, prakt. geruchlos; leicht lösl. in Chloroform, lösl. in Ethylacetat u. Methanol, lösl. in Tetrahydrofuran, schwer lösl. in Wasser (pH unter 6), Aceton, Tetrachlorkohlenstoff; pK_S (Säure) 1.7, (konjugierte Säure) 7.9; halbsynthet. Antibiotikum*, das aus Rifamycin B erhalten wird. **Anw.:** Tuberkulose aller Stadien, bisher klin. wirksamstes Antituberkulotikum*, Lepra; **Wirk.:** Antibiotikum der Rifamycin-Gruppe; hemmt die RNA-Polymerase der Bakterien; stark bakterizid gegen grampositive Keime u. Tuberkelbakterien in der Proliferationsphase; gute Diffusionseigenschaften; relativ langsame Resistenzentwicklung; HWZ 2-3 h; **Dos.:** oral 3 bis 4-mal 0.15 g/d od. 2-mal 0.3 g/d, mind. 0.45 g/d, max. 0.75 g/d; Kinder unter 12 Jahre: 0.01 g/kg KG/d, nicht mehr als 0.45 g/d; **UAW:** hepatotoxisch; **Resistenz:** v. a. rasch in Verbindung mit einer Monotherapie bei der Behandlung von Mykobakterium tuberculosis. Gebräuchl. ist auch Rifampicin*-Natrium.

Rifamycine: Rifomycine; Gruppe nat. u. halbsynthet. Antibiotika* mit Ansastruktur (s. Ansaverbindungen), isoliert aus Streptomyces mediterranei. **Vertreter:** u. a. Rifamycin B (4-*O*-(Carboxymethyl)rifamycin, $C_{39}H_{49}NO_{14}$), Rifamycin S, Rifamycin AMP (Rifampicin*), Rifabutin, Rifamycin SV; **Anw.:** Infekte mit grampositiven Bakterien u. Tuberkelbakterien.

Rifamycin-Natrium: Rifamycinum natricum Ph.Eur.4, Rifamycin-SV-Natrium; CAS-Nr. 15105-92-7, $C_{37}H_{46}NaO_{12}$, M_r 720; Strukturformel s. Rifamycine (Abb.); ziegelrotes Pulver, lösl. in Wasser, Ethanol, Methanol, unlösl. in Ether u. Chloroform; Antibiotikum*. **Anw.:** Antituberkulotikum*; **Wirk.:** s. Rifampicin; vgl. Rifamycine.

Rigor (lat. Steifheit, Starre): Steifigkeit der Muskulatur infolge Erhöhung des Muskeltonus, die bei passiver Bewegung während des gesamten Bewegungsablaufs bestehen bleibt. **Vork.:** bei Erkrankungen des extrapyramidalen Systems, z. B. Parkinson*-Syndrom; **R. mortis:** Totenstarre.

Riluzol INN: 2-Amino-6-(trifluormethoxy)benzothiazol; CAS-Nr. 1744-22-5; $C_8H_5F_3N_2OS$, M_r 234.20. **Wirk.** u. **Anw.:** Glutamat-Antagonist zur Verlängerung der Lebenserwartung bzw. zum zeitl. Hinauszögern des Einsatzes mechan. Beatmung bei amyotrophischer Lateralsklerose (ALS, myotrophe Lateralsklerose, Motoneuronopathie). ALS ist eine vermutl. neurodegenerative Erkrankung des Menschen, verbunden mit Lähmungen u. Muskelschwund schließl. aller Skelettmuskeln einschließl. Schluck- u. Atemmuskulatur. **UAW:** u. a. Nausea, erhöhte Leberfunktionswerte; **Kontraind.:** Lebererkrankungen, Schwangerschaft u. Stillzeit, Anw. bei Kindern; eingeschränkte Nierenfunktion; **Dos.:** p. o. 2×50 mg/d; HWZ 9-15 h.

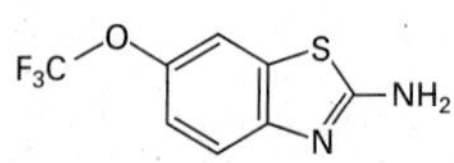

Riluzol

Rimexolon INN: 11β-Hydroxy-16α,17α-dimethyl-17-propiony-1,4-androstadien-3-on; CAS-Nr.

49697-38-3; $C_{24}H_{34}O_3$, M_r 370.5. Schmp. 263 °C. logP 4.2 (ber.); schwer lösl. in Wasser. **Wirk.** u. **Anw.**: topisches Glucocorticoid* bei nichtinfektiösen Augenentzündungen; system. Resorption 1 %; **UAW:** Anstieg des Intraokulardrucks, Katarakt; **Dos.**: 10 mg/mL, je nach Indikation ± 4 Tr./d pro betroffenes Auge.

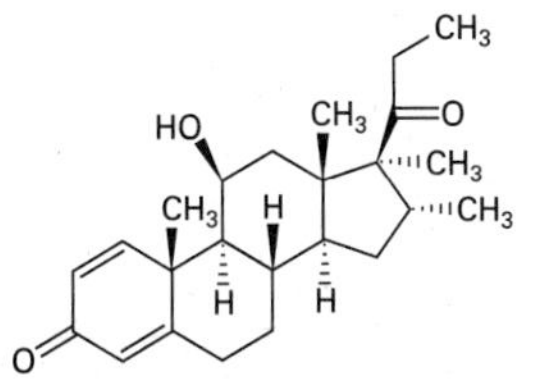

Rimexolon

Rinde: Cortex (pl. Cortices); (bot.) alle Gewebe außerhalb des Kambiums*. **R., primäre:** vor dem Beginn der Kambiumtätigkeit gebildetes Rindengewebe. **R., sekundäre:** Bast; vom Kambium während des sekundären Dickenwachstums* als sekundäres Phloem* nach außen abgegebenes Gewebe. Sekundäres Abschlussgewebe: Periderm* od. Borke*. **Innenrinde** u. **Außenrinde:** alternative Terminologie; Bez. decken sich jedoch nicht ganz mit den Begriffen primäre u. sekundäre Rinde. Grenze zw. Außen- u. Innenrinde: Perizykel*. Der primäre Siebteil wird bei dieser Terminologie zur Innenrinde gerechnet, gehört jedoch an sich nicht dazu. Einteilung in Innen- u. Außenrinde dennoch beliebt, da der Perizykel häufig durch einen Ring sklerenchymat. Zellen (gemischt-mechan. Ring, bestehend aus Bastfasern u. Steinzellen) gekennzeichnet ist. Die Endodermis wird vielfach als Grenze der primären R. bezeichnet; vgl. sekundäres Dickenwachstum.

Rindenbalsam: s. Balsamum peruvianum.

Rindenporen: s. Lentizellen.

Rinderbandwurm: s. Taenia.

Rindergalle: s. Fel (Fel Tauri).

Rinderinsulin: s. Insulin.

Rindertalg: Sebum bovinum (tauricum); s. Sebum.

Rinderwahnsinn: s. BSE.

Ringe, kleine: Sammelbegriff für 3- od. 4-gliedrige Kohlenstoffringe, z. B. Cyclopropan*, Cyclobutan. Diese org. Verb. verhalten sich wegen der großen Ringspannung (Baeyer-Spannung*) chem. wesentl. reaktiver als Ringverbindungen* mit 5 u. mehr Ringgliedern.

Ringelblume: s. Calendula officinalis.

Ringelblumenblüten: s. Calendula officinalis (Calendulae flos).

Ringelborke: s. Borke.

Ringer-Lactat-Lösung: s. Ringer-Lösung; Natriumlactatlösung.

Ringer-Lösung (Sidney Ringer, Pharmakologe, London, 1835-1910): Solutio Natrii chloratii composita Ringer, Solutio physiologica Ringer, Ringerlösung (ÖAB90); Zstzg.: 0.90 g NaCl, 0.04 g $CaCl_2$, 0.03 g KCl, Aqua ad iniect. ad 100 mL; Chloridgeh.: 0.55-0.61 % (m/V); Kaliumgeh.: 0.012-0.017 % (m/V); Calciumgeh.: 0.010-0.012 % (m/V). **Zusammengesetzte Elektrolytlösung:** Electrolytorum solutio composita (Ph.Helv.7); isotone Infusions- od. Spüllösung; Zstzg.: 8.36 T. NaCl, 0.3 T. KCl, 0.15 T. $CaCl_2$ ad 1000 mL Wasser für Injektionszwecke. Geh.: 5.2-5.5 g Chlorid-Ionen; in mmol: 1 L Lsg. enthält 143 mmol NaCl, 4 mmol KCl u. 1 mmol $CaCl_2$; vgl. Natriumchlorid; **Ringerlactatlösung:** enthält zusätzl. Natriumlaktat u. evtl. Magnesiumchlorid; **Verw.**: Volumenersatz u. Trägerlsg., z. B. für kompatible Arzneimittel u. als Nährmedium für Gewebekulturen.

Ring, gemischt-mechanischer: s. Rinde.

Ringmethode: s. Grenzflächenspannung.

Ringverbindungen: cycl. Kohlenwasserstoffe. Graf. Darst. und Nomenklatur von kondensierten Ringsystemen: **1.** möglichst viele Ringe sollen auf einer waagrechten Achse liegen. **2.** möglichst viele Ringe sollen rechts oberhalb dieser Achsen sein. Die Bezifferung beginnt am oberen rechten Ring, an dem Atom, das der Verknüpfungsstelle (Anellierungsstelle) benachbart ist, u. läuft im Uhrzeigersinn weiter. Anellierungs-C-Atome werden mit 2a, 3a etc. bezeichnet (s. Abb.).

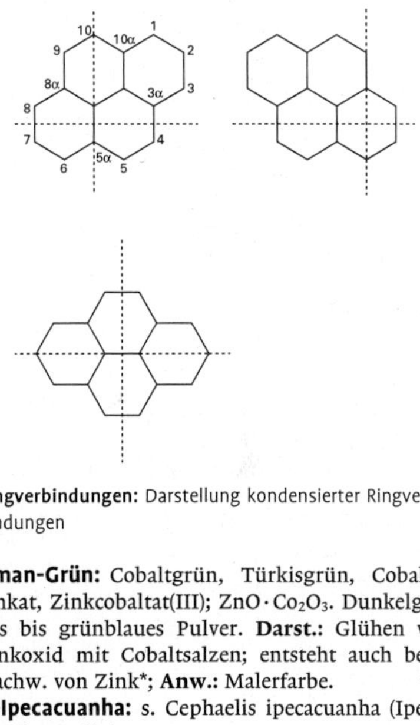

Ringverbindungen: Darstellung kondensierter Ringverbindungen

Rinman-Grün: Cobaltgrün, Türkisgrün, Cobaltozinkat, Zinkcobaltat(III); $ZnO \cdot Co_2O_3$. Dunkelgrünes bis grünblaues Pulver. **Darst.**: Glühen von Zinkoxid mit Cobaltsalzen; entsteht auch beim Nachw. von Zink*; **Anw.**: Malerfarbe.

Rio-Ipecacuanha: s. Cephaelis ipecacuanha (Ipecacuanhae radix).

Rippe: s. Costa.

Rippenfell: Pars costalis der Pleura parietalis; Teil des Brustfells direkt an der Brustkorbinnenwand.

Rippenfellentzündung: s. Pleuritis.

Risedronat INN: [1-Hydroxy-2-(3-pyridinyl)ethyliden]diphosphorsäure; CAS-Nr. 105462-24-6;

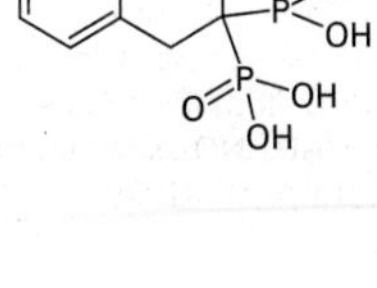

Risedronat

$C_7H_{11}NO_7P_2$, M_r 238.1. **Wirk.**: Calciumstoffwechselregulator mit geringer Bioverfügbarkeit; **Anw.**: Biphosphonat* zur Behandlung der manifesten postmenopausalen Osteoporose*; **UAW:** Magen-Darm-Störungen; **Dos.**: 5 mg/d peroral. Zur Prävention von Ösophagus-Ulzera die Tablette in aufrechter Haltung mit >120 mL Wasser einnehmen u. sich anschließend 30 Min. nicht hinlegen.

Rishitin: s. Phytoallexine.

Risiko, relatives: (engl.) *relative risk*; Abk. RR; Maß für den Vergleich der Häufigkeit des Auftretens eines Merkmals in einer exponierten Population mit der Häufigkeit des Merkmals in einer nicht exponierten Population. Berechnung:

$RR = {}^{a/a+b}/_{c/c+d}$

a: Anzahl der exponierten Personen, bei denen das Ereignis/Merkmal aufgetreten ist; b: Anzahl der exponierten Personen, bei denen das Ereignis/Merkmal nicht aufgetreten ist; c: Anzahl der nicht exponierten Personen, bei denen das Ereignis/Merkmal aufgetreten ist; d: Anzahl der nicht exponierten Personen, bei denen das Ereignis/Merkmal nicht aufgetreten ist.

Wenn RR = 1, dann ist das Risiko, das Merkmal zu entwickeln für beide Population gleich; RR > 1 drückt eine Risikozunahme im Zusammenhang mit der Exposition aus; RR < 1 eine Risikoabnahme. Das Ergebnis einer Kohorten-Studie (s. Pharmakoepidemiologie) wird häufig als RR angegeben. Vgl. odds ratio.

Rispe: s. Blütenstand.

Risperidon INN: Risperidonum Ph.Eur.4; 3-{2-[4-(6-Fluor-1,2-benzisoxazol-3-yl)piperidino]-ethyl}-6,7,8,9-tetrahydro-2-methylpyrido[1,2-*a*]pyrimidin-4-on; CAS-Nr. 106266-06-2; $C_{23}H_{27}FN_4O_2$, M_r 410.49. **Wirk.**: potenter 5-HT_2-Antagonist mit gleichzeitiger Affinität zu Histamin-H_1, Dopamin-D_2-, Alpha-1-adrenergen Rezeptoren. Durch Blockade der 5-HT_2-Rezeptoren, werden die 5-HT_1-Rezeptoren u. damit der Dopaminstoffwechsel stimuliert. **Anw.**: Neuroleptikum (s. Psychopharmaka); bei chron. schizophrenen Psychosen; **UAW:** u. a. Schlaflosigkeit, Opstipation, extrapyrimidale Symptome; **Kontraind.**: Stillzeit, Anw. bei Jugendl. u. Kinder; **Dos.**: p. o. 1. Tag 2×1 mg, 2. Tag 2 mg, 3. Tag 3 mg, Erhaltungsdos. 2-4 mg; HWZ 3 h bzw. 24 h (Metaboliten).

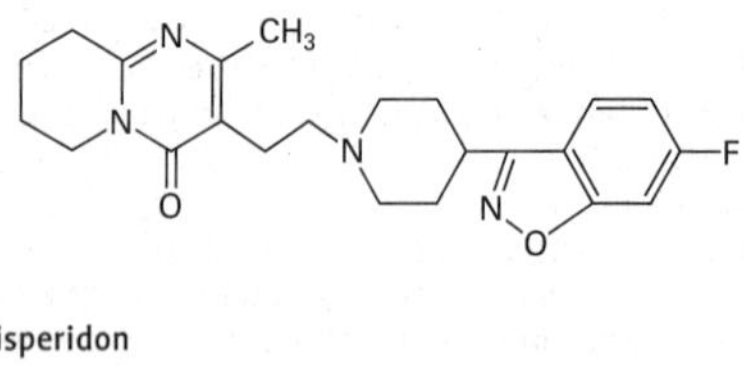

Risperidon

Ristocetin: Antibiotikum* aus Nocardia lurida (Aktinomyzeten); ein Glykoprotein. **Anw.**: **1.** bei Diagnose des Willebrand-Jürgens-Syndroms. **2.** gegen Staphylokokken, Strepto- u. Pneumokokken; aufgrund seiner Tox. obsolet.

Ritodrin INN: 2-(4-Hydroxyphenethylamino)-1-(4-hydroxyphenyl)propanol; CAS-Nr. 26652-09-5; $C_{17}H_{21}NO_3$, M_r 287.37. **Anw.**: Uterus-Relaxans, bei drohendem Abort od. Frühgeburt; **UAW:** Tachykardie, Tremor, Schweißausbruch; HWZ 2 h. Gebräuchl. ist auch Ritodrinhydrochlorid.

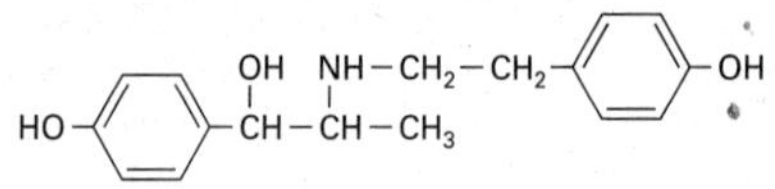

Ritodrin

Ritonavir: (5*S*,8*S*,10*S*,11*S*)-8,11-Dibenzyl-10-hydroxy-5-(1-methylethyl)-1-[2-(1-methylethyl)-4-thiazolyl]-2-methyl-3,6-dioxo-2,4,7,12-tetraazatridecan-13-säure-(5-thiazolylmethyl)-ester; CAS-Nr. 155213-67-5; $C_{37}H_{48}N_6O_5S_2$, M_r 720.96. **Wirk.**: HIV*-Proteasehemmer; **Anw.**: Virostatikum, in Kombination mit Hemmern der reversen Transkriptase* zur Behandlung HIV-positiver Erwachsener mit fortgeschrittener Immunschwäche; s. HIV-Erkrankung, AIDS; **UAW:** Übelkeit, Erbrechen, Durchfall, Kopfschmerzen, periorale Parästhesien (Kribbeln um den Mund) u. elektrisierende Gefühle an Armen u. Beinen; erhöhte Transaminasen-Werte (γGT); **Dos.**: 2×600 mg/d, vorzugsweise zu den Mahlzeiten.

Ritter-Reaktion: Bildung von *N*-substituierten Carbonsäureamiden* durch Alken-Addition an Nitrile in konz. Schwefelsäure. Beispiel: aus Isobutylen u. Acetonitril entsteht *N-tert*-Butyl-acetamid.

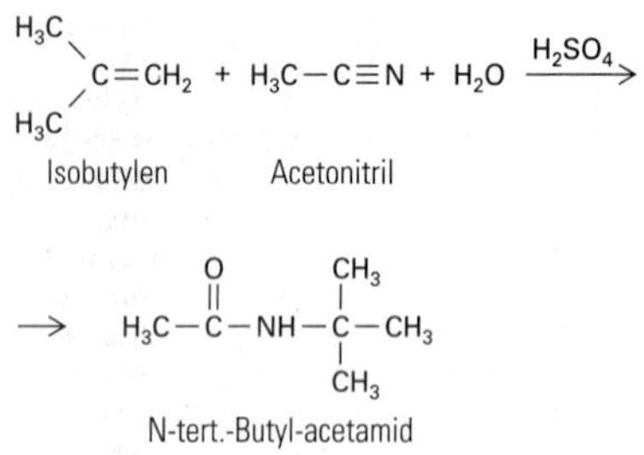

Ritter-Reaktion

Rittersporn: s. Delphinium consolida.

Ritterspornblüten: s. Delphinium consolida (Flores Calcatrippae).

Ritterstern: s. Amaryllidaceae.

Rituximab INN: IDEC-C2B8; CAS-Nr. 174722-31-7; chimärer monoklonaler Antikörper*. **Wirk.**: R. bindet spezif. an das CD20-Antigen auf normalen u. malignen B-Lymphozyten u. bewirkt eine antikörperabhängige zell- u. komplementvermittelte Zytotoxizität in diesen Zellen. **Anw.**: rezidivierendes od. therapierefraktäres schmerzfreies Non-Hodgkin-Lymphom; **UAW:** vorübergehende grippeähnl. Symptome (Fieber, Frösteln, Übelkeit, Hautausschlag) während der ersten Infusion. Um infusionsbedingte Reaktionen gering zu halten, wird eine Prämedikation mit Paracetamol* und Diphenhydramin* vor jeder Infusion empfohlen. **Dos.**: 375 mg/m^2 Körperoberfläche einmal wöchentl. über 4 Wochen als i. v. Infusion; terminale HWZ 68 h.

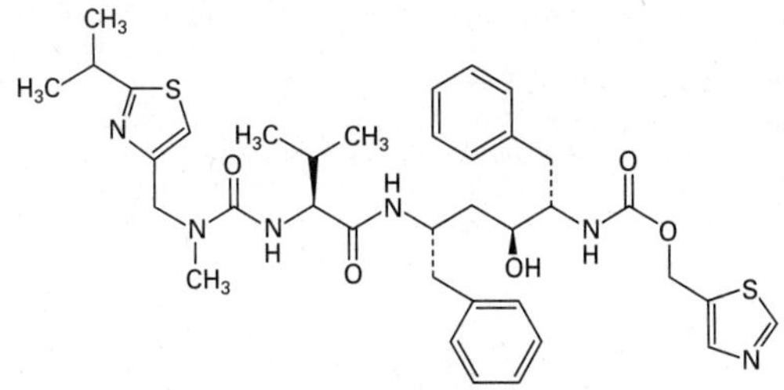

Ritonavir

Riva-Rocci-Apparat: einfacher Apparat zur unblutigen indirekten Blutdruckmessung* mit aufblasbarer Oberarmmanschette u. Manometer.

Rivastigmin INN: (–)-(*S*)-*N*-Ethyl-3-[(1-dimethylamino)ethyl-*N*-methylphenylcarbamat; CAS-Nr. 123441-03-2; $C_{14}H_{22}N_2O_2$, M_r 250.3. logP 2.1; pK_S 8.6 (ber.); schwer lösl. in Wasser. **Wirk.:** Cholinesterasehemmer, s. Parasympathomimetika (indirekte); **Anw.:** symptomat. Behandlung der leichten bis mittelschweren Alzheimer*-Krankheit; **UAW:** gastrointestinal, u. a. Übelkeit, Erbrechen, Diarrhö; **Dos.:** p. o. einschleichende Dos. von 1.5 mg/d bis zu 2×3-6 mg/d; HWZ 0.6-2 h, Wirkungsdauer jedoch 10-12 h.

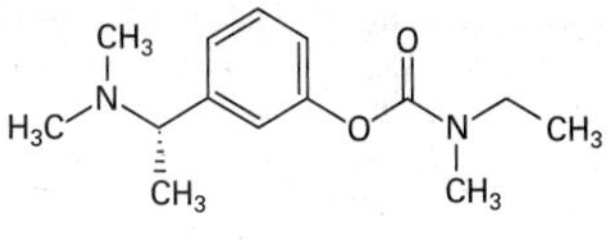

Rivastigmin

Rivea corymbosa (L.) Hall. f.: Trichterwinde; Fam. Convolvulaceae (Mittelamerika). Stpfl. von **Ololiuqui:** Die Samen werden als halluzinogenes Rausch- u. Heilmittel verwendet; vgl. Ipomoea violacea. **Inhaltsst.:** ca. 0.05 % Lysergsäurederivate, z. B. Ergin* (Lysergsäureamid).

Rivieri-Trank: s. Potio Riverii.

Rizatriptan INN: 3-[2-(Dimethylamino)ethyl]-5-(1,2,4-triazol-1-ylmethyl)indol; CAS-Nr. 14403-80-0; $C_{15}H_{19}N_5$, M_r 269.4. logP 0.8; pK_S 9.5; leicht lösl. in Wasser. **Wirk.:** 5-$HT_{1B/1D}$-Agonist. Mit einem Wirkungseintritt nach bereits 30 Min. war R. bei seiner Markteinführung das am schnellsten wirksame Triptan. **Anw.:** Migränetherapeutikum*; **UAW:** hauptsächl. das ZNS betreffend: Schwindel, Schläfrigkeit, Asthenie*; **Dos.:** p. o. 10 mg n. B., MTD 20 mg; HWZ 2 h.

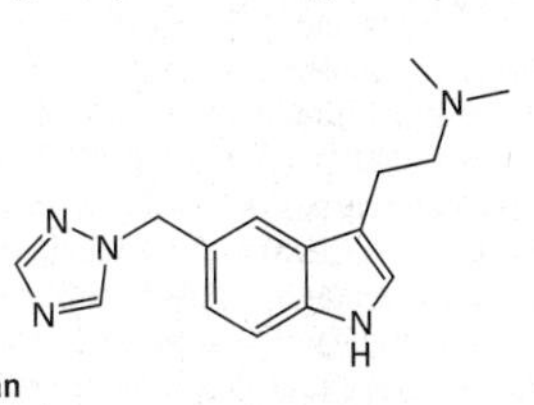

Rizatriptan

Rizinusöl: s. Ricinus communis (Ricini oleum virginale).

Rizinusölemulsion: s. Emulsio Olei Ricini.

Rizinusöl, hydriertes: s. Ricinus communis (Ricini oleum hydrogenatum).

Rizinusöl, raffiniertes: s. Ricinus communis (Ricini oleum raffinatum).

Rizolipase INN: Lipase bzw. Hydrolase aus Rhizopus arrhizus var. delemar (Phycomycetes); CAS-Nr. 9001-62-1. **Anw.:** Enzymsubstitution, Hydrolyse von Glyceriden* sowohl im sauren als auch im alkal. Bereich.

RLCC: Abk. für (engl.) *rotating locular countercurrent chromatography*; s. Chromatographie.

Rn: (chem.) Symbol für Radon*.

RNA: Abk. für (engl.) *ribonucleic acid;* Ribonucleinsäure; aus Ribonucleotiden aufgebautes Biopolymer, das in allen lebenden Zellen u. einigen Viren vorkommt. RNA macht ca. 5-10 % der Gesamtmasse einer Zelle aus. **Struktur:** Die Mononucleotide der RNA bestehen aus Phosphorsäure u. Ribose, die mit einer der vier Basen Adenin, Guanin, Cytosin od. Uracil *N*-glykosidisch verknüpft ist. Die Verknüpfung der Mononucleotide zu einer linearen Kette erfolgt durch 3',5'-Phosphodiesterbindungen. In der Basenzusammensetzung der RNA gibt es keine Gesetzmäßigkeiten wie bei der DNA. RNA bildet keine doppelsträngige α-Helix-Struktur wie die DNA. Die einfachen Ketten falten sich abschnittsweise durch die Ausbildung von Wasserstoffbrücken zw. komplementären Basen zu einer Helix zusammen. Diese Abschnitte werden von nicht spiralisierten, ungeordneten Abschnitten unterbrochen. **RNA-Typen u. Vork:** Nach ihrer Funktion unterscheidet man drei Haupttypen von RNA: Messenger-RNA (mRNA), ribosomale RNA (rRNA) u. Transfer-RNA (tRNA). Jede Art besitzt eine charakterist. molare Masse u. Basenzusammensetzung. Virus-RNA zeigt zahlreiche strukturelle u. funktionelle Gemeinsamkeiten mit mRNA. In eukaryont. Zellen ist RNA im Zellkern, im Zytoplasma u. in den zytoplasmat. Organellen enthalten. Der Zellkern ist der Hauptsyntheseort für RNA. Das Zytoplasma enthält neben tRNA v. a. rRNA in Form von Ribosomen u. außerdem polysomengebundene mRNA. **Funktion:** Die Bedeutung der RNA für alle lebenden Zellen liegt in der Übertragung der genet. Information von der DNA zu den Orten der Proteinbiosynthese (mRNA) u. der Realisierung dieser Information bei der Proteinbiosynthese (mRNA, rRNA u. tRNA). **Biosynthese: 1.** DNA-abhängige RNA-Synthese: Die Biosynthese aller RNA-Formen außer der Virus-RNA erfolgt an einer als Matrize wirksamen DNA nach dem Prinzip der Basenpaarung, wobei die Basensequenz der DNA in eine komplementäre Basenfolge der RNA übertragen wird. Die Reaktion wird durch das Enzym RNA-Polymerase katalysiert. **2.** RNA-abhängige RNA-Synthese: Die Vermehrung der RNA-Viren erfolgt in RNA-abhängiger Reaktion, wobei die Virus-RNA als Matrize für die Synthese neuer RNA dient. Die Reaktion wird durch das Enzym RNA-Synthetase katalysiert. **RNA-Abbau:** Die RNA unterliegt in der Zelle einem ständigen Stoffwechsel. Sie wird durch versch. Ribonucleasen, durch Polynucleotidphosphorylasen u. Phosphodiesterase hydrolytisch gespalten.

RNA-Blotting: s. Northern-Blot.

mRNA, polycistronische: mRNA, die nicht nur die codierenden Bereiche für mehrere Proteine, sondern auch die jeweiligen Kontrollsequenzen trägt; daher kann ein mRNA-Molekül mehrere Proteine bilden.

RNA-Polymerase: M_r 500 000 u. größer; DNA-abhängiges Enzym der Eukaryonten, gewöhnl. aus mehreren Polypeptidketten aufgebaut, das die Synthese von Ribonucleotiden aus den vier Ribonucleosid-5-triphosphaten ATP, CTP, GTP u. UTP katalysiert. R.-P. startet diesen Prozess während der Initiationsphase an den Promotor-Regionen der DNA. Die RNA-Synthese erfolgt in n Einzelschritten für eine aus n Mononucleotiden aufgebaute RNA, wobei mit jedem Einzelschritt dasjenige Triphosphat als Substrat eingesetzt wird, das komplementär zum codierenden DNA-Strang ist. Das Wachstum der RNA-Kette erfolgt vom 5'-Ende zum 3'-Ende. Während des gesamten Elongationsprozesses wandert die R.-P. in der entspr. Richtung entlang der Matrizen-DNA u. löst sich erst nach Fertigstellung der jeweiligen RNA-Kette wieder ab.

RNA-Viren: Viren, die als genet. Material RNA enthalten. Bei einigen Viren liegt die Genom-RNA doppelsträngig u. meist in Segmenten gegliedert vor. Bei anderen Viren ist die Genom-RNA einteilig od. mehrteilig u. besitzt entw. die gleiche Priorität wie die mRNA od. ist komplementär zur mRNA; vgl. Virusklassifikation.

R

RNS: Abk. für **Ribo**nucl**e**in**s**äure; s. RNA.

Robert-Koch-Institut: s. Bundesinstitut für Infektionskrankheiten und nicht übertragbare Krankheiten.

Robinetin: Flavonolderivat; Strukturformel s. Flavonoide (Tab.).

Robinia pseudoacacia L.: Robinie, falsche Akazie; Fam. Fabaceae (Leguminosae) (heim. östl. Nordamerika, in Europa als Zierbaum). **Inhaltsst.: 1.** in der Rinde die Lektine* (Toxalbumine) Robin u. Phasin*, das Glykosid Syringin, Gerbstoffe u. Harze*; **2.** in den Blättern äther. Öl, Indican* u. Asparagin*; **3.** in der Blüte die Flavonglykoside Acaciin u. Robinin (Kämpferol-3-robinosid-7-rhamnosid), äther. Öl mit Farnesol*, Nerol*, Terpineol*, Linalool*, Anthranilsäuremethylester u. a.; R. pseudoacacia wird fälschl. auch als Akazie bezeichnet, ist aber nicht die Stpfl. von Flores Acaciae bzw. Prunus spinosae flos, deren Stpfl. Prunus* spinosa ist.

Hom: *Robinia pseudoacacia:* frische Rinde der jungen Zweige; verord. z. B. bei Hyperazidität (Magenübersäuerung), Migräne.

Robinie: s. Robinia pseudoacacia.

Robinson-Drainage: geschlossenes System ohne Sog zum Ausleiten von Sekreten aus tiefen Wunden, bestehend aus Schlauch u. entleerbarem Beutel.

Robinson-Ester: s. Glucose-6-phosphat.

Roboranzien: s. Tonika.

Robustkaffee: s. Coffea.

Rocella tinctoria: Flechte der Od. Arthoniales; zus. mit **Rocella fuciformis** Stpfl. von Lackmus* u. von Orseille*.

Rochellesalz: s. Kaliumnatriumtartrat.

Rocuronium INN: 1-[(2β,3α,5α,16β,17β)-17-(Acetyloxy)-3-hydroxy-2-(4-morpholinyl)androstan-16-yl]-1-(2-propenyl); CAS-Nr. 143558-00-3; $C_{32}H_{53}N_2O_4$, M_r 529.79. **Wirk. u. Anw.:** Muskelrelaxans*; zur Erschlaffung der quergestreiften Muskulatur; **UAW:** u. a. anaphylakt. Reaktionen, Tachykardie; **Kontraind.:** u. a. Empfindlichkeit gegenüber Bromid, neuromuskuläre Erkrankung; **WW:** andere nicht-depolarisierende neuromuskuläre Blocker; u. a. Enfluran*, Isofluran*, Propofol*; HWZ ca. 1-2.3 h. **Rocuroniumbromid:** 1-Allyl-1-(3α,17β-dihydroxy-2β-morpholin-5α-androstan-16β-yl)pyrrolidinbromid-17-acetat; CAS-Nr. 119302-91-9; $C_{32}H_{53}BrN_2O_4$, M_r 609.69. **Dos.:** parenteral 0.6 mg/kg KG (Initialdos.) u. 0.15 mg/kg KG (Erhaltungsdos.).

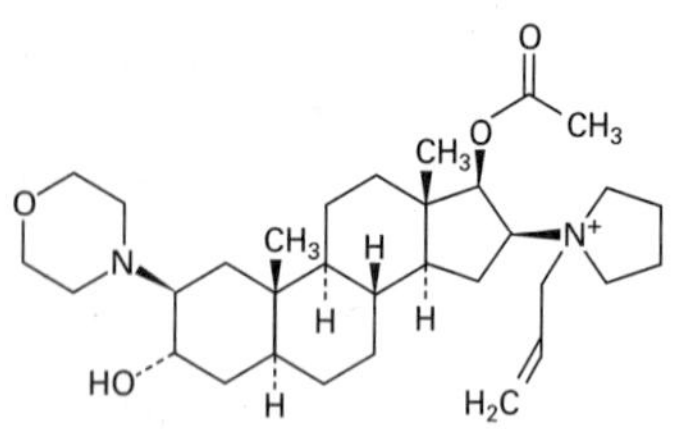

Rocuronium

Rodentizide: Mittel zur Bekämpfung schädl. Nagetiere; s. Schädlingsbekämpfungsmittel.

Röhrenblüten: radiäre, 5-zipfelige, röhrenförmige Blüten von Asteraceen-Blütenköpfchen; vgl. Zungenblüten.

Röhrenblütige: s. Asteraceae.

Röhrenkassie: s. Cassia fistula (Fructus Cassia fistulae).

Röntgen (Wilhelm Conrad R., Physiker, Straßburg, Würzburg, 1845-1923): Symbol R; nicht mehr zugelassene Einheit der Ionendosis; 1 R ist diejenige Röntgenstrahlen- (od. Gammastrahlen-)Menge (die Ionendosis), die in 1 cm^3 (= 1.293 mg) Luft bei 0 °C u. 101.3 kPa (760 mm Quecksilberdruck) eine Korpuskularemission erzeugt, deren Ionen eine Ladung von 1 elektrostat. Einheit (bei Sättigungsstrom) tragen. Seit 1.1.1986 soll die Angabe der Ionendosis nur noch in der SI-Einheit erfolgen; s. Dosimetrie; vgl. Röntgenstrahlen; HED.

röntgenamorph: die Eigenschaft hochdisperser krist. Festkörper (mit minimaler Teilchengröße od. starken Gitterstörungen), sehr geringe od.

keine Interferenzen bei der Röntgenbeugung zu zeigen.

Röntgenanalyse: Gesamtheit der analyt. Methoden, bei denen Röntgenstrahlen* auftreten od. Verw. finden.

Röntgenbeugung: (engl.) *x-ray-diffraction* (*Abk. XRD*); Röntgendiffraktometrie; Beugung von Röntgenstrahlen* an den Elektronenhüllen der Kristallgitterbausteine; s. Kristallstrukturanalyse.

Röntgenbildaufnahme: s. Röntgenstrahlen.

Röntgenbildverstärker: s. Röntgenstrahlen.

Röntgendermatitis: s. Strahlenschäden.

Röntgendiagnostik: s. Röntgenstrahlen.

Röntgendiffraktometrie: s. Röntgenbeugung.

Röntgendurchleuchtung: s. Röntgenstrahlen.

Röntgenerythemdosis: s. HED; vgl. Strahlenschäden.

Röntgenfeinstrukturanalyse: s. Kristallstrukturanalyse.

Röntgenfluoreszenzspektroskopie: Röntgenfluoreszenzanalyse, Abk. RFA; auf dem Prinzip der Fluoreszenzanalyse (s. Spektroskopie) beruhendes, allerdings mit Röntgenstrahlen* durchgeführtes Verfahren zur qualitativen u. quantitativen Bestimmung von Elementen. Die Probe wird dabei durch harte polychromat. Röntgen-, Gamma- od. Ionenstrahlung zur Aussendung charakterist., langwelliger Röntgenstrahlung (Sekundär- od. Fluoreszenzstrahlung) angeregt. Das emittierte Röntgenfluoreszenzspektrum besteht im Ggs. zu opt. Spektren aus wenigen charakterist. Linien, an denen es eindeutig identifiziert werden kann. **Anw.:** Bestimmung von Elementen mit OZ größer 9 (Fluor) z. B. in Festkörpern, Pulvern, Pasten, Lösungen; v. a. in Toxikologie, Metallurgie, Petrochemie, Geochemie, Umweltschutz.

Röntgengenerator: Hochspannungstransformator, der die für den Betrieb von Röntgenröhren notwendige (konstante) Hochspannung liefert. Für med. Zwecke 5-150 kV, zur Materialprüfung 100 kV, in Sonderfällen bis zu 10^6 kV.

Röntgenkontrastmittel: in der Röntgendiagnostik verwendete Substanzen u. Zubereitungen zur Verbesserung der röntgenologischen Darstellung. Körperstrukturen hoher Dichte (z. B. Knochen) od. luftgefüllte Hohlräume zeichnen sich wegen ihrer im Vergleich zur Umgebung größeren bzw. geringeren Röntgenstrahlabschwächung ab, Weichteile u. flüssigkeitgefüllte Hohlräume (hoher Wassergehalt, geringe Dichteunterschiede) kommen auf dem Röntgenbild nicht od. nur ungenügend zur Darstellung. Durch Einbringen von R. in das Gefäßsystem od. in Hohlräume (z. B. Blut- u. Lymphgefäße, Nierenhohlraumsystem, Gallenwege, Gebärmutter, Hirnventrikel, Verdauungstrakt) lassen sich diese nur gering Kontrast gebenden Strukturen abbilden. Die Brauchbarkeit eines Elementes hängt von der Größe seines Massenabsorptionskoeffizienten im diagnost. Strahlenbereich ab. Am besten eignen sich Elemente mittlerer Ordnungszahlen (50-60) wie I, Ba, La, Ce. Heute sind außer Bariumsulfat fast ausschl. I-haltige R. in Gebrauch. Neben diesen sog. positiven R. (Ordnungszahl-R.) werden auch negative R. angewandt. Als solche dienen Gase wie CO_2, N_2O, Luft, N_2, seltener He, Kr, Xe, die eine geringere Röntgenstrahlabsorption aufweisen als die Körperstrukturen. So lassen sich z. B. Lage u. Größe von Hohlräumen wie die Hirnventrikel darstellen (Pneumencephalographie, wobei der Liquor durch Luft ersetzt wird). **Anforderungen:** **1.** nur geringe allgemeine u. lokale Toxizität sowie keine pharmakodyn. Eigenschaften, wegen parenteraler od. peroraler Zufuhr rel. großer Mengen; **2.** schnelle, unveränderte Ausscheidung aus dem Körper; **3.** bei iodhaltigen R.: Iod-Gehalt möglichst hoch (50-60 [m/m], großer Absorptionskoeffizient) u. Iodatome fest im Molekül gebunden; **4.** i. v. verabreichbare R.: möglichst gut wasserlösl. (kleines Injektionsvolumen, vermeiden von Störungen des Wasserhaushalts); **5.** minimale osmot. Effekte; **6.** pH-neutral. **UAW:** Allgemeinreaktionen wie Hautrötung, Quaddelbildung, Übelkeit, Erbrechen, Hitzegefühl, Hustenreiz u. a. (nach Injektion); schwere Reaktionen wie Bronchospasmus, Asthmaanfall, Kreislaufkollaps od. tonischklon. Krämpfe können zum Tod führen; **Wirkstoffe:** Derivate des Triiodbenzols (z. B. Adipiodon*, Amidotrizoesäure*, Iobenzaminsäure*, Iocarminsäure*, Iocetaminsäure*, Iodamid*, Iodoxaminsäure*, Ioxaglinsäure*, Metrizamid*, Iobitridol*), des Monoiodbenzols (z. B. Iofendylat*) sowie Pyridonderivate (z. B. Diodon*, Iopydol*, Propyliodon*). S. Abbildung.

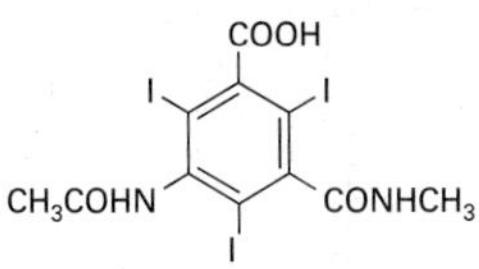

Iotalaminsäure

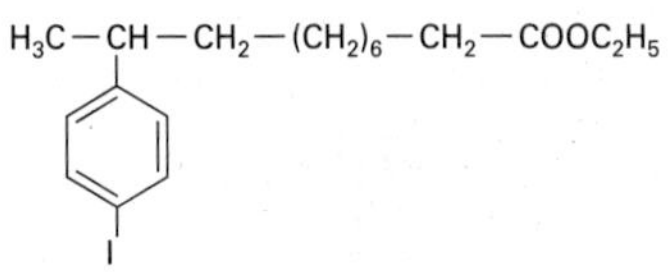

Iofendylat

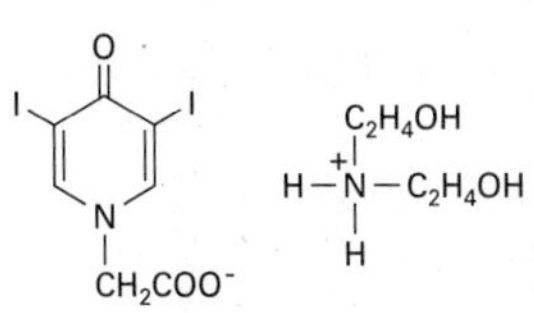

Diodon

Röntgenkontrastmittel

Röntgenkristallographie: Verfahren zur Bestimmung der 3D-Struktur einer gegebenen Molekülart, die darauf beruht, dass Röntgenstrahlen durch die Elektronen, die in einem Molekül vorhanden sind, gebeugt werden. Da die Röntgenbeugung, die von einem einzelnen Molekül verursacht wird, unmessbar schwach ist, ist eine große Anzahl Moleküle ($\geq 10^5$) notwendig. Außerdem müssen diese Moleküle in einem regelmäßigen 3D-Muster vorliegen, wie es in Kristallen der Fall ist.

Röntgenoskopie: Radioskopie; Durchleuchtung mit Röntgenstrahlen*.

Röntgenröhre: Hochvakuum-Diode zur Erzeugung von Röntgenstrahlen*. Im Prinzip besteht sie aus einer hoch evakuierten Glasröhre, in die 2 Elektroden aus hoch schmelzendem Metall (z. B. Wolfram) eingelassen sind. Die Glühkathode, die mit einer Gleichspannung von ca. 12-16 V geheizt wird, sendet Elektronen aus. Sie werden durch die Außenspannung (Anodenspannung od. Röhrenspannung, bis 250 kV Gleichstrom) beschleunigt u. treffen mit sehr hoher Geschwindigkeit (bis 100 kV, ca. 160.000 km/h) auf die Anode (Antikathode). Dort werden die Elektronen abgebremst, wobei der größte Teil ihrer Energie in Wärme umgewandelt wird (ca. 99.97 %). Der Rest tritt in Form von Röntgenstrahlung aus der Röhre aus. Man unterscheidet 2 Arten von Röntgenstrahlen: Bremsstrahlung u. charakterist. Röntgenstrahlung, deren Wellenlängen u. Energiemaxima von der Anodenspannung u. vom Anodenmaterial abhängig ist (s. Röntgenstrahlen). Die Anode kann fixiert als Festanode od. als rotierende Scheibe (Drehanode) ausgeführt sein. In letzterem Falle sind durch bessere Wärmeabfuhr höhere Röhrenleistungen möglich. Die Anodenkühlung wird auch mit flüss. od. gasförmigen Kühlmitteln erreicht (s. Abb.).

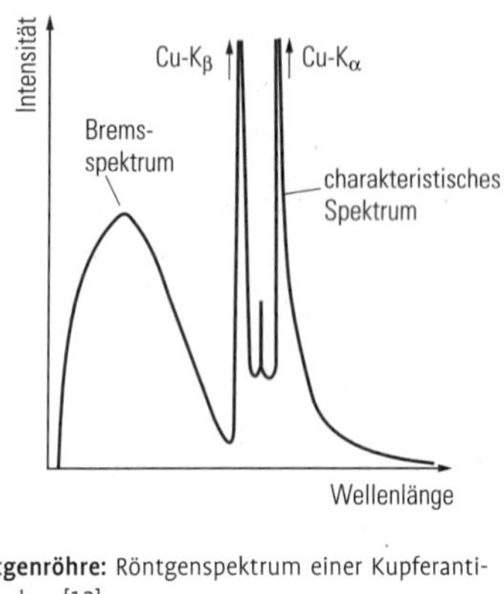

Röntgenröhre: Röntgenspektrum einer Kupferantikathode [12]

Röntgenschäden: s. Strahlenschäden.

Röntgenschirm: Barium-tetracyanoplatinat(II).

Röntgenspektroskopie: Sammelbegriff für alle mit Röntgenstrahlen* durchgeführten spektroskop. Verfahren, z. B. Röntgenfluoreszenzspektroskopie*, Röntgenemissionsspektroskopie u. Röntgenabsorptionsspektroskopie, s. Spektroskopie.

Röntgenstrahlen: X-Strahlen, (engl.) *x-rays*; elektromagnet. Wellenstrahlung mit einer Wellenlänge von ca. $10\text{-}10^{-3}$ nm, also etwa 1000-mal kleiner als sichtbares Licht. R. haben die gleichen Eigenschaften wie sichtbare Lichtstrahlen, d. h. sie werden gebeugt, gebrochen, reflektiert, sie interferieren u. sind polarisierbar. Jedoch durchdringen sie Materie wie Gammastrahlen, ionisieren die Luft, schwärzen photograph. Papier sowie Filme u. vermögen gewisse Stoffe zur Fluoreszenz anzuregen. Wegen ihrer kleinen Wellenlänge werden R. zu Längenmessungen atomarer Dimensionen, zur Ausmessung von Kristallgittern, aber auch in der Technik (z. B. Materialprüfungen) sowie in der Röntgendiagnostik u. Strahlentherapie* angewandt. R. werden in der Röntgenröhre* erzeugt. Dabei treten 2 Arten von Strahlen aus (Röntgenspektrum): **1. Bremsstrahlung**: Sie besteht aus einem kontinuierlichen Spektrum in einem weiten Bereich u. entsteht durch plötzl. Abbremsen der auf Materie treffenden Elektronen, vorwiegend durch Stöße an Hüllenelektronen der Atome des Anodenmaterials. Diese statist. regellos erfolgenden Elementarprozesse liefern ein kontinuierl. Frequenzspektrum. Die Wellenlängenkanten u. das Energiemaximum der Bremsstrahlung hängen von der angelegten Spannung an der Röntgenröhre ab. **2. Charakteristische Röntgenstrahlung** (Eigenstrahlung): Sie besteht aus einzelnen scharfen Linien, ähnl. einem Linienspektrum im Sichtbaren. Diese Linien werden durch Elektronenübergänge zu den fester gebundenen Elektronen der inneren Schalen der Atome verursacht. Durch ein energiereiches Elektron des Kathodenstrahles der Röntgenröhre können Elektronen aus inneren Schalen der Anodenatome vollständig herausgeschleudert werden. An ihre Stelle treten weniger fest gebundene Elektronen aus weiter außen liegenden Schalen. Dabei wird Energie in Form charakterist. elektromagnet. Wellen frei. Infolge dieser diskreten Elektronenübergänge entsteht Strahlung mit einer bestimmten Frequenz. Das charakterist. Röntgenspektrum ist für jedes als Anodenmaterial in der Röntgenröhre verwendete Metall verschieden. Meist werden Anodenmetalle mit einer OZ zw. 22-30 verwendet (z. B. Cu, Mo, Fe u. Chrom), die nur die K-Serie emittieren (Strahlung eines bestimmten Frequenzbereiches entsteht durch Elektronenübergänge auf die K-Schale). Im Falle einer Kupferantikathode (Anode) erhält die K-Serie Cu-Kα (L$\rightarrow$K-Übergang) u. die Cu-Kβ-Linie(n) (M$\rightarrow$K-Übergang), mit Frequenzen zw. 15.42 u. 13.92 nm. Beim Durchgang durch Materie können durch R. wiederum R. entstehen (Sekundärstrahlung, Fluoreszenzstrahlung). Diese ist ident. mit der charakterist. Strahlung (Linienspektrum). Überdies kommt es durch klass. Streuung u. Compton-Effekt (s. Radioaktivität) zur diffusen Röntgenstrahlung (Streustrahlung). Es entsteht umso mehr Streustrahlung, je dicker die Schicht u. je geringer die Dichte der durchstrahlten Materie u. je höher die Röhrenspannung ist. Man unterscheidet harte R. (energiereiche, kurzwellige, mit hohem Durchdringungsvermögen) u. weiche (energiearme, langwellige, mit geringer Penetranz). Die Schwächung beim Durchgang durch Materie ist umso größer, je dicker die Schicht, je größer die Dichte, je höher die OZ der Elemente in der Schicht u. je größer die Wellenlänge der R. ist. Die Gesamtschwächung setzt sich aus Absorption u. Schwächung zusammen.

Anw.: in großem Maßstab in der med. Diagnostik. Häufig werden dabei Röntgenkontrastmittel* eingesetzt. Bei der Röntgenbildaufnahme wird die

Eigenschaft der R. benutzt, photograph. Filme zu schwärzen. Es entstehen Momentaufnahmen der durchstrahlten Objekte in Form von Negativen, in denen Strukturen mit geringer Röntgenabsorption dunkler erscheinen (Aufhellung) als Strukturen, die für R. weniger durchlässig sind (Verschattung). Eine der wichtigsten Anw. ist die Tomographie* (Schichtaufnahme) bzw. die CT*. Die Röntgenkinematographie ermöglicht die Aufnahme von Bewegungsabläufen nach dem Prinzip des Filmens, vorzugsweise in der Angiographie u. Kardiologie. Bei der Röntgendurchleuchtung treffen die R. nach dem Durchgang durch den Körper des Patienten auf einen strahlenempfindl. Schirm (vgl. Barium-tetracyano-platinat(II)), den der Untersucher beobachtet. Es lassen sich auch hier Bewegungsabläufe erkennen. Die Strahlenbelastung ist allerdings für Patient u. Untersucher relativ hoch. Seit Einführung des Röntgenbildverstärkers (RBV) hat die Durchleuchtung erhebl. an Bedeutung verloren. Der Röntgenbildverstärker ist eine elektron. Einrichtung (RBV-Röhre), die R. nach Durchtritt durch das zu untersuchende Objekt verstärkt u. in sichtbares Licht umwandelt (Bildwandler). Dadurch lässt sich die Dosisleistung herabsetzen (Verringerung der Strahlenbelastung) u. ein helles Durchleuchtungsbild erhalten. Durch Kopplung des Bildverstärkers mit einem Computersystem stehen alle modernen Auswerte- u. Bildverarbeitungsverfahren zur Verfügung. Über den therap. Einsatz von Röntgenstrahlen s. Strahlentherapie; vgl. Strahlenbiologie. **Gesch.:** R. wurden 1895 von Conrad Röntgen (1845-1923) in Würzburg entdeckt.

Röntgenstrukturanalyse: s. Kristallstrukturanalyse.

Rötegewächse: s. Rubiaceae.

Rötel: s. Eisen(III)-oxid.

Röteln: Rubeola; i.d.R. harmlose Virusinfektion mit Ausnahme der hohen Gefährdung der Frucht in utero insbes. während der ersten 3 Schwangerschaftsmonate bei Erkrankung der Mutter (Embryopathia rubeolosa). Erreger: Röteln*-Virus; Übertragung durch Tröpfcheninfektion; Erkrankungsgipfel bei Kindern zw. 3. u. 10. Lebensjahr; Schwellung der Lymphknoten, typ. Exanthem; Infektion hinterläßt fundierte Immunität. Prophylaxe durch Schutzimpfung mit einem attenuierten Lebendimpfstoff (s. Röteln-Lebend-Impfstoff). Eine Rötelinfektion bei Schwangeren kann Urs. einer Embryopathie sein; Behandlung mit R.-Hyperimmunglobulin, s. Röteln-Immunglobulin vom Menschen.

Röteln-Immunglobulin vom Menschen: Immunoglobulinum humanum rubellae Ph.Eur.4; flüss. od. gefriergetrocknete Zuber., die Immunglobuline, vorwiegend IgG enthält. Gewonnen aus Plasma od. Serum, das spezif. Antikörper gegen das Röteln*-Virus enthält.

Röteln-Lebend-Impfstoff: Vaccinum rubellae vivum Ph.Eur.4; gefriergetrocknete Zuber. aus einem lebenden, attenuierten Stamm des Röteln*-Virus; in Zellkulturen gezüchtet; kein Konservierungsmittel. **Anw.:** Impfprophylaxe im Kindesalter u. für Frauen im gebärfähigen Alter, die keine Antikörper gegen das Röteln-Virus besitzen, auch als Kombinationsimpfstoff (Masern-Mumps-Röteln-Impfstoff, s. MMR-Vakzination). Keine Rötelnimpfung während der Schwangerschaft, mind. 3 Monate lang nach der Impfung sollte keine Schwangerschaft eintreten.

Röteln-Virus: Rubivirus aus der Fam. der Togaviridae*; Erreger der Röteln*.

Rofecoxib INN: 4-(4'-methylsulfonylphenyl)-3-phenyl-2-(5*H*)-furanon; CAS-Nr. 162011-90-7; $C_{17}H_{14}O_4S$, M_r 314.4. logP 1.6 (ber.); schwer lösl. in Wasser. **Wirk.:** spezif. COX-2-Hemmer; **Anw.:** Behandlung von Erkrankungen des rheumat. Formenkreises; **UAW:** Infektionen der oberen Atemwege, Durchfall, Kopfschmerzen; vgl. Celecoxib; **Dos.:** 12.5 mg/d, MTD 25 mg; HWZ ca. 17 h.

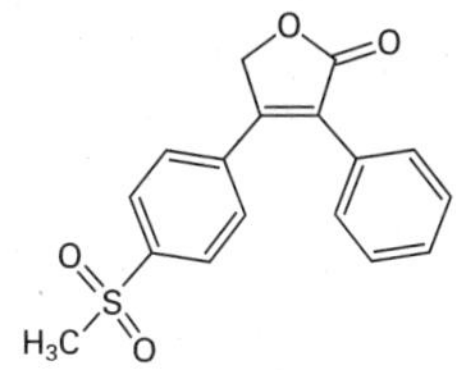

Rofecoxib

Roggen: s. Secale cereale.

Roggenstärke: s. Amylum Secalis.

Rohdichte: s. Dichte von Pulvern (scheinbare Dichte).

Rohkaolin: s. Ton, weißer.

Rohkresol: s. Cresol, Cresolum crudum.

Rohr, Spanisches: s. Arundo donax.

Rohrzucker: s. Saccharose.

Rohzucker: brauner Zucker; noch Melasseanteile enthaltender Rohrzucker; s. Saccharose.

Roiboos Tee: s. Aspalathus linearis (Herba Aspalathi).

Rolitetracyclin INN: Pyrrolidinomethyltetracyclin; CAS-Nr. 751-97-3, 4-Dimethylamino-1,4,4a,5,5a,6,11,12a-octahydro-3,6,10.12,12a-pentahydroxy-6-methyl-1,11-dioxo-N-(1-pyrrolidinylmethyl)-2-naphthacencarboxamid, $C_{27}H_{33}N_3O_8$, M_r 527.56, Schmp. 162-165 °C unter Zers.; lösl. 1:1.1 in Wasser, 1:200 in Ethanol; schwer lösl. in absolutem Ethanol, lösl. in Aceton, sehr schwer lösl. in Ether, lösl. in verd. Säuren u. Laugen; halbsynth. Tetracyclin-Antibiotikum (s. Antibiotika). **Anw.:** Mischinfektionen des Gastrointestinaltraktes u. der oberen Luftwege sowie Infektionen durch gramnegative Stäbchen; **Wirk.:** bakteriostat. Wirkung auf verschiedene grampositive u. gramnegative Keime; HWZ 8 h; **Dos.:** parenteral i.v., i.m. 1-mal 0.275 g/d; Kinder 0.01/kg KG/d; s. Antibiotika (Tab.). Gebräuchl. ist auch Rolite-

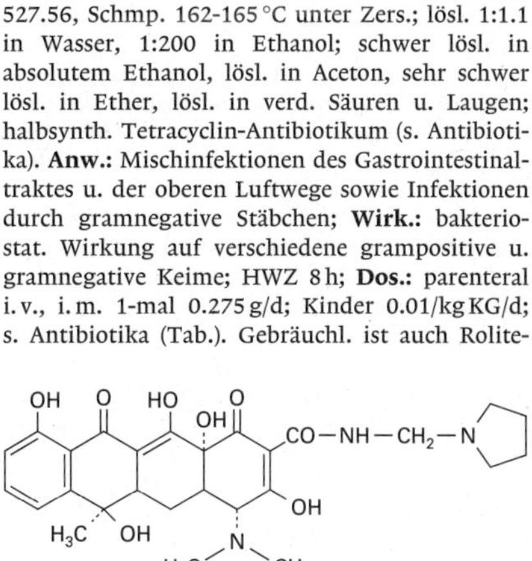

Rolitetracyclin

tracyclinhydrochlorid, Rolitetracyclinnitrat-Sesquihydrat.

Rollieren: dünne Materialien, z. B. Blech od. Folien, am Rand einrollen.

Rollkur: Behandlungsmethode bei Magenschleimhautentzündungen u. Magengeschwüren. Der liegende Patient rollt sich nach Einnahme einer adstringierenden Flüss. (z. B. Silbereiweiß*-Acetyltannat, Tinctura* Chamomillae, Antacida*) langsam um seine Längsachse, um die Magenschleimhaut allseits zu benetzen.

Rolltrichter: syn. Urinalkondom; Kondom aus Latex od. Gummi mit einem Abflussschlauch, der zu einem Urinbeutel führt. **Anw.:** Inkontinenz, s. Urinal.

Romershausen-Augenessenz: Aqua ophthalmica Romershausen EB6; Herst.: 1 T. Tinctura Foeniculi composita (1 T. Fenchelpulver mit 5 T. verd. Ethanol mazeriert; in 1 T. Filtrat wird 1 T. Fenchelöl gelöst) werden mit 5 T. Wasser verdünnt. **Anw.:** früher zum Waschen der Augen.

Roob: alte (arab.) Bez. für Saft, hauptsächl. Frucht- od. Wurzelsaft.

Rooibos Tee: s. Aspalathus linearis (Herba Aspalathi).

Ropinirol INN: 4-[2-(*di-n*-propylamino)ethyl]-2(3*H*)-indolon; CAS-Nr. 91374-21-9; $C_{16}H_{24}N_2O$, M_r 260.4. Schmp. 241 °C. logP 3.2; pK_S 9.5 (ber.); schwer lösl. in Wasser. **Wirk.:** Dopaminagonist; **Anw.:** Antiparkinsonmittel*; als Monother., um den Levodopa-Einsatz hinauszuzögern od. in Kombination mit Levodopa*, falls dessen Wirk. unzureichend ist; **UAW:** Übelkeit, Schläfrigkeit; **Dos.:** 3×0.25 mg/d, danach wöchentl. Steigerung um jeweils 0.25 mg; HWZ ca. 6 h.

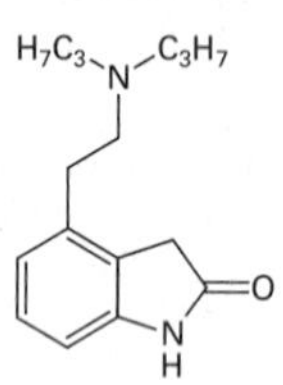

Ropinirol

Ropivacain INN: (*S*)-*N*-(2,6-dimethylphenyl)-1-propyl-2-piperidincarboxamid; CAS-Nr. 84057-95-4, $C_{17}H_{26}N_2O$, M_r 247.41. Schmp. 144-146 °C (kristallisiert aus Toluol). pK_S 8.16. **Wirk.** u. **Anw.:** lang wirkendes Lokalanästhetikum*; HWZ 1.8 h. **Ropivacainhydrochlorid:** CAS-Nr. 98717-15-8. Schmp. 260-262 °C (kristallisiert aus Isopropanol). Bildet auch ein Monohydrat.

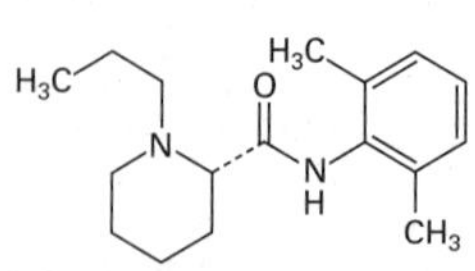

Ropivacain

Rorippa nasturtium-aquaticum: s. Nasturtium officinale.

Rosa: Gattung der Fam. Rosaceae. Versch. Arten, z. B. **R. canina, R. pendulina** (Alpenheckenrose), **R. rugosa** (Runzelrose, Kartoffelrose; heim. Ostasien, eingebürgert in Europa u. Nordamerika) u. **R. majalis** (R. cinnamomea 1759 non 1753; Zimtrose, Mairose; Europa, Westasien), dienen als Stpfl. von Rosae Pseudofructus; s. Rosa canina. Andere Arten u. deren Unterarten, Varietäten u. Formen, z. B. **R. centifolia, R. damascena, R. alba** u. **R. gallica**, dienen als Stpfl. von Oleum Rosae; s. Rosa damascena.

Rosa alba L.: s. Rosa damascena.

Rosa canina L.: Hundsrose, Gemeine Heckenrose; Fam. Rosaceae (Europa). Stpfl. von **Rosae pseudofructus cum fructibus:** Fructus Cynosbati cum semine EB6, Pseudofructus rosae, Cynosbata, Hagebutte (mit Kernen), Hagebutten, Hainbutten; die aus Achsenbechern u. Früchten (die Kerne sind nicht Samen, sondern die eigentl. Früchte, näml. Nüsse) bestehenden Scheinfrüchte von versch. Rosa-Arten; s. Rosa. **Off.:** Ph.Helv.8, DAC. **Inhaltsst.:** 0.03-1.85 % Ascorbinsäure, 3 % Äpfel- u. Citronensäure, bis 11 % Pektinsäure, Anthocyane, Proanthocyanidine, Flavonoide, 13 % Invertzucker, 2 % Saccharose, ca. 2 % fettes Öl (v. a. Linol- u. Linolensäure), bis zu 0.02 % Carotinoide im Fruchtfleisch, z. B. Lycopin; **Anw.** volkstüml.: bei Magen-Darm-Beschwerden, zur Steigerung der Harnausscheidung, bei Erkältungskrankheiten; **Rosae pseudo-fructus:** Fructus Cynosbati sine semine, Hagebuttenschalen, entkernte Hagebutte; die von Früchten u. auf dem Blütenboden aufsitzenden Haaren weitgehend befreiten Achsenbecher der Scheinfrüchte von versch. Rosa-Arten. **Off.:** Ph.Eur.4; **Inhaltsst.:** hoher Vit.-C-Gehalt (0.5-1.7 %) in frischen Hagebutten, beim Trocknen erniedrigt sich der Vit.-C-Gehalt bis auf 0 % (nach Ph.Eur. mind. 0.3 %, photometr. Bestimmung); Citronen- u. Äpfelsäure (ca. 3 %), Pektine* (ca. 11 %) u. a. (vgl. Rosa pseudofructus cum fructibus); **Anw.** volkstüml.: z. B. bei Erkältungskrankheiten, Magen-Darm-Erkrankungen sowie als Haustee; **Semen Cynosbati:** Cynosbati semen, Hagebuttensamen, Hagebuttenkerne, Kernlestee. **Off.:** EB6; **Inhaltsst.:** ca. 0.3 % äther. Öl, ca. 9 % fettes Öl, Zucker, Lecithin, im Keimöl ca. 47 mg/100 mL α- u. β-Tocopherol (Vit. E); **Anw.** volkstüml.: bei Blasenleiden; **Fungus Cynosbati:** Schlafapfel, Schlafkunze, Rosenschwamm; Wucherung, erzeugt durch den Stich u. die Eiablage der Rosen-Gallwespe Rhodites Rosae an den jungen Trieben von Rosa canina. **Inhaltsst.:** Tannin.

Hom: *Rosa canina:* frische Blütenblätter.

Hom: *Cynosbatus:* Fungus cynosbati (auf Rosa canina); getrockneter Rosenschwamm.

Rosaceae: Rosengewächse; Fam. der Od. Rosales; ca. 4000 Arten. Holzgewächse od. Kräuter mit wechselständigen, oft zusammengesetzten Blättern, häufig mit Nebenblättern. Die Blüten sind sehr unterschiedl. gebaut, meist mit zahlreichen Staubgefäßen. Kelch u. Korolle fünfzählig, außer Potentilla* erecta (4), Blutwurz, u. Dryas octopetala (8), Silberwurz; ein od. mehrere, ober- bis unterständige Fruchtknoten; die Früchte sind Balgfrüchte, Nüsse od. Nüsschen, Steinfrüchte, gleichzeitig oft Sammel- u. Scheinfrüchte, jedenfalls keine Beeren. **Chem. Merkmale:** pflanzliche Gerbstoffe*, Triterpensaponine (charakterist. ist Tormentosid*), Cyanglykoside* (Unterfamilien Prunoideae, Steinobst, u. Maloideae, Kernobst), Flavonolglykoside, häufig Sorbitol* sowie Fruchtsäuren (Äpfel-, Citronen- u. Ascorbinsäure). **Wichtige Gattungen:** z. B. Agrimonia, Alchemilla, Crataegus, Cydonia, Eriobothrya, Filipendula, Fragaria, Geum, Hagenia, Malus, Mespilus, Potentilla, Prunus, Pygeum, Pyrus, Quillaja, Rosa, Rubus, Sanguisorba u. Sorbus.

Rosa centifolia L.: Zentifolie, Kohlrose, Provencerose; Fam. Rosaceae. R. centifolia u. **R. gallica** sind Stpfl. von **Flores Rosae:** Rosae flos, Rosenblütenblätter. **Inhaltsst.:** Gerbstoffe, Gallussäure*, Quercitrin (s. Quercetin) u. ca. 0.02 % äther. Öl (Oleum Rosae, s. Rosa damascena); **Off.:** EB6; **Anw.** volkstüml.: bisweilen als Adstringens; techn.: zur Gew. des Rosenöls, s. Rosa damascena (Oleum Rosae).

Rosa cinnamomea L.: s. Rosa.

Rosa damascena Mill.: Fam. Rosaceae, uralte Kulturrose (ursprüngl. heim. in Persien). Neben anderen Rosenarten wie **R. gallica** (Essigrose), **R.* centifolia** u. **R. alba** (Hybride) Stpfl. von **Oleum Rosae:** Rosae aetheroleum, Rosenöl; das äther. Öl der Blüten. Hauptlieferländer: Bulgarien, GUS, Frankreich, Marokko u. Türkei. D. 0.848-0.862 (30 °C), Ep. <24 °C, $\alpha_D^{20°C}$ −1 bis −4°. Blassgelbe Flüss. bekannten Geruchs u. scharfen Geschmacks. **Off.:** DAB6; **Inhaltsst.:** Hauptbest. sind Geraniol* u. Citronellol*, ferner Phenylethylalkohol (in Extraktionsölen 55 %, in Destillationsölen <9 %), Eugenol*, Nerol*, Linalool* u. a. Monoterpene sowie 10-30 % Stearoptene (feste Fraktion, die aus Kohlenwasserstoffen entsteht), die den hohen Ep. des Öls bedingen, selbst geruchlos sind u. zum Identitätsnachweis dienen; **Gew.:** durch Extraktion mit tief siedenden Lösungsmitteln od. Dest. der Blüten mit Wasser, evtl. Rektifikation u. Stehenlassen, bis sich das Öl an der Oberfläche der Flüss. angesammelt hat u. abgeschöpft werden kann. Zur Gew. von 1 kg Rosenöl sind 3000-6000 kg Blüten erforderlich; **Anw.** techn.: geruchs- u. geschmacksverbesserndes Mittel (Aqua* Rosae, Unguentum* leniens), in der Parfümerie. Zur Verfälschung u. als Ersatz dient neben Geraniumöl (s. Pelargonium-Arten, Oleum Geranii) hauptsächl. das Palmarosaöl, s. Cymbopogon martinii var. motia.

Rosae aetheroleum: s. Rosa damascena (Oleum Rosae).

Rosa gallica L.: s. Rosa damascena.

Rosa majalis J. Herrm. emend. Mansf.: s. Rosa.

Rosanilinhydrochlorid: $C_{20}H_{22}ClN_3O$; M_r 355.87; vgl. Fuchsin.

Rosa pendulina L.: s. Rosa.

Rosa rugosa Thunb.: s. Rosa.

Rosella: s. Hibiscus sabdariffa (Hibisci flos).

Rose-Metall: s. Bismut.

Rosenblütenblätter: s. Rosa centifolia (Flores Rosae).

Rosengallwespe: s. Rosa canina (Fungus Cynosbati).

Rosengewächse: s. Rosaceae.

Rosenhonig: s. Mel (Mel rosatum).

Rosenhonig mit Borax: s. Mel (Mel rosatum cum Borace).

Rosenlorbeerblätter: s. Nerium oleander (Oleandri folium).

Rosenmund-Reduktion: Methode zur Herst. von Aldehyden durch Reduktion von Carbonsäurechloriden mit Wasserstoff u. Palladium als Katalysator. Um eine Weiterreduktion zum Alkohol zu vermeiden, wird der Katalysator, der sich auf einer Bariumsulfat-Trägersubstanz befindet, mit einem schwefelhaltigen Kontaktgift deaktiviert; z. B. liefert Benzoylchlorid Benzaldehyd.

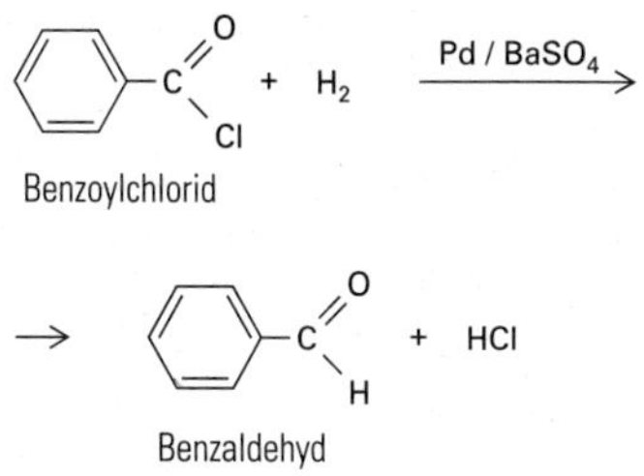

Rosenmund-Reduktion: Bildung von Benzaldehyd

Rosenöl: s. Rosa damascena (Oleum Rosae).

Rosenschwamm: s. Rosa canina (Fungus Cynosbati).

Rosenthal-Faktor: Faktor XI der Blutgerinnung*.

Rosenwasser: s. Aqua Rosae.

Rose-Tiegel: hoher Tiegel* zum Erhitzen fester Substanzen im Gasstrom, bestehend aus Porzellan od. Quarz mit durchbohrtem Deckel, durch den ein gebogenes Porzellanrohr zum Einleiten des Gases führt.

Rosiersalz: s. Zinn(II)-chlorid.

Rosiglitazon INN: (*RS*)-5-(4-(2-(Methyl(2-pyridyl)amino)ethoxy)benzyl)thiazolidin-2,4-dion; CAS-Nr. 122320-73-4; $C_{18}H_{19}N_3O_3S$, M_r 361.4. Schmp. 153 °C. logP 2.6; pK_S 6.3 (ber.); schwer lösl. in Wasser. **Wirk., Anw.** u. **UAW:** s. Pioglitazon; **Dos.:** 4 mg/d p. o., bei Bedarf Erhöhung auf 8 mg/d.

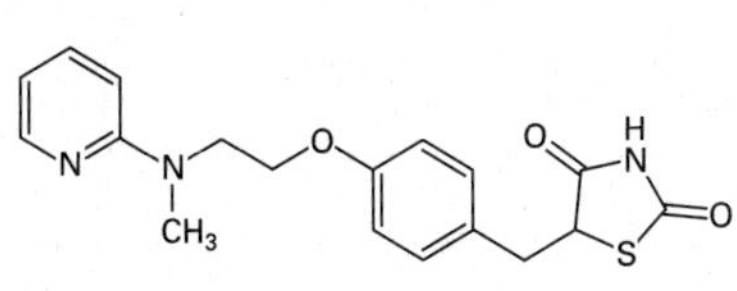

Rosiglitazon

Rosinen: s. Vitis vinifera (Passulae majores).

Rosmarinblätter: s. Rosmarinus officinalis (Rosmarini folium).

Rosmarinsäure: Caffeoyl-α-hydroxydihydrocaffeesäure; Labiatengerbstoff, kommt in vielen Lamiaceen (auch Apiaceen) vor u. hat antioxidative u. antiphlogist. Wirkung.

Rosmarinsalbe: s. Unguentum Rosmarini compositum.

Rosmarinspiritus: s. Spiritus Rosmarini.

Rosmarinus officinalis L.: Rosmarin; Fam. Lamiaceae, Labiatae (heim. Mittelmeergebiet, kult. in

Deutschland, England, Nordamerika). Stpfl. von **Rosmarini folium:** Folia Rosmarini, Folia Anthos, Folia Roris marini, Rosmarinblätter. **Off.:** Ph.Eur.4; **Inhaltsst.:** 1-2.5 % (mind. 1.2 %) äther. Öl (Rosmarini aetheroleum, s. unten), ca. 8 % Labiaten-Gerbstoffe wie Rosmarinsäure* (mind. 3 %), Carnosol*, Flavonverb., Triterpensäuren u. a.; **Anw.:** innerl. bei dyspeptischen Beschwerden u. äußerl. zur unterstützenden Therapie rheumat. Erkrankungen (Kommission E); volkstüml.: z. B. zur vermehrten Harnausscheidung als Tonikum für den Magen-Darm-Trakt; zu hautreizenden Bädern u. Umschlägen; als Gewürz; **Dos.:** innerl. als Tee: 3- bis 4-mal/d 1 TL (ca. 2 g); äußerl. als Zusatz zu Badewasser: 100 g Blätter mit 2 L Wasser überbrühen; jeweils 15 min ziehen lassen; **Flores Rosmarini:** Flores Anthos, Rosmarinblüten. **Inhaltsst.:** äther. Öl; **Anw.** volkstüml.: zu Bädern u. Umschlägen; **Rosmarini aetheroleum:** Oleum Rosmarini, Rosmarinöl; das durch Wasserdampfdest. gewonnene äther. Öl der blühenden oberirdischen Teile; klare farblose bis blassgelbe Flüss. von charakteristischen Geruch. D. 0.895-0.920; $n_D^{20°C}$ 1.464-1.473. $\alpha_D^{20°C}$ −5 bis +8°. **Off.:** Ph.Eur.4.01, ÖAB90, Ph.Helv.8; **Inhaltsst.:** α-Pinen*, β-Pinen, Limonen*, Cineol (s. Eucalyptol), Campher*, Camphen, Borneol* u. a.; **Zuber.:** Unguentum* Rosmarini compositum, Unguentum* aromaticum, Linimentum* saponato-camphoratum; Gallerta* saponata camphorata; Spiritus* saponato-camphoratus. **Anw.:** hauptsächl. äußerl. zu schmerzstillenden od. hautreizenden Einreibungen u. Bädern, z. B. bei Erkrankungen des rheumat. Formenkreises; innerl. Choleretikum u. Karminativum (auch als Rosmarinwein).

Hom: *Rosmarinus officinalis (HAB1.3):* getrocknete Blätter.

Hom: *Rosmarinus officinalis e foliis recentibus (HAB1.3):* frische Blätter.

Hom: *Rosmarinus officinalis spag. Zimpel (HAB1.3):* frische, blühende, oberird. Teile.

Rosmarin, Wilder: s. Ledum palustre.

Rosocyanin: s. Curcumapapier.

Rosolsäure: Phenylrot, Acidum rosolicum; **1.** $C_{20}H_{16}O_3$, M_r 304.35. Braunrote, grünl. glänz. Stücke od. ziegelrotes Pulver, unlösl. in Wasser, lösl. in. Ethanol, sehr leicht lösl. in heißem Ethanol, in verd. Alkalilaugen u. in Eisessig, sehr schwer lösl. in Ether u. Chloroform. **Anw.:** als Indikator*, Umschlagsbereich: pH 6.9-8.0, orange — rotviolett. **Rosolsäurelösung**: Reagens DAB6, Lsg. von 1 T. Rosolsäure in 99 T. Ethanol (zur Untersuchung des Magensaftes). **2. *p*-Rosolsäure:** s. Aurin.

Rosoxacin INN: Acrosoxacin; CAS-Nr. 40034-42-2, 1-Ethyl-1,4-dihydro-4-oxo-7-(4-pyridyl)-3-chinolincarbonsäure, $C_{17}H_{14}N_2O_3$, M_r 294.31; kaum wasserlösl., lösl. in alkal. u. sauren Lösungsmitteln; Chemotherapeutikum*. **Anw.:** Infektionen mit empfindlichen Keimen, spez. Neisseria gonorrhoeae. HWZ 3-4 h. **Dos.:** oral ED 0.3 g (auf leeren Magen).

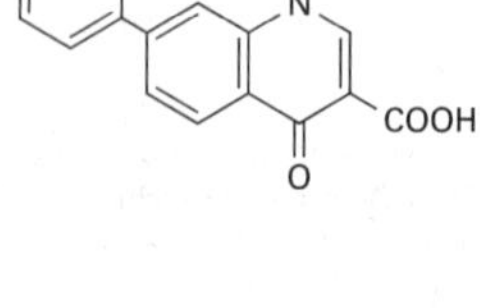

Rosoxacin

Rossfenchel: s. Oenanthe aquatica.

Roßkastanie: s. Aesculus hippocastanum.

Roßkastanienblätter: s. Aesculus hippocastanum (Folia Hippocastani).

Roßkastaniengewächse: s. Hippocastanaceae.

Roßkastanienrinde: s. Aesculus hippocastanum (Cortex Hippocastani).

Roßkastaniensamen: s. Aesculus hippocastanum (Hippocastani semen).

Roßpappelblüten: s. Malva sylvestris (Malvae sylvestris flos).

Roßschwefel (Roß mitteldeutsch Wabe): s. Schwefel.

Rost: s. Eisen.

Rostpilze: Od. Uredinales. Getreideschädlinge mit rostbraunen Sporen; vgl. Brandpilze, s. Pilze (Basidiomycetes). **Wichtige Gattung:** z. B. Puccinia.

rostral (lat. rostrum Schnabel): zum vorderen Körperende hin gelegen.

Rotalgen: Rhodophyceae, Rhodophyta; eukaryont. Algen* (meist mehrzellig), ca. 4000 Arten, meist im Salzwasser lebend. **Chem. Merkmale:** Phycobiliproteide, in der Struktur ähnl. den Gallenfarbstoffen u. hinsichtl. der Funktion wie die Chlorophylle*der Pflanzen; ferner saure Polysaccharide (mit Schwefelsäure veresterte Polygalaktane), wie z. B. in Gelidium (s. Agar), Chondrus crispus u. Gigartina mamillosa (s. Carrageen).

Rotamere: Rotationsisomere; Konformere, die durch Rotation um eine C – C-Einfachbindung entstehen. Es sind unendl. viele R. eines Moleküls möglich, sie sind prakt. nicht isolierbar; vgl. Konformation.

Rotating-Basket-Methode: s. Retardpräparate.

rotating locular counter-current chromatography: s. Chromatographie (RLCC).

Rotation des Protoplasmas: (bot.) Plasmaströmung in der Zelle in einer Richtung im Plasmabelag der Zellwand; vgl. Zirkulation des Protoplasmas.

Rotationsdispersion, optische: s. ORD.

Rotationsisomere: s. Rotamere.

Rotationsverdampfer: Gerät zum schonenden Eindampfen von Lsg.; als Verdampferelement dient ein Heizbad mit rotierender Glasblase, in der die Flüss. als dünner Film auf der heißen Wandfläche verteilt wird u. leicht verdunsten kann. Bei der Vakuumdest. wird der erreichbare Arbeitsdruck durch die Vakuumfestigkeit des Kupplungsteils bestimmt. Bei entspr. Position des Kühlers ist z. B. auch Kochen unter Rückfluss möglich (s. Abb.).

Rotationsviskosimeter: Gerät zur Messung der Viskosität strukturviskoser Flüssigkeiten. Unterschieden werden die Platte-Kegel-Messeinrichtung u. die **Zylinder-Becher-Methode**. Die hierbei am häufigsten verwendeter Viskosimeter dienen zu Untersuchung von Flüssigkeiten: **1. Couette-R.:** Ein an einem Torsionsdraht hängender zylindr. Messkörper (es stehen mehrere Größen zur Verfügung) taucht zentrisch in die zu untersuchende

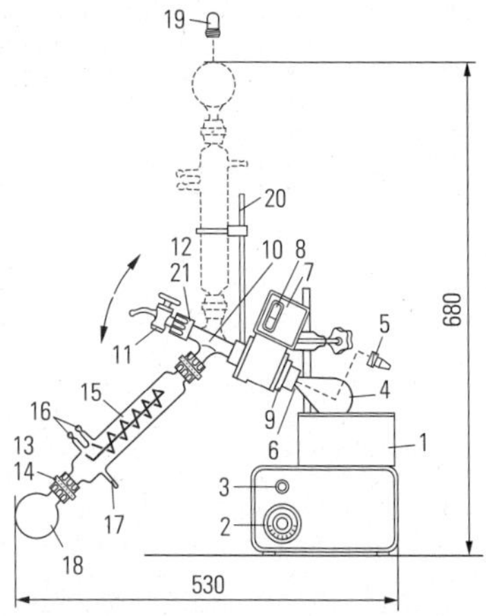

Rotationsverdampfer: Rotovapor®-Büchi als Beispiel; 1: Heizbad; 2: Thermostat 30-110 °C; 3: Kontrollampe Heizung; 4: Verdampferkolben mit Glasgewinde; 5: Übergangsstück; 6: Dichtung zu Verdampferkolben; 7: Antriebsaggregat; 8: Schalter mit Kontrollampe; 9: Vakuumdichtung; 10: Verteilstück mit angeschmolzenem Dampfdurchführungsrohr; 11: Einleithahn; 12 u. 13: Kunststoffverschraubung; 14 u. 21: ummantelter Dichtungsring; 15: Kühler; 16: Kühlwasseranschlüsse; 17: Vakuumanschluss; 18: Auffangkolben; 19: Abschlusskappe zu Rückflusskühler; 20: Stativstab mit Kühlerhalterung

Flüssigkeit ein. Wird der Flüssigkeitsbehälter (thermostatisiert) um die vertikale Achse gedreht (mehrere Drehzahlen einstellbar), so dreht sich über die Prüfflüssigkeit der Messkörper solange mit, bis durch den Widerstand des verdrillten Torsionsdrahtes das durch die innere Zähigkeit der Prüfflüssigkeit entstandene Drehmoment am Messkörper kompensiert ist. Der an einer Skala ablesbare Verdrillungswinkel ist proportional der Schubspannung τ. **2. Searle-R.**: Bei diesem Viskosimeter ist im Ggs. zum Couette-R. nur der zylindr. Messkörper beweglich. Dieser ist über eine Stange u. eine Torsionsfeder mit dem Antriebsaggregat verbunden. **Platte-Kegel-Messeinrichtung**: meist Zubehörteil üblicher Rotationsviskosimeter, dient der Messung von halbfesten Arzneiformen sowie strukturviskoser Flüssigkeiten u. plastischer Systeme. Ein sehr stumpfer Kegel mit einem Öffnungswinkel von nahezu 180° rotiert (Wahl der Drehzahl möglich) auf einer ruhenden, horizontal angeordneten, thermostatisierbaren Platte. Die mit diesem Viskosimeter zu untersuchende sehr kleine, hochviskose Substanzprobe befindet sich im ringförmigen Keilspalt zw. Platte u. Kegel. Werden alle Gerätemaße zur Apparatekonstanten K zusammengezogen, so gilt für die Ermittlung der Viskosität η aller Rotationsviskosimeter:

$$\eta = \tau/D = K \cdot \alpha/n$$

τ = Schubspannung, D = Schergeschwindigkeit, α = Anzeige des Messgerätes in Skalenteilen (prop. dem Drehmoment), n = Drehzahl (bzw. Winkelgeschwindigkeit).

Vor der Messung strukturviskoser Flüssigkeiten (s. Rheologie) u. plastischer Systeme werden diese mit eingetauchtem bzw. aufgesetztem Messkörper ausreichend lange der Ruhe überlassen (Regeneration). Beginnend mit der kleinsten Drehgeschwindigkeit werden nach gleichen Zeitintervallen unter Steigerung der Rotationsgeschwindigkeit die Messpunkte der Aufwärtskurve (im τ/D-Diagramm) aufgenommen. Anschließend wird in umgekehrter Weise durch stufenweise Drehgeschwindigkeitsverminderung die Abwärtskurve erhalten.

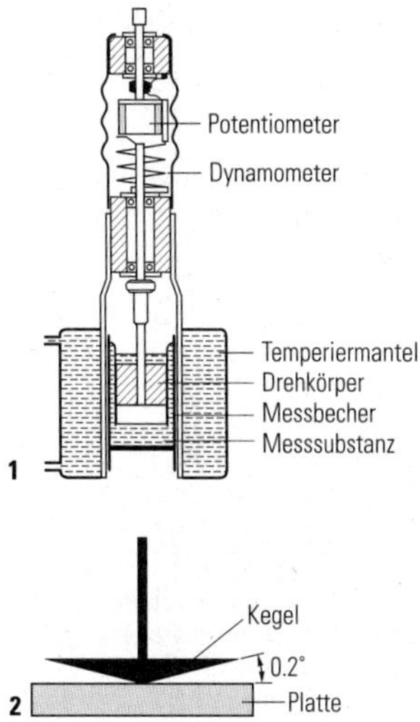

Rotationsviskosimeter: 1: Schema des Searle-Typs, System Rotovisco (Haake); 2: Platte-Kegel-Messeinrichtung

Rotaviren (lat. rota Rad): Genus der Fam. Reoviridae* mit 3 humanpathogenen Serotypen (A-C) mit weltweiter Verbreitung. V. a. Serotyp A ist häufigster Erreger nicht-bakt. Gastroenteritis bei Säuglingen u. Kleinkindern.

Rotbuche: s. Fagus sylvatica.

Rotbuschtee: s. Aspalathus linearis (Herba Aspalathi).

Roteisenstein: s. Eisen(III)-oxid.

Rote Liste: deutsches Arzneispezialitätenverzeichnis; Verzeichnis von Fertigarzneimitteln. Sie enthält u. a. Angaben über Hersteller, Zstzg., Indikationen, Kontraindikationen, UAW, WW, Warnhinweise, Risiken bei Schwangerschaft u. Stillzeit, Dos., Aufbewahrungs- u. Haltbarkeitshinweise, Preise der einzeln aufgenommenen Arzneimittel. Zusätzl. empfiehlt sie allg. u. spezielle Therapiemaßnahmen bei akuten Vergiftungen mit Arzneimitteln u. nennt u. a. Informationszentren für Vergiftungsfälle in der Deutschland u. anderen europ. Ländern sowie Notfalldepots für Sera u. Plasmaderivate in Deutschland. Auch werden Angaben über internationale Impfvorschriften, die Malariaprophylaxe bei Auslandsreisen etc. gemacht. Die R.L. wird von den Mitgliedern des BPI* herausgegeben, ab 1997 zusammen mit denen des VFA (Verband Forschender Arzneimittelhersteller).

Rotenoide: in Pfl., v. a. der Fam. Fabaceae vorkommende, dem Rotenon* strukturverwandte Isoflavone (s. Isoflavonoide). **Anw.:** Schädlingsbekämpfung.

Rotenon: 1,2,12,12α-Tetrahydro-8,9-dimethoxy-2-(1-methylethenyl)-[1]benzopyrano[3,4-*b*]furo[2,3-*h*]-[1]-benzopyran-6-(6α*H*)-on; CAS-Nr. 83-79-4; $C_{23}H_{22}O_6$; M_r 394.41. Isoflavanonderivat aus Derris* elliptica, Piscidia* piscipula sowie Lonchocarpus- u. Tephrosia-Arten (Fam. Fabaceae). **Wirk.** u. **Anw.:** Insektizid bes. geg. Dasselfliegenlarven, Tabakläuse, Blattläuse, Raupen; auch als Fischgift; für Säugetiere harmlos. Hemmt den mitochondrialen Elektronentransport.

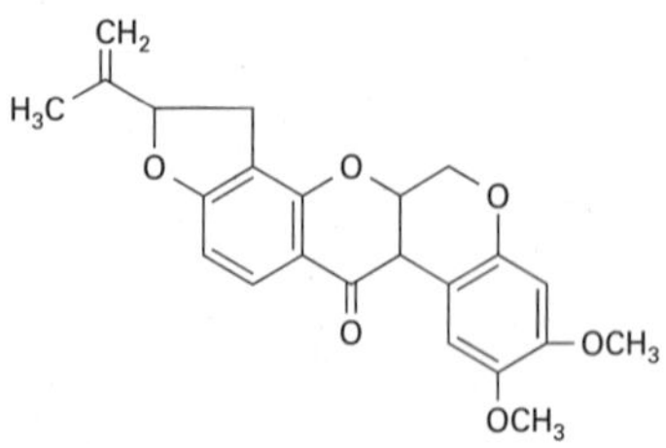

Rotenon

Rotholz, Brasilianisches: s. Caesalpinia echinata (Lignum Fernambuci).

Rotkali: s. Kaliumhexacyanoferrat(III).

Rotklee: s. Trifolium pratense.

Rotkupfererz: Cu_2O; s. Kupfer.

Rotlauf: s. Erysipeloid.

Rotnickelerz: NiAs; s. Nickel.

Rottanne: s. Picea abies.

Rottlerae glandulae: s. Mallotus philippinensis (Kamala).

Rottlera tinctoria: s. Mallotus philippinensis.

Rottlerin: Mallotoxin; 5,7-Dihydroxy-2,2-dimethyl-6-(2,4,6-trihydroxy-3-methyl-5-acetylbenzyl)-8-cinnamoyl-1,2-dichromen; CAS-Nr. 82-08-6; $C_{30}H_{28}O_8$, M_r 516.52. Schmp. 206-207 °C. Wichtigster, giftiger Inhaltsst. von Kamala (s. Mallotus philippinensis), mit Phloroglucin* als Baustein in der Grundstruktur. Lösl. in den meisten org. Lösungsmitteln, unlösl. in Wasser.

Rotulae: Zuckerplätzchen, z. B. Rotulae Menthae piperitae, Pfefferminzplätzchen.

Rotwasserbaum: s. Erythrophleum suaveolens.

Rotwurzel: s. Potentilla erecta (Tormentillae rhizoma).

Rotwurzelsalbei: s. Salvia miltiorrhiza.

Roxatidin INN: 2-Acetoxy-*N*-{3-[3-(1-piperidinylmethyl)phenoxy]propyl}acetamid; CAS-Nr. 93793-83-0; $C_{19}H_{28}N_2O_4$, M_r 348.44. **Wirk.** u. **Anw.:** Histamin-H_2-Rezeptorantagonist (s. Antihistaminika), zur Ulkusther.; 2- bis 6-mal stärker wirksam als Cimetidin*; **UAW:** Kopfschmerzen, gastrointestinale u. zentralnervöse Beschwerden, z. B. Übelkeit, Müdigkeit; **Dos.:** 2×75 mg/d od. 1×150 mg (abends).

Roxithromycin INN: Roxithromycinum Ph.Eur.4; Erythromycin-9-{*O*-[(2-methoxyethoxy)methyl]-oxim}; CAS-Nr. 80214-83-1; $C_{41}H_{76}N_2O_{15}$, M_r 837.06. **Wirk.** u. **Anw.:** Makrolid-Antibiotikum (s. Antibiotika), halbsynth. Derivat von Erythromycin*, jedoch säurestabil u. daher oral anwendbar; bei Atemweginfektionen, speziell bei atyp. Pneumonien; aufgrund der niedrigen Dosierung besser verträgl. als Erythromycin; **Dos.:** 150 mg.

rp.: Abk. für (auf Rezepten): **r**eci**p**e nimm.

RR: **1.** Abk. für **R**iva-**R**occi; Vorsatz zur Kennzeichnung von Blutdruckwerten, die mit dem Riva-Rocci-Apparat gemessen wurden (s. Blutdruckmessung). **2.** Abk. für **r**elatives **R**isiko*.

RRSB-Netz: syn. RRS-Netz, RRSB-Verteilung, RRSB-Raster; doppeltlogarithm. Körnungsnetz nach **R**osin, **R**ammler, **S**perling u. **B**ennet. Statistische Funktion zur Beschreibung der Korngrößenverteilung von Pulvern, insbesondere bei der Siebanalyse. Diesem Netz liegt die Erfahrung zugrunde, dass die Rückstandssummenkurven von Siebanalysen häufig Gerade ergeben, wenn sie auf der Basis der folgenden Gleichung dargestellt werden:

$1-D=R=\exp-(d/d')^n$

od. logarithmiert:

$\log(-\ln R)=n\cdot\log(d/d')$

D massenbezogener Durchgang, R Siebrückstand, d Teilchendurchmesser; d' mittlerer Teilchendurchmesser, wenn R = 0.368 (e^{-1} bzw. 36.8 %).

Die Steigung n macht eine Aussage über die Breite der Verteilung (je kleiner n, umso breiter die Verteilung); s. Korngrößenanalyse; vgl. Oberfläche, spezifische. Wenn die resultierende Gerade im RRSB-Netz so parallel verschoben wird, dass sie den links unten befindl. Polpunkt schneidet, können an 2 oben angebrachten Randmaßstäben die Gleichmäßigkeitszahl n sowie ein Wert für die spezif. Oberfläche abgelesen werden (gilt nur für kugelförmige, glatte Teilchen). Die RRSB-Funktion eignet sich z. B. auch vielfach zur Darstellung der Arzneistofffreisetzung.

R-Sätze: Bez. der besonderen Gefahren bei gefährl. Stoffen u. Zubereitungen. Sie sind ein wichtiger Bestandteil der Kennzeichnung. Der Hersteller muss die Gefahrenhinweise anhand der gefährl. Eigenschaften der Gefahrstoffe auswählen. Der Wortlaut der R-Sätze ist im Anhang III der Richtlinie 67/548/EWG zu finden. Er ist in der amtl. Formulierung zu verwenden; vgl. S-Sätze.

RSG: s. Gesundheitswesen (Österreich).

R/S-Nomenklatur: von Cahn, Ingold u. Prelog 1951 entwickeltes System zur Festlegung der absoluten Konfiguration* bzw. der Rangordnung

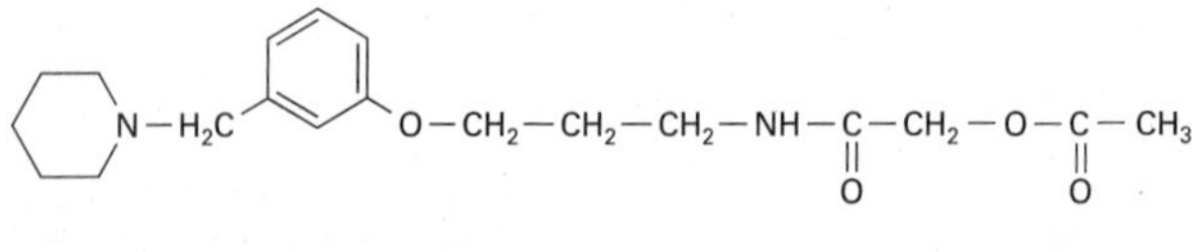

Roxatidin

R-Sätze
Hinweise auf die besonderen Gefahren

R 1	In trockenem Zustand explosionsgefährlich
R 2	Durch Schlag, Reibung, Feuer oder andere Zündquellen explosionsgefährlich
R 3	Durch Schlag, Reibung, Feuer oder andere Zündquellen besonders explosionsgefährlich
R 4	Bildet hochempfindliche explosionsgefährliche Metallverbindungen
R 5	Beim Erwärmen explosionsfähig
R 6	Mit und ohne Luft explosionsfähig
R 7	Kann Brand verursachen
R 8	Feuergefahr bei Berührung mit brennbaren Stoffen
R 9	Explosionsgefahr bei Mischung mit brennbaren Stoffen
R 10	Entzündlich
R 11	Leichtentzündlich
R 12	Hochentzündlich
R 13	Hochentzündliches Flüssiggas
R 14	Reagiert heftig mit Wasser
R 15	Reagiert mit Wasser unter Bildung leicht entzündlicher Gase
R 16	Explosionsgefährlich in Mischung mit brandfördernden Stoffen
R 17	Selbstentzündlich an der Luft
R 18	Bei Gebrauch Bildung explosionsfähiger/leicht entzündlicher Dampf-Luftgemische möglich
R18a	Bildung explosionsfähiger/leichtentzündlicher Staub-Luftgemische möglich
R 19	Kann explosionsfähige Peroxide bilden
R 20	Gesundheitsschädlich beim Einatmen
R 21	Gesundheitsschädlich bei Berührung mit der Haut
R 22	Gesundheitsschädlich beim Verschlucken
R 23	Giftig beim Einatmen
R 24	Giftig bei Berührung mit der Haut
R 25	Giftig beim Verschlucken
R 26	Sehr giftig beim Einatmen
R 27	Sehr giftig bei Berührung mit der Haut
R 28	Sehr giftig beim Verschlucken
R 29	Entwickelt bei Berührung mit Wasser giftige Gase
R 30	Kann bei Gebrauch leicht entzündlich werden
R 31	Entwickelt bei Berührung mit Säure giftige Gase
R 32	Entwickelt bei Berührung mit Säure sehr giftige Gase
R 33	Gefahr kumulativer Wirkungen
R 34	Verursacht Verätzungen
R 35	Verursacht schwere Verätzungen
R 36	Reizt die Augen
R 37	Reizt die Atmungsorgane
R 38	Reizt die Haut
R 39	Ernste Gefahr irreversiblen Schadens
R 40	Irreversibler Schaden möglich
R 41	Gefahr ernster Augenschäden
R 42	Sensibilisierung durch Einatmen möglich
R 43	Sensibilisierung durch Hautkontakt möglich
R 44	Explosionsgefahr bei Erhitzen unter Einschluss
R 45	Kann Krebs erzeugen
R 46	Kann vererbbare Schäden verursachen
R 47	Kann Missbildungen verursachen
R 48	Gefahr ernster Gesundheitsschäden bei längerer Exposition
R 49	Kann Krebs erzeugen beim Einatmen
R 50	Sehr giftig für Wasserorganismen
R 51	Giftig für Wasserorganismen
R 52	Schädlich für Wasserorganismen
R 53	Kann in Gewässern längerfristig schädliche Wirkungen haben
R 54	Giftig für Pflanzen
R 55	Giftig für Tiere
R 56	Giftig für Bodenorganismen
R 57	Giftig für Bienen
R 58	Kann längerfristig schädliche Wirkungen auf die Umwelt haben
R 59	Gefährlich für die Ozonschicht
R 60	Kann die Fortpflanzungsfähigkeit beeinträchtigen
R 61	Kann das Kind im Mutterleib schädigen
R 62	Kann möglicherweise die Fortpflanzungsfähigkeit beeinträchtigen
R 63	Kann das Kind im Mutterleib möglicherweise schädigen
R 64	Kann Säuglinge über die Muttermilch schädigen
R 65	Gesundheitsschädlich: kann beim Verschlucken Lungenschäden verursachen
R 66	Wiederholter Kontakt kann zu spröder oder rissiger Haut führen
R 67	Dämpfe können Schläfrigkeit und Benommenheit verursachen
R 68	Irreversibler Schaden möglich

der Liganden in einem Molekül. In diesem System werden statt der bei der Fischer*-Projektion verwendeten Vorsätze D- u. L- die Symbole (*R*)- (rectus rechts) u. (*S*)- (sinister links) zur Benennung enantiomerer Verb. verwendet. **Prinzip der Benennung.** Das Molekül wird durch das Asymmetriezentrum in Richtung der niedrigsten Priorität betrachtet, indem der Ligand des asymmetr. C-Atoms mit der niedrigsten relativen Atommasse (z. B. ein H-Atom) ausgewählt wird. Das Molekül wird so gedreht, dass dieser Ligand nach hinten, vom Betrachter fort, gerichtet ist. Der Betrachter sieht das Molekül dann vergleichbar einem dreispeichigen Autolenkrad. Die Liganden werden schließl. entspr. der Atommasse der unmittelbar am asymmetr. C-Atom gebundenen Atome auf folgende Art numeriert: **1.** Die höchste Oxidationszahl hat die höchste Priorität. **2.** Ist die Entscheidung am 1. Atom nicht möglich, werden die 2. u. 3. Atome des Liganden herangezogen. **3.** Je

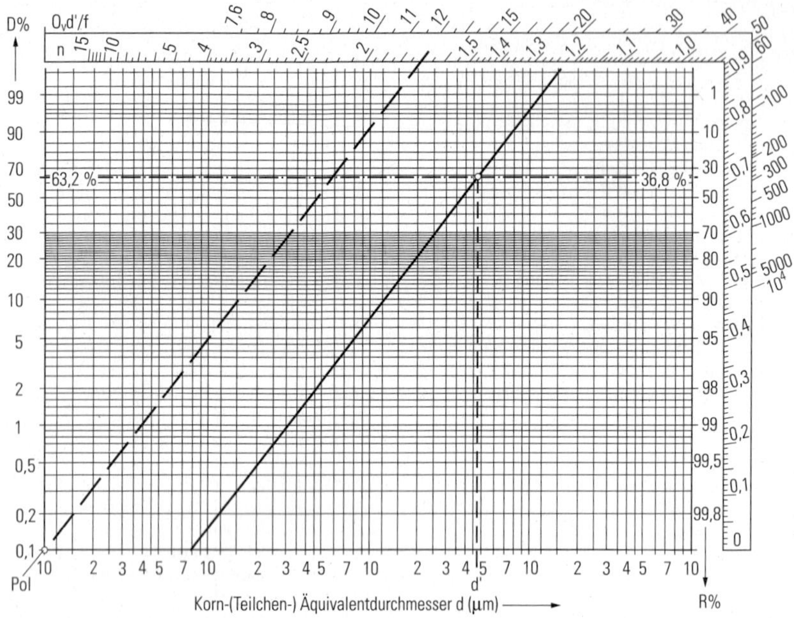

RRSB-Netz: Beispiel einer RRSB-Körnungsnetz nach DIN 66145; D: massenbezogener Siebdurchgang; R: Siebrückstand; d´: kennzeichnender Teilchendurchmesser (Abszisse zu R = 36,8%); n: Steigung der RRS-Geraden; O_V: volumenbezogene Oberfläche der Teilchen; f: Formfaktor

höher die Verzweigung des Liganden, desto höher ist die Priorität. **4.** Doppel-, Dreifachbindungen werden doppelt bzw. dreifach gezählt, rangieren aber nach einer gleichen Priorität, die durch Einfachbindungen zustande kam. **5.** Wenn Substituenten nur anhand ihrer Konfiguration* zu unterscheiden sind, so kommt (*R*)- vor (*S*)- bzw. *Z*- od. *cis*- vor *E*- od. *trans*-. **6.** Die Substituenten werden kreisförmig ihrer Priorität folgend verbunden. Beschreibt dies einen Rechtskreis, ist die absolute Konfiguration (*R*)-, bei einem Linkskreis (*S*)-.

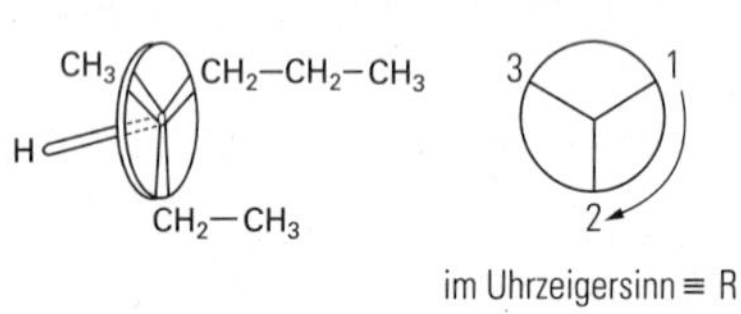

R/S-Nomenklatur: Zuordnung der Konfiguration des 3-Methylhexans [1]

rtPA: s. Gewebeplasminogenaktivator.

Ru: (chem.) Symbol für Ruthenium*.

RU 486: s. Mifepriston.

Rubeanwasserstoffsäure: Ethandithioamid, Dithiooxamid; $H_2N-SC-CS-NH_2$. Rote Kristalle od. krist. Pulver, lösl. in Ethanol, wenig lösl. in Wasser. **Anw.:** Reagens in der Chromatographie (Cu, Ni, Co, Ru); Stabilisierung von Ascorbinsäurelösungen.

Rubefazienzien: Hyperämika; hautrötende, reizende Mittel. Z. B. Linimente* od. andere Zuber. mit Ammoniak u./od. ätherischen Ölen (Rosmarinöl, Terpentinöl), Campher u. Scharfstoffen (s. Scharfstoffdrogen). **Anw.:** wie andere Hautreizmittel* zur Reizkörpertherapie*; z. B. bei Erkrankungen des rheumat. Formenkreises, unblutigen Verletzungen.

Rubeola: s. Röteln.

ruber (lat.): f: -ra, n: -rum; rot.

Ruberythrinsäure: s. Rubia tinctorum.

Rubescenslysin: tox. Protein aus dem Perlpilz, Amanita rubescens; s. Hämolysine, pilzliche.

Rubiaceae: Rötegewächse; Fam. der Od. Gentianales; ca. 7000 Arten. Meist trop. Holzgewächse, einheim. Gattungen krautig; Blätter gegenständig, einfach, ganzrandig, stets mit Nebenblättern; Fruchtknoten unterständig; die Früchte sind Kapseln (Cinchona), Steinfrüchte (Coffea) od. Spaltfrüchte (Galium). **Chem. Merkmale:** Indol-, Isochinolin-, Chinolin- u. Purinalkaloide (s. Alkaloide), Iridoidglykoside (s. Iridoide), Anthrachinone* u. Cumarine*. **Wichtige Gattungen:** z. B. Cephaelis, Chiococca, Cinchona, Coffea, Cusparia, Galipea, Galium, Pausinystalia, Rubia u. Uncaria.

Rubia cordifolia L.: (chines.) Qian cao, Ostindische Krappwurzel; Fam. Rubiaceae. Stpfl. von **Rubiae radix:** Wurzeldroge der TCM. **Inhaltsst.:** Anthranoide (u. a. Purpurin*, Munjistin, Alizarin*), Naphthalinderivate (u. a. Mollugin, Rubidate), Triterpene (u. a. Rubiatriol) u. cycl. Hexapeptide (RA I-VII); **Anw.:** in der TCM bei allen Arten von Blutungen sowie bei rheumat. Gelenkschmerzen.

Rubia tinctorum L.: Krapp, Färberröte, Färberkrapp; Fam. Rubiaceae (Südeuropa, Westasien, in versch. Ländern Europas, früher auch in Deutschland u. in Nordamerika kult.). Neben vielen

anderen Rubia-Arten Stpfl. von **Radix Rubiae tinctorum:** Radix Alizari, Krappwurzel, Färberwurzel, Färberröte. **Inhaltsst.:** die Glykoside Ruberythrinsäure (β-2-Primverosid des Alizarins*) u. Galiosin sowie das Enzym Erythrozym; als Farbstoffe die Anthrachinone Purpuroxanthin u. Purpurin* sowie Rubiadin-3-glykosid (insgesamt 2-4% Di- u. Trihydroxyanthrachinonglykoside; s. Abb.); ferner Asperulosid (ein Iridoidglykosid), Zucker (bis 15%), Pektin, Pektase, Eiweiß, fettes Öl u. Citronensäure; **Anw.** volkstüml.: früher bei Nieren- u. Blasensteinen, v.a. zur Prophylaxe (Komplexierung der Ca- u. Mg-Ionen mit Ruberythrinsäure), bei Blasenkatarrh (Harn färbt sich rosarot), gegen Bettnässen; Negativmonographie Kommission E; techn.: früher zum Färben, jetzt durch das künstl. Alizarin verdrängt.
Hom: *Rubia tinctorum:* getrocknete Wurzel; verord. z.B. bei Nierensteinen.

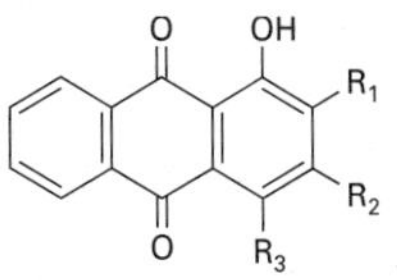

	R_1	R_2	R_3
Alizarin:	OH	H	H
Ruberythrinsäure, >Rubian<:	O-Primverose	H	H
Purpuroxanthin:	H	OH	H
Purpurin, Krapppurpur:	OH	H	OH
Rubiadin:	CH_3	OH	H

Rubia tinctorum

Rubidium: Symbol Rb; A_r 85.4678; OZ 37; D. 1.532; Schmp. 38.89 °C; Sdp. 688 °C; 1-wertig. Silberweißes, weiches, dem Kalium ähnl. Alkalimetall. **Gesch.:** 1861 von Robert Wilhelm Bunsen (1811-1899) u. Gustav Robert Kirchhoff (1824-1887) entdeckt.
Rubidium iodatum: s. Rubidiumiodid.
Rubidiumiodid: Rubidiium iodatum; RbI, M_r 212.4. D. 3.55. Schmp. 642 °C. Sdp. 1300 °C. Farblose Kristalle od. krist. Pulver, leicht lösl. in Wasser. **Anw.:** wie Kaliumiodid*, kaum gebräuchlich.
Rubi fruticosi folium: s. Rubus fruticosus.
Rubin: Edelstein, s. Aluminiumoxid.
Rubreserin-Reaktion: Nachw. von Physostigmin*, das sich mit Natron- od. Kalilauge rot färbt. Erfassungsgrenze ca. 20 µg/mL.
Rubus fruticosus L. s.l. (lat. fructicosus buschig): Brombeere, Brambeere, Kratzbeere; Fam. Rosaceae (Asien, nördl. Europa, Deutschland). Stpfl. von **Rubi fruticosi folium:** Folia Rubi fruticosi, Brombeerblätter, Kratzbeerblätter. **Inhaltsst.:** 5-14% Gallotannine (s. Gerbstoffe, pflanzliche), Spuren äther. Öls, Äpfelsäure*, Oxalsäure*, Bernsteinsäure*, Inositol*, Pektin* u. Flavonoide*; **Off.:** DAC; **Anw.:** Adstringens, bei Diarrhö u. leichten Entzündungen im Mund- u. Rachenraum (Kommission E); zu Haustee (auch fermentiert, mit weniger Gerbstoffen).

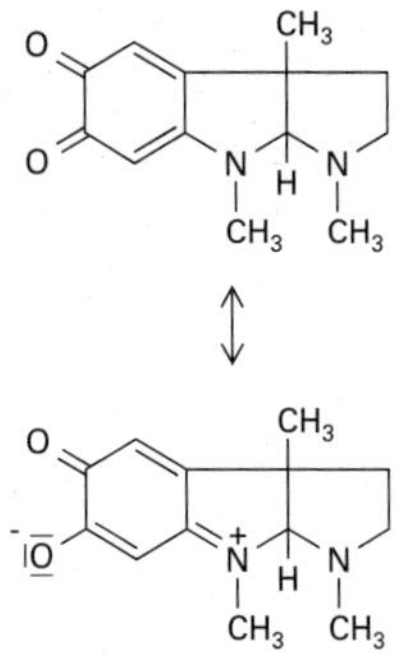

Rubreserin-Reaktion: Rubreserin, Konstruktionsformel

Hom: *Rubus fruticosus (HAB1.5):* frische, schwach behaarte Blätter.
Rubus idaeus L.: Himbeere; Fam. Rosaceae (mittleres u. nördl. Europa, Asien, oft kult.). Stpfl. von **Fructus Rubi idaei:** Himbeeren. **Inhaltsst.:** Citronensäure*, Äpfelsäure*, Ameisensäure* (Gesamtsäuregehalt 1.4-2%, davon 97% Citronensäure), bis 7% Zucker, Flavonoide*, Pektin*, Gummi u. Anthocyane*; im Samen ca. 20-25% fettes Öl; **Anw.:** die Beeren (Sammelsteinfrüchte) ergeben ca. 70-90% Saft; zur Herst. von **Sirupus Rubi idaei:** Rubi idaei sirupus, Himbeersirup; besteht aus 7 T. Himbeersaft u. 13 T. Zucker. **Anw.:** Geschmackskorrigens, durstlöschendes u. fiebersenkendes Getränk, bei Saftkuren; **Rubi idaei folium:** Folia Rubi idae, Herba Rubi idaei, Himbeerblätter. **Off.:** DAC; **Inhaltsst.:** Gerbstoffe, Flavonoide; **Anw.** volkstüml.: z.B. bei Diarrhö, als sog. Blutreinigungstee, zu Haustee.
Rübe: fleischig verdicktes Speicherorgan bei dikotylen Pflanzen. Man unterscheidet **Wurzelrüben,** z.B. bei Zuckerrübe, Mohrrübe, Dahlien od. Rhei radix, u. **Sprossrüben,** die hauptsächl. durch die Verdickung des Hypokotyls* od. anderer Sprossteile entstehen, z.B. bei Radieschen od. Roter Bete.
Rübe, Gelbe: s. Daucus carota.
Rübenzucker: s. Saccharose.
Rübe, Rote: s. Beta vulgaris ssp. vulgaris var. conditiva.
Rüböl: s. Brassica napus (Oleum Rapae).
Rübsen: s. Brassica napus.
Rückenmark: Medulla spinalis; der im Wirbelkanal der Wirbelsäule eingeschlossene Teil des ZNS.
Rückenmarkkonvulsiva: s. Konvulsiva.
Rückfallfieber: Febris recurrens, Rekurrensfieber; akute fieberhafte Infektionskrankheiten, die durch Borrelien* verursacht u. als Läuserückfallfieber durch Kleiderläuse od. als Zeckenrückfallfieber durch Zecken übertragen werden.
Rückflusskühler: Kühler*, in dem der aus einer siedenden Flüss. entweichende Dampf kondensiert wird, wobei das Kondensat wieder in die Flüss. zurückläuft.
Rückresorption, tubuläre: s. Elimination.
Rührer: Vorrichtung zum möglichst gleichmäßigen mechan. Vermischen von Substanzen, die in glei-

chen od. versch. Aggregatzuständen vorliegen. Die Wirksamkeit des Rührprozesses wird durch die Form des Rührers sehr stark beeinflusst, weiterhin durch die Geschwindigkeit der Bewegung u. die Form des Behälters. Die Rührwerke bestehen aus dem Rührer, z. B. Blatt-, Schrauben-, Kreisel- od. Fingerrührer, der über die Rührwerkswelle direkt mit einem Elektromotor verbunden ist. Die Regelung der Drehzahl erfolgt entweder direkt über den Antrieb od. mechan. über ein Getriebe. **Magnetrührer:** In diesem R. setzt ein rotierender Magnet ein im Reaktionsgefäß befindl., kunststoffbeschichtetes Rührstäbchen in Rührbewegung. Magnetührer sind oft noch mit einer beheizbaren Platte ausgestattet. **Typen:** **1.** Dissolverrührer: Radiale Strömung, Ansaugung des Mischguts von oben und unten; **2.** Propellerrührer, Propellerschraube: Strömungsgünstige Form (3-flügeliger Rührer); **3.** Zentrifugalrührer: 2-flügelig, die Flügel öffnen sich bei steigender Drehzahl; **4.** Korbrührer, Flächenrührer: Tangentiale Strömung, guter Wärmeaustausch, schonend; **5.** Rührschnecke: Tangentiale Strömung, mit oszillierender Verdichtung zwischen den Knetflächen. (s. Abb.).

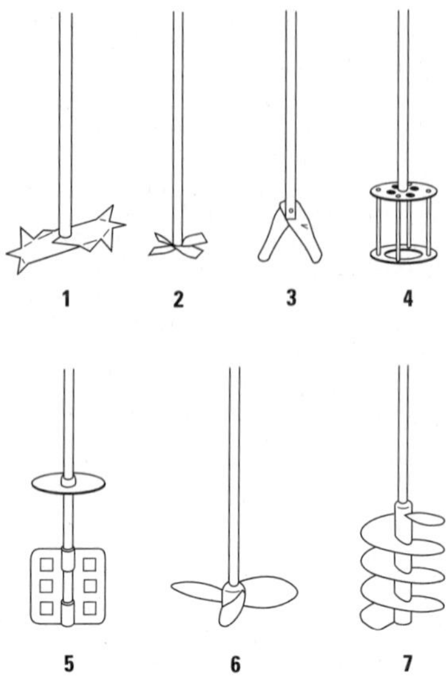

Rührer: 1: Dissolverrührer; 2: Propellerrührer; 3: Zentrifugalrührer; 4: Korbrührer; 5: Flächenrührer; 6: Propellerschraube; 7: Rührschnecke

Rührflügelapparatur: s. Dissolutiontest.

Rührsysteme, geschlossene: Apparaturen zur Fertigung von Salben, Cremes, Emulsionen, Suspensionen, Pasten, Gelen u. a. im Rezepturmaßstab. **1.** TopiTec®: System mit spez. Dreh-Dosier-Kruke; Substanzen u. Salbengrundlagen werden direkt in die Dreh-Dosier-Kruke eingewogen u. vollautomat. mit bis zu 5000 U/min verarbeitet. Der Hubboden wird dann eingesetzt u. die Kruke mit dem Drehspindelfuß verschlossen. Auf die Achse wird vor dem Verschließen eine kleine rote Kappe gesetzt, die dem Anwender rechtzeitig signalisiert, dass der Inhalt nur noch für ein Anw. ausreicht. **2.** Unguator®: System mit spez. Kruke, die als Mischgefäß u. Abgabeverpackung dient. Ein Rührflügel wird nach Einwaage der Bestandteile in die Kruke eingeführt u. der Deckel der Salbenkruke mit der zentralen Öffnung über den Stab des Flügelrührers geführt u. verschlossen. Es entsteht ein abgeschlossenes System. Das Hochdrücken der verschiebbaren Kruken-Bodenplatte ermöglicht die Entfernung der Luft aus der Kruke vor der verdunstungs- u. kontaminationsfreien Homogenisierung u. die Entnahme des Inhalts zur Applikation ohne Öffnen des Gefäßes. Der Flügelrührer wird mit dem Antrieb verbunden u. hochtourig bewegt. Erwärmung des Mischgutes im Wasserbad (<8 °C) od. mittels Mikrowelle beschleunigt Homogenisierung u. Emulgierbarkeit, ggf. ist mit Kühlmanschette auf Raumtemperatur kaltzurühren. Durch Auf- u. Abbewegen der Kruke homogenisiert der Rührflügel den gesamten Inhalt. Der Unguator® ermöglicht Vorverreibungen von agglomerierten u. feinkristallinen Wirksubstanzen direkt in der Kruke. Die visuelle Qualitäts-Endkontrolle erfolgt nach Öffnen des Kruken-Schraubdeckels bei Entnahme des Flügelrührers. **3.** Tubag®-Rolliersystem: Die Salbenbestandteile werden in einen transparenten Schlauchbeutel (engl. tube Schlauch, bag Beutel) eingewogen, ggf. zum Schmelzen der Bestandteile erwärmt u. mit Hilfe von Rollierstäben (manuell) homogen durchgeknetet. Anschließend wird die fertige Salbe mitsamt Schlauch in eine Aluminium-Tube gefüllt u. kann wie üblich daraus entnommen werden. **Vorteile:** hygien., GMP-gerechtes u. verlustfreies Arbeiten, Validierbarkeit des Verfahrens, optimale galen. Qualität des Endproduktes, Kosten- u. Zeitersparnis durch rationelle Arbeitsabläufe, einfache Dosierung u. saubere Entnahme.

Rührwerke: s. Rührer.

Rüsterrinde: s. Ulmus minor (Cortex Ulmi).

Ruhr: s. Bakterienruhr; Amöbenruhr.

Ruhrkrautblüten: s. Helichrysum arenarium (Helichrysi flos).

Ruhrkraut, Vielköpfiges: s. Pseudognaphalium obtusifolium.

Ruhrrinde: s. Simarouba amara (Cortex Simarubae radicis).

Ruhrsamen, Asiatischer: s. Brucea amarissima (Fructus Bruceae).

Ruhrwurzel: s. Potentilla erecta (Tormentillae rhizoma).

Rukusamen: s. Bixa orellana (Orleana).

Rum: s. Spiritus e Saccharo.

Rumäther: s. Ameisensäureethylester.

Rumex acetosa L.: (Wiesen-)Sauerampfer; Fam. Polygonaceae (fast ganz Europa, gemäßigtes Asien, Nordamerika, Chile). Stpfl. von **Herba Rumicis acetosae:** Sauerampferkraut. **Inhaltsst.:** Kaliumhydrogenoxalat*, freie Oxalsäure*, Zucker, Gerbstoffe, Vit. C u. Hyperosid*; **Anw.** volkstüml.: zur Durchspülungstherapie bei Erkrankungen der ableitenden Harnwege, als sog. Blutreinigungstee sowie (früher) geg. Askariden u. bei Hautkrankheiten.

Hom: *Rumex acetosa:* frische, im Juni gesammelte Wurzel; verord. z. B. bei Hauterkrankungen, Krämpfen, Halsschmerzen.

Rumex acetosella L.: Kleiner Sauerampfer; Fam. Polygonaceae. **Anw.:** s. R. acetosa.

Rumex crispus L.: Krausblättriger Ampfer; Fam. Polygonaceae (fast ganz Europa, Nordasien, Mexiko, Chile, Falklandinseln). **Inhaltsst.:** im Kraut Chrysophansäure*, Emodin, Catechingerbstoffe; **Anw.** volkstüml.: z. B. bei bei Hautleiden; als krampflösendes Mittel.

Hom: *Rumex crispus (HAB 2001),* Rumex: frische Wurzel; verord. z. B. bei Reizhusten.

Ruminationsgewebe: (bot.) Gewebe der Samenschale bzw. des Perisperms*, das in das Endosperm* unregelmäßig hineinwächst. Ein derartiges Endosperm nennt man auch ruminiertes Endosperm, z. B. bei Semen Myristicae (s. Myristica fragrans), Semen Arecae (s. Areca catechu).

Rundkolben: s. Kolben.

Rundläuferpresse: Rotationstablettenpresse; im Ggs. zur Exzenterpresse* ist die R. mit einer größeren Anzahl an Matrizen (auf einem kreisförmigen, rotierenden Matrizentisch untergebracht) u. den dazugehörenden Ober- u. Unterstempeln ausgestattet. Während der Matrizentisch sich dreht, bewegen sich die Stempel auf Gleitbahnen u. werden gehoben u. gesenkt. Die Unterstempel durchlaufen beim Füllvorgang nacheinander ihre tiefste Stellung, während die dazugehörenden Matrizen unter dem/den Füllschuh(en) vorbeilaufen. Beim Pressen werden die Ober- u. gleichzeitig die Unterstempel mit gleichem einstellbarem Druck (max. 500-1000 MPa) mittels exzentr. gelagerten Druckrollen nacheinander belastet, schieben das Pressgut zusammen u. formen die Tablette. In der obersten Position der Unterstempel werden die Tabletten von einem Abstreifer vom Matrizentisch entfernt. Der Ausstoß bei diesem Maschinentyp liegt bei 50 000 Tabletten/h. Spezialrundläufer (Schnelläufer) können auch die 10fache Leistung erreichen.

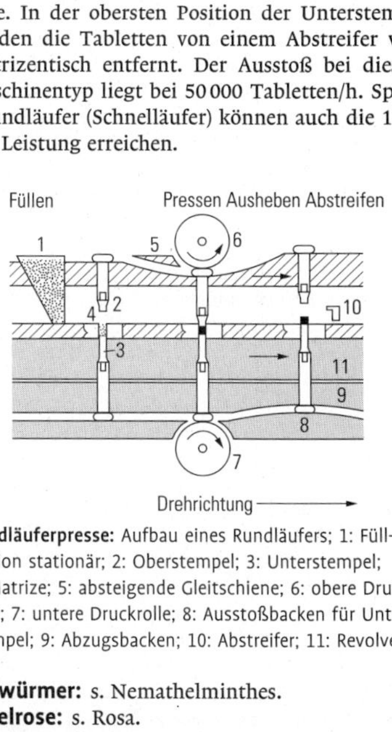

Rundläuferpresse: Aufbau eines Rundläufers; 1: Füllstation stationär; 2: Oberstempel; 3: Unterstempel; 4: Matrize; 5: absteigende Gleitschiene; 6: obere Druckrolle; 7: untere Druckrolle; 8: Ausstoßbacken für Unterstempel; 9: Abzugsbacken; 10: Abstreifer; 11: Revolver

Rundwürmer: s. Nemathelminthes.

Runzelrose: s. Rosa.

Runzelwurzel: s. Aletris farinosa (Rhizoma Aletris farinosae).

Ruprechtskraut: s. Geranium robertianum (Herba Geranii Robertiani).

Ruptura (lat.): Ruptur; Zerreißung, Berstung.

Rusagras: s. Cymbopogon martinii var. motia.

Ruscogenin: (25*R*)-5-Spirosten-$1\beta,3\beta$-diol, 1β-Hydroxydiosgenin; $C_{27}H_{42}O_4$, Strukturformel s. Saponine (Tab. 2), CAS-Nr. 472-11-7; M_r 430.61, Schmp. 205-210 °C (getrocknet). Steroidsapogenin aus dem Rhizom von Ruscus* aculeatus.

Ruscus aculeatus L.: Mäusedorn; Fam. Asparagaceae (südl. u. westliches Mitteleuropa, Mittelmeergebiet). Stpfl. von **Rusci rhizoma:** Rhizoma Rusci, Mäusedornwurzelstock. **Off.:** Ph.Eur.4.02; **Inhaltsst.:** 4-6 % Steroidsaponine vom Spirostanol- (z. B. Ruscin) u. Furostanol-Typ (z. B. Ruscosid), die nach Hydrolyse die Aglyka Ruscogenin u. Neoruscogenin (Strukturformel s. Saponine, Tab. 2) liefern (nach Ph.Eur. mind. 1.0 % Gesamtsaponine, berechnet als Ruscogenine, bezogen auf das TG); **Wirk.:** venentonisierend, antiphlogistisch; **Anw.:** zur unterstützenden Behandlung bei chron. venöser Insuffizienz (CVI) u. bei Hämorrhoiden (Kommission E; volkstüml.: zur vermehrten Wasserausscheidung.

Ruß: s. Fuligo.

Russula emetica: Speiteufel, Giftiger Täubling, Speitäubling; auch nach dem Abkochen giftiger Blätterpilz aus der Klasse der Basidiomycetes, Od. Russulales, Fam. Russulaceae (Europa, Nordamerika, Indien). **Inhaltsst.:** scharf schmeckende Sesquiterpene*; **Tox.:** Symptome der Vergiftung: bereits nach 15-30 min sehr heftige Diarrhöen, heftiges Erbrechen, Schwindel, Ohnmacht, später Ikterus, Cyanose; Tod nach 1 bis mehreren Tagen im Kollaps.

Hom: *Agaricus emeticus:* frischer Pilz.

Rutaceae: Rautengewächse; Fam. der Od. Rutales; ca. 1600 Arten; überwiegend trop. u. subtropische Holz- od. Krautgewächse mit radiären Blüten; der Fruchtknoten besitzt an der Basis eine Gewebewucherung (s. Diskus). **Chem. Merkmale:** äther. Öl (in lysigenen*, kugeligen Exkretbehältern), Bitterstoffe*, Flavonoide* u. Acridonalkaloide*. **Wichtige Gattungen:** Wichtigste Gattung ist Citrus*, die Beerenfrüchte ausbildet, in denen Fruchtsaft in zottenartigen, vom Endocarp ausgehenden Safthaaren lokalisiert ist; außerdem z. B. die Gattungen Aegle, Barosma, Cusparia, Dictamnus, Empleurum, Fortunella, Pilocarpus, Ptelea, Ruta sowie Zanthoxylum.

Ruta graveolens L.: Raute, Gartenraute, Edelraute, Weinraute, Kreuzraute; Fam. Rutaceae (heim. im Mittelmeergebiet, kult. in Deutschland, Osteuropa). Stpfl. von **Folia Rutae** u. **Herba Rutae** (hortensis): Herba Rutae graveolentis, Rautenkraut, Weinrautenkraut, Gartenrautenkraut. **Inhaltsst.:** 0.2-0.7 % äther. Öl (Oleum Rutae s. unten), Rutin (s. Rutosid) u. a. Flavonoide, Furanocumarine* (Bergapten, Psoralen, Ammoidin*), Chinolinalkaloide* (Graveolin, Dictamnin), Acridonalkaloide* (Rutacridon), Bitterstoffe u. a.; **Off.:** DAC; **Anw.** volkstüml.: bei Menstruationsbeschwerden als krampflösendes Mittel, zur Förderung der Menstruation, zur Schwangerschaftverhütung sowie missbräuchl. als Abortivum; äußerl. bei Entzündungen der Haut u. Schleimhäute, außerdem bei dyspeptischen Beschwerden, Schlaflosigkeit, rheumat. Beschwerden u. Verstauchungen; **Oleum Rutae:** Rautenöl; das durch Wasserdampfdest. gewonnene äther. Öl versch. Arten der Gattung Ruta (R. graveolens, R. angustifolia, R. montana). D. 0.825-0.845. Farblose bis hellgelbe, fluoreszierende Flüssigkeit. **Best.:** bis 90% Methyl-n-nonylketon sowie Methyl-n-heptylketon, ferner u. a. Methylsalicylat, Methylanthranilsäuremethylester, Pinen*, Citronellol*, Cineol (s. Eucalyptol); **Anw.** volkstüml.: krampflösendes Mittel z. B. bei Menstruationsbeschwerden, früher missbräuchl. als Abortivum.

Hom: *Ruta graveolens (HAB 2001):* frisches, vor Blütebeginn gesammeltes Kraut; verord. z. B. bei Prellungen, Überanstrengung der Augen.

Ruthenium: Symbol Ru; A_r 101.07; OZ 44; D. 12.45; Schmp. 2450 °C; Sdp. 4150 °C; meist 2-, 3- od. 4-wertig. Silbergraues, sprödes Platinmetall, lösl. in Königswasser. **Vork.:** nat. im Platinerz; **Anw.** techn.: anstelle von Platin in Schmuck, für Federspitzen, zum Härten von Legierungen für elektr. Kontakte, als Katalysator für Redoxreaktionen; **Gesch.:** 1844 von Carl Ernst Claus (1796-1864) erstmals rein dargestellt.

Rutheniumrot: $[(NH_3)_5RuO\text{-}Ru(NH_3)_4ORu(NH_3)_5]Cl_6 \cdot 4\,H_2O$. M_r 786.32. Komplexverb., braunrotes Pulver, lösl. in Wasser. **Darst.:** entsteht aus ammoniakal. Ruthenium(III)-chlorid-Lsg. beim Stehenlassen an der Luft; **Anw.:** Farbstoff in der Mikroskopie (färbt Pektine u. Glykogene, nicht aber Cellulose).

Rutil: Kristallform von Titandioxid* (TiO_2). Mineral. D. 4.2-4.3. Härte 6-6.5. Blutrote, bisweilen gelbl. od. gelbbraune nadelförmige Kristalle od. derbe Massen. **Anw.:** Gew. von Titan, Herst. von Titanverb.; keram. Industrie.

Rutin: s. Rutosid.

Rutinose: 6-*O*-α-L-Rhamnosyl-D-glucose; $C_{12}H_{22}O_{10}$, M_r 326.30. Schmp. ca. 190 °C. Disaccharid aus Glucose u. Rhamnose. Zuckeranteil versch. Flavonoide wie Rutin (s. Rutosid) u. Hesperidin*.

Rutosid INN: Rutosidum, Rutin, Rutinum, (früher) Vit. P, Quercetin-3-rutinosid, Quercetin-3-rhamnoglucosid, 5,7,3',4'-Tetrahydroxyflavonol-3-rhamnoglucosid; 5,7-Dihydroxy-2-(3,4-dihydroxyphenyl)-4-oxo-1-benzopyran-3-yl-rutinosid; $C_{27}H_{30}O_{16}$, CAS-Nr. 153-18-4; M_r 610.51. Schmp. 214-215 °C (unter Zers. u. Aufsprudeln). $[\alpha]_D^{23\,°C}$ +13.82° (Ethanol); $[\alpha]_D^{20\,°C}$ −37° (Pyridin). Hellgelbes, feinkrist. Pulver, das unter Lichteinfluss nachdunkelt. 1 g löst sich in ca. 8 L Wasser, ca. 200 mL kochendem Wasser, 7 mL kochendem Methanol, lösl. in Pyridin, Formamid u. alkal. Lsg., schwer lösl. in Ethanol, Aceton u. Ethylacetat; unlösl. in Chloroform, Schwefelkohlenstoff, Ether, Benzol u. Petrolether. **Vork.:** nat. in zahlreichen Pfl. wie Buchweizen (s. Fagopyrum esculentum u. Fagopyrum tataricum), Japanischem Schnurbaum (s. Sophora japonica), Weinraute (s. Ruta graveolens, hier R. erstmals 1842 isoliert vom Apotheker Dr. August Weiss, Nürnberg) u. a.; **Rutosid-Trihydrat:** Rutosidum trihydricum Ph.Eur.4; $C_{27}H_{30}O_{16} \cdot 3\,H_2O$, M_r 664.5; **Off.:** Ph.Eur 4.03, ÖAB90, Ph.Helv.7; **Wirk.:** ödemprotektiv; **Anw.:** Venenmittel* zur unterstützenden Behandlung bei chronisch venöser Insuffizienz u. Varikosis (Wirksamkeit nicht belegt).

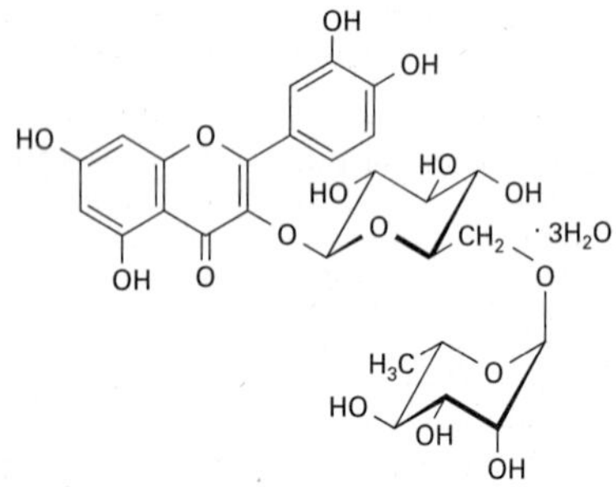

Rutosid

Rutosid-Aescinat: Rutin-Aescinat; 8,8'-Methylenbis(6-diethylaminomethyl-rutosid)-diaescin; Komplex aus 1 Mol Aescin* mit 2 Mol Diethylaminomethylrutosid. **Anw.:** Venenmittel; vgl. Rutosid.

Rx: R_x; engl. Abk. für (rezeptpflichtige) Verschreibung bzw. Rezeptpflicht, im Ggs. zu over* the counter drug; vgl. rp.

Ryania speciosa Vahl: Patrisia pyrifera L.C. Rich.; Fam. Flacourtiaceae (Südamerika). Wurzel u. Sprosse enthalten 0.1-0.2% **Ryanodin**, ein Esteralkaloid mit insektizider Wirk., das v. a. in den USA gegen Raupen eingesetzt wird.

S

s: **1.** Einheitenzeichen für Sekunde; s. SI-Einheiten. **2.** (physik.-chem.) Symbol für Spinquantenzahl*.
S: **1.** (chem.) Symbol für Schwefel*. **2.** (chem.-physik.) Symbol für Sedimentationskonstante; s. Svedberg-Einheit. **3.** (physik.-chem.) Symbol für Entropie*. **4.** (physik.) Einheitenzeichen für Siemens; s. Leitwert, elektrischer. **5.** (chem.) s. R/S-Nomenklatur. **6.** (chem.) s. S-Sätze.
s. a.: Abk. für (auf Rezepten) secundam artem nach den Regeln der Kunst.
Sabadilla: s. Schoenocaulon officinale.
Sabadilla officinarum: s. Schoenocaulon officinale.
Sabadillessig: s. Acetum Sabadillae.
Sabadillsamen: s. Schoenocaulon officinale (Semen Sabadillae).
Sabadin: $C_{29}H_{47}NO_8$, M_r 537.71. Hexacycl. Alkaloid aus den Samen von Schoenocaulon* officinale (Semen Sabadillae).
Sabal serrulata: s. Serenoa repens.
Sabdariffa: s. Hibiscus sabdariffa (Hom).
Sabdariffeibisch: s. Hibiscus sabdariffa.
Sabina: s. Juniperus sabina.
Sabinae herba ad usum veterinarium: s. Juniperus sabina.
Sabinakraut: s. Juniperus sabina (Summitates Sabinae).
Sabin-Impfung: (engl.) *sabin vaccination*; s. Poliomyelitis-Impfung (oral).
Saccharase: s. Invertase.
Saccharate: s. Saccharose.
saccharatus (lat.): f: -a, n: -um; gezuckert.
Saccharide: s. Kohlenhydrate.
Saccharimeter: s. Polarimeter.
Saccharin: Saccharinum Ph.Eur.4, Orthosulfimidum benzoicum, Benzoesäuresulfimid, Benzosulfimid, *o*-Sulfobenzoesäureimid, Anhydro-orthosulfaminbenzoesäure; 1,2-Benzisothiazol-3(2*H*)-on-1,1-dioxid; CAS-Nr. 81-07-2; $C_7H_5NO_3S$, M_r 183.19. D. 0.828. Schmp. 229-230 °C. Weißes, krist., geruchloses Pulver. Löslichkeit (g/100 g): 0.26 in kaltem Wasser, 3.6 in siedendem Wasser, 2.4 in Ethanol 90 %, 1.05 in Ether. **Darst.:** Einw. von Chlorsulfonsäure auf Toluol (erstmals 1879 durch C. Fahlberg u. I. Remsen); **Anw.:** Süßstoff; ca. 550fache Süßkraft von Saccharose; eine wässrige Lsg. 1:100 000 schmeckt noch deutl. süß. **Saccharin-Natrium:** Saccharinum natricum Ph.Eur.4, Saccharini-Natrium, Saccharinum solubile, lösl. Saccharin, 2-Benzoesäuresulfimidnatrium; CAS-Nr. 6155-57-3; $C_7H_4NNaO_3S \cdot 2\,H_2O$, M_r 241.2. Farblose, an trockener Luft verwitternde Kristalle od. weißes, krist. Pulver; lösl. in 1.5 T. Wasser, wenig lösl. in Ethanol, unlösl. in Ether u. Chloroform; ca. 475fache Süßkraft von Saccharose. **Darst.:** Neutralisation des reinen S. mit NaOH; **Wirk.** u. **Anw.** med.: Süßstoff*. S. wird im Harn unverändert ausgeschieden. Es wirkt leicht antisept. u. antifermentativ, daher bisweilen auch bei Darmgärungen verwendet. S. ist bei mäßigem Gebrauch für gesunde Menschen unschädl., eine kanzerogene Wirk. ist unter normalen physiolog. Bedingungen nicht beweisbar.

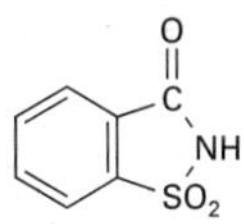

Saccharin

Saccharin, lösliches: s. Saccharin (Saccharin-Natrium).
Saccharinum solubile: s. Saccharin (Saccharin-Natrium).
Saccharometer: Senkspindel zur Bestimmung des Zuckergehaltes einer Lösung (vgl. Dichtebestimmungsmethoden); nicht zur Verwechseln mit Saccharimeter (s. Polarimeter).
Saccharomyces: Gattungsbegriff für ascosporenbildende Sprosspilze; s. Faex, vgl. Pilze.
Saccharomyces cerevisiae: Bierhefe, s. Faex.
Saccharomyces-Einheit: Abk. S.E.; Biotinmenge, die innerhalb von 5 h bei 30 °C zur Verdopplung einer bestimmten Zahl von Hefezellen führt; entspricht ca. 0.00004 µg Biotinmethylester. Vgl. Vitamine (Biotin).
Saccharomyces ellipsoideus: Weinhefe.
Saccharomyces Kefir: s. Kefir.
Saccharose: (engl.) *sucrose*; Saccharum (Ph.Eur.4), Saccharosum, Rohrzucker, Rübenzucker; α-D-Glucopyranosyl-β-D-fructofuranosid, $C_{12}H_{22}O_{11}$, CAS-Nr. 57-50-1, M_r 342.31, Schmp. 160-186 °C unter Zers. (Schwarzfärbung u. Karamelbildung), $[\alpha]_D^{20\,°C}$ +66.2-66.8° (c = 20 in Wasser), D. 1.588. Weißes, krist. Pulver, geruchlos, süßer Geschmack; sehr leicht lösl. in Wasser, lösl. in Ethanol, unlösl. in Ether. S. ist ein nicht reduzierendes Disaccharid vom Trehalosetyp, daher keine typ. Zuckerreaktionen, wie Osazon- (s. Osazone) u. Oximbildung (s. Oxime) sowie Mutarotation*; durch Hydrolyse mit verd. Säuren od. Enzymen, z. B. mit α-Glucosidase (Maltase) od. β-D-Fructofuranosidase (Invertase), Spaltung zu gleichen T. in D-Glu-

cose u. D-Fructose (s. Invertzucker); als schwache Säure ($K_s = 10^{-13}$) bilden S. u. ihre Derivate Salze mit Alkali- u. Erdalkalilaugen, sog. **Saccharate. Vork.**: weit verbreitet im Pflanzenreich; stellt dort die Transportform der lösl. Kohlenhydrate dar; wichtiges Stoffwechselprodukt aller chlorophyllhaltigen Pfl., kann von Tieren nicht synthetisiert werden; **Biosynthese:** ausgehend von Fructose-6-phosphat u. UDP-Glucose; **Gew.**: hauptsächl. aus Zuckerrüben (s. Beta vulgaris ssp. vulgaris var. altissima, 12-20 % S.) u. Zuckerrohr (s. Saccharum officinarum, 14-21 % S.), weniger häufig aus dem Zuckerahorn (s. Acer saccharum u. andere Acer-Arten, 3-5 % S.). **Rohrzucker** (Kandiszucker) wird durch Umkristallisation (Raffination) in Kristallzucker überführt. Die zurückbleibende, nicht mehr kristallisierende Mutterlauge heißt **Melasse**, sie enthält neben Dextrin, Lactose u. Aminosäuren noch ca. 50 % S. u. dient als Futtermittel od. wird zu Schnaps vergoren; S. geht beim Erhitzen auf 200 °C in **Karamel** (Caramel) über, eine nicht mehr gärungsfähige, braune u. nicht mehr süß schmeckende Masse, deren wässrige Lsg. als Zuckercouleur, **Saccharum tostum**, zum Färben von Speisen dient; S. ist Nahrungsmittel u. Süßmittel*; in höheren Konz. Konservierungsmittel (hemmt Wachstum von Mikroorganismen); in der Industrie Substrat für die fermentative Produktion von Ethanol, Butanol, Glycerol u. a.; Ester u. Ether od. andere Derivate der S. zur Herst. von Detergenzien, Seifen u. Plastik; **Zuber.**: Sirupus* simplex; **Gesch.**: 1747 entdeckte der Apotheker Andreas Sigismund Marggraf (1709-1782) den Zucker in der Runkelrübe, sein Schüler Franz Karl Achard (1753-1821) gründete 1801 die erste Rübenzuckerfabrik in Kunern/Schlesien. Bis dahin kannte man nur den Rohrzucker, der auf dem Seeweg nach Europa gebracht wurde.

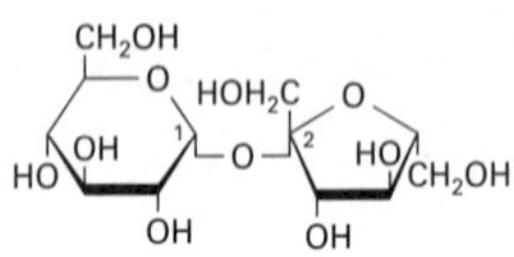

Saccharose

S

Saccharosefettsäureester: preisgünstige nichtionogene Tenside* auf Zuckerbasis. Gemisch von Mono- u. Diestern. O/W-Emulgatoren mit einem HLB-Wert zwischen 7.0-13.0 (abhängig von der Art u. dem Anteil an Fettsäuren, s. Tab.).

Saccharosefettsäureester

Saccharosefettsäureester	HLB-Wert
Saccharosedistearat	7.0
Saccharosedioleat	7.2
Saccharosedipalmitat	7.4
Saccharosemonostearat	11.2
Saccharosemonooleat	11.2
Saccharosemonopalmitat	11.7
Saccharosemonomyristat	12.3
Saccharosemonolaurat	13.0

Saccharosen: veraltete Bez. für Disaccharide; s. Kohlenhydrate.

Saccharum: Saccharosum; s. Saccharose.

Saccharum amylaceum: s. Glucose.

Saccharum lactis: s. Lactose.

Saccharum officinarum: Zuckerrohr; Fam. Poaceae, Gramineae (heim. Asien), s. Saccharose (Gew.).

Saccharum Saturni: s. Blei(II)-acetat.

Sachets: Beutel (aus kaschiertem Papier, Aluminium) zur einzeldosierten Abpackung für hochdosierte, schlecht tablettierbare Wirkstoffe, Pulvermischungen od. Granulate, bei denen eine exakte Dosierung notwendig ist. Die Einnahme erfolgt wie bei den Granulaten.

Sadebaumkraut: Summitates Sabinae; s. Juniperus sabina.

Sadebaumöl: s. Juniperus sabina (Oleum Sabinae).

Sadebaumspitzen: s. Juniperus sabina (Summitates Sabinae).

S-Ado-Met: Abk. für Adenosylmethionin*.

Säckelblume: s. Ceanothus americanus.

Sägebockdarstellung: perspektivische Darst. von Molekülen, wobei die nach hinten gerichtete Rotations-C – C-Bindung schräg nach oben u. überproportional lang gezeichnet wird.

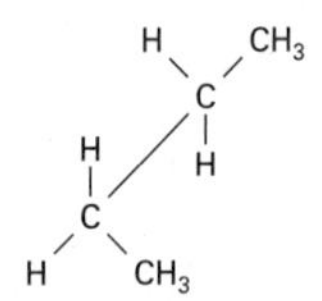

Sägebockdarstellung: n-Butan als Beispiel

Sägepalme: s. Serenoa repens.

Sägetang: s. Fucus serratus.

Sättigung: Zustand einer Lösung*, in der kein weiterer zu lösender Stoff (Solvendum) aufgenommen (gelöst) werden kann. S. ist erreicht, wenn die Lsg. mit einem Bodenkörper* od. im Falle der Lsg. eines Gases mit der Gasphase im Gleichgewicht steht. Die Sättigungskonz. eines Stoffes ist temperaturabhängig (bei Gasen auch druckabhängig), sowie vom Lösungsmittel u. weiteren gelösten Stoffen abhängig (s. Aussalzen).

Sättigungsdampfdruck: **1.** s. Dampfdruck. **2.** S. des Wassers: s. Mollier-h,x-Diagramm.

Sättigungslöslichkeit: s. Löslichkeit.

Säuerlinge: kohlensäurereiche Mineralwässer, s. Aquae minerales.

Säuglingsernährung: Nahrungszufuhr des Säuglings. **1.-4. Lebensmonat:** idealerweise Muttermilch*. Alternativen sind v. a. Präparate auf der Basis von Kuhmilch (s. Milch), deren Zstzg. der Muttermilch angeglichen ist. Hierbei werden Anfangs- u. Folgemilch unterschieden. Anfangsmilch gibt es mit Lactose* als einzigem Kohlenhydrat („Pre" od. adaptierte S.) od. mit Zusatz von Stärke u. ggf. weiteren Kohlenhydraten, meist Maltodextrine („1" od. teiladaptierte S.). **Ab dem 5. Lebensmonat:** Gabe von Folgemilch mit steigendem Geh. an Proteinen und Mineralstoffen; Zufütterung von Beikost (v. a. Reis, Gemüse-, Getreideflocken- u. Obstbrei) u. allmähl. Ersatz der Milchnahrung; dabei sind Fettzusätze (insbes. Pflanzenöl) u. eine ausreichende Eisenzufuhr (z. B. in Form von Fleisch) zu beachten. Bei Kuhmilchallergie kann eine hypoallergene Säuglingsnahrung mit Proteinteilhydrolysaten („HA“-Milch) od. eine milchfreie Säuglingsnahrung auf der Basis von Sojaproteinisolaten verwendet werden. **Alternative Tier- u. Pflanzenmilch:** Die Verw. von Ziegen-, Stuten- od. Schafsmilch sowie von Mandel-, Reis- od. anderer Getreidemilch ist aus ernährungsphysiologischen u. allergologischen Gründen nicht zu empfehlen; vgl. Ziegenmilchanämie.

-säure: s. Säuren, Carbonsäuren.

Säureamide: R–CO–NR'R''; Derivate des Ammoniaks (NH_3), dessen H-Atome ganz od. teilweise durch Säurereste (Acyl-Reste) ersetzt sind, bzw. Carbonsäuren, in denen das OH der COOH-Gruppe durch die NH_2-Gruppe ersetzt ist; s. Carbonsäureamide; vgl. Säureimide.

Säureanhydride: entstehen formal durch Wasserentzug aus Säuren. **a)** aus anorg. Säuren werden Oxide. **b)** 2 Carbonsäuren bilden symmetr. od. gemischte Carbonsäureanhydride*. **c)** cycl. 5- u. 6-gliedrige Carbonsäureanhydride werden leicht aus entspr. Dicarbonsäuren erhalten.

Säureazide: s. Säurehydrazide.

Säure-Base-Definition: Die Def. von Säure und Base haben sich mit zunehmender Einsicht in chem. Reaktionen verändert. Da mit einer einzigen Def. nicht alle Säuren u. Basen charakterisiert werden, sind mehrere Def. gebräuchl., von denen 3 von bes. Bedeutung sind. **1. Arrhenius** bezeichnete 1882 alle Wasserstoffverb., die in wässriger Lsg. H^+-Ionen (Protonen) abgeben, als Säuren* u. solche, die in wässriger Lsg. OH^--Ionen abspalten, als Basen*. **2.** Johannes N. **Brönsted** (dän. Physikochemiker, 1879-1947) def. 1923 Säuren als Stoffe, die an andere H^+-Ionen abgeben (Protonendonatoren). Brönsted-Basen sind Protonenakzeptoren, die in wässriger Lsg. H^+-Ionen aus der Protolyse des Wassers aufnehmen, wobei OH^--Ionen entstehen, z.B. $NH_3 + H_2O \rightarrow NH_4^+ + OH^-$. Diese Def. charakterisieren nicht bestimmte Stoffe, sondern bestimmte Fähigkeiten. **3.** Die von Gilbert Newton **Lewis** (1875-1946) im Jahr 1923 vorgeschlagene Fassung des Säure- u. Basenbegriffs ist eine Weiterentwicklung der Theorie von Brönsted. Danach sind Säuren Substanzen, die unvollständige Edelgaskonfigurationen (s. Edelgase) mit 2 fehlenden Elektronen aufweisen u. daher Elektronenpaarakzeptoren sind, z.B. BF_3, SO_3, AlH_3. Analog dazu sind Lewis-Basen Elektronenpaardonatoren, Verb. mit abgeschlossener Edelgaskonfiguration, die ein freies Elektronenpaar für die Bindung mit einer Lewis-Säure zur Verfügung stellen können, z.B. OH^-, NH_3, Ether. Das Vereinigungsprodukt einer Lewis-Säure mit einer Lewis-Base ist ein Elektronen*-Donator-Akzeptor-Komplex u. wird auch als Lewis-Addukt bezeichnet (s. Tab.).

Säure-Base-Titrationen: Neutralisationstitrationen; Verfahren der Maßanalyse*, denen eine Neutralisationsreaktion zugrunde liegt. Bei der **Alkalimetrie** bestimmt man eine Säure mit einer bas. Maßlösung*, meist Natron- od. Kalilauge; bei der **Acidimetrie** bestimmt man eine Base mit einer Säuremaßlösung, meist mit Salz- od. Schwefelsäure; vgl. Titrationskurve.

Säure-Base-Definition
Beispiele

Lewis-Säure		Lewis-Base		Lewis-Addukt
H^+	+	OH^-	$\leftrightarrows$	H_2O
H^+	+	NH_3	$\leftrightarrows$	NH_4^+
BF_3	+	NH_3	$\leftrightarrows$	$BF_3 \cdot NH_3$
BF_3	+	$(C_2H_5)_2O$	$\leftrightarrows$	$BF_3 \cdot O(C_2H_5)_2$
SO_3	+	H_2O	$\leftrightarrows$	H_2SO_4

Säurecasein: s. Casein.

Säurechloride: R–COCl; Verb., bei denen die OH-Gruppe der Carbonsäure –COOH durch –Cl ersetzt ist. Sie entstehen bei Einw. von Phosphortrichlorid od. -pentachlorid od. -oxidchlorid auf Säuren; vgl. Carbonsäurehalogenide.

Säuregrad: Menge an Kalilauge in mL (c=1 mol/L) die notwendig ist, um die in 100 g Fett od. Öl vorhandene freie Säure zu neutralisieren; vgl. Säurezahl.

Säurehydrazide: R–CO–NH–NH_2; entstehen bei Einw. von Hydrazin auf Säurechloride od. Ester. Feste, krist., wasserlösl. Verb., die ammoniakal. Silberlsg. reduzieren, mit salpetriger Säure ergeben sie Säureazide; vgl. Azide.

Säureimide: Derivate des Ammoniaks (NH_3), in dem 2 H-Atome durch einen 2-wertigen Säurerest ersetzt sind.

Säurekonstante: Aciditätskonstante, Dissoziationskonstante einer Säure; Symbol K_s, Maß für die Stärke einer Säure. Sie ist die Gleichgewichtskonstante für die Reaktion einer Säure HA, meist mit Wasser (Gleichgewicht der Protolyse, s. Säuren, vgl. Massenwirkungsgesetz): $HA + H_2O \leftrightarrows H_3O^+ + A^-$.
Anstelle der thermodynam. Aktivität* a wird in der Praxis mit der Konz. c gerechnet. Bei mehrbasischen Säuren H_nA wird die S. für die erste Protolysestufe ($H_nA + H_2O \leftrightarrows H_3O^+ + H_{n-1}A^-$) als $K_{S,1}$, die S. für die zweite Protolysestufe als $K_{S,2}$ bezeichnet. Anstelle des K_S-Wertes wird meist der pK_S-Wert angegeben: $pK^* = -log\ K_S$; je kleiner der pK_S-Wert, desto stärker ist die Säure. Die S. einer Säure HA ist mit der Basekonstante* K_b der konjugierten (korrespondierenden) Base A^- über das Ionenprodukt* des Wassers K_w (=10^{-14} bei 23 °C) verknüpft: $K_s \cdot K_b = K_w$ bzw. $pK_S + pK_b = pK_w = 14$. Häufig wird daher die Stärke einer Base B nicht durch die Basekonstante*, sondern durch die S. der konjugierten Säure BH^+ angegeben. **Beispiele:** Perchlorsäure $pK_S = -9$, Oxalsäure $pK_S = 1.42$; Essigsäure $pK_S = 4.72$.

$$K_s = \frac{a(H_3O^+) \cdot a(A^-)}{a(HA)}$$

Säurekonstante

Säuren: sauer reagierende Stoffe, die mit Basen* Salze bilden. Die spezif. Stärke einer Säure wird durch die Säurekonstante* angegeben. **Def.:**

s. Säure-Base-Definition; zur Nomenklatur org. Säuren s. Carbonsäuren (Tab.); vgl. Mineralsäuren (Tab.).

Säuren, konjugierte: s. Säurekonstante.

Säureradikale: s. Säurerest.

Säurereste: **1.** Anionen, die nach Austritt von einem od. mehreren H^+-Ionen aus einem Säuremolekül entstehen, z.B. ist SO_4^{2-} der Säurerest der Schwefelsäure H_2SO_4, PO_4^{3-} der Säurerest der Phosphorsäure H_3PO_4. **2.** Acyl-Reste (Acyl-Gruppen) sind Atomgruppen, die nach Austritt aller OH-Gruppen formal aus einem Molekül sauerstoffhaltiger Säuren entstehen. S. werden durch Anhängen der Silbe -yl an den Stamm des lat. Namens der Säure bezeichnet; z.B. Nitryl NO_2: Rest der Salpetersäure $NO_2(OH)$, Propionyl CH_3-CH_2-CO-: Rest der Propionsäure.

Säurerhythmus, diurnaler: (engl.) *Crassulacean acid metabolism*; Abk. CAM; Tag-Nacht-Fluktuation des Geh. an org. Säuren in chlorophyllhaltigen T. sukkulenter Pflanzenarten, z.B. Kakteen u. Dickblattgewächsen. Nachts führt eine CO_2-Fixierung durch Carboxylierung von Phosphoenolpyruvat zu Oxalacetat u. dessen Reduktion zu Malat zu einer erhebl. Ansäuerung im Gewebe (vgl. C_4-Pflanzen). Bei Tag wird Malat oxidativ decarboxyliert zu Pyruvat. Das freigesetzte CO_2 wird an Ribulose-1,5-diphosphat fixiert. Es schließt sich der Calvin*-Zyklus an; vgl. Hatch-Slack-Kortschak-Zyklus. Dieser Mechanismus erlaubt den Pfl. eine CO_2-Absorption in der Nacht, in der die Spaltöffnungen ohne Gefahr eines großen Wasserverlusts geöffnet werden können. Ziel: Anpassung an die große Trockenheit in ariden Regionen.

Säure, salicylige: s. Salicylaldehyd.

Säure, spirige: s. Salicylaldehyd.

Säurestärke: s. Säurekonstante.

Säurewecker: Stoffe zur Anregung der Magensäurebildung. Z.B. Ethanol, Fleischextrakt, Coffein, Histamin u. Gewürze.

Säurezahl: Abk. SZ; Menge an Kaliumhydroxid in mg, die notwendig ist, um die in 1 g Substanz vorhandene freie Säure zu neutralisieren (z.B. in Wachs od. Fetten); vgl. Säuregrad.

Saflor: s. Carthamus tinctorius.

Safran: s. Crocus sativus.

S

Safranal: 2,6,6-Trimethyl-1,3-cyclohexadien-1-aldehyd; $C_{10}H_{14}O$, M_r 150.21. Geruchsbestimmender Best. von Safran (Strukturformel s. Crocus sativus, Abb.); entsteht bei der Trocknung aus dem bitter schmeckenden Terpenglucosid Picrocrocin.

Safranine: Azinfarbstoffe, v.a. methylierte 5-Aryl-3,7-diaminophenazine. **Anw.:** als rot bis violette Farbstoffe in der Leder-, Papierindustrie, Mikroskopie u. als Redoxindikator.

Safranöl: das äther. Öl von Crocus* sativus.

Safranrebendolde: s. Oenanthe crocata.

Safran, Wilder: s. Carthamus tinctorius.

Safrol: 4-Allyl-1,2-methylendioxybenzol. Strukturformel s. Phenylpropanderivate (Abb.), Schmp. 11.2 °C, 234.5 °C. Farblose Flüss. od. Kristalle, lösl. in Ethanol u. Ether, unlösl. in Wasser. **Vork.:** z.B. in Sassafrasöl (s. Sassafras albidum var. molle, Oleum Sassafras); **Anw.** techn.: in der Riechstoffindustrie, Ausgangsprodukt für Heliotropin* **Tox.:** kanzerogene Wirkung.

Safyol: s. Phytoallexine.

Sagenkraut: s. Verbena officinalis (Herba Verbenae).

Sagittaria sagittifolia L.: Pfeilkraut; Fam. Alismataceae (Europa, Asien). **Inhaltsst.:** u.a. Monosaccharide, Oligosaccharide u. Stärke (Samen u. Rhizom), Flavonoide (Blätter), β-Sitosterol u. β-Sitosterolglucosid, bicycl. Diterpene, z.B. Sagittariol.

Hom: *Sagittaria sagittifolia:* frischer Wurzelstock.

SAGM-Additivlösung: Abk. für Natrium (engl. ***So****dium*), **A**denin, **G**lucose, **M**annitol-A.; Stabilisator für Blutkonserven zur Verlängerung der Erythrozytenüberlebenszeit durch Förderung der ATP- u. 2,3-Diphosphoglycerat-Synthese u. zur Verbesserung der Erythrozytenverformbarkeit. Ermöglicht eine ca. 35-tägige Lagerung von Erythrozytenkonz. (s. Blutersatz), nachdem das Vollblut in CPD*-Stabilisatorlösung gesammelt u. die von Plasma* u. buffy* coat getrennten Erythrozyten mit SAGM-A. versetzt wurden.

Sago: s. Amylum Sagi.

Sagostärke: s. Amulum Sagi.

Sagradarinde: s. Rhamnus purshiana (Rhamni purshianae cortex).

Saint-Germain-Tee: s. Species laxantes.

sakral: zum Kreuzbein (Os sacrum) gehörig.

Sakralanästhesie: **1.** Unempfindlichkeit im Gebiet der Sakralnerven. **2.** Sonderform der Periduralanästhesie* mit Injektion des Lokalanästhetikums* in den Sakralkanal.

Sal (lat.): Salz; salisch: salzartig.

Salacetamid INN: *N*-Acetylsalicylamid; *N*-Acetyl-2-hydroxybenzamid; CAS-Nr. 487-48-9; $C_9H_9NO_3$, M_r 179.17. Schmp. 148 °C. **Anw.:** schwaches Analgetikum*, Antiphlogistikum*, Antipyretikum*, vgl. Salicylamid; **UAW:** Magenübersäuerung.

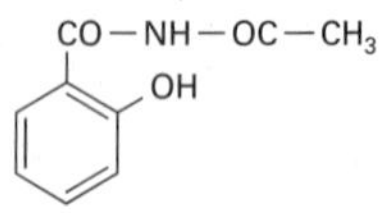

Salacetamid

Sal Acetosellae: s. Kaliumtetraoxalat.

Sal alcalinum compositum: alkalische Salzmischung, Vichysalz; Zstzg.: Ph.Helv.6, 2 T. wasserfreies Natriummonohydrogenphosphat, 5 T. Kaliumhydrogencarbonat, 5 T. wasserfreies Natriumsulfat, 8 T. Natriumchlorid, 80 T. Natriumhydrogencarbonat, alle Sieb 315. **Anw.:** Magen-, Darm- u. Leberleiden.

Sal ammoniacum: s. Ammoniumchlorid.

Sal ammoniacum tartaricum: s. Kaliumammoniumtartrat.

Sal anticatarrhale compositum: Sal Ems artificiale, Sal Ems factitium, katarrhlösende Salzmischung, künstliches Emsersalz; Zstzg.: Ph.Helv.7, 69 T. Natriumhydrogencarbonat, 28 T. Natriumchlorid, 1.5 T. wasserfreies Natriumsulfat, 1.5 T. Kaliumsulfat, alle Sieb 315. **Anw.:** Gurgeln u. Spülen bei Katarrhen der Atemwege; **Dos.:** 2.5-3.5 g/L; 1 TL Salzmischung entspricht ca. 4 g.

Salazosulfapyridin: Sulfasalazin INN, Sulfasalazinum Ph.Eur.4, Salicylazosulfapyridin; 5-[4-(2-Pyridyl)sulfamoyl-phenylazo]salicylsäure; CAS-Nr. 599-79-1; $C_{18}H_{14}N_4O_5S$, M_r 398.39. Schmp. 240-245 °C (unter Zers.). Fast unlösl. in Wasser, Chloroform, Ether, 1:2900 in Ethanol, lösl. in wässrigen Alkalihydroxid-Lösungen. **Anw.**: Chemotherapeutikum*; antibakt. Wirk. geg. Clostridien, Enterobakt. u. Aerobien, die keine Sporen bilden; Ind.: Morbus Crohn, ulcerative Colitis, rheumat. Arthritis; **Dos.**: p. o. Initialdos. 1.0 g/4 h, Erhaltungsdos. 0.5 g/4-6 h; rektal 2×0.5 g/d; HWZ 8 h bzw. 2.7-10 h (Metaboliten).

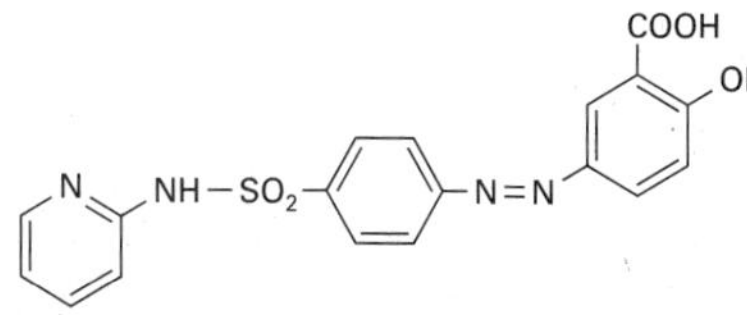

Salazosulfapyridin

Salbe: s. Unguenta. **Ammoniumbituminosulfonatsalbe 10, 20 od. 50 %:** s. Unguentum Ammonii bituminosulfonici; **anionaktive hydrophile S.:** s. Unguentum hydrophilicum anionicum; **aromatische S.:** s. Unguentum aromaticum; **Bleipflastersalbe:** s. Unguentum Plumbi oxidati; **Bleisalbe:** s. Unguentum Plumbi; **Bleistearatsalbe:** s. Unguentum Plumbi stearinici; **Bleitannatsalbe:** s. Unguentum Plumbi tannici; **Bleiweißsalbe:** s. Unguentum Cerussae; **Borsalbe:** s. Unguentum Acidi borici; **Brechweinsteinsalbe:** s. Unguentum Tartari stibiati; **Bronchialsalbe:** s. Unguentum broncho-resorbens; **campherhaltige Bleiweißsalbe:** s. Unguentum Cerussae camphoratum; **Camphersalbe 10 %:** s. Unguentum Camphorae 10%; **Camphersalbe 10 % mit Vaselin:** s. Unguentum camphoratum vaselinatum; **Camphersalbe 20 %:** s. Unguentum camphoratum; **Cayennepfeffersalbe:** s. Unguentum Capsici compositum; **Cetylsalbe:** s. Unguentum cetylicum; **einfache S.:** s. Unguentum simplex; **emulgierende Augensalbe:** s. Unguentum ophthalmicum emulsificans; **emulgierende S.:** s. Unguentum emulsificans; **gelbe Präzipitatsalbe:** s. Unguentum Hydrargyri flavum; **gelbe Quecksilberoxidsalbe:** s. Unguentum Hydrargyri flavum; **Glycerinsalbe:** s. Unguentum Glycerini; **Glycerolsalbe:** s. Unguentum Glyceroli; **graue Quecksilbersalbe:** s. Unguentum Hydrargyri cinereum; **Harnstoffsalbe (40 %):** s. Unguentum contra onychiam; **Harzsalbe:** s. Unguentum resinosum; **Hebrasalbe:** s. Unguentum Plumbi oxydati; **Hustensalbe:** s. Unguentum contra tussim; **Hydrocortisonacetat-Creme 0.5 od. 1 %:** s. Unguentum Hydrocortisoni acetici 0.5 aut 1.0 per centum; **hydrophile S.:** s. Unguentum emulsificans; **hyperämisierende S.:** s. Unguentum hyperaemicum; **Hämorrhoidalsalbe:** s. Unguentum haemorrhoidale; **Kaliumiodidsalbe:** s. Unguentum Kalii iodati; **Kropfsalbe:** s. Unguentum Kalii iodati; **Krätzesalbe:** s. Unguentum contra scabiem; **Königssalbe:** s. Unguentum basilicum; **lindernde S.:** s. Unguentum leniens; **Macrogolsalbe:** s. Unguentum Polyethylenglycoli; **Majoransalbe:** s. Unguentum Majoranae; **milde Hustensalbe:** s. Unguentum contra tussim mite; **nichtionische hydrophile Creme:** s. Unguentum emulsificans nonionicum aquosum; **nichtionische hydrophile S.:** s. Unguentum hydrophilicum nonionicum; **nichtionogene hydrophile S.:** s. Unguentum hydrophilicum non ionogenicum; **Pantothenylalkohol-S.:** s. Unguentum Dexpantothenoli; **Pappelsalbe:** s. Unguentum Populi; **PEG-S.:** s. Unguentum Polyethylenglycoli; **Polyethylenglykolsalbe:** s. Unguentum Polyethylenglycoli; **Polyvidon-Iod-S.:** s. Unguentum Polyvinylpyrrolidoni-Iodi; **Quecksilberamidochloridsalbe:** s. Unguentum Hydrargyri album; **Quecksilberpräzipitatsalbe:** s. Unguentum Hydrargyri album; **Quecksilbersalbe:** s. Unguentum Hydrargyri cinereum; **Rosmarinsalbe:** s. Unguentum Rosmarini compositum; **rote Quecksilberoxidsalbe:** s. Unguentum Hydrargyri rubrum; **S. gegen Aufliegen:** s. Unguentum contra decubitum; **S. zur Nagelentfernung:** s. Unguentum contra onychiam; **salicylsäurehaltige Bleipflastersalbe:** s. Unguentum Plumbi Emplastri cum Acido salicylico; **schwarze S.:** s. Unguentum Argenti nitrici compositum; **Silbersalbe:** s. Unguentum Argenti colloidalis; **Spanischfliegensalbe:** s. Unguentum Cantharidis; **Spanischfliegensalbe für den tierärztlichen Gebrauch:** s. Unguentum Cantharidum pro usu veterinario; **Stearatsalbe:** s. Unguentum stearinicum; **Tollkirschensalbe:** s. Unguentum Belladonnae; **Wachssalbe:** s. Unguentum cereum; **Warzensalbe:** s. Unguentum contra verrucas; **wasserhaltige Cetylsalbe:** s. Unguentum cetylicum cum Aqua; **wasserhaltige emulgierende S.:** s. Unguentum emulsificans aquosum; **wasserhaltige hydrophile S.:** s. Unguentum emulsificans aquosum; **wasserhaltige Wollwachsalkoholsalbe:** s. Unguentum Alcoholum Lanae aquosum; **wasserhaltige Wollwachsalkoholsalbe pH 5:** s. Unguentum Lanalcoli aquosum pH 5; **wasserhaltige, nichtionische, hydrophile S.:** s. Unguentum hydrophilicum nonionicum aquosum; **weiche S.:** s. Unguentum molle; **weiße Präzipitatsalbe:** s. Unguentum Hydrargyri album; **Windsalbe:** s. Unguentum aromaticum; **Wollwachsalkoholsalbe:** s. Unguentum Alcoholum Lanae; **Wund- u. Heilsalbe:** s. Unguentum contra vulnera; **Zinksalbe:** s. Unguentum Zinci; **zusammengesetzte Salicylsalbe:** s. Unguentum salicylicum compositum; **zusammengesetzte Silbernitratsalbe:** s. Unguentum Argenti nitrici compositum; **zusammengesetzte Wachssalbe:** s. Unguentum cereum compositum.

Salbeiblätter: s. Salvia officinalis.

Salbei, Chinesischer: s. Salvia militiorrhiza.

Salbeigamander: s. Teucrium scorodonia.

Salbeiöl: s. Salvia officinalis (Salviae officinalis aetheroleum).

Salbeitinktur: s. Tinctura Salviae.

Salbengrundlagen: s. Unguenta.

Salbenkapseln: s. Capsulae.

Salbenmanschette: s. Wundauflage.

Salbenmaschine: s. Dreiwalzenmühle.

Salbenmühle: s. Dreiwalzenmühle.

Salbenstuhl: s. Steatorrhö.

Salbutamol INN: Salbutamolum Ph.Eur.4; (*RS*)-2-(1,1-Dimethyl)ethylamino-1-(4-hydroxyme-

S

thyl)phenyl-ethanol; CAS-Nr. 18559-94-9; $C_{13}H_{21}NO_3$, M_r 239.31. Schmp. 155 °C (unter Zers.). Weißes, krist. Pulver; lösl. in vielen org. Lösungsmitteln, in Wasser 1:70, in Ethanol 1:25; schwer lösl. in Ether. **Anw.**: Bronchodilator, Antiphlogistikum*; direktes Beta-2-wirksames Sympathomimetikum*; **Dos.**: 3-4×2 mg/d p.o.; pulmonal, Inhalation 0.5 %, Dosieraerosol 0.1 mg/4 h, max. 8×0.1 mg/d; HWZ 2.7-5 h. **Salbutamolsulfat:** Salbutamoli sulfas Ph.Eur.4; $C_{36}H_{44}N_2O_{10}S$, M_r 576.7. Weißes, krist. Pulver; leicht lösl. in Wasser; schwer lösl. in Ethanol.

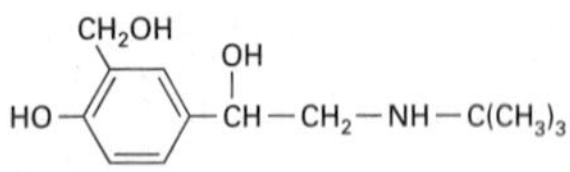

Salbutamol

Sal Carolinum: Sal Carlsbadense, Pulvis Caroli, Karlsbader Salz, Pulvis Caroli; Zstzg.: ca. 44 % Natriumsulfat (wasserfrei), 36 % Natriumhydrogensulfat, 18 % Natriumchlorid, 2 % Kaliumsulfat; die 0.6 %ige Lsg. ist gewebeisoton. **Anw.**: morgens nüchtern 1-2 TL auf ca. 30 dL lauwarmes Wasser als salin. Abführmittel.

Sal Carolinum factitium: Sal carolinum artificiale, künstliches Karlsbader Salz; Zstzg.: DAB6, 22 T. Natriumsulfat, 1 T. Kaliumsulfat, 9 T. Natriumchlorid, 18 T. Natriumhydrogencarbonat (mittelfein gepulvert). 6 g des Salzes geben mit 1 L Wasser eine dem nat. Karlsbader Wasser ähnl. Lösung; vgl. Sal purgans compositum.

Sal Carolinum factitium effervescens: brausendes Karlsbader Salz; künstl. Karlsbader Salz (s. Sal Carolinum factitium) mit Zusatz von Natriumhydrogencarbonat, Wein- u. Citronensäure.

Sal catharticum: s. Magnesiumsulfat-Heptahydrat.

Salcomin: Salicylaldehyd-Cobalt-Ethylendiamin. Bindet Sauerstoff aus der Luft (bis ca. 5 Gewichtsprozente) u. gibt ihn bei Erwärmen wieder ab. **Anw.**: früher zur Gew. von Sauerstoff.

Sal Cornu Cervi: s. Ammonium carbonicum pyrooleosum.

Sal Ems artificiale: s. Sal anticatarrhale compositum.

S

Sal Ems factitium: s. Sal anticatarrhale compositum.

Salepknollen: s. Orchis morio (Tubera Salep).

Salepschleim: s. Mucilago Salep.

Salepwurzeln: s. Orchis morio (Tubera Salep).

Sal febrifugum Sylvii: s. Kaliumchlorid.

Salia thermarum factitia: künstl. Mineralwassersalze.

Salicin: 2-(Hydroxymethyl)-phenyl-*β*-D-glucopyranose; $C_{13}H_{18}O_7$, M_r 286.3, Schmp. 199-201 °C. Geruchlose, farblose Kristalle od. weißes, krist. Pulver mit bitterem Geschmack. Glykosid des Saligenins (s. Salicylalkohol). **Vork.**: v. a. in der Rinde u. a. Pflanzenteilen von Salix*- u. Populus*-Arten; **Wirk.**: nach oraler Gabe entsteht aus S. im Darm Saligenin (s. Salicylalkohol), das nach Resorption zur analgetisch u. antipyretisch wirkenden Salicylsäure* metabolisiert wird.

Salicornia europaea L.: Queller; Fam. Chenopodiaceae (Meeresstrand). **Inhaltsst.**: Salze (Halogenide), Kieselsäure; **Anw.** volkstüml.: z. B. zur Steigerung der Harnproduktion.

Salicylaldehyd: Acidum salicylosum, Salicylige Säure, Spirige Säure; 2-Hydroxybenzaldehyd; $C_6H_4(OH)CHO$, M_r 122.12. D. 1.164-1.68. Sdp. 195-198 °C. $n_D^{20\,°C}$ 1.572-1.574. Klare, farblose bis schwach gelbl., ölige Flüss., die bittermandelartig riecht; mischbar mit Ethanol 96 % u. Ether, wenig lösl. in Wasser. **Vork.**: nat. in viel äther. Ölen (Spiraea-Arten); **Anw.**: Reagens DAB8, zum Nachw. von Fuselöl in Ethanol.

Salicylaldoxim: 2-Hydroxybenzaldehydoxin; $C_7H_7NO_2$, M_r 137.14. Schmp. 57-59 °C. Weißes, krist. Pulver, lösl. in Ethanol, Aceton, Ether, wenig lösl. in Wasser. S. bildet mit einer Reihe von Metallionen schwer lösl. od. intensiv gefärbte Chelate*. **Anw.**: in der Analytik zum Nachw. von Fe, Cu, U, V, zur Bestimmung von Cu, Pd, Pb, Bi, Ni sowie zur photometr. Bestimmung von Fe^{3+}.

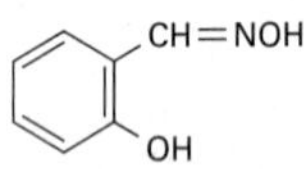

Salicylaldoxim

Salicylalkohol: Saligenin; *o*-Hydroxybenzylalkohol, 1-Hydroxy-2-hydroxymethylbenzol; $C_7H_8O_2$, M_r 124.1, Schmp. 86 °C (Sublimation). Lösl. in Wasser, Ethanol u. Diethylether. **Vork.**: z. B. in Weidenrinde als Glucosid (vgl. Salicin).

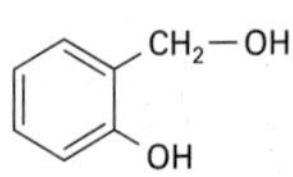

Salicylalkohol

Salicylamid INN: Salicylamidum, Salicylsäureamid; 2-Hydroxybenzamid; CAS-Nr. 65-45-2; $C_7H_7N_2O_2$, M_r 137.1. Schmp. 139-142 °C. Weißes, fast geruchloses, krist. Pulver; wenig lösl. in Wasser, lösl. in Ethanol. pK_S 8.2. **Off.**: DAC86, ÖAB90; **Anw.**: Analgetikum*, Antipyretikum*, Antirheumatikum*; **Dos.**: 0.5-1.0 g mehrmals täglich.

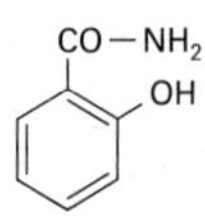

Salicylamid

Salicylate: Salze der Salicylsäure*.

Salicylazosulfapyridin: s. Salazosulfapyridin.

Salicylcollodium: s. Collodium salicylicum.

***o*-Salicyloylsalicylsäure:** s. Salsalat.

Salicylsäure (salix Weide): Acidum salicylicum Ph.Eur.4; 2-Hydroxybenzoesäure; CAS-Nr. 69-72-7; $C_7H_6O_3$, M_r 138.1. Schmp. 158-161 °C. Kristallnadeln od. krist. Pulver, weiß od. farblos, süßl., dann kratzender Geschmack; pK_s 3.0; lösl. in Wasser ca. 2.2 g/L (20 °C); wenig lösl. in Chloroform, leicht lösl. in Ethanol u. Ether. **Vork.**: nat. in Blüten der Spiraea-Arten, Kamillenblüten, Senegawurzeln; als Glykoside u. Ester (Methylester) in vielen äther. Ölen, z. B. Viola-Arten, Betula lenta, Gaultheria procumbens, Syzygium aromaticum; vgl. Salicin; **Darst.**: s. Kolbe-Schmitt-Reaktion; **Wirk.**: eiweißfällend, bakteriostat. u. fungizid; **Anw.**: äußerl. als Antiseptikum*, Keratolytikum*, Antirheumatikum*; auch zur Konservierung von Nahrungsmitteln, in vielen Ländern allerdings aufgrund der Bildung von Phenol beim Erhitzen verboten; in der analyt. Chemie als Fluoreszenzindikator; techn.: zur Herst. von Farb- u. Arzneistoffen; in der Parfümerie in Form von Estern; **UAW:** Dermatiden, evtl. Salicylismus nach Applikation auf große Flächen; **Dos.**: Schälsalben u. Schälkollodium 10 %ig, Hühneraugenpflaster 40-60 %ig, schweißhemmende Puder 3-5 %ig, antisept. Pinselungen u. Salben 0.5-1.0 %ig, antirheumat. Einreibemitteln 5 %ig; vgl. Natriumsalicylat; **Zuber.**: z. B. Emplastrum saponatum salicylatum, Pasta salicylata; **Gesch.**: 1838 von Raffaele Piria (1815-1865) aus Salicin* rein dargestellt; 1860 gelang Hermann Kolbe (1818-1884) die Synthese der S. aus Natriumphenolat u. Kohlendioxid.

Hom: *Acidum salicylicum (HAB1.5),* Salicylsäure: verord. z. B. bei Erkrankungen des rheumat. Formenkreises.

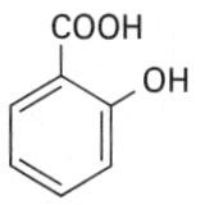

Salicylsäure

Salicylsäureethylester: Ethylium salicylicum, Ether salicylicus, Ethylsalicylat; $C_9H_{10}O_3$. Klare, farblose, aromat. riechende Flüss., mischbar mit Ethanol u. Ether, unlösl. in Wasser. **Anw.**: in der Parfümerie.

Salicylsäure-guajakolester: s. Guajakolsalicylat.

Salicylsäure-Hautspiritus 1 %, 2 %, 3 % od. 5 %: Zstzg.: NRF, 0.5 g, 1.0 g, 1.5 g bzw. 2.5 g Salicylsäure, 10.0 g mittelkettige Triglyceride, 5.0 g gereinigtes Wasser, Isopropylalkohol auf 50.0 g; Salicylsäure wird in der Mischung aus den flüss. Bestandteilen gelöst. **Anw.**: Keratolytikum; Haarspiritus bei Kopfschuppen u. Seborrhö; **Dos.**: 1-3 × tägl. auf die erkrankten Hautstellen.

Salicylsäureisoamylester: Amylium salicylicum, Amylsalicylat; $C_{12}H_{16}O_3$. Farblose, angenehm riechende Flüss., leicht lösl. in Ethanol, Ether, Chloroform, unlösl. in Wasser u. Glycerol. **Anw.**: in der Parfümerie.

Salicylsäure-Kollodium: s. Collodium salicylicum.

Salicylsäure-Kopföl 10 %: Zstzg.: NFA, 10.0 T. Salicylsäure, 10.0 T. Ethanol, 10.0 T. Polyethylenglycol-400-stearat, 35.0 T. Isopropylmyristat ad 100 T. Erdnußöl (s. Arachis hypogaea). Erdnußöl, Polyethylenglycol-400-stearat u. Isopropylmyristat werden im Wasserbad geschmolzen, Salicylsäure u. Ethanol zugesetzt, Erwärmung bis die Salicylsäure vollständig gelöst ist. Nach dem Abkühlen wird der verdunstete Ethanol ergänzt. Klare, leicht viskose, abwaschbare Flüss.; vgl. Salicylsäure-Öl 2 %, 5 % od. 10 %. **Anw.**: Kopfpsoriasis, Schuppen.

Salicylsäuremethylester: s. Methylsalicylat.

Salicylsäure-Öl 2 %, 5 % od. 10 %: Zstzg.: NRF, 1.0 g, 2.5 g bzw. 5.0 g Salicylsäure, 12.5. g bzw. 35.0 g raffiniertes Rizinusöl für 5 %- bzw. 10 %iges Öl, mittelkettige Triglyceride auf 50.0 g. **Herst.**: Salicylsäure wird mit den mittelkettigen Triglyceriden, bei den höheren Salicylsäure-Konz. unter Hinzufügen der angegebenen Menge an raffiniertem Rizinusöl, versetzt u. unter Erwärmen auf 90 °C innerhalb von max. 5 Minuten gelöst. Längeres Erwärmen ist zu vermeiden. **Anw.**: Keratolytikum; **Dos.**: 1-3 × tägl. auf die erkrankten Hautstellen auftragen.

Salicylsäurephenylester: s. Phenylsalicylat.

Salicylsäure-Salbe 2 %, 3 % od. 5 %: Herst.: NRF, 4.0 g 6.0 g bzw. 10.0 g Salicylsäure*-Stammverreibung wird mit Vaselin ohne Erwärmen zu einer gleichmäßigen Salbe verarbeitet. Als Salicylsäure-Stammverreibung ist eine Paste aus gleichen Teilen Salicylsäure u. einer Kohlenwasserstoffgrundlage zu verwenden. Fette Öle (z. B. Rizinusöl) od. flüssige Wachse können die chem. u. physik. Stabilität der Zuber. beeinflussen u. dürfen nicht verwendet werden. 4 T. fein verriebene u. gesiebte Salicylsäure wird mit 1 T. Paraffin in einer Salbenschale angerieben u. mit 3 T. weißem Vaselin ohne Erwärmen zu einer gleichmäßigen Paste verrührt. Die Paste wird mehrmals bei geringem Walzenabstand mit dem Dreiwalzenstuhl bearbeitet. **Anw.**: Keratolytikum; **Dos.**: 1-3 × tägl. auf die erkrankten Hautstellen auftragen; Kontakt mit Augen u. Schleimhäuten vermeiden.

Salicylsäure-Stammverreibung 50 %: Acidum salicylicum cum Vaselino albo 50 %, Salicylsäure-Verreibung 50 %; Zstzg.: NRF, DAC86, 100.0 g Salicylsäure, 20.0 g dickflüssiges Paraffin, 80.0 g weißes Vaselin; Haltbarkeit: 2 Jahre (ist durch Kristallwachstum begrenzt). Die Haltbarkeitsfrist kann 2-mal jeweils um 2 Jahre verlängert werden, wenn bei Bedarf der erforderl. Zerkleinerungsgrad der Salicylsäure durch das Bearbeiten mit dem Dreiwalzenstuhl wiederhergestellt wurde. In keiner von 3 Proben von je 1 mg dürfen mehr als 10 Kristalle von mehr als 100 µm od. Teilchen von mehr als 180 µm bei Betrachtung mit mind. 50facher Vergrößerung gefunden werden. **Anw.**: u. a. zur Herst. von Pasta* Resorcini composita.

Salicylseifenpflaster: s. Emplastrum saponatum salicylatum.

Salicylstreupulver: s. Pulvis salicylicus cum Talco.

Salicylsulfonsäure: s. 5-Sulfosalicylsäure.

Salicyltalg: s. Sebum salicylatum.

Salidiuretika: veralteter Name für Saluretika; s. Diuretika.

Saligenin: s. Salicylalkohol.

Salipyrin: s. Phenazonsalicylat.

Salivatia (lat. salivatio Speichelfluss): Sialagoga; den Speichelfluss anregende Mittel.

Salivation: krankhafte Steigerung des Speichelflusses.

Salix-Arten: Weide; Fam. Salicaceae; mehrere einheim. Arten wie **Salix alba** L. (Silberweide), **S. caprea** L. (Salweide, Palmweide), **S. daphnoides** Vill. (Reifweide), **S. fragilis** L. (Bruchweide, Kopfweide, Knackweide), **S. pentandra** L. (Fünfmännige Weide, Lorbeerweide), **S. purpurea** L. (Purpurweide) sowie **S. nigra** Marsh. (Schwarze Weide, Nordamerika). Stpfl. von **Salicis cortex:** Cortex Salicis, Weidenrinde. **Off.:** Ph.Eur.4; **Inhaltsst.:** 1.5-11.0% Salicylalkoholderivate (nach Ph.Eur. mind. 1.5% Salicylate, ber. als Salicin*), auch in Form des unbeständigen Salicortin od. Tremulacin; ferner aromat. Aldehyde, Phenolcarbonsäuren, Flavonoide (z.B. Naringin* u. Derivate) sowie Gerbstoffe; **Wirk.:** antipyretisch, antiphlogistisch, analgetisch; **Anw.:** bei Fieber, rheumat. Beschwerden, Kopfschmerz.

Salk-Impfung (J. E. Salk, Arzt, Virologe, Pittsburgh, 1914-1995): s. Poliomyelitis-Impfung (inaktiviert).

Salkowski-Reaktion: Nachw. von Cholesterol*, das in Chloroform gelöst mit konz. Schwefelsäure eine Rotfärbung gibt; vgl. Liebermann-Burchard-Reaktion).

Sal marinum: s. Meersalz.

Salmeterol INN: (±)-5-{1-Hydroxy-2-[[6-(4-phenylbutoxy)hexyl]amino]ethyl}salicylalkohol; CAS-Nr. 89365-50-4; $C_{25}H_{37}NO_4$, M_r 415.57. **Anw.:** Beta-2-Sympathomimetikum (Salbutamol*-Analogon; vgl. Sympathomimetika), Antiasthmatikum*, Bronchospasmolytikum; bei Asthma bronchiale, chron. Bronchitis; **UAW:** bes. bei Überdosierung Herzrhythmusstörungen, Hypertonie; **Dos.:** topisch 2-mal tägl. 2 Sprühstöße im Abstand von 12 h (1 Sprühstoß entspr. 0.025 mg S. bzw. 0.0363 mg Salmeterolxinafoat). **Salmeterolxinafoat:** das 1-Hydroxy-2-naphthoat von S.; CAS-Nr. 94749-08-3; $C_{36}H_{45}NO_7$, M_r 603.76.

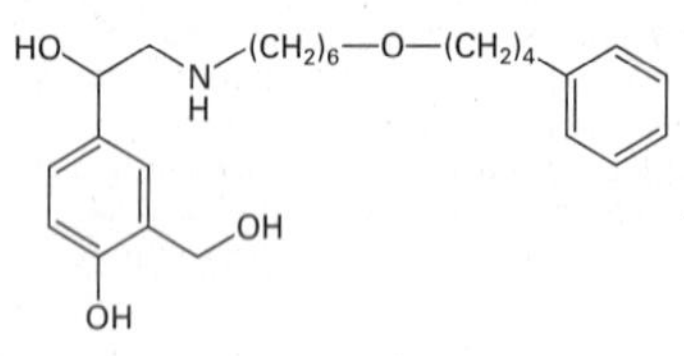

Salmeterol

Salmiak: s. Ammoniumchlorid.

Salmiakgeist: s. Ammoniaklösung 10%.

Salmiakpastillen: s. Pastilli Ammonii chlorati.

Salmin: aus Rheinlachssperma gewonnenes Protamin*.

Salmonella: Gattung gramnegativer, bewegl. Stäbchenbakt. der Fam. Enterobacteriaceae*; bilden Enterotoxine. Früher als TPE-Gruppe (Typhus-, Paratyphus- u. Enteritiserreger) bezeichnet. Unterteilung in sechs Subgruppen mit mehr als 2000 Serovarianten (Kauffmann-White-Schema); wichtigste humanpathogene Serovare gehören zur Subgruppe der S. enterica, subsp. enterica und sind Erreger der **Salmonellakrankheiten:** **1.** Typhus* abdominalis (Serovar Typhi); **2.** Paratyphus* (Serovar Paratyphi); **3.** Enteritis* u. Salmonellose* (Serovar Enteritidis, Typhimurium u.a.); relativ resistent gegen Umwelteinflüsse; Abtötung durch eine Temp. von 55 °C für 1 h (od. 75 °C für kürzere Zeit) od. chem. Desinfektionsmittel. Vgl. Lebensmittelvergiftung.

Salmonellosen: durch Salmonellen der Enteritis-Gruppe (s. Salmonella) ausgelöste Infektionskrankheiten u. insbes. Lebensmittelvergiftungen mit Meldepflicht bei Verdacht, Erkrankung u. Tod. **Urs.:** Konsum kontaminierter Lebensmittel, bes. nach hygien. unzulängl. Zubereitung od. Verarbeitung (z.B. Verw. roher Eier, zu kurze Erhitzung von Speisen in Mikrowellengeräten); **Symtome:** mittlere Inkubationszeit ca. 20-24 h, Erbrechen u. wässriger Durchfall; Schwere der Erkrankung von Erregertyp u. Alter des Patienten abhängig; häufig kurze Krankheitsdauer (1-2 d) u. geringe Letalität; selten Dauerausscheidung; **Ther.:** symptomat., orale Flüssigkeitszufuhr, ggf. Lactulose; Antibiotika meist nicht notwendig; **Prophylaxe:** Beachtung der Hygiene im Umgang mit evtl. kontaminierten Lebensmitteln (Händewaschen!); kein Verzehr von Lebensmitteln, die kontaminiert sein könnten.

Salol: s. Phenylsalicylat.

Salonitenolid: s. Cnicus benedictus (Cnici benedicti herba, Inhaltsst.); Strukturformel s. Cnicin (Abb.).

Salophen: s. *p*-Acetylaminophenylsalicylat.

Salpeter: **1.** Kalisalpeter; s. Kaliumnitrat. **2.** Natronsalpeter; s. Natriumnitrat. **3.** Kalksalpeter; s. Calciumnitrat.

Salpetergeist: s. Salpetersäure.

Salpetergeist, versüßter: s. Spiritus Etheris nitrosi.

Salpeter, geschmolzener: s. Brunellenstein.

Salpeterpapier: s. Charta nitrata.

Salpetersäure: Acidum nitricum, Acidum azoticum, Salpetergeist; HNO_3, M_r 63.0. D. 1.50-1.52. Schmp. −41.1 °C. Sdp. 84 °C. Farblose, sich allmähl. gelb färbende Flüss.; eine der stärksten Mineralsäuren u. Oxidationsmittel. S. zerstört viele org. Substanzen, löst Papier, Holz, Kork unter Gelbfärbung, löst viele Metalle zu Nitraten, während Gold u. Platin u. eine Reihe unedler Metalle, z.B. Al, Cr, Fe, nicht angegriffen werden. Haut u. Wolle werden gelb gefärbt (vgl. Xanthoproteinreaktion); **Darst.:** Erhitzen von Kaliumnitrat mit konz. Schwefelsäure; **Herst.** techn.: heute fast ausschließl. durch Ammoniak-Oxidation; S. kommt in versch. Reinheitsgraden u. Prozentgehalten in den Handel: **konz. Salpetersäure**, ca. 69% HNO_3; **verd. Salpetersäure**, Geh. ca. 25%; hergestellt durch Verdünnen der reinen S. mit Wasser. In den Arzneibüchern wird S. in versch. Konz. angeführt: **Salpetersäure 25%:** S., Acidum nitricum; off. in DAB6, ÖAB9: Geh. 31.1-32.2% HNO_3, D. 1.145-1.148; klare, farblose Flüss.; **rohe Salpetersäure**: Acidum nitricum crudum DAB6; Geh. 61-65% HNO_3, klare, farblose od. schwach gelbl., an der Luft rauchende Flüssigkeit. D. 1.372-1.392. In der Ph.Eur.4 als Reagens in versch. Konz.: **Salpetersäure 65%:** Geh. mind. 63.0, max. 70.0% (m/m) HNO_3, D. 1.384-1.416; farblose od. fast farblose Flüss. von charakterist. Geruch; entspr. Acidum nitricum concentratum ÖAB9 (Geh. 64.3-66.4%); **Salpetersäure 12.5%:** 20 g Salpetersäure 65% werden mit gereinigtem Wasser zu 100 mL verdünnt; **rauchende Salpetersäure:** Acidum nitricum fumans, Acidum nitroso nitricum; Geh. mind. 95.0% (m/m) HNO_3. Klare, schwach gelbl., rauchende Flüssigkeit. D. ca. 1.5;

Anw.: Reagens; med. nur noch als Ätzmittel, z. B. bei Pigmentflecken, Warzen; **Tox.:** Einatmen der S.-Dämpfe (Stickoxide) ist sehr gefährl.; MAK: 10 mL/m^3 Luft. Bei akuten Vergiftungen beobachtet man 3 Phasen: **1.** leichte Irritation der Atemwege, Bindehaut- u. Schleimhautreizung; **2.** symptomfreies Intervall von mehreren Std.; **3.** lebensgefährl. Lungenödem; bei bes. schweren Vergiftungen entfällt Phase 2; weitere Vergiftungserscheinungen sind Nierenentzündung, Lungenentzündung, Krämpfe, Kollaps; LD 6-10 g; Sofortmaßnahme: Verdünnen durch sofortige Gabe von 2-3 L Wasser, Auslösen von Erbrechen nur, wenn die Einnahme unmittelbar vorausging und/oder das Ausmaß der Verätzung es erlaubt; evtl. Magenspülung, Tracheotonie, Schockbehandlung mit Acidosekorrektur, Ersatz von Flüss. u. Elektrolyte; **Nachw.:** **1.** 1 mL der zu untersuchenden Flüss. wird mit einer frisch bereiteten Eisen(II)-sulfat-Lsg. (1 T. Eisen(II)-sulfat, 1 T. Wasser u. 1 T. verd. H_2SO_4) vermischt u. mit konz. Schwefelsäure unterschichtet. Bei Gegenwart von HNO_3 od. Nitraten bildet sich an der Berührungsfläche ein brauner Ring; **2.** beim Erhitzen von nicht zu verd. HNO_3 mit Cu entwickeln sich braune Dämpfe; **3.** mit Diphenylamin-Lsg. geben HNO_3 u. Nitrate eine dunkelblaue Färbung (s. Diphenylamin, Nitron).
Hom: *Acidum nitricum (HAB1.1):* Salpetersäure, verd. HNO_3; Konstitutionsmittel; verord. z. B. bei Schleimhautulzerationen u. -blutungen, Warzen, Folgen von Gonorrhoe.

Salpetersäureanhydrid: s. Distickstoffpentoxid.

Salpetersäurecelluloseester: s. Cellulosenitrat.

Salpetersäureglycerolester: s. Glyceroltrinitrat.

Salpetrige Säure: HNO_2; in reinem Zustand nicht beständig, nur in verd., kalten, wässrigen Lsg. u. in Form ihrer Salze, der Nitrite. **Anw.:** ihre Ester finden bzw. fanden med. Anwendung: **Ethylnitrit:** Aether nitrosus, Ethylium nitrosum; Salpetrigsäureethylester, C_2H_5ONO. **Isoamylnitrit:** Amylnitrit, Isopentylnitrit, Amylium nitrosum; Salpetrigsäureisoamylester, $C_5H_{11}ONO$, M_r 117.1. Gemisch aus vorwiegend 3-Methylbutylnitrit neben 2-Methylbutylnitrit. Klare, hellgelbe Flüss. von fruchtartigem Geruch, bereits bei Raumtemp. leicht flüchtig u. brennt mit gelber, rußender Flamme; prakt. unlösl. in Wasser, in jedem Verhältnis mischbar mit Ethanol, Ether, Chloroform. **Off.:** ÖAB90. **Anw.** med.: bei Cyanidvergiftung, früher wie Glyceroltrinitrat* bei Angina pectoris; **Dos.:** Inhalation von 0.03-0.07 g (2-5 Tr.), Wirkungsbeginn nach 30-40 s, Wirkungsdauer ca. 5 min, MED: 0.2 g, MTD: 0.5 g; vgl. Spiritus Etheris nitrosi; missbräuchl. auch als Stimulans (Poppers) verwendet.

Salpetrigsäureethylester: s. Salpetrige Säure (Ethylnitrit).

Salpetrigsäureisoamylester: s. Salpetrige Säure (Isoamylnitrit).

Salpingitis: Eileiterentzündung. Meist aufsteigende Infektion aus den darunter liegenden Abschnitten des Genitales; Vork. fast ausschließl. im geschlechtsreifen Alter.

Sal Prunellae: s. Brunellenstein.

Sal purgans compositum: abführende Salzmischung; Zstzg.: Ph.Helv.7, 42 T. wasserfreies Natriumsulfat, 36.3 T. Natriumhydrogencarbonat, 18.4 T. Natriumchlorid, 3.3 T. Kaliumsulfat, alle Sieb 250; vgl. Sal Carolinum factitium. **Anw.:** Laxans (4.5-9 g). 1 TL Salzmischung entspricht ca. 4.5 g.

Salsalat INN: Disalicylsäure, *o*-Salicyloylsalicylsäure; CAS-Nr. 552-94-3; $C_{14}H_{10}O_5$, M_r 258.22. Schmp. 148 °C. Fast unlösl. in Wasser (wird jedoch teilweise hydrolisiert); lösl. in Ethanol u. Ether. **Wirk.** u. **Anw.:** nichtsteroidales Antirheumatikum*, Antiphlogistikum*; durch Esterspaltung entstehen 2 Moleküle Salicylsäure*; **UAW:** gastrointestinale u. zentralnervöse Beschwerden; **Dos.:** 3-4.5 g/d; HWZ ca. 16 h (Metaboliten).

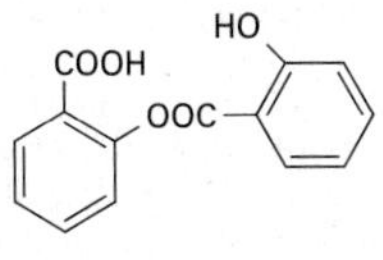

Salsalat

Saluretika: s. Diuretika.

Salvadora persica L.: Senfbaum, Salzbusch, Zahnbürstenbaum; Fam. Salvadoraceae (Afrika, Indien). **Inhaltsst.:** Alkaloide, Tannine (s. Tannin), Öl, Harz, Anthrachinone sowie Fluorid; **Anw.** volkstüml.: das Holz im Verbreitungsgebiet zur Zahnpflege; die scharf schmeckenden Früchte sind essbar.

Salvage pathway: Nucleotidsyntheseweg unter Verw. von vorgeformten Purin- u. Pyrimidinbasen zusätzl. zur de novo-Synthese, od. aber ausschließl. Weg bei bestimmten Mutanten von Mikroorganismen.

Salverin INN: *O*-(*β*-Diethylaminoethyl)-salicylanilid; 2-(2-Diethylaminoethoxy)benzanilid; CAS-Nr. 6376-26-7; $C_{19}H_{24}N_2O_2$, M_r 312.40. **Anw.:** Spasmolytikum*. Gebräuchl. ist auch Salverinhydrochlorid.

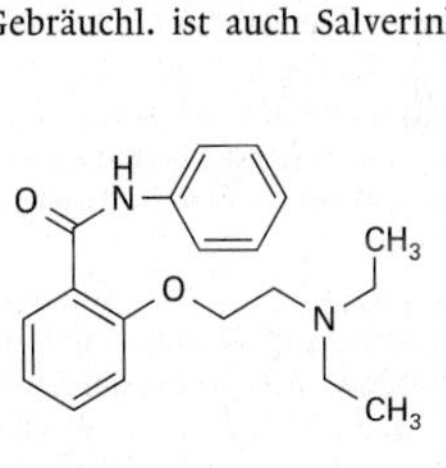

Salverin

Salvia grandiflora ETL.: (früher) Salvia officinalis ssp. major (Gersault) Gams, Salvia tomentosa Miller; Fam. Lamiaceae, Labiatae (heim. östl. Mittelmeergebiet, z. B. Griechenland, Kreta, Türkei, kult. u. a. in Mitteleuropa, Nordamerika, Russland), Blätter bis 10 cm lang, kurzfilzig behaart, niemals geöhrt; liefert keine der Ph.Eur.4 entsprechende Droge, vgl. Salvia officinalis.

Salvia lavandulifolia Vahl: (früher) Salvia officinalis ssp. lavandulifolia (Vahl) Gams, Spanischer Salbei; Fam. Lamiaceae, Labiatae (heim. iber. Halbinsel). Blätter 2-3 cm lang, dicht behaart; enthält kein Thujon, entspricht daher nicht den Arzneibüchern; vgl. Salvia officinalis.

S

Salvia miltiorrhiza Bunge: (chines) Dan shen, Rotwurzelsalbei; Fam. Lamiaceae (Labiatae), 30-80 cm hohe Staude. Stpfl. von **Salviae miltiorrhizae radix:** Wurzeldroge der TCM. **Inhaltsst.**: in der Droge Phenole (u. a. Lithospermat B), Diterpenchinone (u. a. Tanshinon II-A, Hydroxytanshinon II-A, Dihydrotanshinon I, Cryptotanshinon) u. Catecholderivate (u. a. Protocatechualdehyd, Danshensu, Salvianolsäuren); **Wirk.**: Tanshinone und Danshensu wirken antiischämisch; **Anw.**: in der TCM bei Angina pectoris, nervöser Unruhe, Gelenkschmerzen sowie Menstruationsbeschwerden.

Salvia officinalis L.: (früher) Salvia officinalis ssp. minor (Gmelin) Gams, Echter Salbei, Gartensalbei, Dalmatinischer Salbei; Fam. Lamiaceae, Labiatae (heim. westl. u. mittleres Mittelmeergebiet, kult. in Deutschland, England, Nordamerika). Anstelle der früher übl. Unterscheidung in Unterarten werden diese heute als eigene Arten aufgefasst; vgl. Salvia lavandulifolia, Salvia grandiflora; Blätter bis 7 cm, schwach behaart, Blattgrund manchmal geöhrt. S. officinalis wird im Vergleich mit S. lavandulifolia u. S. grandiflora in Deutschland u. Österreich am meisten kult. u. ist Stpfl. von **Salviae officinalis folium:** Folia Salviae, Salbeiblätter. **Off.**: Ph.Eur.4, ÖAB90; **Inhaltsst.**: 1.5-2.5 % äther. Öl (nach Ph.Eur. mind. 1.5 % in der Ganzdroge bzw. mind. 1.0 % in der geschnittenen Droge) mit Thujon (35-60 %, Gemisch aus α- u. β-Thujon, die α-Form überwiegt), Campher (20-35 %), Cineol (1-15 %), Borneol u. a., bis 6 % Labiatengerbstoffe (v. a. Rosmarinsäure*), ca. 0.3-0.4 % Carnosol* sowie Carnosolsäure u. a. Bitterstoffe, lipophile Flavonoide, ca. 0.15 % saure Triterpensaponine u. a.; **Wirk.**: antibakteriell, fungistatisch, virustatisch, adstringierend, antihidrotisch (schweißhemmend); **Anw.**: äußerl. bei Entzündungen der Mund- u- Rachenschleimhaut, zum Gurgeln bei Halsentzündungen; innerl. bei dyspeptischen Beschwerden, bei entzündl. u. katarrhalischen Erkrankungen des Magen-Darm-Traktes; bei vermehrter Schweißsekretion, z. B. Nachtschweiß von Lungenkranken sowie als Gewürz (Kalb-, Lamm-, Schweinefleisch, Aal, Leber; sparsam verwenden); **Zuber.**: Salviae tinctura Ph.Eur.4.01, Tinctura salviae; **Salviae officinalis aetheroleum:** Oleum Salviae, Salbeiöl; das durch Wasserdampfdest. aus den Blättern u. Stängeln gewonnene äther. Öl. $\alpha_D^{20°C}$ −3° bis +26°, D. 0.916-0.932. Gelbl. bis grünlichgelb, von würzigem Geruch. **Off.**: DAC, Ph.Helv.8; **Inhaltsst.**: vgl. Salviae officinalis folium; **Wirk.** u. **Anw.**: wie Salviae officinalis folium, volkstüml.: als Einreibung bei rheumat. Schmerzen.

Hom: *Salvia officinalis (HAB 2001):* frische Blätter; verord. z. B. bei starkem Nachtschweiß.

Salvia triloba L. f.: Salvia fruticosa Miller, Dreilappiger Salbei, Griechischer Salbei; Fam. Lamiaceae, Labiatae (Griechenland, Italien). Stpfl. von **Salviae trilobae folium:** Folia Salviae trilobae, Dreilappiger Salbei. **Off.**: Ph.Eur.4, Ph.Helv.8; **Inhaltsst.**: 1-3 % äther. Öl (mind. 1.8 % in der Ganzdroge bzw. mind. 1.2 % in der geschnittenen Droge, also mehr als bei Salvia* officinalis) davon >60 % Cineol, das den Geruch nach Eucalyptus-Blättern bedingt, u. nur ca. 5 % Thujon; ferner ca. 0.2-0.3 % Carnosol*, ca. 5 % Labiatengerbstoffe (v. a. Rosmarinsäure*) u. Flavonoide, u. a. Salvigenin (5-Hydroxy-6,7,4'-trimethoxyflavon); **Wirk.** u. **Anw.**: wie Salviae officinalis folium (s. Salvia officinalis); antihidrot. Wirk. (noch) nicht belegt.

Sal volatile: s. Ammoniumcarbonat.

Salweide: s. Salix-Arten.

Salzbusch: s. Salvadora persica.

Salze: Verb., die durch Einw. von Säuren* auf Basen* unter Wasserabspaltung entstehen bzw. durch Vereinigung von Metallen, Metalloxiden, Metallhydroxiden od. Carbonaten mit Säuren od. Säureanhydriden. Sie leiten sich ab von Säuren, indem das Wasserstoffion H^+ durch einen positiven Baserest, od. von Basen, dessen Hydroxyl-Ion OH^- durch einen negativen Säurerest ersetzt wird. Dementspr. dissoziieren sie in wässriger Lsg. in Base-Kationen u. Säure-Anionen. Die Metalle können auch durch org. Radikale ersetzt sein. Sind alle H^+ durch Kationen od. alle OH^- durch Anionen ersetzt, erhält man neutrale S.; verbleiben H^+- od. OH^--Ionen, so resultieren saure (Hydrogen- od. Bi-) bzw. basische (Hydroxid-)Salze.

Salz, englisches: s. Magnesiumsulfat-Heptahydrat.

Salze von Carbonsäuren: s. Carbonsäuren.

Salzkottener Gefäß: unzerbrechl., explosionssicherer Metallbehälter, der zum Lagern leicht entzündl. Flüssigkeiten dient. Im Einfüllstutzen befindet sich ein längerer Siebeinsatz; außer dem Auslaufhahn ist ein Hahn für den Luftausgleich vorhanden, damit das Auslaufen störungsfrei verläuft.

Salzlecksteine: s. Lecksteine.

Salzsäure: Chlorwasserstoffsäure, Acidum hydrochloricum, Acidum muriaticum; wässrige Lsg. von Chlorwasserstoff* (HCl). Klare, farblose, stechend riech. Flüssigkeit. Arzneibücher geben versch. Konz. an: **Salzsäure 36 %:** Acidum hydrochloricum concentratum Ph.Eur.4, konz. S., rauchende S.; Geh. 35.0-39.0 %, D. ca. 1.18; **Salzsäure 25 %** DAB6, Ph.Helv.7: Acidum hydrochloricum 25 per centum; **Salzsäure** ÖAB90: Acidum hydrochloricum; Geh. 19.0-21.0 %. D. 1.093-1.103; **Salzsäure 10 %:** Acidum hydrochloricum dilutum Ph.Eur.4, verd. S.; Geh. 9.5-10.5 % HCl (m/m); **Rohe Salzsäure:** Acidum hydrochloricum crudum EB6; Geh. mind. 30 % HCl. D. nicht unter 1.150; **Anw.** med.: verd. S. bei Achylie* u. Subazidität, bei akuter Gastroenteritis (10-25 Tr. auf ein Glas Wasser, während des Essens), evtl. auch Mixtura Acid. hydrochlor. DRF; wird Acidum hydrochloricum od. Salzsäure ohne nähere Bez. für innerl. Gebrauch verordnet, so muss Acidum hydrochloricum dilutum abgegeben werden; techn.: rohe S. als Reinigungsmittel, z. B. zum Ätzen u. zum Entfernen von Kesselstein.

Hom: *Acidum hydrochloricum (HAB1),* Acidum muriaticum: verd. Salzsäure; verord. z. B. bei Gastroenteritis, Hämorrhoiden.

SAM: S-Ado-Met; s. Adenosylmethionin.

Samak: s. Caesalpinia coriaria (Divi-Divi).

Samarium (nach dem Mineral Samarskasit): Symbol Sm; A_r 150.36, OZ 62. D. 7.520. Schmp. 1072 °C. Sdp. 1788 °C. Das silbrige, 2- und 3-wertige Lanthanoid*-Metall löst sich in Säuren, oxidiert bei Raumtemp. langsam u. verbrennt oberhalb

150 °C. **Vork.:** im Monazit und Bastnäsit. **Herst.:** Reduktion des Oxids mit Barium. **Anw.:** $SmCo_6$ als Permanentmagnett.

Sambubiose: 2-*O*-β-D-Xylosyl-D-glucose; Disaccharid aus Glucose u. Xylose. **Vork.:** als Zuckeranteil versch. Flavonoide, z. B. in Sambucus* ebulus.

Sambucus ebulus L.: Attich, Zwergholunder; Fam. Caprifoliaceae (Europa, Asien, Nordafrika). Stpfl. von **Fructus Ebuli:** Attichbeeren, Eppichbeeren. **Inhaltsst.:** Flavonoid- u. Anthocyanglykoside, cyanogene Glykoside, etwas äther. Öl u. a.; **Anw.** volkstüml.: z. B. zur Anregung der Harnausscheidung, bei Verstopfung; **Tox.:** der Genuss roher Früchte kann zu Erbrechen führen; **Radix Ebuli:** Attichwurzel, Eppichwurzel, Zwergholunderwurzel. **Inhaltsst.:** Iridoidglykoside, Gerbstoffe, Spuren äther. Öls; **Anw.** volkstüml.: wie Fructus Ebuli; **Herba Ebuli:** Folia Ebuli, Attichblätter, Attichkraut, Eppichkraut. **Inhaltsst.:** u. a. Bitterstoffe, äther. Öl; **Anw.** volkstüml.: als harn- u. schweißtreibendes Mittel.

Hom: *Sambucus ebulus:* frische, reife Beeren.

Sambucus nigra L.: Holunder, Holler, Schwarzer Holunder, Deutscher Flieder; Fam. Caprifoliaceae (heim. Mitteleuropa, Balkan, Asien, vielfach kult.). Stpfl. von **Sambuci flos:** Flores Sambuci, Holunderblüten, Fliederblüten. **Off.:** Ph.Eur.4, ÖAB90, Ph.Helv.8; **Inhaltsst.:** 0.03-0.14 % äther. Öl (mit acycl. Monoterpenen u. freien Fettsäuren), bis 3.5 % Flavonoide (nach Ph.Helv. mind. 0.7 %, nach Ph.Eur. mind. 0.8 %, ber. als Isoquercitrin), z. B. Rutosid, Isoquercitrin u. Hyperosid, Hydroxyzimtsäurederivate, wenig Triterpene u. Sambunigrin*; **Zuber.:** Species* laxantes; **Anw.:** als schweißtreibendes Mittel bei Erkältungskrankheiten; **Fructus Sambuci:** Holunderbeeren; die reifen, getrockneten od. frischen Beeren. **Inhaltsst.:** Flavonoid- u. Anthocyanglykoside wie z. B. Sambucin, Sambucyanin (Cyanidin-3-sambubiosid) u. Chrysanthemin, ca. 0.01 % äther. Öl, Vitamine (v. a. Vit. C), Fruchtsäuren, 7.5 % Zucker; in den Samen Sambunigrin* u. a. cyanogene Glykoside; **Anw.** volkstüml.: bei Obstipation, zur erhöhten Harnausscheidung sowie als schweißtreibendes Mittel; techn.: für Lebensmittelfarbstoffe; **Folia Sambuci:** Holunderblätter. **Inhaltsst.:** ähnl. Sumbuci flos; **Anw.** volkstüml.: wie Fructus Sambuci; **Cortex Sambuci:** Holunderrinde. **Inhaltsst.:** Gerbstoffe, Triterpene, z. B. α-Amyrin*, wenig äther. Öl, Spuren von Sambunigrin*; **Anw.** volkstüml.: wie Fructus Sambuci; **Medulla Sambuci:** Holundermark. **Anw.:** (früher) zur Herst. mikroskop. Präparate.

Hom: *Sambucus nigra (HAB 2000),* Sambucus: frische Blätter u. Blütenstände zu gleichen T.; verord. z. B. bei Schnupfen der Säuglinge.

Hom: *Sambucus floribus:* frische Blüten.

Hom: *Sambucus e cortice:* frische, innere Rinde der jungen Zweige; verord. z. B. bei Bronchialkatarrhen (bes. bei Kleinkindern), Grippe mit Nachtschweiß.

Sambucus racemosa L.: Traubenholunder, Bergholunder, Roter Holunder; Fam. Caprifoliaceae (Europa, Asien). **Inhaltsst.:** im Fruchtfleisch Zucker, Proteine, Gerbstoffe, Vitamine, Carotinoide, fettes Öl; in den Samen zusätzl. tox. Stoffe mit brecherregender u. abführender Wirkung; **Anw.** volkstüml.: als Brech- u. Abführmittel.

Sambunigrin: L-Mandelsäurenitrilglucosid, Strukturformel s. Cyanglykoside (Tab.); nat. in Sambucus* nigra; vgl. Prunasin.

Samen: Semen, (Abk.) Sem., (Plur.) Semina; **1.** (bot.) für Samenpfl. charakterist. Verbreitungseinheit bzw. eine junge Pfl. im Ruhezustand, s. Samenbildung. **2.** (zoolog.) Sperma*.

Samenanlage: Ovulum; (bot.) entspringt dem Fruchtblatt (s. Blüte) auf einer leistenförmigen Verdickung, der Plazenta, u. besteht aus dem Funiculus*, den 1 (unitegmisch) od. 2 (bitegmisch) Integumenten* sowie dem Nucellus*. Das Nucellusgewebe kann schwach ausgebildet (tenuinucellat) od. vielzellig (crassinucellat) sein. Die Integumente hüllen den Nucellus nicht vollständig ein, sondern lassen einen kleinen Kanal, die Mikropyle*, zum Eindringen des Pollenschlauchs frei. Je nachdem, wie weit der Funiculus von der Mikropyle entfernt ist, d. h. wie stark sich die S. krümmt, unterscheidet man 3 Arten (s. Abb.), die z. T. noch am fertigen Samen erkenntlich sind: **1. S., orthotrope (atrope):** gerade (aufrechte) S., Nucellus u. Funiculus in einer geraden Achse, Hilum* gegenüber der Mikropyle; **2. S., kampylotrope:** um ca. 90° gekrümmte S., Hilum nähert sich der Mikropyle; **3. S., anatrope:** umgewendete S., Nucellus mit Integumenten von der Basis ab um ca. 180° gewendet, Hilum ist Mikropyle am nächsten; Funiculus mit (äußerem) Integument verwachsen, bildet Raphe* zw. Chalaza* u. Hilum. **Plazentationstypen** (nach der Anordnung der Plazenten): **1.** freie, zentrale Plazentation: S. an einer zentralen Mittelsäule; **2.** zentralwinkelständige Plazentation: S. liegen in dem Winkel, der von Scheidewänden gebildet wird; **3.** wandständige Plazentation: S. liegen auf der Innenwand der Fruchtblätter od. des Fruchtknotens.

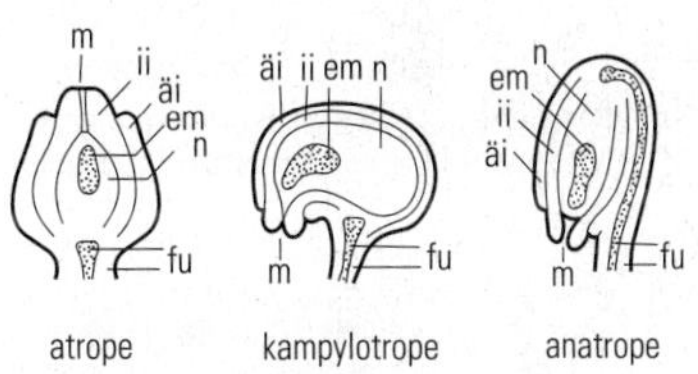

Samenanlage: m: Mikropyle; äi: äußeres Integument; ii: inneres Integument; em: Embryosack; fu: Funiculus mit Gefäßbündel; n: Nucellus

Samenbildung: (bot.) ein Pflanzensamen (s. Samen) geht nach der Befruchtung aus der Samenanlage* hervor. **Entwicklungsschema: A: Entw. in den Antheren** (s. Anthere): **1.** Meiose*: Entstehung von jeweils 4 haploiden Mikrosporen (junge Pollenkörner) aus den diploiden Mikrosporenmutterzellen; **2.** Erste Pollenmitose: Entstehung von 2 Zellen innerhalb der ursprüngl. Sporenwand, eine größere, die vegetative Zelle (Pollenschlauchzelle), u. eine kleinere, die generative Zelle im Pollenkorn; **3.** Zweite Pollenmitose: meist erst auf der Narbe od. sogar im Griffel; Entstehung von

2 Spermazellen aus der generativen Zelle; **4.** Auswachsen der vegetativen Zelle zum Pollenschlauch, der durch den Griffel zum Embryosack im Nucellus wächst; **B: Analoge Entw. im Nucellus** (s. Samenanlage): **1.** Meiose einer Zelle, der sog. Makrosporenmutterzelle (diploid): Entstehung von 4 haploiden Makrosporen; **2.** Absterben von 3 der 4 Makrosporen; Bildung der Embryosackzelle aus der 4. Makrospore, der Embryosackmutterzelle; **3.** aus der Embryosackzelle Bildung des Embryosacks, des sog. Megagametophyten, ein meist (bei ca. ⅔ aller Angiospermen) 7-zelliges, 8-kerniges Gebilde: **a)** dreimalige Teilung des primären Embryosackkerns (Kern der Embryosackzelle): Entstehung von 8 Tochterkernen; **b)** Wanderung von jeweils 3 Tochterkernen zu den beiden Polen des Embryosacks u. Bildung versch. haploider Zellen: die Eizelle mit den beiden Synergiden (zus. als Eiapparat bezeichnet) bei der Mikropyle u. die Antipoden; **c)** Verschmelzung der beiden restl. Kerne u. Bildung des sekundären Embryosackkerns (diploid); **C: Befruchtung u. Entw. des Samens: 1.** nach der Bestäubung (Übertragung des Pollen auf die Narbe) erfolgt die Befruchtung (doppelt bei den Angiospermen): **a)** Fusion der 1. Spermazelle mit der Eizelle: Bildung der diploiden Zygote; **b)** Vereinigung der 2. Spermazelle mit dem diploiden Embryosackkern (nicht bei den Gymnospermen): Entstehung des triploiden Endospermkerns; **2.** Entw. des Embryos mit Würzelchen (Radicula), Sprossknospe (Plumula) u. Kotyledonen (Keimblättern) aus der Zygote; **3.** bei der weiteren Teilung des Endospermkerns Bildung von Zellen, die das (triploide) Endosperm darstellen; dort Aufbau von wichtigen Stoffen (z. B. Vitaminen, Phytohormonen u. Reservestoffen), die für die Keimung und z. T. die anschließende Entw. erforderl. sind. (Bei der embryonalen Entwicklung kann das Endosperm oft völlig aufgebraucht werden. In diesem Falle werden die für die Keimung notwendigen Stoffe meistens in den Kotyledonen des Keimlings selbst gespeichert); **4.** i. d. R. Aufbrauchen des Nucellusgewebes; bei manchen Pfl. Ausbildung des Nucellus zu einem weiteren Nährgewebe, dem Perisperm; **5.** Entstehung der Samenschale (Testa) aus den Integumenten des Nucellus; in der Nähe des Hilum* ist die Testa meist etwas dünner, so dass dort das Würzelchen, dessen Spitze auf diese Stelle gerichtet ist, die Samenschale bei der Keimung durchstoßen kann; **6.** bei den Angiospermen Bildung der Früchte gleichzeitig mit der Entwicklung der Samen; s. Fruchtformen.

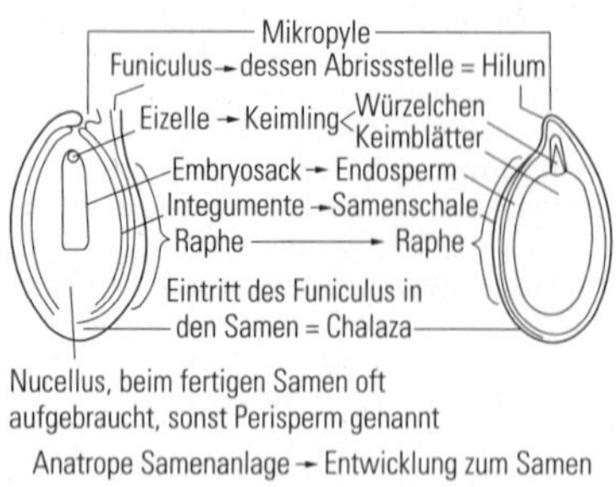

Samenbildung Abb. 1: Schema der Befruchung u. der ersten Entwicklung von Endosperm u. Embryo

Samenmantel: s. Arillus.
Samenpflanzen: s. Spermatophytina.
Samenschale: Testa; (bot.) entwickelt sich aus den Integumenten*; s. Samenbildung.
Samenstrang: Funiculus spermaticus; enthält Hodenhüllen, Samenleiter, Blutgefäße u. Nerven, die zum Hodensack ziehen od. von dorther kommen.
Samidin: s. Ammi visnaga (Ammeos visnagae fructus, Inhaltsst.).
Sammelfrucht: s. Fruchtformen.
Sammelzellen: (bot.) die sich dem Palisadengewebe im Mesophyll unmittelbar anschließenden Zellen, die Assimilate sammeln u. sie an die Gefäßbündel abgeben.
Sammetpappel: s. Althaea officinalis.
Samwurzel: s. Panax ginseng (Radix Ginseng).
SAN: s. Polystyrol.
sanabel (lat.): heilbar.

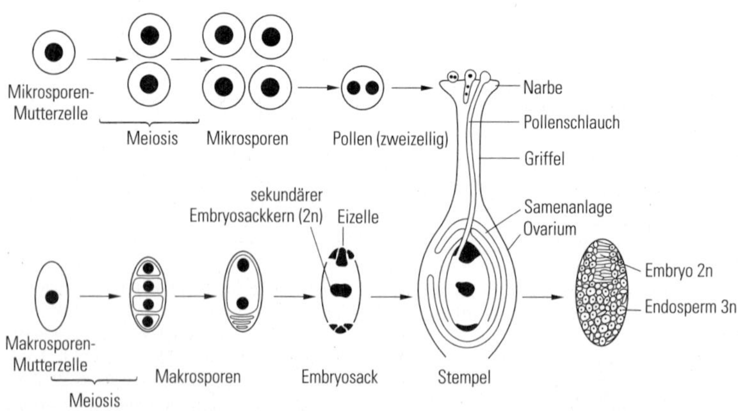

Samenbildung Abb. 2: schemat. Darstellung der Entw. einer anatropen Samenanlage zum reifen Samen; Vergrößerung der Samenanlage etwa 80fach, des Samens 8fach (Semen Lini)

Sanatio (lat.): Heilung.
Sandaraca: s. Tetraclinis articulata (Resina Sandaraca).
Sandarakharz: s. Tetraclinis articulata (Resina Sandaraca).
Sandbad: **1.** (chem.) Metall- od. Porzellanschale mit einer dünnen Schicht gesiebten Sandes, auf den das zu erhitzende Gefäß, z. B. ein Kolben, gestellt wird, um eine langsame u. gleichmäßige Erhitzung zu ermöglichen. **2.** (med.) Einhüllung des Patienten od. einzelner Körperteile mit auf 45-55 °C erwärmtem Sand, bei Erkrankungen des rheumatischen Formenkreises, Gicht, Neuralgien. Dauer ca. 0.5-1 h, Wirk.: erwärmend, anregend u. ableitend.
Sanddorn: s. Hippophae rhamnoides.
Sandelholz, Gelbes: s. Santalum album (Lignum Santali citrinum).
Sandelholz, Rotes: s. Pterocarpus santalinus (Lignum Santali rubrum).
Sandelholz, Weißes: s. Santalum album (Lignum Santali album).
Sandelöl: s. Santalum album (Oleum Santali).
Sandfliegen: Phlebotomus, s. Mücken.
Sandfloh: Tunga penetrans, s. Flöhe.
Sandkraut, Rotes: s. Spergularia rubra (Herba Arenariae rubrae).
Sandmeyer-Reaktion: Methode zur Einführung von Halogenid- od. Cyanidionen in aromat. Verb. durch Austausch gegen die Diazoniumgruppe mit Kupfer(I)-halogenid od. Kupfer(I)-cyanid als Katalysatoren.

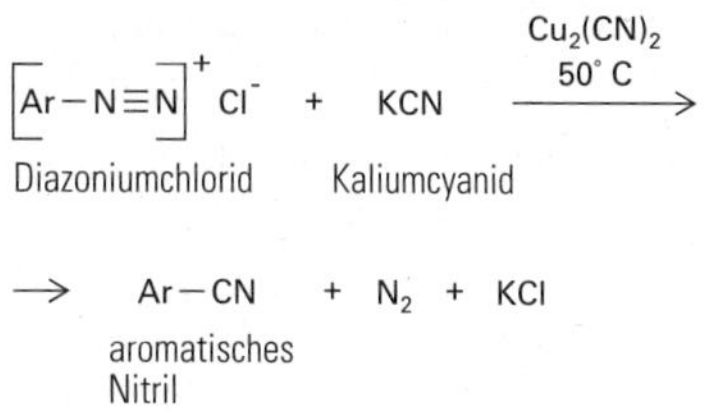

Sandmeyer-Reaktion: Bildung eines aromatischen Nitrils

Sandriedgras: s. Carex arenaria.
Sandriedgraswurzelstock: s. Carex arenaria (Rhizoma Caricis).
Sandsegge: s. Carex arenaria.
Sandstrohblume: s. Helichrysum arenarium.
Sandwegerich: s. Plantago afra.
Sandwich-Tabletten: s. Schichttabletten.
Sandwich-Verbindungen: Komplexverbindungen*, in denen ein Metall(ion) zw. 2 parallel übereinanderliegenden, cycl. Kohlenwasserstoffmolekülen angeordnet ist.
Sanger-Endgruppenanalyse: Methode zur Bestimmung der Aminosäuresequenz von Proteinen u. Peptiden durch Identifizierung des N-endständigen Restes mit Sanger-Reagens (2,4-Dinitrofluorbenzol). Dieses reagiert mit der freien Aminogruppe zum 2,4-Dinitrophenyl-Protein, welches nach schonender Hydrolyse das um eine Aminosäure verkürzte Protein u. das 2,4-Dinitrophenyl-Derivat der endständigen Aminosäure liefert, das papierchromatograph. identifiziert wird (s. Abb.). Dieses Verfahren kann mehrfach wiederholt u. somit die Aminosäuresequenz eines Proteins od. Peptids ermittelt werden.
Sanger-Reagens: 2,4-Dinitrofluorbenzol, s. Sanger-Endgruppenanalyse.
Sanguinaria canadensis L.: Kanadische Blutwurzel; Fam. Papaveraceae (Nordamerika). Stpfl. von **Rhizoma Sanguinariae canadensis:** Kanadische Blutwurzel. **Inhaltsst.:** 3-9 % Alkaloide, v. a. Sanguinarin, daneben Chelerythrin (Strukturformeln s. Chelidonium majus, Abb.), Protopin*, Berberin* u. a.; **Anw.:** (früher) Extrakt in der Zahnheilkunde als Antiplaquemittel zur Kariesprophylaxe; volkstüml.: u. a. bei Bronchitis.
Hom: *Sanguinaria canadensis (HAB 2000):* getrockneter Wurzelstock mit anhängenden Wurzeln (mind. 2 % Alkaloide); verord. z. B. bei Migräne, klimakter. Hitzewallungen.

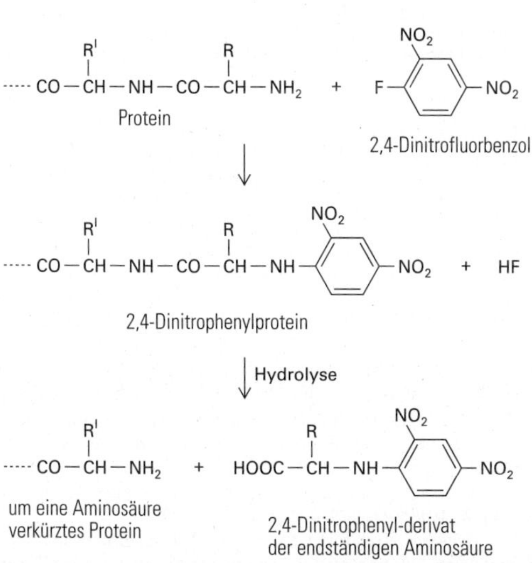

Sanger-Endgruppenanalyse

Sanguinarin: Isochinilinalkaloid mit Benzophenanthridin-Gerüst, Strukturformel s. Chelidonium majus. **Vork.:** z.B. in Chelidonium* majus, Sanguinaria* canadensis u.a. Papaveraceen u. Fumariaceen sowie in Rutaceen.

Sanguis: s. Blut.

Sanguis Draconis: s. Daemonorops draco (Resina Draconis).

Sanguis humanus: Blutkonserve; nach Ph.Eur.3 (bis 1994) Blut von einem gesunden Spender, Hämoglobingeh. mind. 12.5% (m/V). Aufbewahrung in Glas- od. Kunststoffbehältern; Zugabe von Stabilisatorlsg. für Blutkonserven (s. Stabilisatoren) erlaubt bis 22% (V/V) des Volumens der Endmischung; Hämoglobingeh. mind. 9.7% (m/V); Zusatz von Konservierungsmitteln ist nicht erlaubt; umfangreiche Anforderungen an Herst. u. Qualität; u.a. ist auch auf HIV-Antikörper zu prüfen; **Anw.:** als Blutersatz, wenn Erythrozytenkonz. od. andere Blutersatzstoffe (s. Blutersatz) nicht in ausreichender Menge vorhanden sind.

Sanguisorba officinalis L.: Großer Wiesenknopf; Fam. Rosaceae (nördl. gemäßigte Zone). Stpfl. von **Herba Sanguisorbae:** Wiesenknopfkraut. **Inhaltsst.:** Triterpensaponine, u.a. Sanguisorbin Gerbstoffe, Flavonoide; **Anw.** volkstüml.: z.B. innerl. bei Blutungen, äußerl. zur Wundbehandlung; **Radix Sanguisorbae:** Wiesenknopfwurzel. **Inhaltsst.:** bis zu 25% Gerbstoffe, 2-5% Saponine (Sanguisorbin); **Anw.:** wie Herba Sanguisorbae.

Sanguisuga officinalis: s. Hirudo medicinalis.

Sanicula europaea L.: Sanikel, Saunickel, Heil aller Schäden, Heildolde; Fam. Apiaceae, Umbelliferae (heim. Europa über Kaukasus bis Persien). Stpfl. von **Herba Saniculae:** Folia Saniculae, Sanikelkraut, Heildoldenkraut. **Inhaltsst.:** ca. 13% Triterpensaponine, Chlorogensäure*, Rosmarinsäure*, Flavonoide, Vitamin C u.a.; **Anw.** volkstüml.: bei Katarrhen der Luftwege, früher u.a. bei Magenblutungen, Skorbut.

Sanikel: s. Sanicula europaea.

Sanitätsrat: s. Gesundheitswesen (Österreich).

Sanitätswesen: s. Gesundheitswesen (Österreich).

Sankt-Antonius-Kraut: s. Plumbago europaea (Herba Plumbaginis).

Sankt-Lorenz-Wurzel: s. Vincetoxicum hirundinaria (Rhizoma Vincetoxici).

S

Sansho: s. Zanthoxylum piperitum (Szechuan-Pfeffer).

Sansibarkopal: s. Copal.

Santakraut: s. Eriodictyon californicum (Folia Eriodictyonis).

Santalholz: s. Santalum album (Lignum Santali album).

Santalin: s. Pterocarpus santalinus (Lignum Santali rubrum, Inhaltsst.).

Santalum album L.: Baum der Fam. Santalaceae (heim. bzw. seit langem kult. in Vorderindien). Stpfl. von **Lignum Santali album (citrinum):** Weißes (gelbes) Sandelholz, Santalholz, Citrinholz, Macassar-Sandelholz; das von der Rinde u. dem Splint befreite Kernholz des Stammes u. der Zweige. **Inhaltsst.:** 3-5% äther. Öl (Oleum Santali, s. unten), Harz u. Gerbstoffe; **Anw.** techn.: hauptsächl. zur Gew. des Öls; Räuchermittel; **Oleum Santali** DAB6: Sandelöl; das durch Dest. mit Wasserdampf aus dem Wurzel-, Stamm- u. Zweigholz gewonnene äther. Öl. Dickes, farbloses, würziges, eigenartig, etwas nach Rosen riechendes Öl. D. 0.968-0.980, $\alpha_D^{20\,°C}$ −16 bis −21°. **Best.:** primäre Sesquiterpenalkohole, v.a. Santanol, ferner weitere Alkohole, Ketone, Säuren sowie Phenole; **Anw.** volkstüml.: zur unterstützenden Ther. bei Erkrankungen der ableitenden Harnwege; techn.: als Duftkomponente in der Parfüm- u. Kosmetikindustrie.

Santonin: Santoninum; $C_{15}H_{18}O_3$, M_r 246.31. D. 1.186. Schmp. 172-173 °C. $[\alpha]_D^{20\,°C}$ −172 bis −176° (c=2 in absolutem Ethanol). Der wirksame Inhaltsstoff von Flor. Cinae (s. Artemisia cina), ein Sesquiterpenlacton. Farblose, glänz., bitter schmeckende Kristalle, sehr schwer lösl. in Wasser, lösl. in 44T. Ethanol, in 4T. Chloroform u. in fetten Ölen. **Anw.** med.: S. diente früher als Hauptmittel geg. Spulwürmer (Askariden), die es zwar nicht tötet, aber zur Abwanderung in den Dickdarm veranlasst, aus dem sie dann leicht durch Abführmittel (salinische, kein Rizinusöl) entfernt werden können. Heute ist diese Anw. obsolet; **Tox.:** Größere Dosen können zur Vergiftung führen, die sich zunächst in Violett-, dann in Gelbsehen (Xanthopsie) äußern, aber auch zu Erbrechen, Muskelzittern, Krämpfen u. Tod infolge Atemstillstand führen können. S. darf niemals auf leeren Magen gegeben werden. Oxidationsprodukte von S. färben sauren Harn leuchtend gelb bis orange, alkal. Harn purpurrot. Antidot: Magenspülung, Laxans, Klistier; Barbiturate geg. Krämpfe.

Santoninpastillen: s. Santonin.

Saphir: Edelstein, s. Aluminiumoxid.

Sapindaceae: Seifenbaumgewächse; Fam. der Od. Sapindales; ca. 1500 Arten (hauptsächl. Tropen u. Subtropen); Bäume od. Sträucher, z.T. von lianenartigem Wuchs u. mit Sprossranken. **Chem. Merkmale:** Triterpensaponine, auch als Best. giftiger, milchsaftartiger Sekrete. **Wichtige Gattungen:** z.B. Blighia, Cardiospermum, Litchi u. Paullinia.

Sapo (pl sapones): Seife; Alkalisalze der höheren Fettsäuren* u. Ölsäuren*. **Wirk.:** in Wasser bilden die Seifen ein kolloidales System. Die reinigende Wirk. beruht z.T. auf abgespaltenem, freiem Alkali, z.T. auf der Emulgierung der Schmutzteilchen. **Herst.:** Kochen pflanzl. od. tier. Fette mit Alkalilaugen (Verseifen). Kalilauge liefert weiche Seifen (Kali- od. Schmierseifen), Natronlauge feste Seifen (Natronseifen), wobei neben dem Salz der Fettsäure Glycerol* entsteht. Bei den Leimseifen bleibt das beim Verseifungsprozess gebildete Glycerol u. Wasser, die sonst zur Herst. von Kernseifen durch Aussalzen abgetrennt werden, in der Seifenmasse, die dadurch beim Erkalten nur halb fest wird. Um einer zu starken Entfettung der Haut vorzubeugen, wird v.a. med. Seifen, den sog. überfetteten Seifen, nachträgl. noch etwas Fett zugefügt. Auch die Alkalisalze der Harzsäuren (Kolophonium) werden zu den Seifen gerechnet.

Sapo Capillorum: s. Shampoos.

Sapo Cresoli: Sol. cresoli saponata, Cresolum saponatum, Liquor Cresoli saponatus, Kresolseife, Kresolseifenlösung; Zstzg.: ÖAB90, Ph.Helv.6, 1 T. Cresol, 1 T. Kaliseife; Cresol u. Kaliseife werden zu gleichen Teilen bei 50 °C zu einer klaren Lsg. vermischt; Geh. an Cresol: 40-50 %; Geh. an Fettsäuren: 19-23 %; klare, rotbraune, ölige Flüss. von phenolartigem Geruch; mischbar mit Wasser, Ethanol, Glycerol od. Petrolether. **Anw.**: antisept. Desinfektion; mit Trinkwasser trübe Lsg. durch Ausfällung von Erdalkaliseifen; **Dos.**: Desinfektion der Hände u. Instrumente 2-3 %; antisept. Wundbehandlung 0.5-1 %; Vaginalspülung 0.2-0.5 %.

Sapo domesticus: Hausseife; Zstzg.: EB6, harte, möglichst weiße Natronkernseife aus Talg; in Wasser klar od. fast klar, in heißem Ethanol ohne erhebl. Rückstand lösl.; konz. ethanol. Lsg. erstarrt nach dem Erkalten zu einer gallertartigen Masse. Geh.: mind. 60 % Fettsäuren.

Sapo durus: Natronseife; Herst.: ÖAB90, Verseifung von 50 T. Schweineschmalz u. 50 T. Olivenöl mit 60 T. konz. Natriumhydroxidlsg. u. 12 T. Ethanol; 12.5 %ige Natriumchloridlsg. dient dem Abscheiden von Seifenleim*; weißliches Pulver, lösl. in ca. 30 T. Wasser (10 T. warmem Wasser), in 20 T. warmem Ethanol; Geh. an Fettsäuren: mind. 88 %.

Sapogenine: Aglyka der Saponine*.

Sapo glycerinatus liquidus: flüssige Glycerinseife; Zstzg.: DAB6, Lsg. von 50 T. Kaliseife, 9 T. Ethanol, 40 T. Glycerol, 1 T. Lavendelöl.

Sapo jalapinus: Jalapenseife; DAB6, Mischung aus fein pulverisiertem Jalapenharz u. med. Seife (s. Sapo medicatus) zu gleichen Teilen.

Sapo kalinus: Kaliseife; gelbbraune, durchsichtige, weiche, schlüpfrige Masse, in 2 T. Wasser od. Ethanol klar od. fast klar lösl.; Geh.: mind. 40 % Fettsäuren. **Herst.**: DAC86: Verseifung von 43 T. Leinöl mit Kaliumhydroxid (Einwaage ber. über die VZ des Leinöls) u. 5 T. Ethanol; Ende der Verseifung, wenn sich 1 g Zuber. in 10 mL Wasser klar u. in 10 mL Ethanol 96 % fast klar löst. Nach der Verseifung wird die Masse durch Abdampfen od. durch Zusatz von heißem Wasser auf 100 T. gebracht. Ph.Helv.7: mit Kaliumhydroxid von bekanntem Geh. u. kohlendioxidfreiem Wasser wird eine Lsg. hergestellt, die 40 % Gesamtalkali (ber. als KOH) enthält. 23.0 T. dieser Lsg. werden mit 50.8 T. Leinöl, 7.5 T. Ethanol 96 % u. 20.6 T. gereinigtem Wasser gemischt u. unter leichtem Rühren solange bei ca. 50 °C erwärmt, bis keine Öltröpfchen mehr sichtbar sind (ca. 2 h). Die warme Mischung wird dann in die Gefäße abgefüllt. ÖAB90: Verseifung von 50 T. Leinöl mit 9.5 T. Kaliumhydroxid u. 7 T. Ethanol. Nach der Verseifung wird die Zuber. durch Zusatz von gereinigtem Wasser auf 100 T. gebracht. Geh. an Fettsäuren: 45.0-50.0 %. **Inkomp.**: sauer reagierende Verb., Erdalkali- u. Schwermetallsalze; **Anw.**: Bestandteil von Kaliseifenspiritus; in Lsg. zur Solubilisation phenol. Desinfektionsmittel; Reinigung u. Erweichung der Haut; Zusatz in manchen seifenhaltigen Linimenten; kaum mehr verwendet.

Sapo kalinus venalis: Sapo viridis, Schmierseife; Darst.: DAB6, s. Sapo kalinus, gelbbraune od. grünliche, weiche Masse, in 2 T. Wasser od. Ethanol klar od. fast klar lösl.; Geh.: mind. 40 % Fettsäuren.

Sapo medicatus: med. Seife; Darst. nach DAB6: 120 T. Natronlauge, 50 T. Schweineschmalz, 50 T. Olivenöl, 12 T. Ethanol, 25 T. Natriumchlorid, 3 T. Natriumcarbonat, 280 T. Wasser im Verseifungsverfahren (vgl. Sapo durus); weiße, nicht ranzige Seife, lösl. in Wasser u. Ethanol.

Saponaria officinalis L.: Seifenkraut; Fam. Caryophyllaceae (Mittel- u. Südeuropa). Stpfl. von **Saponariae radix rubra:** Radix Saponariae (rubrae), Rote Seifenwurzel; die getrockneten Wurzeln, Wurzelstöcke u. Ausläufer. **Off.**: DAC; **Inhaltsst.**: ca. 2.8-8.6 % Triterpensaponine mit Saponarosid A u. D (saure Bisdesmoside mit dem Aglykon Gypsogenin*); **Anw.** volkstüml.: bei Katarrhen der oberen Luftwege als Expektorans sowie äußerl. bei Ekzemen; techn.: als Schaumbildner; vgl. Gypsophila-Arten (Radix Saponariae alba, Anw.).

Sapones medicati: arzneiliche Seifen von fester, salbenförmiger od. flüssiger Beschaffenheit; vgl. Linimente.

Saponindrogen: Drogen, die wegen ihres Saponingeh. Verw. finden; s. Saponine.

Saponine: in zahlreichen Pfl. vorkommende Glykoside, deren Terpenoidaglyka (Triterpen- u. Steroidsapogenine) eine OH-Gruppe β-ständig am C-3 aufweisen, über die die Zucker gebunden werden. Man unterscheidet Monodesmoside, deren Zuckeranteil aus einer einzigen Kette besteht, von den Bisdesmosiden, die 2 Zuckerketten besitzen. **Triterpensapogenine:** Sapogenine mit 30 C-Atomen im pentacycl. (selten tetracycl.) Grundskelett, das meistens auf das Oleanan* bzw. das Δ^{12}-Oleanen zurückzuführen ist (s. Tab. 1). **Steroidsapogenine:** Sapogenine mit 27 C-Atomen u. Spirostangrundgerüst (Cholestanskelett, s. Steroide, s. Tab. 2). Je nach Art der Seitenkette am C-17 gibt es 2 Typen: **1.** den Spirostanol-Typ: charakterisiert durch Spiroketalgruppierung, fast ausschl. monodesmosid. in Wurzeln, Knollen u. Samen; **2.** den Furostanol-Typ: z. B. in Convallaria* majalis; Ring F geöffnet, OH-Gruppe am C-26 glykosid. durch D-Glucose besetzt, so dass fast immer hämolyt. unwirksame Bisdesmoside vorkommen; nach enzymat. od. säurekatalysierter Zuckerabspaltung Cyclisierung u. Bildung der entspr. hämolyt. aktiven Spirostanole; v. a. in den assimilierenden T. der Pfl; **Vork.**: **1.** Triterpensaponine (s. Tab. 3): v. a. bei dikotylen Pfl. (außer z. B. bei Digitalis- u. Trigonella-Arten), gehäuft u. a. in Fam. Caryophyllaceae (Saponaria- u. Herniaria*-Arten, Agrostemma* githago), Hippocastanaceae (Aesculus), Araliaceae (Eleutherococcus* senticosus, Panax- u. Hedera-Arten), Polygalaceae (Polygala* senega) u. Primulaceae (Cyclamen- u. Primula-Arten); nat. auch in Seegurken; **2.** Steroidsaponine (s. Tab. 4): v. a. bei monokotylen Pfl.; häufig in Fam. Liliaceae (Smilax* regelii, Ruscus* aculeatus, Paris* quadrifolia), ferner Dioscoreaceae u. Agavaceae; aus Dioscorea-Arten wie Dioscorea gracillima gewinnt man das weltwirtschaftl. wichtige Dioscin mit dem Aglykon Diosgenin*; nat. auch in Seesternen u. a. Stachelhäutern (Seeigel); **Eigenschaften:** S. sind in Wasser unter Schaum-

S

Saponine Tab. 1
Grundstrukturen und Beispiele für Triterpensapogenine

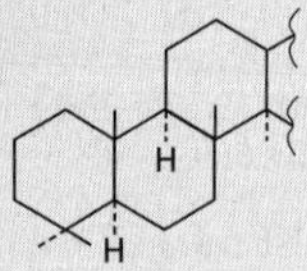

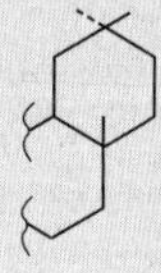

Oleanan

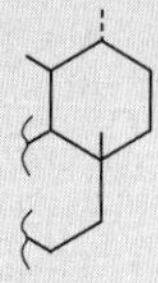

Ursan

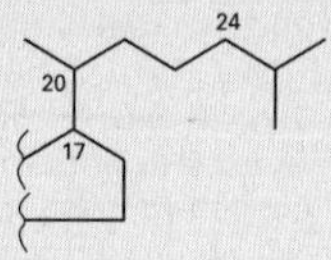

Dammaran

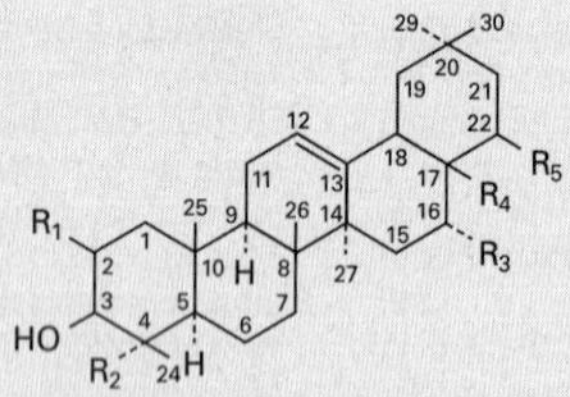

C-Atom	2 R_1	23 R_2	16 R_3	28 R_4	22 R_5	weitere Reste, Vorkommen
Oleanan-Typen						
β-Amyrin	H	CH_3	H	CH_3	H	häufig
Primulagenin A	H	CH_3	OH	CH_2OH	H	Primula veris, P. elatior
Primulagenin D	H	CH_3	OH	CHO	H	Primula veris, P. elatior
Priverogenin A	H	CH_3	OH	CHO	OH	Primula veris, P. elatior
Barringtogenol A	OH	CH_2OH	H	CH_2OH	OH	Aesculus hippocastanum
Barringtogenol C	H	CH_2OH	OH	CH_2OH	H	C_{21}: OH, Aesculus hippocastanum
Protoaescigenin	H	CH_3	OH	CH_2OH	OH	C_{21}, C_{24}: OH, A. hippocastanum
Oleanolsäure	H	CH_3	H	COOH	H	Eleutherococcus, Hedera helix
Crataegolsäure	OH	CH_3	H	COOH	H	Crataegus-Arten
Echinocystsäure	H	CH_3	OH	COOH	H	Primula elatior
Hederagenin	H	CH_2OH	H	COOH	H	Hedera helix
Polygalasäure	OH	CH_2OH	OH	COOH	H	Polygala senega
Gypsogenin	H	CHO	H	COOH	H	Gypsophila-Arten
Quillajasäure	H	CHO	OH	COOH	H	Quillaja saponaria
Gypsogensäure	H	COOH	H	COOH	H	Gypsophila-Arten
Medicagensäure	OH	COOH	H	COOH	H	Herniaria glabra, H. hirsuta
Presenegenin	OH	COOH	H	COOH	H	C_{27}: OH, Polygala senega
Ursan-Typen						
α-Amyrin	H	CH_3	H	CH_3	H	häufig
Ursolsäure	H	CH_3	H	COOH	H	Rosaceae, Centella asiatica
Asiatsäure	OH	CH_2OH	H	COOH	H	Centella asiatica
Tormentillsäure	OH	CH_3	H	COOH	H	C_{19}: OH, Potentilla erecta
Chinovasäure	H	CH_3	H	COOH	H	C_{27}: COOH, Cinchona-Arten

S

bildung lösl. u. besitzen einen kratzenden Geschmack; sie sind amorph od. kristallin u. werden aus ihren Lsg. durch Natriumchlorid u. Gerbsäuren ausgefällt; mit Cholesterol bilden S. schwer lösl. Molekülverb.; Triterpensaponine oft am Aglykon als auch am Zucker mit Carboxylgruppen (bedingen sauren Charakter der Glykoside); wichtige Eigenschaft ist ihre Fähigkeit, Erythrozyten* zu zerstören (Hämolyse*), diese nutzt man auch zur biolog. Wirkwertbestimmung, s. Index, hämolytischer. **Wirk.:** aufgrund des hohen Dispergiervermögens können S. die Resorptionsquote von Arzneimitteln erhöhen, z. B. von Digitaloiden od. Calciumsalzen; durch lokale Reizwirk. u. reflektorische Anregung der Sekretion der Bronchialdrüsen wirken Saponindrogen, wie Saponariae radix rubra u. Primulae radix, expektorierend. Wirk. einzelner Saponine: Aescin* u. S. aus Ruscus* aculeatus wirken entzündungshemmend u. antiödematös. Asiaticosid (s. Centella asiatica, Herba Centellae asiaticae) wirkt, wie einige andere Saponine, antibiotisch; Ginsengsaponine wirken tonisierend; **Anw.** techn.: Zusätze in Waschmitteln, Emulgatoren (pharmaz. Technologie); manche S., z. B. aus Quillajarinde, Rosskastanien u. der weißen Seifenwurzel als Disper-

Saponine Tab. 2
Grundstrukturen und Beispiele für Steroidsapogenine

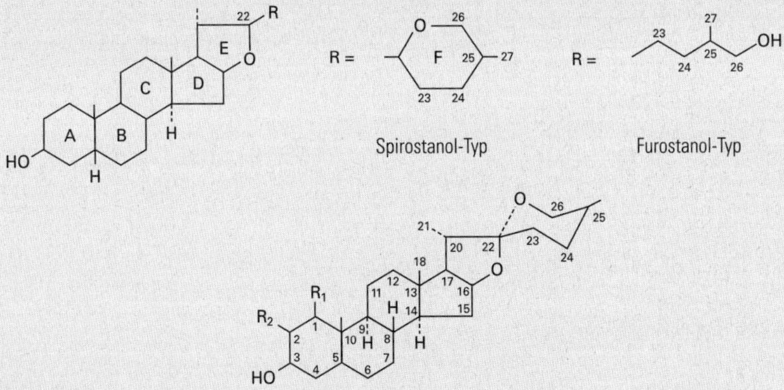

C-Atom	1 R_1	2 R_2		weitere Reste	Vorkommen
Tigogenin	H	H			Digitalis* lanata
Gitogenin	H	OH			Digitalis* purpurea
Digitogenin	H	OH		C_{15} – OH	Digitalis* purpurea
Convallogenin A	OH	H		C_5 – OH	Convallaria* majalis
Hecogenin	H	H		12 Oxo	Agave-Arten
Sarsapogenin	H	H		25(S)	Smilax* regelii
Smilagenin	H	H		5β	Smilax, Yucca, Agave
Diosgenin	H	H	5,6-Dehydro		Dioscorea-Arten
Yuccagenin	H	OH	5,6-Dehydro		Dioscorea-Arten
Ruscogenin	OH	H	5,6-Dehydro		Ruscus* aculeatus
Neoruscogenin	OH	H	5,6-Dehydro	25,27-Dehydro	Ruscus* aculeatus
Correllogenin	H	H	5,6-Dehydro	12 Oxo	Dioscorea spiculiflora
Gentrogenin	H	H	5,6-Dehydro	12 Oxo, 25(S)	Dioscorea spiculiflora

Saponine Tab. 3
Triterpensaponine

Saponine	Genine	Zucker und Säuren	Vorkommen
Aescin	Protoaescigenin	2 Gl, 1 Gls, As, Ts, Es	Aesculus hypocastanum
Asiaticosid	Asiatsäure	2 Gl, 1 Rh	Centella asiatica
Eleutheroside	Oleanolsäure	Gl, Rh, Ar	Eleutherococcus senticosus
Ginsengsaponine	20S-Proto-Panaxadiol	Gl, Gls, Ar, Rh	Panax ginseng
Glycyrrhizin	Glyzyrrhetinsäure	2 Gls	Glycyrrhiza glabra
Gypsosid A	Gypsogenin	Gl, Ga, Rh, 3 Xy, Fu, Gls, Ar	Gypsophylla-Arten
Hederacosid B	Oleanolsäure	2 Gl, 2 Rh, 1 Ar	Hedera helix
Hederacosid C	Hederagenin	2 Gl, 2 Rh, 1 Ar	Hedera helix
α-Hederin	Hederagenin	1 Rh, 1 Ar	Hedera helix
Herniariasaponine I, II	Medicagensäure	Gl, Rh, Fu	Herniaria glabra
Primulasaponin 1, 2	(Proto)-Primulagenin A	1 Gl, 1 Ga, 1 Rh, 1 Gls, (1 Xy)	Primula-Arten
Quillajasaponine	Quillajasäure	Gas, 1 Ga, 1 Gls (1 Gas)	Quillaja saponaria
Saikosaponine	Saikogenine	Gl, Rh, Fu	Bupleurum chinense
Saponarosid	Gypsogensäure	1 Xy	Saponaria officinalis
Saponasid A, D	Gypsogenin	Gl, Ga, Xy, Rh, Fu, Ar, Gl	Saponaria officinalis
Senegin II	Presenegenin	1 Gl, 1 Ga, 2 Xy, 1 Fu, 1 Rh	Polygala senega

Fu Fucose, Gl Glucose, Rh Rhamnose, Xy Xylose, Ar Arabinose, Ga Galactose, Gls Glucuronsäure, Gas Galacturonsäure, As Angelicasäure, Ts Tiglinsäure, Es Essigsäure

S

Saponine Tab. 4
Steroidsaponine

Saponine	Genine	Zucker	Vorkommen
Convallasaponine	Convallamarogenin, Convallagenin	Gl, Rh, Xy, Ar	Convallaria majalis und C. keiskei (Blüten)
Digitonin	Digitogenin	2 Gl, 2 Ga, 1 Xy	Digitalis purpurea (Samen)
Dioscin	Diosgenin	1 Gl, 2 Rh	Dioscorea gracillima (Wurzel)
Gitonin	Gitogenin	1 Gl, 2 Ga, 1 Xy	Digitalis purpurea (Samen)
Glykosidgemische	Correlogenin, Gentrogenin	Gl, Ga, Rh	Dioscorea spiculiflora
Glykosidgemische	Hecogenin, Smilagenin, Yuccagenin	Gl, Ga, Rh, Xy, Ar	Agava sisalana, A. mexicana u. a. Arten, Smilax-, Agaven- und Yucca-Arten
Gracillin	Diosgenin	2 Gl, 1 Rh	Dioscorea gracillima
Parillin	Sarsasapogenin	3 Gl, 1 Rh	Smilax aristolochiaefolia u. a. Arten (Wurzel)
Ruscin	Ruscogenin	1 Gl, 1 Rh, 1 Ar	Ruscus aculeatus (Rhizom)
Tigonin	Tigogenin	2 Gl, 2 Ga, 1 Xy	Digitalis lanata (Blatt)

Ar Arabinose, Ga Galactose, Gl Glucose, Rh Rhamnose, Xy Xylose

gier- u. Netzmittel für kosmet. Artikel; versch. S. werden noch heute als Fischgifte genutzt; **Tox.:** bei parenteraler Zufuhr stark tox. und u. U. sehr rasche letale Wirk.; orale Anw. kleiner Mengen von Saponindrogen ist unschädlich; oral relativ stark giftige S., sog. Sapotoxine, sind jedoch z. B. in folgenden Pfl. enthalten: in Agrostemma* githago, Cyclamen* purpurascens, Phytolacca* americana u. versch. Liliaceen, z. B. in Paris* quadrifolia.

Saponin-Referenzsubstanz: s. Gypsophila-Arten (Radix Saponariae alba, Anw.).

Sapo oleaceus: Marseiller Seife; Zuber.: EB6, 1 T. Ölseife (meist Oliven- od. Erdnußöl) u. 20 T. Ethanol in Wärme bereitet; Lsg. darf nach dem Erkalten nicht erstarren; harte, weiße Öl-Natronseife, klar lösl. in heißem Wasser u. Ethanol; Geh.: mind. 65 % Fettsäuren.

Sapotoxine: Bez. für bes. giftige Saponine*.

Sapo viridis: s. Sapo kalinus venalis.

saprogen: fäulniserregend.

Saprophyten (gr. sapros faulig, verdorben; phytos Gewächs): Mikrorganismen, die ausschließl. auf toter org. Substanz leben (obligate S.), fakultative Saprophyten können auch parasitieren (vgl. Parasiten).

Sapucajanuß: s. Lecythis ollaria.

Saquinavir INN: (3*S*,4a*S*,8a*S*)-2-[(2*R*,3*S*)-3-{[Na-(2-chinolylcarbonyl)asparaginyl]amino}-2-hydroxypropyl]-*N*-*tert*-butylperhydroisochinolin-3-carboxamid; CAS-Nr. 127779-20-8; $C_{38}H_{50}N_6O_5$, M_r 670.85. **Wirk.:** HIV*-Proteasehemmer; **Anw.:** Virostatikum, in Kombination mit Reverse-Transkriptase-Hemmern zur Behandlung HIV-positiver Erwachsener mit fortgeschrittener Immunschwäche; vgl. HIV-Erkrankung; **UAW:** Durchfall, Blähungen, Übelkeit, Schleimhautgeschwüre, Hautausschläge; **Dos.:** p. o. 3×600 mg/d innerhalb von 2 h nach den Mahlzeiten.

Saralasin INN: [1-(N-Methylglycin),5-*L*-Valin,8-*L*-Alanin]-Angiotensin II, CAS-Nr. 34273-10-4; $C_{42}H_{65}N_{13}O_{10}$, M_r 912.07. **Anw.:** Hypertonie-Diagnostikum zur Infusion; S. hemmt kompetitiv Angiotensin II u. wirkt somit blutdrucksenkend; HWZ 0.05 h; vgl. Hormone (Gewebehormone der Niere), Renin-Angiotensin-Aldosteron-System.

Sargramostim: (engl.) *granulocyte-makrophage colony stimulating factor, recombinant*; Abk. rGM-CSF, rHu GM-CSF; CAS-Nr. 123774-72-1; M_r 14432.57; hämatopoet., rekombinanter Wachstumsfaktor. **Anw.:** bei Neutropenie (vgl. Filgrastim).

Sarkin: s. Hypoxanthin.

Sarkolemm: Umhüllung der quergestreiften Muskelfaser; verdicktes Plasmalemm, das mit einem Gitterfaserhäutchen verbunden ist.

Sarkom: von mesenchymalem Gewebe (Muttergewebe von z. B. Stütz- u. Bindegeweben, quer-

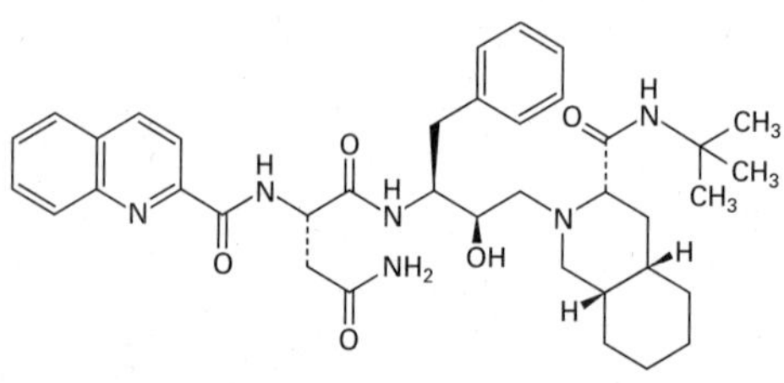

Saquinavir

gestreifter Muskulatur, glatten Muskelzellen, Herzmuskulatur, Gefäß- u. Blutzellen) ausgehender maligner Tumor*, der frühzeitig hämatogen Metastasen* bildet.

Sarkoplasma: syn. Mykoplasma, Zytoplasma; Protoplasma der Muskelfaser; im Sarkoplasma sind die Myofibrillen eingelagert.

Sarkosin: N-Methylglycin; CH_3NH-CH_2COOH; $C_3H_7NO_2$; M_r 89.09; Schmp. 212 °C unter Zersetzung. Farblose Kristalle, leicht lösl. in Wasser, wenig lösl. in Ethanol, unlösl. in Ether. Abbauprodukt von Kreatin*.

Sarmentogenin: $3\beta,11\alpha,14$-Trihydroxy-5β-card20(22)-enolid; $C_{23}H_{34}O_5$, M_r 390.5. Farblose Kristalle, lösl. in Ethanol. Steroid aus den Samen von Strophanthus* sarmentosus. **Verw.:** früher zur Partialsynthese von Cortison*.

Sarmentose: 2,6-Didesoxy-3-*O*-methylxylohexose; $C_7H_{14}O_4$, M_r 162.18. Ein mit Cymarose* isomerer Desoxyzucker; Best. von Herzglykosiden aus Strophanthus-Arten (s. Strophanthus gratus).

Sarmentoside: s. Strophanthus gratus (Semen Strophanti, Inhaltsst.).

Sarothamnus scoparius: s. Cytisus scoparius.

Sarpagin: s. Rauvolfia serpentina (Rauvolfiae radix, Inhaltsst.).

Sarsaparillabkochung: s. Smilax regelii (Anw.).

Sarsaparillwurzel: s. Smilax regelii (Radix Sarsaparillae).

Sarsapogenin: Steroidsapogenin, Strukturformel s. Saponine (Tab. 2).

Sassafras albidum (Nutt) Nees **var. molle** (Raf.) Fern.: Sassafras officinale Th. Nees et Eberm.; Fam. Lauraceae (atlant. Nordamerika von Kanada bis Florida). Stpfl. von **Cortex Sassafras radicis:** Sassafraswurzelrinde, Fenchelholzrinde. **Inhaltsst.:** 6-9 % äther. Öl (Oleum Sassafras), Gerbstoffe u. Alkaloide; **Anw.:** wie Lignum Sassafras; **Lignum Sassafras:** Lignum Floridum, Radix Sassafras, Sassafrasholz, Fenchelholz; das Holz der Wurzel, das stark fenchelartig riecht. **Off.:** DAB6; **Inhaltsst.:** 1-2 % äther. Öl, Lignane, Gerbstoffe u. a.; **Anw.** volkstüml.: u. a. als sog. Blutreinigungstee, bei Hautausschlägen, Katarrhen u. rheumat. Erkrankungen; techn.: in der Lebensmittelindustrie als Aromatikum (nur der von Safrol befreite Wurzelrindenextrakt); Safrol* ist kanzerogen, daher sind sassafrashaltige Arzneimittel nicht mehr zugelassen, eine volkstüml. Anw. ist nicht zu vertreten; **Zuber.:** s. Species lignorum; **Oleum Sassafras:** Sassafrasöl; das durch Dest. mit Wasserdampf aus den Wurzeln gewonnene äther. Öl, gelb bis rötlichgelb. $\alpha_D^{20°C}$ +2 bis +4°. D. 1.064-1.074. **Best.:** bis 80 % Safrol*, ferner Pinen*, Phellandren, Eugenol*, D-Campher sowie Sesquiterpene; **Anw.** techn.: in der Parfümerie, zur Gew. von Safrol.

Sassafrasholz: s. Sassafras albidum var. molle (Lignum Sassafras).

Sassafrasöl: s. Sassafras albidum var. molle (Oleum Sassafras).

Sassafras officinale: s. Sassafras albidum var. molle.

Sassafraswurzelrinde: s. Sassafras albidum var. molle (Cortex Sassafras radicis).

Sassolin: Mineral, s. Borsäure.

Sassyrinde: s. Erythrophleum suaveolens (Cortex Sassy).

Saturatio: Saturation; kohlensäurehaltige Arzneimischung, die durch Sättigung der Lsg. einer Säure mit einem Alkalicarbonat bereitet wird. DAB6: Wird eine Saturation ohne Angabe der Best. verordnet, so ist Riviere-Trank (s. Potio Riverii) abzugeben.

Satureithymian: s. Thymus satureioides.

Satureja hortensis L.: Bohnenkraut; Fam. Lamiaceae, Labiatae (heim. Südeuropa, Orient, häufig als Küchengewürz angebaut). Stpfl. von **Herba Saturejae:** Saturejae herba, Bohnenkraut, Gartenquendel, Wurstkraut, Pfefferkraut. **Off.:** EB6; **Inhaltsst.:** 0.3-2 % äther. Öl mit 30-40 % Carvacrol*, 20-30 % *p*-Cymen, Phenolcarbonsäuren, ferner 5-8 % Labiatengerbstoffe u. a., **Anw.** volkstüml.: z. B. bei Magen-Darm-Beschwerden u. gegen Würmer; Gewürz.

Saturnismus: s. Blei (Tox.).

Saubohne: **1.** s. Hyoscyamus niger. **2.** s. Vicia faba.

Saubrot: s. Cyclamen purpurascens (Rhizoma Cyclaminis).

Sauerampfer: s. Rumex acetosa.

Sauerbaum: s. Oxydendrum arboreum.

Sauerdorn: s. Berberis vulgaris.

Sauerdornbeeren: s. Berberis vulgaris (Berberidis fructus).

Sauerdorngewächse: s. Berberidaceae.

Sauerhonig: s. Oxymel.

Sauerkirsche: s. Prunus cerasus.

Sauerkleesalz: s. Kaliumhydrogenoxalat.

Sauermilch: s. Milch.

Sauerstoff: Oxygenium Ph.Eur.4; Symbol O; A_r 15.9994, OZ 8; elementar O_2, M_r 32.0. Sdp. −182.97 °C. Schmp. −218.9 °C. Oxidationszahlen: meist −2, aber auch −1 (H_2O_2). Krit. Temp. −118.8 °C, krit. Druck 50.4 bar, krit. D. 0.43, Litergewicht bei 1.013 bar u. 0 °C 1.429 g. Farb-, geruch- u. geschmackloses Gas, als Flüss. blau; in 100 mL Wasser lösen sich bei 0 °C 4.9, bei 20 °C 3.1 u. bei 100 °C 1.7 cm^3 Sauerstoffgas. Die charakterist. Eigenschaft des S. ist seine Fähigkeit, sich bei erhöhter Temp. mit zahlreichen Stoffen unter Licht- u. Wärmeentwicklung zu verbinden (vgl. Oxidation). Hierauf beruht auch die Verbrennung der Stoffe an der Luft. Wichtige S. verbrauchende Prozesse sind in der Umwelt neben der — u. a. zur Wärmeerzeugung sowie zum Antrieb von Motoren in Technik u. Haushalt genutzten — Verbrennung von Kohle bzw. Kohlenwasserstoffen (Erdöl, Erdgas) v. a. die zur Aufrechterhaltung der Körpertemperatur u. der Lebensvorgänge von Organismen in der Natur genutzte Verbrennung von Nahrungsmitteln. Auch das Vermodern von Holz, das Rosten u. Anlaufen von Metall u. Verwesungserscheinungen sind langsame Oxidationen (stille Verbrennung, Autoxidation*). Der der dauernden Abnahme von S. u. Zunahme von CO_2 u. Wasser entgegenwirkende S. liefernde Prozess ist die Assimilation der Pflanzen. **Vork.:** S. ist das häufigste Element; nat. in der Luft, die 20.9 % (V/V) od. 23.2 % (m/m) O_2 enthält; gebunden im Wasser, das 88.8 % (m/m), Meerwasser 85.8 % (m/m), S. enthält; in der Erdrinde in Form von Oxiden u. Oxosalzen (z. B. Carbonaten, Silicaten) zu 47.3 %

enthalten; **Darst.**: im Labor durch Erhitzen von Kaliumchlorat od. Bariumperoxid od. Umsetzung von Chlorkalk mit H_2O_2; die zweckmäßigste Labormethode zur raschen Gew. von sehr reinem O_2 ist die katalyt. Zers. von H_2O_2, soweit nicht der in Stahlflaschen (200 bar Druck) erhältliche O_2 genügt; **Herst.**: fraktionierte Dest. von flüss. Luft (Linde-Verfahren) od. elektrolyt. Zerlegung von H_2O; **Nachw.**: qualitativ (bei über 28 % O_2) durch Aufflammen eines glimmenden Holzspans; mit blauem Carminpapier*; quantitativ mit weißem Phosphor od. alkal. Pyrogallol*-Lsg.; **Anw.** med.: Einatmen bei Dyspnoe*, Asthma*, Herzkrankheiten, Gasvergiftungen; techn.: in der Metallurgie, zur Erzeugung hoher Temp. (Sauerstoffgebläse); **Tox.**: Reine Sauerstoffatmung in einer Druckkammer mit 2 bar Überdruck führt bei Versuchstieren schon in ca. 30-60 min zu Krämpfen, die bald zum Tode führen. Beim Menschen kommt es durch Inhalation von 90 % (V/V) O_2 bei Normaldruck nach 24-60 h zu Bronchitis, Atembeschwerden, Tachykardie*, ferner zu Schwindel, Erbrechen u. a. Störungen des ZNS. Reine Sauerstoffatmung führt langfristig zum Lungenödem. Unterdruckbeatmung mit 100 % (V/V) O_2 bei 0.5 bar wird allerdings ohne tox. Effekte vertragen (Raumfahrt). Bei Kleinkindern, bes. bei Frühgeburten, treten durch langdauernde Sauerstoffbeatmung mit mehr als 60 % (V/V) bei Normaldruck Veränderungen der Augenlinsenkapsel auf (retrolentale Fibroplasie), die zu Erblindung führen können; vgl. Ozon. Ein Gehalt von unter 7 % S. in der Luft führt zu Bewusstlosigkeit, ein noch geringerer Gehalt zur Erstickung. **Gesch.**: 1772 stellte der Apotheker Carl Wilhelm Scheele (1742-1786) aus Braunstein sog. Feuerluft, 1774 Joseph Priestley (1733-1804) aus Salpeter u. Quecksilberoxid sog. dephlogistierte Luft her. 1783 fand Henry Cavendish (1731-1810) heraus, dass Luft 20.85 % S. enthält. Der Name Oxygenium stammt von Antoine Laurent de Lavoisier (1743-1794). **Singulett-Sauerstoff**: $^1O_2$ ist ein elektron. angeregter Zustand des Sauerstoffmoleküls. Wegen der entgegengesetzten Spin*-Orientierung der bd. π^*-Elektronen ist er diamagnet., im Ggs. zum paramagnet. Grundzustand ($^3O_2$, Triplett-Sauerstoff). Er wird aus $^3O_2$ durch Farbstoff-sensibilisierte Anregung mit Licht oder durch Zers. bestimmter Peroxide* erzeugt. $^1O_2$ ist ein wirksames Oxidationsmittel, die Reaktivität gegenüber Alkenen* entspr. der eines elektrophilen Reagens; bestimmte ungesättigte Verb. reagieren unter Bildung von Dioxetanen.

Sauerstoff-15: Symbol ^{15}O; Radionuklid mit einer HWZ von 2.03 min, zerfällt zu 99.9 % unter β^+-Zerfall (s. Betazerfall) u. zu 0.1 % unter Elektroneneinfang (s. K-Einfang). Dabei entsteht stabiler Stickstoff-15. **Herst.**: im Zyklotron (s. Teilchenbeschleuniger) z. B. durch Bestrahlung von Stickstoff-14 mit Deuteronen: $^{14}N(d,n)^{15}O$. **Anw.**: [^{15}O]Sauerstoff, Oxygenium[^{15}O]Ph.Eur.4; Mischung von [^{15}O]Sauerstoff mit Trägergas (z. B. Luft) zur PET*-Messung des Sauerstoff-Stoffwechsels; vgl. Kohlenmonoxid[^{15}O], Wasser[^{15}O].

Saugfähigkeit von Watte und Verbandzellstoff: s. Absinkdauer.

Saugwürmer: s. Trematodes.

Saukraut: s. Hyoscyamus niger.

Saunickel: s. Sanicula europaea.

Saussurea lappa: s. Costunolid.

Saxitoxin: von Dinoflagellaten der Gattung Gonyaulax gebildetes Toxin, das eine Muschelvergiftung verursachen kann; blockiert die neuromuskuläre Übertragung.

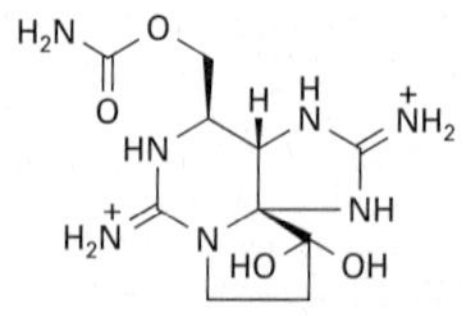

Saxitoxin

Saytzeff-Regel: bei der Dehydratisierung von sekundären u. tertiären Alkoholen* sowie der Abspaltung von Halogenwasserstoffsäure aus sekundären u. tertiären Alkylhalogeniden zu Alkenen* bildet sich überwiegend das Alken mit der kleinsten Zahl von Wasserstoffatomen an der C – C-Doppelbindung. Beispiel: aus 2-Brombutan entsteht 2-Buten als Haupt- u. 1-Buten als Nebenprodukt (s. Abb.).

Sb: (chem.) Symbol für Antimon*.

SB: s. Polystyrol.

s. c.: Abk. für **s**ub**c**utan; s. subkutan.

Sc: (chem.) Symbol für Scandium*.

Scabies: Skabies, Krätze; Hauterkrankung durch Krätzmilben (Sarcoptes scabiei), ca. 0.2-0.4 mm großer, kugeliger Körper. **Ther.**: Mittel gegen Krätze s. Antiscabiosa, bei ekzemartiger Hautveränderung lokal Glucocorticoide; Wäschewechsel; Untersuchung von Kontaktpersonen.

Scabiosa succisa: s. Succisa pratensis.

scaling up: Überführung eines Verfahrens zur Herst. einer Arzneiform vom Laboransatz über die Pilotphase auf den Produktionsmaßstab. Dabei dürfen sich wichtige Eigenschaften des Produktes (biol. Verfügbarkeit, therap. Wirksamkeit) nicht od. nur möglichst wenig verändern.

Saytzeff-Regel

Scammoniae mexicanae resina: s. Ipomoea orizabensis (Resina Scammoniae mexicana).

Scammonium: s. Convolvulus scammonia.

Scammonium europaeum: der eingedickte Milchsaft von Euphorbia* cyparissias.

Scammonium germanicum: s. Calystegia sepium.

Scammonium usu Aleppo: s. Convolvulus scammonia.

Scandium: Symbol Sc; A_r 44.956, OZ 21. D. 2.985. Schmp. 1539 °C. 3-wertiges, hellgraues, dem Aluminium* ähnl. Lanthanoid*. **Gesch.:** 1879 von Lars Frederik Nilson (1840-1899) entdeckt.

Scanning (*engl.* to scan genau beobachten, punktuell abtasten): systemat. Abtasten eines Informationsträgers durch einen Detektor.

Scarlatina: s. Scharlach.

Scatchard-Plot: Verfahren zur Linearisierung von Daten aus der Wechselwirkung zweier Interaktionspartner gemäß dem Massenwirkungsgesetz. Ermöglicht die Bestimmung von Bindungskonstanten sowie eine Beurteilung, ob mehrere Bindungsstellen vorliegen. In der Pharmakokinetik angewandt zur Beschreibung der Plasmaproteinbindung*, darüber hinaus zur Charakterisierung der Affinität bei der Antigen-Antikörper-Reaktion u. für Rezeptorbindungsstudien.

Scatula: Schachtel. ad scatulam: in eine Schachtel.

Schachtelhalm: s. Equisetum arvense.

Schachtelhalm, Großer: s. Equisetum hyemale.

Schachtelhalmkraut: s. Equisetum arvense (Equiseti herba).

Schachtelpulver: s. Pulveres.

Schade-Zahl: s. Diastasezahl nach Schade.

Schadstoffe: in der Umwelthygiene gebrauchte Sammelbez. für schädl. Substanzen z. B. in Wasser, Luft, Boden, Nahrungsmitteln; vgl. Biozide.

Schädlingsbekämpfung: Bekämpfung von schädl. Tieren u. Pflanzen einschließl. Mikroorganismen u. Viren, die Nutztiere, Nutzpflanzen, Lebensmittel od. Materialien schädigen od. zerstören. Zur Sch. zählt man neben dem Pflanzenschutz u. a. auch den Materialschutz (z. B. Holzschutz* u. Mottenbekämpfung*), die Seuchenbekämpfung (zur Abtötung krankheitsübertragender Organismen) u. den Vorratsschutz. Bei letzterem werden pflanzl. u. tier. Produkte in Lagerräumen, Schiffen u. Eisenbahnwaggons vorbeugend od. nach eingetretenem Schädlingsbefall meist mit Begasungsmitteln wie Methylbromid, Ethylenoxid (wegen Kanzerogenität obsolet), Blausäure od. Phosphin behandelt. Zur Entwesung können Drogen u. Getreide auch mit Kohlendioxid u. Überdruck behandelt werden. Zur eigentl. Sch. können biol., physik.-techn. u. chem. Mittel angewandt werden. Bei der biol. Sch. werden die Schädlinge durch ihre nat. Feinde vernichtet, z. B. Blattläuse durch Marienkäfer od. Schildläuse durch Zehrwespen. Dabei werden auch nat. Parasiten u. Seuchenerreger verwendet, od. man greift durch Sterilisation in die Fortpflanzungsaktivität der Schädlinge ein. Zu der physik.-techn. Sch. zählt man z. B. das Aufstellen von Fallen u. das Anbringen von Klebestreifen. Am häufigsten wird die chem. Sch. angewandt. Bei wiederholter Anwendung chem. Mittel können bei Schädlingen mit raschem Generationswechsel Resistenzerscheinungen auftreten, od. es sind noch Reste der verwendeten Pestizide od. ihrer Abbauprodukte in der behandelten Pflanze vorhanden. Die integrierte Sch. (integrierter Pflanzenschutz) kombiniert biol. u. chemische Methoden. Sie bezweckt v. a. durch eine gezielte sparsamere Anwendung chem. Pflanzenschutzmittel eine Schonung der Umwelt. Dabei spielt auch die Züchtung von Pflanzenarten eine wichtige Rolle, die gegenüber Schadorganismen möglichst widerstandsfähig sind. Da Arzneipflanzen fast ausschließl. in Monokulturen angebaut werden, sind sie gegenüber Schadorganismen sehr anfällig. Wegen der notwendigen Anw. chem. Spritzmittel spielt das Rückstandsproblem bei Lebensmitteln u. Arzneidrogen eine große Rolle. Gesetzl. geregelt werden die zulässigen Höchstmengen an Pestiziden in od. auf Nahrungsmitteln in der Bundesrepublik Deutschland durch die Pflanzenschutzmittel-Höchstmengenverordnung (in Österreich durch die Schädlingsbekämpfungsmittel-Höchstwerteverordnung, in der Schweiz durch die VO über Fremd- u. Inhaltsst. in Lebensmitteln). Für Arzneidrogen werden die in diesen Verordnungen angegebenen Grenzwerte für Tee u. teeähnl. Erzeugnisse od. Lebensmittel angestrebt, od. es finden sich im Arzneibuch entspr. Vorschriften hinsichtl. ihrer ADI*-Werte; s. Schädlingsbekämpfungsmittel.

Schädlingsbekämpfungsmittel: Pestizide, Biozide; Sammelbegriff für chem. Mittel zur Schädlingsbekämpfung*. Substanzen od. Substanzgemische, die zur Abwehr, Zerstörung od. Bekämpfung von Schädlingen, unerwünschten Pflanzen- od. Tierarten dienen, die bei der Herst., Verarbeitung, Lagerung, dem Transport od. dem Inverkehrbringen von Lebensmitteln u. pflanzl. Drogen schädl. od. beeinträchtigend wirken. Der Begriff Pestizide schließt nach Ph.Eur.4 auch Substanzen ein, die zum Einsatz als Wachstumsregulatoren, Entlaubungsmittel u. Trocknungsmittel bestimmt sind, sowie alle Substanzen, die vor od. nach der Ernte am Erntegut angewendet werden, um die Ware (Drogen) vor Qualitätsminderung während der Lagerung u. des Transports zu schützen.

A: Einteilung nach chem. Struktur: Neben den z. T. schon seit langem bekannten pflanzl. Mitteln (Tanacetum* cinerariifolium, Derris* elliptica, Tephrosia- u. Lonchocarpus-Arten, Nicotiana* tabacum, Ryania* speciosa u. a.) werden v. a. synthetische org. Verb. eingesetzt: **1. chlorierte Kohlenwasserstoffe:** org. Verb., bei denen H-Atome durch Cl-Atome ersetzt sind. Sie wirken nicht nur geg. Insekten, sondern auch geg. Milben, Nematoden, Pilze u. Nagetiere. Diese Verb. sind alle sehr wenig wasserlösl., dagegen gut fett- u. lipoidlöslich. Sie können daher gelöst in Fetten, Wachsen od. Ölen vom Warmblütler im Magen-Darm-Kanal aufgenommen werden od. gelöst in org. Lösungsmitteln leicht in die Haut eindringen. Einige chlorierte Kohlenwasserstoffe werden äußerst langsam aus dem Fettgewebe eliminiert (Kumulationsgefahr). In vielen Ländern dürfen etliche dieser Verb. (z. B. Aldrin, Dieldrin, Heptachlor) nicht mehr angewandt werden, da sie chem. nur sehr langsam abgebaut werden (HWZ einige Jahre). Die chlorierten Kohlenwasserstoffe wirken in erster Linie auf das Nervensystem, bei länger dauernder Einw. auch auf das Parenchym. Die Wirkstoffe erreichen das Nervensystem beim Warmblütler auf dem Blutwege, beim Insekt durch direkte Wanderung (Diffusion) über die Lipoide der Nervengewebe. Erste Hilfe bei Vergiftung: Erbrechen, sal. Abführmittel u. Paraffinöl, keine Fette u. Öle, kein Alkohol, gründl. waschen mit Seifenlösung; **2. org. Phosphorverbindungen:** viele 3- u. 5-wertige Phosphor- u. Thiophosphorsäuren; meist Ester u. Amide. Diese Mittel werden als wirkungsvolle Kontakt-, Fraß- u. Inhalationsgifte geg. Insekten, Spinnmilben, Pilze u. Nematoden eingesetzt. Sie werden beim Insekt durch die unverletzte Haut od. durch den Verdauungstrakt aufgenommen od. eingeatmet, beim Warmblütler u. Menschen gelangen sie über den Magen-Darm-Kanal, die unverletzte Haut od. durch die Atmungsorgane in den Körper. Alle org. Phosphorverb. wirken als Cholinesterasehemmer (s. Parasympathomimetika) u. sind daher stark toxisch. Die Zahl der akuten Vergiftungen ist beim gewerbsmäßigen Umgang mit diesen Mitteln u. infolge relativ vieler Fälle von Mord u. Selbstmord sehr hoch. Bei den gewerbl.Vergiftungen spielt neben der Einatmung v. a. die Hautresorption eine große Rolle. Gegenüber den chlorierten Kohlenwasserstoffen haben die org. Phosphorverb. folgende Vorteile: Sie werden biol. rasch abgebaut u. weder außerhalb noch innerhalb der Organismen gespeichert. Erste Hilfe: bei Hautresorption Kleidung entfernen, Haut gründl. waschen, Erbrechen, Paraffin u. Tierkohle. Antidote: Atropin, Pralidoxim, Obidoxim. Wirkstoffe: Dichlorvos*, Malathion*, Methidathion*, Parathion*, Paraoxon*, Chlorpyrifos*-methyl, Diazinon*, Phosalon*, Pirimifos*-methyl, Methamidophos; **3. Carbamate:** Carbaminsäureester; H_2NCOOR. Wie die org. Phosphorverb. wirken sie geg. Insekten, Spinnmilben, Pilze u. Nematoden. Es handelt sich dabei um eine rasch einsetzende, kurz dauernde Hemmung der Cholinesterase bei Insekten u. Warmblütlern. Die Vergiftungserscheinungen sind grundsätzl. die gleichen wie bei den org. Phosphorverb., nur von wesentl. kürzerer Dauer. Todesfälle sind daher selten. Auch werden Carbamate im Allg. im Körper rasch abgebaut u. nicht gespeichert. Erste Hilfe: wie bei Vergiftungen durch org. Phosphorverbindungen. Wirkstoffe: Propoxur*, Carbaryl*, Benomyl*, Carbendazim*, Bendiocarb, Methomyl*, Aldicarb*.

B: Einteilung nach der Art der bekämpfbaren Schädlinge: 1. Akarizide: Mittel gegen Milben, v. a. Spinnmilben. Der Befall von Spinnmilben an Kulturpflanzen hat in den letzten Jahrzehnten stark zugenommen. Schuld daran sind die intensiv bewirtschafteten Monokulturen u. die Anwendung nicht spezif. Insektizide ohne ausreichende akarizide Wirkung, wodurch die nat. Feinde der Milben zurückgedrängt wurden. Neben Netzschwefel u. Mineralöl haben die chlorierten Kohlenwasserstoffe, org. Phosphorverb. (z. B. Malathion*) u. Carbamate gute akarizide Wirkung. Spinnmilben haben geg. ursprüngl. gut akarizid wirksame Präparate, v. a. aus der Reihe der Phosphorsäureester, schnell Resistenz entwickelt. Resistente Spinnmilben widerstehen i. d. R. nicht nur einzelnen Wirkstoffen, sondern auch anderen Präparaten mit gleichem Wirkmechanismus (Gruppenresistenz); **2. Aphizide:** Mittel geg. Blattläuse; **3. Avizide:** Mittel geg. Vögel (nur historisch relevant); **4. Fungizide:** chem. Verb., die Pilze u. deren Sporen abtöten od. ihr Wachstum hemmen (Fungistatika). Sie werden hauptsächl. im Pflanzenschutz eingesetzt, daneben wirken sie auch geg. das Wachstum von Schadpilzen auf Lebensmitteln, Textilien, Papier, Holz, Farben. Mittel geg. Pilze, die in der Ther. eingesetzt werden, bezeichnet man i. Allg. als Antimykotika*. Fast alle Fungizide wirken im Pflanzenschutz besser vorbeugend als heilend. Deshalb sollten sie vor einem starken Pilzbefall angewandt werden. Je nach Befalls- u. Anwendungsort unterscheidet man Blattfungizide (die Dithiocarbamate Maneb u. Zineb, anorg. u. org. Kupfersalze u. a.), Bodenfungizide u. Beizmittel zur Behandlung von Saatgut (org. Quecksilberverb., Hexachlorbenzol*, Pentachlornitrobenzol u. a.) u. Schalen mancher Früchte (v. a. Citrusfrüchte mit Diphenyl*, Tiabendazol*, Imazalil*, *o*-Phenylphenol, Benomyl* u. a.). Zu den anorg. Fungiziden gehören Kupferkalkbrühe* (Bordeauxbrühe), Kupfersodabrühe (Burgunder Brühe, s. Kupferkalkbrühe), fein gemahlener u. Kolloidschwefel u. zu den metallorg. die quecksilberorg. Saatgutbeitzmittel u. die Dithiocarbamate* von Mangan (Maneb) u. Zink (Zineb). Die meistverwendeten Fungizide sind die metallfreien org. Fungizide wie Chlorphenole, Chlornitrobenzole, Phenylphenole, Phosphorsäureester, Carboxin, Imidazolderivate (Carbendazim*), Pyrimidine, Amine; **5. Herbizide:** chem. Unkrautvertilgungsmittel, die entw. den ganzen Pflanzenwuchs vernichten (Totalherbizide) od. nur bestimmte Schadpflanzen abtöten, ohne die Kulturpflanzen zu schädigen (selektive Herbizide). Die Aufnahme erfolgt entw. durch die Blätter, wobei das Pflanzengewebe lokal zerstört wird (Kontaktherbizide), od. durch das Leitungsgewebe der Pflanzen (systemische Herbizide). Zu den ätzenden Totalherbiziden gehören u. a. das schnell wirkende Natriumchlorat, Trichloracetat, Pentachlorphenol* (wird auch zur Konservierung von Holz, Leder u. Farben eingesetzt). Ein mit Totalherbiziden behandelter Boden darf nach einer bestimmten Wartefrist für landwirtschafl. Zwecke wieder benutzt werden. Wuchsstoffherbizide, wie die Phenoxycarbonsäuren 2,4-D, 2,4,5-T (s. 2,4-Dichlorphenoxyessigsäure, 2,4,5-Trichlorphenoxyessigsäure), MCPA u. MCPB bewirken eine Fehlprogrammierung des Pflanzenwuchses. Diese u. a. Mittel werden auch als Erntehilfe eingesetzt (Laubabwurf von Baumwoll- u. Kartoffelpflanzen). Im Arzneipflanzenbau werden z. B. folgende Herbizide eingesetzt: Phenole (Dinoseb, DNOC), Carbamate (Chlorbufam, IPC, Phenmedipham, Prevenol), Harnstoffderivate („-urone" wie Bromuron u. Linuron), Wuchsstoffe, Amine wie Propanil, Di- u. Triazine sowie Amitrol, quartäre Ammoniumverbindungen (Diquat, Paraquat*) u. Mineralöle (Benzin); **6. Insektizide:** Mittel geg. Insekten; **a)** Chlorkohlenwasserstoffe, z. B. Lindan*, Clorofenotan, Aldrin*, Dieldrin*, Endrin*, Heptachlor*, Endosulfan*, Methoxychlor*; **b)** org. Phosphorverb., z. B. Parathion*, Malathion*, Dichlorvos*; **c)** Carbamate, z. B. Carbaryl*, Propoxur*; **d)** Pyrethroide*, z. B. Permethrin*, Cypermethrin*, Deltamethrin*. **7. Larvizide:** Mittel geg. Larven. Mineralöle u. Teeröle (s. Carbolineum) werden in Form von Emulsionen versprüht, bilden eine dünne, luftundurchlässige Schicht, wodurch die Atemtätigkeit der Insektenlarven u. -eier unterbunden wird. Diese Wirkung kann durch Zusatz von aromat. Nitroverb. (Dinitrokresol) noch verstärkt werden. **8. Molluskizide:** Schneckenvertilgungsmittel, wie Niclosamid* od. Ködermittel aus Metaldehyd* od. Mercaptodimethur. **9. Nematizide:** geg. Nematoden, die entw. frei im Boden od. in den Pflanzen vorkommen. Nematizide Wirkstoffe sind entw. Bodenbegasungsmittel (Methylbromid*, 1,2-Dibromethan u. a.) od. wasserlösl. Mittel, die über das Wasserkapillarsystem des Bodens wirken (org. Phosphorverb. u. Carbamate). Die wasserlösl. Nematizide wirken spezif. u. zeichnen sich durch eine gute Pflanzenverträglichkeit aus. **10. Ovizide:** Mittel geg. Insekteneier, wirken wie Larvizide. **11. Rodentizide:** Mittel zur Bekämpfung schädl. Nagetiere, v. a. Mäuse u. Ratten. Die Mittel werden meist als Köder ausgelegt, die nicht zu schnell wirken sollen, damit sich bei den Tieren keine Köderscheu entwickelt. Solche chron. wirkenden Gifte sind Antikoagulanzien* (Cumarine). Zu den schnell wirkenden Ködermitteln zählen anorg. Ködergifte wie Thalliumsulfat(e) u. Zinkphosphid. Ebenso ein akut wirkendes Gift ist Scilliroside aus der roten Varietät von Urginea* maritima. Pestizide werden in versch. Formulierungen (sachgemäße Zuber. von Wirkstoffen) angewandt: in fester Form (Streu- od. Stäubemittel), in flüss. Form (mit Emulgatoren, Dispergier- od. Netzmitteln als Spritz-, Sprüh- od. Gießmittel), als Nebel od. Rauch u. als Dampf od. Gas. Die Insektizide werden je nach Wirkmechanismus in Kontakt-, Fraß- u. Atemgifte unterteilt. Die Fraßgifte (anorg. Insektizide) haben wegen ihrer hohen Toxizität gegenüber Warmblütlern an Bedeutung verloren, hingegen sind die Kontaktinsektizide am meisten verbreitet. Systemisch wirkende Insektizide, Fungizide u. Herbizide werden durch die Blätter od. das Wurzelsystem der Pflanzen aufgenomen u. erst nach od. während der Verteilung im Gewebe wirksam.

Grenzwerte für Pestizide in Drogen: s. Tab.; Grenzwerte für Pestizide, die nicht in der Tab. angegeben sind u. deren Vorhandensein aus bestimmten Gründen vermutet wird, müssen denen der EG-Richtlinien 76/895 u. 90/642 einschließl. ihrer Anhänge u. folgenden Aktualisierungen entsprechen. Grenzwerte für Pestizide, die weder in der Tab. noch in den EG-Richtlinien angegeben sind, werden nach folgender Formel errechnet:

Grenzwert $= \frac{ADI \times M}{100 \times MDD}$

ADI = tgl. zulässige Dosis (acceptable daily intake) in mg/kg KG, von der FAO*-WHO veröffentlicht; M = Körpermasse in kg, MDD = Tagesdosis der Droge (maximum daily dose) in kg. Wenn die Droge für die Herst. von Zuber. (Extrakte, Tinkturen od. anderen) bestimmt ist, deren Herstellungsverfahren auf den Pestizidgehalt im Fertigprodukt Einfluss hat, werden die Grenzwerte nach folgender Formel errechnet (E = experimentell bestimmter Extraktionsfaktor beim Herstellungsverfahren):

Grenzwert (Zuber.) $= \frac{ADI \times M \times E}{100 \times MDD}$

Höhere Grenzwerte können in Ausnahmefällen genehmigt werden, v. a. wenn eine Pflanze eine bestimmte Anbaumethode verlangt od. einen Stoffwechsel od. eine Struktur aufweist, die einen höheren als den normalen Pestizidgehalt bedingt. Eine völlige od. teilweise Befreiung von der Prüfung kann von der zuständigen Behörde gewährt werden, wenn für jede Charge die Behandlung (Art u. Menge der eingesetzten Pestizide, Zeitpunkt des Einsatzes während des Anbaus u.

Schädlingsbekämpfungsmittel
Grenzwerte für Drogen nach der Ph.Eur.4

Substanz	Grenzwert (mg/kg)
Alachlor	0.02
Aldrin und Dieldrin (deren Summe)	0.05
Azinphos-methyl	1.0
Brompropylat	3.0
Chlordan (Summe aus *cis*-, *trans*- und Oxychlordan)	0.05
Chlorfenvinphos (Clofenvinfos)	0.5
Chlorpyrifos	0.2
Chlorpyrifos-methyl	0.1
Cypermethrin (und Isomere)	1.0
DDT (Summe aus *p,p'*-DDT, *o,p'*-DDT, *p,p'*-DDE und *p,p'*-TDE) (Clofenotan)	1.0
Deltamethrin	0.5
Diazinon (Dimpylat)	0.5
Dichlorvos	1.0
Dithiocarbamate (als CS_2)	2.0
Endosulfan (Summe aus den Isomeren und Endosulfansulfat)	3.0
Endrin	0.05
Ethion	2.0
Fenitrothion	0.5
Fenvalerat	1.5
Fonofos	0.05
Heptachlor (Summe aus Heptachlor und Heptachlorepoxid)	0.05
Hexachlorbenzol	0.1
Hexachlorcyclohexan-Isomere (andere als die γ-Form)	0.3
Lindan (γ-Hexachlorcyclohexan)	0.6
Malathion	1.0
Methidathion	0.2
Parathion	0.5
Parathion-methyl	0.2
Permethrin	1.0
Phosalon	0.1
Piperonylbutoxid	3.0
Pirimiphos-methyl	4.0
Pyrethrine (deren Summe)	3.0
Quintozen (Summe aus Quintozen, Pentachloranilin und Pentachlor(methylsulfanyl)benzol)	1.0

Scharfstoffdrogen
Chemische Einteilung der Scharfstoffe mit wichtigen Beispielen

Hauptgruppe Scharfstoff	Droge	aufgeführt unter
methylierte Phenole		
Eugenol	Caryophylli flos	Syzygium* aromaticum
Myristicin	Semen Myristicae	Myristica* fragrans
Isoeugenolmethylether	Calami Rhizoma	Acorus* calamus
Asarone	Radix Asari	Asarum* europaeum
Gingerole, Shogaole	Zingiberis rhizoma	Zingiber* officinale
Diarylheptanoide	Galangae rhizoma	Alpinia* officinarum
Xanthorrhizol	Curcumae xanthorrhizae rhizoma	Curcuma* zanthorrhiza
Cardolderivate	Anacardiaceen-Drogen	z. B. Schinus* molle
Säureamide		
Capsaicin	Capsici fructus acer	Capsicum* frutescens
Piperin	Fructus Piperis nigri	Piper* nigrum
Sanshool	Zanthoxyli pericarpium	Zanthoxylum* piperitum
Senföle		
Allylsenföl	Sinapis nigrae semen	Brassica* nigra
Disulfide, Thioether		
Allicin	Alii sativi bulbus	Allium* sativum

nach der Ernte) bekannt ist u. genau überprüft werden kann.

Schäume: disperse Systeme „gasförmig/flüssig"; entstehten durch Einbringen eines Gases (Luft) in eine Flüssigkeit in Gegenwart von Schaumbildnern (Tensiden), die die Oberflächenspannung* erniedrigen. Vgl. Aerosole.

Schäumen: Herstellen von Schaumstoffen*, indem das Grundmaterial durch Gase zu Schäumen od. anderen Zellstrukturen aufgebläht u. durch Erkalten, Gelieren od. chem. Härtung fest wird. **Herst. versch. Schaumstoffe:** **1.** Polyurethan-Schaumstoff: flüss. Rohstoffe werden gemischt, reagieren dann unter Gasabspaltung, schäumen auf u. härten; **2.** Phenolharz-Schaumstoff: flüss. Phenolresol wird mit Härter u. flüchtigem Lösungsmittel versetzt, schäumt auf u. härtet mit od. ohne äußere Wärmezufuhr; **3.** Harnstoffharz-Schaumstoff: Harnstoffharz wird mit Härter u. fließfähigem Schaum verrührt, härtet kalt. Diese 3 Verfahren eignen sich für Blockmaterial u. zum Ausschäumen von Hohlräumen; **4.** Schaumpolystyrol: erhitzen von Polystyrol, das z. B. mit Pentan versetzt ist; geeignet für Blockmaterial, Formteile, Folien; **5.** Polyvinylchlorid-Schaumstoff: unterschiedl. Methoden bei denen mit Treibmittel versetzte Rohstoffmischungen erhitzt werden; geeignet für Blockmaterial u. Formteile.

Schäume, wirkstoffhaltige: Musci medicati Ph.Eur.4; arzneistoffhaltige Zuber., bei denen ein großes Volumen Gas in einer flüss. Phase dispergiert ist, vgl. Schäume. Sch. werden i. Allg. auf Haut od. Schleimhaut aufgetragen u. aus einer flüssigen Zuber. in einem Druckbehältnis bei der Applikation gebildet. Zuber., die zur Anw. auf großen, offenen Wunden od. auf der schwer geschädigten Haut bestimmt sind, müssen steril sein. Geprüft wird die relative Schaumdichte (Massenverhältnis zw. definiertem Schaumvolumen u. ident. Wasservolumen) u. die Expansionsdauer des Schaums durch Zeit- u. Volumsbestimmung.

Schafgarbe: s. Achillea millefolium.

Schamlaus: s. Läuse.

Schamotte: Chamotte; feuerfeste Kacheln od. Ziegel aus Ton, Kaolin, Schieferton. Geh. 42-45 % Al_2O_3 u. 50-54 % SiO_2. **Anw.:** Auskleiden von Feuerungsanlagen für Temp. bis ca. 1600 °C; als Tiegelmaterial für chem. Umsetzungen.

Scharbock: s. Skorbut.

Scharbockskraut: **1.** s. Cochlearia officinalis (Herba Cochleariae). **2.** s. Ranunculus ficaria.

Schardinger-Enzym: s. Xanthinoxidase.

Scharfstoffdrogen: Acria, Acria amara; Drogen unterschiedl. Abstammung, die Scharfstoffe enthalten, welche entw. die Schmerz- od. die Thermorezeptoren der Haut (bzw. Schleimhaut) od. bd. erregen. Sch. werden deswegen innerl. und/oder äußerl. angewandt. **Anw.** u. **Wirk.:** (innerl.) zur Steigerung der Peristaltik u. der Sekretion der Verdauungssäfte wie Magensaft u. Speichel; (äußerl.) Hautreizmittel zur Auslösung eines abwehrsteigernden Effekts (s. Reizkörpertherapie) od. zur Freisetzung von Nebennierenrinden-Hormonen (antiphlogist. Effekt). Beide Effekte sind Folge von primär initiierten Entzündungen u. der damit verbundenen Freisetzung von Histamin*, Bradykinin* u. Prostaglandinen*. Durch bestimmte Reflexe wird auch Muskelverspannungen u. -schmerzen entgegengewirkt. Neben den in der Tab. genannten Scharfstoffen gibt es noch andere Stoffe bzw. Drogen, die ähnl. eingesetzt werden, z. B. Canthariden* u. Terpentinöl (s. Terebinthina, Oleum Terebinthinae aethereum).

Scharfstoffe: s. Scharfstoffdrogen.

Scharlach: Scarlatina; akute Infektionskrankheit mit Angina tonsillaris u. charakterist. Exanthem*. Klin. Sonderform der Streptokokkeninfektion durch Streptococcus* pyogenes der Gruppe A unter Bildung eines der 4 erythrogenen Exotoxine (s. Toxine) bilden; **Übertragung:** v.a. durch Tröpfchen-, selten durch Schmierinfektion; **Ther.:** Penicilline, alternativ Cephalosporine od. Makrolide, s. Antibiotika.

Scharlachrot: Sudan IV, Bistolazonaphtholum rubrum, Rubrum scarlatinum; 5-*o*-Tolylazo-2-β-hydroxynaphthylazo-toluol, $C_{24}H_{20}N_4O$, M_r 380.5. Dunkel rotbraunes Pulver, unlösl. in Wasser, schwer lösl. in Ethanol, Aceton, lösl. in fetten Ölen. **Off.:** ÖAB90 (bis 1996). **Anw.:** s. Sudan III.

Scharlachschildlaus: s. Dactylopius coccus.

Schauerklapperschlange, Südamerikanische: s. Crotalus durrissus terrificus.

Schaufensterkrankheit: s. Claudicatio intermittens.

Schaukeltest: Prüfung der Thermoresistenz von Salben; geeignet zur Beurteilung deren Lagerfähigkeit in Klimagebieten mit ausgeprägtem, ständigem Temperaturwechsel. **Durchführung:** eine Salbenprobe wird wiederholt u. in ständigem Wechsel unterschiedl. Temp. (allgem. Norm: 24 h bei 40 °C, 24 h bei 4 °C) ausgesetzt u. die Zeit bestimmt, während der keine Beeinträchtigung der Konsistenz u. Homogenität auftritt.

Schaumspray: s. Aerosole.

Schaumstoff: künstl. hergestellter Werkstoff zelliger Struktur u. geringer Rohdichte. Harter Sch. zeigt bei relativ hohem Verformungswiderstand geringe elast. Verformbarkeit. Bei genügend hoher Druckbeanspruchung tritt bei den zähharten Schaumstoffen eine langsame, teilweise reversible Verformung, bei den spröd-harten Sch. ein plötzl. Zusammenbruch des Zellgefüges ein. Weich-elast. Sch. zeigt bei relativ geringem Verformungswiderstand hohe elast. Verformbarkeit. Selbst bei hoher Druckbeanspruchung ist die Verformung überwiegend elastisch. Die für die Eigenschaften wichtige Struktur der Hohlräume (Zellen) ist entweder offenzellig, wobei die Zellen untereinander in Verbindung stehen, od. geschlossenzellig. Auch Mischtypen sind möglich. Zu Schaumstoffen werden vorzugsweise Harnstoff- u. Phenolharze, Polyurethane, Polystyrol u. Polyvinylchlorid verarbeitet. Sch. wird in Form von Blöcken, Tafeln, Bahnen, Schaumfolien hergestellt. Verwendet neben vielen anderen Anwendungsmöglichkeiten als Verpackungsmaterial; s. Schäumen.

Schaumverhütungsmittel: s. Antischaummittel.

Schaumzerstörer: s. Antischaummittel.

Scheckhaut: s. Vitiligo.

Scheele-Grün: s. Kupferarsenit.

Scheele-Plakette: s. Deutsche Apothekertage.

Scheelsäure: s. Wolframsäure.

Scheibenblüten: Röhrenblüten aus der Mitte der Blütenköpfchen der Korbblütler; s. Asteraceae (Abb.).

Scheibenfiltergeräte: s. Tiefenfilter.

Scheibler-Reagens: s. Wolframsäure.

Scheide: Vagina. Scheidenentzündung: Vaginitis.

Scheidenzäpfchen: s. Globuli vaginales.

Scheidetrichter: dient zum Trennen von Flüss. versch. Dichte*, die sich nicht mischen, z.B. Chloroform u. Wasser, sowie zum Ausschütteln von Flüss., z.B. von Emulsionen*.

Scheidewasser: Bez. für konz. Salpetersäure*.

Scheinfrucht: s. Fruchtformen.

Scheingewebe: s. Pseudoparenchym.

Scheinhanf: s. Datisca cannabina.

Scheinmyrte: s. Anamirta cocculus.

Schellack: (engl.) *shellac*; Resina lacca, Lacca in tabulis, Lacca, Gummilack, Lackharz; CAS-Nr. PM 9000-59-3. Lösl. in Amylalkohol, Aceton, Essigsäure, Alkalilauge u. Boraxlsg.; in heißem Ethanol völlig lösl., in kaltem Ethanol zu ca. 90 % lösl., sehr schwer lösl. in fetten Ölen, unlösl. in Wasser, bei pH>7 zusehends lösl.; Schmelzbereich 65-85 °C.; SZ 65-80; VZ 180-240; IZ 10-18, Trocknungsverlust max. 2 %. Harzartiges Sekret der weibl. Lackschildlaus (Gummilackschildlaus) Kerria lacca (Kerr) Lindinger (Laccifer lacca Kerr, Tachardia l., Coccus l., Carteria l.), Fam. Coccidae (Od. Homoptera), das nach Raffination u. Schmelzen in eine dünne Schicht gegossen od. gewalzt wird. **Lacca alba:** gebleichter Sch.; **Lacklack:** der aus dem Körnerlack extrahierte Farbstoff; **Kunstschellack:** Kunstharz, hergestellt aus Phenol mit Formaldehyd; **Off.:** Nach Ph.Eur.4 lassen sich 4 Schellackarten unterscheiden (wachshaltiger, gebleichter, wachsfreier, d.h. unlösl. Wachs wurde abfiltriert, u. gebleichter, wachsfreier Schellack). Wachshaltiger Schellack wird in einem Reinigungsverfahren durch Filtration des geschmolzenen Rohprodukts u./od. durch Extraktion bei höherer Temp. mit einem geeigneten Lösungsmittel hergestellt. Zur Herst. des gebleichten Schellacks wird das Rohprodukt in einem geeigneten alkal. Lösungsmittel gelöst, die Lösung mit Natriumhypochlorit behandelt, danach mit verd. Säure versetzt u. der erhaltene Niederschlag getrocknet. **Best.:** nicht nur von Herkunft, sondern auch von der Erntezeit abhängig; im Wesentl. ca. 75 % Harze (davon ca. 65 % etherunlösl. u. ca. 35 % etherlösl.), die bei milder Hydrolyse eine Mischung von aliphat. u. alicyclischen Hydroxysäuren ergeben: v.a. Aleuritinsäure (9,10,16-Trihydroxypalmitinsäure, Schmp. 100-101 °C) u. Shellolsäure (eine tricycl. diterpenoide Dihydroxydicarbonsäure, $C_{15}H_{30}O_6$, Schmp. ca. 206 °C); ferner (insges. unter 6 %) Kerrolsäure (2,3,4,5-Tetrahydroxypalmitinsäure, Schmp. 132 °C) u. ähnl. Säuren sowie ca. 5 % Wachse u. Farbstoffe wie die rote Laccainsäure (dem Carmin* ähnl. Anthrachinonverbindung) od. das gelbe 1,2,5,7-Tetrahydroxy-3-methylanthrachinon sowie eine Reihe noch wenig od. nicht bekannter Substanzen; **Gew.:** Die Insekten, die auf versch. Ficus-Arten u.a. in Indien u. Südostasien heim., trop. Bäumen leben u. kult. werden (Weltjahresbedarf an Sch. wahrscheinl. immer noch ca. 10 000 t, 1960 waren es noch 50 000 t), saugen den Saft der Bäume aus den jungen Trieben u. sezernieren das Harz als Stoffwechselprodukt. Im Laufe der Zeit sind die Zweige millimeterdick von einer roten Harzmasse überzogen, die als sog. **Stocklack** (Lacca in baculis, Lacca in ramulis) 2-mal im Jahr geerntet wird. Die von den Zweigen abgeschlagenen Stücke werden als **Körnerlack** bezeichnet. Aus diesem wird der rote Farbstoff mit Sodalsg. extrahiert, nach Trocknen, Ausschmelzen u. a. erhält man den eigentl. **Schellack** (Lacca in baculis), der in mehr od. weniger orange bis hellbraun gefärbten, dünnen, harten u. spröden Blättchen od. als hellgelbes bis braungelbes Pulver in den Handel kommt; **Anw.:** Herst. von Lack, Firnis, Polituren u. Kitt; Elektroisolier- u. Appreturmittel; früher zur Herst. von Schallplatten u. Siegellack, arsenfreier Sch. für Haarsprays, Zusatz zu Kaugummi u. Lebensmittelstempelfarben, Überzug für Obst u. Zuckerwaren, in der pharmaz. Technologie Lackier- u. Dragiermittel (Filmbildner, zur Herst. magensaftresistenter Arzneiformen*).

Schellbachbüretten: Büretten mit integriertem Schellbachstreifen, s. Büretten.

Schellenbaum: s. Thevetia peruviana.

Schellkraut: s. Chelidonium majus.

Schensi-Rhabarber: s. Rheum officinale.

Scherbencobalt: s. Arsen.

Scherer-Verfahren: Rotary-Die-Verfahren; gängiges, kontinuierl. Stanzverfahren zur Herst. von Weichgelatinekapseln. Zwei aus geschmolzener Gelatine hergestellte endlose elast. Bänder gelangen zw. 2 mit geringem Abstand gegenläufig rotierende Formwalzen, die gegenüberliegend halbe Hohlformen der Kapseln mit erhabenen Rändern tragen. Der Füllkeil über den Walzen u. zw. den Bändern erwärmt diese u. füllt die Kapseln mit Hilfe von Präzisionsdosierpumpen mit flüss. od. pastösem Füllgut kurz bevor sich die Naht durch die erhabenen Ränder der Walzen auch am oberen Ende schließt (Verschweißen u. Ausstanzen der Kapseln). Während des Füllvorganges werden die noch sehr weichen Gelatinehüllen in Abhängigkeit vom Fülldruck in die Hohlformen der Walzen eingepresst. Nach dem Sch.-V. hergestellte Kapseln haben eine umlaufende Naht. Die luftblasenfrei gefüllten Kapseln werden gereinigt u. getrocknet (ca. 60 % Wasserverlust), um sie formbeständiger zu machen.

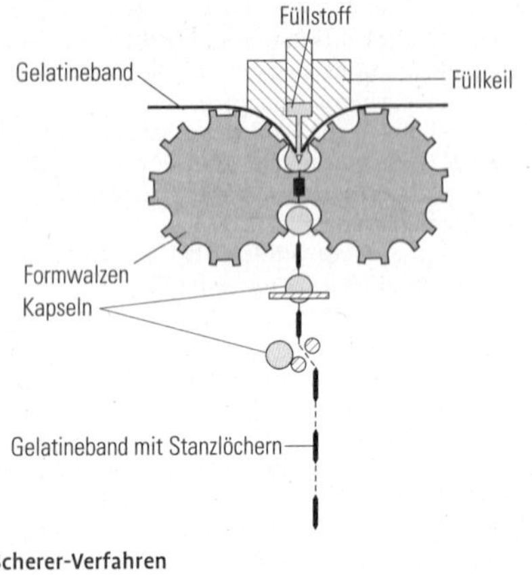

Scherer-Verfahren

Scherzelle: Apparatur zur Bestimmung der Scherfestigkeit u. des Fließverhaltens v. a. kohäsiver Pulver. Pharmaz. verwendete Scherzellen in versch. Varianten bestehen im wesentl. aus einem niedrigen, horizontal zweigeteilten Zylinder, in dem die vorher unter streng normierten, zeitaufwendigen Bedingungen verdichtete Pulverprobe durch Verschieben od. Verdrehen des oberen Ringes unter bestimmter Belastung geschert wird. Unter unterschiedl. Messbedingungen erhält man eine Reihe von Wertepaaren, aus denen sich Scherkurven erstellen lassen, von denen wiederum versch. Fließparameter wie Kohäsion, innere Reibung, versch. Reibungswinkel, Scherindex u. Fließfunktion, abgeleitet werden können.

Scheuerdesinfektion: Desinfektion* von Oberflächen (Möbel, Wände, Fußböden u. a.) mit Desinfektionsmitteln* unter Benutzung von z. B. Bürsten u. Aufwischtüchern. Wichtiger Best. der Schlussdesinfektion*.

Scheuerkraut: s. Equisetum arvense.

Schichtsilicate: s. Aluminiumsilicat.

Schichttabletten: (engl.) *multilayer tablets*; Mehrschichttabletten, Sandwich-Tabletten; Tabletten, die aus versch., fest aneinander haftenden, konzentrischen od. parallelen Schichten aufgebaut sind. Hergestellt durch aufeinanderfolgendes Pressen versch. Teilchenarten (s. Abb. 1). Sch. werden bei Wirkstoffen gewählt, die aus Stabilitätsgründen (physikalische od. chem. Inkompatibilitäten) voneinander getrennt werden müssen od. zur Trennung von Initial- und Erhaltungsdosis bei Retardpräparaten. Sie können überzogen werden, wobei die Lackhülle die Freigabekinetik der Wirkstoffe nicht beeinflussen darf, (s. Abb. 2) s. Manteltabletten, Filmtabletten; vgl. Compressi.

Schick-Test: s. Diphtherietoxin für Schick-Test.

Schieferöl: Steinöl; unpolares, dunkelbraunes, stark riechendes Öl. **Best.:** Kohlenwasserstoffe, 10-15 % org. gebundener Schwefel, z. B. in Form von Sulfiden u. substituierten Thiophenen. **Gew.:** trockenes Erhitzen von Ölschiefer* unter Luftausschluss bei max. 480 °C (Schwelprozess). Durch Sulfonierung erhält man Bituminosulfonate, die

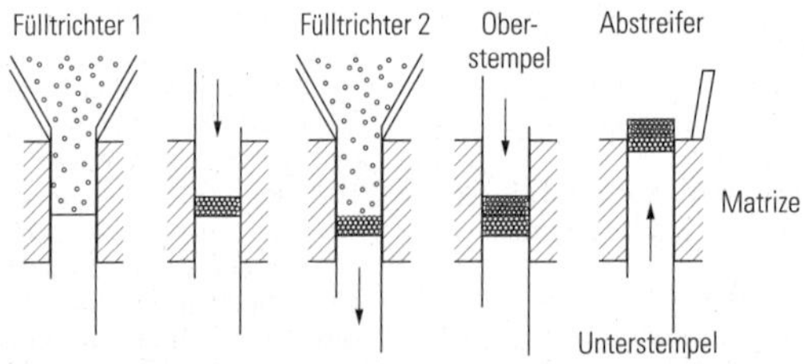

Schichttabletten Abb. 1: Herstellung

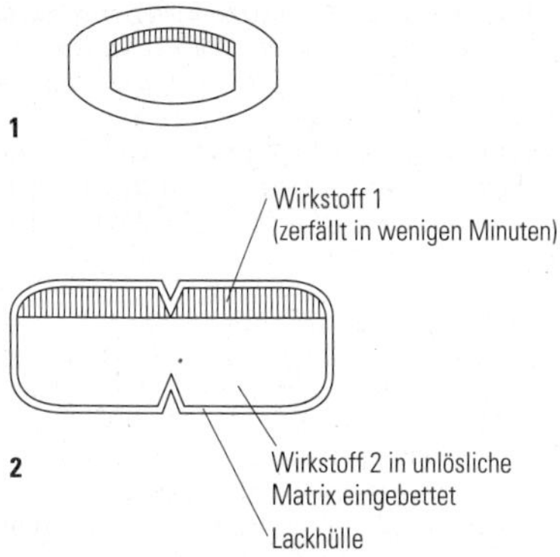

Schichttabletten Abb. 2: 1: Zweischichttablette in Manteltablette; 2: Zweischichttablette, mit Lackhülle überzogen

nach Neutralisation mit Ammoniak wasserlösl. Ammoniumbituminosulfonat* ergeben.

Schiemann-Reaktion: Methode zur Herst. aromat. Monofluorverb. durch Diazotierung von aromat. Aminen in Gegenwart von Fluoroborsäure u. thermische Zers. der getrockneten Diazoniumfluoroborate. Beispiel: aus Anilin entsteht Fluorbenzol.

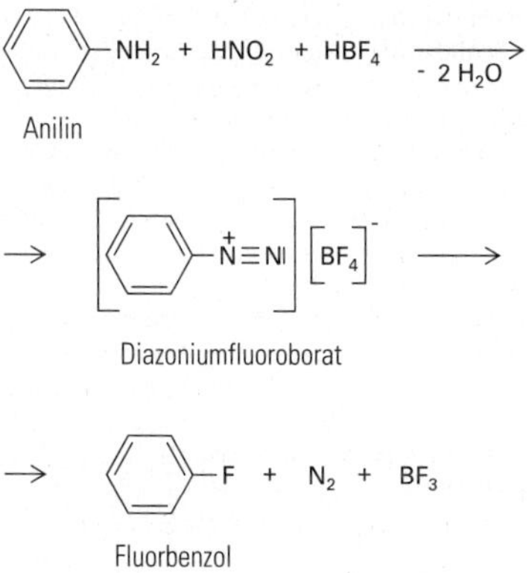

Schiemann-Reaktion: Bildung von Fluorbenzol

Schienbein: Tibia.

Schiene: **1.** Gerät zur Ruhigstellung, stellungskorrigierenden Fixierung od. Entlastung von Körperteilen, z. B. Cramer-S. (biegsame Drahtleiter), Böhler-S. (gepolsterte Drahts.), aufblasbare Kammer-Schiene. **2.** urolog. Bez. für Schienenkatheter: Kunststoffrohr od. weicher Katheter zur Harnabflusssicherung nach bestimmten Operationen.

Schierling: s. Conium maculatum.

Schierlingstanne: s. Tsuga canadensis.

Schießbaumwolle: s. Cellulosenitrat.

Schießzellen: s. Dieffenbachia seguine.

Schiff-Basen: syn. Schiff'sche Basen, Azomethine; Bez. für beständige Imine*. Imine entstehen als Kondensationsprodukte aus Carbonylverb., z. B. Aldehyden, u. primären Aminen (s. Abb.). Die Bildung der S.-B. kann in der Analytik zum Nachw. der Carbonyl*-Gruppe eingesetzt werden. Nat. wichtig z. B. beim Sehprozess (s. Rhodopsin) u. beim Aminosäurestoffwechsel; vgl. Maillard-Reaktion.

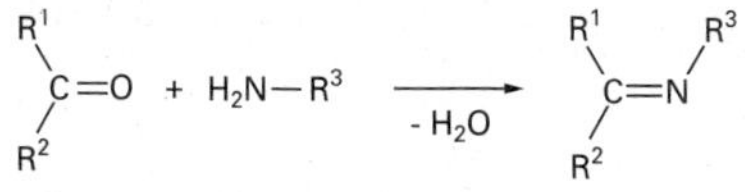

Schiff-Basen: Bildung von Iminen

Schiffchen: s. Blüte (Blütenformen).

Schiff-Reagens (Hugo Schiff, Chemiker, Florenz 1834-1915): **Lösung I**, Reagens Ph.Eur.4: Fuchsin-Schwefligsäure. **Zuber.**: 0.10 g Rosanilinhydrochlorid (Fuchsin*) werden unter Erwärmen in 60 mL Wasser gelöst; nach Zugabe von 1.0 g wasserfreiem Natriumsulfit od. 2.0 g Natriumsulfit in 10 mL Wasser werden 2.0 mL Salzsäure 36 % unter Umschütteln hinzugesetzt u. anschließend zu 100.0 mL verdünnt. Ist die Lsg. nach 12 Std. noch nicht vollständig farblos, so wird sie durch Schütteln mit 0.5-0.6 g Aktivkohle entfärbt. **Anw.**: Nachw. von Aldehyden, welche die entfärbte Fuchsinlsg. wieder röten; **Lösung II**: 1.0 g Fuchsin wird in 100 mL Wasser bei 50 °C gelöst u. nach 48 Std. filtriert; 4 mL Filtrat werden mit 6 mL Salzsäure 36 % versetzt u. mit Wasser auf 100 mL verd.; **Anw.**: z. B. zum Nachw. von Sulfit; **Zuber.** nach DAB10: 0.3 g Fuchsin werden unter Erwärmen in 100 mL Wasser gelöst; zur erkalteten Lsg. werden 20 mL einer 15 %igen Lsg. von wasserfreiem Natriumsulfit u. 10 Min. danach 6.0 mL Salzsäure 36 % gegeben u. nach Entfärbung mit Wasser auf 200 mL verd. (evtl. mit Aktivkohle entfärben); **Anw.**: z. B. Reinheitsprüfung von Ethanol.

Schiffsapotheke: in Deutschland Sonderform der Apotheke*: Arzneimittelabgabestelle auf Seehandelsschiffen zur Versorgung der Mannschaften u. Fahrgäste. Einzelheiten sind im Gesetz zu dem Übereinkommen Nr. 164 der Internationalen Arbeitsorganisation vom 8.10.1987 über den Gesundheitsschutz und die medizinische Betreuung der Seeleute vom 29.7.1994 geregelt. Für die Ausrüstung ist der Reeder, für Lagerung u. Abgabe während der Reise ist der Schiffsarzt, bei Schiffen ohne Arzt ist der Kapitän verantwortlich.

Schiffspech: s. Pix navalis.

Schilddrüse: s. Hormone (Schilddrüse).

Schilddrüsen, getrocknete: s. Thyreoidea siccata, vgl. Organtherapeutika.

Schilddrüsenhormone: s. Hormone (Schilddrüse).

Schilddrüsentherapeutika: Mittel zur Ther. von Schilddrüsenerkrankungen. **1.** Hormone wie Thyrotrophin*, Levothyroxin*, Liothyronin*; **2.** Thyreostatika*; **3.** Iodsalze.

Schilling-Test: s. Cyanocobalamin[^{57}Co].

Schimmel: Kolonie von Schimmelpilzen*. Mittel geg. Sch. sind Fungizide (s. Schädlingsbekämpfungsmittel); vgl. Antimykotika.

Schimmelpilze: saprophytäre Pilze*, die zu versch. systemat. Gruppen gehören. Überziehen org. Substrate mit einem watte- bis mehlartigen, weißen od. farbigen sporulierenden Myzel. Zu Sch. gehören z. B. innerhalb der Zygomyzeten: Köpfchenschimmel (Ordnung Mucorales); mit Askomyzeten verwandt sind die Fungi imperfecti Gießkannenschimmel (Aspergillus), Pinselschimmel (Penicillium) u. Brotschimmel (Neurospora). Arten der Gattungen Aspergillus u. Penicillium sind potente Mykotoxinbildner, s. Mykotoxine. Sch. haben Bedeutung als Nahrungs- u. Futtermittelverderber u. in der Biotechnologie zur Erzeugung versch. Produkte (z. B. Citronensäure, Antibiotika, Enzyme, Käse).

Schinus molle L.: Schinus areira L., Peruanischer Pfefferbaum; Fam. Anacardiaceae (Mexiko bis Chile). Stpfl. von **(Peruanischer) Rosa Pfeffer:** Rosa Beeren; die getrockneten Früchte (Steinbeeren). **Inhaltsst.:** 2-5 % äther. Öl mit α- u. β-Phellandren, α- u. β-Pinen*, Limonen*, p-Cymen u. a.; **Anw.:** Gewürz.

Schinus terebinthifolius Raddi: Brasilianischer Pfefferbaum; Fam. Anacardiaceae (Brasilien). Stpfl. von **(Brasilianischer) Rosa Pfeffer:** die getrockneten Früchte (Steinbeeren). **Inhaltsst.:** 1.5-6 % äther. Öl mit Monoterpenen wie in Schinus* molle, zusätzl. Δ^3-Caren u. n-Alkylphenole; **Anw.:** wie Schinus molle, als Gewürz; **Tox.:** Reizung der Mundschleimhaut durch n-Alkylphenole zus. mit äther. Ölen (v. a. bei hohem Geh. an Δ^3-Caren?), Intoxikationserscheinungen bei Aufnahme hoher Dosen.

Schirting: Pflastermull, gestärkter Mull.

Schistosomiasis: syn. Bilharziose; durch Trematoden* (Saugwürmer) der Gattung Schistosoma hervorgerufene chron. Infektionskrankheit. **Vork.:** in Tropen u. Subtropen wegen der nur dort in warmen Gewässern vorkommenden Zwischenwirte (Süßwasserschnecken); ca. 300 Mio. infizierte Menschen weltweit; wichtigste Erreger sind Schistosoma haematobium, mansoni, japanicum, intercalatum; **Symptome:** im Wesentl. durch die Gewebereaktion auf die Eiablage verursacht, Vork. als Urogenital-, Darm- od. hepatolienale Sch.; **Ther.:** Mittel der Wahl Praziquantel; Niridazol, Oxamniquin u. Metrifonat wirken nur gegen Sch. haematobium bzw. Sch. mansoni; **Prophylaxe:** Schneckenbekämpfung, Unterbrechung des Entwicklungszyklus, Massenther., Aufklärung.

Schizogonie (gr. schizein spalten; gone Frucht, Geburt): vegetative Vermehrung bei den Sporozoen (z. B. Toxoplasma, Plasmodium); Zerfall der Schizonten* in Merozoiten.

Schizont: vegetatives Teilungsstadium der Sporozoa (s. Protozoen), z. B. bei den Plasmodien-Arten. Sch. zerfallen meist in viele Merozoiten.

Schizophrenie: endogene Psychose* mit charakterist., vielgestaltigen Störungen der Persönlichkeit, des Denkens, der Wahrnehmung, der Realitätsauffassung u. der Affektivität. Dabei keine Beeinträchtigung der Klarheit des Bewusstseins, keine erkennbare hirnorgan. Erkrankung u. keine Einwirkung von Psychedelika. **Epidemiol.:** Prävalenz 1 %, Inzidenz 1 : 1000; Manifestation v. a. zw. Pubertät u. 30. Lebensjahr; **Sympt.:** z. B. Denkstörungen, Wahn, Sinnestäuschungen (v. a. in Form akust. Halluzinationen), Ambivalenz, Autismus*, psychomotor. Störungen, Störungen der Affektivität u. des Ich-Erlebens; **Ther.:** Psychopharmaka*, Psychother. mit Einzel- od. Gruppengesprächen, Sozio-, Arbeits- u. Beschäftigungstherapie.

Schizophyllan: (1→3)-β-D-Glucan mit je einer 1→6–verknüpften Glucose-Seitenkette an jedem 3. Molekül der Hauptkette; M_r ca. 450 000; Polysaccharid, gewonnen aus Gewebekulturen von Schizophyllum commune Fries (Fam. Schizophyllaceae). **Wirk.:** antibakteriell, antiviral, immunstimulierend; Antitumoraktivität, vergleichbar mit der von Lentinan*; **Anw.** volkstüml.: zur adjuvanten Tumortherapie.

Schizophyta: Spaltpflanzen; veraltete Bez. für systemat. Abteilung des Pflanzenreiches mit Bakterien* (Eubacteria u. Archaebacteria) u. Cyanophyta* (Blaualgen, Cyanobacteria); vgl. Prokaryonten.

Schlämmkreide: s. Calciumcarbonat.

Schlaf: v. a. nachts regelmäßig wiederkehrender physiol. Erholungszustand mit Veränderung von Bewusstseinslage u. Körperfunktionen (Überwiegen des Parasympathikus). Bei stark verminderter Spontanaktivität u. herabgesetzten Reaktionen auf äußere Reize besteht im Ggs. zur Narkose jederzeitige Weckbarkeit. **Schlafphasen:** Der Wachzustand leitet über eine SEM-Phase (Abk. für engl. **s**low **e**ye **m**ovements, langsame Augenbewegungen beim Einschlafen) den orthodoxen Sch. (Non-REM-Sch.) mit den Stadien B, C, D, E (entspr. der Schlaftiefe) ein. Während des paradoxen Schlafs (REM-Phase, Abk. für engl. **r**apid **e**ye **m**ovements) mit raschen Augenbewegungen, erhöhter Herz- u. Atemfrequenz treten die Traumphasen auf. Die Phasen vom Wachsein (A) bis zum Tiefschlaf (E) werden in durchschnittl. 35-40 min durchlaufen, der Tiefschlaf variiert von 30-60 min (in der ersten Schlafperiode) bis zu wenigen min (in der letzten Schlafperiode). Der REM-Sch. zeigt eine Verlängerung der Traumdauer von 10-50 min. Träume treten bei Erwachsenen 3- bis 6-mal pro Nacht auf u. entsprechen nahezu 25 % des Gesamtschlafs (s. Abb.). Körpereigene Stoffe mit Bedeutung für den Schlaf-Wach-Rhythmus sind Serotonin*, das aus L-Tryptophan* gebildet wird u. DSIP*; vgl. Schlafstörungen.

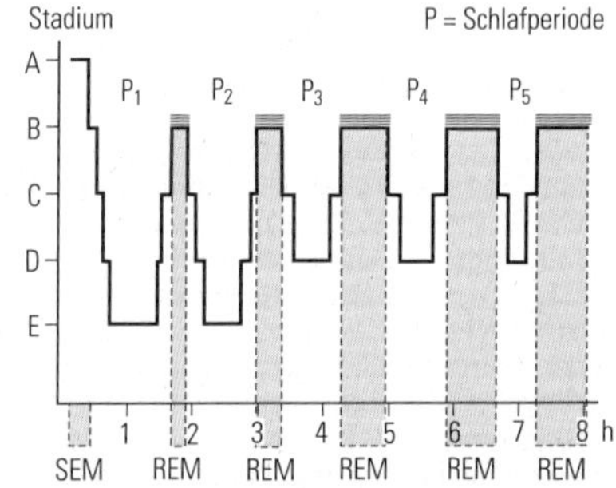

Schlaf: Schlafperiodik beim gesunden Menschen; SEM: Slow Eye Movements; REM: Rapid Eye Movements

Schlafapfel: s. Rosa canina (Fungus Cynosbati).

Schlafkirsche: s. Atropa belladonna.

Schlafkrankheit: s. Trypanosomiasis.

Schlafkraut: s. Hyoscyamus niger.

Schlafkunze: s. Rosa canina (Fungus Cynosbati).

Schlaflosigkeit: Asomnie, Insomnie, Agrypnie; längere Zeit (mind. 1 Monat andauernde Schlafstörung* mit ungenügender Schlafdauer, unzureichend erholsamem Schlaf u. subjektivem Leidensdruck od. Beeinträchtigung der sozialen od. berufl. Leistungsfähigkeit. **Formen:** **1.** Einschlafstörung; primär bei Erkrankung der Schlafzentren, sekundär z. B. bei Einwirkung von Licht, Lärm, Drogen, Schmerzen, Stress, Angst; **2.** Durchschlafstörung mit beeinträchtigter Schlafkontinuität (häufig im Alter u. bei hohem Fieber) **3.** morgendl. Früherwachen (z. B. bei depressivem Syndrom).

Schlafmittel: Hypnotika, Hypnagoga, Somnifera; zentral wirksame Pharmaka mit allgemein dämpfender Wirkung; erzeugen Müdigkeit u. Schlaf. Scharfe Abgrenzung von den Sedativa einerseits u. den Narkotika andererseits ist nicht möglich. Wirkungsweise ist nicht restlos geklärt. Für den prakt. Gebrauch werden Einschlaf- u. Durchschlafmittel unterschieden. Zur Behandlung der Einschlafstörungen dienen die schnell, aber nur kurz wirkenden Verbindungen, während als Durchschlafmittel die mittelstark u. länger wirksamen verwendet werden. **Anforderungen:** orale Wirksamkeit; gute Einschlafwirkung; ausreichende Schlaftiefe u. -dauer; große therapeut. Breite; Induktion eines möglichst physiolog. Schlafes; Fehlen von Nachwirkungen, Gewöhnung, Kumulation u. tox. UAW. Die meisten Sch. vermindern die Dauer u. Intensität des REM-Schlafes. Wird das Sch. abgesetzt, kommt es zu einem Rebound*-Phänomen u. es treten oft Alpträume auf. Eine Reihe von Sch. werden sehr langsam abgebaut, so dass oft am nächsten Morgen ein Hangover (Müdigkeit, Abgeschlagenheit) auftritt. Mit Ausnahme von Flurazepam* verlieren die meisten Sch. bereits innerhalb einer Woche ihre Wirkung. Suchtgefahr besteht bei allen Schlafmitteln. **WW:** verstärkte Wirk. aller zentral dämpfend wirkenden Arzneistoffe (z. B. Antihistaminika, zentral wirksame Antihypotonika). Mit Psychopharmaka kann es zu schwer überschaubaren WW kommen. Aufgrund einer Enzyminduktion, v. a. durch Barbiturate, wird der Abbau anderer Stoffe, z. B. von Antikoagulanzien od. oralen Antikonzeptiva, beschleunigt. Die Wirk. aller Sch. wird durch Alkohol verstärkt. **Wirkstoffe:** v. a. Benzodiazepine*, Barbiturate* (obsolet), Bromharnstoffderivate (Carbromal*), Piperidindione (Pyrithyldion, Methyprylon*, Gluethimid*), Chinazolonderivate (Methaqualon*), Aldehyde (Chloralhydrat*, Paraldehyd*), Alkohole (Methylpentynol*), Urethane*, Cyclopyrrolone (Zopiclon*), Imidazolpyridine (Zolpidem*). Es findet keine kausale Behandlung von Schlafstörungen mit diesen Sch. statt. Dies ist prinzipiell mögl. mit L-Tryptophan* od. delta sleep inducing peptide (s. DSIP).

Schlafmohn: s. Papaver somniferum.

Schlafmützchen: s. Eschscholzia californica.

Schlafstörungen: subjektiv empfundene od. objektiv beobachtete Abweichung vom normalen Schlaf in qualitativer od. quantitativer Hinsicht. Häufig als Symptom einer körperl. od. psych. Erkrankung. **Einteilung:** **1.** Störung von Dauer, Qualität od. zeitl. Abfolge des Schlafs (z. B. Schlaflosigkeit*); **2.** Episode abnormen Erlebens od. Verhaltens, die in Zusammenhang mit bestimmten Schlafstadien od. beim Übergang zw. Schlafen u. Wachsein auftritt (z. B. Alpträume, Pavor nocturnus*).

Schlaftherapie: s. artificielle Hibernation.

Schlafweizen: s. Lolium temulentum.

Schlaganfall: Apoplexia cerebri, Apoplexie; ischämischer Hirninfarkt infolge arterieller Durchblutungsstörung des Gehirns od. Massenblutung nach Zerreißung eines Gefäßes.

Schlagkreuzmessermühlen: s. Mühlen.

Schlammbad: s. Moorbad.

Schlangen: von den ca. 3000 Arten sind ca. 400 für den Menschen giftig. **Giftschlangen:** gehören in fast allen Fällen zu folgenden Familien): **1.** Fam. Elapidae: Giftnattern, mit starren Frontzähnen, z. B. die Cobra-Arten (Brillenschlange, s. Naja naja; Korallenschlange, s. Elaps corallinus); **2.** Fam. Viperidae: Ottern (Eurasien), z. B. die Kreuzotter (s. Vipera berus); **3.** Fam. Crotalidae: Grubenottern (Amerika); ihre Frontzähne richten sich beim Biss auf; z. B. die Klapperschlangen (Crotalus* horridus u. Crotalus* durissus terrificus), die Lanzenotter (s. Bothrops atrox), die Malayische Grubenotter (s. Agkistrodon rhodostoma) sowie Lachesis* muta; **Sofortmaßnahmen bei Schlangenbiss:** Druckverband anlegen, Gifttier identifizieren, evtl. Schmerzstillung.

Schlangengifte: Ophiotoxine; die giftigen Sekrete von Schlangen* sind klare, durchsichtige, bisweilen gelbl. od. milchigtrübe Flüss.; geruchlos u. ohne od. von leicht bitterem Geschmack, in Wasser meist leicht lösl.; verd. Lsg. opalisieren u. schäumen (Eiweißstoffe). Schl. sind Gemische versch. Wirkstoffe; eine Schlange liefert meist mehrere Gifte gleichzeitig (Partialgifte). **Best.:** **1.** stark bas. Peptide, z. B. curareähnl. wirkende Neurotoxine (s. Curare), bes. im Sekret der Brillenschlange, u. Kardiotoxine*; **2.** zahlreiche Enzyme: **a)** Hyaluronidasen*, die als Resorptionsbeschleuniger dienen; **b)** Phospholipasen* (v. a. vom A_2-Typ), die wegen der Bildung von Lysolecithin* als Hämolysine wirken, also zum Zerfall der roten Blutkörperchen führen; **c)** Proteasen: sog. Hämorrhagine, die Schädigungen der Kapillaren verursachen (Klapperschlange, Kreuzotter), sowie die Blutgerinnung beeinflussende Proteasen wie Koagulationsbeschleuniger, die zur Blutgerinnung führen, aber auch Koagulationshemmer, die die Blutgerinnung verhindern; **Anw.** volkstüml.: zur unspezif. Reiztherapie; z. B. bei Erkrankungen des rheumat. Formenkreises; **Tox.:** meist oral ohne od. nur geringe, jedenfalls nicht tödl. Wirk.; letztere tritt nur dann ein, wenn das Gift unmittelbar ins Blut gelangt. **Cobratoxin:** Gift der Naja-Arten, Brillenschlangen; curareähnl. Wirk.; ca. 8-mal so stark wie Blausäure* u. ca. 10-mal so stark wie Strychnin*; führt noch in einer Verd. von 1:100 000 zu rasch einsetzender motor. Lähmung.

Schlangengiftimmunsera: Schlangengiftsera; Immunsera gegen die antigen wirkenden Toxine aus Schlangengiften. Die meisten Schl. sind Mischseren, die bei Bissen der in best. Regionen regis-

S

Schleimdrogen
Beispiele

Pflanze	Droge	Anwendung (beispielhaft)
Althaea* officinalis	Althaeae radix und folium	Hustenmittel, auch äußerlich
Cetraria-Arten	Lichen islandicus	Hustenmittel
Cyamopsis* tetragonoloba	Guar	Verdickungsmittel
Linum* usitatissimum	Lini semen	Abführmittel
Malva* sylvestris	Malvae flos und folium	Hustenmittel
Plantago* lanceolata	Plantaginis lanceolatae folium	Hustenmittel
Plantago* afra	Psylli semen	Abführmittel
Plantago* ovata	Plantaginis ovatae seminis tegumentum	Abführmittel
Rotalgen* (Carrageen)	Carragee	Hustenmittel, Galenik
Tilia* cordata	Tilia flos	Hustenmittel
Trigonella* foenum-graecum	Trigunella foenugraeci semen	Hustenmittel, auch äußerlich
Tussilago* farfara	Farfarae folium	Hustenmittel
Verbascum*-Arten	Verbasci flos	Hustenmittel

trierten Schlangen wirksam sind, z. B. Schlangengift-Serum Behringwerke (Europa, Nordafrika, Zentralafrika, Vorderer u. Mittlerer Orient); vgl. Schlangengift-Immunserum (Europa). **Gew.:** aus dem Serum von Tieren, z. B. Pferden, die geg. die Gifte immunisiert wurden; **Anw.:** i. v. oder i. m. Injektion von ≥20 mL, je nach Schwere der Vergiftungserscheinungen; möglichst innerhalb der ersten 2 h; Monoseren sind vorzuziehen; **UAW:** mit allerg. Reaktionen ist zu rechnen; **Gesch.:** Die antigene Wirk. von Schlangengiften (im Sinne der Immunologie) wurde erstmals von Calmette (Bakteriologe, Paris 1863-1933) nachgewiesen.

Schlangengift-Immunserum (Europa): Immunoserum contra venena viperarum europaearum Ph.Eur.4; Immunserum* mit antitox. Globulinen, die das Gift einer od. mehrerer europäischer Vipernarten (Vipera ammodytes, Vipera aspis, Vipera berus, Vipera ursinii) neutralisieren können; s. Schlangengiftimmunsera.

Schlangenkraut: s. Lycopodium clavatum.

Schlangenkürbis: s. Trichosanthes kirilowii.

Schlangenwurz: s. Dracunculus vulgaris.

Schlangenwurzel: s. Polygonum bistorta (Rhizoma Bistortae).

Schlangenwurzel, Amerikanische: s. Cimicifuga racemosa (Cimicifugae rhizoma).

Schlangenwurzel, Indische: s. Rauvolfia serpentina (Rauwolfiae radix).

Schlangenwurzel, Kanadische: s. Asarum canadense.

Schlangenwurzel, Virginische: s. Aristolochia serpentaria (Radix Serpentariae).

Schlauchpilze: Ascomycetes, s. Pilze.

Schlauchpumpe: Pumpe, auch zum genauen Dosieren von Flüss. geeignet. Das Förderprinzip besteht darin, dass ein bogenförmig aufgespanntes Schlauchstück durch ein entspr. geformtes, rotierendes Quetschrad an aufeinanderfolgenden Stellen abgequetscht wird. Die Abquetschungen wandern den Schlauch entlang, wobei die zw. ihnen liegende Flüss. weitertransportiert wird. Die Förderleistung wird über die Drehzahl des Quetschrads eingestellt. Die S. wird in der Chromatographie* u. in der instrumentellen Analytik häufig verwendet, da sie sehr genau arbeitet u. prakt. keine Probleme mit Undichtigkeiten u. Kontamination durch das Schlauchmaterial auftreten. Nachteile sind die geringe Haltbarkeit der Schläuche, der beschränkte Förderdruck (bis ca. 200 kPa) u. die mögl. Sorption bzw. Desorption lipophiler Stoffe durch das Schlauchmaterial.

Schlechtendalia sinensis: Melaphis chinensis; Blattlaus, die die chines. u. japanische Galle erzeugt; s. Gallae chinenses et japonicae.

Schlehdorn: s. Prunus spinosa.

Schleierkraut: s. Gypsophila-Arten.

Schleifenblume, Bittere: s. Iberis amara.

Schleifendiuretika: s. Diuretika.

Schleim: s. Mucilago.

Schleimdrogen: Arzneidrogen, die wegen ihres Geh. an Pflanzenschleimen (s. Schleimstoffe) in der Heilkunde eingesetzt werden. Um die Qualität von Schl. zu beurteilen, ist von der Ph.Eur.4 die Bestimmung der sog. Quellungszahl* vorgeschrieben. **Wirk.:** viele Sch. besitzen antiphlogistische Eigenschaften; **Anw.:** äußerl. bei Geschwüren, Furunkeln u. a.; innerl. als Abführmittel, Antidiarrhoika* (bei entzündeter Darmschleimhaut, niedrige Dos.) u. bei entzündl. Erkrankungen des Rachens u. Magen-Darm-Trakts.

Schleime: s. Schleimstoffe.

Schleimhaut: Tunica mucosa, Mukosa; innere Deckschicht von Hohlorganen (z. B. Magen), die durch Drüsensekrete feucht gehalten wird. Besteht aus Epithelgewebe* u. der darunter gelegenen bindegewebigen Lamina propria. Die Sch. des Magen-Darm-Trakts wird durch eine bes. Muskelschicht (Lamina muscularis mucosae) von der Submukosa getrennt.

Schleimpilze: s. Myxomyzeten.

Schleimsäure: 2,3,4,5-Tetrahydroxyadipinsäure; $HOOC(CHOH)_4COOH$, M_r 210.14, Schmp. ca. 250 °C. Eine Zuckersäure*, die z. B. aus Lactose entsteht.

Schleimsalben: Hydrogelsalben mit bes. schleimiger Konsistenz; s. Hydrogele.

Schleimstoffe: **1. Schleime, tier.:** zum Schutz von Haut u. Schleimhäuten ausgeschiedene Glykoproteine, Bestandteil z. B. des Speichels od. des Magensafts sowie von Knorpel, Sehnen, Haut u.

Serum; **2. Schleime, pflanzl:** Heteropolysaccharide (vgl. Polyuronide); charakterist. für die Od. Malvales (in fast allen Organen), Liliales u. Orchidales (in unterird. Organen) sowie Fabales (im Endosperm, s. Leguminosenschleim), häufig in Samenschalen (z. B. Brassicaceae, Plantaginaceae u. Linaceae), außerdem in Algen (z. B. Carrageen*); vgl. Schleimdrogen.

Schlempe: Abfallprodukt bei der Alkoholgew. aus Kartoffeln u. Getreide. Sie enthält unvergorene Rohstoffe u. Heferückstände, Vitamine, Wuchsstoffe, Mineralsalze, Eiweiß, Fett u. wird als Kraftfutter für Tiere verwendet.

Schlesinger-Reagens: s. Zinkacetatlösung, ethanolische.

Schließfrucht: s. Fruchtformen.

Schließmuskel: Sphinkter.

Schließzellen: (bot.) chlorophyllhaltige Zellen der Spaltöffnungsapparate, die das Öffnen u. Schließen der Spaltöffnungen* bewirken.

Schliffe: Glaschliffe; geschliffene Teile von gläsernen Laborgeräten, die eine lösbare Verb. zw. mehreren Glasgeräten erlauben. **Schlifftypen:** **1.** Planschliff, z. B. beim Exsikkator*; **2.** Zylinderschliff; z. B. bei Rührverschlüssen; **3.** Kegelschliff; **4.** Kugelschliff, v. a. bei Vakuumapparaturen, leicht lösbar; am häufigsten sind genormte Kegelschliffe (Normschliffe, NS), bestehend aus Hülse, dem sog. Mantelschliff, u. Kern, dem sog. Kernschliff. Der größte Schliffdurchmesser u. die Schlifflänge werden durch 2 Zahlen charakterisiert: Gebräuchl. Größen sind z. B. NS 29/32, NS 14.5/23, NS 19/26. Versch. Schliffweiten lassen sich durch Übergangs- od. durch Reduzierstücke verbinden. Zur Verhinderung eines Festsetzens werden versch. Schmiermittel wie z. B. Vaseline (Vaselinum*), Kapsenberg*-Schmiere od. Ramsay*-Fett verwendet; vgl. Abdichten von Glasschliffen (s. Abb.).

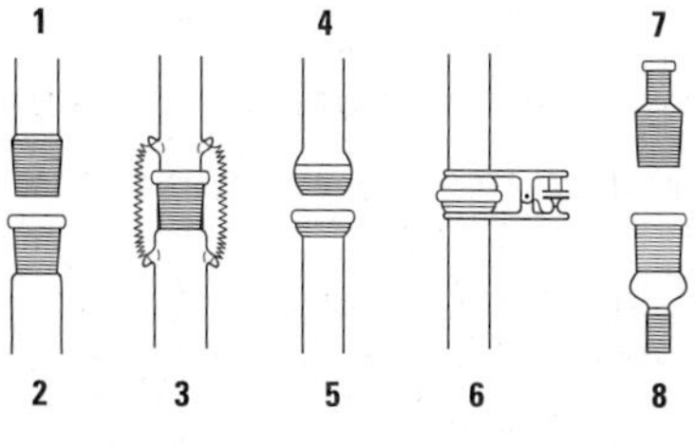

Schliffe: 1: Kern; 2: Hülse; 3: Kegelschliffverbindung NS 29; 4: Kugel; 5: Schale; 6: Kugelschliffverbindung KS 35 (durch Klammer zusammengehalten); 7,8: Übergangsstücke NS 29 - NS 14.5 [9]

Schlippe-Salz (Carl Friedr. v. Schlippe, Apotheker, Berlin, geb. 1799 in Pegau, gest. 1874): Natriumsulfantimonat; Natriumthioantimonat; $Na_3SbS_4 \cdot 9H_2O$. D. 1.86. Gelbe Kristalle, sehr leicht lösl. in Wasser, unlösl. in Ethanol. **Darst.:** Kochen von Antimon mit Schwefel u. Soda; **Anw.:** Darst. von. Stibium sulfuratum aurantiacum (s. Antimon(V)-sulfid).

Schluckauf: s. Singultus.

Schlüsselblume: s. Primula veris.

Schlussdesinfektion: von staatl. geprüften Desinfektoren vorgenommene gründl. Desinfektion* des Krankenzimmers. **Technik:** Scheuerdesinfektion*, ggf. mit vorausgehender od. anschließender Formalindampfdesinfektion des Raums.

Schmarotzer: s. Parasiten.

Schmelzdiagramm: (meist isobares) Zustandsdiagramm einer meist aus 2 Komponenten bestehenden Mischung; s. Phasendiagramm; vgl. Eutektikum (Abb.); Racemat (Abb.).

Schmelzeinbettung: Herstellen einer festen Dispersion eines Arzneistoffes durch Zusammenschmelzen mit einem Trägerstoff (z. B. Polyethylenglykol 6000 od. Harnstoff) u. anschl. Erstarren der Schmelze. Der Arzneistoff liegt in einer leicht lösl. festen Hilfsstoffmatrix feinst verteilt vor. Nach dem Mahlen des Produktes erhält man eine wesentl. Verbesserung der Lösungseigenschaften. Vgl. Coevaporat.

Schmelzenthalpie: s. Schmelzwärme.

Schmelzentropie: s. Entropie.

Schmelzerstarrungsgranulat: feste Arzneizubereitung, die entw. durch Schmelzen u. Schockerstarren, durch Ausgießen u. Zerkleinern od. durch Sprüherstarren in Sprühtürmen hergestellt wird. Bevorzugte Hilfsstoffe sind Hartfette od. Wachse, die Einsatzgebiete sind Retard- u. Depotarzneiformen. s. Granulieren.

Schmelzintervall: s. Schmelzpunkt.

Schmelzpunkt: Abk. Schmp., Schmelztemperatur, Fusionspunkt (Abk. Fp. bzw. F.); diejenige, vom Druck abhängige Temp., bei der ein Stoff in den flüss. Aggregatzustand übergeht; vgl. Erstarrungspunkt. Die Angabe erfolgt in Grad Celsius (°C) od. in Kelvin (K) bei atmosphär. Druck. Statt dem Schmp. sind oft **Schmelzintervalle** angegeben. Hierunter versteht man den Temperaturbereich, innerhalb dessen die Substanz schmelzen muss. Unterhalb der angegebenen Grenze darf keine Tröpfchenbildung eintreten, oberhalb muss die Substanz völlig geschmolzen sein. Die **Bestimmung des Schmp.** ist eine Konventionsmethode; die Ergebnisse sind von den experimentellen Bedingungen abhängig. **a) Kapillarröhrchenmethode:** Ein unten zugeschmolzenes Kapillarröhrchen von ca. 1 mm lichter Weite, in dem sich die zu untersuchende Substanz befindet, taucht in ein Siliconöl-Bad (früher Schwefelsäurebad). Das Bad wird langsam erwärmt u. zum Temperaturausgleich intensiv gerührt. Die Temp., bei der die undurchsichtige Substanz durchsichtig wird u. zu klaren Tröpfchen zusammenfließt, ist als der Schmp. anzusehen. **b) Heizmikroskop:** Diese Methode hat neben dem geringeren Substanzverbrauch den Vorteil, dass unter dem Mikroskop jedes einzelne Kriställchen während des Schmelzens genau beobachtet werden kann. **c) Kofler-Heizbank:** Das von Ludwig Kofler (1891-1951) entwickelte Gerät besteht im wesentl. aus einem langen, schmalen Metallkörper, auf dem durch eine entspr. gesteuerte elektr. Heizung ein Temperaturgefälle erzeugt wird. Auf der Heizbankoberfläche fällt die Temp. von 270 bis 50 °C annähernd linear ab. Zur Bestimmung eines Schmp. wird die Substanz unmittelbar auf die Oberfläche der Heizbank aufgebracht. Schon nach

S

wenigen Sek. sieht man bei reinen Substanzen zw. der festen u. der flüss. Phase eine scharfe Grenze, auf die der Zeiger der Ablesevorrichtung eingestellt wird. Die Schmelzpunktbestimmung auf der Heizbank erlaubt die unmittelbare Bestimmung eines Sofortschmelzpunktes u. gleichzeitig eine empfindl. Prüfung der Reinheit. Verunreinigte Substanzen erkennt man an einem mehr od. weniger breiten Intervall, in dem die Verb. vom festen in den flüss. Zustand übergeht (Schmelzintervall).

Schmelztemperatur: s. Schmelzpunkt.

Schmelztiegel: s. Tiegel.

Schmelzwärme: Schmelzenthalpie; **1.** diejenige Wärmemenge, die erforderl. ist, um eine feste Substanz zum Schmelzen zu bringen (die gleiche Wärmemenge wird beim Erstarren der flüss. Substanz wieder frei u. wird dann als **Erstarrungswärme** bezeichnet). **2.** spezifische S.: die auf die Masse bezogene S.; SI*-Einheit J/kg. **3.** molare S.: die auf die Stoffmenge bezogene S.; SI*-Einheit J/mol.

Schmerz: Dolor; komplexe Sinneswahrnehmung unterschiedl. Qualität, die durch die Störung des Wohlbefindens als lebenswichtiges Symptom von Bedeutung ist u. in chron. Form einen eigenständigen Krankheitswert erlangt. **Formen:** **1.** Sch. mit Erregung von Nozizeptoren* durch Schmerzstoffe (alget. od. algogene Substanzen wie Wasserstoff- u. Kaliumionen, Histamin*, Acetylcholin*, Serotonin*, Kinine* u. Prostaglandine*) u. Weiterleitung der Impulse an das ZNS. Die Schmerzstoffe entstehen bei Veränderungen u./od. Zerstörung von Zellen durch mechan., therm., chem. od. elektr. Einwirk. von außen od. durch innere patholog. Vorgänge u. sensibilisieren u./od. erregen die Nozizeptoren; **2.** neuropath. Sch. infolge Schädigung des peripheren od. zentralen Nervensystems (z. B. nach Amputation, bei diabet. Polyneuropathie); **3.** Sch. infolge funktioneller Störungen (z. B. Rückenschmerzen durch körperl. Fehlhaltungen) einschließl. psychosomat. Vorgänge (z. B. Muskelverspannung bei emotionalem Stress); auch psychosoziale Einflüsse können schmerzverstärkend od. chronifizierend wirken. **Körpereigene Schmerzhemmung:** Neben dem aufsteigenden schmerzvermittelnden System besteht ein körpereigenes schmerzhemmendes System, das nach Einwirk. von Endorphinen* auf Opiatrezeptoren die Weiterleitung von Schmerzen erschwert. **Schmerztherapie:** Anwendung versch. therap. Prinzipien zur Beeinflussung akuter u. chron. Schmerzzustände, z. B. Analgetika*, physikal. u. radiolog. Ther., Akupunktur*, psycholog. Verfahren (Biofeedback, Verhaltensther.), Elektrostimulationsanalgesie.

Schmerzrezeptoren: s. Nozizeptoren.

Schmerzstoffe: s. Schmerz.

Schmetterlingsblüte: s. Blüte (Sonderbildungen der Blüte).

Schmetterlingsblütler: s. Fabaceae.

Schmidlin-Bergman-Wilsmore-Reaktion: Bildung von Keten aus Aceton durch therm. Zers. bei 500-750 °C (s. Abb.). Als weiteres Produkt entsteht Methan. Die Reaktion verläuft nach einem radikal. Mechanismus.

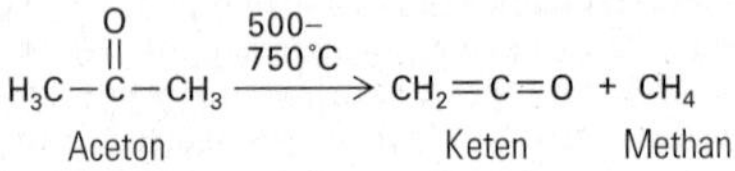

Schmidlin-Bergman-Wilsmore-Reaktion

Schmidt-Reaktion: Methode zur Synthese von Aminen*, Nitrilen* u. Carbonsäureamiden* durch Umsetzung von Carbonsäuren, Aldehyden u. Ketonen mit Stickstoffwasserstoffsäure u. Schwefelsäure als Katalysator.

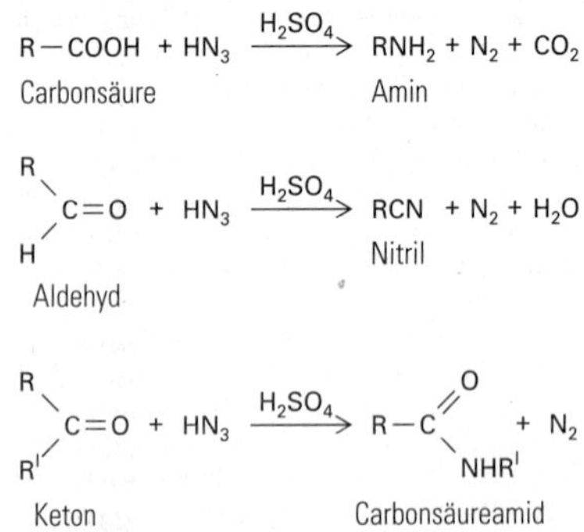

Schmidt-Reaktion

Schmiermittel: Lubricans, Antiadhäsionsmittel; erniedrigen die interpartikuläre Reibung u. setzen die Gleitreibung Metall/Metall u. Metall/Tablettiergut herab. Dadurch erleichtern sie auch das Ausstoßen der Tablette aus der Matrize. Die Schmierwirkung beruht auf einer bes. Materialstruktur, die unter Druck ein leichtes Verschieben der Schichten od. Ausbildung eines Films ermöglicht. Eingesetzt werden u. a. 2-wertige Metallseifen (z. B. Magnesiumstearat*), höhere Fettalkohole (bei beiden u. U. Behinderung des Zerfalls durch Hydrophobisierung), Talk, höhermolekulare Polyethylenglykole.

Schmierseife: s. Sapo kalinus venalis.

Schminkwurz: s. Alkanna tuberculata.

Schmirgel: Lapis Smiridis; nat. Aluminiumoxid*, Abart des Korund; nach dem Diamant das härteste Mineral. **Vork.:** Lagerstätten auf Naxos u. Samos, sowie in Spanien, Portugal, Sachsen; **Anw.:** Schleifmittel.

Schmuckdrogen: s. Schönungsmittel.

Schneckensirup: s. Arion empiricorum (Anw.).

Schneckenvertilgungsmittel: s. Schädlingsbekämpfungsmittel.

Schneeball: **1.** Gemeiner Schneeball (s. Viburnum opulus). **2.** Amerikanischer Schneeball (s. Viburnum prunifolium).

Schneeballbaumrinde, Amerikanische: s. Viburnum prunifolium (Cortex Viburni prunifolii).

Schneebeere: s. Symphoricarpus albus.

Schneebeerenbaum: s. Chiococca alba.

Schneebeerenwurzel: s. Chiococca alba (Radix Caincae).

Schneeflockenbaum, Virginischer: s. Chionanthus virginicus.

Schneeglöckchen, Kaukasisches: s. Galantamin.
Schneerosenwurzel: s. Helleborus niger (Rhizoma Hellebori nigri).
Schneerose, Sibirische: s. Rhododendron chrysanthum.
Schnullerthermometer: s. Fieberthermometer.
Schnupfen: s. Rhinitis.
Schnupfenmittel: s. Rhinologika.
Schnupftabak: s. Niesmittel.
Schnurbaum, Japanischer: s. Sophora japonica.
Schnurbaumknospen: s. Sophora japonica (Flores Sophorae).
Schnurbaumwurzel: s. Sophora flavescens.
Schock, anaphylaktischer: generalisierte Form der Anaphylaxie*, die sich in einer akuten Kreislaufregulationsstörung äußert. Tritt Sekunden bis Minuten nach Kontakt mit einem Antigen auf, gegen das der betreffende Organismus überempfindl. ist, z. B. parenterale Antigenzufuhr (z. B. Injektion von Penicillin, Insektenstiche, Verabreichung von Antiseren, Tetanusantitoxin tier. Herkunft.) **Alarmsymptome:** heftiger Juckreiz an Kopfhaut u. Zunge, großflächige Hautrötung (Flush), Atemnot, Erbrechen, Stuhlabgang u. Schweißausbruch. Akute Lebensgefahr besteht bei abrupten Abfall des arteriellen Blutdruckes mit Tachykardie u. kleinem frequenten Puls, wobei rascher Bewusstseinsverlust eintreten kann.
Schöllkraut: s. Chelidonium majus.
Schöniger-Methode: Verfahren zur Bestimmung von Schwefel u. Halogenen in org. Substanzen. Die Substanz, die sich in einem geeigneten Filterpapier befindet, wird in einem mit Sauerstoff befüllten Erlenmeyerkolben mit Glasstopfen verbrannt. Im Kolben befindet sich zusätzl. Wasser od. eine geeignete Lsg. zur Absorption der Reaktionsprodukte. Die nach dem Aufschluss in der Absorptionslsg. befindl. Halogenide od. der als Sulfat vorliegende Schwefel werden dann auf übl. Weise quantitativ bestimmt. **Anw.:** nach Ph.Eur.4 z. B. Bestimmung von Schwefel in Heparin-Calcium u. Heparin-Natrium od. zur Gehaltsbestimmung von Levothyroxin-Natrium.
Schoenocaulon officinale (Cham. et Schlechtend.) A. Gray**:** Veratrum officinale, Sabadilla officinarum, Sabadilla officinalis, Sabadilla; Fam. Melanthiaceae (nördl. Südamerika). Stpfl. von **Semen Sabadillae:** Sabadillsamen, Läusesamen; längl.-lanzettl., unregelmäßig-kantige, braunschwarz glänzende Samen, 5-9 mm lang, bis 2 mm dick, Geschmack der geruchlosen Samen anhaltend scharf u. bitter. Das braune Pulver löst Niesreize aus. **Inhaltsst.:** Steroidalkaloide (Veratrumalkaloide*, ca. 1-5 %); ferner Veratrumsäure, Cevadinsäure sowie fettes Öl; **Anw.** volkstüml.: früher z. B. gegen Läuse (Läuseessig, s. Acetum Sabadillae). **Hom:** *Schoenocaulon officinale (HAB 2000),* Sabadilla: reife Samen (mind. 3.5 % Cevadin); verord. z. B. bei Heufieber, Fließschnupfen.
Schönungsmittel: Schmuckdrogen; Drogen mit geringen od. keinen Wirkstoffen, die als Best. einer Teemischung diese bunt erscheinen lassen, z. B. Kornblumen (s. Centaurea cyanus, Cyani flos) od. Gelbe Katzenpfötchen (Helichrysum arenarium*).
Schöterich, Bleicher: s. Erysimum crepidifolium.
Schokolade: s. Theobroma cacao (Semen Cacao).
Schopflavendel: s. Lavandula stoechas.
Schote: s. Fruchtformen.
Schotenpfeffer: s. Capsicum annuum (Fructus Capsici).
Schotten-Baumann-Reaktion: Methode zur Herst. von Carbonsäureestern* aus Alkoholen u. Phenolen mit Carbonsäurehalogeniden in wässriger Natronlauge.

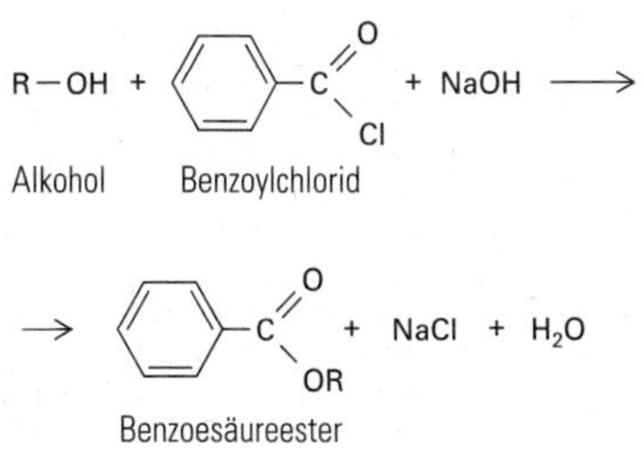

Schotten-Baumann-Reaktion: Bildung eines Benzoesäureesters als Beispiel

Schraubel: s. Blütenstand.
Schrödinger-Gleichung: fundamentale Gleichung der Quantenmechanik* die grundlegend für die Theorie des Atombaus sowie für die elektron. Struktur von Molekülen ist. Sie hat für die Quantenmechanik* die gleiche zentrale Bedeutung wie die Newtonsche Bewegungsgleichung in der klass. Mechanik. Die mathemat. Behandlung der Elektronenstruktur des Wasserstoffatoms erfolgte erstmals 1926 durch den Wiener Physiker Erwin Schrödinger (Nobelpreis 1933). Komplexere Systeme sind nicht mehr analyt. lösbar, Näherungslösungen hierfür zu finden, ist Aufgabe der Quantenchemie*. Die nur von den Ortskoordinaten der Teilchen abhängige Wellenfunktion* ist Eigenfunktion der zeitunabhängigen Sch.-G. (zur mathemat. Ableitung s. Lehrbücher der Physikalischen Chemie):
$H\Psi = E\Psi$ (Kurzform)
Die Anw. des Hamilton-Operators H auf die Wellenfunktion Ψ liefert die Gesamtenergie E (potentielle u. kinet. Energie) multipliziert mit der Wellenfunktion eines betrachteten Systems. Ψ kann als stehende Welle aufgefasst werden u. muss, um sinnvolle Lsg. zu ergeben, im Definitionsbereich endlich u. differenzierbar sein. Sie weist in Abhängigkeit ihres Schwingungszustandes Knotenebenen auf (s. Orbital).
Schrumpffolie: s. Recken.
Schrumpfkapseln: s. Polyvinylidenchlorid.
Schrumpfleber: s. Leberzirrhose.
Schüttdichte: s. Dichte von Pulvern.
Schüttelmixtur: Mixtura agitanda; s. Lotiones, Suspensionen.
Schüttelpinselungen: s. Lotiones, Suspensionen.
Schüttvolumen: s. Dichte von Pulvern.
Schüttwinkel: s. Böschungswinkel.
Schuppenborke: s. Borke.
Schuppenflechte: s. Psoriasis.
Schusserfruchtmark: s. Gymnocladus dioicus (Hom).

S

Schutzgase: Gase, die eine Inertgasatmosphäre in od. über dem Arzneipräparat schaffen, um dieses vor oxidativen Vorgängen zu schützen (z. B. bei Schweineschmalz*). Die am meisten verwendeten Inertgase für die Begasung von Lösungen sind Stickstoff u. Kohlendioxid. N_2 löst sich nicht sehr gut im Wasser, dies erschwert die Verdrängung von Sauerstoff aus wässrigen Lösungen. Besser geeignet ist CO_2, dessen Verw. auf saure Lösungen beschränkt ist u. das schwer lösl. Carbonate bilden kann. CO_2 ist schwerer als Luft u. verbleibt deshalb länger in geöffneten Behältnissen. Weitere Schutzmöglichkeiten sind Zugabe von Antioxidanzien* od. Komplexbildnern u. Aufbewahrung unter Lichtschutz.

Schutzimpfung: Erzeugung einer aktiven od. passiven Immunität* zur individuellen u. kollektiven Vorbeugung gegen Infektionskrankheiten. **1. aktive Sch.:** s. Immunisierung (aktive I.); Einteilung der Impfstoffe (s. Vakzine) ist mögl. nach Art des applizierten Antigens, wie z. B. vermehrungsfähige Erreger (Lebendimpfstoffe), abgetötete od. inaktivierte Erreger (Totimpfstoffe) bzw. entgiftete Toxine (Toxoide), od. nach den Formen der Applikation, wie lokale od. parenterale Anwendung. Beispiele: s. Vakzine (Adsorbat-Impfstoffe); **2. passive Sch.:** s. Immunisierung (passive I.) Serum von aktiv immunisierten Tieren od. Humanseren od. Immunglobulin*; s. Serum, Serumtherapie.

Schutzkolloide: lyophile Kolloide als stabilisierender Zusatz für lyophobe Kolloide. Da lyophobe Kolloide nicht od. ungenügend solvatisiert sind u. sich nur durch ihre gleichsinnige elektr. Ladung stabilisieren, sind sie bereits gegenüber kleinen Elektrolytzusätzen empfindl. u. können dann koagulieren. Sie können durch Zusatz von lyophilen Makromolekülen geschützt werden, indem sie von diesen umhüllt werden u. dadurch eine Solvathülle erhalten, die gegen eine Entladung unempfindl. ist. Als Sch. werden Gelatine, lösl. Harze, Eiweißstoffe u. deren Abbauprodukte eingesetzt.

Schwalbenwurzel: s. Vincetoxicum hirundinaria (Rhizoma Vincetoxici).

Schwalbenwurzel, Knollige: s. Asclepias tuberosa.

Schwalbenwurzenzian: s. Gentiana lutea (Gentiana asclepiadea).

Schwalbenwurzgewächse: s. Asclepiadaceae.

Schwammkohle: s. Carbo activatus (Carbo Spongiae).

Schwammkürbis: s. Luffa aegyptiaca.

Schwammparenchym: (bot.) lockeres, große Interzellularen* aufweisendes Gewebe im Mesophyll* des Blattes.

Schwangerschaft: Graviditas, Gravidität. Vgl. Schwangerschaft u. Arzneimittel (Tab.).

Schwangerschaftstest: immun. Verfahren zum Nachw. einer Schwangerschaft (Antigen*-Antikörper-Reaktionen); Zuverlässigkeit 95 %. **1.** Nachw. von HCG, s. Hormone (Plazentahormone) im Immunoassay, auch mit monoklonalen Antikörpern; bereits vor Ausbleiben der Menstruation positiv; Prinzip der käuflichen Schw.; **2.** Hämagglutination-Hemmtest (Nachw. mit Anti-HCG-Antikörper u. HCG-beladenen Hammelerythrozyten) u. Latextest (HCG-beladene Latexpartikel) sind nicht mehr gebräuchl. Verfahren.

Schwangerschaftstoxikose: nicht mehr gebräuchl. Bez. für Gestose*.

Schwangerschaft und Arzneimittel: Gefahr der Fruchtschädigung, da die Plazenta für die meisten Arzneistoffe durchlässig ist u. embryonale Zellen z. T. besonders empfindl. auf Pharmaka reagieren. Blastopathien: Entwicklungsstörung während der Blastogenese (18. Schwangerschaftstag) führen zum Keimtod od. Doppelmissbildungen; Embryopathien: Einzelmissbildungen von Organen während der Embryogenese (18. Tag bis 8. Woche); Fetopathien: Schädigung bereits differenzierter Organe (8. Woche bis Geburt).

Schwanz-Schwanz-Kondensation: s. Terpene (Biosynthese).

Schwarzdornblüten: s. Prunus spinosa (Pruni spinosae flos).

Schwarzerle: s. Alnus glutinosa.

Schwarzfichte: s. Picea mariana.

Schwarzfichtenharz: s. Picea mariana (Resina Abietis nigrae).

Schwarzkümmel: s. Nigella sativa.

Schwarzkümmel, Damaszener: s. Nigella damascena.

Schwarzkümmelsamen: s. Nigella sativa (Semen Nigellae sativae).

Schwarzkümmel, Türkischer: s. Nigella damascena.

Schwarznessel: s. Ballota nigra; Perilla frutescens.

Schwarzpappel: s. Populus-Arten.

Schwarzpech: s. Pix navalis.

Schwarzpulver: Gemisch aus ca. 75 % Kaliumnitrat, 15 % Kohlepulver u. 10 % Schwefel. **Anw.:** Zündschnüre, Feuerwerkskörper; als Sprengstoff nur noch selten verwendet.

Schwarzwasserfieber: Komplikation bei der Ther. von Malaria* tropica mit Chinin*. **Symptome:** intravasale Hämolyse mit folgender Hämoglobinurie, häufig mit letalem Ausgang (Anurie, Koma, Acidose).

Schwarzwurzel: s. Symphytum officinale (Symphyti radix); Scorzonera hispanica.

Schwedenbitter: ethanol. Auszug (Mazerat), meistens mit Kornschnaps (mind. 40 % Ethanol), aus sog. Schwedenkräutern, einer Mischung vieler verschiedenartiger Drogen wie z. B. Aloe, Myrrhe, Safran, Sennesblätter, Eberwurzel, Angelikawurzel, Campher, Zitwerwurzel, Tormentillwurzel, Rhabarberwurzel, Enzianwurzel, Lärchenschwamm, Muskat, Kalmuswurzel, Bibergeil u. Diptam. **Anw.** volkstüml.: verdauungsförderndes Mittel u. sog. Allheilmittel.

Schwefel: Sulfur; Symbol S; A_r 32.064, OZ 16. 2-, 4- u. 6-wertiges, bereits im Altertum bekanntes Nichtmetall. **Vork.:** nat. in freiem u. in gebundenem Zustand; freier S findet sich hauptsächl. auf Sizilien, in Nordamerika (Louisiana, Texas) u. in Japan (Hokkaido) in mächtigen Lagern; gebunden in Form von Sulfiden, z. B. in Eisen- u. Kupferkies, Bleiglanz, Zinkblende, in Form von Sulfaten, u. a. Gips ($CaSO_4 \cdot 2\,H_2O$), Anhydrit ($CaSO_4$), Bittersalz ($MgSO_4 \cdot 7\,H_2O$), Kieserit ($MgSO_4 \cdot H_2O$), Schwerspat ($BaSO_4$), Glaubersalz ($Na_2SO_4 \cdot 10\,H_2O$); org. gebunden als Best. der Eiweißstoffe im Pfl.- u.

Schwangerschaft und Arzneimittel
Medikamente während Schwangerschaft und Stillzeit

Medikament	Wirkungen auf den Embryo bzw. Säugling, Hinweise für die Medikation
Chemotherapeutika	
Sulfonamide	Risiko der Hyperbilirubinämie
Nitrofurantoin, Nalidixinsäure	Gefahr der akuten Hämolyse bei Glucose-6-phosphatdehydrogenase-Mangel (selten!)
Metronidazol	hohe Milchspiegel – während Kurzzeitbehandlung Stillen unterbrechen
Antibiotika	
Penicillin G, Ampicillin	Sensibilisierung, Keimverschiebung, Entwicklung resistenter Keime
Tetracycline	Bildung von Calciumkomplexen führt zu Verfärbung der Nägel und später des Milch- und bleibenden Gebisses, reversible Wachstumshemmung
Chloramphenicol	Grey-Syndrom
Aminoglykoside	in höheren Dosen Ototoxizität
Hormone	
orale Kontrazeptiva	Gynäkomastie bei Jungen und Vaginalepithelproliferation bei Mädchen möglich
Cortison	nur bei zwingender Indikation verabreichen
Psychopharmaka, Hypnotika	Sedierung, hypnotische Zustände
Sedativa	Muskelhypotonie
Antikonvulsiva	
Phenytoin, Phenobarbital	geringer Übergang in die Milch – erlaubt
Valproinsäure	leicht milchgängig – vermeiden
Carbamazepin	noch nicht genügend abgeklärt
Diuretika	lange Halbwertzeit – Gefahr der Kumulation, Hypokaliämie, Thrombozytopenie, Bradykardie, Blutdruckabfall
Antihypertensiva	
Reserpin	Hypersekretion der Nasenschleimhaut, Störung der Wärmeregulation, Lethargie, Depression
Antikoagulantien	
Cumarine	Blutungsgefahr
Heparin	erlaubt, da nicht milchgängig
Analgetika, Antipyretika, Antirheumatika	
Pethidin, Opiate	vereinzelte Applikationen erlaubt
Salicylate	dosisabhängige Gerinnungsstörungen
Ergotamin	Erbrechen, Diarrhö
Methylergometrin	erlaubt
Thyreostatika	Gefahr der Kropfentwicklung
Abführmittel	resorbierbare Laxanzien vermeiden
Vitamin-D-haltige Präparate	bei gleichzeitiger Rachitis-Prophylaxe Gefahr der Hypokalzämie

Tierreich sowie in Stein- u. Braunkohle. **Schwefelbakterien** (Thiobakterien) sind imstande, das bei der Eiweißfäulnis gebildete H_2S zu oxidieren u. den gebildeten S in ihrem Organismus abzulagern. **Gew.:** **1.** bergmännisch durch Abbau der riesigen Schwefellager (Solfatare auf Sizilien); **2.** durch Ausschmelzen in Meilern u. Ringöfen (sog. calcaroni u. forni) u. anschließende Reinigung durch Dest. werden die **Schwefelblüte** (Sulfur sublimatum) u. der **Stangenschwefel** (Sulfur in baculis) gewonnen; **3.** Verfahren nach Frasch, in dem der S durch Einleiten von überhitztem Wasserdampf in die Schwefellager geschmolzen u. durch Druckluft in eisernen Röhren hochgepresst wird (Verfahren in Louisiana u. Texas); **4.** Oxidation von H_2S der Kokerei- u. Erdgase (Claus-Verfahren) od. von künstl. aus Erdalkalisulfaten hergestellten H_2S; **5.** aus SO_2-haltigen Röstgasen durch Reduktion mit Koks; **Eigenschaften:** S tritt in mehreren allotropen Modifikationen auf: **rhombischer S**, α-S, der gewöhnliche, natürl. S, kommt in gelben Brocken od. Stangen in den Handel. D. 2.06. Er verbrennt an der Luft mit blauer Flamme zu stechend riechendem SO_2. S ist ein schlechter Leiter für Wärme u. Elektrizität, beim Reiben mit Leder od. Wolle wird er negativ elektr. geladen. Er ist leicht lösl. in Schwefelkohlenstoff (CS_2), wenig lösl. in Ethanol, Benzol, unlösl. in Wasser. Bei 95.6 °C geht er in **monoklinen S**, β-S, über, der ebenfalls in CS_2 leicht lösl. ist. α- u. β-S bestehen aus nichtplanaren, ringförmigen S_8-Molekülen (Cy-

clooktaschwefel), die über dem Schmp. instabil sind. Monokliner S schmilzt bei 119 °C zu einer leichtbewegl., hellgelben Flüss. (γ-S), die oberhalb 160 °C dunkelgelb u. zähflüssig wird (μ-S). Oberhalb 250 °C nimmt die Viskosität wieder ab, die Schmelze färbt sich rot, die bei 400 °C wieder dünnflüss. wird; Sdp. 444.6 °C. **Plastischer, amorpher S**, γ-S, eine braungelbe Masse, entsteht beim Abschrecken (Eingießen von geschmolzenem S in kaltes Wasser), ist in CS_2 unlösl. u. wandelt sich beim Stehenlassen wieder in α-S.
Nachw. von S-Verb.: (Sulfite, Sulfate, Thiosulfate) **1.** Heparprobe: Probe mit etwas pulverisiertem Soda auf Kohle mit dem Bunsenbrenner schmelzen, nach dem Erkalten auf Silber bringen u. einige Tr. Wasser hinzufügen; bei Vorhandensein von S bildet sich ein brauner bis schwarzer Fleck von Ag_2S, mit Säuren entwickelt die Sodaschmelze H_2S; **2.** fügt man zur alkal. Lsg. der Sodaschmelze Natriumnitroprussid*-Lsg., so entsteht eine blauviolette Färbung; **Anw.** med.: früher innerl. als Laxans (s. Pulvis Liquiritae compositus), reizt die Darmschleimhaut, bakteriell entstehender H_2S regt die Peristaltik an; zur Reizkörpertherapie*; äußerl.: bei Hauterkrankungen (Akne, Mykosen), Ekzemen, bes. Krätze (s. Unguentum contra Scabiem); techn.: Herst. von SO_2, H_2SO_4, CS_2, von S-Salzen, Feuerwerkskörpern, Schießpulver, Zündhölzern, zum Bleichen, Vulkanisieren des Kautschuks, Desinfizieren von Fässern (Schwefeln), Vernichtung von Ungeziefer (SO_2-Dämpfe) sowie in großem Umfang zur Pflanzenschädlingsbekämpfung; **Sulfur ad usum externum** Ph.Eur.4: S zum äußerl. Gebrauch; Teilchengröße ca. 20 µm, max. 40 µm; **Anw.**: Dermatologie; **Sulfur (depuratum)**: (gereinigter) S, Sulfur lotum, gewaschener S.; **Off.**: DAB8, ÖAB90, Ph.Helv.7; feines, gelbes, geruch- u. geschmackloses Pulver, das zw. 118 u. 120 °C schmilzt u. sich beim weiteren Erhitzen verflüchtigt; unlösl. in Wasser od. org. Lösungsmitteln, etwas lösl. in CS_2; in Alkalihydroxid-Lsg. bildet sich unter Erwärmung Polysulfid u. Thiosulfat; **Anw.**: Laxans; wird gefällter S verordnet, ist feinverteilter S abzugeben; **Sulfur dispersissimus**: feinverteilter S, Schwefelmilch, Lac sulfuris, **Sulfur praecipitatum**, gefällter S; **Off.**: DAB10, ÖAB90; Schmp. 118-120 °C; feines, gelbes, geruchloses u. geschmackloses Pulver, in CS_2 fast vollständig lösl.; **Gew.**: z. B. durch Mahlen von S; **Anw.**: äußerl. in Pudern, Salben, Mixturen; wirkt hautreizend u. antiparasitär (Bildung von H_2S); **Sicherheitshinweis:** fein verteilter S darf nicht innerl. angewendet werden; für innerl. Zwecke ist Sulfur depuratum zu verwenden; **Sulfur colloidale**: kolloidaler S, mit Eiweiß als Schutzkolloid; grauweißes Pulver, in Wasser zu einer milchähnl. Flüss. kolloid lösl.; **Anw.**: wie Sulfur dispersissimum; **Sulfur griseum**: Sulfur caballinum, grauer S, Roßschwefel; die erdehaltigen Rückstände der Sublimate des Rohschwefels, die nur geringe Mengen S enthalten; **Sulfur in baculis**: Sulfur fusum, Sulfur citrinum, Stangenschwefel; **Anw.**: bes. zum Desinfizieren u. Bleichen (durch Anbrennen, Erzeugung von SO_2); **Sulfur in filis**: Schwefelfaden, Schwefelband; in geschmolzenen S. getauchte Fäden od. Bänder aus Hanf, Baumwolle, Seide od. feste Papierstreifen; **Anw.**: Ausschwefeln von Bier- u. Weinfässern; Raumdesinfektion; **Sulfur sublimatum**: Sulfur crudum, Flores Sulfuris, sublimierter S, Schwefelblüte, Schwefelblumen; **Off.**: DAB6; feines, amorphes, gelbes Pulver; **Anw.**: Darst. des Sulfur depuratum (DAB8), ansonsten wie Sulfur dispersissimum; vet.: in Viehpulvern.
Hom: *Sulfur (HAB1.3)*, Sulfur sulblimatum: Konstitutionsmittel; verord. z. B. bei chron. Hauterkrankungen; Darmerkrankungen; Reaktionsmittel wenn eine homöopath. Ther. nicht anspricht.

Schwefelalkohol: s. Schwefelkohlenstoff.

Schwefelammonium: s. Ammoniumsulfid.

Schwefelammoniumlösung: s. Liquor Ammonii hydrosulfurati.

Schwefelantimon, schwarzes: s. Antimon(III)-sulfid.

Schwefelarsen, gelbes: s. Arsen(III)-sulfid.

Schwefelarsen, rotes: s. Arsendisulfid.

Schwefelbakterien: s. Schwefel.

Schwefelbalsam: s. Linum usitatissimum (Oleum Lini sulfuratum).

Schwefelbarium: s. Bariumsulfid.

Schwefelblei: s. Bleisulfid.

Schwefelblüte: s. Schwefel (Sulfur sublimatum).

Schwefelblumen, gewaschene: s. Schwefel (Sulfur depuratum).

Schwefelcadmium: s. Cadmiumsulfid.

Schwefelcalcium: s. Calciumsulfid.

Schwefelchlorür: s. Dischwefelchlorid.

Schwefelcyanammonium: s. Ammoniumthiocyanat.

Schwefelcyankalium: s. Kaliumthiocyanat.

Schwefelcyannatrium: s. Natriumthiocyanat.

Schwefeldioxid: Schwefligsäureanhydrid; SO_2, M_r 64.1. D. 2.211. Schmp. −75.8 °C. Sdp. −10 °C. Farbloses, stechend riechendes, erstickend wirkendendes, nicht brennbares, giftiges Gas (auch starkes Pflanzengift); leicht lösl. in Wasser u. Ethanol. **Vork.**: nat. in Vulkangasen; **Darst.**: Verbrennen von Schwefel; Rösten von sulfid. Erzen; **Anw.** techn.: Kälteerzeugung in Kühlmaschinen, Bleichen, Desinfizieren, Ungezieferbekämpfung, Lösungsmittel; vgl. Schwefelige Säure; **Tox.**: SO_2 wirkt stark reizend u. entzündungserregend auf Schleimhäute (Augen, Atemwege); Geruchsschwelle 0.5-1 ppm, Erträglichkeitsgrenze ca. 10 ppm, jedoch ist Gewöhnung mögl.; hohe Konz. führen rasch zum Erstickungstod durch Stimmritzenkrampf; MAK: 2 ppm, MIK 1 ppm/30 min, 0.3 ppm/d, 0.1 ppm/Jahr; bei Smog kann ein vielfaches der MIK auftreten; **Umwelttox.**: Die SO_2-Immission in die Atmosphäre durch Verbrennung schwefelhaltiger fossiler Brennstoffe, vor allem Braunkohle u. Heizöl, in Kraftwerken u. Heizanlagen führt in den Industrieländern zu großen Umweltbelastungen (Schäden an histor. Steinbauwerken, Waldsterben, Smog in Städten). Durch Einbau von Entschwefelungsanlagen in Großkraftwerke versucht man die Immission zu vermindern (Rauchgaswäsche mit Kalkmilch):

$$SO_2 + 1/2\,O_2 + Ca(OH)_2 \rightleftharpoons CaSO_4 + H_2O$$

Kalkadditivverfahren: Bindung des SO_2 durch Zugabe von festem Calciumcarbonat.

S

Schwefeleisen: s. Eisen(II)-sulfid.

Schwefelether: Diethylether (vgl. Ether) wird fälschlicherweise auch S. genannt, weil bei seiner Herst. Schwefelsäure benötigt wird. Der rohe Diethylether ist meist mit etwas Schwefeldioxid verunreinigt.

Schwefelharnstoff: s. Thioharnstoff.

Schwefelindigo: s. Thioindigo.

Schwefelkalklösung: s. Solutio Calcii sulfurati.

Schwefelkohlenstoff: Carboneum sulfuratum, Kohlenstoffdisulfid, Carbondisulfid, Alcohol sulfuris, Schwefelalkohol; CS_2, M_r 76.1. Schmp. –111.6 °C. Sdp. 46-47 °C. D. 1.271. Farblose, leicht bewegl., stark lichtbrechende Flüss., leicht entzündl., mit eigenartigem Geruch, leicht lösl. in Ethanol, Ether, Chloroform, Tetrachlorkohlenstoff, fetten u. äther. Ölen, sehr feuergefährlich. **Off.:** ÖAB90; **Darst.:** durch Leiten von Schwefeldämpfen über glühende Kohlen; **Anw.** techn.: zum Extrahieren von Fetten, Ölen, Harzen; Lösungsmittel für z. B. Schwefel, Iod, Brom, Phosphor, Kautschuk, Wachse, Harze, Balsame; in der Kunstseidenindustrie; gegen Pflanzenschädlinge (Reblaus); **Tox.:** S. besitzt narkotisierende Eigenschaften. Akute Vergiftungen zeigen sich in einer Schädigung des Nerven- u. Gefäßsystems (Herzkranzgefäße). 5000 ppm wirken rasch tödlich. Lokal können am Auge u. an der Haut Gewebeschäden auftreten. Chron. Vergiftungssymptome sind stark wechselnd, z. B. Polyneuritis, Sehstörungen, Verdauungsstörungen, psych. Veränderungen, Parästhesien; MAK: 10 mL/m^3 (ppm); **Nachw.:** CS_2 gibt mit Triethylphosphin, $(C_2H_5)_3P$, rote Färbung.

Hom: *Carboneum sulfuratum:* verord. z. B. bei Ischias, Neuritis, Muskelschwäche.

Schwefelkolloid-[^{99m}Tc]Technetium: kolloidale Dispersion von Schwefelmizellen, die mit Technetium-*99m markiert sind. Verwendet wird eine sterile, pyrogenfreie Injektionslsg. (Sulfuris colloidalis et technetii [^{99m}Tc] solutio iniectabilis Ph.Eur.4, Schwefelkolloid-[^{99m}Tc]Technetium-Injektionslösung), die entw. aus Natrium-[^{99m}Tc]pertechnetat-Injektionslösung aus Kernspaltprodukten od. nicht aus Kernspaltprodukten (s. Natriumpertechnetat[^{99m}Tc]) hergestellt wird. Das Kolloid kann mit Gelatine od. einer anderen geeigneten Substanz auf Gelatinebasis stabilisiert, der pH-Wert durch Zusatz eines geeigneten Puffers, z. B. Acetat-, Citrat- od. Phosphatpufferlsg., eingestellt werden.

Schwefelleber: s. Kaliumsulfid.

Schwefelmilch: s. Schwefel (Sulfur dispersissimus).

Schwefelnatrium: s. Natriumsulfid.

Schwefelsäure: Acidum sulfuricum; H_2SO_4, M_r 98.08. D. 1.836. Schmp. 10.36 °C. Reine 100 %ige Sch. ist eine farblose, ölige Flüss., die bei Abkühlen auf 0 °C langsam zu Kristallen erstarrt; durch geringe Mengen Wasser wird der Schmp. stark erniedrigt (er beträgt z. B. für eine 98 %ige Sch. 3.0 °C). Mit Wasser ist Sch. in jedem Verhältnis unter starker Wärmeentwicklung mischbar. Viele org. Stoffe, u. a. Papier, Tücher, Kork, Holz, Zucker, Stärke, werden durch Sch. infolge des starken Wasserentzuges zerstört. **Darst.:** Oxidation von SO_2 zu SO_3, das dann mit Wasser in H_2SO_4 überführt wird. SO_2 wird aus den Röstgasen von Pyrit (Eisenkies, FeS_2), anderen Metallsulfiden, direkter Verbrennung von Schwefel, Schwefelwasserstoff od. aus dem Schwefel der Gasreinigungsmasse sowie durch Reduktion von Sulfaten (Gips) gewonnen; **Herst.** techn.: **1.** Kontaktverfahren, bei dem SO_2 mit Hilfe von Vanadiumpentoxid (früher Platinasbest) als Katalysator durch den Sauerstoff der Luft bei ca. 500 °C zu SO_3 oxidiert u. dieses dann in 98 %ige Sch. eingeleitet wird; durch Zufließen von Wasser wird die Konz. konstant erhalten; **2.** Bleikammerverfahren (veraltet), bei dem Stickstoffoxide als Sauerstoff-Überträger dienen; Sch. ist in versch. Konz. im Handel; die wichtigste ist die **konz. Sch.** (Acidum sulfuricum concentratum, gereinigt: Acidum sulfuricum purissimum) mit einem Geh. von 98 % H_2SO_4, ferner **Kammersäure** (aus dem Gloverturm beim Bleikammerverfahren), Geh. 78-80 %, D. ca. 1.71; **englische Sch.:** Acidum sulfuricum crudum; **rauchende Sch.:** Oleum, Nordhäuser Sch., Acidum sulfuricum fumans, Oleum Vitrioli (fumans); ölige Flüss., Mischung aus H_2SO_4, SO_3 u. $H_2S_2O_7$, die stark wasserentziehend u. oxidierend wirkt; **Sicherheitshinweis:** Vorsicht! Zur Verd. stets Säure langsam in Wasser gießen. **Off.:** **Acidum sulfuricum** DAB6: Sch.; Geh. ca. 94-98 % H_2SO_4, D. 1.829-1.834. Farblose, ölige, stark hygroskop. Flüss.; entspr. **Acidum sulfuricum concentratum** ÖAB90, konz. Sch.; Geh. 95.1-98.6 % H_2SO_4; **Acidum sulfuricum dilutum** DAB6, ÖAB90: verd. Sch. (1 T. S. u. 5 T. gereinigt. Wasser); Geh. 9.10-9.40 % H_2SO_4, D. 1.06-1.062; **Acidum sulfuricum crudum** DAB6: rohe Sch., engl. Sch.; Geh. mind. 94 %, D. mind. 1.829. Klare, farblose bis bräunl. ölige Flüss.; **Acidum sulfuricum fumans** EB6, rauchende Sch.; **Reagens** Ph.Eur.4: Sch. 96 %, nitratfreie Sch. 96 %, ethanol. Sch. 35 %, ethanol. Sch. 25 %, Sch. 10 %, ethanol. Sch. 2.5 %; **Reagens** DAB10: Sch. 90 %; **Nachw.:** Sch. gibt mit Bariumchlorid-Lsg. einen weißen Niederschlag von Bariumsulfat, der in verd. Salzsäure unlösl. ist; **Anw.** med.: nur als Acidum sulfuricum dilutum, z. B. zu durstlöschenden Limonaden, s. Mixtura sulfurica acida.; techn.: z. B. Herst. von Kunstdüngern, Farbstoffen, Beizen, Explosivstoffen (s. Nitriersäure), Akku-Säuren, in der Analyse, Trocknen im Exsikkator.

Hom: *Acidum sulfuricum (HAB1.4):* konz. Schwefelsäure; verord. z. B. bei Asthma bronchiale, klimakter. Hitzewallungen, Gastritis.

Schwefelsäureanhydrid: s. Schwefeltrioxid.

Schwefelsäurediamid: s. Sulfamid.

Schwefelsäuredimethylester: s. Dimethylsulfat.

Schwefel-Salicyl-Vaseline: Zstzg.: NFA, 10.0 T. Salicylsäure, 10.0 T. gefällter Schwefel ad 100 T. gelbes Vaselin (s. Vaselinum flavum); keratoplast. u. keratolyt. wirkende, gelbe Suspensionssalbe. **Anw.:** Ekzeme, Mykosen (Dermatophyten, bestimmte Hefepilze); **UAW:** in Einzelfällen Depigmentierung.

Schwefeltrioxid: Schwefelsäureanhydrid; SO_3, M_r 80.1. α-Form: Schmp. 62.5 °C. β-Form: Schmp. 32.5 °C. Weiße, seidige, verfilzte Nadeln. γ-Form: Schmp. 16.8 °C. Sdp. 44.8 °C. Eisartige Kristalle. Das SO_3 des Handels ist ein Gemisch von α- u.

β-SO_3, es ist stark hygroskop., raucht an der Luft, vereinigt sich mit H_2O unter starker Wärmeentwicklung zu H_2SO_4. **Darst.**: aus SO_2 u. O_2 bei 400-600 °C unter Zusatz von Katalysatoren bei der Schwefelsäure-Fabrikation (Kontaktverfahren), im Labor durch Erhitzen von Hydrogensulfaten od. von rauchender Schwefelsäure od. durch Erwärmen von konz. Schwefelsäure mit Phosphorpentoxid (als wasserentziehendes Mittel).

Schwefelverbindungen, organische: s. Thiole; Sulfide; Sulfonium-Salze; Sulfonamide.

Schwefelwässer: s. Aquae minerales.

Schwefelwasserstoff: Hydrogensulfid, Monosulfan, Hydrogenium sulfuratum; H_2S, M_r 34.08. Sdp. −60.8 °C. Schmp. −85.6 °C. D. 1.538 g/L od. 1.19 relativ zu Luft. Farbloses, widerlich riechendes, äußerst giftiges Gas, verbrennt mit blauer Flamme zu Schwefeldioxid (SO_2) u. Wasser. Lösl. (bei 20 °C) in Ethanol (1 g/94 mL), Ether (1 g/49 mL) u. Wasser (1 g/242 mL), vgl. Aqua hydrosulfurata. In wässriger Lsg. sehr schwache zweibas. Säure, die zwei Reihen von Salzen bildet: **Sulfide** u. **Hydrogensulfide** (saure Salze). **Vork.**: in vulkan. Gasen, in Mineralquellen, bei der Fäulnis org. Stoffe; **Darst.**: Einw. von Säuren auf Sulfide im Kipp*-Apparat; techn.: aus den Kokerei- u. Leuchtgasen; **Anw.**: in der qualitativen u. quantitativen Analyse, da durch H_2S ein großer Teil der Metalle teils in sauerer, teils in alkal. Lsg. als Sulfide gefällt werden; **Tox.**: Die stark giftige Verb. führt bei Konz. über 100 ppm zu Reizerscheinungen an Augen-, Nasen- u. Rachenschleimhäute. 30-minütige Exposition bei 150 ppm hat Kopfschmerz, Schwindel u. Durchfall zur Folge. 300 ppm führen zu schweren, 500 ppm (30 min) zu tödl. Vergiftungen (der Vergiftung mit Blausäure ähnlich). Das Einatmen von 1400 ppm ist durch zentrale Atemlähmung sofort tödl. (apoplektiforme Vergiftung). Chron. Kontakt kann zur Schädigung der Hornhaut des Auges führen; MAK 10 ppm (15 mg/cm^3). Die Geruchsschwelle liegt bei ca. 0.025 ppm. Hohe Konz. können durch Betäubung der Geruchsrezeptoren nicht wahrgenommen werden. Die Ther. der akuten Vergiftung ist nur symptomat. möglich. Der Wirkungsmechanismus der H_2S-Vergiftung ist nicht geklärt. Ob u. welche Enzyme in vivo etwa durch Sulfidbildung an den zentralen Metallatomen od. durch SH-Blockade ausgeschaltet werden, ist unbekannt. Die Vergiftungssymptome sind durch Sauerstoffmangel infolge von Zellstoffwechselstörungen zu erklären; **Nachw.**: Bräunung bis Schwärzung von Bleiacetatpapier od. Silber; (Geruch).

Schwefelwasserstoffwasser: s. Aqua hydrosulfurata.

Schweflige Säure: Acidum sulfurosum, Acidum sulfurosum solutum; wässrige Lsg. von Schwefeldioxid* von versch. Geh., meist 5-6 % SO_2, D. 1.024-1.030. Farblose, stechend riechende Flüssigkeit. **Anw.** med.: äußerl. bei Hautkrankheiten; techn.: Konservierungs- u. Bleichmittel.

Schwefligsäureanhydrid: s. Schwefeldioxid.

Schweigrohr: s. Dieffenbachia seguine.

Schweinebandwurm: s. Taenia.

Schweineinsulin: s. Insulin.

Schweinepest: Viruskrankheit der Schweine (anzeigepflichtig), die meist tödl. endet. Äußert sich sich in schweren Störungen des Allgemeinbefindens der erkrankten Tiere; kann auch ohne äußerl. Symptome verlaufen. Man unterscheidet zw. der europäischen u. der (sich schneller ausbreitenden) afrikan. Schweinepest.

Schweinepest-Lebend-Impfstoff (gefriergetrocknet), Klassische-: Vaccinum pestis classicae suillae vivum cryodesiccatum Ph.Eur.4; gefriergetrocknete Zuber. aus einem Stamm des Virus der klass. Schweinepest. Die Pathogenität für das Schwein geht durch Adaption an Zellkulturen od. an das Kaninchen verloren.

Schweinerotlauf: s. Erysipeloid.

Schweinerotlauf-Impfstoff (inaktiviert): Vaccinum erysipelatis suillae inactivatum Ph.Eur.4; inaktivierte Zuber. aus einem od. mehreren Stämmen von Erysipelothrix rhusiopathiae (E. insidiosa).

Schweinerotlauf-Serum: Immunoserum erysipelatis suillae Ph.Eur.4; Serum, das Globuline enthält, die virulente Kulturen von Erysipelothrix rhusiopathiae (E. insidiosa) spezif. neutralisieren. Gew. aus Pferdeserum; Wirksamkeit mind. 100 I.E./mL.

Schweineschmalz: Adeps suillus, Axungia porci; Nach DAB10 das zw. 75 u. 100 °C ausgeschmolzene, von Wasser u. Eiweiß befreite Fett, das vorwiegend aus dem frischen, ungesalzenen Gewebe des Netzes u. der Nierenumhüllung gesunder, nach den jeweils geltenden Fleischbeschauvorschriften für taugl. befundener Schweine gewonnenen wird. Weiße, weiche, fettige Masse von schwachem Geruch u. mildem Geschmack; Gel aus flüssigem Schmalzöl u. festem Schmalzstearin; leicht lösl. in Ether, Chloroform, Benzin, wenig lösl. in Ethanol; dem menschl. Hautfett ähnl., gut streichbar; geringe Wasseraufnahmefähigkeit, leichte Verderblichkeit (Aufbewahrung vor Licht geschützt, in dem Verbrauch angemessenen, mögl. vollständig gefüllten Gefäßen od. unter Inertgas). Schmp. 36-43 °C. $n_D^{20\,°C}$ 1.458-1.461; IZ 46-60; SZ max. 1.3; Sch. darf nicht ranzig riechen u. schmecken, POZ nicht größer als 4; UA max. 1 %; Wassergehalt max. 0.3 %. **Best.**: Fettsäureester der Myristin-, Stearin-, Palmitin-, Linol-, Ölsäure. **Off.**: DAB10, ÖAB90. **Anw.**: Salbengrundlage.

Schweinfurter Grün: s. Kupfer, essigarsenigsaures.

Schweiß: Sudor; flüss. Absonderung der Schweißdrüsen der Haut. **Best.**: 99 % Wasser, Kochsalz, Harnstoff, Immunglobulinen, flüchtige Fettsäuren, Cholesterol u. bei schwerer Arbeit auch Milchsäure. Schweißhemmende Mittel: s. Antihidrotika; schweißtreibende Mittel: s. Diaphoretika.

Schweizer Blau: Bleu Suisse; reines Berliner* Blau in Oxalsäure gelöst u. getrocknet.

Schweizerisches Heilmittelinstitut: s. Swissmedic.

Schweizer-Reagens: Tetramminkupfer(II)-hydroxid, Kupferoxidammoniak, Cuprum oxydatum ammoniatum; $[Cu(NH_3)_4](OH)_2$. **Zuber.** DAB8: einer Lsg. von 10 g Kupfer(II)-sulfat in 100 mL Wasser wird Natronlauge, 6 mol/L, bis zur alkal. Reaktion zugesetzt; der Niederschlag wird abfiltriert u. mit kaltem Wasser sulfatfrei gewaschen;

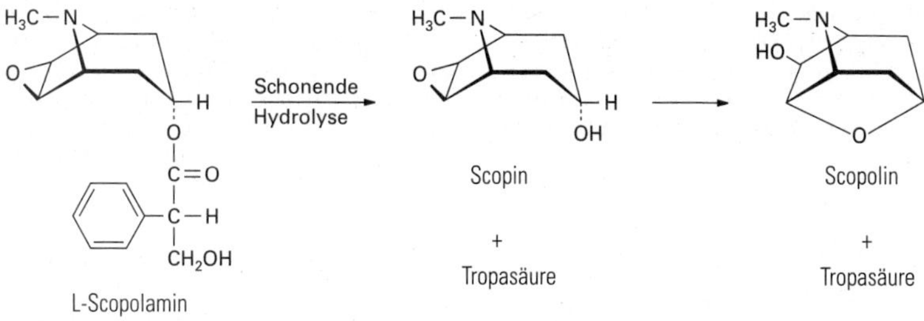

Scopolamin: L-Scopolamin

das noch feuchte Kupfer(II)-hydroxid wird unter Rühren mit Ammoniaklsg., 6 mol/L, bis zur vollständigen Lsg. versetzt; **Anw.:** Prüfung von Verbandmull, Watte u. Zellwolle.

Schwellkörper-Autoinjektionstherapie: Abk. SKAT; Einspritzung gefäßwirksamer Medikamente in den Penisschwellkörper zur Auslösung der Erektion*. Angewendet werden z. B. Papaverinhydrochlorid* mit Phentolamin* od. Alprostadil*; vgl. Erektionsstörung, Impotenz.

Schwerebeschleunigung: s. Fallbeschleunigung.

Schwerkraft: Anziehungskraft der Erde (Erdanziehung) od. anderer Himmelskörper (Gravitation); merkbar als Gewicht*, für die Erde gemessen als Fallbeschleunigung* g.

Schwermetalle: Metalle, deren Dichte über 5 liegt. Die 15 Metalle, deren Dichte kleiner als 5 ist, heißen Leichtmetalle*. Die Dichte der Metalle variiert zw. 0.5 (Lithium) u. 22.5 (Osmium).

Schwerspat: s. Bariumsulfat.

Schwertbohne: s. Canavalia ensiformis.

Schwertlilie: s. Iris germanica.

Schwertliliengewächse: s. Iridaceae.

Schwimmarzneiformen: bes. Art der Retardarzneiformen. Zur optimalen Nutzung der Resorptionsmöglichkeiten im GI-Trakt (Resorptionsfenster) wird eine längere Verweildauer der Arzneiform im Magen, eine höhere Arzneistofffreisetzung u. eine optimale Wirkstoffresorption angestrebt. Sch. enthalten Hydrokolloide, die bei Kontakt mit Magensaft quellen, ein spez. Gewicht <1 aufweisen, die Wasserdiffusion in das Innere der Masse verlangsamen u. den Luftanteil des ursprüngl. Pulvers einschließen, so dass sie inf. ihres Auftriebs schwimmen. Die Wirkstoffe werden an der Oberfläche des Gels an den Mageninhalt abgegeben u. diffundieren im gequollenen äußeren Bereich langsam an die Oberfläche. Mit zunehmendem Abbau der Gelmasse wird der Wirkstoff tieferer Schichten freigelegt. Die Sicherung der Reproduzierbarkeit der Resorption scheint schwierig, große Schwankungen in der Magenverweildauer sind denkbar. Von Bedeutung kann z. B. sein, welche Körperlage der Patient einnimmt, die Art u. Menge der Nahrungsaufnahme, die Zusammmensetzung der Intestinalflüssigkeiten.

Schwingung: s. Frequenz.

Schwingungsdauer: s. Frequenz.

Schwingungsspektroskopie: s. Spektroskopie.

Scillae bulbus: s. Urginea maritima.

Scillae pulvis normatus: s. Urginea maritima.

Scilla maritima: s. Urginea maritima.

Scillaren: s. Urginea maritima (Scillae bulbus, Inhaltsst.).

Scillirosid: s. Urginea maritima (Bulbus Scillae recens).

Sclerotium Clavus: s. Secale cornutum.

Scoparin: s. Cytisus scoparius (Flores Sarothamni scoparii, Inhaltst.).

Scopin: Alkoholkomponente von Scopolamin*, vgl. Tropanalkaloide.

Scopolamin: Hyoscin, Scopin-(*S*)-(−)-tropat, Scopinester der L-Tropasäure; $C_{17}H_{21}NO_4$, CAS-Nr. 51-34-3, M_r 303.4, Schmp. 59 °C (Monohydrat). Farblose Kristalle, leicht lösl. in Ethanol, Ether, Chloroform, wenig lösl. in Wasser. Alkaloid der Solanaceen. Durch alkal. od. saure Verseifung wird S. in Tropasäure* u. Scopolin* zerlegt, nur bei sehr schonender Hydrolyse wird Scopin* erhalten. DL-Scopolamin wird als Atroscin* bezeichnet. **Vork.:** in Solanaceen, insbes. in Hyoscyamus* niger, Datura* stramonium, Atropa* belladonna, Scopolia* carniolica, Mandragora* officinarum sowie Duboisia-Arten, z. B. Duboisia* myoporoides; **Wirk.:** parasympatholytisch; Mydriasis (Weitstellung der Pupille) u. Sekretionshemmung stärker, Spasmolyse (s. Spasmolytika) schwächer als bei L-Hyoscyamin (s. Hyoscyamin) bzw. Atropin*, zusätzl. zentral lähmende Eigenschaften; **Darst.:** aus den Mutterlaugen*, die beim Umkristallisieren des Hyoscyamins aus Bilsenkraut- u. Stechapfelsamen erhalten werden; **Anw.:** Antiemetikum, s. Systeme, transdermale therapeutische; vgl. Scopolaminhydrobromid.

Scopolaminbutylbromid: s. Butylscopolaminiumbromid.

Scopolaminhydrobromid: Hyoscini hydrobromidum Ph.Eur.4, Scopolamini hydrobromidum Ph.Eur.4, Scopolaminium hydrobromidum, Hyoscyni hydrobromidum, Hyoscinhydrobromid, Hyoscinhydrobromid-Trihydrat; CAS-Nr. 6533-68-2; $C_{17}H_{21}NO_4 \cdot HBr \cdot 3\,H_2O$, M_r 438.3. Schmp. ca. 90 °C (Trihydrat) bzw. Schmp. 195-198 °C (wasserfrei; unter Zers.). $[\alpha]_D^{20\,°C}$ −24 bis −26° (c=0.5 in Wasser). Farblose Kristalle od. weißes, krist. Pulver; leicht lösl. in Wasser, lösl. in Ethanol (ca. 1:3), sehr schwer lösl. in Ether u. Chloroform. Lsg., die S. enthalten, dürfen nicht erhitzt werden. **Darst.:** eine Lsg. von Scopolamin in verd. Bromwasserstoffsäure auskristallisieren lassen; **Anw.:** Parasympatholytikum* mit zentraldämpfender Wirk., als Schlafmittel*, Antiemetikum* (s. Scopolamin); früher bes. bei Erregungszuständen psych. Kranker, bei Parkinsonismus (s. Paralysis agitans) sowie bei Entziehungskuren Morphinabhängiger, ferner diente es früher in Verb. mit Morphinhydrochlorid* als Basisnarkotikum; äußerl. als Mydriatikum* wie Atropin*; **Dos.:** 0.2-0.5 mg (auch s. c.); MED 1 mg, MTD 3 mg; **Tox.:** die LD sind wenige mg; Antidot: Magenpumpe, Emetika, Pilocarpin, Coffein.

Scopolaminhydrochlorid: Hyoscinhydrochlorid; $C_{17}H_{21}NO_4 \cdot HCl \cdot 2H_2O$, M_r 375.1. Farblose Kristalle od. krist. Pulver, leicht lösl. in Wasser, lösl. in Ethanol, fast unlösl. in Ether. **Darst.:** Auflösen von Scopolamin in verd. Salzsäure u. auskristallisieren lassen; **Anw.** med.: s. Scopolaminhydrobromid; **Dos.:** MED 1 mg, MTD 3 mg.

Scopolaminhydroiodid: $C_{17}H_{21}NO_4 \cdot HI$, M_r 431. Farblose Kristalle, lösl. in Wasser u. Ethanol. **Anw.** med.: (selten) wie Scopolaminhydrobromid*.

Scopolamini hydrobromidum: s. Scopolaminhydrobromid.

Scopolaminmethylnitrat: s. Methylscopolaminnitrat.

Scopolaminum hydrobromicum: s. Scopolaminhydrobromid.

Scopoletin: β-Methylaesculetin, 6-Methoxy-7-hydroxycumarin; $C_{10}H_8O_4$, Strukturformel s. Cumarine (Abb.), M_r 192.2. Farblose Kristalle, lösl. in heißem Ethanol u. Eisessig. Die alkohol. Lsg. fluoresziert blau (Schillerstoff). Nat. in vielen Solanaceen, z. B. in Scopolia* carniolica u. Atropa* belladonna. Das Mono-β-glucopyranosid heißt Scopolin (nicht zu verwechseln mit dem Abbauprodukt von Scopolamin, das ebenfalls diese Bez. trägt).

Scopoliablätter: s. Scopolia carniolica (Folia Scopoliae carniolicae).

Scopolia carniolica Jacq.: Glockenbilsenkraut, Skopoliakraut, Krainer Tollkraut; Fam. Solanaceae (südöstl. Europa, Ostalpen, Karpaten). Stpfl. von **Radix Scopoliae carniolicae:** Rhizoma Scopoliae carniolicae, Scopoliawurzel. **Inhaltsst.:** ca. 0.4 % L-Hyoscyamin (s. Hyoscyamin), 0.03 % Atropin*, L-Scopolamin (s. Scopolamin), Atroscin* (Gesamtgeh. an Tropanalkaloiden 0.4-0.8 %), Cuskhygrin*, ferner Scopoletin*, Betain* sowie Cholin*; **Anw.:** wie Radix Belladonnae (s. Atropa belladonna). **Folia Scopoliae carniolicae:** Scopoliablätter. **Inhaltsst.:** Alkaloide wie in Rad. Scopoliae, jedoch nur 0.22-0.43 %; **Anw.:** wie Belladonnae folium (s. Atropa belladonna).

S

Scopoliawurzel: s. Scopolia carniolica (Radix Scopoliae carniolicae).

Scopolin: **1.** Glucosid von Scopoletin*.
2. $3\alpha,6\alpha$-Epoxy-7β-hydroxytropan; $C_8H_{13}NO_2$, M_r 155.19, Schmp. 109 °C. Abbauprodukt von Scopolamin*.

Scorpio europaeus: s. Euscorpius italicus.

Scorzonera hispanica L.: Schwarzwurzel; Fam. Cichoriaceae, Compositae (heim. u. kultiviert in Europa). Stpfl. von **Radix Scorzonerae:** Schwarzwurzel. **Inhaltsst.:** Milchsaft u. Inulin; **Anw.** volkstüml.: als Stomachikum; frisch als Gemüse.

Scrapie: Traberkrankheit; degenerative Hirnerkrankung bei Schafen u. Ziegen; s. Prionkrankheiten; vgl. Slow-virus-Infektionen; BSE.

Screening ((engl.) to screen sieben): syn. Siebtest, Suchtest, Vortest; einfachste, d. h. nicht optimierte Methode, eine große Anzahl von Objekten, z. B. Stoffe, Pfl., Tiere, Personen, auf bestimmte Merkmale hin zu untersuchen, um sie für weitere Untersuchungen od. Versuche auswählen zu können. Meist wenig aufwendige u. kostengünstige Prüfverfahren zum Klassifizieren im Rahmen von Reihenuntersuchungen, z. B. von neusynthetisierten chem. Verb. in Hinblick auf mögl. pharmakol. Wirkungen od. von Pfl. in Hinblick auf bestimmte Inhaltsstoffe bzw. epidemiolog. Reihenuntersuchungen, z. B. auf Tbc, Krebs.

Scrophulariaceae: Rachenblütler, Braunwurzgewächse; Fam. der Od. Scrophulariales, Ordnungsgruppe Tubiflorae; ca. 3000 Arten; meist krautige Pfl., z. T. Halbparasiten, mit 5-zähligen, zygomorphen Blüten; Kapselfrüchte. **Chem. Merkmale:** Iridoide (charakterist. sind Aucubin* u. Catalpol*), Flavonoide, Saponine, phenol. Esterglykoside, z. B. Verbascosid, u. Schleimstoffe; herzwirksame Glykoside* nur in Digitalis. **Wichtige Gattungen:** z. B. Digitalis, Euphrasia, Gratiola, Linaria, Melampyrum, Picrorhiza, Rehmannia, Scrophularia, Verbascum u. Veronica.

Scrophularia nodosa L.: Braunwurz; Fam. Scrophulariaceae (Europa, selten Westasien, häufig Ostasien). Stpfl. von **Herba Scrophulariae:** Braunwurzkraut. **Inhaltsst.:** Saponine, Flavonoide (Diosmin*, Hesperidin* u. Hesperetin*), Iridoide (z. B. Aucubin, Harpagid) sowie Zucker u. a.; **Anw.** volkstüml.: z. B. bei Ekzemen; **Radix Scrophulariae:** Braunwurz. **Inhaltsst.:** Iridoide, organ. Säuren, evtl. Saponine u. Stachyose; **Anw.** volkstüml.: wie Herba Scrophulariae.

Hom: *Scrophularia nodosa (HAB 2000):* frisches, vor Blütebeginn gesammeltes Kraut.

Hom: *Scrophularia nodosa spag. Kraus (HAB 2000):* ganze, frische, vor Blütebeginn gesammelte Pflanze; verord. z. B. bei Lymphdrüsenentzündungen.

Scutellarein: 4',5,6,7-Tetrahydroxyflavon; Strukturformel s. Flavonoide (Tab.). Ein Flavonderivat, z. B. enthalten in Orthosiphon* aristatus.

Scutellaria baicalensis Georgi: (chin) Huang qin, (japan) Ogon, Baikalhelmkraut; Fam. Lamiaceae (China u. Russland); 25-60 cm hohe Staude. Stpfl. von **Scutellariae radix:** Wurzeldroge der TCM. **Inhaltsst.:** in der Droge 15-21 % Flavonoide (u. a. Baicalin, Baicalein, Calein, Wogonin, Wogonsid, Scutellarein), Flavon-C-glykoside, Flavanone u. Chalkone; **Wirk.:** Wurzeldekokte antibakteriell; Baicalin und Baicalein besitzen antiasthmat. Aktivität, weitere Flavonoide hemmen die Thrombozytenaggregation; **Anw.:** in der TCM bei Allergien, Entzündungen der Haut und des Halses, Furunkeln, Bluthochdruck, Infekten der Atemwege u. des Gastrointestinaltrakts.

Scutellaria lateriflora L.: Scutellaria laterifolia, Helmkraut; Fam. Lamiaceae, Labiatae (Nordamerika); ausdauernde, krautige Pflanze. **Inhaltsst.:** äther. Öl, Scutellarin* sowie Tannine*); **Anw.** volkstüml.: die Wurzel als Tonikum; bei Fieber.

Hom: *Scutellaria laterifolia:* ganze, frische Pflanze; verord. z. B. bei nervösen Beschwerden.

Scutellarin: Glucuronid von Scutellarein*.

Scutellum: Keimblatt des Grasembryos, dient der Resorption von Nährstoffen aus dem Endosperm*.

Scyllitol: *scyllo*-Inosit; s. Cyclitole.

SD 8339: s. Zytokinine.

SDS: Abk. für **s**odium **d**odecyl **s**ulfate s. Natriumdodecylsulfat.

SDS-Page: SDS-Polyacrylamidgelelektrophorese; Verfahren der Elektrophorese, bei dem Proteine, aber auch Nucleinsäuren, in Gegenwart von SDS in Polyacrylamidgelen getrennt werden. SDS bewirkt eine Dissoziation oligomerer Proteine in ihre Untereinheiten. Liegen Disulfidbrücken vor, ist zusätzl. ein reduzierendes Agens (z. B. Mercaptoethanol) erforderlich. Die Polypeptidketten binden SDS u. werden durch die Sulfonsäure-Gruppe des SDS stark negativ geladen, wodurch die entstehenden Komplexe eine nahezu einheitl. Dichte an negativen Ladungen erhalten, so dass die Auftrennung der Proteine im Wesentlichen aufgrund der Molekülgröße erfolgt. Im diskontinuierl. System werden die Proteine zuerst in einem Sammelgel konzentriert u. gelangen anschließend als sehr schmale Bande in das Trenngel.

Se: (chem.) Symbol für Selen*.

Searle-Prinzip: s. Rotationsviskosimeter.

Sebacinsäure: Decandisäure, Sebacylsäure, Ipomsäure, Acidum sebacinicum; Octan-1,8-dicarbonsäure, $HOOC-(CH_2)_8-COOH$, $C_{10}H_{18}O_4$, M_r 202.2. Schmp. 135 °C. **Anw.:** Ausgangsmaterial für Kunststoffe, Parfüms u. Weichmacher.

Seborrhö: Schmerfluss; gesteigerte Sebumproduktion der Talgdrüsen. Bes. am behaarten Kopf, im Gesicht u. im Bereich der vorderen u. hinteren Schweißrinne.

Sebum: Talg, Unschlitt; festes Fett der Tiere, z. B. Sebum* ovile. Feste pflanzl. Fette wurden auch als Pflanzentalg bezeichnet.

Sebum bovinum: Sebum taurinum; Rindertalg.

Sebum ovile: Hammeltalg; das durch Ausschmelzen des fetthaltigen Zellgewebes gesunder Schafe gewonnene Fett. Schmp. 45-50 °C. IZ 33-42; SZ $\leq$5. Weiße, feste, schwach eigenartig riechende Masse. **Best.:** Palmitin-, Stearin- u. Ölsäureglyceride; **Off.:** DAB6; **Anw.:** in der Lederindustrie, (früher) zur Herst. von Seifen; Speisefett; selten Salbengrundlage.

Sebum salicylatum: Salicyltalg; Herst.: DAB6, Lösen von 2 T. Salicylsäure u. 1 T. Benzoesäure in 97 T. geschmolzenem Hammeltalg.

Sebum taurinum: s. Sebum bovinum.

Secalealkaloide: s. Secale cornutum (Inhaltsst.).

Secale cereale L.: Roggen; Fam. Poaceae, Gramineae. Stpfl. von Amylum* Secalis.

Secale cornutum: Sclerotium Clavus, Fungus Secalis, Mutterkorn, Kriebelkorn; das vom Pilz Claviceps purpurea (Fries) Tulasne, Fam. Clavicipitaceae (Ascomycetes, s. Pilze), im Fruchtknoten von Secale* cereale u. a. Gramineen gebildete Dauermyzel (s. Sklerotium). Das Mutterkorn ist dunkelviolett bis schwarz, oft matt bereift, meist schwach halbmondförmig gekrümmt, stumpf, dreikantig, ca. 10-35 mm lang u. 2.5-5 mm dick. Es wird kurz vor der Fruchtreife des Roggens gesammelt. Hauptausfuhrländer: Russland, Ungarn, Polen, Spanien, Marokko, Rumänien u. Italien; **Inhaltsst.:** neben ca. 30 % fettem Öl, pharmakol. bedeutungslose Farbstoffe, hauptsächl. Melanine, Anthrachinone u. biogene Amine, daruntet Tyranin, Histamin, Putrescin, ca. 30 Indolalkaloide, sog. Mutterkornalkaloide, Secalealkaloide od. Ergotalkaloide. Man unterscheidet 2 Hauptgruppen, deren Grundstrukur Ergolin ist (s. Abb. 1): **A:** therap. wichtige Lysergsäurealkaloide: von Lysergsäure u. ihren Abkömmlingen existieren 2 Diastereomere, die linksdrehende (5*R*,8*R*)-D-Lysergsäure u. die rechtsdrehende (5*R*,8*S*)-D-Isolysergsäure; Isolysergsäurealkaloide sind pharmakolog. unwirksam u. werden durch Anhängen der Endung -in bezeichnet, z. B. Ergotaminin, Ergometrinin. Ergosterin, das Provitamin D_2, wurde in Secale cornutum entdeckt, techn. Gew. überwiegend aus Hefe; **B:** Clavinalkaloide: bei ihnen ist die Carboxylgruppe der Lysergsäure reduziert; spielen therap. keine Rolle; **Wirkstoffe:** Spezif. Wirkstoffe sind demnach nur die säureamidartigen Derivate der D-Lysergsäure, die man wiederum in die (einfachen) Säureamidalkaloide (s. Abb. 2) u. die Peptidalkaloide (Ergopeptine, s. Tab.) unterteilt: **1.** Säureamidalkaloide: wasserlösl. Fraktion; im Ergometrin* (Ergobasin) ist D-Lysergsäure mit L-(+)-2-Aminopropanol verknüpft; Ergometrin ist in der Droge in zu geringer Konz. vorhanden, daher partialsynthetische Herst.; Claviceps paspali liefert in Submerskulturen in guter Ausbeute Lysergsäure (od. die leicht in Lysergsäure überführbare Paspalsäure), Ausgangssubstanz für die Partialsynthese von Ergometrin; vgl. Ergin; **2.** Peptidalkaloide: schlecht wasserlösl., gehören der Ergotamin-, Ergoxin- u. Ergotoxingruppe an; der Lysergylrest ist jeweils mit einem tricycl. Tripeptid verknüpft; **a)** bei der Ergotamingruppe ist die 1. Aminosäure α-Hydroxyalanin (α-Hydroxy-

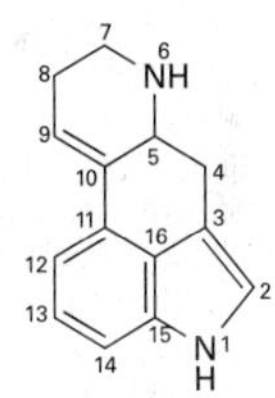

Secale cornutum Abb. 1: Ergolin

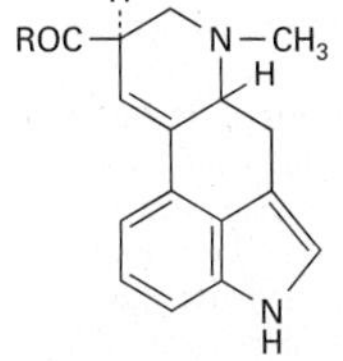

D-Lysergsäure: R = OH

Ergin: R = NH_2

Ergometrin: R = $NH-CH(CH_3)-CH_2OH$

Secale cornutum Abb. 2: Strukturformeln von Säureamidalkaloiden

Secale cornutum
Bau und Einteilung der Peptidalkaloide (Ergopeptine)

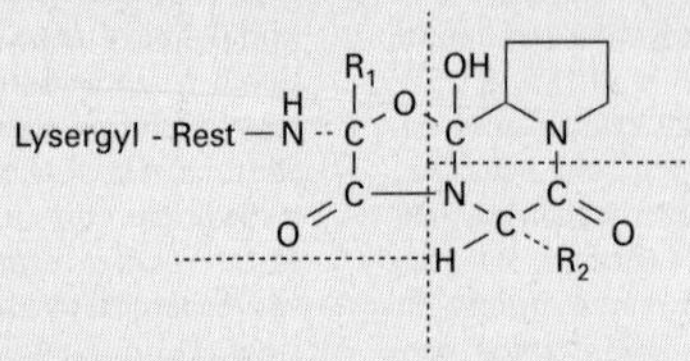

R$_2$	R$_1$ CH_3 Ergotamingruppe	C_2H_5 Ergoxingruppe	$CH(CH_3)_2$ Ergotoxingruppe
$CH_2-C_6H_5$	Ergotamin	Ergostin	Ergocristin
$CH_2-CH(CH_3)_2$	Ergosin	Ergoptin	α-Ergocryptin
$CH(CH_3)-C_2H_5$			β-Ergocryptin
$CH(CH_3)_2$	Ergovalin	Ergonin	Ergocornin

α-aminopropionsäure), **b)** bei der Ergoxingruppe ist es α-Hydroxy-α-aminobuttersäure; **c)** bei der Ergotoxingruppe ist es α-Hydroxyvalin. Die 2. Aminosäure ist entw. Phenylalanin (Ergotamin, Ergostin, Ergocristin), Leucin (Ergosin, Ergoptin, α-Ergocryptin), Isoleucin (β-Ergocryptin) od. Valin (Ergovalin, Ergonin, Ergocornin). Prolin als 3. Aminosäure ist immer Best. des Tripeptids. Die Alkaloide sind chem. wenig stabil. Im Sauren isomerisieren sie allmähl. zu sog. Aci-Alkaloiden. Unter dem Einfluss von Licht wird Wasser an die Doppelbindung zw. dem C-Atom 9 u. 10 (s. Strukturformel von Ergolin) angelagert. Stabiler sind daher die partialsynthet. erzeugten 9,10-Dihydrolysergsäureverb., z. B. Dihydroergotamin*, Dihydroergocristin* u. Dihydroergotoxin*, die auch weniger leicht epimerisieren (Enolform wird nicht mehr ausgebildet) u. die neben Ergotamin hauptsächl. verwendet werden; **Wirkstoffgehalt:** Nach ÖAB90 Geh. an wasserunlösl. Alkaloiden mind. 0.22 % (ber. als Ergotamin) u. an wasserlösl. Alkaloiden mind. 0.025 % (ber. als Ergometrin), jeweils bezogen auf die entfettete Droge; **Biosynthese:** wie bei allen Indolalkaloiden* ausgehend von Tryptophan;

Wirk.: therap. genutzte Secalealkaloide haben eine spezif. Affinität zur glatten Muskulatur, sie verengen spastisch die kleinen Arterien — bes. die des Uterus — durch Erregung der Gefäßmuskulatur; es kommt zu einer gewissen Blutdrucksteigerung. Spezielle Wirk. einzelner Alkaloide: **1.** Ergometrin*: erregt die glatte Muskulatur des Uterus u. der Gefäße (andere Organe mit glatter Muskulatur wie Darm u. Bronchien werden kaum beeinflusst). Aufgrund der oxytocinartigen, die Gebärmutter kontrahierenden Wirkung (s. Gynäkologika, Uterusmittel) wird es in niedriger Dos. in der Geburtshilfe verwendet. Wirk. am Uterus tritt schnell ein u. klingt auch schnell wieder ab; auf den Sympathikus prakt. ohne Wirkung; **2.** Ergotamin* u. die Alkaloide der Ergotoxingruppe wirken qualitativ gleich; sie sind Alphasympatholytika, setzen also die Erregbarkeit des Sympathikus herab; am Uterus langsam einsetzende, aber lang anhaltende Wirk.; Ergotamin bewirkt Dauerkontraktion des Uterus, es darf deshalb erst nach der Geburt (zur Blutstillung) gegeben werden; an der Gefäßmuskulatur hat Ergotamin einen (unerwünschten) vasokonstriktor. Effekt, die Blutdrucksteigerung entsteht aufgrund der peripheren Gefäßverengung; **3.** 9,10-Dihydroergotamin- u. 9,10-Dihydroergotoxinverb. ohne Uteruswirk.; jedoch mit stark zentralsedativer Wirk. (s. Migräne). **Off.:** ÖAB90; **Zuber.:** Secale cornutum desoleatum titratum: entfettetes, eingestelltes Mutterkorn; nach ÖAB90 0.2 % (±0.01 %) wasserunlösl. Alkaloide (ber. als Ergotamin) u. mind. 0.022 % wasserlösl. Alkaloide (ber. als Ergometrin); Extractum* Secalis cornuti fluidum, Tinctura* Secalis cornuti; **Anw.:** Verwendet werden fast nur noch die Reinalkaloide (s. unter den einzelnen Verb.), z. B. bei Hyperthyreosen u. Migräne; größtes u. wichtigstes Indikationsgebiet ist die Gynäkologie u. Geburtshilfe. Weitere partialsynth. abgewandelte Produkte (neben den erwähnten Dihydrolysergsäureverb.): z. B. Methylergometrin*, Methysergid* u. Bromocriptin*; **Tox.** u. **UAW:** Die starke gefäßkontrahierende Wirk. kann schon im Verlauf einer Therapie von wenigen Tagen zu Gangrän, Absterben von Gewebe, v. a. an den Zehen führen; wegen der tox. Gefäßwirk. Anw. von Mutterkornalkaloiden über einen längeren Zeitraum nur unter Kontrolle der peripheren Gefäße (auf Taubheit, Kälte, Cyanose der distalen Teile des Körpers); bei Zufuhr größerer Mengen von S.: Übelkeit, erhöhter Speichelfluss, Erbrechen, Durchfall, Schweißausbrüche, Pulsverlangsamung, Augenflimmern u. Parästhesien (Ergotismus: Kriebelkrankheit, Mutterkornvergiftung). Muskelzuckungen u. ton. Muskelstarre können über Lähmungen zum Tode im Kollaps führen; **Nachw.:** auch quantitativ z. B. mit Van*-Urk-Reagens; **Gesch.:** schon in der Antike als Mittel bei der Geburtshilfe u. als Abtreibungsmittel bekannt; im Mittelalter traten häufig epidemieartige Massenerkrankungen (Ergotismus) auf, da das Mutterkorn inf. Unkenntnis im Brotgetreide mitvermahlen wurde (Kriebelkrankheit, St. Antonius-

feuer, Ignis sacer), die mit feuriger Rötung der Haut begannen u. zum Brandigwerden u. Abfallen der schwarz gewordenen Glieder führten (Ergotismus gangraenosus); z.T. begann die Erkrankung mit Ameisenlaufen, sog. Kriebeln, Pelzigwerden der Finger u. Zehen, das sich dann über den ganzen Körper verbreitete, Durstgefühl, chron. Krämpfen, Kontrakturen in der Beugemuskulatur u. schließl. zu Dauerverkrüppelung, Erblindung, Demenz u. Tod (Ergotismus convulsivus).
Hom: *Secale cornutum (HAB 2000):* das bei nicht mehr als 40 °C getrocknete Roggen-Mutterkorn (mind. 0.25 % Alkaloide, ber. als Ergotamin); verord. z.B. bei Durchblutungsstörungen, Gangrän, Migräne, arteriosklerot. Hypertonie, Schwangerschaftsproblemen (Wehenschwäche, Krampfwehen).

Secalin: s. Prolamine.

Secbutabarbital INN: Butabarbital, 5-Ethyl-5-*sec*-butylbarbitursäure; 5-Ethyl-5-(1'-methyl-*n*-propyl)barbitursäure; CAS-Nr. 125-40-6; $C_{10}H_{16}N_2O_3$, M_r 212.24. Schmp. 165 °C (polymorph). Strukturformel s. Barbiturate (Abb. 2). **Anw.:** Sedativum*, Schlafmittel* (mittellang wirksames Barbiturat). Gebräuchl. ist auch Secbutabarbital-Natrium.

Secobarbital INN: Acidum 5-allyl-5-(1'-methyl-*n*-butyl)barbituricum, Quinalbarbitone, Meballymal; 5-Allyl-5-(1-methylbutyl)barbitursäure; CAS-Nr. 76-73-3; $C_{12}H_{18}N_2O_3$, M_r 238.28. Strukturformel s. Barbiturate (Abb. 2). Sehr schwer lösl. in Wasser; leicht lösl. in Ethanol, Ether, Lsg. von Alkalihydroxiden u. -carbonaten; lösl. in Chloroform. pH der gesättigten wässrigen Lsg. ca. 5.6. **Anw.:** Schlafmittel*; **Dos.:** als Schlafmittel p.o. 100 mg; als Sedativum 3-4×30-50 mg/d; Kinder (Sedativum) 3×2 mg/kg KG/d. **Secobarbital-Natrium:** Secobarbitalum natricum Ph.Eur.4, Natrium allylmethylbutylbarbituricum, allylmethylbutylbarbitursaures Natrium; CAS-Nr. 309-43-3; $C_{12}H_{17}N_2NaO_3$, M_r 260.3. Weißes, geruchloses Pulver, bitterer Geschmack, hygroskop.; leicht lösl. in Wasser u. Ethanol, fast unlösl. in Ether u. Chloroform. **Anw.:** Ein- u. Durchschlafmittel, bei Kindern als Basisnarkotikum; Wirkungseintritt nach 15-20 min, Wirkungsdauer 4-7 h; **UAW:** Gefahr der Suchterzeugung, Missbrauch; LD ca. 5-10 g; **Dos.:** MTD 0.5 g. Gebräuchl. ist auch Secobarbital-Calcium; vgl. Barbiturate.

Secoiridoide: s. Iridoide.

Secologanin: s. Indolalkaloide.

second messenger: (engl.) *zweiter Bote*; endogene Stoffe, die nach Bindung von Hormonen od. Neurotransmittern (first messenger) an spezif. Rezeptoren der Zelloberflächen in den Intrazellularraum freigesetzt werden u. dort durch Aktivierung von Proteinkinasen biol. Effekte in der Zelle auslösen. Sie sind somit für die Signalübertragung der first messenger in die Zelle verantwortlich. Als die wichtigsten s.m. wurden erkannt: **1. cAMP**, cyclo-Adenosin-3',5'-monophosphat; am längsten bekannter s.m. (Sutherland, 1971); wird aus ATP (s. Adenosinphosphate) mit Hilfe der membranständigen Adenylatcyclase, die nach Rezeptorbindung des first messengers aktiviert wird, gebildet. Bei der Synthese von cAMP spielen auch inhibierende od. stimulierende Kopplungsproteine (G-Proteine) der Adenylatcyclase eine Rolle. Der Abbau erfolgt durch eine Phosphodiesterase*. Über das cAMP-System werden z.B. Effekte von Catecholaminen, Acetylcholin, Prostaglandinen u. vielen Proteohormonen (Opioide, Glucagon u.a.) gesteuert; **2. cGMP**, cyclo-Guanosinmonophosphat; aus Guanosintriphosphat (GTP) durch membranständige od. intrazelluläre Guanylatcyclase gebildet; vermittelt z.B. Wirkungen von Acetylcholin, Prostaglandinen u. Histamin; **3. IP_3**, D-myo-Inositol-1,4,5-triphosphat; wird durch Phospholipase C aktiviert; führt vermutl. zu gesteigertem Calciumeinstrom in den Intrazellularraum u. vermittelt die Signale von Noradrenalin, Vasopressin, einigen Prostaglandinen, Histamin u.a.; vgl. Inositolphosphate.

Secretin INN: CAS-Nr. 1393-25-5. Lösl. in Wasser; Hormon der Duodenalschleimhaut, das die Pankreassekretion aktiviert u. den Blutzuckerspiegel erniedrigt. **Anw.:** Diagnostikum; HWZ 6 min. Gebräuchl. ist auch Secretinhydrochlorid.

Sedativa: syn. Temperantia; Beruhigungsmittel, v.a. am Tage. Scharfe Abgrenzung von Schlafmitteln* nicht möglich. **Wirk.:** Wirken relativ unspezif. auf alle Funktionen des ZNS, dämpfen die sensor., vegetativen u. bes. die motorischen Zentren; vgl. Psychopharmaka. **Drogenbeispiele:** Valerianae Radix, Hyperici Herba, Kava-Kava Rhizoma, Melissae Flos, Menthae piperitae Flos, Lupuli Glandulae, Lavandulae Flos, Passiflorae Herba.

Sediment: Bodensatz, z.B. Harnsediment. Sedimentieren: absetzen lassen. Sedimentierkelch: Kelchglas zur Durchführung des Sedimentierens. Sedimentierzentrifuge: s. Zentrifugieren.

Sedimentationsanalyse: Verfahren zur Korngrößenanalyse*. Bestimmt wird die Sinkgeschwindigkeit von Feststoffteilchen entw. im Schwerkraftfeld (Pipetteanalyse, Sedimentationswaage, Photosedimentometer) od. im Zentrifugalfeld (Ultrazentrifuge, s. Zentrifugieren). Nach dem Stokes-Gesetz (gilt nur für glatte, kugelförmige Teilchen, die sich beim Sedimentieren gegenseitig nicht behindern, im spezif. leichteren u. nicht zu viskosen Dispersionsmittel unlösl. sind, sich darin chem. nicht verändern u. nicht aufquellen) ist die Sinkgeschwindigkeit v (Fallhöhe h/Fallzeit t der Teilchen) proportional dem Quadrat des Teilchendurchmessers (d), der Dichtedifferenz Innere Phase/Dispersionsflüssigkeit ($\rho-\rho_0$) u. umgekehrt proportional der Viskosität (η) der Dispersionsflüssigkeit (g = Erdbeschleunigung):
$v=[2\cdot r^2\cdot(\rho-\rho_0)\cdot g)]/9\eta$
(vgl. Aufrahmen; an die Stelle der Sedimentation tritt Flotation). Der Teilchendurchmesser errechnet sich aus:

$$d=\sqrt{\frac{18\eta\cdot h}{g\cdot(\rho-\rho_0)\cdot t}}$$

Zur Erleichterung der Desagglomerierung beim Suspendieren u. der Vermeidung der Zusammenlagerung der Teilchen in der „Prüfsuspension" werden Peptisatoren (z.B. $Na_4P_2O_7$) zugesetzt. **Methoden: 1.** Die genaueste Methode der S. ist die Pipettenanalyse, entsprechend DIN 51033. Die Pipette nach Andreasen, ein graduierter Sedimen-

S

tationszylinder mit einer eingesetzten, mit einem Zweiweghahn versehenen Spezialpipette wird mit der aufgeschlämmten Pulverprobe gefüllt, der Inhalt geschüttelt u. eine Nullprobe mit dem Feststoffanteil m_0 (enthält alle Korngrößen) über die Pipette entnommen. In Abhängigkeit von den gewählten Korngrößenbereichen geeignet zw. 1 u. 40 μm) werden nach versch. berechneten Zeiten (t) weitere Proben mit konstantem Volumen aus dem erschütterungsfrei aufgestellten Zylinder entnommen. Durch die kontinuierl. unter die Pipettenspitze sedimentierenden gröberen Anteile wird der Feststoffgehalt m der Proben laufend kleiner. Der gesuchte Durchgang D in % wird berechnet:

$D = m \cdot 100/m_0$

u. in Abhängigkeit vom Teilchendurchmesser graph. aufgetragen. **2.** Bei der Sedimentationswaage wird die Feststoffmenge, die sich auf eine Waagschale am unteren Ende eines temperierten Sedimentationszylinders absetzt, nach bestimmten Zeiten ermittelt. **3.** Das Messprinzip des Photosedimentometers beruht auf der mit der Zeit abnehmenden Schwächung der Intensität eines Lichtstrahls (nach dem Lambert-Beer-Gesetz), der durch eine mit Suspension gefüllte Küvette fällt. **4.** Mit Hilfe der Sedimentation im Fliehkraftfeld (Ultrazentrifuge) lassen sich noch sehr feine (unter 1 μm) Teilchen analysieren.

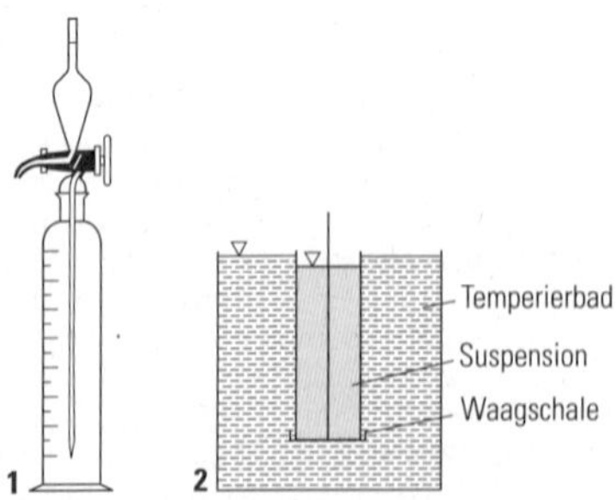

Sedimentationsanalyse: 1: Andreasen-Pipette; 2: Sedimentationswaage

Sedimentationskonstante: s. Svedberg-Einheit.

Sedimentvolumen: Gesamtvolumen des sedimentierten Feststoffanteils einschließl. der im Sediment enthaltenen Flüssigkeit. Die Höhe des S. ist abhängig von Stabilisiermaßnahmen in der Suspension u. teilw. vom Zeitpunkt der Bestimmung. Sie ergibt sich aus den gegenseitigen Berührungspunkten der Partikeln (Aggregation, Kohärenz, Flockung), von der geometr. Anordnung der Teilchen zueinander im Sediment. Der Zusatz eines Tensids vermag u. U. das S. herabsetzen (hohe Packungsdichte des Sediments). Lockere Sedimente mit großem Volumen werden angestrebt, weil sie meist leichter redispergierbar sind.

Sedoheptulose: Sedoheptose; $C_7H_{14}O_7$; M_r 210.2; Schmp. 101 °C (s. Abb.). Eine Ketoheptose (s. Kohlenhydrate), die ein wichtiges Zwischenprodukt im Kohlenhydratstoffwechsel der Photosynthese* darstellt.

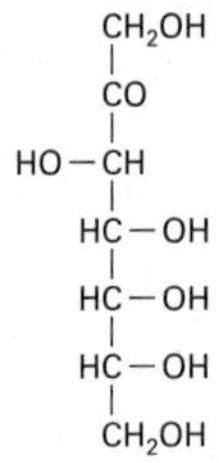

Sedoheptulose

Sedum acre L.: (Scharfer) Mauerpfeffer, Steinpfeffer; Fam. Crassulaceae (Europa, Asien, Nordamerika). Stpfl. von **Herba Sedi acri:** Mauerpfefferkraut (schmeckt nur frisch scharf). **Inhaltsst.:** Piperidinalkaloide*, z. B. Sedamin, Isopelletierin u. Sedinin, sowie Flavonoide, Gerbstoffe, Schleim, Gummi u. a.; **Anw.** volkstüml.: z. B. als blutdrucksenkendes Mittel; äußerl. zur Wundbehandlung. **Hom:** *Sedum acre*: frische, blühende Pfl.; verord. z. B. bei blutenden Hämorrhoiden, Analfissuren. Ferner hom. angewandt: *Sedum repens* (von Sedum alpestre Vill., Alpenfetthenne, Alpenseide) u. *Sedum telephium* L. (Knolliges Steinkraut, Große Fetthenne); von beiden frische, blühende Pfl.; verord. z. B. bei Analfissuren.

Sedum alpestre: s. Sedum acre (Hom).

Sedum repens: s. Sedum acre (Hom).

Sedum telephium: s. Sedum acre (Hom).

Seekrankheit: durch Schiffsbewegungen verurs. Übelkeit u. Erbrechen infolge Reizung des Nervus vestibularis. Arzneimittel gegen Seekrankheit: s. Antiemetika.

Seerose, Weiße: s. Nymphaea alba.

Seesand: Reagens. Verschiedenfarbige, v. a. gelblich braune, feine Sandkörnchen von 0.1 (DAB10) bzw. 0.15 (Ph.Eur.) bis 0.3 mm Korngröße.

Seesandmethode: Modifikation bei der Bestimmung des Trocknungsverlustes im Trockenschrank für wasserhaltige halbfeste Arzneiformen. Dazu werden 5 g der halbfesten Arzneiform mit 5 g getrocknetem Seesand in einem tarierten 50 mL-Becherglas im Trockenschrank bei 105 °C bis zur Gewichtskonstanz erhitzt. Die S. dient dem leichteren Abdampfen eingeschlossenen Wassers u. beugt dem Verspritzen von Fettgrundlagen vor.

Seestern, Gemeiner: s. Asterias rubens.

Seetang: s. Fucus.

Seger-Kegel (Hermann Seger, Keramiker, 1839-1893): Schmelzkegel; tetraedrische, ca. 5 cm hohe Körper aus versch. keram. Material (z. B. Silicate, Kaolin, Magnesiumoxid), die auf die bei der Herst. keram. Materials erforderl. Hitzegrade geeicht sind. Der Schmp. eines Kegels ist dann erreicht, wenn sich die Spitze des Kegels bis zur Berührung der Unterlage geneigt hat.

Seggenwurzel: s. Carex arenaria.

Segmentierungsgene: für die korrekte Segmentierung eines Organismus verantwortl. Gene. Mutationen der S. führen häufig zu Verlust od. Missbildung einzelner Segmente od. Segmentgruppen.

Segmenttherapie: Reizbehandlung erkrankter innerer Organe über die Haut, z. B. Reflexzonenmassage, unter Nutzung kuti-viszeraler Reflexe, die sich aus der metamer-segmentalen Gliederung des Körpers ergeben; s. Head-Zonen.

Sehne: Tendo; Verbindungsstück zw. Muskel u. Knochen, das aus parallelfaserigem kollagenem Bindegewebe aufgebaut ist u. die Zugwirkung des Muskels überträgt. **Sehnenentzündung:** Tendinitis*, Tendovaginitis*.

Sehpurpur: s. Rhodopsin.

sehr vorsichtig zu lagern: Lagerungsvorschrift nach Ph.Eur.4; Lagerung in einem besonderen Schrank unter Verschluss. Beschriftung der Behältnisse mit weißer Schrift auf schwarzem Grund. Gilt nicht für Fertigarzneimittel.

Seidelbast: s. Daphne mezereum.

Seidenfaden: s. Filum bombycis tortum asepticum.

Seidenfibroin: zur Gruppe der β-Keratine gehörendes Strukturprotein, M_r 365 000. Zus. mit einem 2., wasserlösl. Protein, dem Sericin (Seidenleim), ist S. Best. der Naturseide, die von der Seidenraupe (s. Bombyx mori) als Drüsensekret gebildet wird. Das Faserprotein besteht aus 2 Untereinheiten, aufgebaut aus zwar ident., aber in entgegengesetzter Richtung orientierten Polypeptidketten. Die Aminosäuresequenz wiederholt sich über lange Strecken u. lautet für S. $(Gly\text{-}Ser\text{-}Gly\text{-}Ala\text{-}Gly\text{-}Ala)_n$. Schwache hydrophobe Wechselwirk. u. Wasserstoffbrückenbindungen führen zu einer Assoziation der Polypeptidpaare in einem dreidimensionalen Proteinkomplex. S. bildet feine, lang gestreckte Fibrillen. Das Ergebnis der Bindungskräfte ist eine sehr widerstandsfähige, nur schwach elast. Faser mit großer Flexibilität.

Seidenpflanze, Indische: s. Asclepias curassavica.

Seidenpflanze, Syrische: s. Asclepias syriaca.

Seidenpflaster: Verbandpflaster, dessen Trägerstoff aus weißer Kunstseide u. dessen Klebeschicht aus vollsynthet. Polyacrylat besteht.

Seidlitzpulver: s. Pulvis aerophorus laxans.

Seife: s. Sapo.

Seife, medizinische: s. Sapo.

Seifenbaumgewächse: s. Sapindaceae.

Seifengeist: s. Spiritus saponatus.

Seifenholz: s. Quillaja saponaria (Quillajae cortex).

Seifenkrautwurzel: s. Saponaria officinalis (Saponariae radix rubra).

Seifenleim: Rohprodukt der Seifenherstellung, besteht aus Seife, Wasser u. Glycerol, wird gereinigt, getrocknet (max. 30 °C) u. gepulvert; erstarrter Seifenleim wird als **Leimseife** bezeichnet, enthält bis zu 300 % Wasser; s. Sapo.

Seifenliniment, flüssiges: s. Linimentum ammoniatum.

Seifenpflaster: s. Emplastrum saponatum.

Seifenrinde: s. Quillaja saponaria (Quillajae cortex).

Seifenspiritus: s. Spiritus saponatus.

Seifenstein: **1.** Sodastein; festes, brockenförmiges Natriumhydroxid* (Ätznatron), das zum Seifensieden od. Abbeizen von Ölfarben, Öllacken, etc. verwendet wird. **2.** (mineralog.) Saponit (ein Tonmineral), gelegentl. auch Speckstein*.

Seifenwurzel, Rote: s. Saponaria officinalis (Saponariae radix rubra).

Seifenwurzel, Weiße: s. Gypsophila-Arten (Radix Saponariae albae).

Seifenzäpfchen: s. Suppositoria Glyceroli.

Seifenzahnputzpulver: s. Pulvis dentifricius cum Sapone.

Seignettesalz: s. Kaliumnatriumtartrat.

Seitenwurzel: s. Wurzel.

Seitz-Entkeimungsfilter: Filterschichten aus Cellulose-Asbest-Fasern mit Adsorptions- u. Absorptionseffekt; s. Tiefenfilter.

Sekret (lat. secretus abgesondert): **1.** (med.) Absonderungsprodukt von Zellen, i.e.S. von Drüsen. **2.** (bot.) s. Exkretionsgewebe.

Sekretase-Inhibitoren: Wirkstoffe, die durch Hemmung der β-Sekretase die Entstehung von Amyloidplaques* bei der Alzheimer*-Krankheit reduzieren können.

Sekretin: s. Hormone (gastrointestinale H.).

Sekretion, innere: s. Hormone (Einteilung nach Bildungsort).

Sekretion, tubuläre: s. Elimination.

Sekretolytika: s. Expektoranzien.

Sekretomotorika: s. Expektoranzien.

Sektion (lat. sectio schneiden): syn. Autopsie, Obduktion, Nekropsie, innere Leichenschau; Leichenöffnung. Durchführung **1.** zur Feststellung von Todesursachen u. Krankheitszusammenhängen; **2.** zur Feststellung der Todesursache bei Verdacht auf eine Straftat; **3.** im Rahmen von Lehre u. Ausbildung.

Sekundär-Element: s. Akkumulator.

Sekundärinfektion: Infektion eines bereits von einem (Mikro-)Parasiten befallenen Organismus, wobei dem zweiten Erreger Weg u. Ansiedlungsmöglichkeit durch den ersten vorbereitet wurde; vgl. Reinfektion.

Sekundärliteratur: Originalarbeiten werden themenbezogen in Form von Übersichten u. Monographien von Experten zusammengefasst. Sie treffen eine Auswahl u. Interpretation der Primärliteratur*. Themenbereiche sollen für die Nutzer übersichtl. u. umfassend dargestellt werden, dabei besteht die Gefahr der Fehlinterpretation u. verzerrten Darstellung z.B. durch Auslassung relevanter Primärliteratur. Vgl. Faktendatenbanken, Tertiärliteratur.

Sekundärpackmittel: s. Behältnis.

Sekundärstoffwechsel: s. Metaboliten, sekundäre.

Sekundärstrom: s. Akkumulator.

Sekundärstruktur: s. Proteine.

Sekundärwand: (bot.) innerste Schicht der Zellwand, die bei einigen Zellen nach Beendigung des Streckungswachstums gebildet wird; besteht aus mehreren Einzelschichten mit unterschiedl. Textur der Cellulosefibrillen.

Sekunde: Symbol s; SI-Basiseinheit für die Basisgröße Zeit; Def. s. SI-Einheiten.

Selbstbräunungsmittel: s. Hautbräunungsmittel.

Selbstinspektion: ist nach der Betriebsverordnung* für Pharmazeutische Unternehmer vorgeschrieben u. regelmäßig von sachkundigem Personal durchzuführen. Über die veranlassten Korrekturmaßnahmen im Betrieb sind Aufzeichnungen zu führen. Die Bereiche der Selbstinspektion sollten personalbezogene Belange, Räumlichkeiten, Ausrüstung, Dokumentation, Produktion, Qualitätskontrolle, Vertrieb von pharmaz. Produkten, Vorkehrungen zur Behandlung von Beanstandungen u. die Abwicklung von Rückrufen sein. Ergebnisse von Selbstinspektionen müssen der Aufsichtsbehörde nicht mitgeteilt werden.

Selbstmedikation: Selbstbehandlung von Krankheiten u. Beschwerden od. deren Vorbeugung u. Verhütung ohne vorangegangene od. begleitende ärztl. Kontrolle mit nicht verschreibungspflichtigen Arzneimitteln.

Selbstvergiftung: s. Autointoxikation.

Selegilin INN: *N*,α-Dimethyl-*N*-2-propinylphenylethylamin; CAS-Nr. 14611-51-9; $C_{13}H_{18}N_2$, M_r 202.30. **Wirk.** u. **Anw.:** Antiparkinsonmittel (s. Parkinson-Syndrom), Hemmer der Monoaminooxidase B, die vorwiegend im Gehirn vorkommt, sowie der Wiederaufnahme von Dopamin in Ganglien; oft in Kombination mit Levodopa* verwendet; **UAW:** zentralnervöse Störungen (Müdigkeit, Benommenheit), Obstipation, Appetitlosigkeit; kein sog. Cheese*-Effekt; **Dos.:** 10 mg/d. **Selegilinhydrochlorid** (INN): Selegelini hydrochloridum Ph.Eur.4; CAS-Nr. 2079-54-1; $C_{13}H_{18}ClN$, M_r 223.7. Schmp. 143 °C. Weißes krist. Pulver leicht lösl. in Wasser.

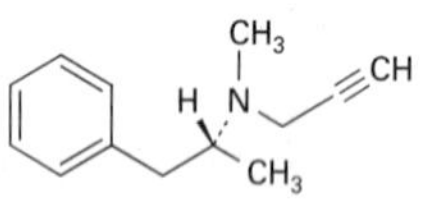

Selegilin

Selektion: Auslese; das bevorzugte Überleben u. die dadurch bevorzugte Vermehrung der in einer bestimmten Umwelt aufgrund genet. bedingter Ursachen geeigneteren Individuen einer Population. S. wurde von Charles Darwin postuliert. Die S. von Mikroorganismen u. eukaryont. Zellen in Zellkulturen aufgrund ihrer Antibiotikaresistenz ist heute ein häufig angewendetes Verfahren in der Molekularbiologie u. Gentechnik, um Zellen mit bestimmten Eigenschaften zu selektionieren.

Selen: Symbol Se; A_r 78.96, OZ 34. 2-, 4- u. 6-wertiges Element. **Vork.:** nat. in Spuren in sulfid. Erzen; Anreicherung bei deren Abrösten im Flugstaub als SeO_2; **Darst.:** Reduktion von SeO_2 mit SO_2. Wie Schwefel* tritt auch Se in mehreren Formen (Modifikationen) auf: **amorphes Se: 1.** glasartiges, schwarzes Se, D. 4.28, erweicht bei 50-60 °C, ab ca. 70 °C elast.; dunkelrotbraun bis blauschwarz, entsteht bei raschem Abkühlen von geschmolzenem Se; **2.** rotes, amorphes Se, D. 4.26, durch Kondensation von Se-Dampf od. Reduktion von Seleniger Säure in Wasser. **krist. rotes Se:** (α- u. β-Selen): dunkelrote monokline Kristalle. D. 4.74, Schmp. 144 °C; die roten Modifikationen von Se sind nichtmetall., metastabil u. leiten den elektr. Strom nicht. **graues, metall. Se:** beständige Form, die beim Erhitzen u. langsamen Abkühlen des roten Se entsteht. D. 4.80, Schmp. 220 °C; unlösl. in Schwefelkohlenstoff, leitet den elektr. Strom im Dunkeln nur sehr wenig, beim Belichten steigt die Leitfähigkeit um das 1000fache, daher Verw. in Photozellen. **Physiologie:** Für Pfl., Tier u. Mensch ist Se ein essentielles Spurenelement; es ist Best. der Glutathionperoxidase*. Se ist ein intrazelluläres Antioxidans, Vit.-E-Mangelerscheinungen sollen durch Se z. T. ausgeglichen werden. Der Mensch benötigt wahrscheinl. 50 bis max. 250 µg Se/d. Pfl., v. a. Fabaceen, die auf selenhaltigem Boden wachsen, nehmen Se auf. In Aminosäuren wird Schwefel gegen Se ausgetauscht (Methylselenocystein, Selenomethionin). Knoblauch, Kürbissamen, Reis, Hafer enthalten ca. 0.3 mg/kg Se, Fische die doppelte bis dreifache Menge. Eine Selbstmedikation mit Se kann nicht empfohlen werden, da der tox. Bereich knapp über der optimalen Zufuhr liegt. Bei chron. Krankheiten, bes. Tumorerkrankungen besteht oft ein deutl. erhöhter Se-Bedarf. Die Se-Bestimmung ist nur aus dem Vollblut sinnvoll. **Tox.:** oral aufgenommenes Se ist kaum giftig, jedoch führt Einatmen von Dampf od. Staub zu schwerer Reizung der Atemwege, evtl. bis zum Lungenödem. Gefährl. sind Verb. des Se, chron. Vergiftungen zeigen sich in Kopfschmerz, Blässe, Depressionen, Müdigkeit, Hautaffekten, Verdauungsstörungen u. dem typ. Knoblauchgeruch (Dimethylselenid) der Ausatemluft (monatelang, vgl. Tellur). Das gegen Seborrhö u. Kopfschuppen angewandte Selen(IV)-sulfid*, SeS_2, enthält Se fest gebunden u. wird prakt. nicht resorbiert. Genuss der Affennuß (Frucht von Lecythis* ollaria, enthält Selen-Cystathionin) führt zum völligen Haarverlust; durch Se wird die Kariesanfälligkeit der Zähne gesteigert. **Se-Verbindungen:** entspr. denen des Schwefels; Selensäure (H_2SeO_4) wirkt in wässriger Lsg. wie Schwefelsäure; ihre Salze heißen Selenate. Selenhalogenide sind die Verb. von Se mit Chlor, Fluor, Brom u. Iod; Selenwasserstoff*, entsteht bei Einw. von HCl auf Metallselenide; **Gesch.:** entdeckt 1818 von Jöns Jakobs Berzelius (1779-1848).

Hom: *Selenium:* rotes Selen; verord. z. B. bei Akne, Neurasthenie, Impotenz.

Selenate: s. Selen (Verb. des Se).

Selen-Cystathionin: Selenocystathionin; s. Selen; vgl. Cystathionin.

Selendisulfid: s. Selen(IV)-sulfid.

Selenhalogenide: s. Selen (Verb. des Se).

Selenicereus grandiflorus (L.) Britt. et Rose: Cereus grandiflorus, Cactus grandiflorus, Kaktus, Königin der Nacht; Fam. Cactaceae (Mexiko, Antillen). **Inhaltsst.:** herzwirksame Substanzen wie Tyramin*, *N*-Methyltyramin u. *N*,*N*-Dimethyltyramin sowie Flavonglykoside; **Anw.** volkstüml.: als Herzmittel.

Hom: *Cactus grandiflorus(HAB2000):* im Juli gesammelte, junge Stängel u. Blüten; verord. z. B. bei Angina pectoris, Claudicatio intermittens.

Seleno-L-methionin [^{75}Se]: (*S*)-2-Amino-4-(methyl-[^{75}Se]seleno)buttersäure wird als sterile, pyrogenfreie, durch Zusatz von Natriumchlorid isotonisierte Injektionslösung, L-Selenomethionini [^{75}Se] solutio iniectabilis Ph.Eur.3 (nicht mehr seit 1995), [^{75}Se]Seleno-L-methionin-Injektionslösung, verwendet. Selen-75, ein Radioisotop des Selens, hat eine HWZ von 118.5 d u. emittiert Gammastrahlen. **Herst.:** Selen-75 wird durch Neutronenbestrahlung von nat. vorkommendem Selen od. von mit Selen-74 angereichertem Selen erhalten. S. wird entw. durch eine stereospezif. Synthese u. durch anschließende Trennung der Isomeren od. durch Wachstum versch. Mikroorganismen in einem [^{75}Se]Selenit-Ionen enthaltenden Medium hergestellt **Anw.:** früher vor Verfügbarkeit von

Sonographie u. CT zur nuklearmedizin. Pankreasszintigraphie. Aufgrund der hohen Strahlenbelastung nicht mehr von Bedeutung.

Selensäure: s. Selen (Se-Verbindungen).

Selen(IV)-sulfid: Selenii disulfidum Ph.Eur.4, Selendisulfid, Selenium sulfuratum; CAS-Nr. 7488-56-4; SeS_2. Orangerotes Pulver, bestehend aus Selensulfiden, Selen u. Schwefel. Geh. 52.0-55.0 % Selen; unlösl. in Wasser u. Ether. **Off.:** DAC86; **Anw.:** in 1-2.5 %iger Suspension geg. Kopfschuppen u. Kleienpilzflechte (Pityriasis versicolor); nicht bei offenen Verletzungen od. akuten Entzündungen verwenden; nicht in Augen od. auf Schleimhäute bringen; während der Anw. (Kopfwäsche) Ringe u. Schmuck ablegen.

Selenwasserstoff: H_2Se. Schmp. –65.73 °C. Sdp. –41.3 °C. Krit. Druck 92 bar, krit. Temp. 138 °C. Farbloses, stechend riechendes Gas, noch giftiger als H_2S. **Darst.:** Einw. von Salzsäure auf Selenhalogenide.

self emulsifying waxes: s. Emulgatoren.

Selinan: s. Eudesman.

Seliwanoff-Reagens: 0.5 %ige Lsg. von Resorcin* in konz. HCl. **Anw.:** Das S.-R. dient dem Nachw. von Ketosen*: Beim Erwärmen entsteht ein Farbkomplex mit 5-Hydroxymethylfurfural, einem Dehydratisierungsprodukt von Hexosen* (vgl. Molisch-Reaktion). Die Lsg. muss stets frisch bereitet werden.

Sellerie: s. Apium graveolens.

Seltenerdmetalle: Sammelbez. für die einander chem. und physik. ähnl., 3-wertigen Elemente Scandium*, Yttrium*, Lanthan*, Actinium* und die 14 Elemente mit den Ordnungszahlen 58-71 (Lanthanoide*); vgl. Periodensystem der Elemente, hintere Umschlagseite. Ihre Oxide sind sog. seltene Erden.

Sem.: Abk. für Semen, s. Samen.

Semadin: Alkaloid aus Sedum* acre (Herba Sedi acri, Inhaltsst.).

Semecarpus anacardium L. f.: Anacardia orientalia, Ostindischer Tintenbaum; Fam. Anacardiaceae (heim. Ostindien, kult. in den Tropen). Stpfl. von **Fructus Anacardii orientalis:** Anacardium, Ostindische Elefantenläuse. **Inhaltsst.:** phenol. Verb. wie Cardol*, Gerbstoffe, Harz u. Farbstoff; in den Samen ca. 47 % fettes Öl mit Anacardsäure*; **Anw.** volkstüml.: Hautreizmittel, geg. Warzen u. Hühneraugen; techn.: früher zur Tintenherstellung.

Hom: *Semecarpus anacardium (HAB1.3),* Anacardium: reife, getrocknete Früchte; verord. z. B. bei Hautausschlägen, Ulcus duodeni, Psychosen.

Semen: s. Samen.

Semen Abelmoschi: s. Abelmoschus moschatus.

Semen Achiotti: s. Bixa orellana (Orleana).

Semen Acokantherae: s. Acokanthera oppositifolia.

Semen Agrostemmae: s. Agrostemma githago.

Semen Amomi: s. Pimenta dioica (Fructus Pimentae).

Semen Amygdalae dulce: s. Prunus dulcis.

Semen Amygdali amarum: s. Prunus dulcis.

Semen Anagyris: s. Anagyris foetida.

Semen Anisi: nicht korrekte Bez. für Anisi fructus, s. Pimpinella anisum.

Semen Apii (graveolentis): nicht korrekte Bez. für Fructus Apii, s. Apium graveolens.

Semen Aquilegiae: s. Aquilegia vulgaris.

Semen Arachidis: s. Arachis hypogaea.

Semen Arecae: s. Areca catechu.

Semen Avenae excorticatum: s. Avena sativa (Fructus Avenae excorticatus).

Semen Cacao: s. Theobroma cacao.

Semen Calabar: s. Physostigma venenosum.

Semen Cannabis: s. Cannabis sativa (Fructus Cannabis).

Semen Cardamomi: s. Elettaria cardamomum (Cardamomi fructus).

Semen Cardui mariae: fälschl. Bez. für Cardui mariae fructus, s. Silybum marianum.

Semen Carobae: s. Ceratonia siliqua (Semen Ceratoniae).

Semen Carvi: nicht korrekte Bez. für Carvi fructus, s. Carum carvi.

Semen Castaneae equinae: s. Aesculus hippocastanum (Hippocastani semen).

Semen Cedronis: s. Simarouba cedron.

Semen Ceratoniae: s. Ceratonia siliqua.

Semen Cicutae virosae: s. Cicuta virosa.

Semen Cocculi (indici): s. Anamirta cocculus (Fructus Cocculi).

Semen Coffeae: s. Coffea.

Semen Colae: s. Cola nitida (Colae semen).

Semen Colchici: s. Colchicum autumnale (Colchici semen).

Semen Crotonis: s. Croton tiglium.

Semen Cucurbitae: s. Cucurbita pepo (Cucurbitae semen), C. maxima, C. moschata.

Semen Cydoniae: s. Cydonia oblonga.

Semen Cynosbati: s. Rosa canina.

Semen Daturae: s. Datura stramonium (Semen Stramonii).

Semen Dauci: s. Daucus carota (Fructus Dauci).

Semen Erucae: s. Sinapis alba (Erucae semen).

Semen Foenugraeci: s. Trigonella foenum-graecum (Trigonellae foenugraeci semen).

Semen foenugraeci ad usum veterinarium: s. Trigonella foenum-graecum.

Semen Harmalae: s. Peganum harmala.

Semen Helianthi annui: s. Helianthus annuus.

Semen Hippocastani: s. Aesculus hippocastanum (Hippocastani semen).

Semen Hordei decorticatum: s. Hordeum vulgare (Fructus Hordei decorticatus).

Semen Hyoscyami: s. Hyoscyamus niger.

Semen Ignatii: s. Strychnos ignatii.

Semen Jatrophae: s. Jatropha curcas.

Semen Jequiritii: s. Abrus precatorius.

Semen Lini: s. Linum usitatissimum (Lini semen).

Semen Milii solis: s. Lithospermum officinale.

Semen Moringae: s. Moringa oleifera.

Semen Myristicae: s. Myristica fragrans.

Semen Napi: s. Brassica napus.

Semen Nigellae damascenae: s. Nigella damascena.

Semen Nigellae (sativae): s. Nigella sativa.

Semen Nucistae: s. Myristica fragrans (Semen Myristicae).

Semen Nucis vomicae: s. Strychnos nux vomica.

Semen Orleanae: s. Bixa orellana (Orleana).

Semen Paeoniae: s. Paeonia officinalis.

Semen Papaveris: s. Papaver somniferum.
Semen Paradisi: s. Aframomum melegueta.
Semen Pedicularlae: s. Delphinium staphisagria (Semen Staphisagriae).
Semen Petroselini: s. Petroselinum crispum ssp. crispum (Fructus Petroselini).
Semen Physostigmatis: s. Physostigma venenosum (Semen Calabar).
Semen Pistaciae: s. Pistacia vera.
Semen Plantaginis ovatae: s. Plantago ovata (Plantaginis ovatae semen).
Semen Psyllii: s. Plantago afra (Psyllii semen).
Semen Quercus: s. Quercus robur.
Semen Quercus tostum: s. Quercus robur.
Semen Rapae: s. Brassica napus (Semen Napi).
Semen Ricini: s. Ricinus communis.
Semen Ricini majoris: s. Jatropha curcas (Semen Jatrophae).
Semen Rutae silvestris: s. Peganum harmala (Semen Harmalae).
Semen Sabadillae: s. Schoenocaulon officinale.
Semen Sesami: s. Sesamum indicum.
Semen Sinapis albae: s. Sinapis alba (Erucae semen).
Semen Sinapis (nigrae): s. Brassica nigra (Sinapis nigrae semen).
Semen Sinapis pulveratum exoleatum: s. Brassica nigra.
Semen Sojae: s. Glycine max.
Semen Staphisagriae: s. Delphinium staphisagria.
Semen Stramonii: s. Datura stramonium.
Semen Strophanthi: s. Strophanthus gratus.
Semen Strophanthi kombe: s. Strophanthus kombe.
Semen Strychni: s. Strychnos nux vomica.
Semen Syzygii cumini: s. Syzygium cumini.
Semen Syzygii jambolani: s. Syzygium jambos (Hom).
Semen Thevetiae: s. Thevetia peruviana.
Semen Tiglii: s. Croton tiglium (Semen Crotonis).
Semen Tonca: s. Dipteryx odorata.
Semen Trigonellae: s. Trigonella foenum-graecum (Trigonellae foenugraeci semen).
Semen Urticae: fälschl. Bez. für Fructus Urticae, s. Urtica-Arten.
semi-: Wortteil mit der Bedeutung halb.
Semicarbazid: Aminoharnstoff, Carbaminsäurehydrazid; $H_2N-NH-C(O)-NH_2$, M_r 75.1. Schmp. 96 °C. Hydrazinderivat der Kohlensäure. Farblose Kristalle, leicht lösl. in Ethanol u. Wasser, unlösl. in Ether; bildet mit Säuren gut krist. Salze. **Darst.:** Einw. von Kaliumcyanat auf Hydrazinsulfat od. elektrolyt. Reduktion von Nitroharnstoff. **Anw.** chem.: nach Thiele zum Nachw. u. zur Abscheidung von Aldehyden u. Ketonen, die mit S. unter Wasseraustritt Semicarbazone bilden.

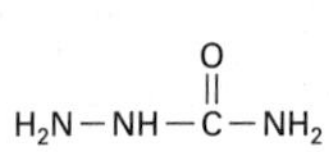

Semicarbazid

Seminose: s. Mannose.
Semiologie: s. Semiotik.
Semiotik: Semiologie, Symptomatologie; Lehre von den Krankheitszeichen.
semipermeabel: halbdurchlässig. semipermeable Membran, s. Osmose.
Sempervirin: 3,4,5,6,14,15,20,21-Octadehydroyohimbanium; Strukturformel s. Gelsemium sempervirens; CAS-Nr. 6882-99-1, M_r 272.33. Strychninartig wirkendes Indolalkaloid vom Yohimbintyp.
Sempervivum tectorum L. **ssp. tectorum:** (Echte) Hauswurz; Fam. Crassulaceae (auf Dächern kult.). **Inhaltsst.:** Äpfelsäure u. a. Carbonsäuren, Gerbstoffe u. Schleimstoffe; **Anw.** volkstüml.: der Saft der frischen Blätter als Wundheilmittel.
Hom: *Sempervivum tectorum ssp. tectorum (HAB2000),* Sempervivum tectorum: frische, vor der Blüte gesammelte Blätter (der Blattrosette, Durchmesser 6-14 cm); verord. z. B. bei Dysmenorrhö.
Senecio: Greiskraut, Kreuzkraut; größte Gattung der Fam. Asteraceae, (fast auf der ganzen Erde); ca. 1300 Arten, sehr formenreich. **Inhaltsst.:** im Ggs. zu anderen Asteraceae keine Polyine* u. nur geringe Mengen Sesquiterpenlactone*; Pyrrolizidinalkaloide*; **Wirk.** u. **Anw.:** Von ihrer Anw. in der Heilkunde muss wegen der enthaltenen Pyrrolizidinalkaloide grundsätzl. abgeraten werden; die den einzelnen Arten zugewiesene Wirksamkeit ist nicht belegt.
Senecioalkaloide: s. Pyrrolizidinalkaloide.
Senecio aureus L.: Goldenes Kreuzkraut; Fam. Asteraceae, Compositae (Nordamerika); s. Senecio.
Hom: *Senecio aureus:* frische, blühende Pflanze.
Senecio fuchsii: s. Senecio nemorensis ssp. fuchsii.
Senecio jacobaea L.: Jakobskraut; Fam. Asteraceae, Compositae (Europa, Asien). Stpfl. von **Herba Senecionis jacobaeae:** Jakobskraut. **Inhaltsst.:** Pyrrolizidinalkaloide* (kanzerogene Lebergifte) wie Senecionin ($C_{18}H_{25}NO_5$), Jacobin, Erucifolin u. äther. Öl; **Anw.** volkstüml.: s. Senecio.
Hom: *Senecio jacobaea:* frische Pflanze; verord. z. B. bei Dysmenorrhö.
Senecio nemorensis ssp. fuchsii (C.C. Gmel.) Celak.: Senecio fuchsii C.C. Gmel., Fuchskreuzkraut; Fam. Asteraceae, Compositae (Europa); enthält im Kraut 1,2-ungesättigte, tox. Pyrrolizidinalkaloide*, s. Senecio.
Senecio nemorensis ssp. nemorensis: Hainkreuzkraut; Fam. Asteraceae, Compositae (Europa); enthält im Kraut 1,2-ungesättigte, tox. Pyrrolizidinalkaloide*, s. Senecio.
Senecio vulgaris L.: Grindkraut, Kreuzkraut; Fam. Asteraceae, Compositae (Europa, verbreitetes Wildkraut). Stpfl. von **Herba Senecionis vulgaris:** Folia Senecionis vulgaris, Grundkraut. **Inhaltsst.:** Pyrrolizidinalkaloide*, z. B. Seneciphyllin u. Senecionin, äther. Öl sowie Flavonoide; **Anw.** volkstüml.: s. Senecio.
Senega: s. Polygala senega (Hom).
Senegal-Gummi: s. Gummi arabicum.
Senegasirup: s. Sirupus Senegae.
Senegawurzel: s. Polygala senega (Polygalae radix).
Senf: **1.** Speisesenf, Mostrich, s. Mostardum. **2.** Schwarzer (Holländischer) S., s. Brassica nigra. **3.** Weißer S., s. Sinapis alba (Erucae semen).
Senfbad: s. Brassica nigra (Sinapis nigrae semen, Zuber.).
Senfbaum: s. Salvadora persica.
Senfgas: s. Dichlordiethylsulfid.
Senfgeist: s. Spiritus Sinapis.

S

Senfmehl: s. Brassica nigra (Sinapis nigrae semen, Zuber.).

Senfmehl, entöltes: s. Brassica nigra (Semen Sinapis pulveratum exoleatum).

Senföl: **1.** äther. S., s. Brassica nigra (Oleum Sinapis aethereum). **2.** fettes S., s. Brassica nigra (Oleum Sinapis pingue). **3.** künstl. S., s. Allylsenföl. **4.** Senföle, s. Isothiocyanate.

Senfölglucoside: s. Glucosinolate.

Senfpapier: s. Charta sinapisata.

Senfsamen, schwarzer: s. Brassica nigra (Sinpais nigrae semen).

Senfsamen, weißer: s. Sinapis alba (Erucae semen).

Senf, Schwarzer: s. Brassica nigra.

Senfspiritus: s. Spiritus Sinapis.

Senium: das höhere Alter mit erhebl. körperlichen u. geistigen Abbau u. Einschränkung in den Aktivitäten des tägl. Lebens.

Senkirkin: Pyrrolizidinalkaloid*, z. B. in Farfarae folium, s. Tussilago farfara.

Senkspindel: s. Dichtebestimmungsmethoden.

Senkungsreaktion: s. Blutkörperchensenkung.

Sennae folium: s. Cassia angustifolia, Cassia senna.

Sennae fructus acutifoliae: s. Cassia senna.

Sennae fructus angustifoliae: s. Cassia angustifolia.

Sennalatwerge: s. Electuarium Sennae.

Sennasirup: s. Sirupus Sennae.

Sennesbälge: s. Cassia angustifolia (Sennae fructus angustifoliae), Cassia senna (Sennae fructus acutifoliae).

Sennesbälglein: s. Cassia angustifolia (Sennae fructus angustifoliae), Cassia senna (Sennae fructus acutifoliae).

Sennesblätter: s. Cassia angustifolia (Sennae folium), Cassia senna (Sennae folium).

Sennesblätter, Indische: s. Cassia angustifolia.

Sennesblättertrockenextrakt, eingestellter: Sennae folii extractum siccum normatum; Herst.: Ph.Eur.4, aus Droge u. Ethanol (50–80 % V/V) durch ein geeignetes Verfahren.

Sennesfrüchte: s. Cassia angustifolia (Sennae fructus angustifoliae), Cassia senna (Sennae fructus acutifoliae).

Sennesfrüchte, Alexandriner: s. Cassia senna (Sennae fructus acutifoliae).

Sennesgewächse: s. Caesalpiniaceae.

Sennesschoten: s. Cassia angustifolia, Cassia senna.

Sennoside: s. Cassia angustifolia, Cassia senna.

sense-Strang: codierender Strang, der die gleiche Basensequenz wie das RNA-Transkript besitzt mit der Ausnahme, dass T durch U ersetzt ist.

Sensibilisierung: **1.** durch Kontakt mit einem Antigen* induzierte (primäre), bei erneutem Antigenkontakt verstärkte (sekundäre) Immunantwort* od. Überempfindlichkeitsreaktion (vgl. Allergie) eines Organismus. **2.** Beladung von Zellen mit gegen sie gerichteten Antikörpern* (z. B. von Erythrozyten mit Anti-Erythrozyten-Antikörpern), wodurch sie bei Einwirk. von Komplement* lysiert werden; s. Komplementbindungsreaktion.

Sensorium: Bewusstsein.

Sepala (pl sepalen): Kelchblätter; s. Blüte (Blütenteile).

Separanda: Separanda remedia; abgesondert aufzubewahrende, giftige (differente) Arzneimittel.

Separator: Gerät um Feststoffe aus Flüss. durch erzeugte Zentrifugalkräfte abzuscheiden. Die Qualität von Prozessflüssigkeiten wird dadurch erhöht u. wertvolle Anlagenkomponenten vor Verschleiß u. Verschmutzung geschützt. Die Feststoffe werden abgetrennt u. können, wenn erforderl., konzentriert weiterbehandelt werden; s. Zentrifugieren.

Sepiaknochen: s. Sepia officinalis (Ossa Sepiae).

Sepia officinalis L.: Tintenfisch; Fam. Sepiidae (Nordsee, Mittelmeer, Atlant. Ozean). Lieferant von **Ossa Sepiae:** Tegmina Sepiae, Sepiaknochen, Sepiaschalen, Weißes Fischbein; Rückenplatten des Tintenfisches. **Inhaltsst.:** ca. 80 % Calciumcarbonat, daneben geringe Mengen an Calciumphosphat, Natriumchlorid u. a.; **Anw.:** früher als Zusatz zu Zahnpulver; techn.: Poliermittel; die braune Malerfarbe Sepia ist der eingetrocknete Saft des Tintenbeutels des Tintenfisches.

Hom: *Sepia officinalis (HAB 2000),* Sepia: getrockneter Inhalt des Tintenbeutels; Konstitutionsmittel; verord. z. B. bei Migräne, chron. Entzündungen, Verdauungsstörungen, klimakter. Syndrom, Depressionen.

Sepsis: syn. Septikämie, Blutvergiftung; Allgemeininfektion mit Krankheitserscheinungen, die infolge konstanter od. period. Aussaat von Mikroorganismen (meist Bakt., seltener Pilze, Viren od. Parasiten) von einem Herd aus in die Blutbahn (Bakteriämie, Fungämie, Virämie, Parasitämie) auftreten. Wichtige Sepsiserreger sind die grampositiven Erreger Staphylokokken, Streptokokken, Pneumokokken, Enterokokken u. Clostridium perfringens sowie die gramnegativen Erreger E. coli, Pseudomonas aeruginosa, Klebsiellen, Serratia, Proteus, Bacteroides u. Salmonella.

Septicine: stickstoffhaltige org. Verb., die aus faulenden Eiweißstoffen entstehen; vgl. Ptomaine.

Septikämie: s. Sepsis.

septizid: scheidewandspaltig; Form des Aufspringens von Spaltkapseln (s. Fruchtformen) an den Verwachsungsstellen der ehemaligen Fruchtblätter.

Sequenz: Aminosäuresequenz, Primärstruktur der Proteine; die Aufeinanderfolge u. Anzahl der kovalent miteinander verbundenen Aminosäuren in einem Protein; s. Proteine.

Sequenzanalyse: Verfahren zur Ermittlung der Primärstruktur von Biopolymeren. Eine wichtige S. von Peptiden u. Proteinen ist der Edman-Abbau. Die Primärstruktur von Peptiden u. Proteinen kann auch nach der Isolierung u. S. der betr. Gene aus der Basensequenz der DNA abgeleitet werden.

Sequester (lat. sequestrare absondern): abgestorbenes Gewebe. Z. B. Knochenstück, das vom gesunden Gewebe rundherum abgetrennt (demarkiert) ist.

Sequoyitol: s. Cyclitole.

Serendipity-Beeren: s. Dioscoreophyllum cumminsii.

Serenoa repens (Bartr.) Small: Serenoa serrulata (Michx.) Nichols, Sabal serrulata Roem. et Schult, Sägepalme; Fam. Arecaceae, Palmae (Südstaaten

Nordamerikas). Stpfl. von **Sabalis serrulatae fructus:** Fructus Sabalis serrulatae, Sägepalmenfrüchte, Sabalfrüchte, Sabal; einsamige Beeren (ca. 2 cm groß). **Inhaltsst.:** ca. 1.2 % äther. Öl u. ca. 27 % fettes Öl mit ca. 75 % Fettsäuren wie Capron-, Caprin-, Capryl-, Laurin-, Palmitin- u. Ölsäure sowie 25 % neutralem Fett; freies u. mit höheren Fettsäuren verestertes β-Sitosterol u. β-Sitosterol-β-D-glucosid sowie -diglucosid; Flavonoide wie Rhoifolin u. Isoquercitrin sowie Polysaccharide; **Wirk.:** lipophile Extrakte wirken antiandrogen (ohne estrogenen Effekt), wässrige u. alkohol. Extrakte antiphlogistisch; **Anw.:** Miktionsbeschwerden bei Reizblase u. benigner Prostatahyperplasie* (Stadium I-II); volkstüml.: z. B. äußerl. bei Entzündungen u. Ekzemen.

Hom: *Serenoa repens (HAB 2000),* Sabal serrulatum: frische, reife Früchte; verord. z. B. bei Entzündungen der Prostata u. Harnblase.

Sericin: s. Seidenfibroin.

Serin: Abk. Ser, Serinum; Ph.Eur.4; (S)-2-Amino-3-hydroxypropionsäure; L-α-Amino-β-hydroxypropionsäure; $C_3H_7NO_3$; M_r 105.1; Strukturformel s. Aminosäuren (Abb.); Schmp. 223-228 °C. Weißes Pulver, leicht lösl. in Wasser. Optisch aktive, proteinogene, glucoplast. Aminosäure. Wichtiger Best. der Seide; s. Seidenfibroin. Das β-C-Atom von L-S. ist die wichtigste Quelle aktiver Einkohlenstoffkörper im Stoffwechsel. **Gesch.:** L-S. wurde 1865 von Cramer im Seidenleim, dem Sericin, entdeckt.

Serinprotease: s. Trypsin.

SERM: Abk. für **s**elektive **E**strogen**r**ezeptor**m**odulatoren; Substanzen mit gewebeabhängiger modulierender Wirk. auf die Estrogenrezeptoren. **Wirk.:** SERM wirken im Uterus u. der Brust estrogenantagonistisch, während im Knochen die agonistische Komponente überwiegt. Die gewebeabhängige Wirk. von SERM am Estrogenrezeptor wird durch gewebespezif. Coaktivatoren u. Copressoren erklärt, deren WW mit dem Estrogenrezeptor durch SERM unterschiedl. moduliert wird, dies führt zur gewebespezif. Änderung der Expression estrogenabhängiger Gene. **Vertreter:** Raloxifen*; **Anw.:** Osteoporose bei Frauen.

Sermorelin INN: Wachstumshormon-Releasing-Faktor; Human-(1-29)-peptidamid; CAS-Nr. 86168-78-7; $C_{149}H_{246}N_{44}O_{42}S$, M_r 3357.93. $[\alpha]_D^{20\,°C}$ −63.1 (c = 1 in 30 %iger Essigsäure). Synthet. Analogon von Somatoliberin (GH-RH), s. Hormone (Hypophysenvorderlappen). **Anw.:** Diagnostik der Funktionsfähigkeit wachstumshormonbildener Zellen (HVL) bei Verdacht auf Mangel an Wachstumshormon; **UAW:** lokale Reaktionen (Injektionsstelle), anaphylakt. Schock, Flush; **Kontraind.:** Schwangerschaft u. Stillzeit; **Dos.:** parenteral 1 µg/kg KG i. v. Bolusinjektion (einmalige Gabe); HWZ 8-13 min. Gebräuchl. ist auch Sermorelinacetat, CAS-Nr. 114466-38-5.

Serodiagnostik: Untersuchungen zum Nachw. von Serum- od. Liquorbest., insbes. zur Bestimmung der Konz. von Antikörpern* im Blutserum mit Hilfe physik.-chem. (z. B. Elektrophorese) od. immunologischer Verfahren (Antigen*-Antikörper-Reaktion). **Anw.:** v. a. in der Diagnostik von Infektions- u. Autoimmunkrankheiten, auch zur Bestimmung von Blutgruppen u. z. B. bei Abstammungsbegutachtungen.

Serokonversion: **1.** erstmaliges Auftreten von erregerspezif. Antikörpern* im Serum nach Infektion od. Schutzimpfung*. **2.** Übergang von einer frühen (IgM) in eine späte (IgG) Immunantwort* im Verlauf einer Infektionskrankheit; vgl. Immunglobuline.

Serologie (lat. serum Molke, Blutwasser): Teilgebiet der Immunologie*. Befasst sich mit den physiol. Eigenschaften u. pathol. Veränderungen von Best. des Blutserums (i. w. S. auch anderer Körperflüss., z. B. Liquor cerebrospinalis), die mit Hilfe von Antigen*-Antikörper-Reaktionen in vitro nachgewiesen werden können. Vgl. Serodiagnostik.

Serotonin: Abk. 5-HT, 5-Hydroxytryptamin, Enteramin, Thrombocytin, Thrombotonin; 3-(2-Aminoethyl)-1*H*-indol-5-ol; $C_{10}H_{12}N_2O$; M_r 176.2. Biogenes Amin, Mediator. **Vorkommen:** in Pflanzen u. Tieren, beim Menschen in rel. hoher Konz. im ZNS (Hypothalamus), in der Milz, Lunge u. in der Magenschleimhaut (in den hellen, argentaffinen Zellen), im Blut (Normalwert 0.05-0.3 µg/mL) nur in inaktiver, gebundener Form, in Thrombozyten u. Mitochondrien. **Biosynthese:** aus Tryptophan durch Hydroxylierung zu 5-Hydroxytryptophan u. weiter durch eine pyridoxalabhängige Decarboxylase zu Serotonin. **Abbau:** durch eine Monoaminooxidase u. Aldehyddehydrogenase zum hauptsächl. Endprodukt 5-Hydroxyindolessigsäure, die mit dem Urin ausgeschieden wird. **Wirk.:** Man unterscheidet 5-HT$_1$- u. 5-HT$_7$-Rezeptoren. Je nach Angriffspunkt wirkt S. kontrahierend auf die kleinen Blutgefäße (z. B. in Lunge u. Niere) u. dilatierend auf die großen Gefäße (v. a. in der Skelettmuskulatur), positiv inotrop u. chronotrop am Herzen, regulierend auf den Tonus der glatten Muskulatur der Bronchien, des Darmes u. des Uterus. S. ist Transmitter im ZNS zur Steuerung der Thermoregulation, des Wach-Schlaf-Rhythmus u. evtl. auch des arteriellen Blutdrucks sowie Überträgerstoff für spinale Reflexe. **Pathophysiologie:** S. spielt wahrscheinl. eine entscheidende Rolle beim Zustandekommen von Migräne*; es wird bei Karzinoid* vermehrt produziert u. freigesetzt. Störungen im Serotoninstoffwechsel werden außerdem mit Depressionen in Verbindung gebracht.

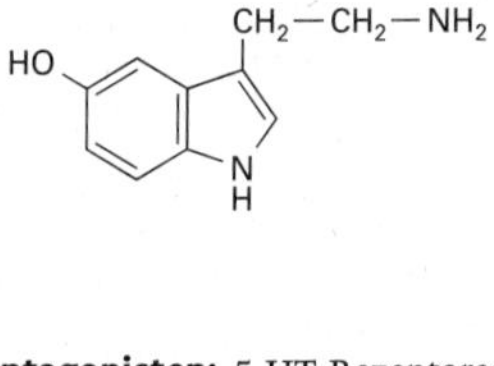

Serotonin

Serotoninantagonisten: 5-HT-Rezeptorantagonisten, 5-HT-Antagonisten, 5-Hydroxytryptamin-Antagonisten; Serotoninrezeptoren blockierende Stoffe. **Anw.:** v. a. bei Migräne*, Karzinoid* u. Dumping*-Syndrom finden einige wenige S. Verwendung. **Wirkstoffe:** **1.** Pizotifen* u. Methysergid* als spezif. 5-HT$_2$-Antagonist für oben genannte Diagnosen; **2.** 5-HT$_3$-Antagonisten (Setrone) finden als Antiemetika* Verwendung; **3.** 5-HT_4-Agonisten wie Cisaprid u. Tegaserod dienen als Stimulatoren der gastrointestinalen Motilität (Prokinetika*); **4.** Lysergsäurediethylamid* (LSD) ist ein spezif. 5-HT_{2a}-Antagonist, nicht verkehrs- oder verschreibungsfähig.

Serotoninwiederaufname-Hemmer: (engl.) *selective serotonin reuptake inhibitors (Abk. SSRI)*; syn. selektive Serotonin-Hemmer, Serotonin-Reuptake-Hemmer; Stoffe, die die Wiederaufnahme von (vorwiegend) Serotonin* aus dem synapt. Spalt in die Nervenzellen hemmen, wodurch die Serotoninkonz. steigt. **Anw.:** Antidepressiva (vorwiegend stimmungsaufhellend), da bei Depressionen ein Transmittermangel an spezif. Rezeptoren im ZNS vorliegt (Hypothese); **Wirkstoffe:** z. B. Citalopram*, Fluoxetin*, Fluvoxamin*, Paroxetin*, Sertralin*, Trazodon*; vgl. Psychopharmaka (Antidepressiva), Noradrenalinwiederaufnahme-Hemmer. Gleichzeitige Gabe von Monoaminooxidasehemmern* ist kontraindiziert.

Serotypen: **1.** (mikrobiol.) syn. Serovare; antigenetisch unterschiedl. Entitäten innerh. einer Spezies von Mikroorganismen; z. B. Einteilung der Salmonellen nach dem Kauffmann-White-Schema. **2.** (serol.) syn. Blutformel: Gesamtheit der bei einem Individuum gefundenen erbl. Erythrozyten-, Plasmaprotein- u. Enzymeigenschaften.

Serovakzination: s. Simultanimpfung.

Serpentaria: s. Aristolochia serpentaria.

Serpentin: **1.** Alkaloid aus Rauvolfia* serpentina (Rauvolfiae radix, Inhaltsst.). **2.** $H_4Mg_3Si_2O_9$, grünes bis braunschwarzes, gesteinsbildendes Mineral, Härte 3-4.

Serpentinasbest: s. Asbest.

Serpyllum: s. Thymus serpyllum (Hom).

Serrapeptase INN: Serratiopeptidase; bakt. Protease, die der aus dem Darm der Seidenraupe (Bombyx* mori) isolierte Mikroorganismus Serratia E15 (Fam. Enterobacteriaceae) in geeignetem Nährmedium produziert. **Gew.:** **Wirk.:** antiphlogist., antiödematös; **Anw.:** bei entzündl. bedingten Schwellungen u. Eiterungen, wenn eine kausale Ther. nicht durchgeführt werden kann od. zusätzl. zur kausalen Ther. (antibiot., operativ) eine entzündungshemmende Behandlung angezeigt ist; **Dos.:** p. o. 3×5-10 mg/d (nach den Mahlzeiten).

Serratia: Gattung gramnegativer, peritrich begeißelter, fakultativ anaerober Stäbchenbakt. der Fam. Enterobacteriaceae*. Medizin. relevant: S. marcescens, isoliert als wichtiger Erreger von Nosokomialinfektionen u. opportunist. Erreger bei Harn-, Atemweg- u. Wundinfektionen sowie bei Sepsis.

Sertaconazol INN: (±)-1-{2,4-Dichlor-*β*-[(7-chlorbenzo[*b*]thien-3-yl)methoxy]phenethyl}imidazol; CAS-Nr. 99592-32-2; $C_{20}H_{15}Cl_3N_2OS$, M_r 437.77. **Wirk.:** Hemmung der Ergosterolbiosysnthese in der Zellmembran der Pilzzelle; **Anw.:** lokales Breitband-Antimykotikum, bei Pilzinfektionen der Haut (Hefen, Dermatophyten, grampostive Erreger, Fusarium u. Aspergillus); **UAW:** Hautreizungen u. Juckreiz; **Kontraind.:** während der Stillzeit nicht im Brustbereich anwenden; **Dos.:** topisch 2 %ige Creme 2-mal tägl. für 4 Wochen auf betroffene Hautpartien auftragen.

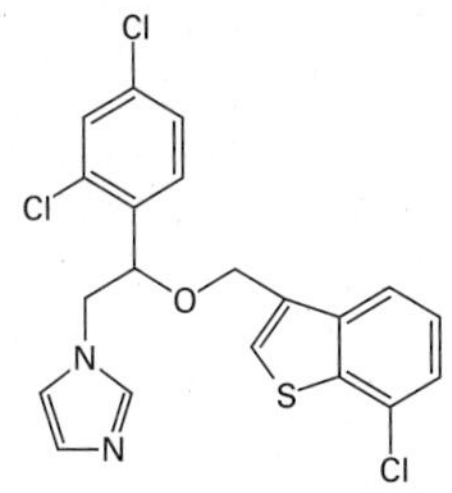

Sertaconazol

Sertindol INN: 1-(2-(4-(5-chloro-1-(*p*-fluorophenyl)indol-3-yl)piperidine)ethyl)-2-imidazolidinon; CAS-Nr. 106516-24-9; $C_{24}H_{26}ClFN_4O$, M_r 400.9. Schmp. 154 °C. logP 4.6; pK_S 9.1 (ber.); schwer lösl. in Wasser. **Wirk.:** atyp. Neuroleptikum (s. Psychopharmaka); Plasmaeiweißbindung 99 %; **Anw.:** Behandlung der Schizophrenie*, v. a. der schizophrenen Minus-Symptome; **UAW:** relativ gute Verträglichkeit, v. a. keine Sedierung; gelegentl. Rhinitis, Benommenheit, Mundtrockenheit. **Dos.:** Erhaltungsdosis 12-24 mg p. o., MTD 24 mg; HWZ ca. 3 Tage.

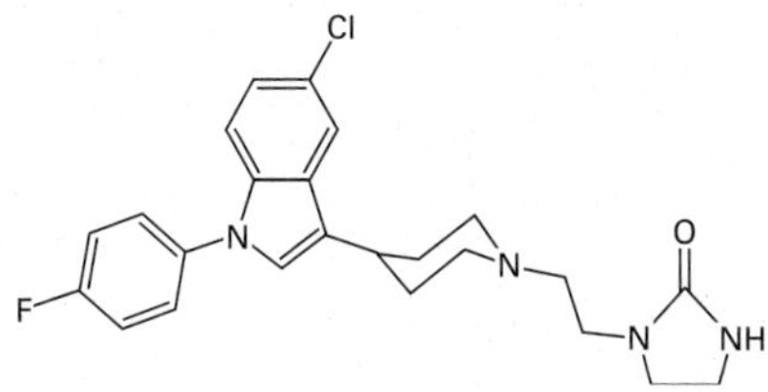

Sertindol

Sertralin INN: (1*S*,4*S*)-4-(3,4-Dichlorphenyl)-1,2,3,4-tetrahydro-*N*-methyl-1-naphthylamin; CAS-Nr. 79617-96-2; $C_{17}H_{17}Cl_2N$, M_r 306.23. **Wirk.:** selektiver Serotoninwiederaufnahme*-Hemmer; **Anw.:** Antidepressivum; **UAW:** häufig Übelkeit u. Durchfall, Ejakulationsstörungen; **Dos.:** p. o. 1×50 mg/d (morgens od. abends); HWZ 26 h bzw. 62-104 h (*N*-Desmethylsertralin als Metabolit). **Sertralinhydrochlorid:** CAS-Nr. 79559-97-0. Schmp. 243-245 °C.

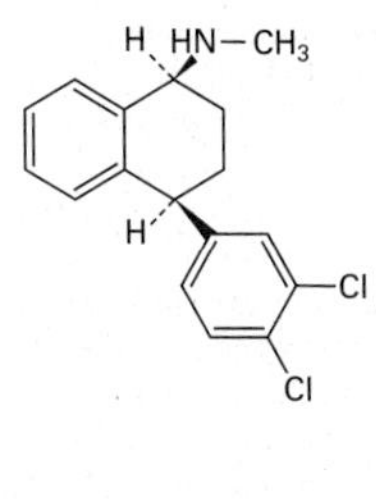

Sertralin

Sertürner (Friedrich Wilhelm S., Entdecker des Morphiums, Paderborn, Hameln, 1783-1841): s. Alkaloide.

Serum: **1.** Blutserum: der wässrige u. (v. a. durch Bilirubin u. hämolysierte Erythrozyten) leicht gelb gefärbte Best. des Blutes*, der durch die Blutgerinnung* von Fibrin u. korpuskulären Best. befreit u. daher ungerinnbar ist. **2.** Immunserum: Heilserum; Arzneimittel, das aus Blut od. anderen Teilen von Lebewesen gewonnen wird, enthält Antikörper* u. entspricht somit einem Immunglobulinpräparat* zur Serumprophylaxe* od. zur Serumtherapie*. Der Geh. wird in Immunisierungs- (I.E.) od. Antitoxineinheiten (A.E.) angegeben. **Einteilung der Sera: 1.** nach Art der Gew.: **a)** Tierserum (z. B. Pferd, Hammel, Rind); **b)** Humanserum (Rekonvaleszentenserum*); **2.** nach Art der Antikörper: **a)** antibakt. Ak; **b)** antivirale Ak; **c)** antitox. Ak; **3.** nach Art der Anw.: **a)** Immunsera* für Menschen; **b)** Immunsera* für Tiere.

Serumalbumin: s. Albumine.

Serum, antitoxisches: Serum*, das Antitoxine zur passiven Immunisierung* enthält; vgl. Serumprophylaxe.

Serumgonadotropin INN: syn. Serumgonadotrophin, Gonadotropinum sericum, gonadotropes Serumhormon, (engl.) *pregnant mares serum gonadotropin*; Abk. PMSG; CAS-Nr. 9002-70-4; M_r ca. 30 000. Aus dem Serum trächtiger Stuten gewonnenes, auf die Keimdrüsen wirkendes Hormon* des Hypophysenvorderlappens. Lösl. in Wasser, unlösl. in Ethanol, Aceton, Ether. **Off.:** Gonadotropinum sericum equinum ad usum veterinarium Ph.Eur.4, S. für Tiere, Ph.Eur.4; **Anw.:** vet. z. B. zur Brunsteinleitung; 1 mg Substanz soll der Aktivität von 1000 I.E. entspr.; vgl. Choriongonadotropin, vgl. Urogonadotropin.

Serumkrankheit: akute Immunkomplexkrankheit, die durch eine Überempfindlichkeitsreaktion (Typ III der Allergie*) v. a. gegenüber artfremden (Serum-)Proteinen, Arzneimitteln (z. B. Penicilline, Sulfonamide) u. a. antigenen Substanzen verursacht wird u. meist zw. dem 6.-12. Tag nach parenteraler Zufuhr insbes. hoher Antigendosen auftritt. **Symptome:** u. a. Fieber, Lymphknotenschwellung, lokal Rötung, Ödem, Juckreiz, evtl. anaphylakt. Reaktionen, Rückbildung meist innerhalb einer Woche; **Ther.:** symptomat. Antihistaminika, Glucocorticoide; **Prophylaxe:** sorgfältige Anamnese, möglichst Anw. von humanen Serumpräparaten bei Serumtherapie*.

S

Serum Lactis: s. Milch.

Serum, polyvalentes: s. Antiserum.

Serumprophylaxe: Vorbeugung vor Infektionskrankheiten durch Applikation eines spezif. antiviralen, antibakt. od. antitox. Immunserums bei infektionsgefährdeten Menschen (passive Immunisierung*). Wiederholte Injektionen von Serum derselben Tierart können Anaphylaxie* auslösen. Heute werden möglichst nur noch menschl. Serumpräparate mit hohem Antikörpergeh. (Hyperimmunglobulin*) eingesetzt; s. Serumtherapie, vgl. Schutzimpfung.

Serumtherapie: Behandlung infizierter od. vergifteter Patienten mit spezif. Immunserum od. Hyperimmunglobulinen (passive Immunisierung*). Im Vergleich zur aktiven Immunisierung (s. Schutzimpfung) beginnt die Schutzwirk. sofort, hält aber nur 2-4 Wochen an. Die klin. Anw. erfolgt häufig aus prophylakt. Gründen (Serumprophylaxe*). **Beispiel für spezif. Immunseren: 1.** antibakt. Seren: Tierseren: z. B. Schweinerotlauf-Immunserum ad usum humanum; **2.** antivirale Seren: Humanseren: z. B. Tollwut*-Immunglobulin vom Menschen; **3.** antitox. Seren: Tierseren: z. B. Botulismus*-Antitoxin, Diphtherie*-Antitoxin, Tetanus*-Serum; vgl. Immunglobulin- präparate.

Sesam: s. Sesamum indicum.

Sesamöl: s. Sesamum indicum (Sesami oleum raffinatum).

Sesamsamen: s. Sesamum indicum (Semen Sesami).

Sesamum indicum L.: Sesamum orientale, Sesam; Fam. Pedaliaceae, (Heimat wahrscheinl. Südafrika, kult. in Indien, Ostasien, Mittel- u. Vorderasien, Trop.-Afrika, Nordafrika, Griechenland, Süd- u. Mittelamerika). Eine der wichtigsten Ölpflanzen. Stpfl. von **Semen Sesami:** Sesamsamen. **Inhaltsst.:** 40-60 % fettes Öl, Vit., Zucker u. Lignane; **Sesami oleum raffinatum:** Oleum Sesami, Raffiniertes Sesamöl; Hellgelbes, fast geruchloses Öl. D. 0.919, $n^{20°C}_D$ 1.470-1.476, SZ max. 0.6, Ep. –4 °C (butterartige Masse), POZ max. 10.0 (5.0 für Raffiniertes Sesamöl zur Herst. von Parenteralia), UA max. 2.0 %. **Off.:** Ph.Eur.4; **Best.:** Glyceride, z. B. der Ölsäure (35-50 %), der Linol- (35-50 %, deshalb ein halbtrocknendes Öl), der Stearin- (3.0-6.0 %), der Palmitin- (7.0-12 %) u. der Arachinsäure (max. 1.0 %); charakterist. Lignanderivate, z. B. Sesamin, ca. 0.1 % Lecithin u. ca. 1 % freie Säuren; **Gew.:** aus den Samen, durch kaltes Auspressen od. Extraktion u. anschließende Raffination; **Anw.:** Speiseöl u. zu pharmaz. Zwecken als Arzneiträger; Voraussetzung für die parenterale Anw.: SZ max. 0.3, max. 0.05 % Wasser (bestimmt über Karl*-Fischer-Titration) sowie Sterilisation, z. B. im Trockenschrank bei 140 °C; **Nachw.:** über sog. Baudouin-Reaktion: 0.5 min kräftigiges Schütteln von 1-2 Tr. Sesamöl (bzw. einer Lsg. von 5 mL Öl od. Fett in 5 mL Petrolether) mit 3 Tr. ethanol. Furfurallsg. u. 10 mL rauchender Salzsäure führt zu himbeerroter Färbung der Säure.

Sesclin: s. Pyranocumarine.

Sesqui-: Wortteil mit der Bedeutung anderthalbfach.

Sesquihydrate: kristalline Hydrate* mit 1.5 mol Kristallwasser.

Sesquioxide: veraltete Bez. für Verb., bei denen 2 Metallatome mit 3 Sauerstoffatomen verbunden sind, z. B. Cr_2O_3, Chromsesquioxid.

Sesquiterpene: aliphat. mono-, di- od. tricycl. Terpene, bestehend aus 3 Isopreneinheiten ($C_{15}H_{24}$), bekannt sind ca. 100 Strukturtypen (s. Abb). Mit mehreren tausend nat. Vertretern bilden S. die größte Gruppe der Terpene. Allein von der Gruppe der nicht flüchtigen Sesquiterpenlactone* kennt man über 2000. **Vork.:** hauptsächl. in äther. Ölen von Pfl. (z. B. Bisabolol, Cadinen, Zingiberen); **Physiolog. Bedeutung:** noch kaum bekannt; manchen S. kommt eine ökolog. Rolle zu, z. B. als Phytohormone wie Abscisinsäure*, als Pheromone wie Farnesol*, als Phytoalexine wie Ipomoeamaron od. Sesqiterpenlactone* als Bitterstoffe.

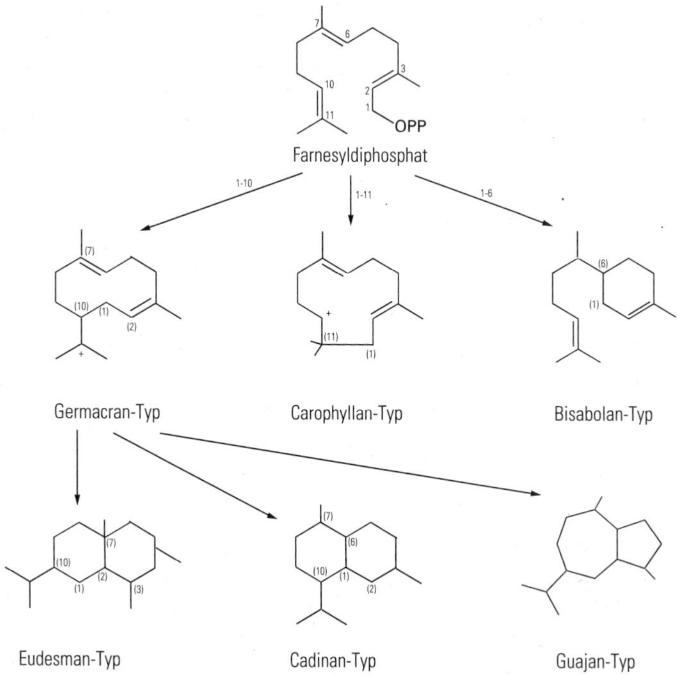

Sesquiterpene: Biosynthese u. wichtige Strukturtypen

Sesquiterpenlactone: umfangreiche Gruppe von Sesquiterpenderivaten (s. Sesquiterpene), die einen zum C-Atom 6 od. 8 geschlossenen γ-Lactonring aufweisen u. sich vorwiegend ableiten vom Germacran, Eudesman, Guaian u. Pseudoguaian (hat im Ggs. zum Guaian nicht am C-Atom 4, sondern am C-Atom 5 eine Methylgruppe, s. Abb.). S. sind krist., nicht flüchtig u. meistens bitter schmeckend. **Vork.:** Von den über 2000 bekannten S. kommen >90% in Pfl. der Fam. Asteraceae vor. Vereinzelt findet man sie z. B. auch in Apiaceae, Lamiaceae, Magnoliaceae, Lauraceae sowie in Lebermoosen. **Wirk.:** vielfältige biologische u. pharmakol. Wirkungen (s. Tab.).

Sesselform: s. Konformation.

Sesterpene: selten vorkommende Terpene, z. B. Cochliobolin, die formal aus 5 Isopreneinheiten ($C_{25}H_{40}$) bestehen.

Setae Stizolobii: s. Mucuna pruriens.

Seuche: histor. Bez. für die plötzl. Erkrankung zahlreicher Menschen an einer Infektionskrankheit. Nach der Art der zeitl. u. örtl. Gebundenheit unterscheidet man Endemien*, Epidemien* u. Pandemien*.

Sevelamer INN: Allylaminpolymer mit 1-Chloro-2,3-epoxypropan; CAS-Nr. 182683-00-7; $(C_3H_7N)_m(C_3H_5ClO)_n$. **Wirk.** u. **Anw.:** Phosphatbinder zur Kontrolle der Hyperphosphatämie u. somit Prävention von Nierenversagen (in Kombination mit Dialyse u. eingeschränkter Phosphataufnahme) bei erwachsenen Dialysepatienten; **UAW:** u. a. Diarrhö, Übelkeit, Bauchschmerzen, Schwindel, Atembeschwerden; **Dos.:** 0.40-4.03 g p. o. pro Mahlzeit.

Sevenkraut: s. Juniperus sabina (Summitates Sabinae).

Sesquiterpenlactone
Vorkommen und Bedeutung

Beispiel	Wirkung	Vorkommen
Absinthin	sehr bitter schmeckend	Artemisia absinthium
Alantolacton	antiparasitär, allergen	Inula helenium
Arteannuin	antiprotozoisch (Antimalariamittel)	Artemisia annua
Cnicin	Bitterstoff	Cnicus benedictus
Costunolid	allergen	Laurus nobilis
Helenalin	antiphlogistisch, zytotoxisch, allergen	Arnica montana
Picrotoxin	Krampfgift	Anamirta cocculus
Parthenin	allergen	Parthenium-Arten
Santonin	antihelmintisch	Artemisia cina

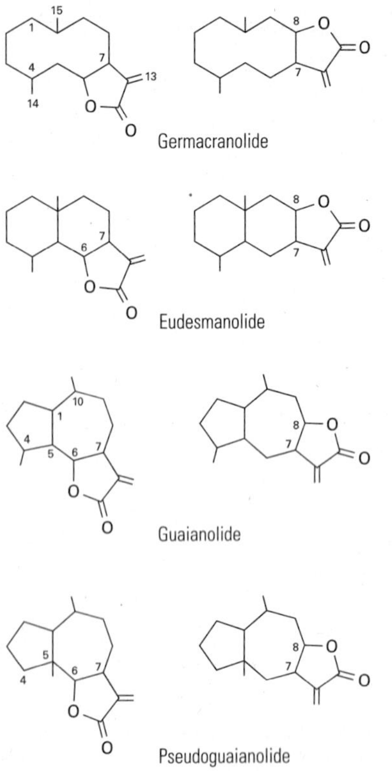

Sesquiterpenlactone: Grundgerüste der häufigsten Sesquiterpenlactone

Sevikraut: s. Juniperus sabina (Summitates Sabinae).

Sevikraut für tierarzneiliche Zwecke: s. Juniperus sabina (Sabinae herba ad usum veterinarium).

Sevofluran INN: Fluormethyl-[2,2,2-trifluor-1-(trifluormethyl)ethyl]ether; 1,1,1,3,3,3-Hexafluor-2-(fluormethoxy)-propan; CAS-Nr. 28523-86-6; $C_4H_3F_7O$, M_r 200.05. **Anw.:** Inhalationsnarkotikum (s. Narkotika); der niedrige Blut-Gas-Verteilungskoeffizient von 0.63-0.67 bei 37 °C ermöglicht ein rasches An- u. Abfluten; Metabolisierung zu Hexafluorisopropanol (5 %), Fluorid u. Kohlendioxid; **UAW:** u. a. Hypotonie, Atemdepression, Fieber; **Kontraind.:** u. a. maligne Hyperthermie. Leberfunktionsstörungen; **WW:** Muskelrelaxanzien, MAO-Hemmer, Isoniazid; **Dos.:** pulmonal 5 % (V/V, Erwachsene) bis 7 % (V/V, Kinder); zur Erhaltung der Narkose 0.5-3 % (V/V).

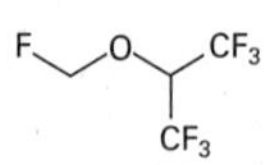

Sevofluran

Sexualhormone: Hormone, die die Entwicklung u. Funktion der Sexualorgane fördern, steuern u. allg. Stoffwechselwirkungen haben. Sexualsteroide werden in Ovarien (Estrogene*, Progesteron*),

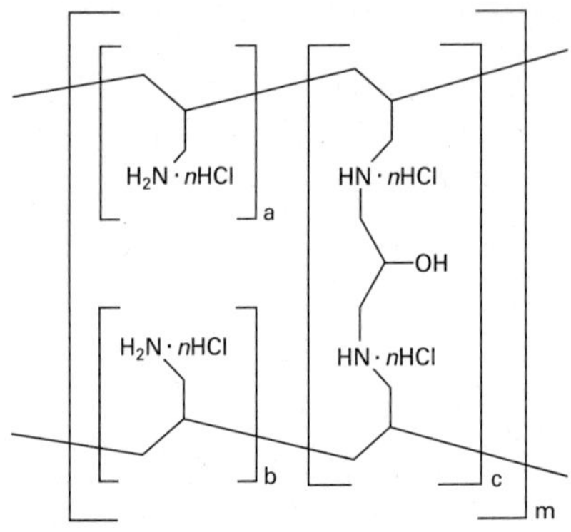

Sevelamer
a, b = Anzahl der primären Aminogruppen a + b = 9
c = Anzahl der vernetzten Gruppen = 1
n = Fraktion der protonierten Amine = 0.4
m = Anzahl der polymeren Einheiten

Sevelamer

Hoden (Androgene*), Plazenta u. der NNR gebildet. Steuerung erfolgt über die gonadotropen Hormone*; s. Hormone (Keimdrüsen- u. Sexualhormone).

Seydlitzsalz: s. Magnesiumsulfat-Heptahydrat.

sezernieren: absondern.

SFC: Abk. für (engl.) **s**upercritical **f**luid **c**hromatography; s. Chromatographie.

Shampoos: Sapo Capillorum, Schampons, Flüssige Zubereitungen zur kutanen Anwendung Ph.Eur.4; flüssige od. dickflüssige Zuber. zur Anw. auf der Kopfhaut u. zum anschließenden Auswaschen mittels Wasser. Sie enthalten üblicherweise oberflächenaktive Substanzen, evtl. Konservierungsmitteln, Antioxidanzien, Verdickungsmittel, Stabilisatoren u. Farbstoffe.

SH-Domänen: hoch konservierte nicht katalyt. Proteindomänen, die in SH2- u. SH3-Domänen unterteilt werden. Die Bez. leitet sich von den Src-Homologie-Regionen 2 u. 3 des Src-Proteins ab. Die SH2-Domänen enthalten ein Modul aus etwa 100 Aminosäureresten, das als ein immer wiederkehrendes Strukturmotiv eine Schlüsselfunktion bei der Steuerung von Protein-Protein-Interaktionen übernimmt.

Sheabutter: s. Vitellaria paradoxa.

Shellolsäure: s. Schellack (Best.).

Sheminzyklus: s. Succinat-Glycin-Zyklus.

Shepherd-Linn-Einheit: Wirkungswert von Vitamin-Fettsäure-Präparaten (vgl. Fettsäuren, essentielle).

Shigella (Kiyoshi Shiga, Bakteriologe, Tokio, 1870-1957): Shigellen; Gattung gramnegativer, aerober, unbewegl. Stäbchenbakt. der Fam. Enterobacteriaceae; Erreger der Bakterienruhr*.

Shikimiatweg: s. Aromatenbiosynthese (Shikimisäure-Chorisminsäure-Weg).

Shikimifrüchte: s. Illicium anisatum.

Shikimisäure: s. Aromatenbiosynthese.

Shikimisäure-Chorisminsäure-Weg: s. Aromatenbiosynthese.

Shine-Dalgarno-Sequenz: Sequenzelement der prokaryont. mRNA, das aus drei bis neun Purinnucleotiden besteht. Seine Mitte liegt 8-13 Nucleotide vom Initiations-Codon entfernt u. dient als Ribosomenbindungsstelle.

Shinoda-Test: Nachw. von Flavonoiden. **Durchführung:** wird der Rückstand eines methanol. Drogenextraktes mit ca. 10 mg Magnesiumspänen u. 1-2 mL Ethanol versetzt, so kommt es bei Zugabe von einigen Tr. konz. Salzsäure zu einer rotvioletten Färbung; vgl. Wilson-Tauböck-Reaktion.

Shogaole: s. Zingiber officinale (Radix Zingiberis, Inhaltsst.).

Shorea wiesneri Schiffn.: Dammarabaum; Fam. Dipterocarpaceae (Sumatra). Neben anderen Shorea- sowie Balanocarpus- u. Hopea-Arten Stpfl. von **Dammar:** Resina Dammar, Ostindisches Dammarharz; ein Terpenharz (s. Harze); leicht lösl. in Chloroform, Schwefelkohlenstoff, Terpentinöl; teilweise lösl. in Ether u. Ethanol; in Chloralhydrat quillt es auf, ohne sich zu lösen. Gelbl.- od. rötlichweiße, tropfsteinartige Stücke od. dicke Klumpen von schwach aromat. Geruch. **Off.:** ÖAB9, DAB6; **Inhaltsst.:** ca. 23 % Dammarolsäure, eine Harzsäure, sowie ca. 40 % α-Dammaroresen (alkohollösl.) u. ca. 23 % β-Dammaroresen (alkoholunlösl.), ferner 0.5 % äther. Öl u. Bitterstoffe; **Anw.** techn.: nur noch selten zur Herst. von Pflastern (DAB6): Collemplastrum* adhaesivum, Collemplastrum* Zinci.

Shore-Härte: Härteprüfverfahren nach Shore; Eindringhärteprüfung nach DIN 53 505. Die Eindringtiefe eines kegelstumpfförmigen Prüfkörpers in die Probe unter def. Federkraft wird dabei nach festgelegten Zeiten ermittelt. Die Härteskala umfasst einen Bereich von 0-100, wobei 0 der kleinsten, 100 der größten Härte entspricht; s. Härte von Tabletten.

Shuttle-Vektoren: Pendelvektoren, Schaukelvektoren; spezielle Vektoren, die in unterschiedl. Wirtssystemen vermehrbar sind. Diese Eigenschaft beruht darauf, dass S.-V. versch. Replikationsursprünge besitzen, die jeweils in einer unterschiedl. Spezies aktiv sind. So können S.-V., die einen bakteriellen Replikationsursprung aus Escherichia coli u. einen anderen aus Hefe (Saccharomyces cerevisiae) besitzen, in bd. Organismen stabil erhalten u. daher zw. ihnen durch gentechn. Verfahren ausgetauscht werden.

Si: **1.** (chem.) Elementsymbol für Silicium*. **2.** s. Enantiotopie.

SI: Abk. für Système International d'Unités; Internationales Einheitensystem, dem die gesetzl. (Maß-)Einheiten entspr. müssen; s. SI-Einheiten.

Sialagoga: s. Salivatia.

Sialinsäure: s. Neuraminsäure.

Siambenzoe: s. Benzoe tonkinensis.

Sibutramin INN: (*RS*)-1-(4-Chlorophenyl)-α-isobutyl-*N*,*N*-dimethylcyclobutanmethylamin; CAS-Nr. 106650-56-0; $C_{17}H_{26}ClN$, M_r 279.9. Schmp. 193 °C. logP 5.4; pK_S 9.7 (ber.); schwer lösl. in Wasser. **Wirk.:** Verstärkung des Sättigungsgefühls durch Wiederaufnahmehemmung von Serotonin u. Noradrenalin; **Anw.:** Antiadipositum* bei Body-mass-Index >30 kg/m^2; **UAW:** Obstipation, Mundtrockenheit, Schlaflosigkeit; **Dos.:** 1×10 mg/d; HWZ der aktiven Metaboliten 14 bzw. 16 h.

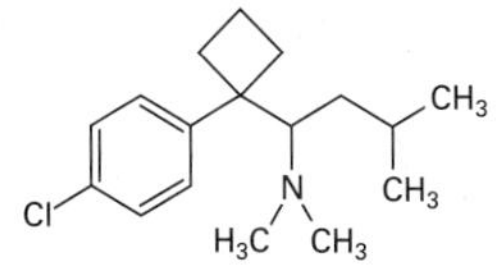

Sibutramin

siccus (lat.): f: -a, n: -um; trocken. **siccatus:** getrocknet.

Sichelblätter: s. Eucalyptus globulus (Eucalypti folium).

Sichelzellenanämie: Drepanozytose; autosomal-rezessiv erbl. Hämoglobinopathie. **Vork.:** fast ausschließl. bei Afrikanern u. Afroamerikanern, manifeste Erkrankung bei homozygoten od. doppelt heterozygoten Allelen; **Urs.:** Punktmutation, die zum Austausch einer Aminosäure in Position 6 (Glu → Val) der Betakette von Hämoglobin* führt; **Sympt.:** u. a. chron. hämolyt. Anämie*, abdominale Koliken, Knochen- u. Gelenkschmerzen, Unterschenkelgeschwüre u. Niereninfarkte; **Ther.:** allogene HLA-ident. Knochenmarktransplantation (Geschwister) als einzige kurative Möglichkeit (vgl. HLA-System); symptomat. Folsäure, Analgetika* u. Erythrozytentransfusionen (vgl. Blutersatz); **Progn.:** Homozygote u. doppelt Heterozygote sterben unbehandelt im Kindesalter. Heterozygote haben fast normale Lebenserwartung u. den Selektionsvorteil, dass sie relativ resistent gegen Malaria* tropica sind (leichter Krankheitsverlauf).

Sicherheitsdatenblatt: s. Gefahrstoffverordnung (Deutschland); Gefahrstoffverzeichnis (Österreich).

Sichtung: Zerlegen eines Schüttgutes in einzelne Fraktionen (klassieren) unter Ausnutzung der unterschiedl. Absetzgeschwindigkeiten der einzelnen Korngrößen im Schwerkraftfeld. Auftrennung im Luftstrom durch Steigrohrwindsichter, s. Abb.; Auftrennen in strömenden Flüss. (Stromklassierung) od. im Fliehkraftfeld (Fliehkraftsichter); vgl. Korngrößenanalyse.

S

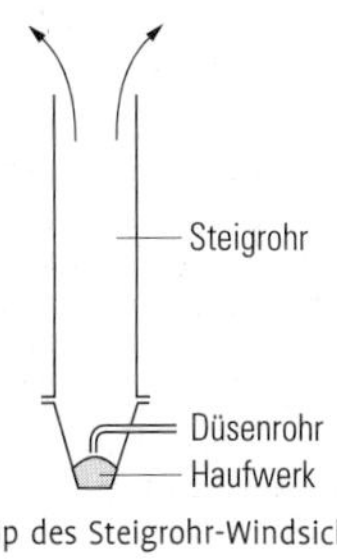

Sichtung: Prinzip des Steigrohr-Windsichters

Siderit: Mineral, $FeCO_3$.
Hom: s. Eisen(II)-carbonat.

Sideritis hirsuta L.: Gliedkraut; Fam. Lamiaceae, Labiatae (heim. Mittelmeergebiet). Stpfl. von **Herba Sideritidis:** Eisenkraut, Berufskraut; als Ersatz

u. zuweilen ebenfalls unter der Bez. Herba Sideritidis im Handel dienen Stachys* recta u. a. Sideritis-Arten, z. B. **Sideritis clandestina** (Chaub u. Bony) Hayek, sog. Griech. Bergtee, sowie **Sideritis scardiaca** Griseb., sog. Püringer Tee. **Inhaltsst.:** äther. Öl, Gerbstoffe u. Bitterstoffe; **Anw.** volkstüml.: als Tonikum, Febrifugum.

Siderophiline: Einkettige, Eisen bindende Glykoproteine, die kein Häm* enthalten; M_r ca. 80 000, 6 % Kohlenhydratanteil. Nach ihrem Vork. werden S. in Transferrin (Wirbeltierblut), Lactoferrin (Muttermilch u. a. Körpersekrete) u. Conalbumin od. Ovotransferrin (Geflügeleiweiß) eingeteilt. S. unterscheiden sich in ihren physikal., chemischen u. immunolog. Eigenschaften, besitzen aber jeweils zwei Eisen(III) bindende Stellen. Das Eisen wird jedoch weniger stark als im Ferritin* gebunden. Transferrin, das am besten untersuchte S., stellt das Eisen bindende Trägerprotein des Blutplasmas dar. Es wird in der Leber synthetisiert u. wandert elektrophoret. in der β-Globulin-Fraktion. Transferrin wird an Rezeptoren der Proerythrozytenoberfläche gebunden, in die Zelle aufgenommen, gibt das Eisen ab u. geht als eisenfreies Apotransferrin ins Blut zurück. Von den ca. 7-15 g Transferrin im Körper sind nur ca. 30 % mit Fe^{3+} komplexiert. Bei Eisenmangel u. während der Schwangerschaft ist die Transferrinkonzentration erhöht, bei Infekten erniedrigt. Da S. Eisen zu komplexieren vermögen, verhindern sie das Bakterienwachstum; diese Eigenschaft ist z. B. für die Haltbarkeit von Milch u. Eiern wichtig.

Sidot-Blende: leuchtendes Zinksulfid; krist. Zinksulfid (ZnS), dem Spuren von Schwermetallen (ca. 0.01 %) beigemischt sind; es hat, wie die Sulfide der Erdalkalimetalle, die Fähigkeit, nach Belichtung im Dunkeln weiterzuleuchten, ebenso nach Bestrahlung mit unsichtbaren Strahlen (Röntgenstrahlen, radioaktiven Strahlen, Kathodenstrahlen, UV-Licht). **Anw.:** Sichtbarmachen von Röntgenstrahlen u. radioaktiven Zerfallsprozessen; für selbstleuchtende Zifferblätter benutzte man Zinksulfid, dem Spuren einer Radiumverb. beigemischt sind (vgl. Leuchtfarben); Spinthariskop, Gerät zur Sichtbarmachung von Atome aufgrund ihrer Radioaktivität.

Siebanalyse: einfachste Methode zur Bestimmung der Korngrößenverteilung (vgl. Korngrößenanalyse). **Durchführung:** Auf das oberste Sieb (größte Maschenweite) eines Satzes übereinander angeordneter Prüfsiebe (Ph.Eur.) mit nach unten abnehmender Maschenweite wird eine Durchschnittsprobe des zu untersuchenden Materials aufgebracht. Der Siebsatz wird durch Schwingungen in horizontaler Richtung (Plansieb) od. durch Vibrationen (Wurfsieb, Vibrationssieb) bewegt, wobei sich das Siebgut auftrennt u. in Abhängigkeit von der Korngröße auf den einzelnen Siebböden liegen bleibt od. sich die feinsten Anteile (Durchgang aller Siebe) im Bodenteller ansammeln. Der Siebsatz wird solange bewegt, bis die einzelnen Fraktionen prakt. gewichtskonstant sind. So kann bis auf ca. 40 µm herunter fraktioniert werden. Eine bessere Auftrennung (Trennschärfe, vgl. Fehlkorn) im feinen Bereich erhält man mit dem **Luftstrahlsieb.** Das Siebgut wird auf einem unbewegten Siebboden (beginnend mit dem feinsten Sieb) von unten durch einen rotierenden, scharfen Luftstrahl hochgewirbelt. Die Luft strömt wieder durch die Siebmaschen zurück u. reißt dabei das Feinkorn mit. Den Vorgang wiederholt man jeweils mit dem nächstgröberen Sieb. Ein Verstopfen der Maschen tritt beim Luftstrahlsieb nicht ein. Feine, stark agglomerierende Pulver lassen sich manchmal mit einer **Nasssiebung** ausreichend fraktionieren, wenn die Flüss. die Anforderungen erfüllt, wie sie an das Dispersionsmittel bei der Sedimentationsanalyse* gestellt werden. Unter dem Einfluss der Flüss. verschwinden prakt. alle Haftkräfte der Feststoffteilchen, die das Auftrennen des Schüttgutes in die einzelnen Partikeln beim Sieben behindern. **Anforderungen:** In jedem Fall müssen für eine aussagekräftige Korngrößenanalyse die bei der S. auftretenden Siebkräfte in der Lage sein, die Körner aus dem Kornverband herauszulösen u. durch die entsprechenden Maschenweiten zu befördern. An die Prüfsiebung, die eine Klassierung bis ca. 40 µm ermöglicht, schließt für die Untersuchung von Teilchen bis zu ca. 1 µm die Sedimentationsanalyse* an. Nach Ph.Eur.4 gilt: **1.** grobkörniges Pulver: mind. 95 % müssen das Sieb 1400 u. höchstens 40 % dürfen das Sieb 355 passieren; **2.** mittelfeines Pulver: mind. 95 % müssen das Sieb 355 u. höchstens 40 % dürfen das Sieb 180 passieren; **3.** feines Pulver: mind. 95 % müssen das Sieb 180 u. höchstens 40 % dürfen das Sieb 125 passieren; **4.** sehr feines Pulver: mind. 95 % müssen das Sieb 125 u. höchstens 40 % dürfen das Sieb 90 passieren. Wenn ein Pulver durch eine einzige Siebnummer charakterisiert ist, müssen mindestens 97 % des Pulvers das Sieb mit dieser Nummer passieren, falls nichts anderes angegeben ist.

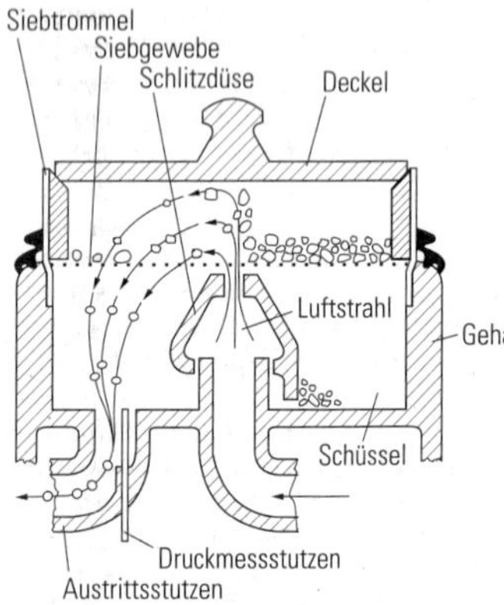

Siebanalyse: Querschnitt durch das Alpine-Labor-Luftstrahlsieb

Siebe: Ph.Eur.4 schreibt die von der International Standards Organisation (ISO) empfohlenen 18 Siebgrößen vor, die mit den Siebnummern (entsprechend der Maschenweite in µm) 11 200, 8000, 5600, 4000, 2800, 2000, 1400, 1000, 710, 500, 355,

250, 180, 125, 90, 63, 45 u. 38 gekennzeichnet sind. Zusätzl. sind die Höchsttoleranz der Maschenweite, die Toleranz der mittleren Maschenweite u. die Zwischenraumtoleranz angegeben. Darüber hinaus sind die empfohlene nominelle Dimension des Drahtdurchmessers u. dessen zulässige min./max.-Grenzen angegeben. Die Siebnummer (geforderter Zerkleinerungsgrad) wird in Klammern hinter der Substanzbezeichnung angegeben. In den angelsächs. Ländern werden die Siebe anstelle der lichten Maschenweite in Mesh (präziser mesh per inch, Maschen je Zoll) gekennzeichnet. 1 Zoll entspricht ca. 2.54 cm. Ein 2 mm-Sieb entspricht nach USA-Standard einem 10-mesh-Sieb.

Sieben: Auftrennen eines Schüttgutes in 2 Fraktionen mit unterschiedl. Korngrößenbereichen, in die gröbere Fraktion, den Siebrückstand u. in die feinere Fraktion, den Siebdurchgang (vgl. Fehlkorn) mit Hilfe von Rosten, Lochblechen, Draht-, Textil- od. Kunststoffgeweben. Neben der Trennsiebung (Siebanalyse* mit mehreren Sieben für mehrere Fraktionen mit entsprechend engen Bereichen) wird außerdem gesiebt, um z. B. Agglomerate* zu zerstören od. zu verkleinern (Sieben einer Vormischung zur Verbesserung der Mischgüte), zur Herst. von Abbaugranulaten auf feuchtem Weg (Granulieren*), zur Trennung zusammengeklebter, durch Feuchtgranulierung hergestellter Granulatkörner nach dem Trocknen, zum Entfernen von Abrieb u. Staubanteilen.

Siebröhren: (bot.) in Längsreihen angeordnete lebende Zellen des Leptoms (s. Phloem), deren Zellquerwände siebartig durchlöchert sind (Siebzellen); vgl. Leitbündel.

Siebteil: s. Phloem.

Siebzellen: s. Siebröhren.

Siebzentrifugen: dienen zum Abtrennen eines flüss. Dispersionsmittels von einer dispersen festen Phase. Die Suspension wird in die Mitte einer am Rande durchlöcherten u. mit Filtermaterial bedeckten, schnell rotierenden Trommel eingebracht. Die Flüss. wird dabei durch das Filtermaterial u. die Trommelperforationen gepresst, gegen die innere Gehäusewand geschleudert u. läuft durch den Auslauf ab.

Siedebarometer: s. Barometer.

Siedediagramm: s. Phasendiagramm.

Siedepunkt: Abk. Sdp., Siedetemperatur, Kochpunkt (Abk. Kp.), (engl.) *boiling point (Abk. Bp.)*; wichtige Stoffkonstante; diejenige Temp., bei welcher ein Stoff aus dem flüss. in den gasförmigen Zustand übergeht. Der Sdp. hängt vom Druck (z. B. Luftdruck*) ab u. wird in Grad Celsius bei 101.3 kPa (760 mmHg, 1 atm) angegeben. Nach Ph.Eur.4 wird daher die bei der Bestimmung des Sdp. abgelesene Temp. (t_2) beim Luftdruck b (in kPa) mit Hilfe folgender Gleichung auf die korrigierte Temp. (t_1) umgerechnet:

$$t_1 = t_2 + k\,(101.3 - b)$$

Der Korrekturfaktor k beträgt (bei t_2) 0.30 (unter 100 °C), 0.34 (100-140 °C), 0.38 (140-190 °C), 0.41 (190-240 °C) bzw. 0.45 (über 240 °C).

Siedepunkterhöhung: s. Gefrierpunkterniedrigung.

Siedesalz: s. Natriumchlorid.

Siedesteinchen: erbsengroße Stücke von gebranntem Ton, Glasscherben, od. Kieselsteinen. **Anw.:** Verhinderung von Siedeverzug*.

Siedetemperatur: s. Siedepunkt.

Siedeverzug: Verzögertes Sieden oberhalb des Siedepunktes. Viele Flüss. können über ihren Siedepunkt erhitzt werden, ohne zu sieden. Die Dampfbildung tritt plötzl. u. stürmisch ein, sehr große Dampfblasen können Flüss. verspritzen u. sogar zum Umkippen des Gefäßes führen. S. wird vermieden, wenn man vor dem Erhitzen einige Siedesteinchen* in das Gefäß gibt, an denen sich Luftbläschen entwickeln können.

Siegellack: s. Schellack (Anw.).

Siegwurz, Lange: s. Allium victorialis.

Siegwurz, Runde: s. Gladiolus communis.

SI-Einheiten: Das Gesetz über Einheiten im Messwesen vom 22.02.1985 sowie die Ausführungsverordnung zum Gesetz über Einheiten im Messwesen (Einheitenverordnung, Abk. EinhV) vom 13.12.1985, geändert durch VO vom 22.03.1991, schreiben die Anw. der gesetzl. Einheiten im geschäftl. u. amtlichen Verkehr vor. Der geschäftl. Verkehr schließt Beschreibung, Werbung, Angebot u. Verkauf eines Produktes ein. Gleichfalls ist damit festgelegt, dass alle Schulen ihr Lehrangebot auf die gesetzl. Einheiten umstellen müssen. Analoge Bestimmungen gelten in Österreich (Maß- u. Eichgesetz vom 5. Juni 1950, BGBl. Nr. 152/1950, in der Fassung BGBl. Nr. 174/1973 u. Nr. 281/1988) u. in der Schweiz. Die gesetzl. Einheiten entspr. dem SI-System; s. SI. Man unterscheidet zw. Basiseinheiten u. abgeleiteten SI-Einheiten. Basiseinheiten sind Einheiten von Basisgrößen, aus denen alle anderen Größen mit ihren zugehörigen Einheiten abgeleitet werden. Definitionen der SI-Basiseinheiten: **Meter:** Ursprüngl. (1790) wurde das Meter (m) definiert als der 40-millionste Teil eines Erdmeridians; seit 1875 durch den Strichabstand auf einem im Internationalen Büro für Gewichte u. Maße in Sevres bei Paris aufbewahrten Platin-Iridium-Normalstab (Urmeter). Als genauere Def. des Meters hat eine internationale Kommission 1960 das 1650763.73fache der Wellenlänge der von den Atomen des Kryptonisotops $^{86}_{36}Kr$ beim Übergang vom Zustand $5d_5$ zum Zustand $2p_{10}$ im Vakuum ausgesandten orangeroten Spektrallinie festgelegt. Seit 1983 ist das Meter definiert als die Weglänge, die Licht im Vakuum innerhalb eines Zeitintervalls des Sekundenbruchteils von 1/299 792 458 einer Sekunde durchläuft. **Kilogramm:** 1 Kilogramm (kg) ist definiert als die Masse eines im Internationalen Büro für Gewichte u. Maße in Sèvres bei Paris aufbewahrten Platin-Iridium-Zylinders (Urkilogramm, Kilogrammprototyp) u. wurde ursprüngl. der Masse von 1 L reinem Wasser bei 4 °C gleichgesetzt. Weil das Volumen von 1 kg Wasser bei 4 °C in Wirklichkeit nicht 1000, sondern 1000.028 cm^3 beträgt, wird seit 1964, unter 1 L nicht mehr das Volumen von 1 kg Wasser bei 4 °C, sondern das Volumen von 1000 cm^3 verstanden. **Sekunde:** Unter 1 Sekunde (s) verstand man früher die aus der Erdumdrehung gewonnene Weltzeitsekunde, die gleich dem 86400-sten Teil des mittleren Sonnentages ist. Sie wurde dann, um sich von den Schwankungen der Erdumdrehung unabhängig zu machen, 1956 als der 31 556 925.9747-te Teil eines (seinerseits genau definierten) trop. Sonnenjahres definiert. Seit 1967 definiert man 1 s als Dauer von 9 192 631 770 Perioden der Strahlung, die dem Übergang zw. den beiden Hyperfein-Niveaus des Grundzustandes des Caesium-133-Atoms entspricht (Atomsekunde). **Ampere:** Als 1 Ampere (A) wurde ursprüngl. (seit 1908) eine Stromstärke von 1 Coulomb/Sekunde bezeichnet. 1948 wurde diese Def. wie folgt präzisiert: 1 A ist der konstante elektr. Strom, der, wenn er in zwei parallelen geraden elektr. Leitern unendl. Länge u. vernachlässigbarer Kreisquerschnittsfläche im Abstand von einem Meter im Vakkum aufrechterhalten wird, eine Kraft von 2×10^{-7} N pro Meter Länge zw. diesen Leitern produzieren würde. **Kelvin:** 1 Kelvin (K) ist der Bruchteil 1/273.16 der thermodynam. Temp. des Tripelpunktes von Wasser. Nach einer 1967 erfolgten internationalen Übereinkunft soll der bis dahin übl. Zusatz Grad vor der Einheit K entfallen. **Candela:** 1 Candela (Cd) war früher die Lichtstärke, mit der 1/600 000 m^2 der Oberfläche eines schwarzen Strahlers bei der Temp. des beim Druck von 101325 Pa erstarrenden Platins senkrecht zu seiner Oberfläche leuchtet. Nach der Def. von 1979 ist die Candela gleich der Lichtstärke in einer gegebenen Richtung, die eine Lichtquelle mit monochromat. Strahlung der Frequenz 540×10^{12} Hertz emittiert u. die eine Strahlungsintensität in dieser Richtung von 1/683 Watt pro Steradiant hat; s. Radiant. **Mol:** Unter 1 Mol (mol) eines Stoffs verstand man ursprüngl. eine numer. der relativen Molekülmasse dieses Stoffes entsprechende Grammenge. Seit 1971 bedeutet 1 Mol die Stoffmenge eines Systems, die eben so viele Elementarteilchen (Atome, Moleküle, Ionen, Elektronen, andere Teilchen od. spezifizierte Gruppen solcher Teilchen (Protonen, Radikale, Formeleinheiten usw.) enthält, wie Atome in 0.012 kg von Kohlenstoff-12 sind.

SI-Einheiten Tab. 1
Basiseinheiten

physikalische Größe	Name der SI-Einheit	Symbol für die SI-Einheit
Länge	Meter	m
Zeit	Sekunde	s
Masse	Kilogramm	kg
thermodynamische Temperatur	Kelvin	K
elektrische Stromstärke	Ampere	A
Lichtstärke	Candela	Cd
Stoffmenge	Mol	mol

SI-Einheiten Tab. 2
SI-Präfixe (SI-Vorsätze) für dezimale Vielfache und Teile von SI-Einheiten

Präfix	Symbol	Faktor, mit dem die Einheit multipliziert wird
Vielfache		
Yotta	Y	10^{24}
Zetta	Z	10^{21}
Exa	E	10^{18}
Peta	P	10^{15}
Tera	T	10^{12}
Giga	G	10^{9}
Mega	M	10^{6}
Kilo	k	10^{3}
Hekto	h	10^{2}
Deka	da	10^{1}
Teile		
Dezi	d	10^{-1}
Zenti	c	10^{-2}
Milli	m	10^{-3}
Mikro	µ	10^{-6}
Nano	n	10^{-9}
Piko	p	10^{-12}
Femto	f	10^{-15}
Atto	a	10^{-18}
Zepto	z	10^{-21}
Yocto	y	10^{-24}

Siemens (Werner von Siemens, deutscher Erfinder u. Unternehmer, 1816-1892): Symbol S; SI*-Einheit für elektrischen Leitwert*; 1 S = 1 A/V = 1 Ω^{-1}.

Sievert: SI-Einheit der Äquivalenzdosis; s. Dosimetrie.

Sigmafaktor: Untereinheit der bakteriellen RNA-Polymerase, die den korrekten Start der Transkription* steuert.

Sigma-minus-Plot: Verfahren zur Linearisierung von Auflösungskurven, bei dem auf der Ordinate der Logarithmus der Differenz aus max. u. zum Zeitpunkt gelöster Substanz sowie auf der Abszisse die Zeit aufgetragen wird. Häufig wird dabei eine abfallende Gerade erhalten, bei biphas. Verläufen 2 Geraden mit unterschiedl. Anstieg mit einem mehr od. weniger scharfen Knick im Übergangsbereich.

Signaltransduktion: Umwandlung eines extrazellulären Signals in eine intrazelluläre Antwort. Eine Zelle kann auf sehr verschiedenartige äußere Reize wie Hormone, Wachstumsfaktoren, Neurotransmitter — d.h. auf first* messengers — ebenso reagieren wie auf Licht, Temperatur od. andere physikal. Reize.

Signatur (lat. signa, signetur signiere, mache die Aufschrift): Abk. S., Signatura; **1.** ärztl. Anweisung auf einem Rezept bzw. deren Wiederholung auf dem Arzneimittelbehältnis durch den Apotheker, z. B. „S. 3-mal tägl. 1 Tablette" od. „S. zum Auftragen auf die entzündete Haut". **2.** Bez. für die Aufschrift auf Standgefäßen*. **3.** für die Beschriftung von Arzneittelbehältnissen verwendeter Begriff.

Signaturenlehre: „Signatura plantarum (naturae, rerum)", eine auf Urzeiten zurückgehende Heilmittellehre, bei der versucht wurde, von Äußerlichkeiten der Pflanzen wie z. B. Farbe, Geruch, Geschmack, Form der Blätter, Blüten, Wurzeln auf deren Heilwirkung zu schließen. Nach dieser von Paracelsus erneuerten Lehre sollen z. B. weiße

Blüten auf das Gehirn, blaue Blüten auf die Augen, gelbe Blüten auf Galle u. Leber, Disteln gegen stechende Schmerzen wirken u. Johanniskraut wegen seines „Blutes" u. seiner „durchstochenen" Blätter gegen Stichwunden gebraucht werden, u. Knollen des Knabenkrautes dienen als Aphrodisiakum. „Die Natur zeichnet ein jegliches Gewächs, so von ihr ausgeht, zu dem, dazu es gut ist" (Paracelsus). Die Volksmedizin macht heute noch teilweise von der Signaturenlehre Gebrauch.

Signifikanz: statist. Maß der Wahrscheinlichkeit; **signifikant:** statist. bedeutsam.

Sikkative: Zusätze zu Firnis u. Leinöl, um schnelleres Trocknen zu erreichen; S. bestehen meist aus Co, Pb- od. Mn-Salzen der höheren Fettsäuren*.

Silane: Silicium-Analoga der Alkane, Summenformel: Si_nH_{2n+2}.

Silanole: Siliciumverb. mit OH-Gruppen; s. Silicone.

Silber: Argentum; Symbol Ag; A_r 107.868; OZ 47; Schmp. 961 °C; Sdp. 2212 °C. 1-, 2-, selten 3-wertiges Element. Weißes, glänzendes, weiches Metall, sehr dehnbar; lösl. in Salpetersäure u. konz. Schwefelsäure; schwärzt sich an der Luft durch Bildung von Silbersufid. Seit ältesten Zeiten bekannt. **Vork.**: nat. gediegen in großen, krist. Stücken, gebunden als Silbersulfid, Ag_2S, im Silberglanz, Silberkupfererz, Rotgüldigerz u. Bleiglanz. **Darst:** versch. Verfahren [Röstverfahren, Amalgamationsverfahren, Cyanidlaugerei, Extraktionsverfahren (Bleiarbeit)]. Um die Härte zu erhöhen, wird S. mit 10-20 % Kupfer legiert. Unechtes Blattsilber (Rauschsilber) ist eine Legierung von Zink, Zinn u. Spuren von Cu. **Anw.** techn.: Münz- u. Schmuckmetall; Versilbern; für Spiegel; in der Elektronik u. der Fotografie; **Anw.** med.: Reines S. wirkt schwach bakterizid, daher benutzte man Silberfolien u. -pulver zur Wundbehandlung sowie zur Entkeimung von Wasser; s. Katadyn-Verfahren. Silber-Aerosole (s. Aerosole) wendet man geg. Schnupfen, Keuchhusten, Akne vulgaris u. a. an. **Tox.**: Durch häufigen Kontakt mit Silberstaub od. auch durch oftmalige innerl. Aufnahme von Ag-Verb. kommt es zur Ablagerung von Silberkörnchen in der Haut u. dadurch zu ihrer Blaugraufärbung (Argyrie, Argyrose). Am Zahnfleisch kann sich ein dunkler Silbersaum ausbilden. Früher verwendete i.v. Injektionen von kolloidem Silber verursachten Todesfälle. Die meisten Silbersalze sind sehr schwer lösl. u. daher wenig giftig. **Nachw. von Silberverbindungen:** **1.** HCl od. Chloride fällen weißes, käsiges Silberchlorid (AgCl), lösl. in Ammoniak, unlösl. in Säuren, am Licht schwarz werdend; **2.** Schwefelwasserstoff fällt aus den Lsg. schwarzes Ag_2S, unlösl. in verd. Säuren; **3.** Zink, Eisen, Kupfer u. Quecksilber fällen aus Silbersalzlsg. fein verteiltes schwarzes metall. Silber, unlösl. in Salzsäure; **4.** alle Silberverb. (mit Ausnahme des Iodids u. Sulfids) sind in überschüssigem NH_3 lösl. zu komplexen Verb.; **5.** *p*-Dimethylaminobenzylidenrhodanin weist Ag noch in außerordentl. großen Verd. durch Trübung nach; **6.** die Probiersäure der Goldschmiede besteht aus gleichen Teilen Salpetersäure u. Kaliumdichromat; sie ergibt auf Silber eine rote Färbung durch Bildung von Silberchromat. Der zu prüfende Gegenstand wird angefeilt u. mit der angefeilten Stelle auf den Probierstein (Kieselschiefer) ein Strich gezogen, der dann mit der Probiersäure betupft wird. Je nach der mehr od. weniger roten Färbung kann man ungefähr auf den Silbergeh. schließen.

Hom: *Argentum colloidale (HAB1.5):* ein mit lösl. Eiweiß als Schutzkolloid überzogenes Silberpräparat, das min. 70.0 u. höchstens 75.0 % Silber enthält.

Hom: *Argentum metallicum (HAB1.3):* Darst. durch Umsetzen von Silbersalzen mit Zink; verord. z. B. bei Nephritis, Migräne, nervöser Gastritis.

Silber(I)-acetat: Argentum aceticum, essigsaures Silber; CH_3COOAg, M_r 166.9. D. 3.26. Weißes od. grauweißes Pulver, lösl. in heißem Wasser. **Herst.**: Auflösen von Silbercarbonat in heißer Essigsäure; **Off.**: ÖAB90; **Anw.**: s. Silber(I)-nitrat.

Silber(I)-bromid: Bromsilber, Argentum bromatum; AgBr, M_r 187.8. D. 6.473. Schmp. 434 °C. Weißes bis grünl. gelbes Pulver; sehr schwer lösl. in Wasser, wenig lösl. in Ammoniaklsg., leicht lösl. in Thiosulfat- u. Cyanid-Lösung. **Darst.**: Zusammengießen von Silbernitrat- u. Natriumbromid-Lsg.; **Anw.**: in großem Umfang zur Herst. von fotograf. Platten, Filmen u. Fotopapieren (AgBr ist leicht reduzierbar u. stark lichtempfindl., es färbt sich dunkelviolett bis schwarz).

Silber(I)-chlorid: Chlorsilber, Argentum chloratum; AgCl, M_r 5.56. Schmp. 450 °C. Sdp. 1553 °C. Weißes bis grauweißes Pulver, lösl. in Ammoniaklsg., Kaliumcyanid-Lsg. u. Natriumthiosulfat-Lsg. unter Bildung von Komplexsalzen; unlösl. in Wasser. **Darst.**: Zusammenbringen von Silbernitrat-Lsg. mit Metallchlorid-Lsg. od. Salzsäure; **Anw.** techn.: Versilberung, in der Fotografie wie Silber(I)-bromid*; med.: früher innerl. bei Neurose, Chorea, Epilepsie, Keuchhusten; **Dos.**: 0.02-0.05 g.

Silbercitrat: Argentum citricum, citronensaures Silber, Silberol; $C_3H_4(OH)(COO)_3Ag_3$, M_r 512.71. Weißes Pulver, sehr schwer lösl. in Wasser. **Darst.**: Eintragen einer Silbernitratlsg. in eine Lsg. von Citronensäure u. Natriumhydrogencarbonat; **Anw.** med.: Wundantiseptikum, auch geg. Gonorrhö (Lsg. 1:5000 bis 1:10 000).

Silber, citronensaures: s. Silbercitrat.

Silber(I)-cyanid: Cyansilber, Argentum cyanatum; AgCN, M_r 133.9. D. 3.95, Schmp. 350 °C. Weißes Pulver, unlösl. in Wasser, lösl. in Kaliumcyanid-Lösung. **Anw.**: galvan. Versilberung.

S

Silberdiamminnitrat-Lösung: Zstzg.:DAB7, Silbernitrat wird tropfenweise mit Ammoniaklsg. (c=6 mol/L) versetzt, bis sich der Niederschlag gerade wieder löst. **Anw.**: Reagens; u. a. zum Nachw. von Schwefel u. reduzierenden Verunreinigungen in Benzin.

Silberdiethyldithiocarbamat: $C_5H_{10}AgNS_2$, M_r 256.1. Grüngelbes bis schwach graugelbes Pulver, lösl. in Pyridin, sehr schwer lösl. in Benzol u. Tetrakohlenstoff, unlösl. in Wasser. **Anw.**: Reagens Ph.Eur.4; früher z. B. zur Prüfung von Distickstoffmonoxid (Lachgas*) auf Arsen- u. Phosphorwasserstoff.

Silberdistel: s. Carlina acaulis.

Silbereiweiß: s. Silberproteinat.

Silbereiweiß-Acetyltannat: Argenti albuminoacetylotannas, Argentum albumino-acetylotannicum, Argentum diacetylotannicum proteinicum, Diacetyltannin-Protein-Silber, Targesin; Geh. 6.0-6.6 % org. gebundenes Silber (A_r 107.87). Dunkle, metall. glänz., im durchfallenden Licht rotbraune Lamellen von metall. u. adstringierendem Geschmack. Die Substanz ist in Wasser kolloidal lösl.; trocken u. vor Licht geschützt aufbewahren. **Inkomp.:** Alkaloidsalze, Gerbstoffe, Aluminiumsalze, Schwermetallsalze, Chloride, sauer reagierende Stoffe; **Off.:** DAC86, ÖAB90; **Wirk.:** antiseptisch, sekretionsbeschränkend u. bakterizid; **Anw.:** Antiseptikum*; **Dos.:** innerl. 0.25 g; zu Spülungen (Blasenspülung. 0.2 %, Urethralinjektion u. Vaginalspülung 3-5 %), bei Cystitis 0.2 %, Rhino-Laryngologie 3 %, als Wundsalbe 5 %. Als Rollkur* nach Konjetzny bei Gastritis, Ulcus ventriculi et duodeni in 0.25 %iger Lösung.

Silbereiweiß-Acetyltannat-Augentropfen: s. Augentropfen.

Silbereiweiß-Nasentropfen: s. Rhinoguttae.

Silberelektrode: s. Potentiometrie.

Silberfärbung: Nachweis- u. Färbemethode von Proteinen u. Nucleinsäuren in Gelen, die sehr sensitiv ist (bis 0.03 ng/mm^2). Hierbei werden zunächst die Proteine im Gel fixiert u. in Silbernitratlösung eingelegt. Durch Komplexbildung werden die Silberionen im Gel an die Proteine gebunden. Nicht komplexiertes Silbernitrat wird durch einen Waschschritt entfernt. Durch Zugabe starker Reduktionsmittel zum Gel werden die gebundenen Silberionen zu metallischem Silber reduziert. Man kann die Proteine als Banden auf dem Gel erkennen. Die Färbereaktion wird durch eine schnelle pH-Wert-Änderung (<7) gestoppt; auf diese Weise kann die Intensität der Färbung gesteuert werden.

Silber(I)-fluorid: Argentum fluoratum; AgF, M_r 126.87. Gelbe krist. Masse, leicht zerfließl., sehr leicht lösl. in Wasser. **Anw.** med.: Antiseptikum*.

Silber(II)-fluorid: Argentum bifluoratum; AgF_2, M_r 145.87. Weißes bis bräunl., hygroskop. Pulver.

Silberfulminat: Knallsilber; AgONC, Silbersalz der Knallsäure*. Weiße Kristallnadeln, leicht lösl. in Wasser. **Sicherheitshinweis:** äußerst explosiv, schon bei Berührung; **Anw.:** Feuerwerkskörper (Knallerbsen).

Silberglätte: s. Blei(II)-oxid.

Silber(I)-nitrat, salpeterhaltiges: Argentum nitricum cum Kalio nitrico, Stylus Argenti nitrici cum Kalio nitrico, Lapis infernalis mitigatus, Silbernitrat-Kaliumnitrat-Ätzstift; Geh. 32.3-33.3 % $AgNO_3$ (ÖAB90: 48.5-50.0 %). Weiße od. grauweiße Stäbchen. **Herst.:** nach DAB6, ÖAB90 durch Zusammenschmelzen von 1 T. Silbernitrat u. 2 T. (ÖAB90 1 T.) Kaliumnitrat; **Anw.:** wie Silber(I)-nitrat*, aber milder wirkend.

Silberiodat: Argentum iodicum; $AgIO_3$, M_r 282.7. Weißes, krist. Pulver, unlösl. in Wasser. **Anw.:** in der Maßanalyse.

Silber(I)-iodid: Silberiodid, Argentum iodatum; AgI, M_r 234.78. D. 5.67. Schmp. 557 °C. Sdp. 1506 °C. Gelbes, schweres Pulver, unlösl. in Wasser, lösl. in Kaliumcyanid- od. Thiosulfat-Lösungen. **Anw.** med.: früher Antisyphilitikum, techn.: in der Fotografie sowie zur künstl. Wolken- u. Regenbildung.

Silberkerze: s. Cimicifuga racemosa.

Silber, kolloides: Argentum colloidale, Kollargol; fein verteiltes, metall. Silber mit Eiweißstoffen als Schutzkolloid. Geh. an Gesamtsilber mind. 70 %, an metall. Silber mind. 67 % (ÖAB90). Blauschwarze od. grünl. Blättchen; lösl. in Wasser; wird durch Säuren od. Salze aus der Lsg. gefällt; zur wässrigen Lsg. streut man das k. S. auf kaltes Wasser (vgl. Silberproteinat). **Herst.:** Reduktion von Silbernitrat mit Eisen(II)-sulfat u. Natriumcitrat, unter Zusatz von Eiweiß trocknen; **Off.:** DAB6, ÖAB90; **Anw.:** (früher) als starkes Antiseptikum*, zur Wundbehandlung bei Sepsis, Erysipel, Pneumonie, Typhus, Magengeschwüren; **Dos.:** innerl. 0.05-0.2 g in 0.1-1 %iger Lsg., in Augentropfen 2 %ig.

Silberlactat: Argentum lacticum, milchsaures Silber; $AgC_3H_5O_3 \cdot H_2O$. Weißes bis gelbl. Pulver, lösl. in Wasser, wenig lösl. in Ethanol. **Anw.** med.: früher als Wundantiseptikum (0.1 %).

Silber(I)-nitrat: Argenti nitras Ph.Eur.4, Argentum nitricum, salpetersaures Silber, Silbersalpeter, Höllenstein, Lapis infernalis; CAS-Nr. 7761-88-8; $AgNO_3$, M_r 169.9. D. 4.35. Schmp. 212 °C (Zers. bei ca. 444 °C). Farblose, durchsichtige, tafelförmige Kristalle (A. nitr. crist.) od. in Stäbchen gegossen (A. nitr. fusum), lösl. in 0.5 T. Wasser u. 40 T. Ethanol. Eiweiß wird durch $AgNO_3$ unter Bildung von Silberalbuminat ausgeflockt. **Darst.:** Auflösen von metall. Silber in Salpetersäure; **Zuber.:** Stylus Argenti nitrici, Silbernitrat-Ätzstift (Geh. nach ÖAB90 mind. 90.0 % $AgNO_3$); Stylus Argenti nitrici cum Kalio nitrico (s. Silber(I)-nitrat, salpeterhaltiges); **Anw.:** Antiseptikum*, Causticum*; innerl. früher als Adstringens in Lsg. u. Pillen (mit Bolus anstoßen) bei Ulcus ventriculi, Darmkrankheiten, Tabes; äußerl. als Ätzmittel bei schlecht heilenden Wunden, Geschwüren, Warzen, in 0.5 %iger Lsg.; bei Gonorrhö erst nach Abklingen der akuten Entzündung, in 1 %iger Lsg. prophylakt. geg. Blennorrhö der Neugeborenen; techn.: in der Fotografie, zur Herst. von Wäschetinte, als Haarfärbemittel (ammoniakal. Silbernitratlösung, durch langsames Zusammengießen von $AgNO_3$-Lsg. mit Salmiakgeist, wobei sich der gebildete Niederschlag von Silberoxid im Überschuss von Ammoniumhydroxid-Lsg. auflöst), zur galvan. Versilberung; **UAW:** Argyrie*; **Dos.:** innerl. 5-300 mg; MED 30 mg, MTD 100 mg.

Hom: *Argentum nitricum (HAB1.2):* Konstitutionsmittel; verord. z. B. bei nervöser Gastritis, Migräne, Angstzuständen.

Silbernitratlösung, ammoniakalische: s. Tollens-Reagens; früher auch zum Haarfärben verwendet; vgl. Silber(I)-nitrat.

Silbernitratsalbe, zusammengesetzte: s. Unguentum Argenti nitrici compositum.

Silberol: s. Silbercitrat.

Silber(I)-oxid: Argentum oxydatum; Ag_2O. D. 7.14. Schweres, bräunl. schwarzes Pulver, unlösl. in Wasser u. Ethanol, leicht lösl. in Salpetersäure u. Ammoniak. **Darst.:** Zusammenbringen von Silbernitrat-Lsg. u. Natron- od. Kalilauge.

Silberpapier: mit Silbernitrat-Lsg. getränktes Filtrierpapier. **Anw.:** Nachw. u. a. von Arsenwasserstoff, arseniger Säure, Phosphor.

Silberperchlorat: Argentum perchloricum; $AgClO_4$, M_r 207.34. D. 2.8. Schmp. 486 °C (unter Zers.). Weißes, krist. Pulver od. farblose, leicht zerfließl. Krist., sehr leicht lösl. in Wasser, lösl. in Ethanol, Ether, Glycerol, Toluol, unlösl. in Chloroform. **Anw.:** Sprengstoffindustrie.

Silberphenolsulfonat: Argentum sulfophenolicum; $C_6H_5AgO_4S$. Weißes, krist. Pulver, leicht lösl. in Wasser, lösl. in Ethanol. **Anw. med.:** Adstringens*, Antiseptikum* (Lsg. in Wasser 0.2 %).

Silberprobiersäure: reine Salpetersäure u. Kaliumdichromat zu gleichen T.; s. Silber.

Silberproteinat: Argentum proteinicum, Silbereiweiß, Albumosesilber, Proteinsilber; CAS-Nr. 9015-51-4. Gelbes bis braunes Pulver, leicht lösl. in Wasser, unlösl. in Ethanol u. Ether, wenig lösl. in Glycerol. Die wässrigen Lsg. sind leicht zersetzl. u. müssen immer frisch, in der Kälte hergestellt werden (Pulver auf Wasser aufstreuen u. untersinken lassen). S. wird durch Eiweiß u. NaCl nicht gefällt. Geh. 8-8.3 % Ag. **Off.:** DAC86, ÖAB90; **Anw. med.:** Schleimhautantiseptikum; äußerl. zum Aufstreuen auf Wunden, Ekzemen od. in Salben bei Furunkeln u. Panaritien sowie bei Nasen- u. Rachenkatarrhen (1-2 %ig in Lsg., 2-10 %ig in Salben, 5.0 %ig in Augentropfen); bei Magen- u. Darmerkrankungen.

Silbersalbe: s. Unguentum Argenti colloidalis.

Silbersalpeter: s. Silber(I)-nitrat.

Silber, salpetersaures: s. Silber(I)-nitrat.

Silber-Silberchlorid-Elektrode: Elektrode 2. Art. Die Potential bestimmende Ag^+-Ionenaktivität in der Halbreaktion $Ag \rightarrow Ag^+ + e^-$ wird, im Ggs. zu einer Elektrode 1. Art, über das Löslichkeitsprodukt* von AgCl durch die Cl^--Ionenaktivität bestimmt. Bei Elektroden 1. Art sind am Potential bestimmenden Vorgang 2 Phasen beteiligt, während Elektroden 2. Art aus drei Phasen bestehen: Ein Metall taucht in eine Lsg., die Ionen des gleichen Metalls enthällt, wobei diese Ionen ihrerseits mit einem Niederschlag eines schwerlösl. Salzes im Gleichgewicht stehen. **Anw.:** Bezugselektrode, da sie leicht herstellbar ist (AgCl überzogener Ag-Draht in AgCl gesättigter KCl-Lsg.) u. ein gut reproduzierbares Potential liefert; vgl. Potentiometrie.

Silbertannenöl: s. Abies alba (Oleum Abietis albae).

Silberweide: s. Salix-Arten.

Silberzitrat: s. Silbercitrat.

Sildenafil INN: 1-[(3-(4,7-dihydro-1-methyl)-7-oxo-3-propyl-1*H*-pyrazolo[4,3-*d*]-pyrimidin-5-yl)-4-ethoxyphenyl]sufonyl-4-methylpiperazin; CAS-Nr. 139755-83-2; $C_{22}H_{30}N_6O_4S$, M_r 474.6. Schmp. 187 °C. logP 2.3; pK_S 9.4 (ber.); schwer lösl. in Wasser. **Wirk.:** Phosphodiesterasehemmer*; **Anw.:** Behandlung der erektilen Dysfunktion; ursprüngl. für die Ther. von Angina* pectoris entwickelt; **UAW:** Kopfschmerzen, Flush; **Kontraind.:** gleichzeitige Gabe von Nitraten, Hypotonie, kürzl. Schlaganfall od. Herzinfarkt; **Dos.:** 50 mg p. o., ca. 1 Std. vor dem Geschlechtsverkehr.

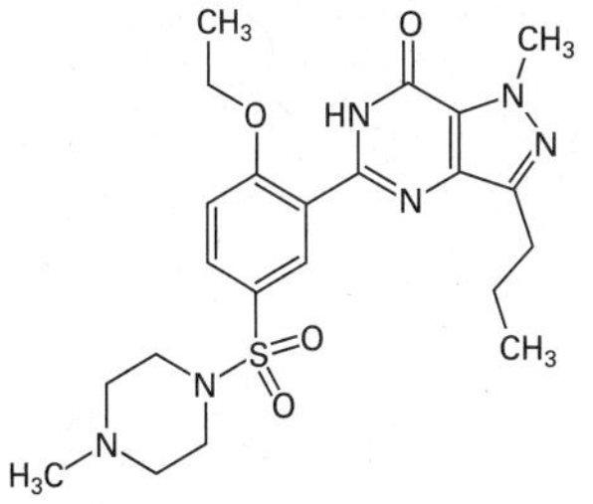

Sildenafil

Silibinin INN: Silybin; 3,5,7-Trihydroxy-2-[3-(4-hydroxy-3-methoxyphenyl)-2-(hydroxymethyl)-1,4-benzodioxan-6-yl]-4-chromanon; $C_{25}H_{22}O_{10}$, CAS-Nr. 22888-70-6, M_r 482.43. Best. von Silymarin, einem Gemisch von Flavanonollignanen* aus den Früchten der Mariendistel (s. Silybum marianum). **Anw.:** Lebertherapeutikum; z. B. bei Knollenblätterpilzvergiftungen (s. Amanita phalloides); **Dos.:** p. o. 3×0.07-0.14 g/d.

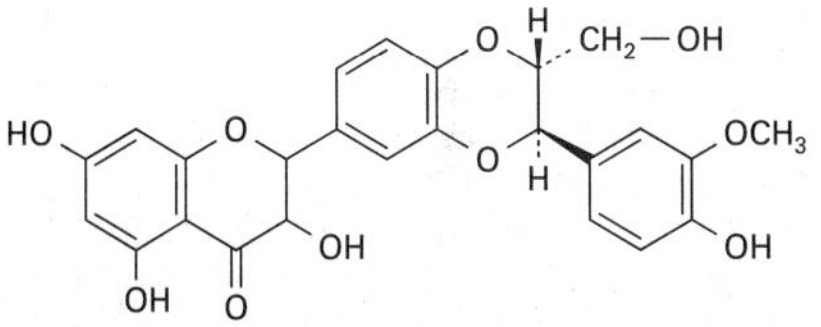

Silibinin

Silica colloidalis anhydrica: s. Siliciumdioxid, hochdisperses.

Silicagel: Kieselsäuregel, Kieselgel; aktive Kieselsäure (s. Silicium). S. besteht aus harten, kleinen Körpern von 1-6 mm Größe mit ultramikroskop. kleinen Poren, die ein hohes Adsorptionsvermögen bedingen; es wird in versch. Korn- u. Porengrößen hergestellt. **Anw.:** Adsorptions- u. Trockenmittel; Trocknung von Gasen, Reinigung von Flüss., Wiedergewinnung von Lösungsmitteldämpfen, Gasmaskenfüllung, Katalysatorträger, chromatograph. Adsorptionsanalyse, Trockenhaltung, u. a. von Kochsalz, Lebensmitteln, Chemikalien; wassergesättigtes S. kann durch Erhitzen wieder gebrauchsfähig gemacht werden; vgl. Blaugel.

Silicate: Silikate; Salze der Orthokieselsäure, H_4SiO_4, u. der versch. Polykieselsäuren. Die S. gehören zu den wichtigsten gesteinsbildenden Mineralien; s. Silicium; vgl. Aluminiumsilicat.

Silicea: s. Siliciumdioxid.

Silicia colloidalis hydrica: s. Siliciumdioxid-Hydrat.

Silicide: Verb. von Silicium* mit einem Metall, z. B. Beispiel Magnesiumsilicid (Mg_2Si.).

Silicii dioxidum praecipitatum: s. Siliciumdioxid, gefälltes.

Silicium (lat. silex Kiesel): Symbol Si; A_r 28.086; OZ 14; D. 2.328; Schmp. 1410 °C; Sdp. 2477 °C; 4-wertiges Element; Härte 7. In Säuren, auch in Flusssäure unlösl. (ausgenommen salpetersäurehaltige Flusssäure), leicht lösl. in heißen Laugen unter Wasserstoffentw. u. Bildung von Silicaten. Mit Fluor vereinigt es sich schon bei Zimmertemp. unter Feuererscheinung, mit den übrigen Halogenen beim Erhitzen. Mit Metallen reagiert Si bei hohen Temp. zu Siliciden (z. B. Mg_2Si, Ca_2Si). Si tritt amorph u. krist. auf; amorphes Si ist ein braunes bis graubraunes Pulver; krist. S. bildet dunkelgraue, glänzende Oktaeder od. graue, graphitartige Blättchen. **Vork.**: Nat. nur gebunden in Form von Salzen versch., sich vom Anhydrid SiO_2 ableitenden Kieselsäuren, den Silicaten. Si ist nach dem Sauerstoff das verbreitetste Element, es bildet zu 25 % die Erdkruste (z. B. Sand, Quarz, Gneis, Glimmer, Bergkristall, Olivin, Feldspat, Achat). **Darst.**: Reduktion von SiO_2 mit Magnesium od. Aluminium; techn.: durch Reduktion von Quarz mittels Kohle im elektr. Ofen. **Anw.**: Desoxidationsmittel bei der Stahlherst.; für Legierungen; hochreines Si ist das wichtigste Halbleitermaterial. **Nachw. von Silicium-Verbindungen:** Schmilzt man Silicate od. SiO_2 mit Phosphorsalz am Platindraht, so lösen sich die gebundenen vorhandenen Metalle in dem entstandenen Metaphosphat auf, während SiO_2 als undurchsichtige Masse, dem Kieselskelett, ausgeschieden wird u. in der klaren Perle schwimmt. **Silane:** sind Wasserstoffverb. des Siliciums. Monosilan (SiH_4) u. Disilan (Si_2H_6) sind Gase, Trisilan (Si_3H_8) u. Tetrasilan (Si_4H_{10}) sind Flüss.; Penta- u. Hexasilan sind ebenfalls flüssig, jedoch äußerst leicht zersetzl., denn die Beständigkeit nimmt mit steigender Zahl der Si-Atome ab. **Kieselsäuren:** Orthokieselsäure: $Si(OH)_4$. Darst.: durch Zers. von $SiCl_4$ mit Wasser; Orthokieselsäure ist nicht beständig, sondern geht sofort unter Abgabe von H_2O in Metakieselsäure od. Dikieselsäure, $H_6Si_2O_7$, über. Durch Zusammentritt meherer Moleküle der Orthokieselsäure bilden sich die Polykieselsäuren, die sich zu langen Ketten u. Ringen vereinigen, wobei immer 2 Si-Atome durch ein O-Atom verbunden sind (s. Silicone). **Silicate:** Salze der Kieselsäuren. Die einfachen Alkalisilicate sind wasserlösl. (Liquor Kalii silicici). Zu den Silicaten gehören Glas, Ton, Porzellan, Steingut, Ziegelstein, Zement, Fayence; vgl. Aluminiumsilicat. **Gesch.**: Amorphes Si wurde erstmals 1824 von Jöns Jakobs Berzelius (1779-1848), krist. Si 1854 von Henri Etienne Sainte-Clairedéville hergestellt. **Hom:** *Aqua silicata:* gesättigte, wässrige Lsg. von Kieselsäurehydrat.

S

Siliciumalkyle: Siliciumverb. der allg. Formel SiR_4 od. Si_2R_6 (R: Alkylrest). Beispiel: Siliciumtetraethyl $(C_2H_5)_4Si$; **Darst.**: S. entstehen bei Einw. von $SiCl_4$ auf Alkylmagnesiumverb. (Grignard-Verbindungen*), vgl. Silicone.

Siliciumcarbid: Carborundum; Siliciumkohlenstoff; SiC. D. 3.2. Schmp. über 2700 °C. Härte 9-10. Reines SiC ist farblos; techn. SiC bildet meist blaugrüne Kristalle od. eine graue krist. Masse. **Darst.**: Erhitzen von Quarzsand mit Koks u. Kochsalz im elektr. Ofen; **Anw.**: Schleifmittel (härter als Korund; Aluminiumoxid*), elektr. Widerstände, Heizstäbe, feuerfeste Ziegel, Muffeln.

Siliciumchlorid: s. Siliciumtetrachlorid.

Siliciumchloroform: Trichlorsilan; $SiHCl_3$. D. 1.35. Farblose Flüss., an feuchter Luft rauchend, lösl. in Benzol, Schwefelkohlenstoff, Tetrachlorkohlenstoff, Chloroform. **Darst.**: Einw. von HCl-Gas auf Silicium bei ca. 380 °C.

Siliciumdioxid: Kieselsäureanhydrid, Kieselerde; SiO_2. **Vork.**: nat. als Infusorienerde, Kieselgur*, Tripel, Bergkristall, Quarz*, Opal; **Darst.**: amorph durch Verbrennen von amorphem Silicium od. Glühen von Kieselsäuren; krist. durch Erhitzen von Kieselsäuren od. amorphem Si auf ca. 1000 °C; **Anw.**: Da SiO_2 nur von Flusssäure* gelöst wird, schwer schmelzbar ist u. einen außergewöhnl. niedrigen Ausdehnungskoeffizienten besitzt, wird es zur Herst. von Quarzgeräten für die chem. Analyse benutzt.
Hom: *Silicea:* reines, gefälltes, wasserhaltiges Siliciumdioxid (75-90 %); verord. z. B. bei chron. Eiterungsprozessen, Wundheilungsstörungen, patholog. Narbenbildung, Bindegewebeschwäche, Entwicklungsstörungen der Knochen u. Zähne.

Silicium dioxidatum hydricum: s. Siliciumdioxid-Hydrat.

Siliciumdioxid, gefälltes: Silicii dioxidum praecipitatum, Acidum silicicum praecipitatum, gefällte Kieselsäure; SiO_2, M_r 60.1. Gew. aus Alkalisilicatlösungen durch Umsetzung mit Säuren. Weißes, feines, amorphes Pulver, unlösl. in Wasser u. Mineralsäuren (Ausnahme: Flusssäure), lösl. in Natriumhydroxid-Lösungen. **Inkomp.**: mizellbildende, kation. Arzneistoffe (Behinderung der Wirkstofffreigabe). **Off.**: DAB10; **Anw.**: Trägersubstanz für Wirkstoffe; Hilfsmittel für die Herst. von Tabletten u. Dragees; Grundlage bei der Pasten- u. Salbenherstellung.

Siliciumdioxid, hochdisperses: Silica colloidalis anhydrica Ph.Eur.4, Silicium dioxydatum dispersum (colloidale), hochdisperse Kieselsäure; CAS-Nr. 7631-86-9. Chem. reines, amorphes SiO_2 mit unterschiedl. Wassergehalt (Silanolgruppen, über Wasserstoffbrücken gebundenes Wasser). Submikroskop. feines (Teilchengröße 10-40 nm, $3 \cdot 10^{17}$ Primärteilchen pro Gramm, s. Kolloide), sehr leichtes (D. 2.3 g/mL, Stampfdichte: ca. 50 g/L, unverdichtete Qualität; ca. 120 g/L, verdichtete Qualität), bläul. weißes, nichtkristallines (röntgenamorphes), reines (über 99.8 % SiO_2), geruchloses Pulver mit großer spezif. Oberfläche (ca. 50-380 m^2/g nach BET-Methode; s. Adsorptionsmethode nach Brunauer, Emmet und Teller); $n_D^{20°C}$ 1.45; glasklare Gele* mit Glycerol. Handelsübl. Typen werden mit einer Zahl unterschieden, die der mittleren spez. Oberfläche mit m^2/g entspricht. **Gew.**: Hydrolyse von Siliciumtetrachlorid in einer Knallgasflamme. Die dabei anfallenden winzigen, kugelförmigen Primärteilchen besitzen an der Oberfläche Siloxan- (–Si–O–Si–) u. Silanolgruppen (–SiOH), die durch Ausbildung von Wasserstoffbrückenbindungen die sofortige Agglomeration zu größeren kettenförmigen Verbänden u. eine durch Hitzeeinwirkung reversible Wasseraufnahme ermöglichen. **Eigenschaften:** H. S. enthält 1.5-2 % Wasser, kann aber bis zu 40 % aufnehmen, ohne das Aussehen eines trockenen Pulvers zu verlieren. Es ist in allen Lösungsmitteln u. Flüssigkeiten mit Ausnahme von starken Laugen unlösl., in Wasser unter Bildung negativ geladener Partikeln u. daher saurer Reaktion (pH 3.6-4.3) kolloidal lösl. (150 mg/L) u. bildet in polaren u. unpolaren Medien thixotrope Gele (s. Thixotropie), die in polarem Medium deutl.

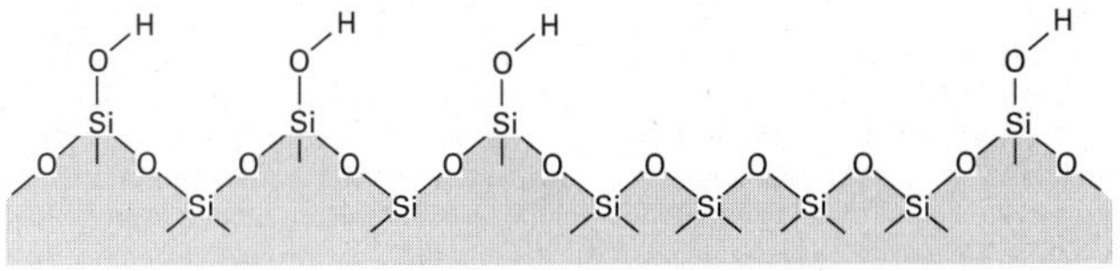

Siliciumdioxid, hochdisperses: Silanol- und Siloxangruppen an der Oberfläche eines Teilchens hochdispersens Siliciumdioxid

weniger viskos u. stabil sind. 1 g Substanz ergibt mit 20 mL Tetrachlorkohlenstoff nach 3 min. Schütteln ein durchsichtiges Gel. **Anw.:** **1.** Für Flüss., Salben, Cremes, Pasten, Gele, Suppositorien, Emulsionen u. Suspensionen zur temperaturunempfindl. Viskositätserhöhung u. Thixotropierung (in apolaren Medien Herst. von Oleogelen mit 5-8 % h. S.; in Wasser Verdickung mit 15-40 %, mit Zusätzen, die die elektrostat. Abstoßung der negativ geladenen Teilchen herabsetzen, bereits mit ca. 4 %), sowie zur Sedimentationsverzögerung u. Verhinderung von Separationserscheinungen (2-4 %). **2.** Für pulverförmige Stoffe zur Umhüllung u. Auflockerung, um deren Fließverhalten zu verbessern (0.1-0.5 %, Fließregulierungsmittel). **3.** Als Adsorptionsmittel zum Aufsaugen von Flüssigkeiten u. Schmelzen od. eutekt. Arzneistoffgemischen, zur Trockenhaltung hygroskop. Substanzen. **4.** Zur Verbesserung des Zerfalls in 1-2 %iger Konz. (unterstützt durch Ansaugen von Wasser die Wirkung von Zerfallsbeschleunigern) u. auch oft der Härte von Tabletten. **5.** Als Antistatikum bei Pudern u. Pulvern. Durch teilweisen Ersatz der Wasserstoffatome der freien Silanolgruppen durch siliciumorg. Reste wird ein hydrophobisiertes h. S. erhalten, das als Fließregulierungsmittel bei hygroskop. Substanzen verwendet werden kann.

Siliciumdioxid-Hydrat: Silicia colloidalis hydrica Ph.Eur.4, Silicium dioxidatum hydricum; weißes bis fast weißes, leichtes, feines, amorphes Pulver; praktisch unlösl. in Wasser u. Mineralsäuren, ausgenommen Flusssäure. Die Substanz löst sich in heißen Alkalihydroxid-Lösungen. Die Substanz zeigt nach 2 h langem Trocknen bei 100-105 °C einen Masseverlust von mind. 3 %. Beim Verreiben von 5 g Substanz u. 5 mL tropfenweise zugesetztem Wasser in einem Mörser muss die Mischung pulverförmig bleiben. Feinheit u. Gelbildungsvermögen sind bei weitem nicht vergleichbar mit denen des hochdispersen Siliciumdioxid*. **Anw.:** Adsorptionsmittel, Träger für Farbstoffe.

Siliciumdioxid zur dentalen Anwendung: Silica ad usum dentalem Ph.Eur.4; amorphes Siliciumdioxid; als Präzipitat, als Gel od. durch Flammenhydrolyse erhalten. S. enthält mind. 94.0 u. max. 100.5 % SiO_2, berechnet auf die geglühte Substanz. Weisses, leichtes, feines, amorphes Pulver; prakt. unlösl. in Wasser u. Mineralsäuren; löst sich in Flusssäure u. heissen Alkalihydroxid-Lösungen.

Siliciumfluorid: s. Siliciumtetrafluorid.

Silicium-Fluorwasserstoffsäure: s. Hexafluorokieselsäure.

Siliciumhexachlorid: Hexachlorsilan; Si_2Cl_6. D. 1.58. Schmp. 2.5 °C. Sdp. 147 °C. Farblose, an der Luft rauchende Flüss., wird von H_2O sehr leicht zersetzt. **Darst.:** Überleiten von Chlor über geschmolzenes Silicium.

Siliciummonoxid: Siliciumoxid; SiO. Schwarze bis braunschwarze Masse, sehr luft- u. feuchtigkeitsempfindl., stark reduzierende Eigenschaften. **Darst.:** entsteht beim Erhitzen von SiO_2 mit Kohlenstoff im Vakuum bei ca. 1500 °C; **Anw.:** Malerfarbe (Monox); Herst. dünner SiO_2-Schichten durch Aufdampfen im Hochvakuum.

Siliciumtetrachlorid: Siliciumchlorid, Tetrachlorsilan; $SiCl_4$. D. 1.49. Schmp. –67.7 °C. Sdp. 56.7 °C. Farblose, erstickend riechende, an der Luft rauchende Flüssigkeit. **Darst.:** Erhitzen eines Gemisches von trockenem Quarz mit Kohle im Chlorstrom; **Anw.:** Nebelstoff (mit Ammoniak), Herst. von Siliconen*, Zusatz von wetterfesten Farben.

Siliciumtetrafluorid: Siliciumfluorid; SiF_4. Stechend riechendes, rauchendes Gas; mit Wasser zersetzt sich SiF_4 unter Abscheidung gallertartiger Metakieselsäure u. Bildung von H_2SiF_6 (Hexafluorokieselsäure*). **Darst.:** Einw. von Fluorwasserstoff auf SiO_2 od. Silicate od. Einw. von konz. Schwefelsäure auf ein Gemisch von Quarz u. Flussspat.

Siliciumwasserstoffe: s. Silicium (Silane).

Silicofluoride: Hexafluorosilicate, Salze der Hexafluorokieselsäure*.

Silicone: Organosiloxane, Polysiloxane, siliciumorganische Verbindungen; Polymere von Siloxanen; sie gleichen in ihrem Aufbau den Kohlenstoffverbindungen, jedoch sind die C-Atome zum größten Teil durch Siliciumatome ersetzt u. diese sind durch eine Brücke von O-Atomen miteinander verknüpft, während die Restvalenzen des Siliciums durch org. Gruppen (Phenyl-, Methyl-, Ethyl- usw.) abgesättigt sind. **Darst.:** Einwirkung von Siliciumtetrachlorid auf Alkylmagnesiumhalogenide (Grignard-Verbindungen) od. Umsetzung von Alkylhalogenide nach der Rochow-Synthese bei höherer Temp. (300 °C) mit Silicium, wobei Kupfer od. Silber als Katalysator dienen. Anschließende Hydrolyse der gewonnenen Organosiliciumhalogenide zu Silanolen RSiOH, Silandiolen $R_2Si(OH)_2$ u. Silantriolen $RSi(OH)_3$. Diese werden zu Polymerisationsprodukten von Ring-, Ketten- u. Blattstruktur kondensiert, die man beliebig abändern u. aufbauen kann, u. die je nach ihrer Molekülgröße u. -struktur leicht flüssige, ölige, feste, harz- od. kautschukartige Substanzen darstellen, die techn. ausgedehnte Verw. finden, da sie thermisch u. chem. außerordentl. beständig, feuchtigkeitsabstoßend, elektrisch nichtleitend u. nicht gesundheitsschädlich sind. **Anw.:** Pharmaz. von Bedeutung sind neben Siliconelastomer* für Verschlüsse und Schläuche bes. die Siliconöle (vgl. Dimeticon, Siliconöl zur Verw. als

Gleitmittel) u. Siliconfette. Dimethylpolysiloxane haben als pharmaz. Hilfsstoffe größere Bedeutung als die Methylphenylpolysiloxane.

Siliconöle: klare, farblose Flüss., deren Viskositätsbereich außerordentl. groß u. wenig von der Temp. abhängig ist. Sie haben idealviskoses Fließverhalten, die Zahl in der Typenbezeichnung entspricht der ungefähren Viskosität in Centistokes bei 25 °C (1 cSt = 1 mm^2/s). Da die Dichte nahe 1 liegt (D. 0.940-0.980), entspr. dies auch etwa der absoluten Viskosität in mPa · s (s. Viskosität). Siliconöle sind meist Dimethylpolysiloxane mit versch. Kettenlängen. Sie sind wasserabstoßend, wärmebeständig, werden von verd. Säuren u. Alkalien nicht angegriffen, von konz. Säuren u. Alkalien jedoch in der Wärme allmähl. zersetzt. Flusssäure zerstört sie vollständig. Sie sind bis ca. 150 °C wärmebeständig, bei Luftabschluss bis 350-400 °C. Bes. temperaturbeständig sind die Methylsiliconöle. Flammpunkt 300-315 °C, Stockpunkt* −40 °C bis −60 °C. Unlösl. in Wasser, Methanol, Glykol, Cyclohexanol, flüss. Paraffin, mischbar mit Ethanol, Isopropylalkohol, Cetylalkohol, Butanol, Aceton, Laurin- u. Stearinsäure, die höheren Glieder mit Viskosität bis 500 mm^2/s sind mischbar mit Ether, Benzin, Benzol, Chloroform, Trichlorethylen, Tetrachlorkohlenstoff, Toluol, Cyclohexan, Amylacetat. **Anw.:** Eingesetzt werden vorwiegend Siliconölemulsionen. **1.** pharmazeutisch: Siliconöle geben mit Cetylalkohol, Stearylalkohol, Laurinsäure, Stearinsäure, Kakaoöl, Diglykolstearat, Glycerolmonostearat u. Wollfett gut halbare Mischungen, sind mit Carbowachsen, Schmierseife u. Glycerol mit Hilfe von Sorbitanfettsäureestern u. Polysorbaten (s. Emulgatoren) emulgierbar, mit Pflanzenölen, flüss. Paraffin u. anderen Alkoholen nicht mischbar. Penicillinbasen auf Silicongrundlage sind noch nach 6 Monaten zur Applikation geeignet. Als Entschäumungsmittel, 0.001-0.01 %: z. B. bei der Penicillinherstellung u. beim Eindampfen stark schäumender Pflanzenextrakte, wie Extr. Liquiritiae u. Extr. Senegae. Gleit- u. Schmiermittel, z. B. bei der Tablettierung Einsatz von Talcum siliconisatum (Talkum mit Siliconöl überzogen); als Trennmittel, z. B. bei Herst. von Zäpfchen u. Gelatinekapseln, da sich diese leicht aus siliconisierten Matrizen lösen lassen (Siliconöl* zur Verw. als Gleitmittel). **2.** dermatologisch: weitgehende Verw., da Siliconöle leicht in die Haut eindringen, ohne fettend zu wirken, ein größeres Wärmeableitungsvermögen als Vaselin haben, nicht ranzig werden u. die Haut nicht entwässern. Eine pharmak. u. therapeutische Bedeutung als Arzneimittel kommt ihnen indessen nicht zu. S. sollten weder am Auge noch auf nässende Wunden u. Verbrennungen eingesetzt werden. Infolge ihrer Hydrophobie sind sie besonders dort angebracht, wo die Haut gegen wässrige Sekrete, Feuchtigkeit u. Ätzmittel geschützt werden soll (10- bis 30 %iger Zusatz); in der Kosmetik zur Herst. von Hautcremes, Pomaden, Lippenstiften, Sonnenschutzsalben sowie zu wasserfesten Dauerwellpräparaten. **3.** Behandlung von Glas: Hydrophobierung von Büretten u. Pipetten (nicht für alkal. Lösungen geeignet!), führt zu einem völlig ebenen Meniskus. Aus siliconisierten Gläsern u. Ampullen ist Entnahme bis zum letzten Tr. möglich; (Innenfläche mit einer 2 %igen xylol. Lösung benetzen, trocknen u. einbrennen). Bei radioaktiven Flüssigkeiten bleibt beim Ablaufen aus siliconisierten Gefäßen nichts an den Gefäßwänden zurück, so dass die Gefahr der Verseuchung stark vermindert wird. **4.** Hilfsmittel: In siliconisierten Nadeln u. Kanülen wird die Blutgerinnung stark verzögert. Man benutzt Siliconöle zur Sterilisation ärztl. Instrumente, da sich die Öle beim Erhitzen bis zu 250 °C nicht verändern; in der Dentalpraxis verwendet man S. zur Erzielung von Präzisionsgussstücken, zu Zahnwurzelfüllungen u. Erhärtungsmassen. **5.** Tierheilkunde: Beseitigung der Schaumbildung im Pansen bei Trommelsucht. **6.** techn: Hydrophobierung von Baumaterialien (u. a. Dachziegeln), Elastisch- u. Gleitfähigmachen von Gummischläuchen (auch von Kathetern), für Windschutzscheiben, Schmier- u. Poliermittel.

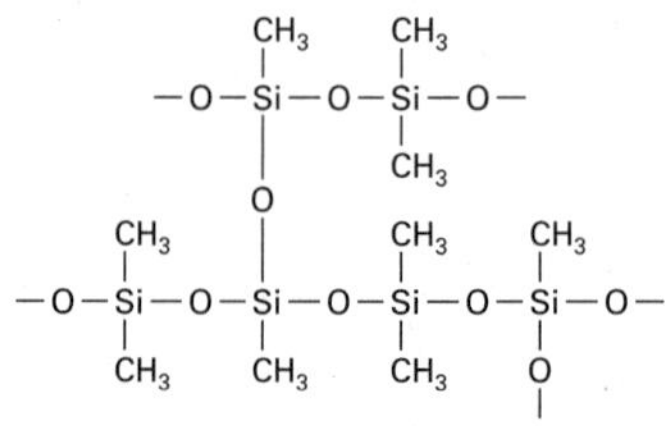

Silicone: Vernetzung zw. 2 Polysiliconketten

Siliconelastomer für Verschlüsse und Schläuche: DAB10; Substanz, die durch Quervernetzung eines Polysiloxans hergestellt wird, das hauptsächl. aus Dimethylsiloxy-Einheiten mit geringen Anteilen Methylvinylsiloxy-Gruppen besteht. Unlösl. in org. Lösungsmitteln, mit chlorierten Kohlenwasserstoffen od. Hexan wird eine reversible Quellung hervorgerufen.

Siliconemulsionen: O/W-Emulsionen mit ca. 10-30 % Siliconöl, meist mit nichtionogenen Emulgatoren stabilisiert.

Siliconfette: Siliconpasten; durch Zusatz von Gelbildnern (z. B. Calciumstearat od. hochdispersem Siliciumdioxid*) zur Salben- od. Pastenkonsistenz verdickte Siliconöle.

Silicongummi: kautschukartige, schwach vernetzte Dimethylpolysiloxane.

Siliconharze: stark vernetzte Dimethyl- od. Methyl-phenyl-polysiloxane.

Siliconöl zur Verwendung als Gleitmittel: DAB10; Polydimethylsiloxan mit einem Polykondensationsgrad (n = 400-1200), kinemat. Viskosität 1000-30 000 $mm^2 \cdot s^{-1}$; s. Silicone.

Siliconpasten: s. Siliconfette.

Silicristin: s. Silybum marianum (Cardui mariae fructus, Inhaltsst.).

Silidianin: s. Silybum marianum (Cardui mariae fructus, Inhaltsst.).

Silikontenside: oberflächenaktive Copolymere von Polysiloxan z. B. mit Polyether. Polysiloxan-Polyether-Copolymere bilden nichtionogene Silikontenside, die im pH-Bereich 1-12 stabil sind. Der hydrophobe Anteil besteht anstelle des übl. Kohlenwasserstoffrestes aus einem Polymethylsiloxansegment. Polysiloxan-polyalkohol-polyether-Copolymer (INCI: Cetyl Dimethicone Copolyol) dient als W/O-Emulgator.

Silikose: Quarzstaublunge; Form der progredienten, kollagenösen Pneumokoniosen* durch Inhalation kieselsäureanhydridhaltigen Staubs.

Siliqua (pl siliquae): Schote; Hülsenfrucht; vgl. Fruchtformen.

Siliqua dulcis: s. Ceratonia siliqua (Ceratoniae fructus).

Siliqua hirsuta: s. Mucuna pruriens (Fructus Stizolobii).

Silizium: s. Silicium.

Siloxane: Wasserstoff-Sauerstoff-Verbindungen des Siliciums, s. Silicone.

Silybum marianum (L.) Gaertn.: Carduus marianus, Mariendistel, Frauendistel; Fam. Asteraceae, Compositae (heim. Mittelmeergebiet, kult. Deutschland). Stpfl. von **Cardui mariae fructus:** Fructus Cardui Mariae, Fructus Silybi Mariae, fälschl. Semen Cardui Mariae, Mariendistelfrüchte, Marienkörner, Stechkörner; die vom Pappus* befreiten Früchte. **Off.:** DAB 2003; **Inhaltsst.:** neben Eiweiß u. ca. 20-30 % fettem Öl (Glyceride der Linol- u. Ölsäure) nach DAB mind. 1.5 % Silymarin, ber. als Silibinin*; der Silymarinkomplex besteht neben Silibinin A u. B aus Isosilibinin A u. B, Silydianin (Silidianin INN) u. Silychristin (Silicristin INN); dabei handelt es sich um Flavanolignane (s. Flavanonollignane), die formal durch unterschiedl. Verknüpfung von Taxifolin* u. Coniferylalkohol* entstehen; ferner andere Flavanoide wie Quercetin*; **Anw.:** die Droge bei dyspept. Beschwerden; die Zuber. zur Prophylaxe u. Therapie tox.-metabol. Leberschäden (z. B. Alkohol, Intoxikation mit Knollenblätterpilzen), zur unterstützenden Behandlung bei chron.-entzündl. Lebererkrankungen u. Leberzirrhose.

Hom: *Silybum marianum (HAB 2000),* Silybum marianum ethanol. Decoctum (HAB 2000), Carduus marianus: reife, vom Pappus befreite Früchte (mind. 1.0 % Silymarin); verord. z. B. bei Leber- u. Gallenerkrankungen, Varizen.

Silychristin: s. Silybum marianum (Cardui mariae fructus, Inhaltsst.).

Silydianin: s. Silybum marianum (Cardui mariae fructus, Inhaltsst.).

Silymarin: s. Silybum marianum (Cardui mariae fructus, Inhaltsst.).

Simaba cedron: s. Simarouba cedron.

Simarouba amara Aubb.: Quassia simarouba; Fam. Simaroubaceae (Guyana, Venezuela). Stpfl. von **Cortex Simaroubae radicis:** Simarubawurzelrinde, Ruhrrinde. **Inhaltsst.:** ca. 1 % Simarubin u. a. Bitterstoffe, ca. 25 % Gerbstoffe, Alkaloide sowie 0.1-0.2 % äther. Öl; **Anw.:** Amarum u. Adstringens.

Simaroubaceae: Bitterholzgewächse; Fam. der Od. Rutales; ca. 100 Arten; trop. und subtropische Bäume u. Sträucher mit gefiederten od. einfachen Blättern sowie mit kleinen radiären Blüten (in zusammengesetzten Rispen od. Scheinähren) u. Steinfrüchten, z. T. aus geflügelten Teilfrüchten bestehend. **Chem. Merkmale:** Bitterstoffe, sog. Quassinoide*. **Wichtige Gattungen:** z. B. Ailanthus, Brucea, Picramnia, Picrasma, Quassia u. Simarouba.

Simarouba cedron Planchon: Quassia cedron, Simaba cedron; Fam. Simaroubaceae (Südamerika). Stpfl. von **Semen Cedronis:** Cedronsamen. **Inhaltsst.:** Cedrin (Bitterstoff, ein Dihydroxynaphthofurandionderivat), ca. 36 % Stärke u. 12 % fettes Öl; **Anw.:** im Verbreitungsgebiet z. B. als Febrifugum u. gegen Schlangenbisse.

Hom: *Simarouba cedron (HAB1.5),* Cedron: getrocknete, reife Kotyledonen; verord. z. B. bei Neuralgien im Kopfbereich.

Simarubawurzelrinde: s. Simarouba amara (Cortex Simaroubae radicis).

Simethicon: s. Simeticon.

Simeticon: Simeticonum Ph.Eur.4, Simethicone INCI; mit 4-7 % Siliciumdioxid aktiviertes Dimeticon*; CAS-Nr. 8050-81-5; enthält 90.5-99.0 % Polydimethylsiloxan. Das Siliciumdioxid wird an der Oberfläche durch Einbau von Methylsilyl-Gruppen verändert. Viskose Flüssigkeit; prakt. unlösl. in Wasser u. Methanol, sehr schwer lösl. bis prakt. unlösl. in wasserfreiem Ethanol, z. T. mischbar mit Dichlormethan, Ethylacetat, Ethylmethylketon u. Toluol. **Prüfung:** **1.** schaumbrechende Wirkung: schäumende Lsg. von Docusat-Natrium u. S. in Ethylmethylketon werden geschüttelt u. die Zeit registriert (max. 15 s), die von der Beendigung des Schüttelvorgangs bis zum Auftreten eines ersten schaumfreien Anteils auf der Flüssigkeitsoberfläche vergeht; **2.** Mineralölanteil: Fluoreszenz im UV-Licht bei 365 nm; darf nicht stärker sein als die einer def. Lösung von Chininsulfat in Schwefelsäure. **Anw.:** Entschäumer, bei Blähungen, Meteorismus, Roemheld-Syndrom u. Aerophagie u. vor diagnost. Untersuchungen sowie nach operat. Eingriffen im Bauchraum (Vermeidung von Gasschatten bei Sonographie od. Röntgenaufnahmen).

Similia similibus curentur: Grundsatz der Homöopathie*.

Simmondsia chinensis (Link) Schneid.: Simmondsia californica (Link) Nutt., Jojobastrauch; Fam. Buxaceae (südwestl. Nordamerika). Stpfl. von **Simmondsiae cera liquida:** Flüssiges Jojobawachs, Jojobaöl; flüss. Wachs. Fast geruchlose, ölige, klare, gelbe Flüss., erstarrt unterhalb 10 °C zu einer körnigen, weichen Masse u. ist ähnl. dem Walratöl (s. Walrat). IZ 80-90. Leicht lösl. in Aceton; mischbar mit Ether, fetten Ölen, flüss. Paraffinen u. Petrolether. **Off.:** DAC; **Best.:** langkettige Wachsester (C_{38}-C_{44}); **Gew.:** durch kaltes Auspressen der reifen Samen u. ggf. durch Raffination; **Anw.:** mögl. Ersatz für das nicht mehr verfügbare Walratöl; in der Kosmetikindustrie.

Simmons-Smith-Reaktion: Methode zur Herst. von Cyclopropanen durch Umsetzung von Alkenen mit Methyleniodid in Gegenwart einer Zink-Kupfer-Legierung. Beispiel: aus Cyclohexen erhält man Norcaran.

simplex (lat.): einfach.

Simultanimpfung: syn. Serovakzination; Form der Schutzimpfung* als gleichzeitige Gabe von Antigenen u. Antikörpern (aktive bzw. passive Immunisierung) an versch. Körperstellen zur Überbrü-

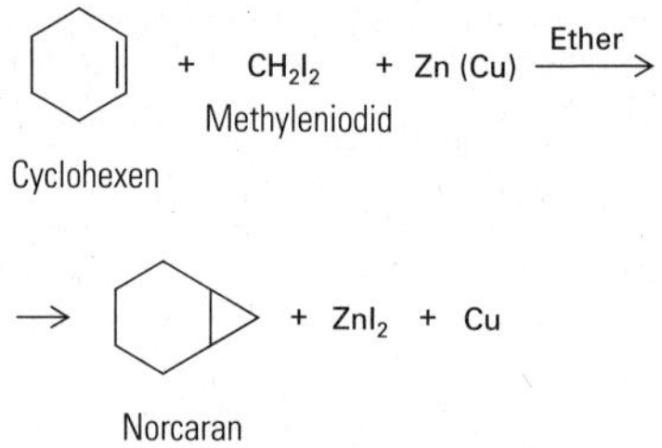

Simmons-Smith-Reaktion: Bildung von Norcaran

ckung des schutzlosen Intervalls von Infektion bis Antikörperproduktion. Die gegenseitige negative Beeinflussung ist möglich aber nicht zwingend. Verfahren z. B. bei Tetanus-, Tollwut-, Hepatitis-B- u. FSME-Impfung angewendet.

Simvastatin INN: Simvastatinum Ph.Eur.4, Synvinolin; {[1*S*,3*R*,7*S*,8*S*,8a*S*)-1,2,6,7,8,8a-Hexahydro-3,7-dimethyl-8-(2-[(4*R*,6*R*)-tetrahydro-4-hydroxy-2-oxo-2*H*-pyran-6-yl]ethyl)-1-naphthyl}-2,2-dimethylbutyrat; CAS-Nr. 79902-63-9; $C_{25}H_{38}O_5$, M_r 418.6. Schmp. 135-138 °C. **Gew.:** partialsynth. aus einem Fermentationsprodukt von Aspergillus terreus; **Wirk.** u. **Anw.:** Lipidsenker*, HMG*-CoA-Reduktasehemmer; **UAW:** gastrointestinale Beschwerden, Müdigkeit; Vorsicht bei gleichzeitiger Ther. mit Immunsuppressiva, z. B. Ciclosporin*; **Dos.:** 1 × 10 mg/d zum Abendessen.

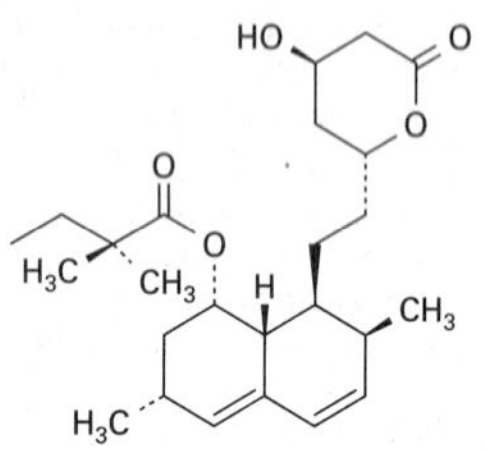

Simvastatin

Sinalbin: $C_{30}H_{42}N_2O_{15}S_2$, Senfölglucosid (s. Glucosinolate) aus Sinapis* alba, das in Gegenwart von Wasser durch das Enzym Myrosinase in Sinapinhydrogensulfat, *p*-Hydroxybenzylsenföl (nicht flüchtig, daher geruchlos aber scharf schmeckend u. hautreizend) u. Glucose gespalten wird (s. Abb.).

Sinapin: Sinapinsäurecholinester; $C_{16}H_{24}NO_5$, Strukturformel s. Sinalbin (Abb.), M_r 310.38. Das Hydrogensulfat, Bromid u. Iodid kristallisiert als Trihydrat.

Sinapinsäure: s. Phenolcarbonsäuren.

Sinapis alba L.: Brassica alba, Weißer Senf; Fam. Brassicaceae, Cruciferae (heim. südl. Europa u. südwestl. Asien, kult. Mitteleuropa). Stpfl. von **Erucae semen:** Semen Erucae, Semen Sinapis albae, Weißer Senf, Weißer Senfsamen. **Off.:** DAC; **Inhaltsst.:** 2.5 % Sinalbin*, ca. 30 % fettes Öl u. a.; **Anw.** volkstüml.: äußerl. z. B. bei Katarrhen der Luftwege u. bei Erkrankungen des rheumat. Formenkreises als Breiumschläge (4 EL Pulverdroge u. warmes Wasser, 5-15 min auf die Haut); innerl. bei Verdauungsstörungen; hauptsächl. als Gewürz u. zur Herst. von Speisesenf (s. Mostardum).

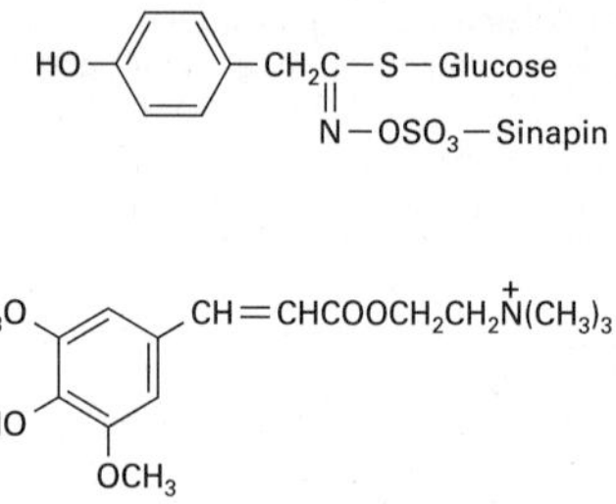

Sinalbin: Sinalbin (oben) u. Sinapin (unten)

Hom: *Sinapis alba:* reife Samen; verord. z. B. bei Verdauungsstörungen.

Sinapis nigra: s. Brassica nigra.

Sinapis nigrae semen: s. Brassica nigra.

Sinau: s. Alchemilla vulgaris.

Sinensitin: ein Flavonderivat, z. B. enthalten in Orthosiphon* aristatus; Strukturformel s. Flavonoide (Tab.).

Single Convention: s. Betäubungsmittelrecht (Völkerrecht).

Single-peak-Insulin: s. Insulin.

Single-species-Insulin: syn. Mono-species-Insulin; Insulinpräparat, das Insulin einer einzigen Tierart enthält; vgl. Insulin.

Singultus: Schluckauf; durch unwillkürl. Kontraktion des Zwerchfells verursachte tönende Inspiration mit nachfolgendem plötzl. u. geräuschvollem Glottisschluss.

Sinigrin: myronsaures Kalium; $C_{10}H_{16}KNO_9S_2$, M_r 397.48. Senfölglucosid (s. Glucosinolate) aus Sinapis nigrae semen (s. Brassica nigra), das durch das Enzym Myrosinase in Gegenwart von Wasser in D-Glucose, Allylsenföl u. Kaliumhydrogensulfat gespalten wird (s. Abb.).

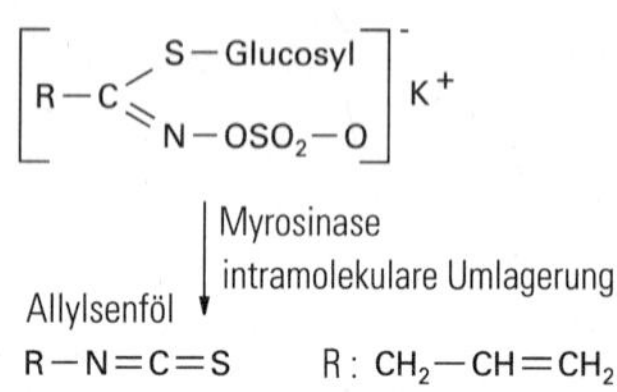

Sinigrin

Sink-Bedingungen: (engl.) *sink conditions*; von S.-B. spricht man bei Auflösungs- u. Resorptionsvorgängen dann, wenn der aufgelöste od. resorbierte Stoff ständig abtransportiert wird, so dass die Konz. im Akzeptormedium gering bleibt. In vivo sind diese Bedingungen durch Verteilung in der system. Zirkulation u. anderen Verteilungsräumen gegeben. Optimal verwirklicht sind S.-B. in vitro bei offenen Systemen wie z. B. Durchflusszellen; bei geschlossenen Systemen kann näherungsweise von S.-B. ausgegangen werden, wenn die max. erreichte Konz. nicht größer als 10 % der Sättigungslöslichkeit beträgt.

Sintergranulate: s. Granulieren.

Sinusknoten: syn. Sinuatrialknoten, Sinus-Zentrum; physiolog. Schrittmacher des Herzens. Spezif. Herzmuskelgewebe im rechten Vorhof (s. Herz); Entstehungsort der normalen Kontraktionsreize.

SIP: Abk. für (engl.) *sterilisation in place*; Sterilisation von Apparaturen od. Maschinen ohne vorangegangener Demontage von Teilen.

Sirolimus INN: Rapamycin, Abk. SRL, AY 22989; (3*S*,6*R*,7*E*,9*R*,10*R*,12*R*,14*S*,15*E*,17*E*,19*E*,21*S*,23*S*,26*R*,27*R*,34a*S*)-9,10,12,13,14,21,22,23,24,25,26,27,32,33,34,34a-hexadecahydro-9,27-dihydroxy-3-{(1*R*)-2-[(1*S*,3*R*,4*R*)-4-hydroxy-3-methoxycylohexyl]-1-methylethyl}-10,21-dimethoxy-6,8,12,14,20,26-hexamethyl-23,27-epoxy-3*H*-pyrido[2,1-*c*][1,4]-oxaazacyclohentriacontin-1,5,11,28,29(4*H*,6*H*,31*H*)-penton; CAS-Nr. 53123-88-9; $C_{51}H_{79}NO_{13}$, M_r 914.20. Schmp. 183-185 °C. Kristalle aus Ether, lösl. in Ether, Chloroform, Aceton, Methanol, Dimethylformamid; sehr wenig lösl. in Hexan, Petrolether; unlösl. in Wasser; Antibiotikum aus Streptomyces hygroscopicum. **Wirk.:** S. hemmt die Aktivierung u. Proliferation von T-Lymphozyten, indem es an das Immunophilin FKBP-12 (FK binding protein-12) bindet. **Anw.:** Immunsuppressivum zur Vermeidung von Organabstoßungen nach Nierentransplantation; **UAW:** Erhöhung der Blutfettwerte, Anämie, Thrombozytopenie, abdominelle Beschwerden, Diarrhö, Arthralgie, Akne, Wundheilungsstörungen, Infektionen, Tachykardie; **Dos.:** Initialdos. 6 mg, danach p.o. 1×2 mg/d.

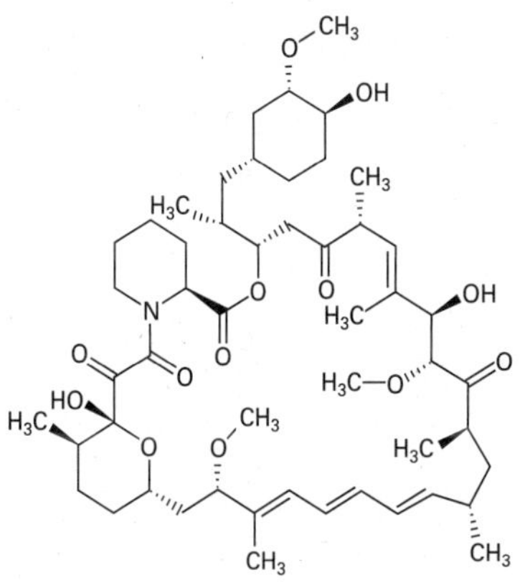

Sirolimus

Sirupi: Sirupe; DAB10, ÖAB90, Ph. Eur.4, Ph.Helv.7, nach DAB10 dickflüssige Zuber. zur inneren Anwendung. Sie bestehen aus konz. Lsg. süßschmeckender Mono- u. Disaccharide (ÖAB90: nur Saccharose; Ph.Helv.7: süße Polyole, wie z. B. Glycerol, Sorbitol, Xylitol, aber auch zugelassene künstl. Süßstoffe erlaubt) u. können Arzneizusätze, Pflanzenauszüge od. Fruchtsäfte enthalten. Polysaccharide u. polysaccharidhaltige Zucker dürfen als Süßungsmittel zur Herst. von S. nicht verwendet werden. S. können Aromatisierungs-, Farb- u. Süßstoffe sowie Konservierungsmittel enthalten (ÖAB90: nur *p*-Hydroxybenzoesäureester erlaubt), die physiol. unbedenkl. sein müssen. Sie werden i. Allg. so zubereitet, dass man den Zucker im erwärmten gereinigten Wasser löst, die Lsg. kurz aufkocht, koliert od. filtriert u. mit siedendem gereinigtem Wasser auf das vorgeschriebene Gewicht ergänzt. Die zeitl. begrenzte Hitzeeinwirkung bei der Herst. bewirkt eine starke Reduzierung der Keimzahl u. führt zu einer Koagulation kolloider Bestandteile (Klärung), ohne eine beträchtl. Invertierung von Disacchariden hervorzurufen. S. können durch direkte Bereitung (Lösen des Zuckers in Pflanzensäften od. -auszügen) od. durch Mischen von Arzneistoffen mit einfachem Sirup hergestellt werden. Als physik. Kennzahlen dienen der Brechungsindex u. die Dichte.

Sirupus Althaeae: Althaeae sirupus, Eibischsirup; Zstzg.: ÖAB90, 5 T. Eibischwurzel, 110 T. gereinigtes Wasser, Saccharose n. B., 1.5 T. Ethanol, 0.18 T. *p*-Hydroxybenzoesäuremethylester, 0.09 T. *p*-Hydroxybenzoesäurepropylester; DAC86, 20 T. Eibischwurzel werden mit 450 T. Wasser mazeriert; das Mazerat wird mit dem 1.78fachen seines Gewichtes an Saccharose versetzt u. heiß bereitet, Nipaesterzusatz 0.1 %; vgl. Althaea officinalis. **Anw.:** Bronchitis, Katarrhe.

Sirupus Amyli hydrolysati: s. Stärkesirup.

Sirupus Aurantii amari: Bitterorangensirup, Pomeranzensirup; Zstzg.: ÖAB90, 5 T. Bitterorangenfluidextrakt, 10 T. Bitterorangentinktur, 85 T. einfacher Sirup; vgl. Citrus aurantium. **Anw.:** Aromatisierung.

Sirupus Aurantii Flavedinis: Pomeranzenschalensirup; Zstzg.: Ph.Helv.7, s. Sirupus Aurantii amari, an Stelle von Bitterorangentinktur wird süße Orangentinktur verwendet. **Anw.:** Geschmackskorrigens.

Sirupus Balsami tolutani: Tolubalsamsirup; Ph.Helv.7, enthält die wasser- u. glycerollöslichen Bestandteile des Tolubalsams. **Anw.:** Expektorans.

Sirupus Caricae compositus: zusammengesetzter Feigensirup; Zstzg.: Ph.Helv.7, 120 T. Feigen, 70 T. Sennesfrüchte, 450 T. Saccharose, 60 T. Ethanol 96 %, 0.02 T. Pfefferminzöl, 0.023 T. Nelkenöl, Nipaester (0.7 T. Methyl- u. 0.3 T. Propylester), Wasser nach Bedarf. **Anw.:** Laxans für Kinder.

Sirupus Cerasi: Kirschsirup; Zstzg.: DAB6, 7 T. Kirschsaft, 13 T. Saccharose; s. Prunus cerasus. **Anw.:** Geschmackskorrigens u. zur Herst. von durstlöschenden Getränken u. Krankengetränken (als Arzneimittelträger).

Sirupus Cinnamomi: Zimtsirup; Zstzg.: 2 T. fein zerschnittener Ceylonzimt, 1 T. Ethanol, 10 T. Wasser u. 12 T. Saccharose.

Sirupus Citri: Limonis sirupus, Citronensirup; Herst.: Ph.Helv.7, 592 T. Saccharose werden durch Erwärmen in 350 T. Wasser gelöst. Nach dem Erkalten werden der Lsg. 25 T. Citronensäure, 25 T. Wasser u. 25 T. Tinctura* Citri zugemischt u. mit Wasser auf 1000 T. ergänzt. **Anw.:** Geschmackskorrigens.

Sirupus Codeinii phosphorici 0.25 %: Codeinphosphatsirup; Ph.Helv.6, Codeiniumphosphatsirup 0.25 %. **Anw.:** Antitussivum.

Sirupus emeticus: Brechsirup; Zstzg.: Ph.Helv.7, enthält Ipecacuanha-Trockenextrakt (1.375 %) u. Glycerol (10 %); Geh. je 10 mL Sirup: 0.7 g Ipecacu-

S

anha-Trockenextrakt mit 0.014 g Alkaloiden, ber. als Emetin, u. ca. 6.4 g Saccharose; NRF, 5.5 g Ipecacuanhafluidextrakt, 10 g Glycerol 85 %, 0.025 g *p*-Hydroxybenzoesäurepropylester, 0.075 g *p*-Hydroxybenzoesäuremethylester, 84.4 g Zuckersirup; Geh.: 2 % (V/V) Ethanol, 0.10 % Gesamtalkaloide, ber. als Emetin; Lagerung unter 8 °C; 3 Monate verwendbar. **Anw.:** Emetikum, bes. für Kinder; **Dos.:** ED: Erwachsene 40 mL, Schulkinder 25-40 mL, 2-5-jährige Kinder 20-25 mL, 1-jährige Kinder 12 mL; vgl. Sirupus Ipecacuanhae.

Sirupus Ferri iodati: Iodeisensirup; Zstzg.: DAB6, 12 T. gepulvertes Eisen, 41 T. Iod, 50 T. Wasser, 1 T. Citronensäure, 850 T. Zuckersirup; Geh.: ca. 5 % Eiseniodid, entspr. ca. 4.1 % Iod. **Anw.:** früher bei skrofulösen Erkrankungen; obsolet.

Sirupus Ferri oxydati: Eisenzuckersirup; Zstzg.: DAB6, 100 T. Eisenchloridlösung, Wasser nach Bedarf, 70 T. Natriumcarbonat, 400 T. Saccharose, 5 T. Kaliumtartrat, 0.02 T. Vanillin, 2 T. aromat. Tinktur, 8 T. Pomeranzentinktur, 2 T. Zimttinktur, 8 Tr. Essigether; Geh.: 0.9-1 % Eisen. **Anw.:** früher zur Eisentherapie; obsolet.

Sirupus Ipecacuanhae: Ipecacuanhasirup, Brechwurzelsirup; Zstzg.: DAB6, 1 T. Brechwurzeltinktur, 9 T. Zuckersirup; vgl. Cephaelis. **Anw.:** Expektorans. **Dos.:** 1 TL; vgl. Sirupus emeticus.

Sirupus Ipecacuanhae compositus: Brustsirup; Zstzg.: Ph.Helv.7, eingestellter Ipecacuanhatrockenextrakt, Weinsäure, Magnesiumsulfat, 0.09 %ige Lsg. von Pomeranzenblütenöl in Ethanol 70 %, Nipaester, Saccharose. **Anw.:** Expektorans.

Sirupus Kalii sulfoguajacolici: Sulfoguajakolsirup; Zstzg.: ÖAB90, 6 T. Kaliumguajakolsulfonat, 5 T. Bitterorangenfluidextrakt, 9 T. Bitterorangentinktur, 80 T. Zuckersirup. **Anw.:** Expektorans; **Dos.:** 1 TL.

Sirupus Liquiritiae: Süßholzsirup; Zstzg.: DAB6, 4 T. Süßholz, 1 T. Ammoniaklsg., 20 T. Wasser, 2 T. Ethanol, Zuckersirup nach Bedarf; vgl. Glycyrrhiza glabra. **Anw.:** Expektorans.

Sirupus Mannae: Mannasirup; Zstzg.: DAB6, 10 T. Manna, 2 T. Ethanol, 33 T. Wasser, 55 T. Saccharose; vgl. Fraxinus ornus. **Anw.:** mildes Laxans (Kinderheilkunde); **Dos.:** Tagesdosis Erwachsene: 20-30 g; Kinder: 2-16 g.

Sirupus Menthae piperitae: Pfefferminzsirup; Zstzg.: DAB6, 2 T. Pfefferminzblätter, 1 T. Ethanol, 10 T. Wasser, 13 T. Saccharose; vgl. Mentha x piperita. **Anw.:** früher bei einfachen Gastritiden u. kolikartigen Schmerzen; **Dos.:** ED 1 EL.

Sirupus Piperazini 100 mg/mL: Piperazinsirup 100 mg/mL; Herst.: Ph.Helv.7, 0.56 T. Methyl-4-hydroxybenzoat u. 0.24 T. Propyl-4-hydroxybenzoat werden durch leichtes Erwärmen im 50.0 T. Propylenglycol gelöst. Dieser Lsg. werden 352.2 T. siedendheißes Wasser zugesetzt u. darin 500.0 T. Saccharose durch Erwärmen auf dem Wasserbad gelöst. Nach dem Abkühlen (ca. 40 °C) wird Wasser ergänzt u. 104.0 T. Piperazincitrat gelöst. Nach dem Erkalten werden 20.0 T. Tinctura* Aurantii dulcis zugesetzt; Geh.: 1 mL Sirup entspr. 100 mg Piperazin-Hexahydrat. **Anw.:** Anthelminthikum; vgl. Piperazin.

Sirupus Plantaginis: Spitzwegerichsirup; Zstzg.: ÖAB90, 10 T. Spitzwegerichblatt, 110 T. gereinigtes Wasser, Saccharose nach Bedarf, 1.5 T. Ethanol, 0.18 T. *p*-Hydroxybenzoesäuremethylester, 0.09 T. *p*-Hydroxybenzoesäurepropylester; vgl. Plantago lanceolata. **Anw.:** mildes Expektorans, bei Bronchitis, Husten, vorwiegend in der Kinderheilkunde; **Dos.:** 1-2 TL.

Sirupus Primulae: Primelsirup; Zstzg.: ÖAB90, 1.5 T. Primelextrakt, 20 T. gereinigtes Wasser, 10 T. Glycerol, 68.5 T. Zuckersirup; vgl. Primula veris. **Anw.:** Expektorans; **Dos.:** 1-2 TL.

Sirupus Rhamni catharticae: Kreuzdornbeersirup; Zstzg.: DAB6, 7 T. Kreuzdornbeerensaft u. 13 T. Saccharose, vgl. Rhamnus catharticus. **Anw.:** mildes Laxans.

Sirupus Rhei: Rhabarbersirup; Herst.: DAB6, 10 T. in Scheiben geschnittener Rhabarber, 1 T. Kaliumcarbonat, 80 T. Wasser, 20 T. Zimtwasser u. 120 T. Saccharose; vgl. Rheum officinale. **Anw.:** Laxans, auch in Kombination mit Sirupus* Mannae.

Sirupus Rubi idaei: Himbeersirup; Zstzg.: ÖAB90, 12 T. frische Himbeeren, Pektinase* u. Saccharose nach Bedarf; Ph.Helv.7, ebenfalls Sirup aus den frischen, reifen Früchten; 10 mL Sirup enthalten ca. 8 g Saccharose; vgl. Rubus idaeus. **Inkomp.:** alkal. Stoffe (Verfärbungen); **Anw.:** Farb- u. Geschmackskorrigens, als Getränk.

Sirupus Senegae: Polygalae sirupus, Senegasirup; Zstzg.: ÖAB90, 10 T. Senegawurzel, 110 T. gereinigtes Wasser, Saccharose nach Bedarf, 1.5 T. Ethanol, 0.18 T. *p*-Hydroxybenzoesäuremethylester u. 0.09 T. *p*-Hydroxybenzoesäurepropylester; hämolyt. Index 90-110; Ph.Helv.7, 15.0 T. Senegatrockenextrakt, 10.0 T. Ethanol 96 %, 349.0 T. gereinigtes Wasser, 48.0 T. Glycerol 85 %, 2.2 T. Ammoniak-Lsg. 10 %, 576 T. Saccharose; hämolyt. Wirksamkeit 0.2-0.4 % Ph.Helv.-Einheiten/g; vgl. Polygala senega. **Anw.:** Expektorans; **Dos.:** 1-2 TL.

Sirupus Sennae: Sennasirup; Zstzg.: DAB6, 10 T. mittelfein zerschnittene Sennesblättern, 1 T. zerquetschter Fenchel, 5 T. Weingeist, 60 T. Wasser u. 65 T. Saccharose; vgl. Cassia angustifolia, Cassia senna, Cassia fistula. **Anw.:** Laxans; **Dos.:** 1 EL.

Sirupus simplex: Zuckersirup; Zstzg.: DAB10, 64 T. Saccharose, 36 T. Wasser; D. 1.302-1.326; ÖAB90, 160 T. Rohrzucker, 100 T. gereinigtes Wasser, 1.5 T. Ethanol, 0.18 T. *p*-Hydroxybenzoesäuremethylester, 0.09 T. *p*-Hydroxybenzoesäurepropylester; D. 1.29-1.32; Ph.Helv.7, 64.0 T. Saccharose, 0.1 T. Methyl-4-hydroxybenzoat auf 100 T. gereinigtes Wasser; D. 1.29-1.32. Herst.: s. Sirupi. **Anw.:** Geschmackskorrigens, Grundsirup für weitere Sirupe, vgl. Saccharose.

Sirupus Thymi: Thymiansirup; Zstzg.: ÖAB90, 1 T. Thymianfluidextrakt, 4 T. Sirupus* simplex; vgl. Thymus vulgaris. **Anw.:** Expektorans.

Sirupus Thymi compositus: Thymiansirup mit Natriumbromid, Thymianhustensaft; Zstzg.: DAB6, 150 T. Thymianfluidextrakt, 3 T. Ammoniaklösung, 6 T. Kaliumbromid, 6 T. Natriumbromid, 3 T. Ammoniumbromid, 832 T. Sirupus* simplex; ÖAB90, 15.0 T. Thymianfluidextrakt, 3 T. Natriumbromid, 3 T. gereinigtes Wasser u. 79 T. Sirupus* simplex; Ph.Helv.7, Thymiansirup mit Natriumbromid; enthält 150 T. Thymianliquidextrakt, 0.1 T. Thymol, 40.0 T. Ethanol 96 %, 300.0 T. gereinigtes Wasser, 30.0 T. Natriumbromid, 480 T. Saccharose; Geh.: 2.7-3.3 % Natriumbromid u. 0.013-0.017 % wasserdampfflüchtige Phenole, ber. als Thymol. **Anw.:** Expektorans.

Sisalagave: s. Agave sisalana.

Sisalblätter: s. Agave sisalana (Folia Agavae).

Sisomicin INN: Rickamicin; *O*-2,6-Diamino-2,3,4,6-tetradesoxy-α-D-glycero-4-hexenopyranosyl-(1→6)-*O*-[3-desoxy-4-*C*-methyl-3-methylamino-β-L-arabino-hexopyranosyl-(1→4)]-2-desoxy-D-streptamin; CAS-Nr. 32385-11-8; $C_{19}H_{37}N_5O_7$, M_r 447.55. **Anw.:** Aminoglykosid-Antibiotikum (s. Antibiotika); als Breitband-Antibiotikum vorwiegend zur Ther. schwerer Infektionen mit gramnegativen Problemkeimen (Harnweginfektionen, Endocarditis); Parallelpräparat zu Gentamicin*; **Dos.:** parenteral i.v. 3×1 mg/kg KG/d; max. 4 mg/kg KG/d über 3 d; HWZ 2.6 h; vgl. Antibiotika (Tab.). Gebräuchl. ist Sisomicinsulfat.

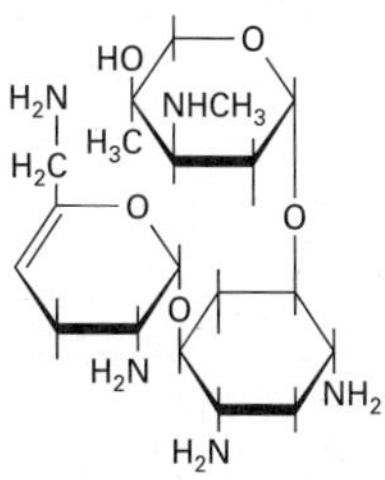

Sisomicin

Sisymbrium officinale (L.) Scop.: Erysimum officinale, Wegrauke; Fam. Brassicaceae, Cruciferae, (heim. Osteuropa). Stpfl. von **Herba Erysimi:** Raukenkraut. **Inhaltsst.:** Glucosinolate* u. Cardenolide; **Anw.** volkstüml.: z. B. bei Heiserkeit.

Hom: *Sisymbrium officinale (HAB 2000),* Erysimum officinale: frische, oberird. T. blühender Pflanzen.

SI-System: s. SI.

Sitosterin: 3β-Sitosterol; Stigmast-5-en-3-ol; CAS-Nr. 83-46-5; $C_{29}H_{50}O$, M_r 414.69. als pflanzl. Steroid dem Cholesterol strukturell nahe verwandt. **Vork.:** sehr verbreitetes Phytosterin, z. B. in Getreidekeimen, Sojabohnen, Cucurbita-, Epilobium-, Urtica*-Arten, Serenoa* repens, Hypoxis* rooperi, Pygeum* africanum; **Wirk.:** vermindert die Resorption von Cholesterol aus dem Magen-Darm-Trakt; **Anw.:** Lipidsenker*, als Prostatamittel (bei benigner Prostatahyperplasie*); Wirk. nicht sehr ausgeprägt; **UAW:** Völlegefühl, Blähungen, evtl. Durchfall; **Dos.:** bis 30 g/d als Lipidsenker, 1.8 g/d als Prostatamittel; verteilt auf mehrere ED.

SI-Vorsätze: s. SI-Einheiten.

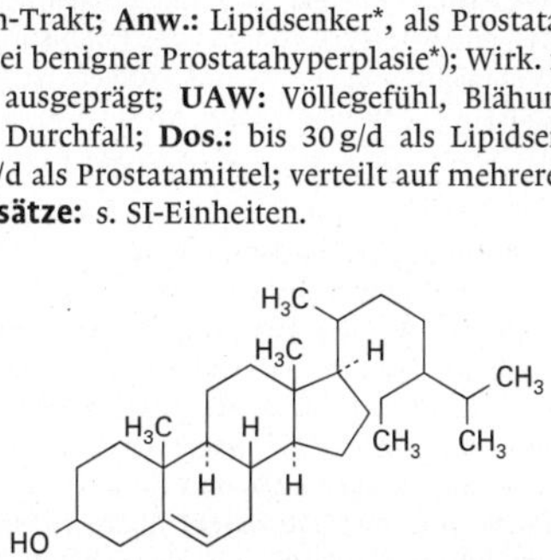

Sitosterin

Skabies: s. Scabies.

Skammoniawurzel, Asiatische: s. Convolvulus scammoniae (Radix Scammoniae asiaticae).

Skammoniawurzel, Mexikanische: s. Ipomoea orizabensis (Radix Scammoniae mexicanae).

Skammoniumharz: s. Convolvulus scammonia (Resina Scammoniae).

Skammoniumharz, Mexikanisches: s. Ipomoea orizabensis (Resina Scammoniae mexicana).

SKAT: Abk. für **S**chwell**k**örper*-**A**utoinjektions**t**herapie.

Skatol: β-Methylindol; C_9H_9N; M_r 131.17. Zersetzungsprodukt der Eiweißkörper, das aus Tryptophan entsteht. S. findet sich in Faeces u. bedingt deren charakterist. Geruch, ferner im Zibet u. einigen Pflanzen.

Sklera (gr.): sclera; Lederhaut des Auges. Vgl. Skleritis.

Sklerenchym: (bot.) Festigungsgewebe ausgewachsener Pfl., dessen Zellen, Steinzellen (Sklereiden) u. Fasern, tot u. allseitig verdickt sind.

Skleritis: Scleritis; diffuse od. lokalisierte Entzündung der Lederhaut des Auges. **Urs.:** z. B. Kollagenosen, rheumatoide Arthritis, Infektionen.

Skleroproteine: Strukturproteine, Gerüsteiweiße, Faserproteine; eine Gruppe von Eiweißkörpern (Proteine*), die unlösl. in Wasser sind, meist fibrilläre Strukturen ausbilden u. mechan. Funktionen ausüben. S. werden von den meisten Proteasen nicht abgebaut. Man unterscheidet: **1.** α-Helixstruktur, z. B. in α-Keratinen*, z. B. in Haaren u. Hufen; **2.** β-Konfiguration (Faltblattstruktur, s. Proteine, Abb.), z. B. in β-Keratinen, Seidenfibroin*; **3.** Tripelhelixstruktur (Kollagen-Helix), z. B. in Kollagen*. Zu den bestuntersuchten S. gehören Kollagen, Elastin* u. die Keratine.

Sklerose (gr. hart, starr): krankhafte Verhärtung eines Organs od. Organteils. Z. B. Arteriosklerose*, Otosklerose*, Koronarsklerose*, vgl. Multiple Sklerose.

Sklerotium: (bot.) ein Dauermyzel, bestehend aus dem Plectenchym* eines Pilzes, u. a. zum Zwecke der Überwinterung; z. B. ist das Mutterkorn (s. Secale cornutum) das Sklerotium von Claviceps purpurea.

Skorbut: Scharbock; durch Mangel an Ascorbinsäure hervorgerufene Störung der Bindegewebebildung; eine der am längsten bekannten Avitaminosen; s. Vitamine (Vitamin C). **Symptome:** Verminderte Leistungsfähigkeit, Müdigkeit, Reizbarkeit, Gelenk- u. Gliederschmerzen, Infektanfälligkeit, Anämie; infolge der gestörten Bindegewebesynthese Brüchigkeit der Blutgefäße mit allg. Blutungen, Ausfallen der Zähne, Zahnfleischentzündung u. verzögerter Wundheilung; bei Säuglingen u. Kleinkindern Störungen des Knochenwachstums.

Skorbutkraut: s. Cochlearia officinalis.

Skorpion, Europäischer: s. Euscorpius italicus.

Skrofulose: Scrophulosis; histor. Begriff, der früher mit der (Disposition zur) Tuberkulose in Zus. gebracht wurde; nach heutiger Auffassung handelt es sich um eine sehr seltene Haut- u. Lymphknotenerkrankung im Kindesalter auf allerg. Grundlage.

Skrotum: Scrotum; Hodensack; enthält die beiden Hoden*.

SLN: Abk. für **s**olid **l**ipid **n**anoparticles; s. Lipidnanopartikel, feste.

slope (engl. Steigung): s. Ausgleichsrechnung.

slow reacting substances of anaphylaxis: Abk. SRS-A, syn. Leukotriene*; langsamer als Histamin bei der Anaphylaxie* freigesetzte Substanzen, die als Mediatoren wirken; s. Hormone (Gewebehormone).

Slow-virus-Infektionen: Abk. SVI; Sammelbez. für Viruserkrankungen, die durch monate- bis jahrelange Inkubationszeit, langsam voranschreitenden Krankheitsverlauf mit ungünstiger Prognose u. Beschränkung auf ein einzelnes Organsystem (meist das ZNS) gekennzeichnet sind. **Urs.**: besondere Wirt-Virus-WW; verringerte Immunabwehr des Wirtsorganismus; **Beispiele**: **1.** subakute sklerosierende Panenzephalitis (Masern*); **2.** progressive Rötelnpanenzephalitis (Röteln*); **3.** Creutzfeldt*-Jakob-Krankheit, s. Prionen; vgl. Prionkrankheiten.

Sm: (chem.) Symbol für Samarium*.

small unilamellar vesicles: s. Liposomen.

Smaragd: Edelstein, gefärbter Beryll; s. Beryllium.

smektisch: s. Flüssigkristalle.

Smilagenin: ein Steroidsapogenin, Strukturformel s. Saponine (Tab. 2).

Smilax aristolochiaefolia: s. Smilax regelii.

Smilax china L.: Chinawurzel; Fam. Liliaceae (Südostasien). Stpfl. von **Rhizoma Chinae:** Radix Chinae, Radix Chinae ponderosae, Rhizoma Smilacis chinae, Tubera Chinae, Chinaknollen. **Inhaltsst.**: Saponine, Harz u. Stärke; **Anw.**: wie Radix Sarsaparillae (s. Smilax regelii).

Smilax medica: s. Smilax regelii.

Smilax regelii Kill. et C.V. Morton: Smilax utilis Hemsl., Smilax saluberrima Gilg, Honduras-Sarsaparille; Fam. Liliaceae (Honduras, Mittelamerika). Zus. mit **Smilax aristolochiaefolia** (früher S. medica) (Mexiko), der Mexiko- od. Verakruz-Sarsaparille, u. a. S.-Arten Stpfl. von **Radix Sarsaparillae:** Sarsaparillae radix, Radix Smilacis, Sarsaparille, Sarsaparillwurzel. **Off.**: DAB6; **Inhaltsst.**: die Steroidsaponine (0.5-2 %) Parillin u. Sarsaponin (Aglykon Sarsasapogenin), die Phytosterine Sitosterin* u. Stigmasterin*, ferner Stärke (>50 %), Zucker, Harz sowie Spuren äther. Öls; **Anw.**: früher Antisyphilitikum (Zuber. nach DAB6: Decoctum* Zittmannii, Decoctum Sarsaparillae compositum fortius u. mitius, Sarsaparillabkochung); volkstüml.: z. B. bei Hauterkrankungen sowie zur Steigerung der Harn- u. Schweißbildung, bei rheumat. Beschwerden.

Hom: *Sarsaparilla:* getrocknete Wurzeln; verord. z. B. bei juckenden, pustulösen Hautausschlägen, Milchschorf, Erkrankungen des rheumat. Formenkreises, Nierenerkrankungen.

Smilax utilis: s. Smilax regelii.

SMON-Krankheit: Abk. für **s**ubakute **M**yelo **o**ptiko**n**europathie; akut bis subakut verlaufende Erkrankung mit Abdominalkoliken, Diarrhö*, Polyneuropathien u. Sehstörungen bis zur Erblindung.

Auftreten: v. a. in Japan nach hochdosierter Einnahme von Hydroxychinolinen, z. B. Clioquinol*.

Sn: (chem.) Symbol für Zinn* (Stannum).

Snap-Fit®: s. Capsulae.

S_N-Reaktionen: s. Substitution, nucleophile.

SNRI: Abk. für (engl.) *serotonin noradrenalin reuptake inhibitor*; vgl. Psychopharmaka (Antidepressiva).

SOAP-Schema: Abk. für **s**ubjective **o**bjective **a**ssessment **p**lan; standardisiertes Vorgehen zur systemat. Überprüfung der Pharmakother. eines Patienten. Dazu werden die med. und pharmaz. Probleme des Patienten sowie die zugehörigen subjektive u. objektive Angaben u. Informationen aufgelistet, z. B. subjektive Einschätzung des Befinden, objektive Werte körperl. Untersuchungen. Das Assessment (Einschätzung) umfasst die Überprüfung u. Bewertung der gesammelten Informationen. Aus dieser Analyse heraus wird ein Plan zur weiteren pharmazeutischen Betreuung* des Patienten erstellt. Dieser fasst die Therapieziele zusammen u. die Schritte des Monitorings bis zum Erreichen der Therapieziele; s. Tabelle.

SOAP-Schema [27]
Fallbeispiel

subjektive Angaben

seit 2 Wochen Müdigkeit, seit 1 Woche Verschwommensehen und Schwindel

objektive Angaben

Gewicht 57,5 kg; gingivale Hyperplasie; Nystagmus; Phenytoinplasmakonzentration: 49 µg/ml (therapeutischer Bereich 10-20 µg/ml)

Assessment (Einschätzung, Beurteilung und Bewertung)

Die Chemotherapie könnte die Leberfunktion beeinträchtigt haben. Aufgrund der nichtlinearen Kinetik von Phenytoin steigt die Plasmakonzentration bei gesättigtem hepatischem Metabolismus rasch an.

Plan (Empfehlung an den Arzt)

Absetzen von Phenytoin, Messen der Plasmakonzentration jeden 2. Tag, bis Plasmaspiegel auf 15 µg/ml abgesunken ist, dann Beginn der Therapie mit Phenytoin 100 mg/d. Phenytoin könnte auch ganz abgesetzt werden, da Patientin lange Zeit anfallsfrei war.

Die Patientin ist eine 41 jährige Epileptikerin, die seit 10 Jahren anfallsfrei ist. Sie nimmt täglich 300 mg Phenytoin. Einen Monat vor der momentanen Krankenhausaufnahme wurde sie wegen eines Adenokarzinoms des Kolons mit Fluorouracil therapiert. Akutes Problem ist eine vermutete Phenytointoxizität.

SOD: Abk. für **S**uper**o**xid**d**ismutasen*.

Soda: s. Natriumcarbonat.

Sodaauszug: dient zur Bestimmung der Anionen in der qualitativen anorg. Analyse. Die Substanzprobe wird mit Soda (s. Natriumcarbonat) erhitzt, wodurch die Kationen, ausgenommen die der Alkalimetalle u. das Ammoniumion, in schwer lösl. Carbonate* od. Hydroxide* übergeführt werden. Im Filtrat des S. werden dann die Anionen nachgewiesen.

Soda, calcinierte: Natrium carbonicum siccum crudum; kristallwasserfreie, 98-99%ige Soda, s. Natriumcarbonat.

Soda, entwässerte: calcinierte Soda, Natrium carbonicum crudum siccum; Na_2CO_3; s. Natriumcarbonat.

Soda, kaustische: s. Natriumhydroxid.

Soda-Pottasche-Aufschluss: Glühen von schwer lösl. Verb. in einem eutekt. Gemisch (s. Eutektikum) aus fein verriebener Soda (s. Natriumcarbonat) u. Pottasche (s. Kaliumcarbonat). **Anw.:** Wasserlöslichkeit von anorg. Verb., die weder in starken Säuren noch in Basen lösl. sind.

Sodbrennen: Pyrosis; brennende Empfindung in der Magengegend, ausgelöst durch Rückfluss von Magenflüss. in die Speiseröhre.

Sodium: engl. u. franz. Bez. für Natrium*.

Sörensen-Formolmethode: Methode zur Titration der Carboxy*-Gruppe einer Aminosäure*. **Durchführung:** Die Aminosäure-Lsg. wird mit Formaldehyd (Formol) versetzt, wodurch die Aminogruppe zur Schiff*-Base reagiert. Die unveränderte Carboxy-Gruppe kann anschließend mit Alkalihydroxiden titriert werden.

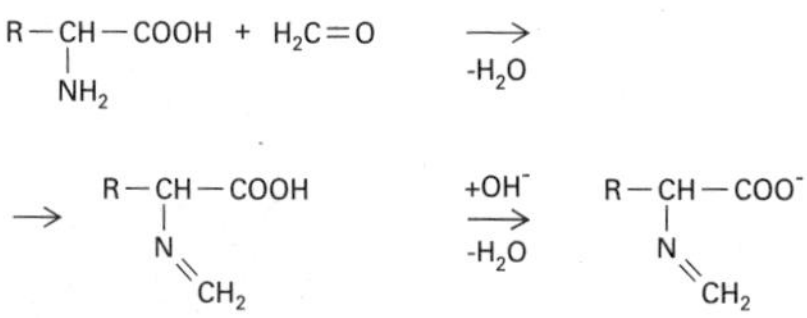

Sörensen-Formolmethode

Sörensen-Puffer: Puffergemische aus Kaliumdihydrogenphosphat (KH_2PO_4) u. Dinatriumhydrogenphosphat (Na_2HPO_4), jeweils c = 1/15 mol/L.

Softisan®: Handelsbezeichnung für versch. Triglyceride gesättigter Pflanzenfettsäuren. Einige Softisane enthalten zusätzl. Partialglyceride u. hautverträgl. nichtionische Emulgatoren. Halbsynthet. Bestandteil von Cremes u. Salben od. gebrauchsfertige Salben- od. Emulsionsgrundlage.

Sojabohne: s. Glycine max.

Sojalecithin: s. Lecithine.

Sojaöl: s. Glycine max (Sojae oleum).

Sojaöl, hydriertes: s. Glycine max.

Sojaöl, raffiniertes: s. Glycine max.

Sokotra-Aloe: s. Aloe (Andere Aloe-Sorten).

Sol: **1.** s. Kolloide. **2.** Abk. für solutio, Lösung.

Solanaceae: Nachtschattengewächse; Fam. der Od. Solanales; ca. 3000 Arten; meist Kräuter od. Stauden, ca. 50 Arten in Europa. Die Blätter sind wechselständig, ungeteilt od. gefiedert. Die Blüten sind radiär, die Früchte Kapseln od. Beeren. **Chem. Merkmale:** Tropanalkaloide*, Steroidalkaloide (Solanumalkaloide*), Nicotin sowie Säureamide (in Capsicum). **Wichtige Gattungen:** z. B. Atropa, Brunfelsia, Capsicum, Datura, Duboisia, Fabiana, Hyoscyamus, Lycium, Lycopersicon, Mandragora, Nicotiana, Physalis, Scopolia sowie Solanum*.

Solanesol: s. Polyprenole.

Solanidin: Solanid-5-en-3β-ol; $C_{27}H_{43}NO$, M_r 397.65, Schmp. 218-219 °C. Aglykon von Solanin*.

Solanin: Solatubin, α-Solanin; $C_{45}H_{73}NO_{15}$, Schmp. 286 °C. Farblose Kristallnadeln von bitterem Geschmack. Sehr schwer lösl. in Wasser, lösl. in heißem Ethanol, Chloroform u. Eisessig; gehört zur Gruppe der Glykosteroidalkaloide (s. Solanumalkaloide), aufgebaut aus Solatriose (verzweigte Zuckerkette aus D-Galactose, D-Glucose u. Rhamnose) u. dem Aglykon Solanidin* (s. Abb.). **Vork.:** in vielen Nachtschattengewächsen, u. zwar in allen T. der Pfl., v. a. in Solanum-Arten wie Solanum* tuberosum, Solanum* dulcamara u. Solanum* nigrum; **Wirk.** u. **Tox.:** saponinähnl., Hämolyse der roten Blutkörperchen; Protoplasmagift; lokal u. innerl. stark reizend (Kratzen im Mund u. Schlund), S. erregt das ZNS (Krämpfe, Muskelzittern, dann Lähmung mit Temperaturabfall u. Dyspnoe); Tod inf. Atemlähmung.

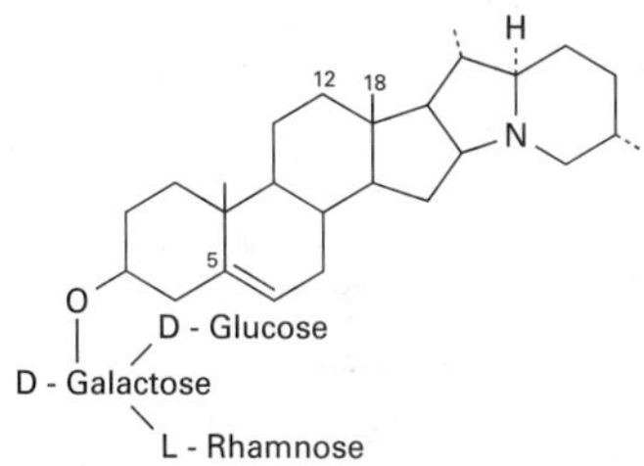

Solanin: α-Solanin

Solanum: Nachtschatten; größte Gattung der Fam. Solanaceae, ca. 1500 Arten. **Chem. Merkmale:** C_{27}-Steroidalkaloide, s. Solanumalkaloide.

Solanumalkaloide: Steroidalkaloide, die hauptsächl. in Pfl. der Solanaceengattungen Solanum, Lycopersicon, Cymphomandra u. Cestrum sowie in geringerem Ausmaß bei Asclepiadaceae u. Liliaceae auftreten. Die Grundstruktur stellt das Cholestan (s. Steroide). Unterschieden werden: **1.** der Spirosolan-Typ: S. mit einer sekundären Aminogruppe, z. B. Tomatin*; **2.** der Solanidan-Typ: S. mit einer tertiären Aminogruppe, z. B. Solanin*; S. liegen genuin als Glykoside vor, wirken daher saponinähnl.; **Anw.** techn.: zur Partialsynthese von Steroidhormonen.

Solanum aviculare: s. Solasonin.

Solanum dulcamara L.: Bittersüß, Bittersüßer Nachtschatten, Waldnachtschatten; Fam. Solanaceae (gemäßigtes Europa, Asien). Stpfl. von **Stipites Dulcamarae:** Dulcamarae stipes, Caules Dulcamarae, Bittersüßstengel, Bitterstiele. **Off.:** EB6; **Inhaltsst.:** Steroidalkaloidglykoside, z. B. Solanin*, Soladulcidin, Solasonin* u. Solamarin (Aglykon Tomatidenol); versch. Steroidsaponine sowie Gerbstoffe; **Anw.:** zur unterstützenden Behandlung bei chron. Ekzemen; volkstüml.: z. B. bei Erkältungskrankheiten u. rheumat. Beschwerden.

Hom: *Solanum dulcamara (HAB 2000),* Dulcamara: frische, vor der Blütezeit gesammelte Triebe; verord. z. B. bei Erkrankungen des rheumat. Formenkreises, Dermatosen, Folgezuständen nach Unterkühlung, Nieren- u. Blasenentzündungen.

Solanum lycopersicum: s. Lycopersicon lycopersicum.

S

Solanum melongena L.: Eierfrucht, Aubergine; Fam. Solanaceae (Afrika, Indien, Mittelmeergebiet). Die Früchte werden als Gemüse verwendet.

Solanum nigrum L.: Schwarzer Nachtschatten; Fam. Solanaceae (Europa, Asien, Amerika). Stpfl. von **Herba Solani nigri:** Nachtschattenkraut. **Inhaltsst.**: Steroidalkaloidglykoside wie Solanin*, Solasonin* u. Solamargin sowie andere Solanumalkaloide*; ferner Saponine u. Gerbstoffe; **Anw.** volkstüml.: v. a. bei zahlreichen Hautleiden; **Tox.**: Vergiftungserscheinungen v. a. durch den Genuss unreifer Beeren.
Hom: *Solanum nigrum (HAB 2000):* frische, blühende, ganze Pflanze; verord. z. B. bei cerebralen Erregungszuständen.

Solanum pseudocapsicum L.: Korallenstrauch, Korallenkirsche, Korallenbäumchen; Fam. Solanaceae (Südamerika, als Topfpflanze kultiviert). **Inhaltsst.**: Solanocapsine, bei denen im Ggs. zu den übrigen Solanumalkaloiden am C-Atom 3 die OH-Gruppe durch eine NH_2-Gruppe ersetzt ist u. die nicht als Glykoside auftreten.

Solanum tuberosum L.: Kartoffel; Fam. Solanaceae (heim. Peru, Chile; kult. subtrop. u. gemäßigte Regionen aller Erdteile). **Inhaltsst.** u. **Tox.**: Kartoffelknollen mit ca. 0.002-0.01 % Solanin*; unreife grüne u. alte auskeimende Kartoffeln bis 0.06 % Solanin (frische Keime bis 0.5 %), sie können schwerste Vergiftungen hervorrufen: Kopfschmerz, Brechdurchfall, Kreislaufstörungen, Tachykardie, Dyspnoe, Schwindel u. leichte Krämpfe; grüne od. angekeimte Kartoffeln dick abschälen (das Alkaloid sammelt sich an der Oberfläche an), mit viel Wasser kochen, Kochwasser abgießen, Schalen u. Keime dürfen nicht verfüttert werden; im trockenen Kraut bis 0.5 % Solanin, in den Früchten ca. 1 %; das Kraut gilt als Nitratspeicher (bis 10 % im trockenen Kraut). Stpfl. von **Solani amylum:** s. Amylum Solani. **Kartoffelpresssaft: Inhaltsst.**: Schleimstoffe, Vitamine u. Solanin*; **Anw.** volkstüml.: zur Behandlung von hyperaziden Magenleiden.

Solaröl: das bei der Braunkohlendest. zw. 130 u. 240 °C übergehende Destillat.

Solarreflex: s. Plexus.

Solasonin: Steroidalkaloid aus Solanum-Arten, z. B. aus Solanum aviculare G. Forst (Neuseeland); das Aglykon **Solasodin** mit der Grundstruktur des Spirosolan (s. Solanumalkaloide) ist über Galactose mit Rhamnose u. Glucose (verzweigtes Trisaccharid Solatriose) verbunden; vgl. Solanin. **Anw.** techn.: zur Partialsynthese von Steroidhormonen.

Solatriose: s. Solanin.

Solatubin: s. Solanin.

Soldanellaharz: s. Calystegia soldanella (Resina Soldanellae).

Soldatenkraut: s. Piper angustifolium (Folia Matico).

Sole, hydrophile: s. Kolloide.

Sole, hydrophobe: s. Kolloide.

Sole, lyophile: s. Kolloide.

Sole, lyophobe: s. Kolloide.

Solen: kochsalzhaltige (1.5-6 %) Mineralwässer (s. Aquae minerales).

Solidago canadensis: s. Solidago gigantea.

Solidago gigantea Ait.: Riesengoldrute; Fam. Asteraceae, Compositae (heim. Nordamerika, in Europa eingebürgert). Zus. mit **Solidago canadensis** L. (Kanad. Goldrute) Stpfl. von **Solidaginis herba:** Herba Solidaginis giganteae, Riesengoldrutenkraut; die während der Blütezeit gesammelten oberird. T. der Pflanzen. **Off.**: Ph.Eur.4; **Inhaltsst.**: Flavonoide (mind. 2.5 %, ber. als Hyperosid*), z. B. Rutosid*, Quercitrin, Isoquercitrin, Kämpferol* u. Astragalin*; ferner Triterpensaponine u. ca. 0.5 % äther. Öl; **Wirk.** u. **Anw.**: wie Solidaginis virgaureae herba (s. Solidago virgaurea).

Solidago virgaurea L.: (Echte) Goldrute, Heidnisch Wundkraut; Fam. Asteraceae, Compositae (Europa). Stpfl. von **Solidaginis virgaureae herba:** Herba Virgaureae, Herba Solidaginis virgaureae, Herba Consolidae sarracenicae, Goldrutenkraut. **Off.**: DAB 2003; **Inhaltsst.**: Flavonoide wie Rutosid*, Quercitrin, Isoquercitrin u. Astragalin*; Triterpensaponine, Polygalasäure als Sapogenin; phenol. Glucoside wie Leiocarposid, ein Diglucosid des 2,4-Diydroxy-3-methoxy-benzoesäure-2'-hydroxybenzylesters (nach DAB mind. 0.1 %); ca. 0.5 % äther. Öl; **Wirk.**: diuretisch, antiphlogistisch u. schwach spasmolytisch; **Anw.**: zur Durchspülung bei entzündl. Erkrankungen der ableitenden Harnwege, Harnsteinen u. Nierengrieß; volkstüml.: z. B. bei Gicht u. Erkrankungen des rheumat. Formenkreises; äußerl. bei Entzündungen im Mund- u. Rachenraum.
Hom: *Solidago virgaurea (HAB 2000):* frische Blüten; verord. z. B. bei Nierenentzündungen, Prostatahypertrophie, Gicht.

Solidensieren: s. Sublimation.

solidus (lat.): f: -a, n: -um; fest.

Sol-Quellen: s. Aquae minerales.

Solubilisation: Solubilisierung; Löslichkeitsverbesserung durch oberflächenaktive Verbindungen. Diese sind in der Lage, schlecht wasserlösliche od. wasserunlösl. Arzneistoffe in klare, höchstens opaleszierende wässrige Lösungen zu überführen, ohne die chem. Struktur der Arzneistoffe zu verändern. S. ist an die Anwesenheit eines kolloiden Systems (Assoziationskolloid, s. Kolloide) gebunden, dessen Moleküle einen amphiphilen (lyobipolaren) Charakter besitzen u. nach Ausbilden von Molekülaggregaten (Mizellen) den sonst unlösl. Stoff inkorporieren od. an ihrer Oberfläche adsorbieren (Affinität zw. Stoff u. lipophilen Anteil der Mizellen).

Solutio (pl solutiones): Lösung; S. ist eine flüssige homogene Zuber., die meist Feststoffe, aber auch Flüss. od. Gase gelöst enthält (vgl. Solvendum). Für die Auswahl des Lösungsmittels (Solvens) gilt die Regel, dass die Polarität des Lösungsmittels dem zu lösenden Stoff entsprechen sollte. **Mucilagines** (Schleime) sind viskose Lsg. von Quellbzw. Schleimstoffen. **Echte Lösungen** sind ionendisperse od. molekulardisperse Lsg., deren Teilchen kleiner als 1 nm sind. Sie müssen klar sein. Liegen Teilchen zwischen 1 µm u. 1 nm vor, spricht man von **kolloiden Lösungen** (Lyosolen). Als Lösungsmittel werden hauptsächl. Wasser u./od. Alkohole (Ethanol, Isopropanol) eingesetzt, gelegentl. auch Ether, Aceton, seltener fette Öle, flüssige Wachse od. flüssiges Paraffin für den externen Gebrauch. Ist bei Arzneibuchlsg. das Lösungsmittel nicht angegeben, ist die Lsg. eine wässrige Lösung. In vielen Fällen führt Wärmeeinwirkung zur Verbesserung der Löslichkeit (Vorsicht bei thermolabilen Arzneistoffen). Grundsätzl. sind Arzneistoffe in Lsg. wesentl. anfälliger gegenüber Licht, bakteriellen, hydrolyt. u. oxidativen Einflüssen. Gelöste Arzneistoffe werden rascher resorbiert als ungelöste. Lsg. stellen häufig Zwischenstufen od. Endprodukte spezieller Arzneiformen dar (u.a. Injektionslsg., Infusionslsg., Augentropfen, radioaktive Lsg.). Zu den Lsg. zählen auch Sirupi*, Arzneispiritusse, Arzneiöle u. Aquae* aromaticae. Liegen Lösungsmittel aus Alkohol-Wasser-Mischungen vor, werden zuerst die besser wasserlösl. Stoffe im reinen Wasser u. die besser alkohollösl. im Alkohol gelöst u. anschließend beide Lsg. vermischt. Die Löslichkeit schwer lösl. Arzneistoffe kann in wässrigen Lösungsmitteln ggf. durch Zusatz von Lösungsvermittlern, z.B. Macrogol*-1000-glycerolmonostearat, erhöht werden. Auf diese Weise sind bis zu 20%ige wässrige Lsg. von äther. Ölen herstellbar.

Solutio Acidi formicici spirituosa: s. Spiritus Formicarum.

Solutio ad desinfectionem: Desinfektionslösung; Zstzg.: NRF, 45 g Isopropylalkohol, 30 g Propanol, 0.5 g Isopropylmyristat, 2.0 g Glycerol 85%, 22.5 g Wasser. **Anw.:** chirurg. u. hygien. Händedesinfektion.

Solutio Adrenalini: s. Adrenalin-Lösung.

Solutio Adrenalini bitartarici: s. Adrenalinhydrogentartratlösung.

Solutio Aetheris spirituosa: s. Spiritus aethereus.

Solutio Albumini humani: s. Albuminlösung vom Menschen.

Solutio Allyli isorhodanati spirituosa: s. Spiritus Sinapis.

Solutio Aluminii acetico-tartarici: s. Aluminiumacetat-tartrat-Lösung.

Solutio Aluminii hexahydrici: Aluminii chloridi hexahydrici solutio, Aluminiumchlorid-Hexahydrat-Lösung; Zstzg.: NRF, NFA, 20 g Aluminiumchlorid-Hexahydrat, 20 g Wasser, 60 g Isopropylalkohol (NRF) bzw. Ethanol (NFA); vgl. Mucilago contra hyperhidrosim. **Anw.:** Hyperhidrosis.

Solutio Ammonii diluta: s. Ammoniaklösung 10%.

Solutio Ammonii hydroxydati: s. Ammoniaklösung 10%.

Solutio Ammonii hydroxydati concentrata: s. Ammoniaklösung 26%.

Solutio Amyli hydrolysati: s. Stärkesirup.

Solutio antiseptica: antiseptische Lösung; Zstzg.: NRF, 0.1 g Ethacridinlactat, 20 g Ethanol 90% (V/V), Wasser ad 100 g. **Anw.:** Desinfiziens bei lokalen Hauterkrankungen.

Solutio Aprotinini concentrata: s. Aprotinin (Konzentrierte Aprotinin-Lösung).

Solutio Arning: Arning solutio, Arning-Lösung; Zstzg.: NRF, 1.2 g Anthrarobin, 2.4 g Ammoniumsulfobitol, 2.4 g Propylenglykol, 16.0 g Isopropylalkohol, Ether nach Bedarf (ca. 22 g); NFA, 6.0 g Ammoniumsulfobitol, 6.0 g Glycerol 85%, 3.0 g Anthrarobin, 40 g Ethanol, 45 Ether; Herst.: NRF, Anthrarobin in einer Mischung von Propylenglykol, Isopropanol u. 20 g Ether ohne Erwärmen weitestgehend lösen, Ammoniumsulfobitol hinzufügen, filtrieren; die erhaltene klare, dunkelbraune Lsg. mit Ether zu 40.0 g ergänzen; NFA, Anthrarobin mit Ethanol u. Ether schütteln, 15 Minuten stehen lassen, filtrieren u. mit dem mit Glycerol angeriebenem Ammoniumsulfobituminat mischen. **Anw.:** Pinselung bei hartnäckigen Ekzemen; Ausweichtherapeutikum bei Psoriasis. Hinweise: Nicht über längere Zeit anwenden, da karzinogene Effekte nicht auszuschließen sind. Kontakt mit Augen u. Mundschleimhaut vermeiden; **UAW:** vereinzelt allerg. Reaktionen, Photosensibilisierung.

Solutio Atropini sulfurici pro iniectione: s. Atropinsulfat-Injektionslösung 0.1%.

Solutio Auri colloidalis: s. Gold, kolloidales.

Solutio Benzaldehydcyanhydrini: s. Benzaldehydcyanhydrinlösung.

Solutio Benzalkonii chlorati 50%: s. Benzalkoniumchloridlösung 50%.

Solutio Benzalkonii chlorati 0.1% cum Edetate: s. Benzalkoniumchlorid-Stammlösung, edetathaltige.

Solutio Bromhexini: Bromhexini solutio, Bromhexin-Lösung; Zstzg.: NRF, 0.2 g Bromhexin, 0.06 g Salzsäure 10%, konserviertes Wasser ad 100.0 g. **Anw.:** Expektorans, oral bzw. zur Inhalation (als Aerosol) bei Bronchitiden.

Solutio Calcii hydroxydati: Aqua Calcariae, Calciumhydroxidlösung, Calcium hydicum solutum, Kalkwasser; Zstzg.: ÖAB90, 1 T. Calciumhydroxid, 104 T. gereinigtes Wasser; Geh. 0.15-0.17% $Ca(OH)_2$. **Anw.:** Umschläge bei Verbrennungen; Herst. von Linimentum* Calcariae.

Solutio Calcii polysulfidi: s. Solutio Calcii sulfurati.

Solutio Calcii sulfurati: Liquor Calcii sulfurati, Solutio Calcii polysulfidi, Calcium sulfuratum solutum, Calcii sulfidi solutio, Vlemingkx-Lösung, Schwefelkalklösung; Lsg. von Calciumpolysulfiden u. Calciumthiosulfat; Herst.: ÖAB90, Ph.Helv.7, 1 T. Calciumoxid, 2 T. gereinigter Schwefel, 16 T. gereinigtes Wasser; Geh. an Polysulfidschwefel: mind. 6% (m/V). $3\ CaO + 12\ S \rightarrow 2\ CaS_5 + CaS_2O_3$, zersetzt sich unter dem Einfluss von CO_2 der Luft (neben Freisetzung von Schwefelwasserstoff wird Schwefel u. Calciumcarbonat abgeschieden):

$CaS_5 + CO_2 + H_2O \rightarrow H_2S + 4\ S + CaCO_3$;

Anw.: Krätze u. Hautkrankheiten, bes. Psoriasis; Umschlägen u. keratolyt. Schwefelbäder; techn. zur Bekämpfung des Mehltaues; **Dos.:** Bad 0.05-0.1%; Waschung 0.5-5%.

Solutio Camphorae oleosa: Oleum camphoratum 10 aut 20 per centum, ölige Campherlösung, starkes Campheröl (DAC86, ÖAB90); Zstzg.: DAC86, 20 T. Campher werden in 80 T. mittelkettigen Triglyceriden unter Erwärmen gelöst; VZ 250-290; Geh.: 19-21% Campher; Ph.Helv.7, 10% Campher in Erdnußöl gelöst; ÖAB90, 20% Campher in Olivenöl gelöst; mischbar mit fetten Ölen u. Fetten, flüssigem Paraffin u. Vaselin. **Anw.:** hyperämisierende Einreibungen.

Solutio Camphorae spirituosa: s. Spiritus camphoratus.

S

Solutio Castellani: Castellani solutio, Castellan-Lösung; Zstzg.: NRF (bis 1996), 5.0 g ethanol. Fuchsinlsg. 4 %, 0.05 g Chlorocresol, 5.0 g Resorcin, 0.01 g Natriumedetat, 2.5 g Aceton, Wasser ad 50.0 g; Herst.: Chlorocresol in Aceton lösen, mit Resorcin u. Natriumedetat versetzen, mit Wasser zu 45.0 g ergänzen u. bis zur Auflösung der festen Bestandteile rühren, gegebenenfalls filtrieren u. erneut zu 45.0 g ergänzen, ethanol. Fuchsinlösung dazugeben; farblose od. schwach gelb gefärbte, klare Lsg.; im Zweifelsfall ist auf die Zulässigkeit der Verfärbung zu prüfen. **Anw.:** Desinfiziens, bei lokalen Pilzinfektionen u. Ekzemen. Wegen der negativen Nutzen-Risiko-Beurteilung für Chlorocresol u. Resorcin nicht mehr zu empfehlen. Anstelle der Sol. Castellani kann eine 0.5 %ige ethanol. Fuchsin-Lsg. verwendet werden.

Solutio Castellani sine Colore: Castellani solutio sine colore, farblose Castellan-Lösung; Zstzg.: NRF, 0.05 g Chlorocresol, 5.0 g Resorcin, 0.01 g Natriumedetat, 2.5 g Aceton, 5.0 g Ethanol 70 % (V/V), Wasser ad 50.0 g; Herst.: Chlorocresol in der Mischung von Aceton u. Ethanol 70 % vollständig lösen, Lsg. mit Resorcin u. Natriumedetat versetzen, mit Wasser ergänzen u. bis zur Auflösung der festen Bestandteile rühren; farblose od. schwach gelb gefärbte, klare Lösung. Im Zweifelsfall ist auf die Zulässigkeit der Verfärbung zu prüfen. **Anw.:** Desinfiziens, bei lokalen Pilzinfektionen u. Ekzemen.

Solutio Chlorhexidini gluconici: Chlorhexidini gluconatis solutio Ph.Eur.4, Chlorhexidinglucomat-Lösung; wässrige, 20 %ige Lsg. von Chlorhexidindigluconat*; vgl. Gargarisma Chlorhexidini. **Anw.:** Antiseptikum.

Solutio Clotrimazoli: Clotrimazol*-Lösung 1 % u. Clotrimazol*-Hautspray 1 %.

Solutio Cocamidopropylbetaini: s. Cocamidopropylbetain-Lösungen.

Solutio Cordes®: antiseborrhöische Lsg., die sowohl in der unveränderten Grundform als auch als Rezepturgrundlage verwendet werden kann. Zstzg.: Natriumbituminosulfonat, Triethanolaminlaurylsulfat, Propylenglykol, Isopropanol. Keine Konservierungsmittel. **Anw.:** z. B. Akne, seborrhöisches Ekzem, Psoriasis des Kopfes, allerg. Erkrankungen, Juckreiz.

Solutio Cresoli saponata: s. Sapo Cresoli.

Solutio Cyanocobalamini[^{57}Co]: s. Cyanocobalamin[^{57}Co].

Solutio Cyanocobalamini[^{58}Co]: s. Cyanocobalamin[^{58}Co].

Solutio Dexpanthenoli: s. Dexpanthenol-Lösung.

Solutio Erlenmeyer: s. Erlenmeyer-Bromwasser.

Solutio Ferri aromatica: Tinctura Ferri aromatica, aromatische Eisenlösung, Eisen-Elixier; Zstzg.: ÖAB90, 10 T. Eisenzucker, 55 T. gereinigtes Wasser, 18 T. einfacher Sirup, 16.5 T. Ethanol, 0.1 T. Tct. aromatica, 0.2 T. Tct. Aurantii amari, 0.01 T. Vanillin; Eisengehalt: 0.28-0.32 %; braunrote Flüss., die aromat. riecht u. angenehm würzig u. süß schmeckt. **Anw.:** Eisenmangelanämien; **Dos.:** 10 g.

Solutio Ferri chlorati: Liquor Ferri sesquichlorati, Eisen(III)-chloridlösung, Ferrichloridlösung; Zstzg.: DAB6, ÖAB90, Ph.Helv.7, 1 T. Eisen(III)-chlorid, 1 T. gereinigtes Wasser; Eisengehalt: 9.9-10.4 %; D. 1.277-1.287, klare, gelbbraune, geruchlose Flüss., die stark zusammenziehend schmeckt. **Anw.:** früher als Styptikum bei inneren Blutungen; heute nur noch selten, äußerl. als Ätzmittel u. als Hämostatikum (Nasenbluten) sowie zur Herst. von Gossypium* haemostaticum.

Solutio Formaldehydi: s. Formaldehydlösung 35 %.

Solutio Formaldehydi saponata: Formaldehydi solutio saponata, Liquor Formaldehydi saponatus, Formaldehydseifenlösung; Mischung von Formaldehydlösung* 35 %, Ethanol u. Kaliseife. Zstzg.: EB6, 78 T. KOH (50 %), 671 T. Formaldehydlsg., 200 T. Ölsäure, 50 T. Weingeist, 1 T. Lavendelöl; Geh.: mind. 23 % CH_2O; ÖAB90, Ph.Helv.7, 4 T. KOH, 5 T. Ethanol, 20 T. Rizinusöl, 58.5 T. Formaldehydlösung (Ph.Helv.7, 11.5 T.), 0.5 T. äther. Lavendelöl (Ph.Helv.7, 0.4 T.), gereinigtes Wasser ad 100 T; Geh. an Formaldehyd: 19-21 % (ÖAB90), 3.9-4.5 % (Ph.Helv.7); Geh. an Fettsäuren 18-20 %. **Anw.:** desinfizierende Waschungen; **Dos.:** für Spülungen 0.2-1 %; bei äußerl. Anw. 1-3 %, desinfizierende Wirk. in dieser Konz. ungenügend.

Solutio Fowleri: s. Solutio Kalii arsenicosi.

Solutio Glyceroli trinitrici: s. Solutio Nitroglyceroli spirituosa.

Solutio Hydrogenii peroxydati: s. Wasserstoffperoxid-Lösung 3 %; Wasserstoffperoxid-Lösung 27 %; Wasserstoffperoxid-Lösung 30 %.

Solutio Iodi aquosa: s. Iodlösung, wässrige.

Solutio Iodi iodica: s. Iod-Iodatlösung.

Solutio Iodi spirituosa: s. Iodlösung, alkoholische.

Solutio Kalii acetici: Liquor Kalii acetici, Kaliumacetatlösung; Zstzg.: DAB6, ÖAB90, 60 T. Essigsäure, ca. 24 T. Kaliumcarbonat, gereinigtes Wasser nach Bedarf; Geh. an Kaliumacetat: 33-35 %; klare, farblose Flüss., die höchstens schwach nach Essigsäure riecht u. salzig schmeckt. **Anw.:** früher als Diuretikum; **Dos.:** 5-10 g.

Solutio Kalii arsenicosi (Thomas Fowler, engl. Arzt, 1736-1801): Liquor Kalii arsenicosi, Liquor Fowleri, Fowler-Lösung; Zstzg.: DAB7, 10.0 T. Arsen(III)-oxid, 10.0 T. Kaliumhydrogencarbonat, 0.1 T. Lavendelöl, 145 T. Ethanol 90 %, 834.9 T. Wasser; Geh. 0.95-1.05 % As_2O_3, D. 0.988-0.992. **Anw.:** obsolet, früher als Roborans u. bei Anämien, selten bei Psoriasis; **Dos.:** MED 0.5 g, MTD 1.5 g.

Solutio Kalii hydroxydati: Liquor Kali caustici, Kalii hydroxidi solutio, Kalilauge; Zstzg.: DAB6, Kaliumhydroxidlösung 15%; KOH ca. 3 mol/L; klare, farblose, geruchlose Flüss., die ätzend wirkt.

Solutio Kalii hydroxydati diluta: Liquor Kali caustici dilutus, verdünnte Kaliumhydroxidlösung, verdünnte Kalilauge; Zstzg.: ÖAB90, 115 T. KOH, 885 T. gereinigtes Wasser; Geh. an Gesamtkali: 9.8-10.3 %, ber. als KOH (ca. 2 mol/L); klare, farblose, geruchlose Flüss., die ätzend wirkt; s. Kaliumhydroxid.

Solutio Kalii lactici: Kalii lactatis solutio, Kaliumlactatlösung; Kalisalz der Milchsäure; D. 1.270-1.282; $n_D^{20°C}$ 1.402-1.405; Geh.: 49.0-51.0 %; klare, farblose Flüssigkeit. **Anw.:** Herst. der einmolarigen Kaliumlactatlösung, s. Solutio Kalii lactici monomolaris.

Solutio Kalii lactici monomolaris: Kalii lactatis solutio monomolaris, einmolare Kaliumlactatlösung; Zstzg.: DAC79, 66 g KOH, 100 g Milchsäure, ad 1000 mL Aqua ad iniectabilia; 0.98-1.02 mol entsprechend 125.6-130.8 g Kaliumlactat pro Liter bzw. mind. 11.9-12.4 % (m/m) Kaliumlactat. **Anw.:** Behandlung von Acidosen bei gleichzeitigem Kaliummangel; **Dos.:** individuell nach Schwere des Falles (Kontrolle des Blut pH-Wertes u. Kaliumspiegels); Lsg. ist hyperton., eine 1.97 %ige (m/V) Lsg. ist blutisoton.

Solutio Kalii silicici: Kaliwasserglas; Ph.Helv.6, Lsg. mit 30 % Kaliumpolysilicaten. Die Silicate werden durch CO_2 der Luft zu Kieselsäure (schwer lösl.) umgesetzt. **Anw.:** Herst. fester, wasserdichter Verbände.

Solutio Lactulosi: s. Lactulose-Lösung.

Solutio Lugoli: s. Iodlösung, wässrige.

Solutio Masticis composita: zusammengesetzte Mastixlösung; Herst.: ÖAB90, 30 T. Mastix (s. Pistacia lentiscus), 11 T. Kolophonium, 55 T. Xylol, 4 T. Leinöl. Mastix u. Kolophonium werden im Xylol gelöst, das Leinöl wird hinzugefügt u. die Lösung koliert, wenn nötig, durch ein Tuch; klare, gelbbraune, brennbare Flüss., die deutlich nach Xylol riecht u. nach dem Verdunsten einen stark klebrigen Rückstand hinterlässt. **Anw.:** flüssiges Haftpflaster zu Wundverbänden.

Solutio Natrii chlorati composita Ringer: s. Ringer-Lösung.

Solutio Natrii chlorati isotonica: Solutio Natrii chlorati physiologica, Natrii chloridi solutio infundibilis 9 g/L, blutisotonische Natriumchlorid-Lösung, physiologische Kochsalzlösung,; Zstzg.: DAC79, ÖAB90, Ph.Helv.7, 0.9 g NaCl, Aq. ad iniect. ad 100 mL; Geh. an NaCl: 0.855-0.945 % (m/V). Physiolog. Kochsalzlösung darf nur keimfrei, völlig klar, v. a. auch frei von Schwebestoffen, die meist aus dem Glas stammen, abgegeben werden. Sie ist isoton., jedoch nur physik., nicht physiol., daher wurde die Lsg. verbessert; s. Ringer-Lösung. **Anw.:** Injektionen, Infusionen (i. v. od. s. c.), Klistiere; bei Kollaps, großen Flüssigkeitsverlusten (Cholera), Blutungen nach Operationen.

Solutio Natrii citrici composita: zusammengesetzte Natriumcitratlösung; ÖAB90: 0.47 g Citronensäure-Monohydrat, 1.3 g tertiäres Natriumcitrat, 2.5 g wasserfreie Glucose ad iniect., Aqua ad iniectabilia ad 100 mL. **Anw.:** Stabilisatorlösung für Frischblut zur Hemmung der Blutgerinnung.

Solutio Natrii hydroxydati concentrata: Liquor Natrii caustici conc., konzentrierte Natriumhydroxidlösung, konzentrierte Natronlauge; Zstzg.: ÖAB90, 315 T. NaOH, 685 T. gereinigtes Wasser; Geh. an Gesamtalkali: 29.5-30.5 %, ber. als NaOH; stark ätzend.

Solutio Natrii hydroxydati diluta: Liquor Natrii caustici dilutus, verdünnte Natriumhydroxid-Lösung, verdünnte Natronlauge; Zstzg.: ÖAB90, 78 T. NaOH, 922 T. gereinigtes Wasser; Geh. an Gesamtalkali: 7.3-7.5 % (ca. 2 mol/L), ber. als NaOH.

Solutio Natrii iodohippuratici: s. Natriumiodhippurat[123I].

Solutio Natrii lactici: s. Natriumlactatlösung.

Solutio Natrii lactici composita: s. Natriumlactatlösung, zusammengesetzte.

Solutio Natrii lactici isotonica: s. Natriumlactatlösung.

Solutio Natrii lactici monomolaris: s. Natriumlactatlösung, einmolare.

Solutiones ad haemocolaturam: s. Hämofiltrationslösung.

Solutiones ad haemocolaturam haemodiacolaturamque: s. Hämofiltrationslösung.

Solutiones ad haemodialysim: s. Hämodialyselösung.

Solutiones ad peritonealem dialysim: s. Peritonealdialyselösung.

Solutiones anticoagulantes et sanguinem humanum conservantes: s. Stabilisatoren.

Solutiones ophthalmicae: s. Augenwässer.

Solutiones orales: s. Mixturae.

Solutiones pro lentibus ophthalmicis: s. Kontaktlinsenpflegemittel.

Solutio Nitroglycerini: s. Solutio Nitroglyceroli spirituosa.

Solutio Nitroglyceroli spirituosa: Glyceroli trinitratis solutio spirituosa, Nitroglycerinum solutum, Solutio Nitroglycerini, Solutio Glycerolii trinitrici, alkoholische Nitroglycerinlösung, alkoholische Glyceroltrinitratlösung, Nitroglycerinspiritus, Glonoinum; DAC86, 1 %ige (m/m) Lsg. von Glyceroltrinitrat in Ethanol 90 %, (ÖAB90, Ethanol 96%); Geh.: 0.98-1.02 % Glycerolnitrat; klare, farblose, leicht entflammbare Flüssigkeit. Sehr vorsichtig lagern. **Anw.:** Angina pectoris Anfälle u. arterielle Hypertonie (gefäßerweiternd u. blutdrucksenkend). Nach Einnahme treten häufig Kopfschmerzen sowie vorübergehende Rötungen (Flush-Erscheinungen) an Hals u. Kopf auf; **Dos.:** Tropfen u. Gelatinekapseln; 0.05-0.10 g perlingual (1 g ca. 65 Tr.); MED 0.1 g, MTD 0.4 g.

Solutio Oxytocini concentrata: s. Oxytocin-Lösung, konzentrierte.

Solutio physiologica Ringer: s. Ringer-Lösung.

Solutio Picis Lithanthracis: s. Liquor Carbonis detergens.

Solutio Polyvidoni-Iodi: Polyvidoni-Iodi-solutio, Solutio Polyvinylpyrrolidoni-Iodi, Polyvidon-Iod-Lösung; Zstzg.: DAC86, NRF, 10 g Polyvidon-Iod, 3.32 g Natriummonohydrogenphosphat-Dodekahydrat, 0.84 g wasserfreie Citronensäure ad 100 g gereinigtes Wasser; Geh.: 0.83-1.2 % verfügbares Iod, sowie 0.41-0.66 % Iodid. Lagerung max. 1 Jahr nach Herstellung. **Anw.:** unverdünnt zur Haut- u. Schleimhautdesinfektion, bei Hautverletzungen u. Verbrennungen.

Solutio Polyvinylpyrrolidoni-Iodi: s. Solutio Polyvidoni-Iodi.

Solutio Sacchari tosti: s. Saccharose.

Solutio Saponis kalini spirituosa: s. Spiritus Saponis kalini.

Solutio Saponis spirituosa: s. Spiritus saponatus.

Solutio Stanni chlorati: s. Bettendorf-Reagens.

Solutio Theophyllini-Ethylendiamini pro iniectione: s. Theophyllin-Ethylendiamin (Theophyllin-Ethylendiamin-Injektionslösung).

Solutio Vitamini A: s. Vitamin-A-Lösung.

Solutio zinco-cuprica composita: Aqua zinco-cuprica, Kupferzink-Lösung; Herst.: Ph.Helv.7, 0.1 T. Kupfer(II)-sulfat, 0.4 T. Zinksulfat, 1.0 T. Kampferspiritus, 98.5 T. Wasser. **Anw.:** Dermatikum bei Ekzemen, Hautausschlägen.

solutus (lat.): f: -a, n: -um; gelöst.

solv.: Abk. für (auf Rezepten) solve: löse! od. solvetur: es werde gelöst.

Solvatation: Solvation; unter S. versteht man die WW zw. polaren Lösungsmittelmolekülen u. den Teilchen (polare Moleküle od. Ionen) eines gelösten Stoffes, die dazu führen, dass die gelösten Teilchen unter Freiwerden von Energie u. unter Ausbildung von Ion-Dipol-Bindungen od. Wasserstoffbrücken von den Lösungsmittelmolekülen eingehüllt werden. Dies geht in manchen Fällen mit einer Volumenkontraktion einher. Liegt als Lösungsmittel Wasser vor, spricht man von **Hydratation** (Hydration).

Solvate, kristalline: s. Kristallsolvate.

Solvay-Verfahren: s. Natriumcarbonat.

Solvendum: Bez. für die Substanz, die in einer Flüss. (Menstruum) zur Lösung (Solutio) gelangt.

Solvens: s. Lösungsmittel.

Solvolyse: Zers. eines gelösten Stoffes durch chem. Reaktion mit dem Lösungsmittel.

Soma (gr.): Körper. somatogen: im Körper (neu) entstanden; somatisch: körperlich.

Somali-Myrrhe: s. Commiphora molmol (Myrrha).

Somatogamie: geschlechtl. Fortpflanzung, der weder die Ausbildung von Gametangien (s. Gametangium) noch von Gameten* vorausgehen, sondern die unter Verschmelzung von Körperzellen stattfindet; charakterist. für Basidiomyzeten*.

Somatoliberin: synthet. Wachstumshormon-Releasinghormon, Polypeptid (44 Aminosäuren). **Wirk.:** hemmend auf Somatostatin*; **Anw.:** Diagnostikum zur Funktionsprüfung des Hypophysenvorderlappens, bei Minderwuchs; s. Hormone (Hypophysenvorderlappen); vgl. Somatropin.

Somatologie: Lehre von den allg. Eigenschaften des menschl. Körpers.

Somatomedin C: s. Insulin-like growth factor.

Somatomedine: s. Hormone (Hypophysenvorderlappen).

Somatostatin INN: Somatostatinum Ph.Eur.4, (engl.) *somatropin release inhibiting factor (Abk. SRIF), growth inhibiting hormone (Abk. GIH)*; CAS-Nr. 38916-34-6, $C_{76}H_{104}N_{18}O_{19}S_2$, M_r 1637.92. Cycl. Tetrapeptid. **Vork.:** Hormon des Hypothalamus, s. Hormone (Hypothalamus-Hypophysen-System); wird auch im Pankreas, in der Schleimhaut des Magens, Duodenums u. Jejunums gebildet; **Wirk.:** hemmt die Ausschüttung von Somatropin* u. bewirkt eine verminderte Glucagon*-, Insulin*-, Gastrin-, Thyrotrophin*- u. Corticotropin*-Freisetzung; Gegenspieler: Somatoliberin*; **Anw.:** Hämostatikum* bei schwerer akuter Gastroduodenalulkusblutung; Akromegalie*, Inselzelltumor; HWZ 0.11-0.49 h. Gebräuchl. ist auch Somatostatinacetat.

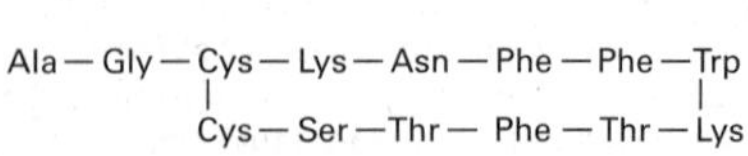

Somatostatin

Somatropin INN: Somatropinum Ph.Eur.4, Somatotrophin, Somatotropin, somatotropes Hormon (Abk. STH), menschliches Wachstumshormon, (engl.) *human growth hormon (Abk. HGH)*; Norditropin; CAS-Nr. 12629-01-5; $C_{990}H_{1528}N_{262}O_{300}S_7$, M_r 22121. Gentechn. hergestelltes, dem menschl. Wachstumshormon (s. Hormone, Hypophysenvorderlappen) entspr. Protein, dass den Arzneibuchvorschriften über DNA*-rekombinationstechn. hergestellte Produkte entsprechen muss. Lösl. in Wasser. **Anw.:** hypophysärer Minder- bzw. Zwergwuchs; **Kontraind.:** Diabetes mellitus, Akromegalie; **Dos.:** parenteral i. m. 2-3×4 I.E./7 d.

Somatropin-Lösung zur Herstellung von Zubereitungen: Somatropinum solutio ad praeparationem; Ph.Eur.4, Lsg. eines Proteins, das die Struktur von Somatropin* hat; kann Hilfsstoffe (z. B. Puffersubstanzen) enthalten u. muss den Arzneibuchvorschriften DNA-rekombinationstechn. hergestellter Produkte entsprechen.

Somatropin zur Injektion: Somatropinum iniectabile; Ph.Eur.4; gefriergetrocknete, sterile Zuber. eines Proteins, das die Struktur von Somatropin* besitzt; muss den Arzneibuchvorschriften über Parenteralia u. DNA-rekombinationstechn. hergestellter Produkte entsprechen.

Sommelet-Reaktion: Bildung von Aldehyden aus Arylalkylhalogeniden durch Erhitzen mit Hexamethylentetramin in wässrigem Alkohol od. verd. Essigsäure. Die Reaktion verläuft über ein quartäres Ammoniumsalz; z. B. entsteht aus Benzylchlorid Benzaldehyd.

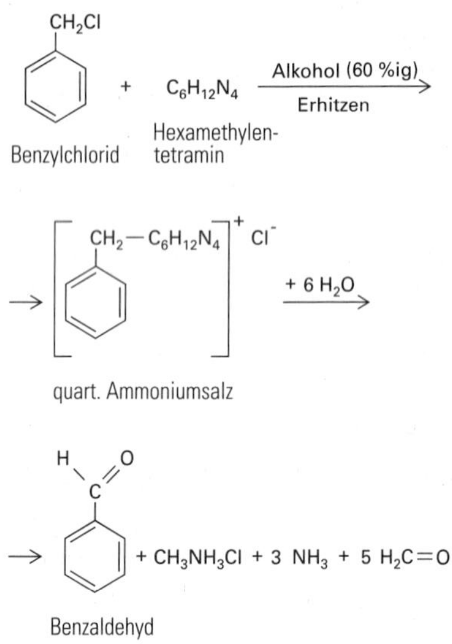

Sommelet-Reaktion: Bildung von Benzaldehyd als Beispiel

Sommereiche: s. Quercus robur.

Sommerlinde: s. Tilia cordata.

Sommersprossen: s. Ephelides.

Sommersprossenmittel: depigmentierende Wirkstoffe enthaltende Mittel. **Wirkstoffe:** z. B. Hydrochinone* wie Monobenzon*, vermindern die

Synthese von Melaninen*, normal pigmentierte Haut wird prakt. nicht beeinflusst. S. mit fragl. Wirkung: Peroxide*, Ascorbinsäure (s. Vitamine, Vitamin C), Gurkenmilch.

Somnifera: s. Schlafmittel.

Somnolenz: Form der quantitativen Bewusstseinsstörung*; schläfriger Zustand, aus dem der Betroffene durch äußere Reize noch zu erwecken ist.

Sonde: **1.** röhrenförmiges, starres od. flexibles Instrument aus Metall od. Kunststoff (Polyurethan, Kautschuk) zum Einführen in Körperhohlräume zwecks Untersuchung, Ernährung od. Entleerung, mit kurzer od. langer Verweildauer (Verweilsonden). Sondentypen (eingeteilt nach Lage): **a)** nasogastrale S. (Magen-S., Gastroduodenal-S.); **b)** nasojejunale S.; **c)** perkutan-endoskop. Gastrostomie-S. (PEG-S., durch die Bauchdecke in den Magen); **d)** perkutan-endoskop. Jejunostomie-S. (Dünndarmsonde). Außerdem werden Ösophaguskompressions-Sonden (dreilumige Doppelballonsonden) zur Blutstillung bei Ösophagus- od. Magenfundusvarizen eingesetzt. **2.** Molekül, das eingesetzt wird, um **a)** nach einem bestimmten Gen, Genprodukt od. Protein zu suchen. Das radioaktiv od. chem. markierte Molekül bindet spezif. an eine bestimmte Nucleotidsequenz in der Ziel-DNA od. -RNA bzw. an ein charakterist. Strukturmerkmal des Zielproteins; **b)** eine bestimmte zelluläre Umgebung anzuzeigen. S. dieser Klasse werden unterteilt in Elektronenspinresonanz-(ESR-) u. Fluoreszenzpolarisationssonden, die in biol. Membranen eingebaut werden, um ein Maß für deren Fluidität zu erhalten.

Sonnenblume: s. Helianthus annuus.

Sonnenblumenkernöl: s. Helianthus annuus (Helianthi annui oleum raffinatum).

Sonnenblumenöl, raffiniertes: s. Helianthus annuus (Helianthi annui oleum raffinatum).

Sonnengeflecht: s. Plexus.

Sonnenhutwurzel, Rote: s. Echinacea angustifolia (Echinaceae angustifoliae radix).

Sonnenkraut: s. Drosera rotundifolia (Herba Droserae).

Sonnenschutzpräparate: Mittel, die die Haut vor der schädigenden Einwirkung intensiver Sonnenbestrahlung (Sonnenbrand) durch Reflexion od. Absorption von Strahlung schützen. **Zuber.:** im Handel sind z. B. wässrige, alkohol., ölige Lösungen, Emulsionen u. Lotionen, Cremes, Fettstifte, Gele, Aerosol-Schaumcremes; **Inhaltsst.:** absorbierende Lichtschutzsubstanzen* od. reflektierende anorgan. Substanzen wie Zinkoxid*, Titandioxid*, Calciumcarbonat; spezielle Zusätze: z. B. Duftstoffe, Repellents*, Gerbstoffe*, entzündungshemmende Stoffe u. Pflanzenauszüge, Vitamine (z. B. Vitamin E) u. Feuchthaltemittel*; die Wirksamkeit wird durch den Lichtschutzfaktor* angegeben u. hängt von der Art u. Konz. der enthaltenen Schutzstoffe, der Schichtdicke des aufgetragenen Präperates, der Art der galen. Zuber. und anderen Faktoren ab.

Sonnenstich: s. Insolation.

Sonnentau: **1.** Rundblättriger S., Langblättriger S., Mittlerer S., s. Drosera rotundifolia. **2.** Afrikan. S., s. Drosera ramentacea.

Sonolumineszenz: durch Ultraschall angeregte Leuchterscheinung; vgl. Lumineszenz.

Soor: Bez. für die Beläge auf den Schleimhäuten bei Candidosen*; auch als Synonym für Candidose gebraucht.

Soor-Gel: Zstzg.: NFA, 0.002 T. Dequaliniumchlorid, 0.60 T. Hydroxyethylcellulose ad 20 T. destilliertes Wasser. Hydroxyethylcellulose wird in 17.4 g heißem destilliertem Wasser dispergiert. Anschließend fügt man 2.0 g einer Dequaliniumchlorid-Stammlsg. (1:1000) zu u. lässt bis zur vollständigen Quellung (mind. 3 Stunden) stehen. **Anw.:** Soor, Stomatitis aphtosa u. andere Mund- u. Racheninfektionen; **Dos.:** Säuglinge 3-4 × tägl. ein erbsengroßes Stück auf den Sauger streichen; Erwachsene u. Kinder 3-4 × tägl. ca. 1 cm Gel (aus der Tube) im Mund gleichmäßig verteilen.

SOP: Abk. für (engl.) *standard operating procedure*; standardisierter Arbeitsablauf; s. Studie, klinische.

Sophora flavescens Ait.: (chin) Ku shen, Schnurbaumwurzel; Fam. Fabaceae. Stpfl. von **Sophorae flavescentis radix:** Wurzeldroge der TCM. **Inhaltsst.:** in der Droge Chinolizidinalkaloide*, u. a. Matrin, Oxymatrin u. Sophocarpin (nach Chin. Arzneibuch muss der Alkaloidgeh. mind. 2 % betragen); ferner Flavonoide, z. B. Kushenol A-O, sowie Saponine; **Wirk.:** Matrin wirkt antiulzerogen und antiasthmat; Matrin, Oxymatrin u. Sophocarpin zeigen zytostat. Wirk. bei bestimmten Tumorzelllinien; **Anw.:** in der TCM als Diuretikum, bei Durchfällen, gastrointestinalen Hämorrhagien u. Ekzemen.

Sophora japonica L.: Japanischer Schnurbaum; Fam. Fabaceae, Leguminosae (Ostasien). Stpfl. von **Flores Sophorae:** Gemmae Sophorae, Schnurbaumknospen, Pagodenbaumknospen, Natalkörner. **Inhaltsst.:** bis 30 % Rutosid*; in Blättern u. Stängeln bis 4.4 % Rutosid u. Chinolizidinalkaloide* wie Cytisin*; in den Früchten die Isoflavonglykoside Sophorabiosid (Genistein-4'-glucosidorhamosid), Sophoricosid (Genistein-4'-glucosid) u. Genistein*; **Anw.** techn.: industrielle Herst. von Rutosid.

Sophora pachycarpa C.A. Mey: Fam. Fabaceae, Leguminosae (Mittelasien). **Inhaltsst.:** Chinolizidinalkaloide*, z. B. D-Spartein (Pachycarpin; vgl. Spartein); **Anw.** volkstüml.: bei Arterienentzündungen u. Muskelerkrankungen; techn.: zur Gew. der Alkaloide.

Sophorin: s. Cytisin.

Sopor: Form der quantitativen Bewusstseinsstörung*; schlafähnl. Zustand, aus dem der Betroffene durch äußere Reize nicht mehr voll erweckbar ist. Nur stärkste Reize (z. B. Schmerzreize) können Reaktionen (z. B. Abwehrbewegungen) auslösen.

Sorbens: aufnehmender Stoff; Überbegriff für Adsorbens u. Absorbens.

Sorbide: Ether des Sorbitol* (Furanderivate).

Sorbinsäure: Acidum sorbicum, Acidum sorbinicum; Ph.Eur.4, 2,4-Hexadiensäure; CAS-Nr. 110-44-1; $C_6H_8O_2$, M_r 112.12. Weiße Kristalle, leicht lösl. in Ethanol u. Ether, lösl. in heißem Wasser, sehr schwer lösl. in kaltem Wasser. Nat. z. B. in Vogelbeeren (Sorbus* aucuparia). **Anw.:** Konservierungsmittel von Früchten, Margarine, Backwaren, Käse, Zuckerlösungen (schützt vor

Schimmelbefall), s. Konservierung. Der optimale pH-Wert liegt bei ca. 4.5, wirksam auch bei höheren pH-Werten bis 6.5. S. u. ihre K-Salze werden als physiol. unbedenkl. Konservierungsmittel (0.05-0.2 %) gegen Mikroorganismen (verwiegend Schimmelpilze) für pharmaz. u. kosmetische Präparate empfohlen. Nicht zur Konservierung von Augentropfen geeignet.

$$CH_3-CH=CH-CH=CH-COOH$$

Sorbinsäure

Sorbit: s. Sorbitol.

Sorbitan: s. Sorbitanfettsäureester.

Sorbitanfettsäureester: Fettsäuresorbitanester, Span®, Arlacel®; Mischungen partieller Fettsäureester (Mono-, Sesqui- od. Triester) des Sorbitols u. seiner Anhydride (Sorbitan u. Sorbid) mit einer je nach Sorte versch. Fettsäure. Flüssige od. feste, in Wasser unlösl., in flüss. Kohlenwasserstoffen u. fetten Ölen mehr od. weniger gut lösl., gut verträgl., prakt. reizlose u. sehr wenig tox. Produkte für die kutane u. perorale Verwendung. Bes. gereinigte Spans® sind die Arlacels®, die vor allem für perorale Zuber. als Emulgator* geeignet sind. Nichtionogene Emulgatoren des Typs W/O. Auch als lipophile Stabilisatoren in Komplexemulgatoren zur Herst. von O/W-Cremes verwendet. Als Netzmittel u. als Solubilisatoren für hydrophile Arzneistoffe in lipophilen Systemen. Inkomp.: s. Wollwachs (Wollwachsalkohole). **Sorbitanmonolaurat:** Sorbitani lauras Ph.Eur.4, Span 20, Arlacel 20; CAS-Nr. 1338-39-2. Flüssig. D. 0.98, HLB-Wert 8.6, SZ max. 7, OHZ 330-358, IZ max. 10, VZ 158-170. **Sorbitanmonooleat:** Sorbitani oleas Ph.Eur.4, Span 80, Arlacel 80; CAS-Nr. 1338-43-8. Flüssig. D. 0.99, Viskosität ca. 900 mPa·s (25 °C), HLB-Wert 4.3, SZ max. 8, OHZ 190-210, IZ 62-76, VZ 149-160. **Sorbitanmonopalmitat:** Sorbitani palmitas Ph.Eur.4, Span 40, Arlacel 40; CAS-Nr. 26266-57-9. Fest. HLB-Wert 6.7, SZ max. 8, OHZ 270-305, VZ 140-155, POZ max. 5. **Sorbitanmonostearat:** Sorbitani stearasas Ph.Eur.4, Span 60, Arlacel 60; CAS-Nr. 1338-41-6. Fest. HLB-Wert 4.7, SZ max. 10, OHZ 235-260, VZ 147-157, POZ max. 5. **Sorbitantrioleat:** Sorbitani trioleas, Span 85, Arlacel 85; CAS-Nr. 26266-58-0. **Off.:** Ph.Eur.4. Flüssig. D. 0.98. HLB-Wert 1.8, Viskosität bei 25 °C ca. 220 mPa·s, SZ max. 16, OHZ 55-75, IZ 76-90, VZ 170-190, POZ max. 10. Lösl. in Toluol, Testbenzin, Mineralöl, Erdnußöl u. Paraffinöl, in der Wärme lösl. in Ethanol, unlösl. in Wasser u. Ethylenglykol, in Wasser teilw. dispergiergar (200 ppm). **Sorbitantristearat:** Span 65, Arlacel 65; CAS-Nr. 26658-19-5. **Off.:** DAC86. Fest. HLB-Wert 2.1, SZ max. 15, OHZ 66-80, VZ 176-188. **Sorbitansesquioleat:** (1.5:1) Sorbitanum sesquioleylatum, Arlacel 83, Arlacel C. **Off.:** Ph.Eur.4. Flüssig, D. ca. 0.99; Viskosität (25 °C) 1000-1400 mP·s, Wassergehalt max. 1 %, Flammpunkt 150 °C, HLB-Wert 3.7, SZ max.16, VZ 145-166, OHZ 180–215, IZ 70-95, POZ max. 10.

Sorbitol: Sorbitolum Ph.Eur.4, D-Sorbitol, D-Sorbit, D-Glucitol, D-Glucit, L-Gulitol, L-Gulit, E420; $C_6H_{14}O_6$, CAS-Nr. 50-70-4, M_r 182.17, Schmp. 97-98 °C (Mod. I; 4 weitere, tiefer schmelzende, unterschiedl. hygroskop. Mod.), D. 1.48 (Mod. I), $[\alpha]_D^{20°C}$ +4.0-7.0° (c=10 in Wasser, mit einem Zusatz von 6.4 g Natriumtetraborat); bis zu 83 % in Wasser lösl.; lösl. in 90 %igem Ethanol in der Wärme, in Glycerol, Methanol u. Essigsäure; wenig lösl. in Chloroform, Aceton, Ether, kaltem Ethanol, Isopropanol, Butanol, Cyclohexanol u. Phenol; Viskosität einer 70 %igen Lsg.: 110 mPa×s (25 °C); hygroskop. Punkt 71.5 % (25 °C); S. nimmt bei 70 % rel. Feuchte ca. 30 % Wasser auf u. verflüssigt sich bei 84 % rel. Feuchte innerhalb von 24 h. Weißes, krist., süß schmeckendes, hygroskop. Pulver, Süßungsgrad 0.5-0.6 (Saccharose: 1); C_6-Zuckeralkohol, isomer mit Mannitol; durch Zusatz flüss. Macrogole* unter Rühren wird eine 70 %ige S.-Lösung zu einer wachsartigen wasserlösl. Masse (Schmp. 35-40 °C); wässrige Lsg. bei Abwesenheit von Katalysatoren gegenüber Luftsauerstoff stabil; in niedrigen Konz. Nährboden für Mikroorganismen. Durch Erhitzen in

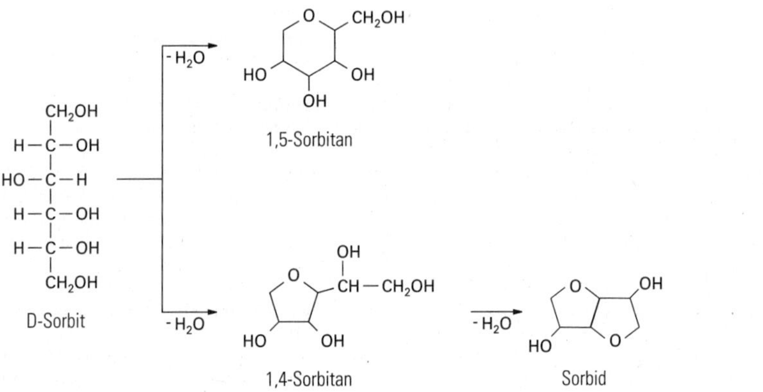

Anhydride des Sorbits

Sorbitol: S. u. Derivate

Gegenwart saurer Katalysatoren kommt es unter intramolekularer Wasserabspaltung zur Bildung von inneren Ethern, von denen das 1,4-Sorbitan nach partieller Veresterung mit Fettsäuren u. Umsetzung mit Ethylenoxid als Lösungsvermittler u. Emulgator verwendet wird (s. Abb.); s. Polysorbate, Sorbitanfettsäureester. **Vork.**: im Pflanzenreich weit verbreitet; nat. in vielen Früchten, bes. in Vogelbeeren (s. Sorbus aucuparia); **Wirk.**: in größeren Mengen laxativ; **Inkomp.**: Metallionen, speziell im stark sauren u. stark alkal. Bereich (Komplexbildung); **Anw.**: wegen seiner guten Verträglichkeit Süßmittel für Diabetiker; Ausgangsprodukt für die Ascorbinsäuresynthese (s. Sorbose); weiterhin in der Nahrungsmittelindustrie Frischhaltemittel u. Weichmacher für Süßwaren; verhindert das Auskristallisieren von Zucker in Sirupen bei der Lagerung; für feste Arzneiformen Füll- u. Bindemittel speziell für Kautabletten, wegen der starken Hygroskopizität Verw. eingeschränkt; in Gelatinekapseln Weichmacher anstelle von Glycerol; für flüss. u. halbfeste Arzneiformen zur Erhöhung od. Abrundung des Geschmacks, als Süßstoff, Ersatz für Glycerol (in konz. Lsg.); Feuchthalter in pharmaz. u. kosmetischen Cremes; Vehikel für parenterale Lsg. (5.48%ige Lsg. isoosmot. mit dem Serum); Lösungsvermittler z. B. für Steroidinjektionen; **Sorbitollösung 70 %, kristallisierende:** Sorbitolum liquidum cristallisabile (Ph.Eur.4); wässrige Lsg. mit einem Geh. von 68.0-72.0 %; farblos, klar u. sirupartig; mischbar mit Wasser. **Sorbitollösung 70 %, nicht kristallisierende:** Sorbitolum liquidum non cristallisabile (Ph.Eur.4); wässrige Lsg. eines hydrierten, partiellen Hydrolysats von Stärke (s. Amylum) mit 68.0-72.0 % wasserfreier Substanz; farblos, klar u. sirupartig; mischbar mit Wasser. **Sorbitol-Infusionslösungen** u. Sorbitol-Injektionslsg. (DAC86): Sorbitoli solutiones infundibiles u. iniectabiles.

Sorbitollösung 70 %, kristallisierende: s. Sorbitol.

Sorbitollösung 70 %, nicht kristallisierende: s. Sorbitol.

Sorbitolum liquidum cristallisabile: s. Sorbitol (Sorbitollösung 70 %, kristallisierende).

Sorbitolum liquidum non cristallisabile: s. Sorbitol (Sorbitollösung 70 %, nicht kristallisierende).

Sorbose: L-Sorbose; $C_6H_{12}O_6$; M_r 180.16, Schmp. 162 °C, $[\alpha]_D^{20\,°C}$ −42.9°. (s. Abb.). **Vork.**: nat. in bestimmten Pflanzensäften, z. B. in Vogelbeeren (s. Sorbus aucuparia); ein Zwischenprodukt bei der Synthese von Ascorbinsäure: S. wird durch Gluconobacter oxydans regiospezifisch zu L-Sorbose dehydriert, die dann in Ascorbinsäure überführt wird.

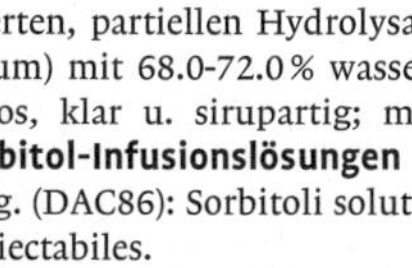

Sorbose: Sorbopyranose

Sorbus aucuparia L.: Pyrus aucuparia (L.) Gaertn., Eberesche, Vogelbeerbaum; Fam. Rosaceae (Europa, kult. Nordamerika). **Versch. Subspezies:** Man unterscheidet S. aucuparia ssp. aucuparia u. S. aucuparia ssp. moravia (Dipp.) A. Löve, Mährische (Süße) Vogelbeere (mit vielen Sorten). Stpfl. von **Fructus Sorbi aucupariae:** Sorbi fructus, Baccae Sorbi, Fructus Sorborum, Vogelbeeren, Ebereschenbeeren, Drosselbeeren. **Inhaltsst.**: in den frischen Früchten ca. 0.04 % Parasorbinsäure (5-Hydroxy-hex-2-en-säure-lacton, $C_6H_8O_2$), die beim Trocknen od. Kochen zu Sorbinsäure* abgebaut wird u. genuin als Glykosid Parasorbid vorliegt; ferner Sorbitol*, Sorbose*, ca. 1 % Pektin*, der Farbstoff Sorbusin (Carotinoidgemisch), Äpfelsäure, Zucker, Gerbstoffe (Sorbitansäure), Vit. C (in der frischen Frucht 60-110 mg/100 g), im Samen etwas Amygdalin*; in den Früchten der Mährischen Vogelbeere höherer Geh. an Zucker u. geringerer Geh. an Sorbitol u. Parasorbinsäure; **Wirk.**: Parasorbinsäure wirkt lokal reizend u. leicht laxierend; **Anw.** volkstüml.: z. B. bei Nierenerkrankungen, rheumat. Beschwerden, Menstruationsbeschwerden sowie als Vitamin C-Lieferant; das eingekochte Mus (enthält keine Parasorbinsäure mehr) bei Durchfall; die frischen Früchte zur Herstellung von Marmelade u. ä.; zur Likörherstellung.

Soredien (Sing. soredium) *pl*: (bot.) Fortpflanzungseinheiten von Flechten, bestehend aus einigen Cyanobakterien- od. Grünalgenzellen, die von Pilzhyphen umgeben werden; vgl. Lichenes.

Sorghum bicolor (L.) Moench: Sorghum vulgare Pers., Cymbopogon sorghum, Andropogon sorghum, Mohrenhirse, Negerkorn, Milokorn, Kaffernhirse, Durrha-Durrha; Fam. Poaceae, Gramineae (heim. Indien, kult. Afrika, Mittelmeergebiet). Hirseart, die im Nährwert etwa dem Mais entspricht (ca. 70 % Stärke, 10 % Eiweiß, 2-4 % Zucker, 3 % Fett). **Anw.**: Viehfutter u. Lebensmittel.

Sorption: übergeordneter Begriff für Adsorption*, Physisorption*, Absorption*, Chemisorption* u. Kapillarkondensation*.

Sorptionsisostere: graph. Darstellung der versch. Luftzustände, die im Gleichgewicht mit einem konstanten Wassergehalt in der Probe stehen. Mit ihrer Hilfe kann z. B. die Sorptionswärme bestimmt werden. Im Ggs. zur Sorptionsisotherme ist der Wassergehalt der Probe konstant, die Temp. u. der Wassergehalt der Luft variabel.

Sorptionsisotherme: graph. Darstellung der gegenseitigen Abhängigkeit der im Gleichgewicht ad- od. absorbierten Mengen u. des Partialdrucks der Komponenten (z. B. Wasser) in der Gasphase (bzw. der Gleichgewichtskonzentration der Substanz in der Lösung) bei konstanter Temperatur. Zw. Absorption u. Desorption besteht eine Hysterese* (Adsorptionsisotherme lässt sich mit Desorptionsisotherme nicht zur Deckung bringen, s. Abb. 1). Aufgrund des Verlaufes einer Wasserdampfsorptionsisotherme kann auf die Art der Wassersorption (z. B. Kapillarkondensation*, Hydratbildung, Einschicht- od. Mehrschichtadsorption) rückgeschlossen werden, s. Abb. 2.

Sorptiv: Stoff, der gebunden wird; nicht nur an der Oberfläche.

S

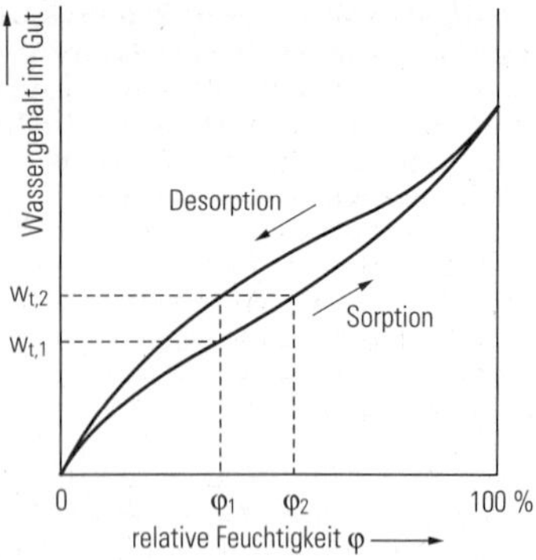

Sorptionsisotherme Abb. 1: Hysterese bei Wasserdampfsorptionsisothermen

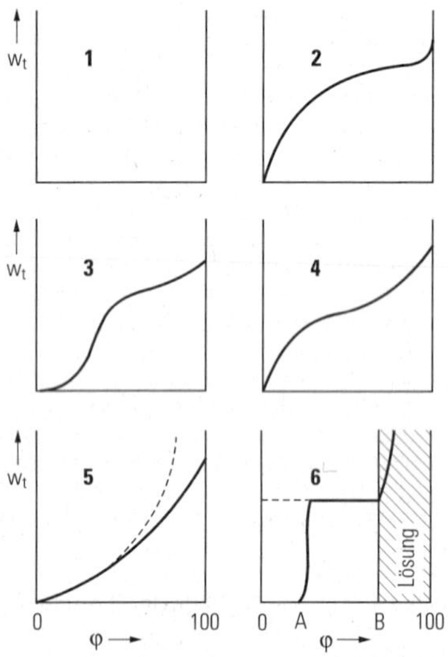

Sorptionsisotherme Abb. 2: versch. Typen von Wasserdampfsorptionsisothermen: (φ relative Feuchtigkeit); 1: nicht hygroskopische Stoffe; 2: Sorption erfolgt an bevorzugten Stellen; 3: reine Kapillarkondensation; 4: Überlagerung von 2 u. 3; 5: hydrophile Polymere; 6: hydratbildende, wasserlösliche Stoffe

S

Sorus (pl sori): Sporangienhäufchen der Farne; vgl. Sporangium.

Sotalol INN: 4'-(1-Hydroxy-2-isopropylaminoethyl)methansulfonanilid; CAS-Nr. 3930-20-9; $C_{12}H_{20}N_2O_3S$, M_r 272.36. Strukturformel s. Sympatholytika (Abb. 2). **Anw.:** Betasympatholytikum (s. Sympatholytika); ähnl. Propranolol*; **Dos.:** p. o. 2×80 mg/d, langsam erhöhen bis zur optimalen Wirk.; HWZ 4.8 h. Gebräuchl. ist auch Sotalolhydrochlorid.

Souchong: s. Camellia sinensis (Schwarztee, Qualitätsbez.).

Southern-Blot: Methode für den Nachweis von DNA-Fragmenten. Sie beruht auf der elektrophoret. Trennung von DNA, anschließender Übertragung (Blotting) auf eine Matrix (z. B. eine Nitrocellulosemembran) u. nachfolgender Hybridisierung. Die Methode wurde 1971 von Southern eingeführt. Anwendungen sind genom. Blots, Zoo-Blots, Phagenkartierungen.

Soxhlet-Apparat: s. Extrahieren.

Sozialpharmazie: untersucht Beziehungen, die Arzt, Apotheker u. Patient untereinander u. zum Arzneimittel eingehen u. ordnet sie in soziale u. ökonom. Zusammenhänge ein.

Sozialversicherung: In Deutschland enthält das Sozialgesetzbuch die Bestimmungen zur Sozialversicherung, die aus 5 Versicherungszweigen besteht. **1. Rentenversicherung:** Pflichtversicherung für alle Arbeiter, Angestellten u. Auszubildenden. Träger sind die Bundesversicherungsanstalt für Angestellte in Berlin sowie die Landesversicherungsanstalten für die Arbeiterrentenversicherung. Die Rentenversicherung dient der finanziellen Absicherung bei verminderter Erwerbsfähigkeit u. im Alter. Für die Apotheker übernehmen die Versorgungswerke die Aufgaben der Bundesversicherungsanstalt für Angestellte. **2. Krankenversicherung:** deckt im Krankheitsfall Risiken durch Übernahme von Behandlungskosten u. Verdienstausfall ab, ferner Regelleistungen u. a. Früherkennungsuntersuchungen, Vorsorgeuntersuchungen, Mutterschaftshilfe, Familienhilfe, Schwangerschaftsabbruch sowie subsidiäre Leistungspflicht bei Rehabilitation. Versicherungspflichtig sind alle in der Ausbildung befindl. Personen (Auszubildende, Studenten), Arbeiter u. Angestellte (letztere, sofern ihr Jahreseinkommen unter der Beitragsbemessungsgrenze liegt) sowie Rentner, Arbeitslose, die Arbeitslosengeld od. -hilfe beziehen, u. bestimmte Gruppen selbständiger Unternehmer. Träger der Gesetzlichen Krankenversicherung sind die Allgemeinen Ortskrankenkassen (AOK), Betriebskrankenkassen, Innungskrankenkassen, Landwirtschaftlichen Krankenkassen, Seekrankenkasse, Bundesknappschaft sowie die Ersatzkassen. **3. Arbeitslosenversicherung:** ist für die Deckung von mit der Arbeitslosigkeit verbundenen Kosten wie Arbeitsvermittlung, Zahlung von Arbeitslosengeld bzw. -hilfe, Kurzarbeitergeld etc. zuständig. Pflichtversichert sind alle Angestellten u. Arbeiter. Träger ist die Bundesagentur für Arbeit in Nürnberg. **4. Pflegeversicherung:** wurde 1995 zur Abdeckung der Kosten im Pflegefall geschaffen. Ihre Leistungen können sowohl bei häusl. als auch bei stationärer Pflege in Anspruch genommen werden. Versicherungspflichtig sind alle in der gesetzl. Krankenversicherung versicherten Personen. Zur Finanzierung der Pflegeversicherung wurde in der BRD ein gesetzl. Feiertag abgeschafft. **5. Unfallversicherung:** wird von den Berufsgenossenschaften getragen. Sie übernimmt bei Arbeitsunfällen, Wegeunfällen u. Berufskrankheiten u. a. die Zahlung der Behandlungskosten, Rehabilitationskosten u. Renten. Die Beiträge zur S. werden mit Ausnahme der Unfallversicherung zu jeweils 50 % von Arbeitgebern u. Arbeitnehmern getragen. Die Beiträge zur Unfallversicherung gehen ausschließl. zu Lasten des Arbeitgebers.

Sozoiodol-Kalium: s. Kalium, diiodparaphenolsulfonsaures.

Sozoiodolsäure: Acidum sozoiodolicum, Acidum diiodparaphenolsulfonicum; 3,5-Diiod-4-hydroxybenzolsulfonsäure; $C_6H_2I_2(OH)SO_3H \cdot 3\,H_2O$, M_r 425.95. Farblose, nadelförmige Kristalle; leicht lösl. in Wasser, Ethanol, Glycerol. **Anw.:** früher als Antiseptikum*.

Sozolsäure: Acidum phenolsulfonicum; *o*-Phenolsulfonsäure. CAS-Nr. 609-46-1; $C_6H_6O_4S$, M_r 174.17. Farblose Flüssigkeit. **Anw.:** früher innerl. wie Salicylsäure*, äußerl. als Antiseptikum*.

Spacer (engl. Abstandhalter): **1.** (biol.) DNA-Abschnitt zw. 2 ident. Genregionen. **2.** (chem.) Molekülbest., der als Abstandhalter zw. 2 funktionellen Gruppen od. Molekülbereichen dient. **Anw.:** Herst. von Säulen für Affinitätschromatographie (s. Chromatographie), um einen Liganden besser für den an ihn bindenden Molekülteil zugängl. zu machen.

Spadix: kolbenartiger Blütenstand*, der bisweilen von einer Spatha, einem gefärbten Hochblatt, umgeben ist. Charakterist. für die Unterklasse Arecidae (Spadiciflorae) der Liliatae (Monokotyledonae), also z. B. für die Familien Arecaceae, Araceae u. Typhaceae.

Spätholz: das im Laufe der Vegetationsperiode zuletzt gebildete, also im äußeren Teil des Zuwachsrings gelegene Holz; es enthält kleine Zellen u. ist dichter als das Frühholz*.

Spagluminsäure INN: *N*-(*N*-Acetyl-L-*β*-aspartyl)-L-glutaminsäure; CAS-Nr. 4910-46-7; $C_{11}H_{16}N_2O_8$, M_r 304.25. Dipetid. **Anw.:** Antiallergikum* bei Bindehautentzündung, es wird lokal am Bindehautsack appliziert. S. hemmt die Mastzellendegranulation durch Membranstabilisierung u. Hemmung der Komplementaktivierung.

Spagyrik: von Paracelsus eingeführter Begriff für eine alchemist. Arzneimittellehre; Wortkombination der gr. Vokabeln für trennen u. verbinden bzw. alchemistisch „löse u. fälle" (solve et coagula). Das Wesentl. ist vom Unwesentl. mit Methoden wie Extraktion, Sublimation, Destillation abzutrennen. Das „Wesentliche" soll so in Essenzen, Spiritussen u. Tinkturen enthalten sein. Die von der modernen Naturwissenschaft u. Schulmedizin nicht anerkannte S. wurde von Carl Friedrich Zimpel (1800-1878) als „spagyrisches Heilsystem" sowie von Theodor Krauß (1864-1920) als Isokomplex-Heilweise (IKH; spagyr. Zubereitungen), unter verstärkter Einbeziehung der Homöopathie* Hahnemamnns, weiterentwickelt.

Spagyrika: Mittel, spagyrische; ursprüngl. Arzneimittel der Alchimisten; heute gebräuchlich für Mittel, die auf der Basis der Spagyrik* zubereitetet u. vielfach dann nach den Prinzipien der Hom. weiterverarbeitet u. verordnet werden; s. Homöopathie.

Spaltbasen: s. Racematspaltung.

Spaltfrucht: s. Fruchtformen.

Spaltgas: Gasgemisch aus CO u. H_2; vgl. Generatorgas, Wassergas. **Darst.:** entsteht aus Kohlenwasserstoffen (Erdgas, Erdöl) mit Wasserdampf in endothermer Reaktion.

Spaltöffnungen: Stomata; (bot.) in der Epidermis des Blattes gelegene Öffnungen, die dem Gasaustausch dienen. Sie werden durch 2 Schließzellen, die Chlorophyll enthalten, gebildet. Die angrenzenden Epidermiszellen, die sog. Nebenzellen, weisen für versch. Familien charakterist. Formen u. Anordnungen auf, z. B. anomozyt., anisozyt., diazytische u. parazytische Spaltöffnungen (s. Abb.).

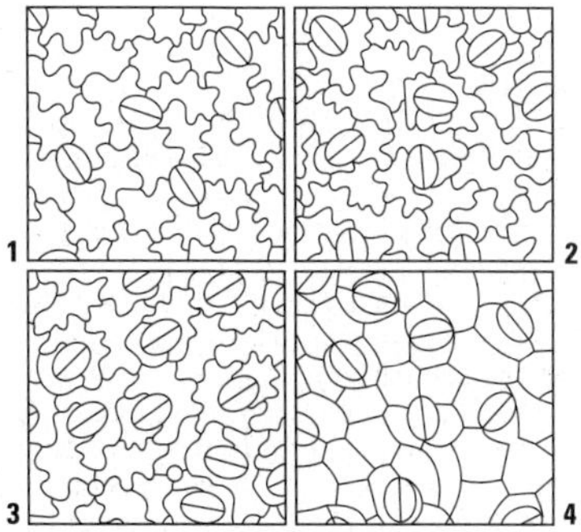

Spaltöffnungen: anomozytische (1), anisozytische (2), diazytische (3) u. parazytische Spaltöffnungen (4)

Spaltöffnungsindex: Merkmalswert zur Charakterisierung von Blättern (s. Blatt); entspr. nach Ph.Eur.4 dem 100fachen Verhältnis zw. der Anzahl der Spaltöffnungen S für eine bestimmte Blattoberfläche und der Summe der Anzahl der Epidermiszellen E u. Spaltöffnungen S: $^{100 \times S}/_{(E+S)}$.

Spaltpflanzen: s. Schizophyta.

Spaltsäuren: s. Racematspaltung.

Spaltung, thioklastische: s. Fettsäureabbau.

Span®: s. Sorbitanfettsäureester; vgl. Polysorbate.

Spanischfliegenkollodium: s. Collodium cantharidatum.

Spanischfliegenöl: s. Oleum Cantharidis.

Spanischfliegenpflaster: s. Emplastrum Cantharidum ordinarium.

Spanischfliegenpflaster für den tierärztlichen Gebrauch: s. Emplastrum Cantharidum pro usu veterinario.

Spanischfliegenpflaster, immerwährendes: s. Emplastrum Cantharidum perpetuum.

Spanischfliegensalbe: s. Unguentum cantharidis.

Spanischfliegentinktur: s. Tinctura Cantharidum.

Spanisch-Hopfenöl: s. Origanum creticum (Oleum Origani cretici), Origanum onites (Oleum Origani cretici).

Spannweite: (engl.) *range*; (statist.) Differenz aus dem größten u. kleinsten Wert in einer Stichprobe*. Die S. sollte als Streuungsmaß nur bis zu einem Messwertumfang von ca. n = 10 verwendet werden.

Spansules: mit Fett od. Wachs überzogene Pellets*.

Sparfloxacin INN: *cis*-5-Amino-1-cyclopropyl-7-(3,5-dimethyl-1-piperazinyl)-6,8-difluor-1,4-dihydro-4-oxo-3-chinolincarbonsäure; CAS-Nr. 110871-86-8, $C_{19}H_{22}F_2N_4O_3$, M_r 392.41. Schmp. 266-269 °C. **Wirk.:** Gyrasehemmer*; **Anw.:** antibakt. Chemotherapeutikum*, insbes. geg. grampositive Erreger; Ind.: z. B. Pneumonien; **Dos.:** p. o. am 1. Behandlungstag 400 mg als ED (abends); Erhaltungsdos. 1 × 200 mg/d über 10-14 d; HWZ ca. 20 h.

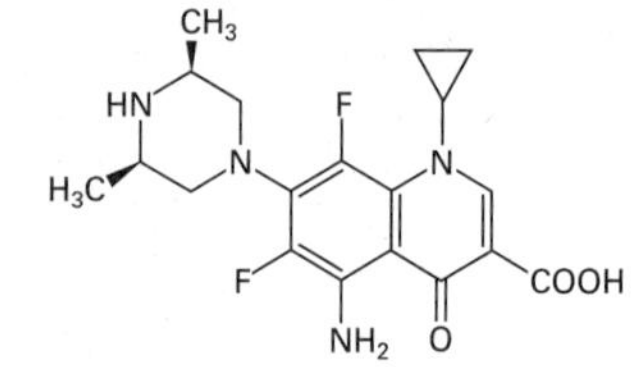

Sparfloxacin

Spargelwurzel: s. Asparagus officinalis (Rhizoma Asparagi).

Spartein INN: Sparteinum, L-Spartein, Lupinidin; L-(–)-Perhydro-7,14-methanodipyrido[1,2-*a*:1',2'-*e*][1,5]diazocin; CAS-Nr. 90-39-1; $C_{15}H_{26}N_2$, M_r 234.37. Strukturformel s. Chinolizidinalkaloide (Abb.). Sdp. 173 °C (1.07 kPa); wasserdampfflüchtig. d_4^{20} 1.020. $n_D^{20\,°C}$ 1.5312. $\alpha_D^{21\,°C}$ –16.4° (10 g/100 mL absolutem Ethanol). $pK_{S,1}$ 2.24 (konjugierte Säure, 20 °C), $pK_{S,2}$ (konjugierte Säure) 9.46. 1 g lösl. in 325 mL Wasser; leicht lösl. in Ethanol, Chloroform, Ether. **Vork.:** nat. z. B. in Cytisus* scoparius (Besenginster) u. a. Fabaceae*; **Wirk.:** koronargefäßerweiternd, hemmt Erregungsbildung am Herzen, anregend auf ZNS, Atemzentrum, Darm- u. Uterusmuskulatur; **Anw.:** Herzarrhythmie; Herzinsuffizienz; HWZ 2 h. **L-Sparteinsulfat-Pentahydrat**: CAS-Nr. 6160-12-9; $C_{15}H_{28}N_2O_4S \cdot 5\,H_2O$, M_r 422.5. Schmp. 136 °C (unter Zers.). Dehydration bei 100 °C unter Braunwerden. pH einer Lsg. (0.05 mol/L) 3.3; 1 g lösl. in 1.1 mL Wasser, 3 mL Ethanol, fast unlösl. in Chloroform, Ether. **Dos.:** p. o. 4-5 × 0.05-0.1 g/d, MED 0.3 g, MTD 1.0 g.

D-Spartein: s. Sophora pachycarpa.

Spartium scoparium: s. Cytisus scoparius (Hom).

Spartium tinctorium: s. Genista tinctoria.

Spasmolytika: den Tonus der glatten Muskulatur (Magen-Darm-Kanal, Gefäße, Bronchien u. a.) herabsetzende Arzneimittel. **Anw.:** Spasmen des Magen-Darm-Kanals, der Gallen- u. Harnwege u. im Bereich der weibl. Genitalorgane; **neurotrope S.:** Parasympatholytika*; wirken durch kompetitive Verdrängung von Acetylcholin an Muscarinrezeptoren; verwendet werden v. a. Substanzen mit vorwiegend peripheren Wirk., z. B. N-Butylscopolaminiumchlorid*, Trospiumchlorid*; **muskulotrope S.:** papaverinartige S.; Erschlaffung der Muskulatur durch direkte Einwirk. auf die glatte Muskelzelle, z. B. Papaverin*, Ethaverin*, Moxaverin*; **neurotrop-muskulotrope S.:** besitzen sowohl neurotrope (parasympatholyt.) als auch muskulotrope spasmolyt. Eigenschaften, z. B. Camylofin*, Drofenin*, Fencarbamid*, Cicloniumbromid*, Tiropramid*.

Spasmus: Krampf; unwillkürl. Kontraktion quergestreifter od. glatter Muskulatur. **spasmogen:** krampferzeugend; **spasmolytisch**: krampflösend; vgl. Krämpfe.

Spateisenstein: $FeCO_3$, Mineral; s. Eisen.

Spatha: Blütenscheide; (bot.) Hochblatt, das einen Blütenstand mehr od. weniger umhüllt u. meist auffallend gefärbt ist; s. Spadix.

Spathsalbe: s. Unguentum Cantharidum pro usu veterinario.

Spathum ponderosum: s. Bariumsulfat (Schwerspat).

Spearmint: s. Mentha crispa (Menthae crispae aetheroleum).

Species: **1.** pharmakol.: Teegemische; ÖAB90, DAC86, Ph.Helv.7, Gemenge von unzerkleinerten od. zerkleinerten Pflanzenteilen ohne od. mit Zusatz anderer Stoffe (Drogenextrakte, äther. Öle od. andere Arzneistoffe). Nach DAB10 soll der Zerkleinerungsgrad geschnittener Drogen Siebgrößen zw. 2000 u. 4000 Maschenweite (Bez. minutim concisus) aufweisen; Feinanteile sind zu entfernen. Früchte u. Samen, die äther. Öl in Exkretbehältern im Inneren der Droge enthalten, z. B. Apiaceenfrüchte, Wacholderbeeren, sind gequetscht zu verwenden. Zusätze werden i. Allg. in gelöster Form auf die Best. des Teegemisches aufgebracht (Imprägnierung) u. diese bei max. 40 °C getrocknet. **2.** s. Art.

Species Althaeae: Eibischtee; Zstzg.: ÖAB90, 55 T. Eibischblätter, 25 T. Eibischwurzeln, 15 T. Süßholzwurzeln u. 5 T. Malvenblüten. **Anw.:** Behandlung der Mundhöhle u. des Rachenraumes; **Dos.:** ungezuckert zum Gurgeln, mehrmals tägl.; GED 1.5 g auf 1 Teetasse.

Species amaricantes: Bittertee; Zstzg.: ÖAB90, je 20 T. Wermutkraut, Tausendguldenkraut u. Bitterorangenschale sowie je 10 T. Bitterkleeblätter, Kalmuswurzel, Enzianwurzel u. Ceylonzimtrinde; vgl. Magentee. **Anw.:** Amarum; **Dos.:** GED 1.5 g auf 1 Teetasse.

Species amaro-aromaticae: bitter-aromatischer Tee; Zstzg.: Ph.Helv.6, je 10 T. Zimtrinde, Eichenrinde, Pomeranzenschale, Pfefferminzblätter, Bitterkleeblätter, je 20 T. Wermutkraut, Kardobenediktenkraut, 10 T. Kalmuswurzeln; vgl. Magentee. **Anw.:** Stomachikum; **Dos.:** GED 2 g als Aufguss.

Species anticystiticae: Blasentee; Zstzg.: Ph.Helv.7, 25 T. Birkenblätter, 45 T. Bärentraubenblätter, 30 T. Süßholzwurzel; vgl. Species urologicae. **Anw.:** leicht desinfizierend, spasmolyt. u. diuret.; **Dos.:** GED 3 g als Aufguss.

Species anticystiticae cum Spasmolytico: krampflösender Blasentee; Zstzg.: Ph.Helv.6, ähnl. der Species* anticystiticae, zusätzl. 10 T. Bilsenkrautblätter auf 100 Teile. **Anw.:** früher angewendet, s. Species anticystiticae, mit verstärkter parasympatholyt. Wirkung; **Dos.:** GED 3 g als Aufguss.

Species aromaticae: gewürzhafte Kräuter; Zstzg.: DAB6, 2 T. fein zerschnittene Pfefferminzblätter, 2 T. fein zerschnittener Quendel, 2 T. fein zerschnittener Thymian, 2 T. fein zerschnittene Lavendelblüten, 1 T. fein zerschnittene Gewürznelken, 1 T. grob gepulverte Kubeben.

Species carminativae: windtreibender Tee (ÖAB), blähungswidriger Tee (Ph.Helv.7); Zstzg.: ÖAB90, Pfefferminzblätter, Kamillenblüten, Kalmuswurzel u. zerstoßener Kümmel zu gleichen Teilen; vgl. Species deflatulentes. **Anw.:** Karminativum; **Dos.:** 1.5 g auf 1 Teetasse. Zstzg.: Ph.Helv.7, 25 T. Kamillenblüten, 20 T. Pfefferminzblätter, 30 T. zerstoßener Kümmel, 15 T. Kalmuswurzel, 10 T. Baldrianwurzel; vgl. Magen-u. Darmtee. **Anw.:** leichtes Sedativum, anregend auf Verdauungssaft-Sekretion; **Dos.:** GED 1.5-2 g als Aufguss.

Species cholagogae: Gallentee; Zstzg.: ÖAB90, 30 T. Löwenzahnwurzeln, je 20 T. Kamillenblüten u. Pfefferminzblätter, je 10 T. Faulbaumrinde u. Andornkraut. **Anw.:** Choleretikum; **Dos.:** Aufguss 1.5 g auf 1 Teetasse.

Species deflatulentes: blähungstreibender Tee; Zstzg.: NRF, je 20 g Kamillenblüten, Pfefferminzblätter, Baldrianwurzel, Kümmel, Anis; bei Bedarf frisch herzustellen u. in Teebeutel abzufüllen. **Anw.:** Karminativum; Infusum **Dos.:** 1 EL.

Species diaphoreticae: schweißtreibender Tee; Zstzg.: Ph.Helv.6, 20 T. Pfefferminzblätter, 30 T. Holunderblüten, 40 T. Lindenblüten u. 10 T. Jaborandiblätter. **Dos.:** GED 5 g als Aufguss.

Species diureticae: harntreibender Tee; Zstzg.: ÖAB90, grob zerschnittene Liebstöckelwurzel, Hauhechelwurzel, Süßholzwurzel u. zerstoßene Wacholderbeeren zu gleichen Teilen; Ph.Helv.7, 10 T. Birkenblätter, 20 T. Orthosiphonblätter, 10 T. zerstoßener Anis, 25 T. Schachtelhalmkraut, 25 T. zerstoßene Wacholderbeeren, 10 T. Liebstöckelwurzel. **Dos.:** 1.5 g (ÖAB90) bzw. 1.5-3 g (Ph.Helv.7) auf 1 Teetasse.

Species emollientes: erweichende Kräuter; Zstzg.: DAB6, Eibischblätter, Malvenblätter, Steinklee, Kamillen, Leinsamen zu gleichen Teilen, grob gepulvert.

Species gelosae: quellender Tee; Zstzg.: Ph.Helv.6, 30 T. irische Alge, 70 T. Flohsamen, 8 T. Ethanol, 2 T. Pfefferminzöl; 1 Jahr haltbar. **Anw.:** mildes Laxans; peristaltikanregend u. koterweichend.

Species gynaecologicae Martin: Martin-Tee; Zstzg.: EB6, je 250 T. Faulbaumrinde, Schafgarbenkraut, Sennesblätter, Queckenwurzelstock, grob zerschnitten.

Species laxantes: Species laxantes St. Germain, abführender Tee, Saint-Germain-Tee; Zstzg.: DAB6, (ÖAB94), 32 (50) T. mittelfein zerschnittene Sennesblätter, 20 (20) T. Holunderblüten, (5. T. Kamillenblüten), 10 (15) T. zerquetschter Bitterer Fenchel, 10 (0) T. zerquetschter Anis, 5 T. Kaliumtartrat, (6 T. Kalium-Natriumtartrat), 3 (4) T. Weinsäure, 13 (8) T. gereinigtes Wasser; Ph.Helv.7, 10 T. Holunderblüten, je 15 T zerstoßener Anis u. Fenchel, 50 T. Sennesfrüchte, 10 T. Süßholzwurzeln; NRF, 10.0 g Fenchel, 10.0 g Kamillenblüten, 20.0 g Pfefferminzblätter, 60.0 g Sennesblätter. Ein Teil der Sennesblätter wird zuerst mit der Tartratlsg. u. später mit der Weinsäurelsg. durchfeuchtet; nach dem Trocknen werden die restl. Sennesblätter u. die übrigen Bestandteile hinzugemischt. **Dos.:** 1.5 g auf 1 Teetasse; GED 1.5-3 g als Aufguss.

Species laxantes cum Spasmolytica: krampflösender Abführtee; Zstzg.: s. Species laxantes, enthält zusätzl. 10 T. Bilsenkrautblätter ad 100 Teile. **Anw.:** Obstipation mit Koliken; **Dos.:** GED 2-3 g als Aufguss.

Species laxantes St. Germain: s. Species laxantes.

Species Lignorum: Holztee, Blutreinigungstee; Zstzg.: DAB6, 5 T. Guajakholz, 3 T. Hauhechelwurzel, 1 T. Süßholz, 1 T. Sassafrasholz, grob zerschnitten.

Species majales: Maikurtee; Zstzg.: ÖAB90, je 45 T. Faulbaumrinde u. Sennesblätter, 3 T. Kamillenblüten, 2 T. zerstoßener, bitterer Fenchel, je 5 T. Magnesiumsulfat u. gereinigtes Wasser.

Species nervinae: beruhigender Tee; Zstzg.: DAB6, 4 T. Bitterklee, 3 T. Pfefferminzblätter, 3 T. Baldrian; grob zerschnitten.

Species pectorales: Brusttee; Zsztg.:ÖAB94: 10 T. Malvenblüten, 10 T. Königskerzenblüten, 10 T. Thymianblätter, 20 T. Eibischblätter, 20 T. Eibischwurzeln, 25 T. Süßholzwurzeln, 5 T. zerstoßene Anisfrüchte. **Anw.:** sekretionsfördernd, sekretomotor. u. sekretolyt., hustenreizdämpfend bei Bronchialkatarrh; **Dos.:** 1.5 g auf 1 Teetasse. Zstzg.: Ph.Helv.7, 5 T. gelbes Katzenpfötchen, je 10 T. Huflattichblüten, Thymian, Eibischwurzeln, Süßholz- u. Senegawurzeln, je 15 T. Königskerzenblüten, Malvenblüten u. zerstoßener Anis. **Dos.:** GED 2 g als Aufguss.

Species pectorales cum Fructibus: Brusttee mit Früchten; Zstzg.: EB6, 200 T. zerquetschter Fenchel, 150 T. zerquetschter Kümmel, 100 T. grob zerschnittene Feigen, 550 T. Brusttee.

Species sedativae: Nerventee, beruhigender Tee; Zstzg.: ÖAB90, je 10 T. Melissenblätter, Pfefferminzblätter, Orangenblüten, Pomeranzenschalen u. 60 T. Baldrianwurzel; Ph.Helv.7, 20 T. Orangenblüten, Passionsblumen, 10 T. Melissenblätter, Pfefferminzblätter, 15 T. zerstoßener Anis, 25 T. Baldrianwurzeln. **Anw.:** Schlaflosigkeit u. leichte Erregungszustände; **Dos.:** 1.5 g auf 1 Teetasse.

Species urologicae: Blasen- u. Nierentee; Zstzg.: NRF, je 10 g Mateblätter, Orthosiphonblätter, je 20 g Bärentraubenblätter, Bohnenhülsen, Schachtelhalmkraut, Birkenblätter; ÖAB90, je 35 T. Bärentraubenblätter u. Bruchkraut, 30 T. Birkenblätter. **Anw.:** leichte Harnweginfekte.

Specifica (Sing. specificum) *pl:* Heilmittel gegen eine bestimmte Krankheit.

Speckstein: nat. Magnesiumsilicat; s. Talk.

SPECT: Abk. für (engl.) *single photon emission (computed) tomography;* SPET; bildgebendes Verfahren der Nuklearmedizin* auf dem Prinzip der Tomographie*. Dem Patienten verabreichte Tracer* senden Gammaquanten aus, die mittels rotierender Detektoren registriert u. zu dreidimensionalen Bildern zusammengesetzt werden. Im Ggs. zur PET* keine Koinzidenzschaltung der Detektoren, daher können auch Nicht-Positronenemitter (Technetium-99m, Iod-123, Iod-131, Indium-111) eingesetzt werden.

Spectinomycin INN: Actinospectacin, Aminocyclitol; 4*aβ*,7*β*,9*a*-Trihydroxy-2*α*-methyl-6*β*,8*β*-bis(methylamino)-5*aβ*,9*aα*,10*aβ*-perhydropyrano[2,3-*b*][1,4]benzodioxin-4-on; CAS-Nr. 1695-77-8; $C_{14}H_{24}N_2O_7$, M_r 332.35. Schmp. 184-194 °C. $[\alpha]_D^{25\,°C}$ −20°. Lösl. in Wasser, Methanol, Ethanol; fast unlösl. in Aceton, Kohlenwasserstoff-Lösungsmitteln. pK_S der konjugierten Säure 6.95, 8.70. **Wirk. u. Anw.:** Aminoglykosid-Antibiotikum (s. Antibiotika) aus Kulturen von Streptomyces spectabilis; schwaches Breitband-Antibiotikum; hemmt die Proteinbiosynthese der Bakt.; therap. verwendet bei Gonokokken-Infektionen; **UAW:** gastrointestinale Störungen, Kopfschmerzen; **Dos.:** parenteral i. m. für Männer 2.0 g, für Frauen 4.0 g; HWZ 3-4 h. Gebräuchl. sind auch Spectinomycin-Hexahydrat, Spectinomycin-Dihydrochlorid, Spectinomycin-Dihydrochlorid-Pentahydrat, Spectinomycinsulfat, Spectinomycinsulfat-Dihydrat, Spectinomycinsulfat-Tetrahydrat; vgl. Antibiotika (Tab.).

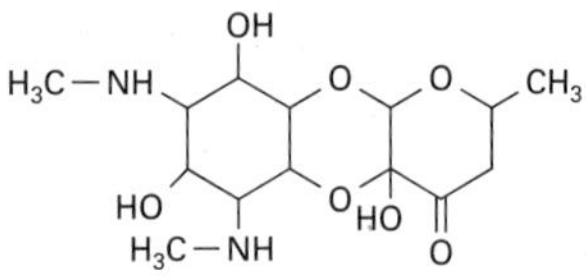

Spectinomycin

Speed: Ausdruck unter Drogenkonsumenten als Bez. für Amfetamin* od. Methylphenidat*; vgl. Metamfetaminhydrochlorid.

Speichel (lat. saliva): Sekret der Speicheldrüsen u. zahlreicher kleiner Drüsen in der Mundhöhle. **Menge:** 1-2 L/d. **Zstzg:** **1.** Elektrolyte: K^+, Na^+, Ca^{2+}, Cl^-, PO_4^{3-} HCO_3^-; **2.** Enzyme: Lysozym*, Alphaamylase (s. Amylasen), Aprotinin*; **3.** Glykoproteine (Mucine*); **4.** Immunglobuline* (v. a. IgA); pH-Wert ca. 7. **Regulation:** erfolgt reflektorisch. Erregung des Parasympathikus* führt zu einer Sekretion von dünnflüss. S., Erregung des Sympathikus* zur Sekretion von dickflüss. Speichel. Mit der Speichelsekretion erfolgt die Exkretion von körpereigenen u. -fremden Stoffen, z. B. Arzneistoffe u. Viren.

Speicheldrüsenviruskrankheit: s. Zytomegalie.

Speichel, künstlicher: Zstzg.: NRF, 0.12 g Kaliumchlorid, 0.085 g Natriumchlorid, 0.25 g Natriummonohydrogenphosphat-Dodecahydrat, 0.015 g Calciumchlorid-Dihydrat, 0.005 g Magnesiumchlorid-Hexahydrat, 4.3 g Sorbitol-Lsg., 70 % ad 100 g gereinigtes Wasser; evtl. auch aromatisiert. **Anw.:** Substitution bei Speichelmangelzuständen u. zur Prüfung von Zahnersatz.

Speik, Echter: s. Valeriana celtica.

Speik, Großer: s. Lavandula latifolia.

Speisepilze: s. Pilze.

Speiseröhre: Ösophagus.

Speisesenf: s. Mostardum.

Speisesoda: s. Natriumhydrogencarbonat.

Speiteufel: s. Russula emetica.

Spektralanalyse: Einfache qualitative Form der Flammenphotometrie. Als Gerät dient der Bunsenbrenner, Detektor ist das menschl. Auge. Somit ist der Messbereich auf das sichtbare Licht beschränkt. Vgl. Spektroskopie.

Spektralphotometrie: Messung der Strahlungsabsorption von Lsg. über einen best. Spektralbereich mit Hilfe eines Spektralphotometers. Die Messkurve, die die Messwerte in Relation zur Wellenlänge darstellt nennt man ein Spektrum. Vgl. Spektroskopie.

Spektrophotometer: Instrument zur Zerlegung der Strahlung in ein Spektrum; s. Spektroskopie.

Spektroskopie: Messung u. Analyse der Intensitätsverteilung von Strahlung, wie z. B. von Licht od. Elementarteilchen, in Abhängigkeit von deren Wellenlänge, Frequenz, Energie, Masse, elektr. Ladung od. anderen charakterist. Größen (s. Spektrum, s. Tab.). **Theoret. Grundlagen:** Die Energiequanten des Lichts (s. Photonen) sind definiert durch (s. Quantentheorie):

$E = h \cdot \nu$

Dabei stellt h das Planck*-Wirkungsquantum dar u. ν die Frequenz. Zw. der Frequenz ν eines einfarbigen (monochromat.) Lichts u. dessen Wellenlänge λ besteht die Beziehung:

$c = \nu \times \lambda$

wobei c die Lichtgeschwindigkeit* ist. Die potentielle elektr. Energie ist definiert als:

$E = e \times U$

wobei e die Elementarladung ($1.602189 \cdot 10^{-19}$ C) u. U die angelegte elektr. Spannung ist.

Spektroskopische Methoden: **I. Elektronenspektroskopie:** spektroskop. Verfahren, bei de-

Spektroskopie
Elektromagnetisches Spektrum

Bereich	Wellenlänge	Anregungsenergie in kJ	in kcal	Typ des Übergangs
γ-Strahlen, Röntgenstrahlen, kosmische Strahlen	<100 nm	>1200	>286	
Ultraviolettstrahlen (UV)				
Vakuum-UV	100 - 200 nm	1200 - 600	286 - 143	elektronische Übergänge
Quarz-UV	200 - 350 nm	600 - 343	143 - 82	elektronische Übergänge
sichtbare Strahlen	350 - 800 nm	343 - 50	82 - 36	elektronische Übergänge
Infrarotstrahlen (IR)				
nahes IR	0.8 - 2.0 μm	150 - 60	36 - 14.3	Schwingungsübergänge (Oberschwingungen)
IR	2 - 16 μm	60 - 7.5	14.3 - 1.8	Schwingungsübergänge
fernes IR	16 - 300 μm	7.5 - 0.4	1.8 - 0.1	Schwingungsübergänge
Mikrowellen	1 cm	$4 \cdot 10^{-4}$	10^{-4}	Rotationsübergänge
Radiowellen	cm - m	$4 \cdot 10^{-6}$	10^{-6}	Elektronen- und Kernspinübergänge (EPR, NMR)

nen feste Stoffe durch Erhitzen zum Weißglühen gebracht werden u. das hierbei ausgesandte Licht durch ein Prisma zerlegt wird; man erhält ein kontinuierl. Spektrum, in welchem sämtl. Farben des sichtbaren, ultravioletten u. infraroten Lichts enthalten sind. Bei glühenden, aus Elementatomen bestehenden Gasen u. Dämpfen erhält man ein aus Linien bestehendes diskontinuierl. Spektrum. Jedes Element weist spezif. Spektrallinien auf. Die Lichtabstrahlung beruht darauf, dass durch die Energiezufuhr Elektronen, entgegen der Anziehung durch den Kern, von energieärmeren inneren Orbitalen auf energiereichere äußere Orbitale gehoben werden. Das Atom verweilt ca. 10^{-8} bis 10^{-9} s im angeregten Zustand. Die beim Zurückspringen des Elektrons in seine ursprüngl. Lage frei werdende Energie wird in Form von Licht ausgestrahlt. Bei jedem Elektronensprung wird ein Quant ausgesandt:

$h \cdot \nu = E_{nach} - E_{vor}$

Die Energie ($h \cdot \nu$) ist gleich den Absolutwerten der Elektronenenergie vor u. nach dem Elektronensprung. Die Elektronen können sich nur in ganz bestimmten Orbitalen mit bestimmten Energiegehalten befinden. Für jedes Element sind somit nur ganz bestimmte Frequenzen mögl., die sich im Linienspektrum der Atome ausdrücken (s. Emissionsspektrum).

1. **Atomabsorptionsspektroskopie:** Abk. AAS; die AAS basiert auf dem Prinzip, dass bei der Anregung mit weißem Licht (kontinuierl. Spektrum) diesem die einzelnen Anregungsbeiträge entnommen werden. Dabei treten dunkle Absorptionslinien im Spektrum auf. Die Absorption des Lichts ist proportional zur Konz. des zu untersuchenden Elements in der Probelösung. **Durchführung:** Die Probelösung wird zunächst therm. in den gasförmigen Zustand überführt u. das entstandene Gas mit dem Linienspektrum des zu untersuchenden Elements aus einer Hohlkathodenlampe durchstrahlt (s. Abb. 1). **Anw.:** z. B. Nachw. von Schwermetallspuren im ppb-Bereich. **Zeemann-AAS:** Abk. für Zeemann-Atomabsorptionsspektroskopie; Zeemann-Effekt-AAS; Methode, bei der die Untergrundkompensation unter Ausnutzung des Zeemann*-Effekts erfolgt. Man bringt entw. die Hohlkathodenlampe od. den Absorptionsraum in ein Magnetfeld u. schaltet zw. beide ein rotierendes Polarisationsfilter. Dadurch kann die Messung der Linie u. des Linienuntergrunds quasi-simultan erfolgen.

2. **Flammenphotometrie:** Im Ggs. zur AAS ist das Prinzip dieser Methode die Messung der Emission* therm. angeregter Atome; es handelt sich also um Atomemissionsspektroskopie. **Durchführung:** Die Probe, die das zu bestimmende Element enthält, wird in einem geeigneten Lösungsmittel gelöst u. in einer Flamme zerstäubt. Das emittierte Licht wird durch ein entspr. Detektorsystem gemessen.

3. **UV-VIS-Spektroskopie:** Absorptionsspektroskopie im ultravioletten u. sichtbaren Bereich, geeignet v. a. für die Analyse von Molekülen; Bereich der UV-Spektren: 50 bis ca. 400 nm; Bereich der VIS-Spektren: 400-900 nm. Elektronenspektren von Molekülen haben im Ggs. zu

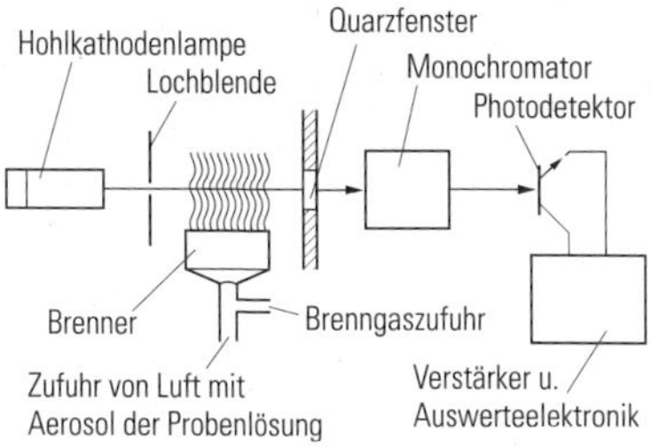

Spektroskopie Abb. 1: Funktionsprinzip des Atomabsorptionsspektrophotometers

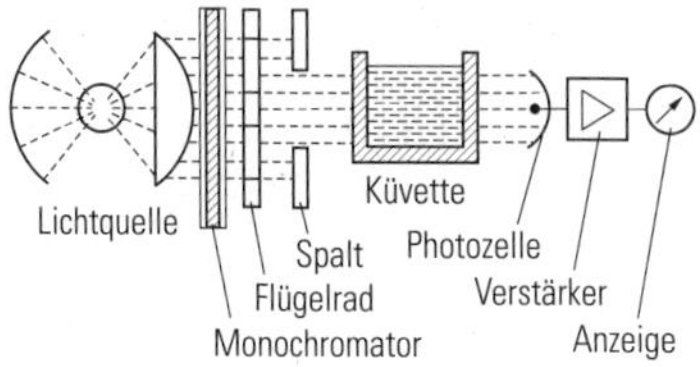

Spektroskopie Abb. 2: Aufbau eines einfachen UV-VIS-Photometers [14]

denen von Atomen keine Absorptionslinie, sondern Absorptionsbanden. Diese stellen die Summe der Absorptionsenergien aus Elektronenübergang, Schwingungsübergang u. Rotationsübergang dar. **Durchführung:** Die Aufnahme des Spektrums erfolgt, indem die Substanz in einem geeigneten Lösungsmittel mittels einer Küvette* in den Strahlengang des Photometers gebracht wird. Die Küvette wird im gesamten interessierenden Wellenlängenbereich mit monochromat. Licht bestrahlt u. die Absorption relativ zur eingestrahlten Lichtmenge gemessen (s. Abb. 2). Nach dem Lambert-Beer-Gesetz stehen die Konz. des gelösten Stoffs u. die Absorption A des Lichts in folgendem Zusammenhang (s. Absorptionskoeffizient):

$A = \log I_0/I = \varepsilon \cdot c \cdot d$

Dabei ist I die nach dem Durchgang durch die Probe gemessene Lichtintensität, I_0 die Intensität des eingestrahlten Lichts, ε der molare Absorptionskoeffizient, eine für die Substanz spezif. Naturkonstante, c die Konz. des zu untersuchenden Stoffs in der Probelösung u. d die Schichtdicke der Lösung im Strahlengang. Da Luft unterhalb von 190 nm absorbiert, müssen Messungen von 50-190 nm im Vakuum durchgeführt werden (Vakumm-UV-Bereich). **Anw.:** Identifizierung u. Prüfung der Reinheit von org. Substanzen.

4. **Fluoreszenzspektroskopie:** Fluorimetrie; spektroskop. Methode, die auf der Messung der Fluoreszenz einer Probe basiert (s. Abb. 3). Von Fluoreszenz spricht man, wenn durch Lichtenergie angeregte Stoffe diese Energie innerhalb sehr kurzer Zeit (10^{-10}-10^{-7} s) in Form von gleicher od. längerer Wellenlänge (Stokes-Regel) wieder abgeben (s. Lumineszenz, vgl. Phosphoreszenz). **Anw.:** z. B. Reinheitsprüfung von Isobutanol; Bestimmung von z. B. Vitamin* B_1, Chinin*.

II. Schwingungsspektroskopie: spektroskop. Verfahren, bei denen Energie zur Anregung von

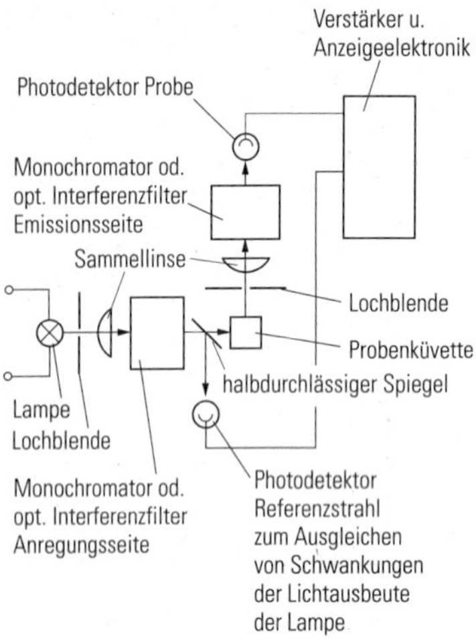

Spektroskopie Abb. 3: Funktionsprinzip des Fluoreszenzspektrophotometers

Molekülschwingungen aufgenommen wird od. Schwingungsenergie abgegeben wird. **1. Infrarotspektroskopie:** Abk. IR-Spektroskopie; bei der IR-Spektroskopie wird die Absorption einer Probesubstanz im Infrarotbereich gemessen, einem Wellenlängenbereich von 2-50 µm (Wellenzahlbereich $1/\lambda = 5000\text{-}200\,cm^{-1}$). Dabei werden die Moleküle zu Valenz- u. Deformationsschwingungen sowie zu Rotationsübergängen angeregt. Die resultierenden Schwingungsspektren sind für jedes Molekül charakteristisch. Jener Bereich der IR-Spektren, der besonders charakterist. Banden enthält u. daher wie ein „Fingerabdruck" der Substanz erscheint ($1500\text{-}500\,cm^{-1}$), wird „fingerprint"-Bereich genannt. Darüber hinaus besitzen versch. Gruppen von Atomen jeweils typ. Schwingungen nahezu konstanter Frequenz. Diese charakterist. Gruppenfrequenzen können zur Strukturermittlung von Molekülen dienen. IR-Spektren werden aufgenommen von Gasen, reinen Flüss. sowie gelösten u. festen Stoffen, z. B. in Kaliumbromid-Matrix (Substanzbedarf ca. 1 mg) od. in Paraffinölsuspension (Substanzbedarf ca. 10 mg). **Aufbau eines IR-Spektrometers:** Infrarotspektrophotometer; Lichtquelle, z. B. Siliciumcarbidstab, Monochromator, z. B. Alkalihalogenidprismen od. Reflexionsgitter, u. Detektor mit Verstärker u. Registriergerät, z. B. Schreiber (s. Abb. 4). **Anw.:** z. B. Identitäts- (nach Ph.Eur.4) u. Reinheitsprüfung, Strukturermittlung, Gehaltsbestimmungen u. Polymorphieforschung. **Fourier-Transformations-IR-Spektroskopie:** Abk. FTIR-Spektroskopie; Form der IR-Spektroskopie, bei der statt des Monochromators mit einem Interferometer ein Interferogramm (entstanden durch Überlagerung aller IR-Frequenzen der Probe) aufgenommen wird. Aus diesem kann, ähnlich der FT-NMR-Spektroskopie, durch Fourier-Transformation, das IR-Spektrum errechnet werden. Vorteil: kürzere Messzeit, kein Monochromator erforderlich.

2. Raman-Spektroskopie: spektroskop. Verfahren, das auf dem Raman*-Effekt beruht u. wie die IR-Spektroskopie die Beobachtung von Schwingungsspektren ermöglicht. Voraussetzung für das Auftreten des Raman-Effekts ist, dass sich beim Schwingungsvorgang die Polarisierbarkeit des Moleküls ändert, nicht aber dessen Dipolmoment*. Da im Ggs. dazu die period. Änderung des Dipolmoments eine Voraussetzung der IR-Spektroskopie ist, ergänzen sich diese beiden Methoden der Schwingungsspektroskopie. **Anw.:** Strukturaufklärung u. Identifizierung chem. Verbindungen.

III. Photonenkorrelationsspektroskopie: Abk. PCS. Messverfahren auf Basis der Laserlichtstreuung. Ein Laserstrahl wird durch die in einer Glasküvette befindl. Dispersion im Teilchengrößenbereich 0.01-1 µm geschickt u. das Streulicht z. B. im 90°-Winkel mit einem Detektor gemessen. Für den Routinebetrieb hat sich die Kombination mit einem Coulter*-Counter-Verfahren bewährt. **Auswertung:** Dabei geht die PCS von kugelförmigen Teilchen aus (Messungen unter konstantem Winkel); neben der Auswertung der Intensität auch Auswertung der Schwankungen des Signals. Da sich kleinere Partikel aufgrund der Brownschen Molekularbewegung schneller bewegen als große, sind die entsprechenden Fluktuationen der Streulichtintensität größer; **Anw.:** v. a. für kolloidale Lsg.; Bestimmung des mittleren Teilchendurchmessers u. der Teilchengrößenverteilung; bei variablem Winkel Bestimmung der Form der Kolloidteilchen;

IV. Kernresonanzspektroskopie: (engl.) *nuclear magnetic resonance spectroscopy*; Abk. NMR-Spektroskopie; zerstörungsfreie Analysenmethode, bei der die Eigenschaft der Magnetresonanz* von Kernen mit ungerader Protonen- u./od. Neutronenzahl ausgenützt wird. Nur Kerne mit einer Spinquantenzahl* $I > 0$ besitzen ein magnet. Moment u. sind dieser Messung zugängl. ($I = 1/2$: ^{1}H, ^{13}C, ^{15}N, ^{19}F, ^{31}P; $I > 1/2$: ^{14}N, ^{2}H). Nicht NMR-zugängl. Kerne sind z. B. ^{12}C, ^{16}O, ^{18}O u. ^{40}Ca. NMR-Spektroskopie wird üblicherweise in flüss. (hochauflösende NMR-Spektroskopie) od. in fester Phase (Festkörper-NMR-Spektroskopie) betrieben. In flüss. Phase wird durch die rasche Molekülbewegung die direkte magnet. Wechselwirkung zw. den Kernmomenten ermittelt. Dadurch erhält man hochaufgelöste Spektren, die sich deutl. von Festkörper-NMR-Spektren unterscheiden. Hauptsächl. angewendet werden die ^{1}H- u. die ^{13}C-NMR-Spektroskopie. **Funktionsprinzip:** Die zu unter-

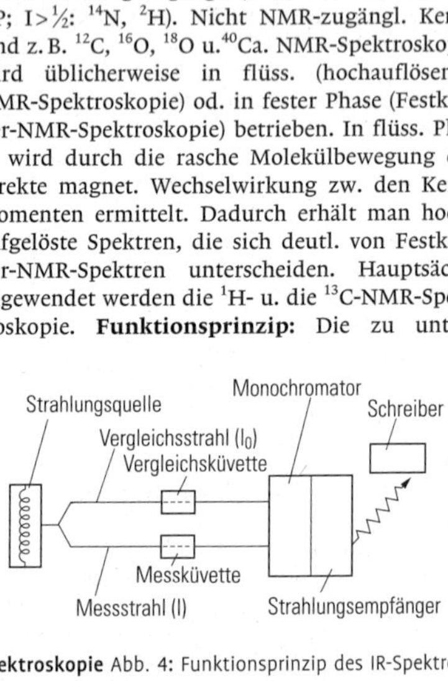

Spektroskopie Abb. 4: Funktionsprinzip des IR-Spektrophotometers [1]

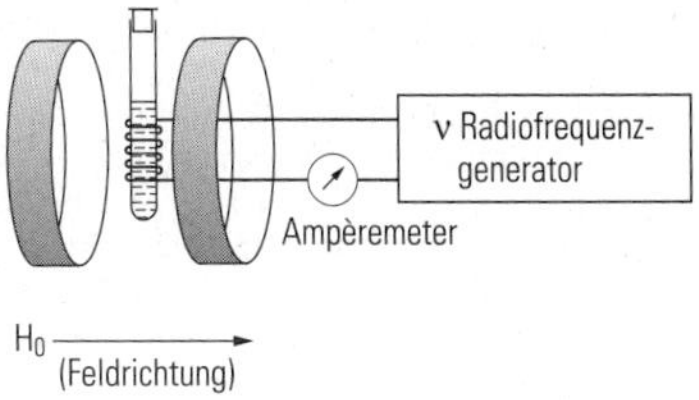

Spektroskopie Abb. 5: Funktionsprinzip des NMR-Spektrometers [1]

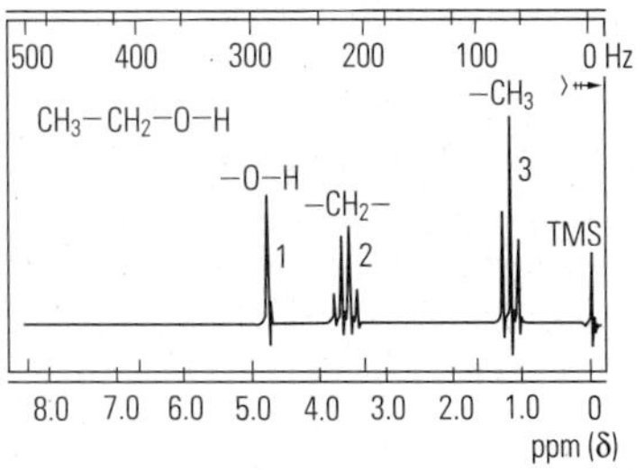

Spektroskopie Abb. 6: NMR-Spektrum von Ethanol [1]

suchende Substanz wird in ein Magnetfeld gebracht. Die in den Molekülen enthaltenen magnet. Atomkerne richten ihr magnet. Moment entspr. aus, wobei es im einfachsten Fall ($I=\frac{1}{2}$) 2 Einstellungen gibt: in Richtung des Apparatefelds u. gegen die Richtung des Apparatefelds (s. Abb. 5). Beide Zustände besitzen unterschiedl. Energie u. im thermodynam. Gleichgewicht auch untersch. Populationen. Eine Störung dieses Gleichgewichtszustandes kann durch Einstrahlung von Hochfrequenzimpulsen über eine Spule erreicht werden. Nach dieser Störung strebt das Kernspinsystem wieder dem Gleichgewichtszustand zu u. induziert dabei eine Überlagerung aller Resonanzfrequenzen (engl. *free induction decay*, Abk. FID). Die Höhe der sog. Resonanzfrequenz hängt von der Kernsorte, z. B. ^1H, ^{13}C, sowie der Magnetfeldstärke ab. Bei den übl. Geräten wird die Magnetfeldstärke so justiert, dass für den ^1H-Kern, das Proton, eine ganzzahlige Resonanzfrequenz als Arbeitsfrequenz im MHz-Bereich erhalten wird (200 MHz-, 400 MHz-, 600 MHz- u. 800 MHz-Spektrometer). Je höher die Magnetfeldstärke, desto höher die Messfrequenz u. umso empfindl. das Spektrometer. Für die Kerne im Molekül wird das Apparatefeld durch die umgebenden Elektronen leicht abgeschirmt, so dass sich für jede einzelne Kernposition eine leicht veränderte Resonanzfrequenz ergibt. Dieses Phänomen wird als chem. Verschiebung δ bezeichnet (s. Verschiebung, chemische). Man misst daher die Frequenzverschiebung in Hz gegen die Resonanzfrequenz der gleichen Kernsorte in einer Standardsubstanz, z. B. Tetramethylsilan für ^1H u. ^{13}C. Diese wird durch die Arbeitsfrequenz des Spektrometers geteilt u. als δ in ppm angegeben. **Messung des NMR-Spektrums:** Ein ganzes NMR-Spektrum erhält man mit der Puls-Fourier-Transformations-Technik durch Einstrahlen eines sehr kurzen Hochfrequenzpulses u. anschließende Detektion des sog. freien Induktionsabfalls (engl. *free induction decay*, Abk. FID). **Anw.:** Strukturaufklärung org. u. metallorg. Verbindungen.

1. ^{1}H-NMR-Spektroskopie: Aus einem ^1H-NMR-Spektrum kann man folgende Parameter u. Informationen erhalten (s. Abb. 6): **a)** Quantitative Erfassung der Protonen: Die chem. Verschiebung ist als relative Zahl vom benutzen Spektrometer unabhängig. Kerne in äquivalenten Positionen im Molekül haben die gleiche Verschiebung. Die Intensität der Signale ist der Zahl der Protonen proportional. Die quantitative Erfassung der absorbierenden Protonen erfolgt durch Integration der Flächen der Absorptionssignale. Bereich der chem. Verschiebung für ^1H: $\delta = -1$ bis 15 ppm; **b)** Information über Struktur u. relative Lage koppelnder Kerne: Durch die Richtungsquantelung der Protonen im äußeren Feld treten zusätzl. Wechselwirkungen zw. benachbarten chem. versch. Kernen auf (Spin-Spin-Koppelung). Diese Kopplung, die durch die Kopplungskonstante J charakterisiert wird (gemessen in Hz), führt zu einer Signalaufspaltung, aus deren Multiplizität man die Anzahl der magnet. Nachbarkerne entnehmen kann (s. Abb. 7). Aus der Größe der Kopplungskonstanten erhält man Information über Struktur u. relative Lage der koppelnden Kerne. Durch gleichzeitige Einstrahlung eines zusätzl. Hochfrequenzfelds auf einen der Kopplungspartner während der Messung verschwindet die Kopplung (Spinentkopplung); **c)** Information über die Molekülbewegung: Die Relaxationszeiten T_1 (Spin-Gitter-Relaxationszeit) u. T_2 (Spin-Spin-Relaxationszeit) werden indirekt aus dem NMR-Spektrum durch spezielle Messungen bestimmt. T_1 ist ein Maß für die Geschwindigkeit, mit der das Kernspinsystem nach Störung durch den Hochfrequenzpuls wieder das thermodynam. Gleichgewicht einnimmt. T_2 ist mit der Linienbreite der Signale verknüpft u. kann zur Messung der Diffusion von Molekülen herangezogen werden.

2. ^{13}C-NMR-Spektroskopie: Die ^{13}C-NMR-Spektren werden üblicherweise unter gleichzeitiger Spinentkopplung der Protonen aufgenommen. Dies führt zu einfachen Linienspektren, in denen für jedes nicht äquivalente C-Atom eine Linie im Spektrum zu finden ist. In diesem Fall sind die Resonanzlinien der C-Zahl nicht proportional. Das liegt am unterschiedl. Relaxationsverhalten der Kohlenstoffatome u. an einer Intensitätsänderung, die durch die ^1H-Entkopplung bedingt ist (s. Abb. 8).

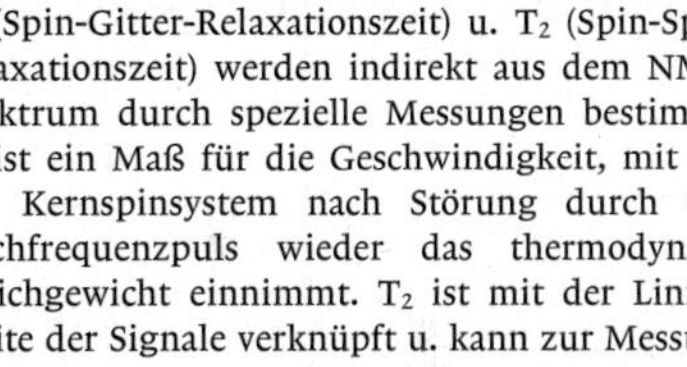

Spektroskopie Abb. 7: Spin-Spin-Kopplung des Probeprotons H_b mit 3 benachbarten äquivalenten Protonen H_a [1]

S

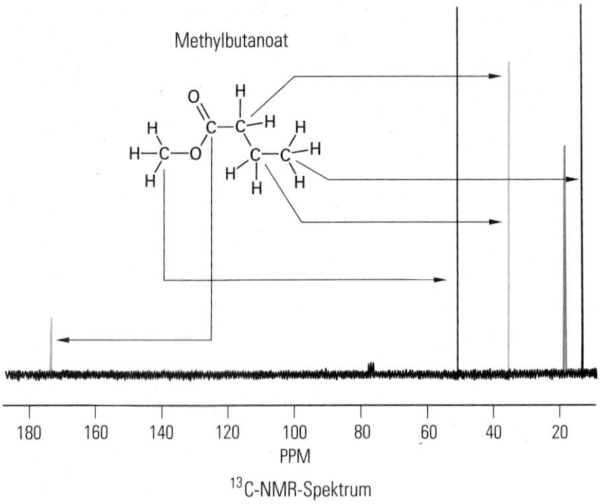

Spektroskopie Abb. 8: ^{13}C-NMR-Spektrum von Methylbutanoat

3. **Mehrdimensionale NMR-Spektroskopie:** Durch geeignete Kombination von Hochfrequenzpulsen, die durch genau abgestimmte Zeitintervalle getrennt sind, ist es mögl., die chem. Verschiebungen miteinander koppelnder Kerne zu korrelieren. Dabei erhält man sog. COSY-Spektren (Abk. für engl. ***correlated spektroscopy***) von gleichartigen od. verschiedenartigen Kernen. Sie liefern in Form einer Landkartendarstellung, eines sog. Conturplots, Information über die direkte od. weitere Nachbarschaft von Kernen im Molekül (s. Abb. 9 u. Abb. 10).

V. Massenspektrometrie: Abk. MS; sie unterscheidet sich grundlegend von den anderen spekt-

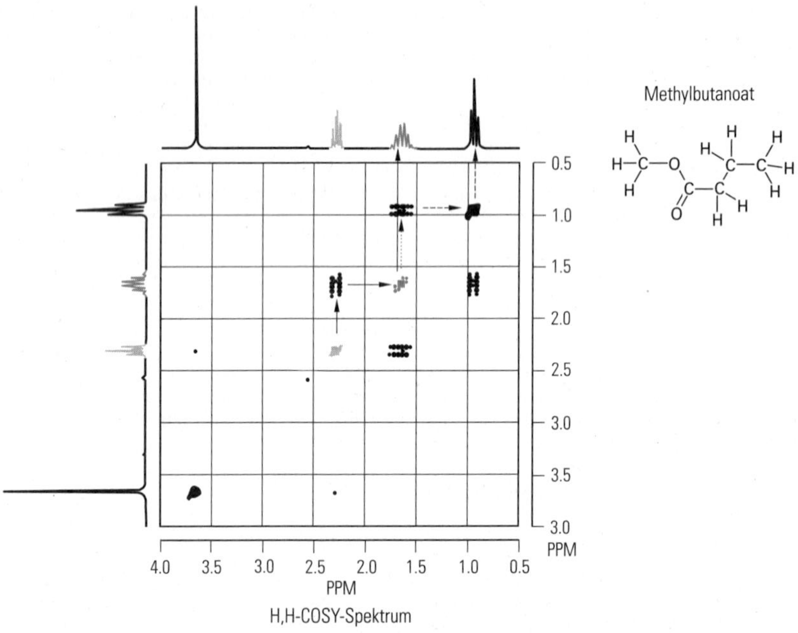

Spektroskopie Abb. 9: Zweidimensionale Darstellung der chem. Verschiebungen der Protonen des Moleküls Methylbutanoat. Zur Verdeutlichung ist jeweils das normale ^{1}H-Spektrum senkrecht u. waagrecht angegeben. In der Diagonale des H,H-COSY-Spektrums sieht man auf das normale ^{1}H-NMR-Spektrum. Die außerhalb des Koordinatensystems dargestellten Peaks korrelieren Resonanzsignale von miteinander gekoppelten Protonen. Die eingezeichneten Pfeile zeigen, wie die Resonanz der α-ständigen CH_2-Gruppe mit dem Signal der β-ständigen CH_2-Gruppe u. wie dieses mit der CH_3-Gruppe korreliert

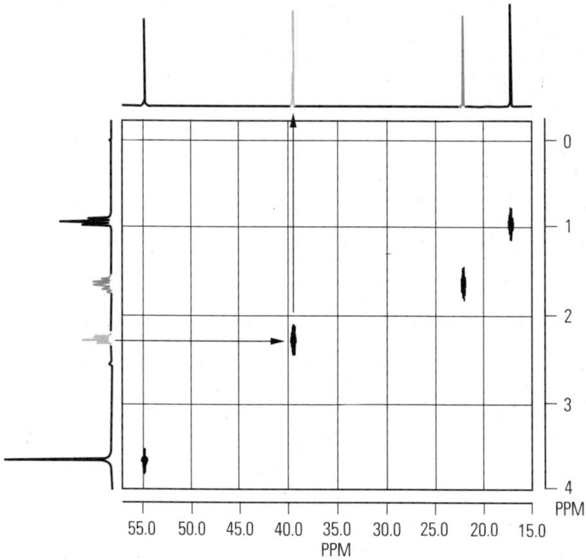

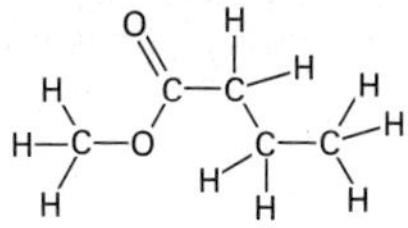

Spektroskopie Abb. 10: zweidimensionale Darst. der chem. Verschiebung; x-Achse: ^{13}C-Verschiebung; y-Achse: ^{1}H-Verschiebung; die Pfeile zeigen, wie die ^{1}H-Verschiebung der α-ständigen CH_2-Gruppe mit der ^{13}C-Verschiebung des α-Kohlenstoffatoms korreliert

roskopischen Methoden, weil bei ihr nicht die WW von elektromagnet. Strahlung mit Materie ausgenützt wird. Sie untersucht die Umwandlung von Molekülen in der Gasphase. Daher ist die Bezeichnung Massenspektroskope irreführend. Bei der MS werden Moleküle im Gaszustand durch Energiezufuhr (z. B. Elektronenstoß; Beschuss mit einem Elektronenstrahl) angeregt u. ionisiert. Die angeregten Ionen zerfallen in weitere Bruchstücke, die nach ihrem Masse-Ladungs-Verhältnis sortiert werden. Die Massenzahl* u. die relativen Intensitäten ergeben für jede Substanz ein charakterist. Massenspektrum, von dem auf die Struktur der Ausgangsverbindung geschlossen werden kann. Es wird bei Drücken $<10^{-4}$ Pa gearbeitet, so dass nur intramolekulare Fragmentierungen u. Umlagerungen ablaufen. **Aufbau eines Massenspektrometers:** Ionenquelle mit geeigneter Probenzuführung (evtl. Kopplung an chromatograph. Geräte), z. B. Gaschromatographen (s. Chromatographie), Hochleistungsflüssigkeitschromatographen (s. Chromatographie), Massenanalysator (Ablenkung der Ionen durch Magnetfelder od. elektr. Felder, Sortierung durch Laufzeit nach Beschleunigung) u. Massendetektor (Registrierung der ankommenden Ionen u. Weiterleitung an die Datenauswertung, s. Abb. 11); **Vorteile der MS:** aufgrund der Zerfallsregeln eindeutig reproduzierbare Molekülfragmente; Bestimmung der M_r der zu untersuchenden Substanz bei den meisten Substanzen mögl.; nur sehr geringe Substanzmengen nötig (im μg-Bereich u. darunter) u. Möglichkeit der Kopplung an chromatograph. Geräte. **Anw.:** Massenbestimmung von Atomen u. Molekülen; Strukturaufklärung von Molekülen.

Ionisationsverfahren: 1. Ionisierung erfolgt häufig durch Elektronenstoßionisation; dabei wird relativ viel Energie auf das Molekül übertragen, dadurch hohe Fragmentvielfalt; **2.** chem. Ionisation (CI): Ionisierung durch Ladungsübertragung von einem geladenen Molekül eines Reaktandgases; dabei wird relativ wenig Energie auf das Molekül übertragen; **3.** Felddesorption (FD): Desorption positiver Ionen der Probe; diese ist auf eine Metallspitze aufgetragen, die als Anode in einem starken elektr. Feld geschaltet ist; besonders geeignet für polare u. schwer flüchtige Verbindungen; **4.** Ionisation durch Sekundärionen: Sekundärionen-Massenspektrometrie; Abk. SIMS; durch Beschuss der Probe mit Primärionen, z. B. mit Ar-Ionen, Erzeugung von Sekundärionen; **5.** Fast-Atom-Bombardment: Fast-Atom-Bombardment-Massenspektrometrie; Abk. FAB-MS; Einbettung der Probe in eine Matrix, z. B. aus Glycerol, Thioglycerol u. Aufbringen auf eine Metallspitze; durch Beschuss der Probe mit neutralen Atomen, z. B. Ar,

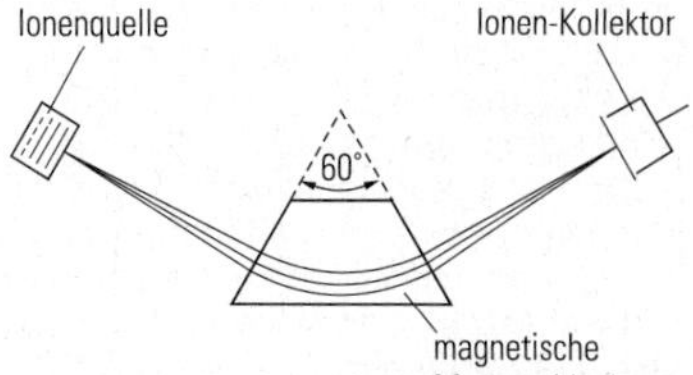

Spektroskopie Abb. 11: Massenspektroskopie; Schema eines einfachen magnetischen Sektorfeldinstruments mit 60° Ablenkung [1]

S

Xe, entstehen Molekül- u. Fragmentionen; **6.** matrix-assisted laser desorption: Abk. MALDI; Einbau der Probenmoleküle in Kristalle von UV-absorbierenden Molekülen; diese übertragen Protonen auf das Probenmolekül u. laden es positiv auf; durch Bestrahlung der Kristalle mit UV-Laser-Puls explosionsartiges Freisetzen der Ionen im Massenspektrometer; geeignet für hochmolekulare Moleküle, z. B. Proteine*, Peptide* od. DNA*.

IRMS: Abk. für (engl.) *isotope ratio mass spectroscopy*; spezielle Methode der MS, bei der das Verhältnis folgender Kohlenstoffisotope* bestimmt wird (vgl. Radiokarbonmethode): **1.** $^{13}C/^{12}C$; **2.** $^{14}C/^{12}C$; **Anw.:** Prüfung auf Genuinität äther. Öle (s. Aetherolea).

Spektrum (*lat.* spectrum Erscheinung): **1.** Intensitätsverteilung von Wellen- u. Korpuskularstrahlung in Abhängigkeit von charakterist. Eigenschaften, wie z. B. Wellenlänge, Frequenz, Energie, Masse. **Beispiele:** S. der elektromagnet. Wellen (opt. S. im Infrarot-, sichtbaren u. Ultraviolettbereich, s. Spektroskopie); Massenspektrum bei der Analyse einer Substanz, s. Spektroskopie (Massenspektrometrie); kontinuierl. Energie-S. der von Radionukliden emittierten Elektronen. **2.** Bereich, Auswahl. **Beispiele:** therapeut. Wirkungsbreite, S. der diagnost. Möglichkeiten.

Spekulum: Spiegel; Trichter od. Röhre aus Glas od. Metall zur Betrachtung von Körperöffnungen (z. B. Scheide, Ohr).

Spelzen: (bot.) Hochblätter des Ährchens bei Gramineen (s. Poaceae). Man unterscheidet Hüll-, Deck- u. Vorspelzen.

Spelzweizen: s. Triticum spelta.

Spergularia rubra Pers.: Arenaria rubra L.; Fam. Caryophyllaceae (Europa, Nordafrika, Teile Asiens, Indien, Nordamerika). Stpfl. von **Herba Arenariae rubrae:** Rotes Sandkraut. **Inhaltsst.:** Saponine u. Harz; **Anw.** volkstüml.: geg. Blasenkatarrh, Harn- u. Nierensteine.

Sperma: Semen, Samen, Samenflüssigkeit; Ejakulat des Mannes (3-5 mL), bestehend aus Spermien*, Sekreten der Nebenhoden, der Prostata u. der Samenblasen. Enthalten sind die Polyamine Spermidin u. Spermin (Diaminopropylputrescin, $C_{10}H_{26}N_4$, mit charakt. Geruch), die sich als Zerfallsprodukte kristallin aus dem Sp. abscheiden, sowie u. a. Fructose. Hoden u. Sp. sind reich an Hyaluronidase*.

Spermaceti: s. Walrat.

Spermacetöl: s. Walrat (Oleum Cetacei).

Spermatien: unbewegl. männl. Keimzelle der Rotalgen* u. Rostpilze (s. Pilze).

Spermatitis: Funikulitis; Entzündung des Samenstrangs bei Ausbreitung einer Samenleiterentzündung, z. B. im Anschluss an eine Hoden- oder Nebenhodenentzündung.

Spermatophytina: Anthophyta, Phanerogamen, Spermatophyten, Samenpflanzen, Blütenpflanzen; mit den Bryophytina* (Moospflanzen) u. den Pteridophyta* (Farnpflanzen) zu den Embryophyten gehörende Gruppe des Pflanzenreichs; zusammen mit den Farnpflanzen bilden die Samenpflanzen die Gruppe der Kormophyten (Sprosspflanzen) bzw. Tracheophyten (Gefäßpflanzen). **Charakterist. Merkmale:** Heterosporie*, heteromorpher Generationswechsel* (großer Sporophyt, stark reduzierter Gametophyt), Blüte*, ferner Samen* als die bevorzugte Verbreitungseinheit, die aus der Samenanlage* nach der Befruchtung hervorgeht. Die Bedeutung des Samens (eine junge Pfl. im Ruhezustand) liegt im Überdauern ungünstiger Lebensbedingungen. Man unterscheidet zw. **Gymnospermen**, bei denen die Samenanlagen frei liegen u. unbedeckt sind, u. **Angiospermen**, bei denen die Samenanlagen von Fruchtblättern eingehüllt u. bedeckt sind u. die Früchte bilden.

Spermatozoiden: (bot.) männl., mit Geißeln versehene Gameten*.

Spermazelle: Samenzelle; i. d. R. bewegliche männl. Keimzelle.

Spermien: Spermatozoen, Samenfäden; Samenzellen, die aus Kopf, Mittelstück u. Schwanz bestehen; s. Sperma.

Spermin: Polyamin mit charakterist. Geruch, das in allen Geweben u. bes. reichl. im Sperma* enthalten ist. Funktion: Regulation der Zellproliferation, Stimulation der DNA- u. RNA-Synthese, Hemmung von Proteinkinasen.

Spermizide: Spermien abtötende od. zumindest deren Beweglichkeit einschränkende Mittel, z. B. Nonoxinol*.

Spermöl: s. Walrat (Oleum Cetacei).

Spermogonium (pl spermogonien): (bot.) krugförmiger, pustelartiger Myzelkörper der Rostpilze (s. Pilze), der unter der Epidermis der Blattoberseite entsteht, schließl. die Epidermis durchbricht u. in seinem Inneren Spermatien bildet.

Sperrkraut: s. Polemonium caeruleum.

Spezialitätenverzeichnisse: s. Arzneispezialitätenverzeichnis.

SPF: Abk. für (engl.) *sun protecting factor*; s. Lichtschutzfaktor.

Sphärokristalle: Partikel mit polykrist. Struktur, die aber im Ggs. zu echten Kristallen nicht glatte, ebene Grenzflächen aufweisen, sondern eiförmige, kugelige Formen haben. Beispiel: Stärkekörner, s. Amylum.

Sphärosomen: rundl. Gebilde aus dem Zytoplasma von Pflanzenzellen mit granulärer Grundsubstanz, umgeben von einer Elementarmembran; Durchmesser selten größer als 1 µm. S. enthalten Fett synthetisierende Enzyme u. sind der Sitz der Lipidsynthese u. -akkumulation; sie können im Extremfall zu Lipidtröpfchen werden.

Sphagnidae: s. Torfmoose.

Sphagnum: s. Torfmoose.

S-Phase: Synthesephase; s. Mitose.

Spheroides rubripes: s. Tetrodotoxin.

Spheronizer®: s. Granulieren.

Sphingolipide: Sphingosin* enthaltende Lipide. **1.** Sphingomyeline (Sphingophospholipide); s. Phosphatide; **2.** Glykosphingolipide, enthalten Kohlenhydrate, z. B. Cerebroside, Sulfatide u. Ganglioside; s. Glykolipide).

Sphingomyeline: Sphingophospholipide; s. Phosphatide.

Sphingophospholipide: Sphingolmyelin; s. Phosphatide.

Sphingosin: 2-Amino-4-octadecen-1,3-diol; M_r 299.48; Schmp. 67 °C. Langkettiger Aminoalkohol, Best. der Sphingomyeline; s. Phosphatide u. Glykolipide*. Nat. nicht in freier Form.

S

Sphinkter: Schließmuskel.

Sphondin: Pastinacin; 6-Methoxyangelicin; ein angulares Furanocumarin, Strukturformel s. Furanocumarine. **Vork.:** z. B. in Pastinaca* sativa u. Pimpinella* major.

Spica: s. Blütenstand.

Spica celtica: s. Valeriana celtica.

Spiegelbildisomere: s. Enantiomere.

Spiegelebene: Symmetrieebene σ; jene Ebene, die ein Objekt in der Weise halbiert, dass dessen eine Hälfte mit der anderen deckungsgleich ist; Symmetrieelement 2. Klasse. In den meisten achiralen Verb. ist eine S. aufzufinden; wenn sie fehlt, ist eine Drehspiegelachse* od. ein Symmetriezentrum* vorhanden.

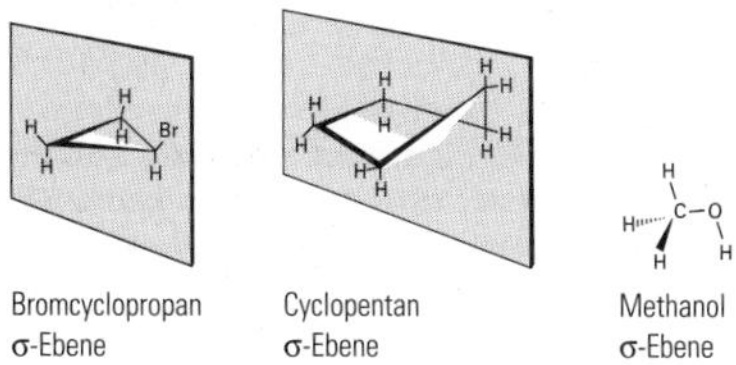

Spiegelebene: versch. Beispiele [1]

Spiegeleisen: Roheisen mit 5-20 % Mangan, 4-6 % Kohlenstoff u. bis zu 1 % Silicium.

Spiegelglas: s. Glas.

Spiegelrinde: s. Quercus robur (Quercus cortex).

Spierkraut: s. Filipendula ulmaria (Herba Spiraeae ulmariae).

Spießglanz: s. Antimon(III)-sulfid.

Spießglanzbutter: s. Antimon(III)-chlorid (Liquor Stibii chlorati).

Spießglanzmohr: s. Aethiops antimonialis.

Spigelia anthelmia L.: Wurmkraut; Fam. Loganiaceae (Brasilien, Antillen). Stpfl. von **Herba Spigeliae:** Spigelienkraut. **Inhaltsst.:** Gerbstoffe, äther. Öl sowie das Alkaloid Spigelein; **Anw.** volkstüml.: als Wurmmittel.

Hom: *Spigelia anthelmia (HAB 2000):* getrocknetes Kraut; verord. z. B. bei Gesichtsneuralgien u. Migräne, Herzerkrankungen.

Spigelia marilandica (L.) L.: Fam. Loganiaceae (südl. Nordamerika). Stpfl. von **Radix Spigeliae marilandicae:** Marylandische Spigelienwurzel. **Inhaltsst.:** das Alkaloid Spigelein, äther. Öl, Gerbstoffe, Harz sowie Bitterstoffe; **Anw.** volkstüml.: als Wurmmittel.

Spiköl: s. Lavandula latifolia (Oleum Spicae).

Spilanthes oleracea L.: Parakresse; Fam. Asteraceae, Compositae (heim. in Südamerika, kult. in Deutschland in Gärten). Stpfl. von **Herba Spilanthis oleraceae:** Parakressenkraut. **Inhaltsst.:** äther. Öl mit Spilanthen, Spilanthol (ein Isobutylamid, Scharfstoff, insektizid u. antimikrobiell; in Blütenköpfchen bis zu 1.2 %), Cholin*, Gerbsäuren sowie Harz; **Wirk.** u. **Anw.:** wegen adstringierender, antimikrobieller u. antiphlogist. Wirk. bei Zahnfleischerkrankungen.

Spin: Eigendrehimpuls von Elementarteilchen*; s. Spinquantenzahl.

Spinacetin: ein Flavonolderivat, Strukturformel s. Flavonoide (Tab.).

Spinacia oleracea L.: (kult.) Spinat; Fam. Chenopodiaceae. Stpfl. von **Folia Spinaciae:** Spinatblätter. **Inhaltsst.:** Oxalsäure*, Saponine*, Betain* u. Vitamine; **Verw.:** als Gemüse.

spinal (lat. spina Dorn, Rückgrat): zur Wirbelsäule, zum Rückenmark gehörend.

Spinalanästhesie: Form der Leitungsanästhesie*, bei der ein Lokalanästhetikum* in den spinalen Subarachnoidalraum injiziert wird u. eine temporäre segmentale Nervenblockade bewirkt. **Anw.:** chirurg. Eingriffe im Abdomen unterhalb des Nabels u. Operationen an den unteren Extremitäten. Verwendet werden v. a. Lidocain*, Cinchocain*, Mepivacain*, Tetracain*.

Spinat: s. Spinacia oleracea.

Spincaps®: Kapseln für Spinhaler*®.

Spindelbaum: s. Euonymus atropurpurea, Euonymus europaea.

Spindelfasern: Gruppe von Mikrotubuli, die sich von den Zentromeren* der Chromosomen zu den Polen der Spindel od. von Pol zu Pol einer sich teilenden Zelle erstrecken.

Spindelgifte: s. Mitosegifte.

Spinhaler®: Inhalationssystem für feinste wirkstoffhaltige Pulver ohne Verw. von Treibmitteln. Nach Einsetzen einer pulvergefüllten Kapsel (1, Spincaps*) in den Sp. wird diese perforiert (2). Durch einen eingebauten Propeller, der durch den beim raschen Einatmen entstehenden Luftstrom schnell rotiert, wird das Pulver aufgewirbelt u. gelangt in der Folge in die tieferen Luftwege (3).

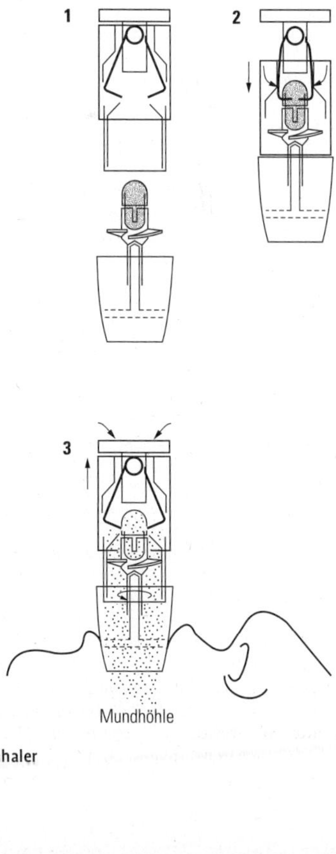

Spinhaler

S

Spinnen: Araneae; zu den Arthropoden* gehörende, größte Ordnung der Spinnentiere (ca. 20000 Arten). **Heilkundl. interessante Giftspinnen:** Vogelspinne (s. Avicularia avicularia), Kreuzspinne (s. Araneus diadematus), Schwarze Witwe (s. Latrodectus mactans) u. Schwarze Nachtspinne (s. Araneus ixobolus); vgl. Spinnengifte.

Spinnengifte: ähnl. wie die Schlangengifte* zusammengesetzte Stoffe, denen jedoch Phospholipasen u. hämolyt. sowie blutgerinnungshemmende Stoffe weitgehend fehlen u. die hauptsächl. als Neurotoxine* wirken. **Anw.:** v. a. in der Homöopathie, in Form von Mazeraten, die mit Ethanol aus den zerriebenen Tieren hergestellt werden.

Spinochrome: Farbstoffe der Stacheln des Seeigels.

Spinquantenzahl: Symbol s; erfasst den aus der Elektronenrotation resultierenden Eigendrehimpuls od. Spin. Die Rotation des Elektrons verleiht ihm die Eigenschaften eines kleinen Magneten. Dieser Magnet kann sich in einem Magnetfeld nur auf 2 Arten, parallel od. antiparallel, orientieren, d. h. die S. kann nur die Werte $\pm 1/2$ annehmen. Die Werte der S. symbolisiert man in der Kurzschreibweise durch Pfeile (↑ u. ↓), die nach den Symbolen der anderen Quantenzahlen geschrieben werden. Nach Pauli (1926) können in der Atomhülle Elektronen nicht in allen 4 Quantenzahlen (s. Orbitale) übereinstimmen: Jedes Elektron muss sich von allen anderen mind. durch eine Quantenzahl unterscheiden. Im 1s-Orbital können sich 2 Elektronen befinden, die sich durch die S. unterscheiden. Da sich die magnet. Momente der beiden Elektronen kompensieren, resultiert insgesamt kein magnet. Moment. Die Spins der Elektronen sind gepaart, man spricht von Elektronenpaaren.

Spinthariskop (gr. spinther Funke): nicht mehr verwendetes Gerät zur Sichtbarmachung von Atomen; mittels einer Vergrößerungslinse (50fach) beobachtet man die Lichtblitze (Szintillationen), die von auftreffenden α-Teilchen (Heliumkernen) auf einem Zinksulfid-Leuchtschirm (s. Sidot-Blende) hervorgerufen werden. Mit dem S. kann man auch die Reichweite von α-Strahlen bestimmen sowie die Avogadro*-Konstante ermitteln.

Spiraea ulmaria: s. Filipendula ulmaria.

Spiramycin INN: Spiramycinum Ph.Eur.4, Foromacidin; Gem. von Makrolid-Antibiotika (s. Antibiotika) aus Streptomyces ambofaciens bestehend aus Spiramycin I (Foromacidin A), $C_{43}H_{74}N_2O_{14}$, M_r 843.1 (ca. 63 %); Spiramycin II (Foromacidin B), $C_{45}H_{76}N_2O_{15}$, M_r 885.1 (ca. 24 %) u. Spiramycin III (Foromacidin C), $C_{46}H_{78}N_2O_{15}$, M_r 899.1 (ca. 13%); CAS-Nr. 8025-81-8; weißes bis schwach gelbl. Pulver, schwach hygr.; lösl. in 50 T. Wasser, leicht lösl. in Ethanol u. Chloroform. **Anw.:** Infektionen durch grampositive Keime, Alternative zu Penicillin-Antibiotika; **Wirk.:** Hemmung der Proteinsynthese der Keime; das Wirkungsspektrum ist mit dem des Erythromycin* vergleichbar, aber die Wirk. deutlich schwächer; 1 E. entspricht 0.3125 µg, 1 mg entspricht 3200 I.E.; HWZ 3-4 h; **Dos.:** oral: 2-4 g/d, Kinder 50-100 mg/kg KG/d; vgl. Antibiotika (Tab.).

Spirane: s. Spiroverbindungen.

Spirapril INN: (8*S*)-7-{(2*S*)-2-[(1*S*)-1-Ethoxycarbonyl-3-phenylpropyl]amino-1-oxopropyl}-1,4-dithia-7-azaspiro[4,4]nonan-8-carbonsäure; CAS-Nr. 83647-97-6; $C_{22}H_{30}N_2O_5S_2$, M_r 466.62. **Anw.:** essentielle Hypertonie; **Wirk.** u. **UAW:** s. ACE-Hemmer; **Dos.:** p. o. zu Beginn 3 mg morgens, nach frühest. 3 Wochen ggf. Dosiserhöhung auf 6 mg/d; HWZ ca. 40 h. **Spiraprilhydrochlorid:** CAS-Nr. 94841-17-5. Bildet auch ein Monohydrat.

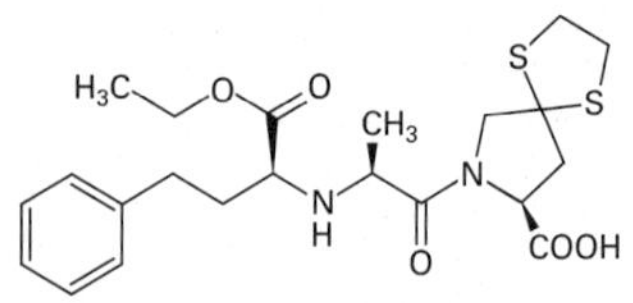

Spirapril

Spirillen: Gattung gramnegativer, starrer, spiralförmiger Stäbchenbakt. (Spirillum; noch keiner Fam. zugeordnet); amphitrich begeißelt. **Vork.:** in stagnierendem Frischwasser; Spirillum volutans nicht pathogen; Spirillum minus nicht sicher dieser Spezies zugeordnet; vgl. Spirillosen.

Spirillosen: durch Spirillen* verursachte Krankheiten wie Rattenbisskrankheit*.

Spirituosa medicata: arzneiliche Spirituosen; Lösungen von Arzneimitteln, die Ethanol als wesentl. Bestandteil enthalten. Sie werden durch Mischen, Lösen od. Dest. hergestellt.

Spirituosen: Getränke mit hohem Alkoholgehalt, z. B. Weinbrand, Whisky, Liköre. Wein u. Bier sind keine Spirituosen, sondern alkoholhaltige Getränke.

Spiritus: s. Ethanol.

Spiritus aethereus: Spiritus aethereus, Sol. etheris spirituosa, Spiritus sulfurico-ethereus, Aether spirituosus, Etherweingeist, Etheralkohol, Hofmannsgeist, Hofmannstropfen; Zstzg.: DAC86, 25.0 g Ether, 75.0 g Ethanol 90 % (V/V); enthält 66 % (V/V) Ethanol; D. 0.802-0.808; ÖAB90, 1 T. Ether, 3 T. Ethanol; D. 0.785-0.790, **Anw.:** bei Magenschmerzen, Atemanaleptikum; **Dos.:** 30 Tropfen.

Spiritus Ammonii: s. Ammoniaklösung, weingeistige.

Spiritus Ammonii anisatus: s. Ammoniaklösung, anisölhaltige.

Spiritus Angelicae compositus: zusammengesetzter Angelikaspiritus; Zstzg.: DAB6, 3.2 T. Angelikaöl, 0.8 T. Baldrianöl, 1 T. Wacholderöl, 20 T. Campher, 250 T. Wasser, 725 T. Ethanol. **Anw.:** früher bei Myalgien.

Spiritus Anisi compositus: s. Ammoniaklösung, anisölhaltige.

Spiritus, antimykotischer: Zstzg.: NFA, 3.0 T. Dichlorophen, 1.0 T. Salicylsäure, 1.0 T. Benzoesäure ad 100 T. verd. Ethanol. **Anw.:** Dermatomykosen, Juckreiz.

Spiritus aromatici: aromatische Spiritusse; ÖAB90, Lsg. von äther. Ölen in Ethanol.

Spiritus aromaticus compositus: s. Spiritus Melissae compositus.

Spiritus camphoratus: Camphorae solutio ethanolica, Sol. Camphorae spirituosa, Kampherspiritus,

Camphergeist, alkoholische Campherlösung; Zstzg.: DAB10, ÖAB90, Ph.Helv.7, 1 T. Campher, 7 T. Ethanol, 2 T. gereinigtes Wasser; D-Campher od. racem. Campher wird in Ethanol gelöst u. das Wasser hinzugefügt. **Anw.**: antirheumat. Einreibung (hyperämisierend); früher als Analeptikum u. Kardiotonikum sowie als Antiseptikum in Gurgelwasser.

Spiritus Citronellae compositus: s. Spiritus Melissae compositus.

Spiritus Cochleariae: s. Cochlearia officinalis.

Spiritus coloniensis: Kölnisch Wasser, Kölnisches Wasser, Köln-Wasser; Zstzg.: EB6, 5 T. Lavendelöl, 7 T. Orangenblütenöl, 10 T. Bergamottöl, 10 T. Citronenöl, 968 T. Ethanol.

Spiritus contra acnen: Akne-Spiritus; Zstzg.: NRF, 1.0 g Resorcin, 1.0 g Salicylsäure, 42 g Isopropylalkohol, Wasser ad 100 g. **Anw.**: Acne vulgaris; 1 Monat lang verwendbar; längere Haltbarkeit (6 Monate) durch Stabilisierung mit 0.05 % (m/V) Propylgallat od. 0.01 % (m/V) Butylhydroxyltoluol.

Spiritus denaturatus: Ethanol* (Spiritus denaturatus).

Spiritus dilutus: Aethanolum dilutum, verdünnter Alkohol, verdünnter Weingeist; ÖAB90, Geh. an wasserfreiem Äthylalkohol 60-71 Vol%.

Spiritus Dzondii: s. Ammoniaklösung, weingeistige.

Spiritus e Saccharo: Rum; aus Zuckerrohrmelasse u. anderen Rückständen der Zuckerrohrfabrikation (Schaum, Skimmings) hauptsächl. auf Jamaica, Martinique, Kuba etc. gewonnener Trinkbranntwein. Das Originaldestillat enthält 70-80 % Alkohol u. ist mit Zuckercouleur gefärbt. Rumverschnitt ist mit Weingeist u. Wasser vermischter Rum. Kunstrum ist eine Mischung von Weingeist, Wasser u. Rumessenz (z. B. mit Buttersäureethylester, Ameisensäureethylster); Geh.: mind. 38 % Ethanol.

Spiritus ethereus: s. Spiritus aethereus.

Spiritus Etheris nitrosi: Spiritus Nitri dulcis, Spiritus nitrico-aethereus, versüßter Salpetergeist; Darst.: DAB6, 1 T. Ethanol 96 %, 3 T. Salpetersäure. **Anw.**: früher als gefäßerweiterndes Mittel bei Angina pectoris; **Dos.**: 10-40 Tropfen.

Spiritus e Vino: Weinbrand; Herst.: ÖAB90, Destillation aus vergorener Traubenmaischen bzw. aus Wein; Geh.: mind. 38 % (V/V) Ethanol.

Spiritus Formicarum: Solutio Acidi formicici spirituosa, Ameisenspiritus, Ameisengeist, alkoholische Ameisensäurelösung; Zstzg.: DAB6, 1 T. Ameisensäure, 14 T. Ethanol, 5 T. Wasser; Geh.: ca. 1.25 % Ameisensäure; ÖAB90, 1 T. Ameisensäure, 13 T. Ethanol, 6 T. gereinigtes Wasser; Geh.: ca. 1.30 % Ameisensäure. **Anw.**: hyperämisierendes Mittel zum Einreiben.

Spiritus Frumenti: Getreidebranntwein; Whisky.

Spiritus fumans Libavii: s. Zinn(II)-chlorid.

Spiritus homoeopathicus: 45 %iges Ethanol (Prozent V/V).

Spiritus Iodi concentratus: s. Iodlösung, alkoholische.

Spiritus Juniperi: Spiritus Iuniperi, Wacholderspiritus; Zstzg.: DAB6, 3 T. Wacholderöl, 747 T. Ethanol, 250 T. Wasser; D. 0.877-0.881; Ph.Helv.7, 0.5 g Wacholderöl, 66.3 g Ethanol mit Campher 0.1 % u. 33.2 g gereinigtes Wasser; D. 0.880-0.886. **Anw.**: Einreibung bei Erkrankungen des rheumat. Formenkreises.

Spiritus Lavandulae: Lavendelspiritus; Zstzg.: DAB6, 3 T. Lavendelöl, 747 T. Ethanol, 250 T. Wasser; D. 0.877-0.881.

Spiritus Melissae compositus: Spiritus aromaticus compositus, Spiritus Citronellae compositus, zusammengesetzter aromatischer Spiritus, zusammengesetzter Citronellgeist, Karmelitergeist, Melissengeist; Zstzg.: DAB6, je 5 Tr. Citronellöl u. äther. Muskatöl, je 2 Tr. Zimtöl u. Nelkenöl, 100 g Wasser, 300 g Ethanol; ÖAB90, je 0.5 T. Citronellöl, äther. Muskatöl, Zimtöl, Nelkenöl, 298 T. gereinigtes Wasser, 700 T. Ethanol; Ph.Helv.7, je 0.5 T. Nelkenöl, Zimtöl, äther. Muskatöl, 1.0 T. Citronellöl, 2.0 T. Citronenöl, 700 T. Ethanol 96 %, gereinigtes Wasser ad 1000. **Anw.**: dyspept. Beschwerden, Erkältungskrankheiten; **Dos.**: 1.0 g.

Spiritus Menthae piperitae: Spiritus Menthae, Pfefferminzspiritus; Zstzg.: DAB6, ÖAB90, 1 T. Pfefferminzöl, 9 T. Ethanol; Ph.Helv.7, 3.0 T. Pfefferminzöl, 90 T. Ethanol 96 %, 7.0 T. gereinigtes Wasser. **Anw.**: bei kolikartigen Schmerzen im Magen-Darm-Bereich; **Dos.**: 0.5 g.

Spiritus Mindereri: s. Ammoniumacetatlösung.

Spiritus Myrciae: Bayrum; Zstzg.: EB6, 8 T. Bayöl (s. Pimenta racemosa), 0.5 T. Orangenblütenöl, 0.5 T. Nelkenöl, 2 T. Ammoniumcarbonat, 565 T. Weingeist, 424 T. Wasser; Filtration. **Anw.**: früher als Haarwasser unverdünnt.

Spiritus nitrico-aethereus: s. Spiritus Etheris nitrosi.

Spiritus Nitri dulcis: s. Spiritus Etheris nitrosi.

Spiritus Oryzae: Arrak; Gew.: Destillation von vergorenem Reis od Palmensaft (Palmwein), hauptsächl. auf Java u. in Ostindien; echter Arrak enthält ca. 50 % Ethanol.

Spiritus Rosmarini: Rosmarinspiritus; Zstzg.: EB6, 3 T. Rosmarinöl, 747 T. Ethanol, 250 T. Wasser; Filtration nach mehrtägigem Stehen. **Anw.**: antirheumat. Einreibung.

Spiritus russicus: russischer Spiritus; Zstzg.: DAB6, 2 T. grob gepulverter spanischer Pfeffer, 5 T. Ammoniaklösung, 75 T. Ethanol, 2 T. Campher, 3 T. Terpentinöl, 3 T. Ether, 2 T. Glycerol, 10 T. Wasser. **Anw.**: antirheumat. Einreibung.

Spiritus, russischer: s. Spiritus russicus.

Spiritus saponato-camphoratus: flüssiger Opodeldok; Zstzg.: DAB6, 60 T. Campherspiritus, 175 T. Seifenspiritus, 12 T. Ammoniaklösung, 1 T. Thymianöl, 2 T. Rosmarinöl; Ph.Helv.7, s. Linimentum saponato-camphoratum liquidum. **Anw.**: antirheumat. Einreibung.

Spiritus saponatus: Solutio Saponis spirituosa, Seifenspiritus, Seifengeist; Herst.: DAC86, Verseifung von 100 g Olivenöl mit 21 g Kaliumhydroxid, 500 g Ethanol u. Wasser ad 1000 g; D. 0.915-0.925; ÖAB90, 10 T. Olivenöl, 1.9 T. Kaliumhydroxid, 45 T. Ethanol, 43.1 T. gereinigtes Wasser; mit Wasser u. Ethanol mischbar. **Inkomp.**: sauer reagierende Verb., Erdalkali- u. Schwermetallsalze; **Anw.**: Hautreizmittel, Reinigungsmittel.

Spiritus Saponis kalini: Solutio Saponis kalini spirituosa, Kaliseifenspiritus, Kaliseifengeist; Zstzg.: DAB6, ÖAB90, je 1 T. Kaliseife u. Ethanol.

Anw.: Hautreizmittel, Desinfektionsmittel für Hände.

Spiritus Sinapis: Solutio Allyli isorhodanati spirituosa, Senfspiritus, Senfgeist; Zstzg.: DAB6, ÖAB90, 1 T. Allylsenföl u. 49 T. Ethanol; Geh.: mind. 1.94 % Allylsenföl; D. 0.828-0.832; frisch zubereiten. **Anw.:** Einreibungen.

Spiritus sulfurico-aethereus: s. Spiritus aethereus.

Spiritus Triamcinoloni dermalis: Triamcinolonacetonid-Dermalspiritus; Zstzg.: NRF, 0.1 g Triamcinolonacetonid*, 0.025 g Benzalkoniumchlorid* u. 1 g Salicylsäure in 29.7 g Ethanol 96 % gelöst u. mit abgekochtem Wasser von Raumtemperatur auf 45 g ergänzt. **Anw.:** entzündl. u. allerg. Dermatosen, auch für behaarte Körperstellen.

Spiritus Vini: s. Ethanol (Ethanol 96 %).

Spiritus Vini gallici: Franzbranntwein; Zstzg.: DAC79, 10 T. Urkörper (auf der Basis von Trestern, aromatisiert) für Franzbranntwein, 56 T. Ethanol, 34 T. Wasser. Gebräuchl. sind Franzbranntweine mit deklariertem Ethanolgeh. von 38.0-40.0 % bzw. 45.0 %. Zum äußerl. Gebrauch kann er auch mit vergälltem Branntwein hergestellt werden, als Vergällungsmittel sind 0.5 % Campher od. Thymol zulässig; Zusätze für Farbe u. Aroma sind mögl.: Zuckercouleur, gerbstoffhaltige Tinkturen (z. B. Tct. Ratanhiae), zulässige Lebensmittelfarbstoffe, Ethylacetat, äther. Öle (z. B. Fichten- od. Kiefernnadelöl). **Anw.:** Einreibungen.

Spiritus Vini gallici cum Mentholo 1 %: Franzbranntwein mit 1 % Menthol.

Spiritus Vini gallici salinus: Franzbranntwein mit Kochsalz (5 %).

Spiritus Vini rectificatissimus: s. Ethanol (Ethanol 96 %).

Spiritus Vini rectificatus: s. Ethanol (Ethanol 96 %).

Spiritus, zusammengesetzter aromatischer: s. Spiritus Melissae compositus.

Spiroalkane: s. Spiroverbindungen.

Spirochaetaceae: Fam. flexibler Schraubenbakt. (keine starre, konstante Gestalt) mit ungewöhnlicher Länge (5-250 mm); Fortbewegung durch Fibrillen bzw. Fibrillenbündel. 4 Gattungen: **1.** Treponema*; **2.** Borrelia*; **3.** Spirochaeta; **4.** Cristispira; **Vork.:** stagnierende Gewässer, Intestinaltrakt von Mensch u. Tier.

Spirochaetales (gr. speira Windung; chaite langes Haar): Ordnung schlanker spiralförmiger Bakt. mit den Fam. Leptospiraceae u. Spirochaetaceae*.

Spirochaeta pallida: veraltete Bez. für Treponema* pallidum.

Spirochäten: veraltete Sammelbez. für schraubenförmige Mikroorganismen der Ordnung Spirochaetales*.

Spironolacton INN: Spironolactonum Ph.Eur.4; 7α-Acetylthio-3-oxo-17α-pregn-4-en-21,17β-carbolacton; CAS-Nr. 52-01-7; $C_{24}H_{32}O_4S$, M_r 416.59. Schmp. 134-135 °C aus Methanol; polymorph. $[\alpha]_D^{20°C}$ 33.5 ° (c = 1 in Chloroform). Weißes Pulver. Prakt. unlösl. in Wasser; lösl. in den meisten organ. Lösungsmitteln. Lösl. in Ethanol 1:80, in Chloroform 1:3, in Ether 1:100; wenig lösl. in Methanol, festen Ölen. **Anw.:** Aldosteronantagonist, Diuretikum* zur Ausschwemmung hepataler, kardialer u. renaler Ödeme, präoperativ in der Behandlung des Hyperaldosteronismus. **UAW:** Hyperkaliämie, Erhöhung des Kreatininspiegels, gastrointestinale Symptome, Diarrhö, Menstruationsstörungen, Impotenz, Brustvergrößerung bei Männern u. Frauen. HWZ 3 h od. 10-18 h (Metaboliten). **Dos.:** p. o. Initialdos.: 3-6 d lang 2- bis 4-mal 0.05 g/d; Erhaltungsdos.: 1-mal 0.05 g/d; Kinder: 0.0015 g/kg KG/d; s. Hormone (Mineralocorticoide).

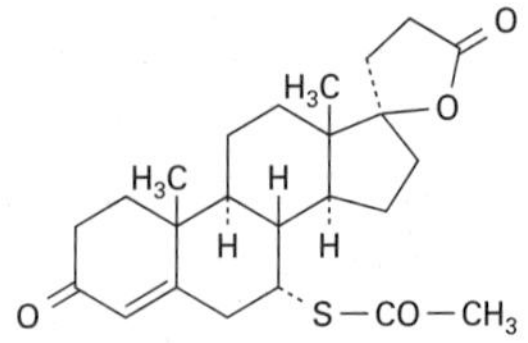

Spironolacton

Spirosolan: s. Solanumalkaloide.

Spirostan: sauerstoffhaltiger, hexacycl. Grundkörper der Steroidsaponine; s. Saponine, Steroide.

Spiroverbindungen: Spirane, Spiroalkane; cycl. Verb., deren Ringe über ein gemeinsames C-Atom (Spiroatom) verbunden sind. Sind in einer Verb. mehrere Spiroatome enthalten, so wird das Molekül als Dispiro-, Trispiro-Verb. bezeichnet. **Nomenklatur:** zw. spiro, bzw. dispiro,..., u. dem Wortstamm, der sich aus der Anzahl der C-Atome ergibt, wird in eckige Klammern die Anzahl der C-Atome geschrieben, die den Ring bilden. Die Bezifferung beginnt am kleinsten Ring. Das Nachbaratom des Spiro-Atoms bekommt die Ziffer 1, z. B. Spiro[4,5]deca-1,6-dien.

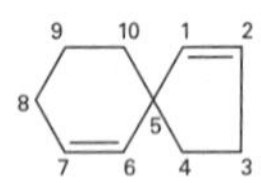

Spiroverbindungen: Spiro[4,5]deca-1,6-dien als Beispiel

Spirre: s. Blütenstand.

Spirsäure: s. Salicylsäure.

Spissumextrakte: s. Extracta (Dickextrakte).

Spitzkolben: s. Kolben.

Spitzorchis: s. Anacamptis pyramidalis.

Spitzwegerichkraut: s. Plantago lanceolata (Plantaginis lanceolatae herba).

Spitzwegerichsirup: s. Sirupus Plantaginis.

Splanchnikus (gr. splanchna Eingeweide): Kurzbez. für Nervus splanchnicus; Teil des Sympathikus*.

Spleißen: Umwandlung eines primären Transkripts in eine reife mRNA in eukaryont. Zellen. Eukaryont. Gene u. ihre mRNA tragen neben codierenden (Exons) häufig zahlreiche nicht kodierende Sequenzen (Introns), die bei der Reifung der mRNA in den Spleißosomen — enzymat. katalysiert — herausgeschnitten werden. Die Enden der Exons werden nachfolgend miteinander verknüpft (verspleißt).

Spleißosomen: dynam. Aggregate aus snRNPs (Abk. für **s**mall **n**uclear **r**ibo**n**ucleo**p**roteins) u.

mRNA-Vorläufern im Zellkern von Eukaryonten. In den S. findet die Prozessierung der mRNA-Vorläufer, speziell das Entfernen der Introns (Spleißen*) statt.

Splintholz: (bot.) äußerer, weicherer T. eines Stammes, der noch Wasserleitfähigkeit besitzt.

Spondylitis: Wirbelentzündung.

Spongia marina: s. Euspongia officinalis.

Spongia somnifera: Schlafschwämmchen; mit narkotisierenden Pflanzensäften getränkte Schwämmchen, im Mittelalter gebräuchlich.

Spongia usta: s. Carbo activatus (Carbo Spongiae).

spongiform: schwammartig.

Spongilla lacustris L.: Spongilla fluviatilis, Geweihschwamm, Flussschwamm, Teichschwamm; Süßwasserschwamm, Fam. Spongillidae (Mittel- u. Südeuropa, Asien, Nord- u. Südamerika). Die aus S. lacustris u. Epyolati mülleri gewonnene Droge ist das getrocknete Tier. **Inhaltsst.:** bis 60 % Silicate, Proteine, versch. Zoosterine u. Brom.
Hom: *Badiaga:* getrockneter Schwamm; verord. z. B. bei Hyperthyreose.

sporadisch: vereinzelt auftretend.

Sporae Lycopodii: s. Lycopodium clavatum.

Sporangium: (bot.) Behälter, in dem Sporen* entstehen.

Sporen (gr. sporos Samen): Dauerformen von Mikroorganismen. **1.** bakt. Sp.: **a)** Endosporen bei Bakt. der Fam. Bacillaceae* (nach neuerer Nomenklatur: Clostridiaceae); zentrale od. terminale Bildung bei ungünstigen Lebensbedingungen; hohe Resistenz gegen physik. (v. a. Hitze) u. chem. Einflüsse; unter günstigen Bedingungen keimt die Spore aus u. teilt sich; Anw. zur Sterilisationsprüfung (Bacillus-Sporen); **b)** Exosporen bei Aktinomyzeten: Vermehrungs- u. Dauerform; entstehen durch Zerfall od. Abschnürung; färben sich im Ggs. zu Endosporen mit Anilinfarben; **2.** Pilzsporen: im Sporangium* (haploid; sexuell) od. aus Hyphen (z. B. durch Abschnürung; asexuell) gebildet; im Ggs. zu bakt. Sp. nicht hitzeresistent; vgl. Pilze.

Sporenbildner: Bez. für die Bakteriengattungen Bacillus* (aerobe Sp.) u. Clostridium* (anaerobe Sp.) aufgrund der genet. verankerten Fähigkeit zur Bildung von Sporen*. Der Vorgang selbst wird endogen gesteuert u. v. a. von bestimmten Umweltbedingungen ausgelöst.

Sporenpflanzen: s. Kryptogamen.

Sporentierchen: s. Protozoen (Sporozoa).

Spornblume: s. Centranthus ruber.

Sporophylle: (bot.) Sporangien (s. Sporangium) tragende Blätter der Farngewächse (s. Pteridophyta).

Sporophyt (gr. sporos Keim; phytos Pflanze): Sporen bildende, diploide (2n) Generation im Entwicklungszyklus einer Pfl. mit Generationswechsel.

Sporopollenine: s. Exine.

Sporulation: Bildung von Sporen*.

Spray: s. Aerosole.

spray bandages: s. Polyacrylharze.

spreading factor: s. Hyaluronidase.

Spreitung: Fähigkeit einer Salbe, sich auf der Haut auszubreiten. Die Spreitbarkeit wird mit dem Extensometer bestimmt. Das Gerät besteht aus 2 durchsichtigen kreisrunden Platten, zw. die eine definierte Menge einer Salbenprobe zentriert eingebracht wird. Die obere Platte wird steigend belastet u. die sich jeweils einstellende Ausbreitungsfläche (mm^2) der Salbe gegen die Belastung in ein Diagramm eingetragen.

Spreitungswaage nach Langmuir: Vorrichtung zur Messung der Filmstabilität u. des Filmdruckes monomolekularer Schichten auf Wasseroberflächen. Ermittlung des Platzbedarfs (Fläche) eines Filmbildners in Form einer monomolekularen Schicht auf Wasser.

Sprekelia formosissima: s. Amaryllidaceae.

Sprenggelatine: s. Cellulosenitrat.

Sprengmittel: s. Zerfallshilfsmittel für Tabletten.

Springfrucht: s. Fruchtformen.

Springgurke: s. Ecballium elaterium (Fructus Ecballii).

Springkürbis: s. Momordica balsamina.

Springwurm: s. Enterobius vermicularis.

Spritzampullen: Fertigspritzen; vorgefüllte Einmalspritzen mit od. ohne montierte Nadel, d. h. es handelt sich entweder um eine Zylinderampulle* od. die Behältnisse (Wegwerfspritzen, Einwegspritzen) sind gleichzeitig als Spritzengestell u. Nadelhalter ausgebildet u. sind nach Demontage des Nadelschutzes, der gleichzeitig als Verlängerung des Kolbens dient, od. nach dem Aufstecken der Nadel applikationsbereit. Die Sp. enthalten eine sterile, spritzfertige Injektionslösung als Einzeldosis; geeignet bes. für Notfallbehandlungen, aber auch für ölige Lsg., um das aufwendigere Reinigen zu umgehen. Hergestellt entweder aus Glas od. vollständig aus Kunststoff. **Doppelkammerspritzampullen** ermöglichen bei instabilen Arzneistoffen eine getrennte Lagerung von 2 versch. Lösungen od. einer Trockensubstanz (Lyophilisat) u. deren Lösungsmittel. Ein solches System besteht z. B. aus einem Vial* (Durchstichflasche) mit der Trockensubstanz u. einer Sp. mit dem Lösungsmittel. Nach dem Einspritzen des Lösungsmittels in das Vial löst sich das Pulver auf; die Lösung wird in die Spritzampulle zurückgezogen u. injiziert.

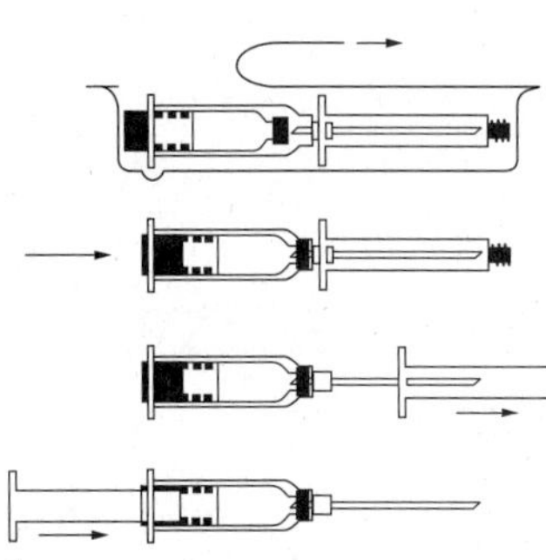

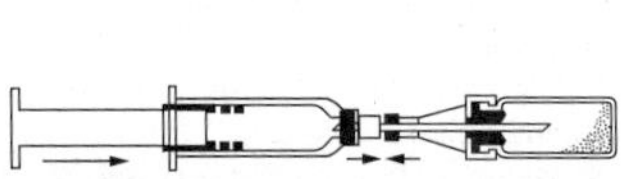

Spritzampulle: 1: Funktion der Spritzampulle; 2: Doppelkammerspritzampulle

S

Spritze: Instrument zum Einspritzen von Flüss. (2-50 mL) in Körpergewebe od. zur Entnahme. Typen: **1.** sterilisierbare, vollständig zerlegbare, wiederverwendbare Standardspritze aus Glas u. Metall (früher auch teilzerlegbare Rekordspritze, obsolet); **2.** Einmalspritze aus Kunststoff (Ph.Eur.4). Je nach Anw. unterschiedl. Ausführung: z. B. Insulinspritze (1-2 mL, 1 mL entspr. 40 I.E., I.E.-Skala), sehr schmale Tuberkulinspritze*. Zur Injektion von Insulin oder Heparin werden Pens* benutzt.

Spritzgießen: zählt wie das Spritzpressen u. das Spritzprägen (s. u.) zum Injektionsformen von Kunststoffen. Die Formteile werden durch Injizieren eines vorplastifizierten Kunststoffs in ein mind. zweiteiliges geschlossenes Füllwerkzeug hergestellt, das je nach Art des Kunststoffs temperiert (bei Duroplasten beheizt u. bei Thermoplasten gekühlt) wird. Beim Sp. wird Kunststoffmasse (Pulver od. Granulat) für mehr als einen Spritzgießvorgang kontinuierl. unter Wärmeeinwirkung plast. erweicht u. fließt unter Druck durch eine Düse in den Hohlraum eines Werkzeuges ein (s. Abb.). Sp. wird vorzugsweise zur Herst. komplizierterer Formteile aus thermoplast. Kunststoff eingesetzt. Aber auch spezielle härtbare Formmassen, die bei 80-120 °C ca. 10-12 min im Schneckenzylinder der Spritzgießmaschine verweilen können, ohne durch Vernetzung ihre Fließfähigkeit zu verlieren, eignen sich zum Spritzgießen. In der Form sollen sie dann bei 140-180 °C rasch aushärten. Das Sp. läuft in 5 Arbeitsschritten ab: Düse anlegen, Schmelze einspritzen, Nachdrücken, Erstarren des Spritzlings unter Abkühlung, Entformen. Beim **Spritzpressen** (Transferpressen) ist nur die Masse (härtbare Formmasse) für einen einzigen Spritzvorgang vorhanden. Beim **Spritzprägen** wird die anfängl. geschlossene Form nach Einspritzen der warmplast. Formmasse (injizieren) etwas geöffnet u. dann entsprechend dem Fortschreiten der Abkühlung (Volumenschwindung) wieder geschlossen (komprimieren).

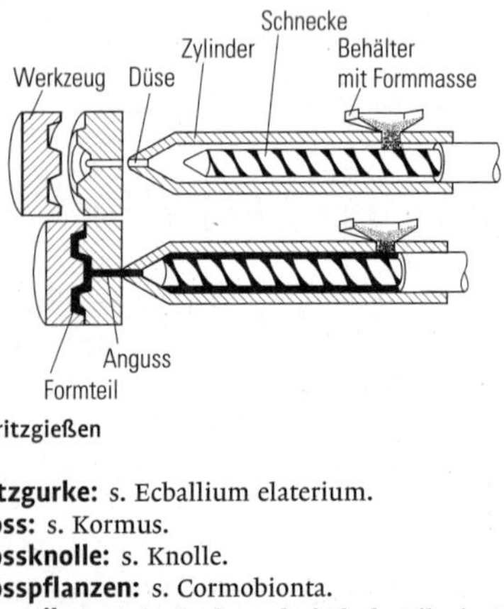

Spritzgießen

Spritzgurke: s. Ecballium elaterium.

Spross: s. Kormus.

Sprossknolle: s. Knolle.

Sprosspflanzen: s. Cormobionta.

Sprosspilze: Hefepilze* u. hefeähnl. Pilze*. Vermehren sich ungeschlechtl. durch Sprossung; med. relevante Gattungen: z. B. Sacharomyces, Endomyces, Candida, Blastomyces, Cryptococcus.

Sprossrübe: s. Rübe.

Spruce-Tannennadelöl: s. Tsuga canadensis (Oleum Tsugae americanae).

Sprue, einheimische: s. Zöliakie.

Sprühdesinfektion: Desinfektion* von Oberflächen durch Aufsprühen von Desinfektionsmitteln*; vgl. Desinfektionsverfahren.

Sprüheinbettung: Einbettung von Arzneistoffen durch Versprühen von Emulsionen* od. Suspensionen*, in denen ein oder mehrere Arzneistoffe die dispergierte Phase u. eine Lösung makromolekularer Stoffe (z. B. Gelatine, Galactomannan, Methylcellulose, Polyvinylpyrrolidon) das Dispersionsmittel darstellen. Durch Versprühen u. gleichzeitiges Trocknen (Sprühtrocknungsanlagen) erhält man im Ggs. zu den eigentl. Mikrokapseln eine feste Dispersion, ein Pulver mit unregelmäßig eingeschlossenen od. gelösten Wirkstoffen, die sich z. T. auch auf der Oberfläche befinden. Je nach der Löslichkeit der Hilfsstoffe resultiert eine gute Resorption des Arzneistoffes od. man erhält eine Retardform. Die Sp. dient der Stabilisierung der bei der Zerstäubungstrocknung anfallenden amorphen, meist besser lösl. Arzneistoffe (geringere Gefahr der Kristallisation).

Sprüherstarrung: Sprühverperlung; Einbettung pulverförmiger Arzneistoffe in Fette u. Wachse in einem für die Sprühtrocknung* geeigneten Gerät, indem eine versprühte Schmelze durch Einblasen von Kaltluft zum Erstarren gebracht wird. Die entstandenen Granulate* bilden bei der Herst. von Retardpräparaten* die Depotdosis.

Sprühgranulieren: s. Sprühtrocknung, Granulieren.

Sprühkopf: s. Druckgaspackungen.

Sprühpflaster: Sprühverband, Pflasterspray; flüss. Verbandmittel, das durch Aufsprühen einen dünnen, elast. Film auf der Haut entstehen lässt. Je nach Anw. versch. Typen: **1.** zur sekundären Wundversorgung u. Abdeckung in der Dekubitusprophylaxe; **2.** nur zur Fixierung von Verbänden; **3.** als Wundkleber.

Sprühtrocknung: Zerstäubungstrocknung mit Hilfe von rotierenden Sprühscheiben od. mit Düsen (s. Abb. 1 u. 2); durch Flüssigkeitsdruck (Airless*-System) od. Druckluft (Zweistoffverdüsung) werden flüss. bis pastenartige Lösungen zu feinen Tröpfchen versprüht u. dabei durch die starke Oberflächenvergrößerung in Bruchteilen einer Sekunde im Heißluftstrom zu einem feinen Pulver od. Granulat getrocknet (Instantisierung). Erwünscht ist ein mögl. amorphes Produkt. Die Sp. stellt ein schonendes Verfahren zum Eindampfen von Lsg. dar, außerdem ist die Korngröße regulierbar u. die anfallenden Partikeln sind annähernd kugelförmig. Anisotrop kristallisiernde Materialien bekommen durch die Sp. zum Teil isotrope Eigenschaften.

Sprühverband: s. Sprühpflaster.

Spulwurm: s. Ascaris lumbricoides.

Spunga-Verfahren: s. Aetherolea (Gew.).

Spurenelemente: Mikroelemente; diejenigen chem. Elemente, die von lebenden Organismen — im Ggs. zu den Makroelementen* — nur in relativ kleiner Menge benötigt werden. Nach dieser Definition zählen Elemente wie Blei u.

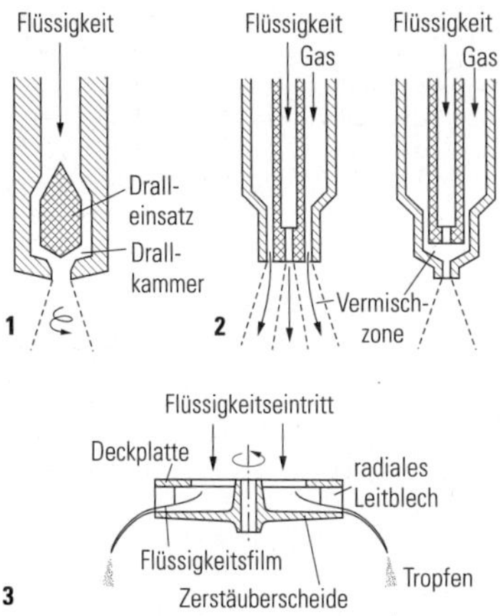

Sprühtrocknung Abb. 1: Sprühdüsen u. Sprühscheiben; 1: Prinzip einer Einstoffdüse; 2: Prinzip einer Zweistoffdüse, links äußere Vermischung, rechts innere Vermischung; 3: Prinzip einer Sprühscheibe

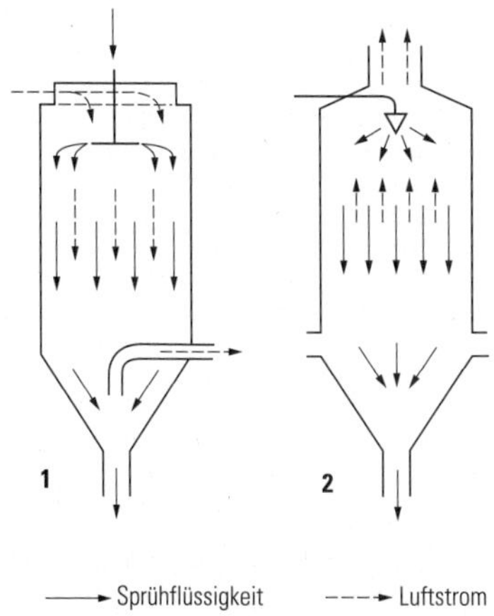

Sprühtrocknung Abb. 2: 1: mit Sprühscheibe, Gleichstromprinzip; 2: mit Sprühdüse, Gegenstromprinzip

Cadmium, die keine physiolog. Funktion besitzen od. sogar tox. wirken, nicht zu den Spurenelementen. Oft bezeichnet man alle in Organismen in kleiner Menge nachweisbaren Elemente als S. u. diejenigen, die eine biol. Funktion besitzen u. deren Fehlen demzufolge zu Mangelerscheinungen führt, als essentielle Spurenelemente. Als essentiell für Mensch u. Tier sind erkannt: Eisen*, Iod*, Kupfer*, Mangan*, Zink*, Cobalt*, Molybdän*, Selen*, Vanadium*, Nickel*, Chrom*, Zinn*, Fluor*, Silicium*. Einige Pflanzen benötigen auch Bor u. Aluminium.

Sputum (lat.): Auswurf.

s. q.: Abk. für (auf Rezepten) **s**ufficiens **q**uantitas genügende Menge.

Squalen: 2,6,10,15,19,23-Hexamethyl-2,6,10,14,18,22-tetracocahexaen, $C_{30}H_{50}$, M_r 410.7, Sdp. 208 °C, D. 0.859. Farblose, unverseifbare ölige Flüss.; ungesättigter Kohlenwasserstoff, aliphat. Triterpen (Biosynthese s. Terpene), Vorstufe von Cholesterol*. **Vork.:** in einigen Fischleberölen (Haifischleber), in pflanzl. Ölen (Olivenöl 0.5 %) u. in Hefe.

squeeze bottle: s. Arzneiflasche.

Sr: (chem.) Symbol für Strontium*.

SRIF: Abk. für (engl.) **s**omatropin **r**elease **i**nhibiting **f**actor; s. Somatostatin.

SRS: SRS-A; Abk. für (engl.) *slow reacting substances of anaphylaxis**.

S-Sätze: Sicherheitsratschläge, mit denen Gefahrstoffe gemäß Gefahrstoffverordnung* zu versehen sind; vgl. R-Sätze.

ssp.: Abk. für **Subsp**ecies*.

SSRI: s. Serotoninwiederaufnahme-Hemmer.

Stabilisatoren: Substanzen, die man unbeständigen Materialien od. Zubereitungen, z. B. Emulsionen*, beimischt, um diese beständig zu machen.

Stabilisatorlösung für Blutkonserven: Solutiones anticoagulantes et sanguinem humanum conservantes Ph.Eur.4; gerinnungshemmende, die Bluteigenschaften nicht verändernde Substanzen zur Blutkonservierung; **1.** ACD*-Stabilisatorlösung (phosphatfrei); **2.** CPD*-Stabilisatorlösung (phosphathaltig); **3.** PAGGS*-M; **4.** SAGM*-Additivlösung.

Stabilität: s. Haltbarkeit.

Stacheln: **1.** (bot.) harte, spitze Emergenzen*, z. B. bei Rosen u. Brombeersträuchern, gebildet vom primären Rinden- u. Epidermisgewebe, daher leicht abzubrechen; vgl. Dornen. **2.** (zoolog.) stark entwickelte Haare, Schuppen, Hautzähne oder Anhänge des Hautskelett; der Wehrstachel der Hautflügler ist ein umgewandelter T. des Legeapparats, der oft mit Giftdrüsen verbunden ist.

Stachyose: in Pflanzen, v. a. in Lamiaceae, vorkommendes, nicht reduzierendes Tetrasaccharid. Schmp. 170 °C; $[\alpha]_D^{20°C}$ +149°. Die 4 Zuckerreste sind in der Reihenfolge D-Galactose, D-Galactose, D-Glucose, D-Fructose verknüpft.

Stachys officinalis (L.) Trev.: Stachys betonica, Betonica officinalis, Betonie, Heilziest, Flohblume; Fam. Lamiaceae, Labiatae (Europa, Asien). Stpfl. von **Herba Betonicae:** Betonienkraut. **Inhaltsst.:** Betonicin, Stachydrin, Turicin, Cholin*, Bitterstoffe* sowie Gerbstoffe (bis 15 %); **Anw.** volkstüml.: z. B. gegen Erkältungskrankheiten, Gelbsucht, Blähungen u. Diarrhö.
Hom: *Stachys officinalis (HAB 2000):* frisches, blühendes Kraut.

Stachys recta L.: Sideritis hirsuta Gouan, Gerader Ziest, Berufskraut; Fam. Lamiaceae, Labiatae (Europa). Stpfl. von **Herba Sideritidis:** Ziestkraut. **Inhaltsst.:** Gerbstoffe, Betonicin, Turicin, Cholin*, Trigonellin* u. äther. Öl; **Anw.** volkstüml.: z. B. als Febrifugum u. gegen Diarrhö; Ersatz für Herba Sideritidis (s. Sideritis hirsuta).

Stadacain: s. Butoxycainhydrochlorid.

Stadimol®: s. Hartfett.

Stadtgas: s. Leuchtgas.

Stäbchen: s. Bacilli.

Stäbchenbakterien: s. Bakterien.

Stärke: s. Amylum.

Stärkeacetatphthalat: s. Celluloseacetatphthalat.

Stärkegummi: s. Dextrin.

S

S-Sätze
Sicherheitsratschläge

S 1	Unter Verschluss aufbewahren
S 2	Darf nicht in die Hände von Kindern gelangen
S 3	Kühl aufbewahren
S 4	Von Wohnplätzen fernhalten
S 5	Unter ... aufbewahren (geeignete Flüssigkeit vom Hersteller anzugeben)
S 6	Unter ... aufbewahren (inertes Gas vom Hersteller anzugeben)
S 7	Behälter dicht geschlossen halten
S 8	Behälter trocken halten
S 9	Behälter an einem gut gelüfteten Ort aufbewahren
S 12	Behälter nicht gasdicht verschließen
S 13	Von Nahrungsmitteln, Getränken und Futtermitteln fernhalten
S 14	Von ... fernhalten (inkompatible Substanzen vom Hersteller anzugeben)
S 15	Vor Hitze schützen
S 16	Von Zündquellen fernhalten – nicht rauchen
S 17	Von brennbaren Stoffen fernhalten
S 18	Behälter mit Vorsicht öffnen und handhaben
S 20	Bei der Arbeit nicht essen und trinken
S 21	Bei der Arbeit nicht rauchen
S 22	Staub nicht einatmen
S 23	Gas/Rauch/Dampf/Aerosol nicht einatmen (geeignete Bezeichnung vom Hersteller anzugeben)
S 24	Berührung mit der Haut vermeiden
S 25	Berührung mit den Augen vermeiden
S 26	Bei Berührung mit den Augen gründlich mit Wasser abspülen und Arzt konsultieren
S 27	Beschmutzte, getränkte Kleidung sofort ausziehen
S 28	Bei Berührung mit der Haut sofort abwaschen mit viel ... (vom Hersteller anzugeben)
S 29	Nicht in die Kanalisation gelangen lassen
S 30	Niemals Wasser hinzugießen
S 33	Maßnahmen gegen elektrostatische Aufladungen treffen
S 34	Schlag und Reibung vermeiden
S 35	Abfälle und Behälter müssen in gesicherter Weise beseitigt werden
S 36	Bei der Arbeit geeignete Schutzkleidung tragen
S 37	Geeignete Schutzhandschuhe tragen
S 38	Bei unzureichender Belüftung Atemschutzgerät anlegen
S 39	Schutzbrille/Gesichtsschutz tragen
S 40	Fußboden und verunreinigte Gegenstände mit ... reinigen (vom Hersteller anzugeben)
S 41	Explosions- und Brandgase nicht einatmen
S 42	Beim Räuchern/Versprühen geeignetes Atemschutzgerät anlegen (geeignete Bezeichnung vom Hersteller anzugeben)
S 43	Zum Löschen ... (vom Hersteller anzugeben) verwenden (wenn Wasser die Gefahr erhöht, anfügen: kein Wasser verwenden)
S 45	Bei Unfall oder Unwohlsein sofort Arzt zuziehen (wenn möglich, dieses Etikett vorzeigen)
S 46	Bei Verschlucken sofort ärztlichen Rat einholen und Verpackung oder Etikett vorzeigen
S 47	Nicht bei Temperaturen über ... °C aufbewahren (vom Hersteller anzugeben)
S 48	Feucht halten mit ... (geeignetes Mittel vom Hersteller anzugeben)
S 49	Nur im Originalbehälter aufbewahren
S 50	Nicht mischen mit ... (vom Hersteller anzugeben)
S 51	Nur in gut gelüfteten Bereichen verwenden
S 52	Nicht großflächig für Wohn- und Aufenthaltsräume zu verwenden
S 53	Exposition vermeiden – vor Gebrauch besondere Anweisungen einholen
S 53a	Von Frauen im gebärfähigen Alter nicht zu verwenden
S 56	Diesen Stoff und seinen Behälter der Problemabfallentsorgung zuführen
S 57	Zur Vermeidung einer Kontamination der Umwelt geeigneten Behälter verwenden
S 59	Information zur Wiederverwendung/Wiederverwertung beim Hersteller/Lieferanten erfragen
S 60	Dieser Stoff und sein Behälter sind als gefährlicher Abfall zu entsorgen.
S 61	Freisetzung in die Umwelt vermeiden; besondere Anweisungen einholen/Sicherheitsdatenblatt zu Rate ziehen
S 62	Bei Verschlucken kein Erbrechen herbeiführen; sofort ärztlichen Rat einholen und Verpackung oder dieses Etikett vorzeigen
S 63	Bei Unfall durch Einatmen: Verunglückten an die frische Luft bringen und ruhigstellen
S 64	Bei Verschlucken Mund mit Wasser ausspülen (nur wenn Verunglückter bei Bewusstsein ist)

Stärkehydrolysatlösung: s. Stärkesirup.
Stärkekapseln: s. Capsulae.
Stärkekleister: s. Amylum.
Stärke, lösliche: s. Amylum solubile.
Stärkemehl: s. Amylum.
Stärkenachweis: s. Iodlösung, wässrige.
Stärkesirup: Glucosum liquidum Ph.Eur.4, Glucosesirup DAB10, Kapillärsirup, Stärkehydrolysatlö-

sung, Amyli hydrolysati sirupus, Amyli hydrolysati solutio Ph.Helv.7; Gew. aus Stärke durch Teilhydrolyse. Er besteht im wesentl. aus Glucose, Dextrinen, Maltose u. Wasser. Mind. 70.0% Trockensubstanz. Der Hydrolysegrad, ausgedrückt als Glucsoe-Äquivalent (GÄ), muss mind. 20% betragen u. darf höchstens um 10% von dem in der Beschriftung angegebenen Wert abweichen. Mit Hilfe einer Glucose-Referenzlösung wird das GÄ mit Fehling-Lösung ermittelt. Klar, farblos bis bräunl., süßer Geschmack; mischbar mit Wasser, schwer lösl. in Ethanol. $n_D^{20°C}$ mind. 1.490, Viskosität: mind. 25 mPa·s; mit Iodlösung rotviolette bis rotbraune Farbe; vgl. Sirupi.

Stärke, vorverkleisterte: s. Amylum pregelificatum.

Stärkezucker: Hydrolysat aus Stärke (s. Amylum), das hauptsächl. aus D-Glucose (s. Glucose) besteht u. mittels Amylasen* gewonnen wird.

Stahl: s. Eisen.

Stahlquellen: Eisenquellen, s. Aquae minerales.

Stalagmometer: Gerät zur Bestimmung der Oberflächen- u. Grenzflächenspannung von Flüssigkeiten; s. Grenzflächenspannung.

Stamen: (bot.) Staubblatt, s. Blüte.

Staminodium: (bot.) steriles Staubblatt; s. Blüte.

Stammhirnkonvulsiva: s. Konvulsiva.

Stammzelle: eine vermehrungsfähige Zelle, die sich in alle Zelltypen des Körpers ausdifferenzieren kann, z. B. Muskelzelle, Nervenzelle, Blutzelle. Diese Fähigkeit der S. bezeichnet man als Pluripotenz. Ein eigenständiger Organismus kann aus ihnen jedoch nicht mehr entstehen. Nur Zellen von sehr frühen Embryonen sind totipotent, das heißt aus jeder einzelnen Zelle kann sich durch Teilung ein eigenständiges Lebewesen entwickeln. In der Natur erfolgt dies spontan, wenn sich ein Embryo zu eineiigen Zwillingen teilt. S. finden sich in Embryonen, Föten u. wurden bislang auch in 20 Organen des menschl. Körpers nachgewiesen, darunter im Knochenmark. Mit Hilfe von Nährlösungen und entspr. Zusätzen lassen sich aus S. im Labor bestimmte Zelltypen züchten. Je nach Herkunft unterscheidet man embryonale, fetale u. adulte S. (von Säuglingen, Kindern, Erwachsenen).

Stampfdichte: s. Dichte von Pulvern.

Stampfvolumen: s. Dichte von Pulvern.

Stampfvolumeter: s. Dichte von Pulvern.

Standardabweichung: s. Normalverteilung, Fehlerrechnung.

Standardimpfung: Impfung mit breiter Anw. u. erhebl. Wert für die Gesundheit der Bevölkerung. Hierzu zählen nach den aktuellen Empfehlungen der STIKO* u. a. Impfungen gegen Bordetella Pertussis (Keuchhusten), Haemophilus influenzae B, Hepatitis B, Mumps, Masern und Röteln. Die Reihenfolge der Erstimpfung u. der Auffrischimpfungen ist im Impfkalender* festgelegt.

Standardnormalverteilung: s. Normalverteilung.

Standardpotential: Normalpotential; das sich an einer Elektrode einstellende Gleichgewichtspotential unter Standardbedinungen (25 °C); alle an der Elektrodenreaktion beteiligten gelösten Stoffe haben die Äquivalentaktivität 1 mol/L, alle beteiligten festen Stoffe liegen rein, Gase bei einem Druck von 1.013 25 bar vor. Die Messung erfolgt gegen eine Standardwasserstoffelektrode*. Die Nernst*-Gleichung erlaubt die Berechnung des Potentials bei Nichtstandardbedingungen.

Standardsaponin: gereinigtes Saponin als Referenzsubstanz (s. Gypsophila-Arten). **Anw.:** Bestimmung des hämolytischen Index*.

Standardspritze: s. Spritze.

Standardwasserstoffelektrode: Normalwasserstoffelektrode; eine Wasserstoffelektrode (s. Potentiometrie) bei Standardbedingungen (s. Standardpotential); ihr Potential wird definitionsgemäß = 0 gesetzt.

Standardzulassungen: Nach § 36 Abs. 1 AMG wird das deutsche Bundesgesundheitsministerium ermächtigt, durch Rechtsverordnung mit Zustimmung des Bundesrates bestimmte Arzneimittel von der Zulassungspflicht nach § 21 AMG freizustellen. Sinn der Ermächtigung ist es, die Zulassungsbehörde zu entlasten u. die Übersichtlichkeit des Arzneimittelmarktes zu erhöhen. In der VO über Standardzulassungen vom 3.12.1982 wurden erstmals 28 Standardzulassungen monographisch beschrieben (u. a. Kamillenblüten, Leinsamen, Natriumsulfat, verdünnte Wasserstoffperoxid-Lsg., 2-Propanol 70%). Die Monographien enthalten Vorschriften über Behältnisse, Haltbarkeit, Kennzeichnung (nach § 10 AMG unter Angabe der Standard-Zulassungsnummer) u. Packungsbeilage (nach § 11 AMG) der nach Standardzulassungsverfahren hergestellten Arzneimittel. Die VO über Standardzulassungen wurde mehrfach aktualisiert.

Standgefäß: Vorratsbehältnis für Arzneimittel in der Apotheke. Nach der Art des Arzneimittels verwendet man u. a Enghalsstandgefäße für Flüss., Weithalsstandgefäße für feste Stoffe, Porzellangefäße für Salben, Dosen aus Metall für Drogen, Ballons für größere Flüssigkeitsmengen sowie Spezialgefäße wie Hohlstopfengefäße, Salzkottener; vgl. Gefäße. **Deutschland:** Die Behältnisse sowie ihre Verschlüsse müssen so beschaffen sein, dass ihr Inhalt weder verändert noch beeinflusst werden kann. S. sollten mit gut lesbaren u. dauerhaften Aufschriften — soweit im Arzneibuch nicht anders bestimmt — in schwarzer Schrift auf weißem Grund versehen sein; s. vorsichtig zu lagern; sehr vorsichtig zu lagern. Dabei ist eine gebräuchliche wissenschaftl. Bez. zu verwenden (altlat. Nomenklatur, neulat. Nomenklatur, deutsche Bezeichnung). Soweit für ein Arzneimittel größte Einzel- od. Tagesdosen (s. Maximaldosis) festgelegt sind, müssen diese auf dem S. angegeben werden. Die Vorschriften der Gefahrstoffverordnung* über die Lagerung u. Kennzeichnung gefährl. Stoffe sind ebenfalls zu beachten. Einige der Regelungen sind rechtl. nicht mehr zwingend, da z. B. das Europäische Arzneibuch farbl. Kennzeichnungsvorschriften für Standgefäße nicht vorschreibt. Aus pharmaz. Sicht sind sie dennoch empfehlenswert. **Österreich:** geregelt durch die Apothekenbetriebsordnung*; für die Beschriftung sind grundsätzl. die im Arzneibuch angeführten Bez. zu verwenden; **Schweiz:** für die Beschriftung gelten die Vorgaben im Arzneibuch (Ph.Helv.).

Stangenschwefel: s. Schwefel.

Stannate: s. Zinn-Salze.
Stanni-Ammoniumchlorid: s. Ammoniumhexachlorostannat(IV).
Stannichlorid: s. Zinn(IV)-chlorid.
Stanni colloidalis et technetii[^{99m}Tc] solutio iniectabilis: s. Technetium[99mTc]-Zinn-Kolloid-Injektionslösung.
Stanniol: eine auf 0.1 mm Dicke ausgewalzte Zinnfolie für Verpackungszwecke. Heute ersetzt durch Aluminiumfolie; vgl. Zinn.
Stannioxid: s. Zinn(IV)-oxid.
Stanni pyrophosphatis et technetii [^{99m}Tc] solutio iniectabilis: s. Technetium[^{99m}Tc]-Zinndiphosphat-Injektionslösung.
Stanni-Verbindungen: s. Zinn(IV)-chlorid; Zinn-(IV)-oxid.
Stannochlorid: s. Zinn(II)-chlorid.
Stanno-Verbindungen: Zinn(II)-Verbindungen.
Stannum: s. Zinn.
Stannum aceticum oxydulatum: s. Zinn(II)-acetat.
Stannum-Ammonium chloratum: s. Ammoniumhexachlorostannat(IV).
Stannum bibromatum: s. Zinn(II)-bromid.
Stannum bichloratum: s. Zinn(IV)-chlorid.
Stannum bisulfuratum cristallisatum: s. Zinn(IV)-sulfid.
Stannum chloratum: s. Zinn(II)-chlorid.
Stannum limatum: Stannum raspatum; Zinnfeilspäne.
Stannum oxidatum: s. Zinn(IV)-oxid.
Stanolon: s. Androstanolon.
Stanozolol INN: Androstanazol, Stanozol; 17-Methyl-5α-androstano[3,2-*c*]pyrazol-17β-ol; CAS-Nr. 10418-03-8; $C_{21}H_{32}N_2O$, M_r 328.48. Schmp. 237-242 °C aus Ethanol; polymorph. $[\alpha]_D$+35.7° (Chloroform); $[\alpha]_D$ +48.6° (Methanol). UV_{max} 223 nm (ε 4740). Unlösl. in Wasser; lösl. in Ethanol 1:40, in Chloroform 1:75, in Ether 1:370; lösl. in Dimethylformamid; schlecht lösl. in Aceton u. Ethylacetat. **Anw.**: Anabolikum bei kataboler Stoffwechsellage, Kachexie, Osteoporose. **Dos.**: p.o. 1×5 mg/d; Kinder von 12-14 Jahren 1×2 mg/d; parenteral i. m. 50 mg alle 2-3 Wochen.

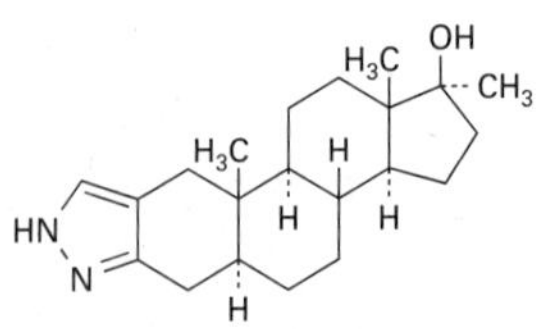

Stanozolol

Staphisagria: s. Delphinium staphisagria (Hom).
Staphylitis (gr. staphyle Traube): Entzündung des Gaumenzäpfchens.
Staphylococcus: Gattung grampositiver, unbewegl., trauben- od. haufenförmig gelagerter Kugelbakt. der Fam. Micrococcaceae; bilden Katalase. Mehr als 30 Spezies u. Subspezies, med. relevant: St. aureus, St. epidermidis, St. saprophyticus, St. haemolyticus.
Staphylotoxine: Sammelbez. für von Staphylococcus* aureus gebildete Toxine*, z. B. Enterotoxine A-E (sehr hitzeresistent, Urs. von Lebensmittelvergiftungen*).
STARCH 1500®: Spezialstärke zur Direkttablettierung*; vgl. Amylum. Gew. aus Maisstärke durch mechan. Behandlung (Quetschen) der Stärkekörner unter Zusatz von Wasser mittels Walzen od. in einer Strangpresse in einem Temperaturbereich von 20-50 °C (sog. Brikettierung). Die Pressstücke werden nach dem Trocknen zerkleinert. Enthält einen höheren Anteil an kaltwasserlösl. Bestandteilen als Maisstärke (max. 20 %). Erhöhter Gehalt an deformierten Stärkekörnern u. deren Bruchstücke. Das elast. Kompressionsverhalten der unbehandelten Stärke ist bei STARCH 1500 stark vermindert. **Anw.**: Füllmittel, Trockenbinde- u. Zerfallsbeschleuniger, als 10-20 %iger Zusatz. Verw. wie mikrokristalline Cellulose.
Star, grauer: s. Katarakt.
Star, grüner: s. Glaukom.
Starrkrampf: s. Tetanus.
Start-Codon: Initiationscodon; Folge von drei Nucleotiden in der mRNA, die vom Anticodon der Formylmethionyl-tRNA (Prokaryonten) bzw. der Methionyl-tRNA (Eukaryonten) erkannt wird u. damit das Startzeichen zur Polypeptidbildung während der Proteinbiosynthese gibt. Das S.-C. hat die Sequenz 5'-AUG.
STA-RX 1500®: s. STARCH 1500®.
Staßfurter Salz: Badesalz, bestehend aus Abraumsalzen*.
Statine: s. HMG-CoA-Reduktasehemmer.
Stativ: Laborgerät, das zum Aufbau von Apparaten dient, mit Klemmen u. Muffen zum Halten von z. B. Büretten u. Kühlern sowie mit Eisenringen verschied. Größen zum Aufstellen von z. B. Kochflaschen u. Tiegeln.
Status asthmaticus: sehr häufige, akute, schwere od. lang anhaltende Asthma-bronchiale-Anfälle, s. Asthma.
Status epilepticus: andauernder epilept. Zustand od. Wiederholung von Anfällen, bei denen für mehr als 20 min keine Unterbrechung der Symptomatik eintritt. Grundsätzl. bei allen Anfallstypen mögl.; s. Epilepsie.
Status nascendi: in statu nascendi; im Entstehungszustande, z. B. im Augenblick des Freiwerdens eines Elementes aus seiner Verbindung. In diesem Zustand zeigt das Element eine gesteigerte chem. Wirkung.
Staubaerosol: s. Aerosole.
Staubbeutel: s. Blüte.
Staubblatt: besteht aus Staubfaden (Filament) u. Staubbeutel (Anthere), s. Blüte.
Staublungenerkrankungen: s. Pneumokoniosen.
Stauden: (bot.) ausdauernde, krautige Pflanzen mit wenig Holzgewebe in den oberird. T., jedoch häufig stärker entwickelte unterird. Organe aufweisend; s. Pflanzen, perennierende.
Staupe: Viruserkrankung bei jungen Hunden (od. alten Hunden mit nachlassender Immunität). Verursacht durch das Staupe-Virus, ein RNA-Virus der Paramyxoviridae*, das eng mit dem Masern-Virus verwandt ist.
Staupe-Lebend-Impfstoff (gefriergetrocknet) für Frettchen u. Nerze: Vaccinum morbi carrei vivum cryodesiccatum pro mustelidis Ph.Eur.4,

Vaccinum vivum morbi „Carrei" cryodesiccatum pro mustelidis; Zuber. eines für Frettchen u. Nerze attenuierten Stammes des Staupe-Virus; vgl. Staupe.

Staupe-Lebend-Impfstoff (gefriergetrocknet) für Hunde: Vaccinum morbi carrei vivum cryodesiccatum pro cane Ph.Eur.4, Vaccinum vivum morbi. „Carrei" cryodesiccatum pro cane; Virussuspension eines attenuierten Virusstammes aus Zellkulturen, stabilisiert, verdünnt u. gefriergetrocknet; vgl. Staupe.

Stavudin INN: 2',3'-Didehydro-3'-deoxythymidin; 1-(2,3-Didesoxy-β-D-glycero-pent-2-enfuranosyl)thymin; CAS-Nr. 3056-17-5; $C_{10}H_{12}N_2O_4$, M_r 224.22. Wie Zidovudin* ein Analogon von Thymidin. **Wirk.** u. **Anw.**: Virostatikum, Reverse-Transkriptase-Hemmer zur Behandlung HIV*-Infizierter (s. HIV-Erkrankung), für die Zidovudin nicht od. nicht mehr geeignet ist; **UAW:** u. a. periphere Neuropathie, Fieber, gastrointestinale Störungen, Thrombozytopenie; **Dos.**: p. o. Erwachsene u. Kinder ab 12 Jahren 2×30-40 mg/d (mind. 1 h vor den Mahlzeiten); HWZ 3-3.5 h (Metaboliten).

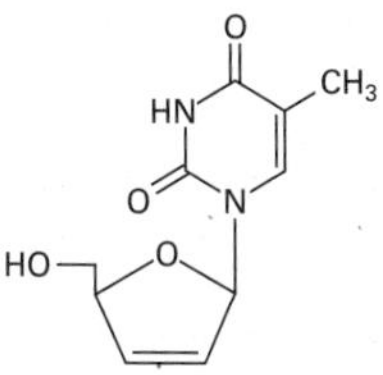

Stavudin

STD: Abk. für (engl.) *sexually transmitted diseases;* WHO-Begriff für durch Sexualkontakt übertragbare Krankheiten. Außer den klass. Geschlechtskrankheiten* zählen dazu Erkrankungen durch: **1.** Bakt. (z. B. unspezif. Urogenitalentzündungen durch Chlamydien*, Mykoplasmen*); **2.** Viren (z. B. HIV*-Erkrankung, Zytomegalie*, akute Hepatitis*, Kondylome*, Herpes genitalis); **3.** Pilze (s. Mykosen); **4.** Protozoen* (z. B. Trichomoniasis, Amöbiasis, Giardiasis); **5.** Ektoparasiten (z. B. Scabies*, Läusebefall, s. Läusemittel).

Steady state: s. Fließgleichgewicht.

Steaglat: Steaglas; chem. Kurzbez. für Stearoylglykolat.

Steal-Phänomen: Steal-Effekt, Entzugs- od. Anzapfsyndrom; Störung der Hämodynamik mit Umverteilung des Bluts, das einem Versorgungsgebiet zugunsten eines anderen Gefäßsystems entzogen wird. Z. B. schlechtere Versorgung der endokardialen (innerste Schicht des Herzmuskels) als der weiter außen liegenden, epikardialen-Schicht. **Urs.**: Kollateralkreislauf, Stenose*, Arterienverschluss. Das Auftreten klin. Symptome infolge St.-Ph. wird als Steal-Syndrom bezeichnet.

Steapsin: veraltete Bez. für Lipase*.

Stearatcreme: s. Unguentum stearinicum.

Stearate: Salze od. Ester der Stearinsäure*; als Glycerolester in tierischen u. pflanzl. Fetten. Verwendet werden Stearate in der pharmaz. Technologie als Emulgatoren*; z. B. Glycerolmonostearat*.

Stearatsalbe: s. Unguentum stearinicum.

Stearin: bei der Fettspaltung anfallendes Gemisch, u. a. von Palmitin- u. Stearinsäure. **Anw.**: techn. Rohstoff; s. Stearinsäure.

Stearinalkohol: s. Stearylalkohol.

Stearinöl: s. Ölsäure.

Stearinsäure: Acidum stearicum Ph.Eur.4, Acidum stearinicum, Acidum stearicum et palmiticum, Stearinpalmitinsäure; CAS-Nr. 57-11-4; $C_{18}H_{36}O_2$, M_r 284.5. Schmp. 52-70 °C. Ep. mind. 52 °C. D. 0.94. Gem. hauptsächl. aus Palmitinsäure* u. Stearinsäure. Enthält St. in unterschiedl. nominalen Mengen. St. 50 enthält 40.0-60.0 %, St. 70 enthält 60.0-80.0 % u. St. 95 enthält mind. 90.0 % $C_{18}H_{36}O_2$. Für St. 50 u. für St. 70 muss die Summe der Gehalte an $C_{18}H_{36}O_2$ u. $C_{16}H_{32}O_2$ mind. 90.0 % u. für St. 95 mind. 96.0 % betragen. Weiss, wachsartig; prakt. unlösl. in Wasser, schwer lösl. in Glycerol; beim Erwärmen in Alkalihydroxidlösungen lösl., in Ether, Chloroform, heißem Ethanol leicht lösl., lösl. in Ethanol, Petrolether. SZ 194-212; weitere Eigenschaften s. Tabelle. Inkomp.: bildet mit Alkalien emulgierende, mit Erdalkalien schwer lösl. Seifen. Kann in festen Arzneiformen die Zers. von manchen Wirkstoffen beschleunigen. Der Zusatz eines Antioxidans (z. B. BHT) bis zu 0.005 % ist zulässig. **Anw.**: Schmiermittel u. Formentrennmittel (1-3 %) bei der Tablettierung od. Kapselabfüllung; zur Einhüllung von bitteren Arzneistoffen; in Salben u. Pflastern als Verfestiger der Textur. In Mattcremes (vanishing creams, Stearatcremes) wird St. mit Alkalien (Na^+, K^+, NH_4^+) od. Triethanolamin (s. Unguentum stearinicum) teilweise neutralisiert (Stearat/Stearinsäure-Komplexemulgator) u. bildet eine gelartige Masse, die um ihr 5- bis 15faches Gewicht mit Wasser verdünnt werden kann, bevor sie flüssig wird. Stearatcremes reagieren alkalisch. Das Natriumsalz der St. ist ein anion., alkalisch reagierender O/W- Emulgator.

Stearinsäure

Typ	Iodzahl	Erstarrungspunkt (°C)
50	≤4.0	53-59
70	≤4.0	57-64
95	≤1.5	64-69

Stearolum: s. Cetylstearylalkohol.

Stearolum emulsificans: s. Cetylstearylalkohol, emulgierender.

Stearoptene: s. Rosa dasmascena (Oleum Rosae, Inhaltsst.).

Stearoyl-: Octadecanoyl-; Bez. für die Gruppe $CH_3-(CH_2)_{16}-CO-$.

Stearyl-: Octadecyl-; Bez. für die Gruppe $C_{18}-H_{37}-$; (früher) nicht korrekt auch für Stearoyl-* verwendet.

Stearylalkohol: Stearinalkohol, Octadecylalkohol, Alcohol stearylicus Ph.Eur.4; 1-Octadecanol, $CH_3-(CH_2)_{16}-CH_2OH$, M_r 270.48. Schmp. 59 °C. Sdp. 210.5 °C. D. 0.812. Farblose Blättchen, lösl. in Ethanol u. Ether, unlösl. in Wasser. **Anw.**: zu

Waschmitteln, Schaumverhütungsmitteln; in der Textilindustrie sowie in der Kosmetik.

Steatorrhö: Stuhlfettausscheidung über 7 g/d als Folge eines Missverhältnisses zw. Fettaufnahme u. Fettverdauung. Es kommt zu Fettdurchfall (syn. Butterstuhl, Salbenstuhl, Pankreasstuhl), bei dem ungespaltenes Fett in großen Mengen als flüss., beim Abkühlen erstarrende Masse abgeschieden wird. **Urs.:** Malabsorption*, Maldigestion*, gestörter Fettstoffwechsel od. Lymphabfluss, Einnahme von Lipasehemmern (s. Antiadiposita), Zöliakie*.

Stechampullen: s. Vials.

Stechapfel: s. Datura stramonium.

Stechapfelblätter: s. Datura stramonium (Stramonii folium).

Stechapfel, Großer: s. Datura arborea.

Stechapfelkraut: s. Datura stramonium (Herba Stramonii recens).

Stechapfelsamen: s. Datura stramonium (Semen Stramonii).

Stechapfelsamentinktur: s. Tinctura Stramonii Seminis.

Stechbecken: Bettpfanne od. -schüssel aus Metall od. Kunststoff mit einem Griff zum Auffangen von Ausscheidungen.

Stechginster: s. Ulex europaeus.

Stechkörner: s. Silybum marianum (Cardui mariae fructus).

Stechpalme: s. Ilex aquifolium.

Stechpalmenblätter: s. Ilex aquifolium (Folia Aquifoliae).

Steckkapseln: s. Capsulae.

Stehkolben: s. Kolben.

Steighöhenmethode: s. Grenzflächenspannung (Kapillarsteigmethode).

Steigrohr-Windsichter: s. Sichtung.

Steigschmelzpunkt: Temp., bei der die Substanzsäule zu steigen beginnt, wenn die zu untersuchende Substanz mit einem Schmp. unter 100 °C in eine beidseitig offene Kapillare (ca. 1 cm Säule) eingebracht, die Kapillare an einem Thermometer befestigt u. im Wasserbad erwärmt (1 K/min) wird.

Steinblüte: s. Lophophytum leandri.

Steineiche: s. Quercus petraea.

Steiner, Rudolf: s. Arzneimittel, anthroposophische.

Steinfrucht: s. Fruchtformen.

Steinhirse: s. Lithospermum officinale.

Steinklee: s. Melilotus officinalis.

Steinkohlenbenzin: s. Benzol.

Steinkohlenteer: s. Pix Lithanthracis.

Steinkohlenteerlösung: s. Liquor Carbonis detergens.

Steinkohlenteersalbe: Zstzg.: NRF, 2-, 5-, 10- u. 20 %ige Konzentrationsstufen; die 10 %ige Salbe besteht aus 10 T. Steinkohlenteer, 85 T. gehärtetem Erdnußöl u. 5. T. Polysorbat 60; die niedrigeren Konzenetrationstufen enthalten zusätzlich 5 T. mittelkettige Triglyceride. Die Bestandteile, außer Steinkohlenteer, werden zuerst klar geschmolzen. Nach dem Erkalten (unter gelegentlichem Umrühren) wird der Steinkohlenteer eingerührt. Oliv-graue Salbe, die charakterist. riecht. **Anw.:** chron. Ekzeme u. Psoriasis.

Steinöl: **1.** Erdöl, s. Oleum Petrae. **2.** Schieferöl*.

Steinsalz: s. Natriumchlorid (Natrium chloratum crudum).

Steinsamen: s. Lithospermum officinale.

Steinzellen: s. Sklerenchym.

Stellaria media (L.) Vill.: Alsine media, Vogelmiere; Fam. Caryophyllaceae (Kosmopolit). Stpfl. von **Herba Stellariae mediae:** Herba Alsines. **Inhaltsst.:** Ascorbinsäure, Fett, Rutosid* sowie in der Wurzel Stärke u. in den Samen fettes Öl; **Anw.** volkstüml.: geg. Hämorrhoiden.

Hom: *Stellaria media:* frisches, blühendes Kraut; verord. z. B. bei Erkrankungen des rheumatischen Formenkreises.

Stellungsisomerie: s. Substitutionsisomerie; Strukturisomere.

Stempel: s. Blüte.

Stenokardie: s. Angina pectoris.

Stenose: angeborene od. erworbene Verengung od. Enge von Hohlorganen od. Gefäßen.

Stent: Wallstent; Endoprothese aus Metall od. Kunststoff, die in Gefäße od. Hohlorgane eingebracht wird, sich dort ausdehnt u. scherengitterartig das Lumen erhalten soll.

Stephania tetrandra S. Moore: Fam. Menispermaceae (Ostasien). **Inhaltsst.** u. **Wirk.:** in Wurzelknollen u. Blättern (+)-Tetrandrin, ein Bisbenzylisochinolinalkaloid (mit 2 tertiären N-Atomen) mit gefäßerweiternder, blutdrucksenkender, entzündungshemmender u. antipyret. Wirkung **Anw.:** in der TCM.

Stephanskörner: s. Delphinium staphisagria (Semen Staphisagriae).

Stephen-Reaktion: Methode zur Synthese von Aldehyden durch Reduktion aromat. Nitrile mit wasserfreiem Zinn(II)-chlorid in absolutem Ether, der mit Chlorwasserstoff gesättigt ist. Das zunächst gebildete Immonium-Derivat der Hexachloro-Zinn(IV)-säure wird zum Endprodukt hydrolysiert; z. B. entsteht aus Benzonitril Benzaldehyd.

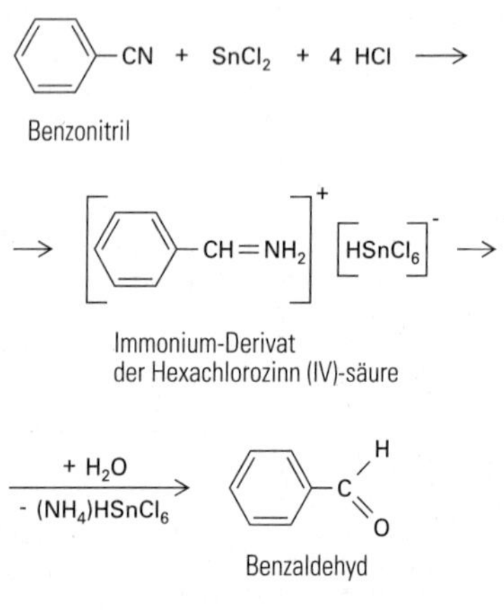

Stephen-Reaktion: Bildung von Benzylaldehyd

Steppenrautensamen: s. Peganum harmala (Semen Harmalae).

Sterane: s. Steroide.

Sterbehilfe: Bez. für ein Handeln, das bestimmt u. geeignet ist, den erleichterten u. schmerzgelinderten Tod eines unheilbar schwerkranken Menschen zu ermöglichen. Dabei ist die Hilfe beim Sterben von der aktiven u. passiven Hilfe zum Sterben zu unterscheiden.

Sterbekraut: s. Erysimum crepidifolium.

Stercobilin (lat. stercus Kot; bilis Galle): $C_{33}H_{46}N_4O_6$. Farbstoff der Faeces, der zus. mit Urobilin vorkommt u. durch Oxidation von Stercobilinogen entsteht; s. Gallenfarbstoffe.

Sterculia-Gummi: s. Sterculia urens.

Sterculiasäure: 8-(2-*n*-Octyl-cycloprop-1-en)-octansäure. Eine cyclopropenoide Fettsäure (vgl. Cyclopenten-Fettsäuren), charakterist. für Pfl. der Malvales, z. B. Bombaceae, Malvaceae* u. Sterculiaceae, in deren Samenölen sie als Best. der Glyceride enthalten ist; ähnl. der Malvalsäure. Auf der Anwesenheit von Cyclopropenfettsäuren beruht die sog. Halphen*-Probe, durch die z. B. Baumwollsamenöl in anderen Ölen festgestellt werden kann.

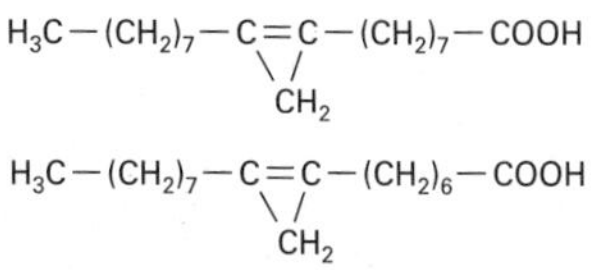

Sterculiasäure: oben: Sterculiasäure; unten: Malvalsäure

Sterculia urens Roxb.: Fam. Sterculiaceae (Indien, Indonesien, Sri Lanka). Zus. mit anderen Sterculia-Arten, z. B. **St. villosa** u. **St. tragacantha**, Stpfl. von **Gummi Tragacantha indica:** Indischer Tragant, Karaya-Gummi, Sterculia-Gummi; erstarrte patholog. Absonderung der Bäume, nach Essigsäure riechend; quillt schneller als Tragant (s. Astragalus-Arten); bildet schon in niedriger Konz. viskose, sauer reagierende Schleime. **Best.:** ca. 75 % Schleim mit ca. 43 % D-Galacturonsäure, ca. 15 % D-Galactose, ca. 14-17 % L-Rhamnose (ca. 15 %), ferner freie Essigsäure, weiterhin Mineralstoffe u. Gerbstoffe; **Anw.:** als Laxans; techn: als Verdickungsmittel (Nahrungsmittelindustrie), Tablettierhilfsstoff, zur Verbesserung der Haftung von Prothesen u. a.; Ersatz für Tragant.

Stercus diaboli: Ferula assa-foetida (Gummiresina Asa foetida).

Stereochemie: Raumchemie; befasst sich mit der räuml. Lage von Atomen od. Atomgruppen innerhalb eines Moleküls u. gibt Aufschluss über das unterschiedl. physik., chem. u. biol. Verhalten chem. gleich zusammengesetzter Stoffe. Die **statische Stereochemie** sammelt Daten über Bindungslängen, Valenzwinkel u. Wirkungsbereiche von Atomen (Konstitution*, Konfiguration*, Konformation*, Anzahl der mögl. Isomeren*). Die **dynamische Stereochemie** befasst sich mit der unterschiedl. Reaktivität (Aktivität) der Isomeren, in vitro u. in vivo; dies hat z. B. Bedeutung bei stereokontrollierten Synthesen; s. Stereoselektivität; Stereospezifität. Insbes. bei Rezeptorstudien kommt der S. eine große Bedeutung zu. Die stereochem. Gegebenheiten eines Pharmakons sind oft für seine Wirkungsqualität u. -quantität auschlaggebend.

Stereoisomere: Moleküle mit gleicher Summenformel u. Sequenz in der Verknüpfung der Atome, die sich aber in der Atomanordnung im dreidimensionalen Raum unterscheiden (s. Konfiguration). Man unterscheidet Enantiomere* u. Diastereomere*. 2 Stereoisomere können niemals gleichzeitig Enantiomere u. Diastereomere sein; 1 Molekül kann immer nur 1 Enantiomeres, aber durchaus mehrere Diastereomere haben. Zu den S. werden auch die Konformere gezählt (s. Konformation).

Stereoselektivität: **1.** (chem.) Reaktion, bei der bevorzugt eines von mehreren mögl. Stereoisomeren* gebildet wird, unabhängig von den stereochem. Verhältnissen der Ausgangsverb. u. vom Reaktionsweg; vgl. Enantioselektivität; Grenzfall der S. ist Stereospezifität*. **2.** (pharmakol.) vgl. Verhältnis, eudismisches.

Stereospezifität: Reaktion, die von einer bestimmten stereoisomeren Ausgangsverb. ausschließl. zu einem bestimmten stereoisomeren Produkt führt, z. B. durch Walden*-Umkehr. Mitunter wird von St. gesprochen, wenn ein bestimmtes Stereoisomer zu mehr als 95 % gegenüber dem anderen gebildet wird. St. ist oft ein charakterist. Merkmal enzymat. Reaktionen.

Sterigmatocystin: s. Mykotoxine (Tab.).

steril: **1.** keimfrei, sterilisiert. **2.** infertil, unfruchtbar.

Sterilfiltration: s. Keimfiltration.

sterilisable maize starch: s. absorbable dusting powder.

Sterilisation: **1.** (hyg.) Maßnahme, die eine völlige Keimfreiheit bezweckt; nach dem DAB heißt St. (Entkeimung): „Abtöten od. Entfernen aller lebensfähigen Vegetativ- u. Dauerformen von pathogenen u. apathogenen Mikroorganismen in Stoffen, Zuber. od. an Gegenständen". **Sterilität** ist ein absoluter Begriff, das sterilisierte Gut muss danach frei von vermehrungsfähigen Keimen sein. Dies setzt voraus, dass das sterilisierte Gut rekontaminationssicher verpackt ist. Unter dieser Betrachtungsweise ist die Keimfiltration (Sterilfiltration) nicht als Sterilisierungsmethode anzusehen, sondern den asept. Verfahren zuzuordnen, da das „Sterilfiltrat" unter asept. Bedingungen erst in den Endbehälter abgefüllt wird bzw. nicht jede Keimfiltration Viren zurückhält. **2.** (med.) Herbeiführung der Unfruchtbarkeit eines Menschen durch einen chirurg. Eingriff, bei dem die Eibzw. Samenleiter unterbrochen od. funktionsunfähig gemacht werden.

Sterilisationsverfahren: Verfahren der Sterilisation*, richten sich nach dem zu sterilisierenden Gut, dem wirksamen Agens u. nach Art u. Umfang der mikrobiellen Kontamination. **I. Sterilisation durch Hitze** (therm. Sterilisationsverfahren): **1.** feuchte Hitze: **a)** Standardverfahren: Sterilisation im Autoklaven mit gespanntem, gesättigten Wasserdampf (121 °C, 15-20 min); Einsatz für thermostabile Materialien u. Zubereitungen. Bei porösen Materialien wie Verbandstoffen u. Wäsche ist die Sterilisation im Autoklaven mit einem Vakuumverfahren zur Verdrängung der Luft durchzuführen; **b)** Äquivalenzverfahren: entsprechend dem Standardverfahren (gleiche Letalität) mit variablen Temp. u. Zeiten (z. B. 134 °C, 3-5 min); **c)** Erhitzen mit Bakteriziden: Erhitzen unter Zusatz von Bakteriziden auf 100-105 °C für Injektionspräparate u. Augentropfen; **d)** Tyndallisieren: 2- bis 4-maliges fraktioniertes Erhitzen*, Anw. für thermolabile, vorfiltrierte Lsg.; **2.** trockene Hitze: geringes Durchdringungsvermögen im Ggs. zur feuchten Hitze; Einsatz zu Sterilisation von Geräten mit glatten Oberflächen aus Metall, Glas, Porzellan, in der pharmaz. Industrie v. a. für Leerampullen od. für Rohstoffe wie Talk, Bolus alba u. für wasserfreie Öle, Fette, Wachse, Paraffine u. Glycerol. **a)** Verbrennen; **b)** Ausglühen; **c)** Abflammen; **d)** Sterilisation im **Heißluftsterilisator**: Einsatz bei Oberflächensterilisation, Metall-, Glas- u. Porzellangeräten (glatte Oberflächen) u. pulverförmigen Rohstoffen, wasserfreien Ölen, Fetten, Wachsen, Glycerol u. Paraffin. In den einzelnen Pharmakopöen werden in der Mehrzahl Temp. von 160-180 °C vorgeschrieben, Richtwerte: 160 °C — 180 min, 170 °C — 120 min, 180 °C — 30 min; die Anheizzeit wird nicht mitgerechnet, die Sterilisationszeit beginnt erst mit Erreichen der gewählten Temp.; bei dicht beschickten Heißluftsterilisatoren ist der Temperaturverlauf im Inneren des Sterilisationsgutes zu beachten u. entspr. Ausgleichszeiten zu wählen; das Material muss trocken sein (Verdunstungskälte); die Luft zum Kühlen muss über keimabscheidende Filter gesaugt werden; bei Sterilisation von Pudern, Ölen, Fetten u. a. muss wegen des Temperaturausgleiches die Anheizzeit u. Sterilisationszeit experimentell ermittelt werden; **e)** Kontinuierl. arbeitender **Heißluft-Sterilisiertunnel**: v. a. in der pharmaz. Industrie verwendete, kontinuierl. arbeitende Sterilisierverfahren mit oft hohen Betriebstemp. von 240-320 °C; teils mit konventioneller Heizung, teils mit Laminar-Flow-Heißluftprinzip ausgestattet;

II. Sterilisation mit mikrobiziden Gasen (Gassterilisation, Begasung): **1.** Ethylenoxid (EO): Sterilisation wird beeinflusst durch Temp., Feuchte, Druck, Einwirkzeit u. Verpackungsmaterial; nach Beendigung der Sterilisation Sterilisationsgut gut belüften (desorbieren), da EO sich vorzugsweise an Oberflächen bindet; Anw. zur Sterilisation von Rohstoffen (Antibiotika, Sulfonamiden, Drogen, Schleimstoffen, Stärke, Zuckern), hitzelabilen Instrumenten, Einweggeräten aus Kunststoff, Papierflies, Papier u. in der Nahrungsmittelindustrie; **a) Vakuumverfahren** bei Unterdruck von ca. 5 kPa; Verw. von reinem EO, Etox* od. Etoxiat*; Einwirkzeit 6 h bei 25 °C, 2-3 h bei 50 °C; **b) Gleichdruckverfahren** für Produkte, die weder Unter- noch Überdruck vertragen; z. B. mit Oxyfume*; **c) Überdruckverfahren** für Gasgemische mit niedrigem EO-Gehalt: - konventionelle Überdruckverfahren mit 10 % EO (90 % CO_2), z. B. Cartox* u. Carboxide*; Betriebsdruck 3-7 bar; - Sterivit-Verfahren: Erhöhung der Temp. auf 30-65 °C, 3-7 bar, relative Feuchte von mind. 10 %, Sterilisierzeit 20-40 min; **2.** β-Propiolacton: derzeit zur Sterilisation nicht mehr eingesetzt; **3.** Ozon: Einsatz in der Wasseraufbereitung, Inaktivierung von Pyrogenen;

III. Sterilisation durch Bestrahlung (Strahlensterilisation): **1.** Sterilisation mit ionisierenden Strahlen: Elekronenstrahlen (β-Strahlen) u. γ-Strahlen; Anw. z. B. für Einweggeräte aus Kunststoff u. Verbandstoffe. Der Einsatz bei pharmaz. Produkten u. Lebensmitteln hängt von den jeweiligen Länderverordnungen ab; **2.** UV-Strahlen: als Sterilisationsverfahren nicht anerkannt.

Sterine: Sterole; Gruppe von nat. vorkommenden Steroiden, die eine 3β-Hydroxylgruppe u. eine 17β-ständige aliphat. Seitenkette aufweisen; Grundstruktur s. Steroide. St. sind Best. des Protoplasmas in allen lebenden Zellen, sie haben fettähnl. Charakter, sind jedoch unverseifbar. Man unterscheidet: **1. Zoosterine:** St. tier. Herkunft, z. B. Cholesterol*; **2. Phytosterine:** St. pflanzl. Herkunft, z. B. Sitosterin*; **3. Mykosterine:** Pilzsterine, z. B. Ergosterin, Provitamin D_2 (s. Vitamine).

Sterlet: s. Acipenser huso (Ichthyocolla).

Sternanis: s. Illicium verum (Anisi stellati fructus).

Sternanisfrüchte: s. Illicium verum (Anisi stellati fructus).

Sternanis, Japanischer: s. Illicium anisatum.

Sternanisöl: s. Illicium verum (Oleum Anisi stellati).

Sternkraut: s. Paris quadrifolia.

Sternparenchym: (bot.) Schwammparenchym*, dessen Zellen sternförmig verzweigt sind.

Sternum: Brustbein; vorderer Bestandteil des Brustkorbs. Sternal: zum Brustbein gehörend.

Sternutamenta: s. Niesmittel.

Sternutatoria: s. Niesmittel.

Sternwurzel: s. Aletris farinosa (Rhizoma Aletris farinosae).

Steroidalkaloide: stickstoffhaltige Steroide, die vorwiegend als Glykoside od. Ester vorliegen. Bekannt sind die Veratrumalkaloide*, Solanumalkaloide* sowie Amphibienalkaloide, z. B. aus dem Feuersalamander; weitere St. finden sich z. B. bei Buxus* sempervirens.

Steroid-Antibiotika: s. Antibiotika.

Steroide: große Gruppe von Triterpenen*, zu der viele biol. wichtige Verb. wie Sterine*, Steroidhormone*, Gallensäuren*, herzwirksame Glykoside*, Steroidalkaloide*, Steroidsaponine (s. Saponine) u. die Vitamine* der D-Gruppe zählen. Synthet. S. sind u. a. als Antirheumatika, Antiphlogistika, Ovulationshemmer od. Anabolika von pharmakolog. Bedeutung. Von den mehr als 100 000 bekannten S. sind ca. 2 % von med. Interesse. **Struktur:** S. sind Derivate des Cyclopentanoperhydrophenanthrens, bestehend aus einem Fünfring u. 3 Sechsringen mit sechs asymmetr. C-Atomen (C-5, C-8, C-9, C-10, C-13, C-14; s. Abb.). Von den 64 theoret. mögl. Stereoisomeren sind nur wenige bekannt. Nomenklatur des Vierringsystems u. Nummerierung der Kohlenstoffatome s. Tabelle. Aus insbes. thermodynam. Stabilitätsgründen sind die Cyclohexanringe B/C u. C/D in den meisten nat. Steroiden *trans*-verknüpft, was die flache Form des Moleküls bedingt. Ausnahmen sind z. B. die herzwirksamen Glykoside u. Gallensäuren mit cis-verbundenen A/B-Ringen (*cis-trans-trans*); *cis*-verbundene C/D-Ringe haben zusätzl. die herzwirksamen Glykoside* (*cis-trans-cis*). Alle über der Molekülebene liegenden Sub-

S

Steroide
Grundtypen der Steroide

Name (alte Bezeichnung)	N[1]	R_1	R_2	R_3
5α-Gonan (Steran)	17	H	H	H
5β-Gonan				
5α-Estran	18	H	CH_3	H
5β-Estran				
5α-Androstan (Testan)	19	CH_3	CH_3	H
5β-Androstan (Etiocholan)				
5α-Pregnan (Allopregnan)	21	CH_3	CH_3	C_2H_5
5β-Pregnan				
5α-Cholan (Allocholan)	24	CH_3	CH_3	$CH(CH_3)CH_2CH_2CH_3$
5β-Cholan				
5α-Cholestan	27	CH_3	CH_3	$CH(CH_3)CH_2CH_2CH_2CH(CH_3)_2$
5β-Cholestan (Coprostan)				
5α-Ergostan	28	CH_3	CH_3	$CH(CH_3)CH_2CH_2CH(CH_3)CH(CH_3)_2$
5β-Ergostan				
5α-Stigmastan	29	CH_3	CH_3	$CH(CH_3)CH_2CH_2CH(C_2H_5)CH(CH_3)_2$
5β-Stigmastan				

[1]Anzahl C-Atome

stituenten werden mit β, unter der Molekülebene liegende mit α bezeichnet. In graph. Darstellungen werden die Bindungen zw. β-ständigen u. Ringkohlenstoffatomen als durchgehende Linien, Bindungen zu α-Gruppen od. -Atomen als gestrichelte Linien u. solche mit unbekannter Konfiguration (Buchstabenbezeichnung ξ) als Wellenlinien gezeichnet.
Die Konfiguration am C-5 hängt von der Verknüpfung der Ringe A u. B ab; 5α-Steroide sind A/B-*trans*-, 5β-Steroide A/B-*cis*-konfiguriert. Entspr. den Substituenten an den C-Atomen 10, 13 u. 17 lässt sich eine Einteilung in einige Grundtypen treffen. Die einfachsten Vertreter mit einem Grundgerüst aus 17 C-Atomen sind die Gonane (früher als Sterane bezeichnet). Durch Substitution am C-13 entstehen die Estrane (18 C-Atome, Grundstruktur der Estrogene), durch weitere Einführung einer Methylgruppe am C-10 die Androstane (19 C-Atome, Grundstruktur aller nat. Androgene); 21 Kohlenstoffatome enthalten die S. des Pregnantyps, zu denen die Corticosteroide (s. Hormone) gehören; vom Cholantyp mit 24 C-Atomen leiten sich z. B. die Gallensäuren* u. -Solanumalkaloide ab; viele Sterine* sind als S. von Cholestantyp (27 C-Atome) einzuordnen; bei vielen Sapogeninen bildet Spirostan (ebenfalls 27 C-Atome) den Grundkörper. Steroide mit 30 C-Atomen werden meist zu den Terpenen* gezählt. Die große Vielfalt der S. ist durch ihren

1 Gonan, Cyclopentanoperhydrophenanthren

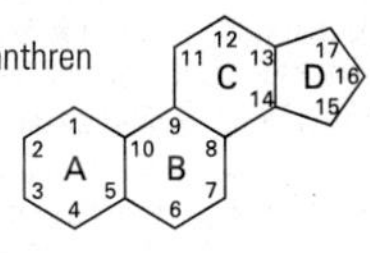

2 Konformation der Steroidmoleküle

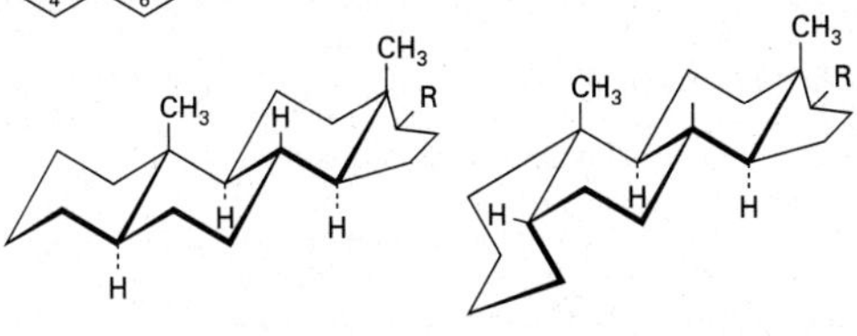

5 α-Steroid (A/B-trans) 5 β-Steroid (A/B-cis)

3

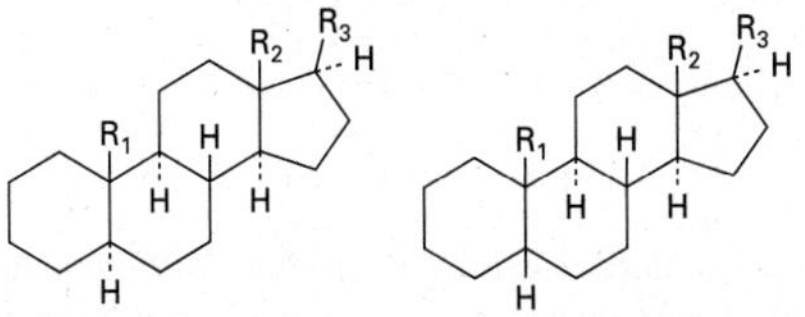

5 α-Serie 5 β-Serie

Grundtyp, Anzahl, Position u. Konfiguration der Substituenten u. durch die Anzahl u. Lage der Doppelbindungen bedingt. Substituenten mit Sauerstoff sind durch die Nachsilben -ol od. -on, Doppelbindungen durch -en, Ringverkleinerung durch die Vorsilbe Nor-, Ringerweiterung durch Homo- u. Ringöffnung durch Seco- (lat. ich schneide) im Namen des Grundtyps gekennzeichnet. Die in Pflanzen vorkommenden S. können frei, als Ester od. wie herzwirksame Glykoside u. Steroidsaponine als Glykoside auftreten; im tier. Organismus liegen z.B. die Steroidhormone als Ester, Glucuronide od. als Konjugate mit Proteinen vor. **Biosynthese:** Ausgehend vom offenkettigen Squalen* (30 C-Atome, Biosynthese s. Terpene) erfolgt nach Oxidation zu 2,3-Epoxysqualen u. Protonierung zum Kation des 3-Hydroxysqualens die stereospezif. Ringbildung zum Cyclopentanoperhydrophenanthren-Ringsystem. Als Endprodukt einer Hydrid- u. Methyl-Verschiebung u. der Abspaltung eines Protons entsteht Lanosterol od. Cycloartenol (9,10-Cyclopropanring; zentraler Metabolit der Sterinbiosynthese in Pflanzen, die kein od. wenig Cholesterol enthalten). Durch stufenweise Abspaltung der C-14 u. C-4-Methylgruppen (es entsteht Zymosterol), Umlagerung der Doppelbindung von 9,8 in Stellung 5,6 (Desmosterol) u. Sättigung der Doppelbindung zw. C-24 u. C-25 wird Cholesterol* gebildet, das Ausgangsprodukt für eine breite Palette weiterer Steroide.

Steroidhormone: Hormone*, deren Struktur sich vom 5α-Gonan (Steran, s. Steroide, Tab.) ableiten. Zu den St. gehören Estrogene, Gestagene, Androgene, Glucocorticoide, Mineralocorticoide, Colecalciferol u. die Ecdysone*. Zur Struktur u. Biosynthese s. Steroide, zur Physiologie s. Hormone. Die Partialsynthese erfolgt meist aus pflanzl. Steroiden, v.a. Steroidsaponinen; s. Diosgenin. Diosgenin liefert etwa 70 %, das sind 700 t der jährl. Weltproduktion (1994) an Steroidhormonen. Der Rest stammt von den Diosgenin-Epimeren Gentrogenin u. Correlogenin sowie von Hecogenin (Strukturformeln s. Saponine, Tab. 2). Ca. 90 % aller Rohstoffe werden zu Corticoiden, der Rest zu Sexualhormonen u. Gestagenen verarbeitet.

S

Steroidsaponine: s. Saponine.

Sterole: s. Sterine.

Sterotex®: s. Ricinus communis (Ricini oleum hydrogenatum).

Stethoskop: Instrument zur Auskultation. Ermöglicht das Abhorchen der im Körper entstehenden Geräusche u. Töne (z.B. Atmungs-, Darm-, Gefäß- u. Herzgeräusche, Herztöne).

Stevia rebaudiana (Bertoni) Hemsl.: Süßstoffpflanze; Fam. Asteraceae, Compositae (Paraguay, Brasilien). Stpfl. von **Folium Steviae rebaudianae:** Stevia-rebaudia-Blätter; Blätter mit ausgesprochen süßem Geschmack. **Inhaltsst.:** 5-10 % Steviosid*, äther. Öl u. Flavonoide **Anw.** volkstüml.: z.B. bei Diabetes u. Hypertonie; von der einheimischen Bevölkerung werden die Blätter als Süßmittel verwendet.

Steviol: M_r 318, Schmp. 215 °C. Aglykon von Steviosid*.

Steviosid: M_r 804, Schmp. 196-198 °C. Glykosidisches Diterpen vom Kaurantyp aus Stevia* rebaudiana (s. Abb.); Süßstoff mit ca. 300facher Süßkraft von Saccharose, u.a. in Japan, Pargyay u. Brasilien als Süßungsmittel zugelassen.

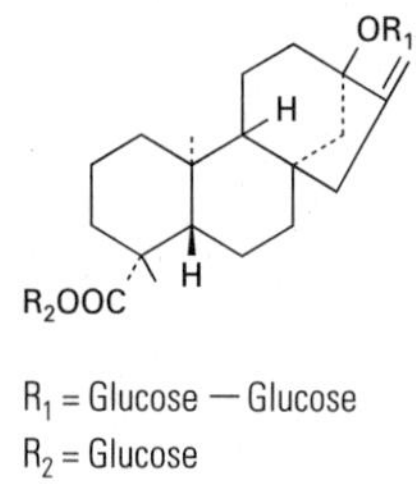

Steviosid

STH: Abk. für somatotropes Hormon; s. Hormone (Hypophysenvorderlappen).

Stibii sulfidi colloidalis et technetii [^{99m}Tc] solutio iniectabilis: s. Antimonsulfid-[^{99m}Tc]-Technetium.

Stibin: Antimonwasserstoff.

Stibio-Kalium tartaricum: s. Antimonyl-kaliumtartrat.

Stibium: s. Antimon.

Stibium arsenicosum:
Hom: s. Antimonium arsenicosum.

Stibium chloratum: s. Antimon(III)-chlorid.

Stibium metallicum:
Hom: s. Antimon.

Stibium oxidatum: s. Antimon(III)-oxid.

Stibium oxidatum album diaphoreticum: s. Antimonoxid, schweißtreibendes.

Stibium sulfuratum aurantiacum: s. Antimon(V)-sulfid.

Stibium sulfuratum nigrum: s. Antimon(III)-sulfid.

Stibogluconat INN: 2,4:2',4'-*O*-(Oxydistibylidyn)-bis[D-Gluconsäure]-*Sb*,*Sb*-dioxid; CAS-Nr. 100817-46-7; $C_{12}H_{20}O_{17}Sb_2$, M_r 679.78. cycl. D-Gluconsäure-Ester mit Antimonsäure ($H_8Sb_2O_9$; 2:1). **Stibogluconat-Natrium**: CAS-Nr. 16037-91-5; $C_{12}H_{18}Na_2O_{17}Sb_2$, M_r 723.74. Weißes, amorphes Pulver; fast unlösl. in Ethanol u. Ether; Lsg. sind unter Lichtschutz aufzubewahren. **Anw.:** Antiprotozoenmittel* geg. Leishmaniasen*.

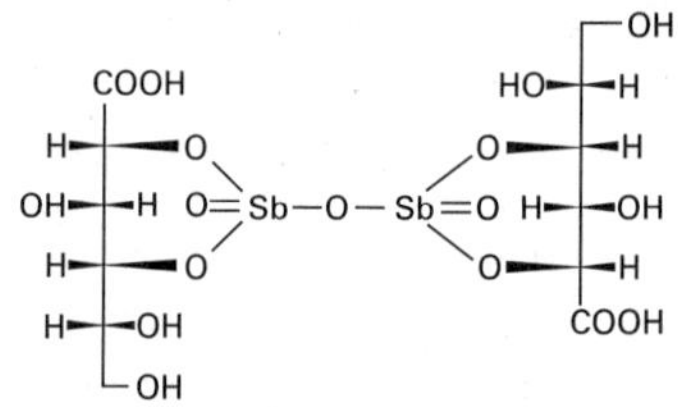

Stibogluconat

Stibophen: antimon-bisbrenzkatechin-disulfonsaures Natrium, Natrium-Stibiumbisbrenzkatechindisulfonicum; Pentanatrium-(bis-brenzkatechin-3,5-disulfonyl)-antimonat(III);

$C_{12}H_4Na_5O_{16}S_4Sb \cdot 7\,H_2O$, M_r 895.2. Weißes, krist., geruchloses Pulver von schwach salzigem Geschmack; leicht lösl. in Wasser, unlösl. in Ethanol, Ether, Chloroform, Aceton. **Off.:** DAB7; Geh. 13.0-13.8 % Sb; **Anw.** med.: bei trop. Wurminfektionen, z. B. Bilharziose, Filariose, sowie bei Trichinose; **Dos.:** i. v. MED 0.1 g, MTD 0.3 g.

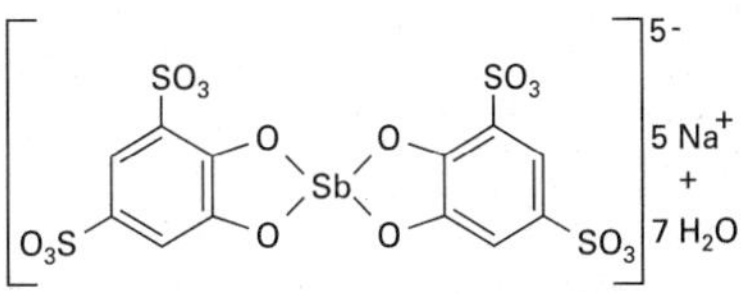

Stibophen

Stichprobe: (statist.) eine endl. Zahl von Messungen, die aus der unendl. (od. auch endl.) Zahl aller mögl. Messwerte, der Grundgesamtheit, entnommen wird; s. Normalverteilung; Fehlerrechnung.

Stickgas: s. Stickstoff.

Stickhusten: s. Keuchhusten.

Stickoxid: s. Stickstoffmonoxid.

Stickoxydul: s. Lachgas.

Stickstoff: Nitrogenium Ph.Eur.4, Stickgas; Symbol N; A_r 14.0067; elementar N_2. OZ 7. 1 L reiner N_2 wiegt bei 0 °C u. 101.325 kPa 1.2405 g, ist also leichter als Luft; 1 L Luftstickstoff wiegt 1.2567 g, da hierin noch Edelgase enthalten sind. Schmp. −209.99 °C. Sdp. −195.8 °C. Krit. Temp. −146.95 °C, krit. Druck 33.98 bar, krit. D. 0.311. Farb-, geruch- u. geschmackloses, farbloses, äußerst reaktionsträges, nicht brennbares, 3- u. 4-wertiges Gas. Bei 20 °C u. 101.3 kPa ist 1 Volumenteil N_2 in ca. 62 Volumenteilen Wasser u. ca. 10 Volumenteilen Ethanol löslich. **Vork.:** nat. frei als Best. der Luft (78.1 % [V/V] bzw. 75.5 % [m/m]), in manchen Quellen u. Vulkangasen; gebunden in Nitraten, z. B. Chilesalpeter ($NaNO_3$), Ammoniak (NH_3) u. vielen org. Verb., v. a. den Eiweißstoffen u. Alkaloiden*; **Darst.:** Erhitzen einer wässrigen Ammoniumnitrit-Lsg. od. indem man Luft über glühendes Kupfer leitet; **Herst.** techn.: fraktionierte Dest. von flüss. Luft od. aus Generatorgas*; **Anw.:** inertes Schutz- u. Trägergas; Herst. von Ammoniak*; **Gesch.:** entdeckt 1772 von Daniel Rutherford (1749-1819) u. davon unabhängig von Henry Cavendish (1731-1810).

Stickstoff-13: Symbol ^{13}N; Radionuklid mit einer HWZ von 9.97 min, zerfällt unter β^+-Emission (s. Betazerfall) zu stabilem Kohlenstoff-13. **Herst.:** am Zyklotron (s. Teilchenbeschleuniger) durch Bestrahlung von Sauerstoff-16 mit Protonen; Kernreaktion: $^{16}O(p,\alpha)^{13}N$; **Anw.:** in der PET*.

Stickstoffbakterien: s. Nitrifikation.

Stickstoffdioxid: NO_2; M_r 46.006. Sdp. 22.4 °C. Braunrotes, sehr giftiges Gas, das unterhalb 150 °C mit seinem Dimerem, Stickstofftetroxid (N_2O_4), im Gleichgewicht steht; starkes Oxidationsmittel. **Tox.:** NO_2 ist ein typ. Reizgas. Initial führt es zu Hustenreiz, Schwindel, Kopfschmerz. Nach einem symptomfreien Intervall von 8-10 Std. kann es zum Lungenödem kommen. Einatmen sehr hoher Konz. kann sehr schnell zum Glottisödem u. Tod führen. Die chron. Vergiftung äußert sich in Kopfschmerz, Schlaflosigkeit, Schleimhautgeschwüren, chron. Bronchitis, Abmagerung, Conjunctivitis, Anämie. MAK: 5 ppm. MIK: 0.2 ppm (0.5 h), 0.1 ppm (1 d).

Stickstofflost: *N*-Lost; **1.** Trichlormethin INN; Trichlortriethylamin, Tris(2-chlorethyl)-amin; $C_6H_{12}Cl_3N$, M_r 204.5. Gelbes, tox. Öl. **2.** Chlormethin INN, Mechlorethamin, *N*-Methyl-di-(2-chlorethyl)-amin; $C_5H_{11}Cl_2N$, M_r 156.07. Schmp. −60 °C. **Anw.:** ursprüngl. wie Lost (Dichlordiethylsulfid*) als chem. Kampfstoffe entwickelt.

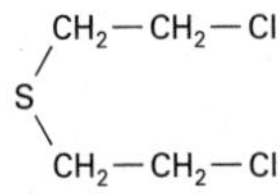

Lost

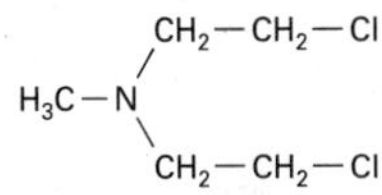

Chlormethin

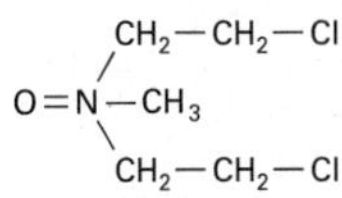

Stickstoffoxidlost

Stickstofflost: *N*-Lostderivate im Vergleich zu Lost (Dichlordiethylsulfid)

Stickstofflost-Derivate sind durch Herabsetzung der Basizität weniger toxisch. **Anw.:** alkylierende Zytostatika*, z. B. Stickstoffoxidlost, Melfalan u. Chlorambucil sowie Oxazaphosphorine*.

Stickstoffmonoxid: Stickstoff(II)-oxid, Stickoxid; NO; M_r 30.006; Sdp. −151.8 °C. Farbloses Gas, das an der Luft sofort unter Bildung braunroter Dämpfe in Stickstoffdioxid (NO_2) übergeht. Mit Metallsalzen gibt es gefärbte Additionsverbindungen. **Physiologie:** NO wirkt als Botenstoff in biol. Systemen, z. B. in Blutgefäßen relaxierend u. im Nervensystem als Neurotransmitter. In solchen Systemen wird NO neben L-Citrullin durch NO-Synthase (NOS) aus L-Arginin (Oxidation der Guanidinogruppe) in Anwesenheit von NADPH erzeugt. Wegen der auch in biol. Flüss. extrem kurzen Halbwertzeit* von einigen Sek. — NO reagiert als Radikal* mit Sauerstoff u. Wasser zu Nitrit u. Nitrat od. bindet sich an Hämoglobin — wurde die große biol. Bedeutung von NO erst Ende der 80er Jahre erkannt. NO bestimmt die Wirk. der org. Nitrate*. **Tox.:** reines NO besitzt keine Reizwirkung auf Haut od. Schleimhäute; nach Resorption führt es jedoch zur Bildung von MetHb (s. Methämoglobinbildner). Ferner besitzt es Wirk. auf das ZNS.

Stickstoffoxide: **1.** N_2O: s. Lachgas. **2.** NO: s. Stickstoffmonoxid. **3.** NO_2 u. N_2O_4: s. Stickstoffdioxid. **4.** N_2O_5: s. Distickstoffpentoxid.

S

Stickstoffoxidlost: Stickstofflostoxid, N-Oxidlost, Mechlorethaminoxid; Methyl-bis(β-chlorethyl)-aminoxid; N-Methyl-di-(2-chlorethyl)-amin-N-oxid; $C_5H_{11}Cl_2NO$; M_r 172.1. Strukturformel s. Stickstofflost (Abb.). **Anw.:** Zytostatika* (obsolet).

Stickstoffoxydul: s. Lachgas.

Stickstoffpentoxid: s. Distickstoffpentoxid.

Sticta: s. Lobaria pulmonaria (Hom).

Sticta pulmonaria: s. Lobaria pulmonaria (Lichen pulmonarius).

Stiefmütterchen: s. Viola tricolor.

Stiefmütterchenkraut: s. Viola tricolor (Violae tricoloris herba).

Stieleiche: s. Quercus robur.

Stigma: **1.** (bot.) Narbe des Fruchtblatts, s. Blüte. **2.** (allg.) s. Augenfleck. **3.** (zoolog.) Atemöffnung der Insekten an den Seiten der Körpersegmente.

Stigma Croci: s. Crocus sativus (Crocus).

Stigmastane: s. Steroide.

Stigmasterin: 5,22-Stigmastadien-3β-ol, $C_{29}H_{48}O$, M_r 412.67, Schmp. 170 °C, ein Phytosterin. Farblose Kristalle, unlösl. in Wasser, lösl. in org. Lösungsmitteln. **Gew.:** ursprüngl. aus den Kalabarbohnen, s. Physostigma venenosum; heute aus Sojabohnen (s. Glycine max).

Stigmata Croci: s. Crocus sativus (Crocus).

Stigmata Maidis: s. Zea mays.

STIKO: Abk. für **St**ändige **I**mpf**ko**mmission; Kommission am Bundesinstitut* für Infektionskrankheiten und nicht übertragbare Krankheiten. Sie gibt allg. Impfempfehlungen sowohl für Kinder als auch für Erwachsene heraus.

Stilböstrol: s. Diethylstilbestrol.

Stilböstroldipropionat: s. Diethylstilbestroldipropionat.

Stilboestrolum dimethylatum: s. Diethylstilbestroldimethylether.

Stillingia silvatica L.: Stillingie; Fam. Euphorbiaceae (Amerika), ausdauernde, krautige Pflanze. Stpfl. von **Radix Stillingiae:** Stillingiawurzel. **Inhaltsst.:** Diterpenester, evtl. das Alkaloid Stillingin, außerdem äther. Öl, Harz, fettes Öl u. Stärke; **Anw.:** Laxans u. Emetikum (s. Emetika).

Hom: *Stillingia silvatica:* getrocknete Wurzel; verord. z. B. bei Knochen- u. Knochenhautentzündung.

Stillzeit: s. Muttermilch.

Stillzeit und Arzneimittel: In die Muttermilch* können versch. Arznei- u. Schadstoffe (Genuss-, Umweltgifte) übergehen. Ihre Milchgängigkeit ist z. B. von der Löslichkeit, Proteinbindung, Lipophilie u. dem Ionisationsgrad abhängig. Bei Arzneimitteln liegen die in der Muttermilch auftretenden Konz. unterhalb der Wirksamkeitsgrenze u. sind i. d. R. für den Säugling unschädl., es besteht aber die Gefahr der Kumulation. Die Verordnung notwendiger Medikamente während der Stillzeit ist mit dem Kinderarzt abzusprechen u. das Stillen ist ggf. zu unterbrechen; s. Schwangerschaft und Arzneimittel (Tab.).

Stilus: s. Stylus.

Stimulanzien: syn. Excitanzien; anregende Mittel.

Stinkasant: s. Ferula assa-foetida (Gummiresina Asa foetida).

Stinkeschenfrüchte: s. Evodia rutaecarpa.

Stinknase: s. Ozäna.

Stinkstrauch: s. Anagyris foetida.

Stipites: als Heilmittel genutzte Sprossstücke von Pfl., auch künstl. stielförmig zugeschnittene andere T. von Drogen.

Stipites Caryophyllorum: s. Syzygium aromaticum.

Stipites Cerasorum: s. Prunus cerasus (Stipites Cerasi acidi).

Stipites Dulcamarae: s. Solanum dulcamara.

Stipites Jalapae: s. Ipomoea orizabensis (Radix Scammoniae mexicanae).

Stipites Laminariae: s. Laminaria.

Stirn: Frons. Stirnwärts: frontal.

Stirnthermometer: s. Fieberthermometer.

Stizolobium pruriens: s. Mucuna pruriens.

Stobbe-Kondensation: Methode zur Herst. von β,γ-ungesättigten Carbonylverb. durch Kondensation von Aldehyden od. Ketonen mit Bernsteinsäureestern in Gegenwart von starken Basen. Beispiel: aus Aceton entsteht Teraconsäuremonoester.

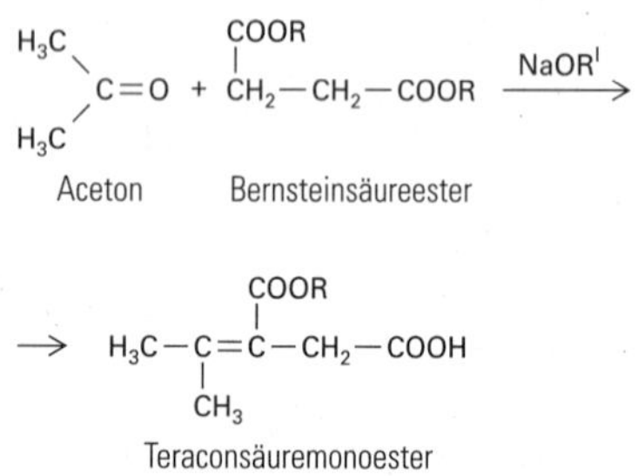

Stobbe-Kondensation: Bildung von Teraconsäuremonoester

stochastisch (gr. scharfsinnig): zufallsabhängig. St. ist ein Zusammenhang zw. 2 Ereignissen, wenn die Wahrscheinlichkeit, dass diese eintreten, für bd. gleich groß ist. Ist das nicht der Fall, besteht kein stochastischer, sondern ein funktionaler Zusammenhang; vgl. Funktion.

Stocklack: s. Schellack (Gew.).

Stockpunkt: Temperatur, bei der ein Öl allein aufgrund der Schwerkraft nicht mehr merklich fließt. Die Prüfung des St. erfolgt durch langsame Abkühlung. Man gibt in ein ca. 4 cm breites Reagenzglas mittels Pipette das zu prüfende Öl, ca. 4 cm hoch, schließt das Reagenzglas mit einem Korken, durch den ein Thermometer geführt ist, das in das Öl eintaucht, u. stellt das Ganze in eine Kältemischung. Von Zeit zu Zeit (etwa nach je 2 K Abkühlung) nimmt man das Reagenzglas heraus u. prüft, ob bei leichtem Neigen des Glases das Öl keine sichtbare Bewegung mehr zeigt (keinen Wulst bildet). Diese Temp. gilt als der Stockpunkt des Öles. Die Prüfung wird hauptsächl. bei Schmierölen angewandt.

Stockrosenblüten: s. Alcea rosae (Malvae arboreae flos).

Stoechados flos: s. Helichrysum arenarium (Helichrysi flos).

Stöchiometrie (gr. stoicheion Buchstabe, Grundstoff, Element, Elementarbestandteil u. Maß):

Lehre von den Gesetzmäßigkeiten, nach denen chem. Vorgänge hinsichtl. ihrer mengenmäßigen Verhältnisse erfolgen u. deren Anw. zu Berechnungen (Aufstellung der Bruttoformeln, Berechnung von Ausbeuten etc.).

stöchiometrisch: nach den in der Chemie geltenden quantitativen Gesetzen reagierend.

Stör: s. Acipenser huso (Ichthyocolla).

Stoffe, amphiphile: s. Tenside.

Stoffe, amphotere: chem. Verb., die sich je nach pH-Wert wie schwache Basen od. Säuren verhalten. Beispiel: $Al(OH)_3$. **Amphotere Elektrolyte (Ampholyte)** sind Elektrolyte, die sowohl H^+- wie OH^--Ionen abspalten können.

Stoffe, cancerogene: s. Karzinogene.

Stoffe, lipotrope: Substanzen, die durch Beschleunigung des Fettabbaus einer Leberverfettung (im Tierversuch) entgegenwirken.

Stoffe, phototoxische: s. Photosensibilisatoren.

Stoffe, wachstumshemmende: s. Zytostatika.

Stoffliste: **1.** s. Pharmazeutische Stoffliste. **2.** s. Austria-Codex-Fachinformation.

Stoffmenge: Symbol n; die St. n(X) gibt die Quantität eines Stoffsystems auf der Grundlage der Anzahl der darin enthaltenen Teilchen X an (m = Masse in g, M(X) = molare Masse in g/mol): n(X) = m/M(X). SI*-Einheit: Mol* (Symbol mol). Mit der St. muss angegeben werden, auf welches Teilchen sie bezogen ist; z. B. kann sich die St. einer bestimmten Masse Sauerstoffs entweder auf O-Atome od. O_2-Moleküle beziehen: $n(O) = 2 \cdot n(O_2)$.

Stoffmengenanteil: veraltet Molenbruch, Molfraktion; Symbol x; Verhältnisgröße (Dimension 1), die den Gehalt* einer Mischung (Lsg.) an einem Best. i als Stoffmenge* n_i auf die Gesamtstoffmenge (Summe der Molzahlen aller Komponenten) bezieht: $x_i = n_i/(n_1 + n_2...)$. Die Summe der St. aller Komponenten ist 1 bzw. 100, wenn die Angabe in Prozent erfolgt (Molprozent).

Stoffmengenkonzentration: Konzentration; der Quotient aus der Stoffmenge n des gelösten Stoffes X u. dem Volumen V der Lsg.: c(X) = n(X)/V; SI*-Einheit: $mol \cdot m^{-3}$, übl. Einheit: mol/L. Der Begriff St. soll anstelle des Begriffs Molarität* benutzt werden; vgl. Konzentrationsangaben.

Stoffwechsel: Gesamtheit der chem. Aufbau- (Anabolismus) u. Abbaureaktionen (Katabolismus) in lebenden Organismen, z. B. bei der Verdauung, Atmung, Muskelkontraktion; s. Assimilation, Dissimilation, Primärstoffwechsel.

Stoffwechsel, oxidativer: s. Atmung.

Stokes (Sir Georg Gabriel Stokes, brit. Physiker u. Mathematiker, 1819-1903): Symbol St; nicht mehr zugelassene Einheit der kinematischen Viskosität* (s. Viskosität). 1 St = 100 Centistokes (cSt).

Stokes-Flüssigkeit (William Stokes, Arzt, Dublin, 1804-1878): Reagens DAB6: Lsg. v. 2 T. Eisen(II)-sulfat u. 4 T. Weinsäure in 30 T. Wasser. Kurz vor Gebrauch ist Ammoniaklsg. bis zur schwach alkal. Reaktion zuzusetzen. Das Reagens muss stets frisch bereitet werden. **Anw.:** zur Reduktion von Oxyhämoglobin u. Unterscheidung gegenüber CO-Hämoglobin bei der spektralen Untersuchung; vgl. Hämoglobin.

Stokes-Gesetz: s. Sedimentationsanalyse, Kugelfallviskosimeter.

Stolon: s. Ausläufer.

Stoma (pl stomata): **1.** (zoolog.) Mund, Rachen. **2.** (med.) künstl. Öffnung an einem Hohlorgan, z. B. Magen, Darm (Anus praeternaturalis) u. Blase. **3.** (bot.) s. Spaltöffnungen.

Stomachika: Magenmittel; Arzneimittel gegen Magenbeschwerden. Umfassen z. B. Amara*, Acida*, Antacida*, Karminativa*; v. a. für appetit- u. verdauungsanregende Mittel gebräuchlich.

Stomachus: Magen.

Stomatitis: Entzündung der Mundschleimhaut. Häufig kombiniert mit Zahnfleischentzündung.

Stomatologika: zur lokalen Anwendung im Mundbereich bestimmte Arzneimittel; vgl. Mund- u. Rachentherapeutika.

Stomaversorgung: s. Anus praeternaturalis.

Stop-Codon: Terminationscodon, Punktcodon; Folge von drei Nucleotiden in der mRNA, die während der Proteinbiosynthese die Beendigung der Polypeptidsynthese u. die Freisetzung des Polypeptids aus den Ribosomen signalisiert. Als S.-C. wirken die Sequenzen 5'-UAA, 5'-UAG u. 5'-UGA.

Storax: s. Liquidambar orientalis (Styrax).

Storchenschnabel, Gefleckter: s. Geranium maculatum.

Strahlblüten: s. Zungenblüten.

Strahlen: s. Strahlung.

Strahlenabschirmung: s. Strahlenschutz.

Strahlenbelastung: Strahlenexposition; Man unterscheidet nat. u. zivilisatorische Strahlenbelastung. **1.** Natürliche Strahlenquellen: **a)** kosmische Strahlung*; **b)** terrestrische Strahlung*; **c)** inkorporierte (auch durch Atemluft) nat. radioaktive Substanzen (Kalium-40, Tritium, Radium u. a.); so enthält ein Erwachsener ca. 4.5 kBq ^{40}K u. 3.2 kBq ^{14}C. **2.** Zivilisatorische Strahlenquellen: med. Untersuchungen, Forschung, Industrie, Kernkraftwerke, Atomwaffenversuche, Atomwaffeneinsatz. Die natürliche S. liegt im Durchschnitt bei ca. 2.4 mSv/a, die zivilisatorische S. bei ca. 1.6 mSv/a. Die S. an einer best. Stelle der Körperoberfläche in einem best. Zeitraum wird als Personendosis angegeben; vgl. Dosimetrie, Strahlenschutz.

Strahlenbereich: (radiol.) gesetzl. festgelegter Bereich um eine Strahlenquelle, in dem noch eine gewisse Strahlenbelastung besteht (z. B. am Arbeitsplatz). Der St. setzt sich aus dem Kontrollbereich u. dem Überwachungsbereich (mit geringerer Strahlenbelastung) zusammen.

Strahlenbiologie: Forschungsgebiet, das sich mit der Wirkung von v. a. ionisierender Strahlung auf lebende Organismen befasst. Wie der Säugetierorganismus auf Strahleneinwirk. reagiert, hängt in hohem Maße von der Art der Strahlung ab (Alpha-, Beta-, Gamma-, Röntgen-, Neutronenstrahlung; vgl. Wirksamkeit, relative biol.), von der Energie, der Dosis, der Dosisleistung (Dosis pro Zeiteinheit) sowie der lokalen Dosisverteilung (Ganzkörper- od. Teilbestrahlung). Von weiterem Einfluss sind die Zellart, Teilungsaktivität, Erholungsfähigkeit, Durchblutung der Gewebe u. der Stoffwechselzustand. Ferner ist die Reaktion auch spezies-, alters- u. geschlechtsabhängig. Die strah-

lenempfindlichsten Gewebe des menschl. Organismus sind das lymphatische Gewebe (Lymphozyten, Lymphknoten, Milz, Thymus) u. das blutbildende Knochenmark sowie embryonales Gewebe u. hochgradig proliferierende Zellen maligner Tumoren. Es folgen die Keimdrüsen, die Haut u. die Scheimhäute (bes. empfindl. das Dünndarmepithel). Eine mittelgradige Empfindlicheit zeigen parenchymatöse Gewebe (Leber, Nieren, Lungen). Weniger strahlensensibel sind Nerven-, Binde-, Fett-, Muskel- u. Knochengewebe.
In Teilung befindl. Zellen zeigen schon bei Dosen von ca. 1 Gy (100 rad) erste Zeichen der Schädigung. Bei strahlenresistenten, nicht proliferierenden Zellen lassen sich Schäden erst über ca. 10 Gy (1000 rad) erkennen. Die Strahlenschäden im chromosomalen Bereich können der nachfolgenden Zellgeneration weitergegeben werden u. so zu somat. (Krebsentstehung) od. genet. (Erbschäden) Mutationen führen. Die biol. Strahlenwirkung kommt durch Ionisation von Atomen u. Molekülgruppen der Zellen zustande. Diese Eintreffer- od. Mehrtreffterereignisse führen zur Inaktivierung od. zum Tod der Zelle (direkte Strahlenwirkung, Treffertheorie). Diese Ereignisse werden eher von dicht ionisierenden Strahlen wie Alphateilchen od. Neutronen verursacht, weniger von Gamma- od. Röntgenstrahlen. Wird die Zellstruktur nicht getroffen, entsteht keine Veränderung. Nicht alle Strahlenreaktionen lassen sich durch die Treffertheorie zufriedenstellend erklären (z.B. die Zunahme der Strahlenreaktion bei Sauerstoffzufuhr im Gewebe). Man macht daher neben der direkten auch indirekte Strahlenwirk. für die Schädigungen verantwortlich. Durch Radiolyse des Wassers entstehen OH-Radikale, die mit lebenswichtigen Molekülen wie Enzymen, Nucleinsäuren u.a. reagieren. In Gegenwart von Sauerstoff entstehen im Gewebe während der Radiolyse HO_2-Radikale u. H_2O_2, also wieder hoch reaktive Stoffe. Es wird eine Übertragung der absorbierten Energie vom Auffangbereich in die Umgebung angenommen (Diffusionstheorie).

Strahlenerythem: s. Strahlenschäden.

Strahlengriffel, Chinesischer: s. Actinidia chinensis.

S

Strahlen, ionisierende: Strahlen, die durch direkten od. indirekten Stoß zur Ionisation von Atomen od. Molekülen führen können (Stoßionisation). Direkt i. St. sind Alpha-, Betastrahlen, Protonen, Deuteronen. Indirekt i. St. bestehen aus ungeladenen Teilchen (z.B. Neutronen) od. Photonen (Röntgen-, Gammastrahlen). Sie vermögen Energie auf geladene Teilchen zu übertragen, die ihrerseits wieder Stoßionisation bewirken können.

Strahlenkater: s. Strahlenschäden.

Strahlenkonservierung: s. Konservierung.

Strahlenmessgeräte: Messgeräte, die das Vermögen radioaktiver Strahlung ausnutzen, neutrale Moleküle zu ionisieren. **1. Gasgefüllte Zählrohre: a)** Ionisationskammer: Zw. 2 Elektroden wird durch Anlegen einer Spannung ein elektr. Feld erzeugt. Das Füllgas verhält sich wie ein Dielektrikum u. verhindert einen Stromfluss. Fällt nun ionisierende Strahlung ein, so werden Ionen u. Elektronen gebildet, die als Ladungsträger zur Anode bzw. Kathode wandern. Dort kann man sie als Ladung, Strom od. Spannungsabfall messen. Die Anzahl der primär gebildeten Ionen ist streng proportional zur Energie der einfallenden Strahlung. Ionisationskammern sind empfindl. Nachweisgeräte. Sie werden speziell bei hohen Teilchenflussdichten u. zum Nachw. schwerer Ionen verwendet. **b)** Proportional-Zählrohr: Es arbeitet im Prinzip ähnl. wie die Ionisationskammer. Durch Erhöhung der Spannung zw. Anode u. Kathode werden hier aber die primär gebildeten Elektronen so beschleunigt, dass sie wieder Ionisationsprozesse bewirken. Dadurch kommt es zu einer lawinenartigen Vermehrung der Ladungsträger. Die Anzahl der sekundär entstehenden Elektronen ist streng proportional zur Energie der einfallenden Strahlung. Die Proportional-Zählrohre können im Gasdurchfluss (kontinuierl. Spülung mit Gas) betrieben werden. Zum Ausmessen großer Strahlungsfelder (Kontamination*) werden sie großflächig gebaut. **c)** Geiger-Müller-Zählrohr (Geigerzähler, Auslösezählrohr): Wird die Spannung am Zählrohr weiter erhöht (1-3 kV), so gleichen sich die Impulsamplituden, die man für stark u. schwach ionisierende Teilchen erhält, immer mehr an, bis sie von einer bestimmten Spannung an (Einsatzspannung des Geiger-Müller Bereiches) annähernd gleiche Größe haben. Der Ladungstransport wird also unabhängig von der Art u. Energie der einfallenden Strahlung. Die durch die ionisierende Strahlung erzeugten Primärelektronen setzen im starken elektr. Feld durch Stoßionisation lawinenartig (Multiplikationsfaktor bis ca. 10^6) Sekundärelektronen frei. Dieser Stromimpuls wird registriert. **2. Szintillationszähler***; **3. Halbleiterdetektoren:** Wird ein Halbleiterkristall (Ge, Si) als Diode in Sperrrichtung geschaltet, so fließt erst dann Strom, wenn durch ionisierende Strahlung Ladungsträger erzeugt werden, die zur Anode u. Kathode abfließen. Da sich der Ladungsimpuls streng proportional zur Energie des einfallenden Teilchens verhält, eignen sich die H. gut zur Energiespektroskopie aller ionisierenden Strahlen (Alpha-, Beta-, Gamma-, Röntgenstrahlen). Die H. besitzen ein hohes Auflösungsvermögen, weil schon sehr geringe Energien zur Ionenbildung führen. **4. Neutronendetektoren:** Die (elektr. ungeladenen) Neutronen lassen sich indirekt dadurch nachweisen, dass sie mit Atomkernen Kernreaktionen eingehen. Dabei entstehen ionisierende Teilchen wie Protonen, Alphateilchen, z.B. Bor: (n,α) od. elektromagnet. Wellen (Gammastrahlen), die sich registrieren lassen.

Strahlenpilze: s. Actinomycetales.

Strahlenprotektoren: s. Strahlenschutzmittel.

Strahlenschäden: (radiol.) Summe der patholog. Reaktionen des Körpers auf die Einwirkung von ionisierender Strahlung; vgl. Strahlenbiologie. **Lokale Schäden:** Qualität u. Energie der Strahlen sind für die Durchdringungsfähigkeit von Bedeutung. Es kommt zu Hautschäden od. zur Schädigung tiefer liegender Gewebe. Akut treten feine Hautschuppung (Dermatitis sicca), Entzündung der Haarfollikel u. Schweißdrüsen, Rötung der Haut (Strahlenerythem), Blasenbildung auf. An den Schleimhäuten kommt es zuerst zum Ödem, zur Irritation der Speicheldrüsen, schließl. zur Abstoßung der obersten Epithelschichten. Diese Schäden heilen wieder glatt aus. Bes. empfindl. ist die Augenlinse (Linsentrübung). Spätschäden treten erst Monate bis Jahre nach Bestrahlung der Haut als Pigmentveränderungen, Gefäßerweiterungen (Teleangiektasien), Atrophien, narbige Verhärtungen u. Schrumpfungen u. evtl. Geschwürbildung od. Hautkrebs in Erscheinung. **Allgemeinschäden:** Nach Ganzkörperbestrahlung kann es zur Strahlenkrankheit kommen, die akut durch Veränderungen des Blutes u. der blutbildenden Organe, Blutgerinnungsstörungen, Störungen im Magen-Darm-Kanal, vermehrte Infektanfälligkeit sowie Störungen des Hormonstoffwechsels u. des vegetativen Nervensystems gekennzeichnet ist. Charakterist. ist ein rascher Abfall der Lymphozyten- u. Granulozytenzahl (bei letzteren oft initialer Anstieg am 1. Tag) ab ca. 2-4 Gy, weiterhin eine Anämie als Zeichen der Knochenmarkinsuffizienz. Das Frühstadium mit Einschränkung des Wohlbefindens, Schwindelgefühl, Kopfschmerzen, Übelkeit, Erbrechen wird auch als Strahlenkater bezeichnet. Ihm folgt ein symptomarmes Intervall von einigen Tagen bis 3 Wochen, worauf die 2. Krankheitsperiode einsetzt. Die Schädigung der Dünndarmschleimhaut (ab ca. 4-6 Gy) kann nach höheren Strahlendosen zu choleraartigen Durchfällen u. zum Tod führen. Der Tod bei Ganzkörperbestrahlung über 10 Gy wird allg. als intestinaler Tod angesehen. Durch Strahlenbelastung des ZNS u. der Sinnesorgane (über 10 Gy) treten neurolog. (Kopfschmerz, Schwindel, unstillbares Erbrechen, Krämpfe als Folge von Hirnödem) sowie ophthalmolog. Störungen auf. Die Strahlenkrankheit kann entw. nach einigen Wochen abklingen od. unter fortschreitendem Kräfteverlust nach Monaten zum Tod od. noch nach Jahren zu Spätschäden an Organen u. erhöhter Krebshäufigkeit führen. Als Spätschäden sind Veränderungen der Gefäßwände u. des Bindegewebes bekannt (Lungenfibrosen, Funktionseinschränkung der Nieren, Gewebeschrumpfungen u. Stenosen der Harnblase u. im Darmbereich u. a.). Das vermehrte Auftreten von Leukämien u. Karzinomen (Brust, Schilddrüse, Lungen u. a.) kann als Ursache Strahlenexposition haben (Hiroshima u. Nagasaki, ca. 1 Gy). Als tödl. Dosis werden heute ca. 6-10 Gy angesehen.

Strahlenschutz: Maßnahmen u. Voraussetzungen, die verhindern sollen, dass durch biol. hochwirksame Strahlen (Alpha-, Beta-, Gamma-, Röntgen-, Neutronen-, Teilchenbeschleunigerstrahlen) Schäden am menschl. Körper auftreten. In der Strahlenschutzverordnung (StrSchV) hat der Gesetzgeber Grenzwerte für die Personendosis festgelegt (s. Dosimetrie, Strahlenbelastung). Zur Überwachung dienen Dosimeter*. Als Faustregel im S. gilt die 4A-Regel: Aktivität möglichst gering, Aufenthalt möglichst kurz, Abschirmung möglichst dick, Abstand möglichst groß.

Die zu verwendende Abschirmung richtet sich nach Reichweite u. Energie der Strahlen: Alphastrahlen werden bereits durch eine dünne Folie (Blatt Papier) od. einige Zentimeter Luft abgeschirmt. Zur Abschirmung von Betastrahlen verwendet man Material aus Elementen mit einer niedrigen Ordnungszahl, um den Anteil der Bremsstrahlung (Röntgenstrahlung) möglichst gering zu halten. 1 cm Material (z. B. Plastik) reicht für Betateilchen mit einer Energie von bis zu 2.5 MeV. Gamma- u. Röntgenstrahlen erfordern Abschirmmaterial von hoher Dichte (Blei, Schwerbeton, Wolfram). Hochenerget. Neutronen zeigen als ungeladene Teilchen geringe WW mit Materie. Ihre Reichweite kann beträchtl. sein. Durch Abbremsen an leichten Elementen, z. B. Kohlenstoff in Paraffin, Graphit, werden sie zu langsamen Neutronen, die von Neutronen-Absorbern (Bor, Cadmium u. a.) schon mit Schichtdicken von 1 mm prakt. vollständig aufgenommen werden. Schutz vor Strahlung wird auch durch entspr. Entfernung von der Strahlungsquelle erreicht. Nach dem quadratischen Abstandsgesetz nimmt die Strahlenintensität D mit dem Quadrat der Entfernung d ab (K = Dosisleistungskonstante, abhängig von Strahlenart- u. -energie, A = Radioaktivität):

$$D = K \cdot A/d^2.$$

Strahlenschutzmittel: Strahlenprotektoren, Radioprotektoren; Stoffe, die die enzymschädigenden Radikale binden können, die bei der Einwirkung ionisierender Strahlen im Organismus entstehen. **Wirkstoffe:** z. B. Histamin*, Serotonin*, Tiopronin*, Glutathion* u. Superoxiddismutasen*.

Strahlenschutzverordnung: s. Strahlenschutz.

Strahlensterilisation: s. Sterilisationsverfahren (Sterilisation durch Bestrahlung).

Strahlentherapie: (radiol.) i. e. S. Behandlung bösartiger Tumoren mit ionisierender Strahlung. Man verwendet: **1.** energiereiche elektromagnet. Wellen wie UV-, Röntgen- u. Gammastrahlen. Die Tiefenwirkung nimmt mit zunehmender Energie (abnehmender Wellenlänge) zu. So kann durch ultraharte Röntgenstrahlung die Dosis an einem tief liegenden Krankheitsherd erhöht werden, ohne dass die Haut zu stark belastet wird. **2.** korpuskuläre Strahlung wie Heliumkerne (Alphastrahlen), Elektronen (Betastrahlen), Protonen, Neutronen. Die Reichweite hängt sowohl von der kinet. Energie als auch von der Größe der Teilchen ab. Die Bestrahlung erfolgt von außen durch die Haut (z. B. mit Röntgenstrahlung, ^{60}Co in der Cobaltbombe), durch Einbringen geschlossener radioaktiver Präparate (Radium, Thorium, Strontium u. a.) in das Tumorgewebe od. durch Verabreichung offener radioaktiver Nuklide (z. B. Radioiod-Schilddrüse).

Strahlung: Erscheinungsform der Energie. **Unterscheidung:** **1.** elektromagnet. Strahlung*: z. B. Licht (sichtbar, ultraviolett*, Infrarot*), Röntgenstrahlen*, Gammastrahlen (s. Radioaktivität); **2.** Korpuskularstrahlung: Alphastrahlen*, Beta- u. Neutronenstrahlung; **3.** materiegebundene Strahlung: Schallstrahlung (Druckwellen in Materie); vgl. Ultraschall.

Strahlung, elektromagnetische: materiefreie Form von Strahlung*. E. St. tritt u. a. in Form von Radiowellen, Wärmestrahlen, Licht, Röntgenstrahlen* u. Gammastrahlen auf. Sie besteht aus elektr. u. magnet. Feldanteilen, die senkrecht

Strahlung, elektromagnetische
Hauptbereiche des Spektrums

Wellenlänge l in m	Quantenenergie ε in 1.24 eV	Frequenz n in 3 Hz	Bezeichnung	Bereich	Anwendung
$\geq 10^5$	$\leq 10^{-11}$	$\leq 10^3$		Niederfrequenz	
10^4	10^{-10}	10^4	Langwellen (LW)		
10^3	10^{-9}	10^5	Mittelwellen (MW)		Rundfunk, Fern-
10^2	10^{-8}	10^6	Kurzwellen (KW)	Hochfrequenz	sehen, Magnet-
10^1	10^{-7}	10^7	Ultrakurzwellen (UKW)		resonanztherapie
10^0	10^{-6}	10^8	Dezimeterwellen		
10^{-1}	10^{-5}	10^9		Mikrowellen-	Radar
10^{-2}	10^{-4}	10^{10}		bereich	
10^{-3}	10^{-3}	10^{11}			
10^{-4}	10^{-2}	10^{12}			
10^{-5}	10^{-1}	10^{13}		Infrarot	Thermographie
10^{-6}	10^0	10^{14}		sichtbares Licht	
10^{-7}	10^1	10^{15}		Ultraviolett	
10^{-8}	10^2	10^{16}			
10^{-9}	10^3	10^{17}			
10^{-10}	10^4	10^{18}		Röntgen-	Röntgendiagnostik,
10^{-11}	10^5	10^{19}		strahlung	Strahlentherapie,
10^{-12}	10^6	10^{20}			Nuklearmedizin
10^{-13}	10^7	10^{21}			
$\leq 10^{-14}$	$\geq 10^8$	$\geq 10^{22}$		Gammastrahlung	

aufeinander stehen u. in Phase* mit der Frequenz der Strahlung oszillieren. Die elektromagnet. Strahlen lassen sich durch ihre Wellenlänge λ bzw. ihre Frequenz ν charakterisieren: $\nu = c/\lambda$ (c = Lichtgeschwindigkeit*, ca. $3 \cdot 10^{10}$ cm · s^{-1}). Die Wellenzahl, in der Spektroskopie häufig verwendet, ist die reziproke Wellenlänge (Einheit: cm^{-1}). E. St. hat einerseits Wellennatur, zeigt aber je nach Experiment auch die Charakteristika einer korpuskulären Strahlung. Die Energie wird in Quanten (Energiepakete, Photonen*) transportiert, wobei ein Photon (Energiequant) die Energie $E = h \cdot \nu$ hat (h = Planck*-Wirkungsquantum).

Strahlung, kosmische: Höhenstrahlung (Korpuskularstrahlung) aus dem Weltraum; vgl. Strahlenschutz. Vor dem Eintritt in die Erdatmosphäre besteht sie aus schnellen Protonen, Neutronen, Neutrinos, Alphateilchen, kleineren Anteilen schwerer Atomkerne sowie aus Röntgen- u. Gammastrahlen (Primärstrahlung). Beim Zusammentreffen mit Luft (Erdatmosphäre) entstehen wieder energiereiche Teilchen (Protonen, Neutronen, Alphateilchen, Mesonen, Elektronen, Positronen). Diese Sekundärstrahlung führt zu weiteren Kernreaktionen, Ionisationen, zum Entstehen von Gamma- u. Röntgenstrahlen (Tertiärstrahlung). Diese lässt sich im Ozean noch in 1300 m Tiefe nachweisen. In Meereshöhe beträgt die Belastung durch k. St. ca. 0.3 mSv/Jahr, in 8000 m ca. 20 mSv/Jahr, bei einem vierstündigen Flug in 12.000 m Höhe ca. 0.02 mSv. Der Ursprung der k. St. ist noch nicht ganz geklärt. **Gesch.:** entdeckt 1911 von Victor Franz Heß (1883-1964).

Strahlung, radioaktive: Strahlung, die beim Zerfall von Radionukliden entsteht; s. Radioaktivität.

Strahlungsquanten: s. Strahlung, elektromagnetische.

Strahlung, terrestrische: Erdstrahlung, bestehend aus Alpha-, Beta- u. Gammastrahlung. Die t. St. kommt durch den nat. Gehalt aller mineral. Naturstoffe an radioaktiven Nukliden (Thorium, Uran, Actinium u. a.) zustande. Sedimentgesteine wie Kalke, Tone, Sande, Schotter u. a. emittieren 5-10 C/kg pro kg u. Jahr. In diesem Bereich liegt auch die Strahlung der übl. Baumaterialien.

Stramentum Avenae: s. Avena sativa (Fructus Avenae excorticatus, Anw.).

Stramentum Papaveris: s. Papaver somniferum.

Stramonii folium: s. Datura stramonium.

Stramonii pulvis normatus: s. Datura stramonium.

Stramoniumblätter: s. Datura stramonium (Stramonii folium).

Stramoniumpulver, Eingestelltes: s. Datura stramonium (Stramonii pulvis normatus).

Strangpressen: s. Extrudieren.

Strangurie: schmerzhafte, nicht zu unterdrückende Miktion. V. a. bei Entzündungen von Blase u. Harnröhre.

Strasburgerzellen: s. Eiweißzellen.

Stratosphäre: s. Erdatmosphäre.

Strauchwegerich: s. Plantago afra.

Strecker-Synthese: Synthese von α-Aminosäuren aus Aldehyden. Mit wässriger Blausäure u. Ammoniak bilden sich Aminonitrile, die zu α-Aminosäuren hydrolysiert werden.

Streichkraut: s. Datisca cannabina.

Streifenpackung: Einzeldosen (z. B. Tabletten, Dragees, Suppositorien) werden zw. 2 Streifen aus Kunststofffolie od. innen heißsiegelfähig beschichteter Aluminiumverbundfolie eingesiegelt. Die Versiegelung erfolgt nur in der Randzone um die Einzeldosis der Arzneiform. Das Öffnen er-

S

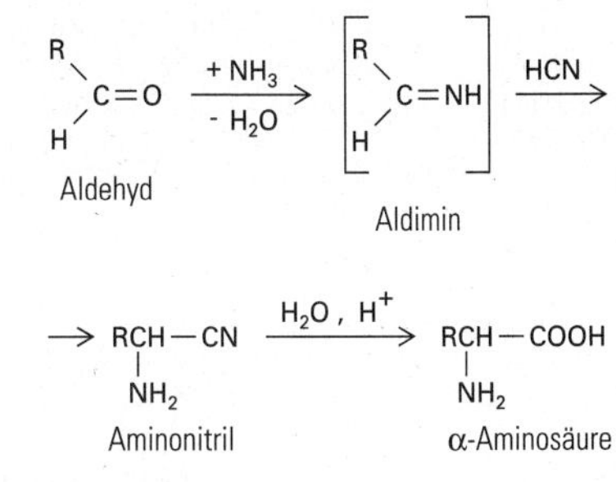

Strecker-Synthese

folgt durch Aufreißen der einzelnen Abschnitte (Erleichterung durch Randeinschnitte).

Streptobiosamin: s. L-Streptose.

Streptococcus: Gattung grampositiver, unbewegl. Kugelbakt. der Fam. Streptococcaceae. Unterteilung der versch. Spezies in vergrünende (Alphahämolyse), hämolysierende (Betahämolyse) u. nichthämolysierende (Gammahämolyse) Streptokokken, sowie aufgrund gruppen- u. typenspezif. Zellwand- bzw. Oberflächenantigene in Sero-Gruppen A-Q (nach Lancefield). **1. Gruppe A** (St. pyogenes): Kettenkokken; Betahämolyse; Bildung von Hämolysinen (s. Streptolysine), Enzymen (z. B. Streptokinase*) u. von erythrogenen Exotoxinen; verursachen akute Infektionen des oberen Respirationstrakts (z. B. Scharlach*) u. der Haut (z. B. Erysipel*), Folgeerkrankungen: akutes rheumat. Fieber, akute Poststreptokokkennephritis; sensitiv gegenüber Penicillin G od. V, Cephalosporinen u. Makrolid-Antibiotika; **2. Gruppe B** (St. agalactiae): Infektionen des Urogenitaltrakts, der Mund- u. Rachenhöhle, Meningitis, Wund- u. Neugeboreneninfektionen; sensitiv gegenüber kombinierter Anw. von Penicillin G u. Gentamicin; **3. Gruppe C** (St. equisimilis): Betahämolyse; isoliert bei Pharyngitis u. Wundinfektionen; sept. Infektionen bei abwehrgeschwächten Patienten; vgl. Sepsis; **4. Gruppe D:** med. relevant ist die früher zu den Streptokokken gerechnete Gattung Enterococcus* der Fam. Streptococcaceae; Nachw. bei Harnweginfekten, Endokarditiden u. Wundinfektionen; hohe Resistenz gegenüber Antibiotika, chem. u. physik. Einflüssen; sensitiv gegenüber kombinierter Anw. von Ampicillin u. Gentamicin; **5. Gruppe F u. G:** St. anginosus kann Infektionen des Respirationstrakts verursachen; **6. Streptokokken ohne Gruppenantigen:** vergrünend (alte Bez. Viridansgruppe) od. nichthämolysierend (Streptococcus pneumoniae); natürlicher Standort ist die Mundhöhle, sind an der Pathogenese von Karies* beteiligt u. Urs. von ca. 40 % aller Endokarditiden; sensitiv gegenüber Komb. von Penicillin u. Gentamicin.

Streptodornase INN: Desoxyribonuclease I, DNAase, DN-ase, Thymonuclease; CAS-Nr. 73340-82-2 Enzym, das die großen Moleküle von Desoxyribonucleinsäure u. Desoxyribonucleoproteinen, die Hauptbest. nekrot. Gewebe, abbaut. **Gew.:** aus versch. Stämmen von Streptococcus haemolyticus; **Anw.:** zus. mit Streptokinase* zur lokalen Fibrinolyse* bei entzündl. Prozessen; **Dos.:** topisch: Wundspülung, Umschläge, Instillation: 5000 I.E.

Streptokinase INN: Streptokinasum Ph.Eur.4; CAS-Nr. 9002-01-1. Coenzym aus versch. Stämmen von Streptococcus haemolyticus; hat selbst keine enzymat. Aktivität. Wasserlösl., chem. einheitliche Eiweißkörper aus 415 Aminosäuren, der als Plasminogenproaktivator wirkt u. mit Plasminogen* einen Komplex bildet, der Plasminogen in Plasmin* überführt, welches Eiweißkörper des Blutes wie z. B. Fibrin u. Fibrinogen abbaut. Weiße, brüchige, hygroskop. Masse; leicht lösl. in Wasser, NaCl-Lösung. pH 6.8-7.5 (Lsg. mit 5000 Einheiten/mL Wasser, frisch zubereitet). **Gew.:** zus. mit Streptodornase*, Streptolysin u. Hyaluronidase* aus betahämolyt. Streptokokken; **Anw.:** Fibrinolytikum* zur system. Fibrinolyse*; zus. mit Streptodornase zur Wundreinigung; **Dos.:** topisch Wundspülung, Umschläge, Instillation 20 000 I.E.; parenteral i. v. 100 000 I.E (Erhaltungsdos. bei Langzeitlyse); HWZ 1.4 h.

Streptolysine: von Bakt. der Gattung Streptococcus* gebildet Hämolysine; s. Hämolyse. **1.** Streptolysin-O bewirkt als Vollantigen unter Bildung spezif. O-Antistreptolysine eine Schädigung von Erythrozyten- (Hämolyse) u. a. Zellmembranen; **2.** Streptolysin-S (nicht antigen wirksam) führt zur Schädigung von Zellmembranen.

Streptomyces (gr. streptos gewunden; mykes Pilz): Gattung grampositiver, aerober, zur Verzweigung neigender Bakt. der Fam. Streptomycetaceae, (Ordnung Actinomycetales*); Myzelbildung ohne Zerfall in Stäbchen; Luftsporen durch Abschnürung. **Vork.:** ubiquitär in Erde, Staub, Getreide; über 460 Spezies; Bildung wichtiger Antibiotika* (s. Tab.).

Streptomyces
Einige Streptomyces-Arten und von ihnen gebildete Antibiotika (Beispiele)

Art	Antibiotikum
St. aureofaciens	Chlortetracyclin*
St. erythreus	Erythromycin*
St. fradii	Neomycin*
St. fragilis	L-Azaserin*
St. griseus	Streptomycin*
St. mediterranei	Rifamycine*
St. noursei	Nystatin*
St. orchidaceus	D-Cycloserin*
St. rimosus	Oxytetracyclin*
St. venezuelae	Chloramphenicol*
St. viridifaciens	Tetracyclin*

Streptomycin INN: 4-*O*-[2-*O*-(2-Desoxy-2-methylamino-α-L-glucopyranosyl)-5-desoxy-3-*C*-formyl-α-L-lyxofuranosyl]-*N*,*N*-di(aminoiminomethyl)-D-streptamin; CAS-Nr. 57-92-1; $C_{21}H_{39}N_7O_{12}$, M_r 581.6. Aminoglykosid-Antibiotikum aus Streptomyces griseus; Strukturformel s. Antibiotika (Abb. 1). **Wirk. u. Anw.:** St. wirkt bakterizid durch Hemmung der Proteinbiosynthese v. a. gegen Tuberkelbakt. u. gramnegative Keime wie E. coli, Klebsiellen, Enterobacter, Neisseria; Ind.: als Tuberkulostatikum in Kombinationen mit Isoniazid*, Ethambutol* u. a; bei Endocarditis, Peritonitis, Brucellose meist mit einem zweiten Antibiotikum kombiniert; **UAW:** oto-, neuro- u. nephrotox., Blutbildschäden u. allerg. Hautreaktionen; **Dos.:** bei Tuberkulose zur Initialbehandlung parenteral i. m. 0.75-1 g/d; Kinder 20-30 mg/kg KG/d, max. 10 d lang; Säuglinge 10 mg/kg KG/d. Bei Patienten im Alter von über 40 Jahren sollte eine TD von 0.75 g, im Alter von über 60 Jahren von 0.5 g nicht überschritten werden. Bei anderen Infektionen wird 1 g/d gegeben, max. 10 d lang, unter Berücksichtigung eingeschränkter Leber- u. Nierenfunktion. HWZ 2.8 h; **Gesch.:** als erstes Aminoglykosid-Antibiotikum 1943 von Waksman et al. entdeckt (USA); vgl. Dihydrostreptomycin, Antibiotika (Tab.). **Streptomycinsulfat:** Streptomycini sulfas Ph.Eur.4, Streptomycinum sulfuricum; CAS-Nr. 3810-74-0; $C_{42}H_{84}N_{14}O_{36}S_3$, M_r 1457. Weißes, hygroskop. Pulver; leicht lösl. in Wasser, unlösl. in Ethanol, Aceton, Chloroform u. Ether. Lsg. sind längere Zeit haltbar, bei Zusatz von Stabilisatoren, z. B. *p*-Hydroxybenzoesäureester, sind Lsg. jahrelang haltbar; **Inkomp.:** Säuren u. Laugen.

Streptomyzeten: s. Streptomyces.

Streptonivicin: s. Novobiocin.

L-Streptose: 5-Desoxy-3-formyl-xylose, M_r 162.14. Ein Monosaccharid mit verzweigter Kohlenstoffkette, bildet mit 2-Desoxy-2-methylamino-L-glucose Streptobiosamin, die Disaccharid-Komponente in Streptomycin. Bei Hitze entsteht aus L-Streptose Maltol*.

Stress (engl. Druck, Belastung, Spannung): Reaktion des Organismus, z. B. erhöhte Aktivität des Sympathikus*, vermehrte Ausschüttung von Catecholaminen* u. Blutdrucksteigerung auf versch. unspezif. Reize, z. B. Infektion, Verletzung od. emotionale Belastung. **Formen:** 1. Eustress: kurzdauernde physiolog. Anpassung an alltägl. Anforderungen, die anregend u. leistungssteigernd wirkt; 2. Disstress: Entstehung durch ungenügende Adaptation des Körpers an Belastungen od. infolge Diskrepanz zw. Anforderungen u. subjektivem Bewältigungsverhalten. Andauernder St. kann zu einem allg. Anpassungssyndrom führen.

Stresstest: s. Haltbarkeit, Arrhenius-Gleichung.

Streukügelchen: Globuli velati; homöopath. Zubereitung; s. Homöopathie.

Streulichtverfahren: s. Korngrößenanalyse.

Strichcode: Balkencode, Barcode; Verschlüsselung binärer Daten, die als Balken mit unterschiedl. Breite u. Abständen dargestellt wird, z. B. zur Kennzeichnung auf Verpackungen von Arzneimitteln.

Strictosidin: s. Indolalkaloide (I., iridoide, Biosynthese).

Stridor (lat. Zischen, Pfeifen): inspirator., pfeifendes Atemgeräusch bei Verengung od. Verlegung der oberen Luftwege. Z. B. bei Struma* od. Pseudokrupp*.

Strobuli Lupuli: s. Humulus lupulus (Lupuli flos).

Strobuli Pini: s. Pinus sylvestris (Turiones Pini).

Strobulus: (bot.) Zapfen.

Strömung, laminare: Strömungsart von Gasen u. Flüssigkeiten bei geringer Strömungsgeschwindigkeit. Laminar strömende Gase od. Flüssigkeiten bewegen sich z. B. in einem Rohr streng parallel zur Wandung ohne Wirbel auszubilden (im Ggs. zur turbulenten Strömung). Die Strömungsgeschwindigkeit direkt an der Wandung ist gleich Null u. erreicht in der Rohrachse den größten Wert. Die Geschwindigkeitsverteilung über den Rohrquerschnitt gleicht einer Parabel.

Stroma (pl stromata): 1. (biochem.) Matrix; farblose, lichtmikroskop. homogene Grundsubstanz von Zellorganellen, wie in Chloroplasten* od. Mitochondrien*; 2. (med.) Grundgewebe von Drüsen u. Geschwüren, Stützgewebe eines Organs; 3. (bot.) Sammelfruchtkörper (Fruchtlager) von manchen Pilzen, z. B. Claviceps purpurea; aus mehreren Perithecien* aufgebaut.

Stromklassierung: s. Sichtung.

Strontium: Symbol Sr; A_r 87.62, OZ 38. D. 2.6. Schmp. 771 °C. Sdp. 1385 °C. Härte 0.8. Silberweißes, weiches, dem Calcium* ähnl., 2-wertiges Erdalkalimetall. **Vork.:** nat. im Coelestin ($SrSO_4$), Strontianit ($SrCO_3$), auch in einigen Mineralwässern (Kreuznach); **Darst.:** Elektrolyse des geschmolzenen Chlorids; **Anw.:** Strontiumsalze färben die Flamme karmesinrot u. werden in der Feuerwerkerei (Rotfeuer) verwendet. **Strontium-90:** Symbol ^{90}Sr. Das Isotop ist ein gefährl. Nebenprodukt der Kernspaltung (vgl. Abb.). Es wird im Organismus teilweise mit Calcium in die Knochenmasse eingebaut und stellt wegen seiner Halbwertzeit* von 27.7 Jahren eine die Lebensdauer des Individuums überdauernde Strahlenquelle dar. **Gesch.:** 1793 von Martin Heinrich Klaproth (1743-1817) entdeckt.

$$\text{Bildung:}\quad {}^{235}_{92}U \xrightarrow{(n,3n)} {}^{90}_{38}Sr + {}^{143}_{54}Xe$$

$$\text{Zerfall:}\quad {}^{90}_{38}Sr \xrightarrow[\text{27.7 Jahre}]{\beta^-} {}^{90}_{39}Y \xrightarrow[\text{64 h}]{\beta^-} {}^{90}_{40}Zr$$

Strontium: Bildung und Zerfall von Strontium-90

Strontium bromatum: s. Strontiumbromid.

Strontiumbromid: Strontium bromatum; $SrBr_2 \cdot 6\,H_2O$, M_r 355.6. D. 2.35. Farblose, sehr hygroskop. Kristalle, leicht lösl. in Wasser u. Ethanol, unlösl. in Ether. **Darst.:** Neutralisieren von verd. Bromwasserstoffsäure mit Strontiumcarbonat u. Eindampfen zur Kristallisation; **Anw. med.:** früher Sedativum, bei Hyperazidität sowie Röntgenkontrastmittel.

Strontiumcarbonat: kohlensaures Strontium, Strontium carbonicum; $SrCO_3$, M_r 147.6. D. 3.7. Weißes Pulver, lösl. in CO_2-haltigem Wasser u. Säuren. **Vork.:** nat. als Strontianit; **Anw. med.:** früher Antazidum; **Dos.:** 0.3-2 g.
Hom: *Strontium carbonicum (HAB1.5):* verord. z. B. bei Cerebralsklerose, Knochenerkrankungen, Arthrose, Osteoporose.

Strontiumcarbonat, gefälltes: Strontium carbonicum praecipitatum; Weißes Pulver, unlösl. in Wasser, leicht lösl. in verd. Säuren. **Darst.:** Fällen von Strontiumchlorid-Lsg. mit Natriumcarbonat-Lsg.; **Anw.:** Feuerwerkerei (Rotfeuer).

Strontium carbonicum: s. Strontiumcarbonat.

Strontium carbonicum praecipitatum: s. Strontiumcarbonat, gefälltes.

Strontiumchlorat: Strontium chloricum; $Sr(ClO_3)_2$. Weißes, krist. Pulver, sehr leicht lösl. in Wasser, wenig lösl. in Ethanol. **Sicherheitshinweis:** darf nicht mit oxidierbaren Substanzen zusammenkommen; **Anw.:** Feuerwerkerei (Rotfeuer).

Strontium chloratum: s. Strontiumchlorid.

Strontium chloricum: s. Strontiumchlorat.

Strontiumchlorid: Strontium chloratum; $SrCl_2 \cdot 6\,H_2O$. M_r 266.7. D. 1.93. Farblose, nadelförmige Kristalle, leicht lösl. in Wasser u. Ethanol. **Darst.:** Auflösen von Strontiumcarbonat in Salzsäure u. Eindampfen zur Kristallisation; **Anw.:** selten bei Hunger-Osteopathien (Knochenerkrankungen), bisweilen als Röntgenkontrastmittel; in Zahnpasten gegen Überempfindlichkeit der Zahnhälse.

Strontiumhydroxid: Strontiumoxidhydrat, Strontium oxydatum hydricum; $Sr(OH)_2 \cdot 8\,H_2O$. Farblose Kristalle. **Darst.:** Umsetzen von Strontiumoxid mit Wasser; **Anw.:** in der Zuckerindustrie zur Entzuckerung der Melasse.

Strontium iodatum: s. Strontiumiodid.

Strontiumiodid: Strontium iodatum; $SrI_2 \cdot 6\,H_2O$. M_r 341.4. Leicht lösl. in Wasser u. Ethanol. **Darst.:** Neutralisieren von verd. Iodwasserstoffsäure mit Strontiumcarbonat; **Anw.:** früher zur Iodsubstitutionstherapie.

Strontium, kohlensaures: s. Strontiumcarbonat.

Strontiumnitrat: salpetersaures Strontium, Strontium nitricum; $Sr(NO_3)_2$, M_r 211.5. D. 3.0. Schmp. 645 °C. Farblose Kristalle, sehr leicht lösl. in Wasser, lösl. in Ethanol. **Darst.:** Auflösen von Strontiumcarbonat in verd. Salpetersäure; **Anw.:** Feuerwerkerei (Rotfeuer).

Strontium nitricum: s. Strontiumnitrat.

Strontiumoxidhydrat: s. Strontiumhydroxid.

Strontium oxydatum hydricum: s. Strontiumhydroxid.

Strontiumsalicylat: Strontium salicylicum, salicylsaures Strontium; $[C_6H_4(OH)COO]_2Sr \cdot 2\,H_2O$. Weißes, krist. Pulver, lösl. in Wasser, wenig lösl. in Ethanol. **Darst.:** Erhitzen von Salicylsäure mit Wasser u. Strontiumcarbonat; **Anw.** med.: früher als Darmantiseptikum; **Dos.:** mehrmals tägl. 0.3 g.

Strontium salicylicum: s. Strontiumsalicylat.

Strontium, salpetersaures: s. Strontiumnitrat.

Strontium[^{89}Sr]-chlorid-Injektionslösung: Strontii[^{89}Sr]chloridi solutio iniectabilis Ph.Eur.4; sterile Injektionslsg. von [^{89}Sr]Strontiumchlorid. **Herst.:** Bestrahlung von Strontium-88 mit Neutronen führt zum reinen β^--Strahler Strontium-89 mit einer HWZ von 50.5 d. **Anw.:** palliative Schmerztherapie.

Strontiumsulfid: Strontium sulfuratum; SrS, M_r 119.7. D. 3.7. Gelbl. od. fleischfarbenes Pulver, das mit Säuren H_2S entwickelt. **Anw.** med.: früher Enthaarungsmittel (50 %); techn.: Leuchtfarben.

Strontium sulfuratum: s. Strontiumsulfid.

k-Strophanthidin-digitoxosid: s. Helveticosid.

g-Strophanthidin: Oubagenin; das Aglykon von g-Strophanthin*. g-Strophanthidin unterscheidet sich von k-Strophanthidin durch 2 zusätzl. Hydroxylgruppen (am C-1 u. am C-11 des Steroidgerüsts); Strukturformel s. Glykoside, herzwirksame (Tab. 2).

k-Strophanthidin: Cymarigenin, Apocynamarin; das Aglykon von k*-Strophanthin-*γ*, k*-Strophanthin-*β*, k*-Strophanthin-*α*, Erysimosid* (Glucohelveticosid, k-Strophanthidin-digitoxosyl-glucosid) u. Helveticosid*; Strukturformel s. Glykoside, herzwirksame (Tab. 2).

Strophanthidol: Cardenolid-Aglykon; Strukturformel s. Glykoside, herzwirksame (Tab. 2).

Strophanthin: Strophanthus-Glykosid. Man unterscheidet zw.: **1.** g-Strophanthin* aus Strophanthus* gratus; **2.** k-Strophanthin* aus Strophanthus* kombe; **3.** h-Strophanthin aus Strophanthus* hispidus. **Anw.:** med. verwendet werden nur k- u. g-St.; s. Glykoside, herzwirksame. In der Ph.Eur.4 ist nur das g-St. (Ouabain) off., in anderen Pharmakopöen, z. B. ÖAB90, auch das k-St.; geg. akute u. chron. Herzinsuffizienz; die Anw. wird heute aufgrund der ungüstigen pharmakokinetischen Eigenschaften als veraltet angesehen.

g-Strophanthin: Ouabainum Ph.Eur.4Strophanthinum, g-Strophanthidinrhamnosid; 1*β*,5,11*α*,14,19-Pentahydroxy-3*β*-(*α*-L-rhamnopyranosyloxy)-5*β*,14*β*-card-20-(22)enolid; $C_{29}H_{44}O_{12} \cdot 8\,H_2O$, M_r 728.80; Strukturformel s. Glykoside, herzwirksame (Tab. 2); Schmp. 190 °C (wasserfreie Form; unter Zers.); Verlust des Kristallwassers ab ca. 120 °C; $[\alpha]_D^{20\,°C}$ –30° bis –33.0° (c=1 in Wasser); farblose, glänz. Kristalle od. weißes, krist. Pulver von bitterem Geschmack; lösl. in Wasser (1:100) u. in Ethanol (1:30); Glykosid aus den Samen (bis zu 8 %) von Strophanthus* gratus u. dem Holz (zu ca. 0.3 %) von Acokanthera ouabaio. **Anw.:** s. Strophanthin; **Dos.:** 0.25-0.5 mg; HWZ 12-19 h. **Gesch.:** Der Name Ouabain für g-St. stammt vom ostafrikan. Acokanthera ouabaioan, wo die Substanz 1898 entdeckt wurde. g-St. u. andere Cardenolide sind im Holz u. den Samen versch. Acocanthera-Arten (Fam. Apocynaceae) enthalten, die zur Bereitung von Pfeilgiften verwendet wurden; vgl. Strophanthus-Arten.

k-Strophanthin: Kombe-Strophanthin; ein Glykosidgemisch aus den Samen von Strophanthus* kombe (Semen Strophanthi kombe), umfasst im Wesentl. die Stoffe k-Strophanthin*-*α* (Cymarin), k-Strophanthin*-*β* u. k-Strophanthin*-*γ* (k-Strophanthosid). Dabei handelt es sich um herzwirksame Glykoside* mit dem Aglykon k-Strophanthidin*, die sich nur durch die Zuckerkomponenten unterscheiden. Lösl. in Wasser, Ethanol; sehr schwer lösl. in Chloroform; fast unlösl. in Ether u. Leichtpetroleum. **Off.:** ÖAB90; **Anw.:** Strophanthin*; **Dos.:** parenteral (i. m., i. v.) 0.125-1 mg; HWZ 12-19 Std.

k-Strophanthin-*α*: Cymarin, Apocymarin; k-Strophanthidin-3-cymarosid, 3*β*-(*β*-*D*-Cymaropyranosyloxy)-5,14-dihydroxy-19-oxo-5*β*,14*β*-card-20(22)-enolid, $C_{30}H_{44}O_9$, Strukturformel s. Glykoside, herzwirksame (Tab. 2), CAS-Nr. 508-77-0, M_r 548.65. **Anw.:** s. Strophanthin.

k-Strophanthin-*β*: k-Strophanthidin-cymarosyl-glucosid, Strukturformel s. Glykoside, herzwirksame (Tab. 2); k-Strophanthin.

k-Strophanthin-*γ*: k-Strophanthosid; k-Strophanthidin-cymarosyl-gluco-glucosid; genuines Strophanthidinglykosid von Strophanthus* kombe, Apocynum* cannabinum u. a. Apocynaceae*. Strukturformel s. Glykoside, herzwirksame (Tab. 2).

S

Strophanthus-Arten (gr. strephein drehen, wenden; in der Knospe sind die Zipfel der Blumenkrone seilartig gedreht): Fam. Apocynaceae, ca. 40 bekannte Arten. **Anw.**: Herst. von (afrikan.) Pfeilgiften, die im Ggs. zu Curare* auch oral zur Wirk. gelangen.

Strophanthus gratus (Wall. et Hook ex Benth.) Baill.: Fam. Apocynaceae (trop. Westafrika, in den Wäldern an der Küste von Sierra Leone bis zur Kongomündung). Stpfl. von **Semen Strophanthi (grati)**: Strophanthussamen; der reife, von seinem federbuschartigen Fortsatz (Granne) befreite, unbehaarte, gelbe Samen. **Off.**: DAB6; **Inhaltsst.**: 3-8 % (mind. 5 %) g-Strophanthin* u. weitere Cardenolide, z. B. Sarmentoside (Nebenglykoside), ca. 35 % fettes Öl, Saponine*, Trigonellin* u. Harz; **Zuber.**: Tinctura* Strophanthi; **Anw.**: Gew. von g-Strophanthin; s. Strophanthus-Arten.
Hom: *Strophanthus gratus (HAB 2000):* reifer, getrockneter, von der Granne befreiter Samen (mind. 4 % g-Strophanthin); verord. z. B. bei Herzerkrankungen.

Strophanthus hispidus DC.: Fam. Apocynaceae (Senegal u. Sudan bis Kongo). **Inhaltsst.**: das weniger verwendete h-Strophanthin (s. Strophanthin); **Anw.**: s. Strophanthus-Arten.

Strophanthus kombe Oliv.: Fam. Apocynaceae (trop. Ostafrika). Stpfl. von **Semen Strophanthi kombe**: Strophanthi kombe semen, Kombe-Strophanthussamen; der von den Grannen befreite, behaarte, reife Samen. **Inhaltsst.**: 8-10 % k-Strophanthin*; das genuine Hauptglykosid ist k-Strophanthin*-γ (ca. ¾ des Glykosidgehalts der Droge); **Anw.**: s. Strophanthin, Strophanthus-Arten.

Strophanthussamen: s. Strophanthus gratus (Semen Strophanthi grati).

Strophanthus sarmentosus DC.: Fam. Apocynaceae (Afrika). **Inhaltsst.**: in den Samen Sarmentogenin*; **Anw.**: s. Strophanthus-Arten.

Strophanthustinktur: s. Tinctura Strophanthi.

Strukturformel: Konstitutionsformel; chem. Formel, die ein Bild der gegenseitigen Bindungsverhältnisse der Atome vermittelt, im Ggs. zur empir. Formel*, die ledigl. die atomistische Zstzg. eines Moleküls wiedergibt.

Strukturgene: Gene eines Operons*, die für die Bildung von spez. Proteinen verantwortl. sind.

Strukturisomere: Konstitutionsisomere; Moleküle mit gleicher Summenformel, aber unterschiedl. Verknüpfung der Atome.

Strukturproteine: s. Skleroproteine.

Strukturwasser: Wassermoleküle, die Lücken der Kristallgitterstruktur besetzen, od., wie bei manchen Gasen (z. B. Chlor, Ammoniak, Edelgase), ein Strukturgerüst bilden, so dass Clathrate entstehen (s. Einschlussverbindungen). St. kann stöchiometr. od. unstöchiometr. gebunden werden.

Struktur-Wirkungs-Beziehung: s. QSAR.

Struma (lat. Drüsenschwellung): Kropf; jede Vergrößerung der gesamten Schilddrüse od. von Teilen des Organs. Vork. bei euthyreoter Stoffwechsellage, bei Hypothyreose* od. Hyperthyreose*; dabei entspr. der histolog. Merkmale als benigne od. maligne Struma.

strumigen: kropferzeugend. **Strumigene Substanzen: 1.** Inhibitoren der Iodperoxidase, die für die Oxidation von Iodid vor dem Einbau in Tyrosinreste (s. Tyrosin) u. Vorstufen der Schilddrüsenhormone (s. Hormone) notwendig ist. Dazu gehören **a)** Thioharnstoffderivate (s. Thyreostatika); **b)** Goitrine (s. Glucosinolate); **2.** Ionen, die einen ähnl. Ionenradius wie Iodid haben, hemmen kompetetiv die Aufnahme von Iodid aus dem Blut in die Schilddrüse, z. B. Rhodanid (NCS^-), Perchlorat (ClO_4^-) od. Pertechnat (TcO_4^-). Eine hohe Blutkonz. an Rhodanid od. an Goitrinen kann sich z. B. durch den übermäßigen Verzehr von Kohl (Brassica-oleracea-Varietäten) ergeben.

Strychnin: Strychninum; Strychnidin-10-on; $C_{21}H_{22}N_2O_2$, CAS-Nr. 57-24-9, M_r 334.4, Schmp. 268-290 °C, $\alpha_D^{20\,°C}$ −104 °C (c = 0.5, Ethanol absolut), $pK_{S,1}$ 2.3, $pK_{S,2}$ 8.0 (Salz, 25 °C). Farblose, außerordentl. bitter schmeckende Kristalle, lösl. in Ethanol, schwer lösl. in Ether, sehr schwer lösl. in Wasser. Monoterpenoides Indolalkaloid (s. Abb.). **Vork.**: Samen von Strychnos* nux vomica (Strychni semen) u. Strychnos* ignatii (Semen Ignatii); **Biosynthese:** ausgehend von Tryptophan u. Secologanin, vgl. Indolalkaloide; **Gew.**: Extraktion der Samen mit schwefelsäurehaltigem Wasser u. Ausfällen des Alkaloids mit Kalk; **Wirk.**: S. antagonisiert die Glycinwirk. im ZNS u. lähmt dadurch die synaptische Hemmung im Rückenmark, Rückenmarkskrampfgift (vgl. Konvulsiva). Str. wird schnell resorbiert u. (im Ggs. zum Tetanustoxin, ebenfalls ein Rückenmarkkonvulsivum) relativ rasch (zu 80 %) metabolisiert; **Anw.**: früher zur Tonisierung, heute obsolet; missbräuchl. verwendet als Dopingmittel der Stemmer; in Schädlingsbekämpfungsmitteln; **Tox.**: LD 30-300 mg bzw. 5 mg (Kleinkind); Tod erfolgt bei vollem Bewusstsein durch Atemlähmung; **Antidot:** Aktivkohle u. Benzodiazepine* **Gesch.**: 1818 von Pierre-Joseph Pelletier (1788-1842) u. Joseph Bienaimé Caventou (1795-1877) isoliert; als Heilmittel 1821 von Francois Magendie (1783-1855)

Strukturformel: empir. Formel (links) u. Strukturformel (rechts)

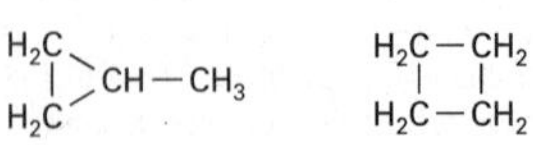

Strukturisomerie: Methylcyclopropan (links) u. Cyclobutan (rechts) als Beispiel für Strukturisomere

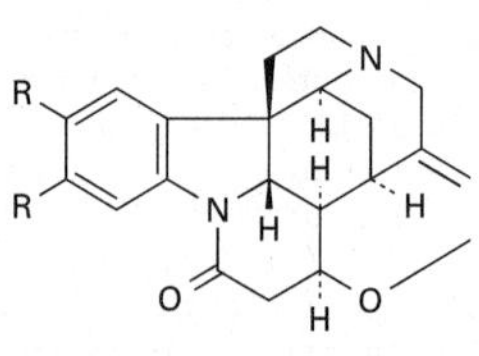

Brucin: R = OCH_3

Strychnin: R = H

Strychnin

empfohlen; Totalsynthese 1954 durch Robert Burns Woodward (1917-1979).

Strychninnitrat: Strychninum nitricum, Strychnini nitras, salpetersaures Strychnin; CAS-Nr. 66-32-0; $C_{21}H_{23}N_3O_5$, M_r 397.4. $[\alpha]_D^{20°C}$ −27° bis −31° (c = 1 in Wasser). Farblose, sehr bitter schmeckende Kristalle (noch in Verd. 1:670 000). Lösl. in 90 T. Wasser u. 3 T. siedendem Wasser, in 70 T. Ethanol u. 5 T. siedendem Ethanol, fast unlösl. in Ether, Chloroform, Schwefelkohlenstoff. **Darst.:** Erhitzen von Strychnin mit Salpetersäure; **Off.:** DAC86, ÖAB90, Ph.Helv.7; **Anw.:** früher als Tonikum* u. Analeptikum*; Gefahr von Kumulation; vgl. Strychnin.

Hom: *Strychninum nitricum:* verord. z. B. bei allen Ind. von Nux vomica (s. Strychnos nux vomica), bes. bei nervösen Erschöpfungszuständen.

Strychnin-*N*-oxid: CAS-Nr. 7248-28-4; $C_{21}H_{23}ClN_2O_3$, M_r 350.4. **Anw.:** Analeptikum (obsolet), im Vergleich zu Strychnin mit verzögerter Wirksamkeit.

Strychninsulfat: Strychninum sulfuricum, schwefelsaures Strychnin; $C_{21}H_{22}N_2O_2 \cdot H_2SO_4 \cdot 5\,H_2O$. Farblose Kristalle, lösl. in Wasser, wenig lösl. in Ethanol. **Anw.:** wie Strychninnitrat*; heute obsolet.

Hom: *Strychninsulfat:* verord. z. B. bei Nervenschwäche, Muskelkrämpfen.

Strychnos gaultheriana Pierre: Strychnos malaccensis Benth.; Fam. Loganiaceae (Hinterindien). **Inhaltsst.:** in der Rinde u. a. Strychnin* u. Brucin*; Gesamtalkaloidgeh. ca. 3 %; **Anw.:** Herst. des Pfeilgifts Hoang Nau aus der Rinde.

Strychnos ignatii Bergius: Kletterstrauch der Fam. Loganiaceae (heim. Philippinen). Stpfl. von **Semen Ignatii:** Faba Sancti Ignatii, Faba febrifuga, Ignatiusbohne. **Inhaltsst.:** u. a. Strychnin*, Brucin* sowie Kaffeesäure*, Chlorogensäure* u. fettes Öl; **Anw.** volkstüml.: als Tonikum u. Amarum wie Strychni semen (s. Strychnos nux vomica).

Hom: *Strychnos ignatii (HAB 2000),* Ignatia: reife, getrocknete Samen (mind. 2.0 % Gesamtalkaloide, davon mind. 55 % Strychnin); verord. z. B. bei phys. u. psych. Labilität, Migräne, Gastritis, Dysmenorrhö.

Strychnos nux vomica L.: Brechnuß; niedriger Baum der Fam. Loganiaceae (Vorderindien, Sri Lanka, Kotschinchina, Malaiischer Archipel, nördl. Australien). Stpfl. von **Strychni semen:** Semen Strychni, Semen Nucis vomicae, Nux vomica, Brechnuß, Krähenauge; die getrockneten Samen. **Off.:** DAB6, ÖAB90, Ph.Helv.8; **Inhaltsst.:** die monoterpenoiden Indolalkaloide Strychnin* (ca. 1 %), Brucin* (ca. 1.5%), Pseudostrychnin, Vomicin u. Colubrin (Gesamtalkaloidgeh. ca. 3-5 %, mind. 2.5 %, ber. als äquimolares Gemisch von Strychnin u. Brucin); Loganin*, Chlorogensäure*, fettes Öl, Phytosterin, ca. 11 % Eiweiß u. Zucker; **Zuber.:** Extractum* Strychni, Tinctura* Strychni, Semen strychni pulvis (Alkaloidgeh. 2.5 %); **Wirk.:** s. Strychnin; **Anw.** volkstüml.: z. B. als Tonikum u. Amarum, anregendes Mittel bei Schwächezuständen.

Hom: *Strychnos nux-vomica (HAB 2000),* Nux vomica: reife, getrocknete Samen (mind. 2.2 % Gesamtalkaloide, davon mind. 43 u. max. 55 % Strychnin); Konstitutionsmittel; verord. z. B. bei Muskelverspannungen, Dyspepsie mit Obstipation, Gastritis, unerwünschten Arzneimittelwirkungen.

Strychnos toxifera R. Schomb. ex Benth: Fam. Loganiaceae (Südamerika). **Anw.:** wie andere Strychnos-Arten zur Herst. von Calebassencurare (s. Curare).

Stuart-Briegleb-Modelle: s. Molekülmodelle.

Stuart-Prower-Faktor: Faktor X der Blutgerinnung*.

Studentenblumen: s. Calendula officinalis.

Studentverteilung: t-Verteilung; (statist.) wichtige Verteilung zum Vergleich von Mittelwerten versch. Stichproben. Sind die Messwerte in der Grundgesamtheit normalverteilt, dann gilt das für die Stichprobe nur angenähert u. zwar um so weniger, je kleiner die Stichprobe ist. Dieser Unsicherheit wird bei gegebener statist. Sicherheit P durch erweiterte Schranken des Vertrauensbereichs Rechnung getragen. Die St. hängt nicht wie die Normalverteilung* vom Mittelwert μ u. der Standardabweichung σ, sondern nur von der Zahl der Freiheitsgrade* f ab. Wenn f gegen unendl. strebt, nähert sich auch die St. der Normalverteilung. Für eine gegebene Wahrscheinlichkeit (Fläche unter der t-Verteilung) liegen die Schranken t (s. Abb.) umso weiter auseinander, je kleiner f ist. Die t-Werte, die man z. B. aus Tabellen entnehmen kann (s. Fehlerrechnung), benötigt man für die Berechnung von Vertrauensbereichen u. den Vergleich von Mittelwerten (zumindest annähernd) normalverteilter Daten. Beispiel: der NaCl-Gehalt einer physiol. Kochsalzlösung wurde mehrfach bestimmt. Da die Werte leicht streuen, ist z. B. eine Fragestellung, in welchem Intervall (z. B. mit 99.9 % Sicherheit) der wahre Wert der Konzentration liegen wird.

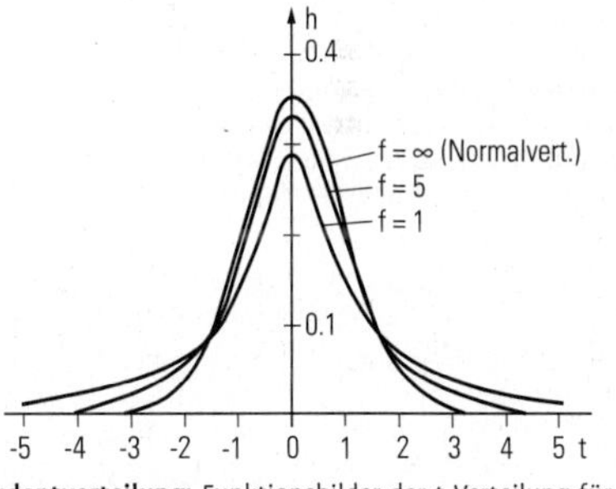

Studentverteilung: Funktionsbilder der t-Verteilung für versch. Freiheitsgrade f

Studie, klinische: Therapiestudie, Prüfung, klinische; Untersuchungen zur Wirksamkeit, Sicherheit u. Unbedenklichkeit von Wirkstoffen u. Darreichungsformen, die an Versuchspersonen* i. d. R. im Krankenhaus durchgeführt werden. Dabei werden pharmakokin., pharmakodynam. u. klin. Parameter nach Applikation eines Testmedikaments sowie (bei kontrollierten St.) eines Vergleichsmedikaments u./od. einer Placebo-Zubereitung ausgewertet. Vor einer klin. Studie müssen in Laborexperimenten, zumeist in Tierstudien, umfangreiche sicherheitspharmakolog., toxikolog.

S

Studie, klinische Tab. 1
Charakteristika des Studiendesigns

Studiendesign	Charakteristika
Parallelgruppen-design	Jeder Patient/Proband wird einer Gruppe mit einer bestimmten Behandlung zugeordnet (≥2 Gruppen). Die Auswertung erfolgt durch Vergleich des Behandlungserfolgs zwischen den Gruppen (interindividuelle Auswertung).
Cross-over-Design	Jeder Patient/Proband erhält jede Behandlung in Sequenz. Die einzelnen Behandlungssequenzen werden durch eine Wash-out-Phase getrennt, in der keine Behandlung erfolgt. Hier kann auch eine intraindividuelle Auswertung erfolgen.
kontrollierte Studie	Neben der zu prüfenden Behandlung wird einem Teil der Patienten/Probanden eine Vergleichsbehandlung verabreicht. Dies kann die bei der Erkrankung übliche Standardtherapie (Referenztherapie) oder ein Scheinpräparat (Placebo) sein. Wird keine Vergleichsbehandlung verabreicht, spricht man von einer nicht-kontrollierten Studie.
Verblindung	Prüfpräparat und Vergleichspräparate können nicht unterschieden werden. Bei doppelblinden Studien wissen weder Arzt noch Patient/Proband, wer Prüf- und wer Vergleichspräparat erhält. Bei einfach verblindeten Studien weiß nur der Patient/Proband nicht, wer Prüf- und wer Vergleichspräparat erhält. Bei offenen Studien ist die Behandlung allen Beteiligten bekannt.
Randomisierung	Zufällige Zuteilung der Patienten/Probanden auf die verschiedenen Gruppen; Ziel ist die Ausschaltung von bekannten und unbekannten systematischen Fehlern (vgl. Bias, confounder).

und pharmakokin. Tests durchgeführt werden. Das Arzneimittelgesetz*, die Arzneimittelprüfrichtinie 91/507/EWG u. die Richtlinien für Good Clinical Practice (GCP) legen den rechtl. u. eth. Rahmen klin. Prüfungen am Menschen fest. Eine klin. Studie kann erst nach Einholung der erforderl. Zustimmungen durch die Ethik-Kommission u. die zuständige Bundesoberbehörde (s. Bundesinstitut für Arzneimittel und Medizinprodukte) erfolgen. Zusätzl. ist jede Studie bei den zuständigen Kontrollbehörden zu melden. Jede klin. St. braucht einen Leiter u. einen Prüfplan. Der Prüfplan definiert Ziel u. Design u. stellt die wissenschaftl., med. u. ethische Begründung der Studie, sowie den prakt. Ablauf u. Qualitätssicherungsmaßnahmen dar. Die Durchführung der Studie muss unter standardisierten Bedingungen erfolgen, die in SOPs (engl. standard operating pro-

Studie, klinische Tab. 2
Wichtige Parameter der biometrischen Planung und Auswertung einer klinischen Studie

biometrischer Parameter	Erklärung
primäre Zielgröße (auch Zielparameter)	wichtigster Effektparameter einer klinischen Studie; ergibt sich aus dem Studienziel; wird konfirmatorisch statistisch geprüft; daneben gibt es sekundäre Zielgrößen, die deskriptiv ausgewertet werden
Fallzahl	berechnete Anzahl der Patienten/Probanden, die eingeschlossen werden sollen unter Berücksichtigung medizinischer und biometrischer Aspekte
According-to-protocol-Population	Gruppe der Probanden/Patienten, die die Studie entsprechend den Vorgaben des Prüfplanes abgeschlossen haben; sie müssen u. a. ein Minimum der Prüfmedikation erhalten haben; es müssen die Daten zur Auswertung der primären Zielgröße vorliegen; es dürfen keine wesentlichen Abweichungen vom Prüfplan aufgetreten sein; eine Analyse der Ergebnisse mit dieser Gruppe bezeichnet man als According-to-protocol-Auswertung
Intention-to-treat-Population	umfasst die gesamte Gruppe der Probanden/Patienten, die randomisiert wurden, unabhängig davon, ob sie die Studie entsprechend dem Prüfplan abgeschlossen haben; eine Analyse der Ergebnisse mit dieser Gruppe bezeichnet man als Intention-to-treat-Auswertung
Fehlerarten	Alpha-Fehler oder Fehler 1. Art: ein falsch positives Ergebnis; das Studienergebnis zeigt einen Unterschied der Behandlungsgruppen, obwohl die Behandlungen tatsächlich gleich sind Beta-Fehler oder Fehler 2. Art: ein falsch negatives Ergebnis; das Studienergebnis zeigt keinen Unterschied der Behandlungsgruppen, obwohl tatsächlich ein Unterschied der Behandlungen vorhanden ist

Studie, klinische Tab. 3
Statistische Tests

Zahl der Datensätze (Stichproben)	parametrische Daten (Intervalldaten normalverteilt)	nicht-parametrische Daten (Ordinaldaten, Intervalldaten nicht normalverteilt)	Nominaldaten
2, unverbunden	Student-t-Test	Mann-Whitney-U-Test oder Wilcoxon-Rank-Sum-Test	Chi^2-Test; bei kleinen Gruppen: Fishers exakter Test
2, verbunden	gepaarter Student-t-Test	Wilcoxon-Signed-Rank-Sum-Test	McNemar-Test
>2, unverbunden	ANOVA	Kruskal-Wallis-Test	Chi^2-Test
>2, verbunden	ANOVA	Friedmann-Test	Cochran-Q-Test

cedures) festgelegt werden. In Prüfbögen, sogenannten case report forms (CRFs), werden die erhobenen Informationen dokumentiert. Wichtige Dokumente zur Studie, wie das Votum der Ethik-Kommission u. Informationen zur Studienmedikation werden im trial master file (TMF) aufbewahrt. Um die wissenschaftl. Aussagekraft zu gewährleisten, ist eine biometr. Planung erforderl. (u. a. Festlegung der Zielgrößen, Fallzahlplanung, Auswahl statist. Methoden). Neben der Auswahl der Versuchspersonen u. Standardisierung der Applikationsbedingungen ist das Studiendesign entscheidend. Von **Cross*-over-Studie** spricht man, wenn alle Probanden nacheinander Test-, Referenz- od. Placebopräparat erhalten, jeweils im zeitl. Wechsel. Beim **Parallelgruppen-Design** erhält eine Probandengruppe das Test-, die andere ein Vergleichspräparat (weniger Zeitaufwand, jedoch breitere Streuung). Von Verblindung od. **Blindstudie** spricht man, wenn die Versuchsperson nicht erfährt, wann Test- od. Referenzmedikament verabreicht werden. Bei einer **Doppelblindstudie** kennt auch der Prüfarzt die Zuordnung nicht, um psycholog. Beeinflussung auszuschließen. **Randomisierung** bedeutet statist. Zufallszuteilung von Test- u. Referenzpräparat. Tab. 1 gibt eine Übersicht zum Studiendesign wieder. Klin. St. spielen eine wichtige Rolle bei der klin. Prüfung* neuer Arzneimittel sowie zur Feststellung der Bioäquivalenz*. Als wissenschaftl. aussagekräftig werden randomisierte kontrollierte klinische Studien angesehen (engl. **r**andomised **c**ontrolled **t**rial, Abk. RCT). Planung u. Auswertung einer klin. St. ist an wichtige in Tab. 2 dargestellte Parameter gebunden. Zur Bewertung werden statist. Tests herangezogen, s. Tab. 3.

Stützgewebe: s. Festigungsgewebe.

Stützstrumpf: feingewebter mod. Textilstrumpf od. -strumpfhose mit hochelast. Textilfasern zur Varizenprophylaxe, ungeeignet für Therapiezwecke.

Stufenplan: allg. Verwaltungsvorschrift zur Beobachtung, Sammlung u. Auswertung von Arzneimittelrisiken nach § 63 AMG vom 10.5.1990. Der S. regelt die Erfassung von Arzneimittelrisiken (UAW, WW, Gegenanzeigen, Resistenzbildung, Missbrauch, Fehlgebrauch, Abhängigkeit, Qualitätsmängel, Verfälschungen) durch das Bundesinstitut* für Arzneimittel und Medizinprodukte, die Zusammenarbeit der beteiligten Behörden u. Stellen bei der Durchführung der erforderl. Abhilfemaßnahmen sowie die Einschaltung des pharmaz. Unternehmers u. die Informationswege; s. Arzneimittelkommission der Deutschen Apotheker.

Stufenplanbeauftragter: jeder pharmaz. Unternehmer (außer insbes. Apotheken u. andere Einzelhandelsgeschäfte), der zulassungspflichtige Arzneimittel in den Verkehr bringt, muss einen Stufenplanbeauftragten benennen u. ihn seiner Behörde mitteilen. Dieser benötigt eine gesetzl. definierte Sachkenntnis u. muss bekannt gewordene Meldungen über Arzneimittelrisiken* sammeln, bewerten u. die notwendigen Maßnahmen koordinieren. Er ist auch für die entsprechenden Anzeigepflichten* verantwortlich.

Stuhl: s. Kot.

Stuhluntersuchung auf Blut: s. Benzidinprobe.

Stuhlverstopfung: s. Obstipation.

Stuhlzäpfchen: s. Suppositora.

Stupor (lat. stupere starr sein): Zustand der Reglosigkeit ohne äußerl. erkennbare psych. u. körperl. Aktivität. Akinese, Amimie od. Mutismus bei wachem Bewusstsein u. teilweise extremer innerer Anspannung; **Vork.:** z. B. bei Katatonie, psychot. Depression, Epilepsie* od. Intoxikationen; **Ther.:** Versuch der Beziehungsaufnahme, Neuroleptika, u. U. kurzfristig Benzodiazepine*.

Sturmhut: s. Aconitum napellus ssp. napellus.

Styli: s. Ätzstifte.

Styli medicati: s. Bacilli.

Stylus: (bot.) Griffel, s. Blüte.

Stylus Argenti nitrici: s. Silber(I)-nitrat (Zuber.).

Stylus Argenti nitrici cum Kalio nitrico: s. Silber(I)-nitrat, salpeterhaltiges.

Styphninsäure: 2,4,6-Trinitro-1,3-dihydroxybenzol, $C_6H_3N_3O_8$, M_r 245.1. Schmp. 175 °C. Bildet mit org. Basen Additionsverb. (Styphnate). **Anw.:** Bleisalz der S. als Initialsprengstoff.

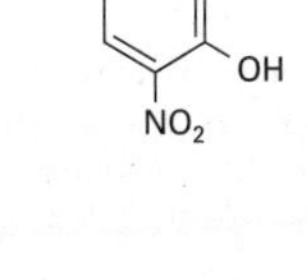

Styphninsäure

S

Styptika: s. Hämostatika.

Styrax: s. Liquidambar orientalis. **St. benzoides** u. St. tonkinensis: Stpfl. von Siambenzoe (s. Benzoe tokinensis); **St. benzoin:** Stpfl. von Sumatrabenzoe*.

Styrol: Vinylbenzol, Phenylethen; $C_6H_5-CH=CH_2$. D. 0.9. Sdp. 146 °C. Farblose, angenehm riechende Flüss., mit Ethanol u. Ether mischbar, sehr schwer lösl. in Wasser. Best. des Styrax (s. Liquidambar orientalis) u. im Steinkohlenteer; entsteht auch durch trockene Dest. von Zimtsäure, techn. aus Ethylbenzol. **Anw.:** in der Riechstoffindustrie. Leicht polymerisierbar zu Polystyrol*.

Styrol-Divinylbenzol-Copolymer: poröse, harte Kügelchen aus quervernetztem Polymer; im Handel sind versch. Arten mit unterschiedl. Größe der Kügelchen. **Anw.:** Reagens Ph.Eur.4.

Styron: s. Zimtalkohol.

Styrylalkohol: s. Zimtalkohol.

Sub-: Wortteil mit der Bedeutung unter, unterhalb.

Subacidität: Subazidität, Hypacidität, Hypazidität; verminderter Säuregehalt des Magensaftes*.

subakut: weniger heftig verlaufend.

Suber: s. Quercus suber.

Subera: Korkstopfen.

Suberin: Korksubstanz; Ester u. Lactone hochpolymerer, gesättigter u. ungesättigter C_{16}- bis C_{22}-Polyhydroxy(di)carbonsäuren, die in den Zellwänden des Korkgewebes (s. Phellem, Borke) u. in den Caspary*-Streifen der Endodermis vorkommen. **Funktion:** schützt die unterird. pflanzl. Organe; macht die Wände des Korkgewebes wasserundurchlässig.

Suberinsäure: Octandisäure, Korksäure; 1,6-Hexandicarbonsäure, Eigenschaften s. Carbonsäuren (Tab.). **Gew.:** Einwirkung von Salpetersäure auf Kork.

Suber quercinum: s. Quercus suber.

subkutan: Abk. s.c.; unter die Haut; subkutane Injektion: Einspritzung unter die Haut; subkutane Infusion: Eingießen größerer Flüssigkeitsmengen (physiol. Kochsalzlsg., Glucoselsg.) unter die Haut (1000-2000 mL).

Sublimat: s. Quecksilber(II)-chlorid.

Sublimation: Überführung eines flüchtigen festen Stoffes in den Dampfzustand unter Umgehung der flüssigen Phase. Beispiele: Ammoniumchlorid*, Campher*, Iod*. Die Sublimationsgeschwindigkeit lässt sich durch Verminderung des Drucks wesentl. erhöhen, insbes. im Vakuum. Als spezif. Sublimationswärme, SI-Einheit J/kg, bezeichnet man die Wärmemenge in Joule, die zur S. von 1 kg eines Stoffes nötig ist. Die Überführung eines Dampfes in den festen Stoff unter Umgehung der flüssigen Phase heißt Solidensieren. Im allg. Sprachgebrauch versteht man unter S. den kombinierten Vorgang des Sublimierens u. Solidensierens.

Sublimationstrocknung: s. Gefriertrocknung.

sublingual: unter der Zunge liegend.

Sublingualtabletten: Arzneiform zur Applikation labiler Arzneistoffe (z.B. Hormone, gefäßerweiternde Mittel), die im Magen-Darm-Trakt zerstört od. inaktiviert werden u. daher über die Schleimhäute des Mundhöhle (unter der Zunge) resorbiert werden müssen; meist klein, linsenförmig u. sollten in den Zerfallseigenschaften an die jeweiligen Resorptionsverhältnisse der inkorporierten Arzneistoffe angepasst sein. **Bukkaltabletten** werden in die Backentasche appliziert u. beinhalten ebenso Arzneimittel, die über die Schleimhäute des Mundes aufgenommen werden sollen; vgl. Oraltabletten, Compressi.

S

Submerskultur: Wachstum der Mikroorganismen im gesamten flüss. Substrat; s. Oberflächenkultur, vgl. Gewebekultur.

Submersverfahren: Tieftank- od. Untertauchverfahren; s. Antibiotika (Penicillin-Antibiotika).

Submikronen: s. Kolloide.

Subscriptio (lat. subscribere darunterschreiben): Anweisung für die Zuber., Abgabe od. Anw. eines Arzneimittels auf Rezepten.

Subspecies: Abk. ssp.; Unterart in der biol. Systematik; vgl. Art.

substained release: s. Retardpräparate.

Substanzen, grenzflächenaktive: s. Emulgatoren.

Substanz P: Arg-Pro-Lys-Pro-Gln-Gln-Phe-Phe-Gly-Leu-Met-NH_2; $C_{63}H_{98}N_{18}O_{13}S$; M_r 1347.7. Aus Dünndarmmuskulatur od. Gehirn von Säugetieren isolierbares Undecapeptid. **Wirk.:** typ. Kinin-Wirkungen wie Stimulation der glatten Muskulatur, Blutdrucksenkung durch Vasodilatation, Erhöhung der Kapillarpermeabilität, zudem Speichelfluss erregend. Auch als Neurotransmitter od. Neuromodulator in einigen Bereichen des peripheren u. zentralen NS bedeutsam. S. P kann aus peripheren Terminalen von Nozizeptoren freigesetzt werden u. ist an der Schmerzentstehung beteiligt.

Substituent: Bez. für ein Atom od. eine funktionelle Gruppe*, die durch Substitution ein H-Atom im Grundgerüst der Stammverb. ersetzt; vgl. Synthese.

Substitution bei opiatabhängigen Patienten: Substitution im Sinne der Betäubungsmittel-Verschreibungsverordnung (s. Betäubungsmittelgesetz) ist die Anw. eines ärztl. verschriebenen Betäubungsmittels (Substitutionsmittel) bei einem opiatabhängigen Patienten zur: **1.** Behandlung der Opiatabhängigkeit mit dem Ziel der schrittweisen Wiederherst. der Betäubungsmittelabstinenz einschließl. der Besserung u. Stabilisierung des Gesundheitszustandes; **2.** Unterstützung der Behandlung einer neben der Opiatabhängigkeit bestehenden schweren Erkrankung; **3.** Verringerung der Risiken einer Opiatabhängigkeit während einer Schwangerschaft u. nach einer Geburt. Die Verschreibung über ein Substitutionsmittel ist mit dem Buchstaben S zu kennzeichnen. Als Substitutionsmittel darf der Arzt nur Zuber. von Levomethadon, Methadon, Levacetylmethadol, Buprenorphin od. ein zur Substitution zugelassenes Arzneimittel od. in begründeten Ausnahmefällen Codein od. Dihydrocodein verschreiben. Die verschriebene Arzneiform darf nicht zur parenteralen Anw. bestimmt sein. Für die Auswahl des Substitutionsmittels ist der allg. anerkannte Stand der med. Wissenschaft maßgebend. Jeder Arzt, der ein Substitutionsmittel für einen Patienten verschreibt, hat dem Bundesinstitut unverzügl. schriftl. od. kryptiert auf elektron. Wege folgende Angaben zu melden: **1.** Patientencode; **2.** Datum der ersten Verschreibung; **3.** verschriebene Substitutionsmittel; **4.** Datum der letzten Verschreibung; **5.** Name u. Adresse des verschreibenden Arztes; **6.** im Falle des Verschreibens nach § 5 Abs. 3 BtMVV Name u. Anschrift des Konsiliarius. Der Patientencode setzt sich wie folgt zusammen: **1.** erste u. zweite Stelle des Codes: erster u. zweiter Buchstabe des ersten Vornamens; **2.** dritte u. vierte Stelle: erster u. zweiter Buchstabe des Familiennamens; **3.** fünfte Stelle: Geschlecht (F für weibl., M für männl.); **4.** sechste bis achte Stelle: jeweils letzte Ziffer von Geburtstag, -monat u. -jahr. Es ist unzulässig, dem Bundesinstitut Patientendaten uncodiert zu melden. Der Arzt muss die Angaben zur Person durch Vergleich mit dem Personalausweis od. Reisepass des Patienten überprüfen.

Substitution, chemische: s. Synthese.

Substitution, elektrophile: Substitutionsreaktion an einem System mit hoher Elektronendichte, z. B. aromat. Verbindungen. Das angreifende Agenz, ein positives Ion od. ein Dipol, verdrängt eine andere Gruppe, die als Abgangsgruppe bezeichnet wird. Bei aromat. Systemen bildet sich intermediär das Areniumion, ein durch Mesomerie* stabilisiertes, positives Ion; vgl. Addition, elektrophile; Substitution, nucleophile.

Substitution, nucleophile: Abk. S_N; als nucleophile (kernliebende) Reagenzien fungieren Gruppen od. Verb. mit Elektronenüberschuss, z. B. Wasser, Alkohole, Amine, Acetat-Ion, die eine an Kohlenstoff gebundene Gruppe, die Abgangsgruppe, verdrängen. Unterschieden wird zw. der monomolekularen S_N1-Reaktion u. der bimolekularen S_N2-Reaktion. **S_N1:** **1.** Abspaltung der Abgangsgruppe u. Bildung des Carbokation. **2.** Anlagerung des Nucleophils*; dies kann von 2 Seiten geschehen, wodurch es zur Bildung von Racematen* kommen kann. **S_N2:** Anlagerung u. Abspaltung verlaufen gleichzeitig; das Nucleophil greift von der der Abgangsgruppe gegenüberliegenden Seite an (Walden*-Umkehr).

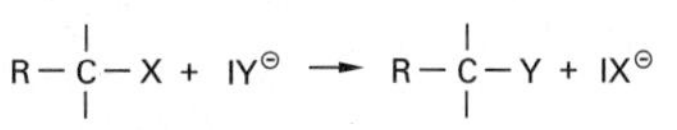

Substitution, nucleophile

Substitutionsgrad, mittlerer: Abk. MS; durchschnittl. Anzahl der pro verknüpfter Glucoseeinheit (Anhydroglucose) umgesetzten (veretherten) Hydroxylgruppen des Cellulosemoleküls od. des Stärkemoleküls. Werden in jeder Anhydroglucoseeinheit alle 3 reaktionsfähigen OH-Gruppen verethert, so erhält man als max. Substitutionsgrad den Wert 3.0. MS wird auch syn. für durchschnittl. Substitutionsgrad gebraucht (DS, degree of substitution).

Substitutionsisomerie: unterschiedl. Stellung von Substituenten an einer Stammverbindung. Beispiele: 1,2-, 1,3- u. 1,4-Positionen am Benzolring.

Substitutionsregister: Das Bundesinstitut* für Arzneimittel und Medizinprodukte führt für die Länder als vom Bund entliehenes Organ ein Register mit Daten über das Verschreiben von Substitutionsmitteln. Die Daten des S. dürfen nur verwendet werden, um: **1.** das Verschreiben eines Substitutionsmittels durch mehrere Ärzte für denselben Patienten u. denselben Zeitraum frühestmögl. zu verhindern; **2.** die Erfüllung der Mindestanforderungen der Ärztekammern zur suchttherapeut. Qualifikation des verschreibenden Arztes zu gewährleisten; **3.** das Verschreiben von Substitutionsmitteln entspr. den Vorgaben des Betäubungsmittelgesetzes* statist. auszuwerten.

Substitutionstherapie: Zuführung von im Körper normalerweise vorkommenden Stoffen (z. B. Verdauungsenzymen), bei Ausfall od. mangelnder Tätigkeit innersekretor. Drüsen (Organotherapie, Implantation, Hormoninjektion).

Substrat: Grundlage, Nährboden für Bakterien u. Pilze; bei Enzymen diejenige Substanz, auf die sie spezif. wirken.

Substratphosphorylierung: z. B. Bildung von Adenosintriphosphat (ATP) auf nicht photosynthet., nicht oxidativem Weg in der Atmungskette*; erfolgt in der Glykolyse* u. bei der oxidativen Decarboxylierung von 2-Ketoglutarat im Tricarbonsäurezyklus*. Der Feinmechanismus der S. ist am besten bekannt von den glykolyt. Enzymen Glycerinaldehyd-3-phosphatdehydrogenase u. 3-Phosphoglyceratkinase. Kennzeichnend ist die intermediäre Bildung von energiereichen Zwischenverbindungen. So wird bei der oxidativen Decarboxylierung von α-Ketoglutarsäure im Tricarbonsäurezyklus als Zwischenprodukt ein Thioester gebildet, s. Succinyl-Coenzym A.

subtilis (lat.): fein, z. B. Pulvis subtilis.

Succade: s. Citrus medica (Citronat).

Succinat: Anion bzw. Salz der Bernsteinsäure.

Succinatdehydrogenase: ein oligomeres Flavinenzym des Tricarbonsäurezyklus*, das die Oxidation von Succinat zu Fumarat katalysiert. Coenzym der S. ist FAD, das den frei werdenden Wasserstoff direkt ohne Mitwirkung von NAD od. NADP aufnimmt u. auf Ubichinon od. Cytochrom b der Atmungskette* od. (in vitro) auf Redoxfarbstoffe, z. B. Methylenblau, überträgt. S. kommt nur in den Mitochondrien vor u. steht dort in enger Verb. mit der Atmungskette. S. hat eine regulator. Rolle im Tricarbonsäurezyklus.

Succinat-Glycin-Zyklus: Glycin-Succinat-Zyklus, Sheminzyklus; ein Nebenweg des Tricarbonsäurezyklus*, der bes. Bedeutung für den Stoffwechsel der roten Blutkörperchen hat.

Succinit: s. Bernstein.

Succinylcholinchlorid: s. Suxamethoniumchlorid.

Succinyl-Coenzym A: energiereicher Thioester zw. Bernsteinsäure u. Coenzym A u. Ausgangspunkt für die Synthese der Porphyrine Hämoglobin, Chlorophyll, Vitamin B_{12} u. a. aus Zwischenprodukten des Succinat-Glycin-Zyklus.

Succinylsulfathiazol INN: Succinylsulfathiazolum Ph.Eur.4; CAS-Nr. 116-43-8; $C_{13}H_{13}N_3O_5S_2 \cdot H_2O$, M_r 373.4. Schmp. ca. 190 °C bzw. Schmp. 205 °C (unter Zers., wasserfreie Formen); 6 wasserfreie, mind. 3 wasserhaltige Kristallformen u. eine Reihe von Lösungsmittelsolvaten sind bekannt. Weißes bis gelbl. weißes, krist. Pulver; wenig lösl. in Wasser (1:5000), Ethanol, Aceton; lösl. in Alkalihydroxid- u. Alkalicarbonat-Lösungen. $pK_{S,1}$ (Carboxylgruppe) 4.5, $pK_{S,2}$ (Sulfonamidgruppe) ca. 6.9. **Anw.:** Chemotherapeutikum*, bei Infek-

S

tionen des Darmtraktes; **UAW:** Beeinträchtigung der Darmflora, allerg. Reaktionen; **Dos.:** Initialdos. 0.25 g/kg KG; Erhaltungsdos. 0.05 g/kg KG.

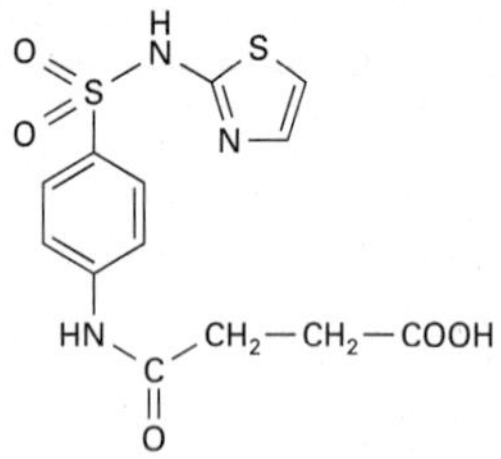

Succinylsulfathiazol

Succisa pratensis Moench: Scabiosa succisa L., Morsus diaboli, Teufelsabbiss; Fam. Dipsacaceae (Europa). Stpfl. von **Radix Morsus diaboli:** Radix Scabiosae, Radix Succisae pratensis, Teufelsabbisswurzel. **Inhaltsst.:** Saponine, Bitterstoffe, Gerbstoffe u. a.; **Anw.** volkstüml.: z. B. bei Husten, als sog. Blutreinigungsmittel, gegen Würmer; äußerl. bei Hautkrankheiten, Schleimhautentzündungen.

Succus (pl succi): Presssaft; durch Auspressen frischer Pflanzenteile (meist Früchte) u. anschließende Filtration erhaltene Flüssigkeit. S. dient u. a. der Herst. von Fruchtsirup; kann mit geeigneten Konservierungsmitteln versetzt werden. Vom Pektin befreit man durch Pektinasen*.

Succus Aloes inspissatus: s. Aloe.

Succus Carnis recens: Maceratio Carnis, frischer Fleischauszug; Gew.: Mazeration von Fleisch mit angesäuertem Wasser.

Succus Citri: s. Citrus limon.

Succus Juniperi inspissatus: s. Juniperus communis.

Succus Liquiritiae: s. Glycyrrhiza glabra.

Succus Liquiritiae deglycyrrhizinatus: s. Glycyrrhiza glabra (Succus Liquiritiae deglycyrrhizinatus).

Sucht (althochdeutsch Suht Krankheit): krankhafter Zustand der pharmakol. Abhängigkeit. Man unterscheidet nach der WHO* folgende Abhängigkeits-Typen: **1.** überwiegend psych. Abhängigkeit (Cannabis-, Halluzinogen- u. Amphetamintyp); **2.** physische u. psych. Abhängigkeit bei den starken Analgetika* (Morphintyp) u. der Gruppe Alkohol/Barbiturate/Tranquillantien (Alkohol-, Barbiturattyp). Ferner wird zw. folgenden Abstufungen unterschieden: **1. Arzneimittelsucht** (engl. drug addiction): Zustand periodischer od. chron. Vergiftung, der durch wiederholte Zufuhr eines nat. od. synthet., psychotrop das Seelenleben verändernd wirkenden Arzneimittels ausgelöst wird. Charakteristika sind: **a)** Zwang, diesen Stoff immer wieder einzunehmen u. sich ihn mit allen Mitteln zu verschaffen (Versklavung); **b)** Tendenz, die Dosis zu steigern (Toleranz); **c)** psychische od. phys. Abhängigkeit von der Wirk. des Stoffes. Folge: bei Entzug Abstinenzerscheinungen; **d)** Defekte, die sowohl für das Einzelindividuum sozial u. gesundheitl. als auch für die Gesellschaft eine hohe Gefährdung darstellen. **2. Arzneimittelgewöhnung** (engl. drug habituation): Zustand, der sich durch wiederholte Anw. eines psychotrop wirkenden Arzneimittels ergibt. Charakteristika sind: **a)** Wunsch (aber nicht der Zwang), den betreffenden Stoff weiter einzunehmen; **b)** geringe od. keine Tendenz zur Steigerung der Dosis; **c)** psych. Abhängigkeit von den Wirk. des Stoffes, aber das Fehlen einer phys. Abhängigkeit. Folge: bei Entzug keine physiol. Abstinenzerscheinungen (z. B. Nicotin); **d)** Schädigungen treffen nur das Individuum. **3. Arzneimittelmissbrauch** (engl. drug abuse): zweckentfremdeter Gebrauch einer psychotrop wirkenden od. übermäßiger Gebrauch einer Substanz. Das trifft zu, wenn: **a)** ein ärztl. verschriebenes Medikament in überhöhter Dosis od. zu nicht beabsichtigten Zwecken Verw. findet; **b)** ohne med. Notwendigkeit (Experiment od. um sich in einen Rauschzustand zu versetzen) Medikamente eingenommen werden; **c)** psychotrop wirkende Substanzen, die für den Konsum ungeeignet sind (z. B. Lösungsmittel), verwendet werden od. wenn Genussmittel in einer Art u. Weise konsumiert werden, die den Menschen schädigt. Missbrauch ist noch keine Sucht. Aus fortgesetztem Missbrauch kann sich eine Abhängigkeit entwickeln. Neben der Verfügbarkeit u. pharmakol. Wirkung der Droge sind für die Entw. einer Sucht die Struktur der Persönlichkeit sowie das soziale Lebensumfeld des Betroffenen von Bedeutung.

Suchtgift: Suchtmittel; in Österreich für den Begriff Betäubungsmittel* verwendet.

Suchtgiftkontrollorgane: s. Betäubungsmittelrecht.

Suchtgiftrecht: s. Betäubungsmittelrecht.

Suchtkraut: s. Galega officinalis.

Suchtstoffe: s. Betäubungsmittelrecht.

Suchtstoffkommission: s. Betäubungsmittelrecht (Suchtstoffkontrollorgane).

Suchtstoff-Kontrollamt: s. INCB; Betäubungsmittelrecht.

Suchtstoffrecht: s. Betäubungsmittelrecht.

Sucralfat INN: 1',2,3,3',4,4',6,6'-Octa-*O*-sulfo-*β*-D-fructofuranosyl-*α*-D-glucopyranosid-Aluminiumhydroxid-Hydrat; CAS-Nr. 54182-58-0; $C_{12}H_{54}Al_{16}O_{75}S_8$, M_r 2086.74. Ein basisches Aluminiumsalz von Saccharosehydrogensulfat, lösl. in verd. Salzsäure, verd. Natronlauge; fast unlösl. in Wasser, Ethanol, Chloroform u. den meisten org. Lösungsmitteln. pK_S 0.43-1.19. **Anw.:** Magen-Darm-Therapeutikum, Ulcus ventriculi et duodeni; **Dos.:** p. o. 3×1 g/d, n. B. auf 4×2 g/d erhöhen.

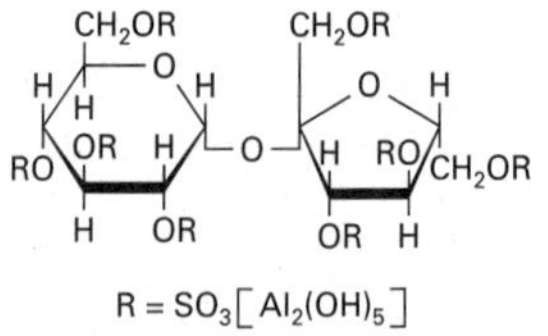

Sucralfat

Sucrose: amerikan. Bez. für Saccharose*.

Sudanfarbstoffe: wasserunlösl. Azofarbstoffe*, lösl. in Ölen, Fetten, Wachsen, Harzen, Kohlenwasserstoffen, Alkoholen. **Anw.:** zum Färben von

Kerzen, Wachsen, Lacken, Ölen, Schuhpflegemitteln sowie in der Mikroskopie; vgl. Sudan III.

Sudangelb: 3-Methyl-1-phenylazo-5(4*H*)-pyrazolon, Sudan 3 G; $C_{16}H_{14}N_4O$, M_r 278.3. Schmp. ca. 160 °C. Gelbes, krist. Pulver; leicht lösl. in Ethanol, lösl. in Aceton, wenig lösl. in Toluol u. Xylol. **Anw.:** Reagens Ph.Eur.3.

Sudanglycerol: Sudan-III-Glycerol; Nachw.-Reagens auf Suberin, Kutin, fettes u. äther. Öl. **Durchführung:** mehrmalige schwache Erwärmung des Drogenpräparats mit Sudanglycerol; nach 30 min sind verkorkte Zellwände, kutinisierte Schichten u. Öle orangerot gefärbt. **Herst.:** Erhitzen von 0.50 g Sudan III mit 50 mL 96 %igem Ethanol unter Rückfluss zum Sieden u. anschließend Verd. des Filtrats mit Glycerol zu 100 mL.

Sudan III: Sudanrot, Ceresinrot; 1-(4-Phenylazophenylazo)-2-naphthol, Aminoazobenzol-azo-*β*-naphthol; $C_{22}H_{16}N_4O$, M_r 352.4. Rötl. braunes Pulver, leicht lösl. in Ether, Aceton, Chloroform, wenig lösl. in Ethanol, unlösl. in Wasser. **Anw.:** als Epithel bildendes Mittel zur Wundbehandlung; zum Färben von Wachsen, Ölen u. Spirituslacken; in der Mikroskopie (s. Sudanglycerol), zur Vitalfärbung*.

Sudan IV: s. Scharlachrot.

Sudanrot: s. Sudan III.

Sudanrot G: 1-(2-Methoxyphenylazo)-2-naphthol; $C_{17}H_{14}N_2O_2$, M_r 278.3. Rötl. braunes Pulver, prakt. unlösl. in Wasser, lösl. in Chloroform. **Anw.:** Reagens Ph.Eur.4.

Sudantee: s. Hibiscus sabdariffa (Hibisci flos).

Sudor: s. Schweiß.

Sudorifera: s. Diaphoretika.

Süßdolde: s. Myrrhis odorata.

Süßgräser: s. Poaceae.

Süßholz: s. Glycyrrhiza glabra (Liquiritiae radix).

Süßholz, Asiatisches: stammt von Glycyrrhiza uralensis (s. Glycyrrhiza glabra).

Süßholzextrakt: s. Extractum Liquiritiae.

Süßholzfluidextrakt: s. Extractum Liquiritiae fluidum.

Süßholzsaft: s. Glycyrrhiza glabra (Succus Liquiritiae).

Süßholzsirup: s. Sirupus Liquiritiae.

Süßkartoffel: s. Ipomoea batatas.

Süßkirsche: s. Prunus avium var. avium.

Süßmittel: Stoffe, die zum Süßen von Lebensmitteln verwendet werden können. Wichtige S. sind: **1. Zucker:** Saccharose*, Glucose* (bes. der durch enzymat. Hydrolyse von Maisstärke hergestellte Glucosesirup), Fructose* sowie aus Glucosesirup enzymat. hergestellte Glucose-Fructose-Mischungen; **2. Zuckeraustauschstoffe:** v. a. Sorbitol* u. a. zuckerähnl. Polyole wie Mannitol*, Xylitol* u. Maltitol*; sie werden zum Süßen von diätet. Lebensmitteln für Diabetiker verwendet; für Schlankheitskost nicht geeignet, da ihr physiol. Brennwert mit dem von Saccharose vergleichbar ist; **3. Süßstoffe***; **4. Geschmackswandler:** z. B. Miraculin (s. Synsepalum dulciferum).

Süßmittel
Süßkraft einiger Süßmittel (bezogen auf Saccharose)

Süßmittel	Süßkraft
Lactose*	0.2
Mannitol*	0.4
Isomalt*	0.45
Glucose*	0.5
Sorbitol*	0.6
Maltitol*	0.9
Saccharose*	1.0
Xylitol*	1.0
Fructose*	1.7
Natriumcyclamat*	30
Glycyrrhizin*	150
Aspartam*	180
Acesulfam*-K	200
Steviosid*	300
Saccharin*	500
Neohesperidindihydrochalkon*	1000
Perillartin*	2000
Monellin*	2000
Osladin (s. Polypodium vulgare)	3000
Thaumatin*	3500

Süßstoffe: künstl. hergestellte Süßmittel* mit höherer Süßkraft als Saccharose u. ohne nennenswerten physiolog. Brennwert (Kalorien), geeignet für diätet. Lebensmittel, z. B. bei Diabetes u. Übergewicht. Wichtige S. sind Saccharin* u. Natriumcyclamat* sowie bes. eine Mischung von beiden im Massenverhältnis 1:10; ferner Acesulfam*-K u. Aspartam*.

Süßstoffpflanze: s. Stevia rebaudiana.

Süßwein: s. Vinum.

Süßwein, südlicher: s. Vinum.

Sufentanil INN: Sufentanilum Ph.Eur.4; *N*-(4-Methoxymethyl)-1-[2-(2-thienyl)-4-piperidyl]propionanilid; CAS-Nr. 56030-54-7; $C_{22}H_{30}N_2O_2S$, M_r 386.5. Schmp. 96.5 °C. **Wirk.** u. **Anw.:** stark wirkendes Analgetikum (5- bis 7-mal wirksamer als Fentanyl*); HWZ ca. 2.5 h. **Sufentanilcitrat:** Sufentanili citras Ph.Eur.4; CAS-Nr. 60561-17-3; $C_{22}H_{38}N_2O_9S$, M_r 578.7; leicht lösl. in Wasser; **Hinweis:** Hautkontakt u. Einatmen vermeiden.

Suffimenta (lat. fumare rauchen): Räuchermittel.

Suffix: in der org. Nomenklatur* an den Stoff- bzw. Gruppennamen angehängte Nachsilbe. Beispiele: -ol, -al, -thiol.

Suizid: Selbstmord.

Sukkulente (lat. sukkulent saftreich): (bot.) Pfl. trockener Gebiete mit fleischig-saftigen (nicht schleimigen) Sprossen od. Blättern.

Sulbactam INN: CAS-Nr. 68373-14-8; $C_8H_{11}NO_5S$, M_r 233.24. **Wirk.** u. **Anw.:** Hemmstoff der Betalactamase*; wird in Kombination mit Aminopenicillin im Verhältnis 1:2 verwendet, wirkt nicht bakterizid; Serumhalbwertzeit 1 h; wird bei oraler Gabe nicht resorbiert.

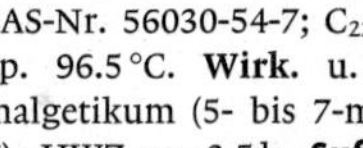

Sulbactam

Sulbentin INN: Dibenzthion; 3,5-Dibenzyl-1,3,5-thiadiazixan-2-thion; CAS-Nr. 350-12-9;

S

$C_{17}H_{18}N_2S_2$, M_r 314.48. Schmp. 101-102 °C (kristallisiert aus Aceton od. Methanol). Fast unlösl. in Wasser, leicht lösl. in Aceton, Chloroform, sehr schwer lösl. in Ethanol. **Off.:** DAC86; **Anw.:** Antimykotikum mit antibakt. Effekt; bei dermatophyten- u. hefebedingten Hauterkrankungen; **Dos.:** topisch als Salbe, Tinktur, Nagellack 3 %.

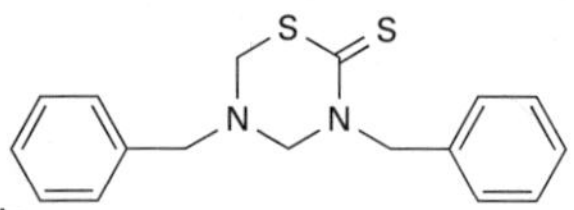

Sulbentin

Sulfabenzamid INN: *N*-Sulfanilylbenzamid; CAS-Nr. 127-71-9; $C_{13}H_{12}N_2O_3S$, M_r 276.3. Schmp. 250-252 °C (unter Zers.). **Anw.:** lokales Chemotherapeutikum*.

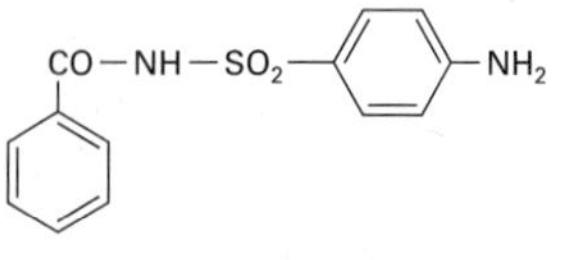

Sulfabenzamid

Sulfabenzamin: s. Mafenid.

Sulfacarbamid INN: Sulphaurea, Sulfanilylurea, Sulfanilharnstoff; *N*-(4-Aminobenzolsulfoxyl)urea; CAS-Nr. 547-44-4; $C_7H_9N_3O_3S$, M_r 215.23. Strukturformel s. Sulfonamide (Abb. 1). Schmp. 146-148 °C (unter schwacher Zers., kristallisiert aus Wasser). Lösl. in Wasser 0.811 g/100 mL bei 37 °C, in Alkalien. **Off.:** DAC79; **Anw.:** Chemotherapeutikum*, wegen der hohen u. zunehmenden Resistenzquoten der Sulfonamide u. der zahlreichen UAW nicht mehr zu empfehlen. Gebräuchl. ist auch Sulfacarbamid-Natrium.

Sulfacetamid INN: Sulfanilazetamid; *N*-Sulfanilylacetamid; CAS-Nr. 144-80-9; $C_8H_{10}N_2O_3S$, M_r 214.24. Strukturformel s. Sulfonamide (Abb. 1). Schmp. 182-184 °C. Lösl in Wasser 1:150 bei 20 °C, in Ethanol 1:15, in Aceton 1:7; sehr schwer lösl. in Chloroform; schwer lösl. in Ether; lösl. in Mineralsäuren, Alkalihydroxid- u. -carbonat-Lösungen. **Off.:** ÖAB90 (bis 1996), DAC86; **Anw.:** Chemotherapeutikum*; bei Infekten des Urogenitaltraktes; **Dos.:** parenteral i. v. 1.0 g; p. o. 1. Dos. 2.0 g, dann 1.0 g/4-6 h nicht länger als 6 d. **Sulfacetamid-Natrium:** Sulfacetamidum natricum Ph.Eur.4, Sulfacetamidum solubile, Sulfanilacetamidum Natrium; CAS-Nr. 6209-17-2; $C_8H_9N_2NaO_3S \cdot H_2O$, M_r 254.2. Weißes, krist. Pulver; leicht lösl. in Wasser, schwer lösl. in Ethanol, fast unlösl. in Chloroform u. Ether.

Sulfacetamidum solubile: s. Sulfacetamid (Sulfacetamid-Natrium).

Sulfadiazin INN: Sulfadiazinum Ph.Eur.4, Sulfapyrimidin; *N*-(Pyrimidin-2-yl)-sulfanilamid; CAS-Nr. 68-35-9; $C_{10}H_{10}N_4O_2S$, M_r 250.3. Strukturformel s. Sulfonamide (Abb. 1). Schmp. 255 °C. Krist. Pulver, weiß, gelbl. weiß od. rötl. weiß; schwer lösl. in Wasser, Ethanol, Chloroform, lösl. in Alkalihydroxid-Lsg. u. verd. Mineralsäuren. **Anw.:** Sulfonamidchemotherapeutikum mit mittlerer Wirkungsdauer; **Dos.:** p. o. Initialdos. 2-4 g, dann 1 g alle 4-6 h; Kinder 75 mg/kg KG/d; HWZ 13-24 h. Gebräuchl. sind auch Sulfadiazin-Silbersalz, Sulfadiazin-Natrium (Off.: ÖAB90) sowie Kombinationen mit Trimethoprim*, Tetroxoprim*; vgl. Cotrimazin, Cotetroxazin.

Sulfadiazin-Silbersalz: CAS-Nr. 22199-08-2; $C_{10}H_9AgN_4O_2S$. **Anw.:** Dermatikum*, Chemotherapeutikum*.

Sulfadicramid INN: N^1-(3,3-Dimethylacryloyl)sulfanilamid; CAS-Nr. 115-68-4; $C_{11}H_{14}N_2O_3S$, M_r 254.30. Schmp. 176-180 °C (kristallisiert aus Ethanol; polymorph). Schwer lösl. in Wasser, Ether; leicht lösl. in Ethanol, Aceton. **Anw.:** lokales Chemotherapeutikum*; **Dos.:** Augensalbe 15 %.

Sulfadimethoxin INN: Abk. N^1-(2,6-Dimethoxy-4-pyrimidinyl)sulfanilamid; 4-Amino-*N*-(2,6-dimethoxy-4-pyrimidinyl)benzolsulfonamid; CAS-Nr. 122-11-2; $C_{12}H_{14}N_4O_4S$, M_r 310.33. Strukturformel s. Sulfonamide (Abb. 2). Schmp. 201-203 °C. Lösl. in verd. Salzsäure, wässriger Na_2CO_3-Lsg., in Wasser bei 37 °C 4.6 mg/100 mL bei pH 4.10, 29.5 mg/100 mL bei pH 6.7, 58 mg/100 mL bei pH 7.06, 5.17 g/100 mL bei pH 8.71; lösl. in Ethanol 1:200, in Chloroform 1:800, in Ether 1:2000, in verd. Mineralsäuren, Alkalihydroxid- u. -carbonat-Lösungen. **Anw.:** Chemotherapeutikum*, Langzeitsulfonamid; **Dos.:** p. o. Initialdos. 2×0.5 g/d am 1. Tag; Erhaltungsdos. 1×0.5 g/d, nicht länger als 5 d. Gebräuchl. ist auch Sulfadimethoxin-Natrium.

Sulfadimethyloxalol: s. Sulfamoxol.

Sulfadimidin INN: Sulfadimidinum Ph.Eur.4, Sulfamethazin; CAS-Nr. 57-68-1; $C_{12}H_{14}N_4O_2S$, M_r 278.3. Strukturformel s. Sulfonamide (Abb. 1). Schmp. 197-200 °C (polymorph). Weiße Kristalle; schwer lösl. in Wasser, Ethanol, Ether, lösl. in Aceton, Mineralsäuren, Alkalihydroxid- u. Alkalicarbonat-Lösungen. **Anw.:** Chemotherapeutikum* mit kurzer Wirkungsdauer; **UAW:** Übelkeit, Brechreiz. Gebräuchl. ist auch Sulfadimidin-Natrium (Off.: ÖAB90).

Sulfadoxin INN: Sulfadoxinum Ph.Eur.4, Sulformetoxin, N^1-(5,6-Dimethoxy-4-pyrimidinyl)sulfanilamid; 4-Amino-*N*-(5,6-dimethoxy-4-pyrimidinyl)benzolsulfonamid; CAS-Nr. 2447-57-6; $C_{12}H_{14}N_4O_4S$, M_r 310.34. Strukturformel s. Sulfonamide (Abb. 2). Schmp. 194-198 °C (kristallisiert aus Ethanol 50 %; polymorph). Sehr schwer lösl. in Wasser; schwer lösl. in Ethanol, Methanol; fast unlösl. in Ether. **Anw.:** Chemotherapeutikum*, Antimalariamittel*, Langzeitsulfonamid; **Dos.:** p. o. Erwachsene Initialdos. 2 g/d; Erhaltungsdos. 1-1.5 g/7 d; Kinder 2-4 Jahre 1/4 Erwachsenendos., Kinder 5-8 Jahre 1/2 Erwachsenendos.; Malariabehandlung 1-1.5 g/d; vgl. Pyrimethamin.

Sulfaethidol INN: Ethazol; N^1-(5-Ethyl-1,3,4-thiadiazol-2-yl)sulfanilamid; CAS-Nr. 94-19-9; $C_{10}H_{12}N_4O_4S_2$, M_r 284.36. Strukturformel s. Sulfonamide (Abb. 1). Schmp. 188 °C bzw. Schmp. 181 °C (polymorph). Lösl. in Wasser 1 g/4 L, in Methanol 1 g/40 g, in Ethanol 1 g/30 g, in Aceton 1 g/10 g, in Ether 1 g/1350 g, in Chloroform 1 g/2800 g, in Benzol 1 g/20 kg. Eine 1 %ige Suspension in Wasser hat einen pH-Wert von 4.4-4.9.

Anw.: Chemotherapeutikum*. Gebräuchl. ist auch Sulfaethidol-Natrium.

Sulfafurazol: Sulfafurazolum Ph.Eur.4, Sulfisoxazol; *N*-(3,4-Dimethylisoxazol-5-yl)sulfanilamid; CAS-Nr. 127-69-5; $C_{11}H_{13}N_3O_3S$, M_r 267.3. Strukturformel s. Sulfonamide (Abb. 1). Schmp. 190-195 °C (polymorph). Lösl. in 7700 T. Wasser, 50 T. Ethanol. **Anw.**: Chemotherapeutikum*, Kurzzeitsulfonamid; **Dos.**: p. o. Initialdos. 2-4 g, dann 1-2 g/4-6 h; Kinder Initialdos. von 75 mg/kg KG, dann 150 mg/kg KG/d in mehreren ED von jeweils max. 6 g; flüssige Zuber. mit dem geschmacksfreien Acetyl-Sulfafurazol; parenteral i. m. Applikation einer 5 %igen Lsg. des Diethanolaminsalzes; topisch am Auge 4 %ige Lsg. von Sulfafurazoldiethanolamin.

Sulfaguanidin INN: Sulfaguanidinum Ph.Eur.4, Sulfanilguanidinum; 2-Sulfanilyl-guanidin; CAS-Nr. 57-67-0. Strukturformel s. Sulfonamide (Abb. 2). Schmp. 188-190 °C (polymorph). **Sulfagunidin-Monohydrat**: Sulfaguanidinum monohydricum; CAS-Nr. 6190-55-2; $C_7H_{10}N_4O_2S \cdot H_2O$, M_r 232.3. Weißes bis fast weißes, krist. Pulver von schwach bitterem Geschmack. Sehr schwer lösl. in Wasser von 20 °C, lösl. in ca. 10 T. Wasser von 100 °C, wenig lösl. in Ether, Aceton, lösl. in verd. Salzsäure unter Salzbildung, fast unlösl. in Alkalilaugen. **Off.**: DAB10, ÖAB90, Ph.Helv.7; **Anw.**: schwer resorbierbares Chemotherapeutikum*; bei gastrointestinalen Infektionen; **Dos.**: p. o. 3 d lang 3 × 3 g/d.

Sulfaguanol INN: N^1-[(4,5-Dimethyl-2-oxazolyl)amidino]sulfanilamid; 4-Amino-*N*-[(4,5-dimethyl-2-oxazolyl)amidino]benzolsulfonamid; CAS-Nr. 27031-08-9; $C_{12}H_{15}N_5O_3S$, M_r 309.35. Strukturformel s. Sulfonamide (Abb. 2). Schmp. 233-236 °C (kristallisiert aus Aceton/Wasser, 9:1), Schmp. 228-230 °C (kristallisiert aus Methanol/Wasser). Fast unlösl. in Wasser, lösl. in verd. NaOH-Lösungen, lösl. in Salzsäure. pK_S 7.76. **Anw.**: darmwirksames Chemotherapeutikum*; nicht resorbierbares Sulfonamid; **Dos.**: p. o. Initialdos. 3 × 0.8 g am 1. Tag, Erhaltungsdos. 2 × 0.4 g/d.

Sulfalen INN: Sulfamethoxypyrazin, Sulfapyrazin, N^1-(3-Methoxy-2-pyrazinyl)sulfanilamid; 4-Amino-*N*-(3-methoxy-2-pyrazinyl)benzolsulfonamid; CAS-Nr. 152-47-6; $C_{11}H_{12}N_4O_3S$, M_r 280.32. Strukturformel s. Sulfonamide (Abb. 2). Schmp. 180-182 °C (kristallisiert aus Ethanol; polymorph). Fast unlösl. in Wasser, schwer lösl. in Ethanol, Chloroform, Ethylacetat, leicht lösl. in Aceton, verd. Mineralsäuren, Alkalihydroxid-Lösungen. **Off.**: DAC86; **Anw.**: Chemotherapeutikum*; Langzeitsulfonamid; **Dos.**: p. o. Initialdos. 4 × 0.2 g am 1. Tag, Erhaltungsdos. 1 × 2.0 g/d od. 2.0 g/7 d; HWZ 64 h.

Sulfaloxinsäure INN: Acidum sulfaloxicum, Formophthalylsulfacarbamid; 2-[4-(3-Hydroxymethylureidosulfonyl)-phenylcarbamoyl]-benzoesäure; CAS-Nr. 14376-16-0; $C_{16}H_{15}N_3O_7S$, M_r 393.39. Strukturformel s. Sulfonamide (Abb. 2). Schmp. 160-165 °C. Lösl. in verd. Basen. **Anw.**: darmwirksames Chemotherapeutikum*; Gebräuchlich ist Calciumsulfaloxinat.

Sulfamerazin INN: Sulfamerazinum Ph.Eur.4, Sulfamethyldiazin, Sulfamethylpyrimidin, N^1-(4-Methyl-2-pyrimidinyl)sulfanilamid; 4-Amino-*N*-(4-methyl-2-pyrimidinyl)benzolsulfonamid; CAS-Nr. 127-79-7; $C_{11}H_{12}N_4O_2S$, M_r 264.30. Strukturformel s. Sulfonamide (Abb. 2). Schmp. 234-238 °C (polymorph). Weiße bis gelbl. weiße od. rosaweiße Kristalle; lösl. in Wasser bei 37 °C: 350 mg/L bei pH 5.5, 1700 mg/L bei pH 7.5; schnell lösl. in verd. Mineralsäuren, Ammoniak-, Kalium- u. Natriumhydroxid-Lsg.; wenig lösl. in Aceton; schwer lösl. in Ethanol; sehr schwer lösl. in Ether, Chloroform. **Anw.**: Sulfonamidchemotherapeutikum; selten verwendet.

Sulfameter: s. Sulfametoxydiazin.

Sulfamethazin: s. Sulfadimidin.

Sulfamethizol INN: Sulfamethizolum Ph.Eur.4, N^1-(5-Methyl-1,3,4-thiadiazol-2-yl)sulfanilamid; 4-Amino-*N*-(5-methyl-1,3,4-thiadiazol)-2-yl)benzolsulfonamid; CAS-Nr. 144-82-1; $C_9H_{10}N_4O_2S_2$, M_r 270.33. Strukturformel s. Sulfonamide (Abb. 1). Schmp. 209 °C (kristallisiert aus Wasser; polymorph). Weiße bis gelbl. weiße Substanz; lösl. in Wasser: 1 g/4 L bei pH 6.5, 1 g/5 mL bei pH 7.5; lösl. in Methanol 1 g/40 g, in Ethanol 1 g/30 g, in Aceton 1 g/10 g, in Ether 1 g/1370 g, in Chloroform 1 g/2800 g; fast unlösl. in Benzol; lösl. in kochendem Wasser 1:60, in Ethanol 1:25, in Aceton 1:13 bis 1:15, in Chloroform 1:1900, in Ether, Alkalihydroxid-Lsg., verd. Mineralsäuren. $pK_{S,1}$ (konjugierte Säure) 2.0, $pK_{S,2}$ (Säure) 5.45 (25 °C). **Anw.**: Chemotherapeutikum* bei Harnweginfekten; Kurzzeitsulfonamid; **Dos.**: p. o. 0.1-0.2 g/4-6 h.

Sulfamethoxazol INN: Sulfamethoxazolum Ph.Eur.4, Sulfisomezol, 3-Sulfanilamido-5-methyl-isoxazol, N^1-(5-Methyl-3-isoxazolyl)sulfanilamid; 4-Amino-N-(5-methyl-3-isoxazolyl)benzolsulfonamid; CAS-Nr. 723-46-6; $C_{10}H_{11}N_3O_3S$, M_r 253.31. Strukturformel s. Sulfonamide (Abb. 1). Schmp. 169 °C (kristallisiert aus verd. Ethanol; polymorph). Bildet auch ein Semihydrat. Weißes, krist. Pulver. Sehr schwer lösl. in Wasser; lösl. in Ethanol 1:50, in Aceton 1:3, in Schwefelkohlenstoff 1:2; fast unlösl. in Chloroform, Ether; lösl. in Alkalihydroxid-Lösungen. $pK_{S,2}$ 5.6. **Anw.**: Chemotherapeutikum* geg. Harnweginfektionen; Sulfonamid mit mittlerer Wirkungsdauer; **Dos.**: p. o. Initialdos. 1 × 2 g/d, Erhaltungsdosis 2 × 1 g/d; HWZ 9-11 h. Verwendet wird häufig die Kombinationen mit 20 % Trimethoprim*, s. Cotrimoxazol.

S

Sulfamethoxydiazin: s. Sulfametoxydiazin.

Sulfamethoxypyrazin: s. Sulfalen.

Sulfamethoxypyridazin INN: Sulfamethoxypyridazinum Ph.Eur.4; 4-Amino-*N*-(6-methoxy-3-pyridazinyl)benzolsulfonamid; CAS-Nr. 80-35-3; $C_{11}H_{12}N_4O_3S$, M_r 280.32. Strukturformel s. Sulfonamide (Abb. 2). Schmp. 182-183 °C (kristallisiert aus Wasser; polymorph). Lösl. in Wasser bei 37 °C: 1100 mg/L bei pH 5, 1200 mg/L bei pH 6, 1470 mg/L bei pH 6.5; schwer lösl. in Methanol, Ethanol (ca. 1:200); besser lösl. in Aceton (1:50); in DMF 1 g/mL; leicht lösl. in wässrigen Alkalihydroxid-Lösungen. pK_S 6.7. **Anw.**: Chemotherapeutikum*, Langzeitsulfonamid; **Dos.**: p. o. Initialdos. 2 × 0.5 g am 1.Tag, Erhaltungsdos. 1 × 0.5 g/d, Gesamtdos. 6.0-7.0 g. Gebräuchl. ist auch Sulfamethoxypyridazin-Natrium.

Sulfamethyldiazin: s. Sulfamerazin.
Sulfamethylpyrimidin: s. Sulfamerazin.
Sulfametinum: s. Sulfametoxydiazin.
Sulfametoxydiazin INN: syn. Sulfamethoxydiazin, Sulfameter, Sulfametinum, *N*[1]-(5-Methoxy-2-pyrimidinyl)sulfanilamid; 4-Amino-*N*-(5-methoxy-2-pyrimidinyl)benzolsulfonamid; CAS-Nr. 651-06-9; $C_{11}H_{12}N_4O_3S$, M_r 280.32. Strukturformel s. Sulfonamide (Abb. 2). Schmp. 214-216 °C; 8 polymorphe u. mehrere solvatisierte Kristallformen sind bekannt. Sehr wenig lösl. in Wasser, Ethanol, Ether; lösl. in verd. Säuren u. Basen. **Anw.**: Chemotherapeutikum*, Langzeitsulfonamid; wegen der hohen u. zunehmenden Resistenzquoten der Sulfonamide u. der zahlreichen UAW nicht mehr zu empfehlen; **Dos.**: p. o. Erwachsene, Initialdos. 2×0.5 g am 1. Tag, Erhaltungsdos. 1×0.5 g/d; Kinder 1/2 Erwachsenendos.; Säuglinge 1/4 Erwachsenendos.; HWZ ca. 36 h.
Sulfametrol INN: 4-Amino-*N*-(5-methoxy-2,1,3-thiadiazol-4-yl)benzolsulfonamid; CAS-Nr. 32909-92-5; $C_9H_{10}N_4O_3S_2$, M_r 286.32. Strukturformel s. Sulfonamide (Abb. 1). Schmp. 150 °C (kristallisiert aus verd. Essigsäure). Weißes Pulver; bildet auch ein Semihydrat. $pK_{S,1}$ 1.6, $pK_{S,2}$ 4.96 (20 °C). **Anw.**: Chemotherapeutikum*; verwendet wird die Kombination mit 20 % Trimethoprim*, s. Cosoltrim. Gebräuchl. ist auch Sulfametrol-Natrium.
Sulfamid: Schwefelsäurediamid; $(NH_2)_2SO_2$, M_r 96.11. Schmp. 92.1 °C. Farblose Kristalle. **Tox.**: nur schwach giftig, bildet aber mit Formaldehyd* stark tox. Verbindungen.

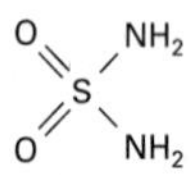

Sulfamid

Sulfaminsäure: Amidoschwefelsäure, Amidosulfonsäure; Monoamid der Schwefelsäure; H_2N-SO_3H, H_3NO_3S, M_r 97.0. Schmp. ca. 205 °C (unter Zers.). D. 2.126. Farblose Kristalle; leicht lösl. in Wasser (Lsg. reagiert stark sauer), wenig lösl. in Aceton, Ethanol, Methanol, prakt. unlösl. in Ether. **Darst.**: Umsetzung von Harnstoff od. Ammoniak mit Chlorsulfonsäure. **Anw.**: als Calciumsulfamat, $Ca(SO_3NH_2)_2$, zur Calciumtherapie; Reagens Ph.Eur.4; techn. z. B. zur Kesselsteinentfernung, Metallbeizerei, Galvanotechnik, Gerberei, in Feuerlöschmitteln, als Flammschutzmittel, als Säureträger z. B. bei Schaumbädern u. Badesalzen.

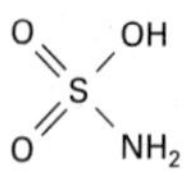

Sulfaminsäure

Sulfamoxol INN: Sulfadimethyloxazol, *N*[1]-(4,5-Dimethyl-2-oxazolyl)sulfanilamid; 4-Amino-*N*-(4,5-dimethyl-2-oxazolyl)benzolsulfonamid; CAS-Nr. 729-99-7; $C_{11}H_{13}N_3O_3S$, M_r 267.31. Strukturformel s. Sulfonamide (Abb. 1). Schmp. 193-194 °C. Mehrere Kristallformen, darunter ein Monohydrat, sind bekannt. Lösl. bei 25 °C in Wasser 850 mg/L, in 0.01 mol/L Salzsäure 1630 mg/L, in 0.01 mol/L Natronlauge 1960 mg/L, in Methanol 23.15 g/L, in Chloroform 2400 mg/L. **Anw.**: Chemotherapeutikum*; Sulfonamid mit mittlerer Wirkungsdauer; **Dos.**: p. o. Initialdos. 2×1 g am 1. Tag, Erhaltungsdos. 2×0.5 g/d; Kinder 6-14 Jahre Initialdos. 2×0.75 g/d, Erhaltungsdos. 2×0.5 g/d; Kinder 1-6 Jahre Initialdos. 2×0.5 g/d, Erhaltungsdos. 2×0.25 g/d. Gebräuchl. ist auch Sulfamoxol-Natrium u. die Kombination mit Trimethoprim*, s. Cotrifamol.
Sulfanilacetamid: s. Sulfacetamid.
Sulfanilacetamidum-Natrium: s. Sulfacetamid (Sulfacetamid-Natrium).
Sulfanilacetamidum phthalylatum: s. Phthalylsulfacetamid.
Sulfanilamid INN: Sulfanilamidum Ph.Eur.4, Sulfanilylamin, Prontalbin, Prontosil album; CAS-Nr. 63-74-1; $C_6H_8N_2O_2S$, M_r 172.2. Strukturformel s. Sulfonamide (Abb. 1). Schmp. 163-167 °C; 3 polymorphe Mod. u. ein Monohydrat. Farblose Kristalle od. fast weißes, körniges od. krist., schwach bitter schmeckendes Pulver mit süßl. Nachgeschmack; lösl. in ca. 200 T. Wasser von 20 °C, 2 T. Wasser von 100 °C, ca. 4 T. Aceton, ca. 30 T. Ethanol, sehr schwer lösl. in Ether, Chloroform; lösl. in verd. Salzsäure, verd. Alkalilaugen unter Salzbildung. **Off.**: ÖAB90; **Anw.**: Chemotherapeutikum*; heute aufgrund der UAW fast nur noch in der Veterinärmedizin gebräuchlich.
Sulfanilamide: s. Sulfonamide.
Sulfanilamidothiazolum: s. Sulfathiazol.
Sulfanilguanidin: s. Sulfaguanidin.
Sulfanilsäure: Anilinsulfonsäure, Paraanilinsulfonsäure, Acidum sulfanilicum; 4-Aminobenzolsulfonsäure, $C_6H_4(NH_2)SO_3H$. M_r 173.2. Weißes bis fast weißes Pulver, wenig lösl. in Wasser von 20 °C., lösl. in siedendem Wasser (1 T. + 15 T.), prakt. unlösl. in Ethanol, Ether, Benzol. **Anw.**: Reagens Ph.Eur.4, z. B. zur Herst. der Diazobenzolsulfonsäure-Lsg., Nitrit-Reagens.
Sulfanilthiocarbamidum: s. Sulfathiourea.
Sulfanilthioharnstoff: s. Sulfathiourea.
Sulfaperin INN: Methylsulfadiazin; *N*[1]-(5-Methyl-2-pyrimidinyl)sulfanilamid; CAS-Nr. 599-88-2; $C_{11}H_{12}N_4O_2S$, M_r 264.30. Strukturformel s. Sulfonamide (Abb. 2). Schmp. 262-263 °C. Sehr wenig lösl. in Wasser (ca. 400 mg/L bei pH 5.5), Ethanol; lösl. in wässrigen Säure- u. Alkalilösungen. **Anw.**: Chemotherapeutikum*; Langzeitsulfonamid; **Dos.**: p. o. 2×0.5 g/d; Kleinkinder 2×0.25 g/d; topisch als Gel 5 %; HWZ 37 h. Gebräuchl. ist auch Sulfaperin-Natrium.
Sulfa-Präparate: Sulfonamidchemotherapeutika, s. Chemotherapeutika, Sulfonamide.
Sulfapyrazin: s. Sulfalen.
Sulfapyridin: *N*[1]-(2-Pyridyl)sulfanilamid; CAS-Nr. 144-83-2; $C_{11}H_{11}N_3O_3S$, M_r 249.3. Strukturformel s. Sulfonamide (Abb. 1). Schmp. 190-193 °C (polymorph). **Anw.**: Chemotherapeutikum*.
Sulfapyrimidin: s. Sulfadiazin.
Sulfasalazin: s. Salazosulfapyridin.
Sulfasomidin: s. Sulfisomidin.
Sulfatasche: die in Prozent angegebenen nichtflüchtigen Anteile, die beim Glühen einer mit

konz. Schwefelsäure versetzten Substanz zurückbleiben.

Sulfatasen: Enzyme (Esterasen), die Ester von Schwefelsäuren wie von Phenol-, Chondroitin- od. Indoxylschwefelsäure spalten. Je nach Substrat* unterteilte man in Aryl-, Steroid-, Glyko-, Cholin- u. Myrosulfatasen. S. kommen u.a. in Pilzen u. Bakterien vor, bei höheren Tieren v.a. in den Nieren.

Sulfate: Salze der Schwefelsäure*.

Sulfathärte: Begriff bei der Trinkwasseruntersuchung, s. Aqua.

Sulfathiazol INN: Sulfathiazolum Ph.Eur.4; 2-(Sulfanilylamino)-thiazol; CAS-Nr. 72-14-0; $C_6H_9N_3O_2S_2$, M_r 255.3. Strukturformel s. Sulfonamide (Abb. 1). Schmp. 202 °C (Mod. I) bzw. Schmp. 175 °C (Mod. III, die bei Raumtemp. stabile Mod.); pseudopolymorphe u. insgesamt 4 polymorphe Modifikationen. Weißes bis schwach gelbl. Pulver; sehr schwer lösl. in Wasser von 20 °C, lösl. in ca. 40 T. Wasser von 100 °C, ca. 50 T. Aceton, ca. 100 T. Ethanol, fast unlösl. in Chloroform, Ether, lösl. in verd. Salzsäure, verd. Alkalilaugen, Alkalicarbonatlaugen. **Off.:** DAB7, DAC86, ÖAB90, Ph.Helv.7; **Anw.:** Chemotherapeutikum*; aufgrund der UAW hauptsächl. nur noch topisch angewendet. Gebräuchl. ist auch Sulfathiazol-Natrium (Off.: ÖAB90).

Sulfathiourea INN: Sulfanilthiocarbamidum; Sulfanilylthioharnstoff; CAS-Nr. 515-49-1; $C_7H_9N_3O_2S_2$, M_r 231.3. Strukturformel s. Sulfonamide (Abb. 1). Schmp. 175-178 °C; einige polymorphe Modifikationen u. ein Monohydrat. Weißes, krist. Pulver; leicht lösl. in Aceton, schwer lösl. in Ethanol, sehr schwer lösl. in Wasser, lösl. in verd. Salzsäure, verd. Alkalilaugen. **Anw.:** Chemotherapeutikum*; nur topisch verwendet.

Sulfatide: s. Glykolipide.

Sulfatolamid INN: Sulfathiourea* als Salz mit Mafenid*; CAS-Nr. 1161-88-2; $C_{14}H_{19}N_5O_4S_3$, $C_7H_9N_3O_2S_2 \cdot C_7H_{10}N_2O_2S$, M_r 417.54. Schmp. 179-181 °C. Schwer lösl. in Wasser (bis 0.78 %) mit neutraler Reaktion; leicht lösl. in verd. Salzsäure; lösl. in verd. Natriumhydroxid- u. Ammoniak-Lsg.; schwer lösl. in Ethanol u. Aceton; fast unlösl. in Ether. **Anw.:** Chemotherapeutikum*; topisch angewendetes Sulfonamid; **Dos.:** Wundpressling 20 mg, davon 1-2 Stück je nach Wundgröße.

Sulfaurea: s. Sulfacarbamid.

Sulfhämoglobin: s. Hämoglobin (Hämoglobinderivate).

Sulfhydrate: veraltet für Hydrogensulfide*.

Sulfhydryl-: veralteter Name für die Thiolgruppe –SH; s. Thiole.

Sulfhydrylessigsäure: s. Thioglykolsäure.

Sulfide: **1.** Anion. Salze des Schwefelwasserstoffs. **2.** Thioether. Die Benennung der S. u. Disulfide erfolgt ähnl. der der Ether u. Peroxide (s. Abb.). Ihre Reaktionsfähigkeit hängt von der Nucleophilie des freien Elektronenpaares am S-Atom ab. S. sind schwache Lewis-Basen u. leicht zu Sulfoxiden u. Sulfonen oxidierbar. Disulfide werden leicht durch milde Oxidation von Thiolen* dargestellt.

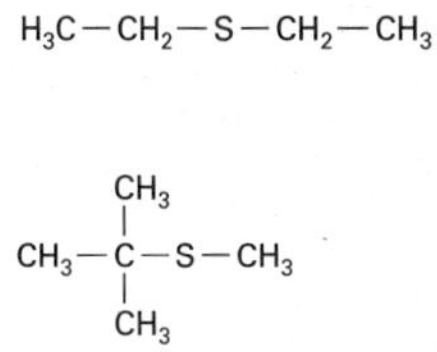

Sulfide: Diethylsulfid (oben) u. tert-Butylmethyldisulfid als Beispiele

Sulfinid: s. Saccharin.

Sulfinpyrazon INN: Sulfinpyrazonum Ph.Eur.4; 1,2-Diphenyl-4-(2-phenylsulfinylethyl)-3,5-pyrazolidindion; CAS-Nr. 57-96-5; $C_{23}H_{20}N_2O_3S$, M_r 404.48. Schmp. 136-137 °C (kristallisiert aus Chloroform/Heptan; DL-Form), Schmp. 130-133 °C (kristallisiert aus Ethanol; D- u. L-Form). $[\alpha]_D^{22\,°C}$ +67.1° (c=2.04 in Ethanol, D-Form); $[\alpha]_D^{25\,°C}$ +109.3° (c=0.5 in Chloroform, D-Form); $[\alpha]_D^{23\,°C}$ −64.2° (c=2.14 in Ethanol, L-Form); $[\alpha]_D^{26\,°C}$ −104.5° (c=0.5 in Chloroform, L-Form). Fast unlösl. in Wasser, Leichtpetroleum; lösl. 1:40 in Ethanol, ca. 1:10 in Aceton, 1:2 in Chloroform, 1:750 in Ether; wenig lösl. in wässrigen Alkalihydroxid-Lösungen. pK_S 2.8. **Anw.:** Urikosurikum (s. Antiarthritika); hemmt die tubuläre Rückresorption von Harnsäure, als Thrombozytenaggregationshemmer zur Herzinfarktprophylaxe; **UAW:** gastrointestinale Störungen; **Dos.:** p.o. 2-3 × 0.1 g/d; HWZ 2.3 h bzw. 4.3 h (Metaboliten).

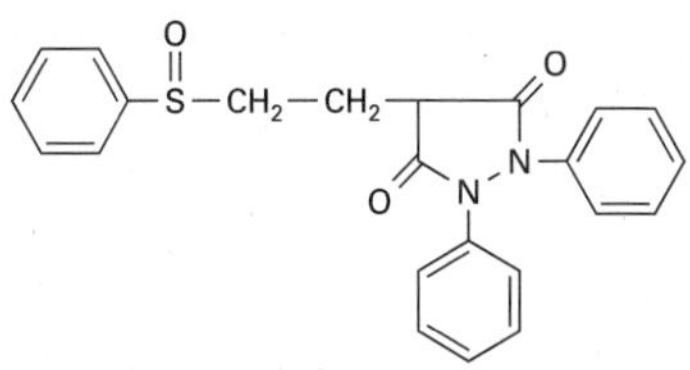

Sulfinpyrazon

Sulfiram: Monosulfiram; Tetraethylthiurammonosulfid; CAS-Nr. 95-05-6; $C_{10}H_{20}N_2S_3$, M_r 264.5. Schmp. 30-33 °C. Gelbes, krist. Pulver; schwer lösl. in Wasser, lösl. in 3 T. Ethanol, 6 T. verd. Ethanol, sehr leicht lösl. in Ether, Chloroform. **Off.:** ÖAB90 (bis 1996); **Anw.:** Pestizid u. Fungizid (s. Schädlingsbekämpfungsmittel). 25 %ige alkohol. Lsg. wird gegen Scabies* verwendet.

Sulfisomezol: s. Sulfamethoxazol.

Sulfisomidin INN: Sulfisomidinum Ph.Eur.4, Sulfasomidin, 6-Sulfanilamido-2,4-dimethylpyrimidin; 2,4-Dimethyl-6-(sulfanilyl-amino)-pyrimidin; CAS-Nr. 515-64-0; $C_{12}H_{14}N_4O_2S$, M_r 278.3. Strukturformel s. Sulfonamide (Abb. 1). Schmp. ca. 239 °C. Weißes bis gelbl. weißes, krist., schwach bitter schmeckendes Pulver mit süßl. Nachgeschmack; schwer lösl. in Wasser von 20 °C, lösl. in ca. 60 T. Wasser von 100 °C, wenig lösl. in Ethanol, Aceton, sehr schwer lösl. in Ether, Chloroform, lösl. in verd. Salzsäure, verd. Alkalilaugen, Ammoniaklsg. unter Salzbildung. **Anw.:** Chemotherapeutikum*, Kurzzeitsulfonamid.

Sulfisoxazol: s. Sulfafurazol.

Sulfite: Salze der Schwefligen* Säure.

Sulfocarbamid: s. Thioharnstoff.

Sulfocyanate: s. Thiocyanate.

Sulfoguaiacol INN: syn. Sulfaguajacol, Kalium sulfaguajakol, Kalium sulfoguajacolicum, Kalium guaiacolsulfonicum, guajakolsulfonsaures Kalium; Gemisch der Monokaliumsalze von 4-Hydroxy-3-methoxybenzolsulfonsäure u. 3-Hydroxy-4-methoxybenzolsulfonsäure; CAS-Nr. 1321-14-8; $C_7H_7KO_5S$, M_r 242.29. Lösl. 1:7.5 in Wasser; fast unlösl. in Ethanol; unlösl. in Ether. **Off.:** DAC86, ÖAB90; **Anw.:** Expektorans*; **Dos.:** p.o. 2-3×0.5 g/d. Gebräuchl. ist auch Sulfaguaiacol-Calcium.

Sulfoguajakolsirup: s. Sirupus Kalii sulfoguajacolici.

Sulfoharnstoff: s. Thioharnstoff.

Sulfonal: syn. Sulphonal, Sulfonalum; Diethylsulfondimethylmethan; $C_7H_{16}O_4S_2$, M_r 228.27. Schmp. 125-126 °C. Farblose Kristalle, wenig lösl. in Wasser, leicht lösl. in siedendem Wasser u. siedendem Ethanol, lösl. in Ether. **Off.:** DAB6; **Anw.** u. **Wirk.:** Schlafmittel*, obsolet. S. wird langsam resorbiert u. sehr langsam wieder ausgeschieden. Wirk. tritt meist erst nach 2-3 h ein; **Dos.:** 0.5-0.8 g; MED 1 g, MTD 2.0 g; vgl. Methylsulfonal.

Sulfonamide: Sulfanilamide; Amide der Sulfonsäuren (Sulfanilsäure*), die durch die Sulfanilamid-Konfiguration (*p*-Aminobenzolsulfonamid) gekennzeichnet sind. Nach ihrer Wirkung gehören die sulfonamidhaltigen Wirkstoffe folgenden Arzneimittelgruppen an: Antidiabetika*, Diuretika*, Chemotherapeutika* u. Psychopharmaka* (Neuroleptika). Häufig wird der Ausdruck als Syn. für Sulfonamidchemotherapeutika verwendet. Diese werden entsprechend ihrer Halbwertzeiten eingeteilt; s. Abb. 1 u. 2. **WW:** s. Parastoffe.

Sulfonisierung: s. Sulfonsäuren.

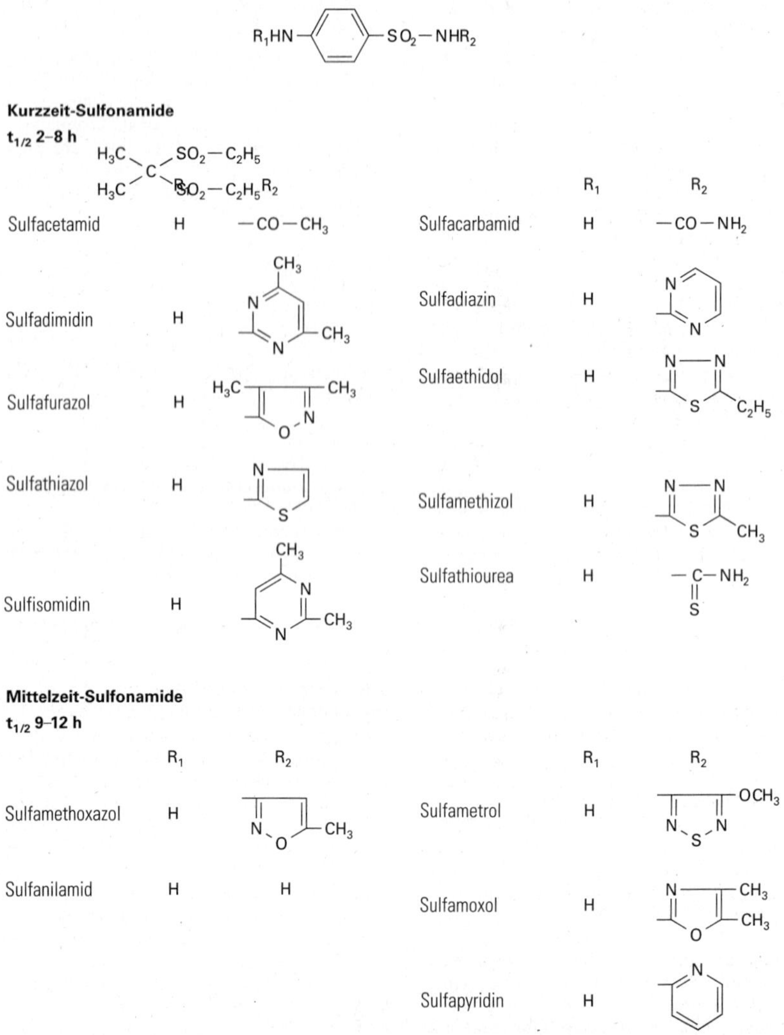

Sulfonamide Abb. 1: chemotherapeutisch verwendete Kurz- u. Mittelzeit-Sulfonamide

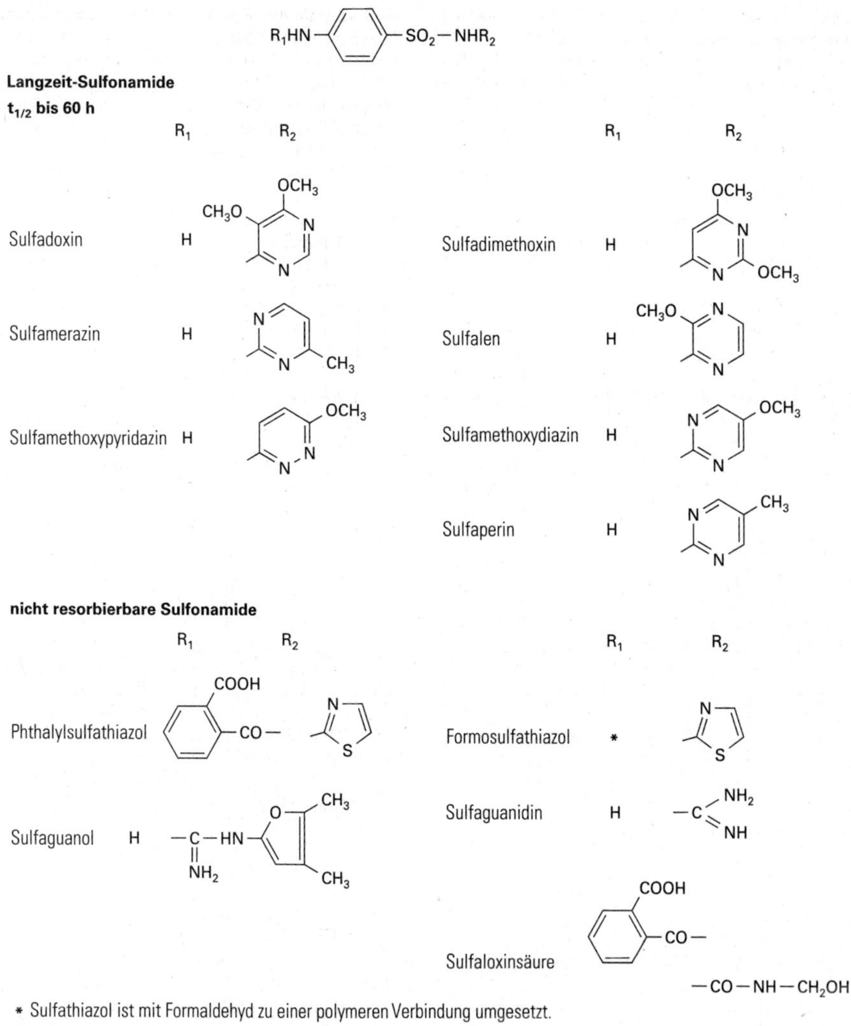

Sulfonamide Abb. 2: chemotherapeutisch verwendete Langzeit-Sulfonamide u. nicht resorbierbare Sulfonamide

Sulfonium-Salze: den Ammonium- u. Phosphonium-Salzen analoge Schwefelverbindungen. S.-S. sind in ihrer Konfiguration* so stabil, dass man auch die Diastereomere* isolieren kann. Benennung nach Standardregeln für Salze; z. B. Trimethylsulfonium-iodid.

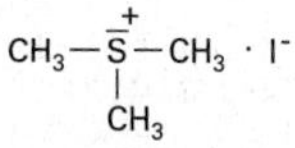

Sulfonium-Salze: Trimethylsulfonium-iodid

Sulfonsäuren: org. Verb., die eine od. mehrere SO_3H-Gruppen enthalten; meist farblose, krist., hygroskop. u. in Wasser leicht lösl. Substanzen. **Darst.:** die direkte Sulfurierung (Sulfonisierung) mit konz. Schwefelsäure ist nur bei aromat. Kohlenwasserstoffen möglich. **Benzolsulfonsäuren:** Derivate der Benzolsulfonsäure $C_6H_5-SO_3H$.

Sulfonyldimethan: s. Dimethylsulfon.

Sulfonylharnstoffe: s. Antidiabetika (orale).

Sulforaphen: s. Raphanus sativus (Radix Raphani recens, Inhaltsst.).

Sulforidazin INN: 2-Methylsulfonyl-10-[2-(1-methyl-2-piperidyl)ethyl]phenothiazin; CAS-Nr. 14759-06-9; $C_{21}H_{26}N_2O_2S_2$, M_r 402.57. Schmp.

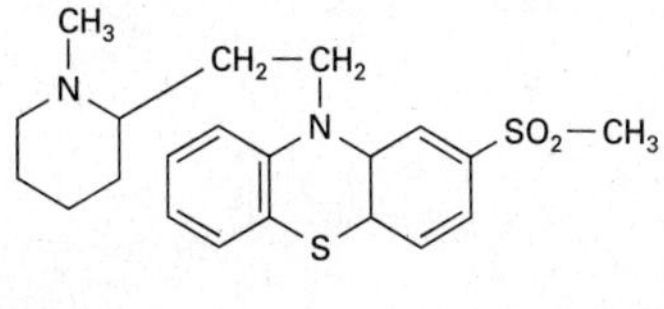

Sulforidazin

121-123 °C (kristallisiert aus Aceton). **Anw.:** Neuroleptikum (s. Psychopharmaka) bei starken schizophrenen, manischen od. depressiven Erregungszuständen; **Kontraind.:** starke zentrale Dämpfung; **Dos.:** p. o. Initialdos. 4-6×50 mg/d, Erhaltungsdos. 3×50 mg/d; parenteral i. m. 3×50 mg/d über 3-5 d, dann Einnahme.

Sulformetoxin: s. Sulfadoxin.

Sulfosalicylprobe: s. 5-Sulfosalicylsäure.

5-Sulfosalicylsäure: Acidum sulfosalicylicum, Salicylsulfonsäure; 2-Hydroxy-5-sulfo-benzoesäure, $C_7H_6O_6S \cdot 2\,H_2O$. M_r 252.2. Weißes, krist. Pulver, sehr leicht lösl. in Wasser, Ethanol, Ether. **Anw.:** früher in der Harnanalyse zum Eiweißnachw. (Sulfosalicylprobe), ferner zur photometr. Bestimmung von 3-wertigem Eisen u. Titan.

Sulfoxide: RR'S=O; Verbindungsklasse, die durch Oxidation aus den entspr. Sulfiden* hergestellt wird. Da S. konfigurationsstabil sind, können durch Oxidation geeigneter Sulfide* Konfigurationsisomere (s. Konfiguration) erhalten werden.

Sulfur: s. Schwefel.

Sulfuratus: Sulfuratum, Sulfurata; Bez. für die Salze des Schwefelwasserstoffs (Sulfide*).

Sulfur caballinum: s. Schwefel (Sulfur griseum).

Sulfur chloratum: s. Dischwefelchlorid.

Sulfur citrinum: s. Schwefel (Sulfur in baculis).

Sulfur colloidale: s. Schwefel.

Sulfur crudum: s. Schwefel (Sulfur sublimatum).

Sulfur depuratum: s. Schwefel.

Sulfur fusum: s. Schwefel (Sulfur in baculis).

Sulfur griseum: s. Schwefel.

Sulfuricus: Sulfuricum, Sulfurica; Bez. für die Salze der Schwefelsäure (Sulfate).

Sulfurierung: s. Sulfonsäuren.

Sulfur in baculis: s. Schwefel.

Sulfur in filis: s. Schwefel.

Sulfur iodatum: s. Iodschwefel.

Sulfuris colloidalis et technetii [^{99m}Tc] solutio iniectabilis: s. Schwefelkolloid-[^{99m}Tc]Technetium.

Sulfur lotum: s. Schwefel (Sulfur depuratum).

Sulfur praecipitatum: s. Schwefel (Sulfur praecipitatum).

Sulfur sublimatum: s. Schwefel (Sulfur sublimatum).

Sulfuryl-: Bez. für die funktionelle Gruppe* $-SO_2$; s. Säurereste.

Sulindac INN: Sulindacum Ph.Eur.4; (*Z*)-5-Fluor-2-methyl-1-[4-(methylsulfinyl)benzyliden]-1*H*-inden-3-yl-essigsäure; CAS-Nr. 38194-50-2; $C_{20}H_{17}FO_3S$, M_r 356.42. Schmp. 182-185 °C (unter Zers., kristallisiert aus Ethylacetat). Fast unlösl. in Wasser (ca. 0.01 mg/mL) u. in Leichtpetroleum; schwer lösl. in Ethanol, Aceton, Chloroform, Methanol, neutralen od. alkal. wässrigen Lsg.; sehr schwer lösl. in Isopropanol; pK_S 4.7 (25 °C). **Anw.:** Analgetikum*, Antiphlogistikum*, Antirheumatikum*; **UAW:** s. Indometacin; **Dos.:** 2×0.1 g/d p. o., akute Fälle bis 0.4 g/d. Gebräuchl. ist auch Sulindac-Natrium.

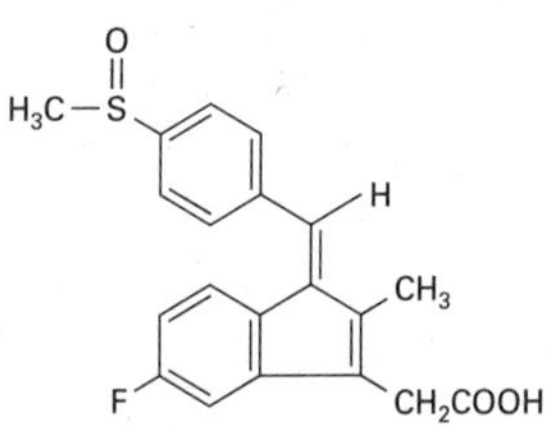

Sulindac

Suloctidil INN: 4-Isopropylthio-α-(1-octylaminoethyl)benzylalkohol; 1-[4-(Isopropylthio)phenyl]-2-octylamino-1-propanol; CAS-Nr. 54063-56-8; $C_{20}H_{35}NOS$, M_r 337.57. Schmp. 63-65 °C (kristallisiert aus *n*-Pentan od. Methanol/Wasser; polymorph). **Anw.:** peripherer Vasodilatator*; **Hinweis:** nicht mehr im Handel.

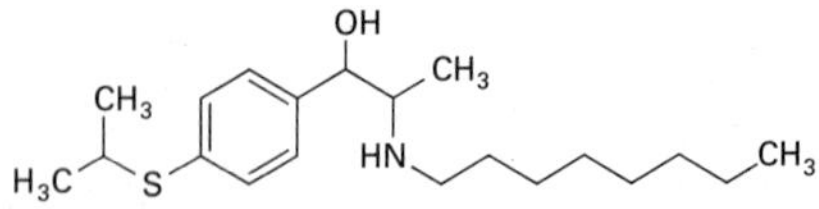

Suloctidil

Sulphonal: s. Sulfonal.

Sulphur: s. Schwefel.

Sulpirid INN: Sulpiridum Ph.Eur.4, *N*-(1-Ethyl-2-pyrrolidinyl)methyl-2-methoxy-5-sulfamoylbenzamid; *N*-(1-Ethyl-2-pyrrolidinyl)methyl-5-sulfamoyl-2-anisamid; CAS-Nr. 15676-16-1; $C_{15}H_{23}N_3O_4S$, M_r 341.43. Schmp. 177-179 °C (unter Zers.; polymorph). Wenig lösl. in Methanol; fast unlösl. in Wasser, Ether, Chloroform, Benzol. **Anw.:** Antidepressivum, Neuroleptikum (s. Psychopharmaka; eng verwandt mit Remoxiprid*); Ind.: psychovegetative Verstimmungszustände, psychosomat. Erkrankungen, Antriebsarmut, Phobien, Schizophrenie, Alkoholismus, Schwindelzustände, Unterstützung einer Ulkusther.; **UAW:** Amenorrhö, Galaktorrhö, sexuelle Stimulation, allerg. Reaktionen; vgl. Psychopharmaka (Neuroleptika); **Dos.:** p. o. ambulant 2-3×50 mg/d; Kinder 5 mg/kg KG/d, auf mehrere ED verteilt; stationär 2-3×100 mg/d; parenteral i. m. 3-8×100 mg/d zu Beginn u. als Stoßther., dann Einnahme; HWZ 7.9 h.

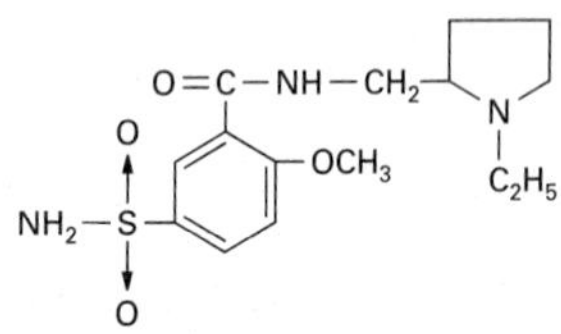

Sulpirid

Sulproston INN: *N*-Methansulfonyl-16-phenoxy-17,18,19,20-tetranorprostaglandin-E_2-amid; (5*Z*,8*R*,11*R*,12*R*,13*E*,15*R*)-11,15-Dihydroxy-*N*-methylsulfonyl-9-oxo-16-phenoxy-17,18,19,20-tetranorprostanamid; CAS-Nr. 60325-46-4; $C_{23}H_{31}NO_7S$, M_r 465.57. Synthet. Prostaglandin-E-Derivat. **Anw.:** Oxytozikum*; wurde als Abortivum verwendet; HWZ 1-2 h.

Sultamicillin INN: Gemisch von Sulbactam*-Natrium u. Ampicillin*-Natrium im Verhältnis 1:2. **Anw.** u. **Wirk.:** durch die Kombination eines

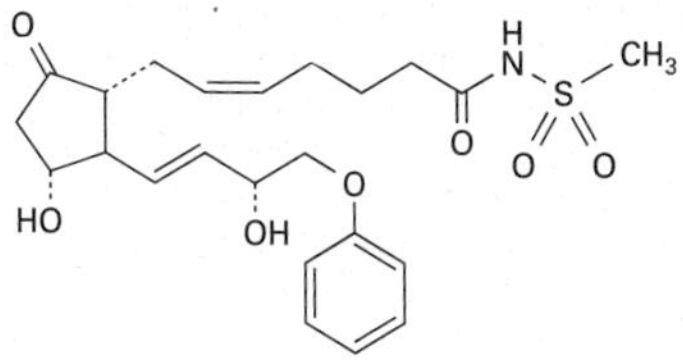

Sulproston

Betalactamase-Hemmers mit einem Betalactam-Antibiotikum wird das Wirkungsspektrum erweitert.

Sultaninen: s. Vitis vinifera (Passulae majores).

Sultankaffee: s. Coffea (Kaffee-Ersatz- u. Zusatzmittel).

Sultiam INN: 2-(4-Sulfamoylphenyl)-1,2-thiazixan-1,1-dioxid; CAS-Nr. 61-56-3; $C_{10}H_{14}N_2O_4S_2$, M_r 290.37. Schmp. 185-188 °C. Lösl. 1:2000 in Wasser, 1:350 in Ethanol, 1:700 in Chloroform, 1:500 in Ether; sofort lösl. in alkal. Lösungen. **Anw.:** Antiepileptikum* bei allen Epilepsieformen außer Petit mal; Carboanhydrasehemmer (s. Diuretika); **UAW:** Appetitlosigkeit, Ataxie, Parästhesien am Gesicht u. Extremitäten, Dyspnoe, Schlaflosigkeit, Leukopenie, psych. Veränderungen; **Kontraind.:** Nierenfunktionsstörungen; **Dos.:** p. o. Initialdos. 3×50 mg/d; Erhaltungsdos. 2×100 mg/d, erhöhbar auf 3×200 mg/d; HWZ 3-30 h.

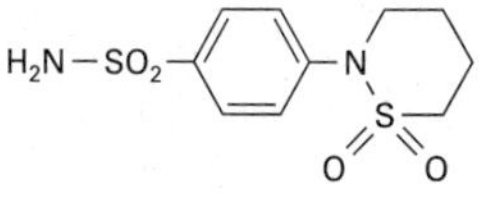

Sultiam

Sultiame: s. Antiepileptika.

Sumach, Amerikanischer: s. Rhus typhina.

Sumach, Aromatischer: s. Rhus aromatica.

Sumach, Chinesischer: s. Ailanthus altissima.

Sumachgewächse: s. Anacardiaceae.

Sumatrabenzoe: Harz von Styrax benzoin (s. Styrax); harte, rubinrote Massen mit weißl. Mandeln. S. kann Siambenzoe (s. Benzoe tonkinensis) verfälschen; Inhaltsst. ähnl. Siambenzoe., aber zusätzl. freie Zimtsäure, weshalb das Harz — mit Kaliumpermanganat-Lsg. befeuchtet — einen Geruch nach Benzaldehyd entwickelt. **Anw.:** wie Benzoe* tonkinensis.

Sumatracampher: s. Dryobalanops aromatica (Borneocampher).

Sumatriptan INN: 3-[2-Dimethylamino)ethyl]-*N*-methyl-1*H*-indol-5-methansulfonamid; CAS-Nr. 103628-46-2; $C_{14}H_{21}N_3O_2S$, M_r 295.40. Schmp. 169-171 °C. Serotinanalogon. **Wirk.:** selektiver 5-HT_1-Serotinagonist. **Anw.:** geg. Migräneanfälle mit od. ohne Aura, Clusterkopfschmerz (Injektion); **UAW:** u. a. Erbrechen, Hitze- u. Kribbelgefühl, Schläfrigkeit; **Kontraind.:** u. a. ischäm. Herzkrankheit, Herzinfarkt, Prinzmetal-Angina, Hypertonie; **Dos.:** p. o. 1×100 mg/d, MTD 300 mg; parenteral s. c. 1×6 mg/d, MTD 12 mg; HWZ 2 h. **Sumatriptanhydrogensuccinat:** CAS-Nr. 103628-47-3; $C_{18}H_{27}N_3O_6S$, M_r 413.49. Schmp. 165-166 °C. $pK_{S,1}$ (Hydrogensuccinat) 5.67, $pK_{S,2}$ (tertiäres Amin) 9.6.

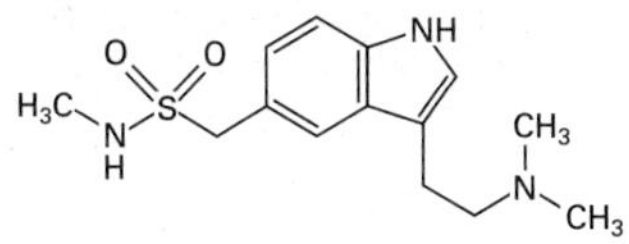

Sumatriptan

Sumbulus moschatus: s. Ferula moschata.

Sumbulwurzel: s. Ferula moschata (Radix Sumbuli).

Summenformel: s. Formel, empirische.

Summenhäufigkeit: s. Normalverteilung (Summenhäufigkeitskurve).

Summenverteilungskurve: s. Korngrößenanalyse.

Summitates: Zweigspitzen.

Summitates Cannabis: s. Cannabis sativa (Herba Cannabis).

Summitates Fabianae: s. Fabiana imbricata (Herba Fabianae imbricatae).

Summitates Sabinae: s. Juniperus sabina.

Summitates Thujae: s. Thuja occidentalis.

Sumpfdotterblume: s. Caltha palustris.

Sumpffieber: Fieberarten, die durch Erreger hervorgerufen werden, dessen Überträger im Sumpf leben; s. Plasmodium, Gelbfieber, Leptospiren.

Sumpfgas: s. Methan.

Sumpfklee: s. Menyanthes trifoliata.

Sumpfporst: s. Ledum palustre.

Sumpfschachtelhalm: s. Equisetum palustre.

super (lat.): über.

Superbioverfügbarkeit: eine im Vergleich zu eingeführten Referenzprodukten signifikant höhere Bioverfügbarkeit* eines Wirkstoffes, die bei Arzneimittelsubstitution u. U. zu einer Gefährdung der behandelten Patienten führen kann.

Supercilium: Augenbraue. Superciliaris: zur Augenbraue gehörend.

super coil (engl. Superspirale, Superknäuel): Superhelix; s. DNA.

Superhelix: s. DNA.

Superoxiddismutasen: Abk. SOD; , Hyperoxiddismutasen, unübliche, aber nomenklator. korrekte Bez., s. Hyperoxid; zink- u. kupferhaltige (vgl. Orgotein) od. eisen- u. manganhaltige Enzyme (Oxidoreduktasen), die die Disproportionierung des giftigen Hyperoxid-Anionenradikals O_2^- (Superoxidradikal, s. Hyperoxid) zu Wasserstoffperoxid* u. Sauerstoff katalysieren. Wasserstoffperoxid, wie das Hyperoxid ein Zellgift — es greift die ungesättigten Fettsäuren* der Membranlipide an — wirkt dann mit Hilfe von Peroxidasen* bzw. Katalase* gegenüber den versch. Substanzen als Oxidationsmittel; Methämoglobin (Hämoglobin, Hämoglobinderivate*). S. kommen als Arzneimittel geg. Einwirkungen ionisierender Strahlung (s. Strahlenschutzmittel, vgl. Strahlenbiologie) od. bei Krankheiten in Betracht, die wie Entzündungen (z. B. Arthritis), mit einer Erhöhung der O_2^--Bildung einhergehen.

Superoxide: s. Peroxide.

Superphosphat: Phosphatdünger aus ca. gleichen T. Calciumphosphat u. -sulfat.

S

Suppositoria: Suppositorien, Zäpfchen; Ph.Eur.4, feste, einzeldosierte Arzneizuber. mit einem od. mehreren Arzneistoffen. Die Arzneistoffe haben entw. eine lokale Wirk. od. sie werden absorbiert u. zeigen eine system. Wirkung. Form, Volumen u. Konsistenz sind für eine Anw. im Rektum angepasst; s. Capsulae (Weichgelatinekapseln). Für die vaginale Applikation werden häufiger Globuli* vaginales verwendet. S. wiegen normalerweise 1-2 g. Die Arzneistoffe werden, falls notwendig, vorher zerkleinert u. gesiebt, in der Suppositorienmasse gleichmäßig verteilt od. gelöst. Die Grundmasse der Zäpfchen ist entw. in Wasser lösl. od. dispergierbar od. schmilzt bei Körpertemperatur. Hilfsstoffe, z.B. Verdünnungsmittel, Adsorptionsmittel, oberflächenaktive Substanzen, Schmiermittel, Konservierungsmittel u. Farbstoffe dürfen zugesetzt werden. S. werden entw. durch Ausgießen der durch Erwärmen geschmolzenen Grundmasse (s. Cremeschmelzverfahren) mit den eingearbeiteten Wirkstoffen in geeigneten Formen od. nach dem Direktgießverfahren in Kunststoff- od. kunststoffbeschichtete Aluminiumfolien (s. Abb.) hergestellt; durch Abkühlen werden die S. fest. In geeigneten Fällen kann das Pressverfahren angewendet werden. Zur Herst. sind Kakaobutter, Hartfett* (Standardgrundlage für die Rezeptur, falls nichts anderes vorgeschrieben), Macrogole* (1000-6000), versch. Gelatinemassen (Mischung aus Gelatine, Glycerol u. Wasser) u. Glycerolseifengele geeignet.
Zur Erzielung einer hohen Dosiergenauigkeit ist es bei den gewichtsmäßig dosierten Suspensionszäpfchen empfehlenswert, neben der Ermittlung des Eichfaktors der verwendeten Gießform auch die Verdrängungsfaktoren (Verhältnis Dichte-Grundmasse zu Dichte-Arzneistoff, meist 0.7) der verwendeten Arzneistoffe bei der Berechnung der Grundmasse zu berücksichtigen (DAC86). Die erforderl. Menge Grundlage in Gramm (M) unter der Annahme eines durchschnittl. Verdrängungsfaktors von 0.7 u. Verlusten von 10 % an Grundlage u. Arzneistoffen errechnet sich aus:
$M = n \cdot (1.1\,E - 0.77\,A)$
n: Zahl der herzustellenden Zäpfchen; E: Eichfaktor der Gießform (Fassungsvermögen der Gießform für ein Zäpfchen aus reiner Grundlage in g); A: Arzneistoffgehalt pro Zäpfchen in g.
Die Kenntnis von Eich- u. Verdrängungsfaktor ist bei der volumenmäßigen Dos. nicht erforderl., d.h. wenn die Wirkstoffe in etwas weniger Grundlage als für die gewünschte Zäpfchenanzahl benötigt eingearbeitet werden u. die Schmelze ausgegossen wird. Die noch nicht vollständig gefüllten Bohrungen der Gießform werden mit reiner Grundlage aufgefüllt, nach dem Erstarren alle Zäpfchen entnommen, diese nochmals aufgeschmolzen, homogenisiert u. wiederum ausgegossen (Gießverfahren nach Münzel). Der Gießbecher nach König ist ein graduierter Becher mit Thermostatenmantel u. wird zuerst mit reiner Grundlage auf das Volumen der Suppositorien geeicht (Anbringen einer Markierung). Die Arzneistoffe werden mit der Grundlage vermischt, bis zur Markierung aufgefüllt, die Mischung homogenisiert u. ausgegossen.

Prüfungen: Ph.Eur.4; **1.** Bestimmung der Zerfallszeit, wenn keine modifizierte Wirkstofffreigabe od. keine länger anhaltende lokale Wirk. beabsichtigt ist. Bei aus einer Fettmasse hergestellten S. ist nach 30 Minuten zu prüfen, bei aus wasserlösl. Massen hergestellten S. nach 60 Minuten (s. Zerfallsprüfung); **2.** Bestimmung der Gleichförmigkeit* der Masse einzeldosierter Arzneiformen; **3.** Bestimmung der Gleichförmigkeit* des Gehaltes bei S. mit weniger als 2 mg od. weniger als 2 % Wirkstoff (bezogen auf die Gesamtmasse); **4.** Bestimmung der Bruchfestigkeit in geeigneten Prüfgeräten; **5.** Bestimmung der Wirkstofffreisetzung kann durchgeführt werden; **6.** Erweichungszeit von lipophilen Suppositorien.

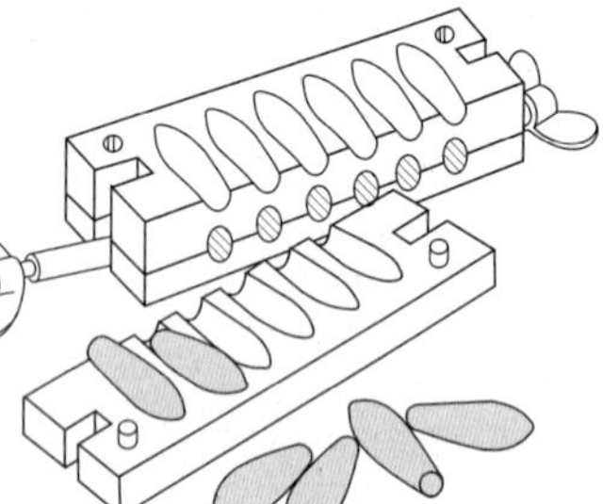
1

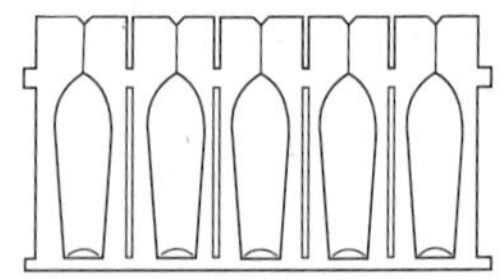
2

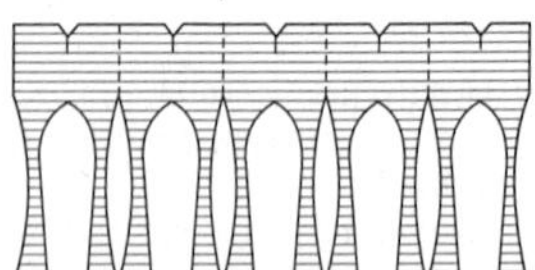
3

Suppositoria: 1: Gießform für Rezepturzwecke; 2 u. 3: nach dem Direktgießverfahren hergestellte Suppositorien in Kunststoffolie (2) u. in kunststoffbeschichteter Aluminiumfolie (3)

Suppositoria analgetica fortia: starke schmerzlindernde Suppositorien; Zstzg.: NRF, 0.02 g Codeinphosphat, 0.5 g Paracetamol, Hartfett n. Bedarf. **Anw.:** Analgetikum, bei starken Schmerzen; **Dos.:** 1- bis 3-mal/d ein Suppositorium.

Suppositoria Diazepami: Diazepam-Suppositorien; Zstzg.: NRF, Lösungszäpfchen aus Hartfett* u. 2 mg, 5 mg bzw. 10 mg Diazepam pro ED. **Anw.:** Tranquilizer; **Dos.:** 2-mal tägl. 1 Suppositorium.

Suppositoria Dimenhydrinati: Dimenhydrinat-Suppositorien; Zstzg.: NRF, Suspensionszäpfchen mit 40, 70 od. 150 mg Wirkstoff in Hartfett*. **Anw.:** s. Dimenhydrinat; **Dos.:** 40 mg für 1- bis 6-Jährige, 70 mg für 7- bis 12-Jährige, darüber 150 mg.

Suppositoria Glyceroli: Glycerol-Suppositorien, Seifenzäpfchen; Glycerinzäpfchen. Herst.: ÖAB90, Umsatz von 4 T. Natriumcarbonat mit 7 T. Stearinsäure in Wärme in 100 T. 85 %igem Glycerol. Nach vollständiger Klärung werden durch Ausgießen 3 g-Zäpfchen hergestellt; Ph.Helv.7, 10.0 T. Gelatine lässt man 1 Stunde in 14.0 T. gereinigtem Wasser quellen. 7 T. Natriumstearat werden in 69 T. Glycerol (85 %) in Hitze gelöst. Die heiße Lsg. gibt man unter vorsichtigem Rühren zur Gelatine, die Masse wird in Formen ausgegossen, die zu einem Glycerol*-Seifen-Gel (sog. festes Glycerol) erstarrt; NRF, (Ansatzmenge für 10 Suppositorien von ca. 2.5 g), 0.75 g Natriumstearat, 3.0 g Macrogol 300, 26.25 g Glycerol 85 % u. gereinigtes Wasser auf 30.0 g. Die Bestandteile werden in einem Becherglas geschmolzen. Verdunstungsverluste der Lsg. werden durch die Zugabe von gereinigtem Wasser ersetzt. Die flüssige Suppositorienmasse wird bei einer Temp. von 80-100 °C in die auf 70-100 °C vorgewärmten Formen gefüllt. Geh. an wasserfreiem Glycerol: 78-83 % (ÖAB90) bzw. 56-62 % (Ph.Helv.7). **Anw.:** Laxans, stark hygroskopisch.

Suppositoria haemorrhoidalia: Hämorrhoidal-Suppositorien; Zstzg.: NRF, 0.02 g Butoxycainhydrochlorid, 0.1 g bas. Bismutgallat, 0.2 g Zinkoxid, 0.05 g Rizinusöl, (gegebenenfalls 0.1 g Perubalsam) u. Hartfett nach Bedarf; NFA, 0.20 T. Zinkoxid, 0.05 T. Polidocanol, 0.20 T. Ammoniumbituminosulfonat, Hartfett nach Bedarf. **Anw.:** Hämorrhoiden, Juckreiz; **Dos.:** 1- bis 3-mal/d ein Suppositorium.

Suppositoria laxantia: abführende Suppositorien; Zstzg.: NRF, 0.01 g Bisacodyl, Hartfett nach Bedarf. **Dos.:** GED 1 Suppositorium einführen.

Suppositoria Methadonii chlorati: s. Methadonhydrochlorid.

Suppositoria Paracetamoli: Paracetamol-Suppositorien 125, 250, 500 od. 1000 mg. Zstzg.: NRF, 0.125 g, 0.25, 0.5 od. 1.0 g Paracetamol, 0.000125, 0.00025 g, 0.0005 od. 0.001 g hochdisperses Siliciumdioxid, 0.003, 0.006 g, 0.012 od. 0.024 g Lecithin, Hartfett nach Bedarf (für Gießformen zu 1 bzw. 2 g). **Anw.:** Fieber u. Schmerzen; **Dos.:** 2- bis 3-mal/d 1 Suppositorium; Säuglinge: 125 mg; 1- bis 6-Jährige: 125 od. 250 mg, 6- bis 14-Jährige: 250 od. 500 mg; Jugendliche u. Erwachsene: 500 od. 1000 mg Paracetamol.

Suppositoria Pethidinii chlorati: s. Pethidinhydrochlorid.

Suppositoria vaginalia: s. Globuli vaginales.

Suppositorien: s. Suppositoria.

Suppositorien, abführende: s. Suppositoria laxantia.

Suppositorien, starke schmerzlindernde: s. Suppositoria analgetica fortia.

Suppressorzellen: T-Lymphozyten mit Rezeptoren für Histokompatibilitätsantigene der Klasse I (s. HLA-System). **Funktion:** Unterdrückung der Immunantwort anderer T- u. B-Lymphozyten (s. Leukozyten), entw. über direkten Zellkontakt od., nach Stimulation durch ein Antigen, über Sekretion von Lymphokinen (sog. Suppressorfaktoren), möglicherweise Bedeutung für die immunol. Kontrolle der HIV-Infektion.

Suppuranzien: s. Hautreizmittel.

Suppuration (lat. suppurare forteitern): Eiterung.

supra (lat.): oben, oberhalb, darüber.

suprarenal: über der Niere gelegen; die Nebennieren betreffend.

Suprarenin: s. Adrenalin.

Suprareninum bitartaricum: s. Adrenalinhydrogentartrat.

Suprareninum hydrochloricum: vgl. Adrenalin (Adrenalinhydrochlorid).

Supravitalfärbung: Anfärbung von nach Lösung aus dem Zellverband noch lebenden Zellen.

Sura (lat.): Wade.

Suramin-Natrium INN: Suraminum natricum; symmetr. Harnstoffderivat des Natriumsalzes von 8-(3-Benzamido-4-methylbenzamido)naphthalen-1,3,5-trisulfonsäure; $C_{51}H_{34}N_6Na_6O_{23}S_6$, M_r 1429.2. Weißgelbes, geruchloses Pulver, leicht lösl. in Wasser, Ethanol, fast unlösl. in Chloroform u. Ether. **Anw.:** Antiprotozoenmittel; Mittel der Wahl für das hämolymphat. Stadium der afrikan. Schlafkrankheit (Trypanosoma gambiense u. T. rhodesiense); **UAW:** gastrointestinale Störungen, Fieber, Kopf- u. Gliedschmerzen, Kreislaufkollaps; **Dos.:** Erwachsene i. v. 1 g, kräftige Personen 1.5-2 g; Kinder (je nach Alter) 0.2-0.75 g, Säuglinge 0.1-0.2 g. Man gibt die ersten Injektionen in wöchentl. Abständen, insgesamt 5-10 Injektionen i. v. in 10 %iger steriler Lsg.; zur Prophylaxe Erwachsene 1 g, Kinder 0.2 g; nach 1-8 d nochmals die gleiche Dos., später alle 3-6 Monate.

surface plasmon resonance: Abk. SPR; Phänomen, das auftritt, wenn Licht von dünnen Metallfilmen reflektiert wird. Ein Teil des Lichts, das unter einem bestimmten Winkel einfällt, geht Wechselwirkungen mit den delokalisierten Elektronen des Metalls, dem Plasmon*, ein. Das führt dazu, dass die Reflexionsintensität geschwächt wird. Geringe Veränderungen auf der Rückseite des dünnen Metallfilms können so sehr empfindl. detektiert werden. **Anw.:** Biosensoren für die Untersuchung von Eigenschaften u. Vorgängen, wie z. B. Brechungsindex, Dissoziation von Antigen* u. Antikörpern*, Dickemessung von dünnen Isolatorschichten, spez. Detektion von kleinen Molekülen, Proteinbindung.

Surfactant: **1.** (chem.) aus (engl.) **surf**ace **act**ive age**nt** (oberflächenaktive Substanz) zusammengesetzter Begriff; s. Tenside. **2.** (biochem.) Gemisch aus Phospholipiden, neutralen Lipiden u. Proteinen, das die Innenfläche der Lunge belegt u. die Oberflächenspannung des Flüssigkeitsfilms herabsetzt, die sonst bei ausgeatmeter Lunge zum Kollaps (Zusammenkleben) der Alveolen führen würde. Erleichtert zusätzl. den Austausch von Sauerstoff u. Kohlendioxid in den Alveolen.

Surfactant, pulmonales: Surfactant* (Phospholipidfraktion) aus der Lunge, bovin (vom Rind) od. porcin (vom Schwein); vgl. Colfoscerilpalmitat. **Anw.:** Verhinderung des akuten Atemnotsyndroms bei Frühgeborenen; **UAW:** tracheale bzw. broncheale Obstruktion; **Dos.:** 1.2 mL/kg KG als intratracheale Instillation.

Surinam-Bitterholz: s. Quassia amara (Lignum Quassiae surinamense).

Surinam-Quassiaholz: s. Quassia amara (Lignum Quassiae surinamense).

Surukuru: s. Lachesis muta.

Suspensionen: Suspensiones; disperse Systeme, deren disperse Phase aus festen Partikeln (Feststoffanteil 0.5-40 %) mit einer Teilchengröße von über 1 µm bis max. 100 µm besteht, u. deren kontinuierl. Phase i. e. S. ein flüss. Dispersionsmittel ist; vgl. Unguenta, Suppositoria, Pasta, Pilulae. Um Fehldosierungen zu vermeiden, gehören zu den grundlegenden Eigenschaften von S. eine langsame Sedimentation der Teilchen u. eine leichte Aufschüttelbarkeit des Sediments. Bei einer schlechten bzw. unmögl. Redispergierbarkeit spricht man von Kuchenbildung (caking). Die Löslichkeit der dispersen Phase sollte im Dispersionsmittel möglichst gering sein (ansonsten Kristallwachstum). Da die Probleme der Herst. u. der physikal. Stabilität disperser Formen wesentl. größer sind als bei Lsg., ist die Verabreichung von Arzneistoffen in Suspensionsform auf Fälle beschränkt, bei denen die Herst. einer Lsg. wegen einer zu geringen Löslichkeit, eines zu schlechten Geschmacks od. zu geringer chem. Stabilität nicht mögl. ist. Die Suspensionsform dient u. U. einer Verzögerung der Wirkstofffreigabe. **Mixturen** sind meist innerl. Suspensionen. Die Ph.Helv.7 führt eine Monographie, **Suspensiones orales.** Äußerl. S. mit vorwiegend wässrigem Dispersionsmittel werden häufig als **Lotionen** (Lotiones*, Schüttelpinselungen, Schüttelmixturen, Trockenpinselungen, flüssige Puder) bezeichnet; vgl. Lotio alba aquosa. **Trockensuspensionen*** werden erst unmittelbar vor der Anw. mit Wasser vermischt. Der Dispersitätsgrad wird von der Partikelgröße u. der Benetzbarkeit* der Teilchen durch die Flüss. bestimmt. Je kleiner die Teilchen, umso kleiner ist deren Sedimentationsgeschwindigkeit (Stokes-Gesetz, s. Sedimentationsanalyse) u. desto größer ist die Grenzflächenenergie, so dass die Teilchen wiederum bestrebt sind, durch Zusammenlagerung (Agglomerieren) ihre Grenzflächenergie zu verringern. Bei Vorliegen einer schlechten Benetzbarkeit kann sich keine Solvathülle ausbilden, Pulveragglomerate bleiben erhalten, Luft wird u. U. adhäriert (s. Flotation). Die Ausbildung feindisperser S. wird durch die Ausbildung einer Solvathülle, meist kombiniert mit der Adsorption von Ionen (erzeugen Coulomb-Abstoßungskraft) gewährleistet. Dies kann in geeigneter Konz. durch Suspensionsstabilisatoren (grenzflächenaktive, aber auch viskositätserhöhende Zusätze u. Elektrolyten, s. Peptisatoren) erreicht werden.

Suspensionskultur: s. Gewebekultur.

Suspensionsmethode: s. Emulsionen.

Suspensionssalben: s. Unguenta.

Suspensorium: Leibgurt mit Leinenbeutel als Trageverband für den Hoden, auch bei sportl. Aktivitäten eingesetzt. Die Größe (1-10) wird vom Arzt bestimmt.

Suszeptibilität: s. Magnetwaage.

Suturamenta chirurgica resorbibilia: s. Chorda resorbilis sterilis.

Suturamenta medicinalia: s. Nahtmaterial, chirurgisches.

SUV: Abk. für (engl.) *small unilamellar vesicles*; s. Liposomen.

Suxamethoniumchlorid INN: Suxamethonii chloridum Ph.Eur.4, Suxamethonium chloratum, Sukzinyldicholinchlorid, Succinylcholinchlorid; 3,8-Dioxa-4,7-dioxodecan-1,10-bis(trimethylammonium)dichlorid; CAS-Nr. 71-27-2; $C_{14}H_{30}Cl_2N_2O_4 \cdot 2H_2O$, M_r 397.30. Schmp. ca. 160 °C bzw. ca. 190 °C (wasserfreie Form). Weißes, krist. Pulver; leicht lösl. in Wasser, schwer lösl. in Ethanol. **Wirk.:** verhindert durch langanhaltende Depolarisation der motor. Endplatte die Erregungsübertragung; **Anw.:** peripheres Muskelrelaxans*; **UAW:** Bradykardie, Herzarrhythmien, Hauterscheinungen durch Histaminfreisetzung, Muskelschmerzen ähnl. einem Muskelkater ca. 24 Std. nach Anw. durch initiale fibrilläre Muskelzuckungen; **Kontraind.:** bei Fehlen von Cholinesterase (Atemlähmung), schweren Leberfunktionsstörungen, Lungenödem, Ther. mit Herzglykosiden; **Dos.:** parenteral zur kompletten Lähmung i. v. 50-100 mg od. 15-45 mg individuell dosieren, Infusion i. v. 0.1 % nach Wirk. dosieren, in jedem Fall Probedos. von 5 mg vorausgeben; HWZ 2-4 min.

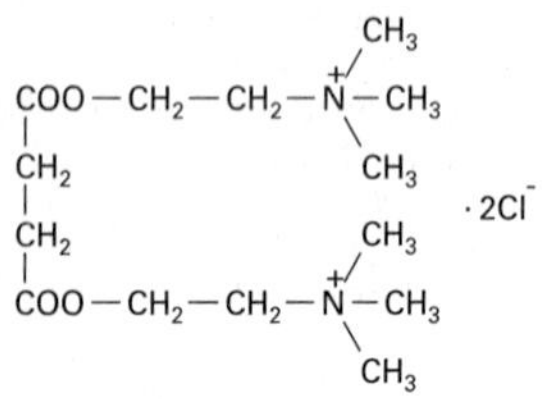

Suxamethoniumchlorid

Suxibuzon INN: Suxibuzonum Ph.Eur.4; 4-Butyl-4-hydroxymethyl-1,2-diphenylpyrazolidin-3,5-dionhydrogensuccinat; CAS-Nr. 27470-51-5; $C_{24}H_{26}N_2O_6$, M_r 438.48. Schmp. 126-127 °C. Lösl. in den meisten org. Lösungsmitteln; unlösl. in Wasser. **Anw.:** Antiphlogistikum*, Antirheumatikum*; **Dos.:** p. o. 3 × 0.3 g/d; HWZ 29-175 h (Metaboliten) bzw. 48-72 h.

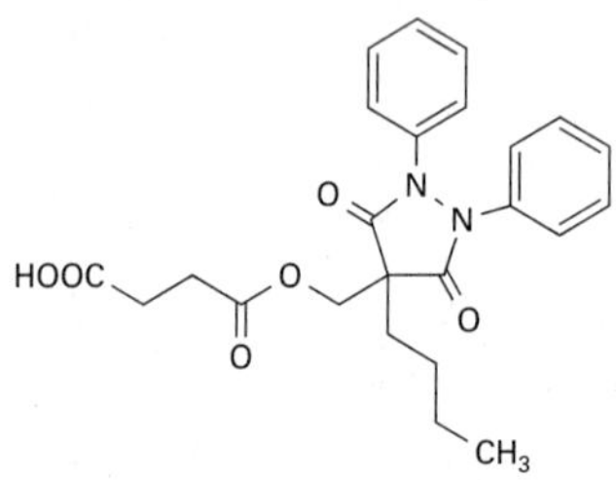

Suxibuzon

Suzuki-Reaktion: Suzuki-Kupplung; C – C-Verknüpfungsreaktion; Umsetzung eines Bromderivats R – Br mit einer Boronsäure* R' – B(OH)₂ unter Palladiumkatalyse. Im 1. Schritt wird das Bromderivat oxidativ an das Palladium(0) addiert u. das Bromid anschließend durch ein Hydroxid ersetzt. Durch Transmetallierung u. Abspaltung von Tetrahydroxyborat erhält man Palladium(II), verknüpft mit den bd. org. Resten. Das Palladium wird im letzten Schritt reduktiv eliminiert u. die Reste kuppeln zu R–R'.

Sv: Symbol der SI-Einheit Sievert für die Äquivalentdosis, ersetzt die Einheit rem; s. Dosimetrie.

Svedberg-Einheit: S-Wert, S; Symbol: S; 1 S = 10^{-13} s; gibt die Wanderungsgeschwindigkeit von Teilchen im Beschleunigungsfeld der Ultrazentrifuge (s. Zentrifugieren) an; nicht gesetzl. Einheit für die Sedimentationskonstante: $S = v_s/a$ (v_s Sedimentationsgeschwindigkeit, a Zentrifugalbeschleunigung); vgl. Antikörper.

SVI: Abk. für **S**low*-**v**irus-**I**nfektionen.

Swerosid: Dihydrogentiopikrin; das hydrierte Derivat von Gentiopikrin*, ein Bitterstoff in Gentianaceae* u. Menyanthes* trifoliata.

S-Wert: s. Svedberg-Einheit.

Swertia chirata Buch.-Ham. es Well.: Ophelia chirata, Chirettakraut; Fam. Gentianaceae (Vorder- u. Hinterindien). Stpfl. von **Herba Chirettae indicae:** Chirettakraut. **Inhaltsst.:** Bitterstoffe wie Chiratin u. Swertiamarin*; Opheliasäure, Gerbstoffe, Zucker sowie Wachs; **Anw.** volkstüml.: z.B. bei Fieber; als Bittermittel in der Likörfabrikation. **Hom:** *Chirata indica:* getrocknetes Kraut.

Swertiamarin: Hydroxyswerosid (vgl. Swerosid) bzw. Hydratoderivat von Gentiopikrin*; $C_{16}H_{22}O_{10}$, CAS-Nr. 17388-39-5, M_r 374.34, Schmp. 113-114 °C. Ein Secoiridoid-Bitterstoff (s. Abb.). **Vork.:** z.B. in Swertia japonica Makino, Swertia* chirata u. Centaurium* erythraea.

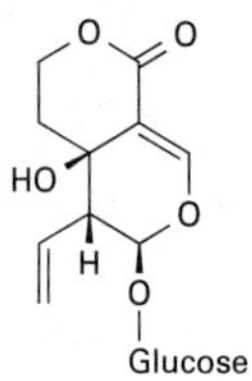

Swertiamarin

Swissmedic: Schweizerisches Heilmittelinstitut; seit 2002 mit der Inkraftsetzung des Heilmittelgesetzes* neue öffentl.-rechtl. Anstalt der Schweiz mit eigener Rechtspersönlichkeit. Sie entstand durch den Zusammenschluss der Interkantonalen Kontrollstelle für Heilmittel (IKS) mit der Facheinheit Heilmittel des Bundesamtes für Gesundheit (BAG). Dadurch ging die Kompetenz zur Heilmittelkontrolle in wesentl. Bereichen von den Kantonen an den Bund über. Dies betrifft insbes. die Zuständigkeit für die Zulassung u. die Marktüberwachung von Arzneimitteln (einschließl. Impfstoffe, Blut, Blutprodukte u. legale Betäubungsmittel), die Bewilligung von Herstellungs- u. Grosshandelsbetrieben sowie die Marktüberwachung von Medizinprodukten (einschließl. In-vitro-Diagnostika).

Sydnone: in Sydney entdeckte Klasse von Verb. (mesoionale Heterocyclen), die bei der Umsetzung von Essigsäureanhydrid* mit N-Nitrosoglycin-Derivaten erhalten wird.

Sylvestren: *m*-Mentha-6,8-dien, $C_{10}H_{16}$. Abweichend gebautes, monocycl. Monoterpen aus Pinus-Arten.

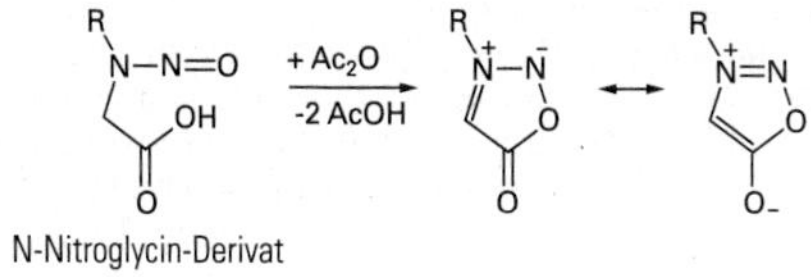

Sydnone: Bildungsreaktion

Symbionten: s. Symbiose.

Symbiose (gr. syn mit, zusammen; bios Leben): Zusammenleben artverschiedener Organismen zu gegenseitigem Nutzen; z.B. Mensch-Darmflora (Nahrung bereitstellen gegen Synthese von Vitamin K), vgl. Kommensalismus, Parasiten. **Symbionten:** Lebewesen, die in S. miteinander leben.

Symbole, chemische: Elementsymbole; Abk. für die Elementnamen, die meist aus den Anfangsbuchstaben ihrer lat. Namen gebildet werden; s. Periodensystem* der Elemente im hinteren Einbanddeckel.

Symmetrieachse: Drehachse; Symbol C_n; jene Achse, die ein Objekt so durchstößt, dass eine Drehung um 360°/n den Gegenstand in sich selbst überführt. Jedes Molekül hat unendl. viele C_1-Achsen, da eine Drehung um 360° es in seine ursprüngl. Lage zurückbringt (2-zählige Achse C_2, s. Abb.).

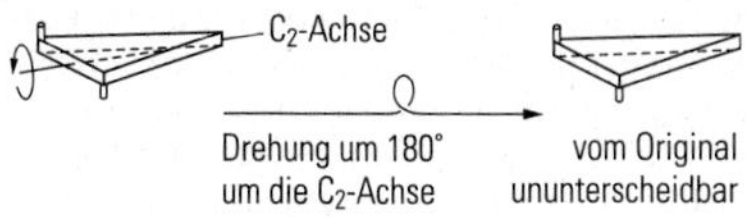

Symmetrieachse: Darstellung der C_2-Achse

Symmetrieebene: s. Spiegelebene.

Symmetrieelemente: Punkte, Ebenen od. Achsen, an denen Symmetrieoperationen durchgeführt werden können. S. 1. Klasse: Symmetrieachsen* (C_n); S. 2. Klasse: Spiegelebene*, Drehspiegelachse*, Symmetriezentrum*. Eine Verb. ist dann chiral, wenn sie kein S. 2. Klasse besitzt.

Symmetriezentrum: Inversionszentrum; Symbol i; Zentrum eines Moleküls, durch das man von jedem Atom eine Gerade ziehen kann, die im gleichen Abstand vom Zentrum wieder ein äquivalentes Atom trifft.

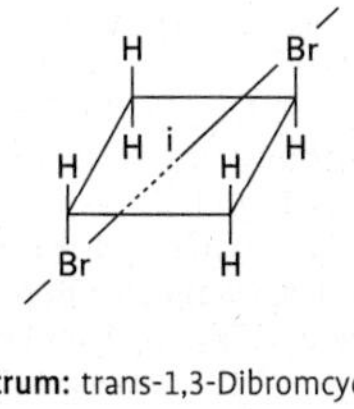

Symmetriezentrum: trans-1,3-Dibromcyclobutan als Beispiel

Sympathikus (gr. sympathein mitleiden, mitempfinden): Pars sympathica des vegetativen Nervensystems*, die morpholog. aus dem Truncus sympathicus mit den zugehörigen sympath. Nerven, Geflechten u. peripheren Ganglien besteht. Der S.

enthält afferente Fasern für die Schmerzempfindung der Eingeweide. Die Erregung des S. führt zu Blutdruckanstieg, Tachykardie*, Tachypnoe, Mydriasis, Piloarrektion, Hyperhidrose* sowie zu einer Herabsetzung der Motilität des Magen-Darm-Trakts u. der Sekretion innerer Drüsen. **Pharmakol. Wirk. auf den Sympathikus: 1.** erregend: u. a. Adrenalin, Noradrenalin, Ephedrin, s. Sympathomimetika; **2.** hemmend: u. a. Ergotoxin, Ergotamin, Yohimbin (Nicotin); s. Sympatholytika. Vgl. Parasympathikus.

Sympatholytika: Adrenozeptorantagonisten, Adrenolytika, Sympathikolytika (veraltet), Alpha- u. Betarezeptorenblocker; durch Blockade adrenerger Rezeptoren die Erregungsübertragung von den sympath. Nervenendigungen zu den sympath. Effektorzellen hemmende Pharmaka. **1. Alphasympatholytika:** syn. Alphaadrenozeptorantagonisten, Alphablocker; Substanzen, die adrenerge Alpharezeptoren an den Erfolgsorganen, v. a. den Gefäßen, kompetitiv hemmen. **Wirkstoffe: a)** Alpha-1- u. Alpha-2-Rezeptoren blockierend, z. B. Phentolamin*, Phenoxybenzamin* (bei peripheren Durchblutungsstörungen, Phäochromozytom, bei neurogenen Blasenentleerungsstörungen); einige Mutterkornalkaloide, z. B. Dihydroergotamin (bei orthostat. Hypotonie, Migräne, postpartalen Blutungen); **b)** spezif. Alpha-1-Rezeptoren hemmend, v. a. Prazosin*, Bunazosin*, Urapidil*, welche keinen präsynapt. verstärkten Sympathikustonus verursachen; sind stark hypotensiv wirksam u. führen zu einer peripheren Gefäßerweiterung (bei essentieller Hypertonie, vgl. Antihypertensiva); **c)** kompetitiver Hemmer der Alpha-2-Rezeptoren ist Yohimbin*; **2. Betasympatholytika:** syn. Betarezeptorenblocker, Betaadrenozeptorantagonisten, Betablocker; durch kompetitive zentrale u. periphere Hemmung des betaadrenergen, sympath. Systems werden v. a. kardiovaskuläre, gastrointestinale u. stoffwechselreduzierende Wirkungen herbeigeführt. Durch Beta-1-Blockade wird Herzfrequenz, Kontraktibilität u. Erregungsleitungsgeschwindigkeit reduziert, die Reninfreisetzung in der Niere verringert u. die glatte Muskulatur der Arteriolen durch Beta-2-Hemmung kontrahiert. Über einen zentralen Angriffspunkt werden vermutl. diese blutdrucksenkenden Eigenschaften zusätzl. verstärkt. Beta-2-Blockade bewirkt auch eine Hemmung des Glykogenabbaus in der Skelettmuskulatur u. in der Leber. Betasympatholytika gelten als Antihypertensiva*, sind aber auch in der Prophylaxe der Angina* pectoris, des Reinfarktes u. der Migräne* sowie bei Glaukom* u. Phäochromozytom* indiziert. **Wirkstoffe:** Pindolol*, Metoprolol*, Oxprenolol*; es handelt sich fast ausschließl. um 1-Aryloxy-3-isobutylamino-2-propanole (außer z. B. Nebivolol*), wobei der Isobutylrest durch Isopropylrest ersetzt sein kann; als Arylreste fungieren neben Benzol- u. Naphthalinderivaten auch diverse Heterocyclen (s. Abb. 1 u. 2). **UAW:** durch Überwiegen des parasympath. Tonus entstehen typ. UAW wie Obstruktionen der Atemwege, allerg. Reaktionen u. Störungen der peripheren Durchblutung.

Sympathomimetika (gr. sympathein mitempfinden, in Wechselwirkung stehen mit; mimema Nachahmung): syn. Sympathikomimetika (veraltet), Adrenergika (Nachahmer einer physiol. Sympathikuserregung), adrenerge Substanzen, Adrenomimetika; Pharmaka, die an den synapt. Erfolgsorganen Wirkungen hervorbringen, wie sie einer Sympathikuserregung entsprechen (vgl. Nervensystem, vegetatives). Chem. sind S. fast ausschließl. Betaphenylethylamine. Man unterscheidet zw. direkt u. indirekt wirkenden Sympathomimetika:

1. direkt wirkende S.: Adrenozeptoragonisten; erregen (postsynapt.) überwiegend entw. die sympath. Alpha-1-, Alpha-2-, Beta-1- od. Beta-2-Rezeptoren (die wichtigsten Rezeptorsubtypen) der Effektorzellen. Alpha- u. betaadrenerg (an Alpha- u. Betarezeptoren gleichzeitig) wirken z. B. Adrenalin* u. Noradrenalin* (system. bei kardiogenem Schock, lokal zur Vasokonstriktion als Zusatz zu Lokalanästhetika, bei Blutungen von Haut u. Schleimhaut); zusätzl. auch dopaminerg wirken z. B. Dopamin* u. Dobutamin* (bei akutem Herzinfarkt, kardiogenem Schock). **a) Alphasympathomimetika:** syn. Alphaadrenozeptoragonisten; bewirken überwiegend eine Stimulierung der postsynapt. Alpha-1- od. Alpha-2-Rezeptoren, womit eine Kontraktion der glatten Muskulatur der Gefäße, der Haut, der Eingeweide u. der Skelettmuskulatur, des Uterus, der Bronchien, Kontraktion der Längsmuskulatur u. der Sphinkteren im Magen-Darm-Trakt, Kontraktion des Musculus dilatator pupillae (daher Pupillenerweiterung), Steigerung der Glykogenolyse in der Leber etc. verbunden ist. Zu dieser Gruppe der S. zählt man z. B. Norfenefrin*, Phenylephrin*, Etilefrin*, die als kreislaufstützende Mittel, bei niedrigem Blutdruck eingesetzt werden; Alphasympathomimetika dienen als Rhinologika* (lokale Anw. zur Schleimhautabschwellung). Alpha-2-Sympathomimetika wie Clonidin*, Guanfacin*, Tiamenidin* bewirken durch Stimulierung zentraler postsynapt. Alpha-2-Rezeptoren in bestimmten Gehirnzentren eine Senkung des peripheren Sympathikustonus u. damit des Blutdrucks (vgl. Antihypertensiva, Imidazolinrezeptoragonisten); **b) Betasympathomimetika:** syn. Betaadrenozeptoragonisten; (überwiegende) Stimulierung der Beta-1-Rezeptoren bewirkt u. a. eine Steigerung der Frequenz u. der Kontraktionskraft des Herzens sowie eine vermehrte Reninfreisetzung in der Niere. Stimulierung der Beta-2-Rezeptoren hat u. a. eine Erschlaffung der glatten Muskulatur der Gefäße, des Uterus, der Bronchien, der Magen-Darm-Muskulatur, eine vermehrte Glykogenolyse in Leber u. Skelettmuskulatur, eine gesteigerte Lipolyse in der Leber u. eine vermehrte Insulinfreisetzung zur Folge. Sowohl Beta-1- u. Beta-2-wirksame S. sind z. B. Isoprenalin*, Orciprenalin* (Anw. als Bronchospasmolytika, Wehenhemmer u. bei Überleitungsstörungen am Herzen, s. Antiarrythmika). Bevorzugt Beta-2- wirksame S. u. daher mit weniger kardialen UAW behaftete Vertreter sind z. B. Terbutalin*, Salbutamol*, Fenoterol*, Pirbuterol (Bronchospasmolytika, Wehenhemmer, bei Durchblutungsstörungen der Arme u. Beine). Wichtigste Ind. der Beta-2-S. ist die Ther. des Asthma bronchiale, wobei die unerwünschte Beta-

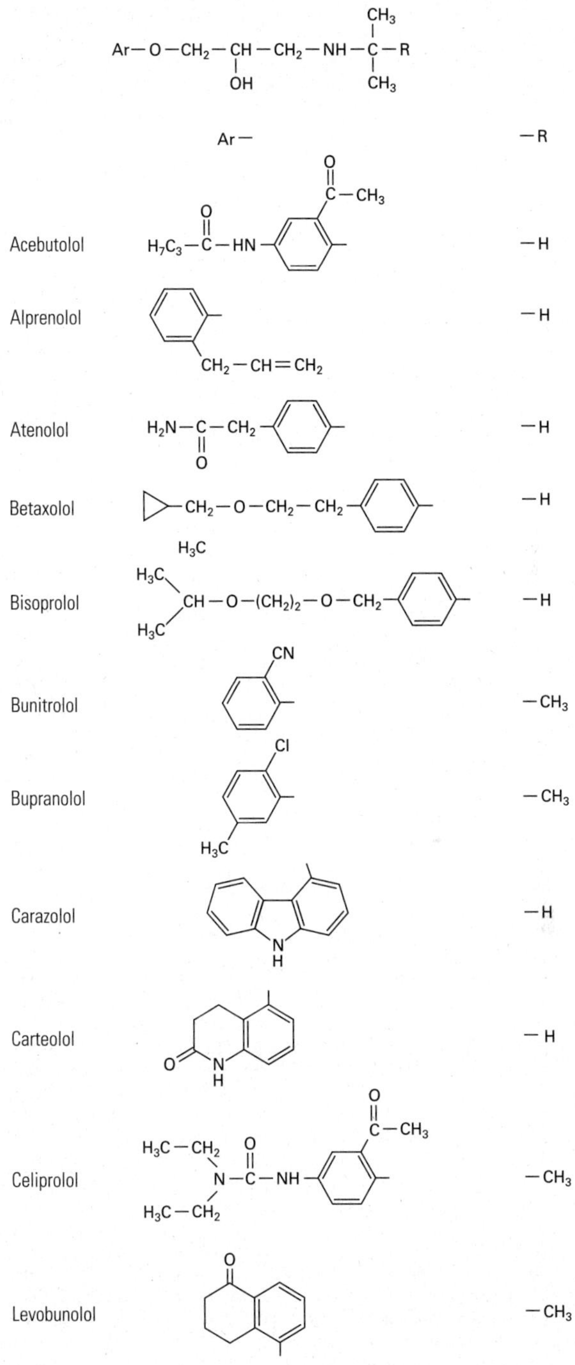

Sympatholytika Abb. 1

1-Wirkung am Herzen gering, die erwünschte Beta-2-Wirkung der Lunge aber stark sein soll; missbräuchl. verwendet als Anabolikum*, z. B. Clenbuterol*; **2. indirekt wirkende S.:** setzen präsynapt. Noradrenalin aus den Speichervesikeln frei, das dann mit den sympath. Rezeptoren

	Ar—	—R
Mepindolol	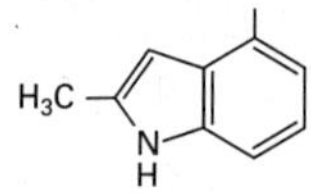	—H
Metipranolol	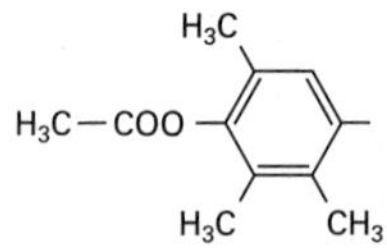	—H
Metoprolol	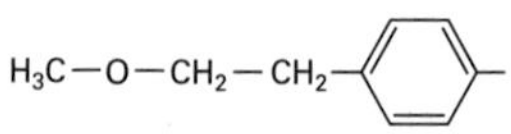	—H
Nadolol	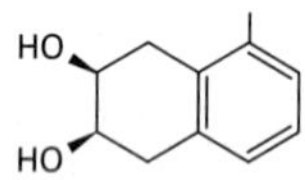	$-CH_3$
Oxprenolol	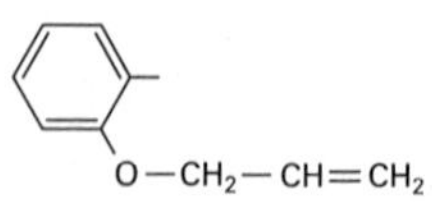	—H
Penbutolol	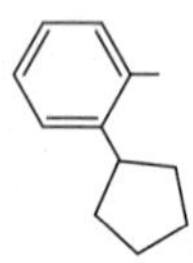	$-CH_3$
Pindolol	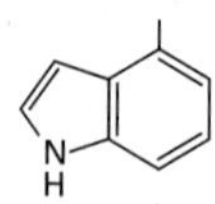	—H
Propranolol	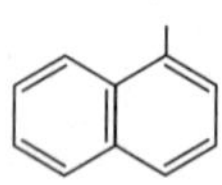	—H
Timolol	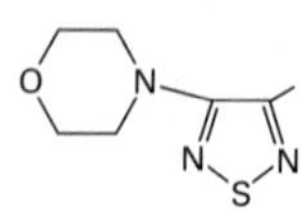	$-CH_3$
Sotalol	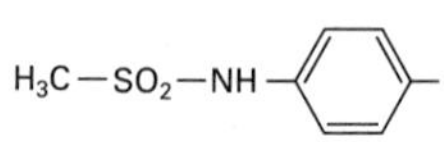	—H
Tertatolol	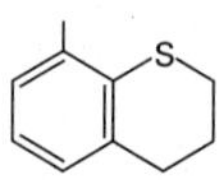	$-CH_3$
Toliprolol	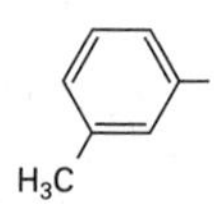	—H

Sympatholytika Abb. 2

reagiert. Sie weisen gleichzeitig zentrale Wirkungen auf (können die Blut-Liquor-Schranke passieren u. zu euphor. Zuständen, gesteigerter Leistungsfähigkeit, Appetitlosigkeit führen), die ihre Indikationen begründen u. gleichzeitig z. T. sehr einschränken (Gefahr der Entwicklung einer Abhängigkeit). Dazu gehören u. a. die sog. Weckamine* (z. B. Amfetamin*, Methamfetamin) u. Appetitzügler* sowie Ephedrin*; Einsatz z. B. als Mydriatika*.

Symphoricarpus albus (L.) S.F. Blake: Symphoricarpus racemosus Michx., Schneebeere; Fam. Caprifoliaceae (Nordamerika, Zierstrauch in Europa). **Tox.:** die Beeren sind giftig.

Hom: *Symphoricarpus racemosus:* Wurzeln od. Beeren; verord. z.B. bei Schwangerschaftserbrechen u. Kinetosen (Reisekrankheit).

Symphytum officinale L.: Beinwell, Schwarzwurz, Wallwurz, Beinheil, Comfrey; Fam. Boraginaceae (Europa). Stpfl. von **Herba Symphyti:** Herba Consolidae, Beinwellkraut. **Inhaltsst.:** Pyrrolizidinalkaloide* (in den Blättern bis zu fast 0.2 %) wie Echimidin, ferner Symphyto-Cynoglossin, Symphytin u. das Glykoalkaloid Consolidin (in geringen Mengen), Spuren äther. Öls, Schleim, Gerbstoffe u. Cholin*; **Anw.:** äußerl. bei Prellungen, Zerrungen, Verstauchunen; volkstüml.: geg. Lungenleiden; **Symphyti radix:** Radix Symphyti, Radix Consolidae, Schwarzwurzel, Beinwellwurzel. **Inhaltsst.:** 0.6-0.8 % Allantoin*, ca. 0.3-0.4 % Pyrrolizidinalkaloide*, Asparagin*, Schleimstoffe*, Gerbstoffe u. Fructose; **Anw.:** äußerl. bei Prellungen, Zerrungen, Verstauchungen; volkstüml.: bei schlecht heilenden Wunden (s. Allantoin), Krampfadern u. Sehnenscheidenentzündungen; innerl. bei Blutungen, blutigen Diarrhöen sowie bei Husten. Wegen der hepatotox. u. kanzerogenen Pyrrolizidinalkaloide* sollte auf die innerl. Anw. von S. verzichtet werden.

Hom: *Symphytum:* frische, vor Beginn der Blüte gesammelte Wurzel (dunkelrote Essenz, zur innerl. Anw.); verord. z.B. bei stumpfen Verletzungen, Thrombophlebitis, Knochenbrüchen.

Hom: *Symphytum ad usum externum:* frische, blühende Pflanze (grünl.-gelbe Essenz, zur äußerl. Anw.).

Symplast (gr. syn zusammen, gemeinschaftlich; plastos geformt, gebildet): zusammenhängende, lebende Einheit aller über Plasmodesmen verbundener Protoplasten einer Pflanze. Den Transport gelöster Substanzen über den Symplasten, d.h. von Protoplast zu Protoplast über die Plasmodesmen, bezeichnet man als symplast. Transport; vgl. Apoplast.

Symplex: s. Enzyme.

Symplocarpus foetidus (L.) Nutt.: Dracontium feotidum, Drachenkraut, Kugelkolben; Fam. Araceae (Ostasien, Nordamerika). **Inhaltsst.:** äther. Öl, Hydroxytryptamin; **Anw.** volkstüml.: z.B. als krampflösendes Mittel; Volksheilmittel der nordamerikan. Indianer.

Hom: *Dracontium foetidum:* frische, bei Blütebeginn gesammelte Pflanze.

sympodial: (bot.) Mutterachse bleibt gegenüber den Seitenzweigen in der Entw. zurück. **Sympodium:** im Ggs. zum Monopodium bevorzugte Entw. der Seitenverzweigungen gegenüber der Hauptachse.

Symport: Cotransport; ein trägergekoppelter Transportprozess durch Membranen von zwei unterschiedl. Verbindungen od. Ionen in gleicher Richtung. Das Gegenteil des S. ist der Antiport. S. findet man bei Bakterien, Algen, Pilzen u. höheren Pflanzen sowie in tier. Zellen.

Synärese: Alterung (Reifung) von manchen Gelen* während der Lagerung. S. tritt durch Verdichtung des Gelgerüsts unter teilweiser Abgabe der mechan. od. kapillar festgehaltenen Flüssigkeit auf, z.B. beobachtet bei Joghurt, Vaselin (sog. Bluten).

Synapse: Umschaltstelle für diskontinuierl. Erregungsübertragung von einem Neuron auf ein zweites Neuron od. auf das Erfolgsorgan. Die Erregungsübertragung erfolgt mittels chem. Stoffe, den Neurotransmittern*.

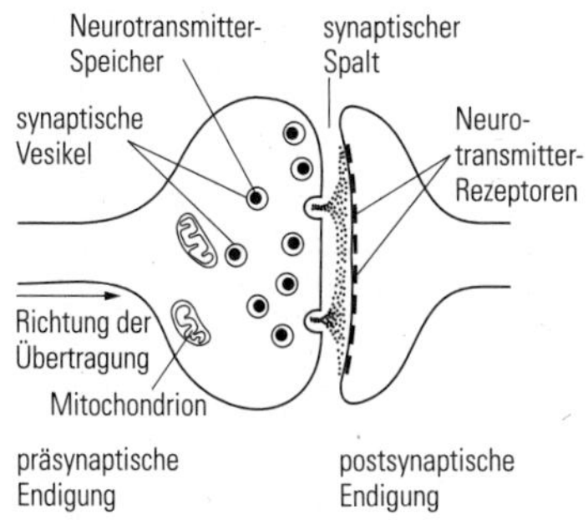

Synapse

Synapsis: Paarung homologer Chromosomen zu Beginn der ersten Reifeteilung; s. Meiose. Während der Synapsis findet das crossing* over statt.

synchron (gr.): gleichzeitig.

Synchronreaktionen: s. Reaktionen, konzertierte.

Synchrotron: s. Teilchenbeschleuniger.

Synchrozyklotron: s. Teilchenbeschleuniger.

Syndets: Kurzbez. für **syn**thetische **Det**ergenzien; reine Syntheseprodukte, die wie Seifen eine große Schaumwirkung haben, jedoch beim Waschvorgang den Säuremantel der Haut nicht vorübergehend entfernen.

Syndrom (gr. syndromos mitlaufend, begleitend): Gruppe von Krankheitszeichen, die für ein bestimmtes Krankheitsbild (Phänotypus) mit meist einheitl. Ätiologie*, aber unbekannter Pathogenese charakterist. sind.

Synephrintartrat: Synephrini tartras, Oxedrini tartras, Oxedrintartrat, Oxyphenyl-methylaminoaethanolum tartaricum, para-Hydroxyphenylmethylaminoaethanolum tartaricum, *p*-Hydroxyphenylmethylaminoethanoltartrat, DL-1-(4'-Hydroxyphenyl)-2-methylaminoethanol(1)-D-tartrat; Bis-[(*RS*)-1-(4-hydroxyphenyl)-2-(methylamino)ethanol]-(2*R*,3*R*)-tartrat; $(C_9H_{13}NO_2)_2 \cdot C_4H_6O_6$, M_r 484.5. Schmp. 185 °C (unter Zers.). $[\alpha]_D^{20\,°C}$ +11 bis + 15° (c=5 in Wasser). Weißes, krist. Pulver von bitterem Geschmack, lösl. in ca. 2 T. Wasser; wenig lösl. in Ethanol. **Anw.:** Alphasympathomimetikum (s. Sympathomimetika), Kreislaufmittel bei akuter Kreislaufschwäche u. hypotonen Zuständen; **Kontraind.:** Hypertonie, Koronarinsuffizienz, Thyreotoxikose; **Dos.:** p.o. 100 mg mehrmals tägl., parenteral 60 mg n.B.; HWZ 2 h.

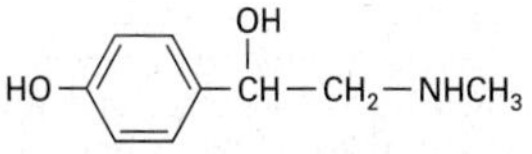

Synephrintartrat

Synergiden: (bot.) 2 auch als Gehilfinnen bezeichnete Zellen, die zus. mit der Eizelle im oberen T. des Embryosacks den sog. Eiapparat bilden; s. Samenbildung (Abb. 1).

Synergismus: Synergie; **1.** (pharmakol.) Zusammenwirken von Arzneimitteln od. Giften unter Wirkungssteigerung. **2.** (physiol.) Zusammenwirken von Zellen od. Organismen; vgl. Antagonismus.

Synestrol: s. Hexestrol.

Syngamie: s. Befruchtung, Samenbildung.

synkarp: (bot.) miteinander verwachsene Fruchtblätter; s. Blüte (Blütenteile).

Synkope: Ohnmacht; Sekunden bis Minuten dauernder Bewusstseinsverlust. **Urs.:** **1.** kardial bedingt, z. B. bei Herzrhythmusstörungen*; **2.** vaskulär bedingt, z. B. bei funktionellen Kreislaufstörungen*; **3.** zerebrovaskulär bedingt bei zerebralen Durchblutungsstörungen; **4.** zerebral bedingt, z. B. bei Epilepsie*.

Synonym-Verzeichnis: Verzeichnis der gebräuchl. Bez. für Arzneimittel u. deren Ausgangsstoffe. Es enthält die deutschen sowie die neuen u. alten lat. Bez. sämtl. Ausgaben der Ph.Eur.4, der deutschen Arzeibücher (ab der 6. Ausgabe), des EB6, soweit die Stoffe noch Marktbedeutung haben, des DAC sowie der gültigen Ausgaben des ÖAB u. der Ph.Helv. Damit soll die Arzneimittelsicherheit durch Vermeidung von Arzneimittelverwechslungen erhöht werden. Das S.-V. gehört gemäß § 5 ApBetrO zu den Hilfsmitteln, die in einer Apotheke vorhanden sein müssen.

Synovialitis: Synovitis; Entzündung der Gelenkinnenhaut.

Synproportionierung: syn. Komproportionierung; Redox-Vorgang, bei dem Verb. eines Elements in einer höheren u. einer niedrigeren Oxidationsstufe miteinander unter Bildung einer mittleren Oxidationsstufe reagieren. Gegenteil von Disproportionierung*. Beispiel:
$Fe + 2\,Fe^{3+} \rightarrow 3\,Fe^{2+}$.

synsepal: verwachsene Kelchblätter; s. Blüte (Blütenteile).

Synsepalum dulciferum (Schum.) Daniell.: Fam. Sapotaceae (Afrika, Puerto Rico, Florida). Stpfl. von **Semen Synsepali dulciferi: Inhaltsst.:** Miraculin, ein Glykoprotein (M_r 44 000) mit geschmacksverändernden Eigenschaften (Geschmackswandler); saurer Geschmack erscheint süß (Überempfindlichkeit für Süß). Auch die Früchte (Miracle Fruit, Wunderbeeren, Miraculinbeeren) werden verwendet.

Synstigminbromid-Augentropfen 3 %: s. Augentropfen.

Synstigminium bromatum: s. Neostigminbromid.

Synstigminium methylsulfuricum: s. Neostigminmethylsulfat.

Syntane: s. Gerbstoffe, synthetische.

syntepal: verwachsene Perigonblätter; s. Blüte (Blütenteile).

Synthasen: s. Enzyme.

Synthese: chem. Aufbau zusammengesetzter Stoffe aus einfacheren Stoffen, entweder durch Substitution, d. h. Ersatz von Atomen u. Atomgruppen im Molekül durch andere Substituenten, durch Kondensation* od. durch Polymerisation*.

Synthese, asymmetrische: s. Enantioselektivität.

Synthese, enantioselektive: Synthese, asymmetrische; s. Enantioselektivität.

Synthesegas: CO/H_2-Gemische sowie auch N_2/H_2-Gemische. Für einige CO/H_2-Gemische existieren auch andere Bez., z. B. Wassergas* für CO/H_2 aus der Kohlevergasung u. Spaltgas* für CO/H_2 aus der chem. Kohlenwasserstoffspaltung. **Anw.:** Rohstoffbasis zur Gew. von H_2, CO sowie einigen großtechn. Basisprodukten wie Ammoniak (aus N_2/H_2), Methanol, Oxoalkoholen u. Kohlenwasserstoffen.

Synthesevorläufer: (engl.) *precursor*; **1.** Substanzen, in die ein radioaktives Nuklid eingebaut wird. Dies kann direkt mit dem Nuklid geschehen (z. B. Fluor-18), od. das Nuklid ist bereits in einem Molekül gebunden (z. B. Methylierungen mit $[^{11}C]CH_3I$), od. das Nuklid ist an einen Liganden gebunden u. dieser Komplex wird über ein Kopplungsfragment an einen S. gebunden (z. B. Markierung von Peptiden mit radioaktiven Metallen). Häufig enthalten die S. Schutzgruppen, um regioselektive Markierungen zu gewährleisten. **2.** kleine Moleküle, die ein radioaktives Isotop enthalten u. zur Synthese von Radiopharmaka* verwendet werden (Beispiele: $[^{11}C]CO_2$, $[^{18}F]H_3CCOOF$, $[^{99m}Tc]TcO_4^-$).

Synthetasen: s. Enzyme.

Synvinolin: s. Simvastatin.

Syphilis (Name geprägt von Girolamo Fracastoro, 1478–1553, Verona): Lues venerea, Lustseuche, harter Schanker; eine der meldepflichtigen Geschlechtskrankheiten*. **Erreger:** Treponema* pallidum; **Übertragung:** durch Geschlechtsverkehr, nur ausnahmsweise indirekt; **Formen:** **1.** angeborene S.: S. connata; **2.** erworbene S.: S. acquisita; **3.** Spätstadium: Tabes* dorsalis; **Ther.:** Antibiotika (Penicilline, Tetracycline, Cephalosporine; früher Antisyphilitika*).

Syringaaldehyd: Oxidationsprodukt von Syringin (s. Abb); vgl. Syringa vulgaris.

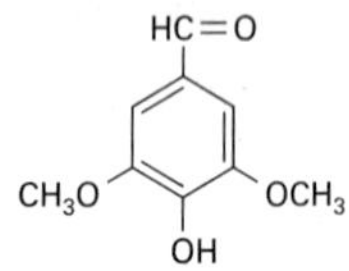

Syringaaldehyd

Syringasäure: s. Phenolcarbonsäuren.

Syringa vulgaris L.: (Gewöhnlicher) Flieder; Fam. Oleaceae (heim. Südosteuropa). **Inhaltsst.:** Syringin (4-(3-Hydroxypropenyl)-2,6-dimethoxyphenyl-D-glucosid, s. Abb.); in den Blättern der Bitterstoff Syringopicrin; in den Blüten äther. Öl (mit Farnesol*); **Anw.** volkstüml.: Tonikum u. geg. Fieber. **Hom:** *Syringa vulgaris:* frische Blüten.

Systematik: Wissenschaft von der Beschreibung u. Benennung der Organismen, ihrer Zusammenfassung zu nat. Gruppen aufgrund ihrer verwandtschaftl. Beziehungen u. ihrer Einordnung in ein System; vgl. Taxonomie, Nomenklatur, binäre.

Systeme, intrauterine und intravaginale therapeutische: Arzneiformen zur intrauterinen Anwendung mit modifizierter Freisetzung. **Anw.:**

S

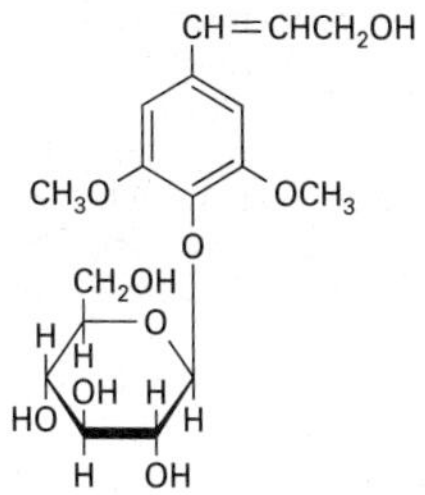

Syringa vulgaris: Syringin

Kontrazeption; z. B. als vaginal applizierter Ring, der in einem Siliconpolymer Etynodioldiacetat u. Mestranol enthält. Mit einer Kinetik 0. Ordnung werden beide Arzneistoffe, jedoch mit unterschiedl. Liberationsrate, freigesetzt.

Systeme, okulare therapeutische: Abk. OTS; Applikationssysteme, die die präcorneale Verweildauer von Arzneistoffen verlängern u. deren Penetration in das Auge verbessern. Erste Formen waren Inserte*. Andere Systeme erhöhen die Bioverfügbarkeit z. B. durch Einbettung in einen Polyvinylalkoholfilm od. auf Basis von Siliconpräpolymeren.

Systeme, therapeutische: Abk. TS; Vorrichtung od. Darreichungsform zur kontinuierl. Abgabe eines od. mehrerer Arzneistoffe in vorausbestimmter u. gleichbleibender Geschwindigkeit über einen festgelegten Zeitraum an einen festgelegten Anwendungsort. T. S. sind z. B. orale osmotische therapeutische Systeme (s. OROS®), transdermale therapeutische Systeme*, okulare therapeutische Systeme* u. intrauterine u. intravaginale therapeutische Systeme*. Bei der **Infusionstherapie mit TS** befindet sich der Arzneistoff in einem unter Druck stehenden Reservoir (max. 60 mL). Die Abgabe erfolgt z. B. vorprogrammiert kontinuierl. über 24 h intravenös über ein Schlauchsystem. Das System wird am Ober- oder Unterarm getragen. **Anw.:** Antikoagulation, antibiot. Therapie bei chron. Infektionen, zytostat. Therapie u. Insulinverabreichung; dabei führt die Insulinpumpe dem Diabetiker über einen Katheter (Infusionsset) kontinuierl. u. rund um die Uhr eine individuell vorprogrammierte Menge von rasch wirkendem Insulin zu, die weitgehend dem tageszeitlich schwankenden Grundbedarf angepasst ist.

Systeme, transdermale therapeutische: Abk. TTS, Emplastra transcutanea Ph.Eur.4; pflasterähnl. flexible Darreichungsformen für hochwirksame, system. wirkende Arzneistoffe. Eine Veränderung der Arzneistoffe, wie sie bei p. o. Applikation eintreten kann, wird durch die transdermale Verabreichung vermieden, vgl. First-pass-Effekt. **Pharmakokinetik:** Das TTS wird vom Patienten selbst z. B. hinter das Ohr od. auf die Brust aufgebracht. In der Folge diffundiert der Arzneistoff aus dem System, d. h. aus einem Reservoir, z. B. durch eine die Freigabe kontrollierende Mikroporenmembran hindurch od. es kommen andere Freisetzungsmechanismen zum Einsatz. Der Arzneistoff diffundiert weiter mit gleichbleibender Geschwindigkeit — solange noch Arzneistoff im Reservoir vorhanden — durch die intakte Haut u. gelangt über die Kapillaren in den Blutkreislauf. **Wirkstoffe:** Bisher wurden z. B. Scopolamin*, Glyceroltrinitrat*, Estradiol*, Clonidin*, Fentanyl* u. Nicotin* (zur Raucherentwöhnung) in Form eines TTS eingesetzt. **Prüfungen:** Gleichförmigkeit des Gehalts u. Wirkstofffreisetzung aus transdermalen Pflastern, um die erforderl. Freisetzung des Wirkstoffs nachzuweisen. Je nach der Zusammensetzung, den Dimensionen u. der Form des Pflasters können lt. Ph.Eur.4 die Freisetzungsscheibe, die Extraktionszelle od. der rotierende Zylinder zur Prüfung ausgewählt werden. **Beschriftung:** Dosis/Zeitintervall, Freisetzungsoberfläche.

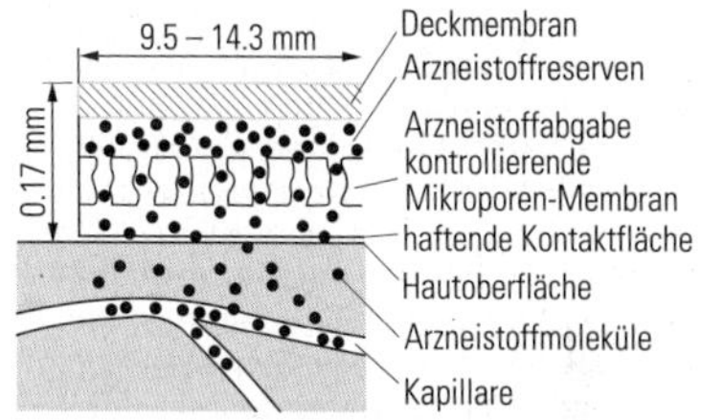

Systeme, transdermale therapeutische: Funktionsprinzip eines TTS

System, extrapyramidales: Bez. für alle motor. Kerngebiete in kortikalen u. subkortikalen Bereichen des ZNS mit den zugehörigen Bahnen, die nicht der Pyramidenbahn* angehören. **Funktion:** Regulierung des Muskeltonus, der unwillkürl. u. Koordinationsbewegungen, der Körperhaltung, der Ausdrucks- u. Abwehrbewegungen, des Gleichgewichts. Störungen des e. S. führen z. B. zum Parkinson-Syndrom.

System, implantierbares therapeutisches: s. Implantate.

System, lysosomales: spezifizierte Vakuolen, die eine Vielzahl von abbauenden Enzymen, die lysosomalen Enzyme, enthalten. Diese katalysieren den Abbau org. Substanz.

System, mononukleäres phagozytäres: Abk. MPS, Monozyten-Makrophagen-System, monozytäres Phagozytensystem, veraltet Retikuloendotheliales System (Abk. RES); zusammenfassende Bez. für alle phagozytoseaktiven, von Monozyten abstammenden Zellen, insbes. Makrophagen der versch. Gewebe (z. B. in Milz, Leber, Knochenmark); s. Leukozyten. I. w. S. auch die Histiozyten des Bindegewebes einschließend (retikulohistiozytäres System RHS) **Funktion:** v. a. Phagozytose*, Zytotoxizität, Immunregulation u. Synthese unterschiedl. biol. aktiver Substanzen wie Monokine*.

System, orales osmotisches therapeutisches: s. OROS.

System, retikuloendotheliales: s. System, mononukleäres phagozytäres.

System, tesserales: reguläres Kristallsystem, s. Kristalle.

System zur Infusionstherapie, therapeutisches: Infusionsgerät zur kontinuierl. Arzneistoffzufuhr über einen längeren Zeitraum. Das

S

System wird vom Patienten am Arm getragen. Die Infusion erfolgt aus einer Arzneistoffpatrone unter Druck durch ein 0.2 μm-Filter u. ein Dosiergerät. Vgl. therapeutische Systeme.

Systole: Kontraktion der Herzkammern, die in Anspannungs- und Austreibungsphase unterteilt wird. Die S. der Vorhöfe fällt in die Füllungsphase der Diastole*; vgl. Herz.

Syzygium aromaticum (L.) Merr. et L. M. Perry: Caryophyllus aromaticus, Jambosa caryophyllus, Eugenia caryophyllata (C. Spreng) Bull. et Harr., Gewürznelkenbaum; Fam. Myrtaceae (heim. Molukken, wie Muskatnuß, s. Myristica fragrans, daher der Name Gewürzinseln; kult. in fast allen Tropenländern, bes. an der Ostküste Afrikas wie Sansibar, Pemba, Madagaskar, Mauritius, Reunion). Stpfl. von **Caryophylli flos:** Flores Caryophylli, Gewürznelken, Nägelein, Nelken; die getrockneten Blütenknospen, hellbraun auf den Molukken, sonst dunkelbraun. **Off.:** Ph.Eur.4; **Inhaltsst.:** 12-25 %, nach Ph.Eur. mind. 15 % äther. Öl (Caryophylli floris aetheroleum, s. unten), ca. 3 % Oleanolsäure (Caryophyllin, ein Triterpensapogenin), 10-20 % Gerbstoffe (Phlobaphene), 6-12 % fettes Öl sowie Spuren von Vanillin; **Anw.** volkstüml.: als Stomachikum, zu Mundwässern; Gewürz (Fisch, Braten, Soßen, Kraut; Punsch, Glühwein); **Anthophylli:** Fructus Caryophylli, Mutternelken, Königsnelken; die nicht völlig reifen Früchte. Sie enthalten etwas weniger äther. Öl (kein Aceteugenol) als die Gewürznelken u. dienen ebenfalls als Gewürz. **Caryophylli floris aetheroleum:** Oleum Caryophylli, Nelkenöl; das äther. Öl der Blütenknospen (ÖAB90), Blütenstiele u. Laubblätter (Ph.Eur.4, Ph.Helv.7). **Best.:** 80-90 % Eugenol* u. 10-15 % Aceteugenol, 5-10 % β-Caryophyllen, Caryophyllenepoxid, Humulen (α-Caryophyllen), Salicylsäuremethylester u. a. Ester sowie Heptan-2-on u. Octan-2-on, bd. für Geruch wichtig (nach Ph.Eur.4: 5-14 % β-Caryophyllen, 75.0-88.0 % Eugenol, 4.0-15.0 % Acetyleugenol; nach ÖAB90: mind. 84 u. max. 96 % Eugenol u. Aceteugenol zus.; nach Ph.Helv.7: mind. 85 % Phenole, davon hauptsächl. Eugenol). D. 1.030-1.063, $\alpha_D^{20°C}$ 0 bis −2°. $n_D^{20°C}$ 1.528-1.537. Weißes bis gelbl., stark würzig riechendes Öl, das sich allmähl. bräunl. färbt; **Wirk.:** lokalanästhesierend, spasmolytisch, antimikrobiell; **Anw.:** in der Zahnheilkunde zur lokalen Schmerzstillung u. als Antispetikum; bei entzündl. Veränderungen der Mund- u. Rachenschleimhaut; außerdem in der Kosmetik; Gewürz; **Zuber.:** Spiritus* Melissae compositus. **Stipites (Festucae) Caryophyllorum:** Nelkenstiele; die Blüten- u. Blütenstandsstiele. Sie werden mit verwendet zur Gew. des äther. Öls, dienen ferner auch zur Verfälschung des Nelkenpulvers.

Hom: *Syzygium aromaticum (HAB 2000):* reife, getrocknete Blütenknospen (mind. 15 % äther. Öl).

Syzygium cumini (L.) Skeels: Syzygium jambolana (Lam.) DC., Jambolanapflaume; Fam. Myrtaceae (Vorderindien, Südostasien). Stpfl. von **Cortex Syzygii cumini:** Cortex Syzygii jambolani, Jambulrinde, Syzygiumrinde. **Inhaltsst.:** Gerbstoffe, Triterpene u. Flavonoide; **Wirk.:** adstringierend, im Tierversuch hypoglykäm.; **Anw.** volkstüml.: bei Diarrhö, Entzündungen der Mund- u. Rachenschleimhaut, angebl. auch als Aphrodisiakum sowie bei Diabetes mellitus; **Semen Syzygii cumini:** Semen Syzygii jambolani, Syzygiumsamen, Jambulsamen; die getrockneten Samenkerne. **Inhaltsst.:** Gerbstoffe, fettes Öl u. Flavonoide; **Wirk.:** im Tierversuch hypoglykäm. (am Menschen zweifelhaft); **Anw.** volkstüml.: bei Magen-Darm-Beschwerden, Diabetes mellitus.

Hom: *Syzygium cumini (HAB 2000),* Syzygium jambolanum: getrocknete Samen; verord. z. B. unterstützend bei Diabetes mellitus.

Hom: *Syzygium cumini e cortice (HAB 2000),* Syzygium jambolanum e cortice: getrocknete Stammrinde.

Syzygium jambos (L.) Alston: Eugenia jambos L., Jambosa vulgaris DC, Jambulbaum, Rosenapfel; Fam. Myrtaceae (Indien). Stpfl. von **Cortex Syzygii jambolani:** Syzygiumrinde, Jambulrinde; vgl. Syzygium cumini. **Inhaltsst.:** Harz, Gerbstoffe u. Gallussäure; **Anw.** volkstüml.: als Adstringens; techn.: Gerbmittel; **Fructus Syzygii jambolani:** Jambulfrüchte, Jambusen, Rosenäpfel. **Inhaltsst.:** äther. Öl, fettes Öl u. Gerbstoffe; **Anw.:** Obst.

Hom: *Eugenia jambosa,* Syzygium jambos: frische Samen.

SZ: Abk. für Säurezahl*.

Szechuan-Pfeffer: s. Zanthoxylum piperitum.

Szilard-Chalmers-Effekt (Leo Szilard 1898-1964, Thomas Chalmers): chem. Effekt von Kernreaktionen. Die prakt. Bedeutung des S.-C.-E. besteht darin, dass das gebildete Radionuklid als Isotop desselben Elements der Ausgangsverb. trotz gleicher chem. Eigenschaften abtrennbar ist. Dadurch können z. T. sehr hohe spezif. Aktivitäten* erreicht werden.

Szintigraphie: Lokalisationsdiagnostik mittels radioaktiver Stoffe. Oral od. i.v. verabreichte Radionuklide* werden in bestimmten Organen od. Geweben angereichert. Die abgegebene Gammastrahlung wird von außen mit Hilfe von Szintillationszählern* registriert u. durch einen Scanner aufgezeichnet. **Anw.:** in der Tumordiagnostik, Bestimmung der Form u. Aktivität von Organen (z. B. Schilddrüse).

Szintillation: Aussendung winziger Lichtblitze beim Auftreffen energiereicher geladener Teilchen od. Gammaquanten auf einen Szintillator*. Die dabei emittierte Lichtmenge ist meist proportional dem Energieverlust des Teilchens im Szintillator; vgl. Szintillationszähler.

Szintillationszähler: Geräte zur Zählung od. Bestimmung der Energie schneller Elementarteilchen od. von Gammaquanten. Diese lösen in einem Szintillator* Lichtblitze aus, die mittels Photozelle bzw. Photomultiplier (Sekundärelektronenvervielfacher) elektr. registriert werden können. Im Flüssigkeit-S. können gelöste od. suspendierte, radioaktiv markierte Substanzen quantitativ bestimmt werden. Die Probe wird direkt mit dem flüss. od. gelösten Szintillator gemischt. Von der Anzahl der Lichtblitze pro Zeiteinheit kann auf die Menge des enthaltenen radioaktiven Stoffes geschlossen werden; vgl. Strahlenmessgeräte.

Szintillatoren: Substanzen, in denen energiereiche, geladene Teilchen (Alpha-, Betateilchen, Protonen) od. Gammastrahlung Szintillationen* hervorrufen, die im Szintillationszähler* einen messbaren Sekundärelektronenstrom erzeugen. Als S. dienen je nach Art der einfallenden Strahlung anorg. od. org., feste od. flüss. (gelöste) Substanzen, für Gammastrahlen u. schwere geladene Teilchen, z. B. mit Tl-Spuren aktivierte NaI-, CsI-, LiI-Einkristalle, mit Ag- od. Cu-Spuren aktiviertes ZnS, auch Anthracen, Stilben. Für Elektronen u. schnelle Neutronen werden Lsg. von Oxazolen (PPO, POPOP), Naphthalin, Anthracen, *p*-Terphenyl, *p*-Quaterphenyl, *trans*-Stilben in Toluol, *p*-Xylol, *p*-Dioxan u. a. Lösungsmitteln verwendet. In wässrigen Systemen können Lösungsvermittler zugesetzt werden.

T

t: Einheitenzeichen für Tonne; 1 t = 1000 kg.

T: **1.** (chem.) Symbol für Tritium*. **2.** (chem.) Symbol für thermodynam. Temp.; s. Temperatur, absolute. **3.** Vorsatzzeichen für Tera-*.

T_3: s. Hormone (Schilddrüse).

T_4: Levothyroxin*; s. Hormone (Schilddrüse).

2,4,5-T: s. 2,4,5-Trichlorphenoxyessigsäure.

Ta: (chem.) Symbol für Tantal*.

Tabacum: s. Nicotiana tabacum (Hom).

Tabacum e seminibus: s. Nicotiana tabacum (Hom).

Tabakblätter: s. Nicotiana tabacum (Folia Nicotianae).

Tabakentwöhnungsmittel: s. Entwöhnungsmittel.

Tabak, Indianischer: s. Lobelia inflata (Herba Lobeliae).

Tabak-Mosaik-Virus: Abk. TMV; ein weltweit verbreitetes helikales Virus mit einem stäbchenförmigen Virion. Sein Kapsid* besteht aus 2130 Peptidketten mit jeweils M_r 17500. Das TMV wird leicht auf mechan. Weg übertragen, wobei es primär kultivierte Vertreter der Solanaceen angreift, v. a. Tabak, Tomaten u. Paprika. TMV wurde in niedrigen Konz. auch in Obstbäumen u. Weinstöcken gefunden. Es gibt zahlreiche Virusstämme, die ein Mosaik aus hellem u. dunklem Grün od. Gelb bzw. markante Blattverformungen hervorrufen. Eine TMV-Infektion führt z. T. zu Krüppelwuchs. Normalerweise breitet sich das Virus in der gesamten Pflanze aus, nur das Meristem bleibt virusfrei. TMV ist extrem infektiös u. sehr resistent gegen Austrocknung, Erhitzen u. zahlreiche Chemikalien. TMV dient im Modell für RNA-Viren.

Tabak, Ungarischer: s. Nicotiana tabacum (Nicotiana rustica).

Tabebuia impetiginosa (Martius ex DC.) Standley: Tabebuia avellanedae Lorentz ex Griseb., Tecoma avellanedae (Lorentz ex Griseb.) Speg.; Fam. Bignoniaceae (trop. Regenwälder Südamerikas). Stpfl. von **Cortex Tabebuiae:** Tabebuia-Rinde, Lapacho; vgl. Tecoma lapacho (Cortex Lapacho). **Inhaltsst.:** Gerbstoffe, Vanillin* u. a. phenol. Substanzen, Cumarine*, Flavonoide, Saponine, wenig Lapachol* (<0.001 %, im Kernholz hingegen >3 %) u. a. Naphthochinone; **Anw.** volkstüml.: z. B. gegen Tumoren, Magenschmerzen, Fieber, Hautkrankheiten (Psoriasis); die Verw. der Droge geht auf die Ureinwohner Perus, Paraguays u. Boliviens zurück.

Tabernanthe iboga: s. Ibogain.

Tabes (lat. Auszehrung, Schwinden): Schwindsucht; veraltete Bez. für Tuberkulose*. **T. dorsalis:** Rückenmarksschwindsucht, Spätstadium der Syphilis*.

Tabletten: s. Compressi.

Tablettenformen: s. Compressi.

Tablettenhärteprüfer: s. Bruchfestigkeit (von Tabletten).

Tablettenmaschinen: s. Exzenterpresse, Rundläuferpresse.

Tabletten, überzogene: s. Compressi obducti.

Tabulettae: s. Compressi.

Tabulettae obductae: s. Compressi obducti.

Tacalcitol INN: (+)-(5*Z*,7*E*,24*R*)-9,10-Secocholesta-5,7,10(19)-trien-1α,3β,24-triol; CAS-Nr. 57333-96-7; $C_{27}H_{44}O_3$, M_r 416.65. Bildet auch ein Monohydrat. Vitamin-D_3-Analogon (s. Vitamine), wie Calcipotriol*. **Wirk.:** hemmt die epidermale Hyperproliferation u. fördert die normale Keratinisierung; **Anw.:** lokal bei Psoriasis vom Plaque-Typ; **UAW:** Juckreiz, Brennen; **Kontraind.:** schwere Leber-, Nieren- od. Herzerkrankungen; Veränderungen des Calcium-Stoffwechsels, Schwangerschaft u. Stillzeit, Anw. bei Kindern u. Anw. auf mehr als 10 % der Gesamthautfläche; gleichzeitige Anw. mit Salicylaten; **Dos.:** topisch 1 × tägl. dünn auftragen (abends), MTD 5 g Salbe (4 µg T. pro 1 g Salbe), nicht länger als 8 Wochen anwenden.

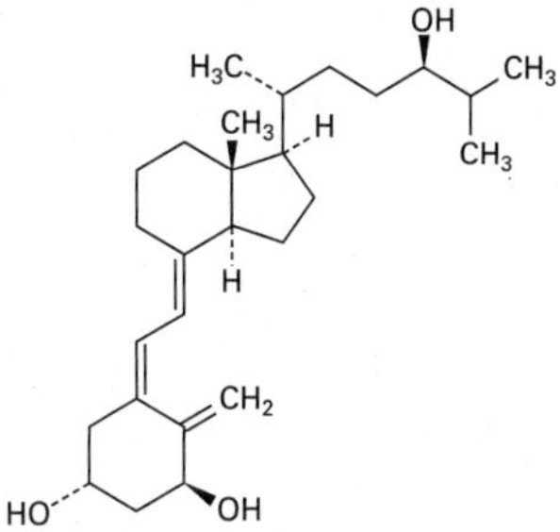

Tacalcitol

Tacamahaca: s. Calophyllum inophyllum.

Tachykardie (gr. tachys schnell; kardia Herz): Form der Herzrhythmusstörungen* mit einem Anstieg der Herzfrequenz auf über 100 Schläge/min. Ggs: Bradykardie*.

Tachyphylaxie: rasch (Minuten bis Stunden) abnehmende Empfindlichkeit des Organismus gegenüber einem Pharmakon (z. B. durch Verringerung der Noradrenalinkonz. in den Speichervesikeln von Nervenendigungen nach Anw. indirekt wirkender Sympathomimetika*); vgl. Toleranz.

Tachysterin: Tachysterol; Nebenprodukt, das bei UV-Bestrahlung von Ergosterin entsteht; s. Vitamine (Provitamin D_2).

Tacrin INN: 1,2,3,4-Tetrahydro-9-acridinamin; CAS-Nr. 321-64-2; $C_{13}H_{14}N_2$, M_r 198.27. Schmp. 183-184 °C (kristallisiert aus stark verd. Ethanol). **Wirk.:** kompetitiver Hemmer der Acetylcholinesterase (vorwiegend zentral); **Anw.:** symptomat. Behandlung der Alzheimer*-Krankheit; **UAW:** Anstieg der Transaminasen, alkal. Phosphatase, Bilirubinwerte u. evtl. klin. Ikterus; Erbrechen, Anorexie; **Kontraind.:** hepat. Erkrankungen, Anw. bei gebährfähigen Frauen u. Kindern, Schwangerschaft; unbehandelte Magen- od. Darmulzera; **Dos.:** p. o. 1. bis 6. Woche 4×10 mg/d, 7. bis 12. Woche 4×20 mg/d, 13. bis 18. Woche 4×30 mg, 19. bis 24. Woche 4×40 mg/d; HWZ 2-4 h. **Tacrinhydrochlorid:** CAS-Nr. 1684-40-8; $C_{13}H_{14}N_2 \cdot HCl$, M_r 234.73. Schmp. 283-284 °C (kristallisiert aus konz. Salzsäure). Gelbes, krist. Pulver; leicht lösl. in Wasser; pH-Wert einer 1.5 %igen Lsg. 4.5-6.

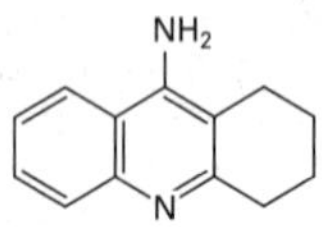

Tacrin

Tacrolimus INN: (–)-(3*S*,4*R*,5*S*,8*R*,9*E*,12*S*,14*S*,15*R*,16*S*,18*R*,19*R*,26a*S*)-8-Allyl-5,6,8,11,12,13,14,15,16,17,18,19,24,25,26,26a-hexadecahydro-5,19-dihydroxy-3-{(*E*)-2-[(1*R*,3*R*,4*R*)-4-hydroxy-3-methoxycyclohexyl]-1-methylvinyl}-14,16,-dimethoxy-4,10,12,18-tetramethyl-15,19-epoxy-3*H*-pyrido[2,1-*c*][1,4]oxaazacyclotricosin-1,7,20,21-(4*H*,23*H*)-tetron; CAS-Nr. 104987-11-3; $C_{44}H_{69}NO_{12}$, M_r 804.03. Makrolid aus Streptomyces tsukubaensis. **Wirk.:** starkes Immunsuppressivum*, hemmt die Bildung von zytotox. T-Lymphozyten, Interleukin-2, -3 u. Interferon gamma. **Anw.:** Prophyllaxe u. Behandlung der Leber- u. der manifesten Nierentransplantationsabstoßung; **UAW:** betreffen Nervensystem, Stoffwechsel, Elektrolyte; **Kontraind.:** chron. Abstoßungsreaktionen mit ausgeprägter irreversibler Reduktion der Gallengänge; Schwangerschaft u. Stillzeit; **Dos.:** parenteral ab 12 Jahren bei Lebertransplantation 0.1-0.2 mg/kg KG, max. 0.4 mg/kg KG tägl.; bei Nierentransplantationsabstoßung 0.15-0.3 mg/kg KG jeweils in 2 ED, morgens u. abends. Bei Jugendl. unter 12 Jahren u. Kindern ist die Dos. 1.5- bis 2-mal höher. **Tacrolimus-Monohydrat:** CAS-Nr. 109581-93-3; $C_{44}H_{69}NO_{12} \cdot H_2O$, M_r 822.05.

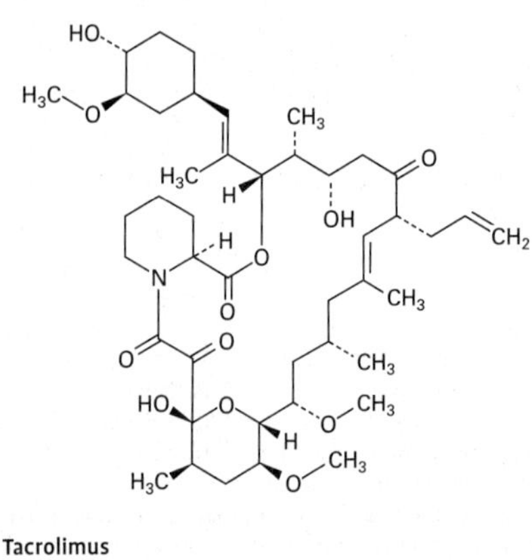

Tacrolimus

Tadeonal: s. Polygonum hydropiper (Herba Polygoni hydropiperis, Inhaltsst.).

TÄHAV: Abk. für Verordnung über tierärztliche Hausapotheken; s. Hausapotheke.

Taenia (gr. Bandwurm): Gattung der Cestodes*; Darmparasiten von Säugetieren. Med. relevante Arten: T. saginata (Rinderbandwurm) u. T. solium (Schweinebandwurm); Infektion durch Verzehr von rohem, finnenhaltigem Fleisch; Finnen nur in Säugetieren; Vork. kosmopolit.; v. a. T. solium in der Bundesrepublik Deutschland durch gesetzl. Fleischbeschau u. Hygiene selten geworden.

Taeniasis: Befall des Menschen durch den Rinderbandwurm Taenia saginata od. den Schweinebandwurm Taenia solium; vgl. Taenia. Der Mensch ist einziger Endwirt. **Ther.:** Niclosamid, Praziquantel; **Prophylaxe:** Fleischbeschau, Vermeidung rohen Fleischs.

Taenifuga: Bandwurmmittel; vgl. Anthelminthika.

Täschelkraut: s. Capsella bursa-pastoris.

Tätigkeiten, pharmazeutische: s. Personal, pharmazeutisches.

Tafelsenf: s. Mostardum.

Tafelwasser: nach der Mineral- und Tafelwasserverordnung ist T. ein aus Mineralstoffen od. Meerwasser u. Trinkwasser künstl. hergestelltes Wasser. Es darf mit Kohlendioxid versetzt werden. Im Gegensatz zum Mineralwasser (s. Aquae minerales) handelt es sich nicht um Wasser mit ursprüngl. Reinheit. Es bedarf keiner amtl. Anerkennung. Hinweise auf einen Brunnen- od. Quellennamen od. eine geograph. Herkunft sind unzulässig.

Taigawurzel: s. Eleutherococcus senticosus (Eleutherococci radix).

Talcum: s. Talk.

Talcum siliconisatum: s. Silicone.

Talg: s. Sebum.

Talgmuskatnußbaum: s. Virola sebifera.

Talgsäure: s. Stearinsäure.

Talk: Talcum Ph.Eur.4, Talkum, Speckstein, Magnesiumhydroxid-polysilicat; CAS-Nr. 14807-96-6; $Mg_3(Si_4O_{10})(OH)_2$. M_r 379.3, D. 2.2-2.8. Pulverisiertes, hydratisiertes, nat. Magnesiumsilicat; enthält unterschiedl. Mengen von in Schwefelsäure (10 %ig) unlösl. hydratisierten Aluminium- u. Magnesiumsilicaten, Calcium- u. Magnesiumcarbonat, geringe Mengen an Calciumsilicat. Der Hersteller muss nachweisen (IR-spektroskop. od. röntgendiffraktometrisch), dass die Substanz frei von Asbest ist. Aluminium max. 2.0 %, Blei max. 1.0 %, Calcium max. 0.9 %, Eisen max. 0.25 %, Magnesium mind. 17.0 %, max. 19.5 %. Sehr feines, weiches, fettig anzufühlendes, schweres Pulver; Kristallaufbau s. Abb.; spezif. Oberfläche: 1.8-6.3 m^2/g. Unlösl. in Wasser (wasserlösl. Substanzen max. 0.2 %) u. org. Lösungsmitteln. Sehr schwer lösl. in kalten Säuren u. verd. Alkalien. **Inkomp.:** Desinfektionsmittel, besonders quaternäre Ammoniumverbindungen (adsorptive Bindung). **Anw.:** bei Tablettierung, Dragierung, Lackierung als Schmiermittel, Zusatz zu Dragiersirupen, verhindert Kleben von Lacklösungen. In Pudern als Grundlage (macht die Haut gleitend ohne sie zu fetten); da T. stark mit Bakterien kontaminiert sein kann, sollte er sterilisiert werden (z. B. 1 Stunde bei mind. 160 °C); als Grundlage zur Herst. von Wundpudern od. -pulvern wegen Einkapselung durch lebende Gewebe ungeeignet (Granulombildung). In Pasten u. Lotionen als Bestandteil der Feststoffphase. **Keimzahl nach Ph.Eur.:** max. 10^2 koloniebildende, aerobe Bakterien u. Pilze je Gramm, wenn die Substanz zur kutanen Anw. bestimmt ist. Max. 10^3 koloniebildende, aerobe Bakterien u. höchstens 10^2 Pilze je Gramm, wenn die Substanz zur oralen Anw. bestimmt ist (Beschriftung!).

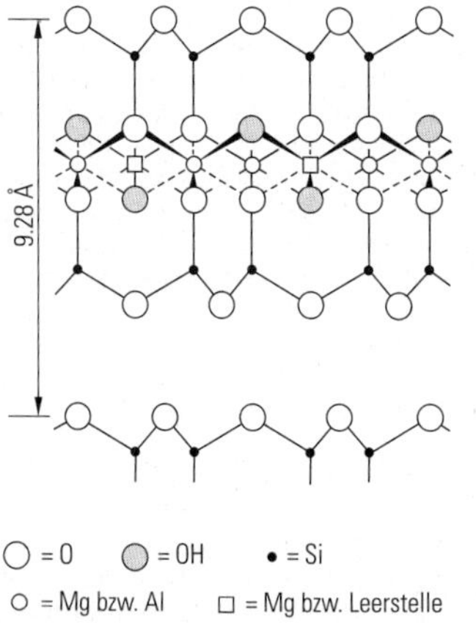

Talk: Kristallaufbau [11]

Talkdiastase: Amylase* des Schimmelpilzes Aspergillus oryzae.

Talkspat: s. Magnesit.

Talkstein: s. Talk.

Talose: eine Hexose; Strukturformel s. Kohlenhydrate (Abb. 1).

Talpa europaea L.: Europäischer Maulwurf; Fam. Talpidae (zu den Insectivora, Insektenfressern, einer evolutionsgeschichtl. frühen Gruppe von Säugetieren, gehörend).

Hom: *Talpa europaea (HAB 2000),* Pel talpae: getrocknetes Fell des Tieres (ca. 10 × 15 cm, mit ca. 0.5-1 cm langen Haaren).

Tamarinde: s. Tamarindus indica.

Tamarindenmus: s. Tamarindus indica (Pulpa Tamarindorum cruda).

Tamarindenmus, gereinigtes: s. Tamarindus indica (Pulpa Tamarindorum depurata).

Tamarindus indica L.: Tamarinde; Fam. Caesalpiniaceae, Leguminosae (heim. trop. Afrika, in den Tropen überall kult.). Stpfl. von **Pulpa Tamarindorum (cruda):** Fructus Tamarindi, Tamarindenmus; das musartige Fruchtfleisch. **Inhaltsst.:** 12-15 % freie Säuren, hauptsächl. Weinsäure*, Citronen*- u. Äpfelsäure*, ca. 8 % Kaliumhydrogentartrat*, 25-30 % Invertzucker* u. Pektin*; **Pulpa Tamarindorum depurata:** gereinigtes Tamarindenmus. **Inhaltsst.:** wie Pulpa Tamarindorum cruda (s. o.); **Gew.:** rohes Tamarindenmus mit heißem Wasser anrühren, durch ein Sieb pressen u. auf dem Wasserbad zu einem dicken Extrakt eindampfen; je 5 T. des noch warmen Muses mit 1 T. mittelfein gepulvertem Zucker vermischen; gereinigtes Tamarindenmus muss schwarzbraun sein, muss sauer, darf aber nicht brenzlig schmecken; **Anw.** volkstüml.: als mildes Abführmittel; vgl. Electuarium Sennae.

Tamoxifen INN: (*Z*)-2-[4-(1,2-Diphenyl-1-butenyl)phenoxy]-*N*,*N*-dimethylethylamin; CAS-Nr. 10540-29-1; $C_{26}H_{29}NO$, M_r 371.53. Schmp. 96-98 °C (kristallisiert aus Petrolether). **Anw.:** Antiestrogen, verwendet zur Behandlung des Mammakarzinoms in der Postmenopause; **UAW:** Ödeme, vaginale Blutungen, vorübergehende Thrombozytopenie u. Leukopenie, Depressionen; **Dos.:** p. o. 2 × 10 mg/d; HWZ 168-240 h. **Tamoxifencitrat:** Tamoxifeni citras Ph.Eur.4; $C_{32}H_{37}NO_8$, M_r 563.6. Schmp. 140-142 °C (polymorph). Weißes krist. Pulver, schwer lösl. in Wasser u. Aceton.

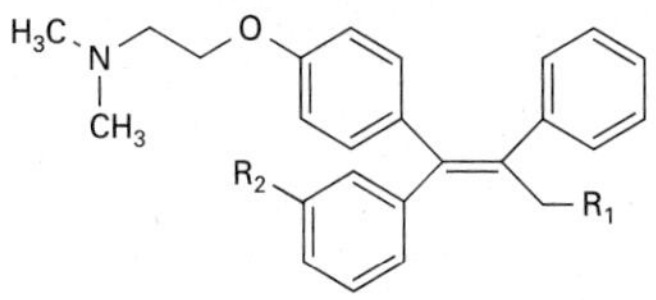

	R_1	R_2
Tamoxifen	$-CH_3$	$-H$
Droloxifen	$-CH_3$	$-OH$
Toremifen	$-CH_2-Cl$	$-H$

Tamoxifen: T. und Derivate

Tampon: Wattepressling, evtl. mit Mull- od. Netzumhüllung, zum Einlegen in Wundhöhlen (Tamponade); mit Zugfaden zur weibl. Monatshygiene. Es werden auch wirkstoffhaltige Tampons (Tamponae medicatae Ph.Eur.4) eingesetzt, die nach Ph.Eur.4 als feste, einzeldosierte Zubereitungen definiert sind, welche dazu bestimmt sind, in Körperhöhlen für einen begrenzten Zeitraum eingeführt zu werden. Als Basismaterialien werden z. B. Cellulose (Baumwolle, Viskose), Kollagen (v. a. zur Wundversorgung) od. Silicon verwendet; Beispiele für Wirkstoffe in Wund-T. sind z. B. Desinfektionsmittel (Iodoform*, Clioquinol*), die Imprägnierung mit z. B. Eiweißen wie Albumin od. T. aus Kollagen od. Gelatine fördern die Wundheilung u. werden zur Blutstillung u. Gewebeklebung verwendet. Ferner werden T. zur Anw. in der Nasenhöhle, im Rectum u. in der Vagina (z. B. beladen mit Prostaglandinen zur Geburtseinleitung) eingesetzt.

Tamponade: dichte Gaze- od. Verbandfüllung von Körperhohlräumen, Hohlorganen, Wundhöhlen od. Wundkanälen. Zur Blutstillung od. offenen Wundbehandlung werden u.a. Tamponadebinden*, Tamponadestreifen* verwendet. **Perikardtamponade:** Flüssigkeitsansammlung im Herzbeutel.

Tamponadebinde (lat. Obturamenta): schmale 22- od. 24-fädige Baumwollmullbinde mit Webkante zum Einlegen in Wundhöhlen, früher auch aus Baumwollviskose (Obturamenta gossypii et cellulosi regeneranti absorbentia).

Tamponadestreifen: 4fach gelegter Baumwollmullstreifen zum Einlegen in Wundhöhlen.

Tampon, wirkstoffhaltiger: s. Tampon.

Tampositorien®: speziell geformte Suppositorien (s. Suppositoria), die der Länge nach einen Tampon aus Schlauchmull enthalten.

Tamsulosin INN: (–)-(*R*)-5-{2-[2-(2-Ethoxyphenoxy)ethyl]amino-propyl}-2-methoxybenzolsulfonamid; CAS-Nr. 106133-20-4; $C_{20}H_{28}N_2O_5S$, M_r 408.51. **Wirk.:** selektiver Alpha-1-Adrenozeptorantagonist; **Anw.:** Behandlung funktioneller Symptome, z.B. Harndrang, Blasenentleerungsstörungen, bei benigner Prostatahyperplasie; **UAW:** z.B. Schwindel, Hypotonie; **Kontraind.:** z.B. orthostat. Dysregulation, schwere Leberinsuffizienz; **Dos.:** p.o. 1×0.4 g Tamsulosinhydrochlorid (entspr. 0.367 g T.)/d, nach dem Frühstück; HWZ 10-13 h. **Tamsulosinhydrochlorid:** CAS-Nr. 106463-17-6; $C_{20}H_{28}N_2O_5S \cdot HCl$, M_r 444.97.

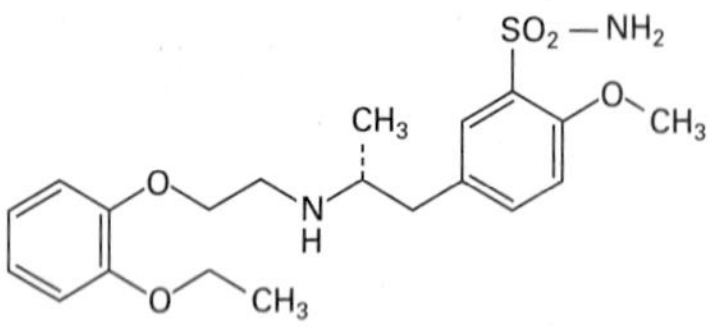

Tamsulosin

Tanacetum cinerariifolium (Trev.) Schultz Bip.: Pyrethrum cinerariifolium Trev., Chrysanthemum cinerariifolium (Trev.) Vis., Dalmatinische Insektenblume; Fam. Asteraceae (Compositae) (heim. u. kult. in Dalmatien, Italien, Kaukasus, Nordafrika; Hauptanbaugebiete heute in vielen trop. u. subtrop. Gebieten, v.a. Kenia). Tanacetum cinerariifolium u. Tanacetum coccineum sind Stpfl. von **Pyrethri flos:** Flores Chrysanthemi cinerariifolii, Flos Pyrethri (Dalmatini), Flores Pyrethri, (Dalmatinische) Insektenblüten, Pyrethrumblüte; die getrockneten, max. halb geöffneten Blütenkörbchen. **Off.:** ÖAB90 (bis 1996); **Inhaltsst.:** 0.3-8 % Pyrethrine* (Monoterpene), bestehend aus Pyrethrin I, Pyrethrin II, Cinerin I, Cinerin II, Jasmolin I u. Jasmolin II (Strukturformeln s. Pyrethrine, Abb.), Sesquiterpenlactone z.B. Pyrethrosin; Chrysanin, Flavonoide, Lignane, Thiophene; **Geh.:** nach ÖAB90 mind. 1.0 % Pyrethrine, davon mind. die Hälfte Pyrethrin I; **Wirk.:** insektizid, molluskizid, antimikrobiell; **Anw.:** äußerl. als Insektenvertilgungsmittel bei Kopf-, Filz- u. Kleiderläusen, bes. in Form der Petroleumauszüge; zur Anw. u. Gew. der insektiziden Wirkstoffe s. Pyrethrine; die getrockneten Blütenköpfchen werden entw. gemahlen u. liefern Pulvis Florum Chrysanthemi (Pulvis Florum Pyrethri, Pulvis insectorum, Insektenpulver) od. sie werden durch Kombination polarer u. unpolarer Lösungsmittel extrahiert u. auf ca. 25 % Wirkstoffgeh. eingestellt. Die so erhaltenen Stäube od. Extrakte werden v.a. auf dem Hygienesektor, im Haushalt u. im biol. Landbau verwendet.

Tanacetum coccineum (Willd.) Grierson: Kaukasische Insektenblüten, Chrysanthemum coccineum Willd., Chrysanthemum roseum, Pyrethrum carneum; Fam. Asteraceae (Compositae). Stpfl. von **Pyrethri flos:** s. Tanacetum cinerariifolium.

Tanacetum parthenium (L.) Schultz Bip.: Matricaria parthenium L., Chrysanthemum parthenium (L.) Bernh., Mutterkraut; Fam. Asteraceae (Compositae) (Balkanländer). Stpfl. von **Tanaceti partenii herba:** Herba Matricariae, Herba Parthenii, Mutterkraut. **Off.:** Ph.Eur.4; **Inhaltsst.:** ca. 0.2 % äther. Öl mit L-Campher*, L-Borneol*, Flavonoide, Sesquiterpenlactone* wie Parthenolid (nach Ph.Eur.4 enthält die Droge mind. 0.2 % Parthenolid); **Wirk.:** Extraktzuber. wirken entzündungshemmend, spasmolyt., antimikrobiell, prophylakt. bei Migräne u. Arthritis; Hemmung der Thrombozytenaggregation u. der Prostaglandinsynthese; **Anw.:** in Großbritannien bei Migräne u. Arthritis; **UAW:** Mundulzerationen, Schmerzen im Abdominalbereich.

Tanacetum vulgare L.: Chrysanthemum vulgare (L.) Bernh., Chrysanthemum tanacetum, Rainfarn; Fam. Asteraceae (Compositae) (Europa, Nordasien, Nordamerika). Stpfl. von **Flores Tanaceti:** Rainfarnblüten, Wurmkrautblüten. **Inhaltsst.:** 0.2-1.5 % äther. Öl (s. u.), Sesquiterpenlactone (z.B. Pyrethrosin), Flavonoide, Cumarine, Säuren, Wachs, Harz; **Anw.** volkstüml.: früher als Anthelminthikum, bei Neuralgien u. Migräne, bes. vet.; traditionell auch als Stomachikum (Vorsicht, da auch abortiv wirkend); **Herba Tanaceti:** Rainfarnkraut, Wurmkraut. **Inhaltsst.:** 0.2-0.8 % äther. Öl u. wie Flores Tanaceti; **Anw.** volkstüml.: wie Flores Tanaceti; **Oleum Tanaceti:** Tanaceti aetheroleum, Rainfarnöl; D. 0.918-0.950. **Inhaltsst.:** β-Thujon* (Tanaceton), α-Thujon, Thymol*, Chamazulen, L-Campher*, Borneol*, Terpen*; es gibt chem. versch. Rassen mit unterschiedl. Zstzg. des äther. Öls; die jeweiligen Hauptbest. sind zu 70-80 % enthalten u. man spricht dann z.B. vom α-Thujon-, β-Thujon-, Campher-Typ. Als weitere Stoffe wurden Polyine*, Polyene* u. Bitterstoffe* gefunden. **Wirk.:** antimkrobiell, Repellentwirkung geg. Insekten; **Anw.:** früher als Anthelminthikum (aus toxikol. Sicht heute nicht mehr vertretbar); missbräuchl. als Abortivum; äußerl.: Hautreizmittel bei Erkrankungen des rheumat. Formenkreises.

Hom: *Chrysanthemum vulgare (HAB1.5)*, Tanacetum vulgare: frische, oberird. T. ohne Stängel.

Tang: s. Fucus, Braunalgen.

Tannate: Salze der Gerbsäure (Tannin*).

Tannenbärlapp: s. Huperzia selago.

Tannennadelöl, Sibirisches: s. Abies sibirica (Piceae aetheroleum).

Tanne, Sibirische: s. Abies sibirica.

T

Tannigen: Acetannin; Gemisch von Diacetyl- u. Triacetyltannin (DAB6). Grauweißes od. gelbl. weißes, geruch- u. geschmackloses Pulver, wenig lösl. in Wasser, lösl. in Ethanol, leicht lösl. in Natronlauge u. Natriumcarbonatlsg. **Anw.** med.: früher als Darmadstringens bei Durchfallerkrankungen; **Dos.**: 0.5-1 g mehrmals täglich.

Tannin: Tanninum Ph.Eur.4, Acidum tannicum, Acidum gallotannicum, Gerbsäure, Gallusgerbsäure; CAS-Nr. 1401-55-4. Hydrolisierbare pflanzl. Gerbstoffe*, ein Gemisch von Estern der D-Glucose mit Gallussäure*, 3-Galloylgallussäure, meist als Octagalloylglucose vorliegend. Gelbl. weißes bis bräunl. Pulver, glänz. Schuppen od. Nadeln, schwacher Geruch u. adstringierender Geschmack. Sehr leicht lösl. in Wasser, leicht lösl. in Glycerol 85 %, Ethanol u. Aceton, prakt. unlösl. in Dichlormethan; die wässrige Lsg. dreht die Ebene des polarisierten Lichts nach rechts; aus wässriger Lsg. wird Gerbsäure durch Eiweiß, Alkaloide, Leim, Brechweinstein gefällt; Eisen(III)-Salze geben blauschwarzen Niederschlag (Tinte). **Gew.**: Extraktion mit Ether/Ethanol aus Gallen* versch. Pflanzen (chines., japan., türk. Galläpfel); **Off.**: Ph.Eur.4; **Wirk.** u. **UAW**: s. Gerbstoffe, pflanzliche; **Anw.**: therap. Nutzung obsolet; techn.: Beize in der Färberei, in der Textilindustrie, in der Papierherst., zur Tintenfabrikation, zum Gerben; **Dos.**: Spülungen 1 %, Pinselungen 20 %. Gebräuchl. ist auch Tanninalbuminat*, eine Gerbsäure-Eiweiß-Verbindung (Gerbsäuregeh. 50 %).

Tanninalbuminat: Tanninum albuminatum, Albumini tannas, Tannalbin, Tannin-Eiweiß; DAC86, ÖAB90, Eiweiß-Gerbsäure-Verb., die durch Erhitzen auf 110-120 °C für den Magensaft schwer lösl. ist; bräunl., amorphes, geruch- u. geschmackloses Pulver, sehr schwer lösl. in Wasser u. Ethanol; Geh. an Gerbsäure ca. 50 %. **Anw.**: Darmadstringens, die Gerbsäure wird langsam u. auch nur in den unteren Abschnitten des Darmes freigesetzt; **Dos.**: 0.5-1 g mehrmals täglich; **Tannalbin pro usu veterinario:** Tannalbin für den tierärztl. Gebrauch; wird aus techn. Eiweiß u. Gerbsäure hergestellt.

Tannoform: Methylen-Ditannin; leichtes, etwas rötl. braunes, geruch- u. geschmackloses Pulver, lösl. in absol. Ethanol, unlösl. in Wasser. Schmp. ca. 230 °C (unter Zers.). **Darst.**: nach DAB6 durch Einw. von Formaldehyd auf Gerbsäure; **Anw.** med.: früher innerl. als Darmadstringens; äußerl.: als Antiseptikum in Streupulvern; **Dos.**: innerl. 0.5 g mehrmals täglich.

Tantal: Tantalum; Symbol Ta; A_r 180.95; OZ 73; D. 16.6; Schmp. 2996 °C; Sdp. ca. 5425 °C; 2-, 3-, 4- u. 5-wertig. Hellgraues, glänz., sehr hartes Metall, das geg. Säuren u. Alkalien widerstandsfähig ist. **Anw.**: zahnärztl. u. chirurg. Instrumente, chem. Geräte, Kondensatoren; **Gesch.**: entdeckt 1802 von Anders Gustav Ekeberg (1767-1813).

Tapetum: (bot.) Nährgewebe in einem Sporangium* zur Ernährung der Sporen; v. a. im Pollensack.

Taphrina-Arten: s. Pilze.

Tapiokastärke: s. Amylum Manihot.

TAQ-Polymerase: eine aus dem extrem thermophilen Bakterium Thermiphilus aquaticus isolierbare DNA-Polymerase. Aktivitätsoptimum bei 80 °C; kurzzeitige Temperaturerhöhungen auf ca. 95 °C werden toleriert. Bei molekularbiol. Arbeiten wird die inzwischen klonierte TAQ-P. v. a. für die Polymerase-Kettenreaktion eingesetzt od. für bestimmte Arten der Sequenzierung od. Markierung von DNA-Molekülen.

Taraktogenos kurzii: s. Hydnocarpus kurzii.

Tarantel: s. Lycosa.

Tarantula hispanica: s. Lycosa (Hom).

Tarawein: s. Actinidia chinensis (Kiwifrucht, Anw.).

Taraxacum kok-saghyz Rodin: s. Kautschuk (Vork.).

Taraxacum officinale Weber ex Wiggers s.l.: Löwenzahn, Kuhblume; Fam. Cichoriaceae, Compositae (nördl. Halbkugel). Stpfl. von **Herba Taraxaci:** Folia Taraxaci, Taraxaci herba, Taraxaci folium, Löwenzahnkraut, Löwenzahnblätter. **Inhaltsst.**: Sesquiterpenlactone* mit Eudesman- u. Germacranstruktur als Bitterstoffe (zusammengefasst bezeichnet als Taraxin), Triterpene wie z. B. Taraxasterol, phenol. Verb. wie z. B. Traxacosid u. Flavonglykoside; in Blättern u. Blüten Xanthophylle u. Carotinoide, in frischen Blättern ca. 0.1 % Vitamin C; **Anw.**: Appetilosigkeit, dyspept. Beschwerden wie Völlegefühl u. Blähungen, Störungen des Gallenflusses; volkstüml.: Blutreinigungsmittel; **Radix Taraxaci:** Taraxaci radix, Löwenzahnwurzel; die im Herbst gesammelte u. getrocknete Wurzel (mit dem kurzen Wurzelkopf). **Off.**: ÖAB90; **Inhaltsst.**: im Milchsaft wie oben genannt, außerdem Inulin; der Geh. an Inulin ist stark schwankend, im Herbst bis zu 40 %, im Frühjahr nur 1-2 %; **Zuber.**: Species* cholagogae; **Anw.**: wie Herba Taraxaci, außerdem als Kaffee-Ersatz; **Taraxaci radix cum herba:** Radix Taraxaci cum herba, Löwenzahn; die getrocknete, im Frühjahr vor der Blüte gesammelte, ganze Pflanze. **Off.**: DAC; **Inhaltsst.** u. **Anw.**: s. oben.

Hom: *Taraxacum officinale Rh. (HAB 2000)*: ganze, frische, blühende Pflanze; verord. z. B. bei Verdauungsstörungen, Lebererkrankungen.

Targesin: s. Silbereiweiß-Acetyltannat.

Target: feste (auf Trägermaterialen fixiert od. als Folie), flüss. od. gasförmige Substanz, die mit Teilchenstrahlen (z. B. Protonen, Deuteronen) bestrahlt wird, um radioaktive Isotope zu erzeugen. In einer gekühlten T.-Kammer wird das T. im Teilchenstrahl positioniert. Nach der Bestrahlung muss das T. meist aufgearbeitet, d. h. die radioaktiven Isotope müssen isoliert werden. Beispiel: Bestrahlung von flüss. $[^{18}O]H_2O$ mit Protonen zur Gew. von $[^{18}]$Fluorid($^{18}O(p,n)^{18}F$). Alternativ wird auch die gesamte Targetkammer als T. u. das eigentl. T. als T.-Material bezeichnet.

Tarsus (lat.): **1.** Bindegewebeplatte des Augenlids. **2.** Fußwurzel.

Tartarus ammoniatus: s. Kaliumammoniumtartrat.

Tartarus boraxatus: s. Boraxweinstein.

Tartarus depuratus: s. Kaliumhydrogentartrat.

Tartarus emeticus: s. Antimonyl-Kaliumtartrat.

Tartarus natronatus: s. Kaliumnatriumtartrat.

Tartarus stibiatus: Tartarus stibiatus praecipitatus; s. Antimonyl-Kaliumtartrat.

Tartrate: Salze der Weinsäure*.

Tartrazin: Hydrazingelb, E 102; Trinatrium-Salz der [5-Hydroxy-1-(4-sulfophenyl)-4-(4-sulfophenylazo)-1*H*-pyrazol-3-carbonsäure; CAS-Nr. 1934-21-0; $C_{16}H_9N_4Na_3O_9S_2$; M_r 534.39. Orangegelber Pyrazolonfarbstoff; allergen. **Anw.**: zum Färben von Lebens- u. Arzneimitteln (Drageehüllen), auch für kosmet. Mittel; als Indikator (farblos-gelb) für die Absorptionstitration von Silber mit Halogeniden.

TAS: Abk. für **T**hermomikro-**A**btrenn-, Transfer- u. Auftrageverfahren nach **S**tahl; bes. Verfahren zur Dünnschichtchromatographie (s. Chromatographie) von flüss. Substanzen, wozu ein bes. Auftragegerät, der sog. TAS-Ofen, benutzt wird. Die gepulverte Droge wird in eine konisch verjüngte Glaspatrone gegeben. Die vorne mit Glaswolle u. am hinteren Ende mit einer Siliconmembran u. Klammer dicht verschlossene Patrone steckt man in den Heizblock, der eine bestimmte Temp. hat. Die flüchtigen Substanzen verdampfen meist innerhalb 60 s u. treten durch die kapillare Öffnung der Patrone als Dampfstrahl aus. 1 mm vor dieser Austrittsöffnung ist eine DC-Platte angebracht. Das flüchtige Gemisch kondensiert als Startpunkt. Durch zusätzl. Verw. eines Treibmittels, z. B. Wasser od. Ammoniumcarbonat ($[NH_4]_2CO_3$), können auch schwerer flüchtige Substanzen aus dem Untersuchungsmaterial (Drogenpulver, pharmaz. Zubereitungen, Kaugummi etc.) ausgetrieben u. auf die Sorptionsschicht gebracht werden.

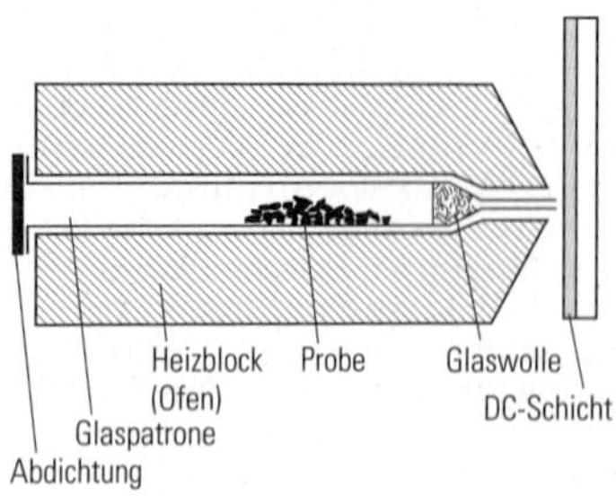

TAS: Längsschnitt durch einen TAS-Ofen mit davorgehaltener DC-Platte

Tashiro-Indikator: s. Methylorange-Mischindikator-Lösung.

Tasonermin INN: rekombinanter Tumor*-Nekrose-Faktor TNF-α1a; CAS-Nr. 0094948-59-1; $C_{778}H_{1225}N_{215}O_{231}S_2$, M_r 17 353.3. **Wirk.** u. **Anw.**: Zytostatikum*; in Kombination mit Melphalan* zur Behandlung von nicht resezierbaren Weichteilsarkomen der Extremitäten, um eine Amputation zu vermeiden od. hinauszuzögern; ferner zur palliativen Behandlung; **UAW:** Fieber, Übelkeit, Herzrhythmusstörungen; **Dos.**: obere Extremität Gesamtdos. 3 mg, untere Extremität 4 mg; HWZ 15-30 min.

TATA-Box: Heptanucleotid aus A- u. T-Resten (5'-TATAAAA-3'), dessen Zentrum bei -25 in Relation zum Transkriptionsstart liegt. T.-B. ist häufig in Promotoren eukaryont. Gene zu finden u. reguliert die korrekte Positionierung des Transkriptionsstarts. Sie spielt bei der Regulation der Aktivität von Promotoren eine Rolle. Oftmals wird die T.-B. von GC-reichen Sequenzen flankiert. Für die Initiation der Transkription ist die Erkennung der T.-B. durch das TATA-Bindungsprotein von wesentlicher Bedeutung.

Tatajuba: s. Chlorophora tinctoria.

Taubenkraut: s. Verbena officinalis (Herba Verbenae).

Taubnessel, Weiße: s. Lamium album.

Tauböcktest: Test auf Verfälschung bzw. Verunreinigung von Faulbaumrinde (s. Rhamnus frangula, Frangulae cortex) durch Rinde von Rhamnus* alpinus ssp. fallax (Fallaxrinde) nach DAB7.

Tauchrohrverfahren: s. Dragieren.

Tauchschwertverfahren: s. Dragieren.

Tauchverfahren: ältestes Verfahren zur Herst. von Weichgelatinekapseln; nur noch gelegentl. in der Apothekenrezeptur verwendet. **Durchführung:** Metallkörper (sog. Docken) in der gewünschten Form der Kapselhüllen, an Stangen auf Metallplatten aufgereiht, werden mit Formentrennmittel (Öl) bestrichen u. in die geschmolzene Gelatinemasse getaucht. Nach dem Herausziehen der Docken erstarrt der Gelatinefilm u. kann durch wiederholtes Tauchen verdickt werden. Am Übergang Stange-Metallkörper werden die elast. Gelatinehüllen abgeschnitten u. abgezogen, mit geeigneten Vorrichtungen (Spritzen, Büretten etc.) gefüllt u. mit geschmolzener Gelatinemasse verschlossen.

Taukurve: s. Mollier-h,x-Diagramm.

Taumellolch: s. Lolium temulentum.

Taupunkt: Temp., bei der der Wasserdampfpartialdruck gleich dem Sättigungsdampfdruck der Luft ist. Wird diese Temp. unterschritten, scheidet sich Wasser ab. Für jeden vorgegebenen Luftzustand gibt es eine Temp., bei der gerade Sättigung besteht; s. Mollier-h,x-Diagramm.

Taupunktmessung: s. Hygrometer.

Taurin: Aminoethansulfonsäure; $H_2N-CH_2-CH_2-SO_3H$; M_r 125.14. Farblose Kristalle, lösl. in Wasser, unlösl. in Ethanol u. Ether; Abbauprodukt der Aminosäure Cystein, kommt mit Cholsäure verbunden als Taurocholsäure* in Säugetiergalle, Lunge u. Fleischextrakt von Ochsen vor. **Anw.**: als Cholagogum, Antidot bei Digitalisvergiftung, Nährbodenzusatz; s. Gallensäuren.

Taurocholsäure (gr. tayros Stier, Ochse; chole Galle): $C_{26}H_{45}NO_7S$; M_r 515.60. In der Säugetiergalle vorkommende Verb. von Taurin* u. Cholsäure; Strukturformel s. Gallensäuren (Abb.).

Taurolidin INN: 4,4-Methylenbis(perhydro-1,2,4-thiadiazin-1,1-dioxid); CAS-Nr. 19388-87-5; $C_6H_{14}SO_4$, M_r 182.23. **Wirk.**: freiwerdende Methylolgruppen werden irreversibel an Bakterienzellwände bzw. Endo- u. Exotoxine gebunden; **Anw.**: Chemotherapeutikum* zur Lokalther., wird in den Bauchraum injiziert; **UAW:** lokale Reizerscheinungen, Blutdruckabfall.

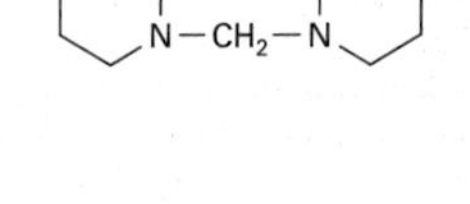

Taurolidin

Tausendgüldenkraut: s. Centaurium erythraea.

Tausendgüldenkrautextrakt: s. Extractum Centaurii.

Tausendkorn: s. Herniaria-Arten (Herba Herniariae).

Tautomerie: Spezialfall der Strukturisomerie (s. Strukturisomere): Die Tautomeren einer Verb. sind 2 im Gleichgewicht stehende Moleküle mit versch. chem. und physik. Eigenschaften, die sich meist durch die versch. Anordnung eines H-Atoms im Molekül unterscheiden. Unter normalen Bedingungen können tautomere Formen (Tautomere) meist leicht ineinander übergehen. Tautomere sind zu unterscheiden von dem Resonanzformen einer Verb., die realiter nicht nebeneinander existieren (vgl. Mesomerie). Die Darst. erfolgt durch 2 entgegengerichtete Pfeile; die Lage des Gleichgewichtes kann durch unterschiedl. Länge der Pfeile symbolisiert werden.
Bes. häufig ist die **Keto-Enol-Tautomerie**. Das Keto-Enol-Gleichgewicht hängt sowohl von Strukturelementen der Verb. als auch von den äußeren Bedingungen ab. Beispiele dafür sind Aceton (weniger als 0.1 % als Enol), Acetessigsäureethylester (7.5 % als Enol) u. Acetylaceton (80 % Enol). Während z. B. die Keto- u. die Enol-Form des Cyclohexanons als Tautomere bekannt sind (schnelle Umwandlung der Enol-Form in die Keto-Form), existieren unter normalen Bedingungen Methylencyclohexan u. 1-Methylcyclohexen unabhängig voneinander. Sie sind Strukturisomere* u. keine Tautomere (s. Abb.). Der Unterschied zw. Tautomeren u. Strukturisomeren ist gradueller, nicht aber prinzipieller Natur.
Die **Oxo-Cyclo-Tautomerie** tritt bes. bei Kohlenhydraten* auf u. beschreibt das Gleichgewicht zw. der offenen Oxoform (Aldehyd od. Keton) u. der cycl. Halbacetalform.
Die **Amid-Imid-Tautomerie** tritt nicht nur bei Carbonsäureamiden, sondern auch bei Sulfonamiden* auf:
R – CO – $NH_2 \rightleftarrows$ R – C(OH) = NH
Amid $\rightleftarrows$ Imid.

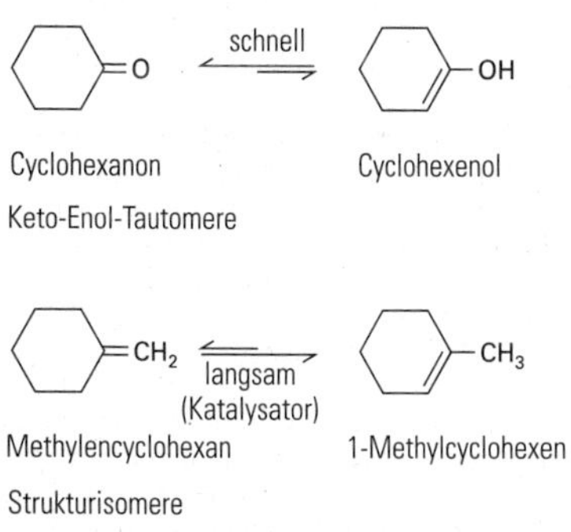

Tautomerie

Taxa: s. Taxon.

Taxieren: Ermittlung des Verkaufspreises eines Arzneimittels.

Taxifolin: 2,3-Dihydroquercetin (s. Quercetin). Durch versch. Anknüpfungen von Coniferylalkohol* entsteht der Wirkstoffkomplex Silymarin (s. Silybum marianum).

Taxin: Gemisch aus giftigen Esteralkaloiden, z. B. Taxin A u. B, in allen Organen von Taxus* baccata (außer im Arillus*), bestehend aus bas. wirkenden Polyhydroxyditerpenen, verestert mit β-Dimethylamino-β-phenylpropionsäure u. Essigsäure. **Taxin A:** $C_{35}H_{47}NO_{10}$, Schmp. 204-206 °C. Gelbl. Kristalle, lösl. in Ethanol, Ether u. Schwefelkohlenstoff, sehr schwer lösl. in Wasser. **Wirk.:** Taxin B beeinträchtigt die Herztätigkeit; **Taxacine:** die acylfreien Polyole.

Taxiphyllin: s. Cyanglykoside (Tab.).

Taxol: s. Paclitaxel.

Taxon (pl taxa): jede beliebige systemat. Kategorie, z. B. Art, Gattung, Familie, Od,, Klasse od. Abteilung, die zur Klassifizierung der Lebewesen dient.

Taxonomie: Lehre von der Klassifizierung der Lebewesen, vgl. Nomenklatur, binäre; Systematik.

Taxus baccata L.: Eibe; Fam. Taxaceae (Mittel-, Südeuropa, Algerien, Kleinasien, Nordpersien). **Inhaltsst.:** in den Blättern 0.7-2 % Taxin* sowie andere N-haltige (z. B. Paclitaxel) u. N-freie Diterpene; Bisflavonoide, cyanogene Glykoside u. a.; in den Samen ebenso giftige Diterpene, nicht aber im Arillus, dessen Inhaltsst. als Lycopin*, Zeaxanthin* u. β-Carotin angegeben werden; **Anw.** volkstüml.: z. B. als Wurmmittel, Antiparasitikum bei Vieh; techn.: zur Gewinnung von Vorstufen für die Partialsynthese von Paclitaxel, Docetaxel; **Tox.:** stark giftig; Tod durch Atemlähmung im diastol. Herzstillstand.
Hom: *Taxus baccata (HAB 2000):* frische Zweigspitzen.

Taxus brevifolia Nutt.: Pazifische Eibe; Fam. Taxaceae (südwestl. Kanada). **Inhaltsst.:** in der Rinde ca. 0.01 % Paclitaxel* u. weitere Taxane; **Anw.** techn.: früher zur Gewinnung von Paclitaxel.

Tazaroten: Ethyl-6-[2-(4,4-dimethylthiochroman-6-yl)ethinyl]nicotinat; 6-[(3,4-Dihydro-4,4-dimethyl-2*H*-1-benzothiopyran-6-yl)ethinyl]-3-pyridinecarbonsäure-ethylester; CAS-Nr. 118292-40-3; $C_{21}H_{21}NO_2S$, M_r 351.47. **Wirk.** u. **Anw.:** rezeptorselektives u. topisches Retinoid* bei leichter bis mittelschwerer Psoriasis.

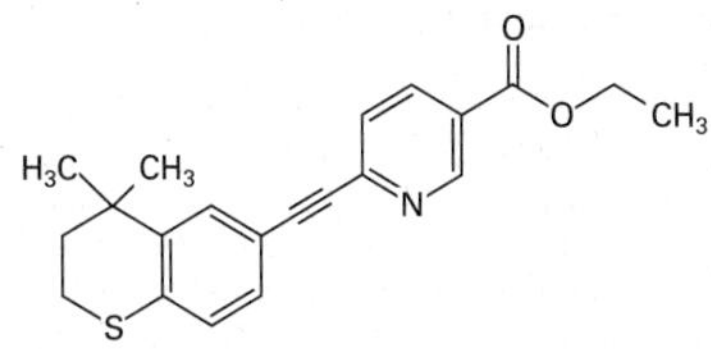

Tazaroten

Tazobactam INN: (2*S*,3*S*,5*R*)-3-Methyl-7-oxo-3-(1*H*-1,2,3-triazol-1-ylmethyl)-4-thia-1-azabicyclo[3.2.0]-heptan-2-carbonsäure-4,4-dioxid; CAS-Nr. 89786-04-9; $C_{10}H_{12}N_4O_5S$, M_r 300.29. **Wirk.** u. **Anw.:** irreversibler Betalactamase*-Inhibitor; in Kombination mit Piperacillin*; **UAW:** bei Kombination mit Piperacillin u. a. Fieber, anaphylakt. Schock, Blutbildveränderungen, gastrointestinale Störungen; **Kontraind.:** Schwangerschaft u. Stillzeit, Anw. bei Kinder; **Dos.:** parenteral allg. ab 12 Jahren 2-mal/d eine Infusion (0.5 g T. u. 4 g Piperacillin bzw. 4.17 g Piperacillin-Natrium); 0.5 g T. entspr. 0.5366 g T.-Natrium. **Tazobactam-Natrium:** CAS-Nr. 89785-84-2; $C_{10}H_{11}N_4NaO_5S$, M_r 322.27.

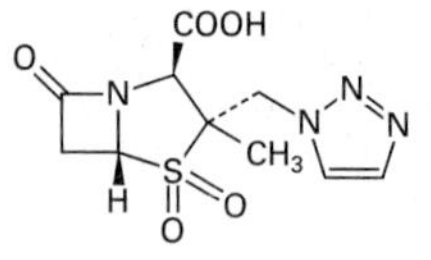

Tazobactam

Tb: (chem.) Symbol für Terbium*.

Tbc: Abk. für Tuberkulose* .

TBG: Abk. für (engl.) *thyroxin* ***b****inding* ***g****lobuline;* s. Hormone (Schilddrüse).

Tc: (chem.) Symbol für Technetium*.

TCDD: Abk. für 2,3,7,8-**T**etra**c**hlor**d**ibenzo-1,4-**d**ioxin; Dioxin; $C_{12}H_4Cl_4O_2$, M_r 32.96. Hochgiftige Verb., die u. a. bei der Herst. von 2,4,5-Trichlorphenol u. des Herbizids 2,4,5-Trichlorphenoxyessigsäure* entsteht. **Tox.:** akut kommt es zum Auftreten der sog. Chlorakne mit Knotenbildung an Gesicht u. Stamm, Gewichtsverlust, Schwindel, Schlaflosigkeit, weiterhin Leberschäden u. psych. Störungen. Die Erkrankung ist sehr therapieresistent. Teils sind noch nach 20 Jahren schwere Hautschäden festzustellen. Sehr wahrscheinl. wirkt TCDD teratogen u. karzinogen. Die LD_{50}* betrug im Tierversuch 22-100 µg/kg Ratte (0.5-2 µg/kg Meerschweinchen); **Gesch.:** Das im Vietnamkrieg in großer Menge als Entlaubungsmittel verwendete Herbizid „agent orange" war dioxinhaltig. Beim Giftunfall in der ital. Stadt Seveso am 10. Juli 1976 wurden ca. 2 kg TCDD frei.

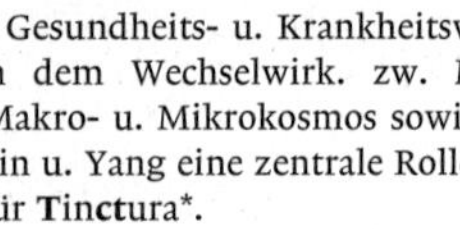

TCDD

TCM: Abk. für **t**raditionelle **c**hinesische **M**edizin; in philosoph. Weltbilder eingebettetes, über Jahrtausende entwickeltes chines. Medizinsystem, das auf einem Gesundheits- u. Krankheitsverständnis beruht, in dem Wechselwirk. zw. Mensch u. Umwelt, Makro- u. Mikrokosmos sowie die Polarität zw. Yin u. Yang eine zentrale Rolle spielen.

Tct.: Abk. für **T**in**ct**ura*.

TDE: s. Clofenotan.

TDM: s. Drug-Monitoring, therapeutisches.

Te: (chem.) Symbol für Tellur*.

TEA: Abk. für **T**etra**e**thyl**a**mmonium-Salze.

Tebutat: Tebutas; chem. Kurzbez. für *tert*-Butylacetat.

Technetium: veraltet Masurium; Symbol Tc; OZ 43; D. 11.49; Schmp. 2250 °C; radioaktives, nat. nicht vorkommendes Metall; mind. 25 Isotope mit den Massezahlen 88-112. **Gew.:** Bestrahlung von Molybdän* mit Deuteronen (1937 von C. Perrier u. E. Segre in Italien) od. durch Urankernspaltung.

Technetium-99m: Symbol ^{99m}Tc; Radionuklid, das beim Zerfall von Molybdän-99 (^{99}Mo, HWZ 2.8 d) entsteht. Dabei wird Beta- u. Gammastrahlung emittiert. ^{99}Mo ist ein Radioisotop des Molybdäns, das entw. aus Uranspaltprodukten abgetrennt od. durch Neutronenbestrahlung von Molybdän hergestellt wird. Das metastabile ^{99m}TC besitzt eine HWZ von 6.02 h u. emittiert Gammastrahlen, wobei es in das langlebige Technetium-99 (HWZ $2.1 \cdot 10^5$ Jahre) übergeht. **Anw.:** ^{99m}Tc wird in der Nuklearmedizin zur Herstellung von ^{99m}Tc markierten Diagnostika verwendet, das Radionuklid zeichnet sich durch eine energet. günstige Gammastrahlung (140 keV) u. für die Routineanwendung gut geeignete HWZ aus. Als Generator*-Nuklid ist ^{99m}Tc gut verfügbar u. kostengünstig; s. Radiopharmaka (Tab.).

Technetium[^{99m}Tc]-Albumin-Injektionslösung: Technetii[^{99m}Tc] humani albumini solutio iniectabilis Ph.Eur.4; sterile Suspension, die durch Mischen einer Lsg. aus Albumin* u. Natrium[^{99m}Tc]-pertechnetat-Injektionslsg. (s. Natriumpertechnetat[^{99m}Tc]) hergestellt werden kann; Zinngeh. max. 1 mg/mL. **Anw.:** Durchblutungsuntersuchungen.

Technetium[^{99m}Tc]-Etifenin-Injektionslösung: Technetii[^{99m}Tc] et etifenini solutio iniectabilis Ph.Eur.4; sterile Lsg., die durch Mischen von Natrium[^{99m}Tc]pertechnetat-Injektionslösung aus Kernspaltprodukten od. nicht aus Kernspaltprodukten (s. Natriumpertechnetat[^{99m}Tc]) mit Lösungen von Etifenin* u. Zinn(II)-chlorid-Lösung (dient zur Reduktion des Pertechnetats) hergestellt werden kann. **Anw.:** Szintigraphie* der Leber u. der Gallenwege.

Technetium[^{99m}Tc]-Gluconat-Injektionslösung: Technetii[^{99m}Tc] gluconati solutio iniectabilis Ph.Eur.4; sterile Lsg., die durch Mischen einer Calciumgluconat-Lsg. mit einem Zinn(II)-salz u. einer Natrium[^{99m}Tc]pertechnetat-Injektionslösung (aus Kernspaltprodukten od. nicht aus Kernspaltprodukten; s. Natriumpertechnetat-[^{99m}Tc]) hergestellt werden kann. Sie kann antimikrobiell wirksame Substanzen, Antioxidanzien, Stabilisatoren u. Puffer enthalten.

Technetium[^{99m}Tc]-Macrosalb-Injektionslösung: Technetii [^{99m}Tc] macrosalbi suspensio iniectabilis; sterile, pyrogenfreie Suspension von Humanalbumin in Form unregelmäßiger unlösl. Teilchen (Durchmesser 10-100 µm), die durch Denaturierung von Humanalbumin in wässriger Lsg. erhalten werden u. mit Technetium*-99m markiert sind. Die Lsg. kann reduzierende Substanzen, z. B. Zinnsalze, einen geeigneten Puffer, z. B. einen Acetat-, Citrat- od. Phosphat-Puffer, ein Konservierungsmittel, wie Benzylalkohol, aber auch nicht denaturiertes Humanalbumin enthalten. **Herst.:** s. Natriumpertechnetat[^{99m}Tc]; **Anw.:** Lungenperfusionsszintigraphie.

Technetium[^{99m}Tc]-Medronat-Injektionslösung: Technetii[^{99m}Tc] medronati solutio iniectabilis Ph.Eur.4; sterile Lsg., die durch Mischen einer Natriummethylendiphosphonat-Lsg. mit einem Zinn(II)-salz u. einer Natrium[^{99m}Tc]pertechnetat-Injektionslsg. (s. Natriumpertechnetat[^{99m}Tc]) hergestellt werden kann. Geh. an Zinn max. 3 mg/

mL; sie kann antimikrobiell wirksame Substanzen, Antioxidanzien, Stabilisatoren u. Puffer enthalten.

Technetium[^{99m}Tc]-Mertiatid-Injektionslösung: Technetii[^{99m}Tc] mertiatidi solutio iniectabilis Ph.Eur.4; sterile Lsg. aus *S*-Benzoylmercaptoacetyltriglycin (Betiatid) od. Mercaptoacetyltriglycin (Mertiatid) u. Natrium[^{99m}Tc]pertechnetat-Injektionslsg. (Natriumpertechnetat* [^{99m}Tc]). Der Zusatz von Stabilisatoren u. Puffer ist erlaubt. **Anw.**: Nierenfunktionsdiagnostik.

Technetium[^{99m}Tc]-Mikrosphären-Injektionslösung Ph.Eur.4: Technetium[^{99m}Tc]-Mikrosphären-Injektionssuspension, Technetii[^{99m}Tc] microsphaerium suspensio iniectabilis; sterile, pyrogenfreie Suspension von Humanalbumin, das unter Bildung kugelförmiger, unlösl. Teilchen (Durchmesser 10-50 µm) denaturiert wurde. Die Teilchen sind mit Technetium*-99m markiert. Die Suspension kann reduzierende Substanzen, z. B. Zinnsalze, einen geeigneten Puffer wie einen Acetat-, Citrat- od. Phosphat-Puffer, ein Konservierungsmittel wie Benzylalkohol, aber auch nicht denaturiertes Humanalbumin enthalten. **Herst.**: s. Natriumpertechnetat[^{99m}Tc]; **Anw.**: Lungenszintigraphie.

Technetium[^{99m}Tc]-Pentetat-Injektionslösung: Technetii[^{99m}Tc] pentetatis solutio iniectabilis Ph.Eur.4; sterile Lsg., die durch Mischen einer Lsg. des Natrium- od. Calcium-trinatrium-Salzes von Pentetsäure* mit einem Zinn(II)-salz u. einer Natrium[^{99m}Tc]pertechnetat-Lsg. hergestellt werden kann. Geh. an Zinn max. 1 mg/mL; die Lsg. kann antimikrobiell wirksame Substanzen, Antioxidanzien, Stabilisatoren u. Puffer enthalten. **Anw.**: Perfusionsstudien, Hirnszintigraphie, Nierenfunktionsdiagnostik, als Aerosol zur Lungenperfusion.

Technetium[^{99m}Tc]-Rheniumsulfid-Kolloid-Injektionslösung: Rhenii sulfidi colloidales et technetii[^{99m}Tc] solutio iniectabilis Ph.Eur.4; sterile, mit Gelatine stabilisierte, pyrogenfreie Injektionslsg.; kolloidale Rheniumsulfid-Technetium-[^{99m}Tc]-Injektionslösung. Es handelt sich um eine kolloidale Dispersion von Rheniumsulfidteilchen, die mit Technetium*-99m markiert sind. **Herst.**: s. Natriumpertechnetat[^{99m}Tc]; der pH-Wert lässt sich durch Zusatz eines geeigneten Puffers, z. B. einer Citratpufferlsg., einstellen **Anw.**: s. Schwefelkolloid-[99mTc]Technetium.

Technetium[^{99m}Tc]-Schwefel-Kolloid-Injektionslösung: s. Schwefelkolloid-Technetium[^{99m}Tc].

Technetium[^{99m}Tc]-Succimer-Injektionslösung: Technetii[^{99m}Tc] succimeri solutio iniectabilis Ph.Eur.4; sterile Lsg. von *meso*-2,3-Dimercaptobernsteinsäure, die mit Technetium-99m markiert ist, u. einer reduzierenden Substanz wie ein Zinn(II)-salz. Zinngeh. max. 1 mg/mL. Die Lsg. kann Stabilisatoren, Antioxidanzien wie Ascorbinsäure u. inerte Zusatzstoffe enthalten. **Anw.**: in der nuklearmedizin. Nierenszintigraphie.

Technetium[^{99m}Tc]-Zinndiphosphat-Injektionslösung: Stanni pyrophosphatis et technetii [^{99m}Tc] solutio iniectabilis Ph.Eur.4; sterile, pyrogenfreie Lösung. **Herst.**: Mischen von Natriumdiphosphat-Lsg. u. Zinn(II)-chlorid-Lsg. (dient zur Reduktion des Pertechnetats) mit Natrium[^{99m}Tc]pertechnetat-Injektionslsg. (s. Natriumpertechnetat-[^{99m}Tc]); **Anw.**: z. B. Szintigraphie des Skeletts, Herzinfarktdiagnostik.

Technetium[^{99m}Tc]-Zinn-Kolloid-Injektionslösung: Stanni colloidalis et technetii[^{99m}Tc] solutio iniectabilis Ph.Eur.4; sterile, kolloidale Lsg. von Zinn, das mit Technetium*-99m markiert ist. Die Injektionslsg. enthält Fluorid-Ionen u. Zinn-Salze in unterschiedl. Mengen, Zinngeh. jedoch max. 1 mg/mL; sie kann zudem einen pyrogenfreien Kolloidstabilisator u. einen geeigneten Puffer enthalten. **Herst.**: aus Natrium[^{99m}Tc]pertechnetat-Injektionslsg. (s. Natriumpertechnetat[^{99m}Tc]); **Anw.**: s. Schwefelkolloid-[99mTc]Technetium.

Teclu-Brenner: s. Bunsenbrenner.

Tecoma lapacho K. Schum.: Tabebuia lapacho; Fam. Bignoniaceae (Südamerika, Anden). Stpfl. von **Cortex Lapacho:** Lapachorinde, Lapachotee, Inkatee; vgl. Tabebuia impetiginosa (Cortex Tabebuiae). **Inhaltsst.**: prenylierte Naphthochinone, z. B. Lapachol* u. Derivate; **Wirk.**: wahrscheinl. v. a. auf Lapachol u. Derivate zurückzuführen; **Anw.** volkstüml.: bei Ureinwohnern Südamerikas geg. Tumoren, als Immunstimulans.

Tedelparin 4-6, Natrium-Salz INNv: Heparinfragment; mittlere M_r 4000-6000. **Anw.**: Antikoagulans*; vgl. Heparin.

Tee: **1.** syn. für Schwarztee, s. Camellia sinensis. **2.** (volkst.) Bez. für Species* (Teegemisch) od. eine Einzeldroge. **3.** mit (meist) heißem Wasser aus einer Species od. einer Einzeldroge hergestellte wässrige Zuber. zum unmittelbaren Gebrauch. **Abessinischer T.**: s. Catha edulis; **abführender T.**: Abführtee; s. Species laxantes; **beruhigender T.**: Beruhigungstee; s. Species nervinae; **bitteraromatischer T.**: s. Species amaro-aromaticae; **Bittertee**: s. Species amaricantes; **Blasentee**: s. Species anticystiticae; **Blasen- u. Nierentee**: s. Species urologicae; **blähungstreibender T.**: s. Species deflatulentes; **blähungswidriger T.**: s. Species carminativae; **Blutreinigungstee**: s. Species Lignorum; **Broken T.**: s. Camellia sinensis; **Brusttee**: s. Species pectorales; **Brusttee mit Früchten**: s. Species pectorales cum Fructibus; **Brust*- und Hustentee**; **Chinesischer T.**: s. Camellia sinensis; **Eibischtee**: s. Species Althaeae; **erweichende Kräuter**: s. Species emollientes; **Gallentee**: s. Species cholagogae; **gewürzhafte Kräuter**: s. Species aromaticae; **griechischer Bergtee**: s. Sideritis hirsuta; **grüner T.**: Thea viridis; s. Camellia sinensis; **harntreibender T.**: s. Species diureticae; **Haustee**: aus (meist einheim.) Drogen hergestellter T., auch Hausmittel*; meistens aber verstanden als Ersatz für Schwarztee; **Holztee** s. Species lignorum; **Inkatee** s. Tecoma lapacho; **Jesuitentee** s. Chenopodium ambrosioides var. ambrosioides, Ilex paraguariensis; **Kanadischer T.**: s. Gaultheria procumbens; **Karthäusertee** s. Chenopodium ambrosioides var. ambrosioides; **krampflösender Abführtee**: s. Species laxantes cum Spasmolytico; **krampflösender Blasentee**: s. Species anticystiticae cum Spasmolytico; **Lapachotee** s. Tecoma lapacho; **Maikurtee**: s. Species majales; **Magentee***; **Magen*- u. Darmtee**; **Martin-T.**: s. Species gynaecologicae

T

Martin; **Massaitee:** s. Aspalathus linearis; **Missionstee:** s. Ilex paraguariensis; **Nerventee:** s. Species sedativae; **Oolong-T.:** s. Camellia sinensis; **Paraguaytee:** Paranatee; s. Ilex paraguariensis; **Pu-Erh-T.:** s. Camellia sinensis; **Püringer T.:** s. Sideritis hirsuta; **quellender T.:** s. Species gelosae; **Rooibos-T.:** Roiboos T., s. Aspalathus linearis; **Rotbusch-T.:** roter Busch-T.; s. Aspalathus linearis; **Russischer T.:** s. Camellia sinensis; **schwarzer T.:** Schwarztee; s. Camellia sinensis; **schweißtreibender T.:** s. Species diaphoreticae; **tschagorischer T.:** s. Bergenia crassifolia; **weißer Tee:** s. Camellia sinensis; **windtreibender T.:** s. Species carminativae; **Ziegeltee:** s. Camellia sinensis.

Teebaum: s. Melaleuca alternifolia.

Teebaumöl: s. Melaleuca alternifolia (Melaleucae aetheroleum).

Teebaumöl, Neuseeländisches: Leptospermum scoparium (Manukaöl).

Teegemische: s. Species.

Teekraut, Mexikanisches: s. Chenopodium ambrosioides var. ambrosioides (Herba Chenopodii ambrosioidis).

Teelöffel: s. Volumenangaben, empirische.

Teer: Teerpräparate, s. Pix, z. B. Pix* Lithanthracis.

Teerfarbstoffe: aus Steinkohlenteer (Pix* Lithanthracis) gew. Farbstoffe, Anilinfarbstoffe.

Teetasse: s. Volumenangaben, empirische.

Teflon®: s. Polytetrafluorethylen.

Tegafur INN: 5-Fluor-1-(2-tetrahydrofuryl)uracil; 5-Fluor-1-(tetrahydro-2-furyl)-2,4(1*H*,3*H*)-pyrimidindion; CAS-Nr. 17902-23-7; $C_8H_9FN_2O_3$, M_r 200.16. Schmp. 164-165 °C (kristallisiert aus Ethanol). logP −0.6; pK_S 8.7 (ber.); leicht lösl. in heißem Wasser, Ethanol, DMF; fast unlösl. in Ether. **Wirk. u. Anw.:** Zytostatikum*, Antimetabolit*, bei gastrointestinalen Adenokarzinomen, Mamma- u. Ovarialkarzinomen; in Kombination mit Uracil* u. Calciumfolinat bei metastasierendem kolorektalen Karzinom; **UAW:** Diarrhö, Übelkeit, Erbrechen; **Kontraind.:** Schwangerschaft, Stillzeit, Jugendliche u. Kinder, eingeschränkte Leberfunktion; **Dos.:** 300 mg/m²/d im Abstand von 8 h; in Abhängigkeit von chemotherap. Kombinationen individuell dosiert; HWZ von (*S*)-Tegafur 10.3 h; HWZ von (*R*)-Tegafur 2.4 h.

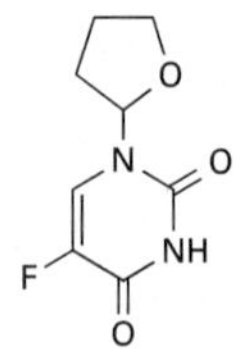

Tegafur

Tegmina Sepiae: s. Sepia officinalis (Ossa Sepiae).

Teichmann-Häminprobe: s. Hämin.

Teichrose, Gelbe: s. Nuphar lutea.

Teicoplanin INN: Teichomycin; CAS-Nr. 61036-64-4; $C_{88}H_{99}Cl_2N_9O_{33}$, M_r 1880.0. Schmp. 260 °C (unter Zers.). Glykopeptidkomplex aus Actinoplanes teichomyceticus, strukturverwandt mit Vancomycin*. Weißes amorphes Pulver, lösl. in Wasser, unlösl. in Mineralsäuren u. unpolaren Lösungsmitteln. **Wirk. u. Anw.:** Glykopeptid-Antibiotikum, vgl. Antibiotika (Polypeptid-Antibiotika); geg. grampositive Erreger; hemmt die Biosynthese der Bakterienzellwand; gut kombinierbar mit anderen Antibiotika; **UAW:** Hautreaktionen, evtl. anaphylakt. Reaktionen; **Dos.:** i. v. 1 × 400 mg/d.

Teilchenbeschleuniger: Vorrichtungen zur Herstellung radioaktiver Isotope*, die auf elektr. geladene Teilchen wie Protonen, Elektronen u. Ionen durch rasch wechselnde elektr. Magnetfelder hohe kinet. Energie übertragen. Nach Erreichen der erforderl. Energie werden die Teilchen auf die Atome einer Zielsubstanz (Target*) geschossen, wo sie durch Kernreaktionen* eine Umwandlung in ein anderes radioaktives Nuklid bewirken. Kompakte, einfach zu bedienende Beschleuniger (Zyklotrons) werden zur Herstellung

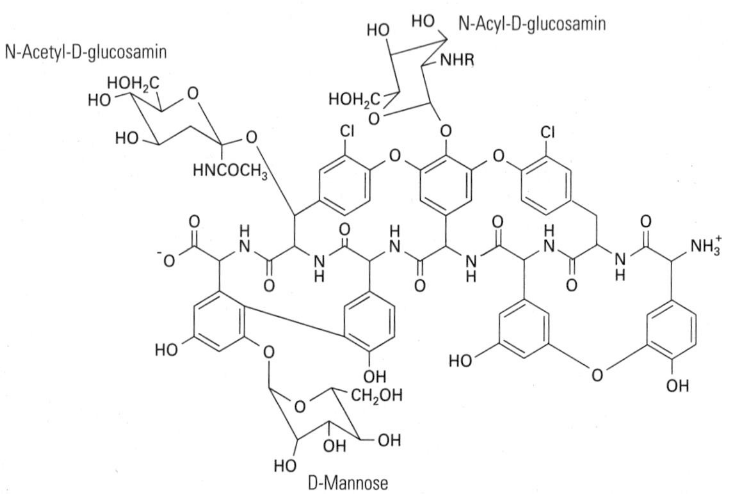

Teicoplanin: R = Decansäure(n) u. -Derivate

von Radionukliden für die medizin. Anw. eingesetzt, vgl. PET. Typen von T.:**1. Linearbeschleuniger**: Die Teilchen durchlaufen in einem geraden, evakuierten Beschleunigungsrohr hochfrequenzgesteuerte elektr. Felder. **2. Zirkularbeschleuniger**: Die Beschleunigung der Teilchen erfolgt auf einer Kreis- bzw. Spiralbahn. **a)** Betatron: Sonderform, bei der Elektronen (Betateilchen) nicht durch elektr. Felder, sondern nach dem Transformatorprinzip beschleunigt werden. Elektronen werden in eine Hochvakuum-Ringröhre mit einer Energie von einigen 10 000 eV tangential eingeschlossen. Durch ein sich änderndes magnet. Erregungsfeld wird ein elektr. Beschleunigungsfeld mit kreisförmigen Feldlinien erzeugt. Dieses bewirkt, dass die Elektronen schon nach ca. 50 000 Umläufen fast Lichtgeschwindigkeit erreichen. **b)** Zyklotron: dient zur Beschleunigung von Protonen, Deuteronen u. schweren, pos. geladenen Ionen auf Energien bis zu 100 MeV. **c)** Synchrozyklotron: Weiterentwicklung des Zyklotrons, bei der die Teilchen durch frequenzmodulierte Hochfrequenzspannung auf sehr hohe Energien beschleunigt werden. **d)** Synchrotron: Zyklotron mit variablem magnet. Feld, ebenfalls zur Erreichung sehr hoher Energien der beschleunigten Teilchen.

Teilchengrösse: Eigenschaft von pulverisierten Stoffen, die u. a. für Adsorptionsvermögen, Wärmeleitfähigkeit, Flüssigkeitsaufnahme, Haftkraft an fremden Feststoffoberflächen u. Rieselfähigkeit entscheidend ist. Die T. beieinflusst auch biopharmaz. Aspekte wie Lösungsgeschwindigkeit schwerlösl. Arzneistoffe, Arzneistofffreigabe u. Resorption. Die T. ist für Pulver u. Puder, aber auch für Stoffe zur Weiterverarbeitung zu Tabletten, Granulaten, Salben, Zäpfchen, Emulsionen wichtig u. wird durch die Korngrößenanalyse* bestimmt.

Teilmengen der Fläche unter der Kurve: Einteilung der Fläche unter der Kurve für p. o. Applikation in 4 Teilflächen (die i. v.-Kurve ist als Referenzkurve notwendig). **1.** Transit: Menge des Arzneistoffes, die resorbiert u. irreversibel eliminiert ist; **2.** Occupancy: Menge des Arzneistoffes, die resorbiert u. noch nicht eliminiert ist; sie ist im zentralen Kompartiment vorhanden; **3.** Availments: Menge des Arzneistoffes, die noch nicht resorbiert ist, aber der Resorption zur Verfügung steht; **4.** Transfer: Menge des Arzneistoffes, die durch das Blut durchgeht; setzt sich zusammen aus Transit u. Occupancy.

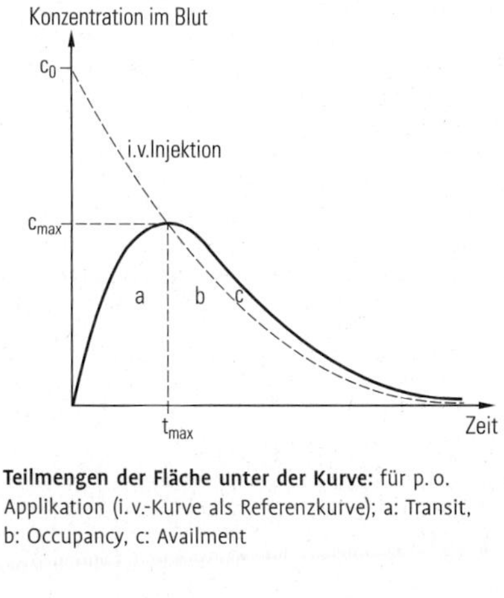

Teilmengen der Fläche unter der Kurve: für p. o. Applikation (i. v.-Kurve als Referenzkurve); a: Transit, b: Occupancy, c: Availment

Teilungsgewebe: s. Meristem.

Tektur: mit Faden befestigte, gefaltete Papierkappe zur Sicherung des Korkverschlusses einer Arzneiflasche.

Tela Cellulosi: Verbandmull aus Zellwolle. **Off.:** ÖAB90; kommt als 17-, 20- od. 24-fädiger Mull in den Handel; vgl. Verbandmull.

Tela cum Bismutylo gallico: Bismutgallatmull; nach ÖAB90: mit bas. Bismutgallat imprägnierter Verbandmull aus Baumwolle od. Zellwolle (Cellulosum depuratum). Geh. an bas. Bismutgallat: 9.0-11.0 bzw. 18.0-22.0 %.

Tela cum Iodoformio: Iodoformmull; mit Iodoform imprägnierter Verbandmull aus Baumwolle od. Zellwolle (ÖAB94). Geh. an Iodoform: 8.0-12.0 %.

Tela depurata: s. Verbandmull.

Tela Gossypii absorbens: s. Verbandmull.

Tela medicata: arzneiliche Verbandstoffe; mit Arzneistoffen getränkte Mullgewebe, z. B. Tela* cum Iodoformio.

Teleutospore: Überwinterungsspore; dickwandige, geg. Kälte u. Trockenheit resistente Spore der Rostpilze (s. Pilze), die an einem Paarkernmyzel entsteht u. in der Karyogamie* stattfindet; keimt unter Meiose* zur (Basidie*) aus.

Telithromycin

INN: (3a*S*,4*R*,7*R*,9*R*,10*R*,11*R*,13*R*,15*R*,15a*R*)-10-[3-(Dimethylamino)-3,4,6-tridesoxy-β-D-xylo-hexapyranosyloxy]-4-ethyl-11-methoxy-3a,7,9,11,13,15-hexamethyl-1-{4-[4-(3-pyridyl)-1*H*-imidazol-1-yl]butyl}octahydro-2*H*-oxacyclotetradecino[4,3-*d*]oxazol-2,6,8,14(1*H*,7*H*,9*H*)-tetraon, CAS-Nr. 173838-31-8; $C_{43}H_{65}N_5O_{10}$, M_r 812.03. Schmp. 187-188 °C. logP 5.1; pK_S 10.9 (ber.); geruchloses, weißes bis gelbl. weißes krist., bitteres Pulver; in Wasser sehr leicht lösl. (0.6 mg/mL), in den meisten org. Lösungsmitteln löslich. Säurestabiles Antibiotikum*. Erythromycin*-Derivat, Vertreter der Ketolide. **Wirk.:** Hemmung der Proteinbiosynthese durch Bindung an 50S-Untereinheit der Ribosomen. Selbst bei bestehenden Resistenz gegenüber Makroliden* ist nach bisherigen Daten T. noch wirksam. Wirkspektrum: grampositive u. atyp. Erreger, z. B. Streptokokken, Staphylococcus aureus, Legionellen, Chlamydien, Mycoplasma pneumoniae; **Anw.:** Pneumonie, Bronchitis, Sinusitis, Tonsillitis, Pharyngitis; **UAW:** Diarrhö, Übelkeit, Erbrechen, abdominelle Beschwerden,

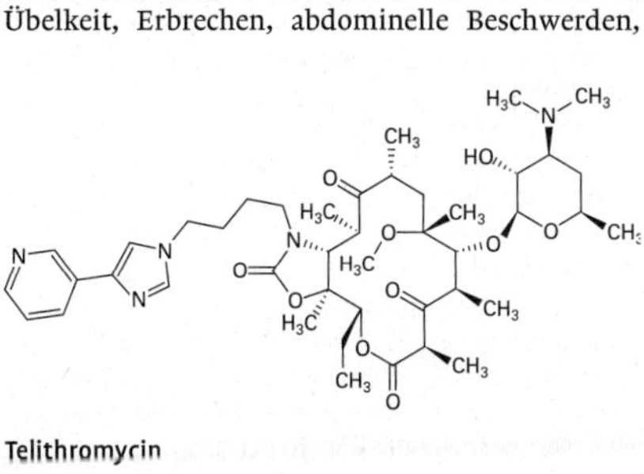

Telithromycin

Anstieg der Leberenzyme; **Dos.:** p. o. 1×800 mg/d; terminale HWZ 10 h.

Tellergranulierverfahren: s. Granulieren.

Tellur: Tellurium, Aurum paradoxum; Symbol Te; A_r 127.60, OZ 52. D. 6.2. Schmp. 449.8 °C. Sdp. 1390 °C. Härte 2.5. Silberweiße, 2-, 4- u. 6-wertige, metall. glänz. krist. Masse; guter Elektrizitäts- u. Wärmeleiter; an der Luft verbrennt Te mit blauer, grün gesäumter Flamme zu TeO_2. **Vork.:** nat. gediegen u. in Verb. mit Pb, Ag, Au; Hauptfundorte in Siebenbürgen, Kalifornien, Brasilien; **Darst.:** Lösen der Legierungen in Säuren u. Reduktion mit SO_2; **Tox.:** Vergiftungen mit Te sind selten; tox. wirken v. a. Te-Verb. (Tellurwasserstoff, Telluride, Tellursäure); MAK: 0.1 ppm; schon nach Aufnahme sehr kleiner Mengen (5 µg TeO_2) kommt es durch Bildung von Dimethyltellurid zum Auftreten von Knoblauchgeruch, der über viele Wochen bestehen bleibt, vgl. Selen; **Gesch.:** entdeckt 1782 von Franz Josef Müller von Reichenstein (1740-1825), 1798 von Martin Heinrich von Klaproth als Element identifiziert.

Telmisartan INN: 4'-[{(4-Methyl-6-(1-methylbenzimidazol-2-yl)-2-propylbenzimidazol-1-yl}methyl]-biphenyl-2-carboxylsäure; CAS-Nr. 144701-48-4; $C_{33}H_{30}N_4O_2$, M_r 514.6. Schmp. 261 °C. logP 7.8; pK_S 3.8 (ber.); schwer lösl. in Wasser. **Wirk.:** nichtkompetitiver Angiotensin*-II-Blocker mit guter Wirksamkeit u. Verträglichkeit; **Anw.:** Antihypertensivum*; **UAW:** gelegentl. gastrointestinal, jedoch gering u. vorübergehend; **Dos.:** 1×40 mg/d, MTD 80 mg p. o.; HWZ >20 h.

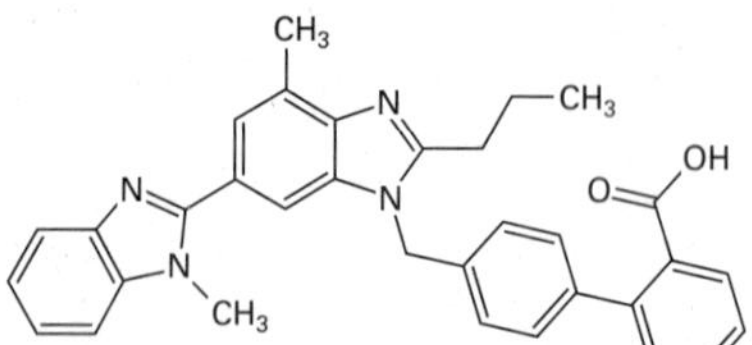

Telmisartan

Telomerase: matrizenhaltige reverse Transkriptase, welche die Enden der Chromosomen (Telomere) repliziert.

Telomere: DNA-Sequenzen an den Enden eukaryont. Chromosomen, die aus bis zu tausendfachen Wiederholungen einer einfachen speziesabhängigen G-reichen Sequenz am 3'-Ende eines DNA-Stranges bestehen. Dieser G-reiche Strang wird von der Telomerase* synthetisiert. T. wirken der Verkürzung des Chromosoms bei jedem Replikationszyklus entgegen u. stabilisieren die Chromosomenenden.

Telophase: letztes Stadium von Meiose* u. Mitose*, währenddessen die Chromosomen zu 2 neuen Kernen zusammengefasst werden.

Temafloxazin INN: (±)-1-(2,4-Difluorphenyl)-6-fluor-1,4-dihydro-7-(3-methyl-1-piperazinyl)-4-oxochinolin-3-carbonsäure; CAS-Nr. 108319-06-8; $C_{21}H_{18}F_3N_3O_3$, M_r 417.39. **Wirk.:** Gyrasehemmer*, hohe Wirksamkeit gegenüber gramnegativen Keimen (einschließl. Pseudomonas ssp.) u. gegenüber grampositiven Keimen wie Staphylococcus aureus, Streptococcus pneumoniae, ferner gegenüber Chlamydia trachomatis, Mycoplasma hominis, Ureaplasma urealyticum u. Anaerobier (Bacteroides fragilis, Clostridium perfringens u. Peptostreptokokken); **Anw.:** Infektionen der unteren Atemwege, der Haut, des Weichteilgewebes; **UAW:** u. a. gastrointestinale Störungen, Übelkeit, Blutbildveränderungen; **Kontraind.:** Schwangerschaft u. Stillzeit, Anw. bei Kinder u. Jugendl. in der Wachstumsperiode; **Dos.:** p. o. allg. bei Atemweginfektionen 2×300-600 mg/d; Haut u. Weichteile 2×600 mg/d (300 mg T. entspr. 326.2 mg Temafloxazinhydrochlorid); HWZ 7-8 h. **Temafloxazinhydrochlorid:** CAS-Nr. 105784-61-0; $C_{21}H_{18}F_3N_3O_3 \cdot HCl$, M_r 453.85.

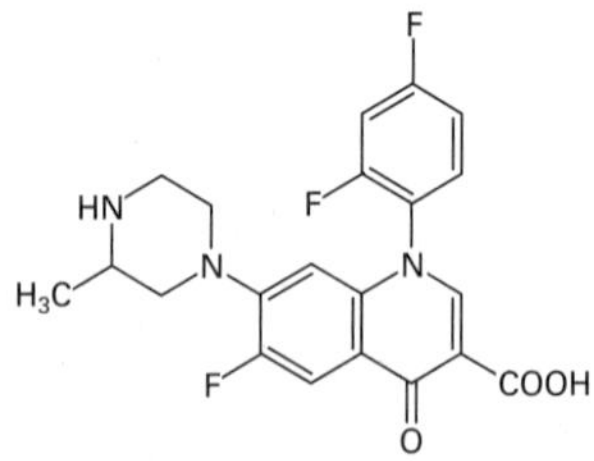

Temafloxazin

Temazepam INN: Temazepamum Ph.Eur.4, 3-Hydroxydiazepam; 7-Chlor-2,3-dihydro-3-hydroxy-1-methyl-5-phenyl-1*H*-1,4-benzodiazepin-2-on; CAS-Nr. 846-50-4; $C_{16}H_{13}ClN_2O_2$, M_r 300.74. Schmp. 157-160 °C. **Anw.:** Tranquilizer, s. Psychopharmaka (Ataraktika), Schlafmittel*, Sedativum*; vgl. Benzodiazepine; HWZ 5.3 h.

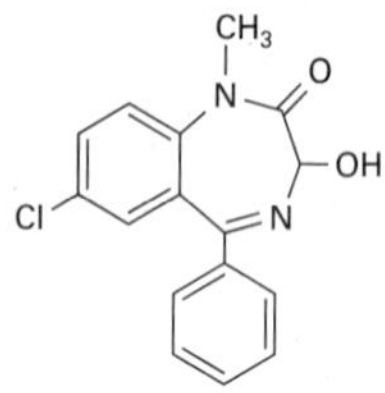

Temazepam

Temocillin INN: 6-[2-Carboxy-2-(3-thienyl)acetamido]-6-methoxypenicillansäure; (6*S*)-6-(Carboxy-3-thienylacetyl)amino-6-methoxy-3,3-dimethyl-7-oxo-4-thia-1-oxabicyclo[3.2.1]-heptan-2-carbonsäure; $C_{16}H_{18}N_2O_7S_2$, M_r 414.45. **Temocillin-Dinatriumsalz**: $C_{16}H_{16}N_2Na_2O_7S_2$, M_r 460.5. **Anw.:** Antibiotikum; semisynthet., injizierbares Penicillinderivat mit hoher Aktivität geg. gramnegative,

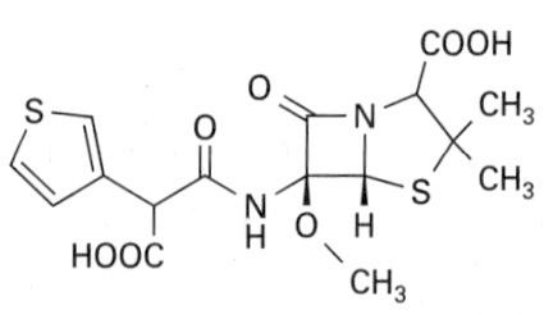

Temocillin

aber geringer Aktivität geg. grampositive Bakt.; vgl. Antibiotika (Penicillin-Antibiotika).

Temoe lawak: s. Curcuma zanthorrhiza (Curcumae xanthorrhizae rhizoma).

Temoporfin INN: 3,3',3'',3'''-(7,8-Dihydroporphyrin-5,10,15,20-tetrayl)tetraphenol; CAS-Nr. 122341-38-2; $C_{44}H_{32}N_4O_4$, M_r 680.75. logP 9.4 (ber.). **Wirk. u. Anw.:** photosensibilisierendes Porphyrin zur photodynam., palliativen Behandlung von Patienten mit Plattenepithelkarzinomen im Kopf- u. Halsbereich nach Versagen vorangegangener Ther.; **UAW:** Schmerzen am Injektionsort, Blutungen, evtl. Narbenbildung; **Dos.:** 0.15 mg/kg KG, langsame i. v. Einzelinjektion in das betroffene Gewebe; HWZ 65 h.

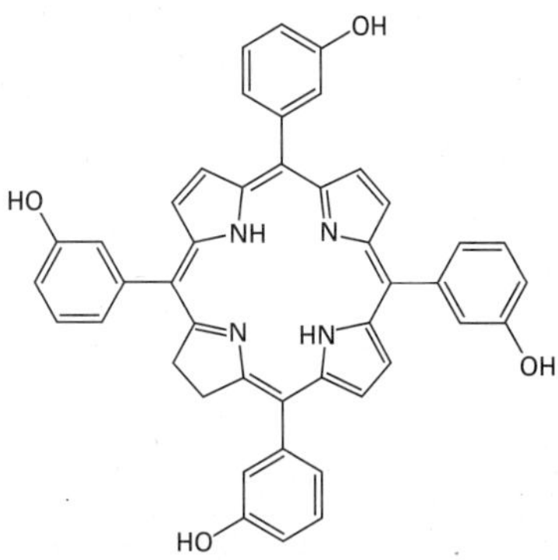

Temoporfin

Temozolomid INN: 3,4-Dihydro-3-methyl-4-oxoimidazo(5,1-*d*)-tetrazin-8-carboxamid; CAS-Nr. 85622-93-1; $C_6H_6N_6O_2$, M_r 194.2. Schmp. 212 °C. logP −1.3 (ber.). **Wirk.:** Zytostatikum*, Alkylans; Bioverfügbakeit nahezu 100 %, bevorzugte Anreicherung in Hirntumoren; **Anw.:** Behandlung des Glioblastoms; **UAW:** sehr häufig Übelkeit, Erbrechen (zusätzl. antiemet. Ther. erforderl.), Thrombozytopenie; **Dos.:** 200 mg/m^2 Körperoberfläche einmal täglich.

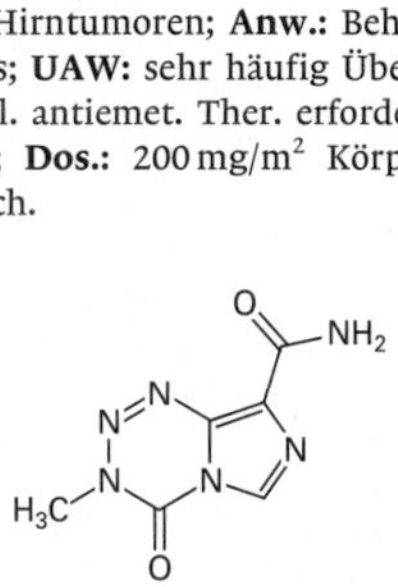

Temozolomid

Temperantia: s. Sedativa.

Temperatur: Symbol T, t, ϑ; ein Maß für die mittlere kinet. Energie der Materieteilchen (Moleküle u. Atome), abhängig von Zu- od. Abfuhr von Wärmeenergie; vgl. Arbeit, Energie, Wärme; Angabe der Temp. in Kelvin (K); s. SI-Einheiten (Kelvin); Temperatur, absolute. Für den prakt. Gebrauch u. die Angabe von Temperaturdifferenzen ist das Grad Celsius (°C) als vom Kelvin abgeleitete Einheit zulässig. Kelvin- u. Celsius-Skala unterscheiden sich nur in der Festlegung des Nullpunktes (vgl. Nullpunkt, absoluter). Andere Temperaturskalen, die im angelsächs. Raum in Gebrauch sind od. histor. Bedeutung haben, sind die Fahrenheit*-Grade (°F) u. die Reaumur-Skala (°R). Umrechnungen:

t[°C] = 5/9 · (t[°F] −32) = 5/4 · t[°R] = t[K] −273.15
t[K] = t[°C] +273.15

Zur Messung der Temp. s. Thermometer; vgl. Celsius-Skala.

Temperatur, absolute: thermodynamische Temperatur; Symbol T; Einheit Kelvin (K); auf den absoluten Nullpunkt* bezogene Temperaturskala. Bei der a. Temp. sind nur positive Temperaturwerte möglich. Sie wird auch thermodynam. Temp. genannt, da die therm. Energie von Atomen u. Molekülen ein Maß für die a. Temp. ist; s. SI-Einheiten.

Temperatur, kritische: Temp. am krit. Punkt. Höchste Temp., bei der eine flüss. Phase noch mögl. ist. Oberhalb der krit. Temp. kann ein Gas auch durch noch so hohen Druck nicht verflüssigt werden.

Temperatur, thermodynamische: s. Temperatur, absolute.

Templinöl: s. Abies alba (Oleum Templini).

temporal (lat. tempus Lebenszeit, Schläfe): schläfenwärts; zu den Schläfen gehörend.

Temulin: s. Lolium temulentum (Fructus Lolii, Inhaltsst.).

Tenakel: Kolierrahmen, s. Kolieren.

Tendinitis: abakterielle Entzündung der Sehnen.

Tendo (lat. tendere spannen, ausdehnen): syn. Tenon; Sehne.

Tendovaginitis: abakterielle Entzündung der Sehnen od. Sehnenscheiden am Sehnenansatz.

Tenecteplase INN: 103-L-Asparagin-117-L-glutamin-296-L-alanin-297-L-alanin-298-L-alanin-299-L-alanin-alteplase; CAS-Nr. 191588-94-0; $C_{2558}H_{3872}N_{738}O_{781}S_{40}$. Rekombinanter fibrinspezif. Plasminogenaktivator*. **Anw.:** Antikoagulans* zur Thrombolyse bei akutem Herzinfarkt; **UAW:** Blutungen, Hypotonie, Herzfrequenz- u. Herzrhythmusstörungen; **Dos.:** möglichst schnell nach Symptombeginn max. 50 mg als i. v. Einfachbolus; HWZ ca. 2 h.

Tenesmus (lat. tendere anspannen): beständiger schmerzhafter Stuhl- od. Harndrang.

Teniposid INN: 4'-Desmethyl-epipodophyllotoxin-9-(4,6-*O*-2-thenyliden-*β*-D-glucopyranosid); CAS-Nr. 29767-20-2; $C_{32}H_{32}O_{13}S$, M_r 656.67. Schmp. 242-246 °C (kristallisiert aus absolutem Ethanol). $[\alpha]_D^{20\,°C}$ −107° (Chloroform/Methanol 9:1). Partialsynthet. Derivat von Podophyllotoxin (s. Podophyllin). Fast unlösl. in Wasser. **Anw.:** u. a. Zytostatikum* (Mitosegift); bei malignen Lymphomen, Morbus Hodgkin, Lymphosarkom; **Dos.:** i. v. in Zyklen mit individuellem Behandlungsschema.

Tenofovir INN: (*R*)-[2-(6-Amino-9*H*-purin-9-yl)-1-methylethoxy]-methylphosphonsäure; CAS-Nr. 147127-20-6; $C_9H_{14}N_5O_4P$, M_r 287.2. Schmp. 279 °C. logP −1.8; pK_S 1.6 (ber.); leicht lösl. in Wasser. **Wirk.:** nucleosidischer Reverse-Transkriptase-Hemmer*; **Anw.:** Virostatikum* zur Kombinationsbehandlung der HIV-Infektion bei virolog. Therapieversagen; **UAW:** Diarrhö, Übelkeit,

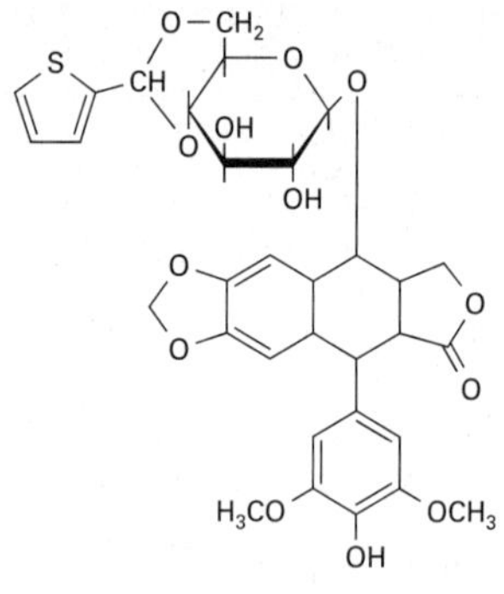

Teniposid

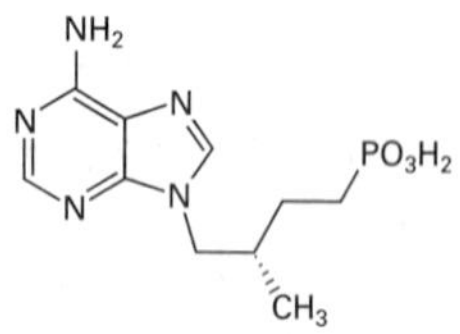

Tenofovir

Erbrechen; Nierentoxizität nicht ausgeschlossen; **Dos.:** 1×245 mg/d p. o.; HWZ 12-18 h.

Tenoxicam INN: Tenoxicamum Ph.Eur.4; 4-Hydroxy-2-methyl-*N*-(pyridin-2-yl)-2*H*-thieno-[2,3-*e*]-1,2-thiazin-3-carboxamid-1,1-dioxid; CAS-Nr. 59804-37-4; $C_{13}H_{11}N_3O_4S_2$, M_r 337.37. Schmp. 209-213 °C (unter Zers.; polymorph). Gelbes, krist. Pulver; sehr schwer lösl. in Wasser, Ethanol u. Hexan, lösl. in Dichlormethan. **Off.:** Ph.Helv.7; **Wirk.** u. **Anw.:** Antirheumatikum der Oxicam-Reihe, s. Analgetika (schwache); antiphlogist. Aktivität wird durch lange HWZ (70-90 h) erreicht; im Vergleich zu Indometacin* nur 1/100 der Hemmwirkung auf die Prostaglandinsynthese; **UAW:** gastrointestinale Störungen, Blutbildstörungen.

TENS-Gerät: Abk. für **T**ranskutanes **e**lektrisches **N**erven**s**timulations-Gerät; Schmerztherapiegerät, das mit schwachen elektr. Reizen die Übertragung der Schmerzimpulse durch Stimulation sensibler Nerven blockiert. Gerätetypen: **1.** Einkanalgeräte mit 2-4 Elektroden (20-150 Hz); **2.** Zweikanalgeräte mit je 2 Elektroden/Kanal (1-150 Hz); Heute werden wegen der geringeren Gewöhnungsgefahr oft Geräte mit wechselnder Frequenz eingesetzt.

Tenside: lyobipolare Stoffe, amphiphile Stoffe, Detergenzien, oberflächenaktive Stoffe; Moleküle u. Ionen mit einer gewissen Affinität sowohl zu polaren als auch zu unpolaren Lösungsmitteln, die daher an Grenzflächen adsorbiert werden; s. Grenzflächenspannung. Je nach Anzahl u. Art der polaren u. unpolaren Gruppen im Molekül haben T. vorwiegend hydrophilen od. lipophilen od. auch einen dazwischen liegenden Charakter: **anionenaktive T.:** z. B. Seifen (Alkalisalze der Fettsäuren), Sulfonate, Salze der Fettalkoholschwefelsäureester (Na-cetylsulfat); **kationenaktive T.:** z. B. quartäre Ammoniumverbindungen*; **amphotere T.:** z. B. Phospholipide (Lecithine*), Ampholytseifen*, manche Eiweiße; **nichtionogene T.:** z. B. Sorbitanderivate (Sorbitanfettsäureester*, Polysorbate*), Polyoxyethylenfettalkoholether*; vgl. Emulgatoren.

Tensidgel: Gel aus lyotropen Flüssigkristallen mit hohem Tensidgehalt. T. bilden sich mit polaren Tensiden, z. B. ethoxylierte Fettalkohole, die gut hydratisierte Mizellen erzeugen. Sie sind opt. transparent u. hoch elast. bei mechan. Beanspruchung. Aufgrund des Resonanzeffekts im hörbaren Bereich werden sie auch als Brummgele bezeichnet. **Anw.:** top. für Antirheumatika u. Antimykotika mit Tiefenwirkung. Der hohe Tensidgehalt beeinflusst die Struktur der Hautlipide u. erhöht deshalb die Permeabilität durch das Stratum corneum, kann aber zu Hautreizungen führen.

Tensiometer: s. Grenzflächenspannung (Tensiometermethode).

Tension des Wasserdampfes: Sättigungsdruck des Wasserdampfes.

Tentamen (lat.): Versuch. T. suicidii: Selbstmordversuch.

tenuis (lat.): dünn, zart.

Teonanacatl: s. Psilocybe mexicana.

TEP: s. Endoprothese.

Tepala: gleichartige Perigonblätter; s. Blüte (Blütenteile).

Tephrosia-Arten: s. Rotenon.

Teprosilat: Teprosilas; chem. Kurzbez. für 1,2,3,4-Tetrahydro-1,3-dimethyl-2,6-dioxopurin-7-ethansulfonat.

Tequila: s. Agave americana (Anw.).

Tera-: Symbol T; gesetzl. Vorsatz für das 10^{12}fache einer Grundeinheit; vgl. SI-Einheiten. 1 TW (Terawatt) = 10^{12} W = 1 Mrd. (10^9) kW.

teratogen (gr. terata Missbildung): Missbildungen erzeugend; vgl. Reproduktionstoxizität.

Terazosinhydrochlorid INN: 1-(4-Amino-6,7-dimethoxychinazolin-2-yl)-4-(tetrahydro-2-furoyl)-piperazinhydrochlorid-Dihydrat; CAS-Nr. 70024-40-7; $C_{19}H_{25}N_5O_4 \cdot 2\,H_2O$, M_r 459.9. **Anw.:** Antihypertensivum*, peripheres Alpha-1-Sympathomimetikum (s. Sympathomimetika).

Terbinafin INN: (*E*)-*N*-(6,6-Dimethyl-2-hepten-4-inyl)-*N*-methyl-1-naphthylmethylamin; CAS-Nr. 91161-71-6; $C_{21}H_{25}N$, M_r 291.44. pK_S 7.10. **Wirk.:** wie Naftifin* u. Tolnaftat* ein Hemmstoff der Squalenepoxidase; **Anw.:** Antimykotikum*; bei schweren therapieresistenten Pilzinfektionen durch Dermatophyten; **UAW:** allerg. Hautreaktionen, Kopfschmerz, gastrointestinale Beschwerden; **Kontraind.:** Schwangerschaft u. Stillzeit, Anw. bei Kindern; **Dos.:** p. o. 1×250 mg/d (entspr.

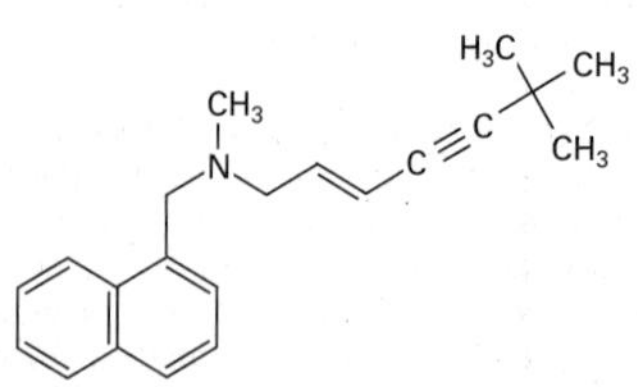

Terbinafin

Tenside
Übersicht

Typ	hydrophiler Rest	bestimmendes Element		Name
Aniontenside	$-COO^-$	$CH_3-(CH_2)_a-COO^-$	Na^+	Seifen, Na-Salze von Fettsäuren
	$-O-SO_2-O^-$	$CH_3-(CH_2)_a-O-SO_2-O^-$	Na^+	Fettalkoholsulfate
	$-SO_2-O^-$	$CH_3-(CH_2)_a-SO_2-O^-$	Na^+	Alkylsulfonate
		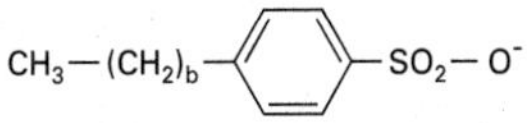	Na^+	Alkylbenzolsulfonate
	$-CO-N(R)-(CH_2)_2-SO_2-O^-$	$CH_3-(CH_2)_a-CO-N(R)-(CH_2)_2-SO_2-O^-$	Na^+	fettsäureacylierte Aminoethylsulfonate
Kationtenside	$-N^+(CH_3)_3$	$CH_3-(CH_2)_a-N^+(CH_3)_3$	Cl^-	Tetraalkylammoniumchlorid (Invertseifen)
Amphotenside, zwitterionisch	$-N^+(CH_3)_2-CH_2-CO-O^-$	$CH_3-(CH_2)_a-N^+(CH_3)_2-CH_2-CO-O^-$		N-Alkylbetain
nichtionogene Tenside (Nonionics)	$-O-(CH_2-CH_2-O)_c-H$	$CH_3-(CH_2)_a-O-(CH_2-CH_2-O)_c-H$		Alkoholethoxylate
		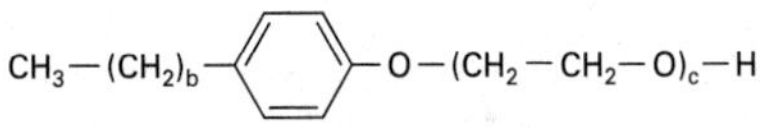		Alkylphenolethoxylate
(Wasserstoffbrückenaktivität)	$-CO-NH-CH_2-CH_2-OH$	$CH_3-(CH_2)_a-CO-NH-CH_2-CH_2-OH$		Fettsäureethanolamid

a = 10...20; b = 8...16; c = 3...5.

281.3 mg Terbinafinhydrochlorid) über 4-6 Wochen; topisch als Lsg., Creme 1%, 1- bis 2-mal/d; HWZ 17 h. **Terbinafinhydrochlorid**: CAS-Nr. 78628-80-5; $C_{21}H_{25}N \cdot HCl$, M_r 327.90. Schmp. 195-198 °C (kristallisiert aus 2-Propanol/Diethylether; polymorph, Umwandlung bei ca. 150 °C).

Terbium (Ytterbia, Ort in Schweden): Symbol Tb; A_r 158.92534, OZ 65. D. 8.229. Schmp. 1357 °C. Sdp. 3219 °C. Silbrig weißes, duktiles, schmiedbares, 3- u. 4-wertiges Lanthanoid*-Metall. Tb reagiert mit Wasser u. ist in Säuren leicht löslich. **Vork.**: im Monazit, Xenotin u. Euxenit. **Herst.**: Reduktion von TbF_3 mit Calcium; Aufbewahrung unter Inertgas; **Gesch.**: 1843 von Carl Gustav Mosander (1797-1858) als Oxid in der Yttererde* gewonnen.

Terbutalin INN: α-(*tert*-Butylamino)methyl-3,5-dihydroxybenzylalkohol; 2-*tert*-Butylamino-1-(3,5-dihydroxyphenyl)ethanol; CAS-Nr. 23031-25-6; $C_{12}H_{19}NO_3$, M_r 225.29. Schmp. 119-122 °C (kristallisiert aus absolutem Ether). **Anw.**: Bronchodilatator, Prophylaxe u. Ther. obstruktiver Atemwegerkrankungen (lokale Applikation durch Inhalation), zur Tokolyse bei drohender Frühgeburt, Beta-2-Sympathomimetikum, s. Sympathomimetika; **UAW**: feiner Fingertremor, Unruhe, Schweißausbruch; bei Anw. als Tokolytikum Übelkeit, Erbrechen u. kardiale Stimulation, z. B. Tachykarde, pektanginöse Beschwerden, ventrikuläre Extrasystolen; Anstieg des Blutzuckers u. der freien Fettsäuren; **Kontraind.**: Thyreotoxikose; Hypertonie, tachykarde Herzrhythmusstörungen, akute Koronarerkrankungen; während der Schwangerschaft möglichst zurückhaltend anwenden; **Dos.**: p. o. 2-3×2.5 mg/d, Kinder 7-14 Jahre 2-3×1.5 mg/d, Kinder 3-6 Jahre 2-3×1 mg/d; parenteral s. c. bis 4×0.25 g/d; Dosieraerosol bis 3×0.25 mg/d; HWZ 3.5 h. **Terbutalinsulfat**: Terbutalini sulfas Ph.Eur.4; CAS-Nr.

T

23031-32-5; $C_{24}H_{40}N_2O_{10}S$, M_r 548.6. Weißes, krist. Pulver; leicht lösl. in Wasser, schwer lösl. in Ethanol, fast unlösl. in Chloroform u. Ether.

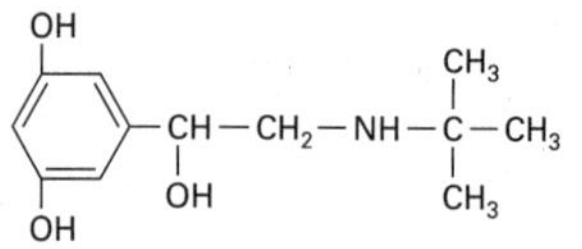

Terbutalin

Terconazol INN: Terconazolum Ph.Eur.4; 1-(4-[*cis*–2-(2,4-Dichlorphenyl)-2-(1*H*-1,2,4-triazol-1-ylmethyl)-1,3-dioxolan-4-yl]methoxy-phenyl)-4-isopropylpiperazin; CAS-Nr. 67915-31-5; $C_{26}H_{31}Cl_2N_5O_3$, M_r 532.5. Schmp. 125-127 °C (polymorph). **Anw.:** Antimykotikum*; vgl. Econazol.

Terebinthina: Balsamum Terebinthinae, Balsamum Pini, Terpentin, Kiefernharz; dickflüss., trübes Sekret von eigenartigem Geruch. Unlösl. in Wasser, lösl. in Ethanol, Ether, Aceton, Benzol, Chloroform, Eisessig, Petroleumether, Schwefelkohlenstoff u. Toluol. Stpfl. sind versch. Arten der Gattung Pinus (Kiefer): **1. P.* sylvestris** L.: wird hauptsächl. in Deutschland u. Russland genutzt; **2. P. nigra** Arnold: Schwarzkiefer; (Österreich); **3. P. pinaster** Soland.: P. maritima Lam. non Mill., Strandkiefer (westl. Mittelmeergebiet, Südwest-Frankreich), bis 1991 Lieferant der franz. Droge (Terebinthina gallica); **4. P. palustris** Mill.: P. australis Michx. f., Pitch-pine-Kiefer, Sumpfkiefer; **5.** ferner **P. caribaea** Morelet u. **P. taeda** L.: Lieferanten von nordamerikan. Terebinthina; **Best.:** 70-85 % Harz, hauptsächl. aus Abietinsäure* u. Pimarsäure bestehend, u. 15-30 % Terpentinöl (s. u.); **Gew.:** T. entsteht teils in der Rinde, teils im jungen Holz (Splintholz), aus dem v. a. nach Verwundung der Balsam austropft u. aufgefangen wird; **Zuber.:** Emplastrum adhaesivum, Emplastrum* Cantharidum ordinarium, Emplastrum* Cantharidum perpetuum, Emplastrum* Cantharidum pro uso veterinario, Emplastrum* Lithargyri compositum, Unguentum* basilicum; **Anw.:** zu hautreizenden Pflastern u. Salben; **Oleum Terebinthinae (aethereum):** Terebinthinae aetheroleum, Balsamterpentinöl, Terpentinöl; das durch Wasserdampfdest. aus T. gewonnene äther. Öl. D. 0.855-0.872; $\alpha_D^{20\,°C}$ +15 bis −40°; je nach Herkunft links- (z. B. franz. Terpentinöl) od. rechtsdrehend (z. B. amerikan. Terpentinöl). Farblose bis gelbl. Flüssigkeit. **Off.:** DAB6; **Best.:** 65-70 % (−)- u. (+)-α-Pinen* (je nach Herkunft in unterschiedl. Mengen, bestimmt den Drehwert) u. 30-33 % (−)- u. (+)-β-Pinen sowie andere Monoterpene wie Dipenten (D,L-Limonen), Terpinolen* u. je nach Herkunft Δ^3-Caren (in Ölen von Pinus sylvestris überwiegend, anstelle der Pinene, sonst fehlend), Limonen*, Camphen*, Linalool*, Bornylacetat*, Cymol* u. Cadinen*; **Anw.:** früher zu Einreibungen bei Erkrankungen des rheumat. Formenkreises (s. Spiritus russicus), zu Inhalationen geg. Bronchitis; gelöst, z. B. in Olivenöl, als Injektion (i. m.) zur unspezif. Reiztherapie. Wird Terebinthinae aetheroleum verordnet, so ist Gereinigtes Terpentinöl (s. u.) abzugeben; techn.: zur Herst. von Lacken u. Firnissen; **Terebinthinae aetheroleum rectificatum:** Oleum Terebinthinae rectificatum, Terebinthinae aetheroleum medicinale, Oleum Terebinthinae medicinale, Gereinigtes Terpentinöl, Gereinigtes ätherisches Terpentinöl, Medizinal-Terpentinöl; D. 0.856-0.867; $n_D^{20\,°C}$ 1.467-1.478. Farblose Flüss., mischbar mit wasserfreiem Ethanol u. apolaren Lösungsmitteln, verhältnismäßig gut lösl. in Lsg. von Alkalisalzen org. Säuren. Nach Ph.Helv.8 ist das Öl mit einem geeigneten Antioxidans konserviert. **Herst.:** Terpentinöl wird entsäuert, z. B. mit der dreifachen Menge erwärmten Kalkwassers kräftig durchgeschüttelt, u. dann destilliert; **Off.:** ÖAB90, Ph.Helv.8, DAC; **Inkomp.:** Oxidationsmittel; **Anw.:** äußerl. zu antirheumat. Einreibungen; innerl. u. äußerl. bei Erkrankungen der Bronchien; volkstüml. als Best. von Furunkelsalben sowie bei Hautverletzungen; früher parenteral zur unspezif. Reizkörpertherapie; zur Inhalation bei Bronchitis wird Terpentinöl meistens durch Pini pumilionis aeteroleum (s. Pinus mugo) od. durch Eucalypti aetheroleum ersetzt; **Resina Pini burgundica:** Resina alba; der Rückstand bei der Terpentinöldest. wird als Burgunderharz, das ist noch wasserhaltiges Colophonium*, bezeichnet. **Resina Pini (Galipot):** Galipot, Barras; das beim Verdunsten des Terpentinöls an den Bäumen als Krusten zurückbleibende Harz; früher auch von Picea abies (Picea excelsa) gewonnen (Fichtenharz). Lösl. in Ethanol, Ether, Aceton, schmilzt bei ca. 100 °C zu klarer Flüss.; **Anw.:** für pharmaz. Zwecke durch Schmelzen u. Durchseihen gereinigt, dient(e) ebenfalls wie Terpentin zur Herst. von Pflastern; **Terebinthina laricina:** T. veneta, Lärchenterpentin, Venezian. Terpentin; der durch Anbohren der Stämme von Larix decidua, Fam. Pinaceae (Alpen), gewonnene, dicke, gelbe bis bräunl., nicht körnige Balsam. Lösl. in Ethanol 96 %, Ether, Chloroform, Benzol, Aceton, Toluol, Essigsäure 98 % u. Benzin; muss sich mit 2 Volumen-T. Ethanol 80 % (V/V) klar mischen. **Off.:** Ph.Helv.7; **Best.:** 10-25 % Terpentinöl u. 75-90 % Harz, das hauptsächl. Laricinolsäure enthält; **Anw.:** wie Terpentin; techn. bes. für Klebemittel; **Holzterpentinöl:** (engl.) pine oil, Oleum Terebinthinae e ligno, Wurzelterpentinöl; das in den USA durch Dest. u. Extraktion des Kernholzes von überwiegend Pinus palustris gewonnene Öl. **Best.:** u. a. α-Pinen u. β-Pinen sowie Dipenten; **Anw.:** ähnl. Terpentinöl; **Kienöl:** Oleum Pini; das durch trockene Dest. aus den Wurzeln u. Ästen der Kiefern gewonnene Öl. **Anw.:** Herst. von Lacken u. Firnissen; Reinigungsmittel für Lettern; vielfach zur Verfälschung des Terpentinöls; **Terpentin, Straßburger:** Terebinthina argentoratensis; eine in den Vogesen gewonnene Terpentinsorte, stammt von Abies* alba.

Hom: *Terebinthina,* Oleum Terebinthina: äther. Öl aus dem Harz versch. Pinusarten; verord. z. B. bei Bronchitis, Nieren- u. Gallenkoliken.

Hom: *Terebinthina laricina (HAB 2000),* Resina Laricis: äther. Öl aus dem Harz von Larix decidua; verord. wie Therebinthina.

Terebinthina aetheroleum medicinale: s. Terebinthina.

Terebinthina argentoratensis: s. Terebinthina (Terpentin, Straßburger).

Terebinthina canadensis: s. Balsamum canadense.

Terebinthinae resina: s. Colophonium.

Terebinthina laricina: s. Terebinthina.

Terebinthina veneta: s. Terebinthina (T. laricina).

Terephtalsäure: Benzol-1,4-dicarbonsäure, $C_8H_6O_6$, M_r 166.1. Schmp. ca. 300 °C (Sublimation); schwer lösl. in Wasser, Diethylether u. Chloroform. **Anw.:** Zwischenprodukt in der Kunststoffherstellung.

Terfenadin INN: Terfenadinum Ph.Eur.4; 1-(4-*tert*-Butylphenyl)-4-[4-(α-hydroxybenzhydryl)piperidino]butanol; CAS-Nr. 50679-08-8; $C_{32}H_{41}NO_2$, M_r 471.69. Schmp. 146.5-148.5 °C (kristallisiert aus Aceton, polymorph). Sehr schwer lösl. in Wasser. **Anw.:** Antihistaminikum* (H_1-Rezeptor-Antagonist), z. B. geg. Heuschnupfen od. allerg. Hautreaktionen; vgl. Fexofenadin (Metabolit); **UAW:** Verdauungsstörungen, Kopfschmerz; **Kontraind.:** Schwangerschaft; **WW:** z. B. mit Makrolidantibiotika od. Imidazolantimykotika (z. B. Ketoconazol); kann schwere Herzrhythmusstörungen, infolge Verlangsamung des Abbaus von T., hervorrufen; HWZ 4-6 h.

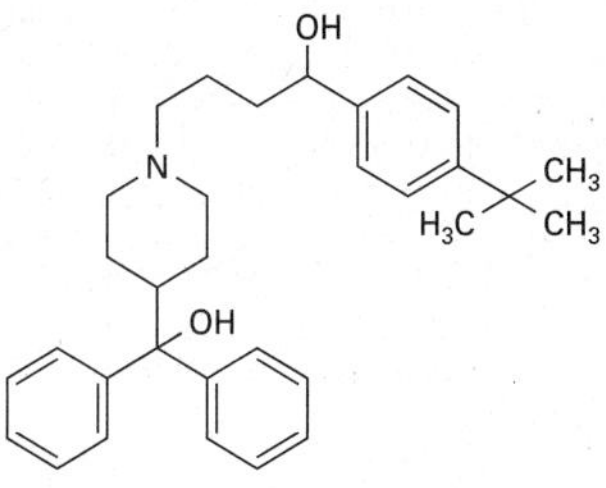

Terfenadin

Terizidon INN: 4,4-[4-Phenylen-bis(methylenamino)]-bis(1,2-oxazolan-3-on); CAS-Nr. 25683-71-0; $C_{14}H_{14}N_4O_4$, M_r 302.28. **Wirk. u. Anw.:** Antibiotikum*, Tuberkulostatikum; Cycloserin-Derivat, aus dem im Körper das wirksame D-Cycloserin* freigesetzt wird; wirkt bakteriostat. durch kompetitive Hemmung des Einbaus von D-Alanin in die Bakterienzellwand; hemmt v. a. Tuberkelbakt., z. T. auch Mycobacterien*; Hauptind.: Tuberkulose bei Resistenz geg. Tuberkulostatika 1. Wahl; **UAW:** reversible zentralnervöse Störungen; **Dos.:** p. o. 1 g/d.

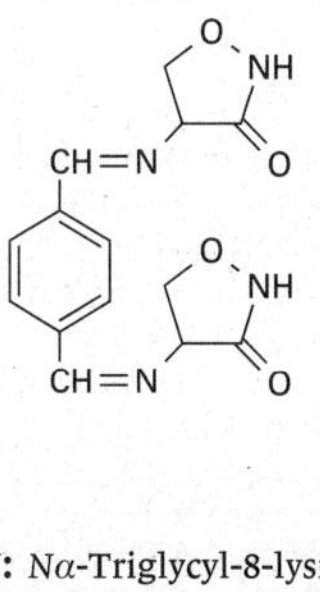

Terizidon

Terlipressin INN: $N\alpha$-Triglycyl-8-lysin-vasopressin; *N*-[*N*-(*N*-Glycylglycyl)glycyl]-8-L-lysin-vasopressin; CAS-Nr. 14636-12-5; $C_{52}H_{74}N_{16}O_{15}S_2$, M_r 1227.39. **Anw.:** Hämostatikum*, Vasokonstriktor*; Ind.: Ösophagusvarizenblutung; **UAW:** Gesichts- u. Körperblässe, gesteigerte Darmperistaltik, verminderte Herzfrequenz, Uteruskontraktion; **Kontraind.:** Asthma bronchiale, Schwangerschaft. Gebräuchl. ist auch Terlipressinacetat-Pentahydrat.

terminal: am Ende stehend.

Terminalia chebula Retz.: Fam. Combretaceae (Ostindien). Neben anderen Arten Stpfl. von **Fructus Myrobalani:** Fructus Terminaliae, Myrobalanen. **Inhaltsst.:** bis 45 % Gerbstoffe, bis ca. 40% fettes Öl, Ellagsäure*, Gallussäure* u. Chebulinsäure; **Anw.** volkstüml.: als Adstringens; techn.: zum Gerben.

Terminator: Sequenzabschnitt auf einem DNA-Molekül, der das Ende eines Transkriptionsvorganges signalisiert.

Termitin: s. Carnitin.

Termone: Stoffe, die das Geschlecht bei niederen Lebewesen bestimmen, also die primären Geschlechtsmerkmale festlegen (Gynotermone u. Androtermone). Entdeckt bei der Grünalge Chlamydomonas eugametos.

Terodilin: *N-tert*-Butyl-1-methyl-3,3-diphenylpropylamin; CAS-Nr. 15793-40-5; $C_{20}H_{27}N$, M_r 281.44. Gebräuchl. ist **Terodilinhydrochlorid** INN: *N-tert*-Butyl-1-methyl-3,3-diphenylpropylamin-hydrochlorid; CAS-Nr. 7082-21-5; $C_{20}H_{27}N \cdot HCl$, M_r 317.8. Schmp. 178-180 °C. Lösl. in Ethanol, leicht lösl. in Ether. **Wirk.** u. **Anw.:** Urologikum mit parasympatholyt., calciumantagonist., spasmolyt. und lokalanästhet. Wirk.; zur symptomat. Behandlung der Harninkontinenz*; **UAW:** Obstipation, Mundtrockenheit, Schwindel, Übelkeit, verminderter Tränenfluss, Akkomodationsstörungen, schwere Herzrhytmusstörungen (daher derzeit nicht mehr zugegelassen); **Kontraind.:** u. a. org. Harnflussstörungen, Engwinkelglaukom; **Dos.:** 25-50 mg/d. HWZ 60 h.

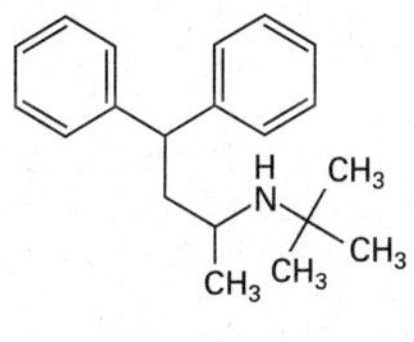

Terodilin

Terpenalkaloide: Alkaloide* mit Terpenstruktur (10-30 C-Atome). **Strukturtypen:** **1.** Monoterpenalkaloide: bei Gentiana- u. Valeriana-Arten; **2.** Sesquiterpenakaloide: bei Nuphara- u. Dendrobium-Arten; **3.** Diterpenalkaloide: bei Aconitum- u. Erythrophleum-Arten; **4.** Triterpenalkaloide: u. a. bei Solanum-, Veratrum-, Funtumia-, Hollarrhena- u. Buxus-Arten; die Triterpenalkaloide werden auch als Steroidalkaloide* bezeichnet; **Biosynthese:** über Mevalonsäure*. Vgl. Terpene.

Terpene: Terpenoide, Isoprene, Isoprenoide; umfangreiche Gruppe von Naturstoffen, die aus Isopreneinheiten, 2-Methylbutadien, zusammengesetzt sind. **Struktur:** Nach der Anzahl der zum Aufbau verwendeten C_5-Bausteine unterscheidet man z.B. Hemiterpene*, Monoterpene*, Sesquiterpene*, Diterpene*, Sesterpene*, Triterpene*, Tetraterpene* u. Polyterpene*. Innerhalb dieser Gruppen treten viele versch. Strukturtypen auf, die aus einer ungewöhnl. Verknüpfung von C_5-Vorstufen, z.B. Kopf-Kopf-Verknüpfung, resultieren sowie z.B. aus Cyclisierung, unterschiedl. Faltung großer, offenkettiger Vorstufen vor der Cyclisierung, Einführung von funktionellen Gruppen (Alkohole, Aldehyde, Ketone, Carbonsäuren, Lactone), Bildung von Epoxiden, Einführung von Heteroatomen (z.B. Terpenalkaloiden* mit Stickstoff),

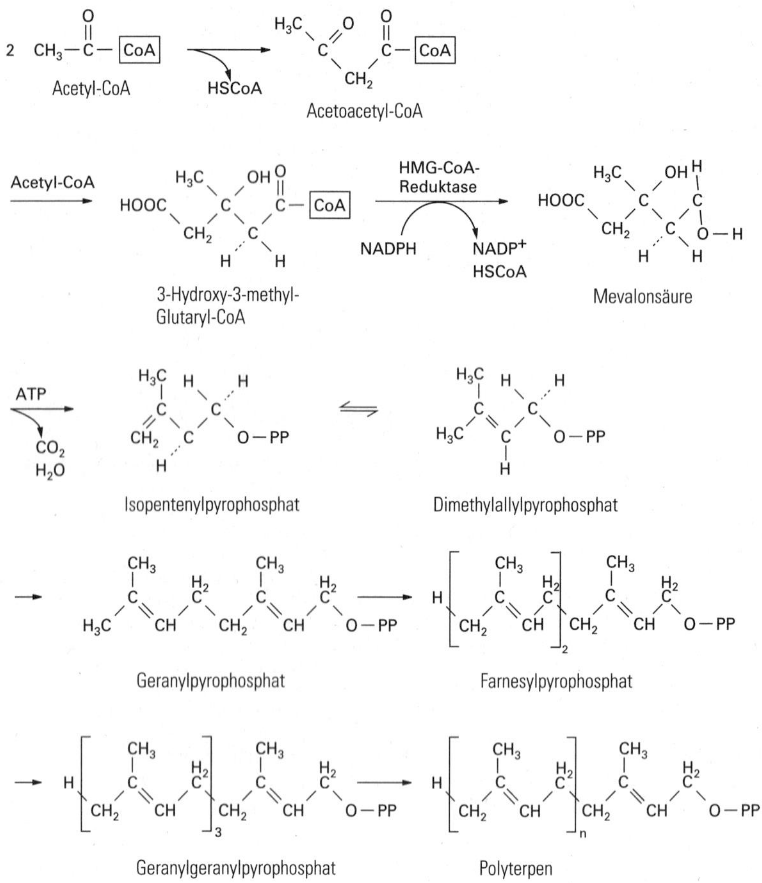

Terpene: Biosynthese der Terpene aus Acetyl-CoA

Terpene
Einteilung

Gruppe	Anzahl der C_5-Einheiten	Mindestzahl Verknüpfungen[1] K-S	S-S	Beispiele
Hemiterpene	1	0	0	„aktives Isopren"
Monoterpene	2	1	0	Citral, Iridoide, Campher
Sesquiterpene	3	2	0	Abscisinsäure, Proazulene
Diterpene	4	3	0	Gibberelline, Harzsäuren
Sesterpene	5	4	0	Cochliobolin
Triterpene	6	4	1	Steroide, Sterole
Tetraterpene	8	6	1	Carotinoide
Polyterpene	≤10 000	9	0	Kautschuk, Gutta, Poyprenole

[1]K-S: Kopf-Schwanz-Verknüpfung (C1-C4); S-S: Schwanz-Schwanz-Verknüpfung (C1-C1)

Spaltung cycl. Verb. u. Umlagerungen. Einigen T., z. B. Steroiden, fehlen bestimmte C-Atome, andere dagegen, z. B. die Juvenilhormone, enthalten zusätzl. C-Atome. Isoprenbausteine od. niedere T. können auch mit anderen Strukturen verknüpft sein, z. B. in Lysergsäure*, Humulon*, Indolalkaloiden*, Chlorophyll*, Vitamin E u. K (s. Vitamine) u. Ubichinonen*. **Vorkommen** u. **Bedeutung:** Mehr als 5000 nat. vorkommende T. sind in ihrer Struktur aufgeklärt. Sie kommen sowohl bei Pflanzen als auch Tieren vor, aber nur von wenigen ist die biol. Funktion bekannt. Carotinoide* haben Bedeutung als akzessor. photosynthet. Pigmente*, u. mehrere Gruppen von T. dienen als Hormone für Pflanzen, Insekten u. höhere Tiere. Einige T. haben in der Medizin Bedeutung sowie als Rohmaterial für die Lebensmittel-, Parfüm-, Lack- u. Gummiindustrie. **Biosynthese:** Die Vorstufen der T. werden aus Acetyl-CoA nach dem in der Abb. gezeigten Reaktionsschema synthetisiert (Acetat-Mevalonat-Weg). Geschwindigkeitsbestimmender Schritt: Reduktion des 3-Hydroxy-3-methylglutaryl-CoA (HMG-CoA) zur Mevalonsäure, katalysiert durch die HMG-CoA-Reduktase; Mevalonsäure wird in Gegenwart von ATP in Isopentenyldiphosphat (aktives Isopren, Isopentenylpyrophosphat, Abk. IPP) umgewandelt. IPP steht im Gleichgewicht mit Dimethylallylpyrophosphat (DAPP, Dimethylallyldiphosphat), dem Starter der Polykondensationsreaktionen. DAPP u. IPP bilden Geranylpyrophosphat, die Stammverb. der Monoterpene*. Durch Kopf-Schwanz-Kondensation mit weiteren Molekülen IPP entstehen Farnesylpyrophosphat (Vorstufe der Sesquiterpene*), dann Geranylgeranylpyrophosphat (Geranylgeranyldiphosphat), die Vorstufe der Diterpene*. 2 Moleküle Farnesylpyrophosphat treten durch Schwanz-Schwanz-Kondensation (Verknüpfung von 2 C-4-Enden) zu Triterpenen* zusammen, während 2 Moleküle Geranylgeranylpyrophosphat zu Tetraterpenen* reagieren. Polyterpene* entstehen durch Kopf-Schwanz-Kondensation einer Vielzahl von IPP-Einheiten.

Terpenharze: s. Harze.

Terpenoide: s. Terpene.

Terpentin: s. Terebinthina.

Terpentin, Kanadisches: s. Balsamum canadense.

Terpentinöl: **1.** Balsamterpentinöl; s. Terebinthina (Oleum Terebinthinae aethereum). **2.** Gereinigtes T.; s. Terebinthina (Terebinthinae aetheroleum rectificatum). **3.** Holzterpentinöl; s. Terebinthina.

Terpentinöl-Ersatz: Verwendung finden Schwerbenzine, z. B. Sangajol, od. hydrierte Naphthaline wie Tetralin* u. Decalin* u. a. org. Lösungsmittel.

Terpentinöl, geschwefeltes: s. Oleum Terebinthinae sulfuratum.

Terpentinöl, peroxidhaltiges: DAB6, durch Stehen an der Luft verharztes Terpentinöl. **Anw.:** Reagens zum Nachw. von Blut im Harn; s. Guajakprobe.

Terpentin, Straßburger : s. Terebinthina.

Terpentin, Venezianisches: s. Terebinthina (Terebinthina laricina).

Terpinen-4-ol: Monoterpenalkohol, z. B. in Juniperus communis (Oleum Juniperi, Inhaltsst.).

Terpineol: Gemisch der isomeren Verb. α-, β- u. γ-Terpineol u. a. Hydroxymenthene. Farblose, dicke, ölige Flüss. mit fliederartigem Geruch. **Anw.** techn.: in der Parfümerie.

Terpinhydrat: Terpini hydras, Terpinum hydratum; *cis-p*-Menthan-1,8-diol-Monohydrat, $C_{10}H_{20}O_2 \cdot H_2O$, CAS-Nr. 2451-01-6, M_r 190.2, Schmp. 116 °C. Farblose, glänz., geruchlose Kristalle von schwach würzig-bitterem Geschmack, lösl. in Ethanol, leicht lösl. in siedendem Ethanol, schwer lösl. in Wasser, Chloroform u. Ether, sehr leicht lösl. in siedender Essigsäure. **Darst.:** Anlagerung von Wasser an Pinen, indem man auf Terpentinöl bei Gegenwart von Säuren u. Ethanol Wasser einwirken lässt; **Off.:** DAC, Ph.Helv.8; **Anw.:** Expektorans bei Brochitis, in Deutschland nicht im Handel.

Terpinolen: *p*-Mentha-1,4(8)-dien, $C_{10}H_{16}$. Farblose Flüss., opt. inaktiv, D. 0.834, Sdp. 183-185 °C. Lösl. in Ethanol u. Ether, unlösl. in Wasser. **Anw.** techn.: Parfümierung z. B. von Schuhcremes u. Bohnerwachs.

Terpinolum: Gemisch aus Terpineol*, Dipenten (s. Limonen), Terpinen u. Terpinolen*. D. 0.870-0.896, Sdp. 160-190 °C, $\alpha_D^{20\,°C}$ 0-15°. Farblose bis schwach gelbl., ölige Flüss., lösl. in Ethanol, unlösl. in Wasser. **Darst.:** durch Kochen von Terpinhydrat mit verd. Schwefelsäure; **Off.:** EB6; **Anw.:** (früher) geg. Katarrhe.

Terpinum hydratum: s. Terpinhydrat.

Terra japonica: s. Uncaria gambir (Gambir).

Terra orellana: s. Bixa orellana (Orleana).

Terra sigillata: Siegelerde; in Münzenform gepresster u. mit einem Siegel (sigillum) geprägter, weißer, roter od. gelber Bolus (s. Aluminiumsilicat). Ein im Mittelalter viel gebrauchtes Arzneimittel, bes. als Antidotum.

Terra silicea: Kieselerde; s. Kieselgur. T. s. purificata: gereinigte Kieselerde.

Tertatolol INN: (±)-1-[(3,4-Dihydro-2*H*-1-benzothiopyran-8-yl)oxy]-3-(1,1-dimethyl)amino-2-propanol; CAS-Nr. 34784-64-0; $C_{16}H_{25}NO_2S$, M_r 295.44. Schmp. 70-72 °C. Strukturformel s. Sympatholytika (Abb. 2). **Wirk.** u. **Anw.:** stark wirksamer, nicht selektiver Beta-1- u. Beta-2-Betarezeptorenblocker; Ind.: arterielle Hypertonie; **UAW:** Müdigkeit, Kopfschmerzen, Schlafstörungen u. gastrointestinale Störungen. **Tertatololhydrochlorid:** CAS-Nr. 33580-30-2. Schmp. 180-183 °C. **Dos.:** 5 mg/d.

Tertiärliteratur: Ergebnisse aus Originalarbeiten werden in Form von Lehrbüchern, Standard- od. Nachschlagwerken kompakt u. systemat. aufgearbeitet u. dargestellt. Sie beschreiben gesicherte Erkenntnisse unabhängig von der Tagesaktualität. Vgl. Primärliteratur, Sekundärliteratur.

Tertiärstruktur: s. Proteine.

Tertiana: Kurzbez. für Malaria* tertiana.

Testa (pl testae): **1.** (allg.) Schale. **2.** (bot.) Samenschale.

Testae Cacao: s. Theobroma cacao (Cortex Cacao).

Testae siccati: getrocknete Stierhoden, s. Organtherapeutika.

Testa Plantaginis ovatae: s. Plantago ovata (Plantaginis ovatae seminis tegumentum).

Test-Blutkörperchen: Erythrozyten* zum Nachw. u. zur Titration regulärer u. irregulärer Hämagglutinine im menschl. Serum; vgl. Hämagglutination. Zur Antikörpersuche bei serolog. Schwangeren-Vorsorgeuntersuchungen; zur Bestimmung von Anti-A u. Anti-B; vgl. Blutgruppen.

Testis: Testiculus, Testikel; Hoden, s. Hormone (Keimdrüsen- u. Sexualhormone).

Testolacton INN: δ^1-Testolacton; 17α-Oxa-D-homo-1,4-androstadien-3,17-dion; CAS-Nr. 968-93-4; $C_{19}H_{24}O_3$, M_r 300.38. Schmp. 206-210 °C (kristallisiert aus Aceton; polymorph). $[\alpha]_D^{23\,°C}$ −45.6° (c = 1.24 in Chloroform). Sehr schwer lösl. in Wasser; lösl. in Ethanol u. Chloroform; schwer lösl. in Benzylalkohol; unlösl. in Ether u. Leichtpetroleum. **Anw.**: Aromatasehemmer* (Derivat des Testosteron*), bei Mammakarzinom in der Postmenopause; Ind.: inoperables Mammakarzinom; **Dos.**: p.o. 2-3 × 50 mg/d; parenteral i.m. 3-5 × 0.1 g/7 d.

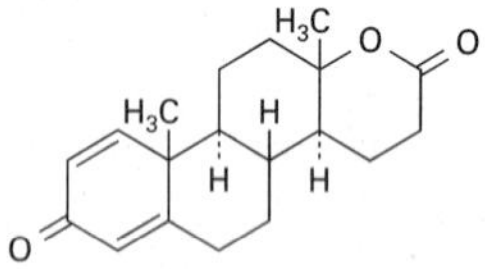

Testolacton

Testosteron INN: Testosteronum Ph.Eur.4; 17β-Hydroxy-4-androsten-3-on; CAS-Nr. 58-22-0; $C_{19}H_{28}O_2$, M_r 288.4. Schmp. 152-157 °C. Farblose bis schwach gelbl. Kristalle od. krist. Pulver; leicht lösl. in Ethanol, Chloroform, Aceton; wenig lösl. in Ether, fetten Ölen; fast unlösl. in Wasser. **Anw.**: Substitutionsther. bei Hypogonadismus u. Eunuchismus; die Behandlung einer Infertilität mit T. ist nur sinnvoll, wenn sie auf sexueller Unterentwicklung beruht (impotentia coeundi); reduzierter Allgemeinzustand, z.B. Leberzirrhose, aplast. Anämie, palliative Ther. metastasierender Mammakarzinome in der Postmenopause, weibl. Genitalkarzinome; HWZ ca. 20-48 h; vgl. Hormone (Androgene).

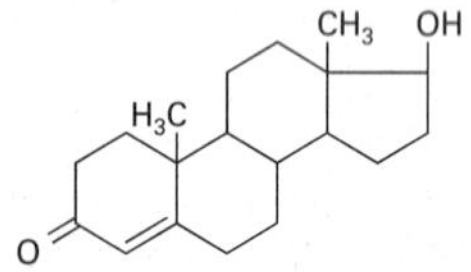

Testosteron

Testosteronpropionat: Testosteroni propionas Ph.Eur.4, Testosteronum propionicum, Testosteronum propionylatum, Propionyltestosteron; 17β-Propionyloxy-4-androsten-3-on; CAS-Nr. 57-85-2; $C_{22}H_{32}O_3$, M_r 344.5. Schmp. 118-122 °C (polymorph). $[\alpha]_D^{20\,°C}$ +83 bis +90° (c = 1 in wasserfreiem Ethanol). Farblose bis schwach gelbl. Kristalle od. krist. Pulver; leicht lösl. in Ethanol, Ether, Chloroform, Aceton; lösl. in fetten Ölen, fast unlösl. in Wasser. **Anw.** u. **Dos.**: Hypogonadismus (0.05 g 2-mal/Woche), reduzierter Allgemeinzustand, aplast. Anämie, bei metastasierendem Mammakarzinom in der Postmenopause (0.05-0.1 g 3-mal/Woche), weibl. Genitalkarzinome. Applikationsform: ölige od. wässrige Lsg. zur i.m. Injektion, Salben u. Ovula, alkohol. Lsg. zur transkutanen Anw., ferner zur buccalen Anw. u. zur Implantation; **Zuber.**: nach Ph.Helv.7 Testosteronpropionat-Injektionslösung 10 mg/mL, Testosteroni propionatis solutio iniectabilis 10 mg/mL; vgl. Hormone (Androgene).

Testosteronum propionicum: s. Testosteronpropionat.

Testserum: Antiserum mit bekanntem Geh. (Titer) an spezif. Antikörpern*. **Anw.**: bei serolog. (z.B. Blutgruppenbestimmung), immunolog. (z.B. Gewebetypisierung mit Antilymphozytenserum), bakt. und virolog. Untersuchungen (z.B. Komplementbindungsreaktion*).

Tetanie (gr. Spannung, Krampf): anfallartige Störung der Motorik u. Sensibilität als Zeichen einer neuromuskulären Übererregbarkeit mit schmerzhaften ton. Krämpfen. Pathogenet. Einteilung nach der Gesamtcalciumkonz. im Blut in normo- u. hypokalzäm. T.; **Urs.**: u.a. Mangel an Parathormon nach versehentl. Exstirpation der Epithelkörperchen (Nebenschilddrüsen, Glandula parathyreoidea) nach Schilddrüsenoperation.

Tetanus (gr. tetanos Spannung): Wundstarrkrampf, Starrkrampf; akute schwere Infektionskrankheit, die durch das Toxin von Clostridium* tetani verursacht wird, das meist mit verunreinigter Erde in die Wunden gelangt. Das Tetanustoxin* bewirkt einen ton. Krampf zunächst der Kiefer-, Zungen- (Trismus, Risus sardonicus) u. Nacken-, dann auch der Rücken- (Opisthotonus) u. Bauchmuskeln mit schmerzhaften klon. Muskelkrämpfen. **Ther.**: Impfprophylaxe bei Verletzung, Tetanus*-Serum u. ggf. Simultanimpfung*, chirurg. Sanierung der Eintrittspforte; Antibiotika zur Bekämpfung von Sekundärinfektionen; **Prophylaxe:** aktive Immunisierung mit T.*-Adsorbat-Impfstoff schon im Kindesalter (Immunschutz für 5-10 Jahre; vgl. Impfkalender).

Tetanus-Adsorbat-Impfstoff: Vaccinum tetani adsorbatum Ph.Eur.4, Vaccinum tetanicum adsorbatum; Toxoidimpfstoff; Formaldehyd-inaktiviertes Toxin von Clostridium* tetani (Tetanus-Formoltoxoid) an ein mineral. Adjuvans (Aluminiumphosphat, Aluminiumhydroxid od. Calciumphosphat) adsorbiert, in 0.9 %iger NaCl-Lsg. od. blutisoton. Lsg. ohne phenol. Konservierungsstoffe. Verwendet werden auch Tetanus-Kombinationsimpfstoffe: z.B. Diphtherie*-Pertussis-Tetanus-Adsobat-Impfstoffe, Diphtherie*-Tetanus-Adsorbat-Impfstoff für Erwachsene u. Jugendliche.

Tetanus-Impfstoff für Tiere: Vaccinum tetani ad usum veterinarium Ph.Eur.4; wird aus einer flüss. Kultur eines geeigneten Stammes von Clostridium* tetani hergestellt. Herst. s. Tetanus-Adsorbat-Impfstoff. Die Verträglichkeit für die Tierart, für die der Impfstoff vorgesehen ist, muss sichergestellt sein.

Tetanus-Serum: **1.** Tetanus-Immunglobulin vom Menschen, Immunoglobulinum humanum tetanicum Ph.Eur.4, Immunoglobulinum humanum antitetanicum; flüss. od. gefriergetrocknete Zuber. mit antitox. Antikörpern aus Plasma od. Serum von gegen Tetanus* immunisierten Personen. **2.** Tetanus-Antitoxin, Immunoserum tetanicum ad usum humanum Ph.Eur.4, Immunoserum antitetanicum; enthält antitox. Globuline, die das von Clostridium tetani gebildete Toxin spezif. neutralisieren; durch Reinigung aus dem Serum von Pferden, Rindern od. Schafen gewonnen, die gegen Tetanus immunisiert wurden. **3.** Tetanus-Antitoxin für Tiere, Immunoserum tetanicum ad usum veterinarium Ph.Eur.4; enthält antitox. Globuline, die das von Clostridium tetani gebildete Toxin spezif. neutralisieren.

Tetanustoxin: M_r 150 000; tox. Protein, das ähnl. wie Strychnin* als Rückenmarkkonvulsivum wirkt; s. Tetanus.

tetra-: Wortteil mit der Bedeutung vier.

Tetra (gr. vier): umgangssprachl für. Tetrachlorkohlenstoff*.

Tetraalkylammoniumsalze: s. Ammoniumverbindungen, quartäre.

Tetraamminkupfer(II)-sulfat: Kupfer(II)-ammoniumsulfat, Kupferammoniumsulfat, schwefelsaures Kupferoxyd-Ammoniak, Cuprum sulfuricum ammoniatum; $[Cu(NH_3)_4]SO_4 \cdot H_2O$, M_r 245.8. Blaues, krist. Pulver, verwitternd, lösl. in Wasser, unlösl. in Ethanol. **Anw.** med.: früher innerl. als Antispasmodikum, Antiseptikum u. Adstringens bei Trigeminusneuralgie*, Epilepsie*, Hysterie, äußerl. gegen Hornhautflecke u. Geschwüre.

Tetraboran: B_4H_{10}; vgl. Borane.

Tetrabromfluorescein-Natrium: s. Eosin.

Tetrabromkohlenstoff: Kohlenstofftetrabromid; CBr_4, M_r 331.7. Schmp. 48 °C. Sdp. 190 °C. Farblose Kristalle, wenig lösl. in Wasser, lösl. in Ethanol u. Chloroform.

Tetrabrom-*m*-kresolsulfophthalein: s. Bromkresolgrün.

Tetrabromphenolphthalein-Natrium: s. Tetragnoste.

Tetrabromphenolsulfophthalein: s. Bromphenolblau.

Tetracain INN: 2-Dimethylaminoethyl-4-butylaminobenzoat; CAS-Nr. 94-24-6; $C_{15}H_{24}N_2O_2$, M_r 264.37. Strukturformel s. Lokalanästhetika (Abb. 1). Schmp. 41-46 °C (polymorph). Sehr schwer lösl. in Wasser; lösl. in Ethanol 1:5, in Chloroform 1:2, in Ether. **Anw.:** Lokalanästhetikum. Gebräuchl. sind Tetracainhydrochlorid*, Tetracainnitrat*.

Tetracainhydrochlorid: Tetracaini hydrochloridum Ph.Eur.4, Tetracainii chloridum, Tetracainum hydrochloricum, Amethocainhydrochlorid, Butylaminobenzoyl-dimethyl-amino-ethanol-hydrochlorid; 4-Butylaminobenzoesäure-(2'-dimethylamino-ethyl)-ester-hydrochlorid; CAS-Nr. 136-47-0; $C_{15}H_{25}ClN_2O_2$, M_r 300.8. Schmp. 148 °C (polymorph). Weißes, krist. Pulver von schwach bitterem Geschmack, das auf der Zunge vorübergehend Unempfindlichkeit hervorruft; lösl. in 7 T. Wasser, in Ethanol, in ca. 30 T. Chloroform. **Inkomp.:** basisch reagierende od. oxidierende Substanzen, Bromide, Iodide, Gerbsäure, Borax, Blei-, Silber- u. Quecksilbersalze **Anw.:** Lokalanästhetikum*, vor allem zur Oberflächenanästhesie; **UAW:** Schwindel, Herzrhythmusstörungen; **Dos.:** Infiltrationsanästhesie 0.1 % (max.), Leitungsanästhesie 0.2 %; Schleimhautpinselung 0.5 % (max.); in der Augenheilkunde 0.2-1.0 %ige Lsg. mit Adrenalin, s. Augentropfen (Tetracainhydrochlorid-Augentropfen); in der Urologie (intraurethral) in 0.1-0.2 %igen Lsg. mit Adrenalin; MED 20 mg, MTD 40 mg.

Tetracainhydrochlorid-Augentropfen: s. Augentropfen.

Tetracaini hydrochloridum: s. Tetracainhydrochlorid.

Tetracainnitrat: Pantocain nitricum; M_r 327.2. Schmp. 132-133 °C. Farlose Kristalle, lösl. in 100 T. Wasser, leicht lösl. in Ethanol, lösl. in Glycerol. **Anw.:** Lokalanästhetikum*.

Tetracainum hydrochloricum: s. Tetracainhydrochlorid.

Tetracen: Naphthacen, 2,3-Benzanthracen; $C_{18}H_{12}$, M_r 228.3. Schmp. 337 °C. Sdp. 440 °C. **Vork.:** Best. des Teers. **Anw.:** Zwischenprodukt für Farbstoffsynthesen.

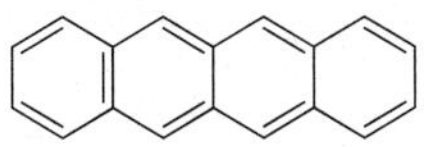

Tetracen

1,1,2,2-Tetrachlorethan: $Cl_2CH-CHCl_2$, $C_2H_2Cl_4$, M_r 167.9. d_{20}^{20} ca. 1.59. $n_D^{20\,°C}$ ca. 1.495. Klare, farblose Flüss.; schwer lösl. in Wasser, mischbar mit Ethanol u. Ether. **Anw.:** Reagens Ph.Eur.4 ist Tetrachlorethan.

Tetrachlorethylen: Ethylentetrachlorid, Perchlorethylen, Per; Tetrachlorethen, $CCl_2=CCl_2$, M_r 165.82. Schmp. −22 °C. Sdp. 120.8 °C. D. 1.624. Farblose, ether. riechende, nicht entflammbare Flüss., leicht lösl. in Ethanol u. Ether, unlösl. in Wasser. **Anw.:** früher als Anthelminthikum*, heute nur noch als Lösungsmittel, z. B. zur chem. Reinigung (daher ubiquitär vorkommend). **Tox.:** MAK-Wert 50 mL/m^3 bzw. 345 mg/m^3; wird als begründet krebsverdächtig eingestuft.

Tetrachlorgoldsäure: s. Gold(III)-chlorid.

Tetrachlorhydrochinon: 2,3,5,6-Tetrachlor-1,4-dihydroxybenzol, $C_6H_2Cl_4O_2$, M_r 247.9. Schmp. 232 °C. Lösl. in Ethanol, unlösl. in Wasser. **Anw.:** Fungizid.

Tetrachlorkohlenstoff: Carboneum tetrachloratum, Tetrachlormethan, Perchlormethan, Carboneum chloratum, Kohlenstofftetrachlorid; CCl_4, M_r 153.8. Sdp. 76-77 °C. D. 1.592-1.595. $n_D^{20\,°C}$ 1.460-1.461. Farblose, schwere, nicht brennbare Flüss., mischbar mit Ethanol, Ether, Chloroform, Benzol, fetten u. äther. Ölen, sehr schwer lösl. in Wasser. **Darst.:** Einw. von Chlor auf Chloroform; Chlorierung von Methan; **Anw.** med.: früher innerl. als Wurmmittel; techn.: Lösungsmittel für Fette, Harze, Kautschuk usw.; Ungezieferbekämpfung; Reinigungsmittel (Benzinoform); **Tox.:** T. hat narkotisierende Eigenschaften u. kann Leber- u. Nierenschädigungen hervorrufen. Als oral tödl. Dosis gelten ca. 20-30 mL. MAK: 10 ppm.

Tetrachlormethan: s. Tetrachlorkohlenstoff.

Tetrachlorphthalsäure: 2,3,5,6-Tetrachlorbenzol-1,2-dicarbonsäure, $C_8H_2Cl_4O_4$, M_r 303.8. Schmp. 254 °C. **Anw.:** Synthesezwischenprodukt für Fungizide, Weichmacher, Harze.

Tetrachlorsilan: s. Siliciumtetrachlorid.

T

Tetraclinis articulata (Vahl) Mast.: Callitris quadrivalvis Vent., Thuja articulata Vahl, Gliederzypresse, Sandarakbaum; Fam. Cupressaceae (Nordwestafrika). Stpfl. von **Resina Sandaracae:** Sandaraca, Sandarakharz, Afrikanischer Sandarak; der an der Luft erhärtete, aus der Rinde des Stammes u. der Äste ausgetretene Harzsaft. Walzen- od. tränenförmige, weingelbe, durchsichtige, meist staubbedeckte Stücke; leicht lösl. in Isopropylalkohol, Amylalkohol, Aceton, heißem Leinöl, teilweise lösl. in Ether, Chloroform, Methylalkohol, Schwefelkohlenstoff u. Terpentinöl. **Best.:** bis 95 % Harz mit freien Harzsäuren (s. Harze, Resinolsäuren), z. B. Sandaracol-, Callitrol- u. Pimarsäure (ca. 80 %); äther. Öl u. Bitterstoffe; **Anw.:** zu Pflastern, Räuchermitteln u. Zahnkitten; techn.: zu Lacken.

Tetracosactid INN: Tetracosactidum Ph.Eur.4, Tetracosactrin, Cosyntropin, $\beta^{1\text{-}24}$-Corticotropin; L-Seryl-L-tyrosyl-L-seryl-L-methionyl-L-glutamyl-L-histidyl-L-phenylalanyl-L-arginyl-L-tryptophyl-L-glycyl-L-lysyl-L-lysyl-L-arginyl-L-arginyl-L-prolyl-L-valyl-L-tyrosyl-L-prolin; CAS-Nr. 16960-16-0; $C_{136}H_{210}N_{40}O_{31}S$, M_r 2933.57. T. ist ein aus den ersten 24 Aminosäuren bestehendes synthet. Corticotropin* mit gleichen Eigenschaften u. Anwendungsgebieten. **Anw.:** Nebennierenrindeninsuffizienz; **Dos.:** parenteral i. v. Infusion 0.25 mg innerhalb 4-8 h; i. m. (Depot) 1 mg, initial alle 12 h, dann alle 2-3 d; HWZ 0.30-3 h. Hingewiesen sei auch auf Tetracosactidhexaacetat.

Tetracosactidacetat: Tetracosatrinacetat; CAS-Nr. 22633-88-1. Weißes bis gelbes amorphes Pulver, zusammengesetzt aus mind. 76 % Peptiden, 8-13 % Essigsäure u. 5-16 % Wasser; lösl. in 70 T. Wasser. **Anw.:** synthet. Corticotropin*, 1 mg T. entspr. 100 E. Corticotropin.

Tetracyclin INN: Tetracyclinum Ph.Eur.4; (4*S*,4a*S*,5a*S*,6*S*,12a*S*)-4-Dimethylamino-1,4,4a,5,5a,6,11,12a-octahydro-3,6,10,12,12a-pentahydroxy-6-methyl-1,11-dioxo-naphthacen-2-carboxamid; CAS-Nr. 60-54-8; $C_{22}H_{24}N_2O_8$, M_r 444.4. Strukturformel s. Antibiotika (Abb. 5). Schmp. 170-175 °C (unter Zers.). $[\alpha]_D^{20\,°C}$ −260 bis −280° (c = 5 in Salzsäure 0.1 mol/L). Kristallisiert als Trihydrat (CAS-Nr. 6416-04-2). T. wird von Streptomyces-aureofaciens-Stämmen gebildet. Gelbes, bitter schmeckendes Pulver; mit unterschiedl. Mengen Wasser; schwer lösl. in Wasser, lösl. in 50 T. Ethanol, leicht lösl. in Säuren; instabil in wässriger Lsg. (Epimerisierug); pH-Wert einer 1 %igen Suspension von T. in Wasser liegt zw. 3.5 u. 6. **Wirk.** u. **Anw.:** Antibiotikum* mit breitem Wirkungsspektrum; Hauptind.: Mischinfektionen des GIT u. der oberen Luftwege, chron. Bronchitiden, Pneumonien; **Kontraind.:** Kindern bis 6 Jahren sollte T. wegen der Gefahr der irreversiblen Einlagerung in Knochen u. Zähnen nicht gegeben werden; **UAW:** s. Antibiotika (Tab.); **Dos.:** p. o. 4 × 250-500 mg/d, 1 h vor od. 2 h nach dem Essen; i. m. Applikation schmerzhaft, i. v. 1-2 g/d bei schweren Infektionen; HWZ 6-12 h.

Tetracyclin-Antibiotika: s. Antibiotika.

Tetracyclinhydrochlorid: Tetracyclini hydrochloridum Ph.Eur.4, Tetracyclinum hydrochloricum; CAS-Nr. 64-75-5; $C_{22}H_{25}ClN_2O_8$, M_r 480.9. $pK_{S,1}$ 3.30 (enol. OH-Gruppe am C-3), $pK_{S,2}$ 7.68 (phenol. β-Diketonsystem, C-10 bis C-12), $pK_{S,3}$ 9.69 (Dimethylammoniumgruppe am C-4). Gelbes, krist. Pulver, das z. T. auch amorph vorliegen kann; lösl. in 10 T. Wasser, in 100 T. Ethanol, fast unlösl. in Ether u. Chloroform. Wässrige Lsg. können sich in wenigen Stunden (!) zersetzen (Epimerisierung am C-4). **Anw.:** Antibiotikum*; s. Tetracyclin.

Tetradecan: $C_{14}H_{30}$, M_r 198.4. Schmp. −6 °C. Sdp. 253 °C. unverzweigter Kohlenwasserstoff. **Vork.:** Best. des Erdöls. **Anw.:** Reagens Ph.Eur.4.

Tetradecan-1-ol: s. Myristylalkohol.

Tetradecansäure: s. Myristinsäure.

Tetraethylammoniumbase: quartäre Ammoniumbase, Ganglienblocker*. **Anw.:** als Bromid od. Chlorid bei peripheren Durchblutungsstörungen u. Hypertonie.

Tetraethylammoniumiodid: $[(C_2H_5)4N]^+\ I^-$; D. 1.566; Schmp. 200 °C; Weißes, krist. Pulver, lösl. in Ethanol u. Wasser, unlösl. in Ether; lichtempfindlich. **Anw.:** Leitsalz bei polarograph. Bestimmungen.

Tetraethylblei: Antiklopfmittel* für Benzin*.

Tetraethylthiuramdisulfid: s. Disulfiram.

Tetraethylthiurammonosulfid: s. Sulfiram.

Tetrafluorethylen: Perfluorethylen; $F_2C{=}CF_2$, C_2F_4, M_r 100.0. Sdp. −76 °C. Reaktionsträges Gas. **Anw.:** kann zu Polytetrafluorethylen* (Teflon®), einem chem. inerten Kunststoff, polymerisiert werden.

Tetragnoste: Phenolphthalein-Derivate, die früher zur Röntgendarst. der Gallenblase (Tetraiodphenolphthalein), zur Leberfunktionsprüfung (Chlortetragnost) u. als Indikator (Bromtetragnost) verwendet wurden.

Tetraheptylammoniumbromid: $C_{28}H_{60}BrN$, M_r 490.7. Schmp. 89-90 °C. Weißes krist. Pulver. **Anw.:** Reagens Ph.Eur.4.

Tetrahydroberberin: s. Hydrastis canadensis (Rhizoma Hydrastis, Inhaltsst.).

Tetrahydrocannabinol: s. Cannabis sativa (Herba Cannabis, Inhaltsst.).

Tetrahydrofolsäure: s. Vitamine (Folsäure).

Tetrahydrofuran: Diethylenoxid, Tetramethylenoxid, Abk. THF; C_4H_8O, M_r 72.1. Sdp. 66 °C. d_{20}^{20} ca. 0.89. Mit Wasser, Ethanol, Diethylether u. Kohlenwasserstoffen mischbare Flüssigkeit. **Anw.:** Lösungsmittel, vor allem für Polymere.

Tetrahydrofuran

Tetrahydrofurfurylalkohol: Abk. THFA, Alcohol tetreahydrofurfurylicus; 2-Hydroxymethyltetrahydrofuran, $C_5H_{10}O_2$, M_r 102.13. Sdp. 177-180 °C. D. 1.064. Klare, farblose, viskose, hygroskop. Flüss.

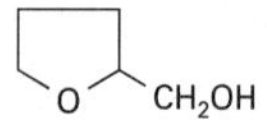

Tetrahydrofurfurylalkohol

von süßl.-aromat. Geruch, leicht lösl. in Wasser, Ethanol, Ether, Aceton, Chloroform. **Anw.:** in der Papierchromatographie als Elutions- u. Steigflüss., Lösungsmittel für Celluloseester, Chlorkautschuk.

Tetrahydropyran: Pentamethylenoxid; $C_5H_{10}O$, M_r 86.1. Schmp. –49 °C. Sdp. 88 °C. Mischbar mit Wasser, Ethanol, Diethylether. **Anw.:** für Synthesen.

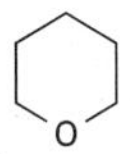

Tetrahydropyran

Tetrahydroserpentin: s. Raubasin.

Tetrahydroxychinon: Tetraoxychinon, Tetrahydroxybenzochinon; $C_6H_4O_6$. Blauschwarze, in auffallendem Licht gelb erscheinende Kristalle, lösl. in heißem Wasser u. Ethanol, wenig lösl. in kaltem Wasser. **Anw.:** Entwickler in der Papierchromatographie; T.-Dinatriumsalz als Indikator* für die maßanalyt. Sulfatbestimmung.

Tetralin: 1,2,3,4-Tetrahydronaphthalin; $C_{10}H_{12}$. D. 0.973-0.977. Schmp. –31 °C. Sdp. 206 °C. Flammpunkt 78 °C. Farblose Flüss. von eigenartigem, intensivem Geruch; lösl. in Benzin, Benzol, Amylalkohol, Ether, Terpentinöl, unlösl. in Wasser; sehr großes Lösungsvermögen für Wachse, Fette, Öle, Kautschuk, Iod, Schwefel, Campher, Harze. **Anw.:** in der Lack-, Schuhcreme-, Bohnerwachsfabrikation als Lösungsmittel (Terpentinölersatz); als Treibstoffzusatz.

Tetramethrin: s. Pyrethroide.

Tetramethylammoniumbromid: $C_4H_{12}NBr$, M_r 154.06. Weißes, krist. Pulver, lösl. in Wasser u. Ethanol, unlösl. in Ether, Chloroform u. Benzol. **Anw.:** Leitsalz bei der polarograph. Bestimmung von Alkali- u. Erdalkalimetallen.

Tetramethylenoxid: s. Tetrahydrofuran.

Tetramethylethylendiamin: *N,N,N,N*-Tetramethylethylendiamin; $C_6H_{16}N_2$, M_r 116.2. Sdp. ca. 121 °C. d_{20}^{20} ca. 0.78. $n_D^{20°C}$ ca. 1.418. Farblose Flüss.; mischbar mit Wasser, Ethanol u. Ether. **Anw.:** Reagens Ph.Eur.4.

Tetramethylsilan: Abk. TMS; $C_4H_{12}Si$, M_r 88.2. Sdp. ca. 26 °C. d_{20}^{20} ca. 0.64. $n_D^{20°C}$ ca. 1.358. Klare, farblose Flüss.; sehr schwer lösl. in Wasser, lösl. in Aceton, Chloroform u. Ethanol. **Anw.:** Reagens Ph.Eur.4, dient als interner Standard bei der NMR-Spektroskopie (s. Spektroskopie, Kernresonanzspektroskopie).

Tetramethylthioninchlorid: s. Methylenblau.

Tetramethylthiuramdisulfid: Abk. TMTD; $(CH_3)_2N-C(S)-S-S-C(S)-N(CH_3)_2$. Schmp. 148 °C. D. 1.29. Farblose Kristalle, lösl. in Ethanol, Aceton, Benzol, Chloroform, Schwefelkohlenstoff, unlösl. in Wasser u. verd. Säuren. **Anw.:** T. wirkt fungizid u. wird in desodorierenden u. keimtötenden Seifen verwendet.

Tetraminkupfer(II)-hydroxid: s. Schweizer-Reagens.

L-Tetramisolhydrochlorid: s. Levamisolhydrochlorid.

Tetrandrin: s. Stephania tetrandra (Inhaltsst. u. Wirk.).

Tetraoxychinon: s. Tetrahydroxychinon.

Tetraoxycyclohexancarbonsäure: s. Chinasäure.

Tetraploidie: s. Polyploidie.

Tetraterpene: aus 8 Isopreneinheiten aufgebaute Terpene* mit 40 C-Atomen. Nat. vorkommende T. sind fast ausschl. Carotinoide (s. Abb.), polycycl. Verbindungen fehlen.

Tetrazepam INN: Tetrazepamum Ph.Eur.4; 7-Chlor-5-(1-cyclohexenyl)-1-methyl-1*H*-1,4-benzodiazepin-2(3*H*)-on; CAS-Nr. 10379-14-3; $C_{16}H_{17}ClN_2O$, M_r 288.78. Schmp. 144 °C (kristallisiert aus Ethylacetat). **Anw.:** Muskelrelaxans*, Tranquilizer (s. Psychopharmaka); **Dos.:** p.o. Ini-

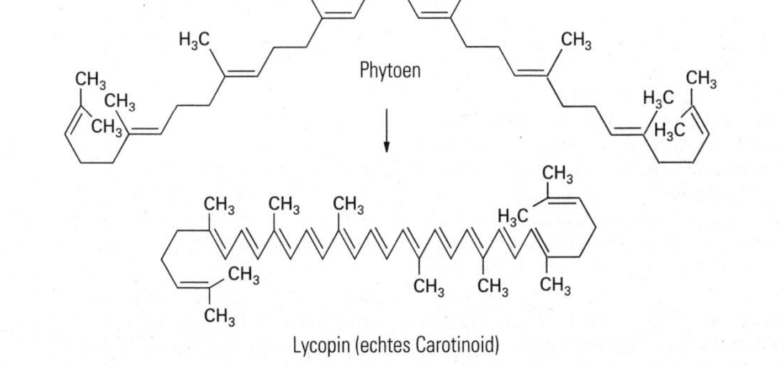

Tetraterpene: Biosynthese von Lycopin

tialdos. 50 mg/d, Erhaltungsdos. steigern mit 25-50 mg; HWZ 18 h; vgl. Benzodiazepine.

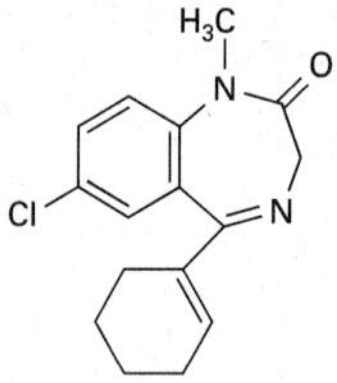

Tetrazepam

Tetrazine: aromat. 6-Ring-Verb., die 4 Stickstoffatome im Ring enthalten.

Tetrazol: CH_2N_4, M_r 70.1. Schmp. 156 °C (Sublimation). Gut lösl. in Wasser, Ethanol, wenig lösl. in Diethylether.

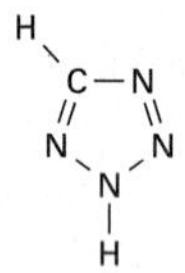

Tetrazol

Tetrazolblau: 3,3'-(3,3'-Dimethoxy-4,4'-biphenyldiyl)-bis(2,5-diphenyltetrazolium)-dichlorid; $C_{40}H_{32}Cl_2N_8O_2$, M_r 728.0. Schmp. ca. 245 °C (unter Zers.). Gelbe Kristalle, schwer lösl. in Wasser, leicht lösl. in Ethanol u. Methanol, fast unlösl. in Aceton u. Ether. **Anw.:** Reagens Ph.Eur.4.

Tetrazolpurpur: Abk. NTC, Neotetrazoliumchlorid; 2,2'-*p*-Diphenylen-3,3',5'-tetraphenylditetrazoliumchlorid, M_r 667.62. Hellgelbes, feinkrist. Pulver, lösl. in Wasser u. Ethanol, unlösl. in Chloroform. **Anw.:** für histolog., bakteriolog., mikrobiol. Untersuchungen; Muskeln, Epithelialgewebe, Nieren, Lebergraue Hirnsubstanz, Krebsgeschwülste werden intensiv gefärbt, gekochte Zellen u. Zellkerne dagegen nicht. Der gelbe Farbstoff wird durch Reduktionsmittel (Reduktionsenzyme) in das purpurne bis schwarze, in Wasser unlösl. Formazon umgewandelt.

Tetrodotoxin: M_r 319.28; äußerst giftiges, tautomeres Guanidinderivat aus Ovarien u. Lebern mehrerer Arten der Fischfamilie Tetrodontidae (v.a. Spheroides rubripes) eines japan. Speisefisches (Fugu, Kugelfisch, Pufferfisch). T. hemmt in den Nervenmembranen selektiv den Transport der Natriumionen von außen nach innen durch Blockierung der Kanäle u. verhindert so eine Depolarisation, also eine Fortleitung des Aktionspotentials (Antagonisten: Aconitin, Veratridin). LD ca. 10 µg/kg KG (Maus).

Tetrosen: Monosaccharide mit 4 C-Atomen, z. B. Threose, Erythrose. Treten als Zwischenprodukte beim Kohlenhydratstoffwechsel* in Form ihrer Phosphate auf.

Tetroxoprim INN: 2,4-Diamino-5-[3,5-dimethoxy-4-(2-methoxyethoxy)benzyl]pyrimidin; CAS-Nr. 53808-87-0; $C_{16}H_{22}N_4O_4$, M_r 334.39. Schmp. 153-156 °C, Schmp. 160.1 °C (kristallisiert aus

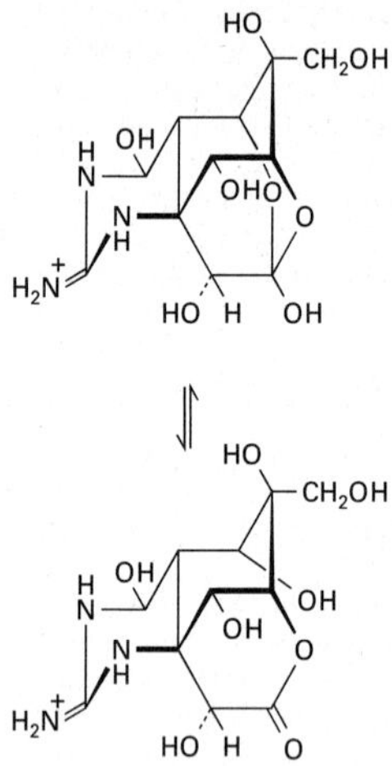

Tetrodotoxin

Wasser). Lösl. bei 30 °C in Wasser 2.65 mg/mL, in Chloroform 69 mg/mL, in *n*-Octanol 1.61 mg/mL. **Anw.:** Chemotherapeutikum* bei Harn- u. Atemweginfektionen; Kombinationen mit Sulfonamiden (Sulfadiazin) werden angewendet; vgl. Cotetroxazin.

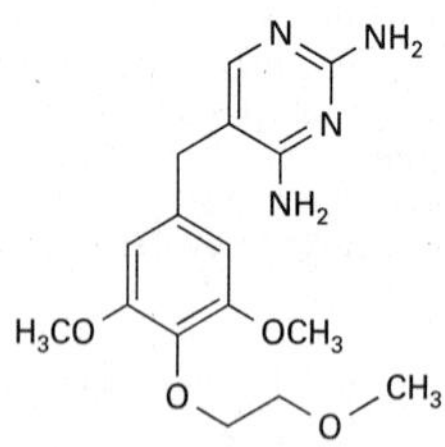

Tetroxoprim

Tetryzolin INN: 2-(1,2,3,4-Tetrahydro-1-naphthyl)-2-imidazolin, CAS-Nr. 84-22-0; $C_{13}H_{16}N_2$, M_r 200.27. **Anw.:** Vasokonstriktor*, Alphasympathomimetikum, s. Sympathomimetika; Ind.: Schnupfen, Heuschnupfen, Nasennebenhöhlenentzündung, Reizungen u. allerg. Erkrankungen am Auge; **UAW:** s. Oxymetazolin. Gebräuchl. ist auch Tetryzolinhydrochlorid.

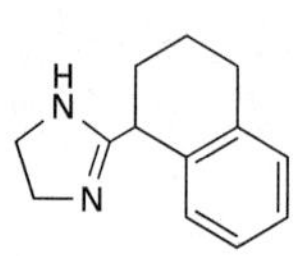

Tetryzolin

Teucrium chamaedrys L.: Edelgamander, Gamander; Fam. Lamiaceae, Labiatae (Südeuropa, Nordwestafrika, Mittelasien). Stpfl. von **Herba Chamaedrys:** Teucrii chamaedryos herba, Edelgamanderkraut. **Inhaltsst.:** äther. Öl, z. T. bitter schmeckende Diterpene, Phenylpropane u. Flavonoide; **Anw.** volkstüml.: z. B. bei Verdauungsbeschwerden u. zur Durchspülungstherapie bei Gicht; Negativmonographie Kommission E.

Teucrium marum L.: Amberkraut, Katzengamander, Katzenkraut, Mastichkraut; Fam. Lamiaceae, Labiatae (Südeuropa). Zus. mit T.* montanum u. T.* polium ssp. polium Stpfl. von **Herba Teucrii:** Herba Mari veri, Mari veri herba, Teucrii herba, Gamanderkraut. **Off.**: ÖAB90; **Inhaltsst.**: äther. Öl mit dem lipophilen Iridiod Teucriumlacton C, Bitterstoffe (Diterpene), Flavonoide u. Triterpensäuren; **Anw.** volkstüml.: z. B. als krampflösendes Mittel bei Magen-, Nieren-, Gallen- u. Blasenleiden; bei Husten.

Hom: *Teucrium marum (HAB 2000),* Marum verum: frisches Kraut; verord. z. B. bei Nasenpolypen, Bronchialkatarrhen.

Teucrium montanum L.: Berggamander; Fam. Lamiaceae, Labiatae (Südeuropäische Gebirge, Kleinasien). Stpfl. von **Herba Teucrii:** s. Teucrium marum. **Inhaltsst.**: Flavonoide, Diterpene, Saponine u. äther. Öl; **Anw.**: s. Teucrium marum.

Teucrium polium L. **ssp. polium:** Marienkraut, Poleigamander; Fam. Lamiaceae, Labiatae (Südwesteuropa). Stpfl. von **Herba Teucrii:** s. Teucrium marum. **Inhaltsst.**: diterpenoide Bitterstoffe, Flavonoide, Phenylpropane u. äther. Öl; **Anw.**: s. Teucrium marum.

Teucrium scordium L.: Wassergamander, Knoblauchgamander, Lachenknoblauch; Fam. Lamiaceae, Labiatae (Mitteleuropa). Stpfl. von **Herba Scordii vulgaris:** Herba Chamaedrys aquaticae, Knoblauchgamander. **Inhaltsst.**: äther. Öl, Gerbstoffe u. diterpenoide Bitterstoffe; **Anw.** volkstüml.: z. B. gegen Hämorrhoiden u. Würmer.

Teucrium scorodonia L.: Waldgamander, Salbeigamander; Fam. Lamiaceae, Labiatae (Europa). Stpfl. von **Herba Teucrii scorodoniae:** Herba Scorodoniae. **Inhaltsst.**: äther. Öl, Iridoide, diterpenoide Bitterstoffe, Phenylpropane u. Flavonoide; **Anw.** volkstüml.: z. B. bei Bronchitis.

Hom: *Teucrium scorodonia (HAB1.3):* frisches, blühendes Kraut.

Teufelsabbiss: s. Succisa pratensis.

Teufelsauge: s. Adonis vernalis.

Teufelsbisswurzel: s. Chamaelirium luteum (Radix Heloniadis dioicae).

Teufelsbusch: s. Eleutherococcus senticosus.

Teufelsdreck: s. Ferula assa-foetida (Gummiresina Asa foetida).

Teufelskirschen: s. Physalis alkekengi (Fructus Alkekengi).

Teufelsklaue: s. Dryopteris filix-mas (Rhizoma Filicis).

Teufelskralle: s. Harpagophytum procumbens.

Teufelswurzel: s. Aconitum napellus ssp. napellus (Aconiti tuber).

Teufelszwirn: s. Cuscuta europaea.

TEX-System: Symbol tex; Einheit, die gemäß der Internationalen Normenorganisation der Charakterisierung der Feinheit eines Fadens od. Garns dient, z. B. auch von Verbandmull. 1 Tex entspr. der Masse von 1000 m Faden in Gramm (1 tex = 1 g/km).

Textur: s. Gele.

T-Gas: Mischung aus 90 % (V/V) Ethylenoxid* u. 10 % (V/V) Kohlendioxid zur Entkeimung in geschlossenen, explosionsgeschützten Geräten, die mit Normal-, Unter- od. Überdruck betrieben werden.

TGF: Abk. für (engl.) *transforming growth factor;* transformierender Wachstumsfaktor, der sich in Alpha- u. Betaform unterscheiden lässt. **1. TGF-α:** Polypeptid aus 50 Aminosäuren mit 40 %iger Homologie zu EGF*, wird v. a. in Tumorzellen autokrin sezerniert; stimuliert die Zellproliferation u. Neovaskularisierung; wirkt in vielen Zelltypen als Mitogen* u. kann bei Vorliegen entspr. genet. Veränderungen die maligne Transformation von Zellen auslösen. Die zellulären Effekte werden durch den EGF-Rezeptor vermittelt. Antikörper wie Cetuximab, die den EGF-Rezeptor blockieren, werden zur Ther. von EGF-Rezeptor-positiven Tumoren entwickelt. **2. TGF-β:** Überbegriff für eine Gruppe naher verwandter Wachstumsfaktoren, welche als Dimere unterschiedl. Peptidketten in zahlreichen Geweben v. a. Thrombozyten u. T-Helferzellen vorkommen. Moduliert Zellwachstum u.- phänotyp, sowie Immunantwort; verstärkt Bindegewebeneubildung; überexprimiert bei Lymphogranulomatose, Glioblastom, T- Zell Leukämie, AIDS u. chron. Polyarthritis; greift an Rezeptor-Serin-Threoninkinase TGFbR-I u. TGFbR-II an. TGF-β1 ist ein Homodimer der aus 112 Aminosäuren bestehenden β1-Untereinheit. T. wird in Thrombozyten in Vesikeln gespeichert u. bei der Thrombozytenaktivierung freigesetzt. TGF-β2 kommt in höheren Konz. im Knochen vor; ist zu TGF-β1 zu 72 % homolog. Die reife Form von TGF-β3 besteht ebenfalls aus 112 Aminosäuren. Die Wirkung von TGF-β ist von der Zielzelle, deren Differenzierungszustand u. der Anwesenheit weiterer Zytokine abhängig. T. wirkt bei mesenchymalen Zellen als Wachstumsfaktor, in epithelialen Zellen u. zahlreichen anderen Zelltypen besitzt T. dagegen wachstumshemmende Effekte. T. spielt eine wichtige Rolle beim Knochenumbau u. -Reparatur u. bei der Wundheilung.

Th: (chem.) Symbol für Thorium*.

Thalamus: Sehhügel; größte graue Kernmasse des Zwischenhirns, die in vordere, mediale u. laterale Kerngruppen unterteilbar ist. Der Th. steht über entspr. Fasersysteme mit anderen Teilen des ZNS, v. a. Großhirnrinde, extrapyramidalem System, Kleinhirn u. Rückenmark, in Verbindung u. dient als Umschaltstation für opt. u. akust. Bahnen.

Thalictrum: s. Ranunculaceae (Chem. Merkmale).

Thalidomide: internat. Bezeichnung für Phthalylglutaminsäureimid-haltige Sedativa. Wegen teratogener Wirk., v. a. von α-Phthalimidoglutarimid (Contergan®), aus dem Verkehr gezogen bzw. verboten.

Thalleiochinreaktion: Nachweisreaktion auf Chinin*. **Durchführung:** der alkaloidhaltige Rohextrakt wird zuerst tropfenweise bis zur schwachen Gelbfärbung mit Bromwasser versetzt; nach Zusatz von konz. Ammoniaklsg. entsteht bei Anwesenheit von Chinin eine blaugrüne Färbung.

Thallium (gr. grünes Laub): Symbol Tl; A_r 204.37, OZ 81. D. 11.8. Schmp. 302.5 °C. Sdp. 1453 °C. Weiches, bleiähnl., 1- u. 3-wertiges Metall; es ist in Salpetersäure u. Schwefelsäure lösl., unlösl. in

T

Salzsäure; Tl oxidiert leicht an feuchter Luft. **Vork.:** nat. in sehr geringen Mengen in Kiesen u. Glimmern; **Nachw.:** Tl zeigt im Spektroskop eine intensiv grüne Linie, auch die Gasflamme wird grün gefärbt; **Darst.:** Elektrolyse von Thallium-salz-Lsg.; **Anw.** techn.: Schädlingsbekämpfung, insbes. mit Thallium(III)-sulfat ($Tl_2(SO_4)_3$, ca. 2-3 %), Thallium(I)-sulfat* u. Thallium(I)-acetat*. Tl-Präparate sind auch für Menschen u. Haustiere giftig u. müssen blau gefärbt sein. **Tox.:** Tl-Verb. sind sehr giftig. Für den Erwachsenen ist ca. 1 g Tl tödl.; MAK: 0.1 mg/m^3. Tl ist ein Epithel- u. Nervengift. Im Körper entsteht die eigentl. tox. einwertige Form. Die akute Vergiftung zeigt sich nach einer Latenz von 1-4 Tagen mit Magen- u. Darmblutungen, Diarrhö, Krämpfen. Es folgt eine Polyneuropathie mit Sensibilitätsstörungen, psych. Veränderungen u. peripheren Lähmungen. Charakterist. ist der Ausfall des Kopfhaares am 13. Tag nach Intoxikation; die Haare wachsen meist wieder nach; ferner kann es zum Erblinden kommen; **Gesch.:** 1861 von William Crookes (1832-1919) u. 1862 von Claude Auguste Lamy (1820-1878) entdeckt.

Thallium-201: Symbol ^{201}Tl; OZ 81; ein Radioisotop des Thalliums*, das durch Zerfall von Blei-201 gebildet wird. ^{201}Tl (HWZ 3.05 d) emittiert Gamma- u. Röntgenstrahlen. **Herst.:** Das Radioisotop Blei-201 lässt sich aus Thallium (kann mit Thallium-203 angereichert sein) nach Bestrahlung mit Protonen geeigneter Energie gewinnen. Das Zerfallsprodukt Thallium-201 lässt sich auf einer mit einem Ionenaustauscherharz gefüllten Säule von Blei-201 trennen. **Anw.:** s. Thallium[^{201}TL]-chlorid-Injektionslösung.

Thallium(I)-acetat: Thallium aceticum (oxydulatum); CH_3COOTl, M_r 263.4. Schmp. 131 °C. Weiße Nadeln; leicht lösl. in Wasser, Ethanol. **Anw.** med.: obsolet, früher als Enthaarungsmittel; techn.: Rodentizid; **Tox.:** giftig (s. Thallium); LD ca. 0.2 g. **Hom:** *Thallium aceticum oxydulatum (HAB1.5),* Thallium aceticum: verord. z. B. bei chron. Nierenentzündungen, Haarausfall.

Thalliumalaun: s. Thallium(I)-sulfat.

Thalliumi[^{201}Tl]-chlorid-Injektionslösung: Thallosi[^{201}Tl] chloridi solutio iniectabilis Ph.Eur.4, Thallium-201-chlorid-Injektionslösung; eine sterile Lsg. von Thallium*-201 in Form von [^{201}Tl]-Thallium(I)-chlorid. Sie kann durch Zugabe von Natriumchlorid isoton. gemacht werden u. ein geeignetes Konservierungsmittel wie Benzylalkohol enthalten. Mind. 97.0 % der Gesamtradioaktivität entspricht Thallium-201; mind. 95.0 % der Gesamtradioaktivität muss in Form des Thallium(I)-Ions vorliegen. Die spezif. Radioaktivität beträgt mind. 3.7 GBq je mg Thallium. **Anw.:** Myocard- (Herzmuskel-) Szintigraphie*.

Thallium(I)-sulfat: Thallium sulfuricum (oxydulatum); Tl_2SO_4, M_r 504.8. Schmp. 632 °C. Schwer lösl. in Wasser. Bildet mit Sulfaten Doppelsalze, z. B. Thalliumalaun ($TlAl(SO_4) \cdot 12\,H_2O$); **Anw.** med.: obsolet; techn.: Rodentizid, Holzimprägnierung, in der Bakteriologie als Hemmstoff; **Tox.:** giftig (s. Thallium).
Hom: *Thallium sulfuricum (oxydulatum):* s. Thallium(I)-acetat.

Thallium(III)-sulfat: s. Thallium.

Thallophyten: Thallobionta, Lagerpflanzen; Pfl., die nur aus einem Thallus* bestehen, die also im Ggs. zu den Cormobionta*, den Sprosspfl., nicht in Wurzel u. Spross (Sprossachse u. Blätter) gegliedert sind. Dazu gehören Phycophyta (Algen*), Mycophyta (Pilze*), Lichenes* (Flechten) u. teilweise Bryophytina* (Moospflanzen), näml. die Hepaticae (Lebermoose).

Thallus: Pflanzenkörper, der nicht in Wurzel u. Spross (Kormus*) gegliedert ist. Bei Pilzen z. B. der gesamte Pilzkörper, der das vegetative Myzel u. die Fruktifikationsorgane (Fruchtkörper) umfasst.

Thaumatin: hitzeempfindl. Protein aus 207 Aminosäuren. CAS-Nr. 53850-34-3, M_r ca. 22 000. **Vork.:** in Thaumatoccus* daniellii; **Anw.:** Süßstoff*, vgl. Süßmittel (Tab.); das Th.-Gen kann in andere Früchte mittels Gentechnologie* eingeschleust werden.

Thaumatococcus daniellii Benth.: Katemfe; Fam. Marantaceae (Westafrika). Die Arilli (Samenmäntel) enthalten versch., süß schmeckende Peptide, s. Thaumatin.

THC: Abk. für **T**etra**h**ydro**c**annabinol, s. Cannabis sativa (Herba Cannabis, Inhaltsst.).

Theacylon: Kondensationsprodukt der Acetylsalicylsäure* mit Theobromin*; M_r 342.1. Schmp. 197 °C. Weißes., krist. Pulver, wenig lösl. in Wasser, Ethanol, Ether, lösl. in Chloroform. **Off.:** EB6; **Anw.:** früher als Diuretikum*.

Theaflagalline: s. Camellia sinensis (Weißer Tee, Inhaltsst.).

Theaflavine: s. Camellia sinensis (Weißer Tee, Inhaltsst.).

Theanin: s. Camellia sinensis (Weißer Tee, Inhaltsst.).

Thea sinensis: s. Camellia sinensis.

Thebacon INN: Acetyldihydrocodeinon, Thebacetyl; (5*R*,9*R*,13*S*,14*R*)-4,5-Epoxy-3-methoxy-9a-methyl-6-morphinen-6-ylacetat; CAS-Nr. 466-90-0; $C_{20}H_{23}NO_4$, M_r 341.39. Schmp. 154 °C (kristallisiert aus Methanol). Fast unlösl. in Wasser; lösl. in dem meisten org. Lösungsmitteln. **Anw.:** starkes Analgetikum*, Antitussivum*; **Dos.:** p. o. 2-3 × 2.5 mg/d. **Thebaconhydrochlorid**: Schmp. 230-250 °C (polymorph).

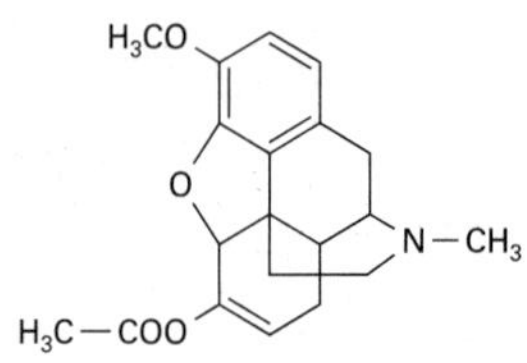

Thebacon

Thebaicum: s. Opium.

Thebain: Paramorphin; 4,5α-Epoxy-3,6-dimethoxy-17-methyl-6,8-morphinadien; $C_{19}H_{21}NO_3$, M_r 311.4, Strukturformel s. Opium (Abb.). Schmp. 193 °C. Glänz., weiße Kristalle, lösl. in Ethanol, leicht lösl. in Ether u. Chloroform, unlösl. in Wasser. Best. des Opiums zu 0.2-0.5 %.

Thein: s. Coffein.

Theka (pl theken): Theca; **1.** (bot.) Staubbeutelfach, s. Blüte (Blütenteile). **2.** (allg.) Kapsel, Hülle, z. B. Theca folliculi, die Bindegewebekapsel des Graaf-Follikels.

T4-Helferzellen: s. Leukozyten.

Thelitis (gr. thele Brustwarze): Entzündung der Brustwarze.

Thenalidin INN: Thenaldin; 1-Methyl-N-phenyl-N-(2-thienyl-methyl)-4-piperidinamin; CAS-Nr. 86-12-4; $C_{17}H_{22}N_2S$, M_r 286.46. Schmp. 95-97 °C. **Thenalidintartrat:** CAS-Nr. 2784-55-6. Schmp. 170-172 °C. **Anw.:** H_1-Antihistaminikum* (Antipruriginosum*) mit zusätzl. anticholinerger u. lokalanästhet. Wirkkomponente.

Thenard-Blau: Leydener Blau, Aluminium-cobaltoxid, Cobaltoaluminat, Cobaltultramarin, Cobaltblau; $CoAl_2O_4$; vgl. Aluminium (Nachw. von Al-Verb.).

Thenyldiamin INN: N,N-Dimethyl-N-(2-pyridyl)-N-(3-thenyl)-ethylendiamin; 2-{[2-(Dimethylamino)ethyl]-3-thenylamino}pyridin; CAS-Nr. 91-79-2; $C_{14}H_{19}N_3S$, M_r 261.36. Sdp. 169-172 °C (133 Pa, freie Base). $n_D^{20\,°C}$ 1.5915 (freie Base). **Anw.:** Antihistaminikum*, Lokalanästhetikum*. **Thenyldiaminhydrochlorid:** $C_{14}H_{20}ClN_3S$. Schmp. 170 °C. Lösl. in Wasser bis 20 %. pH einer 1 %igen Lsg. in Wasser 6.5.

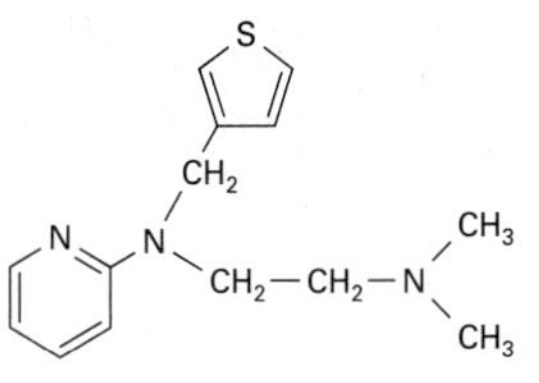

Thenyldiamin

Theobroma cacao L. (gr.-lat. Theobroma Götterspeise): Kakaobaum; ein bis 5 m hoher Baum der Fam. Sterculiaceae (heim. trop. Zentral- u. Südamerika, kult. in allen trop. Ländern). Stpfl. von **Semen Cacao:** Kakaosamen, Kakaobohnen; die Kakaofrucht ist eine ca. 20 cm lange u. 10-12 cm breite gurkenartige Frucht, in deren breiartigem Fruchtfleisch 40-60 weiße, bitter schmeckende Samen eingebettet sind. Die Samen werden einer mehrtägigen Fermentation unterworfen, wobei sie ihre Bitterkeit verlieren u. die bekannte braune Farbe sowie das charakterist. Aroma annehmen. **Inhaltsst.:** ca. 40-50 % Fett (Kakaobutter, s. u.), 15 % Eiweiß, 8 % Stärke, 1-4 % Theobromin*, 0.05-0.4 % Coffein*, 7 % Gerbstoffe, ca. 2 % Kakaorot (gerbstoffhaltiger Farbstoff), ca. 2 % Zucker sowie Spuren äther. Öls mit Amylalkoholestern; **Verw.:** zur Herst. von Schokolade, eine Mischung fetthaltiger Kakaomasse mit Zucker; **Zuber.:** Pasta Cacao, Kakaomasse, hergestellt durch Mahlen der gerösteten u. entschälten Samen bei Wärme; **Cacao oleum:** Oleum cacao, Butyrum Cacao, Adeps Cacao, Kakaobutter, Kakaofett; das aus den gerösteten, geschälten u. zerkleinerten Samenkernen (Embryonen) in der Wärme ausgepresste, gereinigte, gelbl. weiße Fett. CAS-Nr. MX8002-31-1, Schmp. 31-35 °C, jedoch polymorph: metastabil sind die γ- (Schmp. 18 °C), die α-(Schmp. 22 °C) u. die β'-Form (Schmp. 31 °C), stabil ist die β-Form (Schmp. 34.5 °C); erwärmt man bis zur klaren Schmelze (>40 °C) u. kühlt ab, liegt der Erstarrungspunkt unterhalb der Raumtemp. (metastabile Mod.); bei Raumtemp. ist Kakaobutter fest u. spröde (keine Butter, kein Öl!); D. (15 °C) 0.970-0.998, $n_D^{40\,°C}$ 1.456-1.459, SZ max. 3.0, IZ 33-42, VZ 192-198, UA max. 0.4 %, POZ max. 3; sehr leicht lösl. in Ether, Chloroform, Petrolether; lösl. in heißem absoluten Ethanol; wenig lösl. in absolutem Ethanol; geprüft wird auf Kakaoschalenfett u. auf Verdorbenheit, Kakaofett darf nicht ranzig riechen u. schmecken. **Off.:** DAB 2003, ÖAB90; **Best.:** Gemisch von Triglyceriden, Fettsäurefraktion: 30-38 % Ölsäure*, 24-32 % Palmitinsäure*, 31-38 % Stearinsäure* u. 1.4-4.2 % Linolsäure*; **Verw.:** Suppositoriengrundlage, für Arzneistäbchen u. Vaginalkugeln, reizlos, mit guter Arzneistoffabgabe, jedoch heute wegen folgender technolog. Nachteile weitgehend durch Neutralfett* verdrängt: Kakaofett als relativ einheitl. gemischtes Triglycerid schmilzt zwar in einem engen Temperaturbereich, zeigt aber Polymorphie (s. o.). Vorsichtiges Erwärmen auf 34-35 °C gibt nach dem Ausgießen Suppositorien mit max. Festigkeit. Eine Schmelzpunktserniedrigung durch Arzneistoffe kann auch mit härtenden Zusätzen kaum behoben werden. Da Kakaofett beim Abkühlen kaum kontrahiert, müssen Gießformen mit Trennmitteln, z. B. flüss. Paraffin u. Siliconöl, vorbehandelt werden. Die Aufnahmefähigkeit gegenüber hydrophilen Flüss., z. B. Wasser, Fluidextrakten u. Ichthyol, ist gering. Durch den beträchtl. Anteil an ungesättigten Fettsäuren im Triglycerid (s. Iodzahl) ist Cacao oleum bes. im geraspelten Zustand u. als wasserhaltige Zuber. leicht verderblich. Auch in Ceraten, Salben u. Kosmetika, z. B. zum Überfetten von Feinseifen, wird Kakaobutter immer weniger verwendet. **Cortex Cacao:** Testae Cacao, Kakaoschalen; die Samenschalen der Kakaobohnen. **Inhaltsst.:** Theobromin, Coffein, Gerbstoffe u. Fett; **Anw.** volkstüml.: z. B. zur Erhöhung der Harnmenge, zur Erhöhung der Milchsekretion während der Laktation; Negativmonographie Kommission E; techn.: zur Gew. von Theobromin.

Theobromin: Theobrominum Ph.Eur.4, 3,7-Dimethylxanthin; 3,7-Dihydro-3,7-dimethyl-1*H*-purin-2,6-dion; CAS-Nr. 83-67-0; $C_7H_8N_4O_2$, M_r 180.2. Sublimiert bei 295 °C. Strukturformel u. weitere Angaben s. Methylxanthine (Tab. 1). Weißes, geruchloses, krist., bitter schmeckendes Pulver; sehr schwer lösl. in Wasser u. Ethanol, fast unlösl. in Ether, leicht lösl. in Alkalihydroxid-Lsg., wenig lösl. in Ammoniaklsg. u. in verd. Mineralsäuren. **Vork.:** nat. bis 4 % in den Kakaobohnen (s. Theobroma cacao); **Anw.:** bei pectanginösen Störungen, als Adjuvans in der Herzglykosidther.; wirkt schwach diuret., schwach muskelrelaxierend, nicht zentral erregend; **UAW:** häufig Magenbeschwerden; **Dos.:** p. o. 0.2 g mehrmals täglich. Gebräuchl. ist auch u. a. Theobromin-Calciumsalicylat*, Theobromin-Natriumacetat*, Theobromin-Natriumbenzoat*, Theobromin-Natriumsalicylat*.

Theobromin-Calciumsalicylat: Theobromini-calcii salicylas, Theobromini Calcium-Calcium salicylicum; besteht aus annähernd äquimolaren Mengen Theobromincalcium ($C_{14}H_{14}CaN_8O_4$, M_r 398.4) u. Calciumsalicylat ($C_{14}H_{10}CaO_6$, M_r 314.3). Geh. 45.3-48.6 % Theobromin u. 10.1-10.8 % Calcium. Weißes Pulver; lösl. in 150 T. CO_2-freiem Wasser, unlösl. in Ethanol. **Off.:** ÖAB90; **Anw.:** s. Theobromin.

Theobromini-calcii salicylas: s. Theobromin-Calciumsalicylat.

Theobromini Calcium-Calcium salicylicum: s. Theobromin-Calciumsalicylat.

Theobromini Natrium-Natrium salicylicum: s. Theobromin-Natriumsalicylat.

Theobromin-Natriumacetat: Theobromino-natrium aceticum; CAS-Nr. 8002-88-8, Theobromin ($C_7H_7N_4NaO_2$) u. Natriumacetat ($C_2H_3NaO_2$); weißes, krist. Pulver, leicht lösl. in Wasser; Geh.: mind. 60 % Theobromin; besteht aus annähernd äquimolaren Mengen Natriumtheobrominat. **Anw.:** s. Theobromin; **Dos.:** 0.25-1 g, evtl. bis zu 3 g täglich.

Theobromin-Natriumbenzoat: Theobromino-natrium benzoicum; Geh.: ca. 47 % Theobromin, weißes Pulver, sehr leicht lösl. in Wasser. **Anw.:** s. Theobromin.

Theobromin-Natriumsalicylat: Theobromino-Natrium salicylicum, Theobromini-natrii salicylas, Theobromini Natrium-Natrium salicylicum, Theobrominnatrium-Natriumsalicylat; CAS-Nr. 8048-31-5; besteht aus annähernd äquimolaren Mengen Natriumtheobrominat ($C_7H_7N_4NaO_2$) u. Natriumsalicylat; Geh. 45.0-50.0 % Theobromin, entspr. 50.5-56.1 % Natriumtheobrominat, bezogen auf die getrocknete Substanz; weißes, fast geruchloses Pulver von süßl., dann schwach bitterem Geschmack, leicht lösl. in Wasser, wenig lösl. in Ethanol. **Off.:** DAB7, ÖAB90; **Anw.:** s. Theobromin; **Dos.:** 0.6-1.2 g.

Theobromino-natrium aceticum: s. Theobromin-Natriumacetat.

Theobromino-natrium benzoicum: s. Theobromin-Natriumbenzoat.

Theobromino-Natrium salicylicum: s. Theobromin-Natriumsalicylat.

Theobrominum: s. Theobromin.

Theocin: s. Theophyllin.

Theoclat: chem. Kurzbez. für 8-Chlorotheophyllinat.

Theocodine: s. Oxycodonhydrochlorid.

Theodrenalin INN: 7-[2-(3,4,β-Trihydroxyphenethylamino)ethyl]theophyllin; CAS-Nr. 13460-98-5; $C_{17}H_{21}N_5O_5$. **Anw.:** Kreislaufanaleptikum, Antihypotonikum*. Gebräuchl. ist auch Theodrenalinhydrochlorid.

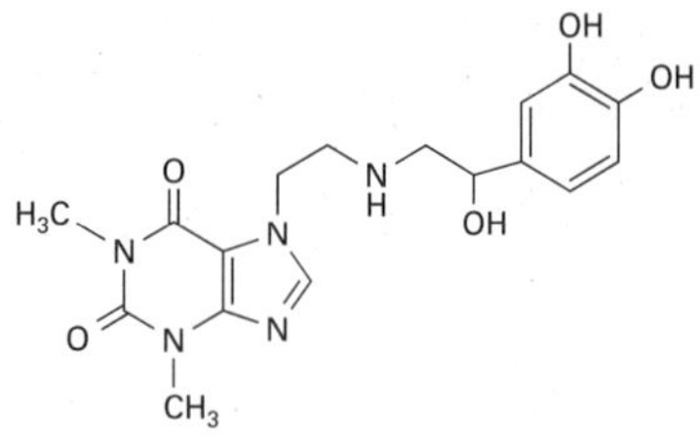

Theodrenalin

Theophyllin: Theophyllinum Ph.Eur.4, Theophyllinum anhydricum, Theocin, 1,3-Dimethylxanthin, 3,7-Dihydro-1,3-dimethyl,1*H*-purin-2,6-dion; 1,3-Dimethyl-2,6-dioxo-1,2,3,6-tetrahydropurin; CAS-Nr. 58-55-9; $C_7H_8N_4O_2$, M_r 180.17. Strukturformel u. weitere Angaben s. Methylxanthine (Tab. 1). Schmp. 270-274 °C. Weißes, geruchloses, krist. Pulver, bitterer Geschmack; schwer lösl. in Wasser, wasserfreiem Ethanol, Chloroform, sehr schwer lösl. in Ether, leicht lösl. in Alkalihydroxid- u. Ammoniaklsg., lösl. in Mineralsäuren. **Vork.:** nat. zu ca. 0.03 % in Schwarztee (s. Camellia sinensis); **Wirk.:** positiv inotrop, erweitert die Herzkranz- sowie die peripheren Gefäße, broncholyt., kaum diuret., schwächer zentral erregend als Coffein*; **Pharmakokinetik:** HWZ 5-10 h; schmale therap. Breite, große intra- u. interindividuelle Unterschiede zw. applizierter Dos. u. Blutspiegel; der Serumspiegel sollte 8-15 mg/L betragen. **Anw.:** Kardiakum, Koronarmittel, Bronchospasmolytikum; bei pectanginösen Zuständen, in Kombinationen mit herzwirksamen Glykosiden, v. a. beim akuten Asthmaanfall; Anw. erfolgt wegen der schlechten Magenverträglichkeit u. geringen Wasserlöslichkeit in Form von versch. Molekülverb. u. Derivaten, z. B. Theophyllin*-Ethylendiamin, Etofyllin*, Diprophyllin*, Proxyphyllin*; **Dos.:** p. o. 2× ca. 0.15 g/d; rektal u. oral retard ca. 0.2 g/d; i. m. und i. v. 0.2 g (langsam). Gebräuchl. ist auch Theophyllin*-Monohydrat.

Theophyllin-Ethylendiamin: Theophyllinum et ethylendiaminum Ph.Eur.4; CAS-Nr. 317-34-0; $C_{16}H_{24}N_{10}O_4$, M_r 420.4. Schmp. 270-274 °C. Ein haltbares Gemisch od. eine haltbare Verb. von Theophyllin* u. Ethylendiamin*, enthält mind. 84.0 % u. max. 87.4 % wasserfreies Theophyllin u. mind. 13.5 % u. max. 15.0 % Ethylendiamin. Weißes od. schwach gelbl., manchmal körniges Pulver; schwacher, dem Ammoniak ähnl. Geruch u. bitterer Geschmack; leicht lösl. in Wasser, die Lsg. trübt sich durch Absorption von CO_2; fast unlösl. in wasserfreiem Ethanol u. Ether. **Anw.:** Koronarspasmen, akute Herzmuskelschwäche, Asthma bronchiale; auch für analept. Zwecke u. bei anaphylakt. Schock; **Dos.:** p. o. 0.2 g mehrmals tägl., i. m. und i. v. 1×0.4 g/d; HWZ 5-10 h. **Theophyllin-Ethylendiamin-Hydrat**: Theophyllinum et ethylendiaminum hydricum Ph.Eur.4, Aminophyllinum hydratum; $(C_7H_8N_4O_2)_2 \cdot C_2H_4(NH_2)_2 \cdot 2\,H_2O$. Enthält nach Ph.Eur.4 3.0-8.0 % Wasser. **Theophyllin-Ethylendiamin-Injektionslösung**: Theophyllini et ethylendiamini solutio iniectabilis, Sol. Theophyllini-Ethylendiamini pro injectione. **Off.:** DAC86, Ph.Helv.7; Konz.: 240 mg/mL (nach Ph.Helv.7) bzw. 2.5 % (nach DAC86). Zstzg.: 20.8 g Theophyllin, 5.7 g Ethyllendiamin-Monohydrat ad 100 mL Aqua ad injectabilia.

Theophyllini Natrium-Natrium aceticum: s. Theophyllin-Natriumacetat.

Theophyllin-Monohydrat: Theophyllinum monohydricum Ph.Eur.4; CAS-Nr. 5967-84-0; $C_7H_8N_4O_2 \cdot H_2O$, M_r 198.2. **Wirk.** u. **Anw.:** s. Theophyllin.

Theophyllin-Natriumacetat: Theophyllini natrii acetas, Theophyllini Natrium-Natrium aceticum; annähernd äquimolares Gemisch von Theophyllinnatrium ($C_7H_7N_4NaO_2$, M_r 202.1) u. Natriumacetat ($C_2H_3NaO_2$, M_r 82.0). Geh. 54.5-60.2% wasserfreies Theophyllin. Weißes, krist. Pulver; lösl. in 25 T. Wasser, sehr schwer lösl. in Ethanol. **Off.:** ÖAB90; **Anw.:** s. Theophyllin.

Theophyllin-Natriumglycinat: Gemisch von Theophyllinnatrium u. Glycin*; CAS-Nr. 8000-10-0. **Anw.:** Broncholytikum, Kardiakum, mildes Muskelrelaxans; vgl. Theophyllin.

Theophyllinum anhydricum: s. Theophyllin.

Theophyllinum et ethylendiaminum: s. Theophyllin-Ethylendiamin.

Theophyllinum et ethylendiaminum hydricum: s. Theophyllin-Ethylendiamin (T.-E.-Hydrat).

Theophyllinum monohydricum: s. Theophyllin-Monohydrat.

therapeutisch: die Behandlung betreffend.

Therapie (gr. therapeia Pflege, Heilung): **1.** Behandlung von Krankheiten. **2.** Heilverfahren.

Therapie, antiretrovirale: Behandlungsweise mit Wirkstoffen, die als Target die reverse Transkriptase* haben, welche die virale RNA in DNA umschreibt. Man unterscheidet die nucleosid. Reverse*-Transkriptase-Hemmer (NRTI) von den nicht-nucleosid. Reverse*-Transkriptase-Hemmern (NNRTI). **Anw.:** HIV*-Erkrankung, AIDS.

Therapie, kontrahormonale: Behandlung von Frauen mit Androgenen od. Antiestrogenen bzw. von Männern mit Estrogenen, Gestagenen od. Antiandrogenen; s. Hormone (Keimdrüsen- u. Sexualhormone). **Anw.:** meist als zusätzl. od. palliative Ther. eines hormonsensiblen malignen Tumors, bei Transsexualität od. zur sog. chem. Kastration von Straftätern.

Therapiestudie: s. klinische Prüfung.

Theriak: Electuarium theriacale, Electuarium theriaca; wichtiges Arzneimittel des Mittelalters, dessen Erfindung dem König Mithridates VI. Pontus (132-63 v. Chr.) zugeschrieben wird (verbessert von Andromachus, dem Leibarzt Neros.). Th. bestand zunächst aus 64 versch. Ingredenzien, denen man im Laufe der Jh. noch zahlreiche weitere hinzufügte. Die Herst. erfolgte unter behördl. Aufsicht in den Apotheken, zuletzt in der Kugel-Apotheke zu Nürnberg 1754. Th. war noch mit 12 Best. in der Pharmacopoea Germanica von 1882 u. im EB 6 verzeichnet (Geh. 1% Opium), hatte jedoch keinerlei med. Bedeutung mehr.

Therme (gr. warme Quelle): Thermalquelle, s. Aquae minerales.

Thermit: s. Aluminium.

Thermoanalyse: therm. Analyse; Verfahren, bei denen physik.-chem. Eigenschaften von Stoffen in Abhängigkeit von der Temp. gemessen werden. Entweder wird ein Wärmeumsatz gemessen od. es werden bestimmte Stoffeigenschaften bei Zu- od. Abfuhr von Wärme registriert, z. B. Kristallinität od. elektr., mechan., opt. Eigenschaften. Die in der Pharmazie wichtigsten Methoden sind: Kalorimetrie*, Thermomikroskopie* (TM), Thermogravimetrie* (TG), thermometr. Titration. Unter Differentialthermoanalyse* (DTA; engl. **d**ifferential **t**hermal **a**nalysis) versteht man heute auch DSC* (engl. **d**ifferential **s**canning **c**alorimetry).

Lit.: Kuhnert-Brandstätter, M.: Thermische Analyse in der Pharmazie. Die Pharmazie (51): 443-457 (1996).

Thermocap-Verfahren: s. Capsulae.

Thermochemie (gr. thermos warm, heiß): Lehre von den Zusammenhängen zw. Wärme u. chem. Energie bzw. von den Wärmetönungen der Reaktionen.

Thermodynamik: Teilgebiet der Physik, das mit Hilfe von Zustandsfunktionen*, u. a. Energie*, Entropie*, Enthalpie*, u. den Zustandsgrößen Druck*, Temperatur* u. Volumen* makroskop. Systeme beschreibt, in denen Wärme (Energie) umgesetzt wird. Die Th. beschreibt Gleichgewichtszustände u. unter welchen Voraussetzungen diese erreicht werden (können); sie macht jedoch keine Aussagen darüber, wie schnell ein Gleichgewicht erreicht wird, da in ihr die Zeit als Veränderliche nicht vorkommt; vgl. Kinetik; Hauptsätze der Thermodynamik.

Thermoelement: Instrument zur Temperaturmessung, bestehend aus 3 Drähten von 2 versch. Metallen od. Legierungen, die so zusammengelötet sind, dass 2 Kontaktstellen entstehen, an denen sich temperaturabhängige Thermospannungen bilden. Sind bd. Kontaktstellen auf gleicher Temp., dann sind die bd. Kontaktspannungen von gleichem, aber entgegengesetztem Betrag, so dass sie sich gegenseitig aufheben. Im Stromkreis existiert keine resultierende Spannung. Werden bd. Lötstellen jedoch auf unterschiedl. Temp. gebracht, dann ist die Summe der bd. Spannungen von 0 versch., u. die Summenspannung (Thermospannung) wird durch das Messgerät angezeigt. Zur Temperaturmessung hält man eine der bd. Lötstellen auf konstanter Temp. (z. B. auf 0 °C durch Eintauchen in schmelzendes Eis). Die andere Lötstelle wird an die Stelle gebracht, deren Temp. zu messen ist. Die Empfindlichkeit gebräuchl. Th. liegt bei ca. 10^{-5} V/K, die von Eisen-Konstantan-Elementen (Kennbuchstabe J, vgl. Konstantan) bei $5 \cdot 10^{-5}$ V/K. Weitere Metallkombinationen sind Bismut-Antimon, Konstantan-Kupfer (Kennbuchstabe T, $4.23 \cdot 10^{-5}$ V/K) u. Platin-Platinrhodium (Kennbuchstabe S, $0.638 \cdot 10^{-5}$ V/K). Die Vorzüge von Th. sind ihre große Empfindlichkeit, kleine Wärmekapazität u. damit schnelle Anzeige u. ihr großer Anwen-

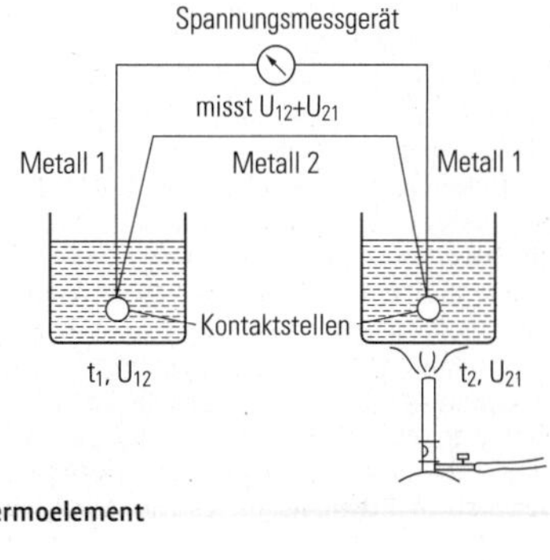

Thermoelement

dungsbereich (–270 bis 2000 °C). Th. müssen sorgfältig kalibriert werden, da ihre Empfindlichkeit stark temperaturabhängig ist. Die Umkehrung des Thermoeffektes ist der Peltier*-Effekt.

Thermogravimetrie: die mit einer Thermowaage (s. Waagen) bestimmte Temperaturabhängigkeit der Masse einer Substanzportion. **Anw.:** z. B. Beobachtung des Verlaufs der Entwässerung von kristallwasserhaltigen Stoffen od. der Oxidation u. Reduktion von Metallen.

Thermoindikator: Teststreifen zur Kontrolle der Temp. bei therm. Sterilisationsverfahren*.

thermolabil: nicht wärmebeständig.

Thermolumineszenz-Dosimeter: s. Dosimeter.

Thermometer: Instrument zum Messen der Temperatur*. Bei den übl. Flüssigkeitsthermometern wird die Temp. aufgrund der Ausdehung einer in einer luftleer gemachten Glasröhre eingeschlossenen Flüss. gemessen, die meist aus Quecksilber, gefärbtem Ethanol od. Toluol besteht. Da Quecksilber bei –39 °C erstarrt u. bei 356 °C siedet, benutzt man zur Messung von Temp. unter –39 °C Th., die mit Ethanol gefüllt sind, u. zum Messen von Temp. über 356 °C Th. aus Quarzglas, die über dem Quecksilber mit komprimiertem Gas (Stickstoff od. Kohlensäure) gefüllt sind; diese können dann bis 750 °C benutzt werden. Die Skala des Fieberthermometers* enthält die in 1/10 unterteilten Grade von 35-42 °C. Beim Maximum-Th. behält der Quecksilberfaden den höchsten Stand bei, bis er durch Schütteln zurückgeschlagen wird. Das Minimum-Th. enthält Alkoholfüllung u. auf dem Meniskus schwimmend ein Glasstäbchen mit eingeschmolzenem Eisendrahtstück. Bei sinkender Temp. wird es mitgezogen, während bei steigender Temp. der Alkohol über dieses hinwegfließt. Mit einem Magnet kann das Glasstäbchen wieder nach oben geschoben werden. Beispiele: Tropfpunkt-Thermometer (s. Tropfpunkt); Beckmann-Thermometer (s. Gefrierpunkterniedrigung, Abb. 2); rotierendes Thermometer*; Bimetall*-Thermometer; Platinwiderstandsthermometer (s. Widerstandsthermometer); Thermoelement*; vgl. Temperatur; absolute Temperatur; Kryoskopie.

Thermometer, rotierendes: Spezialthermometer mit Halbgradeinteilung u. olivenförmigem Quecksilbergefäß. Es dient zur Bestimmung des Erstarrungspunktes* von Salbengrundlagen. Hierzu wird es kurze Zeit in die geschmolzene Substanz getaucht u. dann langsam in horizontaler Lage um seine Längsachse gedreht. Diejenige Temp., bei der sich die Substanz mitdreht, wird als Erstarrungstemperatur bezeichnet.

Thermomikroskopie: Abk. TM, Mikrothermoanalyse (MTA); mikroskop. Verfahren mit Hilfe eines Thermomikroskops, mit welchem die Probe (ca. 0.1 mg) unter od. über Raumtemp. beobachtet werden kann. **Anw.:** v. a. in der Pharmazie Ermittlung von physik. Kennwerten u. Stoffeigenschaften, wie z. B. Polymorphie* u. Pseudopolymorphie, von Ein- u. Mehrstoffsystemen (s. Phasendiagramme); Identifizierung, z. B. über Schmelzpunkt* u. Brechungsindex* der Schmelze u. Refraktometrie*; chem. u. physik. Reinheitsbestimmung von Arzneistoffen.

Thermonatrit: Natriumcarbonat*-Monohydrat.

thermophil: Bez. für Organismen, deren Temperaturoptimum des Wachstums oberhalb 45 °C liegt.

Thermophor (gr. Wärmeträger): warme Kompresse, Wärmeflasche.

Thermoplaste: s. Plastomere.

Thermosphäre: s. Erdatmosphäre.

thermostabil: wärmebeständig.

Thermostat: elektr. beheiztes Gerät, bei dem die Temp. exakt konstant gehalten werden kann. Die Regelung der zugeführten Heizleistung erfolgt mit Hilfe eines an ein Relais angeschlossenen Kontaktthermometers. Man unterscheidet zw. Einhänge-, Bad-, Umwälz/Bad- u. Kühlthermostaten, sog. Kryostaten. Badflüss.: Wasser, Paraffin od. Siliconöle; für tiefere Temp. Alkohole od. Kohlenwasserstoffe (s. Abb.).

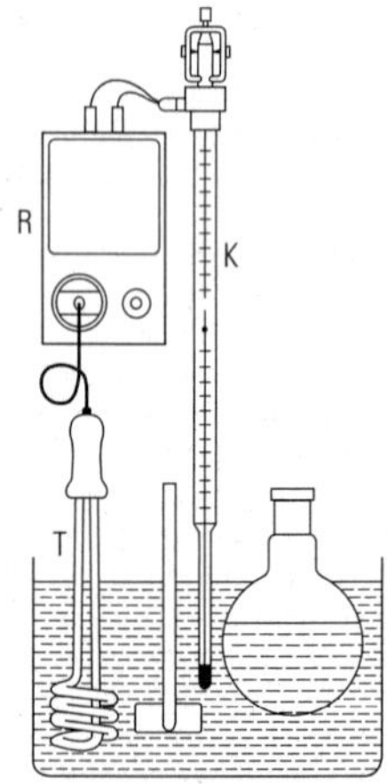

Thermostat: K: Kontaktthermometer; R: Relaisschalter; T: Tauchsieder; dazu Wasserbad, Metallrührer u. 500-mL-Kolben

thermotrop: sich unter Temperaturänderung verändernd (Stoffeigenschaft). Beispiel: temperaturabhängige Farbänderung von Flüssigkristallen.

Thesit: s. Polidocanol.

Thevetia peruviana (Pers.) K. Schum.: Thevetia neriifolia Juss. ex Steud., Gelber Oleander, Schellenbaum; Fam. Apocynaceae (Westindien u. Südamerika). Stpfl. von **Semen Thevetiae:** Thevetiasamen, Gelbe Oleandersamen. **Inhaltsst.:** ca. 10 % herzwirksame Glykoside, z. B. Peruvosid*, Thevetin* A u. B sowie Neriifolin; **Anw.:** Gew. der herzwirksamen Glykoside*; Schädlingsbekämpfungsmittel, z. B. gegen Insekten, bes. in Indien.

Thevetin A: Gentiobiosid von Peruvosid*, Trisaccharid von Cannogenin*, $C_{42}H_{64}O_{19}$, Strukturformel s. Glykoside, herzwirksame (Tab. 2). Schmp. 208-210 °C. Farblose, hygroskop. Kristallplättchen, lösl. in Wasser u. Ethanol. **Vork.:** in den Samen von Thevetia (s. Thevetia peruviana); **Wirk.:** strophanthinähnl. (s. Glykoside, herzwirksame); **Anw.:** früher p. o. und i. v. bei Herzinsuffizienz mäßigen Grades; zur Herst. des wirksameren Peruvosid (durch Abspaltung der endständigen Gentiobiose).

T

Thevetose: 6-Desoxy-3-*O*-methylglucose, $C_7H_{14}O_5$, Schmp. 128-130 °C (L-Form).

THF: **1.** Abk. für **T**etra**h**ydro**f**uran*. **2.** Abk. für **T**ian **H**ua **F**en, s. Trichosanthes kirilowii.

THFA: Abk. für **T**etra**h**ydro**f**urfuryl**a**lkohol*.

Thia-: s. a-Nomenklatur.

Thiabendazol: s. Tiabendazol.

Thiabutazid: s. Butizid.

Thialbarbital-Natrium: Thialbarbitalum natricum, Natrium cyclohexenylallylthiobarbituricum, cyclohexenylallylthiobarbitursaures Natrium; CAS-Nr. 3546-29-0; $C_{13}H_{15}N_2NaO_2S$, M_r 286.3. Gelbl. weißes, krist., hygroskop. Pulver, schwach lauchartiger Geruch; leicht lösl. in Wasser u. Ethanol. Wässrige Lsg. zersetzen sich allmähl. bei Raumtemp.; durch Einw. von CO_2 scheidet sich die freie Säure ab. **Off.:** ÖAB90 (bis 1996); **Anw.:** Injektionsnarkotikum (s. Narkotika); **Dos.:** i. v. 0.5-1.0 g; MED 2.0 g, MTD 2.0 g.

Thiamazol INN: Thiamazolum Ph.Eur.4, Methimazol, 1-Methyl-2-mercaptoimidazol; 1-Methyl-2-imidazolthiol; CAS-Nr. 60-56-0; $C_4H_6N_2S$, M_r 114.17. Schmp. 146-148 °C (kristallisiert aus Ethanol). Sdp. 280 °C (101 kPa, unter teilweiser Zers.). Leicht lösl. in Wasser; lösl. in Ethanol, Chloroform; wenig lösl. in Ether, Petrolether, Benzol. **Anw.:** Hyperthyreose, Thyreotoxikose; **UAW:** wie bei anderen Thyreostatika* der Thioharnstoffgruppe Übelkeit, Hautveränderungen, Agranulozytose. Vorsicht bei Schwangerschaft! **Dos.:** p. o. 2-3×20 mg/d (für kurze Zeit 200 mg/d), Erhaltungsdos. 2-3×10 mg/d; parenteral i. m., i. v. 3-4×40 mg/d; HWZ 3-4 h.

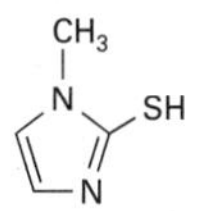

Thiamazol

Thiamin INN: s. Vitamine (Vitamin B_1).

Thiaminchloridhydrochlorid: s. Vitamine (Vitamin B_1, Zubereitung).

Thiaminnitrat INN: s. Vitamine (Vitamin B_1, Zubereitung).

Thiaminpyrophosphat: s. Vitamine (Vitamin B_1).

Thiamin-Tabletten: s. Compressi Thiamini.

Thiamphenicol INN: Thiamphenicolum Ph.Eur.4, Dextrosulfenidol; D-(+)-*threo*-2,2-Dichloracetamino-1-(4-methylsulfonylphenyl)propan-1,3-diol; CAS-Nr. 15318-45-3; $C_{12}H_{15}Cl_2NO_5S$, M_r 356.23. Schmp. 163-165 °C (polymorph). $[\alpha]_D^{20\,°C}$ +12.9° (Ethanol), $[\alpha]_D^{20\,°C}$ −21 bis −24° (c=5 in DMF). Feines, weißes, krist. Pulver; schwer lösl. in Wasser, Ether, Ethylacetat; lösl. in Methanol; wenig lösl. in Ethanol, Aceton; sehr leicht lösl. in DMF, Acetonitril. pH 5.8-7.5 (gesättigte, wässrige Lsg.). **Wirk. u. Anw.:** Chloramphenicol-Antibiotikum mit ähnl. Wirkungsspektrum wie Chloramphenicol*; wirkt bakteriostat. auf grampositive u. gramnegative Bakt.; **UAW:** stärker hämatotox. als Chloramphenicol, daher nur kurzfristige Anw. bei strengster Indikationsstellung; **Dos.:** p. o. 3×0.5 g/d; parenteral i. m., i. v. 3×0.5 g/d; bei Typhus abdominalis, in schweren Fällen 1. Woche doppelte Dos.; Kinder 25 mg/kg KG/d; HWZ 2-3 h; vgl. Antibiotika (Tab.). Hingewiesen sei auch auf Thiamphenicolglycinat, Thiamphenicolglycinat-acetylcysteinat, Thiamphenicolpalmitat.

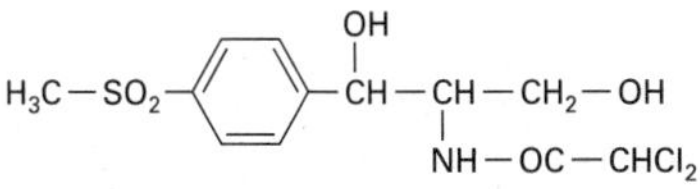

Thiamphenicol

Thiazide: s. Diuretika.

Thiazinamiummetilsulfat INN: Methylpromethazinmethylsulfat; CAS-Nr. 58-34-4; $C_{19}H_{26}N_2O_4S_2$, M_r 410.6. Schmp. 206-210 °C. **Anw.:** Antihistaminikum*.

Thiazinfarbstoffe: Farbstoffe, die sich von Thiazin (Thiodiphenylamin) ableiten; vgl. Methylenblau.

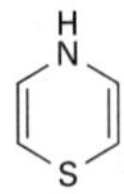

Thiazinfarbstoffe: Thiazin

Thiazol: C_3H_3NS; M_r 85.13. Sdp. 117 °C. Flüss. von pyridinartigem Geruch, mit Wasser, Ethanol, Ether mischbar; reagiert neutral u. bildet mit Säuren beständige Salze, die inf. hydrolyt. Spaltung sauer reagieren. **Vork.:** Grundgerüst vieler Naturstoffe; Vitamin B_1 (s. Vitamine) ist ein Thiazolderivat.

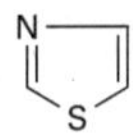

Thiazol

Thiethylperazin INN: 2-Ethylthio-10-[3-(4-methyl-1-piperazinyl)propyl]phenothiazin; CAS-Nr. 1420-55-9; $C_{22}H_{29}N_3S_2$, M_r 399.62. Schmp. 62-64 °C (kristallisiert aus Aceton). Sdp. 227 °C (1.33 Pa). **Anw.:** Schwindel, Übelkeit, Antiemetikum*; **UAW:** s. Psychopharmaka (Neuroleptitika), beeinflusst das Reaktionsvermögen; **Dos.:** p. o. 2-3×6.5 mg/d; parenteral (i. m., s. c., i. v.) 6.5 mg; rektal 6.5 mg. **Thiethylperazindihydrogenmaleat:** Thiethylperazini maleas; $C_{30}H_{37}N_3O_8S_2$, M_r 631.8. Schmp. 188-190 °C (unter Zers.). Weißes bis schwach gelbl., krist. Pulver; sehr schwer lösl. in Wasser, schwer lösl. in Methanol. **Off.:** Ph.Helv.7. **Thiethylperazindihydrochlorid:** $C_{22}H_{29}N_3S_2 \cdot 2\,HCl$. Schmp. 214-216 °C.

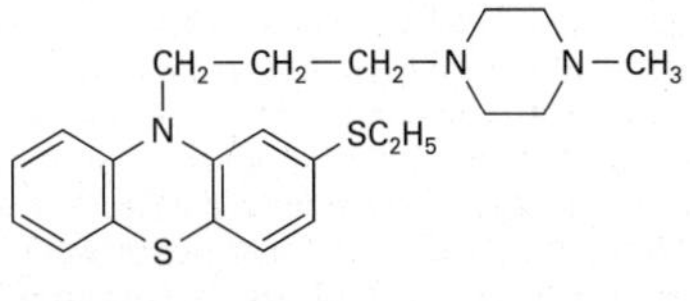

Thiethylperazin

T

Thio- (gr. theios Schwefel): Silbe im Namen von Verb., in denen O- durch S-Atome substituiert sind, z. B. Thioacetamid*, Thioschwefelsäure*, Thioharnstoff*.

Thioacetale: s. Thiole.

Thioacetamid: $H_3C-C(S)-NH_2$, C_2H_5NS, M_r 75.13. Schmp. 110-115 °C. Fast weiße Kristalle mit nur schwachem Eigengeruch, leicht lösl. in Wasser u. Ethanol 96 %. **Anw.:** an Stelle von gasförmigem H_2S zur qualitativen u. quantitativen Bestimmung von Schwermetallen über Sulfidfällungen: dabei entsteht H_2S durch Hydrolyse, d. h. erst während der Fällung, so dass der H_2S-Geruch nur wenig hervortritt; die Niederschläge sind gut filtrierbar. Die Fällungen werden in der Wärme erzeugt. **Thioacetamid-Reagens** Ph.Eur.4: 0.20 mL Thioacetamid-Lsg. (4.0 g/100 mL) u. 1.0 mL einer Mischung von 5.0 mL Wasser, 15 mL 1 molarer Natriumhydroxid-Lsg. u. 20.0 mL Glycerol 85 % werden im Wasserbad 20 s lang erhitzt (bei Bedarf frisch herzustellen).

Thioacetazon INN: TB I/698; 4-Acetylamino-benzaldehyd-thiosemicarbazon; $C_{10}H_{12}N_4OS$. Weißes bis gelbl. Pulver von bitterem Geschmack, sehr schwer lösl. in Wasser. **Anw.:** tuberkulostat. wirkendes Chemotherapeutikum*; **Hinweis:** nicht mehr im Handel; **UAW:** Erbrechen, Knochenmark- u. Leberschädigungen.

Thioalkohole: s. Thiole.

Thiobakterien: Schwefelbakt., s. Schwefel.

Thiobarbitursäure: Dihydro-2-thioxo-4,6(1*H*,5*H*)-pyrimidindion; $C_4H_4N_2O_2S$, M_r 144.15. Schmp. ca. 235 °C (unter Zers.). Weiße Blättchen od. Kristalle, schwer lösl. in Wasser, lösl. in Ethanol u. Alkalihydroxid-Lösungen. **Anw.:** Reagens Ph.Eur.4.

Thiobutabarbital: 5-*sec*-Butyl-5-ethyl-thiobarbitursäure; CAS-Nr. 2095-57-0; $C_{10}H_{16}N_2O_2S$, M_r 228.32. **Anw.:** Injektionsnarkotikum (s. Narkotika) für Kurznarkosen, zur Narkoseeinleitung u. für Kombinationsnarkosen; **UAW:** Blutdrucksenkung, parasympathotone Reaktionen, Flacherwerden der Atmung; **Kontraind.:** s. Barbiturate. Gebräuchl. ist auch Natrium-5-*sec*-butyl-5-ethylthiobarbiturat.

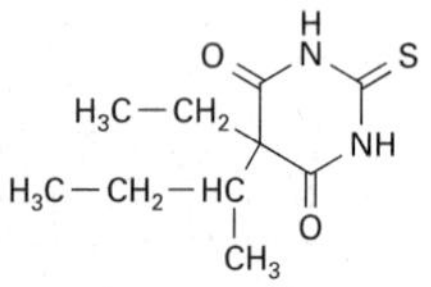

Thiobutabarbital

Thiocarbamid: s. Thioharnstoff.

Thiocarbonyl-: Bez. für die Gruppe =C=S in org. Verbindungen.

Thioctsäure: s. α-Liponsäure.

Thiocyanate: Verb. der Thiocyansäure*. Beispiele: Rhodanide, Rhodanate, Sulfocyanate.

Thiocyansäure: Thiocyanwasserstoffsäure, Rhodanwasserstoffsäure; $H-S-C\equiv N$; farblose, stechend riechende, ölige Flüss., nur in wässriger Lsg. beständig. Wichtigste Salze: Ammoniumthiocyanat NH_4SCN, Eisen(III)-thiocyanat $Fe(SCN)_3$. **Anw.:** Thiocyanate (Rhodanide) wirken bakterizid, sie werden in Schädlingsbekämpfungsmitteln u. auch in Zahnpasten verwendet sowie in der Färberei, in der Drucktechnik u. in der Fotografie. **Isothiocyansäure:** $H-N=C=S$, Tautomer der Th.; **Vork.:** in Allylsenföl.

Thiodiphenylamin: s. Phenothiazin.

Thioether: s. Sulfide.

β-Thioglucosidase: s. Glucosinolate.

Thioglucoside: s. Glucosinolate.

Thioglykolat-Nährboden: Nährboden zur Züchtung anaerob wachsender Bakterien.

Thioglykolsäure: Mercaptoessigsäure, Sulfhydrylessigsäure, Acidum thioglycolicum; $HS-CH_2-COOH$. D. 1.265-1.275. Schmp. −16.3 °C. Sdp. 104 °C. Farblose, ölige Flüss. von unangenehmem Geruch; mit Wasser, Ethanol, Ether vollständig mischbar. **Darst.:** Umsetzung von Chloressigsäure mit Kaliumhydrogensulfid. **Anw.:** in der chem. Analyse zur Prüfung auf Eisenionen sowie für Kaltdauerwellen.

Thioguanin: s. Tioguanin.

Thioharnstoff: Thiocarbamid, Thiourea, Sulfocarbamid, Sulfoharnstoff, Schwefelharnstoff; $H_2N-C(S)-NH_2$, CH_4N_2S, M_r 76.12. D. 1.4. Schmp. 174-180 °C. Weiße Kristalle, leicht lösl. in Wasser, lösl. in Ethanol u. Ether, leicht lösl. in heißem Ethanol. **Wirk.:** Th. hemmt wie Thiouracil* die Bildung von Thyroxin* in der Schilddrüse, vgl. Thyreostatika. **Darst.:** Schmelzen von Ammoniumthiocyanat* bei ca. 160 °C. **Herst.** techn.: Einleiten von H_2S in eine wässrige Aufschlämmung von Kalkstickstoff bei Gegenwart von Katalysatoren u. Ausfällung des Kalks mit CO_2. **Anw.** techn.: Reagens Ph.Eur.4 zum allg. Nachw. von Bismut*; zur Herst. von Kunststoffen, Lichtpauspapieren, Imprägnierungsmitteln, in der Fotografie, zu Tonbändern, zu Kaltdauerwellenpräparaten.

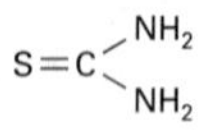

Thioharnstoff

Thioindigo: Thioindigorot B, Schwefelindigo; $C_{16}H_8O_2S_2$, M_r 296.3. Schmp. 280 °C (Sublimation). Dem Indigo* verwandter, gegen Licht, Wasser u. Chemikalien relativ beständiger, roter, synthet. Farbstoff.

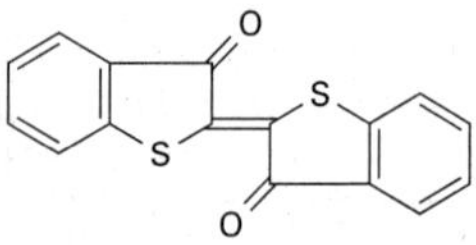

Thioindigo

Thioketale: s. Thiole.

-thiol: s. Thiole.

Thiole: Thioalkohole, Mercaptane; $R-SH$; Schwefelanaloga der Alkohole*. Verb. von meist widerl. Geruch (im Harn z. B. nach Spargelgenuss, in den Darmgasen). **IUPAC:** Anhängen der Silbe -thiol, bzw. -dithiol, -trithiol an den Kohlenwasserstoffnamen. Bei der früher übl. Bez. Mercaptane hängte man die Gruppenbez. -mercaptan an den Namen des betreffenden Alkyl-Restes. Sind mehrere funktionelle Gruppen im Molekül, wird für die SH-Gruppe das Präfix Mercapto- verwendet. z. B. 2-Mercaptoethanol (s. Abb.). **Salze:** Th. bilden mit Basen u. Metalloxiden Mercaptide, mit Aldehyden Thioacetale (Mercaptale) u. mit Ketonen Thioketale (Mercaptole).

$HS—CH_2—CH_2—OH$

Thiole: 2-Mercaptoethanol als Beispiel

Thiomere: polymere Hilfsstoffe* mit Thiolteilstrukturen. Sie beschleunigen die Permeation* von hydrophilen Arzneistoffen durch Schleimhäute (z. B. die Dünndarmmukosa), hemmen den Abbau von Protein- und Peptidwirkstoffen durch Endopeptidasen, bewirken verbesserte Mukoadhäsion (s. Bioadhäsion) u. Kohäsion von entsprechenden Arzneiformen. Die Herst. erfolgt durch kovalente Bindung von Verb. mit einer freien Thiolgruppe (z. B. Cystein*) an natürl. oder synthet. Polymere* (z. B Carbomere*).

Thiomersal: Thiomersalum, Mercurothiolatum, Thimerosal; Natrium-2-(ethylmercurithio)-benzoat; CAS-Nr. 54-64-8; $C_9H_9HgNaO_2S$, M_r 404.8. Schmp. 225-245 °C. In Wasser sehr leicht u. in Ethanol leicht lösl.; in Ether, Toluol unlöslich. **Off.:** DAC79, Ph.Helv.7. **Anw.:** Konservierung von Augentropfen (0.002-0.01 %), Augensalben, Blutplasma u. anderen biol. Produkten (0.01-0.02 %). Als bakteriostat. u. fungistat. wirkendes Antiseptikum, das durch Proteine, Körperflüssigkeiten u. Seifen nicht inaktiviert wird; zur Haut- u. Wunddesinfektion (0.1 %). Weitgehend unwirksam gegen Sporen. Überempfindlichkeitsreaktionen auf der Haut können auftreten. **Inkomp.:** Halogenide, Nitrate, Phosphinate; sauer reagierende Stoffe (Fällungen), oxidierende u. reduzierende Stoffe, Metalle (Zersetzungen); Ammoniak u. Ammoniumsalze (biol. Inkomp.); Kautschuk (Absorption); Arabisches Gummi, PVC, Polyethylen, anionenaktive Substanzen, Komplexbildner.

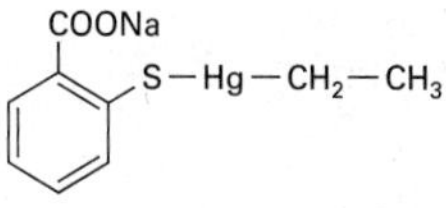

Thiomersal

Thiomersal-Stammlösung 0.02 %: Zstzg.: NRF, 0.020 g Thiomersal, Wasser für Injektionszwecke ad 100.0 g. Das Thiomersal wird ohne Erwärmen vollständig gelöst. Haltbarkeit: 3 Monate. **Anw.:** Konservierung wässriger Ophthalmika.

Thionin: Lauth-Violett, 3,7-Phenothiaziniumchlorid; CAS-Nr. 581-64-4; $C_{12}H_{12}ClN_3S$, M_r 263.74. Dunkelgrünes Pulver, lösl. in Ethanol, wenig lösl. in Wasser. **Darst.:** Oxidation von *p*-Phenylendiamin mit Schwefel u. Eisentrichlorid in sauer Lsg. (Lauth, 1876); **Anw.:** Antidot bei Vergiftungen mit Kohlenmonoxid. Die nach der Applikation gebildete Leukoverb. ist ein Reduktionsmittel für Methämoglobin u. bewirkt die Rückbildung zu Hämoglobin. Ferner Anw. als Redoxindikator in 0.05 %iger Lsg., in 60 %igem Ethanol (bei pH 1.5-1.7 Farbumschlag von violett nach farblos).

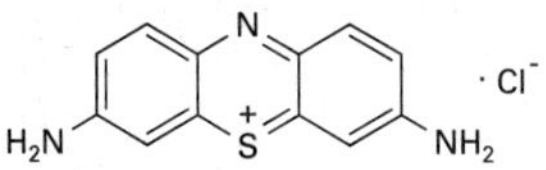

Thionin

Thionylchlorid: Schwefligsäuredichlorid; CAS-Nr. 7719-09-07; $SOCl_2$, M_r 119.0. D. 1.638. Schmp. −99.5 °C. Sdp. 75.7 °C. Farblose, an feuchter Luft rauchende, erstickend riechende, Haut u. Schleimhäute reizende, stark Licht brechende Flüss.; zerfällt bei höherer Temp. in Schwefeldioxid, Chlor u. Schwefeldichlorid. Reagiert mit Wasser heftig unter Bildung von SO_2 u. HCl; auch mit Alkoholen, Säuren und Alkalien tritt Zersetzung ein. **Darst.:** Techn. aus SO_2 od. SO_3 u. Cl_2 mit SCl_2 od. S_2Cl_2; z. B. $SO_2 + Cl_2 \rightarrow 2\,SOCl_2$; **Anw:** Chlorierungsmittel, z. B. bei der Darst. org. Zwischenprodukte, von Pflanzenschutz- u. Schädlingsbekämpfungsmitteln sowie bei der Synthese von Pharmazeutika, Farbstoffen u. a.; als nicht wässriger Elekrolyt in Lithium-Batterien, zum Trocknen wasserhaltiger Metallchloride u. zur Darst. wasserfreier Chloride aus Metalloxiden.

Thiooxazolidone: s. Glucosinolate.

Thiopental-Natrium INN: Penthiobarbital-Natrium; Mononatriumsalz der (*RS*)-5-Ethyl-5-(1-methylbutyl)-2-thiobarbitursäure; CAS-Nr. 71-73-8; $C_{11}H_{17}N_2NaO_2S$, M_r 264.33. In Ph.Eur.4 ist, wie auch in anderen Arzneibüchern, unter Th.-N. ein Gemisch mit Natriumcarbonat beschrieben: **Thiopentalum natricum et natrii carbonas Ph.Eur.4**, Ethyl-methylbutyl-thiobarbitursaures Natrium mit Natriumcarbonat, Natrium ethyl-methylbutyl-thiobarbituricum cum Natrio carbonico, Thiopentalum solubile. Der Zusatz von Natriumcarbonat soll die Freisetzung der Ethyl-methylbutylbarbitursäure verhindern. Die Mischung besteht aus 100 T. reinem Th.-N. u. 6 T. wasserfreiem Natriumcarbonat (Na_2CO_3), was einem Geh. an Thiopental (Natrium) von mind. 84.0 % (10.2 %) u. max. 87.0 % (11.2 %) entspricht. Gelbl. weißes, stark hygroskop. Pulver mit schwachem Geruch nach Knoblauch. Teilweise lösl. in wasserfreiem Ethanol, fast unlösl. in Benzol u. Ether; 1 T. lösl. in 5 T. Wasser; die alkal. Lsg. zersetzen sich im Laufe der Zeit. Injektionslsg. sind erst kurz vor Anw. herzustellen. **Anw.:** Injektionsnarkotikum (s. Narkotika) für Kurz- u. Kombinationsnarkosen u. zur Narkoseeinleitung; **UAW:** s. Methohexital;

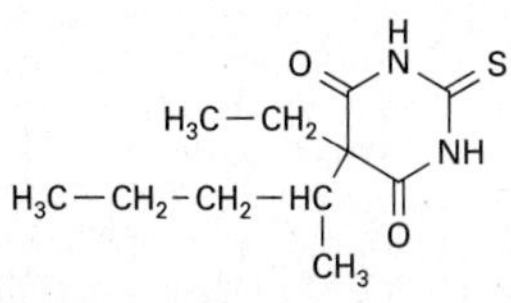

Thiopental-Natrium: 5-Ethyl-5-(1-methylbutyl)-2-thiobarbitursäure

Dos.: parenteral i. v. 0.1-0.5 g; rektal 40 mg/kg KG bis max. 2 g als Injektion; HWZ 11.6±6 h.

Thiophen: C_4H_4S; M_r 84.14. D. 1.0658. Sdp. 84 °C. Farblose Flüss., unlösl. in Wasser, leicht lösl. in Ethanol, Ether, Chloroform, Benzol. **Eigenschaften:** Th. weist physik. u. chem. große Ähnlichkeit mit Benzol* auf. Es lässt sich leicht sulfurieren, chlorieren u. nitrieren. Mit Isatin* bildet sich in konz. Schwefelsäure das blaue Indophenin. Diese Reaktion dient auch als Nachw. für Benzol, das mit Th. verunreinigt ist. **Vork.:** zu 0.15 % im Teerbenzol. In Naturstoffen ist die Thiophenstruktur selten zu finden. Eine Ausnahme ist Biotin (s. Vitamine, Biotin). **Darst.:** **1.** Überleiten von Acetylen über Pyrit; **2.** Umsetzen von Butan mit Schwefel bei 700 °C; **3.** aus Natriumsuccinat u. Phosphortrisulfid.

Thiophen

Thiophenol: Phenylmercaptan, Benzolthiol; C_6H_6S, M_r 110.2. Sdp. 168 °C. Farblose, stechend riechende Flüss. mit tox., übelriechenden Dämpfen; unlösl. in Wasser, lösl. in Ethanol. **Anw.:** Synthesebaustein für Arzneimittel u. Farbstoffe.

Thiopropionaldehyd-S-oxid: s. Allium cepa var. cepa.

Thioridazin INN: Thioridazinum Ph.Eur.4; 10-[2-(1-Methyl-2-piperidyl)ethyl]-2-methylthiophenothiazin; CAS-Nr. 50-52-2; $C_{21}H_{26}N_2S_2$, M_r 370.56. Schmp. 72-74 °C (kristallisiert aus Aceton). Sdp. 230 °C (2.7 Pa). Fast unlösl. in Wasser; lösl. in Ethanol 1:6, in Chloroform 1:0.8, in Ether 1:3. **Off.:** Ph.Helv.7; **Anw.:** Neuroleptikum (s. Psychopharmaka); Ind.: Erregungs-, Angst- u. Spannungszustände bei schizophrenen u. a. Psychosen u. Depressionen, bei starken Schmerzen, beim Alkoholentzug; **Kontraind.:** starke zentrale Dämpfung; **UAW:** s. Psychopharmaka; **Dos.:** p. o. klin. 1-6×0.1 g/d; ambulant 2-3×25 mg/d; als Ataraktikum 1-6×10 mg/d; HWZ 30 h. **Thioridazinhydrochlorid**: Thioridazini hydrochloridum Ph.Eur.4 (Racemat); CAS-Nr. 130-61-0; $C_{21}H_{26}N_2S_2 \cdot HCl$, M_r 407.0. Schmp. 158-160 °C (kristallisiert aus Aceton). Weißes, krist. Pulver; lösl. in Wasser, Ethanol. **Thioridazinfumarat**: $C_{21}H_{26}N_2S_2 \cdot C_4H_4O_4$. Schmp. 158-161 °C. **Thioridazintartrat-Monohydrat**: $C_{21}H_{26}N_2S_2 \cdot C_4H_6O_6 \cdot H_2O$.

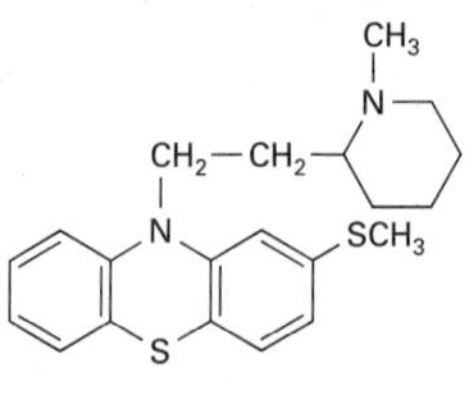

Thioridazin

Thiosäuren: Sauerstoffsäuren, in denen die O-Atome durch 2-wertige S-Atome ersetzt sind.

Thiosalicylsäure: 2-Mercaptobenzoesäure; 2-Sulfhydryl-benzolcarbonsäure, $C_7H_6O_2S$, M_r 154.2. Schmp. 165 °C (Sublimation). Gelbe, in Ethanol lösl. Blättchen. **Anw.:** Nachweisreagens für Eisen, Synthesebaustein für Thioindigo*-Farbstoffe.

Thiosalze: Salze der Thiosäuren*.

Thioschwefelsäure: Unterschweflige Säure, Hydroschweflige Säure; $H_2S_2O_3$. Nur in ihren Salzen, den Thiosulfaten, bekannt (s. Natriumthiosulfat). Wässrige Lsg. der Thiosulfate zersetzen sich mit Säuren unter Abscheidung von Schwefel u. Schwefeldioxid.

Thiosemicarbazone: Aldehydderivate des Thiosemicarbazids, $H_2N-NH-CS-NH_2$, die sich z. T. als Tuberkulostatika erwiesen haben, vgl. Thioacetazon.

Thiosinamin: s. Tiosinamin.

Thiosulfate: Salze der Thioschwefelsäure*.

Thiotepa INN: Tris(1-aziridinyl)phosphinsulfid; *N,N,N*-Triethylen-thiophosphorsäuretriamid; CAS-Nr. 52-24-4; $C_6H_{12}N_3PS$, M_r 189.23. Schmp. 51.5 °C (kristallisiert aus Pentan od. Ether). Lösl. 190 g/L in Wasser bei 25 °C, lösl. in Benzol; lösl. 1:2 in Ethanol u. in Chloroform, 1:8 in Ether. **Anw.:** Zytostatikum*, Alkylans; u. a. bei Mamma- u. Ovarialkarzinomen, chron. Leukämie; **Dos.:** parenteral meist i. v. 30 mg einmal wöchentl.; HWZ 4 h.

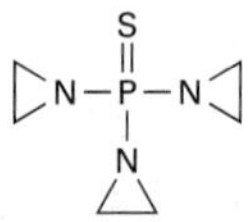

Thiotepa

Thiouracil: cycl. Thioharnstoff; Derivate werden als Thyreostatika* verwendet. **Wirk.:** Th. hemmt wie Thioharnstoff* die Bildung von Thyroxin* in der Schilddrüse, die Drüse ist nicht mehr imstande, Iod org. zu binden, der Iodgehalt sinkt ab, der Grundumsatz normalisiert sich, wobei sich die Drüse gutartig vergrößert.

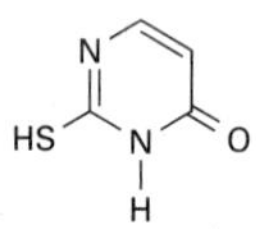

Thiouracil

Thiourea: s. Thioharnstoff.

Thiram INN: Tetramethylthiuramdisulfid (Abk. TMTD); CAS-Nr. 137-26-8; $C_6H_{12}N_2S_4$, M_r 240.44. Schmp. 155-156 °C (kristallisiert aus Chloroform/Ethanol). Unlösl. in Wasser, verd. Alkalilsg., Gasolin; lösl. in Ether u. in Ethanol zu weniger als

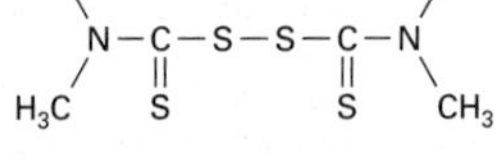

Thiram

0.2%, in Aceton zu 1.2%, in Benzol zu 2.5%, in Chloroform. **Anw.**: Antiseptikum*, Wundabdeckung, bei Verbrennungen.

Thixocap-Verfahren: s. Capsulae.

Thixotropie: Eigenschaft mancher Gele* (vgl. Kolloide) sich beim Schütteln zu verflüssigen u. bei Ruhigstellung wieder zu erstarren, sich bei erneutem Schütteln wieder zu verflüssigen, um schließlich bei Zugabe weiterer Elektrolyte völlig zu erstarren (Gel-Sol-Gel-Umwandlung). Thixotrope Erscheinungen zeigen z.B. Aluminiumoxidhydrat, Eisenhydroxid, Kieselsäure, Gelatine, Vanadiumpentoxid, Bentonite u.a.; vgl. Rheologie.

Thlaspi bursa pastoris: s. Capsella bursa-pastoris (Hom).

Thomashilfe: Greif- u. Halterungshilfe; Griffverdicker u. -verlängerer aus Kunststoff od. Gummi zur Erleichterung der eigenständigen tägl. Körperpflege u. Nahrungsaufnahme.

Thomasmehl: bei der Eisenerzeugung anfallende, gemahlene Thomasschlacke mit hohem Phosphorgehalt (10-25%). **Anw.**: wichtiges Düngemittel.

Thorium: Symbol Th; A_r 232.0381; OZ 90; D. 11.7; Schmp. 1755 °C; Sdp. 4800 °C; radioaktives, hauptsächl. 4-wertiges Element; reines Th ist in Säuren kaum lösl., in Alkalien völlig unlösl., fein verteilt entzündet es sich von selbst an der Luft. Th ist radioaktiv. Man kennt 25 Thoriumisotope der Massenzahlen 212-236. Das längstlebige ($^{230}_{90}Th$) hat eine HWZ von $1.4 \cdot 10^{10}$ Jahren. **Vork.**: nat. nur gebunden, hauptsächl. im Monazitsand, aus dem es als Thoroxalat gefällt u. mittels Ammoniumoxalat von den Seltenerdmetallen abgetrennt wird; **Anw.** techn.: Thoriumnitrat zur Herst. von Gasglühstrümpfen (Auerlicht); **Gesch.**: entdeckt 1829 von Jöns Jakob Berzelius (1779-1848).

***threo*:** s. Konfiguration, *erythro-/threo-*.

Threonin: Abk. Thr, Threoninum Ph.Eur.4, L-*threo*-α-Amino-β-hydroxybuttersäure; (2*S*,3*R*)-2-Amino-hydroxybuttersäure; $C_4H_9NO_3$; M_r 119.1; Strukturformel s. Aminosäuren (Abb.); Schmp. 253 °C. Opt. aktive, proteinogene, essentielle Aminosäure mit 2 asymmetr. C-Atomen. Die ernährungsphysiol. Sonderstellung von L-Thr. hängt damit zus., dass die enzymat. Hydrolyse von Peptidbindungen in Proteinen, an denen L-Thr. beteiligt ist, bes. schwierig ist.

Threose: $C_4H_8O_4$; M_r 12.1. Tetrose; vgl. Erythrose; sirupartige Flüss., D- u. L-Th., zeigt Mutorotation. Strukturformel s. Kohlenhydrate (Abb.).

Thrombin: Blutgerinnungsfaktor IIa; CAS-Nr. 9002-04-4, M_r ca. 33580. Proteinase, die im Blutplasma in Form ihres Vorläufers Prothrombin* vorliegt. Th. spielt eine zentrale Rolle bei der Blutgerinnung*, es überführt das lösl. Plasmaprotein Fibrinogen* in unlösl. Fibrin*. **Anw.**: Hämostatikum* zur lokalen Blutstillung, z.B. bei Flächen- u. Sickerblutungen bei Operationen, Nachblutungen aus Extraktionswunden, nach kieferchirurg. Eingriffen, äußeren Blutungen infolge Ther. mit Antikoagulanzien* od. bei Hämophilie*; darf nicht injiziert werden. Reagens Ph.Eur.4.

Thrombinzeit: Abk. TZ, syn. Plasmathrombinzeit; Bez. für die 2. Phase der Blutgerinnung*, deren Dauer von der Plasmakonz. an Fibrinogen, Antithrombin III u. Heparin* abhängt. **Bestimmung:** Messung der Gerinnungszeit im Citratplasma nach Zugabe einer definierten Lsg. von Thrombin* zur Überwachung einer Heparin- od. Fibrinolytikatherapie od. Erfassung von Fibrinsynthese- u. -polymerisationsstörungen.

Thrombocytin: s. Serotonin.

Thrombogen: s. Prothrombin.

Thrombokinase: s. Prothrombinaktivator.

Thrombophlebitis: akute Thrombose* oberflächl. Venen mit entzündl. Reaktion der Gefäßwand, häufig im Bereich variköser Veränderungen (Varikophlebitis).

Thromboplastin: Sammelbez. für versch. Intermediärprodukte während der Blutgerinnung*. **Gewebethromboplastin**: syn. Gewebefaktor; CAS-Nr. 9035-58-9. Faktor III der Blutgerinnung. Th. wird bei Gewebeschäden exprimiert u. bindet den Komplex aus Faktor VII u. VIIa u. aktiviert somit das extrins. System der Blutgerinnung. **Anw.**: Prophylaxe u. Ther. von inneren u. äußeren Blutungen, bei erhöhter Blutungsneigung, bei Operationen mit erhöhtem Blutungsrisiken, zur Unterstützung einer Ther. mit Gerinnungsfaktor-Konzentraten; **UAW:** leichte Temperaturerhöhung; **Kontraind.**: Blutungen in Nierenhohlräume, Schwangerschaft im 1. Trimenon; **Dos.**: p.o. 3-4×100 mg/d; parenteral i.v. 10 mg, bei Bedarf mehrfache Dos.; HWZ ca. 2.5 h. **Plasmathromboplastin**: Komplex aus Faktor VIIIa, IXa, Ca^{2+} u. Plättchenfaktor 3; aktiviert im intrins. System Faktor X zu Xa; vgl. Thromboplastinzeit; **partielles Thromboplastin**: prokoagulator. wirkendes Phospholipid aus Thrombozyten u.a. Zellen, die auf der Zellmembran große Komplexe bilden, an die sich Gerinnungsfaktoren anlagern können.

Thromboplastinzeit: Abk. TPZ, Prothrombinzeit; Parameter zum Nachw. von Störungen im exogenen System der Blutgerinnung* (Faktor II, V, VII, X). **Bestimmung:** durch Messung der Gerinnungszeit nach Inkubation von Citratplasma mit Gewebefaktor u. Calciumionen (sog. Quick-Test); **1.** Angabe in Prozent der Gerinnungszeit eines Referenznormalplasmas (sog. Quick-Wert); **2.** besser (da methodenunabhängig) als sog. international normalized ratio (Abk. INR), die einen Korrekturfaktor beinhaltet, der die Empfindlichkeit des verwendeten Thromboplastins in Bezug zu einem WHO-Referenzthromboplastin setzt; **Normbereich:** Quick-Wert 70-125%, INR ca. 1; **Ind.**: zur Überwachung einer Ther. mit Antikoagulanzien*, bei Leberparenchymschäden, Vitamin-K-Mangel u. -Resorptionsstörungen.

Thrombose: vollständiger od. teilweiser Verschluss von Arterien, Venen od. Herzhöhlen durch intravasale Blutgerinnung* mit Bildung von Blutkoageln aus Thrombozytenaggregaten u. Fibrin. **Entstehung:** (Virchow-Trias) **1.** Gefäßwandschaden (durch Entzündung, Arteriosklerose, Trauma); **2.** herabgesetzte Blutströmungsgeschwindigkeit (Stase, Hyperkoagulabilität, verstärkte Thrombozytenaggregation); **3.** verminderte Zirkulation (z.B. bei Varizen, Operationen, Herzinsuffizienz); **Lok.**: meist im Bereich der unteren Extremitäten; **Ther.**: Bettruhe, zunächst Antikoagulation mit hoch- od. niedermolekularem Heparin*, dann

T

Umstellung auf Cumarine*; u. U. Thrombolyse od. Thrombektomie.

Thrombotest: modifizierte Bestimmung der Thromboplastinzeit* unter Verw. von spez. aufbereitetem Thromboplastin. Zusätzl. Erfassung von Faktor IX der Blutgerinnung* u. einem ggf. vorhandenen gerinnungsinaktiven Prothrombinkomplex; Durchführung häufig mit Kapillarblut; **Anw.:** bei Antikoagulanzientherapie mit Cumarinderivaten; **Normbereich:** 70-130 %, bei Medikation mit Cumarinderivaten: 5-12 %.

Thrombotonin: s. Serotonin.

Thromboxane: Abk. TX; cycl. Derivate der Prostaglandine*. **Strukturformel:** s. Eicosanoide; **Bildung:** v. a. in Thrombozyten*, aber auch in Mastzellen; **Wirk.:** induzieren Thrombozytenaggregation u. Kontraktion glatter Muskelzellen; das kurzlebige TXA_2 ist aktiver als das daraus entstehende TXB_2; als physiol. Antagonist der Prostacycline* hemmt TXA_2 den Anstieg der cAMP-Konz. in den Thrombozyten; Hemmung der Synthese von TXA_2 durch Acetylsalicylsäure*.

Thrombozyten: Blutplättchen; im Knochenmark gebildete kernlose, scheibchenförmige Blutkörperchen*. Th. enthalten u. a. Enzyme der Glykolyse, des Pentosephoshatzyklus, des Citronensäurezyklus, biol. aktive Amine, z. B. Serotonin* u. sind zur Phagozytose von kolloidalen Partikeln befähigt. Die Plättchenfaktoren* 1 u. 3 befinden sich membrangebunden in der zentralen Granulomerfraktion, 2 u. 4 im umgebenden Hyalomer. Die Hauptfunktion liegt in der Hämostase*. Durch Einw. versch. Substanzen (Kollagen, Thrombin, Immunkomplexe u. a.) kommt es zur **Thrombozytenaggregation** u. Degranulation: **1.** reversible Thrombozytenaggregation: Aneinanderlagerung von Th. ohne Funktions- u. Strukturänderung; **2.** irreversible Aggregation: Zusammenballen der Th. bei teilweiser Membranverschmelzung u. Austritt gerinnungsaktiver Substanzen; Abbau der Th. in der Milz; Lebensdauer 7-12 Tage; bei andauernden Gefäßwandschäden kann die physiol. Thrombozytenaggregation zu Arteriosklerose führen; vgl. Blutgerinnung.

Thrombozytenaggregationshemmer: Hemmer der irreversiblen Thrombozytenaggregation (s. Thrombozyten). **1.** körpereigene Th.: Heparin*, Prostacycline*; **2.** Hemmstoffe der Cyclooxygenase*: Acetylsalicylsäure* u. Sulfinpyrazon*, die aufgrund der Cyclooxygenase-Hemmung die Bildung von Thromboxan* A_2 hemmen; **3.** ADP-Hemmstoffe: hemmen die Bindung von ADP an seine Rezeptoren auf Thrombozyten u. verhindern somit die Thrombozytenaktivierung, z. B. Clopidogrel*, Ticlipidin; **4.** Glykoprotein-(GP-)IIb/IIIa-Antagonisten: verhindern die Aktivierung von Thrombozyten durch Thrombin, ADP od. Noradrenalin durch entspr. Rezeptorblockade; z. B. Abciximab*, Eptifibatid, Tirofiban; **5.** Dipyridamol*, das u. a. die aggregationshemmende Wirkung von Adenosin u. Prostaglandin E_2 verstärkt u. außerdem durch Hemmung der Phosphodiesterase der Thrombozyten wirkt u. meist mit Antikoagulanzien* od. Acetylsalicylsäure kombiniert wird; **6.** Iloprost*, p. o. einsetzbares Prostaglandin. **Anw.:** Verhinderung von Thrombosen* u. Embolien*, z. B. postoperativ, bei Thrombophlebitis; zur Herzinfarktprophylaxe u. Verminderung der Sterblichkeit bei Reinfarkt.

Thrombozytenkonzentrat: s. Blutersatz.

Thryallis glauca (Poir.) O. Kuntze: Galphimia glauca (Poir.) Cav.; Fam. Malpighiaceae, Od. Rutales (Mexiko bis Panama). **Anw.:** In der mexikan. Volksmedizin werden die Blätter als Wundheilmittel u. die Wurzel bei Erkrankungen der Harnwege benutzt.
Hom: *Thryallis glauca (HAB 2000),* Galphimia glauca: getrocknete Blätter u. Blütenstände; verord. z. B. bei allerg. Haut- u. Schleimhauterkrankungen (Pollinosis).

Thuja articulata Vahl: s. Tetraclinis articulata.

Thujan: Grundgerüst einiger bicycl. Monoterpene*, z. B. Thujon*.

Thuja occidentalis L.: (Abendländischer) Lebensbaum; Fam. Cupressaceae (heim. Nordamerika, in Europa häufig kult.). Stpfl. von **Summitates Thujae:** Herba Thujae occidentalis, Folia Thujae, Frondes Thujae, Lebensbaumspitzen, Lebenskraut. **Inhaltsst.:** äther. Öl (0.4-1 %, Oleum Thujae, s. u.), Flavonoide u. Gerbstoffe, sowie Polysaccharide; **Wirk.:** antiviral, immunstimulierend; **Anw.** volkstüml.: äußerl. zu Einreibungen bei Rheuma u. Gicht, zur Behandlung von Warzen; innerl. z. B. bei Nieren- u. Blasenleiden sowie zur Stärkung der Immunabwehr (nur als Fertigarzneimittel); **Oleum Thujae:** Thujaöl; das äther. Öl der Zweige. **Best.:** α-Thujon* u. β-Thujon, α-Pinen* u. weitere Mono- u. Sesquiterpene.
Hom: *Thuja occidentalis (HAB 2000),* Thuja: frische, beblätterte, einjährige Zweige; Konstitutionsmittel; verord. z. B. bei Warzen, Bartflechte, Entzündungen der Geschlechtsorgane.

Thujaöl: s. Thuja occidentalis (Oleum Thujae).

Thujon: ein Monoterpen, $C_{10}H_{16}O$. α-Th. ist links- u. β-Th. rechtsdrehend. **Vork.:** Best. vieler äther. Öle, z. B. von Salvia* officinalis (Salviae officinalis aetheroleum), Thuja* occidentalis (Oleum Thujae), Tanacetum* vulgare (Oleum Tanaceti) u. von Artemisia* absinthium (Oleum Absinthii); **Tox.:** neurotox., wirkt in hoher Konz. als Krampfgift; äußerl. stark reizend.

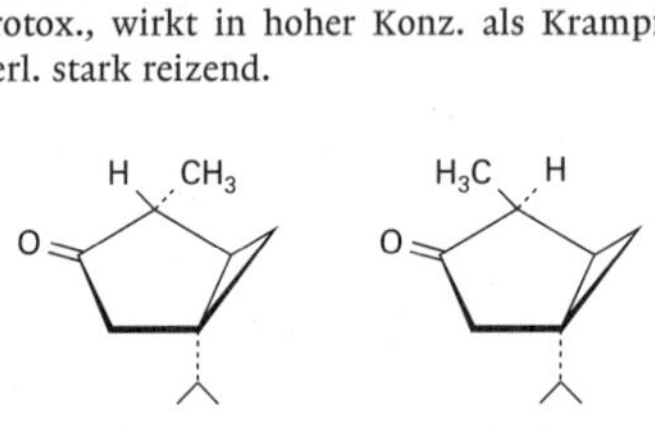

(-) - Thujon (+) - Isothujon

Thujon

Thulium (lat. Thule das nördl. Land): Symbol Tm; A_r 168.93421, OZ 69. D. 9.321. Schmp. 1545 °C. Sdp. 1944. Hartes, silbriges, 2- u. 3-wertiges Lanthanoid*-Metall, duktil und schmiedbar. Tm löst sich in Säuren, in Gegenwart von Fluorid verringert sich die Löslichkeit durch Ausbildung einer Fluoridschicht. Bis ca. 100 °C oxidiert Tm nur langsam, auch bei 1000 °C ist die Oxidationsgeschwindigkeit durch Ausbildung einer dunklen Oxidationsschicht nur gering. **Vork.:** in der Yttererde* und im Monazit (s. Lanthanoide); **Darst.:** Reduktion von TmF_3 mit Calcium; **Gesch.:** 1879 von Per Theodor Cleve (1840-1905) als Oxid aus der Yttererde* isoliert.

Thylakoide: Membranstruktur der Chloroplasten. Unter dem Elektronenmikroskop erscheinen die Th. als scheibenförmige, abgeflachte Blasen mit einem Durchmesser von ca. 600 nm. Granathylakoide sind zu Stapeln zusammengelagert u. bilden die im Lichtmikroskop sichtbaren Grana. Einzelne Th. aus solchen Stapeln durchziehen das Stroma wie Querbalken (Stromathylakoide). Th. bestehen aus einem Lipoproteingerüst, in das Chlorophyll- u. Carotinoidmoleküle od. andere Photosynthesepigmente eingelagert sind.

Thyllen: (bot.) v. a. im Kernholz* auftretende Vorstülpungen der Wände von Gefäßen*, wodurch diese verstopft werden u. nicht mehr an der Wasserleitung beteiligt sind.

Thymeretika: Antidepressiva mit antriebssteigernden Eigenschaften, vgl. Psychopharmaka (Antidepressiva).

Thymian: **1.** Gartenthymian, s. Thymus vulgaris. **2.** Feldthymian, s. Thymus serpyllum. **3.** Spanischer Thymian, s. Thymus zygis. **4.** Marokkanischer Thymian, s. Thymus satureioides.

Thymianfluidextrakt: s. Extractum Thymi fluidum.

Thymianhustensaft: s. Sirupus Thymi compositus.

Thymianhustentropfen: s. Guttae pectorales Thymi.

Thymiankampfer: s. Thymol.

Thymianöl: s. Thymus vulgaris (Thymi aetheroleum).

Thymiansäure: s. Thymol.

Thymiansirup: s. Sirupus Thymi.

Thymiansirup mit Natriumbromid: s. Sirupus Thymi compositus.

Thymian, Wilder: s. Thymus serpyllum.

Thymidin: Thymindesoxyribosid; $C_{10}H_{14}N_2O_5$; M_r 242.23. Verb. aus Thymin u. Desoxyribose, ein Nucleosid*. Farblose Kristallnadeln; lösl. in Wasser, Ethanol u. Ether. Best. der Zellkerne; wichtig z. B. für die Bildung der roten Blutkörperchen.

Thymi guttae pectorales: s. Guttae pectorales Thymi.

Thymin: Abk. T; 2,6-Dihydroxy-5-methylpyrimidin; 5-Methyluracil; M_r 126.1; Schmp. 321-326 °C. Best. der DNA, s. Pyrimidine.

Thymochinon: 2-Isopropyl-6-methyl-*p*-benzochinon, CAS-Nr. 490-91-5; $C_{12}H_{10}O_2$, M_r 164.20. Schmp. 46 °C. Sdp. 231 °C. **Vork.:** Best. äther. Öle, z. B. von Nigella* sativa od. Monarda fistulosa (Fam. Lamiaceae) **Tox.:** hautreizend.

Thymol: Thymolum Ph.Eur.4, Acidum thymicum, Thymiankampfer, Thymiansäure; 2-Isopropyl-5-methyl-phenol, CAS-Nr. 89-83-8, $C_{10}H_{14}O$, M_r 150.2, Schmp. 50-52 °C, Sdp. 233.4 °C. Farblose, nach Thymian riechende Kristalle, leicht lösl. in Ethanol, Ether, Chloroform, flüss. Paraffinen, fetten Ölen u. lösl. in Wasser (1:1100). **Vork.:** Best. des äther. Öls von Thymus* vulgaris (Thymi aetheroleum) u. a. Thymus-Arten; **Gew.:** (früher) hauptsächl. aus Ajowanöl, s. Trachyspermum ammi (Fructus Ajowan, Anw.); **Wirk.:** antisept.; **Anw.:** in Zahnpasten.

Thymolblau: Thymolsufophthalein; $C_{27}H_{30}O_5S$, M_r 466.58. Dunkelviolettes Pulver, lösl. in Ethanol, wenig lösl. in Wasser. **Anw.:** dient in 0.04 %iger alkohol. od. wässriger (Natriumsalz-)Lsg. als Indikator*; Umschlagsbereiche: pH 1.2-2.8, rot — gelb u. pH 8-9.6, gelb — blau.

Thymoleptika: Antidepressiva mit vorwiegend stimmungsaufhellenden Eigenschaften. Vgl. Psychopharmaka (Antidepressiva).

Thymolpalmitat: (2-Isopropyl-5-methylphenyl)palmitat. **Anw.:** Anthelminthikum*; vgl. Thymol.

Thymolphthalein: 5',5''-Diisopropyl-2',2''-dimethylphenolphthalein, $C_{28}H_{30}O_4$, M_r 430.52. Schmp. 253 °C. Weißes od. gelbl. weißes Pulver, unlösl. in Wasser, lösl. in Ethanol, Aceton, verd. Alkalihydroxid-Lsg. mit blauer Farbe. **Anw.:** als pH-Indikator*, Umschlagsbereich: pH 9.3 — 10.5, farblos — blau.

Thymolum biiodatum: s. Dithymoldiiodid.

Thymopentin INN: Thymopoietin 32-36; CAS-Nr. 69558-55-0; $C_{30}H_{49}N_9O_9$, M_r 679.78. Pentapeptid, Aminosäuresequenz 32-36 von Thymopoietin, s. Hormone (Thymus). **Anw.:** Immunstimulans; **UAW:** allerg. Hautreaktionen; **Kontraind.:** Schwangerschaft. Gebräuchl. ist Thymopentinacetalhydrat.

Thymopoietin: s. Hormone (Thymus).

Thymosin: s. Hormone (Thymus).

Thymostimulin INN: Polypeptid, Immunstimulans-Faktor aus der Thymusdrüse von Säugetieren. **Anw.:** Umstimmungsmittel, Immunostimulans; **UAW:** allerg. Reaktionen.

Thymozyten: im Thymus (s. Hormone) vorkommende, von bestimmten Stammzellen des Knochenmarks abstammende lymphoide Zellen (Lymphoidzellen*), die unter dem Einfluss von Thymusfaktoren zu T-Lymphozyten* differenzieren.

Thymus: s. Hormone.

Thymusdrüse, getrocknete: s. Organtherapeutika, vgl. Hormone (Thymus).

Thymusfaktor: s. Hormone (Thymus).

Thymusfaktor, humoraler: s. Hormone (Thymus).

Thymushormon: s. Hormone (Thymus).

Thymushormon, homöostatisches: s. Hormone (Thymus).

Thymus mastichina L.: Mastixthymian; Fam. Lamiaceae, Labiatae (Spanien); die Blätter sind im Ggs. zu denen von Th.* vulgaris fast äquifazial u. nicht nach unten eingerollt. **Inhaltsst.:** im äther. Öl bis zu 70 % Cineol; **Anw.** volkstüml.: zur Wunddesinfektion.

Thymusnucleinsäure: s. DNA, Nucleoproteine.

Thymus pulegoides L.: Quendel; Fam. Lamiaceae, Labiatae (Europa bis Kaukasus); s. Th. serpyllum.

Thymus satureioides Coss. et Bal.: Satureithymian, Marokkanischer Thymian; Fam. Lamiaceae, Labiatae (Marokko); die Blätter sind im Ggs. zu denen von Th.* vulgaris äquifazial, nicht nach unten eingerollt u. haben keinen nach unten deutl. hervortretenden Mittelnerv.

Thymus serpyllum L.: Feldthymian, Quendel, Feldkümmel, Wilder Thymian; Fam. Lamiaceae, Labiatae (Europa, Mittelasien, Nordamerika); wie Th.* pulegoides sehr formenreiche Art. Beide sind Stpfl. von **Serpylli herba:** Herba Serpylli, Quendelkraut; die zur Blütezeit gesammelten oberird.

Sprosse. **Off.:** DAB 2003; **Inhaltsst.:** 0.2-0.6 % äther. Öl (nach DAB mind. 0.3 %, mit mind. 0.1 % Phenolen, ber. als Thymol*), Flavonoide, Lamiaceen-Gerbstoffe, z. B. Rosmarinsäure*, u. Triterpene wie Ursolsäure* u. Oleanolsäure*; **Anw.:** Katarrhe der oberen Luftwege; volkstüml.: bei Keuchhusten u. Bronchitis sowie bei dyspept. Beschwerden; schwächer wirksam als Thymi herba; **Zuber.:** Species* aromaticae; **Oleum Serpylli:** Quendelöl; das durch Dest. gewonnene äther. Öl. **Best.:** sehr versch. zusammengesetzt; v. a. Carvacrol*, ferner Borneol, Cineol, Linalool*, Thymol u. a.; **Anw.:** wie Serpylli herba.

Hom: *Thymus serpyllum (HAB 2000),* Serpyllum: frisches, blühendes Kraut.

Thymus siccatus: getrocknete Thymusdrüse, s. Organtherapeutika, vgl. Hormone (Thymus).

Thymus vulgaris L.: (Gemeiner) Thymian, Römischer Quendel, Gartenthymian; Fam. Lamiaceae, Labiatae (heim. Mittelmeergebiet, häufig kult.); man unterscheidet zw. dem Französischen od. Sommer- u. dem Deutschen od. Winterthymian (mit meist weniger äther. Öl). Zus. mit Th. zygis* Stpfl. von **Thymi herba:** Herba Thymi, Thymian, Römischer Quendel; die Blätter u. Blüten von Th. vulgaris od. Th. zygis od. von beiden Arten. **Off.:** Ph.Eur.4; **Inhaltsst.:** 1-2.5 % äther. Öl (nach Ph.Eur. mind. 1.2 %, mit mind. 0.5 % Phenolen, ber. als Thymol*), ferner Lamiaceen-Gerbstoffe, Triterpene, Flavonoide u. Kohlenhydrate; **Wirk.:** antimikrobiell, antviral; **Anw.:** krampfartiger Husten bei Bronchitis u. Keuchhusten, Katarrhe der Atemwege; volkstüml.: bei dyspept. Beschwerden sowie zu Kräuterbädern u. Spülungen; als Gewürz; **Zuber.:** Species* aromaticae, Extractum* Thymi fluidum, Sirupus* Thymi compositus; **Verfälschungen:** selten durch Th.* satureioides od. Th.* mastichina; **Folia Thymi:** Thymi folium, Thymian; die getrockneten Laubblätter von Th. vulgaris. **Inhaltsst.** u. **Anw.:** vgl. Thymi herba; Geh. an äther. Öl mind. 1.5 %; **Off.:** ÖAB90; **Thymi aetheroleum:** Oleum Thymi, Ätherisches Thymianöl; das durch Wasserdampfdest. aus dem frischen, blühenden Kraut von Th. vulgaris (ÖAB90) bzw. Th. vulgaris od. Th. zygis (Ph.Eur.4, Ph.Helv.7) gewonnene äther. Öl. D. 0.915-0.935. Klare, gelbe bis sehr dunkel rötl. braune Flüss. mit charakterist. Geruch (an Thymol erinnernd). **Off.:** Ph.Eur.4, Ph.Helv.7, ÖAB90; **Best.:** nach Ph.Eur. (gaschromatograph. Profil) 1.0-3.0 % β-Myrcen*, 5.0-10.0 % γ-Terpinen, 15.0-28.0 % *p*-Cymen, 4.0-6.5 % Linalool*, 0.2-2.5 % Terpinen*-4-ol, 36.0-55.0 % Thymol, 1.0-4.0% Carvacrol*; **Wirk.:** antimikrobiell, spasmolyt.; **Anw.:** äußerl. in Bädern zur unterstützenden Behandlung bei Erkrankungen der Luftwege; innerl. volkstüml. wie Thymi herba; **Zuber.:** Linimentum* saponatocamphoratum, Gallerta* saponata camphorata, Spiritus* saponato-camphoratus, Linimentum* saponato-camphoratum liquidum, Mixtura* oleosabalsamica, Sirupus* Thymi compositus.

Hom: *Thymus vulgaris (HAB 2000):* frische, blühende Pflanze; verord. z. B. bei Bronchialerkrankungen.

Thymus zygis L.: Spanischer Thymian; Fam. Lamiaceae, Labiatae (Spanien, Portugal). Neben Th. vulgaris Stpfl. von Thymi herba u. Thymi aetheroleum; s. Thymus vulgaris.

thyreogen: durch Schilddrüsentätigkeit bedingt.

Thyreoglobulin: s. Hormone (Schilddrüse).

Thyreoidea siccata: Thyreoidinum siccum, Glandulae Thyreoideae siccatae, Getrocknete Schilddrüsen; aus den Schilddrüsen von Rindern u. Schafen gewonnenes, im frischen Zustand gemahlenes, rasch getrocknetes (bei 50 °C, Vakuum) gelbbraunes, mittelfeines Pulver. **Off.:** DAB6, ÖAB90; **Inhaltsst.:** Thyroxin* u. Liothyronin* (T_4 u. T_3); **Anw.:** früher als Organtherapeutikum* (obsolet) zur Substitution bei Hypothyreose (Schilddrüsenunterfunktion); vgl. Levothyroxin-Natrium.

Thyreostatika: die Biogenese der Schilddrüsenhormone verhindernde Substanzen; s. Hormone (Schilddrüse). **1.** wichtigste Gruppe der Th. sind Thioharnstoffderivate, z. B. Methylthiouracil*, Propylthiouracil*, Thiamazol*, Carbimazol*. Diese **Iodisationshemmer*** verhindern die Oxidation zu Iod u. damit die Bildung des Schilddrüsenhormons, da nur Iod eingebaut werden kann. **2.** von geringer Bedeutung sind die **Iodinationshemmer***. Das sind Ionen wie Perchlorat, Pertechnetat u. Thiocyanat, die die Aufnahme von Iodid in die Schilddrüse kompetitiv hemmen. **3. Iod** selbst, in Dosen über 6 mg/d, hat thyreostat. Wirkung. Als Iod-Präparate werden Kaliumiodid u. Lugol-Lösung verwendet. **Ind.:** Hyperthyreose, thyreotox. Krise, präoperativ vor Schilddrüsenresektionen.

Thyreotoxikose: veraltete Bez. für Hyperthyreose*.

thyreotropes Hormon: s. Thyrotrophin, Hormone (Schilddrüse).

Thyroidea: Schilddrüse, s. Hormone (Schilddrüse).

Thyroidismus: s. Hyperthyreose.

Thyroiditis: Schilddrüsenentzündung.

Thyronin: iodfreie Grundstruktur der Schilddrüsenhormone, Levothyroxin (T_4) u. Liothyronin (T_3); Strukturformel s. Hormone (Schilddrüse). Als biogenet. Vorstufe ist Tyrosin* anzusehen.

Thyrotrophin INN: Thyreotropin, (engl.) *thyroidea stimulating hormone (Abk. TSH)*; thyreotropes Hormon (Abk. TTH); Glycoprotein aus 2 Untereinheiten: TSH-α (M_r 13 600) mit 96 Aminosäuren, 5 Disulfidbrücken u. 2 Kohlenhydrat-Einheiten u. TSH-β (M_r 14 700) mit 112 Aminosäuren, 6 Disulfidbrücken u. 1 Kohlenhydrat-Einheit. CAS-Nr. 9002-71-5; Hormon des HVL mit spezif. Wirk. auf die Schilddrüse. **Anw.:** für diagnost. Zwecke; **Dos.:** parenteral s. c., i. m. 1×2.5 I.E./d über 2-3 d, dann Test; s. Hormone (Hypophysenvorderlappen).

Thyroxin: Thyroxinum natricum, Thyroxinum, Abk. T_4, D-Thyroxin, DL-Thyroxin; Hormon der Schilddrüse, s. Hormone (Schilddrüse). Vgl. Levothyroxin-Natrium, Dextrothyroxin-Natrium.

thyroxin binding globuline: s. Hormone (Schilddrüse).

Ti: (chem.) Symbol für Titan*.

Tiabendazol INN: Tiabendazolum Ph.Eur.4; 2-(4-Thiazolyl)benzimidazol; CAS-Nr. 148-79-8; $C_{10}H_7N_3S$, M_r 201.26. Schmp. 304-305 °C. Lösl. in Wasser (pH 2.2) 3.84 %; lösl. in DMF; schwer lösl. in Alkoholen, Estern, chlorierten Kohlenwasserstoffen. **Wirk.:** Hemmung der Fumarat-Reduktase (wurmspezif.); rasche Resorption, vollständige Metabolisierung; **Anw.:** Anthelminthikum*; Ind.:

Nematodeninfektionen, auch Mischinfektionen, z. B. mit Dracunculus medinensis, Strongyloides stercoralis, Trichinella spiralis; lebensmitteltechn.: Konservierungsmittel bei Zitrusfrüchten; **UAW:** häufig Übelkeit u. Erbrechen, selten Hypotonie, Leberfunktionsstörungen, Leukopenien; **Kontraind.:** Schwangerschaft, Leber- u. Niereninsuffizienz.

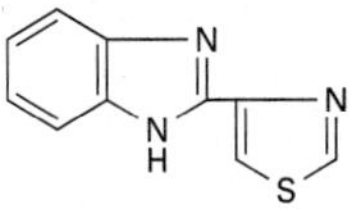

Tiabendazol

Tiaconazol: s. Terconazol.

Tiagabin INN: (*R*)-(–)-1-[4,4-Bis(3-methyl-2-thionyl)-3-butenyl]nipecotsäure; CAS-Nr. 115103-54-3; $C_{20}H_{25}NO_2S_2$, M_r 375.6. Schmp. 192 °C. logP 6.5; pK_S 6.5; schwer lösl. in Wasser. **Wirk.:** spezif. GABA*-Wiederaufnahmehemmer durch Bindung an den GABA-Transporter; **Anw.:** Antiepileptikum*; **UAW:** Schwindel, Asthenie, Somnolenz; **Dos.:** 3×5 mg/d p. o. zu den Mahlzeiten; HWZ 7-9 h.

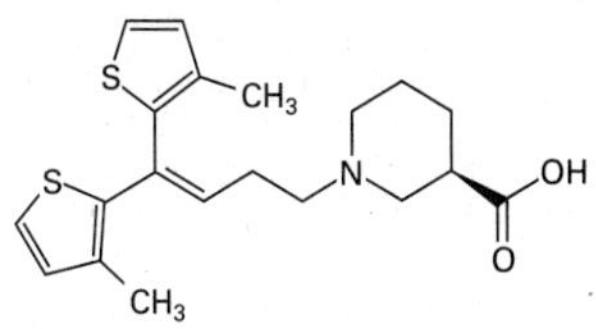

Tiagabin

Tiamenidinhydrochlorid INN: 2-(2-Chlor-4-methyl-3-thienyl)amino-2-imidazolin-hydrochlorid; 2-Chloro-4-methyl-3-(2'-imidazolin-2'-ylamino)thiophen-hydrochlorid; CAS-Nr. 31428-61-2; $C_8H_{11}Cl_2N_3S$, M_r 252.2. Schmp. 228-229 °C. **Wirk.** u. **Anw.:** Antihypertensivum*, bewirkt Erregung zentraler postsynapt. Alpha-2-Adrenorezeptoren (vgl. Sympathomimetika, Clonidin); **UAW:** Mundtrockenheit, Müdigkeit, Verwirrtheit; **Dos.:** 2×0.5 mg/d anfänglich.

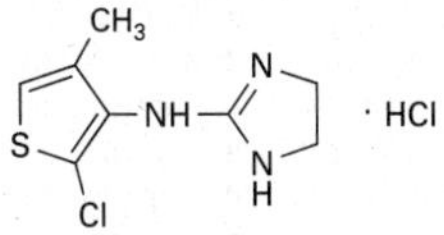

Tiamenidinhydrochlorid

Tiamulin: 5-Hydroxy-4,6,9,10-tetramethyl-1-oxo-6-vinyl-3a,9-propano-perhydrocyclopentacycloocten-8-yl[2-(diethylamino)ethylthio]-acetat; CAS-Nr. 55297-95-5; $C_{28}H_{47}NO_4S$, M_r 493.76. Synthet. Derivat von Pleuromutilin, einem diterpenoidem Antibiotikum aus Pleurotus mutilis (Basidiomycetae). **Wirk.** u. **Anw.:** Antibiotikum in der Veterinärmedizin, z. B. geg. Mykoplasmen. **Tiamulinhydrogenfumarat:** Tiamutin. Schmp. 147-148 °C.

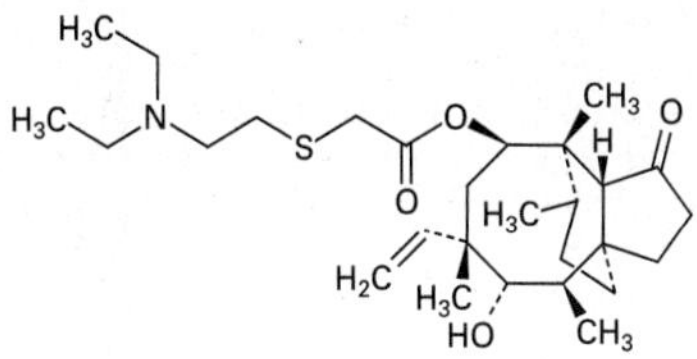

Tiamulin

Tian Hua Fen: s. Trichosanthes kirilowii (Radix Trichosanthidis).

Tiaprid INN: Mesulpridum; *N*-(2-Diethylaminoethyl)-5-methylsulfonyl-2-methoxybenzamid; CAS-Nr. 51012-32-9; $C_{15}H_{24}N_2O_4S$, M_r 328.42. **Anw.:** Dyskinesien; Bewegungsanomalien, vor allem Chorea u. choreat. Bewegungsabläufe. Gebräuchl. ist auch Tiapridhydrochlorid.

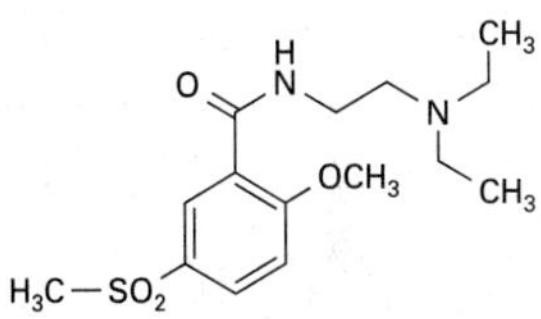

Tiaprid

Tiaprofensäure INN: Acidum tiaprofenicum Ph.Eur.4; 2-(5-Benzoyl-2-thienyl)propionsäure; CAS-Nr. 33005-95-7; $C_{14}H_{12}O_3S$, M_r 260.31. Strukturformel s. Analgetika (Abb.). Schmp. 94-96 °C (stabile Mod. I), 90-92 °C (Mod. II), 84-85 °C (Mod. III). pK_S 3.44 (20 °C), pK_S 3.56 (38 °C). Lösl. in Ethanol u. Chloroform; in Wasser (pH 1.5, Mod. I) 72 mg/L (20 °C) bzw. 200 mg/L (38 °C). **Anw.:** Antirheumatikum*; Antiphlogistikum*; **Dos.:** p. o. Initialdos. 0.6 g/d in geteilten Gaben, Erhaltungsdos. 0.3-0.4 g/d.

Tibia: Schienbein. Stärkerer der beiden Unterschenkelknochen; vgl. Fibula.

Tibolon INN: 17-Hydroxy-7α-methyl-19-nor-17α-pregn-5(10)-en-20-in-3-on; CAS-Nr. 5630-53-5; $C_{21}H_{28}O_2$, M_r 312.4. Schmp. 165 °C. logP 4.0; pK_S 13.1 (ber.); schwer lösl. in Wasser. **Wirk.:** schwache östrogene, gestagene u. androgene Partialwirk.; **Anw.:** Hormonpräparat zur Behandlung klimakter. Beschwerden (s. Klimakterium); **UAW:** uterine Blutungen, Bauchschmerzen, Spannungsgefühl in der Brust; **Dos.:** 2.5 mg/d abends peroral.

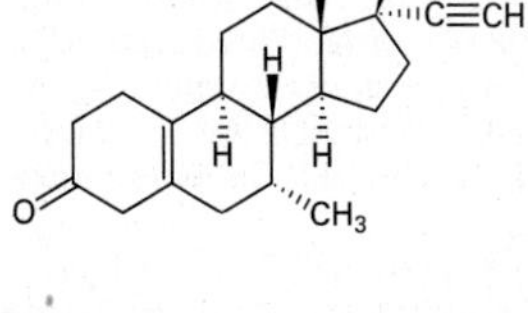

Tibolon

Ticarcillin INN: α-Carboxy-3-thienylmethyl-penicillin; (2*R*,5*R*,6*R*)-6-[(*RS*)-2-Carboxylato-2-(thiophen-3-yl)acetyl]amino]-3,3-dimethyl-7-oxo-4-thia-1-azabicylo[3.2.0]heptan-2-carbonsäure; CAS-Nr. 34787-01-4; $C_{15}H_{16}N_2O_6S_2$, M_r 384.43. Das Natrium-Salz ist gut wasserlösl.; die farblose bis leicht gelbl. Lsg. ist leicht instabil. **Wirk. u. Anw.:** Antibiotikum*; orales Penicillin mit erweitertem Wirkungsspektrum; stark wirksam geg. Pseudomonas aeruginosa; wirksam geg. Proteus-Arten u. E. coli; keine Resorption bei oraler Gabe; Elimination renal; **UAW:** Penicillinallergie, Blutbildschäden; indiziert bei schweren Pseudomonasinfektionen; **Dos.:** i.v. 18-20 g/d; Kinder (auch Neugeborene) 0.3 g/kg KG/d in 4 ED; bei schwerer Niereninsuffizienz entspr. niedriger dosieren; bei Pseudomonas-Meningitis intrathekal 40 mg/d; vgl. Antibiotika (Tab.). **Ticarcillin-Dinatrium:** Ticarcillinium natricum Ph.Eur.4; $C_{15}H_{14}N_2O_6S_2$, M_r 428.4. Weißes, hygroskop. Pulver; leicht lösl. in Wasser. Gebräuchl. ist auch Ticarcillin-cresyl-Natrium.

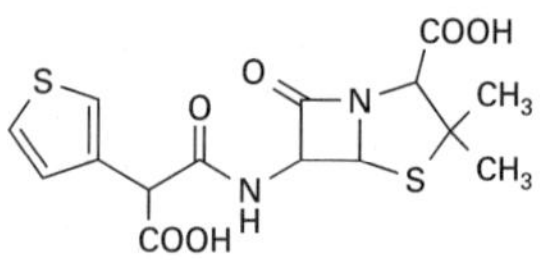

Ticarcillin

Ticlopidin INN: 5-(2-Chlorbenzyl)-4,5,6,7-tetrahydrothieno[3,2-*c*]pyridin, CAS-Nr. 55142-85-3; $C_{14}H_{14}ClNS$, M_r 263.78. **Anw.:** Thrombozytenaggregationshemmer*, v.a. bei Unverträglichkeit gegenüber Acetylsalicylsäure-haltigen Präparaten; **UAW:** Blutbildveränderungen, Magen-Darm-Störungen, Hautrötungen, Schwindel, Ikterus, Transaminasenerhöhung; **Kontraind.:** Schwangerschaft, Stillzeit, Blutungsneigung; **Ticlopidinhydrochlorid:** Ticlopidini hydrochloridum Ph.Eur.4; $C_{14}H_{15}Cl_2NS$, M_r 300.2. Schmp. 195-215 °C (polymorph). Weißes, krist. Pulver; schwer lösl. in Wasser u. Ethanol.

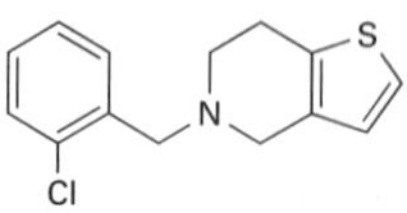

Ticlopidin

Tiefenfilter: Filter zur Keimfiltration, die aus fasrigen od. mit Kunstharz fixierten Materialien bestehen u. als Scheiben- od. Kerzenfilter ausgebildet sind, weisen erhebl. dickere Filtrationsschichten als reine Oberflächenfilter auf. **1.** T. mit Adsorptionseffekt: **a)** Asbestfilter: Seitz-Entkeimungsfilter; Filterschichten aus Cellulose, Asbestfasern; **b)** asbestfreie Filter: Filterschichten aus Zellstoff u. Kieselgur, Aluminiumoxid; **c)** Keramikfilter: Filterkerzen; **d)** Kieselgurfilter: s. Berkefeldfilter; **2.** T. ohne Adsorptionseffekt: Glassinterfilter.

tiefgekühlt lagern: nach Ph.Eur.4 Lagerung unterhalb von −15 °C.

Tiefziehen: Verfahren zur Verformung von Platten, dickeren Folien od. Halbzeug aus thermoplast. Kunststoffen. Durch Infrarotstrahlen (120-180 °C) wird der Kunststoff in den thermoplast. Zustand überführt. Anschließend werden die Platten entw. auf Negativ- od. auf Positivwerkzeugen mechan. u./od. unter Einsatz von Blas- od. Saugluft (Vakuumtiefziehen) geformt. Für tiefere Behälter muss der Kunststoff vorgestreckt werden.

Tiegel: Gefäße, z.B. aus Glas, Porzellan, Graphit, Quarz od. Platin, zum Schmelzen, Rösten, Veraschen od. Glühen chem. Substanzen.

Tiegelofen: Ofen für Glüh- u. Veraschungsprozesse in der Analysentechnik, Aschegehaltsbestimmungen u. Wärmebehandlungen in der Metallbranche.

Tiemoniumiodid INN: Tiemonii iodidum, 4-[3-Hydroxy-3-phenyl-3-(2-thienyl)propyl]-4-methylmorpholiniumiodid; 1-Phenyl-1-(2-thienyl)-3-(N-methyl-morpholinio)-propanoliodid; CAS-Nr. 144-12-7; $C_{18}H_{24}INO_2S$, M_r 445.38. Schmp. 189-191 °C. **Anw.:** Parasympatholytikum* mit den peripheren Wirk. des Atropins*; Spasmolytikum*; Ind.: Magen-Darm-Ulzera, viszerale Spasmen; **Dos.:** p.o. 3×50-100 mg/d; parenteral (s.c., i.m., i.v.) 5-10 mg; rektal Suppositorien 20 mg morgens u. abends.

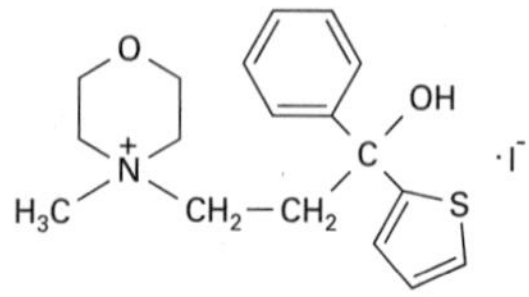

Tiemoniumiodid

Tierärztliche Hausapotheken: s. Hausapotheken.

Tierärztliche Untersuchungsämter: staatliche Veterinäruntersuchungsanstalten; Landesoberbehörden der unteren Verwaltungsstufe in Deutschland; vgl. Gesundheitswesen. Sie sind in erster Linie zuständig für die Untersuchungen von Lebensmitteln tier. Herkunft, die Tierseuchenbekämpfung, Tiergesundheit, Schlachttierbeschau u. Tollwutbekämpfung.

Tierkohle: s. Carbo activatus (Carbo animalis).

Tieröl, ätherisches: s. Oleum animale aethereum.

Tieröl, rohes: s. Oleum animale.

Tierversuch: experimenteller Einsatz von lebenden Tieren in pharmakol., physiol. u. anderen Disziplinen. T. werde durchgeführt: **1.** zur Prüfung von Wirksamkeit u. Sicherheit neuer Arzneimittel; **2.** zur Diagnose bestimmter Infektionskrankheiten; **3.** zur Produktion diagnost. u. therapeut. Seren; **4.** zur Darst. physiol. u. patholog. Vorgänge (Grundlagenforschung); **5.** für biochem. Zwecke (z.B. zur Analyse von Stoffwechselwegen). Der Einsatz von lebenden Tieren zu Versuchszwecken ist nur unter Beachtung der Vorschriften des Tierschutzgesetzes bzw. in Österreich des Tierversuchsgesetzes zulässig.

Tigerlilie: s. Lilium lancifolium.

Tiglinsäure: *trans*-2-Methylcrotonsäure, *trans*-2,3-Dimethylacrylsäure; (*E*)-2-Methyl-2-butensäure, CAS-Nr. 80-59-1; C_5H_8O, M_r 100.11. Schmp. 64 °C. Sdp. 198.5 °C. pK_S 5.02 (25 °C). Wasserdampfflüchtig; schlecht lösl. in kaltem, gut in heißem Wasser, Ethanol u. Ether. **Vork.:** T. ist das stabile Isomere der Angelicasäure* (Strukturformel s. Angelicasäure, Abb.); nat. zumeist verestert, z. B. mit Geraniol* in Geraniumöl (das äther. Öl von Pelargonium-Arten*), zus. mit Angelicasäure als Butylester im äther. Öl von Chamaemelum nobile* (Römische Kamille), ferner als Glycerid im Crotonöl (s. Croton tiglium).

Tiglium officinale: s. Croton tiglium.

Tigogenin: ein Steroidsapogenin, Strukturformel s. Saponine (Tab. 2).

Tilia argentea: s. Tilia tomentosa.

Tilia cordata Mill.: Tilia parvifolia Ehrh. ex Hoffm, Winterlinde; Fam. Tiliaceae. Zus. mit **T. platyphyllos** Scop. (T. grandifolia Ehrh. ex W. D. J. Koch, Sommerlinde) u. deren Hybriden **Tilia x vulgaris** Heyne (in fast ganz Europa). Stpfl. von **Tiliae flos:** Flores Tiliae, Lindenblüten; die getrockneten Blütenstände, häufig verfälscht mit anderen Tilia-Arten. **Off.:** Ph.Eur.4; **Inhaltsst.:** äther. Öl (ca. 0.02-0.1 %) mit u. a. Linalool*, Eucalyptol*, Carvon* u. Campher*; ca. 1 % Flavonoide wie Hyperosid, Isoquercitrin (Quercetin-3-glucosid), Quercitrin (Quercetin-3-rhamnosid), Astragalin* u. a. Kämpferolglykoside, ferner freie sowie mit Flavonolglykosiden veresterte Phenolcarbonsäuren, z. B. Tilirosid, ein *p*-Cumarsäureester von Astragalin), dimere Procyanidine, Zucker, 1-3 % Gerbstoffe, ca. 10 % Schleimstoffe (v. a. Arabinogalactane); QZ mind. 32 (DAB9) bzw. mind. 15 (Ph.Helv.7); **Wirk.:** antimikrobiell, entzündungshemmend; **Anw.:** bei Erkältungskrankheiten u. damit verbundenem Husten, volkstüml.: als schweißtreibendes u. krampflösendes Mittel, z. B. bei fieberhaften Erkrankungen , Magenbeschwerden, Unruhezuständen; **Lignum Tiliae:** Lindenholz, Lindensplint. **Anw.** volkstüml.: z. B. bei Gicht u. Erkrankungen des rheumat. Formenkreises.

Tilia tomentosa Moench: Tilia alba Ait., Tilia argentea Desf., Silberlinde; Fam. Tiliaceae (Südosteuropa, Kleinasien). Die Blüten dieser Art u. ihrer zahlreichen Bastarde sollen sich u. a. durch ein unangenehmes Aroma auszeichnen. Sie treten z. T. als Verfälschung von Tiliae flos (s. T. cordata) auf.

Tilidin INN: 2-(Dimethylamino)-1-phenyl-3-cyclohexen-1-carboxylsäure-ethylester; CAS-Nr. 20380-58-9, $C_{17}H_{23}NO_2$, M_r 273.38. **DL-*trans,trans*-Tilidinhydrochlorid:** CAS-Nr. 27107-79-5, $C_{17}H_{24}ClNO_2$, M_r 309.9. Schmp. 159-162 °C (polymorph). Auch als Hemihydrat; leicht lösl. in Wasser. **Anw.:** starkes Analgetikum*; **UAW:** Betäubungsmittel*, daher zur Verhinderung des Missbrauchs mit Naloxon* kombiniert; **Dos.:** p. o. bis 4×50 mg/d; HWZ 3 h.

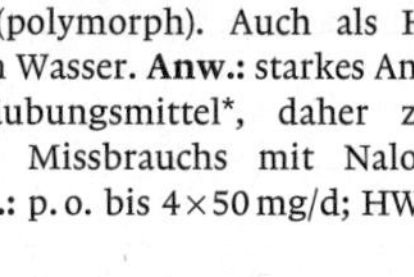

Tilidin

Tilirosid: s. Tilia cordata (Tiliae flos, Inhaltsst.).

Tillmans-Reagens: s. 2,6-Dichlorphenolindophenol-Natrium.

Tiludronsäure INN: [(*p*-Chlorophenyl)thio]methylen-diphosphonsäure; CAS-Nr. 89987-06-4; $C_7H_9ClO_6P_2S$, M_r 318.60. Strukturformel s. Biphosphonate (Abb.). **Anw.:** Morbus Paget des Skeletts (s. Ostitis); **UAW:** gastrointestinale Störungen, Schwindel, Kopfschmerzen, allerg. Hautreaktionen; **Kontraind.:** schwere Niereninsuffizienz, Schwangerschaft u. Stillzeit, juveniler Morbus Paget; **WW:** gleichzeitige Gabe von Ca^{2+}-Präparaten od. Nahrungsmittel mit einem hohem Ca^{2+}-Gehalt; Antazida; **Dos.:** p. o. 1×0.4 g (entspr. 0.48 g T.-Dinatriumhemihydrat); vor od. nach einer Mahlzeit, über einen Zeitraum von 3 Monaten. Gebräuchl. ist Tiludronsäure-Dinatriumhemihydrat.

Timolol INN: (*S*)-1-*tert*-Butylamino-3-(4-morpholino-1,2,5-thiadiazol-3-yl-oxy)-2-propanol; CAS-Nr. 26839-75-8; $C_{13}H_{24}N_4O_3S$, M_r 316.42. Schmp. 71.5-72.5 °C (kristallisiert aus Isopropylether). Strukturformel s. Sympatholytika (Abb. 2). **Wirk.:** eine Gefäßverengung bewirkt die Reduktion der Kammerwasserproduktion u. eine Senkung des Augeninnendruckes; **Anw.:** Betarezeptorenblocker, in Augentropfen zur Glaukombehandlung; **UAW:** geringe system. Symptome; vgl. Sympatholytika (Betasympatholytika); **Dos.:** p. o. initial 3×5 mg/d, dann langsam erhöhen bis zur optimalen Wirk.; HWZ 4 h. **Timololhydrogenmaleat:** Timololi maleas Ph.Eur.4; CAS-Nr. 26921-17-3; $C_{17}H_{28}N_4O_7S$, M_r 432.5. Schmp. ca. 199 °C (unter Zers.). Lösl. in Wasser; fast unlösl. in Ether.

Timoniac INN: Thiazolidin-4-carbonsäure; CAS-Nr. 444-27-9; $C_4H_7NO_2S$, M_r 133.2. Schmp. 195 °C. Leicht lösl. in Wasser. **Anw.:** Lebertherapeutikum.

Tinctura: s. Tincturae.

Tinctura Absinthii: Wermuttinktur; Zstzg.: DAB6, 1 T. Wermut, 5 T. verd. Ethanol. Farbe grünl. braun; vgl. Artemisia absinthium. **Anw.:** Amarum, Stomachikum; früher bei subazider Gastritis, Anorexie, Dyskinesien der Gallenwege; **Dos.:** 10-20 Tr. mit etwas Wasser.

Tinctura Absinthii composita: zusammengesetzte Wermuttinktur; Herst.: ÖAB94, Mazeration* von 10 T. Wermutkraut, 5 T. Bitterorangenschale, 2 T. Kalmuswurzel, 2 T. Enzianwurzel, 1 T. Ceylonzimtrinde, 100 T. verd. Ethanol; Farbe grünl. braun; Bitterwert mind. 1000. **Anw.:** s. Tinctura Absinthii.

Tinctura Aconiti: Eisenhuttinktur; Herst.: EB6, 1 T. Eisenhutknollen, 10 T. verd. Ethanol; Ph.Helv.6, Eisenhutknollen werden mit 63 %igem Ethanol (mit Salzsäure angesäuert auf pH 3) perkoliert, mit Menstruum eingestellt; Farbe braungelb; Geh.: 0.045-0.055 % Alkaloide, ber. als Aconitin; vgl. Aconitum napellus. **Anw.:** früher bei Erkältungskrankheiten, Grippe, Neuralgien, Myalgien, Rheuma; **Dos.:** MED 0.2 g, MTD 0.6 g.

Tinctura Adonidis: Adonistinktur; Zstzg.: EB6, 10 T. Adoniskraut, 100 T. verd. Ethanol; grünbraune Farbe; vgl. Adonis vernalis. **Anw.:** früher bei funktionellen Herzbeschwerden; **Dos.:** 1.5 g, MED 5.0 g, MTD 15.0 g.

Tinctura Allii sativi: Knoblauchtinktur; Zstzg.: EB6, 1 T. frische Knoblauchzwiebeln, 2 T. Ethanol; Farbe hellgelb; vgl. Allium sativum. **Anw.:** Gärungs- u. Fäulnisdyspepsien; **Dos.:** 5.0 g.

T

Tinctura Aloes: Aloetinktur; Zstzg.: DAB6, 1 T. Aloe, 5 T. Ethanol; Farbe dunkelgrünbraun, vgl. Aloe. **Anw.:** Laxans (bei chron. Obstipation); kontraindiziert bei Schwangerschaft.

Tinctura Aloes composita: zusammengesetzte Aloetinktur, Elixier ad longam vitam; Zstzg.: DAB6, 6 T. Aloe, je 1 T. Rhabarber, Enzianwurzel, Zitwerwurzel, Safran, 200 T. verd. Ethanol; Farbe rotbraun. **Anw.:** Laxans.

Tinctura amara: Tinctura Gentianae composita, Tinctura stomachica, Galltropfen, bittere Tinktur, Bittertropfen; Zstzg.: DAB6, 3 T. Enzianwurzel, 3 T. Tausendgüldenkraut, 2 T. Pomeranzenschalen, 1 T. unreife Pomeranzen, 1 T. Zitwerwurzel, 50 T. verd. Ethanol; NRF, 1.0 g Wermuttinktur, 1.0 g Ingwertinktur, 5.0 g Pomeranzentinktur, 13.0 g Enziantinktur; ÖAB94, je 5 T. Bitterkleeblatt, Tausendgüldenkraut, Bitterorangenschale, Enzianwurzel u. 100 T. verd. Ethanol; Mazerationsverfahren. Bitterwert mind. 2000; Farbe bräunlich. **Anw.:** Stomachikum, Amarum, bei Dyspepsien, appetitanregendes Mittel; **Dos.:** 3-mal/d 15 Tr. vor dem Essen.

Tinctura Ammi visnagae: Khella-Tinktur; obsolet; früher zur Wurmtherapie.

Tinctura Angelicae: Angelikatinktur; Zstzg.: EB6, 1 T. Angelikawurzel, 5 T. verd. Ethanol; Farbe hellbraun; vgl. Angelica archangelica. **Anw.:** selten bei Dyspepsien, anazider Gastritis; **Dos.:** 2.5 g.

Tinctura Angosturae: Angosturatinktur; Zstzg.: EB6: 1 T. Angosturarinde, 5 T. verd. Ethanol; Farbe dunkelbraun; vgl. Galipea officinalis. **Anw.:** früher zur Anregung der Magensaftsekretion; **Dos.:** 30 Tr. in Wasser vor den Mahlzeiten.

Tinctura anticholerica: Choleratropfen; Zstzg.: EB6, 10 T. Opiumtinktur, 8 T. Kaskarilltinktur, 20 T. Ratanhiatinktur, 30 T. aromat. Tinktur, 30 T. ether. Baldriantinktur, 2 T. Pfefferminzöl. **Anw.:** obsolet, früher als stopfendes Mittel; **Dos.:** 2.5 g.

Tinctura Arnicae: Arnikatinktur; Herst.: DAB10, Ph.Helv.7, Perkolation*; ÖAB94, Mazeration*, 1 T. Arnikablüte, 10 T. verd. Ethanol; vgl. Arnica montana. Farbe gelbbraun. **Anw.:** Muskelzerrung u. -prellung, Quetschungen, Hämatome, Verstauchungen, Neuralgien; innerl.: früher als Expektorans u. Excitans bei Fieber, Herzschwäche; **Dos.:** p. o. 0.5-1.0 g; **UAW:** bei äußerl. Anw. einer unverdünnten Tinktur kann es zu Hautrötung mit Blasenbildung kommen (daher Verdünnung 1:3); Die Einnahme größerer Mengen unverdünnter Tinktur kann zu Übelkeit, Erbrechen, Gastroenteritis, Atem- u. Herzstörungen, Krämpfen führen; Gegenmittel: Magenspülung, salin. Abführmittel, Tierkohle u. Kreislaufmittel.

Tinctura Arning: Arning-Tinktur; Zstzg.: RF, 4 T. Tumenol-Ammonium, 1 T. Anthrarobinum, 10 T. Ether, 15 T. Tct. Benzoes. **Anw.:** früher bei Furunkulose als Pinselung; vor Gebrauch schütteln.

Tinctura aromatica: aromatische Tinktur; Zstzg.: ÖAB94, 12 T. Ceylonzimtrinde, 6 T. Ingwerwurzel, 2 T. Gewürznelke u. 100 T. verd. Ethanol; Mazeration*; Farbe rotbraun; Ph.Helv.7, 2.0 T. Gewürznelke, 10.0 T. Ceylonzimtrinde, 3.0 T. Galgantwurzel, 5.0 T. Ingwerwurzel; Perkolation* mit Ethanol 70 %. **Anw.:** Karminativum u. Stomachikum, bei Gastritiden, Meteorismus; **Dos.:** 0.5-1.0 g.

Tinctura aromatica acida: saure aromatische Tinktur; Zstzg.: EB6, 10 T. Ceylonzimtrinde, 4 T. Ingwerwurzel, 2 T. Galgantwurzel, 2 T. Gewürznelken, 2 T. Malabar-Cardamomen, 100 T. verd. Ethanol, 4 T. Salzsäure; Farbe rotbraun. **Anw.:** appetitanregendes Mittel.

Tinctura Aurantii amari: Aurantii tinctura, Aurantii amari epicarpii et mesocarpii tinctura, Pomeranzentinktur, Bitterorangentinktur, Bitterorangenschalentinktur, Pomeranzentinktur; Herst.: Ph.Eur.4, Perkolation*; ÖAB90, Mazeration*, 1 T. Pomeranzenschale, 5 T. verd. Ethanol; Bitterwert: mind. 200 (Ph.Eur.4) bzw. mind. 100 (ÖAB94); Farbe rötl. braun; vgl. Citrus aurantium. **Anw.:** Stomachikum, Aromatikum; **Dos.:** 0.5-1.0 g.

Tinctura Aurantii dulcis: Aurantii dulcis tinctura, süße Orangentinktur; Herst.: Ph.Helv.7, durch Mazeration* von 100 g frischen, süßen Orangenschalen (Flavedo Aurantii dulcis recens,) mit 200 g Ethanol 70 %; vgl. Citrus sinensis. **Anw.:** Geschmacks- u. Geruchskorrigens.

Tinctura Belladonnae: Belladonnae tinctura, Belladonnatinktur, Tollkirschentinktur; Herst.: DAB10, ÖAB94, Perkolation*, 1 T. gepulverte Belladonnablätter u. 8-10 T. Ethanol 70 % (V/V); Farbe braungrün; Geh. an Alkaloiden: 0.02-0.03 % (ÖAB94: 0.028-0.032 %), ber. als Hyoscyamin.; vgl. Atropa belladonna. **Inkomp.:** alkal. reagierende Stoffe, Gerbstoffe; **Anw.:** früher verwendet als Parasympatholytikum, bes. bei Spasmen u. Koliken des Gastrointestinaltraktes; vorsichtig zu lagern; **Dos.:** p. o. 0.15 g; MED 1.0 g, MTD 3.0 g.

Tinctura Belladonnae titrata: Belladonnae tinctura normata, eingestellte Belladonnatinktur; Herst.: Ph.Helv.7, Auflösen von 3 g Extr. belladonnae siccum normatum ad 100 g in Ethanol-Wasser (21:76); Alkaloidgeh.: 0.027-0.033 %. **Anw.:** s. Tinctura Belladonnae.

Tinctura Benzoes: Benzoes tinctura, Benzoetinktur; Herst.: DAC86, ÖAB94, Ph.Helv.7, Mazeration*, 1 T. Benzoe* (Siambenzoe), 5 T. Ethanol; Farbe gelb-rotbraun. **Anw.:** mildes Desinfiziens; früher äußerl. bei Ekzemen u. Dermatomykosen, Mundspülungen.

Tinctura Calami: Kalmustinktur; Zstzg.: ÖAB94, Mazeration*, 1 T. Kalmuswurzel, 5 T. verd. Ethanol; Farbe bräunl. gelb; vgl. Acorus calamus. **Anw.:** Stomachikum; **Dos.:** 1.0 g.

Tinctura Camphorae benzoica: benzoehaltige Camphertinktur; Zstzg.: EB6, 5 T. Anisöl, 10 T. Campher, 20 T. Benzoesäure, 965 T. verd. Ethanol; farblose Tinktur. **Anw.:** früher als Expektorans; **Dos.:** 30 Tr., entspr. ca. 0.5 g.

Tinctura Cantharidum: Spanischfliegentinktur; Zstzg.: DAB6, 1 T. span. Fliegen, 10 T. Aceton, 0.1 T. Weinsäure; Farbe grüngelb; Mindestgehalt an Cantharidin: 0.07 %; vgl. Canthariden. **Anw.:** hyperämisierend u. hautreizend; heute nur in der Veterinärmedizin; **Dos.:** MED 0.5 g, MTD 1.5 g.

Tinctura Capsici: Capsici acris tinctura, Paprikatinktur, Cayennepfefferfluidextrakt, Cayennepfeffertinktur; Zstzg.: 1 T. Paprika bzw. Cayennepfeffer, 10 T. verd. Ethanol (ÖAB94) bzw. 90 % Ethanol (DAC86); Perkolation*; Farbe gelbl. braunrot; Geh. an Capsaicinoiden: mind. 0.025 %, ber. als Capsaicin (ÖAB94); vgl. Capsicum frutescens. **Anw.:**

T

früher bei Verdauungsschwäche, antirheumat. Einreibung; bei Anw. zu hoher Dosen: (innerl.) Gastroenteritis; (äußerl.) Hautentzündungen bis zur Blasenbildung.

Tinctura Capsici titrata: Capsici tinctura normata, eingestellte Cayennepfeffertinktur; Herst.: Ph.Helv.7, 2.5 g Cayennepfefferliquidextrakt (s. Extractum Capsici fluidum titratum) werden in einer Mischung von 88.2 g Ethanol 96 % u. 9.3 g Wasser gelöst, Geh.: 0.04 %-0.06 % Capsacinoide, ber. als Capsaicin. **Anw.:** s. Tinctura Capsici.

Tinctura Carbonis detergens: s. Liquor Carbonis detergens.

Tinctura Cardui Mariae Rademacher: Rademacher-Stechkörnertinktur; Zstzg.: EB6, 5 T. unzerkleinerte Stechkörner, 5 T. Ethanol, 5 T. Wasser; vgl. Silybum marianum. **Anw.:** früher bei Leberleiden; **Dos.:** 2.5 g.

Tinctura carminativa: blähungstreibende Tinktur; Zstzg.: EB6, 80 T. Zitwerwurzel, 40 T. Kalmus, 40 T. Galgant, 20 T. Röm. Kamille, 20 T. Kümmel, 20 T. Anis, 15 T. Lorbeeren, 15 T. Gewürznelken, 10 T. Muskatblüte u. 5 T. Pomeranzenschalen, grob gepulvert, 500 T. Ethanol, 500 T. Aq. Menthae. Bei der Abgabe sind 9 T. dieser Tinktur 1 T. versüßter Salpetergeist (Spir. etheris nitrosi DAB6) hinzuzufügen; Farbe braun. **Dos.:** 2.5 g.

Tinctura Cascarillae: Kaskarilltinktur; Zstzg.: EB6, 1 T. Kaskarillrinde, 5 T. verd. Ethanol, Farbe grünl. gelbbraun. **Anw.:** s. Croton eluteria; **Dos.:** 2.5 g.

Tinctura Castorei: Bibergeiltinktur; Zstzg.: EB6, 10 T. Bibergeil, 100 T. Ethanol; Farbe dunkelbraun, eigenartig würziger Geruch; vgl. Castoreum. **Anw.:** früher als Analeptikum u. Nervinum; **Dos.:** 0.5 g (ca. 28 Tropfen).

Tinctura Catechu: Katechutinktur; Zstzg.: DAB6, 1 T. Katechu, 5 T. verd. Ethanol; Farbe dunkelbraun; vgl. Acacia catechu. **Anw.:** früher als Adstringens; **Dos.:** 20 Tr. auf 1 Glas Wasser.

Tinctura Chamomillae: Kamillentinktur; Herst.: ÖAB94, Mazeration*, 1 T. Kamillenblüte, 5 T. verd. Ethanol; Farbe grünl. braun; vgl. Chamomilla recutita. **Anw.:** Badezusatz; zum Inhalieren, Gurgeln u. Spülen der Schleimhäute; **Dos.:** 2 EL auf 1/8 L Wasser (1-5 g).

Tinctura Chelidonii Rademacher: Rademacher-Schöllkrauttinktur; Zstzg.: EB6, 5 T. frisches Schöllkraut, 6 T. Ethanol; vgl. Chelidonium majus. **Anw.:** früher als Leber- u. Galletherapeutikum; **Dos.:** 1.0 g.

Tinctura Chinae: Chinatinktur; Zstzg.: DAC86, 20 T. gepulverte Chinarinde, verd. Ethanol n. B.; Geh.: 0.8-0.9 % Alkaloide, ber. als Chinin; Farbe rotbraun; vgl. Cinchona. **Anw.:** Stomachikum; **Dos.:** 2.6 g.

Tinctura Chinae composita: Cinchonae tinctura composita, zusammengesetzte Chinatinktur; Herst.: 10 T. Chinarinde, 4 T. Pomeranzenschale, 4 T. Enzianwurzel, 2 T. Zimtrinde, 100 T. Ethanol 70 %, Perkolation* (DAB10), Mazeration* (ÖAB94); Bitterwert: mind. 300 (DAB10) bzw. mind. 1000 (ÖAB90). **Anw.:** nur noch als Amarum, Stomachikum; wegen des allergenen Potentials der Alkaloide nicht mehr empfehlenswert. **Dos.:** 0.5-1.0 g.

Tinctura Cinchonae: Herst.: Ph.Helv.6, durch Auflösen von Extr. cinchonae siccum in Ethanol-Wasser (25:70); Alkaloidegehalt 1 %. **Anw.:** s. Tinctura Chinae.

Tinctura Cinnamomi: Zimttinktur; Herst.: DAB6, ÖAB94, Mazeration*, 1 T. Ceylonzimt, 5 T. verd. Ethanol; Ph.Helv.7, Perkolation* mit Ethanol 70 %; Farbe rotbraun; vgl. Cinnamomum verum. **Anw.:** Stomachikum, Styptikum bei Menorrhagien.

Tinctura Citri: Limonis tinctura, Citronentinktur; Herst.: Ph.Helv.7, Mazeration* von 1 T. frischen Citronenschalen mit 2 T. Ethanol 96 %; vgl. Citrus limon. **Anw.:** Geschmackskorrigens.

Tinctura Colae: Kolatinktur; Zstzg.: EB6, 1 T. Kolasamen, 5 T. verd. Ethanol; Geh.: mind. 0.25 % Coffein u. Theobromin; Farbe braunrot; vgl. Cola nititda. **Anw.:** Tonikum u. Stimulans, bei Appetitlosigkeit.

Tinctura Colchici: Zeitlosentinktur, Herbstzeitlosentinktur; Zstzg.: DAB6, 1 T. Zeitlosensamen, 10 T. verd. Ethanol; Geh.: mind. 0.04 % Colchicin, Farbe gelb; vgl. Colchicum autumnale. **Anw.:** s. Colchicin; **Dos.:** 2.0 g, MTD 6.0 g.

Tinctura Convallariae: Maiglöckchentinktur; Herst.: ÖAB94: Perkolation, 22 T. Herba Convallariae u. 100 T. verd. Ethanol; Einstellung des biol. Wirkungswertes von 1 mL Tinktur auf jenen von 0.20 g der Standarddroge; Aufbewahrung nicht länger als 1 Jahr. **Anw.:** s. Convallaria majalis; **Dos.:** ED 0.3-0.5 g; MED 1.0 g, MTD 3.0 g.

Tinctura Digitalis lanatae: Fingerhuttinktur, Tinktur aus wolligem Fingerhut; Herst.: ÖAB94, Perkolation*, 11 T. Fingerhutblatt u. 100 T. verd. Ethanol; Einstellung des biol. Wirkungswertes von 1 mL Tinktur auf jenen von 0.1 g der Standarddroge; Aufbewahrung nicht länger als 1 Jahr; ohne nähere Bez. ist T. Digitalis purpureae abzugeben. **Anw.:** früher bei Herzinsuffizienz; **Dos.:** ED 0.5-1.0 g; MED 2.0 g, MTD 4.0 g.

Tinctura Digitalis purpureae: Tinktur aus rotem Fingerhut; Herst.: ÖAB94, s. Tincura Digitalis lanatae.

Tincturae Ph.Eur.4 (lat. tingere benetzen, eintauchen, färben): Tinkturen; Auszüge aus Drogen, die mit Ethanol geeigneter Konz. (meist 70 % V/V), ggf. mit bestimmten Zusätzen, durch Mazeration*, Perkolation* sowie durch Lösen od. Verdünnen von Extrakten (s. Extracta) hergestellt werden. T., deren Ausgangsdrogen „vorsichtig zu lagern“ sind, werden i. Allg. im Verhältnis 1:10 hergestellt, sonst wird meist das Verhältnis 1:5 eingehalten. Die Konz. der Extraktionsflüssigkeit ist anzugeben. Für eingestellte T. ist das Verhältnis Droge/Extraktionsmittel innerhalb festgelegter Grenzen variabel. Zur Herst. dürfen nur Apparaturen verwendet werden, deren Material gegen das Lösungsmittel u. die Drogeninhaltsstoffe beständig ist. Die Lagerzeit sollte wegen zahlreicher chem. Veränderungen an den gelösten Inhaltsstoffen auf 1 Jahr begrenzt werden. **Prüfung:** Bestimmung des Ethanolgehaltes (durch Dest. u. Dichtebestimmung des Destillats) u. des Trockenrückstandes (bestimmt nach Eindampfen u. 2-stündigem Trocknen bei 105 °C).

Tinctura Ferri aromatica: s. Solutio Ferri aromatica.

T

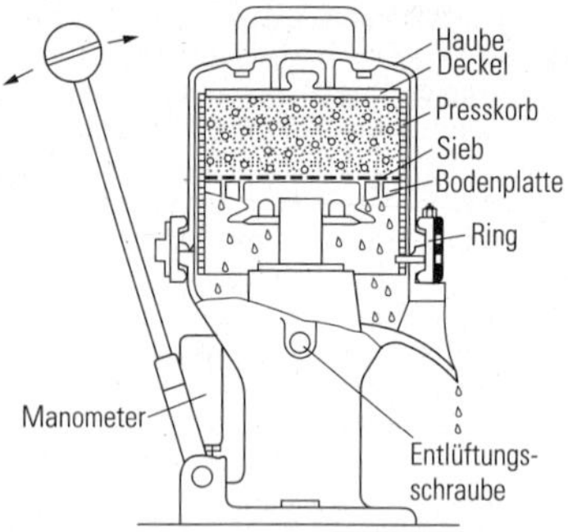

Tincturae: Funktionsprinzip der Hafico-Tinkturenpresse

Tinctura Ferri pomati: apfelsaure Eisentinktur, äpfelsaure Eisentinktur; Zstzg.: DAB6, 1 T. Extractum* Ferri pomati, 9 T. Aqua* Cinnamomi; schwarzbraune Farbe. **Anw.:** früher bei Eisenmangelanämie.

Tinctura Foeniculi composita: s. Romershausen-Augenessenz.

Tinctura Gallae: Tinctura Gallarum, Gallapfeltinktur; Herst.: ÖAB94, 20 T. Galläpfel werden mit 100 T. verd. Ethanol 2fach mazeriert. **Anw.:** s. Gallen; **Dos.:** Mundspülung 1 % in Wasser.

Tinctura Gelsemii: Gelsemiumtinktur; Zstzg.: EB6, 1 T. Gelsemiumwurzel, 10 T. verd. Ethanol; Farbe hellbraun; vgl. Gelsemium sempervirens. **Anw.:** früher bei Extrasystolen, Migräne; **Dos.:** 0.3 g.

Tinctura Gentianae: Gentianae tinctura Ph.Eur.4, Enziantinktur; Herst.: DAB10, ÖAB90, 1 T. gepulverte Enzianwurzel, 5 T. Ethanol 70 % (V/V), Perkolation* (DAB10), Mazeration* (ÖAB94); Farbe rötl. braun; Bitterwert mind. 1000; vgl. Gentiana lutea. **Anw.:** Amarum u. Tonikum, bei Appetitlosigkeit, Dyspepsien; **Dos.:** 0.5-1.0 g.

Tinctura Gentianae composita: s. Tinctura amara.

Tinctura Gentianae titrata: Gentianae tinctura normata, eingestellte Enziantinktur; Herst.: Ph.Helv.7, durch Auflösen von 7.5 T. Trockenextrakt in 92.5 T. verd. Ethanol; auf Bitterwert von 30-40 Ph.Helv.-Einheiten eingestellt. **Anw.:** s. Tinctura Gentianae.

Tinctura Guajaci: Guajaktinktur; Herst.: Ph.Eur.4, Mazeration* von Guajakharz mit Ethanol 80 %; vgl. Guaiacum officinale. **Anw.:** Reagens zur Prüfung von Gummi* arabicum.

T

Tinctura Hyoscyami: Bilsenkrauttinktur; Zstzg.: EB6, 1 T. Bilsenkrautblätter, 10 T. verd. Ethanol; Geh.: mind. 0.007 % Hyoscyamin; grünl. braune Farbe; vgl. Hyoscyamus niger. **Anw.:** früher zur Dämpfung des Vagotonus; **Dos.:** 0.3 g; MED 1.5 g, MTD 3.0 g.

Tinctura Iodi: s. Iodlösung, alkoholische.

Tinctura Iodi decolorata: farblose Iodtinktur; Herst.: EB6, 85 T. Iod, 85 T. Natriumthiosulfat, 290 T. Wasser, 125 T. weingeistige Ammoniaklösung*, 415 T. Ethanol. **Anw.:** Pinselung od. Einreibung, unverdünnt; Vorsicht bei Iodallergie.

Tinctura Ipecacuanhae: Ipecacuanhatinktur, Brechwurzeltinktur; Herst.: ÖAB94, 11 T. Brechwurzel werden mit 100 T. verd. Ethanol u. 1 T. Ameisensäure perkoliert u. auf 0.19-0.21 % Alkaloidgeh. eingestellt; vgl. Cephaelis ipecacuanha.

Ipecacuanhae tinctura normata: eingestellte Ipecacuanhatinktur; Herst.: DAB10, 1 T. grob gepulverte Ipecacuanhawurzel u. 8-12 T. verd. Ethanol, Perkolation*; im Perkolat wird nach dem Filtrieren der Alkaloidgeh. bestimmt; mit verd. Ethanol wird gegebenenfalls auf den geforderten Geh. (0.19-0.21 % Alkaloide, ber. als Emetin) eingestellt; **Anw.:** sekretolyt. u. spasmolyt; früher als Expektorans, selten als Emetikum; **Dos.:** ED 0.5 g, MED 1.5 g, MTD 5.0 g.

Tinctura Jodi decolorata: s. Tinctura Iodi decolorata.

Tinctura Lobeliae: Lobelientinktur; Zstzg.: DAB6, ÖAB81, Perkolation*, 10 T. Lobelienkraut, 64 T. verd. Ethanol; Alkaloidgeh.: 0.045-0.055 %, ber. als Lobelin; gelbbraune Farbe; vgl. Lobelia inflata. **Anw.:** früher als Atemanaleptikum, bei Asthma; **Dos.:** 0.3 g; MED 1.0 g, MTD 3.0 g.

Tinctura Myrrhae: Myrrhae tinctura Ph.Eur.4, Myrrhentinktur; Herst.: DAB10, ÖAB94, Mazeration*, 1 T. pulverisierte Myrrhe (mit der gleichen Menge Seesand vermischt), 5 T. Ethanol 96 %; Ph.Helv.7, Myrrhe wird mit gleichen Teilen Quarzsand gemischt, Mazeration mit einer Mischung aus Ethanol 96 % u. gereinigtem Wasser (116:9); Farbe gelbrot bis gelbbraun; vgl. Commiphora molmol. **Anw.:** äußerl. zur Behandlung von Stomatitis u. Gingivitis.

Tinctura Opii: Opii tinctura normata, Tinctura Opii titrata, Tct. Opii simplex, Laudanum liquidum, Opiumtinktur; Herst.: DAB10, ÖAB94, Ph.Helv.7: 1 T. Opium, Mischung aus gleichen Volumenteilen 70 %igem Ethanol u. Wasser n. B., Mazeration*, aus 1 T. Droge werden 8-10 T. Tinktur enthalten. Im Mazerat wird nach dem Filtrieren der Alkaloidgeh. bestimmt u. mit dem Ethanol-Wasser-Gemisch auf den vorgeschriebenen Geh. eingestellt. Geh.: DAB10, ÖAB94, 0.95-1.05 % Morphin, mind. 0.2 % Codein, max. 0.3 % Thebain; Ph.Helv.7, 0.95-1.05 % Morphin; Farbe rotbraun; vgl. Papaver somniferum. **Anw.:** früher bei Spasmen im Magen-Darm-Trakt, selten noch bei starken Diarrhöen; s. Opium, **Dos.:** ED 0.2-1.0 g; MED 1.5 g, MTD 5.0 g.

Tinctura Opii benzoica: Elixier Paregoricum, benzoesäurehaltige Opiumtinktur; Zstzg.: DAB6, 1 T. Anisöl, 2 T. Campher, 4 T. Benzoesäure, 10 T. Opiumtinktur, 183 T. verd. Ethanol; Geh.: 0.05% Morphin; Farbe gelbbraun. **Anw.:** früher als Expektorans.

Tinctura Opii crocata: Laudanum liquidum Sydenhami, safranhaltige Opiumtinktur; Zstzg.: DAB6, 15 T. Opium, 5 T. Safran, 1 T. Gewürznelken, 1 T. Ceylonzimt, 70 T. verd. Ethanol, 70 T. Wasser; Farbe gelbrot. **Anw.:** Antidiarrhöikum; **Dos.:** MED 1.5 g, MTD 5.0 g.

Tinctura Opii titrata: s. Tinctura Opii.

Tinctura Pimpinellae: Bibernelltinktur; Zstzg.: DAB6, 1 T. Bibernellwurzel, 5 T. verd. Ethanol; Farbe gelbbraun; vgl. Pimpinella maior. **Anw.:** mildes Expektorans; Gurgelmittel bei entzündl. Erkrankungen des Mund- u. Rachenraumes.

Tinctura Primulae: Primeltinktur; Zstzg.: ÖAB94, 1 T. Primelwurzel, 5 T. verd. Ethanol; Farbe bräunl.; hämolyt. Index 490-600; vgl. Primula veris. **Anw.:** Bronchitiden, Reiz- u. Krampfhusten; **Dos.:** 0.5-1.0 g.

Tinctura Quillajae: Quillajae tinctura normata, eingestellte Seifenrindentinktur; Herst.: Ph.Helv.7, 1 T. Seifenrinde wird mit ca. 5 T. verd. Ethanol perkoliert u. auf eine hämolyt. Wirksamkeit von 1.5-2.5 Ph.Helv.-Einheiten eingestellt; vgl. hämolytischer Index. **Anw.:** Lösungsvermittler in Liquor* carbonis detergens.

Tinctura Ratanhiae: Ratanhiae tinctura, Ratanhiatinktur; Herst.: Perkolation* (DAB10), 2fache Mazeration* (ÖAB94), 1 T. Ratanhiawurzel, 5 T. verd. Ethanol; Geh.: DAB10, mind. 2 % Gerbstoffe; Farbe rotbraun; vgl. Krameria triandra. **Anw.:** äußerl. Adstringens für Mundspülungen, Zahnfleischpinselungen; Vorbeugung bei Parodontose.

Tinctura Ratanhiae titrata: Ratanhiae tinctura normata, eingestellte Ratanhiatinktur; Herst.: Ph.Helv.7, Auflösen von 10 g Trockenextrakt in 90 g verd. Ethanol; Geh.: mind. 1.8-2.2 % Gerbstoffe. **Anw.:** s. Tinctura Ratanhiae.

Tinctura Rhei: Rhabarbertinktur; Herst.: Ph.Helv.6, Auflösen von Trockenextrakt (s. Extractum Rhei siccum) in einer Ethanol/Wasser-Mischung, Zimtöl als Korrigens; vgl. Rheum officinale. **Inkomp.:** alkal. reagierende Stoffe.

Tinctura Rhei aquosa: wässrige Rhabarbertinktur; Zstzg.: DAB6, 10 T. Rhabarber, 1 T. Borax, 1 T. Kaliumcarbonat, 90 T. Wasser, 15 T. Zimtwasser, 9 T. Ethanol; Farbe dunkelrotbraun; vgl. Rheum officinale. **Anw.:** früher als Stomachikum mit sehr milder abführender Wirkung.

Tinctura Rhei vinosa: weinige Rhabarbertinktur; Zstzg.: DAB6, 8 T. Rhabarber, 2 T. Pomeranzenschalen, 1 T. Malabar-Kardamomen, 100 T. Xereswein, Zucker n. B.; Farbe gelbbraun; vgl. Rheum officinale. **Anw.:** s. Tinctura Rhei aquosa.

Tinctura Salviae: Salbeitinktur; Zstzg.: DAB10, Perkolation*, 1 T. Salbeiblätter, 10 T. Ethanol 70 %; Geh.: mind. 0.1 % thujonreiches äther. Öl; ÖAB90, Mazeration*, 1 T. Salbeiblatt, 5 T. verd. Ethanol; Farbe grünbraun; vgl. Salvia officinalis. **Anw.:** Spülen, Gurgeln, Pinselungen der Mundhöhle u. des Zahnfleisches; innerl.: als Antihidrotikum; **Dos.:** Spülen des Mundes: ca. 5 g in 100 mL Wasser, Pinselung unverdünnt; innerl.: ca. 20-30 Tr. 3-mal täglich.

Tinctura Scillae: Meerzwiebeltinktur; Zstzg.: DAB6, 1 T. Meerzwiebel, 5 T. verd. Ethanol; Farbe gelb; vgl. Urginea maritima. **Anw.:** früher als Kardiotonikum.

Tinctura Secalis cornuti: Mutterkorntinktur; Zstzg.: EB6, 1 T. Mutterkorn, 10 T. verd. Ethanol, Farbe dunkelbraun bis dunkelrot; vgl. Secale cornutum. **Anw.:** früher zur Sympathikolyse, bei Migräne u. in der Gynäkologie; **Dos.:** 2.5 g.

Tinctura stomachica: s. Tinctura amara.

Tinctura Stramonii Seminis: Stechapfelsamentinktur; Zstzg.: EB6, 1 T. Stechapfelsamen, 10 T. verd. Ethanol; Geh.: mind. 0.03 % Hyoscyamin; Farbe braun mit grünl. Fluoreszenz; vgl. Datura stramonium. **Inkomp.:** alkal. reagierende Stoffe; **Anw.:** früher bei Morbus Parkinson, Paralysis agitans; **Dos.:** ED 0.3 g; MED 1.0 g, MTD 3.0 g.

Tinctura Strophanthi: Strophanthustinktur; Zstzg.: DAB6, 1 T. Strophanthussamen, 10 T. verd. Ethanol (vor der Mazeration müssen die Samen durch Petroleumbenzin im Perkolator entfettet werden); Geh.: 0.39-0.41 % wasserfreies g-Strophanthin; Farbe gelbbraun; vgl. Strophanthus-Arten. **Anw.:** früher bei Herzmuskelinsuffizienz, heute werden nur die Reinsubstanzen verwendet; **Dos.:** MED 0.5 g, MTD 1.5 g.

Tinctura Strychni: Brechnußtinktur; Zstzg.: DAB6, ÖAB94, Perkolation*, 1 T. Brechnußsamen, 10 T. verd. Ethanol, Geh. an Alkaloiden: 0.24-0.26 %, ber. als äquimolares Gemisch von Strychnin u. Brucin; Farbe gelb; vgl. Strychnos nux vomica. **Anw.:** früher als Tonikum, Roborans; **Dos.:** 0.25 g; MED 1.0 g, MTD 3.0 g.

Tinctura Tormentillae: Tormentilltinktur; Zstzg.: DAB10, ÖAB94: 1 T. Tormentillwurzel, 5 T. verd. Ethanol; Herst.: Perkolation* (DAB10), 2fache Mazeration* (ÖAB90); Geh.: DAB10, mind. 2.0 % Gerbstoffe, Farbe rotbraun; vgl. Potentilla erecta. **Anw.:** Pinselungen u. Spülungen bei Schleimhautaffektionen des Mund- u. Rachenraumes; **Dos.:** 5 g/100 mL Wasser.

Tinctura Toxicodendri: Giftsumachtinktur; Zstzg.: EB6, 10 T. Giftsumachblätter, 100 T. verd. Ethanol; Farbe grünl. gelbbraun. **Anw.:** s. Toxicodendron quercifolium; **Dos.:** MED 0.5 g, MTD 1.5 g.

Tinctura Valerianae: Valerianae tinctura, Baldriantinktur; Herst.: Perkolation* (DAB10, mind. 3 % Trockenrückstand; Ph.Helv.7, mit einer Mischung ethanolgereinigtes Wasser im Verhältnis 3:1) bzw. Mazeration* (ÖAB94); 1 T. Baldrianwurzel, 5 T. Ethanol 70 % (V/V); Farbe dunkelbraun; vgl. Valeriana officinalis. **Inkomp.:** Eisensalze; **Anw.:** Nervenberuhigungsmittel, leichte Schlafstörungen, nervöse Erschöpfung, Unruhe; **Dos.:** 5 mL (1-2 TL).

Tinctura Valerianae aetherea: etherische Baldriantinktur, Krampftropfen; Zstzg.: DAB6, ÖAB94, Mazeration*, 1 T. Baldrianwurzel, 5 T. Spiritus* aethereus; Farbe rötl. braun. **Anw.:** s. Tinctura Valerianae; **Dos.:** 0.5-1.0 g.

Tinctura Valerianae composita: zusammengesetzte Baldriantinktur, Berliner Tropfen; Zstzg.: Tinctura Valerianae, Spir. ethereus, Spir. Menthae piperitae zu gleichen Teilen. **Anw.:** früher bei kolikartigen Schmerzen im Magen-Darm-Kanal; **Dos.:** 3-mal tägl. 20 Tropfen.

Tinctura Veratri: Nieswurztinktur; Zstzg.: DAB6, 1 T. Nieswurz, 10 T. verd. Ethanol, Farbe dunkelrotbraun; vgl. Veratrum album. **Anw.:** obsolet; früher schmerzstillende Einreibungen, Schmerzpulver.

Tinctura Zingiberis: Ingwertinktur; Zstzg.: DAB6, 1 T. Ingwer, 5 T. verd. Ethanol; Farbe gelbbraun; vgl. Zingiber officinale. **Anw.:** Stomachikum.

Tinea: **1.** i. e. S. durch Dermatophyten verursachte oberflächl., d. h. auf die Epidermis beschränkte, Dermatomykose u. Onychomykose. Benennung unter zusätzl. Angabe der jeweiligen Körperregion (z. B. Tinea capitis, inguinalis, pedis) **2.** i. w. S. auch Bez. für Hefe- u. Schimmelpilz-Mykosen.

Tinidazol INN: Tinidazolum Ph.Eur.4; (Ethylsulfonyl)ethyl-2-methyl-5-nitroimidazol; CAS-Nr. 19387-91-8; $C_8H_{13}N_3O_4S$, M_r 247.3. Schmp. 126 °C (polymorph). **Anw.:** Chemotherapeutikum*, wirksam geg. Anaerobier (Bacteroides, Fusobakterien) u. Protozoen (Trichomonas vaginalis, Entamoeba histolytica); **Dos.:** bei Trichomoniasis p.o. 2×0.15 g/d, 7 d lang; od. ED von 2 g; bei Amoebiasis p.o. 1×2 g/d, 3 d lang; HWZ 8-13 h; vgl. Metronidazol, Ornidazol.

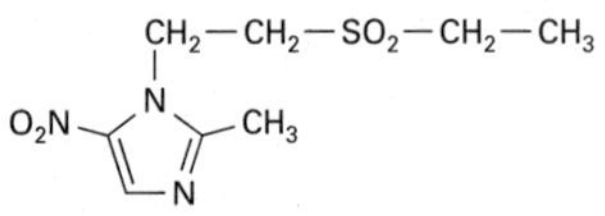

Tinidazol

Tinkal: nat. Borax (s. Natriumtetraborat).
Tinktion: Färbung. **tingieren:** färben.
Tinktur, aromatische: s. Tinctura aromatica.
Tinktur, aromatische saure : s. Tinctura aromatica acida.
Tinktur, bittere: s. Tinctura amara.
Tinktur, blähungstreibende: s. Tinctura carminativa.
Tinkturen: s. Tincturae.
Tinnevelly-Sennesblätter: s. Cassia angustifolia.
Tinnevelly-Sennesfrüchte: s. Cassia angustifolia (Fructus Sennae, Inhaltsst.).
Tintenbaum, Ostindischer: s. Semecarpus anacardium.
Tintenfisch: s. Sepia officinalis.
Tinzaparin-Natrium: Tinzaparinum natricum Ph.Eur.4; CAS-Nr. 10046-08; mittlere M_r ca. 4500. Niedermolekulares Heparin*. **Gew.:** aus Schweinedarmmukosa durch enzymat. Spaltung mit Heparinase (aus Flavobacterium heparinum); **Anw.:** zur postoperativen Primärprophylaxe tiefer Venenthrombosen; **UAW:** Blutungen, leichte Thrombozytopenie; Anstieg von Leberenzymwerten; **Kontraind.:** Operationen am ZNS, Lumbalpunktionen, Spinalanästhesie; **Dos.:** parenteral 42.2 mg s.c. 2 h vor der Operation; ab dem 1. postoperativen Tag einmal tägl. über 7-10 Tage 42.2 mg, entspr. 20.83 mg Anti-Xa-Aktivität des 1. Internationalen Standards für Heparin niedriger Molekülmasse; HWZ 80 min.
Tiocarlid INN: 4,4'-Bis(isopentyloxy)-thiocarbanilid; CAS-Nr. 910-86-1; $C_{23}H_{32}N_2O_2S$, M_r 400.6. Schmp. 140-142 °C (polymorph). **Anw.:** Tuberkulostatikum.
Tioconazol INN: Tioconazolum Ph.Eur.4; 1*H*-Imidazolderivat; CAS-Nr. 65899-73-2; $C_{16}H_{13}Cl_3N_2OS$, M_r 387.7. Schmp. 78-81 °C (polymorph). **Wirk.:** Hemmung der Ergosterinsynthese der Pilzmembranen; **Anw.:** Breitband-Antimykotikum*.
Tioguanin INN: syn. Thioguanin; 2-Aminopurin-6-thiol; CAS-Nr. 154-42-7; $C_5H_5N_5S$, M_r 167.21. Schmp. >360 °C (kristallisiert aus Wasser). Fast unlösl. in Wasser, Chloroform, Ethanol; sehr leicht lösl. in verd. Alkalihydroxidlösungen.

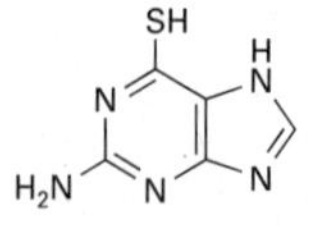

Tioguanin

Anw.: Zytostatikum* zur Leukämiebehandlung; Antimetabolit; **Dos.:** p.o. 2×2 mg/kg KG/d, 5 d lang, dann alle 4 Wochen einmal tägl., 3 d lang; HWZ 1.4 h i.v. bzw. 30 h (Metaboliten). Gebräuchl. ist auch Tioguanin-Hydrat.
Tiomesteron: 1α,7α-Bis(acetylthio)-17α-methyltestosteron; CAS-Nr. 2205-73-4; $C_{24}H_{34}O_4S_2$, M_r 450.7. Schmp. 206 °C. **Anw.:** orales Anabolikum*.
Tiopronin INN: *N*-(2-Mercapto-1-oxopropionyl)glycin; CAS-Nr. 1953-02-2; $C_5H_9NO_3S$, M_r 163.2. Schmp. 95-97 °C. **Anw.:** unterstützendes Mittel bei Lebererkrankungen, bei Ekzemen, Metallvergiftungen, Strahlenschutzstoff.

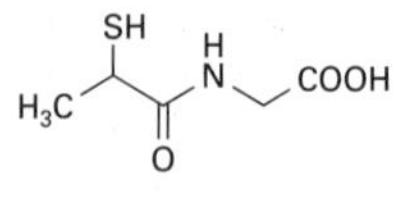

Tiopronin

Tiosinamin INN: syn. Thiosinamin, Allylthiourea; 1-Allyl-2-thioharnstoff; CAS-Nr. 109-57-9; $C_4H_8N_2S$, M_r 116.19. $H_2C{=}CH{-}CH_2{-}NH{-}CS{-}NH_2$. Schmp. 78 °C. D. 1.22. Weiße, schwach knoblauchartig riechende Kristalle; lösl. 1:30 in Wasser, lösl. in Ethanol u. Glycerol; schwer lösl. in Ether; unlösl. in Benzol. **Anw.:** zur (iodometr.) Gehaltsbestimmung von Allylsenföl; zur Geweberweichung, z.B. von Narben, geg. Keloide; **Dos.:** Einspritzung 0.1 mg (1 mL der 10 %igen Lsg. in Glycerol).
Tiotixen INN: Thiotixen; *N,N*-Dimethyl-9-[3-(4-methyl-1-piperazinyl)propyliden]thioxanthen-2-sulfonamid; CAS-Nr. 3313-26-6; $C_{23}H_{29}N_3O_2S_2$, M_r 443.63. Schmp. 114-118 °C (*cis/trans*-Isomeren-Mischung), 147.5-149 °C (*cis*-Isomer), 123-124.5 °C (*trans*-Isomer). Fast unlösl. in Wasser; lösl. in absolutem Ethanol 1:110, in Chloroform 1:2, in Ether 1:120; schwer lösl. in Aceton, Methanol. **Anw.:** Neuroleptikum (s. Psychopharmaka); Ind.: Schizophrenie, Alters- u. Alkoholpsychosen; **UAW:** s. Psychopharmaka; vermindertes Reaktionsvermögen! **Dos.:** p.o. Initialdos. 1×10 mg/d, dann n.B. steigern auf 2-3×10 mg/d; HWZ 36 h. Gebräuchl. ist auch Tiotixen-dihydrochlorid-Dihydrat.

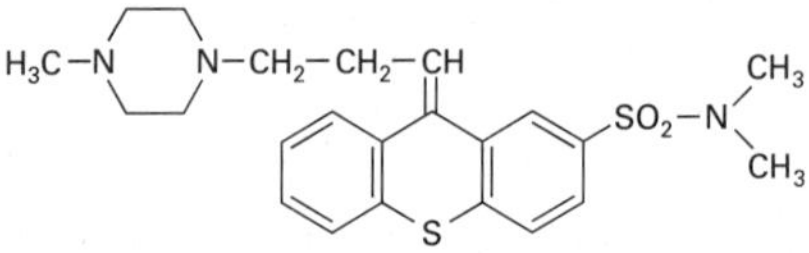

Tiotixen

Tiotropiumbromid INN: 3β-Di(2-thienyl)hydroxyacetoxy-6β,7β-epoxy-8-methyl-1αH,5αH-tropaniumbromid; CAS-Nr. 139404-48-1; $C_{19}H_{22}BrNO_4S_2$, M_r 472.4. Schmp. 218 °C. **Wirk.:** Anticholinergikum*; die Bronchodilatation hält durch langsame Dissoziation vom M3-Rezeptor über 24 h an; **Anw.:** Broncholytikum* zur Dauerbehandlung von chron.-obstruktiven Lungenkrankheiten; **UAW:** Mundtrockenheit; **Dos.:** 1×18 µg/d als Pulverinhalation; HWZ 5-6 Tage.

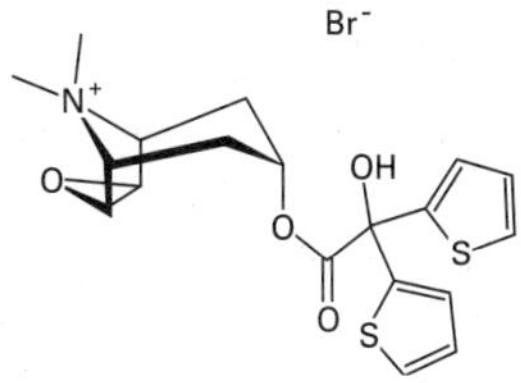

Tiotropiumbromid

Tioxolon INN: 6-Hydroxy-1,3-benzoxathiol-2-on; CAS-Nr. 4991-65-5; $C_7H_4O_3S$, M_r 168.18. Schmp. 160 °C (kristallisiert aus Wasser). Fast unlösl. in Wasser; lösl. in Ethanol, Isopropanol, Propylenglykol, Ether, Benzol, Toluol. **Anw.**: Bakteriostatikum, Hyperämikum, Keratolytikum, bei Acne vulgaris; **UAW:** evtl. Sensibilisierung; **Dos.**: topisch als Lotio 0.2 % einmal abends, Hautpuder 0.1 % mehrmals täglich.

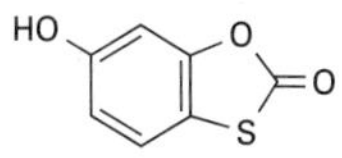

Tioxolon

Tirofiban: *N*-(Butylsulfonyl)-*O*-[4-(4-piperidyl)butyl]-L-tyrosin; CAS-Nr. 144494-65-5; $C_{22}H_{36}N_2O_5S$, M_r 440.6. **Wirk.**: nichtpept. Thrombozytenaggregationshemmer; bindet spez. an die Glykoprotein-IIb/IIIa-Rezeptoren der Thrombozyten **Anw.**: instabile Angina pectoris **UAW:** Blutungen, Übelkeit, Fieber, Kopfschmerz; **Kontraind.**: Thrombopenie bei früherer Anw. von Glykoprotein-IIb/IIIa-Rezeptor-Antagonisten, intrakranielle Erkrankungen, maligne Hypertonie.

Tiropramid INN: (±)-2-Benzamido-3-[4-(2-diethylaminoethoxy)phenyl]-*N*,*N*-dipropylpropionamid; CAS-Nr. 55837-29-1; $C_{28}H_{41}N_3O_3$, M_r 467.65. Schmp. 65-67 °C (kristallisiert aus Petrolbenzin). **Wirk.**: hemmt die intrazelluläre Phosphodiesterase-Aktivität u. erhöht die cAMP-Konz.; **Anw.**: Spasmolytikum*, bei Gallen-, Nieren-, Harnleiterkoliken u. abdominalen Koliken; **UAW:** u. a. Mundtrockenheit, Erbrechen, Obstipation; **Kontraind.**: gastrointestinale Stenosen, eingeschränkte Leber- u. Nierenfunktion, Schwangerschaft (1. Trimenon) u. Stillzeit, Anw. bei Kindern unter 14 Jahren; **Dos.**: parenteral i. v. oder i. m. 1×50 mg Tiropramidhydrochlorid, evtl. wiederholte Gabe nach 1 h; Behandlungsdauer max. 2 d, in Ausnahmefällen bis 4 d; HWZ 2-3 h. **Tiropramidhydrochlorid**: CAS-Nr. 57227-16-4; $C_{28}H_{41}N_3O_3 \cdot HCl$, M_r 504.12.

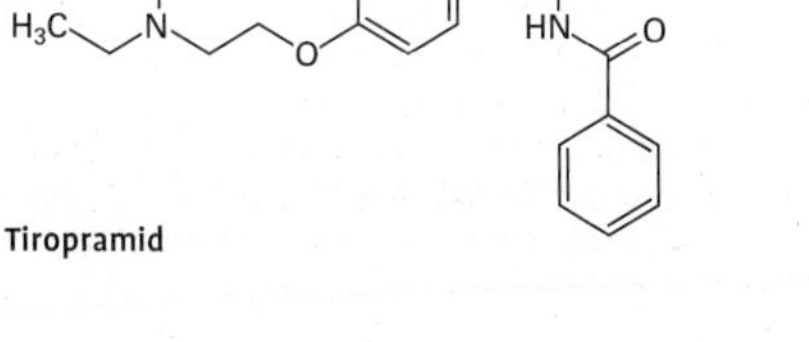

Tiropramid

Tisane (pl tisanes): Ptisana; in Frankreich gebräuchl. Arzneiform, die im wesentl. einem Aufguss* entspricht, meist durch Sirup, Honig od. Zucker gesüßt.

Tisopurin INN: Thiopurinol; CAS-Nr. 5334-23-6; $C_5H_4N_4S$, M_r 152.17. **Wirk.** u. **Anw.**: Urikostatikum (s. Gicht); **UAW:** gastrointestinale Beschwerden, Hautreaktionen; **Dos.**: 2×100 mg/d nach den Mahlzeiten.

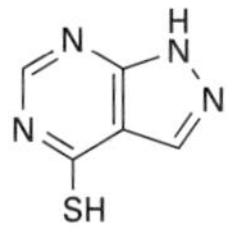

Tisopurin

Titan: Titanum; Symbol Ti; A_r 47.88, OZ 22. D. 4.5. Schmp. 1677 °C. Sdp. 3262 °C. Duktiles, silberglänz., sehr korrosionsbeständiges, 2-, 3-, 4-wertiges Metall; unlösl. in Salpetersäure u. Königswasser*. **Vork.**: nat. im Titaneisenerz, z. B. Ilmenit ($FeTiO_3$), ferner als Titandioxid*; **Darst.**: Reduktion von Titantetrachlorid mit Magnesium od. Natrium; **Anw.**: Herst. von **Titanstahl**: wegen seiner hohen Festigkeit und bes. Härte bei gleichzeitig geringer Dichte als Werkstoff u. a. in der Luft- u. Raumfahrttechnik, im Rad- u. Autorennsport; **Gesch.**: unabhängig voneinander 1791 von William Gregor (1761-1817) u. 1792 von Martin Heinrich Klaproth (1743-1817) entdeckt.

Titandioxid: Titanii dioxidum Ph.Eur.4, Titan(IV)-oxid, Titansäureanhydrid, Titanium dioxydatum, Titanweiß; CAS-Nr. 13463-67-7; TiO_2, M_r 79.9. Weißes Pulver; unlösl. in Wasser, verd. Säuren u. Laugen, langsam lösl. in heißer konz. Schwefelsäure u. geschmolzenem Natriumhydrogensulfat. Existiert amorph u. in den 3 polymorphen Modifikationen: **Rutil** (tetragonal, am häufigsten vorkommend, weißes, in der Hitze gelbes Pulver, D. 4.27 g/cm^3, Schmp. 1855 °C), **Anatas** (tetragonal, weißes Pulver, D. 3.9 g/cm^3) u. **Brookit** (rhombisch, dient nicht als Weißpigment). **Darst.**: aus dem Eisentitanerz (Ilmenit), $FeTiO_3$; **Anw.**: Malerfarbe (meist in Mischung mit Bariumsulfat u. Zinkweiß). Titanweiß übertrifft an Deck- u. Färbekraft alle anderen weißen Farben u. ist unempfindl. gegen Säuren, Alkalien, Meerwasser, Gase. Ferner findet es Anw. in der Kunststoff-, Papier-, Linoleumindustrie sowie in der Kosmetik zur Herst. von z. B. Schminken, Puder, Cremes, Zahnpasten. In der Pharmazie wird meist Anatas verwendet (TiO_2-Gehalt mind. 99.0 %) als Pigment zum Färben von Dragees u. Gelatinekapseln; als Bestandteil von Lotiones* u. Lichtschutzmitteln (Sonnencremes). **Inkomp.**: Sulfonamide in Schüttelmixturen (ergibt große Kristalle). **Hochdisperses Titandioxid:** Titanii dioxidum colloidale; gew. durch Pyrolyse von Titantetrachlorid in der Knallgasflamme. Sehr feines, lockeres Pulver. **Anw.**: in Zinkoxid- u. Titandioxid-Schüttelmixturen als 3- bis 5 %iger stabilisierender Zusatz; zum Aufziehen von lösl. Farbstoffen. Eignet sich wegen der geringen Teilchengröße nicht als Pigment zum Weißfärben von Dragees u. Gelatinekapseln.

T

Titangelb: Thiazolgelb; $C_{28}H_{19}N_5Na_2O_6S_4$, M_r 695.7. Gelbbraunes Pulver, leicht lösl. in Ethanol u. Wasser. **Anw.:** Reagens auf Magnesium, Chloride u. Bromide.

Titanometrie: Verfahren der Maßanalyse*, bei dem mit Titan(III)-Maßlösung titriert wird. Dabei wird Ti(III) zu Ti(IV) oxidiert. **Anw.:** Bestimmung von Eisen*, Nitrat*, Persulfat (s. Peroxodisulfate), Perborat* u. von org. Nitro-, Nitroso- u. Azo-Verbindungen.

Titan(IV)-oxid: s. Titandioxid.

Titanweiß: s. Titandioxid.

Titer: **1.** (chem.) Faktor einer Maßlösung*. **2.** (immun.) Maß für die Stärke einer Antikörperreaktion. Der T. ist der Reziprokwert der Serumverd., bei der noch eine eindeutige Reaktion, z. B. eine Agglutination, erkennbar ist.

Tithymalus cyparissias: s. Euphorbia cyparissias.

Titrand: in der Maßanalyse* Bez. für Probelösung; vgl. Titrator.

Titrans: s. Titrator.

Titration: Durchführung einer Maßanalyse*.

Titrationsgrad: Symbol τ. In der Maßanalyse* der Quotient aus dem zugesetzten Volumen an Maßlösung* u. dem zum Erreichen des Endpunkts erforderl. Volumen. Dabei ist der Endpunkt das feststellbare Ende der chem. Reaktion zw. Titrator* u. Titrand*. Zu Beginn einer Titration ist demnach $\tau = 0$ u. am Endpunkt $\tau = 1$ (s. Titrationskurve).

Titrationskurve: bei einer Maßanalyse* die graph. Auftragung einer geeigneten, vom Titrationsgrad* der Probelsg. abhängigen, physik. Größe in Abhängigkeit vom Titrationsgrad bzw. vom zugesetzten Volumen der Maßlösung. Geeignete Messgrößen sind z. B. bei Säure*-Base-Titrationen der pH-Wert od. die elektr. Leitfähigkeit, bei Redoxtitrationen* das Redox-Potential (s. Abb.).

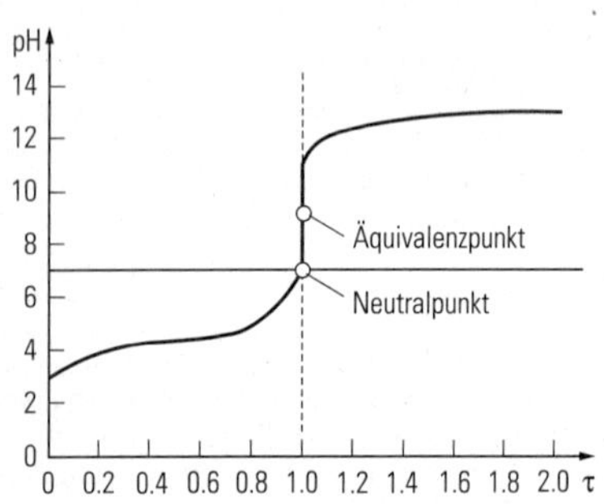

Titrationskurve: Titration von 0.1 mol/L Essigsäure mit 10 mol/L Natronlauge (τ: Titrationsgrad) [14]

Titrator: Titrans; **1.** Maßlösung*. **2.** Gerät, das die Maßlösung der Probelösung kontinuierl. zuführt u. dabei die Titrationskurve* aufzeichnet; s. Maßanalyse.

Titrieren: eine Maßanalyse* durchführen.

Titrimetrie: s. Maßanalyse.

Titriplex®: komplexbildende Substanzen zur titrimetr. Bestimmung von Metallionen u. zur Gesamthärtebestimmung des Wassers, s. Aqua. Titriplex I: Nitrilotriessigsäure; Titriplex II: Ethylendiamintetraessigsäure (s. Edetinsäure); Titriplex III: Natriumedetat*, s. Chelate.

Tixocortol INN: 13,17-Dihydroxy-21-mercaptopregn-4-en-3,20-dion; CAS-Nr. 61951-99-3; $C_{26}H_{39}O_5S$, M_r 378.53. **Wirk.** u. **Anw.:** Glucocorticoid zur lokalen Anw. bei allerg. Schnupfen; **UAW:** Nasenkribbeln u. Schleimhautaustrocknung; wegen der raschen Metabolisierung in der Leber soll kaum mit system. UAW zu rechnen sein. Gebräuchl. ist auch Tixocortolpivalat.

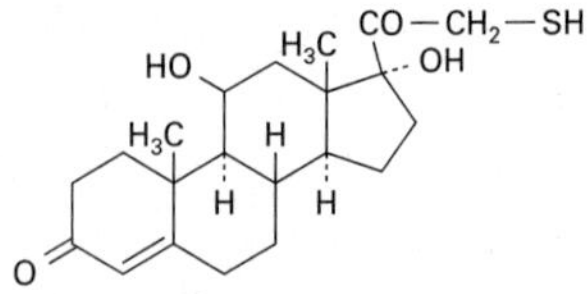

Tixocortol

Tizanidin INN: 5-Chlor-*N*-(2-imidazolin-2-yl)-2,1,3-benzothiadiazol-4-ylamin; CAS-Nr. 51322-75-9; $C_9H_8ClN_5S$, M_r 253.7. **Anw.:** Muskelrelaxans*; **Dos.:** 3×2-4 mg/d, MTD 36 mg.

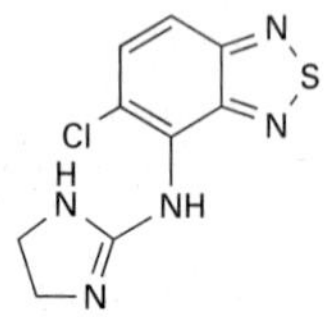

Tizanidin

TKP: Abk. für **Trik**resyl**p**hosphat*.

Tl: (chem.) Symbol für Thallium*.

T-Lymphozyten: s. Leukozyten (Lymphozyten).

Tm: **1.** (chem.) Symbol für Thulium*. **2.** (med.) wenig gebräuchl. Abk. für Tumor*.

TM: Abk. für **T**hermo**m**ikroskopie*.

TMB-4: Abk. für 1,1'-Trimethylen-bis[4-(hydroxyiminomethyl)-pyridinium-hydroxid]; Trimedoximbromid; Antidot*. **Anw.:** Vergiftungen mit org. Phosphorverb., Alkylphosphaten u. -thiophosphaten (z. B. Parathion*); reaktiviert die blockierte Acetylcholinesterase; vgl. Obidoxim.

TMD: Abk. für **T**ages**m**aximal**d**osis.

TMDSC: Abk. für (engl.) ***t**emperature **m**odulated **d**ifferential **s**canning **c**alorimetry*, s. DSC.

TMS: **1.** Abk. für **T**etra**m**ethyl**s**ilan*. **2.** Abk. für **T**ri**m**ethyl**s**ilyl; Trimethylsilylether werden als leicht abspaltbare Schutzgruppen für Hydroxylgruppen in der Synthesechemie verwendet.

TMTD: Abk. für **T**etra**m**ethyl**t**hiuram**d**isulfid*.

Tn: (chem.) Symbol für Thoron; veraltete Bez. für Radon-220.

TNBP: Abk. für **Tri**(**n**-**b**utyl)**p**hosphat; Lösungsmittel, das bei Virusinaktivierungsverfahren* eingesetzt wird.

TNF: Abk. für **T**umor*-**N**ekrose-**F**aktor.

TNT: Abk. für **T**ri**n**itro**t**oluol*.

Tobramycin INN: Tobramycinum Ph.Eur.4, Nebramycin-Faktor 6; *O*-3-Amino-3-desoxy-α-D-glucopyranosyl-(1→4)-*O*-[2,6-diamino-2,3,6-tridesoxy-α-D-ribo-hexopyranosyl-(1→6)]-2-desoxystreptamin; CAS-Nr. 32986-56-4; $C_{18}H_{37}N_5O_9$, M_r 467.54. $[\alpha]_D^{20\,°C}$ 128° (in Wasser). Lösl. in Wasser 1:1.5, in Ethanol 1:2000; fast unlösl. in Chloroform, Ether. pH einer 10%igen wässrigen Lsg. 9-11. **Anw.:** Breitband-Aminoglykosid-Antibiotikum (s. Antibiotika); Wirkungsspektrum ähnl. Gentamicin*; **Dos.:** parenteral i.m., i.v. 1 mg/kg KG/8 h; bei schweren Infektionen bis 1.5 mg/kg KG; Kinder u. Säuglinge 3-5 mg/kg KG/d; HWZ 2-2.2 h; vgl. Antibiotika (Tab.). Gebräuchl. ist Tobramycinsulfat.

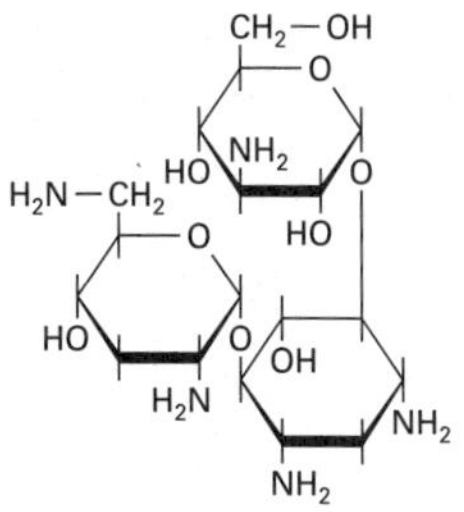

Tobramycin

Tocainid INN: 2-Amino-N-(2,6-dimethylphenyl)propionamid; CAS-Nr. 41708-72-9; $C_{11}H_{16}N_2O$, M_r 192.26. **Anw.:** Antiarrhythmikum* bei ventrikulären Ektopien; **UAW:** ZNS-spezif. Tremor, Schwindel, Gedächtnisstörungen, Parästhesien, Krämpfe; HWZ 12 h. Gebräuchl. ist auch Tocainidhydrochlorid.

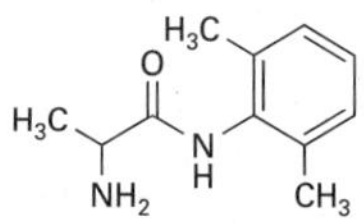

Tocainid

Tocofersolan INN: α-Tocopheryl-poly(oxyethylen)succinat; CAS-Nr. 30999-06-5; $C_{33}H_{54}O_5(C_2H_4O)_n$. **Anw.:** Vitamin-E-Derivat, s. Vitamine.

α-Tocopherolacetat-Trockenkonzentrat: s. Vitamine (α-Tocopherol).

α-Tocopheroli acetatis pulvis: s. Vitamine (α-Tocopherol).

Tocopherolnicotinat: 2,5,7,8-Tetramethyl-2-(4,8,12-trimethylethyltridecyl)-6-chromanylnicotinat. **Anw.:** durchblutungsförderndes Mittel; s. Vitamine (Vitamin E).

Toepfer-Reagens: Dimethylaminoazobenzol (Buttergelb*) in alkohol. Lsg. zur titrimetr. Bestimmung freier Salzsäure im Magensaft. Die Lsg. ist gelbrot u. schlägt bei Zusatz von HCl (schon bei 0.02 %) in Lachsrosa um, beim Erwärmen wird die Lsg. lilablau.

Togaviridae: Fam. kub. RNA-Viren mit Hüllmembran u. einsträngiger RNA. Unterteilung in 2 Genera: Alpha- u. Rubivirus (einziger Vertreter Röteln*-Virus). T. verursachen weltweit fiebrige Infekte, z.T. mit Exanthem, Polyarthritis, Enzephalitis u. hämorrhag. Fieber. Übertragung durch Arthropoden* (Mücken, Zecken), aber auch nosokomial u. über Blutkontakt von Mensch zu Mensch.

Toilette-Essig: s. Essig.

Tokolytika: s. Gynäkologika (Uterusmittel).

Tolazamid INN: 1-(Hexahydroazepin-1-yl)-3-(*p*-tolylsulfonyl)harnstoff; 3-(1-Azepanyl)-1-(4-methylphenylsulfonyl)harnstoff; CAS-Nr. 1156-19-0; $C_{14}H_{21}N_3O_3S$, M_r 311.41. Schmp. 161-169 °C (unter Zers.). Sehr schwer lösl. in Wasser; schwer lösl. in Ethanol; lösl. in Aceton; leicht lösl. in Chloroform. **Anw.:** orales Antidiabetikum*; **Dos.:** p.o. 1×0.25 g morgens, dann individuell einstellen; HWZ 8 h.

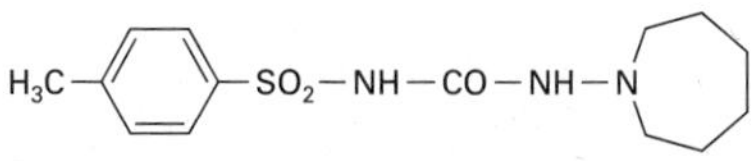

Tolazamid

Tolazolin INN: Benzazolin, 2-Benzylimidazolin; 2-Benzyl-4,5-dihydroimidazol; CAS-Nr. 59-98-3; $C_{10}H_{12}N_2$, M_r 160.21. **Anw.:** Vasodilator; Alphasympatholytikum (s. Sympatholytika) mit direkter Wirk. auf die Gefäße; Ind.: periphere Gefäßerkrankungen, Durchblutungsstörungen am Auge; **Dos.:** p.o. 2-3×25 mg/d; parenteral s.c. 10 mg; Augensalbe 10 %; topisch als Salbe 5 %. **Tolazolinhydrochlorid:** Benzylimidazolinum hydrochloricum; $C_{10}H_{13}ClN_2$, M_r 196.7. Schmp. 172-175 °C. Weißes, krist. Pulver; sehr leicht lösl. in Wasser, lösl. in 3 T. Ethanol, 3.5 T. Chloroform. **Off.:** ÖAB90.

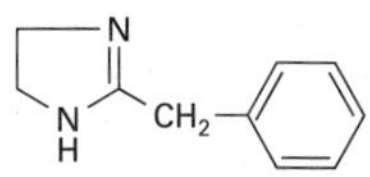

Tolazolin

Tolbutamid INN: Tolbutamidum Ph.Eur.4, 1-Butyl-3-(*p*-tolylsulfonyl)harnstoff; N-(Butylamino)carbonyl-4-methylbenzylsulfonamid; CAS-Nr. 64-77-7; $C_{12}H_{18}N_2O_3S$, M_r 270.4. Schmp. 128-130 °C (polymorph). Weißes, fast geruchloses, krist. Pulver; fast unlösl. in Wasser, lösl. in Aceton u. Ethanol, lösl. in verd. Alkalihydroxidlösungen. **Anw.:** orales Antidiabetikum*; Sulfonylharnstoffderivat der 1. Generation, steigert die Insulinsekretion; **UAW:** Hypoglykämie, hypoglykäm. Schock; vgl. Antidiabetika (orale); **Dos.:** p.o. 1-3×0.5 g/d; HWZ 5.9-9 h.

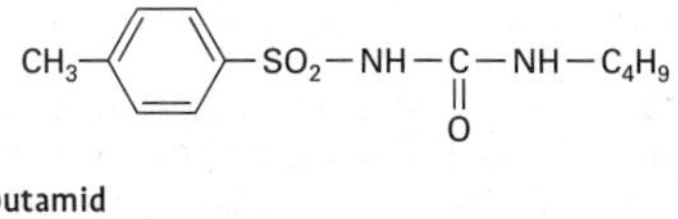

Tolbutamid

Tolcapon INN: 3,4-Dihydroxy-4'-methyl-5-nitrobenzophenon; CAS-Nr. 134308-13-7; $C_{14}H_{11}NO_5$, M_r 273.2. Schmp. 143 °C. logP 4.2; pK_S 4.8 (ber.); schwer lösl. in Wasser. **Wirk.:** COMT*-Hemmer; **Anw.:** Antiparkinsonmittel* als Zusatzbehandlung zur Levodopa*-, Carbidopa* u. Benserazid*-Ther.; **UAW:** Dyskinesien, Übelkeit, Schlafstörungen; **Dos.:** p.o. 3×0.1 g/d; HWZ 2 h bzw. 30 h (aktiver Metabolit).

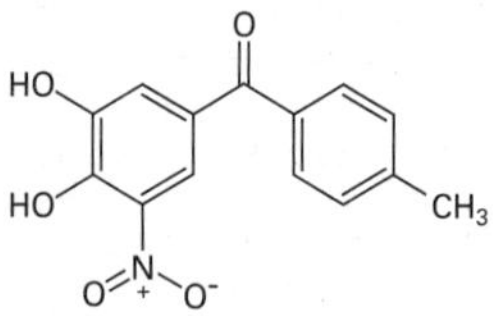

Tolcapon

Tolciclat INN: 1,2,3,4-Tetrahydro-1,4-methano-6-naphthyl-N,3-dimethylthiocarbanilat; CAS-Nr. 50838-36-3; $C_{20}H_{21}NOS$, M_r 323.46. Weißes, krist. Pulver; fast unlösl. in Wasser; lösl. in vielen org. Lösungsmitteln. **Anw.:** Antimykotikum*; **Dos.:** topisch als Creme, Lsg., Salbe 1 %, Puder 0.5 %.

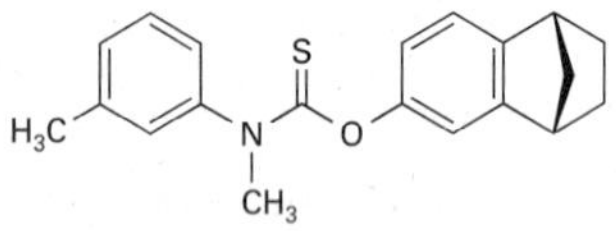

Tolciclat

Toleranz: langsame Gewöhnung des Organismus an ein Pharmakon* bei regelmäßiger Zufuhr, was sich in einer abgeschwächten Wirk. bei gleicher Dos. äußert. Diese reversible Erscheinung kann ihre Ursache entw. in der Abnahme der Empfindlichkeit des Rezeptors (vgl. Morphin) od. in einem vermehrten enzymat. Umbau des Pharmakons haben (vgl. Barbiturate). In letzterem Fall bewirkt das Pharmakon eine Erhöhung der Aktivität der Enzyme, die seinen Umbau in der Leber verursachen (Enzyminduktion).

Tolfenaminsäure INN: Acidum tolfenamicum Ph.Eur.4; 3-Dimethylamino-1-phenyl-1-(*p*-tolyl)-propan; CAS-Nr. 13710-19-5; $C_{14}H_{12}ClNO_2$, M_r 261.7. Schmp. 207 °C. **Anw.:** Antihistaminikum*, Antiallergikum*.

***o*-Tolidin:** 3,3'-Dimethylbenzidin; 4,4'-Diamino-3,3'-dimethylbiphenyl, $C_{14}H_{18}N_2$, M_r 212.28. **Anw.:** zur Bestimmung von Chlor u. Sauerstoff in Wasser u. zur kolorimetr. Bestimmung von Gold; zur Herst. von Azofarbstoffen*.

Toliprolol: 1-Isopropylamino-3-(3-tolyloxy)-2-propanol; CAS-Nr. 2933-94-0; $C_{13}H_{21}NO_2$, M_r 223.32. Strukturformel s. Sympatholytika (Abb. 2). Schmp. 75-76 °C (kristallisiert aus Ethylacetat/Petrolether; manchmal angegeben mit 79 °C). pK_S der konjugierten Säure 8.57. **Anw.:** Betasympatholytikum; **Dos.:** p.o. bei jugendl. Hypertonie 2-3×10 mg/d; bei Angina pectoris 3×50 mg/d. Gebräuchl. ist auch Toliprololhydrochlorid.

Tollens-Furfuralbestimmung: Verfahren zur quantitativen Bestimmung von Furfural* bzw. Pentosen*. **Durchführung:** Pentosen wandeln sich beim Erhitzen mit verd. Salzsäure in Furfural um, das mit Phloroglucin ein schwarzgrünes unlösl. Kondensationsprodukt liefert.

Tollens-Reagens: ammoniakal. Silbernitrat-Lsg.; Reagens der Ph.Eur.4; mildes Oxidationsmittel zum Nachw. von Aldehyden, v.a. Monosacchariden (vgl. Fehling-Reagens). Das Silberhydroxid liegt in ammoniakal. Lsg. als $Ag(NH_3)_2OH$ komplex gebunden vor u. reagiert folgenderweise:

$$R-CHO + 2\,Ag(NH_3)_2OH \rightarrow RCOO^- + NH_4^+ + 2\,Ag + H_2O + 3\,NH_3$$

Das Silber fällt als Silberspiegel od. grauer bis schwarzer Niederschlag aus. **Darst.:** 2.5 g Silbernitrat in 80 mL Wasser lösen u. den entstandenen Niederschlag mit tropfenweise zugegebener Ammoniak-Lsg. 10 % unter Schütteln wieder lösen; mit Wasser auf 100 mL auffüllen. Bei Bedarf frisch herstellen. Bei Aufbewahrung können explosive Silbersalze (Ag_2NH, $AgNH_2$, Ag_3N) entstehen.

Tollkirschenblätter: s. Atropa belladonna (Belladonnae folium).

Tollkirschenextrakt: s. Extractum Belladonnae.

Tollkirschensalbe: s. Unguentum Belladonnae.

Tollkirschentinktur: s. Tinctura Belladonnae.

Tollkraut: s. Atropa belladonna, Hyoscyamus niger.

Tollkraut, Krainer: s. Scopolia carniolica.

Tollrübe: s. Bryonia alba (Radix Bryoniae).

Tollwut: Lyssa, Rabies; Infektionskrankheit, die durch den Biss (Speichel) tollwutkranker Tiere übertragen wird. **Erreger:** Tollwut*-Virus; Inkubationszeit 3 Wochen bis zu einem Jahr; Krämpfe der Muskulatur, Speichelfluss, Herzlähmung. **Ther.:** Tollwut*-Immunglobulin vom Menschen; **Prophylaxe:** Schutzimpfung, s. Tollwut-Impfstoff aus Zellkulturen für Menschen.

Tollwut-Antiserum, Fluorescein konjugiertes: Immunglobulin-Fraktion (mit Fluoresceinisothiocyanat konjugiert), die einen hohen Gehalt an Tollwut-Antikörpern besitzt, hergestellt aus dem Serum geeigneter Tiere, die mit inaktiviertem Tollwut-Virus immunisiert wurden. **Anw.:** Reagens Ph.Eur.4; zur Wirksamkeitsprüfung von Tollwut-Immunoglobulin vom Menschen*.

Tollwut-Immunglobulin vom Menschen: Immunoglobulinum humanum rabicum Ph.Eur.4; aus Plasma od. Serum von Spendern gewonnen, die gegen Tollwut immunisiert sind. Es sind spezif. Antikörper enthalten, die das Tollwutvirus neutralisieren. **Anw.:** zur postexpositionellen Tollwutprophylaxe in Kombination mit Tollwut-Impfung, vgl. Tollwut-Impfstoff aus Zellkulturen für Menschen.

Tollwut-Impfstoff aus Zellkulturen für Menschen: Vaccinum rabiei ex cellulis ad usum humanum Ph.Eur.4, Tollwut-Impfstoff; Totimpfstoff; inaktive Vakzine aus humaner diploider Zellkultur (HDC-Impfstoff) od. aus Hühnerembryozellen. Früher Lebendimpfstoff aus Rückenmark infizierter Kaninchen od. aus Gehirn infizierter Schafe gewonnen, wegen Geh. an Gehirnbest. u. schweren Impfkomplikationen obsolet. **Anw.:** Tollwutprophylaxe für Personen mit hohem permanenten Expositionsrisiko, Prophylaxe nach Biss od. intensivem Kontakt mit tollwutverdächtigem bzw. tollwütigem Tier, u.U. in Kombination mit Tollwut*-Immunglobulin vom Menschen.

Tollwut-Impfstoff für Tiere (inaktiviert): Vaccinum rabiei inactivatum ad usum veterinarium Ph.Eur.4, Tollwut-Impfstoff für Tiere; flüss. od. gefriergetrocknete Zuber. von inaktiviertem „Tollwutvirus fixe“; kann geeignetes Adjuvans od. Konservierungsmittel enthalten.

Tollwut-Lebend-Impfstoff für Füchse (peroral): Vaccinum rabiei perorale vivum ad vulpem Ph.Eur.4; flüss. od. gefriergetrocknete Zuber. eines immunogenen Stammes des attenuierten Tollwut*-Virus. Der Impfstoff wird in Fraßköder eingebracht, welche weiträumig in den von Füchsen besiedelten Gebieten ausgelegt werden.

Tollwut-Virus: Rabies-Virus; zur Gruppe der Rhabdoviren gehörendes DNA-Virus; Erreger der Tollwut*. Erregerreservoir v. a. Carnivoren (hundeartige Tiere); empfängl. für das T.-V. sind alle Warmblüter.

Tolmetin INN: 1-(Methyl-5-(4-methylbenzoyl)-2-pyrrolessigsäure; CAS-Nr. 26171-23-3; $C_{15}H_{15}NO_3$, M_r 257.30. Schmp. 155-157 °C (unter Zers., kristallisiert aus Acetonitril). **Anw.:** Antirheumatikum*; **Dos.:** p. o. 2-3×0.2 g/d; HWZ 3 h. Gebräuchl. ist auch Tolmetin-Natrium-Dihydrat.

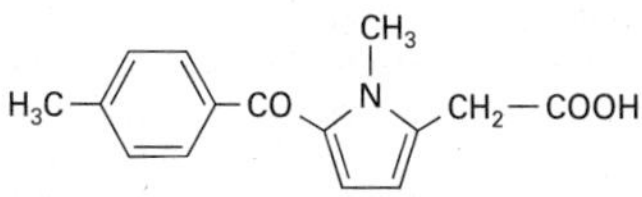

Tolmetin

Tolnaftat INN: Tolnaftatum Ph.Eur.4; *O*-(2-Naphthyl)-*N*-methyl-*N*-(3-tolyl)-thiocarbamat; CAS-Nr. 2398-96-1; $C_{19}H_{17}NOS$, M_r 307.43. Schmp. 110.5-111.5 °C (kristallisiert aus Ethanol). Weißes bis cremefarbenes, krist. Pulver; unlösl. in Wasser; wenig lösl. in Methanol; lösl. in Ethanol 1:4000, in Aceton 1:9, in Chloroform 1:3, Ether 1:55, in Polyethylenglykol 400. **Off.:** DAC86; **Anw.:** Antimykotikum* (vgl. Terbinafin); u. a. bei Fadenpilzinfektionen der Haut; nicht geeignet bei tiefen Infektionen im Nagelbett od. Haarfollikeln, außer zus. mit einem system. anwendbaren Antimykotikum; **UAW:** Hautreizung, Hautjucken; **Dos.:** topisch als Salbe, Creme 1 %, Puder 0.5 %.

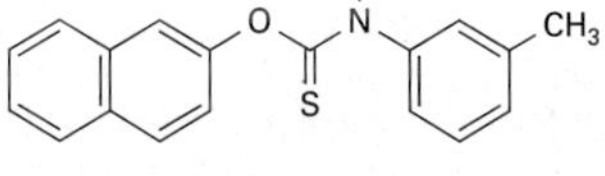

Tolnaftat

Tolomanstärke: s. Amylum Cannae.

Toloniumchlorid INN: Tolonii chloridum, Toluidinblau; 3-Amino-7-dimethylamino-2-methylphenothiazinylium-chlorid; CAS-Nr. 92-31-9; $C_{15}H_{16}ClN_3S$, M_r 305.83. Lösl. in Wasser 38.2 g/L unter Bildung einer violetten Lsg., in Ethanol 5.7 g/L unter Bildung einer blauen Lsg.; sehr

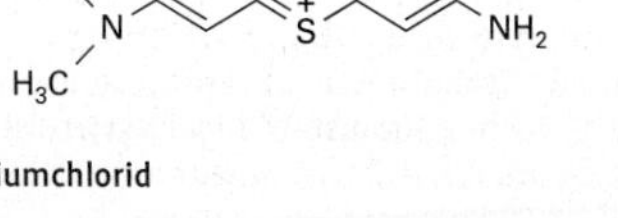

Toloniumchlorid

schwer lösl. in Chloroform, fast unlösl. in Ether. **Anw.:** orales Antimenorrhagikum; **Dos.:** p. o. 0.2-0.3 g/d in NaCl-Lösung.

Tolperison INN: 2,4'-Dimethyl-3-piperidinopropiophenon; CAS-Nr. 728-88-1; $C_{16}H_{23}NO$, M_r 245.35. **Anw.:** Muskelrelaxans*; v. a. bei Gefäßkrämpfen; **UAW:** bei Überdosierung Spannungsgefühl im Kopf, Benommenheit, rasche psych. u. phys. Ermüdbarkeit. Vorsicht bei Patienten mit Nierenfunktionsstörungen. Gebräuchl. ist auch Tolperisonhydrochlorid.

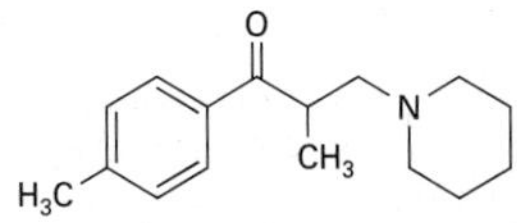

Tolperison

Tolpropamin INN: *N,N*-Dimethyl-3-phenyl-3-(4-tolyl)propylamin; CAS-Nr. 5632-44-0; $C_{18}H_{23}N$, M_r 253.37. **Anw.:** Antihistaminikum*, Antiallergikum*, Antipruriginosum*; **UAW:** Sedierung, Hautreaktionen; **Dos.:** p. o. 2-3×20 mg/d; topisch als Hautgelee 1 %. **Tolpropaminhydrochlorid:** Schmp. 183-186 °C (polymorph).

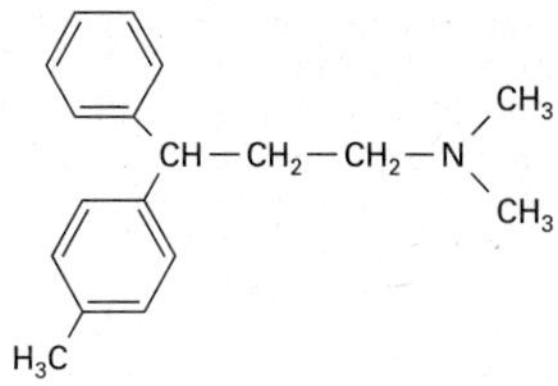

Tolpropamin

Tolterodin INN: (+)-(*R*)-2-{α-[2-(Diisopropylamino)ethyl]benzyl}-4-methylphenol; CAS-Nr. 124937-51-5; $C_{22}H_{31}NO$, M_r 325.5. Schmp. 209 °C. logP 5.8; pK_S 10.0 (ber.); schwer lösl. in Wasser. **Wirk.:** kompetitiver Muscarinrezeptorantagonist; **Anw.:** Parasympatholytikum*; zur Behandlung der Harninkontinenz*; **UAW:** Mundtrockenheit, Dyspepsie (anticholinerg); **Dos.:** p. o. 2×2 mg/d; HWZ 2-3 h.

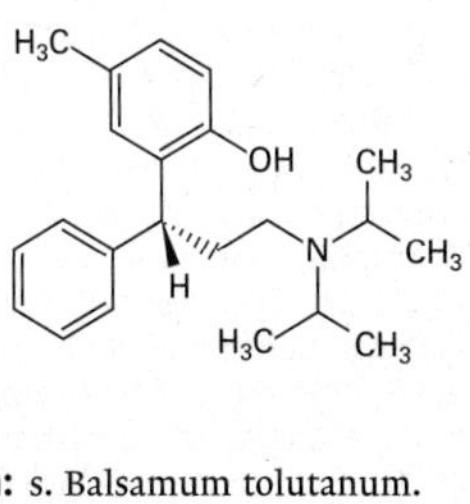

Tolterodin

Tolubalsam: s. Balsamum tolutanum.

Tolubalsamsirup: s. Sirupus Balsami Tolutani.

Toluen: s. Toluol.

Toluidin: Aminotoluol; $H_3C-C_6H_4-NH_2$. *o-* u. *m*-T. sind gelbl. Flüss., *p*-T. ist fest. **Anw.:** zu Farbstoffsynthesen sowie in der Textilindustrie u. als Reagenzien auf Lignin, Phloroglucin u. Nitrit.

Toluifera balsamum: s. Balsamum tolutanum.

Toluifera pereirae: s. Balsamum tolutanum.

Toluol: Toluen, Toluolum; Methylbenzol, $C_6H_5-CH_3$, M_r 92.14. D. 0.864-0.867. Sdp. 109-112 °C. $n_D^{20°C}$ 1.495-1.497. Klare, farblose, flüchtige Flüss.; leicht entzündbar u. brennt mit stark rußender Flamme; mischbar mit Ethanol 96 %, Ether, Aceton, Chloroform; unlösl. in Wasser. Mit einem Drittel seines Volumens Ethanol ergibt es eine trübe Mischung, die sich auf Zusatz von weiterem Ethanol klärt. **Vork.** u. **Gew.**: im Steinkohlenteer, in Erdölen u. in den Kokereigasen, aus denen es hauptsächl. gewonnen wird. **Anw.** techn.: Lösungsmittel, ferner zur Herst. von Saccharin*, Benzoesäure*, Benzaldehyd*, Nitrotoluol, Codein*, Fuchsin*. **Tox.**: MAK: 200 mL/m^3 Luft. **Gesch.**: 1844 aus Tolubalsam isoliert.

Toluolsulfonamid: 2-Methylbenzolsulfonamid; $C_7H_9NO_2S$, M_r 171.2. Schmp. ca. 156 °C. Weißes krist. Pulver; schwer lösl. in Wasser u. Ether, lösl. in Ethanol u. Alkalihydroxid-Lösungen. **Anw.**: Reagens Ph.Eur.4 ist 2- u. 4-Toluolsulfonamid. Zur Reinheitsprüfung von Saccharin-Natrium.

***p*-Toluolsulfonchloramidnatrium:** s. Tosylchloramid-Natrium.

4-Toluolsulfonsäure: 4-Methylbenzolsulfonsäure-Monohydrat (mind. 87.0 % $C_7H_8O_3S$); $C_7H_8O_3S \cdot H_2O$, M_r 190.2. Kristalle od. weißes, krist. Pulver; leicht lösl. in Wasser, lösl. in Ethanol u. Ether. **Anw.**: Reagens Ph.Eur.4.

Tolycain INN: 3-Methyl-2-(diethylamino-acetylamino)benzoesäuremethylester; CAS-Nr. 3686-58-6; $C_{15}H_{22}N_2O_3$, M_r 278.34. Sdp. 190-192 °C (666 Pa). **Anw.**: Lokalanästhetikum*; **Dos.**: Infiltrations- u. Leitungsanästhesie in der Zahnheilkunde 3 %ige Lösung. **Tolycainhydrochlorid**: $C_{15}H_{23}ClN_2O_3$, Schmp. 139-140.5 °C.

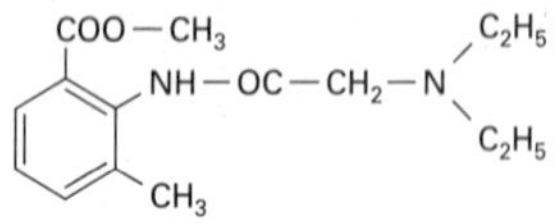

Tolycain

Tomate: s. Lycopersicon lycopersicum.

Tomatidin: $C_{27}H_{45}NO_2$, M_r 415.64. Steroidalkaloid, Aglykon von Tomatin*. **Vork.**: in den Blättern u. Wurzeln von Lycopersicon* lycopersicum.

Tomatin: Lycopersicin; $C_{50}H_{83}NO_{21}$, M_r 1034.22. Glykosid des Steroidalkaloids Tomatidin*, ein Spirosolan (s. Solanumalkaloide). **Vork.**: in den unreifen Früchten von Lycopersicon* lycopersicum; **Wirk.**: antimykotisch.

Tombak: Sammelname für Kupfer-Zink-Legierungen mit versch. Cu-Gehalt (67-95 %).

Tomographie: Verfahren in der diagnost. Bildgebung (CT*, Magnetresonanztomographie*, SPECT*, PET*) zur dreidimensionalen Darst. von Organen od. Körperfunktionen. Der Patient wird vollständig od. abschnittweise mit einem System von kreisförmig angeordneten Detektoren od. rotierenden Detektorblöcken gemessen. In dieser Weise werden Signale in räuml. versch. Winkeln u. Schichten aufgenommen, aus denen mittels

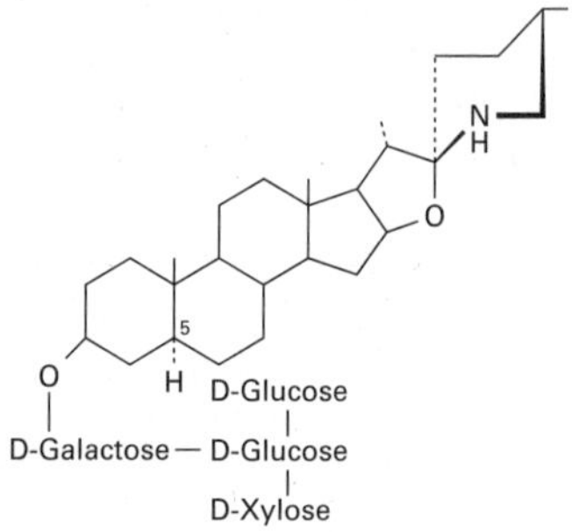

Tomatin

mathemat. Rekonstruktionsverfahren dreidimensionale Bilder in Form einer Vielzahl von Schichten (Tomogrammen) berechnet werden.

Ton: s. Aluminiumsilicat; vgl. Ton, weißer; Ton, roter.

Ton, armenischer: s. Ton, roter.

Tonephin: Hormone (Hypophysenhinterlappen).

Tonerde: Aluminium oxydatum, Alumina; s. Aluminiumoxid. **1.** T., essigsaure: s. Aluminiumacetat; **2.** T., essig-weinsaure: s. Aluminiumacetat-tartrat-Lösung; **3.** T., salpetersaure: s. Aluminiumnitrat; **4.** T., schwefelsaure: s. Aluminiumsulfat.

Tonerdehydrat: s. Aluminiumhydroxid.

Tonerdelösung, essigsaure: s. Aluminiumacetat.

Tonerdelösung, essigsaure-weinsaure: s. Aluminiumacetat-tartrat-Lösung.

Tonicwater: s. Chinin.

Tonika: syn. Roboranzien; tonisierende, kräftigende Mittel. Dienen zur Kräftigung des Patienten bei Erschöpfungszuständen od. in der Rekonvaleszenz; die therapeut. Wirksamkeit vieler Präparate ist umstritten; **Wirkstoffe:** z.B. Vitamine, Spurenelemente, Amara*, Glutaminsäure, Lecithin.

Tonizität: physiol.-klinischer Begriff für den in einer Lösung aufrechterhaltenen osmot. Druckzustand. Wenn semipermeable Membranen vorliegen (z.B. am Auge), ist T. syn. für osmotischen Druck*.

Tonkabohne: s. Dipteryx odorata (Semen Tonca).

Tonkabohnenkampfer: s. Cumarinum.

Tonoplast: Zytoplasmamembran, die die Vakuole* einer Pflanzenzelle umgibt.

Ton, roter: Bolus rubra, Bolus Armenia, Argilla rubra, armenischer Ton, Rötel; mit Eisenoxid gefärbter, nat. vorkommender Ton; vgl. Aluminiumsilicat. **Anw.** techn.: Malerfarbe, zur Herst. u.a. von Kitten.

Tonsilla (lat.): Tonsille, Mandel; lymphoretikuläres Gewebe im Übergangsbereich der Mund- u. Nasenhöhle in den Pharynx*. T. pharyngica: Rachenmandel; T. palatina: Gaumenmandel; T. lingualis: Zungenmandel.

Tonsillitis: Angina tonsillaris, Tonsillopharyngitis, Mandelentzündung; Entzündung des lymphat. Rachenrings. **Formen: 1.** T. acuta meist durch Viren (ca. 80 %) od. betahämolysierende Streptokokken der Gruppe A (s. Streptococcus); plötzl. Beginn mit hohem Fieber, Halsschmerzen, häufig Beläge (sog. Stippchen) auf den Mandeln; **2.** T. chronica durch bakt. Mischinfektionen; **Ther.**: bei

Streptokokkennachw. system. Antibiotika*, ggf. operative Entfernung bei chron. Tonsillitis; **Komplikationen:** Ausgangserkrankung für Sekundärkrankheiten, z. B. rheumat. Fieber, Glomerulonephritis, Endokarditis.

Ton, weißer: Kaolinum ponderosum Ph.Eur.4, Kaolin, Bolus alba, Argilla alba, Porzellanerde; nat., kristall., wasserhaltiges Aluminiumsilicat* von wechselnder Zstzg.; $H_2Al_2Si_2O_8 \cdot H_2O$. Gew. aus Rohkaolin (Kaolinit), einem Schichtsilicat (vgl. Bentonit), durch Reinigung, Sieben, Schlämmen. Fast weißes bis gelbl., weiches, fettig anzufühlendes Pulver, das, mit wenig Wasser angerührt, eine plast. Masse ergibt. Prakt. unlösl. in org. Lösungsmitteln; unlösl. in Säuren u. Laugen; chem. indifferent; gutes Haftvermögen, hohe Saugfähigkeit für Wasser, Saugvermögen für Öl befriedigend. **Prüfungen:** Ph.Eur.4; auf (das auf einem Kationenaustausch beruhende) Adsorptionsvermögen (Entfärbung einer Methylenblau-Lsg.), Quellungsvermögen mit Wasser (2 g Bolus ergibt mit 2 mL Wasser eine bildsame Masse), mikrobielle Verunreinigung u. Schwermetalle. **Anw.:** innerl. wie Kohle bei Darmerkrankungen (3×30-100 g/d, als Suspension), äußerl. als trocknender Puder meist in Kombination mit Stärke, Talk unter anderem bei Ekzemen u. a. Hauterkrankungen, auch in Form von Umschlägen (s. Pasta Boli glycerolata); techn.: Malerfarbe, Herst. von Kitten, Poliermittel.

Topfcurare: s. Curare.

Tophus (gr. tophion Tuffstein): Knoten. T. arthriticus: Gichtknoten infolge Einlagerung harnsaurer Salze; vgl. Gicht.

Topinambur: s. Helianthus tuberosus.

Topiramat INN: 2,3:4,5-Di-*O*-(1-methylethyliden)-*β*-D-fructopyranosesulfamat, CAS-Nr. 97240-79-4; $C_{12}H_{21}NO_8S$, M_r 339.37. Schmp. 125 °C. logP 2.2; pK_S 12.4 (ber.); schwer lösl. in Wasser. **Wirk.:** Natriumkanalblocker; **Anw.:** Antiepileptikum* als Zusatzther. zur Standardbehandlung, bes. bei therapieresistenten primär fokalen Anfällen; **UAW:** Müdigkeit, Schwindel, Ataxie, Gewichtsverlust; **Dos.:** p. o. 2×25 mg/d; HWZ 21 h.

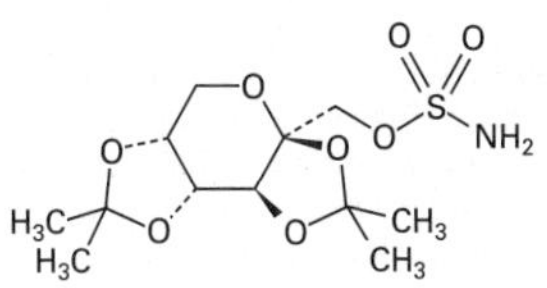

Topiramat

topisch (gr. topos Ort): örtlich; äußerlich, lokal.

Topogranulator: s. Granulieren.

Topoisomerase-I-Inhibitoren: von Camptothecin, einem Alkaloid aus Camptotheca* acuminata Decne, abgeleitete Hemmer der Topoisomerase I (s. Topoisomerasen). **Wirkstoffe:** z. B. Irinotecan*, Topotecan*; **Anw.:** Zytostatika*.

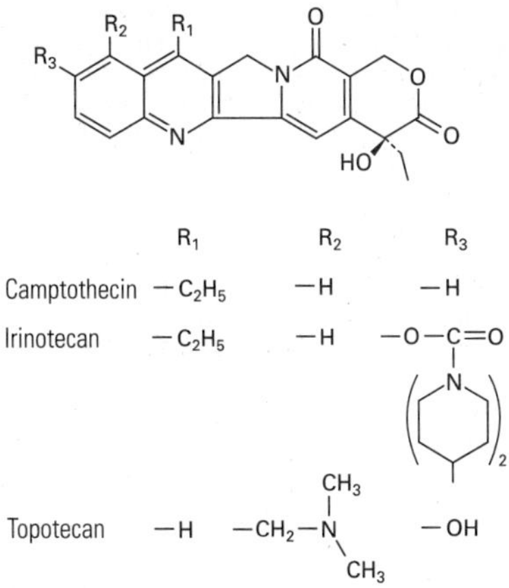

Topoisomerase-I-Inhibitoren

Topoisomerasen: DNA-Topoisomerasen; Enzyme, die durch vorübergehendes Spalten u. Wiederzusammenfügen der doppelhelikalen Stränge ringförmiger DNA* das Ausmaß der Superhelixbildung regulieren. Zu diesem Zweck schneidet (engl. nicking) die Topoisomerase I einen Einzelstrang der DNA-Doppelhelix auf, die Topoisomerase II (in Bakterien als Gyrase* bezeichnet) beide (s. Abb.). Die T. in Pro- u. Eukaryonten unterscheiden sich. Darauf beruht die selektive Wirkung der Gyrasehemmer*. Hemmstoffe der humanen Topoisomerase I, wie Irinotecan, Topotecan, u. der humanen Topoisomerase II, wie Etoposid, Tenoposid, werden in der Tumortherapie eingesetzt.

Topoisomerasen: Umwandlung der DNA-Superhelix in ringförmige Struktur durch Spaltung eines Strangs [17]

Topoisomere: s. DNA.

Topologie: Lehre von der Lage u. Anordnung von (geometr.) Gebilden im Raum.

Topotecan INN: (*S*)-10-(Dimethylaminomethyl)-4-ethyl-4,9-dihydroxy-1*H*-pyrano[3',4':6,7]indolizino[1,2-*b*]chinolin-3,14-(4*H*,12*H*)-dion; CAS-Nr. 123948-87-8; $C_{23}H_{23}N_3O_5$, M_r 421.45. Strukturformel s. Topoisomerase-I-Inhibitoren (Abb.). Schmp. 213 °C. logP 0.8; pK_S 7.2 (ber.); schwer lösl. in Wasser. **Wirk.:** Topoisomerase-I-Inhibitor; **Anw.:** Zytostatikum* zur Behandlung des metastasierenden Ovarialkarzinoms nach Versagen einer Primär- od. Folgetherapie; **UAW:** Neutro-, Thrombozytopenie, Anämie, sehr häufig Übelkeit u. Erbrechen; **Dos.:** 1.5 mg/d/m² Körperoberfläche, i. v. Kurzinfusion über 30 min an 5 aufeinanderfolgenden Tagen; HWZ 2-3 h.

Torasemid INN: *N*-[(1-Methylethyl)amino]carbonyl-4-(3-methylphenyl)amino-3-pyridin-sulfonamid; CAS-Nr. 56211-40-6; $C_{16}H_{20}N_4O_3S$, M_r 348.43. Schmp. ca. 158 °C (unter Zers.; polymorph). pK_S 6.44. **Wirk.** u. **Anw.:** Schleifendiuretikum (s. Diuretika) mit gegenüber Furosemid* verlängerter Wirkungsdauer (HWZ ca. 5 h), Antihypertensivum*; **UAW:** Störung des Elektrolytgleichgewichtes, Kopfschmerzen, Durchfall.

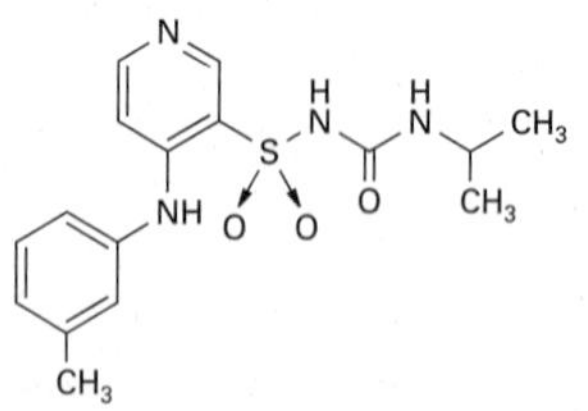

Torasemid

Toremifen INN: (*Z*)-2-[4-(4-Chlor-1,2-diphenyl-1-butenyl)phenoxy]-*N*,*N*-dimethylethylamin; CAS-Nr. 89778-26-7; $C_{26}H_{28}ClNO$, M_r 405.97. Schmp. 108-110 °C. Strukturformel s. Tamoxifen (Abb.). **Wirk.:** Antiestrogen*; **Anw.:** Zytostatikum*; zur Behandlung von hormonabhängigem Brustkrebs bei Frauen in der Menopause; **UAW:** häufig Hitzewallungen, Übelkeit, Erbrechen; **Dos.:** p. o. 1×60 mg/d; HWZ 2-10 d. Gebräuchl. ist Toremifendihydrogenphosphat, CAS-Nr. 89778-27-8.

Torfmoose: Sphagnidae; über 200 Arten der Gattung Sphagnum, aus der Klasse der Laubmoose (s. Bryophytina). Verbreitet an sumpfigen, meist kalkarmen Standorten mit oft niederem pH-Wert; T. bilden große Polster, die an der Oberfläche fortlaufend weiterwachsen, während die unteren Schichten absterben u. schließlich in Torf übergehen. Wesentl. Best. des Torfs sind die Huminsäuren*. **Anw.** volkstüml.: z. B. Packungen u. Breibäder; vgl. Moorbad.

Tormentilla: s. Potentilla erecta (Hom).

Tormentill-Adstringens: s. Adstringens Tormentill-Myrrhe.

Tormentilla erecta: s. Potentilla erecta.

Tormentillsäure: s. Saponine (Tab. 1).

Tormentilltinktur: s. Tinctura Tormentillae.

Tormentillwurzel: s. Potentilla erecta (Tormentillae rhizoma).

Tormentosid: Tormentol; ein für viele Rosaceae charakterist. Esterglucosid der Tormentillsäure (Strukturformel s. Saponine, Tab. 1).

Torr (Evangelista Torricelli, italien. Physiker, 1608-1647): 1 Torr ist der Druck* einer Quecksilbersäule von 1 mm Höhe: 1 Torr = 1 mmHg (Millimeter-Quecksilbersäule) = 133.322 Pa. Das Jahresmittel des Drucks der Erdatmosphäre auf Meeresniveau beträgt 760 Torr = 1013 hPa. Die SI*-Einheit für den Druck ist Pascal*.

Torulahefe: Faex torula, Wuchshefe; Stpfl. ist Torula utilis, Fam. Dematiaceae; gezüchtet auf Sulfitablaugen der Zellstofffabriken. **Inhaltsst.:** s. Faex; hinsichtl. des Eiweiß- u. Vitamingeh. der Bierhefe gleichwertig; **Anw.:** in der Nährmittel- u. pharmaz. Industrie; auch zur Herst. von Trockenhefe.

Torulin: s. Vitamine (Vitamin B_1).

Torus (pl tori): zentraler, verdickter Teil der Tüpfelhaut von Hoftüpfeln* der Koniferen u. einiger anderer Gymnospermen.

Torutilin: s. Carnitin.

Tosactid: Octacosactrin, Octacosactid; CAS-Nr. 47931-80-6; $C_{150}H_{230}N_{44}O_{38}S$, M_r 3289.8; aus den gleichen ersten 28 Aminosäuren bestehendes synthet. Corticotropin* mit gleichen Eigenschaften u. Indikationen. **Dos.:** 100-250 µg; wobei 1 mg T. ca. 100 E. Corticotropin entspr.; s. Hormone (Hypophysenvorderlappen).

Tosylat: Tosilat, Tosilas; chem. Kurzbez. für *p*-Toluensulfonat.

Tosylchloramid-Natrium INN: Chloraminum Ph.Eur.4, Tosylchloramidum natricum, Chloramin-T, Chloramin 80, *p*-Toluolsulfonchloramidnatrium, Natrium sulfamidochloratum, Clorina; Natrium-toluol-4-sulfonylchloramid; CAS-Nr. 127-65-1; $C_7H_7ClNNaO_2S \cdot 3\,H_2O$, M_r 281.7. Weißes, krist. Pulver; leicht lösl. in Wasser, lösl. in Ethanol, fast unlösl. in Chloroform u. Ether. **Anw.:** Antiseptikum*, Desinfektionsmittel* (0.5 %ig für Flächen-, Wäsche-, Händedesinfektion; 0.25 %ig für Körperhöhlendesinfektion).

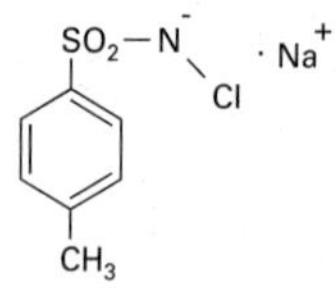

Tosylchloramid-Natrium

Totimpfstoff: Impfstoffe, die abgetötete Bakt. od. inaktivierte Viren enthalten; s. Vakzine.

Toxämie: syn. Toxikämie; tox. bedingte Blutbildveränderungen. Toxinämie: Auftreten von Bakterientoxinen im Blut, z. B. bei Diphtherie.

Toxalbumine: nicht einheitl. gebrauchter Begriff für giftige Proteine; meistens werden darunter pflanzl. Proteine mit auffallend starken physiol. Wirk. verstanden; s. Lektine.

Toxicodendron quercifolium (Michx.) Greene: Rhus toxicodendron L., Giftsumach, Giftefeu; Fam. Anacardiaceae (Nordamerika). Stpfl. von **Folia Toxicodendri:** Folia Rhois toxicodendri, Herba Rhus toxicodendri, Giftsumachblätter. **Inhaltsst.:** der weiße Milchsaft enthält Urushiol, ein Gemisch von Catecholen mit gesättigten u. ungesättigten C_{15}- od. C_{17}-Seitenketten in 3-Stellung; ferner Gerbstoffe, Gallussäure u. a. Flavonoide; **Wirk.** u. **Tox.:** Urushiol ist eines der stärksten Kontaktallergene (s. Allergen). Bereits geringste Mengen führen zu schwersten Entzündungen (sog. Rhus-Dermatitis), Kontakt mit Augen kann Binde- u. Hornhautentzündungen hervorrufen. Bei oraler Aufnahme treten heftige Vergiftungs-

erscheinungen mit Gastroenteritis u. blutigen Diarrhöen auf. **Anw.**: Die Droge findet in der Allopathie keine Anw. mehr.
Hom: *Rhus toxicodendron:* frische Blätter; Konstitutionsmittel; verord. z. B. bei Herpes, Gelenkerkrankungen des rheumat. Formenkreises, Rückenschmerzen, Verletzungsfolgen.

Toxicodendron succedaneum (L.) O. Kuntze: Rhus succedanea L., Talgsumach; Fam. Anacardiaceae (heim. Nordamarika); vgl. Wachse (Cera japonica).

Toxicodendron verniciflua (Stokes) Barkl.: Rhus verniciflua (Stokes), Japanischer Lackbaum, Lacksumach; Fam. Anacardiaceae (Ostasien); vgl. Wachse (Cera japonica).

Toxicodendron vernix (L.) O. Kuntze: Rhus venenata DC., Rhus vernix L., Giftsumach; Fam. Anacardiaceae (Nordamerika).
Hom: *Rhus venenata:* frische Rinde u. frische Blätter zu gleichen T.; verord. z. B. bei Hauterkrankungen.

Toxiferin I (isoliert 1941 von Wieland u. Pistor aus Calebassen-Curare): C-Toxiferin I; $[C_{40}H_{46}N_4O_2]^{2+}$, M_r 614.8. Alkaloid aus Strychnos-Arten, s. Curare.

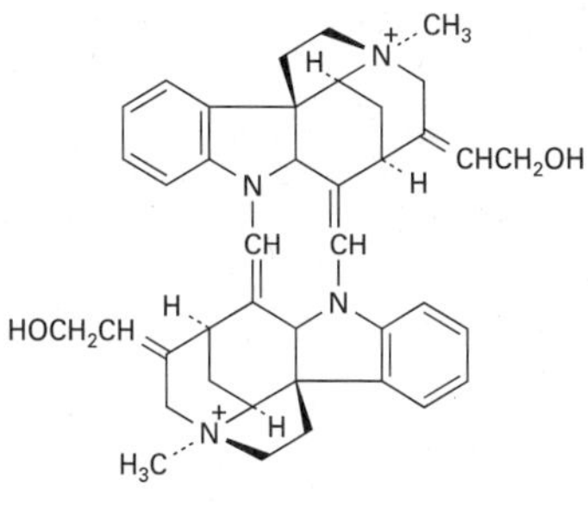

Toxiferin I

toxigen: Giftstoffe erzeugend; durch eine Vergiftung entstanden.

Toxikologie (gr. toxon Pfeilgift): Lehre von den Giften u. Vergiftungen; **toxisch**: giftig; **Toxizität:** Giftigkeit; **Toxikose**: Vergiftung.

Toxine: Giftstoffe von Mikroorganismen, Pflanzen od. Tieren mit nach unterschiedl. Inkubationszeiten auftretender spezif. Wirkung. Bei Bakterien unterscheidet man: **1. Exotoxine**: meist komplexe thermolabile Polypeptide od. Proteine, die von lebenden Bakt. sezerniert werden u. durch Wärme- od. Formalineinwirk. bei beibehaltener Immunogenität in Toxoide* überführbar sind; Enterotoxine: auf den Verdauungskanal wirkende Exotoxine von Bakt. versch. Gattungen (z. B. Staphylokokken, Vibrionen, Shigella, Pseudomonas, Escherichia); **2. Endotoxine**: thermostabile Lipopolysaccharide aus der äußeren Zellmembran gramnegativer Bakt., die beim Absterben freigesetzt werden; vgl. Antitoxine.

Toxine, marine: Giftstoffe von im Meer lebenden, räuber. Tieren mit komplexen chem. Strukturen. Zu ihnen gehören Amine, Peptide (z. B. Conotoxine), Proteine, polycycl. Ether (z. B. Brevetoxin, Ciguatoxin), Isoprenoide, Steroide und Alkaloide. **Wirk.**: M. T. reagieren hochspezif. mit bestimmten Zielstrukturen, z. B. ligandengesteuerten Ionenkanäle, spannungsabhängigen Calciumkanäle, Natrium- u. Kaliumkanälen, u. blockieren deren physiol. Funktion im Beutetier. **Anw.**: in der pharmakol. Forschung als Modellsubstanzen zur Entw. neuer hochpotenter Arzneistoffe, z. B. in der Neurologie.

Toxinum diphthericum diagnosticum: s. Diphtherietoxin für Schick-Test.

Toxizität: Giftigkeit.

Toxoide: Anatoxine; durch Formaldehyd* (Formoltoxoide) u. Erwärmung entgiftete Exotoxine mit erhaltenen immunisierenden Eigenschaften. **Anw.**: an ein Adjuvans (z. B. Aluminiumhydroxid) adsorbiert; bei der aktiven Schutzimpfung* gegen Diphtherie* u. Tetanus*.

Toxoplasma gondii: s. Toxoplasmose.

Toxoplasmose: durch Infektion mit Toxoplasma gondii (vgl. Protozoen) verursachte Zoonose; eine hochgradige Durchseuchung der Bevölkerung mit starken regionalen Schwankungen ist serol. nachgewiesen. Die Mehrzahl der Infektionen verläuft ohne Symptome. Bei Erstinfektion während der Schwangerschaft kommt es zur Schädigung des Fetus (z. B. Hydrozephalus, Verkalkungen im Gehirn), die angeborene Form ist meldepflichtig. **Ther.**: Antiprotozoenmittel*.

t-PA: s. Gewebeplasminogenaktivator.

TPN: **1.** Abk. für **Tri**phosphopyridin-**n**ucleotid, s. NADP. **2.** Abk. für **t**otale **p**arenterale **N**ahrung; komplette Mischungen aus Kohlenhydraten, Fetten, Aminosäuren, Elektrolyten, Spurenelementen, Vitaminen u. einer ausreichenden Flüssigkeitsmenge werden als TPN-Mischungen, TPN-Regime od. AIO-Regime (all in one) bezeichnet. TPN stellen gegenüber dem Mehrflaschensystem ein geschlossenes System dar, bieten eine hohe mikrobielle Sicherheit u. führen zu einer Entlastung des Krankenhauspersonals. Da sämtl. Bestandteile in einer parenteral applizierbaren Form verfügbar sind, ist jede benötigte Mischlösung realisierbar. Im Allg. reicht eine standardisierte Ernährung aus. Bei der Herst. der Mischlösungen sind neben einer physikal. Instabilität bes. der parenteralen Fettemulsion auch chem. Vorgänge wie die Maillard-Reaktion od. die Auskristallisation von Calciumphosphat (höhere Konz. im Bereich der Pädiatrie) zu beachten.

Tracer: Radioindikator; radioaktiv markierte Substanz zur Untersuchung von Stoffwechselprozessen. Bei dem eingesetzten Substrat wird entw. ein Atom durch ein radioaktives Isotop ersetzt od. ein radioaktiver Komplex angelagert, wobei sich die metabol. Eigenschaften nicht od. nur in genau definierter Weise verändern (vgl. blocked metabolism). Die Emission radioaktiver Strahlung wird genutzt, um das Verhalten der Substanz mittels Radiodetektoren von außerhalb des Körpers verfolgen zu können (s. Tracer-Methode). Je nach der Anw. in vivo od. in vitro können unterschiedl. Isotope eingesetzt werden. In vitro werden möglichst langlebige β^--Strahler (Tritium*, Kohlenstoff-14, Phosphor*-32) verwendet, in vivo aus Strahlenschutzgründen kurzlebige γ-Strahler (z. B. Technetium*-99m, Iod*-123, Iod*-131 u. die PET*-Nuklide Kohlenstoff*-11, Stickstoff*-13, Sauerstoff*-15 u. Fluor*-18.

T

Tracer-Methode: Methode zur Aufklärung biochem. Prozesse durch Verw. geeigneter radioaktiv markierter Substrate (Tracer*). Die biochem. Prozesse können in vitro anhand einer nachfolgenden Analyse der markierten Produkte bestimmt werden. Mit γ-emittierenden Radionukliden markierte Tracer ermögl. die Untersuchung direkt im lebenden Organismus; vgl. PET. Grundsätzl. Voraussetzung ist die eindeutige Zuordnung der in vivo gemessenen Daten zu den untersuchten biochem. Prozessen. Als wichtigstes Konzept wird dazu der blocked* metabolism verwendet. Dabei wird die Verteilung der Radioaktivität mit geeigneten Detektoren gemessen. **Gesch.:** Die T.-M. wurde erstmals von György von Hevesy (Nobelpreis 1943) beschrieben.

Trachea (gr. tracheia rau, uneben, zottig): Luftröhre.

Tracheen: (bot.) tote Wasserleitzellen (s. Gefäße), deren Querwände aufgelöst sind.

Tracheiden: (bot.) tote, faserartige Wasserleitzellen (s. Gefäße), deren Querwände nicht aufgelöst sind, sondern stark getüpfelt (s. Tüpfel) u. denen somit zusätzl. eine Stützfunktion zukommt.

Trachom (gr. trachys rau): Conjunktivitis trachomatosa, trachomatöse Einschlusskonjunktivitis, Körnerkrankheit; chron. Entzündung von Binde- u. Hornhaut des Auges durch Chlamydien*. Das T. ist die häufigste Urs. der Erblindung. **Vorkommen:** in allen trop. u. subtrop. Regionen mit mangelhafter Hygiene, ca. 400-500 Mio. Menschen erkrankt; **Prognose:** bei Frühbehandlung gut; **Ther.:** Tetracycline* u. Augensalbe mit Sulfonamid*, ggf. chirurg. Therapie; **Prophylaxe:** Verbesserung der hygien. Verhältnisse.

Trachylobium verrucosum (Gaertn.) Oliv.: s. Copal.

Trachyspermum ammi (L.) Sprague: Trachyspermum copticum (L.) Link, Carum ajowan Benth. et Hook., Ptychotis coptica, Ptychotis ajowan; Fam. Apiaceae, Umbelliferae (Ostindien, Iran). Stpfl. von **Fructus Ajowan: Inhaltsst.:** 3-4 % äther. Öl; **Anw.** volkstüml.: Karminativum; als Gewürz; techn.: (früher) zur Gew. von Thymol; **Oleum Ajowan: Best.:** 45-57 % Thymol*, *p*-Cymen, Pinen*, Dipenten, γ-Terpinen u. Carvacron; **Anw.:** wie Fructus Ajowan.

Tractus corticospinalis: s. Pyramidenbahn.

Träger: (engl.) *carrier*; in der Radiochemie der Anteil der nicht radioaktiv markierten Moleküle einer Substanz, deren radioaktiver Anteil als Tracer* bezeichnet wird; s. Aktivität, spezifische.

Tränenflüssigkeit: s. isotonisch.

Tränenflüssigkeit, künstliche: s. Augentropfen (Augenarzneiträger, viskoser).

Tränengase: flüchtige Verb., die schon in geringsten Konz. (1/1000-1/10 000 mg/L Luft) zu Augenreizung mit Tränenfluss, Brennen u. Lidkrampf führen. Dazu gehören vor allem Brom- u. Chlorverb., z. B. Chlorpikrin, Bromaceton, Brombenzylcyanid, Bromacetophenon, Bromessigester, Xylylbromid, Akrolein. Höhere Konz. führen zu Schädigung der Atemwege u. der Haut durch Verätzungen. **Maßnahmen:** Augen: bei kleineren Mengen ist die Tränenbildung ausreichend, in schweren Fällen sollte das Auge mit Wasser od. Natriumhydrogencarbonat (2 %) über längere Zeit gespült werden. Bei bestehenden Schmerzen muss ein Lokalanästhetikum angewandt werden. Lunge: Husten, nach symptomfreiem Intervall von bis zu einem Tag Gefahr der Bildung eines tox. Lungenödems (Zyanose, bräunl. Schaum in Mund u. Nase, Tachykardie. Sofortmaßnahme: Glucocorticoide als Inhalat, Ruhe, Wärme.

Tragacantha: s. Astragalus-Arten.

Tragacanthin: hochpolymeres, wasserlösl. Kohlenhydrat, M_r >10 000. Zus. mit Bassorin Best. von Tragant (Astragalus-Arten, Tragacantha); aufgebaut aus Tragacanthsäure, die u. a. aus Galacturonsäure u. Xylose besteht, u. einem Arabinogalactan.

Tragant: s. Astragalus-Arten (Tragacantha).

Tragant, Indischer: s. Sterculia urens (Gummi Tragacantha indica).

Tralles Grade: s. Alkoholmeter.

Tramadol INN: (±)-*trans*-2-(Dimethylaminomethyl)-1-(3-methoxyphenyl)cyclohexanol; CAS-Nr. 27203-92-5; $C_{16}H_{25}NO_2$, M_r 263.39. **Wirk.:** Opiatagonist, auch antitussiv, geringes Abhängigkeitspotential; **Anw.:** starkes Analgetikum*; HWZ 6 h bzw. 6-9 h (Metaboliten). **Tramadolhydrochlorid:** Tramadoli hydrochloridum Ph.Eur.4; CAS-Nr. 36282-47-0; $C_{16}H_{26}ClNO_2$, M_r 299.9. Schmp. 180-181 °C. **Dos.:** p. o. und parenteral (i. m., i. v.) 50 mg, MTD 0.4 g; rektal Suppositorien 0.1 g.

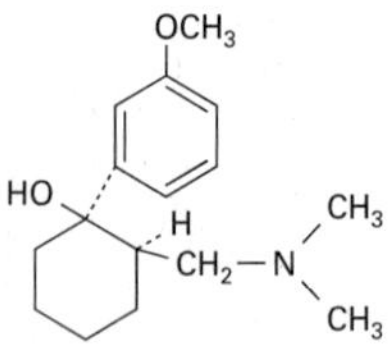

Tramadol

Tramazolin INN: 2-(1,2,3,4-Tetrahydro-5-naphthylamino)-2-imidazolin; CAS-Nr. 1082-57-1; $C_{13}H_{17}N_3$, M_r 215.29. Schmp. 142-143 °C (kristallisiert aus Isopropanol). **Anw.:** Vasokonstriktor*, Alphasympathomimetika, s. Sympathomimetika; Ind.: Schleimhautabschwellung bei Schnupfen, Reizungen u. allerg. Erkrankungen am Auge; **UAW:** s. Oxymetazolin; **Dos.:** Augentropfen 0.05 %; intranasal Spray, Tropfen 0.12 %. Gebräuchl. sind auch Tramazolinhydrochlorid-Monohydrat, Tramazolinhydrochlorid.

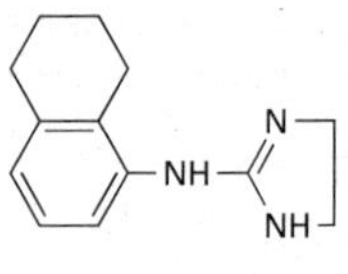

Tramazolin

Trandolapril INN: (2*S*,3a*R*,7a*S*)-1-{(*S*)-*N*-[(*S*)-1-Ethoxycarbonyl-3-phenylpropyl]-L-alanyl}-2-hexahydroindolincarbonsäure; CAS-Nr. 87679-37-6; $C_{24}H_{34}N_2O_5$, M_r 430.55. pK_S 5.6. **Wirk.:** ACE*-Hemmer; **Anw.:** Antihypertensivum*, bei essentieller Hypertonie; **UAW:** u. a. Hypotonie,

Nierenfunktionsstörungen, Bronchitis; **Kontraind.:** Nierenarterienstenose, Leberfunktionsstörungen, dekompensierte Herzinsuffizienz, Anw. bei Kindern; **Dos.:** p. o. zu Therapiebeginn 0.5 mg/d, Erhaltungsdos. 2 mg/d als ED vor, während od. nach dem Frühstück; HWZ 16-24 h (Metaboliten).

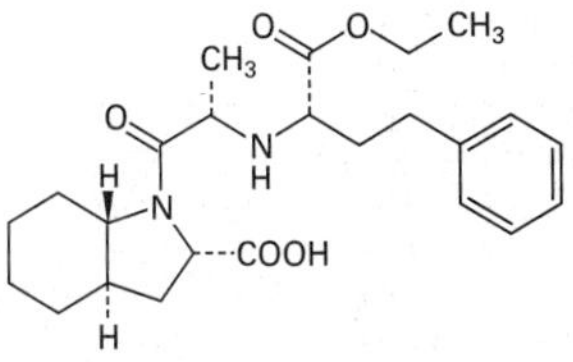

Trandolapril

Tranexamsäure INN: Acidum tranexamicum Ph.Eur.4; *trans*-4-Aminomethylcyclohexancarbonsäure; CAS-Nr. 1197-18-8; $C_8H_{15}NO_2$, M_r 157.21. Schmp. 270-280 °C (Erweichung), 386-392 °C (unter Zers.). Lösl. in Wasser 1 g/6 mL; sehr schwer lösl. in Ethanol, Ether; fast unlösl. in den meisten org. Lösungsmitteln. **Anw.:** Hämostatikum bei Blutungen infolge überhöhter Fibrinolyse od. Fibrinogenolyse; **Dos.:** p. o. 3-4×1.0 g/d bzw. 10 mg/kg KG; parenteral i. m. 0.25 g, i. v. 2-4×10 mg/kg KG/d; i. v. initial 1×0.5 g bei Blutungen, dann 0.25 g/h als Infusion; HWZ 7 h.

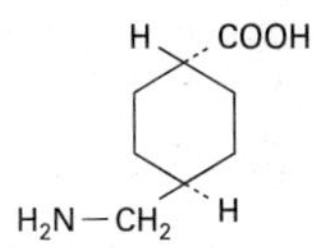

Tranexamsäure

Tranquillanzien: s. Psychopharmaka (Ataraktika).

***trans*:** s. Konfiguration.

Transaminasen: Aminotransferasen; Enzyme*, die die reversible Übertragung von Aminogruppen einer spezif. Aminosäure auf eine spezif. Ketosäure katalysieren, so dass eine neue Aminosäure u. eine neue Ketosäure entstehen (Transaminierung). T. enthalten als prosthet. Gruppe Pyridoxalphosphat* u. spielen beim Eiweißstoffwechsel eine große Rolle. Im menschl. Körper findet man hohe Konz. von T. v. a. in der Leber u. im Herzmuskel. Die Konz. im Serum ist normalerweise gering, steigt aber bei bestimmten Krankheiten infolge von Zellzerstörungen stark an (z. B. Lebererkrankungen, Infarkten) u. kann zur Diagnose solcher Erkrankungen herangezogen werden (s. Enzymdiagnostik), z. B. Glutamat-Oxalacetat-T. (GOT), Aspartat-Aminotransferase (AST), Glutamat-Pyruvat-T. (GPT). Zu einem erhöhten Serumtransaminasespiegel können auch Medikamente wie Antibiotika*, Antikonvulsiva*, Zytostatika* führen.

Transclomifen: s. Clomifen.

transdermale therapeutische Systeme: s. Systeme, transdermale therapeutische.

Transduktion: Übertragung von genet. Material von einer Bakterienzelle in eine andere mittels Bakteriophagen. Das transduzierte Fragment wird durch genet. Rekombination* in das genet. Material der Empfängerzelle eingebaut, was zum Gewinn einer neuen Eigenschaft führen kann.

Transfektion: Infektion von Bakterien mit isolierter Phagen-DNA.

Transferasen: s. Enzyme.

Transferrin: s. Siderophiline.

Transfer-RNA: s. tRNA.

Transformation: **1.** Umwandlung von Originalwerten (Messwerten), z. B. Logarithmierung, Umkehrung in reziproke Werte, um die nummerische (statist.) od. graph. Bearbeitung u. Darstellung von (Mess-)Werten zu ermöglichen od. deren (v. a. graph.) Darstellung zu erleichtern. Damit kann eine annähernde Normalverteilung* der Messwerte od. eine Linearisierung erreicht werden, das heißt eine lineare Abhängigkeit der abhängigen Variablen von der od. den unabhängigen Variablen; s. Funktion. **2.** genet. Veränderung, hervorgerufen durch den Einbau von freier, lösl. DNA einer Spenderzelle in eine Empfängerzelle. Übertragung gereinigter, auch rekombinanter DNA auf Bakterien- od. auch höhere Zellen; vgl. Gentechnologie).

Transketolase: Enzym des Pentosephosphat-Zyklus*, das eine C_2-Einheit von einer Ketose abspaltet u. auf die Aldehydgruppe einer Aldose überträgt. Das Enzym enthält Thiaminpyrophosphat als Coenzym u. benötigt Mg^{2+}.

Transkript: RNA-Kopie eines DNA-Abschnittes.

Transkriptase: s. RNA-Polymerase.

Transkriptase, reverse: syn. RNA-abhängige DNA-Polymerase, reverse DNA-Polymerase; Enzym der Retroviren (s. Virusklassifikation) für die reverse Transkription* viraler RNA in ein komplementäres DNA-Provirus, das in die DNA der Wirtszelle integriert wird. Vgl. HIV-Erkrankung, Reverse-Transkriptase-Hemmer, nucleosidische; Reverse-Transkriptase-Hemmer, nicht-nucleosidische.

Transkription: Umschreibung der genet. Informationen der DNA in RNA, v. a. in mRNA, also DNA-abhängige RNA-Synthese. Vorgang der Bildung eines RNA-Moleküls von einer doppelsträngigen DNA als Matrix. Die Basensequenz der DNA wird in eine komplementäre Basenfolge der RNA übertragen. Die wachsende RNA-Kette wird von der Matrize freigesetzt, so dass sich der Prozess sofort wiederholen kann. Die Reaktion wird durch das Enzym RNA-Polymerase* katalysiert. Sie verknüpft in Gegenwart von DNA die Nucleosidtriphosphate unter Pyrophosphatabspaltung zu einem Polynucleotid. Die T. in der Zelle ist ein regulierter Prozess, d. h. die Information einzelner Gene wird nicht ständig, sondern in Abhängigkeit von den Erfordernissen der Zelle unter dem Einfluss unterschiedl. Signale abgerufen.

Transkriptionseinheit: DNA-Abschnitt, der nicht nur Exons* u. Introns*, sondern auch alle für die Genexpression* wichtigen Kontrollelemente umfasst.

transkutan: syn. perkutan; durch die Haut hindurch.

Translation: Übersetzung der durch Transkription in mRNA umgeschriebenen genet. Information der DNA in die Aminosäuresequenz des Proteins.

Es handelt sich um die Synthese eines Proteinmoleküls mit einer mRNA als Matrize; dabei erfolgt an den Polyribosomen* eine Übersetzung der aus 4 Basen bestehenden Schrift der RNA in die aus 20 Aminosäuren bestehende Schrift der Proteine; vgl. Modifikation, posttranslationale; Prozessierung, posttranslationale.

translation inhibitory protein: s. Interferone.

Translokation: **1.** (bot.) Langstreckentransport von Wasser, Nährelementen od. Assimilaten in Pflanzen; meist zur Bez. des Assimilatetransports in Siebröhren verwendet. **2.** (genet.) Austausch von Chromosomensegmenten zw. nicht homologen Chromosomen; vgl. Chromosomenaberration.

Transmission: syn. Durchlässigkeit; Symbol T; dimensionsloser Wert, der das Verhältnis der Intensitäten von eingestrahltem (I_0) u. durchgelassenem Licht (I) beim Durchgang durch Materie angibt: $T = I/I_0$. Den negativen dekad. Logarithmus der T. bezeichnet man als Absorption* A:

$A = -\log T = \log (I_0/I)$

vgl. Photometrie, Spektroskopie.

Transmitter: Transmittersubstanzen; s. Neurotransmitter.

Transpiration: Schwitzen; von cholinergen Fasern des Sympathikus* gesteuerte Absonderung von Schweiß* aus exokrinen Drüsen. Man unterscheidet therm. Schwitzen zur Wärmeregulation u. emotionales Schwitzen bei psych. Anspannung. Die T. beträgt ca. 1-2 L/d, bei schwerster körperl. Arbeit bis zu 1.5 L/h.

Transplantation: Übertragung von Zellen, Geweben od. Organen auf ein anderes Individuum od. an eine andere Körperstelle zu therap. Zwecken. Z. B. Bluttransfusion*, T. von Hornhaut, Haut, Niere, endokrinen Organen (z. B. Inselzell- od. Pankreastransplantation).

Transport: Stoffverteilung bei der Resorption, Distribution u. Elimination, die die Überwindung von Barrieren, insbes. biol. Membranen, erfordert. Transportmechanismen s. Diffusion; Transport, aktiver; Resorption; Elimination*.

Transport, aktiver: Transport von Molekülen od. Ionen durch eine Biomembran gegen das Konzentrationsgefälle. Dies erfordert Energie, die z. B. durch Hydrolyse von ATP bereitgestellt werden kann. Das Transportsystem nutzt spezif. Carrier* u. ist sättigbar.

Transposon: springendes Gen; DNA-Abschnitt eines Chromosoms von charakterist. Länge, der enzymat. herausgelöst u. an anderer Stelle des Genoms eingefügt werden kann. Ein T. kann auch auf Plasmide (z. B. R-Faktor), Phagengenome u. a. übergehen u. zu entspr., teils auch pathogenen, Mutationen führen. Es handelt sich um ein od. mehrere Gene, Episom u. a., die beiderseits von einer kleineren, gegenläufig ident., nicht informativen Nucleotidsequenz (einem Insertionselement, -segment, Insertosom od. IS) begrenzt sind. T. sind u. a. bei Bakterien für die Anpassung (z. B. Resistenzausbreitung) von Bedeutung.

Transsudat (lat. sudare schwitzen): Erguss in Körperhöhlen u. Gewebe. Entsteht aufgrund allg. od. lokaler Stauungen infolge abnormer Durchlässigkeit der Kapillaren oder patholog. Zstzg. des Bluts u. der Körperkolloide. Im Ggs. zum Exsudat* ohne entzündl. Ursache.

Transurane: künstl. radioaktive Elemente, die — direkt od. indirekt — aus dem Uran darstellbar sind u. die im Periodensystem jenseits (trans) des Urans stehen (OZ 93-102, Actinoide). Es wurden bisher 10 T. entdeckt: Neptunium, Plutonium, Americium, Curium, Berkelium, Californium, Einsteinium, Fermium, Mendelevium, Nobelium mit mehr als 60 radioaktiven Isotopen. Alle T. sind instabil.

transurethral: durch die Harnröhre.

Tranylcypromin INN: (±)-*trans*-2-Phenylcyclopropylamin; CAS-Nr. 155-09-9; $C_9H_{11}N$, M_r 133.19. Sdp. 79-80 °C (200-213 Pa). pK_S der konjugierten Säure 8.2. **Anw.:** Antidepressivum, MAO-Hemmer; Ind.: Depressionen mit begleitenden Organbeschwerden, Phobien u. a. Störungen der Erlebnisverarbeitung; **UAW:** s. Psychopharmaka (Antidepressiva); HWZ 1.2-1.8 h. **Tranylcyprominsulfat:** $C_{18}H_{24}N_2O_4S$. Lösl. in Wasser, sehr leicht lösl. in Ethanol, Ether, fast unlösl. in Chloroform. **Tranylcyprominhydrochlorid:** $C_9H_{11}N \cdot HCl$. Schmp. 164-166 °C.

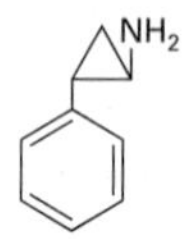

Tranylcypromin

Trapezregel: Trapezoidregel; Methode zur näherungsweisen Bestimmung der AUC*. Dabei wird die Fläche unter der Blutspiegel/Zeit-Kurve in trapezförmige Teilflächen zw. den jeweiligen Messzeiten sowie je ein rechtwinkliges Dreieck am Anfang und Ende eingeteilt (s. Abb.). Die AUC ergibt sich dann nach der Gleichung:

$$AUC = \frac{1}{2} \cdot C_1 \cdot t_1 + \frac{1}{2} \cdot (C_1 + C_2)(t_2 - t_1) + \ldots$$

$$+ \frac{1}{2} \cdot (C_{n-1} + C_n)(t_n - t_{n-1}) + \frac{C_n}{\beta}$$

c_1-c_n: Konz. (Plasmaspiegel) zum jeweiligen Messzeitpunkt; t_1-t_n: Messzeitpunkte (Blutentnahmezeiten); c_n: gemessene Konz. der letzten Probe zur Zeit t_n; β: terminaler Anstieg der Blutspiegel/Zeit-Kurve im halblogarithm. Maßstab.

Die ermittelte Fläche kommt der AUC umso näher, je mehr Messzeitpunkte vorliegen.

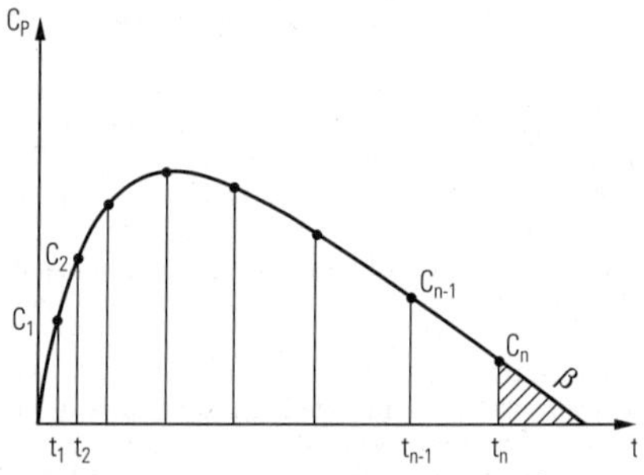

Trapezregel

Trapidil INN: Trapidilum Ph.Eur.4; *N,N*-Diethyl-5-methyl-[1,2,4]-triazolo-[1,5-*a*]-pyrimidin-7-amin; CAS-Nr. 15421-84-8; $C_{10}H_{15}N_5$, M_r 205.27. Schmp. 102-104 °C (kristallisiert aus Heptan). Gelbl., geruchloses, bitteres, krist. Pulver; leicht lösl. in Wasser, verd. Schwefelsäure, 10 %iger Ammoniaklsg., lösl. in Methanol, 2-Propanol, *n*-Butanol, Chloroform, wenig. lösl. in Diethylether, schlecht lösl. in Hexan. pK_S 2.79. **Wirk.**: Phosphodiesterasehemmer*, senkt durch Vasodilatation Vor- u. Nachlast des Herzens, koronardilatierend u. -spasmolyt.; hemmt die Thrombozytenaggregation (Hemmung der Thromboxan- u. Prostacyclinbildung); **Anw.**: ischäm. Herzkrankheit; **UAW**: u. a. gastrointestinale Beschwerden, Schwindel, allerg. Hautreaktionen; **Kontraind.**: akutes Kreislaufversagen, starke Hypotonie, Schwangerschaft (1. Trimenon); **Dos.**: p. o. 2-3 × 200 mg/d; HWZ 1-3 h.

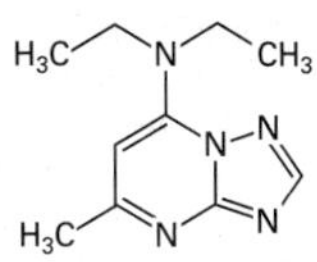

Trapidil

Trastuzumab INN: CAS-Nr. 180288-69-1; humanisierter monoklonaler Antikörper (IgG1) gegen den menschl. epidermalen Wachstumsfaktorrezeptor HER2*-neu. **Anw.**: Zytostatikum* zur Ther. des metastasierten Mammakarzinoms, bei HER2-neu-positivem Tumor; als Monother. od. in Kombination mit Paclitaxel*; **UAW**: kardiotox. Wirk., Schüttelfrost, Fieber, lokale Reizungen; **Kontraind.**: Herzinsuffizienz, schwere Ruhedyspnoe; **Dos.**: initial 4 mg/kg KG i. v.; als Erhaltungdosis 2 mg/kg KG i. v. pro Woche.

Traube: (lat.) racemus; (bot.) Blütenstandsform, s. Blütenstand.

Traubenholunder: s. Sambucus racemosa.

Traubenkernöl: aus Weintraubenkernen (Samen von Vitis* vinifera) durch Auspressen od. Extrahieren mit Benzin gew. Öl (Ausbeute 6-20 %). Grünl. goldgelbes Öl von süßl. bitterem Geschmack. D. 0.912-0.930; Schmp. −10 °C. VZ 176-195; IZ 130-160. **Best.**: Palmitin-, Stearin-, Linol-, Ölsäure. Gutes Speiseöl, auch techn. verwendbar.

Traubenkirsche: s. Prunus padus.

Traubenkirsche, Virginische: s. Prunus serotina.

Traubenkraut: s. Chenopodium ambrosioides var. ambrosioides.

Traubensäure: s. Weinsäure.

Traubensilberkerze: s. Cimicifuga racemosa.

Traubenzucker: s. Glucose.

Trauma (gr.): Verletzung; **1.** körperl.: Wunde*. **2.** psych.: Schädigung durch erhebl. seel. Belastung u./od. unzureichende Bewältigungsmöglichkeit.

Traumanase: s. Bromelaine.

Traumaticinum: Guttaperchalösung; DAB6, Lsg. von 1 T. kleingeschnittenem Guttapercha* in 9 T. Chloroform. **Anw.**: Verschließen kleiner Wunden; wird vielfach auch mit Arzneistoffen, wie Chrysarobin, Iodoform versetzt; vgl. Collodium.

Traumatin: Traumatinsäure; 2-Dodecendisäure. Eine zweibasige, ungesättigte Fettsäure; pflanzl. Wundhormon.

Travoprost INN: (*Z*)-Isopropyl-7-[(1*R*,2*R*,3*R*,5*S*)-3,5-dihydroxy-2-{(1*E*,3*R*)-3-hydroxy-4-[3-(trifluormethyl)phenoxy]but-1-enyl}cyclopentyl]hept-5-enoat; CAS-Nr. 157283-68-6; $C_{26}H_{35}F_3O_6$, M_r 500.6. logP 4.1; pK_S 13.5 (ber.); schwer lösl. in Wasser. **Wirk.**: Prostaglandin* F_2-Analogon; **Anw.**: Antiglaukomatosum*; **UAW**: okuläre Hyperämie, Augenjucken bzw. -schmerzen; **Dos.**: 40 µg/mL Lsg.; 1 Tr./d zum Eintropfen in den Augenbindesack.

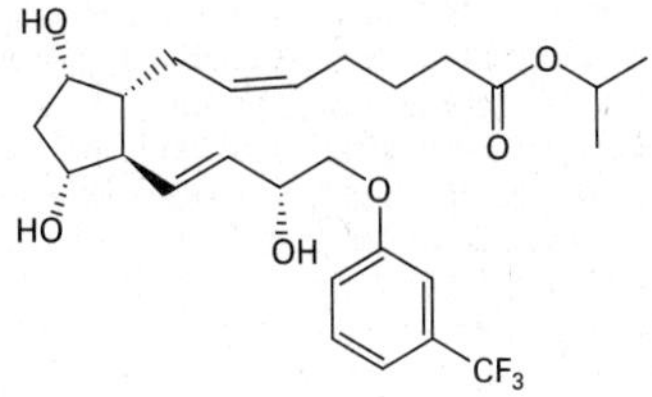

Travoprost

Trazodon INN: 2-{3-[4-(3-Chlorphenyl)-1-piperazinyl]propyl}[1,2,4]triazolo[4,3-*a*]pyridin-3(2*H*)-on; CAS-Nr. 19794-93-5; $C_{19}H_{22}ClN_5O$, M_r 371.88. Schmp. 86-87 °C. pK_S 6.14 (Ethanol 50 %). **Wirk.**: T. beeinflusst als Serotoninwiederaufnahme*-Hemmer den zentralen Turnover von Serotonin u. Dopamin, jedoch nicht den von Noradrenalin. **Anw.**: Psychotherapeutikum, Antidepressivum (s. Psychopharmaka); Ind.: Depressionen mit Angst- u. Spannungszuständen sowie Schlafstörungen, Altersdepression; **UAW**: Sedierung, Schwindel, Kopfschmerz, Übelkeit, Erbrechen, Durchfall, Schwäche, Gewichtsschwankungen, Brady- od. Tachykardie, Ruhe- u. Schlaflosigkeit, allerg. Hautreaktionen, vermindertes Reaktionsvermögen; **Dos.**: p. o. ambulant 1-3 × 50 mg/d, stationär 3 × 0.1 g/d; parenteral i. v. 25 mg/d, Infusion i. v. 0.1 g in 250 mL isotoner NaCl-Lsg., 40 Tr./min; HWZ 4 h bzw. 10-12 h (Metaboliten). Gebräuchl. ist auch Trazodonhydrochlorid.

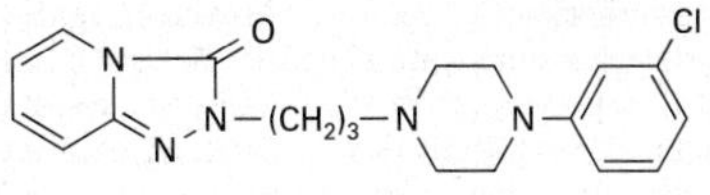

Trazodon

Treffertheorie: s. Strahlenbiologie.

Trehala-Manna: s. Trehalose.

Trehalose: M_r 342.30; ein nicht reduzierendes Disaccharid aus 2 Glucopyranosidresten; rechtsdrehend. Je nach Art der glykosid. Bindung unterscheidet man 3 Formen. T. findet man in Algen, Bakterien, in zahlreichen niederen u. höheren Pilzen sowie vereinzelt in photosynthet. inaktiven Pflanzengeweben. Sie wird durch viele Pilzenzyme gespalten u. durch einzelne Hefearten vergoren. T. ist der Blutzucker einer in Syrien u. Persien heim. Rüsselkäferart (Trehala-Manna).

Treibgase: Treibmittel zur Zerstäubung, Vernebelung u. Verschäumung von Suspensionen, Lösungen u. Emulsionen aus Druckgaspackungen*. **Eigenschaften:** T. müssen auf Haut od. Schleimhaut bzw. beim Einatmen physiol. unbedenklich u. chem. indifferent gegenüber Arzneistoffen u. Behälter- u. Ventilmaterialien sein. T. sollen weder brennbar noch explosiv sein u. für eine gute Versprühbarkeit u. einen konstanten Doseninnendruck eine gewisse Löslichkeit im Lösungsmittel des Arzneistoffes aufweisen. Am ehesten erfüllen druckverflüssigte T. (Gase mit niedrigem Sdp.) u. davon Mischungen aus versch. niedermolekularen Fluor-Chlor-Kohlenwasserstoffen bzw. mit Propan, Butan u. Isobutan die oben aufgezählten Anforderungen. Je höher der Grad der Halogenierung, desto geringer die Brennbarkeit u. der Dampfdruck. Je höher der Grad der Chlorierung, desto besser die Lösungseigenschaften für lipophile Substanzen, desto geringer der Dampfdruck. Je höher der Grad der Fluorierung, desto geringer die Lösungseigenschaften für lipophile Substanzen u. desto höher der Dampfdruck. Durch Mischen versch. Typen von T. können die erforderl. Eigenschaften optimal auf das jeweilige Aerosol* eingestellt werden. Eine Mischung z. B. aus gleichen Teilen Trichlormonofluormethan (0.89 bar bei 20 °C; zu tief, sehr gute Lösungseigenschaften, aber quellend auf Dichtungen) u. Dichlordifluormethan (5.67 bar bei 20 °C; zu hoch, schlechte Lösungseigenschaften, Dichtungen entquellend) ergibt ein T., das bei 20 °C einen funktionsgerechten Druck von 3.28 bar u. ausreichende Lösungseigenschaften aufweist u. sich gegenüber Dichtungen indifferent verhält. **Umweltaspekt:** Trotz aller Vorteile werden die noch häufig eingesetzten FCKW jedoch aufgrund ihrer zerstörenden Wirkung auf die Ozonschicht* der Erde immer mehr durch andere Gase (Propan, Butan, Stickstoff, Kohlendioxid etc.) u. neuerdings durch Fluorkohlenwasserstoffe od. Hydrofluoralkane (HFA) ersetzt. Die HFA tragen nicht zum Abbau der Ozonschicht bei, leisten aber einen Beitrag zum Treibhauseffekt. Unter den HFA konnte mit dem Typ 134a die anfangs größeren techn. Umstellprobleme am besten gemeistert werden. Eine andere Alternative besteht in der Verwendung von Pumpaerosolen, s. Aerosole. **Anwendungsform:** Druckverflüssigte Gase liegen in einem Gleichgewicht teilweise verflüssigt, teilweise gasförmig (eigentl. Treibmittel) in den Druckgaspackungen vor. Der über dem verflüssigten Gas herrschende Dampfdruck ist bei konstanter Temp. eine Stoffkonstante. Deshalb sinkt der Innendruck durch Freiwerden des Gases bei der Anw. nicht ab, solange noch verflüssigtes Gas vorliegt. Für spezielle Zwecke werden druckverdichtete T., v. a. N_2, CO_2 u. N_2O verwendet. Mit Ausnahme von N_2 (für Salben u. Pasten) lösen sie sich im flüss. Inhalt der Druckgaspackungen. Als Treibmittel für Zweikammer-Druckgaspackungen dient neben N_2 auch komprimierte Luft.

Trematodes: Saugwürmer; blattförmige Würmer mit 2 Saugnäpfen. Die Fortpflanzung erfolgt über Generationswechsel, Endwirt sind Mensch, Säugetiere u. Vögel. Med. relevante Gattungen: Fasciola hepatica (großer Leberegel), Dicrocoelium dentriticum (kleiner Leberegel), Paragonimus (Lungenegel), Schistosoma (Pärchenegel, s. Schistosomiasis).

Tremor: Zittern; unwillkürl. auftretende, weitgehend rhythm. aufeinander folgende Kontraktionen antagonist. wirkender Muskeln. **Formen:** nach der Amplitude des Ausschlags als grob-, mittel- od. feinschlägiger T.; **Vork.:** z. B. bei Parkinson*-Syndrom.

Trenbolon INN: 17*β*-Hydroxyestra-4,9,11-trien-3-on; CAS-Nr. 10161-33-8; $C_{18}H_{22}O$, M_r 270.4. **Anw.:** Anabolikum*, auch unzulässigerweise in der Tiermast.

Trennemulsionen: Fett- od. Siliconölemulsionen u. a., mit denen z. B. Backformen, Suppositorienformen, in der Industrie Pressformen von Kunststoffen eingestrichen werden, um eine leichte Herauslösung der Formlinge zu ermöglichen.

Trennrohrverfahren: Verfahren zur Trennung von Isotopen*. Das Verfahren beruht auf der Thermodiffusion, der zufolge in einem Gasgemisch mit versch. Temperaturbereichen (das Clusiustrennrohr wird an einem Ende erhitzt, am anderen abgekühlt) sich die leichteren Moleküle im warmen, die schweren Moleküle im kälteren Bereich ansammeln. Je größer die Temperaturunterschiede im Gasgemisch, umso größer ist der Effekt der therm. Diffusion. **Gesch.:** erfunden 1938 von Klaus Clusius (1903-1963) u. Gerhard Dickel.

Trennungsgewebe: (bot.) Gewebe aus kleinen Parenchymzellen mit wenigen Interzellularen an der Basis von Blatt-, Frucht- u. Blütenstielen, das am Blatt-, Blüten- u. Fruchtfall beteiligt ist. Das bereits früh angelegte T. differenziert erst unter geeigneten Bedingungen vollständig aus, was schließl. z. B. zum Blattfall führt.

Treosulfan INN: Dihydroxybusulfan; L-*threo*-2,3-Dihydroxytetramethylen-bis(methansulfonat); CAS-Nr. 299-75-2; $C_6H_{14}O_8S_2$, M_r 278.3. Schmp. ca. 102 °C. Weißes, geruchloses, krist. Pulver. **Anw.:** Zytostatikum*, Alkylans nach Metabolisierung über das Monoepoxid zu L-Diepoxybutan; HWZ 2.2 h.

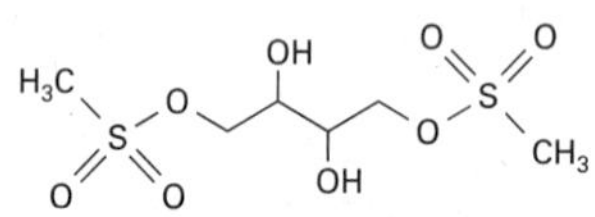

Treosulfan

Treponema: Gattung gramnegativer, spiralförmiger, anaerober Stäbchenbakt. der Fam. Spirochaetaceae*. Med. relevante Spezies: T.* pallidum, T. pertenue, T. carateum; Vork. im Oral-, Intestinal- u. Genitaltrakt von Mensch u. Tier.

Treponema pallidum: Erreger der Syphilis*; s. Treponema, vgl. Bakterien.

Tretamin INN: Tretaminum, Triethylenmalin; 2,4,6-Triethylen-imino-1,3,5-triazin; Zytostatikum zur Behandlung von Leukämien u. neoplast. Erkrankungen.

Tretinoin INN: Tretinoinum Ph.Eur.4, Vitamin-A-Säure, all-*trans*-Retinsäure; all-*trans*-3,7-Dimethyl-9-(2,6,6-trimethyl-1-cyclohexenyl)-2,4,6,8-nonatetraensäure; CAS-Nr. 302-79-4; $C_{20}H_{28}O_2$, M_r

300.42. Schmp. 180-182 °C (unter Zers.; kristallisiert aus Ethanol). Fast unlösl. in Wasser; lösl. in Ether; schwer lösl. in Ethanol, Chloroform; vgl. Vitamine (Vitamin A). **Anw.**: Dermatotherapeutikum (bei Akne, äußerl.); **UAW**: Hautreizungen; **Kontraind.**: akute Hautausschläge; darf nicht mit Schleimhäuten u. Augen in Kontakt kommen; vgl. Retinoide; **Dos.**: topisch als Salbe, Gel 0.05 %.

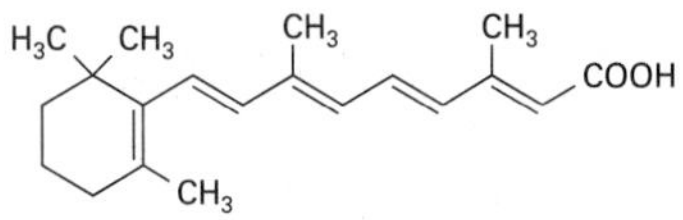

Tretinoin

TRH: s. Protirelin.
tri-: Wortteil mit der Bedeutung drei.
Tri: s. Trichlorethylen.
Triacetin INN: Glyceroli triacetas Ph.Eur.4, Glyceroltriaceteat (Abk. GTA), Glyceryltriacetat, 1,2,3-Propantriyl-triacetat; 1,2,3-Triacetoxypropan; CAS-Nr. 102-76-1; $CH_3COOCH(CH_2OCOCH_3)_2$, $C_9H_{14}O_6$, M_r 218.21. Schmp. −78 °C; Sdp. 258-260 °C (101.32 kPa), 172 °C (5.33 kPa). $n_D^{20\,°C}$ 1.4306-1.4318. Lösl. in Wasser bei 15 °C 6.85-7.17 %. Klare, farblose od. schwach gelbl. Flüss., lös. in Wasser 1:14, mischbar mit Ethanol, Ether, Chloroform, Benzol; schwer lösl. in Schwefelkohlenstoff; Oberflächenspannung (20 °C) 37.5 mN/m. **Off.**: Ph.Eur.4; **Anw.**: Lösemittel, Weichmacher, Salbenbestandteil; in der Aromenindustrie zugelassen.

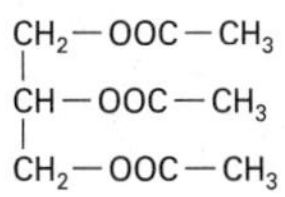

Triacetin

Triacetyloleandomycin: s. Troleandomycin.
Triacontanol: s. Myricylalkohol.
Triacylglycerinbiosynthese: s. Fettbiosynthese.
Triaden: Anordnung chem. verwandter Elemente in Dreiergruppen; Vorläufer der Gruppen des Periodensystems* der Elemente.
Triamcinolon INN: Triamcinolonum Ph.Eur.4, 9-Fluor-16*α*-hydroxyprednisolon; 9-Fluor-11*α*,16*β*,17,21-tetrahydroxypregna-1,4-dien-3,20-dion; CAS-Nr. 124-94-7; $C_{21}H_{27}FO_6$, M_r 394.45. Schmp. 269-271 °C. $[\alpha]_D^{25\,°C}$ +75° (Aceton). Lösl. in Wasser 1:500, in Ethanol 1:240; schwer lösl. in Methanol; sehr schwer lösl. in Chloroform, Ether. **Anw.**: Corticosteroidther.; **Dos.**: p. o. Initialdos. 16-32 mg, Erhaltungsdos. 2-3×4 mg/d; parenteral i. m. Depot 40 mg alle 1-4 Wochen od. 80 mg alle 3-8 Wochen; intraartikulär, periartikulär 5-40 mg; lokal 3-10 mg/cm² Haut; topisch 0.1 %ige Salbe, Creme; HWZ 3-5 h bzw. 3 Wochen (Metaboliten); vgl. Hormone. Hingewiesen sei auch auf Triamcinolonacetonid*; Triamcinolon-16*α*,21-diacetat; Triamcinolon-16*α*,17*α*-acetonid-21-dihydrogenphosphat, Triamcinolonhexacetonid*.

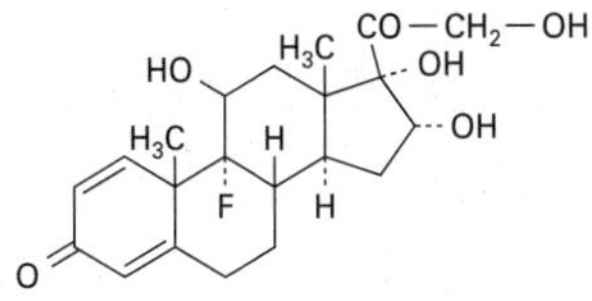

Triamcinolon

Triamcinolonacetonid: Triamcinoloni acetonidum Ph.Eur.4, Triamcinolonum acetonatum; 9-Fluor-11*β*,21-dihydroxy-16*α*,17-(1-methylethylidendioxy)pregna-1,4-dien-3,20-dion; CAS-Nr. 76-25-5; $C_{24}H_{31}FO_6$, M_r 434.5. Schmp. 292-294 °C. $[\alpha]_D^{20\,°C}$ +100 bis +107° (c=1 in Dioxan). Weißes, krist. Pulver; fast unlösl. in Wasser, wenig lösl. in Chloroform u. Ethanol, sehr schwer lösl. in Ether. **Anw.**: Corticosteroidther., vgl. Triamcinolon.
Triamcinolonacetonid-Creme 0.1 %: s. Cremor Triamcinoloni 0.1 per centum.
Triamcinolonacetonid-Dermalspiritus: s. Spiritus Triamcinoloni dermalis.
Triamcinolonhexacetonid INN: Triamcinoloni hexacetonidum Ph.Eur.4; 9-Fluor-11*β*,21.dihydroxy-16*α*,17-(1-methylethylidendioxy)pregna-1,4-dien-3,20-dion-21-(3,3-dimethylbutanoat); CAS-Nr. 5611-51-8; $C_{30}H_{41}FO_7$, M_r 532.66. Schmp. 295-296 °C (unter Zers.), nach anderer Angabe Schmp. 271-272 °C (unter Zers.). $[\alpha]_D^{25\,°C}$ +90 bis +96° (c=1 in Chloroform). Lösl. bei 25 °C in Chloroform u. Dimethylacetamid >5 g/100 mL, Ethylacetat 0.77 g/100 mL, Methanol 0.59 g/100 mL, Diethylcarbonat 50 mg/100 mL, Glycerol 0.42 g/100 mL, Propylenglykol 0.13 g/100 mL, absolutem Ethanol 30 mg/100 mL, Wasser 0.4 mg/100 mL. **Anw.**: Corticosteroidther.; **Dos.**: parenteral intraartikulär 2-20 mg; vgl. Triamcinolon.
Triammoniumphosphat: s. Ammoniumphosphat.
Triamteren INN: Triamterenum Ph.Eur.4, 2,4,7-Triamino-6-phenylpteridin; 2,4,7-Triamino-6-phenyl-pyrazino[2,3-*d*]pyrimidin; CAS-Nr. 396-01-0; $C_{12}H_{11}N_7$, M_r 253.26. Schmp. 316 °C (kristallisiert aus Butanol); Schmp. 327 °C (aus DMF). Gelbes, krist., geruchloses Pulver. Lösl. 1:1000 in Wasser, 1:3000 in Ethanol, 1:4000 in Chloroform; sehr schwer lösl. in Essigsäure u. verd. Mineralsäuren; fast unlösl. in Ether u. verd. Alkalihydroxidlsg.; lösl. 1:30 in Ameisensäure, 1:85 in 2-Methoxyethanol. pK_S der konjugierten Säure 6.2. **Anw.**: Kalium retinierendes Diuretikum*, Begleitther. bei Herzglykosiden, Ödemen; **UAW**: Verdauungsstörungen, Hyperkaliämie, Kopfschmerzen, Übelkeit; Blutbild, insbes. Folsäuremangel u. Megaloblastose beachten; **Dos.**: p. o. 2×50 mg/d; HWZ 2.8-4 h bzw. 3 h (Metaboliten).

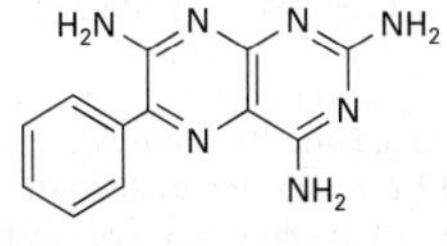

Triamteren

Triazine: aromat. Sechsringverb., die 3 Stickstoffatome im Ring enthalten. $C_3H_3N_3$, M_r 81.08. 3 Stellungsisomere: 1,2,3-Triazin (vicinales Triazin), 1,2,4-Triazin (asymmetr. Triazin) u. 1,3,5-Triazin (symmetr. Triazin).

Triaziquon INN: Tris-(1-aziridinyl)-*p*-benzochinon; CAS-Nr. 68-76-8; $C_{12}H_{13}N_3O_2$, M_r 231.2. Schmp. 163 °C. Wenig lösl. in kaltem Wasser, lösl. in Aceton u. Xylol. **Wirk.** u. **Anw.:** Zytostatikum*; bes. Wirksamkeit geg. Entamoeba histologica.

Triazolam INN: Chlorazolam; 8-Chlor-6-(2-chlorphenyl)-1-methyl-4*H*-1,2,4-triazolo[4,3-*a*][1,4]benzodiazepin; CAS-Nr. 28911-01-5; $C_{17}H_{12}Cl_2N_4$, M_r 343.22. Schmp. 233-235 °C (kristallisiert aus 2-Propanol). Wenig lösl. in Wasser; lösl. in Ethanol. **Anw.:** Sedativum*, Schlafmittel*; **Dos.:** 0.25-0.5 mg; HWZ 2.3 h bzw. 4 h (Metaboliten); vgl. Benzodiazepine.

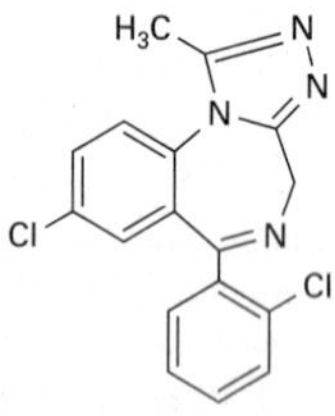

Triazolam

Triazole: aromat. Fünfringverb., die 3 Stickstoffatome im Ring enthalten. $C_2H_3N_3$. 2 Stellungsisomere: 1,2,3-Triazol (Osotriazol) u. 1,2,4-Triazol (Pyrrodiazol).

Tribenosid INN: Tribenosidum Ph.Eur.4; Ethyl-3,5,6-tri-*O*-benzyl-D-glucofuranosid; CAS-Nr. 10310-32-4; $C_{29}H_{34}O_6$, M_r 478.56. Sdp. 270-280 °C (160 Pa). $[\alpha]_D^{26\,°C}$ +8° (in Chloroform). **Anw.:** venöse Zirkulationsstörungen (Hämorrhoidalbeschwerden); **Dos.:** p.o. 2×0.4 g/d.

Tribolumineszenz: durch Reibung hervorgerufene Leuchterscheinung (nicht therm. Leuchten oder Glühen); vgl. Lumineszenz.

Tribophysik: s. Molekulargalenik.

Tribromaldehydhydrat: Bromalum hydratum, Bromalhydrat; $Br_3C-CH(OH)_2$, M_r 299. Farblose Kristalle. **Anw.** med.: wie Chloralhydrat*, jedoch obsolet, da giftiger u. weniger wirksam.

Tribromethanol: Tribromethylalkohol; CAS-Nr. 75-80-9; Br_3C-CH_2OH, M_r 282.8. Schmp. 81 °C (polymorph). Weißes, krist. Pulver, wenig lösl. in Wasser, lösl. in Ethanol, Ether, Benzol, leicht lösl. in Chloroform u. Amylenhydrat. Lösungstemp. max. 40 °C, bei höherer Temp. u. in wässrigen Lsg. tritt Zers. in Dibromacetaldehyd u. Bromwasserstoff ein. **Anw.** med.: früher als rektales Basisnarkotikum sowie bei Tetanus u. Eklampsie; **Dos.:** 0.06-0.1 g/kg KG. Gebräuchl. ist auch eine Lsg. von Tribromethanol in Amylenhydrat (1 g/mL).

Tribrommethan: s. Bromoform.

Tribromphenol: Phenolum tribromatum; $C_6H_2Br_3OH$. Farblose Kristalle od. krist. Pulver, leicht lösl. in Ethanol, Ether, Chloroform, Glycerol, fetten u. äther. Ölen, in Wasser fast unlöslich. **Anw.** med.: Antiseptikum* u. Ätzmittel.

Tribromphenolbismut: Bismutum tribromphenylicum; Formel etwa $(C_6H_2Br_3O)_2BiOH \cdot Bi_2O_3$. Geh. mind. 44.9 % Bi. Zitronen- bis orangegelbes, feines, schweres Pulver, unlösl. in Wasser, Ethanol, Ether. **Darst.:** Umsetzen einer Lsg. von Bismutnitrat in Essigsäure mit einer Lsg. von Tribromphenolnatrium; **Off.:** DAB6; **Anw.** med.: früher innerl. bei Darmkatarrhen verwendet, z. B. bei der Choleraepidemie in Hamburg 1893, ferner bei Darmtuberkulose; äußerl. wie Iodoform*.

Tributylcitrat: Tributyl Citrate (INCI), Citronensäuretributylester; CAS-Nr. 77-94-1, $C_{18}H_{32}O_7$, M_r 360.44; farblose bis leicht gelbe Flüssigkeit, Sdp. 170 °C, mischbar mit Aceton, Ethylalkohol u. Chloroform, unlösl. in Wasser. Weichmacher*, physiol. unbedenkl., für Tablettenfilmüberzüge u. äußerl. anzuwendende Präparate.

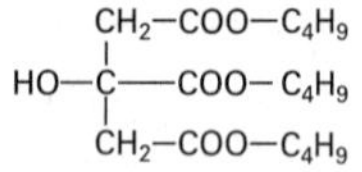

Tributylcitrat

Tributylphosphat: Tri-*n*-butylphosphat; Phosphorsäure-tri-*n*-butylester, $C_{12}H_{27}PO_4$, M_r 266.3. Sdp. 226 °C (unter Zers.). Farblose Flüssigkeit. **Anw.:** Weichmacher für Kunststoffe.

Tricalciumphosphat: s. Calciumphosphat.

Tricarballylsäure: s. 1,2,3-Propantricarbonsäure.

Tricarbonsäurezyklus: Citratzyklus, Citronensäurezyklus, Krebs-Zyklus (nach Hans A. Krebs, Oxford, Nobelpreis 1953); die wichtigste zykl. Reaktionsfolge für den oxidativen Endabbau der Kohlenhydrate, Fette u. Proteine (s. Abb. 1). CO_2 entsteht durch oxidative Decarboxylierung von Ketosäuren. In Verb. mit der Atmungskette* kommt es zur Synthese der energiereichen Verb. ATP. Neben Energie liefert der T. Zwischenprodukte für Biosynthesen. Aus Zwischenprodukten des T. können zahlreiche Substanzgruppen entstehen u. versch. Stoffwechselzyklen treten in Wechselbeziehungen (s. Abb. 2). Der T. läuft bei Eukaryonten in den Mitochondrien ab, in enger struktureller Beziehung zur Atmungskette u. zum Fettsäureabbau. Bei den Prokaryonten ist der T. im Zytoplasma lokalisiert. Die biol. Bedeutung des T. liegt in der Oxidation u. Spaltung der Acetylgruppe des Acetyl-Coenzym A in 2 Moleküle CO_2. Dabei entstehen viermal 2 Wasserstoffatome, die auf NAD^+ od. FAD übertragen werden. Die Regeneration dieser Coenzyme erfolgt über die Atmungskette, wobei die Wasserstoffatome zu Wasser oxidiert werden. Die Oxidationen im T. erfolgen durch Wasseranlagerung u. anschließende Dehydrierung; Sauerstoff spielt keine direkte Rolle:

$CH_3CO{\sim}SCoA + 3\ H_2O \rightarrow 2\ CO_2 + 8\ [H] + HSCoA$

Initialreaktion des T. ist die Kondensation des Acetyl-Coenzym A mit Oxalacetat, die durch die Citratsynthase katalysiert wird. Unter Wasseraufnahme entstehen Citrat u. freies Coenzym A. Aus dem Citrat wird über 7 weitere enzymat. katalysierte Reaktionsschritte das Oxalacetat regeneriert. Reaktionen 3 u. 4 sind mit Decarboxylierun-

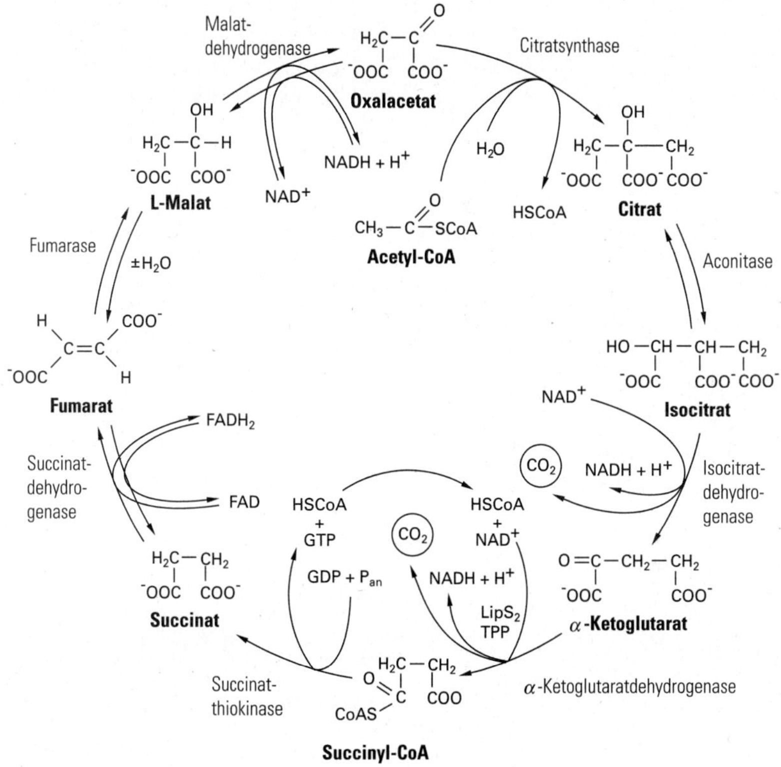

Tricarbonsäurezyklus Abb. 1: Übersichtsdarstellung [23]

gen verbunden. **Energiebilanz:** 900 kJ (215 kcal) chem. Energie, davon 810 kJ (193.4 kcal) über die Atmungskette. Ein Teil dieser Energie wird zur Synthese von 12 Molekülen ATP verbraucht, was ca. 40 % der gesamten freien Energie entspricht. Der T. steht über Oxalacetat mit der Gluconeogenese* in Verbindung. Er ist ferner Ausgangspunkt für die Synthese mehrerer Aminosäuren, bes. Asparaginsäure u. Glutaminsäure. Succinyl-Coenzym A ist eine Ausgangsverb. für die Biosynthese der Porphyrine, z. B. Häm, Chlorophyll u. Vitamin B_{12}. Unter Einbeziehung weiterer Zwischenprodukte kann der T. abgewandelt werden. Solche Nebenwege des T. sind der Gamma*-Aminobutyrat-Weg, der Glyoxylatzyklus* u. der Succinat*-Glycin-Zyklus. Bei den dem T. analogen Reaktionen werden Schritte des T. für die Biosynthese anderer wichtiger Verb. genutzt, z. B. Leucin, Lysin. **Regulation:** Das Verhältnis ADP/ATP u. NAD^+/NADH + H^+ hat regulator. Einfluss auf den T., wobei bes. die Regulation der Isocitratdehydrogenase von Bedeutung ist. Das Enzym wird durch ADP aktiviert, ATP u. NADH wirken als Hemmstoffe. Weitere Angriffspunkte einer Regulation sind die Acetyl-Coenzym A-, Oxalacetat- u. Citratsynthese. Oxalacetat fungiert als Katalysator bei der Oxidation von Acetyl-Coenzym A zu CO_2. Oxalacetat wirkt als Hemmstoff der Succinatdehydrogenase u. Malatdehydrogenase. Der Oxalacetatspiegel wird durch Carboxylierung* von Pyruvat wieder aufgefüllt. Da der T. nur in Verb. mit der Atmungskette abläuft, wird seine Aktivität auch vom Sauerstoffangebot reguliert.

Trichinella spiralis: Trichine, parasitärer Fadenwurm, s. Nematodes. Erreger der Trichinose*; **Vork.:** ubiquitär; durch obligate Trichinenbeschau des Fleisches zurückgehend; **Entw.:** über Wirts- u. Organwechsel, Darmtrichine u. Muskeltrichine.

Trichinose: syn. Trichinellose; Trichinenbefall, Wurmerkrankung des Menschen. **Erreger:** zu den Nematodes* zählende Trichinella* spiralis, die sich in der Dünndarmschleimhaut zu Adultwürmern entwickeln u. deren Larven in die Muskelgewebe wandern; Infektion durch Verzehr von nicht ausreichend erhitztem, Larven enthaltendem (Schweine-)Fleisch; **Ther.:** Albendazol u. Mebendazol als Anthelminthika in den ersten Tagen nach Infektion schwächen den weiteren Verlauf ab; **Prophylaxe:** Kochen bzw. Durchbraten des Fleisches, Fleischbeschau.

1,2,3-Trichlorbenzol: vicinales Trichlorbenzol; $C_6H_3Cl_3$, M_r 181.5. Schmp. 53 °C. Sdp. 219 °C. **Anw.:** Termitengift, Lösungsmittel.

Trichlorbutanol: s. Chlorobutanol.

Trichloressigsäure: Acidum trichloraceticum; CAS-Nr. 76-03-9; CCl_3COOH, M_r 163.4. Schmp. 55-61 °C. Sdp. ca. 196 °C. Farblose, leicht zerfließl.

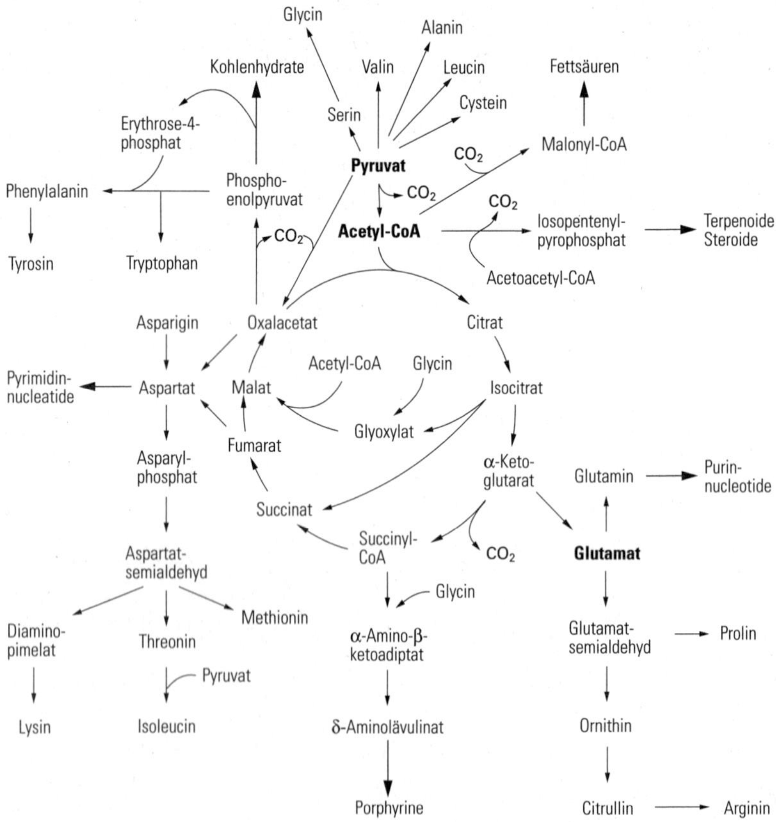

Tricarbonsäurezyklus Abb. 2: vereinfachtes Schema der biosynthetischen Funktionen [23]

Kristalle, von schwach stechendem Geruch, ätzend; sehr leicht lösl. in Wasser, Ethanol 96 %, Ether, Chloroform. **Darst.:** Oxidation von Chloralhydrat mit rauchender Salpetersäure. **Off.:** ÖAB90, DAC86. **Anw.** med.: äußerl. als Ätzmittel (50 %) bei Warzen u. Hornhaut; in der Harn- u. Blutanalyse als eiweißfällendes Mittel.

Trichlorethylen: Ethylentrichlorid, Trichlorethylenum Ph.Eur.4, Tri; CAS-Nr. 79-01-6; $ClHC{=}CCl_2$, C_2HCl_3, M_r 131.4. Schmp. −73° C. Sdp. 86-88 °C. D. 1.464-1.470. Klare, farblose, nicht brennbare, an Licht leicht zersetzl. Flüss., von chloroformartigem Geruch; wenig lösl. in Wasser, leicht lösl. in Ethanol u. Ether. **Darst.:** Erhitzen von Acetylentetrachlorid mit Calciumhydroxid. **Handhabung:** Aufbewahrung zur med. Verw. in Ampullen, in denen es auch abgegeben wird. Längeres Erhitzen ist zu vermeiden. Als Konservierungsmittel dient Ammoniumcarbonat, max. 20 mg auf 100 mL, od. 10-15 mg Thymol auf 100 mL. **Anw.:** früher Inhalationsnarkotikum, 10-mal wirksamer als Chloroform*, aber geringe therap. Breite; techn.: Lösungs-, Extraktions- u. Reinigungsmittel für Fette, Öle, Harze, Lacke, Kautschuk.

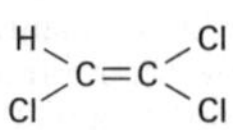

Trichlorethylen

Trichlorfon: s. Metrifonat.

Trichlorisobutylalkohol: s. Chlorobutanol.

Trichlormethan: s. Chloroform.

Trichlormethiazid INN: 6-Chlor-3-(dichlormethyl)-3,4-dihydro-2*H*-1,2,4-benzothiadiazin-7-sulfonamid-1,1-dioxid; CAS-Nr. 133-67-5; $C_8H_8Cl_3N_3O_4S_2$, M_r 380.67. Schmp. 266-273 °C (kristallisiert aus Methanol/Aceton/Wasser, unter Zers.; andere Angabe: 248-250 °C). Lösl. bei 25 °C in Wasser 0.8 mg/mL, in Ethanol 21 mg/mL, in Methanol 60 mg/mL; sehr schwer lösl. in Chloroform, Ether; lösl. in Dioxan 1:9, in DMF ca. 1:5; leicht lösl. in Aceton. **Anw.:** Saluretikum (vgl. Diuretika), Antihypertensivum*, Ödeme; **UAW, Kontraind.** u. **WW:** s. Bendroflumethiazid; **Dos.:** p.o. 2-3×4 mg/d, bei Ödemen 1×4 mg/d, Erhaltungsdos. 1×4 mg/d alle 2-3 d; HWZ 2-3 h.

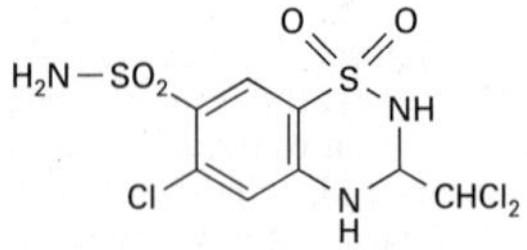

Trichlormethiazid

Trichlormethin: s. Stickstofflost.

Trichlorphenol: Phenolum trichloratum; $C_6H_2(OH)Cl_3$, M_r 197.46. Schmp. 67 °C (polymorph). Verwendet wird 2,4,5-T. u. 2,4,6-T.; farblose Kristalle, intensiver phenol. Geruch; schwache Säure; leicht lösl. in Ethanol, Ether, Glycerol, in Wasser unlösl. **Anw.** med.: Antiseptikum*, Fungizid*; techn.: Herst. von 2,4,5-Trichlorphenoxyessigsäure* (vgl. TCDD).

2,4,5-Trichlorphenoxyessigsäure: Abk. 2,4,5-T; $C_8H_5Cl_3O_3$; M_r 255.49; Schmp. 153 °C. Wenig lösl. in Wasser, lösl. in Ethanol; Natriumsalz leicht lösl. in Wasser. Handelsprodukte oft in Mischung mit 2,4-D (s. 2,4-Dichlorphenoxyessigsäure) u. mit TCDD* (Dioxin) verunreinigt. **Anw.:** Herbizid (s. Schädlingsbekämpfungsmittel); Entlaubungsmittel (im Vietnamkrieg eingesetzt).

Trichlorsilan: s. Siliciumchloroform.

Trichlor-*tert*-butylalkohol: s. Chlorobutanol.

Trichlortriethylamin: s. Stickstofflost.

1,1,2-Trichlortrifluorethan: $C_2Cl_3F_3$, M_r 187.4. d_{20}^{20} ca. 1.58. Farblose, flüchtige Flüss.; prakt. unlösl. in Wasser, mischbar mit Aceton u. Ethanol. **Anw.:** Reagens Ph.Eur.4.

Trichoderma polysporum: s. Ciclosporin.

Tricholinum citricum: s. Cholincitrat.

Trichome (gr. thrix Haar): Pflanzenhaare; (bot.) Anhangsgebilde der Epidermis, die aus Epidermismeristemoiden hervorgehen, ein- u. mehrzellig, z. B. Drüsenhaare, Wurzelhaare u. Borstenhaare.

Trichomonas: Gattung mehrgeißeliger birnenförmiger Flagellaten; s. Protozoen. Med. relevante Spezies: T. vaginalis (syn. T. urogenitalis), Erreger der Trichomoniasis; Ther. mit Antiprotozoenmitteln*.

Trichomycin: s. Hachimycin.

Trichophytie: Infektionskrankheit der Haut durch Pilze der Gattung Trichophyton*. **Formen:** **1.** oberflächl. T.: am gesamten Körper, insbes. auf der behaarten Haut auftretende ringförmige entzündl. Herde; **2.** tiefe T.: vorwiegend auf dem behaarten Kopf u. im Bartbereich auftretend, führt zu Knoten u. Abszessen; vgl. Antimykotika.

Trichophyton: Gattung Fadenpilze, s. Pilze (Fungi imperfecti). Verursacher von Dermatomykosen, befallen v. a. Haut, Haare, Nägel; vgl. Trichophytie.

Trichosanthes kirilowii Maxim: Schlangenkürbis; Fam. Cucurbitaceae (Ostasien). Stpfl. von **Radix Trichosanthidis:** Tian Hua Fen (Abk. THF). **Inhaltsst.:** Saponine* u. Trichosanthin*; **Anw.:** in der TCM v. a. bei Husten.

Trichosanthin: Compound Q; CAS-Nr. 60318-52-7, M_r ca. 26 000. Ein aus 234 Aminosäuren bestehendes, lineares Protein aus Trichosanthes* kirilowii. **Wirk.:** abortiv, immunsuppressiv u. antiviral; zytostat. bei bestimmten Krebszellen.

Trichterwinde: s. Rivea corymbosa.

Trichuris trichiura: Peitschenwurm, s. Nematodes.

Triclocarban INN: 3,4,4'-Trichlorcarbanilid; 1-(4-Chlorphenyl)-3-(3,4-dichlorphenyl)urea; CAS-Nr. 101-20-2; $C_{13}H_9Cl_3N_2O$, M_r 315.59. Schmp. 256 °C. Fast unlösl. in Wasser; lösl. 1:25 in Aceton, 1:100 in Propylenglykol, 1:100 in Dimethylphthalat, 1:10 bis 1:4 in Polyethylenglykol. **Anw.:** Bakteriostatikum, Hautantiseptikum.

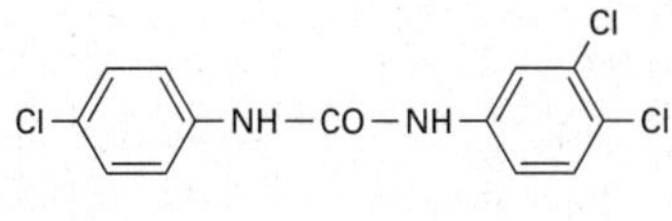

Triclocarban

Triclofenat: Triclofenas; chem. Kurzbez. für 2,4,5-Trichlorphenolat.

Triclosan INN: 5-Chlor-2-(2,4-dichlorphenoxy)phenol; CAS-Nr. 3380-34-5; $C_{12}H_7Cl_3O_2$, M_r 289.53. Schmp. 54-57.3 °C. Fast unlösl. in Wasser; sehr leicht lösl. in den meisten org. Solvenzien; lösl. 1:3 in 4 %iger NaOH-Lösung. pK_S 7.9. **Anw.:** Desinfektionsmittel* zur Anw. auf der Haut; **Dos.:** topisch Hautdesinfektion 0.1-2 %.

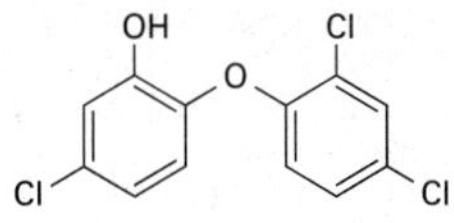

Triclosan

Tricosan: $C_{23}H_{48}$, M_r 324.6. Schmp. ca. 48 °C. $n_D^{20\,°C}$ ca. 1.447. Weiße Kristalle; prakt. unlösl. in Wasser, lösl. in Ether u. Hexan. **Anw.:** Reagens Ph.Eur.4.

Triethanolamin: Trihydroxytriethylamin; $C_6H_{15}NO_3$, M_r 149.19. D. 1.124. Farbloses bis gelbl., nach Fisch riechende, ölige Flüss. von glycerolartiger Konsistenz, an der Luft dunkler werdend u. Wasserdampf u. Kohlensäure anziehend. Lösl. in Aceton u. Chloroform, wenig lösl. in Ether, Benzin u. Benzol; mischbar mit Wasser, Ethanol, Glycerol, Glykol; starke Base; bildet mit Fettsäuren seifenartige Salze, die nicht nur in Wasser, sondern auch in Mineralölen u. Petroleum leicht lösl. sind. **Off.:** DAC79, ÖAB90, Ph.Helv.7. **Anw.:** T. u. Triethanolamin-Seifen in der Waschmittel- u. pharmaz. Industrie als Emulgatoren* u. Salbengrundlagen, zur Herst. von Waschmitteln u. kosmet. Präparaten (Rasiercremes, Hautcremes, Haarwaschmitteln, Brillantinen, Dauerwellenpräparaten), ferner in der Textil-, Leder- u. Linoleumindustrie u. z. B. als Polier-, Appretur-, Schmiermittel, zu Abbeizmitteln, Schädlingsbekämpfungsmitteln. Ferner wird T. zur Absorption von CO_2 aus Industriegasen verwendet (Regeneration erfolgt durch einfaches Erwärmen der Lösung). Wegen der Möglichkeit der Bildung von Nitrosaminen* zur Herst. von Arneimitteln kaum noch verwendet.

Triethanolaminstearat: O/W-Emulgator. Inkomp.: kationische Stoffe (Bildung eines schwer lösl. Salzes, kann zum Brechen des Emulsionssystems führen).

Triethylamin: Triethylazan; *N*,*N*-Diethylethylamin; $C_6H_{15}N$, M_r 101.2. Schmp. ca. –115 °C. Sdp. ca. 90 °C. $n_D^{20\,°C}$ ca. 0.725. d_{20}^{20} ca. 1.40. Flüss. mit starkem, ammoniakal. Geruch, schwer lösl. in Wasser unter 19 °C, mischbar mit Ethanol u. Ether. **Anw.:** Reagens Ph.Eur.4; z. B. bei der Gehaltsbestimmung von Isopropylmyristat.

Triethylcitrat: Triethyl Citrate (INCI); CAS-Nr. 77-93-0; $C_{12}H_{20}O_7$, M_r 276.3. Sdp. 127 °C. Farblose, ölige Flüss. mit esterartigem Geruch, mischbar mit Ether, Ethylalkohol, Benzol u. Chloroform. Physiol. unbedenkl. Weichmacher*, für die Herst. topischer Präparate u. Trägerstoff für in Druckgaspackungen abgefüllte Antitranspirants (Zusatz ca. 6 %). Das fertige Präparat hinterlässt auf Textilien prakt. keine Flecken.

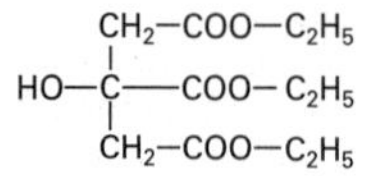

Triethylcitrat

Triethylendiamin: 1,4-Diazabicyclo[2,2,2]octan; $C_6H_{12}N_2$, M_r 112.2. Schmp. ca. 158 °C. Sdp. ca. 174 °C. Sehr hygroskop. Kristalle, bereits bei Raumtemp. leicht sublimierend; leicht lösl. in Wasser, Aceton u. wasserfreiem Ethanol. **Anw.:** Reagens Ph.Eur.4.

Triethylenglykol: Abk. TEG, Triglykol; HO–$(CH_2)_2$–O–$(CH_2)_2$–O–$(CH_2)_2$–OH, $C_6H_{14}O_4$, M_r 150.17. D. 1.138. Schmp. –5 °C. Sdp. 230 °C. Farb- u. geruchlose Flüss., lösl. in Wasser u. Ethanol. **Anw.:** zur Desinfektion u. Entkeimung von Räumen (T. soll noch in einer Verd. 1:200 Mio wirksam sein), als Zerstäubungsmittel, ferner als Lösungsmittel von Cellusolseestern u. Harzen, als Heizbadflüssigkeit.

Triethylenmelamin: s. Tretamin.

Trifluoperazin INN: 10-[3-(4-Methyl-1-piperazinyl)propyl]-2-trifluormethylphenothiazin; CAS-Nr. 117-89-5; $C_{21}H_{24}F_3N_3S$, M_r 407.49. Sdp. 202-210 °C (80 Pa). **Anw.:** Neuroleptikum (s. Psychopharmaka), Antihistaminikum*; Tranquilizer; **UAW:** s. Chlorpromazin, exprapyramidale Störungen häufiger als andere UAW; **Dos.:** p. o. 2×2 mg/d, stationär bis 15 mg/d; oral retard 1×2 mg/d; HWZ 12 h. **Trifluoperazindihydrochlorid:** Trifluoperazini hydrochloridum Ph.Eur.4, Trifluoperazinum hydrochloricum; CAS-Nr. 440-17-5; $C_{21}H_{26}Cl_2F_3N_3S$, M_r 480.4. Schmp. 242-243 °C. Blassgelbes, feines, hygroskop. Pulver; leicht lösl. in Wasser, lösl. in Ethanol, unlösl. in verd. Basen, Ether, Benzol; $pK_{S,1}$ 3.9, $pK_{S,2}$ 8.1.

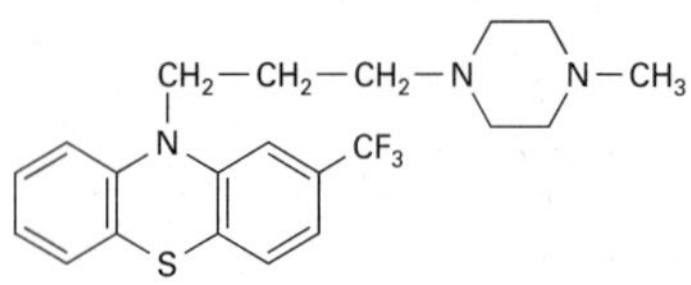

Trifluoperazin

Trifluperidol INN: 4'-Fluor-4-[4-hydroxy-4-(3-trifluormethylphenyl)piperidino]butyrophenon; CAS-Nr. 749-13-3; $C_{22}H_{23}F_4NO_2$, M_r 409.43. Schmp. 93-95 °C. **Anw.:** stark wirkendes Neuroleptikum, s. Psychopharmaka; **Dos.:** p. o. 3×0.5-1 mg/d; parenteral (i. m., i. v.) Initialdos. 1-3×2.5 mg/d, dann p. o. Einnahme; HWZ 15-20 h. **Trifluperidolhydrochlorid:** Trifluperidoli hydrochloridum; CAS-Nr. 2062-77-3; $C_{22}H_{24}ClF_4NO_2$, M_r 445.9. Weißes, krist. Pulver; schwer lösl. in Wasser, leicht lösl. in Methanol, lösl. in Ethanol. **Off.:** DAC86.

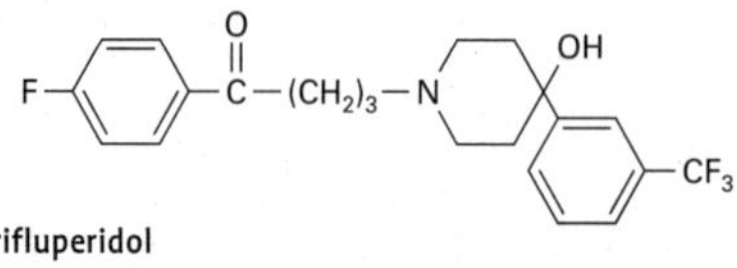

Trifluperidol

Triflupromazin INN: Trifluormethylpromazin; 10-(3-Dimethylaminopropyl)-2-trifluormethylphenothiazin; CAS-Nr. 146-54-3; $C_{18}H_{19}F_3N_2S$, M_r 352.44. Sdp. 176 °C (93.3 Pa), 162-164 °C (53.3 Pa). $n_D^{23\,°C}$ 1.5780. Fast unlösl. in Wasser. **Anw.:** Antiemetikum, Neuroleptikum (s. Psychopharmaka), Ataraktikum; zur Narkosevorbereitung, Geburtseinleitung, Neuroleptanalgesie; **UAW:** s. Psychopharmaka (Neuroleptika); **Dos.:** p. o. als Tranquilizer 2-3 × 10 mg/d; als Neuroleptikum 1-4 × 50 mg/d; parenteral zur Narkosevorbereitung u. als Antiemetikum* 10 mg, rektal als Antiemetikum Suppositorien 70 mg; HWZ ca. 6 h. **Triflupromazinhydrochlorid:** $C_{18}H_{20}ClF_3N_2S$. Schmp. 174-176 °C (unter Zers.; polymorph). Lösl. in Wasser, Ethanol, Aceton; pH einer 2 %igen Lsg. in Wasser 4.1.

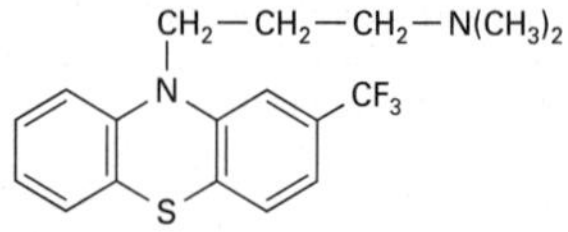

Triflupromazin

Trifluridin INN: 2'-Desoxy-5-trifluormethyluridin; 1-(2-Desoxy-β-D-ribofuranosyl)-5-trifluormethyluracil; CAS-Nr. 70-00-8; $C_{10}H_{11}F_3N_2O_5$, M_r 296.21. Schmp. 186-189 °C (kristallisiert aus Ethylacetat). **Anw.:** Augenarznei*, Virostatikum* geg. herpet. Hornhauterkrankungen, Keratitis dendritica.

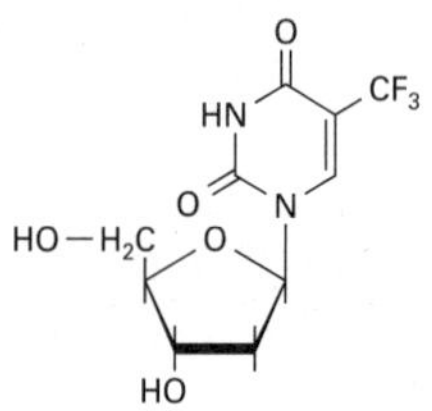

Trifluridin

Trifolium pratense L.: Wiesenklee, Rotklee; Fam. Fabaceae (Europa u.Mittelasien, eingebürgert in Nordamerika). **Inhaltsst.:** Isoflavone u. org. Säuren wie Ascorbinsäure, in den Blüten aromat. Best. wie Methylsalicylat, Benzylalkohol u. a. sowie Cyanidin (s. Anthocyanidine); **Anw.** volkstüml.: die Blüten bei Husten; äußerl. bei Hautkrankheiten; Rotklee-Extrakt bei Beschwerden im Klimakterium, vgl. Phytoestrogene (bisher ohne Wirksamkeitsnachweis).

Hom: *Trifolium pratense:* verord. z. B. bei Husten.

Trigeminusneuralgie: anfallartige, meist einseitig auftretende Schmerzen im Versorgungsgebiet des N. trigeminus; evtl. mit Kontraktionen der mim. Muskulatur, Rötung des Gesichts, Tränen- u. Schweißsekretion verbunden. **Idiopath. T.:** meist nach dem 50. Lebensjahr, bes. bei Frauen; Symptome: spontan auftretende sekundenlange Schmerzattacken; Auslösung durch versch. Reize (Kälte, Sprechen, Niesen, Berührung bestimmter Hautareale, sog. Trigger-Zonen); schmerzfreie Intervalle zw. den Anfällen; Ther.: medikamentös, v. a. mit Carbamazepin*, evtl. Analgetika od. Psychopharmaka; bei Versagen evtl. Thermokoagulation des Ganglion Gasseri od. operative Dekompression des N. trigeminus in der hinteren Schädelgrube; **symptomat. T.:** meist vor dem 40. Lebensjahr, bei Erkrankungen der Augen, Zähne, Sinusitis, Stoffwechselkrankheiten, Intoxikationen, mechan. Schädigung, Infektionen, vaskulären Erkrankungen u. Multipler Sklerose auftretend; Symptome: u. U. beidseitige Schmerzanfälle, meist Dauerschmerz nach deren Abklingen; evtl. Sensibilitätsstörungen u. neurolog. Ausfälle; Ther.: z. B. mit Carbamazepin*.

Triglyceride: Verb. von Glycerol*, in denen die 3 OH-Gruppen mit Fettsäuren verestert sind. Die nat. Fette* u. Öle bestehen im Wesentl. aus Gemischen von Triglyceriden.

Triglyceride, mittelkettige: Triglycerida saturata media Ph.Eur.4, Triglycerida mediocatenalia, Oleum neutrale, Miglyol®*; bestehen zu mind. 95 % aus Triglyceriden gesättigter C_8- bis C_{10}-Fettsäuren. Hauptsächl. Caprylsäure (C_8, 50-80 %) u. Caprinsäureester (C_{10}; 20-50 %), max. 2 % Carpon, 1 % Myristin- u. max. 3 % Laurinsäureester. Farblose, ölige Flüss.; unlösl. in Wasser, mischbar mit Dichlormethan, Chloroform, Ether, Petrolether, fetten Ölen. D. 0.93-0.96; $n_D^{20\,°C}$ 1.440-1.452; Viskosität: 25-33 mPa·s; SZ max. 0.2; IZ max. 1.0; POZ max. 1.0; OHZ max. 10, VZ 310-360; UA max. 0.5 %, Wasser max. 0.2 %. **Herst.:** aus dem festen u. getrockneten Teil des Endosperms von Cocos* nucifera od. Elaeis* guineensis. **Anw.:** Träger für Arzneiformen (z. B. Suspensionen, Säfte, Tropfen, Weichgelatinekapseln etc. wasserempfindl. Antibiotika); Best. von Salben, Cremes u. Emulsionen; Lösungsvermittler für äther. Öle; Antiklebemittel bei Tablettierung u. Dragierung. Das Öl zeichnet sich durch bes. gute Hautverträglichkeit, ausgezeichnete Stabilität u. hohes Lösevermögen für zahlreiche Arzneistoffe aus u. eignet sich auch für die parenterale Ernährung. Lagerung vor Licht geschützt, in möglichst vollständig gefüllten, dem Verbrauch angemessenen Behältnissen.

Triglyceroldiisostearat: Triglyceroli diisostearas, Triglycerolum diisostearinicum; CAS-Nr. 90431-25-7. Ein Ester überwiegend aus Diisostearaten des Triglycerols; gelbl., opake, dickflüssige Substanz; lösl. in Ether. **Off.:** DAC86. **Anw.:** nichtionischer Emulgator für W/O-Cremes.

Triglykol: s. Triethylenglykol.

Trigonella foenum-graecum L.: Bockshornklee; Fam. Fabaceae, Leguminosae (heim. westl. Asien, kult. Deutschland, Mittelmeergebiet, Indien, China). Stpfl. von **Trigonellae foenugraeci semen:** Semen Foenugraeci, Semen Trigonellae, Bockshornsamen, Hornkleesamen, Griechischer Heusamen, Kuhhornkleesamen; der grob gepulverte Samen. **Off.:** Ph.Eur.4, ÖAB90, Ph.Helv.8; **Inhaltsst.:** ca. 25-45 % Schleim (Mannogalactane, s. Leguminosenschleim, vgl. Schleimstoffe), ca. 8 % fettes Öl, ca. 27 % Eiweiß, Flavonoide, fast 0.5 % Trigonellin*, freie od. veresterte Sterole; ca. 1.5 % Steroidsaponine sowie Steroidsaponin-Peptidester (z. B. Foenugraecin), Aglyka sind z. B. Diosgenin u. Yamogenin; 0.01 % äther. Öl (für den typ. Geruch ist 3-Hydroxy-4,5-dimethyl-2(5*H*)-furanon verantwortl.); QZ mind. 6; **Anw.:** äußerl. bei lokalen Entzündungen; innerl. bei Appetitlosigkeit; volkstüml.: bei Katarrhen der oberen Luftwege sowie bei Diabetes zur Senkung des Blutzuckerspiegels; als Gewürz (auch Best. von Curry); **Semen foenugraeci ad usum veterinarium:** Bockshornkleesamen für vet. Zwecke. **Anw.:** zu Fress- u. Mastpulvern.

Hom: *Trigonella foenum-graecum (HAB 2000),* Foenum graecum: reife, getrocknete Samen.

Trigonellin: Nicotinsäuremethylbetain; $C_7H_7NO_2$. Farblose Kristalle, leicht lösl. in Wasser, lösl. in Ethanol, unlösl. in Ether. Eines der einfachsten Alkaloide, ein Pyridinalkaloid, ohne physiol. Wirkung. **Vork.:** nat. weit verbreitet, z. B. in Bockshornsamen, Hafer, Erbsen, Hanf, Sojabohnen, Strophanthus-Samen, Kartoffeln, Dahlienknollen u. geröstetem Kaffee.

Trihexyphenidyl INN: 1-Cyclohexyl-1-phenyl-3-piperidino-1-propanol; CAS-Nr. 144-11-6; $C_{20}H_{31}NO$. **Anw.:** Parasympatholytikum*, Antiparkinsonmittel* mit überwiegend zentraler anticholinerger Wirk.; vgl. Parkinson-Syndrom; **Dos.:** p. o. Initialdos. 1×1 mg/d, Erhaltungsdos. langsam erhöhen um 1 mg/d, MTD 20 mg/d auf 3-4 ED verteilt; oral retard 1×5 mg/d u. U. 2-mal/d. **Trihexyphenidylhydrochlorid:** Trihexyphenidyli hydrochloridum Ph.Eur.4; CAS-Nr. 52-49-3 $C_{20}H_{32}ClNO$, M_r 337.9. Schmp. 247-253 °C (unter Zers.; polymorph). Gelbl. weißes, krist. Pulver; lösl. in 150 T. Wasser, 10 T. Methanol, 25 T. Ethanol, 30 T. Chloroform. **Off.:** DAC86.

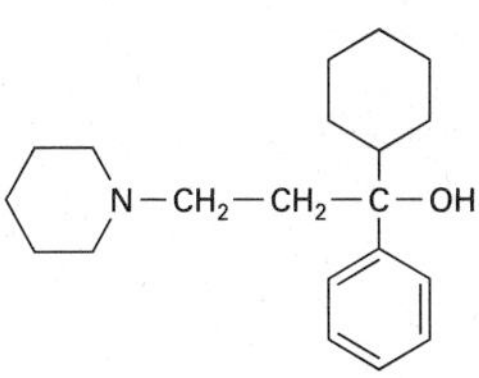

Trihexyphenidyl

Trihydroxy-: Trioxy-; Bez. für Verb., die 3 OH-Gruppen enthalten.

Trihydroxybenzoesäure: s. Gallussäure.

Trihydroxybenzol: s. Pyrogallol; Phloroglucin.

Trihydroxypropan: s. Glycerol.

Trihydroxypurin: s. Harnsäure.

Triiodmethan: s. Iodoform.

Triiodthyronin: s. Liothyronin; Hormone (Schilddrüse).

Trikalium-Bismut(III)-dicitrat: s. Bismutdicitrat, basisches.

Trikaliumcitrat: s. Kaliumcitrat.
Trikaliumphosphat: s. Kaliumphosphat.
Triketohydrindenhydrat: s. Ninhydrin.
Trikresol: Gemisch aus *o*-, *m*-, u. *p*-Cresol*.
Trikresylphosphat: Abk. TKP; Phosphorsäuretritoluylester, $(H_3C-C_6H_4-O-)_3P=O$, $C_{21}H_{21}O_4P$, M_r 368.4. Schmp. 77.5-78 °C. Sdp. 340 °C. D. 1.72-1.179. Geruch- u. farblose, ölige Flüss., lösl. in Ethanol, Ether, Chloroform, Benzol, Eisessig, Lipoiden, fast unlösl. in Wasser. **Anw.:** Weichmacher u. Schmiermittel in der techn. Industrie. **Tox.:** *o*-T. kann sowohl äußerl., z. B. nach Kontakt mit einem *o*-T.-behandelten Werkstoff, wie innerl., z. B. als Ölersatz in Likören, zu Vergiftungen führen. *m*- u. *p*-T. sind ungiftig.
Trillium erectum L.: Trillium pendulum Willd., Waldlilie; eine 5 cm hohe Waldpflanze der Fam. Liliaceae (Canada, USA). Stpfl. von **Radix Trillii erecti:** Rhizoma Trillii erecti. **Inhaltsst.:** Saponine u. Gerbstoffe; **Anw.** volkstüml.: z. B. bei Husten.
Hom: *Trillium pendulum:* frischer Wurzelstock mit Wurzeln; verord. z. B. bei diffusen Blutungen.
Trimazosin INN: 4-(4-Amino-6,7,8-trimethoxy-2-chinazolinyl)-1-piperazincarbonsäure; CAS-Nr. 35795-16-5; $C_{20}H_{29}N_5O_6$, M_r 435.5. Schmp. 158-159 °C. **Trimazosinhydrochlorid:** $C_{20}H_{30}ClN_5O_6$. Schmp. 166-169 °C. **Wirk.** u. **Anw.:** Antihypertensivum*; Alpha-1-Blocker. Eine Reflextachykardie u. Toleranzentwicklung tritt kaum auf, da T. die Freisetzung von Noradrenalin aus dem Neuron kaum hemmt. **UAW:** gastrointestinale Beschwerden, Benommenheit, Kopfschmerzen; **Dos.:** initial 100 mg/d, kann gesteigert werden.
Trimebutin INN: 3,4,5-Trimethoxybenzoesäure-2-(dimethylamino)-2-phenylbutylester; CAS-Nr. 39133-31-8; $C_{22}H_{29}NO_5$, M_r 387.48. **Trimebutinmaleat:** CAS-Nr. 34140-59-5. **Wirk.** u. **Anw.:** Spasmolytikum* mit lokalanästhet. Wirk. auf glatte Muskulatur; **UAW:** Müdigkeit, gastrointestinale Beschwerden, trockener Mund; **Dos.:** 3 × 100 mg/d.

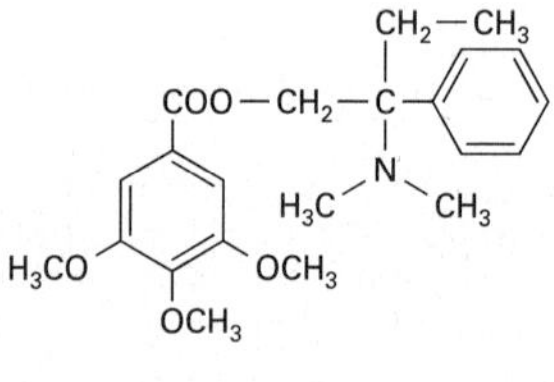

Trimebutin

Trimecain INN: Diethylaminoacet-2,4,6-trimethylanilid; CAS-Nr. 616-68-2; $C_{15}H_{24}N_2O$, M_r 248.4. Schmp. 44 °C. **Anw.:** Lokalanästhetikum*. **Trimecainydrochlorid:** Schmp. 140 °C.
Trimedoximbromid: s. TMB-4.
Trimellitsäureanhydrid: cycl. Anhydrid der Benzol-1,2,4-carbonsäure; $C_9H_4O_5$, M_r 192.1. Schmp. 163 °C. **Anw.:** Herst. von Harzen, Klebstoffen u. wasserverdünnbaren Lacken.
Trimenon (gr. men Monat): Zeitraum von 3 Monaten. Die **Schwangerschaftsdauer** wird in 1.-3. Trimenon eingeteilt: 1.-13. SSW, 14.-26. SSW, 27.-39./40. SSW.

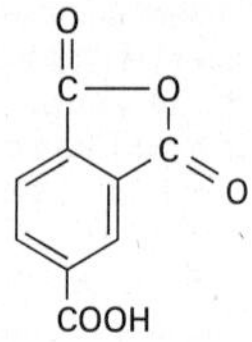

Trimellitsäureanhydrid

Trimeprazine: s. Alimemazin.
Trimer: Verb., die aus 3 ident. Molekülen zusammengesetzt sind (Trimerisation).
Trimethadion INN: Trimethadionum Ph.Eur.4; 3,5,5-Trimethyl-2,4-oxazolidindion; CAS-Nr. 127-48-0; $C_6H_9NO_3$, M_r 143.14. Schmp. 46-46.5 °C. Sdp. 78-80 °C (0.67 kPa). Farblose Kristalle, schwacher campherartiger Geruch; lösl. in Wasser ca. 5 %; leicht lösl. in Ethanol, Benzol, Chloroform, Ether; fast unlösl. in Petrolether. pH einer 5 %igen Lsg. ca. 6.0. **Anw.:** Antiepileptikum* bei Petit mal; **UAW:** sehr tox.; gastrointestinale Störungen, Photophobie, Störung des Farbsehens, Sedierung, Blutbildungsstörungen, Allergien, Hauterscheinungen, Nierenschäden; **Dos.:** p. o. 2-3 × 0.3 g/d, nach einigen Tagen, je nach Ansprechen der Ther., herabsetzen; Kinder 0.3 g/d, erhöhen auf 0.9 g/d falls nötig; vgl. Paramethadion.

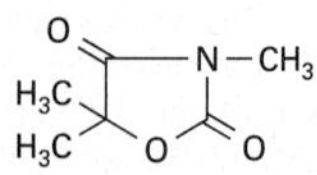

Trimethadion

Trimethoprim INN: Trimethoprimum Ph.Eur.4; 2,4-Diamino-5-(3,4,5-trimethoxybenzyl)pyrimidin; CAS-Nr. 738-70-5; $C_{14}H_{18}N_4O_3$, M_r 290.32. Schmp. 199-201 °C (polymorph). Weißes, geruchloses Pulver; mehrere Kristallformen sind bekannt. Lösl. bei 25 °C in *N,N*-Dimethylacetamid 138.6 g/L, in Benzylalkohol 72.9 g/L, in Propylenglykol 25.7 g/L, in Chloroform 18.2 g/L, in Methanol 12.1 g/L, in Wasser 0.4 g/L, in Ether 30 mg/L, in Benzol 20 mg/1L. pK_S der konjugierten Säure 7.0 (20 °C), 6.6 (38 °C). **Wirk.:** Hemmung der Folsäurebiosynthese durch Inaktivierung der Dihydrofolsäurereduktase; **Anw.:** Chemotherapeutikum*; bakteriostat. geg. ein breites Spektrum von Mikroorganismen einschließl. E. coli, Klebsiellen u. Proteus; Ind.: akute Harnweginfekte; **Hauptverwendung:** in Kombination mit Sulfonamiden*, Chemotherapeutika*, Cotrimazin*, Cotrifamol*, Cotrimoxazol*, Cosoltrim*; **UAW:** bei Langzeitbehandlungen; **Dos.:** p. o. 2 × 0.2 g/d; HWZ 10-11 h.

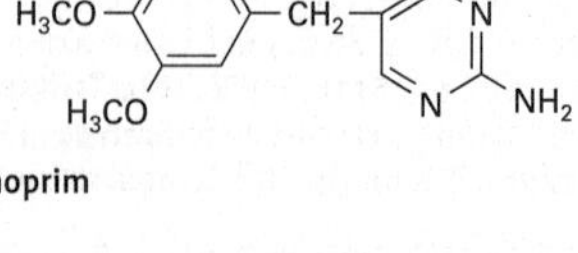

Trimethoprim

2,4,5-Trimethoxybenzoesäure: s. Asaronsäure.
Trimethoxymethan: s. Trimethylorthoformiat.
Trimethylamin: tertiäres Amin; $N(CH_3)_3$, M_r 59.1. Bei Raumtemp. farbloses Gas von durchdringend fischartigem, ammoniakal. Geruch, in Wasser sehr leicht lösl.; bei niederer Temp. farblose Flüssigkeit. **Vork.:** Best. der Heringslake, auch in der Melasseschlempe, aus der es durch Dest. gewonnen wird, sowie im Scheidensekret u. in versch. Chenopodium-Arten (z. B. Chenopodium vulvaria L., Stinkender Gänsefuß). **T. solutum:** T.-Lsg., Geh. ca. 9.5-10.45 % Trimethylamin. Farblose, flüchtige Flüss., die nach Heringslake riecht, bei Annäherung von Salzsäure weiße Nebel bildet u. mit Wasser u. Ethanol in jedem Verhältnis mischbar ist. **Anw.** med.: früher bei Erkrankungen des rheumat. Formenkreises u. bei akuter Pneumonie* verwendet; techn.: zur Herst. von Cholin*, Insektiziden, Desinfektionsmitteln.
Trimethylaminoessigsäure: s. Betain.
Trimethylammonium-acethydrazidchlorid: Girard*-Reagens P (Girard-Reagens T).
Trimethylenglykol: 1,3-Propandiol, $C_3H_8O_2$, M_r 76.1. Sdp. 216 °C. Mit Wasser u. Alkohol mischbare, süß schmeckende Flüssigkeit. **Anw.:** zu Kunststoffsynthesen.
Trimethylentrinitramin: s. Hexogen.
Trimethylglykokoll: s. Betain.
Trimethylorthoformiat: Orthoameisensäuremethylester, Methylorthoformiat; Trimethoxymethan, $C_4H_{10}O_3$, M_r 106.1. Sdp. 104 °C. **Anw.:** Synthesebaustein für diverse Arzneimittel, z. B. B-Vitamine (s. Vitamine, Vitamin-B-Gruppe) u. Purine.
Trimethyl-(β-oxyethyl)-ammoniumchlorid: s. Cholin.
Trimethyloxyethylammoniumhydroxid: s. Cholin.
Trimethylpyridine: s. Pyridin.
Trimethylxanthin: s. Coffein.
Trimetozin INN: 4-(3,4,5-Trimethoxybenzoyl)morpholin; CAS-Nr. 635-41-6; $C_{14}H_{19}NO_5$, M_r 281.30. Schmp. 120-122 °C. Schwer lösl. in Wasser, Ethanol, leicht lösl. in Chloroform, Methanol. **Anw.:** Tranquilizer, Psychosedativum, vgl. Psychopharmaka (Ataraktika).

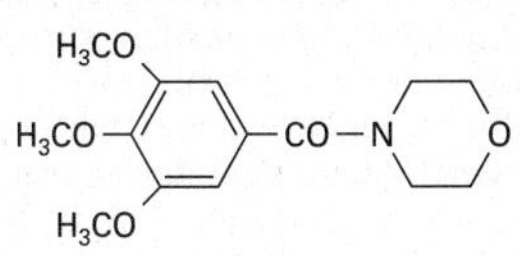

Trimetozin

Trimipramin INN: 5-(3-Dimethylamino-2-methylpropyl)-10,11-dihydro-5*H*-dibenz[*b,f*]azepin; CAS-Nr. 739-71-9; $C_{20}H_{26}N_2$, M_r 294.42. Schmp. 45°C. Fast unlösl. in Wasser, gut lösl. in Ethanol. **Anw.:** Antidepressivum vom Amitriptylin*-Typ; vgl. Psychopharmaka; **Dos.:** p. o. Initialdos. 1×25 mg/d, Erhaltungsdos. n. B. steigern bis 0.15 g/d u. mehr; bei leichten psych. Störungen 2-3×10 mg/d; parenteral i. m., i. v. 25 mg; HWZ 23 h. **Trimipraminhydrogenmaleat:** Trimipramini maleas Ph.Eur.4, Trimipraminum maleicum, Trimipraminum hydrogenomaleinicum; CAS-Nr. 521-78-8; $C_{24}H_{30}N_2O_4$, M_r 410.5. Weißes, krist. Pulver; schwer lösl. in Wasser u. Ethanol, leicht lösl. in Chloroform, fast unlösl. in Ether. Hingewiesen sei auch auf Trimipraminmesilat.

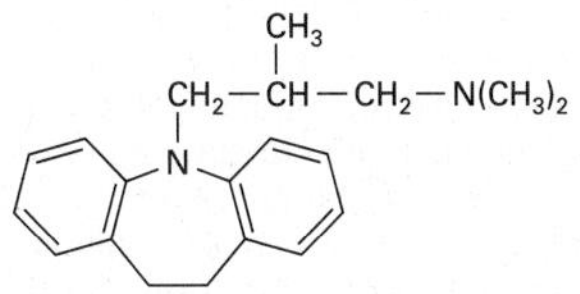

Trimipramin

Trinatriumorthophosphat: s. Natriumphosphat.
Trinitrin: s. Glyceroltrinitrat.
1,3,5-Trinitrobenzol: $C_6H_3(NO_2)_3$, M_r 213.1. Farblose Kristalle, leicht lösl. in Ethanol, Ether, Benzol. **Darst.:** Erhitzen von *m*-Dinitrobenzol mit rauchender Salpetersäure.
Trinitroglycerol: s. Glyceroltrinitrat.
Trinitrokresol: 2,4,6-Trinitro-*m*-cresol; $C_6H(CH_3)(NO_2)_3OH$, M_r 243.1. Schmp. 109.5 °C. D. 1.465. Gelbe Kristallnadeln, leicht lösl. in Ethanol, Ether, Benzol. **Darst.:** Nitrierung von *m*-Cresol*. **Anw.:** Sprengstoff (Cresylit).
Trinitrophenol: s. Pikrinsäure.
Trinitrotoluol: Abk. TNT, Trotyl; $C_6H_2(CH_3)(NO_2)_3$. D. 1.645. Schmp. 80.8 °C. Gelbl. Kristallnadeln od. weiße bis gelbl. krist. Masse. **Anw.:** meistverwendeter Sprengstoff, z. T. mit Ammonium- od. Natriumnitrat gemischt.
Trinkampullen: zweispießige Ampullen zur Gabe flüssiger Peroralia. Beide gegenüberliegenden Ampullenhälse müssen abgebrochen werden, damit der Inhalt auslaufen kann (s. Ampullen).
Trinkwasser: s. Aqua.
Trinor-: s. Nor-.
-triol: s. Alkohole.
Triolein: Olein, Ölsäuretriglycerid; Ölsäureglycerilester (vgl. Fette); $C_3H_5(C_{17}H_{33}COO)_3$. D. 0.915. Schmp. –5 °C. Sdp. 238 °C. Gelbl. Öl, leicht lösl. in Ether u. Chloroform, lösl. in Ethanol, unlösl. in Wasser. Iodzahl 86.
Triosen: Monosaccharide mit 3 C-Atomen. Zu ihnen gehören D-Glycerinaldehyd u. Dihydroxyaceton. Ihre Phosphate sind wichtige Intermediärprodukte des Kohlenhydratstoffwechsels*.
Triosephosphate: D-Glycerinaldehyd-3-phosphat u. Dihydroxyacetonphosphat sind wichtige Zwischenprodukte der Glykolyse* u. der alkohol. Gärung*. Beide stehen über die gemeinsame Endiolform im Gleichgewicht. Die Reaktion wird durch Triosephosphat-Isomerase katalysiert. T. nehmen eine Schlüsselposition im Kohlenhydratstoffwechsel* ein; sie sind Zwischenprodukte der Gluconeogenese* u. bei der photosynthet. CO_2-Fixierung.
Trioxybenzoesäure: s. Gallussäure.
1,2,3-Trioxybenzol: s. Pyrogallol.
1,3,5-Trioxybenzol: s. Phloroglucin.
Trioxypropan: s. Glycerol.
Trioxypurin: s. Harnsäure.
Tripalmitin: Glyceroltripalmitat; $C_{51}H_{98}O_6$; M_r 807.3; Schmp. 65 °C. Best. nat. Fette*.

Tripel: Mineral, hauptsächl. aus Kieselgur (Siliciumdioxid*) bestehend, mit etwas Ton u. Eisenoxid. **Anw.:** Poliermittel, u. a. für Glas u. Stein.

Tripelennamin INN: Tripelennamin; *N*-Benzyl-*N*-2-pyridyl-*N,N*-dimethylethylendiamin; CAS-Nr. 91-81-6; $C_{16}H_{21}N_3$, M_r 255.35. Sdp. 167-172 °C (13.3 Pa), 185-190 °C (0.23 kPa). $n_D^{25\,°C}$ 1.5742. Mischbar mit Wasser. pK_S der konjugierten Säure 9.07. **Anw.:** Antihistaminikum*; **UAW:** s. Meclozin. **Tripelennaminhydrochlorid:** $C_{16}H_{22}ClN_3$. Schmp. 191 °C (polymorph). 1 g lösl. in 0.77 mL Wasser, 6 mL Ethanol, 6 mL Chloroform, 350 mL Aceton, fast unlösl. in Benzol, Ether, Ethylacetat. **Tripelennamincitrat:** $C_{16}H_{21}N_3 \cdot C_6H_8O_7$. Schmp. 106-110 °C. Leicht lösl. in Wasser, Ethanol, prakt. unlösl. in Benzol, Chloroform. pH einer 1 %igen Lsg. 4.25.

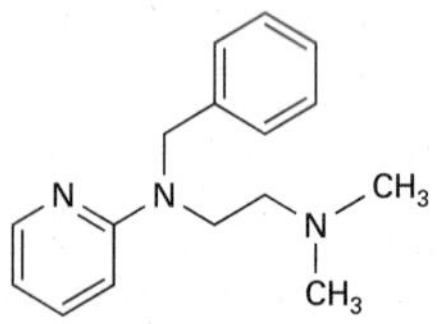

Tripelennamin

Tripelhelix: s. Proteine.

Tripelphosphat: s. Ammoniummagnesiumphosphat.

Tripelpunkt: Temp., bei der die feste, flüss. u. gasförmige Phase einer Substanz im Gleichgewicht stehen. Der T. ist gleich dem Schmp. der Substanz bei ihrem eigenen Dampfdruck*, der gewöhnl. sehr nahe dem Schmp. bei Atmosphärendruck liegt. Beispiel: T. des Wassers 0.01 °C; vgl. Phasendiagramm.

Tripeptide: Peptide, die aus 3 Aminosäuren aufgebaut sind, z. B. Glutathion, das aus je einem Molekül Glutaminsäure, Cystein u. Glycin besteht; s. Peptide.

Triphenylmethan: Tritan; $(C_6H_5)_3CH$, M_r 244.32. D. 1.014. Schmp. 93 °C. Sdp. 359 °C. Farblose Kristallblättchen, leicht lösl. in heißem Ethanol, Ether, Chloroform, unlösl. in Wasser. **Anw.:** Grundsubstanz der Triphenylmethanfarbstoffe*.

Triphenylmethanfarbstoffe: Triarylmethanfarbstoffe; Gruppe org. Farbstoffe, die sich formal vom Triphenylmethan* ableiten. Beispiele: Fuchsin*, Methylviolett*, Malachitgrün*. **Anw.:** Antimykotika* u. Desinfektionsmittel.

Triphenylphosphat: Phosphorsäuretriphenylester, $(C_6H_5O)_3P{=}O$, $C_{18}H_{15}PO_4$, M_r 326.3. Schmp. 45 °C. Sdp. 245 °C. **Anw.:** Weichmacher für Filme u. Lacke.

2,3,5-Triphenyl-2*H*-tetrazoliumchlorid: Abk. TTC; $C_{19}H_{15}ClN_4$, M_r 334.82. Schmp. 243-244 °C (unter Zers.). Farblose Kristalle od. krist. Pulver, lösl. in Wasser, Ethanol, Aceton, unlösl. in Ether; lichtempfindlich. **Anw.:** Indikator* für die Sichtbarmachung von Reduktionsprozesse reduzierender Zucker od. reduzierend wirkender Gewebe, z. B. der Schilddrüse; ferner zur Feststellung der Keimfähigkeit von Getreidekörnern, zur Feststellung der Wirk. von Antibiotika* auf Kleinlebewesen, sowie von Permeabilitätsstörungen in Zellwänden. **Wirk.:** die Färbung entsteht, wenn das farblose, wasserlösl. TTC vom lebenden Gewebe zu intensiv rotem, unlösl. Triphenylformazan reduziert wird, z. B. färben sich lebende Getreidekeimlinge innerhalb 8 Std. karminrot.

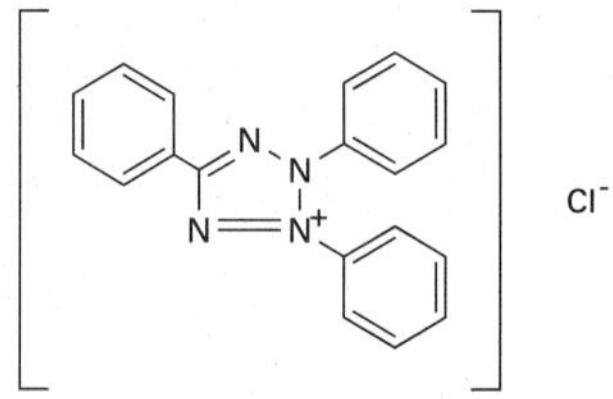

2,3,5-Triphenyl-2*H*-tetrazoliumchlorid

Triphosphopyridin-nucleotid: Abk. TPN; s. NADP.

Triprolidin INN: *trans*-2-[3-(1-Pyrrolidinyl)-1-(4-tolyl)-propenyl]-pyridin; CAS-Nr. 486-12-4; $C_{19}H_{22}N_2$, M_r 278.4. Schmp. 59-61 °C. **Anw.:** Antihistaminikum* (H_1-Antagonist).

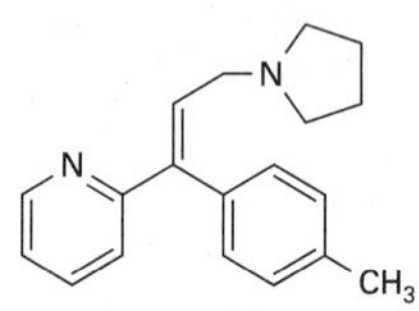

Triprolidin

Triptan: 2,2,3-Trimethylbutan, C_7H_{16}, M_r 100.2. Schmp. −25 °C. Sdp. 81 °C. **Anw.:** sehr klopffester Spezialkraftstoff, der mit 120 eine der höchsten bekannten Octanzahlen* aufweist.

Triptane: Überbegriff für Agonisten an $5\text{-}HT_{1B/1D}$-Rezeptoren, die zur Therapie des akuten Migräneanfalls eingesetzt werden. T. führen zu einer Konstriktion der beim Migräneanfall erweiterten Gefässe u. zu einer Hemmung der Neuropeptidfreisetzung aus aktivierten Trigeminusnervenendigungen. **Vertreter:** Sumatriptan*, Zolmitriptan*, Rizatriptan*, Naratriptan*, Eletriptan*; unterscheiden sich v. a. in ihren pharmakokinet. Eigenschaften; vgl. Migränetherapeutika.

Tris: s. Tris(hydroxymethyl)aminomethan.

Trisaccharide: s. Kohlenhydrate.

Trisauerstoff: systemat. Bez. für Ozon*, O_3.

Tris(hydroxymethyl)aminomethan: Tris; $C_4H_{11}NO_3$, M_r 121.1. **Anw.:** in der Biochemie häufig verwendete Puffer*-Substanz zur Einstellung physiol. pH-Werte.

Tritan: s. Triphenylmethan.

Triterpene: eine umfangreiche Gruppe von Terpenen*, die formal aus 6 Isopreneinheiten aufgebaut sind. **Struktur:** außer dem acycl. Squalen* fast nur tetra- oder pentacycl. hydroaromat. Verb. (nur Gossypol* ist eine aromat. Verb.); zu den T. gehören auch die terpenoiden Naturstoffe, die weniger als 30 C-Atome haben, deren Biosynthese aber auf C_{30}-Zwischenprodukte zurückgeht (s. Steroide). Ebenso ist der Einbau von Heteroatomen mögl., z. B. bei den Steroidalkaloiden; **Funktion:** Viele T. haben eine hohe biol. Aktivität, v. a.

Triterpene
Einteilung

Substanzklasse	C-Atome	typische Vertreter
Cucurbitane	30	Cucurbitacin D
Triterpensapogenine	30	Gypsogenin, Hederagenin, Aescigenin
aromatische Triterpene	30	Gossypole
Steroide		
Sterine (Sterole)		
Phytosterine	29, 30	β-Sitosterol
Zoosterine	27, 28, 30	Cholesterol
Mycosterine	27, 28	Ergosterin
Vitamin D	27, 28	Ergocalciferol (Vitamin D_2)
Steroidsapogenine	27	Digitogenin, Diosgenin, Sarsasapogenin
Gallensäuren	24, 27	Cholsäure
Steroidalkaloide	21, 27	Tomatidin, Protoverin, Jervin
herzwirksame Glykoside		
Bufadienolide	24	Bufalin, Scillarenin, Hellebrigenin (Aglyka)
Cardenolide	23	Digitoxigenin, Oleandrigenin (Aglyka)
Steroidhormone		
Häutungshormone	27	β-Ecdyson
Nebennierenrindenhormone (Corticosteroide)	21	Corticosteron
Sexualhormone		
Gestagene	21	Progesteron
Androgene	19	Androsteron
Estrogene	18	Estradiol

die Steroidhormone wie Estrogene, Androgene, Gestagene u. Nebennierenrindenhormone, aber auch herzwirksame Glykoside wie Digitoxin sowie Steroidalkaloide, Gallensäuren, Saponine, Vitamin D u. Sterine wie Mycosterine, Zoosterine u. Phytosterine; **Biosynthese:** Schwanz-Schwanz-Kondensation von 2 Molekülen Farnesylpyrophosphat (vgl. Terpene) führt zum offenkettigen Squalen, das als Vorstufe für cycl. T. dient. Die Vielzahl der mögl. Typen cycl. T. hängt von der Faltung der Squalenkette u. der Wanderung von Gruppen innerhalb des Moleküls ab.

Trithion: 1,2-Dithiol-3-thion; $C_3H_2S_3$; M_r 134.2. Baustein der Trithionnaturstoffe, die in Kraut u. Rosenkohl gefunden wurden. T. ist nicht zu verwechseln mit einem gleichnamigen Handelspräparat, das ein Schädlingsbekämpfungsmittel* auf Thiophosphorsäureester-Basis ist.

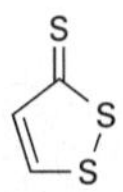

Trithion

Triticin: s. Fructane.

Triticum aestivum L. emend. Fiori et Paol.: Triticum sativum, Triticum vulgare, Weizen; Fam. Poaceae (Hauptanbaugebiete: Europa, Nordamerika, Asien). Stpfl. von Tritici amylum (s. Amylum Tritici) u. Weizenkeimöl (s. Getreidekeimöl). Stpfl. von **Tritici aestivi oleum virginale** (Ph.Eur.4): Natives Weizenkeimöl; aus den Keimen der Samen von Tr. aestivum durch Kaltpressung od. mit Hilfe anderer geeigneter mechan. Verfahren gewonnenes fettes Öl. Gelbe Flüss., prakt. unlösl. in Wasser u. Ethanol, mischbar mit Petrolether. D. ca. 0.925, $n_D^{20°C}$ ca. 1.475, SZ max. 20.0, POZ max. 15.0, UA max. 5.0%. **Best.:** 14.0-19.0% Palmitinsäure, max. 2.0% Stearinsäure, 12.0-23.0% Ölsäure, 52.0-59.0% Linolsäure, 3.0-10.0% Linolensäure, max. 2.0% Eicosensäure; Lichtschutz, in dicht verschlossenen, dem Verbrauch angemessenen, mögl. vollst. gefüllten Behältnissen aufbewahren; **Tritici aestivi oleum raffinatum** (Ph.Eur.4): Raffiniertes Weizenkeimöl; gewonnen aus Tritici aestivi oleum virginale mit anschließender Raffination; Eigenschaften s. oben, SZ max. 0.5, zur Herst. von Parenteralia* max. 0.3, POZ max. 10.0, zur Herst. von Parenteralia max. 5.0, UA max. 5.0%. **Best.:** s. o.; ein geeignetes Antioxidans kann zugesetzt werden.

Triticum repens L.: s. Agropyrum repens.

Triticum spelta L.: Spelzweizen, Dinkel, Dinkelweizen; Fam. Poaceae. **Anw.:** Aus den unreifen Körnern dieser Weizenart wird durch Rösten Grünkern hergestellt, der sich durch einen eigenen, würzigen Geschmack auszeichnet.

Triticum venenatum: s. Avena venenata.

Tritiiertes-[^{3}H]Wasser-Injektionslösung: Aquae tritiatae [^{3}H] solutio iniectabilis Ph.Eur.4; Wasser für Injektionszwecke (s. Aqua ad iniectabilia), in dem ein Teil der Wassermoleküle Tritiumatome (s. Tritium) an Stelle von ^{1}H-Atomen enthält. **Herst.:** [^{3}H]Tritium kann durch Neutronenbestrahlung von Lithium erhalten werden. Die

Injektionslsg. lässt sich durch Zusatz von Natriumchlorid isotonisieren **Anw.**: zur Bestimmung des Gesamtkörperwassers, nicht mehr gebräuchlich.

Tritium: Symbol T, ^3H, schweres Deuterium, überschwerer Wasserstoff; A_r 3.017, HWZ 12.3 Jahre; künstl., radioaktives Wasserstoffisotop, emittiert Betastrahlen. **Herst.**: Beschießung von Lithium-6 mit Neutronen. **Anw.**: Markierungsmittel in der Biochemie; vgl. Tritiiertes-[^3H]Wasser-Injektionslösung.

Triton X: tert-Octylphenylpolyoxyethylen, Octylphenylpolyethylenglykolether; nichtionisches Detergens.

Tritoqualin INN: 4,5,6-Triethoxy-7-amino-3-(8-methoxy-2-methyl-6,7-methylendioxy-1,2,3,4-tetrahydro-1-isochinolinyl)phthalid; CAS-Nr. 14504-73-5; $C_{26}H_{32}N_2O_8$, M_r 500.57. Schmp. 183 °C. **Anw.**: Antihistaminikum*; **Kontraind.**: 1. Trimenon der Schwangerschaft; **Dos.**: p.o. 2-3×0.2 g/d; HWZ 25-30 h.

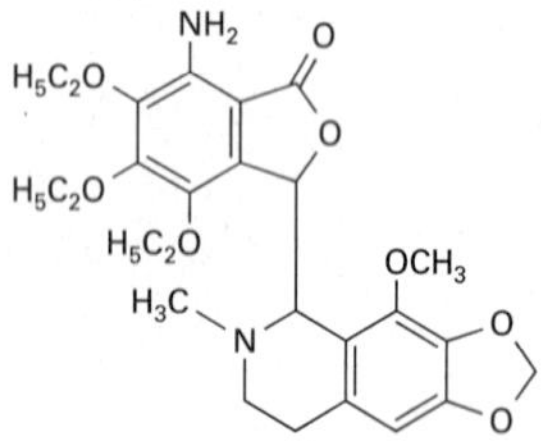

Tritoqualin

Trituration: Trituratio, Verreibung; nicht abgeteiltes Pulver, das mit einem indifferenten Hilfsstoff verdünnt ist. Durch intensives Verreiben mit dem Hilfsstoff erhält der Arzneistoff in Abhängigkeit von der Verarbeitungsdauer eine hohe Dispersität. Lactoseverreibungen s. Homöopathie. Saccharoseverreibungen mit einem äther. Öl werden als Ölzucker (Elaeosaccharum*) bezeichnet.

Trivialnamen: unwissenschaftl., populäre Bez., z. B. Bittersalz (Magnesiumsulfat*-Heptahydrat), Natron (Natriumhydrogencarbonat*), Toluol*.

TRK: Abk. für **t**echnische **R**icht**k**onzentration; Konz. eines gefährl. Arbeitsstoffes im Berufsbereich, die zur Einhaltung von geeigneten Schutzmaßnahmen u. ständigen messtech. fundierten analyt. Überwachungen heranzuziehen sind. Dadurch wird das Risiko einer Gesundheitsbeeinträchtigung gesenkt, jedoch nicht ausgeschlossen.

tRNA: Abk. für **T**ransfer-**RNA**; niedermolekulare RNA*, die sich an eine Aminosäure anheftet u. sie bei der Proteinbiosynthese an die passende Stelle (s. Codon) der mRNA* transferiert. Es gibt wenigstens eine tRNA für jede Aminosäure.

Trochisci: s. Pastillen.

Trockenampullen: Ampulle mit pulverförmigem Inhalt. s. Ampullen.

Trockenbindemittel: s. Direkttablettierung.

Trockendragierung: s. Manteltabletten.

Trockeneis: Kohlensäureschnee, festes Kohlendioxid*.

Trockenemulsionen: s. Emulsionen.

Trockenextrakte: s. Extracta.

Trockengele: s. Gele (Xerogele).

Trockenhefe: s. Torulahefe.

Trockennährboden: Fertignährboden; industriell hergestelltes Nährsubstrat, das durch Auflösen in Wasser gebrauchsfertig wird.

Trockenofen: s. Trocknen.

Trockenpinselungen: s. Lotiones, Suspensionen.

Trockenpistole: Glasgerät zum Trocknen geringer Substanzmengen; vgl. Trocknen.

Trockenrohr: Glasrohr, zum Binden von Feuchtigkeit mit Trocknungsmittel* gefüllt; s. Kühler (Abb.).

Trockensäfte: vom Patienten sofort herstellbare Lösungen durch Versetzen von Instantgranulaten (s. Sprühtrocknung) mit Wasser; vgl. Trockensuspensionen.

Trockenschrank: schrankförmiges Laborgerät, i. Allg. elektr. beheizt, das zum Trocknen von Chemikalien, pflanzl. Material u. Laborgeräten dient. Im Inneren sind meist mehrere etagenweise übereinander liegende durchlochte Querwände aus Blech; Temperaturbereich bis ca. 250 °C; die Temp. wird über einen Thermostaten* geregelt, oben am Schrank ist eine Öffnung, durch die die Luft abziehen kann; mittels eines Thermometers wird die Temp. kontrolliert. Besonders effizient sind Umlufttrockenschränke. In den so genannten Vakuumtrockenschränken können wärmeempfindl. Substanzen bei niedrigen Temp. u. unter vermindertem Druck getrocknet werden.

Trockensuspensionen: trockene pulverförmige Zubereitungen, aus denen erst kurz vor der Anwendung durch Zugabe von Wasser Suspensionen* hergestellt werden. Dadurch wird eine ungenügende Haltbarkeit von Arzneistoffen in Wasser u. die Ausbildung schwer aufschüttelbarer Sedimente vermieden.

Trocknen: Entfernen von Flüssigkeit aus dem zu trocknenden Gut. Zu den therm. Trocknungsverfahren zählt das Verdunsten, Verdampfen od. Sublimieren (nach vorherigem Einfrieren) der Flüssigkeit. Getrocknet wird entweder im Trockenschrank, durch Infrarotstrahlung, im Vakuumtrockenschrank, auf beheizten Walzen, im Wirbelbett* od. mit Hilfe der Sprühtrocknung od. Gefriertrocknung*. Spezielle Trocknungsöfen od. für kleine Mengen eine Trockenpistole gestatten mühelose Beobachtung einer Substanz während

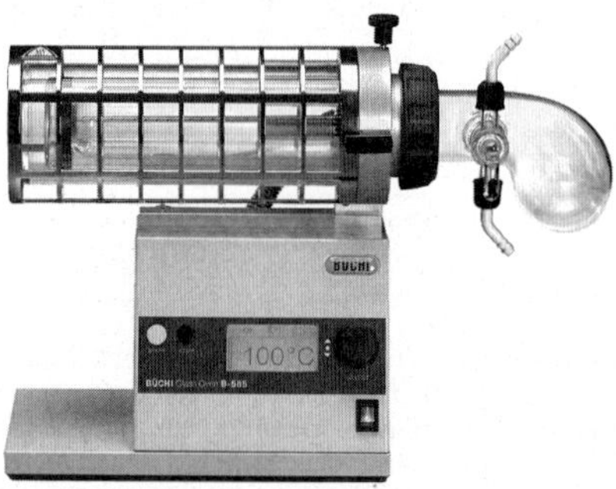

Trocknen: Trockenofen (Glass Oven B-585) [4]

T

des Trocknungsvorganges. Ein solcher Ofen ist auf ein Steuergerät aufgebaute u. besteht aus 2 Glasrohren, wovon das innere auf seiner Außenseite mit einer elektr. leitfähigen Schicht versehen ist. Diese über die gesamte Ofenlänge aufgedampfte Heizschicht ist völlig transparent u. beheizt direkt, also ohne flüss. Übertragungsmedium, den Ofenraum. Dadurch ist sowohl eine große Betriebssicherheit als auch ein rasches Wechseln der Temp. gewährleistet. Die Temp. kann i. Allg. stufenlos von 20-250 °C eingestellt werden. Als Temperaturfühler dient ein auf der Heizschicht angebrachtes Thermoelement*.

Trocknungsmittel: Stoffe mit relativ hohem (chem. od. physik.) Bindungsvermögen zu Wasser; dienen zum Trocknen von Lösungsmitteln, Gasen, feuchten Feststoffen (im Exsikkator*) u. zum Schutz vor Feuchtigkeit, z. B. bei feuchtigkeitsempfindl. Arzneimitteln. Gebräuchl. T. sind Phosphorpentoxid, Calciumoxid, wasserfreies Natriumsulfat, konz. Schwefelsäure, Calciumchlorid, Kieselgel (Silicagel*; s. Blaugel) u. Molekülsiebe*.

Trocknungsverlust: s. Wassergehaltsbestimmung.

Tröpfchen-Gegenstromchromatographie: s. Chromatographie.

Tröpfcheninfektion: s. Infektion, aerogene.

Trofosfamid INN: 3-(2-Chlorethyl)-2-[bis(2-chlorethyl)amino]-perhydro-1,3,2-oxazaphosphinan-2-oxid; CAS-Nr. 22089-22-1; $C_9H_{18}Cl_3N_2O_2P$, M_r 323.56. Schmp. 50-51 °C (kristallisiert aus Ether). $[\alpha]_D^{25\,°C}$ −28.6° (c=2 in Methanol). Schwer lösl. in Wasser; sehr gut lösl. in Chloroform, Methanol; lösl. in Ether. **Anw.:** Zytostatikum* (Alkylans); Erhaltungsther. u. a. bei lymphoretikulären Tumoren u. Hämoblastosen; **Dos.:** p. o. Initialdos. 3× 100 mg/d, Erhaltungsdos. 1×50 mg/d; HWZ 3 h.

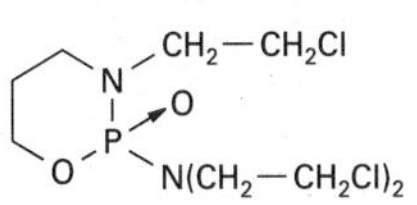

Trofosfamid

Troglitazone: 5-{4-[(3,4-Dihydro-6-hydroxy-2,5,7,8-tetramethyl-2*H*-1-benzopyran-2-yl)methoxy]phenyl}methyl-2,4-thiazolidindion; CAS-Nr. 97322-87-7; $C_{24}H_{27}NO_5S$, M_r 441.55. Schmp. 184-186 °C. **Anw.:** Antidiabetikum*, nicht mehr im Handel wegen verursachter Leberschäden; vgl. Rosaglitazon, Pioglitazon.

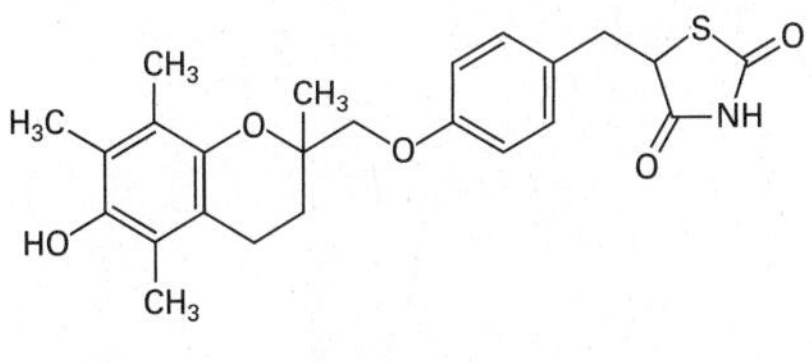

Troglitazone

Trolamin: Trolaminum; chem. Kurzbez. für Triethanolamin.

Troleandomycin: Triacetyloleandomycin, Oleandomycinacetylester; CAS-Nr. 2751-09-9; $C_{41}H_{67}NO_{15}$, M_r 813.97. Schmp. 176 °C (unter Zers.). $[\alpha]_D^{25\,°C}$ −23° (in Methanol). pK_S 6.6; sehr schwer lösl. in Wasser, leicht lösl. in Säuren u. im Magensaft. **Wirk.** u. **Anw.:** Makrolid-Antibiotikum (s. Antibiotika), s. Oleandomycin.

Trolnitrat INN: 2,2',2''-Nitrilotriethylnitrat; Triethanolamintrisalpetersäureester; CAS-Nr. 7077-34-1; $C_6H_{12}N_4O_9$. **Anw.:** Angina pectoris, s. Nitrate, organische; **Dos.:** oral retard 1×10 mg/12 h. Gebräuchl. ist auch Trolnitratphosphat.

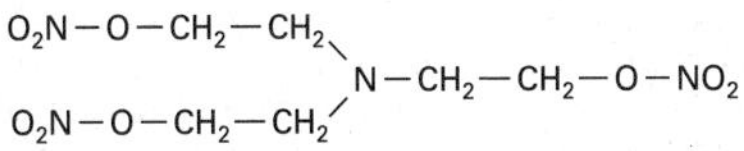

Trolnitrat

Tromantadin INN: *N*-(1-Adamantyl)-2-(2-dimethylaminoethoxy)acetamid; CAS-Nr. 53783-83-8; $C_{16}H_{28}N_2O_2$, M_r 280.41. **Anw.:** Virostatikum*; Keratitis herpetica; **Dos.:** topisch als Salbe 1 %. **Tromantadinhydrochlorid:** Schmp. 153-157 °C (polymorph).

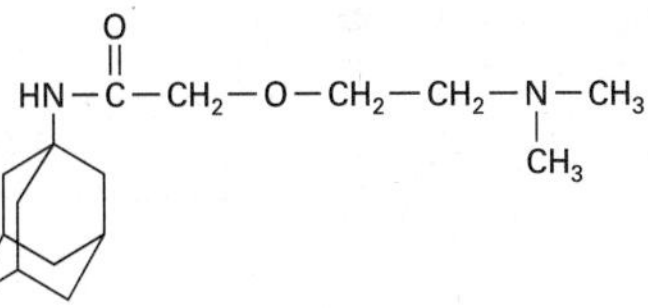

Tromantadin

Trometamol INN: Trometamolum Ph.Eur.4; 2-Amino-2-(hydroxymethyl)-1,3-propandiol; CAS-Nr. 77-86-1; $C_4H_{11}NO_3$, M_r 121.14. Schmp. 171 °C (polymorph). Sdp. 219-220 °C (13.3 Pa). Lösl. bei 25 °C in Wasser 550 mg/mL, in Ethylglykol 79.1 mg/mL, in Methanol 26 mg/mL, in wasserfreiem Ethanol 14.6 mg/mL, in 95 %igem Ethanol 22.0 mg/mL, in DMF 14 mg/mL, in Aceton 2.0 mg/mL, in Ethylacetat 0.5 mg/mL, in Olivenöl 0.4 mg/mL, in Cyclohexan 0.1 mg/mL, in Chloroform 0.05 mg/mL, in CCl_4 <0.05 mg/mL. pH einer 0.1 mol/L wässrigen Lsg. 10.4; pH einer 5 %igen wässrigen Lsg. 10-11.5. **Anw.:** bei Acidose zur Normalisierung des pH-Wertes im Interzelluarraum (Barbiturat- u. Salicylatvergiftungen); **UAW:** Atemdepression, Nekrosen; **Kontraind.:** Alkalosen, Niereninsuffizienz; **Dos.:** parenteral i. v. 0.3-0.5 g/kg KG über einen Zeitraum von nicht weniger als 1 h, Totaldos. 25 g. Gebräuchl. ist auch Trometamolhydrochlorid. Hingewiesen sei auch auf Desglugastrin-Trometamol.

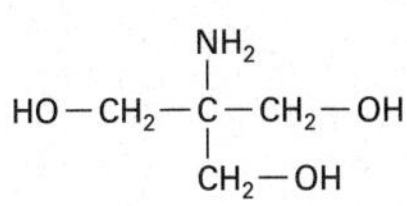

Trometamol

Trompetenbaumgewächse: s. Bignoniaceae.

Tropacocain: Benzoesäureester von Pseudotropin (Strukturformel s. Tropanalkaloide, Abb. 1); vgl.

Tropacocainhydrochlorid. **Vork.:** Inhaltsst. der Cocablätter, s. Erythroxylum coca (Folia Cocae).

Tropacocainhydrochlorid: Tropacocain hydrochloricum, Benzoyl-pseudotropein-hydrochlorid; $C_{15}H_{19}O_2N \cdot HCl$, M_r 281.8. Farblose Kristalle od. weißes, krist. Pulver, sehr leicht lösl. in Wasser, wenig lösl. in kaltem Ethanol. **Off.:** DAB6; **Anw.** med.: Lokal-, Infiltrations- u. hauptsächl. Lumbalanästhesie; **Dos.:** 1 mL einer 5-10 %igen Lösung.

Tropäolin: Indikatorfarbstoffe. **1.** Tropäolin O (Resorcingelb): Umschlagsbereich: pH 11.1-12.5, gelb — rotbraun. **2.** Tropäolin OO (Bleichromat*): Umschlagsbereich: pH 1.3-3.2, rot — gelb — orange. **3.** Tropäolin D (Methylorange*): Umschlagsbereich: pH 3.1-4.4, rot — gelb — orange.

Tropaeolum majus L.: Kapuzinerkresse; Fam. Tropaeolaceae (heim. Südamerika, kult. Europa, Zierpflanze). Stpfl. von **Herba Tropaeoli:** Kapuzinerkressenkraut. **Inhaltsst.:** Glucotropaeolin, ein Glucosinolat*, hieraus entsteht durch enzymat. Spaltung Benzylisothiocyanat* (Benzylsenföl, ca. 0.03 %); **Wirk.:** antimikrobiell; **Anw.:** zur unterstützenden Behandlung bei Harnweginfektionen sowie Katarrhen der Atemwege; fast ausschl. in Arzneispezialitäten eingesetzt; diese enthalten, wie die Meerrettichpräparate (s. Armoracia rusticana), z. T. noch die genuin vorliegenden Glucosinolate. Die Senföle werden erst nach der Applikation im Magen-Darm-Trakt freigesetzt.

Tropalpin: 2-Dimethylaminoethyl-benzilat; Benzilsäure-2-dimethylaminoethylester; CAS-Nr. 968-46-7; $C_{18}H_{21}NO_3$, M_r 299.36. **Anw.:** Parasympatholytikum*, Spasmolytikum*, Rhinologikum*; **Dos.:** p. o. 3×0.5-1 mg/d. Gebräuchl. ist auch 2-Dimethylaminoethyl-benzilat-hydrochlorid. Hingewiesen sei auch auf 2-Dimethylaminoethylbenzilat-benzilat.

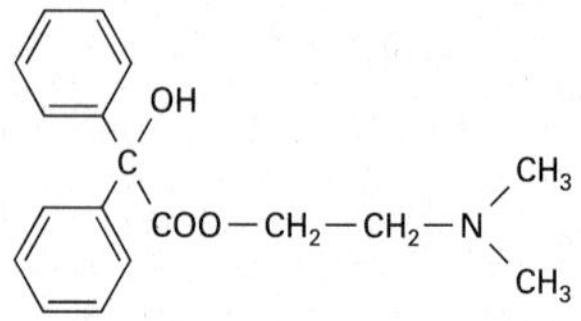

Tropalpin

Tropan: 2,3-Dihydro-8-methylnortropidin, *N*-Methyl-8-azabicyclo-[3,2,1]-octan, $C_8H_{15}N$, M_r 125.2. Grundgerüst der Tropanalkaloide*.

Tropanalkaloide: Tropaalkaloide; Grundstruktur ist ein Aminoalkohol, ableitet vom Tropan* (s. Abb. 1), z. B. Tropin*, Pseudotropin, Scopin (6,7-Epoxytropin), Nortropin, Ecgonin*, der mit Tropasäure*, Benzoesäure* od. Phenylessigsäure verestert wird. Der nicht opt. aktive Tropandoppelring führt erst durch Einführung der OH-Gruppe beim C-3 zu 2 Isomeren, nämlich Tropan-3α-ol (Tropin*) mit axial konfigurierter Hydroxygruppe u. das äquatorial konfigurierte Tropan-3β-ol (ψ-Tropin, Pseudotropin). Vom Tropin leitet sich das Atropin* u. vom Pseudotropin das Ecgonin* u. damit das Cocain* ab. **Vork.:** hauptsächl. in Solanaceae (Atropa-, Hyoscyamus-, Datura-, Duboisia- u. Scopolia-Arten; s. Atropin, Atroscin,

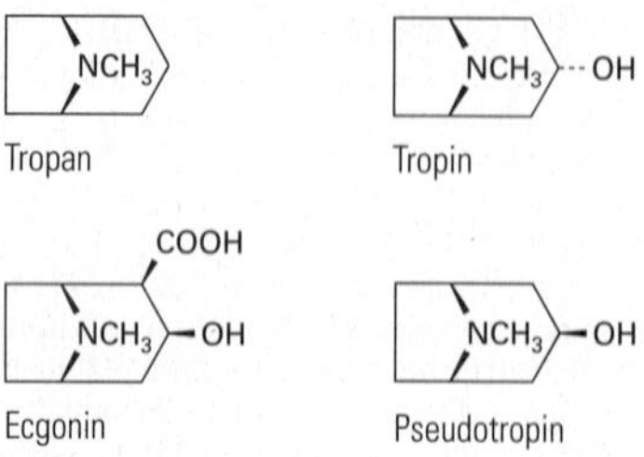

Tropanalkaloide Abb. 1

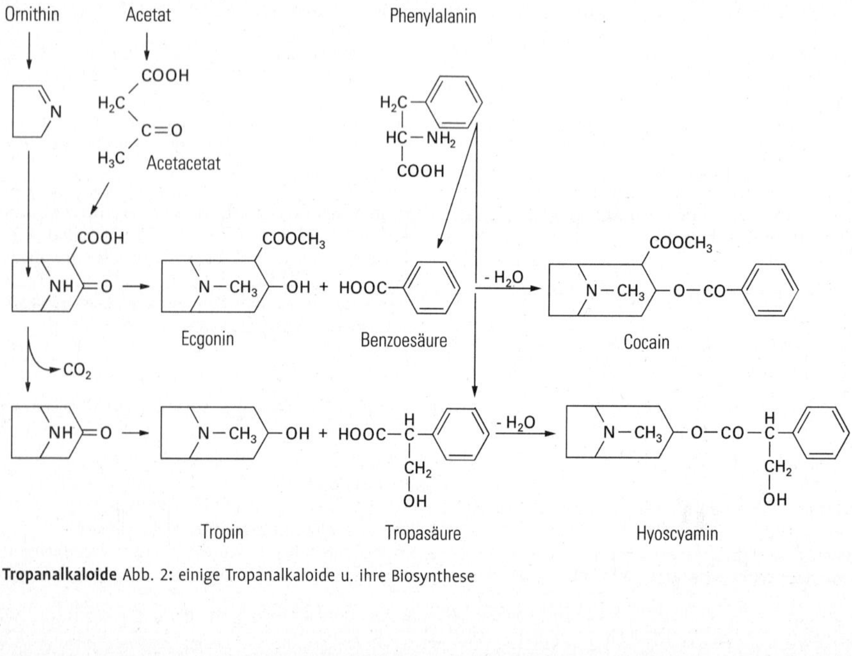

Tropanalkaloide Abb. 2: einige Tropanalkaloide u. ihre Biosynthese

Scopolamin), Erythroxylaceae (Cocaalkaloide, s. Cocain) u. Convolvulaceae; **Biogenese:** über Ornithin u. Acetat (s. Abb. 2); **Nachw.:** Die T. der Solanaceae können mit Hilfe der Vilsmeier*-Reaktion nachgewiesen werden.

Tropasäure: α-Phenyl-β-hydroxypropionsäure. Farblose Kristalle, leicht lösl. in heißem Wasser, lösl. in Ethanol u. Ether. Als D- od. L-Tropasäureester Best. versch. Alkaloide (Hyoscyamine, Scopolamine); Wasserabspaltung führt zu Atropasäure*.

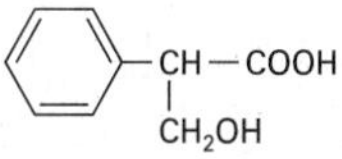

Tropasäure

Tropeine: synthet. Ester des Tropins*, z. B. Homatropin* (Mandelsäuretropinester).

Tropenkrankheiten: Krankheiten, deren Erreger od. Überträger an bestimmte trop. od. subtrop. Klimabedingungen bzw. an Umwelt- od. sozioökonom. Bedingungen gebunden sind, die charakterist. für trop. nicht entwickelte Länder sind. **Beispiele:** Schlafkrankheit, Leishmaniasen, Onchozerkose, Filariosen, Schistosomiasis. Einige der heute als T. bezeichneten Erkrankungen kamen früher auch in Europa bzw. kosmopolit. vor (z. B. Pest, Cholera, Lepra, Malaria). Für einen großen Teil der Morbidität u. Frühmortalität in trop. Ländern sind Lebensbedingungen u. Erkrankungen verantwortl., die in gemäßigten, entwickelten Zonen selten geworden sind (Mangelernährung, Kinderkrankheiten, Tuberkulose, bestimmte Atemwegerkrankungen, Poliomyelitis).

Tropfeinsatz: s. Arzneiflasche.

Tropfglas: s. Vitrum.

Tropf- oder Blasverfahren: Globex-Verfahren; vollautomat. Herst. nahtloser, kugelförmiger Weichgelatinekapseln (s. Capsulae) aus öligen Wirkstofflösungen u. warmer flüssiger Gelatinemasse durch pulsierendes Einpumpen über eine konzentr. Doppelkapillare u. einen verstellbaren Düsenkopf in ein Fällbad mit gekühltem Paraffinöl (s. Abb.). Aufgrund der Grenzflächenspannung zw. den 2 nicht mischbaren Flüssigkeiten (Paraffinöl, Gelatinelösung) nimmt bei annähernd gleicher Dichte die innere Phase Kugelgestalt an. Da die Dichte der Kühlflüssigkeit etwas geringer ist als die der Tropfen, sinken diese in Form von blasenfreien Kugeln ab u. erstarren. Die Kapseln werden anschließend gewaschen u. getrocknet. **Vorteile:** keine kostspieligen Formwalzen (s. Scherer-Verfahren), Kapselgröße in einem weiten Bereich einstellbar, Gelatineverlust gering. Besonders geeignet zur Verkapselung von fetten u. äther. Ölen, von mit Wasser nicht mischbaren Lösungsmitteln u. von Suspensionen in diesen Flüssigkeiten.

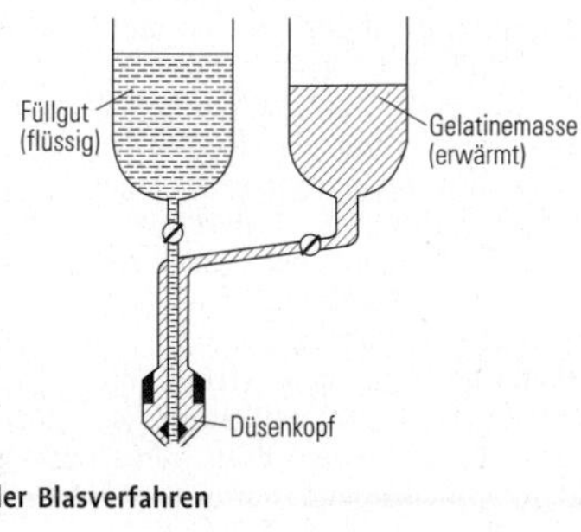

Tropf- oder Blasverfahren

Tropfpunkt: Charakteristikum für die Schmelzbarkeit von z. B. festen Fetten, Salbengrundlagen, Vaseline. **Messmethode:** Gemessen wird mit dem Topfpunkt-Thermometer nach Ubbelohde, einem Spezialthermometer, dessen Quecksilbergefäß von einer Metallhülse umgeben ist. In dieser wird ein zweiseitig offenes Probegefäß mit der zur prüfenden Substanz (z. B. Salbengrundlage) so befestigt, dass das Quecksilbergefäß allseitig von der Substanz umgeben ist. Dann wird die an der unteren, kleineren Öffnung herausgepresste Substanz glattgestrichen u. das Thermometer in einem Luftbad vorsichtig erwärmt. Als T. wird diejenige Temp. angesehen, bei der sich der erste Tropfen vom Probegefäß ablöst.

Tropftrichter: dient der langsamen Zugabe eines Reaktionspartners zum Reaktionsgemisch in der chem. Synthese.

Trophik: Ernährungszustand eines Gewebes od. Organs.

Trophologie (gr. trophe Ernährung): Ernährungswissenschaft; vgl. Bromatologie.

trophotrop: auf die Ernährung (Nahrung) gerichtet; vgl. Ergotropie.

Tropica: Kurzbez. für Malaria* tropica.

Tropicamid INN: Tropicamidum Ph.Eur.4, *N*-Ethyl-*N*-(4-pyridylmethyl)tropamid; *N*-Ethyl-2-phenyl-*N*-(4-pyridylmethyl)hydracrylamid; CAS-Nr. 1508-75-4; $C_{17}H_{20}N_2O_2$, M_r 284.35. Schmp. 96-97 °C. Lösl. in Wasser 1:160, in Ethanol 1:3.5, in Chloroform 1:2; leicht lösl. in starken Säuren. **Off.:** DAC86; **Anw.:** parasympatholyt. Mydriatikum* mit kurzer Wirkungsdauer (ca. 30-60 min); **Dos.:** Augentropfen 0.5 %.

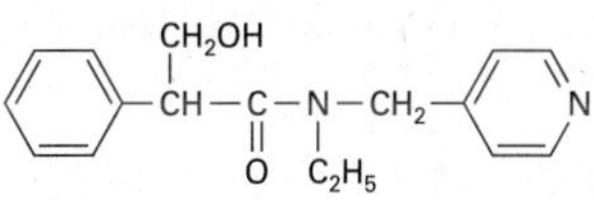

Tropicamid

Tropin: Tropan-3α-ol, $C_8H_{15}NO$, Strukturformel s. Tropanalkaloide (Abb. 1), M_r 141.21. Entsteht neben Tropasäure* bei der Hydrolyse des Atropins*. **Pseudotropin** (ψ-Tropin) ist Tropan-3β-ol.

Tropinbenzilat: Benzilsäuretropinester, Abk. BETE; 1α*H*,5α*H*-Tropan-3α-ol-benzilat; CAS-Nr.

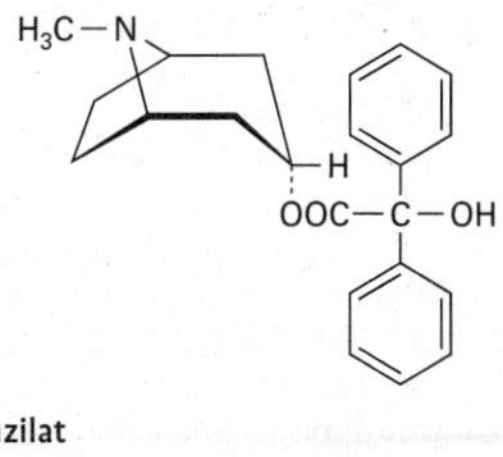

Tropinbenzilat

3736-36-5; $C_{22}H_{25}NO_3$, M_r 351.43. Schmp. 152-153 °C (kristallisiert aus Ether od. Benzol). **Anw.:** Parasympatholytikum*, Spasmolytikum*; Ind. bei Erwachsenen: Spasmen im Magen-Darm-Trakt u. der Gallenblase, Gastritis, Bronchospasmus, Magen-Darm-Ulzera; Säuglinge: bei Erbrechen; **UAW:** s. Atropin (Tox.); Gebräuchl. sind auch Tropinbenzilat-methylchlorid u. Tropinbenzilathydrochlorid.

Tropisetron INN: 1α,5αH-Tropan-3α-yl-3-indolcarboxylat; CAS-Nr. 89565-68-4; $C_{17}H_{20}N_2O_2$, M_r 284.36. pK_S 9.5. **Wirk. u. Anw.:** Antiemetikum* (5-HT_3-Antagonist); geg. Übelkeit, Brechreiz u. Erbrechen bei einer Zytostatikather.; **UAW:** u. a. Kopfschmerz, Obstipation, gastrointestinale Beschwerden; **Dos.:** 5 mg parenteral vor der Gabe des Chemotherapeutikums, dann p. o. 1×5 mg/d über 5 d; HWZ 8 h bzw. 40-42 h bei langsamen Metabolisieren (Metabolismus erfolgt via Cytochrom-P-450; in der Bevölkerung gibt es sog. langsame u. schnelle Metabolisierer im Verhältnis 1:12). **Tropisetronhydrochlorid:** CAS-Nr. 105826-92-4; $C_{17}H_{20}N_2O_2 \cdot HCl$, M_r 320.82.

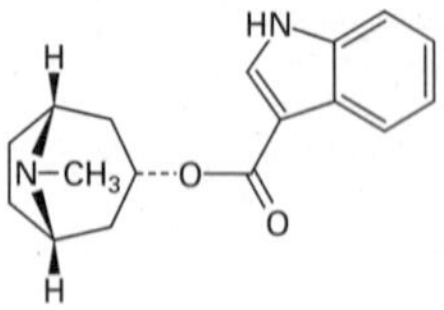

Tropisetron

Tropismus: (bot.) Krümmungsbewegung, hervorgerufen durch einen äußeren Reiz, wobei die Krümmungsrichtung bei Einwirk. zweier gleichartiger Reize durch den stärksten Reiz bestimmt wird. Es gibt sowohl positive (auf die Reizquelle zu) als auch negative (von der Reizquelle weg) Tropismen; nach der Reizursache, näml. Licht, Erdanziehung, Schatten, chem. Substanzen u. Berührung, unterscheidet man Photo-, Geo-, Skoto-, Chemo- u. Thigmotropismus.

Tropokollagen: s. Kollagen.

Tropolon: Cycloheptatrienolon; $C_7H_6O_2$, M_r 122.1. Schmp. 50 °C. Teil des Grundgerüsts von Colchicin*.

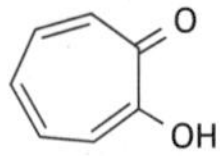

Tropolon

Tropomyosin: ein Protein, das zus. mit Troponin als Regulatorprotein an der Muskelkontraktion beteiligt ist.

Troposphäre: s. Erdatmosphäre.

Trospiumchlorid INN: 3α-Benziloyloxynortropan-8-spiro-1'-pyrolidiniumchlorid; $C_{25}H_{30}ClNO_3$, M_r 428.0. **Anw.:** neurotropes Spasmolytikum*, Parasympatholytikum*; v. a. bei Spasmen im Bereich des GIT, bei Harninkontinenz; **Dos.:** p. o. 3×2-4 mg/d, i. m. od. langsam i. v. 0.2 mg.

Trotyl: s. Trinitrotoluol.

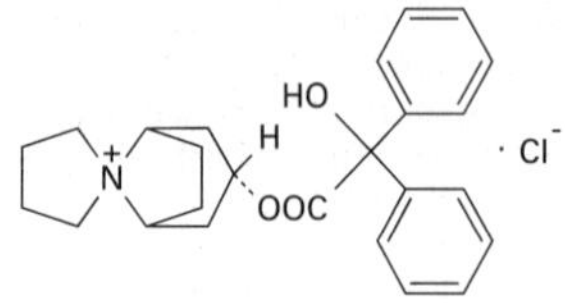

Trospiumchlorid

Trovafloxacin INN: 7-[(1R,5S,6S)-6-Amino-3-azabicyclo[3.1.0]hex-3-yl-1-(2,4-difluorophenyl)-6-fluoro-1,4-dihydro-4-oxo-1,8-naphthyridin-3-carboxylsäure; CAS-Nr. 147059-72-1; $C_{20}H_{15}F_3N_4O_3$, M_r 416.4. logP 1.6; pK_S 0.6 (ber.); schwer lösl. in Wasser. **Trovafloxacinmesilat:** CAS-Nr. 147059-75-4; $C_{21}H_{19}F_3N_4O_6S$, M_r 512.5. **Wirk.:** Gyrasehemmer* der Fluorochinolongruppe mit verbesserter Aktivität geg. grampositive u. atyp. Erreger sowie Anaerobier*; **Anw.:** Antibiotikum*; **UAW:** Benommenheit, Schwindel; WW mit Antazida mögl.; **Dos.:** 1×100-300 mg/d p. o. oder i. v.; HWZ ca. 11 h.

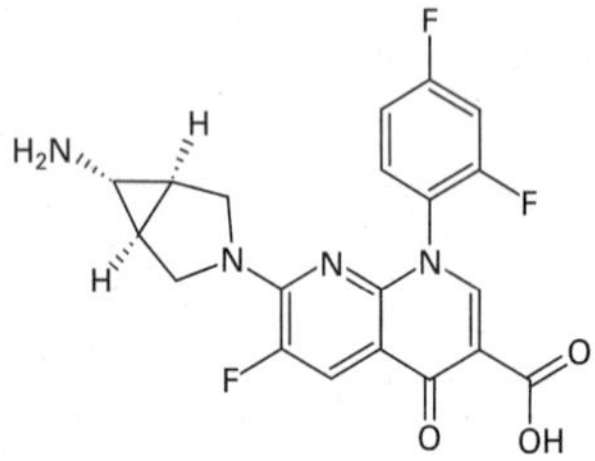

Trovafloxacin

Troxerutin INN: 7,3',4'-Tris-[O-(2-hydroxyethyl)]rutin; CAS-Nr. 7085-55-4; $C_{33}H_{42}O_{19}$, M_r 742.70. Schmp. 181 °C. Lösl. in Wasser, Methanol, Glycerol, Propylenglykol, fast unlösl. in kaltem Ethanol, Ether, Benzol, Chloroform. pH einer 10 %igen wässrigen Lsg. 4.4-5. **Anw.:** Kapillar- u. Venenschwäche, Netzhautschädigungen; **Dos.:** p. o. Initialdos. 3×0.2 g/d; Erhaltungsdos. 3×0.1 g/d; oral retard 1-2×0.3 g/d; parenteral i. m., i. v. 1×0.5 g/d od. jeden 2. Tag; topisch als Gel 2 %. Hingewiesen sei auch auf O-(β-Hydroxyethyl)-rutosid; Monoxerutin.

Troxundat: chem. Kurzbez. für 3,6,9-Trioxaundecanoat.

Trübung: nach DAB6 das Höchstmaß des Trübwerdens, das auftritt, wenn 5 mL einer Mischung von 4 mL Salzsäure, 0.01 mol/L, u. 96 mL Wasser mit 0.5 mL Silbernitratlösung, 0.1 mol/L, versetzt werden. Nach DAB7 waren Trübungsvergleiche gegen einen dunklen, Farbvergleiche gegen einen weißen Untergrund durchzuführen; Fluoreszenzbeobachtungen müssen gegen einen dunklen Hintergrund erfolgen. Nach Ph.Eur.4 sind entspr. Prüfungen auf Klarheit, Opaleszenz, Fluoreszenz u. Färbung* durchzuführen.

Trugdolde: s. Blütenstand.

Truxilline: α-Truxillin, β-Truxillin; $C_{33}H_{48}N_2O_8$. Alkaloide aus den Cocablättern (s. Erythroxylum coca, Folia Cocae), Ester des Methylecgonins (s. Tropanalkaloide*) mit α- bzw. β-Truxillsäure*, besitzen im Gegensatz zu Cocain keine anästhesierende Wirkung.

α-Truxillsäure: 2,4-Diphenylcyclobutan-1,3-dicarbonsäure. T. u. **Truxinsäure** (β-Truxillsäure, 3,4-Diphenylcyclobutan-1,2-dicarbonsäure) sind Dimere der *trans*-Zimtsäure*, aus der sie unter Einfluss von UV-Licht entstehen.

Trypanblau: Naphthylaminblau; Natriumsalz der Tolidindiazo-bis-1-amino-8-naphthol-3,6-disulfonsäure. Blaugraues Pulver, lösl. in Wasser, sehr schwer lösl. in Ethanol, unlösl. in Ether u. Chloroform. **Anw.**: in der Mikroskopie zur Vitalfärbung* sowie bei den durch Piroplasma-Protozoen hervorgerufenen Erkrankungen der Rinder, Pferde, Hunde (Texasfieber, Küstenfieber). **Tox.**: kanzerogene Wirkung.

Trypanosoma: Gattung schlanker eingeißeliger Flagellaten; Größe 2-3 · 15-30 mm (s. Protozoen). Med. relevante Vertreter: T. gambiense, T. rhodesiense, Erreger der Schlafkrankheit; T. cruzi, Erreger der Chagas-Krankheit, s. Trypanosomiasis.

Trypanosomiasis: **1.** afrikan. T.: afrikan. Schlafkrankheit; Protozoen-Infektion, deren Erreger Trypanosoma* brucei rhodiense bzw. gambiense u. deren Überträger Glossina-Arten, z. B. Tsetsefliegen, sind. Erregerreservoir sind Wild- u. Haustiere, bei Trypanosoma gambiense der Mensch. **Ther.**: Antiprotozoenmittel*. **2.** südamerikan. T.: Chagas-Krankheit; durch Trypanosoma* cruzi hervorgerufene chron. Infektionskrankheit. **Ther.**: Nifurtimox, Benznidazol (nur im akuten Stadium); Prophylaxe: Raubwanzenbekämpfung, Verbesserung der Wohnverhältnisse.

Trypsin: Trypsinum Ph.Eur.4, Serinprotease, Tryptase; CAS-Nr. 9002-07-7, M_r 22900. Fast weißes, krist. od. amorphes (dann hygr.) Pulver; wenig lösl. in Wasser. Verdauungsenzym (Polypeptid), das im Saft des Pankreas* (vgl. Pankreatin) zus. mit der Proteinase Chymotrypsin u. einer Carboxypeptidase vorkommt; z. T. werden alle 3 als Eiweiß spaltendes Enzymsystem mit T. bezeichnet. T. wird zunächst in inaktiver Form als Trypsinogen sezerniert u. im Dünndarm in Gegenwart von Calciumionen durch die Enterokinase* aktiviert durch Abspaltung eines Hexapeptides. T. ist eine Endopeptidase, die Polypeptide in Oligopeptide spaltet, und zwar nach Arginin u. Lysin.; max. Aktivität bei pH 7-9; bei pH 3 ist das Enzym am stabilsten, die Aktivität aber reversibel gehemmt. **Gew.**: durch Aktivierung des Trypsinogens, das aus Pankreas von Säugetieren extrahiert wurde. Die Enzymaktivität* beträgt mind. 0.5 μkat/mg. **Anw.**: zur Substitution (mehrmals/d 0.5-3 g in magensaftresistenten Kapseln); äußerl. zu Pinselungen von Geschwüren, zur Behandlung von verschorften Wunden; techn.: in Waschmitteln.

Trypsininhibitoren: Hemmstoffe von Trypsin*, z. B. Aprotinin*, die vor dessen proteolyt. Wirkung schützen. T. kommen nicht nur bei Tieren in zahlreichen Organen vor, darunter im Pankreas*, sondern auch in Pflanzen wie andere Proteasehemmer*.

Trypsinogen: inaktive Vorstufe des Trypsins*; vgl. Zymogen.

Tryptamin: 3-β-Aminoethyl-indol; $C_{10}H_{12}N_2$, M_r 160.2. Schmp. 146 °C. Aus Tryptophan* durch Decarboxylierung gebildeter Naturstoff mit blutdrucksteigernder Wirkung. Methylierte Tryptamin-Verb. wirken halluzinogen u. kommen in versch. Pflanzen vor, z. B. in Piptadenia peregrina*, Virola calophylloidea*, Banisteria caapi; vgl. Bufotenin.

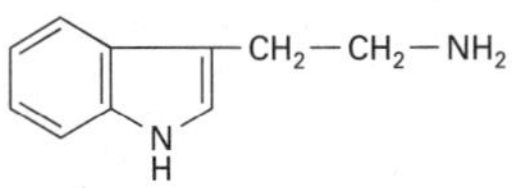

Tryptamin

Tryptase: s. Trypsin.

L-Tryptophan: Abk. Trp, Tryptophanum Ph.Eur.4, α-Amino-β-indolylpropionsäure; (*S*)-2-Amino-3-(3-indolyl)propionsäure; CAS-Nr. 73-22-3; $C_{11}H_{12}N_2O_2$, M_r 204.22. Eine aromat., essentielle Aminosäure. Strukturformel s. Aminosäuren (Abb.); Schmp. 289 °C (bei schnellem Aufheizen unter Zers.; kristallisiert aus verd. Ethanol). $[\alpha]_D^{23\,°C}$ −31.5° (c=1 in Wasser); $[\alpha]_D^{20\,°C}$ +2.4° (0.5 mol/L Salzsäure); $[\alpha]_D^{20\,°C}$ +0.15° (c=2.43 in 0.5 mol/L Natronlauge). Sehr schwer lösl. in Ethanol; unlösl. in Chloroform, Ether; lösl. in verd. Säuren, Alkalihydroxiden; lösl. in Wasser 0.23 g/L bei 0 °C, 11.4 g/L bei 25 °C, 17.1 g/L bei 50 °C, 27.95 g/L bei 75 °C, 49.9 g/L bei 100 °C. $pK_{S,1}$ 2.38, $pK_{S,2}$ 9.39; pH der 1 %igen wässrigen Lsg. 5.5-7. **Nachw.**: T. gibt die Xanthoproteinreaktion* u. Tryptophanreaktion: bei Zusatz von Glyoxylsäure u. konz. Schwefelsäure tritt Blauviolettfärbung ein; **Vork.**: L-T. kommt in Proteinen in relativ geringer Menge vor, ist jedoch ernährungsphysiolog. sehr wichtig; **Physiologie:** L-T. bildet mehrere stoffwechselphysiol. wichtige Metabolite. Durch Öffnung des Pyrrolringes von L-T. u. Oxidation wird Formylkynurenin gebildet, das über Kynurenin*, Hydroxykynurenin, 3-Hydroxyanthranilsäure u. Chinolinsäure zu Nicotinsäure* bzw. NAD metabolisiert wird. Aus L-T. werden außerdem gebildet: **1.** Tryptamin* durch Decarboxylierung; **2.** das Pflanzenhormon Indol-3-essigsäure (IES); **3.** Serotonin*; **4.** Melatonin (*N*-Acetyl-5-methoxyserotonin). L-T. ist eine Vorstufe in der Biosynthese der Indolalkaloide*. **Anw.**: Depressionen, Schlafstörungen; HWZ 16 h; **UAW:** Verwirrtheit, Kopfschmerz, Appetitlosigkeit; bei Überdosierung (vermutl. durch herstellungsbedingte Verunreinigungen): Eosinophilie-Myalgie-Syndrom, mit Veränderungen des Blutbildes, Hautreaktionen, Atemnot, Muskel- u. Gelenkschmerzen; Anw. weitgehend eingeschränkt bzw. verboten.

Tryptophanreaktion: s. L-Tryptophan.

Tschandu: Chandu; Rauchopium, das in China durch einen bes. Extraktions-, Räucher- u. Fermentationsprozess aus dem Rohopium gewonnen wird; enthält nur noch einen Teil des ursprüngl. vorhandenen Morphins; vgl. Opium.

Tschitschibabin-Reaktion: Bildung von 2-Aminopyridin aus Pyridin durch Erhitzen mit Natriumamid (s. Abb.).

T

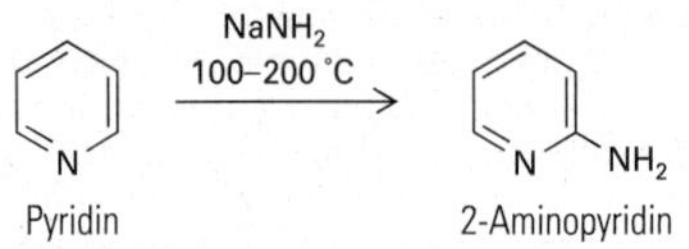

Tschitschibabin-Reaktion

Tsetsefliege: Glossina; Überträger der Schlafkrankheit (s. Trypanosomiasis); vgl. Fliegen.

TSH: Abk. für (engl.) *thyreoid stimulating hormon;* s. Thyrotrophin, Hormone (Hypophysenvorderlappen).

Tsuga canadensis (L.) Carr.: Abies canadensis (L.) Michx., Picea canadensis (L.) Link., (Kanadische) Helmlocktanne, Schierlingstanne; Fam. Pinaceae (atlant. Nordamerika). Stpfl. von **Oleum Tsugae americanae:** Helmlocktannennadelöl, Spruce-Tannennadelöl; das äther. Öl aus den Zweigspitzen; vgl. Balsamum canadense. **Cortex Tsugae:** Helmlockrinde. **Inhaltsst.:** ca. 10-25 % Öl in Stamm- bzw. Wurzelrinde, Gerbstoffe u. Bitterstoffe; **Anw.** techn.: Gerbmaterial.
Hom: *Tsuga:* frische Rinde u. junge Triebe.

T8-Suppressorzellen: s. Leukozyten.

Tswett-Chromatographie: ursprüngl. Form der drucklosen Säulenchromatographie im Glasrohr, vgl. Chromatographie.

TTC: Abk. für 2,3,5-Triphenyl-2*H*-tetrazoliumchlorid*.

TTH: Abk. für **t**hyreo**t**ropes **H**ormon; s. Thyrotrophin; Hormone (Hypophysenvorderlappen).

TTS: Abk. für **t**ransdermale **t**herapeutische **S**ysteme*.

Tuaminoheptan INN: Heptadrin, 1-Methylhexylamin, DL-2-Aminoheptan; (*RS*)-2-Heptylamin; CAS-Nr. 123-82-0; $C_7H_{17}N$, M_r 115.21. Sdp. 142-144 °C (101 kPa). $n_D^{25\,°C}$ 1.4150-1.4200. Lösl. in Wasser 1:100, in Ethanol 1:25, in Chloroform 1:20. pH einer 1 %igen wässrigen Lsg. 11.45. **Anw.:** Sympathomimetikum* zur lokalen Gefäßkonstriktion; in Sprays zur gelegentl. Erleichterung bei Schnupfen u. Nebenhöhlenentzündung. **Tuaminoheptanhydrochlorid:** $C_7H_{17}N \cdot HCl$, Schmp. 133 °C. Lösl. in Wasser. **Tuaminoheptansulfat:** $(C_7H_{17}NH_2)_2 \cdot H_2SO_4$.

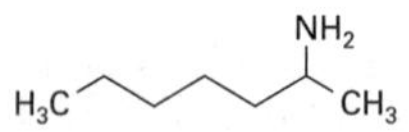

Tuaminoheptan

Tubawurzel: s. Derris elliptica (Radix Derridis).

Tuben: Behältnisse für halbfeste Arzneimittel zum äußereren Gebrauch, die aus Aluminium mit eingebranntem Epoxid-Innenschutzlack (s. Epoxidharze), aus Kunststoffen od. aus Laminat (meist Aluminium mit beidseitiger Kunststoffbeschichtung) bestehen. T. aus Aluminium werden nahtlos aus einem Stück mittels Kaltverformung hergestellt. Der auf der Innenseite aufgesprühte Kunstharzlack dient als Korrosionsschutz. Häufig ist der Gewindeaufsatz aus Kunststoff. Einen absolut dichten Verschluss bieten die Membrantuben (Gewindeansatz u. Membran aus Aluminium) bis zum erstmaligen Gebrauch. T. werden von hinten abgefüllt u. durch Einfalzen direkt auf der Abfüllmaschine verschlossen. T. aus Kunststoff werden entweder durch Spritzen des gesamten Tubenkörpers (kleinere Tuben) od. durch Spritzen des Kopfteiles u. Verschweißen mit dem im Extrusionsverfahren hergestellten Tubenkörper fabriziert. Auf T. können für bestimmte Applikationen Applikatoren aufgesteckt werden od. die Tubenöffnung ist bereits mit einer Kanüle ausgestattet.

Tuber(a): (bot.) Wurzel- od. Sprossknolle, zur Knolle* gewordene Wurzel- od. Sprossteile.

Tubera Aconiti: s. Aconitum napellus ssp. napellus (Aconiti tuber).

Tubera Aconiti japonici: s. Aconitum napellus ssp. napellus (Herba Aconiti).

Tubera Ari: s. Arum maculatum (Rhizoma Ari).

Tubera Chinae: s. Smilax china (Rhizoma Chinae).

Tubera Colchici: s. Colchicum autumnale (Bulbus Colchici).

Tubera Gloriosae: s. Gloriosa superba.

Tubera Hypoxidis: s. Hypoxis rooperi (Radix Hypoxidis).

Tubera Jalapae: s. Ipomoea purga.

Tubera Salep: s. Orchis morio.

Tuberculini aviarii derivatum proteinosum purificatum: s. Tuberkuline.

Tuberculini bovini derivatum proteinosum purificatum: s. Tuberkuline.

Tuberculini derivatum proteinosum purificatum ad usum humanum: s. Tuberkuline.

Tuberculinum crudum: s. Tuberkuline.

Tuberculinum pristinum ad usum humanum: s. Tuberkuline.

Tuberkelbakterien: Abk. TbB, Bacterium tuberculosis (veraltet); Mycobacterium* tuberculosis; Erreger der Tuberkulose*. **Gesch.:** entdeckt 1882 von Robert Koch (1843-1910).

Tuberkuline: gelöste Proteine aus der Zellwand von Mycobacterium* tuberculosis. Es sind eine große Anzahl T. im Handel, die alle auf das Alttuberkulin von Robert Koch (1890) zurückgehen. Die T. enthalten keine Tuberkelbakt., sondern Zerfalls- u. Stoffwechselprodukte (Wachstums- u. Lysisprodukte). T. sind Haptene. **1. Alttuberkulin:** Abk. AT; Tuberkulin-Original-Alt (Abk. TOA); Tuberculinum pristinum ad usum humanum Ph.Eur.4; Tuberculinum crudum; Originaltuberkulin von Robert Koch: Stoffwechselprodukte u. lösl. Extrakte von Tuberkelbakt.; das hitzekonzentrierte Filtrat eines flüss. Nährmediums, in dem ein humaner od. boviner Stamm von Mycobacterium tuberculosis gezüchtet wurde. Die Kulturen werden durch Autoklavieren od. durch mind. 1 h langes Erhitzen im strömenden Wasserdampf bei 100 °C inaktiviert. Es kann 0.5 % (m/V) Phenol od. ein anderes geeignetes Konservierungsmittel enthalten. Die Wertbestimmung erfolgt gegenüber dem internationalen Standardpräparat (Konz. eines Kulturfiltrates von Mycobacterium tuberculosis var. hominis in einer 50 %igen Lsg. von Glycerol). AT wird nur verdünnt beim Patienten angewendet. Die Verdünnungen enthalten 1-100 I.E. je Dosis. **2. Neutuberkulin:** in Kugelmühle pulverisierte Tuberkelbakt., 3 mg Bakterienpulver in

T

1 mL Glycerol-Kochsalzlösung aufgeschwemmt. **3. Gereinigtes Tuberkulin**: Abk. GT, Tuberculini derivatum proteinosum purificatum ad usum humanum Ph.Eur.4; engl. purified protein derivates (Abk. PPD); Proteinfraktion, die durch Ausfällung mit Trichloressigsäure od. Ammoniumsulfat aus einem synthet. Medium gewonnen wird, in dem Mycobacterium tuberculosis gezüchtet wurde. GT ist eine farblose bis blassgelbe sterile Flüssigkeit. Verdünnte Zuber. können gefriergetrocknet werden, dürfen aber keinen Phenolzusatz enthalten. Prüfung der Wirksamkeit wie beim Alttuberkulin. Anw. beim Patienten nur verdünnt. **4. Gereinigtes aviäres Tuberkulin**: Tuberculini aviarii derivatum proteinosum purificatum Ph.Eur.4; besteht aus wasserlösl., hitzebehandelten Fraktionen der auf synthet. Nährmedien gewachsenen Kulturen von Mycobacterium avium. Ein Konservierungsmittel wie Phenol darf zugesetzt werden. Das Tuberkulin kann auch gefriergetrocknet werden. **5. Gereinigtes bovines Tuberkulin**: Tuberculini bovini derivatum proteinosum purificatum Ph.Eur.4; gew. aus den hitzebehandelten, wasserlösl. Fraktionen von Mycobacterium bovis. Die Kulturen werden in einem flüss., synthet. Nährmedium angelegt. Ein Konservierungsmittel wie Phenol darf zugesetzt werden. Das Tuberkulin kann auch gefriergetrocknet werden. **Anw.**: Tuberkulintest*.

Tuberkulinreaktion: Hautreaktion (Schwellung u. Verhärtung), evtl. mit Allgemeinreaktion (Krankheitsgefühl u. Fieber), u. U. Herdreaktion (Reaktivierung bzw. Verstärkung einer lokalen tuberkulösen Infektion), als Form der zellvermittelten Überempfindlichkeitsreaktion vom verzögerten Typ (Typ IV der Allergie*). Tritt bei spezif. sensibilisierten (BCG-geimpften od. an Tuberkulose erkrankten) Personen ca. 24 h nach s. c. Injektion von Tuberkulinen* auf u. ist 48-72 h nach Tuberkulinapplikation max. ausgeprägt; vgl. Tuberkulintest.

Tuberkulinspritze: syn. Mantoux-Spritze; lange, dünne 1 ml-Spritze mit 100 Teilstrichen zur Tuberkulinprüfung.

Tuberkulintest: Hautreaktion nach Applikation von Tuberkulinen*, beruht auf einer zellulären Immunität gegenüber Tuberkelproteinen. Heute i. d. R. entweder mit einem Multipunkturstempel intrakutan appliziert (Tine-Test; Standardwirkungsdosis von 5 I.E. gereinigtem Tuberkulin) od. zur genaueren Austestung der Tuberkulinreizschwelle intrakutan injiziert (Mendel-Mantoux; 1 Tuberkulineinheit entspr. 0.1 mL Tuberkulin der Stärke 1). Als positiver Ausfall gilt die deutl. tastbare Infiltration (meist mit Rötung) über 6 mm Ø, Ablesung nach 72 h. **Bewertung:** nach Tuberkuloseschutzimpfung ist in 90 % mit einem positiven T. zu rechnen, der in 3-5 Jahren allmähl. negativ wird. Tbc-Infektionsverdacht bei sehr starker Testreaktion (z. B. über 13 mm), bei Testkonversion u. bei nichtgeimpften Kindern <5 Jahre mit positivem Test.

Tuberkulose (lat. tuberculum Knötchen): Abk. Tb, Tbc od. Tbk; weltweit verbreitete bakt. Infektionskrankheit, die chron. verläuft u. v. a. in den Atemorganen lokalisiert ist, jedoch grundsätzl. alle Organe befallen kann. Es besteht Meldepflicht bei Erkrankung u. Tod. **Erreger:** Mycobacterium* tuberculosis var. hominis, seltener var. bovis, Infektionsquelle ist v. a. der erkrankte Mensch; **Übertragung:** häufig durch Tröpfcheninfektion über die Atemwege, seltener oral (Milch), noch seltener über Haut u. Augen; **Formen: 1.** primäre Tbc: häufigste Form im Kindesalter; Lokalisation meist in der Lunge, seltener in Halslymphknoten, Darm, Haut; Verlauf symptomarm mit über 3-4 Wochen bestehenden subfebrilen Temp.; **2.** postprimäre Tbc: durch Streuung von Tuberkelbakterien im Organismus, unter ungünstigen Abwehrbedingungen kann eine starke Streuung (Generalisation), bes. bei Erstinfektion, auftreten; **Ther.:** Antituberkulotika*; **Prophylaxe:** Impfung mit lebenden BCG-Bazillen, die von Calmette/Guerin aus bovinen Stämmen gezüchtet wurden. Chemoprophylaxe mit INH zur Vermeidung einer Infektion od. nach bereits stattgefundener Ansteckung zur Unterdrückung des Krankheitsausbruches.

Tuberkulose-Impfstoff: s. BCG-Impfstoff (gefriergetrocknet).

Tubocurarinchlorid INN: syn. D-Tubocurarinchlorid, Tubocurarini chloridum Ph.Eur.4, Tubocurarinum hydrochloricum, Tubocurarinium chloratum; dimeres Benzylisochinolinalkaloid aus Curare*; CAS-Nr. 57-94-3; $C_{37}H_{42}Cl_2N_2O_6 \cdot 5\,H_2O$, M_r 772. Schmp. 274 °C (unter Zers.; D-Form). $[\alpha]_D^{20\,°C}$ +210 bis +222° (c=1 in Wasser). Weißes, krist. Pulver; lösl. etwa 1 g/40 mL Wasser, ca. 1 g/75 mL Ethanol; Zusatz von 1.0 mol/L Salzsäure vermindert die Löslichkeit um ca. 1/3; lösl. in Methanol; unlösl. in Pyridin, Chloroform, Benzol, Aceton. **Wirk.**: hemmt kompetitiv die Acetylcholinrezeptoren an der motor. Endplatte; Reihenfolge der Muskellähmung: Augen- u. mimische Gesichtsmuskulatur, Extremitäten, Bauchmuskulatur u. zuletzt Atemmuskulatur; Wirkungsdauer 30-40 min. Antagonisten sind Hemmer des Acetylcholinabbaus (indirekte Sympathomimetika*) durch Erhöhung der Acetylcholinkonz. im Rezeptorbereich wie Physostigmin* u. Prostigmin; **Anw.**: peripheres, stabilisierendes Muskelrelaxans*; bei Operationen im Bauch- u. Thoraxraum, zum Einrichten von Frakturen u. Luxationen, beim Elektroschock u. bei Tetanus; **UAW:** durch Ganglienblockade u. Histaminfreisetzung kann es

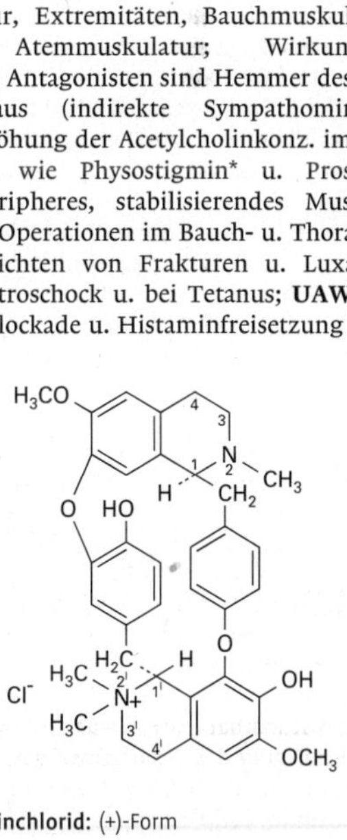

Tubocurarinchlorid: (+)-Form

T

zu starkem Blutdruckabfall, reflektor. Tachykardie, Bronchospasmen, Hauterythemen u. vermehrter Speichel- u. Magensaftproduktion kommen; **Kontraind.:** Myasthenia gravis, Leber- u. Nierenfunktionsstörungen; **WW:** die neuromuskuläre Blockade wird durch Aminoglykoside, Colistin*, Polymyxin* B, Amphotericin* B, Lincomycin*, Clindamycin*, Chinidin*, Ajmalin*, Etacrynsäure*, Furosemid* u. a. verstärkt.

Tubulin: s. Mikrotubuli.

Tüpfel: (bot.) kleine, unverdickte Stellen der Sekundärwand pflanzl. Zellen, die den Wasserdurchtritt bzw. Stoffaustausch ermögl.; unterschiedl. Formen; vgl. Hoftüpfel.

Tüpfelfarn: s. Polypodium vulgare.

Tüpfelhartheu: s. Hypericum perforatum.

Tüpfelmethode: analyt. Verfahren, bei dem man die Untersuchungslsg. mit der Reagenslsg. tropfenweise zusammenbringt, entweder auf saugfähigem Filtrierpapier, dem sog. Tüpfelpapier, od. auf Tüpfelplatten mit näpfchenförmigen Vertiefungen; es erfolgt dann die betr. Farb- od. Niederschlagsreaktion. Mit der T. lassen sich noch äußerst geringe Substanzmengen, z. T. auch quantitativ, in Verd. von 1 bis ca. 3 Mio nachweisen. **Anw.:** schnelle Identitätsnachweise.

Türkenblut: s. Daemonorops draco.

Türkenbundlilie, Große: s. Lilium lancifolium.

Türkischrotöl: sulforicinolsaures Natrium, Sulforicinat; bräunl. klares, ölartiges Gemisch von Rizinusölsäure-Schwefelsäureester, Lactonen u. Anhydriden der Rizinusölfettsäure; lösl. in Wasser. **Herst.:** behandeln von Rizinusöl mit konz. Schwefelsäure u. nachfolgender Neutralisation mit Natronlauge od. Ammoniaklösung. **Anw.:** in der Färberei als Beize (Neurotverfahren) u. Appreturmittel.

Türkisgrün: s. Rinman-Grün.

Tularämie (Tulare, Landschaft in Kalifornien): Hasenpest; Nagetierseuche, die auch beim Menschen auftreten kann. **Erreger:** Francisella tularensis*; **Vork.:** meldepflichtige Erkrankung, bes. bei Kaninchenjägern in Russland u. Nordamerika; kann auch von infizierten Hauskatzen übertragen werden; endem. Herde in der Bundesrepublik Deutschland.

Tulobuterol INN: 2-*tert*-Butylamino-1-(2-chlorphenyl)ethanol; 2-Chlor-α-[(1,1-dimethylethyl)-amino]methyl-benzoylmethanol; CAS-Nr. 41570-61-0; $C_{12}H_{18}ClNO$, M_r 227.7. Schmp. 89-91 °C. **Anw.:** Broncholytikum*, Beta-2-Sympathomimetika (s. Sympathomimetika); HWZ 2.1-4.1 h. Gebräuchl. ist auch Tulobuterolhydrochlorid.

T

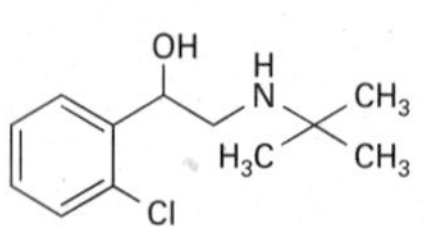

Tulobuterol

Tulpenbaum: s. Liriodendron tulipifera.

Tulpenholzallergie: s. Liriodendron tulipifera (Tox.).

Tumenol-Ammonium: s. Ammoniumsulfobitol.

Tumor (lat.): Geschwulst, Gewächs; örtl. umschriebene Zunahme des Gewebevolumens. I. e. S. gewebliche Neubildung (Blastom*, Neoplasie*) in Form eines verschiedengradig enthemmten, autonomen u. irreversiblen Überschusswachstums von körpereigenem Gewebe; i. d. R. mit unterschiedl. ausgeprägtem Verlust spezif. Zell- u. Gewebefunktionen verbunden. I. w. S. jede lokalisierte Anschwellung u. a. durch Ödem, akute u. chron. Entzündung od. aneurysmat. Erweiterung. **Tumoreinteilung:** **A:** nach dem biol. Verhalten: **1.** benigne T. mit differenzierten Zellen u. langsamem, lokal verdrängendem Wachstum; **2.** maligne T. mit Zellkernpolymorphie, Zellatypie, Anaplasie u. infiltrierendem, destruierendem Wachstum u. Metastasierung; **3.** semimaligne T. mit den histolog. Kennzeichen maligner T. u. lokal infiltrierendem Wachstum, jedoch i. d. R. ohne Metastasierung; **B:** nach der histogenet. Systematik: Bez. der T. nach dem Gewebe, aus dem sie entwicklungsgeschichtl. hervorgegangen sind; **C:** nach klin.-patholog. Befund; vgl. Tumortherapie.

Tumor-Nekrose-Faktor: Abk. TNF; M_r 17350; Glykopolypeptid, aus 3 ident. Einheiten mit je 157 Aminosäuren bestehend, das von aktivierten Makrophagen als Teil der Immunabwehr gebildet wird; vgl. Interleukine. Der TNF wird zu den Zytokinen gezählt; er ist charakterisiert durch die Fähigkeit, selektiv die Lyse von Tumorzellen zu bewirken (hämorrhag. Nekrose). Gentechn. wird rekombinanter humaner TNF (rhu TNF) hergestellt. **Anw.:** gegen maligne Tumore (in Erprobung).

Tumorpromotor: Substanz, die selbst nicht karzinogen ist, aber die Wirkung eines Karzinogens erhöht. Tumorpromotoren sind z. B. Phorbolester, die die Synthese des Transkriptionsfaktors AP-1 induzieren, der vom Onkogen c-jun codiert wird.

Tumortherapie: Ther. von Geschwülsten versch. Art. **Einteilung:** **1.** operative Entfernung; **2.** radiolog. Behandlung (Strahlentherapie*); **3.** Chemotherapie (s. Zytostatika); **4.** Immuntherapie*. Diese Therapieformen ergänzen sich u. werden kombiniert od. sequentiell eingesetzt.

Tungsten: vom schwed. Chemiker Cronstedt geprägter Name für Wolfram*, heute noch in manchen Ländern (England, Spanien, Frankreich) gebräuchlich.

Tunica mucosa: s. Schleimhaut.

Tupeloholz: s. Nyssa sylvatica (Lignum Tupelo).

Tupeloquellholz: s. Nyssa sylvatica (Lignum Tupelo).

Tupfer: gefaltete, gebauschte Mullerzeugnisse, die nicht ausfransen, da die Schnittkanten innen liegen. Vier Typen: **1.** Krüllgaze-T.: 20-fädig, pflaumengroß, locker; **2.** Schlinggaze-T.: 20-fädig, Zipfel verschlungen, fester, in fünf Größen; **3.** Präparier-T.: 24-fädig, sehr fest; **4.** Spitz-T. (Gehörgang-T.): 17-fädig, klein, ohrangepasste Form.

Turboextraktion: Wirbelextraktion; beschleunigte Extraktion von Drogen durch den Einsatz hochtouriger, mit Schlagmessern versehener Mischgeräte od. mit Rotor u. Stator ausgerüsteter Mischköpfe (Ultra-Turrax), die zu einem intensiven Aufwirbeln der Droge im Extraktionsmittel führen, zu einer mehr od. minder starken Zer-

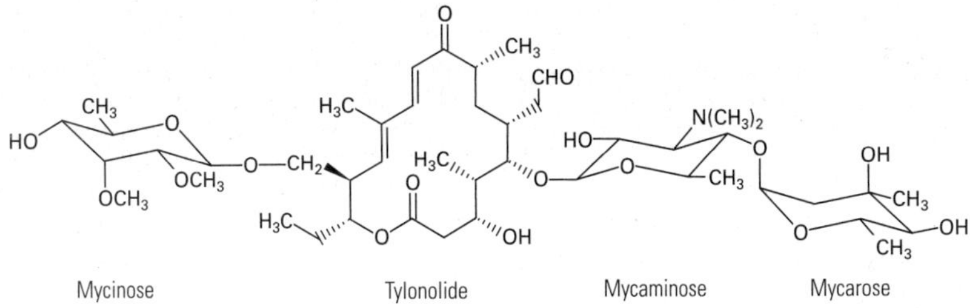

Tylosin

kleinerung der Droge u. damit verbunden zu einer Temperaturerhöhung der Extraktionsflüssigkeit. Dadurch werden Lösungs- u. Diffusionsvorgänge extrem beschleunigt. Die Temp. darf 40 °C nicht überschreiten, damit nicht in größerem Ausmaß unerwünschte Inhaltsstoffe in den Auszug gelangen u. Verdunstungsverluste zu hoch werden. Durch T. gewonnenen Auszüge sind häufig gleichwertig den nach Mazerations- od. Perkolationsverfahren hergestellten.

Turgeszenz: Anschwellung, Spannung der Gewebe inf. reichl. Gehahlts an Flüssigkeit.

Turgor: (bot.) durch Osmose* bedingter, vom Inneren der Zelle auf deren Wand ausgeübter Druck; Ursache für die Festigkeit von Pflanzen(teilen), z. B. Kräutern, ohne mechan. Stützgewebe (Fasern, Holz). Sinkt der Turgor, erschlafft das Gewebe, die Pflanze welkt.

Turiones Pini: s. Pinus sylvestris.

Turiones Populi: s. Populus-Arten (Gemmae Populi).

Turiones Sabinae: s. Juniperus sabina (Summitates Sabinae).

Turmeron: Sesquiterpenlacton aus Curcuma* longa.

Turnbull-Blau: s. Berliner Blau.

Turnera diffusa Willd. **var. aphrodisiaca** (L. F. Ward) Urb.: Fam. Turneraceae, Od. Violales (Mexiko, Brasilien, Antillen). Stpfl. von **Folia Damianae:** Damianablätter. **Inhaltsst.:** u. a. äther. Öl (mit Mono- u. Sesquiterpenen*, Bitterstoffe u. Gerbstoffe; **Anw.** volkstüml.: früher z. B. als Tonikum, Aphrodisiakum sowie bei Erkrankungen der ableitenden Harnwege; in Mexico als Tee.

Hom: *Turnera diffusa (HAB 2000),* Damiana: getrocknete, während der Blütezeit gesammelte Blätter; verord. z. B. als Aphrodisiakum.

Turnover : (biol.:) Gleichgewicht zw. Synthese u. Abbau von Biomolekülen in Lebewesen.

Turpethum minerale: s. Quecksilber(II)-sulfat, basisches.

Turpethwurzel: s. Operculina turpethum (Radix Turpethi).

Tusche: Pigmentaufschwemmung od. Farbstofflösung zum Zeichnen u. Schreiben. **Herst.:** Vermischung von z. B. Lampenruß, unlösl. Körperfarbe od. Anilinfarbstoffen mit einer wässrigen Lsg. von Gummi* arabicum od. Schellack*, zur Konservierung mit Zusatz von Formaldehyd od. Konservierungsmitteln. **Tusche-Aufschwemmung:** 20 mL Tusche + 80 mL Wasser; zum Schleimnachweis bei der Drogenuntersuchung.

Tussilago farfara L.: Huflattich, Brustlattich; Fam. Asteraceae, Compositae (Europa, nördl. Afrika, Asien, nach Amerika eingeschleppt). Stpfl. von **Farfarae folium:** Folia Tussilaginis, Herba Tussilaginis, Folia Farfarae, Huflattichblätter. **Off.:** DAB10 u. ÖAB90; **Inhaltsst.:** 7-8 % saurer Schleim mit den Bausteinen Fructose, Glucose, Galactose, Arabinose u. Galacturonsäure; ferner Inulin, 0.05 % Bitterstoffe, Gerbstoffe, Gallussäure, äther. Öl, Flavonglykoside, relativ viel Kaliumnitrat u. geringe Mengen hepatotox. Pyrrolizidinalkaloide*, z. B. Senecionin u. Senkirkin; QZ mind. 9; **Anw.:** Katarrhe der Atemwege mit Husten u. Heiserkeit, zur Milderung eines trockenen Hustenreizes, bei leichten Entzündungen der Mund- u. Rachenschleimhaut zur Reizlinderung; keine Daueranw. (s. Pyrrolizidinalkaloide); die Tagesdosis von 4.5-6 g darf max. 10 µg Pyrrolizidinalkaloide mit 1,2–ungesättigtem Necingerüst enthalten (max. 1 µg bei Extrakten); **Dos.:** ED 1.5 g pro Teetasse; **Flores Farfarae:** Farfarae flos, Huflattichblüten. **Inhaltsst.:** Schleimstoffe, Xanthophyll, Gerbstoffe, Spuren von äther. Öl; **Off.:** EB6; **Anw.** volkstüml.: wie Farfarae folium

Hom: *Farfara:* frische Blätter; verord. z. B. bei Bronchitis.

Tussilago petasites: s. Petasites hybridus.

Tussis: s. Husten.

Tutia grisea: s. Zinkcarbonat, basisches (Tutia grisea).

T-Vitamin: s. Carnitin.

Tweens®: s. Polysorbate.

Tylose®: s. Methylcellulose.

Tylosin INN: Tylosin für Tiere, Tylosinum ad usum veterinarium Ph.Eur.4; CAS-Nr. 1401-69-0; $C_{46}H_{77}NO_{17}$, M_r 916.1. Gemisch der Makrolid-Antibiotika* Tylosin A ($C_{46}H_{77}NO_{17}$), Tylosin B ($C_{45}H_{75}NO_{17}$), Tylosin C ($C_{46}H_{79}NO_{17}$) u. Tylosin D ($C_{39}H_{65}NO_{17}$). Weißes Pulver, wenig lösl. in Wasser, lösl. in verd. Lsg. von Mineralsäuren. **Gew.:** u. a. von einem Streptomyces fradiae-Stamm.

Tylosintartrat INN für Tiere: Tylosini tartras ad usum veterinarium Ph.Eur.4; CAS-Nr. 1405-54-5; $(C_{46}H_{77}NO_{17})_2C_4H_6O_6$, M_r 1982.3. Weißes, hygroskop. Pulver, leicht lösl. in Wasser.

Tyloxapol INN: 4-Isooctylpolyoxyethylenphenolformaldehyd-Polymer; CAS-Nr. 25301-02-4. Leicht lösl. in Wasser, lösl. in Benzol, Toluol, Chloroform, Tetrachlorkohlenstoff, Schwefelkohlenstoff, Essigsäure; langsam, aber leicht mischbar mit Wasser. pH einer 5 %igen wässrigen Lsg. 4-7. **Anw.:** Hilfsstoff (Emulgator, Netzmittel); Sekret-

T

verflüssiger, vgl. Expektoranzien; **Dos.:** Inhalation Kurzzeitspray 0.1 %.

Tympanum (gr.): syn. Cavitas tympani, Tympanon; Paukenhöhle des Ohrs. Spaltförmiger, von Schleimhaut ausgekleideter lufthaltiger Raum im Schläfenbein; Teil des Mittelohrs, der die Gehörknöchelchen einschließt.

Tyndall-Effekt: s. Kolloide (kolloiddisperse Systeme).

Tyndallisieren: s. Erhitzen, fraktioniertes.

Tyndallometrie: s. Nephelometrie.

Typhlitis: Entzündung des Blinddarms. Druckgefühl u. Schmerz in der rechten Ileozökalgegend; häufig kombiniert mit einer Entzündung des Wurmfortsatzes, s. Appendizitis.

Typhus abdominalis (gr. typhos Dunst, Schwindel; lat. abdomen Bauch, Leib): Abdominaltyphus, Bauchtyphus; melde- u. isolierpflichtige zykl. Infektionskrankheit mit Generalisationsstadium u. Organmanifestationen, insbes. am lymphat. Apparat des Dünndarms. **Erreger:** Salmonella enterica Serovar Typhi (s. Salmonella); **Übertragung:** orale Aufnahme durch z. B. Nahrungsmittel, Wasser u. Milch unter schlechten hygien. Bedingungen; **Prophylaxe:** Expositionsprophylaxe, Schutzimpfung s. Typhus-Impfstoff.

Typhus exanthematicus: Flecktyphus; Fleckfieber; Erreger: Rickettsia* prowazeki.

Typhus-Impfstoff: Vaccinum febris typhoidi Ph.Eur.4, Vaccinum typhoidi; Suspension abgetöteter Salmonella-typhi-Bakt. mit mind. 500 Mio u. max. 1 Mrd. Bakt. je Dosis. Die Inaktivierung der Bakt. erfolgt durch Erhitzen auf 56 °C über 1 h od. durch Behandlung mit Formaldehyd od. Phenol. Es wird inzw. eine Vakzine aus gereinigtem VI-Kapselpolysaccharid angeboten, die einmalig mit 0,5 ml s. c. od. i. m. verabreicht wird. Schutzrate: 50-70 % bei Personen >5 Jahre; Booster nach 3 Jahren.

Typhus-Impfstoff (gefriergetrocknet): Vaccinum febris typhoidi cryodesiccatum Ph.Eur.4, Vaccinum typhoidi cryodesiccatum; Totimpfstoff; entspricht nach dem Suspendieren Typhus*-Impfstoff; Phenol darf nicht zugesetzt werden. Heute meist orale Impfung mit attenuierten Lebendvakzinen. Die magensaftresistente Kapsel enthält Salmonella typhi Stamm Ty 21a, inaktivierte Keime u. Stabilisatoren als Lyophilisat. **Anw.:** zur Prophylaxe vor Reisen in Länder mit hoher Typhusgefährdung; **Dos.:** an den Tagen 1, 3 u. 5 jeweils eine Kapsel (altersunabhängig, ab dem 4. Lebensmonat möglich).

T

Typhus-Lebend-Impfstoff, oral (Stamm Ty 21a): Vaccinum febris thyphoides vivum perorale (Stirpe Ty 21a) Ph.Eur.4; gefriergetrocknete Zuber. aus mind. 10^{11} vermehrungsfähigen Einheiten/g Salmonella-typhi-Bakt., Stamm Ty 21a, gezüchtet in einem geeignetem Medium. Der Impfstoff wird als Bulk gefriergetrockneter Ernten hergestellt, mit einem geeignetem sterilem Trägermaterial gemischt u. asept. in magensaft resistente Kapseln (od. geeignete Behältnisse) gefüllt. Die vermehrungsfähigen Einheiten müssen $4 \cdot 10^9$ pro Dosis betragen.

Tyramin: *p*-Hydroxyphenylethylamin; Schmp. 164 °C. Farblose, bitter schmeckende Kristalle; wenig lösl. in Wasser, leicht lösl. in siedendem Ethanol. Nat. in faulendem Eiweiß, in Mutterkorn u. Viscum album*. T. entsteht durch Einw. von Bakterien auf die Aminosäure Tyrosin*; auch synthet. darstellbar. **Wirk.:** kontrahierend auf den Uterus u. die peripheren Blutgefäße. Dimethyltyramin, s. Hordenin.

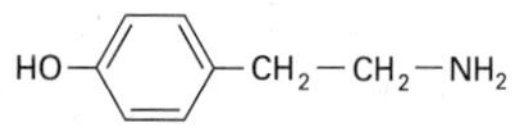

Tyramin

Tyrocidin: antibakterielles Polypeptid; neben Gramicidin* Best. des Tyrothricins*; s. Antibiotika (Polypeptid-Antibiotika).

Tyrode-Lösung (Tyrode, Maurice Vejux, Pharmakologe, Cambridge, Mass., USA, 1878 - 1930): blutisoton. Lsg. als Blutersatz*, sowie zur Gewebezüchtung u. Konservierung. Zstzg.: 0.8 g NaCl, 0.02 g KCl, 0.02 g $CaCl_2$, 0.01 g $MgCl_2$, 0.005 g NaH_2PO_4, 0.1 g $NaHCO_3$, 0.1 g Glucose werden in 100 mL Aqua dest. gelöst.

Tyrosin: Abk. Tyr; L-α-Amino-β-(*p*-hydroxyphenyl)-propionsäure; Strukturformel, s. Aminosäuren; $C_9H_{11}NO_3$, M_r 181. Schmp. 342-344 °C (Zers.). Opt. aktive, aromat., proteinogene u. ketoplast. Aminosäure; T. ist nicht essentiell, da es im Menschen aus L-Phenylalanin aufgebaut werden kann. Aus L-T. kann über **D**ihydr**o**xy**p**henyl**a**lanin (DOPA) u. a. Zwischenstufen Melanin od. Adrenalin gebildet werden. L-T. ist eine unmittelbare Vorstufe von Adrenalin, Noradrenalin u. Thyroidhormonen. **Off.:** DAB10; **Anw.** med.: bei Störungen der Schilddrüsentätigkeit.

Tyrosinase: eine Phenoloxidase* in tier. u. pflanzl. Geweben. T. oxidiert Tyrosin über **D**ihydr**o**xy**p**henyl**a**lanin (DOPA), Orthochinon u. Dihydroindol zu Melanin*. Auch die Verfärbung von Herbar-Pflanzen beruht auf der Wirk. von T.; vgl. Melanine.

Tyrosinhydroxylase: Tyrosin-3-Monooxigenase; Schlüsselenzym bei der Synthese von Catecholaminen, das L-Tyrosin durch Hydroxylierung des aromat. Ringes in 3-Stellung in L-DOPA überführt; s. Catecholamine.

Tyrosinhydroxylasehemmer: verhindern durch Hemmung der Tyrosinhydroxylase die Umwandlung des Tyrosins in Dopamin u. unterbinden somit die Biosynthese von Catecholaminen*. Ein T. ist z. B. Metirosin*. **Wirk.:** indirekt sympatholyt., u. a. blutdrucksenkend. **Anw.:** v. a. bei Phäochromozytom.

Tyrothricin INN: Tyrothricinum Ph.Eur.4; Gemisch antibakt. Polypeptide aus Bacillus brevis: 20-25 % Gramicidin*, 60-80 % Tyrocidin u. a.; CAS-Nr. 1404-88-2. Weißes bis bräunl. weißes Pulver; fast unlösl. in Wasser, lösl. in ca. 15 T. Ethanol. In einer Aceton/Ether-Mischung löst sich das Gramicidin, während Tyrocidin zurückbleibt. **Off.:** Ph.Helv.7; **Wirk.** u. **Anw.:** stark tox. Polypeptidantibiotikum zur lokalen Anw. geg. grampositive Keime; vgl. Antibiotika (Tab.).

U

U: 1. (chem.) Symbol für Uran*. 2. Unit; Einheit für die Enzymmenge, welche die Umwandlung von 1 µmol Substrat in 1 min katalysiert. Die ältere Einheit U wird heute meistens durch die internationale katalyt. Einheit Katal* (Symbol kat) für die Enzymaktivität* ersetzt.

UA: Abk. für **u**nverseifbare **A**nteile*.

u. a. f.: Abk. für (auf Rezepten) **u**t **a**liquid **f**iat damit etwas geschehe. Indifferente Verordnung bei abwartender Therapie.

UAW: Abk. für **u**nerwünschte **A**rzneimittel**w**irkung; Nebenwirkung; UAW können je nach Eigenschaft eines Arzneistoffes schon bei therap. Dosen od. erst durch Überdosierung auftreten; vgl. Dosis-Wirkungs-Kurven. Weitere Ursachen sind individuell unterschiedl. Toleranz, z. B. infolge genet. od. altersbedingter Variationen des Enzymmusters, verminderte Nierenfunktion, durch Arzneimittel freigesetzte Bakterienendotoxine, arzneimittelbedingte Störungen der normalen Bakterienflora u. Interaktionen mit anderen Arzneimitteln. UAW können rasch nach Applikation eines Pharmakon od. erst nach einer Latenzzeit* auftreten. Ihre Erscheinungsformen sind sehr vielfältig.

Ubbelohde-Viskosimeter: s. Viskosität.

Ubichinone: Benzochinon-Derivate mit langer terpenoider Seitenkette. Ubichinonhaltige Verb. haben als mitochondriale Lipide (Coenzym Q) Elektronen übertragende Redox-Funktion (Ubihydrochinon) in der Atmungskette. Ubihydrochinon ist dort Bindeglied zw. Flavoprotein u. Cytochrom c.

ubiquitär (lat.): überall verbreitet; z. B. ubiquitäre Keime.

Ubiquitin: ein zelluläres Polypeptid, dessen Aminosäurensequenz im Laufe der Evolution unverändert geblieben, das heißt bei allen Organismen gleich ist. U. bindet versch. zelluläre Proteine.

UDP-Glucose: Abk. für **U**ridin**d**i**p**hosphatglucose s. Nucleosiddiphosphatzucker.

Übelkeit: Nausea.

über Blaugel: Lagerungsvorschrift versch. Arzneibücher; dabei ist zusätzl. zur Vorschrift „dicht* verschlossen" Blaugel* od. ein anderes geeignetes Trocknungsmittel* getrennt vom Inhalt zu verwenden. Neuere Bez.: „vor Feuchtigkeit geschützt" (Ph.Eur.4).

Überchlorsäure: s. Perchlorsäure.

Übereinkommen über Psychotrope Stoffe: s. Betäubungsmittelrecht (Völkerrecht).

Überempfindlichkeit: s. Idiosynkrasie.

Überführungszahl: Anteil des Stromflusses durch einen Elektrolyten, der von einer Ionenart übernommen wird:

$$t_+ = \frac{\text{Kationenstrom}}{\text{Gesamtstrom}}$$

$$t_- = \frac{\text{Anionenstrom}}{\text{Gesamtstrom}}$$

Die Summe aller Anteile ist = 1: $t_+ + t_- = 1$. Z. B. Beispiel betragen die Ü. für H^+ u. Cl^- von wässriger Salzsäure 0.821 bzw. 0.179, d. h. über 80 % des Stromflusses werden von den wesentl. kleineren u. beweglicheren H^+-Ionen getragen.

Übergang, isomerer: Gammaübergang, Gammazerfall; unter Emission von Gammastrahlung erfolgender Übergang eines angeregten Atomkerns in einen energet. tieferen Zustand, meist in den Grundzustand. Die Ordnungszahl u. die Massenzahl des Kerns verändern sich dabei nicht, Ausgangs- u. Endkern sind also Isomere.

Übergangselemente: s. Periodensystem der Elemente (Übergangselemente).

Übergangsmilch: s. Muttermilch.

Überkorn: s. Fehlkorn.

Überwachungsbereich: s. Strahlenbereich.

Überzüge: zur Verlängerung der Wirkung von Arzneistoffen (Retardierung) werden häufig hochpolymere Lacksubstanzen (Benzylamino-, Diethylaminomethylcelulose, substituierte Polystyrene, Eudragite) mit beschränkter Löslichkeit in den Verdauungssäften herangezogen. Derartige Ü. bewirken eine langsame Diffusion des Wirkstoffes aus der überzogenen Arzneiform u. erzielen damit eine verzögerte Freigabe, die sich durch Einsatz unterschiedl. löslicher Lacke od. durch die Dicke des Überzuges steuern lässt; vgl. Filmtabletten, Compressi obducti, Retardarzneiformen.

Überzüge, magensaftresistente: s. Arzneiformen, magensaftresistente.

Ufer-Wolfstrapp: s. Lycopus europaeus.

Ule: s. Narbe.

Ulex europaeus L.: Stechginster; Fam. Fabaceae (Europa, nördl. USA). Giftpflanze, die in den Samen ca. 1 % Cytisin* enthält.

Ulexin: s. Cytisin.

Ulkus: Geschwür; Substanzdefekt der Haut od. Schleimhaut u. ggf. weitergehender Schichten. **Formen:** 1. Ulcus cruris (Unterschenkelgeschwür*); 2. U. duodeni (Zwölffingerdarmgeschwür); 3. U. ventriculi (Magengeschwür); Arz-

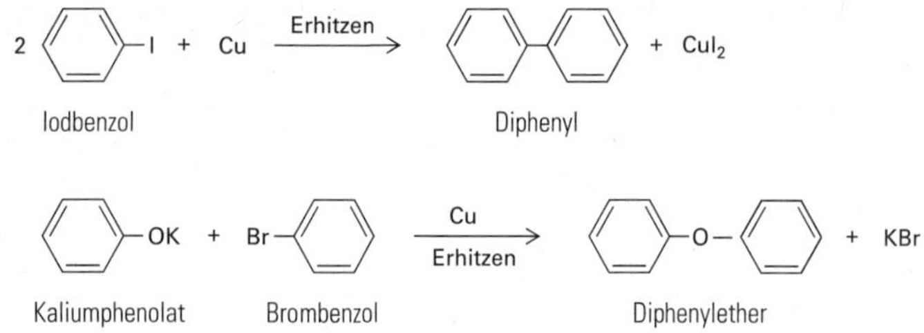

Ullmann-Reaktion: Bildung von Diphenyl u. Diphenylether

neimittel gegen U. ventriculi: s. Ulkustherapeutika.

Ulkustherapeutika: Antiulkusmittel; Mittel zur Ther. von pept. Ulzera wie Refluxösophagitis, Magen- od. Zwölffingerdarmgeschwüren. U. wirken über: **1.** Hemmung aggressiver Mechanismen durch Protonenbindung u. Protonensekretionshemmung; **2.** Förderung der defensiven Mechanismen der Magenschleimhaut, z. B. Schleimproduktion; **3.** Helicobacter-pylori-Eradikation; **Wirkstoffe: 1.** Antacida*, fangen direkt die gebildeten Säureäquivalente im Magen ab; **2.** Protonenpumpenblocker*, blockieren selektiv u. irreversibel die ATPase in den Belegzellen u. senken somit die Säureproduktion; **3.** H_2-Antihistaminika (s. Antihistaminika), blockieren die histaminbedingte Säure- u. Pepsinproduktion; **4.** Anticholinergika*, senken u. a. die Magensaftsekretion, z. B. der M_1-Antagonist Pirenzepin*, Atropin* (starke UAW); **5.** Hormone*, v. a. Prostaglandine* (z. B. Misoprostol*), hemmen die Magensaftsekretion, Somatostatin*, Secretin*, Calcitonin*; **6.** Antibiotika mit Wirksamkeit gegen Helicobacter* pylori, z. B. Amoxicillin* u. Metronidazol* in Kombination; vgl. Gastritis; **7.** Bismutpräparate, lange obsolet, wieder aktuell wegen bakterizider Wirk. gegen Helicobacter* pylori; s. Bismutdicitrat, basisches; vgl. Gastritis; **8.** Succus Liquiritiae (s. Glycyrrhiza glabra) u. Carbenoxolon* zur Steigerung der Schleimhautbildung, keine Hemmung der Säureproduktion; **9.** pflanzl., entzündungshemmende Mittel, z. B. Kamillenextrakte, Natriumgualenat* (halbsynth.); **10.** diverse: Proglumid*, Methioninmethylsulfoniumhydrochlorid* (Wirk. nicht eindeutig gesichert), Capsaicin*, Haferschleim. Zusätzl. sind diätet. Therapiemaßnahmen zu empfehlen.

Ullmann-Reaktion: Methode zur Synthese von Diarylen durch Einw. von Kupfer auf aromat. Halogenide. Beispiel: aus Iodbenzol entsteht beim Erhitzen Diphenyl. Alkaliphenolate setzen sich mit aromat. Halogeniden in Gegenwart von Kupfer beim Erwärmen zu Diarylethern um.

Ulmenrinde: s. Ulmus minor (Cortex Ulmi).

Ulmus minor Mull. emend. Richens: Ulmus caprinifolia Ruppius ex Suckow, Ulmus campestris auct. non L., Ulme, Feldrüster; Fam. Ulmaceae (Europa). Stpfl. von **Cortex Ulmi:** Ulmenrinde, Rüsterrinde, Elmenrinde. **Inhaltsst.:** Schleimstoffe, Gerbstoffe, Phlobaphene* u. Phytosterine; **Anw.** volkstüml.: innerl. z. B. bei Diarrhö; äußerl. zu erweichenden Umschlägen.

Hom: *Ulmus campestris:* frische, innere Rinde der jungen Zweige.

Ultraamylopectin®: s. Amylum.

Ultrabas®: Wasser-in-Öl-Emulsionsgrundlage (s. Unguenta); lipophile Creme. Grundlage u. zum problemlosen Verdünnen der Ultralan®-Salbe (Corticosteroid-Salbe). **Zstg.:** Kohlenwasserstoffe (Vaseline weiß, Paraffin flüssig), W/O-Emulgatoren u. Konsistenzverbesserer (Wollwachs, Wachsester u. höhermolekulare Fettalkohole), Crematest (Geruchsstoff), demineralisiertes Wasser (30 %).

Ultrafilter: Filter zur Abscheidung von kleinen Viren*, Pyrogenen* u. Enzymen mit sehr kleinem Porendurchmesser (Porengröße 0.05-0.01 µm). **1.** Ultrafilter mit Membranfilterstruktur: Cellulosenitrat, Celluloseacetat, regenerierte Cellulose; als Scheibenfilter od. in Hülsenform; Abscheideleistungen M_r 10 000-160 000; **2.** Asymmetr. Ultrafilter: Celluloseacetat, Cellulosetriacetat werden trocken geliefert; Einsatz als Scheibenfilter od. in Modulen; Trenngrenzen von M_r 10 000-20 000.

Ultramarin (ultra mare, jenseits des Meeres): Ultramarinblau, Waschblau; (mikrokrist.) schwefelhaltiges Natriumaluminiumsilicat, $Na_6Al_6Si_6O_{24} \cdot Na_2S_2$. U. ist lichtecht u. wird von Luft, Hitze u. Alkalien nicht angegriffen, von Säuren jedoch leicht zersetzt. **Herst.:** Glühen einer Mischung aus Kaolin (weißer Ton*), Quarz*, Soda (Natriumcarbonat*), Holzkohle (vgl. Carbo activatus) u. Schwefel. Es kommt in versch. Formen in den Handel, als reines U.-Pulver, mit Wasser, Öl, Wasserglas angerührt, mit Kalk od. Casein vermischt. **Anw.:** in der Kosmetik z. B. als Lidschatten-Best., als Malerfarbe, zum Färben von Kunststoffen, zum Bedrucken von Papier; als Waschblau: gelbl. Färbungen in Geweben (Wäsche), Papier, Zucker werden durch eine Spur der Komplementärfarbe U. beseitigt. **Gesch.:** im Altertum u. Mittelalter aus dem Lasurstein (Lapislazuli) gewonnen, der hauptsächl. in China, Tibet, Sibirien — jenseits des Meeres — vorkommt.

Ultramaringelb: s. Bariumchromat.

Ultrarot: s. Infrarot.

Ultraschall: Schallwellen, deren Schwingungszahlen (Frequenz*) zw. 20 000 (20 kHz) bis mehreren Mio. pro Sek. liegen, also oberhalb der Hörgrenze des menschl. Hörsinnes. Zur Erzeugung von U.-Wellen benutzt man resonanzfähige, mechan. od. magnet. angeregte Schwinger od. Quarzplatten (piezoelektr. Prinzip). **Wirk.:** U.-Wellen haben bedeutende physik., chem. u. biol. Wirkungen. Sie erzeugen Temperatursteigerungen, durch Erschütterungen vermögen sie flüss. Mischungen u. Emulsionen zu homogenisieren, Schwebestoffe in

Flüss. zu verteilen; sie zerkleinern die Fettkügelchen der Milch, so dass sich kein Rahm mehr bildet, sie können Flüss., z. B. Milch, entkeimen, da sie die Zellen der Bakterien sprengen; sie bauen Aldehyde, Fuselöle u. Säuren in alkohol. Getränken ab (künstl. Altern). Ultrabeschallung von Samen u. Wurzelspitzen ruft bei Pfl. Wachstumshemmung u. Chromosomenänderungen hervor. **Anw.** med.: therap. verwendet man hochfrequente U.-Schwingungen (175-800 kHz) zur Mikromassage bei Erkrankungen des rheumatischen Formenkreises sowie bei Gelenkentzündungen (Arthritis deformans), Neuralgien, Nervenentzündungen, bei gewissen Hautleiden, Gefäßerkrankungen, Durchblutungsstörungen; med.-techn.: Reinigen von Oberflächen (z. B. Ampullenreinigung), Extrahieren, Herst. von Suspensionen, Emulsionen (W/O-Emulsionen durch hohe Frequenz, O/W-Emulsionen durch niedrigere Frequenz); vgl. Ultraschalldiagnostik, Ultraschallextraktion, Ultraschallreinigung.

Ultraschalldiagnostik: diagnost. Verfahren mit Anwendung von Ultraschall*. Ersetzt zunehmend röntgendiagnost. Verfahren; nach Art der Erzeugung des Ultraschalls unterscheidet man zwischen Impulsechoverfahren (Sonographie) u. Dauerschallverfahren (s. Doppler-Effekt).

Ultraschallextraktion: zur raschen Herst. von hochwertigen Drogenauszügen. Hydrolyse- u. oxidationsempfindl. Stoffe können sich dabei erhebl. zersetzen.

Ultraschallkontaktgel: s. Mucilago ad sonographiam.

Ultraschallreinigung: Reinigung, bei der Ultraschallenergie mit hoher Intensität auf eine Flüss. übertragen wird; in der Flüss. bilden sich unzählige winzige Vakuumbläschen, die sofort implodieren. Durch diese pulsierende Wirk., Kavitation*, werden Verschmutzungen von Gegenständen in der Flüss. entfernt. Gereinigt werden alle Oberflächen des eingetauchten Teils, die mit der Reinigungsflüss. in Kontakt kommen. Der Reinigungseffekt findet auch an sonst schwer zugängl. Stellen statt, die mit herkömml. Reinigungsmethoden nicht zu erreichen sind. **Anw.**: Reinigung komplizierter Werkstücke od. Geräteteile ohne Demontage.

Ultraschallvernebler: Freisetzung feinster Flüssigkeitströpfchen durch ein Piezokristall, das durch eine hochfrequente Wechselspannung zu Schwingungen im Megaherz-Bereich angeregt wird u. diese auf eine Flüssigkeit überträgt. Moderne Geräte (z. B. Omron U1®) zerstäuben durch eine Ultraschall-Pumptechnologie mit niedriger frequenten Schwingungen im Kiloherz-Bereich (67 kHz). Durch die Schwingungen eines Pumphorns entsteht ein Unterdruck, der die Arzneistofflösung aufsteigen lässt. Diese prallt mit hoher Geschwindigkeit auf ein Keramiknetz mit Löchern von 4.5 µm Durchmesser u. zerstäubt zu einer Wolke mit mittlerem Partikeldurchmesser von 7.1 µm (lungengängiger Anteil von 28 % unter 5 µm). Solche Geräte sind klein, handl. u. haben einen geringen Energieverbrauch. Wegen Verstopfung des Keramiknetzes ist eine Verneblung von Suspensionen nicht mögl., z. B. Glucocorticoide.

Ultrasicc®: Öl-in-Wasser-Emulsionsgrundlage (s. Unguenta); hydrophile Creme. Zstzg.: Kohlenwasserstoffe (Vaseline weiß, Paraffin dickflüssig), nichtion. Komplexemulgator (s. Polyethylenglykolstearate, Stearylalkohol), anion. Verdickungsmittel für die Wasserphase (Na-Salz eines Carboxyvinylpolymeren, Polyacrylate), Konservierungsmittel (*p*-Hydroxybenzoesäuremethylester u. -propylester), Komplexbildner (Dinatriumethylendiamintetraacetat, EDTA) zum Abfangen mehrwertiger Kationen, Crematest (Geruchsstoff), demineralisiertes Wasser 68 %; **Inkomp.**: kation. Arznei- u. Hilfsstoffe.

Ultra-Turrax®: Hochleistungsdispergiergerät für die Bearbeitung von flüss.-flüss., fest-flüss. u. gasförmig-flüss. Stoffsystemen; s. Dispersion. **Anw.**: Homogenisation disperser Phasen mit einem hohen Verteilungsgrad, Herst. von echten u. kolloidalen Lsg., Aufschließen, Zerfasern, Wirbelextraktionen; Keimzahlbestimmungen.

ultraviolett: Abk. UV; der auf violettes Licht folgende unsichtbare, kurzwellige Teil der elektromagnet. Strahlung. Wird die Beobachtung im ultravioletten Licht vorgeschrieben, z. B. zum Sichtbarmachen von Proben, so ist eine UV*-Analysenlampe zu verwenden. **Bedeutung:** Ultraviolette Strahlung ist wichtig für die Pigmentbildung in der Haut sowie zur Erzeugung von Vitamin D aus dem Ergosterin der Haut (s. Vitamine, Tab.). **Anw.** med.: Strahlungstherapie mittels Höhensonne od. Quarzlampe, wobei das Optimum des mikrobiziden Bereichs bei 253.7 nm liegt; Trinkwasseraufbereitung; Keimzahlverminderung der Raumluft u. auf glatten Oberflächen (geringe Eindringtiefe).

ultraviolett
Wellenlängenbereiche und Wirkungen

Wellenlängenbereich in nm	Bezeichnung	Wirkung
400-315	UV-A	durchdringt Glas, sog. Bräunungsstrahlung
315-280	UV-B	Dorno-Strahlung, erythemerzeugend, bewirkt Photosynthese von Vitamin D
280-200[1]	UV-C	mikrobiozid
200-100		Ozonbildung

[1]Das Optimum des mikrobioziden Bereichs liegt bei 253.7 nm.

Ultraviolglas: s. Uviolglas.

ultravisibel: unsichtbar, über die Sichtbarkeitsleistung eines gewöhnl. Mikroskops hinausgehend.

Ultrazentrifuge: s. Zentrifugieren.

Ulzeration: Geschwürbildung, s. Ulkus.

Umbella: (bot.) Dolde, s. Blütenstand.

Umbelliferen: s. Apiaceae.

Umbelliferon: 7-Hydroxycumarin; $C_9H_6O_3$, M_r 162.14, Strukturformel s. Cumarine (Abb.), Schmp. 228 °C. Farblose Kristalle, leicht lösl. in siedendem Wasser, wenig lösl. in kaltem Wasser, leicht lösl. in Ethanol u. Alkalien. **Vork.:** nat. frei z. B. in der Rinde von Daphne* mezereum (Cortex Mezerei), in glykosidierter Form im Pflanzenreich weit verbreitet; **Gew.:** durch trockene Dest. aus Apiaceen-Harzen; **Anw.:** in Sonnenschutzsalben, da es ultraviolette Strahlen absorbiert.

Umbilicus: Nabel.

UMDNS: Abk. für (engl.) *Universal Medical Device Nomenclature System;* vom Deutschen* Institut für Medizinische Dokumentation und Information herausgegebene Sammlung der Nomenklatur von Medizinprodukten.

Umfällen: s. Umkristallisation.

umfüllen: im arzneimittelrechtl. Sinn das Verbringen von Arzneimitteln von einem Behältnis in ein anderes, sofern die Behältnisse nicht zur Abgabe an den Verbraucher bestimmt sind.

Umkehrosmose: syn. reverse Osmose, umgekehrte Osmose, Hyperfiltration; Verfahren zur Reinigung elektrolythaltiger Lösungen (z. B. Reinwasserherstellung). Wird eine elektrolythaltige Lösung unter einen höheren Druck gesetzt als ihr osmotischer Druck*, so wandert das Lösungsmittel (meist Wasser) durch eine semipermeable Membran von der Seite höherer Konzentration auf die Seite geringerer Elektrolytkonzentration; vgl. Osmose. Aufgrund der in Elektrolytlösungen bedingten osmot. Druckverhältnisse ist der Anwendungsbereich der Umkehrosmose auf bis zu 5 %ige Lösungen eingeschränkt.

Umkehrphasenchromatographie: s. Chromatographie.

Umkristallisation: Reinigungsmethode für krist. Substanzen. Die Kristalle werden (wiederholt) in einem geeigneten Lösungsmittel bei erhöhter Temp. aufgelöst. Nach dem Abkühlen der (evtl. heiß filtrierten) Lsg. werden die angefallenen Kristalle abfiltriert. Verunreinigungen sollten in der Lsg. (Mutterlauge*) verbleiben. Eine ähnl. Reinigungsmethode ist das **Umfällen**. Hierbei wird die gelöste Substanz z. B. durch Zugabe eines zweiten Lösungsmittels, in dem die Substanz nicht oder schlecht lösl. ist, ausgefällt. Theoret. Grundlage der U. ist die niedrigere Löslichkeit bei tieferen Temperaturen.

Umschlagpasten: Ph.Eur.4; hydrophile, hitzespeichernde Grundlagen, in die feste od. flüssige Wirkstoffe dispergiert sind. Sie werden üblicherweise in dicker Schicht auf ein Tuch aufgestrichen u. vor dem Auflegen auf die Haut erhitzt. In der Ph.Eur.4 den Unguenta* zugeordnet.

Umstimmungstherapie: therapeut. Prinzip der Erfahrungsheilkunde, das durch perorale od. parenterale Zufuhr von Stoffen zu einer Änderung der vegetativen Reaktionslage od. Anregung der Immunität führen soll; vgl. Reizkörpertherapie, Reiztherapie.

Umwandlung: s. Phasenumwandlung; vgl. Polymorphie.

Umwandlungspunkt: s. Polymorphie.

Uncaria elliptica R. Br. ex G. Don.: Katzenkralle; im Anbau strauchig gehaltene Liane der Fam. Rubiaceae (heim. Südasien). Stpfl. von Gambir; s. Uncaria gambir.

Uncaria gambir (Hunter) Roxb.: Ouruparia gambir, Nauclea gambir; Fam. Rubiaceae (heim. Südasien, kult. auf den Sundainseln, Malakka, Sri Lanka sowie im östl. Afrika, Madagaskar u. in Amerika). Zus. mit Uncaria* elliptica Stpfl. von **Gambir:** (malaiisch bitter) Gambir-Catechu, Pale-Katechu, Gelbes Katechu, Catechu pallidum, Terra japonica; Extrakt aus den Blättern u. jungen Trieben; leicht brüchige, außen rotbraune, innen gelbe Würfel od. auch durch u. durch braune Massen von mattem, muscheligem Bruch. **Inhaltsst.:** 75 % Catechine, hauptsächl. D-Catechin (s. Cianidanol) u. Catechingerbstoffe, Quercetin, ferner Fluorescin*, wodurch sich Gambir-Catechu von Catechu (s. Acacia catechu) unterscheidet; **Anw.** volkstüml.: wie Catechu innerl. bei gastrointestinalen Störungen, z. B. bei Diarrhö; als Zusatz zum Betelbissen s. Acacia catechu; techn.: in der Ledergerberei.

Uncaria tomentosa (Willd.) DC.: Fam. Rubiaceae (nördl. Südamerika, Peru). Stpfl. von **Radix Uncariae tomentosae:** Krallendornwurzel. **Inhaltsst.:** in der Wurzelrinde Oxindolalkaloide* wie Pteropodin*; **Anw.** volkstüml.: zur Stärkung des Immunsystems.

uncoating: Auflösung des Proteinmantels eines Virus beim Eindringen durch die Zellwand mit Hilfe von Zellenzymen. Dabei geht die Möglichkeit zum Virusnachweis verloren.

Undecan: $C_{11}H_{24}$. D. 0.74. Schmp. –26.5 °C. Sdp. 194.8 °C. Farblose, brennbare Flüssigkeit. **Vork.:** Best. des Erdöls.

Undecaprenol: s. Polyprenole.

Undecen: $C_{11}H_{22}$. Ungesättigter aliphat. Kohlenwasserstoff. **Vork.:** Best. des Erdöls.

Undecylalkohol: $C_{11}H_{23}OH$, D. 0.833, Schmp. 19 °C, Sdp. 131 °C. Farblose Flüss.; lösl. in 70 %igem Ethanol. **Anw.:** in der Parfümerie (Veilchen-, Akazien- u. Rosenduft).

Undecylensäure: Acidum undecylenicum Ph.Eur.4; 10-Undecensäure; CAS-Nr. 112-38-9; $H_2C{=}CH(CH_2)_8COOH$; $C_{11}H_{20}O_2$, M_r 184.3. D. 0.91. Sdp. 275 °C (unter Zers.). Ep. 24.5 °C. $n_D^{20\,°C}$ 1.447-1.450. Eine ungesättigte Fettsäure, die aus Rizinusöl bei Vakuum-Dest. entsteht. Schweißartig riechende, farblose Flüss. od. krist. Masse; lösl. in Ethanol, Ether, Benzol, Chloroform, unlösl. in Wasser. **Anw.:** Antimykotikum* u. Antihidrotikum*, bei Schuppenflechte; zum Vertreiben von Mücken; in der Parfümerie zu Jasmin- u. Rosenkompositionen. Als fungizide Substanz wird auch Undecylensäuremonoethanolamid zum Imprägnieren, als Spray u. zu Waschungen verwendet.

Undecylensäureethylester: Aethylum undecylenicum, Ethylis undecylenas, Ethylundecylenoat; CAS-Nr. 692-86-4; $C_{13}H_{24}O_2$, M_r 212.3. Sdp. 257-261 °C. $n_D^{20\,°C}$ 1.437-1.441. Farblose Flüss. von charakterist. Geruch; fast unlösl. in Wasser, in jedem Verhältnis mischbar mit Ethanol, Ether, fetten Ölen. **Off.:** ÖAB90; **Anw.:** Antimykotikum*; **Dos.:** gebräuchl. Konz. bei äußerl. Anw. 3-5 %; vgl. Undecylensäure.

Undecylensäuremonoethanolamid: s. Undecylensäure.

Under-the-cup-Füllverfahren: s. Druckgaspackungen.

Undulation: Wellenbewegung. **Undulationstheorie:** Lehre von der Wellenbewegung des Lichtes. **Gesch.:** begründet von Christiaan Huygens (1629-1695). Gegenpol der Undulationstheorie: Korpuskulartheorie des Lichtes von Isaac Newton*.

Unfallversicherung: s. Sozialversicherung.

Unguenta: (engl.) *ointments*; Salben; topische, halbfeste u. homogen aussehende Arzneizuber.; Ph.Eur.4; U. sind zur Anw. auf der Haut u. den Schleimhäuten bestimmt. Sie werden zur lokalen Wirkstoffapplikation (Penetrationssalben) od. zur pflegenden u. schützenden Wirk. (Decksalben, Schutzsalben) angewendet (vgl. Augensalben, vgl. Augenarzneien, Auricularia, Nasalia, Rectalia, Vaginalia). Die Grundlagen bestehen aus natürl. od. synthet. Stoffen u. können einphasige od. mehrphasige Systeme sein. Die Wirkstoffe können gelöst (Lösungssalben) od. dispergiert (Emulsions- u. Suspensionssalben) vorliegen. Die Wirkung u. die Wirkstofffreisetzung wird durch die Zstzg. der Grundlagen beeinflusst. Je nach Zstzg. resultieren hydrophile od. hydrophobe Eigenschaften. Die Zuber. dürfen geeignete Hilfsstoffe wie Konservierungsmittel, Antioxidanzien, Stabilisatoren, Emulgatoren u. Verdickungsmittel enthalten. Dienen die Zuber. speziell zur Anw. bei großen offenen Wunden u. bei stark geschädigter Haut, müssen sie steril sein u. der Prüfung auf Sterilität genügen. Die halbfesten top. Arzneizuber. werden unterschieden in: **Salben** (Grundlagen: hydrophob, wasseraufnehmend od. hydrophil), **Cremes*** (Grundlagen: hydrophob od. hydrophil), **Gele*** (Grundlagen: hydrophob od. hydrophil), **Pasta***, **Umschlagpasten***.

Salben i.e.S. bestehen aus einer einphasigen Grundlage, in der Feststoffe od. Flüss. verteilt sein können. **Hydrophobe Salben** (lipophile Salben) haben nur eine geringe Wasseraufnahmefähigkeit. Zu ihrer Herst. werden v.a. flüssiges Paraffin, Hartparaffin, Vaselin, pflanzl. Öle (u. gehärtetes Erdnußöl), tier. Fette (Schweineschmalz), synthet. Glyceride (Ölsäureoleylester), Wachse (Walrat, Isopropylmyristat) u. flüssige Polysiloxane verwendet. **Wasseraufnehmende Salben** (Absorptionsgrundlagen*) sind hydrophobe Salben mit einem zugefügten Emulgator vom Typ Wasser-in-Öl (W/O). Sie können größere Mengen Wasser unter Emulsionsbildung aufnehmen. Als Emulgatoren werden z.B. Wollwachs, Wollwachsalkohole, Sorbitanester, Monoglyceride u. Fettalkohole verwendet. **Hydrophile Salben** bestehen aus Grundlagen (Bentonit, Stärke, Cellulosederivate, Polyacrylsäure, Polyethylenglykole), die mit Wasser mischbar sind. Gewöhnl. bestehen sie aus einer Mischung von flüssigen u. festen Polyethylenglykolen (Macrogolen). Sie können geeignete Mengen Wasser enthalten. Für die rezepturmäßige Herst. der Salben wird üblicherweise Wollwachsalkoholsalbe (s. Unguentum Alcoholum Lanae) verwendet. Das Verdünnen von Fertigarzneimittelsalben mit Salbengrundlage muss i.Allg. mit einer geeigneten Grundlage vom gleichen Typ erfolgen. In der Salbengrundlage unlösl. od. schwer lösl., feste Substanzen werden möglichst fein gepulvert u. mit wenig Salbengrundlage od. einem flüssigen Bestandteil der Salbengrundlage möglichst ohne Erwärmen angerieben. Die disperse Phase von Emulsions- u. Suspensionssalben soll so fein verteilt sein, dass die Salbe ein homogenes Aussehen aufweist. Geprüft werden U. auf Wasseraufnahmefähigkeit (s. Wasserzahl), Wassergehalt, Konsistenz (s. Penetrometer, Viskowaage, Konsistometer nach Haake), Spreitung*, Thermoresistenz, Teilchengröße. Sind U. als steril bezeichnet, so müssen sie der Prüfung auf Sterilität entsprechen. Enthalten sie Wasser od. andere flüchtige Stoffe müssen die Behältnisse dicht verschlossen sein (am besten flexible Metalltuben). Salbenbehältnisse zur Applikation in Körperöffnungen (Nase, Ohren, Vagina, Rektum) müssen geeignet geformt bzw. mit einem Applikator versehen werden. Zwingende Angaben auf dem Salbenbehältnis: Name, Konzentration aller zugesetzten Konservierungsmittel u. die Bez. steril, falls erforderlich.

Unguenta ophthalmica: s. Augensalben.

Unguentum Acidi benzoici compositum: s. Whitfield-Salbe.

Unguentum Acidi borici: Acidi borici unguentum, Borsalbe; Zstzg.: DAB8, 3 T. Borsäure (sehr fein gepulvert, Sieb 90), 97 T. weißes Vaselin; Geh.: 2.7-3.3 % Borsäure; ÖAB91, 10 T. Borsäure, 90 T. weißes Vaselin; Geh.: 9.5-10.5 % Borsäure; Ph.Helv.7, 5.0 g Borsäure, 95.0 g weißes Vaselin; Geh.: 4.7-5.3 % Borsäure. **Anw.:** schwach antisept.; nur noch für tierärztl. Zwecke; zur Toxizität s. Borsäure.

Unguentum ad decubitum: s. Unguentum Plumbi tannici.

Unguentum Alcoholum Lanae: Lanae alcoholum unguentum, Unguentum Lanalcoli, Lanolimentum, Wollwachsalkoholsalbe, Eucerinum® anhydricum; Absorptionsgrundlage*; Zstzg.: DAB10, 6 T. Wollwachsalkohole, 0.5 T. Cetylstearylalkohol u. 93.5 T. weißes Vaselin werden auf dem Wasserbad geschmolzen u. bis zum Erkalten gerührt. Bis zu 12 T. des Vaselins können durch dickflüssiges Paraffin ersetzt werden. Auch andere Herstellungsmethoden sind mögl., wenn die gleiche Qualität erzielt wird; ÖAB90, 6 T. Wollwachsalkohole, 50 T. weißes Vaselin, 12 T. Hartparaffin u. 32 T. flüssiges Paraffin. Erstarrungspunkt: 38-56 °C (rotierendes Thermometer); gelbl. weiße, weiche Salbe von schwachem Geruch; Ph.Eur.4, als Salbengrundlage für rezepturmäßige Herst. empfohlen. SZ <1, VZ <1.5; Schmp. 49-52 °C; Viskosität bei 90 °C ca. 7 mPa·s. Wasseraufnahmevermögen: 10.0 g Salbe mit 20.0 mL Wasser zu einer salbenartigen Emulsion verarbeitet; darf während 24 Std. kein Wasser abscheiden; **Inkomp.:** Phenol, Teere, Schiefersulfonate bis zu gewissen Konz. in Gegenwart von Wasser.

Unguentum Alcoholum Lanae aquosum: Lanae alcoholum unguentum aquosum, Unguentum Lanalcoli aquosum, wasserhaltige Wollwachsalkoholsalbe, Eucerinum® cum aqua; Zstzg.: DAB10, ÖAB90: 50 T. Wollwachsalkoholsalbe u. 50 T. gereinigtes Wasser; das frisch aufgekochte u. auf 60 °C wieder abgekühlte Wasser wird in die auf die gleiche Temp. erwärmte Wollwachsalkoholsalbe

U

eingearbeitet. Die Salbe wird bis zum Erkalten gerührt. Weiße, bei Zimmertemp. weiche Salbe mit schwachem Geruch. Nach DAB10 sind auch andere Herstellungsmethoden mögl., wenn die gleiche Qualität erzielt wird.

Unguentum Ammonii bituminosulfonici: Ammonii bituminosulfonatis unguentum; Ammoniumbituminosulfonatsalbe 10, 20 od. 50 Prozent; Geh.: bis zu 50 % (m/m) Ammoniumbituminosulfonat*. Wenn eine Konzentrationsangabe fehlt, ist eine 10 %ige Zuber. abzugeben; Herst. nach DAC86, NRF. **Ammoniumbituminosulfonatsalbe 10 %:** 5.0 g Ammoniumbituminosulfonat, 4.5 g Wasser; **Ammoniumbituminosulfonatsalbe 20%:** 10 g Ammoniumbituminosulfonat, 4 g Wasser; **Ammoniumbituminosulfonatsalbe 50 %:** 25 g Ammoniumbituminosulfonat, 2.5 g Wasser, bei allen Zuber. Wollwachsalkoholsalbe ad 50 g. Salbe u. Wasser werden emulgiert u. mit der vorgeschriebenen Menge Ammoniumbituminosulfat verrieben; **Anw.:** Abszesse, chron. Hauterkrankungen u. Gelenkentzündungen.

Unguentum Argenti colloidalis: Silbersalbe; Zstzg.: DAB6, 15 T. kolloides Silber, 5 T. Wasser, 73 T. Benzoeschmalz, 7 T. gelbes Wachs. **Anw.:** früher zur Wundbehandlung, v. a. bei entzündl. Prozessen.

Unguentum Argenti nitrici compositum: zusammengesetzte Silbernitratsalbe, schwarze Salbe; Zstzg.: EB6, 10 T. Silbernitrat, Wasser n. B. (zum Lösen des Silbernitrats), 50 T. Perubalsam, 940 T. gelbes Vaselin.

Unguentum aromaticum: aromatische Salbe, Windsalbe; Zstzg.: ÖAB91, 36 T. Erdnußöl, 36 T. gehärtetes Erdnußöl, 15 T. gelbes Wachs, 10 T. Lorbeeröl, 1 T. äther. Lavendelöl, 1 T. äther. Rosmarinöl, 1 T. äther. Wacholderöl; Geh.: mind. 3 % äther. Öle; gelbl. grüne Salbe; die sehr aromat. riecht. **Anw.:** Blähungen, Einmassieren am Bauch des Säuglings.

Unguentum basilicum: Königssalbe, Zugsalbe; Zstzg.: DAB6, 9 T. Erdnußöl, 3 T. gelbes Wachs, 3 T. Kolophonium, 3 T. Hammeltalg, 2 T. Terpentin.

Unguentum Belladonnae: Tollkirschensalbe; Zstzg.: EB6, 10 T. Tollkirschenextrakt (Extr. Belladonnae spissum), 10 T. Wasser, 55 T. Wollfett, 25 T. gelbes Vaselin. Der Tollkirschenextrakt wird mit dem Wasser gelöst u. die Lsg. mit den übrigen Bestandteilen vermischt. Zur Abgabe stets frisch zubereiten.

U

Unguentum broncho-resorbens: Bronchialsalbe; Zstzg.: Ph.Helv.6, je 3 T. Campher, Guajakol, Methylsalicylat, je 2 T. Eukalyptusöl u. Latschenkiefernöl, 1 T. Thymianöl, 5 T. Ol. Hyosc. comp., 81 T. Unguentum Polyethylenglycoli. **Anw.:** Einreibemittel bei Erkältungen u. Bronchitiden.

Unguentum Camphorae 10 %: Camphersalbe 10 %; Zstzg.: Ph.Helv.7, 1 T. Campher, 20.0 T. weißes Vaselin, 70 T. gehärtetes Erdnußöl. **Anw.:** hyperämisierend u. leicht reizend bei Erkältungskrankheiten u. Erkrankungen des rheumat. Formenkreises.

Unguentum camphoratum: Camphersalbe 20 %; Zstzg.: EB6, 20 T. Campher, 54 T. Wollfett, 26 T. gelbes Vaselin.

Unguentum camphoratum vaselinatum: Camphersalbe 10 % mit Vaselin; Zstzg.: EB6, 10 T. fein zerriebener Campher, 90 T. gelbes Vaselin.

Unguentum Cantharidis: Spanischfliegensalbe; Zstzg.: EB6, 60 T. Oleum* Cantharidis, 40 T. gelbes Wachs.

Unguentum Cantharidum pro usu veterinario: Spanischfliegensalbe für den tierärztlichen Gebrauch, Spathsalbe; Zstzg.: DAB6, 2 T. mittelfein gepulverte span. Fliegen, 2 T. Erdnußöl, 2 T. Benzoeschmalz, 1 T. gelbes Wachs, 2 T. Terpentin, 1 T. mittelfein gepulvertes Euphorbium. Die gepulverten span. Fliegen werden mit dem Erdnußöl u. dem Benzoeschmalz 2 Stunden auf dem Wasserbad in einer bedeckten Schale erwärmt. Dann wird das Wachs u. der Terpentin zugesetzt u. zuletzt dem geschmolzenen u. wieder halb erkalteten Gemisch das Euphorbium zugefügt u. bis zum Erkalten gerührt. **Anw.:** Geschwülste, Entzündungen der Sehnen u. Gelenke.

Unguentum Capsici compositum: Capsici unguentum compositum, Cayennepfeffersalbe; Zstzg.: Ph.Helv.7, 2.5 T. Cayennepfefferliquidextrakt, 3 T. Eucalyptusöl, 5 T. Campher, 10 T. Medizinal-Terpentinöl, 10 T. weißes Bienenwachs, 69.5 T. Cetylsalbe. **Anw.:** Neuralgien u. rheumat. Affektionen. Vorsicht: reizt bereits in geringen Mengen die Schleimhäute (Augen!) sehr stark.

Unguentum cereum: Wachssalbe; Zstzg.: DAB6, 7 T. Erdnußöl, 3 T. gelbes Wachs. **Anw.:** Salbengrundlage.

Unguentum cereum compositum: zusammengesetzte Wachssalbe; Zstzg.: EB6, 150 T. weißes Wachs, 150 T. Walrat, 700 T. Mandelöl.

Unguentum Cerussae: Bleiweißsalbe; Zstzg.: DAB6, 3 T. feines bas. Bleicarbonat*, 7 T. weißes Vaselin.

Unguentum cerussae camphoratum: campherhaltige Bleiweißsalbe; Zstzg.: DAB6, 1 T. fein gepulverter Campher, 19 T. Unguentum cerussae.

Unguentum cetylicum: Cetylsalbe; Zstzg.: Ph.Helv.7, 4 T. Cetanolum, 10 T. Adeps lanae, 86 T. Vaselinum album; wird im Trockenschrank bei 140 °C antimikrobiell behandelt; WZ 117. **Anw.:** hydrophile Grundmasse zur Herst. von W/O-Emulsionssalben; emulgierend wirken Cetanolum u. Wollwachs.

Unguentum cetylicum cum Aqua: wasserhaltige Cetylsalbe; W/O-Emulsionssalbe; Zstzg.: Ph.Helv.7, 60 T. Cetylsalbe u. 40 T. Wasser; eine Übersättigung der Wasserphase ist zu vermeiden. **Anw.:** zur Verarbeitung wasserlösl. Arzneistoffe.

Unguentum contra decubitum: Salbe gegen Aufliegen; Zstzg.: EB6, 5 T. Zinksulfat, 10 T. Bleiacetat, 2 T. Myrrhentinktur, 83 T. weiche Salbe; frisch zubereiten.

Unguentum contra onychiam: Salbe zur Nagelentfernung, Harnstoffsalbe 40 %; Zstzg.: NRF, 8 g Harnstoff (180), 1 g gebleichtes Wachs , 4 g Wollwachs , 3 g dickflüssiges Paraffin, 4 g weißes Vaselin; schwachgelbe Salbe; NFA, ohne flüssiges Paraffin, dafür mit 7 g weißem Vaselin; grießige, leicht schaumige Salbe, die nachhärtet. **Anw.:** Nagelentfernung; 1 Woche die Salbe unter Okklusion dick auf den erkrankten Nagel auftragen, Umgebung mit Zinkpaste schützen.

Unguentum contra scabiem: Unguentum sulfuratum compositum (ÖAB90), zusammengesetzte Schwefelsalbe (ÖAB90), Krätzesalbe; Zstzg.: DAB6, 1 T. sublimierter Schwefel, 1 T. Birkenteer, 2 T. Schweineschmalz, 2 T. Kaliseife; ÖAB90, 25 T. Schweineschmalz, 7 T. gelbes Wachs, 32 T. Kaliseife, 10 T. gefälltes Calciumcarbonat, 14 T. gereinigter Schwefel, 12 T. Buchenteer; braune Salbe, die deutl. nach Buchenteer riecht. **Anw.:** Krätze; beim Auftragen auf die Haut entwickeln sich Spuren von H_2S, welche die Krätzemilben abtöten.

Unguentum contra tussim: Hustensalbe; Zstzg.: NRF, 8.0 g Campher, 2.0 g Menthol, 8.0 g Eucalyptusöl, 10.0 g Kiefernnadelöl, 2.0 g gereinigtes Terpentinöl, 21.0 g Ceresin (mikrokristallines Paraffin), 49.0 g weißes Vaselin. **Anw.:** Einreibung; Inhalation mit heißem Wasser. Nicht bei Säuglingen u. Kleinkindern anwenden.

Unguentum contra tussim mite: milde Hustensalbe; Zstzg.: NRF, 8.0 g Eucalyptusöl, 10.0 g Kiefernnadelöl, 2.0 g gereinigtes Terpentinöl, 24.0 g Ceresin, 56.0 g weißes Vaselin. **Anw.:** Einreibemittel; Inhalation mit heißem Wasser; für Säuglinge u. Kleinkinder.

Unguentum contra verrucas: Warzensalbe; Zstzg.: NRF, 0.2 g Dithranol, 10 g Salicylsäure-Verreibung 50 %, 1 g dickflüssiges Paraffin, weißes Vaselin ad 20 g; schwachgelbe, zähe Salbe. **Anw.:** Warzenentfernung; Warze 2 Tage mit Salicylpflaster unter Okklusion abpflastern, anschließend Hornschicht entfernen u. Warzensalbe auftragen; Umgebung der Warzen mit Zinkpaste schützen; Behandlung tägl., bis Horn ausgebildet ist, das durch Salicylpflaster zu entfernen ist; Behandlungsdauer: ca. 6-12 Wochen.

Unguentum contra vulnera: Wund- u. Heilsalbe; Zstzg.: NRF, 20 g Zinkoxid, 10 g Weizenstärke, 10 g mittelkettige Triglyceride, 0.1 g Ölsäure, 30 g Wollwachs, 29.9 g weißes Vaselin. **Anw.:** Behandlung u. Vorbeugung von Wundsein.

Unguentum Cordes®: emulgierbare Fettsalbe; Zstzg.: Polyethylenglykolfettsäure, Ester, Partialglyceride, Sorbinstearat, Paraffine; keine Antioxidanzien, keine Konservierungsmittel. **Anw.:** u. a. Psoriasis, chron. Ekzeme, Fissuren, Ichtyosis; Indikationen der versch. Rezepturen mit U. C. ergeben sich aus dem Anwendungsbereich der zugesetzten Wirkstoffe.

Unguentum Dexpantothenoli: Dexpantothenoli unguentum, Pantothenylalkoholsalbe; Zstzg.: NRF, **hydrophile Dexpanthenol-Creme 5 %:** 5.0 T. Dexpanthenol, 0.03 T. wasserfreie Citronensäure, 5.0 T. gereinigtes Wasser, Basiscreme DAC ad 100.0; **hydrophobe Dexpanthenol-Creme 5 %:** 5.0 T. Dexpanthenol, 30 T. gereinigtes Wasser, 7.0 T. mittelkettige Triglyceride, 58.0 T. Wollwachsalkoholsalbe; NFA, 5.0 T. Pantothenylalkohol, 5.0 T. flüssiges Wachs (s. Cera liquida), 3.0 T. destilliertes Wasser ad 100 T. wasserhaltige Wollwachsalkoholsalbe. **Anw.:** Förderung der Epithelisierung einfacher Hautverletzungen.

Unguentum diachylon: s. Unguentum Plumbi oxydati.

Unguentum diachylon salicylatum: s. Unguentum Plumbi Emplastri cum Acido salicylico.

Unguentum emulsificans: hydrophile Salbe, emulgierende Salbe; Zstzg.: DAB10, 30 T. emulgierender Cetylstearylalkohol (Typ A), 35 T. dickflüssiges Paraffin, 35 T. weißes Vaselin; ÖAB94, 30 T. emulgierender Cetylstearylalkohol, 20 T. flüssiges Paraffin u. 50 T. weißes Vaselin. Die Best. werden auf dem Wasserbad geschmolzen u. bis zum Erkalten gerührt. Falls keine gut streichbare Salbe erhalten wird, können dickflüssiges Paraffin u. weißes Vaselin n. B. bis zu 10 % gegeneinander ausgetauscht werden. Weiche, durchscheinende, weiße Salbe von schwachem, charakterist. Geruch. Hydroxylzahl: 57-69.

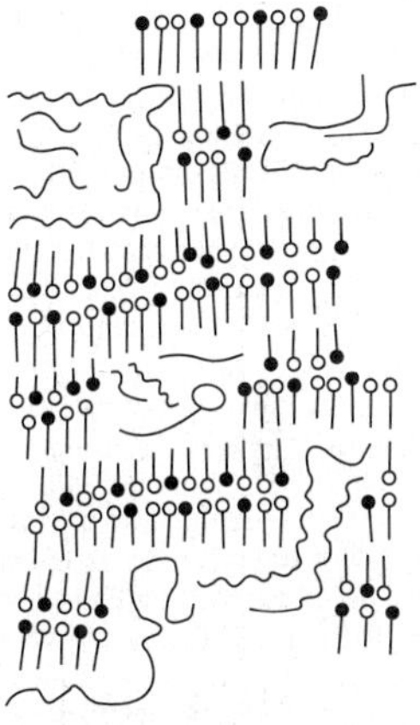

Unguentum emulsificans: schemat. Darstellung des Aufbaus der hydrophilen Salbe

Unguentum emulsificans aquosum: anionische hydrophile Creme, wasserhaltige emulgierende Salbe, wasserhaltige hydrophile Salbe; Herst.: DAB10, ÖAB91, 30 T. Unguentum* emulsificans u. 70 T. gereinigtes Wasser. Die hydrophile Salbe

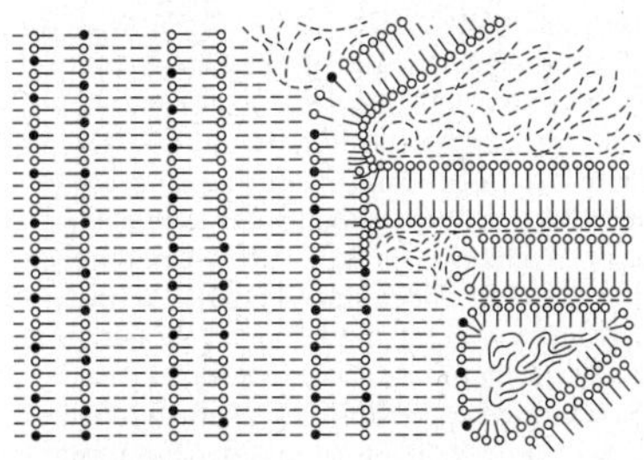

Unguentum emulsificans aquosum: schemat. Darst. des Aufbaus der wasserhaltigen hydrophilen Salbe

wird auf dem Wasserbad bei ca. 70 °C geschmolzen u. die Schmelze mit dem auf etwa gleiche Temp. erwärmten Wasser in kleinen Anteilen versetzt, bis zu Erkalten gerührt u. das verdampfte Wasser ersetzt. Der Zusatz von insg. 0.1 % Sorbinsäure od. 0.1 % *p*-Hydroxybenzoesäureestern ist gestattet; NRF, 50 g Isooctyllaurat/-myristat, 105 g emulgierender Cetylstearylalkohol Typ A, 25 g Glycerol 85 %, 0.7 g Kaliumsorbat, 0.35 g wasserfreie Citronensäure, gereinigtes Wasser ad 500 g. Unkonservierte Salbe frisch zubereiten. Weiße, bei Zimmertemp. weiche Salbe von schwachem charakterist. Geruch. Emulsionstyp: Öl in Wasser. Aufbewahrung: kühl u. vor Licht geschützt. **Inkomp.**: Antihistamine, Alkaloide, Farbstoffkationen.

Unguentum emulsificans nonionicum: s. Unguentum hydrophilicum nonionicum.

Unguentum emulsificans nonionicum aquosum: Cremor hydrophilicum nonionicum, nichtionische hydrophile Creme; Zstzg.: DAB10, 5 T. Polysorbat-60, 10 T. Cetylstearylalkohol, 10 T. Glycerol 85 %, 25 T. weißes Vaselin, 50 T. Wasser (frisch aufgekocht), Konservierungsmittel: 0.1 % Sorbinsäure, evtl. auch eine Kombination von 0.1 % Nipagin mit 0.04 % Nipasol; NFA, 8.0 T. Cetylstearylalkohol, 4.0 T. Polysorbat-60, 8.0 T. Propylenglykol, 6.0 T. Paraffinöl, 14.0 T. weißes Vaselin ad 100 T. destilliertes Wasser; weiße Creme-Grundlage vom Typ O/W, kühlend, nicht fettend, abwaschbar; kann durch Zusatz von Wasser je n. B. zu einer Milch verdünnt werden; immer frisch zubereiten; NRF, 50 g Isooctyllaurat/-myristat, 105 g nichtionogene emulgierende Alkohole, 25 g Glycerol 85 %, 0.7 g Kaliumsorbat, 0.35 g wasserfreie Citronensäure, gereinigtes Wasser ad 500 g; vgl. Unguentum hydrophilicum nonionicum aquosum.

Unguentum Glycerini: Glycerinsalbe; Zstzg.: DAB6, 10 T. Weizenstärke, 15 T. Wasser, 100 T. Glycerol, 5 T. Ethanol, 2 T. fein gepulvertes Tragant.

Unguentum Glyceroli: Glycerolsalbe; Hydrogel-Salbe aus Glycerol (85 %) u. gequollener Weizenstärke; Herst.: Ph.Helv.6, 10 T. Weizenstärke werden mit 50 T. u. mehr Wasser auf dem siedenden Wasserbad verkleistert, 90 T. heißes Glycerol (85 %) mit den darin gelösten Nipaestern (0.1 T. Methyl- u. 0.03 T. Propylester) zugesetzt u. weiter auf dem Wasserbad erhitzt bis 100 T. fertige Salbe erhalten werden; Aufbewahrung am besten in Tuben, etwas hygroskop.; vgl. Glycerolgel. **Inkomp.**: Oxidationsmittel, Sulfanilamid, Bismutverbindungen, Iodchloroxychinolin; **Anw.**: Salbengrundmasse; reizmildernder Verband bei entzündl. Geschwüren u. Dermatosen.

Unguentum haemorrhoidale: Hämorrhoidalsalbe; Zstzg.: NRF, 0.50 g Butoxycainhydrochlorid (Sieb 180), 1.25 g bas. Bismutgallat (Sieb 180), 2.5 g Zinkoxid (Sieb 180), 2.0 g dickflüssiges Paraffin, Wollwachsalkoholsalbe ad 50 g; NFA, 10.0 T. Zinkoxid, 5.0 T. Polidocanol, 5.0 T. Ammoniumbituminosulfonat ad 100 T. Wollwachsalkoholsalbe (s. Unguentum Alcoholum Lanae); braune Salbe. **Anw.**: Hämorrhoiden, Juckreiz; Entfallene Rezeptur aus NRF2001 aufgrund mangelnder Praxisrelevanz und da Butoxycainhydrochlorid nicht mehr erhältl. ist; **Dos.**: 1- bis 3-mal/d dünn auftragen.

Unguentum Hebra: s. Unguentum Plumbi oxydati.

Unguentum Hydrargyri album: Hydrargyri amidochloridi unguentum, Unguentum Hydrargyri chlorati amidati, Quecksilberpräzipitatsalbe, Quecksilberamidochloridsalbe, weiße Quecksilberoxidsalbe, weiße Präzipitatsalbe; Zstzg.: DAB9, 27 T. Quecksilber(II)-chlorid, Ammoniaklösung 10 % n. B., 780 T. Wasser, 80 T. Wollwachs, weißes Vaselin n. B.; Geh.: 9.7-10.3 %; ÖAB81, 2.7 T. Quecksilber(II)-chlorid, Ammoniak n. B., 78 T. dest. Wasser, 5 T. Wollwachs, 12.5 T. weißes Vaselin; Geh.: 9.8-10.2 % $HgNH_2Cl$ (M_r 252.1). $HgCl_2$ wird in 540 T. warmem Wasser gelöst; der erkalteten Lsg. werden unter Umrühren ca. 40 T. Ammoniaklsg. bis zur schwach alkal. Reaktion zugesetzt. Der entstandene Niederschlag wird auf einem vorher in befeuchtetem Zustand gewogenen, gehärteten Filter gesammelt, mit 240 T. Wasser ausgewaschen, unter Lichtabschluss soweit abgepresst bis sein Gewicht ca. 75 T. beträgt (entspr. 25 T. $HgNH_2Cl$), u. mit dem Wollwachs u. 75 T. weißem Vaselin verrieben. Der Geh. an $HgNH_2Cl$ wird bestimmt u. die Salbe auf den vorgeschriebenen Geh. durch Zugabe einer nach folgender Formel berechneten Menge an weißem Vaselin eingestellt: $m_1 = m_2 \cdot (a - 10.0)/10.0$ m_1 = weißes Vaselin in g; m_2 = Salbenkonzentrat in g; a = Prozentgehalt an $HgNH_2Cl$ in m_2. Weißl., weiche Suspensionssalbe mit Wasserphase. Durch die Verw. von frisch gefälltem, feuchtem $HgNH_2Cl$ wird ein sehr feiner Dispersitätsgrad (gleichartige, runde Teilchen, Durchmesser ca. 3-4 µm) erhalten. **Anw.**: chron. Hauterkrankungen; auch in der Augenheilkunde.

Unguentum Hydrargyri cinereum: Unguentum Hydrargyri, Unguentum mercuriale cinereum, Quecksilbersalbe, graue Quecksilbersalbe; Zstzg.: DAB6, 30 T. Quecksilber, 5 T. Wollfett, 1 T. Olivenöl, 40 T. Schweineschmalz, 24 T. Hammeltalg. Das Quecksilber wird mit dem Gemisch von Wollfett u. Olivenöl so lange verrieben, bis Quecksilberkügelchen unter der Lupe nicht mehr wahrzunehmen sind. Anschließend wird das geschmolzene u. fast wieder erkaltete Gemisch von Hammeltalg u. Schweineschmalz zugefügt. Geh.: 30 % Quecksilber.

Unguentum Hydrargyri flavum: Hydrargyri oxidi flavi unguentum, Ungt. Hydrargyri oxydati flavi, gelbe Quecksilberoxidsalbe, gelbe Präzipitatsalbe; Zstzg.: DAB9, ÖAB81, 19 T. Quecksilber(II)-chlorid, 8.5 T. Natriumhydroxid (ÖAB81: 120 T. verd. Natriumhydroxidlösung), Wasser n. B., 60 T. Wollwachs, weißes Vaselin nach Bedarf. $HgCl_2$ wird in 380 T. warmem Wasser gelöst, nach dem Abkühlen auf 30 °C in die Lsg. des Natriumhydroxids (in 300 T. Wasser) eingerührt (nicht umgekehrt, sonst bildet sich Oxidchlorid) u. 1 Stunde unter Lichtausschluss (sonst Bildung von Hg-Verbindungen mit niedrigeren Oxidationsstufen) häufig umgerührt. Der auf einem tarierten Filter gewonnene Niederschlag wird chloridfrei gewaschen, gewogen (entspricht ca. 15 T. HgO), Wasser ad 60 T.

U

hinzugefügt u. mit dem Wollwachs u. 120 T. weißem Vaselin verrieben. Geh.: 4.8-5.2 % Quecksilberoxid (HgO, M_r 216.6). Nach der Gehaltsbestimmung wird auf den vorgeschriebenen Geh. durch Zugabe einer nach folgender Formel ber. Menge von weißem Vaselin eingestellt:
$m_1 = m_2 \cdot (a - 5.0)/5.0$
m_1 = weißes Vaselin in g, m_2 = Salbenkonzentrat in g, a = Prozentgeh. an HgO in m_2. Orangegelbe, weiche Suspensionssalbe mit Wasserphase. Das durch frische Fällung hergestellte HgO lässt sich in feuchtem Zustand in der Grundlage sehr fein dispergieren (Teilchendurchmesser 3-14 µm). **Anw.**: Pyodermien u. Keratitis in der Augenheilkunde.

Unguentum Hydrargyri rubrum: rote Quecksilberoxidsalbe, rote Präzipitatsalbe; Zstzg.: DAB6, 1 T. Quecksilberoxid, 9 T. weißes Vaselin; Geh.: 10 % HgO.

Unguentum Hydrocortisoni acetici 0.5 aut 1.0 per centum: Hydrocortisoni acetati unguentum 0.5 aut 1.0 per centum, Hydrocortisonacetat-Creme 0.5 od. 1 %; Zstzg.: NRF, 0.15 g (0.5 %) bzw. 0.3 g (1.0 %) mikrofeines Hydrocortisonacetat, nichtion. hydrophile Creme ad 30 g; Konservieung mit Sorbinsäure. Enthält die Verschreibung keine Angaben zur Wirkstoffkonz. ist 0.5 %ige Creme herzustellen. **Anw.**: entzündl., allerg. u. pruriginöse Dermatosen.

Unguentum hydrophilicum anionicum: anionaktive hydrophile Salbe; Herst.: Ph.Helv.7, 30 T. gehärtetes Erdnußöl werden mit 5 T. emulgierendem Cetylstearylalkohol bei 80 °C zusammengeschmolzen. In diese Mischung wird die auf 80 °C erwärmte Mischung von 20 T. Propylenglykol u. 45 T. Wasser unter Rühren in Anteilen zugefügt, kaltgerührt u. das verdunstete Wasser ergänzt. Aufbewahrung in Tuben od. dicht verschlossenen Behältern. **Inkomp.**: kationaktive Substanzen (Veränderung der Konsistenz), Phenole (Verfärbung); **Anw.**: Öl/Wasser-Salbengrundlage.

Unguentum hydrophilicum nonionicum: Unguentum emulsificans nonionicum, nichtionische hydrophile Salbe; Zstzg.: DAC79, 10 g Polyoxyethylen-glycerol-monostearat, 15 g flüss. Paraffin, 20 g Cetylstearylalkohol, 20 g Glycerol 85 % u. 35 g weißes Vaselin werden auf dem Wasserbad geschmolzen u. bis zum Erkalten gerührt. Weiße, fast geruchlose Salbe; s. Unguentum hydrophilicum nonionicum aquosum. **Inkomp.**: Gerbstoffe, Phenole; Antibiotika; **Anw.**: Öl/Wasser-Salbengrundlage.

Unguentum hydrophilicum nonionicum aquosum: wasserhaltige nichtionische hydrophile Salbe; Zstzg.: DAC79, 50 g Unguentum hydrophilicum nonionicum, 50 g Aqua. destillata; weiße, fast geruchlose, weiche, mit Wasser von der Haut abwaschbare Salbe; kann durch Zusatz von 0.15 % (m/m) Sorbinsäure konserviert werden. **Inkomp.**: Ethacridinlactat, Cignolin, KI, Pix Lithanthracis, Procainhydrochlorid, Quecksilber(II)-salze, Resorcinol, Silbernitrat, Tannin; **Anw.**: O/W-Emulsion zur Herst. von Zuber., die die in der Tabelle angegebenen Arzneistoffe enthalten können. Das Überschreiten der angegebenen Konz. od. Kombinationen mehrerer Arzneistoffe kann die Stabilität beeinträchtigen; s. Tabelle.

Unguentum hydrophilicum nonionicum aquosum
Zubereitungen mit folgenden Arzneistoffen möglich, die dabei keine Veränderungen zeigen

Arzneistoff	möglicher Prozentanteil
4-Aminobenzoesäureethylester	10
Allantoin	5
Ammonium bituminosulfonat	10
Anthrarobin	1
Bacitracin	1
Borsäure	3
Campher	5
Chloramphenicol	1
Diphenhydraminhydrochlorid	2
Fluocinolonacetonid	0.1
Fomocainhydrochlorid	1
Hexachlorophen	1
Hydrocortison	0.2
Hydrocortisonacetat	1
4-Hydroxybenzoesäureester	0.1
Milchsäure	2
Neomycinsulfat	0.5
Perubalsam	10
Polymyxin B	0.2
Prednisolon	0.5
Pheniraminhydrochlorid	1.5
Salicylsäure	10
Steinkohlenteerlösung	10
Sulfathiazol	20
Tetracainhydrochlorid	1
Tetracyclinhydrochlorid	3

Unguentum hydrophilicum non ionogenicum: nichtionogene hydrophile Salbe; Herst.: Ph.Helv.7, 10 T. Cetylalkohol* u. 20 T. gehärtetes Erdnußöl werden bei 80 °C zusammengeschmolzen. Dieser Schmelze wird die auf 80 °C erwärmte Lsg. aus 5 T. Polysorbat 60, 20 T. Propylenglykol u. 45 T. Wasser unter Rühren in Anteilen zugefügt, kaltgerührt u. das verdunstete Wasser ergänzt. Aufbewahrung in Tuben od. dicht verschlossenen Behältnissen. **Inkomp.**: Phenol, Resorcinol, Tannin (Trennung der Phasen od. Verflüssigung); **Anw.**: Öl/Wasser-Salbengrundlage.

Unguentum hyperaemicum: Methylsalicylat-Salbe mit Campher und Menthol, hyperämisierende Salbe (bis 1985); Zstzg.: NRF, 1 g Menthol, 5 g racem. Campher, 5 g Methylsalicylat, 10 g mikrokistallines Paraffin (90 °C), 29 g Wollwachsalkoholsalbe; weiße, weiche Salbe von starkem, aromat. Geruch. **Anw.**: rheumat. Beschwerden, Gelenk- u. Muskelschmerzen; **Dos.**: 2- bis 3-mal/d auf die schmerzenden Körperstellen auftragen u. einmassieren.

Unguentum Kalii iodati: Kaliumiodidsalbe, Kropfsalbe; Zstzg.: DAB6, 20 T. Kaliumiodid, 0.25 T. Natriumthiosulfat, 15 T. Wasser, 165 T. Schweineschmalz. Wird Kaliumiodidsalbe mit freiem Iod verordnet, so ist sie ohne Natriumthiosulfat frisch zu bereiten.

Unguentum Lanalcoli: s. Unguentum Alcoholum Lanae.

Unguentum Lanalcoli aquosum: s. Unguentum Alcoholum Lanae aquosum.

Unguentum Lanalcoli aquosum pH 5: Lanae alcoholum unguentum aquosum pH 5, wasserhaltige Wollwachsalkoholsalbe pH 5; Zstzg.: NRF, 0.75 g Citronensäure, 0.9 g Ammoniaklsg. 10 %, 5 g mittelkettige Triglyceride, 40 g Unguentum Alcoholum Lanae (DAB10), 53.35 g Wasser; NFA, 0.75 T. Citronensäure, 0.90 T. Ammoniak (10 %), 10.00 T. flüssiges Wachs (s. Cera liquida), 48.35 T. Wollwachsalkoholsalbe ad 100 T. destilliertes Wasser. Die Wollwachsalkoholsalbe u. das flüssige Wachs werden erwärmt, mit der warmen Mischung von Ammoniak, Citronensäure u. destilliertem Wasser vereinigt u. kaltgerührt. **Anw.:** Hautschutzmittel; Intervallbehandlung mit wirkstoffhaltigen Dermatika u. Nachbehandlung von Hauterkrankungen.

Unguentum leniens: (engl.) *cold cream*; Kühlsalbe, lindernde Salbe; Herst.: DAB10, in das auf ca. 60 °C erwärmte Gemisch von 7 T. gelbem Wachs, 8 T. Cetylpalmitat u. 60 T. Erdnußöl, dem ein geeignetes Antioxidans (ist anzugeben) zugesetzt werden kann, wird das auf gleiche Temp. abgekühlte, frisch aufgekochte Wasser (25 T.) eingearbeitet. Die Salbe wird bis zum Erkalten gerührt. Gelbl. weiße, bei Raumtemp. weiche Salbe von schwachem Bienenwachsgeruch. Beim Auftragen auf die Haut gibt die Salbe Wasser frei u. verursacht eine Kühlwirkung. Die Kühlwirkung wird jedoch von den Cremegrundlagen übertroffen. SZ max. 2.4; VZ 120-143; POZ max. 6, kein ranziger Geruch; Ph.Helv.7, ÖAB90, 8 T. weißes Wachs, 17 T. gehärtetes Erdnußöl (ÖAB90 20 T.), 50 T. Erdnußöl (ÖAB90 47 T.) u. 0.1 T. Natriumlaurylsulfat (nur Ph.Helv7) werden auf dem Wasserbad geschmolzen. Nach dem Abkühlen der Schmelze auf 50 °C werden 20 T. warmes gereinigtes Wasser einemulgiert, das verdunstete Wasser ersetzt, kaltgerührt u. 5 T. Rizinusöl eingearbeitet (im ÖAB90 ist Rizinusöl bereits Bestandteil der geschmolzenen lipohilen Phase); W/O-Emulsionssalbe mit 20 % Wasser; POZ max. 20; IZ 57-68; VZ 140-150; SZ 1.3-3.6; möglichst frisch zu bereiten; ohne Antioxidans max. 3 Monate lagerfähig (vor Licht, Wärme u. Wasserverlust geschützt). **Anw.:** Salbengrundlage, schwach kühlend u. entspannend; wird bei Ekzemen u. Erythemen besser als Fettsalben vertragen. Angezeigt bei trockener Haut u. bei subakuten, mazerierenden Prozessen.

Unguentum Majoranae: Majoransalbe; Zstzg.: EB6, 20 T. grob gepulverter Majoran, 1 T. Ammoniakflüssigkeit, 10 T. Weingeist, 100 T. weißes Vaselin. Der Majoran wird mit dem Weingeist u. der Ammoniakflüss. befeuchtet, einige Stunden lang in einer gut bedeckten Schale stehengelassen. Das weiße Vaselin wird hinzugefügt u. das Gemisch unter häufigem Umrühren im Wasserbad erhitzt bis der Weingeist u. die Ammoniakflüss. verflüchtigt sind. Das Kraut wird dann ausgepresst u. die Salbe filtriert.

Unguentum mercuriale cinereum: s. Unguentum Hydrargyri cinereum.

Unguentum molle: weiche Salbe; Zstzg.: DAB6, gelbes Vaselin u. Lanolin zu gleichen Teilen. **Anw.:** Salbengrundlage.

Unguentum ophthalmicum emulsificans: emulgierende Augensalbe; Herst.: Ph.Helv.7, 10 T. Wollwachs, 35 T. dickflüssiges Paraffin u. 55 T. weißes Vaselin werden zusammengeschmolzen, koliert, antimikrobiell behandelt (Trockenschrank 160 °C od. 140 °C) u. homogenisiert. In Abhängigkeit von der gewünschten Konsistenz kann das Verhältnis Vaselin/flüss. Paraffin geändert werden. Die Salbe nimmt nach dem Erwärmen gleiche Teile Wasser auf, Tropfpunkt: 30-40 °C. **Anw.:** Grundlage für W/O-Emulsionsaugensalben.

Unguentum ophthalmicum simplex: s. Augensalbe, einfache.

Unguentum Plumbi: Plumbi aceticum unguentum, Plumbi acetici unguentum, Plumbi subacetici unguentum, Plumbi unguentum, Bleisalbe; Zstzg.: DAB6, 1 T. Bleiessig, 9 T. weiche Salbe. **Anw.:** Adstringens bei Wunden.

Unguentum Plumbi Emplastri cum Acido salicylico: Unguentum diachylon salicylatum, salicylsäurehaltige Bleipflastersalbe; Zstzg.: NRF (bis 1996): 1.5 g Salicylsäure, 5 g Rizinusöl, 43.5 g Bleipflastersalbe (s. Unguentum Plumbi oxydati); gelblichbraune, in der Kälte zähe Salbe. **Anw.:** Keratolytikum bei ekzematösen Hautkrankheiten. Wegen negativer Nutzen-Risiko-Beurteilung für Bleiverbind. u. aus Umweltschutzgründen nicht mehr zu empfehlen.

Unguentum Plumbi oxydati: Unguentum diachylon, Plumbi emplastri unguentum, Unguentum Hebra, Bleipflastersalbe, Hebrasalbe; Zstzg.: DAC86, 40 T. Bleipflaster (s. Emplastrum Plumbi), 60 T. weißes Vaselin; Geh.: 10.8-13.2 % Blei; ÖAB90, 50 T. Bleipflaster, 50 T. Schweineschmalz; Geh.: 14.2-16.3 % Blei. Bleipflaster u. Salbengrundlage werden auf dem Wasserbad zusammengeschmolzen u. dann bis zum Erkalten gerührt; SZ 75-95, VZ 190-203. Lagerung unter 20 °C; aufgrund der Nutzen-Risiko-Beurteilung für Bleiverbindungen u. aus Umweltschutzgründen obsolet. **Inkomp.:** Alaun, Gerbstoffe, Ichthyole, Iod, Iodide, Iodoform.

Unguentum Plumbi stearinici: Bleistearatsalbe; Herst.: Ph.Helv.6, 7 T. Natriumhydroxid werden in 350 T. Wasser gelöst, darin unter Erhitzen 50 T. Stearinsäure gelöst u. noch heiß mit der Lsg. von 30 T. Bleinitrat in 150 T. Wasser (80 °C) versetzt. Das nach dem Abkühlen abgeschiedene Bleistearat wird mit Wasser u. Ethanol gewaschen, abgenutscht u. bis zur Gewichtskonstanz getrocknet. 56 T. Bleistearat werden mit 44 T. weißem Vaselin zur Salbe verarbeitet. **Anw.:** nässende Ekzeme, Akne u. a. Hautkrankheiten; dauerhafte Anw. ist zu vermeiden; aufgrund der Nutzen-Risiko-Beurteilung für Bleiverbindungen u. aus Umweltschutzgründen obsolet.

Unguentum Plumbi tannici: Unguentum ad decubitum, Plumbi tannici unguentum, Bleitannatsalbe; Zstzg.: DAB6, 1 T. Gerbsäure, 2 T. Bleiessig, 17 T. Schweineschmalz; aufgrund der Nutzen-Risiko-Beurteilung für Bleiverbindungen u. aus Umweltschutzgründen obsolet.

Unguentum Polyethylenglycoli: Polyaethylenglycoli unguentum, Macrogoli unguentum, Macrogolsalbe, Polyethylenglykolsalbe, PEG-Salbe, Macrogolgel; Herst.: DAB8, 1 T. Polyethylenglykol 300, 1 T. Polyethylenglykol 1500 werden unter Erwärmen auf dem Wasserbad gemischt u. bis zum Erkalten gerührt. Falls keine gut streichbare Salbe erhalten wird, können die Polyethylenglykole bis zu 10 % gegeneinander ausgetauscht werden. OHZ 200-250. Wasser max. 2 %. Weiße Salbe; sehr leicht lösl. in Wasser, Aceton, Ethanol, Chloroform; unlösl. in Ether, Fetten, fetten Ölen u. flüss. Paraffinen. ÖAB90: 60 T. PEG 400 u. 40 T. PEG 4000 werden bei 65 °C zusammengeschmolzen u. kaltgerührt. Bd. PEG können auch hier aus Konsistenzgründen bis zu 10 % gegeneinander ausgetauscht werden. OHZ 170-190; Viskosität der 50 %igen Lsg. (25 °C): 34-115 mPa·s. Ph.Helv.7: 5 T. PEG 4000, 20 T. PEG 1540, 70 T. PEG 400 u. zusätzl. 5 T. Cetanolum (Konsistenzverbesserer) werden zusammengeschmolzen u. kaltgerührt. Das Einarbeiten wässriger Lsg. ist nur in beschränktem Maße (bis ca. 15 %) mögl. (Verflüssigung). **Nachteile:** **1.** stark okklusive Wirk. (Wasser wird aus der Epidermis aufgenommen; es bildet sich eine dünne Schicht einer wässrigen PEG-Lsg., auf der die PEG-Grundlage schwimmt); **2.** WW mit vielen Wirkstoffen unter Verfärbung u./od. Zersetzung durch die stark komplexbildende Wirk. der regelmäßig angeordneten Ethersauerstoffatome; **3.** Oxidationsempfindlichkeit an den Methylengruppen in Nachbarschaft zu den Etherbrücken, führt zur Bildung von Hydroperoxiden. **Inkomp.:** Anthrazol, Natriumsulfamidochlorid, gelbes Quecksilberoxid, Resorcinol, Sulfonamide, Tannin, Bismutoxyiodidgallat (Verfärbung), Bacitracin u. Penicillin (Inaktivierung), Silbersalzen (Reduktion), Terpinhydrat (Verflüssigung); **Anw.:** hydrophile (abwaschbare) Salbengrundmasse für Suspensions- u. Lösungssalben. Eine Aufnahme der Grundlage durch das Stratum corneum findet nicht statt. Wegen ihrer Wasserlöslichkeit häufig an behaarten Hautflächen eingesetzt. PEG-Salben vermögen viele Wirkstoffe gut zu lösen, unter Umständen so gut, dass die Verfügbarkeit durch Abgabe an die Haut dadurch in Frage gestellt ist. Konservierung ist nicht erforderlich; vgl. Gele.

Unguentum Polyvidoni-Iodi: s. Unguentum Polyvinylpyrrolidoni-Iodi.

Unguentum Polyvinylpyrrolidoni-Iodi: Povidoni-Iodi-Unguentum, Povidon-Iod-Salbe, Polyvidoni-Iodi-Unguentum, Polyvidon-Iod-Salbe; Zstzg.: DAC86, NRF, 10 g Povidon-Iod, 60 g Polyethylenglykol 400 (PEG, Macrogol), 25 g Polyethylenglykol (PEG, Macrogol) 4000, gereinigtes Wasser ad 100 g; Geh.: 0.83-1.2 % verfügbares Iod, 0.41-0.66 % Iodid; Polyethylenglykol 400 u. 5 g Wasser werden auf 70 °C erwärmt, in kleinen Teilen mit Polyvidon-Iod versetzt u. bis zur Lsg. gerührt. Diesem Ansatz wird PEG 4000 (70 °C) zugesetzt, bis zum Erkalten gerührt, mit Wasser ad 100 g ergänzt. PEG 400 u. PEG 4000 dürfen bis zu jeweils 5 g ausgetauscht werden. Rötl. braune, abwaschbare Salbe. **Anw.:** Hautinfektionen, Hautverletzungen, Schürfwunden, Dekubitus; vgl. Polyvidon-Iod-Zucker-Salbe.

Unguentum Populi: Pappelsalbe; Salbe mit Gemmae Populi (Pappelknospen) hergestellt, s. Populus-Arten. **Anw.:** früher als Rheuma- u. Hämorrhoidensalbe.

Unguentum resinosum: Harzsalbe; Herst.: Ph.Helv.7, 9 T. Colophonium, 9 T. Lärchenterpentin, 17 T. gelbes Wachs u. 65 T. Olivenöl werden zusammengeschmolzen u. kaltgerührt; SZ 22-28; VZ 162-170. **Anw.:** hautreizende Salbe.

Unguentum Rosmarini compositum: Rosmarinsalbe; Zstzg.: DAB6, 16 T. Schweineschmalz, 8 T. Hammeltalg, 2 T. gelbes Wachs, 2 T. Muskatnußöl, 1 T. Rosmarinöl, 1 T. Wacholderöl.

Unguentum salicylicum: s. Salicylsäure-Salbe 2 %, 3 % od. 5 %.

Unguentum salicylicum compositum: zusammengesetzte Salicylsalbe; Herst.: Ph.Helv.7, 10 T. Salicylsäure, 10 T. med. Terpentinöl, 10 T. Wollwachs u. 70 T. gehärtetes Erdnußöl werden zu einer Salbe verarbeitet. **Inkomp.:** Eisen(III)-salze (Verfärbung); **Anw.:** Erkrankungen des rheumat. Formenkreises; zum Einreiben bei akuten Gelenkaffektionen.

Unguentum simplex: einfache Salbe; Zstzg.: ÖAB94, 90 T. Schweineschmalz, 7 T. Cetylpalmitat, 3 T. Cetylalkohol; weiße Salbe; VZ 182-188, IZ 40-60, OHZ 6.5-8.0. **Anw.:** hautfreundl., wenig haltbare lipophile Salbengrundlage.

Unguentum stearinicum: Stearatsalbe, Stearatcreme; Herst.: Ph.Helv.7, 13.5 T. Propylenglykol, 1.2 T. Triethanolamin, 0.2 T. *p*-Hydroxybenzoesäuremethylester u. 0.1 T. *p*-Hydroxybenzoesäurerpropylester werden bei 80 °C in 61 T. Wasser gelöst. Dieser Lsg. werden in Anteilen unter Rühren 24 T. Stearinsäure (erwärmt auf 80 °C) zugesetzt; Bildung der Seife, löst sich in der Wasserphase; Rühren bis zum Erkalten u. das verdunstete Wasser ersetzen. Abwaschbare Hydrogelsalbe (O/W); Wassergehalt: 58-62 %. **Inkomp.:** sauer reagierende Stoffe, quaternäre Ammoniumverb.; **Anw.:** abwaschbare Decksalbe; zur Verarbeitung wasserlösl. Wirkstoffe.

Unguentum sulfuratum compositum: s. Unguentum contra Scabiem.

Unguentum Tartari stibiati: Brechweinsteinsalbe; Zstzg.: DAB6, 1 T. fein gepulvertem Brechweinstein, 4 T. weißes Vaselin. **Anw.:** obsolet.

Unguentum Zinci: Unguentum Zinci oxydati, Zinci unguentum, Unguentum Zinci oxydati 10 %, Zinksalbe, Zinkoxidsalbe; Herst.: DAB10, ÖAB90, 10 T. Zinkoxid, 90 T. Wollwachsalkoholsalbe; Geh.: 9.5-10.5 % ZnO. Das feingepulverte ZnO wird mit ca. 10 T. geschmolzener Wollwachsalkoholsalbe angerieben u. dann mit dem Rest der Grundlage verdünnt; gelbl. weiße Suspensionssalbe; Ph.Helv.7, 1 T. Zinkoxid, 9 T. weißes Vaselin. **Anw.:** Decksalbe mit kühlender, austrocknender u. schmerzlindernder Wirk.; bei Ekzemen.

Unguis (lat.): Nagel; vgl. Nagelpilz.

unifazial: (bot.) Entw. der gesamten Spreitenfläche des Blattes aus der Unterseite der Blattanlage, z. B. Rundblätter von Allium, Flachblätter von Iris.

Uniject®: Injektionssystem für Zylinderampullen.

Uniport: eine Form des aktiven Transports, bei der nur eine Molekülart transportiert wird.

Unit: (engl.) Einheit für die Enzymaktivität*, Symbol U*.

unitegmisch: s. Samenanlage.

U

unit membrane: s. Biomembran.

Universalindikatorpapiere: mit Indikatormischlsg. getränkte Papierstreifen zur pH-Bestimmung.

Unktion (*lat.* unctio): Einreibung, Einsalbung.

Unschlitt: s. Sebum.

Unterchlorige Säure: s. Hypochlorige Säure.

Untereinheit: **1.** in der Proteinchemie die kleinste Protein- od. Polypeptidketteneinheit, die von einem oligomeren Protein ohne Trennung kovalenter Bindungen separiert werden kann. Nach ihrer Größe u. Zstzg. unterscheidet man zwischen ident. u. nicht ident. Untereinheiten. Letztere lassen sich bei alloster. Enzymen in regulator. u. katalytische U. weiter unterteilen. **2.** zwei ungleich große Subpartikel der Protein synthetisierenden Ribosomen der Zelle, die nach ihrer Desaggregation bei Prokaryonten mit einer Sedimentationskonstante von 30 S (kleine U.) od. 50 S (große U.) sedimentieren, bei Eukaryonten mit 40 S od. 60 S.

Unterkorn: s. Fehlkorn.

Unterkühlung: **1.** (chem.-phys.) vorsichtige Abkühlung einer Flüss. unter den Erstarrungspunkt, ohne dass Erstarrung eintritt. **2.** (med.) Hypothermie, artifizielle Hibernation*.

Unternehmer, pharmazeutischer: derjenige, unter dessen Namen ein Arzneimittel in den Verkehr kommt. Er muss seinen Sitz innerhalb der EU od. eines EWR*-Vertragsstaates haben. Jedes Arzneimittel muss durch die Angabe von Firma u. Anschrift (meist genügt die Ortsangabe) des p. U. gekennzeichnet sein.

Unterphosphorige Säure: s. Phosphinsäure.

Untersalpetrige Säure: s. Hyposalpetrige Säure.

Unterschenkelgeschwür: Ulcus cruris; meist über den Innenknöcheln gelegener Substanzdefekt der Haut. **Urs.:** v. a. chron.-venöse Insuffizienz, selten arterielle Verschlusskrankheiten, exulzerierende Tumoren, Infektionen; **Ther.:** Sanierung der Grunderkrankung; lokale Stimulierung der Granulation, evtl. chirurgische Deckung.

Unterschweflige Säure: s. Thioschwefelsäure.

Unterstützungskasse: Wohlfahrtseinrichtung der Apothekerkammern* in Deutschland, die Apothekern sowie ihren Ehegatten u. minderjährigen Kindern in wirtschaftl. Notlagen Unterstützungen od. Beihilfen gewährt.

Untersuchungsmethoden, bakteriologische: Verfahren zur Bestimmung von Bakterien. **1.** Mikroskopie (Licht-, Phasenkontrast-, Elektronenmikroskopie); **2.** Kulturverfahren (z. B. Nährboden, Zellkultur); **3.** Nachw. von Antigen (Agglutination, Präzipitation, ELISA); **4.** Nachw. erregerspezif. Nukleinsäuren (Gensonden, PCR, LCR, DNA-/RNA-Sequenzierung); **5.** Serologie: Nachw. von ntikörpern, z. B. durch Präzipitations-, u. Agglutinationsreaktionen, Komplementbindungsreaktion, Hämagglutination-Hemmtest, ELISA u. a.; **6.** Tierversuch: Xenodiagnose; **7.** Nachw. der Toxine; **8.** andere: z. B. Hautproben, Lysotypie*.

Untersuchungsmethoden, mykologische: Verfahren zum Nachw. von Pilzinfektionen u. zur Bestimmung der Erreger von Mykosen*. **1.** Morphologie: mikroskopische Untersuchungen des Nativpräparates u. des Farbpräparates; **2.** Züchtbarkeit: Kulturen auf Bakterien- u. speziellen Pilznährboden; **3.** serologische Tests; **4.** Tierversuch: Präzipitations-, Agglutinations-, u. Komplementbindungsreaktion.

Unverträglichkeit: s. Inkompatibilität.

Unze: altes deutsches (preuß.) Apothekergewicht*: 1 Unze = 8 Drachmen = 29.232 g; in England u. Amerika heute noch gebräuchl.: 1 ounce = 8 drachmes = 28.3495 g; 16 ounces ergeben 1 Pfund (lb). Die Schmuckunze entspr. 31.103 g.

Uperisation: Ultrahochtemperatur-Verfahren; asept. Verfahren in der Nahrungsmittelindustrie. Temp. von 130-150 °C bei wenigen Sekunden Einwirkzeit; vgl. Pasteurisieren.

Upjohn-Verfahren: diskontinuierl. Stanzverfahren zur Herst. von Weichgelatinekapseln. Sehr ähnl. dem Colton*-Verfahren. Anstelle der erwärmten Formplatten werden Formplatten mit porösem Boden verwendet, um die erste Gelatinefolie in die Formen einzusaugen.

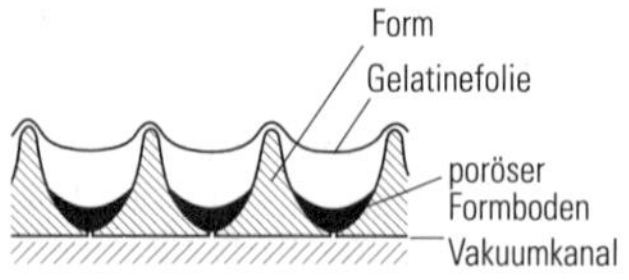

Upjohn-Verfahren: schemat. Darstellung

Up-Regulation: Zunahme der Rezeptorzahl bei länger dauernder Ther. mit Antagonisten* dieses Rezeptors; z. B. bei Betarezeptorenblockern. Damit verbunden ist oft eine überschießende Reaktion des Organismus nach Absetzen der Pharmaka; s. Rebound-Phänomen.

Upstream: **1.** Teil des kodierenden Stranges einer doppelstrangigen DNA, der auf der 5'-Seite der Transkriptionsstartstelle liegt. Das Nukleotid an der Startstelle wird mit +1 bezeichnet u. die Nukleotide in 5'-Richtung erhalten negative Ziffern. **2.** die relative Lage der Nukleotide in 5'-Richtung von einer gegebenen Position aus.

Uracil: Abk. U; 2,4-Dihydroxy-pyrimidin; $C_4H_4O_2N_2$; M_r 112.09; Schmp. 335 °C (unter teilweiser Zers.). Weiße Kristallnadeln od. weißes, geruchloses Pulver, lösl. in heißem Wasser sowie in Ammoniaklsg. u. Alkalilaugen, wenig lösl. in kaltem Wasser, fast unlösl. in Ethanol u. Ether. Als Pyrimidinbaustein der RNA weit verbreitet; s. Pyrimidine.

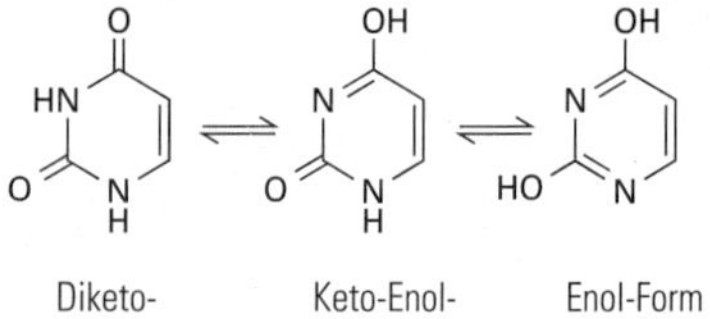

Uracil: Tautomerie

Urämie: Harnvergiftung, syn. terminale Niereninsuffizienz; klin. Syndrom, das auf der eingeschränkten Fähigkeit der Nieren zur Ausscheidung stickstoffhaltiger Endprodukte basiert. **Formen:** **1.** akute U.: entsteht 5-10 Tage nach akutem Nierenversagen; **2.** chron. U.: Folgezustand jahrelanger präurämischer Phasen bei chron. progredienten Nierenerkrankungen. **Ther.:** Dialysebehandlung* u. Diät mit strenger Bilanzierung von Wasser, Na^+, K^+, Cl^-, Phosphat u. Substitution von Aminosäuren, Calcitriol u. Erythropoetin; evtl. Nierentransplantation.

Uragoga ipecacuanha: s. Cephaelis ipecacuanha.

Uran: Symbol U; A_r 238.03; OZ 92; D. 18.685; Schmp. 1132 °C; radioaktives Element, 3-, 4-, 5-, 6-wertig; ein äußerl. dem Eisen ähnl., schweres, sprödes, verhältnismäßig weiches Metall. U. besitzt als Brennstoff in Kernreaktoren u. als Kernsprengstoff in Nuklearwaffen große wirtschaftl. u. militär. Bedeutung. Die dabei in vielen Fällen notwendige Anreicherung des spaltbaren Isotops ^{235}U erfolgt durch Gasdiffusion von Uranhexafluorid UF_6 od. durch Ultrazentrifugation. Beim Erhitzen an der Luft verbrennt U. zu U_3O_8. Das rotgelbe **Uran(VI)-oxid (Urantrioxid)**, UO_3, hat sowohl saure als auch bas. Eigenschaften; es bildet mit Basen die Uranate, mit Säuren die Uranylsalze (gekennzeichnet durch die Uranylgruppe UO_2). **Urangelb**: Natriumuranat (Natrium uranicum), $Na_2U_2O_7$; gelbes Pulver, leicht lösl. in Säuren; **Vork.:** nat. in Uranpecherz (Uranpechblende) sowie in vielen anderen Mineralien; 3 nat. Isotope: 238 (99.27 %), 235 (0.72 %), 234 (0.006 %); seit der Entdeckung der Kernspaltung* ist U. das meistgesuchte Metall auf der Erde; **Anw.:** in der Porzellan- u. Emaillemalerei, zur Fabrikation fluoreszierender Gläser. Uran u. alle seine Verb. sind starke Gifte, die auch kumulativ wirken! **Nachw. von Uran: 1.** Ammoniumsulfid fällt schwarzbraunes UO_2S, lösl. in verd. Säuren; **2.** Kaliumhexacyanoferrat(II) fällt rotbraunes Uranylhexacyanoferrat(II); vgl. Transurane. **Gesch.:** 1789 von Martin Heinrich Klaproth (1743-1817) entdeckt.

Uranacetat: s. Uranylacetat.

Uranate: s. Uran.

Uranblei: Radium G, Radioblei; Blei-106; Endprodukt der Uran-Zerfallsreihe.

Urangelb: s. Uran.

Uranhexafluorid: UF_6; M_r 352.1; bei Zimmertemp. gasförmige Verb., in die Uran zur Anreicherung des für die Kernspaltung benötigten Isotops ^{235}U übergeführt wird.

Uranin: s. Fluoresceinnatrium.

Uranium aceticum: s. Uranylacetat.

Uranium nitricum: s. Uranylnitrat.

Urannitrat: s. Uranylnitrat.

Uran(VI)-oxid: s. Uran.

Uranpecherz: s. Uran.

Urantrioxid: s. Uran.

Uranylacetat: Uranacetat, essigsaures Uranoxid, Uranium aceticum; $(CH_3COO)_2UO_2 \cdot 2\,H_2O$. Gelbe Kristalle, lösl. in Wasser. **Darst.:** Auflösen von Urantrioxid in Essigsäure; **Anw.:** Reagens zur Bestimmung der Phosphorsäure.

Uranylnitrat: Urannitrit, salpetersaures Uranoxid, Uranium nitricum; $UO_2(NO_3)_2 \cdot 2\,H_2O$. Grünl. gelbe, fluoreszierende Prismen; leicht lösl. in Wasser, Ethanol, Ether. **Anw.:** hauptsächl. in der Porzellanmalerei.

Hom: *Uranium nitricum:* verord. z. B. bei Nierenentzündungen, Ulcus ventriculi, unterstützend bei Diabetes.

Uranylsalze: Verb. mit dem Uranyl-Kation UO_2^{2+}.

Urapidil INN: 6-{3-[4-(2-Methoxyphenyl)-1-piperazinyl]propylamino}-1,3-dimethyl-2,4(1*H*,3*H*)-pyrimidindion; CAS-Nr. 34661-75-1; $C_{20}H_{29}N_5O_4$, M_r 387.49. Schmp. 160-163 °C (kristallisiert aus Wasser; polymorph). pK_S 7.10. **Anw.:** Antihypertensivum*; Alpha-1-Rezeptorenblocker mit prä- u. postsynapt. alpha-2-synapt. Wirk.; antihypertensive Wirk. durch zentrale Hemmung sympath. Aktivitäten u. periphere Hemmung der Noradrenalinfreisetzung; nachhaltige periphere Vasodilatation; Ind.: Blutdruckkrisen; HWZ 2-3 h. Gebräuchl. ist auch Urapidilhydrochlorid.

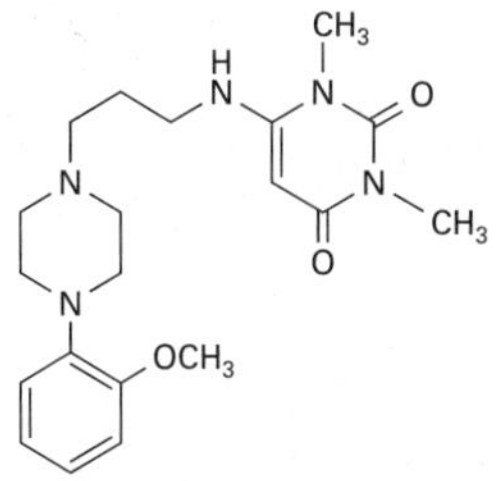

Urapidil

Urari: s. Curare.

Urate: Salze der Harnsäure*.

Urea nitrica: s. Carbamidnitrat.

Urea pura: s. Harnstoff.

Urease: Enzym, das Harnstoff in Ammoniak u. Kohlendioxid zerlegt. Nat. in Bakterien, Pilzen, in der Sojabohne u. amerikan. Jackbohne, nicht aber in tier. Organismen. U. ist das erste kristallisiert gewonnene Enzym. Durch die Zerlegung des Harnstoffes u. Freisetzung des gebundenen Stickstoffs als Ammoniak, wodurch der Stickstoff für die Pflanzen wieder assimilierbar wird, ist U. bzw. die Ureasespaltung von großer Bedeutung für den Kreislauf des Stickstoffs.

Uredinales: Rostpilze, s. Pilze.

Uredosporen: (bot.) rötl., paarkernige Sommersporen der Rostpilze (s. Pilze).

Ureide: Harnstoff*-Derivate, in denen H-Atome der NH_2-Gruppe durch org. Säurereste* (Acyl-Gruppen) ersetzt sind. **Anw.:** viele Schlafmittel sind U., z. B. die Barbiturate*; vgl. Carbromal.

Ureometer: Apparat zur Bestimmung des Harnstoffs nach Kowarski; vgl. Urometer.

Ureter: Harnleiter; ca. 30 cm langer, 4 mm dicker muskulöser Schlauch zw. Nierenbecken u. Harnblase. Uretritis: Harnleiterentzündung.

Urethan: Ethylurethan, Urethanum; Carbaminsäureethylester, $H_2N-CO-OC_2H_5$, M_r 89.09. Schmp. 48-50 °C. Sdp. 184 °C. D. 1.048. Farblose Kristalle, leicht lösl. in Wasser, Ethanol, Ether, Chloroform, Glycerol. **Darst.:** Erhitzen von Harnstoffnitrat mit Ethanol. **Anw.:** früher als Zytostatikum.

Urethane: Ester der Carbaminsäure*.

Urethra: Harnröhre*. Urethralis: zur Harnröhre gehörend.

Urethritis: Entzündung der Harnröhrenschleimhaut. **Formen:** gonorrhoische U. bei Gonorrhö*; nichtgonorrhoische (unspezif.) Urethritis.

U

Urginea maritima (L.) Bak.: Scilla maritima L., Urginea scilla Steinh., Meerzwiebel; Fam. Hyacinthaceae (heim. Mittelmeerländer). Man unterscheidet eine weiße u. eine rote Varietät (Rattenzwiebel). Stpfl. von **Scillae bulbus:** Bulbus Pancratii veri, Bulbus rusticus, Bulbus Urgineae, Meerzwiebel; die in Streifen geschnittenen, getrockneten, mittleren, fleischigen Blätter der bald nach der Blüte gesammelten Zwiebel der weißzwiebeligen Rasse (Varietät mit weißen Schuppen). **Off.:** DAB 2003; **Inhaltsst.:** ca. 0.1-4 % herzwirksame Glykoside* der Bufadienolid-Reihe; Aglykon ist Scillarenin; Hauptglykoside sind Scillaren A, Proscillaridin*, das durch enzymat. Hydrolyse entsteht, u. Gammabufotalinrhamnosid (s. Abb.); ferner z. B. neben einigen anderen herzwirksamen Glykosiden wie Glucoscillaren A v. a. Schleimstoffe (Glucogalactane) u. Polyfructosane; **Wirk.:** s. Glykoside, herzwirksame; **Anw.:** leichtere Formen der Herzinsuffizienz, bes. bei Digitalisempfindlichkeit (s. Proscillaridin; Glykoside, herzwirksame); volkstüml.: bei katarrhalischen Erkrankungen der Atemwege, zur Förderung der Harnausscheidung; wird Meerzwiebel verordnet, so ist, wenn aus der Verordnung nichts anderes hervorgeht, Eingestelltes Meerzwiebelpulver abzugeben (s. u.); die Verwendung der Droge ist obsolet, therapeut. von Bedeutung sind nur Proscillaridin* A u. das partialsynthetische Meproscillarin*. **Scillae pulvis normatus:** Eingestelltes Meerzwiebelpulver; der Wirkwert des Pulvers soll nach DAB 2003 einem Geh. von 0.2 % Proscillaridin entsprechen. **Bulbus Scillae recens:** frische Meerzwiebel. **Inhaltsst. u. Anw.:** dient als Rodentizid; hierfür wird hauptsächl. die rote Varietät verwendet, da diese das für Ratten giftige Glykosid Scillirosid in größerer Menge enthält; Aglykon Scillirosidin ist 6-Acetoxy-8-hydroxy-scillarenin. **Wirk.:** Die weibl. Ratten sind gegen dieses Gift empfindlicher als die männl.; neben Herzwirk. auch Wirk. auf ZNS.

Hom: *Urginea maritima var. alba (HAB1.2):* ethanol. Digestiv der frischen, fleischigen Zwiebelschuppen; verord. z. B. bei Kreislaufschwäche.

Hom: *Urginea maritima var. rubra (HAB1.2):* frische, rote Zwiebel; verord. z. B. bei Kreislaufschwäche.

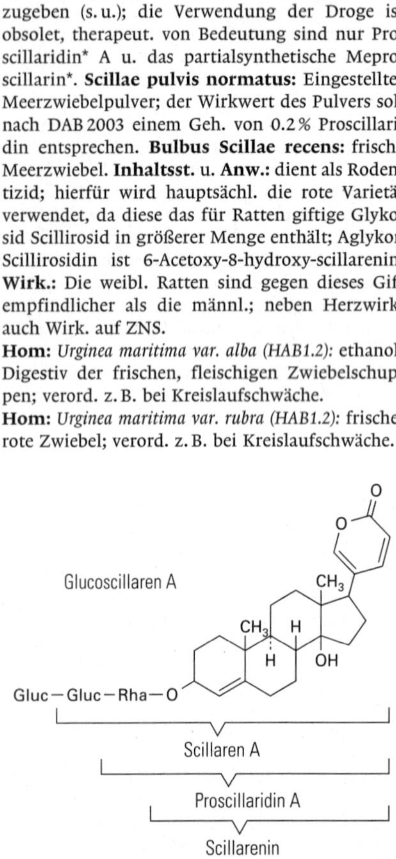

Urginea maritima: Strukturformel von Glucoscillaren A

Uricase: Uricooxidase; uricolyt. Enzym, das Harnsäure in Allantoin umwandelt, das Endprodukt des Stickstoff-Stoffwechsels der meisten Säugetiere. Nur der Mensch u. die anthropoiden Affen bilden Harnstoff.

Uridin: Ph.Eur.4; 1-β-D-Ribofuranosyluracil; Schmp. ca. 165 °C. Nucleosid* aus Uracil* u. D-Ribose. Die Phosphate spielen im Stoffwechsel eine wichtige Rolle. **Anw.:** Reagens Ph.Eur.4.

Uridindiphosphatglucose: s. Nucleosiddiphosphatzucker.

Urikämie: patholog. Erhöhung der Harnsäurekonz. im Blut bei Gicht*, Leukämie*, Nierenerkrankungen.

Urikopathie: s. Gicht.

Urikostatika: s. Gichttherapeutika.

Urikosurika: s. Gichttherapeutika.

Urin: s. Harn.

Urinal: Urinauffangsystem aus Latex od. Gummi, bestehend aus einem Rolltrichter bei Männern od. einem Urindeflektor (Tamponurinal) bei Frauen sowie einem Kunststoffschlauch zur Ableitung in den am Bein befestigten Urinbeutel.

Urobilin: $C_{33}H_{42}O_6N_4$. Rotbrauner Gallenfarbstoff; entsteht aus Urobilinogen, das im Harn u. Kot ausgeschieden wird u. an der Luft zu U. oxidiert. **Nachw.:** Schlesinger-Reagens (s. Zinkacetatlösung, ethanolische); s. Gallenfarbstoffe.

Urobilinogen: Vorstufe des Urobilins*; s. Gallenfarbstoffe.

Urobilinogenurie: Ausscheidung von Urobilinogen* mit dem Harn. **Nachw.:** **1.** Umsetzung mit Diazoniumsalz zu Azofarbstoff; **2.** Ehrlich*-Reagens; vgl. Urobilin.

Urobilinurie: Ausscheidung von Urobilin* mit dem Harn.

Urocansäure: 4-Imidazolacrylsäure; $C_6H_6N_2O_2$; M_r 138.12. Abbauprodukt von Histidin; kommt im Schweiß vor u. hat UV-Strahlen absorbierende Eigenschaften. Das Murexin der Purpurschnecke Murex* cornutus ist Urocanylcholin.

Urodesinfizienzien: s. Harnantiseptika.

Uroerythrin: Purpurin; roter Harnfarbstoff, hauptsächl. bei Fieber auftretend (Ziegelmehlsediment, Sedimentum lateritium).

Urofollitropin: Urofollitropinum Ph.Eur.4; aus dem Urin von Frauen nach der Menopause extrahiertes, biolog. (nicht chem.) reines follikelstimulierendes Hormon (FSH) mit M_r ca. 35 000. Herst. erfolgt über Urogonadotropin. Die Aktivität der Substanz beträgt mind. 90 I.E. FSH/mg. Das Verhältnis LH zu FSH beträgt max. 1 I.E. zu 60 I.E; **Anw.:** Infertilität durch Follikelreifungsstörungen; vgl. Follitropin alpha, Follitropin beta.

urogenital: die Harn- u. Geschlechtsteile betreffend.

Urogonadotropin: syn. Urogonadotrophin, Menotropin, Human-Menopausengonadotropin (Abk. HMG), Gonadotrophinum hypophysicum; CAS-Nr. 9002-68-0. Gemisch aus hypophysären FSH u. LH, s. Hormone (Follikelreifungshormon u. luteotropes Hormon). **Gew.:** aus dem Urin von Frauen im Klimakterium u. durch ein geeignetes Fraktionierungsverfahren mit nachfolgender Ionenaustauschchromatographie; die Aktivität der Substanz beträgt mind. 40 I.E. FSH/mg, das Verhältnis zw. der Anzahl Einheiten von LH u. FSH beträgt ca. 1; **Anw.:** z. B. Infertilität; Ausgangsmaterial zur Herst. von Urofollitropin*; vgl. Choriongonadotropin, Serumgonadotropin.

Urokinase INN: Urokinasum Ph.Eur.4; CAS-Nr. 9039-53-6. In der Niere gebildetes, erstmals aus menschl. Urin, heute aus Zellkulturen (Nierenzellkulturen des Menschen) gewonnenes od. gentechnolog. hergestelltes Enzym. Lösl. in Wasser. **Wirk.** u. **Anw.:** direkter Aktivator der Umwandlung von Plasminogen* in Plasmin; zur lokalen u. system. Fibrinolyse*angewendet; vgl. Fibrinolytika; **UAW:** anaphylakt. Reaktionen, Blutungen, Kopf- u. Rückenschmerzen, vorübergehende Temperaturerhöhung; **Kontraind.:** Blutungen u. erhöhte Blutungsneigung, Bluthochdruck, Leberzirrhose, Diabetes mellitus; HWZ 9-20 min.

Urolith: Harnstein, tritt als Nieren-, Harnleiter- od. Blasenstein infolge von Stoffwechselstörungen auf. Besteht in ca. 70 % der Fälle aus Calciumsalzen, in ca. 15 % aus Harnsäure. U. können z. T. mit Urolitholytika* aufgelöst werden; vgl. Urolitholyse, Lithotripsie.

Urolithiasis: Harnsteinleiden; vgl. Urolith.

Urolitholyse: Auflösung von Harnsteinen (Urolithen*). **1.** orale U.: Einnahme von Urolitholytika* (z. B. bei Harnsäuresteinen); **2.** perkutane U.: Dauerspülung nach perkutaner Nephrostomie (z. B. bei Calciumphosphat-, Magnesiumammoniumphosphat- od. Cystinsteinen); vgl. Lithotripsie.

Urolitholytika: Arzneimittel, (z. B. Citrate, Ascorbinsäure), die Harnalkalisierung bewirken u. in 5-12 Wo. v. a. Harnsäuresteine auflösen können. s. Urolith.

Urologie: medizin. Fachgebiet, das sich mit den Erkrankungen von Nieren u. ableitenden Harnwegen sowie mit Anomalien u. Erkrankungen des männl. Genitals befasst.

Urologika: Mittel zur Behandlung von Harnorganerkrankungen. **1.** Blasenatoniemittel: z. B. Distigminbromid* u. a. Parasympathomimetika wie Terodilin*; **2.** Harnweginfektionstherapeutika: z. B. Species* urologicae, Nitrofurantoin*, Sulfonamide*, Methenamin*, Enoxacin*; **3.** Mittel zur Behandlung von Miktionsbeschwerden: v. a. Spasmolytika*; **4.** Prostatamittel: z. B. Antiandrogene* u. Estrogene* bei Prostatakarzinom, Spasmolytika* u. Antibiotika* bei Prostatitis, bei benigner Prostatahyperplasie* (Prostataadenom) werden neben selektiven Alpha-1-Sympatholytika (s. Sympatholytika, Alphasympatholytika) wie Alfuzosin*, Tamsulosin*, Doxazosinmesilat*, 5α-Reduktasehemmern (Finasterid*, 17α-Estradiol*) u. Betasitosterol (s. Sitosterin) auch rein pflanzl. Mittel angewandt (empirisch) u. stammen z. B. von Epilobium-* u. Urtica*-Arten sowie von Cucurbita* pepo, Serenoa* repens, Hypoxis* rooperi, Pygeum* africanum u. Gräserpollen; **5.** Mittel zur Behandlung von Nieren- u. Blasensteinen: z. B. Allopurinol* bei Urolithen* od. Analgetika* u. Spasmolytika* bei Koliken.

Urometer: Senkspindel; vgl. Dichtebestimmungsmethoden; Ureometer.

Uronsäuren: Aldehydcarbonsäuren; entstehen aus Aldosen* durch Oxidation der endständigen primären Alkoholgruppe, z. B. D-Glucuronsäure, D-Galacturonsäure u. D-Mannuronsäure. U. sind als Bestandteile von Glykosiden, Polyuroniden, Polysacchariden u. Mukopolysacchariden weit verbreitet.

Uroporphyrin: s. Porphyrine.

Urosepsis: sept. Harnfieber, Harnsepsis; von den Harnwegen ausgehende Sepsis*. **Erreger:** häufig E. coli; **Urs.:** Harnabflussbehinderung mit sek. Harnweginfektion u. bakt. Infektion des Nierenparenchyms, auch bei Harnwegverletzung, z. B. nach instrumentellem Eingriff.

Urothion: $C_{11}H_{11}N_5O_3S_2$; M_r 325.4. Schwefelhaltiges Pteridinderivat, das im menschl. Harn in einer Konz. von 40-80 µg/L ausgeschieden wird. Abbauprodukt des Molybdän-Cofaktors der Xanthinoxidase*.

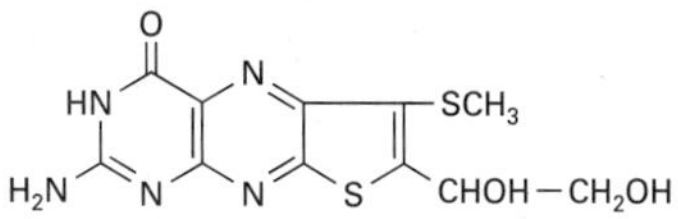

Urothion

Ursan: Grundgerüst von Triterpensapogeninen, Strukturformel s. Saponine (Tab. 1).

5-α-Ursan: s. Amyrin.

Ursodeoxycholsäure INN: Acidum ursodeoxycholicum Ph.Eur.4, Ursodesoxycholsäure; 3α,7β-Dihydroxy-5β-cholan-24-säure; CAS-Nr. 128-13-2; $C_{24}H_{40}O_4$, M_r 392.56. In Bezug auf die Hydroxylgruppe am C-7 epimer mit Chenodeoxycholsäure*. Strukturformel s. Gallensäuren (Abb.). Schmp. 203 °C (kristallisiert aus Ethanol). $[\alpha]_D^{20\,°C}$ +57° (c=2 in absolutem Ethanol). Leicht lösl. in Ethanol, Eisessig; schwer lösl. in Chloroform; wenig lösl. in Ether; fast unlösl. in Wasser. **Anw.:** Cholelitholytikum*, Behandlung von dyspept. Beschwerden, verursacht durch Cholesterolgallensteine od. Störungen des Gallenflusses; **UAW:** Durchfälle; **Kontraind.:** Leber- u. Gallenerkrankungen; HWZ 3.5-5.8 d.

Ursolsäure: Triterpensapogenin, Strukturformel s. Saponine (Tab. 1).

Urtica ad usum externum: s. Urtica-Arten (Hom).

Urtica-Arten: Brennessel; Fam. Urticaceae (Europa, Nordamerika, Asien, Nordafrika). **Urtica dioica** L.: Zweihäusige Brennessel, Große Brennessel; **Urtica urens** L.: Kleine Brennessel; beide Arten u. deren Hybriden sind Stpfl. von **Urticae folium:** Folia Urticae, Brennesselblätter. **Off.:** DAB 2003; **Inhaltsst.:** im sauren Sekret der Brennhaare außer dem Nesselgiftstoff Acetylcholin* Histamin, sehr wenig Serotonin u. Spuren Ameisen-, Essig-, Buttersäure u. andere org. Säuren; im Blatt bis zu 2 % Flavonoide, Phenolcarbonsäuren, Scopoletin, β-Carotin, viel Chlorophyll u. Xanthophyll, Triterpene u. Sterole sowie in jungen, frischen Pfl. ca. 0.6 % Vit. C; hoher Geh. an Mineralien (Kieselsäure, Kaliumsalze) u. Nitrat (vom Boden abhängig); **Anw.:** zur unterstützenden Ther. bei rheumat. Beschwerden, Durchspülungstherapie bei entzündl. Erkrankungen der ableitenden Harnwege, bei Nierengrieß; volkstüml.: z. B. bei Gicht, Nieren- u. Leberbeschwerden, als sog. Blutreinigungstee sowie als Mittel zur Förderung der Milchabsonderung bei

Wöchnerinnen; äußerl. bei Hautreizungen (Urtikationen), zu Umschlägen auf Wunden u. Geschwüren; kosmet. zu Haarwässern; **Urticae herba:** Herba Urticae, Brennesselkraut, Nesselkraut; die während der Blütezeit gesammelten, oberird. T. der beiden genannten Arten sowie von Bastarden beider Arten. **Off.:** DAC, Ph.Helv.9; **Inhaltsst.** u. **Anw.:** wie Urticae folium; v.a. auch als Frischpflanzensaft; techn.: zur Gew. von Chlorophyll u. Faserstoffen; **Urticae radix:** Radix Urticae, Brennesselwurzel. **Off.:** DAB 2003; **Inhaltsst.:** 3-β-Sitosterol u. -glucosid sowie andere Sterine, Scopoletin*, Lignane, Gerbstoffe, Lektine u. Polysaccharide; **Anw.:** Miktionsbeschwerden bei benigner Prostatahyperplasie* (Stadium I-II); volkstüml.: wie Urticae folium; **Fructus Urticae:** Brennesselfrüchte, „Brennesselsamen". **Inhaltsst.:** ca. 30 % fettes Öl (bestehend aus ca. 80 % *cis*-Linolsäure*, 1 % Linolensäure*, Tocopherol u. Carotinoiden), Peptide u. Mineralstoffe.

Hom: *Urtica,* Urtica urens: frische, blühende Pflanze.

Hom: *Urtica ad usum externum:* frische, blühende Pflanze von Urtica urens.

Hom: *Urtica dioica (HAB1.5):* ganze, frische, blühende Pflanze; verord. z.B. bei Hautausschlägen, Urticaria, Gicht, Verbrennungen.

Urticaria: Exanthem, Nesselausschlag. **Urtica:** Quaddel; akutes, meist flüchtiges Ödem* im Bereich der Dermis mit umgebendem reflektor. Erythem*; juckende, rote od. weißl., selten blasige Erhebung der Haut von unterschiedl. Größe. Die typ. Quaddel verschwindet innerhalb von Minuten bis wenigen Stunden.

Urtinktur: s. Homöopathie.

Urtinkturen, spagyrische: s. Homöopathie.

Urtitersubstanz: chem. reiner Stoff, der unmittelbar zur Herst. einer Maßlösung* verwendet wird, od. mit dessen Hilfe der Geh. einer Maßlsg. bestimmt wird. Beispiel: der Geh. einer Säurelsg. kann durch Titration einer Probe von Natriumcarbonat genau bekannter Masse ermittelt werden. Anforderungen an eine U.: unbegrenzt haltbar, nicht hygroskop., eindeutige u. schnelle Reaktion mit dem Wirkstoff einer Maßlösung.

Urushiol: s. Toxicodendron quercifolium (Folia Toxicodendri).

USAN: s. Freinamen.

Uscharidin: s. Calotropis gigantea (Cortex Calotropidis radicis).

Usnea-Arten: Bartflechten; auf Rinden lebende Flechten (s. Lichenes) der Fam. Usneaceae (über die ganze Erde verbreitet, bes. in Nebelzonen). **Usnea florida** (L.) Fries enthält bis zu 4 % Usninsäure* u. wie andere Flechten Lichenin*.

Usninsäure: CAS-Nr. 6159-66-6; $C_{18}H_{16}O_7$, M_r 344.31. Schmp. ca. 200 °C. Eine antibakt. Flechtensäure* (Dibenzofuranderivat). Gelbe Kristalle, in Wasser fast unlösl. (die Salze sind in Wasser lösl., aber nicht haltbar), lösl. in Fetten u. Ölen. **Vork.:** in zahlreichen Flechten (z.B. Usnea*-Arten, Cetraria* islandica); **Anw.:** in Form von Salben, Pudern, Sprays geg. Haut- u. Schleimhauterkrankungen, Mykosen.

USP: 1. Abk. für **U**nited **S**tates **P**harmacopeia; Arzneibuch der Vereinigten Staaten von Amerika; seit

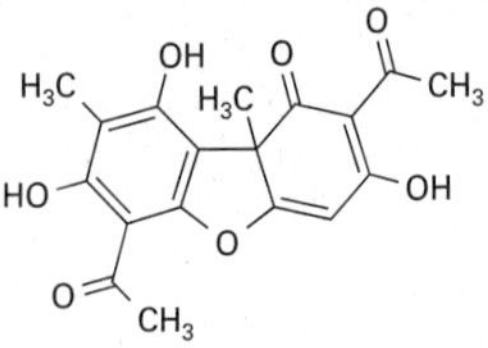

Usninsäure

1985 mit NF (National Formulary) vereinigt. **2.** Bez. für amerikan. Patent.

Ustilago zeae: Ustilago maydis, Maisbrand; ein Brandpilz, Od. Ustilaginales (s. Pilze) (Nordamerika, Europa), der mit seinem Myzel in den Halmen, Blättern, Blüten u. Körnern von Zea* mays lebt. **Inhaltsst.:** Fettsäuren, v.a. Linolensäure, Carbonsäuren, Imidazolderivate u. Ustinsäure; **Anw.** volkstüml.: (früher) bei Uterus- u. Ovarialleiden; zur Blutstillung.

Hom: *Ustilago zeae (HAB1.5),* Ustilago maydis: getrocknete Sporen des Pilzes; verord. z.B. bei Uterusblutungen.

Uterus (lat.): Gebärmutter. Muskelstarkes, birnenförmiges Organ zw. Blase u. Rektum; in nicht gravidem Zustand max. 7-9 cm lang.

UV: Abk. für **u**ltra**v**iolett*.

Uvae ursi folium: s. Arctostaphylos uva-ursi.

UV-Analysenlampen: nach Ph.Eur.4 Quarzlampen mit Quecksilberdampf mit geeignetem Filter für die Prüfung bei einer Wellenlänge von 254 od. 365 nm. Prüfung der Intensität des UV-Lichtes: ein Natriumsalicylat-Fleck von ca. 5 mm Ø muss auf einer Schicht Kieselgel sicher zu erkennen sein; bei 254 nm wird eine 0.04 %ige, bei 365 nm eine 0.2 %ige ethanol. Lsg. von Natriumsalicylat verwendet.

Uvaol: s. Arctostaphylos uva-ursi (Uvae ursi folium, Inhaltsst.).

Uvari: s. Curare.

Uva ursi: s. Arctostaphylos uva-ursi.

Uviolglas: Bariumphosphatchromglas; bes. durchlässig für ultraviolette Strahlen; s. Glas.

UV-VIS-Spektroskopie: s. Spektroskopie.

Uzarawurzel: s. Xysmalobium undulatum (Radix Uzarae).

Uzarin: $C_{33}H_{44}O_{44}$. Glykosid (Steroid, s. Abb.) aus den Wurzeln von Xysmalobium* undulatum (Radix Uzarae). Lösl. in Ethanol 95 %, sehr schwer

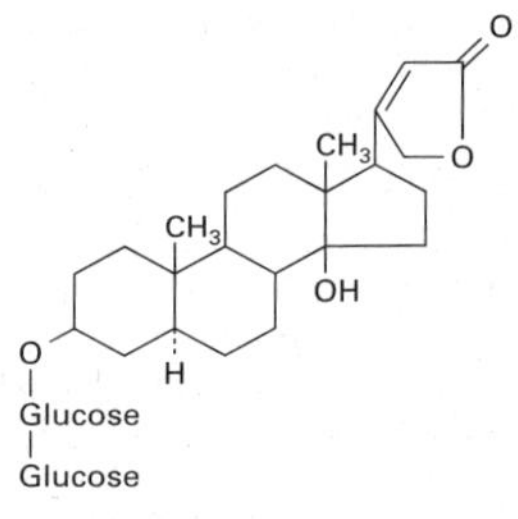

Uzarin

lösl. in Wasser. **Wirk.:** Hemmung der Darmtätigkeit, spasmolytisch, nur geringe Herzwirkung; **Anw.:** s. Xysmalobium undulatum.

V

V: **1.** (anat.) Abk. für Vena. **2.** (ophth.) Abk. für Visus, Sehschärfe. **3.** (chem.) Symbol für Vanadium*. **4.** (physik.) Einheitenzeichen für Volt*. **5.** röm. Zahl für 5.

v. a.: **1.** Abk. für vitrum album weißes Glas. **2.** Abk. für vitrum allatum (auf Rezepten) mitgebrachtes Glas; vgl. Vitrum.

Vaccina: Kuhpockenlymphe; auch allgemein für Vakzine*.

Vaccina ad usum humanum: Impfstoffe für Menschen; s. Vakzine.

Vaccina ad usum veterinarium: Impfstoffe für Tiere, s. Vakzine.

Vaccina Leptospirae interrogantis ad usum veterinarium: s. Leptospirose-Impfstoff für Tiere.

Vacciniavirus (lat. vacca Kuh): Poxvirus officinalis; Virus, das bis 1979 zur Pockenimpfung verwendet wurde, mit dem Kuhpockenvirus nahe verwandt ist u. gegenüber dem Pockenvirus eine gekreuzte postinfektiöse Immunität hinterlässt. Das V. geht auf das Kuhpockenvirus (Poxvirus bovis) des 19. Jahrhunderts zurück.

Vacciniin: 6-Benzoyl-D-glucose, β-D-Glucopyranose-6-benzoat; $C_{13}H_{16}O_7$, M_r 284.26, Schmp. 120-123 °C. Bitter schmeckender Inhaltsst. in Vaccinium-Arten u. a. Ericaceae*.

Vaccinium myrtillus L.: Heidelbeere, Blaubeere, Bickbeere, Schwarzbeere; Fam. Ericaceae (Mitteleuropa). Stpfl. von **Myrtilli folium:** Folia Myrtilli, Heidelbeerblätter, Bickbeerenblätter. **Off.:** DAC; **Inhaltsst.:** 1-7 % Gerbstoffe (Catechine), wenig Flavonoide u. Iridoide*, Kaffeesäure*, Chinasäure*, Chlorogensäure* u. a. organische Säuren sowie Triterpene wie Ursolsäure*; die Chinolizidinalkaloide Myrtin u. Epimyrtin; ferner ca. 0.5 % Mangan; **Anw.** volkstüml.: z. B. zu Spülungen bei Entzündungen der Mundschleimhaut; innerl. bei Beschwerden im Bereich des Magen-Darm-Trakts, zur Anregung des Stoffwechsels, auch bei Diabetes; innerl. Anw. nicht empfehlenswert; Negativmonographie Kommission E; **Myrtilli fructus siccus** u. **Myrtilli fructus recens:** Fructus Myrtilli (recens), Getrocknete bzw. Frische Heidelbeeren, Schwarze Besinge, Bickbeeren, Blaubeeren; die reifen getrockneten bzw. frischen od. tiefgefrorenen Beeren. **Off.:** Ph.Eur.4, ÖAB90, Ph.Helv.8; **Inhaltsst.:** 5-12 % (hauptsächl.) Catechingerbstoffe (nach Ph.Eur. für die getrocknete Droge mind. 1 % Gerbstoffe ber. als Pyrogallol), Flavonoide, ca. 0.5 % Anthocyane (Glykoside von Delphinidin* u. Cyanidin, s. Anthocyanidine; nach Ph.Eur. für die frische Droge mind. 0.3 % Anthocyane, ber. als Cyanidin-3-glucosid-chlorid u. bezogen auf die getrocknete Droge); ca. 5 % Invertzucker, Inosit, ca. 1-2 % Fruchtsäuren, Pektine, ferner Triterpene wie Ursolsäure; **Anw.:** unspezif. Durchfälle; äußerl. bei Entzündungen der Mund- u. Rachenschleimhaut.

Hom: *Vaccinium myrtillus (HAB1.5)*, Myrtillus: frische, reife Früchte.

Vaccinium vitis-idaea L.: Preiselbeere; Fam. Ericaceae (nördl. Europa, Asien, Nordamerika). Stpfl. von **Vitis-idaei folium:** Folia Vitis-idaei, Preiselbeerblätter. **Off.:** ÖAB90, DAC; **Inhaltsst.:** ca. 3-7 % (mind. 3 %) Arbutin*, Acetylarbutin (Pyrusid), Hydrochinon*, ca. 10 % Gerbstoffe, Flavonolglykoside, z. B. Hyperosid*, organ. Säuren, z. B. Kaffesäure u. Triterpene, z. B. Ursolsäure; **Anw.** volkstüml.: Entzündungen der Harn- u. Gallenwege, Gicht, Erkrankungen des rheumat. Formenkreises; Ersatz für Uvae ursi folium, s. Arctostaphylos uva-ursi; **Fructus Vitis-idaeae:** Preiselbeeren, Kronsbeeren. **Off.:** EB6; **Inhaltsst.:** Proanthocyanidine, ca. 0.2 % Anthocyane, Flavonoide, organ. Säuren wie z. B. Benzoesäure, ferner Vacciniin* sowie versch. flüchtige Verb. wie Benzylalkohol, Hexanol u. a., die das Aroma bestimmen, außerdem Zucker; **Anw.** volkstüml.: bei Durchfall; hauptsächl. zu Marmelade.

Vaccinum: nach Ph.Eur.4 lat. Bez. für Vakzine*.

Vaccinum Anthracis vivum ad usum veterinarium: s. Milzbrandsporen-Lebend-Impfstoff für Tiere.

Vagina: Scheide. Vaginal: zur Scheide gehörend. **Vaginitis:** akute od. chron. Entzündung der V., häufig zusammen mit Entzündung der Vulva* (Vulvovaginitis).

Vaginalapplikator: applikationsgerechte Verpackung (Mehrfach- od. Einzeldosisapplikator) zum Einbringen von verdickten Arzneilösungen (Gele), Cremes od. Vaginaltabl. in die Vagina. Meist röhrenförmiger Behälter mit angebrachtem Vorratsbehälter (z. B. Faltenbalg) u. Schutzkappe.

Vaginalia: Zubereitungen zur vaginalen Anwendung Ph.Eur.4; flüss., halbfeste od. feste Zuber., die in der Regel eine lokale Wirkung ausüben u. einen od. mehrere Wirkstoffe in einer geeigneten Grundlage enthalten. V. werden unterschieden in: Globuli* vaginales, Vaginaltabletten*, Vaginalkapseln (s. Capsulae), -lösungen, -emulsionen u. -suspensionen sowie Tabletten zu deren Herstellung, halbfeste Zuber. zur vaginalen Anwendung, Vaginalschäume, Vaginaltampons* u. -inserte. Feste Zuber. in Einzeldosisbehältnissen mit weniger als

2 mg od. weniger als 2 % Wirkstoff (Gesamtmassenbezogen) müssen der Prüfung auf Gleichförmigkeit* des Gehalts Ph.Eur., Teil A (Vaginaltabletten) od. Teil B (Vaginalzäpfchen, Vaginalkapseln) entsprechen. Höher dosierte feste Zubereitungen in Einzeldosisbehältnissen müssen der Prüfung auf Gleichförmigkeit* der Masse entsprechen. Entnehmbare Masse od. entnehmbares Volumen von flüssigen u. halbfesten Zuber. in Einzeldosisbehältnissen müssen der Prüfung entsprechen. Bei festen Zuber. in Einzeldosisbehältnissen kann anstelle der Zerfallsprüfung eine geeignete Freisetzungsprüfung durchgeführt werden.

Vaginalkapseln: s. Capsulae.

Vaginalkugeln: s. Globuli vaginales.

Vaginalringe: therapeutische Systeme* zum Einlegen in die Vagina. Beispiel: Ein Estradiol*-Vaginalring besteht aus einem Silicon-Elastomer-Ring (Durchmesser 55 mm), aus dem ca. 2-3 d nach Applikation 3 Monate lang Wirkstoff (7.5 µg/d) freigegeben wird, so dass die Wirk. hauptsächl. lokal erfolgt.

Vaginaltabletten: gepresste Vaginalkugeln od. zungenförmige Presslinge mit lokal wirksamen antimikrobiellen od. kontrazeptiven Arzneistoffen. Ist eine langsame Auflösung erwünscht, entspricht die Arzneiformulierung den Lutschtabletten*. V., die die Wirkstoffe rasch freigeben sollen, benötigen wegen der nur geringen Flüssigkeitsmenge am Applikationsort zerfallsbeschleunigende (aufbrausende) Hilfsstoffzusätze (Hydrogencarbonat u. Säure). Die Zusammensetzung dieser V. entspricht daher den Brausetabletten*. Der saure pH-Wert in der Vagina (ca. 4-5) wird durch einen Überschuss an Säure (Wein-, Citronen-, Algin- od. Borsäure) erhalten. Borsäure eignet sich auch als Gleitmittel. Unter den Füll- u. Bindemitteln ist die Lactose als nat. Substrat der Vaginalflora am besten geeignet. Durch schaumbildende Zusätze (Alginsäure, Tenside) verteilt sich die aufgelöste Tablettenmasse gleichmäßig. Mit Ausnahme von Form u. Masse entsprechen die V. in ihren Eigenschaften i. Allg. den nichtüberzogenen Tabletten (vgl. Compressi). V. müssen nach Ph.Eur.4 der Prüfung auf Zerfallszeit (30 min, s. Zerfallsprüfung) von Suppositorien u. Vaginalzäpfchen entsprechen, es sei denn, eine modifizierte Wirkstofffreigabe od. eine länger anhaltende lokale Wirk. ist beabsichtigt. V. müssen der Prüfung auf Gleichförmigkeit* der Masse und u. U. der Gleichförmigkeit* des Gehaltes einzeldosierter Arzneiformen entsprechen.

Vaginaltampon: zylinderförmiges Gebilde aus saugfähigem, mit Arzneistoffen imprägniertem Material (Watte, Zellstoff, Gaze), versehen mit einem Rückholband. Zur Behandlung von Entzündungen u. Infektionen.

Vaginalzäpfchen: s. Globuli vaginales.

Vagus: Nervus vagus; Kurzbez. für den 10. Hirnnerv. Hauptvertreter des parasympath. Nervensystems; s. Parasympathikus, vgl. Nervensystem, vegetatives.

Vakuole: bläschenartiger Hohlraum in der Pflanzenzelle, der von einer dreischichtigen Membran, dem Tonoplasten, umgeben ist u. zahlreiche Substanzen in gelöstem Zustand wie Zucker, anorganische Salze u. Alkaloide enthält. Als osmot. System ist die V. wichtig für die Aufrechterhaltung des Turgors*.

Vakuum (lat. vacuus leer): annähernd gasleerer (materiefreier) Raum. Je nach dem verbleibenden Restdruck unterscheidet man Grobvakuum (bis 10^{-3} bar), Feinvakuum (10^{-3} bis 10^{-6} bar), Hochvakuum (10^{-6} bis 10^{-9} bar) u. Ultrahochvakuum (weniger als 10^{-9} bar).

Vakuumapparat: Apparat zum Eindampfen von Flüss. unter vermindertem Druck, bes. zur Extraktherst. sowie zum Trocknen leicht zersetzl. od. leicht schmelzbarer Substanzen.

Vakuumdestillation: s. Destillation.

Vakuumdialyse: s. Dialyse.

Vakuumfiltergeräte: zur Filtration mit Unterdruck (<1 bar); geeignet für mikrobiol. Aufgaben im Laborbetrieb.

Vakuumpumpen: Geräte zur Erzeugung von Vakuum*. Man unterscheidet nach dem Funktionsprinzip: **1.** mechanische V., z. B. Kolbenpumpen u. Drehschieberölpumpen; **2.** Treibmittelpumpen, z. B. Wasserstrahlpumpen*, Öl- u. Quecksilberdiffussionspumpen; **3.** Kondensationspumpen, z. B. Kühlfallen; **4.** Sorptionspumpen, z. B. Ionenzerstäuberpumpen.
Nach dem erzielbaren Enddruck unterscheidet man Grob-, Fein-, Hoch- u. Ultrahochvakuumpumpen. Für die Erzeugung von Hoch- u. Ultrahochvakuum werden Kombinationen aus mehreren V. verwendet, z. B. eine Drehschieberölpumpe, die ein Feinvakuum erzeugen kann, in Verb. mit einer Öldiffusionspumpe, mit der dann Hochvakuum erreicht wird.

Vakzination: ursprünglich Bez. für Kuhpockenimpfung; seit Pasteur (1881) Bez. für Impfung mit lebenden od. inaktivierten Erregern, Toxoiden od. Teilstücken der Oberflächenstruktur von Erregern (sog. Subunit-Impfstoffe).

Vakzine: Vaccina; immunogen wirkende Substanz eines Krankheitserregers, die durch ein- od. mehrmalige Zufuhr bei einem vielzelligen Organismus (Tier, Mensch) einen spezifischen Schutz (Immunität) erzeugt. Ein Zusatz von Adjuvanzien (z. B. Aluminiumverbindungen, Mineralöl, inaktivierte Mykobakterien) ist möglich. **1. bakt. Impfstoffe:** Herst. aus auf Nährmedien gezüchteten Bakterien. **a)** Totimpfstoffe: die Bakt. werden chem. od. physik. abgetötet; die antigene Eigenschaft muss erhalten bleiben; **b)** Lebendimpfstoffe: werden aus Stämmen hergestellt, die keine pathogenen, jedoch dieselben antigenen Eigenschaften wie die Krankheitserreger aufweisen, s. Attenuierung; **c)** Impfstoffe mit bakt. Toxoiden: werden aus den tox. Stoffwechselprodukten der Bakt. hergestellt; ihre Toxizität wird auf physik. od. chem. Weg verringert od. beseitigt, ohne die antigenen Eigenschaften zu zerstören. **2. Virus-Impfstoffe:** Zuber. von in geeigneten Zell- u. Gewebekulturen gezüchteten Viren. **a)** Totimpfstoffe: die Viren werden mit chem. u. physik. Verfahren inaktiviert; **b)** Lebendimpfstoffe: werden aus attenuierten Stämmen hergestellt. **3. Adsorbat-Impfstoffe:** alle Impfstoffe, bei denen die Erreger od. Toxoide an geeignete Adsorbenzien adsorbiert sind, z. B.

Vakzine Tab. 1
Impfstoffe der Ph.Eur. für Menschen
Lateinische und deutsche Bezeichnungen

Vaccinum	deutsche Bezeichnung
cholerae	Cholera*-Impfstoff
cholerae cryodesiccatum	Cholera*-Impfstoff (gefriergetrocknet)
diphtheriae adsorbatum	Diphtherie*-Adsorbat-Impfstoff
diphtheriae adulti et adulescentis adsorbatum	Diphtherie*-Adsorbat-Impfstoff für Erwachsene und Heranwachsende
diphtheriae et tetani adsorbatum	Diphtherie*-Tetanus-Adsorbat-Impfstoff
diphtheriae et tetani adulti et adulescentis adsorbatum	Diphtherie*-Tetanus-Adsorbat-Impfstoff für Erwachsene und Heranwachsende
diphtheriae, tetani et pertussis adsorbatum	Diphtherie*-Pertussis-Tetanus-Adsorbat-Impfstoff
febris flavae vivum	Gelbfieber*-Lebend-Impfstoff
febris typhoidi	Typhus*-Impfstoff
febris typhoidi cryodesiccatum	Typhus*-Impfstoff (gefriergetrocknet)
febris typhoides vivum perorale (Stirpe Ty 21a)	Typhus*-Lebend-Impfstoff, oral (Stamm Ty 21a)
hepatitidis B (ADNr)	Hepatitis*-B-Impfstoff
influenzae ex viris integris praeparatum inactivatum	Influenza Impfstoff (inaktiviert) (s. Grippe-Schutzimpfung)
influenzae inactivatum ex corticis antigeniis praeparatum	Influenza-Spaltimpfstoff aus Oberflächenantigenen (inaktiviert) (s. Grippe-Schutzimpfung)
influenzae inactivatum ex virorum fragmentis praeparatum	Influenza-Spaltimpfstoff (inaktiviert) (s. Grippe-Schutzimpfung)
meningitidis cerebrospinalis	Meningokokken*-Polysaccharid-Impfstoff
morbillorum vivum	Masern*-Lebend-Impfstoff
parotitidis vivum	Mumps*-Lebend-Impfstoff
pertussis	Pertussis*-Impfstoff
pertussis adsorbatum	Pertussis*-Adsorbat-Impfstoff
pneumococcale polysaccharidicum	Pneumokokken*-Polysaccharid-Impfstoff
poliomyelitidis inactivatum	Poliomyelitis*-Impfstoff (inaktiviert)
poliomyelitidis perorale	Poliomyelitis*-Impfstoff (oral)
pseudopestis aviariae inactivum	Newcastle*-Krankheit-Impfstoff (inaktiviert)
pseudopestis aviariae vivum cryodesiccatum	Newcastle*-Krankheit-Lebend-Impfstoff (gefriergetrocknet)
rabiei ex cellulis ad usum humanum	Tollwut*-Impfstoff aus Zellkulturen für Menschen
rubellae vivum	Röteln*-Lebend-Impfstoff
tetani adsorbatum	Tetanus*-Adsorbat-Impfstoff
tuberculosis (BCG) cryodesiccatum	BCG*-Impfstoff (gefriergetrocknet)
varicellae vivum	Varizellen*-Lebend-Impfstoff
variolae cryodesiccatum dermicum	Pocken*-Lebend-Impfstoff (gefriergetrocknet)

Aluminiumhydroxid, Aluminiumphosphat, Calciumphosphat. In der Ph.Eur.4 werden 2 getrennte Artikel für Menschen u. Tiere angeführt: **I. Vaccina ad usum humanum**, Impfstoffe für den Menschen: **1.** vermehrungsfähige Erreger: **a)** Bakt.: Tuberkulose*, Typhus; **b)** Viren: Kinderlähmung (s. Poliomyelitis nach Sabin), Gelbfieber*, Masern*, Mumps*, Röteln*; **2.** abgetötete Erreger: **a)** Bakt.: Ruhr, Typhus u. Paratyphus, Cholera*, Fleckfieber, Keuchhusten*; **b)** Viren: Grippe* (Influenza), Kinderlähmung (Poliomyelitis nach Salk), Tollwut, Virushepatitis B, Frühsommer-Meningoenzephalitis; **c)** entgiftete Bakterientoxine (Toxoide): Diphtherie*, Tetanus*; s. Tab. 1; **II. Vaccina ad usum veterinarium**, Impfstoffe für Tiere: z. B. Leptospirose-Impfstoff für Tiere, Milzbrandsporen-Lebendimpfstoff, s. Tab. 2; **Anw.:** zur Erreichung od. Auffrischung einer spezif., aktiven Immunität geg. eine spezielle od. mehrere Krankheiten (Kombinationsimpfstoffe), s. Schutzimpfung. Meist erfolgen eine Grundimmunisierung u. Auffrischungsimpfungen in entspr. Zeitabständen.

Val: Symbol val; eine nicht mehr zulässige, aber noch vielfach verwendete Einheit für Stoffmenge*. Je nach Reaktion kann 1 Val für dieselbe Substanz unterschiedl. Stoffmengen bedeuten. 1 val = 1 mol/wirksame Wertigkeit, d. h. 1 Val = 1 Grammäquivalent (die dem Äquivalentgewicht numer. entspr. Grammenge); 1 mval = 1/1000 Val.

Valaciclovir INN: syn. Valacyclovir; L-Valin-2-[(2-amino-1,6-dihydro-6-oxo-9*H*-purin-9-yl)-methoxy]ethylester; CAS-Nr. 124832-26-4, $C_{13}H_{20}N_6O_4$, M_r 324.34. **Wirk.:** V. weist als Valyl-

V

Vakzine Tab. 2
Impfstoffe der Ph.Eur. für Tiere
Lateinische und deutsche Bezeichnungen

Vaccinum	deutsche Bezeichnung
anthracis vivum ad usum veterinarium	Milzbrandsporen*-Lebend-Impfstoff für Tiere
aphtharum epizooticarium inactivatum pro ruminantibus	Maul*- und Klauenseuche-Impfstoff für Wiederkäuer (inaktiviert)
bronchitidis infectivae aviariae vivum cryodesiccatum	Bronchitis*-Lebend-Impfstoff für Geflügel (gefriergetrocknet), infektiöse
brucellosis (Brucella melitensis stirpe Rev.1) vivum cryodesiccatum ad usum veterinarium	Brucellose*-Lebend-Impfstoff für Tiere (gefriergetrocknet)
bursitidis infectivae aviariae vivum cryodesiccatum	Bursitis*-Lebend-Impfstoff für Geflügel (gefriergetrocknet), Infektiöse-
clostridii botulini ad usum veterinarium	Botulismus*-Impfstoff für Tiere
clostridii chauvoei ad usum veterinarium	Rauschbrand*-Impfstoff für Tiere
clostridii novyi B ad usum veterinarium	Clostridium*-Novyi-(Typ B)-Impfstoff für Tiere
clostridii perfringentis ad usum veterinarium	Clostridium*-Perfringens-Impfstoff für Tiere
clostridii septici ad usum veterinarium	Clostridium*-Septicum-Impfstoff für Tiere
encephalomyelitidis infectivae aviariae vivum	Infektiöse*-Aviäre-Enzephalomyelitis-Lebend-Impfstoff für Geflügel
erysipelatis suillae inactivatum	Schweinerotlauf*-Impfstoff (inaktiviert)
hepatitidis contagiosae caninae vivum cryodesiccatum	Hepatitis*-Lebend-Impfstoff für Hunde (gefriergetrocknet), infektiöse
influenzae equi inactivatum	Influenza*-Impfstoff (inaktiviert) für Pferde
leptospirosis ad usum veterinarium	Leptospirose*-Impfstoff für Tiere
morbi Aujeszkyi ad suem inactivatum	Aujeszkysche*-Krankheit-Impfstoff (inaktiviert) für Schweine
morbi Aujeszkyi ad suem vivum cryodesiccatum ad usum parenterale	Aujeszkysche*-Krankheit-Lebend-Impfstoff (gefriergetrocknet) zur parenteralen Anwendung für Schweine
morbi carrei vivum cryodesiccatum pro mustelidis	Staupe*-Lebend-Impfstoff für Frettchen und Nerze (gefriergetrocknet)
morbi carrei vivum cryodesiccatum pro cane	Staupe*-Lebend-Impfstoff (gefriergetrocknet) für Hunde
morbi marek vivum	Marekschen*-Krankheit-Lebend-Impfstoff
parvovirosis caninae inactivatum	Parvovirose*-Impfstoff für Hunde (inaktiviert)
pestis classicae suillae vivum cryodesiccatum	Schweinepest*-Lebend-Impfstoff (gefriergetrocknet), klassische
rabiei inactivatum ad usum veterinarium	Tollwut*-Impfstoff für Tiere (inaktiviert)
rabiei perorale vivum ad vulpem	Tollwut*-Lebend-Impfstoff für Füchse (peroral)
rhinotracheitidis infectivae bovinae vivum cryodesiccatum	Bovine*-Rhinotracheitis-Lebend-Impfstoff für Rinder (gefriergetrocknet), Infektiöse-
tetani ad usum veterinarium	Tetanus*-Impfstoff für Tiere
variolae gallinaceae vivum cryodesiccatum	Geflügelpocken*-Lebend-Impfstoff (gefriergetrocknet)
vivum panleucopeniae felinae infectivae cryodesiccatum	Panleukopenie*-Lebend-Impfstoff für Katzen

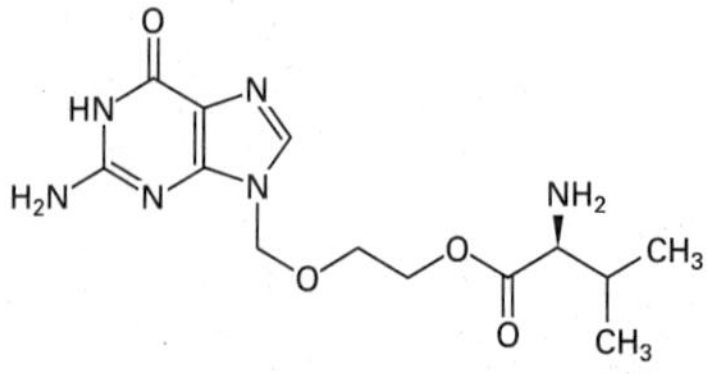

Valaciclovir

ester eine bessere Bioverfügbarkeit als seine Vorstufe Aciclovir* auf. **Anw.:** Virostatikum*; bei Herpes zoster u. Herpes* simplex; **Dos.:** p. o. bei H. simplex 2×500 mg/d, über 5-10 d; bei H. zoster 3×1000 mg/d über 7 d.

Valdecoxib INN: 4-(5-Methyl-3-phenylisoxazol-4-yl)benzosulfonamid; CAS-Nr. 181695-72-7; $C_{16}H_{15}N_2O_3S$, M_r 507. logP 1.4; pKs 9.8 (ber.); schwer lösl. in Wasser. **Wirk.:** selektiver COX-2-Hemmer (vgl. Cyclooxygenasehemmer); schneller Wirkungseintritt u. lange -dauer durch hohe Affinität zu COX-2 u. stabilem Enzym-Inhibitor-Komplex; hepat. Metabolisierung; **Anw.**: Analgetikum* bei rheumatoider Arthritis, Arthrose u. Schmerzen bei primärer Dysmenorrhö; **UAW:** Mundtrockenheit, Hypertonie, periphere Ödeme; **Dos.**: p.o. je nach Ind. 1×10-40 mg/d; HWZ 8-11 h.

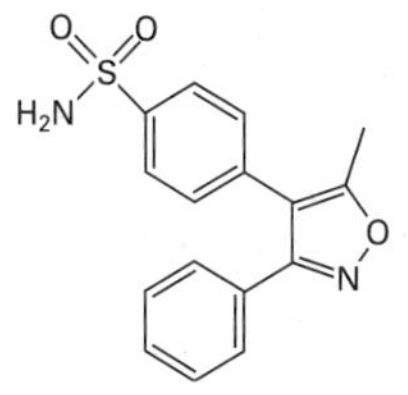

Valdecoxib

Valenz: Wertigkeit; die Anzahl von H-Atomen od. anderer einwertiger Atome, wie Na, Cl usw., mit denen sich ein Atom eines chem. Elementes zu einem Molekül verbindet.

Valenzisomerisierung: s. Reaktionen, konzertierte.

Valenzschale: äußerste Schale mit den Elektronen der größten Hauptquantenzahl*. **Valenzelektronen**: Elektronen der Valenzschale; sie bestimmen das chem. Verhalten der Elemente.

Valenzzahl: veraltet für Oxidationsstufe*.

Valepotriate: Triester von frei nicht stabilen, iridoiden Polyalkoholen mit versch. aliphat. Carbonsäuren, mit Epoxidring (Valeriana-epoxy-triester: Val-epo-triate); charakterist. Inhaltsst. einiger Valerianaceen-Gattungen wie Valeriana, z. B. Valeriana* officinalis, u. Centranthus, z. B. Centranthus* ruber, sowie, in geringerem Ausmaß, Valerianella (Feldsalat) u. Fedia (Afrikanischer Baldrian); vgl. Iridoide. **Strukturtypen:** Eine Einteilung der V. ergibt sich aus der Anzahl der Doppelbindungen im Iridoidgerüst (s. Abb. 1). Man unterscheidet Diene u. Monoene, zudem gibt es hydrierte V. u. ferner die sog. Valtrathydrine mit dem geöffneten Epoxidring. **Charakterist. Reaktionen:** V. sind äußerst instabile Verb.: sehr rasche therm. Zersetzung bei Temp. >40 °C; über Zwischenstufen Bildung u. a. von gelben Sekundärprodukten, sog. Baldrinalen; bei Raumtemp. tritt diese Abbaureaktion ebenfalls ein, wenn auch langsamer. Bei Versetzen mit Halogenwasserstoffsäuren hingegen laufen, entspr. dem unterschiedl. Bau der V., versch. Abbaureaktionen ab: **1.** bei V. mit konjugierter Dienstruktur: Farbreaktion, bei der relativ beständige, blaue Cyclopenta(c)pyrylium-Salze gebildet werden; daneben entstehen u. a. die gelben Baldrinale (s. Abb. 2); nach der alten Bez. der V. wurde diese Farbreaktion als **Halazuchromreaktion** bezeichnet; **2.** bei nicht konjugierten Hydroxydidrovaltraten (Monoenen mit zur Doppelbindung α-ständiger Hydroxygruppe): hier ist die gleiche Reaktion zu beobachten, da durch den Säureangriff die α-Hydroxygruppe abgespalten wird u. so eine konjugierte Diengruppe entsteht; **3.** bei nicht konjugierten Dienen sowie Monoenen: unter den gleichen Reaktionsbedingungen Bildung von unspezif. braun gefärbten Cyclopenta(c)furanen.

Valeranon: s. Valeriana officinalis (Valerianae radix, Inhaltsst.).

Valerensäure: s. Valeriana officinalis (Valerianae radix, Inhaltsst.).

Valeriana celtica L.: Nardus celtica, Spica celtica, Echter Speik; Fam. Valerianaceae. Man unterschei-

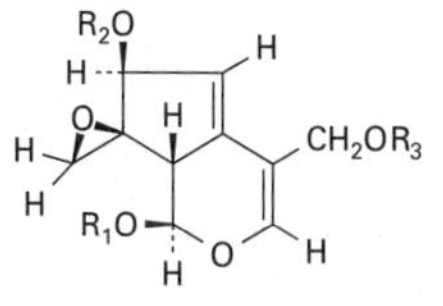

	R_1	R_2	R_3
Valtrat	Is	Is	Ac
Homovaltrat	Is	Ic	Ac
Isovaltrat	Is	Ac	Is
Acevaltrat	Is	IsAc	Ac
Homoace-valtrat	IsAc	Ic	Ac

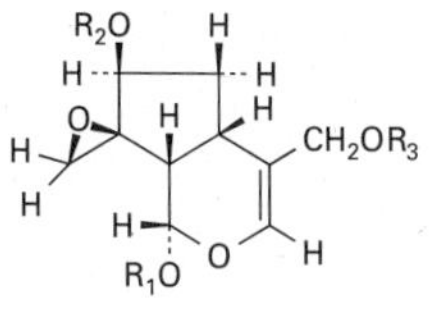

	R_1	R_2	R_3
Didrovaltrat	Is	Ac	Is
Homodidro-valtrat	Ic	Ac	Is
Isodidro-valtrat	Is	Is	Ac

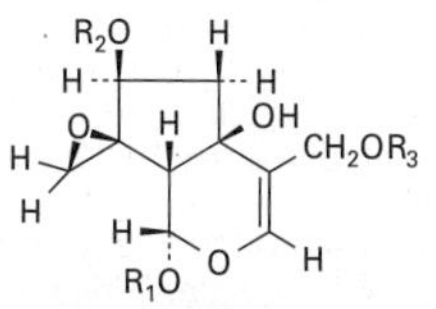

	R_1	R_2	R_3
Isovaleroxy-hydroxydidro-valtrat (IVHD-Valtrat)	Is	Ac	IsIs

Valepotriate Abb. 1: Struktur der wichtigsten Valepotriate; Ac: Essigsäurerest; Is: Isovaleriansäurerest; Ic: Isocapronsäurerest; IsAc: β-Acetoxy-isovaleriansäurerest; IsIs: Isovaleroxyisovaleriansäurerest

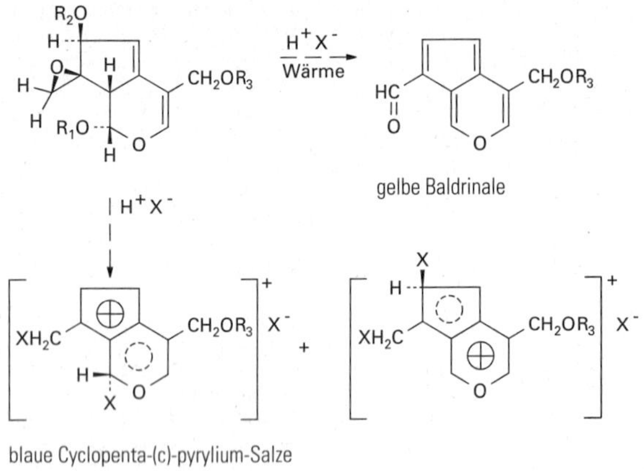

Valepotriate Abb. 2: säurekatalysierte Abbaureaktionen von konjugierten Dienen

det 2 Unterarten, **V. celtica ssp. norica** Vierh. (Westalpen) u. **V. celtica ssp. celtica** (Ostalpen); **Inhaltsst.:** ca. 0.1-2 % äther. Öl mit Sesquiterpenen u. Valepotriate* (u. a. ca. 0.2-0.5 % Valtratum, 0.05-0.08 % IVHD-Valtrat); **Anw.:** Ersatz der Echten Narde (s. Nardostachys jatamensi), zu Parfümeriezwecken.

Valeriana edulis ssp. procera (H.B.K) F. G. Meyer: Valeriana mexicana, Mexikanischer Baldrian; Fam. Valerianaceae (Mexiko). **Inhaltsst.:** bis zu 9 % Valepotriate*.

Valeriana fauriei: s. Valeriana officinalis var. angustifolia.

Valeriana officinalis L. s. l.: Baldrian, Großer Baldrian; Fam. Valerianaceae (Europa, gemäßigtes Asien bis Japan, kult. Deutschland). Stpfl. von **Valerianae radix:** Radix Valerianae, Rhizoma Valerianae, Baldrian, Baldrianwurzel, Katzenwurzel; die Wurzeln mit Rhizomen u. Ausläufern. **Off.:** Ph.Eur.4; **Inhaltsst.:** **1.** Valepotriate: ca. 1-1.5 %, mit dem Hauptbest. Valtrat; sie sind nicht wasserdampfflüchtig u. werden bei nicht schonender Trocknung der Droge, auch in Tinkturen u. Extrakten, partiell od. völlig zu Baldrinalen u. den freien Säuren abgebaut (s. Valepotriate, Charakterist. Reaktionen); **2.** Monoterpenalkaloide: Actinidin, Chatinidin, Valerianin u. a., mit einem Pyridinring u. dem gleichen iridoiden C-Skelett wie die Valepotriate, insgesamt ca. 0.01-0.05 % (s. Abb. 1); **3.** äther. Öl: 0.1-1.7 % (nach Ph.Eur. mind. 0.5 % in der Ganzdroge u. mind. 0.3 % in der geschnittenen Droge), in der Ölhypodermis von Wurzeln u. Rhizomen lokalisiert, Monoterpene (z. B. Pinen, Camphen, Fenchen, Myrcen u. Limonen) u. Ester des Borneols (mit Isovaleriansäure, Butter- u. Essigsäure; Isovaleriansäure u. deren Bornylester bedingen den charakterist. Geruch der getrockneten Droge); ferner Sesquiterpene u. -derivate (0.08-0.3 %) wie Caryophyllen, Cadinen, Valeranon sowie die irregulär aufgebauten Cyclopentan-Sesquiterpene wie Valerensäure, Hydroxy- u. Acetoxyvalerensäure (s. Abb. 2, nach Ph.Eur. mind. 0.17 % Sesquiterpensäuren, ber. als Valerensäure). Diese sind von spasmolyt., papaverinähnlicher Wirk. u. sind offensichtl. nur in Drogen enthalten, die von Valeriana officinalis L. stammen (Leitsubstanzen), nicht hingegen in Drogenverfälschungen (andere Valeriana-Arten, die Valepotriate führen, wie V. edulis, V. wallichii); **4.** Lignane: versch. Mono- u. Diepoxylignane wurden aus der Baldrianwurzel isoliert, z. B. Pinoresinol-4-*o*-β-D-glucosid, 8-Hydroxypinoresinol-4-*o*-β-D-glucosid, Olivil; **Zuber.:** Valerianae extractum siccum (DAB2003), Valerianae tinctura (DAB2003), Tinctura* Valerianae aetherea, Species* sedativae; **Wirk.:** spasmolytisch u. sedierend; neuere Untersuchungen lassen vermuten, dass die Lignanfraktion, insbes. Olivil bzw. Olivilderivate, z. T für die sedierende Wirk von Baldrianpräparaten verantwortl. sind; sie binden an den Adenosinrezeptor A_1 u. verdrängen Coffein; **Anw.:** Unruhezustände, nervös bedinget Einschlafstörungen; z. B. bei Schlafstörungen (Schlaflosigkeit) leichten u. mittleren Grades, bedingt durch nervöse Erschöpfung u. geistige Überarbeitung; bei motor. Unruhe; bei Angst-, Erregungs- u. Unruhezuständen; bei neurovegetativen Störungen; als Nervenberuhigungsmittel; bei Witterungsempfindlichkeit; nervösen Beschwerden des Alltags; vegetativer Dysregulation, Nervosität u. psych. Erregbarkeit.

Hom: *Valeriana officinalis (HAB1.3)*: die nicht über 40 °C getrocknete Wurzel; verord. z. B. bei Schlaflosigkeit, Nervosität, Hysterie.

Actinidin: R = H

Valerianin: R = OCH_3

Valeriana officinalis Abb. 1: Valerianaalkaloide

Valeriana officinalis var. angustifolia Miq.: Valeriana fauriei Briquet, Valeriana angustifolia Tausch., Valeriana officinalis ssp. tenuifolia Vahl., Japanischer Baldrian; Fam. Valerianaceae (kult.

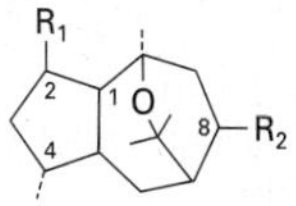

	R_1	R_2
	H	H
α-Kessylalkohol	OH	H
Kessanol	H	OH
Kessoglykol	OH	OH

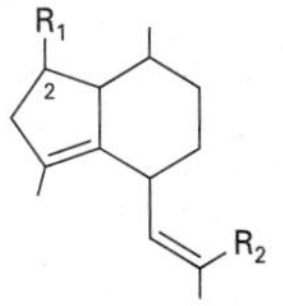

	R_1	R_2
Valerenal	H	CHO
Valerensäure	H	COOH
Valerenolsäure	OH	COOH

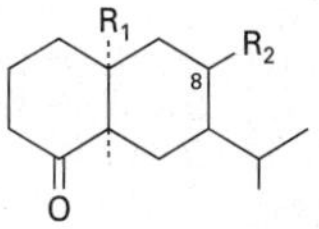

	R_1	R_2
Valeranon	CH_3	H
Fauronol	CH_3	OH
Kanokonol	CH_2OH	H

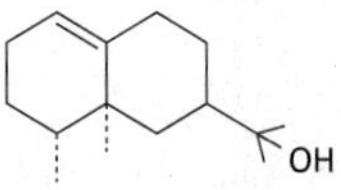

Valerianol

Valeriana officinalis Abb. 2: Azulogene u. nichtazulogene Sesquiterpene aus dem ätherischen Öl

Japan, Polen). Stpfl. von **Radix Valerianae japonicae:** Kessowurzel. **Inhaltsst.:** 5-8 % äther. Öl, (wenig) Valepotriate* u. Alkaloide (s. Valeriana officinalis); **Anw.** volkstüml.: in Japan ähnl. wie Valeriana radix (s. Valeriana officinalis); techn.: zur Gew. des äther. Öls; **Oleum Valerianae:** Baldrianöl. **Best.:** azulenogene Sesquiterpene (z. B. Kessylalkohol u. Kessylacetat, Strukturformeln s. V. officinalis, Abb. 2) von campherartigen Geruch, daneben die Ölbest. von V. officinalis.

Valeriana rubra: s. Centranthus ruber.

Valeriana wallichii DC.: Indischer Baldrian; Fam. Valerianaceae (Pakistan, Indien). **Inhaltsst.:** äther. Öl u. 3.5-4.2 % Valepotriate* (je nach Überwiegen der versch. Valepotriate unterscheidet man zw. einer Acevaltrat- u. einer Didrovaltrat-Rasse).

Valerianella: s. Valepotriate.

Valeriansäure: Baldriansäure, Acidum valerianicum; *n*-Pentansäure, $H_3C-(CH_2)_3-COOH$, $C_5H_{10}O_2$, M_r 102.08. D. 0.928-0.932. Schmp. −34.5 °C. Sdp. 186-187 °C. Farblose Flüss. von baldrianartigem Geruch, lösl. in 30 T. Wasser, leicht lösl. in Ethanol u. Ether. Die übl. Handelssäure ist meist ein Gemisch von V., Isovaleriansäure (3-Methylbutansäure) u. Methylethylessigsäure (2-Methylbutansäure). **Anw.** med.: früher als krampfstillendes Mittel; techn.: zur Herst. baldriansaurer Salze; in der Parfümerie; vgl. Isovaleriansäure.

Valeriansäureguajakolester: s. Guajakolvalerianat.

Valeryl-: Bez. für die Gruppe C_4H_9CO-.

Valganciclovir INN: (*RS*)-2-(2-Amino-6-oxo-1,6-dihydro-9*H*-purin-9-yl)methoxy-3-hydroxypropyl-(*S*)-2-amino-3-methylbutanoat; CAS-Nr. 175865-60-8; $C_{14}H_{22}N_6O_5$, M_r 354,37. **Wirk.:** Prodrug des Nucleosidanalogons Ganciclovir*; durch die Veresterung mit Valin sind die Absorptionsquote u. die absolute Bioverfügbarkeit des Wirkstoffs erhebl. gesteigert (von ca. 5 % bei Ganciclovir auf etwa 60 %); **Anw.:** Virostatikum* zur Ther. der Zytomegalie*-Retinitis bei HIV-Patienten; **UAW:** Neutropenie, Diarrhö, Anämie, Dermatitis, Leberfunktionsstörungen; vgl. Ganciclovir; **Dos.:** Initialther. 2×900 mg/d p.o. über 21 d; Erhaltungsdos. 1×900 mg/d.

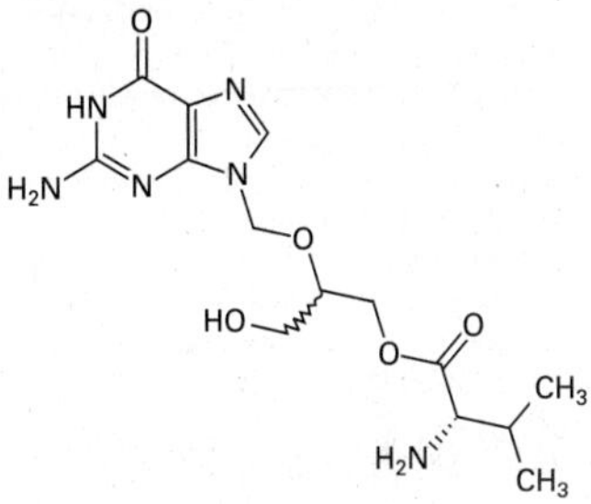

Valganciclovir

Validierung: Nachweis, dass eine Methode zuverlässig innerhalb festgelegter Grenzen zum erwarteten Ergebnis führt; wichtiges Element der GMP* u. zur Gewährleistung der Arzneimittelsicherheit. Die Validierung im Sinne der Richtlinien für die gute Validierungspraxis (erarbeitet von der Fédération Internationale Pharmaceutique) umfasst die systemat. u. vollständig kontrollierte Überprüfung der wesentl. Arbeitsschritte u. Einrichtungen in Entwicklung u. Produktion einschließl. der Kontrolle von pharmaz. Produkten. Ziel ist es, sicherzustellen, dass die hergestellten Produkte bei Einhaltung der festgelegten Produktions- u. Kontrollverfahren zuverlässig u. reproduzierbar in der gewünschten Qualität hergestellt werden können.

Valin: Abk. Val, Valinum Ph.Eur.4; (*S*)-2-Amino-3-methylbuttersäure; L-α-Aminoisovaleriansäure; CAS-Nr. 72-18-4; $C_5-H_{11}-N-O_2$; Strukturformel s. Aminosäuren (Abb.); M_r 117.1; Schmp. 315 °C. Weißes, krist. Pulver, lösl. in Wasser, sehr schwer lösl. in Ethanol. Opt. aktive, aliphat., neutrale, proteinogene Aminosäure, die essentiell u. glucoplast. ist. L-Valin wird intakt in Penicillin eingebaut. **Anw.:** med. in Infusionslösungen. Norvalin ist *α*-Amino-*n*-valeriansäure.

Valproat-Seminatrium: s. Valproinsäure.

Valproinsäure INN: Acidum valproicum Ph.Eur.4; 2-Propylpentansäure; CAS-Nr. 99-66-1; $C_8H_{16}O_2$, M_r 144.21. Sdp. 120-121 °C (1.9 kPa), Sdp. 128-130 °C (2.7 kPa). $n_D^{24.5\,°C}$ 1.425. Sehr schwer lösl. in Wasser; pK_S 4.6. **Anw.:** Antiepileptikum bei allen Formen der Epilepsie; **UAW:** gastrointestinale Störungen, Appetitlosigkeit, Erbrechen, reversibler Haarausfall, mäßige Sedation, Blutgerinnungsstörungen, Leber- u. Pankreasschäden; zahlreiche WW; HWZ 6-19 h. **Natriumvalproat:** Natrii valproas Ph.Eur.4; CAS-Nr. 1069-66-5; $C_8H_{15}NaO_2$, M_r 166.2. Lösl. in Wasser, Ethanol; hygroskopisch. Gebräuchl. ist auch Natriumhydrogenvalproat (Valproat-Seminatrium, $C_{16}H_{31}NaO_4$).

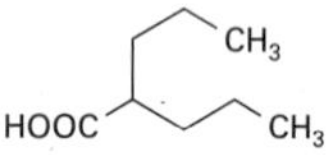

Valproinsäure

Valsartan INN: N-[*p*-(*o*-1*H*-Tetrazol-5-ylphenyl)benzyl]-*N*-valeryl-L-valin; CAS-Nr. 137862-53-4; $C_{24}H_{29}N_5O_3$, M_r 435.53. **Wirk.** u. **Anw.:** ACE*-Hemmer (blockiert den Angiotensin-II-Typ-1-Rezeptor); bei essentieller Hypertonie; **UAW:** u.a. Kopfschmerzen, Husten, Diarrhö; **Kontraind.:** schwere Leberinsuffizienz, Gallenwegobstruktion, Anw. bei Kindern; Schwangerschaft u. Stillzeit; **WW:** gleichzeitige Gabe von Kalium sparenden Diuretika u. Kaliumpräparaten; **Dos.:** p.o. 1×80 mg/d; HWZ 9 h.

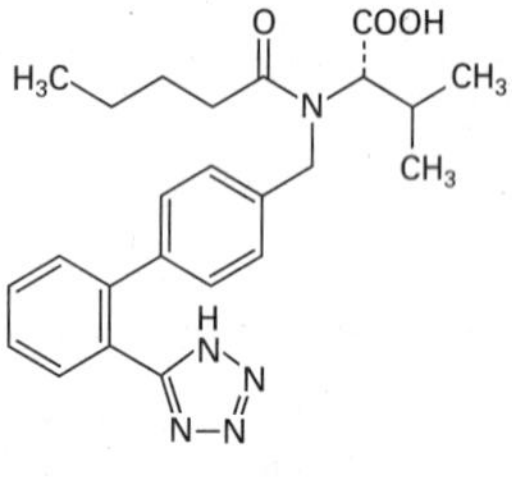

Valsartan

Valtrat: s. Valepotriate.

Valtrathydrine: s. Valepotriate (Strukturtypen).

Vanadate: s. Vanadium.

Vanadin: s. Vanadium.

Vanadin-Schwefelsäure: Zstzg.: Ph.Eur.4, 0.20 Vanadium(V)-oxid werden in 4.0 mL Schwefelsäure 96 % gelöst, die Lsg. wird mit Wasser zu 100 mL verdünnt. **Anw.:** Reagens Ph.Eur.4, u.a. zum Nachw. von Peroxiden in Gelatine; Prüfung von Tetrahydrofuran auf Peroxide.

Vanadium: Vanadin; Symbol V; A_r 50.9414, OZ 23. D. 6.092. Schmp. 1919 °C. Sdp. 3400 °C. Stahlgraues, sehr hartes, beständiges, leicht legierbares, 2- bis 5-wertiges Metall; widerstandsfähig gegen Säuren, Alkalien, Luftsauerstoff; wird von Flusssäure u. Salpetersäure angegriffen. **Vork.:** nat. nur gebunden, aber sehr verbreitet als Vanadate in Eisen-, Chrom-, Blei-, Zink-, Kupfererzen; Hauptfundstätten: Carnotit in USA (Utah u. Rocky Mountains), Patronit in Peru, in Südwestafrika; in Spuren auch in pflanzl. Aschen; V-reich sind Kohle u. Erdöl; manche, nicht als Nahrungsmittel verwendete Meerestiere u. Pflanzen reichern V an, der Fliegenpilz z.B. bis zu ca. 170 mg/kg Trockengewicht; **Physiologie:** wahrscheinl. essentielles Spurenelement für den Menschen; V kann durch Hemmung (ATP-asen, Phosphatasen, Kinasen) od. Aktivierung (Monoaminoxidasen, Adenylatcyclase) von Enzymen zahlreiche Stoffwechselprozesse beeinflussen; **Darst.:** aus den Oxiden mit Aluminium im Thermitverfahren; **Anw.:** Herst. von bes. hartem Spezialstahl (Vanadiumstahl), Herst. von Schutzgläsern (Vanadiumoxid im Glasfluss bewirkt Absorption der ultravioletten Strahlen durch das Glas). **Tox.:** Einatmen von V-Verb., z.B. Vanadium(V)-oxid*, führt mit einer Latenz von ca. 0.5 Std. zu Reizung der Atemwege, chron. Bronchitis, Lungenentzündung, evtl. Lungenödem; MAK: 0.1 mg/m³ V_2O_5-Rauch, 0.5 mg/m³ V_2O_5-Staub; **Gesch.:** vermutl. entdeckt 1801 von Andrés Manuel Del Rio (1765-1849), definitiv jedoch erst 1830 von Nils Gabriel Seftström (1787-1845).

Vanadium(V)-oxid: Vanadiumpentoxid, Vanadin(V)-oxid, Vanadinpentoxid, Vanadinsäureanhydrid; V_2O_5, M_r 181.88. Die beständigste Vanadiumverb.; braunes Pulver, in Wasser unlösl., lösl. in Säuren. mit roter Farbe. **Anw.** techn.: Kontaktsubstanz, Beize in der Färberei; med.: früher Antiseptikum; Reagens Ph.Eur.4: Herst. der Vanadin*-Schwefelsäure; Nachw. von Peroxidverb., u.a in Ether, Tetrahydrofuran, Gelatine.

Vancomycin INN: CAS-Nr. 1404-90-6. Hochmolekulares Glykopeptid-Antibiotikum, s. Antibiotika (Polypeptid-Antibiotika), produziert von Streptomyces-(Amycolatopsis-)orientalis-Stämmen; vgl. Teicoplanin. **Vancomycinhydrochlorid:** Vancomycin hydrochloridum Ph.Eur.4; $C_{66}H_{76}Cl_3N_9O_{24}$, M_r 1486. Weißes, hygroskop. Pulver; lösl. in 10 T. Wasser, in 700 T. Ethanol. **Wirk.:** wirkt bakterizid auf proliferierende Keime durch Hemmung des Aufbaues der Zellwand; das Wirkungsspektrum umfasst v.a. grampositive Keime wie Strepto-, Pneumo-, Staphylokokken, Clostridien u. Diphtheriebakt.; alle gramnegativen Keime sind resistent; **Anw.:** bei schweren Staphylokokkeninfekten als Alternativpräparat; **UAW:** Allergien u. Thrombophlebitiden; bei Kumulation od. Überdosierung ototoxisch; **Dos.:** p.o. oder i.v. Dauerinfusion 1-2 g/d, über 7-10 d; Kinder 20-40 mg/kg KG/d; niedrigere Dos. bei älteren Patienten; aufgrund der Kumulationsgefahr Reduktion der Dos. nach einer Woche; HWZ 5-6 h.

Van-der-Waals-Kräfte: s. Adhäsion; Bindungskräfte, intermolekulare.

Vanilla planifolia G. Jacks.: Vanilla fragrans (Salisb.) Ames; hoch in die Bäume steigende immergrüne Liane der Fam. Orchidaceae (heim. in Mexiko u. Zentralamerika, dort auch kult., ferner kult. auf Réunion, Madagaskar, Tahiti, auf den

Seychellen, Java, Sri Lanka u. a. Tropengebieten). Die Bestäubung erfolgt in den Heimatgebieten durch Insekten u. Kolibris, in anderen Ländern muss die Befruchtung künstl. durchgeführt werden. Stpfl. von **Fructus Vanillae:** Vanille, Vanillefrüchte, Vanilleschoten; die vor der Reife gesammelten u. fermentierten Früchte; 16-25 cm lang, von intensivem Duft; die kugeligen, schwarzen Samen sind max. 0.25 mm dick. **Inhaltsst.:** Vanillin*, ein Aldehyd, der erst durch die Fermentierung entsteht; in der frischen Frucht ist Vanillin nur in Form eines geruchlosen Vanillin-β-glucosids (Vanillosid) enthalten; ferner Vanillinsäure, Äpfel-, Wein-, Citronen-, Benzoe-, Gerbsäure, Fett, Harz u. Gummi; der Vanillingeh. ist je nach Herkunft verschieden: Bourbon-(Reunion-)V. ca. 0.75-2.9 %, Mexiko-V. 1.3-1.8 %, Java-V. 1.5-2.7 %; als beste Sorte gilt Mexiko-V., in Deutschland wird jedoch fast ausschl. Bourbon-Vanille verwendet; **Anw.:** Aromatikum u. Gewürz; heute weitgehend durch synthet. Vanillin ersetzt.

Vanille: s. Vanilla planifolia (Fructus Vanillae).

Vanillezucker: s. Vanillin.

Vanillin: Vanillinum saccharatum, Vanillinum Ph.Eur.4; 4-Hydroxy-3-methoxy-benzaldehyd, Monomethylether des Protocatechualdehyds, CAS-Nr. 121-33-5; $C_8H_8O_3$, M_r 152.2. Schmp. 81-83 °C. Sdp. 285 °C. Feine, weiße bis schwach gelbl. Nadeln von vanilleartigem Geruch; lösl. in ca. 100 T. Wasser von 20 °C, leichter lösl. in heißem Wasser, sehr leicht lösl. in Ethanol, Ether, Chloroform sowie in Kali- od. Natronlauge; mit Eisen(III)-chlorid-Lsg. gibt V. eine blauviolette Färbung. **Darst.:** früher aus Vanille u. halbsynth. aus Coniferin (aus dem Kambialsaft der Koniferen), heute ausschließl. aus Eugenol* od. Guajakol*. **Anw.** med.: zum Nachw. freier Salzsäure im Magensaft (s. Günzburg-Reagens); DAB8: Vanillin-Lsg. (1 g/100 mL Ethanol 90 %), zum Nachw. von pflanzlichen Gerbstoffen* bei der mikroskop. Untersuchung von Drogen; ferner in der Parfümerie sowie als Aromatikum u. Gewürz. **Vanillezucker** (Vanilla saccharata EB6, Saccharum Vanillae) soll mind. 1 % V. enthalten.

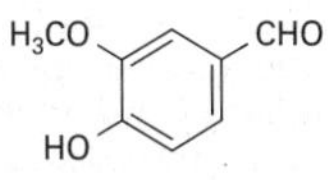

Vanillin

Vanillinsäure: 4-Hydroxy-3-methoxy-benzoesäure, Oxidationsprodukt des Vanillin*, $C_8H_8O_4$; vgl. Phenolcarbonsäuren.

Vanillinum saccharatum: s. Vanillin.

Vanillylaceton: s. Zingeron.

vanishing creams: s. Stearinsäure.

Van't-Hoff-Gleichung: wichtige Beziehung der chem. Thermodynamik, die die Abhängigkeit der Gleichgewichtskonstante K (s. Massenwirkungsgesetz) u. damit die Gleichgewichtslage einer chem. Reaktion in Abhängigkeit von der Temp. T angibt (ΔH = Reaktionsenthalpie, R = allgemeine Gaskonstante*):

$d\,ln\,K/d\,T = \Delta H/(R \cdot T^2)$

Die Integration mit der — in kleinen Temperaturintervallen angenähert gültigen — Annahme ΔH = konstant ergibt:

$ln\,K = -\Delta H/(R \cdot T) + \text{konstant}.$

Die graph. Auftragung von *ln* K gegen 1/T liefert daher eine Gerade mit der Steigung $-\Delta H/R$. Damit ergibt sich z. B. die Möglichkeit der Bestimmung von Reaktionsenthalpien; vgl. Arrhenius-Gleichung. Beispiel: Bestimmt man die Lage des Gleichgewichts der Wassergasreaktion:

$H_2 + CO_2 \leftrightarrows H_2O + CO$

bei versch. Temperaturen im Bereich 500 K-1200 K, so kann man aus der Steigung der Geraden, die Reaktionsenthalpie zu −38.1 kJ/mol berechnen.

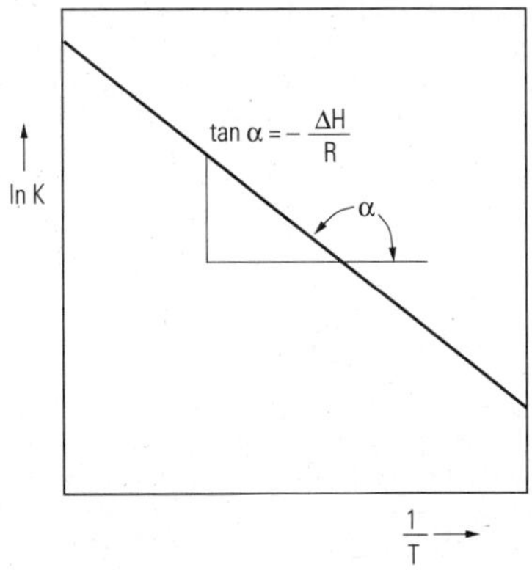

Van't-Hoff-Gleichung: ΔH: Reaktionsenthalpie; R: allg. Gaskonstante; K: Gleichgewichtskonstante; T: absolute Temperatur

Van-Urk-Reagens: Nachw. u. kolorimetr. Bestimmung von Secalealkaloiden (Secale* cornutum) u. 3-substituierten Indolderivaten durch Blaufärbung des Reagens. **Zuber.:** 0.2 g 4-Dimethylaminobenzaldehyd werden in einer Mischung von 35 mL Wasser u. 65 mL konz. Schwefelsäure gelöst, danach Zugabe von 15 mL einer 10 %igen Eisen(III)-chlorid-Lösung.

Varec(h): s. Kelp.

Variabilitätskoeffizient: relative Standardabweichung.

Variable: syn. Veränderliche; s. Funktion.

Varianz: (statist.) Quadrat der Standardabweichung; s. Normalverteilung; Fehlerrechnung.

Varicella-Zoster-Virus: s. Herpes-Viren.

Varietät: systemat. Kategorie zur Untergliederung von Unterarten; vgl. Systematik.

varikös: im Zusammenhang mit Krampfadern stehend.

Variola: s. Pocken.

Variolation: künstl. erzeugte, milde Erkrankung an Pocken nach Einimpfung von Pockenvirus-haltigem Krankheitsmaterial (Borken, Pustelinhalt) in die Haut des Oberarms (Indien vor 2000 Jahren) od. durch Einbringen in die Nase (China, seit ca. 1500 Jahren). Nach Westeuropa eingeführt über Konstantinopel 1721 durch den schottischen Arzt Maitland; abgelöst durch die Pockenimpfung mit Vacciniavirus (Vakzination*).

Variolavirus: Orthopoxvirus variola aus der Fam. der Pockenviridae*; Erreger der Pocken*.

Variotin: s. Pecilocin.

Varizellen: s. Windpocken.

Varizellen-Immunglobulin vom Menschen: Immunoglobulinum humanum varicellae Ph.Eur.4; aus Plasma od. Serum von Spendern gewonnen, die Antikörper geg. das Varicella-zoster-Virus (s. Herpes-Viren) besitzen. **Anw.:** Prophylaxe u. Ther. bei Varicella-Zoster-Erkrankungen, v. a. bei abwehrgeschwächten Patienten.

Varizellen-Lebend-Impfstoff: Vaccinum varicellae vivum Ph.Eur.4; Lebendimpfstoff; eine gefriergetrocknete Zuber. aus einem attenuierten Stamm des Varicella-Zoster-Virus (s. Herpes-Viren). Der Impfstoff wird unter Verw. eines Saatvirussystems hergestellt. Ein geeigneter Stabilisator wird dem geklärten Impfstoff zugesetzt, der dann gefriergetrocknet wird. Der Impfstoff enthält keine Konservierungsmittel.

Varizen (lat. varix Krampfader): Krampfader; meist oberflächl., unregelmäßig erweiterte u. geschlängelte Venen. **Urs.:** Venenwandschwäche, intravasale Druckerhöhung od. Venenklappeninsuffizienz; **Vork.:** primär (angeboren) od. sekundär (z. B. nach Thrombose* u. bei Volumenüberlastung); v. a. an den unteren Extremitäten multipel auftretend, auch im Bereich von Speiseröhre, Bauchdecken u. Mastdarm, vgl. Hämorrhoiden. **Ther.:** s. Antivarikosa.

Varroatose: Befall eines Honigbienenvolks mit der Brutmilbe Varroa jacobsoni. Die Milben sitzen außen zw. den Schuppen u. saugen Hämolymphe (Insektenblut). Behandlung der Bienen z. B. mit Coumafos*.

Vas: Gefäß.

Vascular-Intestinal-Peptid: s. Hormone (gastrointestinale H.).

Vaseline: s. Vaselinum.

Vaselinöl, gelbes: Oleum Vaselini flavum; ungereinigtes, ungebleichtes Paraffinöl (s. Paraffinum liquidum). Keine pharmaz. Anw. mehr.

Vaselinöl, weißes: Oleum Vaselini album; ungereinigtes, aber gebleichtes Paraffinöl (s. Paraffinum liquidum); pharmaz. Anw.obsolet.

Vaselinum: Vaselin; Gem. gereinigter, vorwiegend gesättigter fester u. flüssiger Kohlenwasserstoffe (KW). Sie bestehen aus 5-20 % *n*-Paraffinen, in der Hauptmenge aus verzweigten Paraffinen (Isoparaffine), wenig cycl. KW u. 0.3 bis 1.5 % ungesättigten, jedoch nicht aromat. KW. Die mittlere Länge der KW-Ketten liegt zw. 35 u. 50 C-Atomen, die niedrigsten Kettenlängen betragen ca. 15 C-Atome, die großmolekularen KW enthalten weit über 100 C-Atome. Etwa 20-50 % der Paraffine liegen kristallin od. mikrokristallin vor. Sie bilden ein lockeres dreidimensionales kristalloides Gerüst (Trichitstruktur), in welches die flüssigen KW als zusammenhängende „Ölphase" eingelagert sind. Dieses Gerüst bewirkt zusammen mit den cycl. Anteilen die Zügigkeit* von Vaselinum. Die rheolog. Eigenschaften von V. sind jedoch abhängig von der Vorbehandlung (s. Thixotropie). In Abhängigkeit von der Gewinnung unterscheidet man: **1. Naturvaselin:** dunkle, halbfeste Rückstände der Erdöldestillation (bzw. Ozokerit*) werden mit Schwefelsäure raffiniert (Entfernung der Aromaten) u. mit Bleicherden unterschiedlich stark entfärbt (s. V. album, V. flavum). **2. Gatschvaselin:** Petrolatvaselin; am häufigsten hergestellt. Wachsartige bis feste Destillationsrückstände (Gatsche) werden mit rohen Paraffinölfraktionen zu streichfähigen Produkten abgemischt, die dann durch Hochdruckhydrierung, Schwefelsäure- u. Bleicherdebehandlung raffiniert werden. (s. V. album, V. flavum). **3. Kunstvaselin:** wird durch Zusammenschmelzen raffinierter, fester (Paraffin, Ceresin aus Ozokerit, u. a.) u. flüssiger Paraffine (meist 1:3), evtl. unter Zusatz von mikrokristallinen Wachsen (s. Wachse), erhalten (V. album). Zur Verbesserung der Zügigkeit von V. werden oft 0.05-0.5 % Polyisobutylene zugesetzt. Sog. Augenvaselinen (für Augensalben*) sind hochweiße Qualitäten, die zusätzl. mit Paraffinöl verschnitten sind. V. besitzt ein minimales Wasseraufnahmevermögen, wobei nur sehr geringe Mengen als Pseudoemulsion (s. Quasiemulsion) aufgenommen werden. V. ist chem. weitgehend indifferent u. prakt. unbegrenzt haltbar. Bluten (s. Synärese) kann ggf. auftreten. Wird Vaselin (ohne nähere Angabe) verordnet, kann V. album od. flavum verwendet werden, für Augenarzneien jedoch nur V. album.

Vaselinum album: weißes Vaselin; weiße bis grünl. weiße durchscheinende Masse von zäher salbenartiger Konsistenz. Schmilzt auf dem Wasserbad bei max. 61 °C zu einer klaren Flüss., die im Tageslicht meist schwach bläul. fluoresziert. Leicht lösl. in Ether, Chloroform, Benzol, Petrolether, äther. Ölen od. warmen fetten Ölen; prakt. unlösl. in Wasser, Ethanol, Glycerol. Ep. 38-56 °C (rotierendes Thermometer). Absorption in Isooctan max. 0.8 bei 275 nm u. max. 0.4 bei 295 nm. Penetration (Ph.Helv.7) ungeschertes V.: 100-300. Ölzahl ungeschert: 4-34 %, geschert: 10-64 %. Hochpolymere Zusätze sind nicht gestattet (führen beim „Klatschtest" zur Flöckchenbildung od. Ausbildung spinnwebartiger Fäden). Ferner wird der Gehalt an aromat., polycycl. Kohlenwasserstoffen geprüft. Nach ÖAB90 dürfen bei 200facher Vergrößerung feine Nadeln, aber keine körnigen od. grobkristallinen Gebilde erkennbar sein (manche Kunstvaseline). **Off.:** DAB10, ÖAB90, Ph.Helv.7. **Anw.:** haltbare Salbengrundlage od. Salbengrundstoff; aufgrund seiner hydrophoben Eigenschaften auch für Hautschutzsalben. **Inkomp.:** Liegen peroxidische Verunreinigungen vor (verhindert durch Lichtschutz), sind Auswirkungen auf Wirkstoffe möglich.

Vaselinum flavum: gelbes Vaselin Ph.Eur.4; entspricht in der Zstzg. u. Anw. Vaselinum* album. Gelbe, durchschimmernde, salbenartige Masse, die im Tageslicht in geschmolzenem Zustand schwach fluoresziert; prakt. unlösl. in Wasser, Ethanol u. Glycerol, lösl. in Dichlormethan. Tp. 40-60 °C, Konsistenz 100-300. Gelber Vaselin ist weniger gebleicht u. enthält mehr polycycl. Kohlenwasserstoffe als weißes; gilt als etwas besser hautverträgl. als die weiße Sorte, kann ein geeignetes Antioxidans enthalten. **Anw.:** Salbengrundlage; s. Vaselinum album. Wird Vaselin verordnet, so kann, wenn aus der Verordnung nichts anderes hervorgeht, auch Vaselinum album verwendet werden.

Vasicablätter: s. Adhatoda vasica (Folia Adhatodae).

Vasicin: Peganin; $C_{11}H_{12}N_2O$, CAS-Nr. 6159-55-3, M_r 188.22, Schmp. 210 °C (Racemat). Ein Chinazolinalkaloid*. **Vork.:** Adhatoda* vasica, Peganum* harmala u. Galega* officinalis.

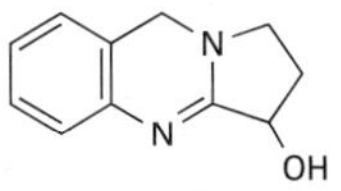

Vasicin

Vasodilatatoren: syn. Vasodilatanzien; heterogene Gruppe von Arzneistoffen, die infolge einer Erschlaffung der Gefäßmuskulatur zu einer Gefäßerweiterung u. damit zu einer Blutdrucksenkung führen. V. greifen direkt am Gefäßmuskel an, ein genauer Wirkmechanismus nicht bekannt. Durch die Vasodilatation soll gleichzeitig eine stärkere Durchblutung minder durchbluteter Regionen erreicht werden (s. Steal-Phänomen); **Wirkstoffe:** Hydralazin*, Dihydralazin*, Diazoxid* u. Minoxidil*. Vasodilatatorisch wirken außerdem Alphasympatholytika (s. Sympatholytika), Calciumantagonisten*, Prostaglandine*, org. Nitrate*, Natriumnitroprussid* u. geeignete Extrakte aus Ginkgo* biloba; vgl. Vasomotoren.

Vasokonstriktoren: syn. Vasokonstringenzien; gefäßverengende Arzneimittel, s. Sympathomimetika; vgl. Vasomotoren.

Vasolimentum: nach EB6 ein Gem. aus 300 T. gereinigter Ölsäure, 600 T. gelbem Vaselinöl u. 100 T. weingeistiger Ammoniakflüssigkeit. **Anw.:** Einreibung, auch z. B. mit Zusätzen von Salicylsäure, Ichthyol, Chloroform, Ethyliodid, Iod, Kreosot.

Vasomotoren (lat. motor Beweger): Gefäßnerven; Nerven des vegetativen Nervensystems*, die eine Verengung (Vasokonstriktoren) od. Erweiterung (Vasodilatatoren) vermitteln u. damit den Blutdruck beeinflussen.

Vasopeptidase-Hemmer: Hemmstoffe, die sowohl das Angiotensinkonversionsenzym (s. ACE, vgl. Hormone, Gewebehormone der Niere) als auch die neutrale Endopeptidase hemmen. Durch die Endopeptidasehemmung wird der Abbau von Peptiden des natriuret. Peptidsystems gehemmt, was zur Vasodilatation u. folgl. zur Blutdrucksenkung führt.

Vasopressin: antidiuretisches Hormon (Abk. ADH); CAS-Nr. 11000-17-2. Peptidhormon des Hypothalamus, s. Hormone. **Wirk. u. Anw.:** Behandlung

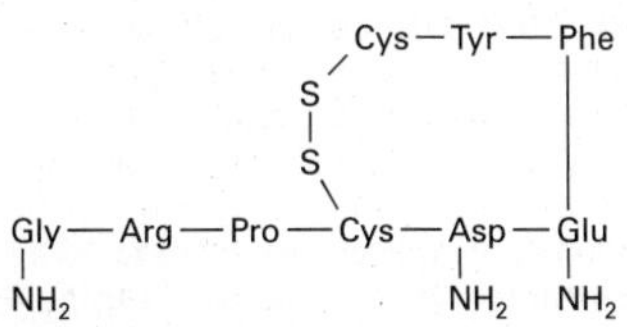

Vasopressin

u. Diagnose des Diabetes insipidus. Da V. die Leberdurchblutung vermindert u. den Pfortaderdruck senkt, wird es in der Behandlung von Ösophagusvarizenblutungen eingesetzt. **Dos.:** bei Diabetes insipidus s. c. oder i. m. 2×0.25-1.0 mL/d (5-20 I.E.); verd. kann es auch i. v. od. intranasal gegeben werden.

Vecuroniumbromid INN: 1-(3α,17β-Diacetoxy-2β-piperidino-5α-androstan-16β-yl)-1-methyl-piperidiniumbromid; CAS-Nr. 50700-72-6; $C_{34}H_{57}BrN_2O_4$, M_r 637.83. Schmp. 227-229 °C. **Anw.:** stabilisierendes, peripheres Muskelrelaxans*.

Veegum®: besonders reine Sorte des Bentonit*.

Vegetabilien: Pfl. bzw. Kräuter. **vegetabilisch:** zu Pfl. gehörend, aus Pfl. bereitet.

Vegetarismus: Ernährung mit vegetarischer Kost. Veganer nehmen weder Fleisch, Fleischprodukte, Fisch, Eier, Milch, Milchprodukte noch Honig zu sich; z. T. verwenden sie auch keine Gebrauchsartikel tier. Herkunft. Rohköstler vermeiden zusätzl. gekochte Nahrung. Laktovegetarier erweitern ihren vegetar. Speiseplan um Milch u. Milchprodukte, Ovolaktovegetarier darüber hinaus um Ei u. Eiprodukte; s. Vollkost, ovolaktovegetabile. Potenzielle Gefahren einer streng vegetar. Kost betreffen folgende Nährstoffe: Vitamin B_{12}, Eisen, Iod, Vitamin D u. Calcium. Mangelzustände entstehen nur durch einseitige Ernährung. In der Praxis wird vegetar. Kost in 4 Lebensmittelgruppen eingeteilt: **1.** Getreide u. Cerealien; **2.** Hülsenfrüchte; **3.** Nüsse u. Samen; **4.** Gemüse u. Obst. Bei einer ausgewogenen Mischung von Lebensmitteln der 4 Gruppen treten keine Mangelerscheinungen auf.

Vegetation: Pflanzenwelt u -wuchs.

vegetativ (lat. vegetare beleben, anreizen): die Funktion des vegetativen Nervensystems* betreffend.

Vehikel: Konstituens, Grundlage; **1.** (allg.) Hilfsstoffe einer Arzneimittelformulierung, die die Verabreichung eines Arzneistoffes auf einem bestimmten Applikationsweg ermöglichen. **2.** (dermatol.) Grundlage top. Formulierungen (v. a. Salben, Cremes, Gele, Pasten, Emulsionen); besitzt häufig eine Eigenwirkung an der Haut u. beeinflusst die Wirkstofffreigabe* wesentlich. Meist ist die Penetration aus solchen Vehikeln besser, in denen der Arzneistoff selbst schlechter lösl. ist. Moderne Vehikelsysteme, z. B. Liposomen, Mikroemulsionen od. Nanopartikel, erlangen zunehmend Bedeutung.

Veilchenblüten: s. Viola odorata (Flores Violae odoratae).

Veilchen, Wohlriechendes: s. Viola odorata.

Veilchenwurzel: s. Iris germanica (Rhizoma Iridis).

Veilchenwurzel, Echte: s. Viola odorata (Rhizoma Violae).

Veilchenwurzelöl: s. Iris germanica (Oleum Iridis).

Veitstanz: s. Chorea.

Vektor (Träger, Fahrer): **1.** mathemat. od. physik. Größe wie Geschwindigkeit, die durch einen Pfeil dargestellt wird u. durch Angriffspunkt, Richtung u. Betrag festgelegt ist. **2.** (biol.) Empfänger-DNA-Molekül für fremde DNA; meist ein Plasmid od. Phagen-DNA-Molekül; s. Gentechnologie. Der V.

trägt einen Ursprung der DNA-Replikation sowie genet. Marker, die seine Anwesenheit in den Wirtszellen erkennbar machen.

venale (lat.): käuflich.

Venen (lat. venae): Blutadern; Blutgefäße mit zum Herzen führender Strömungsrichtung des Blutes.

Venenentzündung: s. Thrombophlebitis.

Venenmittel: Arzneimittel, die zur Behandlung von Krampfadern (Varizen), chronischer Veneninsuffizienz u. Hämorrhoiden (s. Hämorrhoidenmittel) dienen. Verwendet werden: **1.** Ödemprotektika wie Aescin* od. Extrakte aus Aesculus* hippocastanum, Ruscus* aculeatus od. Centella asiatica sowie Benzaron* u. die Kapillarpermeabilität herabsetzenden Mittel Tribenosid* u. Calciumdobesilat* wie auch Flavonoide (Quercetin, Kämpferol, Rutosid, Hesperidin, Diosmin); **2.** Venentonisierende Mittel wie Dihydroergotamin*; **3.** Diuretika* zur kurzzeitigen Ödembeseitigung (Benzothiazine); **4.** Antikoagulanzien* u. Fibrinolytika* zur Thromboseprophylaxe (z. B. Heparin, Acetylsalicylsäure, Dipyridamol u. a.). Zur Unterstützung der Ther. werden Stützstrümpfe od. Kompressionsverbände verwendet. Andere Maßnahmen sind die Venensklerosierung mit Venenverödungsmitteln* sowie die chirurg. Entfernung varikös veränderter Venen.

Venenpunktionskanüle: s. Kanüle.

Venenum: Gift; venenosus: giftig.

Venenverödungsmittel: zur Sklerosierung von Venen u. Varizen bestimmte, injizierbare Pharmaka. **Zuber.:** z. B. Lösungen von Natriumsalzen höherer Fettsäuren wie Natriummorrhuat*, Polidocanol*, Chinin* (5-20 %ige Lösungen), früher hypertone Kochsalz- u. Zuckerlösungen.

Venenverweilkanüle: Kanüle*, die nach der Punktion in der Vene verbleibt u. wiederholte Injektionen, Infusionen u. Blutentnahmen ermöglicht. Z. B. in Form einer Metallkanüle mit Kunststoffflügeln (vgl. Flügelkanüle) od. einer Plastikkanüle mit einem Mandrin* aus Metall, der nach der Venenpunktion entfernt wird.

Venlafaxin INN: (±)-1-[2-(Dimethylamino)-1-(4-methoxyphenyl)ethyl]cyclohexanol; CAS-Nr. 93413-69-5; $C_{17}H_{27}NO_2$, M_r 277.41. **Wirk.** u. **Anw.:** Antidepressivum (s. Psychopharmaka); selektive Hemmung der neuronalen Wiederaufnahme von Serotonin, Noradrenalin u. Dopamin; **UAW:** u. a. Anorexia; Kopf-, Bauchschmerzen; Diarrhö, Tachykardie; **Kontraind.:** geichzeitige, bzw. innerhalb von 14 d nach Verabreichung von MAO-Hemmern; Schwangerschaft u. Stillzeit, Anw. bei Jugendl. unter 18 Jahren; **WW:** ZNS-aktive- u. Herz-Kreislauf-Präparate; **Dos.:** p. o. ambulante Behandlung zu Beginn 2×37.5 mg/d; stationär 150 mg/d in 3 ED; Steigerung n. B.; Einmahme mit reichl. Flüss. zu den Mahlzeiten (37.5 mg V. entspr. 42.42 mg Venlafaxinhydrochlorid); HWZ 5-11 h (Metaboliten). **Venlafaxinhydrochlorid:** CAS-Nr. 99300-78-4; $C_{17}H_{27}NO_2 \cdot HCl$, M_r 313.87.

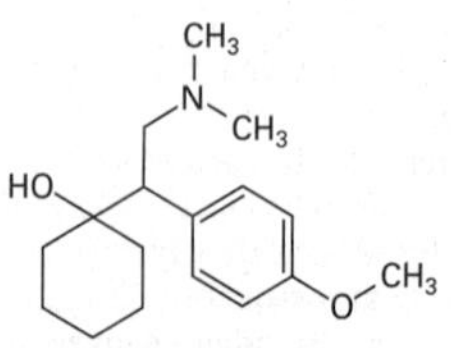

Venlafaxin

ventral (lat. venter Bauch): bauchwärts; zum Bauch gehörend. Ggs. dorsal*.

Ventriculus: **1.** Magen. **2.** Kammer; z. B. Ventriculus cordis: Herzkammer.

Venusfliegenfalle: s. Dionaea muscipula.

Venushaar: s. Adiantum capillus-veneris.

Veracevinester: s. Veratrumalkaloide (Ceveratrumalkaloide).

Verakruz-Sarsaparille: s. Smilax regelii.

Verapamil INN: Iproveratril; 2-Isopropyl-2,8-bis(3,4-dimethoxyphenyl)-6-methyl-6-azaoctannitril; CAS-Nr. 52-53-9; $C_{27}H_{38}N_2O_4$, M_r 454.59. Sdp. 243-245 °C (1.33 Pa). $n_D^{25\,°C}$ 1.5448. Fast unlösl. in Wasser; wenig lösl. in Hexan, lösl. in Benzol, Ether; leicht lösl. in niederen Alkoholen, Aceton, Ethylacetat, Chloroform. **Anw.:** Koronartherapeutikum, Calcium-Antagonist; zur Behandlung der chron. Koronarinsuffizienz. V. unterliegt einem sehr schnellen Leberabbau, so dass es p. o. 10-mal höher als i. v. dosiert werden muss; auch als Antiarrythmikum, da es die atrioventrikuläre Überleitungszeit verlängert. **Dos.:** p. o. 3×80 mg/d, n. B. alle 3-4 h; Kinder 3×40 mg/d; HWZ 3-7 h bzw. 24 h (Metaboliten). **Verapamilhydrochlorid:** Verapamili hydrochloridum Ph.Eur.4 (Racemat); $C_{27}H_{39}ClN_2O_4$, M_r 491.1. Schmp. ca. 144 °C. Löslichkeit in Wasser 7 g/100 g, lösl. in Ethanol, Isopropanol, Aceton, Ethylacetat, leicht lösl. in Methanol, wenig lösl. in Chloroform, pH einer 0.1 %igen Lsg. in Wasser 5.25.

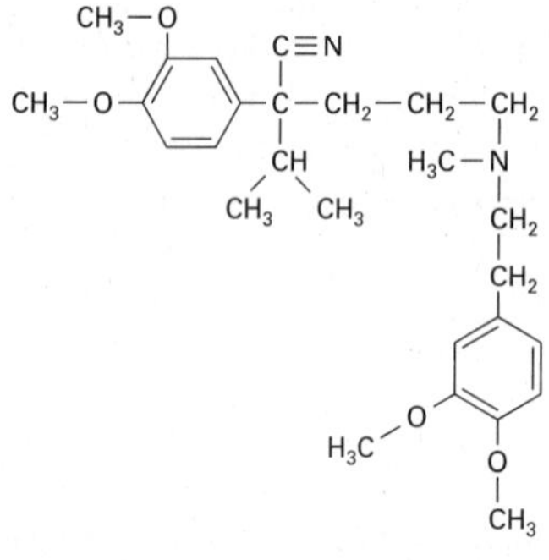

Verapamil

Veratridin: s. Veratrin.

Veratrin: Veratrinum; ein Gemisch der (in der Gattung Veratrum nicht enthaltenen) Alkaloide **Cevadin** ($C_{32}H_{49}O_9N$, ca. 70 %), **Veratridin** ($C_{36}H_{51}NO_{11}$, ca. 25 %) u. **Sabadin** aus den Sabadillsamen (s. Schoenocaulon officinale). Weißes, lockeres Pulver od. weiße, amorphe Masse; V. ist amorph, da das nicht kristallisierende Veratridin die Kristallisation von Cevadin verhindert; leicht lösl. in Ethanol, Chloroform, Ether, Benzol u. Amylalkohol, in Wasser nur in Spuren lösl.; beim Zerstäuben erregt V. heftiges Niesen. **Wirk.:** (stark) auf das ZNS u. Gefäßzentrum, lähmt die peripheren, motor. u. sensorischen Nerven; **Off.:**

DAB6; **Anw.** u. **Tox.**: stark giftig! Anw. daher obsolet, früher äußerl. z. B. bei rheumat. Schmerzen u. Zahnschmerzen (Wirk. inf. lokaler Betäubung) in 1 %igen Salben (Vorsicht! Nicht auf Wunden bringen!); auch in 0.5 %iger Lsg. zur Insektenvertilgung (Kontaktgift).

Veratrin, kristallisiertes: s. Veratrin.

Veratrol: 1,2-Dimethoxybenzol, Dimethylether des Brenzcatechins. D. 1.08. Schmp. 22.5 °C. Farblose Kristalle; lösl. in Ethanol u. Ether, wenig lösl. in Wasser. **Darst.**: trockene Dest. von Veratrumsäure* mit $BaOH_2$ od. Methylierung von Guajakol*.

Veratrum album L.: Weiße Nieswurz, Germer; Fam. Melianthaceae (Europa, Nordasien). Stpfl. von **Rhizoma Veratri:** Weiße Nieswurz, Germerwurzel; der getrocknete Wurzelstock mit Wurzeln. **Inhaltsst.** u. **Wirk.**: Hauptwirkstoffe sind die stark giftigen Veratrumalkaloide* wie Protoveratrin A u. B, Germerin u. a. (Gesamtgeh. an Alkaloiden ca. 1-1.6 %); **Off.**: Ph.Helv.6, DAB6; **Zuber.**: Tinctura* Veratri; **Anw.** volkstüml.: (früher) z. B. bei Herzrhythmusstörungen, als Erbrechen auslösendes Mittel, bei Neuralgien u. Erkrankungen des rheumat. Formenkreises; die Verw. der Droge ist angesichts der Risiken nicht vertretbar; in der Veterinärmedizin früher als Krätz- u. Läusemittel; die Verw. als Zusatz zu Niespulvern (sog. Schneeberger Schnupftabak) ist nicht mehr gestattet.

Hom: *Veratrum:* getrockneter Wurzelstock; verord. z. B. bei Kollapszuständen, Cholera, Dysmenorrhö, Psychosen.

Veratrumalkaloide: Steroidalkaloide* in Veratrum-, Schaonocaulon- u. Fritillaria-Arten. Man unterteilt in 2 Gruppen: **1. Jerveratrumalkaloide:** enthalten meistens nur 2-3 Sauerstoffatome u. treten frei od. an Glucose gebunden auf (Glucoalkaloide), die Ringe E u. F weisen eine Furanopiperidinstruktur auf (s. Abb. 1). Diese Naturstoffe sind teratogen). Beispiele: Jervin u. Isorubijervin aus Veratrum-Arten; **2. Ceveratrumalkaloide:** mit dem Grundgerüst Cevan, haben meistens 7 (Veracevingruppe) od. 8 (Protoveringruppe) freie od. (bevorzugt mit Essigsäure, Angelicasäure* u. Veratrumsäure*) veresterte Hydroxygruppen u. werden daher auch als Esterglykoside bezeichnet (s. Abb. 2). Die beiden wichtigsten Protoverinester sind Protoveratrin A u. B (in Veratrum-Arten) u. die 2 wichtigsten Veracevinester (in Schoenocaulon* officinale) sind Cevadin u. Veratridin. (Ein Cevantriol ist das Verticin aus Fritillaria-Arten, das Aglykon von Peiminosid); **Wirk.**: Ceveratrumalkaloide haben eine positive inotrope* und blutdrucksenkende Wirkung. Sie erhöhen die Permeabilität von Natriumkanälen u. beeinflussen so die Reizleitung. V. werden heute nicht mehr verwendet u. dienen ausschließl. als Modellsubstanzen in der experimentellen Pharmakologie.

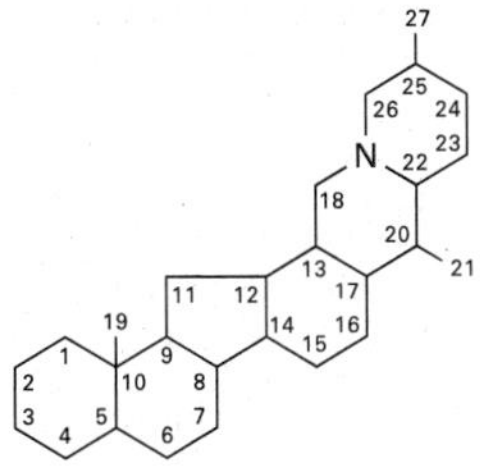

Cevan

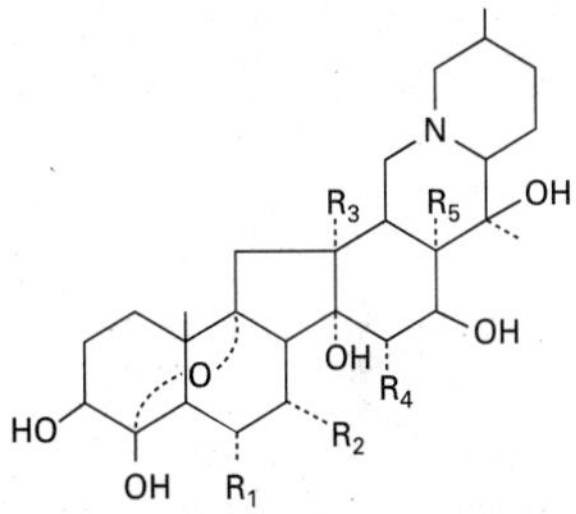

Protoverin: $R_1 = R_2 = R_4 = OH$, $R_3 = R_5 = H$

Veracevin: $R_1 = R_2 = R_4 = H$, $R_3 = R_5 = OH$

Veratrumalkaloide Abb. 2: Ceveratrumalkaloide

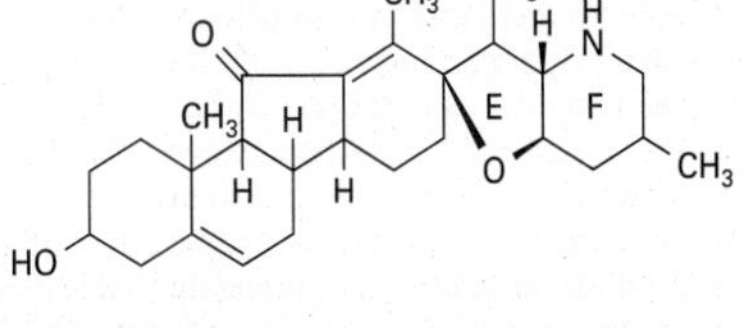

Veratrumalkaloide Abb. 1: Jervin als Beispiel für Jerveratrumalkaloide

Veratrum officinale: s. Schoenocaulon officinale.

Veratrumsäure: 3,4-Dimethoxybenzoesäure; $C_9H_{10}O_4$, M_r 182.17; vgl. Veratrumalkaloide.

Veratrum viride Ait.: Amerikanische Nieswurz; Fam. Melathiaceae (Nordamerika, von Kanada bis Carolina). Stpfl. von **Rhizoma Veratri viridis:** Amerikanische Nieswurzel. **Inhaltsst.**: wie bei Veratrum* album, jedoch höherer Gesamtalkaloidgeh. (mind. das Doppelte wie Rhizoma Veratri); **Anw.**: wie Rhizoma Veratri (s. Veratrum album).

Hom: *Veratrum viride:* getrockneter Wurzelstock mit anhängenden Wurzeln; verord. z. B. bei Fieberzuständen.

Verband angestellter Apotheker Österreichs: gegründet 1891; früher: Pharmazeutischer Reichsverband; nach vereinsrechtl. Vorschriften errichtete Interessenvertretung der angestellten Apotheker in Österreich; kollektivvertragsfähig; vgl. Österreichischer Apothekerverband.

Verband Forschender Arzneimittelhersteller: s. VFA.

Verbandmull: hela Gossypii, Tela depurata; DAB 10, aus Baumwolle od. Viskose hergestelltes, gebleichtes u. gereinigtes Gewebe in Leinwandbindung, evtl. sterilisiert. Neun nach Fadenzahl u. Quadratzentimeter unterschiedene Typen, in Zickzacklagen, gerollt od. gelegt, elast. od. imprägniert.

Verbandstoffe, arzneiliche: s. Tela medicata.

Verbandtuch: s. Brandwundenverbandpäckchen, Wundauflage.

Verbandwatte: Saug- u. Polstermaterial aus unterschiedl. Stoffen zum Einsatz in der Wundbehandlung u. Hygiene. Arten: **1.** aus Baumwolle (Lanugo Gossypii absorbens u. sterilis Ph.Eur.4): gereinigte, entfettete u. gebleichte Haare; Kämmlinge versch. Gossypium*-Arten ohne Blattreste, Frucht- od. Samenschalen; Faserlänge mind. 10 cm; nimmt pro Gramm mind. 23 g Wasser auf; **2.** aus Viskosefasern*, Zellwolle (Lanugo Cellulosi absorbens u. sterilis Ph.Eur. 4, Cellulosum depuratum, Cellulosum ligni regeneratum): frische, gebleichte, mit od. ohne Titandioxid regenerierte Cellulosefasern; einheitl. Länge; weniger stabil als Baumwolle; nimmt pro Gramm mind. 18 g Wasser auf; **3.** aus Baumwolle u. Viskose, Mischverbandwatte (Lanugo Gossypii et cellulosi absorbens DAB 10, ÖAB 90, Ph. Helv. 7, Gossypium depuratum et Cellulosum depuratum, Gossypium depuratum mixtura). Gleiche T. Baumwolle u. Viskose; nimmt pro Gramm mind. 20 g Wasser auf. Sterile Mischverbandwatte in DAB10 u. Ph.Helv.7 offizinell. Sterilisierung führt bei allen V. zu Gelbfärbung.

Verbandzellstoff, hochgebleichter: Cellulosum ligni depuratum, Verbandzellstoff, Cellulosum, Cellulosum foliatum, Zellstoffverbandwatte; von Lignin u. anderen Begleitstoffen befreite, hochgebleichte, miteinander verfilzte Cellulosefasern in Form mehrerer übereinander liegender, gekreppter Einzellagen. V. ist weich u. weiß, ohne Geruch u. Geschmack; Flächenmasse: max. 25.0 g/m^2; Absinkdauer: max. 10 Sekunden. **Off.:** DAB10, ÖAB90; **Cellulosum ligni depuratum sterile:** steriler, hochgebleichter Verbandzellstoff, off. DAB10.

Verbascosid: s. Phenolcarbonsäuren.

Verbascum-Arten: Königskerzen, Wollblumen, Wollkrautblumen; Fam. Scrophulariaceae (Europa). **Verbascum phlomoides** L.: Filzige Königskerze; **Verbascum densiflorum** Bertol.: V. thapsiforme Schrad., Großblütige Königskerze; **Verbascum thapsus** L.: Echte Königskerze, Kleinblütige Königskerze; sie sind Stpfl. von **Verbasci flos:** Flores Verbasci, Wollblumen, Königskerzenblüten; die getrockneten, auf die Kronblätter mit angewachsenen Staubblättern reduzierten Blüten. **Off.:** Ph.Eur.4, ÖAB90, Ph.Helv.8; **Inhaltsst.:** bis ca. 4 % Flavonoide (mit Rutin, s. Rutosid, u. Hesperidin*), Iridoide (Aucubin* u. Catalpol*), wenig Triterpensaponine, Phenolcarbonsäuren, z. B. Kaffeesäure, bis ca. 10 % Invertzucker, ca. 3 % Schleimstoffe, Spuren äther. Öls; QZ mind. 12 (Ph.Helv.8) bzw. mind. 9 (Ph.Eur.); **Zuber.:** Species* pectorales; **Anw.:** Katarrhe der Luftwege; volkstüml.: bei Erkältungskrankheiten als schweißtreibendes Mittel, gegen Husten sowie Blasen- u. Nierenerkrankungen; **Folia Verbasci:** Herba Verbasci, Wollkrautblätter, Königskerzenblätter. **Inhaltsst.:** Iridoide, Flavonoide, Saponine u. Schleimstoffe; **Anw.** volkstüml.: wie Verbasci flos.

Hom: *Verbascum thapsiforme (HAB1.2):* frisches, bei Blütebeginn gesammeltes Kraut; verord. z. B. bei Neuralgien (Trigeminus), Bronchialkatarrhen, Heiserkeit.

Hom: *Verbascum ad usum externum:* frisches, bei Blütebeginn gesammeltes Kraut; verord. z. B. bei Neuralgien.

V

Verbena officinalis L.: Eisenkraut; Fam. Verbenaceae (Europa, Asien, Nordamerika). Stpfl. von **Verbenae herba:** Herba Verbenae, Herba Columbariae, Herba Sanguinalis, Eisenkraut, Taubenkraut, Katzenblutkraut, Sagenkraut; die zur Blütezeit gesammelten Laubblätter u. oberen Stängelabschnitte. **Off.:** DAC; **Inhaltsst.:** die Iridoidglykoside Verbenalin (Cornin) u. Hastatosid, Flavonoide, Verbascosid, Gerbstoffe, Schleim u. äther. Öl; **Anw.** volkstüml.: z. B. bei Magen-Darm-Beschwerden, bei Erkrankungen der Niere u. der ableitenden Harnwege, bei Krampfzuständen, Keuchhusten u. Fieber; als Mittel zur Förderung der Milchabsonderung bei Wöchnerinnen.

Hom: *Verbena officinalis:* frisches, blühendes Kraut; verord. z. B. bei geistiger Erschöpfung, Epilepsie.

Verbenenkraut, Echtes: s. Aloysia triphylla (Herba Verbenae odoratae).

Verbindungen, acyclische: s. Kohlenwasserstoffe.

Verbindungen, alicyclische: s. Kohlenwasserstoffe.

Verbindungen, aliphatische: Verb. mit verzweigten od. unverzweigten, offenen Kohlenstoffketten (im Ggs. zu den alicyclischen Verb.): Alkane*, Alkene* u. Alkine*.

Verbindungen, aromatische: Aromaten; aromat. Kohlenwasserstoffe* u. deren Derivate, wie Nitrobenzol* od. Anilin*, sowie bestimmte heterocyclische Verbindungen*, wie Pyridin* u. Pyrrol*, u. deren Derivate. Allen aromat. Verb. ist die Delokalisierung (Mesomerie*) der π-Elektronen der Ring-Doppelbindungen gemeinsam (s. Doppelbindung). Nach Hückel muss die Anzahl dieser π-Elektronen in aromat. Verb. gleich 4n+2 betragen, wobei n die Anzahl der kondensierten Ringe ist.

Verbindungen, bicyclische: Verb., die 2 über mind. 2 Atome verknüpfte Ringe enthalten. Z. B. Naphthalin*.

Verbindungen, carbocyclische: cycl. Verb. wie Benzol* od. Cyclohexan*, die ausschließl. C-Atome im Ring enthalten.

Verbindungen, cyclische: Ring-Verbindungen, s. Kohlenwasserstoffe.

Verbindungen, heterocyclische: Heterocyclen; org. Ringsysteme, die auch Heteroatome enthalten, v. a. S, N u. O (s. Abb.). H. V. werden meist mit Trivialnamen bezeichnet, die bei Substitution den Wortstamm bilden, z. B. 2-Ethylthiophen; zur Bez. des Radikals wird meist die Silbe -yl angehängt.

Verbindungen, hydroaromatische: teilweise hydrierte aromat. Verbindungen.

Verbindungen, isocyclische: cycl. Verb. mit Ringatomen nur eines Elements; s. Ringverbindungen.

Verbindungen, magnesiumorganische: s. Grignard-Verbindungen.

Verbindungen, makrocyclische: Makrocyclen; cycl. Verb. mit großen Ringen von mehr als 12 Ringgliedern; vgl. Krone, Kryptanden, Kryptate.

Verbindungen, monocyclische: cycl. Verb., die im Ggs. zu polycycl. Verb. nur einen Ring enthalten. Z. B. Benzol*.

Verbindungen, nichtstöchiometrische: Verb., bei denen das Verhältnis der beteiligten Atome keinen

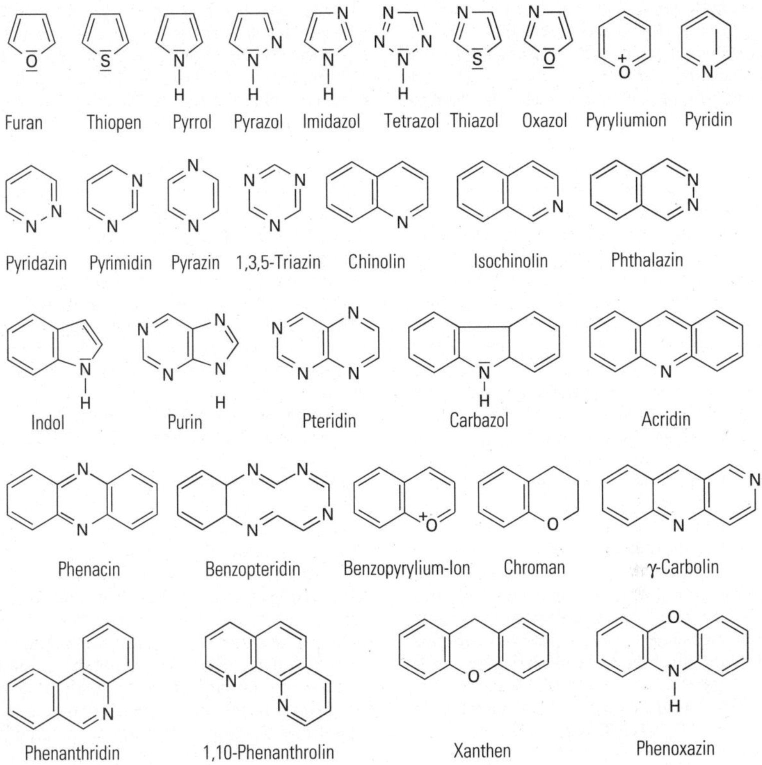

Verbindungen, heterocyclische: Grundstrukturen

ganzzahligen Wert hat, wie bei H_2O, sondern innerhalb gewisser Grenzen schwanken kann, z. B. Eisen(II)-oxid $Fe_{1-x}O$ mit x = 0.05...0.1. Es handelt sich dabei oft um kristalline Verb. mit Einlagerungen, z. B. Zwischengitteratomen. Viele intermetall. Verb. sind dieser Gruppe zuzurechnen.

Verbindungen, racemische: s. Racemat.

Verbindungen, siliciumorganische: s. Silicone.

Verblindung: s. Studie, klinische.

Verbrennung: Combustio; therm. Gewebeschädigung infolge externer (z. B. direkte Flamme) od. interner (z. B. Elektrounfall) Hitzeeinwirkung. **Einteilung: Grad 1:** Verletzung der Epidermis mit Rötung, Schwellung, Schmerz; narbenlose Heilung; **Grad 2a:** Abheben der Epidermis von der Dermis mit Blasenbildung; narbenlose Heilung; **Grad 2b:** schmerzhafte Teilzerstörung der Dermis; Heilung mit Narbe; **Grad 3:** Totalzerstörung von Haut u. Hautanhangsgebilden, ggf. Fortschreiten in tiefere Schichten; Narben, häufig Keloidbildung u. Kontraktur.

Verbrennungswerte der Nahrungsstoffe: s. Brennwert, physiologischer.

Verbundfolien: Kombinationsfolien; zwei- od. mehrschichtige Folien bes. für Verpackungen. Durch den Verbund ergänzen sich die positiven Eigenschaften der Folienmaterialien; so lassen sich z. B. Festigkeit u. Undurchlässigkeit kombinieren od. die Folien heißsiegelfähig machen. Beispielsweise wird Polyethylen mit anderen Kunststoffen wie Polyterephthalsäureester u. Zellglas* kombiniert, wobei das Polyethylen als Schmelze aufgebracht wird. Auch Aluminiumfolien* od. Papier können mit Kunststoffen verbunden werden (s. Aluminiumverbundfolie).

Verdampfung: vollständige Überführung einer Flüss. in den dampfförmigen Zustand durch Erwärmen (Kochen, Sieden). **Spezifische Verdampfungswärme:** die Wärmemenge in J, die nötig ist, um 1 kg eines Stoffes vollständig zu verdampfen; SI-Einheit J/kg; **molare Verdampfungswärme:** Verdampfungswärme bezogen auf 1 mol eines Stoffes; SI-Einheit J/mol.

Verdauungsenzyme: Enzyme, die Nahrungsbest. in resorptionsfähige niedermolekulare Verb. überführen; es handelt sich v. a. um Hydrolasen wie Proteasen, Lipasen, Glykosidasen. V. katalysieren die Hydrolyse der Peptid-, Ester- od. Glykosid-Bindungen der Nährstoffe u. ermöglichen somit dem tier. Organismus die Nahrungsmittel abzubauen u. diese in Form von Aminosäuren, Fettsäuren u. Monosacchariden resorptionsfähig zu machen. V. werden in folgenden Verdauungsorganen gebildet: α-Amylase in den Speicheldrüsen; Pepsine im Magen; Trypsin, Chymotrypsin, Elastase, Carboxypeptidase A u. E, α-Amylase, Phospholipase A, Lipase, Ribonuclease, Desoxyribonuclease im Pankreas; Aminopeptidasen, Carbohydrasen, Sucrase, Lactase, Maltase, α-Dextrinase, γ-Amylase in der Dünndarm-Mukosa. **Anw.:** zur (teilweise umstrittenen) Substitutionstherapie dienen v. a. Pepsin*, Pankreatin* u. pflanzl. Proteasen wie Papain* od. Bromelaine* sowie Aspergillus- u. andere Pilz-Enzyme.

Verdickungsmittel: Dickungsmittel; lösl., makromolekulare Stoffe, z. B. Celluloseether, Polysaccharide wie Xanthangummi*, Gelatine, hochdisperses Siliciumdioxid, die bei ihrer Auflösung (kolloidal) in den Lösungsmitteln, infolge einer Erhöhung der inneren Reibung, höherviskose Flüssigkeiten od. als Gelbildner Gele* entstehen lassen. Unter Umständen können hydriertes Rizinusöl od. Cetylpalmitat eingesetzt werden. V. sind grundsätzl. Stoffe, welche festen od. flüssigen Zuber. während der Herstellung od. auch Verarbeitung (z. B. bei der Herstellung von Lebensmitteln, s. Lebensmittelzusatzstoffe, Tab.) zugesetzt werden, um eine gewünschte Konsistenz u./od. Viskosität herzustellen u. zu erhalten.

Verdrängungsfaktor von Arzneistoffen: s. Suppositoria.

Verdünnungsmethode: s. Emulsionen (Bestimmung des Emulsionstyps).

Verdünnungstest: Methode zur Bestimmung der MHK* u. der Resistenz von Bakt. (vgl. Antibiogramm).

Verdunstung: Verdampfung* einer Flüss. unterhalb ihres Siedepunktes, d. h. ohne dass sie siedet. **Verdunstungskälte**: die bei der Verdunstung verbrauchte, der Flüss. bzw. der Umgebung entzogene Wärmemenge. **Anw.**: Kühl- und Eismaschinen. **Verdunstungszahl**: Verhältniszahl der Verdunstungsgeschwindigkeit von Lösungsmitteln. Die V. gibt an, wievielmal leichter od. schwerer ein Lösungsmittel verdunstet als Ethylether, dessen Verdunstungsgeschwindigkeit per Def. = 1 gesetzt wurde. Bestimmung der V.: 0.5 mL der zu untersuchenden Flüss. wird auf eine Stelle Filtrierpapier gegeben. An einem zugfreiem Ort u. gegen das Licht wird die Zeit bestimmt, bis der Fleck verschwunden ist. Beispiele für V.: Chloroform: 2.5, Benzol 3, Methylalkohol 6.3, Amylalkohol 72, Benzylalkohol 1676.

Verdunstungszahl: s. Verdunstung.

Verfahren, aseptische: aufeinander abgestimmte Verfahrensschritte zur Verminderung der Keimzahl mit dem Endziel, ein steriles Produkt zu erhalten. **Beispiele:** Entkeimungsfiltration, Keimfiltration, Sterilfiltration, Desinfektion*, Sterilisation*.

Verfalldatum: s. Haltbarkeit.

Vergällung: s. Denaturieren.

Vergiftung: Intoxikation; s. Gifte.

Verhältnis, eudismisches: Stereoisomeren*-Verhältnis eines stärker wirksamen Eutomers zum schwächer wirksamen Distomer als Maß für die Stereoselektivität der pharmakol. Wirkung.

Verhältniszahl: Quotient aus Ester- u. Säurezahl.

Verkleisterungstemperatur: s. Amylum (Eigenschaften).

Vermehrung, vegetative: **1.** (bot.) bei Samenpflanzen eine Vermehrungsform, die nicht über Samen verläuft, z. B. durch Ausläufer, Rhizomäste, Sprossknollen od. Brutknospen; s. Apomixis. **2.** (allg.) Vermehrung z. B. durch Abschnüren einzelner Zellen, Fragmentation, Teilung od. Ausbildung von Brutknospen (z. B. bei Nesseltieren); wenn keine Mutation stattfindet, ist jede vegetativ gebildete Tochterzelle genet. ident. mit ihrem Elternteil.

Vermiculit (lat. vermiculus Würmchen): Mineral mit der ungefähren Zstzg.: $(Mg,Al,Fe(III))_3[(Si,Al)_4O_{10}(OH)_2]Mg_x(H_2O)_n$ (x = 0.6-0.9). D. ca. 2.4. Härte ca. 1.5. Quellfähiges, glimmerartiges, bronzefarbenes bis farloses Silicat, dessen Kationen leicht gegen andere Kationen od. org. Verb., z. B. Anilin, ausgetauscht werden können. V. bläht sich bis zum 30fachen seines Volumens auf, wenn es schnell auf ca. 850 °C erhitzt wird, weil das Zwischenschichtwasser nicht schnell genug entweichen kann u. plötzl. verdampft; dabei entstehen z. T. würmchenartige Gebilde (expandierter V.). **Vork.:** z. B. Südafrika, Montana (USA), Kenia; **Anw.** techn.: Isolierungsmittel, Flüss. saugendes Verpackungsmittel (Glasbruch), Kationenaustauscher.

Vermifuga: s. Anthelminthika.

Vermis: Wurm; s. Helminthes.

Vermizida: s. Anthelminthika.

Vernalisation: Blühinduktion durch Kältebehandlung, wirksame Temperaturen i. d. R. zwischen 0 u. 15 °C.

Vernichtungsstrahlung: beim Aufeinandertreffen von Materie u. Antimaterie frei werdende elektromagnet. Strahlung durch Umwandlung von Masse in Energie. Von bes. Bedeutung ist die Bildung eines Positroniums* aus einem Elektron* u. einem Positron* u. die nachfolgende Zerstrahlung in Form von 2 Gammaquanten in einem Winkel von 180°; s. PET.

Vernin: s. Guanosin.

Vernisium: Vernix; Firnis. **Vernisium dermalium:** Hautfirnis; meist Lsg. von Casein od. Eiweiß od. dünne Anreibungen von Amylum mit Arzneizusätzen. **Vernisium caseosa:** Käseschmiere; Schmiere auf der Haut Neugeborener aus Talgdrüsensekret, Epithelzellen, Vellushaaren u. Cholesterol, die das Gleiten unter der Geburt erleichtert u. vor Wärmeverlust schützt.

Vernix: s. Vernisium.

Vernolsäure: s. Fettsäuren.

Veronica: s. Veronica officinalis.

Veronica-Arten: Fam. Scrophulariaceae; ca. 70 Arten, mit blauer, selten weißer od. rosa Korolle, nur 2 Staubblätter.

Veronica beccabunga L.: Bachbungenkraut; Fam. Scrophulariaceae (fast ganz Europa, West- u. Nordasien bis Japan u. zum Himalaja, Nordafrika); vgl. Veronica-Arten. Stpfl. von **Herba Beccabungae:** Bachbungenkraut. **Inhaltsst.:** u. a. Aucubin*; **Anw.** volkstüml.: z. B. bei ungenügender Harnausscheidung, als sog. Blutreinigungsmittel. **Hom:** *Veronica beccabunga:* frische, blühende Pflanze.

Veronica officinalis L.: Ehrenpreis; Fam. Scrophulariaceae (Europa, Nordamerika); vgl. Veronica-Arten. Stpfl. von **Veronicae herba:** Herba Veronicae, Ehrenpreiskraut. **Off.:** DAC; **Inhaltsst.:** 0.5-1 % Iridoidglykoside, z. B. Catalpol* u. Derivate (Veronicosid, Verprosid), Flavonoide, v. a. Glykoside des Luteolins, Phenolcarbonsäuren wie Chlorogensäure u. Kaffeesäure, Triterpensaponine

u. Gerbstoffe; **Anw.** volkstüml.: bei Erkrankungen im Bereich der Atemwege, auch bei Blasenleiden, Gelbsucht, Gicht u. Erkrankungen des rheumat. Formenkreises.

Hom: *Veronica officinalis, ethanol. Decoct. (HAB1.3):* blühendes, getrocknetes Kraut.

Hom: *Veronica officinalis (HAB1.5),* Veronica: frische, oberird. T. blühender Pflanzen.

Veronica virginica L.: Leptandra virginica, Virginianischer Ehrenpreis; Fam. Scrophulariaceae (Nordamerika, Sibirien); vgl. Veronica-Arten. Stpfl. von **Rhizoma Leptandrae virginicae:** Leptandra-Wurzelstock. **Inhaltsst.:** äther. Öl, Zimtsäurederivate, Bitterstoffe, Gerbstoffe u. Harz; **Anw.** volkstüml.: bei Verstopfung.

Hom: *Veronica virginica (HAB1.5),* Leptandra: frische, unterird. T. zweijähriger Pflanzen; verord. z. B. bei Lebererkrankungen mit Diarrhö.

Verordnung über apothekenpflichtige und freiverkäufliche Arzneimittel: s. Apothekenpflicht.

Verordnung über die automatische Verschreibungspflicht: s. Verschreibungspflicht (Deutschland).

Verordnung über verschreibungspflichtige Arzneimittel: s. Verschreibungspflicht (Deutschland).

Verpackung: Oberbegriff für die Gesamtheit der Packmittel*. Unentbehrl. Bestandteil einer jeden Arzneispezialität. Erst durch die V. entstehen aus Arzneistoffen od. daraus hergestellten galen. Zubereitungsformen (Arzneiformen*) gebrauchsfertige Arzneimittel. Die V. dient der Aufnahme, dem Zusammenhalt u. Schutz des Inhalts gegen äußere Einflüsse. Die Umhüllung besteht z. B. aus Papier, Pappe (beide auch mit Kunststoffimprägnierung fett- u. wasserfest), Kunststoffen, Holz, Textilien, Metallfolien, Blech, Glas (für Flaschen, Tiegel, Ampullen). Sie ist zur Kennzeichnung des Inhalts bedruckt od. mit bedrucktem Papier beklebt od. überzogen; vgl. Behältnis. Die häufigsten V.-Formen sind: Beutel-, Einschlag-, Schachtel-, Dosen-, Tuben-, Flaschenverpackungen. **Spez. Verpackungen:** meist hergestellt aus thermoplast. Kunststoffen (v. a. Polyethylen, Polyvinylchlorid, Zellglas, Polystyrol u. Polypropylen). **1.** Folien, Folienbeutel mit der Möglichkeit des Aufkaschierens auf Papier, des Verklebens, Verschweißens, Heißsiegelns, der Bedruckbarkeit im Mehrfarbendruck, als Schrumpffolien u. a.; **2.** Hohlkörper u. Tuben; **3.** Schaumkunststoffe in Form von Schaumfolien u. als Hartschäume v. a. für Spezialverpackungen für stoßempfindl. Gut; **4.** Schalen, Becher, Dosen; **5.** Verschlüsse; **6.** Verpackungshilfsmittel wie z. B. Klebebänder, synthet. Klebstoffe, Klebeetiketten, synth. Bindegarn, Bändchen. Eine Vakuumverpackung erhöht u. U. die Haltbarkeit des Inhalts.

Verpackungsmaschinen: Geräte, die angepasst an Ware u. Verpackungsart, das Füllgut in ein od. mehreren Schritten in abgabefertige u. transportfähige Verpackungen einbringen. Es gibt beispielsweise V. für dünnflüssige, pastose, teigige u. zähe Flüssigkeiten sowie für schüttbare Güter. Zuerst entstehen aus Papier-, Metall- od. Kunststofffolienbändern durch Kleben, Schweißen u. Umformen Beutel, Näpfe, Röhrchen u. a.; Ampullen werden sterilisiert, Flaschen gereinigt, Faltschachteln gestanzt u. vorbereitet. In der Folge muss das Füllgut durch Abfüllmaschinen dosiert u. eingebracht werden. Danach wird die Verpackung ihrem Füllgut u. Verpackungsmaterial entsprechend verschlossen (durch Falzen, Leimen, Schweißen, Stecken od. Aufbringen eines Verschlusses in nat. Atmosphäre, im Vakuum od. in Schutzgasumgebung). An den ersten Verpackungsvorgang schließt sich häufig ein zweiter an, z. B. die Umhüllung des verpackten Gutes mit Benutzungsvorschriften u. einer Faltschachtel, die Beilage eines Beipackzettels, die Zusammenfassung zu größeren Gebinden, die wiederum zu transportgerechten Einheiten zusammengefasst werden. In engem Zusammenhang mit dem Verpacken stehen z. B. das Bedrucken von Verpackungsmaterial, das Anbringen von Kontrollstempeln, Datumsangaben, Etiketten, ferner Kontrollfunktionen, Transport- u. Sortieraufgaben.

Verprosid: s. Catalpol.

Verreibung: s. Trituration.

Verreibungen, homöopathische: s. Homöopathie.

Verrenkung: s. Luxation.

Verruca: Warze; gutartige Neubildungen der Haut, hervorgerufen durch humane Papillomviren (Inkubationszeit 1.5-20 Monate); vgl. Kondylome. Entfernung erfolgt nach Art, Zahl u. Lokalisation der V. medikamentös (s. Warzenmittel) od. operativ (mit flüss. Stickstoff, elektrochirurg., CO_2-Laser).

Versandhandel: Zustellung von apothekenpflichtigen Arzneimitteln durch eine Apotheke, auch wenn der Kunde die Apotheke nicht persönl. aufgesucht. Seit 1.1.2004 ist zum V. durch Apotheken eine Erlaubnis von der für das Apothekenrecht zuständigen Behörde erforderlich. Hierfür muss eine schriftl. Versicherung eingereicht werden, die bestimmte Anforderungen gewährleistet. So darf ein Versand nur zusätzl. zum übl. Apothekenbetrieb erfolgen, ein Qualitätssicherungssystem muss etabliert sein, es müssen sämtl. Arzneimittel lieferbar sein u. der Versand muss innerhalb von 2 Arbeitstagen nach Eingang der Bestellung bundesweit erfolgen. Auch Apotheken eines Mitgliedstaates der EU od. des EWR dürfen Arzneimittel an Endverbraucher versenden, wenn dies nach ihrem nationalen Recht, soweit des dem deutschen Apothekenrecht im Hinblick auf die Vorschriften zum Versandhandel entspricht, erlaubt ist. Das Bundesministerium ist verpflichtet, in regelmäßigen Abständen eine aktualisierte Übersicht über die Mitgliedstaaten der EU u. die anderen EWR-Staaten, in denen für den Versandhandel u. den elektron. Handel mit Arzneimitteln dem deutschen Recht vergleichbare Sicherheitsstandards bestehen, zu veröffentlichen. Der V. mit freiverkäuflichen Arzneimitteln* ist auch außerhalb von Apotheken möglich. Eine sachkundige Person nach § 50 AMG dazu erforderlich.

Verschiebung, chemische: Symbol δ; Maß für die Lage der Resonanzsignale bei der NMR-Spektroskopie (s. Spektroskopie) einer Kernsorte relativ zum Standardsignal. Die ch. V. ist dimensionslos u. wird in ppm bezogen auf die Betriebsfrequenz des NMR-Spektrometers angegeben. Als Standard wird Tetramethylsilan* für die Kerne ^{1}H u. ^{13}C verwendet. **Berechnung:** Frequenzdifferenz zw. Resonanzsignal u. Standardsignal in Hz dividiert durch die Betriebsfrequenz des Spektrometers (200-800 MHz). Für Protonen (^{1}H-Kerne) sind die wichtigsten Einflüsse auf δ der diamagnet. Einfluss der Elektronenhülle u. der Einfluss der benachbarten Atomgruppen.

Verschreibungspflicht: Bestimmte Arzneimittel sind in eine erhöhte Sicherungsstufe eingeordnet u. dürfen nur nach Vorlage einer ärztl., zahnärztl. od. tierärztl. Verschreibung ausschließl. in Apotheken abgegeben werden. **Deutschland:** man unterscheidet: **1.** Verschreibungspflicht: regelt die VO über verschreibungspflichtige Arzneimittel (VerschrV) nach § 48 AMG. Die VerschrV bildet die maßgebende Rechtsgrundlage für die Abgrenzung der verschreibungspflichtigen Stoffe u. Zuber., die in einem der VerschrV als Anhang angeschlossenen Verzeichnis aufgeführt sind. **2.** Automatische Verschreibungspflicht: geregelt durch § 49 AMG u. die dazu erlassene VO über die automat. Verschreibungspflicht. Danach sind alle Arzneimittel, die Stoffe mit in der med. Wissenschaft nicht allg. bekannten Wirk. od. deren Zuber. enthalten, verschreibungspflichtig. Von dieser Bestimmung werden in erster Linie Arzneimittel erfasst, die erstmalig in Verkehr gebracht werden. Die automat. V. dauert grundsätzl. 5 Jahre. Nach Ablauf dieser Frist wird jeweils entschieden, ob die entsprechenden Stoffe u. Zuber. weiterhin der Verschreibungspflicht unterliegen od. aus der V. entlassen werden sollen. Bedarf es andererseits aufgrund der bei der Anw. des Arzneimittels gemachten Erfahrungen weder einer ärztl. Anweisung noch Überwachung, kann der Bundesgesundheitsminister durch Rechtsverordnung die automat. V. nach 3 Jahren aufheben. Der pharmazeut. Unternehmer ist zur Vorlage eines Erfahrungsberichts an die Zulassungsbehörde verpflichtet. **Österreich:** gesetzl. durch Rezeptpflichtgesetz BGBl. Nr.413/1972 in der Fassung von 2003 u. der jeweils geltenden Rezeptpflichtverordnung geregelt; **Schweiz:** geregelt durch die VO über die Arzneimittel (Arzneimittelverordnung, VAM, SR 812.212.21).

Verseifung: chem. hydrolyt. Spaltung (s. Hydrolyse) eines Säureesters, der dabei in Säure u. Alkohol zerfällt; insbes. die Spaltung von Fetten durch Alkalien.

Verseifungssalbe: Trivialbezeichnung für Stearatcreme, s. Unguentum stearincum.

Verseifungszahl: Abk. VZ; gibt die Menge Kaliumhydroxid in mg an, die zur Bindung der in 1 g Fett, Öl, Wachs od. Balsam enthaltenen freien Säure u. zur Verseifung der Ester von 1 g Substanz nötig ist. Man verseift mit überschüssiger ethanol. KOH-Lösung u. titriert das nicht verbrauchte Alkali zurück.

Versorgungsforschung: (engl.) *health services research*; interdisziplinäres Forschungsgebiet, das sich mit Zielen, Strukturen, Prozessen u. Ergebnissen moderner Gesundheitssysteme befasst. Dazu gehört u. a. Bedarfsforschung, Evaluation von Versorgungsleistungen, Technologiebewertung u. Qualitätssicherung. Es wird die Entwicklung, Finanzierung, Bedarfsgerechtigkeit u. Qualität des Gesundheitssystems untersucht u. die Versorgungsprozesse von Patienten im Gesundheitssystem analysiert. I. w. S. gehört dazu auch die Arzneimittelanwendungsforschung, die den Einsatz von Arzneimitteln in der Praxis untersucht: z. B. Verordnung von Arzneimitteln, das Entscheidungsverhalten im Rahmen der Selbstmedikation u. das Anwendungsverhalten durch Patienten (Compliance*). Vgl. Pharmakoepidemiologie.

Verstopfung: s. Obstipation.

Versuchspersonen: **1. Probanden**; gesunde V. zur Prüfung von neuen Arzneistoffen. Auswahlkriterien: Geschlecht, Alter, Gewicht, Gewohnheiten (z. B. Rauchen, Alkohol, Kaffee), Erfahrungsgrad bei humanpharmakol. Untersuchungen, Neurotizismusgrad; Einfluss auf Versuchsergebnisse haben u. a. Füllung des Magens, Flüssigkeitszufuhr, Temp., Mobilität u. Körperlage, phys. Anstrengung, Zeit, Wetter. **2. Patienten**; V. für die Erprobung eines therap. Effektes eines Medikamentes bei einer bestimmten Krankheit, liefern zusätzlich pathophysiol. Fakten.

Vertebra (lat. Wirbel): knöcherner Grundbaustein der Wirbelsäule.

Vertebrata: Vertebraten; (zoolog.) Wirbeltiere.

Verteilung: **1.** (pharmakokin.) s. Distribution. **2.** (statist.) s. Häufigkeitsverteilung.

Verteilungschromatographie: s. Chromatographie.

Verteilungsgleichgewicht: die Einstellung des chem. Gleichgewichts* unterschiedl. Konz. eines Stoffes in 2 aneinander grenzende Phasen*, z. B. Öl/Wasser. Bei einer bestimmten Temp. ist das Verhältnis der Konz. in bd. Phasen konstant (vgl. Nernst-Verteilungsgesetz); ein Maß ist der Verteilungskoeffizient*.

Verteilungskoeffizient: (engl.) *partition coefficient*; Partitionskoeffizient; Symbol V_k; Maß für das Verteilungsgleichgewicht*, wichtig z. B. bei der passiven Diffusion*; erlaubt Rückschlüsse auf die Lipophilie eines Stoffes u. damit sein Verhalten im Körper (z. B. Passieren der Blut-Hirn-Schranke). Meist wird er als Quotient der Sättigungskonzentrationen c im Zweiphasensystem *n*-Octanol/Wasser (bzw. Pufferlösung) angegeben:

$V_k = c_{\text{lipophile Phase}}/c_{\text{hydrophile Phase}}$

häufig in der logarithmierten Form (log P).

Verteilungsmodelle: s. Resorptionsmodelle.

Verteilungsraum: s. Kompartiment, Flüssigkeitskompartimente.

Verteilungsvolumen: pharmakokin. fiktives Volumen, in dem der Arzneistoff verteilt sein müsste, wenn er überall in gleicher Konz. wie im Plasma vorläge. Das **scheinbare V.** (auch apparentes V.) setzt die applizierte Dosis mit dem Blutspiegel in Beziehung. Für das Einkompartimentmodell bei i. v.-Applikation gilt:

$$V_d = \frac{D}{C_0} = \frac{D}{k_e \cdot AUC}$$

D: applizierte Dosis; c_0: extrapolierter Plasmaspiegel zur Zeit t=0; k_e: Geschwindigkeitskonstante der Elimination; AUC: Fläche unter der Blutspiegel/Zeit-Kurve.

Oft wird vereinfachend für k_e die terminale Eliminationskonstante eingesetzt, so dass das V. in der terminalen Eliminationsphase erhalten wird. Bei extravasaler Applikation muss die Dosis zusätzlich mit dem resorbierten Anteil multipliziert werden. Das V. erlaubt häufig Rückschlüsse auf die Verteilung in den Flüssigkeitskompartimenten*. Während z. B. Phenylbutazon nur etwa 8 L aufweist, hat Propranolol ein V. von ca. 200 L. Das V. kann größer sein als das Körpervolumen. Ursachen für ein großes V. sind v. a. die Verteilung in periphere Kompartimente (Muskel, Fettgewebe, Knochen etc.) sowie die Plasmaproteinbindung. Das V. hängt ab von den physikochem. Eigenschaften des Arzneistoffs (z. B. Löslichkeit, pK_S-Wert, Lipophilie). Es wird von physiol. Faktoren beeinflusst wie Körpergewicht, Konstitution, Alter, Elektrolythaushalt. Um besser vergleichbare Werte zu erhalten, gibt man das **absolute V.** als Quotient aus V_d und dem Körpergewicht an ($^{L}/_{kg}$). Beim Zweikompartimentmodell kann nur das V. des zentralen Kompartiments nach obiger Gleichung berechnet werden. Hinzu kommt das Volumen des peripheren Kompartiments (Gewebe). Für das **Verteilungsvolumen im Fliessgleichgewicht** (Steady-state-V.) gilt dann:

$$V_{dss} = V_P + V_G = \frac{D}{C_0} \cdot \frac{k_{12} + k_{21}}{k_{21}}$$

V_P: Volumen des zentralen Kompartiments (Plasma); V_G: Volumen des zentralen Kompartiments (Gewebe); k_{12}: Geschwindigkeitskonstante für die Verteilung in das periphere Kompartiment; k_{21}: Geschwindigkeitskonstante für die Rückverteilung aus dem peripheren Kompartiment.
Bei Momentanalyse* gilt:
$V_{dss} = CL \cdot MRT$
CL: (totale) Clearence; MRT: mittlere Verweildauer im Organismus.

t-Verteilung: s. Studentverteilung.

Verteporfin INN: 1:1-Gemisch der bd. Regioisomere 9-Methyl-(BPD-MAC) u. 13-Methyl-*trans*-(+/−)-18-ethenyl-4,4a-dihydro-3,4-bis(methoxycarbonyl)-4a,8,14,19-tetramethyl-23*H*,25*H*-benzo[*b*]porphin-9,13-dipropionat (BPD-MAD; s. Abb.); CAS-Nr. 129497-78-5; $C_{41}H_{42}N_4O_8$, M_r 718.9. **Wirk.** u. **Anw.:** lichtaktivierbarer Farbstoff zur photodynam. Ther. der altersbedingten Makuladegeneration; **UAW:** Sehstörungen, Gesichtsfelddefekte; **Dos.:** 6 mg/m² Körperoberfläche, i. v. Infusion; anschließend Lichtaktivierung.

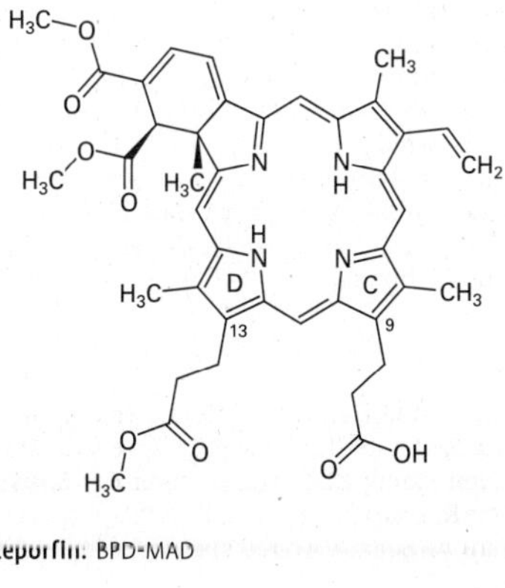

Verteporfin: BPD-MAD

Vertigo (lat. vertere drehen): Schwindel; Oberbegriff für subjektive Störungen der Orientierung des Körpers im Raum. **Einteilung:** **1.** nach der subjektiven Wahrnehmung: z. B. Dreh-, Schwank-, Lift- u. Benommenheitsschwindel; **2.** nach dem Auslösemechanismus: Lagerungs-, Reiz-, phob. u. psychogener Schwindel; **3.** nach Dauer der Beschwerden: Attacken- (z. B. benigner paroxysmaler Lagerungsschwindel) u. Dauerschwindel; **4.** nach dem Ort der Störung: **a)** vestibulärer Schwindel bei Vestibularisschädigung (einschließl. Menière-Krankheit) od. durch Intoxikationen mit Labyrinthgiften wie Streptomycin* od. Zentralvestibulargiften wie Opiaten*, Alkohol, Hydantoinen u. Barbituraten*; Ther.: s. Antivertiginosa; **b)** nichtvestibulärer Schwindel bei Erkrankungen des visuellen Systems (Amblyopie, Augenmuskellähmung) od. bei Erkrankungen somatosensibler Nervenbahnen (Polyneuropathie, Rückenmarkerkrankung).

Vertrauensarzt: Arzt eines personalärztl. od. medizinischen Dienstes, der auf Ersuchen des Sozialversicherungsträgers od. Arbeitgebers die Arbeitsfähigkeit eines Versicherten begutachtet od. Versicherungsleistungen überprüft.

Vertrauensbereich: s. Fehlerrechnung (Vertrauensbereich des Mittelwertes).

Vertreterversammlung: s. Apothekerkammern.

Verweildauer, mittlere: (engl.) *mean residence time (Abk. MRT), gravity duration (GD)*; sog. Schwerpunktsdauer, da die MRT den Schwerpunkt, d. h. das geometr. Mittel der Blutspiegelkurve darstellt; arithmet. Mittel der Verweildauern der einzelnen Arzneistoffmoleküle im Organismus (s. mean times, Momentanalyse). Bestimmbar über Plasmaspiegeldaten sowie aus der Harnausscheidungskurve* nach:

$$MRT = \frac{ABC}{U_\infty}$$

ABC: Fläche zw. der Harnspiegelkurve, deren Asymptote (entsprechend U_∞) u. der Ordinate; U_∞: maximale in den Urin ausgeschiedene Arzneistoffmenge.

Verweilkanüle: s. Flügelkanüle.

Verwesung: nach dem Tod eintretender Zerfall der komplex gebauten Stoffe des Tier- u. Pflanzenkörpers. Zum größten Teil bakt. bedingter (s. Saprophyten) Abbau in einfachste chem. Verb. (v. a. durch Oxidation u. Nitrifikation); vgl. Fäulnis.

Verzögerungsinsulin: s. Insulin.

Vesica: Blase. **1.** (anatom.): V. fellae Gallenblase, V. urinaria Harnblase. **2.** (dermatolog.): Blase auf der Haut.

Vesikanzien: blasenziehende Hautreizmittel*. Z. B. Kantharidenpflaster (s. Canthariden), Crotonöl (s. Croton tiglium) u. Senf- od. Senfölzubereitungen (s. Brassica nigra) **Anw.:** Reizkörpertherapie*.

Vesikel: s. Liposome.

Vestalium: s. Cadmium.

Veterinär: **1.** Tierarzt. **2.** tierärztlich.

Vetivergras: s. Vetiveria zizanioides.

Vetiveria zizanioides (L.) Nash: Andropogon muricatus Retz., Andropogon squarrosus Hack., Vetivergras; Fam. Poaceae, Gramineae (trop. Asien, z. B. Indien u. Burma, durch Kultur weit verbreitet, auch im trop. Amerika). Stpfl. von **Radix Vetiveriae:** Radix Ivarancusae, Vetiverwurzel, Ivarancusawurzel, Mottenwurzel. **Inhaltsst.:** äther. Öl, Bitterstoffe, Vetiverin (ein Pyridinalkaloid) u. Harz; **Anw.** techn.: in der Parfümerie, als Mottenmittel; zur Gew. des Vetiveröls (s. u.); **Oleum Vetiveriae:** Oleum Ivarancusae, Vetiveröl, Ivarancusaöl; das durch Dest. aus den Wurzeln gewonnene äther. Öl; dickflüss., dunkelgelb u. von myrrheartigem Geruch. D. 1.015-1.04; lösl. in 80 %igem Ethanol. **Best.:** u. a. Sesquiterpene wie Vetivon (ein Keton, bestehend aus einem Fünfer- u. einem Siebenerring) u. ähnl. Verbindungen, auch Alkohole, Benzoesäure u. Palmitinsäure; **Anw.** techn.: in der Parfümerie.

Hom: *Vetiveria zizanioides:* getrockneter Wurzelstock mit Wurzeln.

Vetiveröl: s. Vetiveria zizanioides (Oleum Vetiveriae).

Vetiverwurzel: s. Vetiveria zizanioides (Radix Vetiveriae).

Vetrabutin INN: Refatrin; *N*-[1-(3,4-Dimethoxyphenyl)-4-phenylbutyl]-*N*,*N*-dimethylamin; CAS-Nr. 3735-45-3; $C_{20}H_{27}NO_2$, M_r 313.45. **Anw.:** Spasmolytikum*, Uterusrelaxans. Gebräuchl. ist auch Vetrabutinhydrochlorid.

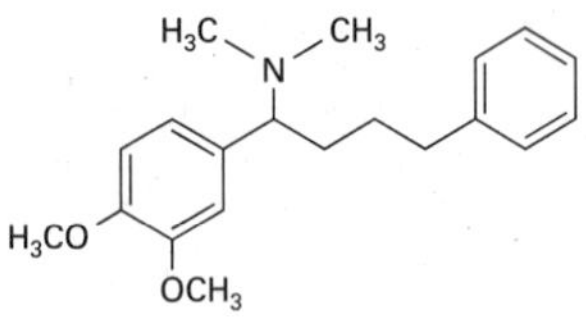

Vetrabutin

VFA: Abk. für **V**erband **F**orschender **A**rzneimittelhersteller; Wirtschaftsverband der forschenden Arzneimittelhersteller in Deutschland. Er vertritt die Interessen von weltweit führenden forschenden Arzneimittelherstellern u. deren Tochter- u. Schwesterfirmen in der Gesundheits-, Forschungs- u. Wirtschaftspolitik. Die Mitglieder des VFA repräsentieren mehr als zwei Drittel des gesamten deutschen Arzneimittelmarktes.

Vials: Durchstechflaschen, Stechampullen, Injektionsfläschchen, Capsolutflaschen, Ampullenflaschen; Mehrdosenbehälter mit Durchstechverschlüssen aus Gummi od. künstl. Polymeren zur portionenweisen Entnahme unter möglichst keimarmen Bedingungen. Die V. werden mit einem durchstechbaren gummielastomeren Stopfen u. einer darüber befestigten (aufgebördelten) Aluminiumkappe mit Abreißdeckel od. -lasche verschlossen (Capsolutverschluss).

Vibrio: Gattung gramnegativer, bewegl., gerader od. gekrümmter Stäbchenbakt. der Fam. Vibrionaceae. **Vork.:** Saprophyten in Küstengewässern od. im Oberflächenwasser des Binnenlands; nur fakultativ pathogen; med. wichtigster pathogener Vertreter: V. cholerae als Erreger der Cholera*.

Viburnum opulus L.: Gemeiner Schneeball; Fam. Adoxaceae (Europa). Stpfl. von **Cortex Viburni opuli:** Schneeballbaumrinde. **Inhaltsst.:** der Bitterstoff Viburnin (Glucosid der Baldriansäure), phenol. Glykoside, Fettsäuren, Cumarine, Alkaloide u. Catechingerbstoffe; **Anw.** volkstüml.: z. B. bei schmerzhaften Menstruationsstörungen.

Hom: *Viburnum opulus (HAB1.5):* frische, im Herbst gesammelte Rinde der Zweige u. jungen Stämme; verord. z. B. bei Dysmenorrhö.

Viburnum prunifolium L.: Schneeballbaum, Amerikanischer Schneeball; Fam. Adoxaceae (Nordamerika). Stpfl. von **Cortex Viburni prunifolii:** Viburni prunifolii cortex, Amerikanische Schneeballbaumrinde, Viburnumrinde; die getrocknete Rinde der Stämme u. Zweige. **Inhaltsst.:** Amentoflavon (s. Bisflavonoide) u. a. Flavonoide, ca. 0.5 % Arbutin, α- u. β-Amyrin* u. andere z. T. mit Essigsäure veresterte Triterpene wie Oleanolsäure* u. Ursolsäure*, ferner Scopoletin*, Scopolin* u. Aesculetin* sowie versch. Säuren wie Chlorogen- u. Salicylsäuren u. Gerbstoffe; **Anw.** volkstüml.: bei Menstruationsschmerzen, Koliken, Krämpfen, meist in Form des Fluidextrakts (Extractum Viburni prunifolii fluidum).

Hom: *Viburnum prunifolium:* frische Früchte.

vic- (lat. vicinus Nachbar): Abk. für vicinal; Präfix in der org. Nomenklatur zur Bez. zweier Substituenten an benachbarten Kohlenstoffatomen; s. Halogenalkane.

Vichysalz: s. Sal alcalinum compositum.

Vicia faba L.: Puffbohne, Saubohne, Dicke Bohne; Fam. Fabaceae, Leguminosae (in zahlreichen Gebieten kult.). **Inhaltsst.:** Lektine* mit einem spezif. Bindungsvermögen zu Glucose u. Mannose.

Vicianose: 6-(α-L-Arabinosido)-D-glucose, $C_{11}H_{20}O_{10}$. Reduzierendes Disaccharid; Zuckerkomponente versch. Glykoside, die z. B. in Vicia-, Geum- u. Viola-Arten vorkommen.

vicinal: s. vic-, vgl. Halogenalkane.

Vidarabin INN: Adeninarabinosid; 9-β-D-Arabinofuranosyladenin-Monohydrat; CAS-Nr. 5536-17-4 (Anhydrat); CAS-Nr. 24356-66-9 (Monohydrat); $C_{10}H_{13}N_5O_4 \cdot H_2O$, M_r 285.2. Schmp. 269-279 °C. Schwer lösl. in Wasser. **Anw.:** Virostatikum* (Nucleosid*-Antimetabolit); bei Herpes simplex, Herpes zoster; **Dos.:** lokal in 3 %iger Zuber.; parenteral in 10 %iger Injektionslösung.

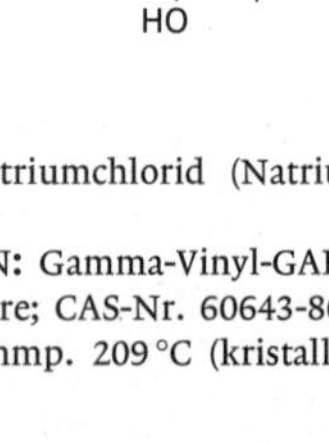

Vidarabin

Viehsalz: s. Natriumchlorid (Natrium chloratum crudum).

Vigabatrin INN: Gamma-Vinyl-GABA; (±)-4-Amino-5-hexensäure; CAS-Nr. 60643-86-9; $C_6H_{11}NO_2$, M_r 129.16. Schmp. 209 °C (kristallisiert aus Aceton/Wasser). Leicht lösl. in Wasser. $pK_{S,1}$ 4.02 (COOH-Gruppe) $pK_{S,2}$ 9.72 (NH_2-Gruppe). Analogon der γ-Aminobuttersäure (GABA*). **Wirk.**: spezif., irreversible Hemmung der GABA-Aminotransferase, führt zu einer erhöhten GABA-Konz. im Gehirn; **Anw.**: Antiepileptikum*; **UAW:** bei Erwachsenen Müdigkeit u. Schläfrigkeit, bei Kindern Erregung u. Aggressivität; gastrointestinale Beschwerden; **Kontraind.**: Schwangerschaft u. Stillzeit; **Dos.**: p. o. Kinder 10-15 kg KG 0.5-1 g/d, 15-30 kg KG 1-1.5 g/d, 30-50 kg KG 1.5-3 g/d; Anfangsdos. für Erwachsene 2 g (stufenweise Steigerung um 0.5-1 g; für Kinder 40 mg/kg KG tägl.); HWZ 5-8 h.

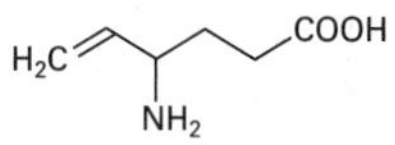

Vigabatrin

Vigna unguiculata (L.) Walp.: Dolichos biflorus L.; Fam. Fabaceae (Leguminosae). Es existieren versch. Unterarten, von denen **V. unguiculata** (L.) WALP. **ssp. unguiculata** (Kurzbohne, Augenbohne) die wichtigste ist. **Verw.**: weltweiter Anbau als Futter- u. Nahrungspflanze.

Viloxazin INN: 2-(2-Ethoxyphenoxymethyl)morpholin; CAS-Nr. 46817-91-8; $C_{13}H_{19}NO_3$, M_r 237.30. **Anw.**: Antidepressivum (s. Psychopharmaka) vom Imipramin-Typ; **UAW:** häufig Übelkeit, seltener Erbrechen u. Kopfschmerzen, weniger anticholinerge UAW als tricycl. Antidepressiva. Verstärkung von Angstzuständen, Agitiertheit, Ataxie, Schlaflosigkeit, Tremor, Parästhesien, Krämpfe; bei Überdosierung: Symptome von Schläfrigkeit bis Koma, abgeschwächte Reflexe, Miosis, Tachykardie u. Herzarrhythmien, die im Ggs. zu Amitriptylin* nicht lebensbedrohend sind; **Dos.**: p. o. 3×50 mg/d, nach 2 Wochen erhöhbar auf 400 mg/d; HWZ 2-5 h. Gebräuchl. ist auch Viloxazinhydrochlorid.

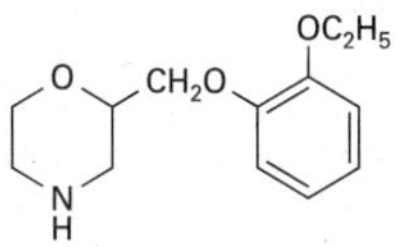

Viloxazin

Vilsmeier-Reaktion: Verfahren zur Synthese von Aldehyden durch Formylierung aromat. Verb. u. Verbindungen mit aktivierten Doppelbindungen mit Hilfe von disubstituierten Formamiden u. Phosphoroxidchlorid. Beispiel: aus *N,N*-Dimethylanilin u. Dimethylformamid entsteht *p*-Dimethylaminobenzaldehyd.

Vina medicata: Vina medicinalia, medizinische Weine (DAB6), Arzneiweine (ÖAB90); Arzneizuber., die durch Lösen od. Mischen von Drogenauszügen od. Arzneimitteln mit Wein (s. Vinum) hergestellt werden. Meist erfolgt die Herst. der Weine in derselben Weise wie die der Tincturae*. Falls alkaloid- od. glykosidhaltige Drogen od. entsprechende Fluidextrakte verwendet werden,

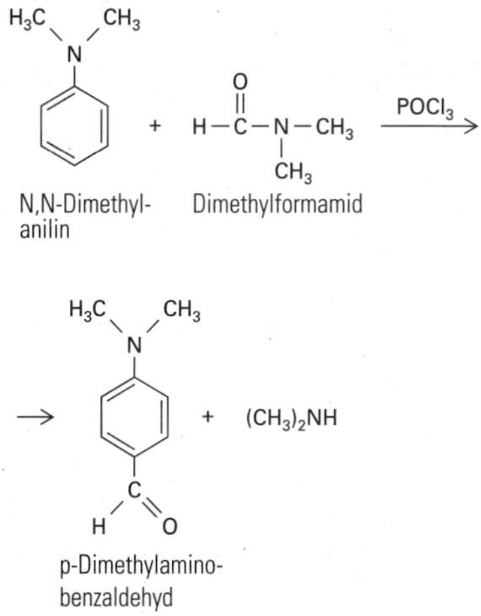

Vilsmeier-Reaktion: Bildung von *p*-Dimethylamino-benzaldehyd

müssen die Weine vorher vom Tannin befreit werden, was am besten durch Zusatz von weißer Gelatine geschieht (10 mL einer 10 %igen Gelatinelösung auf 1000 mL Wein). Folgende Arzneiweine sind in verschiedenen Arzneibüchern offizinell: **Vinum camphoratum**: Campherwein; Zstzg.: DAB6, 1 T. Campher, 1 T. Ethanol, 3 T. Gummischleim, 45 T. Weißwein; **Vinum Chinae**: Vinum Cinchonae; Chinawein; Zstzg.: ÖAB90, 5 T. Chinafluidextrakt, 5 T. Bitterorangentinktur (Pomeranzentinktur), 90 T. südl. Süßwein (Vinum meridianum dulce), Bitterwert mind. 300; DAB6, 5 T. Chinafluidextrakt, 1 T. Pomeranzentinktur, 15 T. Zucker, 0.1 T. Citronensäure, 80 T. Xereswein*; **Anw.**: Stomachikum; **Vinum Chinae ferratum**: China-Eisenwein; Zstzg.: ÖAB90, 0.5 T. Chinin-Eisencitrat, 2 T. gereinigtes Wasser, 97.5 T. südl. Süßwein; **Vinum Condurango**: Kondurangowein; Zstzg.: ÖAB90, 10 T. Kondurangofluidextrakt, 90 T. weißer Süßwein (Vinum dulce); Ph.Helv.7, 10 T. Kondurangofluidextrakt, 90 T. südl. Süßwein; DAB6, 10 T. Kondurangofluidextrakt, 1 T. aromat. Tinktur, 9 T. Zucker, 80 T. Xereswein; **Vinum Pepsini**: Pepsinwein; Zstzg.: DAB6, 24 T. Pepsin, 20 T. Glycerol, 3 T. Salzsäure, 20 T. gereinigtes Wasser, 92 T. Zuckersirup, 2 T. Pomeranzentinktur, 839 T. Xereswein; **Vinum stomachicum**: Bitterorangenwein, Magenwein; Zstzg.: ÖAB90, 15 T. Pomeranzenfluidextrakt, 20 T. Zimttinktur, 5 T. Enzianextrakt, 60 T. weißer Süßwein; Bitterwert mind. 2500.

Vinblastin INN: Vincaleukoblastin; CAS-Nr. 865-21-4; $C_{46}H_{58}N_4O_9$, M_r 811.00. Alkaloid aus Catharanthus* roseus (Vinca rosea). Strukturformel s. Vincaalkaloide (Abb.). Schmp. 211-216 °C (kristallisiert aus Methanol). $[\alpha]_D^{26\,°C}$ +42° (in Chloroform). Fast unlösl. in Wasser, Petrolether; lösl. in Alkoholen, Aceton, Ethylacetat, Chloroform; pK_S der konjugierten Säure 5.4, 7.4. **Anw.**: Zytostatikum*; u. a. generalisierter Morbus Hodgkin, fortgeschrittenes Hodenkarzinom, Kaposi-Sarkom, Chorionkarzinom; **Dos.**: parenteral i. v.,

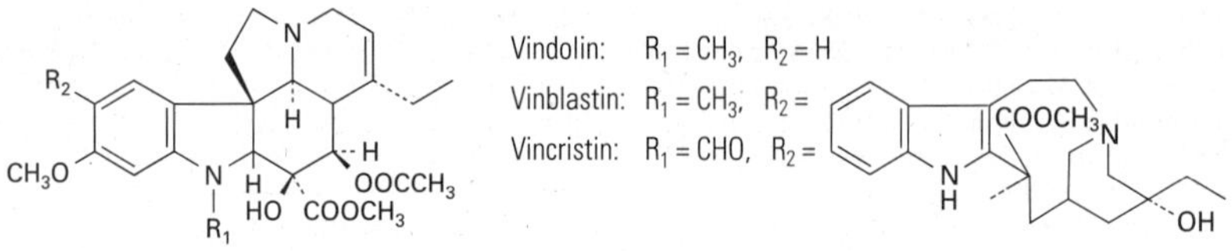

Vincaalkaloide

Infusion i. v. 0.1 mg/kg KG/7 d, steigern bis max. 0.5 mg/kg KG/7 d; HWZ ca. 25 h. Gebräuchl. sind auch Vinblastinsulfat-Monohydrat, Vinblastinsulfat; vgl. Vincristin.

Vincaalkaloide: ca. 60 iridoide Indolalkaloide*, häufig Bisindolalkaloide bzw. Carbazolalkaloide, aus Catharanthus* roseus (Vinca rosea), Vinca* minor u. a. Catharanthus- u. Vinca-Arten. Die wichtigsten sind: **1.** Vinblastin* u. Vincristin*: dimere Alkaloide mit zytostat. Eigenschaften (Mitosehemmer, verhindern den Aufbau funktionsfähiger Mikrotubuli; Strukturformel des Präkursors Catharanthin s. Catharanthus roseus, Abb.); **2.** Vincamin*: pentacycl. mit Carbolinstruktur (s. Alkaloide, Abb.); **3.** Vindolin: antidiabet. (s. Abb.).

Vincaleukoblastin: s. Vinblastin.

Vincamin INN: Vincaminsäuremethylester; Methyl-14,15-dihydro-14β-hydroxy-3α,16α-eburnamenin-14-carboxylat; CAS-Nr. 1617-90-9; $C_{21}H_{26}N_2O_3$, M_r 354.43. Carbolinalkaloid aus Vinca* minor. Schmp. 232-233 °C (krsitallisiert aus Aceton od. Methanol). $[\alpha]_D^{23\,°C}$+41° (in Pyridin). **Off.:** DAC86; **Wirk.:** blutdrucksenkend, erhöht die Sauerstoffaufnahme u. Glucosevermehrung im Gehirn; **Anw.:** bei zerebrovaskulären Erkrankungen, auch in der Geriatrie; **Dos.:** p. o. 3×20 mg/d; Dauerther. 20 mg morgens, 10 mg mittags u. abends; oral retard 30 mg/12 h; parenteral i. m. 1-2×15 mg/d, Infusion i. v. 15 mg; HWZ 0.9 h bzw. 1.97 h (Metaboliten). Gebräuchl. sind auch Vincaminhydrochlorid, Vincaminhydrogentartrat.

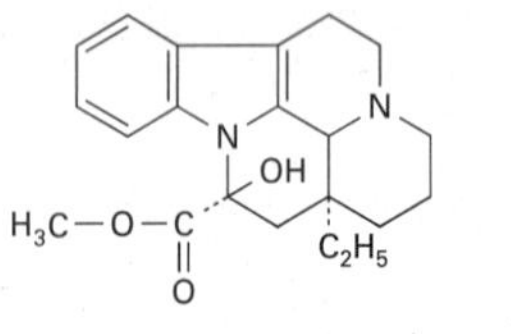

Vincamin

Vinca minor L.: (Kleines) Immergrün; Fam. Apocynaceae (Süd- u. Mitteleuropa, Kaukasus, Kleinasien). Stpfl. von **Herba Vincae (pervincae):** Vincae minoris herbae, Immergrünkraut. **Inhaltsst.:** 0.3-1 % Indolalkaloide, Hauptalkaloid ist das Vincamin, ferner Flavonoide, Phenolcarbonsäuren u. Terpene; **Anw.** volkstüml.: bei Durchblutungsstörungen, v. a. zur Besserung der Gehirndurchblutung, weiterhin bei erhöhtem Blutdruck, erhöhtem Blutzucker, Magen-Darm-Beschwerden; äußerl. zur Blutstillung; aufgrund bestehender Risiken ist eine arzneil. Verw. der Droge u. ihrer Zuber. nicht vertretbar; Negativmonographie Kommisision E; techn.: zur Gewinnung von Vincamin*.

Hom: *Vinca minor (HAB1.3):* frisches, blühendes Kraut mit anhängenden fasrigen Wurzeln; verord. z. B. bei nässenden Ekzemen.

Vincaminsäuremethylester: s. Vincamin.

Vinca rosea L.: s. Catharanthus roseus.

Vincetoxicum hirundinaria Medik.: Vincetoxicum officinale Moench, Cynanchum vincetoxicum (L.) Pers., Schwalbenwurz; Fam. Asclepiadaceae (Europa bis Himalaja). Stpfl. von **Rhizoma Vincetoxici:** Radix Vincetoxici, Radix Hirundinariae, Schwalbenwurzel, Sankt-Lorenz-Wurzel; gilt als Verfälschung von Radix Primulae (s. Primula veris). **Inhaltsst.:** Steroidsaponine (15-Oxasteroidglykoside), deren Gemisch auch als Vincetoxin bezeichnet wird, mit den Aglyka Hirundigenin u. Anhydrohirundigenin sowie u. a. den Zuckern D-Cymarose, L-Thevetose, L-Diginose, D-Digitoxose u. D-Oleandrose; ferner Sterine, Indolizidinalkaloide (z. B. Tylophorin), phenol. Verbindungen u. Bitterstoffe; **Anw.** volkstüml.: z. B. zur Erregung von Brechreiz, Steigerung der Harnmenge; heute obsolet; selten veterinärmedizinisch.

Hom: *Vincetoxicum hirundinaria (HAB1.4),* Vincetoxicum: frische Blätter.

Vincristin INN: Leucocristin; CAS-Nr. 57-22-7; $C_{46}H_{56}N_4O_{10}$, M_r 824.94. Ein iridoides Bis-Indolalkaloid aus Catharanthus* roseus. Strukturformel s. Vincaalkaloide (Abb.). Schmp. 218-220 °C (kristallisiert aus Methanol). $[\alpha]_D^{25\,°C}$+26.2° (in Ethylenchlorid). pK_S der konjugierten Säure 5.0, 7.4 in DMF 33 %. **Anw.:** Zytostatikum*; bei Leukämie, Morbus Hodgkin, Bronchialkarzinom; **Dos.:** parenteral i. v. Infusion 1×1.4 mg/m^2 Körperoberfläche od. 0.05 mg/kg KG/7 d, steigerbar bis max. 0.15 mg/kg KG/7 d; HWZ ca. 85 h. Gebräuchl. ist auch Vincristinsulfat; vgl. Vinblastin.

Vindesin INN: 3-Carbamoyl-4-desacetyl-3-des-(methoxycarbonyl)vincaleukoblastin; CAS-Nr. 53643-48-4; $C_{43}H_{55}N_5O_7$, M_r 753.95. Partialsynthet. Derivat von Vinblastin*. Schmp. 230-232 °C (kristallisiert aus Ethanol-Methanol). $[\alpha]_D^{25\,°C}$+39.4° (c=1.0 in Methanol). pK_S der konjugierten Säure 5.39, 7.36 (DMF 66 %); pK_S 6.04, 7.67 (Wasser). **Anw.:** Zytostatikum; bei lymphat. Leukämie, malignen Lymphomen, malignen Melanomen, Bronchialkarzinom; **Dos.:** parenteral 3 mg/m^2 Körperoberfläche i. v. Injektion od. i. v. Infusion; HWZ ca. 25 h. **Vindesinsulfat** INN: Vindesini sulfas Ph.Eur.4; CAS-Nr. 59917-39-4; $C_{43}H_{57}N_5O_{11}S$, M_r 852.0. Weiß, hygroskop., leicht lösl. in Wasser.

Vindolin: s. Vincaalkaloide.

Vinorelbin INN: Noranhydrovinoblastin, 3',4'-Didehydro-4'-deoxy-8'-norvincaleukoblastin; CAS-Nr. 71486-22-1; $C_{45}H_{54}N_4O_8$, M_r 778.95. Halbsynthet. Vincaalkaloid*. **Wirk.:** hemmt wie Vinblastin*, Vincristin* u. Vindesin* die Polymerisation von Tubulindimeren zu Mikrotubuli (Spindelgift, Mitosehemmer), es wirkt spezif. auf mitotische Mikrotubuli u. weniger stark auf axonale od. andere Mikrotubuliklassen, daher geringere Neurotoxizität als bei den anderen Vincaalkaloiden; **Anw.**: Zyotostatikum*; bei Bronchialkarzinom u. Mammakarzinom; **UAW:** u. a. Neutropenie, gelegentl. Infektionen, Anämie; **Kontraind.**: Schwangerschaft u. Stillzeit, Leberinsuffizienz, Neutropenie, Thrombozytopenie; **WW:** Kombination von Fluorouracil* mit Folinsäure* (Mukosatoxizität wird verstärkt); **Dos.**: parenteral einmal wöchentl. 30 mg/m^2 Körperoberfläche; HWZ 40 h. **Vinorelbintartrat:** CAS-Nr. 125317-39-7; $C_{45}H_{54}N_4O_8 \cdot 2\,C_4H_6O_6$, M_r 1079.12. 10 mg V. entspr. 13.85 mg Vinorelbintartrat.

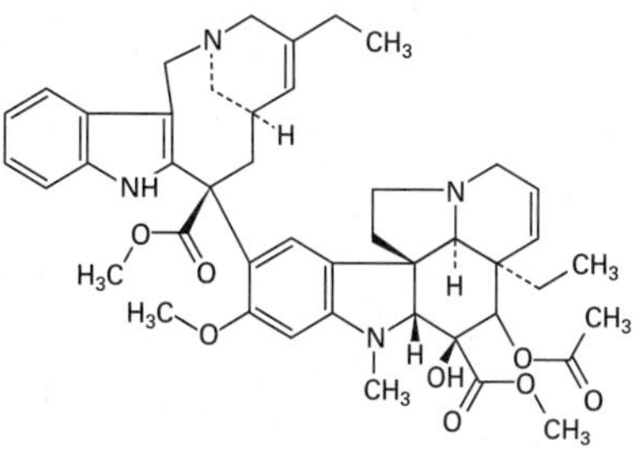

Vinorelbin

Vinpocetin INN: Ethyl-apovincamin-22-oat; (3α,16α)-Eburnamenin-14-carbonsäureethylester; CAS-Nr. 42971-09-5; $C_{22}H_{26}N_2O_2$, M_r 350.46. Schmp. 147-153 °C (unter Zers.; kristallisiert aus Benzol). $[\alpha]_D^{20\,°C}$ +114° (c=1 in Pyridin). Derivat von Vincamin*. **Wirk.**: V. soll sich günstig auf den zerebralen Energiestoffwechel auswirken: erhöhte Aufnahme von Sauerstoff, Glucose, erhöhter ATP-Gehalt, verminderter Lactatspiegel; **Anw.**: Nootropikum*; **UAW:** Tensionsverminderungen, Tachykardie, Extrasystolen, Hautjucken; **Kontraind.**: Schwangerschaft u. Stillzeit; **Dos.**: p. o. 3×5-10 mg/d (während der Mahlzeiten).

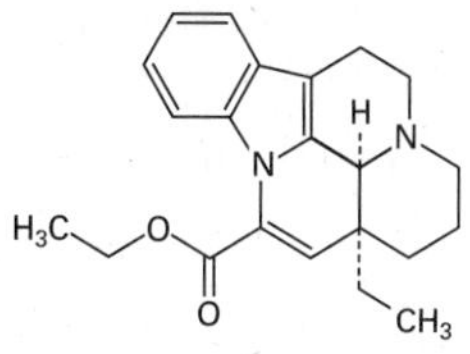

Vinpocetin

Vinum: Wein; das durch alkohol. Gärung aus dem Saft der Weintraube (s. Vitis vinifera) hergestellte Getränk; z. B. Tafelwein, Qualitätswein, Prädikatswein, Dessert- od. Likörwein, aromatisierter Wein (Wermutwein). Die Bez. variieren in den einzelnen Ländern entspr. den einschlägigen gesetzl. Bestimmungen. Die **Untersuchung** des Weins dient zur allg. Kontrolle u. zur Aufdeckung von Verfälschungen. Für arzneil. verwendete Weine erstreckt sich die Untersuchung hauptsächl. auf: Alkoholgeh., Extraktgeh., Asche, Phosphorsäure (bei Dessertweinen), Schwefel, Gesamtsäuregehalt, Glycerol, Zucker, fremde Farbstoffe, Konservierungsmittel sowie auf eventuellen Gehalt an Klärmitteln (z. B. Kaliumhexacyanoferrat(II), Blauschönung) u. Schädlingsbekämpfungsmitteln (v. a. Fungizide). **Zuber.**: Anstelle von Xereswein (Sherry) durfte nach DAB6 zur Herst. arzneil. Zuber. auch ein anderer Dessertwein verwendet werden, wenn er in Farbe u. Geschmack dem Xereswein ähnl. ist. Nach DAB10 wird zur Herst. von Arzneizuber., wenn erforderl., Likörwein (Vinum liquorosum) verwendet. Im ÖAB9 ist neben Vinum meridianum dulce (südl. Süßwein) Vinum dulce (Süßwein), in der Ph.Helv.7 nur Vinum meridianum dulce, offizinell. Zuber. mit Vinum, Arzneiweine (s. Vina medicata). **Weinähnliche Getränke:** Hierzu gehören die Obst-, Beeren- u. Malzweine, die durch alkohol. Gärung aus dem Saft der jeweiligen Obstart hergestellt werden. **Weinhaltige Getränke:** mit Wein zubereitete Getränke, z. B. Maiwein, Weinpunsch sowie die Arzneiweine. **Bestandteile des Weines:** Ethanol, Zucker, Weinsäure, Äpfelsäure, Essigsäure, Bernsteinsäure sowie deren Salze, ferner Extraktstoffe (Glycerol u. a.), Duftstoffe (Bukett), Farbstoffe, Gerbstoffe, Mineralstoffe (Natrium-, Calcium- u. Magnesiumsalze), Stickstoffverbindungen. Die Pressrückstände der Weinkelterung heißen Trester. Tresterwein (Lauer, Hansel, Glauern) ist ein durch Vergären von Zuckerwasser über Trestern unter Zusatz von Weinsäure hergestelles weinähnl. Getränk (Herst. gewerbsmäßig verboten, nur als Haustrunk gestattet). **Verfälschungen:** erfolgen hauptsächl. durch Überzuckerung, durch Zusatz von Tresterwein, Frucht- u. Rosinenweinen sowie durch Zusätze nicht erlaubter Chemikalien (z. B. Methanol, Glycerol, Diethylenglykol, Farbstoffe, Natriumazid, Alaun).

Vinum camphoratum: s. Vina medicata.

Vinum Chinae: s. Vina medicata.

Vinum Chinae ferratum: s. Vina medicata.

Vinum Condurango: s. Vina medicata.

Vinum dulce: s. Vinum.

Vinum liquorosum: s. Vinum.

Vinum meridianum dulce: s. Vinum.

Vinum Pepsini: s. Vina medicata.

Vinum stomachicum: s. Vina medicata.

Vinyl-: Präfix für chem. Verb. mit der einwertigen Gruppe $CH_2{=}CH-$ (s. Alkene). Beispiele: Vinylacetat $CH_3COO-CH{=}CH_2$, Vinylacetylen $CH_2{=}CH-C{\equiv}CH$, Vinylalkohol $CH_2{=}CH-OH$, Vinylether $CH_2{=}CH-OR$ (R = Alkyl*).

Vinylbital INN: Butylvinal; 5-(1-Methylbutyl)-5-vinylbarbitursäure; CAS-Nr. 2430-49-1; $C_{11}H_{16}N_2O_3$, M_r 224.25. Strukturformel s. Barbiturate (Abb. 2). Schmp. 90-91.5 °C. Weißes, krist. Pulver; schwer lösl. in Wasser, leicht lösl. in verd. Alkalihydroxidlsg., sehr leicht lösl. in Ethanol. **Off.**: DAC86; **Anw.**: Schlafmittel* (mittellang wirksames Barbiturat*); **Dos.**: p. o. 0.15 g; HWZ 24 h.

Vinylchlorid: Chlorethen; C_2H_3Cl, M_r 62.5. Farbloses Gas; schwer lösl. in org. Lösungsmitteln. **Anw.**: Reagens Ph.Eur.4; vgl. Polyvinylchlorid **Tox.**: giftig, nur im Abzug verwenden.

Vinylogie-Prinzip: Prinzip vinyloger Verb., d.h. Verb., die sich durch das Vorhandensein einer od. mehrerer Vinyl*-Gruppen in einer Kette voneinander unterscheiden u. ähnl. chem. Verhalten zeigen. Crotonaldehyd ist ein vinyloger Acetaldehyd: die Methylgruppe im Crotonaldehyd ist in Kondensationsreaktionen gleich reaktiv wie die Methylgruppe im Acetaldehyd.

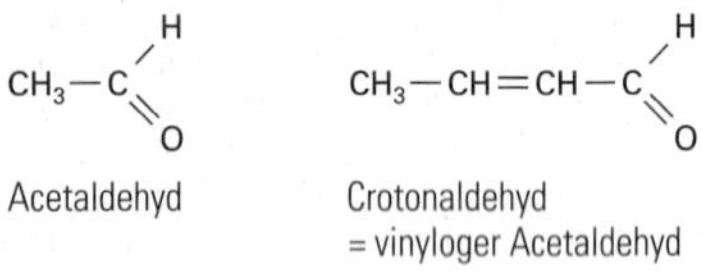

Vinylogie-Prinzip: Crotonaldehyd als vinyloger Acetaldehyd

***N*-Vinyl-2-pyrrolidinon:** s. Povidon.

Violanthron: Indanthrendunkelblau, Dibenzanthron; $C_{34}H_{16}O_2$, M_r 456.5. Gegen Licht u. Chemikalien bes. beständiger, sehr waschechter synthet. Farbstoff.

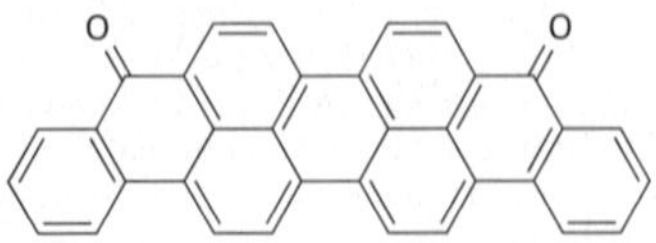

Violanthron

Viola odorata L.: Wohlriechendes Veilchen; Fam. Violaceae (Europa). Stpfl. von **Rhizoma Violae:** Radix Violae odoratae, Märzveilchenwurzelstock, Echte Veilchenwurzel; nicht zu verwechseln mit der Veilchenwurzel, s. Iris germanica (Rhizoma Iridis). **Inhaltsst.:** 0.04% äther. Öl, das Methylsalicylat enthält (vgl. Viola tricolor) u. Saponine; **Anw.:** bei leichtem, unspezif. Husten; volkstüml.: als Ersatz für Ipecacuanhae radix, s. Cephaelis ipecacuanha; **Flores Violae odoratae:** Flores Violarum, Veilchenblüten. **Inhaltsst.:** Saponine, Anthocyane, 0.003% äther. Öl mit Methylsalicylat, die Ketone α- u. β-Iron*, α- u. β-Jonon* (Träger des Veilchendufts), Schleim u. Zucker; **Anw.** volkstüml.: Katarrhe der Atemwege; aus frischen Blüten wird mittels des Pomadeverfahrens äther. Öl, das Veilchenblütenöl, gewonnen, z.B. in Grasse, Frankreich; es erscheint geruchlos; erst in einer Verd. von ca. 1:5000 (bis 10000) tritt der Veilchengeruch auf; **Herba Violae odoratae:** Veilchenkraut. **Inhaltsst.:** Saponine u. Spuren äther. Öls; **Anw.** volkstüml.: schweißtreibendes Mittel.

Viola tricolor L.: Stiefmütterchen, Dreifaltigkeitskraut, Freisamkraut; Fam. Violaceae (nördl. Hemisphäre). Zus. mit Viola arvensis Stpfl. von **Violae herba cum floris:** Herba Violae tricoloris, Herba Jaceae, Wildes Stiefmütterchen mit Blüten, Stiefmütterchenkraut; die zur Blütezeit gesammelten oberird. T. der Pflanze. **Off.:** Ph.Eur.4, ÖAB90; **Inhaltsst.:** Flavonoide (nach Ph.Eur. mind. 1.5%, ber. als Violanthin), Anthocyane, Phenolcarbonsäuren, Carotinoide, v.a. Violaxanthin*, Spuren äther. Öls (v.a. Salicylsäuremethylester), das Glykosid Violutosid (Violutin), bei dem Methylsalicylat mit dem Disaccharid Vicianose* verbunden ist (vgl. Gaultherin), ferner Gerbstoffe, Schleim, Zucker u. hämolyt. aktive Peptide; **Anw.:** leichte seborrhoische Hauterkrankungen, Milchschorf bei Kindern; volkstüml.: innerl. bei Verstopfung, bei Katarrhen der Atemwege, als sog. Blutreinigungsmittel.
Hom: *Viola tricolor (HAB1.3):* frisches, blühendes Kraut; verord. z.B. bei Hautausschlägen.

Violaxanthin: Diepoxid von Zeaxanthin*; eines der wichtigsten pflanzl. Carotinoide, das als orangefarbener od. braungelber Farbstoff in grünen Blättern u. vor allem in Blüten u. Früchten vorkommt.

Violursäure: 5-Isonitrosobarbitursäure, Alloxan-5-oxim, Acidum violuricum; $C_4H_3N_3O_4$. Schmp. über 185 °C (unter Zers.). Gelbl. krist. Pulver; lösl. in Wasser u. Ethanol, kaum lösl. in org. Lösungsmitteln. **Anw.:** in der Papierchromatographie zum Nachw. von Metallkationen.

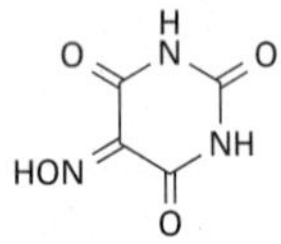

Violursäure

Viomycin: Tuberactinomycin B; $C_{25}H_{43}N_{13}O_{11}$; Polypeptid-Antibiotikum (s. Antibiotika) aus Streptomyces griseus. **Anw.:** früher als Antituberkulotikum*.

VIP: Abk. für **V**ascular-**I**ntestinal-**P**eptid; s. Hormone (gastrointestinale).

Vipera berus L.: Kreuzotter; Fam. Viperidae (Nord- u. Mitteleuropa, in Heide- u. Moorgebieten). Giftschlange, deren Gift hämolyt. wirkt, s. Schlangengifte.
Hom: *Vipera berus:* frisches Gift zur Verreibung; verord. z.B. bei Kreislaufschwäche, Thrombosen, Lähmungen.

Viquidil INN: Chinotoxin; 1-(6-Methoxy-4-chinolyl)-3-(3-vinyl-4-piperidyl)-1-propanon; CAS-Nr. 84-55-9; $C_{20}H_{24}N_2O_2$, M_r 324.41. Abbauprodukt von Chinin*. $[\alpha]_D^{15\,°C}$ +44°. Schwer lösl. in Wasser; leicht lösl. in Ethanol, Chloroform, Ether. **Anw.:** zerebraler Vasodilatator*; HWZ 6 h. Gebräuchl. ist auch Viquidilhydrochlorid (CAS-Nr. 52211-63-9).

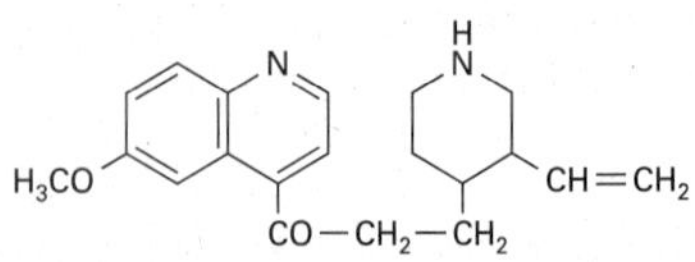

Viquidil

Virämie: Vorhandensein von Viren im Blut.

Viren: Sammelbez. für biol. Strukturen (meist Krankheitserreger), die als genet. Information nur entw. DNA od. RNA enthalten u. nicht über die für Wachstum u. Teilung erforderl. Enzyme verfügen, sondern dazu Wirtszellen benötigen, auf die sie häufig pathogen wirken. Von Pasteur erstmals 1881 gebrauchte Sammelbez. für „infektiöse Einheiten", die im Ggs. zu Bakt., Pilzen u. Protozoen keine Zellstrukturen aufweisen (s. Abb.). V. haben eine formbestimmende (Lipo-)Proteinhülle, das Kapsid u. werden von lebenden Zellen repliziert, indem sie ihr genet. Material in die Wirtszelle einschleusen u. den gesamten Stoffwechsel der Wirtszelle umprogrammieren zur Reproduktion des kompletten infektionstaugl. Viruspartikels (Virion). Wegen ihrer geringen Größe (20-300 nm) können V. die meisten bakteriendichten Filter passieren u. im Lichtmikroskop nicht dargestellt werden. Einteilung: s. Virusklassifikation. Neben den V. werden sog. unkonventionelle V. beschrieben, die meist erhebl. kleiner sind u. über deren Biozyklus wenig bekannt ist (s. Viroide). Die den sog. Slow*-virus-Infektionen zugrundeliegenden Mechanismen sind bisher nur z. T. geklärt. Histor. bedingt werden auch Prionen* in das Fachgebiet der Virologie eingeschlossen.

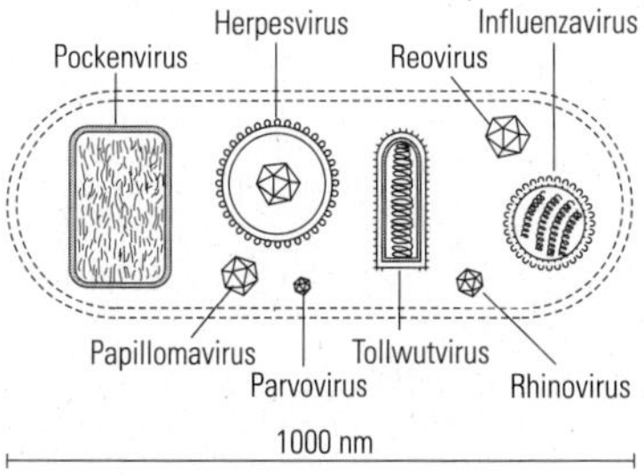

Viren: Größenvergleich von Viren; um die Viren ist in dünnen Umrissen ein kleines Bakt. (Rickettsie) zum Vergleich der Größenunterschiede gezeichnet [21]

Viride nitens: s. Malachitgrün.

Viridiflorol: s. Mentha x piperita (Menthae piperitae aetheroleum, Inhaltsst.).

Virion: vollständiges, aus Nucleokapsid u. ggf. Virushülle bestehendes, für die jeweilige Wirtszelle infektiöses Virus; s. Viren.

Viroide: Pflanzenpathogene, die nur aus einer ringförmigen RNA bestehen (etwa 200 bis 400 Nucleotide) u. im Unterschied zu Viren keine Eiweißhülle besitzen. V. sind infektiöse, in der Natur vagabundierende RNA-Partikel, die sich nur in bestimmten Wirtszellen sehr langsam vermehren. Einige durch V. induzierte Pflanzenkrankheiten sind bekannt.

Virola calophylloidea Markgraf: Fam. Myristicaceae (nördl. Südamerika). Zus. mit anderen Virola-Arten Stpfl. von **Yakée:** Paricà, Epóna; die pulverisierte Rinde (Rindenharz). **Inhaltsst.:** Tryptamin-Verb. wie in Yopo (s. Piptadenia peregrina); **Wirk.** u. **Anw.** volkstüml.: wie Yopo als halluzinogenes Schnupfmittel.

Virola sebifera (Aubl.): Myristica sebifera Aubl., Talgmuskatnußbaum; Fam. Myristicaceae (Westindien, Brasilien). Stpfl. von **Virolafett:** das talgartige Fett der Samen. **Inhaltsst.:** Myristin, Olein u. freie Fettsäuren; **Anw.** volkstüml.: (in Brasilien) geg. rheumat. Beschwerden, techn.: zur Seifen- u. Kerzenfabrikation; die Blätter werden bei Dyspepsie als Tee getrunken; die Rindenabkochung wird zum Waschen von Wunden verwendet.
Hom: *Myristsica sebifera:* frischer Saft der verletzten Baumrinde; verord. z. B. bei Eiterungen, Abszessen.

Virologie: Lehre von den Viren*; vgl. Mikrobiologie.

Virosen: Viruskrankheiten; vgl. Viren.

Virostatika (gr. stasis Stehen, Stillstehen): syn. Virustatika; chem. Verbindungen od. Arzneimittel, die durch Hemmung der Virusreproduktion eine Ther. virusbedingter Infektionen ermöglicht. Der Großteil der in vitro aktiven V. kann wegen ihrer Toxizität nicht therapeut. genutzt werden u. eine Chemotherapie* von Virusinfektionen ist nur vereinzelt möglich. Sicherster Schutz vor Virusinfektionen ist aus diesem Grund die passive Immunisierung*. Ferner werden bei Viruserkrankungen antibakterielle Stoffe zur Verhütung von bakteriell bedingten Begleitinfektionen u. Arzneimittel zur Symptomlinderung (z. B. Antiphlogistika*) angewendet. Da Viren über keinen eigenen Stoffwechsel verfügen u. sich nur in lebenden Wirtszellen vermehren können, ist die kausale Behandlung von Viruserkrankungen außerordentl. schwierig. Für die Chemotherapie von Virusinfektionen sind grundsätzlich folgende Möglichkeiten denkbar: **1.** die Haftung der Viren an der Zellmembran zu verhindern; **2.** das Eindringen der Viren in die Zellen zu hemmen; **3.** die Virusnucleinsäure so zu verändern, dass die Wirtszelle nicht mehr in der Lage ist, das Virus zu vermehren. **Wirkstoffe: 1.** Interferone*; **2.** cycl. Amine, z. B. Amantadin*, Tromantadin*; **3.** Thiosemicarbazone, z. B. Methisazon*; **4.** Biguanide, z. B. Moroxydin*; **5.** Nucleosid-Antimetaboliten*, z. B. Pyrimidinderivate wie Idoxuridin* u. Zidovudin*, Purinderivate wie Vidarabin*, Ganciclovir*, Aciclovir*, Famciclovir*, Penciclovir*; **6.** diverse, z. B. Benzimidazole, Amidine, Dihydroisochinoline, Naturstoffe (z. B. Rifamycine*).

Virotoxine: s. Amanita phalloides (Inhaltsst.).

Virulenz: Giftigkeit; Grad der Aggressivität von Mikroorganismen im Makroorganismus, bes. die krankheitserregende (Infektions-)Kraft von Bakt. u. Viren.

Virus: s. Viren.

Virusabreicherungsverfahren: s. Virusinaktivierungsverfahren.

Virusinaktivierungsverfahren: Verfahren zur Zerstörung von Viren. Nach den Vorgaben des Paul*-Ehrlich-Instituts zählen zu den allgemein anerkannten Verfahren das Pasteurisieren* und das Solvens-Detergens-Verfahren (SD-Verfahren). Gegenüber Virusabreicherungsverfahren (z. B. Nanofiltration, Bildung von Präzipitaten) steht die Zerstörung des Virus im Vordergrund. Bei der Pasteurisierung (z. B. Erhitzen des Produkts über 10 Stunden bei 60 °C) werden thermolabile Viren abgetötet, während durch das SD-Verfahren, bei dem das Produkt mind. 3 Stunden mit 0.3 % TNBP* (Lösungsmittel) und 1 % Triton-X-100 (Detergens) behandelt wird, sehr schnell die überlebenswichtige Lipdhülle umhüllter Viren entfernt wird.

Viruskapsid: s. Kapsid.

Virusklassifikation
Auswahl wichtiger menschen- und tierpathogener Viren

Familie	Größe des Virion (nm)	äußere Hülle	Genus	medizinisch wichtige Vertreter
DNA-Viren				
Papovaviridae	45 - 55	fehlt	Papillomavirus	Warzenvirus
			Miopapovavirus	SV40,BK,JC-Virus
Parvoviridae	18 - 26	fehlt	Parvovirus	humanes Parvovirus B19
Adenoviridae	60 - 90	fehlt	Mastadenovirus	Adenoviren
Herpesviridae	100 -200	ja	α,β,γ-Herpesvirus	Herpes-simplex-Virus
				Varizella-Zoster-Virus
				Epstein-Barr-Virus
				Zytomegalie-Virus
				HHV6, HHV7, HHV8
Poxviridae	230 -300	komplex	Orthopoxvirus	Vaccinia-Virus
				Variola-Virus
				Kuhpockenvirus
Hepadnaviridae	42 - 45	ja	ortho-Hepadnavirus	Hepatitis-B-Virus (HBV)
RNA-Viren				
Picornaviridae	20 - 40	fehlt	Enterovirus	Hepatitis-A-Virus
				Poliomyelitisviren
				Coxsackieviren
			Rhinovirus	Rhinoviren
			Aphtovirus	Maul- und Klauenseuche-Virus
Caliciviridae	30 - 40	fehlt	Calicivirus	Hepatitis-E-Virus
				Norwalk-Virus
Reoviridae	60 - 80	fehlt	Reovirus	Reoviren
			Orbivirus	verschiedene Arboviren
			Rotavirus	Rotavirus
Togaviridae	40 - 70	ja	Alphavirus	Pferdeenzephalitisvirus
			Flavivirus	Gelbfiebervirus
				Denguevirus
				FSME-Virus
			Rubivirus	Rötelnvirus
Retroviridae	100	ja	Oncornavirus	Leukose- und Sarkomvirus (HTLV I, II)
			Lentivirus	Slow-Viren bei Tieren
				HTLV III (HIV1, HIV2)
Orthomyxoviridae	80 -100	ja	Influenzavirus	Influenzavirus A, B, C
Paramyxoviridae	100 -300	ja	Paramyxovirus	Mumpsvirus
			Morbillivirus	Masernvirus
				Staupevirus
				Rinderpestvirus
			Pneumovirus	Respiratory-syncytial-Virus (RS-Virus)
Rhabdoviridae	70 -230	ja	Lyssavirus	Tollwutvirus
Filoviridae	70 -700 (bis 10 µm)	ja	Marburg-Virus	
			Ebola-Virus	

V

Virusklassifikation: Einteilung von Viren* nach versch. Gesichtspunkten. **1.** Aufbau: **a)** kubisch, **b)** helikal, **c)** komplex, **d)** Viren mit Hülle (envelope); **2.** Wirtszelle: **a)** animal. u. human, **b)** pflanzlich, **c)** bakteriell (s. Bakteriophagen); **3.** Nucleinsäure: **a)** RNA-Viren, **b)** DNA-Viren; **4.** Affinität zu Organsystemen: z. B. neurotrop, pneumotrop, enterotrop; Die heutige Klassifikation nach einheitl. Regeln (internationale Bez., Virus-Familie mit Endung -idae als Gruppierung von Genera mit ähnl. Aufbau, Genus mit Endung -virus usw.) gelang mit Hilfe exakter chem.-physik. u. genet. Analysen (s. Tab.).

Virustatika: s. Virostatika.

viruzid: Viren* abtötend.

Visammin: s. Khellin.

Viscera: Eingeweide. visceral: die Eingeweide betreffend.

Viscin: Viscinum; stark klebendes, kautschukartiges Weichharz (Schleim) grüner Farbe auf der Rinde u. in den Beeren der Mistel (s. Viscum album). **Anw.:** (früher) wie das V. aus japan. Ilex-Arten als Vogelleim; gereinigtes V. diente zur Herst. von stark klebenden Pflastern.

Viscotoxine: Gemisch bas., aus 46 Aminosäuren bestehender Peptide in Viscum* album. **Wirk.:** bei parenteraler Applikation im Tierversuch blutdrucksenkend; heftig reizend u. nekrotisierend (zytotox. Effekt).

Viscum album L.: (Weiße) Mistel, Hexenbesen; immergrüner Halbparasit auf versch. Laub- u. Nadelbäumen. Fam. Loranthaceae (Süd- u. Mitteleuropa, russ. Asien, Westpersien). Man unterscheidet versch. Unterarten, z. B. **Viscum album ssp. album**, Laubholzmistel (auf Malus domestica od. Betula-Arten), **Viscum album ssp. abietis** (Wiesb.), Tannenmistel (auf Abies alba) u. **Viscum album ssp. austriacum** (Wiesb.), Kiefernmistel (auf Pinus silvestris u. Pinus nigra). Stpfl. von **Visci herba:** Herba Visci (albi), Mistelkraut; die getrockneten jüngeren, grünen bis gelbgrünen Zweige mit Blättern, Blüten u. vereinzelten Früchten. **Off.:** DAB 2003; **Inhaltsst.:** (z. T. von Wirtspflanze abhängig) in den Blättern u. Stängeln (nicht in den weißen, saftigen Früchten) Viscotoxine*, Lektine* (Mistellektine, ML I, II, III); Polysaccharide, Flavonoide, biogene Amine, freie Aminosäuren, Phenylpropanderivate wie Syringin, Lignane, Triterpene u. a.; in den Früchten Viscin*; **Wirk.:** zytotoxisch (Mistellektine, Antitumorwirk. durch Apoptose-Auslösung; Viscotoxina wirken nekrotisierend), immunmodulierend (Mistellektine), blutdrucksenkend (vermutl. durch Viscotoxine); **Anw.:** Segmentther. bei entzündl. Gelenkerkrankungen; Palliativtherapie im Sinne einer unspezif. Reiztherapie bei malignen Tumoren; volkstüml.: z. B. als blutdrucksenkendes Mittel u. Herzmittel; die Mistel spielt eine wichtige Rolle in der Anthroposophie, ihr Einsatz in der Tumortherapie ist umstritten.

Hom: *Viscum album (HAB1.5):* frische, im Herbst geerntete, beblätterte Sprosse u. Früchte; verord. z. B. bei Hypertonie, peripheren Durchblutungsstörungen, Arteriosklerose.

Viskose: Bez. für eine wässrige, viskose Lösung von Cellulosexanthogenat*, aus der durch Säurefällung z. B. Folien od. Fasern aus (regenerierter) Cellulose erhalten werden (Viskoseverfahren).

Viskosefasern: Fasern aus Cellulose*, erzeugt, indem Viskose* durch Düsen in ein Säurebad gepresst wird. Die zunächst erhaltenen endlosen Fäden (Viskoseseide) werden als Reyon (auch Rayon) u. die auf die gewünschte Stapellänge geschnittenen Fäden meist als Zellwolle* bezeichnet. Durch Zusätze bei der Spinnlösung, z. B. Pigmente, können dem Verwendungszweck angepasste Fasern hergestellt werden. Titandioxid (max. 1.5 %) verleiht der V. ein baumwollähnl. Aussehen (mattierte Viskosefaser).

Viskoseseide: s. Viskosefasern.

Viskoseverfahren: s. Viskose.

Viskosimeter: Messgeräte zur Bestimmung der Viskosität*; z. B. Kapillarviskosimeter*, Rotationsviskosimeter*, Kugelfallviskosimeter*, Viskowaage*; vgl. Rheologie.

Viskosität: Zähigkeit, Faktor der inneren Reibung, Viskositätskoeffizient; wichtige Größe zur Beschreibung der Fließeigenschaften von Stoffen. Man versteht unter V. die „innere" Reibung od. den Widerstand, den die Moleküle od. kolloide Teilchen eines Stoffes ausüben, wenn sie gegeneinander verschoben werden od. wenn ein Körper in einer Flüssigkeit bewegt wird. Die V. nimmt mit steigender Temp. ab u. bei steigendem Druck zu. Ist unter isothermen Bedingungen eine Kraft F von 1 Newton (N) erforderlich, um eine Flüssigkeitsschicht gegenüber einer zweiten mit den Flächen A von 1 m^2 im Abstand x von 1 m mit der Geschwindigkeit v von 1 m/s in Richtung der Krafteinwirkung zu verschieben (laminare Strömung), beträgt die **dynamische Viskosität** (*syn.* absolute V.) η dieser Flüssigkeit $1\,N \cdot s \cdot m^{-2}$ bzw. 1 Pa · s (Pascalsekunde) bzw. 10 Poise* (ältere Einheit). Die dazwischenliegenden Flüssigkeitsschichten bewegen sich mit abnehmender Geschwindigkeit.

$$F = \eta \cdot A \cdot dv/dx$$

$$F/A = \eta \cdot dv/dx$$

Der Quotient aus der Tangentialkraft pro Flächeneinheit F/A wird als Schubspannung od. Scherkraft τ (SI-Einheit: $N \cdot m^{-2}$) bezeichnet, der Differentialquotient (Geschwindigkeitsgradient) dv/dh als Schergeschwindigkeit (syn. Schergefälle, Deformationsgeschwindigkeit) D (SI-Einheit: s^{-1}). Dabei gilt die Gleichnung nach Newton:

$$\tau = \eta \cdot D$$

bzw.

$$\eta = \tau/D$$

Die **relative Viskosität** ist das Verhältnis der V. einer Lösung zur V. des Lösungsmittels. Die **kinematische Viskosität** ν ergibt sich aus dem Quotient η/ρ, wobei ρ die Dichte der Flüssigkeit ist. Die SI-Einheit ist m^2/s; ältere Einheit: cSt (Centistokes), 1 cSt = $10^{-6}\,m^2/s$. **Idealviskose Körper:** Newton-Körper, Newton-Flüssigkeiten; Stoffe bei denen die dynam. V. η von der Schergeschwindigkeit unabhängig ist, so dass η eine Materialkonstante ist u. man im D/τ-Diagramm (D = f(τ), Rheogramm, Fließkurve) eine Gerade erhält, die durch den Nullpunkt verläuft. Der Anstieg der Geraden ist konstant u. ein Maß der Viskosität (τ/D = η = Anstieg). **Strukturviskose Körper:** Nicht-Newton-Körper; Stoffe mit einer Fließkurve, die eine nichtlineare Proportionalität aufweist (s. Rheologie). Man spricht dann von Quasiviskosität od. scheinbarer Viskosität. Diese ist nur dann aussagekräftig, wenn die Schubspannung od. die Schergeschwindigkeit bzw. bei Viskosimetern, die dies nicht ermöglichen (z. B. Kugelfallviskosimeter), die genauen Messbedingungen mitangegeben sind. V. einiger idealviskoser Substanzen bei 20 °C: Luft: $1.8 \cdot 10^{-2}$ mPa · s; Wasser: 1.008 mPa · s; Ethanol: 1.25 mPa · s; Ether: 0.255 mPa · s; Glycerol (wasserfrei): 1490 mPa · s; Rizinusöl: 969 mPa · s. **Messgeräte:** Bevorzugte Viskosimeter für idealviskose Flüssigkeiten sind das Kapillarviskosimeter* nach Ubbelohde, das Kugelfallviskosimeter* nach Höppler u. die Viskowaage*. Das am häufigsten verwendete Rotationsviskosimeter* (vgl. Rheologie) ermöglicht auch die rheolog. Eigenschaften von strukturviskosen Körpern zu charakterisieren. In der Ph.Eur.4 werden sowohl das Kapillarviskosimeter als auch das Rotationsviskosimeter beschrieben.

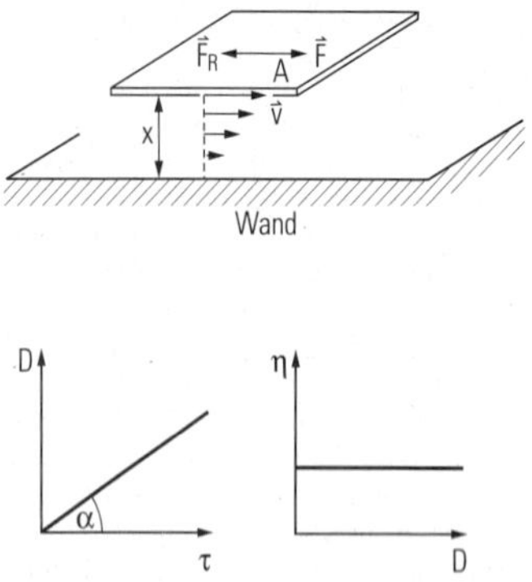

Viskosität: Darstellung der wirkenden Kräfte (oben) u. des Fließverhaltens von Newton-Körpern (unten)

Viskosität, dynamische: s. Viskosität.

Viskosität, plastische: s. Bingham-Körper, vgl. Viskosität.

Viskowaage: Messgerät zur Untersuchung des Fließverhaltens auch strukturviskoser Flüssigkeiten; s. Rheologie. Anstelle des freien Falles einer Kugel in einem mit der Messflüssigkeit gefüllten Rohr (s. Kugelfallviskosimeter), wird eine Kugel, die durch einen Stab mit der einen Seite eines Waagebalkens verbunden ist u. sich ebenso in einem thermostatisierten, mit der Prüfflüssigkeit gefüllten, kalibrierten Rohr befindet, in Abhängigkeit von der Höhe des aufgebrachten Gewichtes auf der anderen Seite des Waagebalkens mit unterschiedl. Geschwindigkeit nach oben bewegt. Dabei durchströmt die Flüssigkeit (vgl. Kugelfallviskosimeter) laminar den Spalt zwischen Kugel u. Rohr. Die Viskosität η in mP·s berechnet sich aus:

$\eta = K \cdot F \cdot t$

K=Kugelfaktor, F=Auflagegewicht in g, t=Messzeit zw. 0 u. der Stellmarke in Sekunden.

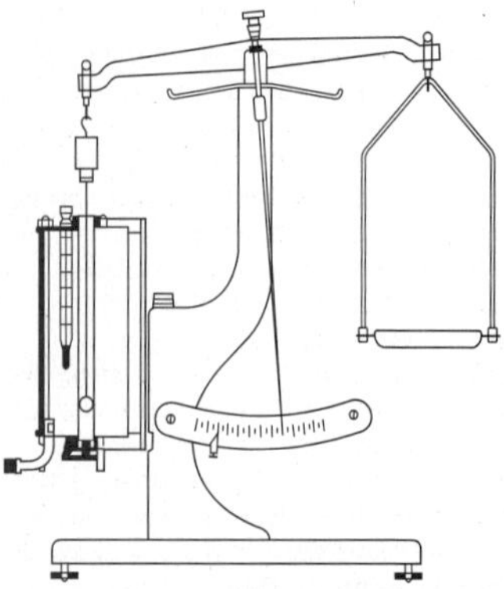

Viskowaage

Visnadin INN: 3'-(α-Methyl-butyryloxy)-4'-acetoxy-3',4'-dihydroseselin; 9,10-Dihydro-8,8-dimethyl-2-oxo-2*H*,8*H*-benzo[1,2-*b*:3,4-*b*]dipyran-9,10-diyl-10-acetat-9-(2-methylbutyrat); CAS-Nr. 477-32-7; $C_{21}H_{24}O_7$, M_r 388.40. Schmp. 85-88 °C (kristallisiert aus Leichtpetroleum od. Ether/Hexan). $[\alpha]_D^{30°C}$ +42.5° (c=2 in Dioxan). Schwer lösl. in Wasser; gut lösl. in Ethanol, Methanol; sehr leicht lösl. in Chloroform, Aceton, Ether, Benzol, DMF. Pyranocumarinester aus den Früchten von Ammi* visnaga. **Anw.:** Kardiakum; Vorbeugung, Behandlung u. Nachbehandlung des Herzinfarktes; **Dos.:** p.o. Initialdos. 3×0.1 g/d, Erhaltungsdos. 3-4×35 mg/d.

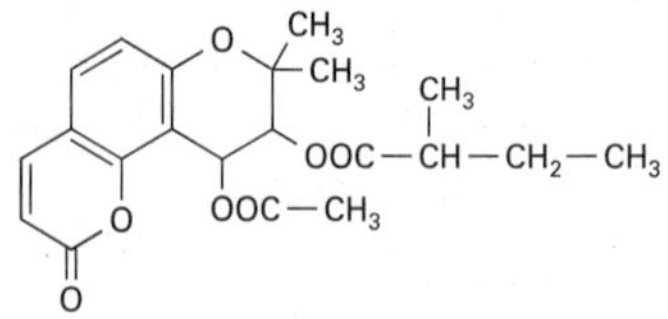

Visnadin

Visnagin: 5-Methoxy-2-methylfuranochromon, $C_{13}H_{10}O_4$, Strukturformel s. Khellin (Abb.), CAS-Nr. 82-57-5, M_r 230.21, Schmp. 142-145 °C, Kristallnadeln; fast unlösl. in Wasser, wenig lösl. in Ethanol (95 %) bei 25 °C, lösl. in Chloroform, Ether u. verd. Mineralsäuren; Inhaltsst. aus den Früchten von Ammi* visnaga (Ammeos visnagae fructus).

VIS-Spektroskopie: s. Spektroskopie.

Vitalfärbung: Anfärbung von lebenden Zellen (z.B. Zellkulturen) od. Geweben (tierexperimentell) mit Farbstoffen, die die Vitalprozesse nicht schädigen; z.B. mit Evans-Blau.

Vitali-Reaktion: Nachweisverfahren für die Alkaloide Atropin*, Hyoscyamin* u. Scopolamin*. **Durchführung:** der alkaloidhaltige Rohextrakt wird mit 3-5 Tr. rauchender Salpetersäure eingedampft; sind die Alkaloide enthalten, kommt es nach Zusatz von einigen Tr. alkohol. Kalilauge (0.5 mol/L) u. 5 mL Aceton im erkalteten Rückstand zu einer rotvioletten Färbung.

Vitalstoffe: Sammelbegriff für alle lebensnotwendigen Nähr- und Wirkstoffe wie Enzyme, Hormone, Vitamine, Mineralstoffe, Spurenelemente u. essentielle Fett- u. Aminosäuren.

Vitamin-A-Lösung: Vitamini A solutio 130 000 U.I./g, Sol. vitamini A 130 000 U.I./g; Zstzg.: Ph.Helv.7, Vitamin A (als Esterform od. konzentrierte Form) 14 500 000 I.E., 0.2 g Ethylgallat u. 0.002 g wasserfreie Citronensäure als Antioxidanzien u. Erdnußöl (POZ max. 3) auf 100.0 g. Bei der Herst. ist Tageslicht zu vermeiden u. unter Stickstoffbegasung zu arbeiten. **Anw.:** s. Vitamine (Vitamin A).

Vitamin, antidystrophisches: s. Vitamine (Vitamin E).

Vitamin, antihämorrhagisches: s. Vitamine (Vitamin-K-Gruppe).

Vitamin, antiinfektiöses: s. Vitamine (Vitamin A).

Vitamin, antineuritisches: s. Vitamine (Vitamin B_1).

Vitamin, antirachitisches: s. Vitamine (Vitamin D).

V

Vitamin, antiseborrhöisches: s. Vitamine (Biotin).
Vitamin, antiskorbutisches: s. Vitamine (Vitamin C).
Vitamin, antixerophthalmisches: s. Vitamine (Vitamin A).
Vitamin-A-Säure: s. Tretinoin.
Vitamin B_{12}, markiertes: s. Cyanocobalamin[^{57}Co]; Cyanocobalamin[^{58}Co]; Vitamine.
Vitamine: Org. Verbindungen, die der Körper für lebenswichtige Funktionen benötigt, die aber von ihm nicht selbst od. nicht ausreichend biosynthetisiert werden können u. regelmäßig mit der Nahrung zugeführt werden müssen. V. sind bereits in Spuren wirksam u., neben ihrer spezif. Funktion, häufig Bestandteil von Coenzymen des Zellstoffwechsels. Die Namen Vitamine (lat. vita Leben) u. Amine prägte 1912 Casimir Funk für das von ihm endeckte Thiamin (Vitamin B_1), das er als lebensnotwendig erkannte. Der Begriff wurde auf später entdeckte Verbindungen mit ähnl. Funktion ausgedehnt. V. gehören versch. chem. Gruppen, z. B. Kohlenhydraten, Purinen, Sterinen an u. werden eingeteilt in die Gruppe der **fettlöslichen** V.: A, D, E, K, u. die Gruppe der **wasserlöslichen** V.: B_1, B_2, B_6, B_{12}, Nicotinsäure, Pantothensäure, Biotin, Folsäure, Vitamin C, *myo*-Inositol*. Neben der Nomenklatur anhand von Buchstaben sind heute auch die chem. Substanznamen gebräuchlich. Die Aufnahme von V. erfolgt v. a. mit Nahrungsmitteln, synthetisiert werden V. von Pflanzen u. Mikroorganismen (z. B. im Darm). Mit der Nahrung zugeführte **Provitamine** müssen im menschl. u. tier. Organismus in aktive V. übergeführt werden, z. B. Carotine in Darmschleimhaut u. Leber zu Vitamin A (Ausnahme: Katze u. Hund) u. Ergosterin durch UV-Bestrahlung der Haut in Vitamin D. Geringe Molekülveränderungen führen zu Vitamin-Antagonisten, syn. **Antivitaminen**, die aufgrund ihrer strukturellen Ähnlichkeit diese von ihrem Wirkungsort in der Zelle verdrängen können (kompetitiv). **Anw.:** Vitamin K-Antagonisten (z. B. Dicumarol) als Antikoagulanzien, Folsäure-Antagonisten als Zytostatika.
Krankheitserscheinungen, die durch das Fehlen bestimmter V. hervorgerufen werden, bezeichnet man als **Avitaminosen**, die durch ungenügende Zufuhr ausgelösten als **Hypovitaminosen** u. die durch Überdosierung bedingten als **Hypervitaminosen**. Letztere sind nur bei den fettlösl. Vitaminen A, D, E u. K festgestellt worden, da diese im Ggs. zu den wasserlösl. V. im Körper gespeichert werden.
Vitamin A: Vitaminum A Ph.Eur.4, Retinol INN, Axerophthol, Xerophthol, antixerophthalmisches Vitamin (veraltet), antiinfektiöses Vitamin (veraltet), Epithelschutzvitamin; Sammelbez. für eine Gruppe von fettlösl. V. mit Polyisoprenoidstruktur (vgl. Terpene); bekannteste u. biol. wirksamste Verb. ist der Alkohol all-*trans*-Retinol, s. Abb. 1.
Vitamin A_1: all-*trans*-Retinol; $C_{20}H_{30}O$, M_r 286.5. Gelbe Prismen; lösl. in fetten Ölen, Ethanol, Benzol, Ether, Chloroform, Aceton, Petrolether; Schmp. 62-64 °C; gegen Erhitzen wenig empfindl., wird durch Sauerstoff, ultraviolettes Licht, oxidierende Substanzen u. Säuren zerstört. **Vitamin A_2:** 3-Dehydroretinol; Verb. mit einer zusätzl. kon-

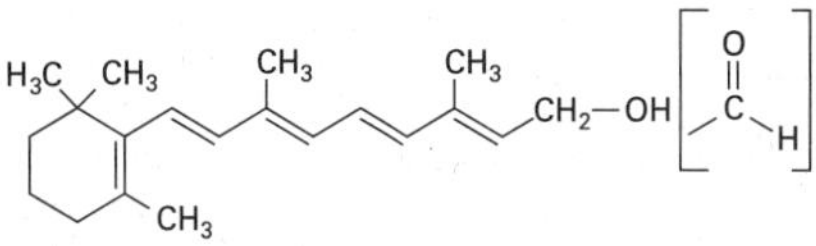

Vitamine Abb. 1: Vitamin A, [Retinal]

jugierten Doppelbindung zw. dem 3. u. 4. C-Atom. **Vork.:** in tier. Organismen als freier Alkohol, hauptsächl. aber mit höhermolekularen Fettsäuren verestert, in besonders hoher Konz. im Heilbuttleberöl u. a. Fischleberölen (s. Lebertran) sowie in Milch, Butter, Eigelb. Die in grünen Pfl., Gemüse u. Früchten vorkommenden **Carotine** ($C_{40}H_{56}$), v. a. Betacarotin, werden in der Darmschleimhaut u. Leber zu Vitamin A umgewandelt u. in der Leber gespeichert; **Physiolog. Bedeutung:** Vitamin-A-Aldehyde sind am Aufbau des Sehpurpurs (Rhodopsin*), dem lichtempfindl. Farbstoff des Auges, beteiligt. Dieses Chromoprotein besteht aus dem Protein Opsin u. aus 11-*cis*-Retinal, einer zum Vitamin-A-Aldehyd stereoisomeren Verbindung. Durch Belichtung kommt es zu einer Stereoisomerisierung des 11-*cis*- zum all-*trans*-Retinal, wodurch sich die Konformation* des Opsins ändert u. Retinal abgespalten wird. Eine daraus resultierende Veränderung des Membranpotentials wird als Nervenimpuls weitergegeben u. damit ein Sehreiz ausgelöst. Außerdem wird Vitamin A für die Funktion u. Teilung epithelialer Zellen, die Entw. von Plazenta u. Fetus sowie für die Synthese von Testosteron u. a. Stoffwechselvorgänge benötigt; **Einheit:** eine Internationale Einheit (I.E.) od. 1 USP-Einh. entspricht ca. 0.3 µg Vitamin-A-Alkohol bzw. ca. 0.344 µg Vitamin-A-Acetat; 1 g Vitamin A sind 3.33 Millionen I.E. Die internationale Provitamin-A-Einheit entspricht der Wirksamkeit von 0.6 µg β-Carotin; **Tägl. Bedarf des Menschen:** Kinder 2700 I.E. (0.8 mg)., Erwachsene 2700-3300 I.E. (0.8-1 mg), in der Schwangerschaft u. Stillzeit besteht erhöhter Bedarf; **Mangelerscheinungen:** Hemeralopie (Nachtblindheit), Xerophthalmie (Austrocknung der Binde- u. Hornhaut des Auges), Keratomalazie (Hornhauterweichung), Hauterkrankungen (Hyper- u. Parakeratosen), Veränderungen an den Schleimhäuten der Atmungswege sowie Wachstumsstörungen; **Anw.:** bei Mangelerscheinungen, bestimmten Stoffwechselstörungen, Thyreotoxikose, u. a. auch zur Appetitsteigerung, zur Erhöhung der Resistenz gegen Infektionen; **Dos.:** die therapeut. Dosen betragen ein Vielfaches des Tagesbedarfs; prophylakt. 0.7-1.5 mg/d, therapeut. 7.5-60 mg/d; **Zuber.:** gebräuchl. sind vor allem Ester des synthet. Vitamin A (Acetat, Propionat od. Palmitat) sowie Vitamin A als Konzentrat in öliger Form, in wasserdispergierbarer Form u. als Trockenpulver; vgl. Retinoide; **Ölige Lösung von Vitamin A:** Vitaminum A densatum oleosum Ph.Eur.4: Geh. mind. 500000 I.E./g Lsg. Gelbe bis orangegelbe ölige Flüss., aus der sich die Vitamin-A-Ester, vorwiegend Vitamin-A-Acetat, bei Zimmertemperatur ausscheiden können. Durch Erwärmen u. Umschütteln des ungeöffneten Gefäßes im Wasserbad

V

bei ca. 60 °C wird eine homogene Lsg. wiederhergestellt. Das Konzentrat kann geeignete Stabilisatoren, z. B. Antioxidanzien, enthalten. Aufbewahrung bei 8-15 °C, gut verschlossen u. vor Licht geschützt. Konz. Lsg., mit Ausnahme der zur unmittelbaren Abgabe an den Kranken bestimmten, sind unter Inertgas aufzubewahren; **Vitamin A Pulver:** Vitamini A pulvis Ph.Eur.4; Dispersion eines Retinolesters od. einer Mischung der Ester (Acetat, Propionat u. Palmitat) in einer Matrix von Gelatine, arab. Gummi od. einer anderen geeigneten Substanz; Geh. mind. 250 000 I.E./g, gelbl. Pulver mit einheitl. Partikelgröße; **Wasserdispergierbares Vitamin A:** Vitaminum A in aqua dispergibile Ph.Eur.4; Geh. mind. 100 000 I.E./g. Gelbe, zähe Flüssigkeit mit charakterist. Geruch; konz. Lsg. können bei tiefen Temperaturen trübe werden od. bei Raumtemperatur ein Gel bilden; **Tox.:** akute Überdosierung eher selten (Kopfschmerzen, Übelkeit, Erbrechen); bei länger dauernder Behandlung mit hohen Dosen können tox. Erscheinungen, wie Schlafstörungen, Appetitlosigkeit, Haut- u. Schleimhautveränderungen, Schwellungen der Extremitätenknochen auftreten. Bei Kindern kann das Längenwachstum infolge vorzeitigen Epiphysenschlusses gehemmt werden.

Vitamin-B-Gruppe: Das zuerst entdeckte klass. Vitamin erhielt nach der Entdeckung weiterer V. die Bez. Antiberiberi-Vitamin od. Beriberischutzstoff, als die V. mit Buchstaben bezeichnet wurden, den Buchstaben B. Modernere Forschung ergab, dass Vitamin B kein einheitl. Stoff ist, sondern ein Komplex aus mehreren, schwer voneinander trennbaren Wirkstoffen, die durch an den Buchstaben B angehängte Zahlen gekennzeichnet werden. Der Beriberischutzstoff wird heute mit B_1 od. als antineuritisches Vitamin bezeichnet. Zur Vitamin-B-Gruppe zählen Vitamin B_1 (Thiamin), B_2 (Riboflavin), B_6 (Pyridoxin), B_{12} (Cobalamin), Biotin, Nicotinsäureamid (Antipellagra-Vitamin), Pantothensäure, Inositol (s. *myo*-Inositol) u. Folsäure.

Vitamin B_1: Thiamin INN, Aneurin, Antineurit. V. (veraltet), Antiberiberi-Vitamin (veraltet), Torulin; 3-(4-Amino-2-methyl-5-pyrimidinylmethyl)-5-(2-hydroxyethyl)-4-methylthiazol; CAS-Nr. 59-43-8; $C_{12}H_{17}N_4OS$, M_r 265.36. Wasserlösl.,

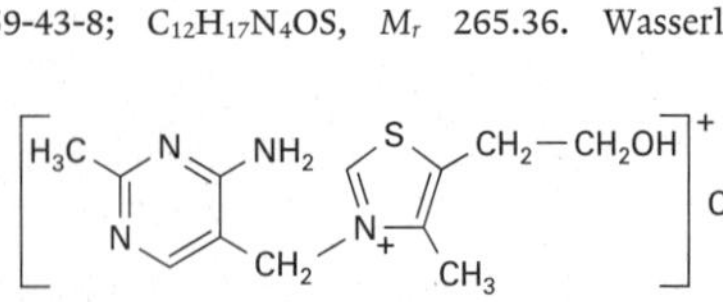

Vitamine Abb. 2: Vitamin B_1

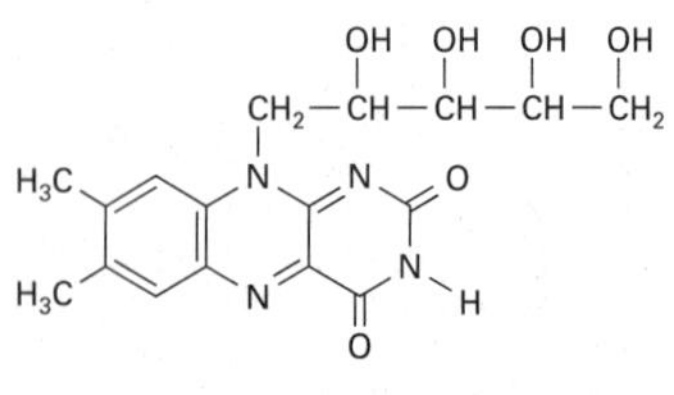

Vitamine Abb. 3: Vitamin B_2

hitzeempfindl., gegenüber Luftsauerstoff beständig; durch Oxidationsmittel u. Alkalien leicht zerstörbar; s. Abb. 2.**Vork.:** Vitamin B_1 ist in pflanzl. u. tier. Material vorhanden, in hoher Konzentration in Hefe, im Silberhäutchen des Reiskorns, in Weizen-, Roggen-, Gerstenkeimlingen, im Eigelb, in der Milch, Leber, Niere, in grünem Gemüse, Nüssen, in geringer Menge u. a. auch in Fleisch, Gehirn, Fisch, Kartoffeln; **Physiolog. Bedeutung:** Vitamin B_1 spielt eine wichtige Rolle im Zellstoffwechsel, v. a. in der aktiven Coenzymform als Thiaminpyrophosphat (früher auch als Cocarboxylase bezeichnet) u. ist Best. der Coenzyme von Decarboxylasen u. Aldehydtransferasen; **Einheit:** 1 I.E. entspricht 3 µg reinem Vitamin B_1, d. h. 1 mg Vitamin-B_1-Hydrochlorid entspricht 333 I.E.; **Tägl. Bedarf des Menschen:** weitgehend abhängig von der Intensität der Stoffwechselvorgänge; Zufuhr von Kohlenhydraten u. Proteinen erhöht den Verbrauch von Vitamin B_1, Fette vermindern ihn. Vermutl. ist eine Mindestzufuhr von 1.1-1.4 mg/d nötig; **Mangelerscheinungen:** infolge der maßgebl. Beteiligung des Thiamins am intermediären Stoffwechsel stehen bei Vitamin-B_1-Mangel v. a. Störungen des Kohlenhydrat- u. Wasserstoffwechsels im Vordergrund sowie Störungen der Funktionen des Nerven- u. Muskelgewebes, v. a. des Herzmuskels; **Anw.:** hauptsächl. bei Beriberi, Depressionen, Schlaflosigkeit, Magen- u. Darmerkrankungen, Neuralgien, Neuritiden, alkohol.- u. tox. Polyneuritis; **Dos.:** bei Vitamin-B_1-armer Ernährung od. zur Prophylaxe 1-2 mg u. mehr tägl., zur Behandlung von Vitamin-B_1-Hypovitaminose 20-300 mg tägl. p. o. od. 100 mg i. v.; **Zuber.:** gebräuchl. als Salze, da diese hitzebeständiger sind als die freie Base. **Thiaminchloridhydrochlorid:** Thiamini hydrochloridum Ph.Eur.4, Thiaminii chloridum, Aneurinum hydrochloricum; CAS-Nr. 67-03-8; $C_{12}H_{18}Cl_2N_4OS$, M_r 337.3. Weißes bis schwach gelbl., krist. Pulver von hefeartigem Geruch, leicht lösl. in Wasser (1:1), wenig lösl. in Ethanol (1:100), unlösl. in Ether, Benzol, fetten Ölen. Schmp. 245-248 °C. **Thiaminnitrat:** Thiamini nitras Ph.Eur.4, Aneurinnitrat, Aneurinum nitricum, Vitamin-B_1-Nitrat; CAS-Nr. 532-43-4; $C_{12}H_{17}N_5O_4S$, M_r 327.4. Weißes, krist. Pulver, wenig lösl. in Wasser, leicht lösl. in siedendem Wasser, schwer lösl. in Ethanol. Thiaminnitrat ist im Gem. mit anderen Substanzen stabiler als das Chlorid u. wird zur Darst. von Multivitaminkapseln u. -tabletten empfohlen. Vgl. Acetiamin, Bentiamin, Benfotiamin, Fursultiamin, Octotiamin.

Vitamin B_2-Komplex: Sammelbez. für die wasserlösl. V. Folsäure, Nicotinsäure, Nicotinamid, Pantothensäure u. Riboflavin.

Vitamin B_2: Riboflavin INN Ph.Eur.4, Lactoflavin, 7,8-Dimethyl-10-(1'-D-ribityl)-isoalloxazin; CAS-Nr. 83-88-5; $C_{17}H_{20}N_4O_6$, M_r 376. Riboflavin (s. Abb. 3) gehört zu der Gruppe der Flavine od. Lyochrome; orangegelbe, nadelförmige Kristalle, in Wasser wenig lösl., praktisch unlösl. in Ethanol, in isoton. Natriumchloridlösung besser lösl. als in Wasser, lösl. in Natronlauge unter Salzbildung; in Wasser gelbgrüne Fluoreszenz, zersetzt sich

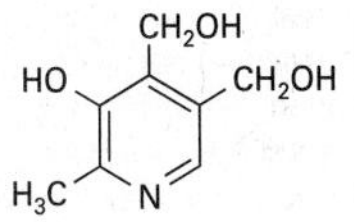

Vitamine Abb. 4: Vitamin B_6

schnell bei Lichteinwirkung unter Übergang in Lumichrom od. Lumiflavin, hitzebeständig; Schmp. 275-282 °C (Zers.). Inkomp.: stark reduzierende Substanzen. **Vork.:** Corpus luteum, Hefe, Milch, Eier, Leber, Niere, Herzmuskel, Gehirn, Fischrogen, Getreidekeimlinge u. einige Kohlarten. Vitamin B_1 u. Vitamin B_2 kommen nicht, wie vielfach angenommen, stets gemeinsam vor. **Physiolog. Bedeutung:** als Flavinmononucleotid (FMN) u. Flavinadenindinucleotid (FAD) ist Lactoflavin Bestandteil der Flavinenzyme, die den oxidativen Stoffwechsel in jeder Zelle des Pflanzen- u. Tierreichs regulieren; **Einheit:** 1 Ratteneinheit (R.E.) entspricht 4 µg Lactoflavin. 1 Sherman-Bourquin-Einheit entspricht 0.02 mg Lactoflavin; **Tägl. Bedarf des Menschen:** mind. 1.2-1.6 mg/d; **Mangelerscheinungen:** u. a. selten Wachstumsstörungen, entzündl. Veränderungen der Schleimhäut; **Anw.:** bei echter Ariboflavinose, die sich durch Bildung von Schrunden u. gelblichen Borken an der Lippenschleimhaut der Mundwinkel u. durch Rötung u. Schuppung der Lippen zeigt sowie bei Dermatosen, Muskel- u. Wadenkrämpfen, Konjunktivitis, Trübung der Kornea u. Wachstumsstörungen der Säuglinge; **Dos.:** bei Vitaminmangel meist in Form von Vitamin B-Komplex-Präparaten; prophylakt. bei erhöhtem Bedarf (Schwangerschaft, Magen-Darm-Störungen) 5-10 mg/d p. o. od. parenteral.

Vitamin B_6: Pyridoxin, Adermin, Antidermatitisvitamin (veraltet), 2-Methyl-3-hydroxy-4,5-bis(hydroxymethyl)-pyridin. Weiße Kristalle, wasserlösl., hitze-, alkali-, säurebeständig, empfindl. gegenüber Sauerstoff; nicht UV-Licht-beständig. Schmp. 160 °C; Vitamin B_6 (s. Abb. 4) kommt in 3 Formen u. deren 5'-Phosphorsäureester vor: **1.** als Pyridoxol (mit CH_2OH-Gruppe), **2.** als Pyridoxal (mit CHO-Gruppe), **3.** als Pyridoxamin (mit CH_2NH_2-Gruppe). **Vork.:** Hefe, Getreidekeimlinge, Reiskleie, Melonen, Rübenmelasse, Fleisch, Leber, Eigelb, Fisch u. grünes Gemüse; **Physiolog. Bedeutung:** Pyridoxal ist in phosphorylierter Form (Pyridoxalphosphat, Abk. PALP) die prosthet. Gruppe zahlreicher Enzyme, z. B. von Transaminasen u. Aminosäuredecarboxylasen. Von bes. Bedeutung ist seine Beteiligung am Abbau des Tryptophans zu Nicotinsäure; wichtig für den Gewebestoffwechsel, speziell der Leber, des Nervensystems u. der Haut; **Einheit:** 1 Ratteneinheit (R.E.) entspricht 7.5 µg Pyridoxin; **Tägl. Bedarf des Menschen:** ca. 1.2-1.6 mg/d, abhängig vom Proteinumsatz; in der Schwangerschaft erhöht, bei Kindern niedriger; **Mangelerscheinungen:** u. a. Dermatitis, Entzündungen im Mundbereich, nervöse Störungen, Anämie u. Krämpfe im Säuglingsalter; **Anw.:** Chorea minor, Parkinsonismus, Epilepsie, sowie bei den neurolog. Symptomen der Pellagra u. Beriberi, bei Neurasthenie, Hyperemesis gravidarum, Seekrankheit, Röntgenkater; **Dos.:** prophylakt. in Form von Vitamin B-Komplexpräparaten 5-10 mg/d; therapeut. bei neurolog. Erkrankungen, Seekrankheit u. a. ca. 50-300 mg/d p. o., parenteral od. rektal; **Zuber.:** Pyridoxinhydrochlorid; Pyridoxini hydrochloridum Ph.Eur.4, Pyridoxinii chloridum, Pyridoxolum hydrochloricum, Pyridoxinum hydrochloricum, Pyridoxinium chloratum, Vitamin-B_6-hydrochlorid, 2-Methyl-3-hydroxy-4,5-bis(hydroxymethyl)-pyridin-hydrochlorid; CAS-Nr. 58-56-0; $C_8H_{12}ClNO_3$, M_r 205.6. Weißes, krist. Pulver; leicht lösl. in Wasser, wenig lösl. in Ethanol 90 %, wenig lösl. in Methanol. Schmp. ca. 205 °C.

Vitamin B_{12}: Cobalamin, Antiperniziosa-Faktor, Extrinsic-Faktor, Animal-Protein-Faktor (APF), Erythrotin; Sammelbez. für eine Gruppe von wasserlösl. V. mit sehr hoher biol. Aktivität, gemeinsames Strukturmerkmal ist das Corrin-Ringsystem mit 3-wertigem Cobalt als Zentral-

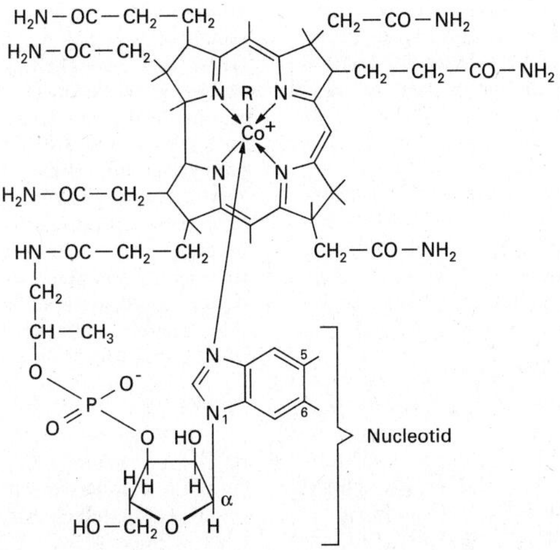

Vitamine Abb. 5: Vitamin B_{12}

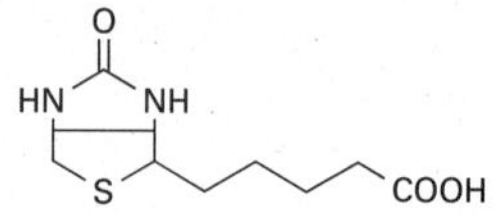

Vitamine Abb. 6: Biotin

atom (s. Abb. 5). Beim Cyanocobalamin ist der Cobalt-Ligand eine Cyano-Gruppe, die aber auch durch –OH, –Cl, $-NO_2$, od. –CNS ersetzt sein kann. Die biol. Bestimmung von Vitamin B_{12} erfolgt durch Wachstumstests mit Eugiena gracilis od. Ochromonas malhamensis.

Cyanocobalamin: Cyanocobalaminum Ph.Eur.4; CAS-Nr. 68-19-9; $C_{63}H_{88}CoN_{14}O_{14}P$, M_r 1355. Tiefrote, nadelförmige Kristalle, lichtempfindl., hygroskop. (wasserfreies Cyanocobalamin kann an der Luft bis ca. 12 % Wasser aufnehmen), wenig lösl. in Wasser, Ethanol u. Methanol, unlösl. in Aceton, Chloroform, Ether; enthält ca. 4.5 % Cobalt. UV_{max} 278 nm, 361 nm u. 547 nm. In wässriger Lsg. linksdrehend. Durch Schwermetallsalze, Oxidations- u. Reduktionsmittel (Ascorbinsäure) sowie durch UV-Licht wird das V. zersetzt. In stark saurem wie in stark alkal. Milieu verliert es Aktivität, bei pH 4.5 in Lsg. wärme- u. lichtstabil. **Vork.:** v. a. in der Leber (1948 erstmals aus der Leber isoliert), im Darminhalt u. a. Organen von Mensch u. Tier; in Pfl. bisher nicht nachgewiesen. Zur Synthese sind nur bestimmte Mikroorganismen, v. a. Actinomyceten, in der Lage; **Physiolog. Bedeutung:** Cobalamine wirken im Organismus als Coenzyme, z. B. als Desoxyadenosylcobalamin bei versch. Reaktionen im Stoffwechsel mit Vitamin B_{12} ist für eine normale Reifung u. Entw. der Erythrozyten nötig. Mangelerscheinungen, z. B. perniziöse Anämie sind nicht nur auf einen Mangel in der Nahrung zurückzuführen, sondern auf das Unvermögen, Vitamin B_{12} aus dem Nahrungsbrei aufzunehmen. Dies beruht auf dem Fehlen eines spezif. Glykoproteins im Magensaft, dem Intrinsic*-Faktor (Apoerythein), der ein Molekül Vitamin B_{12} bindet u. in die Darmzellen transportiert, von wo aus es gebunden an andere Proteine, sog. Transcobalamine, die peripheren Gewebe erreicht; **Tägl. Bedarf des Menschen:** Vitamin B_{12} wird nur in Spuren für die Blutbildung benötigt; normales menschl. Blut enthält nur 0.0002 µg Vitamin B_{12} pro Milliliter. Der Tagesbedarf wird auf ca. 3 µg geschätzt, in der Schwangerschaft u. Stillzeit ca. 4 µg/d; **Mangelerscheinungen:** perniziöse Anämie, Resorptionsstörungen (durch Mangel an Intrinsic-Faktor), epitheliale Veränderungen der Mukosa des Verdauungstraktes; **Anw.:** perniziöse Anämie u. andere Anämieformen, sowie bei allg. Schwächezuständen, Rekonvaleszenz, Röntgenkater, Leberparenchymschäden, Schwangerschaftstoxikosen, Wachstumsstörungen u. Konzentrationsschwäche bei Schulkindern. Wirk. bei einigen Ind. nicht nachgewiesen; **Dos.:** abhängig vom KG bewirkt schon die Zufuhr weniger Mikrogramm eine Besserung bei perniziöser Anämie; i. Allg. 15-30 µg 1- bis 2-mal wöchentl. od. 5-10 µg/d. Als Erhaltungsdosis genügt 1 µg/d. Vitamin B_{12} ist nur bei parenteraler Verabreichung voll wirksam. Peroral muss es in sehr hohen Dosen (mind. 300 µg/d) gegeben werden (gleichzeitige Verabreichung gesunden menschl. Magensaftes mit Intrinsic-Faktor, da das V. sonst nicht resorbiert werden kann). Vitamin B_{12} wird auch mit Folsäure kombiniert angewendet; **Zuber.:** therapeut. verwendet werden auch **Hydroxocobalamin*** u. **Aquacobalamin,** welche infolge verstärkter Bindung an das Serum- u. Gewebeeiweiß sowie geringerer u. verzögerter Ausscheidung mit dem Harn Depotwirkung besitzen. **Vitamin B_{15}:** s. Pangamsäure.

Biotin: Vitamin H, Biowuchsstoff, Bios II, Coenzym R, Hautschutzvitamin, Hautfaktor, antiseborrhöisches Vitamin (veraltet). Biotin ist ein cycl. Harnstoffderivat (s. Abb. 6); 2'-Keto-3,4-imidazolin-2-tetrahydrothiophen-n-valeriansäure; $C_{10}H_{16}N_2O_3S$, M_r 244.31. Schmp. 232-233 °C. Lange farblose Nadeln, wenig lösl. in kaltem, besser in heißem Wasser, lösl. in Ethanol, unlösl. in Ether, Chloroform u. verd. Alkalilaugen; thermostabil, aber empfindl. gegen Sauerstoff u. UV-Licht. **Off.:** DAC86, Ph.Helv.7; **Vork.:** v. a. in Eidotter, Milch, Leber, Niere, Hefe, Reiskleie, Zuckermelasse; auch in Kompost u. Jauche. Das im Hühnereiweiß enthaltene Protein **Avidin** hebt die Biotinwirkung auf, wird durch Kochen aber inaktiviert. Biotinmangel tritt beim Verzehr von größeren Mengen roher Eier auf; **Physiolog. Bedeutung:** Biotin ist im Stoffwechsel als prosthet. Gruppe von Enzymen an Carboxylierungen beteiligt; es ist dabei an die prosthet. Gruppe des jeweiligen carboxylierenden Enzyms kovalent gebunden u. wird dann als Biocytin bezeichnet; **Mangelerscheinungen:** Biotin-Mangel ruft im Tierversuch Hauterkrankungen (Seborrhö) u. Haarausfall hervor; **Tägl. Bedarf des Menschen:** Kinder 75 µg, Erwachsene 30-100 µg; der Bedarf ist abhängig von der Eiweißzufuhr; **Anw.:** Seborrhö, Akne, Furunkulose.

Folsäure: Acidum folicum Ph.Eur.4, Acidum pteroylglutaminicum, Pteroylglutaminsäure, *N*-(4-(2'-Amino-4'-hydroxypteridyl-6'-methyl)-aminobenzoyl)-L-glutaminsäure. Eluatfaktor aus Leber, Lactobacillus-casein-Faktor; CAS-Nr. 59-30-3; $C_{19}H_{19}N_7O_6$, M_r 441.4. Folsäure wurde früher zum B_2-Komplex gerechnet. Orangegelbes,

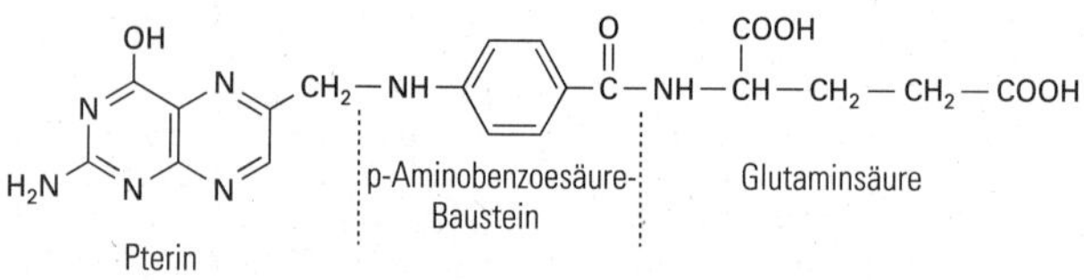

Vitamine Abb. 7: Folsäure

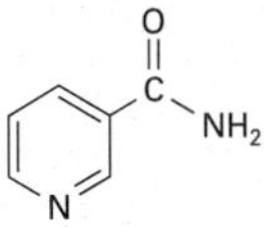

Vitamine Abb. 8: Nicotinamid

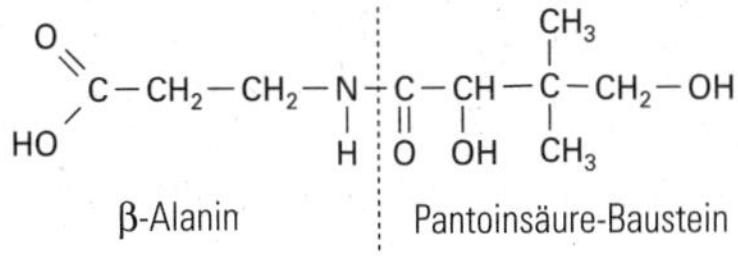

Vitamine Abb. 9: Pantothensäure

krist., geruch- u. geschmackloses Pulver; prakt. unlösl. in Wasser u. den meisten organ. Lösungsmitteln, lösl. in Alkalilaugen, Natriumcarbonatlösungen u. verd. Säuren unter Salzbildung. **Vork.:** in außerordentl. geringer Konzentration in jeder lebenden Zelle, hauptsächl. sog. Pteroylglutaminsäure-Konjugate mit mehreren Glutaminsäuregruppen, die in der Leber in die biol. aktive Form Tetrahydrofolsäure (s. Abb. 7) übergeführt werden; **Physiolog. Bedeutung:** Tetrahydrofolsäure ist als Coenzym, z. B. als 5-Formyltetrahydrofolsäure (Folinsäure, früher auch Citrovorum-Faktor, vgl. Calciumfolinat), an der Übertragung von C_1-Gruppen u. der Nucleinsäuresynthese beteiligt; **Tägl. Bedarf des Menschen:** 150 µg/d freie Folsäure (entspricht 300 µg bioverfügbarer Folsäure, die mit der Nahrung aufgenommen wird; in der Schwangerschaft erhöht; **Mangelerscheinungen:** Störungen der Blutbildung, Schleimhautveränderungen, Diarrhö, neurolog. Veränderungen, Fehlbildungen des Fetus sowie Frühgeburten. Besonders gefährdet sind Veganer, Schwangere u. Stillende sowie Säuglinge; **Anw.:** bei perniziöser Anämie sowie bei den makrozytären Anämien, bei Sprue, Pellagra, Schwangerschaft. Die Folsäureantimetabolite Aminopterin u. Amethopterin (s. Methotrexat) werden therapeut. bei Leukämie eingesetzt. Sulfonamide sind Antimetabolite der *p*-Aminobenzoesäure u. wirken als Hemmstoffe der bakteriellen Folsäuresynthese; **Dos.:** 10-30 mg p. o. od. 2-20 mg parenteral, meist in Kombination mit anderen B-Vitaminen.

Niacin: Sammelbez. für Derivate der Pyridin-3-carbonsäure mit Antipellagrawirkung, zu denen Nicotinsäure, Nicotinamid u. Pyridinnukleotid-Coenzyme zählen. **Nicotinamid** INN: Nicotinamidum Ph.Eur.4, Nicotinsäureamid, Niacinamid, Nicotinylamidum, Pyridin-3-carbonsäureamid, Pyridin-3-carboxamid, Pyridin-*β*-carbonsäureamid, Pyridinum aminocarbonicum, Antipellagra-Vitamin (veraltet), Pellagraschutzstoff (veraltet), in der amerikan. Literatur als PP-Faktor (Pellagra-Preventive-Factor) bezeichnet; CAS-Nr. 98-92-0; $C_6H_6N_2O$, M_r 122.12. Schmp. 128-131 °C. Farbloses, krist. Pulver, charakterist. Geruch; lösl. in Wasser 1 g/1 mL, Ethanol 1 g/1.5 mL, Glycerol 1 g/10 mL, schwer lösl. in Chloroform, Ether. pH 6-8 (5 %ige Lsg.); unempfindl. gegen Erhitzen u. gegen Oxidationsmittel, jedoch empfindl. gegenüber Alkalien, Silbersalzen u. konz. Salzsäure. Nicotinamid wird zu den V. gerechnet, obwohl es kein Vitamin i. e. S. ist, da es im Organismus aus Tryptophan synthetisiert werden kann; s. Abb. 8. **Vork.:** eiweißreiche Lebensmittel, v. a. Fleisch, Fisch (bes. Leber), Voll- u. Buttermilch, Hefe, grünen Erbsen, Wirsing, Tomaten, Weizenkeimlingen, Erdnußmehl; außerdem Synthese durch Darmbakterien; **Physiolog. Bedeutung:** Nicotinsäureamid ist Bestandteil von NAD* u. NADP, die als Coenzyme von Oxidoreduktasen an zahlreichen biochem. Redoxprozessen (z. B. Atmung, Wasserstoffübertragung) beteiligt sind. Menschl. Blut enthält 2.6 bis 9 µg/mL; **Tägl. Bedarf des Menschen:** ca. 15-20 mg/d, in der Schwangerschaft erhöht; **Mangelerscheinungen:** Pellagra* (Symptome: Dermatitis mit Pigmentierungen, Entzündung der Zungenschleimhaut u. Diarrhöen, zentralnervöse Störungen versch. Art), bei Mangel- od. Fehlernährung (z. B. durch einseitigen Verzehr tryptophanarmer Maisprodukte); **Anw.:** Pellagra od. alkoholbedingter Nicotinamidmangel; **Dos.:** prophylakt. 15-30 mg/d p. o.; therapeut. 50-250 mg/d; parenteral, i. v. 50-250 mg/d.

Pantothensäure: Küken-Antidermatitis-Vitamin (veraltet), Filtrat-Faktor, Anti-Graue-Haare-Faktor, Bios III, D-(+)-N-(*α*,*γ*-Dihydroxy-*β*,*β*-dimethylbutyryl)-*β*-alanin, *N*-Pantoinyl-*β*-alanin; $C_9H_{17}NO_5$, M_r 219.24. Hellgelbes, viskoses Öl, leicht lösl. in Wasser, Ethanol, Eisessig, wenig lösl. in Ether, unlösl. in Benzol u. Chloroform, unempfindl. gegenüber Sauerstoff, hitze- u. alkalilabil. Biol. von Bedeutung ist die rechtsdrehende Form ($[\alpha]_D^{25\,°C}$ +37.5 °); s. Abb. 9. **Vork.:** Hefe, Eigelb, Vollkornprodukte, Leber, Niere, Herz, Reiskleie, Melasse, ferner in Algen, Schimmelpilzen, Austern; **Physiolog. Bedeutung:** Pantothensäure ist Best. des Coenzyms* A u. der Fettsäuresynthese, wo es die zentrale SH-Gruppe liefert; **Einheit:** eine Hefewachstumseinheit entspricht 0.08 µg pantothensaurem Calcium; 1 Hühncheneinheit entspricht 14 µg Pantothensäure; **Tägl. Bedarf des Menschen:** nicht genau bekannt, ca. 6 mg/d (in Schwangerschaft u. Stillzeit erhöht); **Mangelerscheinungen:** nicht bekannt; Fehlen ruft bei Mikroorganismen Stillstand der Vermehrung, bei Tieren Wachstumsstörungen u. Wachstumsstillstand, bei Hühnern Hauterkrankungen u. bei schwarzhaarigen Tieren Ergrauen der Haare hervor; **Anw.:** bei Stoffwechselstörungen, spez. Störungen der Leberfunktion, Entzündungen des Magen-Darm-Kanals sowie der Mundschleimhaut u. der Atemwege (Bronchialkatarrh), Allergien (Heuschnupfen), Haarerkrankungen, zur Heilung von Brand, Schürf- u. infizierten Wunden, Wundliegen, Analfissuren; **Dos.:** 50-100 mg/d p. o., in schweren Fällen 200-500 mg/d., lokal in 5 %iger Salbe od. Lsg.; **Zuber.:** verwendet wird auch der Alkohol der Pantothensäure (s. Dexpanthenol-Lösung) u. Natriumpantothenat*.

Vitamin C: Acidum ascorbicum Ph.Eur.4, Ascorbinsäure INN; (5*R*)-5-[(*S*)-1,2-Dihydroxyethyl]-3,4-dihydroxy-2(5*H*)-furanon; CAS-Nr. 50-81-7; $C_6H_8O_6$, M_r 176.1. Schmp. 192-195 °C unter Zers. $[\alpha]_D^{20\,°C}$ +20.5-21.5 ° (c = 5 in Wasser). Weißes, krist. Pulver, leicht lösl. in Wasser mit stark saurer Reaktion, lösl. in Methanol, Ethanol, wenig lösl.

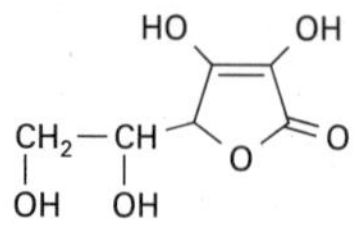

Vitamine Abb. 10: Vitamin C

in Aceton. Kommt nat. in der Enolform des 3-Oxo-L-gulonsäure-γ-lactons, aber auch in oxidierter Form als Dehydro-L-ascorbinsäure vor, die ebenfalls physiol. aktiv ist u. leicht in Ascorbinsäure zurückverwandelt werden kann; s. Abb. 10. Vitamin C ist außerordentl. empfindl. gegen Oxidationsmittel, relativ beständig in saurer Lsg. (pH 5–6), unbeständig in neutralen u. alkal. Lösungen. Durch Einleiten von Luft in neutrale od. schwach saure Lösungen wird das V. schnell zerstört (Konserven!). Beim Arbeiten mit Vitamin C sind Gefäße aus Kupfer, Kupferlegierungen u. Eisen zu vermeiden (Oxidation). Vitamin C besitzt ein sehr starkes Reduktionsvermögen. **Gesch.:** Es wurde 1928 von Szent-Györgyi aus Rindernebennieren isoliert u. zunächst als Hexuronsäure bezeichnet; 1933 wurde die Strukturformel ermittelt (von Karrer, Haworth, Hirst), fast gleichzeitig erfolgte auch die erstmals mögliche Synthese eines V., 1934 die erste fabrikmäßige Herst. durch Hoffmann-La-Roche. Heute wird Ascorbinsäure in großen Mengen synth. aus D-Glucose hergestellt. **Vork.:** in allen lebenden Zellen, v. a. in Früchten wie Zitronen, Orangen, Hagebutten, Sanddorn, bes. hoher Gehalt in Acerolakirschen (s. Malpighia punicifolia); auch in Gemüse wie Spinat, Kartoffeln, grünen Erbsen, in Kräutern sowie in frischen Tannen- u. Kiefernnadeln; in tier. Organen, bes. in Gehirn, Pankreas, Milz, Niere, Lunge, Herz, Thymus sowie im Glaskörper, Kammerwasser u. in der Linse des Auges. Die meisten Tiere können Ascorbinsäure synthetisieren; Ausnahmen sind Menschen, Affen u. Meerschweinchen; **Physiolog. Bedeutung:** Vitamin C ist bei enzymat. Hydroxylierungen im Stoffwechsel beteiligt, z. B. bei der Hydroxylierung der Aminosäure Prolin im Kollagen, u. wirkt mit bei der Synthese von Interzellularsubstanz in Bindegewebe, Knorpel, Knochen u. Zähnen; **Einheit:** 1 I.E. entspricht 0.5 mg L-Ascorbinsäure; **Tägl. Bedarf des Menschen:** Erwachsene ca. 100 mg/d. Der Bedarf ist variabel, da z. B. bei Infektionskrankheiten, in Schwangerschaft u.Stillzeit, während des Wachstums u. im Greisenalter erhebl. größere Mengen verbraucht werden (ca. 150 mg/d); hohe Dosen sind unschädlich. Vitamin C beeinflusst sowohl die Wirkung von Hormonen wie auch die anderer V. u. Enzyme. **Mangelerscheinungen:** Skorbut*; **Anw.:** Skorbut, Hämophilie, Infektionskrankheiten, schlecht heilende Haut- u. Knochenverletzungen, Zahnkaries; **Dos.:** p. o. 0.5-1.0 g/d; i. m. 0.1-0.5 g;

Vitamin D: Calciferol, antirachitisches Vitamin (veraltet); Sammelbez. für eine Gruppe fettlösl. V., die den Calcium- u. Phosphathaushalt regulieren. Die steroidähnlichen Wirkstoffe unterscheiden sich nur durch die Struktur der Seitenketten u. entstehen aus $\Delta^{5,7}$-ungesättigten Sterinen (Provitamine), die nach Resorption aus dem Darm teilweise in der Haut gespeichert werden u. durch Sonnenbestrahlung in V. der D-Gruppe übergehen; **Vork.:** Während die eigentl. D-Vitamine in der Nahrung nur in minimalen Mengen enthalten sind, sind die **Provitamine D** im Tier- u. Pflanzenreich außerordentl. verbreitet. Aus dem hauptsächl. im Pflanzenreich verbreiteten Ergosterin (Provitamin D_2) entsteht das Calciferol, aus dem in tierischen Geweben vorkommenden 7-Dehydrocholesterol (Provitamin D_3) das Colecalciferol. Das einzige in relevanten Mengen in der Natur aufgefundene Vitamin D ist das Vitamin D_3 (1,25-Dihydroxyvitamin D), das in Leber- u. Eingeweideölen verschiedener Fische vorkommt (s. Lebertran). Man nimmt an, dass Vitamin D_3 etwa die doppelte Wirksamkeit besitzt wie das künstliche Vitamin D_2; **Physiolog. Bedeutung:** Vitamin D_3 hat eine wichtige Funktion im Calciumstoffwechsel. Es fördert die Calciumresorption u. die Mineralisation der Knochen; **Mangelerscheinungen:** Rachitis; durch unzureichende Calciumresorption kommt es zu mangelnder Mineralisierung der Knochen, was zu Deformationen führt. Sonnenbestrahlung u. die Gabe von Vitamin D können Rachitis verhindern od. heilen.

Vitamin D_1: kein nat. Vork., Molekülverbindung von Ergocalciferol u. Lumisterin, einem unwirksamen Nebenprodukt der Vitamin D_2-Synthese.

Vitamin D_2: Ergocalciferol INN Ph.Eur.4, Calciferol, 9,10-Seco-5,7,10(19),22-ergostatetraen-3β-ol, bestrahltes Ergosterin; CAS-Nr. 50-14-6; $C_{28}H_{44}O$, M_r 396.7. Schmp. 113-118 °C. Farblose Prismen, leicht lösl. in Ether, Chloroform, Aceton, lösl. in 90 %igem Ethanol, in fetten Ölen, prakt. unlösl. in Wasser; luft-, hitze- u. lichtempfindlich (s. Abb. 11); **Vork.:** frei nur in sehr geringer Konz., v. a. in Form von Provitamin D_2. 1 mg Calciferol entspricht in seiner antirachit. Wirksamkeit bei Ratten 40 000 I.E. Vitamin D. Tägl. Bedarf, Anw., Dos. u. Toxizität s. Vitamin D_3; **Provitamin D_2:** Ergosterin, Ergosterol, Ergosta-5,7,22-trien-3β-ol; $C_{28}H_{44}O$, M_r 396.66. Schmp. 165 °C. Bei Bestrahlung mit UV-Licht entstehen weitere Umwandlungsprodukte des Ergosterins, die die Rachitis nicht, jedoch den Calcium- u. Phosphatstoffwechsel beeinflussen. Die Umwandlung des Ergosterins bei Bestrahlung geht in folgender Reihenfolge vor sich: Ergosterin → Prächalciferol → Calciferol → Toxisterin → Suprasterine. Als Nebenprodukte entstehen Lumisterin u. Tachysterin. **Vork.:** höhere Pilze, Kohl, Spinat, Muscheln, Austern, Hefe, Mutterkorn, Skopoliawurzel, Baumwollsaatöl u. Hühnerei.

Vitamin D_3: Colecalciferol INN, Cholecalcifero-

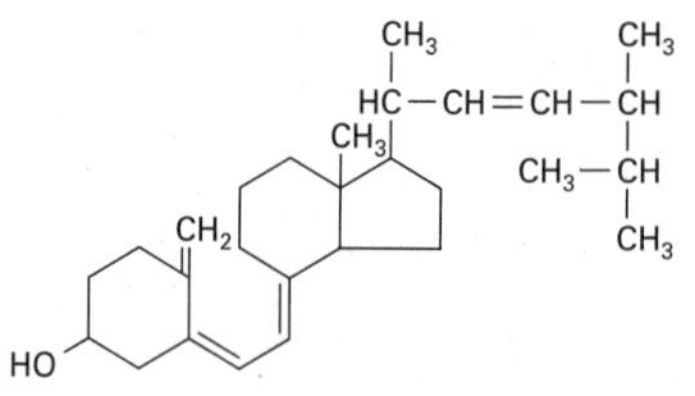

Vitamine Abb. 11: Vitamin D_2

V

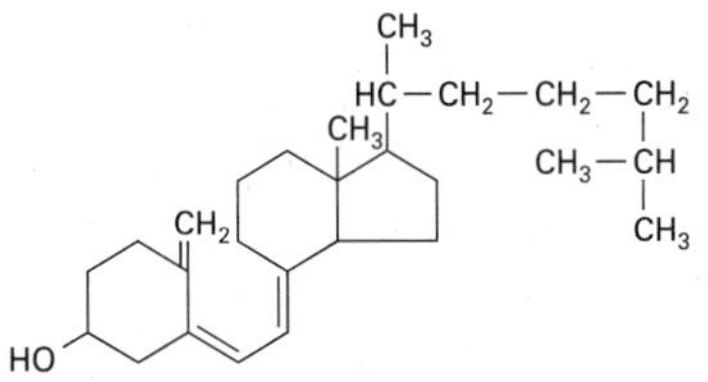

Vitamine Abb. 12: Vitamin D_3

lum Ph.Eur.4, 9,10-Seco-5,7,10(19)-cholestatrien-3*β*-ol; CAS-Nr. 67-97-0; $C_{27}H_{44}O$, M_r 384.62. Schmp. 84-88 °C. Weißes, krist. Pulver; unlösl. in Wasser, lösl. in Ethanol, Aceton, Chloroform, Ether, fetten Ölen. 1 mg entspricht in seiner antirachit. Wirksamkeit bei Ratten 40 000 I.E. Vitamin D. **Vork.:** V.a. in Fischleberölen, in geringen Mengen auch in anderen tier. Fetten wie Milch, Butter u. in den Fettgeweben. Synth. wird Vitamin D_3 durch UV-Bestrahlung von 7-Dehydrocholesterol (Provitamin D_3) hergestellt. In der Leber od. Niere wird Vitamin D_3 (s. Abb. 12) enzymat. über 25-Hydroxycolecalciferol zum hochwirksamen 1,25-Dihydroxycolecalciferol (1,*α*25-Dihydroxyvitamin D, Calcitriol*) hydroxyliert, das die eigentl. Wirkform im menschl. Organismus darstellt u. Hormoncharakter hat; **Einheit:** Internationaler Vitamin-D-Standard ist eine 0.01 %ige Lsg. von bestrahltem Ergosterin in Olivenöl. 1 I.E. entspricht der Menge des Vitamins, welche die antirachit. Kraft von 1 mg dieser Standardlösung besitzt (=0.025 µg reines krist. Vitamin D_3); 1 mg Vitamin D_3 sind 40 000 I.E.; 1 Klin. Einheit entspricht 100 I.E.; **Tägl. Bedarf:** Kinder 10 µg/d, Erwachsene 5 µg/d, in Schwangerschaft u. Stillzeit erhöht (ber. als Calcitriol); **Anw.:** Rachitistherapie, Rachitisprophylaxe des Säuglings u. Kleinkindes, ferner Osteomalazie, Osteoporose, Störungen der Zahn- u. Zahnschmelzbildung, evtl. bei schlecht heilenden Knochenbrüchen; **Dos.:** Rachitisprophylaxe 0.1 mg/d; die therapeut. Stoßtherapie beträgt 5-10 mg einmal p.o. od. i.m. (Colecalciferol). Bei Rachitis 5 000-10 000 I.E. (0.25 mg); Calcitriol aufgrund der höheren Wirksamkeit 0.25-0.5 µg; **Tox.:** Überdosierung führt zu einer Hypervitaminose mit gestörtem Calcium- u. Phosphatstoffwechsel u. Entzug von Calcium aus den Knochen. Das überschüssige Calcium wird teilweise in der Niere u. den Gefäßen abgelagert. Die Folge sind arterielle Hypertonie u. eine Hemmung der Nierenfunktion, die zum Tod führen kann; **Zuber.:** Colecalciferol*, ölige Lösungen von; Colecalciferol*-Konzentrat, wasserdispergierbares; Cholecalciferoli guttae orales (Colecalciferol*-Tropfenflüssigkeit, orale); Colecalciferol*-Trockenkonzentrat. Die Verbindung Colecalciferol*-Cholesterol weist eine höhere Stabilität auf. Vgl. Calcifediol, Calcitriol INN, Alfacalcidol INN.

Provitamin D_3: 7-Dehydro-cholesterol; $C_{27}H_{44}O$, M_r 384.65. Als Begleiter des Cholesterols in tier. Geweben weit verbreitet, nachgewiesen z.B. in Schweineschwarte, Enteneiern u. in der Wellhornschnecke. Synthet. Gew. durch Dehydrieren von Cholesterol; wird v.a. in den äußeren Hautpartien gespeichert u. dadurch der aktivierenden Bestrahlung durch das Sonnenlicht leicht zugänglich. **Vitamin D_4:** entsteht durch UV-Bestrahlung aus 22-Dihydro-ergosterin (Provitamin D_4). **Vitamin D_5:** entsteht durch UV-Behandlung aus 7-Dehydrositosterin.

Vitamin E: Tocopherol (gr. tokos Geburt), Antisterilitäts- od. Fruchtbarkeitsvitamin (veraltet), antidystrophisches Vitamin (veraltet), Fertilitätsvitamin (veraltet). Sammelbez. für eine Gruppe von Verb., die aus einem Chromankern mit einer Isoprenoidseitenkette bestehen. Bisher sind 8 vitaminwirksame Verb. der Vitamin-E-Gruppe in der Natur bekannt (*α*-, *β*-, *γ*-Tocopherol u.a.), die sich durch Zahl u. Stellung der Methylgruppen am Chromanring unterscheiden. Die ölartigen Substanzen lösen sich leicht in fetten Ölen u. org. Lösungsmitteln, sind thermostabil, aber leicht oxidierbar. Techn. werden sie als Antioxidanzien verwendet, um das Ranzigwerden von Ölen u. öligen Zuber. zu verhindern (z.B. Zusatz von bis zu 0.03 % *α*-Tocopherol), v.a. bei Salben sowie bei Vitamin-A- u. Carotin-Präparaten. Das biol. wichtigste Vitamin E ist das *α*-Tocopherol; s. Abb. 13.

***α*-Tocopherol:** *α*-Tocopherolum Ph.Eur.4, 5,7,8-Trimethyltocol; CAS-Nr. 10191-41-0; $C_{29}H_{50}O_2$, M_r 430.72. Natürl. *α*-Tocopherol ist (2*R*,4'*R*,8'*R*)-*α*-Tocopherol, synthet. ein Gemisch aus allen 8 mögl. Stereoisomeren; blassgelbes, bei 0 °C erstarrendes Öl, D. 0.953, leicht lösl. in Ether, Chloroform, Aceton, lösl. in Ethanol 90 %, Methanol, prakt. unlösl. in Wasser; opt. schwach rechtsdrehend. **Vork.:** bes. reich an Vitamin E sind Getreidekeimlinge, v.a. das Weizenkeim- u. Baumwollsamenöl; auch enthalten in den meisten Gemüsen, fetten Ölen, Schweinefett, Milch u. Butter. Im menschl. Körper v.a. in der Muskulatur, Plazenta, Muttermilch u. Hypophyse; **Physiolog. Bedeutung:** Die biol. Wirk. ist noch weitgehend ungeklärt. Im Tierexperiment äußert sich Vitamin-E-Mangel in Unfruchtbarkeit bei männl. u. weibl. Ratten u. in einer Reihe anderer Symptome, z.B. Degeneration der Nieren, Ablagerung eines braunen Pigments an Stellen der Lipidspeicherung, Lebernekrose u. Dystrophie der Skelettmuskulatur. Beim Menschen ist kein sicheres Vitamin-E-Mangelsymptom bekannt. Gesichert ist die Funktion als Oxidationsschutz; eine der

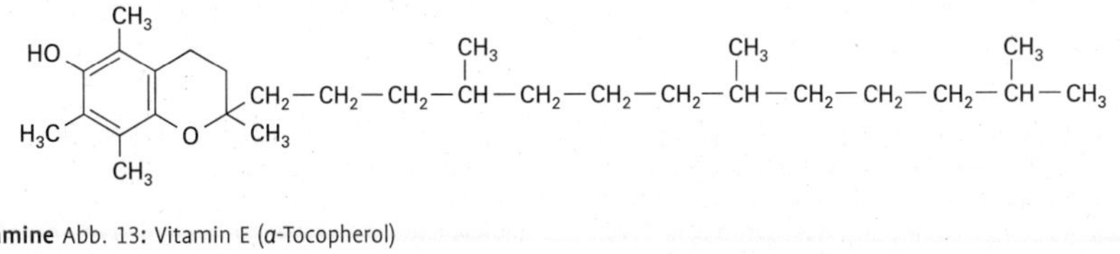

Vitamine Abb. 13: Vitamin E (*α*-Tocopherol)

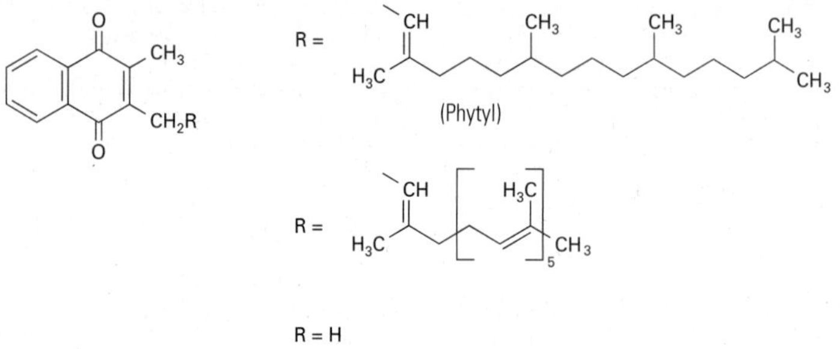

Vitamine Abb. 14: oben: Vitamin K_1; Mitte: Vitamin K_2 (30); unten: Vitamin K_3

biolog. Funktionen des Tocopherols scheint darin zu bestehen, mehrfach ungesättigte Fettsäuren in den Lipiden von Biomembranen vor dem zerstörer. Einfluss reaktiver Sauerstoffspezies zu schützen. Das nat. vorkommende α-Tocopherol vermag besser als jedes andere Antioxidans Peroxylradikale einzufangen; **Einheit:** 1 I.E. entspricht 1 mg DL-α-Tocopherolacetat; **Tägl. Bedarf des Menschen:** Kinder ca. 8 mg/d, Erwachsene ca. 12-17 mg/d; **Anw.:** habitueller u. drohender Abort, Neigung zu Tot- u. Frühgeburten, weibl. Sterilität, männl. Sterilität (durch Azoospermie bedingt), außerdem bei Muskeldystrophie u. Durchblutungsstörungen. In der Tiermedizin bei symptomloser Sterilität, bei seuchenhaftem Verwerfen sowie in der Geflügel- u. Pelztierzucht; **Dos.:** 10-30 mg/d. p. o. bei Fertilitätsstörungen, sonst wesentl. höhere Dosen bis 300 mg p. o. od. i. m.; ***α*-Tocopherolacetat:** α-Tocopheroli acetas Ph.Eur.4, α-Tocopherolum acetylatum; CAS-Nr. 58-95-7; $C_{31}H_{52}O_3$, M_r 472.7. Klare, schwach grünl. gelbe, viskose, ölige Flüss.; prakt. unlösl. in Wasser, leicht lösl. in Aceton, Chloroform, wasserfreiem Ethanol, fetten Ölen. ***α*-Tocopherolacetat-Trockenkonzentrat:** α-Tocopheroli acetatis pulvis Ph.Eur.4; **Zuber.:** Dispersion von α-Tocopherolacetat in einer geeigneten Gerüstsubstanz (z. B. Gelatine, Gummi arabicum, Kohlenhydrate, Milchproteine) od. durch Adsorption von α-Tocopherolacetat an Kieselsäure geeigneter Qualität erzeugt wird; Geh. an α-Tocopherolacetat mind. 25 g je 100 g Pulver. Fast weiße, gelbl. od. hellbraune kleine Partikeln, die je nach ihrer Zstzg. in Wasser prakt. unlösl. od. quellbar sind od. eine Dispersion bilden können. Ebenfalls verwendet werden α-Tocopherolsuccinat u. Tocofersolan*.

Vitamin F: s. Fettsäuren, essentielle. **Vitamin G:** amerikan. Bez. für Vitamin B_2; obsolet. **Vitamin H':** s. *p*-Aminobenzoesäure.

Vitamin-K-Gruppe: Phyllochinone (neue Bez.), antihämorrhagische Vitamine, Koagulations- Vitamine (veraltet). Sammelbez. für fettlösl. Derivate des α-Naphthochinon* mit unterschiedl. langer Isoprenoidseitenkette. Bisher sind zwei nat. vorkommende K-Vitamine bekannt: Phyllochinon u. Menachinon; synthet. Substanzen: Menadion u. Menadion-Hydroxychinon. **Vitamin K_1:** Phytomenadion INN, α-Phyllochinon, 2-Methyl-3-phytyl-1,4-naphthochinon; CAS-Nr. 84-80-0; $C_{31}H_{46}O_2$, M_r 450.68. Gelbes, in der Kälte erstarrendes Öl. Schmp. ca. 20 °C, $[\alpha]_D^{20\,°C}$ 0.28 ° (Dioxan, *trans*-Form); $n_D^{20\,°C}$ 1.5263 (*trans*-Form). Unlösl. in Wasser; lösl. in Ethanol, Aceton, Benzol, Petrolether, Hexan, Dioxan, Chloroform, Ether, anderen Fett-Solvenzien, Pflanzenölen (*trans*-Form); empfindl. gegen Licht, Alkali, starke Säuren u. Oxidationsmittel. **Vork.:** v. a. in Luzerne, Spinat, Kohl, Brennesseln, Alfalfaheu, Roßkastanien, sowie in Tomaten, Erdbeeren, Hagebutten, in geringen Mengen in der Leber; **Vitamin K_2:** Menachinon, β-Phyllochinon, Farnochinon, 2-Methyl-3-difarnesyl-1,4-naphthochinon; $C_{41}H_{56}O_2$, M_r 580.90. Gelbe Kristalle. Schmp. ca. 54 °C; Löslichkeit wie Vitamin K_1. **Vork.:** v. a. in Bakterien (Tuberkel- u. Kolibakterien) des Darms, in faulendem Fischmehl; **Vitamin K_3:** Menadion Ph.Eur.4, 2-Methyl-1,4-naphthochinon; CAS-Nr. 58-27-5; $C_{11}H_8O_2$, M_r 172.2. Schmp. 105-108 °C. Hellgelbes, krist. Pulver von schwachem, charakterist. Geruch. Die Substanz reizt Atmungsorgane u. Haut. Leicht lösl. in Chloroform, Aceton, lösl. in Ether, wenig lösl. in Ethanol, Methanol, prakt. unlösl. in Wasser. Zersetzt sich unter Lichteinwirkung. Gebräuchl. sind außerdem **Vitamin K_4** (Menadiol, 2-Methyl-1,4-naphthohydrochinon), Menadiol-diacetat u. -diphosphat sowie das leicht wasserlösl. Natrium-Menadionhydrogensulfit (Additionsverb. von $NaHSO_3$ an Menadion); **Physiolog. Bedeutung:** Vitamin K wirkt mit bei der Biosynthese des Enzyms Proconvertin in der Leber, das die Bildung von Prothrombin katalysiert. Vitamin K-Mangel führt zu einer verringerten Bildung von Prothrombin u. in der Folge zu Blutungen u. Blutgerinnungsstörungen. Vitamin-K-Antagonisten (Cumarinderivate, z. B. Dicumarol) verdrängen Vitamin K vom Wirkungsort u. führen zu einer verminderten Synthese von Blutgerinnungsfaktoren. Dadurch kommt es zu einer Verlängerung der Gerinnungszeit. Dies wird therapeut. eingesetzt zur Thrombose- u. Infarktprophylaxe; **Einheit:** 1 Dam-Einheit entspricht 0.04 µg Vitamin K_3 od. 0.08 µg Vitamin K_1 od. 0.14 µg Vitamin K_2; eine Almquist-Einheit entspricht 0.16 µg Vitamin K_1 od. 4.2 µg Vitamin K_3; **Tägl. Bedarf des Menschen:** nur schwer festzustellen, da die Vitamin-K-Produktion der Darmbakterien i. Allg. genügt, um den Bedarf des Menschen zu decken; angegeben werden 60-80 µg. Im Ggs. zu Vitamin K_1 erfolgt die Resorption wasserlösl. Vitamin-K-Derivate aus dem Dünndarm auch ohne Gallensäuren u. Pankreaslipase; **Anw.:** Störungen der Blutgerinnung (nur bei intakter Prothrombinsynthese in der Leber); bei schweren Leberschäden, Leberzirrhose, Leberatrophie oder Hämophilie ist eine Vitamin-K-Therapie ohne Erfolg. Die Vitamin-K-Zufuhr ist wichtig vor Operationen, falls durch Gallenleiden die Resorption von Vitamin K aus dem Darm gestört u. die Gerinnungsfähigkeit des Blutes somit stark herabgesetzt ist. Weitere Anw. bei hämorrhag. Diathese des Neugeborenen, Blutungsneigung bei Leber-, Magen- u. Darm-Erkrankungen, bei choläm. Blutungen, bei Stauungsikterus u. Gallenfistel, bei gynäkolog. Blutungen sowie zur Leberschutzther., auch zur Beeinflussung der Darmflora, wenn diese z.B. durch längere Antibiotikagabe gestört ist, als Antidot bei Überdosierung von Cumarinderivaten. Die Verw. der synthet. Vitamin-K-Derivate ist aufgrund der Nutzen-Risiko-Abschätzung umstritten; **Dos.:** bei leichteren Blutungen 1-5 mg Vitamin K_1 p.o.; bei schweren Blutungen 10-20 mg Vitamin K_1 i.v.; bei Vitamin-K-Hypovitaminosen infolge von Darm- u. Gallenerkrankungen tägl. 10-30 mg p.o. od. intravenös.

Vitamin P: Permeabilitäts-Vitamin, Citrin, Faktor P, s. Flavonoide. **Vitamin T:** s. Carnitin. **Vitamin U:** s. Methioninmethylsulfoniumchlorid.

Vitamini A pulvis: s. Vitamine (Vitamin A Pulver).

Vitamini A solutio: s. Vitamin-A-Lösung.

Vitamin U: s. Methioninmethylsulfoniumhydrochlorid.

Vitaminum A: s. Vitamine (Vitamin A).

Vitaminum A densatum oleosum: s. Vitamine (ölige Lösung von Vitamin A).

Vitaminum A in Aqua dispergibile: s. Vitamine (wasserdispergierbares Vitamin A).

Vitellaria paradoxa Gaertn. f.: Butyrospermum parkii (G. Don) Kotschy, Butyrospermum paradoxum (Gaertn. f.) Hepper, Butterbaum; Fam. Sapotaceae (trop. Afrika). Stpfl. von **Sheabutter:** Galambutter, Karitéfett; das aromat. schmeckende Fett der Samen (Fettgeh. 30 bis >50 %), Schmp. 23-32 °C. **Best.:** Glyceride fester Fettsäuren (ca. 40 %), z.B. Stearinsäure, u. flüss. Fettsäuren (ca. 50-60 %), z.B. Ölsäure; **Anw.:** u.a. als Speisefett (Afrika), zur Margarineproduktion (Europa), zur Herst. von Salbengrundlagen, als Ersatz für Kakaobutter nicht zulässig.

Vitelline: Lipophosphoproteine, bes. im Eidotter, die Phosphorsäure direkt an das Eiweiß gebunden enthalten, ähnl. wie Casein.

Vitellum Ovi: Eigelb, Eidotter, s. Ei.

Vitellus: Eigelb, Eidotter; s. Ei.

Vitex agnus-castus L.: Keuschlamm (weil die Pflanze auch als Antiaphrodisiakum angesehen wurde), Mönchspfeffer; Fam. Verbenaceae (Mittelmeergebiet). Stpfl. von **Fructus Agni casti:** Mönchspfeffer. **Inhaltsst.:** Casticin (5,3'-Hydroxy-3,6,7,4'-methoxyflavon), iridoide Verb. wie Aucubin* u. Agnusid (ein Aucubin-*p*-hydroxybenzoesäureester), 0.5 % äther. Öl (mit Cineol, Pinen u.a.) sowie fettes Öl; **Wirk.:** die Drogeninhaltsst. wirken auf den Hypophysenvorderlappen, indem z.B. die Ausschüttung der Gonadotropine LH, ICSH u. LTH angeregt wird (s. Hormone); **Anw.:** Regeltempoanomalien, prämenstruelles Syndrom, Mastodynie; volkstüml.: zur Förderung des Milchflusses, als Anaphrodisiakum.

Hom: *Vitex agnus-castus (HAB1.1),* Agnus castus: reife, getrocknete Früchte (mind. 0.4 % äther. Öl); verord. z.B. bei Impotenz, Hypogalaktie (Milchmangel stillender Mütter), Depressionen.

Vitexin: 8-C-Glucosyl-apigenin; ein C-Flavonglykosid (Glykosil). **Vork.:** z.B. in Crataegus-Arten, Passiflora* incarnata, Trigonella* foenum-graecum u. Viola* tricolor.

Vitiligo: Scheckhaut, Weißfleckenkrankheit; weiße, pigmentfreie, meist langsam größer werdende Flecke an Haut, seltener Schleimhaut u. behaartem Kopf. **Urs.:** ätiol. unklarer Untergang der Melanozyten (evtl. Autoimmunkrankheit); **Vork.:** familiär gehäuft in ca. 30 % der Fälle; bei Diabetes mellitus, Lupus erythematodes, Hyperthyreose, Hypothyreose, Hypoparathyroidismus; **Ther.:** lokal Glucocorticoide*; PUVA* mit Ammoidin u. UV-A-Licht, UV-B-Licht; evtl. autologe Epidermistransplantation; kosmet. Abdeckung.

Vitis-idaeae folium: s. Vaccinium vitis-idaea (Folia Vitis-idaei).

Vitis vinifera L. **ssp. vinifera:** Wein, Weinstock, Weinrebe; Fam. Vitaceae (Kulturpflanze). Stpfl. von **Folia Vitis viniferae:** Weinblätter. **Inhaltsst.:** Flavonoide, v.a. Isoquercitrin u. Quercetin, in den roten Blättern Anthocyane, Catechingerbstoffe, ferner Tartrate*, Weinsäure*, Äpfelsäure*, Bernsteinsäure* u. ca. 2 % Zucker; **Anw.** volkstüml.: z.B. zur vermehrten Wasserausscheidung bei Milz- u. Leberleiden, bei Verstopfung; Roter Weinlaubextrakt bei chron. venöser Insuffizienz; **Passulae majores:** Rosinen, Sultaninen, Zibeben; (Mittelmeergebiet) u. Passulae minores: Korinthen (Griechenland); vgl. Traubenkernöl.

Hom: *Vitis vinifera:* frische Blätter.

Vitium: Fehler. V. cordis: Herzfehler.

Vitriol (lat. vitrum glasartig): **1.** blauer V.: Kupfer(II)-sulfat*. **2.** grüner V.: Eisen(II)-sulfat*. **3.** weißer V.: Zinksulfat*.

Vitriolöl: s. Schwefelsäure (rauchende Sch.).

Vitriolöl, Nordhäuser: s. Schwefelsäure (rauchende).

Vitriolum album: s. Zinksulfat.

Vitrum: Glas, Arzneiflasche. **V. allatum:** mitgebrachte Arzneiflasche; **V. amplum:** Weithalsglas; **V. nigrum:** dunkelfarbiges Glas; **V. patentatum:** V. guttatorium, Vitrum rostratum; Tropfflasche.

Viva: Kunststoffbügel in 2 Größen, der in die Harnröhre eingeführt wird; verhindert Harnverlust u. stimuliert die Blasenmuskulatur. **Anw.:** Stressinkontinenz bei Frauen.

Viverra civetta: s. Zibet.

Vivisektion: Tierversuch; operativer Eingriff am lebenden Tier zu wissenschaftl. Zwecken unter Einhaltung der Tierschutzbestimmungen.

VKA: Abk. für Verband der krankenhausversorgenden Offizin-Apotheker.

VLDL: Abk. für (engl.) *very low density lipoproteins*, s. Lipoproteine.

Vleminckx-Lösung: s. Solutio Calcii sulfurati.

Vliesstoff: nicht gewebte, flexible Verbundstoffe aus natürl. od. synthet. Fasern, die durch eigene

Haftung zusammenhalten. Z. B. (Alkohol-)Tupfer, Einlagen, Wundkompressen.

VNO: Abk. für vomeronasales **O**rgan*.

Vogelbeeren: s. Sorbus aucuparia (Fructus Sorbi aucupariae).

Vogelkirsche: s. Prunus avium var. avium.

Vogelknöterich: s. Polygonum aviculare.

Vogelmiere: s. Stellaria media.

Vogelspinne: s. Avicularia avicularia.

Vogesensäure: s. Weinsäure, DL-Weinsäure.

volatilis: flüchtig.

Vollapotheke, öffentliche: s. Apotheke (Deutschland).

Vollkost, ovolaktovegetabile: Ernährung frei von Fleisch, Fleischwaren, Fisch u. Fischwaren. Der Eiweißanteil wird aus Vegetabilien, Ei, Milch u. Milchprodukten gedeckt. Diese Kost gilt als purin- u. fettarm.

Vollpipetten: s. Messpipetten.

Vollwirkdosis: Menge Arzneistoff, die für einen optimalen therapeut. Effekt erforderl. ist; z. B. herzwirksame Glykoside*, optimaler positiv inotroper Effekt.

Volt (Alessandro Guiseppe Antonio Anastasio Graf Volta, italien. Physiker, 1745-1827): Symbol V; abgeleitete SI*-Einheit für das elektr. Potential bzw. die elektr. Spannung; $1\,V = 1\,J/C = 1\,A \cdot \Omega$.

Voltameter: Coulombmeter, Coulometer; Instrument zur Messung von Elektrizitätsmengen aufgrund des Volumens des von einem Strom in einer bestimmten Zeit abgeschiedenen Gases od. der Masse von abgeschiedenen Metallen. Darf nicht mit Voltmeter* verwechselt werden.

Voltammetrie (abgeleitet von Voltamperometrie): Verfolgung von chem. Reaktionen an Elektroden über die Messung der Stromstärke in Abhängigkeit von einer zeitl. variierten Spannung, durchgeführt in einer Zelle mit festen Elektroden, die in eine Probelsg. eintauchen. **Elektroden:** meist stift- od. scheibenförmig, aus Edelmetallen od. Graphit, die ruhend, rotierend od. schwingend betrieben werden. **Methoden der Voltammetrie:** 1. **Volammetrie, zyklische:** Methode, bei der die Spannung U mit der Zeit t abwechselnd gleichförmig erhöht u. erniedrigt wird, d. h. die U/t-Kurve zickzackförmig ist; 2. **Voltammetrie, inverse:** **a)***anodic stripping voltammetry (Abk. ASV)*: das sich vorerst niedergeschlageneMetall löst sich bei Spannungsvorschub in anod. Richtung auf. Man erhält ein anod. Voltammogramm, dessen Spitzenhöhe der Lösungskonz. indirekt proportional ist. **b)***cathodic stripping voltammetry (Abk. CSV)*: Methode, bei der primär eine elektrolyt. Anreicherung von Substanzen, i. d. R. Metalle, an den Elektroden erfolgt u. sekundär beim inversen Spannungsverlauf deren Bestimmung über die Registrierung der Stromstärke erfolgt (Grenzkonzentration* ca. 10^{-11} mol/L). 3. **Polarographie***: Dabei benutzt man keine festen Elektroden, sondern eine Quecksilbertropfelektrode mit sich ständig erneuernder Oberfläche u. vermeidet dadurch Probleme, die durch Verschmutzung der Oberfläche infolge Absorption auftreten können; **Anw.:** Untersuchung des Mechanismus von Elektrodenreaktionen; Analysen im Spurenbereich (Grenzkonzentration* 10^{-2}-10^{-8} mol/L). Bestimmt werden können z. B. Phenole*, Amine*, Anilide*, Disulfide (s. Sulfide), Thiole*, Heterocyclen, Alkohole* u. Carbonsäuren*.

Voltampere: Symbol VA; häufig anstatt der SI*-Einheit Watt* für die Angabe elektr Leistungen benutzte, zusammengesetzte Einheit: $1\,\text{Volt} \cdot 1\,\text{Ampere} = 1\,\text{Watt}$.

Voltmeter: Instrument zur Messung der elektr. Spannung.

Volumen (pl volumina): Symbol V; Rauminhalt fester, flüss. od. gasförmiger Körper; SI-Einheit: m^3 (Kubikmeter), davon abgeleitet dm^3 (Kubikdezimeter), entspr. dem Liter (L) u. cm^3 (mL). Das V. wird z. B. mit Messkolben*, Messpipetten*, Büretten*, Messzylinder* gemessen. **Spezifisches V.:** das auf die Masse eines Körpers bezogene V., die reziproke Dichte D, also 1/D.

Volumenangaben, empirische: entsprechen vielfach übl. Dosisangaben; s. Tabelle.

Volumenangaben, empirische

Volumenangabe	entspricht ca. mL
1 Teetasse	150
1 Esslöffel	15
1 Kinderlöffel	10
1 Tee- oder Kaffeelöffel	5

Volumen, scheinbares: s. Porosität.

Volumen, wahres: s. Porosität.

Volumetrie: s. Maßanalyse.

Vomitiva: s. Emetika.

Vomitus: s. Erbrechen.

Von-Braun-Reaktion: Umsetzung tertiärer Amine* mit Bromcyan zu Dialkylcyanamiden. Hydrolyse der Dialkylcyanamide führt zur Bildung von sekundären Aminen.

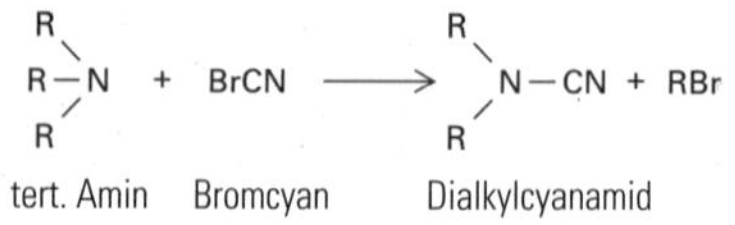

Von-Braun-Reaktion

vor Feuchtigkeit geschützt: Lagerungsvorschrift nach Ph.Eur.4; Lagerung in einem dicht verschlossen Behältnis unter Zusatz eines Trockenmittels. Jeder Kontakt zw. Trockenmittel u. Arzneimittel muss vermieden werden (vgl. über Blaugel).

Voriconazol INN: ($\alpha R,\beta S$)-α-(2,4-Difluorphenyl)-5-fluor-β-methyl-α-(1,2,4-triazol-1-ylmethyl)pyrimidin-4-ethanol, CAS-Nr. 137234-62-9, $C_{16}H_{14}F_3N_5O$, M_r 349.32. Schmp. 127 °C. logP 0.7; pK_S 12.0 (ber.); schwer lösl. in Wasser. **Wirk.** u. **Anw.:** Antimykotikum* vom Triazol*-Typ zur Behandlung von Fluconazol-resistenten, schweren invasiven Candida- u. Aspergillus-Infektionen; hemmt die Ergosterol-Biosynthese; für Sprosspilze (eher) fungistatisch u. für Aspergillus-Spezies (eher) fungizid; **UAW:** vorübergehend Sehstörungen u. Hautausschläge. Zahlreiche WW durch Inhibition von Cytochrom P4503A4 mögl. (Anmerkung: keine Induktion); Erhaltungstherapie **Dos.:** 2×4 mg/kg KG/d i. v.; 2×200 mg/d peroral.

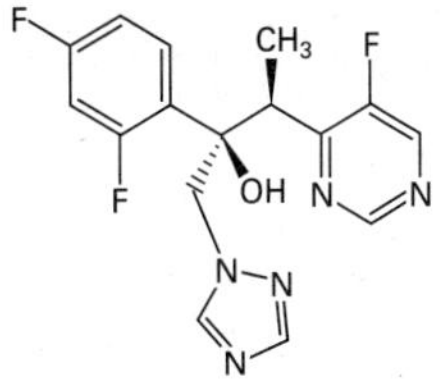

Voriconazol

Vorkeim: s. Prothallium.

Vorlast: (engl.) *preload*; mechan. Vorbelastung des Herzens, d. h. Dehnung od. Länge des linken Ventrikels zu Beginn der Kontraktion; vgl. Nachlast.

vor Licht geschützt: Lagerungsvorschrift nach Ph.Eur.4; Lagerung in dunkelbraunen od. dunkelroten Flaschen od. in lichtundurchlässigen Behältnissen. Diese Forderung wird auch erfüllt, wenn die Behältnisse lichtundurchlässig umhüllt werden od. die Lagerung an einem dunklen Ort erfolgt.

Vormischungen: s. Arzneimittel-Vormischungen zur veterinärmedizinischen Anwendung.

Vorratsschutz: s. Schädlingsbekämpfung.

vorsichtig zu lagern: Lagerungsvorschrift nach Ph.Eur.4; Lagerung getrennt von den übrigen Arzneimitteln. Beschriftung der Behältnisse mit roter Schrift auf weißem Grund. Gilt nicht für Fertigarzneimittel.

Vorsorgeuntersuchungen: der Vorbeugung u. Verhütung von Krankheiten dienende Untersuchungen. Zu den V. der gesetzl. Krankenversicherung (s. Sozialversicherung) gehören u. a. die Mutterschaftsvorsorge, die Krebsvorsorge u. die arbeitsmed. Vorsorge für bestimmte berufl. Risikogruppen.

Vorsteherdrüse: s. Prostata.

Vulnus (pl vulnera): s. Wunde.

Vulva: äußere weibl. Geschlechtsteile; bestehen aus Schamhügel, großen u. kleinen Schamlippen, Kitzler, Scheidenvorhof u. Bartholini-Drüsen. **Vulvitis:** entzündl. Veränderung der V.; **Vulvovaginitis:** Entzündung der äußeren Geschlechtsteile u. der Scheide.

vulvovaginal: die äußeren weibl. Geschlechtsteile u. die Scheide betreffend.

VZ: Abk. für Verseifungszahl*.

W

W: 1. (chem.) Symbol für Wolfram*. 2. (physik.) Symbol für Watt*. 3. (physik.) Symbol für (engl.) *work*; Arbeit*.

Waage, hydrostatische: Waage zur Bestimmung der Dichte fester Körper; s. Dichtebestimmungsmethoden, Dichte.

Waage, hygrostatische: s. Dichtebestimmungsmethoden.

Waagen: Geräte zur Bestimmung der Masse od. des Gewichts von Substanzportionen. Man teilt die W. nach ihrer Bauart ein, nach der Höchstlast u. nach der relativen Ablesbarkeit. Oberschalig bezeichnet man z. B. Plattformwaagen, als unterschalig werden z. B. Balkenwaagen bezeichnet. **Einteilung nach der Bauart:** 1. Hebelwaagen od. Balkenwaagen: z. B. gleicharmige Balkenwaagen, Vergleich der zu bestimmenden Massen mit bekannten Gewichten durch den Ausgleich der Hebeldrehmomente; 2. Waagen, elektronische: elektromechan. Waagen; ermitteln das Gewicht* durch die elektromagnet. Kraftkompensation; **Einteilung nach dem Wägebereich:** 1. Hochlastwaagen, elektronische, oberschalige von 0.1 g bis ca. 60 000 g; 2. Präzisionswaagen, oberschalige, elektronische: versch. Bereiche, z. B. von 0.01 g bis ca. 8000 g od. von 10^{-4} g bis ca. 3000 g; 3. Analysenwaagen, elektronische, oberschalige: von 10^{-4} g bis ca. 500 g; 4. Analysenwaagen, elektronische unterschalige: von 10^{-5} g bis ca. 150 g; 5. Mikrowaagen, elektronische u. Ultramikrowaagen: von 10^{-7} g bis 25 g; die elektron. Analysenwaagen sind zum Großteil mit Mikroprozessoren u. mit eingebauten Datenschnittstellen ausgestattet. Dadurch sind diese W. zum Betrieb eines Druckers, zur Verarbeitung der Wägedaten u. zur Steuerung der Waage über externe Datensysteme geeignet. **Weitere Waagentypen:** Karat-, Schaltgewichts- u. Rollgewichts-, Abfüll-, Feder- u. Torsionswaagen zur Messung des Gewichts; Sonderwaagen sind Thermowaagen (s. Thermogravimetrie); Gasdichtewaagen; hydrostat. W. zur Bestimmung der Dichte; Vakuumwaagen für Wägungen im Vakuum.

Wacholderbeeren: s. Juniperus communis (Juniperi pseudo-fructus).

Wacholderbeeröl: s. Juniperus communis (Oleum Juniperi).

Wacholderholz: s. Juniperus communis (Lignum Juniperi).

Wacholderholzöl: s. Juniperus communis (Oleum Juniperi e Ligno).

Wacholdermus: s. Juniperus communis (Succus Juniperi inspissatus).

Wacholderspiritus: s. Spiritus Juniperi.

Wacholderteer: s. Pix Juniperi.

Wacholder, Virginischer: s. Juniperus virginiana.

Wachs, chinesisches: s. Wachse (Cera chinensis).

Wachse: technolog. Sammelbezeichnung für eine Reihe nat. (pflanzl., tierischer od. mineralischer Herkunft, vgl. Montanwachs, Ozokerit) od. künstl. gewonnener Stoffe, die i. Allg. bei Raumtemp. knetbar fest od. brüchig hart, grob- bis feinkristallin, durchscheinend bis opak, jedoch nicht glasartig sind u. oberhalb 40 °C ohne Zers. schmelzen, ohne Fäden zu ziehen. Meist versteht man unter Wachsen Gemische von Estern höherer linearer Fettsäuren (C_{18} bis C_{34} u. mehr) mit höheren (meist gleich langen 1-wertigen) Alkoholen mit kleineren Anteilen freier Säuren u. Alkoholen ähnl. Länge (Cera). Geringe Mengen an C_{12}- bis C_{16}-Säuren u. deren Ester, Lactone, Lactide, Kohlenwasserstoffe, Sterine u. a. sind in den nat. Wachsen zusätzl. enthalten. Zu den Wachsen werden auch feste Kohlenwasserstoffe gezählt, die den oben erwähnten Eigenschaften entsprechen. **Cera alba**: gebleichtes Wachs; mit Bleichmitteln (Peroxide, Chromsäure) od. Adsorbenzien (Kohle) behandeltes Bienenwachs (s. u. Cera flava). Gelbl. weiße feste Stücke mit feinkörnigem, nicht kristallinem Bruch, bei Handwärme weich u. formbar. Beim Erwärmen leicht lösl. in siedendem Ether, Chloroform, fetten u. äther. Ölen u. geschmolzenem Vaselin; wenig lösl. in Ethanol. D. ca. 0.96; Tropfpunkt: 61-65 °C; $n_D^{75°C}$ 1.438-1.445; Verhältnis EZ/SZ 3.3-4.3; SZ 17-24; VZ 87-104; EZ 70-80; Buchner-Zahl: max. 6.3. Cera alba darf nicht ranzig riechen u. schmecken. POZ max. 10. C. besteht zu 70-75 % aus Myricin (Estergemisch). Dieses enthält ca. 8 % C_{26}-, 30 % C_{28}-, 52 % C_{30}- u. 7 % C_{32}-Alkohole, verestert mit Palmitin-, Hydroxypalmitin-, α,β-Dehydropalmitin- u. Cerotinsäure (C_{26}). Daneben sind freie Fettsäuren (ca. 14 %), Kohlenwasserstoffe (ca. 12 %), wenig Sterinester (1 %) u. freie Fettalkohole (1 %) enthalten. Inkomp.: Oxidationsmittel (Peroxidbildung, Ranzidität auch durch Einw. von Licht u. Luft). **Anw.**: Bestandteil von Salben u. Cremes zur Erhöhung der Konsistenz. Pseudoemulgator (Stabilisator) in Kühlsalben (W/O-Quasiemulsionen). Zum Polieren von Zuckerdragees. Nicht geeignet zur Verbesserung der Tropenfestigkeit von Suppositorien. **Cera flava**: gelbes Wachs, Bienenwachs; durch die Wachsdrüse der Honigbiene (Apis mellifera) ausgeschieden. Gew. durch Ausschmelzen der Honigwaben mit heißem Wasser u. anschließendes Waschen u. Filtrieren. Dunkelgelbe bis bräunl. Stücke mit körnigem, nicht kristallinem Bruch. Eigenschaften u. Kennzahlen prakt. ident. mit denen von Cera alba. SZ 17-22, VZ 87-102, POZ max. 5. Frisches Bienenwachs ist weiß (Jungfernwachs). Später nimmt es eine dunkle Färbung an. **Cera carnauba**: Cera Carnaubae, Carnaubawachs, Karnaubawachs, Cera Coperniciae, Cera Palmarum, (engl.) *brazil wax*; CAS-Nr. MX8015-86-9. Ausscheidungsprodukt der Blätter der Wachspalme (Karnaubapalme), Copernicia prunifera (Mill.) H.E.Moore, C. cerifera (Arr. Cam. ex Koster) Mart. (Corypha cerifera), Fam. Arecaceae (Palmae), Brasilien. Schmp. 80-88 °C. Härtestes Naturwachs; harte, gelbl. Massen, Flocken od. Pulver. **Best.**: Cerotinsäuremyricylester, Carnaubasäure, Cerotinsäure, Kohlenwasserstoffe. D. 0.940-0.997. SZ 2-7; VZ 78-95. Lösl. in Benzin, Chloroform, Ethylacetat, Toluol, Terpentinöl, Benzol, Schwefelkohlenstoff; sehr schwer lösl. in Wasser u. Ethanol. **Anw.** techn.: Rohstoff zur industriellen Herst. von Polituren, Bohnermitteln, Schuhcremes, ElektriIsolatoren, Kohlepapier, wasserdichten Papiererzeugnissen, zur Seifen- u. Kerzenfabrikation etc.; in der Galenik zur Herst. magensaftresistenter Tabletten. Als Ersatz gilt Candelillawachs*. **Cera chinensis**: chinesisches Wachs, Insektenwachs, (engl.) *chinese wax*; die von der auf der chines. Esche, Fraxinus chinensis, lebende Schildlaus Coccus ceriferus ausgeschiedene Masse. Schmp. 80-83°C. Weiß bis gelbl. durchscheinend, hart, von talgartigem Geruch. D. 0.97; VZ 81-93; IZ 1.4. Hauptbestandteil: Cerylcerotinat $C_{25}H_{51}CH_2OOCC_{25}H_{51}$. **Anw.**: Kerzenfabrikation, Lederpolituren u. a. wie Imprägnieren von Seide. **Cera japonica**: Japanwachs, Japantalg; weiß bis gelbl., harte, spröde Massen von muschelförmigen Bruch. Kein Wachs, sondern ein Fett. Gew. durch Auspressen aus den Früchten versch. Sumacharten wie Toxicodendron succedaneum (L.) O. Kuntze (Rhus succedanea L., Talgsumach), Toxicodendron verniciflua (Stokes) Barkl. (Rhus verniciflua Stokes, Lacksumach). **Best**: hauptsächl. Palmitinsäureglycerolester, ferner Palmitinsäure, Japansäure, Spuren äther. Öle u. Stearinsäure. Schmp. 50-54 °C. D. 0.99-1.0; VZ 217-237.5; IZ 5-15. **Anw.** techn.: Kerzen- u. Schuhcremefabrikation. **Cera mineralis**: s. Paraffinum solidum; Cetylpalmitat; **Wachs, mikrokristallines**: s. Paraffinum microcristallinum; **Wachs, flüssiges**: z. B. Isopropylmyristat*, Isopropylpalmitat*, Cetiole (z. B. Cera* liquida), Ethyloleat*. s. Wollwachs, Wollwachsalkohole.

Wachs, gelbes: s. Wachse.

Wachs, Grünes: s. Myrica pensylvanica (Myricawachs).

Wachskapseln: s. Chartae ceratae.

Wachsmyrte: s. Myrica pensylvanica.

Wachspalme: s. Wachse (Cera carnauba).

Wachspapierkapseln: s. Chartae ceratae.

Wachssalbe: s. Unguentum cereum.

Wachssalbe, zusammengesetzte: s. Unguentum cereum compositum.

Wachstumsfaktor, epidermaler: s. EGF.

Wachstumsfaktor, transformierender: s. TGF.

Wachstumshormon, menschliches: s. Somatropin, Hormone (Hypophysenvorderlappen).

Wachstumshormon, pflanzliches: s. Phytohormone.

Wachstumsvitamin: s. Vitamine (Vitamin B_2).

Wachszylinder: s. Harnzylinder.

Wägebüretten: s. Büretten.

Wägetitration: s. Büretten.

Wärme: physik. Wämeenergie; Form der Energie*, die bei Zu- od. Abfuhr z. B. eine Veränderung der Temperatur* od./u. der Phase* bewirkt.

Wärmeeinheit: s. Joule.

Wärmekapazität: s. Wärme, spezifische.

Wärmelehre: Teilgebiet der Thermodynamik*.

Wärme, spezifische: Symbol c; die massenbezogene Wärmekapazität. Diejenige Wärmemenge, welche nötig ist, um die Temp. von 1 kg eines Stoffes um 1 K zu erhöhen; SI-Einheit $J \cdot kg^{-1} \cdot K^{-1}$. **Molwärme**: Symbol C; molare Wärmekapazität; SI-Einheit $J \cdot mol^{-1} \cdot K^{-1}$. Man unterscheidet zw. c_p bzw. C_p (bei konstantem Druck; vgl. Enthalpie, freie, Abb.) u. c_v bzw. C_v (bei konstantem Volumen). Die s. W. ist von der Temp. abhängig; so beträgt z. B. die s. W. von Eisen (in $J \cdot kg^{-1} \cdot K^{-1}$) bei −200 °C 134, bei 20 °C 452 u. bei 500 °C 678. Beispiele für s. W. (in $J \cdot kg^{-1} \cdot K^{-1}$): Gold 129, Graphit 708, Diamant 502, Kupfer 382, Luft 1005, jeweils bei 20 °C, u. Wasser 4187 (bei 14.5 °C).

Wärmetönung: s. endotherm; exotherm.

Wärmezentren: Areale, die v. a. im vorderen Hypothalamus lokalisiert sind u. deren Aufgabe die Koordination versch. temperaturregulatoischer Vorgänge ist; vgl. Fieber.

Wäschedesinfektion: Anwendung therm. u. chem. Verfahren zur Desinfektion* waschbarer Textilien. **1.** Therm. W. für kochfeste Wäsche: Auskochen, Dampfdesinfektion, chemotherm. Desinfektionsverfahren (Waschverfahren mit Zusatz von Desinfektionsmitteln*); **2.** Chem. W. für nicht kochfeste Wäsche: Einlegen in 0.5-4 %ige Lsg., Einwirkdauer 12 h. Wirkstoffe: **a)** Phenole od. Phenolderivate, 0.5-2 %, Wirkungsbereich A; **b)** Chlorabspalter, 1.5-2 %, Wirkungsbereich AB; **c)** Formaldehyd u. andere Aldehyde, 1.5-3 %, Wirkungsbereich AB; **d)** Amphotenside, 2 %, Wirkungsbereich A; **e)** Kaliumperoxodisulfat, 4 %; vgl. Desinfektionsverfahren.

Wässer, alkalisch erdige: s. Aquae minerales.

Wässer, alkalisch-muriatische: s. Aquae minerales.

Wässer, aromatische: s. Aquae aromaticae.

Wässer, salinische: Mineralwässer mit Glauber- od. Bittersalz-Geh.; s. Aquae minerales.

Wagner-Meerwein-Umlagerung: für viele Gerüstumlagerungen bei Terpenen* verantwortl. Reaktion: unter saurer Katalyse in polaren Lösungsmitteln bildet sich ein Carbeniumion* als Zwischenstufe, das sich durch Wanderung eines Alkyl- (Aryl-)Anions in einer nucleophilen 1,2-Umlagerung stabilisiert. Die W. wurde ursprüngl. bei Terpenalkoholen u. -halogeniden beobachtet; z. B. entsteht Isobornylchlorid aus Camphenhydrochlorid.

Wagner-Nelson-Methode: s. Resorption, In-vitro/In-vivo-Korrelation.

Wahrscheinlichkeitsnetz: s. Normalverteilung.

Waldameise, Rote: s. Formica rufa.

Waldbingelkraut: s. Mercurialis annua (Mercurialis perennis).

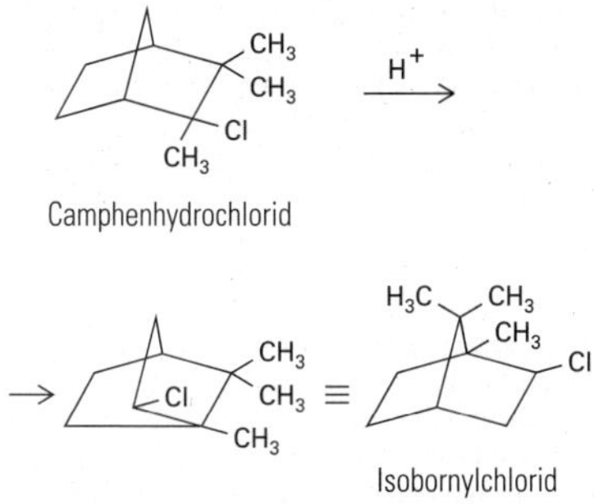

Wagner-Meerwein-Umlagerung

Walden-Umkehr: Inversion der Konfiguration* am asymmetr. Kohlenstoffatom* bei einer S_N2-Reaktion (s. Substition, nucleophile). Beispiel: die Reaktion von (*S*)-(−)-Maleinsäure mit Phosphor(V)-chlorid, führt zu (*R*)-(+)-Chlorbernsteinsäure.

Waldgamander: s. Teucrium scorodonia.

Waldhaselstrauch: s. Corylus avellana.

Waldhonig: s. Mel.

Waldhyazinthe, Weiße: s. Platanthera bifolia.

Waldklapperschlange, Nordamerikanische: s. Crotalus horridus.

Waldlilie: s. Trillium erectum.

Waldmeister: s. Galium odoratum.

Waldnachtschatten: **1.** s. Atropa belladonna. **2.** s. Solanum dulcamara.

Waldrebe: s. Clematis recta.

Wallstent: s. Stent.

Wallwurz: s. Symphytum officinale.

Walnußbaum: s. Juglans regia.

Walnuß, Graue: s. Juglans cinerea.

Walrat (lat. cetus Wal): Cetaceum, Spermaceti, weißer Amber; wachsartige Masse, die sich aus den Schädelhöhlen, Rückgratknochen u. dem Speck des Pottwals (Physeter macrocephalus L.) nach dem Töten des Tieres abscheidet. Weiße, glänzende, sich fettig anfühlende Schuppen od. Stücke von schwachem, eigenartigem Geruch u. fadem Geschmack; leicht lösl. in Ether, Chloroform, Benzin, Schwefelkohlenstoff sowie in erwärmten fetten Ölen; wenig lösl. in Ethanol, unlösl. in Wasser, lösl. in siedendem Ethanol zu 2% (zur Feststellung unerlaubten Paraffinzusatzes); D. ca. 0.9, VZ 118-129 (statt 30 min wird in diesem Fall 2 h lang erhitzt); IZ max. 0.5, SZ max. 1.0, POZ max. 8; Tropfpunkt 43-48 °C, Ep. 45-50 °C; $n_D^{75\,°C}$ 1.430-1.435, UA 45-52%. **Off.:** DAB8, ÖAB90 (bis 1996). **Best.:** hauptsächl. Ester der Palmitinsäure* u. Myristinsäure* mit Cetylalkohol* (als Cetin bezeichnet man Palmitinsäurecetylester, vgl. Cetylpalmitat); außerdem Ester der Laurinsäure* u. Stearinsäure* mit Stearylalkohol u. Myristylalkohol; **Herst.:** heute zum größten T. synth.; **Anw.:** Verbesserung von Konsistenz u. Aussehen von Salben (Perlmutterglanz); wie Bienenwachs vorwiegend zur Herst. von Cerata*; enthalten in der Kühlsalbe (Unguentum* leniens); ferner Zusatz z. B. zu Seifen, Pomaden, Kerzen, Pudern u. Appreturmitteln; **Oleum Cetacei:** Walratöl, Spermacetöl, Spermöl; das bei der Gew. von W. herausgepresste bzw. zurückbleibende Öl aus den Knochenhöhlen des Wals. Hellgelbes Öl, das zu 70-80% aus einfachen Estern der Laurin-, Myristicin- u. Palmitinsäure sowie zu ca. 20-30% aus deren Glyceriden besteht. D. 0.875-0.884; lösl. in Ether, Chloroform u. Benzol; unlösl. in Wasser u. Ethanol; **Anw.:** Schmiermittel; da heute kaum noch verfügbar, vielfach durch Jojobaöl ersetzt (s. Simmondsia chinensis, Simmondsiae cera liquida).

Walrat, künstlicher: s. Cetylpalmitat.

Waltran: durch Auskochen von Walspeck gewonnenes Öl.

Wannenform: s. Konformation.

Wanzen: Insekten (s. Arthropoden) mit stechend-saugenden Mundwerkzeugen. Einige Arten sind Parasiten* des Menschen, z. T. Krankheitsüberträger. **Einteilung: 1.** Bettwanzen (Cimicidae): bis 5 mm lange, flügellose Insekten; evtl. Überträger des Hepatitis-B-Virus; **2.** Raubwanzen (Reduviidae): 2-4 cm lange, geflügelte Insekten; Blutsauger bei Mensch u. Tier in Amerika; Überträger von Trypanosoma cruzi; vgl. Trypanosomiasis.

Wanzendill: s. Coriandrum sativum.

Wanzenkraut: s. Cimicifuga racemosa.

WaR: Abk. für **Wa**ssermann*-**R**eaktion.

Warburg-Atmungsferment: s. Cytochromoxidase.

Warburg-Dickens-Horecker-Weg: s. Pentosephosphatzyklus.

Waren, apothekenübliche: 1. Medizinprodukte, auch soweit sie nicht der Apothekenpflicht unterliegen; **2.** Mittel sowie Gegenstände u. Informationsträger, die der Gesundheit von Menschen u. Tieren mittelbar od. unmittelbar dienen od. diese fördern; **3.** Prüfmittel, Chemikalien, Reagenzien, Laborbedarf; **4.** Schädlingsbekämpfungs- u. Pflanzenschutzmittel; **5.** Mittel zur Aufzucht von Tieren. Die a. W. dürfen neben Arzneimitteln u. apothekenpflichtigen Medizinprodukten nur in einem Umfang angeboten od. feilgehalten werden, der den ordnungsgemäßen Betrieb der Apotheke u. den Vorrang des Arzneimittelversorgungsauftrages nicht beeinträchtigt.

Warfarin INN: 3-(α-Acetonylbenzyl)-4-hydroxycumarin; CAS-Nr. 81-81-2; $C_{19}H_{16}O_4$; s. Abb.; M_r 308.22; Schmp. 161 °C aus Ethanol; pK_S 5.0 (20 °C). Lösl. in Aceton, Dioxan, mäßig lösl. in Methanol, Ethanol, Isopropanol, einigen Ölen, leicht lösl. in wässrigen Alkali-Lsg., prakt. unlösl. in Wasser, Benzol, Cyclohexan. **Anw.:** Antikoagulans; Ind., UAW, Kontraind. wie Acenocoumarol* u. Phenprocoumon*. HWZ 37-50 h. **Dos.:** oral am 1. Tag 3-4 × 5 mg, am 2. Tag Dos. reduzieren. Warfarin ist

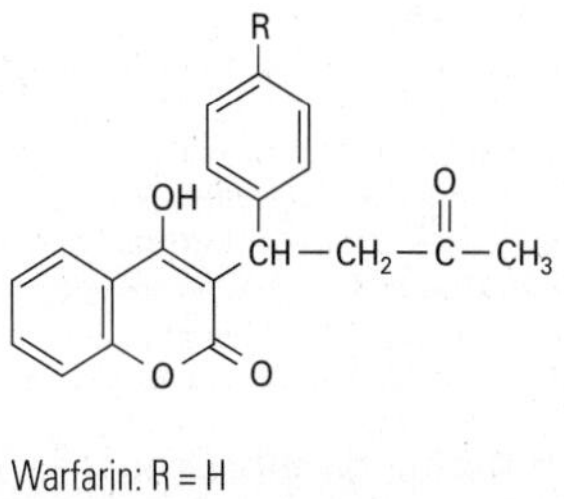

Warfarin: R = H
Acenocoumarol: R = NO_2

Warfarin

auch als Rodentizid (geg. Ratten) in Verw.; s. Schädlingsbekämpfungsmittel. **Warfarin-Natrium:** Warfarinum natricum Ph.Eur.4; CAS-Nr. 12906-06-6; $C_{19}H_{15}NaO_4$, M_r 330.3. Hygroskop., weißes Pulver. Sehr leicht lösl. in Wasser, leicht lösl. in Ethanol. **Warfarin-Natrium-Clathrat:** Warfarinum natricum clathratum Ph.Eur.4. Warfarin-Natrium/2-Propanol (2:1) in Form des Clathrats, enthält mind. 8.0 u. max. 8.5 % 2-Propanol. Weißes Pulver. Sehr leicht lösl. in Wasser, leicht lösl. in Ethanol. Gebräuchl. ist auch Warfarin-Kalium.

Warnhinweis: von der Arzneimittel-Warnhinweisverordnung geforderte Angaben auf dem Arzneimittel u. auf der Packungsbeilage, falls diese Ethanol od. Tartrazin in den dort genannten Darreichungsformen u. Konz. enthalten. Solche Warnhinweise sind „Enthält ... Vol.% Alkohol", „Enthält ... Vol.% Alkohol, Packungsbeilage beachten!" od. „Enthält Tartrazin, Packungsbeilage beachten!".

Warze: s. Verruca.

Warzenkraut: s. Chelidonium majus.

Warzenmittel: zur Entfernung von Verrucae* dienende Substanzen. **Wirkstoffe:** je nach Art u. Lokalisierung Keratolytika* (z. B. Salicylsäure), Retinoide* (z. B. Tretinoin) Zytostatika* (z. B. 5-Fluorouracil, Bleomycin) od. Mitosegifte* (z. B. Podophyllin).

Warzensalbe: s. Unguentum contra verrucas.

Waschblau: s. Ultramarin.

Waschholz: s. Quillaja saponaria (Cortex Quillajae).

Waschmittel: enthalten als wirksame Bestandteile meist Alkylsulfate u. Alkylsulfonate (Tenside*). Der Zusatz von Polyphosphaten enthärtet das Wasser u. verstärkt die Waschwirkung. Da Polyphosphate aber die Umwelt belasten, versucht man sie sukzessiv durch geeignete Silicate zu ersetzen. Weiter enthalten W. meist Perborate (bleichend), opt. Aufheller, Schaumstabilisatoren u. Hilfsstoffe für die Herst. (z. B. Na_2SO_4).

Waschrinde: s. Quillaja saponaria (Cortex Quillajae).

Washingtoner Artenschutzübereinkommen: Gesetz zum Washingtoner Artenschutzübereinkommen vom 22.5.1975, geändert durch die VO EWG Nr. 2727 der Kommission von 27.11.1995; regelt den internationalen Handel mit gefährdeten Arten freilebender Tiere u. Pflanzen.

Wasser: s. Aqua.

Wasserandorn: s. Lycopus europaeus.

Wasserbad: nach Ph.Eur.4 ein Bad mit siedendem Wasser. Auch eine andere Heizquelle ist erlaubt, wenn die Temp. von 100 °C nicht überschritten wird.

Wasserblei: s. Graphit.

W

Wasserdampfdestillation: Verfahren zur schonenden Destillation* therm. empfindl. Stoffe, deren Siedepunkt weit über 100 °C liegt. Dabei wird in den Destillationskolben einer normalen Destillationsapparatur Wasserdampf eingeleitet, der in einem separaten Dampferzeuger produziert wird, z. B. in einem Rundkolben mit Steigrohr. Die im Destillationskolben befindl., nicht mit Wasser mischbare Substanz destilliert gemeinsam mit dem Wasserdampf bei derjenigen Temp., bei der die Summe der Partialdrücke der Einzelkomponenten (Wasser u. Substanz) gleich dem Außendruck ist. Bei Normaldruck liegt diese Temp. immer unterhalb 100 °C, dem Siedepunkt des reinen Wassers. Die molare Zstzg. ergibt sich aus dem Verhältnis der Dampfdrücke der Einzelkomponenten: $A/B = P_A/P_B$.

Wasserdampfpartialdruck: s. Mollier-h,x-Diagramm.

Wasserdampfsorptionsisotherme: s. Sorptionsisotherme.

Wasser, deionisiertes: s. Aqua purificata.

Wasser, demineralisiertes: s. Aqua purificata.

Wasser, destilliertes: s. Aqua purificata.

Wasserdost: s. Eupatorium cannabinum, Eupatorium perfoliatum, Eupatorium purpureum.

Wasser, entmineralisiertes: s. Aqua purificata.

Wasser, entpyrogenisiertes: Wasser, das frei von Pyrogenen (fiebererregenden Stoffen) ist. **Gew.:** Destillation, adsorptive Filtration (Aktivkohle od. Asbestfilter, s. Keimfiltration), Umkehrosmose*, Ultrafiltration (s. Ultrafilter) u. Ozonbehandlung; vgl. Aqua.

Wasserfenchelfrüchte: s. Oenanthe aquatica (Fructus Phellandrii).

Wasser für Injektionszwecke: s. Aqua ad iniectabilia.

Wassergamander: s. Teucrium scordium.

Wassergas: geruchloses, giftiges Gasgemisch aus ca. 50 % H_2, 40 % CO, 5 % CO_2, 4-5 % N_2 u. wenig Methan. **Herst.:** Wasserdampf wird über stark erhitzten Koks geleitet; **Anw.:** Synthesegas* (wie Generatorgas* u. Spaltgas*), Heiz- u. Kraftgas, Rohstoffbasis für großtechn. Synthesen.

Wassergehaltsbestimmung: Aquametrie; Messung des Wasseranteils in einer Probe. **Direkte Methoden: 1. Trocknungsverlust:** Bestimmung des Wassergehalts durch Austreiben von Wasser, z. B. mittels Trockenschrank, Infrarotlampe, Trockenpistole u. Exsikkator, u. anschließende Differenzwägung; auch Absorption an ein Trockenmittel mögl. u. Bestimmung der Gewichtszunahme des Trockenmittels; eher unspezifisch; **2. Azeotropdestillation:** Destillation des zu untersuchenden Guts mit einem mit Wasser nicht mischbaren Lösungsmittel, z. B. mit Toluol od. Chloroform, u. Bestimmung des ausgetriebenen Wassers mit einem graduierten Messrohr; nur bei größeren Wassergehalten, z. B. bei pflanzlichen Drogen; **3. Calciumcarbidmethode:** chem. Methode, bei der der Druck von Acetylen* bestimmt wird, der bei der Umsetzung von Calciumcarbid* mit Wasser bei konstanter Temp. erzeugt wird; **4. Karl-Fischer-Methode:** s. Karl-Fischer-Titration. **Indirekte Methoden:** Dabei wird die gemessene Größe, z. B. die Dielektrizitätskonstante*, mit dem Wassergehalt der Probe gleichgesetzt; erfordert die Aufstellung stoffspezif. Eichgeraden; **1. Infrarot-Wassergehaltsbestimmung:** die bei der Wellenlänge von 19 300 nm gemessene Absorption wird auf den Wassergehalt der Probe bezogen; gleichzeitig wird die Absorption bei einer Wellenlänge gemessen, bei der Wasser nicht absorbiert; **2. Mikrowellenabsorption:** basiert auf dem gleichen Prinzip wie die Infrarot-Wasserbestimmung; die verwendete Strahlung hat jedoch eine Wellenlänge im Bereich von Zentimetern; 3. **Wassergehaltsbestimmung, dielektrische:** die gemessene Größe ist die Dielektrizitätskonstante*; bei feuchten Nichtleitern ist der Wert dieser Konstante höher als bei trockenen; 4. **Leitfähigkeit, elektrische:** nützt die starke Zunahme der Leitfähigkeit feuchter Nichtleiter gegenüber trockenen aus; ungeeignet bei sehr niedrigen u. sehr hohen Wassergehalten.

Wasser, gereinigtes: s. Aqua purificata.

Wasserglas: s. Natriumsilicat; Kaliumsilicat.

Wasserhärte: s. Aqua (Härte).

Wasserhanf: **1.** s. Eupatorium cannabinum. **2.** s. Nasturtium officinale.

Wasserharnruhr: s. Diabetes insipidus.

Wasserhyazinthe: s. Eichhornia crassipes.

Wasser-in-Öl-Emulsionen: s. Emulsionen.

Wasserknöterich: s. Polygonum amphibium.

Wasserkresse: s. Nasturtium officinale.

Wasserkümmel: s. Oenanthe aquatica.

Wasserlinse, Kleine: s. Lemna minor.

Wassermann-Reaktion: Abk. WaR; indirekter Nachw. der Syphilis*, heute weitgehend durch spezif. Verfahren ersetzt.

Wassermelone: s. Citrullus vulgaris.

Wasserminze: s. Mentha aquatica var. aquatica.

Wassernabelkraut, Asiatisches: s. Centella asiatica (Herba Centellae asiaticae).

Wasser[^{15}O]: [^{15}O]H_2O; radioaktiv markiertes Wasser als isoton. Kochsalzlösung. **Herst.:** katalyt. Reduktion von Sauerstoff*-15 mit Wasserstoff; **Anw.:** qualitative u. quantitative Untersuchung der Perfusion z. B. in Hirn, Leber, Lunge mittels PET*.

Wasserpfeffer: s. Polygonum hydropiper.

Wasserrohr: s. Arundo donax.

Wasser, schweres: s. Deuterium (Deuteriumoxid).

Wasserspalten: Hydathoden; (bot.) Öffnungen in der Epidermis, den Spaltöffnungen ähnl., die sich jedoch nicht schließen können u. die der Ausscheidung von Wasser dienen.

Wasserstoff: (engl.) *hydrogen*; Hydrogenium; Symbol H; A_r 1.00797; OZ 1; D. 0.0700 (flüss.); D. 0.0763 (fest); D. 0.031 (krit.); krit. Temp. −239 °C; krit. Druck 13.10 bar; Schmp. −259.5 °C; Sdp. −252.8 °C; 1-wertig. 1 Liter H_2-Gas wiegt bei 0 °C u. 101.325 kPa 0.08995 g, ist somit das leichteste Gas u. 14.38-mal leichter als Luft. H_2 ist ein farb-, geruch- u. geschmackloses sowie ungiftiges Gas; es verbrennt an der Luft mit fahler, bläul. Flamme zu Wasser; mit Sauerstoff gemischt ergibt es Knallgas. In Wasser ist H_2 nur sehr wenig lösl. (2 L in 100 L Wasser bei Zimmertemp.), in Ethanol etwas mehr, dagegen löst er sich außerordentl. gut in einigen Metallen, so vermag z. B. Palladiumschwamm das 850fache seines eigenen Volumens an H_2 aufzunehmen. Wasserstoff-Isotope, s. Deuterium, Tritium. **Vork.:** nat. frei in Vulkangasen, Erdölquellen, in den Gasen der Fixsterne u. des Sonnenkerns; gebunden als H_2O; **Darst.:** Elektrolyse des Wassers, aus Wassergas*, Erdöl od. Erdgas; im Laboratorium durch Einw. von verd. Schwefelsäure auf Zink od. Eisen im Kipp*-Apparat; **Anw.** techn.: Industrie (Knallgasgebläse bis 2700 °C); Reduktionsprozesse u. Hydrierungen aller Art, Ammoniaksynthese, Hydrierung von Kohle, Erdöl, Teer zu Benzinen usw., zur Fetthärtung; als Heizgas (s. Leuchtgas); **Gesch.:** entdeckt 1766 von Henry Cavendish (1731-1810).

Wasserstoffakzeptoren: Stoffe, die Wasserstoff aufnehmen können. Beispiele: Sauerstoff, Methylenblau.

Wasserstoffbindung: s. Wasserstoffbrückenbindung.

Wasserstoffbrückenbindung: gerichtete Bindung, die mit 20-30 kJ/mol viel schwächer als die kovalente Bindung ist (100-400 kJ/mol); W. können sich intermolekular od. intramolekular ausbilden u. Moleküle, z. B. Proteine u. Nucleinsäuren, in einer spezif. geometr. Anordnung fixieren. Im Eis ist jedes Sauerstoffatom tetraedr. von 4 Wasserstoffatomen umgeben: 2 Atome sind kovalent u. 2 über W. gebunden. Die W. sind als besonders starke zwischenmolekulare Anziehungskräfte für die außergewöhnl. hohen Schmelz- u. Siedepunkte der Hydride NH_3, H_2O u. HF verantwortlich. Da in Methan CH_4 kein nichtbindendes Elektronenpaar vorhanden ist, bildet es keine W.; vgl. Bindungskräfte, intermolekulare.

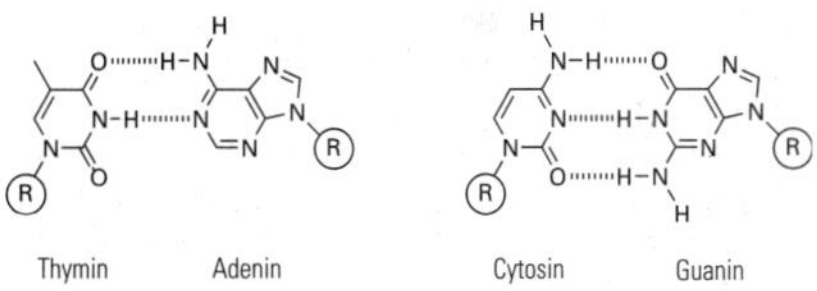

Wasserstoffbrückenbindung: DNA-Basenpaarung als Beispiel

Wasserstoffdonatoren: Stoffe, die Wasserstoff abgeben können. Z. B. Leukofarbstoffe.

Wasserstoffelektrode: s. Potentiometrie.

Wasserstoffexponent: Wasserstoffionenkonzentration; s. pH-Wert.

Wasserstoffionenkonzentration: s. pH-Wert.

Wasserstoffperoxid: Wasserstoffsuperoxid, Hydrogenium peroxidatum, Hydrogenium superoxidatum solutum; H_2O_2, M_r 34.02. D. 1.465. Schmp. −0.89 °C. Sdp. 157.8 °C. Farblose, instabile, oxidierende Flüss.; kann explosionsartig in Wasser u. Sauerstoff zerfallen: $2\,H_2O_2 \rightarrow 2\,H_2O + O_2$. **Vork.:** nat. in den Zellen, wo es bei der Reduktion von Sauerstoff über Hyperoxid* unter dem Einfluss der Superoxiddismutase* entsteht; die weitere Umsetzung zu Wasser u. O_2 erfolgt mit Hilfe der Katalase*; unter dem Einfluss von Peroxidasen* wirkt W. oxidierend; **Anw.:** Lsg. als Oxidationsmittel (Bleichmittel); med.: in Form von Lsg. als Desinfektionsmittel für z. B. Mundwässer, Ohrentropfen (W. stabilisiert z. B. mit Hydrochinon Phenacetin u. Barbiturate).

Wasserstoffperoxid-Lösung 3 %: Hydrogenii peroxidum 3 per centum Ph.Eur.4, Hydrogenium peroxidatum dilutum, Hydrogenium superoxidatum solutum, Solutio Hydrogenii peroxydati, verdünnte Wasserstoffperoxidlösung; Geh.: 2.5-3.5 % H_2O_2 (m/m), entspricht ca. 10 Volumenteilen verfügbarem Sauerstoff. Farblose, fast geruchlose Flüssigkeit. Verdünnt zersetzt sie sich bei Kontakt mit oxidierbaren, organ. Substanzen u. Metallen sowie in alkal. Lösungen. Nicht über einen längeren Zeitraum aufbewahren (unter 15 °C od. mit geeignetem Stabilisator) u. nur in Gefäßen aus Polyethylen od. alkaliarmen Glas. **Dos.**: Spülungen 10 mL auf 100 mL Wasser.

Wasserstoffperoxid-Lösung 27 %: Hydrogenii peroxidum 27 per centum Ph.Eur.1, Hydrogenium peroxidatum 27 %, Hydrogenium superoxidatum solutum, Solutio Hydrogenii peroxydati; 26-28 % (m/m) H_2O_2, ein geeigneter Stabilisator darf zugesetzt werden, s. Wasserstoffperoxid-Lösung 30 %.

Wasserstoffperoxid-Lösung 30 %: Hydrogenii peroxidum 30 per centum Ph.Eur.4, Hydrogenium peroxidatum concentratum, Hydrogenium superoxidatum solutum, Solutio Hydrogenii peroxydati, Perhydrol; Geh.: 29-31 % (m/m) Wasserstoffperoxid*, entspr. ca. 100 Volumteilen Sauerstoff. Farblose, fast geruchlose Flüss.; D. 1.11. Die konzentrierte Lsg. zersetzt sich bei Kontakt mit oxidierbaren, organ. Substanzen u. Metallen sowie in alkal. Lösung. Aufbewahrung: unter 15 °C od. mit geeignetem Stabilisator.

Wasserstoff, schwerer: s. Deuterium, vgl. Wasserstoff.

Wasserstoffsuperoxid: s. Wasserstoffperoxid.

Wasserstrahlpumpe: Vorrichtung zur Erzeugung eines luftverd. Raumes (Vakuum). Die W., meist aus Glas od. Kunststoff, kann an jede Wasserleitung angeschlossen werden, zweckmäßig unter Zwischenschaltung einer Woulfe*-Flasche. Mit der W. kann ein Vakuum von ca. 1.6 kPa (12 mm Hg; normaler Luftdruck ist ca. 101 kPa) erzeugt werden. Das Prinzip der W. beruht auf dem Umstand, dass eine in einem Rohr fließende Flüssigkeit um so schneller fließt, je geringer der Querschnitt des Rohres ist. Je höher die Strömungsgeschwindigkeit ist, umso geringer ist der aus Außendruck u. Schweredruck zusammengesetzte Druck. Im Falle der W. ist bei genügend hoher Austrittsgeschwindigkeit des Wassers der Druck des aus der engen Öffnung fließenden Wassers geringer als der Luftdruck, was das Ansaugen von Luft bewirkt.

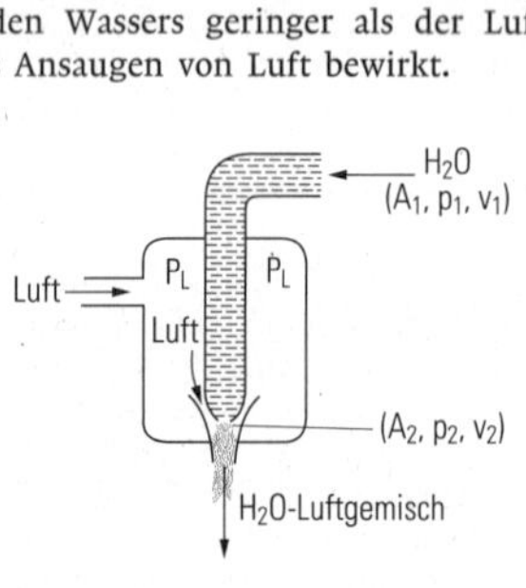

Wasserstrahlpumpe: A_1 u. A_2: Eintritts- und Austrittsöffnung mit den Drücken p_1 u. p_2 sowie den Strömungsgeschwindigkeiten v_1 u. v_2; P_L: Luftdruck

Wassersucht: s. Hydrops s. Ödem.

Wasserzahl: Abk. WZ; Höchstmenge an Wasser in g, die von 100 g einer wasserfreien Salbengrundlage bei 20 °C dauernd festgehalten wird. Es wird auch der Begriff des max. Wassergehaltes (WG) in % der Gesamtmenge der wasserhaltigen Salbe verwendet. WZ = (100 · WG)/(100 − WG) u. WG = (100 · WZ)/(100 + WZ).

Watson-Crick-Modell: s. DNA.

Watt (James Watt, brit. Ingenieur u. Maschinenbauer, 1736-1819): Symbol W; SI*-Einheit der Leistung; 1 W = 1 Joule/s = 10^{-7} erg/s = 1 Volt · 1 Ampere. 1 kW (Kilowatt) = 1000 W = 1.36 PS.

Watte: s. Verbandwatte.

Watte, blutstillende: s. Gossypium haemostaticum.

Weber-Deen-Probe: s. Guajakprobe.

Wechselfieber: s. Malaria.

Wechselwirkungen: Abk. WW; **1.** s. Arzneimittelinteraktionen. **2.** vgl. Kraft.

Wechselwirkungen, pharmakologische: s. Arzneimittelinteraktionen.

Weckamine: Gruppe indirekt sympathomimet. wirkender Pharmaka mit ausgeprägten zentralen Wirkungen, die sich chem. von Phenylethylamin, meist Phenylaminopropane, ableiten. **Wirkstoffe:** z. B. Amfetamin*, Metamfetamin*, Phenmetrazin*, Fenetyllin*, Prolintan*, Pipradol*, Methylphenidat*, Fencamfamin*, Amfetaminil*; **Wirk.:** peripher wie Noradrenalin*, indirekt sympathomimet.; zentral mit gesteigerter Aktivität, verminderter Müdigkeit, erhöhtre Leistungfähigkeit, Schlaflosigkeit, Euphorie, Anregung des Atemzentrums, Hemmung des Appetitzentrums (rasche Toleranzentwicklung); **UAW:** Suchtgefahr, v. a. bei Überdosierung Erregungszustände, paradoxe Müdigkeit, Verschlechterung der geistigen Leistungfähigkeit, Dysphorien; **Anw.:** bei Kindern mit ADHS* (v. a. Methylphenidat), bei Narkolepsie*, nur in seltenen Ausnahmefällen als Appetitzügler*, als Kreislaufanaleptika bei hypotonen Zuständen.

Wegerich: s. Plantago afra, Plantago lanceolata, Plantago major, Plantago media.

Wegerich, Indischer: s. Plantago afra.

Wegerich, Mittlerer: s. Plantago media.

Wegmalve: s. Malva neglecta.

Wegrauke: s. Sisymbrium officinale.

Wegwarte: s. Cichorium intybus.

Weichbast: s. Bast.

Weichgelatinekapseln: s. Capsulae.

Weichmacher: flüss. od. feste org. Stoffe mit geringem Dampfdruck (meist niedermolekulare, hochsiedende Flüss), die zur Erhöhung der Flexibilität u. Verringerung der Sprödigkeit als Zusatzstoffe u. Verarbeitungshilfsmittel für Kunststoffe, Kautschuk u. a. dienen. **Wirkmechanismus:** W. wirken auf hochpolymere Stoffe durch Herabsetzung der Einfriertemp. infolge physik. Wechselwirkung, v. a. durch Solvatation, d. h. über zwischenmolekulare Bindungskräfte. Die Weichmacher lagern sich zw. die Polymerketten des Filmbildners ein. Dadurch können die Polymere nicht mehr so stark miteinander in WW treten, die Beweglichkeit der Polymerketten wird erhöht u. bestimmte physik. Kenngrößen des Polymers ändern sich. Eine sehr wichtige charakterist. Kenngröße der filmbildenden Polymere ist die Glasübergangstemperatur T_g. Unterhalb T_g liegen amorphe Körper in einer glasähnl. Struktur vor, somit ist T_g in etwa dem Schmelzpunkt bei kristallisierenden Stoffen vergleichbar. Durch die Zugabe von

Weichmachern kann die Glasübergangstemp. auf Raumtemp. gesenkt werden. **Eigenschaften:** W. sollen mit den weichzumachenden Stoffen gut verträglich, kälte- u. wärmebeständig u. mögl. geruch- u. farblos sein. Bei der Verw. von W. kann im Lauf der Zeit der Weichmachereffekt durch Verdampfungsverluste od. durch Ausdiffundieren an die Oberfläche (Ausschwitzen) nachlassen. Auch können W. aus weichgemachten Stoffen in eng anliegende andere Materialien diffundieren (W.-Wanderung, Migration). **Wichtige Vertreter:** Citronensäureester, Tributylcitrat (TBC), Triethylcitrat (TEC), Acetyltriethylcitrat (ATEC), Acetyltri-*n*-butylcitrat (ATBC), Phthalsäureester, Dimethylphthalat, Diethylphthalat (DEP), Dibutylphthalat (DBP), weitere Ester org. Polyalkohole, Dibutylsebacat (DBS), Triacetin, Rizinusöl, acetylierte Fettsäureglyceride, Polyalkohole, Glycerol, Propylenglykol. Eine große Rolle spielen W. für Polyvinylchlorid* (Weich-PVC) u. Cellulosekunststoffe. In Weichgelatinekapseln dienen hygroskop. Substanzen wie Glycerol u. Sorbitol als Weichmacher.

Weichselkirsche: s. Prunus cerasus.

Weichsel, Türkische: s. Prunus mahaleb.

Weidenrinde: s. Salix-Arten (Salicis cortex).

Weidenröschen: s. Epilobium-Arten.

Weigert-Lösung: mikroskop. Färbemittel zum Färben von elast. Fasern. Herst.: 2 g Fuchsin u. 4 g Resorcin werden in 200 mL Wasser gelöst u. zum Sieden erhitzt, dann 25 mL Eisenchloridlsg. zugefügt u. weitere 5 Min. am Sieden erhalten. Der entstandene Niederschlag wird mit 200 mL Ethanol gekocht, dem Filtrat nach dem Erkalten 4 mL Salzsäure zugefügt u. mit Ethanol auf 200 mL ergänzt.

Weihrauch: s. Boswellia bhaw-dajiana (Olibanum).

Wein: s. Vinum.

Weinblätter: s. Vitis vinifera ssp. vinifera (Folia Vitis viniferae).

Weinbrand: s. Spiritus e vino.

Weine, medizinische: s. Vina medicata.

Weinessig: s. Essig.

Weingeist: s. Ethanol.

Weingeist, verdünnter: Spiritus dilutus; s. Ethanol.

Weinrautenblätter: s. Ruta graveolens (Folia Rutae u. Herba Rutae).

Weinsäure: (engl.) *tartaric acid*; 2,3-Dihydroxybernsteinsäure, Acidum tartaricum Ph.Eur.4, Weinsteinsäure, Traubensäure; **1. L-(+)-Weinsäure:** (2*R*,3*R*)-Dihydroxybutandisäure, CAS-Nr. 526-83-0; CAS-Nr. 87-69-4; $C_4H_6O_6$, M_r 150.1. Schmp. 170 °C (verkohlt bei weiterem Erhitzen unter Aufblähen u. Entwicklung von Karamelgeruch). $[\alpha]_D^{20\,°C}$ +12.0° bis +12.8° (c=20.0 in Wasser). Farblose Kristalle od. weißes, krist. Pulver von saurem Geschmack; sehr leicht lösl. in Wasser, leicht lösl. in Ethanol; besitzt wie die D-Form *threo*-Konfiguration (s. Konfiguration, *erythro-/threo-*). **Vork.:** in vielen Früchten, teils frei, teils als Salze (Tartrate), bes. in Weinbeeren, Vogelbeeren, Weichselkirschen, ferner im Löwenzahn, Weißdorn. **Nachw.:** W. reduziert ammoniakal. Silbernitratlösung. **Gew.:** aus den Weintrestern, Weinhefe od. rohem Weinstein durch Zusatz von Calciumcarbonat u. Calciumchlorid u. Zerlegung des gebildeten Calciumtartrats mit Schwefelsäure. **Darst.:** Behandeln von Maleinsäureanhydrid mit Wasserstoffperoxid u. Wolframsäure 0.5 % als Katalysator. **Anw.** med.: durstlöschende Limonaden, Laxans (Dos. 1.5-2 g); hauptsächl. in Brausepulvern u. Brausetabletten (Pulvis aerophorus, Pulvis aerophorus mixtus, Pulvis aerophorus laxans); zur Stabilisierung der essigsauren Tonerdelsg.; techn.: zu Backpulvern u. in der Färberei; chem. zur Racematspaltung*. **Inkomp.:** Ca-Salze bilden schwer lösl. Tartrate, Ammonium- u. K-Salze bilden schwer lösl. Bitartrate. **Gesch.:** 1769 von Carl Wilhelm Scheele (1742-1786) aus Weinstein gewonnen. **2. D-(−)-Weinsäure:** (2*S*,3*S*)-Dihydroxybutandisäure; CAS-Nr. 147-71-7, nat. sehr selten. **3. Mesoweinsäure:** CAS-Nr. 147-73-9, opt. inaktives Stereoisomer mit *erythro*-Konfiguration. **4. DL-Weinsäure:** CAS-Nr. 133-37-9, racem. W., Traubensäure, Vogesensäure, Acidum uvicum; opt. inaktiv, durch Racematspaltung* in die opt. aktiven Antipoden trennbar.

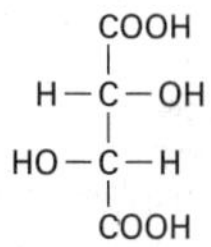

Weinsäure: L-Form der Weinsäure

Weinstein: s. Kaliumhydrogentartrat.

Weinsteinsäure: s. Weinsäure.

Weinsteinsalmiak: s. Kaliumammoniumtartrat.

Weiselfuttersaft: s. Gelée royale.

Weißblech: mit Zinn überzogenes u. deshalb korrosionsgeschütztes Eisenblech. Von der Herst. her unterscheidet man feuerverzinntes u. elektrolyt. verzinntes Weißblech.

Weißdorn: s. Crataegus-Arten.

Weißdornblätter mit Blüten: s. Crataegus-Arten (Crataegi folium cum flore).

Weißdorntinktur: s. Crataegus-Arten.

Weißnickelerz: s. Nickel.

Weißpigmente: Zusatz zu Farbpigmenten zur Fabaufhellung u. Erhöhung der Farbdeckkraft. Zum Dragieren* werden hauptsächl. Titandioxid* u. Calciumcarbonat* eingesetzt.

Weißtannenöl: s. Abies alba (Oleum Abietis albae).

Weiterbildung: die freiwillige W. dient der Spezialisierung auf einem pharmaz. Teilgebiet nach Abschluss der Berufsausbildung. Dagegen verfolgt die Fortbildung, zu der der Apotheker bis zum Ausscheiden aus dem Berufsleben verpflichtet ist, den Zweck, das während der Ausbildung erworbene Fachwissen dem jeweils aktuellen Stand der Wissenschaft anzupassen. **Deutschland:** Die Durchführung der W. fällt in die Zuständigkeit der Apothekerkammern* u. wird in Weiterbildungsordnungen geregelt. W. ist in folgenden Gebieten möglich: Offizinpharmazie, Klinische* Pharmazie, Pharmazeutische* Technologie, Arzneimittelinformation, Toxikologie* u. Ökologie*, pharmazeutische Analytik, klinische Chemie*, öffentliches Gesundheitswesen*; weitere, wie Ernährungsberatung od. Gesundheitsberatung sind je nach Bundesland möglich. Inhalt, Dauer u. Ablauf der W. richten sich nach den Bestimmungen der Anlagen zu den Weiterbildungsordnungen. Soweit die Apothekerkammern weiterbildungsbegleitende Seminare für die einzelnen Gebiete durchführt, ist die Teilnahme daran verpflichtend. W. kann nur unter der Leitung eines zur W. in dem entspr. Gebiet ermächtigten Apothekers durchgeführt werden. Die Apothekerkammern führen Verzeichnisse der zur W. ermächtigten Apotheker, aus denen auch die Weiterbildungsstätte hervorgeht. Die W. wird mit einer mündl. Prüfung vor einem von der zuständigen Apothekerkammer gebildeten Prüfungsausschuss abgeschlossen. Nach erfolgreichem Abschluss kann bei der entspr. Kammer die Anerkennung zum Führen der Bez. „Fachapotheker für..." beantragt werden. Über die Anerkennung erteilt die zuständige Apothekerkammer eine Urkunde. **Österreich:** W. zur Spezialisierung auf einem pharmaz. Teilgebiet ist bisher nicht vorgesehen; Fortbildungsveranstaltungen werden von der Österreichischen Apothekerkammer angeboten, die Teilnahme ist nicht verpflichtend. **Schweiz:** s. Apotheker.

Weitsichtigkeit: **1.** Übersichtigkeit (Hypermetropie*). **2.** altersbedingte W. infolge physiol. Elastizitätsverlusts der Linse (Presbyopie*).

Weizenkeimöl: s. Getreidekeimöl.

Weizenkeimöl, natives: s. Triticum aestivum (Tritici aestivi oleum virginale).

Weizenkeimöl, raffiniertes: s. Triticum aestivum (Tritici aestivi oleum raffinatum).

Weizenstärke: s. Amylum Tritici.

Well-Counter: Messgerät zur Bestimmung der Radioaktivität in Proben. Es lassen sich i. d. R. große Probenzahlen automat. messen. Die Proben befinden sich in Reagenzgläsern od. verschließbaren Gefäßen u. werden nacheinander für einen vorgegebenen Zeitraum gemessen. Als Detektoren kommen Szintillationszähler* zum Einsatz. Gemessen werden Impulse pro Sekunde od. Minute. Nach entspr. Kalibrierung kann die Aktivität der Probe (in Bq) angegeben werden. Messfenster können so gelegt werden, dass mehrere Isotope nebeneinander bestimmt werden können. Aufgrund der hohen Empfindlichkeit der Detektoren ist der W.-C. zur Bestimmung geringer Aktivitätsmengen geeignet.

Wellenfunktion: Symbol Ψ (gr. Buchstabe Psi); eine mathemat. Funktion zur Beschreibung eines quantenmechan. Systems; s. Quantentheorie. Die W. eines Atoms, abhängig von den Koordinaten des Orts u. des Spins* sowie evtl. von der Zeit, kann i. Allg. nur näherungsweise durch Lsg. der Schrödinger*-Gleichung erhalten werden.

Wellenzahl: s. Strahlung, elektromagnetische.

Wellpappe: Pappe aus einer od. mehreren Wellenbahnen, die mit Wasserglas auf eine Bahn od. zw. mehrere Bahnen eines Deckenpapiers geklebt sind. Wellen- u. Deckenpapier können aus Zellstoff od. Altpapier hergestellt sein. W. hat dank seiner Schutzwirkung als Verpackungsmaterial u. der Rezirkulierbarkeit als Rohstoff (Altpapier) andere Materialien stark verdrängt.

Weltgesundheitsorganisation: s. WHO.

Werkbank, reine: s. Laminarflow-Bank.

Wermut: s. Artemisia absinthium.

Wermuttinktur: s. Tinctura Absinthii.

Wermuttinktur, zusammengesetzte: s. Tinctura Absinthii composita.

Wertigkeit: s. Valenz.

Western-Blot: Proteinblotting mit anschließender Immunodetektion. Proteine werden in einem Gel aufgetrennt u. durch Kapillartransfer od. Elektrotransfer auf einen Träger (z. B. Nitrocellulosemembran) übertragen, dort immobilisiert u. anschließend immunodetektiert. Die Methode wurde 1979 von Tombin u. Renard eingeführt.

Westphal-Waage: s. Dichtebestimmungsmethoden.

Wetterdistel: s. Carlina acaulis.

Wetzsteinkristalle: Harnsäurekristalle im Harnsediment*, die sich aus saurem Harn beim Abkühlen ausscheiden.

WGO: Abk. für **W**elt**g**esundheits**o**rganisation; s. WHO.

Whitfield-Salbe: Unguentum Acidi benzoici compositum; Zstzg.: 6 g Benzoesäure u. 3 g Salicylsäure in emulsionsfähiger Salbengrundlage (nach USP Polyethylenglykolsalbe) ad 100 g. **Anw.:** Keratolytikum.

WHO: Abk. für **W**orld **H**ealth **O**rganization; Weltgesundheitsorganisation mit Sitz in Genf. Die WHO ist eine Sonderorganisation der UNO, die am 7.4.1948 in New York zur Zusammenarbeit auf dem Gebiet des Gesundheitswesens, v. a. bei der Bekämpfung von Volkskrankheiten, Seuchenkatastrophen, Impfstoffherstellung gegründet wurde. Sie unterhält 6 Regionalbüros (u. a. Europe Office in Kopenhagen) u. hat über 4000 Beschäftigte. Ihre Organe sind die Vollversammlung (Entscheidungsorgan), der Exekutivrat u. das Sekretariat. Die WHO ist auch für die INN* od. die GMP* zuständig.

WHO-Zertifikatssystem: Revidierte Leitlinien der WHO* über die Qualität pharmaz. Produkte im internationalen Handel. Durch ein Zertifikat der zuständigen Behörde wird bestätigt, dass ein Produkt im Herkunftsland verkehrsfähig ist u. der Herstellerbetrieb die Anforderungen der guten Herstellungspraxis u. der Qualitätskontrolle gemäß den Empfehlungen der WHO erfüllt. Antragsberechtigt sind nach dem AMG pharmaz. Unternehmer od. die zuständigen Behörden des Bestimmungslandes. Vorgesehen sind folgende **Zertifikate:** Zertifikat für ein pharmazeutisches Produkt (Certificate of a Pharmaceutical Product), Erklärung des Zulassungsstatus eines pharmazeutisches Produkts (Statement of Licensing of Pharmaceutical Products) u. herstellereigenes/offizielles Chargen-Zertifikat für ein pharmazeutisches Produkt (Manufacturer's/Official Batch Certificate of a Pharmaceutical Product).

Wichte: s. Gewicht, spezifisches.

Wickel: s. Blütenstand.

Wickelwurz: s. Bergenia crassifolia.

Widerstandsthermometer: Thermometer, bei dem bei geeigneter Eichung der elektr. Widerstand ein Maß für die Temp. ist. Das Messprinzip basiert auf der Änderung des elektr. Widerstands R eines elektr. Leiters mit der Temperatur. Bei

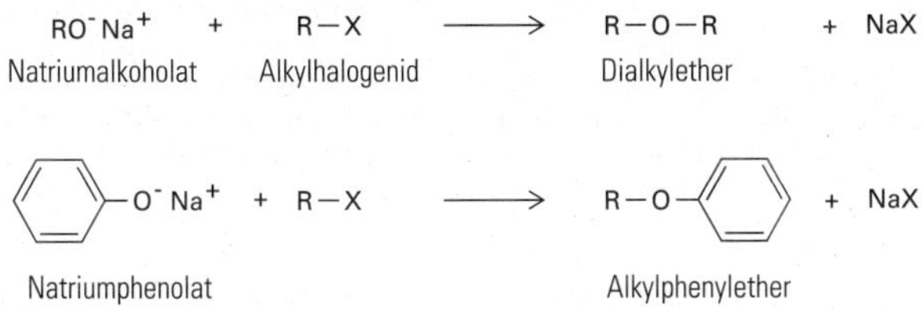

Williamson-Ether-Synthese: Bildung eines Dialkyl- u. Alkylphenylethers als Beispiel

hohen Ansprüchen an die Messgenauigkeit bedient man sich zumeist der Wheatstone-Brücke. **Platin-Widerstandsthermometer:** häufig verwendetes W., das sehr genaue Messungen bis zu 10^{-4} K ermöglicht. **Anw.:** Festlegung der Temperaturskala zw. −183.97 °C, dem Sauerstoff-Siedepunkt, u. 630.5 °C, dem Antimon-Erstarrungspunkt. **Kohle-Widerstandsthermometer:** bei tiefen Temp. (bis 1 K).

Widerton, Goldener: s. Polytrichum commune.

Widmark-Methode: Bestimmungsmethode für Blutalkohol; s. Ethanol.

Wiener Kalk: gemahlener Dolomit (Calciummagnesiumcarbonat), meist gebrannt; in reiner Form weiß, vielfach jedoch Fe- u. Mn-haltig (graubräunl.). **Anw.:** Poliermittel.

Wiener Trank: s. Infusum Sennae compositum.

Wiesenarnika: s. Arnica chamissonis.

Wiesenbärenklau: s. Heracleum sphondylium.

Wiesenbertram: s. Achillea ptarmica.

Wiesendermatitis: durch Wiesenpfl. hervorgerufene Hautentzündung, s. Photosensibilisatoren.

Wiesenklee: s. Trifolium pratense.

Wiesenknopf: s. Sanguisorba officinalis.

Wiesenkuhschelle: s. Pulsatilla pratensis (Pulsatilla vulgaris).

Wiesner-Reagens: dient zum Nachw. von Lignin*, mit Lignin inkrustierten Zellwänden u. Phenylpropankörpern mit OH- u. CH_3O-Gruppen. **Durchführung:** Schnitte bzw. das Pulver von Drogen werden mit 2 Tr. einer 5 %igen Phloroglucin-Lsg. in Isopropanol befeuchtet. Nach kurzer Zeit, wenn das Phloroglucin am Rande auszukristallisieren beginnt, wird 1 Tr. Salzsäure zugegeben, das Deckglas aufgelegt u. die Rotfärbung beobachtet, die relativ rasch wieder vergeht.

Wildwässer: s. Aquae minerales.

Wild Yam Root: s. Dioscorea villosa (Rhizoma Dioscoreae villosae).

Wilkinit: s. Bentonit.

Williamson-Ether-Synthese: Verfahren zur Herst. von Ethern* durch Reaktion von Natriumalkoholat od. Natriumphenolat mit Alkylhalogeniden od. Dialkylsulfaten in Dimethylsulfoxid als Lösungsmittel.

Willstätter-Methode: Verfahren zur titrimetr. Bestimmung von Aminosäuren in absolutem Ethanol mit Lauge u. Phenolphthalein als Indikator.

Wilson-Kammer: Nebelkammer; Gerät zur Sichtbarmachung der Bahnen einzelner Elektronen, Alphateilchen, Protonen, Röntgenstrahlenquanten. **Gesch.:** erfunden 1912 von Charles T. R. Wilson 1869-1959.

Wilson-Tauböck-Reaktion: dient zum Nachw. von Flavonoiden. **Durchführung:** wird der Rückstand eines methanol. Drogenextraktes mit 10-20 mg Oxalsäure u. Borsäure erhitzt u. anschließend mit Ether extrahiert, tritt bereits bei Tageslicht eine gelbgrüne Fluoreszenz auf; vgl. Shinoda-Test.

Wimperntierchen: s. Protozoen (Ciliata).

Winde: s. Convolvulus arvensis, Convolvulus scammonia.

Windengewächse: s. Convolvulaceae.

Windpocken: Varizellen; Infektionskrankheit mit typ. Exanthem durch Erstinfektion mit Varicella-Zoster-Virus (s. Herpes-Viren). Kinderkrankheit, selten auch Erstinfektion im Erwachsenenalter. **Übertragung:** Tröpfchen- u. Schmierinfektion; hohe Kontagiosität 2 d vor bis 5 d nach Auftreten des Exanthems; **Ther.:** symptomat., Juckreizlinderung; bei Immunsupprimierten Aciclovir, Valaciclovir, Famciclovir; **Prophylaxe:** bei Schwangeren u. abwehrgeschwächten Pat. mit Exposition zu Varizellen-Erkrankten Zosterimmunglobulin; s. Varizellen-Immunglobulin vom Menschen, Varizellen-Lebend-Impfstoff; vgl. Zoster.

Windsalbe: s. Unguentum aromaticum.

Windsichtung: s. Sichtung.

Windwasser: s. Aqua carminativa.

Windwasser, rotes: s. Aqua carminativae regia.

Winterana canella: s. Canella winterana.

Wintereiche: s. Quercus petraea.

Wintergras: s. Cymbopogon winterianus.

Wintergrünblätter: s. Gaultheria procumbens (Folia Gaultheriae).

Wintergrün, Doldiges: s. Chimaphila umbellata.

Wintergrünliniment: s. Linimentum Gaultheriae compositum.

Wintergrünöl: s. Gaultheria procumbens (Oleum Gaultheriae).

Wintergrünöl, künstliches: s. Methylsalicylat.

Winterlinde: s. Tilia cordata.

Winterrettich: s. Raphanus sativus.

Winterrinde, Echte: s. Drimys winteri.

Winterschachtelhalm: s. Equisetum hyemale.

Winterschlafcocktail: s. Hibernation, artifizielle.

Winterschlaf, künstlicher: s. Hibernation, artifizielle.

Wirbel: s. Vertebra.

Wirbelbett: Begriff der Trocknungstechnik, wobei ein feuchtes Schüttgut (Pulver, Granulat) in einem zylindr. Behälter durch einen Warmluftstrom hochgewirbelt u. in Schwebe gehalten wird. Vgl. Granulieren, Dragieren.

Wirbelextraktion: s. Turboextraktion.

Wirbelschichtmischer: s. Airmix-Verfahren.

Wirbeltiere: Vertebraten; Unterstamm der Chordata mit ca. 54 000 Arten (Fische, Amphibien, Reptilien, Vögel, Säugetiere).

Wirkmechanismus: Erklärung der biochem. u. biophysikalischen Vorgänge, die Pharmaka* auf zellulärer od. molekularer Ebene bewirken.

Wirksamkeit, relative biologische: Abk. RBW; Bestimmung unterschiedlicher biolog. Wirk. verschiedener Strahlenarten auf spezielle Gewebe. Die RBW erhält man durch Vergleich einer zu untersuchenden Strahlung mit einer Gammastrahlung, die beide zur gleichen Schädigung führen. Für Strahlenschutzzwecke ist die RBW ungeeignet. Man verwendet dort den Qualitätsfaktor f.

Wirkstoff: syn. Arzneistoff; Def. nach Arzneimittelgesetz*: W. sind Stoffe, die dazu bestimmt sind, bei der Herst. von Arzneimitteln* als arzneil. wirksame Bestandteile verwendet zu werden; vgl. Pharmakon.

Wirkstoffe, depigmentierende: s. Sommersprossenmittel.

Wirkstoffeinbettung: homogene Verteilung des Wirkstoffes in einem Träger (z. B. Fette, Wachse, Hydrogelbildner) mit Hilfe der Sprühtrocknung* u. der Sprüherstarrung (s. Granulieren); führt zur verzögerten Freisetzung des Wirkstoffes.

Wirkstofffreisetzung: Arzneistofffreisetzung, Wirkstoffliberation, Liberation; bei festen (u. halbfesten) Arzneiformen Summe all jener Vorgänge, die erforderl. sind, damit der Arzneistoff in gelöster Form am Resorptionsort vorliegen kann. Hauptsächl. 2 Schritte: **1.** Zerfall (Desintegration), evtl. zuerst in Granulat, anschließend in Pulver (Einzelpartikel, -kristalle), **2.** Auflösung. Mit der Arzneiform kann man die Geschwindigkeit der Freisetzung entscheidend beeinflussen; vgl. Retardpräparate.

Wirkstofffreisetzung aus transdermalen Pflastern: s. Systeme, transdermales therapeutisches.

Wirkstofffreisetzung aus wirkstoffhaltigen Kaugummis: qualtitätssichernde Prüfung, wobei die Menge des Wirkstoffes ermittelt wird, der durch mechan. mittels Pressluft erzeugtes Kneten eines Kaugummistücks freigesetzt wird. Das Kaugummi befindet sich in einer kleinen zylindr. „Kaukammer" bei 37 °C, die ein bekanntes Volumen an Pufferlösung enthält.

Wirkstoffumhüllung: Überzug für verzögerte Wirkstoffliberation. Hüllmaterialien für die Wirkstoffkristalle sind Fette, synthetische u. halbsynthet. Filmbildner. Sie werden entweder im Dragierkessel aufgebracht (gesprüht), mit Hilfe des Wurster-Verfahrens od. durch Koazervation*.

Wirkungen, systemische: s. Wirkungen von Pharmaka.

Wirkungen von Pharmaka: **1.** Lokale W.: am Ort der Applikation. **2.** Systemische W.: nach Aufnahme u. Verteilung im Organismus.

Wirkung, oligodynamische: Hemmung des Wachstums von Bakt. durch kleinste Mengen von Metallen. **Anw.:** Wasserentkeimung; s. Katadynverfahren.

Wirkung, potenzierte: Potenzierung; Steigerung der Wirk. bei der Kombination von Arzneimitteln; synergist. Stoffe, die gegenseitig über die Summe ihrer Einzeleffekte hinaus ihre Wirk. verstärken.

Wirkungsdauer: Zeit vom Beginn bis zum Ende der erkennbaren Wirkung eines Pharmakons.

Wirkungsqualität: Art der vom Pharmakon ausgelösten Wirkungen.

Wirkungsquerschnitt: Symbol σ; Maß für die Wahrscheinlichkeit, dass eine best. Kernreaktion mit einem Teilchen od. Photon abläuft. Der W. ist auch eine Funktion der Energie des Teilchens $dN_B/dt = \sigma\ \varphi\ N_A$. Die Dimension des W. ist m^2 od. barn (b, 1 b entspr. $10^{-28} m^2$). Bei Kenntnis des W. u. der Flussdichte φ kann die Radionuklidausbeute einer Kernreaktion berechnet werden. Der W. bezieht sich immer auf eine definierte Kernreaktion mit bestimmtem Ausgangsnuklid A u. Zielnuklid B ($^{xx}A(p,n)^{xx}B$). Experimentell wird der W. durch Messung der Ausbeute als Funktion der Energie der Geschosse bestimmt.

Wirkungsspektrum, antimikrobielles: Wirkungsbereich von Substanzen gegen Mikroorganismen, die als Chemotherapeutika, Antibiotika, Desinfektionsmittel, Konservierungsstoffe, Aseptika u. a. verwendet werden.

Wirkungsstärke: Ausmaß der Pharmakonwirkung.

Wismut: s. Bismut.

Witepsol®: s. Hartfett.

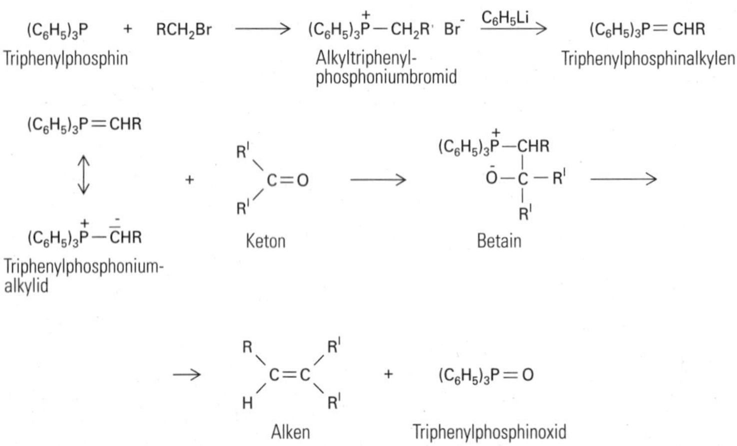

Wittig-Reaktion

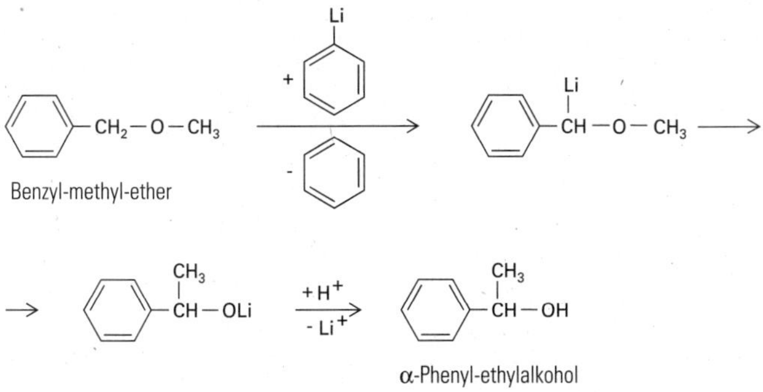

Wittig-Umlagerung: Bildung von α-Phenyl-ethylalkohol

Withering, William: s. Digitalis purpurea (Digitalis purpureae pulvis normatus, Gesch.).

Witherit: Barium carbonicum nativum; nat. Bariumcarbonat*.

Hom: *Witherit (HAB1.3):* nat. Mineral mit einem Geh. an Bariumcarbonat von mind. 95 %.

Wittig-Reaktion: Methode zur Synthese von Alkenen* (Carbonylolefinierung). **Durchführung:** Triphenylphosphin wird mit Alkylbromid zum Alkyltriphenylphosphoniumbromid umgesetzt, das mit Phenyllithium Triphenylphosphinalkylen und seine mesomere Grenzform Triphenylphosphoniumalkylid liefert. Diese Verb. ist äußerst reaktiv u. bildet mit Ketonen ein Betain, das in das Alken u. Triphenylphosphinoxid übergeht.

Wittig-Umlagerung: Umlagerung von Benzylethern in Alkohole bei Einw. von Phenyllithium. Beispiel: aus Benzyl-methyl-ether entsteht α-Phenyl-ethylalkohol (s. Abb.).

Witwenrecht: s. Apothekenwesen.

Witwe, Schwarze: s. Latrodectus mactans.

Wochenbett: s. Puerperium.

Wohlfahrtseinrichtungen: s. Apothekerkammern.

Wohlverleih: s. Arnica montana.

Wohl-Ziegler-Reaktion: Methode zur Allylbromierung ungesättigter Verb. (z. B. aliphat. u. alicycl. Alkene, Steroide, Polyene) durch Erhitzen mit N-Brom-succinimid unter UV-Licht bzw. Peroxid-Katalyse. Beispiel: aus Crotonsäure entsteht γ-Brom-crotonsäure.

Wojahn-Methode: Verfahren zur quantitativen Bestimmung von Sulfonamiden* in schwefelsaurer Lsg. mit Kaliumbromat/Kaliumbromid. Das freigesetzte Brom reagiert mit dem Sulfonamid u. der Bromüberschuss wird iodometr. bestimmt.

Wolf: s. Intertrigo.

Wolff-Kishner-Reduktion: Methode zur Herst. von Kohlenwasserstoffen durch Reduktion von Aldehyden od. Ketonen durch Erhitzen mit Hydrazin in Gegenwart einer starken Base. Das zunächst entstehende Aldehyd- bzw. Keton-hydrazon zersetzt sich durch Einw. des Kaliumhydroxids. Die Isolierung des Hydrazons ist nicht erforderl., wenn in einem hochsiedenden Alkohol wie Diethylenglykol erhitzt wird (Methode nach Huang-Minlon).

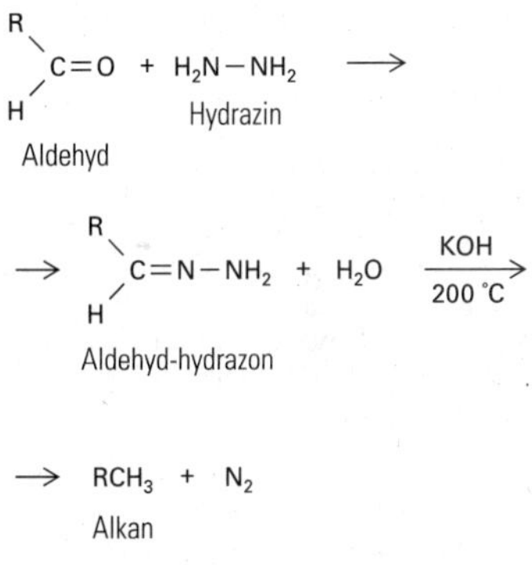

Wolff-Kishner-Reduktion

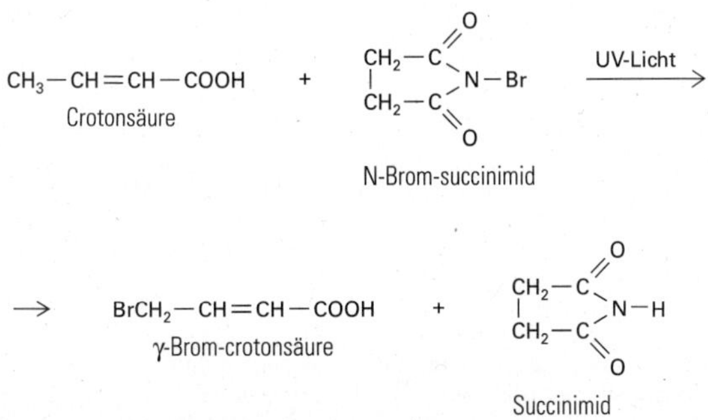

Wohl-Ziegler-Reaktion: Bildung von γ-Brom-crotonsäure

Wolfram: (engl.) *tungsten*; Wolframium; Symbol W; A_r 183.85; OZ 74; D. 19.26; Schmp. 3410 °C; Sdp. 5700 °C; 2-, 3-, 4-, 5-, 6-wertig; silberweißes, hartes, sprödes Metall, sehr beständig, fast unlösl. in Säuren, lösl. in einem Gemisch aus Salpeter- u. Flusssäure. Nat. Isotope: 180 (0.135 %), 182 (26.4 %), 183 (14.4 %), 184 (30.6 %), 186 (28.4 %); künstl., radioaktive Isotope: 173-179, 181, 185, 187-189. **Vork.**: nat. nur gebunden (Scheelit $CaWO_4$, Scheelbleierz $PbWO_4$, Wolframit (Mn, Fe)WO_4). Hauptfundstätten: China, Korea, Nordamerika, Erzgebirge. **Darst.**: Rösten der Erze mit Soda, Extrahieren der gebildeten wasserlösl. Natriumwolframate, Ansäuern der Lsg., wobei Wolfram(VI)-oxid WO_3 ausfällt, das dann durch Erhitzen mit Kohle im Wasserstoffstrom zu pulverförmigem W reduziert wird; das Pulver wird gepresst, elektr. gesintert u. zu festem Metall gehämmert. **Anw.** techn.: Wolframstahl u. Glühlampendraht. **Gesch.**: 1783 von dem Brüderpaar Fausto (1755-1833) u. Juan José de Elhúyar (1754-1796) erstmals in metall. Form dargestellt.

Wolframatophosphorsäure: Phosphorwolframsäure; $H_3[P(W_{12}O_{40})]$. Weiße bis gelbl. grüne Kristalle, leicht lösl. in Wasser. **Darst.**: 10 g Natriumwolframat werden mit 8 mL Phosphorsäure 85 % u. 75 mL Wasser 3 Std. unter Rückfluss erhitzt; nach dem Erkalten wird auf 100 mL verd.; **Anw.**: Lsg. ist Reagens Ph.Eur.4; z. B. für Alkaloide, Eiweißstoffe, Peptone, Aminosäuren, Harnsäure, Gerbstoffe (vgl. Hautpulvermethode).

Wolframblau: blaue Wolframoxide ($WO_2 \cdot n\,WO_3$). **Darst.**: Reduktion von Wolframatophosphorsäure*.

Wolframsäure: Scheelsäure, Acidum wolframicum; H_2WO_4, M_r 249.88. Lösl. in Alkalien. Die Salze der W. heißen Wolframate. **Anw.**: Wolframfarben, Fluoreszenzstoffe. **Zuber. Scheibler-Reagens:** 10 g Natriumwolframat (Na_2WO_4) werden in 30 mL Wasser gelöst u. 5 g Phosphorsäure (25 %ig) hinzugefügt; **Anw.**: gibt mit Alkaloiden einen flockigen Niederschlag, mit Strychnin noch bei 1:200 000, mit Chinin bei 1:100 000.

Wolfsbeere: s. Paris quadrifolia.

Wolfseisenhut: s. Aconitum napellus ssp. napellus.

Wolfsmilch: s. Euphorbia cyparissias, vgl. Euphorbiaceae.

Wolfsmilchgewächse: s. Euphorbiaceae.

Wolfsspinnen: s. Lycosa.

Wolfstrapp: **1.** Gemeiner W., s. Lycopus europaeus. **2.** Virginischer W., s. Lycopus virginicus. **3.** s. Leonurus cardiaca. **4.** s. Leonurus lanatus.

Wollblumen: s. Verbascum-Arten.

Wollfett: veraltet für Wollwachs*.

Wollkrautblätter: s. Verbascum-Arten (Folia Verbasci).

W

Wollwachs: Adeps lanae Ph.Eur.4, Cera Lanae, Adeps Lanae anhydricus, Lanolinum anhydricum, Wollfett; die bei der Aufbereitung der Schafwolle gewonnene, gereinigte, wachsartige, wasserfreie Masse. Der Zusatz von geeigneten Stabilisatoren ist wegen der bei längerer Lagerung auftretenden autoxidativen Veränderungen gestattet. Ph.Eur.4: max. 200 ppm Butylhydroxytoluol. Hellgelbe, zähe Masse von schwachem, charakterist. Geruch; leicht lösl. in Ether, Chloroform, Benzin (Lsg. in Petroläther opaleszziert), wenig lösl. in siedendem absoluten Ethanol, prakt. unlösl. in Wasser. Tropfpunkt 38-44 °C, VZ 90-105, SZ max. 1.0; Verdorbenheit: W. darf nicht ranzig od. stechend riechen. POZ max. 20. Summe aller Pestizide max. 1 ppm. Wasseraufnahmevermögen: mind. 20 mL Wasser. 10 g W. ergeben eine weißl., salbenartige Emulsion, aus der sich innerhalb von 12 h kein Wasser abscheiden darf. Lagerung: Vor Licht geschützt, in dem Verbrauch angepassten Behältnissen, möglichst vollständig gefüllt mit geschmolzenem Wollwachs. W. unterschiedl. Alters dürfen nicht vermischt gelagert werden. Die komplizierte Zstzg. von W. ist noch nicht vollständig geklärt. Adeps Lanae ist chem. kein Fett, sondern ein Wachs, denn es besteht zu 95 % aus Estern höherer Fettsäuren (n-Fettsäuren von C_{10} bis C_{26}, Hydroxysäuren C_{14} u. C_{16}, Isopropylfettsäuren von C_{10} bis C_{28} u. Isobutylfettsäuren von C_9 bis C_{31}) mit aliphat. Alkoholen (1-wertige n-Alkohole von C_{18} bis C_{30}, 1,2-Diole von C_{16} bis C_{24}, Isoalkohole von C_{17} bis C_{27}) u. cycl. Alkoholen (Cholesterol u. anderen Cholestanderivaten, Lanosterol u. anderen Lanostanderivaten). Den Hauptanteil bilden Cholesterol-Fettsäureester. Daneben sind 2-2.5 % freies Cholesterol, 0.5-1 % andere freie Alkohole u. 1-2 % Kohlenwasserstoffe u. freie Säuren enthalten. **Gewinnung:** Die durch Ausschleudern aus dem Wollwaschwasser erhaltene schmutzig braune, übelriechende Masse (enthält neben 7-15 % W. noch Fette, Fettsäuren, Kalisalze u. Seifen) wird ausgewaschen u. mit Alkalilauge emulgiert od. mit Cyclohexanol* entfettet u. erneut ausgeschleudert. Das sich dabei abscheidende W. wird mit Calciumchlorid behandelt, um noch vorhandene Seifenanteile in Kalkseifen überzuführen. Das unverseifte W. wird mit Aceton extrahiert, nach dem Verdampfen des Acetons mit Kaliumpermanganatlösung erwärmt, um den Geruch zu beseitigen, u. durch Filtrieren mit Kohle gereinigt. **Cera (Adeps) Lanae crudus** ist das rohe W. aus dem Wollwaschwasser, das ledigl. mit Wasser ausgekocht u. filtriert wurde. Eine braune, widerlich riechende Masse. Es wird auch als Oesipus (Oesypus) bezeichnet. **Anw.** med.: hautaffine wasseraufnehmende Salbengrundlage (bis zu 200-300 % Wasser in Form einer W/O-Emulsion); ferner als Emulgator, Überfettungsmittel u. in Fettpudern eingesetzt. Weichmacher in Heftpflastern. Allein als Salbengrundlage wegen seiner Klebrigkeit u. Zähigkeit weniger geeignet. Zus. mit flüss. u. festen Kohlenwasserstoffen, Isopropylmyristat, Ölsäureoleylester u. a. entsteht eine gut spreitende u. wasseraufnahmefähige Grundlage. **Hydriertes Wollwachs**: Adeps lanae hydrogenatus Ph.Eur.4; Mischung von Sterolen u. höheren aliphat. Alkoholen, die durch katalyt. Hydrierung von Wollwachs bei hohem Druck u. hoher Temp. erhalten wird. Dabei sollen die Ester u. Säuren zu den entsprechenden Alkoholen reduziert werden. Weiße bis blassgelbe, salbenartige Substanz. Prakt. unlösl. in Wasser, lösl. in sied. Ethanol u. in Petrolether; kann Butylhydroxytoluol enthalten. Steigschmelzpunkt 45-55 °C. SZ max 1.0, OHZ 140-180, VZ max. 8.0, Trocknungsverlust max. 3.0 %. **Wasserhaltiges Wollwachs**

Wundauflage

Typ	Eigenschaften
inaktive Wundauflage	
textile Mull- oder Vlieskompressen	
reine Kompresse*	austrocknend, verklebend
beschichtete Kompresse, z. B. mit Aluminium (Verbandtücher) oder Paraffin, sog. imprägnierte Gazen, Salbenverbände	hydrophob
mit Synthesefasern	hydrophob
Folienverband, s. Inzisionsfolie	durchsichtig, semipermeabel
Schaumstoffkompresse aus PU	wasserdampf- und luftdurchlässig, ohne Saugvermögen
interaktive Wundauflage	
Alginate	nehmen Sekret auf, halten feucht
Hydrogele	hoher Wasseranteil, geben Feuchtigkeit ab
Hydrokolloide	hohes, schnelles Saugvermögen; relativ lange Verweildauer möglich

Adeps lanae cum aqua Ph.Eur.4 (nicht zu verwechseln mit Cera Lanae cum Aqua composita ÖAB90, für das das Syn. Lanolinum verwendet wird u. auch in seiner Zstzg. dem Lanolin DAB10 ähnl. ist; s. Lanolin); Mischung aus 75 % Wollwachs u. 25 % Wasser. Herst. durch portionsweises Zusetzen von Wasser zum geschmolzenen Wachs. Blassgelbe Substanz von salbenartiger Konsistenz. Geh. an Butylhydroxytoluol max. 150 ppm. Tropfpunkt: 38-44 °C; SZ max. 0.8, POZ max. 15, VZ 67-79, Wasseraufnahmevermögen mind. 20 mL, Lagerung unterhalb 25 °C. **Wollwachsalkohole**: Alcoholes adipis lanae Ph.Eur.4, Lanae alcoholes, Lanalcolum; Gemisch von Sterinen (mind. 30 % Cholesterol) u. höheren aliphat. Alkoholen aus dem Wollwachs. Ein Zusatz von bis zu 200 mg/kg Butylhydroxytoluol als Stabilisator ist erlaubt. Hellgelbe bis bräunl. gelbe, wachsartige Masse (Feststoff) von schwachem Geruch. Die Substanz erweicht beim Erwärmen u. zeigt nach längerer Lagerung eine glatte, glänzende Oberfläche. Lösl. in Ether, Chloroform, Dichlormethan, siedendem absoluten Ethanol, wenig lösl. in Ethanol, in Wasser prakt. unlösl.; Schmelztemp. mind. 58 °C, SZ max. 2; VZ max. 12; OHZ 120-180; POZ max.15. Gew.: durch Verseifung (ergibt Arzneibuchqualitäten) od. durch Hydrierung (ergibt schlechteres Wasseraufnahmevermögen) von Wollwachs. Wasseraufnahmevermögen: 0.6 g Wollwachsalkohole werden mit 9.4 g weißem Vaselin geschmolzen u. nach dem Erkalten 20 mL Wasser eingearbeitet. Innerhalb 24 h darf kein Wasser austreten. Lagerung: wie bei W. angegeben. Inkomp.: wollwachshaltige Emulsionen, Methylcellulose, Tragant, Phenole, Teerprodukte, hydrophile Tenside u. grenzflächenaktive Arzneistoffe. **Anw.**: Zusatz zu lipophilen Grundstoffen (z. B. Vaselin, Paraffine) in Konz. von ca. 3-6 % als W/O-Emulgator.

Wollwachsalkohole: s. Wollwachs.

Wollwachsalkoholsalbe: s. Unguentum Alcoholum Lanae.

Wollwachsalkoholsalbe pH 5, wasserhaltige: s. Unguentum Lanalcoli aquosum pH 5.

Wollwachsalkoholsalbe, wasserhaltige: s. Unguentum Alcoholum Lanae aquosum.

Wollwachs, wasserhaltiges: **1.** Adeps lanae cum aqua Ph.Eur.4, s. Wollwachs. **2.** Cera Lanae cum Aqua composita ÖAB90; s. Lanolin.

Wood-Metall: s. Bismut.

Wood-Werkmann-Reaktion: s. Carboxylierung.

Woorari: s. Curare.

World Health Organization: s. WHO.

Woulfe-Flasche: starkwandige, zylindr. Glasflasche mit 3 Hälsen, die als Gasentwicklungsflasche, Absorptionsgefäß od. Vorschaltflasche beim Arbeiten im Vakuum verwendet wird.

Wrangenwurzel: s. Helleborus viridis (Rhizoma Hellebori viridis).

Wuchsstoffe: s. Phytohormone.

Würmer: s. Helminthes.

Würzelchen: s. Radicula.

Wundauflage: Wundabdeckungen mit unterschiedl. Eigenschaften aus textilem od. nicht textilem Material zur differenzierten Wundbehandlung; s. Tab.

Wundbalsam: s. Balsamum peruvianum.

Wundbehandlungsmittel: äußerl. anzuwendende Mittel zur Behandlung von Wunden aller Art, z. B. Schürf-, Schnitt-, Quetsch-, Biss- u. Brandwunden, Erfrierungen, Ulcus cruris (Unterschenkelgeschwüre), Dekubitus*. W. dienen zur Desinfektion, Beschleunigung der Wundheilung, Verminderung der Narbenbildung etc. u. können bei falscher Anwendung die Wundheilung hinauszögern. Auswahl eines geeigneten W. richtet sich nach Art, Lokalisation, Beschaffenheit, Alter u. Infektionszustand der Wunde u. kann stark variieren. Bedeutende Rolle bei der Wundbehandlung spielen neben den Wirkstoffen die Arzneiform u. physikal. Maßnahmen. Die Vielzahl der verwendeten Mittel u. Wirkstoffe (häufig Kombinationspräparate) kann grob eingeteilt werden: **1. Wundreinigungs- u. Wunddesinfektionsmittel:** meist Desinfizienzienbäder (z. B. Kaliumpermanganat, 8-Hydroxychinolinsulfat*-Kaliumsulfat), lokal anzuwendende Antibiotika (z. B. Bacitracin*), proteolyt. Enzyme zur Hydrolyse denaturierten Kollagens (Kollagenasen, Trypsin*) od. zum Abbau von Fibrin, Blutgerinnseln (z. B. Streptokinase) u. Eiter, sowie Zinkpasten od. -salbe zum Aufsaugen von Sekret; 2. **Wundheilmittel:** granulationsfördernde u. epithelisierende Stoffe wie Dexpanthenol*, Allantoin*, Azulene*, Balsamum* peruvianum, pflanzliche Gerbstoffe* sowie geeignete, z. T. auch desinfizierend wirkende Drogen u. ihre Zubereitungen, z. B. Centella asiatica, Calendula officinalis, Symphytum officinale, Chamomilla recutita, Achillea millefolium, Allium cepa, Echinacea-Arten; 3. **Narbenbehandlungsmittel:** zur Auflockerung harter Narben; z. B. Antikoagulanzien* vom Heparintyp, erweichende Öle wie Olivenöl od. pflanzl. Auszüge wie Johanniskrautöl u. Arnikatinktur.

Wundbenzin: s. Benzin, pharmazeutisches.

Wunde: Vulnus; Unterbrechung des Zusammenhangs von Körpergeweben mit od. ohne Substanzverlust.

Wunderbeeren: s. Synsepalum dulciferum.

Wundhormone: hormonartige Stoffe, die von nekrot. Geweben (Wundflächen, absterbenden Zellen) an angrenzendes gesundes Gewebe abgegeben werden u. dort vermehrtes Zellwachstum hervorrufen, wodurch die Wundheilung (bei Pflanzen Korkbildung) eingeleitet wird.

Wundklee: s. Anthyllis vulneraria.

Wundkraut, Heidnisch: s. Solidago virgaurea.

Wundrose: s. Erysipel.

Wundschnellverband: umgangssprachl. Pflaster; Wundauflage aus z. B. Gewebe od. Vlies, evtl. aluminiumbedampft, auf klebendem Träger wie z. B. Polyacralyt, Zinkoxid-Kautschuk; auch in wasserdichter Form mit Kunststoff-Folienüberzug.

Wundschwamm: s. Fomes fomentarius.

Wundstäbchen: s. Bacilli.

Wundstarrkrampf: s. Tetanus.

Wund- und Heilsalbe: s. Unguentum contra vulnera.

Wund- und Heilsalbe mit Lebertran: Zstzg.: NFA, 10.0 T. Lebertran, 10.0 T. Zinkoxid ad 100 T. Unguentum Alcoholum Lanae. **Anw.:** Wund- u. Heilsalbe; vgl. Pasta Zinci cum Oleo Iecoris Aselli.

Wurali: s. Curare.

Wurmerkrankungen: Helminthiasis; durch parasitäre Würmer (s. Helminthes) verursachte Erkrankungen. **Beispiele:** Askariasis, Enterobiasis, Filariose*, Taeniasis, Echinokokkose*, Onchozerkose* u. Trichinose. **Ther.:** s. Anthelminthika.

Wurmfarnextrakt: s. Extractum Filicis maris.

Wurmfarnwurzel: s. Dryopteris filix-mas (Rhizoma Filicis).

Wurmkraut: s. Artemisia cina, Tanacetum vulgare (Herba Tanaceti), s. Chenopodium ambrosioides var. anthelminticum, Spigelia anthelmia.

Wurmkraut, Amerikanisches: s. Chenopodium ambrosioides var. anthelminticum.

Wurmkrautblüten: s. Tanacetum vulgare (Flores Tanaceti).

Wurmkrautsamenöl: s. Chenopodium ambrosioides var. anthelminticum (Oleum Chenopodii anthelmintici).

Wurmmittel: s. Anthelminthika.

Wurmmoos, Korsikanisches: s. Alsidium helminthochorton.

Wurmsamen: 1. s. Chenopodium ambrosioides var. anthelminticum. 2. falsche Bez. für Cinae flos, s. Artemisia cina.

Wurmtang: s. Alsidium helminthochorton.

Wurster-Salz: *N,N,N,N*-Tetramethyl-*p*-phenylendiamin-hydrobromid. Reagens auf Osazone*; entsteht durch Oxidation von Tetramethyl-*p*-phenylendiamin mit Brom in saurer Lösung. W. enthält ein rot gefärbtes, durch Resonanz stabilisiertes, radikal. Kation.

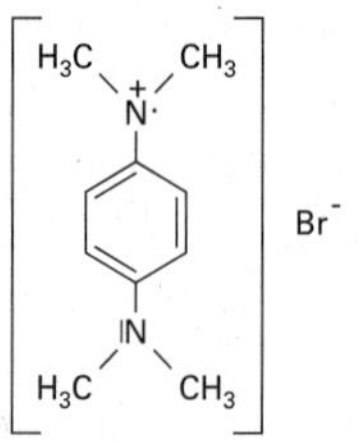

Wurster-Salz

Wurster-Verfahren: s. Mikrokapseln, Dragieren, Granulieren.

Wurtz-Fittig-Reaktion: Methode zur Herst. alkylierter, aromat. Kohlenwasserstoffe durch Umsetzung von Arylhalogeniden mit Alkylhalogeniden in Gegenwart von Natrium. Beispiel: *p*-Xylol bildet sich aus 1,4-Dibrom-benzol.

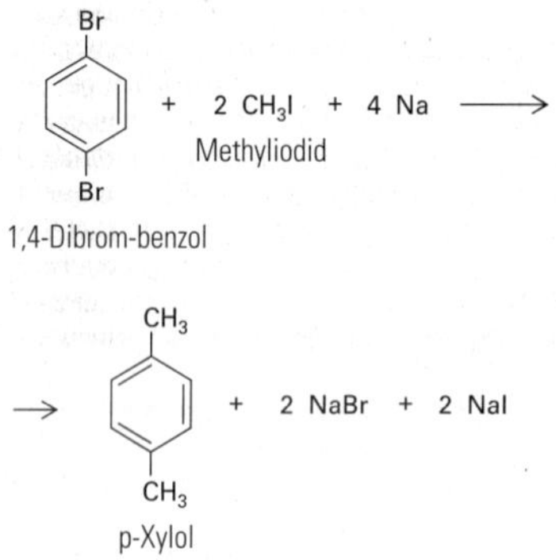

Wurtz-Fittig-Reaktion: Bildung von p-Xylol

Wurtz-Reaktion: Methode zur Synthese symmetr. Kohlenwasserstoffe aus Alkylbromiden od. -iodiden mit Natrium od. anderen reduzierenden Metallen. Beispiel: aus Methyliodid entsteht Ethan.

$$\underset{\text{Methyliodid}}{2\ CH_3I} + 2\ Na \longrightarrow \underset{\text{Ethan}}{H_3C{-}CH_3} + 2\ NaI$$

Wurtz-Reaktion: Bildung von Ethan als Beispiel

Wurzel: Radix (Abk. Rad.); bei den echten Wurzeln unterscheidet man **Hauptwurzel** (wenn kräftig: Pfahlwurzel) u. **Nebenwurzeln** (Seitenwurzeln). Ferner kennt man Erdwurzeln (nur diese sind von pharmaz. Interesse), Wasserwurzeln, Luftwurzeln u. Schmarotzerwurzeln (Haustorien). **A: Primärer Bau der W.: 1. Rinde:** besteht aus parenchymat.

Speichergewebe, wird begrenzt von folgendem Abschlussgewebe: **a)** Rhizodermis*: meist nur kurze Zeit erhalten, mit Wurzelhaaren, keine Kutikula; **b)** Exodermis (Metaderm): ersetzt die Rhizodermis, geht aus den subrhizoidalen Zellschichten hervor. Es werden Suberinlamellen an die Cellulosewände der Zellwände angelagert. **c)** Endodermis: innerste Schicht, fungiert als physiol. Scheide, die den Übertritt des Wassers u. der darin gelösten Salze in den Zentralzylinder kontrolliert; einzelne Zellen, die sog. Durchlasszellen*, sind unverdickt **2. Zentralzylinder:** ein zentrales, radiäres Leitbündel*; nach der Zahl der im Bündel vorhandenen Xylemstränge wird es als di-, tri-, tetr-, pent-, hex-, hept-, okt- bzw. oligo- od. polyarch bezeichnet. Die Xylemstränge stoßen in der Mitte des Bündels entw. zusammen, od. es liegt hier Parenchym, Sklerenchym od. beides vor. Die äußerste Schicht des Zentralzylinders, direkt unter der Endodermis, ist der 1-2 Zellen breite Perizykel*; **a) W. dikotyler Pfl.:** oligoarche Leitbündel; Endodermis* nur mit Caspary*-Streifen; mehr od. weniger deutl. sekundäres Dickenwachstum*; **b) W. monokotyler Pfl.:** polyarche Bündel, Endodermis verdickt sich (U/V od. O-Scheiden); kein sekundäres Dickenwachstum; **B: Sekundärer Bau der W.:** Nach sekundärem Dickenwachstum* ist der Unterschied zw. Wurzel u. Spross nur noch gering, da jetzt das inzwischen kreisförmige Kambium nach innen sekundäres Xylem (Holz*) u. nach außen sekundäres Phloem (Rinde*) bildet. Vom Kambium werden vor den primären Xylemstrahlen erste Holzstrahlen (parenchymat. Gewebe) angelegt. Echte Markstrahlen gibt es in der Wurzel nicht. Das Periderm* entsteht bei der W. meist aus dem Perizykel, so dass kein primäres Rindengewebe, also auch keine Endodermis, mehr erhalten ist; **Seitenwurzeln:** entstehen bei Gymnospermen u. Angiospermen aus dem Perizykel entw. über den Xylemstrahlen od. über den Parenchymplatten, die Xylem u. Phloem voneinander trennen (daher immer so viele Seitenwurzeln wie Xylemstrahlen od. doppelt so viele). Da die Seitenwurzeln im Ggs. zu den Seitensprossen also endogen entstehen, müssen sie die Rinde durchbrechen, indem sie das Rindengewebe mechan. auf die Seite schieben. **Rüben:** W. können in Form von Rüben* auch als Speicherorgane für Zucker, Stärke od. Inulin fungieren. Rüben bilden sich nur dort, wo eine Primärwurzel sich in ein Speicherorgan verwandelt; nur bei den Dikotylen; vgl. Rhizom, Knolle, Zwiebel.

Wurzelfüßer: s. Protozoen (Rhizopoda).

Wurzelhaare: s. Rhizodermis.

Wurzelhaube: Kalyptra; Ansammlung von Parenchymzellen, die fingerhutartig das Wurzelmeristem bedecken u. es beim Vordringen der Wurzelspitze ins Erdreich schützen.

Wurzelknöllchen: lokale, knöllchenartige Wucherungen des Rindengewebes an den Wurzeln versch. Pflanzen, hervorgerufen durch die Symbiose mit N_2-fixierenden Bakterien. Die Bakterien reduzieren Luftstickstoff mittels des Enzyms Nitrogenase zu Ammoniak, wodurch die Pfl. von der Zufuhr gebundenen Stickstoffs aus dem Boden unabhängig werden. W. bilden z. B. Erlen mit den Streptomyceten Frankia alni, weitere 140 Arten aus 9 Pflanzenfamilien mit Actinomyceten (z. B. Alnus-Arten). Landwirtschaftl. von Bedeutung sind die W. der Fabales*, die von Bakterien der nahe verwandten Gattungen Rhizobium, Bradyrhyzobium, Azorhizobium, Mesorhizobium u. Sinorhizobium gebildet werden. Die symbiotische N_2-Fixierung ist außerordentl. leistungsfähig, z. B. bei Alnus-W. 50-200 kg N_2 pro Hektar u. Jahr.

Wurzelknolle: s. Knolle.

Wurzelpetersilie: s. Petroselinum crispum (Petroselinum crispum ssp. tuberosum).

Wurzelrübe: s. Rübe.

Wurzelstock: s. Rhizom.

Wurzelterpentinöl: s. Terebinthina (Holzterpentinöl).

X

X: röm. Zahl für 10 (decimus).

Xamoterol INN: 1-(4-Hydroxyphenoxy)-3-[2-(4-morpholinocarboxamido)-ethylamino]-2-propanol; CAS-Nr. 81801-12-9; $C_{16}H_{25}N_3O_5$, M_r 339.4. Schmp. 168-169 °C (unter Zers.; Hemifumarat). **Wirk.** u. **Anw.:** Herztherapeutikum zur Behandlung leichter bis mittelschwerer Herzinsuffizienz; positiv inotrope u. chronotrope Wirk., partieller Beta-1-Agonist; **UAW:** Verschlechterung der Atemfunktion, Übelkeit, Erbrechen.

Xanthangummi: Xanthani gummi Ph.Eur.4, Xanthan (Gum); M_r 2-15 Mio.; von Xanthomonas campestris (s. Xanthomonas) aus Glucose gebildetes, hydrophiles Heteropolysaccharid, bestehend aus einer Kette aus β-1,4-verknüpfter Glucose (vgl. Cellulose), deren Seitenketten aus teilweise acetylierter od. mit Pyruvat verknüpfter Glucose sowie Mannose u. Glucuronsäure bestehen; z. T. als Ca-, K- od- Na-Salz. **Anw.:** Verdickungsmittel in der Nahrungsmittelindustrie bzw. Stabilisatoren in pharmaz. u. kosmet. Präparaten.

Xanthen: Dibenzo-γ-pyran; $C_{13}H_{10}O$, M_r 182.32. Schmp. 100.5 °C. Sdp. 315 °C. Farblose bis gelbl. Kristallblättchen; lösl. in Ethanol, Chloroform, Benzol, sehr schwer lösl. in Wasser. **Vork.:** Grundkörper der Xanthenfarbstoffe (Rhodamine*, Fluoresceine, Gallamine).

Xanthenol: s. Xanthydrol.

Xanthin: *7H*-Purin-2,6-diol; 3,7-Dihydro-1*H*-purin-2,6-dion; CAS-Nr. 69-89-6; Strukturformel s. Methylxanthine (Tab. 1); $C_5H_4N_4O$, M_r 152.11. Farblose Kristalle, lösl. in Ethanol u. Essigsäureethylester, sehr schwer lösl. in Wasser. **Vork.:** nat. in Blut, Muskeln, Leber, Harn, in vielen Pflanzen (Kaffeebohnen, Teeblättern, Kartoffeln); **Physiologie:** Zwischenprodukt im Purinstoffwechsel, ensteht aus Guanin durch Desaminierung u. aus Hypoxanthin durch Oxidation u. wird weiter zu Harnsäure* metabolisiert (Enzym Xanthinoxidase*). Einige Xanthinderivate sind von physiol. Bedeutung wie Methylxanthine* od. Xanthinnucleotide; vgl. Purin.

Xanthinoxidase: Aldehydoxidase, Schardinger-Enzym; M_r 275 000; pH-Optimum 4.7; isoelektr. Punkt 5.35. Dimeres Enzym des aeroben Purinabbaus, das die Oxidation von Hypoxanthin zu Xanthin u. von Xanthin zu Harnsäure katalysiert. X. enthält 2 FAD, 2 Molybdän, 8 Eisen (Enzym aus Milch) u. als Cofaktor ein noch nicht eindeutig charakterisiertes Pteridin, das Molybdopterin genannt wird. Die Substratspezifität ist gering. X. katalysiert auch die Oxidation anderer Purine, aliphat. u. aromat. Aldehyde, Pyrimidine*, Pteridine* u. anderer heterocycl. Verbindungen. X. kommt nat. in Leber u. Niere sowie in der Milch vor. Der Nachw. von X. dient zur Unterscheidung von frischer u. gekochter Milch*.

Xanthinoxidasehemmer: durch Hemmung der Xanthinoxidase*, die oxidative Umwandlung von Hypoxanthin über Xanthin zu Harnsäure verhindernde Stoffe. X. sind Urikostatika (s. Gichttherapeutika) u. dienen zur Ther. der chron. Gicht* **Wirk.:** X. führen zu einer Absenkung der Harnsäurekonz. im Blut. **Wirkstoffe:** z. B. Allopurinol*, Oxipurinol*.

Xanthinurie: erbl. Stoffwechselerkrankung mit vermehrter Xanthin- u. Hypoxanthinausscheidung im Harn infolge Mangels od. Fehlens von Xanthinoxidase*.

Xanthogenate: Xanthate; Salze der Xanthogensäure*.

Xanthogensäure (gr. xanthos gelb): $C_2H_5OC(S)SH$, Sauerstoffethylester der Dithiokohlensäure. Farbloses, unbeständiges Öl. Die Salze der X. heißen **Xanthogenate** (Xanthate), sie sind beständig u. in Wasser leicht löslich. **Anw.:** Schädlingsbekämpfungsmittel; Flotationsmittel bei der Erzaufbereitung. Cellulosexanthogenat ist das Ausgangsprodukt der Fabrikation von Viskosefasern*.

Xanthommatin: $C_{20}H_{13}N_3O_8$, M_r 423.1. Aus dem Tryptophanmetaboliten 3-Hydroxykynurenin gebildeter Phenoxazonfarbstoff, der in den Augen von Insekten vorkommt.

Xanthomonas: Gattung gramnegativer, aerober, begeißelter, pflanzenpathogener Stäbchenbakt. der Fam. Pseudomonadaceae. Erreger von Krankenhausinfektionen, bes. bei Pat. mit Krebsleiden. **Anw.** techn.: Herst. von Xanthangummi*.

Xanthone: Dibenzo-γ-pyronderivate, wie Gentisin (in Gentiana lutea, s. Gentiana lutea) od. Mangife-

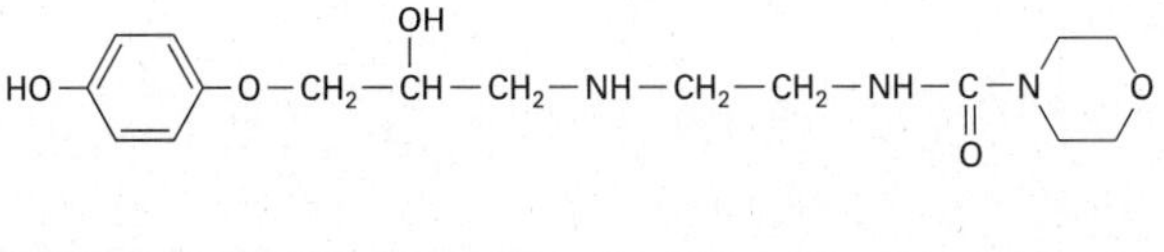

Xamoterol

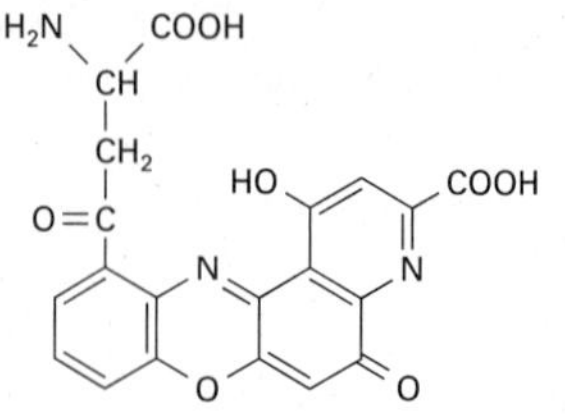

Xanthommatin

rin (in Mangifera* indica); gelbe Verb., als Glykoside in Pfl. weit verbreitet; auch Best. von Harzen*, v. a. Benzharzen.

Xanthophyll: Lutein, β,ε-Caroten-3,3'-diol; $C_{40}H_{56}O_2$, M_r 568.85. Einer der am weitesten verbreiteten nat. Carotinoidfarbstoffe, gelb, Begleiter des Chlorophylls in grünen Pflanzen (Laubfärbung), in Blütenblättern, Früchten, in Algen u. Bakterien, auch im Eidotter, in Getreidekörnern, als Dipalmitat in der Netzhaut des Auges. X. besitzt keine Provitamin-A-Eigenschaften.

Xanthoproteinreaktion: Eiweißreaktion zum Nachw. von tyrosin- u. tryptophanhaltigen Eiweißstoffen. Beim Aufkochen mit konz. Salpetersäure tritt Gelbfärbung auf, die auf Zusatz von Ammoniaklösung orange wird. Mit Gelbfärbung reagiert auch die menschl. Haut auf Betupfen mit konz. Salpetersäure.

Xanthopsie (gr. xanthos gelb): Gelbsehen; z. B. bei Digitalisüberdosierung, Santoninintoxikation u. Ikterus.

Xanthopterin: 2-Amino-4,6-dihydroxypteridin; $C_6H_5N_5O_2$, M_r 179.14. Gelbe Kristalle; s. Pterine.

Xanthorhamnin: s. Rhamnus alpinus ssp. fallax (Fallaxrinde).

Xanthorrhizol: s. Curcuma longa (Abb.2).

Xanthosin: Xanthinribosid; Nucleosid des Xanthins*.

Xanthotoxin: s. Ammoidin.

Xanthotoxol: ein lineares Furanocumarin; Strukturformel s. Furanocumarine (Abb.).

Xanthoxylum: s. Zanthoxylum fraxineum, Zanthoxylum piperitum.

Xanthurensäure: Xanthursäure; 4,8-Dihydroxychinolin-2-carbonsäure; $C_{10}H_7NO_4$; M_r 205.2. Abbauprodukt von Tryptophan*, das v. a. bei Pyridoxin-Mangel (Vitamin B_6, s. Vitamine) vermehrt im Harn ausgeschieden wird.

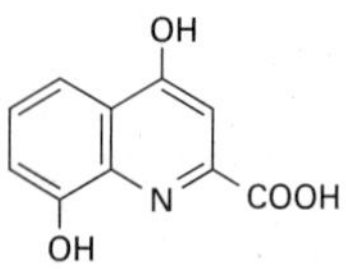

Xanthurensäure

Xanthydrol: 9-Xanthenol; $C_{13}H_{10}O_2$, M_r 198.2. Schmp. ca. 123 °C. Weißes bis schwach gelbes Pulver. Sehr schwer lösl. in Wasser, lösl. in Chloroform, Essigsäure 98 %, Ethanol u. Ether. **Anw.:** Reagens Ph.Eur.4; z. B. zur Identitätsprüfung von Erythromycin*.

Xanthyletin: s. Pyranocumarine.

Xantinolnicotinat INN: Xantinoli nicotinas; 7-{2-Hydroxy-3-[(2-hydroxyethyl)methylamino]-propyl}theophyllin-nicotinat; CAS-Nr. 437-74-1; $C_{19}H_{26}N_6O_6$; $C_{13}H_{21}N_5O_4 \cdot C_6H_5NO_2$, M_r 434.45. Schmp. 180 °C. Lösl. in Wasser. **Anw.:** Lipidsenker*, Vasodilatator; **UAW, Kontraind.** u. **WW:** s. Inositolnicotinat; **Dos.:** p. o. 2-3×0.3 g/d; oral retard 2×0.5 g/d; parenteral i. v., i. m. 3 g; i. v. Infusion 0.6 g innerhalb 2-4 h, in schweren Fällen bis 2.4 g.

Xe: (chem.) Symbol für Xenon*.

Xenobiotika (gr. xenos fremd; bios Leben): körperfremde Stoffe jeder Art.

Xenon (gr. xenos fremd): Symbol Xe; A_r 131.29, OZ 54. D. $5.8971 \cdot 10^{-3}$ (bei 273 K). Schmp. −111.9 °C. Sdp. −108.1 °C. Geruch-, farb- und geschmackloses Edelgas*, das zu $9 \cdot 10^{-6}$ Vol% in der Luft enthalten ist. Xe ist das einzige Edelgas, das mit Sauerstoff Verb. eingeht. **Gew.:** fraktionierte Dest. von flüss. Luft. **Anw.** techn.: Füllung von Glühlampen; Hochdruck-Xe-Lampen geben ein dem Tageslicht ähnl. Licht; med.: Inhalationsnarkotikum, für den allg. Einsatz jedoch zu teuer; lipidgebundenes Xe als i. v. Narkotikum wird geprüft. **Gesch.:** 1898 von William Ramsay (1852-1916) spektroskop. nachgewiesen.

Xenon-133: Symbol ^{133}Xe; OZ 54; Radioisotop des Xenons, HWZ 5.29 d; emittiert Beta-, Gamma- u. Röntgenstrahlen. **Herst.:** Abtrennung von den anderen Produkten der Uranspaltung; **Anw.:** sterile u. durch Zusatz von Natriumchlorid isotonisierte Injektionslösung (Xenoni[^{133}Xe] solutio iniectabilis Ph.Eur.4, [^{133}Xe]Xenon-Injektionslösung).

Xenoni[^{133}Xe] solutio iniectabilis: s. Xenon-133.

Xenytropiumbromid INN: Phenylbenzylatropiniumbromid; *endo*-(±)-8-(1,1'-Biphenyl-4-ylmethyl)-3-(3-hydroxy-1-oxo-2-phenylpropoxy)-8-methyl-8-methyl-8-azoniabicyclo[3.2.1]octanhydroxid; CAS-Nr. 511-55-7; $C_{30}H_{35}NO_4$, M_r 473.61. **Wirk.** u. **Anw.:** Parasympatholytikum*, neurotopes Spasmolytikum* bei Gallenbeschwerden; **Dos.:** 15-25 mg/d.

Xereswein: Jerezwein, Sherry; ein gespriteter Süßwein, der in der Umgebung der span. Stadt Jerez de la Frontera (Andalusien) erzeugt wird. Zur Herst. von Arzneiweinen, s. Vina medicata.

Xeroemulsionen: s. Emulsionen.

Xerogel (gr. xeros trocken): s. Gele.

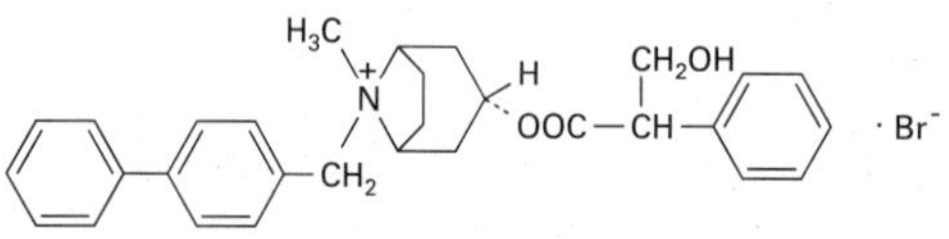

Xenytropiumbromid

Xerophthalmie: Augendarre; Austrocknung der Binde- u. Hornhaut des Auges, bei Vitamin-A-Mangel-Krankheit, s. Vitamine.

Xerophtol: s. Vitamine (Vitamin A).

Xerophyten: Pfl., die an trockene (aride) Standorte angepasst sind.

Xinafoat: chem. Kurzbez. für 1-Hydroxy-2-naphthoat.

Xipamid INN: 4-Chlor-2',6'-dimethyl-5-sulfamoylsalicylanilid; CAS-Nr. 14293-44-8; $C_{15}H_{15}ClN_2O_4S$, M_r 354.81. Strukturformel s. Diuretika (Abb.). Schmp. ca. 260 °C (unter Zers.). Fast unlösl. in Wasser; lösl. in Ethanol; sehr leicht lösl. in Aceton; schwer lösl. in Chloroform, Ether. **Anw.:** Saluretikum (vgl. Diuretika), Antihypertensivum*, Ödeme; **UAW, Kontraind.** u. **WW:** s. Bendroflumethiazid; **Dos.:** p.o. bei Ödemen 1×40 mg/d, Erhaltungsdos. bei Hypertonie 1×20 mg/2 d; HWZ 5.2-7 h.

X-Strahlen: s. Röntgenstrahlen.

Xylane: aus D-Xylose* aufgebaute hochmolekulare Polysaccharide. Die Xylosereste liegen in Pyranoseform vor; die Verknüpfung erfolgt i. Allg. β-1,4-glykosidisch. X. gehören neben der Cellulose zu den am weitesten verbreiteten Pflanzenstoffen u. sind Hauptbestandteile der Hemicellulosen*.

Xylem: Holzteil; (bot.) zus. mit dem Phloem* ein T. der Leitbündel*, in dem Wasser u. Mineralstoffe von der Wurzel in die anderen Organe des pflanzl. Organismus befördert werden. Besteht aus Hadrom (Gefäße* u. Holzparenchymzellen) u. Holzfasern (Libriform, Xylemfasern). Beim sekundären Dickenwachstum* bildet das Kambium* nach innen sekundäres X., das Holz*.

Xylen: s. Xylol.

Xylenole: Dimethylphenole; $C_6H_3(CH_3)_2O$, M_r 122.16. 6 Isomere, die im Steinkohlenteer vorkommen. Farblose Kristalle, lösl. in Ethanol, wenig lösl. in Wasser; sie sind giftiger als Cresole u. wirken 15-mal stärker bakterizid als Phenol. **Anw.:** Desinfektionsmittel, zur Schädlingsbekämpfung u. für antisept. Seifen.

Xylidine: Dimethylbenzolamine, Dimethylaniline; $(CH_3)_2C_6H_3-NH_2$, M_r 121.18. **Herst.:** die 5 Isomere entstehen bei der Reduktion von Nitroxylolen. **Anw.:** *m*- u. *p*-X. dienen zur Herst. von Azofarbstoffen*.

Xylit: s. Xylitol.

Xylitol: Xylitolum Ph.Eur.4; CAS-Nr. 87-99-0; $C_5H_{12}O_5$, M_r 152.1. Schmp. 94.5 °C. Opt. inaktiver C_5-Zuckeralkohol, abgeleitet von Xylose*; ein Nebenprodukt der Holzverzuckerung; kann aber auch durch katalyt. Hydrierung von Xylose dargestellt werden. **Off.:** DAC86 **Anw.:** X. wird vom menschl. Organismus vollständig verwertet, daher als Zuckerersatz für Diabetiker; als Süßmittel* mit Antikarieswirkung; in Infusionslösungen.

Xylol: Xylen, Xylolum; Dimethylbenzol, C_8H_{10}, M_r 106.2. D. 0.862-0.865. $n_D^{20\,°C}$ 1.496-1.497. Sdp. 137-142 °C. Gemisch der 3 Isomere, mit vorwiegendem Geh. an *m*-X., nebst geringen Mengen sonstiger Kohlenwasserstoffe. Klare, farblose Flüss., die beim Entzünden mit leuchtender, stark rußender Flamme brennt. In jedem Verhältnis mischbar mit absolutem Ethanol, Ether, Schwefelkohlenstoff, fetten u. vielen äther. Ölen, prakt. unlösl. in Wasser. **Vork.:** Best. des Rohbenzols u. Erdöls. **Off.:** ÖAB90. **Anw.** med.: früher äußerl. geg. parasitäre Hauterkrankungen; zur Herst. von Solutio* Masticis composita; techn.: als Lösungsmittel; in der Mikroskopie als Aufhellungsmittel. Mit Türkischrotöl* od. mit Seife emulgiertes X. wird zur Vernichtung von Stechmückenbrut in stehenden Gewässern verwendet (Verd. 1:20 000).

Xylolmoschus: 1,3-Dimethyl-5-*tert*-butyl-2,4,6-trinitrobenzol, $C_{12}H_{15}N_3O_6$, M_r 297.3. Schmp. 113 °C. **Anw.:** in der Parfümerie verwendeter synthet. Ersatzstoff für den nat. vorkommenden Moschus*.

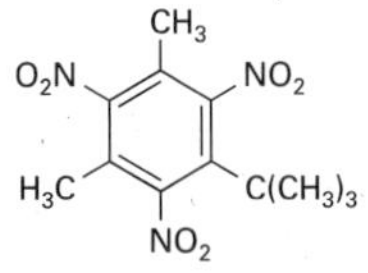

Xylolmoschus

Xylometazolin INN: 2-(4-*tert*-Butyl-2,6-dimethylbenzyl)-2-imidazolin; CAS-Nr. 526-36-3; $C_{16}H_{24}N_2$, M_r 244.37. Schmp. 131-133 °C. **Xylometazolinhydrochlorid:** Xylometazolini hydrochloridum Ph.Eur.4; CAS-Nr. 1218-35-5; $C_{16}H_{25}ClN_2$, M_r 280.8. Schmp. 337 °C. Lösl. in 35 T. Wasser, leicht lösl. in Ethanol, schwer lösl. in Chloroform. **Off.:** DAC86; **Anw.:** lokal als Vasokonstriktor; Alphasympathomimetikum (s. Sympathomimetika); Ind.: Schleimhautabschwellung bei Schnupfen, Heuschnupfen, Nasennebenhöhlenentzündung; Augenbindehautentzündung; **UAW:** s. Oxymetazolin; **Dos.:** intranasal Tropfen, Spray 0.1 %.

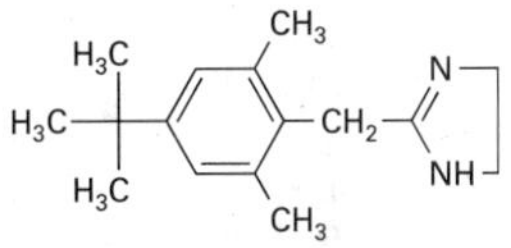

Xylometazolin

Xylometazolinhydrochlorid-Nasengel: Zstzg.: NRF, 0.1 T. Xylometazolinhydrochlorid, 0.25 T. Natriumdihydrogenphosphat-Dihydrat, 0.25 T. Natriummonohydrogenphosphat-Dodecahydrat, 0.4 T. Natriumchlorid, 3.0 T. Sorbitol-Lösung 70 %, 4.5 T. Hydroxyethylcellulose 400, 10.0 T. edetathaltige Benzalkoniumchlorid*-Stammlösung 0.1 % ad 10 T. gereinigtes Wasser. **Anw.:** Abschwelllung der Nasenschleimhaut.

Xylopia aethiopica (Dun.) A.Rich.: Fam. Annonaceae (trop. Afrika). Stpfl. von **Fructus Xylopiae:** Kanipfeffer, Mohrenpfeffer. **Anw.:** Gewürz.

Xylose: Xylosum Ph.Eur.4, D-(+)-Xylose, Holzzucker; α-D-Xyopyranose; CAS-Nr. 58-86-6; Strukturformel s. Kohlenhydrate (Abb. 1); $CH_2OH(CHOH)_3CHO$, M_r 150.13. Schmp. 153 °C. $[\alpha]_D^{20\,°C}$ +94° → +19° (c=10 in Wasser). Pentose, mit Hefe nicht vergärbar; weiße Kristalle von sehr süßem Geschmack. Wichtiger Nahrungsbest. für Pflanzenfresser, bes. für Wiederkäuer. **Off.:** DAC86; **Herst:** saure Hydrolyse von Xylanen* (Holzgummi), die sich u. a. in Holz, Stroh, Kleie,

Schalen von Aprikosenkernen finden; **Anw.**: Diagnostikum bei Malabsorption; **Dos.**: 25 g.

Xysmalobium undulatum (L.) R.Br.: Fam. Asclepiadaceae (Südafrika). Stpfl. von **Radix Uzarae:** Uzarawurzel. **Inhaltsst.**: die Cardenolidglykoside Uzarin*, Uzarosid, Urezin (3'-epi-Uzarigenin-diglucosid) u. Xysmalorin. Die Aglyka (Uzarigenin u. Xysmalogenin) haben am C_{17} zwar einen ungesättigten γ-Lactonring, die Herzwirksamkeit ist jedoch sehr gering, da die Ringe A u. B nicht *cis*-verknüpft sind (s. Glykoside, herzwirksame); **Anw.** volkstüml.: z. B. bei Verdauungsbeschwerden u. unspezif., akuten Durchfallerkrankungen.

X

Y

y: Vorsatzzeichen für Yocto-*.
Y: **1.** (chem.) Symbol für Yttrium*. **2.** Vorsatzzeichen für Yotta-*.
Yaborandiblätter: s. Pilocarpus-Arten (Folia Jaborandi).
YAC: Abk. für (engl.) *yeast artificial chromosome.*
Yage: s. Banisteria caapi (Lignum Banisteriae, Wirk. u. Anw.).
Yagein: s. Harmin.
Yage-Trank: s. Harmin (Anw.).
Yaje: s. Banisteria caapi (Lignum Banisteriae, Wirk. u. Anw.).
Yakée: s. Virola calophylloidea.
Yamswurzel: s. Dioscorea villosa (Rhizoma Dioscoreae villosae).
Yangonine: s. Piper methysticum (Radix Kava-Kava, Inhaltsst.).
Yb: (chem.) Symbol für Ytterbium*.
yeast: s. Faex.
Yersinia: Gattung gramnegativer Stäbchenbakt. der Fam. Enterobacteriaceae mit 11 Spezies. Erreger von **Yersiniosen**: **1.** Y. pestis: Erreger der Pest*; **2.** Y. pseudotuberculosis: Erreger enteraler Infektionen mit Beteiligung mediastinaler Lymphknoten; **3.** Y. enterocolitica: Erreger akuter fieberhafter Enteritiden od. Enterokolitiden; u. U. mit Folgeerscheinungen wie Arthritis, Erythema nodosum od. Reiter-Krankheit; Y. ist sensitiv gegenüber Tetracyclinen, Cotrimoxazol, Chinolonen u. Cephalosporinen der 3. Generation.
Ylang-Ylang-Öl: s. Cananga odorata (Oleum Canangae).
Ylid: inneres Salz, das bei der Abspaltung eines Protons von einer an einem positiv geladenen Hetero-Atom (sog. Onium-Atom) befindl. CH-Gruppe entsteht; vgl. Wittig-Reaktion.
Yocto-: Symbol y; gesetzl. Vorsatz für das 10^{-24}fache einer Einheit; vgl. SI-Einheiten.
Yohimban: Grundgerüst einer Reihe von β-Carbolinalkaloiden*, die z. B. in Rauvolfia-Arten od. in Pausinystalia* johimbe vorkommen.
Yohimberinde: s. Pausinystalia johimbe (Cortex Yohimbehe).
Yohimbin: syn. Johimbin, Yohimbinum, Quebrachin, Aphrodin, Yohimbinsäuremethylester; Methyl-17α-hydroxy-16α-yohimbancarboxylat; CAS-Nr. 146-48-5; $C_{21}H_{26}N_2O_3$, M_r 354.43. Strukturformel s. Yohimban (Abb.). Schmp. 235-237 °C. $[\alpha]_D^{20\,°C}$ +50.9 bis +62.2° (in Ethanol), $[\alpha]_D^{20\,°C}$ +108° (in Pyridin). Weiße, seidenglänz. Kristalle od. lockeres Pulver, von bitterem Geschmack; wenig lösl. in Wasser, lösl. in Ethanol, Chloroform, heißem

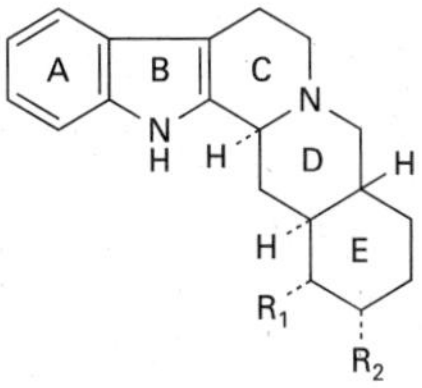

Yohimban: $R_1 = R_2 = H$
Yohimbin: $R_1 = CH_3OOC$; $R_2 = OH$

Yohimban

Benzol; mäßig lösl. in Ether; UV_{max} (Methanol) 226, 280, 291 nm (log ε 4.56, 3.88, 3.80). **Vork.:** Hauptalkaloid der Yohimberinde, s. Pausinystalia johimbe, auch in Rauvolfia-Arten; **Wirk. u. Anw.:** Betasympatholytikum (s. Sympatholytika), Adrenolytikum, Menagogum, Antihypertensivum* (erweitert die Gefäße u. senkt den Blutdruck); Aphrodisiakum (soll die Blutzufuhr zu den Beckenorganen u. die Reflexerregbarkeit im Sakralmark erhöhen, Wirk. fragl.); **UAW:** Erregungszustände; **Kontraind.:** Hypotonie.
δ-Yohimbin: s. Raubasin.
Yohimbinhydrochlorid: Yohimbinum hydrochloricum, Yohimbinium chloratum, Yohimbini hydrochloridum, Yohimbinii chloridum; CAS-Nr. 65-19-0; $C_{21}H_{27}ClN_2O_3$, M_r 390.89. Schmp. 302 °C (unter Zers.). $[\alpha]_D^{22\,°C}$ +105° (in Wasser). Weißes, krist. Pulver; lösl. in 100 T. Wasser, in 20 T. siedendem Wasser, 500 T. Ethanol. **Off.:** DAC86, ÖAB90; **Anw.:** Sympatholytikum*, vgl. Yohimbin; als Aphrodisiakum, auch vet.; **Dos.:** p. o. 2-3×5 mg/d; MED 20 mg, MTD 60 mg; parenteral s. c. 5 mg.
Yohimbinsäure INN: Acidum yohimbicum; 17α-Hydroxy-16α-yohimbancarbonsäure; CAS-Nr. 522-87-2; $C_{20}H_{24}N_2O_3$, M_r 340.41. **Anw.:** Sympatholytikum*.
Yohimbinsäuremethylester: s. Yohimbin.
Yohimbinum hydrochloricum: s. Yohimbinhydrochlorid.
Yopo: s. Piptadenia peregrina.
Yotta-: Symbol Y; gesetzl. Vorsatz für das 10^{24}fache einer Einheit; vgl. SI-EInheiten.
Young-Gleichung: s. Benetzbarkeit.
Ysop: s. Hyssopus officinalis.
Y-Stück: s. Bifurkationsprothese.
Ytterbium (Ytterby, Ort in Schweden): Symbol Yb; A_r 173.04, OZ 70. D. 6.965. Schmp. 824 °C. Sdp. 1192 °C. Hell silbrig glänz., weiches, duktiles,

schmiedbares, 2- u. 3-wertiges Lanthanoid*-Metall. Yb wird von Wasser langsam angegriffen und von Säuren rasch gelöst. **Vork.:** im Monazit. **Darst.:** Reduktion von YbF_3 mit Kalium (erstmals 1937 von Klemm und Bonner); heute überwiegend aus Monazitsand gewonnen; Aufbewahrung unter Inertgas.

Yttererde: nat. Gemisch von Mineralien der Seltenerdmetalle*.

Yttrium (Ytterby, schwed. Fundort des Minerals Gadolinit): Symbol Y; A_r 88.90585; OZ 39; D. 4.469; Schmp. ca. 1526 °C; Sdp. 3334 °C. Dem Aluminium* ähnl., 3-wertiges, silbriges Metall aus der Gruppe der Lanthanoide*, das an der Luft eine Oxidschicht bildet und bei Temp. über 450 °C leicht verbrennt; lösl. in Wasser u. Säuren, unlösl. in HF. **Herst.:** Reduktion von YF_3 mit Calcium. **Gesch.:** 1794 als Oxidgemisch von Johan Gadolin (1760-1852) entdeckt.

Yttrium-86: Symbol ^{86}Y; OZ 39; Radionuklid, HWZ 14.7 h, zerfällt unter Positronenzerfall (25 %) u. Emission von Gammastrahlen. **Herst.:** z. B. Protonenbestrahlung von ^{86}Sr am Zyklotron; **Anw.:** gewinnt an Bedeutung bei PET*-Untersuchungen zur Dosimetrie für die Ther. mit Yttrium*-90 markierten Substanzen.

Yttrium-90: Symbol ^{90}Y; Radionuklid mit einer HWZ von 2.67 d, emittiert ausschließl. Elektronenstrahlung. ^{90}Y entsteht beim Zerfall von Strontium-90 (HWZ 28.78 Jahre). **Gew.:** mittels Generator*; **Anw.:** in der Nuklearmed. zur Radioimmuntherapie*, da es eine günstige Strahlungsenergie (β^-, 2.28 MeV) u. HWZ aufweist.

Yucca filamentosa L.: Palmlilie, Bajonettbaum; Fam. Agavaceae (heim. südl. Nordamerika u. Mittelamerika). **Inhaltsst.:** Steroidsaponine; **Anw.** techn.: als Faserpflanze; zur Partialsynthese von Steroidhormonen.

Hom: *Yucca filamentosa:* frische Pflanze; verord. z. B. bei Lebererkrankungen, Kopfschmerzen.

Yuccagenin: ein Steroidsapogenin, Strukturformel s. Saponine (Tab. 2).

Z

z: Vorsatzzeichen für Zepto-*.

Z: **1.** Symbol für Ordnungszahl*. **2.** Vorsatzzeichen für Zetta-*. **3.** Abk. für zusammen; Symbol für die Zuordnung von Doppelbindungsisomeren; s. E/Z-Nomenklatur.

Zähigkeit: s. Viskosität.

Zählkammer: Laborgerät zur mikroskop. Zählung zellulärer Elemente in Flüss. (z. B. Blut u. Liquor) sowie zur Bestimmung der Phasenverteilung in Emulsionen u. zur Untersuchung von Pulverdrogen. Besteht aus einer starken Glasplatte von Objektträgergröße, in deren Mitte sich zw. 2 tiefen Querrillen Zählnetze befinden, s. Abb., die heute gebräuchlichste Netzteilung ist die nach Neubauer. Die Zählung von Erythrozyten u. Leukozyten in Blutproben erfolgt heute im klin.-chem. Labor elektron. u. automatisiert; s. Coulter-Counter-Verfahren.

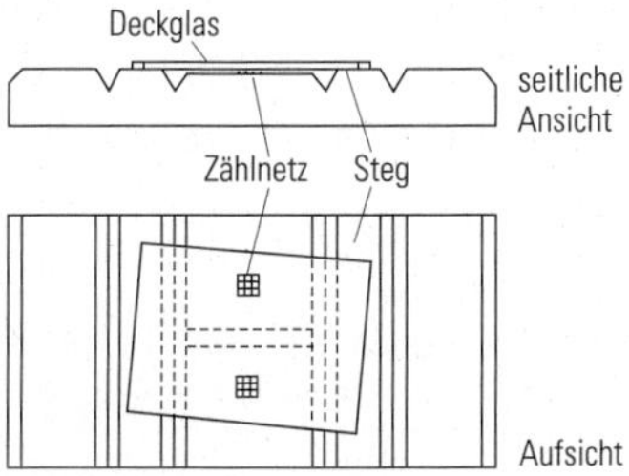

Zählkammer: schemat. Darst. einer Blutzählkammer in seitl. Ansicht u. in Aufsicht mit aufgesetzem Deckglas [21]

Zählrohr: s. Strahlenmessgeräte.

Zählrohrdiffraktometer: s. Kristallstrukturanalyse.

Zäpfchen: s. Suppositoria.

Zafirlukast: {3-[2-Methoxy-4-[[(2-methylphenyl)sulfonyl-amino]carbonyl]phenyl]methyl-1-methyl-1*H*-indol-5-yl}carbaminsäure; CAS-Nr. 107753-78-6; $C_{31}H_{33}N_3O_6S$, M_r 575.69. Schmp. 138-140 °C. **Wirk.:** Leukotrienrezeptorantagonist*; **Anw.:** Antiasthmatikum*; **Dos.:** 2×20 mg/d.

Zahnbelag: s. Zahnplaque.

Zahnbürstenbaum: s. Salvadora persica.

Zahnfüllstoff: Füllungswerkstoffe aus unterschiedl. Materialien zum vorübergehenden od. anhaltenden Verschluss. **1.** Plast. Z. (Komposite): **a)** Verbundswerkstoffe aus org. Kunststoffen u. anorg. Füllstoffen (feinstes Glas, Quarzpulver) als Zweikomponentensysteme, selbstverbindend od. über Lichtpolymerisation härtend; **b)** Amalgam; **c)** Zemente: zum vorübergehenden Verschluss, z. B. Phosphatzement (Zinkoxid + Phosphorsäure), Glasionomerzement (Aluminiumsilicat + Polyacrylat); **d)** Guttapercha (Naturharz): für den Wurzelkanal; **2.** Nichtplast. Z.: **a)** Metalle: Goldlegierungen, Palladiumverbindungen, Nichtedelmetalle (NEM) wie Titan; **b)** Keramik, Feldspat, Quarz.

Zahnkraut: s. Plumbago europaea (Herba Plumbaginis).

Zahnplaque: vorwiegend aus Bakt. bestehender Zahnbelag (bakt. Plaque) als Hauptursache infektiöser Erkrankungen des Zahnhalteapparates. Z. bildet sich auf der rauen Oberfläche von nicht entzündl. Zahnstein. Dieser entsteht durch Mineraleinlagerung in die fest an der Zahnoberfläche haftenden Beläge aus Proteinen, Kohlenhydraten, Lipiden; vgl. Karies. Arzneimittel gegen Z.: s. Antiplaquemittel.

Zahnplaque-Indikatoren: Plaque-Indikator; Farbstofflösungen od. Kautabletten zur Sichtbarmachung von Zahnplaque. Als Farbstoffe werden z. B. Erythrosin*-Natrium (in Kautabletten od. als 8 %ige Lsg.) u. Triphenylmethanfarbstoffe* verwendet; vgl. Antiplaquemittel.

Zahnplaque-Inhibitoren: s. Antiplaquemittel.

Zahnputzpulver: s. Pulvis dentifricius; Pulvis dentifricius cum Sapone.

Zahnstein: s. Zahnplaque.

Zahnwehholz: s. Zanthoxylum fraxineum.

Zahnwurzel: s. Iris germanica (Rhizoma Iridis).

Zalcitabin INN: 2',3'-Didesoxycytidin; CAS-Nr. 7481-89-2; $C_9H_{13}N_3O_3$, M_r 211.22. Strukturell mit

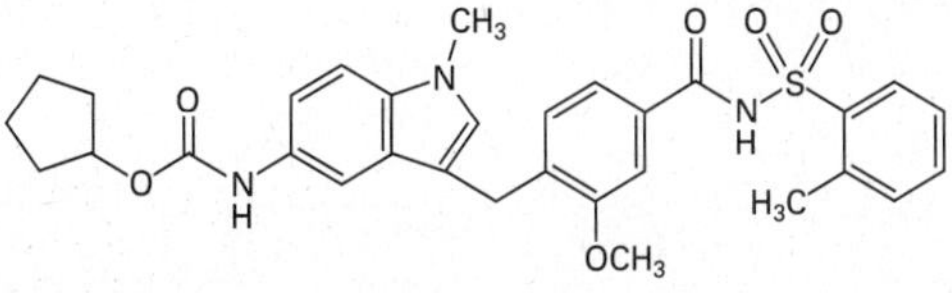

Zafirlukast

Zidovudin* verwandt, ein Analogon von 2'-Desoxycytidin. **Wirk.:** Z. wird in der Zelle zu Didesoxycytidin-5'-triphosphat umgewandelt, hemmt die durch die reverse Transkriptase* vermittelte provirale DNA; **Anw.:** Virostatikum*, bei fortgeschrittener HIV-Infektion Erwachsener (s. HIV-Erkrankung, AIDS), bei Zidovudinintoleranz od. -versagen; **UAW:** u. a. Neuropathie, Pankreatitis, Gewichtsverlust, Fieber, gastrointestinale Beschwerden; **Kontraind.:** periphere, Kardiomyopathie, Herzinsuffizienz, Neuropathie, Pankreatitis; **Dos.:** p. o. Erwachsene 0.75 mg/8 h od. 5 µg/kg KG/4 h; HWZ 1-3 h.

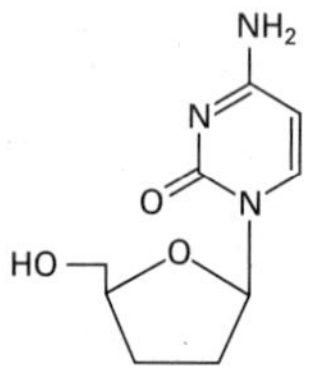

Zalcitabin

Zaleplon INN: 3'-(3-Cyanopyrazolo[1,5-*a*]pyrimidin-7-yl)-N-ethylacetanilid; CAS-Nr. 151319-13-5; $C_{17}H_{15}N_5O$, M_r 305.3. Schmp. 184 °C. logP 1.0; schwer lösl. in Wasser. **Wirk.:** Benzodiazepinrezeptor-Agonist; **Anw.:** Schlafmittel*, v. a. bei Einschlafstörungen; **UAW:** leichte Kopfschmerzen, Schwäche; **Dos.:** Erwachsene 10 mg/d, ältere Patienten 5 mg/d p. o.; HWZ 1 h.

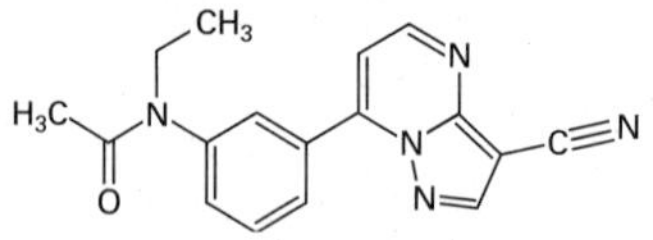

Zaleplon

Zanamivir INN: Zanamivirum, GG 167, GR 121167; 5-Acetamido-2,6-anhydro-3,4,5-tridesoxy-4-guanidino-D-glycero-D-galacto-non-2-enonsäure; CAS-Nr. 139110-80-8; $C_{12}H_{20}N_4O_7$, M_r 332.32. Schmp. 256 °C (unter Zers.). logP −3.8; pK_S 3.9 (ber.); leicht lösl. in Wasser. **Wirk.:** Neuraminidase*-Inhibitor; Virostatikum*. Die Krankheitsdauer wird bei Anw. innerhalb 48 Std. nach Symptombeginn um ca. 1.5 Tage verkürzt. **Anw.:** typ. Influenza-Symptome, wenn Influenza in der Region zirkuliert; **Dos.:** als Inhalation 2×5 mg/d über 5 Tage, max. 20 mg/d.

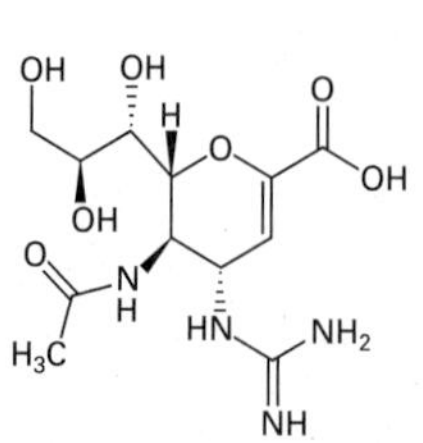

Zanamivir

Zanthoxylum fraxineum Willd.: Xanthoxylum fraxinifolium, Zanthoxylum americanum Mill., Zahnwehholz; bis 6 m hoher Baum od. Strauch der Fam. Rutaceae (östl. Nordamerika). Stpfl. von **Cortex Zanthoxyli:** Xanthoxylum, Gelbholzrinde. **Inhaltsst.:** Pyranocumarine wie Alloxanthoxyletin, Xanthoxyletin; Benzylisochinolinalkaloide wie Chelerythrin; Phenylethylamin wie Candicin; **Anw.** volkstüml.: bei den Indianern Nordamerikas z. B. zur Behandlung bei Erkrankungen des rheumat. Formenkreises, Geschwüren, Diarrhö; **Fructus Zanthoxyli:** Zanthoxylum-fraxineum-Früchte. **Inhaltsst.:** Cumarine wie Imperatorin, Psoralen, Xanthotoxin u. a.; **Anw.** volkstüml.: z. B. als Tinktur bei Magen-Darm-Infektionen; von den Menomini-Indianern wurde ein Dekokt zur Wundbehandlung u. geg. Erkältungskrankheiten eingesetzt.

Hom: *Xanthoxylum fraxineum:* verord. z. B. bei Dysmenorrhö, Lähmungen.

Zanthoxylum piperitum (L.) DC.: Fragaria piperita L., Japanischer Pfeffer; Fam. Rutaceae (Korea, China). Stpfl. von **Zanthoxyli pericarpium:** Szechuan-Pfeffer, Zanthoxylum-piperitum-Perikarp, (engl.) *Zanthoxylum fruit*; die Fruchtwand der reifen Früchte. **Inhaltsst.:** ca. 2 % äther. Öl (Japanisches Pfefferöl) mit Citral*, Citronellal*, Eucalyptol*, Dipenten (s. Limonen), Geraniol* u. Linalool*, ferner 0.3-0.4 % Säureamide, wie z. B. α-Sanshoöl, γ-Sanshoöl, Hydroxy-α-Sanshoöl; **Anw.** volkstüml.: in Südostasien z. B. bei Wurmbefall, Diarrhö, Magen-Darm-Infektionen, dyspept. Beschwerden.

Zaponlack: Kollodiumlack; physik. trocknender Klar- od. Transparentlack, der geringe Anteile an Bindemittel aufweist. Beispiel: Nitrocellulose in Aceton u. Ethanol. **Anw.:** zum Lackieren u. a. von Holz, Glas.

Zauberhasel: s. Hamamelis virginiana.

Zauberstrauch, Virginischer: s. Hamamelis virginiana.

Zaunrübe: **1.** Rotbeerige Z.: s. Bryonia cretica ssp. dioica. **2.** Weiße Z.: s. Bryonia alba.

Zaunwinde: s. Calystegia sepium.

Zea mays L.: Mais, (türk.) Kukurut(z); Fam. Poaceae, Gramineae (heim. wahrscheinl. Mexiko, nur in Kultur bekannt; häufig angebaut, bes. in Nordamerika). Stpfl. von **Maydis amylum:** Amylum Maydis, Maisstärke; s. Amylum Maydis. **Off.:** Ph.Eur.4.03; **Stigmata Maydis:** Maisgriffel, Maishaar; die getrockneten Griffel der weibl. Blüte. **Inhaltsst.:** 2-3 % Saponine, bis 13 % Gerbstoffe, fettes u. äther. Öl (mit ca. 18 % Carvacrol*), Harz, Bitterstoffe, gummiartige Stoffe, hoher Kaliumgeh. (aktuelle Untersuchungen zu den Inhaltsstoffen fehlen); **Anw.** volkstüml.: als harntreibendes Mittel, bei rheumat. Beschwerden, Gicht; **Maydis oleum raffinatum:** Oleum Maydis embryonis, Oleum Zeae, Maiskeimöl, raffiniertes Maisöl; getrocknete Maiskeime enthalten 30-50 % fettes Öl. D. ca. 0.920, SZ max. 0.5 (max. 0.3 für Parenteralia), POX max. 10.0 (max. 5.0 für Parenteralia), UA max. 2.8 %. **Off.:** Ph.Eur.4; **Best.:** ca. 93 % Glyceride der Linolsäure* (39.4-65.6 %), Ölsäure* (20-42 %), Palmitinsäure* (6-16.5 %) u. Stearinsäure* (max. 3.3 %), ferner u. a. Vitamin E;

Anw.: Speiseöl, Fetterzeugung, Pharmazie; schwach trocknendes Öl.
Hom: *Stigmata Maydis:* Narben u. Griffel von Zea mays; verord. z. B. bei Nieren- u. Blasenerkrankungen, als Diuretikum, unterstützend als Antidiabetikum.

Zeanin: s. Gluteline.

Zeatin: Phytohormon; nat. Zytokinin* aus Zea* mays.

Zeaxanthin: 3,3'-Dihydroxy-β-carotin; $C_{40}H_{56}O_2$, M_r 568.85. Gelbe Kristalle, Schmp. 215.5 °C. Lösl. in Chloroform, Ethanol, Pyridin, Schwefelkohlenstoff, unlösl. in Wasser. Zu den Carotinoiden* gehörender gelber Farbstoff, isomer mit Blatt-Xanthophyll (s. Xanthophyll); Farbstoff des Eidotters u. des Maiskorns, auch in anderen Früchten u. Blüten; vgl. Violaxanthin.

Zecken: Spinnentiere der Ordnung Acari (Milben, s. Arthropoden) mit Chitinskelett, Beißwerkzeugen u. Saugrüssel. Blut saugende Parasiten u. wichtige Krankheitsüberträger* bei Warmblüter u. Mensch (meist aktive Übertragung beim Biss, selten passiv durch Zeckenkot u. Koxaldrüsensekret); vgl. Zeckenborreliosen; FSME.

Zeckenborreliosen: Sammelbez. für durch Zecken übertragene Borreliosen*; s. Lyme-Borreliose, Rückfallfieber.

Zedernholz: s. Juniperus virginiana (Lignum Cedri).

Zedernholzöl: s. Juniperus virginiana (Oleum Ligni Cedri).

Zeder, Virginische: s. Juniperus virginiana.

Zedoariae Radix: s. Curcuma zedoaria (Rhizoma Zedoariae).

Zeemann-AAS: s. Spektroskopie.

Zeemann-Effekt: Aufspaltung von Spektrallinien, wenn die Lichtquelle in ein Magnetfeld gebracht wird.

Zehrwurz: s. Plumbago europaea (Herba Plumbaginis).

Zehrwurzel: s. Arum maculatum (Rhizoma Ari), Arisaema triphyllum.

Zein: Eiweiß aus den Früchten von Zea* mays. M_r ca. 38 000. Weißes bis gelbl. Pulver, lösl. in 70 %igem Ethanol, unlösl. in Wasser; gehört zur Gruppe der Prolamine* u. enthält u. a. ca. 35 % Glutaminsäure, ca. 22 % Leucin u. Isoleucin u. ca. 10 % Prolin u. Hydroxyprolin, jedoch kein Lysin u. Tryptophan. **Anw.:** zu Klebstoffen usw. sowie zum Überziehen von Papier, Dragees (schwer lösl. in Magensaft), Lebensmitteln.

Zeisel-Vieböck-Methode: Verfahren zur Bestimmung von Methoxygruppen in Ethern. **Durchführung:** Die Alkylgruppe wird mit kochender Iodwasserstoffsäure als Alkyliodid abgespalten; dieses wird in einer Lsg. von Brom u. Kaliumacetat in Eisessig aufgefangen u. das entstandene Iodat nach Reduktion von überschüssigem Brom iodometr. bestimmt.

Zeitlosensamen: s. Colchicum autumnale (Colchici semen).

Zeitlosentinktur: s. Tinctura Colchici.

Zelle: die kleinste lebende Einheit eines Organismus. Alle lebenden Organismen werden gemäß ihrem Zelltyp eingeteilt in Prokaryonten *u. Eukaryonten*. **1. Prokaryontische Zellen:** Bakterien u. Blaualgen, die für diesen Zelltyp charakterist. ringförmige, histonfreie DNA besitzen, die mit Proteinen verbunden ist. Die DNA liegt frei, das heißt nicht durch Membranen abgetrennt, im Zytoplasma (s. Protoplasma) vor. Weiterhin zeichnen sich prokaryont. Z. durch spezielle Ribosomen, einen speziellen RNA- u. Proteinsyntheseapparat u. durch fehlende Mitose* aus. Auch fehlt die für Eukaryonten typ. Kompartimentierung in Organellen, obgleich eine funktionelle Zellgliederung erkennbar ist: im Auftreten der als Kernäquivalente geltenden Nucleotide, der Mesosomen u. der Photosynthesemembran autotropher Formen. Als Strukturen der Photosynthese* fungieren die Thylakoide* u. die Chromatophoren*. In den Mukopeptiden der Zellwand ist Muraminsäure* ein charakterist. Bestandteil. Prokaryonten sind morpholog. primitiv, biochem. aber außerordentl. anpassungsfähig. **2. Eukaryontische Zellen:** alle übrigen Lebewesen. Dazu zählen einzellige Urpflanzen u. Urtiere, z. B. einzellige Geißelalgen u. Wimpertierchen, sowie alle vielzelligen Pilze, Pflanzen u. Tiere; denn deren morpholog.-funktionale Höherentwicklung ist an eukaryont. Z. mit ihrem größeren genet. Informationsbestand gebunden. Charakterist. für eukaryont. Z. ist v. a. ein echter Zellkern mit Chromosomen* u. damit die Fähigkeit zur Zellteilung durch Mitose* u. Meiose* sowie die Kompartimentierung durch Zellorganellen. Wesentl. Best. (Organellen) eukaryont. Z. sind Mitochondrien*, Ribosomen*, Lysosomen*, Golgi-Apparat, endoplasmatisches Retikulum* u. bei Pflanzen Plastiden* u. Vakuolen*. In den Mukopeptiden eukaryont. Zellen ist Sialsäure u. nicht Muraminsäure enthalten. Die eukaryont. Z. wird von einer Zellmembran* umgeben, pflanzl. Z. zusätzl. von einer Zellwand*. Das gesamte Zellmaterial einschließl. des Zellkerns heißt Protoplasma*. Der außerhalb des Zellkerns befindl. Raum wird Zytoplasma genannt. Als Hyaloplasma bezeichnet man das lichtmikroskop. homogen erscheinende Zytoplasma mit den darin befindl., nur elektronenmikroskop. od. histochem. darstellbaren Zellorganellen. Mitochondrien* u. Chloroplasten* werden üblicherweise unter dem Begriff Plastiden* zusammengefasst.

Zelle, generative: **1.** bei vielen Gymnospermen: die Zelle des männl. Gametophyten, aus der durch Teilung eine basale Stielzelle u. eine spermatogene Zelle entstehen. **2.** bei Angiospermen: die Zelle des männl. Gametophyten, die sich in 2 Spermazellen teilt.

Zelle, immunkompetente: s. Immunzellen.

Zellenlehre: s. Zytologie.

Zellen, somatische: Körperzellen; differenzierte, meist diploide (2 n) Zellen, aus denen sich Gewebe vielzelliger Pflanzen u. Tiere zusammensetzen. Alle Zellen eines höheren Organismus, die nicht Geschlechtszellen sind.

Zellglas: Cellophan; glasklare, halb- od. tiefmatte, farblose od. gefärbte Folien aus Hydratcellulose*, hergestellt nach dem Viskose- od. Kupferverfahren (mit Glycerol als Weichmacher). Z. besitzt eine geringe Wasseraufnahmefähigkeit u. gute Reißfestigkeit. Unbeschichtet hat Z. eine hohe Gasdurchlässigkeit. **Einsatz:** Membranen, Membranfilter*, Dialysierschläuche; mit Polyvinylidenchlorid beschichtet, d. h. mit extrem niedrige Wasserdampfdurchlässigkeit, geeignet zum Verpacken von Tabletten, Suppositorien u. für Vakuumverpackungen. Z. wird auch zu Verbundfolien* verarbeitet.

Zellhorn: s. Celluloid.

Zellkern: Nucleus; länglicher bis runder Körper in eukaryont. Zellen*, der das genet. Material enthält. Er besteht aus dem Kernprotoplasma, Chromatin* u. einem od. mehreren RNA-haltigen Kernkörperchen (Nucleolus) sowie der Kernmembran in Form einer Lipid-Doppelschicht mit eingelagerten Proteinmolekülen; s. fluid mosaic model. Diese grenzt den Kern vom umgebenden Protoplasma ab; sie enthält aber viele Kernporen, die einen Stoffaustausch durch die Membran hindurch ermöglichen.

Zellklon: s. Klon.

Zellkultur: s. Gewebekultur.

Zelllinie: aus einer geklonten Zellkultur hervorgegangene Nachkommen, die stets unter definierten Bedingungen weitergezüchtet werden.

Zellmembran: die Zelle* umgebende Biomembran* aus polaren Lipiden in Form einer Doppelschicht (liquid bilayer) mit eingelagerten (intrinsischen) u. angelagerten (extrinsischen) Proteinen; s. fluid mosaic model.

Zellobiose: s. Cellobiose.

Zellplasma: s. Protoplasma.

Zellplatte: Struktur, die in der frühen Telophase* in der Äquatorialebene der Spindel sich teilender Pflanzenzellen u. einiger Grünalgen entsteht; Vorläufer der Mittellamelle.

Zellpräparate: s. Organtherapeutika.

Zellstoff: Produkt, das aus feinen Fasern von Alphacellulose (s. Cellulose) besteht u. aus Holz od. anderen cellulosehaltigen Pflanzenteilen wie Stroh, Schilf od. anderen Gräsern gewonnen wird. Beim Sulfitverfahren wird das Ausgangsmaterial unter Überdruck mit Calciumhydrogensulfitlösung behandelt, wodurch Lignin in Ligninsulfonsäure umgewandelt wird. Beim Sulfatverfahren dagegen wird das Pflanzenmaterial mit Natronlauge, Natriumsulfid, Natriumcarbonat u. Natriumsulfat unter Überdruck einige Stunden gekocht. **Anw.:** zur Herst. versch. Produkte wie Verbandzellstoff* (Cellulosum), Papiertaschentücher. Ausgangsprodukt für die Herst. von Cellulosepulver*, mikrokristalliner Cellulose* u. der gereinigten, regenerierten Cellulose in Form von Viskosefasern*, Zellwolle* u. Cellulosederivaten; dient ferner zur Herst. von Papier, Textilien, Kunststseide*, in der Sprengstoffindustrie, aber auch zur Futtermittelproduktion.

Zellstoffwatte: s. Verbandwatte.

Zellteilung: im Anschluss an die Kernteilung stattfindende Teilung des Protoplasten in 2 gleiche Teile. Die Zellen der meisten Lebewesen teilen sich zentripetal durch Einwachsen der Zellwand vom Rand her u. Durchschnürung des Plasmalemms; die Spindelfasern werden durchteilt; bei den höheren Pflanzen erfolgt die Ausbildung einer Zellplatte*, die zentrifugal nach außen wächst.

Zelltherapeutika: s. Organtherapeutika.

Zellulasen: s. Cellulasen.

Zelluloid: s. Celluloid.

Zellulose-: s. a. Cellulose-.

Zellwand: für Pflanzenzellen typ., außen der Zellmembran* anliegende, reißfeste Schale. Sie besteht hauptsächl. aus Cellulose, bei Pilzen aus Chitin, die mit anderen Polysacchariden, Lignin od. anderen Substanzen (z. B. Kieselsäure) fest verbunden ist. Die Zellwände der Bakterien* bestehen meist aus Polysacchariden, die aus N-Acetyl-D-glucosamin u. N-Acetylmuraminsäure aufgebaut sind.

Zellwolle: Viskosefasern* od. Cellulosfasern (Fasern aus regenerierter Cellulose*), meist nach dem Viskoseverfahren (s. Viskose) aus Zellstoff* hergestellt. Von unterschiedl. Feinheit u. Länge (Stapellänge): Für Verbandwatten bestimmte Fasern sind zw. 30 u. 48 mm lang u. haben eine Feinheit von 0.16-0.21 tex (Baumwolltyp) bzw. von 0.28-0.68 tex (Wolltyp); **Anw.:** z. B. als Verbandwatte* (Lanugo cellulosi absorbens); zur Herst. von Verbandmull*, Gaze* u. Tamponadebinden*.

Zellwollwatte: s. Verbandwatte.

Zellzyklus: Lebensablauf einer Zelle; ein Zyklus reicht von Mitose* über G_1-Phase, S-Phase u. G_2-Phase bis zur nächsten Mitose. In den beiden G-Phasen erfolgt die Synthese u. die Translation von mRNA, d. h. Proteinbiosynthese, während in der S(Synthese)-Phase die gesamte Zell-DNA repliziert wird.

Zenti-: Symbol c; gesetzl. Vorsatz für das 10^{-2}fache einer Einheit; vgl. SI-Einheiten.

Zentifolie: s. Rosa centifolia.

Zentrallaboratorium Deutscher Apotheker: Abk. ZL; auf Initiative der Apotheker in Deutschland 1971 als unabhängiges Arzneimittelprüfungsinstitut mit Sitz in Eschborn/Taunus gegründet. Es führt sowohl Prüfungen von Arzneimitteln u. Ausgangsstoffen auf Identität, Reinheit u. Gehalt als auch Untersuchungen von Fertigarzneimitteln*, die von Apotheken gegenüber der Arzneimittelkommision der Deutschen Apotheker beanstandet worden sind, durch. Geprüfte Substanzen erhalten ein ZL-Siegel. Dieses bestätigt, dass die Analysendaten, die auf einem Prüfzertifikat angegeben sind, durch das ZL stichprobenweise untersucht worden sind. Weitere Aufgaben des ZL sind die Untersuchung von in Apotheken hergestellten Arzneimitteln, die Erarbeitung von Monographien für den Deutschen* Arzneimittel-Codex u. Bioäquivalenzuntersuchungen sowie vergleichende Untersuchungen von Ausgangsstoffen, einschließl. Primärpackmitteln u. Fertigarzneimitteln.

Zentralnervensystem: Abk. ZNS; Gehirn u. Rückenmark.

Zentralwert: s. Median.

zentrifugal: vom Zentrum (Mittelpunkt) fortgehend.

Zentrifugieren: Abschleudern; Trennung von Niederschlag u. Flüss. mit Hilfe von Zentrifugen. **Zentrifugentypen: 1. Siebzentrifugen:** Dabei wird die Flüss. durch eine siebartig durchlöcherte Trommel nach außen in einen die Trommel umgebenden Mantel geschleudert; **2. Laborzentrifugen:** bestehen aus mit Zentrifugengläsern versehenen Metallhülsen, die sich bei der Drehung horizontal stellen, wodurch der Niederschlag nach außen geschleudert wird u. sich am Boden der Zentrifugengläser festsetzt. Die überstehende Flüss. wird dann abgegossen od. abpipettiert (abgehebert). **Anw.:** z. B. Gew. des Sediments bei der Harnanalyse; Trennung von Emulsionen; **3. Ultrazentrifuge:** Zentrifuge mit extrem hohen Drehzahlen zur Sedimentation von kleinsten Teilchen einer Dispersion in einer wesentl. kürzeren Zeit als unter dem Einfluss der natürl. Sinkzeit. Bei Umdrehungszahlen von >100 000/min erhöhen sich die Zentrifugalkräfte bis in den Bereich des 600 000fachen der Erdanziehung. Die Absetzzeiten kleinster Partikel reduzieren sich hierdurch auf den Zeitbereich 20-200 min. Die Sedimentation ist streng proportional der Schwere der Teilchen u. kann opt. registriert werden; vgl. Sedimentationsanalyse; **4. Universal-Zentrifuge** für Labor u. Betrieb: möglichst vielseitiges Gerät mit versch. Aufsätzen, z. B. Becherschleuder, Klär- u. Trenntrommel, das sich ggf. auch zur schnellen Bestimmung des Fettstoffgehalts von Flüss., z. B. von Öl-Wasser-Gemischen, eignet u. eine Kammertrommel zur Klärung von Drogenextrakten, Impfstoffen, biochem.-pharmaz. und chem. Produkten aufweist (s. Abb).

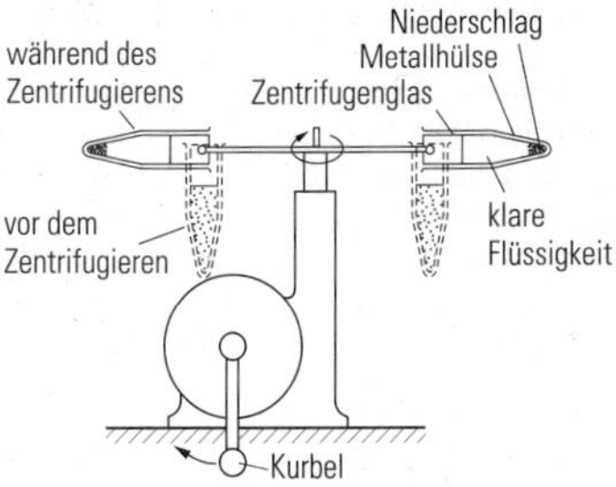

Zentrifugieren: Funktionsprinzip der Laborzentrifuge [11]

Zentriol: in der Mitte des Zentrosoms* gelegenes Zentralkörperchen. Das Z. zeigt im Elektronenmikroskop denselben Bau wie ein Geißelquerschnitt.

zentripetal: zum Zentrum hinführend.

Zentrochiralität: s. Chiralität.

Zentromer (gr. kentros Stachel, Mittelpunkt, Zirkel): Kinetochor; Teil des Chromosoms, an dem die Spindelfasern befestigt werden. Das Z. nimmt auf jedem Chromosom eine charakterist. Stelle ein u. teilt es in zwei Arme unterschiedl. Länge.

Zentrosom: tubuläres Gebilde, das stets in tier. Zellen u. begeißelten Zellen anderer Organismengruppen vorkommt, normalerweise außerhalb der Kernhülle. Das Z. verdoppelt sich vor der Mitose*; die beiden Z. wandern während der Prophase* zu entgegengesetzten Zellpolen u. organisieren den Spindelapparat.

Zeolithe: allg. Formel $M_{2/z}O \cdot Al_2O_3 \cdot x\,SiO_2 \cdot y\,H_2O$ (M: Metall, z: Wertigkeit, x: ≥2, y: 0-8); nat. wasserhaltige Alkali- od. Erdalkalialuminiumsilicate, die imstande sind, die in der Erde vorhandenen Alkalisalze, bes. Kaliumsalze, zu binden, so dass sie nicht vom Wasser fortgeschwemmt werden u. der Pflanzenernährung erhalten bleiben. **Anw.:** künstl. Z. zur Wasserenthärtung, die durch NaCl-Lsg. wieder regenerierbar sind (s. Ionenaustauscher); Molekülsiebe*.

Zepto-: Symbol z; gesetzl. Vorsatz für das 10^{-21}fache einer Einheit; vgl. SI-Einheiten.

Zeranol INN: [3*S*-(3*R*,7*S*)]-3,4,5,6,7,8,9,10,11,12-Decahydro-7,14,16-trihydroxy-3-methyl-1*H*-2-benzoxacyclotetradecin-1-on; CAS-Nr. 26538-44-3; $C_{18}H_{26}O_5$, M_r 322.4. μ-Lacton der Undecylsäure. **Wirk. u. Anw.:** estrogen u. anabol; auch unzulässigerweise in der Tiermast verwendet.

Zerebr-: Wortteil mit der Bedeutung Gehirn von lat. cerebrum.

zerebrospinalis: Gehirn u. Rückenmark betreffend.

Zeresin: s. Paraffinum solidum.

Zerfall: Desintegration, Desaggregation; Zerfall von festen Arzneiformen (z. B. Tabletten) in die Einzelbestandteile (z. B. Pulverpartikel). Der Z. der Arzneiform ist häufig eine Voraussetzung für die Wirkstofffreisetzung* (nicht bei Matrixtabletten*), was sich bei der Auflösung als lag*-time bemerkbar macht.

Zerfallsgesetz: Gesetz zur Beschreibung des radioaktiven Zerfalls. Dieser erfolgt statist., analog einer monomolekularen Reaktion:

$$N_t = N_0\,e^{-\lambda t}$$

Dabei sind N_t, N_0 die Zahl der Atome zum Zeitpunkt t bzw. 0 u. λ die Zerfallskonstante*.

Zerfallshilfsmittel für Tabletten: Sprengmittel; Stoffe, die den Zusammenhalt in der Tablette (s. Bindungskräfte, intermolekulare; Feststoffbrücken u. a.) in Wasser od. den Verdauungssäften schwächen u. so eine kurze Zerfallszeit sicherstellen, um Wirkstoffe aus Tabletten möglichst rasch freizusetzen. **Eigenschaften:** Eingesetzt werden Substanzen, die **1.** die Kapillarität erhöhen, Feuchtigkeit absorbieren u. quellen (am besten begrenzt quellbare Stoffe, ohne Schleimbildung, mit hohem Quellungsdruck, die in den Tabletten ein gut benetzbares Porensystem ausbilden, in 2.5-10 %igem Zusatz), z. B. Stärken, mikrokristalline Cellulose, quervernetztes Polyvinylpyrrolidon, vernetzte Carboxymethylcellulose, Formaldehydgelatine, Formaldehydcasein, Austauscherharze (s. Ionenaustauscher) u. a. (die meisten Z. weisen diese Eigenschaften auf); **2.** bei Einw. von Feuchtigkeit unter Gasentwicklung aufbrausen (s. Brausetabletten); **3.** die Benetzbarkeit der Tabletten erhöhen (Hydrophilierungsmittel), z. B. Tenside, hochdisperses Siliciumdioxid.

Zerfallskonstante: Symbol λ; ein Maß für die Wahrscheinlichkeit des radioaktiven Zerfalls; s. Zerfallsgesetz. Die Dimension der Z. ist s^{-1}. An Stelle der Z. wird bevorzugt die Halbwertzeit* $t_{1/2}$ verwendet. HWZ u. Z. hängen folgenderweise zusammen: $t_{1/2} = \ln 2/\lambda$.

Zerfallskorrektur: Normierung einer Radioaktivitätsmenge zur Zeit t auf einen bestimmten Zeitpunkt t_0 in der Vergangenheit od. Zukunft unter Verw. des Zerfallsgesetzes*.

Zerfallsprüfung: Qualitätskontrolle von festen Arzneiformen nach Vorschriften im Arzneibuch (Ph. Eur. 4); die Anforderungen sind erfüllt, wenn alle

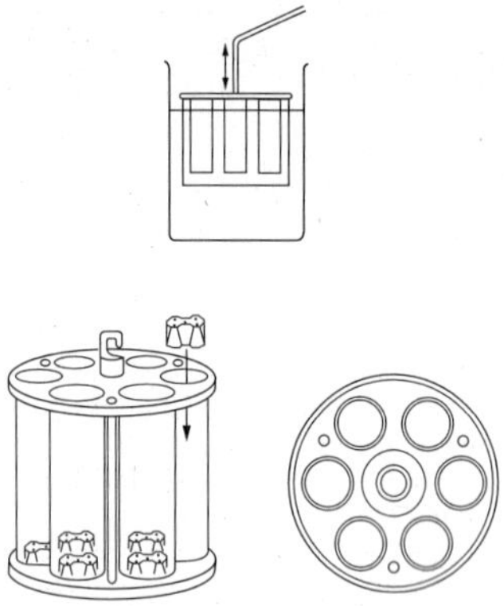

Zerfallsprüfung Abb. 1: Apparatur zur Bestimmung der Zerfallszeit von Tabletten u. Kapseln

Prüflinge innerhalb der vorgeschriebenen Zeit zerfallen sind. Die Apparatur für Tabletten u. Kapseln (s. Abb.1) besteht aus einem zylinderförmigen Gefäß, das mit Prüfflüssigkeit gefüllt ist (wässriger Puffer; 37 °C), sowie einer Halterung mit 6 Prüfröhrchen mit Siebboden, in die die Arzneiformen sowie je ein Schwimmkörper eingebracht werden. Die Prüfröhrchen werden in der Prüfflüssigkeit 30-mal pro min auf u. ab bewegt. Es wird die Zeit ermittelt, bis die Arzneiformen zerfallen sind (d. h. bis die Einzelbestandteile so klein sind, dass sie durch den Siebboden fallen). Das Prüfgerät für Suppositorien u. Vaginalkugeln (s. Abb. 2) besteht aus einem durchsichtigen Zylinder, in den ein Metalleinsatz mit 2 in einem bestimmten Abstand voneinander fixierten Lochplatten (39 Löcher von je 4 mm Durchmesser) eingehängt wird. Die Z. wird mit 3 Geräten in je 4 L Wasser (37 °C) durchgeführt, von denen jedes einen Prüfling auf der unteren Lochplatte enthält. Die Geräte werden alle 10 min im Wasser um 180° gedreht. Zur Z. von Vaginaltabletten wird die zuletzt beschriebene Apparatur umgekehrt in eine mit Wasser (37 °C) bis zur Höhe der ursprüngl. unteren Lochplatte gefüllte Kristallisierschale gestellt. 3 Prüflinge werden auf die gerade bedeckte Lochplatte gelegt u. der zylindr. durchsichtige Mantel mit einer Glasplatte abgedeckt (s. Abb. 3).

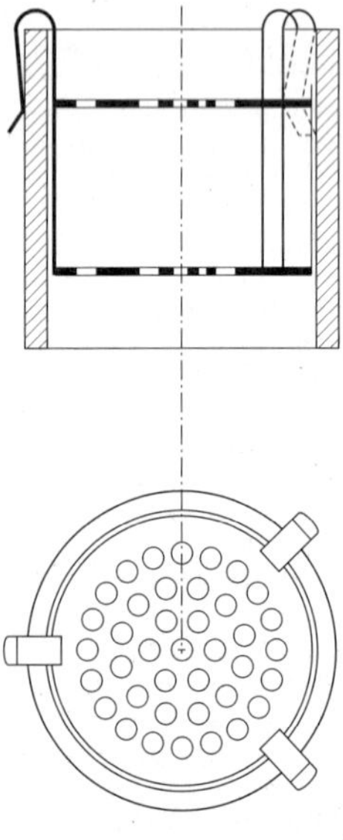

Zerfallsprüfung Abb. 2: Gerät zur Bestimmung der Zerfallszeit von Suppositorien u. Vaginakugeln [6]

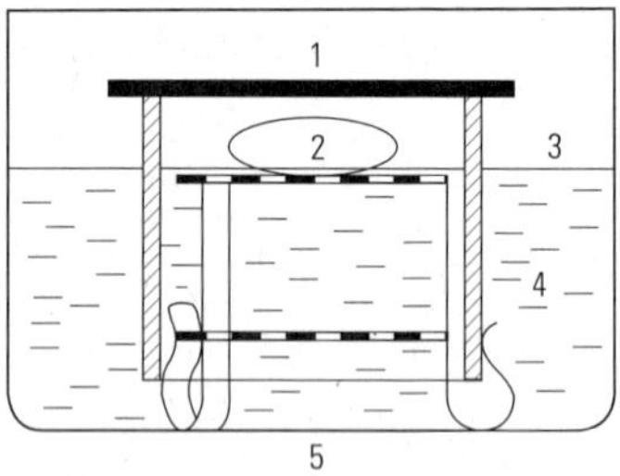

Zerfallsprüfung Abb. 3: Prüfung der Zerfallszeit von Vaginaltabletten; 1: Glasplatte; 2: Vaginaltablette; 3: Wasseroberfläche; 4: Wasser; 5: Becherglas od. Kristallisierschale [6]

Zerfallsreihe: s. Radioaktivität.

Zerkleinerungsgrad: s. Siebe.

Zerstäubertypen: s. Druckgaspackungen.

Zerstäubungstrocknung: s. Sprühtrocknung.

Zerstreuung des Lichtes: s. Dispersion.

Zerumenolytika: s. Cerumenolytika.

Zervix (lat. cervix): Hals, Nacken. **Cervix uteri:** Gebärmutterhals.

Zestoden: Bandwürmer, s. Cestodes.

Zetaplus-Filter: Spezialfilter, das neg. geladenen Endotoxine aus Lösungen entfernt. Z. verfügen über ein positives elektr. Potential; zum mechan. Siebeffekt an der Filteroberfläche kommt daher die Adsorption negativ geladener Mikroorganismen u. bakterieller Endotoxine beim Durchgang durch die Filtermatrix bis zur Erschöpfung des Filtermaterials hinzu.

Zeta-Potential: ζ-Potential, elektrokinetisches Potential; Symbol ζ; Potentialdifferenz zw. der Oberfläche der fest gebundenen elektr. Doppelschicht, die sich z. B. an kolloid gelösten Feststoffteilchen bildet, u. dem Inneren der Lösung. Unterschreitet das Z. in Kolloidlsg. einen bestimmten Wert, wird das System instabil u. der kolloid gelöste Stoff flockt aus. Das Z. ist eine wichtige Größe bei der Elektrophorese. Für ein als kugelförmig betrachtetes Teilchen mit dem Radius r u. der Ladung Q in einem Medium mit der Dielektrizitätskonstante ε gilt:

$$\zeta = Q/_{\varepsilon \cdot r}$$

Mit der elektrophoret. Beweglichkeit u ist ζ über die Beziehung

$$u = {}^{\varepsilon \cdot \zeta}/_{6\pi \cdot \eta}$$

verknüpft (η Viskosität).

Zetta-: Symbol Z; gesetzl. Vorsatz für das 10^{21}fache einer Einheit; vgl. SI-Einheiten.

Z

Zeylon-Zimtbaum: s. Cinnamomum verum.

Zeylonzimt, Echter: s. Cinnamomum verum (Cinnamomi cortex).

Zeylonzimtöl: s. Cinnamomum verum (Cinnamomi zeylanici corticis aetheroleum).

Zibeben: s. Vitis vinifera ssp. vinifera (Passulae majores).

Zibet: Zibethum; Drüsensekret der nordafrikan. Zibetkatze, Civette, Viverra civetta. Salbenartige, dunkelbraune Masse von eigenartigem, etwas an Moschus erinnernden Geruch, lösl. in Ether, Benzol, Chloroform u. Petrolether, weniger lösl. in Ethanol, Methylalkohol u. Aceton, unlösl. in Wasser, Säuren u. Alkalien. **Best.**: äther. Öl, Fett u. Skatol*; **Off.**: EB6; **Anw.**: in der Parfümerie.

Zichorie: s. Cichorium intybus.

Zidovudin INN: Zidovudinum Ph.Eur.4, Azidothymidin (Abk. AZT); 3'-Azido-3'-desoxythymidin; CAS-Nr. 30516-87-1; $C_{10}H_{13}N_5O_4$, M_r 267.24. Schmp. 124-126 °C (polymorph). Nucleosidanalogon aus Thymidin u. 3'-Azido-2'-desoxyribose. Geruchloses, weißes bis beiges, krist., lichtempfindl. Pulver; lösl. 20.4 mg/mL Wasser (25 °C, zw. pH 3 u. 8 vom pH-Wert unabhängig); 97 mg/mL Polyethylenglykol 400, 85.2 mg/mL Propylenglykol, 7.3 mg/mL Ethanol. pK_S 9.68 (Pyridiniumsalz). **Wirk.**: kompetitive Hemmung des für die Vermehrung von Retroviren (s. Virusklassifikation) notwendigen Enzyms reverse Transkriptase*; **Anw.**: Virostatikum* bei HIV-Infektionen; bei Patienten mit erworbenem Immunmangelsyndrom (HIV*-Erkrankung) od. AIDS related complex (ARC). Eine Heilung der Krankheit ist durch Z. nicht möglich. **UAW:** Anämie, Neuropenie, Leukopenie (daher Blutbildkontrolle erforderl.), ferner gastrointestinale Beschwerden, Fieber, Kopfschmerzen, Parästhesien u. Hautausschlag; **WW:** Verstärkung der UAW durch Stoffe, die ebenso durch Glucuronierung od. Lebermikrosomen abgegaut werden, z. B. Acetylsalicylsäure, Morphin, Oxazepam, Clofibrat, Cimethidin, sowie durch andere knochenmarkschädigende Stoffe, u. a. Sulfonamide, Interferon, Zytostatika; **Dos.:** ca. 3.5 mg/kg KG/4 h; **Pharmakokinetik:** oral bis 64 % bioverfügbar; biol. HWZ ca. 1 h; Plasmahalbwertzeit 30 min, 35 % proteingebunden; Ausscheidung zu 80 % über die Nieren.

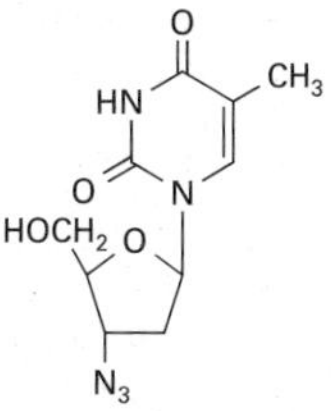

Zidovudin

Ziegeltee: s. Camellia sinensis (Schwarztee, Qualitätsbez.).

Ziegenmilch: s. Milch.

Ziegenmilchanämie: pathogenet. unklare megaloplast. Anämie* bei Säuglingen, die ausschließl. mit Ziegenmilch ernahrt werden. **Ätiol.:** wahrscheinl. auf den geringen Folsäuregehalt der Ziegenmilch zurückzuführen **Ther.:** Umstellung auf Kuhmilchernährung, Vitamin B_{12}, Folsäure u. Vitamin C.

Ziegenpeter: s. Mumps.

Ziegler-Natta-Polymerisation: Polymerisation* von Vinyl-Monomeren bei niedrigem Druck mit Hilfe der Ziegler-Katalysatoren (Koordinationskatalysatoren), die aus Titantetrachlorid u. Aluminiumalkyl bestehen. Die Polymerisation mit Koordinationskatalysatoren liefert linear polymerisierte Moleküle. Aus Styrol od. Propylen erhält man ein isotakt. Produkt, in dem alle asymmetr. Kohlenstoffatome dieselbe Konfiguration* besitzen; isotakt. Polymere haben sehr vorteilhafte physik. Eigenschaften.

Ziehl-Neelsen-Karbolfuchsinlösung: Färbemittel für die Gramfärbung u. Färbung säurefester Bakterien. Zstzg.: 1 T. einer gesättigten Lsg. von Fuchsin in absolutem Ethanol wird mit 9 T. einer 5 %igen Lsg. von verflüssigtem Phenol versetzt.

Ziestkraut: s. Stachys recta (Herba Sideritidis).

Zigeunerkamille: s. Chamomilla suavolens.

Zigeunerkraut: s. Hyoscyamus niger.

Zigeunerlauch: s. Allium ursinum.

Zigeunersamen: s. Datura stramonium (Semen Stramonii).

Zileuton INN: *N*-(1-Benzo[*b*]thien-2-ylethyl)-*N*-hydroxyurea; CAS-Nr. 111406-87-2; $C_{11}H_{12}N_2O_2S$, M_r 236.29. Schmp. 157-158 °C. **Wirk.:** Hemmstoff der Leukotriensynthese über Blockierung der 5-Lipoxygenase, s. Eicosanoide (Abb. 2); **Anw.:** Antiasthmatikum*.

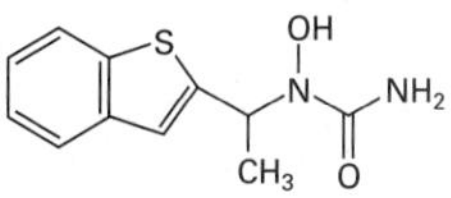

Zileuton

Zilien: Flimmerhaare, Wimpern, Kinocilien; haarähnl. Organellen, die sich auf der Oberfläche von vielen tier. od. niederen pflanzl. Zellen befinden; z. B. auf der Bronchialschleimhaut. Z. dienen dazu, Flüssigkeit od. Partikel über die Zelloberfläche zu transportieren od. einzelne Zellen durch ein flüssiges Medium zu bewegen. Sie sind relativ kurz u. kommen in großer Zahl auf einer einzigen Zelle vor; ihr Schlag ist peitschenartig.

Zimizifugawurzelstock: s. Cimicifuga racemosa (Cimicifugae rhizoma).

Zimpel, Carl Friedrich: s. Spagyrik.

Zimtaldehyd: Cinnamylaldehyd, γ-Phenylakrolein; $C_6H_5-CH=CH-CHO$, M_r 132.1. D. 1.050-1.054. Schmp. –7.5 °C. Sdp. 250-252 °C. Hellgelbe, ölige, zimtartig riechende Flüss., unlösl. in Wasser, mischbar mit Ethanol, Ether, Chloroform, Ölen; wird an der Luft zu Zimtsäure* oxidiert. **Vork.:** Best. des Zimtöls (Oleum Cinnamomi, s. Cinnamomum aromaticum u. Cinnamomum zeylanicum). **Herst.:** aus Benzaldehyd, Acetaldehyd u. NaOH. **Anw.:** Geruchs- u. Geschmackskorrigens, zum Parfümieren von Seifen, in der Dünnschicht- u. Papierchromatographie in ethanol. Salzsäure als Anfärbereagens für Indolderivate, in Essigsäureanhydrid-Schwefelsäure für Steroidsapogenine.

Zimtalkohol: Alcohol cinnamylicus, Styrylalkohol, Styron; $C_6H_5-CH=CH-CH_2OH$, M_r 134. Schmp. ca. 33 °C. Weiße Kristallnadeln, Geruch nach Hyazinthen; sehr schwer lösl. in Wasser (1:250), wenig lösl. in 30 %igem Ethanol; als Zimtsäureester Hauptbest. des Storax (s. Liquidambar orientalis, Styrax) u. a. Harze u. Balsame. **Darst.**: Verseifung von Storax od. Reduktion von Zimtaldehyd; **Anw.**: in der Parfümerie.

Zimtbaum, Chinesischer: s. Cinnamomum aromaticum.

Zimtblüten: s. Cinnamomum aromaticum (Flores Cassiae).

Zimt, Chinesischer: s. Cinnamomum aromaticum (Cortex Cinnamomi cassiae).

Zimt, Echter: s. Cinnamomum verum (Cinnamomi cortex).

Zimtkassia: s. Cinnamomum aromaticum (Cortex Cinnamomi cassiae).

Zimt, Magellanischer: s. Drimys winteri (Cortex Winteranus verus).

Zimtöl, Chinesisches: s. Cinnamomum aromaticum (Cinnamomi cassiae aetheroleum).

Zimtrinde: s. Cinnamomum verum (Cinnamomi cortex).

Zimtrose: s. Rosa.

Zimtsäure: α-Phenylacrylsäure, Acidum cinnamylicum; 3-Phenyl-2-propensäure, $C_6H_5-CH=CH-COOH$, M_r 148.1. 2 stereoisomere Formen: *cis*- u. die nat. *trans*-Zimtsäure. D. 1.247. Schmp. 135 °C (polymorph). Sdp. 300 °C. Farbloses, krist. Pulver od. feine Kristallnadeln von schwachem, zimtähnl. Geruch; sehr schwer lösl. in kaltem Wasser, leicht lösl. in Ethanol, Aceton, Ether, Chloroform, Schwefelkohlenstoff u. fetten Ölen. Dimerisiert unter Einfluss von UV-Licht zu Truxillsäure*. **Vork.**: nat., frei od. verestert, in Balsamen, Harzen, äther. Ölen, z. B. Perubalsam, Tolubalsam, Storax, Kassiaöl. **Darst.**: Erhitzen von Benzaldehyd mit Essigsäureanhydrid u. Natriumacetat als Katalysator (nach Perkin) od. durch Oxidation von Benzylaceton mit Chlorkalk. **Anw.** med.: früher bei Tuberkulose*; techn.: in der Parfümerie u. als Konservierungsmittel. **Zimtsäureester** sind angenehm balsam. od. fruchtartig riechende feste od. flüssige Substanzen, die in vielen äther. Ölen enthalten sind. **Anw.**: in der Parfümerie.

Zimtsäurebenzylester: Benzylum cinnamylicum, Benzylcinnamat, Cinnamein; $C_{16}H_{14}O_2$, M_r 238.29, D. 1.106. Weiße, aromat. riechende Kristalle; leicht lösl. in Ethanol, Ether, fetten Ölen u. flüss. Paraffin, prakt. unlösl. in Wasser. **Vork.**: in Perubalsam (s. Balsamum peruvianum), Tolubalsam (s. Balsamum tolutanum), Storaxöl; **Anw.**: Fixiermittel in der Parfümerie, Reagens Ph.Eur.4.

Zimtsäureester: s. Zimtsäure.

Zimtsirup: s. Sirupus Cinnamomi.

Zimttinktur: s. Tinctura Cinnamomi.

Zimtwasser: s. Aqua Cinnamomi.

Zimt, Weißer: s. Canella winterana (Cortex Canellae albae).

Zinci chloridum: s. Zinkchlorid.

Zinci oxidi lotio: s. Lotio alba aquosa.

Zinci oxidi lotio cum ammoniumsulfobitolo: s. Lotio alba aquosa cum Ammoniumsulfobitolo.

Zinci oxidi lotio spirituosa: s. Lotio alba spirituosa.

Zinci oxidi lotio spirituosa cum Ammoniumsulfobitolo: s. Lotio alba spirituosa cum Ammoniumsulfobitolo.

Zinci oxidi lotio spirituosa cum Chlorcresolo et Lithanthracis Picis Liquore: s. Lotio alba spirituosa cum Chlorcresolo et Liquore Picis Lithanthracis.

Zinci oxidum: s. Zinkoxid.

Zinci stearas: s. Zinkstearat.

Zinci sulfas: s. Zinksulfat.

Zinci sulfatis oculoguttae: s. Augentropfen (Zinksulfat-Augentropfen).

Zinci undecylenas: s. Zinkundecylenat.

Zincum: s. Zink.

Zincum aceticum: s. Zinkacetat.

Zincum carbonicum: s. Zinkcarbonat, basisches.

Zincum chloratum: s. Zinkchlorid.

Zincum cyanatum: s. Zinkcyanid.

Zincum diiodparaphenolsulfonicum: s. Zink, diiodparaphenolsulfonsaures.

Zincum fluoratum: s. Zinkfluorid.

Zincum iodatum: s. Zinkiodid.

Zincum isovalerianicum: s. Zinkvalerianat.

Zincum lacticum: s. Zinklactat.

Zincum oxydatum: s. Zinkoxid.

Zincum oxydatum crudum: s. Zinkoxid, rohes.

Zincum permanganicum: s. Zinkpermanganat.

Zincum peroxydatum: s. Zinkperoxid.

Zincum phosphoratum: s. Zinkphosphid.

Zincum *p*-phenolsulfonicum: s. Zinkphenolsulfonat.

Zincum raspatum: s. Zinkfeile.

Zincum salicylicum: s. Zinksalicylat.

Zincum sozoiodolicum: s. Zink, diiodparaphenolsulfonsaures.

Zincum stearicum: s. Zinkstearat.

Zincum subcarbonicum: s. Zinkcarbonat, basisches.

Zincum sulfuratum: s. Zinksulfid.

Zincum sulfuricum: s. Zinksulfat.

Zincum sulfuricum siccatum: s. Zinksulfat (getrocknetes).

Zincum sulfurosum: s. Zinksulfit.

Zincum undecylenicum: s. Zinkundecylenat.

Zincum valerianicum: s. Zinkvalerianat.

Zineb: s. Dithiocarbamate.

Zingeron: Zingiberon, Vanillylaceton; 4-(3'-Methoxy-4'-hydroxy)phenyl-butan-2-on; $C_{11}H_{14}O_3$, M_r 194.2, Schmp. 40 °C. Scharf schmeckender Best. des Ingweröls (s. Zingiber officinale, Oleum Zingiberis).

Zingiberaceae: Ingwergewächse; Fam. der Od. Zingiberales; ca. 1400 Arten; trop. u. subtropischen Stauden mit kräftigen, häufig knotig verdickten Rhizomen; die Blätter sind groß, ganzrandig, bilden Scheinstängel; auffällig gefärbte Blütenhülle; die Blüten sind zwittrig, zygomorph gebaut. 2 verwachsene Staminodien bilden 2- bis 3-zipfelige Lippen, nur 1 fruchtbares Staubblatt. Der Fruchtknoten ist unterständig. Die Früchte sind meist auffällig gefärbt, manchmal fleischig. **Chem. Merkmale:** in Exkretzellen äther. Öl

(Borneol, Cineol u. Zingiberen), Phenylpropanderivate, z. B. Curcumin, u. Scharfstoffe, z. B. Gingerole; **Wichtige Gattungen:** z. B. Aframomum, Alpinia, Curcuma, Elettaria u. Zingiber.

Zingiber officinale Rosc.: Amomum zingiber L., Ingwer; audauernde Staude der Fam. Zingiberaceae (wahrscheinl. im trop. Asien heim., kult. in fast allen Tropenländern, v. a. Westindien). Stpfl. von **Zingiberis rhizoma:** (engl.) *ginger*; Radix Zingiberis, Ingwerwurzelstock, Ingwer; der nur an den breiten Seiten, also teilweise geschälte od. ganz vom Kork befreite, getrocknete Wurzelstock. Nicht od. nicht vollständig geschälte Sorten sind als **Bedeckter** od. **Schwarzer Ingwer** im Handel. Als beste Sorte gilt der **Bengal. Ingwer** (nur an den Seiten geschält); ferner sind noch im Handel: **Kotschinchina-Ingwer** (ganz geschält u. meist gekalkt), **Jamaika-Ingwer** (oft ganz geschält, von bes. feinem Aroma) u. **Afrikan. Ingwer** (halb geschält). **Off.:** Ph.Eur.4, ÖAB90, Ph.Helv.8; **Inhaltsst.:** 1-3 % äther. Öl (nach ÖAB u. Ph.Eur. mind. 1.5 %, nach Ph.Helv.7 mind. 1.7 %; auch von Sorte abhängig; Best. s. u.), ferner als nicht wasserdampfflüchtige Scharfstoffe Phenylalkanone u. Phenylalkanole (mit unterschiedl. Kettenlänge), die als Gingerole (mit Ketolgruppe) bzw. Shogaole (mit Enongruppe in der Seitenkette) bezeichnet werden (s. Abb.); bis zu 50 % Stärke, Hydroxyzimtsäuren, Anthocyanidine, Zingeron (entsteht durch Zersetzung aus Gingerolen) u. Zucker; **Zuber.:** Zingiberis tinctura DAC, Tinctura* aromatica u. Tinctura* Zingiberis; **Wirk.:** antibakteriell, antimykotisch, molluskizid, nematozid, antientzündlich, spasmolytisch, hepatoprotektiv, choleretisch, antiemetisch; **Anw.:** bei dyspept. Beschwerden, zur Verhütung der Symptome der Reisekrankheit; vielfach als Gewürz u. Genussmittel (Confectio Zingiberis, eingekochter od. kandierter Ingwer) u. zur Herst. von Ginger Ale; **Oleum Zingiberis:** (engl.) *ginger oil*; Ingweröl; das durch Dest. aus dem getrockneten Wurzelstock gewonnene äther. Öl. Grünl. gelbes, dickl. Öl, opt. linksdrehend, D. 0.88, lösl. in Ethanol u. Ether, unlösl. in Wasser. **Inhaltsst.:** ca. 60 % Zingiberen u. ähnl. monocycl. Sesquiterpene ((–)-Sesquiphellandren, (+)-ar-Curcumen), die für den Geruch hauptverantwortl. sind, ferner 10-15 % β-Bisabolen*, Zingiberol (bicycl. Sesquiterpen), Zingeron* sowie die Monoterpene Citral, Borneol, α-Terpineol, Cineol (u. Ester), D-Camphen u. D-Phellandren; **Anw.:** zur Likörfabrikation.

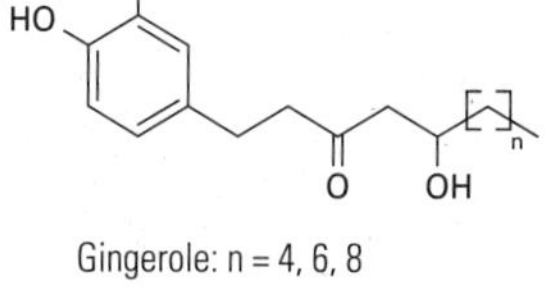

Gingerole: n = 4, 6, 8

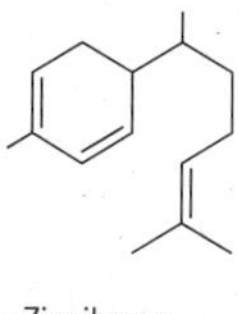

Zingiberen

Zingiber officinale: Gingerole u. Zingiberen als Beispiele für Inhaltsstoffe

Hom: *Zingiber officinale (HAB1.5),* Zingiber: der vom Kork befreite, getrocknete Wurzelstock (mind. 1.5 % äther. Öl); verord. z. B. bei Asthma, Gastritis, Diarrhö.

Zink: Zincum; Symbol Zn; A_r 65.38, OZ 30. D. 7.14. Schmp. 419 °C. Sdp. 908.5 °C. Härte 2.5. Bläul. weißes, sprödes, beständiges, 2-wertiges Metall, das bei 100-150 °C weich u. walzbar, oberhalb 200 °C wieder spröde u. pulverisierbar wird; an der Luft erhitzt verbrennt es mit bläul. weißer Flamme zu Zinkoxid*. An feuchter Luft überzieht es sich mit einer fest anhaftenden Schicht von bas. Zinkcarbonat bzw. Zinkoxid, wodurch das Metall vor weiterer Oxidation geschützt wird; von Säuren, auch org., wird es unter Wasserstoffentwicklung zersetzt. **Vork.:** nat. nur gebunden als Zinkblende (ZnS), Zinkspat (edler Galmei, $Zn_2SiO_4 \cdot H_2O$), ferner u. a. als Zinkblüte, Spinell, Zinkvitriol; **Darst.:** Rösten von Zinkoxid mit Kohle od. Elektrolyse von Zinksulfat-Lsg.; **Physiologie:** Zn ist ein essentielles Spurenelement für Wachstum u. Stoffwechselregulation u. wirkt auch bei der Funktion der Geschmacks- u. Geruchsrezeptoren im Mund- u. Nasenraum mit. Es ist Best. bzw. Aktivator von ca. 100 Enzymen, u. a. von Dehydrogenasen*, Uricase*, DNA-Polymerasen. Insulin wird im Körper als Zn-Komplex gespeichert. Der menschl. Körper enthält 2-4 g Zn; tägl. Bedarf 10-15 mg. Bei nachgewiesenem Zinkmangel erfolgt Substitution bevorzugt mittels Zinkorotat od. -aspartat, die Resorption soll ca. 90 % betragen, aus Zinksulfat wird nur ca. 10 % resorbiert. **Anw.:** Verzinken von Stahlblech, Legierungen (Messing, Tombak: Zink + Kupfer; Neusilber: Kupfer + Zink + Nickel; Bronze: Kupfer + Zinn); **Tox.:** Zinkvergiftungen äußern sich in schmerzhaften Entzündungen der Verdauungsorgane, Erbrechen; äußerl. rufen konz. Zinksalz-Lsg., z. B. Zinkchlorid, heftige u. schmerzhafte Entzündungen hervor; LD ca. 3 g; **Nachw.** von Zn-Verb.: **1.** Ammoniumsulfid-Lsg. fällt weißes Zinksulfid, unlösl. in Wasser u. Essigsäure, lösl. in verd. Mineralsäuren unter Entwicklung von H_2S; **2.** Alkalihydroxid-Lsg. fällen weißes Zinkhydroxid ($Zn(OH)_2$), lösl. im Überschuss des Fällungsmittels; **3.** Kaliumhexacyanoferrat(II) fällt aus salzsaurer Lsg. weißes Zinkhexacyanoferrat(II), unlösl. in Salzsäure u. Ammoniaklsg., lösl. in Kalilauge; **4.** Nachw. mit Dithizon, s. Diphenylthiocarbazon; **5.** mit Soda auf Kohle geglüht, ergibt Zink weißes Zinkoxid, das sich in der Hitze gelb färbt; beim Glühen mit Cobalt(II)-Salzen auf Kohle bildet sich grünes Cobaltzinkoxid (Rinman-Grün*).

Hom: *Zincum metallicum (HAB1.2):* das elektrolyt. gewonnene, mit Wasser, Ethanol, Ether, gewaschene Metall; Konstitutionsmittel; verord. z. B. bei Unruhezuständen, Beschwerden durch unterdrückte Hautausschläge, Hyperaktivität der Kinder, neuralg. Kopf- u. Zahnschmerzen, Zervikalsyndrom.

Zinkacetat: Zinci acetas dihydricus Ph.Eur.4, Zinkacetat-Dihydrat, Zincum aceticum dihydricum, essigsaures Zink; CAS-Nr. 5970-45-6; $(CH_3COOH)_2Zn \cdot 2H_2O$, M_r 219.5. D. 1.735. Schmp. 242 °C. Weiße, glänz., sich fettig anfühlende Blättchen, leicht lösl. in Wasser, wenig lösl. in Ethanol. **Off.:** DAC86; **Anw.** med.: früher innerl. als Emetikum u. Adstringens; äußerl. zu Augenwässern, Injektionen u. geg. Hautkrankheiten; techn.: als Beizmittel u. zur Holzkonservierung.
Hom: *Zincum aceticum (HAB1.5):* verord. z. B. bei Delirium tremens.

Zinkacetatlösung, ethanolische: 1 g gepulvertes Zinkacetat ($C_4H_6O_4 \cdot 2H_2O$) wird mit 9 g absolutem Ethanol angerieben. Vor Gebrauch zu schütteln. **Anw.:** Fluoreszenzprobe zum Nachw. von Urobilin* in Harn u. Stuhl.

Zinkacetatlösung, weingeistige, gesättigte: Reagens DAB6. **Zuber.:** bei Bedarf ist zerriebenes Zinkacetat mit Ethanol bis zur Sättigung zu schütteln u. das Gemisch zu filtrieren.

Zinkacexamat INN: Zinci acexamas Ph.Eur.4; CAS-Nr. 70020-71-2; $C_{16}H_{28}N_2O_6Zn$, M_r 409.8. Schmp. 198 °C. Weißes, krist. Pulver, lösl. in Wasser. **Anw.:** pept. Ulcus.

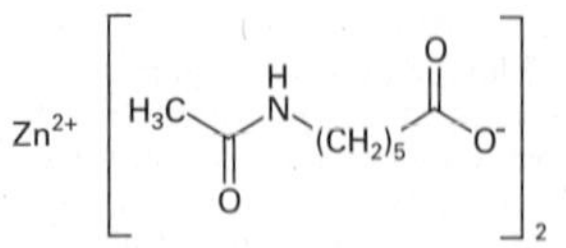

Zinkacexamat

Zinkalium: Aluminiumlegierung mit 0.8-8.3 % Zink u. 0.8-8 % Magnesium.

Zinkate: Hydroxokomplexsalze, die beim Versetzen von Zinksalz-Lsg. mit Alkalilaugen entstehen.

Zink, baldriansaures: s. Zinkvalerianat.

Zinkblumen: s. Zinkoxid, rohes.

Zinkcarbonat, basisches: Zincum carbonicum, Zincum subcarbonicum; $2ZnCO_3 \cdot 3Zn(OH)_2$. Weißes Pulver, unlösl. in Wasser. **Darst.:** Fällung einer Zinksalz-Lsg. mit Alkalicarbonat; **Anw.:** Darst. von. Zinksalzen; **1. Lapis Calaminaris**EB6: Galmei; gelbl., rötl. od. bräunl. Pulver, lösl. in Salzsäure u. Kalilauge; **Best.:** hauptsächl. Z. u. Zinksilicat; **Anw.** traditionell u. vet.: Wundpulver, Salben; **2. Tutia grisea:** grauer Galmei, graue Tutia, Cadmia, Nihilum griseum; graues Pulver od. graue Stücke; **Best.:** Zinkoxid, Z. u. Zinkstaub; **Darst.:** Nebenprodukt der Zinkhütten; **Anw.:** wurde von Bergleuten als Wundantiseptikum genutzt.

Zinkchlorid: Chlorzink, Zincum chloratum, Zinci chloridum Ph.Eur.4, Butyrum Zinci; $ZnCl_2$, CAS-Nr. 7646-85-7; M_r 136.29. Weißes, krist. Pulver od. weiße Stangen, zerfließt an der Luft; leicht lösl. in Wasser u. Ethanol, lösl. in Ether, Aceton, Glycerol. **Darst.:** Lösen von metall. Zink in Salzsäure u. Eindampfen; **Anw.** med.: Antiseptikum u. Kaustikum, nur noch selten in Form von Stiften, Pasten u. Lsg. lokal appliziert; Zahnfüllungen; techn.: Konservierungsmittel für Eisenbahnschwellen (Holzschutzmittel), Lötwasser, ferner Verzinken, Herst. von Vulkanfiber, Zeugdruck; in der org. Chemie als Katalysator (Lewis-Säure, s. Friedel-Crafts-Alkylierung).

Zinkcyanid: Cyanzink, Zincum cyanatum; $Zn(CN)_2$, M_r 117.4. Weißes, amorphes Pulver, unlösl. in Wasser u. Ethanol, lösl. in Mineralsäuren unter Entwicklung von tox. Cyanwasserstoff; von verd. org. Säuren wird es nicht zersetzt. **Darst.:** Fällung einer Zinksulfat-Lsg. mit Kaliumcyanid; **Tox.:** Z. ist ebenso giftig wie Blausäure*.
Hom: *Zincum cyanatum (HAB1.5):* verord. z. B. unterstützend bei Meningitis.

Zink, diiodparaphenolsulfonsaures: Zincum diiodparaphenolsulfonicum, Zincum sozoiodolicum, Sozoiodolzink; $(C_6H_2I_2OHSO_3)_2Zn \cdot 6H_2O$, M_r 1023.3. Farblose Nadeln od. krist. Pulver, lösl. in Wasser, leicht lösl. in Ethanol. **Anw.:** früher med. zu Injektionen geg. Gonorrhö; geg. Schnupfen als Schnupfpulver (7 %).

Zink, essigsaures: s. Zinkacetat.

Zinkfeile: Zincum raspatum; Zink* Urtitersubstanz; vgl. Zinkstaub.

Zinkfluorid: Zincum fluoratum; ZnF_2, M_r 103.37. D. 4.84. Schmp. 872 °C. Farblose Kristalle, sehr schwer lösl. in Wasser, leicht lösl. in Ammoniaklösung. **Darst.:** Erwärmen von Zink u. Fluor; **Anw.:** Galvanotechnik, Porzellanindustrie, Holzkonservierung.

Zinkgranalien: unregelmäßig geformte, silberglänz. Körner aus Zink*. **Anw.:** Erzeugung von nascierendem Wasserstoff.

Zinkiodid: Iodzink, Zincum iodatum; ZnI_2, M_r 319. D. 4.74. Weiße, körnige, sehr hygroskop. Masse od. Kristalle, leicht lösl. in Wasser u. Ethanol. **Darst.:** Eindampfen einer Mischung von Zink, Iod u. Wasser; **Anw.:** Reagens, vgl. Iodzinkstärkelösung.

Zinkiodidstärkelösung: s. Iodzinkstärkelösung.

Zinkisovalerianat: s. Zinkvalerianat.

Zinkkautschukpflaster: s. Collemplastrum Zinci.

Zinklactat: milchsaures Zink, Zincum lacticum; $Zn(C_3H_5O_3)_2$, M_r 243.5 (Trihydrat: M_r 297.5). Weiße, glänz., nadelförmige Kristalle, meist zu Krusten vereinigt od. weißes Pulver, lösl. in Wasser, unlösl. in Ethanol; beim Erhitzen über 100 °C verkohlt es unter Entwicklung brauner, rauchartig riechender Dämpfe. **Darst.:** Eintragen von Zinkoxid in erwärmte verd. Milchsäure u. Eindampfen; **Anw.** med.: früher innerl. bisweilen bei Epilepsie; äußerl. zu Augenwässern u. Injektionen; **Dos.:** MED 0.1 g, MTD 0.3 g.

Zinklegierungen: s. Zink.

Zinkleim: Zinci gelatina, Gelatina Zinci; Herst.: DAB10, NRF, ÖAB90, 10 T. Zinkoxid (ZnO), 15 T. Gelatine, 40 T. Glycerol 85 %, 35 T. gereinigtes Wasser. ZnO wird mit Glycerol (ÖAB90 0.1 %iger Nipaesterzusatz) angerieben. Die Gelatine lässt man in frisch ausgekochtem u. wieder abgekühltem Wasser quellen, löst sie unter Erwärmen im Wasserbad u. vermischt sie gleichmäßig mit der ZnO-Anreibung. Man ergänzt mit warmem Wasser auf 100 T. u. gießt den noch warmen Leim in geeignete weithalsige Behältnisse aus, in denen er während des Abkühlens erstarrt; Verfestigungstemperatur 34-36 °C. Die weiße, fest-elast. Gallerte verflüssigt sich wieder beim Erwärmen (zur Applikation). Geh.: 9-11 % Zinkoxid; 34-40 % Glycerol. **Anw.**: Zinkleimbinden* zur Behandlung des varikösen Symptomenkomplexes; Deckmittel bei Hautkrankheiten; Z. wird warm aufgetragen u. bildet nach dem Erstarren luftdichte Verbände. 1 Monat verwendbar.

Zinkleimbinden: Mullbinden od. elast. Binden, die mit Zinkleim* beschichtet sind. Es sind gebrauchsfertige Z. im Handel. Die Herst. des Zinkleimverbandes kann auch durch abwechselndes Auftragen von auf 40 °C erwärmtem Zinkleim u. Binden erfolgen. Zinkleim verflüssigt sich beim Erwärmen u. hat bei Raumtemp. halbsteife Festigkeit. **Anw.**: Herst. von Kompressionsverbänden bei Venenthrombosen; Nachbehandlung von Knochenbrüchen.

Zinkleim, harter: Zinci gelatina dura; Zstzg.: Ph.Helv.7, 10 T. Zinkoxid, 30 T. Gelatine, 30 T. Glycerol 85 %, Methyl-4-hydroxybenzoat, Wasser ad 100 T.; Herst.: s. Zinkleim. **Anw.**: s. Zinkleim.

Zink, milchsaures: s. Zinklactat.

Zinköl: s. Oleum Zinci.

Zinkorotat: Zinkorotat-Dihydrat, Zinci orotas dihydricus, Zincum oroticum dihydricum, orotsaures Zink; Zinksalz der Orotsäure*; CAS-Nr. 60388-02-5; $C_{10}H_6N_4O_8Zn \cdot 2\,H_2O$, M_r 411.6. Weißes Pulver, sehr schwer lösl. in Wasser, fast unlösl. in Ethanol. **Off.**: DAC86; **Anw.**: s. Orotsäure.

Zinkoxid: reines Zinkoxid, Zinci oxidum Ph.Eur.4, Zincum oxydatum; CAS-Nr. 1314-13-2; ZnO, M_r 81.37. Weißes od. gelbl. weißes, zartes, amorphes Pulver, das beim Erhitzen gelb u. beim Erkalten wieder weiß wird; unlösl. in Wasser, leicht lösl. in verd. Säuren unter Salzbildung. **Darst.**: Erhitzen von scharf getrocknetem, gefälltem bas. Zinkcarbonat; **Anw.** med.: früher innerl. als Sedativum u. krampflösendes Mittel; heute nur äußerl. angewendet, als Konstituens in Pudern, Salben, Pasten; wirkt schwach adstringierend u. antisept. (Pasta* Zinci, Pasta* Zinci mollis, Pasta* Zinci salicylata, Unguentum* Zinci, Gelatina Zinci (s. Zinkleim), Oleum* Zinci).
Hom: *Zincum oxydatum:* verord. z. B. bei Krämpfen.

Zinkoxidlotion, wässrige: s. Lotio alba aquosa.

Zinkoxidpaste mit Chlorcresol und feinverteiltem Schwefel, weiche: s. Pasta Zinci oxydati mollis cum Chlorcresolo et Sulfure praecipitato.

Zinkoxidpaste mit Ethacridinlactat, weiche: s. Pasta Zinci oxydati mollis cum Ethacridino lactico.

Zinkoxid-Pinselung, stabilisierte: Zstzg.: NFA, 3.0 T. Cetylstearylalkohol, 18.0 T. Zinkoxid, 18.0 T. Talk, 18.0 T. verd. Ethanol, 18.0 T. Glycerol (85 %) ad 100 T. destilliertes Wasser. **Herst.**: Cetylstearylalkohol, Glycerol u. destilliertes Wasser werden zusammen auf dem Wasserbad geschmolzen. Zinkoxid u. Talk werden durch Sieb V (ÖAB) gesiebt u. in die Mischung eingearbeitet. Zuletzt wird das verd. Ethanol zugesetzt. Stabile, pastöse, weiße Schüttelpinselung; vgl. Lotiones; **Anw.**: allerg. Kontaktekzem, Exantheme, Urticaria, Herpes zoster, Juckreiz. Nicht in Augennähe anwenden.

Zinkoxid, rohes: Zinkweiß, Zinkblumen, Zincum oxydatum crudum, Flores Zinci, Lana philosophica; ZnO; vgl. Zinkoxid. **Darst.**: in Zinkhütten durch Verbrennen von Zinkdampf an der Luft; **Anw.** med.: heute obsolet; früher äußerl. in Pudern, Salben u. Pasten, z. B. nach EB6 Pasta* Zinci oleosa „Lassar", Pasta Zinci sulfurata Unna.

Zinkoxidschüttelmixtur: s. Lotio alba aquosa.

Zinkoxidschüttelmixtur, ethanolische: s. Lotio alba spirituosa.

Zinkoxidschüttelmixtur mit Ammoniumsulfobitol: s. Lotio alba aquosa cum Ammoniumsulfobitolo.

Zinkoxidschüttelmixtur mit Ammoniumsulfobitol, ethanolische: s. Lotio alba spirituosa cum Ammoniumsulfobitolo.

Zinkoxidschüttelmixtur mit Chlorcresol und Steinkohlenteerlösung, ethanolische: s. Lotio alba spirituosa cum Chlorcresolo et Liquore Picis Lithanthracis.

Zinkoxidschüttelpinselung: s. Lotio alba spirituosa.

Zinkparaphenolsulfonat: s. Zinkphenolsulfonat.

Zinkpaste: s. Pasta Zinci.

Zinkpaste, weiche: s. Pasta Zinci mollis.

Zinkperhydrol: s. Zinkperoxid.

Zinkpermanganat: Zincum permanganicum, übermangansaures Zink; $Zn(MnO_4)_2 \cdot 6\,H_2O$, M_r 411.3. Dunkelrote, dem Kaliumpermanganat ähnl., sehr hygroskop. Kristalle, sehr leicht lösl. in Wasser. **Darst.**: Fällung einer Zinksulfat-Lsg. mit Bariumpermanganat-Lsg. u. Eindampfen des Filtrats; **Anw.** med.: Antiseptikum* u. Adstringens*; zu Injektionen bei Urethritis (0.025 %).

Zinkperoxid: Zinksuperoxid, Zincum peroxydatum; Gemisch von ZnO_2 u. ZnO (1:1). Weißes, schwach gelbstichiges, amorphes Pulver, unlösl. in Wasser, leicht lösl. in verd. Säuren unter Bildung von H_2O_2. **Darst.**: Einw. von Wasserstoffperoxid-Lsg. auf Zinkoxid; **Anw.** med.: reizloses Antiseptikum*, Adstringens* u. Desodorans in Form von Streupulvern od. Salben (10-50 %).

Zinkphenolsulfonat: syn. Zinkparaphenolsulfonat, Zincum sulfophenolicum, Zincum *p*-phenolsulfonicum; $C_{12}H_{10}O_8S_2Zn$, M_r 411.7 bzw. M_r 537.8 (Heptahydrat). Farblose od. schwach rötl., an der Luft verwitternde Kristalle, leicht lösl. in Wasser u. Ethanol. **Anw.** med.: Antiseptikum*, zu Urethralinjektionen (0.1 %) od. zu Verbandwässern (0.25 %).

Zinkphosphat: $Zn_3(PO_4)_2$. Weißes, krist. Pulver; unlösl. in Wasser u. Ethanol; lösl. in Säuren u. Ammoniaklösung. **Anw.**: früher bei Psychose.
Hom: *Zincum phosphoricum (HAB1.4):* verord. z. B. bei Neurasthenie (Nervenschwäche).

Zinkphosphid: Zincum phosphoratum, Zinkphosphor, Phosphorzink; Zn_3P_2, M_r 258.1. D. 4.95. Schmp. über 420 °C. Dunkelgraue Kristalle od. Pulver, schwach nach Phosphor riechend u. schmeckend; giftig; unlösl. in Wasser, lösl. in Salzsäure od. verd. Schwefelsäure. **Anw.**: zur Vergiftung von Ratten, Feld- u. Wühlmäusen, in zahlreichen Industrie-Präparaten.

Zinkphosphür: s. Zinkphosphid.

Zinkprotamininsulin: s. Insulin (Zuber.).

Zinksalbe: s. Unguentum Zinci.

Zinksalicylat: Zincum salicylicum, salicylsaures Zink; $C_{14}H_{10}O_6Zn$, M_r 339.6 bzw. M_r 393.5 (Trihydrat). Farblose, glänz. Nadeln, lösl. in Wasser u.

Ether, leicht lösl. Ethanol. **Darst.:** Erhitzen einer Zinksulfat-Lsg. mit Natriumsalicylat-Lsg. u. Auskristallisieren lassen; **Anw.** med.: Antiseptikum* u. Adstringens*; in Pudern u. Salben geg. Hauterkrankungen.

Zinksalicylsäurepaste: s. Pasta Zinci salicylata.

Zink, salicylsaures: s. Zinksalicylat.

Zink, schwefelsaures: s. Zinksulfat.

Zinkstaub: Reagens Ph.Eur.4; fein pulverisiertes Zink*, lösl. in Salzsäure 7 %.

Zinkstearat: Zinci stearas Ph.Eur.4, Zincum stearicum, Zincum stearinicum, stearinsaures Zink; CAS-Nr. 557-05-1. Gemisch vorwiegend aus Zinkstearat ($C_{36}H_{70}O_4Zn$, M_r 632), Zinkpalmitat ($C_{32}H_{62}O_4Zn$, M_r 576.2) u. Zinkoleat ($C_{36}H_{66}O_4Zn$, M_r 628). Weißes, amorphes, leichtes Pulver; prakt. unlösl. in Wasser, wasserfreiem Ethanol u. Ether. **Inkomp.:** Säuren, Eisensalze; **Darst.:** Umsetzen von Zinksulfat mit Alkalistearat in wässrigen Lösungen; **Anw.:** in Pudern u. Salben. Als mildes Adstringens u. Antiseptikum sowie als wasserabstoßendes, austrocknendes Mittel bei Ekzemen, Impetigo, Ulcus cruris, Pruritus u. Psoriasis. Z. sollte nicht bei Kindern verwendet werden.

Zink, stearinsaures: s. Zinkstearat.

Zinksulfat: Zinksulfat-Heptahydrat: Zinci sulfas heptahydricus Ph.Eur.4, Zincum sulfuricum, schwefelsaures Zink, Nihilum album, Vitriolum album, Zinkvitriol, weißer Vitriol, weißer Galitzenstein, weißer Kupferrauch, Augennichts; CAS-Nr. 7446-20-0; $ZnSO_4 \cdot 7\,H_2O$, M_r 287.5. D. 1.97 (wasserfrei D. 3.74). Farblose, an trockener Luft verwitternde Kristalle, leicht lösl. in Wasser, unlösl. in Ethanol. **Darst.:** Rösten von Zinkblende u. Ausziehen des Röstproduktes mit Wasser od. Auflösen von Zink in verd. Schwefelsäure; **Anw.** med.: früher als Emetikum; heute nur noch äußerl. als Adstringens* u. Antiseptikum*, bei Bindehautentzündung, Urethritis u. Vaginitis (auch bei gonorrhöischer Infektion); in Augenspülungen u. Umschlägen 0.1 %ig, in Augensalben 2 %ig, zu Urethral- u. Vaginalspülungen 0.2-0.5 %ig. In konz. Lsg. wirkt Z. ätzend, weil es Eiweiß koaguliert; techn.: Beize in der Kattunfärberei, Holzimprägnierungsmittel, Desinfektionsmittel, zur galvan. Verzinkung. **Getrocknetes Zinksulfat:** Zincum sulfuricum siccatum; weißes, mittelfeines, lockeres Pulver; 1 g getrocknetes Z. darf beim Trocknen im Trockenschrank bei 100 °C max. 10 mg an Gewicht verlieren. **Anw.** med.: s. oben.

Hom: *Zincum sulfuricum (HAB1.4):* verord. z. B. bei Verdauungsstörungen.

Zinksulfat-Augentropfen: s. Augentropfen.

Zinksulfat-Gel: Herst.: NFA, 3 T. Hydroxyethylcellulose werden in 90 T. heißem, destilliertem Wasser dispergiert. Dann wird die Lsg. aus 1 T. Zinksulfat u. 0.01 T. Benzalkoniumchlorid in 5.99 T. destilliertem Wasser zugefügt u. bis zur vollständigen Quellung (mind. 3 Stunden) stehengelassen. **Anw.:** Herpes simplex; **Dos.:** bei ersten Anzeichen der beginnenden Infektion stündl. auf die betroffenen Stellen auftragen; **UAW:** Irritationen u. Austrocknen der behandelten Hautstellen möglich.

Z

Zinksulfid: Schwefelzink, Zincum sulfuratum; ZnS. Weißes Pulver, leicht lösl. in verd. Säuren. **Vork.:** nat. als Zinkblende u. Wurtzit; **Darst.:** Umsetzung von Zinksalz-Lsg. u. Ammoniumsulfid-Lsg.; **Anw.:** Malerfarbe, Linoleum- u. Kunstlederherst., Glasfabrikation (Milchglas); kristallisiertes ZnS (gew. durch Sublimation von ZnS bei 1180 °C), das Spuren von Schwermetallsalzen enthält, hat die Eigenschaft, bei Belichtung im Dunkeln weiterzuleuchten; s. Sidot-Blende.

Zinksulfit: schwefligsaures Zink, Zincum sulfurosum; $ZnSO_3 \cdot 2\,H_2O$. Weißes, krist. Pulver, sehr schwer lösl. in Wasser, durch Mineralsäuren wird es zerlegt unter Austritt von SO_2. **Anw.:** früher Antiseptikum für Verbandstoffe; techn.: Färberbeize.

Zinksuperoxid: s. Zinkperoxid.

Zink, übermangansaures: s. Zinkpermanganat.

Zinkundecylenat: Zinci undecylenas Ph.Eur.4, Zincum undecylenicum; CAS-Nr. 557-08-4; $C_{22}H_{38}O_4Zn$, M_r 431.9. Schmp. 116-121 °C. Weißes, feines Pulver; unlösl. in Wasser u. Ethanol. **Anw.:** Antimykotikum*, vgl. Undecylensäure.

Zinkvalerianat: Zincum valerianicum, Zinkisovalerianat, Zincum isovalerianicum, baldriansaures Zink; Zinksalz der Isovaleriansäure*; $(C_5H_9O_2)_2Zn \cdot 2\,H_2O$, M_r 303.67. Schmp. ca. 110 °C. Kleine, weiße, glänz., etwas fettig anzufühlende Kristalle, die schwach nach Baldriansäure riechen; lösl. in 90 T. Wasser u. 40 T. Ethanol. **Darst.:** Vermischen einer Anreibung von Zinkoxid u. Ethanol mit Isovaleriansäure, Auflösen des gebildeten Zinkisovalerianats in verd. Ethanol u. Auskristallisieren lassen; **Anw.** med.: früher als Antineuralgikum*, bei Hysterie u. Epilepsie; **Dos.:** MED 0.1 g, MTD 0.3 g.

Hom: *Zincum isovalerianicum (HAB1.5),* Zincum valerianicum: verord. z. B. bei restless legs (Unruhe der Beine), Neuralgie.

Zinkvitriol: s. Zinksulfat.

Zinkweiß: s. Zinkoxid, rohes.

Zinkzyanid: s. Zinkcyanid.

Zinn: Stannum; Symbol Sn; A_r 118.69, OZ 50. D. 7.28. Schmp. 231.91 °C. Sdp. 2687 °C. Härte 1.8. Silberweißes, glänz., 2- u. 4-wertiges Metall. Sn ist weich, dehnbar u. zu dünnen Folien (Stanniol) auswalzbar; lösl. in starken Säuren u. Basen; gegen Luft u. Wasser beständig, wird von schwachen Säuren, z. B. Fruchtsäften u. Fischkonserven, nicht angegriffen. Das metall. β-Sn wandelt sich unterhalb 13.2 °C in das halbleitende α-Sn mit Diamantstruktur um. Gegenstände aus Sn zerfallen dabei zu einem grauen Pulver (Zinnpest). Beim Biegen von Sn vernimmt man ein eigentüml. Knirschen (Zinngeschrei). Mit Halogenen verbindet sich Sn zu Tetrahalogeniden, z. B. zu Zinntetrachlorid ($SnCl_4$), mit Schwefel beim Erhitzen zu Zinnsulfiden, mit Phosphor zu Zinnphosphid (Sn_4P_3); bei starkem Erhitzen (ca. 1500 °C) verbrennt Zinn mit weißer Flamme zu Zinndioxid (SnO_2). **Vork.:** nat. als Zinnstein (Kassiterit, SnO_2), u. als Zinnkies (Cu_2FeSnS_4); **Physiologie:** Sn ist für den Menschen ein essentielles Spurenelement, das für die Knochenbildung von Bedeutung ist; **Darst.:** aus Zinnstein durch Rösten u. Erhitzen mit Koks u. darauffolgendem Ausseigern zwecks Abtrennung des Eisens u. anderer metall. Verunreinigungen sowie Rückgewinnung aus Weiß-

blech durch elektrolyt. Auflösung u. Wiederabscheidung des Sn; **Anw.:** Überziehen anderer Metalle, sowie für Legierungen, z. B. Bronze (Sn u. Cu), Britannia-Metall (88-90% Sn, 8-10% Sb, 2% Cu), Weichlot (40-70% Sn, 30-60% Pb); wegen seiner Beständigkeit an feuchter Luft sowie gegen schwache Säuren u. Alkalien fand Sn bzw. verzinntes Eisenblech (Weißblech) ausgedehnte Anw. in der Nahrungsmittelindustrie, wird aber jetzt vielfach durch Aluminium u. a. Stoffe ersetzt. **Sn-Verb.:** Schmilzt man Zinnoxid mit NaOH, so erhält man Natriumstannat (Na_2SnO_3). Aus konz. wässriger Lsg. dieses Salzes kristallisiert ein leichtlösl. Salz ($Na_2[Sn(OH)_6]$, Natrium-hexahydroxostannat), das als sog. Präpariersalz zum Beizen in der Färberei verwendet wird. Die diesem Salz entspr. Zinnsäure ($H_2[Sn(OH)_6]$) ist frei nicht bekannt. Beim Ansäuern von Alkalistannat-Lsg. entstehen weiße, voluminöse, gelartige Niederschläge von $SnO_2 \cdot H_2O$, die beim Stehen od. beim Erwärmen unter Wasserabspaltung in Orthozinnsäure, Metazinnsäure, Metadizinnsäure u. schließlich in SnO_2 übergehen. Die frischen, in Säuren lösl. Niederschläge bezeichnete man früher als α- od. a-Zinnsäure, die gealterten, nicht mehr lösl. Niederschläge als β- od. b-Zinnsäure. **Nachw.** von Sn-Verb.: **1.** mit Soda auf Kohle geschmolzen ergeben sich weiche Metallkörner; **2.** H_2S fällt aus Zinn(II)-Salzlsg. braunes Zinn(II)-sulfid, aus Zinn(IV)-Salzlsg. gelbes Zinn(IV)-sulfid, beide lösl. in Ammoniumsulfid-Lsg; **3.** Zinn(II)-Salze fällen aus Quecksilber(II)-chlorid-Lsg. weißes Quecksilber(I)-chlorid (Kalomel), im Überschuss feinverteiltes metall. Hg; **4.** aus Zinn(II)-chlorid-Lsg. fällt Goldlsg. den Cassius-Goldpurpur (s. Gold).
Hom: *Stannum metallicum (HAB1.2):* verord. z. B. bei chron. Bronchitis, ergänzend bei Tuberkulose.

Zinn(II)-acetat: Stannoacetat, Stannum aceticum oxydulatum; $Sn(CH_3COO)_2$, M_r 236.79. Weißes, krist. Pulver, unlösl. in Wasser, lösl. in verd. Essigsäure u. in verd. Salzsäure. **Anw.:** Beize in der Färberei.

Zinn(IV)-ammoniumchlorid: s. Ammoniumhexachlorostannat(IV).

Zinnasche: s. Zinn(IV)-oxid.

Zinn(II)-bromid: Zinnbromür, Stannobromid, Stannum bibromatum; $SnBr_2$.

Zinnbronze: s. Zinn(IV)-sulfid.

Zinnbutter: s. Zinn(IV)-chlorid.

Zinnchlorid: s. Zinn(IV)-chlorid.

Zinn(II)-chlorid: Zinnchlorür, Zinnsalz, Rosiersalz, Stannochlorid, Stannum (bi)chloratum; $SnCl_2 \cdot 2H_2O$, M_r 225.64. D. 2.71. Schmp. 40.5 °C. Farblose Kristalle, lösl. in Ethanol u. Salzsäure. **Off.:** DAB10; **Anw.** med.: früher äußerl. gegen Ekzeme; techn.: in der Analyse, Reduktionsmittel (vgl. Bettendorf-Reagens), in der Färberei, Herst. des Cassius-Goldpurpurs*, galvan. Verzinnung, Reagens Ph.Eur.4.

Zinn(IV)-chlorid: Zinntetrachlorid, Zinnchlorid, Stannichlorid, Stannum bichloratum (fumans), Stannum tetrachloratum; $SnCl_4$, M_r 260.54. D. 2.229. Schmp. −36.2 °C. Sdp. 114.1 °C. Farblose, stark rauchende Flüss., die zu 3 T. mit 1 T. Wasser od. beim Stehenlassen an feuchter Luft vermischt zu einer weichen, krist. Masse erstarrt, der sog. Zinnbutter (Butyrum Stanni, $SnCl_4 \cdot 5H_2O$, Schmp. 60 °C). **Anw.:** Katalysator für Chlorierungen u. Kondensationsreaktionen; S. ist ein gutes Lösungsmittel, u. a. für Brom, Iod, Phosphor, Schwefel; techn.: Beize in der Färberei (Rosiersalz), Seidebeschwerung, Flammschutzmittel.

Zinnchlorür: s. Zinn(II)-chlorid.

Zinndioxid: s. Zinn(IV)-oxid.

Zinner-Reaktion: Nachw. von Nicotinsäure (s. Vitamine, Niacin). **Durchführung:** nach Zers. der Nicotinsäure mit Phosphoroxidchlorid in alkal. Medium wird mit einer alkohol. Phloroglucin-Lsg. behandelt; beim Ansäuern entsteht ein blauer Farbstoff.

Zinnkraut: s. Equisetum arvense (Equiseti herba).

Zinn-[^{99m}Tc]Technetium-Injektionslösung, Kolloidale: s. Technetium[^{99m}Tc]-Zinn-Kolloid-Injektionslösung.

Zinnober: s. Quecksilber(II)-sulfid, rotes.

Zinnober, grüner: Chromgrün; Mischpigment aus $PbCrO_4$ u. Berliner* Blau.

Zinn(IV)-oxid: Zinndioxid, Zinnsäureanhydrid, Stannioxid, Zinnasche, Stannum oxydatum; SnO_2, M_r 150.7. D. 6.95. Schmp. 1900 °C. Gelbl. weißes Pulver, unlösl. in Wasser, verd. Säuren u. Alkalien; lösl. in konz. Salz- u. Salpetersäure. **Vork.:** nat. als Zinnstein (Kassiterit); **Darst.:** Erhitzen von geschmolzenem Zinn an der Luft; **Anw.:** Poliermittel für Glas, Marmor, Stahl; Herst. von Milchglas u. Email.

Zinnpest: s. Zinn.

Zinnphosphid: s. Zinn.

Zinnsäure: s. Zinn.

Zinnsäureanhydrid: s. Zinn(IV)-oxid.

Zinnsalz: s. Zinn(II)-chlorid.

Zinn(IV)-sulfid: kristallisiertes Zinnsulfid, Musivgold, Zinnbronze, Aurum musivum, Stannum bisulfuratum cristallisatum; SnS_2. Goldgelbe, fettige kleine Schuppen. **Anw.:** Malerfarbe.

Zinntetrachlorid: s. Zinn(IV)-chlorid.

Ziprasidon INN: 5-{2-[4-(1,2-Benzisothiazol-3-yl)piperazino]ethyl}-6-chlor-1,3-dihydro-2*H*-indol-2-on; CAS-Nr. 146939-27-7; $C_{21}H_{21}ClN_4OS$, M_r 413.0. Schmp. 300 °C. logP 4.0; pK_S 13.3 (ber.); schwer lösl. in Wasser. **Wirk.:** atyp. Neuroleptikum (s. Psychopharmaka); **Anw.:** Behandlung der Schizophrenie; **UAW:** leichter ausgeprägt als bei den meisten Neuroleptika (vgl. Psychopharmaka); Benommenheit, Asthenie, Agitiertheit; **Dos.:** Akutbehandlung 2×40-80 mg/d, Erhaltungsdos. 2×20 mg/d; HWZ 6.6 h.

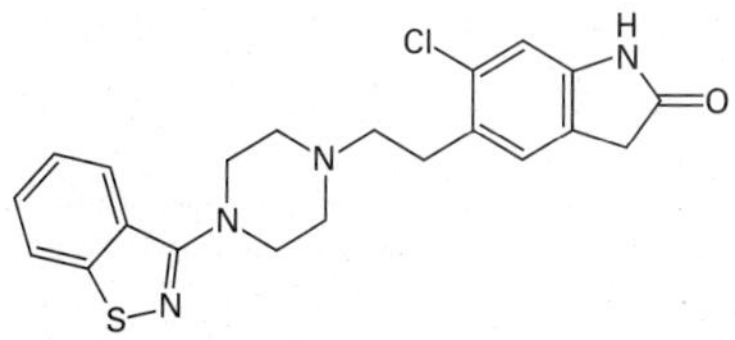

Ziprasidon

Zirbeldrüse: s. Epiphyse.

Zirconium: Zircon, Zirkonium, Zirkon; Symbol Zr; A_r 91.22, OZ 40. D. 6.508. Schmp. 2128 °C. Sdp. 3578 °C. Stahlartig glänz., weiches, biegsames,

Z

hämmerbares, 2-, 3- u. 4-wertiges Metall, lösl. in Königswasser* u. Flusssäure*; andere Säuren greifen das Metall kaum an. Es verbrennt im Sauerstoffstrom bei Weißglut zu ZrO_2 u. erreicht dabei die für Metalle höchste Temp. von ca. 4650-4750 °C. **Vork.**: nat. nur gebunden, hauptsächl. als Zirkon (Hyazinth, $ZrSiO_4$) in Norwegen u. Nordamerika, ferner als Wöhlerit u. Zirkonerde (ZrO_2); **Darst.**: Erhitzen von Calciumhexafluorozirconat ($CaZrF_6$) mit Kalium od. Natrium; das zunächst gebildete schwarze, amorphe Zr-Pulver, geht beim Schmelzen in grauweiße, krist. Massen über; **Anw.**: beim Erhitzen strahlt ZrO_2 ein blendend weißes Licht aus (Nernst-Lampe, Zirkonlicht); ferner Herst. feuerfester Gefäße, Schmelztiegel u. Zusatz zum Quarzglas (Zirkonglas); früher als Röntgenkontrastmittel; **Gesch.**: 1789 von Martin Heinrich Klaproth (1743-1817) entdeckt.

Zirconiumdioxid: Zirkonoxid, Zirkonia; CAS-Nr. 1314-23-4; ZrO_2, M_r 123.2. Weißes, amorphes, schweres Pulver od. monokline Kristalle; prakt. unlösl. in Wasser, leicht lösl. in verd. Salzsäure. **Anw.** med.: in der Dermatologie; techn.: Pigment, in der Glas- u. Emailherst.; Herst. v. Nernst-Lampen; s. Zirconium.

zirkadian: den biolog. (24-Stunden)-Rhythmus betreffend.

Zirkonglas: s. Zirconium.

Zirkonlicht: s. Zirconium.

Zirkonoxid: s. Zirconiumdioxid.

Zirkularbeschleuniger: s. Teilchenbeschleuniger.

Zirkulardichroismus: (engl.) *circular dichroism (Abk. CD)*; unterschiedl. starke Absorption von rechts- u. linkszirkular polarisiertem Licht in einem opt. aktiven Stoff im Bereich einer Absorptionsbande. CD führt dazu, dass eingestrahltes linear polarisiertes Licht, das aus links- u. rechtszirkular polarisiertem Licht jeweils gleicher Intensität besteht, beim Austritt ellipt. polarisiert. CD ist immer mit anormaler ORD* gekoppelt. Die Berechnung von ORD und CD geschieht indirekt durch Bestimmung des jeweils anderen Effekts (i. d. R. Bestimmung über den leichter zu interpretierenden CD). **Messung:** period. Umwandlung linear polarisierten Lichts in rechts u. links zirkular polarisiertes Licht u. Bestimmung der Differenz der Lichtintensität nach Durchtritt durch die opt. aktive Substanz. Je nach Gerätetyp Messung als Elliptizität* θ od. als Absorptionsdifferenz ΔE **Anw.**: Ermittlung der relativen u. absoluten Konfiguration opt. aktiver Verb., Konformationsanalyse, Bestimmung der Sekundär- u. Tertiärstruktur von Proteinen.

Zirkulation des Protoplasmas: (bot.) Plasmaströmungen in versch. Richtungen innerhalb des wandständigen Endoplasmas od. innerhalb der Plasmafäden einer Zelle; vgl. Rotation des Protoplasmas.

Zirrhose: Cirrhosis; Umwandlung von Gewebe mit Verhärtung u. Aufhebung der normalen Struktur des Organs; i. e. S. Bez. für Leberzirrhose*.

Zitrone: s. Citrus limon (Fructus Citri).

Zitronellgras: s. Cymbopogon winterianus.

Zitronellöl: s. Cymbopogonon winterianus (Oleum Citronellae).

Zitronenbaum: s. Citrus limon.

Zitronengeranium: s. Pelargonium-Arten.

Zitronenholz: s. Chlorophora tinctoria (Lignum citrinum).

Zitronenkraut: s. Melissa officinalis (Melissae folium).

Zitronenmilch: s. Citronenmilch.

Zitronensäure: s. Citronensäure.

Zitronenstrauch: s. Aloysia triphylla.

Zittmann-Abkochung: s. Decoctum Zittmannii.

Zitwerblüten: s. Artemisia cina (Cinae flos).

Zitwerwurzel: s. Curcuma zedoaria (Rhizoma Zedoariae).

Zizyphus jujuba Mill.: Zizyphus vulgaris Lam.; Fam. Rhamnaceae (östl. Mittelmeergebiet, bis Indien u. Japan). Stpfl. von **Fructus Jujubae:** Rote Brustbeeren, Jujuben. **Inhaltsst.**: Zucker, Schleim, äpfelsaure u. weinsaure Salze; **Anw.** volkstüml.: Schleimmittel bei Erkrankungen der Luftwege (in gleicher Weise werden auch die Früchte von **Zizyphus lotus** (L.) Lam., Mittelmeergebiet, verwendet).

$ZKID_{50}$: s. Dosis infectiosa.

Z-Konfiguration: s. E/Z-Nomenklatur.

ZL: Abk. für **Z**entral**l**aboratorium* Deutscher Apotheker.

ZLG: Abk. für **Z**entralstelle der **L**änder für **G**esundheitsschutz; nach Staatsvertrag eingerichtete Koordinierungsstelle der Bundesländer im Human- u. Tierarzneimittelbereich mit Sitz in Bonn. Im Bereich des Medizinprodukterechts ist die ZLG mit der Akkreditierung benannter Stellen betraut.

Zn: (chem.) Symbol für Zink*.

ZNS: Abk. für **Z**entral**n**ervens**y**stem*.

Zöliakie: gluteninduzierte Enteropathie, glutensensitive Enteropathie, Gliadinüberempfindlichkeit; Erkrankung der Dünndarmschleimhaut im Säuglings- u. Kindesalter mit genet. Disposition (HLA-B8); das entspr. Krankheitsbild beim Erwachsenen heißt einheim. Sprue. Sonderform der Malabsorption*. Das in vielen Getreidearten (Weizen, Roggen, Gerste, Hafer u. a.) vorkommende Kleberprotein Gluten* mit seiner pathogenet. bedeutsamen glutamin- u. prolinreichen Gliadinfraktion führt aufgrund einer immun. Reaktion (Antikörperbildung) zu schweren Veränderungen der Dünndarmschleimhaut bis zur vollständigen Zottenatrophie. Die sekundäre Beeinträchtigung der Resorption für zahlreiche Nahrungsbest. kann zu Hypovitaminosen, Abmagerung, Durchfällen mit Steatorrhö* u. Exsikkose führen. **Ther.**: konsequente Gluten-Gliadin-freie Diät (Verw. von Reis-, Soja- od. Kartoffelmehl, Hirse, Mais u. Buchweizen). Die Z. heilt auch nach jahrelanger gliadinfreier Kost nicht aus.

Zoledronsäure INN: (1-Hydroxy-2-imidazol-1-ylethyliden)-diphosphonsäure; CAS-Nr. 118072-93-8; $C_5H_{10}N_2O_7P_2$, M_r 272.1. **Wirk.** u.

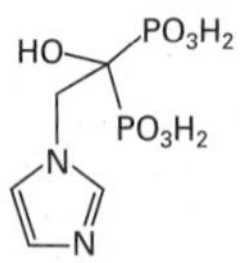

Zoledronsäure

Anw.: Biphosphonat* zur Behandlung der tumorinduzierten Hyperkalzämie; **UAW:** grippeähnl. Symptome mit erhöhter Körpertemp.; **Kontraind.:** Schwangerschaft, Stillzeit; **Dos.:** 1×4 mg/d mittels 15-min. Infusion.

Zolmitriptan INN: (*S*)-4-[3-[2-(Dimethylamino)ethyl]indol-5-ylmethyl]-2-oxazolidinon; CAS-Nr. 139264-17-8; $C_{16}H_{21}N_3O_2$, M_r 287.4. Schmp. 139 °C. logP 1.6; pK_S 12.6 (ber.); lösl. in Wasser. **Wirk.:** 5-HT_1-Agonist mit raschem Wirkungseintritt u. guter Verträglichkeit; **Anw.:** Migränetherapeutikum*; **UAW:** gelegentl. Übelkeit, Mundtrockenheit, Asthenie; **Dos.:** p.o. 2.5 mg n.B.; HWZ 2.5-3 h.

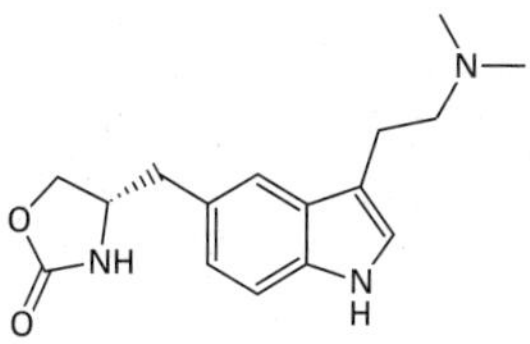

Zolmitriptan

Zolpidem INN: *N,N*,6-Trimethyl-2-*p*-tolylimidazo[1,2-*a*]pyridin-3-acetamid; CAS-Nr. 82626-48-0; $C_{19}H_{21}N_3O$, M_r 307.40. Schmp. 196 °C. pK_S 6.2. **Wirk.:** agonist. am ω_1-Benzodiazepinrezeptor (trotz Fehlens einer Benzodiazepinstruktur): die Chloridkänale werden offengehalten u. durch die Hyperpolarisierung der Membran die Erregbarkeit unterdrückt. Z. verkürzt die Einschlafzeit u. verlängert die Schlafzeit; der REM-Schlaf wird nicht signifikant vermindert, dessen Eintritt aber verzögert; das Verhältnis von REM- zu Non-REM-Schlaf (s. Schlaf) wird nicht signifikant verändert; **Anw.:** Schlafmittel*; **UAW:** Tagesmüdigkeit, Schwindel, selten Erregung, Alpträume, Obstipation, Harninkontinenz; **Kontraind.:** Myasthenia gravis, Schwangerschaft u. Stillzeit, Anw. bei Kinder unter 15 Jahren; **Dos.:** p.o. 1×10 mg Z.-Hemitartrat (entspr. 8.03 mg Z.) vor dem Schlafengehen; HWZ 0.7-3.5 h. **Zolpidemhemitartrat:** $C_{19}H_{21}N_3O_2 \cdot 0.5\,C_4H_6O_6$, M_r 382.4. Leicht lösl. in Wasser (23 g/L). **Zolpidemtartrat:** Zolpidemi tartras Ph.Eur.4; CAS-Nr. 99294-93-6; $C_{42}H_{48}N_6O_8$, M_r 764.9. Weißes, krist., hygroskop. Pulver, lösl. in Wasser.

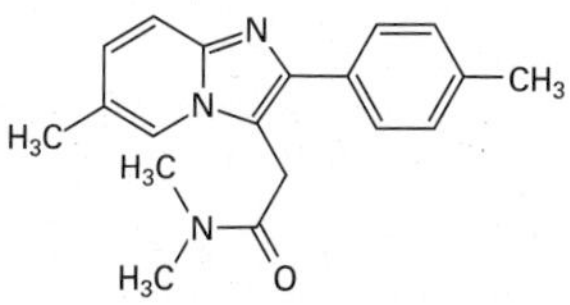

Zolpidem

Zomepirac INN: 5-(4-Chlorbenzoyl)-1,4-dimethyl-2-pyrrolylessigsäure; CAS-Nr. 33369-31-2; $C_{15}H_{14}ClNO_3$, M_r 291.74. Schmp. 178-179 °C (kristallisiert aus 2-Propanol). **Anw.:** Analgetikum*, Antiphlogistikum*; **Hinweis:** nicht mehr im Handel.

Zooecdysone: s. Ecdysone.

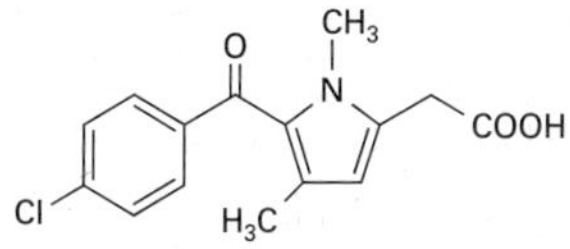

Zomepirac

Zoogamie: s. Bestäubung.

Zoohormone: im Tierkörper gebildete Hormone.

Zoonosen: Krankheiten u. Infektionen, die natürlicherweise bei Wirbeltieren vorkommen, aber auf den Menschen übertragen werden können. Die in Mitteleuropa zurzeit wichtigsten Z. sind u.a. Brucellosen, Enteritis-Salmonellosen, Leptospirosen, Milzbrand, Tollwut, Toxoplasmose u. Yersiniosen.

Zoosporen: s. Pilze.

Zoosterine: s. Sterine.

Zootoxine: tier. Gifte, z.B. Schlangengifte*, Spinnengifte*, Krötengifte (s. Bufo bufo), Bienengift (s. Apis mellifera, Apisin), Tetrodotoxin*.

Zopiclon INN: Zopiclonum Ph.Eur.4; (*RS*)-[6-(5-Chlor-2-pyridinyl)-6,7-dihydro-7-oxo-5*H*-pyrrolo[3,4-*b*]pyrazin-5-yl]4-methyl-1-piperazin-carboxylat; CAS-Nr. 43200-80-2; $C_{17}H_{17}ClN_6O_3$, M_r 388.8. Schmp. 177 °C (unter Zers.). Weißes Pulver; fast unlösl. in Wasser u. Ethanol; leicht lösl. in Aceton. **Wirk.** u. **Anw.:** Schlafmittel*, erster Vertreter der Cyclopyrrolone, wirkt anxiolyt., muskelrelaxierend, bindet an Benzodiazepinrezeptor; **Dos.:** 5-10 mg/d.

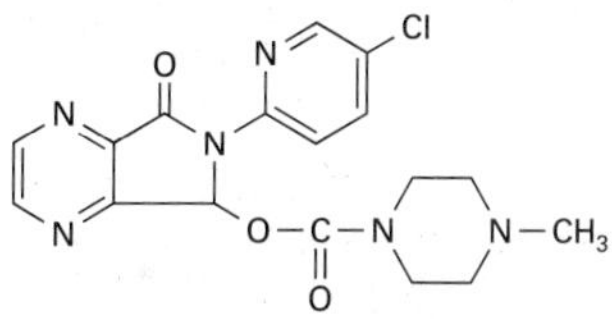

Zopiclon

Zorubicin INN: Benzoylhydrazon-Derivat von Daunorubicin*; CAS-Nr. 54083-22-6; $C_{34}H_{35}N_3O_{10}$, M_r 645.67. **Wirk.** u. **Anw.:** zytostat. wirkendes Actinomycin-Antibiotikum zur Behandlung versch. Leukämieformen; wirkt durch Hemmung der DNA- u. RNA-Synthese; Plasmahalbwertzeit 35 h; **UAW:** Haarausfall (reversibel), Hautausschläge, teratogen; HWZ 11-27 h (Metaboliten).

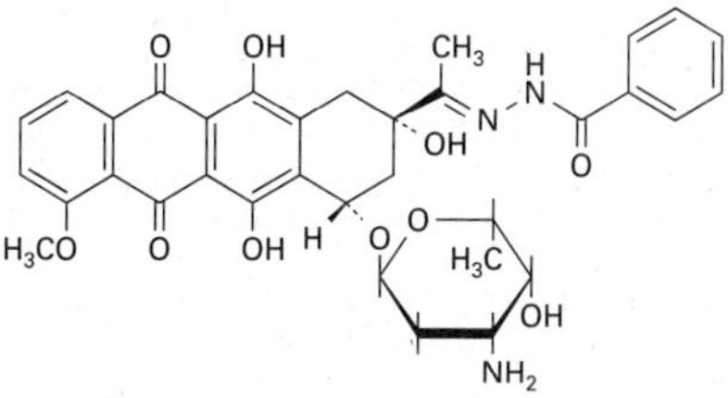

Zorubicin

Zoster (gr. Gürtel): Herpes zoster, Gürtelrose; neurotrope Viruskrankheit durch Reaktivierung von

Varicella-zoster-Viren (s. Herpes-Viren) bei Resistenzminderung des Organismus. Die Viren können nach Erstinfektion (s. Windpocken) jahrelang im Körper persistieren. **Symptome:** halbseitiges, bandförmiges Exanthem im Innervationsgebiet eines od. mehrerer sensor. Spinalganglien mit z. T. sehr heftigen, brennenden Schmerzen; **Ther.:** austrocknende, desinfizierende Lokalbehandlung, Virostatika (z. B. Aciclovir*, Famciclovir*), Analgetika, Varizellen*-Immunglobulin vom Menschen.

Zotepin INN: 2-[(8-Chlordibenzo[*b,f*]thiepin-10-yl)oxy]-*N,N*-dimethylethylamin; CAS-Nr. 26615-21-4; $C_{18}H_{18}ClNOS$, M_r 331.86. Schmp. 90-91 °C. **Wirk.** u. **Anw.:** tricycl. Neuroleptikum mit breitem Wirkungsspektrum; verwendet bei Psychosen; geringe Bioverfügbarkeit (ca. 10 %); **UAW:** Müdigkeit, Herzrhythmusstörungen, Kreislauflabilität u. Obstipation; **Dos.:** 75-100 mg/d in mehreren ED.

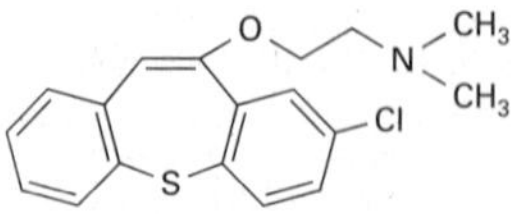

Zotepin

Zr: (chem.) Symbol für Zirconium*.

Zsigmondy-Filter: s. Filtrieren.

Zubereitungen: **1.** für das Ohr, s. Auricularia. **2.** für die Nase, s. Nasalia. **3.** in Druckbehältnissen (Praeparationes pharmaceuticae in vasis cum pressu), s. Aerosole. **4.** zur Inhalation, s. Inhalationsmittel. **5.** flüssige Zubereitungen* zum Einnehmen. **6.** flüssige Zubereitungen* zur kutanen Anwendung. **7.** halbfeste Zuber. zur kutanen Anwendung Ph.Eur.4, s. Unguenta.

Zubereitungen zum Einnehmen, flüssige: Praeparationes liquidae peroraliae Ph.Eur.4, Liquida peroralia, orale Flüssigkeiten; flüss. Arzneiformen mit einem od. mehreren Arzneistoffen, die nach Prozent (m/V) hergestellt od. verdünnt u. als abgemessene Volumina od. tropfenweise eingenommen werden. Im Ausnahmefall liegt ein flüss. Wirkstoff vor. **Herst.:** Ausgangsmaterial ist entw. eine konz. flüssige Zuber. od. Pulver u. Granulate. Weitere Hilfsstoffe wie Konservierungsmittel, Antioxidanzien u. Mittel zum Benetzen, Dispergieren, Emulgieren, Puffern, Suspendieren, Verdicken sowie Lösungsvermittler, Stabilisatoren, Geschmackskorrigenzien, Süßungsmittel u. zugelassene Farbmittel können enthalten sein. Emulsionen u. Suspensionen können Phasentrennung zeigen, die durch Schütteln leicht wieder aufgehoben werden kann. Die aufgeschüttelte Suspension muss genügend lange stabil bleiben, um die Entnahme der genauen Dosis aus dem Behältnis zu gewährleisten. **Formen:** **1.** Lösungen zum Einnehmen; **2.** Emulsionen zum Einnehmen; **3.** Suspensionen zum Einnehmen; **4.** Pulver u. Granulate zur Herstellung von Lösungen u. Suspensionen zum Einnehmen; **5.** Tropfen zum Einnehmen; **6.** Pulver zur Herstellung von Tropfen zum Einnehmen; **7.** Sirupe; **8.** Pulver u. Granulate zur Herstellung von Sirupen. **Prüfungen:** **1.** Suspensionen in Einzeldosisbehältnissen müssen die Prüfung auf Gleichförmigkeit* des Gehalts erfüllen. **2.** Lösungen od. Emulsionen in Einzeldosisbehältnissen müssen der Prüfung auf Gleichförmigkeit* der Masse entsprechen: Der Inhalt von 20 Behältnissen, die möglichst vollständig entleert wurden, wird einzeln gewogen u. deren Durchschnittsmasse errechnet. Höchstens 2 Einzelmassen dürfen um mehr als 10 % u. keine Einzelmasse darf um mehr als 20 % von der Durchschnittsmasse abweichen. **3.** Tropfen zum Einnehmen: müssen die Dosierung u. Gleichförmigkeit der Dosierung nachweisen: In einen geeigneten Messzylinder wird mit der beigefügten Dosiervorrichtung die üblicherweise für eine Dosis vorgeschriebene Menge Tropfen od. Flüssigkeit gegeben. Die Tropfgeschwindigkeit darf 2 Tropfen je Sekunde nicht überschreiten. Die Flüssigkeit wird gewogen, die Zugabe der Tropfen wiederholt, von neuem gewogen u. so lange fortgefahren, bis insgesamt 10-mal die Masse einer Dosis gewogen wurde. Die Masse keiner Dosis darf um mehr als 10 % vom Mittelwert der 10 Dosen abweichen. Die errechnete Masse aus 10 Dosen darf um höchstens 15 % von der angegebenen Masse von 10 Dosen abweichen. Falls erforderl., wird das Gesamtvolumen der 10 Dosen gemessen. Dieses darf um höchstens 15 % vom angegebenen Volumen von 10 Dosen abweichen. **4.** Flüssigkeiten in Einzeldosisbehältnissen: müssen der Prüfung* der entnehmbaren Masse od. des entnehmbaren Volumens entsprechen.

Zubereitungen zur intramammären Anwendung für Tiere: Praeparationes intramammariae ad usum veterinarium; Ph.Eur.4; sterile Zuber. zur Einführung in die Milchdrüse durch den Zitzenkanal bei milchgebenden Tieren. Es werden 2 Hauptgruppen unterschieden: Zuber. zur Anw. bei milchgebenden Tieren u. Zuber. zur Anw. bei Tieren am Ende der Laktation od. bei nicht-milchgebenden Tieren zur Behandlung od. Verhinderung von Infektionen.

Zubereitungen zur kutanen Anwendung, flüssige: Praeparationes liquidae ad usum dermicum Ph.Eur.4; unterschiedl. viskose Flüssigkeiten zur lokalen od. transdermalen Anw. auf der Haut (Kopfhaut, Nägel); als Lösungen, Emulsionen od. Suspensionen mit/ohne Wirkstoff; dabei wird eine lokale od. transdermale Wirk. erwartet. Weitere Zusätze können geeignete Konservierungsmittel, Antioxidanzien u. Stabilisatoren, Emulgatoren u. Verdickungsmittel sein. Emulsionen u. Suspensionen können Phasentrennung zeigen, die durch Schütteln leicht wieder aufgehoben werden kann. Die aufgeschüttelte Suspension muss genügend lange stabil bleiben, um die Verabreichung einer homogenen Zuber. zu gewährleisten (Dosiergenauigkeit). Zuber., die zur Anw. auf schwer geschädigter Haut bestimmt sind, müssen steril sein. **Formen:** **1.** Shampoos: flüssige, meist dickflüssige Zubereitungen zur Anw. auf der Kopfhaut u. zum anschließenden Auswaschen mit Wasser, sie enthalten üblicherweise oberflächenaktive Substanzen. Beim Verreiben mit Wasser bilden die Zubereitungen in der Regel einen Schaum. Shampoos sind Emulsionen, Suspensionen od. Lösungen. **2.** Schäume zur kutanen Anw.: müssen den

Anforderungen der Monographie Wirkstoffhaltige Schäume (Musci medicati) entsprechen. Zuber. in Einzeldosisbehältnissen müssen der Prüfung der entnehmbaren Masse oder des entnehmbaren Volumens entsprechen. Zuber. in Druckbehältnissen müssen der Monographie entsprechen (s. Aerosole).

Zucker: i. e. S. handelsübl. Saccharose*; i. w. S. Kohlenhydrate*, v. a. Mono- u. Oligosaccharide.

Zuckerahorn: s. Acer saccharum; Saccharose (Gew.).

Zuckeralkohole: mehrwertige Alkohole, die durch Reduktion von Monosacchariden (Aldosen, Ketosen) entstehen. Meist farblose, krist., wasserlösl. Substanzen mit nur geringer opt. Aktivität. Sie werden von Hefen nicht vergoren u. reagieren nicht mit Fehling-Lsg. od. Phenylhydrazin. Ihre Biosynthese erfolgt durch Reduktion der entspr. Monosaccharide mit NADH od. NADPH. Z. kommen z. T. in der Natur vor, z. B. Hexite* (Hexitole), D-Sorbitol* (in Vogelbeeren), D-Mannitol* (in Manna, Pilzen, Sellerie, Oliven, Algen u. a.), Dulcitol* (in Manna), Xylitol*, Ribitol, Glycerol* u. Erythrol. Zur Bez. wird die Endung -ose des entspr. Monosaccharids durch -itol od. -it (ältere Bez.) ersetzt. So werden Tetrosen zu Tetritolen, Pentosen zu Pentitolen reduziert. Cycl. Z. werden als Cyclitole* bezeichnet.

Zuckeraustauschstoffe: s. Süßmittel.

Zuckerbirke: s. Betula lenta.

Zuckercouleur: s. Saccharose.

Zuckerdragees: erhält man durch Überziehen von stark gewölbten (bikonvexen) Tabletten mit zahlreichen Zuckerschichten in rotierenden Kesseln.

Zuckerfarbe: s. Saccharose (Karamel).

Zuckerharnruhr: s. Diabetes mellitus.

Zuckerkalk: s. Calcaria saccharata.

Zuckerkrankheit: s. Diabetes mellitus.

Zuckermelone: s. Cucumis melo.

Zuckerrohr: s. Saccharum officinarum, Saccharose (Gew.).

Zuckerrübe: s. Beta vulgaris ssp. vulgaris var. altissima, Saccharose (Gew.).

Zuckersäuren: Aldarsäuren; Dicarbonsäuren als Oxidationsprodukte von Monosacchariden, z. B. Schleimsäure*; s. Kohlenhydrate, Abb. 5.

Zuckersirup: s. Sirupus simplex.

Zuckerspiegel: s. Blutzucker.

Zucker-Stärke-Pellets: Sacchari spheri Ph.Eur.4; enthalten max. 92 % Saccharose, berechnet auf die getr. Substanz. Der Rest besteht aus Maisstärke, u. U. Stärkehydrolysate u. Farbmittel. Der Durchmesser von Z. liegt zw. 200-2000 µm. Die Höchst- u. Mindestgröße der Z. sind in der Beschriftung angegeben. Mind. 90 % (m/m) der Z. müssen eine Größe aufweisen, die zw. der in der Beschriftung angegebenen unteren u. oberen Größe liegt. Trocknungsverlust max. 5.0 % (4 h im Trockenschrank bei 100-105 °C). **Anw.:** als sog. neutrale Pellets (sugar spheres, microspheres, sugar beads, microgranules, nonpareil seeds), wirkstofffreie Kerne (Starterpellets) auf die sukzessive Wirkstoffschichten aufgezogen werden können, z. B. für eine retardierte perorale Arzneiform mit niedrigem Wirkstoffgehalt. Die gewünschten Eigenschaften sind dafür eine ideale kugelige Form u. hohe mechan. Stabilität; vgl. Granulieren. Träger für homöopath. Zuber. bei bes. Anw., nach Hahnemanns Rezept mit Saccharose u. Stärke; vgl. Globuli velati.

Zuckertang: s. Laminaria (Laminaria, Anw. med.).

Zuclomifen INN: s. Clomifen.

Zuclopenthixol INN: (*Z*)-{4-[3-(2-Chloro-9*H*-thioxanthen-9-yliden)propyl]-1-piperazinyl}ethanol; CAS-Nr. 982-24-1; $C_{22}H_{25}ClN_2OS$, M_r 400.97. **Anw.:** antipsychot. wirkendes Neuroleptikum, s. Psychopharmaka; *cis*-Isomer des Clopenthixols* (größere Wirksamkeit bei gleicher Dosierung); **Dos.:** 20-70 mg/d; HWZ 20.4 ± 5.3 h.

Zügigkeit: Duktilität; erwünschte fadenziehende Eigenschaft z. B. des Vaselinums*; zurückzuführen auf den mikrokristallinen Isoparaffin- u. Ringparaffinanteil. Eine geeignete Z. (Qualitätsmerkmal) fehlt beim sog. kurzen Vaselin, das einen hohen Anteil an grobkristallinen Paraffinen enthält.

Zufallsmischung, gleichmäßige: randomisierte Mischung, Mischung mit stochastischer Homogenität; völlig zufällige Verteilung der Einzelpartikeln in einer Mischung körniger Stoffe. Die Wahrscheinlichkeit für das Vorhandensein an einem bestimmten Ort in der Mischung ist für jede Einzelpartikel gleich groß, d. h. es liegt ein max. ungeordneter Zustand vor. Die Güte der Z. wird als bestmögl. Ergebnis für eine bestimmte Mischung angesehen. Diese optimal erreichbare Mischgüte kann mit statist. Methoden berechnet werden. Sie ist abhängig von der Teilchenzahl (Feinheit u. Mischungsverhältnis) der einzelnen Komponenten der Mischung (z. B. des Wirkstoffes).

Zugfestigkeitstester für Schüttgüter: Apparatur zur indirekten Ermittlung des Fließverhaltens schlecht rieselfähiger Pulver. Der Tester besteht aus 2 aneinander gelegten horizontalen Platten, von denen eine fest, die andere auf Kugellagern bewegl. montiert ist. Auf den Platten wird ein Pulverbett aufgebracht u. unter Druck bis zu einem mögl. genau bekannten Zustand verdichtet. Durch Neigung gegen die Waagrechte od. durch eine an der bewegl. Platte horizontal angreifende Zugkraft wird durch Überwindung der Kohäsionskräfte an der Grenze zw. beiden Platten das Abreißen der Pulverschicht bewirkt; aus den erhaltenen Daten kann die Zugfestigkeit in g/cm^2 u. damit die Kohäsion berechnet werden. Die Zugfestigkeit wird von der Porosität, den Partikeldurchmessern, der Anzahl der Berührungspunkte u. der Haftkraft pro Berührungspunkt bestimmt.

Zugpflaster, gelbes: s. Emplastrum Lithargyri compositum.

Zugsalbe: Salbe mit hyperämisiernder u. damit eingrenzender (zusammenziehender) Wirk. auf entzündete u. eitrige Hautstellen, z. B. Furunkel. Als Wirkstoffe dienen z. B. sulfonierte Schieferöle in Unguentum* Ammonii bituminosulfonici, Blei bzw. Bleiverbindungen in Unguentum* Plumbi oxydati od. Terpene in Unguentum* basilicum.

Zulassung: s. Arzneimittelzulassung.

Zulassung, fiktive: Status eines Arzneimittels, das der Zulassungspflicht unterliegt, von der Zulassungsbehörde noch nicht zugelassen wurde u.

aufgrund von Überleitungsvorschriften des deutschen AMG 1976 als zugelassen gilt, da es erstmalig schon vor Inkrafttreten dieses Gesetzes in den Handel gekommen ist. Fiktiv zugelassene Arzneimittel haben daher noch keine Zulassungsnummer. Ein Antrag auf Nachzulassung muss jedoch rechtzeitig gestellt worden sein.

Zunderschwamm, Echter: s. Fomes fomentarius.

Zungenblüten: zygomorphe Blüten der köpfchenförmigen Blütenstände (Blütenköpfchen) der Asteraceae* (Abb.). Z. vom Rande des Blütenköpfchens (Randblüten) heißen Strahlblüten; vgl. Röhrenblüten.

Zusatzstoffe: s. Lebensmittelzusatzstoffe.

Zusatzstoff-Zulassungsverordnung: s. Lebensmittelzusatzstoffe.

Zustandsdiagramm: s. Phasendiagramm.

Zustandsfunktionen: die thermodynam. Funktionen Energie*, Entropie*, Enthalpie* u. a., die sich von den (einfachen) **Zustandsgrößen** (Druck*, Temperatur*, Volumen*) ableiten lassen.

Zweidrittelmilch: Kuhmilchverdünnung im Verhältnis 2:1, wobei Kohlenhydrate in Form von 5 % Saccharose od. eines Dextrin-Maltose-Gemischs u. 2 % eines weniger rasch resorbierbaren Kohlenhydrates, wie Mais-, Reis- od. Haferstärke zugesetzt werden. Dieser Zusatz ist notwendig, um die entsprechende Energiemenge bei vermindertem Fettgeh. der Kuhmilch zu erreichen; vgl. Säuglingsernährung.

Zweigapotheke: Sonderform der Apotheke* in Deutschland, geregelt in § 16 Apothekengesetz*. Tritt infolge Fehlens einer Apotheke ein Notstand in der Arzneimittelversorgung ein, so kann die zuständige Behörde dem Inhaber einer nahegelegenen Apotheke auf Antrag die Erlaubnis zum Betrieb einer Z. erteilen, wenn dieser die dafür vorgeschriebenen Räume (Offizin, Lagerraum, Nachtdienstzimmer; geregelt in §4 ApBetrO) nachweist. Zweigapotheken müssen von einem Apotheker verwaltet werden. Die Erlaubnis gilt für 5 Jahre u. kann erneuert werden; vgl. Filialapotheken.

zweihäusig: diözisch; männl. u. weibliche Blüten auf versch. Individuen verteilt, s. Blüte.

Zweikammerdruckgaspackung: s. Druckgaspackungen.

Zweikompartimentsystem: s. Kompartimentmodelle.

Zweiphasenaerosole: s. Aerosole.

Zweischichttabletten: s. Schichttabletten.

Zweistoffverdüsung: s. Airless-System.

Zweitprobe: amtl. Probe des zweiten Exemplars eines für die Probenahme nicht teilbaren Arzneimittels. Für die Zweitprobe gelten dieselben Vorschriften wie für die Gegenprobe*.

Zwerchfell: s. Diaphragma.

Zwergbohne: s. Phaseolus vulgaris var. nanus.

Zwergholunderwurzel: s. Sambucus ebulus (Radix Ebuli).

Z-Wert: keim- u. verfahrensspezif. Temperaturkoeffizient; dient zur Beschreibung der Temperaturabhängigkeit des Abtötungsprozesses einer Mikroorganismenpopulation im Sterilisationsverfahren. Er stellt die Temp. in K dar, die erforderl. ist, um den D*-Wert um den Faktor 10 zu verändern. Beide Kenngrößen gehen in die Berechnung des F_0*-Wertes ein u. ermögl. es, die Wirksamkeit (Effektivität, Letalität) von Sterilisationsverfahren zu beurteilen.

Zwetschge: s. Prunus domestica.

Zwiebel: **1.** Küchenzwiebel, s. Allium cepa var. cepa. **2.** Bulbus; meist ein unterird., stark verkürzter Spross (Zwiebelscheibe, Zwiebelkuchen), der an der Oberseite die fleischig verdickten Zwiebelblätter (Zwiebelschuppen, Niederblätter mit Stomata) u. an der Unterseite die Wurzeln trägt. Der stark verkürzte Stamm verlängert sich dann zum Blüten tragenden Stängel.

Zwiebelextrakt: s. Allium cepa var. cepa (Bulbus Cepae, Anw. med.).

Zwiebelkuchen: s. Zwiebel.

Zwikker-Bodendorf-Reaktion: Farbreaktion zur Identifizierung von Barbituraten*, Hydantoin*, Sulfonamiden*, Pyridin*, Purin*. **Durchführung:** Die wässrigen Substanzlsg. bilden nach Zugabe von Kupfersulfat- od. Cobaltchloridlsg. u. alkalisiernden Zusätzen (z. B. Pyridin) gefärbte Komplexe.

Zwillingszellen: s. Hybridzellen.

Zwischenwirt: Lebewesen (Tiere, Menschen), die bestimmte Jugendstadien von Parasiten* beherbergen u. ohne die der Entwicklungszyklus der Parasiten nicht ablaufen kann. **Einteilung:** **1.** aktive Z.: Krankheitsüberträger*; blutsaugende Arthropoden*, auf den Endwirt übertragende Parasiten; **2.** passive Z.: Säugetiere, Fische, Schnecken, Krebse; infizieren den Endwirt, wenn dieser den Z. od. Teile dessen verzehrt.

zwischenzellstimulierendes Hormon: s. Hormone (Hypophysenvorderlappen).

Zwitterblüten: (bot.) Blüten Staub- u. Fruchtblättern, s. Blüte (Blütenformen).

Zwitter-Ionen: Verb. (z. B. Aminosäuren*, Ampholytseifen* u. Sydnone*), in deren Moleküle sowohl positive als auch negative Ladungen auftreten u. daher amphotere Elektrolyte sind.

Zwölffingerdarm (Bez. stammt von Herophilos, ca. 300 v. Chr. in Alexandria): Intestinum duodenum, Duodenum; oberster, an den Pylorus anschließender Dünndarmabschnit mit Einmündung des Gallen- u. Pankreasganges.

Zyan-: s. a. Cyan-.

Zyankalium: s. Kaliumcyanid.

Zyanose: Cyanosis; blau-rote Färbung von Haut u. Schleimhäuten infolge Abnahme des Sauerstoffgehalts im Blut.

Zyanquecksilber: s. Quecksilber(II)-cyanid.

Zyansilber: s. Silber(I)-cyanid.

Zyanwasserstoffsäure: s. Blausäure.

Zyanzink: s. Zinkcyanid.

zygomorph: s. Blüte (Blütenformen).

Zygospore: (bot.) dickwandige Dauerspore, die aus einer Zygote hervorgeht, nach der Fusion von 2 gleichgroßen, begeißelten, höchstens physiol. als + u. – zu unterscheidenden Gameten, sog. Isogameten.

Zygosporenpilze: s. Pilze.

Zygote: diploide (2n) Zelle, die durch Verschmelzung männl. u. weibl. Gameten* entsteht.

Zyklon B: Handelsname (in der Zeit von 1924–1945) für ein hochgiftiges Schädlingsbekämpfungsmit-

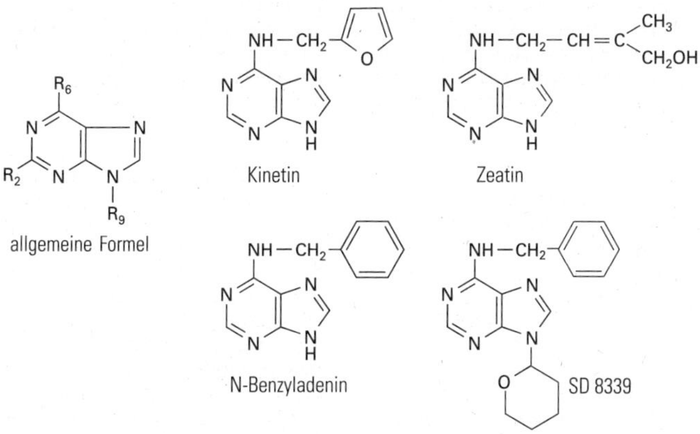

Zytokinine

tel, das aus mit flüss. Blausäure (HCN) getränkter Zellstoffmasse besteht, der als Warnmittel stark riechender Bromessigsäuremethylester beigemischt ist. Die Masse wird in den zu entwesenden (nicht zu desinfizierenden, denn Bakterien werden nicht abgetötet) Räumen auf z.B. Zeitungspapier ausgebreitet, die Blausäure verdunstet langsam an der Luft, während die zurückbleibende Zellstoffmasse ungiftig ist. **Gesch.**: Mit Zyklon B (ohne Warnmittel) ermordeten deutsche Nationalsozialisten von 1941 bis 1945 in Konzentrationslagern Millionen Menschen aus ganz Europa.

Zyklophrenie: s. Psychose, bipolare.

Zyklotron: s. Teilchenbeschleuniger.

Zykluscomputer: elektron. Mini-Computer mit Thermofühler zur vaginalen Bestimmung der Basaltemp. u. somit der unfruchtbaren Tage. Heute zur Erhöhung der Sicherheit als double-check-Methode od. symptothermale Methode mit zusätzlicher Hormonmessung (LH, E3G) im Urin.

Zylinderampulle: Injektionsröhrchen; Ampulle zur Verw. in einer speziellen Spritzhalterung. Die Injektionsflüssigkeit befindet sich in einem Glaszylinder u. ist auf der einen Seite durch einen Gummi- od. Kunststoffstopfen, der als Kolben dient, auf der anderen Seite durch eine dünne Gummi- od. Kunststoffmembran eingeschlossen. Die dünne Membran wird bei der Anw. in der Spritzhalterung durch den Druck auf den Stopfen vom hinteren Ende einer Injektionsnadel durchstochen; s. Spritzampullen. Häufig in der zahnärztl. Praxis.

Zylinder im Harn: s. Harnzylinder.

Zymase: ältere Bez. für ein aus Hefen durch Extraktion isolierbares Gemisch von Enzymen, das die alkohol. Gärung* katalysiert.

zymös: s. Blütenstand.

Zymogen: inaktive Vorstufe eines Enzyms, z.B. Pepsinogen; s. Pepsin.

Zypressengewächse: s. Cupressaceae.

Zypressenöl: s. Cupressus sempervirens (Oleum Cupressi).

Zypressenwolfsmilch: s. Euphorbia cyparissias.

Zystitis: Cystitis, Blasenkatarrh, Blasenentzündung, Harnblasenentzündung; Entzündung der Blasenschleimhaut, in schweren Fällen auch der ganzen Blasenwand.

Zystolithen: s. Cystolithen.

Zyt-: s. Cyt-.

Zytoadhäsion: Bioadhäsion* mit höherer Spezifität für das eigentl. Zielsubstrat, z.B. Epithelzelle.

Zytochemie: Wissenschaft, die sich mit dem chem. Aufbau u. dem Stoffwechsel von Zellen befasst.

Zytokine (gr. kytos Zelle; kinein bewegen): syn. Cytokine; Sammelbegriff für zahlreiche körpereigene Substanzen (Peptide), die von aktivierten T-Zellen od. anderen Zellen während der nat. und spezif. Immunantwort freigesetzt werden. Z. haben vielfältige Funktionen, v.a. proinflammator., immunregulierende u. Steuerung der Hämatopoese. Sie wirken auf viele Zellen als Wachstumsfaktoren. Zu den Z. zählen u.a. die Interleukine, Interferone, Wachstumsfaktoren für das Knochenmark (GM-CSF, G-CSF, Erythropoetin, Thrombopoetin), TGF* u. Tumor*-Nekrose-Faktor.

Zytokinese: Zellteilung*.

Zytokinine: Phytokinine, Kinine; Gruppe von Phytohormonen, die v.a. die Zellteilung fördern u. allg. den Pflanzenstoffwechsel stimulieren, bes. die RNA- u. Proteinbiosynthese. Z. sind vorwiegend *N*-substituierte Derivate der Purinverbindung Adenin (s. Abb.). Sie regulieren in Verb. mit anderen pflanzl. Hormonen (Gibberelline*, Auxine*) u. bestimmten Umweltfaktoren (z.B. Licht) Wachstums-, Differenzierungs- u. Entwicklungsprozesse der Pflanze. Die wichtigsten Vertreter sind Kinetin*, Zeatin* u. Dihydrozeatin. Die synthet. Z. *N*-Benzyladenin (C-Benzylaminopurin) u. SD 8339 weisen auch eine hohe Aktivität auf.

Zytologie: Lehre vom Aufbau u. von den Funktionen der Zellen*.

Zytomegalie: Speicheldrüsenviruskrankheit, Einschlusskörperchenkrankheit; Infektion mit dem Zytomegalie-Virus (Abk. CMV, s. Herpes-Viren); häufigste prä- u. perinatale Virusinfektion. **Verlauf:** bei Immunkompetenten i. Allg. unauffällig; bei Neugeborenen u. abwehrgeschwächten Personen (z. B. mit HIV*-Erkrankung) können schwere Krankheitsverläufe auftreten; **Ther.**: hochdosierte spezif. Immunglobuline*, Ganciclovir; Cidofovir od. Foscarnet-Natrium; Resistenztestung bei Langzeittherapie mit Virostatika.

Zytoplasma: s. Protoplasma.

Zytoprotektiva: gesunde Zellen vor Strahlung od. anderen Arzneistoffen wie Zytostatika schützende Stoffe; z. B. Amifostin*.

Zytoskelett: unlösl. Fasergeflecht, das der Zelle ihre Form u. Bewegungsfähigkeit verleiht. Das Z. besteht aus 3 Faserarten: Mikrotubuli*, Mikrofilamenten* u. Intermediärfilamenten*.

Zytosol: syn. Hyaloplasma; der flüssige Teil des Zytoplasmas mit allen darin gelösten Stoffen; s. Protoplasma. Das Z. ist sehr proteinreich, seine Zstzg. kann je nach Region der Zelle stark schwanken.

Zytostatika (gr. statikos stehend): Karzinostatika; chem. heterogene Gruppe zytotox. Substanzen, die die Zellteilung funktionell aktiver Zellen durch unterschiedl. Beeinflussung ihres Stoffwechsels verhindern od. erhebl. verzögern. **Wirk.**: Z. können nur an proliferierenden Zellen, nicht an Zellen, die sich in der Ruhephase befinden, wirksam werden. Die therap. Anw. von Z. in der Tumortherapie* basiert darauf, dass sich Tumorzellen im Ggs. zu normalen Körperzellen in einer gesteigerten, der physiol. Wachstumskontrolle entzogenen Zellteilungsrate befinden. Wegen ihrer immunsuppressiven Wirk. werden einige Z. auch zur Immunsuppression bei bestimmten chron. verlaufenden, nicht malignen Krankheiten (vgl. Gichttherapeutika) u. zur Unterdrückung von Abstossungsreaktionen nach Transplantation von Organen eingesetzt. Unterscheidung nach **Wirkungsmechanismus**: **1.** Alkylanzien: alkylierende Verbindungen; bewirken durch Alkylierung von Nucleinsäuren die Vernetzung von DNA-Strängen, was mit der Wirk. ionisierender Strahlung vergleichbar ist. Sie werden daher auch als Radiomimetika bezeichnet. Wirkstoffe: Derivate von Stickstofflost*, Chlorambucil*, Busulfan*, Nitrosoharnstoffverbindungen wie Fotemustin*, Nimustin*, Aziridine* wie Thiotepa*, Oxazaphosphorine* wie Cyclophosphamid*. Eine Bindung, keine Alkylierung, mit den DNA-Strängen bilden die Platin-Verbindungen Cisplatin* u. Carboplatin*; **2.** Antimetabolite: durch Einschleusen falscher Bausteine hemmen sie die Nucleinsäuresynthese: Folsäureantagonisten*, z. B. Methotrexat*, Nucleosid-Antimetaboliten*; **3.** Topoisomerase-I-Inhibitoren*; **4.** Mitosehemmstoffe: Vincaalkaloide* u. deren Derivate, wie Vinorelbin*, Colchicin*, Demecolcin*, Taxane wie Paclitaxel*, Docetaxel* u. Lignane wie Podophyllotoxinderivate (s. Podophyllin), die mit der Topoisomerase II interagieren u. Strangbrüche induzieren; **5.** Antibiotika* mit hemmender Wirk. auf die DNA-abhängige RNA-Polymerase: z. B. Bleomycin*, Doxorubicin*, Daunorubicin*, Mitomycin* C, Idarubicin*; **6.** Enzyme: L-Asparaginase*; **7.** Hormone* bei hormonabhängigen Tumoren*: Corticosteroide, Androgene* u. Antiandrogene*, Estrogene* u. Antiestrogene* sowie Gestagene* od. hormonartig wirkende, nichtsteroidale Stoffe wie Bicalutamid* als Antiandrogen; **8.** Tumor*-Nekrose-Faktor: zur selektiven Lyse von Tumorzellen; **9.** diverse: Hydroxycarbamid*, Miltefosin* sowie Mistelextrakte (s. Viscum album).

zytotoxisch: zellschädigend.

Zytotyp: ein bestimmter Organismus mit einem bestimmten Ploidiegrad*.

Anhang

Vergiftungen und Überdosierungen

Die Behandlung von manifesten Intoxikationen gehört in die Hand von Ärztinnen u. Ärzten in Rettungsdienst, Klinik od. Praxis. Dennoch können rasche u. gezielte Maßnahmen durch Ersthelfer bei vielen akuten Vergiftungen von entscheidender Bedeutung sein. Im Folgenden sind die wichtigsten, von jedem Beteiligten durchführbaren, Sofortmaßnahmen angeführt.

Allgemeine Maßnahmen bei Vergiftungen oder Vergiftungsverdacht

Bei akuten Vergiftungen mit lebensbedrohlichen Symptomen, insbesondere Atemnot od. Bewusstseinsverlust, ist unverzüglich ein Notarzt zu rufen. Bei (noch) fehlenden od. leichten Symptomen, d. h. bei Vergiftungsverdacht, sollte als erstes ein Arzt im Giftnotruf (Giftinformationszentrum, Adressen s.u.) kontaktiert werden.

Folgende Informationen sind für jeden mit einer Vergiftung befassten Arzt von Bedeutung:

- Welche Daten zum Patienten sind bekannt? Geschlecht, Alter, Körpergewicht, Vorerkrankungen, Arzneimitteltherapie
- Was wurde aufgenommen od. womit bestand ein Kontakt? Giftreste, (auch leere) Gefäße u. Verpackungen, Erbrochenes u. andere Hinweise auf Art u. Menge des Giftes für Nachfragen bereithalten u. sicherstellen.
- Wie erfolgte die Aufnahme in den Körper? Verschlucken, Inhalieren, Hautkontakt, parenterale Ausnahme (Biss, Stich od. Injektion)?
- Wie hoch ist die (maximale) Dosis?
- Wann wurde etwas aufgenommen bzw. über welchen Zeitraum bestand ein Kontakt?
- Welche Symptome hatte od. hat der Patient (z. B. Schmerzen, Krämpfe, Cyanose, Bewusstseinsstörung)?
- Welche Maßnahmen sind bisher erfolgt?

Erstmaßnahmen

Bis zum Eintreffen des Arztes sind folgende Erstmaßnahmen von Bedeutung:

Bei inhalativer Exposition:
Patienten unter strengster Beachtung des Selbstschutzes aus dem Giftbereich an die frische Luft bringen. In jedem Zweifelsfall Rettung durch die Feuerwehr mit Atemschutz.

Bei Atemstillstand:
Möglichst Beatmung mit technischer Unterstützung. Mund zu Mund- oder Mund zu Nase-Beatmung nur unter strenger Beachtung des Selbstschutzes: Keine Atemspende bei Vergiftung mit giftigen Gasen (z. B. Blausäure, Chlor, Phosgen) od. hochtoxischen Stoffen (z. B. Alkylphosphaten). In jedem Zweifelsfall Atemspende unterlassen.

Bei Herzstillstand:
Herzdruckmassage

Bei Kreislaufschock (blasse Haut, kalter Schweiß, rascher Puls):
Beine hoch-, Kopf tief lagern.

Bei bewusstseinseingeschränkten Vergifteten:
Atemwege freihalten (mechanische Hindernisse wie Zahnprothesen entfernen, stabile Seitenlagerung, evtl. Guedel-Tubus). Keine orale Gabe von Flüssigkeiten od. Nahrung.

Bei längerer Wartezeit auf ärztliche Behandlung:
Körpertemperatur prüfen, Unterkühlung des Patienten verhindern (Decke od. geheizter Raum).

Bei Benetzung von Auge, anderer zugänglicher Schleimhaut oder der Haut:
Spülung mit möglichst körperwarmem Leitungswasser für mind. 15 min (ggf. Augendusche). Kontaminierte Kleidung zügig entfernen. Bei großflächiger Hautspülung Auskühlung vermeiden. Keine Salben, Puder o.ä. auftragen.

Bei wachen Patienten mit vorhandenem Schluck- und Hustenreflex:
Bei oraler Vergiftung ein Glas Flüssigkeit zu trinken geben (Wasser oder Tee, keine Milch, keinen Alkohol, kein Paraffin- od. Rizinusöl, da diese Flüssigkeiten unter ungünstigen Umständen die Giftresorption im Magen-Darm-Trakt fördern können).

Giftentfernung

Grundsätzlich kein Erbrechen auslösen (Aspirationsgefahr)!

Seltene Ausnahmen nach Rücksprache mit einem Giftinformationszentrum nur bei bewusstseinsklaren Patienten od. nach Intubation.

Eine Magenspülung wird nur bei lebensbedrohlichen Vergiftungen innerhalb von 60 min nach Giftaufnahme durchgeführt u. gehört grundsätzlich in die Hand des Arztes od. eines besonders geschulten Helfers in der Klinik.

Bei vielen Produkten kann eine frühzeitige Gabe von medizinischer Kohle (Aktivkohle bis 60 min nach Aufnahme, ca. 1g/kg KG) Reiz- od. Giftstoffe in Magen u. Darm binden u. so die Resorption (Absorption) wirksam reduzieren. Bei wenigen Stoffen ist es sinnvoll, die Kohlegabe mehrfach zu wiederholen (etwa 1/4 bis 1/2 der Ausgangsdosis in 2- bis 4-stündigem Abstand). In diesen Fällen kann die erste Kohledosis mit Abführmitteln wie Glaubersalz (Natriumsulfat, 0.5 g pro kg KG in 1/2 Glas Wasser) kombiniert werden.

Nach Einnahme von schaumbildenden Produkten wie z. B. Wasch- oder Spülmitteln besteht Aspirationsgefahr. Diese kann durch eine orale Gabe eines entschäumenden Medikamentes (1 Teelöffel Dimethicon-Tropfen) verringert werden.

Adressen der Giftinformationszentren in Deutschland, Österreich, Schweiz

Berlin

Berliner Betrieb für gesundheitliche Aufgaben (BBGes)
Beratungsstelle für Vergiftungserscheinungen
Karl-Bonhoeffer-Nervenklinik –
Haus Diagnostikum
Oranienburger Str. 285
D-13437 Berlin
Tel.: +49 (30) 1 92 40, Fax: +49 (30) 30 68 67 21
Email: berlintox@giftnotruf.de
URL: http://www.giftnotruf.de

Charité-Campus-Virchow-Klinikum
Med. Fakultät der Humboldt-Universität
zu Berlin,
Abt. Innere Medizin mit Schwerpunkt
Nephrologie und Intensivmedizin
Augustenburger Platz 1
D-13353 Berlin
Tel.: +49 (30)4 50 65 35 55
Email: giftinfo@charite.de
URL: http://www.charite.de/rv/nephro/
Vergiftungen/vergiftungen.html

Bonn
Informationszentrale gegen Vergiftungen
Zentrum für Kinderheilkunde der Rheinischen
Friedrich-Wilhelms-Universität Bonn
Adenauerallee 119
D-53113 Bonn
Tel.: +49 (228) 1 92 40, Fax: +49 (228) 2 87 33 14
Email: gizbn@mailer.meb.uni-bonn.de
URL: http://www.meb.uni-bonn.de/giftzentrale/

Erfurt
Gemeinsames Giftinformationszentrum
der Länder Mecklenburg-Vorpommern
und Sachsen-Anhalt sowie der Freistaaten Sachsen
und Thüringen (GGIZ)
Nordhäuser Str. 74
D-99089 Erfurt
Tel.: +49 (361) 73 07 30, Fax +49 (361) 7 30 73 17
Email: info@ggiz-erfurt.de
URL: http://www.thueringen.de/de/politisch/
behoerdenwegweiser/gesundheit/u19/
u_start.html

Freiburg
Universitätskinderklinik Freiburg
Informationszentrale für Vergiftungen
Mathildenstr. 1
D-79106 Freiburg
Tel.: +49 (761) 1 92 40, Fax: +49 (761) 2 70 44 57
Email: giftinfo@kikli.ukl.uni-freiburg.de
URL: http://www.giftberatung.de

Göttingen
Giftinformationszentrum-Nord der Länder
Bremen, Hamburg, Niedersachsen und Schleswig-
Holstein (GIZ-Nord)
Universität Göttingen – Bereich Humanmedizin
Robert-Koch-Str. 40
D-37075 Göttingen
Tel.: +49 (551) 192 40, 38 31-80
Fax: +49 (551) 3 8 31-881
Email: giznord@giz-nord.de
URL: http://www.giz-nord.de

Homburg
Informations- und Behandlungszentrum
für Vergiftungen
Universitätsklinik für Kinder- und Jugendmedizin
Gebäude 9
D-66421 Homburg/Saar
Tel.: + 49 (6841) 1 92 40, Fax: + 49 (6841) 1 62 84 38
Email: kigift@med-rz.uni-sb.de
URL: http://www.med-rz.uni-sb.de/med_fak/
kinderklinik/Vergiftungszentrale/
vergiftungszentrale.html

Mainz
Beratungsstelle bei Vergiftungen
II. Medizinische Klinik und Poliklinik
der Universität
Langenbeckstr. 1
D-55131 Mainz
Tel.: + 49 (6131) 1 92 40 / 23 24 66
Fax: + 49 (6131) 23 24 68
Email: giftinfo@giftinfo.uni-mainz.de
URL: http://www.giftinfo.uni-mainz.de

München
Giftnotruf München
Toxikologische Abteilung
der II. Medizinischen Klinik rechts der Isar
der Technischen Universität München
Ismaninger Str. 22
D-81675 München
Tel.: +49 (89) 1 92 40, Fax: +49 (89) 41 40 24 67
Email: tox@lrz.tum.de
URL: http://www.toxinfo.org/about/giz.html

Nürnberg
Giftinformationszentrale Nürnberg,
Med. Klinik 2, Klinikum Nürnberg
Universität Erlangen-Nürnberg
Prof.-Ernst-Nathan-Str. 1
D-90419 Nürnberg
Tel.: + 49 (911) 39 82-451, Fax: +49 (911) 39 82-665
Email: muehlberg@klinikum-nuernberg.de
URL: http://www.giftinformation.de

Wien
Vergiftungsinformationszentrale Wien
Allgemeines Krankenhaus
Währinger Gürtel 18–20
A-1090 Wien
Notruf-Tel: + 43 (1) 4 06 43 43
Allgemeine Beratung:
Tel.: + 43 (1) 4 04 00 22 22, Fax: + 43 (1) 4 04 00 42 25
Email: viz@akh-wien.ac.at
URL: http://www.akh-wien.ac.at/viz

Zürich
Schweizerisches Toxikologisches
Informationszentrum
Freiestrasse 16
CH-8028 Zürich
Notfall-Tel.: + 41 1 251 51 51
Tel.: + 41 (1) 2 51 66 66, Fax: + 41 (1) 2 52 88 33
Email: info@toxi.ch
URL: http://www.toxi.ch

Weiterführende Literatur

Heinemeyer G, Fabian U (Hrsg.): *Der Vergiftungs- und Drogennotfall,* 3. Aufl., Berlin 1997
v. Mühlendahl KE, Oberdisse U, Bunjes R, Brockstedt M (Hrsg.): *Vergiftungen im Kindesalter,* 4. Aufl., Stuttgart 2003
Zilker T: *Antidotarium.* In: Rote Liste 2004. Aulendorf: Editio Cantor 2004, S. 427–434

Ein aktuell gehaltenes Verzeichnis deutsch- und englischsprachiger Basismonographien zu Intoxikationen und Vergiftungsrisiken findet sich im Internet unter www.giz-nord.de; Stichwort „Toxikologische Fachinformationen“

Physiologische Referenzbereiche

Physiologische Referenzbereiche für Erwachsene				
Parameter	konventionelle Einheit		Faktor	SI-Einheit[1]
I. Blut (Plasma, Serum)				
1. Elektrolyte				
Natrium				135 - 145 mmol/L
Kalium (Serum)				3.6 - 5.1 mmol/L
Kalium (Plasma)				3.4 - 4.6 mmol/L
Kalzium				2.1 - 2.6 mmol/L
Magnesium				0.7 - 1.2 mmol/L
Chlorid				96 - 107 mmol/L
Bicarbonat, aktuelles				21 - 26 mmol/L
Phosphor, anorganisch				0.8 - 1.6 mmol/L
2. Enzyme (Aktivitäten bei 37 °C)				
Alaninaminotransferase (ALAT9, früher GPT)[1]				
♀	<35	U/L	0.01625	<0.57 µkat/L
♂	<45	U/L	0.01625	<0.73 µkat/L
alkalische Phosphatase[2]				
♀ 20-60 Jahre	<100	U/L	0.01625	<1.65 µkat/L
♂ 20-60 Jahre	<130	U/L	0.01625	<2.6 µkat/L
♀ >60 Jahre	<140	U/L	0.01625	<2.8 µkat/L
♂ >60 Jahre	<130	U/L	0.01625	<2.6 µkat/L
α-Amylase (methodenabhängig)	<100	U/L	0.01625	<2.0 µkat/L
p-Amylase	<53	U/L	0.01625	<1.06 µkat/L
Aspartataminotransferase (ASAT, früher GOT)				
♀	<31	U/L	0.01625	<0.5 µkat/L
♂	<36	U/L	0.01625	<0.6 µkat/L
Cholinesterase	4 - 12	kU/L	16.25	80 - 240 µkat/L
Kreatinkinase (CK)				
♀	<140	U/L	0.01625	<2.8 µkat/L
♂	<175	U/L	0.01625	<3.5 µkat/L
Kreatinkinase MB (CKMB) immunologisch				<5 µg/L
γ-Glutamyltransferase (*γ*-GT)				
♀	<40	U/L	0.01625	<0.75 µkat/L
♂	<60	U/L	0.01625	<1.2 µkat/L
Glutamatdehydrogenase (GlDH)				
♀	<5	U/L	16.25	<90 nkat/L
♂	<7	U/L	16.25	<115 nkat/L
Laktatdehydrogenase (LDH)[3]	<240	U/L	0.01625	<3.90 µkat/L
3. Hämoglobinstoffwechsel und Blutzellen (im EDTA-Blut)				
Hämoglobin				
♀	12 - 16	g/dL	0.6206	7.5 - 9.9 mmol/L
♂	14 - 18	g/dL		8.8 - 11.2 mmol/L
Hämatokrit				
♀	36 - 45	Vol%	0.01	0.36 - 0.45
♂	43 - 49	Vol%		0.43 - 0.49
Hämoglobingehalt, mittlerer korpuskulärer (MCHC)	32 - 36	g/dL	10	320 - 360 g/L
Hämoglobin A1c	3-6 % des Hämoglobins			

Parameter	konventionelle Einheit	Faktor	SI-Einheit[1]
Erythrozyten			
♀	4.1-5.1×106/µL	1	4.1 - 5.1 Tpt/L
♂	4.5-5.9×106/µL		4.5 - 5.9 Tpt/L
Leukozyten	4.4-11.3×103/µL		4.4 - 11.3 Gpt/L
Granulozyten, segmentkernige neutrophile	50 - 70 %		2 - 7 Gpt/L
Lymphozyten	25 - 40 %		1 - 4 Gpt/L
Monozyten	2 - 10 %		0.08 - 1 Gpt/L
Basophile	0 - 1 %		0 - 0.1 Gpt/L
Eosinophile	2 - 4 %		0.08 - 0.4 Gpt/L
Granulozyten, stabkernige neutrophile	3 - 5 %		0.1 - 0.5 Gpt/L
Thrombozyten	150-400×103/µL		150 - 400 Gpt/L
Bilirubin gesamt	<1 mg/dL	17.1	<17.1 µmol/L
Bilirubin direkt (konjugiert)	<0.3 mg/dL	17.1	<5.1 µmol/L
CO-Hämoglobin[4]	≤2 % des Hämoglobins		
Methämoglobin	≤1.0 % des Hämoglobins		
4. Kohlenhydrate und Lipide			
Cholesterol gesamt	<200 mg/dL	0.026	<5.2 mmol/L
HDL-Cholesterol	>35 mg/dL	0.026	>0.9 mmol/L
LDL-Cholesterol	<155 mg/dL	0.026	<4.0 mmol/L
Glucose nüchtern[5]	60 - 110 mg/dL	0.055	3.3 - 6.1 mmol/L
Glucose postprandial	<140 mg/dL	0.055	<7.7 mmol/L
Laktat	<20 mg/dL	0.11	<2.2 mmol/L
Lipoprotein (a)	<30 mg/dL	10	<300 mg/L
Triglyceride nüchtern	50 - 170 mg/dL	0.0113	0.6 - 1.9 mmol/L
5. Proteine und ihre Metabolite			
Gesamteiweiß im Plasma	6.6 - 8.7 g/dL	10	66 - 87 g/L
Gesamteiweiß im Serum	6.1 - 8.2 g/dL	10	61 - 82 g/L
Eiweißelektrophorese			
Albumin	55 - 69 rel%		
Alpha-1-Globuline	1.6 - 5.8 rel%		
Alpha-2-Globuline	5.9 - 11.1 rel%		
Betaglobuline	8 - 12 rel%		
Gammaglobuline	11 - 20 rel%		
Albumin chemisch	3.5 - 5.2 g/dL	10	35 - 52 g/L
Haptoglobin[6]	30 - 200 mg/dL	0.01	0.3 - 2.0 g/L
Harnsäure	3 - 7 mg/dL	59.48	180 - 420 µmol/L
Harnstoff	20 - 50 mg/dL	0.1665	3 - 8 mmol/L
Homocystein			<12 µmol/L
Immunglobulin A	70 - 400 mg/dl	0.01	0.7 - 4.0 g/L
Immunglobulin G	700 - 1600 mg/dL	0.01	7 - 16 g/L
Immunglobulin M	40 - 230 mg/dL	0.01	0.4 - 2.3 g/L
Komplement C3	90 - 180 mg/dL	0.01	0.9 - 1.8 g/L
Ammoniak	<100 µg/dL	0.59	<60 µmol/L
Cystatin C			0.5 - 1.2 mg/L
Kreatinin			
♀	<0.9 mg/dL	88.4	<80 µmol/L
♂	<1.2 mg/dL		<106 µmol/L
C-reaktives Protein	<0.5 mg/dL	10	<5 mg/L
6. Metalle und ihre Trägerproteine			
Eisen	40 - 150 µg/L	0.1791	7 - 27 µmol/L
Transferrin	200 - 400 mg/dL		2 - 4 g/L
Transferrinsättigung	15 - 45 %	0.01	0.15 - 0.45
Ferritin			
♀			15 - 150 µg/L
♂			30 - 400 µg/L

Parameter	konventionelle Einheit		Faktor	SI-Einheit[1]	
Kupfer	6 - 160	µg/dL	0.1538	10 - 25	µmol/L
Coeruloplasmin	20 - 60	mg/dL	10	200 - 600	mg/L
Zink	46 - 150	µg/dL	0.153	7 - 23	µmol/L
Blei	<320	µg/L	0.00481	1.54	µmol/L
7. Hormone und ihre Metabolite					
Cortisol morgens 6-10 Uhr	7 - 25	µg/dL	27.14	190 - 690	nmol/L
freies Thyroxin (fT4)	0.7- 2.0	ng/dL		9 - 26	pmol/L
Triiodthyronin (T3)	80 - 200	ng/dL	0.01536	1.3 - 3.1	µmol/L
Thyreotropin (TSH)	0.3- 4.0	mE/L			
Prolactin[7]	70 - 400	mE/L			
Testosteron					
♂[8]				10 - 31	nmol/L
Aldosteron nach 2-6 Std. Ruhe				70 - 420	pmol/L
Reninaktivität basal	1 - 2.8	ng/mL·h			
Gastrin basal	40 - 60	pg/mL	1	40 - 60	ng/L
Parathormon intakt				1 - 7	pmol/L
Insulin C-Peptid nüchtern				0.3 - 1.3	nmol/L
II. Urin					
1. Elektrolyte					
Kalium				<125	mmol/d
Natrium				130 - 260	mmol/d
Kalzium				<10	mmol/d
Phosphate				16 - 48	mmol/d
Magnesium				1.5 - 7.5	mmol/d
Kupfer				0.16 - 1.1	µmol/d
2. Hormone und ihre Derivate					
Adrenalin	≤20	µg/d	5.46	≤0.1	µmol/d
Noradrenalin	≤105	µg/d	5.92	≤0.62	µmol/d
Vanillinmandelsäure	≤7	mg/d	5.031	≤35	µmol/d
Aldosteron	5 - 20	µg/d	2.78	14 - 55	µmol/d
Cortisol	≤110	µg/d	0.0276	≤3	µmol/d
Hydroxyindolessigsäure	≤9	mg/d	5.23	≤42	µmol/d
3. Proteine und Metabolite					
Eiweiß gesamt	<250	mg/L		0 - 0.3	g/d
Albumin	<28	mg /L			
	<20	mg/g Kreatinin	0.113	<2.3	mg/mmol Kreatinin
Alpha-1-Mikroglobulin	<20	mg/d			
	<14	mg/g Kreatinin	0.113	<1.6	mg/mmol Kreatinin
Alpha-2-Makroglobulin	<14	mg/d			
	<10	mg/g Kreatinin	0.113	<1.1	mg/mmol Kreatinin
Immunglobulin G	<9	mg/d			
	<10	mg/g Kreatinin	0.113	<1.13	mg/mmol Kreatinin
Harnstoff	18 - 33	g/d	16.65	300 - 550	mmol/d
Kreatinin	0.8- 2.2	g/d	9.1	7 - 20	mmol/d
Harnsäure	≤2	g/d	5.948	≤12	mmol/d
Porphyrine gesamt	≤200	µg/d	1.2	≤240	nmol/d
δ-Aminolaevulinsäure	≤5.3	mg/d	7.63	≤40	µmol/d

Einige Referenzbereiche können nach Methode und/oder Alter variieren. Die Zielwerte stellen therapeutische Idealwerte dar, bei denen kein Risiko zu erwarten ist.
[1]IFCC mit Pyridoxalphosphat; [2]bei Kindern wesentlich höher; [3]im Plasma niedriger;
[4]bei Rauchern ≤3 %; [5]im Kapillarblut 10-15 % höher; [6]genetisch bedingte Abweichungen möglich;
[7] ♀ > ♂; [8] ♀ 10fach niedriger;
G: Giga (10^9); T: Tera (10^{12}); pt: Partikel

Abkürzungen auf Rezepten

a.	ante	vor, bevor
a.	auris	Ohr
aa, āā, a͡a	ana partes aequales	zu gleichen Teilen
āā, ad	ana partes aequales ad	zu gleichen Teilen auffüllen auf
abs., absol.	absolutus	absolut, ganz rein
a. c.	ante cenam (a. cibum)	vor der Mahlzeit
ad(d).	adde, addetur, addentur	füge hinzu, fülle auf!
ad baln.	ad balneum	zum (für das) Bad
ad caps. amyl	ad capsulam amylaceam	in Oblatenkapsel
ad caps. gelat.	ad capsulam gelantinosam	in Gelantinekapsel
ad chart.	ad chartam	in Papierbeutel
ad chart. cer	ad chartam ceratam	in Wachskapsel
add.	adde, addetur, addentur	füge hinzu, fülle auf!
ad lib., adl.	ad libitum	nach Belieben
adm.	admove	füge hinzu!
ad man. med.	ad manus medici	zu Händen des Arztes
ad oll. alb.	ad ollam albam	in weißer Kruke
adoll. all.	ad ollam allatam	in mit(zurück-)gebrachter Kruke
ad oll. gris.	ad ollam griseam	in grauer Kruke
ad oll. rel(at).	ad ollam relatam	in zurückgebrachter Kruke
ad rat.	ad rationem	auf Rechnung
ad sacc. pap.	ad sacculum papyraceum	in Papierbeutel
ad scat.	ad scatulam	in (eine) Schachtel
ad us. ext.	ad usum externum	zum äußeren Gebrauch
ad us. int(ern).	ad usum internum	zum inneren Gebrauch
ad us. med.	ad usum medicinalem	zum arzneilichen Gebrauch
ad us. propr.	ad usum proprium	zum eigenen Gebrauch
ad us. vet.	adusum veterinarium	zum tierärztlichen Gebrauch
ad vitr.	ad vitrum	in Flasche
ad vitr. all.	ad vitrum allatum	in mit(zurück-)gebrachter Flasche
ad vitr. ampl.	ad vitrum amplum	in Weithalsflasche
ad vitr. c. epist. vitr.	ad vitrum cum epistomeo vitreo	in Flasche mit Glasstöpsel
ad vitr. gutt.	ad vitr. guttatorium	in Tropfflasche (Tr.glas)
ad vitr. nigr.	ad vitrum nigrum	in dunkle Flasche
ad vitr. pat.	ad vitrum patentatum	in Tropfflasche (Tr.glas)
ad vitr. rost.	ad vitrum rostratum	in Tropfflasche (Tr.glas)
aeq., aequal.	aequalis	gleich
agit.	agita	schüttele! bewege!
alb.	albus	weiß
albiss.	albissimus	sehr weiß, rein weiß
alc(oh).	alcoholus	Alkohol
alcoh. dep.	alcohole depuratus	durch Alkohol gereinigt
alt. hor.	alternis horis	jede zweite Stunde
A.M., a.m.	ante meridiem	vormittags
amer.	americanus	amerikanisch
Amp.	Ampulla	Ampulle
anhydr.	anhydricus	wasserfrei
appl(icand.)	applicandus	ist anzuwenden
Aq.	Aqua	Wasser
Aq. bull	Aqua bulliens	kochendes Wasser

Aq. com(m).	Aqua communis	Trinkwasser
Aq. dem(in).	Aqua demineralisata	entmineralisiertes Wasser
Aq. dest.	Aqua destillata	destilliertes Wasser
Aq. ferv.	Aqua fervida	heißes Wasser
Aq. font.	Aqua fontana	Trinkwasser (Brunnenwasser)
Aq, frig.	Aqua frigida	kaltes Wasser
aquos.	aquosus	wässrig
aur.	auris	Ohr
aut idem	aut idem	oder gleiches (s. alphabet. Teil)
aut simil.	aut simile (similia)	oder ähnliche(s)
Ax.	Axungia	Fett

b.	bis	zweimal (doppelt)
Bac.	Bacillus, Baculus	Stäbchen, Stab
bib.	bibe	trinke!
b. i. d.	bis in die	zweimal täglich
bidest.	bidestillatus	doppelt destilliert
bisdep.	bisdepuratus	doppelt gereinigt
bisrect(if).	bisrectificatus	doppelt rektifiziert
Bol.	Bolus	Bissen
bull.	bulliens	kochend

C	centum	100
C	–	homo Centesimalpotenz (z. B. C4)
c.	cum	mit
caerul.	caeruleus	blau
calc.	calcinatus	kalziniert, geglüht
cap.	capiat	lasse den Patienten nehmen
Caps.	Capsula	Kapsel
Caps. amyl.	Capsula amylacea	Stärkekapsel, Oblate
Caps. cer(at)	Capsula cerata	Wachskapsel
Caps. gelat.	Capsula gelatinosa	Gelatinekapsel
Caps. pap(yr).	Capsula papyracea	Papierkapsel
cave	–	Vorsicht! Hüte dich!
c. bract.	cum bracteis	mit Deckblättern
cc.	concisus	zerschnitten, geschnitten
c. calicib.	cum calicibus	mit Kelchen (Blütenkelchen)
cerat.	ceratum	gewachst
Cerat.	Ceratum	Wachssalbe
c.f.	cum formula	mit Rezeptformel auf Signatur
c. flor.	cum floribus	mit Blüten
Chart. cerat.	Charta cerata	Wachspapier (Kapsel)
Ch. c.	Charta cerata	Wachspapier (Kapsel)
chem. (pur.)	chemice (purus)	chemisch (rein), auf chemische Weise
chord. chir.	chorda chirurgicalis	chirurgisches Nähmaterial
c. instilI.	cum instillatore	mit Tropfpipette (Tropfer)
cito (subito)	–	schnell! (Sofortige Anfertigung)
c.n.	cum nomine	mit Name (Rezeptformel) auf der Signatur
coch. amp.	cochleare amplum	ein voller Eßlöffel (ein Eßlöffel voll)
coch. mag.	cochleare magnum	ein voller Eßlöffel
coch. mod.	cochleare modicum	ein Dessertlöffel voll
coch. parv.	cochleare parvum	ein Kaffee(Tee-)Iöffel voll
coct.	coctus	gekocht

col.	cola	koliere!
coll.	collutorium	Mundwasser
collun.	collunarium	Nasenspülung
Collyr.	Collyrium	Augenspülung, Augenwäsche, Augenwasser
comm.	communis	gewöhnlich, üblich
comp., cp.	compositus	zusammengesetzt
Compr.	Compressi	Tabletten
compr.	compressus	zusammengepresst
conc.	concentratus	konzentriert
conc., concis., cc.	concissus	geschnitten, zerschnitten
conc(is). gross.	concissus grosse	grob zerschnitten
consp.	consperge	bestreue!
Const.	Constituentia	Arzneiträger, Vehikel (Bestandteile)
cont.	contunde	zerstoße!, zerdrücke!
cont.	contusus	zerstoßen, zerdrückt
coq.	coque, coquatur	koche; es werde gekocht!
coq. s. a.	coque secundum artem	koche kunstgerecht (fachgerecht)
corros.	corrosivus	ätzend
Cort.	Cortex	Rinde
cp.	compositus	zusammengesetzt
crd.	crudus	roh
crist.	cristallisatus	kristallisiert
crud.	crudus	roh
ctr.	contra	gegen
cyath.	cyathus	Weinglas

D	quingenti	500
D	–	hom. Dezimalpotenz (z. B. D2)
d. (s. a. div.)	da, detur, dentur	gib! es werde(n) gegeben!
d.	dexter	rechts
d.	dies	ein Tag
d.	dosis	eine Dosis, eine Gabe
d. c. f	detur cum formula	es werde mit Rezeptformel auf der Signatur abgegeben!
Dct.	Decoctum	Abkochung
Dec.	Decoctum	Abkochung
Decoct.	Decoctum	Abkochung
dent.	dentur	man gebe!
dep.	depuratus	gereinigt
dieb. alt.	diebus alternis	einen Tag um den anderen, jeden 2. Tag
dieb. secund.	diebus secundis	einen Tag um den anderen, jeden 2. Tag
digest.	digestivus	verdauend
Dil., Dilut.	dilutio	Verdünnung, Dilution
dil.	dilutus	verdünnt
D. in 2plo	detur in duplo	es werde doppelt gegeben!
disp.	dispensetur	es werde verabfolgt!
d(iv.)	divide	teile!
div. i. part. aeq.	divide in partes aequales	teile in gleiche Teile!
Dl., D. L., D. I.	Dosis letalis	tödliche Dosis
dos.	dosis, doses	Gabe, Gaben
Dos. let.	Dosis letalis	tödliche Dosis
Dr., Drag.	–	Dragèe(s)
DRF	–	Deutsche Rezept(Reichs-)formeln
d. s.	da, signa	gib und bezeichne!
d. sub. sig.	da sub sigillo	gib versiegelt ab!
d. t. d.	dentur tales doses	solche Einzelgaben sollen gegeben werden

Elect.	Electuarium	Latwerge, Mus
elect.	electus	ausgelesen, ausgesucht
e. m. p.	ex modo prescripto	nach Vorschrift
Empl.	Emplastrum	Pflaster
Emuls.	Emulsio	Emulsion
e paullo aq.	–	in etwas Wasser
Ess.	Essentia	Essenz
examar.	Examaratus	entbittert
Excip.	Excipientia (Excipientes)	Arzneiträger, Vehikel
excort., decort.	excorticatus (de...)	entrindet, ausgeschält
express.	expressus	ausgepresst
exsicc.	exsiccatus	ausgetrocknet
Extr.	Extractum	Extrakt

f.	fiat, fiant	es werde(n) gemacht
F. a. o.	folio argenti obscurando	zu versilbern
fact(it).	factitius	künstlich
ferv(id).	fervidus	siedend
f. h.	fiat haustus	es werde ein Getränk zubereitet
filtr.	filtra	filtriere!
fiss.	fissus	gespalten
f. l. a	fiat lege artes	er werde nach den Regeln der Kunst gemacht
flav.	flavus	gelb
flext.	fluidextractum	Extractum fluidum, Fluidextrakt
Flor.	Flores	Blüten
fluid.	fluidus	flüssig
FMB	–	Formulae Magistrales Berolinenses
FMG	–	Formulae Magistrales Germaniae
fort.	fortis, forte	stark, starkwirkend
frig. par.	frigide paratus	kalt hergestellt
Fruct., Frct	Fructus	Früchte
ft.	fiat	es werde gemacht!; mache!
fus.	fusus	gegossen

garg.	gargarisma	Gurgelmittel
Glob. vag(in).	Globuli vaginalis	Vaginalkugeln
Gm.	gramma	Gramm
gr.	grosse	grob (z. B. gepulvert)
Gran.	Granulum	Körnchen
gran., granul.	granulatus	gekörnt, granuliert
gr. mod. pulv. (plv.)	grosso modo pulveratus	grob gepulvert
gross.	grosso	grob
gr. plv.	grosso pulveratus	grob gepulvert
gtt(s)	guttas (guttae)	Tropfen

H., h.	hora	Stunde
Hb., Herb.	Herba	Kraut
h. n.	hac nocte	heute Abend
hor. uno spat.	horae unius spatio	stündlich
h. s.	hora somni	beim (vor dem) Schlafengehen

i. bacill.	in bacillis	in Stäbchen
i. bacul.	in baculis	in Stangen
i.c.	inter cibos	zwischen den Mahlzeiten, während der Mahlzeit
i. fasc.	in fascibus (fasciculis)	in Bündeln (Bündelchen)
i. fol.	in foliis	in Blättern
i. g.	intra (musculum) glutaeum	intraglutäal, in den Gesäßmuskel
i. glob.	in globulis	in Kugeln
i. gran.	in granis	in Körnern
i. lacr.	in lacrimis	in Tränen
i. lam.	in lamellis	in Blättchen
i. m.	intra musculum	intramuskulär, in den Muskel
inc(is).	incisus	eingeschnitten
Inf.	Infusum	Aufguss, Injektion
inf.	infunde	gieße auf!
Inj.	Iniecto	Einspritzung, Infusion
inspiss.	inspissatus	eingedickt
i. p.	ipse paratus	selbst bereitet
i. p.	–	intraperitoneal
i. sort.	in sortibus	naturell, nicht ausgelesen(e Ware)
it.	iteretur	darf erneut abgegeben werden
i. tabul.	in tabulis	in Tafeln
i. v.	intra venam	intravenös, in die Vene
K. P.	–	Kassenpackung
L	quinquaginta	50
l. a.	lege artis	vorschriftsmäßig, kunstgerecht
laevig.	laevigatus	geschlämmt
lb.	libra	Pfund
leviss	levissimus	sehr leicht
Lign.	Lignum	Holz
Lin., Linim	Linimentum	Liniment
Liq.	Liquor	Flüssigkeit, Liquor
liq., liquid.	liquidus	flüssig
liquef.	liquefactus	verflüssigt, flüssig gemacht
liquid.	liquidus	flüssig
M	mille	1000
m.	mane	morgens
m.	misce, misceatur	mische! es werde gemischt!
m.	mitte	schicke, sende, gib
mac.	macera	mazeriere!
mane pr.	mane primo	früh am Morgen
Mass.	Massa	Grundmasse
max(im).	maximus	größte (Sorte etc.)
m. dict.	more dicto	wie angegeben
M. D. S., m. d. s.	misce, da, signa	mische, gib, bezeichne!
m. d. u.	more dictu utendum	nach Vorschrift zu gebrauchen
med.	medius	mittlere (Sorte etc.)
m. et V., m. & v.	mane et vespere	morgens und abends
M. F., m. f.	misce (ut) fia(n)t	mische, damit werde, entstehe
min. conc., min. cc.	minutim concisus	fein geschnitten
mist.	mistura	Mixtur

mit.	mitis	mild, mild wirkend
Mixt.	Mixtura	Mixtur, Mischung
M. m.	Morphinum muriaticum	Morphinhydrochlorid
m. p.	modo praespcripto	wie vorgeschrieben
M. pil. (q. s.)	Massa pilularum (quantum satis)	Pillenmasse (genügend)
m. t. d.	mitte tales doses	gib solche Dosen, Mengen
Muc.	Mucilago	Schleim
mund.	mundatus	geschält, gereinigt
mur.	muriaticus	salzsauer

n.	noctu	nachts
nat.	naturalis, naturale	natürlich
Nebul.	Nebulae	Spray
ne reit. (repet.)	ne reiteretur (repetatur)	darf nicht wiederholt werden!
n. et m.	nocte maneque	nachts und morgens
nigr.	niger	schwarz
noctu.	–	nachts (im Nachtdienst anzufertigen, angefertigt)
non rep.	non repetatur	nicht zu wiederholen
norm.	normatus	genormt
Nr., No, N°	numero	in der Zahl (Menge) von ...

obd.	obduce	überziehe!
o. d., o. l.	oculus dexter, oculus laevus	rechtes bzw. linkes Auge
Ol	Oleum	Öl
oll. alb. (gris).	olla alba (grisea)	weiße (graue) Kruke, d. h. Porzellan- bzw. Tonkruke
omn. hor.	omni hora	alle Stunden, stündlich
omn. man.	omni mane	jeden Morgen
O. P., OP	–	Originalpackung
ope	–	mit Hilfe
opt.	optimus	beste (Sorte etc.)
o.s.	oculus sinister	linkes Auge
o.u.	oculu uterque	beide Augen

p.	pulveratus, pulvis	gepulvert, Pulver
p. a.	pro analysi	für die Analyse (d. h. chemisch bes. rein)
p. ae.	partes aequales	gleiche Teile, zu gleichen Teilen
part. affect.	partem effectam	(auf den) leidenden Teil
parv.	parvus	klein
Past.	Pasta	Paste
p. c.	post cenam (cibum, cibos)	nach der Mahlzeit (dem Essen)
pct.	praecipitatus	gefällt
p. d.	pro die	täglich, pro Tag
penic.	penicillus	Pinsel, Haarpinsel
P-Glas	–	Pipettenglas
p. gross.	pulvis grossus	grobes Pulver
phial.	Phiala	Flasche
Pil.	Pilulae	Pillen
plan. sol.	plane solubilis	vollständig löslich
plv.	Pulvis	Pulver
plv. subt.	Pulvis subtilis	feines Pulver (feingepulvert)
P. M., p. m.	post meridiem	nachmittags
p. o.	per os	durch den Mund, oral

pond.	ponderosus	schwer
Pot.	Potio	Trank, Getränk
ppt.	praecipitatus	gefällt
praec.	praecipitatus	gefällt
p. r. n.	pro re nata	bei Bedarf
pro baln.	pro balneo	für das Bad
pro d.	pro die	täglich, pro (für den) Tag
pro d(os).	pro dosi	für die Einzelgabe, pro Gabe
pro inf(ant).	pro infantibus	für die Kinder
pro inf(us).	pro infusione	zur Infusion
pro inject.	pro injectione (iniectione)	zur Injektion, Einspritzung
pro med.	pro medico	für den Arzt
pro ord.	pro ordinatione	für die Arztpraxis
pro rect.	pro recto	rektal
pro stat.	pro statione	für die ärztliche Station, für die Arztpraxis
pro us. ext.	pro usu externo	zum äußeren Gebrauch
pro us. int.	pro usu interno	zum inneren Gebrauch
pro us. med.	pro usu medicinali	zu arzneilichem Gebrauch
pro us. vet.	pro usu veterinario	zu tierarzneilichem Gebrauch
pt.	perstetur	kann fortgesetzt (wiederholt) werden
pulv.	pulvis, pulveratus	Pulver, gepulvert
pulv. subt.	pulvis subtilis	feines Pulver
pur., p.	purus	rein
puriss.	purissimus	ganz rein, reinst

q., qq.	quodque, quaque	jeder, jede, jedes
q. i. d.	quater in die	viermal täglich
q. l.	quantum libet	genügend viel
q. pl.	quantum placet	genügend viel, soviel beliebt
q. q. h.	quaque quarta hora	alle vier Stunden
qq. hor. Q. R.	quaque hora	jede Stunde, stündlich
Q. R.	quantum rectum	die Menge ist richtig, richtige Menge
q. s.	quantum satis	soviel ist nötig
quot. op. sit.	quoties opus sit	so oft als nötig, erforderlich
q. v.	quod vide	siehe dies
q. v.	quantum voleris	so viel man braucht, wünscht

Rad.	Radix	Wurzel
raff.	raffintus	gereinigt, raffiniert
rasp.	raspatus	geraspelt
Rec.	recipe	nimm!
rec.	recens	frisch
rec. par(at).	recenter paratus	frisch bereitet
recrist.	recristallisatus	umkristallisiert
ect(if).	rectificatus	gereinigt, rektifiziert
rectfss.	rectificatissimus	höchst gereinigt
reit.	reiteretur	darf wiederholt werden!
Remed.	Remedium	Mittel, Heilmittel
ren. sem.	renovetur semel	einmal zu wiederholen
rep.	repetatur	darf wiederholt werden!
Rhiz.	Rhizoma	Wurzelstock, Rhizom
Rot.	Rotula	Plätzchen, Kügelchen
Rp.	recipe	nimm!
rubr.	ruber, rubra, -um	rot

S., s.	signa	bezeichne!
s.	sine bzw. sive (seu)	ohne bzw. oder
s. a.	secundum artem	kunstgerecht, fachgerecht
s. c.	sub cutem	subkutan, unter die Haut
scat.	scatula	Schachtel
scat. orig.	scatula originalis	Originalpackung
sedens	–	„sitzend", d. h. Patient wartet auf die Zubereitung einer Arznei
Sem	Semen	Samen
s. f.	sub formula	mit Rezeptformel auf Signatur (abzugeben)
sicc.	siccus, siccatus	trocken, getrocknet
sign., sig.	signa, signetur	schreibe, es soll beschrieben werden (als Anleitung f.d. Patienten)
simil	similis, simile	ähnlich
sine calic.	sine calicibus	ohne Hüllkelche (d. Blüte)
sine conf.	sine confectione	ohne (Original-)Verpackung
sine cop.	sine copia	ohne Rezeptabschrift
Sir.	Sirupus	Sirup
s. n.	sub nomine	mit Rezeptformel auf Signatur (abzugeben)
s. n.	secundum naturam	nach der Eigenart (Natur), der Natur entsprechend
s. o.	sine olla	ohne Kruke (zu berechnen)
sol.	solubilis	löslich
Sol., sol.	Solutio	Lösung
sol(ut).	solutus	gelöst
solv.	solve	löse!
solv. len. cal.	Solve leni calore	löse bei milder Wärme!
s. o. s.	si opus sit	wenn erforderlich
Spec.	Species	Teemischung
Spir., Spirit.	Spiritus	Weingeist, Zubereitung mit Wein
spirit.	spirituosus	weingeisthaltig
spiss.	spissus	eingedickt
s. pret.	sine pretio	ohne Preis (Berechnung)
s. q.	sufficiens quantitas	in ausreichender Menge
ss.	semis	halb, eine Hälfte
s. s. n.	sub suo nomine	mit Rezeptformel auf Signatur (abzugeben)
s. s. ven(en)., sub sign. ven.	sub signo veneni	mit der Signatur „Gift" abzugeben
stat., statim.	statim	sofort, unmittelbar
subl.	sublimatus	sublimiert
sub sig.	sub sigillo	versiegelt, verschlossen
subt.	subtilis, subtile	fein
subt(li)ss. pulv.	subtilissime pulveratus	feinst gepulvert
subt. pulv. (plv.)	subtiliter pulveratus	fein gepulvert
sum.	sumat, sumatur	zu nehmen
Supp.	Suppositorium	Zäpfchen
s. v.	sine vitro	ohne Glas, Flasche (zu berechnen)
S. V. R.	Spiritus Vini rectificatus	gereinigter Weingeist
S.VT.	Spiritus Vini tenuior	verdünnter Weingeist (engl. Proof Spirit)
syr.	Syrupus	Sirup

Tabl.	Tabulettae	Tabletten
tal. dos., t. d.	tales doses	solche Einzelgaben
Tct., Tinct.	Tinctura	Tinktur
t. d.	tales doses	solche Einzelgaben
t. d. s.	ter die sumendum	3 mal täglich zu nehmen
ter.	tere	reibe
t. i. d.	ter in die	dreimal täglich
Tinct.	Tinctura	Tinktur
titr.	titratus	eingestellt (standardisiert)
tost.	tostus	geröstet
tot.	totus	ganz
Tr.	–	Tropfen
tr.	tinctura	Tinktur
Trit.	trituratio	Verreibung, Tituration
Tub.	Tubera	Wurzelknollen

u. a. f.	ut aliquid fiat	„damit (irgendetwas) geschehe". Bez. für indifferente Verordnung
Ugt., Ungt.	Unguentum	Salbe
ult.	ultime	höchstens
Ungt. ophthalm.	Unguentum ophthalmicum	Augensalbe
us.	usus	Gebrauch
ust.	ustus	gebrannt
ut dict.	ut dictum	wie angegeben
ut f.	ut fiat	damit geschehe, werde

v.	vitrum	Flasche
v.	vel	oder
v. ampl.	vitrum amplum	Weithalsflasche
v(ap). p(ar).	vapore paratus	mittels (in) Dampf bereitet
v. c. epist. vitr.	vitrum cum epistomeo vitreo	Flasche mit Glasstöpsel
venal.	venalis	handelsüblich
v. epist. vitr. claus.	vitrum epistomeo vitreo clausum	Flasche mit Glasstöpsel
ver.	verus	echt, wahr
verte	–	wende (um)!
vesp.	vesper	abends
veterin.	veterinarius	für Tiere bestimmt
v. gutt.	vitrum guttatorium	Tropfglas
v. hom.	vitrum homoeopathicum	homöopathisches Glas
v. h. p.	via humida paratus	auf feuchtem Wege bereitet
vir.	viridis	grün
v. nigr.	vitrum nigrum	dunkle Flasche
vol.	volatilis, -e	flüchtig
v. p.	vapore paraturn	mittels Dampf bereitet
v. pat(ent).	vitrum patentatum	Tropfglas
v. pip.	vitrum pipettatum	Pipettenglas
v. rost.	vitrum rostratum	Tropfglas
v. s.	vitrum simplex	einfaches Glas, Flasche
v. tect.	vitrum tectum	Flasche mit Glasstöpsel
vulg.	vulgaris	gewöhnlich

z. H. d. A.	–	zu Händen des Arztes

Quellen der Abbildungen und Tabellen

[1] nach Allinger, N. L. et al.: Organische Chemie. Berlin, New York: de Gruyter, 1980

[2] nach Bergmann-Schaefer: Lehrbuch der Experimentalphysik. Bd. 1: Mechanik, Relativität, Wärme. 11. Aufl. Berlin, New York: de Gruyter, 1998

[3] nach Buddecke, E.: Grundriß der Biochemie. 8. Aufl. Berlin, New York: de Gruyter, 1989

[4] BÜCHI Labortechnik GmbH, Essen

[5] nach Deutsche Apothekerzeitung 130, 992, 1990

[6] nach Deutsches Arzneibuch, 9. Ausgabe 1986 (DAB9): Grundwerk einschließlich 1. Nachtrag 1989 und 2. Nachtrag 1990. Stuttgart: Deutscher Apotheker Verlag, Frankfurt: Govi-Verlag, 1986

[7] nach Drummond, M. F.; O'Brien, B. J.; Stoddart, G. L.; Torrance, G. W.: Methods for economic evaluation of health care programmes. Oxford: Oxford University Press, 1997

[8] Glatt GmbH, Binzen

[9] nach Gattermann, L.; Wieland, T.: Die Praxis des organischen Chemikers. Bearb. von T. Wieland und W. Sucrow. 43. Aufl. Berlin, New York: de Gruyter, 1982

[10] nach Habermehl. In: Pschyrembel Klinisches Wörterbuch. 255. Aufl. Berlin, New York: de Gruyter, 1986

[11] nach Holleman-Wiberg: Lehrbuch der anorganischen Chemie. 101. Aufl., Berlin, New York: de Gruyter, 1995

[12] nach Hummel, D. O. (Hrsg.): Aufgaben zur Physikalischen Chemie. Berlin, New York: de Gruyter, 1979

[13] Impfempfehlungen der Ständigen Impfkommission am Robert Koch-Institut (STIKO); Juli 2003

[14] nach Jander-Jahr: Maßanalyse. Bearb. von G. Schulze u. J. Simon. 16. Aufl., Berlin, New York: de Gruyter, 2003

[15] nach Kloft, C; Jaehde, U.: Dosisindividualisierung. In: Jaehde, U.; Radziwill, R.; Mühlebach, S.; Schunack, W. (Hrsg.). Lehrbuch der Klinischen Pharmazie. Stuttgart: Wissenschaftliche Verlagsgesellschaft, 1998

[16] nach Lehmann, K; Dreher, D.: Die Pharmazeutische Industrie 34, 894, 1972

[17] nach Lehninger, A. L.: Grundkurs Biochemie. Übersetzt u. bearb. von D. Neubert u. F. Hucho. 2. Aufl., Berlin, New York: de Gruyter, 1985

[18] nach Moore, W. J.; Hummel, D. O.: Physikalische Chemie. 3. Aufl., Berlin, New York: de Gruyter, 1983

[19] Perfect Valois Ventil GmbH, Dortmund

[20] nach Pharmazeutische Zeitung 134, 501, 1989

[21] nach Pschyrembel Klinisches Wörterbuch. 259. Aufl., Berlin, New York: de Gruyter, 2002

[22] nach Raven, P. H.; Evert, R. F.;Eichhorn.: Biologie der Pflanzen. Übers. von R. Langenfeld-Heyser. Berlin, New York: de Gruyter, 2000

[23] nach Scott, Th.; Brewer, M. (Hrsg.): Concise Encyclopedia of Biochemistry. 2. Aufl., Berlin, New York: de Gruyter, 1988

[24] nach Seidl, S.: Deutsche Apotheker-Zeitung 121, 1981

[25] nach Siemens-Katalog MP 42, 1989

[26] nach Strom, B. L.: Pharmacoepidemiology. Chichester: John Wiley Ltd., 2000

[27] nach Taxis, K.: Arzneimittelanamnese, Therapiebeurteilung und pharmazeutische Betreuung. In: Schneemann, H.; Young, L. L.; Koda-Kimble, M. A. (Hrsg.). Angewandte Arzneimitteltherapie. Berlin: Springer, 2001

[28] URSAPHARM Arzneimittel GmbH & Co. KG, Saarbrücken

[29] Vedic Systems

[30] nach Welzl, K.: Biochemie der Ernährung. Berlin, New York: de Gruyter, 1985

[31] nach Zepernick, B.; Langhammer, L.; Lüdecke, J. B. P.: Lexikon der offizinellen Arzneipflanzen. Berlin, New York: de Gruyter, 1983

[32] Rezepturhinweise NRF; Stand: März 2004

Griechisches Alphabet

Buchstabe klein	groß	Buchstabenname und Aussprache	Transkription	
α	Α	Alpha [alfa:]	a	A
β	Β	Beta [be:ta:]	b	B
γ	Γ	Gamma [gamma:]	g	G
δ	Δ	Delta [delta:]	d	D
ε	Ε	Epsilon [Epsilon]	e	E
ζ	Ζ	Zeta [tse:ta:]	z	Z
η	Η	Eta [e:ta:]	e	E
θ,ϑ	Θ	Theta [te:ta:]	th	Th
ι	Ι	Jota [jo:ta:]	i	I
κ	Κ	Kappa [kapa:]	k	K
λ	Λ	Lambda [lampda:]	l	L
μ	Μ	My [my:]	m	M
ν	Ν	Ny [ny:]	n	N
ξ	Ξ	Xi [ksi:]	x	X
ο	Ο	Omikron [omikron]	o	o
π	Π	Pi [pi:]	p	P
ϱ	Ρ	Rho [ro:]	r	R
σ, ς	Σ	Sigma [zigma:]	s	S
τ	Τ	Tau [tau]	t	T
υ	Υ	Ypsilon [ypsilon]	y	Y
ϕ, φ	Φ	Phi [fi:]	ph	Ph
χ	Χ	Chi [çi:]	ch	Ch
ψ	Ψ	Psi [psi:]	ps	Ps
ω	Ω	Omega [o:mega:]	o	O

Lateinische Grundzahlen von 1–2000

1	I	unus, -a, -um	30	XXX	triginta
2	II	duo, -ae, -o	40	XL	quadraginta
3	III	tres, tres, tria	50	L	quinquaginta
4	IV	quattuor	60	LX	sexaginta
5	V	quinque	70	LXX	septuaginta
6	VI	sex	80	LXXX	octoginta
7	VII	septem	90	XC	nonaginta
8	VIII	octo	91	XCI	nonaginta unus
0	IX	novem	99	IC	undecentum
10	X	decem	100	C	centum
11	XI	undecim	101	CI	centum unus
12	XII	duodecim	200	CC	ducenti, -ae, -a
13	XIII	tredecim	300	CCC	trecenti
14	XIV	quattuordecim	400	CD	quadringenti
15	XV	quindecim	500	D	quingenti
16	XVI	sedecim	600	DC	sescenti
17	XVII	septendecim	700	DCC	septingenti
18	XVIII	duodeviginti	800	DCCC	octingenti
19	XIX	undeviginti	900	CM	nongenti
20	XX	viginti	1000	M	mille, milia
21	XXI	viginti unus	2000	MM	duo milia
22	XXII	viginti duo			
28	XXVIII	duodetriginta			
29	XXIX	undetriginta			

Periodensystem

Hauptgruppen

Protonenzahl (Ordnungszahl)	Elektronegativität (nach Allred u. Rochow)	Siedetemperatur in °C	Schmelztemperatur in °C	Relative Atommasse[1]	Symbol[2]	Name	Elektronenkonfiguration
25	1,6	2032	1244	54,94	Mn	Mangan	[Ar]3d^{5}4s^2

Nebengruppen

1	2	3	4	5	6	7	8	9
1 1,008 2,2 - 252,9 - 259,1 **H** Wasserstoff 1s^1								
3 6,941 1,0 1347 180,5 **Li** Lithium [He]2s^1	4 9,012 1,5 2970 1278 **Be** Beryllium [He]2s^2							
11 22,990 1,0 883 97,8 **Na** Natrium [Ne]3s^1	12 24,305 1,2 1107 651 **Mg** Magnesium [Ne]3s^2							
19 39,10 0,9 774 63,7 **K** Kalium [Ar]4s^1	20 40,08 1,0 1487 ≈ 845 **Ca** Calcium [Ar]4s^2	21 44,96 1,2 2832 1539 **Sc** Scandium [Ar]3d^{1}4s^2	22 47,88 1,3 3260 1675 **Ti** Titan [Ar]3d^{2}4s^2	23 50,94 1,5 3380 1890 **V** Vanadium [Ar]3d^{3}4s^2	24 52,00 1,6 2672 1857 **Cr** Chrom [Ar]3d^{5}4s^1	25 54,94 1,6 2032 1244 **Mn** Mangan [Ar]3d^{5}4s^2	26 55,85 1,6 2750 1535 **Fe** Eisen [Ar]3d^{6}4s^2	27 58,9 1,7 2870 1495 **C** Coba [Ar]3d^{7}4s
37 85,47 0,9 688 38,9 **Rb** Rubidium [Kr]5s^1	38 87,62 1,0 1384 769 **Sr** Strontium [Kr]5s^2	39 88,91 1,1 3337 1523 **Y** Yttrium [Kr]4d^{1}5s^2	40 91,22 1,2 4377 1852 **Zr** Zirconium [Kr]4d^{2}5s^2	41 92,91 1,2 4927 2468 **Nb** Niob [Kr]4d^{4}5s^1	42 95,94 1,3 4825 2610 **Mo** Molybdän [Kr]4d^{5}5s^1	43 (98) 1,4 4880 2200 **Tc** Technetium [Kr]4d^{6}5s^1	44 101,07 1,4 3900 2310 **Ru** Ruthenium [Kr]4d^{7}5s^1	45 102,9 1,5 ≈ 3730 1966 **Rh** Rhodiu [Kr]4d^{8}5s
55 132,91 0,9 678 28,5 **Cs** Caesium [Xe]6s^1	56 137,33 1,0 1640 725 **Ba** Barium [Xe]6s^2	57 138,91 1,1 3454 920 **La** * Lanthanum [Xe]5d^{1}6s^2	72 178,49 1,2 5200 2230 **Hf** Hafnium [Xe]4f^{14}5d^{2}6s^2	73 180,95 1,3 ≈ 5430 2996 **Ta** Tantal [Xe]4f^{14}5d^{3}6s^2	74 183,84 1,4 5657 3410 **W** Wolfram [Xe]4f^{14}5d^{4}6s^2	75 186,2 1,5 ≈ 5630 3180 **Re** Rhenium [Xe]4f^{14}5d^{5}6s^2	76 190,2 1,5 ≈ 5030 3045 **Os** Osmium [Xe]4f^{14}5d^{6}6s^2	77 192, 1,6 4130 2410 **I** Iridiu [Xe]4f^{14}5
87 (223) 0,9 677 26,8 **Fr** Francium [Rn]7s^1	88 (226) 1,0 1140 700 **Ra** Radium [Rn]7s^2	89 (227) 1,0 3200 1050 **Ac** ** Actinium [Rn]6d^{1}7s^2	104 (261) **Rf** Rutherfordium	105 (262) **Db** Dubnium	106 (263) **Sg** Seaborgium	107 (262) **Bh** Bohrium	108 (265) **Hs** Hassium	109 (266 **M** Meitneriu

* **Lanthanoide**	58 140,12 1,1 3257 798 **Ce** Cer [Xe]4f^{2}6s^2	59 140,91 1,1 3512 931 **Pr** Praseodym [Xe]4f^{3}6s^2	60 144,24 1,1 3127 1010 **Nd** Neodym [Xe]4f^{4}6s^2	61 (145) 1,1 2700 1170 **Pm** Promethium [Xe]4f^{5}6s^2	62 150, 1,1 1778 1072 **Sm** Samariu [Xe]4f^{6}6
** **Actinoide**	90 232,038 1,1 4790 1750 **Th** Thorium [Rn]6d^{2}7s^2	91 231,036 1,1 4030 1840 **Pa** Protactinium [Rn]5f^{2}6d^{1}7s^2	92 238,029 1,2 3818 1132 **U** Uran [Rn]5f^{3}6d^{1}7s^2	93 (237) 1,2 3902 640 **Np** Neptunium [Rn]5f^{4}6d^{1}7s^2	94 (24 1,2 3200 641 **Pu** Plutoniu [Rn]5f^{6}7

W DE G
Walter de Gruyter GmbH & Co. KG, Genthiner Straße 13, D-10785 Berlin, Tel.: 030 / 2 60 05 -